国家出版基金项目
NATIONAL PUBLICATION FOUNDATION

国家重大出版工程项目
“十二五”国家重点图书

中国药用植物志

主　编　艾铁民
副主编　张树仁　杨秀伟　杜力军　严铸云

《中国药用植物志》编委会

国家出版基金项目
NATIONAL PUBLICATION FOUNDATION

国家重大出版工程项目
“十二五”国家重点图书

中国药用植物志

第十三卷

中国药用植物志词汇

（上册）

本卷主编 张英涛

本卷副主编 杨雁芳 佟 巍 张庆英

本卷审定人 艾铁民 江纪武 张树仁

北京大学医学出版社

ZHONGGUO YAOYONG ZHIWUZHI (DI-SHISAN JUAN)——ZHONGGUO YAOYONG ZHIWUZHI CIHUI

图书在版编目（CIP）数据

中国药用植物志. 第十三卷，中国药用植物志词汇：上下册/艾铁民主编；张英涛分卷主编. – 北京：北京大学医学出版社，2021.6

ISBN 978-7-5659-2417-0

Ⅰ. ①中…　Ⅱ. ①艾…②张…　Ⅲ. ①药用植物－植物志－中国　Ⅳ. ①Q949.95

中国版本图书馆CIP数据核字(2021)第092550号

中国药用植物志（第十三卷）——中国药用植物志词汇（上册）

主　　编：艾铁民

副 主 编：张树仁　杨秀伟　杜力军　严铸云

本卷主编：张英涛

本卷副主编：杨雁芳　佟　巍　张庆英

出版发行：北京大学医学出版社

地　　址：（100191）北京市海淀区学院路 38 号　北京大学医学部院内

电　　话：发行部 010-82802230；图书邮购 010-82802495

网　　址：http://www.pumpress.com.cn

E－ mail：booksale@bjmu.edu.cn

印　　刷：北京金康利印刷有限公司

经　　销：新华书店

策划编辑：暴海燕　安　林

责任编辑：罗德刚　王　楠　**责任校对**：靳新强　**责任印制**：李　啸

开　　本：889 mm ×1194 mm　1/16　**印张**：196.5　**字数**：10913 千字

版　　次：2021 年 6 月第 1 版　　2021 年 6 月第 1 次印刷

书　　号：ISBN 978-7-5659-2417-0

定　　价：935.00 元（上下册）

MEDICINAL FLORA OF CHINA

Editor-in-Chief

Ai Tiemin

Deputy Editors-in-Chief

Zhang Shuren **Yang Xiuwei**

Du Lijun **Yan Zhuyun**

GLOSSARY OF MEDICINAL FLORA OF CHINA

Volume Editor

Zhang Yingtao

Volume Deputy Editors

Yang Yanfang Tong Wei Zhang Qingying

Volume Reviewers

Ai Tiemin Jiang Jiwu Zhang Shuren

Peking University Medical Press

目　录

上　册

下　册

中国药用植物志科名分卷索引

注：本书第 1 卷收载菌类、地衣、藻类、苔藓、蕨类、裸子植物；第 2~10 卷收载被子植物双子叶类群；第 11~12 卷收载被子植物单子叶类群。

按科中文名汉语拼音顺序排列：

科中文名	科拉丁名	卷号
川续断科	Dipsacaceae	10
唇形科	Lamiaceae	9
刺孢多孔菌科	Bondarzewiaceae	1
刺革菌科	Hymenochaetaceae	1
丛藓科	Pottiaceae	1
酢浆草科	Oxalidaceae	5
脆柄菇科	Psathyrellaceae	1
D		
大风子科	Flacourtiaceae	6
大戟科	Euphorbiaceae	5
大麻科	Cannabinaceae	2
大血藤科	Sargentodoxaceae	3
灯心草科	Juncaceae	11
等片藻科	Diatomaceae	1
地卷衣科	Peltigeraceae	1
地钱科	Marchantiaceae	1
地星科	Geastraceae	1
钉菇科	Gomphaceae	1
冬青科	Aquifoliaceae	6
豆科	Fabaceae	5
毒鼠子科	Dichapetalaceae	6
杜鹃花科	Ericaceae	7
杜英科	Eleocarpaceae	6
杜仲科	Eucommiaceae	2
椴树科	Tiliaceae	6
多孔菌科	Polyporaceae	1
多毛藻科	Polyblepharidaceae	1
E		
鹅膏菌科	Amanitaceae	1
耳叶苔科	Frullaniaceae	1
F		
番荔枝科	Annonaceae	2
番木瓜科	Caricaceae	6
番杏科	Aizoaceae	2
防己科	Menispermaceae	3
肺衣科	Lobariaceae	1
粉褶菌科	Entolomataceae	1
凤梨科	Bromeliaceae	11
凤尾蕨科	Pteridaceae	1
凤尾藓科	Fissidentaceae	1
凤仙花科	Balsaminaceae	6
浮萍科	Lemnaceae	12

科中文名	科拉丁名	卷号
壶藓科	Splachnaceae	1
葫芦科	Cucurbitaceae	6
葫芦藓科	Funariaceae	1
槲寄生科	Viscaceae	2
槲蕨科	Drynariaceae	1
虎耳草科	Saxifragaceae	4
虎皮楠科	Daphniphyllaceae	5
花耳科	Dacrymycetaceae	1
花蔺科	Butomaceae	11
花荵科	Polemoniaceae	8
花柱草科	Stylidiaceae	10
桦木科	Betulaceae	2
槐叶苹科	Salviniaceae	1
黄眼草科	Xyridaceae	11
黄杨科	Buxaceae	6
灰藓科	Hypnaceae	1
火筒树科	Leeaceae	6

J

科中文名	科拉丁名	卷号
鸡油菌科	Cantharellaceae	1
姬蕨科	Hypolepidaceae	1
蒺藜科	Zygophyllaceae	5
夹竹桃科	Apocynaceae	8
剑蕨科	Loxogrammaceae	1
江蓠科	Gracilariaceae	1
姜科	Zingiberaceae	12
胶须藻科	Rivulariaceae	1
礁膜科	Monostromataceae	1
酵母科	Saccharomycetaceae	1
桔梗科	Campanulaceae	10
金发藓科	Polytrichaceae	1
金虎尾科	Malpighiaceae	5
金莲木科	Ochnaceae	3
金缕梅科	Hamamelidaceae	4
金粟兰科	Chloranthaceae	3
金星蕨科	Thelypteridaceae	1
金鱼藻科	Ceratophyllaceae	3
堇菜科	Violaceae	6
锦葵科	Malvaceae	6
旌节花科	Stachyuraceae	6
景天科	Crassulaceae	4
菊科	Asteraceae	10
蒟蒻薯科	Taccaceae	11
巨藻科	Lessoniaceae	1
卷柏科	Selaginellaceae	1

科中文名	科拉丁名	卷号
罗汉松科	Podocarpaceae	1
萝藦科	Asclepiadaceae	8
裸子蕨科	Hemionitidaceae	1
落葵科	Basellaceae	2

M

科中文名	科拉丁名	卷号
麻黄科	Ephedraceae	1
马鞭草科	Verbenaceae	8
马齿苋科	Portulacaceae	2
马兜铃科	Aristolochiaceae	3
马钱科	Loganiaceae	8
马桑科	Coriariaceae	5
马尾树科	Rhoipteleaceae	2
马尾藻科	Sargassaceae	1
买麻藤科	Gnetaceae	1
麦角菌科	Clavicipitaceae	1
满江红科	Azollaceae	1
蔓藓科	Meteoriaceae	1
牻牛儿苗科	Geraniaceae	5
毛地钱科	Dumortieraceae	1
毛茛科	Ranunculaceae	3
茅膏菜科	Droseraceae	3
铆钉菇科	Gomphidiaceae	1
梅衣科	Parmeliaceae	1
美人蕉科	Cannaceae	12
猕猴桃科	Actinidiaceae	3
膜蕨科	Hymenophyllaceae	1
蘑菇科	Agaricaceae	1
墨角藻科	Fucaceae	1
木耳科	Auriculariaceae	1
木兰科	Magnoliaceae	2
木麻黄科	Casuarinaceae	2
木棉科	Bombacaceae	6
木通科	Lardizabalaceae	3
木犀科	Oleaceae	8
木贼科	Equisetaceae	1

N

科中文名	科拉丁名	卷号
内枝藻科	Endocladiaceae	1
泥炭藓科	Sphagnaceae	1
拟层孔菌科	Fomitopsidaceae	1
念珠藻科	Nostocaceae	1
牛肝菌科	Boletaceae	1
牛舌菌科	Fistulinaceae	1
牛栓藤科	Connaraceae	4

科中文名	科拉丁名	卷号
沙菜科	Hypneaceae	1
莎草蕨科	Schizaeaceae	1
莎草科	Cyperaceae	12
山茶科	Theaceae	3
山矾科	Symplocaceae	8
山柑科	Capparaceae	4
山榄科	Sapotaceae	8
山龙眼科	Proteaceae	2
山柚子科	Opiliaceae	2
山茱萸科	Cornaceae	7
杉科	Taxodiaceae	1
杉叶藻科	Hippuridaceae	7
杉藻科	Gigartinaceae	1
珊瑚菌科	Clavariaceae	1
珊瑚藻科	Corallinaceae	1
珊瑚枝科	Stereocaulaceae	1
商陆科	Phytolaccaceae	2
芍药科	Paeoniaceae	3
舌蕨科	Elaphoglossaceae	1
蛇菰科	Balanophoraceae	2
蛇苔科	Conocephalaceae	1
肾蕨科	Nephrolepidaceae	1
绳藻科	Chordaceae	1
省沽油科	Staphyleaceae	6
十字花科	Brassicaceae	4
石莼科	Ulvaceae	1
石耳科	Umbilicariaceae	1
石花菜科	Gelidiaceae	1
石榴科	Punicaceae	7
石蕊科	Cladoniaceae	1
石杉科	Huperziaceae	1
石松科	Lycopodiaceae	1
石蒜科	Amaryllidaceae	11
石竹科	Caryophyllaceae	2
实蕨科	Bolbitidaceae	1
使君子科	Combretaceae	7
柿科	Ebenaceae	8
书带蕨科	Vittariaceae	1
鼠李科	Rhamnaceae	6
薯蓣科	Dioscoreaceae	11
树花科	Ramalinaceae	1
双扇蕨科	Dipteridaceae	1
双星藻科	Zygnemataceae	1
霜降衣科	Icmadophilaceae	1
霜霉科	Peronosporaceae	1

科中文名	科拉丁名	卷号
蜈蚣衣科	Physciaceae	1
五加科	Araliaceae	7
五味子科	Schisandraceae	2
五桠果科	Dilleniaceae	3

X

科中文名	科拉丁名	卷号
西番莲科	Passifloraceae	6
稀子蕨科	Monachosoraceae	1
膝沟藻科	Gonyaulaceae	1
仙菜科	Ceramiaceae	1
仙茅科	Hypoxidaceae	11
仙人掌科	Cactaceae	2
苋科	Amaranthaceae	2
线形虫草科	Ophiocordycipitaceae	1
香蒲科	Typhaceae	12
小檗科	Berberidaceae	3
小二仙草科	Haloragidaceae	7
小菇科	Mycenaceae	1
小皮伞科	Marasmiaceae	1
小球藻科	Chlorellaceae	1
星叶草科	Circaeasteraceae	3
绣球菌科	Sparassidaceae	1
须腹菌科	Rhizopogonaceae	1
萱藻科	Scytosiphonaceae	1
玄参科	Scrophulariaceae	9
悬铃木科	Platanaceae	4
旋花科	Convolvulaceae	8

Y

科中文名	科拉丁名	卷号
鸭跖草科	Commelinaceae	11
亚灰树花菌科	Meripilaceae	1
亚麻科	Linaceae	5
岩蕨科	Woodsiaceae	1
岩梅科	Diapensiaceae	7
眼子菜科	Potamogetonaceae	11
羊肚菌科	Morchellaceae	1
杨柳科	Salicaceae	2
杨梅科	Myricaceae	2
野牡丹科	Melastomataceae	7
衣藻科	Chlamydomonadaceae	1
阴地蕨科	Botrychiaceae	1
银耳科	Tremellaceae	1
银杏科	Ginkgoaceae	1
罂粟科	Papaveraceae	4
硬皮马勃科	Sclerodermataceae	1

按科拉丁名字母顺序排列：

科拉丁名	科中文名	卷号
Agavaceae	龙舌兰科	11
Aizoaceae	番杏科	2
Alangiaceae	八角枫科	7
Alariaceae	翅藻科	1
Alismataceae	泽泻科	11
Amanitaceae	鹅膏菌科	1
Amaranthaceae	苋科	2
Amaryllidaceae	石蒜科	11
Amblystegiaceae	柳叶藓科	1
Anacardiaceae	漆树科	5
Angiopteridaceae	观音座莲科	1
Annonaceae	番荔枝科	2
Antrophyaceae	车前蕨科	1
Apiaceae	伞形科	7
Apocynaceae	夹竹桃科	8
Aquifoliaceae	冬青科	6
Araceae	天南星科	12
Araliaceae	五加科	7
Arecaceae	棕榈科	12
Aristolochiaceae	马兜铃科	3
Asclepiadaceae	萝藦科	8
Aspidiaceae	叉蕨科	1
Aspleniaceae	铁角蕨科	1
Asteraceae	菊科	10
Athyriaceae	蹄盖蕨科	1
Auriculariaceae	木耳科	1
Avicenniaceae	海榄雌科	8
Aytoniaceae	疣冠苔科	1
Azollaceae	满江红科	1

B

科拉丁名	科中文名	卷号
Balanophoraceae	蛇菰科	2
Balsaminaceae	凤仙花科	6
Bangiaceae	红毛菜科	1
Bankeraceae	坂氏齿菌科	1
Bartramiaceae	珠藓科	1
Basellaceae	落葵科	2
Begoniaceae	秋海棠科	6
Berberidaceae	小檗科	3
Betulaceae	桦木科	2
Bignoniaceae	紫葳科	9
Bixaceae	红木科	6
Blechnaceae	乌毛蕨科	1
Bolbitidaceae	实蕨科	1
Boletaceae	牛肝菌科	1

科拉丁名	科中文名	卷号
Clavicipitaceae	麦角菌科	1
Clethraceae	桤叶树科	7
Climaciaceae	万年藓科	1
Clusiaceae	藤黄科	3
Codiaceae	松藻科	1
Combretaceae	使君子科	7
Commelinaceae	鸭跖草科	11
Connaraceae	牛栓藤科	4
Conocephalaceae	蛇苔科	1
Convolvulaceae	旋花科	8
Corallinaceae	珊瑚藻科	1
Cordycipitaceae	虫草菌科	1
Coriariaceae	马桑科	5
Cornaceae	山茱萸科	7
Cortinariaceae	丝膜菌科	1
Costaceae	闭鞘姜科	12
Crassulaceae	景天科	4
Cucurbitaceae	葫芦科	6
Cupressaceae	柏科	1
Cyatheaceae	桫椤科	1
Cycadaceae	苏铁科	1
Cynomoriaceae	锁阳科	7
Cyperaceae	莎草科	12
Cyphellaceae	挂钟菌科	1

D

科拉丁名	科中文名	卷号
Dacrymycetaceae	花耳科	1
Daphniphyllaceae	虎皮楠科	5
Davalliaceae	骨碎补科	1
Davidiaceae	珙桐科	7
Delesseriaceae	红叶藻科	1
Dennstaedtiaceae	碗蕨科	1
Diapensiaceae	岩梅科	7
Diatomaceae	等片藻科	1
Dichapetalaceae	毒鼠子科	6
Dicksoniaceae	蚌壳蕨科	1
Dicranaceae	曲尾藓科	1
Dictyotaceae	网地藻科	1
Dilleniaceae	五桠果科	3
Dioscoreaceae	薯蓣科	11
Diplocystidiaceae	复囊菌科	1
Dipsacaceae	川续断科	10
Dipteridaceae	双扇蕨科	1
Dipterocarpaceae	龙脑香科	3
Droseraceae	茅膏菜科	3

科拉丁名	科中文名	卷号
Gomphaceae	钉菇科	1
Gomphidiaceae	铆钉菇科	1
Gonyaulaceae	膝沟藻科	1
Goodeniaceae	草海桐科	10
Gracilariaceae	江蓠科	1
Gymnogrammitidaceae	雨蕨科	1

H

科拉丁名	科中文名	卷号
Haematococcaceae	红球藻科	1
Haloragidaceae	小二仙草科	7
Halymeniaceae	海膜科	1
Hamamelidaceae	金缕梅科	4
Helminthostachyaceae	七指蕨科	1
Hemionitidaceae	裸子蕨科	1
Hericiaceae	猴头菌科	1
Hernandiaceae	莲叶桐科	3
Hippocastanaceae	七叶树科	6
Hippocrateaceae	翅子藤科	6
Hippuridaceae	杉叶藻科	7
Huperziaceae	石杉科	1
Hydnangiaceae	轴腹菌科	1
Hydrocharitaceae	水鳖科	11
Hylocomiaceae	塔藓科	1
Hymenochaetaceae	刺革菌科	1
Hymenophyllaceae	膜蕨科	1
Hypnaceae	灰藓科	1
Hypneaceae	沙菜科	1
Hypocreaceae	肉座菌科	1
Hypodematiaceae	肿足蕨科	1
Hypolepidaceae	姬蕨科	1
Hypoxidaceae	仙茅科	11

I

科拉丁名	科中文名	卷号
Icacinaceae	茶茱萸科	6
Icmadophilaceae	霜降衣科	1
Illiciaceae	八角科	2
Iridaceae	鸢尾科	11
Ishigeaceae	铁钉菜科	1

J

科拉丁名	科中文名	卷号
Juglandaceae	胡桃科	2
Juncaceae	灯心草科	11
Juncaginaceae	水麦冬科	11

科拉丁名	科中文名	卷号
Monascaceae	红曲菌科	1
Monostromataceae	礁膜科	1
Moraceae	桑科	2
Morchellaceae	羊肚菌科	1
Musaceae	芭蕉科	12
Mycenaceae	小菇科	1
Mycosphaerellaceae	球腔菌科	1
Myoporaceae	苦槛蓝科	9
Myricaceae	杨梅科	2
Myristicaceae	肉豆蔻科	2
Myrsinaceae	紫金牛科	7
Myrtaceae	桃金娘科	7
N		
Nepenthaceae	猪笼草科	3
Nephrolepidaceae	肾蕨科	1
Nitzschiaceae	菱形藻科	1
Nostocaceae	念珠藻科	1
Nyctaginaceae	紫茉莉科	2
Nymphaeaceae	睡莲科	3
Nyssaceae	蓝果树科	7
O		
Ochnaceae	金莲木科	3
Olacaceae	铁青树科	2
Oleaceae	木犀科	8
Onagraceae	柳叶菜科	7
Oncophoraceae	曲背藓科	1
Onocleaceae	球子蕨科	1
Ophiocordycipitaceae	线形虫草科	1
Ophioglossaceae	瓶尔小草科	1
Ophioparmaceae	红盘衣科	1
Opiliaceae	山柚子科	2
Orchidaceae	兰科	12
Orobanchaceae	列当科	9
Oscillatoriaceae	颤藻科	1
Osmundaceae	紫萁科	1
Oxalidaceae	酢浆草科	5
P		
Paeoniaceae	芍药科	3
Pandanaceae	露兜树科	12
Papaveraceae	罂粟科	4
Parkeriaceae	水蕨科	1
Parmeliaceae	梅衣科	1

科拉丁名	科中文名	卷号
R		
Ramalinaceae	树花科	1
Ranunculaceae	毛茛科	3
Rhamnaceae	鼠李科	6
Rhizophoraceae	红树科	7
Rhizopogonaceae	须腹菌科	1
Rhodomelaceae	松节藻科	1
Rhoipteleaceae	马尾树科	2
Ricciaceae	钱苔科	1
Rivulariaceae	胶须藻科	1
Rosaceae	蔷薇科	4
Rubiaceae	茜草科	8
Russulaceae	红菇科	1
Rutaceae	芸香科	5
S		
Sabiaceae	清风藤科	6
Saccharomycetaceae	酵母科	1
Salicaceae	杨柳科	2
Salviniaceae	槐叶苹科	1
Santalaceae	檀香科	2
Sapindaceae	无患子科	6
Sapotaceae	山榄科	8
Sargassaceae	马尾藻科	1
Sargentodoxaceae	大血藤科	3
Saururaceae	三白草科	3
Saxifragaceae	虎耳草科	4
Scenedesmaceae	栅藻科	1
Schisandraceae	五味子科	2
Schizaeaceae	莎草蕨科	1
Schizophyllaceae	裂褶菌科	1
Sclerodermataceae	硬皮马勃科	1
Scrophulariaceae	玄参科	9
Scytosiphonaceae	萱藻科	1
Selaginellaceae	卷柏科	1
Serpulaceae	干腐菌科	1
Simaroubaceae	苦木科	5
Sinopteridaceae	中国蕨科	1
Solanaceae	茄科	9
Solieriaceae	红翎菜科	1
Sonneratiaceae	海桑科	7
Sparassidaceae	绣球菌科	1
Sparganiaceae	黑三棱科	12
Spermatochnaceae	海蕴科	1

科拉丁名	科中文名	卷号
Verbenaceae	马鞭草科	8
Verrucariaceae	瓶口衣科	1
Violaceae	堇菜科	6
Viscaceae	槲寄生科	2
Vitaceae	葡萄科	6
Vittariaceae	书带蕨科	1

W

Woodsiaceae	岩蕨科	1

X

Xylariaceae	炭角菌科	1
Xyridaceae	黄眼草科	11

Z

Zingiberaceae	姜科	12
Zygnemataceae	双星藻科	1
Zygophyllaceae	蒺藜科	5

药用植物中文名、英文名、拉丁正名对照索引

（按汉语拼音顺序排列）

注：

1. 本索引对本书正文采用的药用植物中文名给出所在卷编号和页码（格式为：卷编号 - 页码），针对中文正名给出对应的英文名（黑色字）与拉丁正名（蓝色字）。
2. 本索引采用的药用植物英文名相较正文有较多的修订，部分国产种类的药用植物英文名系根据其中文名或拉丁名新拟定的，少数种类未拟英文名。
3. * 标注的药用植物中文正名存在同名异物的情况，因此具有多个对应的英文名与拉丁正名。
4. 粘，在植物名称中通常读作 [nián]，为具黏性之意。为避免植物名称更动导致混乱，本书在植物名称中沿用了此字及其传统读音。

A

鞍叶羊蹄甲 5-16, **26**, 522 Shortfruit Bauhinia
Bauhinia brachycarpa Wall. ex Benth.
案板菜 11-37
暗褐飘拂草 12-210, **218** Dark-Brown Fimbry
Fimbristylis fusca (Nees) C. B. Clarke
暗花金挖耳 10-563, **570** Gloomy Carpesium
Carpesium triste Maxim.
暗鳞鳞毛蕨 1-897
暗罗 2-1167, **1170** Suberous Greenstar
Polyalthia suberosa (Roxb.) Thwaites
暗罗属 2-1127, **1167** Polyalthia Blume
暗绿蒿 10-723, **778** Darkgreen Wormwood
Artemisia atrovirens Hand.-Mazz.
暗绿紫堇 4-110, **111** Darkgreen Corydalis
Corydalis melanochlora Maxim.
暗色菝葜 11-421, **424** Dullcolor Greenbrier
Smilax lanceifolia Roxb. var. opaca A. DC.
暗山公 8-880
暗山香 8-880
暗消藤 5-173; 8-585
暗紫贝母 11-118, 123, **135** Unibract Fritillary
Fritillaria unibracteata P. G. Xiao et K. C. Hsia
暗紫耧斗菜 3-221, **229** Darkpurple Columbine
Aquilegia atrovinosa Popov ex Gamajun.
昂凯鲁莫勒 - 毕日阳古 9-159
昂天莲 6-**731** Devil's Cotton
Ambroma augustum (L.) L. f.
昂天莲属 6-690, **731** Ambroma L. f.
凹瓣梅花草 4-507, **510** Emarginate-Petaled Parnassia
Parnassia mysorensis F. Heyne ex Wight et Arn.
凹唇马先蒿 9-1005, **1072** Concavelip Lousewort
Pedicularis croizatiana H. L. Li
凹顶越桔 7-1068, **1085** Emarginate Blueberry
Vaccinium emarginatum Hayata
凹萼木鳖 6-1086, **1097** Wild Bitter Gourd
Momordica subangulata Blume
凹萼清风藤 6-55, **61** Emarginate Sabia
Sabia emarginata Lecomte
凹裂毛麝香 9-848, **849** Retuselobe Adenosma
Adenosma retusilobum Tsoong et T. L. Chin
凹脉菝葜 11-**424** Concave-vein Greenbrier
Smilax lanceifolia Roxb. var. impressinervia (F. T. Wang et T. Tang) T. Koyama
凹脉丁公藤 8-1004
凹脉柃 3-1052, **1058** Impressed Eurya
Eurya impressinervis Kobuski
凹脉马兜铃 3-878, **912** Impressed-Vein Dutchman's Pipe
Aristolochia impressinervis C. F. Liang
凹脉紫金牛 7-**1129** Brown Marlberry
Ardisia brunnescens E. Walker
凹朴皮 2-1123
凹乳芹属 7-511, **586** Vicatia DC.
凹舌兰 12-**496** Longbract Frog Orchid
Coeloglossum viride (L.) Hartm.
凹舌兰属 12-427, **496** Coeloglossum Hartm.
凹头苋 2-994, 997, **1008** Livid Amaranth
Amaranthus blitum L.
凹瓦韦 1-1020
凹叶佛甲草 4-405, **417** Emarginate Stonecrop
Sedum emarginatum Migo
凹叶瓜馥木 2-1151, **1161** Concaveleaf Fissistigma
Fissistigma retusum (H. Lév.) Rehder
凹叶厚朴 2-1072, 1076
凹叶旌节花 6-932, **937**, 939; 7-289 Retuse Stachyurus
Stachyurus retusus Y. C. Yang
凹叶木兰 2-1081, 1086
凹叶清风藤 6-61
凹叶球兰 8-564, **568** Kerr Waxplant
Hoya kerrii Craib
凹叶瑞香 6-763, 775, **784**, 788 Retuseleaf Daphne
Daphne retusa Hemsl.
凹叶野百合 5-236
凹叶玉兰 2-1084, **1086**, 1088, 1097 Sargent Yulan
Yulania sargentiana (Rehder et E. H. Wilson) D. L. Fu
凹叶紫金牛 7-1123
奥尕 9-156
奥拉毛 8-292
奥莫 9-817
奥氏马先蒿 9-1053
澳洲茄 9-680, **682** Australian Nightshade
Solanum laciniatum Aiton

B

八宝 4-374, **376** Garden Stonecrop
Hylotelephium erythrostictum (Miq.) H. Ohba
八宝茶 6-179, 199, **206**, 227 Przewalsk Spindle Tree
Euonymus przewalskii Maxim.
八宝属 4-361, **374** Hylotelephium H. Ohba
八宝镇心丹 11-369
八本条 4-657
八担杏 4-1021
八篙 9-116
八股牛 5-1345
八瓜金 8-1317
八秽麻 9-819
八角 2-1251, 1255, 1259, 1260, 1262, 1266, 1268, 1270, 1276, **1278** Truestar Anisitree
Illicium verum Hook. f.
八角刺 6-136, 144
八角枫 7-255, 257, **259** Chinese Alangium
Alangium chinense (Lour.) Harms
八角枫属 7-**255** Alangium Lam.
八角茴香 2-1278, 1280
八角金盘 3-573, 575; 7-**500** Japanese Fatsia
Fatsia japonica (Thunb.) Decne. et Planch.
八角金盘属 7-323, **499** Fatsia Decne. et Planch.
八角莲 3-567, **569**, 572, 573, 574 Mayapple
Dysosma versipellis (Hance) M. Cheng ex T. S. Ying
八角莲属 3-487, **567** Dysosma Woodson
八角麻 2-455, **462** Tricuspidate False Nettle
Boehmeria tricuspis (Hance) Makino
八角盘 3-569; 7-500
八角属 2-**1251** Illicium L.
八角乌 3-569; 10-829, 909
八角仙人掌 2-1044
八角香 2-1332
八角香兰 2-1121

B

C

C

长茎柴胡 7-603, **621** Longstem Thorowax
Bupleurum longicaule Wall. ex DC.
长茎飞蓬 10-427, **437** Longstem Fleabane
Erigeron elongatus Ledeb.
长茎藁本 7-742, **744** Longstem Ligusticum
Ligusticum thomsonii C. B. Clarke
长茎还阳参 10-1206
长茎金耳环 3-844, 862, **872**, 874 Longstem Wild Ginger
Asarum longerhizomatosum C. F. Liang et C. S. Yang
长茎冷水花 2-402, **406** Longstem Clearweed
Pilea longicaulis Hand.-Mazz.
长茎马先蒿 9-1009, **1023** Longstem Lousewort
Pedicularis longicaulis Franch. ex Maxim.
长茎沿阶草 11-365, **372** Ching's Lilyturf
Ophiopogon chingii F. T. Wang et T. Tang
长茎羊耳蒜 12-570, **579** Greenflower Twayblade
Liparis viridiflora (Blume) Lindl.
长距根节兰 12-624
长距阔蕊兰 12-536
长距美冠兰 12-**596** Longspur Eulophia
Eulophia dabia (D. Don) Hochr.
长距鸟足兰 12-540
长距忍冬 10-65, **87** Spurred Honeysuckle
Lonicera calcarata Hemsl.
长距石斛 12-664, **704** Longspur Dendrobium
Dendrobium longicornu Lindl.
长距虾脊兰 12-615, **624** Longspur Calanthe
Calanthe sylvatica (Thou.) Lindl.
长距鸭头兰 12-532
长距玉凤花 12-524, **532**, 536 Longspur Habenaria
Habenaria davidii Franch.
长距元胡 4-166, **173** Longspur Corydalis
Corydalis schanginii (Pall.) B. Fedtsch.
长距紫堇 4-**86**
Corydalis longicalcarata H. Chuang et Z. Y. Su
长辣椒 9-671
长裂古苣 10-1102
长裂苦苣菜 10-127, 1191, **1197** Shortear Sowthistle
Sonchus brachyotus DC.
长鳞贝母兰 12-635, **636** Longscale Coelogyne
Coelogyne ovalis Lindl.
长鳞耳蕨 1-928, **938** Long-Scaled Holly Fern
Polystichum longipaleatum Christ
长鳞红景天 4-382, **384** Icy Rhodiola
Rhodiola gelida Schrenk ex Fisch. et C. A. Mey.
长菱形藻 1-**351**
Nitzschia longissima (Brébisson) Ralfs
长芒稗 11-848, **852** Longawn Barnyard Grass
Echinochloa caudata Roshev.
长芒草沙蚕 11-**829** Long-Awn Tripogon
Tripogon longearistatus Hack. ex Honda
长芒薹草 12-268
长猫瓜 6-1155
长毛八角枫 7-263
长毛赤瓟 6-1060, **1066** Villose Tubergourd
Thladiantha villosula Cogn.
长毛风毛菊 10-1008, **1054** Hawkweed-Like Saussurea
Saussurea hieracioides Hook. f.
长毛韩信草 9-**66** Hairy Indian Skullcap
Scutellaria indica L. var. elliptica Y. Z. Sun
长毛华南远志 5-**1617** Villose South China Milkwort
Polygala glomerata Lour. var. villosa C. Y. Wu et S. K. Chen
长毛黄葵 6-641, **646** Crinite Abelmoschus
Abelmoschus crinitus Wall.
长毛筋骨草 9-**31** Villous Ciliate Bugle
Ajuga ciliata Bunge var. hirta C. Y. Wu et C. Chen
长毛柃 3-1052, **1053** Long-Hair Eurya
Eurya patentipila Chun
长毛楠 2-1414, **1416** Forrest's Phoebe
Phoebe forrestii W. W. Sm.
长毛囊孔 1-78
长毛囊孔菌 1-**78** Hair Vesicle Polyporus
Hirschioporus versatilis (Berk.) Imaz.
长毛山矾 8-64, **80** Longhair Sweetleaf
Symplocos dolichotricha Merr.
长毛山楂 4-705
长毛松 1-1193
长毛细辛 3-842, **847** Longhair Wild Ginger
Asarum pulchellum Hemsl.
长毛香科科 9-10, **16** Pilose Germander
Teucrium pilosum (Pamp.) C. Y. Wu et S. Chow
长毛野丁香 8-895
长毛籽远志 5-1600, **1633** Watter Milkwort
Polygala wattersii Hance
长毛紫珠 8-1180, **1202** Pilose Beautyberry
Callicarpa pilosissima Maxim.
长年兰 12-594
长前胡 7-853, **865**, 871 Turgenialeaf Hogfennel
Peucedanum turgeniifolium H. Wolff
长鞘当归 7-778, **783** Longsheath Angelica
Angelica cartilaginomarginata (Makino ex Y. Yabe) Nakai
长青草 6-334
长青九龙盘 12-625
长柔毛委陵菜 4-881, **894** Velvety Grffith Cinquefoil
Potentilla griffithii Hook. f. var. velutina Cardot
长柔毛野豌豆 5-809, **825** Hairy Vetch
Vicia villosa Roth
长蕊斑种草 8-**1149** Dunn Antiotrema
Antiotrema dunnianum (Diels) Hand.-Mazz.
长蕊斑种草属 8-1073, **1149** Antiotrema Hand.-Mazz.
长蕊地榆 4-**1008** Longstamen Burnet
Sanguisorba officinalis L. var. longifila (Kitag.) T. T. Yü et C. L. Li
长蕊杜鹃花 7-952, **1022** Longstamen Rhododendron
Rhododendron stamineum Franch.
长蕊石头花 2-782, 849, 859, 881, 911, **912**; 10-224 Oldham's Baby's Breath
Gypsophila oldhamiana Miq.
长蕊丝石竹 2-859, 912, 914
长蕊万寿竹 11-267, **268** Longstamen Fairy Bells
Disporum longistylum (H. Lév. et Vaniot) H. Hara
长蕊绣线菊 4-625, **634** Miyabe Spiraea
Spiraea miyabei Koidz.
长蕊绣线菊毛叶变种 4-634
长蕊绣线菊细叶变种 4-634
长蕊珍珠菜 7-1169, **1215** Lobelia-Like Loosestrife
Lysimachia lobelioides Wall.
长伞红柴胡 7-**632** Longumbrell Red Thorowax
Bupleurum scorzonerifolium Willd. f. longiradiatum R. H. Shan et Y.

长叶火绒草 10-484, **496** Longleaf Edelweiss
Leontopodium junpeianum Kitam.
长叶假万寿竹 11-307
长叶碱毛茛 3-482, **483** Longleaf Alkali Buttercup
Halerpestes ruthenica (Jacq.) Ovcz.
长叶金柑 5-1430, **1436** Malayan Kumquat
Fortunella polyandra (Ridl.) Tanaka
长叶孔雀树 1-1207
长叶阔苞菊 10-474, **476** Longleaf Pluchea
Pluchea eupatorioides Kurz
长叶兰 12-607
长叶栋荚豆 5-526
长叶龙船花 8-873
长叶鹿蹄草 7-915, **928**, 934 Longleaf Shinleaf
Pyrola elegantula Andres
长叶轮钟草 10-220
长叶螺序草 8-755, **756**
Spiradiclis oblanceolata W. L. Sha et X. X. Chen
长叶绿柴 6-366, 402
长叶绿绒蒿 4-5, **13** Lanceleaf Meconopsis
Meconopsis lancifolia (Franch.) Franch. ex Prain
长叶马兜铃 3-877, **895** Longleaf Dutchman's Pipe
Aristolochia championii Merr. et Chun
长叶毛花忍冬 10-**87** Long-Leaved Hairyflower Honeysuckle
Lonicera trichosantha Bureau et Franch. var. xerocalyx (Diels) P. S. Hsu et H. J. Wang
长叶茅膏菜 3-1155, **1157** Indian Sundew
Drosera indica L.
长叶猕猴桃 3-951, **975** Hemsley Actinidia
Actinidia hemsleyana Dunn
长叶膜蕨 1-645, **648** Long-Leaved Filmy Fern
Hymenophyllum fastigiosum Christ
长叶木兰 2-1068
长叶南烛 7-1054
长叶牛尾菜 11-398
长叶女贞 8-148, **149** Longleaf Privet
Ligustrum compactum (Wall. ex G. Don) Hook. f. et Thomson ex Brandis
长叶排钱树 5-530, **531** Longstalk Phyllodium
Phyllodium longipes (Craib) Schindl.
长叶蓬子菜 8-**952** Asian Bedstraw
Galium verum L. var. asiaticum Nakai
长叶槭树 5-1719
长叶茜草 8-978, 979
长叶沙参 10-254
长叶山兰 12-588, **589** Farges Oreorchis
Oreorchis fargesii Finet
长叶山竹子 3-1144
长叶珊瑚 7-**286**
Aucuba himalaica Hook. f. et Thomson var. dolichophylla W. P. Fang et Z. P. Soong
长叶蛇王藤 6-943, **945** Tokin Passionflower
Passiflora tonkinensis W. J. de Wilde
长叶实蕨 1-**961** Long-Leaved Bolbitis
Bolbitis heteroclita (C. Presl) Ching
长叶数珠根 8-917
长叶水麻 2-**482** Longleaf Debregeasia
Debregeasia longifolia (Burm. f.) Wedd.
长叶酸模 2-711, **724** Longleaf Dock
Rumex longifolius DC.
长叶酸藤子 7-1113, **1118** Long-Leaved Embelia
Embelia longifolia (Benth.) Hemsl.
长叶天名精 10-563, **576** Longleaf Carpesium
Carpesium longifolium F. H. Chen et C. M. Hu
长叶铁角蕨 1-831, **848** Longleaf Spleenwort
Asplenium prolongatum Hook.
长叶头蕊兰 12-452
长叶兔儿风 10-1157
长叶乌药 2-1354
长叶香茶菜 9-506, **564** Longleaf Isodon
Isodon walkeri (Arn.) H. Hara
长叶雪莲 10-1008, **1061** Longleaf Saussurea
Saussurea longifolia Franch.
长叶竹根七 11-**307** Longleaf False Fairy Bells
Disporopsis longifolia Craib
长叶苎麻 2-455, **467** Pendulous False Nettle
Boehmeria penduliflora Wedd. ex D. G. Long
长叶子老重 6-864
长叶紫珠 8-1180, 1181, **1197** Longleaf Beautyberry
Callicarpa longifolia Lam.
长叶柞木 6-**879** Longleaf Xylosma
Xylosma longifolia Clos
长夜鸭舌癀 8-938
长翼凤仙花 6-84, **112** Longwing Snapweed
Impatiens longialata E. Pritz.
长羽裂萝卜 4-**307** Long-Pinnate Radish
Raphanus sativus L. var. longipinnatus L. H. Bailey
长圆果菘蓝 4-275
长圆楼梯草 2-437, **438** Oblongleaf Elatostema
Elatostema oblongifolium Fu in W. T. Wang
长圆叶艾纳香 10-452, **466** Oblongleaf Blumea
Blumea oblongifolia Kitam.
长圆叶大戟 5-1233
长圆叶旌节花 6-936
长圆叶梾木 7-301, **302** Oblongleaf Dogwood
Swida oblonga (Wall.) Soják
长圆叶山蚂蝗 5-561, **578** Paniculate Tickclover
Desmodium oblongum Wall. ex Benth.
长圆叶水苏 9-257
长爪梅花草 4-507, **508** Longclaw Parnassia
Parnassia farreri W. E. Evans
长舟马先蒿 9-1005, **1015** Longcymba Lousewort
Pedicularis dolichocymba Hand.-Mazz.
长轴瑞香 6-770
长柱菝葜 11-417
长柱贝加尔唐松草 3-**250** Longstyle Baikal Meadow Rue
Thalictrum baicalense Turcz. ex Ledeb. var. megalostigma B. Boivin
长柱重楼 11-311, **328** Forrest Paris
Paris forrestii (Takht.) H. Li
长柱垂头菊 10-877, **878** Redhead Cremanthodium
Cremanthodium rhodocephalum Diels
长柱灯心草 11-637, **648** Przewalski Rush
Juncus przewalskii Buchenau
长柱杜鹃 7-957
长柱虎皮楠 5-1251, **1259** Longstyle Daphniphyllum
Daphniphyllum longistylum S. S. Chien
长柱睫萼杜鹃 7-950, **957** Long-Styled Ciliatecalyx Rhododendron
Rhododendron ciliicalyx Franch. subsp. lyi (H. Lév.) R. C. Fang

D

D

D

D

E

F

G

G

G

G

H

H

H

H

H

J

J

J

J

J

J

J

J

J

K

库卢子 7-119
库门鸢尾 11-594, **628** Kumaon Iris
Iris kemaonensis Wall. ex Royle
库页当归 7-818
库页红景天 4-381, **389** Sakhalin Rhodiola
Rhodiola sachalinensis Boriss.
库页悬钩子 4-801, **827** Sakhalin Raspberry
Rubus sachalinensis H. Lév.
裤裆花 10-70
块根糙苏 9-192, **197** Tuberous Jerusalem Sage
Phlomis tuberosa L.
块根芍药 3-922, 938, **948** Tuberousroot Peony
Paeonia intermedia C. A. Mey.
块根紫菀 10-418
块蓟 10-1086, **1089** Willowleaf Thistle
Cirsium salicifolium (Kitag.) C. Shih
块节凤仙花 6-84, **107** Tubernode Snapweed
Impatiens pinfanensis Hook. f.
块茎糙苏 9-197
块茎芦莉草 9-**1203** Minnieroot
Ruellia tuberosa L.
块茎山萮菜 4-**272** Wasabi
Eutrema wasabi (Siebold) Maxim.
块茎岩黄耆 5-746, **753** Tuber Sweetvetch
Hedysarum algidum L. Z. Shue ex P. C. Li
宽瓣重楼 11-316, **319** Yunnan Paris
Paris polyphylla Sm. var. yunnanensis (Franch.) Hand.-Mazz.
宽瓣含笑 2-1109
宽瓣金莲花 3-25, 34, **35**, 38 Siberian Globeflower
Trollius asiaticus L.
宽苞翠雀花 3-168, **180** Maack Larkspur
Delphinium maackianum Regel
宽苞棘豆 5-719, **742** Broadbract Crazyweed
Oxytropis latibracteata Jurtzev
宽苞十大功劳 3-491, **499** Broad-Bract Mahonia
Mahonia eurybracteata Fedde
宽苞水柏枝 6-978, 986, **991** Broad-Bracted False Tamarisk
Myricaria bracteata Royle
宽柄铁线莲 3-364, **427** Broad-Stipe Clematis
Clematis otophora Franch. ex Finet et Gagnep.
宽齿青兰 9-151, **169** Broadtooth Dragonhead
Dracocephalum paulsenii Briq.
宽翅沙芥 4-303
宽翅香青 10-502, **510** Broadwing Pearly Evenlasting
Anaphalis latialata Ling et Y. L. Chen
宽唇角盘兰 12-500, **504** Joseph Herminium
Herminium josephi Rchb. f.
宽唇神香草 9-378, **380** Broadlip Hyssop
Hyssopus latilabiatus C. Y. Wu et H. W. Li
宽刺蔷薇 4-942, **946** Broadspine Rose
Rosa platyacantha Schrenk
宽带蕨 1-1006
宽底假瘤蕨 1-1053, **1054** Broadbase Phymatopteris
Phymatopteris majoensis (C. Chr.) Pic. Serm.
宽萼翠雀花 3-168, **175** Broadsepal Larkspur
Delphinium pseudopulcherrimum W. T. Wang
宽萼角盘兰 12-500, **502** Soulie Herminium
Herminium souliei (Finet) Rolfe
宽萼苣苔 9-1346
宽萼偏翅唐松草 3-**265** Elegant Delavay Meadow Rue
Thalictrum delavayi Franch. var. decorum Franch.
宽萼岩风 7-708, **713**, 898 Broadcalyx Libanotis
Libanotis laticalycina R. H. Shan et M. L. Sheh
宽管花 9-**45** Eurysolen
Eurysolen gracilis Prain
宽管花属 9-1, **45** Eurysolen Prain
宽果栲 8-101
宽果丛菔 4-**319** Broadfruit Solms-laubachia
Solms-laubachia eurycarpa (Maxim.) Botsch.
宽果紫金龙 4-69, **71** Broadfruit Dactylicapnos
Dactylicapnos roylei (Hook. f. et Thomson) Hutch.
宽花紫堇组 4-75, **114** Sect. Latiflorae C. Y. Wu et Z. Y. Su
宽戟橐吾 10-397, 823, **855** Broadhastate Golden Ray
Ligularia latihastata (W. W. Sm.) Hand.-Mazz.
宽筋藤 3-650; 6-507
宽裂北乌头 3-**138** Broadlobe Monkshood
Aconitum kusnezoffii Rchb. var. gibbiferum (Rchb.) Regel
宽裂黄堇 4-146, **149** Broadlobe Corydalis
Corydalis latiloba (Franch.) Hand.-Mazz.
宽裂龙蒿 10-**785** Turkestan Tarragon
Artemisia dracunculus L. var. turkestanica Krasch.
宽裂沙参 10-241
宽卵叶长柄山蚂蝗 5-**539** Broadleaf Hylodesmum
Hylodesmum podocarpum (DC.) H. Ohashi et R. R. Mill subsp. fallax (Schindl.) H. Ohashi et R. R. Mill
宽卵叶山蚂蝗 5-539
宽片老鹳草 5-873, **891** Widelobe Cranesbill
Geranium platylobum (Franch.) R. Knuth
宽芹叶铁线莲 3-**434** Wide-Sected Clematis
Clematis aethusifolia Turcz. var. latisecta Maxim.
宽蕊地榆 4-1002, **1010** Broadstamen Burnet
Sanguisorba applanata T. T. Yü et C. L. Li
宽伞紫菀 10-**409** Broad-Corymb Threevein Aster
Aster ageratoides Turcz. var. laticorymbus Hand.-Mazz.
宽舌橐吾 10-823, **864** Broadtongue Golden Ray
Ligularia platyglossa (Franch.) Hand.-Mazz.
宽丝獐牙菜 8-343, **384** Dilated Swertia
Swertia dilatata C. B. Clarke
宽穗兔儿风 10-1149
宽托叶老鹳草 5-874, **906** Wallich Geranium
Geranium wallichianum D. Don ex Sweet
宽尾石韦 1-1045
宽线叶蒙古糖芥 4-270
宽序崖豆藤 5-348, **353** Broad-Inflorescence Millettia
Callerya eurybotrya (Drate) Schot
宽药隔玉凤花 12-524, **531** Limpricht Habenaria
Habenaria limprichtii Schltr.
宽药青藤 3-4, **9** Celebica Illigera
Illigera celebica Miq.
宽叶白花堇菜 6-915
宽叶重楼 11-**323** Broadleaf Paris
Paris polyphylla Sm. var. latifolia F. T. Wang et C. Yu Chang
宽叶粗榧 1-1256, **1268** Broadkeaf Plum Yew
Cephalotaxus latifolia (Cheng et L. K. Fu) L. K. Fu
宽叶毒芹 7-**664** Broadleaf Water Hemlock
Cicuta virosa L. var. latisecta elak.
宽叶独行菜 4-282, **291** Broadleaf Pepperweed
Lepidium latifolium L.

L

L

L

L

L

L

L

L

M

M

M

M

M

M

M

M

M

M

M

M

N

N

N

N

N

N

N

O

O

P

P

P

P

Q

Q

Q

Q

Q

Q

Q

Q

Q

R

R

R

R

S

S

S

S

S

S

S

S

S

S

S

S

S

S

S

S

S

S

S

S

S

S

S

S

S

S

T

T

T

T

T

T

T

T

W

W

W

X

X

X

X

X

X

X

X

X

X

Y

Y

Y

Y

Y

Y

Y

Y

Z

Z

Z

Z

Z

Z

Z

药用植物拉丁简名、中文正名、英文名对照索引

（按字母顺序排列）

注：本索引对本书正文收载的药用植物给出其拉丁简名（蓝色字，拉丁正名的简化形式）、中文正名及对应的英文名（黑色字）。部分种类因缺少英文名而未收入本索引。本索引采用的英文名相较正文进行了较多的修订，部分英文名为依据拉丁名新拟定的名称。

A

Abelia biflora 六道木 Twin-Flowered Abelia
Abelia chinensis 糯米条 Chinese Abelia
Abelia dielsii 南方六道木 Diels Abelia
Abelia engleriana 通梗花 Engler Abelia
Abelia macrotera 二翅六道木 Twowing Abelia
Abelia parvifolia 小叶六道木 Littleleaf Abelia
Abelmoschus crinitus 长毛黄葵 Crinite Abelmoschus
Abelmoschus esculentus 咖啡黄葵 Edible Abelmoschus
Abelmoschus manihot 黄蜀葵 Sunset Abelmoschus
Abelmoschus manihot var. pungens 刚毛黄蜀葵 Setose Abelmoschus
Abelmoschus moschatus 黄葵 Musk Mallow
Abelmoschus muliensis 木里秋葵 Muli Abelmoschus
Abelmoschus sagittifolius 箭叶秋葵 Arrow-Leaved Abelmoschus
Abies chensiensis 秦岭冷杉 Chensi Fir
Abies delavayi 苍山冷杉 Delavay Fir
Abies fabri 冷杉 Emei Fir
Abies fargesii 巴山冷杉 Farges Fir
Abies fargesii var. faxoniana 岷江冷杉 Faxon Fir
Abies holophylla 杉松 Needle Fir
Abies nephrolepis 臭冷杉 Khingan Fir
Abies sibirica 西伯利亚冷杉 Siberian Fir
Abrus cantoniensis 广州相思子 Canton Abrus
Abrus mollis 毛相思子 Hairy Abrus
Abrus precatorius 相思子 Jequirity Bean
Abrus pulchellus 美丽相思子 Beautiful Abrus
Abutilon guineense 几内亚磨盘草 Guinea Abutilon
Abutilon guineense var. forrestii 小花磨盘草 Litter-Flower Abutilon
Abutilon hirtum 恶味苘麻 Hirsute Abutilon
Abutilon indicum 磨盘草 Indian Abutilon
Abutilon paniculatum 圆锥苘麻 Paniculate Abutilon
Abutilon pictum 金铃花 Painted Indian Mallow
Abutilon sinense 华苘麻 Chinese Abutilon
Abutilon theophrasti 苘麻 China Jute
Acacia caesia 尖叶相思 Apiculate Acacia
Acacia catechu 儿茶 Black Catechu
Acacia confusa 台湾相思 Taiwan Acacia
Acacia delavayi 光叶金合欢 Climbing Acacia
Acacia farnesiana 金合欢 Sweet Acacia
Acacia megaladena 钝叶金合欢 Obtuseleaf Acacia
Acacia pennata 羽叶金合欢 Plume Acacia
Acacia sinuata 藤金合欢 Sinuate Acacia
Acacia yunnanensis 云南相思树 Yunnan Acacia
Acalypha australis 铁苋菜 Asian Copperleaf
Acalypha hispida 红穗铁苋菜 Bristly Copperleaf
Acalypha supera 裂苞铁苋菜 Lobedbract Acalypha
Acalypha wilkesiana 红桑 Wilkes Acalypha
Acampe rigida 多花脆兰 Manyflower Acampe
Acanthus ilicifolius 老鼠簕 Holly-Leaved Acanthus, Holy Mangrove
Acer barbinerve 髭脉槭 Bearded Maple
Acer buergerianum 三角槭 Trident Maple
Acer catalpifolium 梓叶槭 Catalpa-Leaved Maple
Acer ceriferum 杈叶槭 Forkleaf Maple
Acer cordatum 紫果槭 Cordateleaf Maple
Acer coriaceifolium 樟叶槭 Cinnamonleaf Maple
Acer davidii 青榨槭 David Maple
Acer davidii subsp. grosseri 葛萝槭 Grosser Maple
Acer elegantulum 秀丽槭 Elegant Maple
Acer erianthum 毛花槭 Hairyflower Maple
Acer fabri 罗浮槭 Faber Maple
Acer franchetii 房县槭 Franchet Maple
Acer henryi 建始槭 Henry Maple
Acer kweilinense 桂林槭 Kweilin Maple
Acer laevigatum 光叶槭 Smoothleaf Maple
Acer laxiflorum 疏花槭 Snakebark Maple
Acer negundo 梣叶槭 Boxelder Maple
Acer nikoense 毛果槭 Nikko Maple
Acer oblongum 飞蛾槭 Oblong-Leaved Maple
Acer oblongum var. omeiense 峨眉飞蛾槭 Omei Oblong-Leaved Maple
Acer oliverianum 五裂槭 Oliver Maple
Acer palmatum 鸡爪槭 Palmate Maple
Acer paxii 金沙槭 Evergreen Maple
Acer pictum 五角槭 Painted Maple
Acer pictum subsp. macropterum 大翅色木槭 Bigwing Maple
Acer pictum subsp. mono 色木槭 Mono Maple
Acer shenkanense 陕甘槭 Tricaudate Maple
Acer sinense 中华槭 Chinese Maple
Acer sinopurpurascens 天目槭 Tianmu Maple
Acer sycopseoides 角叶槭 Hornleaf Maple
Acer tataricum 鞑靼槭 Tatarian Maple
Acer tataricum subsp. ginnala 茶条槭 Amur Maple
Acer tataricum subsp. semenovii 天山槭 Semenov Amur Maple
Acer tataricum subsp. theiferum 苦茶槭 Bitter Amur Maple
Acer tetramerum 四蕊槭 Tetramerous Maple

Acer truncatum 元宝槭 Shangtung Maple
Achillea acuminata 齿叶蓍 Toothleaf Yarrow
Achillea alpina 高山蓍 Alpine Yarrow
Achillea asiatica 亚洲蓍 Asiatic Yarrow
Achillea millefolium 蓍 Common Milfoil, Common Yarrow, Hundred-Leaved Grass
Achillea ptarmicoides 短瓣蓍 Shortpetal Yarrow
Achillea wilsoniana 云南蓍 Wilson's Yarrow
Achnatherum caragana 小芨芨草 Little Speargrass
Achnatherum inebrians 醉马草 Drunken Horse Grass
Achnatherum splendens 芨芨草 Shining Speargrass
Achyranthes aspera 土牛膝 Common Achyranthes
Achyranthes aspera var. indica 钝叶土牛膝 Obtuseleaf Achyranthes
Achyranthes aspera var. rubrofusca 褐叶土牛膝 Brownleaf Achyranthes
Achyranthes bidentata 牛膝 Twotooth Achyranthes
Achyranthes bidentata var. japonica 少毛牛膝 Japanese Twotooth Achyranthes
Achyranthes longifolia 柳叶牛膝 Willowleaf Achyranthes
Achyranthes longifolia f. rubra 红柳叶牛膝 Red Willowleaf Achyranthes
Achyrophorus ciliatus 猫儿菊 Fringed Cat's Ear
Acmella calva 美形金钮扣 Calvous Spotflower
Acmella paniculata 金钮扣 Paniculate Spotflower
Acokanthera oppositifolia 尖药木 Bushman's Poison
Acomastylis elata 羽叶花 Tall Acomastylis
Acomastylis macrosepala 大萼羽叶花 Largesepal Acomastylis
Aconitum alboviolaceum 两色乌头 Two Colored Monkshood
Aconitum anthoroideum 拟黄花乌头 False Yellow Flower Monkshood
Aconitum apetalum 空茎乌头 Apetalous Monkshood
Aconitum barbatum 细叶黄乌头 Slender-Leaved Monkshood
Aconitum barbatum var. hispidum 西伯利亚乌头 Sibirian Monkshood
Aconitum barbatum var. puberulum 牛扁 Puberulent Monkshood
Aconitum birobidshanicum 带岭乌头 Tailing Monkshood
Aconitum brachypodum 短柄乌头 Shortstalk Monkshood
Aconitum brachypodum var. crispulum 曲毛短柄乌头 Crisped Shortstalk Monkshood
Aconitum brachypodum var. laxiflorum 展毛短柄乌头 Laxflower Monkshood
Aconitum campylorrhynchum 弯喙乌头 Curvedbeak Monkshood
Aconitum cannabifolium 大麻叶乌头 Hemp-Leaved Monkshood
Aconitum carmichaelii 乌头 Monkshood
Aconitum carmichaelii var. hwangshanicum 黄山乌头 Huangshan Monkshood
Aconitum carmichaelii var. pubescens 毛叶乌头 Hairyleaf Monkshood
Aconitum carmichaelii var. tripartitum 深裂乌头 Three-Parted Monkshood
Aconitum carmichaelii var. truppelianum 展毛乌头 Truppel Monkshood
Aconitum cavaleriei 黔川乌头 Cavalerie Monkshood
Aconitum changianum 察瓦龙乌头 Chawalong Monkshood
Aconitum chasmanthum 展花乌头 Patent-Flowered Monkshood
Aconitum chilienshanicum 祁连山乌头 Qilianshan Monkshood
Aconitum contortum 苍山乌头 Cangshan Monkshood
Aconitum coreanum 黄花乌头 Korean Monkshood
Aconitum crassicaule 粗茎乌头 Thickstem Monkshood
Aconitum crassiflorum 粗花乌头 Thickflower Monkshood
Aconitum delavayi 马耳山乌头 Maershan Monkshood
Aconitum duclouxii 宾川乌头 Binchuan Monkshood
Aconitum duclouxii var. ecalcaratum 无距宾川乌头 Spurless Binchuan Monkshood
Aconitum dunhuaense 敦化乌头 Dunhua Monkshood
Aconitum elwesii 藏南藤乌 Elwes Monkshood
Aconitum episcopale 紫乌头 Purple Mangosteen
Aconitum finetianum 赣皖乌头 Finet Monkshood
Aconitum flavum 伏毛铁棒锤 Yellow Monkshood
Aconitum flavum var. galeatum 阴山乌头 Yinshan Monkshood
Aconitum formosanum 台湾乌头 Taiwan Monkshood
Aconitum forrestii 丽江乌头 Forrest Monkshood
Aconitum franchetii 大渡乌头 Dadu Monkshood
Aconitum geniculatum 膝瓣乌头 Geniculate Monkshood
Aconitum geniculatum var. unguiculatum 爪盔膝瓣乌头 Clawed-Helmet Geniculate Monkshood
Aconitum gymnandrum 露蕊乌头 Naked-Stamen Monkshood
Aconitum hemsleyanum 瓜叶乌头 Hemsley Monkshood
Aconitum hemsleyanum var. circinatum 拳距瓜叶乌头 Circinate Hemsley Monkshood
Aconitum hemsleyanum var. unguiculatum 爪盔瓜叶乌头 Unguiculate Hemsley Monkshood
Aconitum henryi 川鄂乌头 Henry Monkshood
Aconitum henryi var. villosum 展毛川鄂乌头 Villous Monkshood
Aconitum jaluense 鸭绿乌头 Yalu Monkshood
Aconitum jaluense var. glabrescens 光梗鸭绿乌头 Glabrous Yalu Monkshood
Aconitum karakolicum 多根乌头 Manyroot Monkshood
Aconitum kirinense 吉林乌头 Kirin Monkshood
Aconitum kirinense var. australe 毛果吉林乌头 Hairyfruit Jilin Monkshood
Aconitum kojimae 锐裂乌头 Kojima Monkshood
Aconitum kojimae var. ramosum 分枝锐裂乌头 Branched Kojima Monkshood
Aconitum kongboense 工布乌头 Kongbo Monkshood
Aconitum kongboense var. polycarpum 多果工布乌头 Manyfruit Kongbo Monkshood
Aconitum kongboense var. villosum 展毛工布乌头 Villous Kongbo Monkshood
Aconitum kusnezoffii 北乌头 Kusnezoff Monkshood
Aconitum kusnezoffii var. gibbiferum 宽裂北乌头 Broadlobe Monkshood
Aconitum leucostomum 白喉乌头 Whitethroat Monkshood
Aconitum leucostomum var. hopeiense 河北白喉乌头 Hebei Whitethroat Monkshood
Aconitum liangshanicum 凉山乌头 Liangshan Monkshood
Aconitum liljestrandii 贡嘎乌头 Konka Monkshood
Aconitum lonchodontum 长齿乌头 Longtooth Monkshood
Aconitum longecassidatum 高帽乌头 Tall-Helmet Monkshood
Aconitum ludlowii 江孜乌头 Gyaze Monkshood
Aconitum macrorhynchum 细叶乌头 Bigbeak Monkshood
Aconitum monanthum 高山乌头 Alpine Monkshood
Aconitum monticola 山地乌头 Mountain Monkshood
Aconitum nagarum 保山乌头 Baoshan Monkshood
Aconitum nagarum var. heterotrichum 小白撑 Different-Haired Monkshood
Aconitum nagarum var. lasiandrum 宣威乌头 Hairystamen Monkshood

Aconitum naviculare 船盔乌头 Boat-Helmet Monkshood
Aconitum nemorum 林地乌头 Woodland Monkshood
Aconitum novoluridum 展喙乌头 Longbeak Monkshood
Aconitum ouvrardianum 德钦乌头 Deqin Monkshood
Aconitum paniculigerum 圆锥乌头 Panicled Monkshood
Aconitum paniculigerum var. wulingense 疏毛圆锥乌头 Wuling Monkshood
Aconitum pendulum 铁棒锤 Pendulous Monkshood
Aconitum polyschistum 多裂乌头 Multified Monkshood
Aconitum pseudohuiliense 雷波乌头 Leibo Monkshood
Aconitum pseudostapfianum 拟玉龙乌头 False Stapf Monkshood
Aconitum pulchellum 美丽乌头 Lovely Monkshood
Aconitum pulchellum var. hispidum 毛瓣美丽乌头 Hispid Lovely Monkshood
Aconitum racemulosum 岩乌头 Cliff Monkshood
Aconitum racemulosum var. grandibracteolatum 巨苞岩乌头 Bigbract Monkshood
Aconitum richardsonianum 直序乌头 Richardson Monkshood
Aconitum richardsonianum var. pseudosessiliflorum 伏毛直序乌头 Spreading Pubescent Richardson Monkshood
Aconitum rotundifolium 圆叶乌头 Roundleaf Monkshood
Aconitum scaposum 花葶乌头 Scape Monkshood
Aconitum scaposum var. hupehanum 等叶花葶乌头 Hubei Scape Monkshood
Aconitum scaposum var. vaginatum 聚叶花葶乌头 Sheathed Monkshood
Aconitum sczukinii 宽叶蔓乌头 Sczukin Monkshood
Aconitum septentrionale 紫花高乌头 Purpleflower Monkshood
Aconitum sessiliflorum 缩梗乌头 Subsessile Monkshood
Aconitum sinomontanum 高乌头 Tall Monkshood
Aconitum sinomontanum var. angustius 狭盔高乌头 Narrow-Helmet Tall Monkshood
Aconitum soongaricum 准噶尔乌头 Dzungarian Monkshood
Aconitum soongaricum var. angustius 华北乌头 North China Monkshood
Aconitum soongaricum var. jeholense 低矮华北乌头 Drawf Huabei Monkshood
Aconitum spicatum 亚东乌头 Yadong Monkshood
Aconitum stapfianum 玉龙乌头 Stapf Monkshood
Aconitum stylosum 显柱乌头 Prominent-Style Monkshood
Aconitum stylosum var. geniculatum 膝爪显柱乌头 Jointed Monkshood
Aconitum sungpanense 松潘乌头 Songpan Monkshood
Aconitum taipeicum 太白乌头 Taipai Monkshood
Aconitum tanguticum 甘青乌头 Tangutan Monkshood
Aconitum tanguticum var. trichocarpum 毛果甘青乌头 Hairyfruit Monkshood
Aconitum tatsienense 康定乌头 Kangding Monkshood
Aconitum transsectum 直缘乌头 Transsected Monkshood
Aconitum tschangbaischanense 长白乌头 Tschangbaischan Monkshood
Aconitum umbrosum 草地乌头 Meadow Monkshood
Aconitum villosum 白毛乌头 White-Villous Monkshood
Aconitum vilmorinianum 黄草乌 Vilmorin Monkshood
Aconitum vilmorinianum var. patentipilum 展毛黄草乌 Patenthair Monkshood
Aconitum volubile 蔓乌头 Twining Monkshood
Aconitum volubile var. pubescens 卷毛蔓乌头 Pubescent Twining Monkshood
Acorus calamus 菖蒲 Sweet Flag
Acorus gramineus 石菖蒲 Grass-Leaved Sweet Flag
Acronema nervosum 羽轴丝瓣芹 Rachised Acronema
Acronema schneideri 丽江丝瓣芹 Lijiang Acronema
Acronychia oligophlebia 贡甲 Few-Veined Acronychia
Acronychia pedunculata 山油柑 Pedunculate Acronychia
Acrophorus stipellatus 鱼鳞蕨 Common Acrophorus
Acroptilon repens 顶羽菊 Creeping Knapweed
Acrostichum aureum 卤蕨 Coast Leather Fern
Actaea asiatica 类叶升麻 Asian Baneberry
Actaea erythrocarpa 红果类叶升麻 Redfruit Baneberry
Actinidia arguta 软枣猕猴桃 Bower Actinidia
Actinidia arguta var. giraldii 陕西猕猴桃 Girald Actinidia
Actinidia callosa 硬齿猕猴桃 Callose Actinidia
Actinidia callosa var. discolor 异色猕猴桃 Discoloured Actinidia
Actinidia chinensis 中华猕猴桃 Chinese Actinidia
Actinidia chinensis var. deliciosa 美味猕猴桃 Delicious Actinidia
Actinidia chrysantha 金花猕猴桃 Goldenflower Actinidia
Actinidia cylindrica 柱果猕猴桃 Cylindrical Actinidia
Actinidia cylindrica var. reticulata 网脉猕猴桃 Net-Veined Actinidia
Actinidia eriantha 毛花猕猴桃 Hairyflower Actinidia
Actinidia farinosa 粉毛猕猴桃 Powdery-Hair Actinidia
Actinidia fortunatii 条叶猕猴桃 Beltleaf Actinidia
Actinidia fulvicoma 黄毛猕猴桃 Yellowhair Actinidia
Actinidia hemsleyana 长叶猕猴桃 Hemsley Actinidia
Actinidia henryi 蒙自猕猴桃 Henry Actinidia
Actinidia indochinensis 中越猕猴桃 Indochina Actinidia
Actinidia kolomikta 狗枣猕猴桃 Kolomikta Actinidia
Actinidia lanceolata 小叶猕猴桃 Lanceolate Actinidia
Actinidia latifolia 阔叶猕猴桃 Broadleaf Actinidia
Actinidia liangguangensis 两广猕猴桃 Liangguang Actinidia
Actinidia macrosperma 大籽猕猴桃 Largeseed Actinidia
Actinidia macrosperma var. mumoides 梅叶猕猴桃 Plumleaf Actinidia
Actinidia melanandra 黑蕊猕猴桃 Blackstamen Actinidia
Actinidia melliana 美丽猕猴桃 Mell Actinidia
Actinidia polygama 葛枣猕猴桃 Silvervine Actinidia
Actinidia rubricaulis 红茎猕猴桃 Redstem Actinidia
Actinidia rubricaulis var. coriacea 革叶猕猴桃 Coriaceousleaf Actinidia
Actinidia rufotricha var. glomerata 密花猕猴桃 Denseflower Actinidia
Actinidia sabiifolia 清风藤猕猴桃 Sabialeaf Actinidia
Actinidia sorbifolia 花楸猕猴桃 Mountain Ash Actinidia
Actinidia styracifolia 安息香猕猴桃 Snowbellleaf Actinidia
Actinidia tetramera 四萼猕猴桃 Fourcalyx Actinidia
Actinidia trichogyna 毛蕊猕猴桃 Hairypistil Actinidia
Actinidia valvata 对萼猕猴桃 Valvate Actinidia
Actinidia venosa 显脉猕猴桃 Veiny Actinidia
Actinidia vitifolia 葡萄叶猕猴桃 Grapeleaf Actinidia
Actinodaphne cupularis 红果黄肉楠 Redfruit Actinodaphne
Actinodaphne lecomtei 柳叶黄肉楠 Willowleaf Actinodaphne
Actinodaphne obovata 倒卵叶黄肉楠 Obovateleaf Actinodaphne
Actinodaphne omeiensis 峨眉黄肉楠 Omei Actinodaphne
Actinodaphne pilosa 毛黄肉楠 Piloseleaf Actinodaphne
Actinoscirpus grossus 大藨草 Giant Bur Rush
Actinostemma tenerum 盒子草 Actinostemma
Adelostemma gracillimum 乳突果 Common Adelostemma
Adenanthera pavonina var. microsperma 海红豆 Smallseed Red Bead

Tree
Adenia cardiophylla 三开瓢 Heartleaf Adenia
Adenia chevalieri 蒴莲 Chevalier Adenia
Adenia heterophylla 异叶蒴莲 Heterophyllous Adenia
Adenocaulon himalaicum 和尚菜 Himalayan Adenocaulon
Adenophora brevidiscifera 短花盘沙参 Shortdisk Ladybell
Adenophora capillaris 丝裂沙参 Threadlobe Ladybell
Adenophora capillaris subsp. leptosepala 细萼沙参 Slendersepal Ladybell
Adenophora capillaris subsp. paniculata 细叶沙参 Paniculate Ladybell
Adenophora coelestis 天蓝沙参 Skyblue Ladybell
Adenophora divaricata 展枝沙参 Spreadingbranch Ladybell
Adenophora elata 狭长花沙参 Tall Ladybell
Adenophora gmelinii 狭叶沙参 Gmelin Ladybell
Adenophora himalayana 喜马拉雅沙参 Himalayan Ladybell
Adenophora himalayana subsp. alpina 高山沙参 Alpine Ladybell
Adenophora jasionifolia 甘孜沙参 Jasione-Leaved Ladybell
Adenophora khasiana 云南沙参 Khasi Ladybell
Adenophora lamarkii 天山沙参 Lamark Ladybell
Adenophora liliifolia 新疆沙参 Lilyleaf Ladybell
Adenophora liliifolioides 川藏沙参 False Lilyleaf Ladybell
Adenophora longipedicellata 湖北沙参 Long-Pedicel Ladybell
Adenophora micrantha 小花沙参 Littleflower Ladybell
Adenophora morrisonensis 台湾沙参 Taiwan Ladybell
Adenophora ningxianica 宁夏沙参 Ningsia Ladybell
Adenophora palustris 沼沙参 Marsh Ladybell
Adenophora pereskiifolia 长白沙参 Changbaishan Ladybell
Adenophora petiolata 秦岭沙参 Qinling Ladybell
Adenophora petiolata subsp. huadungensis 华东杏叶沙参 East China Ladybell
Adenophora petiolata subsp. hunanensis 杏叶沙参 Hunan Ladybell
Adenophora pinifolia 松叶沙参 Pineleaf Ladybell
Adenophora polyantha 石沙参 Manyflower Ladybell
Adenophora polyantha subsp. scabricalyx 毛萼石沙参 Hairycalyx Ladybell
Adenophora potaninii 泡沙参 Potanin Ladybell
Adenophora potaninii subsp. wawreana 多歧沙参 Wawra Ladybell
Adenophora remotiflora 薄叶荠苨 Scatteredflower Ladybell
Adenophora rupincola 多毛沙参 Manyhair Ladybell
Adenophora sinensis 中华沙参 Chinese Ladybell
Adenophora stenanthina 长柱沙参 Longstyle Ladybell
Adenophora stenophylla 扫帚沙参 Narrowleaf Ladybell
Adenophora stricta 沙参 Upright Ladybell
Adenophora stricta subsp. aurita 川西沙参 West Sichuan Ladybell
Adenophora stricta subsp. confusa 昆明沙参 Kunming Ladybell
Adenophora stricta subsp. sessilifolia 无柄沙参 Sessileleaf Ladybell
Adenophora tetraphylla 轮叶沙参 Fourleaf Ladybell
Adenophora trachelioides 荠苨 Apricotleaf Ladybell
Adenophora trachelioides subsp. giangsuensis 苏南荠苨 South Kiangsu Ladybell
Adenophora tricuspidata 锯齿沙参 Serrate Ladybell
Adenophora wilsonii 聚叶沙参 Wilson Ladybell
Adenophora wulingshanica 雾灵沙参 Wulingshan Ladybell
Adenosma glutinosum 毛麝香 Sticky Adenosma
Adenosma indianum 球花毛麝香 Indian Adenosma
Adenosma retusilobum 凹裂毛麝香 Retuselobe Adenosma
Adenostemma lavenia 下田菊 Common Adenostemma
Adenostemma lavenia var. latifolium 宽叶下田菊 Broadleaf Adenostemma
Adenostemma lavenia var. parviflorum 小花下田菊 Smallflower Adenostemma
Adiantum bonatianum 毛足铁线蕨 Bonat's Madenhair
Adiantum capillus-junonis 团羽铁线蕨 Round-Pinna Maidenhair Fern
Adiantum capillus-veneris 铁线蕨 Maidenhair Fern, Southern Maidenhair Fern
Adiantum caudatum 鞭叶铁线蕨 Caudate Maidenhair Fern
Adiantum davidii 白背铁线蕨 David's Maidenhair Fern
Adiantum edentulum 月芽铁线蕨 Edentate Maidenhair Fern
Adiantum edgeworthii 普通铁线蕨 Edgeworth's Maidenhair Fern
Adiantum erythrochlamys 肾盖铁线蕨 Erythrochlamy's Maidenhair Fern
Adiantum fimbriatum 长盖铁线蕨 Fimbriate Maidenhair Fern
Adiantum flabellulatum 扇叶铁线蕨 Fan-Leaved Maidenhair Fern
Adiantum monochlamys 单盖铁线蕨 Monochlamys Maidenhair Fern
Adiantum myriosorum 灰背铁线蕨 Myriosoru's Maidenhair Fern
Adiantum pedatum 掌叶铁线蕨 Northern Maidenhair Fern
Adiantum philippense 半月形铁线蕨 Philippense Maidenhair Fern
Adiantum reniforme var. sinense 荷叶铁线蕨 Chinese Kidney Maidenhair Fern
Adina pilulifera 水团花 Chinese Button Bush
Adinandra bockiana 川杨桐 Bock Adinandra
Adinandra bockiana var. acutifolia 尖叶川杨桐 Sharpleaf Adinandra
Adinandra glischroloma var. macrosepala 大萼杨桐 Bigsepal Adinandra
Adinandra hainanensis 海南杨桐 Hainan Adinandra
Adinandra millettii 杨桐 Millet Adinandra
Adinandra nitida 亮叶杨桐 Shinyleaf Adinandra
Adlumia asiatica 荷包藤 Asiatic Mountainfringe
Adonis aestivalis 夏侧金盏花 Summer Adonis
Adonis aestivalis var. parviflora 小侧金盏花 Small-Flower Adonis
Adonis amurensis 侧金盏花 Amur Adonis
Adonis chrysocyatha 金黄侧金盏花 Golden Adonis
Adonis coerulea 蓝侧金盏花 Sky-Blue Adonis
Adonis davidii 短柱侧金盏花 Short-Styled Adonis
Adonis ramosa 辽吉侧金盏花 Far East Amur Adonis
Adonis sibirica 北侧金盏花 Siberian Adonis
Adonis sutchuenensis 蜀侧金盏花 Sichuan Adonis
Adonis tianschanica 天山侧金盏花 Tianshan Adonis
Aeginetia indica 野菰 Indian Aeginetia
Aeginetia sinensis 中国野菰 Chinese Aeginetia
Aegle marmelos 木橘 Wood Apple
Aegopodium alpestre 东北羊角芹 Alpine Goatweed
Aegopodium henryi 巴东羊角芹 Henry Goatweed
Aeluropus pungens 小獐毛 Small Aeluropus
Aeluropus sinensis 獐毛 Chinese Aeluropus
Aerva glabrata 少毛白花苋 Glabrate Aerva
Aerva sanguinolenta 白花苋 Common Aerva
Aeschynanthus acuminatus 芒毛苣苔 Acuminate Basketvine
Aeschynanthus austroyunnanensis 滇南芒毛苣苔 South Yunnan Basketvine
Aeschynanthus austroyunnanensis var. guangxiensis 广西芒毛苣苔 Guangxi Basketvine
Aeschynanthus bracteatus 显苞芒毛苣苔 Bracteate Basketvine
Aeschynomene indica 合萌 Indian Jointvetch
Aesculus assamica 长柄七叶树 Assam Horse Chestnut
Aesculus chinensis 七叶树 Chinese Horse Chestnut
Aesculus chinensis var. chekiangensis 浙江七叶树 Chekiang Horse

Chestnut
Aesculus hippocastanum 欧洲七叶树 European Buckeye, Horse Chestnut
Aesculus turbinata 日本七叶树 Japanese Horse Chestnut
Aesculus wilsonii 天师栗 Wilson Horse Chestnut
Afgekia filipes 猪腰豆 Slenderpedicel Afgekia
Afzelia xylocarpa 缅茄 Makamong
Aganosma breviloba 贵州香花藤 Guizhou Aganosma
Aganosma cymosa 云南香花藤 Harmand Aganosma
Aganosma schlechteriana 海南香花藤 Hainan Aganosma
Aganosma siamensis 广西香花藤 Guangxi Aganosma
Agapetes lacei 灯笼花 Lantern Flower
Agapetes mannii 白花树萝卜 Whiteflower Agapetes
Agapetes pensilis 倒挂树萝卜 Pendent Agapetes
Agaricus arvensis 田野蘑菇 Horse Mushroom
Agaricus bisporus 双孢蘑菇 Button Mushroom, Champignon Mushroom, Crimini Mushroom
Agaricus campestris 野蘑菇 Field Mushroom, Meadow Mushroom
Agaricus placomyces 双环林地蘑菇 Double Ring Mushroom
Agaricus subrufescens 赭鳞蘑菇 Almond Mushroom, Himematsutake
Agaricus subrutilescens 紫红蘑菇 Wine-Colored Agaricus
Agastache rugosa 藿香 Wrinkled Giant Hyssop
Agave americana 龙舌兰 Century Plant, Maguey
Agave americana var. variegata 金边龙舌兰 Vatiegated Century Plant
Agave angustifolia 狭叶龙舌兰 Narrowleaf Agave
Agave cantula 马盖麻 Cantala
Agave sisalana 剑麻 Sisal
Agelaea trinervis 栗豆藤 Trinervate Agelaea
Ageratina adenophora 紫茎泽兰 Crofton Weed
Ageratum conyzoides 霍香蓟 Billygoat Weed
Ageratum houstonianum 熊耳草 Flossflower
Aglaia odorata 米仔兰 Chu-Lan Tree
Aglaonema modestum 广东万年青 Chinese Evergreen
Aglaonema simplex 越南万年青 Malayan Sword
Agrimonia coreana 托叶龙芽草 Korean Agrimonia
Agrimonia eupatoria subsp. asiatica 大花龙芽草 Asiatic Agrimonia
Agrimonia nipponica var. occidentalis 小花龙芽草 Littleflower Agrimonia
Agrimonia pilosa 龙芽草 Hairyvein Agrimonia
Agrimonia pilosa var. nepalensis 黄龙尾 Nepal Agrimonia
Agriophyllum lateriflorum 侧花沙蓬 Lateralflower Agriophyllum
Agriophyllum minus 小沙蓬 Small Agriophyllum
Agriophyllum squarrosum 沙蓬 Squarrose Agriophyllum
Agrocybe cylindracea 柱状田头菇 Velvet Pioppino
Agropyron cristatum 冰草 Crested Wheatgrass
Agropyron desertorum 沙生冰草 Desert Wheatgrass
Agropyron mongolicum 沙芦草 Mongolian Wheatgrass
Agrostemma githago 麦仙翁 Cockle
Agrostis matsumurae 剪股颖 Matsumura Bentgrass
Aidia cochinchinensis 茜树 Cochinchinese Aidia
Aidia salicifolia 柳叶香楠 Willow-Leaved Aidia
Ailanthus altissima 臭椿 Tree Of Heaven
Ailanthus altissima var. sutchuenensis 大果臭椿 Sutchuen Ailanthus
Ailanthus altissima var. tanakai 台湾臭椿 Tanaka Ailanthus
Ailanthus triphysa 岭南臭椿 White Bean
Ailanthus vilmoriniana 刺臭椿 Spiny Ailanthus
Ainsliaea bonatii 心叶兔儿风 Cordateleaf Ainsliaea
Ainsliaea elegans 秀丽兔儿风 Elegant Ainsliaea
Ainsliaea elegans var. strigosa 红毛兔儿风 Strigose Ainsliaea
Ainsliaea fragrans 杏香兔儿风 Fragrant Ainsliaea
Ainsliaea glabra 光叶兔儿风 Glabrous Ainsliaea
Ainsliaea gracilis 纤枝兔儿风 Slender Ainsliaea
Ainsliaea grossedentata 粗齿兔儿风 Largetooth Ainsliaea
Ainsliaea henryi 长穗兔儿风 Henry's Ainsliaea
Ainsliaea lancifolia 穆坪兔儿风 Lanceleaf Ainsliaea
Ainsliaea latifolia 宽叶兔儿风 Broadleaf Ainsliaea
Ainsliaea macroclinidioides 灯台兔儿风 Lampstand Ainsliaea
Ainsliaea pertyoides 腋花兔儿风 Pertybush-Like Ainsliaea
Ainsliaea pertyoides var. albotomentosa 白背兔儿风 Whitehair Ainsliaea
Ainsliaea rubrifolia 红背兔儿风 Redleaf Ainsliaea
Ainsliaea rubrinervis 红脉兔儿风 Rednerve Ainsliaea
Ainsliaea spicata 细穗兔儿风 Spicate Ainsliaea
Ainsliaea walkeri 华南兔儿风 Walker's Ainsliaea
Ainsliaea yunnanensis 云南兔儿风 Yunnan Ainsliaea
Ajania achilloides 蓍状亚菊 Yarrow-Like Ajania
Ajania myriantha 多花亚菊 Manyflower Ajania
Ajania parviflora 束伞亚菊 Smallflower Ajania
Ajania quercifolia 栎叶亚菊 Oakleaf Ajania
Ajania salicifolia 柳叶亚菊 Willowleaf Ajania
Ajania tenuifolia 细叶亚菊 Slenderleaf Ajania
Ajania variifolia 异叶亚菊 Variableleaf Ajania
Ajuga bracteosa 九味一枝蒿 Manybracteole Bugle
Ajuga campylantha 弯花筋骨草 Cruve-Flowered Bugle
Ajuga campylanthoides 康定筋骨草 Kangting Bugle
Ajuga ciliata 筋骨草 Ciliate Bugle
Ajuga ciliata var. glabrescens 微毛筋骨草 Pubescent Ciliate Bugle
Ajuga ciliata var. hirta 长毛筋骨草 Villous Ciliate Bugle
Ajuga decumbens 金疮小草 Decumbent Bugle
Ajuga forrestii 痢止蒿 Forrest Bugle
Ajuga linearifolia 线叶筋骨草 Linearleaf Bugle
Ajuga lobata 匍枝筋骨草 Lobed Bugle
Ajuga lupulina 白苞筋骨草 Whitebract Bugle
Ajuga lupulina f. humilis 矮小白苞筋骨草 Dwarf Whitebract Bugle
Ajuga lupulina var. major 齿苞筋骨草 Dentatebract Bugle
Ajuga macrosperma 大籽筋骨草 Bigseed Bugle
Ajuga macrosperma var. thomsonii 无毛大籽筋骨草 Glabrous Bigseed Bugle
Ajuga multiflora 多花筋骨草 Manyflower Bugle
Ajuga nipponensis 紫背金盘 Japanese Bugle
Ajuga pantantha 散瘀草 Sanyucao
Akebia longeracemosa 长序木通 Longraceme Akebia
Akebia quinata 木通 Fiveleaf Akebia
Akebia trifoliata 三叶木通 Threeleaf Akebia
Akebia trifoliata subsp. australis 白木通 Southern Akebia
Alangium chinense 八角枫 Chinese Alangium
Alangium chinense subsp. pauciflorum 稀花八角枫 Fewflower Chinese Alangium
Alangium faberi 小花八角枫 Faber Alangium
Alangium faberi var. heterophyllum 异叶八角枫 Heterophyllous Faber Alangium
Alangium faberi var. platyphyllum 阔叶八角枫 Broadleaf Faber Alangium
Alangium kurzii 毛八角枫 Kurz Alangium
Alangium kurzii var. handelii 云山八角枫 Handel Kurz Alangium
Alangium platanifolium 瓜木 Lobedleaf Alangium
Alangium salviifolium 土坛树 Sageleaf Alangium

Albertisia laurifolia 崖藤 Laurelleaf Albertisia
Albizia chinensis 楹树 Chinese Albizzia
Albizia corniculata 天香藤 Corniculate Albizia
Albizia julibrissin 合欢 Silk Tree
Albizia kalkora 山槐 Kalkora Mimosa
Albizia lebbeck 阔荚合欢 Woman's Tongue Tree
Albizia mollis 毛叶合欢 Hairy Albizia
Albizia odoratissima 香合欢 Black Siris
Albizia procera 黄豆树 White Siris
Alcea rosea 蜀葵 Hollyhock
Alchemilla japonica 羽衣草 Japanese Lady's Mantle
Alchornea davidii 山麻杆 David Alchornea
Alchornea rugosa 羽脉山麻杆 Rugose Alchornea
Alchornea trewioides 红背山麻杆 Redback Alchornea
Alectoria ochroleuca 金黄树发 Green Witch's Hair
Aletris alpestris 高山粉条儿菜 Alpine Aletris
Aletris cinerascens 灰鞘粉条儿菜 Cinerary-Sheath Aletris
Aletris glabra 无毛粉条儿菜 Glabrous Aletris
Aletris gracilis 星花粉条儿菜 Starflower Aletris
Aletris laxiflora 疏花粉条儿菜 Laxflower Aletris
Aletris pauciflora 少花粉条儿菜 Fewflower Aletris
Aletris pauciflora var. khasiana 穗花粉条儿菜 Khas Aletris
Aletris scopulorum 短柄粉条儿菜 Cliff Aletris
Aletris spicata 粉条儿菜 Spike-Like Aletris
Aletris stenoloba 狭瓣粉条儿菜 Narrowlobe Aletris
Aleurites moluccana 石栗 Candlenut Tree
Aleuritopteris anceps 粉背蕨 Aleuropteris
Aleuritopteris argentea 银粉背蕨 Silvery Aleurotopteris
Aleuritopteris kuhnii 华北粉背蕨 Kuhn's Aleuritopteris
Aleuritopteris rufa 棕毛粉背蕨 Brown-Haired Aleuritopteris
Aleuritopteris shensiensis 陕西粉背蕨 Shanxi Aleuropteris
Aleuritopteris squamosa 毛叶粉背蕨 Scaly Aleuritopteris
Aleuritopteris subvillosa 绒毛粉背蕨 Villous Aleuritopteris
Alhagi camelorum 骆驼刺 Camelthorn
Alisma canaliculatum 窄叶泽泻 Channelled Water Plantain
Alisma gramineum 草泽泻 Grass-Leaved Water Plantain, Ribbon-Leaved Water Plantain
Alisma lanceolatum 膜果泽泻 Lanceolate Water Plantain
Alisma orientale 东方泽泻 Oriental Water Plantain
Alisma plantago-aquatica 泽泻 Common Water Plantain
Allamanda cathartica 软枝黄蝉 Common Allamanda
Allamanda schottii 黄蝉 Small Allamanda
Allantodia chinensis 中华短肠蕨 Chinese Allantodia
Allantodia dilatata 膨大短肠蕨 Dilated Allantodia
Allardia glabra 西藏扁芒菊 Glabrous Allardia
Allium altaicum 阿尔泰葱 Altai Onion
Allium anisopodium 矮韭 Dwarf Onion
Allium anisopodium var. zimmermannianum 糙葶韭 Scabrous-Scape Onion
Allium atrosanguineum 蓝苞葱 Bluespathe Onion
Allium bidentatum 砂韭 Bidentate Onion
Allium caeruleum 棱叶韭 Blue Globe Onion
Allium cepa 洋葱 Onion, Garden Onion
Allium cepa var. aggregatum 火葱 Shallot, Potato Onion
Allium chinense 藠头 Chinese Onion
Allium chrysanthum 野葱 Yellowflower Onion
Allium chrysocephalum 折被韭 Goldenhead Garlic Chives
Allium cyaneum 天蓝韭 Dark Blue Garlic
Allium fasciculatum 粗根韭 Fasciculate-Root Onion
Allium fistulosum 葱 Scallion, Welsh Onin
Allium funckiifolium 玉簪叶韭 Funkia-Leaved Onion
Allium glomeratum 头花韭 Glomerate Onion
Allium hookeri 宽叶韭 Hooker Onion
Allium longistylum 长柱韭 Longstyle Onion
Allium macranthum 大花韭 Largeflower Onion
Allium macrostemon 薤白 Longstamen Onion
Allium mairei 滇韭 Maire Onion
Allium mongolicum 蒙古韭 Mongolian Onion
Allium neriniflorum 长梗韭 Longpedicel Onion
Allium ovalifolium 卵叶韭 Ovateleaf Onion
Allium paepalanthoides 天蒜 Longbeak Onion
Allium pallasii 小山蒜 Pallas Onion
Allium plurifoliatum 多叶韭 Manyleaf Onion
Allium polyrhizum 碱韭 Clustered-Bulb Onion
Allium prattii 太白韭 Pratt Onion
Allium przewalskianum 青甘韭 Przewalsk Onion
Allium ramosum 野韭 Fragrant-Flowered Garlic
Allium sativum 蒜 Garlic
Allium schoenoprasoides 类北葱 Chive-Like Onion
Allium schoenoprasum 北葱 Chive
Allium senescens 山韭 Mountain Garlic
Allium sikkimense 高山韭 Sikkim Onion
Allium strictum 辉韭 Stiff Onion
Allium tenuissimum 细叶韭 Thinleaf Onion
Allium thunbergii 球序韭 Thunberg Onion
Allium tuberosum 韭菜 Chinese Chives, Garlic Chives
Allium tulipifolium 郁金叶蒜 Tulipleaf Garlic
Allium victorialis 茖葱 Victory Onion
Allium wallichii 多星韭 Himalayan Onion
Allomorphia balansae 异形木 Balansa Allomorphia
Allophylus caudatus 波叶异木患 Caudate Allophylus
Allophylus cobbe var. velutinus 滇南异木患 Diannan Allophylus
Allophylus longipes 长柄异木患 Long-petioled Allophylus
Allophylus repandifolius 单叶异木患 Unifoliolate Allophylus
Allophylus viridis 异木患 Virid Allophyllus
Alniphyllum fortunei 赤杨叶 Fortune Chinabells
Alnus cremastogyne 桤木 Long-Peduncled Alder
Alnus ferdinandi-coburgii 川滇桤木 Chuandian Alder
Alnus hirsuta 辽东桤木 Siberian Alder
Alnus japonica 日本桤木 Japanese Alder
Alnus lanata 毛桤木 Woolly Alder
Alnus mandshurica 东北桤木 Manshurian Alder
Alnus nepalensis 尼泊尔桤木 Nepal Alder
Alnus trabeculosa 江南桤木 Jiangnan Alder
Alocasia cucullata 尖尾芋 Chinese Taro
Alocasia longiloba 箭叶海芋 Longtube Taro
Alocasia odora 海芋 Asian Taro
Aloe arborescens var. natalensis 大芦荟 Natal Aloe
Aloe vera 芦荟 Barbados Aloe
Alopecurus aequalis 看麦娘 Shortawn Foxtail
Alopecurus japonicus 日本看麦娘 Japanese Foxtail
Alopecurus longearistatus 东北看麦娘 Manchurian Foxtail
Alpinia bambusifolia 竹叶山姜 Bamboo-Leaved Alpinia
Alpinia blepharocalyx 云南草蔻 Yunnan Alpinia
Alpinia blepharocalyx var. glabrior 光叶云南草蔻 Shinyleaf Alpinia
Alpinia brevis 小花山姜 Smallflower Alpinia
Alpinia calcarata 距花山姜 Snap Ginger
Alpinia conchigera 节鞭山姜 Lesser Alpinia

Alpinia coriandriodora 香姜 Fragrant Alpinia
Alpinia formosana 美山姜 Taiwan Alpinia
Alpinia galanga 红豆蔻 Greater Galangal
Alpinia globosa 脆果山姜 Globose Alpinia
Alpinia graminifolia 狭叶山姜 Narrowleaf Alpinia
Alpinia hainanensis 草豆蔻 Katsumada Galangal
Alpinia intermedia 光叶山姜 Glabrousleaf Alpinia
Alpinia japonica 山姜 Japanese Galangal
Alpinia kwangsiensis 长柄山姜 Kwangsi Alpinia
Alpinia maclurei 假益智 Maclure Alpinia
Alpinia malaccensis 毛瓣山姜 Malacca Alpinia
Alpinia napoensis 那坡山姜 Napo Alpinia
Alpinia nigra 黑果山姜 Blackfruit Alpinia
Alpinia oblongifolia 华山姜 Chinese Alpinia
Alpinia officinarum 高良姜 Lesser Alpinia
Alpinia oxyphylla 益智 Black Cardamom
Alpinia pinnanensis 柱穗山姜 Pinnan Alpinia
Alpinia polyantha 多花山姜 Manyflower Alpinia
Alpinia psilogyna 矮山姜 Pygmy Alpinia
Alpinia pumila 花叶山姜 Dwarf Galangal
Alpinia stachyodes 密苞山姜 Densebract Alpinia
Alpinia strobiliformis 球穗山姜 Cone-Like Alpinia
Alpinia tonkinensis 滑叶山姜 Tokin Alpinia
Alpinia zerumbet 艳山姜 Shell Ginger
Alsophila gigantea 大叶黑桫椤 Big-Leaved Alsophila
Alsophila spinulosa 桫椤 Spiny Alsophila
Alstonia macrophylla 大叶糖胶树 Deviltree Alstonia
Alstonia mairei 羊角棉 Maire Alstonia
Alstonia neriifolia 竹叶羊角棉 Bamboo Leaved Alstonia
Alstonia rostrata 盆架树 Pretty-Leaved Alstonia
Alstonia scholaris 糖胶树 Devil Tree
Alstonia yunnanensis 鸡骨常山 Yunnan Alstonia
Alternanthera bettzickiana 锦绣苋 Calico Plant
Alternanthera philoxeroides 喜旱莲子草 Alligator Weed
Alternanthera pungens 刺花莲子草 Chaff Flower, Khaki Weed
Alternanthera sessilis 莲子草 Sessile Joyweed
Althaea officinalis 药蜀葵 Marsh Mallow
Altingia chinensis 蕈树 Chinese Altingia
Altingia excelsa 细青皮 Rasamala
Altingia gracilipes 细柄蕈树 Slenderstalk Altingia
Altingia yunnanensis 云南蕈树 Yunnan Altingia
Alysicarpus bupleurifolius 柴胡叶链荚豆 Bupleurum-Leaved Alysicarpus
Alysicarpus rugosus 皱缩链荚豆 Wrinkled Alysicarpus
Alysicarpus vaginalis 链荚豆 Alyce Clover
Alyxia levinei 筋藤 Levine Alyxia
Alyxia odorata 海南链珠藤 Odorate Alyxia
Alyxia schlechteri 狭叶链珠藤 Narrow-Leaved Alyxia
Alyxia siamensis 长序链珠藤 Thailand Alyxia
Alyxia sinensis 链珠藤 Alyxia
Amalocalyx microlobus 毛车藤 Amalocalyx
Amaranthus blitum 凹头苋 Livid Amaranth
Amaranthus caudatus 尾穗苋 Love-Lies-Bleeding
Amaranthus cruentus 繁穗苋 Blood Amaranth
Amaranthus hybridus 绿穗苋 Hybrid Amaranth
Amaranthus hypochondriacus 千穗谷 Princes Feather
Amaranthus patulus 青苋 Spreading Amaranth
Amaranthus retroflexus 反枝苋 Redroot Amaranth
Amaranthus spinosus 刺苋 Spiny Amaranth
Amaranthus tricolor 苋 Chinese Spinach
Amaranthus viridis 皱果苋 Green Amaranth
Amauroderma rude 皱盖假芝 Cockscomb Varnish Shelf
Amauroderma rugosum 假芝 Cockscomb Varnish Shelf
Amblynotus rupestris 钝背草 Common Amblynotus
Amblystegium serpens 柳叶藓 Amblystegium Moss
Ambroma augustum 昂天莲 Devil's Cotton
Amelanchier asiatica 东亚唐棣 Asiatic Serviceberry
Amelanchier sinica 唐棣 Chinese Serviceberry
Amentotaxus argotaenia 穗花杉 Catkin Yew
Amentotaxus formosana 台湾穗花杉 Taiwan Catkin Yew
Amethystea coerulea 水棘针 Amethystea
Amischotolype hispida 穿鞘花 Hispid Amischotolype
Amitostigma basifoliatum 四裂无柱兰 Baseleaf Amitostigma
Amitostigma gracile 无柱兰 Slender Amitostigma
Amitostigma monanthum 一花无柱兰 Oneflower Amitostigma
Amitostigma pinguiculum 大花无柱兰 Largeflower Amitostigma
Ammannia arenaria 耳基水苋菜 Eared Redstem
Ammannia baccifera 水苋菜 Monarch Redstem
Ammopiptanthus mongolicus 沙冬青 Mongolian Ammopiptanthus
Ammopiptanthus nanus 小沙冬青 Dwarf Ammopiptanthus
Amomum austrosinense 三叶豆蔻 Three Leaf Amomum
Amomum chinense 海南假砂仁 False Hainan Amomum
Amomum compactum 爪哇白豆蔻 Round Cardamom
Amomum dolichanthum 长花豆蔻 Longflower Amomum
Amomum gagnepainii 长序砂仁 Longspike Amomum
Amomum koenigii 野草果 Koenig Amomum
Amomum kwangsiense 广西砂仁 Kwangsi Amomum
Amomum longiligulare 海南砂仁 Hainan Amomum
Amomum longipetiolatum 长柄豆蔻 Longpetiole Amomum
Amomum maximum 九翅豆蔻 Ninewing Amomum
Amomum microcarpum 细砂仁 Smallfruit Amomum
Amomum muricarpum 疣果豆蔻 Wartyfruit Amomum
Amomum neoaurantiacum 红壳砂仁 Redfruit Amomum
Amomum odontocarpum 波翅豆蔻 Toothed-Fruit Amomum
Amomum subulatum 香豆蔻 Large Cardamom
Amomum testaceum 白豆蔻 Whitefruit Amomum
Amomum tsaoko 草果 Tsaoko
Amomum villosum 砂仁 Villous Amomum
Amomum villosum var. xanthioides 缩砂密 Bastard Cardamon
Amorpha fruticosa 紫穗槐 Indigo Bush
Amorphophallus albus 白磨芋 White Giant Arum
Amorphophallus dunnii 南蛇棒 Dunn Giant Arum
Amorphophallus henryi 台湾磨芋 Henry Giant Arum
Amorphophallus kiusianus 东亚磨芋 East-Asian Giant Arum
Amorphophallus konjac 磨芋 Rivier Giant Arum
Amorphophallus paeoniifolius 疣柄磨芋 Whitespot Giant Arum
Amorphophallus yunnanensis 滇磨芋 Yunnan Giant Arum
Ampelocalamus actinotrichus 射毛悬竹 Rayhair Ampelocalamus
Ampelocissus artemisiifolia 酸蔹藤 Artemisia-Leaved Ampelocissus
Ampelopsis aconitifolia 乌头叶蛇葡萄 Monkshood Vine
Ampelopsis bodinieri 蓝果蛇葡萄 Bodinier Ampelopsis
Ampelopsis bodinieri var. cinerea 灰毛蛇葡萄 Glaucous-Hair Ampelopsis
Ampelopsis cantoniensis 广东蛇葡萄 Canton Ampelopsis
Ampelopsis chaffanjonii 羽叶蛇葡萄 Chaffanijon Ampelopsis
Ampelopsis delavayana 三裂蛇葡萄 Delavay Ampelopsis
Ampelopsis delavayana var. glabra 掌裂蛇葡萄 Glabrous Delavay

Ampelopsis
Ampelopsis delavayana var. setulosa 毛三裂蛇葡萄 Hairy Delavay Ampelopsis
Ampelopsis glandulosa 蛇葡萄 Glandular Ampelopsis
Ampelopsis glandulosa var. brevipedunculata 东北蛇葡萄 Porcelain Berry
Ampelopsis glandulosa var. hancei 光叶蛇葡萄 Hance Ampelopsis
Ampelopsis glandulosa var. heterophylla 异叶蛇葡萄 Diversifolious Ampelopsis
Ampelopsis glandulosa var. kulingensis 牯岭蛇葡萄 Kuling Ampelopsis
Ampelopsis grossedentata 显齿蛇葡萄 Large-Toothed Ampelopsis
Ampelopsis humulifolia 葎叶蛇葡萄 Hopleaf Ampelopsis
Ampelopsis japonica 白蔹 Japanese Ampelopsis
Ampelopsis megalophylla 大叶蛇葡萄 Largeleaf Ampelopsis
Ampelopsis rubifolia 毛枝蛇葡萄 Hairybranch Ampelopsis
Ampelopteris prolifera 星毛蕨 Prolific Ampelopteris
Amphicarpaea edgeworthii 两型豆 Edgeworth Hogpeanut
Amsonia elliptica 水甘草 Elliptic Amsonia
Amydrium hainanense 穿心藤 Hainan Amydrium
Amydrium sinense 雷公连 Chinese Amydrium
Amygdalus communis 扁桃 Almond
Amygdalus davidiana 山桃 David Peach
Amygdalus ferganensis 新疆桃 Xinjiang Peach
Amygdalus kansuensis 甘肃桃 Kansu Peach
Amygdalus mira 光核桃 Smoothpit Peach
Amygdalus mongolica 蒙古扁桃 Mongolian Peach
Amygdalus pedunculata 长梗扁桃 Longstalk Peach
Amygdalus persica 桃 Peach
Amygdalus persica var. compressa 蟠桃 Flat Peach
Amygdalus triloba 榆叶梅 Flowering Almond
Anabasis aphylla 无叶假木贼 Leafless Anabasis
Anabasis brevifolia 短叶假木贼 Shortleaf Anabasis
Anabasis truncata 展枝假木贼 Truncate Anabsis
Anacardium occidentale 腰果 Common Cashew
Anagallis arvensis 琉璃繁缕 Scarlet Pimpernel
Ananas comosus 菠萝 Pineapple
Anaphalis aureopunctata 黄腺香青 Yellow-Punctate Pearly Everlasting
Anaphalis aureopunctata var. atrata 黑鳞黄腺香青 Blackscale Pearly Everlasting
Anaphalis bicolor 二色香青 Bicolor Pearly Everlasting
Anaphalis bulleyana 粘毛香青 Stickyhair Pearly Everlasting
Anaphalis busua 蛛毛香青 Arachnoid Pearly Everlasting
Anaphalis contorta 旋叶香青 Coiledleaf Pearly Everlasting
Anaphalis flavescens 淡黄香青 Yellowish Pearly Everlasting
Anaphalis gracilis 纤枝香青 Slenderbranch Pearly Everlasting
Anaphalis gracilis var. aspera 糙叶纤枝香青 Asperous Slederbranch Pearly Everlasting
Anaphalis hancockii 铃铃香青 Hancock's Pearly Everlasting
Anaphalis lactea 乳白香青 Milkywhite Pearly Everlasting
Anaphalis latialata 宽翅香青 Broadwing Pearly Evenlasting
Anaphalis margaritacea 珠光香青 Pearly Everlasting
Anaphalis margaritacea var. cinnamomea 黄褐珠光香青 Cinnamon Pearly Everlasting
Anaphalis nepalensis 尼泊尔香青 Nepal Pearly Everlasting
Anaphalis nepalensis var. corymbosa 伞花尼泊尔香青 Corymbose Nepal Pearly Everlasting
Anaphalis sinica 香青 Chinese Pearly Everlasting
Anaphalis sinica var. remota 疏生香青 Distant Chinese Pearly Everlasting
Anaphalis souliei 蜀西香青 West Sichuan Pearly Everlasting
Anaphalis surculosa 萌条香青 Shooting Pearly Everlasting
Anchusa italica 牛舌草 Italian Bugloss
Anchusa officinalis 药用牛舌草 Common Bugloss
Ancylostemon convexus 凸瓣苣苔 Convexpetal Ancylostemon
Ancylostemon saxatilis 直瓣苣苔 Cliff Ancylostemon
Andrographis laxiflora 疏花穿心莲 Lax-Flowered Andrographis
Andrographis paniculata 穿心莲 Creat, Green Chirayta, King Of Bitters
Andropogon chinensis 华须芒草 Chinese Bluestem
Androsace alchemilloides 花叶点地梅 Alchemilla-Like Rock Jasmine
Androsace bisulca 昌都点地梅 Changdu Rock Jasmine
Androsace bulleyana 景天点地梅 Bulley's Rock Jasmine
Androsace dissecta 裂叶点地梅 Cutleaf Rock Jasmine
Androsace erecta 直立点地梅 Erect Rock Jasmine
Androsace filiformis 东北点地梅 Filiform Rock Jasmine
Androsace gmelinii 小点地梅 Small Rock Jasmine
Androsace henryi 莲叶点地梅 Henry's Rock Jasmine
Androsace incana 白花点地梅 White-Flowered Rock Jasmine
Androsace integra 石莲叶点地梅 Spoon-Leaved Rock Jasmine
Androsace lehmanniana 旱生点地梅 Lehmann's Rock Jasmine
Androsace mariae 西藏点地梅 Maria's Rock Jasmine
Androsace maxima 大苞点地梅 Large-Bracted Rock Jasmine
Androsace septentrionalis 北点地梅 Northern Rock Jasmine
Androsace spinulifera 刺叶点地梅 Spinyleaf Rock Jasmine
Androsace stenophylla 狭叶点地梅 Narrow-Leaved Rock Jasmine
Androsace strigillosa 糙伏毛点地梅 Strigose Rock Jasmine
Androsace tapete 垫状点地梅 Cushion Rock Jasmine
Androsace umbellata 点地梅 Umbellate Rock Jasmine
Androsace yargongensis 雅江点地梅 Yargong Rock Jasmine
Anemarrhena asphodeloides 知母 Anemarrhena
Anemone altaica 阿尔泰银莲花 Creeping Chinese Windflower
Anemone amurensis 黑水银莲花 Amur Windflower
Anemone baicalensis 毛果银莲花 Baical Windflower
Anemone begoniifolia 卵叶银莲花 Ovate-Leaved Anemone
Anemone cathayensis 银莲花 Cathayan Windflower
Anemone coelestina var. linearis 条叶银莲花 Linearleaf Windflower
Anemone davidii 西南银莲花 David Windflower
Anemone delavayi 滇川银莲花 Delavay Windflower
Anemone demissa 展毛银莲花 Pubescent Windflower
Anemone demissa var. major 宽叶展毛银莲花 Broadleaf Windflower
Anemone demissa var. villosissima 密毛银莲花 Dense-Haired Windflower
Anemone demissa var. yunnanensis 云南银莲花 Yunnan Windflower
Anemone dichotoma 二歧银莲花 Dichotomous Windflower
Anemone flaccida 鹅掌草 Flaccid Anemone
Anemone flaccida var. hirtella 展毛鹅掌草 Hairy Flaccid Anemone
Anemone flaccida var. hofengensis 鹤峰银莲花 Hofeng Windflower
Anemone geum subsp. ovalifolia 疏齿银莲花 Oval-Leaved Windflower
Anemone howellii 拟卵叶银莲花 Howell Windflower
Anemone hupehensis 打破碗花花 Hubei Windflower
Anemone hupehensis f. alba 水棉花 Waterside Windflower
Anemone hupehensis var. japonica 秋牡丹 Japanese Windflower
Anemone imbricata 叠裂银莲花 Imbricate Windflower
Anemone liangshanica 凉山银莲花 Liangshan Windflower
Anemone narcissiflora var. sibirica 卵裂银莲花 Siberian Windflower
Anemone obtusiloba 钝裂银莲花 Obtusilobous Windflower
Anemone raddeana 多被银莲花 Radde Windflower

Anemone reflexa 反萼银莲花 Refracted-Calyx Windflower
Anemone rivularis 草玉梅 Brooklet Windflower
Anemone rivularis var. flore-minore 小花草玉梅 Smallflower Brooklet Windflower
Anemone rupicola 岩生银莲花 Cliff Windflower
Anemone shikokiana 山东银莲花 Shandong Windflower
Anemone stolonifera 匐枝银莲花 Stolon-Bearing Windflower
Anemone sylvestris 大花银莲花 Snowdrop Windflower
Anemone tomentosa 大火草 Tomentose Windflower
Anemone vitifolia 野棉花 Grapeleaf Windflower
Anethum graveolens 莳萝 Dill
Angelica acutiloba 东当归 Acutilobate Angelica
Angelica amurensis 黑水当归 Amur Angelica
Angelica anomala 狭叶当归 Narrowleaf Angelica
Angelica apaensis 阿坝当归 Apa Angelica
Angelica biserrata 重齿当归 Biserrate Angelica
Angelica cartilaginomarginata 长鞘当归 Longsheath Angelica
Angelica dahurica 白芷 Dahurian Angelica
Angelica dahurica 'Hangbaizhi' 杭白芷 Hangbaizhi Angelica
Angelica dahurica 'Qibaizhi' 祁白芷 Qibaizhi Angelica
Angelica decursiva 紫花前胡 Purpleflower Angelica
Angelica decursiva f. albiflora 鸭巴前胡 Yaba Angelica
Angelica gigas 朝鲜当归 Korean Angelica
Angelica glauca 灰叶当归 Glaucous Angelica
Angelica laxifoliata 疏叶当归 Laxleaf Angelica
Angelica megaphylla 大叶当归 Bigleaf Angelica
Angelica morii 福参 Mor Angelica
Angelica nitida 青海当归 Qinghai Angelica
Angelica omeiensis 峨眉当归 Omei Angelica
Angelica oncosepala 隆萼当归 Hookedsepal Angelica
Angelica paeoniaefolia 牡丹叶当归 Paeonyleaf Angelica
Angelica polymorpha 拐芹 Polymorphic Angelica
Angelica sinensis 当归 Chinese Angelica
Angelica sylvestris 林当归 Forest Angelica
Angelica tarokoensis 太鲁阁当归 Taroko Angelica
Angelica tsinlingensis 秦岭当归 Qinling Angelica
Angelica valida 金山当归 Strong Angelica
Angiopteris caudatiformis 披针观音座莲 Tail-Leaf Angiopteris
Angiopteris fokiensis 福建观音座莲 Fujian Angiopteris
Angiopteris hokouensis 河口观音座莲 Hekou Angiopteris
Angiopteris kwangsiensis 广西观音座莲 Kwangsi Angiopteris
Angiopteris officinalis 定心散观音座莲 Medicinal Angiopteris
Angiopteris robusta 强壮观音座莲 Robust Angiopteris
Angiopteris yunnanensis 云南观音座莲 Yunnan Angiopteris
Anisocampium sheareri 华东安蕨 Shearer's Anisocamium
Anisochilus carnosus 排草香 Common Anisochilus
Anisodus acutangulus 三分三 Sharpedge Anisodus
Anisodus acutangulus var. breviflorus 三分七 Shortflower Anisodus
Anisodus luridus 铃铛子 Common Anisodus
Anisodus tanguticus 山莨菪 Tangutan Anisodus
Anisomeles indica 广防风 Indian Anisomeles
Anisopappus chinensis 山黄菊 Chinese Anisopappus
Anna ophiorrhizoides 白花大苞苣苔 Whiteflower Anna
Annamocarya sinensis 喙核桃 Chinese Annmocarya
Anneslea fragrans 茶梨 Sweet Anneslea
Annona glabra 圆滑番荔枝 Glabrous Custardapple
Annona reticulata 牛心番荔枝 Custardapple
Annona squamosa 番荔枝 Sugar Apple
Anodendron affine 鳝藤 Asian Cable Creepen
Anoectochilus emeiensis 峨眉金线兰 Omei Anoectochilus
Anoectochilus formosanus 台湾银线兰 Taiwan Jewel Orchid
Anoectochilus lanceolatus 齿唇兰 Lanceolate Anoectochilus
Anoectochilus moulmeinensis 艳丽齿唇兰 Gorgeous Anoectochilus
Anoectochilus roxburghii 金线兰 Roxburgh Anoectochilus
Anredera cordifolia 落葵薯 Cordateleaf Anredera
Antennaria dioica 蝶须 Pussytoes
Antenoron filiforme 金线草 Longhair Antenoron
Antenoron filiforme var. neofiliforme 短毛金线草 Shorthair Antenoron
Anthogonium gracile 筒瓣兰 Anthogonium
Anthriscus sylvestris 峨参 Wild Chervil
Anthriscus sylvestris subsp. nemorosa 刺果峨参 Spinyfruit Chervil
Antiaris toxicaria 见血封喉 Common Antiaris
Antidesma acidum 西南五月茶 Sour Antidesma
Antidesma bunius 五月茶 Bignay
Antidesma fordii 黄毛五月茶 Ford Antidesma
Antidesma ghaesembilla 方叶五月茶 Black Currant Tree
Antidesma japonicum 酸味子 Japanese Antidesma
Antidesma montanum 山地五月茶 Mountain Currant Tree
Antidesma montanum var. microphyllum 小叶五月茶 Small-Leaved Antidesma
Antiotrema dunnianum 长蕊斑种草 Dunn Antiotrema
Antirrhinum majus 金鱼草 Snapdragon
Antrodia albida 白薄孔菌 White Cork Polypore
Antrodia xantha 黄薄孔菌 Yellowish Thin Polypore
Antrophyum formosanum 台湾车前蕨 Taiwan Antrophyum
Antrophyum obovatum 长柄车前蕨 Longstalk Antrophyum
Aphanamixis grandifolia 大叶山楝 Largeleaf Aphanamixis
Aphanamixis polystachya 山楝 Polystachyous Aphanamixis
Aphananthe aspera 糙叶树 Scabrous Aphananthe
Apios carnea 肉色土圞儿 Flesh-Colored Apios
Apios fortunei 土圞儿 Fortune Apios
Apios macrantha 大花土圞儿 Largeflower Apios
Apios taiwaniana 台湾土圞儿 Taiwan Apios
Apium graveolens 旱芹 Celery
Apluda mutica 水蔗草 Apluda
Apocynum pictum 白麻 Common Poacynum
Apocynum venetum 罗布麻 Dogbane
Aporosa dioica 银柴 Common Aporos
Aporosa villosa 毛银柴 Villose Aporosa
Appendicula cornuta 牛齿兰 Hornbud Appendicula
Aquilaria sinensis 土沉香 Chinese Eaglewood
Aquilaria yunnanensis 云南沉香 Yunnan Eaglewood
Aquilegia atrovinosa 暗紫耧斗菜 Darkpurple Columbine
Aquilegia ecalcarata 无距耧斗菜 Spurless Columbine
Aquilegia incurvata 秦岭耧斗菜 Qinling Columbine
Aquilegia japonica 白山耧斗菜 Japanese Columbine
Aquilegia oxysepala 尖萼耧斗菜 Early Columbine
Aquilegia oxysepala var. kansuensis 甘肃耧斗菜 Kansu Columbine
Aquilegia parviflora 小花耧斗菜 Smallflower Columbine
Aquilegia sibirica 西伯利亚耧斗菜 Siberian Columbine
Aquilegia viridiflora 耧斗菜 Greenflower Columbine
Aquilegia yabeana 华北耧斗菜 Yabe Columbine
Arabidopsis thaliana 拟南芥 Common Mouse-Ear Cress
Arabis alaschanica 贺兰山南芥 Alashan Rockcress
Arabis flagellosa 匍匐南芥 Creeping Rockcress
Arabis paniculata 圆锥南芥 Paniculate Rockcress
Arabis pendula 垂果南芥 Pendentfruit Rockcress
Arabis pendula var. hypoglauca 粉绿垂果南芥 Green Pendentfruit

Rockcress
Arachis hypogaea 落花生 Peanut
Arachniodes amoena 多羽复叶耳蕨 Beautiful Arachniodes
Arachniodes exilis 刺头复叶耳蕨 Spinyhead Arachniodes
Arachniodes rhomboidea 斜方复叶耳蕨 Rhomboid Arachniodes
Arachniodes simplicior 异羽复叶耳蕨 Simple Arachniodes
Arachniodes speciosa 美丽复叶耳蕨 Showy Aarachniodes
Araiostegia pulchra 美小膜盖蕨 Beautiful Araiostegia
Araiostegia yunnanensis 云南小膜盖蕨 Yunnan Araiostegia
Aralia apioides 芹叶龙眼独活 Celeryleaf Aralia
Aralia armata 野楤头 Spiny Aralia
Aralia atropurpurea 浓紫龙眼独活 Darkpurple Aralia
Aralia cantinentalis 东北土当归 Manchurian Spikenard
Aralia chinensis 黄毛楤木 Chinese Aralia
Aralia cordata 食用土当归 Cordate Spikenard, udo, Japanese Spikenard, Spikenard
Aralia dasyphylloides 头序楤木 Tomentose-Leaved Aralia
Aralia debilis 秀丽楤木 Elegant Aralia
Aralia delavayi 云南羽叶参 Yunnan Spikenard
Aralia echinocaulis 棘茎楤木 Spinystem Aralia
Aralia elata 楤木 Japanese Angelia Tree
Aralia elata var. glabrescens 辽东楤木 Manshurian Angelica-Tree
Aralia fargesii 龙眼独活 Farges Aralia
Aralia henryi 柔毛龙眼独活 Henry Aralia
Aralia lanceolatus 锈毛羽叶参 Lanceolate Spikenard
Aralia leschenaultii 羽叶参 Leschenoult Spikenard
Aralia melanocarpa 黑果土当归 Black-Fruited Spikenard
Aralia spinifolia 长刺楤木 Spiny-Leaved Aralia
Aralia stipulata 白背叶楤木 Stipulate Aralia
Aralia tomentella 马肠子树 Fulvous-Hairy Spikenard
Aralia undulata 波缘楤木 Undulate Aralia
Aralia wilsonii 西南羽叶参 Wilson Spikenard
Aralia yunnanensis 云南龙眼独活 Yunnan Aralia
Arcangelisia gusanlung 古山龙 Gusanlung
Archangelica brevicaulis 短茎古当归 Shortstem Archangelica
Archangelica decurrens 下延叶古当归 Decurrent Archangelica
Archangiopteris henryi 亨利原始观音座莲 Henry's Archangiopteris
Archidendron turgidum 大叶合欢 Turgid Archidendron
Archiphysalis sinensis 地海椒 Chinese Archiphysalis
Archontophoenix alexandrae 假槟榔 Alexandra Palm
Arctium lappa 牛蒡 Burdock
Arctium tomentosum 毛头牛蒡 Woolly Burdock
Ardisia affinis 细罗伞 Slender Marlberry
Ardisia alyxiifolia 少年红 Alyxia-Leaved Marlberry
Ardisia brevicaulis 九管血 Short-Stemed Marlberry
Ardisia brunnescens 凹脉紫金牛 Brown Marlberry
Ardisia caudata 尾叶紫金牛 Caudate-Leaved Marlberry
Ardisia chinensis 小紫金牛 Chinese Marlberry
Ardisia corymbifera 伞形紫金牛 Corymbose Marlberry
Ardisia crassinervosa 粗脉紫金牛 Thick-Nerved Marlberry
Ardisia crenata 朱砂根 Coral Ardisia
Ardisia crispa 百两金 Crispate Marlberry
Ardisia densilepidotula 密鳞紫金牛 Dense-Scaly Marlberry
Ardisia depressa 圆果紫金牛 Depressed Marlberry
Ardisia ensifolia 剑叶紫金牛 Swordleaf Marlberry
Ardisia faberi 月月红 Faber's Marlberry
Ardisia filiformis 狭叶紫金牛 Narrowleaf Marlberry
Ardisia fordii 灰色紫金牛 Ford's Marlberry
Ardisia garrettii 小乔木紫金牛 Garrett's Marlberry
Ardisia gigantifolia 走马胎 Largeleaf Marlberry
Ardisia hanceana 大罗伞树 Hance's Marlberry
Ardisia humilis 矮紫金牛 Dwarf Marlberry
Ardisia japonica 紫金牛 Marlberry
Ardisia lindleyana 山血丹 Lindley's Marlberry
Ardisia maclurei 心叶紫金牛 Maclure's Marlberry
Ardisia maculosa 珍珠伞 Spotted Marlberry
Ardisia mamillata 虎舌红 Mamillate Marlberry
Ardisia polysticta 纽子果 Buttonfruit Marlberry
Ardisia primulifolia 莲座紫金牛 Primrose-Leaved Marlberry
Ardisia pusilla 九节龙 Small Marlberry
Ardisia quinquegona 罗伞树 Five-Angled Marlberry
Ardisia thyrsiflora 南方紫金牛 Thyrsoid Marlberry
Ardisia villosa 雪下红 Villose Marlberry
Areca catechu 槟榔 Betel Palm
Arenaria barbata 髯毛无心菜 Barbate Sandwort
Arenaria capillaris 毛叶老牛筋 Hairleaf Sandwort
Arenaria forrestii 西南无心菜 Forrest Sandwort
Arenaria juncea 老牛筋 Rush Sandwort
Arenaria kansuensis 甘肃雪灵芝 Kansu Sandwort
Arenaria quadridentata 四齿无心菜 Fourtooth Sandwort
Arenaria roborowskii 青藏雪灵芝 Roborowski Sandwort
Arenaria serpyllifolia 无心菜 Thyme-Leaved sandwort
Arenga caudata 双籽棕 Dwarf Sugar Palm, Miniature Sugar Palm
Arenga westerhoutii 桄榔 Westerhout's Sugar Palm
Argemone mexicana 蓟罂粟 Mexican Prickly-Poppy
Argyreia acuta 白鹤藤 Acute Asiaglory
Argyreia capitiformis 头花银背藤 Capitate-Flowered Asiaglory
Argyreia mollis 银背藤 Bluntleaf Asiaglory
Argyreia pierreana 东京银背藤 Whiteflower Asiaglory
Arisaema amurense 东北南星 Amur Arisaema
Arisaema aridum 旱生南星 Arid-Living Arisaema
Arisaema asperatum 刺柄南星 Scabrous Arisaema
Arisaema auriculatum 长耳南星 Auriculate Arisaema
Arisaema austroyunnanense 滇南星 South Yunnan Arisaema
Arisaema biauriculatum 双耳南星 Two-Auricled Arisaema
Arisaema bockii 灯台莲 Bock Arisaema
Arisaema calcareum 红根南星 Calcicole Arisarma
Arisaema candidissimum 白苞南星 Whitespathe Arisaema
Arisaema ciliatum 缘毛南星 Ciliate Arisaema
Arisaema clavatum 棒头南星 Clavate Arisaema
Arisaema concinnum 皱序南星 Wrinkledspadix Arisaema
Arisaema costatum 多脉南星 Manyvein Arisaema
Arisaema decipiens 雪里见 Peculiar Arisaema
Arisaema echinatum 刺棒南星 Echinate Arisaema
Arisaema elephas 象南星 Elephant-Nose Arisaema
Arisaema erubescens 一把伞南星 Reddish Arisaema
Arisaema exappendiculatum 圈药南星 Coiledanther Arisaema
Arisaema fargesii 螃蟹七 Farges Arisaema
Arisaema flavum 黄苞南星 Yellowspathe Arisaema
Arisaema franchetianum 象头花 Franchet Arisaema
Arisaema heterophyllum 天南星 Diversifolious Arisaema
Arisaema hunanense 湘南星 Hunan Arisaema
Arisaema intermedium 高原南星 Plateau Arisaema
Arisaema jacquemontii 藏南绿南星 Jacquemont Arisaema
Arisaema lichiangense 丽江南星 Likiang Arisaema
Arisaema lingyunense 凌云南星 Lingyun Arisaema
Arisaema lobatum 花南星 Lobed Arisaema
Arisaema nepenthoides 猪笼南星 Nepenthes-Like Arisaema

Arisaema penicillatum 画笔南星 Brush-Like Arisaema
Arisaema peninsulae 细齿南星 Peninsular Arisaema
Arisaema petiolulatum 三匹箭 Petiolulate Arisaema
Arisaema prazeri 河谷南星 Prazer Arisaema
Arisaema ringens 普陀南星 Puto Arisaema
Arisaema saxatile 银南星 Cliff Arisaema
Arisaema silvestrii 云台南星 Yuntai Arisaema
Arisaema sinii 瑶山南星 Sin Arisaema
Arisaema tortuosum 曲序南星 Twistedspadix Arisaema
Arisaema wardii 隐序南星 Ward Arisaema
Arisaema wilsonii 川中南星 Wilson Arisaema
Arisaema yunnanense 山珠南星 Yunnan Arisaema
Aristida chinensis 华三芒草 Chinese Threeawn
Aristolochia championii 长叶马兜铃 Longleaf Dutchman's Pipe
Aristolochia chlamydophylla 苞叶马兜铃 Cloak-Leaved Dutchman's Pipe
Aristolochia contorta 北马兜铃 Northern Dutchman's Pipe
Aristolochia cucurbitifolia 瓜叶马兜铃 Melonleaf Dutchman's Pipe
Aristolochia cucurbitoides 葫芦叶马兜铃 Calabashleaf Dutchman's Pipe
Aristolochia debilis 马兜铃 Slender Dutchman's Pipe
Aristolochia delavayi 贯叶马兜铃 Smallflower Dutchman's Pipe
Aristolochia fangchi 广防己 Fangchi
Aristolochia fordiana 通城虎 Ford Dutchman's Pipe
Aristolochia fujianensis 福建马兜铃 Fujian Dutchman's Pipe
Aristolochia gentilis 优贵马兜铃 Gentil Dutchman's Pipe
Aristolochia griffithii 西藏马兜铃 Tibetan Dutchman's Pipe
Aristolochia hainanensis 海南马兜铃 Hainan Dutchman's Pipe
Aristolochia howii 南粤马兜铃 How's Dutchman's Pipe
Aristolochia impressinervis 凹脉马兜铃 Impressed-Vein Dutchman's Pipe
Aristolochia kaempferi 大叶马兜铃 Kaempfer Dutchman's-Pipe
Aristolochia kunmingensis 昆明马兜铃 Kunming Dutchman's Pipe
Aristolochia kwangsiensis 广西马兜铃 Kwangsi Dutchman's Pipe
Aristolochia longgangensis 弄岗马兜铃 Longgon Dutchman's Pipe
Aristolochia manshuriensis 木通马兜铃 Manchurian Dutchman's Pipe
Aristolochia mollissima 寻骨风 Woolly Dutchman's-Pipe
Aristolochia moupinensis 宝兴马兜铃 Moupin Dutchman's Pipe
Aristolochia obliqua 偏花马兜铃 Oblique-Flower Dutchman's Pipe
Aristolochia ovatifolia 卵叶马兜铃 Eggleaf Dutchman's Pipe
Aristolochia petelotii 滇南马兜铃 Petelot Dutchman's Pipe
Aristolochia polymorpha 多型叶马兜铃 Manyform Dutchman's Pipe
Aristolochia saccata 管兰香 Saccate Dutchman's Pipe
Aristolochia scytophylla 革叶马兜铃 Coriaceousleaf Dutchman's Pipe
Aristolochia tagala 耳叶马兜铃 Ovalleaf Dutchman's Pipe
Aristolochia thibetica 川西马兜铃 Tibetan Dutchman's Pipe
Aristolochia thwaitesii 海边马兜铃 Seacoast Dutchman's Pipe
Aristolochia transsecta 粉质花马兜铃 Powderyflower Dutchman's Pipe
Aristolochia tuberosa 背蛇生 Tuberous Dutchman's Pipe
Aristolochia tubiflora 管花马兜铃 Tubeflower Dutchman's Pipe
Aristolochia utriformis 囊花马兜铃 Utricularflower Dutchman's Pipe
Aristolochia versicolor 变色马兜铃 Versicolor Dutchman's Pipe
Aristolochia westlandii 香港马兜铃 Hongkong Dutchman's Pipe
Armeniaca holosericea 藏杏 Silky Apricot
Armeniaca mandshurica 东北杏 Manchurian Apricot
Armeniaca mume 梅 Chinese Plum
Armeniaca sibirica 山杏 Siberian Apricot
Armeniaca sibirica var. pubescens 毛杏 Hairy Siberian Apricot
Armeniaca vulgaris 杏 Apricot
Armeniaca vulgaris var. ansu 野杏 Wild Apricot
Armillaria mellea 蜜环菌 Honey Fungus, Honey Mushroom
Armillaria tabescens 假蜜环菌 Ringless Honey Fungus
Armoracia rusticana 辣根 Horseradish
Arnebia decumbens 硬萼软紫草 Hardcalyx Arnebia
Arnebia euchroma 软紫草 Sinkiang-Tibet Arnebia
Arnebia fimbriata 灰毛软紫草 Greyhair Arnebia
Arnebia guttata 黄花软紫草 Common Arnebia
Arnebia szechenyi 疏花软紫草 Sparseflower Arnebia
Arnebia tschimganica 天山软紫草 Tianshan Arnebia
Artabotrys hexapetalus 鹰爪花 Ylang Ylang Vine
Artabotrys hongkongensis 香港鹰爪花 Hongkong Tailgrape
Artemisia absinthium 中亚苦蒿 Common Wormwood
Artemisia adamsii 东北丝裂蒿 Adams Wormwood
Artemisia anethifolia 碱蒿 Dillleaf Wormwood
Artemisia anethoides 莳萝蒿 Dill-Like Wormwood
Artemisia angustissima 狭叶牡蒿 Narrowleaf Wormwood
Artemisia annua 黄花蒿 Sweet Wormwood, Sweet Sagewort
Artemisia anomala 奇蒿 Diverse Wormwood
Artemisia anomala var. tomentella 密毛奇蒿 Tomentose Diverse Wormwood
Artemisia argyi 艾 Chinese Mugwort
Artemisia argyi var. gracilis 朝鲜艾 Korean Wormwood
Artemisia atrovirens 暗绿蒿 Darkgreen Wormwood
Artemisia brachyloba 山蒿 Shortlobe Wormwood
Artemisia capillaris 茵陈蒿 Capillary Wormwood
Artemisia carvifolia 青蒿 Celery Wormwood
Artemisia carvifolia var. schochii 大头青蒿 Bighead Celery Wormwood
Artemisia conaensis 错那蒿 Cona Wormwood
Artemisia demissa 纤杆蒿 Low Wormwood
Artemisia desertorum 沙蒿 Desert Wormwood
Artemisia desertorum var. tongolensis 东俄洛沙蒿 Tongol Desert Wormwood
Artemisia deversa 侧蒿 Deversa Wormwood
Artemisia dracunculus 龙蒿 Tarragon
Artemisia dracunculus var. turkestanica 宽裂龙蒿 Turkestan Tarragon
Artemisia dubia 牛尾蒿 Oxtail Wormwood
Artemisia dubia var. subdigitata 无毛牛尾蒿 Subdigitate Wormwood
Artemisia edgeworthii 直茎蒿 Erectstem Wormwood
Artemisia emeiensis 峨眉蒿 Emei Wormwood
Artemisia eriopoda 南牡蒿 Woollystalk Wormwood
Artemisia fauriei 海州蒿 Haizhou Wormwood
Artemisia frigida 冷蒿 Fringed Sagebrush
Artemisia gilvescens 湘赣艾 Gilvescens Wormwood
Artemisia gmelinii 细裂叶莲蒿 Gmelin's Wormwood
Artemisia halodendron 盐蒿 Salt-Living Wormwood
Artemisia hedinii 臭蒿 Hedin's Wormwood
Artemisia igniaria 歧茎蒿 Forkstem Wormwood
Artemisia indica 五月艾 Indian Artemisia
Artemisia integrifolia 柳叶蒿 Willowleaf Wormwood
Artemisia japonica 牡蒿 Japanese Wormwood
Artemisia japonica var. hainanensis 海南牡蒿 Hainan Wormwood
Artemisia keiskeana 菴蕳 Keiske Wormwood
Artemisia lactiflora 白苞蒿 White Mugwort
Artemisia lagocephala 白山蒿 Hairyhead Wormwood
Artemisia lancea 矮蒿 Lance Wormwood
Artemisia lavandulifolia 野艾蒿 Lavanderleaf Wormwood

A

Artemisia leucophylla 白叶蒿 Whiteleaf Wormwood
Artemisia littoricola 滨海牡蒿 Beach Wormwood
Artemisia mairei 小亮苞蒿 Maire's Wormwood
Artemisia manshurica 东北牡蒿 Manshurian Wormwood
Artemisia mattfeldii 粘毛蒿 Mattfeld Wormwood
Artemisia mongolica 蒙古蒿 Mongolian Wormwood
Artemisia moorcroftiana 小球花蒿 Moorcroft Wormwood
Artemisia myriantha 多花蒿 Manyflower Wormwood
Artemisia ordosica 黑沙蒿 Ordos Wormwood
Artemisia orientali-hengduangensis 东方蒿 Eastern Wormwood
Artemisia parviflora 西南牡蒿 Smallflower Wormwood
Artemisia persica 伊朗蒿 Iran Artemisia
Artemisia princeps 魁蒿 First Wormwood
Artemisia qinlingensis 秦岭蒿 Qinling Artemisia
Artemisia roxburghiana 灰苞蒿 Roxburgh's Wormwood
Artemisia rupestris 岩蒿 Rock Wormwood
Artemisia sacrorum 白莲蒿 Russian Wormwood
Artemisia sacrorum var. incana 灰莲蒿 Incanous Wormwood
Artemisia sacrorum var. messerschmidtiana 密毛白莲蒿 Messerschmidst's Wormwood
Artemisia scoparia 猪毛蒿 Redstem Wormwood
Artemisia selengensis 蒌蒿 Seleng Wormwood
Artemisia sieversiana 大籽蒿 Sievers Wormwood
Artemisia smithii 球花蒿 Smith's Wormwood
Artemisia sphaerocephala 圆头蒿 Roundhead Wormwood
Artemisia sylvatica 阴地蒿 Woodland Wormwood
Artemisia tainingensis 川藏蒿 Taining Wormwood
Artemisia tanacetifolia 裂叶蒿 Tansyleaf Wormwood
Artemisia tangutica 甘青蒿 Tangutan Wormwood
Artemisia tournefortiana 湿地蒿 Wetland Wormwood
Artemisia verbenacea 辽东蒿 Liaodong Wormwood
Artemisia vestita 毛莲蒿 Hairy Wormwood
Artemisia vulgaris 北艾 Mugwort
Artemisia wellbyi 藏沙蒿 Wellby's Wormwood
Arthraxon hispidus 荩草 Small Carpetgrass
Arthraxon hispidus var. centrasiaticus 中亚荩草 Central Asian Carpetgrass
Arthraxon hispidus var. cryptatherus 匿芒荩草 Hidden-Awn Carpetgrass
Arthraxon lanceolatus 矛叶荩草 Lanceleaf Carpetgrass
Arthromeris lehmannii 节肢蕨 Jointed Pinna Fern
Arthrospira maxima 极大节旋藻 Spirulina
Arthrospira platensis 钝顶节旋藻 Spirulina
Artocarpus heterophyllus 波罗蜜 Jackfruit
Artocarpus hypargyreus 白桂木 Silverback Artocarpus
Artocarpus nitidus subsp. lingnanensis 桂木 Lingnan Artocarpus
Artocarpus styracifolius 二色波罗蜜 Bicolor Artocarpus
Artocarpus tonkinensis 胭脂 Tonkin Artocarpus
Aruncus sylvester 假升麻 Goatsbeard
Arundina graminifolia 竹叶兰 Bamboo Orchid
Arundinella hirta 毛杆野古草 Hirsute Arundinella
Arundo donax 芦竹 Giant Reed
Asarum cardiophyllum 花叶尾花细辛 Cordateleaf Caudate Wild Ginger
Asarum caudigerellum 短尾细辛 Shorttail Wild Ginger
Asarum caudigerum 尾花细辛 Caudate Wild Ginger
Asarum caulescens 双叶细辛 Stalky Wild Ginger
Asarum chinense 川北细辛 North Sichuan Wild Ginger
Asarum crispulatum 皱花细辛 Crispedflower Wild Ginger
Asarum debile 铜钱细辛 Weak Wild Ginger
Asarum delavayi 川滇细辛 Delavay Wild Ginger
Asarum forbesii 杜衡 Forbes Wild Ginger
Asarum fukienense 福建细辛 Fukien Wild Ginger
Asarum geophilum 地花细辛 Earthloving Wild Ginger
Asarum heterotropoides var. mandshuricum 辽细辛 Manchurian Wild Ginger
Asarum himalaicum 单叶细辛 Simpleleaf Wild Ginger
Asarum ichangense 小叶马蹄香 Smallleaf Wild Ginger
Asarum inflatum 灯笼细辛 Inflated Wild Ginger
Asarum insigne 金耳环 Notable Wild Ginger
Asarum longerhizomatosum 长茎金耳环 Longstem Wild Ginger
Asarum macranthum 大花细辛 Largeflower Wild Ginger
Asarum magnificum 祁阳细辛 Robust Wild Ginger
Asarum magnificum var. dinghuense 鼎湖细辛 Dinghu Wild Ginger
Asarum maximum 大叶马蹄香 Largeleaf Wild Ginger
Asarum petelotii 红金耳环 Petelot Wild Ginger
Asarum pulchellum 长毛细辛 Longhair Wild Ginger
Asarum renicordatum 肾叶细辛 Reniformleaf Wild Ginger
Asarum sagittarioides 慈菇叶细辛 Arrowhead-Like Wild Ginger
Asarum sieboldii 汉城细辛 Siebold Wild Ginger
Asarum splendens 青城细辛 Splendid Wild Ginger
Asarum wulingense 五岭细辛 Wuling Wild Ginger
Asclepias curassavica 马利筋 Bloodflower Milkweed
Ascocentrum ampullaceum 鸟舌兰 Vein-Like Ascocentrum
Asparagopsis taxiformis 紫杉状海门冬 Supreme Limu
Asparagus acicularis 山文竹 Needle-Like Asparagus
Asparagus angulofractus 折枝天门冬 Bent-Shooted Asparagus
Asparagus brachyphyllus 攀援天门冬 Climbing Asparagus
Asparagus cochinchinensis 天门冬 Cochinchinese Asparagus
Asparagus dauricus 兴安天门冬 Dahurian Asparagus
Asparagus filicinus 羊齿天门冬 Fern-Like Asparagus
Asparagus gobicus 戈壁天门冬 Gobi Asparagus
Asparagus kansuensis 甘肃天门冬 Kansu Asparagus
Asparagus lycopodineus 短梗天门冬 Shortpedicel Asparagus
Asparagus meioclados 密齿天门冬 Densetooth Asparagus
Asparagus myriacanthus 多刺天门冬 Manythorn Asparagus
Asparagus officinalis 石刁柏 Asparagus, Garden Asparagus
Asparagus oligoclonos 南玉带 Fewbranch Asparagus
Asparagus schoberioides 龙须菜 Schoberia-Like Asparagus
Asparagus setaceus 文竹 Asparagus Fern
Asparagus subscandens 滇南天门冬 South Yunnan Asparagus
Asparagus tibeticus 西藏天门冬 Tibetan Asparagus
Asparagus trichophyllus 曲枝天门冬 Hair-Like-Cladode Asparagus
Asperugo procumbens 糙草 Roughstraw
Aspidistra caespitosa 丛生蜘蛛抱蛋 Caespitose Aspidistra
Aspidistra dolichanthera 长药蜘蛛抱蛋 Longanther Aspidistra
Aspidistra elatior 蜘蛛抱蛋 Cast Iron Plant
Aspidistra longipedunculata 长梗蜘蛛抱蛋 Longscape Aspidistra
Aspidistra longipetala 长瓣蜘蛛抱蛋 Longpetal Aspidistra
Aspidistra lurida 九龙盘 Lurid Aspidistra
Aspidistra minutiflora 小花蜘蛛抱蛋 Smallflower Aspidistra
Aspidistra muricata 糙果蜘蛛抱蛋 Roughfruit Aspidistra
Aspidistra omeiensis 峨眉蜘蛛抱蛋 Omei Adpidistra
Aspidistra retusa 广西蜘蛛抱蛋 Kwangsi Aspidistra
Aspidistra sichuanensis 四川蜘蛛抱蛋 Sichuan Aspidistra
Aspidistra typica 卵叶蜘蛛抱蛋 Ovateleaf Aspidistra
Aspidistra zongbayi 棕粑叶 Zongbaye Aspidistra
Aspidocarya uvifera 球果藤 Berry-Bearing Aspidocarya

Aspidopterys cavaleriei 贵州盾翅藤 Guizhou Aspidopterys
Aspidopterys obcordata 倒心盾翅藤 Obcordate Aspidopterys
Asplenium coenobiale 线裂铁角蕨 Cloistered Spleenwort
Asplenium ensiforme 剑叶铁角蕨 Swordleaf Spleenwort
Asplenium falcatum 镰叶铁角蕨 Falcate-Leaved Spleenwort
Asplenium griffithianum 厚叶铁角蕨 Griffith Spleenwort
Asplenium incisum 虎尾铁角蕨 Incised Spleenwort
Asplenium indicum 胎生铁角蕨 Indian Spleenwort
Asplenium moupinense 宝兴铁角蕨 Moupin Spleenwort
Asplenium neolaserpitiifolium 大羽铁角蕨 Large-Pinna Spleenwort
Asplenium normale 倒挂铁角蕨 Normal Spleenwort
Asplenium pekinense 北京铁角蕨 Beijing Spleenwort
Asplenium praemorsum 西南铁角蕨 Southwest Spleenwort
Asplenium prolongatum 长叶铁角蕨 Longleaf Spleenwort
Asplenium pseudolaserpitiifolium 假大羽铁角蕨 False Large-Pinna Spleenwort
Asplenium sampsoni 岭南铁角蕨 Sampson's Spleenwort
Asplenium sarelii 华中铁角蕨 Sarel's Spleenwort
Asplenium saxicola 石生铁角蕨 Rocky Spleenwort
Asplenium trichomanes 铁角蕨 Common Maidenhair Spleenwort
Asplenium tripteropus 三翅铁角蕨 Tri-Winged Spleenwort
Asplenium varians 变异铁角蕨 Variant Spleenwort
Asplenium wrightii 狭翅铁角蕨 Wright's Spleenwort
Asplenium yunnanense 云南铁角蕨 Yunnan Spleenwort
Aster ageratoides 三脉紫菀 Threevein Aster
Aster ageratoides var. heterophyllus 异叶紫菀 Heterophyllous Aster
Aster ageratoides var. lasiocladus 毛枝紫菀 Hairybranch Aster
Aster ageratoides var. laticorymbus 宽伞紫菀 Broad-Corymb Threevein Aster
Aster ageratoides var. micranthus 小花紫菀 Smallflower Threevein Aster
Aster ageratoides var. oophyllus 卵叶紫菀 Ovateleaf Threevein Aster
Aster ageratoides var. scaberulus 微糙紫菀 Scaberulous Threevein Aster
Aster alatipes 翼柄紫菀 Wingedpetiole Aster
Aster albescens 小舌紫菀 Smallray Aster
Aster alpinus 高山紫菀 Alpine Aster
Aster asteroides 星舌紫菀 Star Aster
Aster auriculatus 耳叶紫菀 Auriculate-Leaf Aster
Aster baccharoides 白舌紫菀 Whiteray Aster
Aster batangensis 巴塘紫菀 Batang Aster
Aster diplostephioides 重冠紫菀 Doubleray Aster
Aster farreri 狭苞紫菀 Farrer's Aster
Aster flaccidus 柔软紫菀 Flaccid Aster
Aster flaccidus f. griseobarbatus 柔软紫菀灰毛变型 Greyhair Flaccide Aster
Aster fuscescens 褐毛紫菀 Brownhair Aster
Aster maackii 圆苞紫菀 Maack's Aster
Aster oreophilus 石生紫菀 Stone-Living Aster
Aster panduratus 琴叶紫菀 Fiddle-Leaf Aster
Aster poliothamnus 灰枝紫菀 Greybranch Aster
Aster prainii 厚棉紫菀 Densely-Lanate Aster
Aster sampsonii 短舌紫菀 Sampson's Aster
Aster senecioides 狗舌紫菀 Groundsel-Like Aster
Aster smithianus 甘川紫菀 Smith's Aster
Aster souliei 缘毛紫菀 Soulie's Aster
Aster sphaerotus 圆耳紫菀 Roundear Aster
Aster tataricus 紫菀 Tatarian Aster
Aster tongolensis 东俄洛紫菀 Tongol Aster
Aster turbinatus 陀螺紫菀 Turbinate Aster
Aster turbinatus var. chekiangensis 仙白草 Chekiang Turbinate Aster
Aster vestitus 密毛紫菀 Dense-Haired Aster
Aster yunnanensis 云南紫菀 Yunnan Aster
Asteropyrum cavaleriei 裂叶星果草 Cavalerie Starfruit Weed
Asteropyrum peltatum 星果草 Starfruit Weed
Asterothamnus centraliasiaticus 中亚紫菀木 Central Asian Asterothamnus
Astilbe chinensis 落新妇 Chinese Astilbe
Astilbe grandis 大落新妇 Great Astilbe
Astilbe rivularis 溪畔落新妇 Brooklet Astilbe
Astilbe rivularis var. angustifoliolata 狭叶落新妇 Narrowleaf Astilbe
Astilbe rivularis var. myriantha 多花落新妇 Manyflower Astilbe
Astilbe rubra 腺萼落新妇 Chinese Astilbe
Astilboides tabularis 大叶子 Common Astilboides
Astraeus hygrometricus 硬皮地星 Hygroscopic Earthstar, Water Measuring Earth-Star
Astragalus acaulis 无茎黄耆 Stemless Milkvetch
Astragalus adsurgens 斜茎黄耆 Erect Milkvetch
Astragalus aksuensis 阿克苏黄耆 Aksu Milkvetch
Astragalus alatavicus 阿拉套黄耆 Altai Milkvetch
Astragalus balfourianus 长小苞黄耆 Balfour Milkvetch
Astragalus bhotanensis 地八角 Bhotan Milkvetch
Astragalus camptodontus 弯齿黄耆 Bent-Toothed Milkvetch
Astragalus chinensis 华黄耆 Chinese Milkvetch
Astragalus chrysopterus 金翼黄耆 Golden-Wing Milkvetch
Astragalus complanatus 背扁黄耆 Flatstem Milkvetch
Astragalus dahuricus 达乌里黄耆 Dahurian Milkvetch
Astragalus englerianus 长果颈黄耆 Engler Milkvetch
Astragalus ernestii 梭果黄耆 Ernest Milkvetch
Astragalus floridulus 多花黄耆 Manyflower Milkvetch
Astragalus galactites 乳白黄耆 Milk-White Milkvetch
Astragalus havianus 华山黄耆 Huashan Milkvetch
Astragalus henryi 秦岭黄耆 Henry Milkvetch
Astragalus hoantchy 乌拉特黄耆 Hoant Milkvetch
Astragalus lepsensis 天山黄耆 Tianshan Milkvetch
Astragalus mahoschanicus 马衔山黄耆 Mahoschan Milkvetch
Astragalus melilotoides 草木犀状黄耆 Sweetclover-Like Milkvetch
Astragalus miniatus 细弱黄耆 Slender Milkvetch
Astragalus monadelphus 单蕊黄耆 Monadelphous Milkvetch
Astragalus penduliflorus subsp. mongholicus 蒙古黄耆 Mongolian Milkvetch
Astragalus penduliflorus subsp. mongholicus var. dahuricus 黄耆 Huang Qi
Astragalus polycladus 多枝黄耆 Manybranch Milkvetch
Astragalus scaberrimus 糙叶黄耆 Scabrous-Leaved Milkvetch
Astragalus severzovii 无毛黄耆 Hairless Milkvetch
Astragalus sinicus 紫云英 Chinese Clover
Astragalus tanguticus 甘青黄耆 Tangutan Milkvetch
Astragalus tibetanus 藏新黄耆 Tibetan Milkvetch
Astragalus tongolensis 东俄洛黄耆 Tongol Milkvetch
Astragalus uliginosus 湿地黄耆 Swamp Milkvetch
Astragalus yunnanensis 云南黄耆 Yunnan Milkvetch
Asyneuma chinense 球果牧根草 Chinese Asyneuma
Asyneuma fulgens 长果牧根草 Longfruit Asyneuma
Asystasia gangetica 宽叶十万错 Coromandel, Creeping Foxglove, Ganges Primrose
Asystasia nemorum 十万错 Asystasia
Asystasiella neesiana 白接骨 Nees Asystasiella

Atalantia buxifolia 酒饼簕 Chinese Box Orange
Atalantia henryi 薄皮酒饼簕 Henry Atalantia
Atalantia kwangtungensis 广东酒饼簕 Kwangtung Atalantia
Athyriopsis japonica 假蹄盖蕨 Japanese Athyriopsis
Athyrium delavayi 翅轴蹄盖蕨 Delavay's Lady Ferrn
Athyrium iseanum 长江蹄盖蕨 Changjiang Lady Fern
Athyrium niponicum 华东蹄盖蕨 Japanese Painted Fern
Athyrium sinense 中华蹄盖蕨 Chinese Lady Fern
Athyrium strigillosum 软刺蹄盖蕨 Softbristle Lady Fern
Athyrium yokoscense 禾秆蹄盖蕨 Asian Common Lady Fern
Atractylodes japonica 关苍术 Japanese Atractylodes
Atractylodes koreana 朝鲜苍术 Korean Atractylodes
Atractylodes lancea 苍术 Common Atractylodes
Atractylodes macrocephala 白术 Largehead Atractylodes
Atrichum undulatum 仙鹤藓 Big Star Moss
Atriplex centralasiatica 中亚滨藜 Central Asian Saltbush
Atriplex fera 野滨藜 Wild Saltbush
Atriplex hortensis 榆钱滨藜 Garden Orache
Atriplex maximowicziana 海滨藜 Maximowicz Saltbush
Atriplex patens 滨藜 Patent Saltbush
Atriplex repens 匍匐滨藜 Creeping Saltbush
Atriplex sibirica 西伯利亚滨藜 Siberian Saltbush
Atropa belladonna 颠茄 Belladonna
Atropanthe sinensis 天蓬子 Chinese Atropanthe
Aucuba chinensis 桃叶珊瑚 Chinese Aucuba
Aucuba chinensis subsp. omeiensis 峨眉桃叶珊瑚 Omei Aucuba
Aucuba eriobotryifolia 枇杷叶珊瑚 Loquat-Leaf Aucuba
Aucuba himalaica 喜马拉雅桃叶珊瑚 Himalayan Aucuba
Aucuba japonica 青木 Japanese Aucuba, Japanese Laurel, Spotted Laurel
Aucuba japonica var. variegata 花叶青木 Variegated Japanenese Aucuba
Auricularia auricula 木耳 Tree Ear, Wood Ear
Auricularia delicata 皱木耳 Crinkle Tree Ear
Auricularia mesenterica 毡盖木耳 Tripe Wood Ear
Auricularia polytricha 毛木耳 Hair Tree Ear
Avena chinensis 莜麦 Chinese Naked Oat
Avena fatua 野燕麦 Wild Oat
Avena fatua var. glabrata 光稃野燕麦 Glabrous Wild Oat
Avena sativa 燕麦 Oat
Averrhoa bilimbi 三敛 Bilimbi
Averrhoa carambola 阳桃 Carambola
Avicennia marina 海榄雌 Grey Mangrove, White Mangrove
Axyris amaranthoides 轴藜 Common Axyris
Axyris prostrata 平卧轴藜 Prostrate Axyris
Azolla imbricata 满江红 Imbricate Mosquito Fern

B

Baccaurea ramiflora 木奶果 Burmese Grape
Bacopa monnieri 假马齿苋 Water Hyssop
Baeckea frutescens 岗松 Shrubby Baeckea
Balakata baccata 浆果乌桕 Baccate Balakata
Balanophora dioica 鹿仙草 Dioecious Balanophora
Balanophora fungosa 蛇菰 Fungous Balanophora
Balanophora harlandii 红冬蛇菰 Harland Balanophora
Balanophora indica 印度蛇菰 Indian Balanophora
Balanophora involucrata 筒鞘蛇菰 Involucrate Balanophora
Balanophora laxiflora 疏花蛇菰 Laxflower Balanophora
Balanophora polyandra 多蕊蛇菰 Manystamen Balanophora
Balanophora subcupularis 杯茎蛇菰 Cupular-Stemmed Balanophora
Baliospermum calycinum 云南斑籽木 Persistent-Calyxed Baliospermum
Baliospermum solanifolium 斑籽木 Red Physic Nut
Bambusa chungii 粉单竹 Chung's Bambusa
Bambusa dissimulator 坭簕竹 Dissimulated Bambusa
Bambusa flexuosa 小簕竹 Short Bambusa
Bambusa multiplex 孝顺竹 Hedge Bamboo
Bambusa multiplex var. fernleaf 凤尾竹 Fernleaf Hedge Bamboo
Bambusa pervariabilis 撑篙竹 Variable Bamboo
Bambusa sinospinosa 车筒竹 Chinese Thorny Bamboo
Bambusa textilis 青皮竹 Chinese Textile Bamboo
Bambusa tuldoides 青竿竹 Punting Pole Bamboo
Bambusa ventricosa 佛肚竹 Buddha Belly Bamboo
Bambusa vulgaris 印度簕竹 Common Bamboo
Bambusa vulgaris 'Vittata' 黄金间碧竹 Painted Bamboo
Bankera fuligineoalba 褐白坂氏齿菌 Drab Tooth
Barbula unguiculata 扭口藓 Barbula Moss
Barleria cristata 假杜鹃 Crested Philippine Violet
Barleria lupulina 花叶假杜鹃 Hophead Barleria
Barleria prionitis 黄花假杜鹃 Porcupine Flower
Barnardia japonica 绵枣儿 Squill
Barringtonia fusicarpa 梭果玉蕊 Fusiform-Fruit Barringtonia
Barringtonia racemosa 玉蕊 Cornbeefwood, Racemose Barringtonia
Barthea barthei 棱果花 South China Barthea
Bartramia ithyphylla 直叶珠藓 Bartramia Moss
Basella alba 落葵 Malabar Spinach
Bassia dasyphylla 雾冰藜 Divaricate Bassia
Bauhinia acuminata 白花羊蹄甲 Dwarf White Bauhinia
Bauhinia aurea 火索藤 Golden-Yellow Bauhinia
Bauhinia brachycarpa 鞍叶羊蹄甲 Shortfruit Bauhinia
Bauhinia brachycarpa var. cavaleriei 刀果鞍叶羊蹄甲 Cavalerie Bauhinia
Bauhinia brachycarpa var. densiflora 毛鞍叶羊蹄甲 Denseflower Bauhinia
Bauhinia brachycarpa var. microphylla 小鞍叶羊蹄甲 Small-Leaved Bauhinia
Bauhinia championii 龙须藤 Champion's Bauhinia
Bauhinia corymbosa 首冠藤 Corymbose Bauhinia
Bauhinia didyma 孪叶羊蹄甲 Twinleaf Bauhinia
Bauhinia glauca 粉叶羊蹄甲 Climbing Bauhinia
Bauhinia glauca subsp. hupehana 鄂羊蹄甲 Hupeh Bauhinia
Bauhinia glauca subsp. pernervosa 显脉羊蹄甲 Manyvein Bauhinia
Bauhinia glauca subsp. tenuiflora 薄叶羊蹄甲 Thinleaf Bauhinia
Bauhinia purpurea 羊蹄甲 Purple Bauhinia
Bauhinia pyrrhoclada 红毛羊蹄甲 Redhair Bauhinia
Bauhinia racemosa 总状花羊蹄甲 Racemose Bauhinia
Bauhinia touranensis 囊托羊蹄甲 Vietnam Bauhinia
Bauhinia variegata 洋紫荆 Buddhist Bauhinia
Bauhinia variegata var. candida 白花洋紫荆 White Bauhinia
Bauhinia yunnanensis 云南羊蹄甲 Yunnan Bauhinia
Beaumontia brevituba 断肠花 Shorttube Herald's Trumpet
Beaumontia grandiflora 清明花 Herald's Trumpet
Beaumontia murtonii 思茅清明花 Murton Herald's Trumpet
Beaumontia pitardii 广西清明花 Pitard Herald's Trumpet
Beauveria bassiana 白僵菌 White Stiff Fungus
Beckmannia syzigachne 菵草 American Sloughgrass
Beesia calthifolia 铁破锣 Marigold-Leaved Beesia

Begonia acetosella 无翅秋海棠 Wingless Begonia
Begonia acetosella var. hirtifolia 粗毛无翅秋海棠 Hairyleaf Wingless Begonia
Begonia algaia 美丽秋海棠 Pretty Begonia
Begonia asperifolia 粗叶秋海棠 Rough-Leaved Begonia
Begonia augustinei 歪叶秋海棠 Oblique-Leaf Begonia
Begonia cathayana 花叶秋海棠 Cathayan Begonia
Begonia cavaleriei 昌感秋海棠 Cavalerie Begonia
Begonia circumlobata 周裂秋海棠 Circumlobed Begonia
Begonia cucullata var. hookeri 四季秋海棠 Hooker Begonia
Begonia digyna 槭叶秋海棠 Acerleaf Begonia
Begonia edulis 食用秋海棠 Edible Begonia
Begonia grandis 秋海棠 Hardy Begonia
Begonia grandis subsp. sinensis 中华秋海棠 Chinese Begonia
Begonia handelii 大香秋海棠 Handel Begonia
Begonia labordei 心叶秋海棠 Laborde Begonia
Begonia leprosa 癞叶秋海棠 Scabby Begonia
Begonia limprichtii 蕺叶秋海棠 Limpricht Begonia
Begonia longifolia 粗喙秋海棠 Thick-Rostrate Begonia
Begonia maculata 竹节海棠 Polka Dot Begonia
Begonia palmata 裂叶秋海棠 Palmate Begonia
Begonia palmata var. bowringiana 红孩儿 Redboy Begonia
Begonia pedatifida 掌裂叶秋海棠 Pedatifid Begonia
Begonia picta 樟木秋海棠 Painted Begonia
Begonia rex 紫叶秋海棠 Rex Begonia
Begonia smithiana 长柄秋海棠 Smith Begonia
Begonia taiwaniana 台湾秋海棠 Taiwan Begonia
Begonia taliensis 大理秋海棠 Tali Begonia
Begonia wangii 少瓣秋海棠 Wang's Begonia
Begonia wilsonii 一点血 Wilson Begonia
Begonia yunnanensis 云南秋海棠 Yunnan Begonia
Beilschmiedia brevipaniculata 短序琼楠 Short Panicel Slugwood
Beilschmiedia intermedia 琼楠 Intermediate Slugwood
Belamcanda chinensis 射干 Blackberry Lily
Bellis perennis 雏菊 English Daisy
Benincasa hispida 冬瓜 Winter Melon
Benkara sinensis 鸡爪簕 Chinese Benkara
Bennettiodendron leprosipes 山桂花 Common Bennettiodendron
Berberis aggregata 堆花小檗 Aggregate Barberry
Berberis amoena 美丽小檗 Pleasing Barberry
Berberis amurensis 黄芦木 Amur Barberry
Berberis anhweiensis 安徽小檗 Anhwei Barberry
Berberis atrocarpa 黑果小檗 Dark-Fruited Barberry
Berberis bergmanniae 汉源小檗 Bergmann Barberry
Berberis brachypoda 短柄小檗 Short-Stalk Barberry
Berberis candidula 单花小檗 Paleleaf Barberry
Berberis cavaleriei 贵州小檗 Cavalerie Barberry
Berberis chingii 华东小檗 Ching's Barberry
Berberis chrysosphaera 黄球小檗 Goldensphere Barberry
Berberis circumserrata 秦岭小檗 Cutleaf Barberry
Berberis dasystachya 直穗小檗 Tangutan Barberry
Berberis diaphana 鲜黄小檗 Reddrop Barberry
Berberis dictyoneura 松潘小檗 Net-Veined Barberry
Berberis dictyophylla 刺红珠 Netleaf Barberry
Berberis dictyophylla var. epruinosa 无粉刺红珠 Epruinose Netleaf Barberry
Berberis dielsiana 首阳小檗 Diels Barberry
Berberis dubia 置疑小檗 Dubious Barberry
Berberis ferdinandi-coburgii 大叶小檗 Ferdinand-Coburg Barberry
Berberis francisci-ferdinandii 大黄檗 Pendant Barberry
Berberis gagnepainii 湖北小檗 Black Barberry
Berberis gilgiana 涝峪小檗 Gilg Barberry
Berberis gyalaica 波密小檗 Gyala Barberry
Berberis hemsleyana 拉萨小檗 Hemsley Barberry
Berberis henryana 川鄂小檗 Henry Barberry
Berberis heteropoda 异果小檗 Turkestan Barberry
Berberis hobsonii 毛梗小檗 Hobson Barberry
Berberis hsuyunensis 叙永小檗 Hsuyun Barberry
Berberis humido-umbrosa 阴湿小檗 Humid-Shade Barberry
Berberis ignorata 烦果小檗 Ignorant Barberry
Berberis iliensis 伊犁小檗 Yili Barberry
Berberis jamesiana 川滇小檗 James Barberry
Berberis johannis 腰果小檗 Johann Barberry
Berberis julianae 豪猪刺 Wintergreen Barberry
Berberis kansuensis 甘肃小檗 Gansu Barberry
Berberis kawakamii 台湾小檗 Taiwan Barberry
Berberis lempergiana 天台小檗 Lemperg Barberry
Berberis morrisonensis 玉山小檗 Yushan Barberry
Berberis pingshanensis 屏山小檗 Pingshan Barberry
Berberis poiretii 细叶小檗 Poiret Barberry
Berberis polyantha 刺黄花 Chromeflower Barberry
Berberis potaninii 少齿小檗 Potanin Barberry
Berberis prattii 短锥花小檗 Pratt Barberry
Berberis pruinosa 粉叶小檗 Pruinose Barberry
Berberis pubescens 柔毛小檗 Pubescent Barberry
Berberis purdomii 延安小檗 Purdom Barberry
Berberis reticulata 网脉小檗 Net-Veined Barberry
Berberis salicaria 柳叶小檗 Willow-Leaved Barberry
Berberis sanguinea 血红小檗 Red-Pedicel Barberry
Berberis sargentiana 刺黑珠 Sargent Barberry
Berberis shensiana 陕西小檗 Shensi Barberry
Berberis sibirica 西伯利亚小檗 Siberian Barberry
Berberis silva-taroucana 华西小檗 West China Barberry
Berberis soulieana 假豪猪刺 Soulie Barberry
Berberis taronensis 独龙小檗 Taron Barberry
Berberis thunbergii 日本小檗 Japanese Barberry
Berberis vernae 匙叶小檗 Vernal Barberry
Berberis verruculosa 疣枝小檗 Warted Barberry
Berberis virescens 变绿小檗 Virescent Barberry
Berberis virgetorum 庐山小檗 Lushan Barberry
Berberis wilsoniae 金花小檗 Wilson's Barberry
Berberis xanthoclada 梵净小檗 Yellow-Branched Barberry
Berberis xanthophlaea 黄皮小檗 Yellow-Back Barberry
Berchemia edgeworthii 腋花勾儿茶 Axillaryflower Supplejack
Berchemia flavescens 黄背勾儿茶 Flavescent Supplejack
Berchemia floribunda 多花勾儿茶 Manyflower Supplejack
Berchemia huana 大叶勾儿茶 Bigleaf Supplejack
Berchemia kulingensis 牯岭勾儿茶 Kuling Supplejack
Berchemia lineata 铁包金 Lineate Supplejack
Berchemia omeiensis 峨眉勾儿茶 Omei Mountain Supplejack
Berchemia polyphylla 多叶勾儿茶 Manyleaf Supplejack
Berchemia polyphylla var. leioclada 光枝勾儿茶 Smoothbranched Supplejack
Berchemia polyphylla var. trichophylla 毛叶勾儿茶 Hairy Supplejack
Berchemia sinica 勾儿茶 Chinese Supplejack
Berchemia yunnanensis 云南勾儿茶 Yunnan Supplejack
Berchemiella wilsonii 小勾儿茶 Wilson's Berchemiella
Bergenia crassifolia 厚叶岩白菜 Leather Bergenia

Bergenia purpurascens 岩白菜 Purple Bergenia
Bergenia scopulosa 秦岭岩白菜 Tsinling Bergenia
Bergia ammannioides 田繁缕 Common Bergia
Berneuxia thibetica 岩匙 Tibetan Berneuxia
Beta vulgaris 甜菜 Common Beet
Beta vulgaris var. cicla 厚皮菜 Leaf Beet
Betonica officinalis 药水苏 Betony
Betula albosinensis 红桦 Chinese Red Birch
Betula alnoides 西桦 Alder Birch
Betula austrosinensis 华南桦 South China Birch
Betula cylindrostachya 长穗桦 Longspike Birch
Betula dahurica 黑桦 Dahurian Birch
Betula ermanii 岳桦 Erman's Birch
Betula insignis 香桦 Fragrant Birch
Betula luminifera 亮叶桦 Shiningleaf Birch
Betula microphylla 小叶桦 Smallleaf Birch
Betula pendula 垂枝桦 European White Birch
Betula platyphylla 白桦 Asian White Birch
Betula rotundifolia 圆叶桦 Ground Birch
Betula tianschanica 天山桦 Tianshan Mountain Birch
Betula utilis 糙皮桦 Himalayan Birch
Bidens bipinnata 婆婆针 Spanish Needles
Bidens biternata 金盏银盘 Biternate Beggarticks
Bidens cernua 柳叶鬼针草 Nodding Beggarticks
Bidens frondosa 大狼杷草 Large Beggaricks
Bidens maximowicziana 羽叶鬼针草 Pinnate Beggarticks
Bidens parviflora 小花鬼针草 Smallflower Beggarticks
Bidens pilosa 鬼针草 Hairy Beggarticks
Bidens pilosa var. radiata 白花鬼针草 Radiate Hairy Beggarticks
Bidens tripartita 狼杷草 Threelobe Beggarticks
Biebersteinia heterostemon 熏倒牛 Common Biebersteinia
Biebersteinia odora 高山熏倒牛 Alpine Biebersteinia
Billbergia pyramidalis 水塔花 Foolproof Plant
Biondia hemsleyana 宽叶秦岭藤 Hemsley Biondia
Biondia henryi 青龙藤 Henry Biondia
Biondia insignis 黑水藤 Remarkable Biondia
Biondia microcentra 祛风藤 Minutecorona Biondia
Biondia yunnanensis 短叶秦岭藤 Yunnan Biondia
Biophytum fruticosum 分枝感应草 Fruticose Biophytum
Biophytum sensitivum 感应草 Jurassic Sensitive Plant
Biophytum umbraculum 无柄感应草 Sessile Biophytum
Bischofia javanica 秋枫 Bishopwood
Bischofia polycarpa 重阳木 Chinese Bishopwood
Bixa orellana 红木 Achiote, Annatto, Lipstick Tree
Bjerkandera adusta 黑管菌 Smoky Bracket, Smoky Polypore, White Rot
Bjerkandera fumosa 亚黑管菌 Big Smoky Bracket
Blainvillea acmella 百能葳葳 Acmell's Blainvillea
Blastus apricus 线萼金花树 Heliophilous Blastus
Blastus apricus var. longiflorus 长瓣金花树 Longflower Heliophilous Blastus
Blastus cavaleriei 匙萼柏拉木 Cavalerie Blastus
Blastus cochinchinensis 柏拉木 Cochinchina Blastus
Blastus dunnianus 金花树 Dunn Blastus
Blastus pauciflorus 少花柏拉木 Fewflower Blastus
Blechnum orientale 乌毛蕨 Oriental Blechnum, Toothed Mid-Sorus Fern
Bletilla formosana 小白及 Formosan Bletilla
Bletilla ochracea 黄花白及 Yellowflower Bletilla
Bletilla sinensis 华白及 Chinese Bletilla
Bletilla striata 白及 Chinese Ground Orchid
Blinkworthia convolvuloides 苞叶藤 Glorybind-Like Blinkworthia
Blumea aromatica 馥芳艾纳香 Aromatic Blumea
Blumea axillaris 柔毛艾纳香 Pubescent Blumea
Blumea balsamifera 艾纳香 Balsamiferous Blumea
Blumea clarkei 七星明 Clarke's Blumea
Blumea densiflora 密花艾纳香 Denseflower Blumea
Blumea fistulosa 节节红 Fistulose Blumea
Blumea formosana 台北艾纳香 Taiwan Blumea
Blumea hieracifolia 毛毡草 Hawkweedleaf Blumea
Blumea lacera 见霜黄 Lacerated Blumea
Blumea lanceolaria 千头艾纳香 Lanceolate Blumea
Blumea martiniana 裂苞艾纳香 Lobedbract Blumea
Blumea megacephala 东风草 Largehead Blumea
Blumea oblongifolia 长圆叶艾纳香 Oblongleaf Blumea
Blumea riparia 假东风草 Waterside Blumea
Blumea sagittata 戟叶艾纳香 Sagittate Blumea
Blumea sericans 拟毛毡草 Silky Blumea
Blumea sinuata 六耳铃 Sinuate Blumea
Blyxa echinosperma 有尾水筛 Spinyseed Blyxa
Boea hygrometrica 旋蒴苣苔 Hygrometric Boea
Boehmeria clidemioides var. diffusa 序叶苎麻 Diffuse False Nettle
Boehmeria densiglomerata 密球苎麻 Densely Glomerate False Nettle
Boehmeria macrophylla 水苎麻 Bigleaf False Nettle
Boehmeria macrophylla var. canescens 灰绿水苎麻 Canescent False Nettle
Boehmeria macrophylla var. scabrella 糙叶水苎麻 Scabrous False Nettle
Boehmeria nivea 苎麻 Ramie
Boehmeria nivea var. tenacissima 青叶苎麻 Greenleaf False Nettle
Boehmeria penduliflora 长叶苎麻 Pendulous False Nettle
Boehmeria siamensis 束序苎麻 Siam False Nettle
Boehmeria silvestrii 赤麻 Silvestri False Nettle
Boehmeria spicata 小赤麻 Spicate False Nettle
Boehmeria tomentosa 密毛苎麻 Tomentose False Nettle
Boehmeria tricuspis 八角麻 Tricuspidate False Nettle
Boehmeria umbrosa 阴地苎麻 Shady False Nettle
Boeica porosa 孔药短筒苣苔 Porousanther Boeica
Boenninghausenia albiflora 臭节草 White Himalayan Rue
Boenninghausenia sessilicarpa 石椒草 Chinarue
Boerhavia diffusa 黄细心 Diffuse Boerhavia
Bolbitis heteroclita 长叶实蕨 Long-Leaved Bolbitis
Bolbitis subcordata 华南实蕨 Subcordate Bolbitis
Bolboschoenus planiculmis 扁秆荆三棱 Flat Bulrush
Bolboschoenus yagara 荆三棱 River Bulrush
Bolbostemma biglandulosum 刺儿瓜 Biglandular Bolbostemma
Bolbostemma paniculatum 假贝母 Paniculate Bolbostemma
Boletus edulis 美味牛肝菌 Cep, King Bolete, Porcini, Steipilz
Boletus pulverulentus 粉状绒盖牛肝菌 Ink Stain
Boletus rubellus 血色牛肝菌 Ruby Bolete
Boletus satanas 细网柄牛肝菌 Devil's Bolete, Satan's Bolete, Satan's Mushroom
Boletus speciosus 小美牛肝菌 Showy Bolete
Boletus violaceofuscus 裘氏紫褐牛肝菌 Brown-Violet Bolete
Bombax ceiba 木棉 Red Silk-Cotton Tree
Bondarzewia montana 圆孢地花 Bondarzew's Polypore
Borassus flabellifer 糖棕 Palmyra Palm, Toddy Palm
Boschniakia himalaica 丁座草 Himalayan Boschniakia

Boschniakia rossica 草苁蓉 Russian Boschniakia
Bostrychanthera deflexa 毛药花 Bostrychanthera
Boswellia bhaw-dajiana 鲍达乳香树 Sacred Boswellia
Boswellia carteri 乳香树 Carter Boswellia
Bothriospermum chinense 斑种草 Chinese Bothriospermum
Bothriospermum hispidissimum 云南斑种草 Hispid Bothriospermum
Bothriospermum kusnezowii 狭苞斑种草 Kusnezow Bothriospermum
Bothriospermum secundum 多苞斑种草 Manybract Bothriospermum
Bothriospermum tenellum 柔弱斑种草 Tender Bothriospermum
Bothrocaryum controversum 灯台树 Giant Dogwood
Botrychium lunaria 羽阴地蕨 Moonwort, Moowort Grape Fern
Botrypus lanuginosus 绒毛假阴地蕨 Woolly Botrypus
Botrypus strictus 劲直假阴地蕨 Strict Botrypus
Botrypus virginianus 蕨萁 Rattlesnake Fern, Virginia Grape Fern
Botrypus yunnanensis 云南假阴地蕨 Yunnan Botrypus
Bougainvillea glabra 光叶子花 Lesser Bougainvillea
Bousigonia mekongensis 奶子藤 Mekong Bousigonia
Bovista plumbea 铅色灰球菌 Lead-Colored Bovista
Bovista pusilla 小灰球菌 Small Lycoperdon
Bovistella sinensis 大口静灰球菌 China Bovistella
Bowringia callicarpa 藤槐 Common Bowringia
Brachiaria villosa 毛臂形草 Villous Signalgrass
Brachybotrys paridiformis 山茄子 Common Brachybotrys
Brachycorythis galeandra 短距苞叶兰 Shortspur Brachycorythis
Brachystelma edule 润肺草 Edible Brachystelma
Brachystelma kerrii 长节润肺草 Kerr Brachystelma
Brachystemma calycinum 短瓣花 Shortpetal Flower
Brachytome wallichii 短萼齿木 Wallich Brachytome
Brainea insignis 苏铁蕨 Brainea
Brandisia cauliflora 茎花来江藤 Stemflower Brandisia
Brandisia discolor 异色来江藤 Different-Color Brandisia
Brandisia hancei 来江藤 Hance Brandisia
Brandisia kwangsiensis 广西来江藤 Kwangsi Brandisia
Brandisia swinglei 岭南来江藤 Swingle Brandisia
Brasenia schreberi 莼菜 Common Watershield
Brassaiopsis ciliata 假通草 Ciliate Brassaiopsis
Brassaiopsis fatsioides 盘叶罗伞 Fatsia-Like Brassaiopsis
Brassaiopsis ferruginea 锈毛罗伞 Rusty-Hairy Brassaiopsis
Brassaiopsis glomerulata 罗伞 Glomerulate Brassaiopsis
Brassaiopsis quercifolia 栎叶罗伞 Oak-Leaf Brassaiopsis
Brassaiopsis tripteris 三叶罗伞 Trifoliate Brassaiopsis
Brassica juncea 芥菜 Chinese Mustard
Brassica juncea var. gracilis 油芥菜 Slender Mustard
Brassica juncea var. integrifolia 苦芥 Bitter Mustard
Brassica juncea var. multisecta 多裂叶芥 Many-Lobed Mustard
Brassica napus var. napobrassica 芜菁甘蓝 Rutabaga
Brassica oleracea 野甘蓝 Wild Cabbage
Brassica oleracea var. albiflora 白花甘蓝 Whiteflower Cabbage
Brassica oleracea var. capitata 甘蓝 Capitate Cabbage
Brassica oleracea var. gongylodes 擘蓝 Kohlrabi
Brassica rapa 芜菁 Turnip
Brassica rapa var. chinensis 青菜 Pak Choi
Brassica rapa var. glabra 白菜 Chinese Cabbage
Brassica rapa var. narinosa 塌棵菜 Tatsoi
Brassica rapa var. oleifera 芸苔 Turnip Rape
Bredia amoena 秀丽野海棠 Splendid Bredia
Bredia esquirolii 赤水野海棠 Esquirol Bredia
Bredia esquirolii var. cordata 心叶野海棠 Cordate Esquirol Bredia
Bredia longiloba 长萼野海棠 Longcalyx Bredia
Bredia quadrangularis 过路惊 Four-Angled Bredia
Bredia sessilifolia 短柄野海棠 Sessile Bredia
Bredia sinensis 鸭脚茶 Chinese Bredia
Bredia tuberculata 红毛野海棠 Tuberculate Bredia
Bretschneidera sinensis 伯乐树 Chinese Bretschneidera
Breynia fruticosa 黑面神 Fruticose Breynia
Breynia hyposauropa 广西黑面神 Guangxi Breynia
Breynia retusa 钝叶黑面神 Retuse Breynia
Breynia rostrata 喙果黑面神 Rostrate Breynia
Breynia vitis-idaea 小叶黑面神 Small-Leaved Breynia
Bridelia balansae 禾串树 Balans Bridelia
Bridelia montana 波叶土蜜树 Montain Bridelia
Bridelia retusa 大叶土蜜树 Retuse Bridelia
Bridelia stipularis 土蜜藤 Stipular Bridelia
Bridelia tomentosa 土蜜树 Tomentose Bridelia
Briggsia chienii 浙皖粗筒苣苔 Chien Briggsia
Briggsia kurzii 粗筒苣苔 Lovely Brigssia
Briggsia longipes 盾叶粗筒苣苔 Longstalk Briggsia
Briggsia mihieri 革叶粗筒苣苔 Coriaceousleaf Briggsia
Briggsia rosthornii 川鄂粗筒苣苔 Rosthorn Briggsia
Briggsia speciosa 鄂西粗筒苣苔 Beautiful Briggsia
Briggsia stewardii 广西粗筒苣苔 Guangxi Briggsia
Bromus japonicus 雀麦 Japanese Brome
Broussonetia kaempferi 藤构 Small Papermulberry
Broussonetia kazinoki 小构树 Kazinoki Papermulberry
Broussonetia papyrifera 构树 Common Papyermulberry
Brucea javanica 鸦胆子 Java Brucea
Brucea mollis 柔毛鸦胆子 Hairy Brucea
Bruguiera cylindrica 柱果木榄 Small-Fruited Orange Mangrove
Bruguiera gymnorhiza 木榄 Oriental Mangrove
Bruguiera sexangula 海莲 Sixangled Orange Mangrove
Bryophyllum pinnatum 落地生根 Air Plant
Bryum argenteum 真藓 Silvergreen Bryum Moss
Bryum capillare 细叶真藓 Bryum Moss
Buchnera cruciata 黑草 Cruciate Buchnera
Buckleya henryi 米面蓊 Henry Buuckleya
Buddleja albiflora 巴东醉鱼草 Whiteflower Butterfly Bush
Buddleja alternifolia 互叶醉鱼草 Alternate-Leaved Butterfly Bush
Buddleja asiatica 白背枫 Asian Butterfly Bush
Buddleja crispa 皱叶醉鱼草 Himalayan Butterfly Bush
Buddleja davidii 大叶醉鱼草 Butterfly Bush
Buddleja delavayi 全缘叶醉鱼草 Entire Butterfly Bush
Buddleja fallowiana 紫花醉鱼草 Purpleflower Butterfly Bush
Buddleja forrestii 苍山醉鱼草 Forrest Butterfly Bush
Buddleja lindleyana 醉鱼草 Lindley Butterfly Bush
Buddleja macrostachya 大序醉鱼草 Largespike Butterfly Bush
Buddleja myriantha 酒药花醉鱼草 Manyflower Butterfly Bush
Buddleja officinalis 密蒙花 Pale Butterfly Bush
Buddleja paniculata 圆锥醉鱼草 Paniculate Butterfly Bush
Bulbophyllum affine 赤唇石豆兰 Redlip Bulbophyllum
Bulbophyllum ambrosia 芳香石豆兰 Fragtant Bulbophyllum
Bulbophyllum amplifolium 大叶卷瓣兰 Largeleaf Cirrhopetalum
Bulbophyllum andersonii 梳帽卷瓣兰 Anderson Cirrhopetalum
Bulbophyllum cylindraceum 大苞石豆兰 Bigbract Bulbophyllum
Bulbophyllum drymoglossum 圆叶石豆兰 Roundleaf Bulbophyllum
Bulbophyllum griffithii 短齿石豆兰 Griffith Bulbophyllum
Bulbophyllum kwangtungense 广东石豆兰 Kwangtung

Bulbophyllum
Bulbophyllum levinei 齿瓣石豆兰 Levine Bulbophyllum
Bulbophyllum odoratissimum 密花石豆兰 Denseflower Bulbophyllum
Bulbophyllum orientale 麦穗石豆兰 Wheat-Ears Bulbophyllum
Bulbophyllum pecten-veneris 斑唇卷瓣兰 Yellowflower Cirrhopetalum
Bulbophyllum pectinatum 长足石豆兰 Pectinate Bulbophyllum
Bulbophyllum reptans 伏生石豆兰 Creeping Bulbophyllum
Bulbophyllum shweliense 伞花石豆兰 Umbellate Bulbophyllum
Bulbostylis barbata 球柱草 Common Bulbostylis
Bulbostylis densa 丝叶球柱草 Filiform-Leaf Bulbostylis
Bupleurum angustissimum 线叶柴胡 Linearleaf Thorowax
Bupleurum aureum 金黄柴胡 Goldenyellow Thorowax
Bupleurum bicaule 锥叶柴胡 Acicular Thorowax
Bupleurum candollei 川滇柴胡 Candolle Thorowax
Bupleurum candollei var. atropurpureum 紫红川滇柴胡 Purplered Candolle Thorowax
Bupleurum chaishoui 柴首 Chaishou Thorowax
Bupleurum chinense 北柴胡 Chinese Thorowax
Bupleurum chinense f. chiliosciadium 多伞北柴胡 Manyumbell China Thorowax
Bupleurum chinense f. octoradiatum 百花山柴胡 Baihuashan Thorowax
Bupleurum chinense f. pekinense 北京柴胡 Beijing Thorowax
Bupleurum commelynoideum 紫花鸭跖柴胡 Dayflower-Like Thorowax
Bupleurum commelynoideum var. flaviflorum 黄花鸭跖柴胡 Yellow Dayflower-Like Thorowax
Bupleurum condensatum 簇生柴胡 Clustered Thorowax
Bupleurum dalhousieanum 匍枝柴胡 Stoloniferous Thorowax
Bupleurum densiflorum 密花柴胡 Denseflower Thorowax
Bupleurum dielsianum 太白柴胡 Diels Thorowax
Bupleurum exaltatum 新疆柴胡 Xinjiang Thorowax
Bupleurum hamiltonii 小柴胡 Small Thorowax
Bupleurum hamiltonii var. humile 矮小柴胡 Dwarf Thorowax
Bupleurum komarovianum 长白柴胡 Komarov Thorowax
Bupleurum krylovianum 阿尔泰柴胡 Altai Thorowax
Bupleurum kunmingense 韭叶柴胡 Kunming Thorowax
Bupleurum kweichowense 贵州柴胡 Guizhou Thorowax
Bupleurum longicaule 长茎柴胡 Longstem Thorowax
Bupleurum longicaule var. amplexicaule 抱茎柴胡 Amplexicaular Thorowax
Bupleurum longicaule var. franchetii 空心柴胡 Hollowstem Thorowax
Bupleurum longicaule var. giraldii 秦岭柴胡 Qinling Thorowax
Bupleurum longiradiatum 大叶柴胡 Bigleaf Thorowax
Bupleurum longiradiatum var. breviradiatum 短伞大叶柴胡 Shortray Bigleaf Thorowax
Bupleurum longiradiatum var. porphyranthum 紫花大叶柴胡 Purple Bigleaf Thorowax
Bupleurum luxiense 泸西柴胡 Luxi Thorowax
Bupleurum malconense 马尔康柴胡 Malcon Thorowax
Bupleurum marginatum 竹叶柴胡 Bambooleaf Thorowax
Bupleurum marginatum var. stenophyllum 窄竹叶柴胡 Narrow Bambooleaf Thorowax
Bupleurum microcephalum 马尾柴胡 Horsetail Thorowax
Bupleurum petiolulatum var. tenerum 细茎有柄柴胡 Slenderstem Thorowax
Bupleurum polyclonum 多枝柴胡 Manybranch Thorowax
Bupleurum pusillum 短茎柴胡 Shortstem Thorowax
Bupleurum rockii 丽江柴胡 Rock Thorowax
Bupleurum scorzonerifolium 红柴胡 Red Thorowax
Bupleurum scorzonerifolium f. longiradiatum 长伞红柴胡 Longumbrell Red Thorowax
Bupleurum scorzonerifolium f. pauciflorum 少花红柴胡 Fewflower Red Thorowax
Bupleurum sibiricum 兴安柴胡 Siberian Thorowax
Bupleurum smithii 黑柴胡 Black Thorowax
Bupleurum smithii var. auriculatum 耳叶黑柴胡 Earleaf Black Thorowax
Bupleurum smithii var. parvifolium 小叶黑柴胡 Littleleaf Black Thorowax
Bupleurum thianschanicum 天山柴胡 Tianshan Thorowax
Bupleurum triradiatum 三辐柴胡 Triradiate Thorowax
Bupleurum wenchuanense 汶川柴胡 Wenchuan Thorowax
Bupleurum yinchowense 银州柴胡 Yinzhou Thorowax
Bupleurum yunnanense 云南柴胡 Yunnan Thorowax
Burmannia coelestis 三品一枝花 Skyblue Burmannia
Burmannia disticha 水玉簪 Common Burmannia
Butomus umbellatus 花蔺 Flowering Rush
Buxus bodinieri 雀舌黄杨 Bodiner Box
Buxus cephalantha 头花黄杨 Capitate Box
Buxus harlandii 匙叶黄杨 Harland Box
Buxus henryi 大花黄杨 Bigflower Box
Buxus latistyla 阔柱黄杨 Broadstyle Box
Buxus megistophylla 大叶黄杨 Bigleaf Box
Buxus myrica 杨梅黄杨 Myrica Box
Buxus rugulosa 皱叶黄杨 Wrinkledleaf Box
Buxus rugulosa subsp. prostrata 平卧皱叶黄杨 Prostrate Wrinkledleaf Box
Buxus rugulosa subsp. rupicola 岩生黄杨 Rupicolous Wrinkledleaf Box
Buxus sempervirens 锦熟黄杨 Boxwood, Common Box, European Box
Buxus sinica 黄杨 Chinese Box
Buxus sinica var. aemulans 尖叶黄杨 Acute-Leaved Box
Buxus sinica var. intermedia 中间黄杨 Intermediate Box
Buxus sinica var. parvifolia 小叶黄杨 Little-Leaf Box
Byttneria grandifolia 刺果藤 Scabrous Byttneria
Byttneria pilosa 粗毛刺果藤 Pilous Byttneria

C

Caesalpinia bonduc 刺果苏木 Yellow Nickar
Caesalpinia crista 华南云实 Gray Nicker
Caesalpinia cucullata 见血飞 Hood-Like Caesalpinia
Caesalpinia decapetala 云实 Mysore Thorn
Caesalpinia decapetala var. pubescens 毛叶云实 Hairyleaf Caesalpinia
Caesalpinia digyna 肉荚云实 Teri Pod
Caesalpinia magnifoliolata 大叶云实 Big-Leaved Caesalpinia
Caesalpinia millettii 小叶云实 Small-Leaved Caesalpinia
Caesalpinia mimosoides 含羞云实 Mimosa-Like Caesalpinia
Caesalpinia minax 喙荚云实 Beakpod Caesalpinia
Caesalpinia pulcherrima 金凤花 Peacock Flower
Caesalpinia sappan 苏木 Sappan Wood
Caesalpinia sinensis 鸡嘴簕 Chinese Caesalpinia
Caesalpinia vernalis 春云实 Spring Caesalpinia

Cajanus cajan 木豆 Pigeonpea
Cajanus mollis 长叶虫豆 Downy Pigeonpea
Cajanus scarabaeoides 蔓草虫豆 Showy Pigeonpea
Caladium bicolor 五彩芋 Angel Wings
Calamintha debilis 新风轮 Weak Calamintha
Calamus gracilis 小省藤 Slender Rattan Palm
Calamus henryanus 滇南省藤 Henry's Rattan Palm
Calamus macrorrhynchus 大喙省藤 Bigbeak Rattan Palm
Calamus rhabdocladus 杖藤 Walking-Stick Rattan Palm
Calamus tetradactylus 白藤 White Rattan Palm
Calanthe alismaefolia 泽泻虾脊兰 Waterplantainleaf Calanthe
Calanthe alpina 流苏虾脊兰 Fimbriate Calanthe
Calanthe brevicornu 肾唇虾脊兰 Reniformlip Calanthe
Calanthe davidii 剑叶虾脊兰 David Calanthe
Calanthe delavayi 少花虾脊兰 Delavay Calanthe
Calanthe densiflora 密花虾脊兰 Denseflower Calanthe
Calanthe discolor 虾脊兰 Common Calanthe
Calanthe graciliflora 钩距虾脊兰 Hamate Calanthe
Calanthe hancockii 叉唇虾脊兰 Hancock Calanthe
Calanthe mannii 细花虾脊兰 Mann Calanthe
Calanthe odora 香花虾脊兰 Fragrant Calanthe
Calanthe puberula 镰萼虾脊兰 Falcatecalyx Calanthe
Calanthe reflexa 反瓣虾脊兰 Reflexed Calanthe
Calanthe sylvatica 长距虾脊兰 Longspur Calanthe
Calanthe tricarinata 三棱虾脊兰 Tricarinate Calanthe
Calanthe triplicata 三褶虾脊兰 Triplicate Calanthe
Calanthe whiteana 四川虾脊兰 Sichuan Calanthe
Calathodes oxycarpa 鸡爪草 Cockclaw Weed
Calathodes polycarpa 多果鸡爪草 Manyfruit Cockclaw Weed
Calendula officinalis 金盏花 Pot Marigold
Calla palustris 水芋 Wild Calla, Water Arum
Callerya bonatiana 滇桂崖豆藤 Bonat Milletia
Callerya championii 绿花崖豆藤 Champion's Milletia
Callerya congestiflora 密花崖豆藤 Denseflower Milletia
Callerya dielsiana 香花崖豆藤 Diels Milletia
Callerya dielsiana var. heterocarpa 异果崖豆藤 Heterocarpous Milletia
Callerya dielsiana var. solida 雪峰山崖豆藤 Solid Milletia
Callerya dorwardii 滇缅崖豆藤 Dorward Milletia
Callerya eurybotrya 宽序崖豆藤 Broad-Inflorescence Milletia
Callerya fordii 广东崖豆藤 Ford Milletia
Callerya gentiliana 黔滇崖豆藤 Gentil Milletia
Callerya nitida 亮叶崖豆藤 Shiningleaf Milletia
Callerya nitida var. hirsutissima 丰城崖豆藤 Hirsute Milletia
Callerya nitida var. minor 峨眉崖豆藤 Omei Milletia
Callerya oosperma 皱果崖豆藤 Wrinkled-Fruit Milletia
Callerya reticulata 网络崖豆藤 Netted Milletia
Callerya speciosa 美丽崖豆藤 Beautiful Milletia
Callerya tsui 喙果崖豆藤 Beakfruit Milletia
Calliandra haematocephala 朱缨花 Red Powderpuff
Callianthemum alatavicum 厚叶美花草 Thickleaf Callianthemum
Callianthemum angustifolium 薄叶美花草 Narrowleaf Callianthemum
Callianthemum pimpinelloides 美花草 Common Callianthemum
Callianthemum taipaicum 太白美花草 Taipai Callianthemum
Callicarpa arborea 木紫珠 Tree Beautyberry
Callicarpa bodinieri 紫珠 Beautyberry
Callicarpa bodinieri var. iteophylla 柳叶紫珠 Salixleaf Beautyberry
Callicarpa bodinieri var. rosthornii 南川紫珠 Rosthorn Beautyberry
Callicarpa brevipes 短柄紫珠 Shortstipe Beautyberry
Callicarpa candicans 白毛紫珠 Whitehair Beautyberry
Callicarpa cathayana 华紫珠 Chinese Beautyberry
Callicarpa dichotoma 白棠子树 Purple Beautyberry
Callicarpa formosana 杜虹花 Taiwan Beautyberry
Callicarpa giraldii 老鸦糊 Girald Beautyberry
Callicarpa giraldii var. subcanescens 毛叶老鸦糊 Greyhair Beautyberry
Callicarpa integerrima 全缘叶紫珠 Entire Beautyberry
Callicarpa integerrima var. chinensis 藤紫珠 Pei's Beautyberry
Callicarpa japonica 日本紫珠 Japanese Beautyberry
Callicarpa kochiana 枇杷叶紫珠 Kochi Beautyberry
Callicarpa kwangtungensis 广东紫珠 Kwangtung Beautyberry
Callicarpa lingii 光叶紫珠 Glabrousleaf Beautyberry
Callicarpa loboapiculata 尖萼紫珠 Sharpcalyx Beautyberry
Callicarpa longifolia 长叶紫珠 Longleaf Beautyberry
Callicarpa longifolia var. floccosa 白毛长叶紫珠 Floccose Beautyberry
Callicarpa longipes 长柄紫珠 Longstipe Beautyberry
Callicarpa longissima 尖尾枫 Longtail Beautyberry
Callicarpa longissima f. subglabra 秃尖尾枫 Glabrous Longtail Beautyberry
Callicarpa luteopunctata 黄腺紫珠 Yellowdot Beautyberry
Callicarpa macrophylla 大叶紫珠 Bigleaf Beautyberry
Callicarpa membranacea 窄叶紫珠 Narrowleaf Beautyberry
Callicarpa nudiflora 裸花紫珠 Nakedflower Beautyberry
Callicarpa peichieniana 钩毛紫珠 Hooked-Hairy Beautyberry
Callicarpa pilosissima 长毛紫珠 Pilose Beautyberry
Callicarpa rubella 红紫珠 Red Beautyberry
Callicarpa rubella f. angustata 狭叶红紫珠 Narrowleaf Red Beautyberry
Callicarpa rubella f. crenata 钝齿红紫珠 Crenate Red Beautyberry
Callicarpa yunnanensis 云南紫珠 Yunnan Beautyberry
Calligonum leucocladum 淡枝沙拐枣 White Calligonum
Calligonum mongolicum 沙拐枣 Mongolian Calligonum
Callipteris esculenta 菜蕨 Vegetable Fern
Callistemon rigidus 红千层 Stiff Bottlebrush
Callistephus chinensis 翠菊 China Aster
Callitriche palustris 沼生水马齿 Vernal Water Starwort
Calogyne pilosa 离根香 Pilose Calogyne
Calophyllum inophyllum 红厚壳 Beautyleaf
Calophyllum membranaceum 薄叶红厚壳 Membranaceous Beautyleaf
Calophyllum polyanthum 滇南红厚壳 Manyflower Beautyleaf
Calostoma japonicum 日本丽口包菌 Japan Fig Puffball
Calotropis gigantea 牛角瓜 Giant Milkweed
Caltha natans 白花驴蹄草 Floating Marsh Marigold
Caltha palustris 驴蹄草 Common Marsh Marigold
Caltha palustris var. barthei 空茎驴蹄草 Hollowstem Marsh Marigold
Caltha palustris var. membranacea 膜叶驴蹄草 Membraneleaf Marsh Marigold
Caltha palustris var. sibirica 三角叶驴蹄草 Sibirian Marsh Marigold
Caltha palustris var. umbrosa 掌裂驴蹄草 Shady Marsh Marigold
Caltha scaposa 花葶驴蹄草 Scapose Marsh Marigold
Calvatia candida 白秃马勃 White Puffball
Calvatia craniiformis 头状秃马勃 Skull-Shaped Puffball
Calvatia cyathiformis 秃马勃 Purple-Spored Puffball
Calvatia gigantea 大秃马勃 Giant Puffball
Calvatia lilacina 紫色秃马勃 Lilac Puffball
Calycanthus chinensis 夏蜡梅 Chinese Calycanthus
Calystegia hederacea 打碗花 Japanese False Bindweed

C

Calystegia pellita 藤长苗 Hairy False Bindweed
Calystegia sepium 旋花 Hedge False Bindweed
Calystegia soldanella 肾叶打碗花 Seashore False Bindweed
Camchaya loloana 凋缨菊 Common Camchaya
Camellia caudata 长尾毛蕊茶 Caudate Camellia
Camellia chekiangoleosa 浙江山茶 Redflower Camellia
Camellia cordifolia 心叶毛蕊茶 Cordate Camellia
Camellia costei 贵州连蕊茶 Guizhou Camellia
Camellia cuspidata 连蕊茶 Cuspidate Camellia
Camellia edithae 东南山茶 Dongnan Shancha
Camellia euryoides 柃叶连蕊茶 Mockorange Camellia
Camellia fraterna 毛花连蕊茶 Ellipticleaf Camellia
Camellia gymnogyna 秃房茶 Glabrousovary Camellia
Camellia japonica 山茶 Japanese Camellia
Camellia kissii 落瓣油茶 Caducouspetal Camellia
Camellia longipedicellata 长梗茶 Longpedicel Camellia
Camellia oleifera 油茶 Oiltea Camellia
Camellia petelotii 金花茶 Golden Camellia
Camellia pitardii 西南山茶 Pitard Camellia
Camellia polyodonta 多齿山茶 Many-Toothed Camellia
Camellia reticulata 滇山茶 Reticulate Camellia
Camellia rosthorniana 川鄂连蕊茶 Rosthorn Camellia
Camellia salicifolia 柳叶毛蕊茶 Willowleaf Camellia
Camellia saluenensis 怒江山茶 Nujiang Camellia
Camellia semiserrata 南山茶 Semiserrate Oiltea Tea
Camellia sinensis 茶 Tea
Camellia sinensis var. assamica 普洱茶 Assam Tea
Camellia trichoclada 毛枝连蕊茶 Hairybranch Camellia
Campanula albertii 新疆风铃草 Albert Bellflower
Campanula aristata 钻裂风铃草 Aristate Bellflower
Campanula cana 灰毛风铃草 Grayhair Bellflower
Campanula crenulata 流石风铃草 Crenulate Bellflower
Campanula glomerata 北疆风铃草 Clustered Bellflower
Campanula glomerata subsp. speciosa 聚花风铃草 Showy Clustered Bellflower
Campanula pallida 西南风铃草 Pale Bellflower
Campanula punctata 紫斑风铃草 Spotted Bellflower
Campanumoea javanica 金钱豹 Java Campanumoea
Campanumoea javanica subsp. japonica 小花金钱豹 Japanese Campanumoea
Camphorosma monspeliaca 樟味藜 Mediterranean Camphorfume
Camphorosma monspeliaca subsp. lessingii 同齿樟味藜 Lessing Mediterranean Camphorfume
Campsis grandiflora 凌霄 Chinese Trumpet Creeper
Campsis radicans 美国凌霄 Trumpet Creeper, Trumpet Vine
Camptosorus sibiricus 过山蕨 Sibirian Walking Fern
Camptotheca acuminata 喜树 Happy Tree
Campylopus pyriformis 梨蒴曲柄藓 Campylopus Moss
Campylotropis argentea 银叶杭子梢 Silveryleaf Campylotropis
Campylotropis delavayi 西南杭子梢 Delavay Campylotropis
Campylotropis harmsii 思茅杭子梢 Harms Campylotropis
Campylotropis hirtella 毛杭子梢 Hairy Campylotropis
Campylotropis macrocarpa 杭子梢 False Bush Clover
Campylotropis pinetorum subsp. velutina 绒毛叶杭子梢 Velutinous Campylotropis
Campylotropis polyantha 小雀花 Many-Flowered Campylotropis
Campylotropis trigonoclada 三棱枝杭子梢 Three-Angled Campylotropis
Campylotropis trigonoclada var. bonatiana 马尿藤 Bonat Campylotropis
Campylotropis yunnanensis 滇杭子梢 Yunnan Campylotropis
Cananga odorata 依兰 Fragrant Cananga
Canarium album 橄榄 Chinese White Olive
Canarium bengalense 方榄 Bengal Olive
Canarium parvum 小叶榄 Small Chinese Olive
Canarium pimela 乌榄 Chinese Black Olive
Canarium strictum 滇榄 Black Damar
Canarium tonkinense 越榄 Tonkin Olive
Canavalia cathartica 小刀豆 Maunaloa
Canavalia ensiformis 直生刀豆 Jackbean
Canavalia gladiata 刀豆 Sword Jackbean
Canavalia maritima 海刀豆 Baybean
Cancrinia discoidea 小甘菊 Discoid Cancrinia
Cancrinia lasiocarpa 毛果小甘菊 Hairyfruit Cancrinia
Cancrinia maximowiczii 灌木小甘菊 Maximowicz's Cancrinia
Canna generalis 大花美人蕉 Common Garden Canna
Canna indica 美人蕉 Canna Lily
Cannabis sativa 大麻 Hemp Fimble
Canscora lucidissima 穿心草 Common Canscora
Canscora melastomacea 罗星草 Melestoma-Like Canscora
Cansjera rheedei 山柑藤 Rheede Cansjera
Cantharellula umbonata 脐突伞 Umbilical Chanterelle
Cantharellus cibarius 鸡油菌 Chanterelle
Cantharellus minor 小鸡油菌 Small Chanterelle
Canthium dicoccum 鱼骨木 Butulang Canthium
Canthium horridum 猪肚木 Thorny Canthium
Canthium simile 大叶鱼骨木 Large-Leaved Canthium
Capparis acutifolia 独行千里 Acute-Leaved Caper
Capparis bodinieri 野香橼花 Bodinier Caper
Capparis cantoniensis 广州山柑 Canton Caper
Capparis chingiana 野槟榔 Ching's Caper
Capparis masaikai 马槟榔 Masaika Caper
Capparis micracantha 小刺山柑 Thorn Caper
Capparis pubiflora 毛蕊山柑 Pubescent-Flowered Caper
Capparis sepiaria 青皮刺 Wild Caper Bush
Capparis spinosa 山柑 Caper Bush
Capparis subsessilis 无柄山柑 Sessile Caper
Capparis urophylla 小绿刺 Urophyllous Caper
Capparis versicolor 屈头鸡 Discolour Caper
Capparis zeylanica 牛眼睛 Ceylon Caper
Capsella bursa-pastoris 荠菜 Shepherd's Purse
Capsicum annuum 辣椒 Cayenne Pepper
Capsicum frutescens 小米辣 Chilli
Caragana acanthophylla 刺叶锦鸡儿 Spinyleaf Peashrub
Caragana arborescens 树锦鸡儿 Siberian Peashrub
Caragana brevifolia 短叶锦鸡儿 Shortleaf Peashrub
Caragana camilli-schneideri 北疆锦鸡儿 Sinkiang Peashrub
Caragana changduensis 昌都锦鸡儿 Changdu Peashrub
Caragana dasyphylla 粗毛锦鸡儿 Shaggyleaf Peashrub
Caragana erinacea 川西锦鸡儿 Erinacea-Like Peashrub
Caragana franchetiana 云南锦鸡儿 Franchet Peashruh
Caragana frutex 黄刺条 Russian peashrub
Caragana jubata 鬼箭锦鸡儿 Shagspine Peashrub
Caragana korshinskii 柠条锦鸡儿 Korshinsk Peashrub
Caragana leucophloea 白皮锦鸡儿 Whitebark Peashrub
Caragana leucospina 白刺锦鸡儿 Whitespine Peashrub
Caragana microphylla 小叶锦鸡儿 Littleleaf Peashrub
Caragana pleiophylla 多叶锦鸡儿 Manyleaf Peashrub

Caragana polourensis 昆仑锦鸡儿 Polour Peashrub
Caragana pruinosa 粉刺锦鸡儿 Pruinose Peashrub
Caragana przewalskii 通天河锦鸡儿 Prewalski Peashrub
Caragana pygmaea 矮锦鸡儿 Dwarf Peashrub
Caragana roborovskyi 荒漠锦鸡儿 Desert Peashrub
Caragana rosea 红花锦鸡儿 Redflower Peashrub
Caragana sinica 锦鸡儿 Chinese Peashrub
Caragana spinosa 多刺锦鸡儿 Spiny Peashrub
Caragana stenophylla 狭叶锦鸡儿 Narrowleaf Peashrub
Caragana tangutica 青甘锦鸡儿 Tangutan Peashrub
Caragana tibetica 毛刺锦鸡儿 Tibetan Peashrub
Caragana tragacanthoides 中亚锦鸡儿 Central Asian Peashrub
Caragana turfanensis 吐鲁番锦鸡儿 Turfan Peashrub
Carallia brachiata 竹节树 Indian Carallia
Carallia diplopetala 锯叶竹节树 Serrateleaf Carallia
Carallia pectinifolia 旁杞木 Pectinateleaf Carallia
Cardamine engleriana 光头山碎米荠 Engler Bittercress
Cardamine flexuosa 弯曲碎米荠 Wavy Bittercress
Cardamine griffithii 山芥碎米荠 Griffith Bittercress
Cardamine hirsuta 碎米荠 Hairy Bittercress
Cardamine impatiens 弹裂碎米荠 Narrowleaf Bittercress
Cardamine leucantha 白花碎米荠 Whiteflower Bittercress
Cardamine lyrata 水田碎米荠 Lyrate Bittercress
Cardamine macrophylla 大叶碎米荠 Largeleaf Bittercress
Cardamine macrophylla var. polyphylla 多叶碎米荠 Manyleaf Bittercress
Cardamine pratensis 草甸碎米荠 Meadow Bittercress
Cardamine scaposa 裸茎碎米荠 Nakedstem Bittercress
Cardamine scutata 圆齿碎米荠 Crenate Bittercress
Cardamine tangutorum 唐古碎米荠 Tangutan Bittercress
Cardamine trifoliolata 三小叶碎米荠 Trifoliolate Bittercress
Cardamine urbaniana 华中碎米荠 Central Chinese Bittercress
Cardiandra moellendorffii 草绣球 Moellendorff Cardiandra
Cardiocrinum cathayanum 荞麦叶大百合 Cathay Giant Lily
Cardiocrinum giganteum var. yunnanense 云南大百合 Yunnan Giant Lily
Cardiospermum halicacabum 倒地铃 Balloon Vine, Heart Pea, Heart Seed
Carduus acanthoides 节毛飞廉 Plumeless Thistle
Carduus crispus 丝毛飞廉 Curly Plumeless Thistle
Carduus nutans 飞廉 Nodding Plumeless Thistle
Carex alta 高秆薹草 Broadwing Sedge
Carex baccans 浆果薹草 Crimson-Seeded Sedge
Carex breviculmis 青绿薹草 Shortstem Sedge
Carex brownii 亚澳薹草 Brown Sedge
Carex brunnea 褐果薹草 Greater Brown Sedge
Carex chinensis 中华薹草 Chinese Sedge
Carex chungii 仲氏薹草 Chung's Sedge
Carex commixta 细长喙薹草 Longbeak Sedge
Carex cruciata 十字薹草 Cruciate Sedge
Carex davidii 无喙囊薹草 David Sedge
Carex densefimbriata 流苏薹草 Fimbriate Sedge
Carex doniana 签草 Don Sedge
Carex duriuscula subsp. rigescens 白颖薹草 Whiteglume Sedge
Carex finitima 亮绿薹草 Akin Sedge
Carex gibba 穹隆薹草 Gibbous Sedge
Carex hancockiana 点叶薹草 Hancock Sedge
Carex heterostachya 异穗薹草 Different-Spike Sedge
Carex japonica 日本薹草 East Asian Sedge
Carex kobomugi 筛草 Asiatic Sand Sedge
Carex lanceolata 大披针薹草 Lanceolate Sedge
Carex lehmanii 膨囊薹草 Lehman Sedge
Carex ligulata 舌叶薹草 Ligulate Sedge
Carex maubertiana 套鞘薹草 Overlapping-Sheath Sedge
Carex moupinensis 宝兴薹草 Moupin Sedge
Carex nemostachys 条穗薹草 Linearspike Sedge
Carex neurocarpa 翼果薹草 Wingfruit Sedge
Carex nubigena 云雾薹草 Cloud Sedge
Carex phacota 镜子薹草 Convexutricle Sedge
Carex rubrobrunnea var. taliensis 大理薹草 Tali Sedge
Carex satsumensis 砂地薹草 Sandland Sedge
Carex scaposa 花葶薹草 Scapose Sedge
Carex sclerocarpa 硬果薹草 Hardfruit Sedge
Carex siderosticta 宽叶薹草 Broadleaf Sedge
Carex tangiana 东陵薹草 Dongling Sedge
Carex tristachya 三穗薹草 Threespike Sedge
Carica papaya 番木瓜 Papaya
Carissa spinarum 假虎刺 Spiny Carissa
Carlesia sinensis 山茴香 Chinese Carlesia
Carmona microphylla 基及树 Fukien Tea Tree
Carpesium abrotanoides 天名精 Common Carpesium
Carpesium cernuum 烟管头草 Drooping Carpesium
Carpesium divaricatum 金挖耳 Divaricate Carpesium
Carpesium faberi 贵州天名精 Faber's Carpesium
Carpesium lipskyi 高原天名精 Lipsky's Carpesium
Carpesium longifolium 长叶天名精 Longleaf Carpesium
Carpesium macrocephalum 大花金挖耳 Bighead Carpesium
Carpesium minum 小花金挖耳 Small Carpesium
Carpesium nepalense 尼泊尔天名精 Nepal Carpesium
Carpesium nepalense var. lanatum 棉毛尼泊尔天名精 Woolly Carpesium
Carpesium trachelifolium 粗齿天名精 Coarsetooth Carpesium
Carpesium triste 暗花金挖耳 Gloomy Carpesium
Carpinus cordata 千金榆 Heartleaf Hornbeam
Carpinus cordata var. chinensis 华千金榆 Chinese Hornbeam
Carpinus fangiana 川黔千金榆 Fang Hornbeam
Carpinus fargesiana 川陕鹅耳枥 Farges Hornbeam
Carpinus monbeigiana 云南鹅耳枥 Yunnan Hornbeam
Carpinus pubescens 云贵鹅耳枥 Pubescent Hornbeam
Carpinus turczaninowii 鹅耳枥 Turczaninow Hornbeam
Carpinus viminea 雷公鹅耳枥 Himalayan Hornbeam
Carrierea calycina 山羊角树 Goat Horn Tree
Carthamus tinctorius 红花 Safflower
Carum buriaticum 田葛缕子 Field Caraway
Carum carvi 葛缕子 Caraway
Carum carvi f. gracile 细葛缕子 Slender Caraway
Carya cathayensis 山核桃 Cathay Hickory
Carya illinoinensis 美国山核桃 Pecan
Carya tonkinensis 越南山核桃 Tonkin Hickory
Caryopteris aureoglandulosa 金腺莸 Golden-Glandular Bluebeard
Caryopteris divaricata 莸 Rdivarcate Bluebeard
Caryopteris forrestii 灰毛莸 Greyhair Bluebeard
Caryopteris forrestii var. minor 小叶灰毛莸 Small-Leaved Bluebeard
Caryopteris glutinosa 粘叶莸 Glutinous Bluebeard
Caryopteris incana 兰香草 Common Bluebeard
Caryopteris mongholica 蒙古莸 Mongolian Bluebeard
Caryopteris nepetifolia 单花莸 One-Flowered Bluebeard
Caryopteris odorata 香莸 Fragrant Bluebeard

C

Caryopteris paniculata 锥花莸 Paniculate Bluebeard
Caryopteris tangutica 光果莸 Tangutan Bluebeard
Caryopteris terniflora 三花莸 Three-Flowered Bluebeard
Caryopteris trichosphaera 毛球莸 Hairysphere Bluebeard
Caryota maxima 鱼尾葵 Himalayan Fishtail Palm
Caryota mitis 短穗鱼尾葵 Clustering Fishtail Palm
Caryota monostachya 单穗鱼尾葵 Dwarf Fishtail Palm
Casearia glomerata 球花脚骨脆 Glomerate Casearia
Casimiroa edulis 香肉果 White Sapote
Cassia acutifolia 尖叶番泻 Alexandrian Senna
Cassia agnes 神黄豆 Agnes Cassia
Cassia angustifolia 狭叶番泻 Indian Senna
Cassia fistula 腊肠树 Golden Shower
Cassia floribunda 光叶决明 Golden Showy Cassia
Cassia javanica 节果决明 Apple Blossom
Cassiope fastigiata 扫帚岩须 Himalayan Heather
Cassiope selaginoides 岩须 Spikemoss-Like Cassiope
Cassytha filiformis 无根藤 Filiform Cassytha
Castanea henryi 锥栗 Henry Chestnut
Castanea mollissima 板栗 Chinese Chestnut
Castanea seguinii 茅栗 Seguin Chestnut
Castanopsis ceratacantha 瓦山栲 Washan Evergreen Chinkapin
Castanopsis chinensis 锥 Chinese Evergreen Chinkapin
Castanopsis delavayi 高山锥 Delavay Evergreen Chinkapin
Castanopsis eyrei 甜槠 Eyre Evergreen Chinkapin
Castanopsis fargesii 栲 Farges Evergreen Chinkapin
Castanopsis indica 印度椎 Indian Evergreen Chinkapin
Castanopsis orthacantha 元江锥 Straightspine Evergreen Chinkapin
Castanopsis platyacantha 扁刺锥 Flatspine Evergreen Chinkapin
Castanopsis sclerophylla 苦槠 Bitter Evergreen Chinkapin
Castanopsis tibetana 钩锥 Tibetan Evergreen Chinkapin
Casuarina cunninghamiana 细枝木麻黄 Australian Beefwood
Casuarina equisetifolia 木麻黄 Horsetail Beefwood
Catabrosa aquatica 沿沟草 Brook Grass
Catalpa bignonioides 美国梓 Indian Bean Tree, Southern Catalpa
Catalpa bungei 楸 Manchurian Catalpa
Catalpa fargesii 灰楸 Farges Catalpa
Catalpa ovata 梓 Chinese Catalpa
Catalpa speciosa 黄金树 Hardy catalpa, Northern Catalpa
Catha edulis 巧茶 Arabian Tea, Cafta, Chat, Khat, Qat
Catharanthus roseus 长春花 Rose Periwinkle
Catunaregam spinosa 山石榴 Mountain Pomegranate
Caulerpa racemosa 总状蕨藻 Sea Grapes
Caulokaempferia coenobialis 黄花大苞姜 Yellowflower Caulokaempferia
Caulophyllum robustum 红毛七 Blue Cohosh
Cavea tanguensis 葶菊 Tangutan Cavea
Cayratia albifolia var. glabra 脱毛乌蔹莓 Glabrous Cayratia
Cayratia cardiospermoides 短柄乌蔹莓 Heartseed Cayratia
Cayratia corniculata 角花乌蔹莓 Corniculate Cayratia
Cayratia geniculata 膝曲乌蔹莓 Geniculate Cayratia
Cayratia japonica 乌蔹莓 Japanese Cayratia
Cayratia japonica var. mollis 毛乌蔹莓 Hairyleaf Cayratia
Cayratia japonica var. pseudotrifolia 尖叶乌蔹莓 Sharpleaf Cayratia
Cayratia oligocarpa 华中乌蔹莓 Fewfruit Cayratia
Cayratia trifolia 三叶乌蔹莓 Trifoliate Cayratia
Cedrus deodara 雪松 Deodar Cedar, Himalayan Cedar
Celastrus aculeatus 过山枫 Aculeate Bittersweet
Celastrus angulatus 苦皮藤 Angular Bittersweet
Celastrus flagellaris 刺苞南蛇藤 Hook-Spined Bittersweet
Celastrus gemmatus 大芽南蛇藤 Gemmate Bittersweet
Celastrus hindsii 青江藤 Hinds Bittersweet
Celastrus hookeri 滇边南蛇藤 Hooker Bittersweet
Celastrus hypoleucus 粉背南蛇藤 Hypoglaucous Bittersweet
Celastrus kusanoi 圆叶南蛇藤 Knsano Bittersweet
Celastrus monospermus 独子藤 Singleseed Bittersweet
Celastrus oblanceifolius 窄叶南蛇藤 Oblanceolate-Leaved Bittersweet
Celastrus orbiculatus 南蛇藤 Oriental Bittersweet
Celastrus paniculatus 灯油藤 Panicled Bittersweet
Celastrus rosthornianus 短梗南蛇藤 Rosthorn Bittersweet
Celastrus rugosus 皱叶南蛇藤 Rugose Bittersweet
Celastrus stylosus 显柱南蛇藤 Stylose Bittersweet
Celosia argentea 青葙 Silver Coxcomb
Celosia cristata 鸡冠花 Coxcomb
Celtis biondii 紫弹树 Biond Hackberry
Celtis bungeana 黑弹朴 Bunge Hackberry
Celtis julianae 珊瑚朴 Julian Hackberry
Celtis koraiensis 大叶朴 Korean Hackberry
Celtis philippensis 菲律宾朴 Philippine Hackberry
Celtis sinensis 朴树 Chinese Hackberry
Celtis tetrandra 滇朴 Fourstamen Hackberry
Cenocentrum tonkinense 大萼葵 Large-Calyx Mallow
Centaurea cyanus 矢车菊 Cornflower
Centaurea ruthenica 欧亚矢车菊 Eurasian Centaurea
Centaurium pulchellum 美丽百金花 Lesser Centaury
Centaurium pulchellum var. altaicum 百金花 Altai Lesser Centaury
Centella asiatica 积雪草 Asiatic Pennywort
Centipeda minima 石胡荽 Spreading Sneezeweed
Centotheca lappacea 酸模芒 Barbed Grass
Centranthera cochinchinensis 胡麻草 Swamp Foxglove
Centranthera cochinchinensis var. nepalensis 西南胡麻草 Nepal Swamp Foxglove
Centranthera grandiflora 大花胡麻草 Bigflower Centranthera
Cephalanthera erecta 银兰 Erect Cephalanthera
Cephalanthera falcata 金兰 Falcate Cephalanthera
Cephalanthera longifolia 头蕊兰 Longleaf Cephalanthera
Cephalanthus tetrandrus 风箱树 Bellows Buttonbush
Cephalotaxus fortunei 三尖杉 Fortune Plum Yew
Cephalotaxus fortunei var. alpina 高山三尖杉 Alpine Fortune Plum Yew
Cephalotaxus lanceolata 贡山三尖杉 Lanceolate Plum Yew
Cephalotaxus latifolia 宽叶粗榧 Broadkeaf Plum Yew
Cephalotaxus mannii 海南粗榧 Mann Plum Yew
Cephalotaxus oliveri 篦子三尖杉 Oliver Plum Yew
Cephalotaxus sinensis 粗榧 Chinese Plum Yew
Cephalotaxus sinensis var. wilsoniana 台湾三尖杉 Wilson Plum Yew
Cerastium arvense subsp. strictum 卷耳 Erect Field Mouse-Ear
Cerastium cerastoides 六齿卷耳 Starwort Mouse-Ear
Cerastium furcatum 缘毛卷耳 Fork Mouse-Ear
Cerastium glomeratum 球序卷耳 Glomerate Mouse-Ear
Cerastium pauciflorum var. oxalidiflorum 毛蕊卷耳 Fewflower Mouse-Ear
Cerastium wilsonii 鄂西卷耳 Wilson Mouse-Ear
Cerasus avium 欧洲甜樱桃 Sweat Cherry
Cerasus cerasoides 高盆樱桃 Wild Himalayan Cherry
Cerasus clarofolia 微毛樱桃 Fewhair Cherry
Cerasus conradinae 华中樱桃 Conradina Cherry
Cerasus dictyoneura 毛叶欧李 Hairyleaf Cherry

Cerasus glandulosa 麦李 Almond Cherry
Cerasus humilis 欧李 Chinese Dwarf Cherry
Cerasus japonica 郁李 Japanese Bush Cherry
Cerasus japonica var. nakaii 长梗郁李 Longpedicel Japanese Bush Cherry
Cerasus maximowiczii 黑樱桃 Miyama Cherry
Cerasus pseudocerasus 樱桃 Chinese Cherry
Cerasus scopulorum 崖樱桃 Cliff Cherry
Cerasus serrulata 山樱花 Chinese Flowering Cherry
Cerasus serrulata var. pubescens 毛叶山樱花 Hairyleaf Chinese Flowering Cherry
Cerasus setulosa 刺毛樱桃 Bristle Cherry
Cerasus szechuanica 四川樱桃 Szechuan Cherry
Cerasus tatsienensis 康定樱桃 Kangting Cherry
Cerasus tianshanica 天山樱桃 Tianshan Cherry
Cerasus tomentosa 毛樱桃 Nanking Cherry
Cerasus yedoensis 东京樱桃 Yoshino Cherry
Ceratanthus calcaratus 角花 Calcarate Ceratanthus
Ceratophyllum demersum 金鱼藻 Common Hornwort
Ceratophyllum muricatum subsp. kossinskyi 粗糙金鱼藻 Manchurian Hornwort
Ceratophyllum platyacanthum subsp. oryzetorum 五刺金鱼藻 Five-Spined Hornwort
Ceratopteris thalictroides 水蕨 Water Sprite, Oriental Water Fern
Ceratostigma minus 小蓝雪花 Small Dwarf Plumbago
Ceratostigma plumbaginoides 蓝雪花 Dwarf Plumbago
Ceratostigma ulicinum 刺鳞蓝雪花 Needle-Scaled Dwarf Plumbago
Ceratostigma willmottianum 岷江蓝雪花 Chinese Plumbago
Cerbera manghas 海杧果 Sea Mango
Cercidiphyllum japonicum 连香树 Kadsura Tree
Cercis chinensis 紫荆 Chinese Redbud
Cercis chingii 黄山紫荆 Ching's Redbud
Cercis chuniana 广西紫荆 Chun's Redbud
Cercis glabra 湖北紫荆 Glabrous Redbud
Cercis racemosa 垂丝紫荆 Racemose Redbud
Ceriops tagal 角果木 Spurred Mangrove
Ceropegia christenseniana 短序吊灯花 Christensen Ceropagia
Ceropegia dolichophylla 剑叶吊灯花 Sword-Leaved Ceropegia
Ceropegia mairei 金雀马尾参 Maire Ceropagia
Ceropegia pubescens 西藏吊灯花 Pubescent Ceropagia
Ceropegia trichantha 吊灯花 Common Ceropegia
Cestrum nocturnum 夜香树 Night-Blooming Jasmine
Ceterach officinarum 药蕨 Rusty-Back Fern
Cetraria islandica 岛衣 True Iceland Lichen
Cetrelia olivetorum 橄榄斑叶 Sea-Storm Lichen
Chaenomeles cathayensis 毛叶木瓜 Cathay Quince
Chaenomeles japonica 日本木瓜 Japanese Quince
Chaenomeles sinensis 木瓜 Chinese Flowering Quince
Chaenomeles speciosa 皱皮木瓜 Flowering Quince
Chaenomeles thibetica 西藏木瓜 Tibetan Quince
Chaetoseris cyanea 蓝花毛鳞菊 Blueflower Chaetoseris
Chamabainia cuspidata 微柱麻 Cuspidate Chamabainia
Chamaecrista leschenaultiana 短叶决明 Shortleaf Sensitive Pea
Chamaecrista mimosoides 含羞草决明 Fishbone Cassia
Chamaecrista pumila 柄腺山扁豆 Dwarf Cassia
Chamaemelum nobile 果香菊 Roman Chamomile
Chamaerhodos erecta 地蔷薇 Little Rose
Chamaesium paradoxum 矮泽芹 Low Chamaesium
Changium smyrnioides 明党参 Changium
Changnienia amoena 独花兰 Uniflower Orchid
Chassalia curviflora 弯管花 Curved-Flower Woody Chassalia
Cheilosoria chusana 毛轴碎米蕨 Chusan Cheilosoria
Cheilosoria mysurensis 碎米蕨 Mysore Cheilosoria
Cheilosoria tenuifolia 薄叶碎米蕨 Thin-Leaved Cheilosoria
Cheirostylis yunnanensis 云南叉柱兰 Yunnan Cheirostylis
Chelidonium majus 白屈菜 Greater Celandine
Chelonopsis chekiangensis 浙江铃子香 Chekiang Chelonopsis
Chenopodium acuminatum 尖头叶藜 Acuminate Goosefoot
Chenopodium album 藜 Lamb's Quarters
Chenopodium ambrosioides 土荆芥 Mexican Tea
Chenopodium aristatum 刺藜 Aristate Goosefoot
Chenopodium botrys 香藜 Feather Geranium
Chenopodium ficifolium 小藜 Figleaf Goosefoot
Chenopodium glaucum 灰绿藜 Oakleaf Goosefoot
Chenopodium gracilispicum 细穗藜 Slenderspike Goosefoot
Chenopodium hybridum 杂配藜 Mapleleaf Goosefoot
Chenopodium rubrum 红叶藜 Red Goosefoot
Chenopodium schraderianum 菊叶香藜 Foetid Goosefoot
Chenopodium urbicum 市藜 Upright Goosefoot
Chieniopteris harlandii 崇澍蕨 Harland's Chien Fern
Chikusichloa mutica 无芒山涧草 Awnless Chikusichloa
Chimaphila japonica 喜冬草 Japanese Prince's Pine
Chimaphila umbellata 伞形喜冬草 Prince's Pine
Chimonanthus nitens 山蜡梅 Shining Wintersweet
Chimonanthus praecox 蜡梅 Wintersweet
Chimonanthus salicifolius 柳叶蜡梅 Willowleaf Wintersweet
Chionanthus ramiflorus 枝花流苏树 Ramiflorous Fringetree
Chionanthus retusus 流苏树 Chinese Fringetree
Chionographis chinensis 白丝草 Chinese Chionograpis
Chirita pumila 斑叶唇柱苣苔 Spottedleaf Chirita
Chloranthus angustifolius 狭叶金粟兰 Narrowleaf Chloranthus
Chloranthus erectus 鱼子兰 Upright Chloranthus
Chloranthus fortunei 丝穗金粟兰 Fortune Chloranthus
Chloranthus henryi 宽叶金粟兰 Henry Chloranthus
Chloranthus henryi var. hupehensis 湖北金粟兰 Hupeh Chlorantus
Chloranthus holostegius 全缘金粟兰 Integrifolious Chloranthus
Chloranthus holostegius var. trichoneurus 毛脉金粟兰 Hairynerve Chloranthus
Chloranthus japonicus 银线草 Japanese Cholranthus
Chloranthus multistachys 多穗金粟兰 Manyspike Chloranthus
Chloranthus oldhamii 台湾金粟兰 Taiwan Chloranthus
Chloranthus serratus 及已 Serrate Chloranthus
Chloranthus sessilifolius 四川金粟兰 Sessile-Leaved Chlorantus
Chloranthus spicatus 金粟兰 Chulantree
Chloris virgata 虎尾草 Feather Fingergrass
Chlorophytum comosum 吊兰 Spider Plant
Chlorophytum laxum 小花吊兰 Smallflower Spider Plant
Choerospondias axillaris 南酸枣 Axillary Choerospondias
Choerospondias axillaris var. pubinervis 毛脉南酸枣 Hairynerve Choerospondias
Chondrus ocellatus 角叉菜 Japanese Moss
Chonemorpha eriostylis 鹿角藤 Common Chonemorpha
Chonemorpha fragrans 大叶鹿角藤 Frangipani Vine
Chonemorpha griffithii 漾濞鹿角藤 Griffith Chonemorpha
Chonemorpha megacalyx 长萼鹿角藤 Longcalyx Chonemorpha
Chorda filum 绳藻 Dead Man's Rope, Sea Lace
Chorisis repens 沙苦荬菜 Creeping Ixeris
Chosenia arbutifolia 钻天柳 Arbuteleaf Chosenia

Christia constricta 长管蝙蝠草 Longtube Christia
Christia obcordata 铺地蝙蝠草 Obcordate Christia
Christia vespertilionis 蝙蝠草 Red Butterfly Wing
Christisonia hookeri 假野菰 Hooker Christisonia
Chromolaena odorata 飞机草 Siam Weed
Chroogomphus rutilus 色钉钉菇 Pine Gomph, Viscid Gomphidius
Chrozophora sabulosa 沙戟 Sabulose Chrozophora
Chrysanthemum chanetii 小红菊 Chanet's Chrysanthemum
Chrysanthemum indicum 野菊 Indian Chrysanthemum
Chrysanthemum lavandulifolium 甘菊 Lavanderleaf Chrysanthemum
Chrysanthemum lavandulifolium var. tomentellum 毛叶甘菊 Tomentoseleaf Chrysanthemum
Chrysanthemum mongolicum 蒙菊 Mongolian Chrysanthemum
Chrysanthemum morifolium 菊花 Chrysanthemum
Chrysanthemum naktongense 楔叶菊 Cuneateleaf Chrysanthemum
Chrysanthemum potentilloides 委陵菊 Potentilla-Like Chrysanthemum
Chrysanthemum vestitum 毛华菊 Hairy Chrysanthemum
Chrysanthemum zawadskii 紫花野菊 Zawadski's Chrysanthemum
Chrysophyllum lanceolatum var. stellatocarpon 金叶树 Goldenleaf Tree
Chrysopogon aciculatus 竹节草 Golden False Beardgrass
Chrysosplenium absconditicapsulum 蔽果金腰 Hiddenfruit Golden Saxifrage
Chrysosplenium axillare 长梗金腰 Long-Pedicelled Golden Saxifrage
Chrysosplenium cavaleriei 滇黔金腰 Cavalerie Golden Saxifrage
Chrysosplenium davidianum 锈毛金腰 David Golden Saxifrage
Chrysosplenium delavayi 肾萼金腰 Delavay Golden Saxifrage
Chrysosplenium forrestii 贡山金腰 Forrest Golden Saxifrage
Chrysosplenium griffithii 肾叶金腰 Griffith Golden Saxifrage
Chrysosplenium hydrocotylifolium 天胡荽金腰 Pennywortleaf Golden Saxifrage
Chrysosplenium japonicum 日本金腰 Japanese Golden Saxifrage
Chrysosplenium lanuginosum 绵毛金腰 Short-Woolled Golden Saxifrage
Chrysosplenium macrophyllum 大叶金腰 Bigleaf Golden Saxifrage
Chrysosplenium nepalense 山溪金腰 Nepal Golden Saxifrage
Chrysosplenium nudicaule 裸茎金腰 Naked-Cauled Golden Saxifrage
Chrysosplenium sinicum 中华金腰 Chinese Golden Saxifrage
Chrysosplenium uniflorum 单花金腰 Uniflorous Golden Saxifrage
Chuanminshen violaceum 川明参 Chuanmingshen
Chukrasia tabularis 麻楝 Chickrassy
Chukrasia tabularis var. velutina 毛麻楝 Hairy Chickrassy
Cibotium barometz 金毛狗 Golden Hair Dog Fern
Cicer arietinum 鹰嘴豆 Chick Pea
Cichorium glandulosum 腺毛菊苣 Glandular Chicory
Cichorium intybus 菊苣 Chicory
Cicuta virosa 毒芹 Northern Water Hemlock
Cicuta virosa var. latisecta 宽叶毒芹 Broadleaf Water Hemlock
Cimicifuga brachycarpa 短果升麻 Shortfruit Bugbane
Cimicifuga dahurica 兴安升麻 Dahurian Bugbane
Cimicifuga foetida 升麻 Skunk Bugbane
Cimicifuga foetida var. foliolosa 多小叶升麻 Many-Leaved Skunk Bugbane
Cimicifuga foetida var. longibracteata 长苞升麻 Longbract Skunk Bugbane
Cimicifuga foetida var. velutina 毛叶升麻 Hairy Skunk Bugbane
Cimicifuga heracleifolia 大三叶升麻 Large Trifolious Bugbane
Cimicifuga japonica 小升麻 Japanese Bugbane
Cimicifuga nanchuanensis 南川升麻 Nanchuan Bugbane
Cimicifuga simplex 单穗升麻 Kamchatka Bugbane
Cimicifuga yunnanensis 云南升麻 Yunnan Bugbane
Cinchona calisaya 金鸡纳树 Calisaya
Cinchona pubescens 鸡纳树 Red Cinchona
Cinnamomum appelianum 毛桂 Hair Twig Cassia
Cinnamomum austrosinense 华南桂 South China Cassia
Cinnamomum bejolghota 钝叶桂 Obtuseleaf Cassia
Cinnamomum bodinieri 猴樟 Monkey Cinnamon
Cinnamomum burmannii 阴香 Burrmann's Cassia
Cinnamomum camphora 樟 Camphor Tree
Cinnamomum cassia 肉桂 Cassia
Cinnamomum glanduliferum 云南樟 Nepel Comphortree
Cinnamomum heyneanum 狭叶阴香 Narrowleaf Batavia Cinnamon
Cinnamomum iners 大叶桂 Bigleaf Cassia
Cinnamomum japonicum 天竺桂 Japanese Cassia
Cinnamomum jensenianum 野黄桂 Jensen's Cassia
Cinnamomum kwangtungense 红辣槁树 Guangdong Cassia
Cinnamomum longepaniculatum 油樟 Longpanicle Cinnamon
Cinnamomum mairei 银叶桂 Silverleaf Cassia
Cinnamomum migao 米槁 Migao Cinnamon
Cinnamomum osmophloeum 土肉桂 Indigenous Cinnamon
Cinnamomum parthenoxylon 黄樟 Fragrant Cinnamon
Cinnamomum pauciflorum 少花桂 Fewflower Cinnamon
Cinnamomum platyphyllum 阔叶樟 Broadleaf Cinnamon
Cinnamomum septentrionale 银木 North Cinnamon
Cinnamomum subavenium 香桂 Fragrant Cinnamon
Cinnamomum tamala 柴桂 Indian Cassia
Cinnamomum tonkinense 假桂皮树 Tonkin Cassia
Cinnamomum verum 锡兰肉桂 Ceylon Cinnamon
Cinnamomum wilsonii 川桂 Wilson Cinnamon
Cipadessa baccifera 浆果楝 Ranabili
Cipadessa cinerascens 灰毛浆果楝 Greyhair Cipadessa
Circaea alpina 高山露珠草 Alpine Circaea
Circaea alpina subsp. angustifolia 狭叶露珠草 Narrowleaf Circaea
Circaea alpina subsp. caulescens 深山露珠草 Mountain Circaea
Circaea alpina subsp. imaicola 高原露珠草 Plateau Circaea
Circaea alpina subsp. micrantha 高寒露珠草 Smallflower Circaea
Circaea canadensis subsp. quadrisulcata 水珠草 Droplet Circaea
Circaea cordata 露珠草 Cordate Circaea
Circaea erubescens 谷蓼 Reddish Circaea
Circaea mollis 南方露珠草 Southern Circaea
Circaeaster agrestis 星叶草 Field Circaeaster
Cirsium chinense 绿蓟 Chinese Thistle
Cirsium chlorolepis 两面刺 Greenbract Thistle
Cirsium eriophoroides 贡山蓟 Gongshan Thistle
Cirsium esculentum 莲座蓟 Rosette Thistle
Cirsium griseum 灰蓟 Grey Thistle
Cirsium incanum 阿尔泰蓟 Greyhair Thistle
Cirsium japonicum 蓟 Japanese Thistle
Cirsium leo 魁蓟 Giant Thistle
Cirsium lineare 线叶蓟 Linearleaf Thistle
Cirsium maackii 野蓟 Maack's Thistle
Cirsium pendulum 烟管蓟 Pendulate Thistle
Cirsium racemiforme 总序蓟 Racemose Thistle
Cirsium salicifolium 块蓟 Willowleaf Thistle
Cirsium setosum 刺儿菜 Setose Thistle
Cirsium souliei 葵花大蓟 Soulie's Thistle
Cirsium vlassovianum 绒背蓟 Vlassov's Thistle

Cissampelopsis spelaeicola 岩穴藤菊 Saxicolous Cissampelopsis
Cissampelopsis volubilis 藤菊 Common Cissampelopsis
Cissampelos pareira var. hirsuta 锡生藤 Cissampelos
Cissus assamica 苦郎藤 Assam Treebine
Cissus hexangularis 翅茎白粉藤 Winged-Stem Treebine
Cissus javana 青紫藤 Rex Begonia Vine
Cissus kerrii 鸡心藤 Kerr Treebine
Cissus pteroclada 翼茎白粉藤 Winged-Branch Treebine
Cissus repens 白粉藤 Creeping Treebine
Cistanche deserticola 肉苁蓉 Desertliving Cistanche
Cistanche mongolica 蒙古肉苁蓉 Mongolian Cistanche
Cistanche salsa 盐生肉苁蓉 Saline Cistanche
Cistanche sinensis 沙苁蓉 Chinese Cistanche
Cistanche tubulosa 管花肉苁蓉 Desert Hyacinth
Citrullus lanatus 西瓜 Watermelon
Citrus aurantiifolia 来檬 Lime
Citrus aurantium 酸橙 Bitter Orange, Sour Orange
Citrus aurantium 'Daidai' 代代 Daidai
Citrus aurantium 'Hongpi Suancheng' 红皮酸橙 Hongpi Suancheng
Citrus aurantium 'Huangpi Suancheng' 黄皮酸橙 Huangpi Suancheng
Citrus aurantium 'Hutou Gan' 虎头柑 Hutou Gan
Citrus aurantium 'Jiangjin Suancheng' 江津酸橙 Jiangjin Suancheng
Citrus aurantium 'Natsudaidai' 日本夏橙 Natsudaidai
Citrus aurantium 'Tangcheng' 塘橙 Tangcheng
Citrus aurantium 'Zhuluan' 朱栾 Zhuluan
Citrus grandisjunos 香圆 Xiangyuan
Citrus hongheensis 红河橙 Honghe Papeda
Citrus hystrix 马蜂橙 Kaffir Lime, Makrut Lime, Mauritius Papeda
Citrus ichangensis 宜昌橙 Ichang Papeda
Citrus junos 香橙 Yuzu
Citrus limon 柠檬 Lemon
Citrus limonia 黎檬 Lemandarin, Rangpur
Citrus maxima 柚 Pomelo
Citrus maxima 'Shatian Yu' 沙田柚 Shatian Pomelo
Citrus maxima 'Szechipaw' 四季抛 Szechipaw Pomelo
Citrus maxima 'Tomentosa' 橘红 Tomentosa Pomelo
Citrus maxima 'Pingshan Yu' 坪山柚 Pingshan Pomelo
Citrus maxima 'Wentan' 文旦 Wendan Pomelo
Citrus medica 香橼 Citron
Citrus medica var. sarcodactylis 佛手 Buddha's Hand
Citrus paradisi 葡萄柚 Grapefruit
Citrus reticulata 柑橘 Mandarin, Mandarin Orange
Citrus reticulata 'Chachiensis' 茶枝柑 Chazhi Orange
Citrus reticulata 'Dahongpao' 大红袍 Dahongpao Orange
Citrus reticulata 'Erythrosa' 九月黄 Erythrosa Orange
Citrus reticulata 'Kinokuni' 南丰蜜橘 Kinokuni Orange
Citrus reticulata 'Ponkan' 椪柑 Ponkan
Citrus reticulata 'Suavissima' 瓯柑 Ougan
Citrus reticulata 'Subcompressa' 黄岩蜜橘 Huangyan Orange
Citrus reticulata 'Succosa' 天台山蜜柑 Succosa Orange
Citrus reticulata 'Tangerina' 福橘 Tangerina Orange
Citrus reticulata 'Tankan' 蕉柑 Tankan
Citrus reticulata 'Unshiu' 温州蜜柑 Unshiu Orange
Citrus sinensis 甜橙 Sweet Orange
Cladogynos orientalis 白大凤 Oriental Cladogynos
Cladonia amaurocraea 黑穗石蕊 Quill Lichen
Cladonia floerkeana 红头石蕊 Gritty British Soldiers
Cladonia macilenta 瘦柄石蕊 Lipstick Powderhorn, Pin Lichen
Cladonia mitis 软石蕊 Green Reindeer Lichen
Cladonia pleurota 粉杯红石蕊 Red-Fruited Pixie Cup
Cladonia pyxidata 喇叭石蕊 Pebbled Pixie Cup
Cladonia rangiferina 鹿石蕊 Gray Reindeer Lichen
Cladonia squamosa 鳞片石蕊 Dragon Cladonia
Cladonia stellaris 雀石蕊 Star-Tipped Reindeer Lichen
Cladrastis delavayi 小花香槐 Chinese Yellowwood
Cladrastis platycarpa 翅荚香槐 Flatfruit Yellowwood
Cladrastis wilsonii 香槐 Wilson Yellowwood
Claoxylon indicum 白桐树 Indian Claoxylon
Clarkella nana 岩上珠 Dwarf Clarkella
Clausena anisum-olens 细叶黄皮 Narrowleaf Wampee
Clausena dunniana 齿叶黄皮 Toothleaf Wampee
Clausena dunniana var. robusta 毛齿叶黄皮 Hairy Toothleaf Wampee
Clausena emarginata 小黄皮 Small Wampee
Clausena excavata 假黄皮 Pink Wampee
Clausena lansium 黄皮 Wampee
Clausena lenis 光滑黄皮 Smooth Wampee
Clavaria zollingeri 堇紫珊瑚菌 Zollingeri Ramaria
Cleidion brevipetiolatum 棒柄花 Short-Petiolate Cleidion
Cleisostoma fuerstenbergianum 长叶隔距兰 Longleaf Cleisostoma
Cleisostoma paniculatum 大序隔距兰 Paniculate Cleisostoma
Cleisostoma rostratum 尖喙隔距兰 Rostrate Cleisostoma
Cleisostoma scolopendrifolium 蜈蚣兰 Centipede-Like Cleisostoma
Cleisostoma williamsonii 红花隔距兰 Redflower Cleisostoma
Cleistanthus sumatranus 闭花木 Sumatra Cleistanthus
Cleistanthus tonkinensis 馒头果 Tonkin Cleistanthus
Cleistocalyx operculatus 水翁 Daly River satinash
Cleistogenes polyphylla 多叶隐子草 Manyleaf Cleistogenes
Clematis aethusifolia 芹叶铁线莲 Long-Plumed Clematis
Clematis aethusifolia var. latisecta 宽芹叶铁线莲 Wide-Sected Clematis
Clematis akebioides 甘川铁线莲 Akebia-Like Clematis
Clematis apiifolia 女萎 October Clematis
Clematis apiifolia var. argentilucida 钝齿铁线莲 Blunt-Toothed Clematis
Clematis armandii 小木通 Armand Clematis
Clematis brevicaudata 短尾铁线莲 Shorttail Clematis
Clematis buchananiana 毛木通 Buchanan Clematis
Clematis chinensis 威灵仙 Chinese Clematis
Clematis chinensis var. vestita 毛叶威灵仙 Hairyleaf Chinese Clematis
Clematis chingii 两广铁线莲 Ching's Clematis
Clematis chrysocoma 金毛铁线莲 Gold Wool Clematis
Clematis clarkeana 平坝铁线莲 Clarke's Clematis
Clematis connata 合柄铁线莲 Connate Clematis
Clematis courtoisii 大花威灵仙 Bigflower Clematis
Clematis crassifolia 厚叶铁线莲 September Clematis
Clematis crassipes 粗柄铁线莲 Thick-Petioled Clematis
Clematis crassipes var. pubipes 毛序粗柄铁线莲 Hairy Thick-Petioled Clematis
Clematis delavayi 银叶铁线莲 Delavay Clematis
Clematis fasciculiflora 滑叶藤 Cluster-Flowered Clematis
Clematis finetiana 山木通 Finet Clematis
Clematis florida 铁线莲 Cream Clematis
Clematis florida var. plena 重瓣铁线莲 Doubleflower Clematis
Clematis fulvicoma 滇南铁线莲 Reddish-Brown-Hair Clematis
Clematis fusca 褐毛铁线莲 Brown-Hair Clematis
Clematis fusca var. violacea 紫花铁线莲 Purple-Flower Clematis
Clematis glauca 粉绿铁线莲 Yellow-Bell Clematis

Clematis gouriana 小蓑衣藤 Gourian Clematis
Clematis grandidentata 粗齿铁线莲 Large-Tooth Clematis
Clematis gratopsis 金佛铁线莲 Jinfoshan Clematis
Clematis hancockiana 毛萼铁线莲 Hancock Clematis
Clematis henryi 单叶铁线莲 Henry Clematis
Clematis heracleifolia 大叶铁线莲 Tube Clematis
Clematis hexapetala 棉团铁线莲 Six-Petaled Clematis
Clematis hexapetala var. tchefouensis 长冬草 Changdong Clematis
Clematis huchouensis 吴兴铁线莲 Wuxing Clematis
Clematis intricata 黄花铁线莲 Intricate Clematis
Clematis kirilowii 太行铁线莲 Kirilow Clematis
Clematis kirilowii var. chanetii 狭裂太行铁线莲 Narrow-Lobed Clematis
Clematis kockiana 滇川铁线莲 Kock's Clematis
Clematis koreana 朝鲜铁线莲 Korean Clematis
Clematis lancifolia 披针叶铁线莲 Lanceolate Clematis
Clematis lasiandra 毛蕊铁线莲 Mandarin Clematis
Clematis leschenaultiana 锈毛铁线莲 Rusty-Hair Clematis
Clematis macropetala 长瓣铁线莲 Big-Petaled Clématis
Clematis macropetala var. albiflora 白花长瓣铁线莲 Whiteflower Clematis
Clematis meyeniana 毛柱铁线莲 Hairy-Style Clematis
Clematis meyeniana var. granulata 沙叶铁线莲 Granulate Clematis
Clematis montana 绣球藤 Anemone Clematis
Clematis montana var. longipes 大花绣球藤 Bigflower Anemone Clematis
Clematis montana var. wilsonii 晚花绣球藤 Wilson Clematis
Clematis nannophylla 小叶铁线莲 Small-Leaf Clematis
Clematis obscura 秦岭铁线莲 Qinling Clematis
Clematis orientalis 东方铁线莲 Oriental Clematis
Clematis otophora 宽柄铁线莲 Broad-Stipe Clematis
Clematis parviloba 裂叶铁线莲 Small-Lobed Clematis
Clematis pashanensis 巴山铁线莲 Bashan Clematis
Clematis patens 转子莲 Lilac Clematis
Clematis peterae 钝萼铁线莲 Obtuse-Sepal Clematis
Clematis peterae var. trichocarpa 毛果铁线莲 Hairyfruit Clematis
Clematis pogonandra 须蕊铁线莲 Tomentose-Anther Clematis
Clematis potaninii 美花铁线莲 Potanin Clematis
Clematis pseudootophora 华中铁线莲 Central Chinese Clematis
Clematis pseudopogonandra 西南铁线莲 Southwest Chinese Clematis
Clematis puberula var. ganpiniana 扬子铁线莲 Ganpin Clematis
Clematis puberula var. subsericea 毛叶扬子铁线莲 Hairy-Leaf Clematis
Clematis puberula var. tenuisepala 毛果扬子铁线莲 Hairy-Fruit Clematis
Clematis quinquefoliolata 五叶铁线莲 Five-Leaf Clematis
Clematis ranunculoides 毛茛铁线莲 Buttercup-Like Clematis
Clematis ranunculoides var. pterantha 思茅铁线莲 Simao Clematis
Clematis rehderiana 长花铁线莲 Rehder Clematis
Clematis repens 曲柄铁线莲 Creeping Clematis
Clematis rubifolia 莓叶铁线莲 Raspberry-Leaved Clematis
Clematis sibirica 西伯利亚铁线莲 Siberian Clematis
Clematis smilacifolia 菝葜叶铁线莲 Smilax-Leaf Clematis
Clematis smilacifolia var. peltata 盾叶铁线莲 Peltate-Leaf Clematis
Clematis songorica 准噶尔铁线莲 Zungar Clematis
Clematis songorica var. aspleniifolia 蕨叶铁线莲 Fernleaf Clematis
Clematis subumbellata 细木通 Subumbellate Clematis
Clematis tangutica 甘青铁线莲 Tangutan Clematis
Clematis terniflora 圆锥铁线莲 Three-Flowered Clematis
Clematis terniflora var. mandshurica 辣蓼铁线莲 Manchurian Clematis
Clematis trullifera 杯柄铁线莲 Cup-Stalk Clematis
Clematis uncinata 柱果铁线莲 Terete-Fruit Clematis
Clematis uncinata var. coriacea 皱叶铁线莲 Wrinkleleaf Clematis
Clematis urophylla 尾叶铁线莲 Urophyllous Clematis
Clematis vaniotii 云贵铁线莲 Vaniot Clematis
Clematis yunnanensis 云南铁线莲 Yunnan Clematis
Clematoclethra scandens subsp. actinidioides 猕猴桃藤山柳 Actinidia-Like Vineclethra
Cleome gynandra 白花菜 Spiderwisp
Cleome hassleriana 醉蝶花 Spiderflower
Cleome viscosa 黄花草 Asian Spiderflower
Clerodendranthus spicatus 肾茶 Spicate Clerodendranthus
Clerodendrum bungei 臭牡丹 Rose Glorybower
Clerodendrum calamitosum 化石树 White Butterfly Bush
Clerodendrum canescens 灰毛大青 Greyhair Glorybower
Clerodendrum chinense 重瓣臭茉莉 Chinese Glorybower
Clerodendrum chinense var. simplex 臭茉莉 Simple Glorybower
Clerodendrum cyrtophyllum 大青 Manyflower Glorybower
Clerodendrum cyrtophyllum var. kwangsiense 广西大青 Kwangsi Glorybower
Clerodendrum fortunatum 白花灯笼 Redcalyx Glorybower
Clerodendrum glandulosum 腺茉莉 Glandular Glorybower
Clerodendrum hainanense 海南赪桐 Hainan Glorybower
Clerodendrum henryi 南垂茉莉 Henry Glorybower
Clerodendrum indicum 长管大青 Indian Glorybower
Clerodendrum inerme 苦郎树 Thornless Glorybower
Clerodendrum japonicum 赪桐 Japanese Glorybower
Clerodendrum kaichianum 浙江大青 Kaichi Glorybower
Clerodendrum kwangtungense 广东大青 Kwangtung Glorybower
Clerodendrum lindleyi 尖齿臭茉莉 Lindley Glorybower
Clerodendrum luteopunctatum 黄腺大青 Yellowdot Glorybower
Clerodendrum mandarinorum 海通 Tomentose Glorybower
Clerodendrum paniculatum 圆锥大青 Paniculate Glorybower
Clerodendrum serratum 三对节 Serrate Glorybower
Clerodendrum serratum var. amplexifolium 三台花 Amplexifolious Glorybower
Clerodendrum serratum var. herbaceum 草本三对节 Herbaceous Glorybower
Clerodendrum serratum var. wallichii 大序三对节 Wallich Glorybower
Clerodendrum subscaposum 抽葶大青 Subscapose Glorybower
Clerodendrum thomsoniae 龙吐珠 Bleeding Heart Vine
Clerodendrum trichotomum 海州常山 Harlequin Glorybower
Clerodendrum trichotomum var. ferrugineum 锈毛海州常山 Rustyhair Glorybower
Clerodendrum yunnanense 滇常山 Yunnan Glorybower
Clethra barbinervis 髭脉桤叶树 Japanese Clethra
Clethra delavayi 云南桤叶树 Yunnan Clethra
Clethra fargesii 城口桤叶树 Farges Clethra
Clethra kaipoensis 贵州桤叶树 Guizhou Clethra
Cleyera japonica 红淡比 Japanese Cleyera
Climacium dendroides 万年藓 Tree Climacium Moss
Clinacanthus nutans 鳄嘴花 Sabah Snake Grass
Clinopodium chinense 风轮菜 Chinese Clinopodium
Clinopodium confine 邻近风轮菜 Akin Clinopodium
Clinopodium gracile 细风轮菜 Slender Clinopodium

Clinopodium megalanthum 寸金草 Largeflower Clinopodium
Clinopodium omeiense 峨眉风轮菜 Omei Clinopodium
Clinopodium polycephalum 灯笼草 Manyhead Clinopodium
Clinopodium repens 匍匐风轮菜 Repent Clinopodium
Clinopodium urticifolium 麻叶风轮菜 Nettleleaf Clinopodium
Clintonia udensis 七筋菇 Uden Clintonia
Clitocybe candida 白杯伞 Ringless Honey Fungus
Clitocybe infundibuliformis 杯伞 Common Funnel Cap
Clitocybe nebularis 水粉杯伞 Clouded Funnel
Clitocybe odora 香杯伞 Anise-Scented Clitocybe
Clitoria hanceana 广东蝶豆 Hance Pigeonwings
Clitoria mariana 三叶蝶豆 Atlantic Pigeonwings
Clivia miniata 君子兰 Kaffir Lily
Clivia nobilis 垂笑君子兰 Greentip Forest Lily
Cnidium dauricum 兴安蛇床 Dahurian Snowparsley
Cnidium monnieri 蛇床 Monnier's Snowparsley
Cnidium monnieri var. formosanum 台湾蛇床 Taiwan Snowparsley
Coccinia grandis 红瓜 Scarlet Gourd, Ivy Gourd
Cocculus laurifolius 樟叶木防己 Laurelleaf Snailseed
Cocculus orbiculatus 木防己 Orbicular Snailseed
Cocculus orbiculatus var. mollis 毛木防己 Hairy Snailseed
Cocos nucifera 椰子 Coconut
Codariocalyx gyroides 圆叶舞草 Roundleaf Dancing plant
Codariocalyx microphyllus 小叶三点金 Small-Leaf Dancing plant
Codariocalyx motorius 舞草 Dancing plant
Codium fragile 刺松藻 Green Sea Fingers
Codonacanthus pauciflorus 钟花草 Few-Flowered Codonacanthus
Codonopsis affinis 大叶党参 Bigleaf Asian Bell
Codonopsis argentea 银背叶党参 Silvery Asian Bell
Codonopsis benthamii 大萼党参 Bigcalyx Asian Bell
Codonopsis bulleyana 管钟党参 Bulley's Asian Bell
Codonopsis canescens 灰毛党参 Greyhair Asian Bell
Codonopsis cardiophylla 光叶党参 Glabrousleaf Asian Bell
Codonopsis chlorocodon 绿钟党参 Green Asian Bell
Codonopsis clematidea 新疆党参 Asian Bellflower
Codonopsis convolvulacea 鸡蛋参 Convolvulate Asian Bell
Codonopsis convolvulacea subsp. forrestii 珠子参 Forrest Asian Bell
Codonopsis convolvulacea subsp. vinciflora 薄叶鸡蛋参 Thinleaf Asian Bell
Codonopsis deltoidea 三角叶党参 Deltoid Asian Bell
Codonopsis efilamentosa 心叶珠子参 Cordateleaf Asian Bell
Codonopsis foetens 臭党参 Fetid Asian Bell
Codonopsis gombalana 贡山党参 Gongshan Asian Bell
Codonopsis graminifolia 松叶鸡蛋参 Pineleaf Asian Bell
Codonopsis henryi 川鄂党参 Henry Asian Bell
Codonopsis hirsuta 毛叶鸡蛋参 Hirsuteleaf Asian Bell
Codonopsis lanceolata 羊乳 Lanceolate Asian Bell
Codonopsis meleagris 珠鸡斑党参 Guineafowl Asian Bell
Codonopsis micrantha 小花党参 Smallflower Asian Bell
Codonopsis nervosa 脉花党参 Veined Asian Bell
Codonopsis pilosula 党参 Pilose Asian Bell
Codonopsis pilosula subsp. handeliana 闪毛党参 Handel Asian Bell
Codonopsis pilosula subsp. tangshen 川党参 Szechuan Asian Bell
Codonopsis purpurea 紫花党参 Purpleflower Asian Bell
Codonopsis subglobosa 球花党参 Globoseflower Asian Bell
Codonopsis subscaposa 抽葶党参 Subscapose Asian Bell
Codonopsis subsimplex 藏南党参 South Tibetan Asian Bell
Codonopsis tsinglingensis 秦岭党参 Tsinling Asian Bell
Codonopsis tubulosa 管花党参 Tubularflower Asian Bell
Codonopsis ussuriensis 雀斑党参 Ussuri Asian Bell
Codonopsis viridiflora 绿花党参 Greenflower Asian Bell
Coeloglossum viride 凹舌兰 Longbract Frog Orchid
Coelogyne barbata 髯毛贝母兰 Barbate Coelogyne
Coelogyne corymbosa 眼斑贝母兰 Corymbose Coelogyne
Coelogyne cristata 贝母兰 Cristate Coelogyne
Coelogyne fimbriata 流苏贝母兰 Fimbriate Coelogyne
Coelogyne flaccida 栗鳞贝母兰 Flaccid Coelogyne
Coelogyne leucantha 白花贝母兰 Whiteflower Coelogyne
Coelogyne occultata 卵叶贝母兰 Ovateleaf Coelogyne
Coelogyne ovalis 长鳞贝母兰 Longscale Coelogyne
Coelogyne punctulata 狭瓣贝母兰 Narrowpetal Coelogyne
Coelogyne sanderae 撕裂贝母兰 Sander Coelogyne
Coelogyne viscosa 禾叶贝母兰 Grassleaf Coelogyne
Coelopleurum saxatile 高山芹 Alpine Coelopleurum
Coffea arabica 小粒咖啡 Arabian Coffee
Coffea canephora 中粒咖啡 Robusta Coffee
Coffea liberica 大粒咖啡 Liberica Coffee
Coix lacryma-jobi 薏苡 Job's Tears
Coix lacryma-jobi var. ma-yuen 薏米 Soft-Shelled Job's Tears
Cola nitida 可拉 Cola
Colebrookea oppositifolia 羽萼木 Oppositeleaf Colebrookea
Coleus carnosifolius 肉叶鞘蕊花 Fleshyleaf Coleus
Coleus esquirolii 毛萼鞘蕊花 Esquirol Coleus
Coleus forskohlii 毛喉鞘蕊花 Forskahl Coleus
Coleus scutellarioides 五彩苏 Coleus
Coleus scutellarioides var. crispipilus 小五彩苏 Small Coleus
Collabium chinense 吻兰 Chinese Collabium
Colocasia antiquorum 野芋 Taro
Colocasia esculenta 芋 Dasheen
Colocasia gigantea 大野芋 Indian Taro
Colona floribunda 一担柴 Manyflower Colona
Colquhounia coccinea var. mollis 火把花 Hairy Himalayan Mint Shrub
Colquhounia elegans 秀丽火把花 Elegant Colquhounia
Colquhounia elegans var. tenuiflora 细棉花 Slenderflower Elegant Colquhounia
Colquhounia seguinii 藤状火把花 Seguin Colquhounia
Colubrina asiatica 蛇藤 Asian Snakewood
Colubrina javanica 毛蛇藤 Javanese Snakewood
Coluria longifolia 无尾果 Longleaf Coluria
Colysis digitata 掌叶线蕨 Digitate Colysis
Colysis elliptica 线蕨 Elliptic Colysis
Colysis elliptica var. pothifolia 宽羽线蕨 Broad-Pinna Colusis
Colysis hemionitidea 断线蕨 Barren Colysis
Colysis hemitoma 胄叶线蕨 Armour-Leaved Colysis
Colysis henryi 矩圆线蕨 Henry Colysis
Colysis leveillei 绿叶线蕨 Leveille Colysis
Colysis pedunculata 长柄线蕨 Long-Stalk Colysis
Colysis wrightii 褐叶线蕨 Wright Colysis
Comanthosphace ningpoensis 绵穗苏 Ningpo Comanthosphace
Comarum palustre 沼委陵菜 Marsh Cinguefoil
Comastoma falcatum 镰萼喉毛花 Falcatecalyx Comastoma
Comastoma pedunculatum 长梗喉毛花 Pedunculate Comastoma
Comastoma pulmonarium 喉毛花 Common Comastoma
Comastoma traillianum 高杯喉毛花 Trail Comastoma
Combretum alfredii 风车子 Alfred Combretum
Combretum griffithii var. yunnanense 云南风车子 Yunnan Combretum
Combretum latifolium 阔叶风车子 Broadleaf Combretum

Combretum roxburghii 十蕊风车子 Roxburgh Combretum
Combretum wallichii 石风车子 Wallich Combretum
Commelina benghalensis 饭包草 Benghal Dayflower
Commelina communis 鸭跖草 Common Dayflower
Commelina diffusa 节节草 Spreading Dayflower
Commelina maculata 地地藕 Macular Dayflower
Commelina paludosa 大苞鸭跖草 Bigbract Dayflower
Commelina undulata 波缘鸭跖草 Undulate Dayflower
Conandron ramondioides 苦苣苔 Ramondia-Like Conandron
Coniogramme affinis 尖齿凤丫蕨 Sharp-Tooth Coniogramme
Coniogramme intermedia 普通凤丫蕨 Common Coniogramme
Coniogramme japonica 凤丫蕨 Japanese Coniogramme
Conioselinum morrisonense 台湾山芎 Taiwan Hemlockparsley
Conioselinum vaginatum 鞘山芎 Sheath Hemlockparsley
Conium maculatum 毒参 Poison Hemlock
Connarus paniculatus 牛栓藤 Paniculate Connarus
Conocephalum conicum 蛇苔 Great Scented Liverwort
Consolida ajacis 飞燕草 Giant Larkspur
Convallaria majalis 铃兰 Lily of the Valley
Convolvulus ammannii 银灰旋花 Silvery-Grey Glorybind
Convolvulus arvensis 田旋花 Field Bindweed
Convolvulus tragacanthoides 刺旋花 Thorny Bindweed
Conyza blinii 熊胆草 Blin's Horseweed
Conyza bonariensis 香丝草 Hairy Fleabane
Conyza canadensis 小蓬草 Canadian Horseweed
Conyza japonica 白酒草 Japanese Horseweed
Conyza leucantha 粘毛白酒草 Whiteflower Horseweed
Conyza sumatrensis 苏门白酒草 Conyza Sumatrensis
Coprinellus micaceus 晶粒小鬼伞 Glistening Inkcap, Mica Cap, Shiny Cap
Coprinellus radians 辐毛小鬼伞 Radiated Inkcap
Coprinopsis atramentaria 墨汁拟鬼伞 Common Inkcap, Inky Cap
Coprinopsis friesii 费赖斯拟鬼伞 Fres Inkcap
Coprinopsis lagopus 白绒拟鬼伞 Hare's Foot Inkcap
Coprinus comatus 毛头鬼伞 Lawyer's Wig, Shaggy Inkcap, Shaggy Mane
Coprinus sterquilinus 粪鬼伞 Midden Inkcap
Coptis chinensis 黄连 Chinese Goldthread
Coptis chinensis var. brevisepala 短萼黄连 Short-Sepal Goldthread
Coptis deltoidea 三角叶黄连 Deltoid Goldthread
Coptis omeiensis 峨眉黄连 Omei Goldthread
Coptis quinquefolia 五叶黄连 Fiveleaf Goldthread
Coptis quinquesecta 五裂黄连 Fivelobe Goldthread
Coptis teeta 云南黄连 Yunnan Goldthread
Coptosapelta diffusa 流苏子 Diffuse Coptosapelta
Corallina officinalis 珊瑚藻 Common Coralline
Corallodiscus kingianus 卷丝苣苔 King Corallodiscus
Corallodiscus lanuginosus 珊瑚苣苔 Common Corallodiscus
Corchoropsis psilocarpa 光果田麻 Glabrousfruit Corchoropsis
Corchoropsis tomentosa 田麻 Tomentose Corchoropsis
Corchorus aestuans 甜麻 False White Jute
Corchorus capsularis 黄麻 White Jute
Corchorus olitorius 长蒴黄麻 Tossa Jute
Cordia dichotoma 破布木 Fragrant Manjack
Cordyceps militaris 蛹虫草 Trooping Cordyceps
Cordyline fruticosa 朱蕉 Hawaiian Ti Plant
Cordyline stricta 剑叶朱蕉 Slender Palm Lily
Coreopsis lanceolata 剑叶金鸡菊 Lanceleaf Tickseed
Coreopsis tinctoria 两色金鸡菊 Golden Tickseed
Corethrodendron fruticosum 山竹子 Shrubby Sweetvetch
Corethrodendron fruticosum var. mongolicum 蒙古山竹子 Mongolian Sweetvetch
Corethrodendron lignosum var. laeve 塔落山竹子 Smooth Sweetvetch
Corethrodendron multijugum 红花山竹子 Redflower Sweetvetch
Corethrodendron scoparium 细枝山竹子 Slenderbranch Sweetvetch
Coriandrum sativum 芫荽 Coriander
Coriaria intermedia 台湾马桑 Taiwan Coriaria
Coriaria nepalensis 马桑 Nepal Coriaria
Corispermum chinganicum 兴安虫实 Chingan Bugseed
Corispermum declinatum 绳虫实 Declinate Bugseed
Corispermum puberulum 软毛虫实 Puberulent Bugseed
Corispermum stenolepis 细苞虫实 Narrowbract Bugseed
Coronopus didymus 臭荠 Swine Wartcress
Cortinarius collinitus 黏柄丝膜菌 Slimy-Banded Cort
Cortinarius sanguineus 血红丝膜菌 Blood-Red Cort
Cortinarius turmalis 黄丝膜菌 Yellow Cort
Cortinarius violaceus 紫绒丝膜菌 Violet Cort
Corydalis acuminata 川东紫堇 Acuminate Corydalis
Corydalis adrienii 美丽紫堇 Pretty Corydalis
Corydalis adunca 灰绿黄堇 Greyish Corydalis
Corydalis appendiculata 小距紫堇 Appendiculate Corydalis
Corydalis balansae 北越紫堇 Balansa Corydalis
Corydalis balfouriana 直梗紫堇 Balfour Corydalis
Corydalis benecincta 囊距紫堇 Succatespur Corydalis
Corydalis boweri 金球黄堇 Goldball Corydalis
Corydalis bungeana 地丁草 Bunge Corydalis
Corydalis buschii 东紫堇 Busch Corydalis
Corydalis calcicola 灰岩紫堇 Calcicolous Corydalis
Corydalis cashmeriana 克什米尔紫堇 Kashmir Corydalis
Corydalis chanetii 阜平黄堇 Chanet's Corydalis
Corydalis cheilanthifolia 地柏枝 Fern-Leaved Corydalis
Corydalis conspersa 斑花黄堇 Denseflower Corydalis
Corydalis crispa 皱波黄堇 Crisped Corydalis
Corydalis curviflora 曲花紫堇 Curvedflower Corydalis
Corydalis curviflora subsp. rosthornii 具爪曲花紫堇 Rosthorn Curvedflower Corydalis
Corydalis dasyptera 迭裂黄堇 Overlapping-Lobed Corydalis
Corydalis davidii 南黄堇 David Corydalis
Corydalis decumbens 夏天无 Decumbent Corydalis
Corydalis delavayi 苍山黄堇 Delavay Corydalis
Corydalis delphinioides 飞燕黄堇 Larkspur-Like Corydalis
Corydalis densispica 密穗黄堇 Dense-Flowered Corydalis
Corydalis dubia 稀花黄堇 Loose-Flowered Corydalis
Corydalis duclouxii 师宗紫堇 Shizong Corydalis
Corydalis ecristata 无冠紫堇 Crestless Corydalis
Corydalis edulis 紫堇 Common Corydalis
Corydalis esquirolii 籽纹紫堇 Esquirol Corydalis
Corydalis fangshanensis 房山紫堇 Fangshan Corydalis
Corydalis fimbripetala 流苏瓣缘黄堇 Fimbriate-Petal Corydalis
Corydalis flaccida 裂冠紫堇 Flaccid Corydalis
Corydalis fumariifolia 堇叶延胡索 Fumitoryleaf Corydalis
Corydalis gamosepala 北京延胡索 Beijing Yanhusuo
Corydalis gigantea 巨紫堇 Giant Corydalis
Corydalis glaucescens 新疆元胡 Greyleaf Corydalis
Corydalis glycyphyllos 甘草叶紫堇 Sweatleaf Corydalis
Corydalis gracillima 纤细黄堇 Slender Corydalis
Corydalis hemidicentra 半荷包紫堇 Three-Leaf Corydalis

Corydalis hendersonii 尼泊尔黄堇 Henderson Corydalis
Corydalis heterocarpa 异果黄堇 Heterocarpous Corydalis
Corydalis hookeri 拟锥花黄堇 Hooker Corydalis
Corydalis humosa 土元胡 Humose Corydalis
Corydalis impatiens 赛北紫堇 Impatient Corydalis
Corydalis incisa 刻叶紫堇 Incised Corydalis
Corydalis kiautschouensis 胶州延胡索 Jiaozhou Corydalis
Corydalis kingii 帕里紫堇 King Corydalis
Corydalis kokiana 狭距紫堇 Narrowspur Corydalis
Corydalis latiloba 宽裂黄堇 Broadlobe Corydalis
Corydalis laucheana 松潘黄堇 Songpan Corydalis
Corydalis ledebouriana 薯根延胡索 Yamroot Corydalis
Corydalis lhorongensis 洛隆紫堇 Lhorong Corydalis
Corydalis linarioides 条裂黄堇 Linear-Segmented Corydalis
Corydalis linstowiana 变根紫堇 Linstow Corydalis
Corydalis livida 红花紫堇 Redflower Corydalis
Corydalis meifolia 细叶黄堇 Narrowleaf Corydalis
Corydalis melanochlora 暗绿紫堇 Darkgreen Corydalis
Corydalis moorcroftiana 革吉黄堇 Moorcroft Corydalis
Corydalis moupinensis 尿罐草 Moupin Corydalis
Corydalis mucronifera 尖突黄堇 Mucronate Corydalis
Corydalis nigroapiculata 黑顶黄堇 Blacktop Corydalis
Corydalis ochotensis 黄紫堇 Ochotsk Corydalis
Corydalis ophiocarpa 蛇果黄堇 Snakefruit Corydalis
Corydalis pachypoda 粗梗黄堇 Thick-Pedicelled Corydalis
Corydalis pallida 黄堇 Yellowflower Corydalis
Corydalis pauciflora 少花延胡索 Fewflower Corydalis
Corydalis polygalina 远志黄堇 Polygala-Like Corydalis
Corydalis polyphylla 多叶紫堇 Polyphyllous Corydalis
Corydalis pseudohamata 川北钩距黄堇 False Hookspur Corydalis
Corydalis pterygopetala 翅瓣黄堇 Winged-Petal Corydalis
Corydalis racemosa 小花黄堇 Racemose Corydalis
Corydalis raddeana 小黄紫堇 Radde Corydalis
Corydalis repens 全叶延胡索 Creeping Corydalis
Corydalis rheinbabeniana 扇苞黄堇 Fanshaped-Bract Corydalis
Corydalis saxicola 石生黄堇 Rockliving Corydalis
Corydalis scaberula 粗糙黄堇 Scabrate Corydalis
Corydalis schanginii 长距元胡 Longspur Corydalis
Corydalis sheareri 地锦苗 Shearer Corydalis
Corydalis sheareri f. bulbillifera 珠芽地锦苗 Bulbiliferous Corydalis
Corydalis sibirica 北紫堇 Siberian Corydalis
Corydalis solida 山延胡索 Spring Fumewort
Corydalis spathulata 匙苞黄堇 Spathulate Corydalis
Corydalis speciosa 珠果黄堇 Beautiful Corydalis
Corydalis straminea 草黄堇 Straw-Coloured Corydalis
Corydalis stricta 直茎黄堇 Erect Corydalis
Corydalis taliensis 金钩如意草 Tali Corydalis
Corydalis tangutica 唐古特延胡索 Tangutan Corydalis
Corydalis temulifolia 大叶紫堇 Largeleaf Corydalis
Corydalis tibetoalpina 西藏高山紫堇 Tibetan Corydalis
Corydalis tomentella 毛黄堇 Hairy Corydalis
Corydalis tongolensis 全冠黄堇 Tongol Corydalis
Corydalis trachycarpa 糙果紫堇 Roughfruit Corydalis
Corydalis trifoliata 三裂紫堇 Trifoliolate Corydalis
Corydalis tsayulensis 察隅紫堇 Tsayul Corydalis
Corydalis turtschaninovii 齿瓣延胡索 Toothed-Petal Corydalis
Corydalis wilsonii 川鄂黄堇 Wilson Corydalis
Corydalis yanhusuo 延胡索 Yanhusuo
Corydalis yunnanensis 滇黄堇 Yunnan Corydalis
Corydalis zadoiensis 杂多紫堇 Zadoi Corydalis
Corylopsis alnifolia 桤叶蜡瓣花 Alder-Leaved Winterhazel
Corylopsis henryi 鄂西蜡瓣花 Henry Winterhazel
Corylopsis multiflora 峨眉蜡瓣花 Manyflower Winterhazel
Corylopsis sinensis 蜡瓣花 Chinese Winterhazel
Corylopsis willmottiae 四川蜡瓣花 Willmott Winterhazel
Corylus chinensis 华榛 Chinese Filbert
Corylus ferox var. tibetica 藏刺榛 Tibetan Filbert
Corylus heterophylla 榛 Siberian Filbert
Corylus heterophylla var. sutchuenensis 川榛 Szechwan Filbert
Corylus mandshurica 毛榛 Manchurian Filbert
Corylus yunnanensis 滇榛 Yunnan Filbert
Corypha umbraculifera 贝叶棕 Talipot Palm
Cosmos bipinnatus 秋英 Garden Cosmos
Costus lacerus 莴笋花 Chinese Costus
Costus speciosus 闭鞘姜 Crepe Ginger
Costus tonkinensis 光叶闭鞘姜 Tonkin Costus
Cotinus coggygria 黄栌 Common Smoketree
Cotinus coggygria var. cinerea 红叶 Redleaf Smoketree
Cotinus coggygria var. glaucophylla 粉背黄栌 Glaucousleaf Smoketree
Cotinus coggygria var. pubescens 毛黄栌 Pubescent Smoketree
Cotoneaster acutifolius 灰栒子 Peking Cotoneaster
Cotoneaster ambiguus 川康栒子 Doubtful Cotoneaster
Cotoneaster bullatus 泡叶栒子 Hollyberry Cotoneaster
Cotoneaster coriaceus 厚叶栒子 Coriaceous Cotoneaster
Cotoneaster franchetii 西南栒子 Franchet Cotoneaster
Cotoneaster glaucophyllus 粉叶栒子 Glaucous Cotoneoster
Cotoneaster gracilis 细弱栒子 Slender Cotoneaster
Cotoneaster harrovianus 蒙自栒子 Mengzi Cotoneaster
Cotoneaster horizontalis 平枝栒子 Rock Cotoneaster
Cotoneaster integerrimus 全缘栒子 Common Cotoneaster
Cotoneaster melanocarpus 黑果栒子 Black Cotoneaster, Black-Fruited Cotoneaster
Cotoneaster microphyllus 小叶栒子 Rockspray Cotoneaster
Cotoneaster moupinensis 宝兴栒子 Moupin Cotoneaster
Cotoneaster multiflorus 水栒子 Manyflower Cotoneaster
Cotoneaster salicifolius 柳叶栒子 Willowleaf Cotoneaster
Cotoneaster zabelii 西北栒子 Cherryred Cotoneaster
Craibiodendron henryi 柳叶假木荷 Henry Craibiodendron
Craibiodendron scleranthum var. kwangtungense 广东假木荷 Kwangtung Craibiodendron
Craibiodendron stellatum 假木荷 Stellate Craibiodendron
Craibiodendron yunnanense 云南假木荷 Yunnan Craibiodendron
Craspedolobium schochii 巴豆藤 Schoch Craspedolobium
Crassocephalum crepidioides 野茼蒿 Redflower Ragleaf
Crataegus altaica 阿尔泰山楂 Altai Mountain Howthorn
Crataegus aurantia 桔红山楂 Crangered Hawthorn
Crataegus cuneata 野山楂 Nippoon Hawthorn
Crataegus dahurica 光叶山楂 Dahurian Hawthorn
Crataegus hupehensis 湖北山楂 Hupeh Hawthorn
Crataegus kansuensis 甘肃山楂 Kansu Hawthorn
Crataegus maximowiczii 毛叶山楂 Maximowicz Hawthorn
Crataegus oresbia 滇西山楂 West Yunnan Hawthorn
Crataegus pinnatifida 山楂 Chinese Hawthorn
Crataegus pinnatifida var. major 山里红 Major Chinese Howthorn
Crataegus pinnatifida var. psilosa 无毛山楂 Hairless Chinese Hawthorn
Crataegus sanguinea 辽宁山楂 Redhaw Hawthorn

C

Crataegus scabrifolia 云南山楂 Yunnan Hawthorn
Crataegus songarica 准噶尔山楂 Dzungarian Hawthorn
Crataegus wilsonii 华中山楂 Wilson Hawthorn
Craterellus aureus 金黄喇叭菌 Golden Trumpet
Craterellus cornucopioides 灰喇叭菌 Grey Trumpet
Craterellus tubaeformis 管形鸡油菌 Yellow Foot
Crateva formosensis 鱼木 Taiwan Crateva
Crateva unilocularis 树头菜 Spider Tree
Cratoxylum cochinchinense 黄牛木 Short-Style Cratoxylum
Cratoxylum formosum subsp. pruniflorum 红芽木 Plumleaf Cratoxylum
Crawfurdia campanulacea 云南蔓龙胆 Yunnan Crawfurdia
Crawfurdia crawfurdioides 裂萼蔓龙胆 Lobedcalyx Crawfeudia
Crawfurdia pricei 福建蔓龙胆 Price Crawfurdia
Cremanthodium angustifolium 狭叶垂头菊 Narrowleaf Cremanthodium
Cremanthodium brunneopilosum 褐毛垂头菊 Brownhair Cremanthodium
Cremanthodium decaisnei 喜马拉雅垂头菊 Himalayan Cremanthodium
Cremanthodium discoideum 盘花垂头菊 Discoid Cremanthodium
Cremanthodium ellisii 车前状垂头菊 Plantainleaf Cremanthodium
Cremanthodium ellisii var. ramosum 祁连垂头菊 Rayless Plantainleaf Cremanthodium
Cremanthodium humile 矮垂头菊 Low Cremanthodium
Cremanthodium lineare 条叶垂头菊 Linearleaf Cremanthodium
Cremanthodium nepalense 尼泊尔垂头菊 Nepal Cremanthodium
Cremanthodium nobile 壮观垂头菊 Noble Cremanthodium
Cremanthodium rhodocephalum 长柱垂头菊 Redhead Cremanthodium
Cremanthodium sagittifolium 箭叶垂头菊 Arrow-Leaved Cremanthodium
Cremanthodium stenactinium 膜苞垂头菊 Membranous-Bract Cremanthodium
Cremanthodium stenoglossum 狭舌垂头菊 Narrowtongue Cremanthodium
Cremastra appendiculata 杜鹃兰 Appendiculate Cremastra
Crepis bodinieri 果山还阳参 Bodinier's Hawksbeard
Crepis crocea 北方还阳参 Yellow Hawksbeard
Crepis elongata 藏滇还阳参 Longstem Hawkbeard
Crepis flexuosa 弯茎还阳参 Flexuose Hawksbeard
Crepis lignea 绿茎还阳参 Woody Hawksbeard
Crepis napifera 芜菁还阳参 Turnip Hawksbeard
Crepis phoenix 万丈深 Phoenix Hawksbeard
Crepis rigescens 还阳参 Rigescent Hawksbeard
Crescentia alata 十字架树 Winged Calabash
Crescentia cujete 葫芦树 Calabash Tree
Crinum asiaticum var. sinicum 文殊兰 Chinese Grand Crinum Lily
Crinum latifolium 西南文殊兰 Pink Striped Trumpet Lily
Crocosmia × crocosmiiflora 雄黄兰 Montbretia
Crocus alatavicus 白番红花 Altavsky Crocus
Crocus sativus 番红花 Saffron Crocus
Croomia japonica 黄精叶钩吻 Japanese Croomia
Crossostephium chinense 芙蓉菊 Chinese Crossostephium
Crotalaria acicularis 针状猪屎豆 Needle-Shaped Rattlebox
Crotalaria alata 翅托叶猪屎豆 Winged Rattlebox
Crotalaria albida 响铃豆 Whitish Rattlebox
Crotalaria assamica 大猪屎豆 Assam Rattlebox
Crotalaria bracteata 毛果猪屎豆 Bracteate Rattlebox
Crotalaria calycina 长萼猪屎豆 Long-Sepaled Rattlebox
Crotalaria chinensis 中国猪屎豆 Chinese Rattlebox
Crotalaria ferruginea 假地蓝 Rusty-Brown Rattlebox
Crotalaria incana 圆叶猪屎豆 Shakeshake
Crotalaria juncea 菽麻 Sunn Hemp
Crotalaria linifolia 线叶猪屎豆 Linearleaf Rattlebox
Crotalaria mairei 头花猪屎豆 Capitate Rattlebox
Crotalaria medicaginea 假苜蓿 Alfafa-Like Rattlebox
Crotalaria mysorensis 褐毛猪屎豆 Brown-Hair Rattlebox
Crotalaria pallida 猪屎豆 Smooth Rattlebox
Crotalaria psoralioides 黄雀儿 Yellowbird Rattlebox
Crotalaria retusa 吊裙草 Rattleweed
Crotalaria sessiliflora 野百合 Sessileflower Rattlebox
Crotalaria spectabilis 大托叶猪屎豆 Beautiful Rattlebox
Crotalaria tetragona 四棱猪屎豆 Four-Angled Rattlebox
Crotalaria verrucosa 多疣猪屎豆 Warty Rattlebox
Crotalaria yunnanensis 云南猪屎豆 Yaunan Rattlebox
Croton cascarilloides 银叶巴豆 Silverleaf Croton
Croton caudatus 卵叶巴豆 Caudate Croton
Croton cnidophyllus 荨麻叶巴豆 Urticaleaf Croton
Croton crassifolius 鸡骨香 Thickleaf Croton
Croton euryphyllus 石山巴豆 Broadleaf Croton
Croton kongensis 越南巴豆 Vietnam Croton
Croton lachnocarpus 毛果巴豆 Hairyfruit Croton
Croton laevigatus 光叶巴豆 Smooth Croton
Croton laui 海南巴豆 Lau's Croton
Croton tiglium 巴豆 Purging Croton
Cryptocoryne crispatula 旋苞隐棒花 Chinese Cryptocoryne
Cryptocoryne crispatula var. yunnanensis 八仙过海 Yunnan Cryptocoryne
Cryptolepis buchananii 古钩藤 Buchanan Cryptolepis
Cryptolepis sinensis 白叶藤 Chinese Crytolepis
Cryptomeria japonica 日本柳杉 Common Cryptomeria, Japanese Cedar, Japanese Cryptomeria
Cryptomeria japonica var. sinensis 柳杉 Chinese Cedar, Chinese Cryptomeria
Cryptoporus volvatus 隐孔菌 Cryptic Globe Fungus, Veiled Polypore
Cryptotaenia japonica 鸭儿芹 Japanese Parsley
Cryptotaenia japonica f. dissecta 深裂鸭儿芹 Cutleaf Japanese Parsley
Ctenitis clarkei 膜边肋毛蕨 Clarke's Ctenitis
Ctenitis rhodolepis 虹鳞肋毛蕨 Redscale Ctenitis
Ctenitopsis devexa 毛叶轴脉蕨 Hairy-Leaved Ctenitopsis
Cucumis melo 甜瓜 Melon
Cucumis melo var. conomon 菜瓜 Pickling Melon
Cucumis sativus 黄瓜 Cucumber
Cucurbita maxima 笋瓜 Winter Squash
Cucurbita moschata 南瓜 Pumkin
Cucurbita pepo 西葫芦 Field Pumpkin
Cudrania cochinchinensis 构棘 Cochinchina Cudrania
Cudrania fruticosa 柘藤 Fruticose Cudrania
Cudrania pubescens 毛柘藤 Pubescent Cudrania
Cudrania tricuspidata 柘树 Che
Cullen corylifolia 补骨脂 Bakuchi
Cuminum cyminum 孜然芹 Cumin
Cunninghamia lanceolata 杉木 Chinese Fir
Cunninghamia lanceolata var. konishii 台湾杉木 Konish Chinafir
Cupressus duclouxiana 干香柏 Ducloux Cypress
Cupressus funebris 柏木 Chinese Weeping Cypress, Mourning Cypress

Cupressus torulosa 西藏柏木 Himalayan Cypress
Curculigo breviscapa 短葶仙茅 Shortscape Curculigo
Curculigo capitulata 大叶仙茅 Largeleaf Curculigo
Curculigo crassifolia 绒叶仙茅 Thickleaf Curculigo
Curculigo gracilis 疏花仙茅 Laxflower Curculigo
Curculigo orchioides 仙茅 Golden Eye-Grass
Curcuma aromatica 郁金 Wild Tumeric
Curcuma kwangsiensis 广西莪术 Guangxi Tumeric
Curcuma longa 姜黄 Tumeric
Curcuma phaeocaulis 莪术 Darksheath Tumeric
Curcuma sichuanensis 川郁金 Sichuan Tumeric
Curcuma wenyujin 温郁金 Wenyujin
Curcuma zanthorrhiza 印尼莪术 Java ginger
Cuscuta chinensis 菟丝子 Chinese Dodder
Cuscuta europaea 欧洲菟丝子 European Dodder
Cuscuta japonica 金灯藤 Japanese Dodder
Cuscuta reflexa 大花菟丝子 Giant Dodder
Cyananthus fasciculatus 束花蓝钟花 Fasciculate Bluebell Flower
Cyananthus flavus 黄钟花 Yellow Bluebell Flower
Cyananthus formosus 美丽蓝钟花 Beautiful Bluebell Flower
Cyananthus incanus 灰毛蓝钟花 Hoary Bluebell Flower
Cyananthus inflatus 胀萼蓝钟花 Inflated Bluebeellflower
Cyananthus lichiangensis 丽江蓝钟花 Lichiang Bluebell Flower
Cyananthus longiflorus 长花蓝钟花 Longflower Bluebell Flower
Cyanotis arachnoidea 蛛丝毛蓝耳草 Arachnoid Cyanotis
Cyanotis cristata 四孔草 Cristate Cyanotis
Cyanotis vaga 蓝耳草 Common Cyanotis
Cyathocline purpurea 杯菊 Purple Cyathocline
Cyathula capitata 头花杯苋 Capitate Cyathula
Cyathula officinalis 川牛膝 Medicinal Cyathula
Cyathula prostrata 杯苋 Prostrate Cyathula
Cyathula tomentosa 绒毛杯苋 Tomentose Cyathula
Cyathus stercoreus 粪生黑蛋巢菌 Bird's Nest Fungus
Cyathus striatus 隆纹黑蛋巢菌 Bird's Nest Fungus
Cycas pectinata 篦齿苏铁 Nepal Cycas
Cycas revoluta 苏铁 Sago Cycad
Cycas taiwaniana 广东苏铁 Guangdong Cycas
Cyclea barbata 毛叶轮环藤 Barbate Cyclea
Cyclea gracillima 纤细轮环藤 Slim Cyclea
Cyclea hypoglauca 粉叶轮环藤 Glaucousleaf Cyclea
Cyclea insularis 海岛轮环藤 Island Cyclea
Cyclea polypetala 铁藤 Manypetal Cyclea
Cyclea racemosa 轮环藤 Racemose Cyclea
Cyclea sutchuenensis 四川轮环藤 Sutchuen Cyclea
Cyclea tonkinensis 南轮环藤 Tonkin Cyclea
Cyclea wattii 西南轮环藤 Watt Cyclea
Cyclobalanopsis delavayi 黄青冈 Delavay Oak
Cyclobalanopsis glaucoides 滇青冈 Yunnan Oak
Cyclobalanopsis gracilis 小枝青冈 Slender Oak
Cyclobalanopsis kerrii 毛叶青冈 Kerr Oak
Cyclobalanopsis myrsinifolia 小叶青冈 Myrsine-Leaved Oak
Cyclocarya paliurus 青钱柳 Wheel Wingnut
Cyclocodon lancifolius 轮钟花 Lanceleaf Cyclocodon
Cyclogramma leveillei 狭基钩毛蕨 Leveille Cyclogramma
Cyclorhiza peucedanifolia 南竹叶环根芹 Larger Cyclorhiza
Cyclorhiza waltonii 环根芹 Walton Cyclorhiza
Cyclosorus acuminatus 渐尖毛蕨 Acuminate Cyclosorus
Cyclosorus aridus 干旱毛蕨 Arid Cyclosorus
Cyclosorus dentatus 齿牙毛蕨 Dentate Cyclosorus
Cyclosorus parasiticus 华南毛蕨 Parasitic Cyclosorus
Cydonia oblonga 榅桲 Common Quince
Cydonia oblonga var. maliformis 苹果形榅桲 Apple-Shaped Quince
Cydonia oblonga var. pyriformis 梨形榅桲 Pear-Shaped Quince
Cymbaria daurica 达乌里芯芭 Daurian Cymbaria
Cymbaria mongolica 蒙古芯芭 Mongolian Cymbaria
Cymbidium aloifolium 纹瓣兰 Aloeleaf Boat Orchid
Cymbidium ensifolium 建兰 Swordleaf Boat Orchid
Cymbidium faberi 蕙兰 Faber Boat Orchid
Cymbidium floribundum 多花兰 Manyflower Boat Orchid
Cymbidium goeringii 春兰 Goering Boat Orchid
Cymbidium hookerianum 虎头兰 Hooker Boat Orchid
Cymbidium iridioides 黄蝉兰 Iris-Like Boat Orchid
Cymbidium kanran 寒兰 Superior Cold Orchis
Cymbidium lancifolium 兔耳兰 Lanceolate Boat Orchid
Cymbidium lowianum 碧玉兰 Low's Boat Orchid
Cymbidium sinense 墨兰 Chinese Boat Orchid
Cymbidium wilsonii 滇南虎头兰 Wilson Boat Orchid
Cymbopogon caesius 青香茅 Kachi Grass
Cymbopogon citratus 柠檬草 Lemongrass
Cymbopogon distans 芸香草 Remote Lemongrass
Cymbopogon goeringii 橘草 Goering Lemongrass
Cymbopogon hamatulus 扭鞘香茅 Hooked Lemongrass
Cymbopogon nardus 亚香茅 Citronella Grass
Cynanchum acuminatifolium 潮风草 Acuminate-Leaved Swallowwort
Cynanchum acutum subsp. sibiricum 戟叶鹅绒藤 Siberian Swallowwort
Cynanchum amplexicaule 合掌消 Amplexicaul Swallowwort
Cynanchum atratum 白薇 Blackened Swallowwort
Cynanchum auriculatum 西藏牛皮消 Auriculate Swallowwort
Cynanchum boudieri 牛皮消 Boudier Swallowwort
Cynanchum bungei 白首乌 Bunge Swallowwort
Cynanchum callialatum 美翼杯冠藤 Beautiful-Winged Swallowwort
Cynanchum chekiangense 蔓剪草 Chekiang Swallowwort
Cynanchum chinense 鹅绒藤 Chinese Swallowwort
Cynanchum corymbosum 刺瓜 Corymbose Swallowwart
Cynanchum fordii 山白前 Ford Swallowwort
Cynanchum forrestii 大理白前 Forrest Swallowwort
Cynanchum giraldii 峨眉牛皮消 Girald Swallowwort
Cynanchum glaucescens 白前 Glaucescent Swallowwort
Cynanchum inamoenum 竹灵消 Unpleasant Swallowwort
Cynanchum mongolicum 华北白前 Mongollian Swallowwort
Cynanchum mooreanum 毛白前 Moore Swallowwort
Cynanchum officinale 朱砂藤 Medicinal Swallowwort
Cynanchum otophyllum 青羊参 Auriculate Swallowwort
Cynanchum paniculatum 徐长卿 Paniculate Swallowwort
Cynanchum purpureum 紫花鹅绒藤 Purpleflower Swallowwort
Cynanchum stauntonii 柳叶白前 Willowleavf Swallowwort
Cynanchum thesioides 地梢瓜 Thesium-Like Swallowwort
Cynanchum versicolor 变色白前 Versicolor Swallowwort
Cynanchum wallichii 昆明杯冠藤 Wallich Swallowwort
Cynanchum wilfordii 隔山消 Wilford Swallowwort
Cynara cardunculus 刺苞菜蓟 Cardoon
Cynara scolymus 菜蓟 Globe Artichoke
Cynodon dactylon 狗牙根 Bermuda Grass
Cynoglossum amabile 倒提壶 Chinese Forget-Me-Not
Cynoglossum divaricatum 大果琉璃草 Divaricate Hound's Tongue
Cynoglossum lanceolatum 小花琉璃草 Lanceolate Hound's Tongue

Cynoglossum officinale 红花琉璃草 Hound's Tongue
Cynoglossum viridiflorum 绿花琉璃草 Greenflower Hound's Tongue
Cynoglossum wallichii var. glochidiatum 倒钩琉璃草 Glochidiate Hound's Tongue
Cynoglossum zeylanicum 琉璃草 Ceylon Hound's Tongue
Cynomorium songaricum 锁阳 Cynomorium
Cyperus alternifolius subsp. flabelliformis 风车草 Fanshaped Umbrella Grass
Cyperus amuricus 阿穆尔莎草 Asian Flatsedge
Cyperus compressus 扁穗莎草 Annual Sedge
Cyperus cuspidatus 长尖莎草 Coastal Plain Flatsedge
Cyperus difformis 异型莎草 Variable Flatsedge
Cyperus eleusinoides 䅟穗莎草 Yardgrass-Like Flatsedge
Cyperus esculentus var. sativus 油莎草 Chufa
Cyperus glomeratus 头状穗莎草 Glomerate Flatsedge
Cyperus haspan 畦畔莎草 Haspan Flatsedge
Cyperus iria 碎米莎草 Ricefield Flatsedge
Cyperus malaccensis 茳芏 Malacca Galingale
Cyperus malaccensis subsp. monophyllus 短叶茳芏 Shortleaf Galingale
Cyperus michelianus 旋鳞莎草 Michel Flatsedge
Cyperus microiria 具芒碎米莎草 Lesser Ricefield Flatsedge
Cyperus nutans 垂穗莎草 Nodding Flatsedge
Cyperus orthostachyus 三轮草 Upright-Spiked Flatsedge
Cyperus pilosus 毛轴莎草 Fuzzy Flatsedge
Cyperus rotundus 香附子 Nutgrass
Cypripedium bardolphianum 无苞杓兰 Bractlees Lady's Slipper
Cypripedium calceolus 杓兰 European Lady's Slipper
Cypripedium debile 对叶杓兰 Oppositeleaf Lady's Slipper
Cypripedium fargesii 毛瓣杓兰 Farges Lady's Slipper
Cypripedium fasciolatum 大叶杓兰 Largeleaf Lady's Slipper
Cypripedium flavum 黄花杓兰 Yellowflower Lady's Slipper
Cypripedium franchetii 毛杓兰 Franchet Lady's Slipper
Cypripedium guttatum 紫点杓兰 Spotted Lady's Slipper
Cypripedium henryi 绿花杓兰 Henry Lady's Slipper
Cypripedium himalaicum 高山杓兰 Himalayan Lady's Slipper
Cypripedium japonicum 扇脉杓兰 Japanese Lady's Slipper
Cypripedium macranthos 大花杓兰 Largeflower Lady's Slipper
Cypripedium margaritaceum 斑叶杓兰 Spotleaf Lady's Slipper
Cypripedium tibeticum 西藏杓兰 Tibetan Lady's Slipper
Cyrtomium balansae 镰羽贯众 Falcate-Pinna Holly Fern
Cyrtomium balansae f. edentatum 无齿镰羽贯众 Edentate Holly Fern
Cyrtomium caryotideum 刺齿贯众 Spiny-Tooth Holly Fern
Cyrtomium falcatum 全缘贯众 Asia Holly Fern, Holly Fern
Cyrtomium fortunei 贯众 Fortune Holly Fern
Cyrtomium fortunei f. polypterum 小羽贯众 Small-Pinna Holly Fern
Cyrtomium macrophyllum 大叶贯众 Large-Leaved Holly Fern
Cyrtomium pachyphyllum 厚叶贯众 Thick-Leaved Holly Fern
Cyrtomium urophyllum 线羽贯众 Filiform-Pinna Holly Fern
Cyrtomium yamamotoi 阔羽贯众 Broad-Pinna Holly Fern
Cyrtosia septentrionalis 血红肉果兰 Bloodred Cyrtosia
Cystacanthus vitellinus 糙叶火焰花 Rough-Leaved Cystacanthus
Cystacanthus yunnanensis 滇鳔冠花 Yunnan Cystacanthus

D

Dacrymyces palmatus 掌状花耳 Witch's Butter
Dactylicapnos lichiangensis 丽江紫金龙 Lichiang Dactylicapnos
Dactylicapnos roylei 宽果紫金龙 Broadfruit Dactylicapnos
Dactylicapnos scandens 紫金龙 Twine Dactylicapnos
Dactylicapnos torulosa 扭果紫金龙 Torulose Dactylicapnos
Dactyloctenium aegyptium 龙爪茅 Durban Crowfootgrass
Daedaleopsis confragosa 裂拟迷孔菌 Blushing Bracket, Thin-Maze Flat Polypore
Daemonorops draco 龙血藤 Dragon's Blood Palm
Daemonorops jenkinsiana 黄藤 Major Jenkin's Rattan Palm
Dahlia pinnata 大丽花 Garden Dahlia
Dalbergia balansae 南岭黄檀 Balansa Rosewood
Dalbergia benthamii 两粤黄檀 Bentham Rosewood
Dalbergia dyeriana 大金刚藤 Dyer's Rosewood
Dalbergia hainanensis 海南黄檀 Hainan Rosewood
Dalbergia hancei 藤黄檀 Hance Rosewood
Dalbergia hupeana 黄檀 Hupeh Rosewood
Dalbergia millettii 香港黄檀 Hong Kong Rosewood
Dalbergia mimosoides 象鼻藤 Mimosaleaf Rosewood
Dalbergia obtusifolia 钝叶黄檀 Obtuseleaf Rosewood
Dalbergia odorifera 降香 Fragrant Rosewood
Dalbergia pinnata 斜叶黄檀 Skewleaf Rosewood
Dalbergia polyadelpha 多体蕊黄檀 Polyadelphous Rosewood
Dalbergia rimosa 多裂黄檀 Furrowed Rosewood
Dalbergia sissoo 印度黄檀 Indian rosewood
Dalbergia yunnanensis 滇黔黄檀 Yunnan Rosewood
Damnacanthus angustifolius 台湾虎刺 Narrow-Leaved Damnacanthus
Damnacanthus giganteus 短刺虎刺 Short-Thorned Damnacanthus
Damnacanthus henryi 云桂虎刺 Henry's Damnacanthus
Damnacanthus indicus 虎刺 Indian Damnacanthus
Damnacanthus macrophyllus 浙皖虎刺 Large-Leaved Damnacanthus
Damnacanthus officinarum 四川虎刺 Medicinal Damnacanthus
Damnacanthus tsaii 西南虎刺 Tsai's Damnacanthus
Daphne acutiloba 尖瓣瑞香 Sharplobe Daphne
Daphne altaica 阿尔泰瑞香 Altai Daphne
Daphne arisanensis 台湾瑞香 Arisan Daphne
Daphne aurantiaca 橙花瑞香 Orangeflower Daphne
Daphne championii 长柱瑞香 Champion Daphne
Daphne feddei 滇瑞香 Fedde Daphne
Daphne gemmata 川西瑞香 Gemmate Daphne
Daphne genkwa 芫花 Lilac Daphne
Daphne giraldii 黄瑞香 Girald Daphne
Daphne grueningiana 倒卵叶瑞香 Gruening Daphne
Daphne kiusiana var. atrocaulis 毛瑞香 Darkstem Daphne
Daphne odora 瑞香 Frangrant Daphne, Whiter Daphne
Daphne papyracea 白瑞香 Papery Daphne
Daphne papyracea var. crassiuscula 山辣子皮 Thickleaf Dpahne
Daphne papyracea var. duclouxii 短柄白瑞香 Ducloux Daphne
Daphne pseudomezereum var. koreana 朝鲜瑞香 Korean Daphne
Daphne retusa 凹叶瑞香 Retuseleaf Daphne
Daphne rosmarinifolia 华瑞香 Rosemary-Leaf Daphne
Daphne tangutica 唐古特瑞香 Tangutan Daphne
Daphniphyllum angustifolium 狭叶虎皮楠 Narrowleaf Daphniphyllum
Daphniphyllum calycinum 牛耳枫 Persistent-Calyx Daphniphyllum
Daphniphyllum longistylum 长柱虎皮楠 Longstyle Daphniphyllum
Daphniphyllum macropodum 交让木 Largestalk Daphniphyllum
Daphniphyllum oldhamii 虎皮楠 Oldham Daphniphyllum
Daphniphyllum paxianum 脉叶虎皮楠 Hainan Daphniphyllum
Datura arborea 木本曼陀罗 Tree Datura
Datura inoxia 毛曼陀罗 Hairy Datura

Datura metel 洋金花 Hindu Datura
Datura stramonium 曼陀罗 Jimsonweed
Daucus carota 野胡萝卜 Wild Carrot
Daucus carota var. sativa 胡萝卜 Carrot
Davallia austrosinica 华南骨碎补 Southern China Davallia
Davallia formosana 大叶骨碎补 Larged-Leaved Davallia
Davallia mariesii 骨碎补 Ball Fern, Maries Davallia
Davallia solida 阔叶骨碎补 Broad-Leaved Davallia
Davidia involucrata 珙桐 Dove Tree
Davidia involucrata var. vilmoriniana 光叶珙桐 Vilmorin Dove Tree
Debregeasia longifolia 长叶水麻 Longleaf Debregeasia
Debregeasia orientalis 水麻 Oriental Debregeasia
Debregeasia squamata 鳞片水麻 Squamate Debregeasia
Decaisnea insignis 猫儿屎 Farges Decaisnea
Decaspermum esquirolii 华夏子楝树 Esquirol's Decaspermum
Decaspermum fruticosum 五瓣子楝树 Shrubby Decaspermum
Decaspermum gracilentum 子楝树 Slender Decaspermum
Decumaria sinensis 赤壁木 Chinese Decumaria
Deeringia amaranthoides 浆果苋 Redberry Deeringia
Deinanthe caerulea 叉叶蓝 Deinanthe
Delavaya toxocarpa 茶条木 Delavaya
Delphinium albocoeruleum 白蓝翠雀花 Blue-White Larkspur
Delphinium albocoeruleum var. przewalskii 贺兰翠雀花 Helan Larkspur
Delphinium anthriscifolium 还亮草 Chervil Larkspur
Delphinium anthriscifolium var. majus 大花还亮草 Big-Flowered Chervil Larkspur
Delphinium anthriscifolium var. savatieri 卵瓣还亮草 Ovate-Petaled Chervil Larkspur
Delphinium biternatum 三出翠雀花 Threelobe Larkspur
Delphinium bonvalotii 川黔翠雀花 Bonvalot Larkspur
Delphinium brunonianum 囊距翠雀花 Musk Larkspur
Delphinium caeruleum 蓝翠雀花 Sky-Blue Larkspur
Delphinium candelabrum var. monanthum 单花翠雀花 Single-Flower Larkspur
Delphinium caudatolobum 尾裂翠雀花 Caudatelobe Larkspur
Delphinium ceratophorum 角萼翠雀花 Corniculate-Calyx Larkspur
Delphinium chefoense 烟台翠雀花 Yantai Larkspur
Delphinium davidii 谷地翠雀花 David Larkspur
Delphinium delavayi 滇川翠雀花 Delavay's Larkspur
Delphinium delavayi var. pogonanthum 须花翠雀花 Beardflower Larkspur
Delphinium densiflorum 密花翠雀花 Denseflower Larkspur
Delphinium elatum var. sericeum 绢毛高翠雀花 Sericeous Larkspur
Delphinium eriostylum 毛梗翠雀花 Woolly-Pedicel Larkspur
Delphinium forrestii 短距翠雀花 Forrest Larkspur
Delphinium giraldii 秦岭翠雀花 Qinling Larkspur
Delphinium grandiflorum 翠雀 Bouquet Larkspur
Delphinium grandiflorum var. gilgianum 腺毛翠雀 Glandular Larkspur
Delphinium grandiflorum var. leiocarpum 光果翠雀 Smoothfruit Larkspur
Delphinium gyalanum 拉萨翠雀花 Lhasa Larkspur
Delphinium hirticaule var. mollipes 腺毛翠雀花 Hairystem Larkspur
Delphinium honanense 河南翠雀花 Henan Larkspur
Delphinium kamaonense var. glabrescens 展毛翠雀花 Glabrous-Stamen Larkspur
Delphinium maackianum 宽苞翠雀花 Maack Larkspur
Delphinium nangchienense 囊谦翠雀花 Nangchien Larkspur
Delphinium omeiense 峨眉翠雀花 Omei Larkspur
Delphinium potaninii 黑水翠雀花 Potanin Larkspur
Delphinium pseudopulcherrimum 宽萼翠雀花 Broadsepal Larkspur
Delphinium pylzowii 大通翠雀花 Tatung Larkspur
Delphinium pylzowii var. trigynum 三果大通翠雀花 Three-Fruited Tatung Larkspur
Delphinium siwanense 冀北翠雀花 Siwan Larkspur
Delphinium souliei 川甘翠雀花 Soulie Larkspur
Delphinium tangkulaense 唐古拉翠雀花 Tangula Larkspur
Delphinium tatsienense 康定翠雀花 Kangding Larkspur
Delphinium tianshanicum 天山翠雀花 Tianshan Larkspur
Delphinium trichophorum 毛翠雀花 Hairy Larkspur
Delphinium trichophorum var. platycentrum 粗距毛翠雀花 Thick-Spur Larkspur
Delphinium trifoliolatum 三小叶翠雀花 Trifoliolate Larkspur
Delphinium yunnanense 云南翠雀花 Yuannan Larkspur
Dendrobium acinaciforme 剑叶石斛 Swordleaf Dendrobium
Dendrobium aduncum 钩状石斛 Hooked Dendrobium
Dendrobium aphyllum 兜唇石斛 Hooded Dendrobium
Dendrobium bellatulum 矮石斛 Dwarf Dendrobium
Dendrobium cariniferum 翅萼石斛 Carinate Dendrobium
Dendrobium chrysanthum 束花石斛 Goldenflower Dendrobium
Dendrobium chrysotoxum 鼓槌石斛 Golden Bow Dendrobium
Dendrobium crepidatum 玫瑰石斛 Shoe-Lip Dendrobium
Dendrobium denneanum 叠鞘石斛 Denne Dendrobium
Dendrobium densiflorum 密花石斛 Denseflower Dendrobium
Dendrobium devonianum 齿瓣石斛 Devon Dendrobium
Dendrobium falconeri 串珠石斛 Falconer Dendrobium
Dendrobium fimbriatum 流苏石斛 Fringe-Lipped Dendrobium
Dendrobium flexicaule 曲茎石斛 Flexuose Dendrobium
Dendrobium gibsonii 曲轴石斛 Gibson Dendrobium
Dendrobium hancockii 细叶石斛 Hancock Dendrobium
Dendrobium henryi 疏花石斛 Henry Dendrobium
Dendrobium hercoglossum 重唇石斛 Doublelip Dendrobium
Dendrobium hookerianum 金耳石斛 Hooker Dendrobium
Dendrobium huoshanense 霍山石斛 Huoshan Dendrobium
Dendrobium jenkinsii 小黄花石斛 Jenkine Dendrobium
Dendrobium linawianum 矩唇石斛 Linawi Dendrobium
Dendrobium lituiflorum 喇叭唇石斛 Trumpetflower Dendrobium
Dendrobium loddigesii 美花石斛 Loddiges Dendrobium
Dendrobium lohohense 罗河石斛 Lohoh Dendrobium
Dendrobium longicornu 长距石斛 Longspur Dendrobium
Dendrobium moniliforme 细茎石斛 Moniliform Dendrobium
Dendrobium nobile 石斛 Noble Dendrobium
Dendrobium officinale 铁皮石斛 Medicinal Dendrobium
Dendrobium parishii 紫瓣石斛 Parish Dendrobium
Dendrobium primulinum 报春石斛 Primrose Dendrobium
Dendrobium strongylanthum 梳唇石斛 Pectinatelip Dendrobium
Dendrobium terminale 刀叶石斛 Terminale Dendrobium
Dendrobium tosaense 黄石斛 Yellowflower Dendrobium
Dendrobium trigonopus 翅梗石斛 Wingstipe Dendrobium
Dendrobium williamsonii 黑毛石斛 Blackhair Dendrobium
Dendrobium wilsonii 广东石斛 Wilson Dendrobium
Dendrocalamopsis beecheyana var. pubescens 大头典竹 Hairy Beechey's Bamboo
Dendrocalamopsis oldhamii 绿竹 Oldham's Bamboo
Dendrocalamus giganteus 龙竹 Giant Bamboo
Dendrocalamus latiflorus 麻竹 Sweet Giant Bamboo
Dendrocalamus minor 吊丝竹 Green Ghost Bamboo

D

Dendrocalamus strictus 牡竹 Male Bamboo
Dendrocnide meyeniana 咬人狗 Meyen Dendrocnide
Dendrocnide sinuata 全缘火麻树 Sinuate Dendrocnide
Dendrocnide urentissima 火麻树 Fire Dendrocnide
Dendrolobium triangulare 假木豆 Triangular Dendrolobium
Dendrolobium umbellatum 伞花假木豆 Horse Bush
Dendropanax burmanicus 缅甸树参 Yunnan Dendropanax
Dendropanax chevalieri 大果树参 Large-Fruited Dendropanax
Dendropanax dentiger 树参 Common Dendropanax
Dendropanax proteus 变叶树参 Variable-Leaf Dendropanax
Dendrophthoe pentandra 五蕊寄生 Pentandrous Dendrophthoe
Dendrotrophe varians 寄生藤 Dendrotrophe
Dennstaedtia scabra 碗蕨 Scabrous Boulder Fern
Dermatocarpon miniatum 皮果衣 Common Stippleback, Leather Lichen
Derris elliptica 毛鱼藤 Tubaroot
Derris eriocarpa 毛果鱼藤 Woollyfruit Jewelvine
Derris ferruginea 锈毛鱼藤 Rustyhair Jewelvine
Derris fordii 中南鱼藤 Ford Jewelvine
Derris fordii var. lucida 亮叶中南鱼藤 Shiningleaf Jewelvine
Derris hancei 粤东鱼藤 Hance Jewelvine
Derris laxiflora 疏花鱼藤 Looseflower Jewelvine
Derris malaccensis 异翅鱼藤 Malacca Jewelvine
Derris marginata 边荚鱼藤 Marginate Jewelvine
Derris oblonga 兰屿鱼藤 Lanyu Jewelvine
Derris scabricaulis 粗茎鱼藤 Roughstem Jewelvine
Derris trifoliata 鱼藤 Trifoliate Jewelvine
Descurainia sophia 播娘蒿 Flixweed
Desmodium elegans 圆锥山蚂蝗 Elegant Tickclover
Desmodium heterocarpon 假地豆 Heterocarpous Tickclover
Desmodium heterocarpon var. strigosum 糙毛假地豆 Strigose Heterocarpous Tickclover
Desmodium heterophyllum 异叶山蚂蝗 Heterophyllous Tickclover
Desmodium laxiflorum 大叶拿身草 Looseflower Tickclover
Desmodium multiflorum 饿蚂蝗 Manyflower Tickclover
Desmodium oblongum 长圆叶山蚂蝗 Paniculate Tickclover
Desmodium renifolium 肾叶山蚂蝗 Kidneyleaf Tickclover
Desmodium reticulatum 显脉山绿豆 Reticulate Tickclover
Desmodium sequax 长波叶山蚂蝗 Spreading Tickclover
Desmodium styracifolium 广东金钱草 Snowbell-Leaf Tickclover
Desmodium triflorum 三点金 Three-Flower Tickclover
Desmodium velutinum 绒毛山蚂蝗 Velvety Tickclover
Desmos chinensis 假鹰爪 Chinese Desmos
Desmos dumosus 毛叶假鹰爪 Bushy Desmos
Desmos grandifolius 大叶假鹰爪 Bigleaf Desmos
Desmostachya bipinnata 羽穗草 Halfa Grass
Deutzia discolor 异色溲疏 Different-Colored Deutzia
Deutzia glabrata 光萼溲疏 Glabrous Deutzia
Deutzia glauca 黄山溲疏 Greyblue Deutzia
Deutzia grandiflora 大花溲疏 Largeflower Deutzia
Deutzia hypoglauca 粉背溲疏 Hypoglaucous Deutzia
Deutzia ningpoensis 宁波溲疏 Ningpo Deutzia
Deutzia parviflora 小花溲疏 Smallflower Deutzia
Deutzia parviflora var. amurensis 东北溲疏 Amur Smallflower Deutzia
Deutzia parviflora var. micrantha 碎花溲疏 Manyflower Deutzia
Deutzia setchuenensis 四川溲疏 Setchuen Deutzia
Deutzia taiwanensis 台湾溲疏 Taiwan Deutizia
Dianella ensifolia 山菅兰 Swordleaf Dianella
Dianthus barbatus 须苞石竹 Barbate Pink
Dianthus caryophyllus 香石竹 Aromatic Pink
Dianthus chinensis 石竹 China Pink
Dianthus japonicus 日本石竹 Japan Pink
Dianthus longicalyx 长萼瞿麦 Longcalyx Pink
Dianthus orientalis 縫裂石竹 Oriental Pink
Dianthus superbus 瞿麦 Fringed Pink
Diapensia purpurea 红花岩梅 Purple Diapensia
Diarrhena mandshurica 龙常草 Manchurian Beakgrain
Diarthron linifolium 粟麻 Flaxleaf Diarthron
Dicentra macrantha 大花荷包牡丹 Largeflower Bleeding Heart
Dicentra spectabilis 荷包牡丹 Bleeding Heart
Dichapetalum gelonioides 毒鼠子 Gelonium Poison-Leaf
Dichapetalum longipetalum 海南毒鼠子 Hainan Dichapetalum
Dichocarpum auriculatum 耳状人字果 Auriculate Forkfruit
Dichocarpum basilare 基叶人字果 Basifoliate Forkfruit
Dichocarpum dalzielii 蕨叶人字果 Fernleaf Forkfruit
Dichocarpum fargesii 纵肋人字果 Farges Forkfruit
Dichocarpum franchetii 小花人字果 Franchet Forkfruit
Dichocarpum sutchuenense 人字果 Sichuan Forkfruit
Dichocarpum trifoliolatum 三小叶人字果 Trifoliolate Forkfruit
Dichondra micrantha 马蹄金 Asian Ponysfoot
Dichotomanthes tristaniicarpa 牛筋条 Dichotomanthes
Dichroa daimingshanensis 大明常山 Daimingshan Dichroa
Dichroa febrifuga 常山 Chinese Quinine
Dichroa yaoshanensis 罗蒙常山 Yaoshan Dichroa
Dichrocephala benthamii 小鱼眼草 Bentham's Dichrocephala
Dichrocephala chrysanthemifolia 菊叶鱼眼草 Chrysanthemleaf Dichrocephala
Dichrocephala integrifolia 鱼眼草 Auriculate Dichrocephala
Dichrostachys cinerea 代儿茶 Sickle Bush
Dickinsia hydrocotyloides 马蹄芹 Dickinsia
Dicliptera bupleuroides 印度狗肝菜 Roxburgh's Foldwing
Dicliptera chinensis 狗肝菜 Chinese Foldwing
Dicranopteris ampla 大芒萁 Ample Forked Fern
Dicranopteris linearis 铁芒萁 Linear Forked Fern
Dicranopteris pedata 芒萁 Dichotomous Forked Fern
Dicranostigma leptopodum 秃疮花 Linearfruit Dicranostigma
Dicranum majus 多蒴曲尾藓 Greater Fork-Moss
Dictamnus angustifolius 狭叶白鲜 Narrowleaf Dittany
Dictamnus dasycarpus 白鲜 Densefruit Dittany
Dictyocline griffithii 圣蕨 Griffith Dictycline
Dictyocline wilfordii 羽裂圣蕨 Wilford Dictyoline
Dictyophora duplicata 短裙竹荪 Veiled Stinkhorn
Dictyophora multicolor 黄裙竹荪 Yellow-Veiled Stinkhorn
Didymocarpus cortusifolius 温州长蒴苣苔 Wenzhou Didymocarpus
Didymocarpus hancei 东南长蒴苣苔 Hance Didymocarpus
Didymocarpus heucherifolius 闽赣长蒴苣苔 Alumroot-Leaf Didymocarpus
Didymocarpus mengtze 蒙自长蒴苣苔 Mengzi Didymocarpus
Didymocarpus niveolanosus 绵毛长蒴苣苔 Woolly Didymocarpus
Didymocarpus stenanthos 狭冠长蒴苣苔 Narrowflower Didymocarpus
Didymocarpus yuenlingensis 沅陵长蒴苣苔 Yuanling Didymocarpus
Didymocarpus yunnanensis 云南长蒴苣苔 Yunnan Didymocarpus
Didymostigma obtusum 双片苣苔 Didymostigma
Dieffenbachia picta 花叶万年青 Spotted Dumb Cane
Dieffenbachia sequina 彩叶万年青 Dumb Cane
Digitalis purpurea 毛地黄 Purple Foxglove
Digitaria ciliaris 升马唐 Southern Crabgrass

Digitaria ischaemum 止血马唐 Smooth Crabgrass
Digitaria radicosa 红尾翎 Trailing Crabgrass
Digitaria sanguinalis 马唐 Crabgrass
Dillenia indica 五桠果 Indian Dillenia
Dillenia pentagyna 小花五桠果 Pentagynous Dillenia
Dillenia turbinata 大花五桠果 Turbinate Dillenia
Dimocarpus longan 龙眼 Dragon's Eye, Longan
Dioscorea alata 参薯 Purple Yam, Winged Yam
Dioscorea althaeoides 蜀葵叶薯蓣 Hollyhock-Like Yam
Dioscorea aspersa 丽叶薯蓣 Sprinkled Yam
Dioscorea banzhuana 板砖薯蓣 Banzhuan Yam
Dioscorea benthamii 大青薯 Bentham Yam
Dioscorea biformifolia 异叶薯蓣 Biformleaf Yam
Dioscorea bulbifera 黄独 Air Yam
Dioscorea chingii 山葛薯 Ching's Yam
Dioscorea cirrhosa 薯莨 Dyeing Yam
Dioscorea cirrhosa var. cylindrica 异块茎薯莨 Cylindric Yam
Dioscorea collettii 叉蕊薯蓣 Collett Yam
Dioscorea collettii var. hypoglauca 粉背薯蓣 Hypoglaucous Yam
Dioscorea delavayi 高山薯蓣 Delavay's Yam
Dioscorea deltoidea 三角叶薯蓣 Deltoid Yam
Dioscorea deltoidea var. orbiculata 圆果三角叶薯蓣 Roundfruit Deltoid Yam
Dioscorea esculenta 甘薯 Edible Yam
Dioscorea esculenta var. spinosa 有刺甘薯 Spiny Edible Yam
Dioscorea esquirolii 七叶薯蓣 Esquirol Yam
Dioscorea fordii 山薯 Ford Yam
Dioscorea futschauensis 福州薯蓣 Foochow Yam
Dioscorea glabra 光叶薯蓣 Glabrous Yam
Dioscorea gracillima 纤细薯蓣 Slender Yam
Dioscorea hemsleyi 粘山药 Hemsley Yam
Dioscorea hispida 白薯莨 Intoxicating Yam
Dioscorea japonica 日本薯蓣 Japanese Yam
Dioscorea japonica var. pilifera 毛藤日本薯蓣 Hairy Japanese Yam
Dioscorea kamoonensis 毛芋头薯蓣 Kamoon Yam
Dioscorea melanophyma 黑珠芽薯蓣 Black-Bulbil Yam
Dioscorea nipponica 穿龙薯蓣 Nippon Yam
Dioscorea nipponica subsp. rosthornii 柴黄姜 Rosthorn Yam
Dioscorea nitens 光亮薯蓣 Shining Yam
Dioscorea panthaica 黄山药 Yellow Yam
Dioscorea pentaphylla 五叶薯蓣 Fiveleaf Yam
Dioscorea persimilis 褐苞薯蓣 Brownbract Yam
Dioscorea persimilis var. pubescens 毛褐苞薯蓣 Pubscent Yam
Dioscorea polystachya 薯蓣 Chinese Yam
Dioscorea scortechinii var. parviflora 小花刺薯蓣 Smallflower Spiny Yam
Dioscorea simulans 马肠薯蓣 Similar Yam
Dioscorea sinoparviflora 小花盾叶薯蓣 Smallflower Yam
Dioscorea spongiosa 绵萆薢 Seven-Lobed Yam
Dioscorea subcalva 毛胶薯蓣 Subglabrous Yam
Dioscorea subcalva var. submollis 略毛薯蓣 Subpubescent Yam
Dioscorea tenuipes 细柄薯蓣 Slenderstem Yam
Dioscorea tokoro 山萆薢 Mountain Yam
Dioscorea zingiberensis 盾叶薯蓣 Peltate Yam
Diospyros cathayensis 乌柿 China Persimmon
Diospyros cathayensis var. foochowensis 福州柿 Foochow Persimmon
Diospyros dumetorum 岩柿 Rocky Persimmon
Diospyros eriantha 乌材 Woollyflower Persimmon
Diospyros glaucifolia 粉叶柿 Grey-Green-Leaved Persimmon
Diospyros kaki 柿 Persimmon
Diospyros kaki var. silvestris 野柿 Wild Persimmon
Diospyros lotus 君迁子 Dateplum Persimmon
Diospyros lotus var. mollissima 多毛君迁子 Hairy Persimmon
Diospyros morrisiana 罗浮柿 Morris Persimmon
Diospyros oleifera 油柿 Oily Persimmon
Diospyros rhombifolia 老鸦柿 Princess Persimmon
Diospyros siderophylla 山榄叶柿 Ironleaf Persimmon
Dipelta floribunda 双盾木 Rosy Dipelta
Dipelta yunnanensis 云南双盾木 Yunnan Dipelta
Dipentodon sinicus 十齿花 Chinese Dipentodon
Diphasiastrum alpinum 高山扁枝石松 Alpine Clubmoss
Diphasiastrum complanatum 扁枝石松 Ground Cedar
Diphasiastrum veitchii 矮小扁枝石松 Dwarf Clubmoss
Diphylleia sinensis 南方山荷叶 Chinese Umbrellaleaf
Diplaziopsis cavaleriana 川黔肠蕨 Cavalerie Diplaziopsis
Diplazium donianum 双盖蕨 Twinsorus Fern
Diplazium subsinuatum 单叶双盖蕨 Single-Leaved Twinsorus Fern
Diplazium tomitaroanum 裂叶双盖蕨 Pinnate Twinsorus Fern
Diplazoptilon picridifolium 重羽菊 Common Diplazoptilon
Diploclisia affinis 秤钩风 Similar Diploclisia
Diploclisia glaucescens 苍白秤钩风 Glaucescent Diploclisia
Diplocyclos palmatus 毒瓜 Palmate Diplocyclos
Diplomeris pulchella 合柱兰 Common Diplomeris
Diplopanax stachyanthus 马蹄参 Diplopanax
Diploprora championii 蛇舌兰 Champion's Diploprora
Diplopterygium chinensis 中华里白 Chinese Diplopterygium
Diplopterygium glaucum 里白 Diplopterygium
Diplopterygium laevissimum 光里白 Smooth Diplopterigyium
Diplospora dubia 狗骨柴 Common Diplospora
Diplospora fruticosa 毛狗骨柴 Hairy Diplospora
Dipsacus asperoides 川续断 Asper-Like Teasel
Dipsacus atropurpureus 深紫续断 Darkpurple Teasel
Dipsacus chinensis 大头续断 Chinese Teasel
Dipsacus japonicus 日本续断 Japanese Teasel
Dipsacus lijiangensis 丽江续断 Lijiang Teasel
Dipsacus sativus 拉毛果 Common Teasel
Dipteracanthus repens 楠草 Creeping Dipterocarithus
Dipteris chinensis 中华双扇蕨 Chinese Dipteris
Dipterocarpus turbinatus 羯布罗香 Common Gurjun
Dischidanthus urceolatus 马兰藤 Dischidanthus
Dischidia australis 尖叶眼树莲 Southern Dischidia
Dischidia chinensis 眼树莲 Chinese Dischidia
Dischidia nummularia 圆叶眼树莲 String of Nickles
Dischidia tonkinensis 滴锡眼树莲 Tonkin Dischidia
Discocleidion rufescens 毛丹麻杆 Rufescent Discocleidion
Disporopsis aspersa 散斑竹根七 Spinkled False Fairy Bells
Disporopsis fuscopicta 竹根七 Common False Fairy Bells
Disporopsis longifolia 长叶竹根七 Longleaf False Fairy Bells
Disporopsis pernyi 深裂竹根七 Perny False Fairy Bells
Disporum bodinieri 短蕊万寿竹 Shortstamen Fairy Bells
Disporum calcaratum 距花万寿竹 Longspurre Fairy Bells
Disporum cantoniense 万寿竹 Canton Fairy Bells
Disporum longistylum 长蕊万寿竹 Longstamen Fairy Bells
Disporum megalanthum 大花万寿竹 Fairy Bells
Disporum uniflorum 少花万寿竹 Oneflower Fairy Bells
Disporum viridescens 宝珠草 Virescent Fairy Bells
Distylium buxifolium 小叶蚊母树 Boxleaf Distylium

Distylium dunnianum 窄叶蚊母树 Dunn Distylium
Distylium myricoides 杨梅叶蚊母树 Myrica-Like Distylium
Distylium racemosum 蚊母树 Racemose Distylium
Diuranthera major 鹭鸶兰 Common Diuranthera
Diuranthera minor 小鹭鸶兰 Small Diuranthera
Dobinea delavayi 羊角天麻 Delavay Dobinea
Docynia delavayi 云南移木衣 Yunnan Docynia
Docynia indica 移木衣 Indian Docynia
Dodartia orientalis 野胡麻 Oriental Dodartia
Dodonaea viscosa 车桑子 Hopseed Bush, Hop Bush
Doellingeria marchandii 短冠东风菜 Marchand's Doellingeria
Doellingeria scabra 东风菜 Scabrous Doellingeria
Dolichopetalum kwangsiense 金凤藤 Golden Phoenix Vine
Dolichos trilobus 镰扁豆 Three-Lobe Dolichos
Dolomiaea berardioidea 厚叶川木香 Thickleaf Dolomiaea
Dolomiaea denticulata 越隽川木香 Toothed Dolomiaea
Dolomiaea edulis 菜木香 Edible Dolomiaea
Dolomiaea forrestii 膜缘川木香 Forrest's Dolomiaea
Dolomiaea souliei 川木香 Soulie's Dolomiaea
Dolomiaea souliei var. mirabilis 灰毛川木香 Greyhair Dolomiaea
Donax canniformis 竹叶蕉 Canna-Like Dona
Dontostemon dentatus 花旗杆 Dentate Dontostemon
Dontostemon glandulosus 腺花旗杆 Glandular Dontostemon
Doronicum altaicum 阿尔泰多榔菊 Altai Doronicum
Doronicum stenoglossum 狭舌多榔菊 Narrowtongue Doronicum
Doryopteris concolor 黑心蕨 Concolorous Doryopteris
Draba eriopoda 毛葶苈 Woollystalk Whitlowgrass
Draba ladyginii 苞序葶苈 Ladygin Whitlowgrass
Draba nemorosa 葶苈 Woodland Whitlowgrass
Draba oreades 喜山葶苈 Mountain-Loving Whitlowgrass
Dracaena angustifolia 长花龙血树 Narrowleaf Dracaena
Dracaena cambodiana 柬埔寨龙血树 Cambodia Dracaena
Dracaena cochinchinensis 剑叶龙血树 Swordleaf Dracaena
Dracaena terniflora 矮龙血树 Dwarf Dracaena
Dracocephalum argunense 光萼青兰 Smoothcalyx Dragonhead
Dracocephalum bipinnatum 羽叶枝子花 Bipinnate Dragonhead
Dracocephalum grandiflorum 大花毛建草 Largeflower Dragonhead
Dracocephalum heterophyllum 白花枝子花 Whiteflower Dragonhead
Dracocephalum imberbe 无髭毛建草 Beardless Dragonhead
Dracocephalum integrifolium 全缘叶青兰 Entireleaf Dragonhead
Dracocephalum integrifolium var. album 白花全缘叶青兰 Whiteflower Entireleaf Dragonhead
Dracocephalum moldavica 香青兰 Moldavian Dragonhead
Dracocephalum nodulosum 多节青兰 Noduled Dragonhead
Dracocephalum nutans 垂花青兰 Droopingflower Dragonhead
Dracocephalum origanoides 铺地青兰 Origanum-Like Dragonhead
Dracocephalum palmatoides 掌叶青兰 Palmate-Like Dragonhead
Dracocephalum paulsenii 宽齿青兰 Broadtooth Dragonhead
Dracocephalum peregrinum 刺齿枝子花 Spiny-Tooth Dragonhead
Dracocephalum rupestre 毛建草 Rock Dragonhead
Dracocephalum ruyschiana 青兰 Northern Dragonhead
Dracocephalum taliense 大理青兰 Tali Dragonhead
Dracocephalum tanguticum 甘青青兰 Tangutan Dragonhead
Dracontomelon duperreanum 人面子 Indochina Dragonplum
Dracontomelon macrocarpum 大果人面子 Largefruit Dragonplum
Dregea sinensis 苦绳 Chinese Dregea
Dregea sinensis var. corrugata 贯筋藤 Corrugata Dregea
Dregea volubilis 南山藤 Twisiting Dregea
Dregea yunnanensis 丽子藤 Yunnan Dregea
Drosera burmannii 锦地罗 Burmann Sundew
Drosera indica 长叶茅膏菜 Indian Sundew
Drosera peltata 茅膏菜 Peltate Sundew
Drosera rotundifolia 圆叶茅膏菜 Round-Leaf Sundew
Drosera spathulata 匙叶茅膏菜 Spathulate Sundew
Drymaria cordata 荷莲豆草 Drymaria
Drymoglossum piloselloides 抱树莲 Hawkweed-Like Drymoglossum
Drymotaenium miyoshianum 丝带蕨 Miyoshi Drymptaenium
Drynaria bonii 团叶槲蕨 Bon Basket Fern
Drynaria delavayi 川滇槲蕨 Delavayi Basket Fern
Drynaria propinqua 石莲姜槲蕨 Rentep Fern
Drynaria quercifolia 栎叶槲蕨 Oak Leaf Basket Fern
Drynaria roosii 槲蕨 Roos Basket Fern
Drynaria sinica 中华槲蕨 Chinese Basket Fern
Dryoathyrium boryanum 介蕨 Common Dryoathyrium
Dryoathyrium okuboanum 华中介蕨 Central Chinese Dryoathyrium
Dryopteris barbigera 多鳞鳞毛蕨 Barbate Wood Fern
Dryopteris championii 阔鳞鳞毛蕨 Champion's Wood Fern
Dryopteris chrysocoma 金冠鳞毛蕨 Goldencoma Shield Fern
Dryopteris crassirhizoma 粗茎鳞毛蕨 Thick-Stemmed Wood Fern
Dryopteris cycadina 桫椤鳞毛蕨 Darkscale Wood Fern
Dryopteris expansa 广布鳞毛蕨 Spreading Wood Fern
Dryopteris filix-mas 欧洲鳞毛蕨 Male Fern
Dryopteris fuscipes 黑足鳞毛蕨 Black Foot Wood Fern
Dryopteris goeringiana 华北鳞毛蕨 North China Wood Fern
Dryopteris huangshanensis 黄山鳞毛蕨 Huangshan Wood Fern
Dryopteris labordei 齿头鳞毛蕨 Golden Mist Wood Fern
Dryopteris lacera 狭顶鳞毛蕨 Leathery Wood Fern
Dryopteris lepidopoda 黑鳞鳞毛蕨 Sunset Fern
Dryopteris marginata 边果鳞毛蕨 Marginal-Fruited Wood Fern
Dryopteris peninsulae 半岛鳞毛蕨 Peninsular Wood Fern
Dryopteris sinofibrillosa 纤维鳞毛蕨 Fiber Wood Fern
Dryopteris uniformis 同形鳞毛蕨 Uniform Wood Fern
Dryopteris varia 变异鳞毛蕨 Varied Wood Fern
Dubyaea atropurpurea 紫花厚喙菊 Darkpurple Dubyaea
Duchesnea chrysantha 皱果蛇莓 Yellowflower Mock Strawberry
Duchesnea indica 蛇莓 Indian Mock Strawberry
Duhaldea cappa 羊耳菊 Sheepear Inula
Duhaldea nervosa 显脉旋覆花 Veined Inula
Duhaldea pterocaula 翼茎羊耳菊 Wingedstem Inula
Dumasia cordifolia 心叶山黑豆 Cordateleaf Dumasia
Dumasia forrestii 小鸡藤 Forrest Dumasia
Dumasia villosa 柔毛山黑豆 Villous Dumasia
Dumasia villosa subsp. bicolor 台湾山黑豆 Bicolor Dumasia
Dumortiera hirsuta 毛地钱 Dumortier's Liverwort
Dunbaria circinalis 卷圈野扁豆 Circinate Dunbaria
Dunbaria fusca 黄毛野扁豆 Brown-Hair Dunbaria
Dunbaria podocarpa 长柄野扁豆 Stalked-Fruit Dunbaria
Dunbaria rotundifolia 圆叶野扁豆 Roundleaf Dunbaria
Dunbaria villosa 野扁豆 Villous Dunbaria
Dunnia sinensis 绣球茜草 China Dunnia
Duranta erecta 假连翘 Sky Flower
Durio zibethinus 榴莲 Durian
Dypsis lutescens 散尾葵 Butterfly Palm, Golden Cane Palm
Dysophylla sampsonii 齿叶水蜡烛 Sampson Dysophylla
Dysophylla stellata 水虎尾 Stellate Dysophylla
Dysophylla yatabeana 水蜡烛 Common Dysophylla
Dysosma aurantiocaulis 云南八角莲 Yunnan Mayapple
Dysosma delavayi 川八角莲 Szechuan Mayapple

Dysosma difformis 小八角莲 Dwarf Mayapple
Dysosma majorensis 贵州八角莲 Guichow Mayapple
Dysosma pleiantha 六角莲 East-China Mayapple
Dysosma tsayuensis 西藏八角莲 Thibetan Mayapple
Dysosma versipellis 八角莲 Mayapple
Dysoxylum excelsum 樫木 Tall Dysoxylum
Dysoxylum hongkongense 香港樫木 Hongkong Dysoxylum

E

Earliella scabrosa 红贝菌 Redshell Polypore
Eberhardtia aurata 锈毛梭子果 Rustyhair Shuttle Fruit
Eccoilopus cotulifer 油芒 Common Eccoilopus
Echinacanthus lofuensis 黄花恋岩花 Yellow-Flowered Echinacanthus
Echinochloa caudata 长芒稗 Longawn Barnyard Grass
Echinochloa colona 光头稗 Jungle Rice
Echinochloa crusgalli 稗 Barnyard Grass
Echinochloa crusgalli var. mitis 无芒稗 Awnless Barnyard Grass
Echinochloa crusgalli var. zelayensis 西来稗 Ceylon Barnyard Grass
Echinochloa cruspavonis 孔雀稗 Gulf Cockspur Grass
Echinochloa frumentacea 湖南稗子 Barnyard Millet
Echinochloa hispidula 旱稗 Hispid Barnyard Grass
Echinops davuricus 驴欺口 Broadleaf Globe Thistle
Echinops gmelinii 砂蓝刺头 Gmelin's Globe Thistle
Echinops grijsii 华东蓝刺头 East China Globe Thistle
Echinops integrifolius 全缘叶蓝刺头 Integrifolious Globe Thistle
Echinops nanus 丝毛蓝刺头 Dwarf Globe Thistle
Echinops ritro 硬叶蓝刺头 Small Globe Thistle
Echinops sphaerocephalus 蓝刺头 Common Globe Thistle
Echinops tricholepis 薄叶蓝刺头 Thinleaf Globe Thistle
Echinopsis multiplex 薄荷包掌 Barrel Cactus
Echium vulgare 蓝蓟 Blueweed, Viper's Bugloss
Eclipta prostrata 鳢肠 False Daisy
Edgeworthia chrysantha 结香 Paperbush
Edgeworthia gardneri 滇结香 Nepalese Paper Bush
Ehretia corylifolia 西南粗糠树 Southwestern Ehretia
Ehretia longiflora 长花厚壳树 Longflower Ehretia
Ehretia macrophylla 粗糠树 Largeleaf Ehretia
Ehretia macrophylla var. glabrescens 光叶粗糠树 Glabrous Largeleaf Ehretia
Ehretia thyrsiflora 厚壳树 Thyrseflower Ehretia
Ehretia tsangii 上思厚壳树 Tsang Ehretia
Eichhornia crassipes 凤眼蓝 Water Hyacinth
Elaeagnus angustifolia 沙枣 Oleaster
Elaeagnus angustifolia var. orientalis 东方沙枣 Oriental Oleaster
Elaeagnus argyi 佘山羊奶子 Argy Elaeagnus
Elaeagnus bockii 长叶胡颓子 Bock Elaeagnus
Elaeagnus conferta 密花胡颓子 Denseflower Elaeagnus
Elaeagnus courtoisii 毛木半夏 Courtois Elaeagnus
Elaeagnus delavayi 长柄胡颓子 Delavay Elaeagnus
Elaeagnus difficilis 巴东胡颓子 Patung Elaeagnus
Elaeagnus glabra 蔓胡颓子 Glabrous Elaeagnus
Elaeagnus gonyanthes 角花胡颓子 Angularflower Elaeagnus
Elaeagnus henryi 宜昌胡颓子 Henry Elaeagnus
Elaeagnus lanceolata 披针叶胡颓子 Lanceolate Elaeagnus
Elaeagnus loureiroi 鸡柏紫藤 Loureiro Elaeagnus
Elaeagnus macrantha 大花胡颓子 Bigflower Elaeagnus
Elaeagnus macrophylla 大叶胡颓子 Longleaf Elaeagnus
Elaeagnus magna 银果牛奶子 Silveryfruit Elaeagnus
Elaeagnus mollis 翅果油树 Wingfruit Elaeagnus
Elaeagnus multiflora 木半夏 Cherry Elaeagnus, Cherry Silverberry
Elaeagnus multiflora var. tenuipes 细枝木半夏 Slenderbranch Cherry Elaeagnus
Elaeagnus oldhamii 福建胡颓子 Fukien Elaeagnus
Elaeagnus oxycarpa 尖果沙枣 Sharpfruit Elaeagnus
Elaeagnus pungens 胡颓子 Thorny Elaeagnus
Elaeagnus sarmentosa 攀缘胡颓子 Sarmentose Elaeagnus
Elaeagnus stellipila 星毛羊奶子 Stellate-Hair Elaeagnus
Elaeagnus umbellata 牛奶子 Autumn Elaeagnus
Elaeagnus viridis 绿叶胡颓子 Greenleaf Elaeagnus
Elaeagnus wushanensis 巫山牛奶子 Wushan Elaeagnus
Elaeis guineensis 油棕 African Oil Palm, Oil Palm
Elaeocarpus angustifolius 圆果杜英 Rudraksha Tree, Blue Quandong
Elaeocarpus chinensis 中华杜英 Chinese Elaeocarpus
Elaeocarpus decipiens 杜英 Elaeocarpus
Elaeocarpus duclouxii 褐毛杜英 Ducloux Elaeocarpus
Elaeocarpus serratus 锡兰橄榄 Ceylon Olive
Elaeocarpus sylvestris 山杜英 Woodland Elaeocarpus
Elaeocarpus varunua 美脉杜英 Beautiful-Veined Elaeocarpus
Elaphocordyceps ophioglossoides 大团囊虫草 Goldenthread Cordyceps
Elaphoglossum conforme 舌蕨 Conformed Stag's Tongue Fern
Elaphoglossum yoshinagae 华南舌蕨 Yoshinaga Stag's Tongue Fern
Elatostema brachyodontum 短齿楼梯草 Brachyodont Elatostema
Elatostema ficoides 梨序楼梯草 Fig-Like Elatostema
Elatostema involucratum 楼梯草 Involucrate Elatostema
Elatostema lineolatum 狭叶楼梯草 Narrowleaf Elatostema
Elatostema macintyrei 多序楼梯草 Macintyre Elatostema
Elatostema monandrum 异叶楼梯草 Diverseleaf Elatostema
Elatostema myrtillus 瘤茎楼梯草 Tuberculate-Stem Elatostema
Elatostema nasutum 托叶楼梯草 Stipulate Elatostema
Elatostema oblongifolium 长圆楼梯草 Oblongleaf Elatostema
Elatostema obtusum 钝叶楼梯草 Obtuse Elatostema
Elatostema parvum 小叶楼梯草 Littleleaf Elatostema
Elatostema platyphyllum 宽叶楼梯草 Broad-Leaf Elatostema
Elatostema stewardii 庐山楼梯草 Steward Elatostema
Elatostema sublineare 条叶楼梯草 Sublinear Elatostema
Elatostema trichocarpum 疣果楼梯草 Hairy-Ovary Elatostema
Eleocharis dulcis 荸荠 Water Chestnut
Eleocharis equisetina 木贼状荸荠 Horsetail Spikerush
Eleocharis ovata 卵穗荸荠 Ovate Spikerush
Eleocharis pellucida 透明鳞荸荠 Transparent Spikerush
Eleocharis quinqueflora 少花荸荠 Fewflower Spikerush
Eleocharis tetraquetra 龙师草 Four-Angled Spikerush
Eleocharis yokoscensis 牛毛毡 Yokohama Spikerush
Elephantopus scaber 地胆草 Scabrous Elephentsfoot
Elephantopus tomentosus 白花地胆草 Tomentose Elephantsfoot
Eleusine coracana 穇 Finger Millet, Ragi
Eleusine indica 牛筋草 Goose Grass, Wire Grass
Eleutherine plicata 红葱 Small-Flowered Marica
Eleutherococcus brachypus 短柄五加 Short-Petiole Eleuthero
Eleutherococcus cissifolius 乌蔹莓五加 Cissus-Leaved Eleuthero
Eleutherococcus giraldii 红毛五加 Girald's Eleuthero
Eleutherococcus henryi 糙叶五加 Henry's Eleuthero
Eleutherococcus lasiogyne 康定五加 Kangding Eleuthero
Eleutherococcus leucorrhizus 藤五加 Whiteroot Eleuthero
Eleutherococcus leucorrhizus var. fulvescens 糙叶藤五加 Tawny

Whiteroot Eleuthero
Eleutherococcus leucorrhizus var. scaberulus 狭叶藤五加 Scabrous Whiteroot Eleuthero
Eleutherococcus nodiflorus 糙毛五加 Hairy Wujia
Eleutherococcus nodiflorus var. gracilistylus 五加 Wujia
Eleutherococcus rehderianus 匙叶五加 Rehder's Eleuthero
Eleutherococcus senticosus 刺五加 Eleuthero, Siberian Ginseng, Ciwujia
Eleutherococcus sessiliflorus 无梗五加 Sessile-Flowered Eleuthero
Eleutherococcus setchuenensis 四川五加 Szechuan Eleuthero
Eleutherococcus setosus 刚毛白簕 Hispid Trifoliate Eleutherococcus
Eleutherococcus setulosus 细刺五加 Setulose Eleuthero
Eleutherococcus trifoliatus 白簕 Three-Leaved Eleutherococcus
Eleutherococcus verticillatus 轮伞五加 Verticillate Eleuthero
Eleutherococcus wilsonii 狭叶五加 Wilson's Eleuthero
Ellisiophyllum pinnatum 幌菊 Pinnate Ellisiophyllum
Elsholtzia argyi 紫花香薷 Purpleflower Elsholtzia
Elsholtzia blanda 四方蒿 Secundspike Elsholtzia
Elsholtzia bodinieri 东紫苏 Bodinier Elsholtzia
Elsholtzia ciliata 香薷 Crested Late-Summer Mint
Elsholtzia ciliata var. duplicatocrenata 重圆齿香薷 Doubleteeth Crested Late-Summer Mint
Elsholtzia communis 吉龙草 Fragrant Elsholtzia
Elsholtzia cyprianii 野草香 Tomentosecalyx Elsholtzia
Elsholtzia densa 密花香薷 Denseflower Elsholtzia
Elsholtzia eriostachya 毛穗香薷 Eriostachys Elsholtzia
Elsholtzia feddei 高原香薷 Fedde Elsholtzia
Elsholtzia flava 黄花香薷 Yellowflower Elsholtzia
Elsholtzia fruticosa 鸡骨柴 Shrubby Elsholtzia
Elsholtzia heterophylla 异叶香薷 Heterophyllous Elsholtzia
Elsholtzia hunanensis 湖南香薷 Hunan Elsholtzia
Elsholtzia kachinensis 水香薷 Kachin Elsholtzia
Elsholtzia luteola 淡黄香薷 Paleyellow Elsholtzia
Elsholtzia myosurus 鼠尾香薷 Mousetail Elsholtzia
Elsholtzia penduliflora 大黄药 Pendulousflower Elsholtzia
Elsholtzia rugulosa 野拔子 Rugulose Elsholtzia
Elsholtzia saxatilis 岩生香薷 Cliff Elsholtzia
Elsholtzia souliei 川滇香薷 Soulie Elsholtzia
Elsholtzia splendens 海州香薷 Haichow Elsholtzia
Elsholtzia stachyodes 穗状香薷 Spicate Elsholtzia
Elsholtzia stauntonii 木香薷 Staunton Elsholtzia
Elsholtzia strobilifera 球穗香薷 Cylindric-Spike Elsholtzia
Elsholtzia winitiana 白香薷 Winit Elsholtzia
Elytrigia repens 偃麦草 Quackgrass
Embelia laeta 酸藤子 Common Embelia
Embelia longifolia 长叶酸藤子 Long-Leaved Embelia
Embelia oblongifolia 多脉酸藤子 Oblong-Leaved Embelia
Embelia parviflora 当归藤 Small-Leaved Embelia
Embelia pauciflora 疏花酸藤子 Few-Flowered Embelia
Embelia ribes 白花酸藤子 Ribes-Like Embelia
Embelia scandens 瘤皮孔酸藤子 Scandent Embelia
Embelia subcoriacea 大叶酸藤子 Subleathery Embelia
Embelia vestita 密齿酸藤子 Serrulate-Leaved Embelia
Emilia coccinea 绒缨菊 Scarlet Tasselflower
Emilia prenanthoidea 小一点红 Narrowleaf Tasselflower
Emilia sonchifolia 一点红 Sow-Thistle-Leaf Tasselflower
Emmenopterys henryi 香果树 Henry's Emmenopterys
Endospermum chinense 黄桐 Chinese Endospermum
Engelhardia colebrookeana 毛叶黄杞 Hairyleaf Engelhardia
Engelhardia fenzelii 少叶黄杞 Fenzel Engelhardia
Engelhardia roxburghiana 黄杞 Roxburgh Engelhardia
Engelhardia spicata 云南黄杞 Yunnan Engelhardia
Engleromyces sinensis 中华竹生肉球菌 Chinese Bamboo Flesh Global Fungus
Enkianthus chinensis 灯笼吊钟花 Chinese Enkianthus
Enkianthus deflexus 毛叶吊钟花 Hairyleaf Enkianthus
Enkianthus serrulatus 齿缘吊钟花 Serrulate Enkianthus
Ensete glaucum 象腿蕉 Snow Banana
Entada phaseoloides 榼藤 Climbing Entada
Enterolobium cyclocarpum 象耳豆 Elephant Ear Tree
Entodon compressus 密叶绢藓 Compressed Entodon Moss
Eomecon chionantha 血水草 Snow Poppy
Epaltes australis 球菊 Southern Epaltes
Ephedra distachya 双穗麻黄 Jointfir Ephedra
Ephedra equisetina 木贼麻黄 Mongolian Ephedra
Ephedra fedtschenkoae 雌雄麻黄 Fedtshenko Ephedra
Ephedra gerardiana 山岭麻黄 Gerard Ephedra
Ephedra intermedia 中麻黄 Intermediate Ephedra
Ephedra intermedia var. tibetica 西藏中麻黄 Tibet Intermediate Ephedra
Ephedra likiangensis 丽江麻黄 Likiang Ephedra
Ephedra minuta 矮麻黄 Small Ephedra
Ephedra minuta var. dioeca 异株矮麻黄 Dioecious Small Ephedra
Ephedra monosperma 单子麻黄 Oneseed Ephedra
Ephedra przewalskii 膜果麻黄 Przewalski Ephedra
Ephedra przewalskii var. kaschgarica 喀什膜果麻黄 Kaschgar Ephedra
Ephedra regeliana 细子麻黄 Regel Ephedra
Ephedra saxatilis 藏麻黄 Cliff Ephedra
Ephedra sinica 草麻黄 Chinese Ephedra
Epigeneium fargesii 单叶厚唇兰 Farges Epigeneium
Epigynum auritum 思茅藤 Aurite Epigynum
Epilobium amurense 毛脉柳叶菜 Amur Willowherb
Epilobium amurense subsp. cephalostigma 光滑柳叶菜 Smooth Willowherb
Epilobium angustifolium 柳兰 Fireweed, Rosebay Willowherb
Epilobium brevifolium subsp. trichoneurum 腺茎柳叶菜 Glandular-Stem Willowherb
Epilobium cylindricum 圆柱柳叶菜 Cylindrical Willowherb
Epilobium fastigiatoramosum 多枝柳叶菜 Manybranch Willowherb
Epilobium hirsutum 柳叶菜 Hairy Willowherb
Epilobium latifolium 宽叶柳兰 Broadleaf Willowherb
Epilobium laxum 大花柳叶菜 Spreading Willowherb
Epilobium minutiflorum 细籽柳叶菜 Minuteflower Willowherb
Epilobium palustre 沼生柳叶菜 Marsh Willowherb
Epilobium parviflorum 小花柳叶菜 Smallflower Willowherb
Epilobium platystigmatosum 阔柱柳叶菜 Broadstyle Willowherb
Epilobium pyrricholophum 长籽柳叶菜 Longseed Willowherb
Epilobium roseum 长柄柳叶菜 Wand Buckwheat
Epilobium roseum subsp. subsessile 多脉柳叶菜 Subsessile Willowherb
Epilobium royleanum 短梗柳叶菜 Himalayan Willowherb
Epilobium wallichianum 滇藏柳叶菜 Wallich Willowherb
Epimedium acuminatum 粗毛淫羊藿 Acuminate Epimedium
Epimedium boreali-guizhouense 黔北淫羊藿 North-Guizhou Epimedium
Epimedium brevicornu 淫羊藿 Short-Horned Epimedium
Epimedium davidii 宝兴淫羊藿 David Epimedium

Epimedium elongatum 川西淫羊藿 West Szechuan Epimedium
Epimedium fargesii 川鄂淫羊藿 Farges Epimedium
Epimedium hunanense 湖南淫羊藿 Hunan Epimedium
Epimedium koreanum 朝鲜淫羊藿 Korean Epimedium
Epimedium leptorrhizum 黔岭淫羊藿 Thin-Rhizome Epimedium
Epimedium platypetalum 茂汶淫羊藿 Broadpetal Epimedium
Epimedium pubescens 柔毛淫羊藿 Pubescent Epimedium
Epimedium sagittatum 三枝九叶草 Sagittate-Leaved Epimedium
Epimedium sagittatum var. glabratum 光叶淫羊藿 Smooth-Leaved Epimedium
Epimedium simplicifolium 单叶淫羊藿 Simple-Leaf Epimedium
Epimedium sutchuenense 四川淫羊藿 Szechuan Epimedium
Epimedium wushanense 巫山淫羊藿 Wushan Epimedium
Epipactis helleborine 火烧兰 Broadleaf Helleborine
Epipactis mairei 大叶火烧兰 Largeleaf Epipactis
Epipactis papillosa 细毛火烧兰 Papillose Epipactis
Epiphyllum oxypetalum 昙花 Dutchman's Pipe Cactus
Epipogium aphyllum 裂唇虎舌兰 Leafless Epipogium
Epipremnum aureum 绿萝 Devil's Ivy
Epipremnum pinnatum 麒麟叶 Centipede Tongavine
Equisetum arvense 问荆 Bottle Brush, Common Horsetail, Field Horsetail
Equisetum diffusum 披散木贼 Spreading Horsetail
Equisetum hyemale 木贼 Dutch Rush, Common Scouring Rush, Rough Horsetail, Scouring Rush
Equisetum palustre 犬问荆 Marsh Horsetail
Equisetum pratense 草问荆 Meadow Horsetail, Shade Horsetail
Equisetum ramosissimum 节节草 Branched Horsetail
Equisetum ramosissimum subsp. debile 笔管草 Weak Horsetail
Equisetum scirpoides 蔺木贼 Dwarf Horsetail, Dwarf Scouring Rush
Equisetum sylvaticum 林木贼 Branched Wood Horsetail, Forest Horsetail
Eragrostis atrovirens 鼠妇草 Thalia Lovegrass
Eragrostis brownii 长画眉草 Brown Lovegrass
Eragrostis cilianensis 大画眉草 Stinkgrass
Eragrostis ferruginea 知风草 Rusty-Brown Lovegrass
Eragrostis japonica 乱草 Japanese Lovegrass
Eragrostis minor 小画眉草 Small Lovegrass
Eragrostis nevinii 华南画眉草 Nevin Lovegrass
Eragrostis nigra 黑穗画眉草 Black-Spiked Lovegrass
Eragrostis perennans 宿根画眉草 Perennial Lovegrass
Eragrostis pilosa 画眉草 Indian Lovegrass
Eragrostis pilosa var. imberbis 无毛画眉草 Hairless Indian Lovegrass
Eragrostis tenella 鲫鱼草 Delicate Lovegrass
Eranthemum austrosinensis 华南可爱花 South China Eranthemum
Eranthemum pulchellum 可爱花 Blue Eranthemum, Blue Sage
Erechtites hieraciifolius 梁子菜 American Burnwead
Eremochloa ophiuroides 假俭草 Centipedegrass
Eremurus chinensis 独尾草 Chinese Desert Candle
Eria corneri 半柱毛兰 Corner Eria
Eria coronaria 足茎毛兰 Crown Eria
Eria excavata 反苞毛兰 Refract-Bract Eria
Eria graminifolia 禾叶毛兰 Grassleaf Eria
Eria pannea 指叶毛兰 Digitateleaf Eria
Eria szetschuanica 马齿毛兰 Szechuan Eria
Erianthus rufipilus 蔗茅 Redawn Plumegrass
Erigeron acer 飞蓬 Bitter Fleabane
Erigeron annuus 一年蓬 Annual Fleabane
Erigeron breviscapus 短葶飞蓬 Shortscape Fleabane
Erigeron elongatus 长茎飞蓬 Longstem Fleabane
Erigeron komarovii 山飞蓬 Komarov Fleabane
Erigeron multifolius 密叶飞蓬 Manyleaf Fleabane
Erigeron multiradiatus 多舌飞蓬 Manyray Fleabane
Eriobotrya cavaleriei 大花枇杷 Bigflower Loquat
Eriobotrya deflexa 台湾枇杷 Taiwan Loquat
Eriobotrya japonica 枇杷 Loquat
Eriobotrya salwinensis 怒江枇杷 Salwin Loquat
Eriocaulon australe 毛谷精草 Southern Pipewort
Eriocaulon brownianum 云南谷精草 Brown Pipewort
Eriocaulon buergerianum 谷精草 Buerger Pipewort
Eriocaulon cinereum 白药谷精草 Ashy Pipewort
Eriocaulon decemflorum 长苞谷精草 Tenflower Pipewort
Eriocaulon henryanum 蒙自谷精草 Henry Pipewort
Eriocaulon luzulifolium 小谷精草 Small Pipewort
Eriocaulon nepalense 尼泊尔谷精草 Nepal Pipewort
Eriocaulon robustius 宽叶谷精草 Robust Pipewort
Eriocaulon schochianum 云贵谷精草 Schoch Pipewort
Eriocaulon sexangulare 华南谷精草 Sixangular Pipewort
Eriocaulon tonkinense 越南谷精草 Tonkin Pipewort
Eriocaulon truncatum 流星谷精草 Philippine Pipewort
Eriochloa villosa 野黍 Hairy Cupgrass
Eriocycla albescens 绒果芹 White Eriocycla
Eriolaena kwangsiensis 桂火绳 Kwangsi Eriolaena
Eriolaena spectabilis 火绳树 Showy Eriolaena
Eriophorum comosum 丛毛羊胡子草 Tuftedhair Cottonsedge
Eriophorum vaginatum 白毛羊胡子草 Whitebristle Cottonsedge
Eriophyton wallichii 绵参 Wallich Eriophyton
Eriosema chinense 鸡头薯 Chinese Eriosema
Eriosema himalaicum 绵三七 Himalayan Eriosema
Eritrichium rupestre 石生齿缘草 Rocky Eritrichium
Erodium cicutarium 芹叶牻牛儿苗 Alfilaria
Erodium oxyrhinchum 尖喙牻牛儿苗 Hoefft Heron's Bill
Erodium stephanianum 牻牛儿苗 Stephan Heron's Bill
Erodium tibetanum 西藏牻牛儿苗 Tibetan Heron's Bill
Eruca vesicaria 芝麻菜 Rocketsalad, Roquette
Erycibe obtusifolia 麻辣仔藤 Obtuse-Leaved Erycibe
Eryngium foetidum 刺芹 Foetid Eryngo
Eryngium planum 扁叶刺芹 Flatleaf Eryngo
Erysimum × cheiri 桂竹香 Common Wallflower
Erysimum amurense 糖芥 Amur Wallflower
Erysimum canescens 灰毛糖芥 Greyhair Wallflower
Erysimum cheiranthoides 小花糖芥 Wormseed Wallflower
Erysimum flavum 蒙古糖芥 Mongolian Wallflower
Erysimum forrestii 匍匐糖芥 Forrest Wallflower
Erysimum hieraciifolium 山柳菊叶糖芥 European Wallflower
Erysimum roseum 红紫糖芥 Reddish Wallflower
Erythrina arborescens 鹦哥花 Himalayan Coral Tree
Erythrina corallodendron 龙牙花 Coral Tree
Erythrina crista-galli 鸡冠刺桐 Cockspur Coralbean
Erythrina subumbrans 翅果刺桐 Winged-Fruit Coralbean
Erythrina variegata 刺桐 Variegated Coralbean
Erythropalum scandens 赤苍藤 Climbing Erythropalum
Erythroxylum novogranatense 古柯 Colombian Coca
Erythroxylum sinense 东方古柯 Oriental Coca
Eschscholzia californica 花菱草 California Poppy
Ethulia conyzoides 都丽菊 Common Ethulia
Etlingera yunnanensis 茴香砂仁 Biglip Achasma
Eucalyptus camaldulensis 赤桉 River Red Gum

Eucalyptus citriodora 柠檬桉 Lemon Eucalyptus, Lemon-Scented Gum
Eucalyptus exserta 窿缘桉 Queensland Peppermint
Eucalyptus globulus 蓝桉 Blue Gum, Tasmanian Blue Gum
Eucalyptus maculata 斑皮桉 Spotted Gum
Eucalyptus maidenii 直杆蓝桉 Maiden's Gum
Eucalyptus polyanthemos 多花桉 Silver Dollar Gum
Eucalyptus resinifera 树脂桉 Red Mahogany
Eucalyptus robusta 桉 Swamp Mahogany
Eucalyptus tereticornis 细叶桉 Forest Red Gum
Eucalyptus viminalis 多枝桉 Manna Gum
Euchresta formosana 台湾山豆根 Taiwan Euchresta
Euchresta horsfieldii 伏毛山豆根 Horsfield Euchresta
Euchresta japonica 山豆根 Japanese Euchresta
Euchresta tubulosa 管萼山豆根 Tubecalyx Euchresta
Eucommia ulmoides 杜仲 Eucommia
Eugenia uniflora 红果仔 Pitanga, Surinam Cherry
Eulalia speciosa 金茅 Common Eulalia
Eulaliopsis binata 拟金茅 Sabai Grass
Eulophia dabia 长距美冠兰 Longspur Eulophia
Euodia austrosinensis 华南吴萸 South China Euodia
Euodia calcicola 石山吴萸 Calcicolous Euodia
Euodia daniellii 臭檀吴萸 Daniell Euodia, Korean Euodia
Euodia fargesii 臭辣吴萸 Farges Euodia
Euodia glabrifolia 楝叶吴萸 Melia-Leaf Euodia
Euodia lenticellata 蜜楝吴萸 Lenticellate Euodia
Euodia lepta 三椏苦 Thin Euodia
Euodia lepta var. cambodiana 毛三椏苦 Hairy Thin Euodia
Euodia ruticarpa 吴茱萸 Common Euodia
Euodia ruticarpa var. bodinieri 波氏吴萸 Bodinier's Euodia
Euodia ruticarpa var. officinalis 石虎 Official Euodia
Euodia simplicifolia 单叶吴萸 Simple-Leaved Euodia
Euodia simplicifolia var. pubescens 毛单叶吴萸 Hairy Simple-Leaved Euodia
Euodia sutchuenensis 四川吴萸 Sichuan Euodia
Euodia trichotoma 牛斜吴萸 Trichotomous Euodia
Euodia trichotoma var. pubescens 毛牛斜吴萸 Hairy Trichotomous Euodia
Euonymus acanthocarpus 刺果卫矛 Spiny-Fruited Spindle Tree
Euonymus aculeatus 软刺卫矛 Prickly Spindle Tree
Euonymus alatus 卫矛 Winged Spindle Tree
Euonymus angustatus 紫刺卫矛 Narrow-Leaved Spindle Tree
Euonymus bockii 南川卫矛 Nanchuan Spindle Tree
Euonymus carnosus 肉花卫矛 Carnose Spindle Tree
Euonymus centidens 百齿卫矛 Hundred-Tooth Spindle Tree
Euonymus chui 隐刺卫矛 Spinulate Spindle Tree
Euonymus cornutus 角翅卫矛 Horned Spindle Tree
Euonymus dielsianus 裂果卫矛 Diels Spindle Tree
Euonymus echinatus 棘刺卫矛 Echinate Spindle Tree
Euonymus euscaphis 鸦椿卫矛 Euscaphis Spindle Tree
Euonymus fortunei 扶芳藤 Fortune Spindle Tree
Euonymus frigidus 冷地卫矛 Cold Spindle Tree
Euonymus giraldii 纤齿卫矛 Girald Spindle Tree
Euonymus grandiflorus 大花卫矛 Largeflower Spindle Tree
Euonymus hamiltonianus 西南卫矛 Hamilton Spindle Tree
Euonymus hederaceus 常春卫矛 Hedera Spindle Tree
Euonymus japonicus 冬青卫矛 Japanese Spindle Tree
Euonymus jinfoshanensis 金佛山卫矛 Jinfoshan Spindle Tree
Euonymus kiautschovicus 胶州卫矛 Kiautschou Euonymus
Euonymus laxiflorus 疏花卫矛 Loose-Flowered Spindle Tree
Euonymus leclerei 革叶卫矛 Leclere Spindle Tree
Euonymus linearifolius 线叶卫矛 Linear-Leaved Spindle Tree
Euonymus maackii 白杜 Maack's Spindle Tree
Euonymus microcarpus 小果卫矛 Small-Fruited Spindle Tree
Euonymus myrianthus 大果卫矛 Myriad-Flowered Spindle Tree
Euonymus nanus 矮卫矛 Dwarf Spindle Tree
Euonymus oblongifolius 矩叶卫矛 Oblong-Leaved Spindle Tree
Euonymus oxyphyllus 垂丝卫矛 Sharp-Leaved Spindle Tree
Euonymus paravagans 滇西卫矛 Dianxi Spindle Tree
Euonymus phellomanus 栓翅卫矛 Cork-Winged Spindle Tree
Euonymus porphyreus 紫花卫矛 Purple-Flowered Spindle Tree
Euonymus przewalskii 八宝茶 Przewalsk Spindle Tree
Euonymus sanguineus 石枣子 Blood-Red Spindle Tree
Euonymus schensianus 陕西卫矛 Schensi Spindle Tree
Euonymus semenovii 中亚卫矛 Semenov Spindle Tree
Euonymus subsessilis 无柄卫矛 Sessile Spindle Tree
Euonymus tengyuehensis 腾冲卫矛 Tengyueh Spindle Tree
Euonymus tingens 染用卫矛 Staining Spindle Tree
Euonymus vagans 游藤卫矛 Widesread Spindle Tree
Euonymus venosus 曲脉卫矛 Venose Spindle Tree
Euonymus verrucosus 瘤枝卫矛 Verrucose Spindle Tree
Euonymus verrucosus var. chinensis 中华瘤枝卫矛 Chinese Verrucose Spindle Tree
Euonymus verrucosus var. pauciflorus 少花瘤枝卫矛 Few-Flowered Verrucose Spindle Tree
Euonymus viburnoides 荚蒾卫矛 Viburnum-Like Spindle Tree
Euonymus wilsonii 长刺卫矛 Wilson Spindle Tree
Euonymus xylocarpus 木果卫矛 Woodyfruit Spindle Tree
Euonymus yunnanensis 云南卫矛 Yunnan Spindle Tree
Eupatorium cannabinum 大麻叶泽兰 Hemp Eupatorium
Eupatorium chinense 多须公 Chinese Eupatorium
Eupatorium formosanum 台湾泽兰 Taiwan Agrimony
Eupatorium fortunei 佩兰 Fortune's Eupatorium
Eupatorium heterophyllum 异叶泽兰 Heterophyllous Eupatorium
Eupatorium japonicum 白头婆 Japanese Eupatorium
Eupatorium japonicum var. tripartitum 白头婆三裂变种 Threelobe Japanese Eupatorium
Eupatorium lindleyanum 林泽兰 Lindley's Eupatorium
Eupatorium nanchuanense 南川泽兰 Nanchuan Eupatorium
Euphorbia altotibetica 青藏大戟 Altotibet Spurge
Euphorbia antiquorum 火殃勒 Ancient Spurge
Euphorbia atoto 海滨大戟 Littoral Spurge
Euphorbia bifida 细齿大戟 Bifid Spurge
Euphorbia cotinifolia subsp. cotinoides 紫锦木 Red Spurge
Euphorbia cyathophora 猩猩草 Wild Poinsettia
Euphorbia esula 乳浆大戟 Leafy Spurge
Euphorbia fischeriana 狼毒大戟 Fischer Spurge
Euphorbia griffithii 圆苞大戟 Griffith Spurge
Euphorbia helioscopia 泽漆 Sun Spurge
Euphorbia heterophylla 白苞猩猩草 Heterophyllous Spurge
Euphorbia heyneana 小叶地锦 Heyne Spurge
Euphorbia hirta 飞扬草 Garden Spurge
Euphorbia humifusa 地锦 Humifuse Spurge
Euphorbia hylonoma 湖北大戟 Woodland Spurge
Euphorbia hypericifolia 通奶草 Graceful Spurge
Euphorbia jolkinii 大狼毒 Jolkin Spurge
Euphorbia kansuensis 甘肃大戟 Kansu Spurge
Euphorbia kansui 甘遂 Kansui

Euphorbia kozlovii 沙生大戟 Desert Spurge
Euphorbia lathyris 续随子 Caper Spurge, Gopher Spurge
Euphorbia lucorum 林大戟 Jungle Spurge
Euphorbia maculata 斑地锦 American Spurge
Euphorbia makinoi 小叶大戟 Makino Spurge
Euphorbia marginata 银边翠 Snow on the Mountain
Euphorbia micractina 甘青大戟 Ganqing Spurge
Euphorbia milii 铁海棠 Crown of Thorns
Euphorbia neriifolia 金刚纂 Oleander Spurge
Euphorbia pekinensis 大戟 Peking Spurge
Euphorbia peplus 南欧大戟 Petty Spurge
Euphorbia prolifera 土瓜狼毒 Proliferous Spurge
Euphorbia prostrata 匍匐大戟 Prostrate Spurge
Euphorbia pulcherrima 一品红 Poinsettia
Euphorbia rapulum 小萝卜大戟 Radish Spurge
Euphorbia royleana 霸王鞭 Royle Spurge
Euphorbia sieboldiana 钩腺大戟 Siebold Spurge
Euphorbia sikkimensis 黄苞大戟 Sikkim Spurge
Euphorbia soongarica 准噶尔大戟 Dzungarian Spurge
Euphorbia sororia 对叶大戟 Oppositifolious Spurge
Euphorbia stracheyi 高山大戟 Strachey Spurge
Euphorbia thymifolia 千根草 Thymifolious Spurge
Euphorbia tirucalli 绿玉树 Indian Tree Spurge
Euphorbia wallichii 大果大戟 Wallich Spurge
Euphrasia pectinata 小米草 Pectinate Eyebright
Euphrasia pectinata subsp. simplex 高枝小米草 Higher Pectinate Eyebright
Euphrasia regelii 短腺小米草 Regel Eyebright
Euptelea pleiosperma 领春木 Many-Seeded Euptelea
Eurya acutisepala 尖萼毛柃 Acute-Sepaled Eurya
Eurya alata 翅柃 Winged Eurya
Eurya auriformis 耳叶柃 Earleaf Eurya
Eurya brevistyla 短柱柃 Shortstyle Eurya
Eurya chinensis 米碎花 Chinese Eurya
Eurya disticha 秃小耳柃 Auriculate Eurya
Eurya distichophylla 二列叶柃 Distichousleaf Eurya
Eurya groffii 岗柃 Groff Eurya
Eurya handel-mazzettii 丽江柃 Lijiang Eurya
Eurya hebeclados 微毛柃 Downybranched Eurya
Eurya impressinervis 凹脉柃 Impressed Eurya
Eurya japonica 柃木 Japanese Eurya
Eurya kueichowensis 贵州毛柃 Kweichow Eurya
Eurya loquaiana 细枝柃 Slenderbranch Eurya
Eurya macartneyi 黑柃 Black Eurya
Eurya muricata 格药柃 Muricate Eurya
Eurya nitida 细齿叶柃 Shining Eurya
Eurya obtusifolia 钝叶柃 Obtuseleaf Eurya
Eurya obtusifolia var. aurea 金叶柃 Goldenleaf Eurya
Eurya patentipila 长毛柃 Long-Hair Eurya
Eurya rubiginosa var. attenuata 窄基红褐柃 Narrowbasal Rubiginose Eurya
Eurya stenophylla 窄叶柃 Narrowleaf Eurya
Eurya tetragonoclada 四角柃 Quadrangular Eurya
Eurya weissiae 单耳柃 One-Eared Eurya
Euryale ferox 芡实 Euryale
Eurysolen gracilis 宽管花 Eurysolen
Euscaphis fukienensis 福建野鸦椿 Fukien Euscaphis
Euscaphis japonica 野鸦椿 Asian Sweetheart Tree
Eutrema wasabi 块茎山萮菜 Wasabi
Evernia divaricata 柔扁枝衣 Mountain Oakmoss Lichen
Evernia mesomorpha 扁枝衣 Boreal Oakmoss Lichen
Exacum tetragonum 藻百年 Bicolor Persian Violet
Exbucklandia populnea 马蹄荷 Common Exbucklandia
Exbucklandia tonkinensis 大果马蹄荷 Bigfruit Exbucklandia
Excoecaria acerifolia 云南土沉香 Acerleaf Excoecaria
Excoecaria acerifolia var. cuspidata 狭叶海漆 Cuspidate Acerleaf Excoecaria
Excoecaria agallocha 海漆 Blinding Tree
Excoecaria cochinchinensis 红背桂花 Chinese Croton
Excoecaria cochinchinensis var. viridis 绿背桂花 Green Excoecaria
Excoecaria venenata 鸡尾木 Poisonous Excoecaria
Exochorda racemosa 白鹃梅 Common Pearlbush

F

Faberia sinensis 花佩菊 Chinese Faberia
Fagopyrum dibotrys 金荞麦 Cymose Buckwheat
Fagopyrum esculentum 荞麦 Common Buckwheat
Fagopyrum gracilipes 细柄野荞麦 Slenderstalk Buckwheat
Fagopyrum statice 长柄野荞麦 Longstalk Buckwheat
Fagopyrum tataricum 苦荞麦 Tartary Buckwheat
Fagopyrum urophyllum 硬枝野荞麦 Tail-Leaved Buckwheat
Fagraea ceilanica 灰莉 Common Fagraea
Fagus engleriana 米心水青冈 Engler Beech
Fagus longipetiolata 水青冈 Longpetiole Beech
Falcataria moluccana 南洋楹 Batai Wood
Farfugium japonicum 大吴风草 Japanese Farfugium
Fargesia spathacea 箭竹 Arrow Bamboo
Fatoua villosa 水蛇麻 Villous Fatoua
Fatsia japonica 八角金盘 Japanese Fatsia
Favolus arcularius 漏斗大孔菌 Big Porus Polyporus
Feronia limonia 象橘 Elephant Apple, Wood Apple
Ferula bungeana 硬阿魏 Bunge Ferula
Ferula caspica 里海阿魏 Caspian Ferula
Ferula conocaula 圆锥茎阿魏 Cornstem Ferula
Ferula feruloides 多伞阿魏 Manyumbell Ferula
Ferula fukanensis 阜康阿魏 Fukang Ferula
Ferula jaeschkeana 中亚阿魏 Central Asian Ferula
Ferula krylovii 托里阿魏 Krylov Ferula
Ferula lehmannii 大果阿魏 Bigfruit Ferula
Ferula moschata 麝香阿魏 Musk Ferula
Ferula olivacea 橄绿阿魏 Olivegreen Ferula
Ferula sinkiangensis 新疆阿魏 Xinjiang Ferula
Ferula songarica 准噶尔阿魏 Dzungarian Ferula
Ferula teterrima 臭阿魏 Stink Ferula
Festuca ovina 羊茅 Sheep Fescue
Fibraurea recisa 天仙藤 Common Fibraurea
Ficus abelii 石榕树 Abel Fig
Ficus altissima 高山榕 Lofty Fig
Ficus auriculata 大果榕 Eared Stranger Fig
Ficus benjamina 垂叶榕 Benjamin Fig
Ficus callosa 硬皮榕 Hairyfruit Fig
Ficus carica 无花果 Fig
Ficus chartacea var. torulosa 无柄纸叶榕 Sessile Papery Fig
Ficus concinna 雅榕 Littleleaf Fig
Ficus elastica 印度榕 India Rubber Tree, Indiarubber Fig
Ficus erecta 天仙果 Erect Fig
Ficus esquiroliana 黄毛榕 Tawnyhair Fig

Ficus fistulosa 水同木 Common Yellow Stem Fig
Ficus formosana 台湾榕 Taiwan Fig
Ficus gasparriniana var. laceratifolia 裂叶榕 Christmas Fig
Ficus gasparriniana var. viridescens 绿叶冠毛榕 Comate Fig
Ficus henryi 尖叶榕 Henry Fig
Ficus heteromorpha 异叶榕 Diverseleaf Fig
Ficus hirta 粗叶榕 Hairy Fig
Ficus hispida 对叶榕 Oppositeleaf Fig
Ficus ischnopoda 壶托榕 Gracile-Stipitate Fig
Ficus laevis 光叶榕 Smooth Fig
Ficus microcarpa 榕树 Smallfruit Fig
Ficus nervosa 九丁榕 Veined Fig
Ficus pandurata 琴叶榕 Fiddle-Leaf Fig
Ficus pandurata var. angustifolia 条叶榕 Narrowleaf Fig
Ficus pandurata var. holophylla 全缘琴叶榕 Entireleaf Fig
Ficus pubigera 褐叶榕 Hairy Fig
Ficus pumila 薜荔 Climbing Fig
Ficus pumila var. awkeotsang 爱玉子 Jelly Fig
Ficus pyriformis 舶梨榕 Pearfruit Fig
Ficus racemosa 聚果榕 Cluster Fig
Ficus religiosa 菩提树 Botree Fig, Peepul Tree
Ficus sagittata 羊乳榕 Sagittate Fig
Ficus sarmentosa 匍茎榕 Sarmentose Fig
Ficus sarmentosa var. duclouxii 大果爬藤榕 Bigfruit Sarmentose Fig
Ficus sarmentosa var. henryi 珍珠莲 Henry Sarmentose Fig
Ficus sarmentosa var. impressa 爬藤榕 Impressed Sarmentose Fig
Ficus sarmentosa var. lacrymans 尾尖爬藤榕 Caudate Sarmentose Fig
Ficus sarmentosa var. luducca 长柄爬藤榕 Longstalk Sarmentose Fig
Ficus sarmentosa var. nipponica 白背爬藤榕 Japanese Sarmentose Fig
Ficus septica 棱果榕 Angular Fruit Fig
Ficus simplicissima 极简榕 Hispid Fig
Ficus stenophylla 竹叶榕 Bamboo-Leaved Fig
Ficus tikoua 地果 Tikou Fig
Ficus tinctoria subsp. gibbosa 斜叶榕 Gibbous Fig
Ficus tsiangii 岩木瓜 Tsiang Fig
Ficus variegata var. chlorocarpa 青果榕 Greenfruit Fig
Ficus variolosa 变叶榕 Variedleaf Fig
Ficus vasculosa 白肉榕 White Fig
Ficus virens 绿黄葛树 Green Fig
Ficus virens var. sublanceolata 黄葛树 Big-Leaved Fig
Filifolium sibiricum 线叶菊 Siberian Filifolium
Filipendula angustiloba 细叶蚊子草 Narrow-Lobed Meadowsweet
Filipendula intermedia 翻白蚊子草 Intermediate Meadowsweet
Filipendula palmata 蚊子草 Palmate Meadowsweet
Filipendula palmata var. glabra 光叶蚊子草 Glabrous Palmate Meadowsweed
Filipendula purpurea 槭叶蚊子草 Japanese Meadowsweet
Filipendula ulmaria 旋果蚊子草 European Meadowsweet
Fimbristylis aestivalis 夏飘拂草 Summer Fimbry
Fimbristylis bisumbellata 复序飘拂草 Bisumbellate Fimbry
Fimbristylis complanata 扁鞘飘拂草 Flatsheath Fimbry
Fimbristylis dichotoma 两歧飘拂草 Dichotomous Fimbry
Fimbristylis dipsacea 起绒飘拂草 Teasel-Like Fimbry
Fimbristylis fusca 暗褐飘拂草 Dark-Brown Fimbry
Fimbristylis littoralis 水虱草 Waterside Fimbry
Fimbristylis rigidula 结壮飘拂草 Woody-Rhizomed Fimbry
Fimbristylis schoenoides 少穗飘拂草 Fewspikelet Fimbry
Fimbristylis stauntoni 烟台飘拂草 Yantai Fimbry
Fimbristylis subbispicata 双穗飘拂草 Twospikelet Fimbry
Fimbristylis tetragona 四棱飘拂草 Tetragonous Fimbry
Firmiana major 云南梧桐 Yunnan Phoenix Tree
Firmiana simplex 梧桐 Phoenix Tree
Fissistigma bracteolatum 排骨灵 Manybract Fissistigma
Fissistigma cavaleriei 独山瓜馥木 Cavaler Fissistigma
Fissistigma chloroneurum 阔叶瓜馥木 Broadleaf Fissistigma
Fissistigma glaucescens 白叶瓜馥木 Glaucescent Fissistigma
Fissistigma minuticalyx 小萼瓜馥木 Smallcalyx Fissistigma
Fissistigma oldhamii 瓜馥木 Oldham Fissistigma
Fissistigma oldhamii var. longistipitatum 长柄瓜馥木 Longstipe Fissistigma
Fissistigma polyanthum 多花瓜馥木 Manyflower Fissistigma
Fissistigma retusum 凹叶瓜馥木 Concaveleaf Fissistigma
Fissistigma uonicum 香港瓜馥木 Hongkong Fissistigma
Fistulina hepatica 牛舌菌 Beef Steak Fungus, Beefsteak Polypore, Ox Tongue
Flacourtia indica 刺篱木 Indian Ramontchi
Flacourtia jangomas 云南刺篱木 Indian Coffee Plum
Flacourtia ramontchi 大果刺篱木 Ramontchi
Flacourtia rukam 大叶刺篱木 Rokam
Flammulina velutipes 金针菇 Velvet Foot
Flavocetraria cucullata 皱黄卷岛衣 Curled Snow Lichen
Flavoparmelia caperata 皱梅衣 Common Greenshield Lichen
Flavopunctelia flaventior 皱点黄梅衣 Speckled Greenshield
Flemingia chappar 墨江千斤拔 Cordate Flemingia
Flemingia fluminalis 河边千斤拔 Riverside Flemingia
Flemingia involucrata 总苞千斤拔 Involucrate Flemingia
Flemingia latifolia 宽叶千斤拔 Broadleaf Flemingia
Flemingia lineata 细叶千斤拔 Small-Leaf Flemingia
Flemingia macrophylla 大叶千斤拔 Largeleaf Flemingia
Flemingia philippinensis 千斤拔 Philippine Flemingia
Flemingia strobilifera 球穗千斤拔 Conespike Flemingia
Flemingia wallichii 云南千斤拔 Wallich Flemingia
Flickingeria fimbriata 流苏金石斛 Fimbriate Flickingeria
Floscopa scandens 聚花草 Climbing Flower Cup
Flueggea suffruticosa 一叶萩 Suffruticose Flueggea
Flueggea virosa 白饭树 Common Bushweed
Foeniculum vulgare 茴香 Fennel
Fokienia hodginsii 福建柏 Fukien Cypress
Fomes fomentarius 木蹄层孔菌 Wood Horse Hoof
Fomitopsis officinalis 药用拟层孔菌 Larch Polypore
Fomitopsis pinicola 红缘拟层孔菌 Red-Belted Polyporus
Fomitopsis rosea 红肉拟层孔菌 Rosy Polyporus
Fontanesia phillyreoides subsp. fortunei 雪柳 Fortune Fontanesia
Fordia cauliflora 干花豆 Common Fordia
Fordia microphylla 小叶干花豆 Small-Leaf Fordia
Fordiophyton faberi 异药花 Faber Fordiophyton
Fordiophyton fordii 肥肉草 Ford Fordiophyton
Forsythia giraldiana 秦连翘 Girald Forsythia
Forsythia likiangensis 丽江连翘 Likiang Forsythia
Forsythia suspensa 连翘 Weeping Forsythia
Forsythia viridissima 金钟花 Greenstem Forsythia
Fortunearia sinensis 牛鼻栓 Chinese Fortunearia
Fortunella hindsii 山橘 Hong Kong Kumquat
Fortunella japonica 金柑 Round Kumquat
Fortunella margarita 金橘 Kumquat
Fortunella polyandra 长叶金桔 Malayan Kumquat

Fragaria × ananassa 草莓 Strawberry
Fragaria moupinensis 西南草莓 Moupin Stracoberry
Fragaria nilgerrensis 黄毛草莓 Yellow-Haired Strawbrry
Fragaria nilgerrensis var. mairei 粉叶黄毛草莓 Maire Strawberry
Fragaria orientalis 东方草莓 Oriental Strawberry
Fragaria vesca 野草莓 European Strawberry
Fraxinus bungeana 小叶梣 Bunge Ash
Fraxinus chinensis 白蜡树 Chinese Ash
Fraxinus chinensis subsp. rhynchophylla 花曲柳 Beakleaf Chinese Ash
Fraxinus ferruginea 锈毛梣 Rusty Ash
Fraxinus floribunda 多花梣 Himalayan Manna Ash
Fraxinus insularis 苦枥木 Island Ash
Fraxinus malacophylla 白枪杆 Malacophyllous Ash
Fraxinus mandshurica 水曲柳 Mandschurian Ash
Fraxinus paxiana 秦岭梣 Pax Ash
Fraxinus pennsylvanica 美国红梣 Red Ash
Fraxinus pennsylvanica var. lanceolata 美洲绿梣 Lanceolate Red Ash
Fraxinus platypoda 象蜡树 Broadfruit Ash
Fraxinus sikkimensis 锡金梣 Sikkim Ash
Fraxinus stylosa 宿柱梣 Persistent-Styled Ash
Freesia refracta 香雪兰 Common Freesia
Fritillaria anhuiensis 安徽贝母 Anhui Fritillary
Fritillaria cirrhosa 川贝母 Tendrilleaf Fritillary
Fritillaria crassicaulis 粗茎贝母 Thickstem Fritillary
Fritillaria davidii 米贝母 David Fritillary
Fritillaria delavayi 梭砂贝母 Delavay Fritillary
Fritillaria fusca 高山贝母 Alpine Fritillary
Fritillaria karelinii 砂贝母 Karelin Fritillary
Fritillaria maximowiczii 轮叶贝母 Maximowicz Fritillary
Fritillaria meleagroides 额敏贝母 False Snake's Head Fritillary
Fritillaria monantha 天目贝母 Tianmu Mountain Fritillary
Fritillaria pallidiflora 伊贝母 Siberian Fritillary
Fritillaria przewalskii 甘肃贝母 Przewalski Fritillary
Fritillaria sichuanica 华西贝母 West China Fritillary
Fritillaria taipaiensis 太白贝母 Taipai Fritillary
Fritillaria thunbergii 浙贝母 Thunberg Fritillary
Fritillaria thunbergii var. chekiangensis 东贝母 Dongyang Fritillary
Fritillaria tortifolia 托里贝母 Twistleaf Fritillary
Fritillaria unibracteata 暗紫贝母 Unibract Fritillary
Fritillaria ussuriensis 平贝母 Ussuri Fritillary
Fritillaria verticillata 黄花贝母 Whorled Fritillary
Fritillaria walujewii 新疆贝母 Sinkiang Fritillary
Fritillaria yuminensis 裕民贝母 Yumin Fritillary
Fritillaria yuzhongensis 榆中贝母 Yuzhong Fritillary
Fuirena umbellata 芙兰草 Umbellate Fuirena
Funaria hygrometrica 葫芦藓 Cord Moss
Fuscoporia punctata 斑褐孔菌 Brown Polyporus

G

Gagea filiformis 林生顶冰花 Filiform Gagea
Gagea nakaiana 顶冰花 Yellow Gagea
Gagea terraccianoana 小顶冰花 Small Gagea
Gahnia tristis 黑莎草 Gloomy Gahnia
Galactia formosana 台湾乳豆 Taiwan Milkpea
Galeobdolon chinense 小野芝麻 Chinese Galeobdolon
Galeola faberi 山珊瑚 Faber Galeola
Galeola lindleyana 毛萼山珊瑚 Lindley Galeola
Galeopsis bifida 鼬瓣花 Splitlip Hempnettle
Galinsoga parviflora 牛膝菊 Smallflower Galinsoga
Galium acutum 尖瓣拉拉藤 Sharp-Petaled Bedstraw
Galium asperifolium 楔叶葎 Rough-Leaved Clivers
Galium asperifolium var. sikkimense 小叶葎 Sikkim Bedstraw
Galium baldensiforme 玉龙拉拉藤 Yulong Bedstraw
Galium bungei 四叶葎 Bunge Bedstraw
Galium bungei var. punduanoides 毛四叶葎 Hairy Bunge
Galium bungei var. trachyspermum 阔叶四叶葎 Broadleaf Bunge Bedstraw
Galium dahuricum 大叶猪殃殃 Dahurian Bedstraw
Galium dahuricum var. lasiocarpum 东北猪殃殃 Woolly-Fruited Dahurian Bedstraw
Galium elegans 小红参 Elegant Bedstraw
Galium elegans var. velutinum 毛拉拉藤 Hairy Elegant Bedstraw
Galium hoffmeisteri 六叶葎 Six-Leaved Bedstraw
Galium innocuum 小叶猪殃殃 Tri-Lobed Bedstraw
Galium spurium 猪殃殃 Bedstraw
Galium tricornutum 麦仁珠 Roughfruit Corn Bedstraw
Galium triflorum 三花拉拉藤 Three-Flowered Bedstraw
Galium uliginosum 沼猪殃殃 Fen Bedstraw
Galium verum 蓬子菜 Lady's Bedstraw
Galium verum var. asiaticum 长叶蓬子菜 Asian Bedstraw
Galium verum var. lacteum 白花蓬子菜 White-Flowered Bedstraw
Galium verum var. trachycarpum 毛果蓬子菜 Hairy-Fruited Bedstraw
Galium verum var. trachyphyllum 粗糙蓬子菜 Hairy-Leaved Bedstraw
Gamblea ciliata 锈毛吴茱萸五加 Ciliate Gamblea
Gamblea evodiifolia 萸叶五加 Evodia-Leaf Gamblea
Ganoderma applanatum 树舌灵芝 Artist's Conk
Ganoderma boninense 狭长孢灵芝 Half Ganoderma
Ganoderma lucidum 灵芝 Ling Zhi, Mannentake, Reishi
Ganoderma sinense 中华紫芝 Black Reishi
Ganoderma tenus 密纹灵芝 Dense-Veined Varnish Shelf
Ganoderma tropicum 热带灵芝 Tropical Varnish Shelf
Ganoderma tsugae 松杉灵芝 Hemlock Varnish Shelf
Garcinia cowa 云树 Yunnan Garcinia
Garcinia mangostana 莽吉柿 Mangosteen, Purple Mangosteen
Garcinia multiflora 木竹子 Manyflower Garcinia
Garcinia oblongifolia 岭南山竹子 Oblongleaf Garcinia
Garcinia oligantha 单花山竹子 Uniflower Garcinia
Garcinia paucinervis 金丝李 Fewnerve Garcinia
Garcinia schefferi 越南藤黄 Vietnam Garcinia
Garcinia xanthochymus 大叶藤黄 Yellowjuice Garcinia
Gardenia hainanensis 海南栀子 Hainan Gardenia
Gardenia jasminoides 栀子 Cape Jasmine, Gardenia
Gardenia sootepensis 大黄栀子 Large Gardenia
Gardenia stenophylla 狭叶栀子 Narrowleaf Gardenia
Gardneria angustifolia 狭叶蓬莱葛 Linear-Leaved Gardneria
Gardneria lanceolata 柳叶蓬莱葛 Lanceleaf Gardneria
Gardneria multiflora 蓬莱葛 Manyflower Gardneria
Gardneria ovata 卵叶蓬莱葛 Ovate-Leaved Gardneria
Garuga pierrei 光叶白头树 Glabrousleaf Garuga
Garuga pinnata 羽叶白头树 Pinnateleaf Garuga
Gastrochilus distichus 列叶盆距兰 Distichous Gastrochilus
Gastrochilus formosanus 台湾盆距兰 Taiwan Gastrochilus
Gastrodia elata 天麻 Tall Gastrodia
Gaultheria fragrantissima 芳香白珠 Fragrant Gaultheria
Gaultheria griffithiana 尾叶白珠 Caudate-Leaf Gaultheria

Gaultheria hookeri 红粉白珠 Hooker's Gaultheria
Gaultheria leucocarpa 白果白珠 Whitefruit Gaultheria
Gaultheria leucocarpa var. yunnanensis 滇白珠 Yunnan Gaultheria
Gaultheria nummularioides 铜钱叶白珠 Nummular-Leaf Gaultheria
Gaultheria pyrolifolia 鹿蹄草叶白珠 Pyrola-Leaved Gaultheria
Gaultheria semi-infera 五雄白珠 Five-Stamen Gaultheria
Gaultheria sinensis 华白珠 Chinese Gaultheria
Gaura parviflora 小花山桃草 Smallflower Gaura
Geastrum fimbriatum 毛嘴地星 Earth Star
Geastrum triplex 尖顶地星 Collared Earth Star
Gelsemium elegans 钩吻 Graceful Jessamine
Gentiana algida 高山龙胆 Alpine Gentian
Gentiana altorum 道孚龙胆 Daofu Gentian
Gentiana apiata 太白龙胆 Taibai Gentian
Gentiana aristata 刺芒龙胆 Aristate Gentian
Gentiana atuntsiensis 阿墩子龙胆 Atuntze Gentian
Gentiana burkillii 白条纹龙胆 Burkill Gentian
Gentiana callistantha 粗根龙胆 Thickroot Gentian
Gentiana cephalantha 头花龙胆 Headflower Gentian
Gentiana chinensis 中国龙胆 Chinese Gentian
Gentiana crassicaulis 粗茎秦艽 Thickstem Gentian
Gentiana dahurica 达乌里秦艽 Dahurian Gentian
Gentiana davidii 五岭龙胆 David Gentian
Gentiana decumbens 斜升秦艽 Decumbent Gentian
Gentiana ecaudata 无尾尖龙胆 Acute Gentian
Gentiana esquirolii 贵州龙胆 Esquirol Gentian
Gentiana farreri 线叶龙胆 Farrer Gentian
Gentiana filistyla 丝柱龙胆 Filiform-Styled Gentian
Gentiana flavomaculata 黄花龙胆 Yellowdot Gentian
Gentiana futtereri 青藏龙胆 Futterer Gentian
Gentiana helophila 喜湿龙胆 Moisture-Loving Gentian
Gentiana hexaphylla 六叶龙胆 Sixleaf Gentian
Gentiana jamesii 长白山龙胆 James Gentian
Gentiana kaufmanniana 中亚秦艽 Kaufmann Gentian
Gentiana leucomelaena 蓝白龙胆 Blue-White Gentian
Gentiana lineolata 四数龙胆 Lineolate Gentian
Gentiana loureiroi 华南龙胆 Loureiro Gentian
Gentiana macrophylla 秦艽 Largeleaf Gentian
Gentiana macrophylla var. fetissowii 大花秦艽 Fetissow Gentian
Gentiana manshurica 条叶龙胆 Manchurian Gentian
Gentiana nubigena 云雾龙胆 Cloud-Mist Gentian
Gentiana nutans 垂花龙胆 Drooping Gentian
Gentiana officinalis 黄管秦艽 Medicinal Gentian
Gentiana panthaica 流苏龙胆 Fimbriate Gentian
Gentiana phyllocalyx 叶萼龙胆 Leafycalyx Gentian
Gentiana pseudoaquatica 假水生龙胆 Flase Aquatic Gentian
Gentiana pubigera 柔毛龙胆 Pubescent Gentian
Gentiana pudica 偏翅龙胆 Modest Gentian
Gentiana purdomii 岷县龙胆 Purdom Gentian
Gentiana rhodantha 红花龙胆 Redflower Gentian
Gentiana rigescens 滇龙胆草 Rigid Gentian
Gentiana rubicunda 深红龙胆 Purple-Red Gentian
Gentiana samolifolia 水繁缕叶龙胆 Samolus-Leaved Gentian
Gentiana sarcorrhiza 菊花参 Fleshy-Root Gentian
Gentiana scabra 龙胆 Rough Gentian
Gentiana sinoornata 华丽龙胆 Splendid Gentian
Gentiana siphonantha 管花秦艽 Tubeflower Gentian
Gentiana spathulifolia 匙叶龙胆 Spoonleaf Gentian
Gentiana squarrosa 鳞叶龙胆 Scaleleaf Gentian
Gentiana straminea 麻花艽 Straw-Coloured Gentian
Gentiana striata 条纹龙胆 Striped Gentian
Gentiana sutchuenensis 四川龙胆 Sutchuen Gentian
Gentiana szechenyii 大花龙胆 Largeflower Gentian
Gentiana tianschanica 天山秦艽 Tianshan Gentian
Gentiana tibetica 西藏秦艽 Tibet Gentian
Gentiana triflora 三花龙胆 Threeflower Gentian
Gentiana urnula 乌奴龙胆 Urn-Like Gentian
Gentiana veitchiorum 蓝玉簪龙胆 Veitch Gentian
Gentiana waltonii 长梗秦艽 Walton Gentian
Gentiana walujewii 新疆秦艽 Walujew Gentian
Gentiana wardii 矮龙胆 Ward Gentian
Gentiana yokusai 灰绿龙胆 Yokusa Gentian
Gentiana yunnanensis 云南龙胆 Yunnan Gentian
Gentiana zollingeri 笔龙胆 Zollinger Gentian
Gentianella acuta 尖叶假龙胆 Acute Gentianella
Gentianella arenaria 紫红假龙胆 Sandliving Gentianella
Gentianopsis barbata 扁蕾 Beard Fringed Gentian
Gentianopsis barbata var. stenocalyx 细萼扁蕾 Narrowcalyx Fringed Gentian
Gentianopsis grandis 大花扁蕾 Largeflower Fringed Gentian
Gentianopsis paludosa 湿生扁蕾 Swamp Fringed Gentian
Gentianopsis paludosa var. ovatodeltoidea 卵叶扁蕾 Ovateleaf Fringed Gentian
Geodorum densiflorum 地宝兰 Pink Nodding Orchid
Geophila repens 爱地草 Snake Pennywort
Geranium albiflorum 白花老鹳草 Whiteflower Geranium
Geranium carolinianum 野老鹳草 Carolina Geranium
Geranium collinum 丘陵老鹳草 Hill Cranesbill
Geranium dahuricum 粗根老鹳草 Dahurian Cranesbill
Geranium dahuricum var. paishanense 长白老鹳草 Changbai Cranesbill
Geranium delavayi 五叶老鹳草 Delavay Cranesbill
Geranium divaricatum 叉枝老鹳草 Fanleaf Geranium
Geranium donianum 长根老鹳草 Farrer Geranium
Geranium erianthum 东北老鹳草 Wolly Geranium
Geranium franchetii 灰岩紫地榆 Franchet Cranesbill
Geranium hispidissimum 刚毛紫地榆 Hispid Cranesbill
Geranium kariense 滇老鹳草 Forrest Cranesbill
Geranium koreanum 朝鲜老鹳草 Tsingtau Cranesbill
Geranium krameri 突节老鹳草 Siebold Cranesbill
Geranium maximowiczii 兴安老鹳草 Maximowicz Cranesbill
Geranium napuligerum 萝卜根老鹳草 Turnip-Root Cranesbill
Geranium nepalense 尼泊尔老鹳草 Nepal Cranesbill
Geranium orientalitibeticum 川西老鹳草 Tibetan cranesbill
Geranium platyanthum 毛蕊老鹳草 Eriostamen Cranesbill
Geranium platylobum 宽片老鹳草 Widelobe Cranesbill
Geranium polyanthes 多花老鹳草 Multiflower Cranesbill
Geranium pratense 草地老鹳草 Meadow Geranium
Geranium pseudosibiricum 蓝花老鹳草 Blueflower Cranesbill
Geranium pylzowianum 甘青老鹳草 Pylzow Cranesbill
Geranium rectum 直立老鹳草 Erect Cranesbill
Geranium refractoides 紫萼老鹳草 Refract-Petal Cranesbill
Geranium robertianum 汉荭鱼腥草 Robert Geranium
Geranium rosthornii 湖北老鹳草 Henry Cranesbill
Geranium rotundifolium 圆叶老鹳草 Roundleaf Geranium
Geranium sibiricum 鼠掌老鹳草 Siberian Cranesbill
Geranium sinense 中华老鹳草 Chinese Cranesbill
Geranium soboliferum 线裂老鹳草 Japanese Cranesbill

Geranium strictipes 紫地榆 Strigose Cranesbill
Geranium transversale 球根老鹳草 Tuberous Cranesbill
Geranium umbelliforme 伞花老鹳草 Umbel Cranesbill
Geranium wallichianum 宽托叶老鹳草 Wallich Geranium
Geranium wilfordii 老鹳草 Wilford Cranesbill
Geranium wlassovianum 灰背老鹳草 Wlassov Cranesbill
Gerbera delavayi 火石花 Delavay's Gerbera
Gerbera nivea 白背火石花 Snow-White Gerbera
Getonia floribunda 萼翅藤 Getonia
Geum aleppicum 路边青 Common Avens
Geum japonicum var. chinense 柔毛路边青 Chinese Avens
Geum rivale 紫萼路边青 Water Avens
Ginkgo biloba 银杏 Ginkgo, Maidenhair Tree
Girardinia diversifolia 大蝎子草 Giant Himalayan Nettle
Girardinia diversifolia subsp. suborbiculata 蝎子草 Suborbicular Girardinia
Girardinia diversifolia subsp. triloba 红火麻 Trilobe Girardinia
Gladiolus × gandavensis 唐菖蒲 Gladiolus
Glaucium elegans 天山海罂粟 Tianshan Mountain Hornpoppy
Glaucium fimbrilligerum 海罂粟 Hornpoppy
Glaucium squamigerum 新疆海罂粟 Xinjiang Hornpoppy
Glaux maritima 海乳草 Sea Mildwort
Gleadovia ruborum 藨寄生 Red Gleadovia
Glebionis carinatum 蒿子杆 Tricolor Daisy
Glebionis coronaria 茼蒿 Crown Daisy
Glebionis segetum 南茼蒿 Corn daisy
Glechoma biondiana 白透骨消 White Ground Ivy
Glechoma biondiana var. angustituba 狭萼白透骨消 Narrowtube White Ground Ivy
Glechoma biondiana var. glabrescens 无毛白透骨消 Glabrescent White Ground Ivy
Glechoma grandis 日本活血丹 Japanase Ground Ivy
Glechoma hederacea 欧活血丹 Ground Ivy
Glechoma longituba 活血丹 Longtube Ground Ivy
Glechoma sinograndis 大花活血丹 Largeflower Ground Ivy
Gleditsia australis 小果皂荚 Smallfruit Honeylocust
Gleditsia fera 华南皂荚 South China Honeylocust
Gleditsia japonica 山皂荚 Japanese Honeylocust
Gleditsia japonica var. delavayi 滇皂荚 Delavay Honeylocust
Gleditsia japonica var. velutina 绒毛皂荚 Velvety Honeylocust
Gleditsia sinensis 皂荚 Chinese Honeylocust
Gleditsia triacanthos 美国皂荚 Honeylocust
Glehnia littoralis 珊瑚菜 Coastal Glehnia
Globba emeiensis 峨眉舞花姜 Emei Globba
Globba marantiana 毛舞花姜 Hairy Globba
Globba racemosa 舞花姜 Racemose Globba
Glochidion daltonii 革叶算盘子 Dalton Glochidion
Glochidion ellipticum 四裂算盘子 Elliptic Glochidion
Glochidion eriocarpum 毛果算盘子 Hairyfruit Glochidion
Glochidion hirsutum 厚叶算盘子 Hirsute Glochidion
Glochidion lanceolarium 艾胶算盘子 Lanceolate Glochidion
Glochidion philippicum 甜叶算盘子 Philippine Glochidion
Glochidion puberum 算盘子 Needlebush
Glochidion ramiflorum 茎花算盘子 Ramiflorous Glochidion
Glochidion rubrum 台闽算盘子 Red Glochidion
Glochidion sphaerogynum 圆果算盘子 Roundfruit Glochidion
Glochidion wilsonii 湖北算盘子 Wilson Glochidion
Glochidion wrightii 白背算盘子 Wright Glochidion
Glochidion zeylanicum 香港算盘子 Zeylan Glochidion
Gloeostereum incarnatum 榆耳 Coral-Pink Merulius
Gloiopeltis furcata 海萝 Cretan Sea Plant
Gloriosa superba 嘉兰 Glory Lily
Glossocardia bidens 鹿角草 Cobbler's Tack
Glycine max 大豆 Soybean
Glycine soja 豆 Wild Soybean
Glycine tabacina 烟豆 Variable Glycine
Glycosmis cochinchinensis 山橘树 Field Glycosmis
Glycosmis parviflora 小花山小橘 Chinese Glycosmis
Glycosmis pentaphylla 山小橘 Gin Berry, Orangeberry
Glycyrrhiza aspera 粗毛甘草 Rough-Hair Licorice
Glycyrrhiza glabra 洋甘草 Licorice
Glycyrrhiza inflata 胀果甘草 Chinese Licorice
Glycyrrhiza pallidiflora 刺果甘草 Pricklefruit Licorice
Glycyrrhiza squamulosa 圆果甘草 Roundfruit Licorice
Glycyrrhiza uralensis 甘草 Ural Licorice
Glycyrrhiza yunnanensis 云南甘草 Yunnan Licorice
Glyptopetalum feddei 罗甸沟瓣 Fedde Glyptopetalum
Glyptostrobus pensilis 水松 Chinese Swamp Cypress, Water Pine
Gmelina arborea 云南石梓 Malay Bush Beech
Gmelina asiatica 亚洲石梓 Asian Bush Beech
Gmelina chinensis 石梓 Chinese Bush Beech
Gmelina delavayana 小叶石梓 Littleleaf Bush Beech
Gnaphalium adnatum 宽叶鼠麹草 Broadleaf Cudweed
Gnaphalium affine 鼠麹草 Jersey Cudweed
Gnaphalium baicalense 贝加尔鼠麹草 Baikal Cudweed
Gnaphalium hypoleucum 秋鼠麹草 Autumn Cudweed
Gnaphalium japonicum 细叶鼠麹草 Japanese Cudweed
Gnaphalium kasachstanicum 天山鼠麹草 Kazakhstan Cudweed
Gnaphalium mandshuricum 东北鼠麹草 Manchurian Cudweed
Gnaphalium pensylvanicum 匙叶鼠麹草 Pensylvania Cudweed
Gnaphalium polycaulon 多茎鼠麹草 Manystem Cudweed
Gnaphalium supinum 平卧鼠麹草 Prostrate Cudweed
Gnaphalium sylvaticum 林地鼠麹草 Forrest Cudweed
Gnaphalium tranzschelii 湿生鼠麹草 Wetland Cudweed
Gnetum gracilipes 细柄买麻藤 Slenderstalk Jointfir
Gnetum hainanense 海南买麻藤 Hainan Jointfir
Gnetum montanum 买麻藤 Common Jointfir
Gnetum parvifolium 小叶买麻藤 Small-Leaved Jointfir
Gnetum pendulum 垂子买麻藤 Droopingseed Jointfir
Gochnatia decora 白菊木 Elegant Leucomeris
Gomphandra tetrandra 粗丝木 Fourstamen Gomphandra
Gomphocarpus fruticosus 钉头果 Swan Milkweed
Gomphocarpus physocarpus 气球果 Balloon Milkweed
Gomphostemma chinense 中华锥花 Chinese Gomphostemma
Gomphostemma latifolium 宽叶锥花 Broadleaf Gomphostemma
Gomphostemma leptodon 细齿锥花 Slendertooth Gomphostemma
Gomphostemma microdon 小齿锥花 Smalltooth Gomphostemma
Gomphostemma sulcatum 槽茎锥花 Sulcatestem Gomphostemma
Gomphrena celosioides 银花苋 Silverflower Globeamaranth
Gomphrena globosa 千日红 Wild Globeamaranth
Gongronema napalense 纤冠藤 Napal Gongronema
Goniothalamus donnaiensis 田方骨 Donnai Goniothalamus
Gonostegia hirta 糯米团 Hairy Gonostegia
Gonostegia pentandra 五蕊糯米团 Pentandrous Gonostegia
Goodyera biflora 大花斑叶兰 Twoflower Rattlesnake Plantain
Goodyera brachystegia 莲座叶斑叶兰 Rosulateleaf Rattlesnake Plantain
Goodyera foliosa 多叶斑叶兰 Manyleaf Rattlesnake Plantain

Goodyera henryi 光萼斑叶兰 Henry Rattlesnake Plantain
Goodyera kwangtungensis 花格斑叶兰 Kwangtung Rattlesnake Plantain
Goodyera procera 高斑叶兰 Tall Rattlesnake Plantain
Goodyera repens 小斑叶兰 Creeping Rattlesnake Plantain
Goodyera schlechtendaliana 斑叶兰 Big Rattlesnake Plantain
Goodyera velutina 绒叶斑叶兰 Velutinous Rattlesnake Plantain
Gossypium arboreum 树棉 Tree Cotton
Gossypium barbadense 海岛棉 Creole Cotton
Gossypium herbaceum 草棉 Levant Cotton
Gossypium hirsutum 陆地棉 Upland Cotton
Gouania javanica 毛咀签 Java Gouania
Gouania leptostachya 咀签 Slender-Spike Gouania
Gouania leptostachya var. macrocarpa 大果咀签 Bigfruit Guania
Gouania leptostachya var. tonkinensis 越南咀签 Vietnam Gouania
Grangea maderaspatana 田基黄 Madras Grangea
Graphistemma pictum 天星藤 Painted Graphistemma
Grevillea robusta 银桦 Silver Oak
Grewia abutilifolia 苘麻叶扁担杆 Abutilonleaf Grewia
Grewia biloba 扁担杆 Bilobed Grewia
Grewia eriocarpa 毛果扁担杆 Bristlefruit Grewia
Grewia falcata 镰叶扁担杆 Sickleleaf Grewia
Grewia henryi 黄麻叶扁担杆 Henry Grewia
Grewia hirsuta 粗毛扁担杆 Shaggy Grewia
Grewia oligandra 寡蕊扁担杆 Fewstamen Grewia
Grewia tiliifolia 椴叶扁担杆 Dhanman
Grifola frondosa 灰树花菌 Hen of the Woods, Maitake, Sheep's Head
Gueldenstaedtia henryi 川鄂米口袋 Henry Gueldenstaedtia
Gueldenstaedtia verna 少花米口袋 Fewflower Gueldenstaedtia
Gymnadenia conopsea 手参 Chalk Fragrant Orchid
Gymnadenia crassinervis 短距手参 Shortspur Gymnadenia
Gymnadenia emeiensis 峨眉手参 Omei Gymnadenia
Gymnadenia orchidis 西南手参 Himalayan Fragrant Orchid
Gymnema foetidum 华宁藤 Foetid Gymnema
Gymnema inodorum 广东匙羹藤 Scentless Gymnema
Gymnema longiretinaculatum 会东藤 Huidong Gymnema
Gymnema sylvestre 匙羹藤 Australian Cowplant
Gymnema yunnanense 云南匙羹藤 Yunnan Gymnema
Gymnocladus chinensis 肥皂荚 Soap Tree
Gymnogrammitis dareiformis 雨蕨 Rain Fern
Gymnopetalum chinense 金瓜 Golden Gymnopetalum
Gymnopetalum integrifolium 凤瓜 Entireleaf Gymnopetalum
Gymnopilus spectabilis 橘黄裸伞 Big Laughing Gym
Gymnospermium kiangnanense 江南牡丹草 Kiangnan Gymnospermium
Gymnostachyum kwangsiense 广西裸柱草 Kwangsi Gymnostchyum
Gymnotheca chinensis 裸蒴 Chinese Gymnotheca
Gymnotheca involucrata 白苞裸蒴 Whitebract Gymnotheca
Gynocardia odorata 马蛋果 Fragrant Gynocardia
Gynostemma aggregatum 聚果绞股蓝 Aggregate Gynostemma
Gynostemma burmanicum 缅甸绞股蓝 Burman Gynostemma
Gynostemma cardiospermum 心籽绞股蓝 Heart-Seed Gynostemma
Gynostemma laxum 光叶绞股蓝 Lax Gynostemma
Gynostemma longipes 长梗绞股蓝 Longstalk Gynostemma
Gynostemma microspermum 小籽绞股蓝 Small-Seed Gynostemma
Gynostemma pentaphyllum 绞股蓝 Jiaogulan
Gynostemma pubescens 毛绞股蓝 Pubescent Gynostemma
Gynostemma simplicifolium 单叶绞股蓝 Simpleleaf Gynostemma
Gynostemma yixingense 喙果绞股蓝 Beaked-Fruit Gynostemma
Gynura bicolor 红凤菜 Velvet Plant
Gynura cusimbua 木耳菜 Auriculate Velvet Plant
Gynura divaricata 白子菜 Divaricate Velvet Plant
Gynura japonica 菊三七 Japanese Velvet Plant
Gynura nepalensis 尼泊尔菊三七 Nepal Velvet Plant
Gynura procumbens 平卧菊三七 Longevity Spinach
Gynura pseudochina 狗头七 Tuberous Velvet Plant
Gypsophila davurica 草原石头花 Daurian Baby's Breath
Gypsophila davurica var. angustifolia 狭叶草原石头花 Narrowleaf Daurian Baby's Breath
Gypsophila licentiana 细叶石头花 Slenderleaf Baby's Breath
Gypsophila oldhamiana 长蕊石头花 Oldham's Baby's Breath
Gypsophila pacifica 大叶石头花 Pink Baby's Breath
Gypsophila paniculata 圆锥石头花 Baby's Breath
Gyrocheilos chorisepalus 圆唇苣苔 Separate-Sepal Gyrocheilos

H

Habenaria aitchisonii 落叶金钱 Aitchison Habenaria
Habenaria ciliolaris 毛葶玉凤花 Ciliolate Habenaria
Habenaria davidii 长距玉凤花 Longspur Habenaria
Habenaria delavayi 厚瓣玉凤花 Delavay Habenaria
Habenaria dentata 鹅毛玉凤花 Toothed Habenaria
Habenaria diplonema 小巧玉凤花 Little Habenaria
Habenaria fordii 线瓣玉凤花 Ford Habenaria
Habenaria glaucifolia 粉叶玉凤花 Glaucousleaf Habenaria
Habenaria intermedia 大花玉凤花 Largeflower Habenaria
Habenaria limprichtii 宽药隔玉凤花 Limpricht Habenaria
Habenaria linguella 坡参 Smalltongue Habenaria
Habenaria mairei 棒距玉凤花 Maire Habenaria
Habenaria pectinata 剑叶玉凤花 Pectinate Habenaria
Habenaria petelotii 裂瓣玉凤花 Petelot Habenaria
Habenaria rhodocheila 橙黄玉凤花 Redlip Habenaria
Habenaria szechuanica 四川玉凤花 Szechuan Habenaria
Habenaria tibetica 西藏玉凤花 Tibetan Habenaria
Hackelochloa granularis 球穗草 Pitscale Grass
Haemanthus multiflorus 网球花 Blood Lily
Haldina cordifolia 心叶木 Haldu Tree
Halenia corniculata 花锚 Corniculate Spurred Gentian
Halenia elliptica 椭圆叶花锚 Spurred Gentian
Halenia elliptica var. grandiflora 大花花锚 Largeflower Spurred Gentian
Halerpestes ruthenica 长叶碱毛茛 Longleaf Alkali Buttercup
Halerpestes sarmentosa 水葫芦苗 Sarmentose Alkali Buttercup
Halerpestes tricuspis 三裂碱毛茛 Tricuspidate Alkali Buttercup
Halogeton glomeratus 盐生草 Clustered Halogeton
Haloragis chinensis 黄花小二仙草 Chinese Haloragis
Haloragis micrantha 小二仙草 Smallflower Haloragis
Hamamelis mollis 金缕梅 Chinese Witchhazel
Hanceola sinensis 四轮香 Chinese Hanceola
Haplocladium microphyllum 细叶小羽藓 Small-Leaved Small-Feathered Moss
Haplophyllum perforatum 大叶芸香 Perforated Haplophyllum
Haplopteris flexuosa 书带蕨 Flexuose Grass Fern
Haplopteris fudzinoi 平肋书带蕨 Fudzino Grass Fern
Haplosphaera phaea 单球芹 Brown Haplosphaera
Harrisonia perforata 牛筋果 Perforated Harrisonia
Hedera helix 洋常春藤 Ivy
Hedera nepalensis 尼泊尔常春藤 Himalayan Ivy

Hedera nepalensis var. sinensis 常春藤 Chinese Ivy
Hedera rhombea var. formosana 台湾菱叶常春藤 Taiwan Ivy
Hedychium brevicaule 矮姜花 Shortstem Ginger Lily
Hedychium coronarium 姜花 Butterfly Ginger Lily
Hedychium densiflorum 密花姜花 Denseflower Ginger Lily
Hedychium flavum 黄姜花 Yellow Ginger Lily
Hedychium forrestii 圆瓣姜花 Forrest Ginger Lily
Hedychium kwangsiense 广西姜花 Kwangsi Ginger Lily
Hedychium sinoaureum 小花姜花 Smallflower Ginger Lily
Hedychium spicatum 草果药 Spiked Ginger Lily
Hedychium villosum 毛姜花 Villous Ginger Lily
Hedychium yunnanense 滇姜花 Yunnan Ginger Lily
Hedyosmum orientale 雪香兰 Oriental Hedyosmum
Hedyotis acutangula 金草 Angled-Stemmed Hedyotis
Hedyotis ampliflora 广花耳草 Ample-Flowered Hedyotis
Hedyotis assimilis 清远耳草 Qingyuan Hedyotis
Hedyotis auricularia 耳草 Auriculate Hedyotis
Hedyotis biflora 双花耳草 Two-Flowered Hedyotis
Hedyotis cantoniensis 广州耳草 Canton Hedyotis
Hedyotis consanguinea 拟金草 Pink Bone-Wort
Hedyotis corymbosa 伞房花耳草 Corymbose Hedyotis
Hedyotis diffusa 白花蛇舌草 Diffuse Hedyotis
Hedyotis effusa 鼎湖耳草 Spreeding Hedyotis
Hedyotis hedyotidea 牛白藤 White Ox Creeper
Hedyotis herbacea 丹草 Herbaceous Hedyotis
Hedyotis longiexserta 上思耳草 Shangsi Hedyotis
Hedyotis pinifolia 松叶耳草 Pine-Leaved Hedyotis
Hedyotis platystipula 阔托叶耳草 Broad-Stipuled Hedyotis
Hedyotis pterita 翅果耳草 Wing-Fruited Hedyotis
Hedyotis scandens 攀茎耳草 Scandent Hedyotis
Hedyotis tenelliflora 纤花耳草 Tender-Flowered Hedyotis
Hedyotis tetrangularis 方茎耳草 Square-Stemmed Hedyotis
Hedyotis uncinella 长节耳草 Small-Hooked Hedyotis
Hedyotis verticillata 粗叶耳草 Whorled Hedyotis
Hedyotis vestita 脉耳草 Veined Hedyotis
Hedysarum algidum 块茎岩黄耆 Tuber Sweetvetch
Hedysarum alpinum 山岩黄耆 Alpine Sweetverch
Hedysarum brachypterum 短翼岩黄耆 Shortwing Sweetvetch
Hedysarum chinense 中国岩黄耆 Chinese Sweetvetch
Hedysarum citrinum 黄花岩黄耆 Yellowflower Sweetvetch
Hedysarum limitaneum 滇岩黄耆 Yunnan Sweetvetch
Hedysarum polybotrys 多序岩黄耆 Manyinflorescenc Sweetvetch
Hedysarum pseudastragalus 紫云英岩黄耆 Milkvetch-Like Sweetvetch
Hedysarum sikkimense 锡金岩黄耆 Sikkim Sweetvetch
Hedysarum songaricum 准噶尔岩黄耆 Dzungarian Sweetvetch
Hedysarum taipeicum 太白岩黄耆 Taipai Sweetvetch
Hedysarum vicioides 拟蚕豆岩黄耆 Flase Broadbean Sweetvetch
Helenium autumnale 堆心菊 Sneezeweed
Helianthus annuus 向日葵 Sunflower
Helianthus tuberosus 菊芋 Jerusalem Artichoke
Helichrysum arenarium 沙生蜡菊 Sandy Everlasting
Helicia cochinchinensis 小果山龙眼 Cochinchina Helicia
Helicia nilagirica 深绿山龙眼 Darkgreen Helicia
Helicia obovatifolia 倒卵叶山龙眼 Obovate-Leaved Helicia
Helicia reticulata 网脉山龙眼 Netted Helicia
Helicia tsaii 潞西山龙眼 Tsai's Helicia
Heliciopsis lobata 调羹树 Lobed Heliciopsis
Heliciopsis terminalis 痄腮树 Mumps Tree
Helicteres angustifolia 山芝麻 Narrowleaf Screw Tree
Helicteres elongata 长序山芝麻 Elongated Screw Tree
Helicteres glabriuscula 细齿山芝麻 Slendertooth Screw Tree
Helicteres hirsuta 雁婆麻 Hairy Screw Tree
Helicteres isora 火索麻 Tortedfruit Screw Tree
Helicteres lanceolata 剑叶山芝麻 Sword-Leaf Screw Tree
Helicteres plebeja 矮山芝麻 Dwarf Screw Tree
Helicteres viscida 粘毛山芝麻 Viscidhair Helicteree
Heliotropium indicum 大尾摇 Indian Heliotrope
Heliotropium strigosum 细叶天芥菜 Strigose Heliotrope
Helixanthera parasitica 离瓣寄生 Parasitic Helixanthera
Helixanthera sampsonii 油茶离瓣寄生 Sampson Helixanthera
Helleborus thibetanus 铁筷子 Tibetan Hellebore
Helminthostachys zeylanica 七指蕨 Ceylan Helminthostachys
Helwingia chinensis 中华青荚叶 Chinese Helwingia
Helwingia japonica 青荚叶 Japanese Helwingia
Helwingia omeiensis 峨眉青荚叶 Omei Helwingia
Hemerocallis citrina 黄花菜 Citron Daylily, Long Yellow Daylily
Hemerocallis dumortieri 小萱草 Dumortier's Daylily
Hemerocallis forrestii 西南萱草 Forrest Daylily
Hemerocallis fulva 萱草 Orange Daylily, Tawny Daylily
Hemerocallis fulva var. angustifolia 长管萱草 Longtube Daylily
Hemerocallis fulva var. aurantiaca 常绿萱草 Green Daylily
Hemerocallis fulva var. kwanso 重瓣萱草 Double Orange Daylily
Hemerocallis lilioasphodelus 北黄花菜 Lemon Daylily
Hemerocallis middendorffii 大苞萱草 Amur Daylily
Hemerocallis minor 小黄花菜 Small Daylily
Hemerocallis nana 矮萱草 Little Daylily
Hemerocallis plicata 折叶萱草 Foldleaf Daylily
Hemiboea cavaleriei 贵州半蒴苣苔 Cavalerie Hemiboea
Hemiboea cavaleriei var. paucinervis 疏脉半蒴苣苔 Fewnerve Hemiboea
Hemiboea follicularis 华南半蒴苣苔 South China Hemiboea
Hemiboea integra 全叶半蒴苣苔 Entireleaf Hemiboea
Hemiboea longzhouensis 龙州半蒴苣苔 Longzhou Hemiboea
Hemiboea subacaulis 短茎半蒴苣苔 Shortstem Hemiboea
Hemiboea subcapitata 半蒴苣苔 Half-Capitate Hemiboea
Hemigramma decurrens 沙皮蕨 Decurrent Hemigramma
Hemiphragma heterophyllum 鞭打绣球 Diversifolious Hemiphragma
Hemipilia cruciata 舌喙兰 Cruciform Hemipilia
Hemipilia flabellata 扇唇舌喙兰 Fan-Lipped Hemipilia
Hemipilia limprichtii 短距舌喙兰 Limpricht Hemipilia
Hemiptelea davidii 刺榆 David Hemiptelea
Hemistepta lyrata 泥胡菜 Lyrate Hemistepta
Hemsleya amabilis 曲莲 Lovely Hemsleya
Hemsleya carnosiflora 肉花雪胆 Fleshy-Flower Hemsleya
Hemsleya changningensis 赛金刚 Changning Hemsleya
Hemsleya chinensis 雪胆 Chinese Hemsleya
Hemsleya delavayi 短柄雪胆 Shortstalk Hemsleya
Hemsleya dipterygia 翼蛇莲 Two-Wing Hemsleya
Hemsleya dolichocarpa 长果雪胆 Longfruit Hemsleya
Hemsleya ellipsoidea 椭圆果雪胆 Elliptic-Fruit Hemsleya
Hemsleya gigantha 巨花雪胆 Giantflower Hemsleya
Hemsleya graciliflora 马铜铃 Slenderflower Hemsleya
Hemsleya lijiangensis 丽江雪胆 Lijiang Hemsleya
Hemsleya macrocarpa 大果雪胆 Bigfruit Hemsleya
Hemsleya macrosperma 罗锅底 Largeseed Hemsleya
Hemsleya megathyrsa 大序雪胆 Largethyrse Hemsleya
Hemsleya mitrata 帽果雪胆 Mitredfruit Hemsleya

Hemsleya omeiensis 峨眉雪胆 Omei Hemsleya
Hemsleya panacis-scandens 藤三七雪胆 Panax-Like Climbing Hemsleya
Hemsleya panlongqi 盘龙七 Panlongqi
Hemsleya pengxianensis 彭县雪胆 Pengxian Hemsleya
Hemsleya sphaerocarpa 蛇莲 Spherical-Fruit Hemsleya
Hemsleya villosipetala 母猪雪胆 Villous-Petal Hemsleya
Hemsleya wenshanensis 文山雪胆 Wenshan Hemsleya
Hepatica henryi 川鄂獐耳细辛 Henry Hepatica
Hepatica nobilis var. asiatica 獐耳细辛 Asian Hepatica
Heptapleurum arboricola 鹅掌藤 Dwarf Schefflera
Heptapleurum bodinieri 短序鹅掌柴 Bodinier's Schefflera
Heptapleurum calyptratum 多蕊木 Mallet Flower
Heptapleurum chinense 中华鹅掌柴 Chinese Schefflera
Heptapleurum delavayi 穗序鹅掌柴 Delavay's Schefflera
Heptapleurum ellipticum 密脉鹅掌柴 Fujian Schefflera
Heptapleurum heptaphyllum 鹅掌柴 Ivy Tree
Heptapleurum hoi 红河鹅掌柴 Ho's Schefflera
Heptapleurum hypoleucum 白背鹅掌柴 Whiteleaf Schefflera
Heptapleurum khasianum 扁盘鹅掌柴 Khas Schefflera
Heptapleurum leucanthum 白花鹅掌柴 Whiteflower Schefflera
Heptapleurum locianum 谅山鹅掌柴 Langson Schefflera
Heptapleurum minutistellatum 星毛鹅掌柴 Stellate-Hairy Schefflera
Heptapleurum parvifoliolatum 小叶鹅掌柴 Little-Leaf Schefflera
Heptapleurum pauciflorum 球序鹅掌柴 Fewflower Schefflera
Heptapleurum pes-avis 樟叶鹅掌柴 Cinnamon-Leaf Schefflera
Heptapleurum rubriflorum 红花鹅掌柴 Red-Flowered Schefflera
Heracleum barmanicum 印度独活 Indian Cowparsnip
Heracleum bivittatum 二管独活 Bivittate Cowparsnip
Heracleum candicans 白亮独活 White Cowparsnip
Heracleum dissectifolium 多裂独活 Cutleaf Cowparsnip
Heracleum dissectum 兴安独活 Hinggan Cowparsnip
Heracleum fargesii 城口独活 Chengkou Cowparsnip
Heracleum franchetii 渐尖叶独活 Acuminate Cowparsnip
Heracleum hemsleyanum 独活 Hemsley Cowparsnip
Heracleum henryi 思茅独活 Simao Cowparsnip
Heracleum millefolium 裂叶独活 Multifid-Leaved Cowparsnip
Heracleum moellendorffii 短毛独活 Shorthair Cowparsnip
Heracleum moellendorffii var. paucivittatum 少管短毛独活 Few-Vitta Shorthair Cowparsnip
Heracleum moellendorffii var. subbipinnatum 狭叶短毛独活 Narrowleaf Shorthair Cowparsnip
Heracleum rapula 鹤庆独活 Heqing Cowparsnip
Heracleum scabridum 糙独活 Scabrous Cowparsnip
Heracleum souliei 康定独活 Kangding Cowparsnip
Heracleum stenopterum 狭翅独活 Narrowwing Cowparsnip
Heracleum tiliifolium 椴叶独活 Lindenleaf Cowparsnip
Heracleum vicinum 平截独活 Truncate Cowparsnip
Heracleum wolongense 卧龙独活 Wolung Cowparsnip
Heracleum yungningense 永宁独活 Yongning Cowparsnip
Hericium coralloides 珊瑚状猴头菌 Bear's Head Tooth, Comb Tooth, Conifer Coral, Coral Spine Fungus, Coral Tooth
Hericium erinaceus 猴头菌 Bearded Hedgehog, Bearded Tooth, Bearded Tooth, Lion's Mane, Monkey Head, Pom Pom Mushroom, Tree Hedgehog
Heritiera littoralis 银叶树 Coastal Heritiera
Herminium alaschanicum 裂瓣角盘兰 Alashan Herminium
Herminium josephi 宽唇角盘兰 Joseph Herminium
Herminium lanceum 叉唇角盘兰 Lanceleaf Herminium
Herminium monorchis 角盘兰 Monorchid Herminium
Herminium souliei 宽萼角盘兰 Soulie Herminium
Hernandia nymphaeifolia 莲叶桐 Lotusleaf Hernandia
Herpetospermum pedunculosum 波棱瓜 Pedunculate Herpetospermum
Heterodermia diademata 大亚铃孢衣 Cupped Fringe Lichen
Heterolamium debile 异野芝麻 Slender Heterolamium
Heterolamium debile var. cardiophyllum 细齿异野芝麻 Minutetooth Slender Heterolamium
Heteropanax brevipedicellatus 短梗幌伞枫 Short-Pedicelled Heteropanax
Heteropanax chinensis 华幌伞枫 Chinese Heteropanax
Heteropanax fragrans 幌伞枫 Fragrant Heteropanax
Heteropappus altaicus 阿尔泰狗娃花 Altai Heteropappus
Heteropappus altaicus var. hirsutus 粗毛狗娃花 Hirsute Altai Heteropappus
Heteropappus altaicus var. millefolius 狗娃花千叶变种 Denseleaf Altai Heteropappus
Heteropappus boweri 青藏狗娃花 Bower's Heteropappus
Heteropappus crenatifolius 圆齿狗娃花 Crenateleaf Heteropappus
Heteropappus hispidus 狗娃花 Hispid Heteropappus
Heteropappus tataricus 鞑靼狗娃花 Tatar Heteropappus
Heteropogon contortus 黄茅 Tanglehead
Heterosmilax gaudichaudiana 合丝肖菝葜 Gautichaud Heterosmilax
Heterosmilax japonica 肖菝葜 Japanese Heterosmilax
Heterosmilax septemnervia 短柱肖菝葜 Shortstyle Heterosmilax
Heterostemma brownii 醉魂藤 Brown Heterostemma
Heterostemma esquirolii 贵州醉魂藤 Esquirol Heterostemma
Heterostemma oblongifolium 催乳藤 Oblongleaf Heterostemma
Hexagonia apiaria 毛蜂窝菌 Hairy Beehive Polypore, Hairy Honeycomb Polypore
Hibiscus cannabinus 大麻槿 Kenaf
Hibiscus indicus 美丽芙蓉 Indian Hibiscus
Hibiscus labordei 贵州芙蓉 Laborde Hibiscus
Hibiscus mutabilis 木芙蓉 Cotton Rose Hibiscus
Hibiscus radiatus 辐射刺芙蓉 Radial Hibiscus
Hibiscus rosa-sinensis 朱槿 Chinese Hibiscus
Hibiscus rosa-sinensis var. rubro-plenus 重瓣朱槿 Double-Flowered Hibiscus
Hibiscus sabdariffa 玫瑰茄 Roselle
Hibiscus schizopetalus 吊灯扶桑 Fringed Hibiscus
Hibiscus sinosyriacus 华木槿 Chinese Rose of Sharon
Hibiscus surattensis 刺芙蓉 Bush Sorrel
Hibiscus syriacus 木槿 Rose of Sharon
Hibiscus taiwanensis 台湾芙蓉 Taiwan Hibiscus
Hibiscus tiliaceus 黄槿 Linden Hibiscus
Hibiscus trionum 野西瓜苗 Flower of an Hour
Hieracium hololeion 全光菊 Maximowicz's Hololeion
Hieracium umbellatum 山柳菊 Narrowleaf Hawkweed
Hierochloe glabra 光稃香草 Glabrous Sweetgrass
Hierochloe odorata 茅香 Sweetgrass
Hierochloe odorata f. pubescens 毛鞘茅香 Hairy Sweetgrass
Hippeastrum rutilum 朱顶红 Amaryllis
Hippeastrum vittatum 花朱顶红 Striped Amaryllis
Hippolytia delavayi 川滇女蒿 Delavay's Hippolytia
Hippolytia kennedyi 垫状女蒿 Kennedy Hippolytia
Hippophae gyantsensis 江孜沙棘 Gyangze Seaberry
Hippophae neurocarpa 肋果沙棘 Ribbedfruit Seaberry
Hippophae rhamnoides 沙棘 Seaberry

Hippophae rhamnoides subsp. sinensis 中国沙棘 Chinese Seaberry
Hippophae rhamnoides subsp. yunnanensis 云南沙棘 Yunnan Seaberry
Hippophae salicifolia 柳叶沙棘 Willowleaf Seaberry
Hippophae tibetana 西藏沙棘 Tibetan Seaberry
Hippuris vulgaris 杉叶藻 Mare's Tail
Hiptage benghalensis 风筝果 Hiptage
Hirschioporus abietinus 冷杉囊孔菌 Abies Polyporus
Hirschioporus flavus 黄囊孔菌 Yellow Polyporus
Hirschioporus pargamenus 囊孔菌 Purple Polyporus
Hirschioporus versatilis 长毛囊孔菌 Hair Vesicle Polyporus
Hodgsonia macrocarpa 油渣果 Chinese Lardfruit
Hodgsonia macrocarpa var. capniocarpa 腺点油瓜 Glandular Chinese Lardfruit
Holarrhena pubescens 止泻木 Kurchi
Holboellia angustifolia 五月瓜藤 Farges Holboellia
Holboellia coriacea 鹰爪枫 Sausage vine
Holboellia grandiflora 牛姆瓜 Largeflower Holboellia
Holboellia latifolia 八月瓜 Broadleaf Holboellia
Holboellia parviflora 小花鹰爪枫 Smallflower Holboellia
Holcoglossum amesianum 大根槽舌兰 Largeroot Holcoglossum
Holcoglossum kimballianum 管叶槽舌兰 Kimball Holcoglossum
Holmskioldia sanguinea 冬红 Chinese Hat Plant
Holocheila longipedunculata 全唇花 Longpeduncle Holocheila
Holostemma ada-Kodien 铰剪藤 Holostemma Creeper
Homalium ceylanicum 斯里兰卡天料木 Ceylon Homalium
Homalium cochinchinense 天料木 Cochinchina Homalium
Homalium sabiifolium 窄叶天料木 Narrowleaf Homalium
Homalocladium platycladum 竹节蓼 Centipede Plant
Homalomena occulta 千年健 Hiddenflower Homalomena
Homocodon brevipes 同钟花 Sessileflower Homocodon
Homonoia riparia 水柳 Willow-Leaved Water Croton
Hordeum distichon 二棱大麦 Two-Rowed Barley
Hordeum distichon var. nudum 青稞 Highland Barley
Hordeum vulgare 大麦 Barley
Hornstedtia hainanensis 大豆蔻 Hainan Hornstedia
Hornungia procumbens 薄果荠 Decumbent Hymenolobus
Horsfieldia glabra 风吹楠 Glabrous Horsfieldia
Horsfieldia hainanensis 海南风吹楠 Hainan Horsfieldia
Hosta ensata 东北玉簪 Sword-Like Plantain Lily
Hosta plantaginea 玉簪 Fragrant Plantain Lily
Hosta sieboldiana 粉叶玉簪 Siebold Plantain Lily
Hosta ventricosa 紫萼 Blue Plantain Lily
Houpoëa obovata 日本厚朴 Japanese Bigleaf Magnolia, Whiteleaf Japanese Magnolia
Houpoëa officinalis 厚朴 Houpu Magnolia
Houpoëa rostrata 长喙厚朴 Bigleaf Magnolia
Houttuynia cordata 蕺菜 Heartleaf Houttuynia
Hovenia acerba 枳椇 Raisin Tree
Hovenia acerba var. kiukiangensis 俅江枳椇 Kiukiang Raisin Tree
Hovenia dulcis 北枳椇 Oriental Raisin Tree
Hovenia trichocarpa 毛果枳椇 Hairyfruit Raisin Tree
Hovenia trichocarpa var. robusta 光叶毛果枳椇 Smoothleaf Raisin Tree
Hoya carnosa 球兰 Waxplant
Hoya fungii 护耳草 Fung Waxplant
Hoya griffithii 荷秋藤 Griffith Waxplant
Hoya kerrii 凹叶球兰 Kerr Waxplant
Hoya lyi 香花球兰 Fragrant Waxplant
Hoya mengtzeensis 薄叶球兰 Mengtze Waxplant
Hoya pandurata 琴叶球兰 Fiddle-Leaf Waxpant
Hoya pottsii 三脉球兰 Potts Waxplant
Hoya villosa 毛球兰 Villous Waxplant
Humata platylepis 半圆盖阴石蕨 Broad-Scaled Humata
Humata repens 阴石蕨 Creeping Humata
Humata tyermanii 圆盖阴石蕨 White Rabbit's Foot Fern
Humulus lupulus 啤酒花 Common Hop, Hop
Humulus scandens 葎草 Japanese Hop
Humulus yunnanensis 滇葎草 Yunnan Hop
Huperzia chinensis 中华石杉 Chinese Clubmoss
Huperzia crispata 皱边石杉 Crisp Clubmoss
Huperzia emeiensis 峨眉石杉 Emei Clubmoss
Huperzia herteriana 锡金石杉 Sikkim Clubmoss
Huperzia miyoshiana 东北石杉 Miyoshi's Clubmoss
Huperzia selago 小杉兰 Fir Clubmoss
Huperzia serrata 蛇足石杉 Toothed Clubmoss
Hydnocarpus annamensis 大叶龙角 Largeleaf Chaulmoogra Tree
Hydnocarpus anthelminthicus 泰国大风子 Chaulmoogra Tree
Hydnocarpus hainanensis 海南大风子 Hainan Chaulmoogra Tree
Hydrangea anomala 冠盖绣球 Tibetan Hydrangea
Hydrangea aspera 马桑绣球 Scabrous Hydrangea
Hydrangea chinensis 中国绣球 Chinese Hydrangea
Hydrangea davidii 西南绣球 David Hydrangea
Hydrangea hypoglauca 白背绣球 Hypoglaucous Hydrangea
Hydrangea linkweiensis 临桂绣球 Linkwei Hydrangea
Hydrangea longipes 莼兰绣球 Longpetiole Hydrangea
Hydrangea macrophylla 绣球 Largeleaf Hydrangea
Hydrangea macrosepala 大瓣绣球 Macrosepal Hydrangea
Hydrangea obovatifolia 倒卵绣球 Obovatifolious Hydrangea
Hydrangea paniculata 圆锥绣球 Paniculate Hydrangea
Hydrangea robusta 粗枝绣球 Robust Hydrangea
Hydrangea stenophylla 柳叶绣球 Narrowleaf Hydrangea
Hydrangea strigosa 蜡莲绣球 Strigose Hydrangea
Hydrangea strigosa var. macrophylla 阔叶蜡莲绣球 Bigleaf Strigose Hydrangea
Hydrangea villosa 柔毛绣球 Villose Hydrangea
Hydrangea xanthoneura 挂苦绣球 Yellowvein Hydrangea
Hydrilla verticillata 黑藻 Water Thyme, Hydrilla
Hydrocharis dubia 水鳖 Frogbit
Hydrocotyle benguetensis 吕宋天胡荽 Luzon Pennywort
Hydrocotyle dichondroides 毛柄天胡荽 Hairypetiole Pennywort
Hydrocotyle hookeri subsp. chinensis 中华天胡荽 Chinese Pennywort
Hydrocotyle hookeri subsp. handelii 普渡天胡荽 Handel's Pennywort
Hydrocotyle nepalensis 红马蹄草 Nepal Pennywort
Hydrocotyle pseudoconferta 密伞天胡荽 Denseumbel Pennywort
Hydrocotyle sibthorpioides 天胡荽 Lawn Pennywort
Hydrocotyle sibthorpioides var. batrachium 破铜钱 Batrachium-Like Pennywort
Hydrocotyle wilfordii 肾叶天胡荽 Kidneyleaf Pennywort
Hydrocotyle wilsonii 鄂西天胡荽 Wilson's Pennywort
Hygrophila phlomoides 毛水蓑衣 Hairy Hygro
Hygrophila ringens 水蓑衣 Willow-Leaf Hygro
Hylocereus undatus 量天尺 Dragon Fruit
Hylodesmum laterale 侧序长柄山蚂蝗 Looseflower Hylodesmum
Hylodesmum leptopus 细长柄山蚂蝗 Slender Hylodesmum
Hylodesmum longipes 云南长柄山蚂蝗 Yunnan Hylodesmum
Hylodesmum oldhamii 羽叶长柄山蚂蝗 Oldham Hylodesmum

Hylodesmum podocarpum 长柄山蚂蝗 Common Hylodesmum
Hylodesmum podocarpum subsp. fallax 宽卵叶长柄山蚂蝗 Broadleaf Hylodesmum
Hylodesmum podocarpum subsp. oxyphyllum 尖叶长柄山蚂蝗 Acuteleaf Hylodesmum
Hylodesmum podocarpum subsp. szechuenense 四川长柄山蚂蝗 Szechuan Hylodesmum
Hylomecon japonica 荷青花 Japanese Hylomecon
Hylomecon japonica var. dissecta 多裂荷青花 Multifid Hylomecon
Hylotelephium angustum 狭穗景天 Narrowspike Stonecrop
Hylotelephium erythrostictum 八宝 Garden Stonecrop
Hylotelephium mingjinianum 紫花八宝 Purpleflower Stonecrop
Hylotelephium pallescens 白八宝 White Stonecrop
Hylotelephium purpureum 紫八宝 Orpine
Hylotelephium spectabile 长药八宝 Showy Stonecrop
Hylotelephium tatarinowii 华北八宝 Tatarinow Stonecrop
Hylotelephium verticillatum 轮叶八宝 Whorlleaf Stonecrop
Hymenachne amplexicaulis 膜稃草 Olive Hymenachne
Hymenachne assamica 弊草 Assam Hymenacue
Hymenocallis littoralis 水鬼蕉 Beach Spider Lily
Hymenodictyon flaccidum 土连翘 Flaccid Hymenodictyon
Hymenodictyon orixense 毛土连翘 Hairy Hymenodictyon
Hymenophyllum barbatum 华东膜蕨 Barbate Filmy Fern
Hymenophyllum fastigiosum 长叶膜蕨 Long-Leaved Filmy Fern
Hymenophyllum khasianum 顶果膜蕨 Khasi Filmy Fern
Hymenophyllum omeiense 峨眉膜蕨 Omei Filmy Fern
Hymenophyllum oxyodon 小叶膜蕨 Small-Leaved Filmy Fern
Hyoscyamus bohemicus 小天仙子 Bohemian Henbane
Hyoscyamus niger 天仙子 Black Henbane
Hyoscyamus pusillus 中亚天仙子 Small Henbane
Hypecoum erectum 角茴香 Upright Hypecoum
Hypecoum leptocarpum 细果角茴香 Thinfruit Hypecoum
Hypecoum parviflorum 小花角茴香 Samllflower Hypecoum
Hypericum acmosepalum 尖萼金丝桃 Narrowleaf St. John's Wort
Hypericum ascyron 黄海棠 Giant St. John's Wort
Hypericum attenuatum 赶山鞭 Attenuate St. John's Wort
Hypericum augustinii 无柄金丝桃 Augustin's St. John's Wort
Hypericum beanii 栽秧花 Bean St. John's Wort
Hypericum bellum 美丽金丝桃 Pretty St. John's Wort
Hypericum elodeoides 挺茎遍地金 Elodea-Like St. John's Wort
Hypericum elongatum 延伸金丝桃 Elongate St. John's Wort
Hypericum erectum 小连翘 Upright St.-John's-Wort
Hypericum faberi 扬子小连翘 Faber's St. John's Wort
Hypericum hengshanense 衡山金丝桃 Hengshan St. John's Wort
Hypericum hirsutum 毛金丝桃 Hairy St. John's Wort
Hypericum hookerianum 短柱金丝桃 Hooker St. John's Wort
Hypericum japonicum 地耳草 Japanese St.-John's-Wort
Hypericum kouytchense 贵州金丝桃 Guizhou St. John's Wort
Hypericum longistylum 长柱金丝桃 Longstyle St. John's Wort
Hypericum monanthemum 单花遍地金 Fewflower St. John's Wort
Hypericum monogynum 金丝桃 Monostyle St. John's Wort
Hypericum patulum 金丝梅 Spreading St. John's Wort
Hypericum perforatum 贯叶连翘 Common St. John's Wort
Hypericum petiolulatum 短柄小连翘 Petiolate St. John's Wort
Hypericum petiolulatum subsp. yunnanense 云南小连翘 Yunnan St. John's Wort
Hypericum przewalskii 突脉金丝桃 Przewalsk St. John's Wort
Hypericum sampsonii 元宝草 Sampson St. John's Wort
Hypericum scabrum 糙枝金丝桃 Scabrous-Stem St. John's Wort
Hypericum seniawinii 密腺小连翘 Seniawin's St. John's Wort
Hypericum uralum 匙萼金丝桃 Spathulate-Sepal St. John's Wort
Hypericum wightianum 遍地金 Wight's St. John's Wort
Hypericum wilsonii 川鄂金丝桃 Wilson St. John's Wort
Hypholoma fasciculare 簇生垂幕菇 Sulfur Tuft, Sulphur Tuft, Ustered Woodlover
Hypocrella bambusae 竹红菌 Bamboo Fungus
Hypodematium crenatum 肿足蕨 Crenate Hypodematium
Hypodematium sinense 山东肿足蕨 Chinese Hypodematium
Hypoestes purpurea 枪刀药 Purple Hypoestes
Hypoestes triflora 三花枪刀药 Three-Flowered Hypoestes
Hypolepis punctata 姬蕨 Dotted Beadfern
Hypolepis tenuifolia 台湾姬蕨 Spineless Bramble Fern
Hypomyces hyalinus 歪孢菌寄生 Amanita Mold
Hypotrachyna sinuosa 黄条双歧根 Green Loop Lichen
Hypoxis aurea 小金梅草 Golden Stargrass
Hypserpa nitida 夜花藤 Shining Hypserpa
Hypsizygus marmoreus 斑玉蕈 Beech Mushroom, Shimeji
Hypsizygus ulmarius 榆生斑盖菇 Elm Tree Mushroom
Hyptianthera stricta 藏药木 Upright Hyptianthera
Hyptis rhomboidea 吊球草 Globular-Inflorescence Bushmint
Hyptis suaveolens 山香 Bushmint
Hyssopus cuspidatus 硬尖神香草 Cuspidate Hyssop
Hyssopus latilabiatus 宽唇神香草 Broadlip Hyssop
Hyssopus officinalis 神香草 Medicinal Hyssop

I

Ichnocarpus frutescens 腰骨藤 Black Creeper
Ichnocarpus jacquetii 少花腰骨藤 Jacquet Ichnocarpus
Ichnocarpus polyanthus 小花藤 Manyflower Ichnocarpus
Idesia polycarpa 山桐子 Manyfruit Idesia
Idesia polycarpa var. vestita 毛叶山桐子 Hairy Manyfruit Idesia
Ilex aculeolata 满树星 Smallprickle Holly
Ilex angulata 棱枝冬青 Angularbranch Holly
Ilex asprella 秤星树 Roughleaf Holly
Ilex bioritsensis 刺叶冬青 Spinyleaf Holly
Ilex buergeri 短梗冬青 Buerger Holly
Ilex centrochinensis 华中枸骨 Central Chinese Holly
Ilex cheniana 龙陵冬青 Longling Holly
Ilex chinensis 冬青 Purple Holly
Ilex corallina 珊瑚冬青 Coral Holly
Ilex corallina var. pubescens 毛枝珊瑚冬青 Pubescent Coral Holly
Ilex cornuta 枸骨 Chinese Holly
Ilex crenata 齿叶冬青 Boxleaf Holly
Ilex dasyphylla 黄毛冬青 Denseleaf Holly
Ilex dipyrena 双核枸骨 Himalayan Holly
Ilex dolichopoda 长柄冬青 Longstalk Holly
Ilex elmerrilliana 厚叶冬青 Thickleaf Holly
Ilex ficoidea 榕叶冬青 Fig-Like Holly
Ilex formosana 台湾冬青 Taiwan Holly
Ilex fragilis 薄叶冬青 Fragile Holly
Ilex franchetiana 康定冬青 Franchet Holly
Ilex georgei 长叶枸骨 George Holly
Ilex godajam 伞花冬青 Godajam Holly
Ilex hainanensis 海南冬青 Hainan Holly
Ilex hylonoma 细刺枸骨 Woodland Holly
Ilex hylonoma var. glabra 光叶细刺枸骨 Glabrous Woodland Holly
Ilex integra 全缘冬青 Mochi Holly

Ilex kaushue 扣树 Kaushu
Ilex kwangtungensis 广东冬青 Kwangtung Holly
Ilex latifolia 大叶冬青 Broadleaf Holly
Ilex lohfauensis 矮冬青 Lohfau Holly
Ilex macrocarpa 大果冬青 Largefruit Holly
Ilex macrocarpa var. longipedunculata 长梗冬青 Longpeduncle Holly
Ilex macropoda 大柄冬青 Largepetiole Holly
Ilex metabaptista 河滩冬青 Riverside Holly
Ilex micrococca 小果冬青 Smallfruit Holly
Ilex oligodonta 疏齿冬青 Fewtooth Holly
Ilex pedunculosa 具柄冬青 Pedunculate Holly
Ilex pernyi 猫儿刺 Perny Holly
Ilex perryana 皱叶冬青 Perry Holly
Ilex polyneura 多脉冬青 Many-Nerve Holly
Ilex pubescens 毛冬青 Pubescent Holly
Ilex pubescens var. kwangsiensis 广西毛冬青 Kwangsi Pubescent Holly
Ilex pubigera 有毛冬青 Pubigerous Holly
Ilex rotunda 铁冬青 Kurogane Holly
Ilex serrata 落霜红 Japanese Winterberry
Ilex stewardii 黔桂冬青 Steward Holly
Ilex suaveolens 香冬青 Fragrant Hooly
Ilex szechwanensis 四川冬青 Szechwan Holly
Ilex triflora 三花冬青 Threeflower Holly
Ilex tsoi 紫果冬青 Purplefruit Holly
Ilex viridis 绿冬青 Green Holly
Ilex wilsonii 尾叶冬青 Wilson Holly
Ilex yunnanensis 云南冬青 Yunnan Holly
Illicium arborescens 台湾八角 Taiwan Anisetree
Illicium brevistylum 短柱八角 Short-Styled Anisetree
Illicium difengpi 地枫皮 Difengpi Anisetree
Illicium dunnianum 红花八角 Dunn Anisetree
Illicium henryi 红茴香 Henry Anisetree
Illicium jiadifengpi 假地枫皮 Jiadifengpi Anisetree
Illicium lanceolatum 红毒茴 Lanceleaf Anisetree
Illicium macranthum 大花八角 Large-Flowered Anisetree
Illicium majus 大八角 Giant Anisetree
Illicium micranthum 小花八角 Small-Flowered Anisetree
Illicium oligandrum 少药八角 Oligandrous Anisetree
Illicium pachyphyllum 短梗八角 Thick-Leaved Anisetree
Illicium philippinense 白花八角 White-Flowered Anisetree
Illicium simonsii 野八角 Simons Anisetree
Illicium ternstroemioides 厚皮香八角 Ternstroemia-Like Anisetree
Illicium verum 八角 Truestar Anisitree
Illigera aromatica 香青藤 Fragrant Illigera
Illigera celebica 宽药青藤 Celebica Illigera
Illigera cordata 心叶青藤 Heartleaf Illigera
Illigera cordata var. mollissima 多毛青藤 Soft-Hairy Illigera
Illigera grandiflora 大花青藤 Largeflower Illigera
Illigera henryi 蒙自青藤 Mengzi Illigera
Illigera parviflora 小花青藤 Smallflower Illigera
Illigera rhodantha 红花青藤 Redflower Illigera
Illigera rhodantha var. dunniana 锈毛青藤 Rusty-Hair Illigera
Impatiens apalophylla 大叶凤仙花 Largeleaf Snapweed
Impatiens arguta 锐齿凤仙花 Sharp-Toothed Snapweed
Impatiens balsamina 凤仙花 Garden Balsam
Impatiens blepharosepala 睫毛萼凤仙花 Ciliate-Sepal Snapweed
Impatiens brachycentra 短距凤仙花 Shortspur Snapweed
Impatiens chinensis 华凤仙 Chinese Snapweed
Impatiens clavigera 棒凤仙花 Club Snapweed
Impatiens commelinoides 鸭跖草状凤仙花 Dayflower-Like Snapweed
Impatiens cyanantha 蓝花凤仙花 Blueflower Snapweed
Impatiens davidii 牯岭凤仙花 David's Snapweed
Impatiens delavayi 耳叶凤仙花 Delavay's Snapweed
Impatiens dicentra 齿萼凤仙花 Twospur Snapweed
Impatiens henryi 心萼凤仙花 Henry's Snapweed
Impatiens holocentra 同距凤仙花 Entirespur Snapweed
Impatiens lasiophyton 毛凤仙花 Woolly Snapweed
Impatiens leptocaulon 细柄凤仙花 Slenderpeduncle Snapweed
Impatiens longialata 长翼凤仙花 Longwing Snapweed
Impatiens loulanensis 路南凤仙花 Loulan Snapweed
Impatiens microcentra 小距凤仙花 Smallspur Snapweed
Impatiens monticola 山地凤仙花 Mountain Snapweed
Impatiens nolitangere 水金凤 Western Touch-Me-Not
Impatiens obesa 丰满凤仙花 Obese Snapweed
Impatiens omeiana 峨眉凤仙花 Omei Mountain Snapweed
Impatiens parviflora 小花凤仙花 Smallflower Snapweed
Impatiens pinfanensis 块节凤仙花 Tubernode Snapweed
Impatiens pritzelii 湖北凤仙花 Hubei Snapweed
Impatiens pterosepala 翼萼凤仙花 Wingsepal Snapweed
Impatiens recurvicornis 弯距凤仙花 Recurvate-Spur Snapweed
Impatiens siculifer 黄金凤 Rostellate Snapweed
Impatiens stenosepala 窄萼凤仙花 Narrowsepal Snapweed
Impatiens textorii 野凤仙花 Wild Snapweed
Impatiens tienchuanensis 天全凤仙花 Tienchuan Snapweed
Impatiens uliginosa 滇水金凤 Water Snapweed
Impatiens wilsonii 白花凤仙花 Whiteflower Snapweed
Imperata cylindrica 白茅 Cogon Grass
Imperata cylindrica var. major 丝茅 Lalang Grass
Incarvillea arguta 两头毛 Himalayan Gloxinia
Incarvillea compacta 密生波罗花 Compact Incarvillea
Incarvillea delavayi 红波罗花 Delavay's Incarvillea
Incarvillea forrestii 单叶波罗花 Simple-Leaved Incarvillea
Incarvillea lutea 黄波罗花 Yellow-Flowered Incarvillea
Incarvillea mairei 鸡肉参 Dwarf Hardy Gloxinia
Incarvillea mairei var. grandiflora 大花鸡肉参 Largeflower Incarvillea
Incarvillea sinensis 角蒿 Chinese Incarvillea
Incarvillea younghusbandii 藏波罗花 Younghusband's Incarvillea
Indigofera amblyantha 多花木蓝 Pinkflower Indigo
Indigofera atropurpurea 深紫木蓝 Deep-Purple Indigo
Indigofera bungeana 河北木蓝 Bunge Indigo
Indigofera carlesii 苏木蓝 Carles Indigo
Indigofera caudata 尾叶木蓝 Tailed-Leaf Indigo
Indigofera decora 庭藤 Chinese Indigo
Indigofera decora var. cooperi 宁波木蓝 Cooper Indigo
Indigofera decora var. ichangensis 宜昌木蓝 Ichang Indigo
Indigofera dolichochaete 长齿木蓝 Longtooth Indigo
Indigofera esquirolii 黔南木蓝 Esquirol Indigo
Indigofera fortunei 华东木蓝 Fortune Indigo
Indigofera galegoides 假大青蓝 Longfruit Indigo
Indigofera hancockii 绢毛木蓝 Hancock Indigo
Indigofera hirsuta 硬毛木蓝 Hirsute Indigo
Indigofera kirilowii 花木蓝 Kirilow Indigo
Indigofera linifolia 单叶木蓝 Linearleaf Indigo
Indigofera litoralis 滨海木蓝 Seashore Indigo
Indigofera mengtzeana 蒙自木蓝 Mengtze Indigo
Indigofera pampaniniana 昆明木蓝 Pampanin Indigo

Indigofera parkesii 浙江木蓝 Chekiang Indigo
Indigofera potaninii 甘肃木蓝 Potanin Indigo
Indigofera pseudotinctoria 马棘 False Indigo
Indigofera scabrida 腺毛木蓝 Glandular Indigo
Indigofera sensitiva 敏感木蓝 Sensitive Indigo
Indigofera spicata 穗序木蓝 Spicate Indigo
Indigofera squalida 远志木蓝 Polygala-Like Indigo
Indigofera stachyodes 茸毛木蓝 Velutinous Indigo
Indigofera suffruticosa 野青树 Subshrubby Indigo
Indigofera szechuensis 四川木蓝 Szechuan Indigo
Indigofera tinctoria 木蓝 True Indigo
Indigofera trifoliata 三叶木蓝 Trifoliolate Indigo
Indigofera venulosa 脉叶木蓝 Veined Indigo
Indigofera zollingeriana 尖叶木蓝 Zollinger Indigo
Indocalamus latifolius 阔叶箬竹 Broadleaf Indocalamus
Indocalamus tessellatus 箬竹 Large-Leaved Bamboo
Indocalamus wilsonii 鄂西箬竹 Wilson Indocalamus
Indosasa crassiflora 大节竹 Swollennode Indosasa
Inonotus cuticularis 薄皮纤孔菌 Inonotus Canker
Inonotus hispidus 粗毛纤孔菌 Shaggy Bracket
Inula britannica 欧亚旋覆花 British Yellowhead
Inula britannica var. sublanata 棉毛欧亚旋覆花 Lanate British Yellowhead
Inula caspica 里海旋覆花 Caspian Sea Inula
Inula helenium 土木香 Elecampane
Inula helianthusaquatilis 水朝阳旋覆花 Waterside Sunflower Inula
Inula hookeri 锈毛旋覆花 Brownhair Inula
Inula hupehensis 湖北旋覆花 Hupeh Inula
Inula japonica 旋覆花 Japanese Inula
Inula linariifolia 线叶旋覆花 Linearleaf Inula
Inula racemosa 总状土木香 Racemose Inula
Inula rhizocephala 羊眼花 Roothead Inula
Inula salicina 柳叶旋覆花 Willowleaf Inula
Inula salsoloides 蓼子朴 Salsola-Like Inula
Iodes balansae 大果微花藤 Largefriut Iodes
Iodes cirrhosa 微花藤 Common Iodes
Iodes seguinii 瘤枝微花藤 Seguin Iodes
Iodes vitiginea 小果微花藤 Smallfruit Iodes
Iphigenia indica 山慈菇 Indian Iphigenis
Ipomoea aquatica 蕹菜 Aquatic Morning Glory
Ipomoea batatas 番薯 Sweet Potato
Ipomoea cairica 五爪金龙 Cairo Morning Glory
Ipomoea indica 变色牵牛 Indian Pharbitis
Ipomoea nil 牵牛 Whiteedge Morning Glory
Ipomoea pes-caprae 厚藤 Beach Morning Glory
Ipomoea purpurea 圆叶牵牛 Common Morning Glory
Ipomoea quamoclit 茑萝松 Cypress Vine, Star Glory
Ipomoea turbinata 丁香茄 Lavender Moonvine, Lilac Bell, Purple Moonflower
Iresine herbstii 血苋 Beef Steak Plant
Iris anguifuga 单苞鸢尾 Snake Bane Iris
Iris bulleyana 西南鸢尾 Bulley's Iris
Iris bulleyana f. alba 白花西南鸢尾 Whiteflower Bulley's Iris
Iris chrysographes 金脉鸢尾 Goldenvein Iris
Iris collettii 高原鸢尾 Collett Iris
Iris confusa 扁竹兰 Bamboo Iris
Iris decora 尼泊尔鸢尾 Nepal Iris
Iris delavayi 长葶鸢尾 Delavay Iris
Iris dichotoma 野鸢尾 Vesper Iris
Iris ensata 玉蝉花 Sword-Like Iris
Iris germanica 德国鸢尾 German Iris
Iris goniocarpa 锐果鸢尾 Angularfruit Iris
Iris halophila 喜盐鸢尾 Salt-Loving Iris
Iris japonica 蝴蝶花 Fringed Iris
Iris japonica f. pallescens 白蝴蝶花 White Fringed Iris
Iris kemaonensis 库门鸢尾 Kumaon Iris
Iris lactea 马蔺 Chinese Iris
Iris laevigata 燕子花 Rabbitear Iris
Iris leptophylla 薄叶鸢尾 Thinleaf Iris
Iris loczyi 天山鸢尾 Tianshan Iris
Iris milesii 红花鸢尾 Red Flower Iris
Iris pallida 香根鸢尾 Sweet Iris
Iris potaninii 卷鞘鸢尾 Potanin Iris
Iris potaninii var. ionantha 蓝花卷鞘鸢尾 Blueflower Potanin Iris
Iris pseudacorus 黄菖蒲 Yellowflag Iris
Iris qinghainica 青海鸢尾 Qinghai Iris
Iris ruthenica 紫苞鸢尾 Russian Iris
Iris sanguinea 溪荪 Blood-Red Iris
Iris scariosa 膜苞鸢尾 Scarious Iris
Iris setosa 山鸢尾 Bristle-Tipped Iris
Iris songarica 准噶尔鸢尾 Dzungarian Iris
Iris speculatrix 小花鸢尾 Smallflower Iris
Iris tectorum 鸢尾 Roof Iris
Iris tenuifolia 细叶鸢尾 Slenderleaf Iris
Iris tigridia 粗根鸢尾 Thickroot Iris
Iris typhifolia 北陵鸢尾 Cattail-Leaved Iris
Iris uniflora 单花鸢尾 Uniflower Iris
Iris wattii 扇形鸢尾 Watt Iris
Iris wilsonii 黄花鸢尾 Wilson Iris
Irpex consors 鲑贝耙齿菌 Redfish Toothed Polypore
Irpex lacteus 乳白耙菌 Milk-White Toothed Polypore
Isachne globosa 柳叶箬 Swamp Millet
Isachne miliacea 类黍柳叶箬 Millet-Like Isachne
Isatis costata 三肋菘蓝 Threevein Woad
Isatis minima 小果菘蓝 Smallfruit Woad
Isatis tinctoria 菘蓝 Dyer's Woad
Ischnoderma resinosum 皱皮菌 Resinous Polypore
Ischnogyne mandarinorum 瘦房兰 Ischnogyne
Isodon adenanthus 腺花香茶菜 Glandularflower Isodon
Isodon amethystoides 香茶菜 Common Isodon
Isodon angustifolius 狭叶香茶菜 Narrow-Leaved Isodon
Isodon bulleyanus 苍山香茶菜 Cangshan Isodon
Isodon coetsa 细锥香茶菜 Slenderpanicle Isodon
Isodon coetsoides 假细锥香茶菜 False Slenderpanicle Isodon
Isodon enanderianus 紫毛香茶菜 Purplehair Isodon
Isodon eriocalyx 毛萼香茶菜 Hairysepal Isodon
Isodon excisoides 拟缺香茶菜 False Tail-Leaved Isodon
Isodon excisus 尾叶香茶菜 Tail-Leaved Isodon
Isodon henryi 鄂西香茶菜 Henry Isodon
Isodon hispidus 刚毛香茶菜 Hispid Isodon
Isodon inflexus 内折香茶菜 Inflexed Isodon
Isodon irroratus 露珠香茶菜 Dewdrop Isodon
Isodon japonicus 毛叶香茶菜 Japanese Isodon
Isodon japonicus var. glaucocalyx 蓝萼毛叶香茶菜 Bluecalyx Japanese Isodon
Isodon longitubus 长管香茶菜 Longtube Isodon
Isodon lophanthoides 线纹香茶菜 Lophanthus-Like Isodon
Isodon lophanthoides var. gerardianus 狭基线纹香茶菜 Gerard

I

Lophanthus-Like Isodon
Isodon lophanthoides var. graciliflorus 细花线纹香茶菜 Slenderflower Lophanthus-Like Isodon
Isodon lungshengensis 龙胜香茶菜 Lungsheng Isodon
Isodon macrocalyx 大萼香茶菜 Largesepal Isodon
Isodon macrophyllus 歧伞香茶菜 Largeleaf Isodon
Isodon megathyrsus 大锥香茶菜 Largethyrse Isodon
Isodon nervosus 显脉香茶菜 Veined Isodon
Isodon oresbius 山地香茶菜 Montane Isodon
Isodon parvifolius 小叶香茶菜 Littleleaf Isodon
Isodon pharicus 川藏香茶菜 Alpine Isodon
Isodon phyllopodus 柄叶香茶菜 Leafystalk Isodon
Isodon phyllostachys 叶穗香茶菜 Leafyspike Isodon
Isodon racemosus 总序香茶菜 Racemose Isodon
Isodon rosthornii 瘿花香茶菜 Rosthorn Isodon
Isodon rubescens 冬凌草 Blushred Rabdosia
Isodon rugosus 皱叶香茶菜 Wrinkledleaf Isodon
Isodon sculponeatus 黄花香茶菜 Yellowflower Isodon
Isodon serra 溪黄草 Serrate Isodon
Isodon ternifolius 牛尾草 Ternateleaf Isodon
Isodon walkeri 长叶香茶菜 Longleaf Isodon
Isodon yuennanensis 不育红 Yunnan Isodon
Isolepis setacea 细莞 Bristleleaf Bulrush
Isometrum lancifolium 紫花金盏苣苔 Purpleflower Isometrum
Isopyrum anemonoides 扁果草 Anemone-Like Isopyrum
Isopyrum manshuricum 东北扁果草 North-Eastern China Isopyrum
Itea amoena 秀丽鼠刺 Charming Sweetspire
Itea chinensis 鼠刺 Chinese Sweetspire
Itea coriacea 厚叶鼠刺 Coriaceous Sweetspire
Itea glutinosa 腺鼠刺 Glandular Sweetspire
Itea ilicifolia 冬青叶鼠刺 Hollyleaf Sweetspire
Itea indochinensis 毛鼠刺 Indochinese Sweepspire
Itea indochinensis var. pubinervia 毛脉鼠刺 Hedge Gooseberry
Itea macrophylla 大叶鼠刺 Largeleaf Sweetspire
Itea yunnanensis 滇鼠刺 Yunnan Sweetspire
Iteadaphne caudata 香面叶 Tailed Spicebush
Itoa orientalis 栀子皮 Oriental Itoa
Itoa orientalis var. glabrescens 光叶栀子皮 Glabrous Oriental Itoa
Ixeridium chinense 中华小苦荬 Chinese Ixeridium
Ixeridium dentatum 小苦荬 Toothed Ixeridium
Ixeridium gracile 细叶小苦荬 Slender Ixeridium
Ixeridium gramineum 窄叶小苦荬 Narrowleaf Ixeridium
Ixeridium graminifolium 丝叶小苦荬 Grassleaf Ixeridium
Ixeridium laevigatum 褐冠小苦荬 Smooth Ixeridium
Ixeridium sonchifolium 抱茎小苦荬 Sowthistle-Leaf Ixeridium
Ixeris japonica 剪刀股 Japanese Ixeris
Ixeris polycephala 苦荬菜 Manyhead Ixeris
Ixora chinensis 龙船花 Chinese Ixora
Ixora henryi 白花龙船花 Henry's Ixora

J

Jacaranda mimosifolia 蓝花楹 Black Poui, Blue Jacaranda, Jacaranda
Jasminanthes chunii 假木通 Chun's Jasminanthes
Jasminanthes mucronata 黑鳗藤 Mucronate Jasminanthes
Jasminanthes saxatilis 云南黑鳗藤 Cliff Jasminanthes
Jasminum albicalyx 白萼素馨 Whitecalyx Jasmine
Jasminum beesianum 红素馨 Red Jasmine
Jasminum cinnamomifolium 樟叶素馨 Cinnamon-Leaved Jasmine
Jasminum duclouxii 丛林素馨 Ducloux Jasmine
Jasminum elongatum 扭肚藤 Elongate Jasmine
Jasminum floridum 探春花 Showy Jasmine
Jasminum grandiflorum 素馨花 Poet's Jasmine
Jasminum humile 矮探春 Italian Jasmine
Jasminum lanceolarium 清香藤 Lanceolate Jasmine
Jasminum lang 栀花素馨 Gardenia-Flowered Jasmine
Jasminum laurifolium var. brachylobum 桂叶素馨 Short-Lobed Jasmine
Jasminum mesnyi 野迎春 Primrose Jasmine
Jasminum nervosum 青藤仔 Veined Jasmine
Jasminum nintooides 银花素馨 Silverflower Jasmine
Jasminum nudiflorum 迎春花 Winter Jasmine
Jasminum officinale 素方花 Common White Jasmine
Jasminum pentaneurum 厚叶素馨 Five-Veined Jasmine
Jasminum polyanthum 多花素馨 Manyflower Jasmine
Jasminum sambac 茉莉花 Arabian Jasmine
Jasminum seguinii 亮叶素馨 Seguin Jasmine
Jasminum sinense 华素馨 Chinese Jasmine
Jasminum subhumile 滇素馨 Diversifolious Jasmine
Jasminum tonkinense 密花素馨 Tonkin Jasmine
Jasminum urophyllum 川素馨 Urophyllous Jasmine
Jatropha curcas 麻疯树 Jatropha
Jatropha podagrica 佛肚树 Buddha Belly
Juglans cathayensis 野核桃 Chinese Walnut
Juglans mandshurica 胡桃楸 Manchurian Walnut
Juglans regia 胡桃 Persian Walnut
Juglans sigillata 泡核桃 Yunnan Walnut
Juncellus serotinus 水莎草 Tidalmarsh Flatsedge
Juncus alatus 翅茎灯心草 Wingstem Rush
Juncus allioides 葱状灯心草 Onion-Like Rush
Juncus amplifolius 走茎灯心草 Largeleaf Rush
Juncus articulatus 小花灯心草 Smallflower Rush
Juncus bufonius 小灯心草 Toad Rush
Juncus castaneus 栗花灯心草 Chestnut Rush
Juncus concinnus 雅灯心草 Graceful Rush
Juncus diastrophanthus 星花灯心草 Starflower Rush
Juncus effusus 灯心草 Common Rush
Juncus gracillimus 扁茎灯心草 Slender Rush
Juncus inflexus 片髓灯心草 Hard Rush
Juncus modicus 多花灯心草 Manyflower Rush
Juncus prismatocarpus 笄石菖 Branching rush
Juncus przewalskii 长柱灯心草 Przewalski Rush
Juncus setchuensis 野灯心草 Szechuan Rush
Juncus setchuensis var. effusoides 假灯心草 False Rush
Juncus thomsonii 展苞灯心草 Thomson Rush
Juniperus chinensis 圆柏 Chinese Juniper
Juniperus communis 欧洲刺柏 Common Juniper
Juniperus convallium 密枝圆柏 Densebranchlet Juniper
Juniperus davurica 兴安圆柏 Dahurian Juniper
Juniperus formosana 刺柏 Taiwan Juniper
Juniperus pingii var. wilsonii 香柏 Wilson Juniper
Juniperus przewalskii 祁连圆柏 Przewalsk Juniper
Juniperus pseudosabina 新疆方枝柏 Sinkiang Juniper
Juniperus recurva 垂枝柏 Drooping Juniper, Himalayan Juniper
Juniperus rigida 杜松 Needle Juniper, Stiff-Leaved Juniper
Juniperus sabina 叉子圆柏 Savin Juniper
Juniperus saltuaria 方枝柏 Blackseed Juniper
Juniperus semiglobosa 昆仑多子柏 Himalayan Pencil Juniper

Juniperus sibirica 西伯利亚刺柏 Siberian Juniper
Juniperus squamata 高山柏 Flaky Juniper, Singleseed Juniper
Juniperus tibetica 大果圆柏 Tibetan Juniper
Jurinea mongolica 蒙疆苓菊 Mongolian Jurinea
Jurinea multiflora 多花苓菊 Manyflower Jurinea
Justicia adhatoda 鸭嘴花 Adulsa, Malabar Nut
Justicia brandegeeana 虾衣花 Shrimp Plant
Justicia championii 圆苞杜根藤 Roundbract Justicia
Justicia gendarussa 小驳骨 Gendarussa, Willow-Leaved Justicia
Justicia kwangsiensis 广西爵床 Kwangsi Justicia
Justicia leptostachya 南岭爵床 Slender-Spiked Justicia
Justicia neolinearifolia 线叶爵床 Linear-Leaved Justicia
Justicia procumbens 爵床 Water Willow
Justicia quadrifaria 杜根藤 Quadrifarious Justicia
Justicia vasculosa 龙州爵床 Longzhou Justicia
Justicia ventricosa 大驳骨 Obliqueswollen Adhatoda

K

Kadsura angustifolia 狭叶南五味子 Narrowleaf Kadsura
Kadsura coccinea 黑老虎 Scarlet Kadsura
Kadsura heteroclita 异形南五味子 Anomalous Kadsura
Kadsura interior 凤庆南五味子 Fengqing Kadsura
Kadsura japonica 日本南五味子 Japanese Kadsura
Kadsura longipedunculata 南五味子 Long-Peduncled Kadsura
Kadsura oblongifolia 冷饭藤 Oblongleaf Kadsura
Kadsura polysperma 多子南五味子 Many-Seeded Kadsura
Kaempferia galanga 山柰 Galangal
Kaempferia galanga var. latifolia 大叶山柰 Bigleaf Galangal
Kaempferia marginata 苦山柰 Pygmy Peacock Ginger
Kaempferia rotunda 海南三七 Round-Rooted Galangal
Kalanchoe laciniata 伽蓝菜 Christmastree Plant
Kalanchoe spathulata 匙叶伽蓝菜 Flame Kalanchoe
Kalanchoe verticillata 洋吊钟 Verticillate Kalanchoe
Kalimeris incisa 裂叶马兰 Incised Kalimeris
Kalimeris indica 马兰 Indian Kalimeris
Kalimeris indica var. stenolepis 狭苞马兰 Narrowbract Indian Kalimeris
Kalimeris integrifolia 全叶马兰 Integrifolious Kalimeris
Kalimeris lautureana 山马兰 Mountain Kalimeris
Kalimeris mongolica 蒙古马兰 Mongolian Kalimeris
Kalimeris shimadai 毡毛马兰 Taiwan Kalimeris
Kalopanax septemlobus 刺楸 Prickly Castor Oil Tree
Keiskea elsholtzioides 香薷状香简草 Elsholtzia-Like Keiskea
Kerria japonica 棣棠花 Japnese Kerria
Kerria japonica f. pleniflora 重瓣棣棠花 Doubleflower Kerria
Keteleeria davidiana 铁坚油杉 David Keteleeria
Keteleeria evelyniana 云南油杉 Evelyn Keteleeria
Keteleeria fortunei 油杉 Fortune Keteleeria
Kingdonia uniflora 独叶草 One-Flower Kingdonia
Kingidium deliciosum 大尖囊兰 Big Kingidium
Kinostemon alborubrum 粉红动蕊花 Pink-Red Kinostemon
Kinostemon ornatum 动蕊花 Showy Kinostemon
Kinostemon ornatum f. falcatum 镰叶动蕊花 Falcateleaf Showy Kinostemon
Kirengeshoma palmata 黄山梅 Palmate Kirengeshoma
Knoxia roxburghii 红大戟 Red Knoxia
Knoxia sumatrensis 红芽大戟 Sumatra Knoxia
Kochia prostrata 木地肤 Prostrate Summer Cypress
Kochia scoparia 地肤 Summer Cypress
Kochia scoparia f. trichophylla 扫帚菜 Kochia Burning Bush
Kochia scoparia var. sieversiana 碱地肤 Sievers Summer Cypress
Koelreuteria bipinnata 复羽叶栾树 Chinese Golden Rain Tree
Koelreuteria bipinnata var. integrifoliola 全缘叶栾树 Entireleaf Golden Rain Tree
Koelreuteria paniculata 栾树 Golden Rain Tree
Kopsia arborea 蕊木 White Kopsia
Kopsia fruticosa 红花蕊木 Pink Kopsia
Kopsia hainanensis 海南蕊木 Hainan Kopsia
Korthalsella japonica 栗寄生 Japanese Korthalselia
Krascheninnikovia ceratoides 驼绒藜 Common Krascheninnikovia
Kummerowia stipulacea 长萼鸡眼草 Korean Bush Clover
Kummerowia striata 鸡眼草 Japanese Bush Clover
Kydia calycina 翅果麻 Kydia
Kyllinga brevifolia 水蜈蚣 Shortleaf Spikesedge
Kyllinga brevifolia var. leiolepis 无刺鳞水蜈蚣 Smoothglume Spikesedge
Kyllinga nemoralis 单穗水蜈蚣 Whitehead Spikesedge
Kyllinga triceps 三头水蜈蚣 Threehead Spikesedge

L

Lablab purpureus 扁豆 Lablab
Laccaria amethystina 紫蜡蘑 Amethyst Deceiver
Laccaria laccata 红蜡蘑 Red Deceiver
Laccaria proxima 条柄蜡蘑 Scurfy Deceiver
Laccaria tortilis 刺孢蜡蘑 Twisted Deceiver
Lactarius deliciosus 松乳菇 Red Pine Mushroom, Saffron Milk Cap
Lactarius hatsudake 红汁乳菇 Red Milk Cap
Lactarius hygroporoides 稀褶乳菇 Hygrophorus Milky Mushroom
Lactarius picinus 黑乳菇 Bearded Milk Cap, Woolly Milk Cap
Lactarius piperatus 辣味乳菇 Peppery Milk Cap
Lactarius subvellereus 亚绒白乳菇 Velvet Lactarius, Velvet Milk Cap
Lactarius vellereus 绒白乳菇 Fleecy Milk Cap
Lactarius volemus 多汁乳菇 Voluminous Latex Milky
Lactuca sativa 莴苣 Lettuce
Lactuca serriola 野莴苣 Prickly Lettuce
Laetiporus miniatus 朱红硫黄菌 Red Chicken Polypore, Vermeil Sulphur Shelf
Laetiporus sulphureus 硫黄菌 Chicken Mushroom, Chicken Of The Woods, Rooster Comb, Sulfur Polypore, Sulfur Shelf, Tree Brain
Lagedium sibiricum 山莴苣 Lagedium
Lagenaria siceraria 葫芦 Bottle Gourd
Lagenaria siceraria var. depressa 瓠瓜 Depressed Bottle Gourd
Lagenaria siceraria var. hispida 瓠子 Hispid Bottle Gourd
Lagenaria siceraria var. microcarpa 小葫芦 Smallfruit Bottle Gourd
Lagerstroemia indica 紫薇 Crape Myrtle
Lagerstroemia speciosa 大花紫薇 Queen Crape Myrtle
Lagerstroemia subcostata 南紫薇 Chinese Crape Myrtle
Lagerstroemia tomentosa 绒毛紫薇 Tomentose Crape Myrtle
Laggera alata 六棱菊 Winged Laggera
Laggera crispata 翼齿六棱菊 Wingedtooth Laggera
Lagochilus diacanthophyllus 二刺叶兔唇花 Two-Spined Lagochilus
Lagochilus grandiflorus 大花兔唇花 Largeflower Lagochilus
Lagopsis flava 黄花夏至草 Yellowflower Lagopsis
Lagopsis supina 夏至草 Whiteflower Lagopsis
Lagotis alutacea 革叶兔耳草 Coriaceousleaf Lagotis

Lagotis alutacea var. rockii 裂唇革叶兔耳草 Rock Lagotis
Lagotis angustibracteata 狭苞兔耳草 Narrowbract Lagotis
Lagotis brachystachya 短穗兔耳草 Shortspike Lagotis
Lagotis brevituba 短筒兔耳草 Shorttube Lagotis
Lagotis clarkei 大萼兔耳草 Bigcalyx Lagotis
Lagotis decumbens 倾卧兔耳草 Decumbent Lagotis
Lagotis integra 全缘兔耳草 Entire Lagotis
Lagotis integrifolia 中亚兔耳草 Central Asian Lagotis
Lagotis macrosiphon 大筒兔耳草 Bigtube Lagotis
Lagotis praecox 紫叶兔耳草 Purpleleaf Lagotis
Lagotis ramalana 圆穗兔耳草 Roundspike Lagotis
Lagotis wardii 箭药兔耳草 Ward Lagotis
Lagotis yunnanensis 云南兔耳草 Yunnan Lagotis
Laminaria japonica 海带 Royal Kombu
Lamiophlomis rotata 独一味 Lamiophlomis
Lamium album 短柄野芝麻 White Deadnettle
Lamium amplexicaule 宝盖草 Henbit Deadnettle
Lamium barbatum 野芝麻 Barbate Deadnettle
Lancea tibetica 肉果草 Tibetan Lancea
Lannea coromandelica 厚皮树 Indian Ash Tree
Lantana camara 马缨丹 Lantana
Lantana montevidensis 小叶马缨丹 Trailing Lantana
Laportea aestuans 火焰桑叶麻 West Indian Wood Nettle
Laportea bulbifera 珠芽艾麻 Bulbiferous Wood Nettle
Laportea cuspidata 艾麻 Cuspidate Wood Nettle
Laportea interrupta 红小麻 Hawaiian Wood Nettle
Laportea violacea 葡萄叶艾麻 Violet Wood Nettle
Lappula consanguinea 蓝刺鹤虱 Bluespine Stickseed
Lappula heteracantha 异刺鹤虱 Heteracanthous Stickseed
Lappula myosotis 鹤虱 European stickseed
Lappula redowskii 卵盘鹤虱 Redowsk Stickseed
Lappula spinocarpos 石果鹤虱 Spinyfruit Stickseed
Lapsana apogonoides 稻槎菜 Japanese Nipplewort
Larix gmelinii 落叶松 Dahurian Larch
Larix potaninii 红杉 Chinese Larch, Potanin Larch
Larix sibirica 西伯利亚落叶松 Siberian Larch
Lasia spinosa 刺芋 Spiny Lasia
Lasianthus attenuatus 斜基粗叶木 Tapering Lasianthus
Lasianthus biflorus 石核木 Two-Flowered Lasianthus
Lasianthus chinensis 粗叶木 Chinese Lasianthus
Lasianthus henryi 西南粗叶木 Henry's Lasianthus
Lasianthus japonicus 日本粗叶木 Japanese Lasianthus
Lasianthus sikkimensis 锡金粗叶木 Sikkim Lasianthus
Lathyrus davidii 大山黧豆 David Vetchling
Lathyrus japonicus 海滨山黧豆 Beach Pea
Lathyrus komarovii 三脉山黧豆 Threevein Vetchling
Lathyrus palustris 欧山黧豆 Marsh Pea
Lathyrus palustris var. linearifolius 线叶山黧豆 Linearleaf Marsh Pea
Lathyrus palustris var. pilosus 毛山黧豆 Pilose Marsh Pea
Lathyrus pratensis 牧地山黧豆 Meadow Vetchling
Lathyrus quinquenervius 山黧豆 Fivevein Vetchling
Lathyrus sativus 家山黧豆 Grass Pea
Lathyrus tuberosus 玫红山黧豆 Tuberous Sweetpea
Latouchea fokienensis 匙叶草 Latouchea
Launaea acaulis 光茎栓果菊 Stemless Launaea
Lauro-cerasus phaeosticta 腺叶桂樱 Darkspot Cherry Laurel
Lauro-cerasus spinulosa 刺叶桂樱 Spinyleaf Cherry Laurel
Laurus nobilis 月桂 Grecian Laurel
Lavandula angustifolia 薰衣草 Common Lavender
Lawsonia inermis 散沫花 Henna
Lecanthus peduncularis 假楼梯草 Common Lecanthus
Ledum palustre 杜香 Marsh Tea, Wild Rosemary
Leea asiatica 单羽火筒树 Asian Leea
Leea compactiflora 密花火筒树 Compactflower Leea
Leea guineensis 台湾火筒树 Leea
Leea indica 火筒树 Indian Leea
Leea macrophylla 大叶火筒树 Bigleaf Leea
Leersia hexandra 李氏禾 Southern Cutgrass
Leersia japonica 假稻 Common Cutgrass
Leersia oryzoides 蓉草 Rice Cutgrass
Leersia sayanuka 秕壳草 Sayanuka Cutgrass
Leibnitzia anandria 大丁草 Common Leibnitzia
Lemmaphyllum carnosum 肉质伏石蕨 Fleshy Lemmaphyllum
Lemmaphyllum microphyllum 伏石蕨 Bean Fern
Lemmaphyllum microphyllum var. obovatum 倒卵伏石蕨 Obovate-Leaved Bean Fern
Lemna aequinoctialis 稀脉浮萍 Lesser Duckweed
Lemna minor 浮萍 Common Duckweed
Lemna trisulca 品藻 Star Duckweed
Lentinula edodes 香菇 Oak Mushroom, Shiitake
Lenzites betulina 桦褶孔菌 Gilled Polypore, Kaigaratake, Multicolor Gill Polypore
Leontice incerta 囊果草 Doubtful Leontice
Leontopodium andersonii 松毛火绒草 Anderson's Edelweiss
Leontopodium artemisiifolium 艾叶火绒草 Wormwoodleaf Edelweiss
Leontopodium brachyactis 短星火绒草 Shortstar Edelweiss
Leontopodium calocephalum 美头火绒草 Beautiful-Headed Edelweiss
Leontopodium campestre 山野火绒草 Field Edelweiss
Leontopodium conglobatum 团球火绒草 Conglobate Edelweiss
Leontopodium dedekensii 戟叶火绒草 Dedekens Edelweiss
Leontopodium forrestianum 鼠麹火绒草 Forrest's Edelweiss
Leontopodium franchetii 坚杆火绒草 Franchet's Edelweiss
Leontopodium haplophylloides 香芸火绒草 Haplophyllum-Like Edelweiss
Leontopodium japonicum 薄雪火绒草 Japanese Edelweiss
Leontopodium junpeianum 长叶火绒草 Longleaf Edelweiss
Leontopodium leontopodioides 火绒草 Common Edelweiss
Leontopodium nanum 矮火绒草 Dwarf Edelweiss
Leontopodium ochroleucum 黄白火绒草 Yellowish Edelweiss
Leontopodium pusillum 弱小火绒草 Tiny Edelweiss
Leontopodium sinense 华火绒草 Chinese Edelweiss
Leontopodium stracheyi 毛香火绒草 Strachey's Edelweiss
Leontopodium subulatum 钻叶火绒草 Awl-Shaped Edelweiss
Leontopodium wilsonii 川西火绒草 Wilson's Edelweiss
Leonurus glaucescens 灰白益母草 Gray Motherwort
Leonurus japonicus 益母草 Chinese Motherwort
Leonurus macranthus 大花益母草 Largeflower Motherwort
Leonurus panzerioides 绵毛益母草 Woolly Motherwort
Leonurus pseudomacranthus 錾菜 Flase Largeflower Motherwort
Leonurus pseudomacranthus f. leucanthus 白花錾菜 White Flase Largeflower Motherwort
Leonurus sibiricus 细叶益母草 Siberian Motherwort
Leonurus sibiricus f. albiflorus 白花细叶益母草 Whiteflower Siberian Motherwort
Leonurus tataricus 兴安益母草 Tartarian Motherwort
Leonurus turkestanicus 突厥益母草 Turki Motherwort

Lepidagathis fasciculata 齿叶鳞花草 Striped Lepidagathis
Lepidagathis incurva 鳞花草 Common Lepidagathis
Lepidium apetalum 独行菜 Pepperweed
Lepidium capitatum 头花独行菜 Capitate Pepperweed
Lepidium cuneiforme 楔叶独行菜 Cuneateleaf Pepperweed
Lepidium densiflorum 密花独行菜 Denseflower Pepperweed
Lepidium latifolium 宽叶独行菜 Broadleaf Pepperweed
Lepidium perfoliatum 抱茎独行菜 Clasping Pepperweed
Lepidium ruderale 柱毛独行菜 Ruderal Pepperweed
Lepidium sativum 家独行菜 Garden Cress
Lepidium virginicum 北美独行菜 Virginia Peppergrass, Virginia Pepperweed
Lepidogrammitis diversa 披针骨牌蕨 Diverse Lepidogrammitis
Lepidogrammitis drymoglossoides 抱石莲 Dymoglossum-Like Lepidogrammitis
Lepidogrammitis intermedia 中间骨牌蕨 Intermidiate Lepidogrammitis
Lepidogrammitis rostrata 骨牌蕨 Beak-Leaved Lephytogramitis
Lepidomicrosorium buergerianum 鳞果星蕨 Buerger Lepidomicrosorium
Lepidomicrosorium subhemionitideum 滇鳞果星蕨 Hemionitis-Like Lepidomicrosorium
Lepironia articulata 石龙刍 Lepironia
Lepisanthes rubiginosa 赤才 Rusty-Red Lepisanthes
Lepisorus angustus 狭叶瓦韦 Narrow-Leaved Lepisorus
Lepisorus asterolepis 黄瓦韦 Yellow Lepisorus
Lepisorus bicolor 二色瓦韦 Two Coloured Lepisorus
Lepisorus clathratus 网眼瓦韦 Latticed Lepisorus
Lepisorus contortus 扭瓦韦 Contorted Lepisorus
Lepisorus eilophyllus 高山瓦韦 Alpine Lepisorus
Lepisorus lewisii 庐山瓦韦 Lushan Lepisorus
Lepisorus macrosphaerus 大瓦韦 Big Lepisorus
Lepisorus obscurevenulosus 粤瓦韦 Guangdong Lepisorus
Lepisorus oligolepidus 鳞瓦韦 Manyscale Lepisorus
Lepisorus petiolatus 长柄瓦韦 Longstipe Lepisorus
Lepisorus pseudonudus 长瓦韦 Long Lepisorus
Lepisorus scolopendrium 棕鳞瓦韦 Brown-Scaled Lepisorus
Lepisorus thunbergianus 瓦韦 Thunberg's Lepisorus
Lepisorus tosaensis 阔叶瓦韦 Tosa Lepisorus
Lepisorus ussuriensis 乌苏里瓦韦 Ussuri Lepisorus
Lepista irina 肉色香蘑 Flowery Blewit
Lepista luscina 灰色香蘑 Grayish Blewit
Lepista nuda 紫丁香蘑 Wood Blewit
Leptochilus decurrens 似薄唇蕨 Decurrent Leptochilus
Leptochloa chinensis 千金子 Chinese Sprangletop
Leptodermis pilosa 川滇野丁香 Hairy Leptodermis
Leptodermis potanini var. glauca 粉绿野丁香 Glaucous Leptodermis
Leptodermis schneideri 纤枝野丁香 Schneider's Leptodermis
Leptodermis tomentella 蒙自野丁香 Tomentose Leptodermis
Leptodictyum riparium 薄网藓 Streamside Leptodictyum Moss
Leptomischus primuloides 报春茜 Primula-Like Leptomischus
Leptopus chinensis 雀儿舌头 Chinese Leptopus
Leptopyrum fumarioides 蓝堇草 Common Leptopyrum
Leptosiphonium venustum 拟地皮消 Charming Ruellia
Lepyrodiclis holosteoides 薄蒴草 False Jagged-Chickweed
Leratiomyces squamosus 多鳞菌比菇 Scaly-Stalked Stropharia
Lespedeza bicolor 胡枝子 Bicolor Bush Clover
Lespedeza buergeri 绿叶胡枝子 Buerger Bush Clover
Lespedeza chinensis 中华胡枝子 Chinese Bush Clover
Lespedeza cuneata 截叶铁扫帚 Silky Bush Clover
Lespedeza cyrtobotrya 短梗胡枝子 Shortstalk Bush Clover
Lespedeza davidii 大叶胡枝子 David Bush Clover
Lespedeza davurica 兴安胡枝子 Dahurian Bush Clover
Lespedeza dunnii 春花胡枝子 Dunn Bush Clover
Lespedeza floribunda 多花胡枝子 Manyflower Bush Clover
Lespedeza formosa 美丽胡枝子 Beautiful Bush Clover
Lespedeza forrestii 矮生胡枝子 Forrest Bush Clover
Lespedeza inschanica 阴山胡枝子 Whiteflower Bush Clover
Lespedeza juncea 尖叶铁扫帚 Rush Bush Clover
Lespedeza pilosa 铁马鞭 Pilos Bush Clover
Lespedeza tomentosa 绒毛胡枝子 Woolly Bush Clover
Lespedeza virgata 细梗胡枝子 Virgate Bush Clover
Leucaena leucocephala 银合欢 White Leadtree
Leucanthemella linearis 小滨菊 Common Leucanthemella
Leucas aspera 蜂巢草 Rough Leucas
Leucas mollissima 白绒草 Whitehair Leucas
Leucas mollissima var. chinensis 疏毛白绒草 Chinese Whitehair Leucas
Leucas zeylanica 绉面草 Ceylon Leucas
Leucopaxillus giganteus 大白桩菇 Giant Funnel
Leucosceptrum canum 米团花 Common Leucosceptrum
Leucostegia immersa 大膜盖蕨 Immersed Leucostegia
Leucothoë griffithiana 尖基木藜芦 Griffith Leucothoe
Levisticum officinale 欧当归 Garden Lovage
Leycesteria formosa 鬼吹箫 Himalayan Honeysuckle
Leycesteria formosa var. stenosepala 狭萼鬼吹箫 Narrowsepal Honeysuckle
Leymus chinensis 羊草 Chinese Leymus
Leymus paboanus 毛穗赖草 Hairy-Spike Leymus
Leymus secalinus 赖草 Rye-Like Leymus
Libanotis buchtormensis 岩风 Buchtorm Libanotis
Libanotis condensata 密花岩风 Denseflower Libanotis
Libanotis iliensis 伊犁岩风 Yili Libanotis
Libanotis lancifolia 条叶岩风 Lanceleaf Libanotis
Libanotis laticalycina 宽萼岩风 Broadcalyx Libanotis
Libanotis seseloides 香芹 Seseli-Like Libanotis
Libanotis sibirica 亚洲岩风 Asian Libanotis
Libanotis spodotrichoma 灰毛岩风 Greyhair Libanotis
Ligularia achyrotricha 刚毛橐吾 Brownhair Golden Ray
Ligularia alpigena 帕米尔橐吾 Alpine Golden Ray
Ligularia altaica 阿勒泰橐吾 Altai Golden Ray
Ligularia dentata 齿叶橐吾 Toothleaf Golden Ray
Ligularia dictyoneura 网脉橐吾 Netvein Golden Ray
Ligularia duciformis 大黄橐吾 Dockleaf Golden Ray
Ligularia fargesii 矢叶橐吾 Farges Golden Ray
Ligularia fischeri 蹄叶橐吾 Fischer's Golden Ray
Ligularia franchetiana 隐舌橐吾 Franchet's Golden Ray
Ligularia heterophylla 异叶橐吾 Heterophyllous Golden Ray
Ligularia hodgsonii 鹿蹄橐吾 Hodgson's Golden Ray
Ligularia hookeri 细茎橐吾 Hooker's Golden Ray
Ligularia intermedia 狭苞橐吾 Narrowbract Golden Ray
Ligularia jaluensis 复序橐吾 Jalu Golden Ray
Ligularia jamesii 长白山橐吾 James Golden Ray
Ligularia japonica 大头橐吾 Japanese Golden Ray
Ligularia lankongensis 洱源橐吾 Eryuan Golden Ray
Ligularia lapathifolia 牛蒡叶橐吾 Sorrelleaf Golden Ray
Ligularia latihastata 宽戟橐吾 Broadhastate Golden Ray
Ligularia leveillei 贵州橐吾 Leveille's Golden Ray

L

Ligularia macrophylla 大叶橐吾 Largeleaf Golden Ray
Ligularia mongolica 全缘橐吾 Mongolian Golden Ray
Ligularia narynensis 天山橐吾 Tianshan Golden Ray
Ligularia nelumbifolia 莲叶橐吾 Waterlily-Leaf Golden Ray
Ligularia platyglossa 宽舌橐吾 Broadtongue Golden Ray
Ligularia przewalskii 掌叶橐吾 Przewalski's Golden Ray
Ligularia purdomii 褐毛橐吾 Purdom's Golden Ray
Ligularia rumicifolia 藏橐吾 Tibetan Golden Ray
Ligularia sagitta 箭叶橐吾 Arrow-Leaved Golden Ray
Ligularia sibirica 橐吾 Siberian Golden Ray
Ligularia songarica 准噶尔橐吾 Dzungarian Golden Ray
Ligularia stenocephala 窄头橐吾 Narrowhead Golden Ray
Ligularia thyrsoidea 塔序橐吾 Thyrse-Like Golden Ray
Ligularia tongolensis 东俄洛橐吾 Tongol Golden Ray
Ligularia tsangchanensis 苍山橐吾 Cangshan Golden Ray
Ligularia veitchiana 离舌橐吾 Veitch's Golden Ray
Ligularia vellerea 棉毛橐吾 Lanate Golden Ray
Ligularia virgaurea 黄帚橐吾 Goldenrod Golden Ray
Ligularia wilsoniana 川鄂橐吾 Wilson's Golden Ray
Ligularia xanthotricha 黄毛橐吾 Yellowhair Golden Ray
Ligusticum acuminatum 尖叶藁本 Sharpleaf Ligusticum
Ligusticum angelicifolium 归叶藁本 Angelicaleaf Ligusticum
Ligusticum brachylobum 短片藁本 Shortlobe Ligusticum
Ligusticum daucoides 羽苞藁本 Pinnatebract Ligusticum
Ligusticum delavayi 丽江藁本 Delavay Ligusticum
Ligusticum discolor 异色藁本 Different-Color Ligusticum
Ligusticum jeholense 辽藁本 Jehol Ligusticum
Ligusticum likiangense 美脉藁本 Likiang Ligusticum
Ligusticum pteridophyllum 蕨叶藁本 Fernleaf Ligusticum
Ligusticum reptans 匍匐藁本 Creeping Ligusticum
Ligusticum scapiforme 抽葶藁本 Scape-Like Ligusticum
Ligusticum sinense 藁本 China Ligusticum
Ligusticum sinense 'Chuanxiong' 川芎 Chuanxiong
Ligusticum sinense 'Fuxiong' 抚芎 Fuxiong
Ligusticum sinense 'Jinxiong' 金芎 Jinxiong
Ligusticum sinense var. hupehense 水藁本 Aquatic Ligusticum
Ligusticum tachiroei 岩茴香 Rock Ligusticum
Ligusticum tenuissimum 细叶藁本 Slenderleaf Ligusticum
Ligusticum thomsonii 长茎藁本 Longstem Ligusticum
Ligustrum compactum 长叶女贞 Longleaf Privet
Ligustrum delavayanum 紫药女贞 Delavay Privet
Ligustrum expansum 扩展女贞 Spreading Privet
Ligustrum henryi 丽叶女贞 Henry Privet
Ligustrum japonicum 日本女贞 Japanese Privet
Ligustrum leucanthum 蜡子树 White-Flowered Privet
Ligustrum longitubum 长筒女贞 Longtube Privet
Ligustrum lucidum 女贞 Glossy Privet
Ligustrum obtusifolium subsp. suave 辽东水蜡树 Sweet Border Privet
Ligustrum pedunculare 总梗女贞 Peduncular Privet
Ligustrum quihoui 小叶女贞 Waxyleaf Privet
Ligustrum robustum subsp. chinense 粗壮女贞 Chinese Wild Privet
Ligustrum sinense 小蜡 Chinese Privet
Ligustrum sinense var. coryanum 多毛小蜡 Cory Chinese Privet
Ligustrum sinense var. myrianthum 光萼小蜡 Manyflower Chinese Privet
Ligustrum strongylophyllum 宜昌女贞 Roundleaf Privet
Lilium bakerianum 滇百合 Baker Lily
Lilium bakerianum var. aureum 金黄色滇百合 Goldenflower Lily
Lilium bakerianum var. delavayi 黄绿花滇百合 Delavay Lily
Lilium bakerianum var. rubrum 紫红花滇百合 Reddish Lily
Lilium bakerianum var. yunnanense 无斑滇百合 Spotless Baker Lily
Lilium brownii 野百合 Brown's Lily
Lilium brownii var. viridulum 百合 Greenish Lily
Lilium cernuum 垂花百合 Nodding Lily
Lilium concolor 渥丹 Morning Star Lily
Lilium concolor var. buschianum 有斑百合 Spotted Morning Star Lily
Lilium dauricum 毛百合 Dahurian Lily
Lilium davidii 川百合 David Lily
Lilium distichum 东北百合 Northeast Chinese Lily
Lilium duchartrei 宝兴百合 Duchartre Lily
Lilium fargesii 绿花百合 Farges Lily
Lilium formosanum 台湾百合 Taiwan Lily
Lilium lancifolium 卷丹 Lanceleaf Lily
Lilium leucanthum 宜昌百合 Whiteflower Lily
Lilium longiflorum var. scabrum 麝香百合 Scabrous Easter Lily
Lilium lophophorum 尖被百合 Sharptepal Lily
Lilium martagon var. pilosiusculum 新疆百合 Pilose Matagon Lily
Lilium nanum 小百合 Dwarf Lily
Lilium nanum var. flavidum 黄花小百合 Yellow Dwarf Lily
Lilium papilliferum 乳头百合 Papillate Lily
Lilium pumilum 山丹 Coral Lily
Lilium rosthornii 南川百合 Rosthorn Lily
Lilium sempervivoideum 蒜头百合 Garlic Lily
Lilium speciosum var. gloriosoides 药百合 Showy Lily
Lilium sulphureum 淡黄花百合 Yellowish-Flower Lily
Lilium taliense 大理百合 Tali Lily
Lilium tsingtauense 青岛百合 Tsingtao Lily
Lilium wardii 卓巴百合 Ward Lily
Limnophila aromatica 紫苏草 Fragrant Marshweed
Limnophila chinensis 中华石龙尾 Chinese Marshweed
Limnophila connata 抱茎石龙尾 Amplexicaul Marshweed
Limnophila indica 有梗石龙尾 Indian Marshweed
Limnophila rugosa 大叶石龙尾 Winkled Marshweed
Limnophila sessiliflora 石龙尾 Asian Marshweed
Limonium aureum 黄花补血草 Golden Sea Lavender
Limonium aureum var. potaninii 星毛补血草 Potanin Sea Lavender
Limonium bicolor 二色补血草 Twocolor Sea Lavender
Limonium gmelinii 大叶补血草 Bigleaf Sea Lavender
Limonium sinense 补血草 Chinese Sea Lavender
Limonium wrightii 海芙蓉 Wright Sea Lavender
Limonium wrightii var. luteum 黄花海芙蓉 Yellowflower Sea Lavender
Limosella aquatica 水茫草 Water Mudwort
Linaria buriatica 多枝柳穿鱼 Manybranch Toadflax
Linaria japonica 海滨柳穿鱼 Japanese Toadflax
Linaria vulgaris subsp. acutiloba 新疆柳穿鱼 Sharplobe Yellow Toadflax
Linaria vulgaris subsp. sinensis 柳穿鱼 Chinese Yellow Toadflax
Lindenbergia philippensis 钟萼草 Philippine Bellcalyxwort
Lindenbergia ruderalis 野地钟萼草 Wild Bellcalyxwort
Lindera aggregata 乌药 Combined Spicebush
Lindera aggregata var. playfairii 小叶乌药 Playfair's Spicebush
Lindera angustifolia 狭叶山胡椒 Narrowleaf Spicebush
Lindera chunii 鼎湖钓樟 Chun's Spicebush
Lindera communis 香叶树 Chinese Spicebush
Lindera erythrocarpa 红果山胡椒 Redfruit Spicebush

L

Lindera floribunda 绒毛钓樟 Flowery Spicebush
Lindera fragrans 香叶子 Fragrant Spicebush
Lindera glauca 山胡椒 Greyblue Spicebush
Lindera kariensis 更里山胡椒 Kari Spicebush
Lindera megaphylla 黑壳楠 Largeleaf Spicebush
Lindera metcalfiana var. dictyophylla 网叶山胡椒 Netvein Spicebush
Lindera neesiana 绿叶甘橿 Shrubby Spicebush
Lindera obtusiloba 三桠乌药 Japanese Spicebush
Lindera obtusiloba var. heterophylla 滇藏钓樟 Heterophyllous Spicebush
Lindera prattii 峨眉钓樟 Partt's Spicebush
Lindera pulcherrima var. attenuata 香粉叶 Attenuate Leaf Spicebush
Lindera pulcherrima var. hemsleyana 川钓樟 Hemsley's Spicebush
Lindera reflexa 山橿 Mountain Spicebush
Lindera rubronervia 红脉钓樟 Redvein Spicebush
Lindera setchuenensis 四川山胡椒 Sichuan Spicebush
Lindera supracostata 菱叶钓樟 Rhombus-Leaved Spicebush
Lindera thomsonii 三股筋香 Thomson's Spicebush
Lindera tonkinensis 假桂钓樟 Tonkin Spicebush
Lindera tonkinensis var. subsessilis 无梗钓樟 Subsessile Tonkin Spicebush
Lindernia anagallis 长蒴母草 Longcapsule False Pimpernel
Lindernia antipoda 泥花草 Sparrow False Pimpernel
Lindernia ciliata 刺齿泥花草 Ciliate False Pimpernel
Lindernia crustacea 母草 Brittle False Pimpernel
Lindernia micrantha 狭叶母草 Narrowleaf False Pimpernel
Lindernia mollis 红骨草 Montane False Pimpernel
Lindernia nummulariifolia 宽叶母草 Broadleaf False Pimpernel
Lindernia oblonga 棱萼母草 Oblong False Pimpernel
Lindernia procumbens 陌上菜 Creeping False Pimpernel
Lindernia ruellioides 旱母草 Ruellia-Like False Pimpernel
Lindernia viscosa 粘毛母草 Viscidhairy False Pimpernel
Lindsaea heterophylla 异叶鳞始蕨 Diversifolious Lindsaea
Lindsaea intertexta 卵叶鳞始蕨 Ovate-Leaved Lindsaea
Lindsaea odorata 鳞始蕨 Fragrant Lindsaea
Lindsaea orbiculata 团叶鳞始蕨 Orbiculate Lindsaea
Linum altaicum 阿尔泰亚麻 Purple Flax
Linum amurense 黑水亚麻 Amur Flax
Linum heterosepalum 异萼亚麻 Different-Sepal Flax
Linum nutans 垂果亚麻 Droopingfriut Flax
Linum perenne 宿根亚麻 Perennial Flax
Linum stelleroides 野亚麻 Wild Flax
Linum usitatissimum 亚麻 Common Flax
Liparis bootanensis 镰翅羊耳蒜 Bhutan Twayblade
Liparis cathcartii 二褶羊耳蒜 Cathcart Twayblade
Liparis cespitosa 丛生羊耳蒜 Clustered Twayblade
Liparis distans 大花羊耳蒜 Largeflower Twayblade
Liparis dunnii 福建羊耳蒜 Dunn Twayblade
Liparis fargesii 小羊耳蒜 Farges Twayblade
Liparis inaperta 长苞羊耳蒜 Longbract Twayblade
Liparis japonica 羊耳蒜 Japanese Twayblade
Liparis nervosa 见血青 Nerved Twayblade
Liparis nigra 紫花羊耳蒜 Purpleflower Twayblade
Liparis odorata 香花羊耳蒜 Fragrant Twayblade
Liparis petiolata 柄叶羊耳蒜 Sheath-Like-Petiole Twayblade
Liparis stricklandiana 扇唇羊耳蒜 Fanlip Twayblade
Liparis tschangii 折苞羊耳蒜 Tschang Twayblade
Liparis viridiflora 长茎羊耳蒜 Greenflower Twayblade
Lipocarpha microcephala 湖瓜草 Smallhead Lipocarpha
Liquidambar formosana 枫香树 Beautiful Sweetgum
Liquidambar orientalis 苏合香 Turkish Sweetgum
Liquidambar styraciflua 胶皮枫香树 Sweetgum
Lirianthe championii 香港木兰 Champion Lirianthe
Lirianthe coco 夜合花 Chinese Magnolia
Lirianthe delavayi 山玉兰 Delavay Magnolia
Lirianthe henryi 大叶木兰 Henry Magnolia
Liriodendron chinense 鹅掌楸 Chinese Tuliptree
Liriodendron tulipifera 北美鹅掌楸 American Tuliptree, Tuliptree
Liriope graminifolia 禾叶山麦冬 Grassleaf Lilyturf
Liriope kansuensis 甘肃山麦冬 Kansu Lilyturf
Liriope minor 矮小山麦冬 Dwarf Lilyturf
Liriope muscari 阔叶山麦冬 Blue Lilyturf
Liriope spicata 山麦冬 Creeping Lilyturf, Lilyturf
Listera grandiflora 大花对叶兰 Largeflower Listera
Listera mucronata 短柱对叶兰 Shrotstyle Listera
Listera puberula 对叶兰 Puberulent Listera
Litchi chinensis 荔枝 Litchi, Lychee
Lithocarpus chrysocomus 金毛柯 Goldenhairy Tanoak
Lithocarpus dealbatus 白皮柯 Whitebark Tanoak
Lithocarpus elizabethae 厚斗柯 Thickcupule Tanoak
Lithocarpus glaber 柯 Glabrous Tanoak
Lithocarpus henryi 绵柯 Henry Tanoak
Lithocarpus litseifolius 木姜叶柯 Litseleaf Tanoak
Lithocarpus paniculatus 圆锥柯 Panicle Tanoak
Lithospermum arvense 田紫草 Corn Gromwell
Lithospermum erythrorhizon 紫草 Redroot Gromwell
Lithospermum hancockianum 石生紫草 Yunnan Gromwell
Lithospermum officinale 小花紫草 Common Gromwell
Lithospermum zollingeri 梓木草 Zollinger Gromwell
Litsea auriculata 天目木姜子 Tianmu Litse
Litsea chunii 高山木姜子 Chun's Litse
Litsea coreana var. lanuginosa 毛豹皮樟 Hairy Korean Litse
Litsea coreana var. sinensis 豹皮樟 Chinese Litse
Litsea cubeba 山鸡椒 Aromatic Litse
Litsea cubeba var. formosana 毛山鸡椒 Taiwan Aromatic Litse
Litsea elongata 黄丹木姜子 Elongate Litse
Litsea glutinosa 潺槁木姜子 Glued Bark Litse
Litsea hupehana 湖北木姜子 Hupeh Litse
Litsea ichangensis 宜昌木姜子 Yichang Litse
Litsea mollis 毛叶木姜子 Hairyleaf Litse
Litsea monopetala 假柿木姜子 Rustyhair Litse
Litsea moupinensis 宝兴木姜子 Moupin Litse
Litsea moupinensis var. szechuanica 四川木姜子 Sichuan Litse
Litsea populifolia 杨叶木姜子 Poplarleaf Litse
Litsea pungens 木姜子 Pungent Litse
Litsea rotundifolia 圆叶豺皮樟 Roundleaf Litse
Litsea rotundifolia var. oblongifolia 豺皮樟 Oblongleaf Litse
Litsea rubescens 红叶木姜子 Redleaf Litse
Litsea sericea 绢毛木姜子 Sericeous Litse
Litsea veitchiana 钝叶木姜子 Veitch's Litse
Litsea verticillata 轮叶木姜子 Whorlleaf Litse
Livistona chinensis 蒲葵 Chinese Fan Palm
Lloydia serotina 洼瓣花 Common Alplily
Lloydia tibetica 西藏洼瓣花 Tibetan Alplily
Lobelia alsinoides subsp. hancei 假半边莲 Hance Lobelia
Lobelia angulata 铜锤玉带草 White Star Creeper
Lobelia chinensis 半边莲 Chinese Lobelia
Lobelia clavata 密毛山梗菜 Clavate Lobelia

Lobelia colorata 狭叶山梗菜 Narrowleaf Lobelia
Lobelia davidii 江南山梗菜 David Lobelia
Lobelia foliiformis 苞叶山梗菜 Leaflike-Bract Lobelia
Lobelia melliana 线萼山梗菜 Mell Lobelia
Lobelia montana 山紫锤草 Montain Lobelia
Lobelia pleotricha 毛萼山梗菜 Hairycalyx Lobelia
Lobelia pyramidalis 塔花山梗菜 Pyramidal Lobelia
Lobelia seguinii 西南山梗菜 Seguin Lobelia
Lobelia sessilifolia 山梗菜 Sessileleaf Lobelia
Lobelia taliensis 大理山梗菜 Tali Lobelia
Lobelia zeylanica 卵叶半边莲 Ceylon Lobelia
Lomatogonium carinthiacum 肋柱花 Blue Feltwort
Lomatogonium forrestii 云南肋柱花 Forrest Felwort
Lomatogonium macranthum 大花肋柱花 Largeflower Felwort
Lomatogonium oreocharis 圆叶肋柱花 Mountain Felwort
Lomatogonium rotatum 辐状肋柱花 Marsh Felwort
Lonicera acuminata 淡红忍冬 Acuminate Honeysuckle
Lonicera bournei 西南忍冬 Bourne Honeysuckle
Lonicera caerulea 蓝果忍冬 Blue Honeysuckle
Lonicera caerulea var. altaica 阿尔泰忍冬 Altai Honeysuckle
Lonicera caerulea var. edulis 蓝靛果 Edible Honeysuckle
Lonicera calcarata 长距忍冬 Spurred Honeysuckle
Lonicera chrysantha 金花忍冬 Goldenflower Honeysuckle
Lonicera confusa 华南忍冬 Wild Honeysuckle
Lonicera crassifolia 匍匐忍冬 Thick-Leaved Honeysuckle
Lonicera dasystyla 水忍冬 Waterside Honeysuckle
Lonicera ferruginea 锈毛忍冬 Rustyhair Honeysuckle
Lonicera fragrantissima subsp. standishii 苦糖果 Standish Honeysuckle
Lonicera fulvotomentosa 黄褐毛忍冬 Tawny-Tomentose Honeysuckle
Lonicera gynochlamydea 蕊被忍冬 Cloakcalyx Honeysuckle
Lonicera hildebrandiana 大果忍冬 Giant Burmese Honeysuckle
Lonicera hispida 刚毛忍冬 Hispid Honeysuckle
Lonicera hypoglauca 菰腺忍冬 Hypoglaucous Honeysuckle
Lonicera hypoglauca subsp. nudiflora 净花菰腺忍冬 Glabrous Hypoglaucou Honeysuckle
Lonicera japonica 忍冬 Japanese Honeysuckle
Lonicera lanceolata 柳叶忍冬 Willow-Leaved Honeysuckle
Lonicera ligustrina 女贞叶忍冬 Privet-Leaved Honeysuckle
Lonicera ligustrina subsp. yunnanensis 亮叶忍冬 Yunnan Honeysuckle
Lonicera longiflora 长花忍冬 Long-Flowered Honeysuckle
Lonicera maackii 金银忍冬 Amur Honeysuckle
Lonicera macrantha 大花忍冬 Largeflower Honeysuckle
Lonicera macrantha var. heterotricha 异毛忍冬 Diverse-Haired Honeysuckle
Lonicera macranthoides 灰毡毛忍冬 False Largeflower Honeysuckle
Lonicera microphylla 小叶忍冬 Small-Leaved Honeysuckle
Lonicera modesta 下江忍冬 Modest Honeysuckle
Lonicera myrtillus 越桔叶忍冬 Bilberry-Leaved Honeysuckle
Lonicera pampaninii 短柄忍冬 Pampainin Honeysuckle
Lonicera pileata 蕊帽忍冬 Privet Honeysuckle
Lonicera rhytidophylla 皱叶忍冬 Wrinkled-Leaved Honeysuckle
Lonicera rupicola 岩生忍冬 Cliff Honeysuckle
Lonicera rupicola var. syringantha 红花岩生忍冬 Redflower Cliff Honeysuckle
Lonicera serreana 毛药忍冬 Hairy-Anthered Honeysuckle
Lonicera similis 细毡毛忍冬 Similar Honeysuckle
Lonicera similis var. omeiensis 峨眉忍冬 Omei Honeysuckle
Lonicera tangutica 唐古特忍冬 Tangutan Honeysuckle
Lonicera tatarica 新疆忍冬 Tatarian Honeysuckle
Lonicera tatarica var. micrantha 小花忍冬 Smallflower Honeysuckle
Lonicera tatarinowii 华北忍冬 Tatarinow Honeysuckle
Lonicera tomentella var. tsarongensis 察瓦龙忍冬 Tsarong Honeysuckle
Lonicera tragophylla 盘叶忍冬 Chinese Honeysuckle
Lonicera trichosantha 毛花忍冬 Hairyflower Honeysuckle
Lonicera trichosantha var. xerocalyx 长叶毛花忍冬 Long-Leaved Hairyflower Honeysuckle
Lonicera trichosepala 毛萼忍冬 Hairy-Sepaled Honeysuckle
Lonicera webbiana 华西忍冬 Webb Honeysuckle
Lophanthus krylovii 阿尔泰扭藿香 Krylov Lophanthu
Lophatherum gracile 淡竹叶 Bamboo-Leaf
Lophatherum sinense 中华淡竹叶 Chinese Bamboo-Leaf
Loranthus delavayi 椆树桑寄生 Delavay Loranthus
Loranthus tanakae 北桑寄生 Tanaka Loranthus
Loropetalum chinense 檵木 Chinese Fringe Flower
Loropetalum chinense var. rubrum 红花檵木 Red Chinese Fringe Flower
Lotus corniculatus 百脉根 Bird's Foot Trefoil
Lotus tenuis 细叶百脉根 Narrowleaf trefoil
Loxocalyx urticifolius 斜萼草 Nettleleaf Loxocalyx
Loxogramme chinensis 中华剑蕨 Chinese Loxogramme
Loxogramme salicifolia 柳叶剑蕨 Willow-Leaved Loxogramme
Loxostigma griffithii 紫花苣苔 Griffith Loxostigma
Ludisia discolor 血叶兰 Jewel Orchid
Ludwigia adscendens 水龙 Water Dragon
Ludwigia epilobioides 假柳叶菜 Willowherb-Like Seedbox
Ludwigia hyssopifolia 草龙 Hyssop-Like Seedbox
Ludwigia octovalvis 毛草龙 Mexican Seedbox
Ludwigia peploides subsp. stipulacea 黄花水龙 Stipule Seedbox
Ludwigia perennis 细花丁香蓼 Pinkleaf Seedbox
Ludwigia prostrata 丁香蓼 Climbing Seedbox
Luffa acutangula 广东丝瓜 Angled luffa
Luffa cylindrica 丝瓜 Sponge Gourd
Luisia hancockii 纤叶钗子股 Hancock Luisia
Luisia morsei 钗子股 Morse Luisia
Luisia teres 叉唇钗子股 Forklip Luisia
Lumnitzera racemosa 榄李 Whited-Flowered Black Mangrove
Lunathyrium giraldii 陕西蛾眉蕨 Girald Lunathyrium
Lunathyrium pycnosorum 东北蛾眉蕨 Densesorus Lunathyrium
Luvunga scandens 三叶藤橘 Indian Luvunga
Luzula effusa 散序地杨梅 Looseflower Woodrush
Luzula multiflora 多花地杨梅 Manyflower Woodrush
Lychnis cognata 浅裂剪秋罗 Brilliant Campion
Lychnis coronata 剪春罗 Rose Campion
Lychnis fulgens 剪秋罗 Bigflower Campion
Lychnis senno 剪红纱花 Senno Campion
Lychnis wilfordii 丝瓣剪秋罗 Wilford Campion
Lycianthes biflora 红丝线 Twoflower Lycianthes
Lycianthes biflora var. subtusochracea 密毛红丝线 Densehairy Lycianthes
Lycianthes lysimachioides 单花红丝线 Oneflower Lycianthes
Lycium barbarum 宁夏枸杞 Wolfberry
Lycium barbarum var. auranticarpum 黄果枸杞 Yellowfruit Wolfberry
Lycium chinense 枸杞 Chinese Wolfberry

Lycium chinense var. potaninii 北方枸杞 Potanin Wolfberry
Lycium dasystemum 新疆枸杞 Hairystamen Wolfberry
Lycium ruthenicum 黑果枸杞 Blackfruit Wolfberry
Lycium truncatum 截萼枸杞 Truncatecalyx Wolfberry
Lycium yunnanense 云南枸杞 Yunnan Wolfberry
Lycogala epidendrum 粉瘤菌 Wolf's-Milk Slime
Lycoperdon perlatum 网纹马勃 Devil's Tobacco Pouch
Lycoperdon pyriforme 梨形马勃 Pear-Shaped Puffball, Stump Puffball
Lycoperdon radicatum 长根静灰球菌 Snuffbox
Lycoperdon utriforme 龟裂秃马勃 Mosaic Puffball
Lycoperdon wrightii 白刺马勃 White Spines Puffball
Lycopersicon esculentum 番茄 Tomato
Lycopodiastrum casuarinoides 藤石松 Climbed Clubmoss
Lycopodium annotinum 多穗石松 Annual Clubmoss, Bristly Clubmoss, Interrupted Clubmoss, Stiff Clubmoss
Lycopodium clavatum 东北石松 Wolf's Claw Clubmoss, Common Clubmoss, Staghorn Clubmoss
Lycopodium japonicum 石松 Japanese Clubmoss
Lycopodium obscurum 玉柏 Tree Clubmoss
Lycopsis orientalis 狼紫草 Oriental Lycopsis
Lycopus cavaleriei 小叶地笋 Cavalerie Water Horehound
Lycopus europaeus 欧地笋 Gypsywort
Lycopus europaeus var. exaltatus 深裂欧地笋 Deeply-Lobed Gypsywort
Lycopus lucidus 地笋 Chinese Bugleweed
Lycopus lucidus var. hirtus 硬毛地笋 Hirsute Chinese Bugleweed
Lycopus lucidus var. maackianus 异叶地笋 Maack Chinese Bugleweed
Lycopus parviflorus 小花地笋 Little-Flowered Bugleweed
Lycoris albiflora 乳白石蒜 White Spider Lily
Lycoris anhuiensis 安徽石蒜 Anhui Spider Lily
Lycoris aurea 忽地笑 Golden Spider Lily
Lycoris chinensis 中国石蒜 Golden Spider Lily
Lycoris guangxiensis 广西石蒜 Guangxi Spider Lily
Lycoris houdyshelii 江苏石蒜 Jiangsu Spider Lily
Lycoris longituba 长筒石蒜 Longtube Spider Lily
Lycoris longituba var. flava 黄长筒石蒜 Yellow Longtube Spider Lily
Lycoris radiata 石蒜 Red Spider Lily
Lycoris rosea 玫瑰石蒜 Rose Spider Lily
Lycoris sprengeri 换锦花 Electric Blue Spider Lily
Lycoris squamigera 鹿葱 Ressurection Lily
Lygodium conforme 海南海金沙 Hainan Climbing Fern
Lygodium flexuosum 曲轴海金沙 Maidenhair Creeper
Lygodium japonicum 海金沙 Japanese Climbing Fern
Lygodium microstachyum 狭叶海金沙 Small-Spiked Climbing Fern
Lygodium scandens 小叶海金沙 Small-Leaved Climbing Fern
Lyngbya majuscula 巨大鞘丝藻 Fireweed, Mermaids Hair
Lyonia ovalifolia 珍珠花 Ovate Staggerbush
Lyonia villosa 毛叶珍珠花 Hairy Staggerbush
Lyophyllum decastes 荷叶离褶伞 Fried Chicken Mushroom
Lyophyllum fumosum 烟色离褶伞 Shaka Shimeji
Lyophyllum transforme 角孢离褶伞 Kakumino Shimeji
Lysidice brevicalyx 短萼仪花 Shortcalyx Lysidice
Lysidice rhodostegia 仪花 Redbract Lysidice
Lysimachia alfredii 广西过路黄 Alfred's Loosestrife
Lysimachia auriculata 耳叶珍珠菜 Auriculate Loosestrife
Lysimachia barystachys 虎尾草 Dense-Spiked Loosestrife
Lysimachia candida 泽珍珠菜 Water-Side Loosestrife
Lysimachia capillipes 细梗香草 Slenderstalk Loosestrife
Lysimachia chekiangensis 浙江过路黄 Chekiang Loosestrife
Lysimachia christiniae 过路黄 Christin Loosestrife
Lysimachia circaeoides 露珠珍珠菜 Circaea-Like Loosestrife
Lysimachia clethroides 矮桃 Gooseneck Loosestrife
Lysimachia congestiflora 临时救 Dense-Flowered Loosestrife
Lysimachia davurica 黄连花 Dahurian Loosestrife
Lysimachia decurrens 延叶珍珠菜 Decurrent Loosestrife
Lysimachia deltoidea var. cinerascens 小寸金黄 Gray Loosestrife
Lysimachia fistulosa 管茎过路黄 Hollowstem Loosestrife
Lysimachia foenum-graecum 灵香草 Fragrant Loosestrife
Lysimachia fordiana 大叶过路黄 Ford's Loosestrife
Lysimachia fortunei 红根草 Fortune's Loosestrife
Lysimachia fukienensis 福建过路黄 Fukien Loosestrife
Lysimachia glanduliflora 缢瓣珍珠菜 Glandular-Flowered Loosestrife
Lysimachia grammica 金爪儿 Goldenfruit Loosestrife
Lysimachia hemsleyana 点腺过路黄 Hemsley's Loosestrife
Lysimachia hemsleyi 叶苞过路黄 Leafy-Bract Loosestrife
Lysimachia heterogenea 黑腺珍珠菜 Black-Dotted Loosestrife
Lysimachia hypericoides 巴山过路黄 Bashan Loosestrife
Lysimachia insignis 三叶香草 Trifoliate Loosestrife
Lysimachia japonica 小茄 Japenese Loosestrife
Lysimachia klattiana 轮叶过路黄 Klatt's Loosestrife
Lysimachia laxa 多枝香草 Many-Branched Loosestrife
Lysimachia lobelioides 长蕊珍珠菜 Lobelia-Like Loosestrife
Lysimachia longipes 长梗过路黄 Long-Pedicelled Loosestrife
Lysimachia melampyroides 山萝过路黄 Cowwheat-Like Loosestrife
Lysimachia microcarpa 小果排草 Smallfruit Loosestrife
Lysimachia paridiformis 落地梅 Paris-Like Loosestrife
Lysimachia paridiformis var. stenophylla 狭叶落地梅 Narrow-Leaved Paris-Like Loosestrife
Lysimachia parvifolia 小叶珍珠菜 Small-Leaved Loosestrife
Lysimachia patungensis 巴东过路黄 Patung Loosestrife
Lysimachia pentapetala 狭叶珍珠菜 Narrow-Leaved Loosestrife
Lysimachia phyllocephala 叶头过路黄 Leafy-Head Loosestrife
Lysimachia pseudohenryi 疏头过路黄 False Henry's Loosestrife
Lysimachia rubiginosa 显苞过路黄 Rusty-Red Loosestrife
Lysimachia stenosepala 腺药珍珠菜 Glandular Loosestrife
Lysimachia vulgaris 毛黄连花 Yellow Loosestrife
Lysionotus aeschynanthoides 桂黔吊石苣苔 Guiqian Lysionotus
Lysionotus heterophyllus 异叶吊石苣苔 Diversifolious Lysionotus
Lysionotus microphyllus 小叶吊石苣苔 Littleleaf Lysionotus
Lysionotus pauciflorus 吊石苣苔 Fewflower Lysionotus
Lysionotus serratus 齿叶吊石苣苔 Toothed-Leaf Lysionotus
Lythrum anceps 光千屈菜 Glabrous Loosestrife
Lythrum salicaria 千屈菜 Purple Loosestrife
Lythrum virgatum 多枝千屈菜 Wand Loosestrife

M

Maackia amurensis 朝鲜槐 Amur Maackia
Maackia hupehensis 马鞍树 Chinese Macckia
Maackia tenuifolia 光叶马鞍树 Fineleaf Maackia
Macaranga denticulata 中平树 Denticulate Macaranga
Macaranga henryi 草鞋木 Henry Macaranga
Macaranga kurzii 尾叶血桐 Kurz Macaranga
Macaranga tanarius var. tomentosa 血桐 Common Macaranga
Macfadyena unguis-cati 猫爪藤 Cat's Claw Vine

Machilus duthiei 长梗润楠 Longpedicel Machilus
Machilus grijsii 黄绒润楠 Grijs Machilus
Machilus ichangensis 宜昌润楠 Yichang Machilus
Machilus kusanoi 大叶楠 Bigleaf Machilus
Machilus leptophylla 薄叶润楠 Thinleaf Machilus
Machilus microcarpa 小果润楠 Littlefruit Machilus
Machilus nanmu 润楠 Namu Machilus
Machilus oreophila 建润楠 Mountain Machilus
Machilus pauhoi 刨花润楠 Pauho Machilus
Machilus salicina 柳叶润楠 Willowleaf Machilus
Machilus tenuipilis 细毛润楠 Thinhair Machilus
Machilus thunbergii 红楠 Thunberg Machilus
Machilus velutina 绒毛润楠 Tomentose Machilus
Machilus yunnanensis 滇润楠 Yunnan Machilus
Macleaya cordata 博落回 Plume Poppy
Macleaya microcarpa 小果博落回 Smallfruit Plume Poppy
Macrocystis pyrifera 巨藻 Giant Bladder Kelp, Giant Kelp
Macrolepiota procera 高大环柄菇 Parasol Mushroom
Macropanax davidii 异叶梁王茶 David Macropanax
Macropanax delavayi 掌叶梁王茶 Delavay Macropanax
Macropanax dispermus 大参 Common Bigginseng
Macropanax rosthornii 短梗大参 Rosthorn Bigginseng
Macropanax undulatus 波缘大参 Undulate Bigginseng
Macrosolen bibracteolatus 双花鞘花 Bibracteolate Macosolen
Macrosolen cochinchinensis 鞘花 Cochinchina Macosolen
Macrothelypteris oligophlebia 针毛蕨 Fewvein Maiden Fern
Macrothelypteris oligophlebia var. elegans 雅致针毛蕨 Elegant Fewvein Maiden Fern
Madhuca pasquieri 紫荆木 Peanut Madhuca
Maesa argentea 银叶杜茎山 Silver-Leaved Maesa
Maesa hupehensis 湖北杜茎山 Hupeh Maesa
Maesa indica 包疮叶 Indian Maesa
Maesa japonica 杜茎山 Japanese Maesa
Maesa montana 金珠柳 Mountain Maesa
Maesa perlaria 鲫鱼胆 Pearl-Like Maesa
Maesa ramentacea 称杆树 Scaly Maesa
Magnolia grandiflora 荷花木兰 Bull Bay, Evergreen Magnolia, Largeflower Magnolia, Southern Magnolia
Mahonia bealei 阔叶十大功劳 Beale Mahonia
Mahonia bodinieri 小果十大功劳 Bodinier Mahonia
Mahonia bracteolata 鹤庆十大功劳 Bracteolate Mahonia
Mahonia decipiens 鄂西十大功劳 Deceptive Mahonia
Mahonia duclouxiana 长柱十大功劳 Ducloux Mahonia
Mahonia eurybracteata 宽苞十大功劳 Broad-Bract Mahonia
Mahonia eurybracteata subsp. ganpinensis 安坪十大功劳 Ganpin Mahonia
Mahonia fordii 北江十大功劳 Ford Mahonia
Mahonia fortunei 十大功劳 Chinese Mahonia
Mahonia gracilipes 细柄十大功劳 Slender-Stalk Mahonia
Mahonia hancockiana 滇南十大功劳 Hancock Mahonia
Mahonia japonica 台湾十大功劳 Japanese Mahonia
Mahonia longibracteata 长苞十大功劳 Longbract Mahonia
Mahonia napaulensis 尼泊尔十大功劳 Nepal Mahonia
Mahonia oiwakensis 阿里山十大功劳 Alishan Mahonia
Mahonia polyodonta 峨眉十大功劳 Many-Toothed Mahonia
Mahonia retinervis 网脉十大功劳 Reticulate-Nerve Mahonia
Mahonia shenii 沈氏十大功劳 Shen's Mahonia
Mahonia sheridaniana 长阳十大功劳 Sheridan Mahonia
Mahonia subimbricata 靖西十大功劳 Subimbricate Mahonia
Mahonia taronensis 独龙十大功劳 Taron Mahonia
Maianthemum bifolium 舞鹤草 Twoleaf Beadruby
Malaisia scandens 牛筋藤 Burny Vine
Malaxis latifolia 阔叶沼兰 Broadleaf Adder's Mouth
Malaxis monophyllos 沼兰 White Adder's Mouth
Malcolmia africana 涩荠 Africa Malcolmia
Mallotus apelta 白背叶 White-Back-Leaved Mallotus
Mallotus barbatus 毛桐 Barbate Mallotus
Mallotus japonicus 野梧桐 Japanese Mallotus
Mallotus millietii 贵州野桐 Milliet Mallotus
Mallotus nepalensis 尼泊尔野桐 Nepal Mallotus
Mallotus oreophilus 山地野桐 Mountain Mallotus
Mallotus paniculatus 白楸 Paniculate Mallotus
Mallotus peltatus 山苦茶 Peltate Mallotus
Mallotus philippensis 粗糠柴 Philippine Mallotus
Mallotus repandus 石岩枫 Repand Mallotus
Mallotus repandus var. chrysocarpus 杠香藤 Yellowfruit Mallotus
Mallotus tiliifolius 椴叶野桐 Tilialeaf Mallotus
Malus asiatica 花红 Chinese Pearleaf Crabapple
Malus baccata 山荆子 Siberian Crabapple
Malus doumeri 台湾林檎 Taiwan Apple
Malus halliana 垂丝海棠 Hall Crabapple
Malus hupehensis 湖北海棠 Hupeh Crabapple
Malus kansuensis 陇东海棠 Kansu Crabapple
Malus leiocalyca 光萼林檎 Glabroussepal Crabapple
Malus mandshurica 毛山荆子 Manchurian Crabapple
Malus micromalus 西府海棠 Midget Grabapple
Malus prunifolia 楸子 Plumleaf Crabapple
Malus pumila 苹果 Apple
Malus rockii 丽江山荆子 Rock Crabapple
Malus sieboldii 三叶海棠 Siebold Crabapple
Malus spectabilis 海棠花 Chinese Flowering Crabapple
Malus transitoria 花叶海棠 Tibetan Crabapple
Malus yunnanensis 滇池海棠 Yunnan Crabapple
Malva cathayensis 锦葵 Chinese Mallow
Malva pusilla 圆叶锦葵 Low mallow
Malva verticillata 野葵 Cluster Mallow
Malva verticillata var. crispa 冬葵 Curly Mallow
Malva verticillata var. rafiqii 中华野葵 Chinese Cluster Mallow
Malvastrum coromandelianum 赛葵 Threelobe False Mallow
Malvaviscus penduliflorus 垂花悬铃花 Sleeping Hibiscus
Mammillaria longimamma 长突仙人掌 Finger Cactus, Nipple Cactus, Pinapple Cactus
Mammillaria rhodantha 绒仙人球 Rainbow Pincushion
Mandragora caulescens 茄参 Himalayan Mandrake
Mandragora chinghaiensis 青海茄参 Chinghai Mandrake
Mangifera indica 杧果 Mango
Mangifera laurina 长梗杧果 Longpedicel Mango
Mangifera persiciforma 扁桃 Peachshape Mango
Mangifera siamensis 泰国杧果 Thailand Mango
Mangifera sylvatica 林生杧果 Nepal Mango
Manglietia conifera 桂南木莲 Fragrant Manglietia
Manglietia duclouxii 川滇木莲 Ducloux Manglietia
Manglietia fordiana 木莲 Ford Manglietia
Manglietia insignis 红花木莲 Redflower Manglietia
Manglietia kwangtungensis 广东木莲 Kwangtung Manglietia
Manglietia patungensis 巴东木莲 Patung Manglietia
Manglietia szechuanica 四川木莲 Sichuan Manglietia
Manihot esculenta 木薯 Esculent Manihot

Manilkara zapota 人心果 Sapodilla
Mannagettaea labiata 豆列当 Labiate Mannagettaea
Maoutia puya 水丝麻 Common Maoutia
Mappianthus iodoides 定心藤 Common Mappianthus
Maranta arundinacea 竹芋 Arrowroot
Maranta bicolor 花叶竹芋 Twocolor Arrowroot
Marasmiellus ramealis 枝干微皮伞 Twig Parachute
Marasmius androsaceus 安络小皮伞 Horsehair Fungus
Marasmius oreades 硬柄小皮伞 Fairy Ring Champignon
Marchantia polymorpha 地钱 Common Liverwort
Mariscus compactus 密穗砖子苗 Compact Flatsedge
Mariscus sumatrensis 砖子苗 Pacific Island Flatsedge
Mariscus sumatrensis var. evolutior 展穗砖子苗 Unfolded-Spike Flatsedge
Mariscus sumatrensis var. khasianus 喀西砖子苗 Khasi Flatsedge
Markhamia stipulata 西南猫尾木 Southwestern Markhamia
Marmoritis complanatum 扭连钱 Common Marmoritis
Marmoritis rotundifolia 圆叶扭连钱 Roundleaf Marmoritis
Marrubium vulgare 欧夏至草 Hoarhound
Marsdenia cavaleriei 灵药牛奶菜 Cavalerie Condorvine
Marsdenia formosana 台湾牛奶菜 Taiwan Condorvine
Marsdenia griffithii 白药牛奶菜 Griffith Condorvine
Marsdenia koi 大叶牛奶菜 Ko's Condorvine
Marsdenia longipes 百灵草 Longstalk Condorvine
Marsdenia officinalis 海枫藤 Medicinal Condorvine
Marsdenia oreophila 喙柱牛奶菜 Beakstyle Condorvine
Marsdenia sinensis 牛奶菜 Chinese Condorvine
Marsdenia tenacissima 通光藤 Tenacious Condorvine
Marsdenia tinctoria 蓝叶藤 Tinctorial Condorvine
Marsdenia yunnanensis 云南牛奶菜 Yunnan Condorvine
Marsilea quadrifolia 苹 Water Clover, Pepper Wort, Water Shamrock
Matricaria matricarioides 同花母菊 Pineapple Weed
Matricaria recutita 母菊 Chamomile
Matteuccia orientalis 东方荚果蕨 Oriental Ostrich Fern
Matteuccia struthiopteris 荚果蕨 Ostrich Fern
Matthiola incana 紫罗兰 Common Stock
Mayodendron igneum 火烧花 Tree Jasmine
Maytenus austroyunnanensis 滇南美登木 South Yunnan Mayten
Maytenus berberoides 小檗美登木 Berberry-Like Mayten
Maytenus confertiflora 密花美登木 Denseflower Mayten
Maytenus diversifolia 变叶美登木 Diversifolious Mayten
Maytenus esquirolii 贵州美登木 Esquirol Mayten
Maytenus guangxiensis 广西美登木 Guangxi Mayten
Maytenus hookeri 美登木 Hooker's Mayten
Maytenus longlinensis 隆林美登木 Louglin Mayten
Maytenus orbiculata 圆叶美登木 Orbiculate Mayten
Maytenus variabilis 刺茶美登木 Variable Mayten
Mazus gracilis 纤细通泉草 Slender Mazus
Mazus japonicus 通泉草 Japanese Mazus
Mazus japonicus var. macrocalyx 大萼通泉草 Bigcalyx Mazus
Mazus lecomtei 莲座叶通泉草 Lecomte Mazus
Mazus miquelii 匍茎通泉草 Miquel Mazus
Mazus omeiensis 岩白翠 Omei Mazus
Mazus pulchellus 美丽通泉草 Beautiful Mazus
Mazus spicatus 毛果通泉草 Hairyfruit Mazus
Mazus stachydifolius 弹刀子菜 Betonyleaf Mazus
Mecodium badium 蕗蕨 Chestnut-Brown Mecodium
Mecodium polyanthos 细叶蕗蕨 Manysorus Mecodium
Meconopsis argemonantha 白花绿绒蒿 Whiteflower Meconopsis
Meconopsis barbiseta 久治绿绒蒿 Bristle Meconopsis
Meconopsis chelidoniifolia 椭果绿绒蒿 Celandineleaf Meconopsis
Meconopsis georgei 黄花绿绒蒿 Yellowflower Meconopsis
Meconopsis henrici 川西绿绒蒿 Henrici's Meconopsis
Meconopsis horridula 多刺绿绒蒿 Prickly Blue Poppy
Meconopsis impedita 滇西绿绒蒿 West Yunnan Meconopsis
Meconopsis integrifolia 全缘叶绿绒蒿 Entire Meconopsis
Meconopsis integrifolia var. uniflora 轮叶绿绒蒿 Uniflorous Meconopsis
Meconopsis lancifolia 长叶绿绒蒿 Lanceleaf Meconopsis
Meconopsis napaulensis 尼泊尔绿绒蒿 Nepal Meconopsis
Meconopsis oliveriana 柱果绿绒蒿 Oliver Meconopsis
Meconopsis paniculata 锥花绿绒蒿 Paniculate Meconopsis
Meconopsis pseudohorridula 拟多刺绿绒蒿 False Prickly Blue Poppy
Meconopsis pseudovenusta 拟秀丽绿绒蒿 False Beautiful Meconopsis
Meconopsis punicea 红花绿绒蒿 Redflower Meconopsis
Meconopsis quintuplinervia 五脉绿绒蒿 Fivevein Meconopsis
Meconopsis racemosa 总状绿绒蒿 Racemose Meconopsis
Meconopsis simplicifolia 单叶绿绒蒿 Simpleleaf Meconopsis
Meconopsis speciosa 美丽绿绒蒿 Showy Meconopsis
Meconopsis superba 高茎绿绒蒿 Tallstem Meconopsis
Meconopsis torquata 毛瓣绿绒蒿 Hairypetal Meconopsis
Meconopsis zangnanensis 藏南绿绒蒿 Small-Leaf Meconopsis
Medicago archiducis-nicolai 青海苜蓿 Shortpod Medick
Medicago edgeworthii 毛荚苜蓿 Hairypod Medick
Medicago falcata 野苜蓿 Yellow-Flowered Alfalfa
Medicago falcata var. romanica 草原苜蓿 Grassland Medick
Medicago lupulina 天蓝苜蓿 Black Medick
Medicago minima 小苜蓿 Little Medick
Medicago polymorpha 南苜蓿 Toothed Medick
Medicago ruthenica 花苜蓿 Ruthenia Medick
Medicago sativa 紫苜蓿 Alfalfa
Medinilla assamica 顶花酸脚杆 Assam Medinilla
Medinilla septentrionalis 北酸脚杆 Northern Medinilla
Meeboldia yunnanensis 滇芹 Yunnan Meeboldia
Meehania fargesii 华西龙头草 Farges Meehania
Meehania fargesii var. pedunculata 梗花华西龙头草 Pedunculate Farges Meehania
Meehania fargesii var. radicans 走茎华西龙头草 Creeping Farges Meehania
Meehania henryi 龙头草 Henry Meehania
Meehania urticifolia 荨麻叶龙头草 Nettleleaf Meehania
Megacarpaea delavayi 高河菜 Delavay Megacarpaea
Megacodon stylophorus 大钟花 Common Megacodon
Megacollybia platyphylla 宽褶大金钱菌 Broad-Gilled Agaric
Melaleuca cajuputi subsp. cumingiana 白千层 Cuming Cajuput Tree
Melaleuca viridiflora 绿花白千层 Broad-Leaved Paperbark
Melampyrum roseum 山萝花 Rose Cowwheat
Melampyrum roseum var. obtusifolium 钝叶山萝花 Obtuseleaf Rose Cowwheat
Melanosciadium pimpinelloideum 紫伞芹 Purple Shadecelery
Melasma arvense 黑蒴 Field Melasma
Melastoma affine 多花野牡丹 Manyflower Melastoma
Melastoma candidum 野牡丹 Common Melastoma
Melastoma dodecandrum 地稔 Twelve-Stamened Melastoma
Melastoma intermedium 细叶野牡丹 Intermediate Melastoma
Melastoma normale 展毛野牡丹 Patent-Haired Melastoma

Melastoma sanguineum 毛稔 Blood-Red Melastoma
Melia azedarach 楝 Chinaberry Tree
Melia toosendan 川楝 Szechuan Chinaberry
Melica onoei 广序臭草 Broadspike Melic
Melica scabrosa 臭草 Rough Melic
Melilotus albus 白花草木犀 White Sweetclover
Melilotus dentatus 细齿草木犀 Toothed Sweetclover
Melilotus indicus 印度草木犀 Annual Yellow Sweetclover
Melilotus officinalis 草木犀 Yellow Sweetclover
Meliosma cuneifolia 泡花树 Cuneateleaf Meliosma
Meliosma cuneifolia var. glabriuscula 光叶泡花树 Glabrousleaf Meliosma
Meliosma flexuosa 垂枝泡花树 Flexuous Meliosma
Meliosma fordii 香皮树 Ford Meliosma
Meliosma henryi 贵州泡花树 Guizhou Meliosma
Meliosma myriantha 多花泡花树 Manyflower Meliosma
Meliosma oldhamii 红柴枝 Oldham Meliosma
Meliosma oldhamii var. glandulifera 有腺泡花树 Glandular Meliosma
Meliosma parviflora 细花泡花树 Littleflower Meliosma
Meliosma rigida 笔罗子 Stiffleaf Meliosma
Meliosma thorelii 山様叶泡花树 Thorel Meliosma
Meliosma veitchiorum 暖木 Veitch Meliosma
Meliosma velutina 毛泡花树 Velvety Meliosma
Meliosma yunnanensis 云南泡花树 Yunnan Meliosma
Melissa axillaris 蜜蜂花 Axillary Balm
Melissa officinalis 香蜂花 Lemon Balm
Melliodendron xylocarpum 陀螺果 Woodyfruit Melliodendron
Melochia corchorifolia 马松子 Chocolateweed
Melodinus angustifolius 台湾山橙 Narrow-Leaved Melodinus
Melodinus axillaris 腋花山橙 Axillary-Flowered Melodinus
Melodinus cochinchinensis 思茅山橙 Cochinchina Melodinus
Melodinus hemsleyanus 川山橙 Hemsley Melodinus
Melodinus suaveolens 山橙 Fragrant Melodinus, Mountain Orange
Melodinus yunnanensis 雷打果 Yunnan Melodinus
Memecylon ligustrifolium 谷木 Privet-Leaved Memecylon
Memecylon scutellatum 细叶谷木 Littleleaf Memecylon
Menispermum dauricum 蝙蝠葛 Asiatic Moonseed
Mentha × piperita 辣薄荷 Peppermint
Mentha asiatica 假薄荷 Asian Mint
Mentha canadensis 薄荷 American Cornmint
Mentha citrata 柠檬留兰香 Bergamot Mint
Mentha dahurica 兴安薄荷 Dahurian Mint
Mentha sachalinensis 东北薄荷 Sakhalin Mint
Mentha spicata 留兰香 Spearmint
Mentha suaveolens 圆叶薄荷 Apple Mint
Mentha vagans 灰薄荷 Gray Mint
Menyanthes trifoliata 睡菜 Buckbean
Meringium denticulatum 厚壁蕨 Denticulate Meringium
Meripilus giganteus 大型亚灰树花菌 Black-Staining Polypore, Giant Polypore
Merremia hederacea 篱栏网 Ivy-Like Merremia
Merremia hungaiensis 山土瓜 Mountain Merremia
Merremia sibirica 北鱼黄草 Siberian Merremia
Merrilliopanax listeri 常春木 Lister Merrilliopanax
Merulius tremellosus 胶皱孔菌 Trembling Merulius
Mesona chinensis 凉粉草 Chinese Mesona
Messerschmidia sibirica 砂引草 Siberian Messerschmidia
Messerschmidia sibirica var. angustior 细叶砂引草 Slenderleaf Messerschmidia
Mesua ferrea 铁力木 Common Mesua
Metaplexis hemsleyana 华萝藦 Hemsley Metaplexis
Metaplexis japonica 萝藦 Japanese Metaplexis
Metasequoia glyptostroboides 水杉 Dawn Redwood, Shui-Hsa, Water Fir, Water Larch
Metastachydium sagittatum 箭叶水苏 Arrow-Leaved Betony
Metathelypteris laxa 疏羽凸轴蕨 Loose-Pinna Metathelypteris
Michelia × alba 白兰 White Champa
Michelia baillonii 合果木 Baillon Michelia
Michelia cavaleriei var. platypetala 阔瓣含笑 Broadpetal Michelia
Michelia champaca 黄兰 Champa
Michelia chapensis 乐昌含笑 Chapa Michelia
Michelia compressa 台湾含笑 Taiwan Michelia
Michelia crassipes 紫花含笑 Purpleflower Michelia
Michelia doltsopa 南亚含笑 South Asia Michelia
Michelia figo 含笑花 Banana Shrub
Michelia foveolata 金叶含笑 Goldenleaf Michelia
Michelia gioi 香子含笑 Fragrant Michelia
Michelia macclurei 醉香含笑 Mcclure Michelia
Michelia maudiae 深山含笑 Mountain Michelia
Michelia odora 观光木 Tsoong's Tree
Michelia yunnanensis 云南含笑 Yunnan Michelia
Microcos paniculata 破布叶 Paniculate Microcos
Microglossa pyrifolia 小舌菊 Pearleaf Microglossa
Microlepia hancei 华南鳞盖蕨 Hance's Microlepia
Microlepia marginata 边缘鳞盖蕨 Marginate Microlepia
Microlepia strigosa 粗毛鳞盖蕨 Lace Fern
Micromelum falcatum 大管 Falcate Micromelum
Micromelum integerrimum 小芸木 Common Micromelum
Micromelum integerrimum var. mollissimum 毛叶小芸木 Hairy Micromelum
Micromeria barosma 小香薷 Small Micromeria
Micromeria biflora 姜味草 Twoflower Micromeria
Microsorum fortunei 江南星蕨 Fortune's Microsorum
Microsorum insigne 羽裂星蕨 Marked Microsorum
Microsorum membranaceum 膜叶星蕨 Membranous-Leaved Microsorum
Microsorum punctatum 星蕨 Climbing Bird's Nest Fern
Microsorum steerei 广叶星蕨 Blue Strap Fern
Microstachys chamaelea 地杨桃 Ground Microstachys
Microstegium vagans 蔓生莠竹 Widespread Browntop
Microtis unifolia 葱叶兰 Common Onion Orchid
Microtoena delavayi 云南冠唇花 Yunnan Microtoena
Microtoena insuavis 冠唇花 Common Microtoena
Microtoena omeiensis 峨眉冠唇花 Omei Microtoena
Microtoena patchoulii 滇南冠唇花 Patchoul Microtoena
Microtoena pauciflora 少花冠唇花 Smallflower Microtoena
Microtoena prainiana 南川冠唇花 Prain Microtoena
Microtoena urticifolia 麻叶冠唇花 Nettlefolia Microtoena
Microtropis fokienensis 福建假卫矛 Fokien Microptropis
Microtropis gracilipes 密花假卫矛 Slenderstalk Microtropis
Microtropis tetragona 方枝假卫矛 Four-Angled Microtropis
Microula sikkimensis 微孔草 Sikkim Microula
Mikania cordata 假泽兰 Cordate Mikania
Miliusa chunii 野独活 Chun's Miliusa
Miliusa sinensis 中华野独活 Chinese Miliusa
Millettia ichthyochtona 闹鱼崖豆 Fish-Poisoning Millettia
Millettia leptobotrya 思茅崖豆 Thin-Racemose Millettia

Millettia pachycarpa 厚果崖豆藤 Thickfruit Millettia
Millettia pachyloba 海南崖豆藤 Thicklobe Millettia
Millettia pulchra 印度崖豆 Pretty Millettia
Millettia pulchra var. chinensis 华南小叶崖豆 South China Millettia
Millettia pulchra var. laxior 疏叶崖豆 Looseleaf Millettia
Millettia pulchra var. yunnanensis 云南崖豆 Yunnan Millettia
Millingtonia hortensis 老鸦烟筒花 Indian Cork Tree
Mimosa pudica 含羞草 Sensitive Plant
Mimulus bodinieri 匍生沟酸浆 Bodinier Monkeyflower
Mimulus bracteosus 小苞沟酸浆 Bracteose Monkeyflower
Mimulus szechuanensis 四川沟酸浆 Szechuan Monkeyflower
Mimulus tenellus 沟酸浆 Tender Monkeyflower
Mimulus tenellus var. nepalensis 尼泊尔沟酸浆 Nepal Monkeyflower
Mimulus tenellus var. platyphyllus 南红藤 Broadleaf Monkeyflower
Mimulus tenellus var. procerus 高大沟酸浆 High Monkeyflower
Mirabilis jalapa 紫茉莉 Four-O'clock
Miscanthus floridulus 五节芒 Manyflower Silvergrass
Miscanthus nepalensis 尼泊尔芒 Nepal Silvergrass
Miscanthus sacchariflorus 荻 Amur Silvergrass
Miscanthus sinensis 芒 Chinese Silvergrass
Mitracarpus hirtus 盖裂果 Hairy Mitracarpus
Mitrasacme pygmaea 水田白 Dwarf Mitrasacme
Mitreola pedicellata 大叶度量草 Pedicellate Mitreola
Miyamayomena piccolii 裸菀 Piccol Gymnaster
Mollugo lotoides 星毛粟米草 Lotus Sweetjuice
Mollugo oppositifolia 簇花粟米草 Carpetweed
Mollugo stricta 粟米草 Indian Starwort
Momordica charantia 苦瓜 Bitter Gourd
Momordica cochinchinensis 木鳖子 Spiny Bitter Cucumber
Momordica dioica 云南木鳖 Yunnan Momordica
Momordica subangulata 凹萼木鳖 Wild Bitter Gourd
Monachosorum flagellare 尾叶稀子蕨 Tail-Leaved Monachosorum
Monachosorum henryi 稀子蕨 Henry's Monachosorum
Monochasma savatieri 绵毛鹿茸草 Savatier Monochasma
Monochasma sheareri 鹿茸草 Shearer Monochasma
Monochoria hastata 箭叶雨久花 Arrow-Leaved False Pickerelweed
Monochoria korsakowii 雨久花 Korsakow False Pickerelweed
Monochoria vaginalis 鸭舌草 Heartshape False Pickerelweed
Monotropa uniflora 水晶兰 Indian Pipe
Monotropastrum humile 球果假水晶兰 False Indian Pipe
Monstera deliciosa 龟背竹 Ceriman
Moraea iridioides 肖鸢尾 Fortnight Lily
Morchella angusticeps 黑脉羊肚菌 Black Toadstool
Morchella conica 尖顶羊肚菌 Conical Morel
Morchella crassipes 粗腿羊肚菌 Coarse Leg Morel
Morchella deliciosa 小羊肚菌 Small Morel
Morchella esculenta 羊肚菌 Yellow Morel
Morina chinensis 圆萼刺参 Chinese Morina
Morina kokonorica 青海刺参 Qinghai Morina
Morina nepalensis 刺参 Common Morina
Morina nepalensis var. alba 白花刺参 Whiteflower Morina
Morina nepalensis var. delavayi 大花刺参 Largeflower Morina
Morinda citrifolia 海滨木巴戟 Indian Mulberry
Morinda cochinchinensis 大果巴戟 Cochinchina Indian Mulberry
Morinda officinalis 巴戟天 Medicinal Indian Mulberry
Morinda parvifolia 鸡眼藤 Littleleaf Indian Mulberry
Morinda umbellata 印度羊角藤 Common Indian Mulberry
Morus alba 桑 White Mulberry
Morus australis 鸡桑 Japnese Mulberry
Morus cathayana 华桑 Chinese Mulberry
Morus macroura 奶桑 Long Mulberry
Morus mongolica 蒙桑 Mongolian Mulberry
Morus nigra 黑桑 Black Mulberry
Morus serrata 吉隆桑 Gyiring Mulberry
Mosla cavaleriei 小花荠苎 Cavalerie Mosla
Mosla chinensis 石香薷 Chinese Mosla
Mosla chinensis 'Jiangxiangru' 江香薷 Jiangxiangru
Mosla dianthera 小鱼仙草 Twoanther Mosla
Mosla formosana 台湾荠苎 Taiwan Mosla
Mosla grosseserrata 荠苎 Largetooth Mosla
Mosla hangchowensis 杭州石荠苎 Hangchow Mosla
Mosla pauciflora 少花荠苎 Fewflower Mosla
Mosla scabra 石荠苎 Scabrous Mosla
Mosla soochowensis 苏州荠苎 Soochow Mosla
Mucuna birdwoodiana 白花油麻藤 Whiteflower Mucuna
Mucuna bracteata 黄毛黧豆 Yellowhair Velvet Bean
Mucuna championii 港油麻藤 Champion Mucuna
Mucuna gigantea 巨黧豆 Burny Bean
Mucuna lamellata 褶皮黧豆 Lamellate Velvet Bean
Mucuna macrobotrys 大球油麻藤 Bigball Mucuna
Mucuna macrocarpa 大果油麻藤 Largefruit Mucuna
Mucuna pruriens 刺毛黧豆 Cowage
Mucuna pruriens var. utilis 黧豆 Velvet Bean
Mucuna sempervirens 常春油麻藤 Evergreen Mucuna
Mukdenia rossii 槭叶草 Mapleleaf-Grass
Mukia maderaspatana 帽儿瓜 Madras Pea Pumpkin
Mulgedium tataricum 乳苣 Blue Lettuce
Munronia delavayi 云南地黄连 Delavay Munronia
Munronia hainanensis 海南地黄连 Hainan Munronia
Munronia heterotricha 小芙蓉 Varied-Hair Munronia
Munronia pinnata 矮陀陀 Ground Bitter
Munronia sinica 地黄连 Chinese Munronia
Munronia unifoliolata 单叶地黄连 Simpleleaf Munronia
Murdannia bracteata 大苞水竹叶 Large-Bracted Murdannia
Murdannia divergens 紫背鹿衔草 Purpleleaf Murdannia
Murdannia edulis 葶花水竹叶 Largeleaf Murdannia
Murdannia japonica 宽叶水竹叶 Japanese Murdannia
Murdannia keisak 疣草 Marsh Dewflower
Murdannia loriformis 牛轭草 Angel Grass
Murdannia macrocarpa 大果水竹叶 Largefruit Murdannia
Murdannia nudiflora 裸花水竹叶 Doveweed
Murdannia simplex 细竹篙草 Simplex Murdannia
Murdannia spectabilis 腺毛水竹叶 Loureiro Murdannia
Murdannia triquetra 水竹叶 Common Murdannia
Murraya euchrestifolia 豆叶九里香 Beanleaf Murraya
Murraya exotica 九里香 China Box
Murraya koenigii 调料九里香 Curry Leaf Tree
Murraya kwangsiensis 广西九里香 Kwangsi Murraya
Murraya paniculata 千里香 Orange Jasmine
Murraya tetramera 四数九里香 Tetramerous Murraya
Musa × paradisiaca 大蕉 Banana
Musa acuminata 'Dwarf cavendish' 香蕉 Dwarf Banana
Musa balbisiana 野蕉 Balbis Banana
Musa basjoo 芭蕉 Japanese Banana
Musa basjoo var. formosana 台湾芭蕉 Formosan Banana
Musa coccinea 红蕉 Scarlet Banana
Musella lasiocarpa 地涌金莲 Golden Lotus Banana
Mussaenda breviloba 短裂玉叶金花 Shortlobe Mussaenda

Mussaenda divaricata 展枝玉叶金花 Divaricate Mussaenda
Mussaenda erosa 楠藤 Erose Mussaenda
Mussaenda frondosa 洋玉叶金花 Flag Bush
Mussaenda hainanensis 海南玉叶金花 Hainan Mussaenda
Mussaenda hirsutula 粗毛玉叶金花 Hirsute Mussaenda
Mussaenda hossei 红毛玉叶金花 Redhair Mussaenda
Mussaenda kwangsiensis 广西玉叶金花 Guangxi Mussaenda
Mussaenda kwangtungensis 广东玉叶金花 Guangdong Mussaenda
Mussaenda macrophylla 大叶玉叶金花 Large-Leaved Mussaenda
Mussaenda parviflora 小玉叶金花 Small Mussaenda
Mussaenda pubescens 玉叶金花 Buddha's Lamp
Mussaenda shikokiana 黐花 Esquirol Mussaenda
Mussaenda simpliciloba 单裂玉叶金花 Simplelobe Mussaenda
Mycena alcalina 褐小菇 Stump Fairy Helmet
Mycena galericulata 盔盖小菇 Common Bonnet
Mycena haematopus 红汁小菇 Burgundydrop Bonnet
Mycena pura 洁小菇 Lilac Bell Cap
Mycenastrum corium 栓皮马勃 Tough Puffball
Mycetia sinensis 华腺萼木 Chinese Mycetia
Myosoton aquaticum 鹅肠菜 Water Chickweed
Myriactis delavayi 羽裂粘冠草 Delavay's Myriactis
Myriactis nepalensis 圆舌粘冠草 Nepal Myriactis
Myrica adenophora 青杨梅 Green Bayberry, Green Wax-Myrtle
Myrica esculenta 毛杨梅 Hairy Bayberry, Hairy Wax-Myrtle
Myrica nana 云南杨梅 Dwarf Barberry, Dwarf Wax-Myrtle
Myrica rubra 杨梅 Chinese Barberry, Chinese Wax-Myrtle
Myricaria bracteata 宽苞水柏枝 Broad-Bracted False Tamarisk
Myricaria elegans 秀丽水柏枝 Elegant False Tamarisk
Myricaria paniculata 三春水柏枝 Paniculate False Tamarisk
Myricaria platyphylla 宽叶水柏枝 Broad-Leaved False Tamarisk
Myricaria prostrata 匍匐水柏枝 Creeping False Tamarisk
Myricaria rosea 卧生水柏枝 Rosy False Tamarisk
Myricaria squamosa 具鳞水柏枝 Scaly False Tamarisk
Myrioneuron faberi 密脉木 Faber's Myrioneuron
Myriophyllum spicatum 穗状狐尾藻 Eurasian Watermilfoil
Myriophyllum verticillatum 狐尾藻 Whorled Watermilfoil
Myriopteron extensum 翅果藤 Myriopteron
Myristica cagayanensis 台湾肉豆蔻 Cagayan Nutmeg
Myristica fragrans 肉豆蔻 Nutmeg
Myrsine africana 铁仔 African Boxwood
Myrsine seguinii 密花树 Oleander-Leaved Myrsine
Myrsine semiserrata 针齿铁仔 Half-Serrated Myrsine
Myrsine stolonifera 光叶铁仔 Stoloniferous Myrsine

N

Nageia nagi 竹柏 Nagi
Nageia wallichiana 肉托竹柏 Dammar Nagi
Nandina domestica 南天竹 Common Nandina
Nannoglottis gynura 狭舌毛冠菊 Narrowligule Nannoglottis
Nanocnide japonica 花点草 Japanese Nanocnide
Nanocnide lobata 毛花点草 Lobed Nanocnide
Nanophyton erinaceum 小蓬 Little Nanophyton
Naravelia pilulifera 两广锡兰莲 Globularpetal Naravelia
Naravelia zeylanica 锡兰莲 Ceylon Naravelia
Narcissus jonquilla 长寿花 Jonquil
Narcissus pseudonarcissus 假水仙 Common Daffodil
Narcissus tazetta var. chinensis 水仙 Chinese Narcissus
Nardostachys jatamansi 甘松 Spikenard
Nasturtium officinale 豆瓣菜 Water Cress
Nauclea officinalis 乌檀 Medicinal Fat-Head Tree
Nauclea orientalis 东方乌檀 Oriental Fat-Head Tree
Neanotis hirsuta 薄叶新耳草 Hirsute Neanotis
Neanotis ingrata 臭味新耳草 Smelly Neanotis
Neanotis wightiana 西南新耳草 Wight's Neanotis
Nechamandra alternifolia 虾子草 Nechamandra
Neillia ribesioides 毛叶绣线梅 Currant Neillia
Neillia sinensis 中华绣线梅 Chinese Neillia
Neillia thyrsiflora 绣线梅 Whiteflower Neillia
Nelumbo nucifera 莲 Sacred Lotus
Neoalsomitra integrifoliola 棒锤瓜 Entireleaf Neoalsomitra
Neocheiropteris palmatopedata 扇蕨 Palmate Neocheiropteris
Neocheiropteris waltonii 戟形扇蕨 Walton's Neocheiropteris
Neocinnamomum caudatum 滇新樟 Caudate New Cinnamon
Neocinnamomum delavayi 新樟 Delavay New Cinnamon
Neocinnamomum fargesii 川鄂新樟 Farges New Cinnamon
Neocinnamomum lecomtei 海南新樟 Lecomte New Cinnamon
Neocinnamomum mekongense 沧江新樟 Mekong New Cinnamon
Neolamarckia cadamba 团花 Cadamba Tree
Neolentinus lepideus 豹皮新香菇 Scaly Lentinus
Neolepisorus ovatus 盾蕨 Ovate Neolepisorus
Neolepisorus ovatus f. deltoideus 三角叶盾蕨 Deltoid Ovate Neolepisorus
Neolitsea aurata 新木姜子 Common Newlitse
Neolitsea aurata var. chekiangensis 浙江新木姜子 Zhejiang Newlitse
Neolitsea aurata var. glauca 粉叶新木姜子 Glaucousleaf Newlitse
Neolitsea aurata var. paraciculata 云和新木姜子 Yunhe Newlitse
Neolitsea cambodiana 锈叶新木姜子 Rustyleaf Newlitse
Neolitsea chui 鸭公树 Chu's Newlitse
Neolitsea confertifolia 簇叶新木姜子 Denseleaf Newlitse
Neolitsea levinei 大叶新木姜子 Largeleaf Newlitse
Neolitsea undulatifolia 波叶新木姜子 Wavyleaf Newlitse
Neolitsea zeylanica 南亚新木姜子 Ceylon Newlitse
Neomartinella violifolia 堇叶芥 Common Neomartinella
Neopallasia pectinata 栉叶蒿 Pectinate Neopallasia
Neopicrorhiza scrophulariiflora 胡黄连 Neopicrorhiza
Neoshirakia japonica 白木乌桕 Japanese Tallowtree
Neosinocalamus affinis 慈竹 Common Sinocalamus
Neotorularia humilis 蚓果芥 Low Northern Rockcress
Neottianthe camptoceras 大花兜被兰 Largeflower Hood-Shaped Orchid
Neottianthe cucullata 二叶兜被兰 Twoleaf Hood-Shaped Orchid
Neottopteris antrophyoides 狭翅巢蕨 Antrophyum-Like Bird-Nest Fern
Neottopteris nidus 巢蕨 Bird's Nest Fern
Nepenthes mirabilis 猪笼草 Common Nepenthes
Nepeta cataria 荆芥 Catnip
Nepeta coerulescens 蓝花荆芥 Blueflower Catmint
Nepeta densiflora 密花荆芥 Denseflower Catmint
Nepeta fordii 心叶荆芥 Heart-Leaved Catmint
Nepeta laevigata 穗花荆芥 Smooth Catmint
Nepeta micrantha 小花荆芥 Smallflower Catmint
Nepeta multifida 多裂叶荆芥 Multifid Catmint
Nepeta nuda 直齿荆芥 Hairless Catmint
Nepeta prattii 康藏荆芥 Pratt Catmint
Nepeta pungens 刺尖荆芥 Pricking Catmint
Nepeta sibirica 大花荆芥 Siberian Catmint
Nepeta souliei 狭叶荆芥 Narrow-leaved Catmint

Nepeta tenuiflora 细花荆芥 Slenderflower Catmint
Nepeta tenuifolia 裂叶荆芥 Jingjie
Nephelium chryseum 韶子 Golden-Yellow Rambutan
Nephelium lappaceum 红毛丹 Rambutan
Nephelium topengii 海南韶子 Hainan Rambutan
Nephrolepis auriculata 肾蕨 Tuberous Sword Fern
Nephrolepis hirsutula 毛叶肾蕨 Hirsute Sword Fern
Nerium oleander 夹竹桃 Common Oleander
Nertera sinensis 薄柱草 Chinese Nertera
Nervilia aragoana 广布芋兰 Wide-Ranging Nervilia
Nervilia fordii 毛唇芋兰 Ford Nervilia
Nervilia plicata 毛叶芋兰 Hairyleaf Nervilia
Neyraudia reynaudiana 类芦 Burma Reed
Nicandra physalodes 假酸浆 Apple of Peru
Nicotiana glauca 光烟草 Tree Tobacco
Nicotiana rustica 黄花烟草 Aztec Tobacco
Nicotiana tabacum 烟草 Tobacco
Nigella damascena 黑种草 Love-in-a-Mist
Nigella glandulifera 腺毛黑种草 Glanduliferous Fennel Flower
Nitraria roborowskii 大白刺 Big White Thorn
Nitraria sibirica 小果白刺 Siberian White Thorn
Nitraria sphaerocarpa 泡泡刺 Spherical-Fruit White Thorn
Nitraria tangutorum 白刺 White Thorn
Noccaea ferganensis 中亚楔果荠 Fergan Pennycress
Nomocharis aperta 开瓣豹子花 Wideopen Nomocharis
Nopalxochia ackermannii 令箭荷花 Orchid Cactus
Nosema cochinchinensis 龙船草 Cochinchina Nosema
Nostoc commune 地木耳 Star Jelly
Nostoc flagelliforme 发状念珠藻 Fah-Tsai
Nothapodytes pittosporoides 马比木 Pittosporum-Like Nothapodytes
Notholaena chinensis 中华隐囊蕨 Chinese Cloak Fern
Notholirion bulbuliferum 假百合 Hyacinth False Lily
Notholirion macrophyllum 大叶假百合 Largeleaf False Lily
Nothosmyrnium japonicum 白苞芹 Japanese Nothosmyrnium
Nothosmyrnium japonicum var. sutchuensis 川白苞芹 Sichuan Nothosmyrnium
Nothosmyrnium xizangense 西藏白苞芹 Xizang Nothosmyrnium
Notochaete hamosa 钩萼草 Common Notochaete
Notopterygium franchetii 宽叶羌活 Broadleaf Notopterygium
Notopterygium incisum 羌活 Incised Notopterygium
Notopterygium oviforme 卵叶羌活 Ovateleaf Notopterygium
Notoseris henryi 多裂紫菊 Henry's Notoseris
Nuphar pumila 萍蓬草 Dwart Cow-Lily
Nuphar pumila subsp. sinensis 中华萍蓬草 Chinese Cow-Lily
Nyctanthes arbor-tristis 夜花 Night-Flowering Jasmine
Nyctocereus serpentinus 仙人鞭 Snake Cactus
Nymphaea alba 白睡莲 European White Water Lily
Nymphaea candida 雪白睡莲 Snow-White Water Lily
Nymphaea nouchali 延药睡莲 Red and Blue Water Lily
Nymphaea tetragona 睡莲 Pygmy Water Lily
Nymphoides indica 金银莲花 Indian Floatingheart
Nymphoides peltatum 荇菜 Floating Bogbean
Nyssa sinensis 蓝果树 Chinese Tupelo

O

Oberonia caulescens 狭叶鸢尾兰 Narrowleaf Oberonia
Oberonia iridifolia 鸢尾兰 Irisleaf Oberonia
Oberonia myosurus 棒叶鸢尾兰 Clavateleaf Oberonia
Ocimum americanum 灰罗勒 American Basil
Ocimum basilicum 罗勒 Basil
Ocimum basilicum var. pilosum 疏柔毛罗勒 Hairy Basil
Ocimum gratissimum var. suave 毛叶丁香罗勒 Sweetscent Basil
Ocimum sanctum 圣罗勒 Holy Basil
Odontites vulgaris 疗齿草 Red Bartsia
Oenanthe benghalensis 短辐水芹 Benghal Waterdropwort
Oenanthe javanica 水芹 Java Waterdropwort
Oenanthe javanica subsp. rosthornii 卵叶水芹 Rosthorn Waterdropwort
Oenanthe linearis 线叶水芹 Linearleaf Waterdropwort
Oenanthe linearis subsp. rivularis 蒙自水芹 Waterside Waterdropwort
Oenanthe thomsonii 多裂叶水芹 Thomson Waterdropwort
Oenanthe thomsonii subsp. stenophylla 细叶水芹 Slenderleaf Waterdropwort
Oenothera biennis 月见草 Evening Primrose
Oenothera drummondii 海边月见草 Beach Evening Primrose
Oenothera glazioviana 黄花月见草 Large-Flowered Evening Primrose, Redsepal Evening Primrose
Oenothera rosea 粉花月见草 Rose Evening Primrose
Oenothera stricta 待宵草 Chilean Evening Primrose
Oenothera tetraptera 四翅月见草 Fourwing Evening Primrose
Ohwia caudata 小槐花 Caudate Tickclover
Olea dioica 云南木犀榄 Dioecious Olive
Olea europaea 木犀榄 Common Olive
Olea europaea subsp. cuspidata 锈鳞木犀榄 Cuspidate Common Olive
Olea rosea 红花木犀榄 Rose Olive
Olgaea leucophylla 火媒草 Whiteleaf Olgaea
Olgaea lomonosowii 蝟菊 Lomonosow's Olgaea
Olgaea tangutica 刺疙瘩 Tangutan Olgaea
Omphalia lapidescens 雷丸 Native Bread
Omphalotus japonicus 月夜菌 Tsukiyotake
Onopordum acanthium 大翅蓟 Scotch Cottonthistle
Onosma cingulatum 昭通滇紫草 Girdled Onosma
Onosma confertum 密花滇紫草 Denseflower Onosma
Onosma echioides 昭苏滇紫草 Zhaosu Onosma
Onosma exsertum 露蕊滇紫草 Exserted-Anther Onosma
Onosma hookeri 细花滇紫草 Hooker Onosma
Onosma hookeri var. longiflorum 长花滇紫草 Longiflower Onosma
Onosma lijiangense 丽江滇紫草 Lijiang Onosma
Onosma multiramosum 多枝滇紫草 Manybranch Onosma
Onosma paniculatum 滇紫草 Paniculate Onosma
Onychium contiguum 黑足金粉蕨 Blackfoot Claw Fern
Onychium japonicum 野鸡尾金粉蕨 Japanese Claw Fern
Onychium japonicum var. lucidum 栗柄金粉蕨 Shiny Claw Fern
Onychium moupinense 木坪金粉蕨 Moupin Claw Fern
Onychium tenuifrons 蚀盖金粉蕨 Thin-Leaved Claw Fern
Operculina turpethum 盒果藤 Turpeth
Ophioglossum nudicaule 小叶瓶尔小草 Small-Leaved Adder's Tongue
Ophioglossum pedunculosum 尖头瓶尔小草 Pedunculate Adder's Tongue
Ophioglossum petiolatum 钝头瓶尔小草 Longstem Adder's-Tongue
Ophioglossum reticulatum 心脏叶瓶尔小草 Netted Adder's Tongue
Ophioglossum thermale 狭叶瓶尔小草 Warmspring Adder's Tongue
Ophioglossum vulgatum 瓶尔小草 Adder's Tongue
Ophioparma ventosa 红盘衣 Alpine Bloodspot
Ophiopogon amblyphyllus 钝叶沿阶草 Obtuseleaf Lilyturf
Ophiopogon angustifoliatus 短药沿阶草 Narrowleaf Lilyturf

Ophiopogon bockianus 连药沿阶草 Bock Lilyturf
Ophiopogon bodinieri 沿阶草 Bodinier Lilyturf
Ophiopogon bodinieri var. pygmaeus 矮小沿阶草 Little Bodinier Lilyturf
Ophiopogon chingii 长茎沿阶草 Ching's Lilyturf
Ophiopogon clavatus 棒叶沿阶草 Clavateleaf Lilyturf
Ophiopogon corifolius 厚叶沿阶草 Thickleaf Lilyturf
Ophiopogon dracaenoides 褐鞘沿阶草 Brownsheath Lilyturf
Ophiopogon heterandrus 异药沿阶草 Diverseanther Lilyturf
Ophiopogon intermedius 间型沿阶草 Intermediate Lilyturf
Ophiopogon japonicus 麦冬 Dwarf Lilyturf
Ophiopogon latifolius 大叶沿阶草 Largeleaf Lilyturf
Ophiopogon mairei 西南沿阶草 Maire Lilyturf
Ophiopogon paniculatus 锥序沿阶草 Panicled Lilyturf
Ophiopogon platyphyllus 宽叶沿阶草 Broadleaf Lilyfurf
Ophiopogon stenophyllus 狭叶沿阶草 Narrowleaf Lilyturf
Ophiopogon sylvicola 林生沿阶草 Forrest Lilyturf
Ophiopogon szechuanensis 四川沿阶草 Szechuan Lilyturf
Ophiopogon tonkinensis 多花沿阶草 Tonkin Lilyturf
Ophiopogon tsaii 簇叶沿阶草 Clustered Lilyturf
Ophiopogon umbraticola 阴生沿阶草 Shady Lilyturf
Ophiorrhiza cantoniensis 广州蛇根草 Canton Ophiorrhiza
Ophiorrhiza japonica 日本蛇根草 Japanese Ophiorrhiza
Ophiorrhiza pumila 短小蛇根草 Dwarf Ophiorrhiza
Ophiorrhiza succirubra 高原蛇根草 Plateau Ophiorrhiza
Opisthopappus taihangensis 太行菊 Taihang Opisthopappus
Oplismenus undulatifolius 求米草 Wavyleaf Basketgrass
Oplopanax elatus 刺参 Tall Oplopanax
Opuntia brasiliensis 猪耳掌 Brasil Cholla
Opuntia ficus-indica 梨果仙人掌 Spineless Cactus
Opuntia monacantha 单刺仙人掌 Drooping Prickly Pear
Opuntia stricta var. dillenii 仙人掌 Cacti, Cholla, Prickly Pear
Opuntia vulgaris 普通仙人掌 Common Prickly Pear
Orchidantha chinensis 兰花蕉 Chinese Orchidantha
Orchis chusua 广布红门兰 Chusua Orchis
Orchis latifolia 宽叶红门兰 Broadleaf Orchis
Orchis limprichtii 华西红门兰 Limpricht Orchis
Orchis monophylla 毛轴红门兰 Oneleaf Orchis
Orchis roborovskii 北方红门兰 Roborowsk Orchis
Orchis spathulata 匙叶红门兰 Spatulateleaf Orchis
Oreas martiana 山毛藓 Oreas Moss
Oreocharis aurantiaca 橙黄马铃苣苔 Orange Oreocharis
Oreocharis auricula 长瓣马铃苣苔 Auriculate Oreocharis
Oreocharis benthamii 大叶石上莲 Bentham Oreocharis
Oreocharis benthamii var. reticulata 石上莲 Reticulate Oreocharis
Oreocharis flavida 黄花马铃苣苔 Yellowflower Oreocharis
Oreocharis forrestii 丽江马铃苣苔 Forrest Oreocharis
Oreocharis henryana 川滇马铃苣苔 Henry Oreocharis
Oreocharis maximowiczii 大花石上莲 Bigflower Oreocharis
Oreocharis sericea 绢毛马铃苣苔 Sericeous Oreocharis
Oreocharis xiangguiensis 湘桂马铃苣苔 Xianggui Oreocharis
Oreocnide frutescens 紫麻 Frutescent Oreocnide
Oreocnide integrifolia 全缘叶紫麻 Entireleaf Oreocnide
Oreocnide kwangsiensis 广西紫麻 Guangxi Oreocnide
Oreocnide obovata 倒卵叶紫麻 Obovate Oreocnide
Oreocnide pedunculata 长梗紫麻 Pedunculate Oreocnide
Oreocnide rubescens 红紫麻 Red Oreocnide
Oreorchis erythrochrysea 短梗山兰 Shortpedicel Oreorchis
Oreorchis fargesii 长叶山兰 Farges Oreorchis
Oreorchis patens 山兰 Common Oreorchis
Oreosolen wattii 藏玄参 Watt Oreosolen
Oresitrophe rupifraga 独根草 Cliff Oresitrophe
Origanum vulgare 牛至 Oregano
Orixa japonica 臭常山 Japanese Orixa
Ormosia fordiana 肥荚红豆 Ford Ormosia
Ormosia glaberrima 光叶红豆 Glabrous-Leaf Ormosia
Ormosia henryi 花榈木 Henry Ormosia
Ormosia hosiei 红豆树 Hosie Ormosia
Ormosia indurata 韧荚红豆 Hardpod Ormosia
Ormosia nuda 秃叶红豆 Nakedleaf Ormosia
Ornithoboea wildeana 滇桂喜鹊苣苔 Wilde Ornithoboea
Ornithochilus difformis 羽唇兰 Brown Ornithochilus
Orobanche aegyptiaca 分枝列当 Egyptian Broomrape
Orobanche amoena 美丽列当 Pretty Broomrape
Orobanche cernua 弯管列当 Nodding Broomrape
Orobanche clarkei 西藏列当 Clarke Broomrape
Orobanche coerulescens 列当 Sky-Blue Broomrape
Orobanche megalantha 大花列当 Largeflower Broomrape
Orobanche pycnostachya 黄花列当 Yellowflower Broomrape
Orobanche pycnostachya var. amurensis 黑水列当 Amur Broomrape
Orobanche yunnanensis 滇列当 Yunnan Broomrape
Orostachys cartilaginea 狼爪瓦松 Gristly Orostachys
Orostachys chanetii 塔花瓦松 Chanet's Orostachys
Orostachys fimbriata 瓦松 Fimbriate Orostachys
Orostachys japonica 日本瓦松 Rock Pine
Orostachys malacophylla 钝叶瓦松 Green Dunce Cap
Orostachys spinosa 黄花瓦松 Spinose Orostachys
Orostachys thyrsiflora 小苞瓦松 Thyrse-Flowered Orostachys
Oroxylum indicum 木蝴蝶 Indian Trumpet Flower
Orthosiphon marmoritis 石生鸡脚参 Saxicolous Orthosiphon
Orthosiphon rubicundus var. hainanensis 海南深红鸡脚参 Hainan Orthosiphon
Orthosiphon wulfenioides 鸡脚参 Wulfenia-Like Orthosiphon
Orthosiphon wulfenioides var. foliosus 鸡肝花 Stemleaf Orthosiphon
Oryza sativa 稻 Rice
Oryza sativa subsp. indica 籼稻 Indian Rice
Oryza sativa subsp. japonica 粳稻 Japanese Rice
Oryza sativa var. glutinosa 糯稻 Glutinous Rice
Osbeckia chinensis 金锦香 Chinese Osbeckia
Osbeckia chinensis var. angustifolia 宽叶金锦香 Narrowleaf Osbeckia
Osbeckia crinita 假朝天罐 Wideleaf Osbeckia
Osbeckia mairei 三叶金锦香 Maire Osbeckia
Osbeckia nepalensis 蚂蚁花 Nepal Osbeckia
Osbeckia opipara 朝天罐 Sumptuous Osbeckia
Osbeckia paludosa 湿生金锦香 Wetland Osbeckia
Osbeckia pulchra 响铃金锦香 Beautiful Osbeckia
Osbeckia rostrata 秃金锦香 Rostrate Osbeckia
Osbeckia sikkimensis 星毛金锦香 Sikkim Osbeckia
Osmanthus armatus 红柄木犀 Chinese Osmanthus
Osmanthus cooperi 宁波木犀 Cooper Osmanthus
Osmanthus delavayi 山桂花 Delavay Osmanthus
Osmanthus fragrans 木犀 Sweet Osmanthus
Osmanthus heterophyllus 柊树 Diversifolious Osmanthus
Osmanthus marginatus 厚边木犀 Marginate Osmanthus
Osmanthus matsumuranus 牛矢果 Taiwan Osmanthus
Osmanthus yunnanensis 野桂花 Yunnan Osmanthus
Osmorhiza aristata 香根芹 Aristate Sweetroot
Osmorhiza aristata var. laxa 疏叶香根芹 Laxleaf Sweetroot

Osmunda cinnamomea 分株紫萁 Cinnamon Fern
Osmunda cinnamomea var. asiatica 分株紫萁 Asian Cinnamon Fern
Osmunda cinnamomea var. fokienense 南方紫萁 Fokien Cinnamon Fern
Osmunda claytoniana var. pilosa 绒紫萁 Pilose Interrupted Fern
Osmunda japonica 紫萁 Japanese Royal Fern
Osmunda javanica 宽叶紫萁 Java Royal Fern
Osmunda vachellii 华南紫萁 Vachel's Royal Fern
Osteomeles schwerinae 华西小石积 Chinese Bonyberry
Ostericum citriodorum 隔山香 Lemonfragrant Angelica
Ostericum grosseserratum 大齿山芹 Bigtooth Hillcelery
Ostericum maximowiczii 全叶山芹 Maximowicz Hillcelery
Ostericum maximowiczii var. australe 大全叶山芹 Large Maximowicz Hillcelery
Ostericum scaberulum 疏毛山芹 Sparsehair Hillcelery
Ostericum sieboldii 山芹 Hillcelery
Ostryopsis davidiana 虎榛子 David Ostryopsis
Ostryopsis nobilis 滇虎榛 Yunnan Ostryopsis
Osyris quadripartita 沙针 Rock Tannin-Bush
Ottelia acuminata 海菜花 Acuminate Ottelia
Ottelia alismoides 龙舌草 Duck Lettuce
Oudemansiella mucida 白环黏奥德蘑 Poached Egg Fungus, Porcelain Fungus, Slimy Beech Cap
Oudemansiella radicata 长根奥德蘑 Rooting Shank
Oxalis acetosella 白花酢浆草 Wood Sorrel
Oxalis acetosella subsp. griffithii 山酢浆草 Griffith Wood Sorrel
Oxalis acetosella subsp. japonica 三角酢浆草 Triangular Wood Sorrel
Oxalis bowiei 大花酢浆草 Bowie's Wood Sorrel
Oxalis corniculata 酢浆草 Creeping Wood Sorrel
Oxalis corniculata var. stricta 直酢浆草 Yellow Wood Sorrel
Oxalis corymbosa 红花酢浆草 Corymbose Wood Sorrel
Oxybaphus himalaicus 山紫茉莉 Himalayan Four-O'clock
Oxybaphus himalaicus var. chinensis 中华山紫茉莉 Chinese Four-O'clock
Oxygraphis glacialis 鸦跖花 Common Oxygraphis
Oxyporus corticola 树皮酸味菌 Weke Poria
Oxyria digyna 山蓼 Kidneyleaf Mountainsorrel
Oxyria sinensis 中华山蓼 Chinese Mountainsorrel
Oxyspora paniculata 尖子木 Bristletips
Oxyspora vagans 刚毛尖子木 Hispid Oxyspora
Oxystelma esculentum 尖槐藤 Edible Oxystelma
Oxytropis aciphylla 猫头刺 Spinyleaf Crazyweed
Oxytropis anertii 长白棘豆 Changbai Crazyweed
Oxytropis bicolor 地角儿苗 Bicolor Crazyweed
Oxytropis caerulea 蓝花棘豆 Skyblueflower Crazyweed
Oxytropis deflexa 急弯棘豆 Deflexed Crazyweed
Oxytropis falcata 镰荚棘豆 Falcate Crazyweed
Oxytropis glabra 小花棘豆 Glabrous Crazyweed
Oxytropis hirta 硬毛棘豆 Hirsute Crazyweed
Oxytropis kansuensis 甘肃棘豆 Kansu Crazyweed
Oxytropis latibracteata 宽苞棘豆 Broadbract Crazyweed
Oxytropis leptophylla 山泡泡 Thinleaf Crazyweed
Oxytropis melanocalyx 黑萼棘豆 Blackcalyx Crazyweed
Oxytropis microphylla 臭棘豆 Whorlleaf Crazyweed
Oxytropis myriophylla 多叶棘豆 Denseleaf Crazyweed
Oxytropis ochrocephala 黄花棘豆 Yellowflower Crazyweed
Oxytropis oxyphylla 尖叶棘豆 Sharpleaf Crazyweed
Oxytropis racemosa 砂珍棘豆 Sandliving Crazyweed
Oxytropis tragacanthoides 胶黄耆状棘豆 Milkvetch-Like Crazyweed
Oxytropis yunnanensis 云南棘豆 Yunnan Crazyweed
Oyama globosa 毛叶天女花 Hairyleaf Oyama
Oyama sieboldii 天女花 Oyama Magnolia
Oyama sinensis 圆叶天女花 Roundleaf Oyama
Oyama wilsonii 西康天女花 Wilson Oyama

P

Pachygone sinica 粉绿藤 Chinese Pachygone
Pachygone valida 肾子藤 Common Pachygone
Pachyrhizus erosus 豆薯 Yam Bean
Pachysandra axillaris 板凳果 Axillaryflower Pachysandra
Pachysandra axillaris var. glaberrima 光叶板凳果 Smoothleaf Pachysandra
Pachysandra axillaris var. stylosa 多毛板凳果 Hairy Pachysandra
Pachysandra terminalis 顶花板凳果 Japanese Pachysandra
Pachystoma pubescens 粉口兰 Pubescent Pachystoma
Padus avium 稠李 European Bird Cherry
Padus avium var. asiatica 北亚稠李 Asiatic Bird Cherry
Padus avium var. pubescens 毛叶稠李 Hairyleaf Bird Cherry
Padus brachypoda 短梗稠李 Shortstalk Bird Cherry
Paederia cavaleriei 耳叶鸡矢藤 Cavalerie Fevervine
Paederia foetida 鸡矢藤 Chinese Fevervine
Paederia pertomentosa 白毛鸡矢藤 White-Haired Fevervine
Paederia yunnanensis 云南鸡矢藤 Yunnan Fevervine
Paeonia anomala 窄叶芍药 Ural Peony
Paeonia anomala subsp. veitchii 川赤芍 Veitch Peony
Paeonia decomposita 四川牡丹 Szechuan Peony
Paeonia delavayi 滇牡丹 Delavay Peony
Paeonia emodi 多花芍药 Himalayan Peony
Paeonia intermedia 块根芍药 Tuberousroot Peony
Paeonia jishanensis 矮牡丹 Dwarf Subshrubby Peony
Paeonia lactiflora 芍药 Common Peony
Paeonia mairei 美丽芍药 Maire Peony
Paeonia obovata 草芍药 Obovata Peony
Paeonia obovata subsp. willmottiae 毛叶草芍药 Villose Peony
Paeonia ostii 凤丹 Osti's Tree Peony
Paeonia qiui 卵叶牡丹 Ovate-Leaved Peony
Paeonia rockii 紫斑牡丹 Poppy Tree Peony
Paeonia rotundiloba 圆裂四川牡丹 Round-Lobed Peony
Paeonia suffruticosa 牡丹 Subshrubby Peony
Palhinhaea cernua 垂穗石松 Staghorn Clubmoss, Nodding Clubmoss
Paliurus hemsleyanus 铜钱树 Hemsley Paliurus
Paliurus hirsutus 硬毛马甲子 Hirsute Paliurus
Paliurus ramosissimus 马甲子 Branchy Paliurus
Panax bipinnatifidus 羽叶三七 Bipinnate-Leaved Ginseng
Panax bipinnatifidus var. angustifolius 狭叶假人参 Narrow-Leaved Ginseng
Panax ginseng 人参 Ginseng
Panax japonicus 竹节参 Japanese Ginseng
Panax japonicus var. major 珠子参 Moniliform Ginseng
Panax notoginseng 三七 Notoginseng, Sanchi, Tienchi Ginseng
Panax pseudoginseng 假人参 Himalayan Ginseng, Nepal Ginseng, Pseudoginseng
Panax quinquefolius 西洋参 American Ginseng
Panax stipuleanatus 屏边三七 Pinpien Ginseng
Panax zingiberensis 姜状三七 Ginger-Like Ginseng
Pandanus austrosinensis 露兜草 South China Screwpine

Pandanus fibrosus 小露兜 Gressitt Screwpine
Pandanus furcatus 分叉露兜 Furcate Screwpine
Pandanus tectorius 露兜树 Thatch Screwpine
Pandanus tectorius var. sinensis 林投 Chinese Screwpine
Panellus stipticus 鳞皮扇菇 Stypic Fungus, Styptic Panus
Panicum miliaceum 稷 Common Millet
Panicum notatum 心叶稷 Mountain Panicgrass
Panicum repens 铺地黍 Torpedograss
Panzerina lanata var. alaschanica 脓疮草 Alaschan Panzerina
Papaver canescens 灰毛罂粟 Grey-Haired Poppy
Papaver nudicaule 光果野罂粟 Smoothfruit Poppy
Papaver nudicaule var. aquilegioides 光果野罂粟 Smoothfruit Poppy
Papaver nudicaule var. aquilegioides f. amurense 黑水罂粟 Amur Poppy
Papaver pavoninum 黑环罂粟 Peacock Poppy
Papaver radicatum var. pseudoradicatum 长白山罂粟 Changbaishan Poppy
Papaver rhoeas 虞美人 Corn Poppy
Papaver somniferum 罂粟 Opium Poppy
Paphiopedilum appletonianum 卷萼兜兰 Rolledsepal Paphyiopedilum
Paphiopedilum concolor 同色兜兰 Concolor Paphiopedilum
Paphiopedilum dianthum 长瓣兜兰 Longpetal Paphiopedilum
Paphiopedilum insigne 波瓣兜兰 Splendid Paphiopedilum
Paphiopedilum micranthum 硬叶兜兰 Silver Slipper Orchid
Paphiopedilum parishii 飘带兜兰 Parish Paphiopedilum
Papilionanthe teres 凤蝶兰 Tereteleaf Papilionanthe
Parabaena sagittata 连蕊藤 Sagittate Parabaena
Paraboea crassifolia 厚叶蛛毛苣苔 Thickleaf Paraboea
Paraboea dictyoneura 网脉蛛毛苣苔 Net-Veined Paraboea
Paraboea martinii 髯丝蛛毛苣苔 Martini Paraboea
Paraboea rufescens 锈色蛛毛苣苔 Rustyhair Paraboea
Paraboea sinensis 蛛毛苣苔 Chinese Paraboea
Paraboea swinhoei 锥序蛛毛苣苔 Swinhoe Paraboea
Paragymnopteris bipinnata var. auriculata 耳羽拟金毛裸蕨 Auricular-Pinna Goldenhair Naked Fern
Paragymnopteris vestita 拟金毛裸蕨 Goldenhair Naked Fern
Paraixeris denticulata 黄瓜菜 Denticulate Paraixeris
Paraixeris humifusa 心叶黄瓜菜 Humifuse Ixeris
Paraixeris serotina 尖裂黄瓜菜 Serotinous Ixeris
Parameria laevigata 长节珠 Laevigate Parameria
Paraphlomis albiflora 白花假糙苏 Whiteflower Paraphlomis
Paraphlomis gracilis 纤细假糙苏 Slender Paraphlomis
Paraphlomis javanica 假糙苏 Java Paraphlomis
Paraphlomis javanica var. angustifolia 狭叶假糙苏 Narrowleaf Java Paraphlomis
Paraphlomis javanica var. coronata 小叶假糙苏 Littleleaf Java Paraphlomis
Paraprenanthes sororia 假福王草 Common Paraprenanthes
Paraprenanthes sylvicola 林生假福王草 Woodland Paraprenanthes
Paraquilegia anemonoides 乳突拟耧斗菜 Anomone-Like Paraquilegia
Paraquilegia microphylla 拟耧斗菜 Little-Leaf Paraquilegia
Pararuellia delavayana 地皮消 Delavay's Ruellia
Parasenecio ainsliaeflorus 兔儿风蟹甲草 Whiteflower Parasenecio
Parasenecio ambiguus 两似蟹甲草 Doubtful Parasenecio
Parasenecio auriculatus 耳叶蟹甲草 Auriculate Parasenecio
Parasenecio bulbiferoides 珠芽蟹甲草 Bulbiferous Parasenecio
Parasenecio delphiniifolius 翠雀叶蟹甲草 Larkspurleaf Parasenecio
Parasenecio deltophyllus 三角叶蟹甲草 Deltoidleaf Parasenecio
Parasenecio hastatus 山尖子 Hastate Parasenecio
Parasenecio hastatus var. glaber 无毛山尖子 Glabrous Hastate Parasenecio
Parasenecio latipes 阔柄蟹甲草 Broadpetiole Parasenecio
Parasenecio leucocephalus 白头蟹甲草 Whitehead Parasenecio
Parasenecio otopteryx 耳翼蟹甲草 Earwing Parasenecio
Parasenecio palmatisectus 掌裂蟹甲草 Palmately-Lobed Parasenecio
Parasenecio petasitoides 蜂斗菜状蟹甲草 Petasites-Like Parasenecio
Parasenecio profundorum 深山蟹甲草 Large Parasenecio
Parasenecio roborowskii 蛛毛蟹甲草 Roborowski's Parasenecio
Parasenecio rubescens 矢镞叶蟹甲草 Rubescent Parasenecio
Parasola plicatilis 褶纹近地伞 Japanese Umbrella Inky
Parathelypteris glanduligera 金星蕨 Goldenstar Fern
Parathelypteris nipponica 中日金星蕨 Japanese Goldenstar Fern
Parietaria micrantha 墙草 Smallflower Pellitory
Paris bashanensis 巴山重楼 Pashan Paris
Paris cronquistii 凌云重楼 Cronquist Paris
Paris dunniana 海南重楼 Hainan Paris
Paris fargesii 球药隔重楼 Farges Paris
Paris fargesii var. petiolata 具柄重楼 Petiolate Paris
Paris forrestii 长柱重楼 Forrest Paris
Paris luquanensis 禄劝花叶重楼 Luquan Paris
Paris mairei 毛重楼 Maire Paris
Paris marmorata 花叶重楼 Variegatedleaf Paris
Paris polyphylla 七叶一枝花 Manyleaf Paris
Paris polyphylla var. chinensis 华重楼 Chinese Paris
Paris polyphylla var. latifolia 宽叶重楼 Broadleaf Paris
Paris polyphylla var. pseudothibetica 长药隔重楼 False Tibetan Paris
Paris polyphylla var. stenophylla 狭叶重楼 Narrowleaf Paris
Paris polyphylla var. yunnanensis 宽瓣重楼 Yunnan Paris
Paris quadrifolia 四叶重楼 Herb Paris
Paris thibetica 黑籽重楼 Tibetan Paris
Paris thibetica var. apetala 无瓣黑籽重楼 Apetalous Paris
Paris vaniotii 平伐重楼 Vaniot Paris
Paris verticillata 北重楼 Whorled Paris
Paris wenxianensis 文县重楼 Wenxian Paris
Parkia timoriana 球花豆 Tree Bean
Parkinsonia aculeata 扁轴木 Jerusalem Thorn
Parmelia saxatilis 石梅衣 Salted Shield Lichen
Parmelina quercina 栎黄髓梅衣 Fringed Shield Lichen
Parmentiera aculeata 可食蜡烛果 Guajilote
Parmotrema tinctorum 大叶梅衣 Palm Ruffle Lichen
Parnassia bifolia 双叶梅花草 Doubleleaf Parnassia
Parnassia brevistyla 短柱梅花草 Shortstyle Parnassia
Parnassia crassifolia 鸡心梅花草 Thickleaf Parnassia
Parnassia davidii 大卫梅花草 David Parnassia
Parnassia delavayi 突隔梅花草 Delavay Parnassia
Parnassia farreri 长爪梅花草 Longclaw Parnassia
Parnassia foliosa 白耳菜 Foliosous Parnassia
Parnassia laxmannii 新疆梅花草 Xinjiang Parnassia
Parnassia lutea 黄花梅花草 Yellowpetal Parnassia
Parnassia mysorensis 凹瓣梅花草 Emarginate-Petaled Parnassia
Parnassia oreophila 细叉梅花草 Mountain-Loving Parnassia
Parnassia palustris 梅花草 Marsh Grass-of-Parnassus
Parnassia palustris var. multiseta 多枝梅花草 Manybranch Parnassia
Parnassia trinervis 三脉梅花草 Threenerve Parnassia
Parnassia viridiflora 绿花梅花草 Greenflower Parnassia
Parnassia wightiana 鸡眼梅花草 Wight Parnassia

Parochetus communis 紫雀花 Shamrock Pea
Parsonsia alboflavescens 海南同心结 Smooth Parsonsia
Parsonsia goniostemon 广西同心结 Guangxi Parsonsia
Parthenium hysterophorus 银胶菊 Santa Maria Feverfew
Parthenocissus henryana 花叶地锦 Silvervein Creeper
Parthenocissus laetevirens 绿叶地锦 Shiny Green Creeper
Parthenocissus quinquefolia 五叶地锦 Virginia Creeper
Parthenocissus semicordata 三叶地锦 Himalayan Creeper
Parthenocissus semicordata var. rubrifolia 红三叶地锦 Red Himalayan Creeper
Parthenocissus suberosa 栓翅地锦 Winged-Stem Creeper
Parthenocissus tricuspidata 地锦 Japanese Creeper
Paspalum conjugatum 两耳草 Hilograss
Paspalum orbiculare 圆果雀稗 Ditch Millet
Paspalum paspalodes 双穗雀稗 Twospike Paspalum
Paspalum scrobiculatum 鸭乸草 Kodo Millet
Paspalum thunbergii 雀稗 Japanese Paspalum
Passiflora altebilobata 月叶西番莲 Moonleaf Passonflower
Passiflora caerulea 西番莲 Blue Passionflower, Bluecrown Passionflower, Passionflower
Passiflora cupiformis 杯叶西番莲 Cupleaf Passionflower
Passiflora edulis 鸡蛋果 Purple Passionfruit
Passiflora foetida 龙珠果 Stinking Passionflower, Scarlet-Fruit Passionflower
Passiflora gracilis 细柱西番莲 Crinkled Passionflower
Passiflora henryi 圆叶西番莲 Roundleaf Passionflower
Passiflora jugorum 山峰西番莲 Jugor Passionflower
Passiflora kwangtungensis 广东西番莲 Kwangtung Passionflower
Passiflora laurifolia 樟叶西番莲 Golden Bellapple
Passiflora moluccana var. teysmanniana 蛇王藤 Teysmannia Passionflower
Passiflora papilio 蝴蝶藤 Butterfly Passionflower
Passiflora quadrangularis 大果西番莲 Giant Granadilla
Passiflora rhombiformis 菱叶西番莲 Rhombus-Leaf Passionflower
Passiflora tonkinensis 长叶蛇王藤 Tokin Passionflower
Passiflora wilsonii 镰叶西番莲 Wilson Passionflower
Patrinia heterophylla 墓头回 Diversifolius Patrinia
Patrinia monandra 少蕊败酱 Fewstamen Patrinia
Patrinia rupestris 岩败酱 Cliff Patrinia
Patrinia scabiosifolia 败酱 Dahurian Patrinia
Patrinia scabra 糙叶败酱 Scabrous Patrinia
Patrinia sibirica 西伯利亚败酱 Siberian Patrinia
Patrinia speciosa 秀苞败酱 Showy Patrinia
Patrinia villosa 攀倒甑 Whiteflower Patrinia
Pauldopia ghorta 翅叶木 Pauldopia
Paulownia elongata 兰考泡桐 Elongate Paulownia
Paulownia fargesii 川泡桐 Farges Paulownia
Paulownia fortunei 白花泡桐 Fortune Pwulowina
Paulownia kawakamii 台湾泡桐 Kawakami Paulownia
Paulownia tomentosa 毛泡桐 Princess Tree
Paulownia tomentosa var. tsinlingensis 光泡桐 Tsinling Paulowinia
Pavetta arenosa 大沙叶 Sand Pavetta
Pavetta hongkongensis 香港大沙叶 Hongkong Pavetta
Paxillus involutus 卷边网褶菌 Poison Pax
Pecteilis susannae 龙头兰 Susanna's Pecteilis
Pedicularis alaschanica 阿拉善马先蒿 Alaschan Lousewort
Pedicularis altaica 阿尔泰马先蒿 Altai Lousewort
Pedicularis anas 鸭首马先蒿 Duckhead Lousewort
Pedicularis anas var. tibetica 西藏鸭首马先蒿 Tibetan Duckhead Lousewort
Pedicularis angustiloba 狭裂马先蒿 Narrowlobe Lousewort
Pedicularis armata 刺齿马先蒿 Spinytooth Lousewort
Pedicularis artselaeri 短茎马先蒿 Shortstem Lousewort
Pedicularis cephalantha 头花马先蒿 Headflower Lousewort
Pedicularis cernua 俯垂马先蒿 Drooping Lousewort
Pedicularis cheilanthifolia 碎米蕨叶马先蒿 Lipfernleaf Lousewort
Pedicularis chenocephala 鹅首马先蒿 Goosehead Lousewort
Pedicularis chinensis 中国马先蒿 Chinese Lousewort
Pedicularis comptoniifolia 四叶马先蒿 Fourleaf Lousewort
Pedicularis confertiflora 聚花马先蒿 Denseflower Lousewort
Pedicularis corydaloides 拟紫堇马先蒿 Corydalis-Like Lousewort
Pedicularis cranolopha 凸额马先蒿 Cristate-Galea Lousewort
Pedicularis cranolopha var. longicornuta 长角凸额马先蒿 Longhorn Cristate-Galea Lousewort
Pedicularis croizatiana 凹唇马先蒿 Concavelip Lousewort
Pedicularis davidii 扭盔马先蒿 David Lousewort
Pedicularis decora 美观马先蒿 Elegant Lousewort
Pedicularis decorissima 极丽马先蒿 Beautiful Lousewort
Pedicularis dichotoma 二歧马先蒿 Dichotomous Lousewort
Pedicularis dissecta 全裂马先蒿 Cutleaf Lousewort
Pedicularis dolichocymba 长舟马先蒿 Longcymba Lousewort
Pedicularis dunniana 等唇马先蒿 Dunn Lousewort
Pedicularis elwesii 裹盔马先蒿 Elwes Lousewort
Pedicularis fargesii 华中马先蒿 Farges Lousewort
Pedicularis ganpinensis 平坝马先蒿 Ganpin Lousewort
Pedicularis gracilis subsp. sinensis 中华纤细马先蒿 Chinese Slender Lousewort
Pedicularis grandiflora 野苏子 Largeflower Lousewort
Pedicularis henryi 江南马先蒿 Henry Lousewort
Pedicularis ingens 硕大马先蒿 Giant Lousewort
Pedicularis integrifolia 全叶马先蒿 Entireleaf Lousewort
Pedicularis integrifolia subsp. integerrima 全缘马先蒿 Entiremargin Lousewort
Pedicularis kansuensis 甘肃马先蒿 Kansu Lousewort
Pedicularis kansuensis subsp. kansuensis f. albiflora 白花甘肃马先蒿 Whiteflower Kansu Lousewort
Pedicularis kansuensis subsp. kokonorica 青海甘肃马先蒿 Kokonor Lousewort
Pedicularis koueytchensis 滇东马先蒿 East Yunnan Lousewort
Pedicularis labordei 西南马先蒿 Laborde Lousewort
Pedicularis lachnoglossa 绒舌马先蒿 Woollytongue Lousewort
Pedicularis lasiophrys 毛颏马先蒿 Woollychin Lousewort
Pedicularis longicaulis 长茎马先蒿 Longstem Lousewort
Pedicularis longiflora 长花马先蒿 Longflower Lousewort
Pedicularis longiflora var. tubiformis 斑唇马先蒿 Punctatelip Lousewort
Pedicularis macrosiphon 大管马先蒿 Bigtube Lousewort
Pedicularis mandshurica 鸡冠子花 Manchurian Lousewort
Pedicularis megalantha 硕花马先蒿 Largeflower Lousewort
Pedicularis muscicola 藓生马先蒿 Muscicolous Lousewort
Pedicularis muscoides 藓状马先蒿 Moss-Like Lousewort
Pedicularis nasturtiifolia 蔊菜叶马先蒿 Yellowcressleaf Lousewort
Pedicularis nigra 黑马先蒿 Black Lousewort
Pedicularis oederi 广布马先蒿 Oeder Lousewort
Pedicularis oederi var. sinensis 华马先蒿 Chinese Oeder Lousewort
Pedicularis oliveriana 背茸马先蒿 Oliver Lousewort
Pedicularis omiiana 峨嵋马先蒿 Omei Lousewort
Pedicularis palustris 沼生马先蒿 Marsh Lousewort

Pedicularis palustris subsp. karoi 卡氏沼生马先蒿 Karo Marsh Lousewort
Pedicularis phaceliifolia 菊叶马先蒿 Phacelialeaf Lousewort
Pedicularis polyodonta 多齿马先蒿 Manytooth Lousewort
Pedicularis princeps 高超马先蒿 Distinguished Lousewort
Pedicularis przewalskii 青海马先蒿 Przewalski Lousewort
Pedicularis przewalskii subsp. australis 南方青海马先蒿 South Przewalsk Lousewort
Pedicularis przewalskii subsp. microphyton 矮小青海马先蒿 Small Przewalsk Lousewort
Pedicularis pseudoingens 假硕大马先蒿 Flase Giant Lousewort
Pedicularis resupinata 返顾马先蒿 Resupinate Lousewort
Pedicularis resupinata subsp. crassicaulis 粗茎返顾马先蒿 Thickstem Resupinate Lousewort
Pedicularis rhinanthoides 拟鼻花马先蒿 Noseflower-Like Lousewort
Pedicularis rhinanthoides subsp. labellata 大唇拟鼻花马先蒿 Largelip Noseflower-Like Lousewort
Pedicularis roborowskii 聚齿马先蒿 Roborowski Lousewort
Pedicularis roylei 肉根马先蒿 Royle Lousewort
Pedicularis rudis 粗野马先蒿 Rough Lousewort
Pedicularis semitorta 半扭卷马先蒿 Halftwisted Lousewort
Pedicularis siphonantha 管花马先蒿 Tubeflower Lousewort
Pedicularis songarica 准噶尔马先蒿 Dzungarian Lousewort
Pedicularis spicata 穗花马先蒿 Spicate Lousewort
Pedicularis striata 红纹马先蒿 Redstriate Lousewort
Pedicularis superba 华丽马先蒿 Magnificent Lousewort
Pedicularis szetschuanica 四川马先蒿 Szechuan Lousewort
Pedicularis tenuisecta 纤裂马先蒿 Slenderlobe Lousewort
Pedicularis ternata 三叶马先蒿 Threeleaf Lousewort
Pedicularis thamnophila 灌丛马先蒿 Thicket Lousewort
Pedicularis torta 扭旋马先蒿 Twisted Lousewort
Pedicularis trichoglossa 毛盔马先蒿 Hairygalea Lousewort
Pedicularis tristis 阴郁马先蒿 Dullcolour Lousewort
Pedicularis verbenifolia 马鞭草叶马先蒿 Vervainleaf Lousewort
Pedicularis verticillata 轮叶马先蒿 Whorledleaf Lousewort
Pedicularis verticillata subsp. tangutica 唐古特轮叶马先蒿 Tangutan Lousewort
Pedicularis vialii 举喙马先蒿 Vial Lousewort
Pedicularis yunnanensis 云南马先蒿 Yunnan Lousewort
Pedilanthus tithymaloides 红雀珊瑚 Devil's Backbone
Pegaeophyton scapiflorum 单花荠 Acaulescent Pegaeophyton
Peganum harmala 骆驼蓬 Syrian Rue
Peganum multisectum 多裂骆驼蓬 Mutilfid Peganum
Peganum nigellastrum 骆驼蒿 Little Peganum
Pegia nitida 藤漆 Shining Pegia
Pegia sarmentosa 利黄藤 Sarmentose Pegia
Pelargonium graveolens 香叶天竺葵 Rose Geranium
Pelargonium hortorum 天竺葵 Common Geranium
Peliosanthes macrostegia 大盖球子草 Largebract Peliosanthes
Peliosanthes ophiopogonoides 长苞球子草 Longbract Peliosanthes
Peliosanthes sinica 匍匐球子草 Chinese Peliosanthes
Peliosanthes teta 簇花球子草 Clustered Peliosanthes
Pellaea nitidula 旱蕨 Xeric Cliffbrake
Pellaea smithii 西南旱蕨 Smith Cliffbrake
Pellionia heteroloba 异被赤车 Irregularflower Pellionia
Pellionia latifolia 长柄赤车 Broadleaf Pellonia
Pellionia radicans 赤车 Radicant Pellionia
Pellionia repens 吐烟花 Creeping Pellionia
Pellionia scabra 蔓赤车 Rough Pellionia
Pellionia viridis 绿赤车 Green Pellionia
Peltigera aphthosa 绿皮地卷衣 Common Freckle Pelt, Felt Lichen
Pennisetum alopecuroides 狼尾草 Chinese Fountain Grass
Pennisetum americanum 御谷 Pearl Millet
Pennisetum centrasiaticum 白草 Whitegrass
Pentacoelium bontioides 苦槛蓝 Pentacoelium
Pentanema indicum 苇谷草 Indian Pentanema
Pentanema indicum var. hypoleucum 白背苇谷草 Whiteleaf Indian Pentanema
Pentapetes phoenicea 午时花 Noon Flower
Pentasachme caudatum 石萝藦 Caudate Pentasachme
Penthorum chinense 扯根菜 Chinese Penthorum
Peperomia blanda 石蝉草 Arid-Land Peperomia
Peperomia cavaleriei 硬毛草胡椒 Hispid Peperomia
Peperomia heyneana 蒙自草胡椒 Mengzi Peperomia
Peperomia pellucida 草胡椒 Shiny Peperomia
Peperomia tetraphylla 豆瓣绿 Acorn Peperomia
Peracarpa carnosa 袋果草 Fleshy Peracarp
Peranema cyatheoides 柄盖蕨 Peranema
Peranema cyatheoides var. luzonicum 东亚柄盖蕨 Luzon Peranema
Perenniporia subacida 微酸多年菌 Stringy Butt Rot
Pericallis hybrida 瓜叶菊 Common Ragwort
Pericampylus glaucus 细圆藤 Grey-Blue Pericampylus
Perilla frutescens 紫苏 Perilla
Perilla frutescens var. crispa 回回苏 Wrinkled Perilla
Perilla frutescens var. purpurascens 野生紫苏 Wild Perilla
Periploca calophylla 青蛇藤 Pretty-Leaved Silk Vine
Periploca forrestii 黑龙骨 Forrest Silk Vine
Periploca sepium 杠柳 Chinese Silk Vine
Periploca tsangii 大花杠柳 Tsiang Silk Vine
Peripterygium platycarpum 大心翼果 Broadfruit Peripterygium
Peristrophe bivalvis 观音草 Noja leaf
Peristrophe japonica 九头狮子草 Japanese Peristrophe
Peristrophe paniculata 双萼观音草 Paniculate Peristrophe
Peristylus affinis 小花阔蕊兰 Sampson Peristylus
Peristylus bulleyi 条叶阔蕊兰 Bulley's Peristylus
Peristylus coeloceras 凸孔阔蕊兰 Hollowhorn Peristylus
Peristylus densus 狭穗阔蕊兰 Narrowspike Peristylus
Peristylus forceps 一掌参 Forcipate Peristylus
Peristylus goodyeroides 阔蕊兰 Greenflower Peristylus
Peristylus tentaculatus 触须阔蕊兰 Tentaculate Peristylus
Perrottetia racemosa 核子木 Racemose Perrottetia
Persea americana 鳄梨 Alligator Pear
Pertya discolor 两色帚菊 Bicolor Pertya
Petasites japonicus 蜂斗菜 Japanese Butterbur
Petasites tricholobus 毛裂蜂斗菜 Hairylobe Butterbur
Petrocodon dealbatus 石山苣苔 Petrocodon
Petrocosmea nervosa 显脉石蝴蝶 Nerved Petrocosmea
Petrocosmea sinensis 中华石蝴蝶 Chinese Petrocosmea
Petroselinum crispum 欧芹 Parsley
Petunia hybrida 碧冬茄 Petunia
Peucedanum dielsianum 竹节前胡 Diels Hogfennel
Peucedanum elegans 刺尖前胡 Elegant Hogfennel
Peucedanum formosanum 台湾前胡 Taiwan Hogfennel
Peucedanum guangxiense 广西前胡 Guangxi Hogfennel
Peucedanum harry-smithii 华北前胡 North China Hogfennel
Peucedanum harry-smithii var. subglabrum 少毛北前胡 Fewhair North China Hogfennel
Peucedanum japonicum 滨海前胡 Japanese Hogfennel

P

Peucedanum ledebourielloides 华山前胡 Huashan Hogfennel
Peucedanum mashanense 马山前胡 Mashan Hogfennel
Peucedanum medicum 华中前胡 Central Chinese Hogfennel
Peucedanum medicum var. gracile 岩前胡 Rock Hogfennel
Peucedanum morisonii 准噶尔前胡 Dzungarian Hogfennel
Peucedanum praeruptorum 前胡 Whiteflower Hogfennel
Peucedanum rubricaule 红前胡 Red Hogfennel
Peucedanum terebinthaceum 石防风 Terebinthaceous Hogfennel
Peucedanum terebinthaceum var. deltoideum 宽叶石防风 Broadleaf Terebinthaceous Hogfennel
Peucedanum turgeniifolium 长前胡 Turgenialeaf Hogfennel
Peucedanum wawrae 泰山前胡 Taishan Hogfennel
Phacellanthus tubiflorus 黄筒花 Tube-Flowered Phacellanthus
Phaenosperma globosa 显子草 Waterfall Millet
Phaius flavus 黄花鹤顶兰 Yellowflower Phaius
Phaius tankervilliae 鹤顶兰 Tankerville's Phaius
Phalaenopsis wilsonii 华西蝴蝶兰 Wilson Phalaenopsis
Phalaris arundinacea 虉草 Reed Canarygrass
Phallus impudicus 白鬼笔 White Stinkhorn
Phallus rubicundus 红鬼笔 Red Stinkhorn
Phanerophlebiopsis blinii 粗齿黔蕨 Blin Phanephlebiopsis
Phaseolus lunatus 棉豆 Sieve Bean
Phaseolus vulgaris 菜豆 Common Bean
Phedimus aizoon 费菜 Aizoon Stonecrop
Phedimus hybridus 杂交景天 Hybrid Stonecrop
Phedimus kamtschaticus 堪察加景天 Orange Stonecrop
Phedimus middendorffianus 吉林费菜 Jilin Stonecrop
Phedimus odontophyllus 齿叶费菜 Toothleaf Stonecrop
Phegopteris decursive-pinnata 延羽卵果蕨 Japanese Beech Fern
Phellinus conchatus 贝状木层孔菌 Shelfish Polyporus
Phellinus igniarius 桑黄 Willow Bracket
Phellinus linteus 裂蹄木层孔菌 Cracked-Cap Polyporus
Phellinus pini 松木层孔菌 Pine Polyporus
Phellinus rimosus 缝裂木层孔菌 Cracked-Cap Polyporus
Phellodendron amurense 黄檗 Amur Corktree
Phellodendron chinense 川黄檗 Chinese Corktree
Phellodendron chinense var. glabriusculum 秃叶黄檗 Glabrousleaf Corktree
Philadelphus brachybotrys 短序山梅花 Short-Inflorescenced Mockorange
Philadelphus delavayi 云南山梅花 Delavay Mock Orange
Philadelphus henryi 滇南山梅花 Henry Mock Orange
Philadelphus incanus 山梅花 Grey Mock Orange
Philadelphus pekinensis 太平花 Peking Mock Orange
Philadelphus sericanthus 绢毛山梅花 Silk Mock Orange
Philadelphus tenuifolius 薄叶山梅花 Thinleaf Mock Orange
Philonotis fontana 泽藓 Fountain Apple Moss
Philydrum lanuginosum 田葱 Woolly Frogmouth
Phlegmariurus carinatus 龙骨马尾杉 Carinate Tassel Fern
Phlegmariurus fargesii 金丝条马尾杉 Farges Tassel Fern
Phlegmariurus fordii 福氏马尾杉 Ford's Tassel Fern
Phlegmariurus hamiltonii 喜马拉雅马尾杉 Hamilton's Tassel Fern
Phlegmariurus mingcheensis 闽浙马尾杉 Mingche Tassel Fern
Phlegmariurus phlegmaria 马尾杉 Common Tassel Fern
Phlegmariurus pulcherrimus 美丽马尾杉 Beautiful Tassel Fern
Phlegmariurus sieboldii 鳞叶马尾杉 Siebold Tassel Fern
Phlegmariurus squarrosus 粗糙马尾杉 Water Tassel Fern
Phlegmariurus taiwanensis 台湾马尾杉 Taiwan Tassel Fern
Phleum paniculatum 鬼蜡烛 British Timothy
Phleum pratense 梯牧草 Timothy
Phlogacanthus curviflorus 火焰花 Curve-Flowered Phlogacanthus
Phlogacanthus pubinervius 毛脉火焰花 Hairy-Nerved Phlogacanthus
Phlogiotis helvelloides 焰耳 Apricot Jelly
Phlojodicarpus sibiricus 胀果芹 Siberian Phlojodicarpus
Phlomis atropurpurea 深紫糙苏 Darkpurple Jerusalem Sage
Phlomis betonicoides 假秦艽 Betony-Like Jerusalem Sage
Phlomis dentosa 尖齿糙苏 Dentate Jerusalem Sage
Phlomis jeholensis 口外糙苏 Jehol Jerusalem Sage
Phlomis likiangensis 丽江糙苏 Likiang Jerusalem Sage
Phlomis longicalyx 长萼糙苏 Longcalyx Jerusalem Sage
Phlomis maximowiczii 大叶糙苏 Maximowicz Jerusalem Sage
Phlomis medicinalis 萝卜秦艽 Medicinal Jerusalem Sage
Phlomis megalantha 大花糙苏 Largeflower Jerusalem Sage
Phlomis melanantha 黑花糙苏 Blackflower Jerusalem Sage
Phlomis mongolica 串铃草 Mongolian Jerusalem Sage
Phlomis ornata 美观糙苏 Showy Jerusalem Sage
Phlomis pedunculata 具梗糙苏 Pedunculate Jerusalem Sage
Phlomis pratensis 草原糙苏 Meadow Jerusalem Sage
Phlomis tuberosa 块根糙苏 Tuberous Jerusalem Sage
Phlomis umbrosa 糙苏 Shade-Loving Jerusalem Sage
Phlomis umbrosa var. australis 南方糙苏 Southern Shade-Loving Jerusalem Sage
Phlomis younghusbandii 螃蟹甲 Younghusband Jerusalem Sage
Phoebe bournei 闽楠 Borne's Phoebe
Phoebe chinensis 山楠 Chinese Phoebe
Phoebe faberi 竹叶楠 Faber's Phoebe
Phoebe forrestii 长毛楠 Forrest's Phoebe
Phoebe hunanensis 湘楠 Hunan Phoebe
Phoebe neurantha 白楠 Veinedflower Phoebe
Phoebe sheareri 紫楠 Shearer's Phoebe
Phoebe sheareri var. omeiensis 峨眉楠 Emei Phoebe
Phoebe zhennan 楠木 Zhennan
Phoenix dactylifera 海枣 Date Palm
Pholidota articulata 节茎石仙桃 Articulate Pholidota
Pholidota cantonensis 细叶石仙桃 Slenderleaf Pholidota
Pholidota chinensis 石仙桃 Chinese Pholidota
Pholidota imbricata 宿苞石仙桃 Imbricate Pholidota
Pholidota yunnanensis 云南石仙桃 Yunnan Pholidota
Pholiota adiposa 多脂鳞伞 Fat Pholiota, Golden Pholiota
Pholiota lenta 黏环鳞伞 Viscid Pholiota
Pholiota nameko 光帽鳞伞 Nameko Mushroom
Pholiota terrestris 地鳞伞 Ground Pholiota
Photinia beauverdiana 中华石楠 Beauverd Photinia
Photinia crassifolia 厚叶石楠 Thickleaf Photinia
Photinia davidsoniae 椤木石楠 Davidson Photinia
Photinia glabra 光叶石楠 Japanese Photinia
Photinia parvifolia 小叶石楠 Littleleaf Photinia
Photinia prunifolia 桃叶石楠 Peachleaf Photinia
Photinia schneideriana 绒毛石楠 Schneider Photinia
Photinia serratifolia 石楠 Chinese Photinia
Photinia villosa 毛叶石楠 Oriental Photinia
Photinia villosa var. sinica 庐山石楠 Hairless Photinia
Phragmites australis 芦苇 Common Reed
Phragmites karka 卡开芦 Karka Reed
Phryma leptostachya subsp. asiatica 透骨草 Asiatic Lopseed
Phrynium pubinerve 柊叶 Capitate Phrynium
Phtheirospermum japonicum 松蒿 Japanese Phtheirosperm
Phyla nodiflora 过江藤 Nodeflower Phyla

P

Phyllagathis anisophylla 毛柄锦香草 Unequalleaf Phyllagathis
Phyllagathis cavaleriei 锦香草 Cavalerie Phyllagathis
Phyllagathis cavaleriei var. tankahkeei 短毛熊巴掌 Shorthair Phyllagathis
Phyllagathis elattandra 红敷地发 Rocklotus Phyllagathis
Phyllagathis fordii 叶底红 Ford Metalleaf
Phyllagathis longiradiosa 大叶熊巴掌 Bigleaf Phyllagathis
Phyllagathis longiradiosa var. pulchella 丽萼熊巴掌 Beautiful Bigleaf Phyllagathis
Phyllanthodendron anthopotamicum 珠子木 Leafflower Tree
Phyllanthodendron dunnianum 枝翅珠子木 Dunn's Leafflower Tree
Phyllanthus cochinchinensis 越南叶下珠 Cochinchinese Leafflower
Phyllanthus emblica 余甘子 Indian gooseberry
Phyllanthus flexuosus 落萼叶下珠 Flexuous Leafflower
Phyllanthus glaucus 青灰叶下珠 Glaucous Leafflower
Phyllanthus hainanensis 海南叶下珠 Hainan Leafflower
Phyllanthus leptoclados 细枝叶下珠 Slendershoot Leafflower
Phyllanthus reticulatus 小果叶下珠 Reticulate Leafflower
Phyllanthus rheophyticus 水油甘 Riverside Leafflower
Phyllanthus tsarongensis 西南叶下珠 Tsarong Leafflower
Phyllanthus urinaria 叶下珠 Common Leafflower
Phyllanthus ussuriensis 蜜柑草 Ussuri Leafflower
Phyllanthus virgatus 黄珠子草 Virgate Leafflower
Phyllitis scolopendrium 对开蕨 Hart's Tongue Fern
Phyllodium elegans 毛排钱树 Elegant Phyllodium
Phyllodium longipes 长叶排钱树 Longstalk Phyllodium
Phyllodium pulchellum 排钱树 Beautiful Phyllodium
Phyllostachys aurea 人面竹 Fishpole Bamboo
Phyllostachys bambusoides 桂竹 Giant Timber Bamboo
Phyllostachys bambusoides f. lacrima-deae 斑竹 Mottled Bamboo
Phyllostachys edulis 毛竹 Moso Bamboo
Phyllostachys glauca 淡竹 Glaucous Bamboo
Phyllostachys heteroclada 水竹 Water Bamboo
Phyllostachys heteroclada f. solida 实心竹 Solidstem Bamboo
Phyllostachys iridescens 红哺鸡竹 Redsheath Bamboo
Phyllostachys makinoi 台湾桂竹 Makino Bamboo
Phyllostachys meyeri 毛环竹 Meyer Bamboo
Phyllostachys nidularia 篌竹 Broom Bamboo
Phyllostachys nigra 紫竹 Black Bamboo
Phyllostachys nigra var. henonis 毛金竹 Henon Bamboo
Phyllostachys nuda 灰竹 Nude Sheath Bamboo
Phyllostachys parvifolia 安吉金竹 Small-Leaf Bamboo
Phyllostachys propinqua 早园竹 Garden Bamboo
Phyllostachys sulphurea 金竹 Sulfur Bamboo
Phyllostachys sulphurea var. viridis 刚竹 Green Sulfur Bamboo
Phyllostachys violascens 早竹 Early Bamboo
Phyllostachys vivax 乌哺鸡竹 Chinese Timber Bamboo
Phymatopteris conjuncta 交连假瘤蕨 Joined Phymatopteris
Phymatopteris crenatopinnata 紫柄假瘤蕨 Purple Stalk Phymatopteris
Phymatopteris ebenipes 黑鳞假瘤蕨 Black-Scaled Phymatopteris
Phymatopteris engleri 恩氏假瘤蕨 Engler Phymatopteris
Phymatopteris glaucopsis 刺齿假瘤蕨 Spiny-Toothed Phymatopteris
Phymatopteris griffithiana 大果假瘤蕨 Bigsorus Phymatopteris
Phymatopteris hastata 金鸡脚假瘤蕨 Hastate Phymatopteris
Phymatopteris majoensis 宽底假瘤蕨 Broadbase Phymatopteris
Phymatopteris quasidivaricata 展羽假瘤蕨 Spread-Pinna Phymatopteris
Phymatopteris shensiensis 陕西假瘤蕨 Shenxi Phymatopteris
Phymatopteris trisecta 三出假瘤蕨 Trilobed Phymatopteris
Phymatosorus cuspidatus 光亮瘤蕨 Cuspidate Phymatosorus
Physaliastrum echinatum 日本散血丹 Prickly Physaliastrum
Physaliastrum heterophyllum 江南散血丹 Diversifolious Physaliastrum
Physalis alkekengi 酸浆 Bladder Cherry
Physalis alkekengi var. francheti 挂金灯 Chinese Lantern
Physalis angulata 苦萌 Cutleaf Groundcherry
Physalis minima 小酸浆 Little Groundcherry
Physalis peruviana 灯笼果 Peru Groundcherry
Physalis philadelphica 毛酸浆 Pubescent Groundcherry
Physochlaina infundibularis 漏斗泡囊草 Funnel Physochlaina
Physochlaina macrophylla 大叶泡囊草 Largeleaf Physochlaina
Physochlaina physaloides 泡囊草 Common Physochlaina
Physochlaina praealta 西藏泡囊草 Tall Physochlaina
Physospermopsis alepidioides 全叶滇芎 Entire Dianxiong
Physospermopsis cuneata 楔叶滇芎 Cuneateleaf Dianxiong
Physospermopsis delavayi 滇芎 Dianxiong
Phytolacca acinosa 商陆 Indian Pokeweed
Phytolacca americana 垂序商陆 Common Pokeweed
Phytolacca japonica 日本商陆 Japanese Pokeweed
Phytolacca polyandra 多蕊商陆 Chinese Pokeweed
Picea crassifolia 青海云杉 Qinghai Spruce
Picea jezoensis var. komarovii 长白鱼鳞云杉 Komarov's Spruce
Picea koraiensis 红皮云杉 Korean Spruce
Picea meyeri 白扦 Meyer Spruce
Picea purpurea 紫果云杉 Purplecone Spruce
Picea schrenkiana 雪岭云杉 Schrenk Spruce
Picea wilsonii 青扦 Wilson Spruce
Picrasma quassioides 苦树 Indian Quassiawood
Picria felterrae 苦玄参 Common Picria
Picris divaricata 滇苦菜 Divaricate Oxtongue
Picris hieracioides 毛连菜 Hawkweed Oxtongue
Picris hieracioides subsp. fuscipilosa 单毛毛连菜 Brownhair Oxtongue
Pieris formosa 美丽马醉木 Taiwan Pieris
Pieris japonica 马醉木 Japanese Pieris
Pilea angulata 圆瓣冷水花 Angulate Clearweed
Pilea angulata subsp. petiolaris 长柄冷水花 Petiolar Clearweed
Pilea aquarum 湿生冷水花 Aquatic Clearweed
Pilea aquarum subsp. brevicornuta 短角湿生冷水花 Shorthorn Clearweed
Pilea basicordata 基心叶冷水花 Cordate-Based Clearweed
Pilea cadierei 花叶冷水花 Cadiere Clearweed
Pilea cavaleriei 波缘冷水花 Cavalerie Clearweed
Pilea cavaleriei subsp. valida 石油菜 Strong Clearweed
Pilea elegantissima 石林冷水花 Elegant Clearweed
Pilea glaberrima 点乳冷水花 Smooth Clearweed
Pilea japonica 山冷水花 Japanese Clearweed
Pilea lomatogramma 隆脉冷水花 Prominent-Veined Clearweed
Pilea longicaulis 长茎冷水花 Longstem Clearweed
Pilea martinii 大叶冷水花 Martin Clearweed
Pilea melastomoides 长序冷水花 Melastoma-Like Clearweed
Pilea microphylla 小叶冷水花 Artillery Clearweed
Pilea monilifera 念珠冷水花 Necklace Clearweed
Pilea notata 冷水花 Clearweed
Pilea peltata 盾叶冷水花 Peltate Clearweed
Pilea peperomioides 镜面草 Chinese Money Plant
Pilea peploides 矮冷水花 Dwarf Clearweed

Pilea peploides var. major 齿叶矮冷水花 Toothed Dwarf Clearweed
Pilea plataniflora 石筋草 Stone Clearweed
Pilea pumila 透茎冷水花 Canada Clearweed
Pilea pumila var. hamaoi 荫地冷水花 Hamao Clearweed
Pilea rotundinucula 圆果冷水花 Rotundfruit Clearweed
Pilea salwinensis 怒江冷水花 Salwin Clearweed
Pilea sinocrassifolia 厚叶冷水花 Thickleaf Clearweed
Pilea sinofasciata 粗齿冷水花 Coarse-Tooth Clearweed
Pilea subcoriacea 翅茎冷水花 Wingstem Clearweed
Pilea swinglei 三角叶冷水花 Swingle Clearweed
Pilea symmeria 喙萼冷水花 Symmetric Clearweed
Pilea tsiangiana 海南冷水花 Hainan Clearweed
Pilea verrucosa 疣果冷水花 Verrucose Clearweed
Pileostegia tomentella 星毛冠盖藤 Tomentulose Pileostegia
Pileostegia viburnoides 冠盖藤 Common Pileostegia
Piloselloides hirsuta 兔耳一枝箭 Hirsute Piloselloides
Pimpinella anisum 茴芹 Anise
Pimpinella arguta 锐叶茴芹 Sharptooth Pimpinella
Pimpinella atropurpurea 深紫茴芹 Darkviolet Pimpinella
Pimpinella brachycarpa 短果茴芹 Shortfruit Pimpinella
Pimpinella candolleana 杏叶茴芹 Apricotleaf Pimpinella
Pimpinella caudata 尾尖茴芹 Tail-Leaved Pimpinella
Pimpinella coriacea 革叶茴芹 Coriaceousleaf Pimpinella
Pimpinella diversifolia 异叶茴芹 Diversifolious Pimpinella
Pimpinella diversifolia var. stolonifera 走茎异叶茴芹 Stolon Diversifolious Pimpinella
Pimpinella rhomboidea 菱叶茴芹 Rhombicleaf Pimpinella
Pimpinella thellungiana 羊红膻 Thellung Pimpinella
Pimpinella tibetanica 藏茴芹 Tibetan Pimpinella
Pimpinella yunnanensis 云南茴芹 Yunnan Pimpinella
Pinellia cordata 滴水珠 Cordate Pinellia
Pinellia integrifolia 石蜘蛛 Entireleaf Pinellia
Pinellia pedatisecta 虎掌 Pedate Pinellia
Pinellia peltata 盾叶半夏 Peltateleaf Pinellia
Pinellia polyphylla 大半夏 Bigleaf Pinellia
Pinellia ternata 半夏 Ternate Pinellia
Pinus armandii 华山松 Armand Pine
Pinus bungeana 白皮松 Bunge Pine, Lacebark Pine
Pinus densata 高山松 Alpine Pine
Pinus densiflora 赤松 Japanese Red Pine
Pinus fenzeliana 海南五针松 Fenzel's Pine
Pinus kesiya 思茅松 Khasi Pine
Pinus koraiensis 红松 Korean Pine
Pinus kwangtungensis 华南五针松 Kwangtung Pine
Pinus massoniana 马尾松 Masson Pine
Pinus massoniana var. hainanensis 雅加松 Hainan Masson Pine
Pinus morrisonicola 台湾五针松 Taiwan Fiveleaf Pine, Taiwan White Pine
Pinus pumila 偃松 Siberian Dwarf Pine
Pinus sibirica 新疆五针松 Siberian Stone Pine
Pinus sylvestris var. mongolica 樟子松 Mongolian Scots Pine
Pinus tabuliformis 油松 Chinese Pine
Pinus tabuliformis var. henryi 巴山松 Henry Pine
Pinus taiwanensis 黄山松 Huangshan Pine, Taiwan Pine
Pinus thunbergii 黑松 Japanese Black Pine, Thunberg Pine
Pinus wallichiana 乔松 Himalayan Pine
Pinus yunnanensis 云南松 Yunnan Pine
Pinus yunnanensis var. pygmaea 地盘松 Dwarf Yunnan Pine
Pinus yunnanensis var. tenuifolia 细叶云南松 Slender-Leaved Yunnan Pine
Piper attenuatum 卵叶胡椒 Ovateleaf Pepper
Piper austrosinense 华南胡椒 South China Pepper
Piper betle 蒌叶 Betle Pepper
Piper boehmeriifolium 苎叶蒟 False-Nettle-Leaved Pepper
Piper bonii 复毛胡椒 Forkhair Pepper
Piper flaviflorum 黄花胡椒 Yellowflower Pepper
Piper hainanense 海南蒟 Hainan Pepper
Piper hancei 山蒟 Hance Pepper
Piper hongkongense 毛蒟 Hairy Pepper
Piper kadsura 风藤 Kadsura Pepper
Piper kawakamii 恒春胡椒 Hengchun Pepper
Piper laetispicum 大叶蒟 Largeleaf Pepper
Piper longum 荜拔 Long Pepper
Piper macropodum 粗梗胡椒 Thick-Peduncled Pepper
Piper mullesua 短蒟 Shortspike Pepper
Piper mutabile 变叶胡椒 Variable Pepper
Piper nigrum 胡椒 Black Pepper
Piper nudibaccatum 裸果胡椒 Naked-Fruit Pepper
Piper puberulilimbum 毛叶胡椒 Hairyleaf Pepper
Piper retrofractum 假荜拔 Retrofracted Pepper
Piper sarmentosum 假蒟 Vietnamese Pepper
Piper sylvaticum 长柄胡椒 Longstalk Pepper
Piper wallichii 石南藤 Walliche Pepper
Piper yunnanense 蒟子 Yunnan Pepper
Piptanthus concolor 黄花木 Greenleaf Piptanthus
Piptanthus nepalensis 尼泊尔黄花木 Nepal Piptanthus
Piptanthus tomentosus 绒叶黄花木 Tomentose Piptanthus
Piptoporus betulinus 桦剥管菌 Birch Conk, Birch Polypore, Razorstrop Polypore
Pisolithus arhizus 豆包菌 Dead Man's Foot, Dye Marker's False Puffball
Pistacia chinensis 黄连木 Chinese Pistache
Pistacia vera 阿月浑子 Pistachio
Pistacia weinmanniifolia 清香木 Red Pistache
Pistia stratiotes 大薸 Water Lettuce
Pisum sativum 豌豆 Pea
Pithecellobium clypearia 猴耳环 Common Ape's Earring
Pithecellobium dulce 牛蹄豆 Monkeypod
Pithecellobium lucidum 亮叶猴耳环 Chinese Ape's Earring
Pittosporopsis kerrii 假海桐 Kerr Pittosporopsis
Pittosporum balansae 聚花海桐 Balansa Pittosporum
Pittosporum balansae var. angustifolium 窄叶聚花海桐 Narrow-Leaved Balansa Pittosporum
Pittosporum brevicalyx 短萼海桐 Shortcalyx Pittosporum
Pittosporum crispulum 皱叶海桐 Crispate Pittosporum
Pittosporum daphniphylloides 牛耳枫叶海桐 Daphniphyllum-like Pittosporum
Pittosporum daphniphylloides var. adaphniphylloides 大叶海桐 Bigleaf Pittosporum
Pittosporum elevaticostatum 突肋海桐 Convexvein Pittosporum
Pittosporum glabratum 光叶海桐 Glabrousleaf Pittosporum
Pittosporum glabratum var. neriifolium 狭叶海桐 Oleander-Leaf Pittosporum
Pittosporum heterophyllum 异叶海桐 Rock Pittosporum
Pittosporum illicioides 海金子 Illicium-Like Pittosporum
Pittosporum kerrii 羊脆木 Kerr Pittosporum
Pittosporum kwangsiense 广西海桐 Kwangsi Pittosporum
Pittosporum kweichowense 贵州海桐 Kweichow Pittosporum

P

Pittosporum lenticellatum 卵果海桐 Ovatefruit Pittosporum
Pittosporum leptosepalum 薄萼海桐 Thinsepal Pittosporum
Pittosporum napaulense 滇藏海桐 Nepal Pittosporum
Pittosporum omeiense 峨眉海桐 Omei Pittosporum
Pittosporum parvicapsulare 小果海桐 Littlefruit Pittosporum
Pittosporum pauciflorum 少花海桐 Fewflower Pittosporum
Pittosporum pentandrum var. formosanum 台琼海桐 Hainan Pittosporum
Pittosporum perglabratum 全秃海桐 Glabrous Pittosporum
Pittosporum perryanum 缝线海桐 Sutured Pittosporum
Pittosporum podocarpum 柄果海桐 Stalked-Fruit Pittosporum
Pittosporum pulchrum 秀丽海桐 Beautiful Pittosporum
Pittosporum rehderianum 厚圆果海桐 Rehder Pittosporum
Pittosporum tobira 海桐 Japanese Pittosporum
Pittosporum tonkinense 四子海桐 Tonkin Pittosporum
Pittosporum trigonocarpum 棱果海桐 Trigonousfruit Pittosporum
Pittosporum truncatum 崖花子 Truncate Pittosporum
Pityrogramma calomelanos 粉叶蕨 Silver Back Fern, Silver Fern
Plagiogyria adnata 瘤足蕨 Adnate Plagiogyria
Plagiogyria euphlebia 华中瘤足蕨 Vein-Leaved Plagiogyria
Plagiogyria japonica 华东瘤足蕨 Japanese Plagiogyria
Plagiogyria stenoptera 耳形瘤足蕨 Auriculate Plagiogyria
Plagiomnium cuspidatum 匐灯藓 Toothed Plagiomnium Moss
Plagiopetalum esquirolii 偏瓣花 Esquirol Plagiopetalum
Plagiopteron suaveolens 斜翼 Chinese Plagiopteron
Plagiopus oederi 平珠藓 Oeder's Plagiopus Moss
Plagiorhegma dubium 鲜黄连 Asian Twinleaf
Plagiostachys austrosinensis 偏穗姜 Common Plagiostachys
Plantago arachnoidea 蛛毛车前 Arachnoid Plantain
Plantago arenaria 对叶车前 Sand Plantain
Plantago aristata 芒苞车前 Bracted Plantain
Plantago asiatica 车前 Asiatic Plantain
Plantago asiatica subsp. erosa 疏花车前 Looseflower Plantain
Plantago camtschatica 海滨车前 Kamchatka Plantain
Plantago depressa 平车前 Depressed Plantain
Plantago depressa subsp. subturczaninowii 毛平车前 Pubescent Depressed Plantain
Plantago major 大车前 Broadleaf Plantain
Plantago maritima subsp. ciliata 盐生车前 Sea Plantain
Plantago media 北车前 Hoary Plantain
Plantago minuta 小车前 Little Plantain
Platanthera chlorantha 二叶舌唇兰 Greater Butterfly Orchid
Platanthera clavigera 藏南舌唇兰 Clubspur Platanthera
Platanthera hologlottis 密花舌唇兰 Denseflower Platanthera
Platanthera japonica 舌唇兰 Japanese Platanthera
Platanthera likiangensis 丽江舌唇兰 Likiang Platanthera
Platanthera mandarinorum 尾瓣舌唇兰 Chinese Platanthera
Platanthera minor 小舌唇兰 Little Platanthera
Platanus acerifolia 悬铃木 London Planetree
Platanus occidentalis 一球悬铃木 American Planetree
Platanus orientalis 三球悬铃木 Oriental Planetree
Platycarya longipes 圆果化香树 Roundfruit Dyetree
Platycarya strobilacea 化香树 Dyetree
Platycladus orientalis 侧柏 Chinese Arborvitae, Oriental Arborvitae
Platycodon grandiflorus 桔梗 Balloon Flower
Pleioblastus amarus 苦竹 Bitter Bamboo
Pleione bulbocodioides 独蒜兰 Common Pleione
Pleione hookeriana 毛唇独蒜兰 Hooker Pleione
Pleione scopulorum 二叶独蒜兰 Cliff Pleione
Pleione yunnanensis 云南独蒜兰 Yunnan Pleione
Pleurospermum amabile 美丽棱子芹 Beautiful Ribseedcelery
Pleurospermum benthamii 宝兴棱子芹 Bentham Ribseedcelery
Pleurospermum cristatum 鸡冠棱子芹 Cristate Ribseedcelery
Pleurospermum franchetianum 松潘棱子芹 Franchet Ribseedcelery
Pleurospermum giraldii 太白棱子芹 Girald Ribseedcelery
Pleurospermum hookeri 喜马拉雅棱子芹 Hooker Ribseedcelery
Pleurospermum hookeri var. thomsonii 西藏棱子芹 Thomson Ribseedcelery
Pleurospermum lindleyanum 天山棱子芹 Lindley Ribseedcelery
Pleurospermum rivulorum 心叶棱子芹 Heartleaf Ribseedcelery
Pleurospermum szechenyii 青海棱子芹 Qinghai Ribseedcelery
Pleurospermum uralense 棱子芹 Ural Ribseedcelery
Pleurospermum wilsonii 粗茎棱子芹 Thickstem Ribseedcelery
Pleurospermum wrightianum 瘤果棱子芹 Tuberculate-Fruit Ribseedcelery
Pleurotus citrinopileatus 金顶侧耳 Citrine Pleurotus, Golden Oyster Mushroom, Golden-Cap Mushroom
Pleurotus ostreatus 侧耳 Oyster Fungus, Oyster Mushroom
Pluchea eupatorioides 长叶阔苞菊 Longleaf Pluchea
Pluchea indica 阔苞菊 Indian Pluchea
Plumbagella micrantha 鸡娃草 Littleflower Plumbagella
Plumbago auriculata 蓝花丹 Blue Leadwort
Plumbago indica 紫花丹 Indian Leadwort
Plumbago zeylanica 白花丹 Ceylon Leadwort
Plumeria obtusa 钝叶鸡蛋花 Evergreen Frangipani
Plumeria rubra 红鸡蛋花 Red Frangipani
Plumeria rubra 'Acutifolia' 鸡蛋花 Common Frangipani
Poa annua 早熟禾 Annual Bluegrass
Poa pratensis 草地早熟禾 Kentucky Bluegrass
Poa sibirica 西伯利亚早熟禾 Siberian Bluegrass
Poa sphondylodes 硬质早熟禾 Hard Bluegrass
Podocarpus forrestii 大理罗汉松 Forrest Podocarpus
Podocarpus macrophyllus 罗汉松 Big-Leaved Podocarpus, Buddist Pine, Yew Plum Pine
Podocarpus macrophyllus var. maki 短叶罗汉松 Shrubby Podocarpus, Chinese Podocarpus
Podocarpus nakaii 台湾罗汉松 Nakai Yellowwood
Podocarpus neriifolius 百日青 Thitmin
Pogonatherum crinitum 金丝草 Crinite Pogonatherum
Pogonatherum paniceum 金发草 Golden Pogonatherum
Pogonatum contortum 扭叶小金发藓 Contorted Pogonatum Moss
Pogonia japonica 朱兰 Japanese Pogonia
Pogostemon auricularius 水珍珠菜 Auriculate Pogostemon
Pogostemon brevicorollus 短冠刺蕊草 Shortcorolla Pogostemon
Pogostemon cablin 广藿香 Potchouli
Pogostemon esquirolii 膜叶刺蕊草 Esquirol Pogostemon
Pogostemon glaber 刺蕊草 Glabrous Pogostemon
Pogostemon nigrescens 黑刺蕊草 Black Pogostemon
Polemonium caeruleum 花荵 Common Polemonium
Polemonium caeruleum var. chinense 中华花荵 Chinese Polemonium
Polemonium liniflorum 小花荵 Fax-Flowered Polemonium
Polianthes tuberosa 晚香玉 Tuberose
Pollia hasskarlii 大杜若 Great Pollina
Pollia japonica 杜若 Japanese Pollia
Pollia miranda 川杜若 Wonderful Pollia
Pollia subumbellata 伞花杜若 Subumbellate Pollia
Pollia thyrsiflora 密花杜若 Denseflower Pollina
Polyalthia nemoralis 陵水暗罗 Woods Greenstar

Polyalthia plagioneura 斜脉暗罗 Oblique-Nerved Greenstar
Polyalthia suberosa 暗罗 Suberous Greenstar
Polycarpaea corymbosa 白鼓钉 Oldman's Cap
Polycarpon prostratum 多荚草 Prostrate Manyseed
Polygala arcuata 台湾远志 Taiwan Milkwort
Polygala arillata 荷包山桂花 Yellowflower Milkwort
Polygala arvensis 小花远志 Field Milkwort
Polygala barbellata 髯毛远志 Barbelate Milkwort
Polygala caudata 尾叶远志 Caudate Milkwort
Polygala crotalarioides 西南远志 Tibetan Milkwort
Polygala didyma 肾果远志 Kidneyfruit Milkwort
Polygala dunniana 贵州远志 Dunn's Milkwort
Polygala fallax 黄花倒水莲 False Yellowflower Milkwort
Polygala furcata 肾果小扁豆 Furcate Milkwort
Polygala glomerata 华南远志 South China Milkwort
Polygala glomerata var. villosa 长毛华南远志 Villose South China Milkwort
Polygala hongkongensis 香港远志 Hong Kong Milkwort
Polygala hongkongensis var. stenophylla 狭叶香港远志 Narrowleaf Hong Kong Milkwort
Polygala hybrida 新疆远志 Hybrid Milkwort
Polygala isocarpa 心果小扁豆 Heartfruit Milkwort
Polygala japonica 瓜子金 Japanese Milkwort
Polygala koi 曲江远志 Ko's Milkwort
Polygala latouchei 大叶金牛 Largeleaf Milkwort
Polygala paniculata 圆锥花远志 Paniculate Milkwort
Polygala persicariifolia 蓼叶远志 Knotweedleaf Milkwort
Polygala saxicola 岩生远志 Rocky Milkwort
Polygala sibirica 西伯利亚远志 Siberian Milkwort
Polygala sibirica var. megalopha 苦远志 Bitter Milkwort
Polygala subopposita 合叶草 Subopposite Milkwort
Polygala tatarinowii 小扁豆 Tatarinow Milkwort
Polygala tenuifolia 远志 Thinleaf Milkwort
Polygala tricornis 密花远志 Denseflower Milkwort
Polygala tricornis var. obcordata 小叶密花远志 Small-Leaved Denseflower Milkwort
Polygala wattersii 长毛籽远志 Watter Milkwort
Polygonatum acuminatifolium 五叶黄精 Acuminate-Leaved Solomon's Seal
Polygonatum altelobatum 短筒黄精 Shorttube Solomon's Seal
Polygonatum alternicirrhosum 互卷黄精 Alternate-Cirrose Solomon's Seal
Polygonatum arisanense 阿里黄精 Arisan Solomon's Seal
Polygonatum cathcartii 棒丝黄精 Cathcart Solomon's Seal
Polygonatum cirrhifolium 卷叶黄精 Tendrilleaf Solomon's Seal
Polygonatum curvistylum 垂叶黄精 Droopingleaf Solomon's Seal
Polygonatum cyrtonema 多花黄精 Manyflower Solomon's Seal
Polygonatum desoulavyi 长苞黄精 Longbract Solomon's Seal
Polygonatum filipes 长梗黄精 Longstalk Solomon's Seal
Polygonatum franchetii 距药黄精 Franchet Solomon's Seal
Polygonatum gracile 细根茎黄精 Slender Solomon's Seal
Polygonatum hirtellum 粗毛黄精 Hirsute Solomon's Seal
Polygonatum hookeri 独花黄精 Hooker Solomon's Seal
Polygonatum humile 小玉竹 Small Solomon's Seal
Polygonatum inflatum 毛筒玉竹 Inflated Solomon's Seal
Polygonatum involucratum 二苞黄精 Twobract Solomon's Seal
Polygonatum kingianum 滇黄精 King Solomon's Seal
Polygonatum macropodium 热河黄精 Largestalk Solomon's Seal
Polygonatum megaphyllum 大苞黄精 Largebract Solomon's Seal
Polygonatum nodosum 节根黄精 Nodose Solomon's Seal
Polygonatum odoratum 玉竹 Fragramt Solomon's Seal
Polygonatum oppositifolium 对叶黄精 Oppositeleaf Solomon's Seal
Polygonatum prattii 康定玉竹 Pratt Solomon's Seal
Polygonatum punctatum 点花黄精 Variegated Solomon's Seal
Polygonatum roseum 新疆黄精 Rosy Solomon's Seal
Polygonatum sibiricum 黄精 Siberian Solomon's Seal
Polygonatum stenophyllum 狭叶黄精 Narrowleaf Solomon's Seal
Polygonatum tessellatum 格脉黄精 Tessellatedleaf Solomon's Seal
Polygonatum verticillatum 轮叶黄精 Whorledleaf Solomon's Seal
Polygonatum zanlanscianense 湖北黄精 Hupeh Solomon's Seal
Polygonum alopecuroides 狐尾蓼 Foxtail Knotweed
Polygonum amphibium 两栖蓼 Amphibious Knotweed
Polygonum amplexicaule 抱茎蓼 Amplexicaul Knotweed
Polygonum amplexicaule var. sinense 中华抱茎蓼 Chinese Amplexicaul Knotweed
Polygonum aubertii 木藤蓼 Aubert Knotweed
Polygonum aviculare 萹蓄 Common Knotweed
Polygonum barbatum 毛蓼 Hairy Knotweed
Polygonum bistorta 拳参 Bistort
Polygonum bungeanum 柳叶刺蓼 Bunge Knotweed
Polygonum campanulatum 钟花蓼 Campanulate Knotweed
Polygonum capitatum 头花蓼 Capitate Knotweed
Polygonum chinense 火炭母 Chinese Knotweed
Polygonum chinense var. hispidum 粗毛火炭母 Hispid Knotweed
Polygonum chinense var. ovalifolium 卵叶火炭母 Ovateleaf Knotweed
Polygonum ciliinerve 毛脉蓼 Hairynerve Knotweed
Polygonum convolvulus 卷茎蓼 Black Bindweed
Polygonum coriaceum 革叶蓼 Coriaceous Knotweed
Polygonum criopolitanum 蓼子草 Red Knotweed
Polygonum cynanchoides 牛皮消蓼 Cynanchum-Like Knotweed
Polygonum darrisii 大箭叶蓼 Large Arrowleaf Knotweed
Polygonum dentatoalatum 齿翅蓼 Toothwing Knotweed
Polygonum dichotomum 二歧蓼 Forked Knotweed
Polygonum dissitiflorum 稀花蓼 Sparseflower Knotweed
Polygonum divaricatum 叉分蓼 Divaricate Knotweed
Polygonum dumetorum 篱蓼 Copse Bindweed
Polygonum ellipticum 椭圆叶蓼 Elliptic Knotweed
Polygonum emodi 匐枝蓼 Emod Knotweed
Polygonum emodi var. dependens 宽叶匐枝蓼 Broadleaf Emod Knotweed
Polygonum forrestii 大铜钱草 Forrest Knotweed
Polygonum griffithii 长柄蓼 Beautifulspike Knotweed
Polygonum hookeri 硬毛蓼 Hooker Knotweed
Polygonum humifusum 普通蓼 Sprawling Knotweed
Polygonum hydropiper 水蓼 Marshpeper Knotweed
Polygonum japonicum 蚕茧草 Japanese Knotweed
Polygonum jucundum 愉悦蓼 Lovely Knotweed
Polygonum lapathifolium 酸模叶蓼 Curlytop Knotweed
Polygonum lapathifolium var. salicifolium 绵毛酸模叶蓼 Willowleaf Knotweed
Polygonum lichiangense 丽江蓼 Likiang Knotweed
Polygonum longisetum 长鬃蓼 Long-Bristled Knotweed
Polygonum longisetum var. rotundatum 圆基鬃长蓼 Roundbase Knotweed
Polygonum macrophyllum 圆穗蓼 Roundspike Knotweed
Polygonum manshuriense 耳叶蓼 Eared Knotweed
Polygonum microcephalum 小头蓼 Smallhead Knotweed

P

Polygonum milletii 大海蓼 Millet Knotweed
Polygonum molle 绢毛蓼 Sikkim Knotweed
Polygonum molle var. rude 倒毛蓼 Rough Knotweed
Polygonum multiflorum 何首乌 Tuber Fleeceflower
Polygonum muricatum 小蓼花 Muricate Knotweed
Polygonum nepalense 尼泊尔蓼 Nepal Knotweed
Polygonum ochotense 倒根蓼 Okhotsk Knotweed
Polygonum ocreatum 白山蓼 Baishan Knotweed
Polygonum orientale 红蓼 Prince's Feather
Polygonum pacificum 太平洋蓼 Pacific Knotweed
Polygonum paleaceum 草血竭 Chaffy Knotweed
Polygonum palmatum 掌叶蓼 Palmateleaf Knotweed
Polygonum perfoliatum 杠板归 Perfoliate Knotweed
Polygonum persicaria 春蓼 Spotted Lady's Thumb
Polygonum pinetorum 松林蓼 Pinewoods Knotweed
Polygonum plebeium 习见蓼 Small Knotweed
Polygonum polystachyum 多穗蓼 Manyspike Knotweed
Polygonum polystachyum var. longifolium 长叶多穗蓼 Longleaf Manyspike Knotweed
Polygonum posumbu 丛枝蓼 Clustered Knotweed
Polygonum pubescens 伏毛蓼 Pubescent Knotweed
Polygonum runcinatum 羽叶蓼 Runcinate Knotweed
Polygonum runcinatum var. sinense 赤胫散 Chinese Runcinate Knotweed
Polygonum senticosum 刺蓼 Manyspine Knotweed
Polygonum sibiricum 西伯利亚蓼 Siberian Knotweed
Polygonum sieboldii 箭叶蓼 Arrowleaf Tearthumb
Polygonum sinomontanum 翅柄蓼 Winged-Petiole Knotweed
Polygonum strigosum 糙毛蓼 Bristly Knotweed
Polygonum suffultum 支柱蓼 Supported Knotweed
Polygonum suffultum var. pergracile 细穗支柱蓼 Slenderspike Knotweed
Polygonum thunbergii 戟叶蓼 Thunberg Knotweed
Polygonum tinctorium 蓼蓝 Chinese Indigo
Polygonum tortuosum 叉枝蓼 Tortuous Knotweed
Polygonum viscoferum 粘蓼 Viscous Knotweed
Polygonum viscosum 香蓼 Viscid-Haired Knotweed
Polygonum viviparum 珠芽蓼 Alpine Bistort
Polypodiastrum dielseanum 川拟水龙骨 Diels Polypodiastrum
Polypodiodes amoena 友水龙骨 Charming Polypodiodes
Polypodiodes amoena var. pilosa 柔毛水龙骨 Pilose Polypodiodes
Polypodiodes chinensis 中华水龙骨 Chinese Polypodiodes
Polypodiodes formosana 台湾水龙骨 Grub Fern
Polypodiodes niponica 日本水龙骨 Japanese Polypodiodes
Polypodium virginianum 东北多足蕨 Rock Cap Fern
Polypodium vulgare 欧亚多足蕨 Common Polypodium
Polypogon fugax 棒头草 Asia Minor Bluegrass
Polyporus durus 青柄多孔菌 Bay Polypore
Polyporus leptocephalus 雅致多孔菌 Blackfoot Polypore, Elegant Polpore
Polyporus melanopus 黑柄多孔菌 Black Stipe Polpore
Polyporus umbellatus 猪苓 Chuling, Polyporus Sclerotium, Sclerotium Polypori, Umbellate Pore Fungus, Umbrella Polypore
Polyporus varius 多孔菌 Blackfoot Polypore, Elegant Polypore
Polyspora axillaris 大头茶 Axillary Polyspora
Polystichum acanthophyllum 刺叶耳蕨 Spiny-Leaved Holly Fern
Polystichum acutidens 尖齿耳蕨 Acute-Toothed Holly Fern
Polystichum alcicorne 角状耳蕨 Antlered Holly Fern
Polystichum braunii 布朗耳蕨 Braun's Holly Fern
Polystichum craspedosorum 鞭叶耳蕨 Whipleaf Holly Fern
Polystichum deltodon 对生耳蕨 Triangular-Toothed Holly Fern
Polystichum hancockii 小戟叶耳蕨 Hancock Holly Fern
Polystichum lonchitis 矛状耳蕨 Holly Fern, Northern Holly Fern
Polystichum longipaleatum 长鳞耳蕨 Long-Scaled Holly Fern
Polystichum makinoi 黑鳞耳蕨 Makino's Holly Fern
Polystichum moupinense 穆坪耳蕨 Moupin Holly Fern
Polystichum neolobatum 革叶耳蕨 Long-Eared Holly Fern
Polystichum omeiense 峨眉耳蕨 Omei Holly Fern
Polystichum piceopaleaceum 乌鳞耳蕨 Black-Scaled Holly Fern
Polystichum polyblepharum 棕鳞耳蕨 Japanese Lace Fern
Polystichum shensiense 陕西耳蕨 Shensi Holly Fern
Polystichum sinense 中华耳蕨 Chinese Holly Fern
Polystichum squarrosum 密鳞耳蕨 Scaly Holly Fern
Polystichum tripteron 戟叶耳蕨 Trifid Holly Fern
Polystichum tsus-simense 对马耳蕨 Korean Rock Fern
Polytrichastrum alpinum 拟金发藓 Alpine Polytrichastrum Moss
Polytrichum commune 金发藓 Polytrichum Moss
Pomatosace filicula 羽叶点地梅 Fern-Like Pomatosace
Poncirus trifoliata 枳 Trifoliate Orange
Pongamia pinnata 水黄皮 Pongamia
Populus adenopoda 响叶杨 Chinese Aspen
Populus alba 银白杨 Silver Poplar
Populus alba var. pyramidalis 新疆杨 Xinjiang Poplar
Populus berolinensis 中东杨 Berlin Poplar
Populus canadensis 加拿大杨 Canada Poplar
Populus candicans 欧洲大叶杨 Balm-of-Gilead Poplar
Populus cathayana 青杨 Cathay Poplar
Populus davidiana 山杨 David Poplar
Populus euphratica 胡杨 Euphrates Poplar
Populus koreana 香杨 Korean Poplar
Populus lasiocarpa 大叶杨 Chinese Necklace Poplar
Populus nigra var. italica 钻天杨 Lombardy Poplar
Populus rotundifolia var. bonatii 滇南山杨 Bonati Aspen
Populus tomentosa 毛白杨 Chinese White Poplar
Populus yunnanensis 云南白杨 Yunnan Poplar
Porana sinensis 大果飞蛾藤 Chinese Porana
Porphyra haitanensis 坛紫菜 Red Seaweed
Porphyra yezoensis 条斑紫菜 Susabi-Nori
Portulaca grandiflora 大花马齿苋 Largeflower Purslane
Portulaca oleracea 马齿苋 Purslane
Portulaca pilosa 毛马齿苋 Pilous Purslane
Portulaca quadrifida 四瓣马齿苋 Chickenweed
Potamogeton crispus 菹草 Curly Pondweed
Potamogeton cristatus 鸡冠眼子菜 Littleleaf Pondweed
Potamogeton distinctus 眼子菜 Distinct Pondweed
Potamogeton heterophyllus 异叶眼子菜 Heterophyllous Pondweed
Potamogeton maackianus 微齿眼子菜 Maack Pondweed
Potamogeton malaianus 竹叶眼子菜 Bamboo-Leaved Pondweed
Potamogeton natans 浮叶眼子菜 Broad-Leaved Pondweed, Floating Pondweed
Potamogeton octandrus 八蕊眼子菜 Eightstamen Pondweed
Potamogeton pectinatus 篦齿眼子菜 Fennelleaf Pondweed
Potamogeton perfoliatus 穿叶眼子菜 Clasping-Leaved Pondweed
Potamogeton polygonifolius 蓼叶眼子菜 Bog Pondweed
Potamogeton pusillus 小眼子菜 Small Pondweed
Potentilla acaulis 星毛委陵菜 Stemless Cinquefoil
Potentilla ancistrifolia 皱叶委陵菜 Wrinkleleaf Cinquefoil
Potentilla ancistrifolia var. dickinsii 薄叶委陵菜 Dickins Wrinkleleaf

Cinquefoil
Potentilla anserina 蕨麻 Silverweed Cinquefoil
Potentilla anserina var. nuda 无毛蕨麻 Naked Silverweed Cinquefoil
Potentilla anserina var. sericea 灰叶蕨麻 Silky Siverweed Conquefoil
Potentilla betonicifolia 白萼委陵菜 Whitecalyx Cinquefoil
Potentilla bifurca 二裂委陵菜 Bifurcate Cinquefoil
Potentilla bifurca var. humilior 矮生二裂委陵菜 Duarf Bifurcate Cinquefiol
Potentilla bifurca var. major 长叶二裂委陵菜 Longleaf Bifurcate Cinquefoil
Potentilla centigrana 蛇莓委陵菜 Mock Srawberry Cinquefoil
Potentilla chinensis 委陵菜 Chinese Cinquefoil
Potentilla chrysantha 黄花委陵菜 Yellowflower Cinquefoil
Potentilla conferta 大萼委陵菜 Largecalyx Cinquefoil
Potentilla cryptotaeniae 狼牙委陵菜 Nippon Cinquefoil
Potentilla discolor 翻白草 Discolor Cinquefoil
Potentilla flagellaris 匍枝委陵菜 Stoloniferous Cinquefoil
Potentilla fragarioides 莓叶委陵菜 Strawberryleaf Cinquefoil
Potentilla freyniana 三叶委陵菜 Freyn Cinquefoil
Potentilla freyniana var. sinica 中华三叶委陵菜 Chinese Freyn Cinquefoil
Potentilla fruticosa 金露梅 Bush Cinquefiol
Potentilla fruticosa var. albicans 白毛金露梅 White Bush Cinquefoli
Potentilla fruticosa var. arbuscula 伏毛金露梅 Hairy Bush Ciquefoil
Potentilla glabra 银露梅 Glabrous Cinquefoil
Potentilla glabra var. mandshurica 白毛银露梅 Manchurian Glabrous Cinquefoil
Potentilla glabra var. veitchii 伏毛银露梅 Veitch Glabrous Cinquefoil
Potentilla granulosa 腺粒委陵菜 Granulate Cinquefoil
Potentilla griffithii var. velutina 长柔毛委陵菜 Velvety Grffith Cinquefoil
Potentilla kleiniana 蛇含委陵菜 Klein Cinquefoil
Potentilla leuconota 银叶委陵菜 Silverleaf Cinquefoil
Potentilla leuconota var. brachyphyllaria 脱毛银叶委陵菜 Hairless Silverleaf Cinquefoil
Potentilla limprichtii 下江委陵菜 Limpricht Cinquefoil
Potentilla lineata 西南委陵菜 Himalayan Cinquefoil
Potentilla longifolia 腺毛委陵菜 Longleaf Ginquefoil
Potentilla multicaulis 多茎委陵菜 Manystem Cinquefoil
Potentilla multifida 多裂委陵菜 Multifid Cinquefoil
Potentilla nervosa 显脉委陵菜 Nerved Cinquefoil
Potentilla nivea 雪白委陵菜 Snow-White Cinquefoil
Potentilla parvifolia 小叶金露梅 Small-Leaf Cinquefoil
Potentilla peduncularis 总梗委陵菜 Pedunculate Cinquefoil
Potentilla peduncularis var. elongata 疏叶总梗委陵菜 Elongate Pedunculate Cinquefoil
Potentilla reptans 匍匐委陵菜 Creeping Cinquefoil
Potentilla reptans var. sericophylla 绢毛匍匐委陵菜 Silky Creeping Cinquefoil
Potentilla saundersiana 钉柱委陵菜 Saunders Conquefoil
Potentilla sericea 绢毛委陵菜 Silky Cinquefoil
Potentilla supina 朝天委陵菜 Carpet Cinquefoil
Potentilla tanacetifolia 菊叶委陵菜 Tansyleaf Cinquefoil
Potentilla turfosa 簇生委陵菜 Clustered Cinquefoil
Potentilla verticillaris 轮叶委陵菜 Whorled Cinquefoil
Potentilla yokusaiana 曲枝委陵菜 Yokusa Cinquefoil
Pothos chinensis 石柑子 Chinese Pothos
Pothos kerrii 长梗石柑 Kerr Pothos
Pothos pilulifer 地柑 Globular-Spadix Pothos
Pothos repens 百足藤 Creeping Pothos
Pothos scandens 螳螂跌打 Climbing Pothos
Pottsia grandiflora 大花帘子藤 Largeflower Pottsia
Pottsia laxiflora 帘子藤 Laxflower Pottsia
Pouzolzia sanguinea 红雾水葛 Red Pouzolzia
Pouzolzia sanguinea var. elegans 雅致雾水葛 Elegant Pouzolzia
Pouzolzia zeylanica 雾水葛 Graceful Pouzolzbush
Premna acutata 尖齿豆腐柴 Sharpleaf Premna
Premna confinis 滇桂豆腐柴 Adjoining Premna
Premna crassa 石山豆腐柴 Thickleaf Premna
Premna crassa var. yui 凤庆豆腐柴 Yu's Premna
Premna fulva 黄毛豆腐柴 Yellowhair Premna
Premna henryana 蒙自豆腐柴 Henry Premna
Premna ligustroides 臭黄荆 Privet-Like Premna
Premna microphylla 豆腐柴 Japanese Musk Maple
Premna puberula 狐臭柴 Puberulent Premna
Premna puberula var. bodinieri 毛狐臭柴 Bodinier Premna
Premna serratifolia 伞序臭黄荆 Serrate-Leaved Premna
Premna sunyiensis 塘虱角 Sunyi Premna
Premna szemaoensis 思茅豆腐柴 Szemao Premna
Premna tenii 圆叶豆腐柴 Roundleaf Premna
Premna urticifolia 麻叶豆腐柴 Nettleleaf Premna
Primula algida 寒地报春 Cold Primrose
Primula bathangensis 巴塘报春 Batang Primrose
Primula beesiana 霞红灯台报春 Bee's Primrose
Primula blattariformis 地黄叶报春 Foxgloveleaf Primrose
Primula boreiocalliantha 木里报春 Muli Primrose
Primula bracteata 小苞报春 Bracteate Primrose
Primula cernua 垂花穗状报春 Drooping-Flowered Primrose
Primula chionantha 紫花雪山报春 Snow Primrose
Primula chungensis 中甸灯台报春 Zhongdian Primrose
Primula denticulata subsp. sinodenticulata 滇北球花报春 Chinese Denticulate Primrose
Primula dryadifolia 石岩报春 Dryas-Leaf Primrose
Primula efarinosa 无粉报春 Efarinose Primrose
Primula epilosa 二郎山报春 Hairless Primrose
Primula faberi 峨眉报春 Omei Primrose
Primula farinosa 粉报春 Farinose Primrose
Primula fasciculata 束花粉报春 Fasciculate Primrose
Primula flava 黄花粉叶报春 Yellowflower Primrose
Primula forbesii 小报春 Forbes's Primrose
Primula forrestii 灰岩皱叶报春 Forrest's Primrose
Primula gemmifera 苞芽粉报春 Manybud Primrose
Primula giraldiana 太白山紫穗报春 Girald Primrose
Primula involucrata subsp. yargongensis 雅江报春 Yargong Primrose
Primula loeseneri 肾叶报春 Loesener Primrose
Primula macrophylla 大叶报春 Large-Leaved Primrose
Primula malacoides 报春花 Fairy Primrose
Primula maximowiczii 胭脂花 Maximowicz Primrose
Primula moupinensis 宝兴报春 Moupin Primrose
Primula nutans 天山报春 Siberian Primrose
Primula obconica 鄂报春 Poison Primrose
Primula odontocalyx 齿萼报春 Dentatecalyx Primrose
Primula ovalifolia 卵叶报春 Oval-Leaved Primose
Primula pinnatifida 羽叶穗花报春 Pinnatifid Primrose
Primula poissonii 海仙花 Poisson's Primrose
Primula pseudodenticulata 滇海水仙花 Yunnan Denticulate Primrose
Primula pulchella 丽花报春 Beautiful Primrose

P

Primula secundiflora 偏花报春 Secund-Flowered Primrose
Primula serratifolia 齿叶灯台报春 Serrate-Leaved Primrose
Primula sieboldii 樱草 Siebold Primrose
Primula sikkimensis 钟花报春 Sikkim Primrose
Primula sinensis 藏报春 Chinese Primrose
Primula sinolisteri 铁梗报春 Chinese Lister's Primrose
Primula sonchifolia 苣叶报春 Sowthistle-Leaved Primrose
Primula szechuanica 四川报春 Szechuan Primrose
Primula tangutica 甘青报春 Tangutan Primrose
Primula veris subsp. macrocalyx 硕萼报春 Largecalyx Primrose
Primula yunnanensis 云南报春 Yunnan Primrose
Primulina bipinnatifida 羽裂小花苣苔 Bipinnatifid Primulina
Primulina brachytricha 短头报春苣苔 Shortstigma Primulina
Primulina cordifolia 心叶小花苣苔 Heartleaf Primulina
Primulina eburnea 牛耳朵 Cowear Primulina
Primulina fimbrisepala 蚂蝗七 Fringed-Sepal Primulina
Primulina fimbrisepala var. mollis 密毛蚂蝗七 Hairy Fringed-Sepal Primulina
Primulina gueilinensis 桂林报春苣苔 Gueilin Primulina
Primulina hedyotidea 肥牛草 Hedyotis-Like Primulina
Primulina heterotricha 烟叶苣苔 Heterohairy Primulina
Primulina linearifolia 线叶苣苔 Linearleaf Primulina
Primulina longgangensis 弄岗苣苔 Longgang Primulina
Primulina medica 药用苣苔 Medicinal Primulina
Primulina minutimaculata 微斑苣苔 Minispotted Primulina
Primulina ophiopogoides 条叶苣苔 Linearleaf Primulina
Primulina parvifolia 小叶苣苔 Smallleaf Primulina
Primulina pinnatifida 羽裂苣苔 Pinnatifid Primulina
Primulina repanda 小花苣苔 Repand Primulina
Primulina spinulosa 刺齿苣苔 Spinytooth Primulina
Primulina swinglei 钟冠报春苣苔 Swingle Primulina
Primulina tenuifolia 薄叶报春苣苔 Thinleaf Primulina
Primulina tenuituba 神农架苣苔 Slendertube Primulina
Prinsepia sinensis 东北扁核木 Cherry Prinsepia
Prinsepia uniflora 蕤核 Hedge Prinsepia
Prinsepia uniflora var. serrata 齿叶扁核木 Serrate Hedge Prinsepia
Prinsepia utilis 扁核木 Himalayan Cherry Prinsepia
Prismatomeris tetrandra 南山花 Four-Stamened Prismatomeris
Procris crenata 藤麻 Crenate Procris
Pronephrium lakhimpurense 红色新月蕨 Red Pronephrium
Pronephrium nudatum 大羽新月蕨 Big-Pinna Pronephrium
Pronephrium penangianum 披针新月蕨 Lanceolate Pronephrium
Pronephrium simplex 单叶新月蕨 Simple Pronephrium
Pronephrium triphyllum 三羽新月蕨 Three-Leaved Pronephrium
Protowoodsia manchuriensis 膀胱蕨 Manchurian Protowoodsia
Prunella asiatica 山菠菜 Asiatic Selfheal
Prunella hispida 硬毛夏枯草 Hispid Selfheal
Prunella vulgaris 夏枯草 Common Selfheal
Prunella vulgaris var. lanceolata 狭叶夏枯草 Lanceolate Selfheal
Prunus cerasifera 樱桃李 Cherry Plum
Prunus domestica 欧洲李 European Plum
Prunus salicina 李 Japanese Plum
Prunus simonii 杏李 Apricot Plum
Prunus spinosa 黑刺李 Blackthorn
Przewalskia tangutica 马尿泡 Tangutan Prjewalskia
Psammosilene tunicoides 金铁锁 Psammosilene
Pseuderanthemum haikangense 海康钩粉草 Haikang Pseuderanthemum
Pseuderanthemum latifolium 山壳骨 Broad-Leaved Pseuderanthemum
Pseuderanthemum polyanthum 多花山壳骨 Many-Flowered Pseuderanthemum
Pseudochirita guangxiensis 异裂苣苔 Guangxi Falsechirita
Pseudoclitocybe cyathiformis 灰假杯伞 Goblet
Pseudocyclosorus falcilobus 镰片假毛蕨 Falcate-Lobed Pseudocyclosorus
Pseudodrynaria coronans 崖姜 Rock-Ginger Fern
Pseudohydnum gelatinosum 虎掌菌 Jelly Tooth
Pseudolarix amabilis 金钱松 Golden Larch
Pseudolysimachion alatavicum 阿拉套穗花 Alatau Speedwell
Pseudolysimachion incanum 白兔儿尾苗 Grey Speedwell
Pseudolysimachion linariifolium 细叶穗花 Linearleaf Speedwell
Pseudolysimachion linariifolium subsp. dilatatum 水蔓菁 Dilated Linearleaf Speedwell
Pseudolysimachion longifolium 兔儿尾苗 Longleaf Speedwell
Pseudolysimachion pinnatum 羽叶穗花 Pinnate Speedwell
Pseudolysimachion rotundum subsp. coreanum 朝鲜穗花 Korean Speedwell
Pseudolysimachion spicatum 穗花 Spicate Speedwell
Pseudolysimachion spurium 轮叶穗花 Bastard Speedwell
Pseudomerulius aureus 黄假皱孔菌 Gold Pseudomerulius
Pseudosclerochloa kengiana 耿氏假硬草 Keng's Stiffgrass
Pseudosedum affine 白花合景天 Whiteflower False Stonecrop
Pseudostellaria davidii 蔓孩儿参 David's False Starwort
Pseudostellaria heterophylla 孩儿参 Prince Ginseng
Pseudostellaria sylvatica 细叶孩儿参 Narrowleaf False Starwort
Psidium guajava 番石榴 Guava
Psilopeganum sinense 裸芸香 Baldrue
Psilotum nudum 松叶蕨 Skeleton Fork Fern, Whisk Fern
Psychotria asiatica 九节 Wild Coffee
Psychotria henryi 滇南九节 Henry's Psychotria
Psychotria serpens 蔓九节 Creeping Psychotria
Psychotria straminea 黄脉九节 Yellow-Nerved Psychotria
Psychotria yunnanensis 云南九节 Yunnan Psychotria
Ptelea trifoliata 榆橘 Hoptree
Pteridium aquilinum var. latiusculum 蕨 Bracken Fern, Eagle Fern
Pteridium revolutum 毛轴蕨 Revolute Bracken Fern
Pteridrys australis 毛轴牙蕨 Southern Pteridrys
Pteris actiniopteroides 猪鬣凤尾蕨 Bristled Brake
Pteris biaurita 狭眼凤尾蕨 Thinleaf Brake
Pteris cadieri 条纹凤尾蕨 Cadier Brake
Pteris cretica 欧洲凤尾蕨 Cretan Brake
Pteris cretica var. laeta 粗糙凤尾蕨 Scabrous Cretan Brake
Pteris cretica var. nervosa 凤尾蕨 Veined Cretan Brake
Pteris dactylina 指叶凤尾蕨 Finger-Leaved Brake
Pteris deltodon 岩凤尾蕨 Rocky Brake
Pteris dispar 刺齿半边旗 Disparate Brake
Pteris dissitifolia 疏羽半边旗 Loose-Pinna Brake
Pteris ensiformis 剑叶凤尾蕨 Sword Brake
Pteris excelsa 溪边凤尾蕨 High Brake
Pteris fauriei 傅氏凤尾蕨 Faurie's Brake
Pteris henryi 狭叶凤尾蕨 Henry's Brake
Pteris insignis 全缘凤尾蕨 Remarkable Brake
Pteris multifida 井栏边草 Saw-Leaved Bracken, Chinese Brake, Huguenot Fern, Spider Brake
Pteris plumbea 栗柄凤尾蕨 Lead-Coloured Brake
Pteris semipinnata 半边旗 Semi-Pinnated Brake
Pteris vittata 蜈蚣草 Chinese Ladder Brake

Pteris wallichiana 西南凤尾蕨 Wallich's Brake
Pternopetalum botrychioides 散血芹 Grapefern-Like Pternopetalum
Pternopetalum delavayi 澜沧囊瓣芹 Delavay Pternopetalum
Pternopetalum gracillimum 纤细囊瓣芹 Slender Pternopetalum
Pternopetalum leptophyllum 薄叶囊瓣芹 Thinleaf Pternopetalum
Pternopetalum longicaule var. humile 矮茎囊瓣芹 Shortstem Pternopetalum
Pternopetalum nudicaule 裸茎囊瓣芹 Nakedstem Pternopetalum
Pternopetalum trichomanifolium 膜蕨囊瓣芹 Bristlefern-Leaved Pternopetalum
Pternopetalum vulgare 五匹青 Common Pternopetalum
Pternopetalum vulgare var. acuminatum 尖叶五匹青 Acuminate Pternopetalum
Pternopetalum vulgare var. strigosum 毛叶五匹青 Hairyleaf Pternopetalum
Pterocarpus indicus 紫檀 Indian Padauk
Pterocarya hupehensis 湖北枫杨 Hupeh Wingnut
Pterocarya insignis 华西枫杨 Remarkable Wingnut
Pterocarya stenoptera 枫杨 Chinese Wingnut
Pterocarya tonkinensis 越南枫杨 Tonkin Wingnut
Pteroceltis tatarinowii 青檀 Tara Wingceltis
Pterocephalus bretschneideri 裂叶翼首花 Lobedleaf Winghead
Pterocephalus hookeri 匙叶翼首花 Hooker Winghead
Pterocladiella capillacea 拟鸡毛菜 Branched Wing Weed
Pterocypsela elata 高大翅果菊 Tall Pterocypsela
Pterocypsela formosana 台湾翅果菊 Taiwan Pterocypsela
Pterocypsela indica 翅果菊 Common Pterocypsela
Pterocypsela laciniata 多裂翅果菊 Lobed Pterocypsela
Pterocypsela raddeana 毛脉翅果菊 Hairyvein Pterocypsela
Pterocypsela triangulata 翼柄翅果菊 Triangulate Pterocypsela
Pterolobium punctatum 老虎刺 Punctate Pterolobium
Pterospermum acerifolium 翅子树 Mapleleaf Wingseedtree
Pterospermum heterophyllum 异叶翅子树 Heterophyllous Wingseedtree
Pterospermum kingtungense 景东翅子树 Kingtung Pterospermum
Pterospermum lanceifolium 窄叶半枫荷 Narrowleaf Wingseedtree
Pterospermum truncatolobatum 截裂翅子树 Truncate-Lobe Wingseedtree
Pterostyrax psilophyllus 白辛树 Hirsute Epaulette tree
Pteroxygonum giraldii 翼蓼 Girald Pteroxygonum
Pterygiella cylindrica 圆茎翅茎草 Cylindrical Pterygiella
Pterygiella duclouxii 疏毛翅茎草 Ducloux Pterygiella
Pterygocalyx volubilis 翼萼蔓 Pterygocalyx
Pueraria alopecuroides 密花葛 Denseflower Kuazu
Pueraria calycina 黄毛萼葛 Yellow-Hair-Calyx Kudzu
Pueraria edulis 食用葛 Edible Kudzu
Pueraria montana 葛麻姆 Montain Kudzu
Pueraria montana var. lobata 葛 Kudzu
Pueraria montana var. thomsonii 粉葛 Thomson Kudzu
Pueraria peduncularis 苦葛 Yunnan Kudzu
Pueraria phaseoloides 三裂叶野葛 Trilobe-Leaved Kudzu
Pueraria wallichii 须弥葛 Wallich Kudzu
Pugionium cornutum 沙芥 Horny Pugionium
Pugionium dolabratum 斧翅沙芥 Axewing Pugionium
Pulicaria chrysantha 金仙草 Yellowflower Pulicaria
Pulicaria dysenterica 止痢蚤草 Meadow False Fleabane
Pulicaria insignis 臭蚤草 Remarkable False Fleabane
Pulicaria vulgaris 蚤草 Common False Fleabane
Pulsatilla ambigua 蒙古白头翁 Mongolian Pulsatilla
Pulsatilla campanella 钟萼白头翁 Bell-Calyx Pulsatilla
Pulsatilla cernua 朝鲜白头翁 Korean Pulsatilla
Pulsatilla chinensis 白头翁 Chinese Pulsatilla
Pulsatilla dahurica 兴安白头翁 Dahurian Pulsatilla
Pulsatilla millefolium 西南白头翁 Manyleaf Pulsatilla
Pulsatilla patens 肾叶白头翁 Kidneyleaf Pulsatilla
Pulsatilla patens var. multifida 掌叶白头翁 Palmleaf Pulsatilla
Pulsatilla sukaczevii 黄花白头翁 Yellow Pulsatilla
Pulsatilla turczaninovii 细叶白头翁 Slenderleaf Pulsatilla
Pulveroboletus ravenelii 黄粉末牛肝菌 Powdery Sulfur Bolete
Punica granatum 石榴 Pomegranate
Pycnarrhena lucida 密花藤 Denseflower Pycnarrhena
Pycnarrhena poilanei 硬骨藤 Poilane Pycnarrhena
Pycnoporus cinnabarinus 红孔菌 Cinnabar-Red Polypore
Pycnoporus sanguineus 血红孔菌 Hemo-Red Fungus, Red Polypore
Pycnospora lutescens 密子豆 Pycnospora
Pycreus flavidus 球穗扁莎 Globular-Spike Pycreus
Pycreus sanguinolentus 红鳞扁莎 Sanguineous-Glume Pycreus
Pygmaeopremna herbacea 千解草 Herbaceous Pygmaeopremna
Pyracantha atalantioides 全缘火棘 Entire Firethorn
Pyracantha fortuneana 火棘 Fortune Firethorn
Pyrethrum cinerariifolium 除虫菊 Dalmatian Pyrethrum
Pyrethrum coccineum 红花除虫菊 Painted Daisy
Pyrethrum parthenium 短舌匹菊 Feverfew
Pyrethrum tatsienense 川西小黄菊 West-Sichuan Pyrethrum
Pyrgophyllum yunnanensis 苞叶姜 Yunnan Pyragophyllum
Pyrola asarifolia subsp. incarnata 红花鹿蹄草 Redflower Shinleaf
Pyrola atropurpurea 紫背鹿蹄草 Purpleback Shinleaf
Pyrola calliantha 鹿蹄草 Beautiful Shinleaf
Pyrola chlorantha 绿花鹿蹄草 Greenflower Shinleaf
Pyrola corbieri 贵阳鹿蹄草 Corbier Shinleaf
Pyrola dahurica 兴安鹿蹄草 Dahurian Shinleaf
Pyrola decorata 普通鹿蹄草 Common Shinleaf
Pyrola elegantula 长叶鹿蹄草 Longleaf Shinleaf
Pyrola forrestiana 大理鹿蹄草 Forrest Shinleaf
Pyrola japonica 日本鹿蹄草 Japanese Shinleaf
Pyrola mattfeldiana 贵州鹿蹄草 Mattfeld Shinleaf
Pyrola media 小叶鹿蹄草 Littleleaf Shinleaf
Pyrola minor 短柱鹿蹄草 Small Shinleaf
Pyrola renifolia 肾叶鹿蹄草 Kidneyleaf Shinleaf
Pyrola rotundifolia 圆叶鹿蹄草 Roundleaf Shinleaf
Pyrola rugosa 皱叶鹿蹄草 Wrinkledleaf Shinleaf
Pyrola sororia 珍珠鹿蹄草 Pearl Shinleaf
Pyrola szechuanica 四川鹿蹄草 Szechuan Shinleaf
Pyrostegia venusta 炮仗花 Flamevine
Pyrrosia adnascens 贴生石韦 Close-Growing Pyrrosia
Pyrrosia assimilis 相异石韦 Different Pyrrosia
Pyrrosia bonii 波氏石韦 Bon Pyrrosia
Pyrrosia calvata 光石韦 Glabrate Pyrrosia
Pyrrosia davidii 华北石韦 David's Pyrrosia
Pyrrosia drakeana 毡毛石韦 Drake's Pyrrosia
Pyrrosia gralla 西南石韦 Stilted Pyrrosia
Pyrrosia lingua 石韦 Tongue Fern
Pyrrosia petiolosa 有柄石韦 Petiolate Felt Fern
Pyrrosia porosa 柔软石韦 Soft Pyrrosia
Pyrrosia sheareri 庐山石韦 Shearer's Felt Fern
Pyrrosia similis 相似石韦 Similar Pyrrosia
Pyrrosia tonkinensis 中越石韦 Tonkin Pyrrosia
Pyrularia edulis 檀梨 Edible Pyrularia

Pyrus betulifolia 杜梨 Birchleaf Pear
Pyrus bretschneideri 白梨 Bretschneider Pear
Pyrus calleryana 豆梨 Callery Pear
Pyrus calleryana var. lanceata 柳叶豆梨 Lanceleaf Callery Pear
Pyrus communis var. sativa 西洋梨 Common Pear
Pyrus hopeiensis 河北梨 Hopei Pear
Pyrus pashia 川梨 Pashi Pear
Pyrus pashia var. grandiflora 大花川梨 Largeflower Pashi Pear
Pyrus pashia var. kumaoni 无毛川梨 Hairless Pashi Pear
Pyrus pashia var. obtusata 钝叶川梨 Obtuseleaf Pashi Pear
Pyrus phaeocarpa 褐梨 Dusky Pear
Pyrus pyrifolia 沙梨 Sand Pear
Pyrus serrulata 麻梨 Serrulate Pear
Pyrus sinkiangensis 新疆梨 Xinjiang Pear
Pyrus ussuriensis 秋子梨 Ussurian Pear
Pyrus ussuriensis var. ovoidea 香水梨 Perfume Pear

Q

Quercifilix zeylanica 地耳蕨 Oakleaf Fern
Quercus acutissima 麻栎 Sawtooth Oak
Quercus aliena 槲栎 Oriental White Oak
Quercus aliena var. acutiserrata 锐齿槲栎 Sharptooth Oak
Quercus baronii 橿子栎 Baron Oak
Quercus chenii 小叶栎 Chen Oak
Quercus dentata 柞栎 Daimyo Oak
Quercus fabrei 白栎 Faber Oak
Quercus franchetii 川滇山栎 Franchet Oak
Quercus griffithii 大叶栎 Griffith Oak
Quercus mongolica 蒙古栎 Mongolian Oak
Quercus phillyraeoides 乌冈栎 Ubame Oak
Quercus robur 夏栎 Common Oak, English Oak, European Oak, Pedunculate Oak
Quercus semecarpifolia 高山栎 Alpine Oak
Quercus serrata 枹栎 Glandular Oak
Quercus spinosa 刺叶栎 Spineleaf Oak
Quercus stewardii 黄槲山栎 Steward Oak
Quercus variabilis 栓皮栎 Oriental Oak
Quisqualis indica 使君子 Rangoon Creeper
Quisqualis indica var. villosa 毛使君子 Hairy Rangoon Creeper

R

Radermachera hainanensis 海南菜豆树 Hainan Bell Tree
Radermachera pentandra 豇豆树 Pentandrous Bell Tree
Radermachera sinica 菜豆树 China Doll, Asian Bell Tree, Serpent Tree
Radermachera yunnanensis 滇菜豆树 Asia Belltree
Ramalina roesleri 肉刺树花 Frayed Ramalina
Ramalina sinensis 中国树花 Fan Ramalina
Ramaria aurea 金黄枝瑚菌 Gold Ramaria
Ramaria botrytis 葡萄色顶枝瑚菌 Cauliflower Coral, Clustered Coral, Pink-Tipped Coral Mushroom
Ramaria flava 疣孢黄枝瑚菌 Yellow Ramaria
Ranunculus altaicus 阿尔泰毛茛 Altai Buttercup
Ranunculus amurensis 披针毛茛 Amur Buttercup
Ranunculus arvensis 田野毛茛 Confield Crowfoot
Ranunculus brotherusii 鸟足毛茛 Bird's-Foot Buttercup
Ranunculus cantoniensis 禺毛茛 Canton Buttercup
Ranunculus chinensis 茴茴蒜 Chinese Buttercup
Ranunculus ficariifolius 西南毛茛 Ficaria-Leaved Buttercup
Ranunculus glareosus 砾地毛茛 Gravel Buttercup
Ranunculus gmelinii 小掌叶毛茛 Gmelin Buttercup
Ranunculus japonicus 毛茛 Japanese Buttercup
Ranunculus limprichtii 纺锤毛茛 Limpricht Buttercup
Ranunculus membranaceus 棉毛茛 Woolly Buttercup
Ranunculus muricatus 刺果毛茛 Spine-Fruited Buttercup
Ranunculus nephelogenes 云生毛茛 Cloud-Loving Buttercup
Ranunculus paishanensis 白山毛茛 Paishan Buttercup
Ranunculus polii 肉根毛茛 Fleshy-Root Buttercup
Ranunculus repens 匍枝毛茛 Creeping Buttercup
Ranunculus sceleratus 石龙芮 Poisonous Buttercup
Ranunculus sieboldii 扬子毛茛 Siebold Buttercup
Ranunculus smirnovii 兴安毛茛 Xingan Buttercup
Ranunculus tanguticus 高原毛茛 Plateau Buttercup
Ranunculus ternatus 猫爪草 Catclaw Buttercup
Raphanus sativus 萝卜 Garden Radish, Radish
Raphanus sativus var. longipinnatus 长羽裂萝卜 Long-Pinnate Radish
Raphanus sativus var. raphanistroides 蓝花子 False Wild Radish
Raphiocarpus macrosiphon 长筒漏斗苣苔 Largetube Raphiocarpus
Raphiocarpus sesquifolius 大叶锣 Largeleaf Raphiocarpus
Raphiocarpus sinicus 无毛漏斗苣苔 Chinese Raphiocarpus
Raphistemma hooperianum 广西大花藤 Hooper Raphistemma
Raphistemma pulchellum 大花藤 Beautiful Raphistemma
Rauvolfia cubana 古巴萝芙木 Cuba Devil Pepper
Rauvolfia serpentina 蛇根木 Java Devil Pepper
Rauvolfia sumatrana 苏门答腊萝芙木 Sumatra Devil Pepper
Rauvolfia tetraphylla 四叶萝芙木 Four-Leaved Devil Pepper
Rauvolfia tiaolushanensis 吊罗山萝芙木 Tiaolushan Devil Pepper
Rauvolfia verticillata 萝芙木 Common Devil Pepper
Rauvolfia vomitoria 催吐萝芙木 Emetic Devil Pepper
Reaumuria kaschgarica 五柱红砂 Kaschgar Reaumuria
Reaumuria songarica 红砂 Dzungarian Reaumuria
Reaumuria trigyna 黄花红砂 Yellowflower Reaumuria
Reboulia hemisphaerica 石地钱 Hemisphaeric Liverwort
Reevesia pubescens 梭罗树 Common Reevesia
Reevesia pubescens var. kwangsiensis 广西梭罗 Kwangsi Reevesia
Reevesia pubescens var. siamensis 泰梭罗 Thailand Reevesia
Rehderodendron macrocarpum 木瓜红 Largefruit Rehdertree
Rehmannia chingii 天目地黄 Ching's Rehmannia
Rehmannia glutinosa 地黄 Rehmannia
Rehmannia henryi 湖北地黄 Henry Rehmannia
Rehmannia piasezkii 裂叶地黄 Lobed Rehmannia
Reineckea carnea 吉祥草 Chinese Lucky Grass
Reinwardtia indica 石海椒 Yellow Flax
Remusatia pumila 曲苞芋 Dwarf Hitchhiker Elephant Ear
Remusatia vivipara 岩芋 Hit chhiker Elephant Ear
Renanthera coccinea 火焰兰 Common Renanthera
Reynoutria japonica 虎杖 Japanese Fleeceflower
Rhamnella franguloides 猫乳 Frangula-Like Rhamnella
Rhamnella gilgitica 西藏猫乳 Gilgit Rhamnella
Rhamnella martinii 多脉猫乳 Martin Rhamella
Rhamnella rubrinervis 苞叶木 Rednerve Rhamnella
Rhamnus aurea 铁马鞭 Horsewhip Buckthorn
Rhamnus bodinieri 陷脉鼠李 Bodinier's Buckthorn
Rhamnus brachypoda 山绿柴 Shortstalk Buckthorn
Rhamnus cathartica 药鼠李 European Buckthorn

R

Rhamnus crenata 长叶冻绿 Oriental Buckthorn
Rhamnus davurica 鼠李 Dahurian Buckthorn
Rhamnus dumetorum 刺鼠李 Hedge Buckthorn
Rhamnus erythroxylum 柳叶鼠李 Willowleaf Buckthorn
Rhamnus esquirolii 贵州鼠李 Esquirol's Buckthorn
Rhamnus esquirolii var. glabrata 木子花 Glabrous Esquirol's Buckthorn
Rhamnus frangula 欧鼠李 Alder Buckthorn, Glossy Buckthorn
Rhamnus fulvotincta 黄鼠李 Yellow Buckthorn
Rhamnus gilgiana 川滇鼠李 Gilg's Buckthorn
Rhamnus globosa 圆叶鼠李 Lokao Buckthorn
Rhamnus hainanensis 海南鼠李 Hainan Buckthorn
Rhamnus heterophylla 异叶鼠李 Diversifolious Buckthorn
Rhamnus hupehensis 湖北鼠李 Hupeh Buckthorn
Rhamnus koraiensis 朝鲜鼠李 Korean Buckthorn
Rhamnus leptophylla 薄叶鼠李 Thinleaf Buckthorn
Rhamnus longipes 长柄鼠李 Longstalk Buckthorn
Rhamnus napalensis 尼泊尔鼠李 Nepal Buckthorn
Rhamnus parvifolia 小叶鼠李 Littleleaf Buckthorn
Rhamnus rosthornii 小冻绿树 Rosthorn's Buckthorn
Rhamnus rugulosa 皱叶鼠李 Wrinkledleaf Buckthorn
Rhamnus tangutica 甘青鼠李 Tangutan Buckthorn
Rhamnus ussuriensis 乌苏里鼠李 Ussuri Buckthorn
Rhamnus utilis 冻绿 Chinese Buckthorn
Rhamnus virgata 帚枝鼠李 Twiggy Buckthorn
Rhaphidophora decursiva 爬树龙 Climbing Raphidophora
Rhaphidophora hongkongensis 狮子尾 Hongkong Raphidophora
Rhaphidophora hookeri 毛过山龙 Hooker Rhaphidophora
Rhaphidophora peepla 大叶南苏 Largeleaf Raphidophora
Rhaphiolepis indica 石斑木 Indian Hawthorn
Rhaphiolepis lanceolata 细叶石斑木 Lanceolate Raphiolepis
Rhapis excelsa 棕竹 Lady Palm
Rhapis robusta 粗棕竹 Guangxi Lady Palm
Rheum acuminatum 心叶大黄 Acuminate Rhubarb
Rheum alexandrae 苞叶大黄 Alexander Rhubarb
Rheum altaicum 阿尔泰大黄 Altai Rhubarb
Rheum australe 藏边大黄 Austral Rhubarb
Rheum compactum 密序大黄 Compact Rhubarb
Rheum delavayi 滇边大黄 Delavay Rhubarb
Rheum forrestii 牛尾七 Forrest Rhubarb
Rheum glabricaule 光茎大黄 Glabrous Rhubarb
Rheum hotaoense 河套大黄 Hotao Rhubarb
Rheum inopinatum 红脉大黄 Rednerve Rhubarb
Rheum kialense 疏枝大黄 Dwarf Rhubarb
Rheum likiangense 丽江大黄 Likiang Rhubarb
Rheum moorcroftianum 卵果大黄 Ovate-Fruited Rhubarb
Rheum nanum 矮大黄 Dwarf Rhubarb
Rheum nobile 高山大黄 Noble Rhubarb
Rheum officinale 药用大黄 Chinese Rhubarb
Rheum palmatum 掌叶大黄 Palmate Rhubarb
Rheum pumilum 小大黄 Small Rhubarb
Rheum racemiferum 总序大黄 Racemose Rhubarb
Rheum reticulatum 网脉大黄 Netted Rhubarb
Rheum rhabarbarum 波叶大黄 Garden Rhubarb
Rheum rhizostachyum 歧穗大黄 Rhizome-Spiked Rhubarb
Rheum rhomboideum 菱叶大黄 Rhombicleaf Rhubarb
Rheum spiciforme 穗序大黄 Spiked Rhubarb
Rheum sublanceolatum 窄叶大黄 Narrowleaf Rhubarb
Rheum tanguticum 唐古特大黄 Tangutan Rhubarb
Rheum tanguticum var. liupanshanense 六盘山大黄 Liupanshan Rhubarb
Rheum tibeticum 西藏大黄 Tibetan Rhubarb
Rheum uninerve 单脉大黄 Uninerve Rhubarb
Rheum webbianum 喜马拉雅大黄 Himalayan Rhubarb
Rheum wittrockii 天山大黄 Wittrock Rhubarb
Rhinacanthus nasutus 灵枝草 Snake Jasmine
Rhizophora apiculata 红树 Mangrove
Rhizophora mucronata 红茄苳 Asiatic Mangrove
Rhodiola algida var. tangutica 唐古红景天 Tangutan Rhodiola
Rhodiola alsia 西川红景天 Cold-Loving Rhodiola
Rhodiola crenulata 大花红景天 Bigflower Rhodiola
Rhodiola dumulosa 小丛红景天 Shrubberry Rhodiola
Rhodiola fastigiata 长鞭红景天 Longwhip Rhodiola
Rhodiola gelida 长鳞红景天 Icy Rhodiola
Rhodiola heterodonta 异齿红景天 Different-Toothed Rhodiola
Rhodiola junggarica 准噶尔红景天 Dzungarian Rhodiola
Rhodiola kirilowii 狭叶红景天 Narrowleaf Rhodiola
Rhodiola quadrifida 四裂红景天 Quadrifid Rhodiola
Rhodiola rosea 红景天 Roseroot
Rhodiola sachalinensis 库页红景天 Sakhalin Rhodiola
Rhodiola sacra 圣地红景天 Sacred Rhodiola
Rhodiola scabrida 糙红景天 Scabrous Rhodiola
Rhodiola wallichiana 粗茎红景天 Wallich Rhodiola
Rhodiola wallichiana var. cholaensis 大株粗茎红景天 Big Wallich Rhodiola
Rhodiola yunnanensis 云南红景天 Yunnan Rhodiola
Rhodobryum giganteum 暖地大叶藓 Giant Rhodobryum Moss
Rhodobryum laxelimbatum 阔边大叶藓 Broad-Margined Rhodobryum Moss
Rhodobryum ontariense 狭边大叶藓 Ontario Rhodobryum Moss
Rhodobryum roseum 大叶藓 Rose Rhodobryum Moss
Rhododendron agannipum 雪山杜鹃花 Snowmountain Rhododendron
Rhododendron amesiae 紫花杜鹃 Ames Rhododendron
Rhododendron annae 桃叶杜鹃花 Anna's Rhododendron
Rhododendron anthopogon 髯花杜鹃 Beard Rhododendron
Rhododendron anthopogonoides 烈香杜鹃花 False Beard Rhododendron
Rhododendron anthosphaerum 团花杜鹃 Globe-Flowered Rhododendron
Rhododendron arboreum 树形杜鹃花 Tree Rhododendron
Rhododendron augustinii 毛肋杜鹃花 Augustin Rhododendron
Rhododendron augustinii subsp. chasmanthum 张口杜鹃花 Gaping-Flower Rhododendron
Rhododendron aureum 牛皮杜鹃花 Goldmat Rhododendron
Rhododendron auriculatum 耳叶杜鹃花 Auriculate Rhododendron
Rhododendron bachii 腺萼马银花 Glandular-Calyx Rhododendron
Rhododendron brachyanthum 短花杜鹃 Shortflower Rhododendron
Rhododendron brevinerve 短脉杜鹃花 Shortnerve Rhododendron
Rhododendron bulu 蜿蜒杜鹃花 Straggling Rhododendron
Rhododendron calophytum 美容杜鹃花 Beautiful-Face Rhododendron
Rhododendron campylocarpum 弯果杜鹃花 Bell-Flowered Rhododendron
Rhododendron capitatum 头花杜鹃 Capitate Rhododendron
Rhododendron cavaleriei 多花杜鹃 Cavalerie Rhododendron
Rhododendron cephalanthum 毛喉杜鹃花 Hairythroat Rhododendron
Rhododendron cerasinum 樱花杜鹃 Cherry-Colored Rhododendron

R

Rhododendron championiae 刺毛杜鹃花 Champion's Rhododendron
Rhododendron ciliatum 睫毛杜鹃花 Ciliate Rhododendron
Rhododendron ciliicalyx subsp. lyi 长柱睫萼杜鹃 Long-Styled Ciliatecalyx Rhododendron
Rhododendron concinnum 秀雅杜鹃花 Neat Rhododendron
Rhododendron coryanum 光蕊杜鹃花 Cory's Rhododendron
Rhododendron dauricum 兴安杜鹃花 Dahurian Rhododendron
Rhododendron davidii 腺果杜鹃花 David's Rhododendron
Rhododendron decorum 大白杜鹃花 Great White Rhododendron
Rhododendron delavayi 马缨杜鹃花 Delavay's Rhododendron
Rhododendron dendrocharis 树生杜鹃花 Epiphytic Rhododendron
Rhododendron discolor 喇叭杜鹃花 Mandarin Rhododendron
Rhododendron emarginatum 缺顶杜鹃花 Emarginate Rhododendron
Rhododendron faberi subsp. prattii 大叶金顶杜鹃 Largeleaf Faber's Rhododendron
Rhododendron farrerae 丁香杜鹃花 Farrer's Rhododendron
Rhododendron fortunei 云锦杜鹃花 Fortune's Rhododendron
Rhododendron hypenanthum 毛花杜鹃 Hairflower Rhododendron
Rhododendron hypoglaucum 粉白杜鹃花 Hypoglaucous Rhododendron
Rhododendron intricatum 隐蕊杜鹃花 Hidden-Pistil Rhododendron
Rhododendron lapponicum 高山杜鹃花 Lapland Rhododendron
Rhododendron latoucheae 鹿角杜鹃花 Buckhorn Rhododendron
Rhododendron laudandum 毛冠杜鹃花 Hairycorola Rhododendron
Rhododendron liliiflorum 百合花杜鹃 Lilyflower Rhododendron
Rhododendron maculiferum subsp. anhweiense 黄山杜鹃花 Huangshan Rhododendron
Rhododendron mariae 岭南杜鹃花 Maria Rhododendron
Rhododendron mariesii 满山红 Maries Rhododendron
Rhododendron micranthum 照山白 Manchurian Rhododendron
Rhododendron microphyton 亮毛杜鹃花 Small Rhododendron
Rhododendron molle 羊踯躅 Chinese Azalea
Rhododendron mucronatum 白花杜鹃 Mucronate Rhododendron
Rhododendron mucronulatum 迎红杜鹃花 Korean Rhododendron
Rhododendron neriiflorum 火红杜鹃花 Oleander-Flowered Rhododendron
Rhododendron nivale subsp. boreale 北方雪层杜鹃 Northern Snowy Rhododendron
Rhododendron orbiculare 团叶杜鹃花 Orbicular-Leaved Rhododendron
Rhododendron oreodoxa 山光杜鹃花 Mountain Glory Rhododendron
Rhododendron ovatum 马银花 Ovateleaf Rhododendron
Rhododendron phaeochrysum var. agglutinatum 凝毛杜鹃花 Agglutinate-Haired Rhododendron
Rhododendron pingianum 海绵杜鹃花 Sponge Rhododendron
Rhododendron primuliflorum 樱草杜鹃 Primrose-Flowered Rhododendron
Rhododendron przewalskii 陇蜀杜鹃花 Przewalski Rhododendron
Rhododendron pumilum 矮小杜鹃花 Low Rhododendron
Rhododendron purdomii 太白杜鹃花 Purdom Rhododendron
Rhododendron racemosum 腋花杜鹃 Racemose Rhododendron
Rhododendron rhuyuenense 乳源杜鹃花 Rhuyuen Rhododendron
Rhododendron rubiginosum 红棕杜鹃花 Reddish-Brown Rhododendron
Rhododendron simsii 杜鹃花 Azalea
Rhododendron spadiceum 蔗黄杜鹃花 Chestnut-Brown Rhododendron
Rhododendron spinuliferum 爆仗花 Firecracker-Flower Rhododendron
Rhododendron stamineum 长蕊杜鹃花 Longstamen Rhododendron
Rhododendron sutchuenense 四川杜鹃花 Szechuan Rhododendron
Rhododendron thymifolium 千里香杜鹃花 Thyme-Leaved Rhododendron
Rhododendron trichostomum 毛嘴杜鹃花 Hairy-Mouthed Rhododendron
Rhododendron vellereum 白毛杜鹃花 Whitehair Rhododendron
Rhododendron websterianum 毛蕊杜鹃花 Webster Rhododendron
Rhododendron westlandii 凯里杜鹃花 Westland Rhododendron
Rhododendron williamsianum 圆叶杜鹃花 Williams Rhododendron
Rhododendron wiltonii 皱皮杜鹃花 Wilton Rhododendron
Rhododendron yunnanense 云南杜鹃花 Yunnan Rhododendron
Rhodoleia championii 红花荷 Hong Kong Rose
Rhodoleia parvipetala 小花红花荷 Littleflower Rhodoleia
Rhodomyrtus tomentosa 桃金娘 Downy Rose Myrtle
Rhodophyllus sinuatus 毒粉褶菌 Pinkish Mushroom
Rhodotypos scandens 鸡麻 Black Jetbead
Rhoiptelea chiliantha 马尾树 Chinese Rhoiptelea
Rhus chinensis 盐肤木 Chinese Sumac
Rhus chinensis var. roxburghii 滨盐肤木 Roxburgh Sumac
Rhus potaninii 青麸杨 Potanin Sumac
Rhus punjabensis 旁遮普麸杨 Punjab Sumac
Rhus punjabensis var. pilosa 毛叶麸杨 Hairy Punjab Sumac
Rhus punjabensis var. sinica 红麸杨 Red Punjab Sumac
Rhus typhina 火炬树 Staghorn Sumac
Rhus wilsonii 川麸杨 Wilson Sumac
Rhynchanthus beesianus 喙花姜 Bees Beakflower
Rhynchoglossum obliquum 尖舌苣苔 Oblique Rhynchoglossum
Rhynchosia acuminatifolia 渐尖叶鹿藿 Acuminate-Leaved Rhynchosia
Rhynchosia dielsii 菱叶鹿藿 Diels Rhynchosia
Rhynchosia volubilis 鹿藿 Twining Rhynchosia
Rhynchospermum verticillatum 秋分草 Whorled Rhynchospermum
Rhynchospora rubra 刺子莞 Red Beak Rush
Rhynchotechum ellipticum 线柱苣苔 Elliptic Rhynchotechum
Ribes alpestre 长刺茶藨子 Hedge Gooseberry
Ribes altissimum 高茶藨子 High Currant
Ribes ambiguum 四川蔓茶藨子 Epiphyte Currant
Ribes burejense 刺果茶藨子 Bureja Gooseberry
Ribes davidii 革叶茶藨子 David Currant
Ribes diacanthum 双刺茶藨子 Siberian Currant
Ribes fasciculatum var. chinense 华蔓茶藨子 Chinese Winterberry Currant
Ribes glaciale 冰川茶藨子 Nepal Currant
Ribes henryi 华中茶藨子 Henry Currant
Ribes heterotrichum 圆叶茶藨子 Roundleaf Currant
Ribes himalense 糖茶藨子 Himalayan Currant
Ribes humile 矮醋栗 Low Currant
Ribes mandshuricum 东北茶藨子 Manchurian Currant
Ribes maximowiczii 华西茶藨子 Maximowicz Currant
Ribes meyeri 天山茶藨子 Meyer Currant
Ribes moupinense 宝兴茶藨子 Moupin Currant
Ribes nigrum 黑茶藨子 European Black Currant
Ribes pulchellum 美丽茶藨子 Beautiful Gooseberry
Ribes saxatile 石生茶藨子 Rock Currant
Ribes stenocarpum 长果茶藨子 Narrowfruit Currant
Ribes takare 渐尖茶藨子 Sharpleaf Gooseberry
Ribes tenue 细枝茶藨子 Asiatic Currant

Ribes viridiflorum 绿花茶藨子 Greenflower Currant
Riccia fluitans 叉钱苔 Crystalwort
Ricinus communis 蓖麻 Castor Bean
Robinia hispida 毛洋槐 Bristly Locust
Robinia pseudoacacia 刺槐 Black Locust
Robiquetia succisa 寄树兰 Littleleaf Robiquetia
Rodgersia aesculifolia 七叶鬼灯檠 Fingerleaf Rodgers Flower
Rodgersia pinnata 羽叶鬼灯檠 Pinnateleaf Rodgers Flower
Rodgersia podophylla 鬼灯檠 Mayapple-Leaved Rodgers Flower
Rodgersia sambucifolia 西南鬼灯檠 Elderleaf Rodgers Flower
Roegneria calcicola 钙生鹅观草 Calcicolous Roegneria
Roegneria ciliaris 纤毛鹅观草 Ciliate Roegneria
Roegneria kamoji 鹅观草 Common Roegneria
Roegneria kamoji var. macerrima 细瘦鹅观草 Slender Roegneria
Roegneria serotina 秋鹅观草 Autumn Roegneria
Roemeria hybrida 紫花疆罂粟 Purple Poppy
Roemeria refracta 红花疆罂粟 Spotted Asian Poppy
Rohdea japonica 万年青 Japanese Sacred Lily
Rorippa cantoniensis 广州蔊菜 Canton Yellowcress
Rorippa dubia 无瓣蔊菜 Petalless Yellowcress
Rorippa elata 高蔊菜 Tall Yellowcress
Rorippa globosa 风花菜 Globe Yellowcress
Rorippa indica 蔊菜 Variableleaf Yellowcress
Rorippa palustris 沼生蔊菜 Bog Yellowcress
Rosa acicularis 刺蔷薇 Prickly Rose
Rosa albertii 腺齿蔷薇 Albert Rose
Rosa banksiae 木香花 Banks Rose
Rosa banksiae f. lutea 黄木香花 Yellow Banks Rose
Rosa banksiae var. normalis 单瓣白木香 Wild Banks Rose
Rosa beggeriana 弯刺蔷薇 Curved-Prickle Rose
Rosa bella 美蔷薇 Solitary Rose
Rosa bracteata 硕苞蔷薇 Macartney Rose
Rosa centifolia 百叶蔷薇 Cabbage Rose
Rosa chinensis 月季 China Rose
Rosa chinensis var. semperflorens 紫月季花 Purple China Rose
Rosa cymosa 小果蔷薇 Smallfruit Rose
Rosa davurica 山刺玫 Dahurian Rose
Rosa davurica var. glabra 光叶山刺玫 Glabrous Dahurian Rose
Rosa fedtschenkoana 腺果蔷薇 Fedtschenko Rose
Rosa gallica 法国蔷薇 French Rose
Rosa graciliflora 细梗蔷薇 Slenderflower Rose
Rosa helenae 卵果蔷薇 Helen Rose
Rosa henryi 软条七蔷薇 Henry Rose
Rosa hugonis 黄蔷薇 Father Hugo Rose
Rosa kokanica 腺叶蔷薇 Glandularleaf Rose
Rosa koreana 长白蔷薇 Korean Rose
Rosa laevigata 金樱子 Cherokee Rose
Rosa laxa 疏花蔷薇 Looseflower Rose
Rosa longicuspis 长尖叶蔷薇 Longcusp Rose
Rosa macrophylla 大叶蔷薇 Largeleaf Rose
Rosa mairei 毛叶蔷薇 Hairyleaf Rose
Rosa multiflora 野蔷薇 Multiflora Rose
Rosa multiflora var. carnea 七姊妹 Flesh-Colored Multiflora Rose
Rosa multiflora var. cathayensis 粉团蔷薇 Cathay Multiflora Rose
Rosa odorata 香水月季 Tea Rose
Rosa odorata var. erubescens 粉花香水月季 Blushing Tea Rose
Rosa odorata var. gigantea 大花香水月季 Giant Tea Rose
Rosa omeiensis 峨眉蔷薇 Omei Mountain Rose
Rosa omeiensis f. glandulosa 腺叶峨眉蔷薇 Glandular Omei Mountain Rose
Rosa omeiensis f. pteracantha 扁刺峨眉蔷薇 Winged-Spine Omei Mountain Rose
Rosa platyacantha 宽刺蔷薇 Broadspine Rose
Rosa roxburghii 缫丝花 Roxburgh Rose
Rosa roxburghii f. normalis 单瓣缫丝花 Simpleflower Roxburgh Rose
Rosa rugosa 玫瑰 Rugosa Rose
Rosa saturata 大红蔷薇 Saturate Rose
Rosa sericea 绢毛蔷薇 Silky Rose
Rosa sericea f. glandulosa 腺叶绢毛蔷薇 Glandular Silky Rose
Rosa sertata 钝叶蔷薇 Obtuseleaf Rose
Rosa setipoda 刺梗蔷薇 Bristly-Stalked Rose
Rosa soulieana 川滇蔷薇 Soulie Rose
Rosa spinosissima 密刺蔷薇 Scotch Rose
Rosa sweginzowii 扁刺蔷薇 Sweginzow Rose
Rosa taiwanensis 小金樱 Taiwan Rose
Rosa wichuraiana 光叶蔷薇 Memorial Rose
Rosa xanthina 黄刺玫 Manchu Rose
Rosa xanthina f. normalis 单瓣黄刺玫 Simpleflower Manchu Rose
Roscoea alpina 高山象牙参 Alpine Roscoe
Roscoea auriculata 耳叶象牙参 Earleaf Roscoea
Roscoea capitata 头花象牙参 Headflower Roscoea
Roscoea cautleoides 早花象牙参 Cautleya-Like Roscoea
Roscoea humeana 大花象牙参 Hume Roscoea
Roscoea tibetica 藏象牙参 Tibetan Roscoea
Rosmarinus officinalis 迷迭香 Rosemary
Rotala diversifolia 异叶节节菜 Diverseleaf Rotala
Rotala indica 节节菜 Indian Rotala
Rotala mexicana 轮叶节节菜 Mexican Rotala
Rotala pentandra 薄瓣节节菜 Thinpetal Rotala
Rotala rotundifolia 圆叶节节菜 Roundleaf Rotala
Rottboellia cochinchinensis 筒轴茅 Itchgrass
Rourea microphylla 小叶红叶藤 Littleleaf Rourea
Rozites caperatus 皱盖罗鳞伞 Gypsy Mushroom
Rubia alata 金剑草 Winged Madder
Rubia chinensis 中国茜草 Chinese Madder
Rubia haematantha 红花茜草 Redflower Madder
Rubia manjith 青藏茜草 Manjith's Madder
Rubia membranacea 金线草 Membraneous-Leaved Madder
Rubia oncotricha 钩毛茜草 Hooked-Hairy Madder
Rubia schumanniana 大叶茜草 Schumann's Madder
Rubia wallichiana 多花茜草 Wallich's Madder
Rubia yunnanensis 紫参 Yunnan Madder
Rubus adenophorus 腺毛莓 Glandularhair Raspberry
Rubus alceifolius 粗叶悬钩子 Roughleaf Raspberry
Rubus alexeterius 刺萼悬钩子 Spinycalyx Raspberry
Rubus amabilis 秀丽莓 Elegant Raspberry
Rubus amphidasys 周毛悬钩子 Hairy Raspberry
Rubus arcticus 北悬钩子 Arctic Raspberry
Rubus biflorus 粉枝莓 Twoflower Raspberry
Rubus buergeri 寒莓 Buerger Raspberry
Rubus chingii 掌叶复盆子 Palmleaf Raspberry
Rubus chingii var. suavissimus 甜茶 Fragrant Raspberry
Rubus chroosepalus 毛萼莓 Hairysepal Raspberry
Rubus cochinchinensis 蛇泡筋 Cochinchina Raspberry
Rubus cockburnianus 华中悬钩子 Cockburn Raspberry
Rubus corchorifolius 山莓 Juteleaf Raspberry
Rubus coreanus 插田泡 Korean Black Raspberry
Rubus coreanus var. tomentosus 毛叶插田泡 Hairyleaf Korean Black

R

Raspberry
Rubus crataegifolius 牛叠肚 Hawthornleaf Raspberry
Rubus delavayi 三叶悬钩子 Delavay's Raspberry
Rubus doyonensis 白藨 Bairu Raspberry
Rubus ellipticus 椭圆悬钩子 Golden Evergreen Raspberry
Rubus ellipticus var. obcordatus 栽秧泡 Yellow Himalayan Raspberry
Rubus eucalyptus 桉叶悬钩子 Eucalyptus-Leaved Raspberry
Rubus eucalyptus var. etomentosus 脱毛桉叶悬钩子 Hairless Eucalyptus-Leaved Raspberry
Rubus eustephanos 大红泡 Crown Raspberry
Rubus feddei 黔桂悬钩子 Fedde Raspberry
Rubus flosculosus 弓茎悬钩子 Littleflower Raspberry
Rubus fockeanus 凉山悬钩子 Focke Raspberry
Rubus formosensis 台湾悬钩子 Taiwan Raspberry
Rubus hastifolius 戟叶悬钩子 Hastateleaf Raspberry
Rubus henryi 鸡爪茶 Henry Raspberry
Rubus hirsutus 蓬藟 Hirsute Raspberry
Rubus ichangensis 宜昌悬钩子 Yichang Raspberry
Rubus idaeopsis 拟复盆子 Idaeus-Like Raspberry
Rubus idaeus 复盆子 Red Raspberry
Rubus idaeus var. borealisinensis 华北复盆子 North China Red Raspberry
Rubus innominatus 白叶莓 Whiteleaf Raspberry
Rubus innominatus var. kuntzeanus 无腺白叶莓 Kuntz Whiteleaf Raspberry
Rubus irenaeus 灰毛泡 Greyhair Raspberry
Rubus lambertianus 高粱泡 Lambert Raspberry
Rubus lambertianus var. glaber 光滑高粱泡 Glabrous Lambert Raspberry
Rubus lambertianus var. glandulosus 腺毛高粱泡 Glandular Lambert Raspberry
Rubus lasiostylus 绵果悬钩子 Woollystyle Raspberry
Rubus leucanthus 白花悬钩子 Whiteflower Raspberry
Rubus malifolius 棠叶悬钩子 Appleleaf Raspberry
Rubus mesogaeus 喜阴悬钩子 Shady Raspberry
Rubus niveus 红泡刺藤 Snowpeaks Raspberry
Rubus pacificus 太平莓 Pacific Raspberry
Rubus parkeri 乌泡子 Parker Raspberry
Rubus parvifolius 茅莓 Japanese Raspberry
Rubus parvifolius var. adenochlamys 腺花茅莓 Glandular-Flowered Japanese Raspberry
Rubus pectinellus 黄泡 Pectinate-Calyxed Raspberry
Rubus peltatus 盾叶莓 Peltateleaf Raspberry
Rubus phoenicolasius 多腺悬钩子 Wine Raspberry
Rubus pinnatisepalus 羽萼悬钩子 Pinnatesepal Raspberry
Rubus piptopetalus 薄瓣悬钩子 Thinpetal Raspberry
Rubus pirifolius 梨叶悬钩子 Pearleaf Raspberry
Rubus pluribracteatus 大乌泡 Multibract Raspberry
Rubus pungens 针刺悬钩子 Spiny Raspberry
Rubus pungens var. oldhamii 香莓 Oldham Spiny Raspberry
Rubus reflexus 锈毛莓 Rustyhair Raspberry
Rubus reflexus var. hui 浅裂锈毛莓 Hu's Rustyhair Raspberry
Rubus reflexus var. lanceolobus 深裂锈毛莓 Lancelobe Rustyhair Raspberry
Rubus rosifolius 空心泡 Roseleaf Raspberry
Rubus rosifolius var. coronarius 重瓣空心泡 Double Roseleaf Raspberry
Rubus sachalinensis 库页悬钩子 Sakhalin Raspberry
Rubus saxatilis 石生悬钩子 Rocky Raspberry
Rubus setchuenensis 川莓 Setchuen Raspberry
Rubus subcoreanus 柱序悬钩子 False Korean Black Raspberry
Rubus sumatranus 红腺悬钩子 Red-Glandular Raspberry
Rubus swinhoei 木莓 Swinhoe Raspberry
Rubus taiwanianus 刺莓 Taiwan Raspberry
Rubus tephrodes 灰白毛莓 Ashenhair Raspberry
Rubus tephrodes var. ampliflorus 无腺灰白毛莓 Glandless Ashenhair Raspberry
Rubus tephrodes var. setosissimus 长腺灰白毛莓 Longgland Ashenhair Raspberry
Rubus trianthus 三花悬钩子 Threeflower Raspberry
Rubus wallichianus 红毛悬钩子 Pinfa Raspberry
Rubus xanthocarpus 黄果悬钩子 Yellowfruit Raspberry
Rubus xanthoneurus 黄脉莓 Yellownerve Raspberry
Ruellia tuberosa 块茎芦莉草 Minnieroot
Rumex acetosa 酸模 Sour Dock
Rumex acetosella 小酸模 Small Dock
Rumex amurensis 黑龙江酸模 Amurensis Dock
Rumex angulatus 紫茎酸模 Cornery Dock
Rumex aquaticus 水生酸模 Water Dock
Rumex chalepensis 网果酸模 Aleppo Dock
Rumex crispus 皱叶酸模 Crispate Dock
Rumex dentatus 齿果酸模 Toothedfruit Dock
Rumex gmelinii 毛脉酸模 Gmelin Dock
Rumex hastatus 戟叶酸模 Hastate Dock
Rumex japonicus 羊蹄 Japanese Dock
Rumex longifolius 长叶酸模 Longleaf Dock
Rumex maritimus 刺酸模 Bristle Dock
Rumex marschallianus 单瘤酸模 Single-Tuberculate Dock
Rumex nepalensis 尼泊尔酸模 Nepal Dock
Rumex nepalensis var. remotiflorus 疏花酸模 Scatter-Flowered Dock
Rumex obtusifolius 钝叶酸模 Bluntleaf Dock
Rumex patientia 巴天酸模 Patient Dock
Rumex stenophyllus 狭叶酸模 Narrowleaf Dock
Rumex thyrsiflorus 直根酸模 Thyrse Sorrel
Rungia chinensis 中华孩儿草 Chinese Rungia
Rungia pectinata 孩儿草 Comb Rungia
Russelia equisetiformis 炮仗竹 Firecracker Plant
Russula alutacea 革质红菇 Leather Russula
Russula aurata 红斑红菇 Golden Russula
Russula cyanoxantha 蓝黄红菇 Blue Russula, Blue-Yellow Color Russula, Charcoal Burner
Russula delica 美味红菇 Milk-White Brittle Gill
Russula densifolia 密褶红菇 Dense Gill Russula
Russula emetica 毒红菇 Sickener Mushroom
Russula foetens 臭黄菇 Stinking Russula
Russula integra 变色红菇 The Entire Russula
Russula lepida 红菇 Red Russula
Russula lilacea 淡紫红菇 Lilac Brittlegill
Russula nigricans 稀褶黑红菇 Blackening Brittle Gill, Blackening Russula
Russula pseudodelica 假大白菇 Fake White Russula
Russula sanguinea 血红菇 Blood Red Russula
Russula vesca 菱红菇 Bared Teeth Russula
Russula virescens 绿红菇 Green Russula
Ruta graveolens 芸香 Rue

R

S

Sabia campanulata subsp. ritchieae 鄂西清风藤 West Hubei Sabia
Sabia dielsii 平伐清风藤 Diels Sabia
Sabia discolor 灰背清风藤 Discolor Sabia
Sabia emarginata 凹萼清风藤 Emarginate Sabia
Sabia fasciculata 簇花清风藤 Cluster-Flowered Sabia
Sabia japonica 清风藤 Japanese Sabia
Sabia limoniacea 柠檬清风藤 Lemon Sabia
Sabia parviflora 小花清风藤 Smallflower Sabia
Sabia schumanniana 四川清风藤 Szechuan Sabia
Sabia schumanniana subsp. pluriflora 多花清风藤 Manyflower Szechuan Sabia
Sabia swinhoei 尖叶清风藤 Sharpleaf Sabia
Sabia yunnanensis 云南清风藤 Yunnan Sabia
Sabia yunnanensis subsp. latifolia 阔叶清风藤 Broadleaf Sabia
Saccharum arundinaceum 斑茅 Hardy Sugar Cane
Saccharum officinarum 甘蔗 Sugar Cane
Saccharum sinense 竹蔗 Chinese Sugar Cane
Saccharum spontaneum 甜根子草 Wild Sugar Cane
Sacciolepis indica 囊颖草 Glen Woodgrass
Sageretia gracilis 纤细雀梅藤 Slender Sageretia
Sageretia hamosa 钩刺雀梅藤 Hookspine Sageretia
Sageretia henryi 梗花雀梅藤 Henry Sageretia
Sageretia lucida 亮叶雀梅藤 Shiningleaf Sageretia
Sageretia melliana 刺藤子 Mell's Sageretia
Sageretia paucicostata 少脉雀梅藤 Fewvein Sageretia
Sageretia pycnophylla 对节刺 Denseleaf Sageretia
Sageretia rugosa 皱叶雀梅藤 Wrinkledleaf Sageretia
Sageretia thea 雀梅藤 Hedge Sageretia
Sageretia thea var. tomentosa 毛叶雀梅藤 Hairyleaf Sageretia
Sagina japonica 漆姑草 Japanese Pearlwort
Sagina saginoides 无毛漆姑草 Hairless Pearlwort
Sagittaria guayanensis subsp. lappula 冠果草 Cristatefruit Guyanese Arrowhead
Sagittaria pygmaea 矮慈姑 Pygmy Arrowhead
Sagittaria trifolia 野慈姑 Threeleaf Arrowhead
Sagittaria trifolia var. sinensis 慈姑 Chinese Arrowhead
Salacia prinoides 五层龙 Prinos-Like Salacia
Salacia sessiliflora 无柄五层龙 Sessileflower Salacia
Salicornia europaea 盐角草 Marshfire Glasswart
Salix alba 白柳 Cricket-Bat Willow
Salix babylonica 垂柳 Weeping Willow
Salix caspica 油柴柳 Caspian Sea Willow
Salix cathayana 中华柳 Chinese Willow
Salix cheilophila 沙柳 Sand Willow
Salix fargesii 巫山柳 Farges Willow
Salix fragilis 爆竹柳 Crack Willow
Salix guebriantiana 山杨柳 Guebriant Willow
Salix hypoleuca 小叶柳 Littleleaf Willow
Salix linearistipularis 蒙古柳 Linearstipule Willow
Salix matsudana 旱柳 Hankow Willow
Salix microstachya 小穗柳 Littlespike Willow
Salix pentandra 五蕊柳 Bay-Leaved Willow
Salix sinopurpurea 红皮柳 Chinese Purple Willow
Salix tianschanica 天山柳 Tianshan Willow
Salix variegata 秋华柳 Variegated Willow
Salix wallichiana 皂柳 Wallich Willow
Salix warburgii 水柳 Water Willow
Salix wilsonii 威氏柳 Purple Willow
Salomonia cantoniensis 齿果草 Canton Salomonia
Salomonia cantoniensis var. edentula 小果齿果草 Littlefruit Canton Salomonia
Salomonia ciliata 椭圆叶齿果草 Oblongleaf Salomonia
Salsola abrotanoides 蒿叶猪毛菜 Sagebrush-Leaved Russian Thistle
Salsola arbuscula 木本猪毛菜 Woody Russian Thistle
Salsola collina 猪毛菜 Common Russian Thistle
Salsola komarovii 无翅猪毛菜 Komarov Russian Thistle
Salsola monoptera 单翅猪毛菜 Monopterous Russian Thistle
Salsola tragus 刺沙蓬 Prickly Russian Thistle
Salvia aerea 橙色鼠尾草 Orange Sage
Salvia bifidocalyx 开萼鼠尾草 Bifidcalyx Sage
Salvia bowleyana 南丹参 Bowley Sage
Salvia brachyloma 短冠鼠尾草 Shortcorolla Sage
Salvia campanulata var. codonantha 截萼鼠尾草 Bellflower Sage
Salvia castanea 栗色鼠尾草 Chestnut-Brown Sage
Salvia cavaleriei 贵州鼠尾草 Kweichow Sage
Salvia cavaleriei var. erythrophylla 紫背贵州鼠尾草 Purpleback Kweichow Sage
Salvia cavaleriei var. simplicifolia 血盆草 Simpleleaf Sage
Salvia chinensis 华鼠尾草 Chinese Sage
Salvia coccinea 朱唇 Blood Sage
Salvia deserta 新疆鼠尾草 Desert Sage
Salvia digitaloides 毛地黄鼠尾草 Foxglove-Like Sage
Salvia evansiana 雪山鼠尾草 Evans Sage
Salvia evansiana var. scaposa 葶花雪山鼠尾草 Scapos Evans Sage
Salvia flava 黄花鼠尾草 Yellowflower Sage
Salvia glutinosa 胶质鼠尾草 Sticky Sage
Salvia himmelbaurii 瓦山鼠尾草 Himmelbaur Sage
Salvia honania 河南鼠尾草 Honan Sage
Salvia japonica 鼠尾草 Japanese Sage
Salvia kiangsiensis 关公须 Kiangsi Sage
Salvia kiaometiensis 荞麦地鼠尾草 Kiaometi Sage
Salvia lankongensis 洱源鼠尾草 Lankong Sage
Salvia liguliloba 舌瓣鼠尾草 Ligule-Lobed Sage
Salvia mairei 东川鼠尾草 Maire Sage
Salvia maximowicziana 鄂西鼠尾草 Maximowicz Sage
Salvia mekongensis 湄公鼠尾草 Mekong Sage
Salvia miltiorrhiza 丹参 Danshen
Salvia miltiorrhiza var. charbonnelii 单叶丹参 Simpleleaf Danshen
Salvia nanchuanensis 南川鼠尾草 Nanchuan Sage
Salvia officinalis 撒尔维亚 Sage
Salvia omeiana 峨眉鼠尾草 Omei Sage
Salvia paramiltiorrhiza 皖鄂丹参 False Danshen
Salvia plebeia 荔枝草 Plebeian Sage
Salvia plectranthoides 长冠鼠尾草 Longcorolla Sage
Salvia prionitis 红根草 Crenate Sage
Salvia przewalskii 甘西鼠尾草 Przewalski Sage
Salvia przewalskii var. mandarinorum 褐毛甘西鼠尾草 Tawnyhair Przewalski Sage
Salvia roborowskii 粘毛鼠尾草 Roborowski Sage
Salvia scapiformis 地埂鼠尾草 Scape-Like Sage
Salvia scapiformis var. hirsuta 硬毛地埂鼠尾草 Hirsute Scape-Like Sage
Salvia sinica 浙皖丹参 Chinese Sage
Salvia smithii 橙香鼠尾草 Smith Sage
Salvia splendens 一串红 Scarlet Sage
Salvia subpalmatinervis 近掌脉鼠尾草 Subpalmate-Vein Sage

Salvia substolonifera 佛光草 Creeping Sage
Salvia trijuga 三叶鼠尾草 Threeleaf Sage
Salvia umbratica 荫生鼠尾草 Shade Sage
Salvia vasta 野丹参 Wild Danshen
Salvia vasta var. fimbriata 齿唇野丹参 Fimbriate Wild Danshen
Salvia yunnanensis 云南鼠尾草 Yunnan Sage
Salvinia natans 槐叶苹 Floating Moss
Sambucus adnata 血满草 Asian Dwarf Elder
Sambucus chinensis 接骨草 Chinese Elder
Sambucus sibirica 西伯利亚接骨木 Siberian Elder
Sambucus williamsii 接骨木 Williams Elder
Sambucus williamsii var. miquelii 毛接骨木 Hairy Elder
Sanguisorba alpina 高山地榆 Alpine Burnet
Sanguisorba applanata 宽蕊地榆 Broadstamen Burnet
Sanguisorba filiformis 矮地榆 Dwarf Burnet
Sanguisorba officinalis 地榆 Great Burnet
Sanguisorba officinalis var. carnea 粉花地榆 Pinkflower Burnet
Sanguisorba officinalis var. glandulosa 腺地榆 Glandular Burnet
Sanguisorba officinalis var. longifila 长蕊地榆 Longstamen Burnet
Sanguisorba officinalis var. longifolia 长叶地榆 Longleaf Garden Burnet
Sanguisorba stipulata 大白花地榆 Sitka Burnet
Sanguisorba tenuifolia 细叶地榆 Siberian Burnet
Sanguisorba tenuifolia var. alba 小白花地榆 Whiteflower Siberian Burnet
Sanicula astrantiifolia 川滇变豆菜 Chuandian Sanicle
Sanicula caerulescens 天蓝变豆菜 Azure Sanicle
Sanicula chinensis 变豆菜 Chinese Sanicle
Sanicula elata 软雀花 High Sanicle
Sanicula hacquetioides 鳞果变豆菜 Scalyfruit Sanicle
Sanicula lamelligera 薄片变豆菜 Lamellate Sanicle
Sanicula orthacantha 直刺变豆菜 Straightspine Sanicle
Sanicula orthacantha var. brevispina 短刺变豆菜 Shortspine Sanicle
Sanicula rubriflora 红花变豆菜 Redflower Sanicle
Sanicula rugulosa 皱叶变豆菜 Wrinkledleaf Sanicle
Sanicula serrata 锯叶变豆菜 Serrateleaf Sanicle
Sansevieria trifasciata 虎尾兰 Snake Plant
Sansevieria trifasciata var. laurentii 金边虎尾兰 Variegated Snake Plant
Santalum album 檀香 White Sandalwood
Sapindus delavayi 川滇无患子 Delavay Soapberry
Sapindus rarak 毛瓣无患子 Hairypetal Soapberry
Sapindus rarak var. velutinus 石屏无患子 Velutinous Soapberry
Sapindus saponaria 无患子 Chinese Soapberry, Soap Nut, Soapberry
Sapindus tomentosus 绒毛无患子 Tomentose Soapberry
Saponaria officinalis 肥皂草 Bouncing Bet, Soapwort
Saposhnikovia divaricata 防风 Fangfeng
Saprosma ternata 染木树 Ternate Saprosma
Saraca dives 中国无忧花 Chinese Saraca
Sarcandra glabra 草珊瑚 Glabrous Sarcandra
Sarcandra glabra subsp. brachystachys 海南草珊瑚 Hainan Sarcandra
Sarcococca hookeriana 羽脉野扇花 Hooker Sarcococca
Sarcococca hookeriana var. digyna 双蕊野扇花 Twopistil Sarcococca
Sarcococca longipetiolata 长柄野扇花 Longpetiole Sarcococca
Sarcococca orientalis 东方野扇花 Orietal Sarcococca
Sarcococca ruscifolia 野扇花 Fragrant Sarcococca
Sarcococca vagans 海南野扇花 Hainan Sarcococca
Sarcococca wallichii 云南野扇花 Wallich Sarcococca
Sarcodon imbricatus 翘鳞肉齿菌 Scaly Hedgehog Mushroom, Scaly Tooth, Shingled Hedgehog
Sarcopyramis bodinieri 肉穗草 Bodinier Fleshspike
Sarcopyramis bodinieri var. delicata 东方肉穗草 Delicate Bodinier Fleshspike
Sarcopyramis napalensis 楮头红 Nepal Fleshspike
Sarcopyramis napalensis var. maculata 斑点楮头红 Spotted Nepal Fleshspike
Sarcostemma acidum 肉珊瑚 Moon Plant
Sargentodoxa cuneata 大血藤 Sargent's Glory Vine
Saruma henryi 马蹄香 Henry Saruma
Sassafras randaiense 台湾檫木 Taiwan Sassafras
Sassafras tzumu 檫木 Chinese Sassafras
Satyrium ciliatum 缘毛鸟足兰 Ciliate Satyrium
Satyrium nepalense 鸟足兰 Nepal Satyrium
Saurauia napaulensis 尼泊尔水东哥 Nepal Saurauia
Saurauia thyrsiflora 聚锥水东哥 Thyrse Saurauia
Saurauia tristyla 水东哥 Common Saurauia
Sauropus androgynus 守宫木 Sweet Leaf Bush
Sauropus bacciformis 艾堇 Berryshape Sauropus
Sauropus quadrangularis 方枝守宫木 Quadrangular Sauropus
Sauropus spatulifolius 龙脷叶 Dragon's Tongue
Saururus chinensis 三白草 Chinese Lizard's Tail
Saussurea acrophila 破血丹 Acuteleaf Saussurea
Saussurea alatipes 翼柄风毛菊 Winged-Petiole Saussurea
Saussurea amara 草地风毛菊 Meadow Saussurea
Saussurea amurensis 龙江风毛菊 Amur Saussurea
Saussurea arenaria 沙生风毛菊 Sandy Saussurea
Saussurea aster 云状雪兔子 Aster Saussurea
Saussurea brunneopilosa 异色风毛菊 Brownhair Saussurea
Saussurea chetchozensis 大坪风毛菊 Daping Saussurea
Saussurea cordifolia 心叶风毛菊 Heartleaf Saussurea
Saussurea costus 云木香 Indian Costus
Saussurea deltoidea 三角叶风毛菊 Deltoidleaf Saussurea
Saussurea dolichopoda 长梗风毛菊 Longstalk Saussurea
Saussurea dzeurensis 川西风毛菊 West-Sichuan Saussurea
Saussurea epilobioides 柳叶菜风毛菊 Willoweed-Leaf Saussurea
Saussurea eriocephala 棉头风毛菊 Woollyhead Saussurea
Saussurea erubescens 红柄雪莲 Redstalk Saussurea
Saussurea fastuosa 奇形风毛菊 Proud Saussurea
Saussurea globosa 球花雪莲 Globularflower Saussurea
Saussurea gnaphalodes 鼠麴雪兔子 Cudweed-Like Saussurea
Saussurea gossypiphora 雪兔子 Snowball Plant
Saussurea graminea 禾叶风毛菊 Grassleaf Saussurea
Saussurea hieracioides 长毛风毛菊 Hawkweed-Like Saussurea
Saussurea involucrata 雪莲花 Snow Lotus
Saussurea iodostegia 紫苞雪莲 Purplebract Saussurea
Saussurea japonica 风毛菊 Japanese Saussurea
Saussurea katochaete 重齿风毛菊 Doubletooth Saussurea
Saussurea kingii 拉萨雪兔子 King Saussurea
Saussurea laniceps 绵头雪兔子 Cotton-Headed Snow Lotus
Saussurea leontodontoides 狮牙草状风毛菊 Liontooth-Like Saussurea
Saussurea leptolepis 薄苞风毛菊 Thinbract Saussurea
Saussurea leucoma 羽裂雪兔子 Whitehair Saussurea
Saussurea licentiana 川陕风毛菊 Licent's Saussurea
Saussurea longifolia 长叶雪莲 Longleaf Saussurea
Saussurea macrota 大耳叶风毛菊 Large-Earleaf Saussurea
Saussurea malitiosa 尖头风毛菊 Mucronate Saussurea
Saussurea medusa 水母雪兔子 Medusa Saussurea
Saussurea mongolica 蒙古风毛菊 Mongolian Saussurea

Saussurea neofranchetii 耳叶风毛菊 Earleaf Saussurea
Saussurea nigrescens 钝苞雪莲 Blacken Saussurea
Saussurea obvallata 苞叶雪莲 Bractleaf Saussurea
Saussurea oligantha 少花风毛菊 Fewflower Saussurea
Saussurea pachyneura 东俄洛风毛菊 Bodinier's Saussurea
Saussurea peguensis 叶头风毛菊 Leafyhead Saussurea
Saussurea phaeantha 褐花雪莲 Brownflower Saussurea
Saussurea pinetorum 松林风毛菊 Pineforest Saussurea
Saussurea polycephala 多头风毛菊 Manyhead Saussurea
Saussurea poochlamys 革叶风毛菊 Leatherleaf Saussurea
Saussurea populifolia 杨叶风毛菊 Poplarleaf Saussurea
Saussurea przewalskii 弯齿风毛菊 Przewalski's Saussurea
Saussurea pulchella 美花风毛菊 Beautiful-Flowered Saussurea
Saussurea quercifolia 槲叶雪兔子 Oakleaf Saussurea
Saussurea romuleifolia 鸢尾叶风毛菊 Romulea-Leaf Saussurea
Saussurea salsa 盐地风毛菊 Saline Saussurea
Saussurea simpsoniana 小果雪兔子 Simpson's Saussurea
Saussurea stella 星状雪兔子 Stellate Saussurea
Saussurea stoliczkae 川藏风毛菊 Stoliczka's Saussurea
Saussurea sylvatica 林生风毛菊 Forest Saussurea
Saussurea tangutica 唐古特雪莲 Tangutan Saussurea
Saussurea taraxacifolia 蒲公英叶风毛菊 Dandelion-Leaf Saussurea
Saussurea thoroldii 草甸雪兔子 Thorold's Saussurea
Saussurea tridactyla 三指雪兔子 Threefinger Saussurea
Saussurea ussuriensis 乌苏里风毛菊 Ussuri Saussurea
Saussurea velutina 毡毛雪莲 Velvety Saussurea
Saussurea wellbyi 羌塘雪兔子 Wellby's Saussurea
Sauvagesia rhodoleuca 合柱金莲木 Sinia Bush
Saxifraga aculeata 卵心叶虎耳草 Ovate-Cordate Rockfoil
Saxifraga atrata 黑虎耳草 Blackened Rockfoil
Saxifraga brunonis 喜马拉雅虎耳草 Himalayan Rockfoil
Saxifraga candelabrum 灯塔虎耳草 Lamptower Rockfoil
Saxifraga cernua 零余虎耳草 Nodding Rockfoil
Saxifraga confertifolia 聚叶虎耳草 Denseleaf Rockfoil
Saxifraga divaricata 叉枝虎耳草 Divaricate Rockfoil
Saxifraga diversifolia 异叶虎耳草 Diverseleaf Rockfoil
Saxifraga egregia 优越虎耳草 Superior Rockfoil
Saxifraga fortunei 齿瓣虎耳草 Fortune Rockfoil
Saxifraga gemmipara 芽生虎耳草 Bud-Producing Rockfoil
Saxifraga gemmuligera 小芽虎耳草 Bud-Bearing Rockfoil
Saxifraga imparilis 大字虎耳草 Bigword Rockfoil
Saxifraga laciniata 长白虎耳草 Laciniate Rockfoil
Saxifraga lumpuensis 道孚虎耳草 Daofu Rockfoil
Saxifraga lychnitis 燃灯虎耳草 Lamp Rockfoil
Saxifraga manshuriensis 东北虎耳草 Manchurian Rockfoil
Saxifraga melanocentra 黑蕊虎耳草 Blackcentre Rockfoil
Saxifraga mengtzeana 蒙自虎耳草 Yunnan Rockfoil
Saxifraga montana 山地虎耳草 Mountain Rockfoil
Saxifraga nangxianensis 朗县虎耳草 Nangxian Rockfoil
Saxifraga pallida 多叶虎耳草 Pale Rockfoil
Saxifraga przewalskii 青藏虎耳草 Przewalski Rockfoil
Saxifraga pseudohirculus 窄瓣虎耳草 Narrowpetal Rockfoil
Saxifraga punctata 斑点虎耳草 Punctate Rockfoil
Saxifraga rufescens 红毛虎耳草 Redhair Rockfoil
Saxifraga rufescens var. flabellifolia 扇叶虎耳草 Fan-Leaved Rookfoil
Saxifraga rupicola 石生虎耳草 Cliff Rockfoil
Saxifraga saginoides 漆姑虎耳草 Pearlwort-Like Rockfoil
Saxifraga sanguinea 红虎耳草 Red Rockfoil
Saxifraga sibirica 球茎虎耳草 Siberian Rockfoil
Saxifraga sibirica var. pekinensis 北京虎耳草 Beijing Rockfoil
Saxifraga signatella 藏中虎耳草 Marked Rockfoil
Saxifraga stellariifolia 繁缕虎耳草 Starwortleaf Rockfoil
Saxifraga stolonifera 虎耳草 Creeping Rockfoil
Saxifraga tangutica 甘青虎耳草 Tangutan Rockfoil
Saxifraga umbellulata 小伞虎耳草 Umbellate Rockfoil
Saxifraga umbellulata var. pectinata 篦齿虎耳草 Pectinate Rockfoil
Saxifraga unguiculata 爪瓣虎耳草 Clawpetal Rockfoil
Saxiglossum angustissimum 石蕨 Narrow Saxiglossum
Scabiosa alpestris 高山蓝盆花 Alpine Scabious
Scabiosa atropurpurea 紫盆花 Sweet Scabious
Scabiosa austroaltaica 阿尔泰蓝盆花 Altai Scabious
Scabiosa comosa 窄叶蓝盆花 Narrowleaf Scabious
Scabiosa japonica 日本蓝盆花 Japanese Scabious
Scabiosa ochroleuca 黄盆花 Cream Scabious
Scabiosa tschiliensis 华北蓝盆花 North China Scabious
Scaevola sericea 草海桐 Sea Lettuce
Sceptridium daucifolium 薄叶阴地蕨 Carrot-Leaved Grape Fern
Sceptridium japonicum 华东阴地蕨 Estern China Grape Fern
Sceptridium officinale 药用阴地蕨 Medicinal Grape Fern
Sceptridium ternatum 阴地蕨 Gape Fern
Schima argentea 银木荷 Silvery Gugertree
Schima superba 木荷 Gugertree
Schima wallichii 红木荷 Darjeeling Gugertree
Schisandra arisanensis 阿里山五味子 Arisan Magnolia Vine
Schisandra bicolor 二色五味子 Bicolor Magnolia Vine
Schisandra chinensis 五味子 Chinese Magnolia Vine
Schisandra glaucescens 金山五味子 Donald Magnolia Vine
Schisandra grandiflora 大花五味子 Bigbloom Magnolia Vine
Schisandra henryi 翼梗五味子 Henry Magnolia Vine
Schisandra henryi var. yunnanensis 滇五味子 Yunnan Magnolia Vine
Schisandra incarnata 兴山五味子 Xingshan Magnolia Vine
Schisandra lancifolia 狭叶五味子 Narrowleaf Magnolia Vine
Schisandra micrantha 小花五味子 Smallflower Magnolia Vine
Schisandra neglecta 滇藏五味子 Himalayan Magnolia Vine
Schisandra plena 重瓣五味子 Abundant Magnolia Vine
Schisandra propinqua 合蕊五味子 Connate-Stamen Magnolia Vine
Schisandra propinqua var. sinensis 铁箍散 Chinese Connate-Stamen Magnolia Vine
Schisandra pubescens 毛叶五味子 Fuzzy Magnolia Vine
Schisandra rubriflora 红花五味子 Red-Flowered Magnolia Vine
Schisandra sphaerandra 球蕊五味子 Globose-Stamen Magnolia Vine
Schisandra sphaerandra f. pallida 白花球蕊五味子 Pale Globose-Stamen Magnolia Vine
Schisandra sphenanthera 华中五味子 Central China Magnolia Vine
Schisandra viridis 绿叶五味子 Greenleaf Magnolia Vine
Schisandra wilsoniana 鹤庆五味子 Wilson Magnolia Vine
Schismatoglottis calyptrata 广西落檐 Drop Tongue
Schizaea digitata 莎草蕨 Sedge-Like Fern
Schizocapsa plantaginea 裂果薯 Common Schizocapsa
Schizomussaenda henryi 裂果金花 Schizomussaenda
Schizopepon dioicus 湖北裂瓜 Hupeh Schizopenpon
Schizophragma hypoglaucum 白背钻地风 Hypoglaucous Hydrangea Vine
Schizophragma integrifolium 钻地风 Chinese Hydrangea Vine
Schizophragma integrifolium var. glaucescens 粉绿钻地风 Glaucescent Hydrangea Vine
Schizophyllum commune 裂褶菌 Common Split Gill

S

Schizostachyum chinense 薄竹 Chinese Schizostachyum
Schnabelia oligophylla 四棱草 Fewleaf Schnabelia
Schnabelia tetrodonta 四齿四棱草 Fourtooth Schnabelia
Schoenoplectus fohaiensis 佛海水葱 Fohai Bulrush
Schoenoplectus juncoides 萤蔺 Rock Bulrush
Schoenoplectus juncoides var. hotarui 细秆萤蔺 Slenderculm Rock Bulrush
Schoenoplectus mucronatus subsp. robustus 水毛花 Robust Bulrush
Schoenoplectus tabernaemontani 水葱 Softstem Bulrush
Schoenoplectus triqueter 三棱水葱 Streambank Bulrush
Schoenoplectus wallichii 猪毛草 Wallich Bulrush
Schoepfia chinensis 华南青皮木 Chinese Schooepfia
Schoepfia fragrans 香芙木 Fragrant Schooepfia
Schoepfia jasminodora 青皮木 Common Greytwig
Scirpus filipes 细辐射枝藨草 Threadstalk Bulrush
Scirpus karuizawensis 华东藨草 Karuizawa Bulrush
Scirpus lushanensis 庐山藨草 Lushan Bulrush
Scirpus rosthornii 百球藨草 Rosthorn Bulrush
Scleria levis 毛果珍珠茅 Smooth Razorsedge
Scleria pergracilis 纤秆珍珠茅 Finestalk Razorsedze
Scleria terrestris 高秆珍珠茅 Highstalk Razorsedge
Scleroderma areolatum 马勃状硬皮马勃 Areolate Earthball, Leopard-Spotted Earthball
Scleroderma bovista 大孢硬皮马勃 Macrospore Stone Puffball
Scleroderma cepa 光硬皮马勃 Earthball, Puffball
Scleroderma citrinum 橙黄硬皮马勃 Golden Scleroderma, Pigskin Poison Puffball
Scleroderma flavidum 黄硬皮马勃 Glabrous Stone Puffball
Scleroderma polyrhizum 多根硬皮马勃 Earthstar Scleroderma
Scleroderma verrucosum 疣硬皮马勃 Netted Stone Puffball
Scolopia chinensis 箣柊 Chinese Scolopia
Scoparia dulcis 野甘草 Licorice Weed
Scopolia carniolicoides 赛莨菪 European Scopolia
Scorzonera albicaulis 华北鸦葱 Whitestem Serpentroot
Scorzonera austriaca 鸦葱 Austrian Serpentroot
Scorzonera divaricata 拐轴鸦葱 Divaricate Serpentroot
Scorzonera ensifolia 剑叶鸦葱 Sword-Leaved Serpentroot
Scorzonera iliensis 北疆鸦葱 Ili Serpentroot
Scorzonera manshurica 东北鸦葱 Manchurian Serpentroot
Scorzonera mongolica 蒙古鸦葱 Mongolian Serpentroot
Scorzonera pseudodivaricata 帚状鸦葱 Virgate Serpentroot
Scorzonera radiata 毛梗鸦葱 Hairystalk Serpentroot
Scorzonera sinensis 桃叶鸦葱 Chinese Serpentroot
Scorzonera songarica 准噶尔鸦葱 Dzungarian Serpentroot
Scorzonera subacaulis 小鸦葱 Low Serpentroot
Scrofella chinensis 细穗玄参 Chinese Scrofella
Scrophularia buergeriana 北玄参 Buerger Figwort
Scrophularia buergeriana var. tsinglingensis 秦岭北玄参 Tsingling Buerger Figwort
Scrophularia dentata 齿叶玄参 Dentate Figwort
Scrophularia diplodonta 重齿玄参 Doubletooth Figwort
Scrophularia fargesii 长梗玄参 Farges Figwort
Scrophularia henryi 鄂西玄参 Henry Figwort
Scrophularia incisa 砾玄参 Incised Figwort
Scrophularia kakudensis 丹东玄参 Kakuda Figwort
Scrophularia macrocarpa 大果玄参 Bigfruit Farges
Scrophularia ningpoensis 玄参 Ningpo Figwort
Scrophularia spicata 穗花玄参 Spicate Figwort
Scrophularia urticifolia 荨麻叶玄参 Nettleleaf Figwort
Scurrula atropurpurea 梨果寄生 Artropurpureous Scurrlula
Scurrula chingii 卵叶梨果寄生 Ching's Scurrlula
Scurrula ferruginea 锈毛梨果寄生 Rusty Scurrlula
Scurrula parasitica 红花寄生 Parasitic Scurrlula
Scurrula parasitica var. graciliflora 小红花寄生 Little Redflower Scurrlula
Scutellaria amoena 滇黄芩 Yunnan Skullcap
Scutellaria amoena var. cinerea 灰毛滇黄芩 Greyhair Yunnan Skullcap
Scutellaria baicalensis 黄芩 Baikal Skullcap
Scutellaria bambusetorum 竹林黄芩 Bamboo-Forest Skullcap
Scutellaria barbata 半枝莲 Barbed Skullcap
Scutellaria caryopteroides 莸状黄芩 Bluebeard-Like Skullcap
Scutellaria caudifolia var. obliquifolia 斜叶尾叶黄芩 Obliqueleaf Skullcap
Scutellaria chungtienensis 中甸黄芩 Chungtien Skullcap
Scutellaria discolor 异色黄芩 Different-Color Skullcap
Scutellaria discolor var. hirta 地盆草 Hairy Different-Color Skullcap
Scutellaria forrestii 灰岩黄芩 Forrest Skullcap
Scutellaria franchetiana 岩藿香 Franchet Skullcap
Scutellaria galericulata 盔状黄芩 Hooded Skullcap
Scutellaria hypericifolia 连翘叶黄芩 Hypericum-Leaf Skullcap
Scutellaria indica 韩信草 Indian Skullcap
Scutellaria indica var. elliptica 长毛韩信草 Hairy Indian Skullcap
Scutellaria indica var. parvifolia 小叶韩信草 Small-Leaf Indian Skullcap
Scutellaria indica var. subacaulis 缩茎韩信草 Compressed-Stem Skullcap
Scutellaria likiangensis 丽江黄芩 Likiang Skullcap
Scutellaria moniliorrhiza 念珠根茎黄芩 Moniliform-Rhizome Skullcap
Scutellaria obtusifolia 钝叶黄芩 Obtuseleaf Skullcap
Scutellaria obtusifolia var. trinervata 三脉钝叶黄芩 Threevein Obtuseleaf Skullcap
Scutellaria omeiensis 峨眉黄芩 Omei Skullcap
Scutellaria omeiensis var. serratifolia 锯叶峨眉黄芩 Serrateleaf Omei Skullcap
Scutellaria orthocalyx 直萼黄芩 Erectcalyx Skullcap
Scutellaria pekinensis 京黄芩 Peking Skullcap
Scutellaria pekinensis var. purpureicaulis 紫茎京黄芩 Purplestem Peking Skullcap
Scutellaria pekinensis var. ussuriensis 黑龙江京黄芩 Ussurian Peking Skullcap
Scutellaria pingbienensis 屏边黄芩 Pingbien Skullcap
Scutellaria quadrilobulata 四裂花黄芩 Four-Lobed Skullcap
Scutellaria regeliana 狭叶黄芩 Narrowleaf Skullcap
Scutellaria regeliana var. ikonnikovii 塔头狭叶黄芩 Ikonnivov Skullcap
Scutellaria rehderiana 甘肃黄芩 Rehder Skullcap
Scutellaria scandens 棱茎黄芩 Climbing Skullcap
Scutellaria scordifolia 并头黄芩 Twinflower Skullcap
Scutellaria scordifolia var. villosissima 多毛并头黄芩 Villose Twinflower Skullcap
Scutellaria sessilifolia 石蜈蚣草 Sessileleaf Skullcap
Scutellaria shweliensis 瑞丽黄芩 Shweli Skullcap
Scutellaria strigillosa 沙滩黄芩 Strigillose Skullcap
Scutellaria tayloriana 偏花黄芩 Taylor Skullcap
Scutellaria tenax var. patentipilosa 展毛韧黄芩 Patent-Haired Skullcap

S

Scutellaria tuberifera 假活血草 Tuberiferous Skullcap
Scutellaria violacea var. sikkimensis 紫苏叶黄芩 Sikkim Skullcap
Scutellaria viscidula 粘毛黄芩 Viscidhair Skullcap
Scutellaria yunnanensis 红茎黄芩 Redstem Skullcap
Scutellaria yunnanensis var. salicifolia 柳叶红茎黄芩 Lanceleaf Skullcap
Scytosiphon lomentaria 萱藻 Chipolata Weed, Leather Tube
Secamone elliptica 鲫鱼藤 Corky Milk Vine
Secamone minutiflora 催吐鲫鱼藤 Littleflower Secamone
Secamone sinica 吊山桃 Chinese Secamone
Sechium edule 佛手瓜 Chayote
Securidaca inappendiculata 蝉翼藤 Common Securidaca
Sedum alfredii 东南景天 Alfred Stonecrop
Sedum bulbiferum 珠芽景天 Bulbiferous Stonecrop
Sedum celatum 隐匿景天 Hidden Stonecrop
Sedum drymarioides 大叶火焰草 Bigleaf Stonecrop
Sedum elatinoides 细叶景天 Slenderleaf Stonecrop
Sedum emarginatum 凹叶佛甲草 Emarginate Stonecrop
Sedum filipes 小山飘风 Little Stonecrop
Sedum japonicum 日本景天 Japanese Stonecrop
Sedum leucocarpum 白果佛甲草 Whitefruit Stonecrop
Sedum lineare 佛甲草 Needle Stonecrop
Sedum majus 山飘风 Big Stonecrop
Sedum makinoi 圆叶景天 Makino Stonecrop
Sedum morrisonense 玉山佛甲草 Morrison Stonecrop
Sedum multicaule 多茎景天 Manystem Stonecrop
Sedum oligospermum 苞叶景天 Bractleaf Stonecrop
Sedum polytrichoides 藓状景天 Moss-Like Stonecrop
Sedum przewalskii 高原山景天 Plateau Stonecrop
Sedum roborowskii 阔叶景天 Broadleaf Stonecrop
Sedum rosthornianum 南川景天 Nanchuan Stonecrop
Sedum sarmentosum 垂盆草 Stringy Stonecrop
Sedum stellariifolium 火焰草 Starwort-Leaved Stonecrop
Sedum tetractinum 四芒景天 Four-Rayed Stonecrop
Sedum wenchuanense 汶川景天 Wenchuan Stonecrop
Selaginella biformis 二形卷柏 Biform Spikemoss
Selaginella bodinieri 大叶卷柏 Bodinier's Spikemoss
Selaginella braunii 布朗卷柏 Braun's Spikemoss
Selaginella davidii 蔓出卷柏 David's Spikemoss
Selaginella davidii subsp. gebaueriana 澜沧卷柏 Lancang Spikemoss
Selaginella delicatula 薄叶卷柏 Delicate Spikemoss
Selaginella doederleinii 深绿卷柏 Doederlein's Spikemoss
Selaginella effusa 疏松卷柏 Spreading Spikemoss
Selaginella heterostachys 异穗卷柏 Spikemoss
Selaginella involvens 兖州卷柏 Involute Spikemoss
Selaginella kraussiana 小翠云 Krauss Spikemoss
Selaginella labordei 细叶卷柏 Laborde Spikemoss
Selaginella moellendorffii 江南卷柏 Mollendorff Spikemoss
Selaginella monospora 单子卷柏 One-Spored Spikemoss
Selaginella nipponica 伏地卷柏 Japanese Spikemoss
Selaginella picta 黑顶卷柏 Black-Top Spikemoss
Selaginella pulvinata 垫状卷柏 Cushion-Shaped Spikemoss
Selaginella remotifolia 疏叶卷柏 Remote-Leaved Spikemoss
Selaginella rolandi-principis 海南卷柏 Hainan Spikemoss
Selaginella sanguinolenta 红枝卷柏 Sanguineous Spikemoss
Selaginella sinensis 中华卷柏 Chinese Spikemoss
Selaginella stauntoniana 旱生卷柏 Staunton's Spikemoss
Selaginella tamariscina 卷柏 Tamarisk-Leaved Selaginella
Selaginella trachyphylla 粗叶卷柏 Roughleaf Spikemoss
Selaginella uncinata 翠云草 Blue Spikemoss
Selaginella vaginata 鞘舌卷柏 Sheathed Spikemoss
Selinum wallichianum 细叶亮蛇床 Wallich Milk Parsley
Semecarpus longifolius 大叶肉托果 Largeleaf Semecarpus
Semecarpus reticulatus 网脉肉托果 Netvein Semecarpus
Semiaquilegia adoxoides 天葵 Muskroot-Like Semiaquilegia
Semiliquidambar cathayensis 半枫荷 Chinese Semiliquidambar
Semiliquidambar chingii 细柄半枫荷 Ching's Semiliquidambar
Senecio argunensis 额河千里光 Argun River Groundsel
Senecio asperifolius 糙叶千里光 Roughleaf Groundsel
Senecio cannabifolius 麻叶千里光 Hempleaf Groundsel
Senecio cannabifolius var. integrifolius 全叶千里光 Entireleaf Groundsel
Senecio exul 散生千里光 Scattered Groundsel
Senecio faberi 峨眉千里光 Faber's Groundsel
Senecio graciliflorus 纤花千里光 Fineflower Groundsel
Senecio jacobaea 新疆千里光 Jacob's Groundsel
Senecio laetus 菊状千里光 Chrysanthemum-Like Groundsel
Senecio nemorensis 林荫千里光 Woodland Groundsel
Senecio nudicaulis 裸茎千里光 Nudestem Groundsel
Senecio obtusatus 钝叶千里光 Obtuseleaf Groundsel
Senecio oryzetorum 田野千里光 Field Groundsel
Senecio scandens 千里光 Climbing Groundsel
Senecio scandens var. incisus 缺裂千里光 Incised Climbing Groundsel
Senecio stauntonii 闽粤千里光 Staunton Groundsel
Senecio thianschanicus 天山千里光 Tianshan Groundsel
Senecio vulgaris 欧洲千里光 Common Groundsel
Senecio wightii 岩生千里光 Wight's Groundsel
Senna alata 翅荚决明 Candle Bush
Senna didymobotrya 长穗决明 Popcorn Senna
Senna hirsuta 毛荚决明 Wolly Senna
Senna multijuga 密叶决明 False Sicklepod
Senna occidentalis 望江南 Coffee Senna
Senna occidentalis var. sophera 槐叶决明 Sophoraleaf Senna
Senna siamea 铁刀木 Kassod Tree
Senna surattensis 黄槐决明 Golden Senna
Senna surattensis subsp. glauca 粉叶决明 Glaucous Senna
Senna tora 决明 Sickle Senna
Senna tora var. obtusifolia 钝叶决明 Sicklepod
Sepedonium chrysospermum 黄瘤孢菌 Golden Hypomyces
Seriphidium amoenum 小针裂叶绢蒿 Beautiful Seriphidium
Seriphidium brevifolium 短叶绢蒿 Shortleaf Seriphidium
Seriphidium cinum 蛔蒿 Grey Seriphidium
Seriphidium finitum 东北蛔蒿 Finite Seriphidium
Seriphidium junceum 三裂叶绢蒿 Threelobe Seriphidium
Seriphidium junceum var. macrosciadium 大头三裂叶绢蒿 Largehead Threelobe Seriphidium
Seriphidium terraealbae 白茎绢蒿 Whitestem Seriphidium
Seriphidium transiliense 伊犁绢蒿 Ili Seriphidium
Serissa japonica 六月雪 Snowrose
Serissa serissoides 白马骨 Chinese Snowrose
Serpula lacrymans 干朽菌 Dry Rot Fungus
Serratula centauroides 麻花头 Common Sawwort
Serratula chinensis 华麻花头 Chinese Sawwort
Serratula coronata 伪泥胡菜 Coronate Sawwort
Serratula strangulata 缢苞麻花头 Contracted Sawwort
Sesamum indicum 芝麻 Sesame
Sesbania cannabina 田菁 Sesbania Pea

Sesbania grandiflora 大花田菁 Agati Sesban
Sesbania sesban 印度田菁 Sesban
Seseli delavayi 多毛西风芹 Hairy Seseli
Seseli mairei 竹叶西风芹 Bamboo-Leaved Seseli
Seseli mairei var. simplicifolia 单叶西风芹 Simpleleaf Seseli
Seseli yunnanense 松叶西风芹 Pineleaf Seseli
Seselopsis tianschanica 西归芹 Tianschan Seselopsis
Setaria faberi 大狗尾草 Nodding Bristle Grass
Setaria forbesiana 西南莩草 Forbes Bristle Grass
Setaria geniculata 莠狗尾草 Knotroot Bristle Grass
Setaria glauca 金色狗尾草 Yellow Bristle Grass
Setaria italica 粟 Foxtail Millet
Setaria palmifolia 棕叶狗尾草 Palm Grass
Setaria plicata 皱叶狗尾草 Plicateleaf Bristle Grass
Setaria viridis 狗尾草 Green Bristle Grass
Sheareria nana 虾须草 Dwarf Sheareria
Shortia sinensis 华岩扇 Chinese Shortia
Shuteria involucrata 宿苞豆 Common Shuteria
Shuteria involucrata var. glabrata 光宿苞豆 Glabrous Shuteria
Shuteria involucrata var. villosa 毛宿苞豆 Hairy Shuteria
Sibbaldia adpressa 伏毛山莓草 Strigose Sibbaldia
Sibbaldia procumbens var. aphanopetala 隐瓣山莓草 Hiddenpetal Sibbaldia
Sibiraea angustata 窄叶鲜卑花 Narrowleaf Sibiraea
Sibiraea laevigata 鲜卑花 Smooth Sibiraea
Sida acuta 黄花稔 Common Wireweed
Sida alnifolia 桤叶黄花稔 Alder-Leaved Sida
Sida alnifolia var. microphylla 小叶黄花稔 Litterleaf Sida
Sida alnifolia var. obovata 倒卵叶黄花稔 Obovate-Leaf Sida
Sida chinensis 中华黄花稔 Chinese Sida
Sida cordata 长梗黄花稔 Longstalk Sida
Sida cordifolia 心叶黄花稔 Cordateleaf Sida
Sida mysorensis 粘毛黄花稔 Mysore Sida
Sida orientalis 东方黄花稔 Oriental Sida
Sida rhombifolia 白背黄花稔 Cuban Jute
Sida subcordata 榛叶黄花稔 Subcordate Sida
Sida szechuensis 拔毒散 Szechuan Sida
Sida yunnanensis 云南黄花稔 Yunnan Sida
Sigesbeckia glabrescens 毛梗豨莶 Hairy-Pedicel St. Paul's Wort
Sigesbeckia orientalis 豨莶 Common St. Paul's Wort
Sigesbeckia pubescens 腺梗豨莶 Glandular-Pedicel St. Paul's Wort
Silene aprica 女娄菜 Sun-Loving Catchfly
Silene asclepiadea 掌脉蝇子草 Palmatevein Catchfly
Silene baccifera 狗筋蔓 Bladdercampion
Silene conoidea 麦瓶草 Conical Catchfly
Silene delavayi 西南蝇子草 Delavay Catchfly
Silene firma 坚硬女娄菜 Hard Catchfly
Silene fortunei 鹤草 Crane Catchfly
Silene gonosperma 隐瓣蝇子草 Hiddenpetal Catchfly
Silene gracilicaulis 细蝇子草 Slender Catchfly
Silene grandiflora 大花蝇子草 Bigflower Catchfly
Silene himalayensis 喜马拉雅蝇子草 Himalayan Catchfly
Silene jenisseensis 山蚂蚱草 Dry Catchfly
Silene macrostyla 长柱蝇子草 Longstyle Catchfly
Silene repens 蔓茎蝇子草 Creeping Catchfly
Silene songarica 准噶尔蝇子草 Dzungarian Catchfly
Silene tatarinowii 石生蝇子草 Tatarinow Catchfly
Silene viscidula 粘萼蝇子草 Adhesivencalyx Catchfly
Silybum marianum 水飞蓟 Marian Thistle, Milk Thistle
Simblum gracile 黄柄笼头菌 Yellow-Stalked Stinkhorn
Sinacalia davidii 双花华蟹甲 Twinflower Sinacalia
Sinacalia tangutica 华蟹甲 Chinese Ragwort
Sinapis alba 白芥 White Mustard
Sindechites chinensis 毛药藤 Chinese Sindechites
Sindechites henryi 毛药藤 Henry's Sindechites
Sinephropteris delavayi 水鳖蕨 Frogbit-Like Fern
Sinoadina racemosa 鸡仔木 Racemose Sinoadina
Sinocarum dolichopodum 长柄小芹 Longstalk Sinocarum
Sinocrassula indica 石莲 Stonelotus
Sinocrassula indica var. viridiflora 绿花石莲 Greenflower Stonelotus
Sinocrassula yunnanensis 云南石莲 Yunnan Stonelotus
Sinofranchetia chinensis 串果藤 Chinese Sinofranchetia
Sinojohnstonia moupinensis 短蕊车前紫草 Moupin Sinojohnstonia
Sinojohnstonia plantaginea 车前紫草 Common Sinojohnstonia
Sinolimprichtia alpina 舟瓣芹 Sinolimprichtia
Sinomenium acutum 风龙 Orient-Vine
Sinopodophyllum hexandrum 桃儿七 Himalayan Mayapple
Sinosenecio bodinieri 滇黔蒲儿根 Bodinier's Butterweed
Sinosenecio dryas 川鄂蒲儿根 Dryas-Like Butterweed
Sinosenecio eriopodus 毛柄蒲儿根 Woollystalk Butterweed
Sinosenecio euosmus 耳柄蒲儿根 Acerleaf Butterweed
Sinosenecio globigerus 匍枝蒲儿根 Stoloniferous Butterweed
Sinosenecio guangxiensis 广西蒲儿根 Guangxi Butterweed
Sinosenecio hederifolius 单头蒲儿根 Singlehead Butterweed
Sinosenecio oldhamianus 蒲儿根 Oldham's Butterweed
Sinosenecio subcoriaceus 革叶蒲儿根 Subcoriaceous Butterweed
Siphocranion macranthum 筒冠花 Bigflower Siphocranion
Siphocranion nudipes 光柄筒冠花 Nakedstalk Siphocranion
Siphonostegia chinensis 阴行草 Chinese Siphonostegia
Siphonostegia laeta 腺毛阴行草 Glandularhair Siphonostegia
Siraitia grosvenorii 罗汉果 Monk Fruit
Siraitia siamensis 翅子罗汉果 Siam Siraitia
Sisymbrium heteromallum 垂果大蒜芥 Droopingfruit Sisymbrium
Sium latifolium 欧泽芹 Broadleaf Waterparsnip
Sium medium 中亚泽芹 Central Asian Waterparsnip
Sium sisaroideum 拟泽芹 Similar Waterparsnip
Sium suave 泽芹 Hemlock Waterparsnip
Skapanthus oreophilus 子宫草 Skapanthus
Skapanthus oreophilus var. elongatus 茎叶子宫草 Elongated Skapanthus
Skimmia arborescens 乔木茵芋 Tree Skimmia
Skimmia laureola 月桂茵芋 Laurel Skimmia
Skimmia multinervia 多脉茵芋 Nervose Skimmia
Skimmia reevesiana 茵芋 Reeves Skimmia
Sloanea hemsleyana 仿栗 Hemsley Sloanea
Sloanea leptocarpa 薄果猴欢喜 Thinfruit Sloanea
Sloanea sinensis 猴欢喜 Chinese Sloanea
Smilacina atropurpurea 高大鹿药 High False Solomon's Seal
Smilacina dahurica 兴安鹿药 Dahurian False Solomon's Seal
Smilacina henryi 管花鹿药 Henry False Solomon's Seal
Smilacina japonica 鹿药 Japanese False Solomon's Seal
Smilacina lichiangensis 丽江鹿药 Likiang False Solomon's Seal
Smilacina oleracea 长柱鹿药 Longstyle False Solomon's Seal
Smilacina purpurea 紫花鹿药 Purpleflower False Solomon's Seal
Smilacina tatsienensis 窄瓣鹿药 Paniculate False Solomon's Seal
Smilacina tubifera 合瓣鹿药 Sympetalous False Solomon's Seal
Smilax aberrans 弯梗菝葜 Bowedstalk Greenbrier
Smilax arisanensis 尖叶菝葜 Arisan Greenbrier

Smilax aspericaulis 疣枝菝葜 Roughstem Greenbrier
Smilax bracteata 圆锥菝葜 Panicled Greenbrier
Smilax chapaensis 密疣菝葜 Chapa Greenbrier
Smilax china 菝葜 China Root
Smilax chingii 柔毛菝葜 Ching's Greenbrier
Smilax cocculoides 银叶菝葜 Silverleaf Greenbrier
Smilax corbularia 筐条菝葜 Basket Greenbrier
Smilax davidiana 小果菝葜 David Greenbrier
Smilax discotis 托柄菝葜 Ocreate-Stalk Greenbrier
Smilax ferox 长托菝葜 Spiny Greenbrier
Smilax gagnepainii 四翅菝葜 Fourwing Greenbrier
Smilax glabra 土茯苓 Glabrous Greenbrier
Smilax glaucochina 黑果菝葜 Blackfruit Greenbrier
Smilax hypoglauca 粉背菝葜 Hypoglaucous Greenbrier
Smilax kwangsiensis 缘毛菝葜 Kwangsi Greenbrier
Smilax lanceifolia 马甲菝葜 Lanceleaf Greenbrier
Smilax lanceifolia var. elongata 折枝菝葜 Longpeduncle Greenbrier
Smilax lanceifolia var. impressinervia 凹脉菝葜 Concave-vein Greenbrier
Smilax lanceifolia var. opaca 暗色菝葜 Dullcolor Greenbrier
Smilax lebrunii 粗糙菝葜 Lebrun Greenbrier
Smilax lunglingensis 马钱叶菝葜 Lungling Greenbrier
Smilax mairei 无刺菝葜 Maire Greenbrier
Smilax menispermoidea 防己叶菝葜 Moonseed Greenbrier
Smilax microphylla 小叶菝葜 Littleleaf Greenbrier
Smilax munita 劲直菝葜 Rigid Greenbrier
Smilax nana 矮菝葜 Dwarf Greenbrier
Smilax nigrescens 黑叶菝葜 Blackleaf Greenbrier
Smilax nipponica 白背牛尾菜 Nippon Greenbrier
Smilax ocreata 抱茎菝葜 Ocreate Greenbrier
Smilax outanscianensis 武当菝葜 Wudang Greenbrier
Smilax perfoliata 穿鞘菝葜 Perfoliate Greenbrier
Smilax polycolea 红果菝葜 Redfruit Greenbrier
Smilax riparia 牛尾菜 Riparial Greenbrier
Smilax riparia var. acuminata 尖叶牛尾菜 Sharpleaf Riparial Greebrier
Smilax scobinicaulis 短梗菝葜 Shortpeduncle Greenbrier
Smilax sieboldii 华东菝葜 Siebold Greenbrier
Smilax stans 鞘柄菝葜 Sheathstipe Greebrier
Smilax trachypoda 糙柄菝葜 Roughstalk Greenbrier
Smithia conferta 密节坡油甘 Dense-Noded Smithia
Smithia sensitiva 坡油甘 Sensitive Smithia
Solanum aculeatissimum 喀西茄 Dutch Eggplant
Solanum americanum 少花龙葵 American Black Nightshade
Solanum capsicoides 牛茄子 Cockroach Berry
Solanum deflexicarpum 苦刺 Deflexedfruit Nightshade
Solanum dulcamara 欧白英 Bittersweet Nightshade, Climbing Nightshade
Solanum erianthum 假烟叶树 Mullein Nightshade
Solanum japonense 野海茄 Japanese Nightshade
Solanum laciniatum 澳洲茄 Australian Nightshade
Solanum lasiocarpum 毛茄 Hairy Nightshade
Solanum lyratum 白英 Lyreleaf Nightshade
Solanum mammosum 乳茄 Nipplefruit Nightshade
Solanum melongena 茄 Eggplant
Solanum nigrum 龙葵 Black Nightshade
Solanum pittosporifolium 海桐叶白英 Pittosporum-Leaf Bittesweet
Solanum procumbens 海南茄 Hainan Nightshade
Solanum pseudocapsicum 珊瑚樱 Jerusalem Cherry
Solanum pseudocapsicum var. diflorum 珊瑚豆 Twoflower Jerusalemcherry
Solanum scabrum 木龙葵 African Nightshade
Solanum septemlobum 青杞 Sevenlobe Nightshade
Solanum spirale 旋花茄 Spiral Nightshade
Solanum torvum 水茄 Turkey Berry
Solanum tuberosum 阳芋 Potato
Solanum undatum 野茄 Wild Nightshade
Solanum villosum 红果龙葵 Red Nightshade
Solanum violaceum 刺天茄 Indian Nightshade
Solanum virginianum 黄果茄 Yellowfruit Nightshade
Solena amplexicaulis 茅瓜 Claspingstem Solena
Solena delavayi 滇藏茅瓜 Delavay's Solena
Solidago canadensis 加拿大一枝黄花 Canadian Goldenrod
Solidago decurrens 一枝黄花 Common Goldenrod
Solidago pacifica 钝苞一枝黄花 Pacific Goldenrod
Solidago virgaurea 毛果一枝黄花 European Goldenrod, Woundwart
Solidago virgaurea var. dahurica 毛果一枝黄花寡毛变种 Dahurian Goldenrod
Soliva anthemifolia 裸柱菊 Camommile-Leaved Soliva
Solms-laubachia eurycarpa 宽果丛菔 Broadfruit Solms-laubachia
Solms-laubachia lanata 绵毛丛菔 Woolly Solms-laubachia
Solms-laubachia linearifolia 线叶丛菔 Linearleaf Solms-laubachia
Solms-laubachia platycarpa 总状丛菔 Racemose Solms-laubachia
Solms-laubachia pulcherrima 丛菔 Beautiful Solms-laubachia
Sonchus arvensis 苣荬菜 Field Sowthistle
Sonchus asper 花叶滇苦菜 Prickly Sowthistle
Sonchus brachyotus 长裂苦苣菜 Shortear Sowthistle
Sonchus oleraceus 苦苣菜 Common Sowthistle
Sonchus palustris 沼生苦苣菜 Mash Sowthistle
Sonchus uliginosus 短裂苦苣菜 Moist Sowthitle
Sonerila alata 翅茎蜂斗草 Wingedstem Sonerila
Sonerila alata var. triangula 短萼蜂斗草 Three-Angled Wingedstem Sonerila
Sonerila cantonensis 蜂斗草 Canton Sonerila
Sonerila cantonensis var. strigosa 毛蜂斗草 Hairy Canton Sonerila
Sonerila laeta 小蜂斗草 Small Sonerila
Sonerila plagiocardia 海棠叶蜂斗草 Begonialeaf Sonerila
Sonerila rivularis 溪边桑勒草 Brooklet Sonerila
Sonerila tenera 三蕊草 Shortanther Sonerila
Sonneratia alba 杯萼海桑 Cupcalyx Sonneratia
Sonneratia caseolaris 海桑 Mangrove Apple
Sophora albescens 白花槐 Whiteflower Sophora
Sophora alopecuroides 苦豆子 Foxtail-Like Sophora
Sophora davidii 白刺花 David's Pagoda Tree
Sophora flavescens 苦参 Shrubby Sophora
Sophora japonica 槐 Japanese Pagoda Tree
Sophora japonica f. oligophylla 五叶槐 Fiveleaf Pagoda Tree
Sophora moorcroftiana 砂生槐 Sandliving Sophora
Sophora prazeri var. mairei 西南槐 Maire Sophora
Sophora tomentosa 绒毛槐 Tomentose Sophora
Sophora tonkinensis 越南槐 Tonkin Sophora
Sophora velutina 短绒槐 Velvety Sophora
Sophora velutina var. cavaleriei 光叶短绒槐 Cavalerie Sophora
Sopubia trifida 短冠草 Trifid Sopubia
Sorbaria arborea 高丛珍珠梅 Tree False Spiraea
Sorbaria arborea var. glabrata 光叶高丛珍珠梅 Glabrous Tree False Spiraea
Sorbaria kirilowii 华北珍珠梅 Kirilow Falsepiraea

Sorbaria sorbifolia 珍珠梅 False Spiraea, Ural False Spiraea
Sorbaria sorbifolia var. stellipila 星毛珍珠梅 Stellate-Hairy False Spiraea
Sorbus alnifolia 水榆花楸 Densehead Mountain Ash
Sorbus alnifolia var. lobulata 裂叶水榆花楸 Lobedleaf Densehead Mountain Ash
Sorbus amabilis 黄山花楸 Huangshan Mountain Ash
Sorbus caloneura 美脉花楸 Beautifulvein Mountain Ash
Sorbus discolor 北京花楸 Snowberry Mountain Ash
Sorbus folgneri 石灰花楸 Folgner Mountain Ash
Sorbus globosa 圆果花楸 Roundfruit Mountain Ash
Sorbus glomerulata 球穗花楸 Glomerulate Mountain Ash
Sorbus hemsleyi 江南花楸 Hemsley Mountain Ash
Sorbus hupehensis 湖北花楸 Hupeh Mountain Ash
Sorbus keissleri 毛序花楸 Keissler Mountain Ash
Sorbus koehneana 陕甘花楸 Koehne Mountain Ash
Sorbus megalocarpa 大果花楸 Bigfruit Mountain Ash
Sorbus pohuashanensis 花楸树 Pohuashan Mountain Ash
Sorbus prattii 西康花楸 Pratt Mountain Ash
Sorbus rufopilosa 红毛花楸 Red-Pilose Mountain Ash
Sorbus tapashana 太白花楸 Tapashan Mountain Ash
Sorbus tianschanica 天山花楸 Tianshan Mountain Ash
Sorghum bicolor 高粱 Sorghum
Sorghum dochna 甜高粱 Sweet Sorghum
Sorghum propinquum 拟高粱 False Sorghum
Soroseris erysimoides 空桶参 Wallflower-Like Soroseris
Soroseris gillii 金沙绢毛菊 Gill's Soroseris
Soroseris glomerata 绢毛菊 Glomerate Soroseris
Soroseris hookeriana 皱叶绢毛菊 Hooker's Soroseris
Souliea vaginata 黄三七 Common Souliea
Sparassis crispa 绣球菌 Eastern Cauliflower Mushroom, Ruffle Mushroom, Wood Cauliflower
Sparganium emersum 小黑三棱 European Bur Reed
Sparganium fallax 曲轴黑三棱 Curvedaxis Bur Reed
Sparganium stenophyllum 狭叶黑三棱 Narrowleaf Bur Reed
Sparganium stoloniferum 黑三棱 Common Bur Reed
Spathodea campanulata 钟形火焰树 African Tulip Tree
Spathoglottis pubescens 苞舌兰 Hairy Spathoglottis
Spatholirion longifolium 竹叶吉祥草 Longleaf Luckyweed
Spatholobus harmandii 光叶密花豆 Harmand Spatholobus
Spatholobus sinensis 红血藤 Chinese Spatholobus
Spatholobus suberectus 密花豆 Suberect Spatholobus
Speirantha gardenii 白穗花 Common Speirantha
Spenceria ramalana 马蹄黄 Spenceria
Speranskia cantonensis 广东地构叶 Canton Speranskia
Speranskia tuberculata 地构叶 Tuberculate Speranskia
Spergularia marina 拟漆姑 Salt Sandspurry
Spermacoce alata 阔叶丰花草 Broad-Leaved Spermacoce
Spermacoce hispida 糙叶丰花草 Scabrous-Leaved Spermacoce
Spermacoce pusilla 丰花草 Erect False Buttonweed
Sphaeranthus africanus 戴星草 African Sphaeranthus
Sphaeranthus indicus 绒毛戴星草 Indian Sphaeranthus
Sphaeranthus senegalensis 非洲戴星草 Senegal Sphaeranthus
Sphaerophysa salsula 苦马豆 Alkali Swainsonpea
Sphaeropteris lepifera 笔筒树 Flying Spider-monkey Tree Fern
Sphagnum girgensohnii 白齿泥炭藓 Girgensohn's Peat Moss
Sphagnum magellanicum 中位泥炭藓 Midway Peat Moss
Sphagnum nemoreum 尖叶泥炭藓 Small Red Peat Moss
Sphagnum palustre 泥炭藓 Peat Moss
Sphagnum squarrosum 粗叶泥炭藓 Spiky Bog Moss
Sphagnum teres 细叶泥炭藓 Rigid Bog Moss
Sphallerocarpus gracilis 迷果芹 Slender Sphallerocarpus
Sphenomeris chinensis 乌蕨 Common Wedgelet Fern
Spinacia oleracea 菠菜 Spinach
Spinifex littoreus 老鼠艻 Littoral Spinifex
Spiraea alpina 高山绣线菊 Alpine Spiraea
Spiraea blumei 绣球绣线菊 Blume Spiraea
Spiraea cantoniensis 麻叶绣线菊 Hempleaf Spiraea
Spiraea chamaedryfolia 石蚕叶绣线菊 Germander Meadowsweet
Spiraea chinensis 中华绣线菊 Chinese Spiraea
Spiraea flexuosa 曲萼绣线菊 Bowedsepal Spiraea
Spiraea fritschiana 华北绣线菊 Fritsch Spiraea
Spiraea henryi 翠蓝绣线菊 Henry Spiraea
Spiraea hirsuta 疏毛绣线菊 Hirsute Spiraea
Spiraea hypericifolia 金丝桃叶绣线菊 Iberian Spiraea
Spiraea japonica 绣线菊 Japanese Spiraea
Spiraea japonica var. acuminata 渐尖绣线菊 Acuminate Japanese Spiraea
Spiraea japonica var. fortunei 光叶绣线菊 Fontune Japanese Spiraea
Spiraea japonica var. glabra 无毛绣线菊 Glabrous Japanese Spiraea
Spiraea japonica var. stellaris 筛子花 Stellate Japanese Spiraea
Spiraea martini 毛枝绣线菊 Martin Spiraea
Spiraea media 欧亚绣线菊 Oriental Spiraea
Spiraea miyabei 长蕊绣线菊 Miyabe Spiraea
Spiraea miyabei var. pilosula 毛叶长蕊绣线菊 Pilose Miyabe Spiraea
Spiraea miyabei var. tenuifolia 细叶长蕊绣线菊 Fineleaf Miyabe Spiraea
Spiraea mongolica 蒙古绣线菊 Mongolian Spiraea
Spiraea myrtilloides 细枝绣线菊 Fineshoot Spiraea
Spiraea prunifolia 李叶绣线菊 Bridal Wreath Spiraea
Spiraea prunifolia var. pseudoprunifolia 假笑靥花 False Bridalwreath Spiraea
Spiraea prunifolia var. simpliciflora 单瓣李叶绣线菊 Simpleflower Bridal Wreath Spiraea
Spiraea pubescens 土庄绣线菊 Pubescent Spiraea
Spiraea salicifolia 柳叶绣线菊 Willowleaf Spiraea
Spiraea salicifolia var. grosseserrata 巨齿绣线菊 Grosstooth Spiraea
Spiraea salicifolia var. oligodonta 贫齿绣线菊 Fewtooth Spiraea
Spiraea schneideriana 川滇绣线菊 Schneider Spiraea
Spiraea sericea 绢毛绣线菊 Sericeous Spiraea
Spiraea thunbergii 珍珠绣线菊 Thunberg Spiraea
Spiraea trilobata 三裂绣线菊 Threelobe Spiraea
Spiranthes sinensis 绶草 Chinese Spiranthes
Spirodela oligorrhiza 少根紫萍 Fewroot Duckmeat
Spirodela polyrrhiza 紫萍 Common Duckmeat
Spodiopogon sagittifolius 箭叶大油芒 Sagittateleaf Spodiopogon
Spodiopogon sibiricus 大油芒 Frost Grass
Spondias pinnata 槟榔青 Andaman Mombin
Sporobolus diandrus 双蕊鼠尾粟 Tussock Dropseed
Sporobolus fertilis 鼠尾粟 Giant Parramatta Grass
Stachyphrynium placentarium 尖苞柊叶 Sharpbract Phrynium
Stachys adulterina 少毛甘露子 Fewhair Betony
Stachys baicalensis 毛水苏 Baikal Betony
Stachys chinensis 华水苏 Chinese Betony
Stachys geobombycis 地蚕 Earthsilkworm Betony
Stachys japonica 水苏 Japanese Betony
Stachys kouyangensis 西南水苏 Kouyang Betony
Stachys oblongifolia 针筒菜 Oblongleaf Betony

Stachys oblongifolia var. leptopoda 细柄针筒菜 Slender Oblongleaf Betony
Stachys palustris 沼生水苏 Marsh Hedgenettle
Stachys pseudophlomis 狭齿水苏 Narrowtooth Betony
Stachys sieboldii 甘露子 Chinese Artichoke
Stachytarpheta jamaicensis 假马鞭 Light-Blue Snakeweed
Stachyurus callosus 椭圆叶旌节花 Ellipticleaf Stachyurus
Stachyurus chinensis 中国旌节花 Chinese Stachyurus
Stachyurus chinensis var. brachystachyus 短穗旌节花 Short-Stachys Stachyurus
Stachyurus chinensis var. latus 宽叶旌节花 Broadleaf Stachyurus
Stachyurus himalaicus 西域旌节花 Himalayan Stachyurus
Stachyurus oblongifolius 矩圆叶旌节花 Oblong-Leaf Stachyurus
Stachyurus obovatus 倒卵叶旌节花 Obovateleaf Stachyurus
Stachyurus retusus 凹叶旌节花 Retuse Stachyurus
Stachyurus salicifolius 柳叶旌节花 Willowleaf Stachyurus
Stachyurus szechuanensis 四川旌节花 Szechuan Stachyurus
Stachyurus yunnanensis 云南旌节花 Yunnan Stachyurus
Stahlianthus involucratus 土田七 Involucrate Stahlianthus
Stapfiophyton degeneratum 败蕊无距花 Degenerate Stapfiophyton
Staphylea bumalda 省沽油 Bumalda Bladdernut
Staphylea holocarpa 膀胱果 Chinese Bladdernut
Stauntonia brachyanthera 黄蜡果 Shortstem Staunton Vine
Stauntonia cavalerieana 西南野木瓜 Southwestern Staunton Vine
Stauntonia chinensis 野木瓜 Chinese Staunton Vine
Stauntonia glauca 粉叶野木瓜 Pinkleaf Staunton Vine
Stauntonia maculata 斑叶野木瓜 Spotleaf Staunton Vine
Stauntonia obovata 倒卵叶野木瓜 Obovateleaf Staunton Vine
Stauntonia obovatifoliola subsp. urophylla 尾叶那藤 Caudate-Leaved Staunton Vine
Staurogyne concinnula 叉柱花 Common Staurogyne
Stebbinsia umbrella 肉菊 Stebbinsia
Stellaria chinensis 中国繁缕 China Starwort
Stellaria dichotoma 叉歧繁缕 Dichotomous Starwort
Stellaria dichotoma var. lanceolata 银柴胡 Lanceolate Dichotomous Starwort
Stellaria discolor 翻白繁缕 Bicolor Starwort
Stellaria graminea 禾叶繁缕 Grassleaf Starwort
Stellaria henryi 湖北繁缕 Hubei Starwort
Stellaria media 繁缕 Starwort
Stellaria monosperma 独子繁缕 Singleseed Starwort
Stellaria neglecta 鸡肠繁缕 Chickintestine Starwort
Stellaria omeiensis 峨眉繁缕 Emei Starwort
Stellaria palustris 沼生繁缕 Bog Starwort
Stellaria umbellata 伞花繁缕 Umbrella Starwort
Stellaria vestita 箐姑草 Jinggu Starwort
Stellaria wushanensis 巫山繁缕 Wushan Starwort
Stellaria yunnanensis 千针万线草 Yunnan Starwort
Stellera chamaejasme 狼毒 Chinese Stellera, Narrowleaf Stellera
Stelmocrypton khasianum 须药藤 Stelmocrypton
Stemmacantha carthamoides 鹿草 Maral Root
Stemmacantha uniflora 漏芦 Uniflower Swisscentaury
Stemona japonica 百部 Japanese Stemona
Stemona mairei 云南百部 Maire Stemona
Stemona parviflora 细花百部 Littleflower Stemona
Stemona sessilifolia 直立百部 Sessileleaf Stemona
Stemona tuberosa 大百部 Tuberiferous Stemona
Stenosolenium saxatile 紫筒草 Cliff Stenosolenium
Stenotaphrum helferi 钝叶草 Helfer Stenotaphrum
Stephanandra chinensis 华空木 Chinese Stephanandra
Stephanandra incisa 小米空木 Cutleaf Stephanandra
Stephania brachyandra 白线薯 Shortstem Stephania
Stephania cephalantha 金线吊乌龟 Oriental Stephania
Stephania chingtungensis 景东千金藤 Chingtung Stephania
Stephania delavayi 一文钱 Delavay Stephania
Stephania dicentrinifera 荷包地不容 Pouch Stephania
Stephania dielsiana 血散薯 Diels Stephania
Stephania dolichopoda 大叶地不容 Bigleaf Stephania
Stephania elegans 雅丽千金藤 Elegant Stephania
Stephania epigaea 地不容 Epigeal Stephania
Stephania excentrica 江南地不容 Excentric Stephania
Stephania glabra 西藏地不容 Tibetan Stephania
Stephania hainanensis 海南地不容 Hainan Stephania
Stephania herbacea 草质千金藤 Herbaceous Stephania
Stephania intermedia 河谷地不容 Intermediate Stephania
Stephania japonica 千金藤 Japanese Stephania
Stephania japonica var. discolor 桐叶千金藤 Hernandialeaf Stephania
Stephania japonica var. timoriensis 光叶千金藤 Forster Stephania
Stephania kuinanensis 桂南地不容 Kuinan Stephania
Stephania kwangsiensis 广西地不容 Kwangsi Stephania
Stephania longa 粪箕笃 Long Stephania
Stephania longipes 长柄地不容 Longstalk Stephania
Stephania mashanica 马山地不容 Mashan Stephania
Stephania merrillii 台湾千金藤 Taiwan Stephania
Stephania micrantha 小花地不容 Smallflower Stephania
Stephania officinarum 药用地不容 Official Stephania
Stephania sinica 汝兰 Chinese Stephania
Stephania subpeltata 西南千金藤 Plateau Stephania
Stephania succifera 小叶地不容 Littleleaf Stephania
Stephania sutchuenensis 四川千金藤 Sutchuen Stephania
Stephania tetrandra 粉防己 Fourstamen Stephania
Stephania viridiflavens 黄叶地不容 Greenyellow Stephania
Stephania yunnanensis 云南地不容 Yunnan Stephania
Sterculia brevissima 短柄苹婆 Shortpetiole Sterculia
Sterculia euosma 粉苹婆 Pinkflower Sterculia
Sterculia foetida 香苹婆 Hazel Sterculia
Sterculia hainanensis 海南苹婆 Hainan Sterculia
Sterculia lanceifolia 西蜀苹婆 Lanceleaf Sterculia
Sterculia lanceolata 假苹婆 Lancolate Sterculia
Sterculia lychnophora 胖大海 Boat-Fruited Sterculia
Sterculia monosperma 苹婆 Common Sterculia
Sterculia monosperma var. subspontanea 野生苹婆 Wild Sterculia
Sterculia pexa 家麻树 Pubescent Sterculia
Stereocaulon tomentosum 茸珊瑚枝 Woolly Foam Lichen, Eyed Foam Lichen
Stereospermum colais 羽叶楸 Yellow Snake Tree
Stereum hirsutum 毛韧革菌 False Turkey Tail, Hairy Parchment, Hairy Stereum
Steudnera colocasiifolia 泉七 Taroleaf Steudnera
Stevia rebaudiana 甜叶菊 Stevia
Stewartia rostrata 长喙紫茎 Longbeak Stewartia
Stewartia sinensis 紫茎 Chinese Stewartia
Stimpsonia chamaedryoides 假婆婆纳 Stimpsonia
Stixis suaveolens 斑果藤 Fragrant Stixis
Streblus asper 鹊肾树 Rough Streblus
Streblus ilicifolius 刺桑 Hollyleaf Streblus
Streblus indicus 假鹊肾树 Indian Pseudostreblus
Streblus tonkinensis 米扬噎 Tonkin Streblus

Streptocaulon juventas 马莲鞍 Hairy Streptocaulon
Streptolirion volubile 竹叶子 Twining Streptolirion
Streptopus obtusatus 扭柄花 Obtuse Twisted Stalk
Streptopus parviflorus 小花扭柄花 Littleflower Twisted Stalk
Streptopus simplex 腋花扭柄花 Axillaryflower Twisted Stalk
Striga asiatica 独脚金 Asiatic Striga
Striga masuria 大独脚金 Big Striga
Strobilanthes affinis 顶头马蓝 Affined Conehead
Strobilanthes anamitica 海南马蓝 Hainan Conehead
Strobilanthes aprica 山一笼鸡 Sun-Loving Conehead
Strobilanthes atropurpurea 三花马蓝 Wallich's Conehead
Strobilanthes auriculata var. dyeriana 红背马蓝 Burma Conehead, Persian Shield
Strobilanthes chinensis 黄球花 Chinese Conehead
Strobilanthes cusia 马蓝 Chinese Rain Bell, Pink Strobilanthes, Vein Leaf Acanthus
Strobilanthes cyclus 环毛马蓝 Hispid Conehead
Strobilanthes dalzielii 曲枝马蓝 Dalziel Pteroptychia
Strobilanthes dimorphotricha 球花马蓝 Sphericalflower Conehead
Strobilanthes flexa 城口马蓝 Bentflower Conehead
Strobilanthes forrestii 腺毛马蓝 Glandular-Haired Conehead
Strobilanthes henryi 南一笼鸡 Henry Conehead
Strobilanthes inflata var. aenobarba 铜毛马蓝 Bronzehair Conehead
Strobilanthes japonica 日本马蓝 Japanese Conehead
Strobilanthes lamium 野芝麻马蓝 Deadnettle-Leaved Conehead
Strobilanthes nemorosa 琴叶马蓝 Forrest Conehead
Strobilanthes oligantha 少花马蓝 Few-Flowered Conehead
Strobilanthes sarcorrhiza 菜头肾 Fleshyroot
Strobilanthes tetrasperma 四子马蓝 Four-Seeded Conehead
Strobilanthes tomentosa 尖药花 Mucronate-Anther Conehead
Strobilanthes yunnanensis 云南马蓝 Yunnan Conehead
Strobilomyces strobilaceus 松塔牛肝菌 Old Man of The Woods, Sharp-Scaly Strobilomyces
Strophanthus caudatus 卵萼羊角拗 Ovate-Sepal Strophanthus
Strophanthus divaricatus 羊角拗 Divaricate Strophanthus, Goat Horns
Strophanthus hispidus 箭毒羊角拗 Hispid Strophanthus
Strophanthus sarmentosus 西非羊角拗 Arrow-Poison Strophanthus
Strophanthus wallichii 云南羊角拗 Wallich Srophanthus
Stropharia rugosoannulata 皱环球盖菇 Burgundy Mushroom, Wine Cap Stropharia
Struthiopteris eburnea 荚囊蕨 Invory Struthiopteris
Strychnos angustiflora 牛眼马钱 Narrow-flowered Poison Nut
Strychnos cathayensis 华马钱 Chinese Poison Nut
Strychnos ignatii 吕宋果 Luzon Fruit
Strychnos nitida 毛柱马钱 Shining Poison Nut
Strychnos nux-blanda 山马钱 Wild Poison Nut
Strychnos nux-vomica 马钱子 Poison Nut, Snake Wood
Strychnos umbellata 伞花马钱 Umbellate Poison Nut
Strychnos wallichiana 长籽马钱 Wallich Poison Nut
Stylidium uliginosum 花柱草 Marsh Stylidium
Stylophorum lasiocarpum 金罂粟 Woollyfruit Stylophorum
Styrax argentifolius 银叶安息香 Silverleaf Snowbell
Styrax calvescens 灰叶安息香 Glabrescent Snowbell
Styrax confusus 赛山梅 Chinese Snowbell
Styrax dasyanthus 垂珠花 Hairyflower Snowbell
Styrax faberi 白花龙 Faber Snowbell
Styrax formosanus 台湾安息香 Taiwan Snowbell
Styrax hemsleyanus 老鸹铃 Hemsley Snowbell
Styrax japonicus 野茉莉 Japanese Snowbell
Styrax obassis 玉铃花 Fragrant Snowbell
Styrax odoratissimus 芬芳安息香 Sweet-Scented Snowbell
Styrax roseus 粉花安息香 Roseflower Snowbell
Styrax rugosus 皱叶安息香 Wrinkledleaf Snowbell
Styrax suberifolius 栓叶安息香 Corkleaf Snowbell
Styrax tonkinensis 越南安息香 Tonkin Snowbell
Styrophyton caudatum 长穗花 Caudate Styrophyton
Suaeda glauca 碱蓬 Common Seepweed
Suillus bovinus 乳牛肝菌 Jersey Cow Bolete, Jersey Cow Mushroom
Suillus cavipes 空柄小牛肝菌 Hollow Bolete, Hollow Foot
Suillus granulatus 点柄乳牛肝菌 Dotted Stalk Suillus, Granulated Boletus
Suillus grevillei 厚环乳牛肝菌 Greville's Bolete, Larch Bolete
Suillus luteus 褐环乳牛肝菌 Slippery Jack
Sunipia scariosa 大苞兰 Racemose Sunipia
Swertia angustifolia 狭叶獐牙菜 Narrowleaf Swertia
Swertia angustifolia var. pulchella 美丽獐牙菜 Beautiful Swertia
Swertia atroviolacea 黑紫獐牙菜 Darkviolet Swertia
Swertia bifolia 二叶獐牙菜 Twoleaf Swertia
Swertia bimaculata 獐牙菜 Twospot Swertia
Swertia cincta 西南獐牙菜 Girdled Swertia
Swertia davidii 川东獐牙菜 David Swertia
Swertia delavayi 丽江獐牙菜 Delavay Swertia
Swertia dichotoma 歧伞獐牙菜 Furcate Swertia
Swertia dilatata 宽丝獐牙菜 Dilated Swertia
Swertia diluta 北方獐牙菜 Diluted Swertia
Swertia emeiensis 峨眉獐牙菜 Emei Swertia
Swertia erythrosticta 红直獐牙菜 Redspot Swertia
Swertia franchetiana 抱茎獐牙菜 Franchet Swertia
Swertia hickinii 浙江獐牙菜 Hickin Swertia
Swertia kingii 黄花獐牙菜 King Swertia
Swertia kouitchensis 贵州獐牙菜 Kouitch Swertia
Swertia macrosperma 大籽獐牙菜 Bigseed Swertia
Swertia marginata 膜边獐牙菜 Marginal Swertia
Swertia mileensis 青叶胆 Mileen Swertia
Swertia multicaulis 多茎獐牙菜 Manystem Swertia
Swertia mussotii 川西獐牙菜 Mussot Swertia
Swertia mussotii var. flavescens 黄花川西獐牙菜 Yellow Mussot Swertia
Swertia nervosa 显脉獐牙菜 Nerved Swertia
Swertia patens 斜茎獐牙菜 Patent Swertia
Swertia patula 开展獐牙菜 Patulous Swertia
Swertia phragmitiphylla 苇叶獐牙菜 Reedleaf Swertia
Swertia pseudochinensis 瘤毛獐牙菜 False Chinese Swertia
Swertia punicea 紫红獐牙菜 Crimson Swertia
Swertia racemosa 藏獐牙菜 Racemose Swertia
Swertia tetraptera 四翅獐牙菜 Fourwing Swertia
Swertia tibetica 大药獐牙菜 Tibet Swertia
Swertia wolfgangiana 华北獐牙菜 Wolfgang Swertia
Swertia younghusbandii 少花獐牙菜 Younghusband Swertia
Swertia yunnanensis 云南獐牙菜 Yunnan Swertia
Swida alba 红瑞木 Tatarian Dogwood
Swida hemsleyi 红椋子 Hemsley's Dogwood
Swida oblonga 长圆叶梾木 Oblongleaf Dogwood
Swida parviflora 小花梾木 Smallflower Dogwood
Sycopsis sinensis 水丝梨 Chinese Fig Hazel
Symphoricarpos sinensis 毛核木 Chinese Snowberry
Symphytum officinale 聚合草 Comfrey
Symplocarpus foetidus 臭菘 Skunk Cabbage

Symplocos anomala 薄叶山矾 Thinleaf Sweetleaf
Symplocos botryantha 总状山矾 Bunched Sweetleaf
Symplocos chinensis 华山矾 Chinese Sweetleaf
Symplocos chunii 十棱山矾 Chun's Sweetleaf
Symplocos cochinchinensis 越南山矾 Vietnam Sweetleaf
Symplocos confusa 南岭山矾 Confusing Sweetleaf
Symplocos congesta 密花山矾 Denseflower Sweetleaf
Symplocos decora 美山矾 Beautiful Sweetleaf
Symplocos dolichotricha 长毛山矾 Longhair Sweetleaf
Symplocos glauca 羊舌树 Glaucous Sweetleaf
Symplocos glomerata 团花山矾 Glomerate Sweetleaf
Symplocos lancifolia 光叶山矾 Smoothleaf Sweetleaf
Symplocos laurina 黄牛奶树 Laurel Sweetleaf
Symplocos paniculata 白檀 Sapphire Berry
Symplocos phyllocalyx 叶萼山矾 Leafy-Calyx Sweetleaf
Symplocos pilosa 柔毛山矾 Pilose Sweetleaf
Symplocos racemosa 珠仔树 Racemose Sweetleaf
Symplocos ramosissima 多花山矾 Manyflower Sweetleaf
Symplocos setchuensis 四川山矾 Sichuan Sweetleaf
Symplocos stellaris 老鼠矢 Stellate Sweetleaf
Symplocos sumuntia 山矾 Caudate Sweetleaf
Symplocos wikstroemiifolia 微毛山矾 Puberulous Sweetleaf
Syncalathium kawaguchii 合头菊 Kawaguchi's Syncalathium
Synedrella nodiflora 金腰箭 Nodalflower Synedrella
Syneilesis aconitifolia 兔儿伞 Shredded Umbrella Plant
Synotis cappa 密花合耳菊 Denseflower Synotis
Synotis duclouxii 滇东合耳菊 Ducloux's Synotis
Synotis erythropappa 红缨合耳菊 Redpappus Synotis
Synotis nagensium 锯叶合耳菊 Serrated Synotis
Synotis triligulata 三舌合耳菊 Threetongue Synotis
Synurus deltoides 山牛蒡 Deltoid Synurus
Syringa × persica 花叶丁香 Persian Lilac
Syringa meyeri 蓝丁香 Meyer Lilac
Syringa oblata 紫丁香 Early Lilac
Syringa oblata var. alba 白丁香 White Early Lilac
Syringa pinnatifolia 羽叶丁香 Pinnateleaf Lilac
Syringa pubescens 巧玲花 Hairy Lilac
Syringa pubescens subsp. patula 关东巧玲花 Manchurian Lilac
Syringa reticulata subsp. amurensis 暴马丁香 Amur Lilac
Syringa sweginzowii 四川丁香 Chengtu Lilac
Syringa villosa 红丁香 Late Lilac
Syringa vulgaris 欧丁香 Common Lilac
Syringa wolfii 辽东丁香 Wolf Lilac
Syzygium araiocladum 线枝蒲桃 Slenderbranch Syzygium
Syzygium aromaticum 丁香 Clove, Clove Tree
Syzygium austrosinense 华南蒲桃 South China Syzygium
Syzygium brachythyrsum 短序蒲桃 Shortinflorescence Syzygium
Syzygium bullockii 黑嘴蒲桃 Bullock's Syzygium
Syzygium buxifolium 赤楠 Boxleaved Syzygium
Syzygium cumini 乌墨 Duhat, Jambolan, Jambul
Syzygium fruticosum 簇花蒲桃 Clusterflower Syzygium
Syzygium globiflorum 短药蒲桃 Shortanther Syzygium
Syzygium grijsii 轮叶蒲桃 Whorledleaf Syzygium
Syzygium jambos 蒲桃 Malabar Plum, Rose Apple
Syzygium laosense var. quocense 少花老挝蒲桃 Quoc Syzygium
Syzygium malaccense 马六甲蒲桃 Malay Apple
Syzygium samarangense 洋蒲桃 Samarange Syzygium, Java Apple
Syzygium tetragonum 四角蒲桃 Quadrangular Syzygium

T

Tabebuia rosea 掌叶木 Rosy Trumpert Tree
Tabernaemontana bovina 药用狗牙花 Medicinal Tabernaemontana
Tabernaemontana bufalina 尖蕾狗牙花 Acutebud Tabernaemontana
Tabernaemontana corymbosa 伞房狗牙花 Corymbose Tabernaemontana
Tabernaemontana divaricata 狗牙花 Crepe Jasmine
Tabernaemontana pandacaqui 平脉狗牙花 Banana Bush
Tacca chantrieri 箭根薯 Black Bat Flower
Tadehagi pseudotriquetrum 蔓茎葫芦茶 Prostrate Tadehagi
Tadehagi triquetrum 葫芦茶 Trigonous Tadehagi
Tagetes erecta 万寿菊 Aztec Marigold
Tagetes patula 孔雀草 French Marigold
Taihangia rupestris 太行花 Cliff Taihangia
Talinum paniculatum 土人参 Javanese Ginseng
Tamarindus indica 酸豆 Tamarind
Tamarix androssowii 白花柽柳 Whiteflower Tamarisk
Tamarix arceuthoides 密花柽柳 Denseflower Tamarisk
Tamarix austromongolica 甘蒙柽柳 Ganmeng Tamarisk
Tamarix chinensis 柽柳 Five-Stamen Tamarisk, Chinese Tamarisk
Tamarix elongata 长穗柽柳 Long-Spiked Tamarisk
Tamarix gansuensis 甘肃柽柳 Gansu Tamarisk
Tamarix gracilis 翠枝柽柳 Slender Tamarisk
Tamarix hispida 刚毛柽柳 Kaschgar Tamarisk
Tamarix hohenackeri 多花柽柳 Manyflower Tamarisk
Tamarix karelinii 盐地柽柳 Karelin Tamarix
Tamarix laxa 短穗柽柳 Laxflower Tamarisk
Tamarix leptostachya 细穗柽柳 Slenderspike Tamarisk
Tamarix ramosissima 多枝柽柳 Branchy Tamarisk
Tamarix sachensis 莎车柽柳 Shache Tamarisk
Tamarix taklamakanensis 沙生柽柳 Taklimakan Tamarisk
Tamarix tarimensis 塔里木柽柳 Tarim Tamarisk
Tanacetum vulgare 菊蒿 Common Tansy
Tanakaea omeiensis 峨屏草 Omei Mountain Tanakea
Tangtsinia nanchuanica 金佛山兰 Tangtsinia
Tapiscia sinensis 瘿椒树 Chinese Tapiscia
Taraxacum antungense 阴山蒲公英 Antung Dandelion
Taraxacum bessarabicum 窄苞蒲公英 Narrowbract Dandelion
Taraxacum borealisinense 华蒲公英 North Chinese Dandelion
Taraxacum brassicifolium 芥叶蒲公英 Brassicaleaf Dandelion
Taraxacum calanthodium 大头蒲公英 Largehead Dandelion
Taraxacum compactum 堆叶蒲公英 Compact Dandelion
Taraxacum coreanum 朝鲜蒲公英 Korean Dandelion
Taraxacum dissectum 多裂蒲公英 Cutleaf Dandelion
Taraxacum heterolepis 异苞蒲公英 Heterobract Dandelion
Taraxacum lamprolepis 光苞蒲公英 Glabrousbract Dandelion
Taraxacum leucanthum 白花蒲公英 Whiteflower Dandelion
Taraxacum lilacinum 紫花蒲公英 Lilac Dandelion
Taraxacum lugubre 川甘蒲公英 Chuangan Dandelion
Taraxacum maurocarpum 灰果蒲公英 Greyfruit Dandelion
Taraxacum mongolicum 蒲公英 Mongolian Dandelion
Taraxacum ohwianum 东北蒲公英 Manchurian Dandelion
Taraxacum platypecidum 白缘蒲公英 Dandelion
Taraxacum tibetanum 藏蒲公英 Tibetan Dandelion
Taraxacum variegatum 斑叶蒲公英 Variegated Dandelion
Tarenna attenuata 假桂乌口树 Tapered Tarenna
Tarenna lanceolata 广西乌口树 Lanceolate Tarenna

T

Tarenna lancilimba 披针叶乌口树 Lanceleaf Tarenna
Tarenna mollissima 白花苦灯笼 Whiteflower Tarenna
Tarennoidea wallichii 岭罗麦 Wallich Tarennoidea
Taxillus balansae 栗毛钝果寄生 Balansa Taxillus
Taxillus caloreas 松柏钝果寄生 Caloreas Taxillus
Taxillus chinensis 广寄生 Chinese Taxillus
Taxillus delavayi 柳树寄生 Delavay Taxillus
Taxillus levinei 锈毛钝果寄生 Levine Taxillus
Taxillus limprichtii 木兰寄生 Limpricht Taxillus
Taxillus liquidambaricola 闽阚果寄生 Liquidamber Taxillus
Taxillus nigrans 毛叶钝果寄生 Dusky Taxillus
Taxillus sutchuenensis 桑寄生 Sichuan Taxillus
Taxillus thibetensis 滇藏钝果寄生 Tibet Taxillus
Taxiphyllum taxirameum 鳞叶藓 Taxiphyllum Moss
Taxus cuspidata 东北红豆杉 Japanese Yew
Taxus fuana 密叶红豆杉 Tibet Yew
Taxus wallichiana 喜马拉雅红豆杉 Himalayan Yew
Taxus wallichiana var. chinensis 红豆杉 Chinese Yew
Taxus wallichinana var. mairei 南方红豆杉 Maire Yew
Tecoma stans 直立黄钟花 Yellow Trumpetbush
Tecomaria capensis 硬骨凌霄 Cape Honeysuckle
Tectaria decurrens 下延叉蕨 Dcurrent Halberd Fen
Tectaria subpedata 掌状叉蕨 Palmate Halberd Fern
Tectaria subtriphylla 三叉蕨 Three-Leaved Halberd Fern
Tectona grandis 柚木 Teak
Telosma cordata 夜来香 Fragrant Telosma
Telosma procumbens 卧茎夜来香 Creeping Telosma
Tengia scopulorum 世纬苣苔 Tengia
Tephroseris flammea 红轮狗舌草 Flame-Red Tephroseris
Tephroseris kirilowii 狗舌草 Kirilow Tephroseris
Tephroseris phaeantha 长白狗舌草 Changbaishan Tephroseris
Tephroseris rufa 橙舌狗舌草 Orangeligule Tephroseris
Tephrosia purpurea 灰毛豆 Purple Tephrosia
Terminalia argyrophylla 银叶诃子 Silveryleaf Terminalia
Terminalia bellirica 毗黎勒 Bastard Myrobalan, Beleric Myrobalan
Terminalia catappa 榄仁树 Indian Almond, Myrobalan, Tropical Almond
Terminalia chebula 诃子 Chebulic Myrobalan
Terminalia chebula var. tomentella 绒毛诃子 Tomentellate Terminalia
Terminalia myriocarpa 千果榄仁 East Indian Almond
Terminthia paniculata 三叶漆 Paniculate Terminthia
Termitomyces eurrhizus 蚁巢菌 Termite Mushroom
Ternstroemia gymnanthera 厚皮香 Nakedanther Ternstroemia
Ternstroemia luteoflora 尖萼厚皮香 Sharpsepal Ternstroemia
Tetracera sarmentosa 锡叶藤 Asian Tetracera
Tetracera scandens 毛果锡叶藤 Hairyfruit Tetracera
Tetragonia tetragonoides 番杏 New Zealand Spinach
Tetrapanax papyrifer 通脱木 Rice Paper Plant
Tetraplodon mnioides 并齿藓 Entireleaf Nitrogen Moss
Tetrastigma cauliflorum 茎花崖爬藤 Cauliflorous Rockvine
Tetrastigma delavayi 七小叶崖爬藤 Delavay Rockvine
Tetrastigma erubescens 红枝崖爬藤 Redbranch Rockvine
Tetrastigma formosanum 台湾崖爬藤 Formosan Rockvine
Tetrastigma hemsleyanum 三叶崖爬藤 Hemsley Rockvine
Tetrastigma henryi 蒙自崖爬藤 Henry Rockvine
Tetrastigma hypoglaucum 叉须崖爬藤 Narrowleaf Rockvine
Tetrastigma lenticellatum 显孔崖爬藤 Lenticellate Rockvine
Tetrastigma obovatum 毛枝崖爬藤 Hairybranch Rockvine
Tetrastigma obtectum 崖爬藤 Common Rockvine
Tetrastigma obtectum var. glabrum 无毛崖爬藤 Hairless Rockvine
Tetrastigma obtectum var. pilosum 毛叶崖爬藤 Hairyleaf Rockvine
Tetrastigma pachyphyllum 厚叶崖爬藤 Thickleaf Rockvine
Tetrastigma papillatum 海南崖爬藤 Papillate Rockvine
Tetrastigma planicaule 扁担藤 Flatstem Rockvine
Tetrastigma pubinerve 毛脉崖爬藤 Hairynerve Rockvine
Tetrastigma retinervium var. pubescens 柔毛网脉崖爬藤 Hairy Reticulate Rockvine
Tetrastigma serrulatum 狭叶崖爬藤 Serrulate Rockvine
Tetrastigma serrulatum var. puberulum 毛狭叶崖爬藤 Hairy Serrulate Rockvine
Tetrastigma triphyllum 菱叶崖爬藤 Rhombicleaf Rockvine
Tetrastigma yunnanense 云南崖爬藤 Yunnan Rockvine
Teucrium anlungense 安龙香科科 Anlung Germander
Teucrium bidentatum 二齿香科科 Two-Toothed Germander
Teucrium japonicum 穗花香科科 Japanese Germander
Teucrium labiosum 大唇香科科 Largelip Germander
Teucrium omeiense 峨眉香科科 Omei Germander
Teucrium pernyi 庐山香科科 Perny Germander
Teucrium pilosum 长毛香科科 Pilose Germander
Teucrium quadrifarium 铁轴草 Tawny Germander
Teucrium scordium 蒜味香科科 Water Germander
Teucrium simplex 香科科 Simplex Germander
Teucrium ussuriense 黑龙江香科科 Ussurian Germander
Teucrium viscidum 血见愁 Viscid Germander
Teucrium viscidum var. leiocalyx 光萼血见愁 Smooth-Calyx Viscid Germander
Teucrium viscidum var. macrostephanum 大唇血见愁 Biglip Viscid Germander
Teucrium viscidum var. nepetoides 微毛血见愁 Puberulent Viscid Germander
Thalictrum acutifolium 尖叶唐松草 Sharpleaf Meadow Rue
Thalictrum alpinum 高山唐松草 Alpine Meadow Rue
Thalictrum alpinum var. elatum 直梗高山唐松草 Tall Alpine Meadow Rue
Thalictrum aquilegiifolium var. sibiricum 唐松草 Siberian Meadow Rue
Thalictrum atriplex 狭序唐松草 Narrow-Racemed Meadowrue
Thalictrum baicalense 贝加尔唐松草 Baikal Meadow Rue
Thalictrum baicalense var. megalostigma 长柱贝加尔唐松草 Longstyle Baikal Meadow Rue
Thalictrum chelidonii 珠芽唐松草 Bulbule Meadow Rue
Thalictrum cirrhosum 星毛唐松草 Starhair Meadow Rue
Thalictrum cultratum 高原唐松草 Plateau Meadow Rue
Thalictrum delavayi 偏翅唐松草 Delavay Meadow Rue
Thalictrum delavayi var. acuminatum 渐尖偏翅唐松草 Acuminate Delavay Meadow Rue
Thalictrum delavayi var. decorum 宽萼偏翅唐松草 Elegant Delavay Meadow Rue
Thalictrum delavayi var. mucronatum 角药偏翅唐松草 Mucronate Delavay Meadow Rue
Thalictrum faberi 大叶唐松草 Bigleaf Meadow Rue
Thalictrum fargesii 西南唐松草 Farges Meadow Rue
Thalictrum finetii 滇川唐松草 Finet Meadow Rue
Thalictrum flavum 黄唐松草 Maidenhair Meadow Rue
Thalictrum foetidum 腺毛唐松草 Glandular-Haired Meadow Rue
Thalictrum foliolosum 多叶唐松草 Manyleaf Meadow Rue
Thalictrum fortunei 华东唐松草 Fortune Meadow Rue

T

Thalictrum glandulosissimum 金丝马尾连 Golden-Thread Meadow Rue
Thalictrum glandulosissimum var. chaotungense 昭通唐松草 Chaotung Meadow Rue
Thalictrum honanense 河南唐松草 Honan Meadow Rue
Thalictrum ichangense 盾叶唐松草 Peltate-Leaf Meadow Rue
Thalictrum isopyroides 紫堇叶唐松草 Corydalis-Leaf Meadow Rue
Thalictrum javanicum 爪哇唐松草 Java Meadow Rue
Thalictrum javanicum var. puberulum 微毛爪哇唐松草 Hairy Java Meadow Rue
Thalictrum leuconotum 白茎唐松草 Whitestem Meadow Rue
Thalictrum macrorhynchum 长喙唐松草 Longbeak Meadow Rue
Thalictrum microgynum 小果唐松草 Smallfruit Meadow Rue
Thalictrum minus 亚欧唐松草 Lesser Meadow Rue
Thalictrum minus var. hypoleucum 东亚唐松草 Low Meadow Rue
Thalictrum omeiense 峨眉唐松草 Omei Meadow Rue
Thalictrum petaloideum 瓣蕊唐松草 Petal-Shaped Meadow Rue
Thalictrum petaloideum var. supradecompositum 狭裂瓣蕊唐松草 Narrowlobe Petal-Shaped Meadow Rue
Thalictrum przewalskii 长柄唐松草 Longstalk Meadow Rue
Thalictrum ramosum 多枝唐松草 Manybranch Meadow Rue
Thalictrum reniforme 美丽唐松草 Beautiful Meadow Rue
Thalictrum reticulatum 网脉唐松草 Reticulate Meadow Rue
Thalictrum robustum 粗壮唐松草 Strong Meadow Rue
Thalictrum rutifolium 芸香叶唐松草 Rue-Leaved Meadow Rue
Thalictrum simplex 箭头唐松草 Arrowhead Meadow Rue
Thalictrum simplex var. affine 锐裂箭头唐松草 Sharp Arrowhead Meadow Rue
Thalictrum simplex var. brevipes 短梗箭头唐松草 Shortstalk Arrowhead Meadow Rue
Thalictrum smithii 鞭柱唐松草 Smith Meadowrue
Thalictrum squamiferum 石砾唐松草 Scaly Meadow Rue
Thalictrum squarrosum 展枝唐松草 Nodding Meadow Rue
Thalictrum trichopus 毛发唐松草 Slender-Pedicel Meadow Rue
Thalictrum tuberiferum 深山唐松草 Tuberiferous Meadow Rue
Thalictrum uncinulatum 弯柱唐松草 Curved-Style Meadow Rue
Thalictrum virgatum 帚枝唐松草 Virgate Meadowrue
Thalictrum viscosum 粘唐松草 Viscous Meadow Rue
Thalictrum wangii 丽江唐松草 Lijiang Meadow Rue
Thamnolia vermicularis 地茶衣 Whiteworm Lichen
Thelephora vialis 莲座革菌 Common Fiber Vase, Groundwart, Vase Thelephora
Thelypteris palustris 沼泽蕨 Eastern Marsh Fern
Themeda caudata 苞子草 Caudate Themeda
Themeda japonica 黄背草 Japanese Themeda
Themeda villosa 菅 Villose Themeda
Theobroma cacao 可可 Cacao
Thermopsis alpina 高山野决明 Alpine Thermopsis
Thermopsis barbata 紫花野决明 Purpleflower Thermopsis
Thermopsis chinensis 霍州油菜 Chinese Thermopsis
Thermopsis inflata 轮生叶野决明 Inflatedfruit Thermopsis
Thermopsis lanceolata 披针叶野决明 Lanceleaf Thermopsis
Thermopsis lupinoides 野决明 Lupine-Like Thermopsis
Thesium chinense 百蕊草 Chinese Thesium
Thesium chinense var. longipedunculatum 长梗百蕊草 Long-Peduncled Thesium
Thesium emodi 藏南百蕊草 Emod Thesium
Thesium himalense 露柱百蕊草 Himalayan Thesium
Thesium longiflorum 长花百蕊草 Longflower Thesium
Thesium longifolium 长叶百蕊草 Longleaf Thesium
Thesium refractum 急折百蕊草 Reflexed Thesium
Thespesia populnea 桐棉 Portia Tree
Thevetia ahouai 阔叶竹桃 Ahouai
Thevetia peruviana 黄花夹竹桃 Yellow Oleander
Thladiantha cordifolia 大苞赤瓟 Cordateleaf Tubergourd
Thladiantha davidii 川赤瓟 David Tubergourd
Thladiantha dentata 齿叶赤瓟 Dentateleaf Tubergourd
Thladiantha dubia 赤瓟 Manchurian Tubergourd
Thladiantha globicarpa 球果赤瓟 Globularfruit Tubergourd
Thladiantha henryi 皱果赤瓟 Henry Tubergourd
Thladiantha henryi var. verrucosa 喙赤瓟 Beaked Tubergourd
Thladiantha hookeri 异叶赤瓟 Hooker Tubergourd
Thladiantha hookeri var. palmatifolia 三叶赤瓟 Threeleaf Tubergourd
Thladiantha hookeri var. pentadactyla 五叶赤瓟 Fiveleaf Tubergourd
Thladiantha longifolia 长叶赤瓟 Longleaf Tubergourd
Thladiantha nudiflora 南赤瓟 Exposedflower Tubergourd
Thladiantha oliveri 鄂赤瓟 Oliver Tubergourd
Thladiantha sessilifolia 短柄赤瓟 Shortpetiole Tubergourd
Thladiantha setispina 刚毛赤瓟 Bristle Tubergourd
Thladiantha villosula 长毛赤瓟 Villose Tubergourd
Thlaspi arvense 菥蓂 Boor's Mustard, Dish Mustard, Field Pennycress, Wild Cress
Thrixspermum japonicum 小叶白点兰 Japanese Thrixspermum
Thuja koraiensis 朝鲜崖柏 Korean Arborvitae
Thunbergia alata 翼叶山牵牛 Black-Eyed Susan Vine
Thunbergia coccinea 红花山牵牛 Scarlet Clockvine
Thunbergia fragrans 碗花草 Sweet Clockvine
Thunbergia grandiflora 大花山牵牛 Blue Trumpet Vine, Bengal Clockvine
Thunbergia laurifolia 桂叶山牵牛 Laurel Clockvine
Thunia alba 笋兰 White Thunia
Thymus altaicus 阿尔泰百里香 Altai Thyme
Thymus disjunctus 长齿百里香 Longtooth Thyme
Thymus marschallianus 异株百里香 Marschall Thyme
Thymus mongolicus 百里香 Mongolian Thyme
Thymus proximus 拟百里香 False Mongolian Thyme
Thymus quinquecostatus 地椒 Five-Ribbed Thyme
Thymus quinquecostatus var. asiaticus 亚洲地椒 Asian Five-Ribbed Thyme
Thymus quinquecostatus var. przewalskii 展毛地椒 Hairy Five-Ribbed Thyme
Thyrocarpus glochidiatus 弯齿盾果草 Curvedtooth Thyrocarpus
Thyrocarpus sampsonii 盾果草 Sampson Thyrocarpus
Thysanolaena latifolia 粽叶芦 Tiger Grass
Tiarella polyphylla 黄水枝 Himalayan Foam Flower
Tibetia himalaica 高山豆 Himalayan Tibetia
Tibetia yunnanensis var. coelestis 蓝花高山豆 Blueflower Tibetia
Tilia amurensis 紫椴 Amur Linden
Tilia chinensis 华椴 Chinese Linden
Tilia henryana 毛糯米椴 Henry Linden
Tilia japonica 华东椴 Japanese Linden
Tilia mandshurica 辽椴 Manchurian Linden
Tilia miqueliana 南京椴 Nanjin Linden
Tilia mongolica 蒙椴 Mongolian Linden
Tilia oliveri 粉椴 Oliver Linden
Tilia paucicostata 少脉椴 Fewnerve Linden
Tilia tuan 椴树 Tilia
Tinomiscium petiolare 大叶藤 Tonkin Tinomiscium

T

Tinospora crispa 波叶青牛胆 Thorel Tinospora
Tinospora hainanensis 海南青牛胆 Hainan Tinospora
Tinospora sagittata 青牛胆 Arrow-Shaped Tinospora
Tinospora sagittata var. craveniana 峨眉青牛胆 Emei Tinospora
Tinospora sagittata var. yunnanensis 云南青牛胆 Yunnan Tinospora
Tinospora sinensis 中华青牛胆 Chinese Tinospora
Tirpitzia ovoidea 米念芭 Ovate Tirpitzia
Tirpitzia sinensis 青篱柴 Chinese Tirpitzia
Titanotrichum oldhamii 台闽苣苔 Oldham's Gold Woodland Foxglove
Tithonia diversifolia 肿柄菊 Mexican Sunflower
Toddalia asiatica 飞龙掌血 Asiatic Toddalia
Tofieldia divergens 叉柱岩菖蒲 Forkstyle Tofieldia
Tofieldia thibetica 岩菖蒲 Tibetan Tofieldia
Tolypanthus esquirolii 黔桂大苞寄生 Esquirol Tolypanthus
Tolypanthus maclurei 大苞寄生 Maclure Tolypanthus
Tongoloa dunnii 宜昌东俄芹 Dunn Tongoloa
Tongoloa silaifolia 城口东俄芹 Chengkou Tongoloa
Tongoloa stewardii 牯岭东俄芹 Steward Tongoloa
Toona ciliata 红椿 Australian Red Cedar
Toona microcarpa 紫椿 Smallfruit Toona
Toona sinensis 香椿 Chinese Toona
Torenia asiatica 光叶蝴蝶草 Asiatic Wishbone Flower
Torenia benthamiana 毛叶蝴蝶草 Bentham Wishbone Flower
Torenia concolor 单色蝴蝶草 Concolorous Wishbone Flower
Torenia flava 黄花蝴蝶草 Yellow Wishbone Flower
Torenia fournieri 蓝猪耳 Wishbone Flower
Torenia violacea 紫萼蝴蝶草 Purplecalyx Wishbone Flower
Torilis japonica 小窃衣 Japanse Hedgeparsley
Torilis scabra 窃衣 Rough Hedgeparsley
Torreya fargesii 巴山榧树 Farges Nutmeg-Yew
Torreya fargesii var. yunnanensis 云南榧树 Yunnan Nutmeg-Yew
Torreya grandis 榧树 Chinese Nutmeg Tree, Chinese Nutmeg-Yew, Grand Torreya
Torreya jackii 长叶榧树 Jack's Nutmeg-Yew
Torreya nucifera 日本榧树 Japanese Nutmeg-Yew, Japanese Torreya, Nutbearing Torreya
Tournefortia montana 紫丹 Montain Tournefortia
Tournefortia sarmentosa 台湾紫丹 Sarmentose Tournefortia
Toxicodendron acuminatum 尖叶漆 Sharpleaf Lacquer Tree
Toxicodendron delavayi 小漆树 Delavay Lacquer Tree
Toxicodendron delavayi var. angustifolium 狭叶小漆树 Narrowleaf Delavay Lacquer Tree
Toxicodendron grandiflorum 大花漆 Largeflower Lacquer Tree
Toxicodendron grandiflorum var. longipes 长梗大花漆 Longpetiole Lacquer Tree
Toxicodendron succedaneum 野漆 Wax Tree
Toxicodendron sylvestre 木蜡树 Forrest Lacquer Tree
Toxicodendron trichocarpum 毛漆树 Hairyfruit Lacquer Tree
Toxicodendron vernicifluum 漆 Chinese Lacquer Tree
Toxocarpus fuscus 锈毛弓果藤 Rustyhair Toxocarpus
Toxocarpus himalensis 西藏弓果藤 Himalayan Toxocarpus
Toxocarpus villosus 毛弓果藤 Shaggy Toxocarpus
Toxocarpus wightianus 弓果藤 Wight Toxocarpus
Trachelospermum asiaticum 亚洲络石 Asian Star Jasmine
Trachelospermum axillare 紫花络石 Purple-Flowered Star Jasmine
Trachelospermum bodinieri 贵州络石 Bodinier Star Jasmine
Trachelospermum brevistylum 短柱络石 Short-Style Star Jasmine
Trachelospermum dunnii 绣毛络石 Dunn Star Jasmine
Trachelospermum jasminoides 络石 Star Jasmine
Trachycarpus fortunei 棕榈 Chinese Windmill Palm
Trachycarpus nana 龙棕 Dwarf Chinese Windmill Palm
Trachyspermum ammi 细叶糙果芹 Ajowan Caraway
Tradescantia spathacea 紫背万年青 Oyster Plant, Boat Lily
Tradescantia virginiana 紫露草 Virginia Spiderwort, Widow's Tears
Tradescantia zebrina 吊竹梅 Wandering Jew Zebrina
Tragopogon marginifolius 膜缘婆罗门参 Membranous-Margin Salsily
Tragopogon orientalis 黄花婆罗门参 Eastern Salsily
Tragopogon porrifolius 蒜叶婆罗门参 Salsily
Tragopogon pratensis 婆罗门参 Meadow Salsity
Trametes hirsuta 毛栓菌 Hairy Bracket
Trametes orientalis 东方栓菌 Orient Cork Polypores
Trametes palisotii 紫椴木栓菌 Palisot Cork Polypore
Trametes pubescens 绒毛栓菌 White-Rot Fungus
Trametes versicolor 云芝 Turkey Tail
Trapa bicornis 乌菱 Horn Nut
Trapa bispinosa 菱 Indian Water Chestnut
Trapa incisa 四角刻叶菱 Incised Water Chestnut
Trapa japonica 丘角菱 Japanese Water Chestnut
Trapa manshurica 东北菱 Manchurian Water Chestnut
Trapa maximowiczii 细果野菱 Maximowicz Water Chestnut
Trapa natans 欧菱 Water Chestnut
Trapa quadrispinosa 四角菱 Water Caltrop
Trema angustifolia 狭叶山黄麻 Narrowleaf Trema
Trema cannabina 光叶山黄麻 Glabrousleaf Trema
Trema cannabina var. dielsiana 山油麻 Diels Trema
Trema levigata 羽叶山黄麻 Smooth Trema
Trema orientalis 山黄麻 Oriental Trema
Tremacron forrestii 短檐苣苔 Forrest Tremacron
Tremella aurantialba 金耳 Gold Jelly
Tremella foliacea 茶银耳 Leafy Brain
Tremella fuciformis 银耳 White Jelly
Tremella mesenterica 金黄银耳 Witches' Butter
Tremella samoensis 朱砂银耳 Vermeil Jelly
Tremella sanguinea 血红银耳 Blood Jelly Eear
Trevesia palmata 刺通草 Snowflake Aralia
Trevia nudiflora 滑桃树 Common Trevia
Triadica cochinchinensis 山乌桕 Mountain Triadica
Triadica rotundifolia 圆叶乌桕 Roundleaf Triadica
Triadica sebifera 乌桕 Chinese Tallow Tree
Triaenophora rupestris 呆白菜 Common Rock Cabbage
Tribulus cistoides 大花蒺藜 Jamaican Feverplant
Tribulus terrestris 蒺藜 Tribulus
Trichilia connaroides 鹧鸪花 Connarus-Like Trichilia
Trichilia sinensis 茸果鹧鸪花 Chinese Trichilia
Trichodesmium erythraeum 红海束毛藻 Sea Sawdust
Tricholoma acerbum 苦口蘑 Bitter Knight
Tricholoma albobrunneum 白褐口蘑 White-Brown Tricholoma
Tricholoma album 苦白口蘑 White Knight
Tricholoma bakamatsutake 假松口蘑 Foolish Matsutake
Tricholoma equestre 油黄口蘑 Yellow Knight
Tricholoma fulvum 黄褐口蘑 Birch Knight
Tricholoma matsutake 松口蘑 Matsutake
Tricholoma robustum 粗壮口蘑 Burnt Knight
Tricholoma ustale 褐黑口蘑 Burnt Knight
Trichomanes auriculatum 瓶蕨 Auriculate Bristle-Fern, Auriculate Filmy Fern

Trichomanes fargesii 城口瓶蕨 Farges Bristle Fern
Trichomanes orientale 华东瓶蕨 Oriental Bristle-Fern
Trichomanes striatum 漏斗瓶蕨 Striped Bristle Fern
Trichophorum subcapitatum 玉山针蔺 Headlike Bulrush
Trichosanthes anguina 蛇瓜 Snake Gourd
Trichosanthes baviensis 短序栝楼 Bavi Snake Gourd
Trichosanthes cordata 心叶栝楼 Cordateleaf Snake Gourd
Trichosanthes cucumerina 瓜叶栝楼 Wild Snake Gourd
Trichosanthes cucumeroides 王瓜 Japanese Snake Gourd
Trichosanthes dunniana 糙点栝楼 Dunn Snake Gourd
Trichosanthes fissibracteata 裂苞栝楼 Lobulatebract Snake Gourd
Trichosanthes homophylla 芋叶栝楼 Taroleaf Snake Gourd
Trichosanthes hylonoma 湘桂栝楼 Woodland Snake Gourd
Trichosanthes jinggangshanica 井冈栝楼 Jinggangshan Snake Gourd
Trichosanthes kerrii 长果栝楼 Kerr Snake Gourd
Trichosanthes kirilowii 栝楼 Chinese Snake Gourd
Trichosanthes laceribractea 长萼栝楼 Fringedbract Snake Gourd
Trichosanthes lepiniana 马干铃栝楼 Lepin Snake Gourd
Trichosanthes ovata 卵叶栝楼 Ovateleaf Snake Gourd
Trichosanthes ovigera 全缘栝楼 Entireleaf Snake Gourd
Trichosanthes pedata 趾叶栝楼 Pedateleaf Snake Gourd
Trichosanthes quinquangulata 五角栝楼 Fiveangle Snake Gourd
Trichosanthes reticulinervis 两广栝楼 Netvein Snake Gourd
Trichosanthes rosthornii 中华栝楼 Rosthon Snake Gourd
Trichosanthes rosthornii var. multicirrata 多卷须栝楼 Manytendril Snake Gourd
Trichosanthes rubriflos 红花栝楼 Redflower Snake Gourd
Trichosanthes sericeifolia 丝毛栝楼 Sericeousleaf Snake Gourd
Trichosanthes subrosea 粉花栝楼 Pinkflower Snake Gourd
Trichosanthes tricuspidata 三尖栝楼 Tricuspidate Snake Gourd
Trichosanthes truncata 截叶栝楼 Truncate Snake Gourd
Trichosanthes villosa 密毛栝楼 Villose Snake Gourd
Trichosanthes wallichiana 薄叶栝楼 Thinleaf Snake Gourd
Tricyrtis formosana 台湾油点草 Formosan Toad Lily
Tricyrtis latifolia 宽叶油点草 Broadleaf Toad Lily
Tricyrtis macropoda 油点草 Speckled Toad Lily
Tricyrtis pilosa 黄花油点草 Yellowflower Toad Lily
Trientalis europaea 七瓣莲 Arctic Starflower
Trifolium fragiferum 草莓车轴草 Strawberry Clover
Trifolium hybridum 杂种车轴草 Alsike Clover
Trifolium incarnatum 绛车轴草 Crimson Clover
Trifolium lupinaster 野火球 Wild Clover
Trifolium pratense 红车轴草 Red Clover
Trifolium repens 白车轴草 White Clover
Triglochin maritimum 海韭菜 Shore Podgrass, Seaside Arrowgrass
Triglochin palustre 水麦冬 Marsh Arrowgrass
Trigonella caerulea 蓝胡卢巴 Blue Trigonella
Trigonella foenum-graecum 胡卢巴 Fenugreek
Trigonostemon fragilis 黄花三宝木 Yellowflower Trigonostemon
Trigonotis amblyosepala 钝萼附地菜 Bluntsepal Trigonotis
Trigonotis cavaleriei 西南附地菜 Cavalerie Trigonotis
Trigonotis compressa 狭叶附地菜 Narrowleaf Trigonotis
Trigonotis floribunda 多花附地菜 Manyflower Trogonotis
Trigonotis giraldii 秦岭附地菜 Girald Trigonotis
Trigonotis laxa 南川附地菜 Laxflower Trigonotis
Trigonotis macrophylla 大叶附地菜 Largeleaf Trigonotis
Trigonotis macrophylla var. verrucosa 瘤果附地菜 Verrucose Trigonotis
Trigonotis microcarpa 毛脉附地菜 Littlefruit trigonotis
Trigonotis mollis 湖北附地菜 Pubescent Trigonotis
Trigonotis omeiensis 峨眉附地菜 Omei Trigonotis
Trigonotis peduncularis 附地菜 Pedunculate Trigonotis
Trigonotis peduncularis var. macrantha 大花附地菜 Largeflower Trigonotis
Trillium govanianum 西藏延龄草 Tibetan Trillium
Trillium kamtschaticum 吉林延龄草 Kamchatka Trillium
Trillium tschonoskii 延龄草 Tschonoski Trillium
Triosteum himalayanum 穿心莛子藨 Himalayan Horse Gentian
Triosteum pinnatifidum 莛子藨 Horse Gentian
Triplostegia glandulifera 双参 Common Triplostegia
Triplostegia grandiflora 大花双参 Largeflower Triplostegia
Tripogon longearistatus 长芒草沙蚕 Long-Awn Tripogon
Tripterospermum chinense 双蝴蝶 Chinese Tripterospermum
Tripterospermum coeruleum 盐源双蝴蝶 Sky-Blue Tripterospermum
Tripterospermum cordatum 峨眉双蝴蝶 Cordate Tripterospermum
Tripterospermum cordifolium 高山肺形草 Heartleaf Tripterospermum
Tripterospermum filicaule 细茎双蝴蝶 Slenderstem Tripterospermum
Tripterospermum japonicum 日本双蝴蝶 Japanese Tripterospermum
Tripterospermum lanceolatum 玉山双蝴蝶 Lanceolate Tripterospermum
Tripterospermum nienkui 香港双蝴蝶 Nienku Tripterospermum
Tripterospermum taiwanense 台湾肺形草 Taiwan Tripterospermum
Tripterospermum volubile 尼泊尔双蝴蝶 Twining Tripterospermum
Tripterygium hypoglaucum 昆明山海棠 Hypoglaucous Threewing Nut
Tripterygium regelii 东北雷公藤 Regel Threewing Nut
Tripterygium wilfordii 雷公藤 Thunder God Vine
Trisepalum birmanicum 唇萼苣苔 Common Trisepalum
Triticum aestivum 普通小麦 Wheat
Triumfetta annua 单毛刺蒴麻 Annual Burbark
Triumfetta cana 毛刺蒴麻 Tomentose Burbark
Triumfetta pilosa 长勾刺蒴麻 Pilose Burbark
Triumfetta rhomboidea 刺蒴麻 Diamond Burbark
Trollius altaicus 阿尔泰金莲花 Altai Globeflower
Trollius asiaticus 宽瓣金莲花 Siberian Globeflower
Trollius buddae 川陕金莲花 Chuanshan Globeflower
Trollius chinensis 金莲花 Chinese Globeflower
Trollius dschungaricus 准噶尔金莲花 Dzungarian Globeflower
Trollius farreri 矮金莲花 Dwarf Globeflower
Trollius farreri var. major 大叶矮金莲花 Buttercup-Like Globeflower
Trollius japonicus 长白金莲花 Japanese Globeflower
Trollius ledebourii 短瓣金莲花 Shortpetal Globeflower
Trollius lilacinus 淡紫金莲花 Lilac Globeflower
Trollius macropetalus 长瓣金莲花 Longpetal Globeflower
Trollius pumilus 小金莲花 Dwarf Globeflower
Trollius pumilus var. tanguticus 青藏金莲花 Tangutan Dwarf Globeflower
Trollius ranunculoides 毛茛状金莲花 Buttercup-Like Globeflower
Trollius yunnanensis 云南金莲花 Yunnan Globeflower
Tropaeolum majus 旱金莲 Common Nasturtium
Tsoongia axillariflora 假紫珠 False Beautyberry
Tsuga chinensis 铁杉 Chinese Hemlock
Tsuga longibracteata 长苞铁杉 Longbract Hemlock
Tuber aestivum 夏块菌 Summer Truffle
Tuber indicum 印度块菌 Chinese Black Truffle
Tubocapsicum anomalum 龙珠 Dragonpearl
Tulipa altaica 阿尔泰郁金香 Altai Tulip

Tulipa dasystemon 毛蕊郁金香 Hairystamen Tulip
Tulipa edulis 老鸦瓣 Edible Tulip
Tulipa gesneriana 郁金香 Garden Tulip, Didier's Tulip
Tulipa iliensis 伊犁郁金香 Ili Tulip
Tulotis fuscescens 蜻蜓兰 Asiatic Tulotis
Tulotis ussuriensis 小花蜻蜓兰 UssuriTulotis
Tupistra aurantiaca 橙花开口箭 Orangeflower Tupistra
Tupistra chinensis 开口箭 Chinese Tupistra
Tupistra emeiensis 峨眉开口箭 Emei Tupistra
Tupistra ensifolia 剑叶开口箭 Swordleaf Tupistra
Tupistra fimbriata 齿瓣开口箭 Fimbriate Tupistra
Tupistra tui 碟花开口箭 Dishflower Tupistra
Tupistra wattii 弯蕊开口箭 Watt Tupistra
Turczaninovia fastigiata 女菀 Turczaninowia
Turpinia arguta 锐尖山香圆 Acute Turpinia
Turraea pubescens 杜楝 Pubescent Turraea
Tussilago farfara 款冬 Coltsfoot
Tylophora arenicola 虎须娃儿藤 Sandhill Tylophora
Tylophora flexuosa 小叶娃儿藤 Flexuous Tylophora
Tylophora floribunda 多花娃儿藤 Manyflower Tylophora
Tylophora glabra 长梗娃儿藤 Glabrous Tylophora
Tylophora henryi 紫花娃儿藤 Henry Toylophora
Tylophora Kerrii 人参娃儿藤 Kerr Tylophora
Tylophora koi 通天连 Ko's Tylophora
Tylophora leptantha 广花娃儿藤 Delicateflower Tylophora
Tylophora ovata 娃儿藤 Ovate Tylophora
Tylophora picta 紫叶娃儿藤 Purpleleaf Tylophora
Tylophora rotundifolia 圆叶娃儿藤 Rotundleaf Tylophora
Tylophora secamonoides 蛇胆草 Secamone-Like Tylophora
Tylophora silvestris 贵州娃儿藤 Forest-Living Tylophora
Tylophora tengii 普定娃儿藤 Teng's Tylophora
Tylophora yunnanensis 云南娃儿藤 Yunnan Tylophra
Typha angustata 长苞香蒲 Longbract Cattail
Typha angustifolia 水烛 Narrowleaf Cattail
Typha davidiana 达香蒲 David Cattail
Typha elephantina 象蒲 Elephant grass
Typha latifolia 宽叶香蒲 Broadleaf Cattail
Typha laxmannii 无苞香蒲 Bractletless Cattail
Typha minima 小香蒲 Little Cattail
Typha orientalis 东方香蒲 Oriental Cattail
Typha pallida 球序香蒲 Pale Cattail
Typha przewalskii 普香蒲 Przewalski Cattail
Typhonium albidinervum 白脉犁头尖 Whitevein Typhonium
Typhonium blumei 犁头尖 Common Typhonium
Typhonium diversifolium 高原犁头尖 Highland Typhonium
Typhonium flagelliforme 鞭檐犁头尖 Whipform Typhonium
Typhonium giganteum 独角莲 Giant Typhonium
Typhonium horsfieldii 西南犁头尖 Horsfield Typhonium
Typhonium hunanense 湖南犁头尖 Hunan Typhonium
Typhonium roxburghii 金慈姑 Roxburgh Typhonium
Typhonium trifoliatum 三叶犁头尖 Threeleaf Typhonium
Typhonium trilobatum 马蹄犁头尖 Threelobe Typhonium
Tyromyces lacteus 蹄形干酪菌 Hoof-Shaped Cheese Polypore

U

Ulmus androssowii var. virgata 毛枝榆 Hairyshoot Elm
Ulmus bergmanniana 兴山榆 Bergmann Elm
Ulmus bergmanniana var. lasiophylla 西蜀榆 Hairyleaf Elm
Ulmus castaneifolia 多脉榆 Manyvein Elm
Ulmus changii 杭州榆 Chang's Elm
Ulmus davidiana 黑榆 David Elm
Ulmus davidiana var. japonica 春榆 Japanese Elm
Ulmus densa 圆冠榆 Roundcrown Elm
Ulmus laciniata 裂叶榆 Lobed Elm
Ulmus laevis 欧洲白榆 European White Elm
Ulmus lanceifolia 常绿榆 Evergreen Elm
Ulmus macrocarpa 大果榆 Bigfruit Elm
Ulmus parvifolia 榔榆 Smallleaf Elm
Ulmus pumila 榆 Siberian Elm
Ulmus tonkinensis 越南榆 Tonkin Elm
Ulva lactuca 石莼 Sea Lettuce
Uncaria homomalla 北越钩藤 Homomallous Uncaria
Uncaria rhynchophylla 钩藤 Cat's Claw
Uncaria scandens 攀茎钩藤 Scandent Uncaria
Uncaria sinensis 华钩藤 Chinese Uncaria
Uncaria yunnanensis 云南钩藤 Yunnan Uncaria
Undaria pinnatifida 裙带菜 Precious Sea Grass, Sea Mustard, Wakame
Uraria crinita 猫尾草 Hairy Uraria
Uraria lagopodioides 狸尾豆 Foxtail Uraria
Uraria picta 美花狸尾豆 Beautiful-Flowered Uraria
Uraria rufescens 钩柄狸尾豆 Reddish Uraria
Uraria sinensis 中华狸尾豆 Chinese Uraria
Urariopsis brevissima 短序算珠豆 Short-Raceme Urariopsis
Urariopsis cordifolia 算珠豆 Heartleaf Urariopsis
Urceola huaitingii 毛杜仲藤 Hairy Urceola
Urceola linearicarpa 线果水壶藤 Linear-Fruited Urceola
Urceola micrantha 杜仲藤 Smallflower Urceola
Urceola quintaretii 华南杜仲藤 Quintaret Urceola
Urceola rosea 酸叶胶藤 Pink-Flowered Urceola, Sour Creeper
Urena lobata 地桃花 Cadillo
Urena lobata var. chinensis 中华地桃花 Chinese Cadillo
Urena lobata var. glauca 粗叶地桃花 Scabrous-Leaf Cadillo
Urena lobata var. yunnanensis 云南地桃花 Yunnan Cadillo
Urena procumbens 梵天花 Procumbent Indian Mallow
Urena repanda 波叶梵天花 Repand Indian Mallow
Urophysa henryi 尾囊草 Henry Urophysa
Urtica angustifolia 狭叶荨麻 Narrowleaf Nettle
Urtica ardens 喜马拉雅荨麻 Himalayan Nettle
Urtica atrichocaulis 小果荨麻 Smallfruit Nettle
Urtica cannabina 麻叶荨麻 Hemp-Leaved Nettle
Urtica dioica 异株荨麻 Bigsting Nettle
Urtica fissa 荨麻 Fissile-Leaved Nettle
Urtica laetevirens 宽叶荨麻 Bright-Green Nettle
Urtica mairei 滇藏荨麻 Maire Nettle
Urtica thunbergiana 咬人荨麻 Thunberg Nettle
Urtica triangularis 三角叶荨麻 Triangular Nettle
Urtica triangularis subsp. pinnatifida 羽裂荨麻 Pinnatifid Nettle
Urtica urens 欧荨麻 Dog Nettle
Usnea longissima 长松萝 Methuselah's Beard Lichen
Usnea rubicunda 深红松萝 Red Beard Lichen
Ustilaginoidea virens 稻绿核菌 Green Smut Fungus
Ustilago maydis 玉米黑粉菌 Corn Smut, Cutilacoche, Hutilacoche
Utricularia aurea 黄花狸藻 Golden Bladderwort
Utricularia bifida 挖耳草 Bifid Bladderwort
Utricularia uliginosa 齿萼挖耳草 Asian Bladderwort
Uvaria calamistrata 刺果紫玉盘 Spinyfruit Uvaria

Uvaria grandiflora 山椒子 Largeflower Uvaria
Uvaria microcarpa 紫玉盘 Littlefruit Uvaria
Uvaria tonkinensis 扣匹 Tonkin Uvaria

V

Vaccaria hispanica 麦蓝菜 Cowherb
Vaccinium bracteatum 南烛 Oriental Blueberry
Vaccinium bullatum 泡泡叶越桔 Bullate-Leaved Blueberry
Vaccinium carlesii 短尾越桔 Carles Blueberry
Vaccinium conchophyllum 贝叶越桔 Shell-Leaf Blueberry
Vaccinium delavayi 苍山越桔 Delavay's Blueberry
Vaccinium dunalianum 樟叶越桔 Caudate-Leaved Blueberry
Vaccinium emarginatum 凹顶越桔 Emarginate Blueberry
Vaccinium fragile 乌鸦果 Fragile Blueberry
Vaccinium gaultheriifolium 软骨边越桔 Wintergreen-Leaf Blueberry
Vaccinium henryi 无梗越桔 Sessile-Flower Blueberry
Vaccinium iteophyllum 黄背越桔 Itea-Leaf Blueberry
Vaccinium japonicum var. sinicum 扁枝越桔 Flatstem Blueberry
Vaccinium mandarinorum 江南越桔 Mandarine Blueberry
Vaccinium microcarpum 小果红莓苔子 Smallfruit Blueberry
Vaccinium moupinense 宝兴越桔 Moupin Blueberry
Vaccinium myrtillus 黑果越桔 Bilberry
Vaccinium oldhamii 腺齿越桔 Oldham Blueberry
Vaccinium omeiense 峨眉越桔 Omei Blueberry
Vaccinium oxycoccus 红莓苔子 Small Craneberry
Vaccinium pseudorobustum 椭圆叶越桔 Ellipticleaf Blueberry
Vaccinium sikkimense 荚蒾叶越桔 Sikkim Blueberry
Vaccinium supracostatum 凸脉越桔 Raisedvein Blueberry
Vaccinium trichocladum 刺毛越桔 Hairybranch Blueberry
Vaccinium uliginosum 笃斯越桔 Bog Blueberry
Vaccinium urceolatum 红花越桔 Urn-shaped Blueberry
Vaccinium vitis-idaea 越桔 Cowberry, Mountain Cranberry
Valeriana amurensis 黑水缬草 Amur Valerian
Valeriana barbulata 髯毛缬草 Beard Valerian
Valeriana daphniflora 瑞香缬草 Daphneflower Valerian
Valeriana fedtschenkoi 新疆缬草 Fedtschenko Valerian
Valeriana flaccidissima 柔垂缬草 Flaccid Valerian
Valeriana hardwickii 长序缬草 Hardwick Valerian
Valeriana jatamansi 蜘蛛香 Indian Valerian
Valeriana officinalis 缬草 Valerian
Valeriana tangutica 小缬草 Tangutan Valerian
Vallaris indecora 大纽子花 Giant Vallaris
Vallisneria natans 苦草 Floatingleaf Eelgrass
Vanda concolor 琴唇万代兰 Concolor Vanda
Vanilla annamica 越南香荚兰 Annam Vanilla
Vanilla siamensis 大香荚兰 Siam Vanilla
Vanilla somae 台湾香荚兰 Soma Vanilla
Ventilago inaequilateralis 海南翼核果 Hainan Ventilago
Ventilago leiocarpa 翼核果 Smoothfruit Ventilago
Ventilago leiocarpa var. pubescens 毛叶翼核果 Hairyleaf Ventilago
Veratrilla baillonii 黄秦艽 Baillon Veratrilla
Veratrum dahuricum 兴安藜芦 Dahurian False Hellebore
Veratrum grandiflorum 毛叶藜芦 Largeflower False Hellebore
Veratrum lobelianum 阿尔泰藜芦 Altai False Hellebore
Veratrum maackii 毛穗藜芦 Maack False Hellebore
Veratrum mengtzeanum 蒙自藜芦 Mengtzu False Hellebore
Veratrum nigrum 藜芦 Black False Hellebore
Veratrum oxysepalum 尖被藜芦 Sharpsepal False Hellebore
Veratrum schindleri 牯岭藜芦 Schindler False Hellebore
Veratrum stenophyllum 狭叶藜芦 Narrowleaf False Hellebore
Veratrum stenophyllum var. taronense 滇北藜芦 North Yunnan False Hellebore
Veratrum taliense 大理藜芦 Tali False Hellebore
Verbascum blattarium 毛瓣毛蕊花 Moth Mullein
Verbascum phoeniceum 紫毛蕊花 Purple Mullein
Verbascum songaricum 准噶尔毛蕊花 Dzungarian Mullein
Verbascum thapsum 毛蕊花 Common Mullein
Verbena officinalis 马鞭草 Common Vervain
Vernicia fordii 油桐 Ford Vernicia
Vernicia montana 木油桐 Mountain Vernicia
Vernonia anthelmintica 驱虫斑鸠菊 Vermifuge Ironweed
Vernonia aspera 糙叶斑鸠菊 Roughleaf Ironweed
Vernonia blanda 喜斑鸠菊 Pleasing Ironweed
Vernonia chingiana 广西斑鸠菊 Ching's Ironweed
Vernonia cinerea 夜香牛 Ash-Coloured Iroweed
Vernonia cumingiana 毒根斑鸠菊 Poisonousroot Ironweed
Vernonia esculenta 斑鸠菊 Edible Ironweed
Vernonia extensa 展枝斑鸠菊 Extending Ironweed
Vernonia nantcianensis 南漳斑鸠菊 Nanzhang Iroweed
Vernonia parishii 滇缅斑鸠菊 Parish's Ironweed
Vernonia patula 咸虾花 Spreading Ironweed
Vernonia saligna 柳叶斑鸠菊 Willowleaf Ironweed
Vernonia solanifolia 茄叶斑鸠菊 Nightshadeleaf Ironweed
Vernonia spirei 折苞斑鸠菊 Spire's Ironweed
Vernonia squarrosa 刺苞斑鸠菊 Rough Ironweed
Vernonia volkameriifolia 大叶斑鸠菊 Largeleaf Ironweed
Veronica anagallis-aquatica 北水苦荬 Water Speedwell
Veronica anagalloides 长果水苦荬 Pimpernel-Like Speedwell
Veronica arvensis 直立婆婆纳 Common Speedwell
Veronica beccabunga subsp. muscosa 有柄水苦荬 Stalked Speedwell
Veronica biloba 两裂婆婆纳 Twolobe Speedwell
Veronica cana 灰毛婆婆纳 Greyhair Speedwell
Veronica ciliata 长果婆婆纳 Longfruit Speedwell
Veronica ciliata subsp. zhongdianensis 中甸长果婆婆纳 Zhongdian Longfruit Speedwell
Veronica eriogyne 毛果婆婆纳 Hairyfruit Speedwell
Veronica henryi 华中婆婆纳 Henry Speedwell
Veronica himalensis 大花婆婆纳 Himalayan Speedwell
Veronica javanica 多枝婆婆纳 Java Speedwell
Veronica lanuginosa 绵毛婆婆纳 Downy Speedwell
Veronica laxa 疏花婆婆纳 Laxflower Speedwell
Veronica peregrina 蚊母草 Purslane Speedwell
Veronica persica 阿拉伯婆婆纳 Persian Speedwell
Veronica polita 婆婆纳 Grey Field Speedwell
Veronica rockii 光果婆婆纳 Rock Speedwell
Veronica serpyllifolia 小婆婆纳 Thymeleaf Speedwell
Veronica szechuanica 四川婆婆纳 Szechuan Speedwell
Veronica teucrium 卷毛婆婆纳 Curlyhair Speedwell
Veronica undulata 水苦荬 Undulate Speedwell
Veronicastrum axillare 爬岩红 Axillary Veronicastrum
Veronicastrum brunonianum 美穗草 Brunon Veronicastrum
Veronicastrum caulopterum 四方麻 Wingedstem Veronicastrum
Veronicastrum latifolium 宽叶腹水草 Broadleaf Veronicastrum
Veronicastrum longispicatum 长穗腹水草 Longspike Veronicastrum
Veronicastrum robustum subsp. grandifolium 大叶腹水草 Bigleaf Veronicastrum

Veronicastrum sibiricum 草本威灵仙 Siberian Veronicastrum
Veronicastrum stenostachyum 细穗腹水草 Narrowspike Veronicastrum
Veronicastrum stenostachyum subsp. plukenetii 腹水草 Plukenet Veronicastrum
Veronicastrum villosulum 毛叶腹水草 Hairy Veronicastrum
Veronicastrum villosulum var. glabrum 铁钓竿 Glabrous Veronicastrum
Veronicastrum yunnanense 云南腹水草 Yunnan Veronicastrum
Vetiveria zizanioides 香根草 Vetiver
Viburnum betulifolium 桦叶荚蒾 Birchleaf Viburnum
Viburnum brachybotryum 短序荚蒾 Short-Panicled Viburnum
Viburnum chinshanense 金佛山荚蒾 Chinshan Viburnum
Viburnum corymbiflorum 伞房荚蒾 Corymbose Viburnum
Viburnum cylindricum 水红木 Tube-Flowered Viburnum
Viburnum dilatatum 荚蒾 Linden Viburnum
Viburnum erosum 宜昌荚蒾 Erose Viburnum
Viburnum erubescens 红荚蒾 Reddish Viburnum
Viburnum erubescens var. prattii 紫药红荚蒾 Purple-Anther Viburnum
Viburnum foetidum 臭荚蒾 Foetid Viburnum
Viburnum foetidum var. ceanothoides 珍珠荚蒾 Pearl Viburnum
Viburnum foetidum var. rectangulatum 直角荚蒾 Rectangulate Viburnum
Viburnum fordiae 南方荚蒾 Brownhair Viburnum
Viburnum formosanum 台中荚蒾 Taiwan Viburnum
Viburnum hainanense 海南荚蒾 Hainan Viburnum
Viburnum henryi 巴东荚蒾 Henry Viburnum
Viburnum inopinatum 厚绒荚蒾 Unexpected Viburnum
Viburnum koreanum 朝鲜荚蒾 Korean Viburnum
Viburnum lancifolium 披针叶荚蒾 Lanceleaf Viburnum
Viburnum lutescens 淡黄荚蒾 Yellowish Viburnum
Viburnum luzonicum 吕宋荚蒾 Luzon Viburnum
Viburnum macrocephalum 绣球荚蒾 Chinese Snowball Viburnum
Viburnum macrocephalum f. keteleeri 琼花 Wild Chinese Snowball Viburnum
Viburnum melanocarpum 黑果荚蒾 Blackfruit Viburnum
Viburnum mongolicum 蒙古荚蒾 Mongolian Viburnum
Viburnum nervosum 显脉荚蒾 Veined Viburnum
Viburnum odoratissimum 珊瑚树 Sweet Viburnum
Viburnum odoratissimum var. awabuki 日本珊瑚树 Awabuki Sweet Viburnum
Viburnum oliganthum 少花荚蒾 Fewflower Viburnum
Viburnum opulus var. calvescens 鸡树条荚蒾 Sargent Viburnum
Viburnum plicatum 粉团 Japanese Snowball
Viburnum plicatum var. tomentosum 蝴蝶戏珠花 Tomentose Japanese Snowball
Viburnum propinquum 球核荚蒾 Chinese Viburnum
Viburnum punctatum 鳞斑荚蒾 Variegated-Leaved Viburnum
Viburnum rhytidophyllum 皱叶荚蒾 Wrinkled-Leaved Viburnum
Viburnum schensianum 陕西荚蒾 Shaanxi Viburnum
Viburnum sempervirens 常绿荚蒾 Evergreen Viburnum
Viburnum sempervirens var. trichophorum 具毛常绿荚蒾 Hairy Evergreen Viburnum
Viburnum setigerum 茶荚蒾 Tea Viburnum
Viburnum sympodiale 合轴荚蒾 Sympodial Viburnum
Viburnum taitoense 台东荚蒾 Taitung Viburnum
Viburnum ternatum 三叶荚蒾 Trifoliate Viburnum
Viburnum utile 烟管荚蒾 Service Viburnum
Vicatia thibetica 西藏凹乳芹 Tibetan Vicatia
Vicia amoena 山野豌豆 Broadleaf Vetch
Vicia amoena f. albiflora 白花山野豌豆 Whiteflower Vetch
Vicia amoena var. oblongifolia 狭叶山野豌豆 Oblongleaf Vetch
Vicia amoena var. sericea 绢毛山野豌豆 Sericeous Vetch
Vicia amurensis 黑龙江野豌豆 Amur Vetch
Vicia bungei 大花野豌豆 Bunge Vetch
Vicia costata 新疆野豌豆 Costate Vetch
Vicia cracca 广布野豌豆 Bird Vetch
Vicia faba 蚕豆 Broadbean
Vicia hirsuta 小巢菜 Pigeon Vetch
Vicia japonica 东方野豌豆 Oriental Vetch
Vicia kioshanica 确山野豌豆 Kioshan Vetch
Vicia kulingana 牯岭野豌豆 Kuling Vetch
Vicia multicaulis 多茎野豌豆 Manystem Vetch
Vicia nummularia 西南野豌豆 Nummular Vetch
Vicia ohwiana 头序歪头菜 Ohwi Vetch
Vicia pilosa 窄叶野豌豆 Narrowleaf Vetch
Vicia pseudo-orobus 大叶野豌豆 False Wood Bitter-Vetch
Vicia ramuliflora 北野豌豆 Ramiflorous Vetch
Vicia sativa 救荒野豌豆 Common Vetch
Vicia sepium 野豌豆 Bush Vetch
Vicia sinogigantea 大野豌豆 Giant Vetch
Vicia tetrasperma 四籽野豌豆 Fourseed Vetch
Vicia unijuga 歪头菜 Two-Leaf Vetch
Vicia unijuga f. albiflora 白花歪头菜 Whiteflower Two-Leaf Vetch
Vicia villosa 长柔毛野豌豆 Hairy Vetch
Vigna angularis 赤豆 Adzuki Bean
Vigna minima 贼小豆 Small Cowpea
Vigna radiata 绿豆 Mung Bean
Vigna umbellata 赤小豆 Rice Bean
Vigna unguiculata 豇豆 Common Cowpea
Vigna unguiculata subsp. cylindrica 短豇豆 Catjang
Vigna unguiculata subsp. sesquipedalis 长豇豆 Yard Long Bean
Vigna vexillata 野豇豆 Wild Cowpea
Vinca major 蔓长春花 Big Periwinkle
Vinca minor 小蔓长春花 Common Periwinkle
Viola acuminata 鸡腿堇菜 Acuminate Violet
Viola arcuata 如意草 Curvedstem Violet
Viola betonicifolia 戟叶堇菜 Halberdleaf Violet
Viola biflora 双花堇菜 Twinflower Violet
Viola biflora var. rockiana 圆叶小堇菜 Rock Violet
Viola bulbosa 鳞茎堇菜 Bulbous Violet
Viola chaerophylloides 南山堇菜 Chervil-Like Violet
Viola collina 球果堇菜 Hairyfruit Violet
Viola davidii 深圆齿堇菜 Crenulate Violet
Viola delavayi 灰叶堇菜 Delavay Violet
Viola diamantiaca 大叶堇菜 Bigleaf Violet
Viola diffusa 七星莲 Climbing Violet
Viola dissecta 裂叶堇菜 Cutleaf Violet
Viola duclouxii 紫点堇菜 Ducloux Violet
Viola fargesii 柔毛堇菜 Puberulous Violet
Viola formosana 台湾堇菜 Taiwan Violet
Viola grandisepala 阔萼堇菜 Broadsepal Violet
Viola grypoceras 紫花堇菜 Griffin Horn Violet
Viola hediniana 紫叶堇菜 Puepleleaf Violet
Viola hirta 硬毛堇菜 Sweet Violet
Viola inconspicua 长萼堇菜 Longsepal Violet
Viola japonica 犁头草 Japanese Violet

Viola kosanensis 福建堇菜 Fukien Violet
Viola lactiflora 白花堇菜 Milkwhite-Flowered Violet
Viola mandshurica 东北堇菜 Manchurian Violet
Viola mirabilis 奇异堇菜 Wonder Violet
Viola mongolica 蒙古堇菜 Mongolian Violet
Viola moupinensis 萱 Moupin Violet
Viola odorata 香堇菜 English Violet
Viola orientalis 东方堇菜 Orient Violet
Viola patrinii 白花地丁 Whiteflower Violet
Viola philippica 紫花地丁 Purpleflower Violet
Viola pilosa 匍匐堇菜 Pilous Violet
Viola rossii 辽宁堇菜 Ross Violet
Viola selkirkii 深山堇菜 Selkirk's violet
Viola sumatrana 光叶堇菜 Glabrousleaf Violet
Viola szetschwanensis 四川堇菜 Szechuan Violet
Viola triangulifolia 三角叶堇菜 Triangular-Leaf Violet
Viola tricolor 三色堇 Wild Pansy
Viola variegata 斑叶堇菜 Variegateleaf Violet
Viola yunnanensis 云南堇菜 Yunnan Violet
Viola yunnanfuensis 心叶堇菜 Cordateleaf Violet
Viscum album subsp. meridianum 卵叶槲寄生 Southern Mistletpe
Viscum articulatum 扁枝槲寄生 Articulate Mistletpe
Viscum coloratum 槲寄生 Coloured Mistletpe
Viscum diospyrosicola 棱枝槲寄生 Persimmon Mistletpe
Viscum liquidambaricola 枫香槲寄生 Liquidamber Mistletpe
Viscum monoicum 五脉槲寄生 Five-Nerved Mistletpe
Viscum multinerve 柄果槲寄生 Stipe-Fruited Mistletpe
Viscum nudum 绿茎槲寄生 Greenstem Mistletpe
Viscum ovalifolium 瘤果槲寄生 Oval-Leaved Mistletpe
Vitex agnus-castus 穗花牡荆 Lilac Chastetree
Vitex canescens 灰毛牡荆 Greyhair Chastetree
Vitex negundo 黄荆 Negundo Chastetree
Vitex negundo var. cannabifolia 牡荆 Hempleaf Negundo Chastetree
Vitex negundo var. heterophylla 荆条 Cut-Leaved Chastetree
Vitex negundo var. microphylla 小叶荆 Littleleaf Negundo Chastetree
Vitex peduncularis 长序荆 Longspike Chastetree
Vitex quinata 山牡荆 Wild Chastetree
Vitex quinata var. puberula 微毛布惊 Puberulent Chastetree
Vitex trifolia 蔓荆 Threeleaf Chastetree
Vitex trifolia subsp. litoralis 单叶蔓荆 Roundleaf Chastetree
Vitex trifolia var. subtrisecta 异叶蔓荆 Heterophyllous Chastetree
Vitis amurensis 山葡萄 Amur Grape
Vitis balansana 小果葡萄 Littlefruit Grape
Vitis betulifolia 桦叶葡萄 Birchleaf Grape
Vitis bryoniifolia 蘡薁 Bryonyleaf Grape
Vitis chunganensis 东南葡萄 Chungan Grape
Vitis chungii 闽赣葡萄 Chung's Grape
Vitis davidii 刺葡萄 Spiny Grape
Vitis davidii var. cyanocarpa 蓝果刺葡萄 Bluefruit Spiny Grape
Vitis flexuosa 葛藟葡萄 Creeping Grape
Vitis hancockii 菱叶葡萄 Hancock Grape
Vitis heyneana 毛葡萄 Hairy Grape
Vitis heyneana subsp. ficifolia 桑叶葡萄 Figleaf Grape
Vitis piasezkii 变叶葡萄 Piasecki Grape
Vitis piasezkii var. pagnuccii 少毛变叶葡萄 Pagnucci Grape
Vitis retordii 绵毛葡萄 Villous Grape
Vitis romanetii 秋葡萄 Romanet Grape
Vitis silvestrii 湖北葡萄 Woodland Grape
Vitis sinocinerea 小叶葡萄 Small-Leaf Grape
Vitis vinifera 葡萄 Common Grape
Vitis wilsoniae 网脉葡萄 Wilson Grape
Volvariella volvacea 草菇 Paddy Straw Mushroom

W

Wahlenbergia marginata 蓝花参 Southern Rockbell
Waltheria indica 蛇婆子 Waltheria
Wedelia biflora 孪花蟛蜞菊 Twinflower Wedelia
Wedelia chinensis 蟛蜞菊 Chinese Wedelia
Wedelia prostrata 卤地菊 Prostrate Wedelia
Wedelia urticifolia 麻叶蟛蜞菊 Nettleleaf Wedelia
Wedelia wallichii 山蟛蜞菊 Wallich's Wedelia
Weigela florida 锦带花 Oldfashioned Weigela
Weigela japonica var. sinica 半边月 Chinese Weigela
Weissia controversa 小石藓 Green-Cushioned Weissia Moss
Wendlandia scabra 粗叶水锦树 Scabrous Wendlandia
Wendlandia tinctoria 染色水锦树 Tinctorial Wendlandia
Wendlandia uvariifolia 水锦树 Uvarialeaf Wendlandia
Wendlandia uvariifolia subsp. chinensis 中华水锦树 Chinese Wendlandia
Whytockia tsiangiana 白花异叶苣苔 Whiteflower Whytockia
Wightia speciosissima 美丽桐 Beautiful Wightia
Wikstroemia canescens 荛花 Hoary Stringbush
Wikstroemia capitata 头序荛花 Capitate Stringbush
Wikstroemia chamaedaphne 河朔荛花 Lowdaphne Stringbush
Wikstroemia delavayi 澜沧荛花 Delavay Wikstroemia
Wikstroemia dolichantha 一把香 Longflower Stringbush
Wikstroemia indica 了哥王 Indian Stringbush
Wikstroemia leptophylla 细叶荛花 Slenderleaf Stringbush
Wikstroemia micrantha 小黄构 Littleflower Stringbush
Wikstroemia micrantha var. paniculata 圆锥荛花 Paniculate Stringbush
Wikstroemia monnula 北江荛花 Beijiang Stringbush
Wikstroemia nutans 细轴荛花 Drooping Stringbush
Wikstroemia pilosa 多毛荛花 Pilose Wikstroemia
Wikstroemia scytophylla 革叶荛花 Leatherleaf Stringbush
Wikstroemia trichotoma 白花荛花 Whiteflower Stringbush
Wisteria floribunda 多花紫藤 Japanese Wisteria
Wisteria sinensis 紫藤 Chinese Wisteria
Wisteria venusta 白花藤萝 Whiteflower Wisteria
Wisteria villosa 藤萝 Villous Wisteria
Withania somnifera 睡茄 Ashwagandha
Wolfiporia extensa 茯苓 Poria Cocos, China Root, Fuling, Fushen, Hoelen, Indian Bread, Indian Potatoes, Poria, Tuckahoe
Woodfordia fruticosa 虾子花 Fire Flame Bush
Woodsia polystichoides 耳羽岩蕨 Holly Fern Woodsia
Woodwardia japonica 狗脊蕨 Japanese Chain Fern
Woodwardia orientalis 东方狗脊蕨 Oriental Chain Fern
Woodwardia prolifera 胎生狗脊蕨 Proliferous Chain Fern
Woodwardia unigemmata 单芽狗脊蕨 Jeweled Chain Fern
Wrightia arborea 胭木 Tree Wrightia
Wrightia laevis 蓝树 Smooth Wrightia
Wrightia pubescens 倒吊笔 Common Wrightia
Wrightia sikkimensis 个溥 Sikkim Wrightia

X

Xanthium mongolicum 蒙古苍耳 Mongolian Cocklebur
Xanthium sibiricum 苍耳 Siberian Cocklebur
Xanthium spinosum 刺苍耳 Spinose Cocklebur
Xanthoceras sorbifolium 文冠果 Yellowhorn
Xanthopappus subacaulis 黄缨菊 Xanthopappus
Xeromphalina campanella 黄干脐菇 Fuzzy Foot
Xylaria bipindensis 丛生炭角菌 Tuft Carbon Antlers
Xylaria nigripes 黑柄炭角菌 Black Stipe Carbon Antlers
Xylobolus annosus 平伏木革菌 Prostrate Parchment
Xylobolus frustulatus 丛片木革菌 Ceramic Parchment
Xylosma congesta 柞木 Shiny Xylosma
Xylosma controversa 南岭柞木 Doubtful Xylosma
Xylosma longifolia 长叶柞木 Longleaf Xylosma
Xyris capensis var. schoenoides 黄谷精 Bogrush-Like Yellow-Eyed Grass
Xyris complanata 硬叶葱草 Flatscape Yellow-Eyed Grass
Xyris indica 黄眼草 Indian Yellow-Eyed Grass
Xyris pauciflora 葱草 Fewflower Yellow-Eyed Grass

Y

Youngia erythrocarpa 红果黄鹌菜 Redfruit Youngia
Youngia heterophylla 异叶黄鹌菜 Diversifolious Youngia
Youngia japonica 黄鹌菜 Japanese Youngia
Youngia prattii 川西黄鹌菜 Pratt's Youngia
Youngia stenoma 碱黄鹌菜 Narrowleaf Youngia
Youngia tenuicaulis 叉枝黄鹌菜 Slenderstem Youngia
Youngia tenuifolia 细叶黄鹌菜 Slenderleaf Youngia
Ypsilandra alpina 高山丫蕊花 Alpine Forkstamenflower
Ypsilandra cavaleriei 小果丫蕊花 Littlefruit Forkstamenflower
Ypsilandra thibetica 丫蕊花 Common Forkstamenflower
Ypsilandra yunnanensis 云南丫蕊花 Yunnan Forkstamenflower
Yua austro-orientalis 大果俞藤 Largefruit Yua
Yua thomsonii 俞藤 Thomosn Yua
Yucca gloriosa 凤尾丝兰 Spanish Dagger
Yulania amoena 天目玉兰 Tianmu Yulan
Yulania biondii 望春玉兰 Biond Yulan
Yulania campbellii 滇藏玉兰 Campbell Yulan
Yulania cylindrica 黄山玉兰 Huangshan Yulan
Yulania denudata 玉兰 Yulan Magnolia
Yulania liliiflora 紫玉兰 Purple Magnolia
Yulania pilocarpa 罗田玉兰 Hairyfruit Yulan
Yulania sargentiana 凹叶玉兰 Sargent Yulan
Yulania sprengeri 武当玉兰 Sprenger Yulan
Yulania zenii 宝华玉兰 Zen Yulan

Z

Zanonia indica 翅子瓜 Common Zanonia
Zantedeschia aethiopica 马蹄莲 Calla Lily
Zanthoxylum acanthopodium 刺花椒 Andaliman
Zanthoxylum acanthopodium var. timbor 毛刺花椒 Hairy Andaliman
Zanthoxylum ailanthoides 椿叶花椒 Ailanthus-Leaved Prickly Ash
Zanthoxylum armatum 竹叶花椒 Bamboo-Leaved Prickly Ash
Zanthoxylum armatum var. ferrugineum 毛竹叶花椒 Hairy Bamboo-Leaved Prickly Ash
Zanthoxylum austrosinense 岭南花椒 South China Prickly Ash
Zanthoxylum avicennae 簕欓花椒 Avicenna Prickly Ash
Zanthoxylum bungeanum 花椒 Chinese Prickly Ash
Zanthoxylum bungeanum var. pubescens 毛叶花椒 Hairy-Leaved Chinese Prickly Ash
Zanthoxylum calcicola 石山花椒 Calcicole Prickly Ash
Zanthoxylum collinsiae 糙叶花椒 Rough-Leaved Prickly Ash
Zanthoxylum dissitum 蚬壳花椒 Clamshell Prickly Ash
Zanthoxylum echinocarpum 刺壳花椒 Spiny-Fruited Prickly Ash
Zanthoxylum echinocarpum var. tomentosum 毛刺壳花椒 Tomentose Spiny-Fruited Prickly Ash
Zanthoxylum esquirolii 贵州花椒 Guizhou Prickly Ash
Zanthoxylum laetum 拟蚬壳花椒 False Clamshell Prickly Ash
Zanthoxylum macranthum 大花花椒 Large-Flowered Prickly Ash
Zanthoxylum micranthum 小花花椒 Little-Flowered Prickly Ash
Zanthoxylum molle 朵花椒 Soft-Haired Prickly Ash
Zanthoxylum multijugum 多叶花椒 Leafy Prickly Ash
Zanthoxylum myriacanthum 大叶臭花椒 Large-Leaved Stink Prickly Ash
Zanthoxylum myriacanthum var. pubescens 毛大叶臭花椒 Hairy Large-Leaved Stink Prickly Ash
Zanthoxylum nitidum 两面针 Shiny-Leaved Prickly Ash
Zanthoxylum ovalifolium 异叶花椒 Ovate-Leaved Prickly Ash
Zanthoxylum ovalifolium var. spinifolium 刺异叶花椒 Hairy Ovate-Leaved Prickly Ash
Zanthoxylum oxyphyllum 尖叶花椒 Sharpleaf Prickly Ash
Zanthoxylum piasezkii 川陕花椒 Chuanshan Prickly Ash
Zanthoxylum scandens 花椒簕 Climbing Prickly Ash
Zanthoxylum schinifolium 青花椒 Mastic-Leaf Prickly Ash
Zanthoxylum simulans 野花椒 Flat-Spined Prickly Ash
Zanthoxylum stenophyllum 狭叶花椒 Narrow-Leaved Prickly Ash
Zanthoxylum undulatifolium 浪叶花椒 Undulate-Leaved Prickly Ash
Zea mays 玉蜀黍 Maize
Zehneria indica 马㼎儿 Indian Zehneria
Zehneria maysorensis 钮子瓜 Maysor Zehneria
Zehneria mucronata 台湾马㼎儿 Taiwan Zehneria
Zelkova schneideriana 大叶榉树 Schneider Zelkova
Zelkova serrata 榉树 Japanese Zelkova
Zelkova sinica 大果榉 Chinese Zelkova
Zephyranthes candida 葱莲 White Rain Lily, White Zephyr Lily
Zephyranthes grandiflora 韭莲 Pink Rain Lily, Rosepink Zephyr Lily
Zingiber atrorubens 川东姜 Dark-Red Ginger
Zingiber cochleariforme 匙苞姜 Spoonbract Ginger
Zingiber corallinum 珊瑚姜 Coral Ginger
Zingiber leptorrhizum 细根姜 Thinroot Ginger
Zingiber lingyunense 乌姜 Dark-Violet Ginger
Zingiber mioga 蘘荷 Myoga Ginger
Zingiber nudicarpum 光果姜 Glabrousfruit Ginger
Zingiber officinale 姜 Ginger
Zingiber purpureum 紫姜 Purple Ginger
Zingiber roseum 红冠姜 Reddish Ginger
Zingiber striolatum 阳荷 Striolate Ginger
Zingiber tuanjuum 团聚姜 Tuanju Zingiber
Zingiber zerumbet 红球姜 Pinecone Ginger
Zinnia elegans 百日菊 Common Zinnia
Zizania latifolia 菰 Manchurian Wildrice
Ziziphora bungeana 新塔花 Bunge Ziziphora
Ziziphora pamiroalaica 南疆新塔花 Pamir-Alai Ziziphora
Ziziphora tenuior 小新塔花 Small Ziziphora

Ziziphora tomentosa 天山新塔花 Tianshan Ziziphora
Ziziphus incurva 印度枣 Incurved Jujube
Ziziphus jujuba 枣 Chinese Date, Common Jujube
Ziziphus jujuba var. inermis 无刺枣 Spineless Common Jujube
Ziziphus jujuba var. spinosa 酸枣 Spiny Jujube
Ziziphus mauritiana 滇刺枣 Indian Jujube
Zornia diphylla 丁癸草 Twin-Leaved Zornia
Zostera marina 大叶藻 Eelgrass
Zygocactus truncatus 蟹爪 Christmas Cactus, Claw Cactus, Crab Cactus, Yoke Cactus
Zygophyllum fabago 驼蹄瓣 Syrian Beancaper
Zygophyllum obliquum 长梗驼蹄瓣 Long-Pedicelled Beancaper
Zygophyllum pterocarpum 翼果驼蹄瓣 Wing-Fruited Beancaper
Zygophyllum xanthoxylon 霸王 Yellow-Wooded Beancaper

药用植物拉丁名、中文正名及拉丁简名对照索引

（按字母顺序排列）

注：本索引对本书正文所载拉丁正名（正体）给出对应的中文正名，对拉丁异名（斜体）给出对应种的拉丁简名及中文正名，并列出拉丁名所在卷编号和页码（格式为卷编号 - 页码），蓝色加粗的页码为属或种正名所在页码。

A

B

C

C

lichuanensis Q. W. Yao et G. G. Tang = C. wilsonii 香槐 5-193
platycarpa (Maxim.) Makino 翅荚香槐 5-**191**
sinensis Hemsl. = C. delavayi 小花香槐 5-193
wilsonii Takeda 香槐 5-191, **193**
Claoxylon A. Juss. 白桐树属 5-968, **1092**
indicum (Reinw. ex Blume) Hassk. 白桐树 5-**1092**
Clarkella Hook. f. 岩上珠属 8-713, **716**
nana (Edgew.) Hook. f. 岩上珠 8-**716**
siamensis Craib = C. nana 岩上珠 8-716
Clausena Burm. f. 黄皮属 5-1263, **1385**
anisum-olens (Blanco) Merr. 细叶黄皮 5-1385, **1398**
brevistyla Oliv. = C. anisum-olens 细叶黄皮 5-1398
dentata (Willd.) Roem. = C. dunniana 齿叶黄皮 5-1390
var. *dunniana* (H. Lév.) Swingle = C. dunniana 齿叶黄皮 5-1390
var. *henryi* Swingle = C. dunniana var. robusta 毛齿叶黄皮 5-1392
var. *robusta* Tanaka = C. dunniana var. robusta 毛齿叶黄皮 5-1392
dunniana H. Lév. 齿叶黄皮 5-1385, **1390**
var. dunniana 齿叶黄皮（模式变种）5-**1390**
var. robusta (Tanaka) C. C. Huang 毛齿叶黄皮 5-**1392**
emarginata C. C. Huang 小黄皮 5-1385, **1397**
euchrestifolia (Hayata) Kaneh. = Murraya euchrestifolia 豆叶九里香 5-1411
excavata Burm. f. 假黄皮 5-1385, **1386**
var. *lunulata* (Hayata) Tanaka = C. excavata 假黄皮 5-1386
henryi (Swingle) C. C. Huang = C. dunniana var. robusta 毛齿叶黄皮 5-1392
indica (Dalzell) Oliv. = C. anisum-olens 细叶黄皮 5-1398
kwangsiensis C. C. Huang = Murraya kwangsiensis 广西九里香 5-1418
lansium (Lour.) Skeels 黄皮 5-1385, **1393**
lenis Drake 光滑黄皮 5-1385, **1400**
loheri Merr. = C. anisum-olens 细叶黄皮 5-1398
lunulata Hayata = C. excavata 假黄皮 5-1386
moningerae Merr. = C. excavata 假黄皮 5-1386
tetramera Hayata = C. excavata 假黄皮 5-1386
wampi (Blanco) Oliv. = C. lansium 黄皮 5-1393
Clavaria aurea Schaeff. = Ramaria aurea 金黄枝瑚菌 1-130
Clavaria botrytis Pers. = Ramaria botrytis 葡萄色顶枝瑚菌 1-129
Clavaria botrytoides Peck = Ramaria botrytoides 红顶枝瑚菌 1-128
Clavaria crispa Wulfen = Sparassis crispa 绣球菌 1-110
Clavaria flava Schaeff. = Ramaria flava 疣孢黄枝瑚菌 1-128
Clavaria formosa Pers. = Ramaria formosa 美丽枝瑚菌 1-127
Clavaria militaris L. = Cordyceps militaris 蛹虫草 1-19
Clavaria zollingeri Lév. 堇紫珊瑚菌 1-**192**
Claviceps purpurea (Fr.) Tul. 麦角菌 1-**13**
Cleidion Blume 棒柄花属 5-968, **1090**
brevipetiolatum Pax et K. Hoffm. 棒柄花 5-**1091**
Cleisostoma Blume 隔距兰属 12-430, **731**
fuerstenbergianum Kraenzl. 长叶隔距兰 12-731, **736**
paniculatum (Ker-Gawl.) Garay 大序隔距兰 12-731, **734**
rostratum (Lindl.) Garay = C. rostratum 尖喙隔距兰 12-731, 733
rostratum (Lodd.) Seidenf. ex Aver. 尖喙隔距兰 12-**733**
scolopendrifolium (Makino) Garay 蜈蚣兰 12-731, **732**
williamsonii (Rchb. f.) Garay 红花隔距兰 12-731, **735**
Cleistanthus Hook. f. ex Planch. 闭花木属 5-966, **970**
saichikii Merr. = C. sumatranus 闭花木 5-970
sumatranus (Miq.) Müll. Arg. 闭花木 5-**970**
tonkinensis Jabl. 馒头果 5-970, **971**
Cleistocalyx Blume 水翁属 7-37, **81**
operculatus (Roxb.) Merr. et L. M. Perry 水翁 7-**81**
Cleistogenes Keng 隐子草属 11-707, **827**
polyphylla Keng ex Keng f. et L. Liou 多叶隐子草 11-**827**
Clematis L. 铁线莲属 3-16, **361**
acumina DC. var. *leschenaultiana* (DC.) Kuntze = C. leschenaultiana 锈毛铁线莲 3-431
acuminata DC. subsp. *leschenaultiana* (DC.) Brühl = C. leschenaultiana 锈毛铁线莲 3-431
acutangula Hook. f. et Thomson f. *major* W. T. Wang = C. ranunculoides var. ranunculoides 毛莨铁线莲（模式变种）3-424
aethusifolia Turcz. 芹叶铁线莲 3-365, **433**
var. aethusifolia 芹叶铁线莲（模式变种）3-**433**
var. latisecta Maxim. 宽芹叶铁线莲 3-**434**
akebioides (Maxim.) H. J. Veitch 甘川铁线莲 3-364, **416**
alpina (L.) Miller subsp. *macropetala* var. *albiflora* Maxim. ex Kuntze = C. macropetala var. albiflora 白花长瓣铁线莲 3-441
alpina (L.) Miller subsp. *macropetala* (Ledeb.) Kuntz var. *rupestris* Turcz. ex Kuntze = C. macropetala var. macropetala 长瓣铁线莲（模式变种）3-440
alpina (L.) Miller var. *macropetala* Maxim. = C. macropetala var. macropetala 长瓣铁线莲（模式变种）3-440
alsomitrifolia Hayata = C. uncinata var. uncinata 柱果铁线莲（模式变种）3-382
angustifolia Hayata = C. leschenaultiana 锈毛铁线莲 3-431
angustifolia Jacq. = C. hexapetala var. hexapetala 棉团铁线莲（模式变种）3-403
var. *tchefouensis* Debeaux = C. hexapetala var. tchefouensis 长冬草 3-404
angustifoliola W. T. Wang = C. yunnanensis 云南铁线莲 3-430
anshunensis M. Y. Fang = C. clarkeana 平坝铁线莲 3-431
apiifolia DC. 女萎 3-363, **371**
var. apiifolia 女萎（模式变种）3-**371**
var. argentilucida (H. Lévl. et Vaniot) W. T. Wang 钝齿铁线莲 3-**372**, 376, 398
armandii Franch. 小木通 3-363, 370, 371, 382, **396**, 424, 426, 619, 886
bracteata (Roxb.) Kurz var. *leptomera* (Hance) Kuntze = C. florida var. florida 铁线莲（模式变种）3-408
brevicaudata DC. 短尾铁线莲 3-363, **374**
var. *filipes* Rehder et E. H. Wilson = C. puberula var. tenuisepala 毛果扬子铁线莲 3-376
var. *subsericea* Rehder et E. H. Wilson = C. puberula var. subsericea 毛叶扬子铁线莲 3-377
var. *tenuisepala* Maxim = C. puberula var. tenuisepala 毛果扬子铁线莲 3-376
buchananiana DC. 毛木通 3-365, **437**
subsp. *connata* Kuntze = C. connata 合柄铁线莲 3-435
var. *trullifera* Franch. = C. trullifera 杯柄铁线莲 3-436
caesariata Hance = C. leschenaultiana 锈毛铁线莲 3-431
cavaleriei H. Lév et Porter = C. chinensis var. chinensis 威灵仙（模式变种）3-384
chinensis Osbeck 威灵仙 3-362, 383, **384**, 393, 395, 401, 404; 9-942
f. *vestita* Rehder et E. H. Wilson = C. chinensis var. vestita 毛叶威灵仙 3-388

D

E

E

F

F

G

G

G

G

H

H

H

H

H

I

I

I

I

I

K

L

L

L

L

L

L

L

M

M

M

M

M

M

M

M

M

Myriophyllum L. 狐尾藻属 7-**243**
spicatum L. 穗状狐尾藻 7-**243**
verticillatum L. 狐尾藻 7-243, **245**
Myriopteron Griff. 翅果藤属 8-545, **586**
extensum (Wight et Arn.) K. Schum. 翅果藤 8-**586**
horsfieldii (Miq.) Hook. f. = M. extensum 翅果藤 8-586
paniculatum Griff. = M. extensum 翅果藤 8-586
Myristica Gronov. 肉豆蔻属 2-1180, **1183**
cagayanensis Merr. 台湾肉豆蔻 2-1181, 1183, **1184**, 1191
fragrans Houtt. 肉豆蔻 2-1183, **1185**
glabra Reinw. ex Blume = Horsfieldia glabra 风吹楠 2-1181
Myrobalanus bellirica Gaertn. = Terminalia bellirica 毗黎勒 7-182
Myrrhis aristata (Thunb.) Spreng. = Osmorhiza aristata 香根芹 7-551
Myrrhis sylvestris Spreng. = Anthriscus sylvestris 峨参 7-547
Myrsine L. 铁仔属 7-1104, **1160**
africana L. 铁仔 7-1160, **1162**
var. *acuminata* C. Y. Wu et C. Chen = M. africana 铁仔 7-1162
buxifolia Hance = Distylium buxifolium 小叶蚊母树 4-343
cavaleriei H. Lév. = Sarcococca hookeriana var. digyna 双蕊野扇花 6-329
neriifolia Siebold et Zucc. = M. seguinii 密花树 7-1161
seguinii H. Lév. 密花树 7-1160, **1161**
semiserrata Wall. 针齿铁仔 7-1116, 1121, 1160, **1166**
stolonifera (Koidz.) E. Walker 光叶铁仔 7-1160, **1165**
Myrtus chinensis Lour. = Symplocos chinensis 华山矾 8-81
Myrtus laurina Retz. = Symplocos laurina 黄牛奶树 8-77
Myrtus samarangensis Blume = Syzygium samarangense 洋蒲桃 7-63
Myrtus tomentosa Aiton = Rhodomyrtus tomentosa 桃金娘 7-84
Myxocollybia velutipes (Curtis) Singer = Flammulina velutipes 金针菇 1-196

N

Naematelia cinnabarina Mont. = Tremella samoensis 朱砂银耳 1-43
Naematoloma fasciculare (Huds.) P. Karst. (Huds.) P. Kumm. = Hypholoma fasciculare 簇生垂幕菇 1-257
Naematoloma fasciculare (Pers.: Fr.) Singer = Hypholoma fasciculare 簇生垂幕菇 1-257
Naematoloma rugosoannulatum (Farl. ex Murrill) S. Ito = Stropharia rugosoannulata 皱环球盖菇 1-259
Naematoloma squamosum (Pers.) Singer = Leratiomyces squamosus 多鳞菌比菇 1-258
Naematoloma sublateritium (Schaeff.) P. Karst. = Hypholoma lateritium 砖红垂幕菇 1-256
Nageia Gaertn. 竹柏属 1-**1246**
nagi (Thunb.) Kuntze 竹柏 1-**1246**
wallichiana (C. Presl) Kuntze 肉托竹柏 1-1246, **1248**
Nandina Thunb. 南天竹属 3-487, **487**
domestica Thunb. 南天竹 3-**488**
var. *linearifolia* C .Y .Wu = N. domestica 南天竹 3-488
Nannoglottis Maxim. 毛冠菊属 10-292, **425**
gynura (C. Winkl.) Ling et Y. L. Chen 狭舌毛冠菊 10-**425**
Nanocnide Blume 花点草属 2-367, **387**
closii H. Lév. et Vaniot = Pilea japonica 山冷水花 2-403; 5-1107
dichotoma S. S. Chien = N. japonica 花点草 2-388
japonica Blume 花点草 2-**388**
lobata Wedd. 毛花点草 2-388, **389**
pilosa Migo = N. lobata 毛花点草 2-389
Nanophyton Less. 小蓬属 2-926, **988**
erinaceum (Pall.) Bunge 小蓬 2-**989**
Naravelia DC. 锡兰莲属 3-16, **444**
pilulifera Hance 两广锡兰莲 3-444, **444**
var. *yunnanensis* Y. Fei = N. zeylanica 锡兰莲 3-445
zeylanica (L.) DC. 锡兰莲 3-444, **445**
Narcissus L. 水仙属 11-473, **500**
jonquilla L. 长寿花 11-500, **502**
pseudonarcissus L. 假水仙 11-500, **502**
tazetta L. var. chinensis M. Roem. 水仙 11-500, **501**
Nardosmia japonica Siebold et Zucc. = Petasites japonicus 蜂斗菜 10-915
Nardostachys DC. 甘松属 10-**111**
chinensis Batal. = N. jatamansi 甘松 10-113
grandiflora DC. = N. jatamansi 甘松 10-113
jatamansi (D. Don) DC. 甘松 10-**113**
Nasturtium R. Br. 豆瓣菜属 4-211, **296**
globosum Turcz. ex Fisch. et C. A. Mey. = Rorippa globosa 风花菜 4-314
officinale R. Br. 豆瓣菜 4-**296**
Nauclea L. 乌檀属 8-714, **793**
cadamba Roxb. = Neolamarckia cadamba 团花 8-797
cordifolia Roxb. = Haldina cordifolia 心叶木 8-804
formosana Matsum. = Uncaria hirsuta 毛钩藤 8-790
laevigata (Wall. ex G. Don) Walp. = Uncaria laevigata 平滑钩藤 8-784
officinalis (Pierre ex Pit.) Merr. et Chun 乌檀 8-**793**
orientalis (L.) L. 东方乌檀 8-793, **795**
racemosa Siebold et Zucc. = Sinoadina racemosa 鸡仔木 8-798
scandens Sm. = Uncaria scandens 攀茎钩藤 8-792
sinensis Oliv. = Uncaria sinensis 华钩藤 8-780
taiwaniana Hayata = Sinoadina racemosa 鸡仔木 8-798
tetrandra Roxb. = Cephalanthus tetrandrus 风箱树 8-805
Neanotis W. H. Lewis 新耳草属 8-713, **748**
hirsuta (L. f.) W. H. Lewis 薄叶新耳草 8-748, **749**
ingrata (Wall. ex Hook. f.) W. H. Lewis 臭味新耳草 8-**748**
wightiana (Wall. ex Wight et Arn.) W. H. Lewis 西南新耳草 8-748, **749**
Nechamandra Planch. 虾子草属 11-17, **22**
alternifolia (Roxb.) Thwaites 虾子草 11-**22**
Neckera filamentosa Hook. = Aerobryidium filamentosum 毛扭藓 1-451
Nectria bambusae Berk. et Broome = Hypocrella bambusae 竹红菌 1-12
Neillia D. Don 绣线梅属 4-622, **661**
ribesioides Rehder 毛叶绣线梅 4-661, **663**
sinensis Oliv. 中华绣线梅 4-661, **662**
thyrsiflora D. Don 绣线梅 4-661, **662**
Nelumbo Adans. 莲属 3-722, **722**
komarovii Grossh. = N. nucifera 莲 3-723
nucifera Gaertn. 莲 3-**723**
Nemacystus decipiens (Suringar) Kuckuck 海蕴 1-**379**
Neoachmandra japonica (Thunb.) W. J. de Wilde et Duyfjes = Zehneria indica 马？儿 6-1079
Neoalsomitra Hutch. 棒锤瓜属 6-1029, **1037**
integrifoliola (Cogn.) Hutch. 棒锤瓜 6-**1037**
Neocheiropteris Christ 扇蕨属 1-991, **1004**
palmatopedata (Baker) Christ 扇蕨 1-**1004**
waltonii Ching 戟形扇蕨 1-1004, **1006**
Neocinnamomum H. Liu 新樟属 2-1289, **1409**

N

O

O

P

P

P

P

P

P

P

P

P

P

P

P

P

P

P

P

P

P

P

P

P

P

Q

R

R

R

R

R

R

R

R

S

S

S

S

S

S

S

S

S

S

S

S

S

S

S

S

T

T

T

T

T

T

U

V

V

V

V

W

X

Y

Z

生药名称索引

（按汉语拼音顺序排列）

A

B

C

D

E

F

G

H

J

K

K

L

L

M

N

O

P

Q

Q

R

S

S

T

W

W

X

Y

Z

化学成分英文名核心词、新拟中文译名及词源对照索引

（按字母顺序排列）

注：本索引对本书中新拟中文译名（正文中以“▲”标注）的化学成分给出其英文名核心词与对应的中文译名，并给出该核心词的词源出处（通常源于首分原植物的拉丁种名或拉丁属名，少数为不同语言的俗名、地名、人名、生药名等）。所述核心词主要是指化学成分英文名称中去除了侧链基团与构型等词缀后的主体结构名称。在词源出处部分尽可能给出该成分首分原植物或属名的中文或拉丁文名称，若该成分名与其无直接关系则在其后对词源出处做出附加说明。“*”标注的英文名称存在同名异物的情况，因此有不同的中文译名。

A

abacopterin 新月蕨素 新月蕨属 Abacopteris
abelioside 六道木苷 六道木属 Abelia
abiesadine 冷杉定 冷杉属 Abies
abiesatrine; abiestrine 冷杉三萜素 冷杉属 Abies
abieslactone 冷杉内酯 冷杉属 Abies
abiesolidoic acid 冷杉内酯酸 冷杉属 Abies
abiespirone 冷杉螺酮 冷杉属 Abies
abiestetrane 冷杉四萜烷 冷杉属 Abies
abietin 冷杉亭 冷杉属 Abies
absindiol 苦艾萜二醇 中亚苦蒿（苦艾）Artemisia absinthium
absintholide 中亚苦蒿内酯 中亚苦蒿 Artemisia absinthium
abutasterone 阿布藤甾酮 阿布藤属 Abuta
abutilin 苘麻素 苘麻属 Abutilon
abyssinoflavanone 阿比西尼亚刺桐黄烷酮 阿比西尼亚刺桐 Erythrina abyssinica
abyssinone 阿比西尼亚刺桐酮 阿比西尼亚刺桐 Erythrina abyssinica
acacinin 金合欢宁 金合欢属 Acacia
acacipetalin 毛瓣金合欢素 毛瓣金合欢 Acacia lasiopetala
acancifoliuside 老鼠簕新苷 老鼠簕 Acanthus ilicifolius
acanthopanaxgric acid 细柱五加酸 细柱五加 Acanthopanax gracilistylus
acanthopanaxoside 五加萜苷 五加属 Acanthopanax
acanthopanin 五加宁 五加属 Acanthopanax
acanthopanolide 五加内酯 短柄五加 Acanthopanax brachypus
acanthopanx cerebroside 五加脑苷 五加属 Acanthopanax
acanthosessiligenin 无梗五加苷元 无梗五加 Acanthopanax sessiliflorus
acanthosessilin 无梗五加素 无梗五加 Acanthopanax sessiliflorus
acanthosessilioside 无梗五加苷 无梗五加 Acanthopanax sessiliflorus
acantrifoic acid 三叶五加酸 白簕（三叶五加）Acanthopanax trifoliatus
acantrifoside 三叶五加苷 白簕（三叶五加）Acanthopanax trifoliatus
acasiane 金合欢萜 金合欢 Acacia farnesiana
accedine 近缘狗牙花碱 近缘狗牙花 Tabernaemontana accedens
acerboside 枳椇子苷 枳椇 Hovenia acerba
acerifolin 云南土沉香素 云南土沉香 Excoecaria acerifolia
aceriphyllic acid 槭叶草酸 槭叶草 Aceriphyllum rossii
acernikol 毛果槭醇 毛果槭 Acer nikoense
acerosin 针叶依瓦菊素 针叶依瓦菊 Iva acerosa
achillicin 蓍草辛 蓍属 Achillea
achyranthes saponin 牛膝皂苷 牛膝属 Achyranthes
achyranthoside 牛膝苷 牛膝属 Achyranthes
acidumonate 西南五月茶酯 西南五月茶 Antidesma acidum
acinosolic acid 商陆醇酸 商陆 Phytolacca acinosa
acinospesigenin 商陆新苷元 商陆 Phytolacca acinosa
aciphyllene 针叶春黄菊烯 针叶春黄菊 Anthemis aciphylla
aciphyllic acid 针叶春黄菊酸 针叶春黄菊 Anthemis aciphylla
acofamine 多根乌头明 多根乌头 Aconitum karakolicum
acoforestine 丽江乌头亭 丽江乌头 Aconitum forrestii
acoforestinine 丽江乌头宁 丽江乌头 Aconitum forrestii
acofrioside 弗氏尖药木苷 弗氏尖药木 Acokanthera friesiorum
acolongifloroside 长花尖药木苷 长花尖药木 Acocanthera longiflora
acomonine 山地乌头宁 山地乌头 Aconitum monticola
aconiside 大翅蓟苷 大翅蓟 Onopordum acanthium
aconitamide 乌头酰胺 乌头属 Aconitum
aconitan 乌头多糖 乌头属 Aconitum
aconitramine 直缘乌头胺 直缘乌头 Aconitum transsectum
aconosine 鼻萼乌头辛碱 鼻萼乌头 Aconitum nasutum
acophine 多根乌头芬碱 多根乌头 Aconitum karakolicum
acorafuran 菖蒲呋喃 菖蒲属 Acorus
acoridine 黄花乌头定 黄花乌头 Aconitum coreanum
acorine 黄花乌头灵 黄花乌头 Aconitum coreanum
acoronene 菖蒲酮烯 菖蒲属 Acorus
acosanine 萨彦乌头宁 萨彦乌头 Aconitum sajanense
acoschimperoside 希氏尖药木苷 希氏尖药木 Acokanthera schimperi
acosepticine 北方乌头替辛 北方乌头 Aconitum septentrionale
acoseptridine 北方乌头春定 北方乌头 Aconitum septentrionale
acoseptridinine 北方乌头定宁 北方乌头 Aconitum septentrionale
acoseptrine 北方乌头灵 北方乌头 Aconitum septentrionale
acoseptrinine 北方乌头春宁 北方乌头 Aconitum septentrionale
acovenoside 毒尖药木苷 毒尖药木 Acocanthera venenata
acovenosigenin 毒尖药木苷元 毒尖药木 Acokanthera venenata
acrignine 吖啶木脂宁碱 吖啶 acridine & 木脂素 lignin
acrofolione 三小叶山油柑酮 三小叶山油柑 Acronychia trifoliolata
acronyculatin 山油柑亭 山油柑 Acronychia pedunculata
acroptin 顶羽菊亭 顶羽菊属 Acroptilon
acrorepiolide 顶羽菊萜内酯 顶羽菊 Acroptilon repens
acrovestenol 毛叶山油柑烯醇 毛叶山油柑 Acromychia vestita

acrovestone 毛叶山油柑酮 毛叶山油柑 Acromychia vestita
acsinatine 紫花高乌头纳亭 紫花高乌头 Aconitum excelsum
acsine 紫花高乌头碱 紫花高乌头 Aconitum excelsum
actein 类叶升麻素 类叶升麻属 Actaea
acteinol 类叶升麻素醇 类叶升麻属 Actaea
acteol 类叶升麻醇 类叶升麻属 Actaea
acteoside 洋丁香酚苷 欧丁香（洋丁香）Syringa vulgaris（成分名称来源不详）
actifolin 长叶黄肉楠素 长叶黄肉楠 Actinodaphne longifolia
actinidic acid 猕猴桃酸 猕猴桃属 Actinidia
actinidicoside 猕猴桃酸酯苷 猕猴桃属 Actinidia
actinidioionoside 猕猴桃香堇苷 猕猴桃属 Actinidia
actinidione 猕猴桃藤山柳二酮 猕猴桃藤山柳 Clematoclethra actinidioides
actinodaphine 黄肉楠碱 黄肉楠 Laurus nobilis
actinoside 猕猴桃苷 猕猴桃属 Actinidia
AC-trimer 槟榔三聚体 槟榔 Areca catechu
aculeatin 刺飞龙掌血素 刺飞龙掌血 Toddalia aculeata
aculeatiside 喀西茄苷 喀西茄 Solanum aculeatissimum
acuminatin 尖叶木兰素 尖叶木兰 Magnolia acuminata
acuminatolide 尖叶蜡菊内酯 尖叶蜡菊 Helichrysum acuminatum
acutifoline 锐叶花椒碱 锐叶花椒 Zanthoxylum acutifolium
acutine 尖叶芸香亭 尖叶芸香 Haplophyllum acutifolium
acutissimalignan 极尖叶下珠木脂素 极尖叶下珠 Phyllanthus acutissima
acutissimin 麻栎鞣素 麻栎 Quercus acutissima
acutoside* 广东丝瓜苷 广东丝瓜 Luffa acutangula
acutoside* 尖叶假龙胆苷 尖叶假龙胆 Gentianella acuta
acutudaurine 风龙北豆根灵 风龙 Sinomenium acutum & 北豆根 Menispermum dauricum
acutumidine 风龙米定碱 风龙 Sinomenium acutum
acutumine 风龙明碱 风龙 Sinomenium acutum
acutuminine 风龙米宁 风龙 Sinomenium acutum
adenoculolide 和尚菜内酯 和尚菜属 Adenocaulon
adenoculone 和尚菜酮 和尚菜属 Adenocaulon
adenodimerin 青杨梅二聚素 青杨梅 Myrica adenophora
adenostin 拟欧蟹甲草素 拟欧蟹甲草 Cacalia adenostyloides
adenostylide 拟欧蟹甲草内酯 拟欧蟹甲草 Cacalia adenostyloides
adenostylone 欧蟹甲草酮 欧蟹甲属 Adenostyles
adhavasinone 鸭嘴花西酮碱 鸭嘴花 Justicia adhatoda
adiantifoline 铁线蕨叶唐松草碱 铁线蕨叶唐松草 Thalictrum minus var. adiantifolium
adinaic acid 水团花酸 水团花属 Adina
adinoside 水团花苷 水团花属 Adina
adonirubin 侧金盏花红素 侧金盏花属 Adonis
adonivernite 春侧金盏花苷 春侧金盏花 Adonis vernalis
adoxosidic acid 五福花苷酸 五福花属 Adoxa
aegineoside 野菰苷 野菰属 Aeginetia
aeglemarmelosine 木橘辛碱 木橘 Aegle marmelos
aemulin 拟柄羽鳞毛蕨素 拟柄羽鳞毛蕨 Dryopteris aemula
aequaline 赛帽花碱 赛帽花 Schefferomitra subaequalis
aequinoctin 赤道李素 赤道李 Prunus aequinoctalis
aesculioside 七叶树奥苷 七叶树属 Aesculus
aesculuside 七叶树洛苷 七叶树属 Aesculus
affinine 拟佩西木宁碱 拟佩西木 Peschiera affinis
affinisine 拟佩西木碱 拟佩西木 Peschiera affinis
afrogenin 钉头果洛苷元 钉头果 Asclepias fruticosa
afrormosin 非洲红豆素 非洲红豆属 Afrormosia
afroside* 钉头果洛苷 钉头果 Asclepias fruticosa
afroside* 芳香蓍苷 芳香蓍 Achillea fragrantissima
afzelchin; afzelechin 缅茄儿茶素 缅茄属 Afzelia
afzelechin 缅茄儿茶素 缅茄属 Afzelia
afzelin; afzeloside 缅茄苷 缅茄属 Afzelia
agallochaexcoerin 海漆灵素 海漆 Excoecaria agallocha
agallochin 海漆素 海漆 Excoecaria agallocha
agamenoside 龙舌兰诺苷 龙舌兰 Agave americana
agaritinal 蘑菇醛 蘑菇属 Agaricus
agastanol 藿香诺酚 藿香 Agastache rugosa
agastenol 藿香烯酚 藿香 Agastache rugosa
agasyllin 阿加芹素 阿加芹属 Agasyllis
agathadiol 贝壳杉二醇 贝壳杉属 Agathis
agatharesinol 贝壳杉树脂醇 贝壳杉属 Agathis
agatholal 贝壳杉醛 贝壳杉属 Agathis
agehoustin 熊耳草素 熊耳草 Ageratum houstonianum
ageraphorone 紫茎泽兰酮 紫茎泽兰 Ageratina adenophora
ageratone 熊耳草酮 熊耳草 Ageratum houstonianum
aggregatalactone 乌药叶内酯 乌药 Lindera aggregata
aglafolin 椭圆叶米仔兰醇 椭圆叶米仔兰 Aglaia elliptifolia
aglaroxin 山椤素 山椤 Aglaia roxburghiana
aglaxiflorin 疏花米仔兰素 疏花米仔兰 Aglaia laxiflora
agnosterol 羊毛脂艾格醇 羊毛脂 agnolin（lanolin）
agnucastoside 穗花牡荆托苷 穗花牡荆 Vitex agnus-castus
agripilol 龙芽草醇 龙芽草 Agrimonia pilosa
agroastragaloside 农杆菌黄芪苷 农杆菌属 Agrobacterium & 黄芪属 Astragalus
agroclavine 冰草麦角碱 冰草属 Agropyron & 麦角菌属 Claviceps
agrostemmoside 麦仙翁莫苷 麦仙翁属 Agrostemma
ailanindole 臭椿吲哚 臭椿属 Ailanthus
ailanquassin 臭椿苦木素 臭椿属 Ailanthus
ailantcanthinoside 臭椿铁屎米碱苷 臭椿属 Ailanthus & 铁屎米属 Canthium
ailanthamide 椿叶花椒酰胺 椿叶花椒 Zanthoxylum ailanthoides
ailanthiodine 椿叶花椒定碱 椿叶花椒 Zanthoxylum ailanthoides
ailanthoidiol 椿叶花椒二醇 椿叶花椒 Zanthoxylum ailanthoides
ailanthoidol 椿叶花椒醇 椿叶花椒 Zanthoxylum ailanthoides
ailanthol 臭椿索醇 臭椿属 Ailanthus
ailanthusterol 臭椿甾醇 臭椿属 Ailanthus
ainsliaolide 兔儿风内酯 兔儿风属 Ainsliaea
ainsliaside 兔儿风苷 兔儿风属 Ainsliaea
ajabicine 洋翠雀比辛 飞燕草（洋翠雀）Delphinium ajacis
ajadelphine 洋翠雀芬 飞燕草（洋翠雀）Delphinium ajacis
ajadelphinine 洋翠雀芬宁 飞燕草（洋翠雀）Delphinium ajacis
ajadinine 洋翠雀定宁 飞燕草（洋翠雀）Delphinium ajacis
ajmalicinine 阿吉马蛇根宁碱 蛇根木 Rauvolfia serpentina（Hakim Ajmal Khan: 19 世纪著名的印度医生）
ajmalicine 阿吉马蛇根辛碱 蛇根木 Rauvolfia serpentina（Hakim Ajmal Khan: 19 世纪著名的印度医生）
ajmaline 阿吉马蛇根碱 蛇根木 Rauvolfia serpentina（Hakim Ajmal Khan：十九世纪著名的印度医生）
ajubractin 九味一枝蒿素 九味一枝蒿 Ajuga bracteosa
ajudecumin 金疮小草明素 金疮小草 Ajuga decumbens
ajugaciliatin 筋骨草素 筋骨草 Ajuga ciliata
ajugadecumbenin 金疮小草宁素 金疮小草 Ajuga decumbens
ajugalide 筋骨草新内酯 筋骨草属 Ajuga
ajugamarin 筋骨草马灵 筋骨草属 Ajuga
ajuganane 筋骨草酚烷 筋骨草属 Ajuga
ajuganipponin 紫背金盘素 紫背金盘 Ajuga nipponensis
ajugapantin 散瘀草素 散瘀草 Ajuga pantantha

ajugapitin 地松筋骨草素 地松筋骨草 Ajuga chamaepitys
ajugapyrin 锥塔筋骨草素 锥塔筋骨草 Ajuga pyramidalis
ajugarin 筋骨草灵 筋骨草属 Ajuga
ajugaside 筋骨草新苷 筋骨草属 Ajuga
ajugatakasin 筋骨草塔卡素 筋骨草属 Ajuga（Takashi：作者名）
akemisaponin 三叶木通皂苷 三叶木通 Akebia trifoliata
akequintoside 木通托苷 木通 Akebia quinata
aketrilignoside 三叶木通木脂苷 三叶木通 Akebia trifoliata
akichenol 山地阿魏烯醇 山地阿魏 Ferula akitschkensis
akiferidinin 山地阿魏定宁 山地阿魏 Ferula akitschkensis
akiradine 吉林乌头拉定 吉林乌头 Aconitum kirinense
akiramidine 吉林乌头米定 吉林乌头 Aconitum kirinense
akiramine 吉林乌头胺 吉林乌头 Aconitum kirinense
akirane 吉林乌头烷 吉林乌头 Aconitum kirinense
akiranine 吉林乌头瑞宁 吉林乌头 Aconitum kirinense
akirine 吉林乌头灵 吉林乌头 Aconitum kirinense
akitschenin 山地阿魏宁素 山地阿魏 Ferula akitschkensis
aknadicine 桐叶千金藤地辛碱 桐叶千金藤 Stephania hernandifolia（Aknadi：印名）
aknadilactam 桐叶千金藤内酰胺 桐叶千金藤 Stephania hernandifolia（Aknadi：印名）
aknadinine 桐叶千金藤地宁碱 桐叶千金藤 Stephania hernandifolia（Aknadi：印名）
akolactone 屏东木姜子内酯 屏东木姜子 Litsea akoensis
akuaminine 苦籽木米宁 苦籽木 Picralima nitida（Akuamma: 英名）
akuammicine 苦籽木辛碱 苦籽木 Picralima nitida（Akuamma: 英名）
akuammidine 苦籽木定碱 苦籽木 Picralima nitida（Akuamma: 英名）
akuammigine 苦籽木精碱 苦籽木 Picralima nitida（Akuamma: 英名）
akuammiginone 苦籽木精酮碱 苦籽木 Picralima nitida（Akuamma: 英名）
akuammilanium 苦籽木季铵碱 苦籽木 Picralima nitida（Akuamma: 英名）
akuammiline 苦籽木林碱 苦籽木 Picralima nitida（Akuamma：英名）
akuammine 苦籽木明碱 苦籽木 Picralima nitida（Akuamma: 英名）
alanchinin 八角枫宁 八角枫 Alangium chinense
alangifolioside 瓜木叶苷 瓜木 Alangium platanifolium
alangilignoside 八角枫木脂苷 八角枫属 Alangium
alangine 八角枫碱 八角枫属 Alangium
alangionoside 八角枫香堇苷 八角枫属 Alangium
alangiplatanoside 三裂瓜木苷 瓜木 Alangium platanifolium
alangitanifoliside 瓜木苷 瓜木 Alangium plantanifolium
alarone 翅荚决明蒽酮 翅荚决明 Cassia alata
alaschanioside 阿拉善马先蒿苷 阿拉善马先蒿 Pedicularis alaschanica
alaschanisoside 阿拉善马先蒿苷 阿拉善马先蒿 Pedicularis alaschanica
alaskene 阿拉斯加扁柏烯 努特卡扁柏 Chamaecyparis nootkatensis (Alaska Cedar：英名）
alatamide 翅柄多子橘酰胺 翅柄多子橘 Pleiospermium alatum
alatamine 卫矛明碱 卫矛 Euonymus alatus
alaternin 意大利鼠李素 意大利鼠李 Rhamnus alaternus
alatinone 翅荚决明酮 翅荚决明 Cassia alata
alatoside 翼叶山牵牛苷 翼叶山牵牛 Thunbergia alata
alatusamine 卫矛胺 卫矛 Euonymus alatus
alatusinine 卫矛西宁 卫矛 Euonymus alatus
albanin 桑宁素 桑 Morus alba
albanol 桑树酚 桑 Morus alba
albesoside 小舌紫菀苷 小舌紫菀 Aster albescens
albibrissinoside 合欢诺苷 合欢 Albizia julibrissin
albicanal 折叶苔醛 折叶苔 Diplophyllum albicans
albiflorin 臭节草素 臭节草 Boenninghausenia albiflora
albigenin 合欢苷元 合欢属 Albizia
albiproflavone 黄豆树黄酮 黄豆树 Albizia procera
albiziasaponin 合欢皂苷 合欢属 Albizia
albiziproceroside 黄豆树苷 黄豆树 Albizia procera
albizoside 合欢酯苷 楹树 Albizia chinensis
alboctalol 桑八酚 桑 Morus alba
albopilosin 白柔毛香茶菜素 白柔毛香茶菜 Isodon albopilosus
alboside 短柄野芝麻醇苷 短柄野芝麻 Lamium album
alboviolaconitine 白紫乌头碱 白紫乌头 Aconitum alboviolaceum
albovionitine 白紫乌头亭 白紫乌头 Aconitum alboviolaceum
alcalinaphenol 褐小菇酚 褐小菇 Mycena alcalina
alchornoic acid 山麻杆酸 山麻杆属 Alchornea
aleuritin 石栗亭 石栗属 Aleurites
aleuritolic acid 石栗萜酸 石栗属 Aleurites
aleuritolonic acid 石栗萜酮酸 石栗属 Aleurites
alfalone 紫苜蓿酮 紫苜蓿 Medicago sativa（Alfalfa：英名）
algiolide 高山龙胆内酯 高山龙胆 Gentiana algida
alianthaltone 臭椿甾酮 臭椿 Ailanthus altissima
alianthusaltinin 臭椿替宁 臭椿 Ailanthus altissima
aliarin 车桑子灵 车桑子 Dodonaea viscosa（Aliar：印名）
alienanin 槲栎鞣素 槲栎 Quercus aliena
alisolide 泽泻内酯 泽泻属 Alisma
alistonitrine 鸡骨常山三氮碱 鸡骨常山属 Alstonia
alkekengilin 酸浆林素 酸浆 Physalis alkekengi
alkesterol 毛酸浆甾醇 毛酸浆 Physalis pubescens（Alkekengi villosa）
allamandicin 黄蝉狄辛 黄蝉属 Allamanda
allamandoside 黄蝉苷 黄蝉属 Allamanda
allamcidin 黄蝉西定 黄蝉属 Allamanda
allamcin 黄蝉辛 黄蝉属 Allamanda
allamicin 黄蝉米辛 黄蝉属 Allamanda
allanxanthone 阿兰藤黄吅酮 阿兰藤黄属 Allanblackia
allivicin 茖葱素 茖葱 Allium victorialis
alloprenol 异木患异戊烯醇 异木患属 Allophylus
almiramide 阿尔米鞘丝藻酰胺 巨大鞘丝藻 Lyngbya majuscula（Almirante：产地）
alnincanone 灰桤木酮 灰桤木 Alnus incana
alnuheptanoid 桤木庚烷 桤木属 Alnus
alnulin 桤木林素 桤木属 Alnus
alnusdiol 桤木二醇 桤木属 Alnus
alnusenol 桤木烯醇 桤木属 Alnus
alnusenone; alnusenon 桤木烯酮 桤木属 Alnus
alnuside 桤木苷 桤木属 Alnus
alnusjaponin 日本桤木宁 日本桤木 Alnus japonica
alnusnin 桤木鞣宁 桤木属 Alnus
alnusone 桤木酮 桤木属 Alnus
alnusonol 桤木醇 桤木属 Alnus
alnusoxide 桤木氧化物 桤木属 Alnus
aloesaponol 芦荟皂醇 芦荟属 Aloe
aloifol 纹瓣兰酚 纹瓣兰 Cymbidium aloifolium
alomacrorrhiza 海芋酰胺 海芋 Alocasia macrorrhiza
alopecuridine 狐尾石松定碱 狐尾石松 Lycopodium alopecuroides
alopecurone 苦豆子酮 苦豆子 Sophora alopecuroides
aloveroside 库拉索芦荟苷 芦荟（库拉索芦荟）Aloe vera
alphitonin 麦珠子素 麦珠子属 Alphitonia

alpigenoside 高山忍冬苷 高山忍冬 Lonicera alpigena
alpinic acid 高山地榆酸 高山地榆 Sanguisorba alpina
alpinnanin 柱穗山姜素 柱穗山姜 Alpinia pinnanensis
alpinoid 高良姜烷 高良姜 Alpinia officinarum
alpinoside* 高山车前苷 高山车前 Plantago alpina
alpinoside* 高山地榆苷 高山地榆 Sanguisorba alpina
alpinumisoflavone 高山毒豆异黄酮 高山毒豆 Laburnum alpinum
alquinone 翅荚决明醌 翅荚决明 Cassia alata
alschomine 糖胶树明碱 糖胶树 Alstonia scholaris
alstiphyllanine 大叶糖胶树宁碱 大叶糖胶树 Alstonia macrophylla
alstofoline 大叶糖胶树弗林 大叶糖胶树 Alstonia macrophylla
alstofolinine 大叶糖胶树利宁 大叶糖胶树 Alstonia macrophylla
alstogustine 狭叶鸡骨常山亭 狭叶鸡骨常山 Alstonia angustifolia
alstohentine 大叶糖胶树亭碱 大叶糖胶树 Alstonia macrophylla （Perhentian Island：产地）
alstolactine 糖胶树亭碱 糖胶树 Alstonia scholaris
alstomacrocine 大叶糖胶树辛碱 大叶糖胶树 Alstonia macrophylla
alstomacroline 大叶糖胶树林碱 大叶糖胶树 Alstonia macrophylla
alstomacrophylline 大叶糖胶树菲林碱 大叶糖胶树 Alstonia macrophylla
alstomaline 大叶糖胶树马林 大叶糖胶树 Alstonia macrophylla
alstomicine 大叶糖胶树米辛 大叶糖胶树 Alstonia macrophylla
alstonal 鸡骨常山醛 鸡骨常山属 Alstonia
alstonamic acid 鸡骨常山胺酸 鸡骨常山属 Alstonia
alstonerinal 穆氏鸡骨常山醛 穆氏鸡骨常山 Alstonia muelleriana
alstonerine 穆氏鸡骨常山碱 穆氏鸡骨常山 Alstonia muelleriana
alstoniaphylline 大叶糖胶树灵碱 大叶糖胶树 Alstonia macrophylla
alstonic acid 鸡骨常山酸 鸡骨常山属 Alstonia
alstonisine 鸡骨常山辛碱 鸡骨常山属 Alstonia
alstonoside 鸡骨常山苷 鸡骨常山属 Alstonia
alstonoxine 鸡骨常山诺星 鸡骨常山属 Alstonia
alstophyllal 大叶糖胶树醛 大叶糖胶树 Alstonia macrophylla
alstophylline 大叶糖胶树碱 大叶糖胶树 Alstonia macrophylla
alstoprenylene 糖胶树萜异戊烯 糖胶树 Alstonia scholaris
alstoprenyol 糖胶树萜醇 糖胶树 Alstonia scholaris
alstoscholarine 糖胶树拉灵 糖胶树 Alstonia scholaris
alstoscholarisine 糖胶树瑞辛 糖胶树 Alstonia scholaris
alstovine 鸡骨常山文碱 鸡骨常山属 Alstonia
alstoyunine 滇鸡骨常山碱 滇鸡骨常山 Alstonia yunnanensis
alstrostine 盆架树碱 盆架树 Alstonia rostrata
altaicalarin 阿尔泰橐吾素 阿尔泰橐吾 Ligularia altaica
altenuene 细链格孢烯 细链格孢 Alternaria tenuis
altenusin 细链格孢素 细链格孢 Alternaria tenuis
alternarian acid 链格孢酸 链格孢属 Alternaria
alternarienonic acid 链格孢烯酮酸 链格孢属 Alternaria
alterperylenol 链格孢苝醇 链格孢属 Alternaria
altheacalamene 蜀葵菖蒲烃 蜀葵属 Althaea
altheacoumarin 蜀葵香豆素 蜀葵属 Althaea
altheahexacosanyl lactone 蜀葵二十六酸内酯 蜀葵属 Althaea
altissimacoumarin 臭椿香豆素 臭椿 Ailanthus altissima
altissimanin 臭椿宁 臭椿 Ailanthus altissima
altissinol 臭椿新醇 臭椿 Ailanthus altissima
altotibetin 青藏大戟素 青藏大戟 Euphorbia altotibetica
alunusnin 桤木宁 桤木属 Alnus
alusenone 桤木庚烯酮 桤木属 Alnus
alvaxanthone 阿尔瓦橙桑叫酮 橙桑 Maclura pomifera（Alva：人名）
alysifolinone 庭荠叶香科酮 庭荠叶香科科 Teucrium alyssifolium
alyssonoside 庭荠欧夏至草苷 庭荠欧夏至草 Marrubium alysson
alyterinate 狭叶链珠藤酯 狭叶链珠藤 Alyxia schlechteri
alyterinin 狭叶链珠藤宁 狭叶链珠藤 Alyxia schlechteri
alyterinone 狭叶链珠藤酮 狭叶链珠藤 Alyxia schlechteri
alyxialactone 链珠藤内酯 链珠藤属 Alyxia
amabilic acid 倒提壶酸 倒提壶 Cynoglossum amabile
amabiloside 红花文殊兰酚苷 红花文殊兰 Crinum amabile
amabiose 曲莲二糖 曲莲 Hemsleya amabilis
amalogenin 毛车藤苷元 毛车藤属 Amalocalyx
amaloside 毛车藤苷 毛车藤属 Amalocalyx
amaranthولidol 苋叔醇 苋属 Amaranthus
amarantholidoside 苋叔醇苷 苋属 Amaranthus
amaranthoside 苋脂苷 苋属 Amaranthus
amaranthus viridis lectin 皱果苋凝集素 皱果苋 Amaranthus viridis
amaricin 苋辛素 苋属 Amaranthus
amarogentin 苦龙胆素 龙胆科 Gentianaceae（Amaro：苦味之意）
amaronitidin 苦亮假龙胆素 亮假龙胆 Gentianella nitida（Amaro：苦味之意）
amaroswerin 苦獐牙菜素 獐牙菜属 Swertia（Amaro：苦味之意）
ambelline 孤挺花林碱 孤挺花 Amaryllis belladonna
ambiguine 飞燕草因碱 飞燕草 Consolida ambigua
ambronal 枫香酮醛 枫香树属 Liquidambar
ambrosidine 豚叶头刺草定 豚叶头刺草 Cephalaria ambrosioides
amentoditaxone 穗花杉二酮 穗花杉属 Amentotaxus
amentonone 穗花杉酮 穗花杉属 Amentotaxus
amentotaxin 穗花杉素 穗花杉属 Amentotaxus
amentotaxone 穗花杉醌 穗花杉属 Amentotaxus
americanoic acid 美商陆酸 垂序商陆（美商陆）Phytolacca americana
amerovolficine 古巴萝芙木辛碱 古巴萝芙木 Rauvolfia cubana
amerovolfine 古巴萝芙木芬碱 古巴萝芙木 Rauvolfia cubana
amethystoidin 香茶菜定 香茶菜 Rabdosia amethystoides
amethystonal 香茶菜萜醛 香茶菜 Rabdosia amethystoides
amethystonoic acid 香茶菜萜酸 香茶菜 Rabdosia amethystoides
amitenone 乳牛肝菌烯酮 乳牛肝菌 Suillus bovinus（Amitake：日名）
amiteol 黑冢白蚁醇 黑冢白蚁属 Amitermes
ammiol 阿米芹醇 阿米芹属 Ammi
ammirin 阿米芹灵素 阿米芹属 Ammi
ammocalline 长春莫卡林 长春花 Ammocallis rosea
ammodendrine 沙槐碱 沙槐 Ammodendron
ammonium puberaconitine 牛扁亭碱铵 牛扁 Aconitum barbatum var. puberulum
ammopiptanine 沙冬青素 沙冬青属 Ammopiptanthus
ammopiptanoside 沙冬青苷 沙冬青属 Ammopiptanthus
ammorosine 长春莫洛辛 长春花 Ammocallis rosea
ammothamnidin 沙枝豆定 沙枝豆 Ammothamnus
amoenin 滇黄芩宁苷 滇黄芩 Scutellaria amoena
amoorastatin 崖摩抑素 崖摩属 Amoora
amoorastatone 崖摩抑酮 崖摩属 Amoora
amoorinin 崖摩宁 崖摩属 Amoora
amorfrutin 紫穗槐素 紫穗槐 Amorpha fruticosa
amorilin 紫穗槐林素 紫穗槐属 Amorpha
amorin 紫穗槐灵 紫穗槐属 Amorpha
amoxanthoside 缩砂密苷 缩砂密 Amomum villosum var. xanthioides
ampelopsisin 蛇葡萄辛 蛇葡萄属 Ampelopsis
ampelozigenin 藤枣苷元 藤枣属 Ampelozizyphus
amphibine 两栖枣碱 两栖枣 Ziziphus amphibia
amplexicine 抱茎蓼素 抱茎蓼 Polygonum amplexicaule
amplexicogenin 合掌消苷元 合掌消 Cynanchum amplexicaule
amplexicoside 合掌消苷 合掌消 Cynanchum amplexicaule

amplexin; amplexine 抱茎闭花木素 抱茎闭花木 Anthocleista amplexicaulis
amurenlactone 黄檗内酯 黄檗 Phellodendron amurense
amurenoside 黑龙江野豌豆苷 黑龙江野豌豆 Vicia amurensis
amurensin 黄檗素 黄檗 Phellodendron amurense
amurensine 黑水罂粟辛 黑水罂粟 Papaver nudicaule var. aquilegioides f. amurense
amurensinine 黑水罂粟西宁 黑水罂粟 Papaver nudicaule var. aquilegioides f. amurense
amurensioside 福寿草苷 福寿草 Adonis amurensis
amurensisin 山葡萄辛 山葡萄 Vitis amurensis
amuroline 黑水罂粟灵 黑水罂粟 Papaver nudicaule var. aquilegioides f. amurense
amuronine 黑水罂粟宁 黑水罂粟 Papaver nudicaule var. aquilegioides f. amurense
anabsin 中亚苦蒿辛 中亚苦蒿 Artemisia absinthium
anacrotine 三尖叶猪屎豆碱 三尖叶猪屎豆 Crotalaria anagyroides
anaferine 催眠睡茄灵 催眠睡茄 Withania somnifera
anagalligenin 海绿苷元 琉璃繁缕（海绿）Anagallis arvensis
anagalligenone 海绿苷元酮 琉璃繁缕（海绿）Anagallis arvensis
anagallisin 海绿素 琉璃繁缕（海绿）Anagallis arvensis
anagyroidisoflavone 毒豆异黄酮 毒豆 Laburnum anagyroides
anahygrine 睡茄古豆碱 睡茄 Withania somnifera & 古豆碱 hygrine（hygrine 的原意为液碱，常译为古豆碱，该成分首分自古柯 Coca）
ananixanthone 阿纳尼合蕊木𠮿酮 小球合蕊木 Symphonia globulifera（Anani：葡萄牙名）
ananolignan 中泰南五味子木脂素 中泰南五味子 Kadsura ananosma
ananosic acid 中泰南五味子酸 中泰南五味子 Kadsura ananosma
ananosmoside 中泰南五味子苷 中泰南五味子 Kadsura ananosma
anaphalisol 香青醇 香青属 Anaphalis
anaphaloside 香青苷 香青属 Anaphalis
anatabine 假木贼烟草碱 假木贼属 Anabasis & 烟草 Tabacco
anatolioside 东方荚蒾苷 东方荚蒾 Viburnum orientale（Anatolia: 产地）
anaxagoreine 蒙蒿子碱 蒙篙子属 Anaxagorea
andafocoumarin 杭白芷香豆素 杭白芷 Angelica dahurica var. formosana
andalasin 奶桑辛 奶桑 Morus macroura（Andalas: 印名）
andalusal 保利毒马草醛 保利毒马草 Sideritis arborescens subsp. paulii（Andalusia: 地名）
andamanicin 安达曼胡椒素 安达曼胡椒 Piper sumatranum var. andamanica
andranginine 缘毛籽宁 缘毛籽 Craspidospermum verticillatum（Andrangi: 地名）
andrograpanin 穿心莲素 穿心莲 Andrographis paniculata
andrographidine 穿心莲定 穿心莲属 Andrographis
andrographidoid 穿心莲醚萜 穿心莲属 Andrographis
andrographiside; andrographoside 穿心莲苷 穿心莲属 Andrographis
andrographolactone 穿心莲佛内酯 穿心莲属 Andrographis
andromedoside 青姬木苷 青姬木属 Andromeda
andromedotoxin 青姬木毒素 青姬木属 Andromeda
andropanoside 穿心莲诺苷 穿心莲属 Andrographis
androsacin 点地梅素 点地梅属 Androsace
androseptoside 北点地梅苷 北点地梅 Androsace septentrionalis
androsin 美国茶叶花素 美国茶叶花 Apocynum androsaemifolium
anemarchalconyn 知母查耳酮炔 知母属 Anemarrhena
anemonerivularisid 草玉梅苷 草玉梅 Anemone rivularis
anemonolide 银莲花内酯 银莲花属 Anemone
anemoside 银莲花苷 银莲花属 Anemone
angelafolone 当归酰酸模叶蓼酮 当归属 Angelica & 酸模叶蓼 Polygonum lapathifolium
angelan 当归胶多糖 当归属 Angelica
angelicain 当归因 当归属 Angelica
angelical 当归醛 当归属 Angelica
angelicastigmine 当归斯的明 当归属 Angelica
angelicoidenol 归叶棱子芹醇 归叶棱子芹 Pleurospermum angelicoides
angelicoin 归叶棱子芹黄素 归叶棱子芹 Pleurospermum angelicoides
angelicolide 当归双螺内酯 当归属 Angelica
angelicone 当归酮 当归属 Angelica
angelikoreanol 大齿当归醇 大齿当归 Angelica koreana
angeliticin 拐芹替辛 拐芹 Angelica polymorpha
angelone 长花啤酒草酮 长花啤酒草 Tachiadenus longiflorus（Angela: 作者名）
angeolide 当归烯内酯 当归属 Angelica
angolensate 安哥拉内雄楝酸酯 安哥拉内雄楝 Entandrophragma angolense
angolensolide 安哥拉紫檀内酯 安哥拉紫檀 Pterocarpus angolensis
angoline 安哥拉崖椒灵碱 安哥拉崖椒 Fagara angolensis
angoroside 安卡拉玄参苷 斯氏玄参 Scrophularia scopolii（Angora: 地名）
anguivine 曲刺茄碱 曲刺茄 Solanum anguivi
anguivioside 曲刺茄苷 曲刺茄 Solanum anguivi
angulatamine 苦皮藤胺 苦皮藤 Celastrus angulatus
angulatinoid 苦皮藤萜 苦皮藤 Celastrus angulatus
angulatueoid 苦皮藤倍半萜 苦皮藤 Celastrus angulatus
angulatusine 苦皮藤辛 苦皮藤 Celastrus angulatus
angustamine 紫文殊兰胺 紫文殊兰 Crinum angustum
angustanoic acid 大屿八角酸 大屿八角 Illicium angustisepalum
angustific acid 狭叶南五味子酸 狭叶南五味子 Kadsura angustifolia
angustifodilactone 狭叶南五味子二内酯 狭叶南五味子 Kadsura angustifolia
angustifolimine 狭叶虎皮楠胺 狭叶虎皮楠 Daphniphyllum angustifolium
angustifolin* 狭叶南五味子素 狭叶南五味子 Kadsura angustifolia
angustifolin* 狭叶芸香素 狭叶芸香 Ruta angustifolia
angustifoline 狭叶羽扇豆碱 狭叶羽扇豆 Lupinus angustifolius
angustifolioside 狭叶白蜡树苷 狭叶白蜡树 Fraxinus angustifolia
angustilobine 狭裂鸡骨常山碱 狭裂鸡骨常山 Alstonia angustiloba
angustimalal 狭叶鸡骨常山醛 狭叶鸡骨常山 Alstonia angustifolia
angustimaline 狭叶鸡骨常山马林 狭叶鸡骨常山 Alstonia angustifolia
angustimine 狭叶虎皮楠明 狭叶虎皮楠 Daphniphyllum angustifolium
angustin 狭叶獐牙菜亭 狭叶獐牙菜 Swertia angustifolia
angustoline 牛眼马钱林碱 牛眼马钱 Strychnos angustiflora
anhuienoside 安徽银莲花苷 安徽银莲花 Anemone anhuiensis
aniflorine 无柄异唇爵床碱 无柄异唇爵床 Anisotes sessiliflorus
anigorufone 红花袋鼠爪酮 红花袋鼠爪 Angozanthos rufus
anisalacetone 茴芹丙酮 茴芹 Pimpinella anisum
anisaldehyde 茴芹醛 茴芹 Pimpinella anisum
anisic acid 茴芹酸 茴芹 Pimpinella anisum
anisic alcohol 茴芹醇 茴芹 Pimpinella anisum
anisketone 茴芹酮 茴芹 Pimpinella anisum
anisocoumarin 细叶黄皮香豆素 细叶黄皮 Clausena anisata

anisofolin 广防风叶素 广防风 Anisomeles ovata & 叶 Folium
anisole 茴芹醚 茴芹 Pimpinella anisum
anisomelic acid 广防风酸 广防风属 Anisomeles
anisomelin 广防风素 广防风属 Anisomeles
anisotine 唇爵床碱 唇爵床属 Anisotes
anisovatodside 广防风托苷 广防风 Anisomeles ovata
anisucumarin 细叶黄皮香豆任 细叶黄皮 Clausena anisum-olens
anisumarin 细叶黄皮任 细叶黄皮 Clausena anisum-olens
ankorine 印度八角枫灵 印度八角枫 Alangium lamarckii（Ankol：印名）
annobraine 圆滑番荔枝碱 圆滑番荔枝 Annona glabra
annofoline 多穗石松叶碱 多穗石松 Lycopodium annotinum & 叶 Folium
annoglabasin 圆滑番荔枝素 圆滑番荔枝 Annona glabra
annoglabayin 圆滑番荔枝因 圆滑番荔枝 Annona glabra
annoglacin 圆滑番荔枝拉辛 圆滑番荔枝 Annona glabra
annoglaxin 圆滑番荔枝克辛 圆滑番荔枝 Annona glabra
annomonicin 山刺番荔枝尼辛 山刺番荔枝 Annona montana
annomontine 山刺番荔枝碱 山刺番荔枝 Annona montana
annomosin 番荔枝莫辛 番荔枝 Annona squamosa
annonacinone 番荔枝辛酮 番荔枝属 Annona
annonareticin 牛心果替辛 牛心番荔枝（牛心果）Annona reticulata
annonaretin 牛心果亭 牛心番荔枝（牛心果）Annona reticulata
annonebinide 番荔枝二聚素 番荔枝属 Annona
annopodine 多穗石松定碱 多穗石松 Lycopodium annotinum
annoreticuin 牛心果因 牛心番荔枝（牛心果）Annona reticulata
annosquacin 番荔枝辛素 番荔枝 Annona squamosa
annosquamin 番荔枝明 番荔枝 Annona squamosa
annosquamosin 番荔枝素 番荔枝 Annona squamosa
annosquatin 番荔枝亭 番荔枝 Annona squamosa
annotemoyin 阿蒂莫耶番荔枝素 阿蒂莫耶番荔枝 Annona atemoya
annotine 多穗石松碱 多穗石松 Lycopodium annotinum
annotinine 多穗石松宁碱 多穗石松 Lycopodium annotinum
annuionone 向日葵香堇酮 向日葵 Helianthus annuus
annulatin 环纹海红树素 环纹海红树 Aegialitis annulata
annulatophenonoside 环状金丝桃苯酮苷 环状金丝桃 Hypericum annulatum
annuolide 向日葵奥内酯 向日葵 Helianthus annuus
annuradhapurine 尖叶暗罗灵碱 尖叶暗罗 Polyalthia acuminata（Anuradhapura：地名）
annurcoic acid 阿奴卡苹果酸 阿奴卡苹果 Malus pumila cv. Annurca
anodendrine 鳝藤碱 鳝藤属 Anodendron
anodendroic acid 鳝藤醇酸 鳝藤属 Anodendron
anoectochine 开唇兰碱 开唇兰属 Anoectochilus
anolignan 榆绿木脂素 榆绿木属 Anogeissus
anolobine 番荔枝三裂泡泡碱 番荔枝属 Annona & 三裂泡泡 Asimina triloba
anomanolide 龙珠醇内酯 龙珠 Tubocapsicum anomalum
anomuricine 刺果番荔枝碱 刺果番荔枝 Annona muricata
anonaine 番荔枝碱 番荔枝属 Annona
ansaspirolide 当归萨螺内酯 当归 Angelica sinensis
antanapeptin 安塔尼鞘丝藻肽素 巨大鞘丝藻 Lyngbya majuscula（Antanimora：产地）
anthocephaline 团花林碱 团花 Anthocephalus cadamba
anthocephalusine 团花辛碱 团花 Anthocephalus cadamba
anthopogochromane 烈香杜鹃色烷 烈香杜鹃 Rhododendron anthopogonoides
anthopogochromene 烈香杜鹃色烯 烈香杜鹃 Rhododendron anthopogonoides
anthopogochromenic acid 烈香杜鹃烯酸 烈香杜鹃 Rhododendron anthopogonoides
anthopogocyclic acid 烈香杜鹃环酸 烈香杜鹃 Rhododendron anthopogonoides
anthothecol 白卡雅楝醇 白卡雅楝 Khaya anthotheca
anthratectone 柚木蒽酮 柚木属 Tectona
anthricin 峨参辛 峨参属 Anthriscus
anthriscifolcine 还亮草碱 还亮草 Delphinium anthriscifolium
anthriscifoldine 还亮草定 还亮草 Delphinium anthriscifolium
anthriscifolmine 还亮草明 还亮草 Delphinium anthriscifolium
antiarin 见血封喉素 见血封喉属 Antiaris
antiarisin 见血封喉辛 见血封喉属 Antiaris
antiaritoxioside 见血封喉毒苷 见血封喉 Antiaris toxicaria
antiarol 见血封喉酚 见血封喉属 Antiaris
antiarone 见血封喉酮 见血封喉属 Antiaris
antiaroside 见血封喉洛苷 见血封喉属 Antiaris
antiarotoxinin 见血封喉毒宁 见血封喉 Antiaris toxicaria
anticarin 见血封喉灵 见血封喉 Antiaris toxicaria
antidysentericine 止泻木里辛 止泻木 Holarrhena antidysenterica
antillatoxin 安的列斯鞘丝藻毒素 巨大鞘丝藻 Lyngbya majuscula（Antillas：产地）
antiogoside 见血封喉勾苷 见血封喉 Antiaris toxicaria
antiquol 火殃勒醇 火殃勒 Euphorbia antiquorum
antiquorin 火殃勒素 火殃勒 Euphorbia antiquorum
antiquorine 火殃勒灵 火殃勒 Euphorbia antiquorum
antirrhide 金鱼草萜苷 金鱼草属 Antirrhinum
antirrhinoside 金鱼草诺苷 金鱼草属 Antirrhinum
antoside 解毒萝藦苷 解毒萝藦属 Antitoxicum
aohada-glycoside 大柄冬青糖苷 大柄冬青 Ilex macropoda（Aohada：日名）
aoibaclyin 凤瓜因 凤瓜 Gymnopetalum integrifolium
aoifuranone 双叶细辛呋喃酮 双叶细辛 Asarum caulescens（Futaba aoi：日名）
aokumanol 光叶山姜醇 光叶山姜 Alpinia intermedia（Ao-no-kumatake-ran：日名）
aonenadiene 日本水龙骨二烯 日本水龙骨 Polypodiodes niponica（Aonekazura：日名）
apateline 无瓣瑞香楠碱 无瓣瑞香楠 Daphnandra apatela
apetalic acid 无瓣红厚壳酸 无瓣红厚壳 Calophyllum apetalum
apetatolide 无花瓣红厚壳内酯 无瓣红厚壳 Calophyllum apetalum
aphagrandinoid 大叶山楝萜 大叶山楝 Aphanamixis grandifolia
aphagranin 大叶山楝宁 大叶山楝 Aphanamixis grandifolia
aphanagranin 大叶山楝拉宁 大叶山楝 Aphanamixis grandifolia
aphanalide 山楝内酯 山楝属 Aphanamixis
aphanamene 山楝烯 山楝属 Aphanamixis
aphanamgrandin 大叶山楝定 大叶山楝 Aphanamixis grandifolia
aphanamgrandiol 大叶山楝二醇 大叶山楝 Aphanamixis grandifolia
aphanamixin 山楝辛 山楝属 Aphanamixis
aphanamixinin 山楝辛宁 山楝属 Aphanamixis
aphanamixoid 山楝萜 山楝属 Aphanamixis
aphanamol 山楝醇 山楝属 Aphanamixis
aphanamolide 山楝莫内酯 山楝属 Aphanamixis
aphananin 山楝宁 山楝属 Aphanamixis
aphanaperoxide 山楝过氧化物 山楝属 Aphanamixis
aphanastatin 山楝抑素 山楝属 Aphanamixis
aphapolynin 山楝苦素 山楝 Aphanamixis polystachya
aphyllic acid 无叶假木贼酸 无叶假木贼 Anabasis aphylla
aphyllic alcohol; aphyllinic alcohol; aphylline alcohol 无叶假木贼醇

无叶假木贼 Anabasis aphylla
aphyllidine 无叶假木贼定 无叶假木贼 Anabasis aphylla
aphylline 无叶假木贼碱 无叶假木贼 Anabasis aphylla
apiane 蜜蜂鼠尾草烷 蜜蜂鼠尾草 Salvia apiana
apicin 青蒿辛素 青蒿 Artemisia apiacea
apigenosylide 芹菜苷内酯 芹菜苷元 Apigenin
apigravin 旱芹素 旱芹 Apium graveolens
apiopaeonoside 芹糖丹皮苷 牡丹 Paeonia suffruticosa
apiumetin 芹菜亭 芹属 Apium
apiumoside 芹莫苷 芹属 Apium
aplysiol 海兔醇 海兔属 Aplysia
aplysistatin 海兔抑素 海兔属 Aplysia
apoatropine 离阿托品 阿托品 atropine（apo：离去之意，指原结构脱去一分子水）
apocynol 罗布麻醇 罗布麻属 Apocynum
apohyoscine 离天仙子碱 天仙子碱 hyoscine（apo：离去之意，指原结构脱去一分子水）
apollinin 阿波罗灰毛豆素 阿波罗灰毛豆 Tephrosia apollinea
aponorscopolamine 离降东莨菪碱 降东莨菪碱 norscopolamine（apo：离去之意，指原结构脱去一分子水）
aposcopolamine 离东莨菪碱 东莨菪碱 scopolamine（apo：离去之意，指原结构脱去一分子水）
apparicine 白坚木瑞辛 白坚木属 Aspidosperma（Apparicio Duarte：比利时植物学家）
applanatin 树舌灵芝素 树舌灵芝 Ganoderma applanatum
applanoxidic acid 树舌灵芝氧酸 树舌灵芝 Ganoderma applanatum
apramide 阿普拉鞘丝藻酰胺 巨大鞘丝藻 Lyngbya majuscula（Apra Harbor：产地）
apratoxin 阿普拉鞘丝藻毒素 巨大鞘丝藻 Lyngbya majuscula（Apra Harbor：产地）
aptosimone 不落草酮 不落草属 Aptosimum
aquaterin 蕹菜素 蕹菜 Ipomoea aquatica
aquaticol 北水苦荬醇 北水苦荬 Veronica anagallis-aquatica
aquaticoside 北水苦荬苷 北水苦荬 Veronica anagallis-aquatica
aquifoliunine 尖叶美登木宁碱 尖叶美登木 Maytenus aquifolium
aquilarin 沉香素 沉香属 Aquilaria
aquilarinoside 沉香苷 沉香属 Aquilaria
aquilarisin 沉香辛 沉香属 Aquilaria
aquilarisinin 沉香西宁 沉香属 Aquilaria
aquilarone 白木香酮 沉香属 Aquilaria
aquiledine 耧斗菜定 耧斗菜属 Aquilegia
aquilegifolin 唐松草素 唐松草 Thalictrum aquilegiifolium var. sibiricum
aquilegiolide 耧斗菜内酯 耧斗菜属 Aquilegia
arabidopside 鼠耳芥苷 鼠耳芥属 Arabidopsis
arabin 南芥素 南芥 Arabis alpina
arabsin 中亚苦蒿素 中亚苦蒿 Artemisia absinthium
aralia-saponin 楤木新皂苷 楤木属 Aralia
aralidioside 假茱萸苷 假茱萸属 Aralidium
aralionine 楤木鼠李宁碱 楤木鼠李宁 Araliorhamnus
araliopsine 掌叶树碱 掌叶树 Araliopsis
araloside 楤木洛苷 楤木属 Aralia
araneol 蛛毛香青尼酚 蛛毛香青 Anaphalis araneosa
araneosol 蛛毛香青酚 蛛毛香青 Anaphalis araneosa
arborenone 乔木山小橘酮 乔木山小橘 Glycosmis arborea
arboreol 云南石梓醇 云南石梓 Gmelina arborea
arborescin 树蒿素 树蒿 Artemisia arborescens
arborescosidic acid 木立车前酸 木立车前 Plantago arborescens
arborine 乔木山小橘灵 乔木山小橘 Glycosmis arborea
arborinene 乔木山小橘烯 乔木山小橘 Glycosmis arborea
arborinine 乔木山小橘瑞宁 乔木山小橘 Glycosmis arborea
arborinol 乔木山小橘醇 乔木山小橘 Glycosmis arborea
arborinone 乔木山小橘酮 乔木山小橘 Glycosmis arborea
arborone 云南石梓酮 云南石梓 Gmelina arborea
arborside 夜花波苷 夜花 Nyctanthes arbor-tristis
arbortristoside 夜花萜苷 夜花 Nyctanthes arbor-tristis
arcapitin 头花银背藤素 头花银背藤 Argyreia capitata
archangelin 古当归内酯 古当归属 Archangelica
arctigenic acid 牛蒡苷元酸 牛蒡属 Arctium
arctigenin 牛蒡苷元 牛蒡属 Arctium
arctignan 牛蒡木脂素 牛蒡属 Arctium
arctiol 牛蒡烯醇 牛蒡属 Arctium
ardicrenin 朱砂根素 朱砂根 Ardisia crenata
ardimerin 紫金牛双内酯 紫金牛 Ardisia japonica
ardipusilloside 九节龙苷 九节龙 Ardisia pusilla
ardisianol 紫金牛酯酚 紫金牛属 Ardisia
ardisianone 紫金牛酯醌 紫金牛属 Ardisia
ardisianoside 紫金牛诺苷 紫金牛属 Ardisia
ardisicrenoside 朱砂根苷 朱砂根 Ardisia crenata
ardisiacrenoside 朱砂根新苷 朱砂根 Ardisia crenata
ardisimamilloside 虎舌红苷 虎舌红 Ardisia mamillata
ardisiogenin 紫金牛苷元 紫金牛属 Ardisia
ardisioside 紫金牛苷 紫金牛属 Ardisia
ardisiphenol 紫金牛脂酚 紫金牛属 Ardisia
arenaine 对叶车前因 对叶车前 Plantago arenaria
arenarioside 沙生列当苷 沙生列当 Orobanche arenaria
arenol 沙生蜡菊酚 沙生蜡菊 Helichrysum arenarium
arenophthalide 沙生蜡菊苯酞 沙生蜡菊 Helichrysum arenarium
argenteane 银肉豆蔻素 银肉豆蔻 Myristica argentea
argentine 银沙槐碱 银沙槐 Ammodendron argenteum
argentinine 阿根廷马兜铃碱 阿根廷马兜铃 Aristolochia argentina
arglabin 亮绿蒿素 亮绿蒿 Artemisia glabella
argutalactone 两头毛内酯 两头毛 Incarvillea arguta
argutane 两头毛萜碱 两头毛 Incarvillea arguta
argutine 两头毛碱 两头毛 Incarvillea arguta
argutone 两头毛酮 两头毛 Incarvillea arguta
argutosin 两头毛素 两头毛 Incarvillea arguta
argyol 阿盖草醇 阿盖草属 Argylia
argyrophilic acid 银叶巴豆酸 银叶巴豆 Croton argyrophylloides
aricine 毛金鸡纳辛碱 毛金鸡纳 Cinchona pelletieriana（Arica：地名）
arillatanoside 黄花远志诺苷 黄花远志 Polygala arillata
arilloside 黄花远志苷 黄花远志 Polygala arillata
arisandilactone 阿里山五味子二内酯 阿里山五味子 Schisandra arisanensis
arisanlactone 阿里山五味子内酯 阿里山五味子 Schisandra arisanensis
arisanschinin 阿里山五味子宁 阿里山五味子 Schisandra arisanensis
arisantetralone 阿里山五味子四氢萘酮 阿里山五味子 Schisandra arisanensis
ariscucurbin 瓜叶马兜铃宾 瓜叶马兜铃 Aristolochia cucurbitifolia
aristofolin 瓜叶马兜铃素 瓜叶马兜铃 Aristolochia cucurbitifolia
aristolamide 马兜铃酰胺 马兜铃属 Aristolochia
aristoline 马兜铃林碱 马兜铃属 Aristolochia
aristoliukine 大叶马兜铃萘碱 大叶马兜铃 Aristolochia kaempferi
aristolochene 印度马兜铃烯 印度马兜铃 Aristolochia indica
aristolodione 马兜铃二酮 马兜铃属 Aristolochia
aristololide 马兜铃菲内酯 马兜铃属 Aristolochia

aristomollin 寻骨风萜素 寻骨风 Aristolochia mollissima
aristophenone 马兜铃苯酚酮 马兜铃属 Aristolochia
aristophyllide 异叶马兜铃碱 异叶马兜铃 Aristolochia heterophylla
aristopyridinone 马兜铃吡啶酮 马兜铃属 Aristolochia
aristoyunnolin 云南马兜铃林素 云南马兜铃 Aristolochia yunnanensis
arjunetin 阿江榄仁素 阿江榄仁 Terminalia arjuna
arjunglycoside 阿江榄仁苷 阿江榄仁 Terminalia arjuna
arjunic acid 阿江榄仁尼酸 阿江榄仁 Terminalia arjuna
arjunoglucoside 阿江榄仁糖苷 阿江榄仁 Terminalia arjuna
armandiside 小木通苷 小木通 Clematis armandii
armaoside 刺齿马先蒿苷 刺齿马先蒿 Pedicularis armata
armaosigenin 刺齿马先蒿苷元 刺齿马先蒿 Pedicularis armata
armatamide 竹叶花椒酰胺 竹叶花椒 Zanthoxylum armatum
armatol 树状软骨藻醇 树状软骨藻 Chondria armata
armatoside 虎刺楤木苷 虎刺楤木 Aralia armata
armatumin 竹叶花椒脂素 竹叶花椒 Zanthoxylum armatum
armatuside 红柄木犀苷 红柄木犀 Osmanthus armatus
armefolin 狭叶墨西哥蒿素 狭叶墨西哥蒿 Artemisia mexicana var. angustifolia
armepavine 亚美尼亚罂粟碱 亚美尼亚罂粟 Papaver armeniacum
armillane 蜜环菌烷 蜜环菌 Armillaria mellea
armillaramide 蜜环菌酰胺 蜜环菌 Armillaria mellea
armillaribin 蜜环菌宾 蜜环菌 Armillaria mellea
armillaricin 蜜环菌钦 蜜环菌 Armillaria mellea
armillaridin 蜜环菌定 蜜环菌 Armillaria mellea
armillarigin 蜜环菌精 蜜环菌 Armillaria mellea
armillarikin 蜜环菌肯 蜜环菌 Armillaria mellea
armillarilin 蜜环菌灵 蜜环菌 Armillaria mellea
armillarinin 蜜环菌宁 蜜环菌 Armillaria mellea
armillaripin 蜜环菌品 蜜环菌 Armillaria mellea
armillarisin 蜜环菌辛 蜜环菌 Armillaria mellea
armillaritin 蜜环菌亭 蜜环菌 Armillaria mellea
armillarivin 蜜环菌文 蜜环菌 Armillaria mellea
armillarizin 蜜环菌金 蜜环菌 Armillaria mellea
armillasin 蜜环菌拉辛 蜜环菌 Armillaria mellea
armillatin 蜜环菌拉亭 蜜环菌 Armillaria mellea
arnamiol 蜜环菌米醇 蜜环菌 Armillaria mellea
arnebiabinone 软紫草二醌 软紫草属 Arnebia
arnebifuranone 软紫草呋喃醌 软紫草属 Arnebia
arnebinol 软紫草醇 软紫草属 Arnebia
arnebinone 软紫草酮 软紫草属 Arnebia
arnifolin 多叶山金车素 多叶山金车 Arnica foliosa
arnocoumarin 阿诺花椒香豆素 阿诺花椒 Xanthoxylum arnottianum
arnottianamide 阿诺花椒酰胺 阿诺花椒 Zanthoxylum arnottianum
arnottianin 阿诺花椒素 阿诺花椒 Xanthoxylum arnottianum
arnottin 阿诺花椒亭 阿诺花椒 Xanthoxylum arnottianum
arnottinin 阿诺花椒宁 阿诺花椒 Xanthoxylum arnottianum
aromatinin 丁香鞣宁 丁香 Syzygium aromaticum
aromoline 芳香花桂林碱 芳香花桂 Daphnandra aromatica
arscotin 苏格兰蒿素 苏格兰蒿 Artemisia scotina
artabin 苦艾宾 中亚苦蒿（苦艾）Artemisia absinthium
artabonatine 鹰爪花亭 鹰爪花 Artabotrys uncinatus
artabotriol 鹰爪花三醇 鹰爪花属 Artabotrys
artabotrycinol 鹰爪花醇 鹰爪花属 Artabotrys
artabotryside 鹰爪花苷 鹰爪花属 Artabotrys
artamenone 鹰爪花烯酮 鹰爪花属 Artabotrys
artanin 蒿宁 蒿属 Artemisia
artanoiridoid 刘寄奴醚萜 奇蒿（刘寄奴）Artemisia anomala
artanolide 苦艾萜内酯 中亚苦蒿（苦艾）Artemisia absinthium
artapetalin 鹰爪花素 鹰爪花 Artabotrys hexapetalus
artecalin 加利福尼亚蒿内酯 加利福尼亚蒿 Artemisia californica
artecanin 银灰蒿素 银灰蒿 Artemisia cana
arteglasin 道氏蒿素 道氏蒿 Artemisia douglasiana
artekeiskeanol 菴茼醇 菴茼 Artemisia keiskeana
artelin 三齿蒿林素 三齿蒿 Artemisia tridentata
arteludovicinolide 银叶艾内酯 银叶艾 Artemisia ludoviciana
artemdubolide 无毛牛尾蒿内酯 无毛牛尾蒿 Artemisia dubia var. subdigitata
artemicapin 茵陈蒿品 青蒿 Artemisia carvifolia
artemidin 龙蒿素 龙蒿 Artemisia dracunculus
artemidiol 龙蒿二醇 龙蒿 Artemisia dracunculus
arteminin 青蒿米宁 青蒿 Artemisia carvifolia
arteminolide 蒿内酯 蒿属 Artemisia
arteminone 阴地蒿酮 阴地蒿 Artemisia sylvatica
arteminorin 垫型蒿素 垫型蒿 Artemisia minor
artemisidin 蒿西定 蒿属 Artemisia
artemisolide 艾蒿醇内酯 艾（艾蒿）Artemisia argyi
artemisterol 蒿甾醇 蒿属 Artemisia
artemofriginoside 冷蒿萜苷 冷蒿 Artemisia frigida
artemorin 南艾蒿灵 南艾蒿 Artemisia verlotorum
artemyriantholide 多花蒿内酯 多花蒿 Artemisia myriantha
artesin 蒿辛素 蒿属 Artemisia
artocarbene 波罗蜜宾 波罗蜜属 Artocarpus
artocarmin 波罗蜜明 波罗蜜属 Artocarpus
artocarmitin 波罗蜜米亭 波罗蜜属 Artocarpus
artocarpanone 波罗蜜烷酮 波罗蜜属 Artocarpus
artocarpene 波罗蜜烯 波罗蜜属 Artocarpus
artocarpesin 波罗蜜辛 波罗蜜属 Artocarpus
artocarpetin 波罗蜜亭 波罗蜜属 Artocarpus
artocarpfuranol 波罗蜜呋喃醇 波罗蜜 Artocarpus heterophyllus
artocarpin 波罗蜜品 波罗蜜属 Artocarpus
artocarpone 波罗蜜酮 波罗蜜属 Artocarpus
artocarpusin 波罗蜜普辛 波罗蜜属 Artocarpus
artocarstilbene 波罗蜜芪 波罗蜜属 Artocarpus
artoflavanocoumarin 波罗蜜黄烷香豆素 波罗蜜属 Artocarpus
artogomezianone 长圆叶波罗蜜酮 长圆叶波罗蜜 Artocarpus gomezianus
artoheterophyllin 波罗蜜素 波罗蜜 Artocarpus heterophyllus
artoindonesianin 印尼波罗蜜素 波罗蜜属 Artocarpus（Indonesia：产地）
artonin 波罗蜜宁 波罗蜜属 Artocarpus
artonkin 东京胭脂素 东京胭脂 Artocarpus tonkinensis
artopeden 小波罗蜜素 小波罗蜜 Artocarpus champeden
artopetelin 短绢毛波罗蜜素 短绢毛波罗蜜 Artocarpus petelotii
artostyracin 二色波罗蜜辛 二色波罗蜜 Artocarpus styracifolius
artotonin 胭脂宁 胭脂 Artocarpus tonkinensis
artotonkin 胭脂素 胭脂 Artocarpus tonkinensis
artselaenin 短茎马先蒿素 短茎马先蒿 Pedicularis artselaeri
artselaeroside 短茎马先蒿苷 短茎马先蒿 Pedicularis artselaeri
artselenin 蒌蒿素 蒌蒿 Artemisia selengensis
artselenoid 蒌蒿萜 蒌蒿 Artemisia selengensis
arundinaol 竹叶兰醇 竹叶兰属 Arundina
arvenin 海绿宁 琉璃繁缕（海绿）Anagallis arvensis
arvensin 小花远志苷 小花远志 Polygala arvensis
arzanol 沙生蜡菊赞酚 沙生蜡菊 Helichrysum arenarium
asclepiadin 马利筋定 马利筋属 Asclepias
asclepiasterol 马利筋甾醇 马利筋属 Asclepias
asclepin 马利筋素 马利筋属 Asclepias

asclepogenin 马利筋勒坡苷元 马利筋属 Asclepias
ascleposide 马利筋苷 马利筋属 Asclepias
asebotoxin 日本马醉木毒素 日本马醉木 Pieris japonica（Asebo：日名）
asernestioside 梭果黄芪苷 梭果黄芪 Astragalus ernestii
ashchantin; aschantin 几内亚胡椒素 几内亚胡椒 Piper guineense（Ashanti pepper：英名）
ashwagandhanolide 催眠睡茄双内酯 催眠睡茄 Withania somnifera（Ashwagandha：英名）
asiaticin 积雪草替辛 积雪草 Centella asiatica
asiaticumine 文殊兰明碱 文殊兰 Crinum asiaticum var. sinicum
asiatiside 白背枫苷 白背枫 Buddleja asiatica
asiatoate 白背枫酸酯 白背枫 Buddleja asiatica
asimicin 泡泡辛 泡泡属 Asimina
asimilobine 三裂泡泡碱 三裂泡泡 Asimina triloba
aspacochinoside 天门冬诺苷 天门冬 Asparagus cochinchinensis
aspacochioside 天门冬皂苷 天门冬 Asparagus cochinchinensis
asparacoside 天门冬柯苷 天门冬 Asparagus cochinchinensis
asparacosin 天门冬柯素 天门冬 Asparagus cochinchinensis
asparasaponin 石刁柏皂苷 石刁柏 Asparagus officinalis
asparenydiol 天门冬烯炔二酚 天门冬属 Asparagus
asparenyn 天门冬烯炔 天门冬属 Asparagus
asparenynol 天门冬烯炔酚 天门冬属 Asparagus
asperilin 糙叶依瓦菊灵 糙叶依瓦菊 Iva asperifolia
asperoside 鹊肾树洛苷 鹊肾树 Streblus asper
asperphenamate 曲霉芬氨酯 曲霉属 Aspergillus
aspidofractinine 急折白坚木宁 急折白坚木 Aspidosperma refractum
aspidophylline 白坚木菲林碱 白坚木属 Aspidosperma
aspidospermidine; aspidosperimidine 白坚木定 白坚木属 Aspidosperma
asprellanoside 梅叶冬青苷 梅叶冬青（秤星树）Ilex asprella
asprellol 梅叶冬青醇 梅叶冬青（秤星树）Ilex asprella
assamene 普洱茶烯 普洱茶 Camellia sinensis L. var. assamica
assamicin 长柄七叶树素 长柄七叶树 Aesculus assamica
assamsaponin 普洱茶皂苷 普洱茶 Camellia sinensis L. var. assamica
assoanine 阿索水仙碱 阿索水仙 Narcissus assoanus
asterageratoidesoside 三脉紫菀皂苷 三脉紫菀 Aster ageratoides
asteratoidesoside 三脉紫菀降皂苷 三脉紫菀 Aster ageratoides
asterbatanoside 巴塘紫菀皂苷 巴塘紫菀 Aster batangensis
asterin 紫菀灵 紫菀属 Aster
asterinin 紫菀宁碱 紫菀属 Aster
asternin 紫菀宁 紫菀属 Aster
asterolide 紫菀内酯 紫菀属 Aster
asterrate 土曲霉酸酯 土曲霉 Aspergillus terreus
astersaponin 紫菀皂苷 紫菀属 Aster
astertarone 紫菀萜酮 紫菀 Aster tataricus
asteryunnanoside 云南紫菀皂苷 云南紫菀 Aster yunnanensis
astin 紫菀素 紫菀属 Aster
astragal 黄芪醛 黄芪属 Astragalus
astrahygrol 硬皮地星醇 硬皮地星 Astraeus hygrometricus
astrahygrone 硬皮地星酮 硬皮地星 Astraeus hygrometricus
astramembranoside 膜荚黄芪苷 膜荚黄芪 Astragalus membranaceus
astraodoric acid 臭硬皮地星酸 臭硬皮地星 Astraeus odoratus
astrapterocarpane 黄芪紫檀烷 黄芪属 Astragalus
astrasikokioside 四国黄芪苷 四国黄芪 Astragalus shikokianus
astringin 云杉收敛苷 云杉属 Picea & 收敛剂 Astringent
asysgangoside 宽叶十万错苷 宽叶十万错 Asystasia gangetica
asystasioside 十万错苷 十万错属 Asystasia
atalafoline 酒饼簕碱 酒饼簕属 Atalantia
atalantoflavone 酒饼簕黄酮 酒饼簕属 Atalantia
atalantolide 酒饼簕内酯 酒饼簕属 Atalantia
atalaphyllidine 单叶酒饼簕定 单叶酒饼簕 Atalantia monophylla
atalaphylline 单叶酒饼簕碱 单叶酒饼簕 Atalantia monophylla
atalaphyllinine 单叶酒饼簕宁 单叶酒饼簕 Atalantia monophylla
atanine 阿塔崖椒宁 阿塔崖椒 Fagara zanthoxyloides (Orin ata：非洲约鲁巴名)
atherospermininum 芒籽宁季铵碱 芒籽属 Atherosperma
athyriol 蹄盖蕨酚 蹄盖蕨属 Athyrium
atlantone 大西洋雪松酮 大西洋雪松 Cedrus atlantica
atractan 苍术聚糖 苍术属 Atractylodes
atractylenolide 白术烯内酯 白术 Atractylodes macrocephala
atractylenolidone 白术烯内酯酮 白术 Atractylodes macrocephala
atractylochromene 苍术色烯 苍术属 Atractylodes
atranol 黑茶渍酚 黑茶渍 Lecanora atra
atraric acid 黑茶渍酸 黑茶渍衣 Lecanora atra
atratoglaucoside 白薇白前苷 白薇 Cynanchum atratum & 白前 Cynanchum glaucescens
atratoside 白薇托苷 白薇 Cynanchum atratum
atriplicolide 滨藜叶珍珠菊内酯 滨藜叶珍珠菊 Isocarpha atriplicifolia
atroside 滨藜叶分药花苷 滨藜叶分药花 Perovskia atriplicifolia
atroviridin 深绿藤黄素 深绿藤黄 Garcinia atroviridis
attenuatumione 赶山鞭酮 赶山鞭 Hypericum attenuatum
aubryenol 奥氏栀子烯醇 奥氏栀子 Gardenia aubryi
augustic acid 昂天莲酸 昂天莲 Ambroma augustum
auranticanol 橙花瑞香诺醇 橙花瑞香 Daphne aurantiaca
auraptin 酸橙素 酸橙 Citrus aurantium
aureol 绿豆酚 绿豆 Phaseolus aureus
aureoside 黄花盒果藤苷 黄花盒果藤 Operculina aurea
auricularic acid 水珍珠菜酸 水珍珠菜 Pogostemon auricularius
auriculasin 耳形鸡血藤素 耳形鸡血藤 Millettia auriculata
auriculatone 耳叶紫菀酮 耳叶紫菀 Aster auriculatus
auriculatoside 耳叶紫菀苷 耳叶紫菀 Aster auriculatus
auriculatusaponin 耳叶紫菀皂苷 耳叶紫菀 Aster auriculatus
auriculoside 牛皮消苷 牛皮消 Acacia auriculiformis
aurilide 耳形截尾海兔内酯 耳形截尾海兔 Dolabella auricularia
auroxanthin 堇金黄质 三色堇 Viola tricolor & 金色 auro-
austocystin 焦曲霉囊胞素 焦曲霉 Aspergillus ustus & 囊胞 cystis
austrafuran 鸡桑呋喃 鸡桑 Morus australis
australisin 鸡桑素 鸡桑 Morus australis
australone 鸡桑酮 鸡桑 Morus australis
austraone 鸡桑酚酮 鸡桑 Morus australis
austrobailignan 木兰藤木脂素 木兰藤属 Austrobaileya
austroinulin 南泽兰素 南泽兰 Austroeupatorium inulaefolium
austrospicatine 澳紫杉碱 澳紫杉 Austrotaxus spicata
averufanin 变色曲霉红宁 变色曲霉 Aspergillus versicolor
averufin 变色曲霉红素 变色曲霉 Aspergillus versicolor
avicennamine 簕欓花椒胺 簕欓花椒 Zanthoxylum avicennae
avicennin 簕欓花椒素 簕欓花椒 Zanthoxylum avicennae
avicennol 簕欓花椒醇 簕欓花椒 Zanthoxylum avicennae
avicennone 海榄雌酮 海榄雌属 Avicennia
avicenol 海榄雌醇 海榄雌属 Avicennia
avicenone 海榄雌烯酮 海榄雌属 Avicennia
avicequinone 海榄雌醌 海榄雌属 Avicennia
avicine 簕欓花椒碱 簕欓花椒 Zanthoxylum avicennae
aviculin 萹蓄素 萹蓄 Polygonum aviculare
avocadenol 鳄梨烯醇 鳄梨 Persea americana（Avocado：英名）
avocadoin 鳄梨素 鳄梨 Persea americana（Avocado：英名）

avroside 药用水八角苷 药用水八角 Gratiola officinalis（Avran：拉脱维亚名）
awabukinol 日本珊瑚树醇 日本珊瑚树 Viburnum odoratissimum var. awabuki
axillaridine 板凳果定碱 板凳果 Pachysandra axillaris
axillarin 腋生依瓦菊林素 腋生依瓦菊 Iva axillaris
axillarine 板凳果碱 板凳果 Pachysandra axillaris
axillarisine 腋花山橙碱 腋花山橙 Melodinus axillaris
axillarisinine 腋花山橙西宁 腋花山橙 Melodinus axillaris
ayamenin 鸢尾宁 鸢尾属 Iris（Ayame：日名）
ayapanin 阿牙潘泽兰素 阿牙潘泽兰 Eupatorium ayapana
azafrin 糙叶埃氏草素 糙叶埃氏草 Escobedia scabrifolia（Azafranillo：英名）
azedarachic acid 苦楝苦酸 楝（苦楝）Melia azedarach
azedararide 苦楝降内酯 楝（苦楝）Melia azedarach

B

baccatin* 浆果乌桕素 浆果乌桕 Sapium baccatum
baccatin* 浆果紫杉素 浆果紫杉 Taxus baccata
bacogenin 假马齿苋柯苷元 假马齿苋属 Bacopa
bacopaside 假马齿苋苷 假马齿苋属 Bacopa
bacoside 假马齿苋柯苷 假马齿苋属 Bacopa
bacosine 假马齿苋素 假马齿苋属 Bacopa
bacosterol 假马齿苋甾醇 假马齿苋属 Bacopa
badounoid 巴豆萜 巴豆 Croton tiglium（Badou：拼音名）
badrakemin 巴德拉阿魏素 巴德拉阿魏 Ferula badrakema
badrakemone 巴德拉阿魏酮 巴德拉阿魏 Ferula badrakema
baeckein 岗松素 岗松属 Baeckea
bahienoside 巴氏九节苷 巴氏九节 Psychotria bahiensis
baicalidine 贝加尔唐松草里定 贝加尔唐松草 Thalictrum baicalense
baicaline 贝加尔唐松草碱 贝加尔唐松草 Thalictrum baicalense
baisseoside 金平藤苷 金平藤属 Baissea
baiyumine 白柚明碱 白柚 Citrus grandis f. hakunikuyu（Baiyu：拼音名变形）
bakayanolide 楝巴卡亚内酯 楝 Melia azedarach（Bakayan Tree：英名）
balajaponin 日本蛇菰素 日本蛇菰 Balanophora japonica
balamide 印度黄皮胺 印度黄皮 Clausena indica（Balasubramaniam：人名）
balanitisin 橡果木皂苷 橡果木属 Balanites
balanoinvolin 筒鞘蛇菰素 筒鞘蛇菰 Balanophora involucrata
balansenate 禾串树烃酯 禾串树 Bridelia balansae
balapolyphorin 多蕊蛇菰素 多蕊蛇菰 Balanophora polyandra
balasubramide 印度黄皮酰胺 印度黄皮 Clausena indica（Balasubramaniam：人名）
balaxiflorin 疏花蛇菰素 疏花蛇菰 Balanophora laxiflora
balfourodine 巴福木碱 巴福木属 Balfourodendron
balfourodinium 巴福木季胺碱 巴福木属 Balfourodendron
baliospermin 斑籽素 斑籽属 Baliospermum
ballotetroside 巴洛草四糖苷 巴洛草属 Ballota
balsaminolate 凤仙花醌醇盐 凤仙花 Impatiens balsamina
balsaquinone 凤仙花醌 凤仙花 Impatiens balsamina
bambulignan 青竿竹木脂素 青竿竹 Bambusa tuldoides
bannucine 班努长春碱 长春花 Catharanthus roseus（Bannu：地名）
baptifoline 贯叶赝靛碱 贯叶赝靛 Baptisia perfoliata,
barakol 脱水铁刀木醇 铁刀木 Cassia siamea（Mbaraka：东非名）
barbacarpan 须毛猪屎豆紫檀烷 须毛猪屎豆 Crotalaria barbata
barbaline 巴比翠雀林碱 巴比翠雀花 Delphinium barbeyi
barbamide 巴巴拉鞘丝藻酰胺 巨大鞘丝藻 Lyngbya majuscula（Barbara Beach：产地）
barbapyroside 须苞石竹吡喃苷 须苞石竹 Dianthus barbatus
barbarin 山芥素 山芥属 Barbarea
barbatellarine 半枝莲灵素 半枝莲 Scutellaria barbata
barbatin 半枝莲亭素 半枝莲 Scutellaria barbata
barbatine 半枝莲亭碱 半枝莲 Scutellaria barbata
barbatinic acid; barbatic acid 须松萝酸 须松萝 Usnea barbata
barbatumol 枯里珍五月茶酚 枯里珍五月茶 Antidesma pentandrum var. barbatum
barbigerone 髯毛灰毛豆酮 髯毛灰毛豆 Tephrosia barbigera
barbinervic acid 髭脉桤叶树酸 髭脉桤叶树 Clethra barbinervis
barleriaquinone 假杜鹃醌 假杜鹃属 Barleria
barlerinoside 假杜鹃苷 假杜鹃属 Barleria
barrigenol 玉蕊精醇 玉蕊属 Barringtonia
barringtogenic acid 玉蕊皂酸 玉蕊属 Barringtonia
barringtogenol 玉蕊皂醇 玉蕊属 Barringtonia
barrinic acid 玉蕊酸 玉蕊属 Barringtonia
bartogenic acid 玉蕊精酸 玉蕊属 Barringtonia
bartsioside 巴茨草苷 巴茨草属 Bartsia
basilimoside 罗勒苷 罗勒 Ocimum basilicum
basilol 罗勒洛醇 罗勒 Ocimum basilicum
bassiacridin 白僵菌定 白僵菌 Beauveria bassiana
bassianin 白僵菌宁 白僵菌 Beauveria bassiana
bassianolide 白僵菌内酯 白僵菌 Beauveria bassiana
bassic acid 雾冰藜酸 雾冰藜属 Bassia
bataconine 细叶黄乌头宁 细叶黄乌头 Aconitum barbatum
batatifolin 薯叶假泽兰素 薯叶假泽兰 Mikania batatifolia
batatinoside 番薯亭苷 番薯 Ipomoea batatas
batatoside 番薯苷 番薯 Ipomoea batatas
batiansuanmol 巴天酸模酚 巴天酸模 Rumex patientia（Batiansuanmo：拼音名）
bauerenol; baurenol 鲍尔山油柑烯醇 鲍尔山油柑 Acronychia baueri
bauerenone 鲍尔山油柑烯酮 鲍尔山油柑 Acronychia baueri
bauhibenzofurin 羊蹄甲苯并呋喃素 羊蹄甲属 Bauhinia
bauhiniaside 羊蹄甲苷 羊蹄甲属 Bauhinia
bauhiniasin 羊蹄甲素 羊蹄甲属 Bauhinia
bauhiniastatin 羊蹄甲抑素 羊蹄甲属 Bauhinia
bauhinin 羊蹄甲宁 羊蹄甲属 Bauhinia
bauhinol 羊蹄甲酚 羊蹄甲属 Bauhinia
bauhinoxepin 羊蹄甲赛品 羊蹄甲属 Bauhinia
bauhispirorin 羊蹄甲螺环素 羊蹄甲属 Bauhinia
bavachin 补骨脂辛 补骨脂 Psoralea corylifolia（Bavachi：印名）
bavachinin 补骨脂辛宁 补骨脂 Psoralea corylifolia（Bavachi：印名）
bayarin 弯叶枣素 弯叶枣 Zizyphus incurva
bayin 栗豆树素 栗豆树 Castanospermum australe（Moreton Bay Chestnut：英名）
baynol 月桂萜醇 月桂 Laurus nobilis（Bay tree：英名）
bayogenin 栗豆树苷元 栗豆树 Castanospermum australe（Moreton Bay Chestnut：英名）
beaumontamine 清明花胺 清明花 Beaumontia grandiflora
beauverilide 白僵菌瑞内酯 白僵菌属 Beauveria
beauverolide 白僵菌洛内酯 白僵菌属 Beauveria
beishulenolide 白术烯内酯 白术 Atractylodes macrocephala（Beishu：变形拼音名）
beiwucine 北乌辛 北乌头 Aconitum kusnezoffii
beiwusine 北乌生 北乌头 Aconitum kusnezoffii
bellericagenin 毗黎勒苷元 毗黎勒 Terminalia bellirica

bellericaside 毗黎勒苷 毗黎勒 Terminalia bellirica
bellericoside 毗黎勒酯苷 毗黎勒 Terminalia bellirica
bellidioside 假雏菊苷 假雏菊 Bellium bellidioides
bellisoside 雏菊苷 雏菊属 Bellis
bellissaponin 雏菊皂苷 雏菊属 Bellis
benjaminamide 垂叶榕酰胺 垂叶榕 Ficus benjamina
bennettin 山桂花素 山桂花属 Bennettiodendron
benoside 山桂花苷 山桂花属 Bennettiodendron
benzjuglansoic acid 胡桃苯丁酸 胡桃属 Juglans
benzosimuline 苯并野花椒碱 野花椒 Zanthoxylum simulans
berchemol 勾儿茶醇 勾儿茶属 Berchemia
berchemolide 勾儿茶苷 勾儿茶属 Berchemia
berlandin 伯兰菊素 伯兰菊属 Berlandiera
bernardioside 伯氏雏菊苷 伯氏雏菊 Bellis bernardii
berneuxia saponin 岩匙皂苷 岩匙属 Berneuxia
berneuxin 岩匙素 岩匙属 Berneuxia
besarhanamide 大韩都鞘丝藻酰胺 巨大鞘丝藻 Lyngbya majuscula（Pulau Hantu Besar：产地）
besysaponin 林地雏菊皂苷 林地雏菊 Bellis sylvestris
betagarin 甜菜加灵 甜菜 Beta vulgaris
betalnoside 西桦皂苷 西桦 Betula alnoides
betavulgarin 甜菜灵 甜菜 Beta vulgaris
betmidin 扇叶桦定 扇叶桦 Betula middendorfii
betolide 药水苏托内酯 药水苏属 Betonica
betonicolide 药水苏内酯 药水苏属 Betonica
betonicoside 药水苏苷 药水苏属 Betonica
betonyoside 药水苏醇苷 药水苏属 Betonica
betulabuside 白桦新苷 白桦 Betula alba
betulactone 桦褶孔菌内酯 桦褶孔菌 Lenzites betulina
betulalbuside 白桦萜苷 白桦 Betula platyphylla
betulanonaprenol 桦九异戊烯醇 桦属 Betula
betulaplatoside 白桦醇苷 白桦 Betula platyphylla
betulatetraol 桦木四醇 桦木属 Betula
betulinan 桦褶孔菌素 桦褶孔菌 Lenzites betulina
bharangi quinone 千解草醌 千解草 Pygmaeopremna herbacea（Bharangi：印名）
bharangin 千解草精 千解草 Pygmaeopremna herbacea（Bharangi：印名）
bharanginin 千解草精宁 千解草 Pygmaeopremna herbacea（Bharangi：印名）
bicelaphanol 二聚冠叶南蛇藤醇 冠叶南蛇藤 Celastrus stephanotiifolius
bicornin 乌菱素 乌菱 Trapa bicornis
bicucullinine 比枯枯灵宁 比枯枯灵碱 bicuculline（源自兜帽花 Dicentra cucularria；此处采用常见音译）
bidenlignaside 鬼针草木脂素苷 鬼针草属 Bidens
bidenoside 鬼针草苷 鬼针草属 Bidens
bidenphytin 鬼针草叶褐素 鬼针草属 Bidens & 脱镁叶绿素（叶褐素）pheophytin
bidensmenthoside 鬼针草薄荷醇苷 鬼针草属 Bidens & 薄荷醇 menthol
bidensyneoside 鬼针草炔苷 鬼针草属 Bidens
bidentatin 二齿香科科素 二齿香科科 Teucrium bidentatum
bidentatoside 牛膝托苷 牛膝 Achyranthes bidentata
bifloratriene 双花牧羊草三烯 双花牧羊草 Capraria biflora
biflorin 全能花素 全能花 Pancratium biflorum
biformene 二型泪柏烯 二型泪柏 Dacrydium biforme
bigelovin 毕氏堆心菊素 毕氏堆心菊 Helenium bigelovii
bignonoside 美国梓苷 美国梓 Catalpa bignonioides
bikhaconine 印度乌头原碱 印度乌头 Aconitum ferox（Bikh：尼泊尔名）
bikhaconitine 印度乌头碱 印度乌头 Aconitum ferox（Bikh：尼泊尔名）
bilagrewin 长叶扁担杆素 长叶扁担杆 Grewia bilamellata
binankadsurin 日本南五味子素 日本南五味子 Kadsura japonica（Binan-kazura：日名）
biondianoside 秦岭藤苷 秦岭藤属 Biondia
biondinin 望春玉兰宁 望春玉兰 Magnolia biondii
biondinoid 望春玉兰黄酮 望春玉兰 Magnolia biondii
biorobin 刺槐二糖苷 刺槐属 Robinia
bipindogenin 比平达羊角拗苷元 羊角拗属 Strophanthus(Bipindi：地名）
bipindoside 比平达羊角拗苷 羊角拗属 Strophanthus（Bipindi：地名）
biridoside 醉鱼草环烯醚萜苷 醉鱼草属 Buddleja（为环烯醚萜苷 iridoid glycoside 类成分）
bisabolangelone 红没药当归酮 红没药烷 bisabolane & 当归属 Angelica
bisacumol 红没药姜黄莫醇 红没药烷 bisabolane & 姜黄属 Curcuma
bisacurol 红没药姜黄醇 红没药烷 bisabolane & 姜黄属 Curcuma
bisacurone 红没药姜黄酮 红没药烷 bisabolane & 姜黄属 Curcuma
bischofanin 秋枫素 秋枫属 Bischofia
bishopsolicepolide 比梢菊内酯 比梢菊 Bishopanthus soliceps
bisjaponin 双日本香茶菜素 毛叶香茶菜 Isodon japonicus（种名为产于日本之意）
bismorphine 双吗啡碱 罂粟 Papaver somniferum（原名来自睡眠之神墨菲斯 Morpheus）
bisprioterone 双红根草酮 红根草 Salvia prionitis
biyoulactone 金丝海棠内酯 金丝桃（金丝海棠）Hypericum chinense（Biyouyanagi：日名）
biyouxanthone 金丝海棠𠮿酮 金丝桃（金丝海棠）Hypericum chinense（Biyouyanagi：日名）
biyouyanagin 金丝海棠精 金丝桃（金丝海棠）Hypericum chinense（Biyouyanagi：日名）
biyouyanagiol 金丝桃螺醇 金丝桃 Hypericum chinense（Biyouyanagi：日名）
blacknidine 黑夜翠雀定 黑夜翠雀花 Delphinium elatum 'Black Night'
blacknine 黑夜翠雀碱 黑夜翠雀花 Delphinium elatum 'Black Night'
blancoic acid 兰屿红厚壳酸 兰屿红厚壳 Calophyllum blancoi
blandachromene 石蝉草色烯 石蝉草 Peperomia blanda
blazein 姬松茸素 姬松茸 Agaricus blazei
blennin 黏乳菇素 黏乳菇 Lactarius blennius
blinoside 熊胆草苷 熊胆草 Conyza blinii
blumeaene 艾纳香烯 艾纳香属 Blumea
blumeaxanthene 艾纳香𠮿烯 艾纳香属 Blumea
blumenol 布卢竹柏醇 布卢竹柏 Podocarpus blumei
bocconin 博氏邪蒿素 博氏西风芹 Seseli bocconi
bodinieriside 东紫苏瑞苷 东紫苏 Elsholtzia bodinieri
bodinin 短序鹅掌柴宁 短序鹅掌柴 Schefflera bodinieri
bodinioside 东紫苏奥苷 东紫苏 Elsholtzia bodinieri
bodinitin 短序鹅掌柴亭 短序鹅掌柴 Schefflera bodinieri
bodinone 短序鹅掌柴酮 短序鹅掌柴 Schefflera bodinieri
bodirin 短序鹅掌柴灵 短序鹅掌柴 Schefflera bodinieri
boehmenan 苎麻脂素 苎麻属 Boehmeria
boehmeriasine 束序苎麻碱 束序苎麻 Boehmeria siamensis
boehmerin 苎麻灵 苎麻属 Boehmeria

B

boehmerine 苎叶蒟灵 苎叶蒟 Piper boehmeriifolium
boerhaavic acid 黄细心酸 黄细心属 Boerhavia
boerhadiffusene 黄细心烯 黄细心 Boerhavia diffusa
boerhavisterol 黄细心甾醇 黄细心属 Boerhavia
boledulin 美味牛肝菌素 美味牛肝菌 Boletus edulis
bolegrevilol 厚环乳牛肝酚 厚环乳牛肝菌 Boletus grevillei
bolesatin 魔王牛肝菌素 细网柄牛肝菌（魔王牛肝菌）Boletus satanas
boletol 牛肝菌酚 牛肝菌属 Boletus
bolusanthin 伯鲁斯花素 伯鲁斯花属 Bolusanthus
bolusanthol 树紫藤醇 树紫藤属 Bolusanthus
bombalin 木棉林素 木棉属 Bombax
bombamalone 木棉马酮 木棉属 Bombax
bombamaloside 木棉马苷 木棉属 Bombax
bombaside 木棉苷 木棉属 Bombax
bombasin 木棉辛 木棉属 Bombax
bombaxone 木棉酮 木棉属 Bombax
bombaxquinone 木棉醌 木棉属 Bombax
bombiprenone 蚕戊烯酮 蚕属 Bombyx
bonaroside 香丝草苷 香丝草 Conyza bonariensis
bondenolide 刺果苏木烯内酯 刺果苏木 Caesalpinia bonduc
bonducellin 刺果苏木林素 刺果苏木 Caesalpinia bonducella
bonducellpin 刺果苏木素 刺果苏木 Caesalpinia bonduc
bonvalotidine 川黔翠雀定 川黔翠雀花 Delphinium bonvalotii
boonein 伯恩鸡骨常山素 伯恩鸡骨常山 Alstonia boonei
borapetol 小瘤青牛胆醇 小瘤青牛胆 Tinospora tuberculata（Borapet：泰名）
borapetoside 小瘤青牛胆苷 小瘤青牛胆 Tinospora tuberculata（Borapet：泰名）
bornesitol 婆罗胶肌醇 婆罗橡胶 Borneo rubber & 肌醇 inositol
borreriagenin 丰花草苷元 丰花草 Borreria verticillata
boschnaloside 草苁蓉醛苷 草苁蓉 Boschniakia rossica
boschnaside 草苁蓉那苷 草苁蓉 Boschniakia rossica
boscialin 博氏木林素 博氏木属 Boscia
botcinin 灰葡萄孢素 灰葡萄孢 Botrytis cinerea
bothrioclinin 沟斜菊素 沟斜菊属 Bothriocline
bothriodumin 多苞斑种草素 多苞斑种草 Bothriospermum secundum
botrydiol 香藜二醇 香藜 Chenopodium botrys
botryococcene 丛粒藻烯 丛粒藻属 Botryococcus
bougainvillein 叶子花素 叶子花属 Bougainvillea
bougracol 藤三七醇 藤三七 Boussingaultia gracilis
bourbonanol 香叶天竺葵烷醇 香叶天竺葵 Pelargonium graveolens（精油商品名称为：Geranium Bourbon Oil）
bourgeanic acid 鲍氏树花酸 鲍氏树花 Ramalina bourgeana
bourjotinolone 布约巨盘木醇酮 布约巨盘木 Flindersia bourjotiana
boussingoside 落葵薯苷 落葵薯属 Boussingaultia
bouvardin 布氏茜素 布氏茜属 Bouvardia
bovinic acid 乳牛肝菌酸 乳牛肝菌 Suillus bovinus
boviquinone 乳牛肝菌醌 乳牛肝菌 Suillus bovinus
bovolide 牛油内酯 牛 Bovine
bowdensine 鲍氏尼润花碱 鲍氏尼润花 Nerine bowdenii
bowdichione 鲍迪豆醌 鲍迪豆属 Bowdichia
brachyaconitine 短柄乌头碱 短柄乌头 Aconitum brachypodum
brachyamide 短穗胡椒胺 短穗胡椒 Piper brachystachyum
brachychromone 短枝菊色原酮 短枝菊属 Brachyclados
brachycoumarin 短枝菊香豆素 短枝菊属 Brachyclados
brachyoside 短翅黄芪苷 短翅黄芪 Astragalus brachypterus
brachystamide 短穗胡椒酰胺 短穗胡椒 Piper brachystachyum
brachystemidine 短瓣花定碱 短瓣花属 Brachystemma
brachystemin 短瓣花素 短瓣花属 Brachystemma
brachystemol 短瓣花醇 短瓣花属 Brachystemma
bracteanolide 大苞水竹叶内酯 大苞水竹叶 Murdannia bracteata
bracteatin 麦秆菊素 蜡菊（麦秆菊）Helichrysum bracteatum
bractelactone 多苞瓜馥木内酯 排骨灵（多苞瓜馥木）Fissistigma bracteolatum
bracteonin 九味一枝蒿宁 九味一枝蒿 Ajuga bracteosa
bracteosin 九味一枝蒿辛 九味一枝蒿 Ajuga bracteosa
bractic acid 九味一枝蒿酸 九味一枝蒿 Ajuga bracteosa
bractin 九味一枝蒿亭 九味一枝蒿 Ajuga bracteosa
brahmic acid 积雪草萜酸 积雪草 Centella asiatica（Brahmi：印名）
brahminoside 积雪草诺苷 积雪草 Centella asiatica（Brahmi：印名）
brahmoside 积雪草莫苷 积雪草 Centella asiatica（Brahmi：印名）
brainicin 苏铁蕨辛 苏铁蕨属 Brainea
brainoside 苏铁蕨苷 苏铁蕨属 Brainea
brasiliensic acid 巴西红厚壳酸 巴西红厚壳 Calophyllum brasiliense
brasilixanthone 巴西托沃木叫酮 巴西托沃木 Tovomita brasiliensis
brasixanthone 巴西红厚壳叫酮 巴西红厚壳 Calophyllum brasiliense
brassicanapin 欧洲油菜素 欧洲油菜 Brassica napus
brassinone 芸苔酮 芸苔属 Brassica
braylin 布雷巨盘木素 布雷巨盘木 Flindersia brayleyana
brazilide 巴西苏木内酯 苏木 Caesalpinia sappan（Brazil：英名）
brediatin 野海棠亭 野海棠属 Bredia
brefeldin 布雷青霉菌素 布雷青霉菌 Penicillium brefeldianum
bretschneiderazine 伯乐树嗪嗪 伯乐树属 Bretschneidera
bretschneideroside 伯乐树苷 伯乐树属 Bretschneidera
brevicuspisaponin 短尖冬青皂苷 短尖冬青 Ilex brevicuspis
brevilin 短叶堆心菊素 短叶堆心菊 Helenium brevifolium
brevifoliol 短叶紫杉醇 短叶紫杉 Taxus brevifolia
breviscapin 短葶仙茅素 短葶仙茅 Curculigo breviscapa
brevitaxin 短叶紫杉素 短叶紫杉 Taxus brevifolia
breynceanothanolic acid 黑面神美洲茶酸 黑面神属 Breynia & 美洲茶属 Ceanothus
breyniaionoside 黑面神香堇苷 黑面神属 Breynia
breynioside 黑面神苷 黑面神属 Breynia
brickellin 布氏菊素 布氏菊属 Brickellia
bridelionoside 土蜜树香堇苷 土蜜树属 Bridelia
bridelone 土蜜树酮 土蜜树 Formosan bridelia
bridelonine 土蜜树碱 土蜜树 Formosan bridelia
brosimacutin 尖叶饱食桑素 尖叶饱食桑 Brosimum acutirolium
brosimine 饱食桑明 饱食桑属 Brosimum
brosimone 类饱食桑酮 类饱食桑属 Brosimopsis
brosiparin 帕拉饱食桑素 帕拉饱食桑 Brosimum paraense
broussoaurone 构树橙酮 构属 Broussonetia
broussochalcone 构树查耳酮 构属 Broussonetia
broussoflavan 构树黄烷 构属 Broussonetia
broussonol 构树醇 构属 Broussonetia
broussonpapyrine 构树灵碱 构树 Broussonetia papyrifera
broussoside 构树苷 构属 Broussonetia
browniine 布朗翠雀碱 布朗翠雀花 Delphinium brownii
brownioside 野百合苷 野百合 Lilium brownii
bruceacanthinoside 鸦胆子铁屎米碱苷 鸦胆子属 Brucea & 铁屎米属 Canthium
bruceajavanin 鸦胆子宁 鸦胆子 Brucea javanica
bruceajavaninone 鸦胆子尼酮 鸦胆子 Brucea javanica
bruceajavanone 鸦胆子酮 鸦胆子 Brucea javanica
bruceanic 抗痢鸦胆子酸 抗痢鸦胆子 Brucea antidysenterica
bruceantarin 抗痢鸦胆子灵 抗痢鸦胆子 Brucea antidysenterica

bruceolline 柔毛鸦胆子碱 柔毛鸦胆子 Brucea mollis
brucojavan 鸦胆子萜烷 鸦胆子 Brucea javanica
brugnanin 木榄脂宁 木榄属 Bruguiera
bruguierin 木榄素 木榄属 Bruguiera
bruguiesulfurol 木榄硫醇 木榄属 Bruguiera
brugunin 木榄脂素 木榄属 Bruguiera
brujavanone 鸦胆子新酮 鸦胆子 Brucea javanica
brumollisol 柔毛鸦胆子醇 柔毛鸦胆子 Brucea mollis
bryoamaride 泻根阿玛苷 泻根属 Bryonia
bryoflavone 真藓黄酮 真藓属 Bryum
bryogenin 泻根苷 泻根属 Bryonia
bryononic acid 泻根酮酸 泻根属 Bryonia
bubbialidine 布比林仙定 布比林仙属 Bubbia
buchanin 古钩藤素 古钩藤 Cryptolepis buchanani
buddledone 球花醉鱼草酮 球花醉鱼草 Buddleja globosa
buddlejol 醉鱼草甾醇 醉鱼草属 Buddleja
buddlejone 醉鱼草酮 醉鱼草属 Buddleja
buddlenoid 醉鱼草黄酮 醉鱼草属 Buddleia
buddlin 醉鱼草素 醉鱼草属 Buddleja
buddlindeterpene 醉鱼草萜 醉鱼草 Buddleja lindleyana
budlein 巴德来金眼菊素 巴德来金眼菊 Viguiera buddleiaeformis
buergerinin 北玄参素 北玄参 Scrophularia buergeriana
buergeriside 北玄参苷 北玄参 Scrophularia buergeriana
bugbanoside 单穗升麻皂苷 单穗升麻 Cimicifuga simplex
bukittinggine 浆果乌桕碱 浆果乌桕 Sapium baccatum
bulbocapnine 山延胡索宁碱 山延胡索 Corydalis bulbosa
bulbocodin 独蒜兰定 独蒜兰 Pleione bulbocodioides
bulbocol 独蒜兰酚 独蒜兰 Pleione bulbocodioides
bulbodione 山延胡索二酮 山延胡索 Corydalis bulbosa
bulbophyllanthrin 石豆兰菲素 石豆兰属 Bulbophyllum
bulbophyllanthrone 石豆兰菲酮 石豆兰属 Bulbophyllum
bulbophyllinoside 石豆兰苷 石豆兰属 Bulbophyllum
bulbophythrin 石豆兰菲灵 石豆兰属 Bulbophyllum
bulgarsenine 保加利亚千里光碱 保加利亚千里光 Senecio nemorensis var. bulgaricus
bullatanocin 泡番荔枝诺辛 泡番荔枝 Annona bullata
bullatantriol 泡番荔枝三醇 泡番荔枝 Annona bullata
bullatencin 泡番荔枝烯辛 泡番荔枝 Annona bullata
bungein 臭牡丹素 臭牡丹 Clerodendrum bungei
bungeiside 白首乌苷 白首乌 Cynanchum bungei
bunkankasaponin 文冠果皂苷 文冠果 Xanthoceras sorbifolia（Bunkanka：日名）
buntanbismine 文旦双碱 文旦 Citrus maxima cv. Wentan Buntan
buntanine 文旦宁碱 文旦 Citrus grandis 'Buntan'
buntanmine 文旦明碱 文旦 Citrus maxima cv. Wentan Buntan
buntansin 文旦辛素 文旦 Citrus maxima cv. Wentan Buntan
buphanidrine 非洲箭毒草灵 非洲箭毒草属 Buphane
buphanisine 非洲箭毒草辛 非洲箭毒草属 Buphane
buplerol 柴胡洛酚 柳叶柴胡 Bupleurum salicifolium
bupleuroside 柴胡苷 柴胡属 Bupleurum
burchellin 布氏安尼樟素 布氏安尼樟 Aniba burchellii
burnamine 乳白仔榄树酯胺 乳白仔榄树 Hunteria eburnea
burrodin 驴豚草定 驴豚草 Ambrosia dumosa（Burro Weed：英名）
bursanine 布尔萨唐松草碱 小叶欧亚唐松草 Thalictrum minus var. microphyllum（Bursa：地名）
bursehernin 裂榄莲叶桐素 裂榄属 Bursera & 莲叶桐属 Hernandia
burselignan 裂榄木脂素 裂榄属 Bursera
busaliol 柳叶柴胡醇 柳叶柴胡 Bupleurum salicifolium
butyrospermol 牛油果醇 牛油果属 Butyrospermum
buxabenzamidienine 黄杨苯甲酰胺二烯宁碱 黄杨属 Buxus
buxadine 黄杨定碱 黄杨属 Buxus
buxamidine 黄杨酰胺定 黄杨属 Buxus
buxaminone 黄杨胺酮 乳突黄杨 Buxus papillosa
buxapapillinine 乳突黄杨宁碱 乳突黄杨 Buxus papillosa
buxaphylamine 小叶黄杨胺 小叶黄杨 Buxus microphylla
buxaquamarine 黄杨马灵碱 黄杨属 Buxus
buxifoliadine 酒饼簕定 酒饼簕 Atalantia buxifolia
buxifoline 黄杨叶木瓣树碱 黄杨叶木瓣树 Xylopia buxifolia
buxin 黄杨素 黄杨属 Buxus
buxinamine 黄杨胺 黄杨属 Buxus
buxiramine 黄杨拉胺 黄杨属 Buxus
buxithienine 黄杨泰烯宁 黄杨属 Buxus
buxmicrophylline 小叶黄杨碱 小叶黄杨 Buxus microphylla
buxocyclamine 黄杨环胺 黄杨属 Buxus
buxosuffrine 亚灌木黄杨碱 亚灌木黄杨 Buxus microphylla var. suffruticosa
buxoxazine 黄杨嗪 黄杨属 Buxus
buxozine 黄杨噁嗪 黄杨属 Buxus
buxpiine 黄杨品碱 黄杨属 Buxus
buxpsiine 黄杨普辛 黄杨属 Buxus
buxtauine 黄杨陶因碱 黄杨属 Buxus
byzantionoside 绵毛水苏香堇苷 绵毛水苏 Stachys byzantina

C

cabraleahydroxylactone 南美楝羟内酯 南美楝属 Cabralea
cabralealactone 南美楝内酯 南美楝属 Cabralea
cabraleone 南美楝酮 南美楝属 Cabralea
cabudine 紫堇叶唐松草碱 紫堇叶唐松草 Thalictrum isopyroides（成分名称来源不详）
cabufiline 卡布木叶碱 卡布木属 Cabucala
cacalone 蟹甲草酮 蟹甲草属 Cacalia
cachinol 凌霄醇 凌霄 Campsis chinensis
cadabicine 卡达巴碱 卡达巴属 Cadaba
cadalenal 杜松萘醛 杜松焦油 Oleum Cadinum & 萘 naphthalene
cadalene 杜松萘 杜松焦油 Oleum Cadinum & 萘 naphthalene
cadalenic acid 杜松萘酸 杜松焦油 Oleum Cadinum & 萘 naphthalene
cadambagenic acid 团花苷元酸 团花 Neolamarckia cadamba
cadambine 团花碱 团花 Neolamarckia cadamba
cadensin 密花卡瑞藤黄素 密花卡瑞藤黄 Caraipa densiflora
cadiyenol 积雪草二炔醇 积雪草属 Centella
caducinol 早落叶大戟醇 早落叶大戟 Euphorbia caducifolia
caeruine 蓝翠雀素 蓝翠雀花 Delphinium caerulum
caeruleoside 蓝果忍冬苷 蓝果忍冬 Lonicera caerulea
caeruline 蓝翠雀灵 蓝翠雀花 Delphinium caerulum
caesaldecan 十瓣云实素 十瓣云实 Caesalpinia decapetala
caesaldekarin 大云实灵 大云实 Caesalpinia major（Dekar：印尼名）
caesaljapin 日本云实素 日本云实 Caesalpinia decapetala var. japonica
caesalmin 喙荚云实素 喙荚云实 Caesalpinia minax
caesalpinianone 云实酮 云实属 Caesalpinia
caesalpinilinn 云实尼灵 云实属 Caesalpinia
caesalpinin 云实宁 云实属 Caesalpinia
caesalpinine 云实碱 云实属 Caesalpinia
caesalpinista 华南云实萜素 华南云实 Caesalpinia crista
caesalpinolide 云实内酯 云实属 Caesalpinia
caesanine 苏木宁碱 苏木属 Caesalpinia

C

caesioside 欧杞柳苷 欧杞柳 Salix caesia
caffeicin 咖啡素 咖啡属 Coffea
cagayanin 台湾肉豆蔻素 台湾肉豆蔻 Myristica cagayanensis
cagayanone 台湾肉豆蔻酮 台湾肉豆蔻 Myristica cagayanensis
cairicate 五爪金龙酯 五爪金龙 Ipomoea cairica
cairicoside 五爪金龙苷 五爪金龙 Ipomoea cairica
cajaninstilbene acid 木豆芪酸 木豆 Cajanus cajan
cajyphenol 乌蔹莓酚 乌蔹莓 Cayratia japonica
calabaxanthone 卡拉巴红厚壳呫酮 卡拉巴红厚壳 Calophyllum calaba
calactin 牛角瓜亭 牛角瓜属 Calotropis & 乳汁 Latex
calactinic acid 牛角瓜亭酸 牛角瓜属 Calotropis & 乳汁 Latex
calactinolactone 牛角瓜亭内酯 牛角瓜属 Calotropis & 乳汁 Latex
calaliukiuenoside 琉球虾脊兰苷 琉球虾脊兰 Calanthe liukiuensis
calamenal 菖蒲醛 菖蒲属 Calamus
calamenene 菖蒲烃 菖蒲 Acorus calamus
calanolide 绵毛红厚壳内酯 绵毛红厚壳 Calophyllum lanigerum
calanthoside 虾脊兰苷 虾脊兰属 Calanthe
calaphenanthrenol 虾脊兰菲酚 虾脊兰属 Calanthe
caldaphnidine 牛耳枫定碱 牛耳枫 Daphniphyllum calycinum
calendasaponin 金盏花皂苷 金盏花 Calendula officinalis
calendulaglycoside 金盏花糖苷 金盏花属 Calendula
californidine 花菱草尼定 花菱草 Eschscholzia californica
callianthaside 美花鹿蹄草苷（美花）鹿蹄草 Pyrola calliantha
callianthone 美花鹿蹄草酮（美花）鹿蹄草 Pyrola calliantha
callicarpaolide 紫珠内酯 紫珠属 Callicarpa
callicarpate 紫珠酸酯 紫珠属 Callicarpa
callicarpenal 紫珠烯醛 紫珠属 Callicarpa
callicarpenol 紫珠烯醇 紫珠属 Callicarpa
callicarpic acid 紫珠酸 紫珠属 Callicarpa
callicarposide 紫珠苷 紫珠属 Callicarpa
callilongisin 尖尾枫素 尖尾枫 Callicarpa longissima
calliphyllin 大叶紫珠素 大叶紫珠 Callicarpa macrophylla
callitrisic acid 美丽柏酸 美丽柏属 Callitris
callosin 禾叶兰素 禾叶兰 Agrostophyllum callosum
calocin 青蛇藤辛 青蛇藤 Periploca calophylla
calocinin 青蛇藤辛宁 青蛇藤 Periploca calophylla
calocoumarin 红厚壳香豆素 红厚壳 Calophyllum inophyllum
calodendrolide 丽芸木内酯 丽芸木 Calodendrum capense
calolongic acid 长叶红厚壳酸 长叶红厚壳 Calophyllum longifolium
calonysterone 月光花甾酮 月光花属 Calonyction
calophinone 红厚壳酮 红厚壳 Calophyllum inophyllum
calophyllic acid 红厚壳酸 红厚壳属 Calophyllum
calophyllumin 红厚壳素 红厚壳属 Calophyllum
calophymembranol 薄叶红厚壳酚 薄叶红厚壳 Calophyllum membranaceum
calophymembranside 薄叶红厚壳酚苷 薄叶红厚壳 Calophyllum membranaceum
calophynic acid 红厚壳尼酸 红厚壳属 Calophyllum
calopiptin 腺齿木脂素 腺齿木属 Piptocalyx
calopogonium isoflavone 毛蔓豆异黄酮 毛蔓豆属 Calopogonium
calopolyanic acid 滇南红厚壳酸 滇南红厚壳 Calophyllum polyanthum
calopolyanolide 滇南红厚壳内酯 滇南红厚壳 Calophyllum polyanthum
calotoxin 牛角瓜毒素 牛角瓜属 Calotropis
calotropin 牛角瓜素 牛角瓜属 Calotropis
calotroplupenol 牛角瓜羽扇豆醇 牛角瓜属 Calotropis
calotropone 牛角瓜酮 牛角瓜属 Calotropis
calotroposide 牛角瓜苷 牛角瓜属 Calotropis
calotropursenol 牛角瓜熊果烯醇 牛角瓜属 Calotropis
calthaxanthin 驴蹄草黄素 驴蹄草属 Caltha
calvasterone 秃马勃甾酮 秃马勃属 Calvatia
calvatic acid 秃马勃酸 秃马勃属 Calvatia
calycanthoside 夏蜡梅苷 夏蜡梅属 Calycanthus
calycine 牛耳枫钦碱 牛耳枫 Daphniphyllum calycinum
calycinoxanthone 显萼金丝桃呫酮 显萼金丝桃 Hypericum calycinum
calycinumine 牛耳枫明碱 牛耳枫 Daphniphyllum calycinum
calyciphylline 牛耳枫林碱 牛耳枫 Daphniphyllum calycinum
calycopteretin 萼翅藤亭 萼翅藤属 Calycopteris
calycopterin 萼翅藤素 萼翅藤 Calycopteris floribunda
calycopterone 萼翅藤酮 萼翅藤属 Calycopteris
calydaphninone 牛耳枫酮 牛耳枫 Daphniphyllum calycinum
calyflorenone 萼翅藤烯酮 萼翅藤 Calycopteris floribunda
calyptoside 桉酚苷 桉属 Eucalyptus
calysolin 肾叶打碗花林素 肾叶打碗花 Calystegia soldanella
calystegine 打碗花碱 打碗花属 Calystegia
calyxanthone 毛果翼核果呫酮 毛果翼核果 Ventilago calyculata
camaldulenic acid 赤桉酸 赤桉 Eucalyptus camaldulensis
camaldulensic acid 钝盖赤桉酸 钝盖赤桉 Eucalyptus camaldulensis var. obtusa
camaldulenside 赤桉苷 赤桉 Eucalyptus camaldulensis
camangeloyl acid 马缨丹当归酸 马缨丹 Lantana camara & 当归属 Angelica
camaralic acid 马缨丹酸 马缨丹 Lantana camara
camarinic acid 马缨丹尼酸 马缨丹 Lantana camara
camarinin 马缨丹宁 马缨丹 Lantana camara
camaroside 马缨丹苷 马缨丹 Lantana camara
camaryolic acid 马缨丹醚酸 马缨丹 Lantana camara
cambodianol 柬埔寨龙血树醇 柬埔寨龙血树 Dracaena cambodiana
cambogin 柬埔寨藤黄素 柬埔寨藤黄 Garcinia cambogia
camboginol 柬埔寨藤黄醇 柬埔寨藤黄 Garcinia cambogia
camelinin 亚麻荠素 亚麻荠属 Camelina
camellenodiol 山茶烯二醇 山茶属 Camellia
camelliagenin 山茶苷元 山茶属 Camellia
camellianin 山茶宁素 山茶属 Camellia
camellianoside 山茶诺苷 山茶属 Camellia
camelliatannin 山茶单宁 山茶属 Camellia
camellidin 山茶定 山茶属 Camellia
camellioside 山茶萜苷 山茶属 Camellia
camellisin 山茶萜素 山茶属 Camellia
camoensidine 卡氏豆定碱 卡氏豆属 Camoensia
camoensine 卡氏豆碱 卡氏豆属 Camoensia
camolol; kamolol 羽脉阿魏醇 羽脉阿魏 Ferula pennninervis（Kamol：英名）
camolone; kamolone 羽脉阿魏酮 羽脉阿魏 Ferula pennninervis（Kamol：英名）
campanuloside 风铃草苷 风铃草属 Campanula
campenoside 凌霄诺苷 凌霄属 Campsis
campestroside 平原龙胆苷 平原龙胆 Gentiana campestris
camphenilone 樟尼酮 樟 Cinnamomum camphora
campherenone 樟烯酮 樟 Cinnamomum camphora
campsiketalin 凌霄缩酮素 凌霄属 Campsis
campsinol 凌霄西醇 凌霄属 Campsis
campsione 凌霄酮 凌霄属 Campsis
campsiside 凌霄西苷 凌霄属 Campsis
camptacumanine 喜树宁碱 喜树 Camptotheca acuminata

camptacumotine 喜树亭碱 喜树 Camptotheca acuminata
camptosoric acid 过山蕨酸 过山蕨 Camptosorus sibiricus
camsibriside 过山蕨苷 过山蕨 Camptosorus sibiricus
canadensene 加拿大紫杉烯 加拿大紫杉 Taxus canadensis
canadine 白毛茛定 白毛茛 Hydrastis canadensis
canadinium 白毛茛定季铵碱 白毛茛 Hydrastis canadensis
canangafruiticoside 小依兰苷 小依兰 Cananga odorata var. fruticosa
canangaionoside 依兰香堇苷 依兰属 Cananga
canangaterpene 依兰萜 依兰属 Cananga
canangone 依兰酮 依兰属 Cananga
canarigenin 加那利毛地黄苷元 加那利毛地黄 Digitalis canariensis
canarione 加那利松萝酮 加那利松萝 Usnea canariensis
canarone 橄榄酮 橄榄属 Canarium
canavalioside 刀豆萜苷 刀豆属 Canavalia
canavalmine 刀豆胺 刀豆属 Canavalia
canavanine 刀豆宁碱 刀豆属 Canavalia
candibirin 白亮独活二聚素 白亮独活 Heracleum candicans
candicandiol 白毒马草二醇 白毒马草 Sideritis candicans
candicine 白毛花柱碱 白毛花柱 Trichocereus candicans
candicopimaric acid 白亮独活海松酸 白亮独活 Heracleum candicans
candidamide 葱兰酰胺 葱莲（葱兰）Zephyranthes candida
candinol 白亮独活酚 白亮独活 Heracleum candicans
candinoside 白亮独活苷 白亮独活 Heracleum candicans
canditetrarin 白亮独活四聚素 白亮独活 Heracleum candicans
canditririn 白亮独活三聚素 白亮独活 Heracleum candicans
candol 白毒马草醇 白毒马草 Sideritis candicans
canelilline 亚马逊安尼樟碱 亚马逊安尼樟 Aniba canelilla
canesceol 灰毛糖芥醇 灰毛糖芥 Erysimum canescens
canescine 灰毛萝芙木辛碱 灰毛萝芙木 Rauwolfia canescens
cangorinine 冬青叶美登木瑞宁 冬青叶美登木 Maytenus ilicifolia （Cangorosa：德名）
cangoronine 冬青叶美登木宁 冬青叶美登木 Maytenus ilicifolia （Cangorosa：德名）
canin 银灰蒿宁 银灰蒿 Artemisia cana
caniojane 大齿麻疯树烷 大齿麻疯树 Jatropha grossidentata （Canioja：印第安名）
cannabichromene 大麻色烯 大麻属 Cannabis
cannabichromeorcin 大麻色烯苔黑素 大麻属 Canabis
cannabichromeorcinic acid 大麻色烯苔黑酸 大麻属 Canabis
cannabicitran 大麻柠檬烷 大麻属 Cannabis
cannabidihydrophenanthrene 美人蕉二氢菲 美人蕉属 Cannabis
cannabidivarin 大麻二酚灵 大麻 Cannabis sativa
cannabidivarol 大麻二洛酚 大麻 Cannabis sativa
cannabielsoin 大麻别素 大麻属 Cannabis
cannabifolin 牡荆叶素 牡荆 Vitex negundo var. cannabifolia
cannabigerol 大麻香叶酚 大麻属 Cannabis
cannabigerolic acid 大麻香叶酚酸 大麻属 Cannabis
cannabiglendol 大麻格伦醇 大麻属 Cannabis（Glendora：地名）
cannabiorcichromenic acid 大麻苔黑色烯酸 大麻属 Canabis
cannabiorcicyclolic acid 大麻苔黑环酸 大麻属 Canabis
cannabiorcol 大麻苔黑酚 大麻属 Cannabis
cannabiscitrin 大麻槿素 大麻槿 Hibiscus cannabinus
cannabisin 大麻素 大麻属 Cannabis
cannabispiran 大麻螺烷 大麻属 Cannabis
cannabispiranol 大麻螺烷醇 大麻属 Cannabis
cannabitriol 大麻三醇 大麻属 Cannabis
cannabivarol 大麻洛酚 大麻 Cannabis sativa
cannflavin 大麻黄素 大麻属 Cannabis
cannogenin 印第安麻苷元 印第安麻 Apocynum cannabinum
cannogenol 印第安麻苷元醇 印第安麻 Apocynum cannabinum
canthic acid 鱼骨木酸 鱼骨木属 Canthium
canthoside 鱼骨木苷 鱼骨木属 Canthium berberidifolium
cantleyine 坎氏木碱 坎氏木属 Cantleya
cantonienol 广东蛇葡萄醇 广东蛇葡萄 Ampelopsis cantoniensis
canusesnol 辣椒倍半萜醇 辣椒 Capsicum annuum
capauridine 金紫堇定 金紫堇 Corydalis aurea
capaurimine 金紫堇明碱 金紫堇 Corydalis aurea
capaurine 金紫堇碱 金紫堇 Corydalis aurea
capaurinine 金紫堇宁 金紫堇 not found
capillaridin 茵陈蒿定 茵陈蒿 Artemisia capillaris
capillarol 茵陈蒿酚 茵陈蒿 Artemisia capillaris
capillipnin 细梗香草素 细梗香草 Lysimachia capillipes
capilliposide 细梗香草苷 细梗香草 Lysimachia capillipes
capitellataquinone 头状花耳草醌 头状花耳草 Hedyotis capitellata
capitelline 头状花耳草碱 头状花耳草 Hedyotis capitellata
capnolactone 烟叶芹内酯 烟叶芹属 Capnophyllum
cappaprenol 山柑异戊烯醇 山柑 Capparis spinosa
capparidisine 老鼠瓜辛 无叶山柑 Capparis decidua
caprarioside 牧羊草苷 牧羊草属 Capraria
capsin 黄麻素 黄麻 Corchorus capsularis
capsokarpoxanthin 辣椒蔷薇果黄质 辣椒属 Capsicum & 蔷薇果黄素 Karpoxanthin
capsugenin 黄麻素苷元 黄麻 Corchorus capsularis
carabrolactone 天名精内酯 天名精 Carpesium abrotanoides
caraganaphenol 锦鸡儿苯酚 锦鸡儿属 Caragana
caragaphenol 狭叶锦鸡儿苯酚 狭叶锦鸡儿 Caragana stenophylla
caragasinin 锦鸡儿宁 锦鸡儿 Caragana sinica
caranine 加兰砂石蒜碱 加兰砂石蒜 Ammocharis coranica
carapanaubine 卡拉帕白坚木碱 卡拉帕白坚木 Aspidosperma carapanauba
caraphenol 锦鸡儿酚 锦鸡儿属 Caragana
cararosin 红花锦鸡儿素 红花锦鸡儿 Caragana rosea
carasinaurone 锦鸡儿橙酮 锦鸡儿 Caragana sinica
carasinol 锦鸡儿西酚 锦鸡儿 Caragana sinica
carasiphenol 锦鸡儿新酚 锦鸡儿 Caragana sinica
carayensin 山核桃素 山核桃 Carya cathayensis
carbalexin 山小橘咔唑抗素 山小橘属 Glycosmis& 咔唑 carbazole & 防御素 alexin
carbazomarin 假黄皮咔唑香豆素 假黄皮 Clausena excavata
carcrisine 丝毛飞廉碱 丝毛飞廉 Carduus crispus
cardiopetalidine 心瓣翠雀定 心瓣翠雀花 Delphinium cardiopetalum
cardopatine 蓝丝菊素 蓝丝菊属 Cardopatium
carenone 假虎刺烯酮 假虎刺属 Carissa
caricaflavonol 无花果黄酮醇 无花果 Ficus carica
carinatidin 苏里南维罗蔻木定 苏里南维罗蔻木 Virola carinata （Virola surinamensis）
carinatone 苏里南维罗蔻木酮 苏里南维罗蔻木 Virola carinata （Virola surinamensis）
carinatumin 龙骨石松碱 龙骨石松 Lycopodium carinatum
carinol 刺黄果醇 刺黄果 Carissa carandas
carinoside 肋柱花苷 肋柱花 Lomatogonium carinthiacum
cariocal 毛喉鞘蕊花醛 毛喉鞘蕊花 Coleus barbatus（cardioactive：作用于心脏的）
carissanol 假虎刺醇 假虎刺属 Carissa
carmabin 加勒比鞘丝藻宾 巨大鞘丝藻 Lyngbya majuscula （Caribbean Sea：产地）
carmichaeline 乌头林碱 乌头 Aconitum carmichaelii
carnegine 巨人柱碱 巨人柱 Carnegiea gigantea

C

carnosic acid 肉质鼠尾草酸 肉质鼠尾草 Salvia carnosa
carnosiflogenin 肉花雪胆苷元 肉花雪胆 Hemsleya carnosiflora
carnosifloside 肉花雪胆苷 肉花雪胆 Hemsleya carnosiflora
carnosol 肉质鼠尾草酚 肉质鼠尾草 Salvia carnosa
carolenalin 北卡堆心菊素 堆心菊 Helenium autumnale（North Carolina：产地）
carolenalol 北卡堆心菊醇 堆心菊 Helenium autumnale（North Carolina：产地）
carolenalone 北卡堆心菊酮 堆心菊 Helenium autumnale（North Carolina：产地）
carolenin 北卡堆心菊宁 堆心菊 Helenium autumnale（North Carolina：产地）
carolignan 轻木卡罗木脂素 轻木 Ochroma lagopus（Caro：可能为人名）
caroliniaside 野老鹳草苷 野老鹳草 Geranium carolinianum
carosidine 长春柔西定 长春花 Vinca rosea
carosine 长春柔辛 长春花 Vinca rosea
carpachromene 光果巨盘木色烯 光果巨盘木 Flindersia laevicarpa
carpalasionin 毛果延命草奥宁 毛果延命草 Rabdosia lasiocarpa
carpelipine 高原天名精萜 高原天名精 Carpesium lipskyi
carpeside 烟管头草苷 烟管头草 Carpesium cernuum
carpesilipskyin 高原天名精素 高原天名精 Carpesium lipskyi
carpesiolin 天名精素 天名精属 Carpesium
carpinontriol 鹅耳枥三醇 鹅耳枥属 Carpinus
carpusin 紫檀辛 紫檀属 Pterocarpus
carriebowmide 加里博鞘丝藻酰胺 巨大鞘丝藻 Lyngbya majuscula（Carrie Bow Cay：产地）
carthamoside 红花莫苷 红花属 Carthamus
carthamosterone 鹿草甾酮 鹿草 Leuzea carthamoides
cartorimine 红花萜明 红花 Carthamus tinctorius
cartormin 红花明素 红花 Carthamus tinctorius
caruilignan 青蒿木脂素 青蒿 Artemisia carvifolia
caryatin 山核桃亭 山核桃属 Carya
caryocanolide 兰香草内酯 兰香草 Caryopteris incana
caryocanoside 兰香草醇苷 兰香草 Caryopteris incana
caryolanemagnolol 丁香烷厚朴酚 丁香 Eugenia caryophllata & 日本厚朴 Magnolia hypoleuca
caryolenol 丁香单烯醇 丁香 Eugenia caryophllata
caryophllusin 香石竹素 香石竹 Dianthus caryophyllus
caryophyllacoside 石竹考苷 石竹科 Caryophyllaceae
caryopteroside 莸酯苷 莸属 Caryopteris
caryoptinol 莸素醇 莸属 Caryopteris
caryoptoside 莸苷 莸属 Caryopteris
cascaroside 波希鼠李苷 波希鼠李 Cascara sagrada（Rhamnus purshiana）
casegravol 烈味脚骨脆醇 烈味脚骨脆 Casearia graveolens
casimirine 香肉果灵碱 香肉果属 Casimiroa
casimiroedine 香肉果定碱 香肉果 Casimiroa edulis
casimiroidine 香肉果伊定碱 香肉果属 Casimiroa
casimiroine 香肉果碱 香肉果属 Casimiroa
cassamedine 美洲无根藤定 美洲无根藤 Cassytha americana
cassameridine 美洲无根藤碱 美洲无根藤 Cassytha americana
cassiamin 铁刀木素 铁刀木 Cassia siamea
cassiaoccidentalin 望江南素 望江南 Cassia occidentalis
cassiarine 铁刀木灵碱 铁刀木 Cassia siamea
cassiatannin 肉桂鞣质 肉桂 Cinnamomum cassia
cassiferaldehyde 肉桂酚醛 肉桂 Cinnamomum cassia
cassigarol 加雷决明酚 加雷决明 Cassia garrettiana
cassiglucin 密叶决明苷 密叶决明 Cassia multijuga
cassipoureamide 卡西波红树胺 卡西波红树属 Cassipourea
cassipourol 卡西波红树醇 卡西波红树属 Cassipourea
cassyformin 无根藤素 无根藤 Cassytha filiformis
cassythic acid 无根藤酸 无根藤 Cassytha filiformis
castalagin 栗鞣精 栗属 Castanea
castamollissin 板栗鞣辛 板栗 Castanea mollissima
castanin 栗色鼠尾草素 栗色鼠尾草 Salvia castanea
castanol 栗色鼠尾草醇 栗色鼠尾草 Salvia castanea
castanolide 栗色鼠尾草内酯 栗色鼠尾草 Salvia castanea
castanopsin 锥素 锥属 Castanopsis
castanopsol 锥醇 锥属 Castanopsis
castanopsone 锥酮 锥属 Castanopsis
castaprenol 欧洲七叶树聚戊烯醇 欧洲七叶树 Aesculus hippocastanum
casuarine 藤石松灵碱 藤石松 Lycopodiastrum casuarinoides
casuarinine 藤石松宁碱 藤石松 Lycopodiastrum casuarinoides
casuarinondiol 木麻黄酮二醇 木麻黄属 Casuarina
casuglaunin 粗枝木麻黄宁 粗枝木麻黄 Casuarina glauca
catacerebroside 松苞菇脑脂苷 松苞菇属 Catathelasma
catalpin 梓素 梓属 Catalpa
cataustralin 澳红厚壳素 澳红厚壳 Calophyllum australianum
cathafiline 无根藤林碱 无根藤 Cassytha filiformis
cathafoline 长叶长春花碱 长叶长春花 Catharanthus longifolius
cathaformine 无根藤明碱 无根藤 Cassytha filiformis
catharine 长春灵碱 长春花属 Catharanthus
catharosine 长春花辛 长春花 Catharanthus roseus
cathayanin 华桑素 华桑 Morus cathayana
cathayanon 华桑酮 华桑 Morus cathayana
cathinone 巧茶酮 巧茶属 Catha
cathovaline 卵叶长春花碱 卵叶长春花 Catharanthus ovalis
cathovalinine 卵叶长春花宁碱 卵叶长春花 Catharanthus ovalis
caucalol 窃衣萜醇 窃衣 Caucalis scabra
caudacoumarin 香面叶香豆素 香面叶 Iteadaphne caudata
caudatin 尾叶牛皮消素 尾叶牛皮消 Cynanchum caudatum
caudicifolin 夹竹桃叶大戟素 夹竹桃叶大戟 Euphorbia caudicifolia
caudoside 卵萼羊角拗苷 卵萼羊角拗 Strophanthus caudatus
cauferidin; kauferidin 宽叶阿魏定 圆锥茎阿魏（宽叶阿魏）Ferula conocaula
cauferin; kauferin 宽叶阿魏素 圆锥茎阿魏（宽叶阿魏）Ferula conocaula
cauferinin 宽叶阿魏宁 圆锥茎阿魏（宽叶阿魏）Ferula conocaula
cauferoside 圆锥茎阿魏苷 圆锥茎阿魏 Ferula conocaula
caulerpine 蕨藻碱 蕨藻属 Caulerpa
caulerpinic acid 蕨藻酸 蕨藻属 Caulerpa
cauliflorin 干花豆素 干花豆 Fordia cauliflora
caulophyllogenin 葳严仙苷元 葳严仙 Caulophyllum robustum
cavidine 块茎紫堇定 块茎紫堇 Corydalis tuberosa（Corydalis cava）
cavincidine 长春文西定 长春花 Vinca rosea
cavincine 长春文辛 长春花 Vinca rosea
caviudin 巴西黑黄檀定 巴西黑黄檀 Dalbergia nigra（Caviuna：英名）
caviunin 巴西黑黄檀素 巴西黑黄檀 Dalbergia nigra（Caviuna：英名）
caylobolide 灰狼礁鞘丝藻内酯 巨大鞘丝藻 Lyngbya majuscula（Cay Lobos：产地）
ceanothanolic acid 美洲茶醇酸 美洲茶属 Ceannothus
ceanothetric 美洲茶三酸 美洲茶属 Ceannothus
cearoin 赛州黄檀素 赛州黄檀 Dalbergia cearensis

cecropiacic acid 伞树酸 伞树 Musanga cecropioides
cedeodarin 雪松达灵 雪松 Cedrus deodara
cedrelanol 洋椿醇 洋椿属 Cedrela
cedrelonelide 洋椿酮内酯 洋椿属 Cedrela
cedrelopsin 拟洋椿素 拟洋椿属 Cedrelopsis
cedrusin 雪松脂素 雪松属 Cedrus
cedrusinin 雪松脂宁 雪松属 Cedrus
celafolin 冠叶南蛇藤素 冠叶南蛇藤 Celastrus stephanotiifolius
celahin 青江藤素 青江藤 Celastrus hindsii
celahinine 青江藤碱 青江藤 Celastrus hindsii
celahypodiol 粉背南蛇藤二醇 粉背南蛇藤 Celastrus hypoleucus
celangulin 苦皮藤林素 苦皮藤 Celastrus angulatus
celapagin 灯油藤精碱 灯油藤 Celastrus paniculatus
celapanigin 灯油藤宁精碱 灯油藤 Celastrus paniculatus
celapanin 灯油藤宁碱 灯油藤 Celastrus paniculatus
celaphanol 冠叶南蛇藤醇 冠叶南蛇藤 Celastrus stephanotiifolius
celasdin 南蛇藤定 南蛇藤属 Celastrus
celastolide 南蛇藤内酯 南蛇藤属 Celastrus
celastrol 南蛇藤醇 南蛇藤属 Celastrus
celastroline 南蛇藤醇素 南蛇藤属 Celastrus
celebixanthone 西里伯黄牛木呫吨酮 西里伯黄牛木 Cratoxylum celebicum
celerin 芹灵素 旱芹 Apium graveolens（Celery：英名）
celerioside 旱芹苷 旱芹 Apium graveolens（Celery：英名）
celogenamide 青葙酰胺 青葙 Celosia argentea
celogentin 青葙亭 青葙 Celosia argentea
celorbicol 南蛇藤柯醇酯 南蛇藤 Celastrus orbiculatus
cembratriene 瑞士五针松三烯 瑞士五针松 Pinus cembra
cembrenene 瑞士五针松烯 瑞士五针松 Pinus cembra
centapicrin 百金花苦素 百金花属 Centaurium
centaurepensin 匍匐矢车菊素 匍匐矢车菊 Centaurea repens
centauriol 百金花醇 百金花属 Centaurium
centaurione 百金花酮 百金花属 Centaurium
centcyamine 矢车菊碱 矢车菊 Centaurea cyanus
centdarol 雪松达醇 雪松 Cedrus deodara
centellasapogenol 积雪草皂醇 积雪草属 Centella
centellasaponin 积雪草皂苷 积雪草属 Centella
centellicin 积雪草辛 积雪草属 Centella
centellin 积雪草素 积雪草属 Centella
centelloside 积雪草洛苷 积雪草属 Centella
centipedaic acid 石胡荽酸 石胡荽属 Centipeda
centrolobol 刺片豆醇 刺片豆属 Centrolobium
cephakicine 金线吊乌龟卡辛碱 金线吊乌龟 Stephania cephalantha
cephalancetine 贡山三尖杉碱 贡山三尖杉 Cephalotaxus lanceolata
cephalezomine 矮三尖杉明碱 矮三尖杉 Cephalotaxus harringtonia var. nana（Ezo：地名）
cephalofortuneine 三尖杉因碱 三尖杉 Cephalotaxus fortunei
cephalofortunone 三尖杉二酮碱 三尖杉 Cephalotaxus fortunei
cephalomannine 印度三尖杉碱 西双版纳粗榧（印度三尖杉）Cephalotaxus mannii
cephalotanin 三尖杉宁 三尖杉属 Cephalotaxus
cephalotine 三尖杉亭碱 三尖杉属 Cephalotaxus
cephamonine 金线吊乌龟莫宁碱 金线吊乌龟 Stephania cephalantha & 吗啡烷 morphinane
cephamorphinanine 金线吊乌龟吗啡宁碱 金线吊乌龟 Stephania cephalantha & 吗啡烷 morphinane
cephamuline 金线吊乌龟木林碱 金线吊乌龟 Stephania cephalantha & 吗啡烷 morphinane
cepharamine 金线吊乌龟胺 金线吊乌龟 Stephania cephalantha
cepharanoline 金线吊乌龟诺林碱 金线吊乌龟 Stephania cephalantha & 异喹啉 isoquinoline
cepharanthine 金线吊乌龟碱 金线吊乌龟 Stephania cephalantha
cepharatine 金线吊乌龟亭碱 金线钓乌龟 Stephania cepharantha
cephasamine 金线吊乌龟萨胺 金线钓乌龟 Stephania cepharantha
cephasugine 金线吊乌龟苏精 金线钓乌龟 Stephania cepharantha
cephatonine 金线吊乌龟酮宁碱 金线钓乌龟 Stephania cepharantha
ceplignan 肥牛树木脂素 肥牛树属 Cephalomappa
cerarvensin 卷耳素 卷耳 Cerastium arvense
ceratoside 蓝雪花苷 蓝雪花属 Ceratostigma
cerberin 海杧果素 海杧果属 Cerbera
cerberinic acid 海杧果尼酸 海杧果属 Cerbera
cercidin 连香树定 连香树属 Cercidiphyllum
cercidinin 连香树宁 连香树属 Cercidiphyllum
cerleaside 海杧果叶苷 海杧果属 Cerbera & 叶 Leaf
cermizine 垂穗石松米碱 垂穗石松 Lycopodium cernuum
cernuaside 朝鲜白头翁新苷 朝鲜白头翁 Pulsatilla cernua
cernuine 垂穗石松因碱 垂穗石松 Lycopodium cernuum
cernuole 柳叶鬼针草酚 柳叶鬼针草 Bidens cernua
cernuoside 黄花酢浆草苷 黄花酢浆草 Oxalis cernau
cesternoside 夜香树酚苷 夜香树 Cestrum nocturnum
chaboside 短小蛇根草波苷 短小蛇根草 Ophiorrhiza pumila（Chabo-inomori：日名）
chaconine 查科马铃薯碱 查科马铃薯 Solanum chacoense
chacotrioside 查科马铃薯三糖苷 查科马铃薯 Solanum chacoense
chaenomone 异木瓜酮 木瓜属 Chaenomeles
chafuroside 乌龙茶呋苷 乌龙茶 Wulongcha & 呋喃 furan
chaihunaphthone 柴胡萘酮 柴胡属 Bupleurum（Chaihu：拼音名）
chalcomoracin 查耳桑辛素 查耳酮 chalcone & 桑属 Morus
chalcononaringenin 查尔酮柑桔苷元 查尔酮 chalcone & 柑桔苷元 naringenin
chalepin 缕瓣芸香品 缕瓣芸香 Ruta chalepensis
chalinasterol 指海绵甾醇 指海绵属 Chalina
chamaecydin 扁柏定 扁柏属 Chamaecyparis
chamaedroxide 粉花香科科醚 粉花香科科 Teucrium chamaedrys
chamaejasmoside 瑞香狼毒苷 瑞香狼毒 Stellera chamaejasme
chamaemeloside 果香菊苷 果香菊 Chamaemelum nobile
chamaeneric acid 柳兰酸 柳兰属 Chamaenerion
chamigrenal 扁柏螺烯醛 扁柏属 Chamaecyparis（Greenwald：人名）
chamigrene 扁柏螺烯 扁柏属 Chamaecyparis（Greenwald：人名）
chamigrenic acid 扁柏螺烯酸 扁柏属 Chamaecyparis（Greenwald：人名）
chamigrenol 扁柏螺烯醇 扁柏属 Chamaecyparis（Greenwald：人名）
chamissarin 卡米森豚草素 卡米森豚草 Ambrosia chamissonis
chamonixin 叶腹菌素 叶腹菌属 Chamonixia
champacaine 黄兰碱 黄兰 Michelia champaca
champalin 鸡蛋花林素 鸡蛋花属 Plumeria（Champa：英名）
champalinin 鸡蛋花林宁 鸡蛋花属 Plumeria（Champa：英名）
champalinol 鸡蛋花林醇 鸡蛋花属 Plumeria（Champa：英名）
champalinone 鸡蛋花林酮 鸡蛋花属 Plumeria（Champa：英名）
changnanic acid 长梗南五味子酸 南五味子（长梗南五味子）Kadsura longipedunculata（Changnan：简化拼音名）
chanoclavine 开环麦角碱 麦角菌属 Claviceps（chano：开环之意）
chanofruticosinate 开环红花蕊木酸酯 红花蕊木 Kopsia fruticosa（chano：开环之意）
chanofruticosinic acid 开环红花蕊木酸 红花蕊木 Kopsia fruticosa（chano：开环之意）

C

chantriolide 蒟蒻薯内酯 蒟蒻薯 Tacca chantrieri
chaparrin 卡斯苦木素 卡斯苦木 Castela nicholsoni（Chaparro amargosa：墨西哥名）
chaparrinone 卡斯苦木酮 卡斯苦木 Castela nicholsoni（Chaparro amargosa：墨西哥名）
chaparrolide 卡斯苦木内酯 卡斯苦木 Castela nicholsoni（Chaparro amargosa：墨西哥名）
chapelieric acid 蔡帕里红厚壳酸 蔡帕里红厚壳 Calophyllum chapelleri
chaplupyrrolidone 假蒟吡咯酮 假蒟 Piper sarmentosum（Chaplu：泰名）
charminarone 查米纳银胶菊酮 银胶菊 Parthenium hysterophorus（Charminar：印度古建筑名）
chebulagic acid 诃子精酸 诃子 Terminalia chebula
chebulinic acid 诃子尼酸 诃子 Terminalia chebula
chebuloside 诃子苷 诃子 Terminalia chebula
chebupentol 诃子五醇 诃子 Terminalia chebula
cheilanthone 碎米蕨酮 碎米蕨属 Cheilosoria
cheiranthoside 小花糖芥苷 小花糖芥 Erysimum cheiranthoides
chellespontine 赫勒飞燕草亭碱 赫勒飞燕草 Consolida hellespontica
chenoalbicine 灰藜辛 藜（灰藜）Chenopodium album
chenoalbuside 灰藜苷 藜（灰藜）Chenopodium album
chenopanone 藜烷酮 藜属 Chenopodium
chenopodienolone 藜二烯醇酮 藜属 Chenopodium
chenopodiol 藜二醇 藜属 Chenopodium
chenopodoside 藜苷 藜属 Chenopodium
chenopotetraol 藜四醇 藜属 Chenopodium
chenopotriol 藜三醇 藜属 Chenopodium
chestnutamide 栗酰胺 板栗 Castanea mollissima（Chestnut：英名）
chettaphanin 白大凤素 白大凤 Cladogynos orientalis var. tonkinensis（Chettaphangkhi：泰名）
chicanin; chicanine 中加五味子宁 五味子属 Schisandra（China & Canada：合作方）
chiisanogenin 智异山五加苷元 智异山五加 Acanthopanax chiisanensis
chiisanoside 智异山五加苷 智异山五加 Acanthopanax chiisanensis
chikusaikoside 竹柴胡苷 竹柴胡 Chiku-saiko（日本生药名；基源不详）
chilenine 智利小檗碱 岩高兰叶小檗 Berberis empetrifolia（Chile：产地）
chilianoside 马尾树皂苷 马尾树 Rhoiptelea chiliantha
chilianthin 马尾树素 马尾树 Rhoiptelea chiliantha
chimonamidine 蜡梅米定 蜡梅属 Chimonanthus
chinenciside; chinenicside 中华青荚叶苷 中华青荚叶 Helwingia chinensis
chinenol 中华青荚叶醇 中华青荚叶 Helwingia chinensis
chinensin 华南远志素 华南远志 Polygala chinenesis
chinensiol 圆柏萜醇 圆柏 Juniperus chinensis
chinentaxunin 中国紫杉宁 红豆杉（中国紫杉）Taxus chinensis
chinesin 金丝桃萜素 金丝桃 Hypericum monogynum
chinexanthone 金丝桃新𫭢酮 金丝桃 Hypericum chinense
chingchengenamide 青城细辛酰胺 青城细辛 Asarum chingchengense
chionaeoside 雪指甲草苷 雪指甲草 Paronychia chionaea
chionoside 雪赫柏苷 雪赫柏属 Chionohebe
chipericumin 金丝海棠素 金丝桃（金丝海棠）Hypericum chinense（Biyouyanagi：日名）
chiratenol 印度獐牙菜烯醇 印度獐牙菜 Swertia chirata
chiricanin 奇里卡那矛果豆素 奇里卡那矛果豆 Lonchocarpus chiricanus
chiritoside 唇柱苣苔苷 唇柱苣苔属 Chirita
chitanone 白花丹萘酮 白花丹 Plumbago zeylanica（Chita：印名）
chitosenine 蓬莱葛宁碱 蓬莱葛 Gardneria multiflora（Chitose kazura：日名）
chloculol 氯化千里香醇 千里香 Murraya paniculata
chlojaponilactone 日本金粟兰新内酯 银线草（日本金粟兰）Chloranthus japonicus
chlomultin 多穗金粟兰素 多穗金粟兰 Chloranthus multistachys
chlorabietol 金粟兰冷杉醇 金粟兰属 Chloranthus & 冷杉属 Abies
chloracoumarin 金粟兰香豆素 金粟兰属 Chloranthus
chloraeudolide 金粟兰桉内酯 金粟兰属 Chloranthus & 桉属 Eucalyptus
chlorafortulide 丝穗金粟兰内酯 丝穗金粟兰 Chloranthus fortunei
chlorahololide 全缘金粟兰内酯 全缘金粟兰 Chloranthus holostegius
chlorajapolide 日本金粟兰内酯 银线草（日本金粟兰）Chloranthus japonicus
chlorajaponilide 日本金粟兰尼内酯 银线草（日本金粟兰）Chloranthus japonicus
chlorajaponol 日本金粟兰醇 银线草（日本金粟兰）Chloranthus japonicus
chlorajaposide 日本金粟兰苷 银线草（日本金粟兰）Chloranthus japonicus
chloramultilide 多穗金粟兰萜酯 多穗金粟兰 Chloranthus multistachys
chloranerectuslactone 鱼子兰新内酯 鱼子兰 Chloranthus erectus
chloranoside 金粟兰诺苷 金粟兰属 Chloranthus
chloranthalic acid 金粟兰酸 金粟兰属 Chloranthus
chloranthatone 金粟兰酮 金粟兰属 Chloranthus
chlorantholide 鱼子兰内酯 鱼子兰 Chloranthus erectus
chloranthone 鱼子兰酮 鱼子兰 Chloranthus erectus
chlorasessilifol 四川金粟兰二聚醇 四川金粟兰 Chloranthus sessilifolius
chlospicate 金粟兰倍半萜 金粟兰 Chloranthus spicatus
chondrillasterol 鸡肝海绵甾醇 鸡肝海绵 Chondrilla nucula
chondrillasterone 鸡肝海绵甾酮 鸡肝海绵 Chondrilla nucula
chrestifoline 豆叶九里香科林碱 豆叶九里香 Murraya euchrestifolia
chrobisiamone 铁刀木二色酮 铁刀木 Senna siamea
chromolaevanedione 光滑飞机草二酮 光滑飞机草 Chromolaena laevigata
chrysaibol 黄瘤孢肽氨醇 黄瘤孢菌 Sepedonium chrysospermum & 肽氨醇 peptaibol
chrysanin 菊宁 菊属 Chrysanthemum
chrysanthemolide 菊状千里光内酯 菊状千里光 Senecio chrysanthemoides
chrysanthemumin 野菊花素 野菊 Chrysanthemum indicum（野菊花：生药名）
chrysanthemumol 野菊花莫醇 野菊 Chrysanthemum indicum（野菊花：生药名）
chrysantherol 野菊花洛醇 野菊 Chrysanthemum indicum（野菊花：生药名）
chrysartemin 菊蒿明素 菊属 Chrysanthemum & 蒿属 Artemisia
chrysatropic acid 颠茄黄酸 颠茄 Atropa belladonna
chrysosporide 黄瘤孢肽 黄瘤孢菌 Sepedonium chrysospermum
chrysothol 金灌菊醇 金灌菊属 Chrysothamnus
chrysothrone 大黄蒽酮 大黄酸 chrysophanic acid
chrysotricine 金毛耳草碱 金毛耳草 Hedyotis chrysotricha

chuanxiongdiolide 川芎二内酯 川芎 Ligusticum sinense 'Chuanxiong'
chubularisin 麻楝素 麻楝 Chukrasia tabularis
chuchuhuanine 抖背美登木宁碱 抖背美登木 Maytenus chuchuhuasca
chukrasine 麻楝拉辛 麻楝属 Chukrasia
chukrasone 麻楝素酮 麻楝 Chukrasia tabularis
chuktabrin 麻楝伯灵 麻楝 Chukrasia tabularis
chuktabularin 麻楝拉灵 麻楝 Chukrasia tabularis
chukvelutilide 毛麻楝内酯 毛麻楝 Chukrasia tabularis var. velutina
chukvelutin 毛麻楝素 毛麻楝 Chukrasia tabularis var. velutina
chunganenol 东南葡萄酚 东南葡萄 Vitis chunganensis
cibarian 食用黄芪素 食用黄芪 Astragalus cibarius
cibaric acid 鸡油菌酸 鸡油菌 Cantharellus cibarius
cibotiglycerol 金毛狗甘油 金毛狗 Cibotium barometz
cibotinoside 金毛狗诺苷 金毛狗 Cibotium barometz
cibotiumbaroside 金毛狗苷 金毛狗 Cibotium barometz
cicerarietinuoside 鹰嘴豆苷 鹰嘴豆 Cicer arietinum
cichoralexin 菊苣抗毒素 菊苣属 Cichorium
cichoridiol 菊苣二醇 菊苣属 Cichorium
cichosterol 菊苣甾醇 菊苣属 Cichorium
cichotyboside 菊苣替苷 菊苣 Cichorium intybus
ciguatoxin 海螺毒素 皮加海螺 Turbo pica（Cigua：西班牙名）
ciliatoside 缘毛爵床苷 缘毛爵床 Justicia ciliata
cilicione 西里西亚百里香酮 西里西亚百里香 Thymus cilicicus
cilinaphthalide 缘毛爵床萘内酯 缘毛爵床 Justicia ciliata
cimicifoetiside 西麻次苷 西麻苷 Cimifoetiside
cimicifol 升麻次醇 升麻属 Cimicifuga
cimicifugadine 升麻定 升麻属 Cimicifuga
cimicifugic acid 升麻酸 升麻属 Cimicifuga
cimicigenoside 升麻皂苷 升麻属 Cimicifuga
cimidahurine 兴安升麻灵 兴安升麻 Cimicifuga dahurica
cimidahurinine 兴安升麻宁 兴安升麻 Cimicifuga dahurica
cimidahuside 兴安升麻苷 兴安升麻 Cimicifuga dahurica
cimifetidanol 升麻诺醇 升麻 Cimicifuga foetida
cimifetidanoside 升麻诺醇苷 升麻 Cimicifuga foetida
cimifoside 升麻佛苷 升麻 Cimicifuga foetida
cimigoside; cimigenoside 升麻醇苷 升麻属 Cimicifuga
cimiracemoside 总状升麻苷 总状升麻 Cimicifuga racemosa
cimiside 升麻密苷 升麻属 Cimicifuga
cimisterol 升麻甾醇 升麻属 Cimicifuga
cinamodiol 楝二醇 楝 Melia azedarach（Cinnamon：比利时名）
cinchonamine 金鸡纳胺 金鸡纳属 Cinchona
cinchonanine 金鸡纳宁 金鸡纳属 Cinchona
cinchonine 金鸡纳碱 金鸡纳属 Cinchona
cinchoninone 金鸡纳酮 金鸡纳属 Cinchona
cinchophyllamine 金鸡纳叶胺 金鸡纳属 Cinchona & 叶 Phyllum
cinchophylline 金鸡纳叶碱 金鸡纳属 Cinchona & 叶 Phyllum
cinnabarine 朱红栓菌碱 朱红栓菌 Trametes cinnabarina
cinnabarinic acid 朱红栓菌酸 朱红栓菌 Trametes cinnabarina
cinnacaside 肉桂卡苷 肉桂 Cinnamomum cassia
cinnacasol 肉桂卡醇 肉桂 Cinnamomum cassia
cinnacasside 肉桂卡斯苷 肉桂 Cinnamomum cassia
cinnacassiol 肉桂卡斯醇 肉桂 Cinnamomum cassia
cinnamolaurine 樟灵碱 樟属 Cinnamomum & 樟科 Lauraceae
cinnamolide 合瓣樟 合瓣樟属 Cinnamosma
cinnamomumolide 肉桂内酯 肉桂 Cinnamomum cassia
cinnamonol 肉桂诺醇 肉桂 Cinnamomum cassia
cinnaretamine 土樟胺 土樟 Cinnamomum reticulatum
cinnatriacetin 桂皮酰三乙炔素 桂皮酸 cinnamic acid & 三乙炔 triacetylene
cipadessalide 浆果楝内酯 浆果楝属 Cipadessa
cipadonoid 灰毛浆果楝萜 灰毛浆果楝 Cipadessa cinerascens
cipaferen 浆果楝烯 浆果楝 Cipadessa baccifera
cipatrijugin 浆果老虎楝素 浆果楝属 Cipadessa & 老虎楝 Heynea trijuga
circinasine 拳距瓜叶乌头碱 拳距瓜叶乌头 Aconitum hemsleyanum var. circinatum
cireneol 蓟烯醇 蓟属 Cirsium
cirrhopetalanthrin 卷瓣兰菲素 卷瓣兰属 Cirrhopetalum
cirsilineol 线叶蓟尼酚 线叶蓟 Cirsium lineare
cirsiliol 线叶蓟酚 线叶蓟 Cirsium lineare
cirsiumaldehyde 蓟醛 蓟属 Cirsium
ciryneol 蓟炔醇 蓟属 Cirsium
ciryneone 蓟炔酮 蓟属 Cirsium
cissacapine 好望角锡生藤碱 好望角锡生藤 Cissampelos capensis
cissaglaberrimine 光滑锡生藤明碱 光滑锡生藤 Cissampelos glaberrima
cissogenin 通光藤西索苷元 通光藤 Marsdenia tenacissima
cistansinenside 沙苁蓉苷 沙苁蓉 Cistanche sinensis
cistansinensose 沙苁蓉低聚糖 沙苁蓉 Cistanche sinensis
cistantubulose 管花肉苁蓉糖 管花肉苁蓉 Cistanche tubulosa
cistocardin 大花蒺藜强心苷 大花蒺藜 Tribulus cistoides
citbismine 葡萄柚双碱 葡萄柚 Citrus paradisi
citramine 柑橘明 柑橘属 Citrus
citreoanthrasteroid 黄绿青霉蒽甾 黄绿青霉 Penicillium citreo-viride
citreorosein 红紫青霉素 红紫青霉 Penicillium roseo-purpureum
citrifolinin 海滨木巴戟宁 海滨木巴戟 Morinda citrifolia
citrifolinoside 海滨木巴戟诺苷 海滨木巴戟 Morinda citrifolia
citriodorin 柠檬桉灵 柠檬桉 Eucalyptus citriodora
citromitin 四季橘素 四季橘 Citrus mitis
citropone 柑橘酮 柑橘属 Citrus
citrusamine 柑橘胺 柑橘属 Citrus
citrusol 柑橘醇 柑橘属 Citrus
citrusoside 柑橘奥苷 柑橘属 Citrus
cladimarin 假黄皮双香豆素 假黄皮属 Clausena
cladonioidesin 金丝刷素 金丝刷 Lethariella cladonioides
cladrin 香槐灵 香槐属 Cladrastis
claucavatin 假黄皮瓦亭素 假黄皮 Clausena excavata
clauexcavatin 假黄皮亭素 假黄皮 Clausena excavata
claulansine 黄皮辛碱 黄皮 Clausena lansium
clausamide 黄皮新酰胺 黄皮 Clausena lansium
clausantalene 黄皮檀香烯 黄皮属 Clausena & 檀香烯 santalene
clausarin 黄皮灵素 黄皮属 Clausena
clausarinol 黄皮香豆醇 黄皮属 Clausena
clausenaexcavin 假黄皮文 假黄皮 Clausena excavata
clausenain 黄皮素 黄皮属 Clausena
clausenalansimin 黄皮西明 黄皮 Clausena lansium
clausenamine 黄皮明碱 黄皮属 Clausena
clausenaquinone 假黄皮喹诺酮碱 假黄皮属 Clausena
clausenarin 黄皮纳灵 黄皮属 Clausena
clausenatine 假黄皮亭纳亭碱 假黄皮属 Clausena
clausenidin 黄皮尼定 黄皮属 Clausena
clausenidinaric acid 黄皮尼定酸 黄皮属 Clausena
clausenin 黄皮宁 黄皮属 Clausena
clausenlactam 黄皮内酰胺 黄皮属 Clausena
clausenolide 黄皮诺内酯 黄皮属 Clausena
clausevatine 假黄皮瓦亭碱 假黄皮 Clausena excavata

C

clausindin 印度黄皮素 印度黄皮 Clausena indica
clauslactone 黄皮内酯 黄皮属 Clausena
claussequinone 克氏环裂豆醌 克氏环裂豆 Cyclobium clausseni
clauszoline 黄皮唑灵 黄皮属 Clausena
clavatine 东北石松碱 东北石松 Lycopodium clavatum
clavatol 东北石松醇 东北石松 Lycopodium clavatum
clavilactone 棒柄杯伞内酯 棒柄杯伞 Clitocybe clavipes
clavolonine 东北石松洛宁 东北石松 Lycopodium clavatum
clavorubin 麦角红素 麦角菌属 Claviceps
clavoxanthin 麦角黄辛 麦角菌属 Claviceps
cleidbrevoid 棒柄花萜素 棒柄花 Cleidion brevipetiolatum
cleistanthol 闭花木醇 闭花木属 Cleistanthus
cleistopholine 闭盔木碱 闭盔木属 Cleistopholis
clemahexapetoside 棉团铁线莲苷 棉团铁线莲 Clematis hexapetala
clemaphenol 铁线莲酚 铁线莲属 Clematis
clemastanoside 直铁线莲苷 直立铁线莲 Clematis stans
clematangoside 甘青铁线莲皂苷 甘青铁线莲 Clematis tangutica
clematernoside 三叶铁线莲苷 三叶铁线莲 Clematis ternifolia
clematibetoside 西藏铁线莲皂苷 西藏铁线莲 Clematis tibetana
clematichinenol 威灵仙酚 威灵仙 Clematis chinensis
clematichinenoside 威灵仙苷 威灵仙 Clematis chinensis
clematiganoside 扬子铁线莲苷 扬子铁线莲 Clematis ganpiniana
clematiunicinoside 柱果铁线莲苷 柱果铁线莲 Clematis uncinata
clematochinenoside 威灵仙新苷 威灵仙 Clematis chinensis
clematomandshurica saponin 东北铁线莲皂苷 东北铁线莲 Clematis mandshurica
clemoarmanoside 小木通诺苷 小木通 Clematis armandii
clemochinenoside 铁线莲内酯苷 铁线莲 Clematis chinensis
clemomandshuricoside 东北铁线莲酚苷 东北铁线莲 Clematis mandshurica
clemomanshurinane 东北铁线莲脂素 东北铁线莲 Clematis mandshurica
clemontanoside 绣球藤苷 绣球藤 Clematis montana
cleogynol 白花菜醇 白花菜 Cleome gynandra
cleomeprenol 白花菜聚戊烯醇 白花菜属 Cleome
cleomiscosin 黄花草素 黄花草 Cleome viscosa
cleosandrin 黄花草灵 黄花草 Cleome icosandra
cleospinol 醉蝶花醇 醉蝶花 Cleome spinosa
clepogenin 马利筋坡苷元 马利筋属 Asclepias
clerobungin 臭牡丹精 臭牡丹 Clerodendrum bungei
clerodadienol 赪桐二烯醇 大青属（赪桐属）Clerodendrum
clerodendiod 赪桐酚胺 大青属（赪桐属）Clerodendrum
clerodendranoic acid 肾茶酸 肾茶属 Clerodendranthus
clerodendranthuside 肾茶苷 肾茶属 Clerodendranthus
clerodendrin 赪桐素 大青属（赪桐属）Clerodendrum
clerodendrone 赪桐酮 大青属（赪桐属）Clerodendrum
clerodendronin 赪桐宁 大青属（赪桐属）Clerodendrum
clerodendronoside 赪桐诺苷 大青属（赪桐属）Clerodendrum
clerodenone 赪桐烯酮 大青属（赪桐属）Clerodendrum
clerodermic acid 苦郎树酸 苦郎树 Clerodendrum inerme
clerodinin 赪桐定宁 大青属（赪桐属）Clerodendrum
clerodolone 赪桐醇酮 大青属（赪桐属）Clerodendrum
clerodone 赪桐杜酮 大青属（赪桐属）Clerodendrum
cleroserroside 三对节洛苷 三对节 Clerodendrum serratum
clerspide 猫须草苷 肾茶（猫须草）Clerodendranthus spicatus
clethroidoside 矮桃苷 矮桃 Lysimachia clethroides
cleyeratannin 红淡比鞣质 红淡比属 Cleyera
clintonioside 七筋菇苷 七筋菇属 Clintonia
clionasterol 穿贝海绵甾醇 穿贝海绵属 Cliona
clitocine 杯伞碱 杯伞属 Clitocybe
clitoriacetal 蝶豆缩醛 蝶豆属 Clitoria
cliviaaline 君子兰阿林碱 君子兰属 Clivia
cliviahaksine 君子兰哈克碱 君子兰属 Clivia
cliviamartine 君子兰玛亭 君子兰属 Clivia
cliviasindhine 君子兰西定 君子兰属 Clivia
cliviasine; cliviasin 君子兰辛 君子兰属 Clivia
clivisyaline 君子兰西亚碱 君子兰属 Clivia
clivonidine 君子兰尼定 君子兰属 Clivia
clovamide 红车轴草酰胺 红车轴草 Trifolium pratense（Red clover：英名）
clovanedunnianol 丁子香烷红花八角酚 丁香 Eugenia caryophllata（Clove：英名）& 红花八角 Illicium dunnianum
clovanemagnolol 丁子香烷厚朴酚 丁香 Eugenia caryophllata（Clove：英名）& 日本厚朴 Magnolia hypoleuca
cloversaponin 白车轴草皂苷 白车轴草 Trifolium repens（White clover：英名）
clovin 白花草木犀素 白花草木犀 Melilotus alba
clusianone 猪胶树酮 猪胶树属 Clusia
clusin 克氏胡椒脂素 克氏胡椒 Piper clusii
cneorin 尼奥木素 尼奥木属 Cneorum
cnidicin 蛇床辛 蛇床属 Cnidium
cnidimarin 蛇床香豆素 蛇床属 Cnidium
cnidimol 蛇床酮醇 蛇床属 Cnidium
cnidimonal 蛇床醛 蛇床属 Cnidium
cnidimoside 蛇床酮醇苷 蛇床属 Cnidium
cnidiol 蛇床醇 蛇床属 Cnidium
coccilignan 绯红南五味子木脂素 黑老虎（绯红南五味子）Kadsura coccinea
coccineone 绯红黄细心酮 绯红黄细心 Boerhaavia coccinea
coccinilactone 绯红南五味子内酯 黑老虎（绯红南五味子）Kadsura coccinea
coccinone 绯红南五味子酮 黑老虎（绯红南五味子）Kadsura coccinea
cocclafine 衡州乌药芬碱 衡州乌药 Cocculus laurifolius
coccoline 樟叶木防己灵 樟叶木防己 Cocculus laurifolius
coccudienone 衡州乌药艾酮 衡州乌药 Cocculus laurifolius
cocculitinine 衡州乌药替宁 衡州乌药 Cocculus laurifolius
cocculolidine 木防己里定 木防己属 Cocculus
coccuorbiculatine 木防己亭 木防己 Cocculus orbiculatus
coccutrine 木防己春碱 木防己属 Cocculus
coccuvinine 衡州乌药维宁 衡州乌药 Cocculus laurifolius
cochinchinol 构棘酚 构棘 Cudrania cochinchinensis
cochinchinone 黄牛茶酮 黄牛木（黄牛茶）Cratoxylum cochinchinense
cochinchinoxanthone 黄牛茶新吅酮 黄牛木（黄牛茶）Cratoxylum cochinchinense
cochinchiside 天料木酚苷 天料木 Homalium cochinchinense
cochinensoxanthone 黄芽木吅酮 黄牛木（黄芽木）Cratoxylum cochinchinense
cochinin 木鳖子蛋白 木鳖子 Momordica cochinchinensis
cochinolide 天料木内酯 天料木 Homalium cochinchinense
cochinxanthone 黄牛茶吅酮 黄牛木（黄牛茶）Cratoxylum cochinchinense
cochliophilin 螺卷丝囊霉素 螺卷丝囊霉 Aphanomyces cochlioides
coclobine 木防己宾碱 木防己属 Cocculus
cocosamide 可可鞘丝藻酰胺 巨大鞘丝藻 Lyngbya majuscula（Cocos Lagoon：产地）
cocsoline 垂木防己灵 垂木防己 Cocculus pendulus

cocsuline 垂木防己碱 垂木防己 Cocculus pendulus
coculine 木防己灵 木防己属 Cocculus
codonolaside 轮叶党参苷 羊乳（轮叶党参）Codonopsis lanceolata
codotubulosine 管花党参碱 管花党参 Codonopsis tubulosa
coelobillardierine 比氏穴果木碱 比氏穴果木 Coelospermum billardieri
coeloginin 贝母兰宁素 贝母兰属 Coelogyne
coetsoidin 细锥香茶菜定 细锥香茶菜 Rabdosia coetsoides
coflodiol 金盏花萜二醇 金盏花 Calendula officinalis
coixlactam 薏苡内酰胺 薏苡属 Coix
coixspirolactam 薏苡螺内酰胺 薏苡属 Coix
colartin 岩生三裂蒿亭 岩生三裂蒿 Artemisia tripartita subsp. rupicola
colchiside 波斯常春藤苷 波斯常春藤 Hedera colchica
colebrin 腺茉莉素 腺茉莉 Clerodendrum colebrookianum
colebroside 腺茉莉苷 腺茉莉 Clerodendrum colebrookianum
coleol 鞘蕊花醇 鞘蕊花属 Coleus
coleon 鞘蕊花酮 鞘蕊花属 Coleus
coleonol 鞘蕊花诺醇 鞘蕊花属 Coleus
coleonone 鞘蕊花诺酮 鞘蕊花属 Coleus
coleosol 鞘蕊花索醇 鞘蕊花属 Coleus
colladonin 克拉顿芹素 克拉顿芹属 Colladonia
collatilic acid 聚岛衣酸 聚岛衣 Cetraria collata
collinsogenin 石根草苷元 石根草属 Collinsonia
collinsonidin 二蕊紫苏定 二蕊紫苏属 Collinsonia
colocasinol 芋醇 芋属 Colocasia
colorenone 色假林仙烯酮 色假林仙 Pseudowintera colorata
colquhounoid 火把花萜 火把花 Colquhounia coccinea var. mollis
colubrin 蛇藤素 蛇藤属 Colubrina
colubrine 蛇形马钱碱 蛇形马钱 Lignum colubrinum（Strychnos colubrina）
colubrinic acid 蛇藤酸 蛇藤属 Colubrina
columbaridione 哥伦鼠尾草二酮 哥伦鼠尾草 Salvia columbariae
columbianadin 哥伦比亚狭缝芹定 哥伦比亚狭缝芹 Lomatium columbianum
columbianetin 哥伦比亚狭缝芹亭 哥伦比亚狭缝芹 Lomatium columbianum
columbianine 哥伦比亚乌头碱 哥伦比亚乌头 Aconitum columbianum
columbianoside 哥伦比亚狭缝芹苷 哥伦比亚狭缝芹 Lomatium columbianum
columbidine 哥伦比亚乌头定 哥伦比亚乌头 Aconitum columbianum
columbin 非洲防己素 非洲防己 Jateorhiza palmata（Colombo：英名）
columbionetin 哥伦比亚狭缝芹醇 哥伦比亚狭缝芹 Lomatium columbianum
colupox 合酒花苦素 啤酒花 Humulus lupulus
comanthoside 绵穗苏苷 绵穗苏属 Comanthosphace
comaruman 沼委陵菜多糖 沼委陵菜属 Comarum
comastomasaponin 喉毛花皂苷 喉毛花属 Comastoma
comastomaxanthone 喉毛花呫酮 喉毛花属 Comastoma
combreglucoside 风车子葡萄糖苷 风车子属 Combretum
combrequinone 风车子醌 风车子属 Combretum
combretastatin 风车子抑素 风车子属 Combretum
communal 欧洲刺柏醛 欧洲刺柏 Juniperus communis
communic acid 欧洲刺柏酸 欧洲刺柏 Juniperus communis
communin 金发藓宁 金发藓 Polytrichum commune
communol 面包树酚 面包树 Artocarpus communis
comosidine 簇毛石冬青定碱 簇毛石冬青 Phelline comosa
comosimine 簇毛石冬青明碱 簇毛石冬青 Phelline comosa
comosine 簇毛石冬青碱 簇毛石冬青 Phelline comosa
compactin 短密青霉素 短密青霉 Penicillium brevicompactum
compactinervine 密脉白坚木碱 密脉白坚木 Aspidosperma compactinervium
complanadine 扁枝石松定碱 扁枝石松 Diphasiastrum complanatum
complanatumol 扁枝石松醇 扁枝石松 Diphasiastrum complanatum
compressanolide 台湾含笑内酯 台湾含笑 Michelia compressa
conamine 止泻木那胺 止泻木 Wrightia antidysenterica（Conessi：英名）
conchasin 孔乔斯银胶菊素 密接银胶菊 Parthenium confertum（Conchos：产地）
concinnoside 藤金合欢诺苷 藤金合欢 Acacia concinna
condelphine; coldephnine 易混翠雀碱 易混翠雀花 Delphinium confusum
condurango 南美牛奶藤酯 南美牛奶藤 Gonolobus condurango
condurangoside 南美牛奶藤苷 南美牛奶藤 Marsdenia condurango
conduritol 南美牛奶藤醇 南美牛奶藤 Marsdenia condurango
condylocarpine 膝果双喙木碱 膝果双喙木 Diplorrhynchus condylocarpon
conessidine 止泻木西定 止泻木 Holarrhena antidysenterica（Conessi：英名）
conessimine 止泻木西明 止泻木 Holarrhena antidysenterica（Conessi：英名）
conessine 止泻木奈辛 止泻木 Holarrhena antidysenterica（Conessi：英名）
conferdione 圆锥茎阿魏二酮 圆锥茎阿魏 Ferula conocaula
conferin 圆锥茎阿魏素 圆锥茎阿魏 Ferula conocaula
conferol 圆锥茎阿魏醇 圆锥茎阿魏 Ferula conocaula
conferone 圆锥茎阿魏酮 圆锥茎阿魏 Ferula conocaula
conferoside 圆锥茎阿魏酮苷 圆锥茎阿魏 Ferula conocaula
confertifolin 密叶林仙素 密叶林仙 Drimys winteri var. confertifolia
confluentin 地花菌素 地花菌 Albatrellus confluens
confusoside 南岭山矾苷 南岭山矾 Symplocos confusa
congmuyaglycoside 楤木芽糖苷 楤木 Aralia chinensis（Congmuya：拼音名）
conhydrine 毒参羟碱 毒参属 Conium
conhydrinone 毒参酮碱 毒参属 Conium
conicaoside 肿柄雪莲苷 肿柄雪莲 Saussurea conica
coniceine 毒参亚胺碱 毒参 Conium maculatum
coniferinoside 松柏诺苷 松柏类 Conifer
coniine 毒参碱 毒参属 Conium
conimine 止泻木尼胺 止泻木 Holarrhena antidysenterica（Conessi：英名）
conkurchine 止泻木克钦 止泻木 Holarrhena antidysenterica（Conessi, Kurchi：英名）
conkuressine 止泻木瑞辛 止泻木 Holarrhena antidysenterica（Conessi, Kurchi：英名）
conmaculatine 毒参亭碱 毒参属 Conium
conocarpan 锥果藤烷 锥果藤属 Conocarpus
conodiparine 锥喉花帕灵 锥喉花属 Conopharyngia
conodirinine 锥喉花瑞宁 锥喉花属 Conopharyngia
conoduramine 硬锥喉花胺 硬锥喉花 Conopharyngia durissima
conodurine 硬锥喉花碱 硬锥喉花 Conopharyngia durissima
conodurinine 硬锥喉花宁碱 硬锥喉花 Conopharyngia durissima
conodusarine 硬锥喉花萨灵 硬锥喉花 Conopharyngia durissima
conodutarine 硬锥喉花塔灵 硬锥喉花 Conopharyngia durissima
conoflorine 长花锥喉花碱 长花锥喉花 Conopharyngia longiflora

conofoline 锥喉花弗林 锥喉花属 Conopharyngia
conoidene 麦瓶草烯 麦瓶草 Silene conoidea
conolidine 锥喉花里定 锥喉花属 Conopharyngia
conoliferine 锥喉花菲灵 锥喉花属 Conopharyngia
conolobine 锥喉花洛宾 锥喉花属 Conopharyngia
conolutinine 锥喉花替宁 锥喉花属 Conopharyngia
conomicidine 锥喉花西定 锥喉花属 Conopharyngia
cononitarine 锥喉花塔灵 锥喉花属 Conopharyngia
conopharyngine 锥喉花碱 锥喉花属 Conopharyngia
conophyllidine 锥喉花菲定 锥喉花属 Conopharyngia
conophylline 锥喉花菲林 锥喉花属 Conopharyngia
conophyllinine 锥喉花菲宁 锥喉花属 Conopharyngia
consperine 斑花黄堇碱 斑花黄堇 Corydalis conspersa
contigoside 黑足金粉蕨苷 黑足金粉蕨 Onychium contiguum
contorine 苍山乌头灵 苍山乌头 Aconitum contortum
contorsine 苍山乌头碱 苍山乌头 Aconitum contortum
contortine 苍山乌头亭 苍山乌头 Aconitum contortum
contortumine 苍山乌头明 苍山乌头 Aconitum contortum
convicine 伴野豌豆碱 野豌豆属 Vicia
conyzalactone 白酒草内酯 白酒草属 Conyza
conyzasaponin 白酒草皂苷 白酒草属 Conyza
conyzoflavone 小蓬草黄酮 小蓬草 Conyza canadensis
conyzolide 小蓬草内酯 小蓬草 Conyza canadensis
copteroside 梯翅蓬苷 梯翅蓬属 Climacoptera
corallocin 珊瑚状猴头菌素 珊瑚状猴头菌 Hericium coralloides
coramandaline 科拉琉璃草碱 琉璃草 Cynoglossum furcatum （Coramandal coast：地名）
corchioside 仙茅参苷 仙茅（仙茅参）Curculigo orchioides
corchoionol 黄麻香堇醇 黄麻属 Corchorus
corchoionoside 黄麻香堇苷 黄麻属 Corchorus
corchorifatty acid 黄麻脂肪酸 黄麻属 Corchorus
corchoruside 黄麻如苷 黄麻属 Corchorus
corchorusoside 黄麻索苷 黄麻属 Corchorus
cordatolide 假泽兰内酯 假泽兰 Mikania cordata
cordialin 破布木灵 破布木属 Cordia
cordifoline 心叶水团花碱 心叶水团花 Adina cordifolia
cordifoline lactam 心叶水团花碱内酰胺 心叶水团花 Adina cordifolia
cordifolioidyne 心叶党参苷 心叶党参 Codonopsis cordifolioidea
cordycepol 虫草醇 虫草属 Cordyceps
cordycol 虫草考醇 虫草属 Cordyceps
cordylane 杧果豆烷 杧果豆属 Cordyla
coreximine 繸毛荷包牡丹碱 繸毛荷包牡丹 Dicentra eximia
corialactone 马桑内酯 马桑属 Coriaria
coriamyrtin 欧马桑亭 欧马桑 Coriaria myrtifolia
coriandrin 芫荽素 芫荽属 Coriandrum
coriandrinonediol 芫荽酮二醇 芫荽属 Coriandrum
coriandrone 芫荽酮 芫荽属 Coriandrum
corianlactone 马桑安内酯 马桑属 Coriaria
coriantone 马桑安酮 马桑属 Coriaria
coriariin 马桑鞣灵 马桑属 Coriaria
corilagin 鞣皮云实鞣精 鞣皮云实 Caesalpina coriaria
corniculatolide 蜡烛果内酯 蜡烛果 Aegiceras corniculatum
corniculatusin 百脉根素 百脉根 Lotus corniculatus
corniculoside 花锚苷 花锚 Halenia corniculata
cornin 山茱萸素 山茱萸属 Cornus
cornoside 山茱萸诺苷 山茱萸属 Cornus
cornulactic acid 单刺蓬酸 单刺蓬 Cornulaca
cornuside 山茱萸苷 山茱萸属 Cornus
cornusiin 山茱萸鞣质 山茱萸属 Cornus
coroglaucigenin 灰叶小冠花苷元 灰叶小冠花 Coronilla glauca
corollin 小冠花素 小冠花属 Coronilla
coroloside 黄麻洛苷 黄麻属 Corchorus
coromandelin 科罗曼德黄檀素 科罗曼德黄檀 Dalbergia coromandeliana
coronadiene 姜花二烯 姜花 Hedychium coronarium
coronalactoside 姜花内酯苷 姜花 Hedychium coronarium
coronalolide 王冠栀子内酯 王冠栀子 Gardenia coronaria
coronalonic acid 王冠栀子醇酸 王冠栀子 Gardenia coronaria
coronarian 小冠花酯 小冠花 Coronilla varia
coronatasterone 伪泥胡菜甾酮 伪泥胡菜 Serratula coronata
corosin 黄麻辛 黄麻属 Corchorus
corosolic acid 黄麻酸 黄麻属 Corchorus
corossolin 刺果番荔枝林素 刺果番荔枝 Annona muricata （Corossol：法名）
corossolone 刺果番荔枝酮 刺果番荔枝 Annona muricata （Corossol：法名）
corotoxigenin 小冠花毒苷元 小冠花属 Coronilla
corpaine 帕氏紫堇碱 帕氏紫堇 Corydalis paczoskii
corybulbine 山延胡索宾碱 山延胡索 Corydalis bulbosa
corydaldine 紫堇达定 紫堇属 Corydalis
corydalidine 紫堇里定 紫堇叶唐松草 Thalictrum isopyroides
corydecumbine 夏天无宾碱 夏天无 Corydalis decumbens
coryincine 刻叶紫堇碱 刻叶紫堇 Corydalis incisa
corylidin 补骨脂里定 补骨脂 Psoralea corylifolia
corylifol 补骨脂黎酚 补骨脂 Psoralea corylifolia
corylifolinin 补骨脂宁 补骨脂 Psoralea corylifolia
corylifonol 补骨脂酮酚 补骨脂 Psoralea corylifolia
corylin 补骨脂林素 补骨脂 Psoralea corylifolia
corylinal 补骨脂醛 补骨脂 Psoralea corylifolia
corymbolol 伞花莎草醇 伞花莎草 Cyperus corymbosus
corymbolone 伞房莎草酮 伞房莎草 Cyperus corymbosus
corymboside 伞花刺苞菊苷 伞花刺苞菊 Carlina corymbosa
corymbosin* 红芽大戟素 红芽大戟 Knoxia corymbosa
corymbosin* 伞房涡花素 伞房涡花 Turbina corymbosa
corynantheidine 柯楠西定碱 Corynanthe 柯楠属
corynoxeine 柯楠赛因碱 Corynanthe 柯楠属
corynoxine 柯楠诺辛碱 Corynanthe 柯楠属
corynoxinic acid 柯楠诺辛碱酸 Corynanthe 柯楠属
corypalline 黄堇碱 黄堇 Corydalis pallida
coryphidine 黄花乌头芬定 黄花乌头 Aconitum coreanum
coryphine; corifine 黄花乌头芬 黄花乌头 Aconitum coreanum
corysolidine 山延胡索定碱 山延胡索 Corydalis solida
costic acid 木香酸 云木香（木香）Saussurea costus
cotoneastoleanolic acid 栒子齐墩果酸 栒子属 Cotoneaster & 齐墩果酸 oleanolic acid
cotoneastursolic acid 栒子熊果酸 栒子属 Cotoneaster & 熊果酸 ursolic acid
cotonefuran 栒子呋喃 栒子属 Cotoneaster
coumanolignan 香豆木脂素 香豆素 Coumarin & 木脂素 lignan
coumaroylspinosin 香豆酰酸枣素 酸枣 Ziziphus jujuba var. spinosa
coumestan 香豆醚 香豆素 coumarin
coumurrayin 千里香素 千里香 Murraya paniculata
coumurrin 千里香灵 千里香 Murraya paniculata
cowabenzophenone 云树苯酮 云树 Garcinia cowa
cowadepsidone 云树缩酚酸环醚 云树 Garcinia cowa
cowagarcinone 云南山竹子酮 云南山竹子 Garcinia cowa
cowanin 云树宁 云树 Garcinia cowa

cowanol 云树醇 云树 Garcinia cowa
cowanone 云树烯酮 云树 Garcinia cowa
cowaxanthone 云树屾酮 云树 Garcinia cowa
cracochinchinone 黄芽木酮 黄牛木（黄芽木）Cratoxylum cochinchinense
craibiodendronin 金叶子素 金叶子属 Craibiodendron
cranioside 簇序草苷 簇序草 Craniotome furcata
crassicaudine 粗茎乌头定 粗茎乌头 Aconitum crassicaule
crassicaulidine 粗茎乌头里定 粗茎乌头 Aconitum crassicaule
crassicaulisine 粗茎乌头里辛 粗茎乌头 Aconitum crassicaule
crassicausine 粗茎乌头辛 粗茎乌头 Aconitum crassicaule
crassicautine 粗茎乌头亭 粗茎乌头 Aconitum crassicaule
crassifolioside 肉叶车前苷 肉叶车前 Plantago crassifolia
crassirhizomoside 粗茎鳞毛蕨苷 粗茎鳞毛蕨 Dryopteris crassirhizoma
crassoside 镰叶车前苷 镰叶车前 Plantago crassifolia
crataegioside 牛叠肚苷 牛叠肚 Rubus crataegifolius
cratoxylumxanthone 黄牛木新屾酮 黄牛木属 Cratoxylum
cratoxyxanthone 黄牛木屾酮 黄牛木属 Cratoxylum
crebanine 头序千金藤宁 头序千金藤 Stephania capitata（Badi Kerebang：马来名）
crellisin 车前状垂头菊素 车前状垂头菊 Cremanthodium ellisii
cremanthodioside 垂头菊苷 垂头菊属 Cremanthodium
cremastrine 杜鹃兰碱 杜鹃兰属 Cremastra
crenatidine 圆齿爱舍苦木定 圆齿爱舍苦木 Aeschrion crenata
crenatine 圆齿爱舍苦木亭 圆齿爱舍苦木 Aeschrion crenata
crenatoside 长叶冻绿苷 长叶冻绿 Rhamnus crenata
crepenynic acid 还阳参烯炔酸 还阳参 Crepis rigescens
crescentin 葫芦树素 葫芦树属 Crescentia
crescentoside 葫芦树苷 葫芦树属 Crescentia
cretanin 日本栗鞣质 日本栗 Castanea crenata
crinumaquine 文殊兰奎碱 文殊兰属 Crinum
criolin 绵叶菊林素 绵叶菊属 Eriophyllum
crispane 欧芹烷 欧芹 Petroselinum crispum
crispanone 欧芹酮 欧芹 Petroselinum crispum
crispin 皱叶醉鱼草素 皱叶醉鱼草 Buddleja crispa
cristacarpin 鸡冠刺桐紫檀素 鸡冠刺桐 Erythrina crista-galli
cristacarpone 鸡冠刺桐紫檀酮 鸡冠刺桐 Erythrina crista-galli & 紫檀烷 pterocarpan
cristanine 鸡冠刺桐宁碱 鸡冠刺桐 Erythrina crista-galli
cristatein 鸡冠花黄素 鸡冠花 Celosia cristata
crithmumdiol 海茴香二醇 海茴香 Crithmum maritimum
crocatone 番红水芹酮 番红水芹 Oenanthe crocata
crocaudatol 卵叶巴豆醇 卵叶巴豆 Croton caudatus
crocusatin 番红花亭 番红花 Crocus sativus
crossogumerin 高氏缨瓣素 高氏缨瓣 Crossopetalum gaumeri
crossostephin 芙蓉菊属素 芙蓉菊属 Crossostephium
crotafuran 猪屎豆呋喃 猪屎豆属 Crotalaria
crotalarioside 西南远志苷 西南远志 Polygala crotalarioides
crotocaudin 卵叶巴豆定 卵叶巴豆 Croton caudatus
crotocorylifuran 榛叶巴豆呋喃 榛叶巴豆 Croton corylifolius
crotoncaudatin 卵叶巴豆素 卵叶巴豆 Croton caudatus
crotonionoside 巴豆香堇苷 巴豆属 Croton
crotonolide 海南巴豆内酯 海南巴豆 Croton laui
crotsparine 散花巴豆碱 散花巴豆 Croton sparsiflorus
crovatin 列瓦巴豆亭 列瓦巴豆 Croton levatii
croverin 维氏巴豆素 维氏巴豆 Croton verreauxii
crusgallin 稗草素 稗 Echinochloa crusgalli
crykonisine 黄果厚壳桂素 黄果厚壳桂 Cryptocarya konishii
cryptanoside 白叶藤苷 白叶藤属 Cryptolepis
cryptochine 厚壳桂螺酮碱 厚壳桂 Cryptocarya chinensis
cryptojaponol 日本柳杉酚 日本柳杉 Cryptomeria japonica
cryptophycin 隐蓝藻素 蓝藻纲 Cyanophyceae
cryptopleurine 棱籽厚壳桂碱 棱籽厚壳桂 Cryptocarya pleurosperma
cryptoquinone 柳杉醌 柳杉属 Cryptomeria
cryptostrobin 隐北美乔松素 北美乔松 Pinus strobus
cryptostrobin 隐北美乔松素 北美乔松 Pinus strobus
crystamidine 鸡冠刺桐嘧啶 鸡冠刺桐 Erythrina crista-galli
cuarassavogenin 马利筋沃苷元 马利筋 Asclepias curassavica
cubebanone 山鸡椒酮 山鸡椒 Litsea cubeba
cubelin 山鸡椒素 山鸡椒 Litsea cubeba
cuchiloside 马钱子洛苷 马钱子 Strychnos nux-vomica（Kuchila：孟加拉名）
cucubalactam 狗筋蔓内酰胺 狗筋蔓 Cucubalus baccifer
cucubalactone 狗筋蔓内酯 狗筋蔓 Cucubalus baccifer
cucubaldiol 狗筋蔓二醇 狗筋蔓 Cucubalus baccifer
cucubalol 狗筋蔓醇 狗筋蔓 Cucubalus baccifer
cucubalugenin 狗筋蔓苷元 狗筋蔓 Cucubalus baccifer
cuculoquinone 皱黄卷岛衣醌 皱黄卷岛衣 Flavocetraria cucullata
cucumerin 黄瓜灵素 黄瓜属 Cucumis
cucurbitachrome 南瓜色素 南瓜属 Cucurbita
cucurbitaxanthin 南瓜黄质 南瓜属 Cucurbita
cucurbitoside 南瓜苷 南瓜属 Cucurbita
cudracuspiphenone 柘树苯甲酮 柘树 Cudrania tricuspidata
cudracuspixanthone 柘木屾酮 柘树 Cudrania tricuspidata
cudraflavanone 柘树黄烷酮 柘树 Cudrania tricuspidata
cudrafrutixanthone 柘藤屾酮 柘藤 Cudrania fruticosa
cudranian 柘黄素 柘属 Cudrania
cudraniaxanthone 爪哇柘屾酮 爪哇柘 Cudrania javanensis
cudranone 柘酮 柘属 Cudrania
cudraphenone 柘苯酮 柘属 Cudrania
cudrastilbene 柘树芪 柘树 Cudrania tricuspidata
cudratricusxanthone 柘树屾酮 柘树 Cudrania tricuspidata
cudratrixanthone 柘树三屾酮 柘树 Cudrania tricuspidata
cudrauronol 柘橙酮醇 柘属 Cudrania & 橙酮 aurone
cudraxanthone 柘屾酮 柘属 Cudrania
culantraramine 库兰花椒胺 库兰花椒 Zanthoxylum culantrillo
culantraraminol 库兰花椒胺醇 库兰花椒 Zanthoxylum culantrillo
cumaldehyde; cuminal; cuminaldehyde 孜然芹醛 孜然芹属 Cuminum
cumambranolide 库马纳豚草内酯 库马纳豚草 Ambrosia cumanensis
cumenol 孜然芹酚 孜然芹属 Cuminum
cumic acid; cuminic acid 孜然芹酸 孜然芹属 Cuminum
cuminol 孜然芹醇 孜然芹属 Cuminum
cumulatin 堆花石斛素 堆花石斛 Dendrobium cumulatum
cuneataside 大血藤苷 大血藤 Sargentodoxa cuneata
cuparenal 柏芳醛 柏属 Cupressus & 芳烃 arene
cuparene 柏芳烃 柏属 Cupressus & 芳烃 arene
cuparenic acid 柏芳酸 柏属 Cupressus & 芳烃 arene
cuparenol 柏芳醇 柏属 Cupressus & 芳烃 arene
cuparenone 柏芳酮 柏属 Cupressus & 芳烃 arene
cupresol 柏木醇 柏木属 Cupressus
curacin 库拉索链霉素 库拉索链霉菌 Streptomyces curacoi
curassavine 海滨天芥菜文碱 海滨天芥菜 Heliotropium curassavicum
curassavinine 海滨天芥菜宁碱 海滨天芥菜 Heliotropium curassavicum
curassavoside 马利筋沃苷 马利筋 Asclepias curassavica

curcolonol 姜黄诺醇 姜黄属 Curcuma
curcudiol 姜黄二醇 姜黄属 Curcuma
curcuminol 温郁金醇 温郁金 Curcuma wenyujin
curcusone 麻疯树萜酮 麻疯树 Jatropha curcas
curdionolide 温郁金二酮内酯 温郁金 Curcuma wenyujin
curvifloruside 火焰花苷 火焰花 Phlogacanthus curviflorus
curvulinic acid 弯孢霉酸 弯孢霉属 Curvularia
cuscutaresinol 菟丝子树脂醇 菟丝子属 Cuscuta
cuscutic 菟丝子树脂苷 菟丝子属 Cuscuta
cuscutic acid 菟丝子酸 菟丝子属 Cuscuta
cuse 菟丝子糖酯 菟丝子属 Cuscuta
cusianoside 板蓝苷 板蓝 Strobilanthes cusia
cuspidatumin 虎杖明 虎杖 Polygonum cuspidatum
cuspidiol 凸尖花椒二醇 凸尖花椒 Zanthoxylum cuspidatum
cuspinin 尖叶锥鞣素 尖叶锥 Castanopsis cuspidata
cussonoside 库森木苷 库森木属 Cussonia
cussosaponin 库松木皂苷 库森木属 Cussonia
cyananin 矢车菊宁 矢车菊属 Cyanus
cyanoauriculoside 耳叶牛皮消洛苷 耳叶牛皮消 Cynanchum auriculatum
cyanomaclurin 橙桑青素 橙桑属 Maclura
cyanosterone 蓝耳草甾酮 蓝耳草属 Cyanotis
cyathadonic acid 黑蛋巢菌酮酸 黑蛋巢菌属 Cyathus
cyathenosin 番桫椤辛 番桫椤属 Cyathea
cyathic acid 黑蛋巢菌酸 黑蛋巢菌属 Cyathus
cyathisterol 杯形秃马勃甾醇 杯形秃马勃 Calvatia cyathiformis
cyathusal 黑蛋巢菌醛 黑蛋巢菌属 Cyathus
cybisterol 真龙虱甾醇 真龙虱属 Cybister
cyclaminorin 仙客来诺灵 仙客来属 Cyclamen
cyclamiretin 仙客来亭 仙客来属 Cyclamen
cycleabarbatine 毛叶轮环藤碱 毛叶轮环藤 Cyclea barbata
cycleanorine 轮环藤诺灵 轮环藤属 Cyclea
cyclobalanone 青冈酮 青冈属 Cyclobalanopsis
cyclobrahmic acid 环积雪草烷酸 积雪草 Centella asiatica （Brahmi：印名）
cyclobuxophylline 环小叶黄杨碱 小叶黄杨 Buxus microphylla
cyclocanthoside 环胶黄芪苷 胶黄芪 Astragalus tragacantha
cyclonoside 青钱柳诺苷 青钱柳属 Cyclocarya
cycloposine 藜芦独眼畸形素 加州藜芦 Veratrum californicum（该成分可致羊胎独眼畸形 Cyclopia）
cyclosativene 环小麦长蠕孢烃 小麦长蠕孢 Helminthosporium sativum
cyclospirolide 青钱柳螺内酯 青钱柳属 Cyclocarya
cyclosquamosin 番荔枝环素 番荔枝 Annona squamosa
cydonioside 榅桲苷 榅桲 Cydonia oblonga（Marmelo：葡萄牙名）
cylicodiscic acid 圆盘豆酸 圆盘豆属 Cylicodiscus
cylindrictone 水红木酮 水红木 Viburnum cylindricum
cymbidine 兰碱 兰属 Cymbidium
cymbinodin 兰定 兰属 Cymbidium
cymene 孜然芹烃 孜然芹 Cuminum cyminum
cymenene 孜然芹烯 孜然芹 Cuminum cyminum
cynafogenin 非洲鹅绒藤苷元 非洲鹅绒藤 Cynanchum africanum
cynanauriculoside 耳叶牛皮消苷 耳叶牛皮消 Cynanchum auriculatum
cynanchogenin 鹅绒藤苷元 鹅绒藤属 Cynanchum
cynanchone 鹅绒藤酮 鹅绒藤属 Cynanchum
cynandione 鹅绒藤二酮 鹅绒藤属 Cynanchum
cynanester 鹅绒藤酯 鹅绒藤属 Cynanchum
cynanforidin 隔山消素 隔山消 Cynanchum wilfordii
cynanoneside 鹅绒藤酮苷 鹅绒藤属 Cynanchum
cynanoside 鹅绒藤苷 鹅绒藤属 Cynanchum
cynanoside* 鹅绒藤新苷 鹅绒藤属 Cynanchum
cynanotophylloside 青羊参洛苷 青羊参 Cynanchum otophyllum
cynanotriterpene 鹅绒藤三萜 鹅绒藤属 Cynanchum
cynanside 鹅绒藤南苷 鹅绒藤属 Cynanchum
cynanversicoside; cynaversicoside 变色白前苷 变色白前 Cynanchum versicolor
cynarasaponin 菜蓟皂苷 菜蓟属 Cynara
cynarascoloside 洋蓟萜苷 菜蓟（洋蓟）Cynara scolymus
cynaratriol 菜蓟三醇 菜蓟属 Cynara
cynarinin 菜蓟宁 菜蓟属 Cynara
cynarinine 刺苞菜蓟宁 刺苞菜蓟 Cynara cardunculus
cynarolide 菜蓟内酯 菜蓟属 Cynara
cynaroside; cinaroside 菜蓟苷 菜蓟属 Cynara
cynatraoside 白薇奥苷 白薇 Cynanchum atratum
cynatroside 白薇洛苷 白薇 Cynanchum atratum
cynauricoside 耳叶牛皮消考苷 耳叶牛皮消 Cynanchum auriculatum
cynauricuoside 耳叶牛皮消奥苷 耳叶牛皮消 Cynanchum auriculatum
cynauricuside 耳叶牛皮消库苷 耳叶牛皮消 Cynanchum auriculatum
cynaustine 澳琉璃草亭 澳琉璃草 Cynoglossum australe
cynaustraline 澳琉璃草碱 澳琉璃草 Cynoglossum australe
cynodivaricatin 大果琉璃草素 大果琉璃草 Cynoglossum divaricatum
cynsaccatol 西藏牛皮消甾醇 西藏牛皮消 Cynanchum saccatum
cypellocarpin 山灰桉素 山灰桉 Eucalyptus cypellocarpa
cypellogin 山灰桉精 山灰桉 Eucalyptus cypellocarpa
cyperusol 甜莎草醇 甜莎草 Cyperus longus
cyphostemmin 葡萄瓮素 葡萄瓮属 Cyphostemma
cypripediquinone 杓兰醌 杓兰属 Cypripedium
cyrtophyllin 大青素 大青 Clerodendrum cyrtophyllum
cyrtophyllone 大青酮 大青 Clerodendrum cyrtophyllum
cyrtopterin 贯众蕨苷 贯众属 Cyrtomium & 鳞毛蕨科 Dryopteridaceae
cyrtopterinetin 贯众蕨素 贯众属 Cyrtomium & 鳞毛蕨科 Dryopteridaceae
cytopiloyne 鬼针草聚炔 鬼针草 Bidens pilosa（cyto：指其具有调控 T- 细胞分化活性）

D

dactylicapnosine 紫金龙辛碱 紫金龙属 Dactylicapnos
dactylicapnosinine 紫金龙宁碱 紫金龙属 Dactylicapnos
dactylidine 紫金龙定碱 紫金龙属 Dactylicapnos
dactyline 紫金龙灵碱 紫金龙属 Dactylicapnos
dactylorhin 指根兰素 指根兰属 Dactylorhiza
dahuribirin 白芷双香豆素 白芷 Angelica dahurica
dahurin 兴安白芷素 白芷（兴安白芷）Angelica dahurica
dalbergioidin 类黄檀素 类黄檀 Ougeinia dalbergioides
dalbergiquinol 黄檀氢醌 黄檀属 Dalbergia
dalbinol 阔叶黄檀醇 黄檀属 Dalbergia
dalpanitin 圆锥黄檀亭 圆锥黄檀 Dalbergia paniculata
dalsissooside 印度黄檀异黄苷 印度黄檀 Dalbergia sissoo
dalsympathetin 共感黄檀素 共感黄檀 Dalbergia sympathetica
damascenone 突厥蔷薇烯酮 突厥蔷薇 Rosa damascena
damascone 突厥蔷薇酮 突厥蔷薇 Rosa damascena
damulin 绞股蓝达玛苷 达玛烷 dammarane
dantaxusin 滇紫杉素 云南红豆杉 Taxus yunnanensis（Dan：可能为滇之音译）
danuphylline 毛轴蕊木叶碱 毛轴蕊木 Kopsia dasyrachis & 叶 Phyllum

daphangustifoline 狭叶虎皮楠碱 狭叶虎皮楠 Daphniphyllum angustifolium
daphcalycic acid 牛耳枫酸 牛耳枫 Daphniphyllum calycinum
daphcalycinosidine 牛耳枫苷碱 牛耳枫 Daphniphyllum calycinum
daphgilin 黄瑞香林素 黄瑞香 Daphne giraldii
daphgraciline 纤细虎皮楠林碱 纤细虎皮楠 Daphniphyllum gracile
daphgracine 纤细虎皮楠碱 纤细虎皮楠 Daphniphyllum gracile
daphhimalenine 西藏虎皮楠碱 西藏虎皮楠 Daphniphyllum himalense
daphjamilin 瑞香米林 瑞香属 Daphne
daphlongamine 长序虎皮楠胺 长序虎皮楠 Daphniphyllum longeracemosum
daphmacrine 交让木灵 交让木 Daphniphyllum macropodum
daphmacromine 交让木明 交让木 Daphniphyllum macropodum
daphmacropodosidine 交让木西定 交让木 Daphniphyllum macropodum
daphmanidin 泰氏虎皮楠定 泰氏虎皮楠 Daphniphyllum teijsmanii
daphnandrine 花桂碱 花桂属 Daphnandra
daphnauranol 橙花瑞香醇 橙花瑞香 Daphne aurantiaca
daphnediterp 瑞香二萜 瑞香属 Daphne
daphnegiraldifin 黄瑞香芬 黄瑞香 Daphne giraldii
daphneligin 瑞香木脂因 瑞香属 Daphne
daphnelnoid 尖瓣瑞香萜 尖瓣瑞香 Daphne acutiloba
daphnenin 瑞香宁 瑞香属 Daphne
daphneresiniferin 瑞香树脂灵 瑞香属 Daphne
daphneresinol 瑞香树脂醇 瑞香属 Daphne
daphneretusin 凹叶瑞香素 凹叶瑞香 Daphne retusa
daphneside 瑞香新苷 瑞香属 Daphne
daphnetone 瑞香酮 瑞香属 Daphne
daphnezomic acid 虎皮楠唑酸 虎皮楠属 Daphniphyllum
daphnezomine 虎皮楠唑胺 虎皮楠属 Daphiniphyllum
daphniacetal 虎皮楠缩醛 虎皮楠属 Daphiniphyllum
daphnicadine 牛耳枫卡定碱 牛耳枫 Daphniphyllum calycinum
daphnicaline 牛耳枫卡林碱 牛耳枫 Daphniphyllum calycinum
daphnicamine 牛耳枫胺 牛耳枫 Daphniphyllum calycinum
daphnicyclidine 虎皮楠环定 虎皮楠属 Daphiniphyllum
daphniglaucin 粉绿虎皮楠素 粉绿虎皮楠 Daphniphyllum glaucescens
daphnigraciline 纤细虎皮楠灵碱 纤细虎皮楠 Daphniphyllum gracile
daphnigracine 纤细虎皮楠辛碱 纤细虎皮楠 Daphniphyllum gracile
daphnilongeranin 长序虎皮楠宁碱 长序虎皮楠 Daphniphyllum longeracemosum
daphnilongeridine 长序虎皮楠定碱 长序虎皮楠 Daphniphyllum longeracemosum
daphnimacropine 交让木品碱 交让木 Daphniphyllum macropodum
daphnimacropodine 交让木定碱 交让木 Daphniphyllum macropodum
daphnioldhamine 虎皮楠哈明碱 虎皮楠 Daphniphyllum oldhamii
daphnioldhanin 虎皮楠宁碱 虎皮楠 Daphniphyllum oldhami
daphnipaxianine 脉叶虎皮楠宁碱 脉叶虎皮楠 Daphniphyllum paxianum
daphnipaxinin 脉叶虎皮楠宁素 脉叶虎皮楠 Daphniphyllum paxianum
daphniphyllamine 虎皮楠胺 虎皮楠属 Daphiniphyllum
daphniphyllic acid 虎皮楠酸 虎皮楠属 Daphniphyllum
daphniteijsmine 泰氏虎皮楠胺 泰氏虎皮楠 Daphniphyllum teijsmanni
daphniyunnine 大叶虎皮楠宁碱 大叶虎皮楠 Daphniphyllum yunnanense
daphnodorin 瑞香多灵 瑞香 Daphne odora
daphnogitin 黄瑞香亭 黄瑞香 Daphne giraldii
daphnoldine 虎皮楠定碱 虎皮楠 Daphniphyllum oldhamii
daphnolin 瑞香林苷 瑞香属 Daphne
daphnolon 瑞香诺酮 瑞香属 Daphne
daphnorin 瑞香诺灵 瑞香属 Daphne
daphnoside 瑞香诺苷 瑞香属 Daphne
daphnotin 瑞香亭 瑞香属 Daphne
daphnretusic acid 凹叶瑞香酸 瑞香属 Daphne
dapholdhamine 虎皮楠明碱 虎皮楠 Daphniphyllum oldhamii
darendoside 达伦代黄芩苷 羽叶黄芩 Scutellaria orientalis subsp. pinnatifida（Darende：地名）
dasycarine 白鲜灵碱 白鲜 Dictamnus dasycarpus
dasycarpol 白鲜苦醇 白鲜 Dictamnus dasycarpus
dasycarpus acid 白鲜酸 白鲜 Dictamnus dasycarpus
dasycarpusenester 白鲜烯酯 白鲜 Dictamnus dasycarpus
dasycarpusester 白鲜酯 白鲜 Dictamnus dasycarpus
dasylactone 白鲜萜内酯 白鲜 Dictamnus dasycarpus
datumelin 洋金花素 洋金花 Datura metel
daturacin 曼陀罗辛 曼陀罗属 Datura
daturalicin 曼陀罗利辛 曼陀罗属 Datura
daturataturin 曼陀罗苷 曼陀罗 Datura tatura
daurichromene 兴安杜鹃色烯 兴安杜鹃 Rhododendron dauricum
daurichromenic acid 兴安杜鹃色烯酸 兴安杜鹃 Rhododendron dauricum
dauriciline 蝙蝠葛林碱 蝙蝠葛 Menispermum dauricum
dauricoside 北豆根苷 北豆根 Menispermum dauricum
daurinoline 蝙蝠葛醇灵碱 蝙蝠葛 Menispermum dauricum
dauriporphine 北豆根朴啡碱 北豆根 Menispermum dauricum
dauriporphinoline 蝙蝠葛朴啡灵 蝙蝠葛属 Menispermum & 阿朴啡 aporphine
davallene 骨碎补烯 骨碎补属 Davallia
davidianone 黑榆酮 黑榆 Ulmus davidiana
davidigenin 川西荚蒾苷元 川西荚蒾 Viburnum davidii
davidiol 白刺花酚 白刺花 Sophora davidii
davidioside* 川西荚蒾苷 川西荚蒾 Viburnum davidii
davidioside* 珙桐苷 珙桐属 Davidia
davidioside* 珙桐酯苷 珙桐属 Davidia
davidisine 谷地翠雀辛 谷地翠雀花 Delphinium davidii
davidol 刺葡萄酚 刺葡萄 Vitis davidii
davuricoside 黄连花苷 黄连花 Lysimachia davurica
debiline 弱小暗罗碱 弱小暗罗 Polyalthia debilis
debiloside 笔管草苷 笔管草 Equisetum debile
decaisneanaside 台湾毛楤木苷 台湾楤木 Aralia decaisneana
decaisoside 猫儿屎苷 猫儿屎属 Decaisnea
decamine 十齿水柳胺 十齿水柳属 Decodon
decandrin 十雄角果木素 十雄角果木 Ceriops decandra
decapetaloside 十瓣闪星花苷 十瓣闪星花 Mentzelia decapetala
decinine 十齿水柳宁 十齿水柳属 Decodon
decodine 十齿水柳碱 十齿水柳属 Decodon
decoroside 大白杜鹃苷 大白杜鹃 Rhododendron decorum
decortinol 脱皮松藻醇 脱皮松藻 Codium decorticatum
decortinone 脱皮松藻酮 脱皮松藻 Codium decorticatum
decumbeside 金疮小草苷 金疮小草 Ajuga decumbens
decumbic acid 斜卧青霉酸 斜卧青霉 Penicillium decumben
decuroside 鸭脚前胡苷 紫花前胡（鸭脚前胡）Angelica decursiva
decurrenal 下延胡椒醛 下延胡椒 Piper decurrens
decursidate 紫花前胡酯 紫花前胡 Angelica decursiva
decursidin 紫花前胡定 紫花前胡 Angelica decursiva
decursidinol 紫花前胡定醇 紫花前胡定 Peucedanum decursivum
decursin 紫花前胡素 紫花前胡 Angelica decursiva

decursitin 紫花前胡亭 紫花前胡 Angelica decursiva
decursivine 爬树龙碱 爬树龙 Rhaphidophora decursiva
decussatin 交叶獐牙菜素 交叶獐牙菜 Swertia decussata
defuscin 景东厚唇兰素 景东厚唇兰 Dendrobium fuscescens
dehassiline 莲桂林碱 莲桂属 Dehaasia
deidaclin 铁线戴达莲素 铁线戴达莲 Deidamia clematoides
delajacine 洋翠雀辛 飞燕草（洋翠雀）Delphinium ajacis
delajacirine 洋翠雀灵 飞燕草（洋翠雀）Delphinium ajacis
delajadine 洋翠雀加定 飞燕草（洋翠雀）Delphinium ajacis
delavayine 红波罗花碱 红波罗花 Incarvillea delavayi
delavayol 红波罗花醇 红波罗花 Incarvillea delavayi
delbiterine 三出翠雀灵 三出翠雀花 Delphinium biternatum
delbonine 川黔翠雀宁碱 川黔翠雀花 Delphinium bonvalotii
delbotine 川黔翠雀亭碱 川黔翠雀花 Delphinium bonvalotii
delboxine 川黔翠雀新碱 川黔翠雀花 Delphinium bonvalotii
delbruninol 囊距翠雀醇 囊距翠雀花 Delphinium brunonianum
delcaroline 加罗林翠雀碱 加罗林翠雀花 Delphinium carolinianum
delcorine 伞花翠雀碱 伞花翠雀花 Delphinium corymbosum
delcorinine 伞花翠雀宁碱 伞花翠雀花 Delphinium corymbosum
delcosine 琉璃飞燕草碱 琉璃飞燕草 Delphinium consolida
delectine 网果翠雀亭 网果翠雀花 Delphinium dictyocarpum
delectinine 网果翠雀宁 网果翠雀花 Delphinium dictyocarpum
delelatine 高翠雀碱 高翠雀花 Delphinium elatum
delfissinol 半裂翠雀醇 半裂翠雀花 Delphinium fissum
delgramine 大花飞燕草明 翠雀（大花飞燕草）Delphinium grandiflorum
delgrandine 大花飞燕草定 翠雀（大花飞燕草）Delphinium grandiflorum
delicone 美味红菇酮 美味红菇 Russula delica
delphidenine 密花翠雀宁 密花翠雀花 Delphinium densiflorum
delphinifoline 翠雀叶乌头碱 翠雀叶乌头 Aconitum delphinifolium
delporphine 翠雀朴啡碱 翠雀属 Delphinium & 阿朴啡 aporphine
delsemine 半须翠雀明 半须翠雀花 Delphinium semibarbatum
delsoline 琉璃飞燕草林碱 琉璃飞燕草 Delphinium consolida
deltatsine 康定翠雀辛 康定翠雀花 Delphinium tatsienense
delvestidine 浅裂翠雀定 浅裂翠雀花 Delphinium vestitum
denchrysan 束花石斛芴素 束花石斛 Dendrobium chrysanthum
denchryside 束花石斛苷 束花石斛 Dendrobium chrysanthum
dendocarbin 疣背枝鳃海牛素 疣背枝鳃海牛 Dendrodoris carbunculosa
dendranthemenol 菊烘烯醇 菊属 Chrysanthemum
dendranthemoside 菊苷 菊属 Dendranthema
dendrazawayne 紫花野菊炔 紫花野菊 Dendranthema zawadskii
dendrobane 石斛烷 石斛属 Dendrobium
dendrocandin 铁皮石斛素 铁皮石斛 Dendrobium candidum
dendrochrysanene 束花石斛烯 束花石斛 Dendrobium chrysanthum
dendroflorin 密花石斛素 密花石斛 Dendrobium densiflorum
dendronobiline 金钗石斛碱 石斛（金钗石斛）Dendrobium nobile
dendronobiloside 金钗石斛苷 石斛（金钗石斛）Dendrobium nobile
dendronophenol 石斛诺酚 石斛 Dendrobium nobile
denfigenin 流苏石斛苷元 流苏石斛 Dendrobium fimbriatum
dengibsin 曲轴石斛素 曲轴石斛 Dendrobium gibsonii
dengibsinin 曲轴石斛宁 曲轴石斛 Dendrobium gibsonii
densiflorol 密花石斛酚 密花石斛 Dendrobium densiflorum
densispicoside 密穗马先蒿苷 密穗马先蒿 Pedicularis densispica
dentalactone 小苦荬内酯 小苦荬 Ixeridium dentatum
dentatiflavone 柞栎黄酮 柞栎 Quercus dentata
dentatin 小苦荬内酯苷 小苦荬 Ixeridium dentatum
denticin 球花报春辛 球花报春 Primula denticulata
denticulaflavonol 中平树黄酮醇 中平树 Macaranga denticulata
denticulatin 球花报春素 球花报春 Primula denticulata
denudadione 玉兰二酮 玉兰 Magnolia denudata
denudalide 玉兰酚内酯 玉兰 Magnolia denudata
denudanolide 玉兰内酯 玉兰 Magnolia denudata
denudaquinol 玉兰醌酚 玉兰 Magnolia denudata
denudatone 玉兰酮 玉兰 Magnolia denudata
deodarin 雪松灵素 雪松 Cedrus deodara
deodarone 雪松酮 雪松 Cedrus deodara
derrichalcone 鱼藤查耳酮 鱼藤属 Derris
derricin 鱼藤钦素 鱼藤属 Derris
derriflavanone 鱼藤黄烷酮 鱼藤属 Derris
derrisisoflavone 鱼藤异黄酮 鱼藤属 Derris
derrispisatin 鱼藤豌豆素 鱼藤属 Derris & 豌豆素 pisatin
derrone 大鱼藤树酮 大鱼藤树 Derris robusta
descuraini 播娘蒿素 播娘蒿属 Descurainia
desmal 假鹰爪醇醛 假鹰爪属 Desmos
desmocarpin 山蚂蟥紫檀素 山蚂蟥属 Desmodium
desmosdumotin 毛叶假鹰爪亭 毛叶假鹰爪 Desmos dumosus
desmosine 假鹰爪碱 假鹰爪属 Desmos
deterrol 劣乳菇醇 劣乳菇 Lactarius deterrimus
dhasingreoside 芳香白珠苷 芳香白珠 Gaultheria fragrantissima（Dhasingre：尼泊尔名）
diaboline 魔鬼马钱碱 魔鬼马钱 Strychnos diaboli
dianellidin 山菅兰定 山菅兰 Dianella ensifolia
dianose 石竹糖 石竹属 Dianthus
dianoside 石竹诺苷 石竹属 Dianthus
dianthin 石竹素 石竹属 Dianthus
dianthosaponin 日本石竹皂苷 日本石竹 Dianthus japonicus
dianthoside 石竹苷 石竹属 Dianthus
dianthramide 石竹酰胺 石竹属 Dianthus
dianversicoside 兴安石竹苷 兴安石竹 Dianthus versicolor
diboside 金荞麦苷 金荞麦 Fagopyrum dibotrys
dichapetalin 毒鼠子素 毒鼠子属 Dichapetalum
dichotomoside 银柴胡苷 银柴胡 Stellaria dichotoma var. lanceolata
dichrocepholide 鱼眼草内酯 鱼眼草属 Dichrocephala
dichrostachine 代儿茶素 代儿茶属 Dichrostachys
dicranolomin 锦叶藓素 锦叶藓属 Dicranoloma
dicranostigmine 秃疮花碱 秃疮花属 Dicranostigma
dicranostigmone 秃疮花酮 秃疮花属 Dicranostigma
dictafolin 狭叶白鲜素 狭叶白鲜 Dictamnus angustifolius
dictamin 白鲜萜素 白鲜属 Dictamnus
dictamnadiol 白鲜那二醇 白鲜属 Dictamnus
dictamnaindiol 白鲜碱二醇 白鲜属 Dictamnus
dictamnoside 苦牛至星粟草苷 苦牛至星粟草 Glinus lotoides var. dictamnoides
dictamnusin 白鲜新素 白鲜属 Dictamnus
dictyophlebine 网脉藤碱 网脉藤属 Dictyophleba
dictyopterol 网地藻醇 网翼藻属 Dictyopteris
diderroside 迪氏乌檀苷 迪氏乌檀 Nauclea diderrichii
didymin 美国薄荷苷 美国薄荷 Monarda didyma
didyronic acid 长穗决明酮酸 长穗决明 Senna didymobotrya
dielsianone 香花崖豆藤酮 香花崖豆藤 Callerya dielsiana
difforlemenine 异形蔓长春花美宁 异形蔓长春花 Vinca difformis
diffractaic acid 环裂松萝酸 环裂松萝 Usnea diffracta
diffusarotenoid 黄细心鱼藤素 黄细心 Boerhavia diffusa
digacetinin 洋地黄乙酰宁苷 毛地黄（洋地黄）Digitalis purpurea
digalogenin 洋地黄加洛苷元 毛地黄属（洋地黄属）Digitalis
digalonin 洋地黄加洛苷 毛地黄属（洋地黄属）Digitalis

digiferruginol 锈色洋地黄醇 锈色洋地黄 Rubia schumanniana
digifolein 洋地黄叶苷 毛地黄（洋地黄）Digitalis purpurea & 叶 Folium
diginin 洋地黄宁苷 毛地黄属（洋地黄属）Digitalis
digiprolactone 洋地黄普内酯 毛地黄（洋地黄）Digitalis purpurea
digipronin 洋地黄普宁苷 毛地黄（洋地黄）Digitalis purpurea
digipurpurin 紫花洋地黄灵苷 紫花洋地黄 Digitalis purpurea
digipurpurogenin 紫花洋地黄灵苷元 紫花洋地黄 Digitalis purpurea
digitalonin 洋地黄洛苷 毛地黄属（洋地黄属）Digitalis
digitatajalapin 七爪龙药喇叭素 七爪龙 Ipomoea digitata & 药喇叭 Ipomoea purga（Jalap：英名）
digitopurpone 洋地黄酮 毛地黄（洋地黄）Digitalis purpurea
dilignol 二聚木脂酚 木脂素 Lignan
dillanol 莳萝酚 莳萝 Anethum graveolens（Dill：印度药名）
dillanoside 莳萝苷 莳萝 Anethum graveolens（Dill：印度药名）
dimerumic acid 二孢镰刀菌酸 二孢镰刀菌 Fusarium dimerum
dinatin 毛花毛地黄亭 毛花毛地黄 Digitalis lanata
diocanol 异株荨麻酚 异株荨麻 Urtica dioica
diosbulbinoside 黄独苷 黄独 Dioscorea bulbifera
dioseptemloside 七裂薯蓣苷 七裂薯蓣 Dioscorea septemloba
dipetalolactone 二瓣花椒内酯 二瓣花椒 Zanthoxylum dipetalum
diphaladine 扁枝石松定 扁枝石松 Diphasiastrum complanatum
diphylline 二叶金罂粟碱 二叶金罂粟 Stylophorum diphyllum
diplacol 沟酸浆醇 沟酸浆属 Diplacus
diplacone 沟酸浆酮 沟酸浆属 Diplacus
diplazioside 双盖蕨苷 双盖蕨属 Diplazium
diploclisin 秤钩风素 秤钩风属 Diploclisia
diploflavone 龙瓣豆黄酮 双龙瓣豆属 Diplotropis
dipoloic acid 小花五桠果醇酸 小花五桠果 Dillenia pentagyna
dippinine 伞房狗牙花匹宁 伞房狗牙花 Tabernaemontana corymbosa（属于奇皮狗牙花碱的衍生物 chippiine derivatives）
dipsacoside 天蓝续断苷 天蓝续断 Dipsacus azureus
dipsacus saponin 续断皂苷 川续断属 Dipsacus
dipterinoid 双扇蕨萜 双扇蕨属 Dipteris
diptoindonesin 印尼龙脑香素 龙脑香科 Dipterocarpaceae（Indonesia：产地）
discretamine 稀疏木瓣树胺 稀疏木瓣树 Xylopia discreta
discretine 稀疏木瓣树亭 稀疏木瓣树 Xylopia discreta
dispar 不等红厚壳素 不等红厚壳 Calophyllum dispar
disparinol 不等红厚壳醇 不等红厚壳 Calophyllum dispar
disporopsin 竹根七素 竹根七属 Disporopsis
disporoside 竹根七皂苷 竹根七属 Disporopsis
distylin 蚊母树素 蚊母树属 Distylium
divaric acid 柔扁枝衣瑞酸 柔扁枝衣 Evernia divaricata
divaricataester 防风酯 防风 Saposhnikovia divaricata
divaricatinic acid 柔扁枝衣尼酸 柔扁枝衣 Evernia divaricata
divaricatol 防风醇 防风 Saposhnikovia divaricata
divaricin 金挖耳素 金挖耳 Carpesium divaricatum
divarine 大果琉璃草碱 大果琉璃草 Cynoglossum divaricatum
diversifolide 肿柄菊内酯 肿柄菊 Tithonia diversifolia
diversifolin 肿柄菊素 肿柄菊 Tithonia diversifolia
diversifolol 肿柄菊醇 肿柄菊 Tithonia diversifolia
diversoside 异纹阿魏苷 异纹阿魏 Ferula diversivittata
dmetelin 洋金花林素 洋金花 Datura metel
dodoneaside 车桑子苷 车桑子属 Dodonaea
dodonic acid 车桑子尼酸 车桑子属 Dodonaea
dodonolide 车桑子内酯 车桑子属 Dodonaea
dodonoside 车桑子诺苷 车桑子属 Dodonaea
dodovisate 车桑子维酸 车桑子 Dodonaea viscosa
dodovislactone 车桑子维内酯 车桑子 Dodonaea viscosa
dodovisone 车桑子酮 车桑子 Dodonaea viscosa
dolabellin 截尾海兔素 截尾海兔属 Dolabella
dolastatin 截尾海兔抑素 截尾海兔属 Dolabella
dolichantoside 长花马钱苷 高斯马钱 Strychnos gossweileri（Dolichanthae：长花组）
dolichocymboside 长舟马先蒿苷 长舟马先蒿 Pedicularis dolichocymba
dolicholide 镰扁豆内酯 镰扁豆属 Dolichos
doliroside 镰扁豆苷 镰扁豆属 Dolichos
dolomiaeasin 川木香素 川木香属 Dolomiaea
donaxanine 芦竹赛宁 芦竹 Arundo donax
donaxaridine 芦竹瑞定 芦竹 Arundo donax
donbutocin 田方骨四醇素 田方骨 Goniothalamus donnaiensis
donhepocin 田方骨七醇素 田方骨 Goniothalamus donnaiensis
donhexocin 田方骨六醇素 田方骨 Goniothalamus donnaiensis
donine 芦竹宁 芦竹 Arundo donax
donnaienin 田方骨素 田方骨 Goniothalamus donnaiensis
doria senine 多里亚千里碱 多里亚千里光 Senecio doria
dormantinol 藜芦芽醇 毛叶藜芦 Veratrum grandiflorum（dormant bud：休眠芽）
dorsmanin 曼尼琉桑素 曼尼琉桑 Dorstenia mannii
dorspoinsettifolin 一品红叶琉桑素 一品红叶琉桑 Dorstenia poinsettifolia
dorsteniol 琉桑醇 琉桑属 Dorstenia
dothiorelone 小穴壳菌酮 小穴壳菌属 Dothiorella
dotorioside 麻栎苷 麻栎 Quercus acutissima（Dotori：韩名）
doviscogenin 车桑子苷元 车桑子 Dodonaea viscosa
drabanemoroside 葶苈苷 葶苈 Draba nemorosa
dracaenoside 龙血树苷 龙血树属 Dracaena
dracagenin 柬埔寨龙血树皂苷 柬埔寨龙血树 Dracaena cambodiana
dracocephaloside 青兰苷 青兰属 Dracocephalum
dracocephin 青兰素 青兰属 Dracocephalum
dracotanoside 甘青青兰苷 甘青青兰 Dracocephalum tanguticum
dracunculin 龙蒿林素 龙蒿组 Section Dracunculus
dragomabin 龙口湾鞘丝藻宾 巨大鞘丝藻 Lyngbya majuscula（Bocas del Drago：产地）
dragonamide 龙口湾鞘丝藻酰胺 巨大鞘丝藻 Lyngbya majuscula（Bocas del Drago：产地）
drahebenine 异叶青兰宁碱 白花枝子花（异叶青兰）Dracocephalum heterophyllum
drahebephin 异叶青兰芬碱 白花枝子花（异叶青兰）Dracocephalum heterophyllum
drebyssogenin 阿比西尼亚南山藤苷元 阿比西尼亚南山藤 Dregea abyssinica
dregamine 德氏伏康树胺 德氏伏康树 Voacanga dregei
dregealol 南山藤醇 南山藤 Dregea volubilis
dregeana 德氏鹧鸪花素 德氏鹧鸪花 Trichilia dregeana
dregeanin 南山藤宁 南山藤 Dregea volubilis
dregeoside 南山藤苷 南山藤属 Dregea
dregoside 南山藤勾苷 南山藤属 Dregea
drevogenin 南山藤伏苷元 南山藤 Dregea volubilis
drevoside 南山藤伏苷 南山藤 Dregea volubilis
drimane 林仙烷 林仙属 Drimys
drimartol 林仙蒿醇 林仙属 Drymis & 蒿属 Artemisia
drimendiol 林仙烯二醇 林仙属 Drimys
drimene 林仙烯 林仙属 Drimys
drimenin 林仙烯宁 林仙属 Drimys
drimenol 林仙烯醇 林仙属 Drimys

drummondol 德氏田菁醇 德氏田菁 Sesbania drummondii
drupacine 核果三尖杉碱 核果三尖杉 Cephalotaxus harringtonia var. drupacea
drynaether 槲蕨醚 槲蕨属 Drynaria
dryopteric acid 鳞毛蕨酸 鳞毛蕨属 Dryopteris
dryopterin 鳞毛蕨素 鳞毛蕨属 Dryopteris
dshamirone 沙生阿魏酮 沙生阿魏 Ferula dshaudshamyr
duanbanhuain 短瓣花因 短瓣花 Brachystemma calycinum （Duanbanhua：拼音名）
duartin 遮荫军刀豆素 遮荫军刀豆 Machaerium opacum （Duartina：地名）
dubamine 疑芸香胺 疑芸香 Haplophyllum dubium
dubiamine 稀花紫堇碱 稀花紫堇 Corydalis dubia
dubiin 疑狮耳花素 疑狮耳花 Leonotis dubia
dubione 岭南楝树酮 岭南楝 Melia dubia
dubioside 赤瓟苷 赤瓟 Thladiantha dubia
duciformine 大黄橐吾碱 大黄橐吾 Ligularia duciformis
duclouxine 宾川乌头碱 宾川乌头 Aconitum duclouxii
dugesialactone 杜格菊内酯 杜格菊属 Dugesia
dulcidiol 野甘草西二醇 野甘草 Scoparia dulcis
dulcin 牛蹄豆素 牛蹄豆 Pithecellobium dulce
dulcinodal 野甘草诺醛 野甘草 Scoparia dulcis
dulcinodiol 野甘草诺二醇 野甘草 Scoparia dulcis
dulcinol 野甘草诺醇 野甘草 Scoparia dulcis
dulcioic acid 野甘草萜酸 野甘草 Scoparia dulcis
dulcisflavan 甜山竹子黄烷 甜山竹子 Garcinia dulcis
dulcisxanthone 甜山竹子呫酮 甜山竹子 Garcinia dulcis
dulcoside 甜叶苷 甜叶菊 Stevia rebaudiana
dulxanthone 甜竹呫酮 甜山竹子 Garcinia dulcis
dumoside 灌木天门冬苷 灌木天门冬 Asparagus dumosus
dunalianoside 樟叶越桔苷 樟叶越桔 Vaccinium dunalianum
dunniana acid 齿叶黄皮酸 齿叶黄皮 Clausena dunniana
dunnianolide 红花八角内酯 红花八角 Illicium dunnianum
dunnione 邓恩扭果花酮 邓恩扭果花 Streptocarpus dunnii
dunnisin 绣球茜素 绣球茜属 Dunnia
dunnisinin 绣球茜宁 绣球茜属 Dunnia
dunnisinoside 绣球茜苷 绣球茜属 Dunnia
durantanin 假连翘宁 假连翘属 Duranta
duranterectoside 直立假连翘苷 直立假连翘 Duranta erecta
durantin 假连翘亭 假连翘属 Duranta
durantioside 假连翘奥苷 假连翘属 Duranta
durantoside 假连翘苷 假连翘属 Duranta
durmillone 杜拉崖豆藤酮 杜拉崖豆藤 Millettia dura
durupcoside 龙牙楤木苷 辽东楤木 Aralia elata（龙牙楤木：生药名）
dustanin 尘曲霉素 曲霉属 Aspergillus & 尘土 dust
dysidenamide 偪海绵酰胺 偪海绵属 Dysidea
dysidenin 偪海绵宁 偪海绵属 Dysidea
dysodensiol 密花樫木醇 密花樫木 Dysoxylum densiflorum
dyvariabilin 多变铿木素 多变铿木 Dysoxylum variabile

E

ebeiedinone 鄂贝啶酮碱 鄂北贝母 Fritillaria ebeiensis
ebeinine 鄂贝宁碱 鄂北贝母 Fritillaria ebeiensis
ebenifoline 乌木叶美登木碱 乌木叶美登木 Maytenus ebenifolia
ebracteolatain 月腺大戟因 月腺大戟 Euphorbia ebracteolata
eburenine 乳白仔榄树碱 乳白仔榄树 Hunteria eburnea
eburnamenine 乳白仔榄树烯宁 乳白仔榄树 Hunteria eburnea
eburnamine 乳白仔榄树胺 乳白仔榄树 Hunteria eburnea
eburnamonine 乳白仔榄树宁 乳白仔榄树 Hunteria eburnea
ecdysanrosin 酸叶胶藤素 酸叶胶藤 Ecdysanthera rosea
ecdysanthblic acid 酸叶胶藤酸 酸叶胶藤 Ecdysanthera rosea
ecdysantherin 酸叶胶藤灵 酸叶胶藤 Ecdysanthera rosea
ecdysantherol 酸叶胶藤醇 酸叶胶藤 Ecdysanthera rosea
ecdysoside 酸叶胶藤苷 酸叶胶藤 Ecdysanthera rosea
echimiplatine 车前蓝蓟亭 车前蓝蓟 Echium plantagineum
echinacin 棘刺蓝刺头素 棘刺蓝刺头 Echinops echinatus
echinatic acid 刺甘草酸 刺甘草 Glycyrrhiza echinata
echinatin 刺甘草素 刺甘草 Glycyrrhiza echinata
echinatine 刺翅果草碱 刺翅果草 Rindera echinata
echinocidin 木齿菌西定 木齿菌属 Echinodontium
echinophylline 大叶皇冠草碱 大叶皇冠草 Echinodorus macrophyllus
echinothiophenegenol 蓝刺头噻吩烯醇 蓝刺头属 Echinops & 噻吩 thiophene
echinoynethiophene 蓝刺头炔噻吩 蓝刺头属 Echinops & 噻吩 thiophene
echioidinin 刺穿心莲宁 刺穿心莲 Andrographis echioides
echitamidine 糖胶树定 糖胶树 Echites scholaris
echitamine 糖胶树胺 糖胶树 Echites scholaris
echitaminic acid 糖胶树胺酸 糖胶树 Echites scholaris
echitin 蓝刺头黄素 蓝刺头属 Echinops
echitoserpidine 毒鸡骨常山血平定 毒鸡骨常山 Alstonia venenata & 蝰蛇 Echis & 利血平 reserpine
echitovenaldine 毒鸡骨常山那定 毒鸡骨常山 Alstonia venenata & 蝰蛇 Echis
echitovenidine 毒鸡骨常山尼定 毒鸡骨常山 Alstonia venenata & 蝰蛇 Echis
echitoveniline 毒鸡骨常山林碱 毒鸡骨常山 Alstonia venenata & 蝰蛇 Echis
echitovenine 毒鸡骨常山宁碱 毒鸡骨常山 Alstonia venenata & 蝰蛇 Echis
echiuplatine 车前蓝蓟酯亭 车前蓝蓟 Echium plantagineum
echivulgarine 蓝蓟碱 蓝蓟 Echium vulgare
echujin 伯氏亚丁花素 伯氏亚丁花 Adenium boehmianum （Echuja：用本种乳汁制作的一种箭毒，产于南非）
edgechrin 结香灵 结香 Edgeworthia chrysantha
edgeworin 结香沃灵 结香属 Edgeworthia
edgeworthin 结香素 结香属 Edgeworthia
eduardine 爱氏贝母定 爱氏贝母 Petilium eduardii（Fritillaria eduardii）
edudiol 可食新劳塔豆二酚 可食新劳塔豆 Neorautanenia edulis
eduleine; edulein 香肉果因碱 香肉果 Casimiroa edulis
edulilic acid 鸡蛋果酸 鸡蛋果 Passiflora edulis
eduline 香肉果林碱 香肉果 Casimiroa edulis
edulinine 香肉果宁碱 野花椒 Zanthoxylum simulans
edulitine 香肉果亭碱 香肉果 Casimiroa edulis
edunol 可食新劳塔豆酚 可食新劳塔豆 Neorautanenia edulis
effuside 灯芯草苷 灯心草 Juncus effusus
egenine 短梗烟堇宁 短梗烟堇 Fumaria vaillantii（为丽春花宁 rheagenine 的结构类似物）
ehletianol 厚壳树醇 卵叶厚壳树 Ehretia ovalifolia
ehretiamide 厚壳树酰胺 厚壳树属 Ehretia
ehretianone 厚壳树酮 厚壳树属 Ehretia
ehretiate 厚壳树酸酯 厚壳树属 Ehretia
ehreticoumarin 厚壳树香豆素 厚壳树属 Ehretia
ehretilactone 厚壳树内酯 厚壳树属 Ehretia
ehretine 厚壳树亭 厚壳树属 Ehretia

ehretiolide 厚壳树萜内酯 厚壳树属 Ehretia
ehretioside 厚壳树苷 厚壳树属 Ehretia
ehretiquinone 厚壳树醌 厚壳树属 Ehretia
ejap 冬青卫矛倍半萜 冬青卫矛 Euonymus japonicus
ekanpenoid 甘肃大戟萜 甘肃大戟 Euphorbia kansuensis
elaeagnoside 胡颓子苷 胡颓子属 Elaeagnus
elaeocarpucin 杜英辛 杜英属 Elaeocarpus
elasticoside 印度榕苷 印度榕 Ficus elastica
elatoside 辽东楤木苷 辽东楤木 Aralia elata
eldelidine 高翠雀里定 高翠雀花 Delphinium elatum
eleganene 秀丽水柏枝烯 秀丽水柏枝 Myricaria elegans
eleganin 优雅风毛菊素 优雅风毛菊 Saussurea elegans
eleganoside* 胡蔓藤苷 钩吻（胡蔓藤）Gelsemium elegans
eleganoside* 胡蔓藤萜苷 钩吻（胡蔓藤）Gelsemium elegans
elegansamine 钩吻萨胺 钩吻 Gelsemium elegans
elegantine 优雅风毛菊碱 优雅风毛菊 Saussurea elegans
elegin 优雅风毛菊宁 优雅风毛菊 Saussurea elegans
elenolic acid 木犀榄酸 木犀榄 Olea europaea
elenolide 木犀榄内酯 木犀榄 Olea europaea
elescaberin 地胆头素 地胆草（地胆头）Elephantopus scaber
eletefine 极光锡生藤芬碱 极光锡生藤 Cissampelos glaberrima（成分名称来源不详）
eleutherazine 刺五加嗪 刺五加 Eleutherococcus senticosus
elixene 洋常春藤烯 洋常春藤 Hedera helix
ellipticol 椭圆叶花锚酚 椭圆叶花锚 Halenia elliptica
ellipticoside 椭圆叶花锚苷 椭圆叶花锚 Halenia elliptica
elliptinone 椭圆叶柿酮 椭圆叶柿 Diospyros elliptifolia
elymoclavine 披碱草麦角碱 披碱草属 Elymus & 麦角菌属 Claviceps
emarginatine 台湾美登木碱 台湾美登木 Maytenus emarginata
embelamide 酸藤子酰胺 酸藤子属 Embelia
embeliaribyl ester 白花酸藤子酸酯 白花酸藤子 Embelia ribes
embelinol 酸藤子醇 酸藤子属 Embelia
embeliol 酸藤子酚 酸藤子属 Embelia
embinin 鸢尾比宁 鸢尾 Iris tectorum（成分名称来源不详）
embinoidin 鸢尾诺定 鸢尾 Iris tectorum（成分名称来源不详）
ememogin 延命草精 毛果香茶菜（延命草）Rabdosia trichocarpa（Enmeiso：日名）
emodinol 多花芍药醇 多花芍药 Paeonia emodi
encecalin 加州脆枝菊素 加州脆枝菊 Encelia californica
encecanescin 灰毛脆枝菊素 灰毛脆枝菊 Encelia canescens
endecaphyllacin 十一叶雪胆素 十一叶雪胆 Hemsleya endecaphylla
endocrocin 内黄肾岛衣素 内黄肾岛衣 Nephromopsis endocrocea
engelhardic acid 黄杞酸 黄杞属 Engelhardia
engelhardiol 黄杞醇 黄杞属 Engelhardia
engelhardione 黄杞酮 黄杞属 Engelhardia
engelharolide 黄杞内酯 黄杞属 Engelhardia
engelharquinone 黄杞醌 黄杞属 Engelhardia
engelharquinonol 黄杞醌醇 黄杞属 Engelhardia
engelheptanoxide 黄杞庚烷氧化物 黄杞属 Engelhardia
enmelol 延命草洛醇 毛果香茶菜（延命草）Rabdosia trichocarpa（Enmeiso：日名）
enokipodin 金针菇定 金针菇 Flammulina velutipes（Enokitake：日名）
enterocarpam 肠果澄广花内酰胺 肠果澄广花 Orophea enterocarpa
ephemeranthol 金石斛酚 金石斛属 Ephemerantha
ephemeranthoquinone 金石斛醌 金石斛属 Ephemerantha
epimedokoreanin 朝鲜淫羊藿素 朝鲜淫羊藿 Epimedium koreanum
epimedokoreanone 朝鲜淫羊藿酮 朝鲜淫羊藿 Epimedium koreanum
epimedokoreanoside 东北淫羊藿苷 东北淫羊藿 Epimedium koreanum
epimedonin 朝藿宁素 朝鲜淫羊藿 Epimedium koreanum
epimedoside 淫羊藿酚苷 淫羊藿属 Epimedium
equisetrin 问荆素 木贼属（问荆属）Equisetum
equisetumone 问荆酮 木贼属（问荆属）Equisetum
equisetumoside 问荆苷 木贼属（问荆属）Equisetum
equisetumpyrone 问荆吡喃酮 木贼属（问荆属）Equisetum
eranthemoside 喜花草苷 喜花草属 Eranthemum
erectone 小连翘酮 小连翘 Hypericum erectum
erectquione 小连翘醌酮 小连翘 Hypericum erectum
eremanthin 荒漠菊素 荒漠菊属 Eremanthus
eremofarfugin 荒漠木大吴风草素 荒漠木烷 eremophilane & 大吴风草属 Farfugium
eremoligenol 荒漠木橐吾烯醇 荒漠木烷 eremophilane & 橐吾属 Ligularia
eremopetasidione 荒漠木蜂斗菜素二酮 荒漠木烷 eremophilane & 蜂斗菜属 Petasites
eremopetasinorol 荒漠木蜂斗菜素醇 荒漠木烷 eremophilane & 蜂斗菜属 Petasites
eremopetasinorone 荒漠木蜂斗菜素酮 荒漠木烷 eremophilane & 蜂斗菜属 Petasites
eremopetasinsulfoxide 荒漠木蜂斗菜素亚砜 荒漠木烷 eremophilane & 蜂斗菜属 Petasites
eremopetasitenin 荒漠木蜂斗菜素 荒漠木烷 eremophilane & 蜂斗菜属 Petasites
eremopetasitolide 荒漠木蜂斗菜内酯 荒漠木烷 eremophilane & 蜂斗菜属 Petasites
eremophiladiene 荒漠木二烯 荒漠木属 Eremophila
eremophilanolide 荒漠木内酯 荒漠木属 Eremophila
eremophilenolide 荒漠木烯内酯 荒漠木属 Eremophila
eremophilone 荒漠木烯酮 荒漠木属 Eremophila
eremosulfoxinolide 荒漠木亚砜内酯 荒漠木属 Eremophila
ergobutine 麦角丁碱 麦角菌 Claviceps purpurea（Ergot：英名）
ergobutyrine 麦角丁灵 麦角菌 Claviceps purpurea（Ergot：英名）
ergocristine 麦角晶亭 麦角菌 Claviceps purpurea（Ergot：英名）
ergocristinine 麦角异晶亭 麦角菌 Claviceps purpurea（Ergot：英名）
ergoladinine 麦角拉宁碱 麦角菌 Claviceps purpurea(Ergot：英名）
ergolide 考氏飞蓬内酯 考氏飞蓬 Erigeron khorassanicus
ergosecalinine 麦角黑麦宁碱 麦角菌 Claviceps purpurea（Ergot：英名）
erianthridin 毛兰菲定 毛兰属 Eria & 菲 phenanthrene
erinacene 猴头烯 猴头菌 Hericium erinaceus
erinaceolactone 猴头菌内酯 猴头菌 Hericium erinaceus
erinacerin 猴头菌灵 猴头菌 Hericium erinaceus
erinarol 猴头菌醇 猴头菌 Hericium erinaceus
eriocalyxin 毛萼香茶菜素 毛萼香茶菜 Isodon eriocalyx
eriocarpin 毛果鱼藤素 毛果鱼藤 Derris eriocarpa
eriocasin 毛萼香茶菜辛 毛萼香茶菜 Isodon eriocalyx
eriocatisin 毛萼香茶菜替辛 毛萼香茶菜 Isodon eriocalyx
eriocaulin 谷精草素 谷精草属 Eriocaulon
eriocauloside 谷精草苷 谷精草属 Eriocaulon
eriophytonoide 绵参碱苷 绵参 Eriophyton wallichii
eriosemaone 鸡头薯酮 鸡头薯属 Eriosema
eriosemaside 鸡头薯苷 鸡头薯属 Eriosema
eriosematin 鸡头薯亭 鸡头薯属 Eriosema

E

E

erodiol 牻牛儿苗醇 牻牛儿苗属 Erodium
eruberin 方杆蕨素 方杆蕨 Glaphyropteridopsis erubescens
erucamide 芝麻菜酰胺 芝麻菜属 Eruca
erucic acid 芝麻菜酸 芝麻菜属 Eruca
ervachinine 中国狗牙花碱 中国狗牙花 Ervatamia chinensis
ervadivaricatine 单瓣狗牙花碱 单瓣狗牙花 Ervatamia divaricata
ervafolidine 狗牙花叶定碱 狗牙花属 Ervatamia & 叶 Folium
ervafoline 狗牙花叶碱 狗牙花属 Ervatamia & 叶 Folium
ervaoffine 药用狗牙花芬碱 药用狗牙花 Ervatamia officinalis
ervataine 狗牙花因 狗牙花属 Ervatamia
ervatamisin 狗牙花素 狗牙花属 Ervatamia
ervine 直立长春花碱 直立长春花 Vinca erecta
erybidine 比氏刺桐碱 比氏刺桐 Erythrina bidwillii
erybraedin 麦氏刺桐素 麦氏刺桐 Erythrina mildbraedii
erychrosol 小花糖芥醇 小花糖芥 Erysimum cheiranthoides
erycibenin 麻辣仔藤宁 麻辣仔藤属 Erycibe
erycorchoside 糖芥黄麻苷 糖芥属 Erysimum & 黄麻属 Corchorus
erycristagallin 鸡冠刺桐素 鸡冠刺桐 Erythrina crista-galli
erycristanol 鸡冠刺桐酚 鸡冠刺桐 Erythrina crista-galli
erycristin 鸡冠刺桐亭 鸡冠刺桐 Erythrina crista-galli
erydiffuside 灰毛糖芥苷 灰毛糖芥 Erysimum diffusum
erysenegalensein 塞内加尔刺桐素 塞内加尔刺桐 Erythrina senegalensis
erysotramidine 刺桐特拉米定 刺桐属 Erythrina
erystagallin 鸡冠刺桐林素 鸡冠刺桐 Erythrina crista-galli
erythlaurine 刺桐衡州乌药碱 刺桐属 Erythrina & 衡州乌药 Cocculus laurifolius
erythraddison 阿德森刺桐酮 阿德森刺桐 Erythrina addisoniae
erythrane 红果山胡椒烷 红果山胡椒 Lindera erythrocarpa
erythricin 红百金花辛 红百金花 Erythraea centaurium
erythrinasinate 刺桐酯 刺桐属 Erythrina
erythrinine 刺桐碱 刺桐属 Erythrina
erythrivarone 刺桐酮 刺桐 Erythrina variegata
erythrocentaurin 红百金花素 红百金花 Erythraea centaurium
erythroglaucin 红灰青霉素 灰绿青霉 Penicillium glaucum（erythro：红色）
erythromotidienone 刺桐甲氧二烯酮 刺桐属 Erythrina
erythrosotidienone 刺桐亚氧二烯酮 刺桐属 Erythrina
erythroxydiol 古柯萜二醇 古柯属 Erythroxylon
eryvarin 刺桐灵素 刺桐 Erythrina variegata
eryvarinol 刺桐醇 刺桐 Erythrina variegata
escholtzine 花菱草碱 花菱草属 Eschscholzia
eschscholtzinol 花菱草醇 花菱草属 Eschscholzia
eschscholtzinone 花菱草酮 花菱草属 Eschscholzia
esculentin 尖槐藤亭 尖槐藤 Oxystelma esculentum
esculentoic acid 木薯酸 木薯 Manihot esculenta
esculeoside 番茄奥苷 番茄 Lycopersicon esculentum
estafiatone 墨西哥蒿酮 墨西哥蒿 Artemisia mexicana（Estafiate：墨西哥名）
estragonoside 龙蒿苷 龙蒿 Artemisia dracunculus（Estragon：英名）
esulatin 乳浆大戟亭 乳浆大戟 Euphorbia esula
esulone 乳浆大戟酮 乳浆大戟 Euphorbia esula
ethuliacoumarin 都丽菊香豆素 都丽菊属 Ethulia
etioline 藜芦黄化碱 毛叶藜芦 Veratrum grandiflorum（etiolate：黄化之意）
eucalanol 桉烷醇 桉属 Eucalyptus
eucalmaidin 直杆蓝桉素 直杆蓝桉 Eucalyptus maideni
eucalmainoside 直杆蓝桉苷 直杆蓝桉 Eucalyptus maidenii
eucalyptal 桉酚醛 桉属 Eucalyptus
eucalyptolic acid 桉醇酸 桉属 Eucalyptus
eucalyptone 桉酮 桉属 Eucalyptus
eucannabinolide 大麻叶泽兰内酯 大麻叶泽兰 Eupatorium cannabinum
euchrestafuran 山豆根呋喃 山豆根属 Euchresta
euchrestine 豆叶九里香亭碱 豆叶九里香 Murraya euchrestifolia
euchretin 山豆根亭 山豆根属 Euchresta
euchroquinol 软紫草醌酚 软紫草 Arnebia euchroma
eucomic acid 凤梨百合酸 凤梨百合属 Eucomis
eucomin 凤梨百合素 凤梨百合属 Eucomis
eucomnalin 秋凤梨百合素 秋凤梨百合 Eucomis autumnalis
eucomol 凤梨百合醇 凤梨百合属 Eucomis
eucomoside 杜仲莫苷 杜仲属 Eucommia
eucosterol 凤梨百合甾醇 凤梨百合属 Eucomis
eucryphin 蜜藏花素 密藏花属 Eucryphia
eudalene 桉叶油萘 桉叶油醇 eudesmol & 萘 naphthalene
eudesobovatol 桉醇日本厚朴酚 日本厚朴 Magnolia obovata
eukovoside 罗氏小米草苷 罗氏小米草 Euphrasia rostkoviana
eulophiol 美冠兰酚 美冠兰属 Eulophia
eumaculin 斑地锦素 斑地锦 Euphorbia maculata
euodionoside 吴茱萸香堇苷 吴茱萸属 Euodia
euojaposphingoside 冬青卫矛鞘脂苷 冬青卫矛 Euonymus japonicus
euolalin 卫矛林素 卫矛 Euonymus alatus
euonidiol 卫矛二醇 卫矛属 Euonymus
euonine 卫矛宁碱 卫矛属 Euonymus
euoniside 卫矛尼苷 卫矛属 Euonymus
euonymoside 卫矛苷 卫矛属 Euonymus
euonymusoside 卫矛索苷 卫矛属 Euonymus
euophelline 栓翅卫矛碱 栓翅卫矛 Euonymus phellomanus
euosmoside 清香木姜子苷 清香木姜子 Litsea euosma
euoverrine 疣点卫矛碱 疣点卫矛 Euonymus verrucosoides
eupaformosanin 台湾泽兰宁 台湾泽兰 Eupatorium formosanum
eupalestin 破坏草素 破坏草 Eupatorium coelestinum
eupalitin 女贞泽兰亭 女贞泽兰 Eupatorium ligustrinum
euparone 泽兰酮 泽兰属 Eupatorium
eupatilin 半齿泽兰林素 半齿泽兰 Eupatorium semiserratum
eupatochinilide 华泽兰新内酯 华泽兰 Eupatorium chinense
eupatolitin 女贞泽兰素 女贞泽兰 Eupatorium ligustrinum
eupatorenone 紫茎泽兰烯酮 紫茎泽兰 Eupatorium adenophorum
euphactin 甘青大戟亭 甘青大戟 Euphorbia micractina
euphococcinine 大戟瓢虫碱 大戟属 Euphorbia & 瓢虫科 Coccinellidae
euphohelionone 泽漆酮 泽漆 Euphorbia helioscopia
euphohelioscopin 泽漆素 泽漆 Euphorbia helioscopia
euphoheliosnoid 泽漆萜 泽漆 Euphorbia helioscopia
euphonerin 金刚纂素 金刚纂 Euphorbia neriifolia
euphopeplin 南欧大戟素 南欧大戟 Euphorbia peplus
euphorbetin 大戟亭 大戟属 Euphorbia
euphorbia 续随子二萜 续随子 Euphorbia lathyris
euphorbialoid 大戟萜 大戟属 Euphorbia
euphorbiane 大戟萜烷 大戟属 Euphorbia
euphorbiaproliferin 土瓜狼毒素 土瓜狼毒 Euphorbia prolifera
euphorcinol 大戟辛醇 大戟属 Euphorbia
euphorginol 大戟精醇 大戟属 Euphorbia
euphormisin 地锦草素 地锦草 Euphorbia humifusa
euphosalicin 柳叶大戟素 柳叶大戟 Euphorbia salicifolia
euphoscopin 泽漆平 泽漆 Euphorbia helioscopia
euphpekinensin 京大戟辛 京大戟 Euphorbia pekinensis

euphroside 小米草苷 小米草属 Euphrasia
eupomatenoid 帽花木脂素 帽花木属 Eupomatia
euponin 白头婆宁 白头婆 Eupatorium japonicum
euprostin 匍匐大戟鞣素 匍匐大戟 Euphorbia prostrata
euroabienol 欧地笋冷杉醇 欧地笋冷杉 Lycopus europaeus & 冷杉烷 abietane
eurostoside 罗氏小米草托苷 罗氏小米草 Euphrasia rostkoviana
euryanoside 柃木苷 柃木 Eurya japonica
euryopsin 阔眼菊素 阔眼菊属 Euryops
euscamine 野鸦椿胺 野鸦椿属 Euscaphis
euscaphinin 野鸦椿鞣宁 野鸦椿属 Euscaphis
eusiderin 铁樟素 铁樟属 Eusideroxylon
eustifoline 豆叶九里香优林碱 豆叶九里香 Murraya euchrestifolia
eustomorusside 罗素丽钵花苷 罗素丽钵花 Eustoma russellianum
eustomoside 丽钵花苷 丽钵花属 Eustoma
everlastoside 沙生蜡菊托苷 沙生蜡菊 Helichrysum arenarium（Sandy Everlasting：英名）
evernic acid 扁枝衣酸 扁枝衣属 Evernia
everninic acid 扁枝衣尼酸 扁枝衣属 Evernia
evocarpine 吴茱萸卡品碱 吴茱萸属 Evodia
evodine 吴茱萸定碱 吴茱萸属 Evodia
evodioside 吴茱萸苷 吴茱萸属 Evodia
evodirutaenin 吴茱萸宁 吴茱萸属 Evodia
evoeuropine 欧洲卫矛碱 欧洲卫矛 Euonymus europaeus
evolvuside; evolvoside 土丁桂苷 土丁桂属 Evolvulus
evomeliaefolin 楝叶吴萸素 楝叶吴萸 Evodia meliaefolia
evonimine 卫矛酯胺 卫矛属 Euonymus
evonoside 卫矛诺苷 卫矛属 Euonymus
evorubodinin 波氏吴萸素 波氏吴萸 Evodia rutaecarpa var. bodinieri
evoxine 花椒吴萸碱 花椒吴萸 Evodia xanthoxyloides
evoxoidine 花椒吴萸定 花椒吴萸 Evodia xanthoxyloides
excamonoterpene 假黄皮单萜 假黄皮 Clausena excavata
excavacoumarin 假黄皮香豆素 假黄皮 Clausena excavata
excavarin 假黄皮灵素 假黄皮 Clausena excavata
excavatin 假黄皮素 假黄皮 Clausena excavata
excavatine 假黄皮亭碱 假黄皮 Clausena excavata
excecoitine 紫花高乌头亭 紫花高乌头 Aconitum excelsum
excelsin* 高大臭椿素 高大臭椿 Ailanthus excelsa
excelsin* 高大胡椒素 高大胡椒 Macropiper excelsum
excelsine 紫花高乌头辛 紫花高乌头 Aconitum excelsum
excelsinidine 高大白坚木碱 高大白坚木 Aspidosperma excelsum
excentricine 江南地不容碱 江南地不容 Stephania excentrica
excisanin 尾叶香茶菜素 尾叶香茶菜 Rabdosia excisa
excisusin 尾叶香茶菜辛 尾叶香茶菜 Isodon excisus
excoagallochaol 海漆新醇 海漆 Excoecaria agallocha
excocarinol 海漆诺醇 海漆属 Excoecaria
excoecafolinol 云南土沉香醇 云南土沉香 Excoecaria acerifolia
excoecanol 海漆卡诺醇 海漆属 Excoecaria
excoecarianin 海漆宁 海漆属 Excoecaria
excoecarin 海漆卡灵 海漆属 Excoecaria
excoecarioside 海漆苷 海漆属 Excoecaria
excolabdone 海漆半日花酮 海漆属 Excoecaria & 半日花脂 Labdanum
exidonin 鄂西香茶菜宁 鄂西香茶菜 Rabdosia henryi（异名；Exi：拼音）
exiguaflavanone 稀见槐黄烷酮 稀见槐 Sophora exigua
exoticin 九里香替辛 九里香 Murraya exotica
exozoline 九里香唑林碱 九里香 Murraya exotica
exserolide 突脐蠕孢内酯 突脐蠕孢属 Exserohilum
extensumside 翅果藤苷 翅果藤 Myriopteron extensum

F

fabagoin 驼蹄瓣素 驼蹄瓣 Zygophyllum fabago
fabiatrin 石南茄苷 石南茄属 Fabiana
fagovatin 灰莉素 灰莉属 Fagraea
fallacinal 拟石黄衣素 拟石黄衣 Xanthoria fallax
fallacinol 拟石黄衣醇 拟石黄衣 Xanthoria fallax
fallaxose 黄花倒水莲糖 黄花倒水莲 Polygala fallax
farfugine 大吴风草碱 大吴风草属 Farfugium
fargenin* 华西龙头草素 华西龙头草 Meehania fargesii
fargenin* 野八角烯宁 野八角 Illicium fargesii
fargenone 野八角烯酮 野八角 Illicium fargesii
fargesiichromone 望春玉兰色酮 望春玉兰 Magnolia fargesii
fargesilignan 望春玉兰木脂素 望春玉兰 Magnolia fargesii
fargesiphenol 望春玉兰苯酚 望春玉兰 Magnolia fargesii
fargesol 望春玉兰醇 望春玉兰 Magnolia fargesii
fargesone 望春玉兰酮 望春玉兰 Magnolia fargesii
fargoside 五月瓜藤皂苷 五月瓜藤 Holboellia fargesii
farnachrol 金合欢黄白蓍草酯 金合欢基 farnesyl & 黄白蓍草 Achillea ochroleuca
farnesiaside 鸭皂树萜苷 金合欢（鸭皂树）Acacia farnesiana
farnesiferol 阿魏醇 阿魏属 Ferula & 金合欢醇 farnesol
farnesirane 鸭皂树萜 金合欢（鸭皂树）Acacia farnesiana
farnisin 金合欢辛素 金合欢 Acacia farnesiana
farrerol 丁香杜鹃酚 丁香杜鹃 Rhododendron farrerae
fascicularone 簇生垂幕菇酮 簇生垂幕菇 Hypholoma fasciculare
fasciculic acid 簇生垂幕菇酸 簇生垂幕菇 Hypholoma fasciculare
fasciculol 簇生垂幕菇醇 簇生垂幕菇 Hypholoma fasciculare
fatouain 水蛇麻因 水蛇麻属 Fatoua
fatsiaside 八角金盘苷 八角金盘属 Fatsia
fatsioside 八角金盘萜苷 八角金盘属 Fatsia
febrifugin 印度红椿素 印度红椿 Soymida febrifuga
feddeiphenol 滇瑞香酚 滇瑞香 Daphne feddei
feddeiticin 滇瑞香素 滇瑞香 Daphne feddei
fekolone 科佩特阿魏酮 科佩特阿魏 Ferula kopetdagensis
fekrol 托里阿魏醇 托里阿魏 Ferula krylovii
fekrynol 托里阿魏诺醇 托里阿魏 Ferula krylovii
fercomin 大阿魏素 大阿魏 Ferula communis
feretoside 菲瑞木苷 菲瑞木属 Feretia
fernandoside 厚膜树苷 厚膜树属 Fernandoa
fernolin 象橘灵 象橘 Feronia limonia
ferocolicin 圆锥茎阿魏辛 圆锥茎阿魏 Ferula conocaula
ferocolidin 圆锥茎阿魏定 圆锥茎阿魏 Ferula conocaula
ferocolin 圆锥茎阿魏灵 圆锥茎阿魏 Ferula conocaula
ferocolinin 圆锥茎阿魏宁 圆锥茎阿魏 Ferula conocaula
feroxidin 好望角芦荟定 好望角芦荟 Aloe ferox
ferreirin 铁豆木素 铁豆木属 Ferreirea
ferruginal 锈色罗汉松醛 锈色罗汉松 Podocarpus ferrugineus
ferruginol 锈色罗汉松酚 锈色罗汉松 Podocarpus ferrugineus
ferruol 铁力木香酚 铁力木 Mesua ferrea
ferrxanthone 铁力木新吅酮 铁力木 Mesua ferrea
ferugin 阿魏精 阿魏属 Ferula
feruginidin 阿魏尼定 阿魏属 Ferula
feruginin 阿魏精宁 阿魏属 Ferula
ferujaesenol 中亚阿魏烯醇 中亚阿魏 Ferula jaeschkeana
ferujol 中亚阿魏酚 中亚阿魏 Ferula jaeschkeana

ferukrin 托里阿魏素 托里阿魏 Ferula krylovii
ferulactone 多伞阿魏内酯 多伞阿魏 Ferula ferulaeoides
ferulaeone 多伞阿魏酚酮 多伞阿魏 Ferula ferulaeoides
ferulin 多伞阿魏素 多伞阿魏 Ferula feruloides
feruone 阿魏酮 阿魏属 Ferula
feruperine 阿魏胡椒碱 阿魏属 Ferula & 胡椒属 Piper
ferutidin 阿魏替定 阿魏属 Ferula
ferutin 阿魏亭 阿魏属 Ferula
ferutinianin 中亚阿魏宁 中亚阿魏 Ferula jaeschkeana
ferutinin 阿魏亭宁 阿魏属 Ferula
ferutinone 中亚阿魏萜酮 中亚阿魏 Ferula jaeschkeana
ferutriol 中亚阿魏三醇 中亚阿魏 Ferula jaeschkeana
feselol; fezelol 麝香阿魏洛醇 麝香阿魏 Ferula pseudooreoselinum
feshurin 史特阿魏素 史特阿魏 Ferula schtschurowskiana
feterin 臭阿魏素 臭阿魏 Ferula teterrima
fetidine 腺毛唐松草碱 腺毛唐松草 Thalictrum foetidum
fibercisine 天仙藤辛碱 天仙藤 Fibraurea recisa
fibrarecisin 天仙藤息素 天仙藤 Fibraurea recisa
fibrecisine 黄藤碱 黄藤 Fibraurea recisa
ficalloside 硬皮榕苷 硬皮榕 Ficus callosa
ficaprenol 无花果异戊烯醇 无花果 Ficus carica
ficuflavoside 榕黄酮苷 榕属 Ficus
ficuformodiol 台湾榕二醇 台湾榕 Ficus formosana
ficumegasoside 榕大柱香波龙苷 榕属 Ficus
ficusamide 榕酰胺 榕属 Ficus
ficuscarpanoside 榕树苷 榕树 Ficus microcarpa
ficuschlorin 榕绿素 榕属 Ficus
ficuselastic acid 印度榕酸 印度榕 Ficus elastica
ficuseptamine 棱果榕胺 棱果榕 Ficus septica
ficuseptine 棱果榕碱 棱果榕 Ficus septica
ficusesquilignan 榕树倍半木脂素 榕树 Ficus microcarpa
ficusin 榕素 榕属 Ficus
ficusine 榕辛素 榕属 Ficus
ficusmicrochlorin 榕树绿素 榕树 Ficus microcarpa
ficusol 榕醇 榕属 Ficus
ficusolide 榕内酯 榕属 Ficus
ficusone 榕酮 榕属 Ficus
ficusoside 榕苷 榕属 Ficus
ficuspirolide 榕螺内酯 榕属 Ficus
ficustikousin 地果素 地果 Ficus tikoua
ficustriol 榕三醇 榕属 Ficus
filiasparoside 羊齿天冬洛苷 羊齿天冬 Asparagus filicinus
filicic acid 绵马次酸 欧洲鳞毛蕨 Dryopteris filix-mas(药材称欧绵马)
filicinoside 羊齿天冬诺苷 羊齿天冬 Asparagus filicinus
filifolone 丝叶蒿酮 丝叶蒿 Artemisia filifolia
filiformine 无根藤胺 无根藤 Cassytha filiformis
filoboletic acid 小管菌酸 小管菌属 Filoboletus
fimbriol 流苏金石斛酚 流苏金石斛 Flickingeria fimbriata
finaconitine 赣皖乌头碱 赣皖乌头 Aconitum finetianum
finetiadine 赣皖乌头定 赣皖乌头 Aconitum finetianum
firetianine 赣皖乌头宁 赣皖乌头 Aconitum finetianum
firmianone 梧桐醌 梧桐属 Firmiana
fischeria 狼毒大戟降二萜内酯 狼毒大戟 Euphorbia fischeriana
fischeriana 狼毒大戟萜内酯 狼毒大戟 Euphorbia fischeriana
fischeroside 狼毒大戟苷 狼毒大戟 Euphorbia fischeriana
fisetinidol 黄栌醇 黄栌 Rhus Cotinus（Fiset：德名）
fissilandione 多脉瓜馥木二酮 多脉瓜馥木 Fissistigma balansae
fissistigamide 瓜馥木酰胺 瓜馥木属 Fissistigma
fissistigmatin 瓜馥木亭 瓜馥木属 Fissistigma
fissistigmine 瓜馥木胺 瓜馥木属 Fissistigma
fissistigmoside 瓜馥木苷 瓜馥木属 Fissistigma
fissohamione 瓜馥木酯酮 瓜馥木 Fissistigma oldhamii
fissoldhimine 瓜馥木嗪胺 瓜馥木 Fissistigma oldhamii
fissoldine 瓜馥木定碱 瓜馥木 Fissistigma oldhamii
fistuloside 管葱皂苷 管葱 Allium fistulosum
fistulosine 水同木碱 水同木 Ficus fistulosa
flabelliferin 糖棕素 糖棕 Borassus flabellifer
flabellin 扇叶菊蒿素 扇叶菊蒿 Tanacetum argenteum subsp. flabellifolium
flabelline 折扇石松林碱 折扇石松 Lycopodium flabelliforme
flaccidoside 鹅掌草苷 鹅掌草 Anemone flaccida
flacoside 刺篱木考苷 刺篱木属 Flacourtia
flacourside 刺篱木苷 刺篱木属 Flacourtia
flacourticin 刺篱木辛 刺篱木属 Flacourtia
flacourtin 刺篱木素 刺篱木属 Flacourtia
flacourtoside 刺篱木托苷 刺篱木属 Flacourtia
flammein 红轮千里光二萜素 红轮千里光 Senecio flammeus
flammin 金针菇明 金针菇属 Flammulina
flammulin 金针菇素 金针菇 Flammulina velutipes
flaniostatin 柘黄酮抑素 柘 Cudrania tricuspidata & 异黄酮 isoflavone & 抑素 statin
flavadine 伏毛铁棒锤定 伏毛铁棒锤 Aconitum flavum
flavamine 伏毛铁棒锤胺 伏毛铁棒锤 Aconitum flavum
flavanomarein 海滨金鸡菊黄烷酮苷 海滨金鸡菊 Coreopsis maritima
flavanthrin 白绵毛兰菲素 白绵毛兰 Eria flava & 菲 phenanthrene
flavanthrinin 白绵毛兰菲宁 白绵毛兰 Eria flava & 菲 phenanthrene
flavenochromane 苦参色满 苦参 Sophora flavescens
flavesone 淡黄薄子木酮 淡黄薄子木 Leptospermum flavescens
flavidin 淡黄贝母兰素 淡黄贝母兰 Coelogyne flavida
flavidinin 淡黄贝母兰宁 淡黄贝母兰 Coelogyne flavida
flavifloside 黄花胡椒苷 黄花胡椒 Piper flaviflorum
flavinatine 黄巴豆亭 黄巴豆 Croton flavens
flavogallonic acid 黄没食子酮酸 没食子 Gall
flavokawin 卡瓦胡椒黄素 卡瓦胡椒 Piper methysticum（Kawa：英名）
flavosorbin 珍珠梅黄酮苷 黄酮 flavonoid & 珍珠梅属 Sorbaria
flavovilloside 白花败酱黄酮苷 攀倒甑（白花败酱）Patrinia villosa
flavoyadorinin 槲寄生黄素 槲寄生 Viscum coloratum（Yadorigi：日名）
flazin; flazine 酒粕黄嗪 酒粕 Sake grains & 黄素 flavin & 吩嗪 phenazine
flazine 酒粕黄嗪 酒粕 Sake grains & 黄素 flavin & 吩嗪 phenazine
flemichapparin 墨江千斤拔素 墨江千斤拔 Flemingia chappar
flemiculosin 灌木千斤拔素 灌木千斤拔 Flemingia fruticulosa
flemingichalcone 千斤拔查耳酮 千斤拔属 Flemingia
flemingichromone 千斤拔色酮 千斤拔属 Flemingia
flemingin 千斤拔精 千斤拔属 Flemingia
fleminginin 千斤拔宁 千斤拔属 Flemingia
flemiphilippinone 千斤拔酮 千斤拔 Flemingia philippinensis
flemiphyllin 大叶千斤拔素 大叶千斤拔 Flemingia macrophylla
flemistrictin 长叶千斤拔素 长叶千斤拔 Flemingia stricta
flemiwallichin 云南千斤拔素 云南千斤拔 Flemingia wallichii
flexicorine 反折萝芙木灵碱 反折萝芙木 Rauwolfia reflexa
flexuosol 葛藟葡萄酚 葛藟葡萄 Vitis flexuosa
flindersiachromone; fidersiachromone 巨盘木色酮 巨盘木属 Flindersia

flindulatin 斑巨盘木亭 斑巨盘木 Flindersia maculosa
floralginsenoside 人参花皂苷 人参 Panax ginseng & 花 Flora
floralquinquenoside 西洋参花皂苷 西洋参 Panax quinquefolius & 花 Flora
floranotoginsenoside 三七花皂苷 三七 Panax notoginseng & 花 Flora
floribin 多花白蜡树素 多花白蜡树 Fraxinus floribunda
floribundone 光叶决明酮 光叶决明 Cassia floribunda
floridanolide 佛罗里达八角内酯 佛罗里达八角 Illicium floridanum
flosin 大花紫薇素 大花紫薇 Lagerstroemia flos-reginae
flueggedine 白饭树定碱 白饭树 Flueggea virosa
flueggenine 白饭树宁碱 白饭树 Flueggea virosa
flueggine 白饭树精碱 白饭树 Flueggea virosa
fluevirosine 白饭树辛碱 白饭树 Flueggea virosa
fluevirosinine 白饭树辛宁 白饭树 Flueggea virosa
fluorocarpamine 荧光多果树胺 荧光 Fluorescence & 多果树属 Pleiocarpa
foenumoside 灵香草苷 灵香草 Lysimachia foenum-graecum
foetidinol 绿升麻醇 升麻（绿升麻）Cimicifuga foetida
foetidinoside 绿升麻苷 升麻（绿升麻）Cimicifuga foetida
foetidissimoside 臭瓜苷 臭瓜 Cucurbita foetidissima
folerogenin 弗莱罗甘草苷元 分离自光甘草 Glycyrrhiza glabra（Folero：可能为人名）
foliachinenoside 中国五层龙叶苷 中国五层龙 Salacia chinensis & 叶 folia
foliamenthin 睡菜辛 睡菜 Menyanthes trifoliata
foliasalacin 五层龙叶素 五层龙属 Salacia & 叶 Folium
foliasalacioside 五层龙叶苷 五层龙属 Salacia & 叶 Folium
folicanthine 美国蜡梅叶碱 美国蜡梅 Calycanthus floridus & 叶 Folium
folifine 密叶拟芸香芬 密叶拟芸香 Haplophyllum foliosum
folimine 密叶拟芸香明 密叶拟芸香 Haplophyllum foliosum
foliosidine 密叶拟芸香定 密叶拟芸香 Haplophyllum foliosum
folitenol 榕叶新劳塔豆酚 榕叶新劳塔豆 Neorautanenia ficifolia
fomeffic acid 阿里红酸 药用拟层孔菌 Fomitopsis officinalis（阿里红：药材名）
fomefficinic acid 药用拟层孔菌酸 药用拟层孔菌 Fomitopsis officinalis
fomefficinin 药用拟层孔菌素 药用拟层孔菌 Fomitopsis officinalis
fomefficinol 药用拟层孔菌醇 药用拟层孔菌 Fomitopsis officinalis
fomentaric acid 木蹄层孔菌酸 木蹄层孔菌 Fomes fomentarius
fomentariol 木蹄层孔菌醇 木蹄层孔菌 Fomes fomentarius
fomentarol 木蹄层孔菌甾醇 木蹄层孔菌 Fomes fomentarius
fomitopinic acid 拟层孔菌酸 拟层孔菌属 Fomitopsis
fomitopsin 拟层孔菌素 拟层孔菌属 Fomitopsis
fomitoside 拟层孔菌苷 拟层孔菌属 Fomitopsis
fomlactone 拟层孔菌内酯 拟层孔菌属 Fomitopsis
fontanesioside 雪柳苷 雪柳 Fontanesia phillyreoides
fordianaquinone 大叶过路黄醌 大叶过路黄 Lysimachia fordiana
fordianin 大叶过路黄素 大叶过路黄 Lysimachia fordiana
fordianol 大叶过路黄酚 大叶过路黄 Lysimachia fordiana
fordianoside 通城虎碱苷 通城虎 Aristolochia fordiana
fordimine 福氏马尾杉明碱 福氏马尾杉 Phlegmariurus fordii
fordioside 南方荚蒾苷 南方荚蒾 Viburnum fordiae
foresticine 丽乌辛 丽江乌头 Aconitum forrestii
forestine 丽乌亭 丽江乌头 Aconitum forrestii
forkienin 福建假卫矛素 福建假卫矛 Microtropis fokienensis
formidiol 蚁大青二酚 蚁大青 Clerodendrum formicarum
formosanatin 台湾山豆根亭 台湾山豆根 Euchresta formosana
formosanin 刺柏素 刺柏 Juniperus formosana
formosaninol 刺柏素酚 刺柏 Juniperus formosana
formosumone 红芽木黄酮 红芽木 Cratoxylum formosum subsp. pruniflorum
formoxanthone 越南黄牛木叫酮 越南黄牛木 Cratoxylum formosum
forrestin 紫萼香茶菜亭 紫萼香茶菜 Rabdosia forrestii
forrestine 昆明山海棠亭碱 昆明山海棠 Tripterygium forrestii
forskoditerpenoside 毛喉鞘蕊花二萜苷 毛喉鞘蕊花 Coleus forskohlii
forskolin 毛喉鞘蕊花素 毛喉鞘蕊花 Coleus forskohlii
forsythialanside 连翘兰苷 连翘 Forsythia suspensa
forsythiayanoside 连翘扬苷 连翘 Forsythia suspensa
fortunate 柳杉酯 柳杉 Cryptomeria fortunei
fortuneine 三尖杉烯碱 三尖杉 Cephalotaxus fortunei
fortunellin 金橘苷 金橘属 Fortunella
fortunin 柳杉宁 柳杉 Cryptomeria fortunei
fortunine 三尖杉宁碱 三尖杉 Cephalotaxus fortunei
fortunolide 三尖杉内酯 三尖杉 Cephalotaxus fortunei
fouquierol 福桂树烯醇 福桂树属 Fouquieria
fouquierone 刺树酮 福桂树属（刺树属）Fouquiera
frachinoside 白蜡树诺苷 白蜡树 Fraxinus chinensis
fragilin 爆竹柳素 爆竹柳 Salix fragilis
framoside 光蜡树苷 光蜡树 Fraxinus formosana
francheline 大渡乌头灵 大渡乌头 Aconitum franchetii
frangulaemodin 欧鼠素大黄素 欧鼠李 Rhamnus frangula
frangulanine 欧鼠李宁碱 欧鼠李 Rhamnus frangula
fraxamoside 美国白蜡苷 美国白蜡 Fraxinus americana
fraxetol 白蜡树醇 白蜡树属 Fraxinus
fraximalacoside 白枪杆苷 白枪杆 Fraxinus malacophylla
fraxinellone 白鲜酮 白鲜 Dictamnus dasycarpus（Fraxinella：英名）
fraxinellonone 白鲜双酮 白鲜 Dictamnus dasycarpus（Fraxinella：英名）
fraxinol 白蜡树酚 白蜡树属 Fraxinus
fraxiresinol 梣树脂酚 梣属 Fraxinus
fraxisecoside 白蜡树裂苷 梣属（白蜡树属）Fraxinus
fraxoside 白蜡树索苷 白蜡树属 Fraxinus
fraxuhdoside 墨西哥白蜡树苷 墨西哥白蜡树 Fraxinus uhdei
frigin 冷蒿素 冷蒿 Artemisia frigida
friginoside 冷蒿苷 冷蒿 Artemisia frigida
fritillarine 贝母拉灵 贝母属 Fritillaria
fritillarinol 浙贝萜 浙贝母 Fritillaria thunbergii
frugoside 钉头果勾苷 钉头果 Gomphocarpus fruticosus
frustulosin 丛片木革菌素 丛片木革菌 Xylobolus frustulatus
frustulosinol 丛片木革菌醇 丛片木革菌 Xylobolus frustulatus
frutescin 木茼蒿素 木茼蒿 Iva frutescens
fruticosamine 红花蕊木胺 红花蕊木 Kopsia fruticosa
fruticosine 红花蕊木碱 红花蕊木 Kopsia fruticosa
fucoxanthin 墨角藻黄质 墨角藻属 Fucus
fucoxanthinol 墨角藻黄醇 墨角藻属 Fucus
fuegin 火地林仙素 林仙 Drimys winteri（Tierra del Fuego：地名，火地岛）
fujikinetin 翅荚香槐柰亭 翅荚香槐 Cladrastis platycarpa（Fujiki：日名）
fujikinin 翅荚香槐宁 翅荚香槐 Cladrastis platycarpa（Fujiki：日名）
fukanedone 阜康阿魏萜酮 阜康阿魏 Ferula fukanensis
fukanefurochromone 阜康阿魏色酮 阜康阿魏 Ferula fukanensis
fukanefuromarin 阜康阿魏呋喃香豆素 阜康阿魏 Ferula fukanensis
fukaneketoester 阜康阿魏酮酯 阜康阿魏 Ferula fukanensis

fukanemarin 阜康阿魏香豆素 阜康阿魏 Ferula fukanensis
fukinoside 蜂斗菜醇苷 蜂斗菜 Petasites japonicus（Fuki：日名）
fukujusonorone 福寿草降甾酮 福寿草 Adonis amurensis（Fukujuso：日名）
fumitremorgin 烟曲霉震颤素 烟曲霉 Aspergillus fumigatus & 震颤毒素 tremorgenic toxin
funtumafrine 非洲丝胶树碱 非洲丝胶树 Funtumia africana
furanokurzin 呋喃尾叶血桐素 尾叶血桐 Macaranga kurzii
furcatin 假绣球素 假绣球 Viburnum furcatum
furcatoside 分枝荚蒾苷 分枝荚蒾 Viburnum furcatum
furoclausine 呋喃黄皮碱 黄皮属 Clausena
furocrotinsulolide 呋喃海岛巴豆内酯 海岛巴豆 Croton insularis
furofoline 小花山小橘呋喃碱 小花山小橘 Glycosmis citrifolia
furosardonin 呋喃辣红菇素 辣红菇 Russula sardonia
furosin 中日老鹳草素 中日老鹳草 Geranium thunbergii（furan：结构中含呋喃环）
furostifoline 呋喃豆叶九里香碱 豆叶九里香 Murraya euchrestifolia
furowanin 呋喃台湾崖豆藤素 台湾崖豆藤 Millettia taiwaniana
fusarubin lactone 镰孢霉红素内酯 镰孢霉属 Fusaria
fuscaxanthone 淡褐藤黄叫酮 淡褐藤黄 Garcinia fusca
fuseine 扶沙木碱 扶沙木属 Fusaea
fustin 黄栌素 黄栌 Cotinus coggygria（Fustic：英名）
futokadsurin 风藤灵 风藤 Piper futokadsura
futoquinol 风藤奎脑 风藤 Piper futokadsura（异名；quinol：分子结构中含醌醇的甲醚）
futronolide 林仙内酯 林仙 Drimys winteri（Futrono：地名）
fuzhuanin 茯砖茶素 茶 Camellia sinensis（Fuzhuancha：茯砖茶，一种发酵茶）

G

gadain 棉叶麻疯树因 棉叶麻疯树 Jatropha gossypiifolia（Gadai Balbar：地名）
gadesine 五蕊翠雀碱 五蕊翠雀花 Delphinium pentagynum（Gades：地名）
gaertneroside 拟九节苷 拟九节属 Gaertnera
gagamine 萝藦胺 萝藦 Metaplexis japonica（Gaga-imo：日名）
galbacin 浆果瓣蕊花素 浆果瓣蕊花 Galbulimima baccata
galbanic acid 古蓬阿魏酸 古蓬阿魏 Ferula galbaniflua（Galbanum：树脂名）
galbelgin 瓣蕊花素 瓣蕊花 Galbulimima belgraveana
galcatin 浆果瓣蕊花亭 浆果瓣蕊花 Galbulimima baccata
galdosol 加那利鼠尾草酚 加那利鼠尾草 Salvia canariensis（Galdos：人名）
galeginoside 山羊豆苷 山羊豆属 Galega
galeopsin 鼬瓣花素 鼬瓣花属 Galeopsis
galericulin 盔状黄芩林素 盔状黄芩 Scutellaria galericulata
galeroside 盔状黄芩苷 盔状黄芩 Scutellaria galericulata
galgravin 瓣蕊花格拉文 瓣蕊花 Himantandra belgraveana
galinsoside 牛膝菊苷 牛膝菊属 Galinsoga
galioside 拉拉藤苷 拉拉藤属 Galium
galiosin 拉拉藤辛 拉拉藤属 Galium
galuteolin 山羊豆木犀草素 山羊豆属 Galega & 木犀草素 luteolin
gamatin 水黄皮玛亭 水黄皮属 Pongamia
gambogenone 大叶藤黄精酮 大叶藤黄 Garcinia xanthochymus
gamnamoside 柿莫苷 柿 Diospyros kaki（Gamnamoo：韩名）
ganbajunin 干巴菌素 干巴菌 Thelephora ganbajun
gancaonol 甘草诺酚 甘草 Glycyrrhiza uralensis（Gancao：拼音名）
gandharamine 犍陀罗小檗明碱 俾路支小檗 Berberis baluchistanica（Gandhara：犍陀罗，古国名）
gangenoid 大叶山蚂蝗碱 大叶山蚂蝗 Desmodium gangeticum
gangetial 大叶山蚂蝗醛 大叶山蚂蝗 Desmodium gangeticum
gangetin 大叶山蚂蟥素 大叶山蚂蟥 Desmodium gangeticum
gangetinin 大叶山蚂蝗宁 大叶山蚂蝗 Desmodium gangeticum
ganoderol 灵芝洛醇 灵芝属 Ganoderma
ganodone 灵芝酮 灵芝属 Ganoderma
ganolucidic acid 红芝酸 灵芝（红芝）Ganoderma lucidum
ganosinensin 紫芝素 中华紫芝（紫芝）Ganoderma sinense
ganschisandrin 甘五味子素 五味子属 Schisandra
ganxinonic acid 甘西鼠尾草酮酸 甘西鼠尾草 Salvia przewalskii（Ganxi：拼音）
garccowaside 云树苷 云树 Garcinia cowa
garcicowanone 云树新酮 云树 Garcinia cowa
garcicowin 云树素 云树 Garcinia cowa
garcigerrin 杰氏藤黄素 杰氏藤黄 Garcinia gerrardii
garcihombronone 山凤果酮 山凤果 Garcinia hombroniana
garcimangosone 莽吉柿酮 莽吉柿 Garcinia mangostana
garcimangostanol 莽吉柿酚 莽吉柿 Garcinia mangostana
garcimangosxanthone 倒捻子叫酮 倒捻子 Garcinia mangostana
garcimultiflorone 木竹子酮 木竹子 Garcinia multiflora
garcinenone 藤黄烯酮 藤黄属 Garcinia
garcinexanthone 大叶藤黄叫酮 大叶藤黄 Garcinia xanthochymus
garcinia acid 藤黄酸 藤黄属 Garcinia
garciniacowol 云树酚 云树 Garcinia cowa
garciniacowone 云树酮 云树 Garcinia cowa
garciniafuran 藤黄呋喃 藤黄属 Garcinia
garciniagifolone 岭南山竹子酮 岭南山竹子 Garcinia oblongifolia
garcinialone 藤黄洛酮 藤黄属 Garcinia
garcinianin 木竹子色素 木竹子 Garcinia multiflora
garcinianone 藤黄诺酮 藤黄属 Garcinia
garciniaxanthone 藤黄叫酮 藤黄属 Garcinia
garcinol 山竹子酚 藤黄属（山竹子属）Garcinia
garcinone 藤黄新酮 藤黄属 Garcinia
garciobioxanthone 岭南山竹子双叫酮 岭南山竹子 Garcinia oblongifolia
gardaloside 栀子醛苷 栀子属 Gardenia
gardenal 栀子烯醛 栀子属 Gardenia
gardenate 栀子酸酯 栀子属 Gardenia
gardenianan 栀子脂素 栀子属 Gardenia
gardeniside 栀子尼苷 栀子属 Gardenia
gardiol 栀子酯二醇 栀子属 Gardenia
gardmultimine 蓬莱葛明碱 蓬莱葛 Gardneria multiflora
gardmutine 蓬莱葛亭碱 蓬莱葛 Gardneria multiflora
gardovatine 卵叶蓬莱葛碱 卵叶蓬莱葛 Gardneria ovata
garjasmin 栀子明 栀子 Gardenia jasminoides
gartanin 莽吉柿素 莽吉柿 Garcinia mangostana
garugamblin 多花白头树素 多花白头树 Garuga floribunda var. gamblei
gastrol 天麻酚 天麻属 Gastrodia
gaudichaudione 戈氏藤黄二酮 戈氏藤黄 Garcinia gaudichaudii
gaultherialine 白珠树林碱 白珠树属 Gaultheria
gaylussacin 佳露果素 佳露果属 Gaylussacia
gazaniolide 勋章菊内酯 勋章菊属 Gazania
gehuain 葛花素 葛花 Pueraria Flos（生药名；Gehua：拼音名）
geibalansine 巴兰耶伊木碱 巴兰耶伊木 Geijera balansae
geijerene 耶伊木烯 耶伊木属 Geijera（属名源自瑞典植物学家 J. D. Geijer）

gein; geoside 路边青苷 路边青属 Geum
geissoschizine 叠籽木裂嗪 叠籽木属 Geissospermum
geissoschizol 叠籽木裂醇 叠籽木属 Geissospermum
geleboline 钩吻咔啉 钩吻属 Gelsemium & 咔啉 carboline
geleganamide 钩吻甘酰胺 钩吻属 Gelsemium
geleganidine 钩吻加尼定 钩吻 Gelsemium elegans
geleganimine 钩吻尼明 钩吻 Gelsemium elegans
geleganoid 钩吻萜 钩吻 Gelsemium elegans
geleganoside 钩吻诺苷 钩吻 Gelsemium elegans
gelidolin 长鳞红景天素 长鳞红景天 Rhodiola gelida
gelidoside 寒原龙胆苷 寒原龙胆 Gentiana gelida
gelolin 长鳞红景天洛素 长鳞红景天 Rhodiola gelida
gelomulide 多花白树内酯 多花白树 Gelonium multiflorum
gelsecrotonidine 钩吻巴豆定 钩吻属 Gelsemium & 巴豆属 Croton
gelsedilam 钩吻二内酰胺 钩吻属 Gelsemium
gelsefuranidine 钩吻呋喃定 钩吻属 Gelsemium
gelsegamine 钩吻加明 钩吻 Gelsemium elegans
gelseganine 钩吻加宁 钩吻 Gelsemium elegans
gelseiridone 钩吻环烯醚酮 钩吻属 Gelsemium
gelselenidine 钩吻尼定 钩吻 Gelsemium elegans
gelsemolenine 钩吻烯宁 钩吻 Gelsemium elegans
gelsemoxonine 钩吻醚宁 钩吻属 Gelsemium
gelsenicine 钩吻尼辛 钩吻 Gelsemium elegans
gelseoxazolidinine 钩吻噁唑宁 钩吻属 Gelsemium & 噁唑烷 oxazolidine
gelsesyringalidine 钩吻丁香定 钩吻属 Gelsemium & 丁香属 Syringa
gelsevanillidine 钩吻香荚兰定 钩吻属 Gelsemium & 香荚兰素 vanillin
gelsevirine 常绿钩吻灵 常绿钩吻 Gelsemium sempervirens
gelseziridine 钩吻氧氮丙啶 钩吻 Gelsemium elegans
gelsochalotine 钩吻夏洛亭 钩吻 Gelsemium elegans（夏氏伏康树碱 voachalotine 的结构类似物）
gemichalcone 双花金丝桃查耳酮 双花金丝桃 Hypericum geminiflorum
gemin 路边青素 路边青属 Geum
genameside 美洲京尼帕木苷 美洲京尼帕木 Genipa americana
geniculatine 膝瓣乌头亭 膝瓣乌头 Aconitum geniculatum
geniculine 膝瓣乌头林碱 膝瓣乌头 Aconitum geniculatum
genicunine 膝瓣乌头宁 膝瓣乌头 Aconitum geniculatum
genkdaphin 芫花脂素 芫花 Daphne genkwa
genkwadane 芫花萜烷 芫花 Daphne genkwa
genkwadaphnin 芫花酯宁 芫花 Daphne genkwa
genkwanine 芫花宁素 芫花 Daphne genkwa
genkwanone 芫花酮 芫花 Daphne genkwa
gentiabavaroside 巴伐利亚龙胆苷 巴伐利亚龙胆 Gentiana bavarica
gentiacaulein 无茎龙胆素 无茎龙胆 Gentiana acaulis
gentiananoside 龙胆诺苷 龙胆属 Gentiana
gentianidine 龙胆尼定 龙胆属 Gentiana
gentianol 龙胆醇 龙胆属 Gentiana
gentiaphyllide 大叶龙胆酯 秦艽（大叶龙胆）Gentiana macrophylla
gentiascabraside 粗糙龙胆苷 龙胆（粗糙龙胆）Gentiana scabra
gentimacroside 大叶龙胆洛苷 秦艽（大叶龙胆）Gentiana macrophylla
gentiocrucine 十字龙胆碱 十字龙胆 Gentiana cruciata
gentiogenal 龙胆苷元醛 龙胆属 Gentiana
gentioluteol 黄龙胆醇 黄龙胆 Gentiana lutea
gentiopicroside 龙胆苦苷 龙胆属 Gentiana
gentioside 龙胆苷 龙胆属 Gentiana
gentirigenic acid 坚龙胆酸 坚龙胆 Gentiana rigescens
gentirigeoside 坚龙胆吉苷 坚龙胆 Gentiana rigescens
gentiside 龙胆替苷 龙胆属 Gentiana
gentistraminoside 麻花艽苷 麻花艽 Gentiana straminea
gentrogenin 小穗花薯蓣皂苷元 小穗花薯蓣 Dioscorea spiculiflora（Gentry：作者名）
geosmin 土味菌素 放线菌 Actinomycetes（geo smelling：土壤的气味）
geraldol 杰拉尔顿三叶草酚 杰拉尔顿三叶草 Trifolium subterraneum cv. Geraldton
geranilane 马丁香茅烷 马丁香茅 Cymbopogon martinii（Indian Geranium：英名）
geraniol 马丁香茅醇（香叶醇）马丁香茅 Cymbopogon martinii（Indian Geranium：英名）。按：本成分为常见挥发油成分，故本书沿用了传统译名香叶醇。该译名可能来自香叶天竺葵 Pelargonium graveolens，其挥发油的商品名称为 Geranium oil，其中 geraniol 为其主要成分。尽管该植物并非 geraniol 的首分原植物，但天竺葵属 Pelargonium 植物在林奈时期曾被划入 Geranium，即使两个属后来被分开，但该属多种植物在实际应用中仍然沿用了 Geranium 这一名称作为英文俗名使用。因此香叶醇亦为可接受之译名。
geranylflavone 香叶基黄酮 香叶醇 geraniol & 黄酮 flavone
geranylxanthone 香叶基𠮿酮 香叶醇 geraniol
gerayafoline 豆叶九里香香叶碱 豆叶九里香 Murraya euchrestifolia & 香叶醇 geraniol
gerberinol 大丁草醇 大丁草 Gerbera lanuginosa
gerdelavin 火石花素 火石花 Gerbera delavayi
germacral 大根老鹳草醛 大根老鹳草 Geranium macrorrhizum
germacrane 大根老鹳草烷 大根老鹳草 Geranium macrorrhizum
germafurene 大根老鹳草呋烯 大根老鹳草 Geranium macrorrhizum
germafurenolide 大根老鹳草呋烯内酯 大根老鹳草 Geranium macrorrhizum
germanicene 毒莴苣烯 毒莴苣 Lactucarium germanicum
germanicol 毒莴苣醇 毒莴苣 Lactucarium germanicum
germanicone 毒莴苣酮 毒莴苣 Lactuca virosa（干燥乳汁称 Lactucarium germanicum）
germanitrine 流苏藜芦林碱 流苏藜芦 Veratrum fimbriatum（为白藜芦胺 germine 衍生物）
germbudine 绿藜芦布定 绿藜芦 Veratrum viride（为白藜芦胺 germine 衍生物）
germerine 白藜芦任 白藜芦 Veratrum album（Weissen Germer：德名）
germidine 绿藜芦定 绿藜芦 Veratrum viride（为白藜芦胺 germine 衍生物）
germinaline 阿尔泰藜芦胺林 阿尔泰藜芦 Veratrum lobelianum（为白藜芦胺 germine 衍生物）
germinalinine 阿尔泰藜芦胺宁 阿尔泰藜芦 Veratrum lobelianum（为白藜芦胺 germine 衍生物）
germine 白藜芦胺 白藜芦 Veratrum album（Weissen Germer：德名）
germitetrine 白藜芦特林 白藜芦 Veratrum album（Weissen Germer：德名）
germitorosone 珠节决明胚芽酮 珠节决明 Cassia torosa
germitrine 绿藜芦林碱 绿藜芦 Veratrum viride（为白藜芦胺 germine 衍生物）
gerontoisoflavone 构棘异黄酮 构棘 Cudrania cochinchinensis var. gerontogea
gerontoxanthone 构棘𠮿酮 构棘 Cudrania cochinchinensis var. gerontogea

geshoidin 圣栎鼠李素 圣栎鼠李 Rhamnus prinoides（Gesho：埃塞俄比亚名）
gesneroidin 苣苔香茶菜素 苣苔香茶菜 Isodon gesneroides
geyerine 盖耶翠雀碱 盖耶翠雀花 Delphinium geyeri
geyerinine 盖耶翠雀宁碱 盖耶翠雀花 Delphinium geyeri
gibberodione 驼峰短指软珊瑚二酮 驼峰短指软珊瑚 Sinularia gibberosa
giganteaside 大聚首花苷 大聚首花 Cephalaria gigantea
giganticine 牛角瓜辛 牛角瓜 Calotropis gigantea
gilvsin 淡黄木层孔菌素 淡黄木层孔菌 Phellinus gilvus
gindaricine 印度地不容辛 西藏地不容 Stephania glabra（Gindaru：印名）
gindarine 印度地不容灵 西藏地不容 Stephania glabra（Gindaru：印名）
gindarinine 印度地不容宁 西藏地不容 Stephania glabra（Gindaru：印名）
gindarudine 印度地不容定 西藏地不容 Stephania glabra（Gindaru：印名）
ginkgolinic acid 银杏尼酸 银杏属 Ginkgo
ginkgoneolic acid 银杏新酸 银杏属 Ginkgo
ginkgoside 银杏苷 银杏属 Ginkgo
ginsenjilinol 吉林人参醇 人参 Panax ginseng（Jilin：产地）
ginsinsene 人参萜烯 人参 Panax ginseng
giraldiin 翼蓼素 翼蓼 Pteroxygonum giraldii
giraldine 秦岭翠雀碱 秦岭翠雀花 Delphinium giraldii
girinimbilol 调料九里香酚 调料九里香 Murraya koenigii（Giri Nimba：印名）
glabra 光水黄皮呋喃 水黄皮 Pongamia glabra
glabrachromene 光水黄皮色烯 光水黄皮 Pongamia glabra
glabracin 圆滑番荔枝辛 圆滑番荔枝 Annona glabra
glabradine 西藏地不容定碱 西藏地不容 Stephania glabra
glabralactone 光叶当归内酯 光叶当归 Angelica glabra
glabranin 圆滑番荔枝宁 圆滑番荔枝 Annona glabra
glabranol 草珊瑚醇 草珊瑚 Sarcandra glabra
glabratephrin 半秃灰毛豆灵 半秃灰毛豆 Tephrosia semiglabra
glabrencin 圆滑番荔枝烯辛 圆滑番荔枝 Annona glabra
glabrin 圆滑番荔枝灵 圆滑番荔枝 Annona glabra
glabrocoumarin 光果甘草香豆灵 光果甘草 Glycyrrhiza glabra
glacin 圆滑番荔枝次辛 圆滑番荔枝 Annona glabra
gladiatoside 刀豆苷 刀豆 Canavalia gladiata
glansreginin 胡桃鞣宁 胡桃 Juglans regia
glansrin 胡桃鞣灵 胡桃 Juglans regia
glaucarubolone 乐园树醇酮 乐园树 Simarouba glauca
glaucenamide 白叶瓜馥木酰胺 白叶瓜馥木 Fissistigma glaucescens
glaucinone 海罂粟酮碱 海罂粟属 Glaucium
glaucogenin 白前苷元 白前 Cynanchum glaucescens
glaucoside 白前苷 白前 Cynanchum glaucescens
glaziovine 格氏绿心樟碱 格氏绿心樟 Ocotea glaziovii
gleditsioside 皂荚萜苷 皂荚属 Gleditsia
gleenol 格伦云杉烯醇 格伦云杉 Picea glehnii
glehlinoside 珊瑚菜苷 珊瑚菜属 Glehnia
glehnilate 珊瑚菜酯 珊瑚菜属 Glehnia
glicoisoflavanone 甘草新异黄烷酮 洋甘草 Glycyrrhiza glabra（Licorice：英名）
glinuside 星粟草苷 星粟草属 Glinus
glisoflavanone 乌拉尔甘草异黄烷酮 乌拉尔甘草 Glycyrrhiza uralensis
glisoflavone 西北甘草新异黄酮 西北甘草 Si-pei Licorice
globoidnan 球桉木脂素 球桉 Eucalyptus globoidea
globularicisin 球花辛苷 球花属 Globularia
globularimin 球花明苷 球花属 Globularia
globularin 球花苷 球花属 Globularia
globularinin 球花宁 球花属 Globularia
globuxanthone 小球合蕊木屾酮 小球合蕊木 Symphonia globulifera
glochicoccin 红算盘子素 红算盘子 Glochidion coccineum
glochidiatusamide 弯齿盾果草酰胺 弯齿盾果草 Thyrocarpus glochidiatus
glochidioboside 倒卵叶算盘子苷 倒卵叶算盘子 Glochidion obovatum
glochidionionoside 算盘子香堇苷 算盘子属 Glochidion
glochidionolactone 算盘子内酯 算盘子属 Glochidion
glochidioside 算盘子苷 算盘子属 Glochidion
glochierioside 毛果算盘子苷 毛果算盘子 Glochidion eriocarpum
glochiflavanoside 算盘子黄烷醇苷 算盘子属 Glochidion
glochinin 算盘子宁 算盘子属 Glochidion
glomeraside 球序卷耳苷 球序卷耳 Cerastium glomeratum
glomeratide 华南远志碳苷 华南远志 Polygala glomerata
glomeratose 华南远志糖 华南远志 Polygala glomerata
glossogin 鹿角草素 鹿角草属 Glossogyne
gluanol 聚果榕醇 聚果榕 Ficus glomerata
gluroside 鼬瓣花葡萄苷 鼬瓣花 Galeopsis tetrahit（该成分为环烯醚萜的葡萄糖苷 iridoid glucoside）
glutin 潺槁木姜子素 潺槁木姜子 Litsea glutinosa
glutinanol 欧洲桤木烷醇 欧洲桤木 Alnus glutinosa
glutinol 欧洲桤木醇 欧洲桤木 Alnus glutinosa
glutinolic acid 地黄酸 地黄 Rehmannia glutinosa
glutinone 欧洲桤木酮 欧洲桤木 Alnus glutinosa
glutinosalactone 地黄内酯 地黄 Rehmannia glutinosa
glutinoside 地黄诺苷 地黄 Rehmannia glutinosa
glybomine 山小橘明碱 山小橘属 Glycosmis
glyceollin 大豆菜豆素 大豆属 Glycine & 菜豆素 phaseolin
glychalcone 山小橘查耳酮 山小橘属 Glycosmis
glychionide 甘草葡萄糖醛酸苷 甘草属 Glycyrrhiza
glycoamide 山小橘酰胺 山小橘属 Glycosmis
glycobismine 山小橘双碱 山小橘属 Glycosmis
glycoborine 乔木山小橘碱 乔木山小橘 Glycosmis arborea
glycoborinine 乔木山小橘宁碱 乔木山小橘 Glycosmis arborea
glycocitlone 小花山小橘酮 小花山小橘 Glycosmis citrifolia
glycocitridine 小花山小橘喹定碱 小花山小橘 Glycosmis citrifolia
glycocitrine 小花山小橘春碱 小花山小橘 Glycosmis citrifolia
glycoflavanone 山小橘新黄烷酮 山小橘属 Glycosmis
glycofoline 小花山小橘碱 小花山小橘 Glycosmis citrifolia
glycofolinine 小花山小橘宁 小花山小橘 Glycosmis citrifolia
glycolone 山小橘新喹诺酮碱 山小橘属 Glycosmis
glycomaurrol 毛里求斯山小橘酚 毛里求斯山小橘 Glycosmis mauritiana
glycopentaphyllone 五叶山小橘酮 五叶山小橘 Glycosmis pentaphylla
glycoperine 糖基大叶芸香任 大叶芸香 Haplophyllum perforatum
glycophylone 五叶山小橘吡喃酮碱 五叶山小橘 Glycosmis pentaphylla
glycophymoline 五叶山小橘林碱 五叶山小橘林 Glycosmis pentaphylla
glycoquinone 山小橘苯醌 山小橘属 Glycosmis
glycoric acid 山小橘酸 山小橘属 Glycosmis
glycosinine 山小橘宁碱 山小橘属 Glycosmis
glycosminine 山小橘米宁碱 山小橘属 Glycosmis
glycosmisacridone 山小橘吖啶酮 山小橘属 Glycosmis

glycosmisindole 山小橘吲哚 山小橘属 Glycosmis
glycosolone 山小橘酮 山小橘属 Glycosmis
glycothiomin 山小橘硫明 山小橘属 Glycosmis
glycozolicine 山小橘唑辛碱 山小橘属 Glycosmis
glycozolidal 山小橘唑醛 山小橘属 Glycosmis
glycozolidine 山小橘唑定 山小橘属 Glycosmis
glycozolidol 山小橘唑酚 山小橘属 Glycosmis
glycozoline 山小橘唑灵 山小橘属 Glycosmis
glycozolinine 山小橘唑宁 山小橘属 Glycosmis
glycozolone 山小橘唑酮 山小橘属 Glycosmis
glycyrdione 胀果甘草二酮 胀果甘草 Glycyrrhiza inflata
glycyrin 甘草灵 甘草属 Glycyrrhiza
glycyrrhisoflavanone 西北甘草异黄烷酮 甘草属 Glycyrrhiza（首分生药产自西北）
glycyrrhiza flavonol 东北甘草黄酮醇 甘草属 Glycyrrhiza（首分生药产自东北）
glycyrrhiza isoflavone 东北甘草异黄酮 甘草属 Glycyrrhiza（首分生药产自东北）
glycyrurol 乌拉尔甘草新醇 乌拉尔甘草 Glycyrrhiza uralensis
glyeurysaponin 黄甘草皂苷 黄甘草 Glycyrrhiza eurycarpa
glyflavanone 山小橘黄烷酮 山小橘属 Glycosmis
glyfoline 小花山小橘灵 小花山小橘 Glycosmis citrifolia
glypensin 水松素 水松属 Glyptostrobus
glypentoside 五叶山小橘苷 五叶山小橘 Glycosmis pentaphylla
glysapinol 无患子叶山小橘酚 无患子叶山小橘 Glycosmis sapindoides
gmelanone 石梓酮 石梓属 Gmelina
gmeliniin 砂蓝刺头素 砂蓝刺头 Echinops gmelinii
gmelinol 石梓醇 石梓属 Gmelina
gmelinoside 石梓苷 石梓属 Gmelina
gmephiloside 菲律宾石梓苷 菲律宾石梓 Gmelina philippensis
gnetifolin 小叶买麻藤素 小叶买麻藤 Gnetum parvifolium
gnetin 买麻藤素 买麻藤属 Gnetum
gnetuhainin 海南买麻藤素 海南买麻藤 Gnetum hainanense
gnetulin 尤拉买麻藤素 尤拉买麻藤 Gnetum ula
gnetumelin 大子买麻藤素 大子买麻藤 Gnetum montanum f. megalocarpum
gnetumontanin 买麻藤宁 买麻藤 Gnetum montanum
gnetupendin 垂子买麻藤素 垂子买麻藤 Gnetum pendulum
gnidicin 南香辛 南香属 Gnidia
gnididin 南香定 南香属 Gnidia
gnidimacrin 南香大环素 南香属 Gnidia
gnidioidine 瑞香石松碱 瑞香石松 Lycopodium gnidioides
gniditrin 南香春 南香属 Gnidia
gochnatiolide 白菊木内酯 白菊木属 Gochnatia
gofruside 钉头果伏苷 钉头果 Gomphocarpus fructicosus
goldfussin 金足草素 金足草属 Goldfussia
goldfussinol 金足草醇 金足草属 Goldfussia
gomaline 高马长春碱 高马长春 Catharanthus roseus（Gomal：地名）
gomerol 戈梅拉毒马草醇 戈梅拉毒马草 Sideritis gomeraea
gomisin 北五味子素 五味子 Schisandra chinensis（Gomishi：日名；药材习称北五味子）
gomphotin 钉头果亭 钉头果 Gomphocarpus fruticosus
gomphotoxin 钉头果毒素 钉头果属 Gomphocarpus
gomphrenoside 千日红苷 千日红属 Gomphrena
gomphsterol 千日红甾醇 千日红属 Gomphrena
gondoic acid 鳕油酸 鳕属 Gadus
gongroneside 纤冠藤苷 纤冠藤属 Gongronema
goniodonin 田方骨宁 田方骨 Goniothalamus donnaiensis
goniopedaline 呎半哥纳香碱 呎半哥纳香 Goniothalamus sesquipedalis
goniothalactam 哥纳香内酰胺 哥纳香属 Goniothalamus
goniothalamin 哥纳香素 哥纳香属 Goniothalamus
gonocaryoside 琼榄苷 琼榄属 Gonocaryum
goodyerin 斑叶兰素 斑叶兰属 Goodyera
goodyeroside 斑叶兰苷 斑叶兰属 Goodyera
gorgonane 柳珊瑚烷 柳珊瑚 gorgonian
gorgonolide 哥贡蒿内酯 哥贡蒿 Artemisia gorgonum
gorlic acid 刺果鼻烟盒树酸 刺果鼻烟盒树 Oncoba echinata（Gorli：英名）
gosferol 阿魏栓翅芹醇 阿魏栓翅芹 Prangos ferulacea
gossweilone 高斯核果木酮 高斯核果木 Drypetes gossweileri
gossyvertin 棉轮枝孢素 棉属 Gossypium & 轮枝孢属 Verticilliu
goyaglycoside 日本苦瓜糖苷 苦瓜 Momordica charantia（goya：日名）
goyasaponin 日本苦瓜皂苷 苦瓜 Momordica charantia（goya：日名）
gracilixanthone 细柄红厚壳叫酮 细柄红厚壳 Calophyllum gracilipes
gracillimatriose 纤细薯蓣三糖苷 绵草薢 Dioscorea gracillima
gracillisquinone 迷果芹醌 迷果芹 Sphallerocarpus gracilis
gracilloside 乳突果苷 乳突果 Adelostemma gracillimum
graminone 禾草酮 禾本科 Gramineae
gramrione 木榄酮 木榄 Bruguiera gymnorhiza
grandidentatin 大齿杨素 大齿杨 Populus grandidentata
grandifloracin 大花紫玉盘辛 大花紫玉盘 Uvaria grandiflora
grandiflorenic acid 大花和尚菊烯酸 大花和尚菊 Espeletia grandiflora
grandifloric acid* 大花和尚菊酸 大花和尚菊 Espeletia grandiflora
grandifloric acid* 大花山牵牛酸 大花山牵牛 Thunbergia grandiflora
grandifloricine 大花飞燕草辛 翠雀（大花飞燕草）Delphinium grandiflorum
grandiflorine 大花飞燕草碱 翠雀（大花飞燕草）Delphinium grandiflorum
grandifloritine 大花飞燕草亭 翠雀（大花飞燕草）Delphinium grandiflorum
grandiflorone 大花紫玉盘酮 大花紫玉盘 Uvaria grandiflora
grandifloroside 大花闭花木苷 大花闭花木 Anthocleista grandiflora
grandifoliol 大叶鼠尾草醇 大叶鼠尾草 Salvia grandifolia
grandifoliolenone 大叶卡雅楝烯酮 大叶卡雅楝 Khaya grandifoliola
grandine 巨楠定 巨楠 Phoebe grandis
grandinin 大丁香鞣宁 大丁香 Eugenia grandis
grandinoic acid 柚木酸 柚木 Tectona grandis
grandione 榧树酮 榧树 Torreya grandis
grandisimine 柚明碱 柚 Citrus grandis
grandisin 大木姜子素 大木姜子 Litsea grandis
grandisine 柚辛碱 柚 Citrus grandis
grandisinine 柚宁碱 柚 Citrus grandis
grandisol 墨西哥棉铃象醇 墨西哥棉铃象 Anthonomus grandis
grandisolide 巨冷杉内酯 巨冷杉 Abies grandis
grandiuvarin 大花紫玉盘灵 大花紫玉盘 Uvaria grandiflora
grandiuvarone 大花紫玉盘酯酮 大花紫玉盘 Uvaria grandiflora
grandmarin 沙田柚马灵 沙田柚 Citrus grandis cv. Shatianyou
grandoside 桔梗醇苷 桔梗 Platycodon grandiflorum
grangolide 田基黄内酯 田基黄属 Grangea
grassypeptolide 绿茵礁鞘丝藻肽内酯 巨大鞘丝藻 Lyngbya majuscula（Grassy Key：产地）
graucin 格劳卡吴萸素 格劳卡吴萸 Evodia grauca

graveolide 烈香旋覆花内酯 烈香旋覆花 Inula graveolens
graveolone 莳萝酮 莳萝 Anethum graveolens
gravicycle 银桦环 银桦 Grevillea robusta
gravillol 银桦洛酚 银桦属 Grevillea
graviphane 银桦酚烷 银桦属 Grevillea
graviquinone 银桦醌 银桦 Grevillea robusta
grebustol 银桦托酚 银桦 Grevillea robusta
grenadadiene 格林纳达鞘丝藻二烯 巨大鞘丝藻 Lyngbya majuscula（Grenada：产地）
grenadamide 格林纳达鞘丝藻酰胺 巨大鞘丝藻 Lyngbya majuscula（Grenada：产地）
grenoblone 悬铃木酮 悬铃木 Platanus acerifolia（Grenoble：地名）
greveichromenol 格雷拟洋椿色烯醇 格雷拟洋椿 Cedrelopsis grevei
grevilloside 银桦洛苷 银桦 Grevillea robusta
grevirobstol 银桦酚 银桦 Grevillea robusta
griffipavixanthone 格氏小叶藤黄吨酮 格氏藤黄 Garcinia griffithii & 小叶藤黄 Garcinia parvifolia
griffithane 西南风车子烷 西南风车子 Combretum griffithii
griffonilide 格里芬豆内酯 格里芬豆属 Griffonia
grifolin 奇果菌素 奇果菌属 Grifola
grijisone 华东蓝刺头酮 华东蓝刺头 Echinops grijsii
grijisyne 华东蓝刺头炔 华东蓝刺头 Echinops grijsii
grilactone 格里阿魏内酯 格里阿魏 Ferula grigoriewii
griselinosidic acid 夷茱萸苷酸 夷茱萸属 Griselinia
griseophenone 灰黄霉酚酮 灰黄青霉 Penicillium griseofulvum
groenlandicine 格陵兰黄连碱 格陵兰黄连 Coptis groenlandica
grosmomoside 罗汉果莫苷 罗汉果 Momordica grosvenori
grossamide 菜椒酰胺 菜椒 Capsicum annuum var. grossum
grossmizin 高加索蒿素 高加索蒿 Artemisia caucasica（Artemisia grossheimii）
grosulfeimin 大海米菊硫素 大海米菊属 Grossheimia
guadial 番石榴瓜二醛 番石榴 Psidium guajava
guaianediol 愈创木尼二醇 愈创木属 Guaiacum
guaianin 愈创木宁 愈创木属 Guaiacum
guaiascorzolide 愈创木鸭葱内酯 愈创木内脂 guaianolide & 鸭葱属 Scorzonera
guajadial 番石榴酚二醛 番石榴 Psidium guajava
guajavarin; guaijaverin 番石榴素 番石榴 Psidium guajava
guajavolide 番石榴内酯 番石榴 Psidium guajava
guanandin 巴西红厚壳定 巴西红厚壳 Calophyllum brasiliense（Guanandi：英名）
guangsangon 光叶桑酮 光叶桑 Morus macroura
guapsidial 番石榴瓜西二醛 番石榴 Psidium guajava
guavenoic acid 番石榴酸 番石榴 Psidium guajava
guavinoside 番石榴酚苷 番石榴 Psidium guajava
guayarol 柳叶柴胡洛酚 柳叶柴胡 Bupleurum salicifolium（Guayar：地名）
guettardionoside 海岸桐香堇苷 海岸桐属 Guettarda
guiaflavine 圭亚那马钱碱 圭亚那马钱 Strychnos guianensis
guineamide 几内亚鞘丝藻酰胺 巨大鞘丝藻 Lyngbya majuscula（Guinea：产地）
gujunene 龙脑香烯 龙脑香属 Dipterocarpus（Gurjun Balsam：来自本属植物的树脂）
gummadiol 云南石梓二醇 云南石梓 Gmelina arborea
gummosogenin 多胶箭仙人柱苷元 多胶箭仙人柱 Machaerocereus gummosus
gurjunene 龙脑香烯 龙脑香 gurjun
gurmarin 匙羹藤灵 匙羹藤属 Gymnema
gusanlungionoside 古山龙苷 古山龙 Arcangelisia gusanlung
guvacine 槟榔辛碱 槟榔 Areca catechu（Guvaca：印名）
guvacoline 槟榔林碱 槟榔 Areca catechu（Guvaca：印名）
gylongiposide 长梗绞股蓝坡苷 长梗绞股蓝 Gynostemma longipes
gylongoside 长梗绞股蓝苷 长梗绞股蓝 Gynostemma longipes
gymnaconitine 露蕊乌头碱 露蕊乌头 Aconitum gymnandrum
gymnantheraic acid 厚皮香萜酸 厚皮香 Ternstroemia gymnanthera
gymnemagenol 匙羹藤精醇 匙羹藤属 Gymnema
gymnemaroside 匙羹藤洛苷 匙羹藤属 Gymnema
gymnemarsgenin 匙羹藤斯苷元 匙羹藤属 Gymnema
gymnemaside 匙羹藤苷 匙羹藤属 Gymnema
gymnemasin 匙羹藤素 匙羹藤属 Gymnema
gymnemoside 匙羹藤莫苷 匙羹藤属 Gymnema
gymnestrogenin 匙羹藤托苷元 匙羹藤 Gymnema sylvestre
gymnomitrene 全萼苔烯 全萼苔属 Gymnomitrion
gymnomitrol 全萼苔醇 全萼苔属 Gymnomitrion
gymnopilene 裸伞烯 裸伞属 Gymnopilus
gymnoprenol 裸伞异戊烯醇 裸伞属 Gymnopilus
gymnopusin 线瓣石豆兰素 线瓣石豆兰 Bulbophyllum gymnopus
gymnorrhizol 木榄环硫醇 木榄 Bruguiera gymnorhiza
gymnoside 手参苷 手参属 Gymnadenia
gymnothedelignan 裸蒴降木脂素 裸蒴属 Gymnotheca
gymnothelignan 裸蒴木脂素 裸蒴属 Gymnotheca
gymnothespirolignan 白苞裸蒴螺木脂素 白苞裸蒴 Gymnotheca involucrata
gymsylvestroside 匙羹藤托苷 匙羹藤 Gymnema sylvestre
gynoside* 绞股蓝诺苷 绞股蓝属 Gynostemma
gynoside* 思茅藤诺苷 思茅藤属 Epigynum
gynostemoside 绞股蓝莫苷 绞股蓝属 Gynostemma
gynuramide 菊三七酰胺 菊三七属 Gynura
gynuraone 菊三七酮 菊三七属 Gynura
gynuraoside 菊三七苷 菊三七属 Gynura
gynurenol 菊三七烯醇 菊三七属 Gynura
gypoldoside; gypsosaponin 长蕊石头花皂苷 长蕊石头花 Gypsophila oldhamiana
gypsogenic acid 石头花苷元酸 石头花属 Gypsophila
gypsogenin 石头花苷元 石头花属 Gypsophila
gypsophin 石头花素 石头花属 Gypsophila
gypsoside 石头花苷 石头花属 Gypsophila

H

haedoxan 透骨草脂素 透骨草 Phryma leptostachya subsp. asiatica（Haedokusou：日名）
haedoxancoside 透骨草脂素苷 透骨草 Phryma leptostachya subsp. asiatica（Haedokusou：日名）
haematopodine 红汁小菇定 红汁小菇 Mycena haematopus
haemoventosin 红盘衣素 红盘衣 Haematomma ventosum
haginin 胡枝子宁 胡枝子属 Lespedeza（Hagi：日名）
haifengtenoside 海枫藤苷 海枫藤 Marsdenia officinalis
hainaneoside 海南牛奶菜新苷 海南牛奶菜 Marsdenia hainanensis
hainanine 海南轮环藤碱 海南轮环藤 Cyclea hainanensis
hakonanediol 单盖铁线蕨烷二醇 单盖铁线蕨 Adiantum monochlamys（Hakone-shida：日名）
hakonanol 单盖铁线蕨烷醇 单盖铁线蕨 Adiantum monochlamys（Hakone-shida：日名）
halenic acid 花锚酸 花锚属 Halenia
halenichromone 花锚色酮 花锚属 Halenia
halenin 花锚素 花锚属 Halenia
halfordinol 哈氏芸香酚 哈氏芸香属 Halfordia

halicerebroside 蜂海绵脑苷 蜂海绵属 Haliclona
halimadiene 拟半日花二烯 拟半日花属 Halimium
hallactone 豪氏罗汉松内酯 豪氏罗汉松 Podocarpus hallii
halleridone 吊钟木酮 吊钟木 Halleria lucida
hallerone 吊钟木酯酮 吊钟木 Halleria lucida
halophilol 喜盐鸢尾酚 喜盐鸢尾 Iris halophila
hamaudol 日本当归醇 日本当归 Angelica japonica（Hamaudo：日名）
hanabiratakelide 绣球菌内酯 绣球菌 Sparassis crispa(Hanabiratake：日名）
hanagokenol 鹿石蕊酚 鹿石蕊 Cladonia rangiferina（Hanagoke：日名）
hancolupenol 华北白前羽扇醇 华北白前 Cynanchum hancockianum & 羽扇豆属 Lupinus
hancolupenone 华北白前羽扇烯酮 华北白前 Cynanchum hancockianum & 羽扇豆属 Lupinus
handianol 汉迪亚大戟醇 汉迪亚大戟 Euphorbia handiensis
hanliuin 旱柳素 旱柳 Salix matsudana（Hanliu：拼音名）
hannokinin 日本桤木素 日本桤木 Alnus japonica(Hannoki：日名）
hannokinol 日本桤木醇 日本桤木 Alnus japonica(Hannoki：日名）
hantupeptin 韩都鞘丝藻肽素 巨大鞘丝藻 Lyngbya majuscula（Hantu：产地）
hapepunine 黑百合宁碱 黑百合 Fritillaria camtschatcensis（Hapepui：日名）
haperforine 牛筋果福灵 牛筋果 Harrisonia perforata
haplacutine 尖叶芸香碱 尖叶芸香 Haplophyllum acutifolium
haplafine 大叶芸香芬碱 大叶芸香 Haplophyllum perforatum
haplamine 拟芸香胺 拟芸香属 Haplophyllum
haplociliatic acid 缘毛单冠菊酸 缘毛单冠菊 Haplopappus ciliatus
haplomyrfolin 番樱桃叶拟芸香素 番樱桃叶拟芸香 Haplophyllum myrtifolium
haploperine 大叶芸香灵 大叶芸香 Haplophyllum perforatum
haploperoside 大叶芸香苷 大叶芸香 Haplophyllum perforatum
haplophydine 大叶芸香定 大叶芸香 Haplophyllum perforatum
haplophyllidine 大叶芸香利定 大叶芸香 Haplophyllum perforatum
haplosamine 拟芸香萨明 拟芸香属 Haplophyllum
haploside 拟芸香苷 拟芸香属 Haplophyllum
haplosidine 拟芸香定碱 拟芸香属 Haplophyllum
haplosinine 拟芸香宁碱 拟芸香属 Haplophyllum
hardwickiic acid 哈威豆酸 哈威豆属 Hardwickia
harmalol 骆驼蓬洛酚 骆驼蓬 Peganum harmala
harmane; harman 骆驼蓬满碱 骆驼蓬 Peganum harmala
harmine 骆驼蓬明碱 骆驼蓬 Peganum harmala
harpagide 钩果草吉苷 钩果草属 Harpagophytum
harperamone 牛筋果色酮 牛筋果 Harrisonia perforata
harperfolide 牛筋果内酯 牛筋果 Harrisonia perforata
harperforatin 牛筋果亭 牛筋果 Harrisonia perforata
harrpernoid 牛筋果萜 牛筋果 Harrisonia perforata
hassanidin 八朔柑橘定 八朔柑橘 Citrus hassaku
hassanin 八朔柑橘宁 八朔柑橘 Citrus hassaku
hassanon 八朔柑橘酮 八朔柑橘 Citrus hassaku
hastatoside 矛叶马鞭草苷 矛叶马鞭草 Verbena hastata
hastatuside 川滇土大黄苷 戟叶酸模（川滇土大黄）Rumex hastatus
hasubanonine 日本千金藤碱 千金藤 Stephania japonica（Hasunoha-kazura：日名）
havanensin 哈湾鹧鸪花素 哈湾鹧鸪花 Trichilia havanensis
hayatine 哈亚锡生藤碱 锡生藤 Cissampelos pareira（Zakhmi-hayat：克什米尔名）
hazaleamide 海萨崖椒酰胺 海萨崖椒 Fagara rhetza
hazuntine 哈宗藤碱 哈宗藤属 Hazunta（即狗牙花属 Tabernaemontana）
hebeiabinin 河北冬凌草冷杉素 冬凌草 Rabdosia rubescens（Hebei：产地）& 冷杉烷 abietane
hebitol 赫柏托醇 赫柏属 Hebe
hectochlorin 赫克托鞘丝氯素 巨大鞘丝藻 Lyngbya majuscula（Hector Bay：产地）
hecubine 狗牙花宾碱 狗牙花 Ervatamia coronaria（原名称可能来自人名）
hedanthroside 牛白藤蒽醌苷 牛白藤 Hedyotis hedyotidea
hederacaucaside 高加索常春藤苷 高加索常春藤 Hedera caucasigena
hederacine 欧活血丹碱 欧活血丹 Glechoma hederacea
hederacolchiside 科尔基斯常春藤苷 科尔基斯常春藤 Hedera colchica
hederacoside 常春藤萜苷 常春藤属 Hedera
hedichinal 姜花醛 姜花属 Hedychium
hediridoside 牛白藤醚萜苷 牛白藤 Hedyotis hedyotidea
hedycaryol 甜核树醇 甜核树属 Hedycarya
hedychilactone 姜花内酯 姜花 Hedychium coronarium
hedychiol 姜花醇 姜花属 Hedychium
hedycoryside 伞房花耳草苷 伞房花耳草 Hedyotis corymbosa
hedyforrestin 圆瓣姜花亭 圆瓣姜花 Hedychium forrestii
hedyosminolide 雪香兰素内酯 雪香兰属 Hedyosmum
hedyosumin 雪香兰素 雪香兰属 Hedyosmum
hedyotide 耳草环肽 耳草属 Hedyotis
hedyotiscone 耳草酮 耳草属 Hedyotis
hedyotisol 耳草脂醇 耳草属 Hedyotis
hedyotol 耳草醇 耳草属 Hedyotis
hedyotoside 耳草托苷 耳草属 Hedyotis
hedytriol 滇姜花三醇 滇姜花 Hedychium yunnanense
hekumarin 细叶黄皮香豆灵 细叶黄皮 Clausena anisum-olens（Hekou：地名）
hekumarone 细叶黄皮香豆酮 细叶黄皮 Clausena anisum-olens（Hekou：地名）
heliamine 天芥菜胺 天芥菜属 Heliotropium
helichromanochalcone 蜡菊查耳酮 拟蜡菊属（蜡菊属）Helichrysum & 色烷 chromane & 查耳酮 chalcone
helichrysetin 蜡菊亭 拟蜡菊属（蜡菊属）Helichrysum
helichrysin 蜡菊素 蜡菊属 Helichrysum
helicia cerebroside 山龙眼脑苷 山龙眼属 Helicia
helicianeoside 山龙眼新苷 山龙眼属 Helicia
helicide 山龙眼苷 山龙眼属 Helicia
helicidol 山龙眼苷醇 山龙眼属 Helicia
helicioside 山龙眼酚苷 山龙眼属 Helicia
helicoside 洋常春藤苷 洋常春藤 Hedera helix
helicterin 山芝麻素 山芝麻属 Helicteres
heliespirone 向日葵螺酮 向日葵属 Helianthus
heligenin 山芝麻苷元 山芝麻属 Helicteres
helikauranoside 向日葵贝壳杉苷 向日葵 Helianthus annuus & 贝壳杉烷 kaurane
helindicine 大尾摇辛碱 大尾摇 Heliotropium indicum
heliobuphthalmin 牛眼赛菊芋素 牛眼赛菊芋 Heliopsis buphthalmoides
heliohoustine 天芥菜熊耳草碱 熊耳草 Ageratum houstonianum & 天芥菜定 heliotridine
helioside 天芥菜苷 天芥菜属 Heliotropium
heliosupine 平卧天芥菜品碱 平卧天芥菜 Heliotropium supinum
heliotropamide 天芥菜酰胺 天芥菜属 Heliotropium

H

helipyrone 蜡菊吡喃酮 拟蜡菊属（蜡菊属）Helichrysum
helisorin 火索麻灵素 山芝麻属 Helicteres
helisterculin 火索麻林素 火索麻 Helicteres isora
hellebrigenin 铁筷子苷元 铁筷子属 Helleborus
hellebrin 铁筷子素 铁筷子属 Helleborus
helonioside 胡麻花皂苷 胡麻花属 Heloniopsis
helvolic acid 蜜黄烟曲霉酸 蜜黄烟曲霉 Aspergillus fumigatus mut. Helvola
hematoxylin 采木素 采木属 Haematoxylon
hematoxylol 采木醇 采木属 Haematoxylon
hemialboside 短柄野芝麻半萜苷 短柄野芝麻 Lamium album
hemidesmin 印度杠柳素 印度杠柳 Hemidesmus indicus（Periploca indica）
hemiphloin 半皮桉苷 半皮桉 Eucalyptus hemiphloia
hemisceramide 泥湖菜神经酰胺 泥胡菜属 Hemistepta
hemistepsin 泥胡菜素 泥胡菜属 Hemistepta
hemoside 华萝藦苷 华萝藦 Metaplexis hemsleyama
hemsamabilinin 曲莲宁 曲莲 Hemsleya amabilis
hemsgiganoside 巨花雪胆苷 巨花雪胆 Hemsleya gigantha
hemsine 铜钱树辛 铜钱树 Paliurus hemsleyanus
hemsleyaconitine 瓜叶乌头尼亭 瓜叶乌头 Aconitum hemsleyanum
hemsleyanine 瓜叶乌头宁 瓜叶乌头 Aconitum hemsleyanum
hemsleyatine 瓜叶乌头亭 瓜叶乌头 Aconitum hemsleyanum
henderine 尼泊尔黄堇碱 尼泊尔黄堇 Corydalis hendersonii
henningsamine 亨氏马钱胺 亨氏马钱 Strychnos henningsii
henningsoline 亨氏马钱林碱 亨氏马钱 Strychnos henningsii
henricin 翼梗五味子素 翼梗五味子 Schisandra henryi
henridilactone 翼梗五味子二内酯 翼梗五味子 Schisandra henryi
henrilabdane 宽叶金粟兰半日花烷 宽叶金粟兰 Chloranthus henryi & 半日花烷 labdane
henrin 狭叶凤尾蕨素 狭叶凤尾蕨 Pteris henryi
henriol 宽叶金粟兰醇 宽叶金粟兰 Chloranthus henryi
henrischinin 翼梗五味子宁 翼梗五味子 Schisandra henryi
henrycinol 思茅山橙西醇 思茅山橙 Melodinus henryi
henrydione 鄂西香茶菜二酮 鄂西香茶菜 Isodon henryi
henryioside 管花鹿药苷 管花鹿药 Smilacina henryi
henrylactone 红茴香内酯 红茴香 Illicium henryi
henryoside 巴东荚蒾苷 巴东荚蒾 Viburnum henryi
heptazoline 七叶黄皮唑碱 七叶黄皮 Clausena heptaphylla
heratomol 汤姆森独活酚 汤姆森独活 Heracleum thomsoni
herbacin 草棉辛 草棉 Gossypium herbaceum
herbamide 草质倔海绵酰胺 草质倔海绵 Dysidea herbacea
herbolide 白草蒿内酯 白草蒿 Artemisia herba-alba
herboxine 草本蔓长春花辛碱 草本蔓长春花 Vinca herbacea
hericene 猴头菌烯 猴头菌 Hericium erinaceus
hericenone 猴头菌烯酮 猴头菌 Hericium erinaceus
hericerin 猴头菌素 猴头菌 Hericium erinaceus
hericirine 猴头菌碱 猴头菌 Hericium erinaceus
heritianin 银叶树宁 银叶树属 Heritiera
heritol 银叶树醇 银叶树属 Heritiera
heritonin 银叶树素 银叶树属 Heritiera
hermitamide 赫米特鞘丝藻酰胺 巨大鞘丝藻 Lyngbya majuscula（Hermit：产地）
hernandaline 莲叶桐林碱 莲叶桐属 Hernandia
hernandoline 桐叶千金藤诺林碱 桐叶千金藤 Stephania hernandifolia
hernandolinol 桐叶千金藤醇碱 桐叶千金藤 Stephania hernandifolia
hernandonine 莲叶桐宁碱 莲叶桐属 Hernandia
hernanol 莲叶桐醇 莲叶桐属 Hernandia
herniarin 治疝草素 治疝草属 Herniaria
hernovine 莲叶桐文碱 莲叶桐 Hernandia ovigera
herpecaudin 波棱瓜定 波棱瓜属 Herpetospermum
herpepentol 波棱瓜五聚醇 波棱瓜属 Herpetospermum
herpepropenal 波棱瓜丙烯醛 波棱瓜属 Herpetospermum
herpetenol 波棱瓜烯醇 波棱瓜属 Herpetospermum
herpetetradione 波棱瓜四聚二酮 波棱瓜属 Herpetospermum
herpetetrone 波棱瓜四聚酮 波棱瓜属 Herpetospermum
herpetin 波棱瓜亭 波棱瓜属 Herpetospermum
herpetol 波棱瓜醇 波棱瓜属 Herpetospermum
herpetolide 波棱瓜内酯 波棱瓜属 Herpetospermum
herpetosperin 波棱瓜灵 波棱瓜属 Herpetospermum
herpetotriol 波棱瓜三聚托醇 波棱瓜属 Herpetospermum
herpetriol 波棱瓜三聚醇 波棱瓜属 Herpetospermum
herpetrione 波棱瓜三聚酮 波棱瓜属 Herpetospermum
hersaponin 假马齿苋皂宁 假马齿苋 Herpestis monniera
hesperin 香花芥素 香花芥属 Hesperis
heteraltaic acid 阿尔泰狗娃花酸 阿尔泰狗娃花 Heteropappus altaicus
heteroartonin 波罗蜜酚宁 波罗蜜 Artocarpus heterophyllus
heteroclic acid 异形南五味子酸 异形南五味子 Kadsura heteroclita
heteroclitalignan 异形南五味子木脂素 异形南五味子 Kadsura heteroclita
heterodendrin 鹧鸪木苷 鹧鸪木 Heterodendron oleaefolium
heterodontoside 异齿红景天苷 异齿红景天 Rhodiola heterodonta
heterogenoside 黑腺珍珠菜苷 黑腺珍珠菜 Lysimachia heterogenea
heterogorgiolide 异质柳珊瑚内酯 异质柳珊瑚属 Heterogorgia
heteronone 益母草萜酮 益母草 Leonurus heterophyllus
heteropappussaponin 狗娃花皂苷 狗娃花属 Heteropappus
heterophylliin 榛鞣质 榛 Corylus heterophylla
heterophyllin* 波罗蜜林素 波罗蜜 Artocarpus heterophyllus
heterophyllin* 太子参素 孩儿参（太子参）Pseudostellaria heterophylla
heterophylline* 异叶同心结碱 异叶同心结 Parsonsia heterophylla
heterophylline* 异叶乌头林碱 异叶乌头 Aconitum heterophyllum
heterophylloidine 异叶乌头洛定 异叶乌头 Aconitum heterophyllum
heterotropan 高尾细辛脂素 高尾细辛 Heterotropa takaoi (Asarum takaoi)
heterotropatrione 高尾细辛三酮 高尾细辛 Heterotropa takaoi (Asarum takaoi)
hetranthin 河川木蓝素 河川木蓝 Indigofera hetrantha
heudelotinone 拟蓖麻酮 拟蓖麻 Ricinodendron heudelotii
hexandraside 六雄范氏小檗苷 六雄范氏小檗 Vancouveria hexandra
hexanoside 光里白己酸苷 光里白 Diplopterygium laevissimum
hexascosporin 六环尾孢素 尾孢属 Cercospora
heyneanine 海涅狗牙花碱 海涅狗牙花 Tabernaemontana heyneana
heyneanol 毛葡萄酚 毛葡萄 Vitis heyneana
heyneanone 海尼姜黄酮 海尼姜黄 Curcuma heyneana
heytrijunolide 鹧鸪花苦内酯 鹧鸪花 Heynea trijuga
hibalactone 盾叶扁柏内酯 盾叶扁柏 Chamaecyparis obtusa（Chyabohiba：日名）
hibicuslide 木槿内酯 木槿属 Hibiscus
hibifolin 葡萄叶木槿素 葡萄叶木槿 Hibiscus vitifolius
hibiscusamide 木槿酰胺 木槿属 Hibiscus
hibiscuwanin 台湾芙蓉素 台湾芙蓉 Hibiscus taiwanensis
hibispeptin 木槿环肽 木槿属 Hibiscus
hibtherin 木芙蓉萜素 木芙蓉 Hibiscus mutabilis
hierochin 含生草脂素 含生草 Anastatica hierochuntica
hikiokoshin 毛叶香茶菜新素 毛叶香茶菜 Isodon japonicus

（Hikiokoshi：日名）
himachalene 喜马雪松烯 雪松 Cedrus deodara（Himalayan Cedar：英名）
himachalol 喜马雪松醇 雪松 Cedrus deodara（Himalayan Cedar：英名）
himachlone 喜马雪松酮 雪松 Cedrus deodara（Himalayan Cedar：英名）
himadarol 喜马雪松达醇 雪松 Cedrus deodara（Himalayan Cedar：英名）
himalain 喜马拉雅紫茉莉素 山紫茉莉（喜马拉雅紫茉莉）Oxybaphus himalaicus
himaloside 丁座草苷 丁座草 Boschniakia himalaica
himasecolon 喜马雪松裂酮 雪松 Cedrus deodara（Himalayan Cedar：英名）
himeradine 中华石杉拉定 中华石杉 Huperzia chinensis（Hiroshi Morita & Yusuke Hirasawa：作者名）
hindsiilactone 青江藤内酯 青江藤 Celastrus hindsii
hindsiipropane 青江藤丙烷 青江藤 Celastrus hindsii
hindsiiquinoflavan 青江藤醌黄烷 青江藤 Celastrus hindsii
hippafine 朱顶红芬碱 朱顶红属 Hippeastrum
hippeastrine 朱顶红碱 朱顶红属 Hippeastrum
hippocaesculin 欧洲七叶树苷 欧洲七叶树 Aesculus hippocastanum
hippomanin 马疯木素 马疯木 Hippomane mancinella
hippophin 沙棘素 沙棘属 Hippophae
hippophoside 沙棘苷 沙棘属 Hippophae
hiravanone 乳橘酮 乳橘 Citrus kinokuni（Hirakishu：日名）
hircinol 蜥蜴兰醇 蜥蜴兰 Loroglossum hircinum
hirsutanine 毛钩藤宁 毛钩藤 Uncaria hirsuta
hirsutanol 毛韧革菌诺醇 毛韧革菌 Stereum hirsutum
hirsutanone 辽东桤木酮 辽东桤木 Alnus hirsuta
hirsutanonol 辽东桤木酮醇 辽东桤木 Alnus hirsuta
hirsutaside 毛钩藤苷 毛钩藤 Uncaria hirsuta
hirsuteine 毛帽蕊木烯碱 毛帽蕊木 Mitragyna hirsuta
hirsutenol 毛韧革菌烯醇 毛韧革菌 Stereum hirsutum
hirsutenone 辽东桤木烯酮 辽东桤木 Alnus hirsuta
hirsutic acid 毛韧革菌酸 毛韧革菌 Stereum hirsutum
hirsutidin 粗毛报春定 粗毛报春 Primula hirsuta
hirsutin 硬毛南芥素 硬毛南芥 Arabis hirsuta
hirsutine 毛帽蕊木碱 毛帽蕊木 Mitragyna hirsuta
hirsutissimiside 丰城鸡血藤苷 丰城鸡血藤 Millettia nitida var. hirsutissima
hirsutoside 辽东桤木苷 辽东桤木 Alnus hirsuta
hirtellanine 毛杭子梢素 毛杭子梢 Campylotropis hirtella
hirundicoside 催吐白前考苷 催吐白前 Vincetoxicum hirundinaria
hirundigenin 催吐白前苷元 催吐白前 Vincetoxicum hirundinaria
hirundoside 催吐白前苷 催吐白前 Vincetoxicum hirundinaria
hispaconitine 西伯利亚乌头碱 西伯利亚乌头 Aconitum barbatum var. hispidum
hispanolone 西班牙巴洛草醇酮 西班牙巴洛草 Ballota hispanica
hispanone 西班牙巴洛草酮 西班牙巴洛草 Ballota hispanica
hispidacin 南苜蓿素 南苜蓿 Medicago hispida
hispidacine 对叶榕辛碱 对叶榕 Ficus hispida
hispidanin 刚毛香茶菜素 刚毛香茶菜 Isodon hispidus
hispidin 粗毛纤孔菌素 粗毛纤孔菌 Inonotus hispidus
hispidine 对叶榕碱 对叶榕 Ficus hispida
hispidol 刚毛鹧鸪花醇 刚毛鹧鸪花 Onosma hispidum
hispidone 刚毛鹧鸪花酮 刚毛鹧鸪花 Onosma hispidum
hispolon 粗毛纤孔菌酮 粗毛纤孔菌 Inonotus hispidus
histopterosin 栗蕨素 栗蕨属 Histiopteris
hofmeisterin 霍夫菊素 霍夫菊属 Hofmeisteria
hoiamide 霍亚鞘丝藻酰胺 巨大鞘丝藻 Lyngbya majuscula（Hoia Bay：产地）
hokbusine 北海道乌头碱 乌头 Aconitum carmichaeli（Hokkaido bushi：日名，北海道乌头）
holadiene 止泻木二烯 止泻木属 Holarrhena
holadysenterine 止泻木灵 止泻木 Holarrhena antidysenterica
holadysone 止泻木酮 止泻木 Holarrhena antidysenterica
holamide 止泻木酰胺 止泻木属 Holarrhena
holantosine 止泻木托辛 止泻木 Holarrhena antidysenterica
holarrhenol 止泻木醇 止泻木属 Holarrhena
holonamine 止泻木酮胺 止泻木属 Holarrhena
holostyligone 全柱花木脂酮 全柱花属 Holostylis
holostylone 全柱花酮 全柱花属 Holostylis
homalicine 天料木辛 天料木属 Homalium
honatisine 河南翠雀碱 河南翠雀花 Delphinium honanense
hongdoushan 红豆杉萜 红豆杉属 Taxus（Hongdoushan：拼音名）
hongencaotone 红根草酮 红根草 Salvia prionitis（Honggencao：拼音名）
honghelotrioside 洪赫尔亚丁花三糖苷 洪赫尔亚丁花 Adenium honghel
hongkongenin 香港远志苷元 香港远志 Polygala hongkongensis
honyucitrin 红柚橘黄素 红柚 Citrus grandis 'Honyu'
honyudisin 红柚迪辛 红柚 Citrus grandis 'Honyu'
honyumine 红柚明碱 红柚 Citrus grandis 'Honyu'
hookerioside 胡克车前苷 胡克车前 Plantago hookeriana
hopeafuran 坡垒呋喃 坡垒属 Hopea
hopeaphenol 坡垒酚 坡垒属 Hopea
hopeyhopin 马德拉香树素 马德拉香树 Amyris madrensis（成分名称来源不详）
horhammericine 剑叶长春花辛碱 剑叶长春花 Catharanthus lanceus（Hörhammer：人名）
horminone 荷茗草酮 荷茗草属 Horminum
horsfieldin 风吹楠素 风吹楠属 Horsfieldia
hosenkol 凤仙花醇 凤仙花 Impatiens balsamina（Hosenka：日名）
hosenkoside 凤仙花苷 凤仙花 Impatiens balsamina（Hosenka：日名）
hoslundin 霍氏木素 霍氏木属 Hoslundia
hostasolide 东北玉簪内酯 东北玉簪 Hosta ensata
hotrienol 樟三烯醇 樟 Cinnamomum camphora（Ho Wood：英名）
houpulin 厚朴脂素 厚朴 Magnolia officinalis（Houpu：拼音名）
houstine 熊耳草碱 熊耳草 Ageratum houstonianum
houttuynamide 蕺菜酰胺 蕺菜属 Houttuynia
houttuynoid 蕺菜黄素 蕺菜属 Houttuynia
houttuynoside 蕺菜苷 蕺菜属 Houttuynia
hovacerboside 枳椇波苷 枳椇属 Hovenia
hovenitin 枳椇亭 枳椇属 Hovenia
hovetrichoside 毛果枳椇苷 毛果枳椇 Hovenia trichocarpa
howiicin 海南哥纳香素 海南哥纳香 Goniothalamus howii
hoyacarnoside 球兰苷 球兰 Hoya carnosa
huajiaosimuline 野花椒碱 野花椒 Zanthoxylum simulans
huazhongilexone 华中冬青酮 华中冬青 Ilex centrochinensis（Huazhong：拼音）
humantendine 胡蔓藤定 钩吻（胡蔓藤）Gelsemium elegans（Humanteng：拼音名）
humantenine 胡蔓藤宁 钩吻（胡蔓藤）Gelsemium elegans（Humanteng：拼音名）
humantenirine 胡蔓藤尼灵 钩吻（胡蔓藤）Gelsemium elegans（Humanteng：拼音名）

H

humantenmine 胡蔓藤明 钩吻（胡蔓藤）Gelsemium elegans（Humanteng：拼音名）
humantenoxenine 胡蔓藤氧杂宁 钩吻（胡蔓藤）Gelsemium elegans（Humanteng：拼音名）
humantenrine 胡蔓藤灵 钩吻（胡蔓藤）Gelsemium elegans（Humanteng：拼音名）
humilinolide 墨西哥桃花心木内酯 墨西哥桃花心木 Swietenia humilis
humuladienone 葎草二烯酮 葎草属 Humulus
humuladiol 葎草二醇 葎草属 Humulus
humulenone 葎草烯酮 葎草属 Humulus
humulol 葎草醇 葎草属 Humulus
humulusol 葎草酚 葎草属 Humulus
hupcrispatine 皱边石杉碱 皱边石杉 Huperzia crispata
hupehenolide 湖北旋覆花内酯 湖北旋覆花 Inula hupehensis
hupehensis saponin 打破碗花花皂苷 打破碗花 Anemone hupehensis
hupeol 湖北马鞍树醇 湖北马鞍树 Maackia hupehensis
huperzinine 石杉宁碱 石杉属 Huperzia
huratoxin 响盒子毒素 响盒子属 Hura
hycandinic acid 白毛茛酸酯 白毛茛 Hydrastis canadensis
hydrachine 中国绣球碱 中国绣球 Hydrangea chinensis
hydrachoside 中国绣球苷 中国绣球 Hydrangea chinensis
hydracyanoside 绣球氰苷 绣球属 Hydrangea
hydrangeifolin 绣球叶柯萨木素 绣球叶柯萨木 Coussarea hydrangeifolia
hydrangenoside 绣球萜苷 绣球属 Hydrangea
hydranitriloside 绣球腈苷 绣球属 Hydrangea
hydrocosisaponin 天胡荽皂苷 天胡荽属 Hydrocotyle
hydrocotyloside 天胡荽苷 天胡荽属 Hydrocotyle
hydrolytichazaleanin 水解雷兹崖椒宁 雷兹崖椒 Fagara rhetza（hydrolytic：水解之意）
hylonoside 细刺枸骨苷 细刺枸骨 Ilex hylonoma
hymenodictyonine 土连翘宁碱 土连翘属 Hymenodictyon
hymenoside 膜蕨苷 膜蕨属 Hymenophyllum
hymexelsin 毛土连翘素 毛土连翘 Hymenodictyon excelsum
hyoscyamal 天仙子醛 天仙子属 Hyoscyamus
hyoscyamilactol 天仙子内醚醇 天仙子属 Hyoscyamus
hyoscyamoside 天仙子苷 天仙子属 Hyoscyamus
hyosgerin 天仙子灵 天仙子属 Hyoscyamus
hyosmin 天仙子明 天仙子属 Hyoscyamus
hypargyflavone 白桂木新黄酮 白桂木 Artocarpus hypargyreus
hypargystilbene 白桂木芪 白桂木 Artocarpus hypargyreus
hypecoumine 细果角茴香明碱 细果角茴香 Hypecoum leptocarpum
hypelodin 挺茎遍地金素 挺茎遍地金 Hypericum elodeoides
hyperaspidinol 金丝桃绵马酚 金丝桃属 Hypericum & 绵马酚 aspidinol
hyperattenin 赶山鞭素 赶山鞭 Hypericum attenuatum
hypercalin 宿萼金丝桃素 宿萼金丝桃 Hypericum calycinum
hypercohone 连柱金丝桃酮 连柱金丝桃 Hypericum cohaerens
hyperenone 宿萼金丝桃酮 宿萼金丝桃 Hypericum calycinum
hyperibone 糙枝金丝桃酮 糙枝金丝桃 Hypericum scabrum
hypericumxanthone 元宝草新𠮿酮 元宝草 Hypericum sampsonii
hyperidixanthone 金丝桃二聚𠮿酮 金丝桃属 Hypericum
hyperielliptone 金丝桃毛鱼藤酮 金丝桃属 Hypericum & 毛鱼藤酮 elliptone
hyperimone 金丝桃色酮 金丝桃 Hypericum monogynum
hyperione 金丝桃酮 金丝桃属 Hypericum
hyperisampsin 元宝草新素 元宝草 Hypericum sampsonii
hyperixanthone 元宝草𠮿酮 元宝草 Hypericum sampsonii
hyperolactone 金丝桃内酯 金丝桃属 Hypericum
hypersampsone 元宝草新酮 元宝草 Hypericum sampsonii
hyperscabrin 糙枝金丝桃素 糙枝金丝桃 Hypericum scabrum
hyperuralone 乩萼金丝桃醇酮 乩萼金丝桃 Hypericum uralum
hyperxanthone 金丝桃𠮿酮 金丝桃属 Hypericum
hypholomin 垂幕菇素 垂幕菇属 Hypholoma
hypnin 冻沙菜素 冻沙菜 Hypnea japonica
hypodemapyrazine 肿足蕨吡嗪 肿足蕨属 Hypodematium
hypodiol 昆明山海棠二醇 昆明山海棠 Tripterygium hypoglaucum
hypodiolide 昆明山海棠二萜内酯 昆明山海棠 Tripterygium hypoglaucum
hypoglaside 昆明山海棠苷 昆明山海棠 Tripterygium hypoglaucum
hypoglaucin 粉背薯蓣苷 粉背薯蓣 Dioscorea collettii var. hypoglauca
hypoglaulide 昆明山海棠劳内酯 昆明山海棠 Tripterygium hypoglaucum
hypoglaunine 昆明山海棠碱 昆明山海棠 Tripterygium hypoglaucum
hypoglauterpenic acid 昆明山海棠萜酸 昆明山海棠 Tripterygium hypoglaucum
hypoglic acid 昆明山海棠酸 昆明山海棠 Tripterygium hypoglaucum
hypolaetin; hypoletin 颖苞草亭 颖苞草属 Hypolaena
hypolide 昆明山海棠内酯 昆明山海棠 Tripterygium hypoglaucum
hyponine 昆明山海棠宁 昆明山海棠 Tripterygium hypoglaucum
hypopurin 枪刀药素 枪刀药 Hypoestes purpurea
hypserpanine 夜花藤碱 夜花藤属 Hypserpa
hypsiziprenol 斑玉蕈异戊烯醇 斑玉蕈 Hypsizygus marmoreus
hyptatic acid 头状山香酸 头状山香 Hyptis capitata
hyptinin 山香宁 山香属 Hyptis
hyrcamine 里海黄杨胺 里海黄杨 Buxus hyrcana
hyrcanin 西加矢车菊素 西加矢车菊 Centaurea hyrecanica
hysterin 银胶菊因 银胶菊 Parthenium hysterophorus
hysterone 银胶菊酮 银胶菊 Parthenium hysterophorus
hystrixarin 箭叶橙素 箭叶橙 Citrus hystrix
hystrolinone 箭叶橙酮 箭叶橙 Citrus hystrix
hystroxene 箭叶橙烯 箭叶橙 Citrus hystrix
hyuganin 日向当归素 日向当归 Angelica furcijuga（Hyugatouki：日名）
hyuganoside 日向当归苷 日向当归 Angelica furcijuga（日名：Hyugatouki）

I

ibericin 伊比利亚茜草素 伊比利亚茜草 Rubia iberica
ibogaine 伊波花碱 伊波花 Tabernanthe iboga
ibogaline 伊波花林碱 伊波花 Tabernanthe iboga
ibogamine 伊波花胺 伊波花 Tabernanthe iboga
iboluteine 伊波花黄碱 伊波花 Tabernanthe iboga
ibotanolide 水腊树酯 水蜡树 Ligustrum obtusifolium（Ibota-no-ki：日名）
iboxygaine 伊波花羟碱 伊波花 Tabernanthe iboga
icajine 伊卡马钱碱 伊卡马钱 Strychnos icaja
ichanexic acid 宜昌橙酸 宜昌橙 Citrus ichangensis
ichangensin 宜昌橙辛 宜昌橙 Citrus ichangensis
ichthynone 毒鱼豆酮 毒鱼豆属 Ichthyomethia
ichthyothereol 毒鱼菊醇 毒鱼菊属 Ichthyothere
icterogenin 过江藤黄疸苷元 雷曼过江藤 Lippia rehmanni（icterogen：致黄疸原）

ideamine 帛斑蝶胺 帛斑蝶属 Idea
idescarpin 山桐子卡品 山桐子 Idesia polycarpa
idesiin 山桐子因 山桐子属 Idesia
idesin 山桐子素 山桐子属 Idesia
idesolide 山桐子醇缩酮 山桐子属 Idesia
idesolidine 山桐子里定 山桐子属 Idesia
ifflaionic acid 伊夫巨盘木酮酸 伊夫巨盘木 Flindersia ifflaiana
igeumone 火烧花酮 火烧花 Mayodendron igneum
igniaren 火木层孔菌烯 桑黄（火木层孔菌）Phellinus igniarius
iguesterin 福木巧茶素 福木巧茶 Catha cassinoides(Igueste：地名）
iguestol 布氏鼠尾草醇 布氏鼠尾草 Salvia broussonetii（Igueste：西班牙地名）
ikemagenin 尾叶牛皮消苷元 尾叶牛皮消 Cynanchum caudatum（Ikema：日名）
ikirydinium 伞花仔榄树季铵碱 伞花仔榄树 Hunteria umbellata (Ikire：地名）
ilekudinchoside 苦丁茶奥苷 苦丁茶冬青（扣树）Ilex kudingcha
ilelatifol 大叶冬青醇 大叶冬青 Ilex latifolia
ilexadione 冬青二酮 冬青属 ilex
ilexasoside 梅叶冬青索苷 梅叶冬青（秤星树）Ilex asprella
ilexasprellanoside 梅叶冬青诺苷 梅叶冬青（秤星树）Ilex asprella
ilexhainanin 海南冬青宁 海南冬青 Ilex hainanensis
ilexhainanoside 海南冬青苷 海南冬青 Ilex hainanensis
ilexonol 冬青酮醇 冬青属 ilex
ilexrotunin 铁冬青素 铁冬青 Ilex rotunda
ilicicolinic acid 冬青柱枝双孢霉酸 冬青柱枝双孢霉 Cylindrocladium ilicicola
ilicifolioside 老鼠簕苷 老鼠簕 Acanthus ilicifolius
iliensine 伊犁翠雀碱 伊犁翠雀花 Delphinium iliense
illicaborin 台湾八角素 台湾八角 Illicium arborescens
illicarborene 台湾八角烯 台湾八角 Illicium arborescens
illicidione 八角二酮 八角属 Illicium
illicinole 八角醚 八角属 Illicium
illicinolide 八角醇内酯 八角属 Illicium
illifunone 八角呋酮 八角属 Illicium
illihenazulene 红茴香薁 红茴香 Illicium henryi
illihendione 红茴香二酮 红茴香 Illicium henryi
illihenlactoneoside 红茴香内酯苷 红茴香 Illicium henryi
illihenryifunol 红茴香呋喃醇 红茴香 Illicium henryi
illihenryifunone 红茴香呋喃酮 红茴香 Illicium henryi
illihenryione 红茴香酮 红茴香 Illicium henryi
illihenryipyranol 红茴香吡喃醇 红茴香 Illicium henryi
illioliganfunone 少药八角呋酮 少药八角 Illicium oligandrum
illioliganone 少药八角酮 少药八角 Illicium oligandrum
illioliganpyranone 少药八角吡喃酮 少药八角 Illicium oligandrum
illiverin 八角茴香素 八角 Illicium verum
illoliganoside 少药八角酚苷 少药八角 Illicium oligandrum
imberbic acid 无毛风车子酸 无毛风车子 Combretum imberbe
imbricatadiol 覆瓦南洋杉二醇 覆瓦南洋杉 Araucaria imbricata
imbricataloic acid 覆瓦南洋杉醛酸 覆瓦南洋杉 Araucaria imbricata
imbricatolic acid 覆瓦南洋杉酸 覆瓦南洋杉 Araucaria imbricata
imbricatoloic acid 覆瓦南洋杉醇酸 覆瓦南洋杉 Araucaria imbricata
impatienol 凤仙花醌酚 凤仙花属 Impatiens
impatienolate 凤仙花醌酚盐 凤仙花属 Impatiens
impatienoside 凤仙花诺苷 凤仙花属 Impatiens
impranine 王贝母宁 王贝母 Fritillaria imperialis
impressic acid 凹脉鹅掌柴酸 凹脉鹅掌柴 Schefflera impressa
inamoside 短小蛇根草莫苷 短小蛇根草 Ophiorrhiza pumila（Chabo-inomori：日名）
incanide 兰香草酯苷 兰香草 Caryopteris incana
incanone 兰香草酮 兰香草 Caryopteris incana
incargranine 大花鸡肉参碱 大花鸡肉参 Incarvillea mairei var. grandiflora
incargutine 两头毛亭 两头毛 Incarvillea arguta
incargutosine 两头毛辛碱 两头毛 Incarvillea arguta
incarnal 榆耳醛 榆耳 Gloeostereum incarnatum
incarviatone 角蒿萜酮 角蒿属 Incarvillea
incarviditone 角蒿二酮 角蒿属 Incarvillea
incarvillaldehyde 角蒿醛 角蒿属 Incarvillea
incarvillateine 角蒿酯碱 角蒿属 Incarvillea
incarvilleaol 角蒿醇 角蒿属 Incarvillea
incarvilleatone 角蒿酮 角蒿属 Incarvillea
incarvillic acid 角蒿酸 角蒿属 Incarvillea
incarvilloside 角蒿苷 角蒿属 Incarvillea
incarvilone 角蒿隆酮 角蒿属 Incarvillea
incarvine 角蒿芬碱 角蒿属 Incarvillea
incarvmarein 鸡肉参素 鸡肉参 Incarvillea mairei
incarvoid 角蒿萜 角蒿属 Incarvillea
incasine 角蒿辛 角蒿属 Incarvillea
incensole 乳香树脂醇 乳香 Frankincense
incisumdiol 羌活二醇 羌活 Notopterygium incisum
indicinine 大尾摇宁碱 大尾摇 Heliotropium indicum
indicolactonediol 印度黄皮内酯二醇 印度黄皮 Clausena indica
indicoside 杧果克苷 杧果 Mangifera indica
indicumine 刺天茄素 刺天茄 Solanum violaceum
indospicine 穗序木蓝碱 穗序木蓝 Indigofera spicata
inermes 苦郎树素 苦郎树 Clerodendrum inerme
inerminoside 苦郎树诺苷 苦郎树 Clerodendrum inerme
ineupatorolide 泽兰羊耳菊内酯 A 泽兰羊耳菊 Inula eupatorioides
inflexanin 内折香茶菜赛宁 内折香茶菜 Rabdosia inflexa
inflexin 内折香茶菜辛 内折香茶菜 Isodon inflexus
infractine 棕褐丝膜菌碱 棕褐丝膜菌 Cortinarius infractus
ingenol 巨大戟烯醇 巨大戟 Euphorbia ingens
ingol 巨大戟醇 巨大戟 Euphorbia ingens
innovanoside 新吴茱萸叶五加苷 新吴茱萸叶五加 Evodiopanax innovans
inocalophyllin 红厚壳林素 红厚壳属 Calophyllum
inonotusin 纤孔菌素 纤孔菌属 Inonotus
inophinnin 海棠果宁素 海棠果 Calophyllum inophyllum
inophinone 海棠果酚酮 海棠果 Calophyllum inophyllum
inophyllic acid 琼崖海棠酸 琼崖海棠 Calophyllum inophyllum
inophyllin 海棠果林素 海棠果 Calophyllum inophyllum
inophylloidic acid 琼崖海棠酮酸 琼崖海棠 Calophyllum inophyllum
inophynone 海棠果酮 海棠果 Calophyllum inophyllum
inophyxanthone 海棠果𠮿酮 海棠果 Calophyllum inophyllum
inoscavin 纤孔菌清除素 纤孔菌属 Inonotus（该成分为自由基清除物 free radical scavenger）
inoterpene 纤孔菌萜 纤孔菌属 Inonotus
insignin 黑水藤素 黑水藤 Biondia insignis
insularoline; insulanoline 海岛轮环藤林碱 海岛轮环藤 Cyclea insularis
insularoside 苦枥木苷 苦枥木 Fraxinus insularis
insuloside 苦枥木洛苷 苦枥木 Fraxinus insularis
integerriminol 小芸木酚 小芸木 Micromelum integerrimum
integrifolin 全缘叶安菊素 全缘叶安菊 Andryala integrifolia
integrifoliodiol 兰屿花椒二醇 兰屿花椒 Zanthoxylum integrifoliolum

integrifoliolin 兰屿花椒素 兰屿花椒 Zanthoxylum integrifoliolum
integriquinolone 兰屿花椒喹诺酮 兰屿花椒 Zanthoxylum integrifoliolum
integristerone 全缘叶漏芦甾酮 全缘叶漏芦 Rhaponticum integrifolium
interfungin 纤孔真菌素 纤孔菌属 Inonotus（名称来自：有趣的 interesting & 真菌 Fungi ）
intermedin 中间五味子定 中间五味子 Schisandra propinqua var. intermedia
interruptin 毛蕨素 毛蕨 Cyclosorus interruptus
intricatin 缠结霍夫曼云实素 缠结霍夫曼云实 Hoffmannseggia intricata
intricatinol 缠结霍夫曼云实酚 缠结霍夫曼云实 Hoffmannseggia intricata
intybin 菊苣素 菊苣 Cichorium intybus
intybulide 菊苣内酯 菊苣 Cichorium intybus
intybusoloid 菊苣萜 菊苣 Cichorium intybus
inuchinenolide 旋覆花烯内酯 旋覆花 Inula britannica var. chinensis
inulasalsolin 沙地旋覆花素 沙地旋覆花 Inula salsoloides
inulavosin 显脉旋覆花素 显脉旋覆花 Inula nervosa
inumakilactone 土杉内酯 罗汉松（土杉）Podocarpus macrophyllus（Inumaki：日名）
inumakiol 土杉酚 罗汉松（土杉）Podocarpus macrophyllus（Inumaki：日名）
inunal 总状土木香醛 总状土木香 Inula racemosa
inundoside 沼泽石松苷 沼泽石松 Lycopodium inundatum
inunigroside 萎果龙葵苷 龙葵 Solanum nigrum（分离自枯萎果实；Inuhoozuki：日名）
inunol 总状土木香醇 总状土木香 Inula racemosa
inuviscolide 粘性旋覆花内酯 粘性旋覆花 Lnula viscosa
involutin 卷边网褶菌素 卷边网褶菌 Paxillus involutus
involutone 卷边网褶菌酮 卷边网褶菌 Paxillus involutus
iotroridoside 绣球海绵苷 绣球海绵属 Iotrochota
ipanguline 常春藤叶茑萝碱 常春藤叶茑萝 Ipomoea hederifolia（Ipomoea angulata）
ipecosidic acid 吐根苷酸 吐根 Cephaelis ipecacuanha
ipobscurine 小心叶薯碱 小心叶薯 Ipomoea obscura
ipolamiidoside 野芝麻新酯苷 野芝麻属 Lamium
ipomine 番薯胺 番薯属 Ipomoea
irehine 丝胶树碱 丝胶树 Funtumia elastica（Ireh：英名）
iresinin 血苋素 血苋属 Iresine
iridane 虹臭蚁烷 虹臭蚁属 Iridomyrmex
iridobelamal 鸢尾射干醛 鸢尾属 Iris & 射干属 Belamcanda
iridodial 虹臭蚁二醛 虹臭蚁属 Iridomyrmex
iridodiol 虹臭蚁二醇 虹臭蚁属 Iridomyrmex
iridolactone 虹臭蚁内酯 虹臭蚁属 Iridomyrmex
iridolinarin 环烯醚萜柳穿鱼苷 环烯醚萜 iridoid & 柳穿鱼属 Linaria
iridolinaroside 环烯醚萜柳穿鱼酯苷 环烯醚萜 iridoid & 柳穿鱼属 Linaria
iridomyrmecin 虹臭蚁素 虹臭蚁属 Iridomyrmex
iridotectoral 鸢尾道醛 鸢尾 Iris tectorum
iriflogenin 南欧鸢尾苷元 南欧鸢尾 Iris florentina
iriflophenone 南欧鸢尾苯酮 南欧鸢尾 Iris florentina
iriflorental 南欧鸢尾醛 南欧鸢尾 Iris florentina
iriflоside 南欧鸢尾苷 南欧鸢尾 Iris florentina
iripallidal 香根鸢尾醛 香根鸢尾 Iris pallida
irisflorentin 南欧鸢尾素 南欧鸢尾 Iris florentina
iriskashmirianin 克什米尔鸢尾素 克什米尔鸢尾 Iris kashmiriana
irisoid 大苞鸢尾素 大苞鸢尾 Iris bungei & peltogynoid
irisolidone 鸢尾立酮 鸢尾属 Iris
irisone 密苏里鸢尾酮 密苏里鸢尾 Iris missouriensis
isatisine 菘蓝素 菘蓝属 Isatis
ishwarane 印度马兜铃烷 印度马兜铃 Aristolochia indica（Ishwari：印名）
ismine 秘鲁水仙碱 秘鲁水仙 Ismene narcissiflora
isoburnamine 异乳白仔榄树新胺 乳白仔榄树 Hunteria eburnea
isodocarpin 毛果香茶菜素 毛果香茶菜 Isodon trichocarpus
isodoforrestin 紫萼香茶菜苷 紫萼香茶菜 Isodon forrestii
isodojaponin 日本香茶菜宁 毛叶香茶菜 Isodon japonicus（种名为产于日本之意）
isodomedin 中间香茶菜素 中间香茶菜 Isodon shikokianus var. intermedius
isodonadenanthin 腺花香茶菜新素 腺花香茶菜 Isodon adenanthus
isodonhenrin 鄂西香茶菜灵 鄂西香茶菜 Isodon henryi
isodonin 香茶菜宁素 香茶菜属 Isodon
isodonoiol 香茶菜诺醇 香茶菜属 Isodon
isodonsesquitin 香茶菜倍半萜素 香茶菜属 Isodon
isodotricin 毛果香茶菜辛 毛果香茶菜 Isodon trichocarpus
isoetin 水韭素 水韭属 Isoetes
isojaponin 日本香茶菜素 毛叶香茶菜 Isodon japonicus（种名为产于日本之意）
isoline 肉叶千里光碱 肉叶千里光 Senecio othonniformis
isolophanthin 线纹香茶菜辛 线纹香茶菜 Isodon lophanthoides
isopiline 柔毛等瓣木碱 柔毛等瓣木 Isolona pilosa
isorinic acid 火索麻酸 火索麻 Helicteres isora
isorosthin 瘿花香茶菜辛 瘿花香茶菜 Isodon rosthornii
isorosthornin 瘿花香茶菜素 瘿花香茶菜 Isodon rosthornii
isorubesin 冬凌草辛 冬凌草 Isodon rubescens
isotachioside 直蒴苔苷 直蒴苔属 Isotachis
istanbulamine 伊斯坦布尔唐松草碱 亚欧唐松草 Thalictrum minus（Istanbul：地名）
istanbulin 伊斯坦布尔马芹素 马芹 Smyrnium olusatrum（Istanbul：地名）
itaconic acid 解乌头尼酸 乌头属 Aconitum
itesmol 二色瘤玉球醇 二色瘤玉球 Thelocactus bicolor（ITESM：墨西哥蒙特雷科技大学）
itoaic acid 伊桐酸 伊桐属 Itoa
itol 伊桐醇 伊桐属 Itoa
itolide 伊桐内酯 伊桐属 Itoa
itralamide 天然鞘丝藻酰胺 巨大鞘丝藻 Lyngbya majuscula（Itral：格林纳达口语，天然之意）
ivain 依瓦筋骨草素 依瓦筋骨草 Ajuga iva
ivalbin 白粉依瓦菊素 白粉依瓦菊 Iva dealbata
ivangustin 狭叶依瓦菊素 狭叶依瓦菊 Iva angustifolia
ixerisamine 小苦荬胺 小苦荬属 Ixeridium
ixerol 苦荬菜醇 苦荬菜属 Ixeris
ixocarpalactone 黏果酸浆内酯 黏果酸浆 Physalis ixocarpa
ixocarpanolide 黏果酸浆醇内酯 黏果酸浆 Physalis ixocarpa
ixoside 龙船花萜苷 龙船花属 Ixora
izalpinin 山姜黄素 山姜 Alpinia japonica（Izusyuka-sya：日本药名）
izmirine 小花烟堇碱 小花烟堇 Fumaria parviflora（Izmir：地名）
iznikine 伊兹尼克唐松草碱 亚欧唐松草 Thalictrum minus（Iznik：地名）

J

jaboticabin 拟爱神木素 拟爱神木 Myrciaria cauliflora（Jaboticaba：巴西名）

jabugodiol 保利毒马草二醇 保利毒马草 Sideritis arborescens subsp. paulii（Jabugo：地名）
jacaranoside 蓝花楹苷 蓝花楹属 Jacaranda
jacarelhyperol 巴西红厚壳地耳草醇 巴西红厚壳 Calophyllum brasiliense（Jacareuba：巴西名）
jaceidin 棕矢车菊定 棕矢车菊 Centaurea jacea
jacein 棕矢车菊因 棕矢车菊 Centaurea jacea
jaceoside 棕矢车菊苷 棕矢车菊 Centaurea jacea
jacobine 新疆千里光碱 新疆千里光 Senecio jacobaea
jacoline 新疆千里光灵 新疆千里光 Senecio jacobaea
jacoumaric acid 蓝花楹香豆酸 蓝花楹属 Jacaranda
jacquilenin 雅昆苦苣菜宁 雅昆苦苣菜 Sonchus jacquini
jacquinelin 雅昆苦苣菜素 雅昆苦苣菜 Sonchus jacquini
jaeschkeanadiol 中亚阿魏二醇 中亚阿魏 Ferula jaeschkeana
jaeschkenol 中亚阿魏醇 中亚阿魏 Ferula jaeschkeana
jaeskeanidin 中亚阿魏尼定 中亚阿魏 Ferula jaeschkeana
jaeskeanin 中亚阿魏素 中亚阿魏 Ferula jaeschkeana
jaligonic acid 商陆尼酸 商陆 Phytolacca acinosa（Jaringo：尼泊尔名）
jaluenine 鸭绿乌头宁 鸭绿乌头 Aconitum jaluense
jamaicamide 牙买加鞘丝藻酰胺 巨大鞘丝藻 Lyngbya majuscula（Jamaica：产地）
jamaicin 牙买加毒鱼豆素 牙买加毒鱼豆 Piscidia erythrina（Jamaican Dogwood：英名）
jamesoniellide 圆叶苔内酯 圆叶苔属 Jamesoniella
janetine 狗牙花尼亭 狗牙花 Ervatamia coronaria（原名称可能来自人名）
jangomolide 云南刺篱木内酯 云南刺篱木 Flacourtia jangomas
japindine 日印鹿角藤碱 大叶鹿角藤 Chonemorpha macrophylla（Japan & India：合作方）
japonalnusin 日本桤木辛 日本桤木 Alnus japonica
japonica acid 地耳草酸 地耳草 Hypericum japonicum
japonicaxanthone 地耳草吅酮 地耳草 Hypericum japonicum
japonicin* 日本漆姑草素 漆姑草（日本漆姑草）Sagina japonica
japonicin* 旋覆花黄素 旋覆花 Inula japonica
japonicone* 日本漆姑草酮 漆姑草（日本漆姑草）Sagina japonica
japonicone* 旋覆花酮 旋覆花 Inula japonica
japonicumin 日本石松素 石松 Lycopodium japonicum（种名为产于日本之意）
japonicumone 地耳草酮 地耳草 Hypericum japonicum
japonin 蜂斗菜宁 蜂斗菜 Petasites japonicus
japonine 日本常山碱 日本常山 Orixa japonica
jasamplexoside 扭肚藤苷 扭肚藤 Jasminum amplexicaule
jasgranoside 素馨花苷 素馨花 Jasminum officinale var. grandiflorum
jaslanceoside 清香藤苷 清香藤 Jasminum lanceolarium
jasmesoside 野迎春苷 野迎春 Jasminum mesnyi
jasmesosidic acid 野迎春苷酸 野迎春 Jasminum mesnyi
jasminanhydride 素馨酸酐 素馨属 Jasminum
jasminidine 素馨定 素馨属 Jasminum
jasminigenin 素馨苷元 素馨属 Jasminum
jasminin 素馨素 素馨属 Jasminum
jasminine 素馨宁 素馨属 Jasminum
jasminodiol 栀子诺二醇 栀子 Gardenia jasminoides
jasminoid 素馨萜 素馨属 Jasminum
jasminoidin 栀子诺定 栀子 Gardenia jasminoides
jasminol 栀子诺醇 栀子 Gardenia jasminoides
jasminoside* 素馨苷 素馨属 Jasminum
jasminoside* 栀子诺苷 栀子 Gardenia jasminoides
jasmisnyiroside 野迎春洛苷 野迎春 Jasminum mesnyi
jasmoside 素馨莫苷 素馨属 Jasminum
jasmosidic acid 素馨莫苷酸 素馨属 Jasminum
jasmultiside 毛茉莉苷 毛茉莉 Jasminum multiflorum
jasnervoside 青藤仔苷 青藤仔 Jasminum nervosum
jasnudifloside 迎春花苷 迎春花 Jasminum nudiflorum
jasopyran 加森菊吡喃 加森菊属 Jasonia
jaspofoliamoside 多花素馨睡菜苷 多花素馨 Jasminum polyanthum & 睡菜 Menyanthes trifoliata
jaspogeranoside 多花素馨香叶醇苷 多花素馨 Jasminum polyanthum & 香叶醇 geraniol
jaspolinaloside 多花素馨芳樟醇苷 多花素馨 Jasminum polyanthum & 芳樟醇 linalool
jaspolyanoside 多花素馨阿诺苷 多花素馨 Jasminum polyanthum
jaspolyanthoside 多花素馨苷 多花素馨 Jasminum polyanthum
jaspolyoleoside 多花素馨木犀苷 多花素馨 Jasminum polyanthum & 木犀榄属 Olea
jaspolyoside 多花素馨奥苷 多花素馨 Jasminum polyanthum
jaspolyside 多花素馨利苷 多花素馨 Jasminum polyanthum
jasurolignoside 川素馨酯木脂苷 川素馨 Jasminum urophyllum
jasuroside 川素馨苷 川素馨 Jasminum urophyllum
jatamanin 蜘蛛香素 蜘蛛香 Valeriana jatamansi
jatamansinol 匙叶甘松西醇 甘松（匙叶甘松）Nardostachys jatamansi
jatamansone 匙叶甘松酮 甘松（匙叶甘松）Nardostachys jatamansi
jatamanvaltrate 蜘蛛香缬草酯 蜘蛛香 Valeriana jatamansi & 缬草属 Valeriana
jatamol 匙叶甘松醇 甘松（匙叶甘松）Nardostachys jatamansi
jatrophadiketone 麻疯树二酮 麻疯树属 Jatropha
jatrophalone 麻疯树隆酮 麻疯树属 Jatropha
jatrophasin 麻疯树辛 麻疯树属 Jatropha
jatrophodione 麻疯树醇二酮 麻疯树属 Jatropha
jatrorubine; jatrorrhizrubine 药根红碱 药根碱 Jatrorrhizine（rubra：红色）
javaberine 爪哇土人参碱 土人参 Talinum paniculatum（Java Ginseng：印尼名）
javacarboline 爪哇苦树咔啉 爪哇苦树 Picrasma javanica
javanic acid 鸦胆子酸 鸦胆子 Brucea javanica
javanicolide 鸦胆子苦内酯 鸦胆子 Brucea javanica
javanicoside 鸦胆子新苷 鸦胆子 Brucea javanica
javoricin 刺果番荔枝辛 刺果番荔枝 Annona muricata（Javoric：可能为人名）
jenisseensoside 叶尼塞蝇子草苷 山蚂蚱草 Silene jenisseensis
jensenone 詹氏桉酮 詹氏桉 Eucalyptus jensenii
jerantinine 伞房狗牙花宁碱 伞房狗牙花 Tabernaemontana corymbosa（Jerantut：地名）
jerantiphylline 伞房狗牙花菲林碱 伞房狗牙花 Tabernaemontana corymbosa（Jerantut：地名）
jhanol 简尼泽兰醇 简尼泽兰 Eupatorium jhanii
jiadifenin 假地枫皮宁素 假地枫皮 Illicium jiadifengpi
jiadifenlactone 假地枫内酯 假地枫皮 Illicium jiadifengpi
jiadifenoic acid 假地枫皮酸 假地枫皮 Illicium jiadifengpi
jiadifenolide 假地枫皮醇内酯 假地枫皮 Illicium jiadifengpi
jiadifenone 假地枫皮醇酮 假地枫皮 Illicium jiadifengpi
jiadifenoxolane 假地枫皮醚烷 假地枫皮 Illicium jiadifengpi
jionoside 焦地黄诺苷 地黄 Rehmannia glutinosa（Jio：日名）
jiufengdine 彭黑定 彭州黑水翠雀花 Delphinium potaninii var. jiufengshanense

jiufengtine 彭黑亭 彭州黑水翠雀花 Delphinium potaninii var. jiufengshanense
jodrellin 乔德黄芩素 沃氏黄芩 Scutellaria woronowii（Jodrell：人名）
jolkianin 南大戟宁 南大戟 Euphorbia jolkinii
jolkinin 南大戟素 南大戟 Euphorbia jolkinii
jolkinoate 南大戟酯 南大戟 Euphorbia jolkinii
jolkinolide 拟南大戟内酯 南大戟 Euphorbia jolkinii
jollyanine 乔利锥喉花碱 乔利锥喉花 Conopharyngia jollyana
jugcathanin 野核桃宁 野核桃 Juglans cathayensis
jugcathayenoside 野核桃苷 野核桃 Juglans cathayensis
juglangenin 胡桃苷元 胡桃属 Juglans
juglanone 胡桃酮 胡桃属 Juglans
juglanperylenone 胡桃苝酮 胡桃属 Juglans
juglans cerebroside 胡桃脑苷 胡桃属 Juglans
juglansbenzoate 胡桃苯甲酸酯 胡桃属 Juglans
juglanthracenoside 胡桃蒽苷 胡桃属 Juglans
juglanthraquinone 胡桃蒽醌 胡桃属 Juglans
jugnaphthalenoside 胡桃萘苷 胡桃属 Juglans
jujuboside 枣苷 枣 Ziziphus jujuba
julandine 水苎麻碱 水苎麻 Boehmeria platyphylla（Julandie：可能为人名）
julibrine 合欢灵碱 合欢 Albizia julibrissin
julibroside 合欢苷 合欢 Albizia julibrissin
junceoside 老牛筋苷 老牛筋 Arenaria juncea
juncoside 灯心草萜苷 灯心草属 Juncus
juncusol 灯心草新酚 灯心草属 Juncus
junicedral 欧桧醛 欧洲刺柏（欧桧）Juniperus communis
junicedric acid 酸刺柏酸 酸刺柏 Juniperus oxycedrus
junipediol 刺柏二醇 刺柏属 Juniperus
junipeionoloside 刺柏香堇醇苷 刺柏属 Juniperus
junipetrioloside 刺柏三醇苷 刺柏属 Juniperus
junosidine 香橙定碱 香橙 Citrus junos
junosine 香橙碱 香橙 Citrus junos
junosmarin 香橙香豆素 香橙 Citrus junos
jurubine 锥花茄碱 锥花茄 Solanum paniculatum（Jurubeba：英名）
juspurpudin 紫爵床定 紫爵床 Justicia purpurea
justiciresinol 爵床树脂醇 爵床属 Justicia
justin 爵床亭 爵床属 Justicia
juzirine 酸枣灵碱 酸枣 Ziziphus jujuba var. spinosa
juzunal 大卵叶虎刺醛 大卵叶虎刺 Damnacanthus major（Juzu-nenoki：日名）
juzunol 大卵叶虎刺醇 大卵叶虎刺 Damnacanthus major（Juzu-nenoki：日名）
jynosine 金阳乌头碱 金阳乌头 Aconitum jinyangense

K

kadangustin 狭叶南五味子亭 狭叶南五味子 Kadsura angustifolia
kadcoccilactone 黑老虎内酯 黑老虎 Kadsura coccinea
kadcoccilignan 黑老虎木脂素 黑老虎 Kadsura coccinea
kadcoccitone 黑老虎酮 黑老虎 Kadsura coccinea
kadcotrione 黑老虎三酮 黑老虎 Kadsura coccinea
kadheterilactone 南五味子异形内酯 异形南五味子 Kadsura heteroclita
kadlongilactone 南五味子长梗内酯 南五味子 Kadsura longipedunculata
kadlongirin 长梗南五味子灵 南五味子（长梗南五味子）Kadsura longipedunculata
kadoblongifolin 冷饭藤素 冷饭藤 Kadsura oblongifolia
kadpolysperin 多子南五味子素 多子南五味子 Kadsura polysperma
kadsufolin 冷饭藤林素 冷饭藤 Kadsura oblongifolia
kadsuguain 风藤愈创素 风藤 Piper kadsura & 愈创木属 Guaiacum
kadsuketanone 风藤克塔酮 风藤 Piper kadsura
kadsumarin 日本南五味子灵 日本南五味子 Kadsura matsudae
kadsuphilactone 菲律宾南五味子内酯 菲律宾南五味子 Kadsura philippinensis
kadsuphilin 菲律宾南五味子素 菲律宾南五味子 Kadsura philippinensis
kadsuphilol 菲律宾南五味子醇 菲律宾南五味子 Kadsura philippinensis
kadsuraenol 南五味子烯醇 南五味子属 Kadsura
kadsurain 南五味子因 南五味子属 Kadsura
kadsuralignan 南五味子根木脂素 南五味子属 Kadsura
kadsuranic acid 南五味子尼酸 南五味子属 Kadsura
kadsuranin 南五味子宁 南五味子属 Kadsura
kadsurene 南五味子烯 南五味子属 Kadsura
kadsurenin 风藤烯素 风藤 Piper kadsura
kadsutherin 南五味子酯 南五味子属 Kadsura（ether：分离自醚萃取物）
kaerophyllin 细叶芹素 细叶芹属 Chaerophyllum
kairatene 驼绒藜烯 驼绒藜 Eurotia ceratoides（Kairat：可能为人名）
kajiichigoside 三裂悬钩子苷 三裂悬钩子 Rubus trifidus（Kaji-Ichigo：日名）
kaji-ichigoside 三裂悬钩子苷 三裂悬钩子 Rubus trifidus（Kaji-ichigo：日名）
kakidiol 柿二醇 柿 Diospyros kaki
kakisaponin 柿皂苷 柿 Diospyros kaki
kakkalidone 葛花酮 葛 Pueraria lobata（Kakka：日名）
kakkanin 葛花宁 葛 Pueraria lobata（Kakkon：日名）
kaladasterone 番薯甾酮 番薯属 Ipomoea（Kaladana：印名）
kalasinamide 暗罗酰胺 暗罗 Polyalthia suberosa（Kalasin：泰国地名）
kalata 近耳草肽 近耳草 Oldenlandia affinis（Kalata-Kalata：刚果名）
kalkipyrone 卡尔基鞘丝藻吡喃酮 巨大鞘丝藻 Lyngbya majuscula（Playa Kalki Beach：产地）
kalkitoxin 卡尔基鞘丝藻毒素 巨大鞘丝藻 Lyngbya majuscula（Playa Kalki Beach：产地）
kalmanol 山月桂醇 山月桂属 Kalmia
kamalachalcone 粗糠柴查耳酮 粗糠柴 Mallotus philippensis（Kamala：英名）
kamebacetal 龟叶香茶菜缩醛 龟叶香茶菜 Rabdosia umbrosa var. leucantha f. Kameba
kamebakaurin 龟叶香茶菜贝壳杉素 龟叶香茶菜 Rabdosia umbrosa var. leucantha f. Kameba & 贝壳杉 Kauri pine
kamebanin 龟叶香茶菜素 龟叶香茶菜 Rabdosia umbrosa var. leucantha f. Kameba
kanakugin 红果山胡椒素 红果山胡椒 Lindera erythrocarpa（Kanakugi-no-ki：日名）
kanakugiol 红果山胡椒酚 红果山胡椒 Lindera erythrocarpa（Kanakugi-no-ki：日名）
kaneric acid 欧夹竹桃酸 夹竹桃（欧洲夹竹桃）Nerium oleander（Karachi：产地）
kanerin 欧夹竹桃灵 夹竹桃（欧洲夹竹桃）Nerium oleander（Karachi：产地）

kanerocin 欧夹竹桃辛 夹竹桃（欧洲夹竹桃）Nerium oleander（Karachi：产地）
kanerodione 欧夹竹桃二酮 夹竹桃（欧洲夹竹桃）Nerium oleander（Karachi：产地）
kaneroside 欧夹竹桃洛苷 夹竹桃（欧洲夹竹桃）Nerium oleander（Karachi：产地）
kanjone 印水黄皮酮 光水黄皮 Pongamia glabra（Kanajo：印名）
kankanol 管花肉苁蓉诺醇 管花肉苁蓉 Cistanche tubulosa（Kanka-nikujuyou：日名）
kankanoside 管花肉苁蓉诺苷 管花肉苁蓉 Cistanche tubulosa（Kanka-nikujuyou：日名）
kansuenin 甘肃马先蒿素 甘肃马先蒿 Pedicularis kansuensis
kansuensisoside 甘肃棘豆苷 甘肃棘豆 Oxytropis kansuensis
kantaurin 百金花灵 百金花属 Centaurium
kanugin 水黄皮精素 水黄皮 Pongamia glabra（Kanuga：印名）
kanzonol 甘草新酚 甘草属植物 Glycyrrhiza spp.（Kanzo：日名）
karachic acid 糙皮桦酸 糙皮桦 Betula utilis（Karachi：地名）
karaconitine 多根乌头亭 多根乌头 Aconitum karakolicum
karahana lactone 唐花内酯 唐花 Karahana flower
karakanine 多根乌头宁 多根乌头 Aconitum karakolicum
karakolidine 多根乌头定 多根乌头 Aconitum karakolicum
karanjabiflavone 印水黄皮双黄酮 水黄皮 Pongamia pinnata（Karanja：印名）
karanjachromene 印水黄皮色烯 水黄皮 Pongamia pinnata（Karanja：印名）
karanjapin 印水黄皮品素 水黄皮 Pongamia pinnata（Karanja：印名）
karapinchamine 调料九里香胺 调料九里香 Murraya koenigii（Karapincha：斯里兰卡名）
karasamine 多根乌头萨明 多根乌头 Aconitum karakolicum
karatavicinol 卡拉阿魏醇 卡拉阿魏 Ferula karatavica
karatavioside 宽叶葱苷 宽叶葱 Allium karataviense
karavilagenin 苦瓜洛苷元 苦瓜 Momordica charantia（Karavila：斯里兰卡名）
karaviloside 苦瓜洛苷 苦瓜 Momordica charantia（Karavila：斯里兰卡名）
karenin 嚏木宁 嚏木 Ptaeroxylon obliquum
karpoxanthin 蔷薇果黄质 苹果蔷薇 Rosa pomifera（Karpo：果实）
katchimoside; cachimoside 圆锥石头花苷 圆锥石头花 Gypsophila paniculata（Katchimov：可能为人名）
katonic acid 山道楝酸 山道楝 Sandoricum koetjape（Katon：泰名）
katsumadain 草蔻达因 草豆蔻（豆蔻）Alpinia katsumadai
katsumadin 草蔻定 草豆蔻（豆蔻）Alpinia katsumadai
katuranin 日本连香树素 日本连香树 Cercidiphyllum japonicum（Katsura：日名）
kauranol 贝壳杉醇 贝壳杉 Agathis australis（Kauri pine：英名）
kayadiol 日本榧树二醇 日本榧树 Torreya nucifera（Kaya：英名）
kelampayoside 团花苷 团花 Neolamarckia cadamba（Kelampayan：马来名）
kenusanone 韩槐酮 韩槐 Echinosophora koreensis（Kenusan：韩名）
kerinol 棣棠花醇 棣棠花 Kerria japonica
kessane 宽叶缬草烷 宽叶缬草 Valeriana officinallis var. latifolia（Kesso root：日名）
kessanol 宽叶缬草烷醇 宽叶缬草 Valeriana officinallis var. latifolia（Kesso root：日名）
ketoisodrimenin 酮基异林仙烯宁 林仙属 Drimys
keyakinin 榉树宁 榉树 Zelkova serrata（Keyaki：日名）
keyakinol 榉树醇 榉树 Zelkova serrata（Keyaki：日名）
khaephuoside 巴氏木酚苷 巴氏木 Barnettia kerrii（Khae-Phu：泰名）
khasianine 喀西茄碱 喀西茄 Solanum khasianum
khekadaengoside 三尖栝楼苷 三尖栝楼 Trichosanthes tricuspidata（Khe-Ka-Daeng：泰名）
khellactone 阿米芹内酯 阿米芹 Ammi visnaga（Khella：英名）
khellol 阿米芹醇 阿米芹 Ammi visnaga（Khella：英名）
khonklonginol 鸡头薯醇 鸡头薯 Eriosema chinense（Toon Khonklong：泰名）
khriol 小花黄檀酚 小花黄檀 Dalbergia parviflora（Khri：泰名）
khusinol 香根草醇 香根草 Vetiveria zizanioides（Khus：英名）
kiautschovin 胶州卫矛素 胶州卫矛 Euonymus kiautschovicus
kidjoranin; kidjolanin 假防己宁 假防己 Marsdenia tomentosa（Kijoran：日名）
kielcorin 革叶基尔藤黄素 革叶基尔藤黄 Kielmeyera coriacea
kihadalactone 黄檗萜内酯 黄檗 Phellodendron amurense（Kihada：日名）
kihadanin 黄檗宁 黄檗 Phellodendron amurense（Kihada：日名）
kikkanol 野菊花诺醇 野菊 Chrysanthemum indicum（Kikka：生药日名）
kinalborin 粉红动蕊花素 粉红动蕊花 Kinostemon alborubrum
kingiside 莫罗忍冬吉苷 莫罗忍冬 Lonicera morrowi（Kingimboku：日名）
kinmoonoside 缅甸金合欢苷 藤金合欢 Acacia concinna（Kin moon thee：缅甸药名）
kinocoumarin 乳橘香豆素 乳橘 Citrus kinokuni
kinsenoside 金线莲苷 开唇兰属（金线莲属）Anoectochilus spp.（Kinsenren：生药日名）
kiransin 金疮小草新素 金疮小草 Ajuga decumbens（Kiransou：日名）
kirenol 豨莶草醇 腺梗豨莶 Sigesbeckia pubescens（生药称豨莶草；Kiren：日名）
kirilodiol 栝楼二醇 栝楼 Trichosanthes kirilowii
kirinenine 吉林乌头宁 吉林乌头 Aconitum kirinense
kirkinine 柯基聚鳞木宁 柯基聚鳞木 Synaptolepis kirkii
kisasagenol 梓实烯醇 梓 Catalpa ovata（分离自果实；Kisasa：日名）
kizuta saponin 菱叶常春藤皂苷 菱叶常春藤 Hedera rhombea（Kizuta：日名）
knoxiavaledin 红大戟定 红大戟 Knoxia valerianoides
koaburaside 裸柄吊钟花苷 裸柄吊钟花 Enkianthus nudipes（Koabura：日名）
kobophenol 筛草酚 筛草 Carex kobomugi
kobusin 日本辛夷素 皱叶木兰（日本辛夷）Magnolia kobus
kobusone 日本香附酮 香附子 Cyperus rotundus（Ko-bushi：日名）
kochianic acid 枇杷叶紫珠酸 枇杷叶紫珠 Callicarpa kochiana
kochioside 地肤苷 地肤属 Kochia
kodemarioside 麻叶绣球苷 麻叶绣球 Spiraea cantoniensis（Kodemari：日本）
koeniquinone 调料九里香醌 调料九里香 Murraya koenigii
kokoonol 柯库木醇 柯库木属 Kokoona
kokusagine 臭常山精碱 臭常山 Orixa japonica
kokusaginine 臭常山精宁碱 臭常山 Orixa japonica（Kokusagi：日名）
kolaveloool 羽叶哈威豆洛醇 羽叶哈威豆 Hardwickia pinnata（Kolave：印名）
kolavenic acid 羽叶哈威豆尼酸 羽叶哈威豆 Hardwickia pinnata（Kolave：印名）
kolavenol 羽叶哈威豆醇 羽叶哈威豆 Hardwickia pinnata（Kolave：印名）
kolavic acid 羽叶哈威豆酸 羽叶哈威豆 Hardwickia pinnata（Kolave：印名）

K

komaroidine 柯氏白刺定碱 柯氏白刺 Nitraria komarovii
komaroside 老瓜头苷 老瓜头 Cynanchum komarovii
kompasinol 甘巴豆酚 甘巴豆属 Koompassia
kongboendine 工布乌头定 工布乌头 Aconitum kongboense
kongboenine 工布乌头宁 工布乌头 Aconitum kongboense
kongboensine 工布乌头碱 工布乌头 Aconitum kongboense
kongensin 越南巴豆素 越南巴豆 Croton kongensis
koparin 蕊木灵 蕊木属 Kopsia
kopsamidine 蕊木米定 蕊木属 Kopsia
kopsiflorine 长花蕊木碱 长花蕊木 Kopsia longiflora
kopsifoline 蕊木叶碱 蕊木属 Kopsia
kopsihainanine 海南蕊木宁 海南蕊木 Kopsia hainanensis
kopsihainin 海南蕊木碱 海南蕊木 Kopsia hainanensis
kopsilongine 长花蕊木精 长花蕊木 Kopsia longiflora
kopsiloscine 蕊木洛辛 蕊木属 Kopsia
kopsinaline 药用蕊木碱 药用蕊木 Kopsia officinalis
kopsinarine 蕊木那灵 蕊木属 Kopsia
kopsine 蕊木碱 蕊木属 Kopsia
kopsinic acid 蕊木酸 蕊木属 Kopsia
kopsinidine 蕊木尼定 蕊木属 Kopsia
kopsinilam 蕊木宁内酰胺 蕊木属 Kopsia
kopsininate 蕊木酸酯 蕊木属 Kopsia
kopsininic acid 蕊木宁酸 蕊木属 Kopsia
kopsinoline 蕊木诺林 蕊木属 Kopsia
kopsiyunnanine 云南蕊木碱 云南蕊木 Kopsia arborea
kopsoffine 药用蕊木芬碱 药用蕊木 Kopsia officinalis
kopsoffinol 药用蕊木醇 药用蕊木 Kopsia officinalis
kopsorinine 蕊木瑞宁 蕊木属 Kopsia
kororamide 科罗尔鞘丝藻酰胺 巨大鞘丝藻 Lyngbya majuscula （Koror：产地）
korsevine 塞氏贝母碱 塞氏贝母 Korolkowia sewerzowii（Fritillaria sewerzowii）
kosamol 苦参莫醇 苦参 Sophora flavescens（Kosam：韩名）
koumidine 钩吻米定 钩吻 Gelsemium elegans（Kou-wen：旧式拼音名）
koumine 钩吻明 钩吻 Gelsemium elegans（Kou-wen：旧式拼音名）
kouminol 钩吻醇 钩吻 Gelsemium elegans（Kou-wen：旧式拼音名）
kounaminal 钩吻缩醛胺 钩吻 Gelsemium elegans（Kou-wen：旧式拼音名）
kuafumine 瓜馥木明 瓜馥木属 Fissistigma（Kuafumu：拼音名变形）
kudinchalactone 苦丁茶内酯 苦丁茶冬青（扣树）Ilex kudingcha
kudingoside 苦丁勾苷 总梗女贞 Ligustrum pedunculare （Kudingcha：药材拼音名）
kudinolic acid 苦丁醇酸 苦丁茶冬青（扣树）Ilex kudingcha
kuguacin 苦瓜辛 苦瓜 Momordica charantia（Kugua：拼音）
kuguaoside 苦瓜奥苷 苦瓜 Momordica charantia（Kugua：拼音）
kuguasaponin 苦瓜皂苷 苦瓜 Momordica charantia（Kugua：拼音）
kukoamine 枸杞胺 枸杞 Lycium chinense（Kuko：日名）
kumatakenin 熊竹山姜素 熊竹山姜 Alpinia kumatake
kumokirine 曲唇羊尔蒜碱 曲唇羊尔蒜 Liparis kumokiri
kumujansine 苦木碱辛 苦树（苦木）Picrasma quassioides （Kumujan：拼音）
kumujantine 苦木碱亭 苦树（苦木）Picrasma quassioides （Kumujan：拼音）
kuramerine 尾唇羊尔蒜碱 尾唇羊耳蒜 Liparis krameri
kurchaline 止泻木查林 止泻木 Holarrhena antidysenterica （Kurchi：英名）
kurchamide 止泻木查酰胺 止泻木 Holarrhena antidysenterica （Kurchi：英名）
kurchamine 止泻木查胺 止泻木 Holarrhena antidysenterica （Kurchi：英名）
kurchessine 止泻木切辛 止泻木 Holarrhena antidysenterica （Kurchi：英名）
kurchicine 止泻木钦辛 止泻木 Holarrhena antidysenterica （Kurchi：英名）
kurchilidine 止泻木里定 止泻木 Holarrhena antidysenterica （Kurchi：英名）
kurchiline 止泻木林碱 止泻木 Holarrhena antidysenterica（Kurchi：英名）
kurchine 止泻木钦碱 止泻木 Holarrhena antidysenterica（Kurchi：英名）
kurchinicin 止泻木尼辛 止泻木 Holarrhena antidysenterica （Kurchi：英名）
kurchinidine 止泻木尼定 止泻木 Holarrhena antidysenterica （Kurchi：英名）
kurchinin 止泻木宁 止泻木 Holarrhena antidysenterica（Kurchi：英名）
kurchinine 止泻木钦宁 止泻木 Holarrhena antidysenterica （Kurchi：英名）
kurchiphyllamine 止泻木叶胺 止泻木 Holarrhena antidysenterica （Kurchi：英名）& 叶 Phyllum
kurchiphylline 止泻木叶碱 止泻木 Holarrhena antidysenterica （Kurchi：英名）& 叶 Phyllum
kurcholessine 止泻木赖辛 止泻木 Holarrhena antidysenterica （Kurchi：英名）
kuroyurinidine 黑百合碱 黑百合 Fritillaria camtschatcensis（Kuro yuri：日名）
kurryame 调料九里香咔唑碱 调料九里香 Murraya koenigii
kusunol 樟油醇 樟油 camphora oil（Kusunoki：日名）
kuwanol 桑酚 桑 Morus alba（Kuwa：日名）
kwanzoquinone 重瓣萱草蒽醌 重瓣萱草 Hemerocallis fulva var. kwanso

L

labadoside 拉巴多酸模苷 巴天酸模 Rumex patientia（Labado：地名）
laburnetin 毒豆亭 毒豆属 Laburnum
lacarol 裂叶蒿酚 裂叶蒿 Artemisia laciniata
laccaridione 蜡蘑二酮 蜡蘑属 Laccaria
lachnellin 长生盘菌素 长生盘菌属 Lachnellula
lachnophyllic acid 毛叶菊酸 毛叶菊属 Lachnophyllum
lachnophyllol 毛叶菊醇 毛叶菊属 Lachnophyllum
lacinartin 裂叶蒿素 裂叶蒿 Artemisia laciniata
laciniatoside 条裂续断苷 条裂续断 Dipsacus laciniatus
lacinilene 裂叶榆烯 裂叶榆 Ulmus laciniata
lactapiperanol 辣味乳菇醇 辣味乳菇 Lactarius piperatus
lactariamides 乳菇酰胺 乳菇属 Lactarius
lactariolide 乳菇瑞内酯 乳菇属 Lactarius
lactarioline 乳菇素 乳菇属 Lactarius
lactarolide 乳菇内酯 乳菇属 Lactarius
lactinolide 芍药新内酯 芍药 Paeonia lactiflora
lactodine 琉璃草乳酸酯定 琉璃草 Cynoglossum furcatam & 乳酸 lactic acid
lactucaside 莴苣脂苷 莴苣属 Lactuca
lactuside 莴苣苷 莴苣属 Lactuca

ladanein 劳丹鼬瓣花素 劳丹鼬瓣花 Galeopsis ladanum
ladanetin 劳丹鼬瓣花亭 劳丹鼬瓣花 Galeopsis ladanum
laetanine 亮叶木姜子宁 亮叶木姜子 Litsea laeta
laetevirenol 绿叶地锦酚 绿叶地锦 Parthenocissus laetevirens
laetine 喜木姜子碱 喜木姜子 Litsea laeta
laetiporic acid 绚孔菌酸 绚孔菌属 Laetiporus
laetirobin 刺槐硫黄菌素 硫黄菌 Laetiporus sulphureus（寄生于刺槐 Robinia pseudoacacia）
laevigatone 平滑钩藤酮 平滑钩藤 Uncaria laevigata
laevinoid 光叶巴豆萜 光叶巴豆 Croton laevigatus
laevissioside 光里白苷 光里白 Diplopterygium laevissimum
lageflorin 小叶紫薇素 小叶紫薇 Lagerstroemia parviflora
lagerstroemin 紫薇素 紫薇属 Lagerstroemia
lagerstroemine 紫薇明碱 紫薇属 Lagerstroemia
lagertannin 紫薇鞣素 紫薇属 Lagerstroemia
laggerone 翼齿六棱菊酮 翼齿六棱菊 Laggera crispata
lagopsin 夏至草素 夏至草属 Lagopsis
lagotisoside 兔耳草索苷 兔耳草属 Lagotis
lagotoside 兔耳草托苷 兔耳草属 Lagotis
lagunamide 泻湖鞘丝藻酰胺 巨大鞘丝藻 Lyngbya majuscula（Lagoon of Pulau Hantu Besar：产地）
lakoochin 野波罗蜜素 野波罗蜜 Artocarpus lakoocha
lalioside 散沫花酚苷 散沫花属 Lawsonia
lamalbide 短柄野芝麻萜苷 短柄野芝麻 Lamium album
lamalbidic acid 短柄野芝麻酸 短柄野芝麻 Lamium album
lamalboside 短柄野芝麻苷 短柄野芝麻 Lamium album
lamarckine 团花钦碱 团花 Neolamarckia cadamba
lambertianic acid 糖松酸 糖松 Pinus lambertiana
lambertianin 糖松素 糖松 Rubus lambertianus
lambertic acid 兰伯罗汉松酸 兰伯特罗汉松 Podocarpus lambertius
lamiidoside 野芝麻多苷 野芝麻属 Lamium
laminitol 海带醇 海带属 Laminaria
lamiol 野芝麻醇 野芝麻属 Lamium
lamiophlomiol 独一味醇 独一味属 Lamiophlomis
lamiuamplexoside 宝盖草苷 宝盖草 Lamium amplexicaule
lampranthin 日光花素 日光花属 Lampranthus
lamprolobine 辉片豆碱 辉片豆属 Lamprolobium
lanadoxin 毛花毛地黄多苷 毛花毛地黄 Digitalis lanata
lanafolein 毛花毛地黄叶苷 毛花毛地黄 Digitalis lanata & 叶 Folium
lancemaside 羊奶参苷 羊乳（羊奶参）Codonopsis lanceolata
lanceol 披针叶檀香醇 披针叶檀香 Santalum lanceolatum
lanceolarin 窄叶黄檀素 窄叶黄檀 Dalbergia lanceolaria
lanceolatanin 杉木宁 杉木 Cunninghamia lanceolata
lanceolatic acid 杉木酸 杉木 Cunninghamia lanceolata
lanceolatin* 贡山三尖杉素 贡山三尖杉 Cephalotaxus lanceolata
lanceolatin* 杉木素 杉木 Cunninghamia lanceolata
lanceolatol 杉木醇 杉木 Cunninghamia lanceolata
lanceolin* 剑叶金鸡菊苷 剑叶金鸡菊 Coreopsis lanceolata
lanceolin* 玉山双蝴蝶素 玉山双蝴蝶 Tripterospermum lanceolatum
lanceoloside* 贡山三尖杉苷 贡山三尖杉 Cephalotaxus lanceolata
lanceoloside* 剑叶红铁木苷 剑叶红铁木 Lophira lanceolata
lanceomigine 剑叶鸡骨常山精 剑叶鸡骨常山 Alstonia lanceolata
lanceoside 玉山双蝴蝶苷 玉山双蝴蝶 Tripterospermum lanceolatum
lancerin 玉山双蝴蝶灵 玉山双蝴蝶 Tripterospermum lanceolatum
lancerotol 兰萨罗特阿魏醇 兰萨罗特阿魏 Ferula lancerottensis
lancifodilactone 狭叶五味子二内酯 狭叶五味子 Schisandra lancifolia
lancifoic acid 狭叶五味子酸 狭叶五味子 Schisandra lancifolia
lancifolide 朝鲜木姜子内酯 朝鲜木姜子 Actinodaphne lancifolia（Litsea coreana）
lancifonin 狭叶五味子宁 狭叶五味子 Schisandra lancifolia
lanciphenol 狭叶五味子酚 狭叶五味子 Schisandra lancifolia
lancolide 狭叶五味子内酯 狭叶五味子 Schisandra lancifolia
landoquinone 冰岛衣醌 冰岛衣 Cetraria islandica
langduin 狼毒因 狼毒 Euphorbia fischeriana（Langdu：拼音）
langkamide 兰卡假蒟酰胺 假蒟 Piper sarmentosum（Sri Lanka：产地）
lanicepside 绵头雪兔子苷 绵头雪兔子 Saussurea laniceps
lanierone 松齿小蠹酮 雄性松齿小蠹 Male Ips pini & 外激素 pheromone
lankongensisine 洱源橐吾碱 洱源橐吾 Ligularia lankongensis
lansamide 黄皮萨酰胺 黄皮 Clausena lansium
lansimide 黄皮斯酰胺 黄皮 Clausena lansium
lansine 黄皮兰辛 黄皮 Clausena lansium
lansiumamide 黄皮斯莫酰胺 黄皮 Clausena lansium
lansiumarin 黄皮香豆素 黄皮 Clausena lansium
lantanilic acid 马缨丹酯酸 马缨丹属 Lantana
lantanolic acid 马缨丹醇酸 马缨丹属 Lantana
lantic acid 马缨丹替酸 马缨丹属 Lantana
lantoic acid 马缨丹托酸 马缨丹属 Lantana
lanuginolide 绒叶含笑内酯 绒叶含笑 Michelia lanuginosa
lanyuamide 兰屿椒酰胺 兰屿花椒 Zanthoxylum integrifoliolum（Lanyu：岛名）
lanyulactone 兰屿椒内酯 兰屿花椒 Zanthoxylum integrifoliolum（Lanyu：岛名）
lapachol 风铃木醇 风铃木属 Tabebuia（Lapacho：英名）
lapachone 风铃木醌 风铃木属 Tabebuia（Lapacho：英名）
lapathinol 酸模叶蓼酚 酸模叶蓼 Polygonum lapathifolium
lapathone 酸模叶蓼酮 酸模叶蓼 Polygonum lapathifolium
lapathoside 酸模叶蓼苷 酸模叶蓼 Polygonum lapathifolium
lappaceolide 红毛丹内酯 红毛丹 Nephelium lappaceum
lappadilactone 广木香二内酯 云木香（广木香）Saussurea lappa
lappalone 广木香酮 云木香（广木香）Saussurea lappa
lappaol 牛蒡醇 牛蒡 Arctium lappa
lappulanocarpine 畸形果鹤虱碱 畸形果鹤虱 Lappula anocarpa
largerenol 紫薇醇 紫薇属 Lagerstroemia
laricitrin 落叶松素 落叶松属 Larix
larixinol 落叶松诺醇 落叶松属 Larix
larreatricin 三齿拉瑞木辛 三齿拉瑞木 Larrea tridentata
laserin 拉色芹素 拉色芹属 Laserpitium
laserpitin 拉瑟芹素 拉瑟芹属 Laserpitium
lasianine 宣威乌头宁 宣威乌头 Aconitum nagarum var. lasiandrum
lasiansine 宣威乌头辛 宣威乌头 Aconitum nagarum var. lasiandrum
lasianthionoside 粗叶木香堇苷 粗叶木属 Lasianthus
lasianthuoside 粗叶木苷 粗叶木属 Lasianthus
lasianthurin 粗叶木灵 粗叶木属 Lasianthus
lasianthuslactone 粗叶木内酯 粗叶木属 Lasianthus
lasidiol 毛花菊二醇 毛花菊属 Lasianthaea
lasiocarpanin 毛果延命草素 毛果延命草 Rabdosia lasiocarpa
lasiodin 毛果延命草定 毛果延命草 Rabdosia lasiocarpa
lasiodiplodin 毛双孢素 毛双孢属 Lasiodiplodia
lasiodiploidin 毛色二孢菌素 毛色二孢菌属 Lasiodiplodia
lasiodonin 毛果延命草宁 毛果延命草 Rabdosia lasiocarpa
lasiokaurin 毛果延命草贝壳杉素 毛果延命草 Rabdosia lasiocarpa & 贝壳杉烷 kaurane
lasiokaurinin 毛果延命草贝壳杉宁 毛果延命草 Rabdosia lasiocarpa & 贝壳杉烷 kaurane

L

lasiokaurinol 毛果延命草贝壳杉醇 毛果延命草 Rabdosia lasiocarpa & 贝壳杉烷 kaurane
lasubine 南紫薇碱 南紫薇 Lagerstroemia subcostata
laterioside 侧花玄参苷 侧花玄参 Scrophularia lateriflora
lathosterol 羊毛索甾醇 羊毛脂醇 lanosterol（为前者及其他甾体在动物体内合成的前体）
lathyranoic 续随子酸 续随子 Euphorbia lathyris
lathyrine 山黧豆碱 山黧豆属 Lathyrus
latifoliaside 大叶冬青利苷 大叶冬青 Ilex latifolia
latifolicinin 阔叶破布木宁素 阔叶破布木 Cordia latifolia
latifonin 宽叶波苏茜素 宽叶波苏茜 Posoqueria latifolia
latoxanthin 异味蔷薇黄质 异味蔷薇 Rosa foetida（堇菜黄质 violaxanthin 的结构类似物）
laudanidine 鸦片尼定碱 鸦片酊 Laudanum
laudanosine 鸦片辛碱 鸦片酊 Laudanum
laudanosoline 鸦片尼索林碱 鸦片酊 Laudanum
laurelliptin 椭圆叶琼楠碱 椭圆叶琼楠 Beilschmiedia elliptica
laurelliptine 椭圆叶琼楠亭 椭圆叶琼楠 Beilschmiedia elliptica
laurene 凹顶藻烯 凹顶藻属 Laurencia
laureolol 月桂茵芋洛醇 月桂茵芋 Skimmia laureola
laurifine 樟叶木防己芬 樟叶木防己 Cocculus laurifolius
laurifinine 樟叶木防己芬宁 樟叶木防己 Cocculus laurifolius
laurifonine 樟叶木防己佛宁 樟叶木防己 Cocculus laurifolius
laurolitsine 樟新木姜子碱 樟科 Lauraceae & 新木姜子属 Neolitsea
lauroscholtzine 樟花菱草碱 樟苍碱 Laurotetanine & 花菱草属 Eschscholtzia
lauroside 月桂苷 月桂属 Laurus
lawinal 劳氏假番荔枝醛 劳氏假番荔枝 Unona lawii
lawnermis acid 散沫花萜酸 散沫花 Lawsonia inermis
lawsochrysin 散沫花白杨素 散沫花属 Lawsonia & 白杨素 chrysin
lawsochrysinin 散沫花白杨素宁 散沫花属 Lawsonia & 白杨素 chrysin
lawsochylin 散沫花炔素 散沫花属 Lawsonia
lawsofructose 散沫花果糖 散沫花属 Lawsonia
lawsonadeem 散沫花双萘醌 散沫花属 Lawsonia
lawsonaphthoate 散沫花萘酸酯 散沫花属 Lawsonia
lawsonaringenin 散沫花柚皮苷元 散沫花属 Lawsonia
lawsoniaside 散沫花苷 散沫花属 Lawsonia
lawsonic acid 散沫花酸 散沫花属 Lawsonia
lawsonicin 散沫花脂素 散沫花属 Lawsonia
lawsonin 散沫花素 散沫花属 Lawsonia
lawsorosemarinol 散沫花玛丽醇 散沫花属 Lawsonia（Rosemari：可能为人名）
lawsoshamim 散沫花沙米萜 散沫花属 Lawsonia（Shamim：可能为人名）
lawsowaseem 散沫花瓦西萜 散沫花属 Lawsonia（Waseem：可能为人名）
laxaphycin 松散鱼腥藻素 松散鱼腥藻 Anabaena laxa
laxichalcone 疏花鱼藤查耳酮 疏花鱼藤 Derris laxiflora
laxiflorin 疏花鱼藤素 疏花鱼藤 Derris laxiflora
laxifolin* 疏花鱼藤林素 疏花鱼藤 Derris laxiflora
laxifolin* 疏叶当归素 疏花鱼藤 Derris laxiflora
laxifolone 疏花卫矛酮 疏花卫矛 Euonymus laxiflorus
leachianol 利奇槐酚 利奇槐 Sophora leachiana
leachianone 利奇槐酮 利奇槐 Sophora leachiana
lebaicone 杜香萜酮 杜香属 Ledum
lebbekanin 阔荚合欢苷 阔荚合欢 Albizia lebbeck
lecocarpinolide 莱可菊内酯 莱可菊 Lecocarpus lecocarpoides
ledebourene 短瓣金莲花烯 短瓣金莲花 Trollius ledebourii
ledebouriellol 北防风醇（北）防风 Ledebouriella seseloides
ledene 杜香烯 杜香属 Ledum
ledenealcohol 杜香烯醇 杜香属 Ledum
leeaoside 火筒树苷 火筒树属 Leea
lehmannine 莱曼沙枝豆碱 莱曼沙枝豆 Ammothamnus lehmannii
lehmbachol 莱氏五层龙芪酚 莱氏五层龙 Salacia lehmbachii
lehmferidin 大果阿魏定 大果阿魏 Ferula lehmannii
lehmferin 大果阿魏灵 大果阿魏 Ferula lehmannii
leiaxanthone 雷亚呫酮 雷亚红圣木 Haploclathra leiantha
leiocarpin 光果铁苏木素 光果铁苏木 Apuleia leiocarpa
leiocin 光果铁苏木辛 光果铁苏木 Apuleia leiocarpa
lenisin 光滑黄皮素 光滑黄皮 Clausena lenis
lenthionin 香菇硫素 香菇属 Lentinula
leoheterin 益母草灵素 益母草 Leonurus heterophyllus
leoheteronin 益母草萜宁 益母草 Leonurus heterophyllus
leojaponin 益母草宁素 益母草 Leonurus japonicus
leonoside 益母草诺苷 益母草属 Leonurus
leonotin 狮耳花素 狮耳花属 Leonotis
leonotinin 狮耳花宁 狮耳花属 Leonotis
leonticin 牡丹草素 囊果草属（牡丹草属）Leontice
leontonanin 矮火绒草内酯 矮火绒草 Leontopodium nanum
leonujaponin 益母草素 益母草 Leonurus japonicus
leonurinin 益母草瑞宁 益母草属 Leonurus
leonuripeptide 益母多肽 益母草属 Leonurus
leonuriside 益母草瑞苷 益母草属 Leonurus
leonurusoide 益母草索苷 益母草属 Leonurus
leopersin 波斯益母草素 波斯益母草 Leonurus persicus
leosibiricin 细叶益母草辛 细叶益母草 Leonurus sibiricus
leosibirinone 细叶益母草瑞酮 细叶益母草 Leonurus sibiricus
lepedine 雷波乌头定 雷波乌头 Aconitum pseudohuiliense（Lepe：可能指雷波县）
lepetine 雷波乌头亭 雷波乌头 Aconitum pseudohuiliense（Lepe：可能指雷波县）
lepida acid A 红菇酸 红菇 Russula lepida
lepidamine 红菇胺 红菇 Russula lepida
lepidiumsesterterpenol 独行菜二倍半萜醇 独行菜属 Lepidium
lepidiumterpenoid 独行菜类萜 独行菜属 Lepidium
lepidiumterpenyl ester 独行菜萜烯酯 独行菜属 Lepidium
lepidolide 红菇内酯 红菇 Russula lepida
lepidoside 独行菜苷 独行菜属 Lepidium
lepidozenal 指叶苔烯醛 指叶苔属 Lepidozia
lepistirone 肉色香蘑酮 肉色香蘑 Lepista irina
leptanthine 瘦花滇紫草碱 瘦花滇紫草 Onosma leptantha
leptinidine 马铃薯叶甲定 马铃薯叶甲 Leptinotarsa decemlineata
leptobotryanone 思茅崖豆酮 思茅崖豆 Millettia leptobotrya
leptocarpin 薄果菊素 薄果菊属 Leptocarpha
leptocarpine 细果角茴香碱 细果角茴香 Hypecoum leptocarpum
leptocarpinine 细果角茴香宁碱 细果角茴香 Hypecoum leptocarpum
leptographiol 细黏束孢醇 细黏束孢属 Leptographium
leptolepisol 日本落叶松醇 日本落叶松 Larix leptolepis
leptopidine 细果角茴香定碱 细果角茴香 Hypecoum leptocarpum
leptopine 细果角茴香品碱 细果角茴香 Hypecoum leptocarpum
leptopinine 细果角茴香匹宁 细果角茴香 Hypecoum leptocarpum
leptopyrine 蓝堇草碱 蓝堇草属 Leptopyrum
leptorumol 毛枝蕨酚 毛枝蕨属 Leptorumohra
leptosphaerin 小球腔菌素 小球腔菌属 Leptosphaeria
leridal 蒜味草醛 蒜味草 Petiveria alliacea（Lerida：地名）
leroyine 莱氏翠雀碱 莱氏翠雀花 Delphinium leroyi

lesjunceol 尖叶铁扫帚酚 尖叶铁扫帚 Lespedeza juncea
lesjuncerol 尖叶铁扫帚罗酚 尖叶铁扫帚 Lespedeza juncea
lespecyrtin 短梗胡枝子素 短梗胡枝子 Lespedeza cyrtobotrya
lespedeol 胡枝子代酚 胡枝子属 Lespedeza
lespedezaflavanone 胡枝子黄烷酮 胡枝子属 Lespedeza
lespeol 胡枝子酚 胡枝子属 Lespedeza
lethaclado acid 金丝酸 金丝刷 Lethariella cladonioides
lethedioside 莱斯顿木二糖苷 莱斯顿木属 Lethedon
lethedoside 莱斯顿木苷 莱斯顿木属 Lethedon
leucanthumsine 白花松潘乌头碱 白花松潘乌头 Aconitum sungpanense var. leucanthum
leucenin 银合欢素 银合欢属 Leucaena
leucodin 白叶蒿定 白叶蒿 Artemisia leucophylla
leucoenoic acid 米团花烯酸 米团花属 Leucosceptrum
leucoester 米团花酯 米团花属 Leucosceptrum
leucoic acid 米团花酸 米团花属 Leucosceptrum
leucolactone 绣球防风内酯 绣球防风属 Leucas
leucomelone 白黑多孔菌酮 白黑多孔菌 Polyporus leucomelas
leuconine 白喉乌头宁 白喉乌头 Aconitum leucostomum
leuconolam 白汁藤内酰胺 白汁藤属 Leuconotis
leuconoxine 白汁藤辛碱 白汁藤属 Leuconotis
leucoperoxyterpene 米团花过氧萜 米团花属 Leucosceptrum
leucosceptrine 米团花素 米团花属 Leucosceptrum
leucosceptroid 米团花萜 米团花属 Leucosceptrum
leucosesterlactone 米团花二倍半萜内酯 米团花属 Leucosceptrum
leucosesterterpenone 米团花二倍半萜酮 米团花属 Leucosceptrum
leucoside 雪片莲苷 雪片莲属 Leucojum
leucostine 白喉乌头碱 白喉乌头 Aconitum leucostomum
leucothol 木藜芦醇 木藜芦属 Leucothoe
leucoxylonine 白木绿心樟碱 白木绿心樟 Ocotea leucoxylon
leudrin 银树素 银树属 Leucadendron
leueandine 白花瓜叶乌头定 白花瓜叶乌头 Aconitum hemsleyanum var. leueanthus
leurocolombine 长春宾碱 长春花 Vinca rosea（Colombia：产地）& 白血病 Leukemia
leurosidine 长春洛西定 长春花 Vinca rosea & 白血病 Leukemia
leurosine 长春洛辛 长春花 Vinca rosea & 白血病 Leukemia
leurosinone 长春西酮 长春花 Vinca rosea & 白血病 Leukemia
leurosivine 长春西文 长春花 Vinca rosea & 白血病 Leukemia
levatin 列瓦巴豆素 列瓦巴豆 Croton levatii
liaconitine 紫乌头碱 紫乌头 Aconitum episcopale（Lijiang：产地）
liangshanine 凉山乌头宁碱 凉山乌头 Aconitum liangshanicum
liangshansine 凉山乌头碱 凉山乌头 Aconitum liangshanicum
liangshantine 凉山乌头亭 凉山乌头 Aconitum liangshanicum
liangwanoside 梁王茶苷 梁王茶 Nothopanax delavayi
libanorin 岩风灵 岩风属 Libanotis
libotanolide 东亚女贞内酯 东亚女贞 Ligustrum ibota var. microphyllum
licarin 斜蕊樟素 斜蕊樟属 Licaria
licoagrochalcone 甘草发根菌查耳酮 洋甘草 Glycyrrhiza glabra（Licorice：英名）& 发根农杆菌 Agrobacteriam rhizogenes & 查耳酮 chalcone
licoagroisoflavone 甘草发根菌异黄酮 甘草属植物 Glycyrrhiza spp.（Licorice）& 发根农杆菌 Agrobacterium
licoagroside 甘草发根菌苷 甘草属植物 Glycyrrhiza spp.（Licorice）& 发根农杆菌 Agrobacterium
licodione 甘草二酮 甘草属植物 Glycyrrhiza spp.（Licorice）
licraside; licuraside 甘草拉苷 甘草 Glycyrrhiza uralensis（Chinese Licorice：英名）
ligballinol 喷瓜木脂酚 喷瓜属 Ecballium
ligballinone 喷瓜木脂酮 喷瓜属 Ecballium
ligolide 大叶橐吾内酯 大叶橐吾 Ligularia macrophylla
ligudentatin 齿叶橐吾亭 齿叶橐吾 Ligularia dentata
ligudentatone 齿叶橐吾酮 齿叶橐吾 Ligularia dentata
ligudicin 网脉橐吾素 网脉橐吾 Ligularia dictyoneura
liguhodgsonal 鹿蹄橐吾醛 鹿蹄橐吾 Ligularia hodgsonii
ligujapone 大头橐吾酮 大头橐吾 Ligularia japonica
ligulacephalin 窄头橐吾素 窄头橐吾 Ligularia stenocephala
ligulachyroine 刚毛橐吾碱 刚毛橐吾 Ligularia achyrotricha
liguladentanorol 齿叶橐吾降萜酚 齿叶橐吾 Ligularia dentata
ligulasagitin 箭叶橐吾素 箭叶橐吾 Ligularia sagitta
ligumacrophyllal 大叶橐吾萜醛 大叶橐吾 Ligularia macrophylla
ligumacrophyllatin 大叶橐吾萜素 大叶橐吾 Ligularia macrophylla
ligurobustoside 粗壮女贞苷 粗壮女贞 Ligustrum robustum
ligusinenoside 藁本苷 藁本 Ligusticum sinense
ligusongaricanolide 准噶尔橐吾内酯 准噶尔橐吾 Ligularia songarica
ligusongaricone 准噶尔橐吾酮 准噶尔橐吾 Ligularia songarica
ligustaloside 女贞洛苷 女贞属 Ligustrum
ligustenin 窄头橐吾宁 窄头橐吾 Ligularia stenocephala
ligusticoside 藁本柯苷 藁本属 Ligusticum
liguveitoside 离舌橐吾苷 离舌橐吾 Ligularia veitchiana
lilac alcohol 欧丁香醇 欧丁香 Syringa vulgaris（Lilac：英名）
lilac aldehyde 欧丁香醛 欧丁香 Syringa vulgaris（Lilac：英名）
lilacoside 欧丁香苷 欧丁香 Syringa vulgaris（Lilac：英名）
liliflodione 紫玉兰二酮 紫玉兰 Magnolia liliflora
liliflol 紫玉兰醇 紫玉兰 Magnolia liliflora
liliflone 紫玉兰酮 紫玉兰 Magnolia liliflora
limacine 丽麻藤碱 丽麻藤属 Limacia
limonexic acid 柠檬柰酸 柠檬 Citrus limon
limoniside 柠檬叶牡荆苷 柠檬叶牡荆 Vitex limonifolia
limonoic acid 柠檬诺酸 柠檬 Citrus limon
linaride 柳穿鱼瑞苷 柳穿鱼属 Linaria
linarienone 柳穿鱼烯酮 柳穿鱼属 Linaria
linariin 柳穿鱼因苷 柳穿鱼属 Linaria
linarioloside 柳穿鱼醇苷 柳穿鱼属 Linaria
linarionoside 柳穿鱼香堇苷 柳穿鱼属 Linaria
linarioside 柳穿鱼奥苷 柳穿鱼属 Linaria
linatine 亚麻亭碱 亚麻 Linum usitatissimum
linchuniinone 鼎湖钓樟酮 鼎湖钓樟 Lindera chunii
lincomolide 香叶树内酯 香叶树 Lindera communis
lindcarpine 胡椒果钓樟碱 胡椒果钓樟 Lindera pipericarpa
lindechunine 鼎湖钓樟碱 鼎湖钓樟 Lindera chunii
lindeglaucol 山胡椒醇 山胡椒 Lindera glauca
lindeglaucone 山胡椒酮 山胡椒 Lindera glauca
lindeglaucoside 山胡椒酮苷 山胡椒 Lindera glauca
lindenanolide 钓樟烯内酯 山胡椒属（钓樟属）Lindera
linderadin 钓樟定 山胡椒属（钓樟属）Lindera
linderagalactone 乌药根内酯 乌药 Lindera aggregata
linderaggrine 乌药灵碱 乌药 Lindera aggregata
linderaline 钓樟林碱 山胡椒属（钓樟属）Lindera
linderanin 钓樟宁 山胡椒属（钓樟属）Lindera
linderanlide 山胡椒内酯 山胡椒属 Lindera
linderanolide 钓樟醇内酯 山胡椒属（钓樟属）Lindera
linderaspirone 钓樟螺酮 山胡椒属（钓樟属）Lindera
linderegatine 乌药亭碱 乌药 Lindera aggregata
linderin 钓樟灵 山胡椒属（钓樟属）Lindera
linderofruticoside 绿叶甘橿苷 绿叶甘橿 Lindera fruticosa

L

linderolide 钓樟洛内酯 山胡椒属（钓樟属）Lindera
linderoline 钓樟醚内酯 山胡椒属（钓樟属）Lindera
linderone 钓樟酮 山胡椒属（钓樟属）Lindera
linderuca 山胡椒脂素 山胡椒 Lindera glauca
lindestrene 乌药烯 乌药 Lindera aggregata
lindestrenolide 乌药烯内酯 乌药 Lindera strychnifolia
lindleyanin 天山棱子芹素 天山棱子芹 Pleurospermum lindleyanum
lindokaurenoside 鳞始蕨贝壳杉烯苷 鳞始蕨属 Lindsaea & 贝壳杉烯 kaurene
linearoside 狭叶龙胆苷 狭叶龙胆 Gentiana linearis
lineolon 细纹厚果草酮 细纹厚果草 Pachycarpus lineolatus
linerenone 香叶树烯酮 香叶树 Lindera communis
linocinnamarin 亚麻桂皮素 亚麻属 Linum
lintetralin 珠子草四氢萘林 珠子草 Phyllanthus niruri
linusitamarin 亚麻任 亚麻 Linum usitatissimum
linustatin 亚麻抑素 亚麻属 Linum
liovil 橄榄脂醇 橄榄脂素 Olivil
lipedoside 总梗女贞苷 总梗女贞 Ligustrum pedunculare
lipidiol 利皮珀菊二醇 利皮珀菊 Amberboa lipii
lipoforesaconitine 脂酰丽江乌头碱 脂类 Lipid & 丽江乌头 Aconitum forrestii
lipoyunaconitine 脂酰滇乌碱 脂类 Lipid & 滇乌碱 Yunaconitine
lippiacin 过江藤辛 过江藤 Lippia nodiflora
lippiflorin 过江藤灵 过江藤 Lippia nodiflora
liquidambronal 枫香醛 枫香树属 Liquidambar
liquiritoside 甘草特苷 洋甘草 Glycyrrhiza glabra（汁液称 Liquiritiae Succus）
liquoric acid 甘草醇酸 洋甘草 Glycyrrhiza glabra（Licorice：英名）
liridine 鹅掌楸定 鹅掌楸属 Liriodendron
lirinidine 鹅掌楸尼定 鹅掌楸属 Liriodendron
liriodendritol 鹅掌楸肌醇 鹅掌楸属 Liriodendron
liriodendronine 鹅掌楸宁碱 鹅掌楸属 Liriodendron
liriodenolide 鹅掌楸内酯 鹅掌楸属 Liriodendron
lirioferine 北美鹅掌楸灵 北美鹅掌楸 Liriodendron tulipifera
liriolignal 鹅掌楸木脂醛 鹅掌楸属 Liriodendron
lirioprolioside 湖北麦冬苷 湖北麦冬 Liriope spicata var. prolifera
liriotulipiferine 北美鹅掌楸碱 北美鹅掌楸 Liriodendron tulipifera
lirofoline 狗牙花弗林碱 狗牙花属 Tabernaemontana（为锥喉花菲灵 conoliferine 的结构类似物）
lisianthioside 离花苷 离花属 Lisianthius
litcubine 山鸡椒宾碱 山鸡椒 Litsea cubeba
litcubinine 山鸡椒宁碱 山鸡椒 Litsea cubeba
litebamine 山鸡椒明碱 山鸡椒 Litsea cubeba
lithocarpic acid 石柯酸（石）柯属 Lithocarpus
lithosenine 紫草烯宁 紫草属 Lithospermum
lithospermidin 紫草定 紫草属 Lithospermum
litseachromolaevane 木姜子光泽兰烷 木姜子属 Litsea & 光泽兰 Chromolaena laevigata（Eupatorium laevigatum）
litseagermacrane 木姜子大根老鹳草烷 木姜子属 Litsea & 大根老鹳草 Geranium macrorrhizum
litseaglutinan 潺槁木姜子酯 潺槁木姜子 Litsea glutinosa
litseahumulane 木姜子葎草烷 木姜子属 Litsea & 葎草属 Humulus
litsealactone 木姜子内酯 木姜子属 Litsea
litseaone 木姜子酮 木姜子属 Litsea
litseaverticillol 轮叶木姜子洛醇 轮叶木姜子 Litsea verticillata
litseferine 潺槁木姜子碱 潺槁木姜子 Litsea sebiferea
litseglutine 潺槁木姜子亭 潺槁木姜子 Litsea glutinosa
litsenolide 木姜子烯醇内酯 木姜子属 Litsea
littorachalcone 海滩马鞭草查耳酮 海滩马鞭草 Verbena littoralis
littoraline 水鬼蕉林碱 水鬼蕉 Hymenocallis littoralis
lobamide 柳叶菜酰胺 柳叶菜属 Epilobium
lobarialide 肺衣内酯 肺衣属 Lobaria
lobatoside 盒子草苷 盒子草 Actinostemma lobatum
lobelinic acid 山梗菜碱酸 半边莲属（山梗菜属）Lobelia
lobetyol 山梗菜炔醇 半边莲属（山梗菜属）Lobelia
lobetyolin 山梗菜炔苷 半边莲属（山梗菜属）Lobelia
lobetyolinin 山梗菜炔苷宁 半边莲属（山梗菜属）Lobelia
lochnericine 长春瑞辛 长春花属 Lochnera
lochneridine 长春瑞定 长春花属 Lochnera
lochnerine 长春任碱 长春花属 Lochnera
lochnerinine 长春瑞宁 长春花属 Lochnera
lochnerivine 长春瑞文 长春花属 Lochnera
lochrovicine 长春维辛 长春花 Lochnera rosea（Vinca rosea）
lochrovidine 长春维定 长春花 Lochnera rosea（Vinca rosea）
lochrovine 长春洛文 长春花 Lochnera rosea
lochvinerine 长春耐灵 长春花 Lochnera rosea（Vinca rosea）
locin 杠柳洛辛 杠柳属 Periploca
locoracemoside 珠仔树苷 珠仔树 Symplocos racemosa
loganol 马钱醇 马钱科 Loganiaceae
lokundjoside 洛孔羊角拗苷 托隆羊角拗 Strophanthus tholloni（Lokundje：产地）
loloanolide 凋缨菊内酯 凋缨菊 Camchaya loloana
lomacarinoside 肋柱花萜苷 肋柱花 Lomatogonium carinthiacum
lonchocarpin 矛果豆素 矛果豆属 Lonchocarpus
lonchocarpol 矛果豆酚 矛果豆属 Lonchocarpus
longanon 粪箕笃酮 粪箕笃 Stephania longa
longiborneol 长叶松龙脑醇 长叶松 Pinus longifolia & 龙脑 borneol
longicamphenylone 长叶樟松烯酮 长叶松 Pinus longifolia & 樟 Cinnamomum camphora
longicaudatine 长尾马钱碱 长尾马钱 Strychnos longicaudata
longicornuol 长距石斛酚 长距石斛 Dendrobium longicornu
longiflorone 长花排草酮 长花排草 Centranthus longiflorus
longifloroside 长花马先蒿苷 长花马先蒿 Pedicularis longiflora
longifolene 长叶松烯 长叶松 Pinus longifolia
longifolioside 兔儿尾苗苷 兔儿尾苗 Veronica longifolia
longifolol 长叶野扇花醇 长叶野扇花 Sarcococca longifolia
longikaurin 长管香茶菜贝壳杉素 长管香茶菜 Rabdosia longituba & 贝壳杉烷 Kaurane
longimammamine 长突仙人掌胺 长突仙人掌 Mammillaria longimamma
longimammatine 长突仙人掌亭碱 长突仙人掌 Mammillaria longimamma
longimammidine 长突仙人掌米定碱 长突仙人掌 Mammillaria longimamma
longimammine 长突仙人掌碱 长突仙人掌 Mammillaria longimamma
longimammosine 长突仙人掌辛碱 长突仙人掌 Mammillaria longimamma
longipedlactone 长梗南五味子内酯 南五味子（长梗南五味子）Kadsura longipedunculata
longipedunin 长梗南五味子素 南五味子（长梗南五味子）Kadsura longipedunculata
longirabdolactone 长管香茶菜萜内酯 长管香茶菜 Rabdosia longituba
longirabdolide 长管香茶菜内酯 长管香茶菜 Rabdosia longituba
longispinogenin 长刺群戟柱苷元 长刺群戟柱 Lemaireocereus longispinus
longissiminone 长松萝醚酮 长松萝 Usnea longissima

longissimoside 尖尾枫苷 尖尾枫 Callicarpa longissima
longistylin 长柱矛果豆素 长柱矛果豆 Lonchocarpus longistyllus
longistylumphylline 长柱虎皮楠碱 长柱虎皮楠 Daphniphyllum longistylum
longumoside 荜茇苷 荜茇 Piper longum
loniceracetalide 忍冬缩醛苷 忍冬属 Lonicera
loniceraxanthin 忍冬黄质 忍冬属 Lonicera
lonicerine 巴氏美盒果碱 巴氏美盒果 Callichilia barteri（Adam Lonicer：德国植物学家）
lonicerinol 忍冬脂醇 忍冬属 Lonicera
loniflavone 忍冬黄酮 忍冬属 Lonicera
lonijaposide 忍冬碱苷 忍冬 Lonicera japonica
lonimacranthoide 灰毡毛忍冬花苷 灰毡毛忍冬 Lonicera macranthoides
lophenol 鸡冠柱烯醇 鸡冠柱属 Lophocereus
lophopterol 冠羽栓翅芹醇 冠羽栓翅芹 Prangos lophoptera
loranthol 桑寄生醇 桑寄生属 Loranthus
loroglossin 蜥蜴兰素 蜥蜴兰属 Loroglossum
lotoidoside 星毛粟米草苷 星毛粟米草 Mollugo lotoides
lotusine* 莲因碱 莲 Nelumbo nucifera（Lotus：英名）
lotusine* 忘忧枣碱 忘忧枣 Zizyphus lotus
louisfieserone 野青树酮 野青树 Indigofera suffruticosa（Louis Fieser：美国有机化学家）
loveraine; loverain 新疆藜芦碱 阿尔泰藜芦（新疆藜芦）Veratrum lobelianum
loxocalyxin 斜萼草素 斜萼草 Loxocalyx urticifolius
loxothyrin 弯锥香茶菜灵 弯锥香茶菜 Rabdosia loxothyrsa
luanchunin 栾川冬凌草素 鲁山冬凌草 Isodon rubescens var. lushanensis（Luanchuan：产地）
lucentolide 亮白蒿内酯 亮白蒿 Artemisia lucentica
luciculine 光泽乌头灵 光泽乌头 Aconitum lucidusculum
lucidin 光亮臭叶木素 光亮臭叶木 Coprosma lucida
lucidine 亮叶石杉定碱 亮叶石杉 Lycopodium lucidulum（Huperzia lucidula）
lucidinine 亮叶石冬青宁碱 亮叶石冬青 Phelline lucida
lucidioline 光泽石松二醇碱 光泽石松 Lycopodium lucidulum
lucidol 栗柄金粉蕨醇 栗柄金粉蕨 Onychium lucidum
luciduline 光泽石松碱 光泽石松 Lycopodium lucidulum
lucidumoside 女贞莫苷 女贞 Ligustrum lucidum
lucihirtin 硬毛地笋素 硬毛地笋 Lycopus lucidus var. hirtus
luculiaoic acid 滇丁香酸 滇丁香属 Luculia
ludartin 卡鲁斯蒿素 卡鲁斯蒿 Artemisia carruthii（Ludart：可能为人名）
luffaculin 广东丝瓜林素 广东丝瓜 Luffa acutangula
luffacylin 丝瓜林素 丝瓜 Luffa cylindrica
luffangulin 广东丝瓜素 广东丝瓜 Luffa acutangula
luffin 丝瓜因 丝瓜属 Luffa
lugrandoside 黄花大花毛地黄苷 黄花毛地黄 Digitalis lutea & 大花毛地黄 Digitalis grandiflora
luguine 黄花海罂粟因碱 黄花海罂粟 Glaucium flavum（Luis Castedo & Domingo Domínguez：作者名）
lumusidine 大叶糖胶树西定 大叶糖胶树 Alstonia macrophylla（Lumut：地名）
lumutinine 大叶糖胶树亭宁 大叶糖胶树 Alstonia macrophylla（Lumut：地名）
lunatinin 半月旋孢腔菌宁 半月旋孢腔菌 Cochliobolus lunata
lunatone 棉豆酮 棉豆 Phaseolus lunatus
lunidine 月芸香定 月芸香属 Lunasia
lunidonine 月芸香酮碱 月芸香属 Lunasia
lunine 月芸香宁 月芸香属 Lunasia
luninium 月芸香季铵碱 月芸香属 Lunasia
luotonine 骆驼蒿宁碱 骆驼蒿 Peganum nigellastrum（Luoto：拼音变形）
lupalbigenin 白羽扇豆苷元 白羽扇豆 Lupinus albus
lupinalbin 白羽扇豆素 白羽扇豆 Lupinus albus
lupinflavone 羽扇豆黄酮 羽扇豆属 Lupinus
lupinifolin 羽扇豆叶灰毛豆素 羽扇豆叶灰毛豆 Tephrosia lupinifolia
lupinifolinol 羽扇豆叶灰毛豆醇 羽扇豆叶灰毛豆 Tephrosia lupinifolia
lupiwighteone 羽扇豆怀特酮 羽扇豆属 Lupinus & 怀特大豆 Glycine wightii
lupulin 白苞筋骨草素 白苞筋骨草 Ajuga lupulina
lupulinoside 花叶假杜鹃苷 花叶假杜鹃 Barleria lupulina
lusianthridin 卢斯兰菲素 卢斯兰属 Lusia
luteoayamenin 木犀鸢尾宁 鸢尾属 Iris（Ayame：日名）
luteoforol 木犀草黄醇 木犀草素 luteolin
luteoside 黄木犀草苷 黄木犀草 Reseda lutea
lutonaretin 木犀皂草素 木犀草素 luteolin & 肥皂草素 saponaretin
luvangetin 三叶藤橘亭 三叶藤橘属 Luvunga
luzofuranone 吕宋凹顶藻呋喃酮 吕宋凹顶藻 Laurencia luzonensis
luzonial 吕宋荚蒾醛 吕宋荚蒾 Viburnum luzonicum
luzonidial 吕宋荚蒾二醛 吕宋荚蒾 Viburnum luzonicum
luzonoid 吕宋荚蒾萜 吕宋荚蒾 Viburnum luzonicum
luzonoside 吕宋荚蒾苷 吕宋荚蒾 Viburnum luzonicum
lyaloside 莱氏微花木苷 莱氏微花木 Pauridiantha lyalii
lyalosidic acid 莱氏微花木苷酸 莱氏微花木 Pauridiantha lyalii
lycaconitine 狼毒乌头亭 狼毒乌头 Aconitum lycoctonum
lycernuic acid 垂穗石松酸 垂穗石松 Lycopodium cernuum
lycernuic ketone 垂穗石松酮 垂穗石松 Lycopodium cernuum
lycifuranone 红丝线呋喃酮 红丝线属 Lycianthes
lyciumoside 枸杞苷 枸杞属 Lycium
lyclaninol 东北石松尼醇 东北石松 Lycopodium clavatum
lyclanitin 东北石松尼亭 东北石松 Lycopodium clavatum
lycobscurine 玉柏灵碱 玉柏 Lycopodium obscurum
lycocernuine 垂穗石松碱 垂穗石松 Lycopodium cernuum
lycochinine 中华石杉宁碱 中华石杉 Huperzia chinensis
lycoclavanin 东北石松宁 东北石松 Lycopodium clavatum
lycoclavanol 东北石松诺醇 东北石松 Lycopodium clavatum
lycoclavine 东北石松文碱 东北石松 Lycopodium clavatum
lycocryptol 柳杉石松醇 柳杉石松 Lycopodium cryptomerinum
lycoflexine 曲石松碱 曲石松 Lycopodium clavatum var. inflexum
lycogalic acid 粉瘤菌酸 粉瘤菌属 Lycogala
lycogalinoside 粉瘤菌苷 粉瘤菌属 Lycogala
lycogaride 粉瘤菌酯 粉瘤菌属 Lycogala
lycogarubin 粉瘤菌红素 粉瘤菌属 Lycogala
lycojapodine 日本石松定碱 石松 Lycopodium japonicum（种名为产于日本之意）
lycojaponicumin 日本石松碱 石松 Lycopodium japonicum（种名为产于日本之意）
lycojaponicuminol 日本石松醇 石松 Lycopodium japonicum（种名为产于日本之意）
lyconesidine 中华石杉定碱 中华石杉 Huperzia chinensis
lycopalhine 垂穗石松海因 垂穗石松 Lycopodium cernuum（Palhinhaea cernua）
lycoparin 藤石松碱 藤石松属 Lycopodiastrum
lycopersin 番茄镰刀菌素 番茄镰刀菌 Fusarium lycopersici
lycopoclavamine 东北石松明碱 东北石松 Lycopodium clavatum

lycopodiin 石松素 石松属 Lycopodium
lycoposerramine 蛇足石杉明碱 蛇足石杉 Lycopodium serrata
lycopsamine 狼紫琴颈草胺 狼紫琴颈草 Amsinckia lycopsioides
lycoranine 石蒜拉宁 石蒜 Lycoris radiata
lycovatine 东北石松亭碱 东北石松 Lycopodium clavatum
lyfoline 柳叶黄薇碱 柳叶黄薇 Heimia salicifolia (Lythraceae：千屈菜科)
lygodinolide 海金沙内酯 海金沙属 Lygodium
lyngbic acid 鞘丝藻酸 鞘丝藻属 Lyngbya
lyngbyabellin 鞘丝藻海兔素 鞘丝藻属 Lyngbya & 截尾海兔属 Dolabella
lyngbyacarbonate 鞘丝藻碳酸酯 鞘丝藻属 Lyngbya
lyngbyapeptin 鞘丝藻肽素 鞘丝藻属 Lyngbya & 肽 peptide
lyngbyastatin 鞘丝藻抑素 鞘丝藻属 Lyngbya
lyofolic acid 珍珠花酸 珍珠花 Lyonia ovalifolia
lyofoligenic acid 珍珠花精酸 珍珠花 Lyonia ovalifolia
lyonin 南烛素 珍珠花属（南烛属）Lyonia
lyoniside 南烛脂苷 珍珠花属（南烛属）Lyonia
lyophyllan 离褶伞聚糖 离褶伞属 Lyophyllum
lyratin 白英亭 白英 Solanum lyratum
lyratol 杯菊醇 杯菊 Cyathocline lyrata
lysergene 麦角烯 麦角菌 Claviceps purpurea（Ergot：英名；该成分为分解反应 lysis 的产物）
lysergine 麦角精 麦角菌 Claviceps purpurea（Ergot：英名；该成分为分解反应 lysis 的产物）
lysicamine 水芭蕉明碱 水芭蕉属 Lysichitum
lysichriside 过路黄苷 过路黄 Lysimachia christinae
lysiflavonoide 灵香草黄酮 灵香草 Lysimachia foenum-graecum
lysikokianoside 假排草苷 假排草 Lysimachia sikokiana
lysilactone 珍珠菜内酯 珍珠菜属 Lysimachia
lysimachiagenoside 珍珠菜皂苷 珍珠菜属 Lysimachia
lysimachiin 珍珠菜素 珍珠菜属 Lysimachia
lysioside 吊石苣苔奥苷 吊石苣苔 Lysionotus pauciflorus

M

maackiaphenone 马鞍树苯酮 马鞍树属 Maackia
maackin 马鞍树素 马鞍树属 Maackia
maackinin 马鞍树宁 马鞍树属 Maackia
maackolin; maackinine 高丽槐林素 高丽槐 Maackia amurensis
maackoline 马鞍树灵 马鞍树属 Maackia
maaliene 萨摩亚橄榄烯 萨摩亚橄榄 Canarium samoense（Maali：英名）
mabioside 椭圆蛇藤苷 椭圆蛇藤 Colubrina elliptica
macaflavanone 血桐黄烷酮 血桐属 Macaranga
macarangin 血桐素 血桐属 Macaranga
macarangioside 血桐苷 血桐属 Macaranga
macarangonol 血桐醇 血桐属 Macaranga
macaranone 血桐酮 血桐属 Macaranga
macarpine 小果博落回碱 小果博落回 Macleaya microcarpa
macedonoside 马其顿甘草苷 马其顿甘草 Glycyrrhiza macedonica
maceneolignan 肉豆蔻衣新木脂素 肉豆蔻 Myristica fragrans
machaeric acid 剑刺仙人掌酸 剑刺仙人掌属 Machaerocereus
machaerinic acid 剑刺仙人掌尼酸 剑刺仙人掌属 Machaerocereus
machilin 润楠素 润楠属 Machilus
machilolin 润楠林素 润楠属 Machilus
machilusin 润楠辛 润楠属 Machilus
machilusmarin 润楠香豆素 润楠属 Machilus
macleanine 蛇足石杉宁碱 蛇足石杉 Huperzia serrata（Maclean：人名）
macluraxanthone 桑橙𠮿酮 橙桑（桑橙）Maclura pomifera
macralstonine 大叶糖胶树托宁 大叶糖胶树 Alstonia macrophylla
macranthoside* 大花水苏苷 大花水苏 Stachys macrantha
macranthoside* 灰毡毛忍冬苷 灰毡毛忍冬 Lonicera macranthoides
macrocaesalmin 大环喙荚云实素 喙荚云实 Caesalpinia minax
macrocarpamine 大叶糖胶树卡帕胺 大叶糖胶树 Alstonia macrophylla
macrocarpine 大叶糖胶树品碱 大叶糖胶树 Alstonia macrophylla
macrodasine 大叶糖胶树达辛 大叶糖胶树 Alstonia macrophylla
macrodumine 交让木明碱 交让木 Daphniphyllum macropodum
macrogentine 大叶糖胶树精亭 大叶糖胶树 Alstonia macrophylla
macromerine 大分丸碱 大分丸 Coryphantha macromeris
macronine 大花文殊兰碱 大花文殊兰 Crinum macrantherum
macrophyllain 大叶紫玉盘素 大叶紫玉盘 Uvaria macrophylla
macrophyllic acid 罗汉松酸 罗汉松 Podocarpus macrophyllus
macrophyllicin 大叶报春皂苷 大叶报春 Primula macrophylla
macrophyllicinin 大叶报春皂苷宁 大叶报春 Primula macrophylla
macrophyllilactone 大叶土木香内酯 大叶土木香 Inula macrophylla
macrophyllin 大叶斜蕊樟素 大叶斜蕊樟 Licaria macrophylla
macrophylline 大叶钩藤碱 大叶钩藤 Uncaria macrophylla
macrophyllionium 大叶钩藤季铵碱 大叶钩藤 Uncaria macrophylla
macrophyllogenin 大叶报春皂苷元 大叶报春 Primula macrophylla
macrophylloside* 大叶报春苷 大叶报春 Primula macrophylla
macrophylloside* 大叶龙胆苷 秦艽（大叶龙胆）Gentiana macrophylla
macrophynin 大叶香茶菜宁素 歧伞香茶菜（大叶香茶菜）Isodon macrophyllus
macrophypene 大叶紫珠烯 大叶紫珠 Callicarpa macrophylla
macropodumine 交让木明胺 交让木 Daphniphyllum macropodum
macrorhynine 细叶乌头碱 细叶乌头 Aconitum macrorhynchum
macrospegatrine 大斯氏白坚木春 斯氏白坚木 Aspidosperma spegazzinii
macrosphelide 大环球孢内酯 大环内酯 Macrolide & 微球孢属 Microsphaeropis
macrosporin 大孢霉素 大孢霉属 Macrosporium
macrourin 奶桑素 奶桑 Morus macroura
macrourone 奶桑酮 奶桑 Morus macroura
macrozamin 大泽米铁苷 大泽米铁属 Macrozamia
maculosidine 斑点巨盘木定 斑点巨盘木 Flindersia maculosa
macusine 毒马钱辛碱 毒马钱 Strychnos toxifera（Macusi：南美印第安部落）
madagascin 马达加斯加哈伦木素 马达加斯加哈伦木 Harungana madagascariensis
madhumidine 紫荆木米定 紫荆木属 Madhuca
madugin 印度黄皮精 印度黄皮 Clausena indica（Madugoda：地名）
maejaposide 杜茎山苷 杜茎山 Maesa japonica
maesabalide 顶花杜茎山内酯 顶花杜茎山 Maesa balansae
maesanin 杜茎山宁 杜茎山属 Maesa
maesasaponin 杜茎山皂苷 杜茎山属 Maesa
maesopsin 类杜茎鼠李素 类杜茎鼠李属 Maesopsis
mafaicheenamine 黄皮纳胺 黄皮 Clausena lansium（Mafaicheen：泰名）
magdalenic acid 马格达莱纳维洛花酸 马格达莱纳维洛花 Vellozia magdalenae
magliflоenone 紫玉兰烯酮 紫玉兰 Magnolia liliflora
magnaldehyde 木兰醛 木兰属 Magnolia
magnatriol 木兰三酚 木兰属 Magnolia
magndialdehyde 木兰二醛 木兰属 Magnolia
magnificol 华丽蓍醇 华丽蓍 Achillea magnifica

magnobovatol 日本厚朴醇 日本厚朴 Magnolia obovata
magnofargesin 望春玉兰素 望春玉兰 Magnolia fargesii
magnofficine 厚朴辛碱 厚朴 Magnolia officinalis
magnograndiolide 荷花玉兰内酯 荷花玉兰 Magnolia grandiflora
magnolamide 木兰酰胺 木兰属 Magnolia
magnolenin 木兰脂宁 木兰属 Magnolia
magnoliadiol 木兰二醇 木兰属 Magnolia
magnolianin 木兰宁 木兰属 Magnolia
magnolianone 木兰酮 木兰属 Magnolia
magnolignan 木兰木脂素 木兰属 Magnolia
magnolin 木兰素 木兰属 Magnolia
magnolioside 木兰酚苷 木兰属 Magnolia
magnolone 木兰醇酮 木兰属 Magnolia
magnone 木兰脂酮 木兰属 Magnolia
magnoporphine 木兰阿朴菲 木兰属 Magnolia
magnostellin 星花木兰素 星花木兰 Magnolia stellata
mahanimbidine 马汉九里香定碱 调料九里香 Murraya koenigii （Mahanimba：印名）
mahanimbiline 马汉九里香林碱 调料九里香 Murraya koenigii （Mahanimba：印名）
mahanimbilol 马汉九里香酚 调料九里香 Murraya koenigii （Mahanimba：印名）
mahanimboline 马汉九里香波林碱 调料九里香 Murraya koenigii （Mahanimba：印名）
maireine 羊角棉碱 羊角棉 Alstonia mairei
maireistemoninol 云南百部醇 云南百部 Stemona mairei
mairine 鸡肉参碱 鸡肉参 Incarvillea mairei
majaloside 铃兰洛苷 铃兰 Convallaria majalis
majdine 蔓长春花定 蔓长春花 Vinca major
majidine 蔓长春花吉定 蔓长春花 Vinca major
majoridine 蔓长春花瑞定 蔓长春花 Vinca major
majorine 蔓长春花灵碱 蔓长春花 Vinca major
majorinine 蔓长春花瑞宁 蔓长春花 Vinca major
majoronal 大卵叶虎刺那醛 大卵叶虎刺 Damnacanthus major
majoroside 大车前洛苷 大车前 Plantago major
majovine 蔓长春花文碱 蔓长春花 Vinca major
majucinone 大八角酮 大八角 Illicium majus
majusanic acid 大八角酸 大八角 Illicium majus
majusanin 大八角宁 大八角 Illicium majus
majusanol 大八角醇 大八角 Illicium majus
majusanside 大八角苷 大八角 Illicium majus
majvinine 蔓长春花维宁 蔓长春花 Vinca major
makilactone 罗汉杉内酯 罗汉松（罗汉杉）Podocarpus macrophyllus（Inumaki：日名）
makomotindoline 茭白吲哚 茭白 Makomotake（日名）
makomotine 茭白素 茭白 Makomotake（日名）
malabanone 岭南臭椿酮 岭南臭椿 Ailanthus malabarica
malabaricanediol 岭南臭椿二醇 岭南臭椿 Ailanthus malabarica
malabaricol 岭南臭椿醇 岭南臭椿 Ailanthus malabarica
malabaricone 马拉巴肉豆蔻酮 马拉巴肉豆蔻 Myristica malabarica
malaferin 蒜头果素 蒜头果 Malania oleifera
malanthin 岭南臭椿素 岭南臭椿 Ailanthus malabarica
malatyamine 马拉蒂亚拟芸香胺 卡帕多西亚拟芸香 Haplophyllum cappadocicum（Malatya：地名）
malaxin 沼兰碱 沼兰族 Malaxideae
malayoside 马来见血封喉苷 见血封喉 Antiaris toxicaria（Malaya：产地）
malekulatine 马勒库拉莲叶桐碱 莲叶桐 Hernandia peltata （Malekula：地名）
malibatol 马里巴特坡垒酚 马里巴特坡垒 Hopea malibato
malkangunin 灯油藤素 灯油藤 Celastrus Paniculatus（Malkangani：印名）
malkanguniol 灯油藤醇 灯油藤 Celastrus Paniculatus （Malkangani：印名）
malloapelta 白背叶萜 白背叶 Mallotus apelta
malloapeltic acid 白背叶酸 白背叶 Mallotus apelta
malloapeltine 白背叶亭 白背叶 Mallotus apelta
mallonanoside 矮野桐苷 矮野桐 Mallotus nanus
mallonicusin 野梧桐新素 野梧桐 Mallotus japonicus
mallophenol 野桐酚 野桐属 Mallotus
mallophilinin 粗糠柴宁 粗糠柴 Mallotus philippensis
mallorepine 石岩枫碱 石岩枫 Mallotus repandus
malloside 野桐苷 野桐属 Mallotus
mallotannin 野桐鞣质 野桐属 Mallotus
mallotinin 野桐亭宁 野桐属 Mallotus
mallotojaponin 丁酰野梧桐素 野梧桐 Mallotus japonicus
mallotojaponol 野梧桐醇 野梧桐 Mallotus japonicus
mallotolerin 野桐灵素 野桐属 Mallotus
mallotucin 野桐辛 野桐属 Mallotus
mallotunin 野桐宁 野桐属 Mallotus
mallotus 野桐斯酚 野桐属 Mallotus
mallotusinin 野桐西宁 野桐属 Mallotus
malyngamide 巨大鞘丝藻加酰胺 巨大鞘丝藻 Lyngbya majuscula
malyngolide 巨大鞘丝藻内酯 巨大鞘丝藻 Lyngbya majuscula
mammea 黄果木素 黄果木属 Mammea
mananthoside 野靛棵苷 野靛棵属 Mananthes
manassantin 蛴尾草亭 蛴尾草 Saururus cernuus（Manassas：地名）
mandshunoside 辣蓼铁线莲皂苷 辣蓼铁线莲 Clematis terniflora var. mandshurica
mandshurin 水曲柳素 水曲柳 Fraxinus mandshurica
mangaphenone 莽吉柿苯甲酮 莽吉柿 Garcinia mangostana
mangaxanthone 山竺呫酮 莽吉柿（山竺）Garcinia mangostana
mangfarnasoic acid 杧果金合欢酸 杧果属 Mangifera & 金合欢 Acacia farnesiana
manghaslin 海杧果林素 海杧果 Cerbera manghas
manghopanal 杧果何帕醛 杧果属 Mangifera & 何帕烷 hopane
mangiferadiol 杧果二醇 杧果属 Mangifera
manglieside 木莲苷 木莲属 Manglietia
mangochinine 桂南木莲碱 桂南木莲 Manglietia chingii
mangoleanone 杧果齐墩果酮 杧果属 Mangifera
mangosharin 倒捻子沙灵 倒捻子 Garcinia mangostana
mangostanaxanthone 莽吉柿新呫酮 莽吉柿 Garcinia mangostana
mangostenol 倒捻子烯醇 倒捻子 Garcinia mangostana
mangostenone 倒捻子烯酮 倒捻子 Garcinia mangostana
mangostingone 倒捻子素酮 倒捻子 Garcinia mangostana
mangoxanthone 莽吉柿呫酮 莽吉柿 Garcinia mangostana
mangsterol 杧果甾烯 杧果属 Mangifera
manilamine 马尼拉糖胶树胺 糖胶树 Alstonia scholaris（Manila：产地）
manilkoraside 人心果苷 人心果 Manilkara zapota
maninsigin 红色木莲素 红花木莲 Manglietia insignis
manneoinsigin 红色木莲新素 红花木莲 Manglietia insignis
manshurienine 木通马兜铃宁素 木通马兜铃 Aristolochia manshuriensis
manshuritine 东北乌头碱 东北乌头 Aconitum manshuricum
manshurolide 木通马兜铃内酯 木通马兜铃 Aristolochia manshuriensis
mansonin 曼森梧桐素 曼森梧桐 Mansonia

M

mansonone 曼森梧桐酮 曼森梧桐属 Mansonia
mappine 定心藤碱 定心藤属 Mappianthus
mappiodine 定心藤定碱 定心藤 Mappianthus iodoides
mappiodoside 定心藤苷 定心藤 Mappianthus iodoides
mapposidic acid 定心藤苷酸 定心藤属 Mappianthus
maragenin 玛拉瓜苷元 玛拉瓜属 Marah
marasmene 小皮伞烯 小皮伞属 Marasmius
marasomone 小皮伞酮 小皮伞属 Marasmius
marcanine 马氏哥纳香碱 马氏哥纳香 Goniothalamus marcanii
marchantinquinone 地钱素醌 地钱素 地钱属 Marchantia
marein 海滨金鸡菊因 海滨金鸡菊 Coreopsis maritima
marginatoxin 竹叶柴胡毒素 竹叶柴胡 Bupleurum marginatum
margocilin 印度苦楝林素 印度苦楝 Azadirachta indica（Margosa：印名）
margrapine 葡萄柚品碱 葡萄柚 Citrus paradisi（Marsh grapefruit：英名）
marianin; marianine 水飞蓟萜素 水飞蓟 Silybum marianum
marianoside 水飞蓟萜苷 水飞蓟 Silybum marianum
mariesiic acid 马氏冷杉酸 马氏冷杉 Abies mariesii
marikarin 纤细米仔兰灵 纤细米仔兰 Aglaia gracilis（Marika Tuiwawa：人名）
marinnone 海榄雌脂酮 海榄雌 Avicennia marina
marinoid 海榄雌素 海榄雌 Avicennia marina
maristeminol 海离药草醇 海离药草 Stemodia maritima
maritidine 滨海全能花定 滨海全能花 Pancratium maritimum
maritimein 海滨金鸡菊苷 海滨金鸡菊 Coreopsis maritima
maritimetin 海滨金鸡菊亭 海滨金鸡菊 Coreopsis maritima
markhamioside 猫尾木苷 猫尾木属 Markhamia
marlignan 马耳山五味子木脂素 鹤庆五味子（马耳山五味子）Schisandra wilsoniana（Marer Mountain：产地）
marliolide 马里莫氏木内酯 马里莫氏木 Mollinedia marliae
marmamide 木橘酰胺 木橘 Aegle marmelos
marmelerin 玛美巴豆素 玛美巴豆 Croton sonderianus(Marmeleiro：英名：)
marmelin 木橘林素 木橘 Aegle marmelos
marmeline 木橘林碱 木橘 Aegle marmelos
marmelolactone 榅桲内酯 榅桲 Cydonia oblonga（Marmelo：葡萄牙名）
marmelonin 木橘宁 木橘 Aegle marmelos
marmelosin 木橘辛 木橘 Aegle marmelos
marmesiline 木橘西林碱 木橘 Aegle marmelos
marmesin 木橘辛素 木橘 Aegle marmelos
marmesinin 木橘苷 木橘 Aegle marmelos
marphenol 马耳山五味子酚 鹤庆五味子 Schisandra wilsoniana（Marer Mountain：产地）
marsdenoside 牛奶菜苷 牛奶菜属 Marsdenia
marsformosanone 台湾牛奶菜酮 台湾牛奶菜 Marsdenia formosana
marsformoxide 台湾牛奶菜环氧物 台湾牛奶菜 Marsdenia formosana
marsglobiferin 球花牛奶菜素 球花牛奶菜 Marsdenia globifera
marshdimerin 葡萄柚双香豆素 葡萄柚 Citrus paradisi（Marsh grapefruit：英名）
marshdine 葡萄柚定碱 葡萄柚 Citrus paradisi（Marsh grapefruit：英名）
marshmine 葡萄柚明碱 葡萄柚 Citrus paradisi（Marsh grapefruit：英名）
marshrin 葡萄柚素 葡萄柚 Citrus paradisi(Marsh grapefruit：英名）
marstenacigenin 通光藤次苷元 通光藤 Marsdenia tenacissima
marstenacisside 通光藤次苷 通光藤 Marsdenia tenacissima
martinoside 角胡麻异苷 角胡麻属 Martynia（为角胡麻苷 martynoside 的同分异构体）
marubajalapin 圆叶牵牛药喇叭素 圆叶牵牛 Pharbitis purpurea & 药喇叭 Ipomoea purga（Jalap）
mascaroside 马斯卡洛咖啡苷 马斯卡洛咖啡组 Section Mascarocoffea
masonine 梅森尼润花碱 梅森尼润花 Nerine masonorum
massagenic acid 墨西拿草木犀苷元酸 墨西拿草木犀 Melilotus messanensis
massoia lactone 马索厚壳桂内酯 马索厚壳桂 Cryptocarya massoia
massonianoside 马尾松苷 马尾松 Pinus massoniana
masticadienic acid 乳香脂二烯酸 乳香脂 Mastic Gum
masutakeside 朱红硫黄菌苷 朱红硫黄菌 Laetiporus sulphureus var. miniatus（Masutake：日名）
masutakic acid 朱红硫黄菌酸 朱红硫黄菌 Laetiporus miniatus（Masutake：日名）
matatabilactone 木天蓼内酯 葛枣猕猴桃（木天蓼）Actinidia polygama（Matatabi：日名）
mateglycoside 马黛茶糖苷 马黛茶 Mate（巴拉圭冬青 Ilex paraguariensis 的叶）
mateside 巴拉圭冬青苷 巴拉圭冬青 Ilex paraguariensis（Yerba Mate：英名）
matricaria lactone 母菊炔内酯 母菊属 Matricaria
matricarine 母菊灵 母菊属 Matricaria
matsudone 旱柳酮 旱柳 Salix matsudana
matteucen 荚果蕨森素 荚果蕨属 Matteuccia
matteuorien 东方荚果蕨素 东方荚果蕨 Matteuccia orientalis
matteuorienate 东方荚果蕨酯 东方荚果蕨 Matteuccia orientalis
matteuorienin 东方荚果蕨宁 东方荚果蕨 Matteuccia orientalis
maturinone 多裂蟹甲草林酮 多裂蟹甲草 Cacalia decomposita（Maturi：墨西哥名）
mauiensine 毛伊萝芙木碱 毛伊萝芙木 Rauvolfia mauiensis
mauritianin 滨海珍珠菜苷 滨海珍珠菜 Lysimachia mauritiana
maxoside 马克毛地黄苷 毛花毛地黄 Digitalis lanata（Max Wichtl：人名）
maytanbutine 布氏美登木丁基碱 布氏美登木 Maytenus buchananii
maytanprine 布氏美登木丙基碱 布氏美登木 Maytenus buchananii
mayteine 美登木因 美登木属 Maytenus
maytenfolone 变叶美登木酮 变叶美登木 Maytenus diversifolia
maytenusone 美登木酮 美登木属 Maytenus
mayuenolide 薏米内酯 薏米 Coix lacryma-jobi var. ma-yuen
mazusaponin 通泉草皂苷 通泉草属 Mazus
mearnsetin 黑荆素 黑荆 Acacia mearnsii
mearnsitrin 黑荆苷 黑荆 Acacia mearnsii
mecambrine 威尔士绿绒蒿碱 威尔士绿绒蒿 Meconopsis cambrica
mecambroline 威尔士绿绒蒿咔啉 威尔士绿绒蒿 Meconopsis cambrica
medicoside 苜蓿苷 苜蓿属 Medicago sativa
medigenin 山橙苷元 山橙属 Melodinus
medinin 山橙苷 山橙属 Melodinus
medioresinol 水曲柳树脂酚 水曲柳 Fraxinus mandshurica（成分名称来源不详）
meefarnine 华西龙头草碱 华西龙头草 Meehania fargesii
meehanine 龙头草碱 龙头草属 Meehania
meehanioside 龙头草苷 龙头草属 Meehania
mehranine 狗牙花兰宁 狗牙花 Ervatamia coronaria(Mehran：地名）
meiocarpin 毛桃木素 毛桃木属 Meiocarpidium
mekongenine 奶子藤碱 奶子藤 Bousigonia mekongensis
melafolone 甲丁酰酸模叶蓼酮 酸模叶蓼 Polygonum lapathifolium

melampolide 黑足菊内酯 黑足菊属 Melampodium
melandrigenin 坚硬女娄菜苷元 坚硬女娄菜 Melandrium firmum
melandrioside 坚硬女娄菜苷 坚硬女娄菜 Melandrium firmum
melanettin 乌木黄檀亭 乌木黄檀 Dalbergia melanoxylon
melanochromone 紫伞芹色酮 紫伞芹 Melanosciadium pimpinelloideum
melapinol 娑罗双酚 娑罗双属 Shorea（Melapi：英名）
melastomic acid 野牡丹酸 野牡丹 Melastoma malabathricum
melaxillaridine 腋花山橙定碱 腋花山橙 Melodinus axillaris
melaxillarine 腋花山橙灵碱 腋花山橙 Melodinus axillaris
melaxillarinine 腋花山橙宁碱 腋花山橙 Melodinus axillaris
melaxilline 腋花山橙林碱 腋花山橙 Melodinus axillaris
melaxillinine 腋花山橙里宁 腋花山橙 Melodinus axillaris
meliacarpin 楝卡品素 楝属 Melia
meliacarpinin 楝卡品宁 楝属 Melia
meliacine 楝辛 楝属 Melia
meliadanoside 川楝苷 川楝 Melia toosendan
meliaionoside 楝香堇苷 楝属 Melia
melianolone 楝醇酮 楝属 Melia
melianxanthone 楝叫酮 楝属 Melia
meliarachin 楝钦素 楝 Melia azedarach
meliartenin 楝特宁 楝 Melia azedarach
meliasenin 楝瑟宁 楝 Melia toosendan
meliastatin 楝抑素 楝属 Melia
meliatetraolenone 楝四醇烯酮 楝属 Melia
meliavolin 沃肯楝林素 沃肯楝 Melia volkensii
meliavosin 沃肯楝素 沃肯楝 Melia volkensii
melibentin 布氏蜜茱萸素 布氏蜜茱萸 Melicope broadbentiana
melidianolic acid 楝二醇酸 楝属 Melia
melinonine 梅林马钱碱 梅林马钱 Strychnos melinoniana
meliternin 三出蜜茱萸宁 三出蜜茱萸 Melicope ternata
melitidin 香柠檬定 香柠檬 Citrus bergamia（成分名称来源不详）
melitin 草木犀素 草木犀属 Melilotus
melitric acid 蜜蜂花三酸 蜜蜂花属 Melissa
melittoside 假蜜蜂花苷 假蜜蜂花属 Melittis
melledonal 蜜环菌醛 蜜环菌 Armillaria mellea
melledonol 蜜环菌醇 蜜环菌 Armillaria mellea
mellein 蜂蜜曲霉素 蜂蜜曲霉 Aspergillus melleus
melleolide 蜜环菌酯 蜜环菌 Armillaria mellea
melochorin 马松子素 马松子 Melochia corchorifolia
melodinhenine 思茅山橙定宁 思茅山橙 Melodinus henryi
melodinine 山橙碱 山橙属 Melodinus
melodinoxanine 山橙氧杂宁碱 山橙属 Melodinus
melodiside 山橙酚苷 山橙属 Melodinus
melofoline 马松子林碱 马松子 Melochia corchorifolia
melofusine 尖山橙碱 尖山橙 Melodinus fusiformis
melohenine 思茅山橙宁 思茅山橙 Melodinus henryi
melohenryine 思茅山橙碱 思茅山橙 Melodinus henryi
melongenamide 茄酰胺 茄 Solanum melongena
meloscandonine 攀援山橙酮碱 攀援山橙 Melodinus scandens
meloscine 攀援山橙辛碱 攀援山橙 Melodinus scandens
meloside 甜瓜苷 甜瓜 Cucumis melo
melosuavine 山橙文碱 山橙 Melodinus suaveolens
meloyine 云南山橙因 云南山橙 Melodinus yunnanensis
meloyunine 云南山橙碱 云南山橙 Melodinus yunnanensis
melrubiellin 坚硬女娄菜林素 坚硬女娄菜 Melandrium firmum（为微红球腔菌素 rubellin 的结构类似物）
membraxanthone 薄叶红厚壳叫酮 薄叶红厚壳 Calophyllum membranaceum
menelloide 小月柳珊瑚内酯 小月柳珊瑚属 Menella
meniscoside 蝙蝠葛苷 蝙蝠葛属 Menispermum
menisdaurin 蝙蝠葛素 蝙蝠葛 Menispermum dauricum
menisporphine 蝙蝠葛朴啡碱 蝙蝠葛属 Menispermum & 阿朴啡 aporphine
menthiafolate 睡菜酸酯 睡菜 Menyanthes trifoliata
menthiafolic acid 睡菜酸 睡菜 Menyanthes trifoliata
menthiafolin 睡菜素 睡菜 Menyanthes trifoliata
meoside 尖叶铁扫帚苷 尖叶铁扫帚 Lespedeza juncea（成分名称来源不详）
mequinine 五脉绿绒蒿宁 五脉绿绒蒿 Meconopsis quintuplinervia
merguenone 墨吉藤黄酮 墨吉藤黄 Garcinia merguensis
meridinol 崖椒诺醇 崖椒 Zanthoxylum fagara（Merida：地名）
merremin 鱼黄草素 鱼黄草属 Merremia
merresectine 多裂鱼黄草碱 多裂鱼黄草 Merremia dissecta
merrillianolide 滇西八角内酯 滇西八角 Illicium merrillianum
merrillianone 滇西八角酮 滇西八角 Illicium merrillianum
mersinine 红花蕊木宁 红花蕊木 Kopsia fruticosa(Mersing：地名）
merucathine 梅鲁巧茶碱 巧茶 Catha edulis（Meru：肯尼亚村名）
merulanic acid 皱孔菌酸 皱孔菌属 Merulius
merulidial 皱孔菌醛 皱孔菌属 Merulius
meruliolactone 皱孔菌内酯 皱孔菌属 Merulius
mesembryanthemoidigenic acid 日中花仙人棒精酸 日中花仙人棒 Rhipsalis mesembryanthemoides
meshimakobnol 裂蹄木层孔菌醇 裂蹄木层孔菌（Meshimakobu：日名）
messagenic acid 梅桑草木犀酸 梅桑草木犀 Melilotus messanensis
messerschmidin 砂引草素 砂引草属 Messerschmidia
mesuaferrin 铁力木任 铁力木 Mesua ferrea
mesuaferrol 铁力木酮醇 铁力木 Mesua ferrea
mesuaferrone 铁力木酮 铁力木 Mesua ferrea
mesuaxanthone 铁力木叫酮 铁力木属 Mesua
mesuein 铁力木因 铁力木属 Mesua
mesuferrol 铁力木酮酚 铁力木 Mesua ferrea
mesuol 铁力木酚 铁力木属 Mesua
metajapogenin 萝藦坡苷元 萝藦 Metaplexis japonica
methuenine 梅氏哈宗藤碱 梅氏哈宗藤 Hazunta modesta var. methuenii
michehedyoside 香子含笑苷 香子含笑 Michelia hedyosperma
michelenolide 含笑烯内酯 含笑属 Michelia
michelioside 含笑苷 含笑属 Michelia
micrandilactone 小花五味子二内酯 小花五味子 Schisandra micrantha
micranoic acid 小花五味子酸 小花五味子 Schisandra micrantha
micranthanone 照山白酮 照山白 Rhododendron micranthum
micrantherin 小花五味子素 小花五味子 Schisandra micrantha
micranthumnin 小花八角素 小花八角 Illicium micranthum
microbuxeine 小叶黄杨因碱 小叶黄杨 Buxus microphylla
microbuxene 小叶黄杨烯碱 小叶黄杨 Buxus microphylla
microcarpaceramide 榕树神经酰胺 榕树 Ficus microcarpa
microcarpacin 小果紫玉盘辛 紫玉盘 Uvaria microcarpa（种名为小果之意）
microcarpin 小果紫玉盘素 紫玉盘 Uvaria microcarpa（种名为小果之意）
microcolin 微鞘藻素 微鞘藻属 Microcoleus
microdon 小齿锥花素 小齿锥花 Gomphostemma microdon
microfalcatin 大管素 大管 Micromelum falcatum
microfokienoxane 福建假卫矛环氧萜 福建假卫矛 Microtropis fokienensis

M

microgrewiapine 破布叶碱 破布叶 Grewia microcos
micromarin 小芸木香豆素 小芸木属 Micromelum
micromeloside 小芸木苷 小芸木属 Micromelum
micromeric acid 姜味草酸 姜味草属 Micromeria
microminutin 小花小芸木亭 小花小芸木 Micromelum minutum
microminutinin 小花小芸木宁 小花小芸木 Micromelum minutum
microphylline 小叶黄杨林碱 小叶黄杨 Buxus microphylla
microphyllinic acid 小叶聚岛衣酸 小叶聚岛衣 Cetraria collata f. microphyllina
microphyllone 基及树酮 基及树 Ehretia microphylla
micropiperidine 破布叶哌啶碱 破布叶属 Microcos
micropubescin 短毛小芸木素 短毛小芸木 Micromelum pubescens
microulin 微孔草素 微孔草属 Microula
mikuranine 御藏黄杨宁碱 黄杨属 Buxus（Mikura-jima：地名）
mileenside 青叶胆苷 青叶胆 Swertia mileensis
militarin; militarine 四裂红门兰素 四裂红门兰 Orchis militaris
miliusane 野独活烷 野独活属 Miliusa
miliusate 野独活酯 野独活属 Miliusa
miliusol 野独活醇 野独活属 Miliusa
millepachine 厚果崖豆藤钦素 厚果崖豆藤 Millettia pachycarpa
millesianin 香花崖豆藤素 香花崖豆藤 Millettia dielsiana
millewanin 台湾崖豆藤素 台湾崖豆藤 Millettia taiwaniana
millingtonine 烟筒花碱 老鸦烟筒花（烟筒花）Millingtonia hortensis
mimopudine 含羞草定碱 含羞草 Mimosa pudica
mimosol 含羞云实醇 含羞云实 Caesalpinia mimosoides
mimulone 沟酸浆隆酮 沟酸浆属 Mimulus
minalobine 金鱼花宾碱 金鱼花 Mina lobata
minaxaesalodilide 喙荚云实双内酯 喙荚云实 Caesalpinia minax
minecoside 婆婆纳柯苷 婆婆纳 Veronica officinalis（为 verminoside 的甲醚）
minfiensine 明非马钱碱 明非马钱 Strychnos minfiensis
miniatine 君子兰阿亭碱 君子兰 Clivia miniata
minimaoside 石胡荽苷 石胡荽 Centipeda minima
minovincine 小蔓长春花辛 小蔓长春花 Vinca minor
minovincinine 小蔓长春花辛宁 小蔓长春花 Vinca minor
minovine 小蔓长春花文碱 小蔓长春花 Vinca minor
minumicrolin 小花小芸木林素 小花小芸木 Micromelum minutum
miogadial 蘘荷二醛 蘘荷 Zingiber mioga
mioganal 蘘荷萜醛 蘘荷 Zingiber mioga
miogatrial 蘘荷三醛 蘘荷 Zingiber mioga
miquelianin 米魁氏白珠树素 米魁氏白珠树 Gaultheria miqueliana
mirabijalone 紫茉莉酮 紫茉莉属 Mirabilis
mirabliamide 紫茉莉酰胺 紫茉莉属 Mirabilis
mirandin 美好甘蜜树素 美好甘蜜树 Nectandra miranda
miricolone 杨梅醇酮 杨梅 Myrica rubra
mirificin 泰国野葛素 泰国野葛 Pueraria mirifica
mi-saponin 长叶紫荆木皂苷 长叶紫荆木 Madhuca longifolia
misrametine 紫花疆罂粟亭 紫花疆罂粟 Roemeria hybrida（Misr：埃及，产地）
misramine 紫花疆罂粟碱 紫花疆罂粟 Roemeria hybrida（Misr：埃及，产地）
mistletonone 槲寄生酮 槲寄生 Viscum coloratum（Mistletoe：英名）
mitraphyllic acid 大叶帽柱木酸 大叶帽柱木 Mitragyne macrophylla
miyaginin 美丽胡枝子宁 美丽胡枝子 Lespedeza thunbergii（Miyagino-hagi：日名）
miyoshianine 东北石杉碱 东北石杉 Huperzia miyoshiana
miyoshianol 东北石杉醇 东北石杉 Huperzia miyoshiana
modestanine 习见狗牙花宁碱 习见狗牙花 Hazunta modesta（Tabernaemontana modesta）
modiolide 偏顶蛤内酯 偏顶蛤属 Modiolus
moellenoside 江南卷柏苷 江南卷柏 Selaginella moellendorffii
moenjodaramine 乳突黄杨达胺 乳突黄杨 Buxus papilosa（Moenjodaro：巴基斯坦古迹）
mogroester 罗汉果酯 罗汉果 Momordica grosvenori
mohsenone 狼毒莫森酮 狼毒属 Stellera（Mohsen：可能为人名）
molephantinin 白花地胆草宁素 白花地胆草 Elephantopus tomentosus
molihuaside 茉莉花苷 茉莉花 Jasminum sambac（Molihua：拼音名）
molliside 毛叶合欢苷 毛叶合欢 Albizia mollis
mollisorin 毛叶向日葵素 毛叶向日葵 Helianthus mollis
mollupentin 五叶粟米草素 五叶粟米草 Mollugo pentaphylla
moluccanic acid 石栗酸 石栗 Aleurites moluccana
moluccanin 石栗素 石栗 Aleurites moluccana
molvizarin 莫非扎番荔枝素 毛叶番荔枝 Annona cherimolia（Molvizar：地名）
mombasol 蒙巴萨杜楝醇 蒙巴萨杜楝 Turraea mombasana
momodicaursenol 苦瓜熊果烯醇 苦瓜属 Momordica
momorcharin 苦瓜灵 苦瓜 Momordica charantia
momordenol 苦瓜烯醇 苦瓜属 Momordica
momordicilin 苦瓜林素 苦瓜属 Momordica
momordicinin 苦瓜宁 苦瓜属 Momordica
momordin* 苦瓜定 苦瓜属 Momordica
momordin* 苦瓜肽定 苦瓜属 Momordica
momordol 苦瓜醇 苦瓜属 Momordica
monankarin 红曲香豆素 红曲 Monascus purpureus
monaphilol 红曲嗜氮醇 红曲 Monascus purpureus
monaphilone 红曲嗜氮酮 红曲 Monascus purpureus
monapilosusazaphilone 丛毛红曲嗜氮酮 丛毛红曲 Monascus pilosus & 嗜氮酮 azaphilone
monardaein 美国薄荷素 美国薄荷 Monarda didyma
monascodilone 红曲二酮 红曲 Monascus purpureus
monascorubramine 红曲红胺 红曲 Monascus purpureus
monascorubrin 红曲红素 红曲 Monascus purpureus
monascupurpurin 红曲灵 红曲 Monascus purpureus
monascusic acid 红曲酸 红曲 Monascus purpureus
monascusic lactone 红曲内酯 红曲 Monascus purpureus
monechmol 单钩爵床醇 单钩爵床属 Monechma
mongolenin 蒙古蒿素 蒙古蒿 Artemisia mongolica
mongolicin 蒙桑素 蒙桑 Morus mongolica
mongrhoside 蒙红景天苷 四裂红景天 Rhodiola quadrifida（Mongolia：产地）
moniliferanone 念珠囊褐藻酮 念珠囊褐藻 Cystophora moniliformis
moniliformine 细茎石斛醇 细茎石斛 Dendrobium moniliforme
moniline 细茎石斛碱 细茎石斛 Dendrobium moniliforme
moniliquinone 细茎石斛醌 细茎石斛 Dendrobium moniliforme
monnieraside 假马齿苋拉苷 假马齿览 Bacopa monnieri
monnieriside 蛇床色酮苷 蛇床 Cnidium monnieri
monogynol 思茅山橙醇 思茅山橙 Melodinus monogynus
monomelittoside 假蜜蜂花单苷 假蜜蜂花属 Melittis
monospermonal 独子藤醛 独子藤 Celastrus monospermus
monospermondiol 独子藤二醇 独子藤 Celastrus monospermus
monospermonol 独子藤诺醇 独子藤 Celastrus monospermus
monotropitin 松下兰苷 松下兰 Monotropa hypopitys
monotropitoside 松下兰苷 松下兰 Monotropa hypopitys
montadial 圆孢地花二醛 圆孢地花 Bondarzewia montana

M

montanin 斑籽宁素 斑籽 Baliospermum montanum
montanine 山网球花碱 山网球花 Haemanthus montanus
montanon 山杰森菊酮 山杰森菊 Jasonia montana
montanoside 绣球藤诺苷 绣球藤 Clematis montana
montbretin 雄黄兰素 雄黄兰 Montbretia × crocosmiiflora
montbretol 蒙氏鼠尾草酚 蒙氏鼠尾草 Salvia montbretii
monticamine 山地乌头胺 山地乌头 Aconitum monticola
monticoline 山地乌头碱 山地乌头 Aconitum monticola
mooreanoside 毛白前苷 毛白前 Cynanchum mooreanum
mopanol 莫潘可乐豆酚 莫潘可乐豆 Colophospermum mopane
moracenin 桑烯宁 桑属 Morus
moracetin 桑槲皮苷 桑属 Morus & 槲皮素 quercetin
morachalcone 桑査耳酮 桑属 Morus
moralbanone 桑树酮 桑 Morus alba
morelensin 莫雷裂榄素 莫雷裂榄 Bursera morelensis
moretenol 莫顿湾无花果烯醇 莫顿湾无花果 Ficus macrophylla （Moreton Bay Fig：英名）
moretenone 莫顿湾无花果烯酮 无花果属 Ficus（Moreton Bay：地名）
morinaphthalenone 巴戟萘烯酮 巴戟天属 Morinda
morindacin 海滨木巴戟萜素 海滨木巴戟 Morinda citrifolia
morindaparvin 鸡眼藤素 鸡眼藤 Morinda parvifolia
morindicininone 海滨木巴戟尼酮 海滨木巴戟 Morinda citrifolia
morindicinone 海滨木巴戟酮 海滨木巴戟 Morinda citrifolia
morindol 巴戟酚 巴戟天属 Morinda
morindolide 巴戟内酯 巴戟天属 Morinda
morindolin 巴戟林素 巴戟天属 Morinda
morindone 巴戟酮 巴戟天属 Morinda
morinin 刺参素 刺续断属（刺参属）Morina
morinol 刺参醇 刺续断属（刺参属）Morina
mornigrol 黑桑醇 黑桑 Morus nigra
morofficianloside 巴戟天苷 巴戟天 Morinda officinalis
morolic acid 摩拉豆酸 摩拉豆属 Mora
moronic acid 摩拉豆酮酸 摩拉豆属 Mora
morrole 桑吡咯 桑属 Morus
morusignin 显桑素 显桑 Morus insignis
morusimic acid 桑皮酸 桑属 Morus
moschamindole 香矢车菊吲哚 香矢车菊 Centaurea moschata
moschamine 香矢车菊胺 香矢车菊 Centaurea moschata
moschatol 麝香阿魏醇 麝香阿魏 Ferula moschata
moschatoline 麝香皮茶碱 麝香皮茶 Atherosperma moschatum
moslolignan 石荠苎木脂素 石荠苎属 Mosla
motiol 大萼线叶杜鹃醇 大萼线叶杜鹃 Rhododendron linearifolium var. macrosepalum（Mochitsutsuji：日名）
motrilin 毛叶番荔枝林素 毛叶番荔枝 Annona cherimolia（Motril：地名）
mozambioside 莫桑比克咖啡苷 桑比克咖啡组 Section Mozambicoffea
Mram 蜜巢花环肽 蜜巢花 Melicytus ramiflorus
mucidin 黏奥德蘑素 白环黏奥德蘑 Oudemansiella mucida
mucrolidin 硬尖类菊蒿定 硬尖类菊蒿 Tanacetopsis mucronata
mucronatone 红茄苳酮 红茄苳 Rhizophora mucronata
mucronatoside 黑鳗藤托苷 黑鳗藤 Stephanotis mucronata
mucronine 短刺枣碱 短刺枣 Zizyphus mucronata
mucronulatol 尖叶军刀豆酚 尖叶军刀豆 Machaerium mucronulatum
mucronustyrene 尖叶军刀豆苏合香烯 尖叶军刀豆 Machaerium mucronulatum & 苏合香烯 styrene
mucuadinine 油麻藤宁碱 油麻藤属 Mucuna
mucuadininine 油麻藤尼宁碱 油麻藤属 Mucuna
mudanoside 牡丹新苷 牡丹 Paeonia suffruticosa（Mudan：拼音名）
muketanin 铁仔宁 铁仔 Myrsine africana（Muketa：肯尼亚名）
mukoeic acid; mukeic acid 调料九里香酸 调料九里香 Murraya koenigii
mukoenine 调料九里香碱 调料九里香 Murraya koenigii
mukolidine 调料九里香里定碱 调料九里香 Murraya koenigii
mukoline 调料九里香林碱 调料九里香 Murraya koenigii
mukonal 调料九里香醛 调料九里香 Murraya koenigii
mukonicine 调料九里香辛碱 调料九里香 Murraya koenigii
mukonidine 调料九里香定碱 调料九里香 Murraya koenigii
mukonine 调料九里香宁碱 调料九里香 Murraya koenigii
mulbaine 桑碱 桑 Morus alba
mulberranol 桑醇 桑 Morus alba（Mulberry tree：英名）
multidione 珊瑚花二酮 珊瑚花 Jatropha multifida
multifidol 珊瑚花醇 珊瑚花 Jatropha multifida
multiflorene 多花白树烯 多花白树 Gelonium multiflorum
multiflorenol 多花白树烯醇 多花白树 Gelonium multiflorum
multiflorenone 多花白树烯酮 多花白树 Gelonium multiflorum
multiplolide 多枝炭角菌内酯 多枝炭角菌 Xylaria multiplex
multislactone 多穗金粟兰萜内酯 多穗金粟兰 Chloranthus multistachys
multistalide 多穗金粟兰酯 多穗金粟兰 Chloranthus multistachys
munchiwarin 假苜蓿素 假苜蓿 Crotalaria trifoliastrum（Munich, Chicago & Warangal：地名）
munduserone 绢毛萌豆酮 绢毛萌豆 Mundulea sericea
muningin 安哥拉紫檀素 安哥拉紫檀 Pterocarpus angolensis （Muningi：人名）
munjistin 梵茜草素 梵茜草 Rubia mungista
munroniamide 地黄连酰胺 地黄连属 Munronia
munronin 地黄连素 地黄连属 Munronia
munronoid 地黄连萜 地黄连属 Munronia
munronolide 地黄连内酯 地黄连属 Munronia
muraculatin 千里香拉亭 千里香 Murraya paniculata
muramine 黑水罂粟胺 黑水罂粟 Papaver nudicaule var. aquilegioides f. amurense
muricanin 刺果番荔枝宁 刺果番荔枝 Annona muricata
muricarpone 疣果豆寇酮 疣果豆蔻 Amomum muricarpum
muricatin 丁香茄素 丁香茄 Ipomoea muricata
murlenin 刺果番荔枝烯宁 刺果番荔枝 Annona muricata
muronic acid 墙茶渍酸 墙茶渍 Lecanora muralis
murpanicin 千里香辛 千里香 Murraya paniculata
murpaniculol 千里香醇 千里香 Murraya paniculata
murpanidin 千里香定 千里香 Murraya paniculata
murracarpin 九里香卡品 九里香属 Murraya
murradimerin 九里香二聚素 九里香属 Murraya
murrafoline 豆叶九里香林碱 豆叶九里香 Murraya euchrestifolia
murralongin 长叶九里香素 长叶九里香 Murraya elongata
murralonginal 长叶九里香醛 长叶九里香 Murraya elongata
murramarin 九里香马灵 九里香属 Murraya
murrangatin 长叶九里香亭 长叶九里香 Murraya elongata
murranimbine 九里香尼宾碱 九里香属 Murraya
murrastifoline 豆叶九里香替林碱 豆叶九里香 Murraya euchrestifolia
murraxocin 九里香辛 九里香 Murraya exotica
murraxonin 九里香宁 九里香属 Murraya
murrayacarpin 九里香亚卡品 九里香属 Murraya
murrayacinine 九里香辛宁 九里香属 Murraya
murrayacoumarin 九里香香豆素 九里香属 Murraya

M

murrayaculatine 千里香亭碱 千里香 Murraya paniculata
murrayafoline 豆叶九里香碱 豆叶九里香 Murraya euchrestifolia
murrayagetin 调料九里香亭 调料九里香 Murraya koenigii
murrayakoeninol 调料九里香醇 调料九里香 Murraya koenigii
murrayaline 九里香林碱 九里香属 Murraya
murrayanol 九里香酚 九里香属 Murraya
murrayanone 九里香阿酮 九里香属 Murraya
murrayaquinone 九里香醌 九里香属 Murraya
murrayastine 豆叶九里香斯亭碱 豆叶九里香 Murraya euchrestifolia
murrayazolinine 九里香咔唑宁碱 九里香属 Murraya
murrayazolinol 九里香咔唑醇 九里香属 Murraya
murrayenol 调料九里香烯醇 调料九里香 Murraya koenigii
murrmeranzin 九里香橙皮内酯 九里香属 Murraya
murucoidin 墨西哥番薯素 墨西哥番薯 Ipomoea murucoides
mururin 尖叶饱食桑脂素 尖叶饱食桑 Brosimum acutifolium （Mururé：巴西名）
musacin 缪萨链霉菌素 灰绿链霉菌 Streptomyces griseoviridis （Musa：埃及地名）
musanolone 香蕉菲酮 香蕉 Musa acuminata 'Dwarf cavendish'
musaroside 西非羊角拗柔苷 西非羊角拗 Strophanthus sarmentosus
muscicolone 盔瓣耳叶苔酮 盔瓣耳叶苔 Frullania muscicola
musellactone 地涌金莲内酯 地涌金莲属 Musella
musinisin 地黄连新苷 地黄连 Munronia sinica
musizin 类杜茎鼠李木素 类杜茎鼠李木 Maesopsis eminii （Musizi：英名）
mussaenin 玉叶金花宁 玉叶金花属 Mussaenda
mussaenoside 玉叶金花诺苷 玉叶金花属 Mussaenda
mutabilein 南美羽扇豆素 南美羽扇豆 Lupinus mutabilis
mutabiloside 木芙蓉洛苷 木芙蓉 Hibiscus mutabilis
mutangin 布氏假橄榄素 布氏假橄榄 Elaeodendron buchananii （Mutanga：肯尼亚名）
mutatoxanthin 变位黄质 变位 mutato & 黄质 xanthin
mutiflinoside 蓬莱葛酚苷 蓬莱葛 Gardneria multiflora
mutumol 穆图豆包菌醇 豆包菌 Pisolithus arhizus（Mutumo：地名）
muurolene 欧洲赤松烯 欧洲赤松 Pinus sylvestris(Muurola：地名）
muurolol 欧洲赤松醇 欧洲赤松 Pinus sylvestris（Muurola：地名）
mycenarubin 小菇红素 小菇属 Mycena
myltaylane 小萼苔烷 小萼苔 Mylia taylorii
myobontioside 苦槛蓝萜苷 苦槛蓝属 Myoporum
myopochlorin 苦槛蓝氯素 苦槛蓝属 Myoporum
myoporoside; mioporoside 苦槛蓝苷 苦槛蓝属 Myoporum
myoscorpine 蝎尾勿忘草碱 蝎尾勿忘草 Myosotis scorpioides
myrciaphenone 杨梅苯酮 杨梅属 Myrica
myresculoside 毛杨梅苷 毛杨梅 Myrica esculenta
myriaboric acid 万花木酸 万花木 Myrianthus arboreus
myrianthic acid 万花酸 万花属 Myrianthus
myrianthine 万花木碱 万花木属 Myrianthus
myriberine 密脉木碱 密脉木 Myrioneuron faberi
myricadenin 青杨梅素 青杨梅 Myrica adenophora
myricalactone 杨梅内酯 杨梅属 Myrica
myricananadiol 云南杨梅二醇 云南杨梅 Myrica nana
myricananin 云南杨梅素 云南杨梅 Myrica nana
myricananone 云南杨梅酮 云南杨梅 Myrica nana
myricanene 杨梅烯 杨梅属 Myrica
myricarborin 乔木杨梅素 乔木杨梅 Myrica arborea
myricatomentogenin 绒毛香杨梅苷元 绒毛香杨梅 Myrica gale var. tomentosa
myricerol 蜡果杨梅醇 蜡果杨梅 Myrica cerifera
myricetrione 杨梅三酮 杨梅属 Myrica
myricolal 杨梅醇醛 杨梅 Myrica rubra
myriconal 水柏枝醛 水柏枝属 Myricaria
myrifabine 密脉木宾碱 密脉木 Myrioneuron faberi
myrifabral 密脉木醛 密脉木 Myrioneuron faberi
myrifralignan 肉豆蔻新木脂素 肉豆蔻 Myristica fragrans
myrigalone 香杨梅酮 香杨梅 Myrica gale
myrionamide 密脉木酰胺 密脉木属 Myrioneuron
myrioneurinol 密脉木醇 密脉木属 Myrioneuron
myrionidine 密脉木定 密脉木属 Myrioneuron
myrionine 密脉木宁 密脉木属 Myrioneuron
myriophylloside 多叶棘豆苷 多叶棘豆 Oxytropis myriophylla
myrioside 多叶棘豆皂苷 多叶棘豆 Oxytropis myriophylla
myrioxazine 密脉木嗪 密脉木属 Myrioneuron
myrisfrageal 肉豆蔻脂醛 肉豆蔻 Myristica fragrans
myrislignanometin 肉豆蔻木脂素代谢素 肉豆蔻 Myristica fragrans
myristargenol 银被肉豆蔻醇 银被肉豆蔻 Myristica argentea
myrobotinol 密脉木亭醇 密脉木属 Myrioneuron
myrseguinoside 密花树苷 密花树 Myrsine seguinii
myrsellinol 塞林拟香桃木醇 塞林拟香桃木 Myrtopsis sellingii
myrsinene 铁仔烯 铁仔属 Myrsine
myrsininone 铁仔黄酮 铁仔属 Myrsine
myrsinionoside 密花树香堇苷 密花树 Myrsine seguinii
myrsinoic acid 铁仔酸 铁仔属 Myrsine
myrsinol 铁仔酚 铁仔属 Myrsine
myrsinone 铁仔酮 铁仔属 Myrsine
myrsinoside 铁仔苷 铁仔属 Myrsine
myrtopsine 拟香桃木碱 拟香桃木属 Myrtopsis
myrubol 杨梅波醇 杨梅 Myrica rubra
myzodendrone 吸木酮 吸木属 Myzodendron
mzikonone 粗壮杜楝酮 粗壮杜楝 Turraea robusta（Mzikoziko：坦桑尼亚名）

N

naematolin 沿丝伞素 沿丝伞属 Naematoloma
naematolone 沿丝伞酮 沿丝伞属 Naematoloma
nagadine 宣威乌头定 宣威乌头 Aconitum nagarum var. lasiandrum
nagitide 竹柏环肽 竹柏 Nageia nagi
namogenin 长花龙血树皂苷元 长花龙血树 Dracaena angustifolia （Nam ginseng：越南名）
namonin 长花龙血树皂苷 长花龙血树 Dracaena angustifolia（Nam ginseng：越南名）
nanaone 云南杨梅醌 云南杨梅 Myrica nana
nandinin 南天竹素 南天竹属 Nandina
nandsterine 南天竹甾胺 南天竹属 Nandina
napalensinol 尼泊尔嵩草酚 尼泊尔嵩草 Kobresia nepalensis
naphthjuglansoic acid 胡桃萘酸 胡桃属 Juglans
naphthofuranin 滇紫草萘呋喃宁 滇紫草 Onosma paniculatum
naphthoherniarin 萘并治疝草素 治疝草属 Herniaria
naphthotectone 柚木萘醌 柚木属 Tectona
napiferoside 芜菁还阳参苷 芜菁还阳参 Crepis napifera
napin 油菜素 欧洲油菜 Brassica napus
napoleiferin 甘蓝型油菜素 欧洲油菜（甘蓝型油菜）Brassica napus var. oleifera
narcissiflorin 水仙银莲花苷 水仙银莲花 Anemone narcissiflora
nardal 甘松烯醛 甘松属 Nardostachys
nardin 甘松定 甘松属 Nardostachys

nardoeudesmol 甘松桉烯醇 甘松属 Nardostachys & 桉叶油醇 Eudesmol
nardostachysin 甘松素 甘松属 Nardostachys
nardostachysol 甘松酮醇 甘松属 Nardostachys
nareline 糖胶树林碱 糖胶树 Alstonia scholaris（Narela：地名）
naresuanoside 大叶糖胶树苷 大叶糖胶树 Alstonia macrophylla（Naresuan University：作者所属机构）
naringerin 柚皮灵 柚皮苷元 naringenin
narthogenin 芒兰皂苷元 芒兰属 Metanarthecium
narumicin 那鲁紫玉盘辛 那鲁紫玉盘 Uvaria narum
narwedine 水仙维定 水仙属 Narcissus
narynenol 天山橐吾醇 天山橐吾 Ligularia narynensis
nasimalun 纳西姆玉蕊素 玉蕊 Barringtonia racemosa（Nasim Ali：人名）
nasutin 象白蚁亭 象白蚁属 Nasutitermes
natsudaidain 夏橙素 夏橙 Citrus natsudaidai
naucleactonin 乌檀托宁 乌檀属 Nauclea
nauclealine 乌檀阿林碱 乌檀属 Nauclea
naucleamide 乌檀酰胺 乌檀属 Nauclea
naucleaoral 东方乌檀醛 东方乌檀 Nauclea orientalis
naucleaorine 东方乌檀灵 东方乌檀 Nauclea orientalis
nauclecoside 乌檀糖苷 乌檀属 Nauclea
nauclecosidine 乌檀糖苷定 乌檀属 Nauclea
naucledal 乌檀醛 乌檀属 Nauclea
nauclefficine 乌檀辛碱 乌檀 Nauclea officinalis
nauclefidine 乌檀定碱 乌檀 Nauclea officinalis
nauclefiline 乌檀菲林碱 乌檀 Nauclea officinalis
nauclefoline 阔叶乌檀碱 阔叶乌檀 Nauclea latifolia
naucleidinal 乌檀定醛 乌檀属 Nauclea
naucleofficine 乌檀碱 乌檀 Nauclea officinalis
naucleoside 乌檀苷 乌檀属 Nauclea
naucline 乌檀林碱 乌檀属 Nauclea
naviculine 船盔乌头林碱 船盔乌头 Aconitum naviculare
navirine 船盔乌头碱 船盔乌头 Aconitum naviculare
nazlinin 大白刺宁 大白刺 Nitraria roborowskii（Nazlin：人名）
neanoside 新耳草苷 新耳草属 Neanotis
nebrodenside 内布罗迪麻黄苷 内布罗迪麻黄 Ephedra nebrodensis
nebularic acid 水粉杯伞酸 水粉杯伞 Clitocybe nebularis
nebularilactone 水粉杯伞内酯 水粉杯伞 Clitocybe nebularis
nebularine 水粉杯伞碱 水粉杯伞 Clitocybe nebularis
nectandrin 甘蜜树素 甘蜜树属 Nectandra
neesiinoside 尼斯爵床苷 尼斯爵床 Justicia neesii
neglectahenol 滇藏五味子酚 滇藏五味子 Schisandra neglecta
neglectalignan 滇藏五味子茎木脂素 滇藏五味子 Schisandra neglecta
negleschidilactone 滇藏五味子二内酯 滇藏五味子 Schisandra neglecta
negletein 略水苏素 略水苏 Stachys neglecta
neglignan 滇藏五味子木脂素 滇藏五味子 Schisandra neglecta
neglschisandrin 滇藏五味子素 滇藏五味子 Schisandra neglecta
negundin 黄荆定 黄荆 Vitex negundo
negundoal 黄荆醛 黄荆 Vitex negundo
negundoin 黄荆因 黄荆 Vitex negundo
negundol 黄荆醇 黄荆 Vitex negundo
negundonorin 黄荆诺灵 黄荆 Vitex negundo
negundoside 黄荆苷 黄荆 Vitex negundo
negunfurol 黄荆呋喃醇 黄荆 Vitex negundo
nelumol 莲叶橐吾醇 莲叶橐吾 Ligularia nelumbifolia
nelumstemine 莲茎胺 莲属 Nelumbo & 茎 Stem
nemerosin 刺果峨参素 刺果峨参 Anthriscus nemorosa
neoalsogenin 棒锤瓜苷元 棒锤瓜属 Neoalsomitra
neoalsomitin 棒锤瓜素 棒锤瓜属 Neoalsomitra
neoalsoside 棒锤瓜苷 棒锤瓜属 Neoalsomitra
neoline 新欧乌林碱 欧乌头 Aconitum napellus
neolinine 新欧乌宁碱 欧乌头碱 Aconitum napellus
neolitacumone 尖叶新木姜子酮 尖叶新木姜子 Neolitsea acuminatissima
neolitsol 新木姜子醇 新木姜子属 Neolitsea
nepalenside 尼泊尔酸模苷 尼泊尔酸模 Rumex nepalensis
nepalolide 尼泊尔天名精内酯 尼泊尔天名精 Carpesium nepalense
nepeticin 荆芥替辛 荆芥属 Nepeta
nepetidin 荆芥定 荆芥属 Nepeta
nepetin 荆芥素 荆芥属 Nepeta
nepetrin; nepitrin 荆芥苷 荆芥属 Nepeta
neriaside 夹竹桃瑞苷 夹竹桃属 Nerium
neridienone 夹竹桃二烯酮 夹竹桃属 Nerium
nerifoliene 金刚纂烯 金刚纂 Euphorbia neriifolia
nerifoliol 金刚纂醇 金刚纂 Euphorbia neriifolia
neriifolene 金刚纂酮烯 金刚纂 Euphorbia neriifolia
neriifolin* 黄花夹竹桃林素 黄花夹竹桃 Thevetia nereifolia
neriifolin* 金刚纂蛋白酶 金刚纂 Euphorbia neriifolia
neriifolione 金刚纂酮 金刚纂 Euphorbia neriifolia
neriifolone 夹竹桃叶黄牛木酮 夹竹桃叶黄牛木 Cratoxylum sumatranum subsp. neriifolium
neriifoside 黄花夹竹桃弗苷 黄花夹竹桃 Thevetia nereifolia
nerinine 尼润花碱 尼润花属 Nerine
neristigmol 夹竹桃豆甾醇 夹竹桃属 Nerium
neriucoumaric acid 夹竹桃香豆酸 夹竹桃属 Nerium
neriumoside 夹竹桃莫苷 夹竹桃属 Nerium
neriursate 夹竹桃熊果酸酯 夹竹桃属 Nerium
nervilifordin 毛唇芋兰素 毛唇芋兰 Nervilia fordii
nervilol 芋兰醇 芋兰属 Nervilia
nervolan 显脉旋覆花酯 显脉旋覆花 Inula nervosa
nevadensin 内华达依瓦菊素 内华达依瓦菊 Iva nevadensis
nhatrangin 芽庄鞘丝藻素 巨大鞘丝藻 Lyngbya majuscula（Nhatrang：产地）
nicandrin 假酸浆素 假酸浆属 Nicandra
nicoloside 烟醇苷 烟醇 nicotinyl alcohol
nicoteine 烟草因 烟草 Nicotiana tabacum
nicotianine 烟草宁碱 烟草属 Nicotiana
nicotianoside 烟草苷 烟草 Nicotiana tabacum
nidoresedic acid 巢菊酸 巢菊 Nidorella resedifolia
nigeglanine 腺毛黑种草碱 腺毛黑种草 Nigella glandulifera
nigelloside 黑种草苷 黑种草属 Nigella
nigramide 黑胡椒酰胺 黑胡椒 Piper nigrum
nigranoic acid 黑五味子酸 黑五味子 Schisandra nigra
nigrasin 黑桑素 黑桑 Morus nigra
nigrescigenin 黑花杠柳苷元 黑花杠柳 Periploca nigrescens
nigricanin 黑花鸢尾素 黑花鸢尾 Iris nigricans
nigrolineaxanthone 黑线藤黄叫酮 黑线藤黄 Garcinia nigrolineata
nigroxanthin 黑牛角椒黄质 黑牛角椒 Capsicum annuum var. longum nigrum
nigrumnin 龙葵宁 龙葵 Solanum nigrum
nigrumoside 龙葵莫苷 龙葵 Solanum nigrum
nikoenoside 毛果槭苷 毛果槭 Acer nikoense
nilic acid 牵牛酸 牵牛 Pharbitis nil
nilocitin 尼罗河柽柳亭 尼罗河柽柳 Tamarix nilotica
niloticin 尼罗河杜楝素 尼罗河杜楝 Turraea nilotica

N

nimbidiol 印楝二酚 印楝 Azadirachta indica（Nimbi：英名）
nimbolidin 印楝波力定 楝 Melia azedarach（Nimba tree：印名）
nimbolin 印楝波灵 楝 Melia azedarach（Nimba tree：印名）
nimbolinin 印楝波力宁 楝 Melia azedarach（Nimba tree：印名）
nimonol 印楝诺醇 楝 Melia azedarach（Nimba tree：印名）
ningpoensine 玄参新碱 玄参 Scrophularia ningpoensis
ningpogenin 浙玄参苷元 玄参（浙玄参）Scrophularia ningpoensis
ningpogoside 浙玄参苷 玄参（浙玄参）Scrophularia ningpoensis
ningposide 玄参苷 玄参 Scrophularia ningpoensis
nipponoside 日本五加苷 日本五加 Acanthopanax nipponicus
nirtetralin 珠子草四氢萘 珠子草 Phyllanthus niruri
niruroidine 珠子草定 珠子草 Phyllanthus niruri
nishindaside 黄荆达苷 黄荆 Vitex negundo（Nishinda：日名）
nissolin 尼氏山黧豆素 尼氏山黧豆 Lathyrus nissolia
nitensoside 山蜡梅苷 山蜡梅 Chimonanthus nitens
nitidanin 两面针宁 两面针 Zanthoxylum nitidum
nitinoate 两面针酸酯 两面针 Zanthoxylum nitidum
nitrabirine 小果白刺灵碱 小果白刺 Nitraria sibirica
nitramidine 白刺米定碱 白刺属 Nitraria
nitraraidine 小果白刺定碱 小果白刺 Nitraria sibirica
nitraramidine 小果白刺米定碱 小果白刺 Nitraria sibirica
nitraramine 白刺胺 白刺属 Nitraria
nitrarine 白刺灵碱 白刺属 Nitraria
niveain 苎麻素 苎麻 Boehmeria nivea
niveusin 雪叶向日葵素 雪叶向日葵 Helianthus niveus
nobilin 金钗石斛酚 石斛（金钗石斛）Dendrobium nobile
nobilisine 垂笑君子兰碱 垂笑君子兰 Clivia nobilis
nobilisitine 垂笑君子兰亭 垂笑君子兰 Clivia nobilis
nobilone 金钗石斛酮 石斛（金钗石斛）Dendrobium nobile
nobotanin 巴西野牡丹素 巴西野牡丹 Tibouchina semidecandra（Shikon Nobotan：日名）
nocomtal 那可莫醛 音译（首分自咖啡酸 -*O*- 甲基转移酶 COMT 缺乏的杨属植物）
nodifloretin 过江藤亭 过江藤 Phyla nodiflora
nodosin* 节果决明素 节果决明 Cassia nodosa
nodosin* 香茶菜辛 香茶菜属 Isodon
nodosinin 香茶菜辛宁 香茶菜属 Isodon
nodosinol 香茶菜辛醇 香茶菜属 Isodon
nomilin 柠檬林素 柠檬 Citrus limon
nomilinic acid 柠檬林酸 柠檬 Citrus limon
nonin 海滨木巴戟素 海滨木巴戟 Morinda citrifolia（Noni：英名）
nonioside 海滨木巴戟苷 海滨木巴戟 Morinda citrifolia（Noni：英名）
nootkatene 努特卡扁柏烯 努特卡扁柏 Chamaecyparis nootkatensis
nootkatin 努特卡扁柏素 努特卡扁柏 Chamaecyparis nootkatensis
nootkatinol 努特卡扁柏醇 努特卡扁柏 Chamaecyparis nootkatensis
nootkatone 努特卡扁柏酮 努特卡扁柏 Chamaecyparis nootkatensis
nordhagenine 叠裂翠雀碱 叠裂翠雀花 Delphinium nordhagenii
nostocionone 念珠藻香堇酮 念珠藻属 Nostoc
nothofagin 假山毛榉素 假山毛榉属 Nothofagus
nothosmyrnol 白苞芹醚 白苞芹属 Nothosmyrnium
notoether 羌活醚 羌活属 Notopterygium
notoginsenic acid 三七酸 三七 Panax notoginseng
notonipetranone; notonipetrone 石生诺顿菊酮 石生诺顿菊 Notonia petraea
notoptol 异羌活醇 羌活属 Notopterygium
notoptolide 羌活内酯 羌活属 Notopterygium
notoptoloxide 异羌活醇氧化物 羌活属 Notopterygium
notoserolide 紫菊内酯 紫菊属 Notoseris
novelrabdosin 显脉香茶菜辛 显脉香茶菜 Isodon nervosus
nuatigenin 蒜芥茄皂苷元 蒜芥茄 Solanum sisymbriifolium（Ñuati pyta：西班牙名）
nubigenol 云生罗汉松醇 云生罗汉松 Podocarpus nubigena
nuciferol 日本榧树醇 日本榧树 Torreya nucifera
nuciferoside 莲蕊苷 莲 Nelumbo nucifera
nudibaccatumone 裸果胡椒酮 裸果胡椒 Piper nudibaccatum
nudicaulamine 裸茎翠雀胺 裸茎翠雀花 Delphinium nudicaule
nudifloside 迎春苷 迎春花 Jasminum nudiflorum
nudiposide 裸柄吊钟花脂苷 裸柄吊钟花 Enkianthus nudipes
nudol 紫花美冠兰酚 紫花美冠兰 Eulophia nuda
nuezhenoside 女贞诺苷 女贞属 Ligustrum（Nuezhen：拼音名）
nummularine 铜钱枣碱 铜钱枣 Zizyphus nummularia
nupharolutine 欧亚萍蓬草碱 欧亚萍蓬草 Nuphar luteum
nupharpumilamine 萍蓬草胺 萍蓬草 Nuphar pumila
nuphlutine 欧亚萍蓬草亭 硫欧亚萍蓬草 Nuphar luteum
nyasicoside 尼亚小金梅草苷 尼亚小金梅草 Hypoxis nyasica
nyasin 尼亚卡雅楝素 尼亚卡雅楝 Khaya nyasica
nyasol 尼亚小金梅草酚 尼亚小金梅草 Hypoxis nyasica
nyctanthic acid 夜花酸 夜花 Nyctanthes arbor-tristis
nyctanthoside 夜花苷 夜花 Nyctanthes arbor-tristis
nyctoside 夜花托苷 夜花 Nyctanthes arbor-tristis
nymphaedaline 莲叶桐达灵 莲叶桐 Hernandia nymphaeifolia
nymphaeol 莲叶桐酚 莲叶桐 Hernandia nymphaeifolia
nymphasterol 睡莲甾醇 睡莲属 Nymphaea
nymphayol 延药睡莲醇 延药睡莲 Nymphaea stellata
nymphone 莲叶桐脂酮 莲叶桐 Hernandia nymphaeifolia
nyssoside 蓝果树苷 蓝果树属 Nyssa

O

obassioside 玉玲花苷 玉玲花 Styrax obassis
oblongifoliagarcinine 岭南山竹子碱 岭南山竹子 Garcinia oblongifolia
oblongifolin 岭南山竹子素 岭南山竹子 Garcinia oblongifolia
oblongifolinol 豺皮樟醇 豺皮樟 Litsea rotundifolia var. oblongifolia
oblongifolixanthone 岭南山竹子新咄酮 岭南山竹子 Garcinia oblongifolia
oblongine 长圆叶小檗碱 长圆叶小檗 Berberis oblonga
oblongixanthone 岭南山竹子咄酮 岭南山竹子 Garcinia oblongifolia
obovaaldehyde 和厚朴醛 日本厚朴 Magnolia obovata
obovanine 日本厚朴宁 日本厚朴 Magnolia obovata
obovatachalcone 卵叶灰毛豆查耳酮 卵叶灰毛豆 Tephrosia obovata
obovatal 日本厚朴醛 日本厚朴 Magnolia obovata
obovatin 卵叶灰毛豆素 卵叶灰毛豆 Tephrosia obovata
obovatol 日本厚朴酚 日本厚朴 Magnolia obovata
obscurumine 玉柏明碱 玉柏 Lycopodium obscurum
obtuanhydride 日本扁柏酸酐 日本扁柏 Chamaecyparis obtusa
obtucarbamate 日本扁柏氨基甲酸酯 日本扁柏 Chamaecyparis obtusa
obtusalin 钝叶鸡蛋花林素 钝叶鸡蛋花 Plumeria obtusa
obtusane 钝叶鸡蛋花烷 钝叶鸡蛋花 Plumeria obtusa
obtusanoic acid 钝叶鸡蛋花烷酸 钝叶鸡蛋花 Plumeria obtusa
obtusic acid 钝叶鸡蛋花酸 钝叶鸡蛋花 Plumeria obtusa
obtusidin 钝叶鸡蛋花西定 钝叶鸡蛋花 Plumeria obtusa
obtusifoldienol 钝叶大戟二烯醇 钝叶大戟 Euphorbia obtusifolia
obtusifoliol 钝叶大戟醇 钝叶大戟 Euphorbia obtusifolia
obtusifoside 麻辣仔藤苷 麻辣仔藤 Erycibe obtusifolia

obtusilic acid 钝叶鸡蛋花素酸 钝叶鸡蛋花 Plumeria obtusa
obtusilin 钝叶鸡蛋花西林 钝叶鸡蛋花 Plumeria obtusa
obtusilinic acid 钝叶鸡蛋花林酸 钝叶鸡蛋花 Plumeria obtusa
obtusilinin 钝叶鸡蛋花林宁 钝叶鸡蛋花 Plumeria obtusa
obtusilobicinin 钝裂银莲花宁素 钝裂银莲花 Anemone obtusiloba
obtusilobin 钝裂银莲花素 钝裂银莲花 Anemone obtusiloba
obtusin* 钝叶鸡蛋花素 钝叶鸡蛋花 Plumeria obtusa
obtusin* 钝叶决明辛 钝叶决明 Cassia obtusifolia
obtusinidin 钝叶鸡蛋花尼定 钝叶鸡蛋花 Plumeria obtusa
obtusinin 钝叶鸡蛋花西宁 钝叶鸡蛋花 Plumeria obtusa
obtusol 钝叶鸡蛋花醇 钝叶鸡蛋花 Plumeria obtusa
occidentalol 望江南醇 望江南 Cassia occidentalis
ocimarin 罗勒香豆素 罗勒属 Ocimum
ocimol 罗勒醇 罗勒属 Ocimum
ocimumoside 罗勒脑苷 罗勒属 Ocimum
ocokryptine 绿心樟隐亭碱 绿心樟属 Ocotea
ocoteine 绿心樟碱 绿心樟属 Ocotea
ocotillol 福桂树醇 福桂树 Fouquieria splendens（Ocotillo：英名）
ocotillone 福桂树酮 福桂树 Fouquieria splendens（Ocotillo：英名）
odolactone 马蛋果内酯 马蛋果 Gynocardia odorata
odolide 马蛋果多内酯 马蛋果 Gynocardia odorata
odonicin 毛叶香茶菜辛 毛叶香茶菜 Isodon japonicus
odoratanone 米仔兰酮 米仔兰 Aglaia odorata
odoratin 香二翅豆素 香二翅豆 Dipteryx odorata
odoratine 香堇菜亭碱 香堇菜 Viola odorata
odoratisol 芳香润楠醇 芳香润楠 Machilus odoratissima
odoratol 洋椿萜醇 香洋椿 Cedrela odorata
odoroside 香夹竹桃苷 香夹竹桃 Nerium odorum
oenanthetol 水芹醇 水芹属 Oenanthe
oenanthoside 水芹苷 水芹属 Oenanthe
oenotheralanosterol 月见草羊毛脂醇 月见草属 Oenothera
oenotheraphenoxylactone 月见草酚内酯 月见草属 Oenothera
oenotheraphytyllactone 月见草植醇内酯 月见草属 Oenothera
oenotherin 月见草灵 月见草属 Oenothera
officimalonic acid 药用拟层孔菌丙二酸 药用拟层孔菌 Fomitopsis officinalis
officinalin 药用前胡素 药用前胡 Peucedanum officinale
officinalisin 巴戟天素 巴戟天 Morinda officinalis
officinoside 金盏花诺苷 金盏花 Calendula officinalis
ogarukaya ether 橘草醚 橘草 Cymbopogon goeringii（Ogarukaya：日名）
ohchinal 日楝醛 楝 Melia azedarach（Ohchi：日名）
ohchinin 日楝宁 楝 Melia azedarach（Ohchi：日名）
ohchininolide 日楝宁内酯 楝 Melia azedarach（Ohchi：日名）
ohchinolal 日楝醇醛 楝 Melia azedarach（Ohchi：日名）
ohchinolide 日楝内酯 楝 Melia azedarach（Ohchi：日名）
ohioensin 俄亥俄金发藓素 俄亥俄金发藓 Polytrichum ohioense
okanin 圆盘豆素（加蓬）圆盘豆 Cyclodiscus gabunensis（Okan：英名）
oldhamactam 瓜馥木异内酰胺 瓜馥木 Fissistigma oldhamii
oldhamiaine 长蕊石头花碱 长蕊石头花 Gypsophila oldhamiana
oldhamianoside 长蕊石头花苷 长蕊石头花 Gypsophila oldhamiana
oldhamine 虎皮楠明胺 虎皮楠 Daphniphyllum oldhamii
oldhamioside 虎皮楠苷 虎皮楠 Daphniphyllum oldhamii
oldhamiphylline 虎皮楠林碱 虎皮楠 Daphniphyllum oldhamii
oleagenin 夹竹桃苷元 夹竹桃（欧洲夹竹桃）Nerium oleander
oleanderene 欧夹竹桃烯 夹竹桃（欧洲夹竹桃）Nerium oleander
oleanderocioic acid 欧夹竹桃酯酸 夹竹桃（欧洲夹竹桃）Nerium oleander
oleanderoic acid 欧夹竹桃醚酸 夹竹桃（欧洲夹竹桃）Nerium oleander
oleanderol 欧夹竹桃醇 夹竹桃（欧洲夹竹桃）Nerium oleander
oleanderolide 欧夹竹桃内酯 夹竹桃（欧洲夹竹桃）Nerium oleander
oleandigoside 欧夹竹桃地高苷 夹竹桃（欧洲夹竹桃）Nerium oleander
olearin 榄叶菊素 榄叶菊属 Olearia
oleaside 夹竹桃苷 夹竹桃（欧洲夹竹桃）Nerium oleander
oleferrugine 锈鳞木犀榄精 锈鳞木犀榄 Olea ferruginea
oleiferasaponin 油茶皂苷 油茶 Camellia oleifera
oleiferin 油维罗蔻木素 油维罗蔻木 Virola oleifera
oleiferoside 油茶苷 油茶 Camellia oleifera
oleoacteoside 木犀洋丁香酚苷 木犀榄属 Olea & 洋丁香酚苷 acteoside
oleodaphnal 木犀榄瑞香醛 木犀榄属 Olea & 瑞香属 Daphne
oleodapnone 木犀榄瑞香酮 木犀榄属 Olea & 瑞香属 Daphne
oleonuezhenide 木犀女贞子苷 木犀榄属 Olea & 女贞子 Ligustrum japonicum
oleopolyanthoside 木犀多花素馨苷 木犀榄属 Olea & 多花素馨 Jasminum polyanthum
oleoside 木犀榄苷 木犀榄属 Olea
oleracein 马齿苋素 马齿苋 Portulaca oleracea
oleragenoside 菠菜皂苷 菠菜 Spinacia oleracea
oleuricine 木犀榄瑞辛 木犀榄 Olea europaea
oleuropeic acid 木犀榄烯酸 木犀榄 Olea europaea
oleuropeic aldehyde 欧木樨榄醛 欧木樨榄 Olea europaea
oleuropeinic acid 木犀榄苦苷酸 木犀榄 Olea europaea
oleuroside 木犀榄洛苷 木犀榄 Olea europaea
olguine 奥古山香素 山香属 Hyptis（Olguin：人名）
olibanumol 乳香醇 乳香 olibanum
olibergin 奥氏黄檀素 奥氏黄檀 Dalbergia olivari
oligandriortholactone 少药八角邻内酯 少药八角 Illicium oligandrum
oligandrumin 少药八角素 少药八角 Illicium oligandrum
oligantha 少花风毛菊烷 少花风毛菊 Saussurea oligantha
oliganthin 单花山竹子素 单花山竹子 Garcinia oligantha
oliganthone 单花山竹子呫酮 单花山竹子 Garcinia oligantha
olitorin 长蒴黄麻灵 长蒴黄麻 Corchorus olitorius
olitoriusin 长蒴黄麻素 长蒴黄麻 Corchorus olitorius
olivetolic acid 橄榄斑叶酚酸 橄榄斑叶衣 Cetrelia olivetorum
olivetoric acid 橄榄斑叶酸 橄榄斑叶衣 Cetrelia olivetorum
olivieroside 奥氏龙胆苷 奥氏龙胆 Gentiana olivieri
ombuin 树商陆素 树商陆 Phytolacca dioica（Ombu：英名）
ombuoside 树商陆苷 树商陆 Phytolacca dioica（Ombu：英名）
omeieline 峨眉翠雀灵 峨眉翠雀花 Delphinium omeiense
omeienine 峨眉翠雀宁 峨眉翠雀花 Delphinium omeiense
omphalocarpin 脐果九里香卡品 脐果九里香 Murraya paniculata var. omphalocarpa
oncosepalin 隆萼当归素 隆萼当归 Angelica oncosepala
onikulactone 草苁蓉新内酯 草苁蓉 Boschniakia rossica（Oniku：日名）
onitin 金粉蕨亭 金粉蕨属 Onychium
onjixanthone 小草呫酮 远志（小草）Polygala tenuifolia（Onji：日生药名）
onocerin 芒柄花灵 芒柄花属 Ononis
onychiol 金粉蕨醇 金粉蕨属 Onychium
onysilin 金粉蕨林素 金粉蕨 Onychium siliculosum
operculin 囊萼番薯素 囊萼番薯 Ipomoae operculata

O

operculinic acid 囊萼番薯酸 囊萼番薯 Ipomoea operculata
operculinoside 盒果藤苷 盒果藤属 Operculina
opercurin 顶盖丝瓜素 顶盖丝瓜 Luffa operculata
ophioparmin 红盘衣明 红盘衣 Ophioparma ventosa
ophiosetin 大团囊虫草亭 大团囊虫草 Elaphocordyceps ophioglossoides
oplodiol 日本刺参二醇 日本刺参 Oplopanax japonicus
oplopandiol 刺参二醇 刺参属 Oplopanax
oplopenone 日本刺参烯酮 日本刺参 Oplopanax japonicus
oploxyne 刺参炔 刺参 Oplopanax elatus
opposide 尖药木苷 尖药木 Acokanthera oppositifolia
opuntine 仙人掌碱 仙人掌属 Opuntia
orbicularin 圆形栒子素 圆形栒子 Cotoneaster orbicularis
orbiculatinine 毛木防己宁 毛木防己 Cocculus orbiculatus var. mollis
orbiculin 南蛇藤林素 南蛇藤 Celastrus orbiculatus
oreadone 硬柄小皮伞酮 硬柄小皮伞 Marasmius oreades
oregonin 俄勒冈桤木宁 红桤木 Alnus rubra（Oregon：地名）
oregonoyl 俄勒冈桤木芳烷 红桤木 Alnus rubra（Oregon：地名）
oreolactone 紫麻内酯 紫麻属 Oreocnide
oreophiline 橙色罂粟碱 橙色罂粟 Papaver oreophilum
oreoselone 山芹前胡酮 山芹前胡 Peucedanum oreoselinum
oreosolenoside 藏玄参苷 藏玄参属 Oreosolen
oresbiuside 山地香茶菜苷 山地香茶菜 Isodon oresbius
oresbiusin 山地香茶菜素 山地香茶菜 Isodon oresbius
orientalide 豨莶内酯 豨莶 Sigesbeckia orientalis
orientalin* 红蓼素 红蓼 Polygonum orientale
orientalin* 豨莶素 豨莶 Sigesbeckia orientalis
orientalinone 东方罂粟酮 东方罂粟 Papaver orientale
orientalone 东方酸模酮 东方酸模 Rumex orientalis
orientaloside* 东方酸模苷 东方酸模 Rumex orientalis
orientaloside* 东方铁线莲皂苷 东方铁线莲 Clematis orientalis
orientin 豨莶亭 豨莶 Sigesbeckia orientalis
orientoside 山黄麻苷 山黄麻 Trema orientalis
origanine 牛至宁 牛至属 Origanum
origanol 牛至酚 牛至属 Origanum
origanoside 牛至酚苷 牛至属 Origanum
orixalone 臭常山隆酮 臭常山属 Orixa
ormocarpin 链荚木素 链荚木属 Ormocarpum
ormosanine 红豆宁碱 红豆 Ormosia panamensis
ormosinol 红豆酚 红豆属 Ormosia
ormosinoside 红豆苷 红豆属 Ormosia
orobol 香豌豆酚 香豌豆 Lathyrus odoratus
oroselone 山芹前胡烯酮 山芹前胡 Peucedanum oreoselinum
orotinin 奥罗矛果豆素 奥罗矛果豆 Lonchocarpus orotinus
oroxyloside 木蝴蝶洛苷 木蝴蝶属 Oroxylum
orthoarisin 猫须草素 猫须草 Orthosiphon aristatus
orthosiphoic acid 猫须草酸 猫须草 Orthosiphon aristatus
orthosiphonol 鸡脚参诺醇 鸡脚参属 Orthosiphon
orthosphenic acid 直楔木酸 直楔木属 Orthosphenia
oruwacin 亮叶巴戟天素 亮叶巴戟天 Morinda lucida（Oruwo：尼日利亚名）
oryzadine 稻定碱 稻属 Oryza
oryzamutaic acid 稻突变酸 稻属 Oryza
osajaxanthone 柘橙呫吨酮 桑橙（柘橙）Maclura pomifera（Osage orange：英名）
osmanthuside 木犀苷 木犀属 Osmanthus
osmaronin 拟樱桃素 拟樱桃 Osmaronia cerasiformis
osmundalin 紫萁林素 紫萁 Osmunda japonica
osthenol 欧前胡酚 欧前胡 Peucedanum ostruthium
osthenone 欧前胡烯酮 欧前胡 Peucedanum ostruthium
osthole 欧前胡醚 欧前胡 Peucedanum ostruthium
ostopanic acid 叶轮木酸 叶轮木 Ostodes paniculata
ostruthin 欧前胡辛 欧前胡 Imperatoria ostruthium
ostryopsitrienol 虎榛三烯醇 虎榛属 Ostryopsis
ostryopsitriol 虎榛三醇 虎榛属 Ostryopsis
otobanone 奥托肉豆蔻酮 奥托肉豆蔻 Myristica otoba
otogirin 小连翘素 小连翘 Hypericum erectum（Otogiri-sou：日名）
otogirinin 小连翘宁 小连翘 Hypericum erectum（Otogiri-sou：日名）
otogirone 小连翘己酮 小连翘 Hypericum erectum（Otogiri-sou：日名）
ottelione 龙舌草酮 龙舌草 Ottelia alismoides
oudemansin 奥德蘑素 小奥德蘑属 Oudemansiella
ourateacatechin 番金莲木儿茶素 番金莲木属 Ouratea
ouvrardiandine 德钦乌头定 德钦乌头 Aconitum ouvrardianum
ouvrardianine 德钦乌头碱 德钦乌头 Aconitum ouvrardianum
ouvrardiantine 德钦乌头亭 德钦乌头 Aconitum ouvrardianum
ovafolinin 珍珠花素 珍珠花 Lyonia ovalifolia
ovalichromene 卵叶崖豆藤色烯 卵叶崖豆藤 Milletia ovalifolia
ovaliflavanone 卵叶崖豆藤黄烷酮 卵叶崖豆藤 Milletia ovalifolia
ovalifoliogenin 小果珍珠花苷元 小果珍珠花 Lyonia ovalifolia var. elliptica
ovalifoliolide 油桦内酯 油桦 Betula ovalifolia
ovalifolioside 珍珠花苷 珍珠花 Lyonia ovalifolia
ovatifolin 卵叶柄花菊素 卵叶柄花菊 Podanthus ovatifolius
ovatodiolide 广防风二内酯 广防风 Anisomeles ovata
ovatofuranic acid 梓树呋喃酸 梓 Catalpa ovata
ovigerine 莲叶桐任碱 莲叶桐 Hernandia ovigera
ovihernangerine 莲叶桐灵碱 莲叶桐 Hernandia ovigera
oviisocorydine 莲叶桐异紫堇定 莲叶桐 Hernandia ovigera
ovoideal 米念芭素 米念芭 Tirpitzia ovoidea
oxerine 肿冠花碱 肿冠花属 Oxera
oxyacanthine 欧洲小檗碱 欧洲小檗 Berberis vulgaris（Oxyacantha：后古典拉丁语，指本种）
oxylin 尖槐藤林素 尖槐藤属 Oxystelma
oxymyrioside 多叶棘豆黄酮苷 多叶棘豆 Oxytropis myriophylla
oxyphyllendiol 益智烯二醇 益智 Alpinia oxyphylla
oxyphyllenodiol 益智烯二醇 益智 Alpinia oxyphylla
oxyphyllenone 益智烯酮 益智 Alpinia oxyphylla
oxyphyllone 益智酮 益智 Alpinia oxyphylla
oxyphyllumchalcone 尖叶长柄山蚂蝗查耳酮 尖叶长柄山蚂蝗 Podocarpium podocarpum var. oxyphyllum
oxyriaflavonol 山蓼黄酮醇 山蓼属 Oxyria
oxysin 尖槐藤辛 尖槐藤属 Oxystelma
oxystelmin 尖槐藤素 尖槐藤属 Oxystelma
oxystelmoside 尖槐藤苷 尖槐藤属 Oxystelma
oxytrofalcatin 镰形棘豆素 镰形棘豆 Oxytropis falcata
oxytroflavoside 棘豆黄苷 棘豆属 Oxytropis
oxytropisoflavan 棘豆黄烷 棘豆属 Oxytropis
ozic acid 奥济丹尼豆酸 奥济丹尼豆 Daniella ogea
ozoroalide 奥佐木内酯 奥佐木属 Ozoroa

P

pabulenol 牧草栓翅芹烯醇 牧草栓翅芹 Prangos pabularia
pabulenone 栓翅芹烯酮 栓翅芹 Prangos pabularia
pacharin 总状花羊蹄甲素 总状花羊蹄甲 Bauhinia racemosa

（Pachas-el：印名）
pachyaximine 板凳果胺 板凳果 Pachysandra axillaris
pachyaxioside 板凳果苷 板凳果 Pachysandra axillaris
pachybasin 厚基孢素 厚基孢属 Pachybasium
pachycarin 厚果崖豆藤素 厚果崖豆藤 Millettia pachycarpa
pachylobin 海南崖豆藤素 海南崖豆藤 Millettia pachyloba
pachypodol 厚足花酚 厚足花属 Pachypodanthium
pachyrrhizin 豆薯素 豆薯属 Pachyrhizus
pachysapogenin 豆薯皂苷元 豆薯属 Pachyrhizus
pachysaponin 豆薯皂苷 豆薯属 Pachyrhizus
pachysiphine 厚管狗牙花碱 厚管狗牙花 Tabernaemontana pachysiphon
pacidine 太平洋高翠雀定 太平洋高翠雀花 Delphinium elatum 'Pacific Giant'
pacifigorgiol 太平洋柳珊瑚醇 太平洋柳珊瑚属 Pacifigorgia
padiaxanthone 金丝梅新灿酮 金丝梅 Hypericum patulum（成分名称来自结构类似的 paxanthone 与 rheediaxanthone）
paederia 鸡矢藤内酯 鸡矢藤属 Paederia
paederinin 鸡矢藤素 鸡矢藤属 Paederia
paederol 鸡矢藤醇 鸡矢藤属 Paederia
paederoscandoside 鸡矢藤多苷 鸡矢藤 Paederia scandens
paederoxepane 鸡矢藤噁庚烷 鸡矢藤属 Paederia
paeobrin 块根芍药灵 块根芍药 Paeonia hybrida
paeonenoide 川赤芍烯萜 川赤芍 Paeonia anomala subsp. veitchii
paeonenolide 川赤芍烯内酯 川赤芍 Paeonia anomala subsp. veitchii
paeonidangenin 欧芍药苷元 欧洲芍药（欧洲牡丹）Paeonia peregrina（Paeonia decora）
paeonidanin 欧芍药苷 欧洲芍药（欧洲牡丹）Paeonia peregrina（Paeonia decora）
paeoniflorone 芍药酮 芍药 Paeonia lactiflora
paeonihybridin 块根芍药素 块根芍药 Paeonia hybrida
paeonilide 紫牡丹内酯 紫牡丹 Paeonia delavayi
paeonin 多花芍药苷 多花芍药 Paeonia emodi
paeoninol 芍药芪酚 芍药属 Paeonia
paeoniside 丹皮新苷 牡丹 Paeonia suffruticosa
paeonisuffral 牡丹醛 牡丹 Paeonia suffruticosa
paeonivayin 紫牡丹苷 紫牡丹 Paeonia delavayi
paeonovicinoside 芍药巢菜糖苷 芍药属 Paeonia
paesuffrioside 牡丹吡咯苷 牡丹 Paeonia suffruticosa
pagicerine 蜡被狗牙花碱 蜡被狗牙花 Pagiantha cerifera
paglucinol 金丝梅酚 金丝梅 Hypericum patulum
pakistanamine 巴基斯坦小檗胺 巴基斯坦小檗 Berberis baluchistanica（Pakistan：产地）
pakistanine 巴基斯坦小檗碱 巴基斯坦小檗 Berberis baluchistanica（Pakistan：产地）
palatiferin 山壳骨素 山壳骨 Pseuderanthemum palatiferum
palcernine 垂穗石松瑟宁 垂穗石松 Palhinhaea cernua
palhicerine 垂穗石松灵碱 垂穗石松 Palhinhaea cernua
palhinine 垂穗石松宁碱 垂穗石松 Palhinhaea cernua
palisadin 栅状凹顶藻素 栅状凹顶藻 Laurencia palisada
pallenone 叶苞菊酮 叶苞菊属 Pallenis
palmarumycin 掌状盾壳霉素 掌状盾壳霉 Coniothyrium palmarum
palmatoside 扇蕨苷 扇蕨 Neocheiropteris palmatopedata
palmidin 掌叶大黄定 掌叶大黄 Rheum palmatum
palmyramide 巴尔米拉鞘丝藻酰胺 巴尔米拉环礁 Palmyra Atoll
palustridine 犬问荆定 犬问荆 Equisetum palustre
palustrin 沼生水苏素 沼生水苏 Stachys palustris
palustrine 犬问荆碱 犬问荆 Equisetum palustre
palustrinoside 沼生水苏诺苷 沼生水苏 Stachys palustris
palustrolide 沼生驴蹄草内酯 驴蹄草 Caltha palustris（种名为沼生之意）
palustroside* 杜香苷 杜香 Ledum palustre
palustroside* 毛山黧豆苷 毛山黧豆 Lathyrus palustris var. pilosus
panaginsene 人参精烯 人参 Panax ginseng
panajaponin 竹节参素 竹节参 Panax japonicus
panamin 巴拿马斯氏豆素 巴拿马斯氏豆 Sweetia panamensis
panaquinquecol; PQ 西洋参醇 西洋参 Panax quinquefolius
panaxadione 人参二酮 人参属 Panax
panaxagin 人参精 人参属 Panax
panaxene 人参二烯 人参属 Panax
panaxydol 人参环氧炔醇 人参属 Panax
pancixanthone 少花红厚壳咖酮 少花红厚壳 Calophyllum pauciflorum
pancoridine 帕米尔黄堇定碱 帕米尔黄堇 Corydalis paniculigera
pancorine 帕米尔黄堇碱 帕米尔黄堇 Corydalis paniculigera
pandine 狗牙花定碱 狗牙花属 Pandaca
panial 千里香醛 千里香 Murraya paniculata
paniculacin 千里香辛素 千里香 Murraya paniculata
panicular 千里香库醛 千里香 Murraya paniculata
paniculatadiol 灯油藤二醇 灯油藤 Celastrus paniculatus
paniculatin 千里香亭素 千里香 Murraya paniculata
paniculatumoside 徐长卿苷 徐长卿 Cynanchum paniculatum
paniculidine 千里香利定碱 千里香 Murraya paniculata
paniculin 千里香林素 千里香 Murraya paniculata
paniculogenin 锥花茄苷元 锥花茄 Solanum paniculatum
paniculoid 栾树萜 栾树 Koelreuteria paniculata
paniculol 千里香碱醇 千里香 Murraya paniculata
paniculonol isovalerate 千里香酮醇 千里香 Murraya paniculata
paniculoside 锥花甜叶菊苷 锥花甜叶菊 Stevia paniculata
panicutine 圆锥乌头亭 圆锥乌头 Aconitum paniculatum
panoside 白楸苷 白楸 Mallotus paniculatus
papilamine 乳突黄杨胺 乳突黄杨 Buxus papilosa
paprazine 印度烟堇碱 印度烟堇 Fumaria indica（Pitpapra：印名）
papyriferic acid 纸桦酸 纸桦 Betula papyrifera
papyriflavonol 构皮黄酮醇 构树 Broussonetia papyrifera
parabaroside 杜仲藤苷 杜仲藤属 Parabarium
parabenzlactone 假山胡椒内酯 假山胡椒属 Parabenzoin
paradrymonoside 近树苣苔苷 近树苣苔属 Paradrymonia
parameritannin 长节珠鞣质 长节珠属 Parameria
paramicholide 合果含笑内酯 合果木（合果含笑）Paramichelia baillonii
paramiltioic acid 皖鄂丹参酸 皖鄂丹参 Salvia paramiltiorrhiza
paraquinin 假楼斗菜宁 假楼斗菜属 Paraquilegia
paraquinoside 假楼斗菜苷 假楼斗菜属 Paraquilegia
parasiticin 华南毛蕨辛 华南毛蕨 Cyclosorus parasiticus
parguene 帕尔古拉海兔烯 海兔属 Aplysia（Parguera：产地）
parguerol 帕尔古拉海兔醇 海兔属 Aplysia（Parguera：产地）
parietin 墙黄衣素 墙黄衣 Parmelia parietina
parinaric acid 帕里纳里木酸 帕里纳里木属 Parinarium
parisaponin 滇重楼皂苷 宽瓣重楼（滇重楼）Paris polyphylla var. yunnanensis
parispseudoside 长药隔重楼苷 长药隔重楼 Paris polyphylla var. pseudothibetica
parkeol 牛油果烯醇 牛油果 Butyrospermum parkii
parkintin 扁轴木亭 扁轴木属 Parkinsonia
parsonsianidine 同心结尼定 同心结属 Parsonsia
parsonsianine 同心结宁碱 同心结属 Parsonsia
parsonsine 同心结辛碱 同心结属 Parsonsia

parthenocissin 地锦素 地锦属 Parthenocissus
parthenosin 地锦辛 地锦属 Parthenocissus
parthenostilbenin 地锦芪素 地锦属 Parthenocissus
parvifloralone 小花茴香酮 小花茴香 Illicium parviflorum
parviflorolide 小花茴香内酯 小花茴香 Illicium parviflorum
parvifolinoic acid 小叶香茶菜酸 小叶香茶菜 Isodon parvifolius
parvifoliol 小花藤黄酚 小花藤黄 Garcinia parvifolia
parvifolixanthone 小花藤黄屾酮 小花藤黄 Garcinia parvifolia
parvifuran 小花黄檀呋喃 小花黄檀 Dalbergia parviflora
parvigemone 小芽新木姜子酮 小芽新木姜子 Neolitsea parvigemma
parvilobaside 裂叶铁线莲苷 裂叶铁线莲 Clematis parviloba
parvisoflavanone 小花杂花豆异黄烷酮 小花杂花豆 Mucuna poggei
parvisoflavone 小花杂花豆异黄酮 小花杂花豆 Poecilanthe parviflora
parvistemin 细花百部素 细花百部 Stemona parviflora
pashanone 肾石苣苔酮 有梗长蒴苣苔 Didymocarpus pedicellata（Pashan：印名，指用于治疗肾结石的草药）
passiflorin 西番莲素 西番莲属 Passiflora
passionsterone 西番莲甾酮 西番莲属 Passiflora
patagonic acid 巴塔哥尼亚酒神菊酸 巴塔哥尼亚酒神菊 Baccharis patagonica
patellamide 髌骨海鞘酰胺 髌骨海鞘 Lissoclinum patella
patensin 掌叶白头翁素 掌叶白头翁 Pulsatilla patens var. multifida
patentine 展毛黄草乌亭 展毛黄草乌 Aconitum vilmorinianum var. patentipilum
patientoside 巴天酸模苷 巴天酸模 Rumex patientia
patrinalloside 败酱阿洛糖苷 败酱属 Patrinia
patrinia saponin 败酱属皂苷 败酱属 Patrinia
patrinia saponin3 败酱皂苷 败酱属 Patrinia
patrinioside 败酱萜苷 败酱属 Patrinia
patrinolide 败酱萜内酯 败酱属 Patrinia
patrinoside 败酱苷 败酱属 Patrinia
patrirupin 岩败酱素 岩败酱 Patrinia rupestris
patriscabrol 糙叶败酱醇 糙叶败酱 Patrinia scabra
patriscabroside 糙叶败酱苷 糙叶败酱 Patrinia scabra
patriscadoid 败酱醚萜 败酱 Patrinia scabiosifolia
patuletin 孔雀草素 孔雀草 Tagetes patula
patulitrin 孔雀草苷 孔雀草 Tagetes patula
patungensin 巴东过路黄素 巴东过路黄 Lysimachia patungensis
pauciaurone 金丝李橙酮 金丝李 Garcinia paucinervis
paucidactine 少花蕊木亭 少花蕊木 Kopsia pauciflora
pauciflorol 少花青皮木酚 少花青皮木 Sericostoma pauciflorum
pauciisoflavone 金丝李异黄酮 金丝李 Garcinia paucinervis
paucinervin 金丝李素 金丝李 Garcinia paucinervis
paucinone 金丝李酮素 金丝李 Garcinia paucinervis
paulitin 库曼豚草素 库曼豚草 Ambrosia cumanensis（成分名称来源不详）
pavetannin 大沙叶鞣质 大沙叶 Pavetta owariensis
paxanthone 金丝梅屾酮 金丝梅 Hypericum patulum
paxanthonin 金丝梅屾酮宁 金丝梅 Hypericum patulum
paxdaphnidine 脉叶虎皮楠定碱 脉叶虎皮楠 Daphniphyllum paxianum
paxdaphnine 脉叶虎皮楠碱 脉叶虎皮楠 Daphniphyllum paxianum
paxiphylline 脉叶虎皮楠林碱 脉叶虎皮楠 Daphniphyllum paxianum
pectolinarigenin 果胶柳穿鱼苷元 柳穿鱼 Linaria vulgaris（成分分离自该种的果胶 Pectin）
pectolinarin 果胶柳穿鱼苷 柳穿鱼 Linaria vulgaris（成分分离自该种的果胶 Pectin）
pedalitin 胡麻素 胡麻科 Pedaliaceae
pedicin 柄花长蒴苣苔素 柄花长蒴苣苔 Didymocarpus pedicellata
pedicurexoside 大王马先蒿苷 大王马先蒿 Pedicularis rex
pedilanthocoumarin 红雀珊瑚香豆素 红雀珊瑚属 Pedilanthus
pedunculagin 夏栎鞣精 夏栎 Quercus robur（Pedunculate oak：英名）
peduncularidine 序柄狗牙花定 序柄狗牙花 Ervatamia peduncularis
pedunculariside 长序荆苷 长序荆 Vitex peduncularis
pedunicularisin 长序荆素 长序荆 Vitex peduncularis
pedunculatic acid 总梗紫珠酸 总梗紫珠 Callicarpa pedunculata
pedunculine 序柄狗牙花碱 序柄狗牙花 Ervatamia peduncularis
pedunculosumoside 尖头瓶尔小草苷 尖头瓶尔小草 Ophioglossum pedunculosum
pedunxanthone 大果藤黄屾酮 大果藤黄 Garcinia pedunculata
peganine 骆驼蓬宁碱 骆驼蓬属 Peganum
peiioside 藤紫珠苷 藤紫珠 Callicarpa peii
pelargonic acid 天竺葵酸 天竺葵属 Pelargonium
pelenolide 洋艾烯内酯 中亚苦蒿（洋艾）Artemisia absinthium（Pelyněk：捷克名）
pelirine 霹雳萝芙木灵碱 霹雳萝芙木 Rauvolfia perakensis
pellioniareside 吐烟花苷 吐烟花 Pellionia repens
pellitorine 火热回环菊碱 火热回环菊 Anacyclus pyrethrum（Pellitory：英名）
peltatone 茅膏菜酮 茅膏菜 Drosera peltata
peltoboykinolic acid 涧边草酸 涧边草属 Peltoboykinia
penangianol 披针新月蕨酚 披针新月蕨 Pronephrium penangianum
penangin 绿籽山小橘素 绿籽山小橘 Glycosmis chlorosperma（Penang：地名）
penduletin 垂序布氏菊素 垂序布氏菊 Brickellia pendula
penduliflaworosin 垂花巴豆沃罗素 垂花巴豆 Croton penduliflorus
pendulin* 垂序布氏菊苷 垂序布氏菊 Brickellia pendula
pendulin* 纹瓣兰素 纹瓣兰 Cymbidium pendulum
pendulone 垂序崖豆藤醌 垂序崖豆藤 Millettia pendula
pengshenine 彭州乌头碱 彭州乌头 Aconitum hemsleyanum var. pengzhouense
penstemide 钓钟柳次苷 钓钟柳属 Penstemon
penstemonoside 钓钟柳诺苷 钓钟柳 Penstemon barbatus
penupogenin 尾叶白前苷元 尾叶白前（尾叶牛皮消）Cynanchum caudatum（Penup：日名）
peonanin 芍药宁 芍药属 Paeonia
peperomin 草胡椒素 草胡椒属 Peperomia
peperotetraphin 豆瓣绿素 豆瓣绿 Peperomia tetraphylla
peplusol 南欧大戟醇 南欧大戟 Euphorbia peplus
pereflorin 多花佩雷菊素 多花佩雷菊 Perezia multiflora
peregrinol 外来欧夏至草醇 外来欧夏至草 Marrubium peregrinum
peregrinumin 刺齿枝子花素 刺齿枝子花 Dracocephalum peregrinum
perennisaponin 延命菊皂苷 雏菊 Bellis perennis
perennisoside 延命菊苷 雏菊 Bellis perennis
perezinone 佩雷斯菊酮 佩雷斯菊属 Perezia
perfamine 大叶芸香胺 大叶芸香 Haplophyllum perforatum
perfoliatumin 杠板归素 杠板归 Polygonum perfoliatum
perforaphenonoside 贯叶连翘苯酚苷 贯叶连翘 Hypericum perforatum
perforaquassin 牛筋果苦木素 牛筋果 Harrisonia perforata
perforatin 牛筋果素 牛筋果 Harrisonia perforata
perforatinolone 牛筋果醇酮 牛筋果 Harrisonia perforata
perforine 大叶芸香碱 大叶芸香 Haplophyllum perforatum
pergrinumcin 刺齿枝子花辛 刺齿枝子花 Dracocephalum peregrinum

P

pergularin 萝藦素 萝藦 Pergularia japonica
pergularinine 格架藤宁碱 格架藤属 Pergularia
pergumidiene 长胡椒酰胺二烯 长胡椒 Piper longum
perhentidine 大叶糖胶树替定 大叶糖胶树 Alstonia macrophylla （Perhentian Island：产地）
perhentinine 大叶糖胶树替宁 大叶糖胶树 Alstonia macrophylla （Perhentian Island：产地）
pericalline 长春瑞卡林 长春花 Ammocallis rosea（Periwinkle：英名）
pericampylinone 细圆藤酮 细圆藤属 Pericampylus
pericine 长春派瑞辛 长春花 Vinca rosea（Periwinkle：英名）
pericyclivine 长春环文 长春花 Vinca rosea（Periwinkle：英名）
perifosaccharide 滇杠柳糖 滇杠柳 Periploca forrestii
periglaucine 细圆藤碱 细圆藤 Pericampylus glaucus
perillascens 野生紫苏素 野生紫苏 Perilla frutescens var. purpurascens
perillaside 紫苏拉苷 紫苏属 Perilla
perillic anhydride 紫苏酐 紫苏属 perilla
perilloxin 紫苏氧杂辛 紫苏属 Perilla
perimivine 长春米文 长春花 Vinca rosea（Periwinkle：英名）
perine 大叶芸香任 大叶芸香 Haplophyllum perforatum
peripalloside 杠柳阿洛糖苷 杠柳属 Periploca
periperoxide 杠柳过氧化物 杠柳属 Periploca
periplocogenin 杠柳酮苷元 杠柳属 Periploca
periplogulcoside 杠柳古洛糖苷 杠柳属 Periploca
perisaccharide 杠柳糖 杠柳属 Periploca
periseoside 杠柳赛苷 杠柳 Periploca sepium
perisepiumoside 杠柳莫苷 杠柳 Periploca sepium
peritassine 佩里塔萨木碱 佩里塔萨木属 Peritassa
perividine 长春立维定 长春花 Vinca rosea（Periwinkle：英名）
perivine 长春文碱 长春花 Vinca rosea（Periwinkle：英名）
perlatolic acid 珠光梅衣酚酸 珠光梅衣 Parmelia perlata
perosine 长春派洛辛 长春花 Pervinca rosea
perrottetin 直瓣扁萼苔素 直瓣扁萼苔 Radula perrottetii
perseal 鳄梨醛 鳄梨属 Persea
persealide 鳄梨内酯 鳄梨属 Persea
persediene 鳄梨二烯 鳄梨属 Persea
persenone 鳄梨烯酮 鳄梨属 Persea
persicaside 桃碱苷 桃 Amygdalus persica
persicochalcone 春查耳酮 春蓼 Polygonum persicaria
persin 鳄梨辛 鳄梨属 Persea
perusitin 黄花夹竹桃西亭 黄花夹竹桃 Thevetia peruviana
peruvianine 秘鲁矛毒藤碱 秘鲁矛毒藤 Telitoxicum peruvianum
peruvianoxide 灯笼果甾酮 灯笼果 Physalis peruviana
peruvianursenol 黄花夹竹桃熊果烯醇 黄花夹竹桃 Thevetia peruviana
peruvoside 黄花夹竹桃伏苷 黄花夹竹桃 Thevetia peruviana
pervianoside 黄花夹竹桃诺苷 黄花夹竹桃 Thevetia peruviana
pescaprein 厚藤素 厚藤 Ipomoea pes-caprae
peshawarine 小花角茴香碱 小花角茴香 Hypecoum parviflorum （Peshawar：地名）
pestalasin 拟盘多毛孢素 拟盘多毛孢属 Pestalotiopsis
pestalotiopsoid 拟盘多毛孢碱 拟盘多毛孢属 Pestalotiopsis
pestalotiopsone 拟盘多毛孢酮 拟盘多毛孢属 Pestalotiopsis
petanin 碧冬茄宁 碧冬茄 Petunia × hybrida
petasiphenone 蜂斗菜酚酮 蜂斗菜属 Petasites
petasitin 蜂斗菜亭 蜂斗菜 Petasites japonicus
petasol 蜂斗菜醇 蜂斗菜属 Petasites
petatrichol 毛裂蜂斗菜醇 毛裂蜂斗菜 Petasites tricholobus
petilidine 贝母定 贝母属 Petilium
petroside 欧芹苷 欧芹属 Petroselinum
petunioside 碧冬茄甾苷 碧冬茄 Petunia × hybrida
peucedanone 前胡酮 前胡属 Peucedanum
peucenin 前胡宁 前胡属 Peucedanum
peucenol; peumorisin 准噶尔前胡酚 准噶尔前胡 Peucedanum morisonii
peuformosin 台湾前胡素 台湾前胡 Peucedanum formosanum
peujaponiside 滨海前胡苷 滨海前胡 Peucedanum japonicum
peujaponisin 滨海前胡素 滨海前胡 Peucedanum japonicum
peuruthenicin 俄罗斯前胡素 俄罗斯前胡 Peucedanum ruthenicum
phaeocaulin 蓬莪术素 莪术（蓬莪术）Curcuma phaeocaulis
phaeocaulisin 莪术素 莪术 Curcuma phaeocaulis
phanginin 苏木萜宁 苏木 Caesalpinia sappan（Phang：泰名）
phangininoxy 苏木萜宁氧化物 苏木 Caesalpinia sappan（Phang：泰名）
phanoside 绞股蓝番诺苷 绞股蓝 Gynostemma pentaphyllum
phanostenine 台湾千金藤宁碱 台湾千金藤 Stephania sasakii
phantomolin 白花地胆草林素 白花地胆草 Elephantopus tomentosus
pharbilignan 牵牛木脂素 牵牛 Pharbitis nil
pharbinilic acid 牵牛尼酸 牵牛 Pharbitis nil
pharbitoside 牵牛托苷 牵牛 Pharbitis nil
pharboside 牵牛苷 牵牛 Pharbitis nil
pharicunin 川藏香茶菜苦素 川藏香茶菜 Isodon pharicus
phaselic acid 菜豆酚酸 菜豆 Phaseolus vulgaris
phebalosin 费巴芸香素 费巴芸香属 Phebalium
phegopolin 水龙骨卵果蕨素 水龙骨卵果蕨 Phegopteris polypodiodes
pheliposide 黄肉苁蓉苷 黄肉苁蓉 Cistanche phelypaea
phellamuretin 黄柏亭 黄檗 Phellodendron amurense
phellamurin 黄檗灵素 黄檗 Phellodendron amurense
phellatin 黄檗亭素 黄檗属 Phellodendron
phellavin 黄檗文素 黄檗属 Phellodendron
phellifuropyranone 木层孔菌呋喃吡喃酮 木层孔菌属 Phellinus
phelligrin 桑黄灵 桑黄 Phellinus igniarius
phelline 石冬青碱 石冬青属 Phelline
phellinusfuran 木层孔菌呋喃 木层孔菌属 Phellinus
phellochin 黄檗钦素 黄檗 Phellodendron amurense
phellochinin 黄檗钦宁 黄檗 Phellodendron amurense
phellodendric 黄檗酸 黄檗属 Phellodendron
phellodendrine 黄檗碱 黄檗属 Phellodendron
phellodendroside 黄檗苷 黄檗属 Phellodendron
phellodenol 黄檗醇 黄檗属 Phellodendron
phellodensin 黄檗辛素 黄檗属 Phellodendron
phellogine 黄檗精 黄檗属 Phellodendron
phellolactone 黄檗酚内酯 黄檗属 Phellodendron
phellozide 黄檗叶苷 黄檗属 Phellodendron
phenicopterone 红鹳酮 红鹳属 Phoenicopterus
philadelphicalactone 毛酸浆内酯 毛酸浆 Physalis philadelphica
phillygenin 欧女贞苷元 欧女贞属 Phillyrea
phillygenol 欧女贞苷元酚 欧女贞属 Phillyrea
phillyraeoidin 乌冈栎鞣素 乌冈栎 Quercus phillyraeoides
phillyrin 欧女贞苷 欧女贞属 Phillyrea
philonotisflavone 泽藓黄酮 泽藓属 Philonotis
philoxeroic acid 喜旱莲子草酸 喜旱莲子草 Alternanthera philoxeroides
philoxeroideside 喜旱莲子草苷 喜旱莲子草 Alternanthera philoxeroides
phlebic acid 射脉菌酸 射脉菌亚属 Phlebia
phlegmacin 脱水马尾杉辛 马尾杉属 Phlegmariurus

P

phlinoside 线叶糙苏苷 线叶糙苏 Phlomis linearis
phloidicarpin 胀果芹素 胀果芹属 Phlojodicarpus
phlomiol 糙苏醇 糙苏属 Phlomis
phlomisethanoside 糙苏乙醇苷 糙苏属 Phlomis
phlomisoic acid 糙苏酸 糙苏 Phlomis umbrosa
phlomisone 糙苏酮 糙苏 Phlomis umbrosa
phlomisumbroside 糙苏醇苷 糙苏 Phlomis umbrosa
phlomuroside 金黄糙苏苷 金黄糙苏 Phlomis aurea
phlorin 根皮酚苷 根皮酚 Phloroglucinol
phloroeckol 根皮昆布酚 昆布 Ecklonia kurome
phlorofucofuroeckol 根皮呋喃昆布酚 昆布 Ecklonia kurome
phloyoside 螃蟹甲苷 螃蟹甲 Phlomis younghusbandii
phochinenin 石仙桃乃宁 石仙桃 Pholidota chinensis
phoebegrandine 巨楠碱 巨楠 Phoebe grandis
phoeniceoside 腓尼基刺柏苷 腓尼基刺柏 Juniperus phoenicea
pholidonone 石仙桃醌 石仙桃属 Pholidota
phomarin 茎点霉素 茎点霉 Phoma foveata
photosantalol 光檀香醇 檀香属 Santalum 与光（诱导）photo
phragmalin 内雄楝林素 内雄楝属 Entandrophragma
phrymarin 透骨草素 透骨草属 Phryma
phrymarol 透骨草洛醇 透骨草属 Phryma
phtheirospermoside 松蒿苷 松蒿 Phtheirospermum japonicum
phulchowkiamide 普尔乔基野扇花酰胺 羽脉野扇花 Sarcococca hookeriana（Phulchowki：尼泊尔山名）
phutdonginin 蕊木精宁 蕊木 Kopsia arborea（Phutdong：泰名）
phyllanflexoid 落萼叶下珠萜 落萼叶下珠 Phyllanthus flexuosus
phyllanthine 叶下珠辛碱 叶下珠属 Phyllanthus
phyllanthoid 叶下珠萜 叶下珠属 Phyllanthus
phyllanthunin 叶下珠宁 叶下珠属 Phyllanthus
phyllanthusiin 叶下珠鞣素 叶下珠属 Phyllanthus
phyllanthusmin 叶下珠明素 叶下珠属 Phyllanthus
phyllantidine 叶下珠替定 叶下珠属 Phyllanthus
phyllemtannin 余甘子鞣质 余甘子 Phyllanthus emblica
phyllocactin 昙花亭 昙花属 Phyllocactus
phyllochrysine 叶下珠黄碱 叶下珠属 Phyllanthus
phyllocladanol 叶枝杉醇 叶枝杉属 Phyllocladus
phyllocladene 叶枝杉烯 叶枝杉属 Phyllocladus
phyllostacin 叶穗香茶菜辛 叶穗香茶菜 Isodon phyllostachys
phyllostone 叶蕊厚壳桂酮 叶蕊厚壳桂 Cryptocarya phyllostemon
phyltetralin 月下珠四氢萘 珠子草（月下珠）Phyllanthus niruri
phyperunolide 灯笼果内酯 灯笼果 Physalis peruviana
physacoztolide 考茨酸浆内酯 考茨酸浆 Physalis coztomatl
physalactone 酸浆萨内酯 酸浆属 Physalis
physaliside 酸浆苷 酸浆属 Physalis
physangulidine 苦蘵利定 苦蘵 Physalis angulata
physanolide 酸浆诺内酯 酸浆属 Physalis
physanoside 酸浆诺苷 酸浆属 Physalis
physapruin 灯笼果素 灯笼果 Physalis peruviana
physapubescin 毛酸浆素 毛酸浆 Physalis pubescens
phytocassane 水稻卡山防御素 水稻 Oryza sativa（为卡山烷 cassane 类植物防御素 phytoalexin）
phytofluene 植物荧光烯 植物 Phyto- & 荧光 fluorescence（广布于橙色蔬果中的一种类胡萝卜素，具激发荧光，常译作六氢番茄红素）
phytolacacinoside 商陆诺苷 商陆 Phytolacca acinosa
phytolacain 商陆素 商陆属 Phytolacca
phytolaccasaponin 商陆皂苷 商陆属 Phytolacca
picfeoside 苦玄参奥苷 苦玄参 Picria felterrae
picralinal 苦籽木醛 苦籽木属 Picralima
picraline 苦籽木碱 苦籽木属 Picralima
picramicine 苦籽木米辛 苦籽木属 Picralima
picraqualide 苦树萜内酯 苦树 Picrasma quassioides
picraquassioside 苦树苷 苦树 Picrasma quassioides
picrasmalignan 苦树木脂素 苦树 Picrasma quassioides
picrinine 苦籽木宁 苦籽木属 Picralima
picrocrocinic acid 苦番红花酸 番红花属 Crocus（Picro：苦之意）
picrodendrin 苦皮桐素 苦皮桐属 Picrodendron
picrogentioside 胡黄连龙胆苷 胡黄连属 Picrorhiza& 龙胆属 Gentiana
picrolide 顶羽菊醇内酯 顶羽菊属 Acroptilon
picrosecoside 胡黄连裂苷 胡黄连属 Picrorhiza
pictoside 刺楸苷 刺楸 Kalopanax pictum
pierisformoside 美丽马醉木苷 美丽马醉木 Pieris formosa
pierisformosin 美丽马醉木素 美丽马醉木 Pieris formosa
pierisoid 马醉木萜 马醉木属 Pieris
pieristoxin 裂环马醉木毒素 马醉木属 Pieris
pieroside 马醉木洛苷 马醉木属 Pieris
pierotin 马醉木亭 马醉木属 Pieris
pikuroside 库洛胡黄连苷 库洛胡黄连 Picrorhiza kurroa
piliostigmin 帽柱豆素 帽柱豆属 Piliostigma
pilloin 皮洛瑞香素 皮洛瑞香 Ovidia pillo-pillo
pilosanol* 龙芽草醇 龙芽草 Agrimonia pilosa
pilosanol* 毛马齿苋醇 毛马齿苋 Portulaca pilosa
pilosanone 毛马齿苋酮 毛马齿苋 Portulaca pilosa
pilosidine 毛仙茅定 毛仙茅 Curculigo pilosa
pindrolactone 印度冷杉内酯 印度冷杉 Abies pindrow
pinfaenoic acid 红毛悬钩子酸 红毛悬钩子 Rubus pinfaensis
pinnatanine 羽叶省沽油碱 羽叶省沽油 Staphylea pinnata
pinnatifolin 羽叶丁香素 羽叶丁香 Syringa pinnatifolia
pinobanksin 北美短叶松素 北美短叶松 Pinus banksiana
pinobatol 欧洲赤松皮醇 欧洲赤松皮 Pinus sylvestris bark
pinocembrin 瑞士五针松素 瑞士五针松 Pinus cembra
pinocembroside 瑞士五针松苷 瑞士五针松 Pinus cembra
pinostrobin 北美乔松素 北美乔松 Pinus strobus
pinosylvin 欧洲赤松素 欧洲赤松 Pinus sylvestris
pinselin 青霉赛灵 青霉属 Penicillium
pipataline 胡椒塔灵 胡椒属 Piper
pipbinine 胡椒比宁碱 胡椒属 Piper
piperadione 胡椒二酮 胡椒属 Piper
piperalol 辣味乳菇醛醇 辣味乳菇 Lactarius piperatus
pipercallosidine 硬皮胡椒定 硬皮胡椒 Piper callosum
pipercallosine 硬皮胡椒碱 硬皮胡椒 Piper callosum
piperchabamide 爪哇长果胡椒胺 爪哇长果胡椒 Piper chaba
pipercide 胡椒杀虫碱 胡椒属 Piper
pipercitine 胡椒西亭碱 胡椒属 Piper
pipercycliamide 胡椒环酰胺 胡椒属 Piper
pipercyclobutanamide 胡椒环丁酰胺 胡椒属 Piper
piperdardine 瘤突胡椒定 瘤突胡椒 Piper tuberculatum
piperdial 辣味乳菇二醛 辣味乳菇 Lactarius piperatus
piperenol 胡椒烯醇 胡椒属 piper
piperenone 胡椒烯酮 胡椒属 piper
pipericine 胡椒利辛 胡椒属 Piper
piperkadsin 风藤新素 风藤 Piper kadsura
piperlongimine 荜茇吉明碱 荜茇 Piper longum
piperlongumamide 荜茇酰胺 荜茇 Piper longum
pipernonaline 荜茇纳灵 荜茇 Piper longum（分子结构含壬二烯酮 nonadienone）
piperoic acid 胡椒酚酸 胡椒属 Piper

P

piperoside 假荜茇苷 假荜茇 Piper retrofractum
piperphilippinin 菲律宾胡椒素 菲律宾胡椒 Piper philippinum
pipertipine 胡椒替平碱 胡椒属 Piper
piperulin 毛蒟脂素 毛蒟 Piper puberullum
piperundecalidine 荜茇十一碳哌啶 荜茇 Piper longum（分子结构含十一碳三烯酮 undecatrienone）
piperwalliol 石南藤醇 石南藤 Piper wallichii
piperwallioside 石南藤苷 石南藤 Piper wallichii
pipilyasine 胡椒雅辛碱 胡椒属 Piper（Ilyas：人名）
pipkirine 胡椒卡灵碱 胡椒属 Piper
pipnoohine 胡椒诺因碱 胡椒属 Piper
pipoxide 胡椒环氧化物 胡椒属 Piper
pipsaeedine 胡椒萨伊定碱 胡椒属 Piper
piptigrine 胡椒格灵碱 胡椒属 Piper
piptocarphin 落苞菊素 落苞菊属 Piptocarpha
pipyahyine 胡椒海因碱 胡椒属 Piper
pipyaqubine 胡椒曲宾碱 胡椒属 Piper
pipzubedine 胡椒祖贝定碱 胡椒属 Piper（Zubeda：人名）
piscidic acid 毒鱼豆酸 毒鱼豆属 Piscidia
piscidinol 毒鱼割舌树醇 毒鱼割舌树 Walsura piscidia
piscigenin 毒鱼豆苷元 毒鱼豆属 Piscidia
piscrocin 胡黄连辛 胡黄连 Picrorhiza scrophulariiflora
pisferal 日本花柏醛 日本花柏 Chamaecyparis pisifera
pisolactone 豆包菌内酯 豆包菌 Pisolithus arhizus
pisolithin 豆包菌素 豆包菌 Pisolithus arhizus
pisoquinone 豆包菌醌 豆包菌 Pisolithus arhizus
pistafolin 清香木素 清香木 Pistacia weinmanniifolia
pisumionoside 豌豆香堇苷 豌豆属 Pisum
pithecelloside 猴耳环苷 猴耳环属 Pithecellobium
pitheduloside 牛蹄豆苷 牛蹄豆 Pithecellobium dulce
pithelucoside 亮叶猴耳环苷 亮叶猴耳环 Pithecellobium lucidum
pitiamide 皮提鞘丝藻酰胺 皮提湾 Piti Bay
pitipeptolide 皮提鞘丝藻肽内酯 皮提湾 Piti Bay
pitiprolamide 皮提鞘丝藻脯酰胺 皮提湾 Piti Bay
pittogoside 光叶海桐苷 光叶海桐 Pittosporum glabratum
pittosporanoside 海桐花苷 海桐花属 Pittosporum
pittosporatobiraside 海桐苷 海桐 Pittosporum tobira
pittosporumxanthin 海桐花黄质 海桐花属 Pittosporum
placodiolic acid 扁囊衣酸 扁囊衣属 Placodium
planchol 中华猕猴桃酚 中华猕猴桃 Actinidia chinensis Planch.
plantagoamidinic acid 车前脒酸 车前属 Plantago
plantagoguanidinic acid 车前胍酸 车前属 Plantago
plantainoside 车前因苷 车前属 Plantago
plantarenaloside 对叶车前苷 对叶车前 Plantago arenaria
plantasioside 车前酚苷 车前 Plantago asiatica
plantenolic acid 车前烯醇酸 车前 Plantago asiatica
plasiaticine 车前碱 车前 Plantago asiatica
platanic acid 悬铃木酸 悬铃木属 Platanus
platanin 悬铃木宁 悬铃木属 Platanus
platanionoside 瓜木香堇苷 瓜木 Alangium platanifolium
plataplatanoside 瓜木酚苷 瓜木 Alangium platanifolium
plathymenin 黄苏木素 黄苏木属 Plathymenia
platycariin 化香树鞣质 化香树 Platycarya strobilacea
platycarpanetin 翅荚香槐亭 翅荚香槐 Cladrastis platycarpa
platycaryanin 化香树鞣宁 化香树属 Platycarya
platycarynol 化香树醇 化香树属 Platycarya
platycodoside 桔梗苷 桔梗属 Platycodon
platydesminium 阔果芸香季铵碱 阔果芸香属 Platydesma
platyphyllenone 白桦烯酮 白桦 Betula platyphylla
platyphyllide 阔叶千里光内酯 阔叶千里光 Senecio platyphyllus
platyphyllin 白桦素 白桦 Betula platyphylla
platyphyllone 白桦酮 白桦 Betula platyphylla
platyphyllonol 白桦酮醇 白桦 Betula platyphylla
platyphylloside 白桦酮苷 白桦 Betula platyphylla
platypterophthalide 阔翼蜡菊苯酞 阔翼蜡菊 Helichrysum platypterum
plebeiafuran 荔枝草呋喃 荔枝草 Salvia plebeia
plebeiolide 荔枝草内酯 荔枝草 Salvia plebeia
plecostonol 细锥香茶菜酮醇 细锥香茶菜 Plectranthus coetsa
plectocomine 类钩叶藤胺 类钩叶藤属 Plectocomiopsis
pleiocarpamine 多果树胺 多果树属 Pleiocarpa
pleionin 独蒜兰素 独蒜兰属 Pleione
pleionol 独蒜兰诺酚 独蒜兰属 Pleione
plenolin 多梗贝氏菊素 多梗贝氏菊 Baileya pleniradiata
plenoxide 重瓣五味子环氧化物 重瓣五味子 Schisandra plena
pleocarpenene 多果菊烯 多果菊属 Pleocarphus
pleoside 瓦韦酚苷 瓦韦属 Lepisorus（Pleopeltis）
pleuchiol 阔苞菊醇 阔苞菊属 Pleuchea
pleurofranoside 松潘棱子芹苷 松潘棱子芹 Pleurospermum franchetianum
pleuropyrone 毛脉蓼吡喃酮 毛脉蓼 Polygonum ciliinerve
pleurosine 长春普洛辛 长春花 Pervinca rosea & 白血病 Leukemia
plicatol 折叠石斛酚 折叠石斛 Dendrobium plicatile
plocigenin 杠柳辛苷元 杠柳属 Periploca
plocin 杠柳辛 杠柳属 Periploca
plocinin 杠柳辛宁 杠柳属 Periploca
plocoside 杠柳考苷 杠柳属 Periploca
plorantinone 美味红菇醇酮 美味红菇组 Plorantinae
pluchoic acid 阔苞菊酸 阔苞菊属 Pluchea
plukenetione 普氏猪胶树酮 普氏猪胶树 Clusia plukenetii
plumbagine 白花丹碱 白花丹属 Plumbago
plumbaginol 白花丹醇 白花丹属 Plumbago
plumbagoside 白花丹苷 白花丹属 Plumbago
plumbaside 白花丹巴苷 白花丹属 Plumbago
plumbocatechin 白花丹儿茶素 白花丹属 Plumbago
plumbolactone 白花丹内酯 白花丹属 Plumbago
plumenoside 鸡蛋花诺苷 鸡蛋花属 Plumeria
plumerianine 鸡蛋花宁 鸡蛋花属 Plumeria
plumericidine 鸡蛋花西定 鸡蛋花属 Plumeria
plumerubroside 红鸡蛋花苷 红鸡蛋花 Plumeria rubra
plumieridin 鸡蛋花定 鸡蛋花属 Plumeria
pluviatilol 雨花椒酚 雨花椒 Zanthoxylum pluviatile
pluviatolide 雨花椒内酯 雨花椒 Zanthoxylum pluviatile
pneumonanthoside 肺花龙胆苷 肺花龙胆 Gentiana pneumonanthe
podocarioside 长柄山蚂蝗苷 长柄山蚂蝗 Hylodesmum podocarpum
podocarnone 长柄山蚂蝗酮 长柄山蚂蝗 Hylodesmum podocarpum
podolactone 百日青内酯 百日青 Podocarpus neriifolius
podonaka 台湾罗汉松素 台湾罗汉松 Podocarpus nakaii
podopetaline 足瓣豆碱 足瓣豆属 Podopetalum
podorhizone 鬼臼根茎酮 鬼臼属 Podophyllum & 根状茎 Rhizome
podospermic acid 柄球菊酸 柄球菊属 Podospermum
podototarin 新西兰罗汉松素 新西兰罗汉松 Podocarpus totara
pogostol 广藿香托醇 广藿香 Pogostemon cablin
poinsettifolin 一品红叶琉桑酚素 一品红叶琉桑 Dorstenia poinsettifolia
pokeberrygenin 美商陆浆果苷元 垂序商陆（美商陆）Phytolacca americana（Pokeberry：英名）
polemoniogenin 花荵皂苷元 花荵属 Polemonium

P

polemonioside 花荵皂苷 花荵属 Polemonium
polianthoside 晚香玉苷 晚香玉属 Polianthes
poliothyrsin 山拐枣素 山拐枣属 Poliothyrsis
poliothyrsoside; poliothrysoside 山拐枣苷 山拐枣属 Poliothyrsis
politoside 婆婆纳托苷 婆婆纳 Veronica polita
poliumoside 灰香科科苷 灰香科科 Teucrium polium
pollenitin 茶花粉亭 茶花粉 Tea Pollen
pollinastanol 花粉甾烷醇 花粉 Pollen & 甾烷醇 stanol
pollinastanone 花粉甾烷酮 花粉 Pollen & 甾烷酮 stanone
polpunonic acid 杨叶普伦木酸 杨叶普伦木 Plenckia populnea
polyalthic acid 暗罗酸 暗罗属 Polyalthia
polyandraside 多蕊商陆苷 多蕊商陆 Phytolacca polyandra
polyanemine 陵水暗罗胺 陵水暗罗 Polyalthia nemoralis
polyanoside 多花素馨诺苷 多花素馨 Jasminum polyanthum
polyarvin 小花远志素 小花远志 Polygala arvensis
polybotrin 多序岩黄芪素 多序岩黄芪 Hedysarum polybotrys
polycarponin 多荚草素 多荚草 Polycarpon prostratum
polycartine 山桐子亭 山桐子 Idesia polycarpa
polycaudoside 尾叶远志苷 尾叶远志 Polygala caudata
polydactin 多型短指软珊瑚亭 多型短指软珊瑚 Sinularia polydactyla
polyflavanostilbene 蓼黄烷芪 蓼属 Polygonum
polygalatenoside 远志诺苷 远志 Polygala tenuifolia
polygalaxanthone 远志叫酮 V 远志属 Polygala
polygalolide 远志内酯 远志属 Polygala
polygochalcone 蓼查耳酮 蓼属 Polygonum
polygodial 蓼二醛 蓼属 Polygonum
polygonal 蓼醛 蓼属 Polygonum
polygonflavanol 蓼黄烷醇 蓼属 Polygonum
polygonimitin 何首乌素 何首乌 Polygonum multiflorum
polygonin 蓼宁 蓼属 Polygonum
polygonolide 蓼内酯 蓼属 Polygonum
polygonone 蓼酮 蓼属 Polygonum
polygonumin 蓼素 蓼属 Polygonum
polygonumoside 蓼苷 蓼属 Polygonum
polygosumic acid 香蓼酸 香蓼 Polygonum viscosum
polyhongkongenoside 香港远志苷 香港远志 Polygala hongkongensis
polyhongkongenoxanthone 香港远志叫酮 香港远志 Polygala hongkongensis
polyhongkonggaline 香港远志碱 香港远志 Polygala hongkongensis
polymorchromone 拐芹色酮 拐芹 Angelica polymorpha
polynapstilbene 蓼萘芪 蓼属 Polygonum
polynemoraline 陵水暗罗碱 陵水暗罗 Polyalthia nemoralis
polyneuridine 多脉白坚木定 多脉白坚木 Aspidosperma polyneuron
polypetaloside 多瓣驴蹄草苷 多瓣驴蹄草 Caltha polypetala
polyphylloside 滇重楼苷 宽瓣重楼（滇重楼）Paris polyphylla var. yunnanensis
polypodatetraene 多足蕨四烯 多足蕨属 Polypodium
polypodine 多足蕨素 多足蕨属 Polypodium
polypodoside 多足蕨苷 多足蕨属 Polypodium
polyporenic acid 多孔菌烯酸 多孔菌属 Polyporus
polyprosterone 多孔菌洛甾酮 多孔菌属 Polyporus
polysperlactone 多子南五味子内酯 多子南五味子 Kadsura polysperma
polysperlignan 多子南五味子木脂素 多子南五味子 Kadsura polysperma
polystachoside 多穗蓼苷 多穗蓼 Polygonum polystachyum
polystachyol 山楝脂醇 山楝 Aphanamixis polystachya
polystanin 山楝萜宁 山楝 Aphanamixis polystachya
polysyphorin 樟叶胡椒素 樟叶胡椒 Piper polysyphorum
pomiferin 柘橙素 柘橙 Maclura pomifera
pomolic acid 果渣酸 果渣 pomace
pomonic acid 果渣酮酸 果渣 pomace
ponasterone 台湾罗汉松甾酮 台湾罗汉松 Podocarpus nakaii
ponasteroside 台湾罗汉松甾酮苷 台湾罗汉松 Podocarpus nakaii
pondaplin 圆滑番荔枝林素 圆滑番荔枝 Annona glabra（Pond-apple：英名）
pongabiflavone 水黄皮双黄酮 水黄皮属 Pongamia
pongachin 水黄皮钦素 水黄皮属 Pongamia
pongachromene 水黄皮色烯 水黄皮属 Pongamia
pongacoumestan 水黄皮香豆雌烷 水黄皮属 Pongamia
pongaglabol 光水黄皮酚 光水黄皮 Pongamia glabra
pongaglabrone 光水黄皮酮 水黄皮 Pongamia glabra
pongamiabiaurone 水黄皮双橙酮 水黄皮属 Pongamia
pongamone 水黄皮酮 水黄皮属 Pongamia
pongamoside 水黄皮苷 水黄皮属 Pongamia
ponganone 水黄皮诺酮 水黄皮属 Pongamia
pongapin 水黄皮品素 水黄皮 Pongamia pinnata
pongapinnol 水黄皮酚 水黄皮 Pongamia pinnata
pongapinone 水黄皮品酮 水黄皮 Pongamia pinnata
pongarotene 水黄皮鱼藤烯 水黄皮属 Pongamia
populene 桐棉烯 桐棉 Thespesia populnea
populin 杨素 杨属 Populus
populnein 桐棉素 桐棉 Thespesia populnea
populnin 桐棉苷 桐棉 Thespasia populnea
populoside 杨苷 杨属 Populus
populusol 杨醇 杨属 Populus
porson 甜杨梅酮 香杨梅（甜杨梅）Myrica gale（Pors：挪威名）
portensterol 灰褐纹口蘑甾醇 灰褐纹口蘑 Tricholoma portentosum
portulacaldehyde 马齿苋卡醛 马齿苋属 Portulaca
portulene 马齿苋烯 马齿苋属 Portulaca
portulene acetal 马齿苋烯缩醛 马齿苋属 Portulaca
portulenol 马齿苋烯醇 马齿苋属 Portulaca
portulenone 马齿苋烯酮 马齿苋属 Portulaca
portulide 马齿苋萜内酯 马齿苋属 Portulaca
portulol ether 马齿苋醇醚 马齿苋属 Portulaca
portuloside 马齿苋苷 马齿苋属 Portulaca
porusterone 猪苓酯甾酮 猪苓 Polyporus umbellatus
posterone; poststerone 罗汉松泼甾酮 罗汉松属 Podocarpus
potanine 黑水翠雀宁 黑水翠雀花 Delphinium potaninii
potanisine 黑水翠雀辛 黑水翠雀花 Delphinium potaninii
potassium aeschynomate 合萌酸钾 合萌属 Aeschynomene
potengriffioside 柔毛委陵菜苷 柔毛委陵菜 Potentilla griffithii
praderin 大果山胡椒素 大果山胡椒 Lindera praecox
praecoxin 旌节花鞣辛 旌节花 Stachyurus praecox
praecoxine 大果山胡椒辛碱 大果山胡椒 Parabenzoin praecox
pranferin 阿魏栓翅芹素 阿魏栓翅芹 Prangos ferulacea
prangenin 栓翅芹苷元 栓翅芹苷 Prangos pabularia
prangol; aviprin 栓翅芹醇 栓翅芹属 Prangos
pratol 红车轴草酚 红车轴草 Trifolium pratense
prattol 康藏荆芥醇 康藏荆芥 Nepeta prattii
prazerigenin 巴拉次薯蓣皂苷元 巴拉次薯蓣 Dioscorea prazeri
precatorin 相思子任 相思子 Abrus precatorius
precatorine 相思子林碱 相思子 Abrus precatorius
premcoryoside 伞序臭黄荆奥苷 伞序臭黄荆 Premna corymbosa
premfulvaoside 黄毛豆腐柴苷 黄毛豆腐柴 Premna fulva
premnacorymboside 伞序臭黄荆苷 伞序臭黄荆 Premna corymbosa

P

premnadimer 豆腐柴二聚物 豆腐柴属 Premna
premnafolioside 钝叶臭黄荆苷 钝叶臭黄荆 Premna corymbosa var. obtusifolia
premnaodoroside 香豆腐柴苷 腐柴 Premna odorata
premnenol 豆腐柴烯醇 豆腐柴属 Premna
premnoside 豆腐柴苷 豆腐柴属 Premna
premnosidic acid 豆腐柴苷酸 豆腐柴属 Premna
prenantheside 盘果菊苷 盘果菊属 Prenanthes
pressafonin 台湾含笑素 台湾含笑 Michelia compressa
pressalanine 台湾含笑碱 台湾含笑 Michelia compressa
preussomerin 异构光黑壳素 异构光黑壳 Preussia isomera
primacrosaponin 硕萼报春皂苷 硕萼报春 Primula veris subsp. macrocalyx
primflasin; primflasine 寒地报春黄苷 寒地报春 Primula algida
primulanin 报春宁素 报春花属 Primula
primulinoside 樱草素馨苷 樱草素馨 Jasminum primulinum
prineoparaquinone 红根草新对醌 红根草 Salvia prionitis
prinoidin 栎叶鼠李素 栎叶鼠李 Rhamnus prinoides
prinsepiol 扁核木醇 扁核木属 Prinsepia
printzianic acid 普林茨菊酸 普林茨菊属 Printzia
prioline 红根草林碱 红根草 Salvia prionitis
prionitin 红根草亭 红根草 Salvia prionitis
prionitiside 红根草苷 红根草 Salvia prionitis
prionoid 红根草萜 红根草 Salvia prionitis
prismatomerin 三角瓣花素 三角瓣花属 Prismatomeris
pristimerol 扁蒴藤醇 扁蒴藤属 Pristimera
priverosaponin 黄花九轮草皂苷 黄花九轮草 Primula veris
proceranolide 高大苦油楝内酯 高大苦油楝 Carapa procera
proceranone 高大苦油楝酮 高大苦油楝 Carapa procera
proceraoside 黄豆树皂苷 黄豆树 Albizia procera
procesterol 白花牛角瓜甾醇 白花牛角瓜甾 Calotropis procera
procumbide 平卧钩果草别苷 平卧钩果草 Harpagophytum procumbens
procumbiene 爵床烯 爵床 Justicia procumbens
procumboside 平卧钩果草苷 平卧钩果草 Harpagophytum procumbens
procumphthalide 爵床萘内酯 爵床 Justicia procumbens
proliferin 土瓜狼毒灵 土瓜狼毒 Euphorbia prolifera
pronaphthalide 新爵床萘内酯 新爵床 Justicia procumbens
propindilactone 合蕊五味子二内酯 合蕊五味子 Schisandra propinqua
propinquain 合蕊五味子素 合蕊五味子 Schisandra propinqua
propinqualin 石莲姜槲蕨素 石莲姜槲蕨 Drynaria propinqua
propinquanin 合蕊五味子宁 合蕊五味子 Schisandra propinqua
propintrilactone 合蕊五味子三内酯 合蕊五味子 Schisandra propinqua
propolone 古巴蜂胶酮 古巴蜂胶 Cuban Propolis
prostratin* 平卧稻花素 平卧稻花 Pimelea prostrata
prostratin* 匍匐大戟素 匍匐大戟 Euphorbia prostrata
prostratol 平卧槐酚 平卧槐 Sophora prostrata
prostratoside 多荚草苷 多荚草 Polycarpon prostratum
pruniflorone 红芽木酮 红芽木 Cratoxylum formosum subsp. pruniflorum
prunifloroside 红芽木苷 红芽木 Cratoxylum formosum subsp. pruniflorum
prunifoline 蕊木叶林碱 蕊木 Kopsia arborea（Prune：精简命名之意）
prunioside 李叶绣线菊苷 李叶绣线菊 Spiraea prunifolia
prunose 梅酰糖 梅 Prunus mume
prupaside 稠李苷 稠李 Prunus padus
przewalidine 长柄唐松草里定 长柄唐松草 Thalictrum przewalskii
przewaline 长柄唐松草灵 长柄唐松草 Thalictrum przewalskii
przewalskin 甘西鼠尾草素 甘西鼠尾草 Salvia przewalskii
przewalskine 长柄唐松草因 长柄唐松草 Thalictrum przewalskii
przewalskinine 长柄唐松草宁 长柄唐松草 Thalictrum przewalskii
przewalskone 甘西鼠尾草酮 甘西鼠尾草 Salvia przewalskii
przewalstidine 长柄唐松草定 长柄唐松草 Thalictrum przewalskii
przewalstidinine 长柄唐松草定宁 长柄唐松草 Thalictrum przewalskii
przewalstine 长柄唐松草亭 长柄唐松草 Thalictrum przewalskii
przewalstinine 长柄唐松草亭宁 长柄唐松草 Thalictrum przewalskii
przewanoic acid 甘西鼠尾草萜酸 甘西鼠尾草 Salvia przewalskii
psammosilenin 金铁锁素 金铁锁属 Psammosilene
pseudane 假单胞菌烷 假单胞菌属 Pseudomonas
pseudocumene 伪孜然芹烃 孜然芹属 Cuminum
pseudonolin 瘤毛獐牙菜酚素 瘤毛獐牙菜 Swertia pseudochinensis
pseudostellarin 孩儿参素 孩儿参属 Pseudostellaria
pseurata 川藏香茶菜萜素 川藏香茶菜 Isodon pharicus
psidial 番石榴西二醛 番石榴 Psidium guajava
psiguadial 番石榴二醛 番石榴 Psidium guajava
psiguanin 番石榴宁 番石榴 Psidium guajava
psilostachyin 裸穗豚草素 裸穗豚草 Ambrosia psilostachya
psoralenol 补骨脂酮醇 补骨脂属 Psoralea
psycacoraone 九节菖蒲酮 九节属 Psychotria（为菖蒲烷 acorane 型倍半萜）
psychohenin 滇南九节碱 滇南九节 Psychotria henryi
psychotriasine 九节辛碱 九节属 Psychotria
psyrubrin 九节灵 九节 Psychotria rubra
ptaerochromenol 嚏木色烯醇甲醚 嚏木 Ptaeroxylon obliquum
ptaeroxylin 嚏木素 嚏木属 Ptaeroxylon
ptaquiloside 欧洲蕨苷 欧州蕨 Pteridium aquilinum
ptelatoside 蕨托苷 蕨属 Pteridium
pteleatinium 榆橘亭季铵碱 榆橘 Ptelea trifoliata
ptelecortine 榆橘皮碱 榆橘属 Ptelea
ptelecultinium 榆橘组培季铵碱 榆橘 Ptelea trifoliata
pteledimericine 榆橘二聚辛碱 榆橘属 Ptelea
pteledimeridine 榆橘二聚定碱 榆橘属 Ptelea
pteledimerine 榆橘二聚灵碱 榆橘属 Ptelea
ptelefoliarine 榆橘灵 榆橘 Ptelea trifoliata
ptelefolidine 榆橘定碱 榆橘 Ptelea trifoliata
ptelefolidone 榆橘利酮 榆橘 Ptelea trifoliata
ptelefolidonium 榆橘都季铵碱 榆橘 Ptelea trifoliata
ptelefoline 榆橘林碱 榆橘 Ptelea trifoliata
ptelefolinium 榆橘季铵碱 榆橘 Ptelea trifoliata
ptelefolinol 榆橘醇 榆橘 Ptelea trifoliata
ptelefolone 榆橘酮 榆橘 Ptelea trifoliata
ptelefructin 榆橘果亭 榆橘属 Ptelea
pteleoellagic acid 榆橘鞣花酸 榆橘属 Ptelea
pteleprenine 榆橘异戊烯碱 榆橘属 Ptelea
pterocarinin 枫杨鞣宁 枫杨属 Pterocarya
pterocarpolone 紫檀酮 紫檀属 Pterocarpus
pterocaryanin 枫杨宁素 枫杨属 Pterocarya
pterocaryoside 枫杨苷 枫杨属 Pterocarya
pterodolide 翼齿六棱菊内酯 翼齿六棱菊 Laggera pterodonta
pterodonoic acid 翼齿六棱菊酮酸 翼齿六棱菊 Laggera pterodonta
pterodontoside 翼齿六棱菊苷 翼齿六棱菊 Laggera pterodonta
pteropodine 翅柄钩藤碱 翅柄钩藤 Uncaria pteropoda
pteroxygonumnol 翼蓼醇 翼蓼属 Pteroxygonum

pteroxygonumoside 翼蓼苷 翼蓼属 Pteroxygonum
pteryxin 波翅芹素 波翅芹属 Pteryxia
ptiloepoxide 刺羽菊环氧化物 刺羽菊属 Ptilostemmon
pubadysone 毛止泻木酮 毛止泻木 Holarrhena pubescens
pubamide 毛止泻木酰胺 毛止泻木 Holarrhena pubescens
pubatriol 毛止泻木三醇 毛止泻木 Holarrhena pubescens
puberoside 算盘子萜苷 算盘子 Glochidion puberum
puberulic acid 柔毛青霉酸 柔毛青霉 Penicillium puberulum
puberulin 柔毛布枯素 柔毛布枯 Agathosma puberula
puberuline 牛扁灵碱 牛扁 Aconitum barbatum var. puberulum
puberullumine 毛蒟明碱 毛蒟 Piper puberullum
puberumine 牛扁明碱 牛扁 Aconitum barbatum var. puberulum
pubescenoside 毛冬青诺苷 毛冬青 Ilex pubescens
pubescenside 巧玲花苷 巧玲花 Syringa pubescens
pubescimine 毛止泻木胺 毛止泻木 Holarrhena pubescens
pubescine* 毛蔓长春花碱 毛蔓长春花 Vinca pubescens
pubescine* 毛止泻木碱 毛止泻木 Holarrhena pubescens
pubesenolide 毛酸浆烯内酯 毛酸浆 Physalis pubescens
pubeside 腺梗豨莶苷 腺梗豨莶 Sigesbeckia pubescens
pubetalin; pubetallin 腺梗豨莶素 腺梗豨莶 Sigesbeckia pubescens
puddumin 高盆樱桃素 高盆樱桃 Cerasus cerasoides
pulchellamine 美花风毛菊胺 美花风毛菊 Saussurea pulchella
pulchellin* 美丽相思子素 美丽相思子 Abrus pulchellus
pulchellin* 天人菊素 天人菊 Gaillardia pulchella
pulchelloside 美丽马鞭草苷 美丽马鞭草 Verbena pulchella
pulcherralpin 金凤花品素 金凤花 Caesalpinia pulcherrima
pulcherrimin 金凤花明素 金凤花 Caesalpinia pulcherrima
pulcherrol 一品红醇 一品红 Euphorbia pulcherrima
pulchinenoside 白头翁萜苷 白头翁 Pulsatilla chinensis
pulegol 唇萼薄荷醇 唇萼薄荷 Mentha pulegium
pulegone 唇萼薄荷酮 唇萼薄荷 Mentha pulegium
pulespenone 唇萼薄荷烯酮 唇萼薄荷 Mentha pulegium
pulidysenterin 止痢蚤草素 止痢蚤草 Pulicaria dysenterica
pulmatin 掌叶大黄苷 掌叶大黄 Rheum palmatum
pulsatillic acid 白头翁酸 白头翁 Pulsatilla chinensis
pulsatiloside 白头翁洛苷 白头翁属 Pulsatilla
pulveraven 黄粉末牛肝菌素 黄粉末牛肝菌 Pulveroboletus ravenelii
pulverolide 牛肝菌内酯 牛肝菌属 Pulveroboletus
pulverulentoside 被粉毛蕊花苷 被粉毛蕊花 Verbascum pulverulentum
pulvinatal 垫状鸟巢菌醛 垫状鸟巢菌 Nidularia pulvinata
pulvinic acid 狐扁枝衣酸 狐扁枝衣 Evernia vulpina
pulvinone 狐扁枝衣酮 狐扁枝衣 Evernia vulpina
pumiloside 短小蛇根草苷 短小蛇根草 Ophiorrhiza pumila
pummeline 柚碱 柚 Citrus maxima（Pummelo：英名）
pungenin 辛辣云杉素 辛辣云杉 Picea pungens
punicacortein 石榴皮素 石榴属 Punica & 皮 Cortex
punicafolin 石榴叶素 石榴属 Punica
punicalagin 石榴鞣精 石榴属 Punica
punicanolic acid 石榴萜酸 石榴属 Punica
punicatannin 石榴鞣宁 石榴属 Punica
puniceaside 紫红獐牙菜苷 紫红獐牙菜 Swertia punicea
punigluconin 石榴葡萄糖鞣素 石榴属 Punica
punjabine 旁遮普小檗碱 枸杞小檗 Berberis lycium（Punjab：地名）
pupukeanone 普普科亚膜海绵酮 膜海绵属 Hymeniacidon（Pupukea：产地）
puraquinonic acid 洁小菇醌酸 洁小菇 Mycena pura
purlanoside 紫毛花洋地黄苷 紫花洋地黄 Digitalis purpurea & 毛花洋地黄 Digitalis lanata
purpnigenin 紫花洋地黄宁苷元 紫花洋地黄 Digitalis purpurea
purpnin 紫花洋地黄宁苷 紫花洋地黄 Digitalis purpurea
purpronin 紫花洋地黄普宁苷 紫花洋地黄 Digitalis purpurea
purpureaside 紫花洋地黄瑞苷 紫花洋地黄 Digitalis purpurea
purpureusone 红曲酮 红曲 Monascus purpureus
purpurin 灰毛豆灵 灰毛豆 Tephrosia purpurea
purpuritenin 灰毛豆宁素 灰毛豆 Tephrosia purpurea
pustulan 丘疹石耳聚糖 丘疹石耳 Umbilicaria pustulata
pustulin 斑疹异叶茜素 斑疹异叶茜 Heterophyllaea pustulata
putranoside 假黄杨苷 假黄杨属 Putranjiva
putric acid 非洲核果木酸 非洲核果木属 Putranjiva
putterine 普特美登木碱 普特美登木 Maytenus putterlickoides
pycnarrhine 密花藤碱 密花藤属 Pycnarrhena
pycnoporin 红孔菌素 红孔菌属 Pycnoporus
pycnosanguin 血红孔菌素 血红孔菌 Pycnoporus sanguineus
pygenic acid 臀果木酸 臀果木属 Pygeum
pygmaeoherin 千解草灵 千解草 Pygmaeopremna herbacea
pyracanthoside 火棘山楂苷 火棘山楂 Crataegus pyracantha
pyrafortunoside 火棘苷 火棘 Pyracantha fortuneana
pyranofoline 小花山小橘吡喃碱 小花山小橘 Glycosmis citrifolia
pyrayafoline 豆叶九里香吡喃碱 豆叶九里香 Murraya euchrestifolia
pyrayaquinone 豆叶九里香吡喃醌 豆叶九里香 Murraya euchrestifolia
pyrenochaetamide 棘壳孢酰胺 棘壳孢属 pyrenochaeta
pyrenochaetolide 棘壳孢内酯 棘壳孢属 pyrenochaeta
pyrenochaetoxy 棘壳孢酚 棘壳孢属 pyrenochaeta
pyrocallianthaside 美花鹿蹄草萜苷（美花）鹿蹄草 Pyrola calliantha
pyroclavine 冰草麦角文碱 冰草属 Agropyrum & 麦角菌属 Claviceps
pyrolaside 鹿蹄草苷 鹿蹄草属 Pyrola
pyrolone 鹿蹄草酮 鹿蹄草属 Pyrola
pyrrolezanthine 吡咯花椒碱 花椒属 Zanthoxylum
pyrropetioside 有柄石韦苷 有柄石韦 Pyrrosia petiolosa
pyrroside 石韦苷 石韦属 Pyrrosia

Q

qinanone 奇楠沉香酮 土沉香（奇楠）Aquilaria sinensis
quadrangularin 方茎青紫葛素 方茎青紫葛 Cissus quadrangularis
quadranoside 四角风车子苷 四角风车子 Combretum quadrangulare
quaillic acid 皂皮树酸 皂皮树属 Quillaja
quamoclinic acid 茑萝酸 茑萝属 Quamoclit
quassidine 苦树西定碱 苦树 Picrasma quassioides
quaternine 四数鸡骨常山碱 四数鸡骨常山 Alstonia quaternata
quebrachamine 白坚木胺 白坚木 Aspidosperma quebracho-blanco
quebrachidine 白坚木钦定 白坚木 Aspidosperma quebracho-blanco
quercilicoside 冬青栎苷 冬青栎 Quercus ilex
questin 常现青霉素 常现青霉 Penicillium frequentans
questinol 常现青霉醇 常现青霉 Penicillium frequentans
quinatoside 木通萜苷 木通 Akebia quinata
quinoasaponin 藜麦皂苷 藜麦 Chenopodium quinoa
quinquefolan 西洋参叶聚糖 西洋参 Panax quinquefolium & 叶 Folium
quinquefoloside 西洋参叶皂苷 西洋参 Panax quinquefolium & 叶 Folium
quinqueloside 五裂益母草苷 五裂益母草 Leonuris quinquelobatus
quinquenin 西洋参脂素 西洋参 Panax quinquefolium
quresimin 睡茄明素 睡茄 Withania somnifera（Qureshi：作者名）

R

rabaichromone 拉巴依芦荟色酮 拉巴依芦荟 Aloe rabaiensis
rabdocoetsin 细锥香茶菜新素 细锥香茶菜 Rabdosia coetsoides
rabdoepigibberellolide 香茶菜表赤霉素内酯 香茶菜属 Rabdosia& 赤霉烷 gibberellane
rabdoinflexin 内折香茶菜萜素 内折香茶菜 Rabdosia inflexa
rabdoketone 香茶菜酮 香茶菜属 Rabdosia
rabdolasional 毛果延命草醛 毛果延命草 Rabdosia lasiocarpa
rabdoloxin 弯锥香茶菜素 弯锥香茶菜 Isodon loxothyrsus
rabdosiacoside 香茶菜考苷 香茶菜属 Rabdosia
rabdosianone 香茶菜醚酮 香茶菜属 Rabdosia
rabdosiin 香茶菜脂素 香茶菜属 Rabdosia
rabdosinate 香茶菜酯 香茶菜属 Rabdosia
rabdoternin 牛尾草宁 牛尾草 Rabdosia ternifolia
rabdoumbrosanin 阴生香茶菜宁 阴生香茶菜 Rabdosia umbrosa
rabyuennane 不育红素 不育红 Isodon yuennanensis
racemosic acid 聚果榕酸 聚果榕 Ficus racemosa
racemosidine 轮环藤定碱 轮环藤 Cyclea racemosa
racemosin 总序香茶菜素 总序香茶菜 Isodon racemosus
racemosin 总状花酒饼簕素 总状花酒饼簕 Atalantia racemosa
racemosinine 轮环藤辛宁 轮环藤 Cyclea racemosa
racemosol* 飞蛾藤醇 飞蛾藤 Porana racemosa
racemosol* 玉蕊醇 玉蕊 Barringtonia racemosa
racemosol* 总状花羊蹄甲酚 总状花羊蹄甲 Bauhinia racemosa
raddeanine 多被银莲花碱 多被银莲花 Fritillaria raddeana
raddeanone 多被银莲花酮 多被银莲花 Fritillaria raddeana
raddeanoside 多被银莲花苷 多被银莲花 Anemone raddeana
radermasinin 菜豆树宁 菜豆树 Radermachera sinica
radiatine 红花石蒜碱 红花石蒜 Lycoris radiata
radiatinol 少辐前胡醇 少辐前胡 Peucedanum pauciradiatum
radiatinoside 少辐前胡醇苷 少辐前胡 Peucedanum pauciradiatum
radicamine 半边莲胺 半边莲 Lobelia radicans
radicol 根状白鲜醇 根状白鲜 Dictamnus radicis
rakanmakilactone 短叶罗汉松内酯 短叶罗汉松 Podocarpus macrophyllus var. maki（Rakan-maki：日名）
ramanone 萝藦酮 萝藦 Metaplexis japonica（Rama：日名）
ramentoxide 台湾穗花杉醚 台湾穗花杉 Amentotaxus formosana
ramentoxidone 台湾穗花杉醚酮 台湾穗花杉 Amentotaxus formosana
ramontoside 大果刺篱木苷 大果刺篱木 Flacourtia ramontchi
ramosine 马甲子碱 马甲子 Paliurus ramosissimus
ranaconine 毛茛叶乌头原碱 毛茛叶乌头 Aconitum ranunculaefolium
randainal 台湾檫木醛 台湾檫木 Sassafras randaiense
randainol 台湾檫木醇 台湾檫木 Sassafras randaiense
randaiol 台湾檫木酚 台湾檫木 Sassafras randaiense
randialic acid 山黄皮酸 山黄皮属 Randia
randianin 山石榴宁 山石榴属 Randia
randioside 山石榴醇苷 山石榴属 Randia
rangiformic acid 鹿角石蕊酸 鹿角石蕊 Cladonia rangiformis
rankinidine 兰金钩吻定 兰金钩吻 Gelsemium rankinii
ranunchinesin 茴茴蒜素 茴茴蒜 Ranunculus chinensis
ranunculinin 毛茛宁 毛茛属 Ranunculus
rapanone 密花树醌 密花树属 Rapanea
rapulaside 鹤庆独活苷 鹤庆独活 Heracleum rapula
rapultririn 鹤庆独活三聚素 鹤庆独活 Heracleum rapula
raraoside 毛瓣无患子苷 毛瓣无患子 Sapindus rarak
rarasaponin 毛瓣无患子皂苷 毛瓣无患子 Sapindus rarak
rashomonic acid 荨麻叶龙头草酸 荨麻叶龙头草 Meehania urticifolia (Rashomon-kazura：日名)
raucaffricine 卡菲尔萝芙木辛碱 卡菲尔萝芙木 Rauwolfia caffra
raucaffrinoline 卡菲尔萝芙木林碱 卡菲尔萝芙木 Rauwolfia caffra
raucubainine 柳叶萝芙木因宁 柳叶萝芙木 Rauwolfia salicifolia（Cuba：产地）
rauhimbine 萝芙育亨宾碱 萝芙木属 Rauvolfia & 育亨宾碱 yohimbine
raunescine 灰毛萝芙木碱 灰毛萝芙木 Rauwolfia canescens
rausutranine 苏门答腊萝芙木宁碱 苏门答腊萝芙木 Rauwolfia sumatrana
rausutrine 苏门答腊萝芙木碱 苏门答腊萝芙木 Rauwolfia sumatrana
rauvotetraphylline 四叶萝芙木碱 四叶萝芙木 Rauvolfia tetraphylla
rauvovertine 萝芙木碱 萝芙木 Rauvolfia verticillata
ravenelone 黄粉末牛肝菌酮 黄粉末牛肝菌 Pulveroboletus ravenelii
rayalinol 驼绒藜醇 驼绒藜 Eurotia ceratoides(Raya：可能为地名)
rebaudioside 瑞宝甜菊苷 甜叶菊 Stevia rebaudiana
rebouliadienol 石地钱二烯醇 石地钱属 Reboulia
rebououside 石地钱苷 石地钱属 Reboulia
recedensic acid 隐居红厚壳酸 隐居红厚壳 Calophyllum recedens
reclinatoside 非洲刺葵皂苷 非洲刺葵 Phoenix reclinata
reflexin 大花菟丝子素 大花菟丝子 Cuscuta reflexa
refractamine 红花疆罂粟明 红花疆罂粟 Roemeria refracta
reframidine 红花疆罂粟定 红花疆罂粟 Roemeria refracta
reframine 红花疆罂粟碱 红花疆罂粟 Roemeria refracta
reframoline 红花疆罂粟莫灵 红花疆罂粟 Roemeria refracta
regelidine 东北雷公藤定碱 东北雷公藤 Tripterygium regelii
regelin 东北雷公藤素 东北雷公藤 Tripterygium regelii
regelindiol 东北雷公藤素二醇 东北雷公藤 Tripterygium regelii
regelinol 东北雷公藤素醇 东北雷公藤 Tripterygium regelii
regeol 东北雷公藤醇 东北雷公藤 Tripterygium regelii
regholarrhenine 区域止泻木碱 止泻木 Holarrhena antidysenterica（Regional Research Laboratory：印度研究机构）
regiaoleate 胡桃油酸酯 胡桃 Juglans regia
regiapalmitate 胡桃棕榈酸酯 胡桃 Juglans regia
reginin 大花紫薇宁 大花紫薇 Lagerstroemia fLos-regircae
regiolone 胡桃醇酮 胡桃 Juglans regia
rehmaionoside 地黄香堇苷 地黄 Rehmannia glutinosa
rehmannan 地黄多糖 地黄 Rehmannia glutinosa
rehmanone 地黄酮 地黄 Rehmannia glutinosa
reidin 大黄定 大黄属 Rheum
reiniose 瑞尼远志糖 瑞尼远志 Polygala reinii
reinioside 瑞尼远志苷 瑞尼远志 Polygala reinii
religiosin 菩提树素 菩提树 Ficus religiosa
remijinine 铜色树宁碱 铜色树属 Remijia
remrefine 红花疆罂粟芬碱 红花疆罂粟 Roemeria refracta
renchanglactone 仁昌南五味子内酯 仁昌南五味子 Kadsura renchangiana
renifolin 肾叶山蚂蝗素 肾叶山蚂蝗 Desmodium renifolium
reomeroline 红花疆罂粟洛灵 红花疆罂粟 Roemeria refracta
repandinin 石岩枫鞣宁 石岩枫 Mallotus repandus
repandusin 石岩枫素 石岩枫 Mallotus repandus
repanduthylin 石岩枫林素 石岩枫 Mallotus repandus
repdiolide 匍匐矢车菊二醇内酯 匍匐矢车菊 Centaurea repens
repenin 假连翘素 假连翘 Duranta repens
repenoside 假连翘诺苷 假连翘 Duranta repens
reptanthrin 伏生石豆兰菲 伏生石豆兰 Bulbophyllum reptans
resacetophenone 树脂苯乙酮 树脂 Resin & 苯乙酮 Acetophenone

resedin 木犀叶栓果菊素 木犀叶栓果菊 Launaea resedifolia
resinoside 树脂桉苷 树脂桉 Eucalyptus resinifera
resorcinol 树脂苔黑酚 树脂 Resin & 苔黑素 Orcin
resorcylic acid 树脂苔黑酸 树脂 Resin & 苔黑素 Orcin
reticanin 牛心果宁 牛心番荔枝（牛心果）Annona reticulata
reticenin 牛心果烯宁 牛心番荔枝（牛心果）Annona reticulata
reticulacinone 牛心果酮 牛心番荔枝（牛心果）Annona reticulata
reticulatacin 牛心果辛 牛心番荔枝（牛心果）Annona reticulata
reticulatain 牛心果素 牛心番荔枝（牛心果）Annona reticulata
reticuline 牛心果碱 牛心番荔枝（牛心果）Annona reticulata
retigeranic acid 网肺衣尼酸 网肺衣 Lobaria retigera
retigeric acid 网肺衣酸 网肺衣 Lobaria retigera
retusamine 吊裙草胺 吊裙草 Crotalaria retusa
retusin 微凹黄檀素 微凹黄檀 Dalbergia retusa
retusin; retusine 岩牡丹素 岩牡丹 Ariocarpus retusus
revandchinone 藏边大黄酮 藏边大黄 Rheum australe（Revandchini：印名）
reynosin 密花豚草素 密花豚草 Ambrosia confertiflora（Renold：作者名）
rhabarberone 大黄醌 大黄属 Rheum（Rhabarber：德名）
rhamnepalin 尼泊尔鼠李素 尼泊尔鼠李 Rhamnus nepalensis
rhamnocathartin 药鼠李素 药鼠李 Rhamnus cathartica
rhaphidecurperoxin 爬树龙过氧素 爬树龙 Rhaphidophora decursiva
rhaphidecursinol 爬树龙醇 爬树龙 Rhaphidophora decursiva
rhazidine 拉齐木定 拉齐木属 Rhazya
rhazimol 拉齐木醇 拉齐木属 Rhazya
rhazinaline 拉齐木那林 拉齐木属 Rhazya
rhazinilam 拉齐木内酰胺 拉齐木属 Rhazya
rhazinoline 拉齐木诺林 拉齐木属 Rhazya
rheediachromenoxanthone 瑞地亚木色烯呫酮 瑞地亚木属 Rheedia
rheediaxanthone 瑞地亚木呫酮 瑞地亚木属 Rheedia
rheoside 藏边大黄苷 藏边大黄 Rheum australe
rhetsinine 瑞特花椒宁碱 瑞特花椒 Xanthoxylum rhetsa
rheumaustralin 藏边大黄素 藏边大黄 Rheum australe
rheumin 大黄酯素 大黄属 Rheum
rheumone 大黄酮 大黄属 Rheum
rhinchoin 钩藤鞣素 钩藤 Uncaria rhynchophylla
rhinocerotinoic acid 犀牛鞘毛菊酸 犀牛鞘毛菊 Elytropappus rhinocerotis
rhizoctonic acid 丝核菌酸 丝核菌属 Rhizoctonia
rhizolotine 百脉根瘤碱 百脉根属 Lotus
rhizonic acid 地图衣尼酸 地图衣属 Rhizocarpon
rhizophorin 红树素 红树属 Rhizophora
rhizophorine 红树碱 红树属 Rhizophora
rhodalgin 喜冷红景天素 喜冷红景天 Rhodiola algida
rhodalidin 红景天里定 红景天属 Rhodiola
rhodalin; rodalin 喜冷红景天林素 喜冷红景天 Rhodiola algida
rhodanthenone 红花龙胆酚酮 红花龙胆 Gentiana rhodantha
rhodanthoside 红花龙胆苷 红花龙胆 Gentiana rhodantha
rhodiolgidin 红景天吉定 红景天属 Rhodiola
rhodiolgin 红景天吉素 红景天属 Rhodiola
rhodiolin 红景天林素 红景天属 Rhodiola
rhodionidin 红景天尼定 红景天属 Rhodiola
rhodionin 红景天宁 红景天属 Rhodiola
rhodisin 红景天鞣素 红景天属 Rhodiola
rhodocladonic acid 红石蕊酸 石蕊属 cladonia（rhodo：红色之意）
rhododaurichromanic acid 兴安杜鹃色烷酸 兴安杜鹃 Rhododendron dauricum
rhododendrone 杜鹃酮 杜鹃花属 Rhododendron
rhododendronside 杜鹃酮苷 杜鹃花属 Rhododendron
rhodolatouchol 鹿角杜鹃醇 鹿角杜鹃 Rhododendron latoucheae
rhodolatouside 鹿角杜鹃苷 鹿角杜鹃 Rhododendron latoucheae
rhodomicranol 照山白醇 照山白 Rhododendron micranthum
rhodomolin 羊踯躅林素 羊踯躅 Rhododendron molle
rhodomollolide 裂环羊踯躅内酯 羊踯躅 Rhododendron molle
rhodomyrtone 桃金娘呫酮 桃金娘属 Rhodomyrtus
rhodomyrtosone 桃金娘松酮 桃金娘属 Rhodomyrtus
rhodoxanthin 紫杉红质 浆果紫杉 Taxus baccata（红色 rhodo & 黄质 xanthin）
rhoifoline 漆叶花椒碱 漆叶花椒 Zanthoxylum rhoifolium
rhoipteleanin 马尾树宁 马尾树属 Rhoiptelea
rhoiptelenol 马尾树烯醇 马尾树属 Rhoiptelea
rhoipteleside 马尾树苷 马尾树属 Rhoiptelea
rhoiptelic acid 马尾树酸 马尾树属 Rhoiptelea
rhoiptelol 马尾树醇 马尾树属 Rhoiptelea
rhusonoside 木蜡树香堇苷 木蜡树 Rhus sylvestris
rhynchophine 钩藤芬碱 钩藤 Uncaria rhynchophylla
rhynchosperin 秋分草素 秋分草属 Rhynchospermum
rhynchospermoside 秋分草苷 秋分草属 Rhynchospermum
ribalinidine 里德巴福木定 里德巴福木 Balfourodendron riedelianum
ribalinine 里德巴福木宁 里德巴福木 Balfourodendron riedelianum
ribalinium 里德巴福木季铵碱 里德巴福木 Balfourodendron riedelianum
ribaliprenylene 里德巴福木异戊烯 里德巴福木 Balfourodendron riedelianum
ribenol 加那利毒马草烯醇 加那利毒马草 Sideritis canariensis（成分名称来源不详）
ribenone 加那利毒马草烯酮 加那利毒马草 Sideritis canariensis（成分名称来源不详）
rinderine 翅果草碱 翅果草属 Rindera
rindoside 伯格龙胆苷 伯格龙胆 Gentiana scabra var. buergeri（Rindo：日名）
ripariochromene 河岸泽兰色烯 河岸泽兰 Eupatorium riparium
riparoside 牛尾菜苷 牛尾菜 Smilax riparia
ritigalin 毛里求斯山小橘素 毛里求斯山小橘 Glycosmis mauritiana（Ritigala：斯里兰卡山名）
rivularin 向天盏素 半枝莲（向天盏）Scutellaria rivularis
rivularinin 草玉梅宁 草玉梅 Anemone rivularis
rivulobirin 心叶棱子芹二聚素 心叶棱子芹 Pleurospermum rivulorum
rivulotririn 心叶棱子芹三聚素 心叶棱子芹 Pleurospermum rivulorum
robinlin 刺槐林素 刺槐属 Robinia
robipseudin 刺槐定 刺槐 Robinia pseudoacacia
robtin 刺槐波亭 刺槐属 Robinia
roburic acid 夏栎酸 夏栎 Quercus robur
roburin 夏栎素 夏栎 Quercus robur
robustanic acid 大叶桉酸 大叶桉 Eucalyptus robusta
robustaquinone 粗壮金鸡纳醌 粗壮金鸡纳 Cinchona robusta
robustaside 银桦苷 银桦 Grevillea robusta
robustine 粗芸香碱 粗芸香 Haplophyllum robustum
robustol 银桦醚酚 银桦 Grevillea robusta
rockiiol 紫斑牡丹酚 紫斑牡丹 Paeonia rockii
rodgersinol 鬼灯檠醇 鬼灯檠属 Rodgersia
rodiolinozide 条叶红景天苷 条叶红景天 Rhodiola linearifolia
roebramine 紫花疆罂拉明 紫花疆罂粟 Roemeria hybrida
roecarboline 疆罂粟咔啉 疆罂粟属 Roemeria

roefractine 红花疆罂粟亭 红花疆罂粟 Roemeria refracta
roeharmine 疆罂粟哈尔明 疆罂粟属 Roemeria
roehybramine 紫花疆罂粟胺 紫花疆罂粟 Roemeria hybrida
roehybridine 紫花疆罂粟定 紫花疆罂粟 Roemeria hybrida
roehybrine 紫花疆罂粟灵 紫花疆罂粟 Roemeria hybrida
roehymine 紫花疆罂粟亥明 紫花疆罂粟 Roemeria hybrida
roemebramine 紫花疆罂粟明 紫花疆罂粟 Roemeria hybrida
roemecarine 疆罂粟卡任 疆罂粟属 Roemeria
roemehybrine 紫花疆罂粟任 紫花疆罂粟 Roemeria hybrida
roemeramine 红花疆罂粟胺 红花疆罂粟 Roemeria refracta
roemerialinone 疆罂粟酮 疆罂粟属 Roemeria
roemeridine 疆罂粟定 疆罂粟属 Roemeria
roemerine; remerine 疆罂粟碱 疆罂粟属 Roemeria
roemeronine 红花疆罂粟宁 红花疆罂粟 Roemeria refracta
rofficerone 迷迭香酮 迷迭香 Rosmarinus officinalis
rohituka 山楝三萜 山楝 Amoora rohituka
rohitukin 山楝素 山楝 Amoora rohituka
rolin 罗林果素 罗林果属 Rollinia
rolliniastatin 罗林果抑素 罗林果属 Rollinia
romucosine 黏质罗林果碱 黏质罗林果 Rollinia mucosa
rorifone 焊菜砜 焊菜属 Rorippa
roripanoside 焊菜苷 焊菜属 Rorippa
rosadiene 粉红单端孢二烯 粉红单端孢 Trichothecium roseum
rosalaevin 金樱子脂素 金樱子 Rosa laevigata
rosamine 长春萨胺 长春花 Catharanthus roseus
rosarin 玫瑰红景天林素 红景天(玫瑰红景天)Rhodiola rosea
rosavin; rosavidin 玫瑰红景天维素 红景天(玫瑰红景天)Rhodiola rosea
roseadine 长春花定 长春花 Vinca rosea
roseanoic acid 紫花丹酸 紫花丹 Plumbago rosea
roseanone 紫花丹酮 紫花丹 Plumbago rosea
roshenin 软条七蔷薇鞣素 软条七蔷薇 Rosa henryi
rosicine 长春西辛 长春 Catharanthus roseus
rosifoliol 空心泡醇 空心泡 Rubus rosifolius
rosin 玫瑰红景天素 红景天(玫瑰红景天)Rhodiola rosea
rosiridin 玫瑰红景天定 红景天(玫瑰红景天)Rhodiola rosea
rosiridol 玫瑰红景天醇 红景天(玫瑰红景天)Rhodiola rosea
rosiridoside 玫瑰红景天醇苷 红景天(玫瑰红景天)Rhodiola rosea
rosmaquinone 迷迭香醌 迷迭香属 Rosmarinus
rosmariquinone 迷迭香瑞醌 迷迭香属 Rosmarinus
rossicasin 草苁蓉素 草苁蓉 Boschniakia rossica
rossoliside 圆叶茅膏菜苷 圆叶茅膏菜 Drosera rotundifolia
rostellulin 爵床林素 爵床 Rostellularia procumbens
rosthorin 瘿花香茶菜灵 瘿花香茶菜 Rabdosia rosthornii
rosthornin 瘿花香茶菜宁 瘿花香茶菜 Rabdosia rosthornii
rostratamine 喙尖牛奶菜胺 喙尖牛奶菜 Marsdenia rostrata
rothindin 落地豆素 落地豆 Rothia indica
rotundanonic acid 铁冬青诺酸 铁冬青 Ilex rotunda
rotundarpenoside 铁冬青萜苷 铁冬青 Ilex rotunda
rotundial 单叶蔓荆二醛 单叶蔓荆 Vitex rotundifolia
rotundifolide 圆叶豺皮樟内酯 豺皮樟 Litsea rotundifolia var. oblongifolia
rotundifolin 圆叶节节菜素 圆叶节节菜 Rotala rotundifolia
rotundifolinol 圆叶豺皮樟醇 豺皮樟 Litsea rotundifolia var. oblongifolia
rotundifuran 单叶蔓荆呋喃 单叶蔓荆 Vitex rotundifolia
rotundine* 香附子碱 香附子 Cyperus rotundus
rotundine* 圆叶千金藤碱 圆叶千金藤 Stephania rotunda
rotundinoside 铁冬青苷 铁冬青 Ilex rotunda
rotundioic acid 铁冬青二酸 铁冬青 Ilex rotunda
rotundioside 圆叶柴胡苷 圆叶柴胡 Bupleurum rotundifolium
rotungenic acid 铁冬青吉酸 铁冬青 Ilex rotunda
rotungenoside 铁冬青吉苷 铁冬青 Ilex rotunda
rouremin 红叶藤素 红叶藤属 Rourea
rourinoside 红叶藤苷 红叶藤属 Rourea
rovidine 长春洛维定 长春花 Vinca rosea
roxburgholone 罗氏核果木酮 罗氏核果木 Putranjiva roxburghi
royleanone 罗氏旋覆花酮 罗氏旋覆花 Inula royleana
royleanonic acid 罗氏旋覆花酮酸 罗氏旋覆花 Inula royleana
ruageanin 鲁阿楝宁 鲁阿楝属 Ruagea
rubanol 杨梅诺醇 杨梅 Myrica rubra
rubanone 杨梅诺酮 杨梅 Myrica rubra
ruberythric acid 茜红酸 茜草属 Rubia & 红色 erythra
rubesanolide 冬凌草内酯 冬凌草 Isodon rubescens
rubiacordone 茜草酮 茜草 Rubia cordifolia
rubiadin 茜草定 茜草属 Rubia
rubialatin 金剑草素 金剑草 Rubia alata
rubianin 茜草宁 茜草属 Rubia
rubianol 茜草诺醇 茜草属 Rubia
rubianoside 茜草诺苷 茜草属 Rubia
rubiarboside 茜草乔木苷 茜草属 Rubia & 乔木山小橘烷 arborinane
rubiasin 茜草辛 茜草属 Rubia
rubiatriol 茜草三醇 茜草属 Rubia
rubiawallin 多花茜草素 多花茜草 Rubia wallichiana
rubicordifolin 茜草林素 茜草 Rubia cordifolia
rubijervine 红藜芦碱 白藜芦 Veratrum album(Jervina:英名)& 红色 rubi-
rubinaphthin 茜草萘素 茜草属 Rubia
rubioncolin 钩毛茜草林素 钩毛茜草 Rubia oncotricha
rubixanthin 锈红蔷薇黄质 锈红蔷薇 Rosa rubiginosa
rubiyunnanin 紫参素 紫参 Rubia yunnanensis
rubiyunnanol 紫参醇 紫参 Rubia yunnanensis
rubluanin 鲁山冬凌草宁 鲁山冬凌草 Isodon rubescens var. lushanensis
rubradoid 红鸡蛋花环烯醚萜 红鸡蛋花 Plumeria rubra
rubraflavone 红桑黄酮 红桑 Morus rubra
rubranin 玫瑰木素 玫瑰木 Aniba rosaeodora(rubra:红色)
rubrajaleelic acid 红鸡蛋花酸 红鸡蛋花 Plumeria rubra
rubrajaleelol 红鸡蛋花醇 红鸡蛋花 Plumeria rubra
rubralin 红鹧鸪花灵 红鹧鸪花 Trichilia rubra
rubranin 红鸡蛋花宁 红鸡蛋花 Plumeria rubra
rubranine 玫瑰木宁 玫瑰木 Aniba rosaeodora
rubranonoside 红鸡蛋花酮苷 红鸡蛋花 Plumeria rubra
rubranoside 红桤木苷 红桤木 Alus rubra
rubraxanthone 红藤黄叫酮 红藤黄 Garcinia rubra
rubriflorin 红花五味子灵 红花五味子 Schisandra rubriflora
rubrifloside 红花五味子苷 红花五味子 Schisandra rubriflora
rubrilignan 红花五味子木脂素 红花五味子 Schisandra rubriflora
rubrinol 红鸡蛋花诺醇 红鸡蛋花 Plumeria rubra
rubropunctamine 红斑红曲胺 红斑红曲 Monascus rubropunctatus
rubropunctatin 红斑红曲素 红斑红曲 Monascus rubropunctatus
rubupungenoside 针刺悬钩子苷 针刺悬钩子 Rubus pungens
rudrakine 金刚菩提碱 金刚菩提 rudraksha
rufescidride 红毛破布木酐 红毛破布木 Cordia rufescens
rufescine 红毛阿布藤碱 红毛阿布藤 Abuta rufescens
rugosinin 皱叶香茶菜宁 皱叶香茶菜 Isodon rugosus
rugosinone 皱叶唐松草酮碱 皱叶唐松草 Thalictrum rugosum
rulepidadiene 红菇二烯 红菇 Russula lepida

R

rulepidadiol 红菇二醇 红菇 Russula lepida
rulepidanol 红菇诺醇 红菇 Russula lepida
rulepidatriol 红菇三醇 红菇 Russula lepida
rulepidol 红菇醇 红菇 Russula lepida
rumejaposide 羊蹄苷 羊蹄 Rumex japonicus
rumexin 酸模素 酸模属 Rumex
rumexneposide 尼泊尔酸模酚苷 尼泊尔酸模 Rumex nepalensis
rumexone 酸模酮 酸模属 Rumex
rumexoside 酸模酚苷 酸模属 Rumex
rumic acid 酸模酸 酸模属 Rumex
rumphiol 波叶青牛胆萜醇 波叶青牛胆 Tinospora rumphii
runcinatside 赤胫散苷 赤胫散 Polygonum runcinatum var. sinense
rupesin 岩败酱辛 岩败酱 Patrinia rupestris
rupestrin 石生齿缘草素 石生齿缘草 Eritrichium rupestre
rupicolin 岩生三裂蒿素 岩生三裂蒿 Artemisia tripartita subsp. rupicola
ruscogenin 假叶树皂苷元 假叶树属 Ruscus
ruspoline 卢氏爵床碱 卢氏爵床属 Ruspolia
russelianoside 炮仗竹苷 炮仗竹属 Russelia
russlfoen 臭黄菇素 臭黄菇 Russula foetens
russulanorol 红菇降醇 红菇属 Russula
rutalinium 芸香季铵碱 芸香属 Ruta
rutarensin 阿勒颇芸香素 阿勒颇芸香 Ruta chalepensis
ruwenine 鲁文千里光碱 鲁文千里光 Senecio ruwenzoriensis
ryobunin 髭脉桤叶树宁 髭脉桤叶树 Clethra barbinervis（Ryobu：日名）
ryobunoside 髭脉桤叶树脂苷 髭脉桤叶树 Clethra barbinervis（Ryobu：日名）
ryobusaponin 髭脉桤叶树皂苷 髭脉桤叶树 Clethra barbinervis（Ryobu：日名）

S

sabandin 羽状芸香素 羽状芸香 Ruta pinnata（Sabando：地名）
sabphenol 清风藤酚 清风藤属 Sabia
sabphenoside 清风藤酚苷 清风藤属 Sabia
saccatol 西藏牛皮消醇 西藏牛皮消 Cynanchum saccatum
saccatoside 囊状毛蕊花苷 囊状毛蕊花 Verbascum saccatum
saccharostenone 甘蔗甾烯酮 甘蔗属 Saccharum
saccharumoside 糖槭酚苷 糖槭 Acer saccharum
sachalinol 库页红景天醇 库页红景天 Rhodiola sachalinensis
sachalinoside 库页红景天苷 库页红景天 Rhodiola sachalinensis
sachaliside 龙江柳苷 龙江柳 Salix sachalinensis
sacidumlignan 肉珊瑚木脂素 肉珊瑚 Sarcostemma acidum
sacidumol 肉珊瑚酚 肉珊瑚 Sarcostemma acidum
safficinolide 撒尔维亚内酯 撒尔维亚 Salvia officinalis
sagecoumarin 鼠尾草香豆素 鼠尾草属 Salvia（Sage：英名）& 香豆素 coumarin
sageone 撒尔维亚酮 撒尔维亚 Salvia officinalis（Sage：英名）
sagerinic acid 鼠尾草尼酸 鼠尾草属 Salvia
sagitiside 青牛胆替苷 青牛胆 Tinospora sagittata
sagitone 青牛胆萜酮 青牛胆 Tinospora sagittata
sagittasine 箭叶淫羊藿素 箭叶淫羊藿 Epimedium sagittatum
sagittatayunnanoside 云南青牛胆苷 云南青牛胆 Tinospora sagittata var. yunnanensis
sainfuran 驴食草呋喃 驴食草 Onobrychis viciifolia（Sainfoin：英名）
saiyutone 假鹰爪酮 假鹰爪 Desmos chinensis（Sai-Yut：泰名）
sajabalal 魁蒿醛 魁蒿 Artemisia princeps（Sajabal：韩国栽培变种，狮爪之意）
sajaponicin 漆姑草素 漆姑草 Sagina japonica
salacinol 五层龙辛醇 五层龙属 Salacia
salaquinone 五层龙奎酮 五层龙属 Salacia
salasol 五层龙索醇 五层龙属 Salacia
salasone 五层龙索酮 五层龙属 Salacia
salazinic acid 沙拉珊瑚枝酸 沙拉珊瑚枝 Stereocaulon salazinum
salbige 毕氏盐角草苷 毕氏盐角草 Salicornia bigelovii
salcolin 猪毛菜素 猪毛菜 Salsola collina
saletpangponoside 刺血红苷 花叶假杜鹃（刺血红）Barleria lupulina（Sa-let-pang-pon：泰名）
salicifolin 柳叶柴胡素 柳叶柴胡 Bupleurum salicifolium
salicifoliol 柳叶柴胡酚 柳叶柴胡 Bupleurum salicifolium
salicornate 盐角草酯 盐角草属 Salicornia
salignone 柳叶罗汉松酮 柳叶罗汉松 Podocarpus saligna
salipurpol 紫柳酚 紫柳 Salix purpurea
salipurposide 紫皮柳苷 紫皮柳 Salix purpurea
salonine 柳叶野扇花宁碱 柳叶野扇花 Sarcococca saligna
salsaside 盐生肉苁蓉苷 盐生肉苁蓉 Cistanche salsa
salsoloside 猪毛菜苷 猪毛菜属 Salsola
saluenin 怒江山茶素 怒江山茶 Camellia saluenensis
salutaridine 疗伤巴豆碱 疗伤巴豆 Croton salutaris
salvadoraside 刺茉莉苷 刺茉莉属 Salvadora
salviaclerodan 鼠尾草赪酮烷 鼠尾草属 Salvia & 赪酮烷 clerodane
salviacoccin 朱唇素 朱唇 Salvia coccinea
salviadione 鼠尾草二酮 鼠尾草属 Salvia
salviaflaside 黄花鼠尾草苷 黄花鼠尾草 Salvia flava
salvialoside 鼠尾草洛苷 鼠尾草属 Salvia
salviamine 鼠尾草胺 鼠尾草属 Salvia
salviamone 丹参莫酮 丹参 Salvia miltiorrhiza
salvianan 鼠尾草烷 鼠尾草属 Salvia
salvianen 鼠尾草烯 鼠尾草属 Salvia
salvianin 鼠尾草宁 鼠尾草属 Salvia
salvianonol 鼠尾草酮酚 鼠尾草属 Salvia
salviaplebeiaside 荔枝草苷 荔枝草 Salvia plebeia
salviatane 鼠尾草酚烷 鼠尾草属 Salvia
salvibretol 蒙氏鼠尾草醇 蒙氏鼠尾草 Salvia montbretii
salvidorol 道尔鼠尾草醇 道尔鼠尾草 Salvia dorrii
salviifoside 土坛树苷 土坛树 Alangium salviifolium
salvilenone 鼠尾草烯酮 鼠尾草属 Salvia
salvinorin 鼠尾草诺灵 鼠尾草属 Salvia
salvipisone 埃塞俄比亚鼠尾草酮 埃塞俄比亚鼠尾草 Salvia aethiopis
salvirecognine 真鼠尾草宁 真鼠尾草 Salvia recognita
salviskinone 甘西鼠尾草醌 甘西鼠尾草 Salvia przewalskii
salvisplendin 一串红素 一串红 Salvia splendens
salvitrijudin 鼠尾草三元环素 鼠尾草属 Salvia
salviviridinol 彩苞鼠尾草醇 彩苞鼠尾草 彩苞鼠尾草 Salvia viridis
salyunnanin 云南鼠尾草素 云南鼠尾草 Salvia yunnanensis
samarangenin 洋蒲桃素 洋蒲桃 Syzygium samarangense
samarcandin 撒马尔罕阿魏素 撒马尔罕阿魏 Ferula samarcandica
sambacin 茉莉花素 茉莉花 Jasminum sambac
sambacoside 茉莉苷 茉莉花 Jasminum sambac
sambuculin 接骨木灵 接骨木属 Sambucus
sambucunol 接骨木醇 接骨木属 Sambucus
sambunigrin 西洋接骨木苷 西洋接骨木 Sambucus nigra
samidin 萨阿米芹定 阿米芹 Ammi visnaga
samin 芝麻半素 芝麻 Sesamum indicum
saminol 芝麻半素酚 芝麻 Sesamum indicum
samioside 萨莫斯糙苏苷 萨莫斯糙苏 Phlomis samia

S

sammangaoside 苦郎树苷 苦郎树 Clerodendrum inerme（Sam-manga：泰名）
samogenin 萨莫兰皂苷元 萨莫兰属 Samuela carnerosana
sampsone 元宝草新酮 元宝草 Hypericum sampsonii
sampsonol 元宝草醇 元宝草 Hypericum sampsonii
sanangoside 萨南木苷 萨南木属 Sanango
sanchirhinoside 三七根苷 三七 Panax notoginseng（Sanchi：拼音名）
sandrosaponin 桑德柴胡皂苷 坚硬柴胡 Bupleurum rigidum（Sandra：人名）
sandwicensin 夏威夷刺桐素 夏威夷刺桐 Erythrina sandwicensis
sandwicine 三文治萝芙木辛碱 三文治萝芙木 Rauwolfia sandwicensis
sanguiin 地榆鞣质 地榆属 Sanguisorba
sanguinine 血红石蒜碱 血红石蒜 Lycoris sanguinea
sanguinolentaquinone 血红小菇醌 血红小菇 Mycena sanguinolenta
saniculamoid 薄片变豆菜萜 薄片变豆菜 Sanicula lamelligera
sanjidin 独蒜兰脂素 独蒜兰 Pleione bulbocodioides（Shancigu：生药拼音名）
sanjoinine 酸枣宁碱 酸枣 Ziziphus jujuba var. spinosa（Sanjoin：韩名）
sansoakamine 假黄皮卡明碱 假黄皮 Clausena excavata
santaflavone 圣麻蓍黄酮 圣麻蓍 Achillea santolina
santamarin; santamarine 短舌匹菊素 短舌匹菊 Tanacetum parthenium（Santa Maria：西班牙名）
santin 圣丁菊素 菊科 Compositae（Santin：地名）
sapelin 柱果内雄楝素 柱果内雄楝 Entandrophragma cylindricum（Sapele：英名）
sapimukoside 木患子苷 无患子（木患子）Sapindus saponaria
sapinmusaponin 木患子皂苷 无患子（木患子）Sapindus saponaria
sapinofuranone 松球壳孢呋喃酮 松球壳孢 Sphaeropsis sapinea
saponarioside 肥皂草皂苷 肥皂草属 Saponaria
saponoside 金盏花皂醇苷 金盏花 Calendula officinalis（为皂苷 saponin 类成分）
sapopyroside 肥皂草吡喃苷 肥皂草属 Saponaria
saposebifeic acid 乌桕酸 乌桕 Sapium sebiferum
sappanone 苏木酮 苏木 Caesalpinia sappan
sapriolactone 红根草内酯 红根草 Salvia prionitis
saprionide 红根草酸酐 红根草 Salvia prionitis
saprirearine 红根草灵 红根草 Salvia prionitis
saprosmoside 染木树苷 染木树属 Saprosma
sarcaboside 草珊瑚宝苷 草珊瑚属 Sarcandra
sarcaglaboside 肿节风苷 草珊瑚（肿节风）Sarcandra glabra
sarcandracoumarin 草珊瑚香豆素 草珊瑚 Sarcandra glabra
sarcandrolide 草珊瑚二聚内酯 草珊瑚 Sarcandra glabra
sarcandrone 草珊瑚酮 草珊瑚 Sarcandra glabra
sarcanolide 草珊瑚醇内酯 草珊瑚 Sarcandra glabra
sarcidumitol 肉珊瑚醇 肉珊瑚 Sarcostemma acidum
sarcodinine 野扇花定宁 野扇花属 Sarcococca
sarcorine 野扇花灵碱 野扇花属 Sarcococca
sarcostin 肉珊瑚素 肉珊瑚属 Sarcostemma
sargaol 马尾藻酚 马尾藻属 Sargassum
sarhamnoloside 西非羊角拗鼠李糖苷 西非羊角拗 Strophanthus sarmentosus
saringosterol 任氏马尾藻甾醇 任氏马尾藻 Sargassum ringgoldianum
sarmentamide 假蒟酰胺 假蒟 Piper sarmentosum
sarmentocymarin 西非羊角拗磁麻苷 西非羊角拗 Strophanthus sarmentosus
sarmentogenin 西非羊角拗苷元 西非羊角拗 Strophanthus sarmentosus
sarmentoic acid 垂盆草酸 垂盆草 Sedum sarmentosum
sarmentol 垂盆草醇 垂盆草 Sedum sarmentosum
sarmentolin 垂盆草素 垂盆草 Sedum sarmentosum
sarmentoloside 西非羊角拗洛苷 西非羊角拗 Strophanthus sarmentosus
sarmentomicine 假蒟米辛 假蒟 Piper sarmentosum
sarmentoside 西非羊角拗苷 西非羊角拗 Strophanthus sarmentosus
sarmentosigenin 西非羊角拗西苷元 西非羊角拗 Strophanthus sarmentosus
sarmentosumin 假蒟素 假蒟 Piper sarmentosum
sarmentosumol 假蒟酚 假蒟 Piper sarmentosum
sarmethoside 西非羊角拗索苷 西非羊角拗 Strophanthus sarmentosus
sarmutoside 西非羊角拗托苷 西非羊角拗 Strophanthus sarmentosus
sarnovide 西非羊角拗新苷 西非羊角拗 Strophanthus sarmentosus
sarolactone 地耳草内酯 地耳草 Sarothra japonica
saropeptate 地耳草肽酯 地耳草 Sarothra japonica
saropyrone 地耳草吡酮 地耳草 Sarothra japonica
sarothranol 田基黄酚 地耳草（田基黄）Sarothra japonica
sarsalignone 柳叶野扇花酮 柳叶野扇花 Sarcococca saligna
sarsasapogenin; sarsagenin 洋菝葜皂苷元 洋菝葜 Smilax regelii（Sarsaparilla：英名）
sarsasapogenone 洋菝葜皂苷元酮 洋菝葜 Smilax regelii（Sarsaparilla：英名）
sarusubine 南紫薇宾碱 南紫薇 Lagerstroemia subcostata（Saru suberi：日名）
sasanquin 茶梅素 茶梅 Camellia sasanqua
sassarandainol 台湾檫木脂酚 台湾檫木 Sassafras randaiense
sativan 紫苜蓿烷 紫苜蓿 Medicago sativa
sativanine 枣树宁碱 枣 Ziziphus sativa
sativanone 紫苜蓿烷酮 紫苜蓿 Medicago sativa
sativene 小麦长蠕孢烯 小麦长蠕孢 Helminthosporium sativum
sativoside 大蒜苷 蒜 Allium sativum
saucerneol 三白草醇 三白草 Saururus cernuus
saucernetin 三白草亭 三白草 Saururus cernuus
saucernetin diol 三白草亭二醇 三白草 Saururus cernuus
saulatine 泡叶阿布藤素 泡叶阿布藤 Abuta bullata（Saül：产地）
saurine 风毛菊素 风毛菊属 Saussurea
sauristolactam 三白草马兜铃内酰胺 三白草属 saururus
saurolactam 三白草内酰胺 三白草属 saururus
sauropposide 守宫木苷 守宫木属 Sauropus
saurucinol 三白草新醇 三白草 Saururus cernuus
saurufurin 三白草呋灵 三白草属 saururus
saurulignan 三白草木脂素 三白草属 saururus
saurunarin 三白草纳灵 三白草属 saururus
saururenin 三白草宁 三白草属 saururus
saururin 三白草素 三白草属 saururus
saururinone 三白草灵酮 三白草属 saururus
sausinlactone 雪莲花内酯 雪莲花 Saussurea involucrata
saussurea lactone 云木香内酯 云木香 Saussurea lappa
saussurenoside 风毛菊诺苷 风毛菊属 Saussurea
saussureoside 风毛菊苷 风毛菊属 Saussurea
savaside 绵毛鹿茸草苷 绵毛鹿茸草 Monochasma savatieri
sawaranin 日本花柏宁 日本花柏 Chamaecyparis pisifera（Sawara：日名）
saxalin 高山芹素 高山芹 Angelica saxatile
saxicolaline 石生黄堇碱 石生黄堇 Corydalis saxicola

S

saxifragifolin 喉咙草素 点地梅 Androsace saxifragifolia（喉咙草：生药名）
scaberoside 东风菜苷 东风菜 Doellingeria scabra
scabiosaponin 蓝盆花皂苷 蓝盆花属 Scabiosa
scabran 糙龙胆素 龙胆（粗糙龙胆）Gentiana scabra
scabraside 糙龙胆苷 龙胆（粗糙龙胆）Gentiana scabra
scandenolide 攀援假泽兰内酯 攀援假泽兰 Mikania scandens
scandine 攀援山橙碱 攀援山橙 Melodinus scandens
scandomeline 攀援山橙林碱 攀援山橙 Melodinus scandens
scandomelonine 攀援山橙宁碱 攀援山橙 Melodinus scandens
scaphopetalone 舟瓣木酮 舟瓣木属 Scaphopetalum
scapiformolactone 地埂鼠尾草内酯 地埂鼠尾草 Salvia scapiformis
sceptrumgenin 旌节等唇花皂苷元 旌节等唇花 Isoplexis sceptrum
schaftoside 夏佛塔雪轮苷 夏佛塔雪轮 Silene schafta
scheffarboside 鹅掌藤苷 鹅掌藤 Schefflera arboricola
schefflerin 鹅掌藤素 鹅掌藤 Schefflera arboricola
scheffleside 鹅掌柴萜苷 鹅掌柴属 Heptapleurum
scheffoleoside 鹅掌柴齐墩果苷 鹅掌柴属 Schefflera
scheffursoside 鹅掌柴熊果苷 鹅掌柴属 Schefflera
schekwangsienin 广西鹅掌柴素 广西鹅掌柴 Schefflera kwangsiensis
schekwangsienside 广西鹅掌柴苷 广西鹅掌柴 Schefflera kwangsiensis
schelhammera alkaloid 谢氏百合碱 谢氏百合属 Schelhammera
schelhammericine 谢氏百合辛碱 谢氏百合属 Schelhammera
schelhammeridine 谢氏百合定 谢氏百合属 Schelhammera
schensianolside 陕西卫矛醇苷 陕西卫矛 Euonymus schensianus
schiarisanrin 阿里山五味子灵 阿里山五味子 Schisandra arisanensis
schibicolignan 二色五味子木脂素 二色五味子 Schisandra bicolor
schicagenin 五味子笼萜素 五味子属 Schisandra & 笼状降三萜 cagelike nortriterpenoid
schidigeragenin 莫哈韦丝兰皂苷元 莫哈韦丝兰 Yucca schidigera（Yucca mohavensis）
schiglaucin 金山五味子素 金山五味子 Schisandra glaucescens
schiglaucyclozic acid 金山五味子环酸 金山五味子 Schisandra glaucescens
schiglausin 金山五味子辛 金山五味子 Schisandra glaucescens
schiglautone 金山五味子酮 金山五味子 Schisandra glaucescens
schiglauzic acid 金山五味子酸 金山五味子 Schisandra glaucescens
schigrandilactone 大花五味子二内酯 大花五味子 Schisandra grandiflora
schilancidilactone 披针叶五味子二内酯 狭叶五味子（披针叶五味子）Schisandra lancifolia
schilancifolignan 披针叶五味子木脂素 狭叶五味子（披针叶五味子）Schisandra lancifolia
schilancitrilactone 披针叶五味子三内酯 狭叶五味子（披针叶五味子）Schisandra lancifolia
schimawalin 西南木荷素 西南木荷 Schima wallichii
schinalactone 华中五味子内酯 华中五味子 Schisandra sphenanthera
schinarisanlactone 台湾五味子新内酯 阿里山五味子（台湾五味子）Schisandra arisanensis
schinchinenin 北五味子宁 五味子 Schisandra chinensis（药材习称北五味子）
schinchinenlactone 北五味子内酯 五味子 Schisandra chinensis（药材习称北五味子）
schindilactone 五味子新二内酯 五味子属 Schisandra
schineglignan 滇藏五味子果木脂素 滇藏五味子 Schisandra neglecta
schineolignin 五味子新木质素 五味子属 Schisandra
schinesdilactone 北五味子二内酯 五味子 Schisandra chinensis（药材习称北五味子）
schinifolisatin 青花椒萨亭 青花椒 Zanthoxylum schinifolium
schinlignin 五味子木质素 五味子属 Schisandra
schintrilactone 五味子三内酯 五味子 Schisandra chinensis
schiprolactone 合蕊五味子内酯 合蕊五味子 Schisandra propinqua
schirubridilactone 红花五味子二内酯 红花五味子 Schisandra rubriflora
schirubrisin 红花五味子辛 红花五味子 Schisandra rubriflora
schisanartanin 五味子木菠萝宁 五味子属 Schisandra & 木菠萝烷 artane
schisanbicolorin 二色五味子灵 二色五味子 Schisandra bicolor
schisanbilactone 二色五味子内酯 二色五味子 Schisandra bicolor
schisanchinin 五味子宁 五味子 Schisandra chinensis
schisandilactone 五味子安二内酯 五味子属 Schisandra
schisandlignan 五味子木脂素 五味子属 Schisandra
schisandraflorin 大花五味子素 大花五味子 Schisandra grandiflora
schisandrene 五味子烯 五味子属 Schisandra
schisandriside; schizandriside 五味子苷 五味子属 Schisandra
schisandronic acid; schizandronic acid 五味子酮酸 五味子属 Schisandra
schisanlignaol 五味子木脂醇 五味子属 Schisandra
schisanlignone 五味子木脂酮 五味子属 Schisandra
schisanol 五味子萜醇 五味子属 Schisandra
schisansphene 华中五味子烯 华中五味子 Schisandra sphenanthera
schisansphenin 华中五味子宁 华中五味子 Schisandra sphenanthera
schisanspheninal 华中五味子宁醛 华中五味子 Schisandra sphenanthera
schisanterpene 五味子萜 五味子属 Schisandra
schisarisanlactone 台湾五味子内酯 阿里山五味子（台湾五味子）Schisandra arisanensis
schiscupatetralin 五味子柏芳四氢萘 五味子属 Schisandra & 柏芳烃 cuparene & 四氢萘 tetralin
schisdilactone 五味子斯二内酯 五味子 Schisandra chinensis
schismoside 裂果草苷 裂果草 Schismocarpus matudai
schisphendilactone 华中五味子二内酯 华中五味子 Schisandra sphenanthera
schisphenin 华中五味子素 华中五味子 Schisandra sphenanthera
schisphenlignan 华中五味子木脂素 华中五味子 Schisandra sphenanthera
schisphenone 华中五味子酮 华中五味子 Schisandra sphenanthera
schisphentetralone 华中五味子四氢萘酮 华中五味子 Schisandra sphenanthera
schisphenthin 华中五味子辛 华中五味子 Schisandra sphenanthera
schisandrolic acid 五味子醇酸 五味子属 Schisandra
schizanrin 五味子灵 五味子属 Schisandra
schizanrutonin 红花五味子酮素 红花五味子 Schisandra rubriflora
schizoflavine 裂褶菌黄素 裂褶菌属 Schizophyllum
schizonepetoside 裂叶荆芥苷 裂叶荆芥 Schizonepeta tenuifolia
schizonodiol 裂叶荆芥二醇 裂叶荆芥 Schizonepeta tenuifolia
schizonol 裂叶荆芥醇 裂叶荆芥 Schizonepeta tenuifolia
schizotenuin 裂叶荆芥素 裂叶荆芥 Schizonepeta tenuifolia
schlanctin 狭叶五味子亭 狭叶五味子 Schisandra lancifolia
schobericine 大白刺辛 大白刺 Nitraria schoberi
schoberidine 大白刺定 大白刺 Nitraria schoberi
schoberine 大白刺碱 大白刺 Nitraria schoberi
schoepfiajasmin 青皮木明 青皮木 Schoepfia jasminodora
schoepfin 青皮木素 青皮木属 Schoepfia
scholarein 糖胶树素 糖胶树 Alstonia scholaris

S

scholaricine 糖胶树辛碱 糖胶树 Alstonia scholaris
scholarine 糖胶树灵碱 糖胶树 Alstonia scholaris
scholarisine 糖胶树碱 糖胶树 Astonia scholaris
schpropinrin 合蕊五味子灵 合蕊五味子 Schisandra propinqua
schproplignan 合蕊五味子木脂素 合蕊五味子 Schisandra propinqua
schrenkianaone 雪岭杉酮 雪岭云杉 Picea schrenkiana
schumanniofioside 华丽舒曼木苷 华丽舒曼木 Schumanniophyton magnificum
sciadinonate 金松酮酸酯 金松属 Sciadopitys
scilliphaeosidin 海葱西定 海葱 Scilla maritima
sclarene 欧丹参烯 欧丹参 Salvia sclarea
sclareol 欧丹参醇 欧丹参 Salvia Sclarea
sclareolide 欧丹参内酯 欧丹参 Salvia sclarea
sclerodin 枯梢菌素 枯梢菌属 Scleroderris
sclerone 核盘菌酮 核盘菌 Sclerotinia sclerotiorum
sclerophynin 苦槠宁 苦槠 Castanopsis sclerophylla
scolochinenoside 箣柊酚苷 箣柊 Scolopia chinensis
scolopianate 箣柊酯 箣柊属 Scolopia
scoloposide 箣柊苷 箣柊属 Scolopia
scoloside 箣柊洛苷 箣柊属 Scolopia
scolymoside 菜蓟莫苷 菜蓟 Cynara scolymus
scopadiol 野甘草二醇 野甘草属 Scoparia
scopadulcic acid 野甘草西酸 野甘草 Scoparia dulcis
scopadulciol 野甘草西醇 野甘草 Scoparia dulcis
scopadulin 野甘草林素 野甘草 Scoparia dulcis
scopanolal 野甘草拉醛 野甘草属 Scoparia
scoparic acid 野甘草酸 野甘草属 Scoparia
scoparin 金雀儿苷 金雀儿 Spartium scoparium
scoparinol 野甘草醇 野甘草属 Scoparia
scopodrimol 东莨菪林仙醚 东莨菪内酯 scopoletin 与林仙醇 drimol 构成的醚
scopofarnol 东莨菪金合欢醚 东莨菪内酯 scopoletin 与金合欢醇 farnesol 构成的醚
scoposide 扫帚聚首花苷 扫帚聚首花 Cephalaria scoparia
scorodioside 香蜂花叶玄参苷 香蜂花叶玄参 Scrophularia scorodonia
scorzocreticoside 克里特鸦葱苷 克里特鸦葱 Scorzonera cretica
scorzoneric acid 鸭葱酸 鸦葱属 Scorzonera
scorzonerin 鸭葱素 鸦葱属 Scorzonera
scorzoneroside 红柴胡苷 红柴胡 Bupleurum scorzonerifolium
scotanamine 山莨菪酰胺 山莨菪 Scopolia tangutica
scrocaffeside 胡黄连咖啡酸苷 胡黄连 Picrorhiza scrophulariiflora
scrodentoid 齿叶玄参萜 齿叶玄参 Scrophularia dentata
scrokoelziside 科兹玄参苷 科兹玄参 Scrophularia koelzii
scroneoside 胡黄连新苷 胡黄连 Picrorhiza scrophulariiflora
scrophenoside 胡黄连酚苷 胡黄连 Picrorhiza scrophulariiflora
scrophularianoid 玄参萜 玄参属 Scrophularia
scrophularioside 玄参奥苷 玄参属 Scrophularia
scrophuloside* 胡黄连洛苷 胡黄连 Picrorhiza scrophulariiflora
scrophuloside* 玄参洛苷 玄参属 Scrophularia
scrophuside 玄参夫苷 玄参属 Scrophularia
scropolioside 斯氏玄参苷 斯氏玄参 Scrophularia scopolii
scroside 胡黄连醇苷 胡黄连 Picrorhiza scrophulariiflora
scrospioside 穗花玄参苷 穗花玄参 Scrophularia spicata
scupolin 多齿黄芩素 多齿黄芩 Scutellaria polyodon
scutalbin 白黄芩素 白黄芩 Scutellaria albida
scutaltisin 高黄芩辛 高黄芩 Scuttellaria altissima
scutebaicalin 黄芩林素 黄芩 Scutellaria baicalensis
scutebata 半枝莲萜 半枝莲 Scutellaria barbata
scutecolumnin 哥伦黄芩素 哥伦黄芩 Scutellaria columnae
scutegalerin 盔状黄芩灵 盔状黄芩 Scutellaria galericulata
scutehenanine 河南半枝莲碱 半枝莲 Scutellaria barbata（Henan：产地）
scutelinquanine 临泉半枝莲碱 半枝莲 Scutellaria barbata（Linquan：产地）
scutellarioside 黄芩萜苷 黄芩属 Scutellaria
scutellin 半枝莲林素 半枝莲 Scutellaria barbata
scutellone 半枝莲酮 半枝莲 Scutellaria barbata
scutequinone 五彩苏醌 五彩苏 Coleus scutellarioides
scutianine 对刺藤宁碱 对刺藤属 Scutia
sebiferine 潺槁木姜子灵 潺槁木姜子 Litsea sebiferea
sebiferone 乌桕脂酮 乌桕 Triadica sebifera
secaclavine 黑麦麦角碱 黑麦属 Secale & 麦角菌属 Claviceps
secamonoide 蛇胆草素 蛇胆草 Tylophora secamonoides
secologanoside 裂环马钱诺苷 马钱科 Loganiaceae
secu'amamine 奄美一叶萩胺 奄美一叶萩 Securinega suffruticosa var. amamiensis
securinegine 一叶萩精 一叶萩 Securinega suffruticosa
securioside 蝉翼藤苷 蝉翼藤属 Securidaca
securiphenone 蝉翼藤酚酮 蝉翼藤属 Securidaca
securisteroside 蝉翼藤甾苷 蝉翼藤属 Securidaca
securiterpenoside 蝉翼藤萜苷 蝉翼藤属 Securidaca
securitinine 一叶萩宁碱 一叶萩 Securinega suffruticosa
securixanside 蝉翼藤屾酮苷 蝉翼藤属 Securidaca
sedanenolide 芹菜烯内酯 芹菜 Apium Graevolens（Sedano：意大利名）
sedanoic acid; sedanonic acid 芹菜酮酸 芹菜 Apium Graevolens（Sedano：意大利名）
sedanolide 芹菜内酯 芹菜 Apium Graevolens（Sedano：意大利名）
sedumoside 景天苷 景天属 Sedum
segelin 麦蓝菜林素 麦蓝菜 Vaccaria segetalis
segetalic acid 麦蓝菜酸 麦蓝菜 Vaccaria segetalis
segetalin 麦蓝菜素 麦蓝菜 Vaccaria segetalis
segetoside 麦蓝菜托苷 麦蓝菜 Vaccaria segetalis
seguiniilactone 藤状火把花内酯 藤状火把花 Colquhounia seguinii
seguinoside 密花树酚苷 密花树 Rapanea seguinii
sekikaic acid 石树花酸 石树花 Ramalina sekika
selagin 小杉兰素 小杉兰 Huperzia selago
selagoline 小杉兰碱 小杉兰 Huperzia selago
semenoside 鸡冠子苷 鸡冠子（药材名）Semen Celosia Cristatae
semiaquilegin 天葵素 天葵属 Semiaquilegia
semiaquilegine 天葵碱 天葵属 Semiaquilegia
semiaquilegoside 天葵萜苷 天葵属 Semiaquilegia
semiglabrin 半秃灰毛豆素 半秃灰毛豆 Tephrosia semiglabra
semiglabrinol 半秃灰毛豆醇 半秃灰毛豆 Tephrosia semiglabra
semiglabrinone 半秃灰毛豆酮 半秃灰毛豆 Tephrosia semiglabra
semitortoside 半扭卷马先蒿苷 半扭卷马先蒿 Pedicularis semitorta
semperoside 常绿钩吻苷 常绿钩吻 Gelsemium sempervirens
semperviramidine 锦熟黄杨胺定碱 锦熟黄杨 Buxus sempervirens
semperviraminol 锦熟黄杨胺醇 锦熟黄杨 Buxus sempervirens
semperviraminone 锦熟黄杨胺酮 锦熟黄杨 Buxus sempervirens
sempervirol 地中海柏木酚 地中海柏木 Cupressus sempervirens
semperviroxazolidine 锦熟黄杨噁唑定碱 锦熟黄杨 Buxus sempervirens
senburiside 日本当药瑞苷 日本当药 Swertia japonica
sendanolactone 楝萜内酯 楝 Melia azedarach（Sendan：日名）
seneciannabine 麻叶千里光碱 麻叶千里光 Senecio cannabifolius

S

seneciphylline 阔叶千里光灵碱 阔叶千里光 Senecio platyphyllus
seneciphyllinine 阔叶千里光宁碱 阔叶千里光 Senecio platyphyllus
senecrassidiol 肉叶千里光二醇 肉叶千里光 Senecio crassissimus
senegalensin 塞内加尔刺桐辛 塞内加尔刺桐 Erythrina senegalensis
seneganolide 非洲楝内酯 非洲楝 Khaya senegalensis
senegasaponin 美远志皂苷 美远志 Polygala senega
senegose 美远志糖 美远志 Polygala senega
senepodine 中华石杉碱 中华石杉 Huperzia chinensis
sengulone 槐叶决明醌 槐叶决明 Senna sophera
senine 千里光碱 千里光属 Senecio
sepaconitine 北方乌头亭 北方乌头 Aconitum septentrionale
sepiol 篱笆毒鼠豆酚 篱笆毒鼠豆 Gliricidia sepium
septatisine 北方乌头辛 北方乌头 Aconitum septentrionale
septemfidoside 西亚龙胆苷 西亚龙胆 Gentiana septemfida
septemloside 刺楸洛苷 刺楸 Kalopanax septemlobus
septemoside 刺楸莫苷 刺楸 Kalopanax septemlobus
septentriocine 北方乌头钦碱 北方乌头 Aconitum septentrionale
septicine 棱果榕辛碱 棱果榕 Ficus septica
sequirin 红杉素 红杉属 Sequoia
sericenol 舟山新木姜子烯醇 舟山新木姜子 Neolitsea sericea
sericeol 舟山新木姜子醇 舟山新木姜子 Neolitsea sericea
sericic acid 绢毛榄仁酸 绢毛榄仁 Terminalia sericea
serjanic acid 塞战藤酸 塞战藤属 Serjania
serotobenine 红花色胺宁 红花 Carthamus tinctorius（为五羟色胺 serotonin 的衍生物）
serpentinine 蛇根木替宁 蛇根木 Rauwolfia serpentina
serpinine 蛇根木宁 蛇根木 Rauwolfia serpentina
serralabdane 及己半日花烷 及己 Chloranthus serratus
serralactone 及己内酯 及己 Chloranthus serratus
serratezomine 蛇足石杉左明碱 蛇足石杉 Lycopodium serrata
serratin 指裂西番莲素 指裂西番莲 Passiflora serratodigitata
serratoside 三对节苷 三对节 Clerodendrum serratum
serratumin 三对节素 三对节 Clerodendrum serratum
serratumoside 三对节莫苷 三对节 Clerodendrum serratum
serratustone 及己酮 及己 Chloranthus serratus
serrulatin 细齿大戟素 细齿大戟 Euphorbia serrulata
sesaminone 芝麻素酮 芝麻 Sesamum indicum
sesamolactol 芝麻酚乳糖醇 芝麻 Sesamum indicum
sesamone 胡麻酮 胡麻属 Sesamum
se-saponin 三对节皂苷 三对节 Clerodendrum serratum
seselin 邪蒿素 邪蒿属 Seseli
seselinal 西风芹醛 西风芹属 Seseli
sesibiricin 西伯利亚西风芹素 西伯利亚西风芹 Seseli sibiricum
sesquimarocanol 摩洛哥冷杉倍半脂醇 摩洛哥冷杉 Abies marocana
sesquipinsapol 西班牙冷杉倍半脂醇 西班牙冷杉 Abies pinsapo
sessilifol 四川金粟兰醇 四川金粟兰 Chloranthus sessilifolius
sessilifoline 直立百部碱 直立百部 Stemona sessilifolia
sessiline 无梗五加碱 无梗五加 Acanthopanax sessiliflorus
sessiloside 短梗五加苷 无梗五加（短梗五加）Acanthopanax sessiliflorus
setoclavine 狼尾麦角碱 狼尾属 Pennisetum & 麦角菌属 Claviceps
severibuxine 东风橘新碱 东风橘 Severinia buxifolia
severifoline 东风橘碱 东风橘 Severinia buxifolia
severinolide 东风橘内酯 东风橘属 Severinia
sexangularetin 六棱景天素 六棱景天 Sedum acre var. sexangulare
sexangulic acid 海莲酸 海莲 Bruguiera sexangula
seychelanone 塞舌尔广藿香烷酮 广藿香 Pogostemon cablin（Seychelles：产地）
seychellane 塞舌尔广藿香烷 广藿香 Pogostemon cablin（Seychelles：产地）
seychellene 塞舌尔广藿香烯 广藿香 Pogostemon cablin（Seychelles：产地）
shahidine 木橘定碱 木橘 Aegle marmelos（Shaheen：人名）
shakurichin 金荞麦素 金荞麦 Fagopyrum dibotrys（Shakuchiri-soba：日名）
shancidin 独蒜兰西定 独蒜兰 Pleione bulbocodioides（Shancigu：生药拼音名）
shancignol 独蒜兰醇 独蒜兰 Pleione bulbocodioides（Shancigu：生药拼音名）
shancigusin 山慈菇素 云南独蒜兰 Pleione yunnanensis（Shancigu：生药拼音名）
shancilin 独蒜兰灵 独蒜兰 Pleione bulbocodioides（Shancigu：生药拼音名）
shanciol 独蒜兰西醇 独蒜兰 Pleione bulbocodioides（Shancigu：生药拼音名）
shashenoside 沙参苷 轮叶沙参 Adenophora tetraphylla（Shashen：生药拼音名）
shidasterone 日本乌毛蕨甾酮 日本乌毛蕨 Blechnum niponicum（Shida：日名，蕨之意）
shikokianal 四国香茶菜醛乙酸酯 四国香茶菜 Rabdosia shikokiana
shikokianidin 四国香茶菜定 四国香茶菜 Isodon shikokianus
shikokianin 四国香茶菜素 四国香茶菜 Isodon shikokianus
shikometabolin 紫草代谢素 紫草 Lithospermum erythrorhizon（Shikon：日名）
shimobashiraside 日本香简草苷 日本香简草 Keiskea japonica（Shimobashira：日名）
shinanolone 信浓山柿酮 山柿 Diospyros japonica（Shinanogaki：日名）
shionoside 紫菀醇苷 紫菀 Aster tataricus（Shion：日名）
shiraiachrome 竹黄色素 竹黄 Shiraia bambusicola
shizukaacoradienol 银线草菖蒲二烯醇 银钱草 Chloranthus japonicus（Hitori-shizuka：日名）& 菖蒲属 Acorus
shomaside 升麻酚苷 升麻 Cimicifugae Rhizoma（生药名；Shoma：日名）
shonanin 肖楠素 台湾翠柏（肖楠）Calocedrus formosana（Shonan：英名）
shuilongguine 水龙骨素 水龙骨属 Polypodiodes（Shuilonggu：拼音名）
shuterin 宿苞豆素 宿苞豆属 Shuteria
shuterol 宿苞豆酚 宿苞豆属 Shuteria
shuterone 宿苞豆酮 宿苞豆属 Shuteria
siamenoside 翅子罗汉果苷 翅子罗汉果 Siraitia siamensis
siamine 铁刀木明碱 铁刀木 Senna siamea
siaminine 铁刀木宁碱 铁刀木 Senna siamea
sibiraic acid 鲜卑花酸 鲜卑花属 Sibiraea
sibiricasaponin 西伯利亚远志皂苷 西伯利亚远志 Polygala sibirica
sibiricin* 砂引草辛 砂引草 Messerschmidia sibirica
sibiricin* 亚洲岩风素 亚洲岩风 Seseli sibiricum
sibiricine 北紫堇碱 北紫堇 Corydalis sibirica
sibiricinone 细叶益母草新酮 细叶益母草 Leonurus sibiricus
sibiricoside 戟叶鹅绒藤苷 戟叶鹅绒藤 Cynanchum acutum subsp. sibiricum
sibiridine 小果白刺碱 小果白刺 Nitraria sibirica
sibirigenin 戟叶鹅绒藤苷元 戟叶鹅绒藤 Cynanchum acutum subsp. sibiricum
sibirine 小果白刺任碱 小果白刺 Nitraria sibirica
sibiriolide 苍耳内酯 苍耳 Xanthium sibiricum

S

sibiriquinone 斩龙剑醌 草本威灵仙（斩龙剑）Veronicastrum sibiricum
sibiroside 西伯利亚败酱苷 西伯利亚败酱 Patrinia sibirica
sibiscolacton 鲜卑花内酯 鲜卑花属 Sibiraea
sibiskoside 鲜卑花苷 鲜卑花属 Sibiraea
siderin 毒马草素 毒马草属 Sideritis
sideroxylin 铁木桉素 铁木桉 Eucalyptus sideroxylon
sideroxylonal 铁木桉醛 铁木桉 Eucalyptus sideroxylon
sieboldianine 钩腺大戟宁素 钩腺大戟 Euphorbia sieboldiana
sieboldianoside 异株五加苷 异株五加 Acanthopanax sieboldianus
sieboldin 三叶海棠素 三叶海棠 Malus sieboldii
sieboldine 鳞叶马尾杉碱 鳞叶马尾杉 Phlegmariurus sieboldii
siebolside 西氏杨苷 西氏杨 Populus sieboldii
siegeskaurolic acid 豨莶贝壳杉酸 豨莶属 Siegesbeckia & 贝壳杉烷 kaurane
siegesmethyletheric acid 豨莶甲醚酸 豨莶属 Siegesbeckia
sigmoidin 反曲刺桐素 反曲刺桐 Erythrina sigmoidea
sikkimenoid 黄苞大戟萜 黄苞大戟 Euphorbia sikkimensis
sikokianin 四国荛花素 四国荛花 Wikstroemia sikokiana
silenoviscoside 粘萼蝇子草苷 粘萼蝇子草 Silene viscidula
silicine 沙地狗牙花碱 沙地狗牙花 Hazunta silicicola （Tabernaemontana coffeoides）
silphioside 松香草苷 松香草属 Silphium
silphiperfoloic acid 串叶松香草酸 串叶松香草 Silphium perfoliatum
silymin 水飞蓟明 水飞蓟属 Silybum
simlexoside 单爵床苷 单爵床 Justicia simplex
simonic acid 西蒙番薯酸 西蒙番薯 Ipomoea batatas cv. Simon
simonin* 西蒙番薯素 西蒙番薯 Ipomoea batatas cv. Simon
simonin* 野八角宁 野八角 Illicium simonsii
simonol 野八角醇 野八角 Illicium simonsii
simonsienol 野八角烯酚 野八角 Illicium simonsii
simonsin 野八角素 野八角 Illicium simonsii
simonsinol 野八角脂酚 野八角 Illicium simonsii
simonsol 野八角酚 野八角 Illicium simonsii
simplexin 单茎稻花素 单茎稻花 Pimelea simplex
simplexoside 单爵床苷 单爵床 Justicia simplex
simplocosin 山矾素 山矾属 Simplocos
simulanoquinoline 野花椒喹啉 野花椒 Zanthoxylum simulans
simulansine 野花椒辛碱 野花椒 Zanthoxylum simulans
sinaconitine 高乌头亭 高乌头 Aconitum sinomontanum
sinactine 风龙碱 风龙 Sinomenium acutum
sinaiticin 西奈毛蕊花素 西奈毛蕊花 Verbascum sinaiticum
sinaspirolide 当归螺内酯 当归 Angelica sinensis
sincoetsin 新细锥香茶菜素 细锥香茶菜 Isodon coetsa(Singapore：产地）
sinensin 藏报春素 藏报春 Primula sinensis
sinensin 绶草素 绶草 Spiranthes sinensis
sinensiol 中华卷柏醇 中华卷柏 Selaginella sinensis
sinensisin 铁箍散辛 铁箍散 Schisandra propinqua var. sinensis
sinensol 绶草酚 绶草 Spiranthes sinensis
sinetirucallol 绶草绿玉树醇 绶草属 Spiranthes & 绿玉树醇 tirucallol
singueanol 东非决明醇 东非决明 Cassia singueana
sinkianone 新疆阿魏酮 新疆阿魏 Ferula sinkiangensis
sinococuline 风龙木防己灵 风龙属 Sinomenium & 木防己属 Cocculus
sinocrassoside 石莲苷 石莲属 Sinocrassula
sinocrassuloside 石莲醇苷 石莲属 Sinocrassula
sinodielide 滇芹内酯 滇芹 Sinodielsia yunnanensis
sinoflavonoid 桃儿七黄酮 桃儿七属 Sinopodophyllum
sinomarinoside 裂冠藤苷 裂冠藤 Sinomarsdenia incisa
sinomontanitine 高乌头尼亭 高乌头 Aconitum sinomontanum
sinoracutine 风龙亭碱 风龙 Sinomenium acutum
sinoside 中国羊角拗苷 羊角拗 Strophanthus divaricatus（Sino：产于中国）
sinostroside 中国羊角拗托苷 羊角拗 Strophanthus divaricatus（Sino：产于中国）
sinugibberodiol 驼峰短指软珊瑚二醇 驼峰短指软珊瑚 Sinularia gibberosa
siol 泽芹醇 泽芹属 Sium
sioraside 鹊肾树苷 鹊肾树 Streblus asper（Siora：印名）
siphonodin 管齿木素 管齿木属 Siphonodon
siphonol 鸡脚参新醇 鸡脚参属 Orthosiphon
sissosterol 印度黄檀甾醇 印度黄檀 Dalbergia sissoo
sisymbrifolin 蒜芥茄素 蒜芥茄 Solanum sisymbriifolium
sitakisogenin 日本黑鳗藤苷元 日本黑鳗藤 Stephanotis lutchuensis var. japonica（Sitakiso：日名）
sitakisoside 日本黑蔓藤苷 日本黑蔓藤 Stephanotis lutchuensis var. japonica（Sitakiso：日名）
sitoindoside 大蕉谷甾苷 大蕉 Musa paradisiaca（India：产地）
sitsirikine 长春钦碱 长春花 Vinca rosea（Tsitsirika：非名）
siwanine 冀北翠雀碱 冀北翠雀花 Delphinium siwanense
skimmial 茵芋醛 茵芋属 Skimmia
skimmianone 茵芋酮 茵芋属 Skimmia
skimmiarepin 匍匐茵芋素 匍匐茵芋 Skimmia japonica var. intermedia f. repens
skimmidiol 茵芋酚醇 茵芋属 Skimmia
skimmilaureol 月桂茵芋醇 月桂茵芋 Skimmia laureola
skimminin 茵芋宁 茵芋属 Skimmia
skimmiol 茵芋醇 茵芋属 Skimmia
skyrin 冰岛青霉灵 冰岛青霉 Penicillium islandicum（Skyr：一种冰岛酸奶）
skytanthine 多花藤碱 多花藤 Skytanthus acutus
smeathxanthone 史氏藤黄屾酮 史氏藤黄 Garcinia smeathmannii
smilacinoside 鹿药苷 鹿药属 Smilacina
smithoside 甘川紫菀苷 甘川紫菀 Aster smithianus
smitilbin 菝葜落新妇苷 菝葜属 Smilax & 落新妇苷 altilbin
smyrindiol 没药芹二醇 没药芹属 Smyrniopsis
smyrindioloside 没药芹二醇苷 没药芹属 Smyrniopsis
sodoponin 毛叶香茶菜宁 毛叶香茶菜 Isodon japonicus
solacapine 珊瑚樱品碱 珊瑚樱 Solanum pseudocapsicum
solacaproine 茄己酰碱 茄属 Solanum
solacasine 珊瑚樱新碱 珊瑚樱 Solanum pseudocapsicum
soladulcidine 欧白英定 欧白英 Solanum dulcamara
soladulcine 欧白英辛 欧白英 Solanum dulcamara
solafuranone 茄呋喃酮 茄属 Solanum
solakhasianin 喀西茄宁 喀西茄 Solanum khasianum
solakhasoside 苦天茄苷 喀西茄 Solanum khasianum（药材称苦天茄）
solalyratin 白英素 白英 Solanum lyratum
solalyratine 白英碱 白英 Solanum lyratum
solamargine 边茄碱 边茄 Solanum marginatum
solamarine 欧白英碱 欧白英 Solanum dulcamara
solamin 刺果番荔枝明 刺果番荔枝 Annona muricata（成分名称来源不详）
solanacarpine 黄果茄碱 黄果茄 Solanum xanthocarpum
solanaviol 澳洲茄醇 澳洲茄 Solanum aviculare
solanerianone 假烟叶树酮 假烟叶树 Solanum erianthum

S

solanesol 茄烯醇 茄属 Solanum
solanigroside 龙葵苷 龙葵 Solanum nigrum
solanocapsidine 珊瑚樱定碱 珊瑚樱 Solanum pseudocapsicum
solanocapsine 珊瑚樱碱 珊瑚樱 Solanum pseudocapsicum
solanocarpone 黄果茄酮 黄果茄 Solanum xanthocarpum
solanocastrine 珊瑚豆灵碱 珊瑚豆 Solanum capsicastrum
solanoside* 纽子花苷 纽子花 Vallaris solanacea
solanoside* 茄苷 茄属 Solanum
solaradinine 茄根宁 茄属 Solanum（Radix：根）
solaradixine 茄根碱 茄属 Solanum（Radix：根）
solashabanine 茄莎巴宁 茄属 Solanum（Shabana：作者名）
solaspigenin 硬毛茄苷元 硬毛茄 Solanum hispidum
solaspiralidine 旋花茄定 旋花茄 Solanum spirale
solasurine 黄果茄灵碱 黄果茄 Solanum surattense
solaverbascine 野烟叶辛 假烟叶树（野烟叶）Solanum verbascifolium
solaverine 野烟叶灵 假烟叶树（野烟叶）Solanum verbascifolium
solavetivone 马铃薯香根草酮 马铃薯香根草 阳芋（马铃薯）Solanum tuberosum & 香根草酮 vetivone
solaxanine 黄果茄宁碱 黄果茄 Solanum xanthocarpum
solayamocidoside 茄亚莫皂苷 茄属 Solanum & 亚莫皂苷元 yamogenin
soldanellic acid 肾叶打碗花酸 肾叶打碗花 Calystegia soldanella
soldanellin 肾叶打碗花素 肾叶打碗花 Calystegia soldanella
solidagonal 一枝黄花醛 一枝黄花 Solidago decurrens
solidagonal acid 一枝黄花醛酸 一枝黄花 Solidago decurrens
somalin 索马里箭毒素 索马里箭毒 Adenium somalense
somamide 索摩鞘丝藻酰胺 巨大鞘丝藻 Lyngbya majuscula（Somosomo：产地）
somniferanolide 催眠睡茄拉诺内酯 催眠睡茄 Withania somnifera
somniferawithanolide 催眠睡茄诺内酯 催眠睡茄 Withania somnifera
somniferícin 催眠睡茄辛 催眠睡茄 Withania somnifera
somniwithanolide 催眠睡茄萨诺内酯 催眠睡茄 Withania somnifera
sonchuionoside 苦苣菜香堇酮苷 苦苣菜属 Sonchus & 香堇酮 ionone
sonderianial 桑德巴豆醛 桑德巴豆 Croton sonderianus
songarosaponin 准噶尔毛蕊花皂苷 准噶尔毛蕊花 Verbascum songaricum
songaroside 准噶尔铁线莲苷 准噶尔铁线莲 Clematis songarica
songoroside 准噶尔蓝盆花苷 准噶尔蓝盆花 Scabiosa soongorica
sonminine 狭叶白鲜宁碱 狭叶白鲜 Dictamnus angustifolius（成分名称来源不详）
sonunin 藤金合欢宁 藤金合欢 Acacia concinna（Soap Nut：英名）
sootepdienone 大黄栀子二烯酮 大黄栀子 Gardenia sootepensis
sootependial 大黄栀子二醛 大黄栀子 Gardenia sootepensis
sootepenoic acid 大黄栀子酸 大黄栀子 Gardenia sootepensis
sootepin 大黄栀子素 大黄栀子 Gardenia sootepensis
sopheranin 槐叶决明宁 槐叶决明 Cassia sophera
sophoflavescenol 苦参诺醇 苦参 Sophora flavescens
sophoranochromene 槐诺色烯 槐属 Sophora
sophoranodichromane 槐诺色烷 槐属 Sophora
sophorastilbene 槐芪 槐属 Sophora
sophoricoside 槐可苷 槐属 Sophora
sophorol 槐酚 槐属 Sophora
sophoronol 绒毛槐醇 绒毛槐 Sophora tomentosa
sophorophenolone 槐酚酮 槐属 Sophora
sophoside 槐叶决明苷 槐叶决明 Cassia sophera
soranjidiol 海滨木巴戟二酚 海滨木巴戟 Morinda citrifolia（Soranji：印名）
sorbarin 珍珠梅素 珍珠梅属 Sorbaria
sorbifoliaside 文冠果苷 文冠果 Xanthoceras sorbifolium
sorigenin 日本鼠李苷元 日本鼠李 Rhamnus japonica（Masato Sorin：人名）
sorinin 日本鼠李苷 日本鼠李 Rhamnus japonica（Masato Sorin：人名）
soroceal 索罗桑醛 索罗桑属 Sorocea
sorocein 索罗桑素 索罗桑属 Sorocea
sororianolide 对叶大戟内酯 对叶大戟 Euphorbia sororia
soulameanone 苏苦木酮 苏苦木 Soulamea amara
soulidine 川甘翠雀定 川甘翠雀花 Delphinium souliei
soulidiol 缘毛紫菀二醇 缘毛紫菀 Aster souliei
soulidioside 缘毛紫菀苷 缘毛紫菀 Aster souliei
souline 川甘翠雀碱 川甘翠雀花 Delphinium souliei
soyaprosaponin 大豆原皂苷 大豆 Glycine max（Soybean：英名）
spallidamine 黄堇胺 黄堇 Corydalis pallida
spatheoside 火焰树萜苷 火焰树属 Spathodea
spathodol 火焰树醇 火焰树属 Spathodea
spathoside 火焰树苷 火焰树属 Spathodea
specionin 黄金树宁 黄金树 Catalpa speciosa
speciophylline 美丽帽蕊木叶碱 美丽帽蕊木 Mitragyna speciosa & 叶 Phyllum
speciosaperoxide 皱皮木瓜过氧化物 皱皮木瓜 Chaenomeles speciosa
spegatrine 斯氏白坚木春 斯氏白坚木 Aspidosperma spegazzinii
speranberculatine 地构叶双吡咯碱 地构叶 Speranskia tuberculata
speranculatine 地构叶双吡啶碱 地构叶 Speranskia tuberculata
speranskatine 地构叶吡啶碱 地构叶 Speranskia tuberculata
speranskilatine 地构叶吡咯吡啶碱 地构叶 Speranskia tuberculata
spergulagenic acid 长梗星粟草苷元酸 长梗星粟草 Mullugo spergula
sphaerophysin 苦马豆素 苦马豆属 Sphaerophysa
sphaerosin 苦马豆洛辛 苦马豆属 Sphaerophysa
sphalleroside 迷果芹苷 迷果芹属 Sphallerocarpus
sphenanthin 华中五味子酯 华中五味子 Schisandra sphenanthera
sphenasin 华中五味子萜素 华中五味子 Schisandra sphenanthera
spherosin 苦马豆辛 苦马豆属 Sphaerophysa
spherosinin 苦马豆辛宁 苦马豆属 Sphaerophysa
spicachlorantin 金粟兰素 金粟兰 Chloranthus spicatus
spicatanoic acid 草果药酸 草果药 Hedychium spicatum
spicatanol 草果药醇 草果药 Hedychium spicatum
spicatin 穗状内雄楝素 穗状内雄楝 Entandrophragma spicatum
spicatine 亚东乌头亭 亚东乌头 Aconitum spicatum
spicatolignan 留兰香木脂素 留兰香 Mentha spicata
spicatoside 留兰香苷 留兰香 Mentha spicata
spicoside 穗花婆婆纳苷 穗花婆婆纳 Veronica spicata
spinacetin 菠菜亭 菠菜属 Spinacia
spinacoside 菠菜苷 菠菜属 Spinacia
spinatoside 菠菜托苷 菠菜属 Spinacia
spinescin 刺状小号花素 刺状小号花 Aptosimum spinescens
spinoside* 刺山柑苷 山柑（刺山柑）Capparis spinosa
spinoside* 刺苋苷 刺苋 Amaranthus spinosus
spinosin 酸枣素 酸枣 Ziziphus jujuba var. spinosa
spiraein 绣线菊素 绣线菊属 Spiraea
spirafolide 英叶旋花菊内酯 英叶旋花菊 Spiracantha cornifolia
spiraline 同心结林碱 同心结 Parsonsia spiralis
spiraqine 光叶绣线菊碱 光叶绣线菊 Spiraea japonica var. fortunei
spiredine 绣线菊定碱 绣线菊属 Spiraea

S

spiroethuliacoumarin 都丽菊螺环香豆素 都丽菊 Ethulia conyzoides
spirojatomol 甘松螺醇 甘松 Nardostachys jatamansi
spirooliganone 螺环少药八角酮 少药八角 Illicium oligandrum
splendidin 一串红定 一串红 Salvia splendens
splendidine 光亮阿布藤碱 光亮阿布藤 Abuta splendida
splendoside 福桂树苷 福桂树 Fouquieria splendens
splenolide 一串红内酯 一串红 Salvia splendens
spongipregnoloside 绵萆薢孕甾醇苷 绵萆薢 Dioscorea spongiosa
spruceanol 斯氏库努大戟醇 斯氏库努大戟 Cunuria spruceana
squadinorlignoside 番荔枝降木脂苷 番荔枝 Annona squamosa
squadiolin 番荔枝邻二醇素 番荔枝 Annona squamosa
squafosacin 番荔枝呋辛 番荔枝 Annona squamosa
squamigine 鹿葱精 鹿葱 Lycoris squamigera
squamin 多鳞番荔枝明 番荔枝 Annona squamosa（种名为多鳞之意）
squamostanin 番荔枝抑宁 番荔枝 Annona squamosa
squamostatin 番荔枝抑素 番荔枝 Annona squamosa
squamotacin 番荔枝塔辛 番荔枝 Annona squamosa
squarrosanin 粗糙白千层鞣宁 粗糙白千层 Melaleuca squarrosa
squasapogenol 圆果甘草皂醇 圆果甘草 Glycyrrhiza squamulosa
squoside 展枝唐松草萜苷 展枝唐松草 Thalictrum squarrosum
ssioriside 日本稠李苷 日本稠李 Padus ssiori
stachannin 一年水苏宁 一年水苏 Stachys annuae
stachenol 螺穗木烯醇 螺穗木属 Spirostachys
stachenone 螺穗木烯酮 螺穗木属 Spirostachys
stachlic acid 旌节花酸 旌节花属 Stachyurus
stachyanthuside 马蹄参苷 马蹄参 Diplopanax stachyanthus
staminol 肾茶醇 肾茶 Orthosiphon stamineus
staminolactone 肾茶内酯 肾茶 Orthosiphon stamineus
staminone 肾茶酮 肾茶 Orthosiphon stamineus
stansioside 直立黄钟花苷 直立黄钟花 Tecoma stans
staphylionoside 省沽油香堇苷 省沽油属 Staphylea
staphyloside 省沽油洛苷 省沽油属 Staphylea
staunoside 野木瓜诺苷 野木瓜属 Stauntonia
stauntogenin 柳叶白前苷元 柳叶白前 Cynanchum stauntonii
stauntonine 柳叶白前素 柳叶白前 Cynanchum stauntonii
stauntosaponin 柳叶白前皂苷 柳叶白前 Cynanchum stauntonii
stauntoside* 柳叶白前苷 柳叶白前 Cynanchum stauntonii
stauntoside* 野木瓜托苷 野木瓜属 Stauntonia
staurosporinone 十字孢链霉酮 十字孢链霉菌 Streptomyces staurosporens
stegane 胡萝卜树脂素 胡萝卜树 Steganotaenia araliacea
stellaria cyclopeptide 繁缕环肽 繁缕属 Stellaria
stellarin 繁缕素 繁缕属 Stellaria
stellarine 繁缕碱 繁缕属 Stellaria
stelleracin 狼毒辛 狼毒属 Stellera
stellerarin 狼毒灵 狼毒属 Stellera
stellerin 狼毒新素 狼毒属 Stellera
stemmadenine 腺冠木碱 腺冠木属 Stemmadenia
stemoenonine 百部烯碱 百部属 Stemona
stemonacetal 百部缩醛 百部属 Stemona
stemphyperylenol 匍柄霉苝酚 匍柄霉属 Stemphylium
stemucronatoside 黑鳗藤苷 黑鳗藤 Stephanotis mucronata
stenocarpin 狭果前胡素 狭果前胡 Peucedanum stenocarpum
stenocarpoquinone 狭果木醌 狭果木属 Stenocarpus
stenocephalain 窄头橐吾因 窄头橐吾 Ligularia stenocephala
stenocephalin 窄头橐吾林素 窄头橐吾 Ligularia stenocephala
stenophyllanin 狭叶栎鞣素 狭叶栎 Quercus stenophylla
stenophyllin 狭叶栎素 狭叶栎 Quercus stenophylla
stenophyllinin 狭叶栎鞣宁 狭叶栎 Quercus stenophylla
stenophyllol 狭叶槐酚 狭叶槐 Sophora stenophylla
stephabine 千金藤宾碱 千金藤属 Stephania
stephabyssine 阿比西尼亚千金藤碱 阿比西尼亚千金藤 Stephania abyssinica
stephadiamine 千金藤二胺 千金藤属 Stephania
stephadione 千金藤二酮 千金藤属 Stephania
stephaflavone 千金藤黄酮 千金藤属 Stephania
stephalagine 丁氏千金藤碱 丁氏千金藤 Stephania dinklagei
stephalonganine 粪箕笃宁碱 粪箕笃 Stephania longa
stephalonine 粪箕笃洛宁碱 粪箕笃 Stephania longa
stephanaberrine 千金藤浆果碱 千金藤属 Stephania & 浆果 berry
stephanoside 黑鳗藤诺苷 黑鳗藤属 Stephanotis
stephanosine 显脉千金藤辛 显脉千金藤 Stephania venosa
stephaoxocanidine 千金藤氧杂环辛定 千金藤属 Stephania
stephaoxocanine 千金藤氧杂环辛宁 千金藤属 Stephania
stephisoferuline 千金藤异阿魏碱 千金藤属 Stephania & 阿魏属 Ferula
stephodeline 一文钱碱 一文钱 Stephania delavayi
stephuline 千金藤富林碱 千金藤属 Stephania
stepinonine 千金藤诺宁 千金藤 Stephania japonica
steponine 千金藤坡宁 千金藤 Stephania japonica
steporphine 千金藤朴啡碱 千金藤属 Stephania
steppogenin 草原大戟苷元 草原大戟 Euphorbia stepposa
sterculate 苹婆酸酯 苹婆属 Sterculia
sterculinine 苹婆宁碱 苹婆属 Sterculia
stercurensin 刺苹婆素 刺苹婆 Sterculia urens
sterehirsutinal 毛韧革菌醛 毛韧革菌 Stereum hirsutum
sterehirsutinol 毛韧革菌醇 毛韧革菌 Stereum hirsutum
sterekunthal 羽叶楸醌醛 羽叶楸 Stereospermum kunthianum
sterenin 韧革菌宁 韧革菌属 Stereum
stereochenol 龟花翎叶楸醌 龟花翎叶楸 Stereospermum chelonoides
sterequinone 羽叶楸醌 羽叶楸属 Stereospermum
sterhirsutin 毛韧革菌素 毛韧革菌 Stereum hirsutum
sterin 韧革菌灵 韧革菌属 Stereum
stesakine 台湾千金藤碱 台湾千金藤 Stephania sasakii
stevenin 史氏黄檀素 史氏黄檀 Dalbergia cultrata
stictic acid 牛皮叶酸 牛皮叶属 Sticta
stigmahamone 瓜馥木酮 瓜馥木 Fissistigma oldhamii
stigmalactam 瓜馥木内酰胺 瓜馥木属 Fissistigma
stilbericoside 石南密穗草苷 石南密穗草 Stilbe ericoides
stilbostemin 百部芪素 百部属 Stemona
stillopsin 斯氏金鸡菊苷 斯氏金鸡菊 Coreopsis stillmanii
stilpnotomentolide 绒茎闪毛菊内酯 绒茎闪毛菊 Stilpnopappus tomentosus
stipudiol 屏边三七二醇 屏边三七 Panax stipuleanatus
stipuol 屏边三七醇 屏边三七 Panax stipuleanatus
stizolin 刺巢菊素 刺巢菊属 Stizolophus
stoloniferin 假厚藤素 假厚藤 Ipomoea stolonifera
strangulatoside 蕴苞麻花头苷 缢苞麻花头 Serratula strangulata
strangusin 蕴苞麻花头素 缢苞麻花头 Serratula strangulata
strebloside 鹊肾树醇苷 鹊肾树属 Streblus
strebluslignanol 鹊肾树木脂醇 鹊肾树 Streblus asper
streblusol 鹊肾树醇 鹊肾树属 Streblus
streblusquinone 鹊肾树醌 鹊肾树属 Streblus
striatic acid 隆纹黑蛋巢菌酸 隆纹黑蛋巢菌 Cyathus striatus
striatin 隆纹黑蛋巢菌素 隆纹黑蛋巢菌 Cyathus striatus
striatisporolide 沟孢青霉内酯 沟孢青霉 Penicillium striatisporum
striatol 条叶银桦酚 条叶银桦 Grevillea striata

strictamine 直立拉齐木胺 直立拉齐木 Rhazya stricta
strictic acid 劲直白酒草酸 劲直白酒草 Conyza stricta
stricticine 直立拉齐木辛 直立拉齐木 Rhazya stricta
strictosamide 直立拉齐木酰胺 直立拉齐木 Rhazya stricta
strictosidine 直立拉齐木西定 直立拉齐木 Rhazya stricta
strictosidinic acid 直立拉齐木西定酸 直立拉齐木 Rhazya stricta
strigosine 细叶天芥菜碱 细叶天芥菜 Heliotropium strigosum
strobilanin 化香树宁 化香树 Platycarya strobilacea
strobilanthin 马蓝苷 马蓝属 Strobilanthes
strobopinin 北美乔松宁素 北美乔松 Pinus strobus
strophalloside 羊角拗阿洛糖苷 羊角拗属 Strophanthus
strophanolloside 羊角拗醇苷 羊角拗属 Strophanthus
strophanthidin 羊角拗定 羊角拗属 Strophanthus
strophanthidol 羊角拗定醇 羊角拗属 Strophanthus
strophanthin 羊角拗素 羊角拗属 Strophanthus
strophanthoid 羊角拗萜 羊角拗属 Strophanthus
strophanthojavoside 羊角拗爪哇糖苷 羊角拗属 Strophanthus
strophanthoside 羊角拗苷 羊角拗属 Strophanthus
strospeside 美丽羊角拗苷 美丽羊角拗 Strophanthus speciosus
strychnilactone 乌药内酯 乌药 Lindera strychnifolia
strychnistenolide 乌药烯醇内酯 乌药 Lindera strychnifolia
strychnocarpine 胡颓子果马钱碱 胡颓子果马钱 Strychnos elaeocarpa
strychnochrysine 马钱橙碱 马钱属 Strychnos
strychnoflavine 马钱黄碱 马钱属 Strychnos
strynuxline 马钱子林碱 马钱子 Strychnos nux-vomica
stryvomicine 马钱子米辛 马钱子 Strychnos nux-vomica
stryvomitine 马钱子米亭 马钱子 Strychnos nux-vomica
stypandrone 粗雄花酮 粗雄花属 Stypandra
styracifolin 二色波罗蜜素 二色波罗蜜 Artocarpus styracifolius
styranin 安息香宁 安息香属 Styrax
styraxjaponoside 野茉莉苷 野茉莉 Styrax japonicus
styraxlignolide 安息香木脂苷 安息香属 Styrax
styraxoside 安息香苷 安息香属 Styrax
styrlignan 安息香木脂素 安息香属 Styrax
styxone 冥河蚁巢海绵酮 冥河蚁巢海绵 Myrmekioderma styx
suaveolenine 山橙烯宁 山橙 Melodinus suaveolens
suaveolic acid 山香酸 山香 Hyptis suaveolens
suaveolol 山香醇 山香 Hyptis suaveolens
subalatin 方茎金丝桃素 方茎金丝桃 Hypericum subalatum
subamol 香桂醇 香桂 Cinnamomum subavenium
subamolide 香桂内酯 香桂 Cinnamomum subavenium
subamone 香桂酮 香桂 Cinnamomum subavenium
subcosine 南紫薇辛碱 南紫薇 Lagerstroemia subcostata
subelliptenone 菲岛福木烯酮 菲岛福木 Garcinia subelliptica
suberenol 栓质花椒醇 栓质花椒 Zanthoxylum suberosum
suberosenol 侧扁软柳珊瑚烯醇 侧扁软柳珊瑚 Subergorgia suberosa
suberosenone 侧扁软柳珊瑚烯酮 侧扁软柳珊瑚 Subergorgia suberosa
suberosin; suberin 栓质花椒素 栓质花椒 Zanthoxylum suberosum
suberosol* 暗罗醇 暗罗 Polyalthia suberosa
suberosol* 侧扁软柳珊瑚醇 侧扁软柳珊瑚 Subergorgia suberosa
sublanceoside 镇江白前苷 镇江白前 Cynanchum sublanceolatum
subprogenin 越南槐苷元 越南槐 Sophora subprostrata
subproside 越南槐苷 越南槐 Sophora subprostrata
subtoxin 稻花亚毒素 稻花属 Pimelea
subvellerolactone 亚绒白乳菇内酯 亚绒白乳菇 Lactarius subvellereus
succedaneaflavanone 野漆黄烷酮 野漆 Toxicodendron succedaneum
succulentoside 肉叶多荚草苷 肉叶多荚草 Polycarpon succulentum
sucutinirane 亮叶鲍迪豆烷 亮叶鲍迪豆 Bowdichia nitida （Sucupira：英名）
sudachitin 酢橘亭 酢橘 Citrus sudachi
suffrupaeonidanin 牡丹萜苷 牡丹 Paeonia suffruticosa
suffrupaeoniflorin 牡丹芍药苷 牡丹 Paeonia suffruticosa
suffruticosol 牡丹芪酚 牡丹 Paeonia suffruticosa
sugereoside 苏氏冬青苷 苏氏冬青 Ilex sugerokii
sugikurojin 日本柳杉黑心素 日本柳杉 Cryptomeria japonica （Sugi：日名；Kuroji：指黑色心材）
sugikurojinol 日本柳杉黑心醇 日本柳杉 Cryptomeria japonica （Sugi：日名；Kuroji：指黑色心材）
suillin 乳牛肝菌灵 乳牛肝菌属 Suillus
suillusin 乳牛肝菌素 乳牛肝菌属 Suillus
sukhodianine 圆叶千金藤宁 圆叶千金藤 Stephania venosa （Sukhothai：地名）
sukiramine 臭常山胺 臭常山 Orixa japonica
suksdorfin; saxdorphin 苏氏狭缝芹素 苏氏狭缝芹 Lomatium suksdorfii
sulfachyranthoside 硫酸牛膝苷 牛膝属 Achyranthes
sulphureuine 硫黄菌素 硫黄菌 Laetiporus sulphureus
sumadain 草豆蔻素 草豆蔻 Alpinia katsumadai
sumogaside 朝鲜五加苷 朝鲜五加 Acanthopanax koreanum （Sumoga：韩名）
sundiversifolide 向日葵肿柄菊内酯 向日葵 Helianthus annuus （Sunflower：英名）& 肿柄菊内酯 diversifolide
surangin 长叶曼密苹果精 长叶曼密苹果 Mammea longifolia （Surangi：印名）
surinamensin 苏里南维罗蔻木素 苏里南维罗蔻木 Virola surinamensis
suspensaside 连翘苷 连翘 Forsythia suspensa
suspensolide 垂花荚蒾内酯 垂花荚蒾 Viburnum suspensum
sutchuenmedin 四川淫羊藿定 四川淫羊藿 Epimedium sutchuenense
sutherlandin 萨氏金合欢素 萨氏金合欢 Acacia sutherlandii
sventenic acid 斯氏毒马草酸 斯氏毒马草 Sideritis sventenii
swarnalin 大花菟丝子林素 大花菟丝子 Cuscuta reflexa （Swarnalata：孟加拉名）
swartziatrioside 铁木豆三糖苷 铁木豆属 Swartzia
swercinctolide 西南獐牙菜内酯 西南獐牙菜 Swertia cincta
swericinctoside 西南獐牙菜苷 西南獐牙菜 Swertia cincta
swerimilegenin 青叶胆苷元 青叶胆 Swertia mileensis
swerimuslatone 川西獐牙菜内酯 川西獐牙菜 Swertia mussotii
sweriyunnangenin 云南獐牙菜苷元 云南獐牙菜 Swertia yunnanensis
sweriyunnanoside 云南獐牙菜苷 云南獐牙菜 Swertia yunnanensis
swermirin 青叶胆素 青叶胆 Swertia mileensis
swermusic acid 川西獐牙菜酸 川西獐牙菜 Swertia mussotii
swerosimetabolin 獐牙菜代谢素 獐牙菜属 Swertia
swerpunilactone 紫红獐牙菜内酯 紫红獐牙菜 Swertia punicea
swertamarin 獐牙菜塔苦素 獐牙菜属 Swertia
swertanone 獐牙菜酮 獐牙菜属 Swertia
swertenol 獐牙菜烯醇 獐牙菜属 Swertia
swertiaglucoside 獐牙菜葡萄糖苷 獐牙菜属 Swertia
swertiajaposide 日本当药苷 日本当药 Swertia japonica
swertiakoside 贵州獐牙菜萜苷 贵州獐牙菜 Swertia kouitchensis
swertianglide 狭叶獐牙菜酯 狭叶獐牙菜 Swertia angustifolia
swertianin 獐牙菜宁 獐牙菜属 Swertia
swertianol 獐牙菜酚 獐牙菜属 Swertia

S

swertianolin 獐牙菜酚素 獐牙菜属 Swertia
swertianoside 獐牙菜诺苷 獐牙菜属 Swertia
swertiapuniside 紫红獐牙菜尼苷 紫红獐牙菜 Swertia punicea
swertiaside 獐牙菜萜苷 獐牙菜属 Swertia
swertifrancheside 抱茎獐牙菜苷 抱茎獐牙菜 Swertia franchetiana
swertipunicoside 紫红獐牙菜酚苷 紫红獐牙菜 Swertia punicea
swietemahonolide 桃花心木内酯 桃花心木 Swietenia mahagoni
swietenidine 缎木定 缎木 Chloroxylon swietenia
swinhoeic acid 木莓酸 木莓 Rubus swinhoei
sydonic acid 赛氏曲霉酸 赛氏曲霉 Aspergillus sydowi
sylvamide 长柄胡椒酰胺 长柄胡椒 Piper sylvaticum
sylvatesmin 长柄胡椒脂素 长柄胡椒 Piper sylvaticum
sylvestrin 峨参脂素 峨参 Anthriscus sylvestris
sylvestroside 林生续断苷 林生续断 Dipsacus sylvestris
sylviside 林地鼠麹草苷 林地鼠麹草 Gnaphalium sylvaticum
sylvone 长柄胡椒酮 长柄胡椒 Piper sylvaticum
symconoside 山矾诺苷 山矾属 Symplocos
symcososide 山矾索苷 山矾属 Symplocos
symlandine 乌普兰聚合草定 乌普兰聚合草 Symphytum uplandicum
symphoxanthone 合蕊木吨酮 合蕊木属 Symphonia
symphytine 聚合草碱 聚合草属 Symphytum
symploate 山矾酯 山矾属 Symplocos
symplocoside 山矾苷 山矾属 Symplocos
symplocososide 华山矾苷 华山矾 Symplocos chinensis
symplocuronic acid 山矾糖醛酸 山矾属 Symplocos
symplolignanoside 山矾木脂苷 山矾属 Symplocos
symplomoside 珠仔树莫苷 珠仔树 Symplocos racemosa
symploracemoside 珠仔树洛苷 珠仔树 Symplocos racemosa
sympocemoside 珠仔树坡苷 珠仔树 Symplocos racemosa
symposide 山矾坡苷 山矾属 Symplocos
sympracemoside 珠仔树拉苷 珠仔树 Symplocos racemosa
syriacusin 木槿辛 木槿 Hibiscus syriacus
syringalide 丁香酯苷 丁香属 Syringa
syringenone 丁香烯酮 丁香属 Syringa
syringinoside 丁香诺苷 丁香属 Syringa
syringol 丁香醚酚 丁香属 Syringa
syringoxide 丁香氧化物 丁香属 Syringa
syripinnalignan 羽叶丁香木脂素 羽叶丁香 Syringa pinnatifolia
syripinol 羽叶丁香醇 羽叶丁香 Syringa pinnatifolia
syrveoside 关东丁香苷 关东丁香 Syringa velutina

T

tabebuialdehyde 钟花树醛 钟花树属 Tabebuia
tabebuin 钟花树素 钟花树属 Tabebuia
tabercorine 伞房狗牙花灵碱 伞房狗牙花 Tabernaemontana corymbosa
taberhanine 狗牙花哈宁 狗牙花属 Tabernaemontana
tabernaebovine 药用狗牙花波文碱 药用狗牙花 Tabernaemontana bovina
tabernaecorymbosine 伞房狗牙花碱 伞房狗牙花 Tabernaemontana corymbosa
tabernaemontabovine 药用狗牙花碱 药用狗牙花 Tabernaemontana bovina
tabernaemontanine 狗牙花宁碱 狗牙花属 Tabernaemontana
tabernaemontavine 药用狗牙花文碱 药用狗牙花 Tabernaemontana bovina
tabernamine 狗牙花胺 狗牙花属 Tabernaemontana
tabernanthine 伊波花辛 伊波花 Tabernanthe iboga
tabernaricatine 狗牙花亭碱 狗牙花 Tabernaemontana divaricata
taberpsychine; taberpsychin 九节叶狗牙花碱 九节叶狗牙花 Tabernaemontana psychotrifolia
tabulalide 麻楝内酯 麻楝 Chukrasia tabularis
tabulalin 麻楝林素 麻楝 Chukrasia tabularis
tabularin 麻楝灵 麻楝 Chukrasia tabularis
tabularisin 麻楝辛 麻楝 Chukrasia tabularis
tacacoside 野佛手瓜苷 佛手瓜属野生种 Sechium pittieri & Sechium talamancense（Tacaco：哥斯达黎加名）
tacamine 狗牙花明 狗牙花属 Tabernaemontana（蔓长春花胺 vincamine 结构类似物）
tacamonine 狗牙花莫宁 狗牙花属 Tabernaemontana
taccaoside 蒟蒻薯苷 蒟蒻薯属 Tacca
taccasteroside 箭根薯甾苷 箭根薯 Tacca chantrieri
tachioside 异直蒴苔苷 直蒴苔属 Isotachis
tadeonal 水蓼醛 水蓼 Polygonum hydropiper（Tade：日名）
taepeenin 华南云实素 华南云实 Caesalpinia crista（Taepee：泰名）
tagalsin 角果木辛 角果木 Ceriops tagal
tagitinin 万寿肿柄菊素 万寿肿柄菊 Tithonia tagitiflora
taipeinine 太白乌头碱 太白乌头 Aconitum taipaicum
taipinisine 伞房狗牙花辛碱 伞房狗牙花 Tabernaemontana corymbosa（Taiping：产地）
taiwacin 台湾苦瓜辛 苦瓜 Momordica charantia
taiwanhomoflavone 台湾三尖杉高黄酮 台湾三尖杉 Cephalotaxus sinensis var. wilsoniana
taiwanschirin 台湾五味子灵 阿里山五味子（台湾五味子）Schisandra arisanensis（Taiwan：产地）
taiwanxan 台湾紫杉烷 南方紫杉 Taxus wallichinana var. mairei（Taiwan：产地）
takaonine 高尾乌头宁 日本乌头 Aconitum japonicum（Takaosan：地名）
takaosamine 高尾乌头明 日本乌头 Aconitum japonicum（Takaosan：地名）
takatonine 东亚唐松草宁 东亚唐松草 Thalictrum thunbergii（异名；Takato-gusa：日名）
talcarpine 塔氏多果树碱 塔氏多果树 Pleiocarpa talbotii
taliscanine 塔里马兜铃宁 塔里马兜铃 Aristolochia taliscana
talpinine 塔氏多果树宁 塔氏多果树 Pleiocarpa talbotii
tamanolide 红厚壳塔玛内酯 红厚壳 Calophyllum inophyllum（Tamanu：英名）
tamarin 羽叶芸香灵 羽叶芸香 Ruta pinnata & 香豆素 coumarin
tamariscinoside 卷柏新苷 卷柏 Selaginella tamariscina
tamarixinol 柽柳酚 柽柳属 Tamarix
tamaulipin 密花豚草品素 密花豚草 Ambrosia confertiflora（Tamaulipas：产地）
tambulin 刺花椒素 刺花椒 Zanthoxylum acanthopodium（Tambuli：地名）
tambulol 刺花椒醇 刺花椒 Zanthoxylum acanthopodium（Tambuli：地名）
tamirin 多叶菊蒿素 多叶菊蒿 Tanacetum myriophyllum
tamynine 千里香宁碱 千里香 Murraya paniculata（Tamyni：巴基斯坦名）
tanacetene 菊蒿萜 菊蒿属 Tanacetum
tanaconitine 甘青乌头碱 甘青乌头 Aconitum tanguticum
tanaparthin 小白菊素 短舌匹菊（小白菊）Tanacetum parthenium
tanapartholide 短舌匹菊内酯 短舌匹菊 Tanacetum parthenium
tanapraetenolide 先前菊蒿烯内酯 先前菊蒿 Tanacetum praeteritum
tanariflavanone 塔纳血桐黄烷酮 塔纳血桐 Macaranga tanarius

T

tanarifuranonol 塔纳血桐呋喃醇 塔纳血桐 Macaranga tanarius
tanarinin 塔纳血桐宁 塔纳血桐 Macaranga tanarius
tanegool 琉球络石醇 琉球络石 Trachelospermum liukiuense（Tanegashima：地名）
tanegoside 琉球络石苷 琉球络石 Trachelospermum liukiuense（Tanegashima：地名）
tanghinigenin 海杧果苷元 海杧果 Tanghinia venenifera
tanghinin 海杧果宁 海杧果 Tanghinia venenifera
tangirine 甘青乌头灵 甘青乌头 Aconitum tanguticum
tanguticabine 唐古特瑞香宾 唐古特瑞香 Daphne tangutica
tanguticacine 唐古特瑞香辛 唐古特瑞香 Daphne tangutica
tanguticadine 唐古特瑞香定 唐古特瑞香 Daphne tangutica
tanguticafine 唐古特瑞香芬 唐古特瑞香 Daphne tangutica
tanguticagine 唐古特瑞香精 唐古特瑞香 Daphne tangutica
tanguticakine 唐古特瑞香肯 唐古特瑞香 Daphne tangutica
tanguticaline 唐古特瑞香灵 唐古特瑞香 Daphne tangutica
tanguticamine 唐古特瑞香明 唐古特瑞香 Daphne tangutica
tanguticoside 甘青铁线莲苷 甘青铁线莲 Clematis tangutica
tangutimine 甘青乌头明 甘青乌头 Aconitum tanguticum
tangutisine 甘青乌头辛 甘青乌头 Aconitum tanguticum
tangutorine 甘青白刺灵碱 甘青白刺 Nitraria tangutorum
tanikolide 塔尼克里鞘丝藻内酯 巨大鞘丝藻 Lyngbya majuscula（Tanikeli：产地）
tanwusine 甘乌辛 甘青乌头 Aconitum tanguticum
taraffinisoside 肖笼鸡苷 顶头马蓝（肖笼鸡）Tarphochlamys affinis
taraxacine 蒲公英碱 蒲公英属 Taraxacum
taraxafolide 蒲公英酮内酯 蒲公英 Taraxacum formosanum
taraxafolin 蒲公英酚素 蒲公英 Taraxacum formosanum
taraxasterol 蒲公英萜醇 蒲公英属 Taraxacum
taraxasterone 蒲公英萜酮 蒲公英属 Taraxacum
taraxinic acid 蒲公英萜酸 蒲公英属 Taraxacum
tarennane 乌口树烷 乌口树属 Tarenna
tarennanoside 乌口树诺苷 乌口树属 Tarenna
tarennin 乌口树素 乌口树属 Tarenna
tarenninoside 乌口树素苷 乌口树属 Tarenna
tarennone 乌口树酮 乌口树属 Tarenna
tarennoside 乌口树苷 乌口树属 Tarenna
tarumal 伞花牡荆醛 伞花牡荆 Vitex cymosa（Taruma：英名）
tashironin 峦大八角宁 峦大八角 Illicium tashiroi
tasumatrol 苏门答腊紫杉醇 苏门答腊红豆杉 Taxus sumatrana
tataramide 石菖蒲酰胺 石菖蒲 Acorus tatarinowii
tatarine 石菖蒲碱 石菖蒲 Acorus tatarinowii
tatarinone 石菖蒲酮 石菖蒲 Acorus tatarinowii
tatariside 苦荞麦苷 苦荞麦 Fagopyrum tataricum
tatridin 三齿蒿定 三齿蒿 Artemisia tridentata
tatsienenseine 康定翠雀因 康定翠雀花 Delphinium tatsienense
tatsiensine 康定翠雀碱 康定翠雀花 Delphinium tatsienense
tatsinine 康定翠雀宁 康定翠雀花 Delphinium tatsienense
taurin 牛蒿灵 牛蒿 Artemisia taurica
tauroside 克里木常春藤苷 克里木常春藤 Hedera taurica
taveuniamide 塔韦乌尼鞘丝藻酰胺 巨大鞘丝藻 Lyngbya majuscula（Taveuni：产地）
taxabaccatin 浆果紫杉亭 浆果紫杉 Taxus baccata
taxachitriene 中国紫杉三烯 红豆杉（中国紫杉）Taxus chinensis
taxacin 紫杉杂辛 红豆杉属（紫杉属）Taxus
taxacustin 东北紫杉亭 东北紫杉 Taxus cuspidata
taxadiene 紫杉二烯 红豆杉属（紫杉属）Taxus
taxamairin 南方紫杉素 南方紫杉 Taxus wallichinana var. mairei
taxawallin 西藏紫杉素 喜马拉雅红豆杉（西藏紫杉）Taxus wallichiana
taxayunnansin 云南紫杉辛 喜马拉雅红豆杉（云南紫杉）Taxus yunnanensis
taxayunnin 云南紫杉宁 喜马拉雅红豆杉（云南紫杉）Taxus yunnanensis
taxayuntin 云南紫杉亭 喜马拉雅红豆杉（云南紫杉）Taxus yunnanensis
taxchin 中国紫杉辛 红豆杉（中国紫杉）Taxus chinensis
taxchinin 中国紫杉辛宁 红豆杉（中国紫杉）Taxus chinensis
taxezopidine 东北紫杉定 东北紫杉 Taxus cuspidata
taxicin 紫杉辛 红豆杉属（紫杉属）Taxus
taxillusside 钝果寄生苷 钝果寄生属 Taxillus
taxin 紫杉因 红豆杉属（紫杉属）Taxus
taxine 紫杉碱 红豆杉属（紫杉属）Taxus
taxiphyllin 红豆杉叶素 红豆杉属 Taxus & 叶 Phyll
taxiresinol 紫杉脂醇 红豆杉属（紫杉属）Taxus
taxodine 三尖杉定碱 三尖杉属 Cephalotaxus
taxoquinone 落羽杉醌 落羽杉属 Taxodium
taxuchin 中国紫杉素 红豆杉（中国紫杉）Taxus chinensis
taxuspine 东北紫杉素 东北紫杉 Taxus cuspidata
taxuyunin 云南紫杉脂素 喜马拉雅红豆杉（云南紫杉）Taxus yunnanensis
tayloron 泰勒纤冠藤酮 泰勒纤冠藤 Gongronema taylorii
tazopsine 图氏马钱藤辛 图氏马钱藤 Strychnopsis thouarsii（Tazo：马达加斯加语，疟疾之义）
teadenol 茶烯酚 茶 Camellia sinensis（Tea：英名）
teasperin 茶曲霉素 茶 Camellia sinensis（Tea：英名）& 曲霉属 Aspergillus
teasperol 茶曲霉酚 茶 Camellia sinensis（Tea：英名）& 曲霉属 Aspergillus
teasterone 茶甾酮 茶 Camellia sinensis（Tea：英名）
tecomanine 黄钟花宁 黄钟花属 Tecoma
tecostanine 直立黄钟花宁 直立黄钟花 Tecoma stans
tectograndinol 柚木诺醇 柚木 Tectona grandis
tectoionol 柚木香堇醇 柚木属 Tectona
tectol 柚木酚 柚木属 Tectona
tectone 柚木酮 柚木属 Tectona
tectonoelin 柚木降木脂素 柚木属 Tectona
tectoquinone 柚木醌 柚木属 Tectona
tectoroside 屋根草内酯苷 屋根草 Crepis tectorum
teikaside 亚洲络石甾苷 亚洲络石 Trachelospermum asiaticum（Teika-kazura：日名）
teinemine 大花藜芦胺 毛叶藜芦（大花藜芦）Veratrum grandiflorum（Teinem：地名）
telekin 特勒菊素 特勒菊属 Telekia
telephioidin 小花远志定 小花远志 Polygala telephioides
telephiose 小花远志糖 小花远志 Polygala telephioides
telisatine 矛毒藤亭碱 矛毒藤属 Telitoxicum
telitoxine 矛毒藤碱 矛毒藤属 Telitoxicum
tellimagrandin 拟唢呐草素 拟唢呐草 Tellima grandiflora
tellimoside 拟唢呐草苷 拟唢呐草 Tellima grandiflora
telosmogenin 夜来香苷元 夜来香属 Telosma
telosmoside 夜来香苷 夜来香属 Telosma
tembamide 冬崖椒酰胺 冬崖椒 Fagara hyemalis（Tembetari：英名）
tembetarine 冬崖椒灵 冬崖椒 Fagara hyemalis（Tembetari：英名）
tenacigenoside 通光藤精苷 通光藤 Marsdenia tenacissima
tenacissigenin 通光藤西苷元 通光藤 Marsdenia tenacissima

T

tenacissimoside 通光藤莫苷 通光藤 Marsdenia tenacissima
tenasogenin 通光藤索苷元 通光藤 Marsdenia tenacissima
tenone 新劳塔豆酮 新劳塔豆属 Neorautanenia
tenuamine 光叶马鞍树碱 光叶马鞍树 Maackia tenuifolia
tenuicausine 薄叶山橙辛碱 薄叶山橙 Melodinus tenuicaudatus
tenuifolioside 细叶远志利奥苷 细叶远志 Polygala tenuifolia
tenuifoliside 细叶远志利苷 细叶远志 Polygala tenuifolia
tenuiside 细叶远志苷 细叶远志 Polygala tenuifolia
tephropurpulin 灰毛豆林素 灰毛豆 Tephrosia purpurea
tephropurpurin 灰毛豆素 灰毛豆 Tephrosia purpurea
tephrorin 灰毛豆任 灰毛豆属 Tephrosia
tephroside 狗舌草苷 狗舌草属 Tephroseris
tephrosone 灰毛豆酮 灰毛豆属 Tephrosia
tercatain 榄仁树鞣质 榄仁树 Terminalia catappa
terchebin 诃子宾 诃子 Terminalia chebula
terflavin 诃子黄素 诃子属 Terminalia
tergallagin 榄仁树鞣精 榄仁树 Terminalia catappa
terihanine 两面针哈宁 两面针 Zanthoxylum nitidum（Teriha-Zansho：日名）
termicalcicolanone 钙生榄仁树酮 钙生榄仁树 Terminalia calcicola
termilignan 诃子木脂素 诃子属 Terminalia
terminaline 顶花板凳果碱 顶花板凳果 Pachysandra terminalis
terminoic acid 诃子诺酸 诃子属 Terminalia
terminolic acid 诃子醇酸 诃子属 Terminalia
ternatin* 金黄菌寄生素 金黄菌寄生 Hypomyces aurantius（Didymocladium ternatum）
ternatin* 猫爪草素 猫爪草 Ranunculus ternatus
ternatin* 新西兰蜜茱萸素 新西兰蜜茱萸 Melicope ternata
ternatoside 猫爪草苷 猫爪草 Ranunculus ternatus
ternatusine 猫爪草碱 猫爪草 Ranunculus ternatus
terniflorin 圆锥铁线莲苷 圆锥铁线莲 Clematis terniflora
ternifolin 牛尾草林素 牛尾草 Rabdosia ternifolia
ternstroemic acid 厚皮香酸 厚皮香属 Ternstroemia
terresoxazine 蒺藜噁嗪 蒺藜 Tribulus terrestris & 噁嗪 oxazine
terrestriamide 蒺藜酰胺 蒺藜 Tribulus terrestris
terrestribisamide 蒺藜双酰胺 蒺藜 Tribulus terrestris
terrestrinin 蒺藜宁 蒺藜 Tribulus terrestris
terrestroneoside 蒺藜新苷 蒺藜 Tribulus terrestris
terrestroside 蒺藜甾苷 蒺藜 Tribulus terrestris
terrestrosin 蒺藜辛 蒺藜 Tribulus terrestris
tessaric acid 特萨菊酸 特萨菊属 Tessaria
tetracentronside 水青树苷 水青树属 Tetracentron
tetrachyrin 四角菊素 四角菊属 Tetrachyron
tetrahymanol 四膜虫醇 四膜虫属 Tetrahymena
tetraneurin 四脉银胶菊素 四脉银胶菊 Parthenium alpinum var. tetraneuris
tetraphyllicine 四叶萝芙木辛碱 四叶萝芙木 Rauvolfia tetraphylla
tetraphyllin 四雄西番莲素 四雄西番莲 Tetrapathaea tetrandra
tetraphylline 四叶萝芙木林碱 四叶萝芙木 Rauvolfia tetraphylla
tetrapterol 四翅槐醇 四翅槐 Sophora tetraptera
tetrastigma 崖爬藤黄酮 崖爬藤属 Tetrastigma
tetrastigmol 崖爬藤醇 崖爬藤属 Tetrastigma
tetrasweroside 四翅獐牙菜苷 四翅獐牙菜 Swertia tetraptera
teucdiol 香科科二醇 香科科属 Teucrium
teucladiol 白茎香科二醇 白茎香科科 Teucrium leucocladum
teuclatriol 白茎香科三醇 白茎香科科 Teucrium leucocladum
teucrin 香科科灵 香科科属 Teucrium
teucrol 香科科酚 香科科属 Teucrium
teucroside 香科科苷 香科科属 Teucrium
teucroxide 香科科醚 香科科属 Teucrium
teucvidin 血见愁素 血见愁 Teucrium viscidum
teucvin 血见愁芬 血见愁 Teucrium viscidum
teucvisin 血见愁辛 血见愁 Teucrium viscidum
teuflin 黄花香科科素 黄花香科科 Teucrium flavum
teugin 脆叶香科科素 脆叶香科科 Teucrium fragile
teuhetenone 异叶香科科烯酮 异叶香科科 Teucrium heterophyllum
teuhircoside 赫卡尼亚香科科苷 赫卡尼亚香科科 Teucrium hircanicum
teulamifin 野芝麻叶香科科素 野芝麻叶香科科 Teucrium lamiifolium
teuponin 穗花香科科宁 穗花香科科 Teucrium japonicum
teuscordin 蒜味香科科素 蒜味香科科 Teucrium scordium
teuscorodal 林石蚕醛 林石蚕 Teucrium scorodonia
teuspinin 棘刺香科科素 棘刺香科科 Teucrium spinosum
teuvincenone 文森特香科科酮 文森特香科科 Teucrium polium subsp. vincentinum
teuvislactone 血见愁内酯 血见愁 Teucrium viscidum
teuvisone 血见愁酮 血见愁 Teucrium viscidum
teuvisside 血见愁苷 血见愁 Teucrium viscidum
thaicanine 泰加连蕊藤碱 连蕊藤 Parabaena sagittata（Thailand & Canada：合作方）
thaipetaline 狭瓣暗罗碱 狭瓣暗罗 Polyalthia stenopetala
thalactamine 亚欧唐松草胺 亚欧唐松草 Thalictrum minus
thaliadine 亚欧唐松草定 亚欧唐松草 Thalictrum minus
thaliatraplexine 狭序唐松草辛 狭序唐松草 Thalictrum atriplex
thaliatraplextine 狭序唐松草亭 狭序唐松草 Thalictrum atriplex
thaliatrine 狭序唐松草灵 狭序唐松草 Thalictrum atriplex
thalibealine 唐松草比灵 唐松草属 Thalictrum & 小檗碱 berberine & 阿朴啡 aporphine
thalibroline 紫花唐松草林碱 紫花唐松草 Thalictrum rochebrunianum
thalicmidine 亚欧唐松草米定 亚欧唐松草 Thalictrum minus
thalicmine 亚欧唐松草碱 亚欧唐松草 Thalictrum minus
thalicminine 亚欧唐松草米宁 亚欧唐松草 Thalictrum minus
thalicoside 唐松草皂苷 唐松草属 Thalictrum
thalictricine; thalictrisine 箭头唐松草辛碱 箭头唐松草 Thalictrum simplex
thalictrifoline 石生黄堇林碱 石生黄堇 Corydalis thalictrifolia
thalictrogamine 杂性唐松草碱 杂性唐松草 Thalictrum polygamum
thalifabatine 大叶唐松草亭 大叶唐松草 Thalictrum faberi
thalifaberidine 大叶唐松草定 大叶唐松草 Thalictrum faberi
thalifaberine 大叶唐松草碱 大叶唐松草 Thalictrum faberi
thalifabine 大叶唐松草宾 大叶唐松草 Thalictrum faberi
thalifaboramine 大叶唐松草胺 大叶唐松草 Thalictrum faberi
thalifalandine 大叶唐松草兰定 大叶唐松草 Thalictrum faberi
thalifaramine 大叶唐松草明 大叶唐松草 Thalictrum faberi
thalifarapine 大叶唐松草品 大叶唐松草 Thalictrum faberi
thalifarazine 大叶唐松草嗪 大叶唐松草 Thalictrum faberi
thalifaretine 大叶唐松草瑞亭 大叶唐松草 Thalictrum faberi
thalifaricine 大叶唐松草瑞辛 大叶唐松草 Thalictrum faberi
thalifaroline 大叶唐松草林碱 大叶唐松草 Thalictrum faberi
thalifaronine 大叶唐松草宁碱 大叶唐松草 Thalictrum faberi
thalifasine 大叶唐松草辛 大叶唐松草 Thalictrum faberi
thalifaurine 台湾唐松草碱 台湾唐松草 Thalictrum fauriei
thalifoline 铁线蕨叶唐松草林碱 铁线蕨叶唐松草 Thalictrum minus var. adiantifolium
thaliglucine 皱叶唐松草钦碱 皱叶唐松草 Thalictrum rugosum
thaliglucinone 皱叶唐松草钦酮 皱叶唐松草 Thalictrum rugosum

T

thaligosidine 皱叶唐松草西定 皱叶唐松草 Thalictrum rugosum
thaligosine 皱叶唐松草辛碱 皱叶唐松草 Thalictrum rugosum
thaligosinine 皱叶唐松草西宁 皱叶唐松草 Thalictrum rugosum
thalihazine 哈氏唐松草嗪 哈氏唐松草 Thalictrum hazarica
thalimonine 箭头唐松草莫宁 箭头唐松草 Thalictrum simplex & 蒙古 Mongolia
thaliphylline 小叶唐松草碱 小叶唐松草 Thalictrum minus var. microphyllum
thalipine 杂性唐松草品碱 杂性唐松草 Thalictrum polygamum
thalirugidine 皱叶唐松草吉定 皱叶唐松草 Thalictrum rugosum
thalisamine 箭头唐松草胺 箭头唐松草 Thalictrum simplex
thalisopavine 唐松草异帕文碱 唐松草属 Thalictrum & 异帕文碱 isopavine
thalisopidine 紫堇叶唐松草定 紫堇叶唐松草 Thalictrum isopyroides
thalisopine 紫堇叶唐松草品 紫堇叶唐松草 Thalictrum isopyroides
thalisopinine 紫堇叶唐松草品宁 紫堇叶唐松草 Thalictrum isopyroides
thalivarmine 亚欧唐松草瓦明碱 亚欧唐松草 Thalictrum minus
thalmelatine 东亚唐松草亭 东亚唐松草 Thalictrum minus var. elatum
thalmethine 亚欧唐松草美辛 亚欧唐松草 Thalictrum minus
thalmetine 亚欧唐松草亭 亚欧唐松草 Thalictrum minus
thalmineline 亚欧唐松草林碱 亚欧唐松草 Thalictrum minus
thalmirabine 亚欧唐松草拉宾碱 亚欧唐松草 Thalictrum minus
thalpetaline 瓣蕊唐松草灵 瓣蕊唐松草 Thalictrum petaloideum
thalphine; thalfine 唐松草芬碱 唐松草属 Thalictrum
thalpindione 高山唐松草二酮 高山唐松草 Thalictrum alpinum
thalprzewalskiinone 长柄唐松草酮 长柄唐松草 Thalictrum przewalskii
thalrugosamine 皱叶唐松草明 皱叶唐松草 Thalictrum rugosum
thalrugosaminine 皱叶唐松草米宁 皱叶唐松草 Thalictrum rugosum
thalrugosidine 皱叶唐松草定碱 皱叶唐松草 Thalictrum rugosum
thalrugosine 皱叶唐松草碱 皱叶唐松草 Thalictrum rugosum
thalrugosinone 皱叶唐松草醛碱 皱叶唐松草 Thalictrum rugosum
thalsivasine 亚欧唐松草瓦星碱 亚欧唐松草 Thalictrum minus
thamnoliadepside 地茶缩酚酸 地茶属 Thamnolia
thamnosin 灌丛芸香素 灌丛芸香属 Thamnosma
thamnosmonin 蒙大拿灌丛芸香素 蒙大拿灌丛芸香 Thamnosma montana
thankunic acid 积雪草尼酸 积雪草 Centella asiatica（Thankuni：孟加拉名）
thankuniside 积雪草尼苷 积雪草 Centella asiatica（Thankuni：孟加拉名）
thannilignan 毗黎勒木脂素 毗黎勒 Terminalia bellirica（Thanni：印名）
theacrine 茶可灵碱 茶 Thea chinensis
thelephorin 革菌素 革菌属 Thelephora
theraphin 塞拉芬 塞拉木 Kayea assamica（Thera-phi：缅甸名）
thesinine 百蕊草宁碱 百蕊草属 Thesium
thespesenone 桐棉烯酮 桐棉属 Thespesia
thespone 桐棉酮 桐棉属 Thespesia
thevebioside 黄花夹竹桃二糖苷 黄花夹竹桃属 Thevetia
thevefolic acid 黄花夹竹桃酸 黄花夹竹桃 Thevetia nereifolia
thevefolin 黄花夹竹桃籽素 黄花夹竹桃 Thevetia nereifolia
theveneriin 黄花夹竹桃因 黄花夹竹桃 Thevetia nereifolia
theveside 黄花夹竹桃维苷 黄花夹竹桃属 Thevetia
thevetin 黄花夹竹桃素 黄花夹竹桃属 Thevetia
thevetiogenin 黄花夹竹桃苷元 黄花夹竹桃属 Thevetia
thevetioside 黄花夹竹桃苷 黄花夹竹桃属 Thevetia
theviridoside 黄花夹竹桃醚萜苷 黄花夹竹桃属 Thevetia
thladioside 赤瓟皂苷 赤瓟属 Thladiantha
thollethoside 索氏羊角拗苷 索氏羊角拗 Strophanthus tholloni
thollosid 索朗羊角拗苷 索朗羊角拗 Strophanthus tholloni
thoreliamide 银钩花酰胺 银钩花 Mitrephora thorelii
thouvenol 图维诺原漆酚 图维诺原漆 Protorhus thouvenotii
thujaplicatin 北美乔柏脂素 北美乔柏 Thuja plicata
thujaplicin 北美乔柏素 北美乔柏 Thuja plicata
thujaplicinol 北美乔柏素醇 北美乔柏 Thuja plicata
thunalbene 笋兰烯 笋兰属 Thunia
thunaloside 翼叶山牵牛洛苷 山牵牛属 Thunbergia
thunberginol 甘茶酚 甘茶 Hydrangea macrophylla var. thunbergii
thunbergioside 山牵牛苷 山牵牛属 Thunbergia
thungfaine 大叶糖胶树因碱 大叶糖胶树 Alstonia macrophylla（Thungfa：泰名）
thurberogenin 瑟伯群戟柱苷元 瑟伯群戟柱 Lemaireocereus thurberi
thwaitesixanthone 锡兰红厚壳叫酮 锡兰红厚壳 Calophyllum thwaitesii
thymofolinoate 千根草酯 千根草 Euphorbia thymifolia
thymonin 百里香宁 百里香属 Thymus
thymusin 百里香辛 百里香属 Thymus
thysanolactone 流苏子内酯 流苏子属 Thysanospermum
tianmushanol 天目金粟兰醇 天目金粟兰 Chloranthus tianmushanensis
tianshanidine 天山翠雀定碱 天山翠雀花 Delphinium tianshanicum
tianshanine 天山翠雀宁碱 天山翠雀花 Delphinium tianshanicum
tianshanisine 天山翠雀辛碱 天山翠雀花 Delphinium tianshanicum
tibeticanol 毛刺锦鸡儿醇 毛刺锦鸡儿 Caragana tibetica
tibeticoside 肉果草苷 肉果草 Lancea tibetica
tiegusanin 铁箍散素 铁箍散 Schisandra propinqua var. sinensis（Tiegusan：拼音名）
tigencaoside 嚏根草苷 铁筷子属（嚏根草属）Helleborus（Tigencao：拼音名）
tiliacol 黄槿醇 黄槿 Hibiscus tiliaceus
timuramide 竹叶花椒新酰胺 竹叶花椒 Zanthoxylum armatum（Timur：尼泊尔名）
tinctoralactone 蓝叶藤内酯 蓝叶藤 Marsdenia tinctoria
tinctoramine 蓝叶藤胺 蓝叶藤 Marsdenia tinctoria
tinctoroside 蓝叶藤苷 蓝叶藤 Marsdenia tinctoria
tingenol 染用卫矛醇 染用卫矛 Euonymus tingens
tingenone 染用卫矛酮 染用卫矛 Euonymus tingens
tinnevellin 狭叶番泻林素 狭叶番泻 Cassia angustifolia（Tinnevelli senna：英名）
tinocrispol 波叶青牛胆醇 波叶青牛胆 Tinospora crispa
tinocrisposide 波叶青牛胆苷 波叶青牛胆 Tinospora crispa
tinophylloloside 菲律宾大叶藤苷 菲律宾大叶藤 Tinomiscium philippinense
tinosagittone 青牛胆酮 青牛胆 Tinospora sagittata
tinoscorside 波叶青牛胆碱苷 波叶青牛胆 Tinospora crispa
tinosinen 中华青牛胆烯 中华青牛胆 Tinospora sinensis
tinosineside 中华青牛胆苷 中华青牛胆 Tinospora sinensis
tinospin 青牛胆素 青牛胆 Tinospora sagittata
tinospinoside 青牛胆苷 青牛胆属 Tinospora
tinosposide 青牛胆酚苷 青牛胆属 Tinospora
tinotufolin 小瘤青牛胆叶素 小瘤青牛胆 Tinospora tuberculata & 叶 Folium
tinyatoxin 波氏大戟毒素 波氏大戟 Euphorbia poisonii

T

tirucalicine 绿玉树辛 绿玉树 Euphorbia tirucalli
tirucalladienol 绿玉树二烯醇 绿玉树 Euphorbia tirucalli
tirucallin 绿玉树素 绿玉树 Euphorbia tirucalli
tirucallol 绿玉树醇 绿玉树 Euphorbia tirucalli
tirucallone 绿玉树酮 绿玉树 Euphorbia tirucalli
tithofolinolide 肿柄菊诺内酯 肿柄菊 Tithonia diversifolia
tithoniamide 肿柄菊酰胺 肿柄菊 Tithonia diversifolia
tithonin 圆叶肿柄菊宁素 圆叶肿柄菊 Tithonia rotundifolia
tithoniquinone 肿柄菊蒽醌 肿柄菊 Tithonia diversifolia
tlatlancuayin 鸡冠血苋素 鸡冠血苋 Iresine celosioides（Tlatlancuayo：墨西哥名）
tobiraxanthin 海桐黄质 海桐 Pittosporum tobira
tochibanan 竹节参多糖 竹节参 Panax japonicus（Tochiba-Ninjin：日名）
tocospiro 生育螺环 生育酚 tocopherol & 螺环 spiro
tocospirone 生育螺酮 生育酚 tocopherol & 螺环 spiro
toddaculine 飞龙掌血灵 飞龙掌血属 Toddalia
toddalenol 飞龙掌血烯醇 飞龙掌血属 Toddalia
toddalenone 飞龙掌血烯酮 飞龙掌血属 Toddalia
toddaliamide 飞龙掌血酰胺 飞龙掌血属 Toddalia
toddalidimerine 飞龙掌血二聚碱 飞龙掌血属 Toddalia
toddalosin 飞龙掌血洛辛 飞龙掌血属 Toddalia
toddanin 飞龙掌血宁 飞龙掌血属 Toddalia
toddanol 飞龙掌血醇 飞龙掌血属 Toddalia
toddanone 飞龙掌血酮 飞龙掌血属 Toddalia
toddaquinoline 飞龙掌血喹啉 飞龙掌血属 Toddalia
toddasiatin 飞龙掌血素 飞龙掌血 Toddalia asiatica
toddasin 飞龙掌血辛 飞龙掌血 Toddalia asiatica
tohogeninol 蛇足石杉尼醇 蛇足石杉 Huperzia serrata（Tohoku University：作者所属机构）
tohogenol 蛇足石杉醇 蛇足石杉 Huperzia serrata（Tohoku University：作者所属机构）
tokinolide 东当归内酯 东当归 Angelica acutiloba（Yamato-toki：日名）
tomatidenol 番茄定烯醇 番茄 Lycopersicon esculentum（Tomato：英名）
tomenin 毛樱桃宁 毛樱桃 Prunus tomentosa
tomentin 假防己亭 假防己 Prunus tomentosa
tomentodiplacol 毛泡桐沟酸浆醇 毛泡桐 Paulownia tomentosa & 沟酸浆属 Diplacus
tomentodiplacone 毛泡桐沟酸浆酮 毛泡桐 Paulownia tomentosa & 沟酸浆属 Diplacus
tomentosanol 绒毛槐酚 绒毛槐 Sophora tomentosa
tomentosic acid 绒毛诃子酸 绒毛诃子 Terminalia tomentosa
tomentoside* 大火草苷 大火草 Anemone tomentosa
tomentoside* 毛泡桐苷 毛泡桐 Paulownia tomentosa
tomentosin* 假防己素 假防己 Marsdenia tomentosa
tomentosin* 绒毛银胶菊素 绒毛银胶菊 Parthenium tomentosum
tomentosone 桃金娘酮 桃金娘属 Rhodomyrtus
tomoeone 黄海棠酮 黄海棠 Hypericum ascyron（Tomoe-sô：日名）
tongolinine 川西翠雀宁碱 川西翠雀花 Delphinium tongolense
tonkinelin 东京紫玉盘林素 扣匹（东京紫玉盘）Uvaria tonkinensis
tonkinin 东京紫玉盘宁 扣匹（东京紫玉盘）Uvaria tonkinensis
tonkinochromane 越南槐色满 越南槐 Sophora tonkinensis
toonaciliatine 红椿亭 红椿 Toona ciliata
toonaciliatone 红椿酮 红椿 Toona ciliata
toonacilide 红椿希内酯 红椿 Toona ciliata
toonacilin 红椿林素 红椿 Toona ciliata
toonafolin 香椿叶素 香椿属 Toona & 叶 Folium
toonin 香椿素 香椿属 Toona
toosendanic acid 川楝酸 川楝 Melia toosendan
toosendanone 川楝达酮 川楝 Melia toosendan
topazolin 黄玉羽扇豆素 黄玉羽扇豆 Lupinus luteus cv. Topaz
topsentisterol 托氏海绵甾醇 托氏海绵属 Topsentia
torenoside 蝴蝶草苷 蝴蝶草属 Torenia
torosachrysone 珠节决明蒽酮 珠节决明 Cassia torosa
torosaflavone 珠节决明黄酮 珠节决明 Cassia torosa
torreyaflavonoloside 榧黄酮洛苷 榧树属 Torreya
torreyagrandate 榧树酯 榧树 Torreya grandis
torricellate 鞘柄木酯 鞘柄木属 Torricellia
torricelline 鞘柄木碱 鞘柄木属 Torricellia
torrilliolide 鞘柄木内酯 鞘柄木 Toricellia tiliifolia
tortifoline 扭叶贝母碱 扭叶贝母 Fritillaria tortifolia
tortifolisine 扭叶贝母辛 扭叶贝母 Fritillaria tortifolia
tortoside 扭旋马先蒿苷 扭旋马先蒿 Pedicularis torta
tortuoside 扭茎西风芹苷 扭茎西风芹 Seseli tortuosum
torulosal 西藏柏木醛 西藏柏木 Cupresses torulosa
torulosol 西藏柏木醇 西藏柏木 Cupressus torulosa
torvonin 水茄宁 水茄 Solanum torvum
torvumoside 水茄莫苷 水茄 Solanum torvum
totaradiol 新西兰罗汉松二酚 新西兰罗汉松 Podocarpus totara
totaral 新西兰罗汉松醛 新西兰罗汉松 Podocarpus totara
totarol 新西兰罗汉松酚 新西兰罗汉松 Podocarpus totara
totarolenone 新西兰罗汉松酚烯酮 新西兰罗汉松 Podocarpus totara
tournefolal 紫丹醛 紫丹属 Tournefortia
tournefolic acid 紫丹酸 紫丹属 Tournefortia
tournefolin 紫丹林素 紫丹属 Tournefortia
tournipherone 湿地蒿酮 湿地蒿 Artemisia tournefortiana
tovophyllin 大叶托沃木素 大叶托沃木 Tovomita macrophylla
tovopyrifolin 梨叶托沃木素 梨叶托沃木 Tovomita pyrifolium
tovoxanthone 托沃木吨酮 枳 Poncirus trifoliata
toxicodenane 漆烷 漆属 Toxicodendron
toxiferine 毒马钱碱 毒马钱 Strychnos toxifera
toxocarol 弓果藤醇 弓果藤属 Toxocarpus
toxyloxanthone 橙桑吨酮 橙桑 Toxylon pomiferum
trachelanthamidine 颈花米定 颈花属 Trachelanthus
trachelinoside 络石苷 络石属 Trachelospermum
trachelosiaside 亚洲络石苷 亚洲络石 Trachelospermum asiaticum
trachelosperogenin 络石洛苷元 络石属 Trachelospermum
trachelosperoside 络石洛苷 络石属 Trachelospermum
trachylobandiol 粗裂豆二醇 粗裂豆属 Trachylobium
trachylobanoic acid 粗裂豆酸 粗裂豆属 Trachylobium
trachyone 细穗胡椒酮碱 细穗胡椒 Piper trichostachyon
tragopogonic acid 婆罗门参酸 婆罗门参属 Tragopogon
tragopogonoside 婆罗门参苷 婆罗门参属 Tragopogon
tragopogonsaponin 婆罗门参皂苷 婆罗门参属 Tragopogon
tragoponol 婆罗门参醇 婆罗门参属 Tragopogon
trametenolic acid 栓菌烯醇酸 栓菌属 Trametes
transconitine 直缘乌头碱 直缘乌头 Aconitum transsectum
transilin 伊犁绢蒿素 伊犁绢蒿 Seriphidium transiliense
trapain 菱鞣素 菱属 Trapa
trapanin 菱鞣宁 菱属 Trapa
traparin 菱鞣质 菱属 Trapa
trapezifolixanthone 梯叶红厚壳吨酮 梯叶红厚壳 Calophyllum trapezifolium
treflorine 滑桃树灵 滑桃树 Trewia nudiflora
trefolane 茶银耳素 茶银耳 Tremella foliacea
trefoliol 茶银耳醇 茶银耳 Tremella foliacea

T

trematol 山黄麻醇 山黄麻属 Trema
tremediol 胶皱孔菌二醇 胶皱孔菌 Merulius tremellosus
tremellin 银耳素 银耳属 Tremella
tremetone 白蛇根草震颤酮 白蛇根草 Eupatorium urticaefolium（tremble：牲畜食用该种导致中毒性震颤并死亡）
tremetriol 胶皱孔菌三醇 胶皱孔菌 Merulius tremellosus
tremulacin 欧洲山杨辛 欧洲山杨 Populus tremula
tremulacinol 欧洲山杨辛醇 欧洲山杨 Populus tremula
trenudine 滑桃树定 滑桃树 Trewia nudiflora
trewianin 滑桃树阿宁 滑桃树属 Trewia
trewiasine 滑桃树辛 滑桃树属 Trewia
trewinin 滑桃树宁 滑桃树属 Trewia
triandrin 三蕊柳素 三蕊柳 Salix triandra
tribestin 蒺藜亭 蒺藜 Tribulus terrestris
tribol 蒺藜醇 蒺藜属 Tribulus
tribulusterine 刺蒺藜碱 蒺藜 Tribulus terrestris（刺蒺藜：生药名）
tricadenic acid 毛腺木酮酸 毛腺木属 Trichadenia
tricalysiamide 狗骨柴酰胺 狗骨柴属 Tricalysia
tricalysiol 狗骨柴醇 狗骨柴属 Tricalysia
tricalysiolide 狗骨柴内酯 狗骨柴属 Tricalysia
tricalysione 狗骨柴酮 狗骨柴属 Tricalysia
tricalysioside 狗骨柴苷 狗骨柴属 Tricalysia
tricetiflavan 小麦黄烷 小麦属 Triticum
tricetin 小麦亭 小麦属 Triticum
trichadenic acid 毛腺木酸 毛腺木属 Trichadenia
trichagmalin 鹧鸪花内雄楝林素 鹧鸪花属 Trichilia & 内雄楝属 Entandrophragma
trichamide 束毛藻酰胺 束毛藻属 Trichodesmium
trichiconnarin 鹧鸪花灵 鹧鸪花 Trichilia connaroides
trichilenone 鹧鸪花烯酮 鹧鸪花属 Trichilia
trichilin 鹧鸪花素 鹧鸪花属 Trichilia
trichilinin 鹧鸪花宁 鹧鸪花属 Trichilia
trichiliton 鹧鸪花酮 鹧鸪花属 Trichilia
trichilone 鹧鸪花甾酮 鹧鸪花属 Trichilia
trichinenlide 茸果鹧鸪花内酯 鹧鸪花属 Trichilia
trichobenzolignan 栝楼苯并木脂素 栝楼属 Trichosanthes
trichocarpidine 毛果甘青乌头定 毛果甘青乌头 Aconitum tanguticum var. trichocarpum
trichocarpine 毛果甘青乌头碱 毛果甘青乌头 Aconitum tanguticum var. trichocarpum
trichocarpinine 毛果甘青乌头宁 毛果甘青乌头 Aconitum tanguticum var. trichocarpum
trichodelphinine 毛翠雀花碱 毛翠雀花 Delphinium trichophorum
trichodonin 毛果香茶菜宁 毛果香茶菜 Isodon trichocarpus
tricholein 毛穗胡椒因 毛穗胡椒 Piper trichostachyon
trichoranin 毛果香茶菜拉宁 毛果香茶菜 Isodon trichocarpus
tricornose 密花远志糖 密花远志 Polygala tricornis
tricrozarin 雄黄兰茜素 雄黄兰 Tritonia crocosmiiflora
tricuspidatin 三尖栝楼素 三尖栝楼 Trichosanthes tricuspidata
tricuspidatol 地锦酚 地锦 Parthenocissus tricuspidata
tricuspidoside 环三尖栝楼苷 三尖栝楼 Trichosanthes tricuspidata
trifolian 车轴草紫檀素 车轴草属 Trifolium
trifolin 车轴草苷 车轴草属 Trifolium
trifoliol 车轴草酚 车轴草属 Trifolium
trifoliolasine 三小叶翠雀碱 三小叶翠雀花 Delphinium trifoliolatum
trifolirhizin 车轴草根苷 车轴草属 Trifolium
trifolitin 车轴草亭 车轴草属 Trifolium
trifoside* 车轴草福苷 车轴草属 Trifolium
trifoside* 三叶木通苷 三叶木通 Akebia trifoliata
trifostigmanoside 红车轴草大柱香波龙苷 红车轴草 Trifolium alexandrinum & 大柱香波龙 Boronia Megastigma
trigolute 黄花三宝木碱 黄花三宝木 Trigonostemon lutescens
trigolutesin 黄花三宝木素 黄花三宝木 Trigonostemon lutescens
trigonopol 翅梗石斛醇 翅梗石斛 Dendrobium trigonopus
trigonotin 附地菜素 附地菜 Trigonotis peduncularis
trigowiin 长序三宝木素 长序三宝木 Trigonostemon howii
trigoxazonane 胡卢巴噁唑烷 胡卢巴属 Trigonella
trijugaoside 三叶鼠尾草苷 三叶鼠尾草 Salvia trijuga
trijugin* 老虎楝素 老虎楝 Heynea trijuga
trijugin* 三叶鼠尾草素 三叶鼠尾草 Salvia trijuga
trikamsteroside 白花延龄草甾苷 白花延龄草 Trillium kamtschaticum
trilepisiumic acid 鳞桑酸 鳞桑属 Trilepisium
trillarin 延龄草灵 延龄草属 Trillium
trillenogenin 延龄草烯苷元 延龄草属 Trillium
trillenoside 延龄草烯苷 延龄草属 Trillium
trilobatin 三裂海棠素 三裂海棠 Malus trilobata
triohima 穿心莛子藨醚萜 穿心莛子藨 Triosteum himalayanum
tripterifordin 雷公藤立弗定 雷公藤属 Tripterygium
tripterine 雷公藤任 雷公藤属 Tripterygium
tripterolide 雷公藤醇内酯 雷公藤属 Tripterygium
tripteroside 双蝴蝶苷 双蝴蝶属 Tripterospermum
tripterospermumcin 双蝴蝶辛 双蝴蝶属 Tripterospermum
tripterregeline 东北雷公藤碱 雷公藤属 Tripterygium
triptersinine 雷公藤辛宁 雷公藤属 Tripterygium
tripterygiol 雷公藤脂醇 雷公藤属 Tripterygium
triptexanthoside 双蝴蝶屾酮苷 双蝴蝶属 Tripterospermum
triptinin 雷公藤宁 雷公藤属 Tripterygium
triptocallic acid 雷公藤愈伤酸 雷公藤属 Tripterygium & 愈伤组织 callus
triptocallin; triptocalline 雷公藤愈伤素 雷公藤属 Tripterygium & 愈伤组织 callus
triptocallol 雷公藤愈伤醇 雷公藤属 Tripterygium & 愈伤组织 callus
triptofordin 雷公藤特弗定 雷公藤 Tripterygium wilfordii
triptogelin 东北雷公藤林素 东北雷公藤 Tripterygium regelii
triptohairic acid 雷公藤毛状根酸 雷公藤属 Tripterygium & 毛状根 hair root
triptohypol 昆明山海棠醇 昆明山海棠 Tripterygium hypoglaucum
triptonine 雷公藤托宁 雷公藤属 Tripterygium
triregeloic acid 东北雷公藤酸 东北雷公藤 Tripterygium regelii
triregelolide 东北雷公藤内酯 东北雷公藤 Tripterygium regelii
trispheridine 三球波斯石蒜定 三球波斯石蒜 Ungernia trisphaera
trispherine 三球波斯石蒜碱 三球波斯石蒜 Ungernia trisphaera
tristin 球茎石豆兰素 球茎石豆兰 Bulbophyllum triste
triumboidin 刺蒴麻素 刺蒴麻 Triumfetta rhomboidea
trolline 金莲花碱 金莲花属 Trollius
trollisin 金莲花新苷 金莲花属 Trollius
trolliusol 金莲花色酚 金莲花属 Trollius
tronocarpine 伞房狗牙花卡品 伞房狗牙花 Tabernaemontana corymbosa（Tronoh：地名）
tronoharine 伞房狗牙花哈灵 伞房狗牙花 Tabernaemontana corymbosa（Tronoh：地名）
trungapeptin 特朗鞘丝藻肽素 巨大鞘丝藻 Lyngbya majuscula（Trung：产地）
truxillic acid 秘鲁古柯酸 秘鲁古柯 Erythroxylon truxillense
truxinic acid 秘鲁古柯尼酸 秘鲁古柯 Erythroxylon truxillense
tsaokoarylone 草果芳酮 草果 Amomum tsaoko

T

tsugacetal 铁杉缩醛 铁杉属 Tsuga
tsugaric acid 松杉灵芝酸 松杉灵芝 Ganoderma tsugae
tsugarioside 松杉灵芝苷 松杉灵芝 Ganoderma tsugae
tuberonate 马铃薯酮酸酯 马铃薯 阳芋（马铃薯）Solanum tuberosum
tuberonic acid 马铃薯酮酸 阳芋（马铃薯）Solanum tuberosum
tuberoside 块菌苷 块菌属 Tuber
tuberosinone 朱砂莲酮 朱砂莲 Aristolochia tuberosa
tuberostemoninol 对叶百部尼醇 对叶百部 Stemona tuberosa
tubiferin 块茎苦苣菜素 块茎苦苣菜 Sonchus tuberifer
tubiferolide 长管栀子内酯 长管栀子 Gardenia tubifera
tuboanoside 龙珠诺苷 龙珠 Tubocapsicum anomalum
tubocaposide 龙珠苷 龙珠 Tubocapsicum anomalum
tubocapsanolide 龙珠内酯 龙珠 Tubocapsicum anomalum
tubocapsenolide 龙珠烯内酯 龙珠属 Tubocapsicum
tubonolide 龙珠诺内酯 龙珠 Tubocapsicum anomalum
tubotaiwine 管花多果树文碱 管花多果树 Pleiocarpa pycnantha var. tubicina
tuboxenine 管花多果树赛宁 管花多果树 Pleiocarpa pycnantha var. tubicina
tuduranine 风龙宁碱 风龙 Sinomenium acutum（Tudurahuji：日名）
tuguaconitine 土谷乌头碱 乌头属 Aconitum（Tugu：韩名）
tuguajalapin 土瓜药喇叭素 山土瓜 Merremia hungaiensis & 药喇叭 Ipomoea purga（Jalap：英名）
tulipanin 郁金香宁 郁金香 Tulip
tumulosic acid 丘陵多孔菌酸 丘陵多孔菌 Polyporus tumulosus
tunaxanthin 金枪鱼黄素 金枪鱼属 Thunnus（Tuna：英名）
tungtungmadic acid 盐角草酸 盐角草 Salicornia herbacea（Tungtungmadi：韩名）
tunicatachalcone 膜被灰毛豆查耳酮 膜被灰毛豆 Tephrosia tunicata
tunicoidine 金铁锁碱 金铁锁 Psammosilene tunicoides
tunicyclin 金铁锁环素 金铁锁 Psammosilene tunicoides
tupichigenin 开口箭苷元 开口箭 Tupistra chinensis
tupichinol 开口箭醇 开口箭 Tupistra chinensis
tupiloside 开口箭洛苷 开口箭属 Tupistra
tupisgenin 开口箭斯苷元 开口箭属 Tupistra
tupstroside 开口箭苷 开口箭 Tupistra chinensis
turkesterone 突厥斯坦筋骨草甾酮 突厥斯坦筋骨草 Ajuga turkestanica
turkiyenine 土耳其角茴香烯宁 铺地角茴香 Hypecoum procumbens（Turkey：产地）
turneforcidine 砂引草定 砂引草 Turneforcia sibirica（Messerschmidia sibirica）
turpethic acid 盒果藤酸 盒果藤 Operculina turpethum
turpethoside 盒果藤酯苷 盒果藤 Operculina turpethum
turpinionoside 山香圆香堇苷 山香圆属 Turpinia
turraflorin 多花杜楝素 多花杜楝 Turraea floribunda
tussfararin 款冬灵 款冬 Tussilago farfara
tutin 马桑素 马桑属 Coriaria（Tutu：新西兰名）
tylocrebrine 密花娃儿藤碱 密花娃儿藤 Tylophora crebriflora
tylolupenol 娃儿藤羽扇豆醇 娃儿藤属 Tylophora
tylophoside 娃儿藤苷 娃儿藤属 Tylophora
tylophovatine 娃儿藤亭碱 娃儿藤 Tylophora ovata
tyromycin 干酪菌素 干酪菌属 Tyromyces

U

udosaponin 食用土当归皂苷 食用土当归 Aralia cordata
ugandoside 乌干达赪桐苷 乌干达赪桐 Clerodendrum ugandense
ugaxanthone 乌干达合蕊木屾酮 小球合蕊木 Symphonia globulifera（Uganda：产地）
ulexone 荆豆酮 荆豆属 Ulex
ulmicin 榆辛素 榆属 Ulmus
ulmoidol 杜仲萜醇 杜仲 Eucommia ulmoides
ulmoidoside 杜仲萜苷 杜仲 Eucommia ulmoides
ulmudiol 榆二醇 榆属 Ulmus
ulmuestone 榆酯酮 榆属 Ulmus
ulopterol 卷翅栓翅芹醇 卷翅栓翅芹 Prangos uloptera
umbellatolide 印度羊角藤内酯 印度羊角藤 Morinda umbellata
umbellulone 伞桂酮 伞桂属 Umbellularia
umbrofine 草地乌头芬 草地乌头 Aconitum umbrosum
umbrophine 草地乌头芬碱 草地乌头 Aconitum umbrosum
umbroside 糙苏洛苷 糙苏 Phlomis umbrosa
umtatin 嚏木亭 嚏木 Ptaeroxylon obliquum
uncariaside 钩藤苷 钩藤属 Uncaria
uncaric acid 钩藤酸 钩藤属 Uncaria
uncarilic acid 钩藤利酸 钩藤属 Uncaria
uncarine 钩藤灵 钩藤属 Uncaria
uncarinic 钩藤尼酸 钩藤属 Uncaria
uncarinic acid 钩藤尼酸 钩藤属 Uncaria
uncariursanic acid 钩藤熊果尼酸 钩藤属 Uncaria
uncinanone 钩毛山蚂蟥酮 钩毛山蚂蟥 Desmodium uncinatum
uncinatone 钩赪桐酮 钩赪桐 Clerodendrum uncinatum
uncinine 鹰爪花宁 鹰爪花 Artabotrys uncinatus
undatuside 量天尺苷 量天尺 Hylocereus undatus
undulatine 波叶尼润花碱 波叶尼润花 Nerine undulata
undulatoside 波叶黄钟花苷 波叶黄钟花 Tecomella undulata（Tecoma undulata）
undulifoline 波叶鸡骨常山碱 波叶鸡骨常山 Alstonia undulifolia
unedoside 草莓树苷 草莓树 Arbutus unedo
unifolioside 单小叶黄芪苷 单小叶黄芪 Astragalus unifoliolatus
unonal 假番荔枝醛 假番荔枝属 Unona
unranin 海滨柳穿鱼素 海滨柳穿鱼 Linaria japonica（Unran：日名）
unranoside 海滨柳穿鱼苷 海滨柳穿鱼 Linaria japonica（Unran：日名）
uplandicine 乌普兰聚合草碱 乌普兰聚合草 Symphytum uplandicum
uraphine 白蓝翠雀芬碱 白蓝翠雀花 Delphinium uralense
urariasinoside 中华狸尾豆苷 中华狸尾豆 Uraria sinensis
urinaligran 叶下珠木脂素 叶下珠 Phyllanthus urinaria
urolignoside 川素馨木脂苷 川素馨 Jasminum urophyllum
urophyllumol 尖叶木酚 尖叶木属 Urophyllum
urospermal 尾喙苣醛 尾喙苣属 Urospermum
uroterpenol 尿萜醇 尿 urine & 萜类 terpenoid
ursanic acid 熊果尼酸 熊果 Arctostaphylos uva-ursi
ursomyricerone 熊果杨梅酮 熊果烷 ursane & 蜡果杨梅 Myrica cerifera
urticaside 荨麻苷 荨麻属 Urtica
urticene 荨麻烯 荨麻属 Urtica
urticol 荨麻醇 荨麻属 Urtica
usaramine 光萼猪屎豆碱 光萼猪屎豆 Crotalaria usaramoensis
uscharidin 白花牛角瓜定 白花牛角瓜 Calotropis procera（Uschar：苏丹名）
uscharin; uscharine 白花牛角瓜灵 白花牛角瓜 Calotropis procera（Uschar：苏丹名）
usitatissimin 亚麻明 亚麻 Linum usitatissimum
ussuriedine 乌苏里贝母定 乌苏里贝母 Fritillaria ussuriensis
ussuriedinone 乌苏里贝母定酮 乌苏里贝母 Fritillaria ussuriensis

U

ussurienine 乌苏里贝母碱 乌苏里贝母 Fritillaria ussuriensis
ussurienone 乌苏里贝母酮 乌苏里贝母 Fritillaria ussuriensis
ussurienoside 雀斑党参苷 雀斑党参 Codonopsis ussuriensis
ustalic acid 褐黑口蘑酸 褐黑口蘑 Tricholoma ustale
ustilaginoidin 绿核菌素 绿核菌属 Ustilaginoidea
ustiloxin 绿核菌辛 绿核菌属 Ustilaginoidea
utendin 厚果草缩宫素 厚果草属 Pachycarpus（根具子宫收缩活性 uterus-contracting activity）
utililactone 青刺果酮 青刺果 Prinsepia utilis
uvacalol 刺果紫玉盘醇 刺果紫玉盘 Uvaria calamistrata
uvamalol 大叶紫玉盘洛醇 大叶紫玉盘 Uvaria macrophylla
uvangoletin 安哥拉紫玉盘素 安哥拉紫玉盘 Uvaria angolensis
uvariamicin 紫玉盘米辛 紫玉盘属 Uvaria
uvaricin 紫玉盘辛 紫玉盘属 Uvaria
uvarigrandin 大花紫玉盘定 大花紫玉盘 Uvaria grandiflora
uvarigranin 大花紫玉盘宁 大花紫玉盘 Uvaria grandiflora
uvarigranone 大花紫玉盘醇酮 大花紫玉盘 Uvaria grandiflora
uzarigenin 波叶刚毛果苷元 波叶刚毛果 Xysmalobium undulatum（Uzara：英名）
uzarin 波叶刚毛果苷 波叶刚毛果 Xysmalobium undulatum（Uzara：英名）

V

vaccarin 麦蓝菜灵 麦蓝菜属 Vaccaria
vaccariside 麦蓝菜苷 麦蓝菜属 Vaccaria
vaccaroside 麦蓝菜洛苷 麦蓝菜属 Vaccaria
vaccegoside 麦蓝菜勾苷 麦蓝菜属 Vaccaria
vaccenic acid 牛脂烯酸 牛 Vacca
vaccihein 阿什越桔素 阿什越桔 Vaccinium ashei
vaccinoside 越桔苷 越桔属 Vaccinium
vaccinperoxypyran 越橘过氧吡喃 越橘属 Vaccinium
vacciuligin 笃斯越桔素 笃斯越桔 Vaccinium uliginosum
vachanic acid 瓦罕蒿酸 瓦罕蒿 Artemisia vachanica
vaginadine 聚叶花葶乌头定 聚叶花葶乌头 Aconitum scaposum var. vaginatum
vaginaline 聚叶花葶乌头灵 聚叶花葶乌头 Aconitum scaposum var. vaginatum
vaginatin 鞘亮蛇床素 鞘亮蛇床 Selinum vaginatum
vaginatine 聚叶花葶乌头碱 聚叶花葶乌头 Aconitum scaposum var. vaginatum
vaginidin 鞘亮蛇床定 鞘亮蛇床 Selinum vaginatum
vaginol 鞘亮蛇床醇 鞘亮蛇床 Selinum vaginatum
valafolone 缬草酰酸模叶蓼酮 缬草属 Valeriana & 酸模叶蓼 Polygonum lapathifolium
valencic acid 瓦伦西亚橘酸 瓦伦西亚橘 Citrus sinensis 'Valencia'
valerenone 缬草烯酮 缬草属 Valeriana
valerananoid 缬草萜 缬草属 Valeriana
valeriandoid 蜘蛛香萜 蜘蛛香 Valeriana jatamansi
valerilactone 蜘蛛香内酯 蜘蛛香 Valeriana jatamansi
valeriotetrate 缬草醚萜四酯 缬草属 Valeriana
valeriotriate 缬草醚萜三酯 缬草属 Valeriana
vallapianin 瓦拉银叶树宁 银叶树 Heritiera littoralis（Vallapa Chittawong：人名）
vallapin 瓦拉银叶树素 银叶树 Heritiera littoralis（Vallapa Chittawong：人名）
vallarisoside 纽子花索苷 纽子花属 Vallaris
vallaroside 纽子花洛苷 纽子花属 Vallaris
vallarosolanoside 纽子花诺苷 纽子花 Vallaris solanacea
vallarotoxin 铃兰甾毒苷 铃兰 Convallaria majalis
vallesamine 河谷木胺 河谷木属 Vallesia
vallesiachotamine 二岐河谷木胺 二岐河谷木 Vallesia dichotoma
vamonolide 苦蘵瓦莫内酯 苦蘵 Physalis angulata（Vasina & Maslennikova：作者名）
vanicoside 宾西法尼亚蓼苷 宾西法尼亚蓼 Polygonum pensylvanicum
vanilloloside 香荚兰醇苷 香荚兰属 Vanilla
vanilloside 香荚兰甘 香荚兰属 Vanilla
vanuatine 瓦努阿图莲叶桐碱 莲叶桐 Hernandia peltata（Vanuatu：产地）
variegatic acid 斑乳牛肝菌酸 斑乳牛肝菌 Suillus variegatus
variegatorubin 斑乳牛肝菌红素 斑乳牛肝菌 Suillus variegatus
varv 野堇菜环肽 野堇菜 Viola arvensis
vateamine 埃法特莲叶桐胺 莲叶桐属 Hernandia（Vate：即 Éfaté，地名）
veitchionolide 韦氏冷杉内酯 韦氏冷杉 Abies veitchii
velbanamine 长春碱裂胺 长春花 Vinca rosea（Velban：抗癌药商品名）
velin 金针菇灵 金针菇 Flammulina velutipes
vellein 威勒花素 威勒花属 Velleia
velleratretraol 绒白乳菇四醇 绒白乳菇 Lactarius vellereus
vellosimine 维氏叠籽木胺 维氏叠籽木 Geissospermum vellosii
vellosiminol 维氏叠籽木醇 维氏叠籽木 Geissospermum vellosii
velucryptine 锈毛厚壳桂碱 锈毛厚壳桂 Cryptocarya velutinosa
velutabularin 毛麻楝灵 毛麻楝 Chukrasia tabularis var. velutina
velutinal 绒白乳菇缩醛 绒白乳菇 Lactarius vellereus
velutinam 绒毛哥纳香内酰胺 绒毛哥纳香 Goniothalamus velutinus
velutinoside 绒毛欧夏至草苷 绒毛欧夏至草 Marrubium velutinum
venacarpine 毒鸡骨常山卡品 毒鸡骨常山 Alstonia venenata
venalstonidine 毒鸡骨常山定 毒鸡骨常山 Alstonia venenata
venalstonine 毒鸡骨常山碱 毒鸡骨常山 Alstonia venenata
venoterpine 毒鸡骨常山萜碱 毒鸡骨常山 Alstonia venenata
ventosic acid 红盘衣酸 红盘衣 Ophioparma ventosa
venulol 细脉翠雀醇碱 细脉翠雀花 Delphinium venulosum
veracintine 藜芦辛亭 藜芦属 Veratrum
veraguensin 贝拉瓜斯绿心樟素 贝拉瓜斯绿心樟 Ocotea veraguensis
veralinine 阿尔泰藜芦宁 阿尔泰藜芦 Veratrum album subsp. lobelianum
veralkamine 藜芦醇胺 藜芦属 Veratrum & 醇胺 alkamine
veralobine 阿尔泰藜芦碱 阿尔泰藜芦 Veratrum album subsp. lobelianum
veralodine 新疆藜芦定 阿尔泰藜芦（新疆藜芦）Veratrum lobelianum
veralomidine 阿尔泰藜芦定 阿尔泰藜芦 Veratrum lobelianum
veralomine 新疆藜芦胺 阿尔泰藜芦（新疆藜芦）Veratrum lobelianum
veralosidine 阿尔泰藜芦西定 阿尔泰藜芦 Veratrum lobelianum
veralosine 阿尔泰藜芦辛 阿尔泰藜芦 Veratrum lobelianum
veralosinine 阿尔泰藜芦西宁 阿尔泰藜芦 Veratrum lobelianum
veramine 藜芦明 藜芦属 Veratrum
veramitaline 大理藜芦他林 大理藜芦 Veratrum taliense
veranigrine 藜芦灵 藜芦 Veratrum nigrum
verapatuline 尖被藜芦碱 尖被藜芦 Veratrum oxysepalum
verataline 大理藜芦林碱 大理藜芦 Veratrum taliense
veratrilogenin 黄秦艽苷元 黄秦艽属 Veratrilla
veratriloside 黄秦艽苷 黄秦艽属 Veratrilla
veratrosine 藜芦辛 藜芦属 Veratrum

verratroylamide 藜芦酰胺 藜芦属 Veratrum
verballocine 毛蕊花洛辛 毛蕊花属 Verbascum
verballoscenine 紫毛蕊花别碱 紫毛蕊花 Verbascum phoeniceum
verbascenine 紫毛蕊花碱 紫毛蕊花 Verbascum phoeniceum
verbasoside 毛蕊花索苷 毛蕊花属 Verbascum
verbaspinoside 棘刺毛蕊花苷 棘刺毛蕊花 Verbascum spinosum
verbathasin 毛蕊花辛 毛蕊花 Verbascum thapsum
verbenalin 马鞭草素 马鞭草属 Verbena
verbenaside 马鞭草苷 马鞭草属 Verbena
verbenoside 马鞭草诺苷 马鞭草属 Verbena
verbeofflin 马鞭草林素 马鞭草 Verbena officinalis
verdine 兴安藜芦定 兴安藜芦 Veratrum dahuricum
verdinine 新疆藜芦宁 阿尔泰藜芦（新疆藜芦）Veratrum lobelianum
vergatic acid; virgatic acid 帚状鼠尾草酸 帚状鼠尾草 Salvia virgata
verimol 八角茴香醇 八角 Illicium verum
verlotorin 南艾蒿素 南艾蒿 Artemisia verlotorum
verminoside 婆婆纳诺苷 婆婆纳 Veronica officinalis
vernocinolide 夜香牛内酯 夜香牛 Vernonia cinerea
vernodalin 扁桃斑鸠菊素 扁桃斑鸠菊 Vernonia amygdalina
vernodalol 扁桃斑鸠菊醇 扁桃斑鸠菊 Vernonia amygdalina
veronicafolin 婆婆纳叶布式菊素 婆婆纳叶布式菊 Brickellia veronicaefolia
veronicastroside 腹水草苷 腹水草属 Veronicastrum
verproside 婆婆纳普苷 婆婆纳属 Veronica
verrucosin 疣点多腺桂素 疣点多腺桂 Urbanodendron verrucosum
versibirioside 草本威灵仙苷 草本威灵仙 Veronicastrum sibiricum
versicolactone 变色马兜铃内酯 变色马兜铃 Aristolochia versicolor
verticillatine 轮叶十齿水柳碱 轮叶十齿水柳 Decodon verticillatus
verticillatol 轮叶木姜子醇 轮叶木姜子 Litsea verticillata
verticillatoside 轮叶马先蒿苷 轮叶马先蒿 Pedicularis verticillata
verticillin 轮枝孢素 轮枝孢属 Verticillium
verticilline 黄花贝母碱 黄花贝母 Fritillaria verticillata
verticillol; verticiol 金松醇 金松 Sciadopitys verticillata
vescalagin 板栗鞣精 板栗 Castanea vesca
vesiculosin 囊管草瑞香素 囊管草瑞香 Diarthron vesiculosum
vespertilin 蝙蝠茄素 蝙蝠茄 Solanum vespertilio
vesticarpan 绒叶军刀豆紫檀烷 绒叶军刀豆 Machaerium vestitum
vestitenone 毛莲蒿烯酮 毛莲蒿 Artemisia vestita
vestitol 绒叶军刀豆酚 绒叶军刀豆 Machaerium vestitum
vestitone 绒叶军刀豆酮 绒叶军刀豆 Machaerium vestitum
vexibidin 苦豆子定 苦豆子 Vexibia alopecuroides
vexibinol 苦豆子酚 苦豆子 Vexibia alopecuroides
vialinin 莲座革菌素 莲座革菌 Thelephora vialis
viba 宝山堇菜环肽 宝山堇菜 Viola baoshanensis
vibralactone 褐盖韧革菌内酯 褐盖韧革菌 Boreostereum vibrans
viburnenone 荚蒾烯酮 荚蒾属 Viburnum
viburnol 荚蒾醇 荚蒾属 Viburnum
viburnudienone 荚蒾二烯酮 荚蒾属 Viburnum
viburtinal 地中海荚蒾醛 地中海荚蒾 Viburnum tinus
viburtinoside 地中海荚蒾苷 地中海荚蒾 Viburnum tinus
vicianin 野豌豆宁 野豌豆属 Vicia
vicine 野豌豆碱 野豌豆属 Vicia
vicodiol 苇谷草二醇 苇谷草属 Vicoa
vicolide 苇谷草内酯 苇谷草属 Vicoa
vieillardiixanthone 维氏藤黄呫吨酮 维氏藤黄 Garcinia vieillardii
viguiepinin 羽裂维氏菊内酯 羽裂维氏菊 Viguiera pinnatilobata
viguiestenin 狭裂金眼菊素 狭裂金眼菊 Viguiera stenoloba
vijaloside 鸡子树洛苷 鹊肾树 Streblus asper（Vijal：可能为人名）
vilasinin 印度苦楝树宁 印度苦楝树 Azadirachta indica
villalstonidine 长毛鸡骨常山定碱 长毛鸡骨常山 Alstonia villosa
villalstonine 长毛鸡骨常山碱 长毛鸡骨常山 Alstonia villosa
villoside 毛叶腹水草苷 毛叶腹水草 Veronicastrum villosulum
villosin* 白花败酱素 攀倒甑（白花败酱）Patrinia villosa
villosin* 柔毛香科科素 柔毛香科科 Teucrium divaricatum subsp. villosum
villosin* 水蛇麻素 水蛇麻 Fatoua villosa
villosol 长毛灰毛豆酚 长毛灰毛豆 Tephrosia villosa
villosterol 毛杜楝甾醇 毛杜楝 Turraea villosa
vilmoraconitine 黄草乌亭碱 黄草乌 Aconitum vilmorinianum
vilmoridine 黄草乌定碱 黄草乌 Aconitum vilmorinianum
vilmorinine 刺臭椿宁 刺臭椿 Ailanthus vilmoriniana
viminalol 帚枝肉珊瑚醇 帚枝肉珊瑚 Sarcostemma viminale
vinaphamine 长春法胺 长春花 Vinca rosea
vina-polygonum 越南蓼萜 蓼属 Polygonum（Vietnam：产地）
vinaspine 长春品碱 长春花 Vinca rosea
vincadiffine 异形蔓长春花芬碱 异形蔓长春花 Vinca difformis
vincadine 蔓长春花卡定 蔓长春花属 Vinca
vincamajine 蔓长春花马精 蔓长春花 Vinca major
vincamajinine 蔓长春花精宁 蔓长春花 Vinca major
vincamajoreine 蔓长春花因碱 蔓长春花 Vinca major
vincamajorine 蔓长春花碱 蔓长春花 Vinca major
vincamedine 蔓长春花美定 蔓长春花 Vinca major
vincamenine 蔓长春花烯宁 蔓长春花 Vinca major
vincamidine 蔓长春花米定 蔓长春花 Vinca major
vincamine 蔓长春花胺 蔓长春花属 Vinca
vincaminine 小蔓长春花宁 小蔓长春花 Vinca minor
vincaminoreine 小蔓长春花瑞因 小蔓长春花 Vinca minor
vincaminoridine 小蔓长春花瑞定 小蔓长春花 Vinca minor
vincaminorine 小蔓长春花诺灵 小蔓长春花 Vinca minor
vincamone 蔓长春花酮 蔓长春花属 Vinca
vincanin 蔓长春花素 蔓长春花属 Vinca
vincanol 蔓长春花醇 蔓长春花属 Vinca
vincanorine 小蔓长春花灵 小蔓长春花 Vinca minor
vincanovine 蔓长春花诺文 蔓长春花属 Vinca
vincareine 蔓长春花瑞因 蔓长春花属 Vinca
vincarine 蔓长春花任碱 蔓长春花属 Vinca
vincarodine 长春罗定 长春花 Vinca rosea
vincarubine 蔓长春花红碱 蔓长春花属 Vinca
vincasine 蔓长春花辛 蔓长春花属 Vinca
vincatine 蔓长春花亭 蔓长春花属 Vinca
vincawajine 蔓长春花瓦精 蔓长春花属 Vinca
vincinine 蔓长春花辛宁 蔓长春花属 Vinca
vincoridine 小蔓长春花定 小蔓长春花 Vinca minor
vincorine; vincovine 蔓长春花考灵 蔓长春花属 Vinca
vincosamide; vincoside lactam 小蔓长春花酰胺 小蔓长春花 Vinca minor
vincoside 小蔓长春花苷 小蔓长春花 Vinca minor
vincoside lactam 小蔓长春花苷内酰胺 小蔓长春花 Vinca minor
vindogentianine 长春龙胆碱 长春多灵 Vindoline & 龙胆碱 gentianine
vindorosine; vindolidine 长春多洛辛 长春花 Vinca rosea（India：产地）
vingramine 长春籽胺 长春花 Vinca rosea（Graine：法语，种子）
vinhaticoate 黄苏木酸甲酯 黄苏木属 Plathymenia（Vinhatico：巴西名）
vinhaticoic acid 黄苏木酸 黄苏木属 Plathymenia（Vinhatico：巴西名）

V

viniferol 葡萄酚 葡萄 Vitis vinifera
vinmajine 蔓长春花精碱 蔓长春花 Vinca major
vinmajorine 蔓长春花交灵 蔓长春花 Vinca major
vinmajoroside 蔓长春花苷 蔓长春花 Vinca major
vinmajpyridine 蔓长春花吡啶 蔓长春花 Vinca major
vinorine 小蔓长春花碱 小蔓长春花 Vinca minor
vinoxine 蔓长春花诺辛 蔓长春花属 Vinca
violacin 堇菜辛 堇菜属 Viola
violanin 堇菜宁 堇菜属 Viola
violanone 堇紫黄檀酮 堇紫黄檀 Dalbergia violacea
violasterol 堇菜甾醇 堇菜属 Viola
violeoxanthin 三色堇黄质 三色堇 Viola tricolor
violutoside 角堇苷 角堇 Viola cornuta
viphi 紫花地丁环肽 紫花地丁 Viola philippica
virenol 纽子果酚 纽子果 Ardisia virens
virescenine 绿翠雀宁碱 绿翠雀花 Delphinium virescens
virescenol 绿卵孢霉醇 绿卵孢霉 Oospora virescens
virganin 黄珠子草宁 黄珠子草 Phyllanthus virgatus
virgatic acid 帚枝鼠尾草酸 帚枝鼠尾草 Salvia virgata
virgatusin 黄珠子草素 黄珠子草 Phyllanthus virgatus
virgatyne 黄珠子草炔 黄珠子草 Phyllanthus virgatus
virgauride 黄帚橐吾内酯 黄帚橐吾 Ligularia virgaurea
virgaurin 黄帚橐吾素 黄帚橐吾 Ligularia virgaurea
virgaurol 黄帚橐吾醇 黄帚橐吾 Ligularia virgaurea
virgauronin 黄帚橐吾宁 黄帚橐吾 Ligularia virgaurea
virginolide 弗吉尼亚雏菊内酯 弗吉尼亚雏菊 Helenium virginicum
viridifloric acid 绿花琉璃草酸 绿花琉璃草 Cynoglossum viridiflorum
viridiflorine 绿花琉璃草碱 绿花琉璃草 Cynoglossum viridiflorum
viridiflorol 绿花白千层醇 绿花白千层 Melaleuca viridiflora
viridinatine 绿花琉璃草那亭 绿花琉璃草 Cynoglossum viridiflorum
viridoside 浅绿红景天苷 浅绿红景天 Rhodiola viridula
viroallosecurinine 别白饭树瑞宁 白饭树 Securinega virosa
virobuxeine 环锦熟黄杨烯碱 锦熟黄杨 Buxus sempervirens
virobuxine 环锦熟黄杨辛碱 锦熟黄杨 Buxus sempervirens
virol 毒芹洛醇 毒芹 Cicuta virosa
virolane 维罗蔻木烷 维罗蔻木属 Virola
virolin 维罗蔻木素 维罗蔻木属 Virola
virosaine 白饭树因碱 白饭树 Securinega virosa
virosecurinine 白饭树瑞宁 白饭树 Securinega virosa
virosine 白饭树洛辛 白饭树 Flueggea virosa
visamminol 阿米芹诺醇 阿米芹 Ammi visnaga
visartiside 扁枝槲寄生苷 扁枝槲寄生 Viscum articulatum
visciduloside 粘萼蝇子草醇苷 粘萼蝇子草 Silene viscidula
viscoazucin 粘毛蓼薁辛 香蓼（粘毛蓼）Polygonum viscosum
viscoazucinic acid 粘毛蓼薁辛酸 香蓼（粘毛蓼）Polygonum viscosum
viscoazulone 粘毛蓼薁酮 香蓼（粘毛蓼）Polygonum viscosum
viscoazusone 粘毛蓼薁松酮 香蓼（粘毛蓼）Polygonum viscosum
viscolin 槲寄生素 槲寄生 Viscum coloratum
viscoloratin 槲寄生亭 槲寄生 Viscum coloratum
visconolide 黏酸浆诺内酯 黏酸浆 Physalis viscosa
viscosalactone 黏酸浆内酯 黏酸浆 Physalis viscosa
viscoside 槲寄生酚苷 槲寄生 Viscum coloratum
viscosumic acid 粘毛蓼酸 香蓼（粘毛蓼）Polygonum viscosum
viscozulenic acid 粘毛蓼薁烯酸 香蓼（粘毛蓼）Polygonum viscosum
vismiaquinone 维斯木醌 维斯木属 Vismia
vismione 维斯木酮 维斯木属 Vismia
visnadin 阿米芹定 阿米芹 Ammi visnaga
visnagin 阿米芹素 阿米芹 Ammi visnaga
vitalboside 白藤铁线莲苷 白藤铁线莲 Clematis vitalba
vitecannaside 牡荆子苷 牡荆 Vitex negundo var. cannabifolia
vitecetin 牡荆杨梅素 牡荆属 Vitex & 杨梅素 Myricetin
vitedoamine 黄荆胺 黄荆 Vitex negundo
vitedoin 黄荆素 黄荆 Vitex negundo
vitegnoside 黄荆诺苷 黄荆 Vitex negundo
vitelignin 黄荆木脂素 黄荆 Vitex negundo
viteoside 牡荆新苷 牡荆属 Vitex
viteosin 牡荆新素 牡荆属 Vitex
viterolignan 牡荆木脂素 牡荆属 Vitex
viterotulin 单叶蔓荆林素 单叶蔓荆 Vitex rotundifolia
vitexfolin 单叶蔓荆素 单叶蔓荆 Vitex rotundifolia
vitexifolin 单叶蔓荆新素 单叶蔓荆 Vitex rotundifolia
vitexirone 费氏牡荆酮 费氏牡荆 Vitex fisherii
vitexoid 牡荆萜 牡荆属 Vitex
vitexoside 牡荆酚苷 牡荆属 Vitex
vitextrifolin 蔓荆素 蔓荆 Vitex trifolia
viticosterone 牡荆甾酮 牡荆属 Vitex
vitisin 葡萄辛 葡萄属 Vitis
vitisinol 葡萄芪酚 葡萄属 Vitis
vitri 三色堇环肽 三色堇 Viola tricolor
vitricine 蔓荆辛 蔓荆 Vitex trifolia
vitrifol 蔓荆醇 蔓荆 Vitex trifolia
vitrifolin 蔓荆林素 蔓荆 Vitex trifolia
vitrofolal 单叶蔓荆醛 单叶蔓荆 Vitex rotundifolia
vittacarboline 花朱顶红咔啉 花朱顶红 Hippeastrum vittatum
vittariflavone 书带蕨黄酮 书带蕨属 Vittaria
vittatine 花朱顶红碱 花朱顶红 Hippeastrum vittatum
viviparum 珠芽蓼素 珠芽蓼 Polygonum viviparum
vladimuliecin 木里木香辛 木里木香 Vladimiria muliensis
voacamine 伏康树胺 伏康树属 Voacanga
voacangarine 伏康树灵碱 伏康树属 Voacanga
voacangine 伏康树碱 伏康树属 Voacanga
voacarpine 伏康树卡品 伏康树属 Voacanga
voachalotine 夏氏伏康树碱 夏氏伏康树 Voacanga chalotiana
voacristine 伏康树斯亭 伏康树属 Voacanga
voacryptine 伏康树隐亭 伏康树属 Voacanga
voafinidine 伏康树菲尼定 伏康树 Voacanga africana
voafinine 伏康树菲宁 伏康树 Voacanga africana
voaharine 伏康树哈灵 伏康树属 Voacanga
voalenine 伏康树里宁 伏康树属 Voacanga
voaluteine 伏康树黄碱 伏康树属 Voacanga
voaphylline 伏康树叶碱 伏康树属 Voacanga
voaphyllinediol 伏康树叶碱二醇 伏康树属 Voacanga
voastrictine 伏康直立拉齐木碱 伏康树属 Voacanga & 直立拉齐木 Rhazya stricta
vobasine 伏康树辛 伏康树属 Voacanga
vobasonidine 伏康树尼定 伏康树属 Voacanga
vobatricine 伏康马钱辛 伏康树属 Voacanga & 马钱属 Strychnos
vodo 香堇菜多肽 香堇菜 Viola odorata
vogelin 沃格刺桐素 沃格刺桐 Erythrina vogelii
vogeloside 沃格闭花木苷 沃格闭花木 Anthocleista vogelii
voleneol 鳞鹧鸪花醇 鳞鹧鸪花 Lepidotrichilia volensii
volkendousin 沃氏楝甾素 沃肯楝 Melia volkensii
volkenin 蒴莲氰苷 蒴莲 Adenia volkensii

volkensine 沃氏萝芙木碱 沃氏萝芙木 Rauwolfia volkensii
volubilogenone 南山藤苷元酮 南山藤 Dregea volubilis
volubilol 南山藤洛醇 南山藤 Dregea volubilis
volubiloside 南山藤洛苷 南山藤 Dregea volubilis
volvalerenal 宽叶缬草醛 宽叶缬草 Valeriana officinalis var. latifolia
volvaltrate 缬草萜酯 缬草 Valeriana officinalis
vomifoliol 催吐萝芙木叶醇 催吐萝芙木 Rauvolfia vomitoria & 叶 Folium
vomilenine 催吐萝芙木烯宁 催吐萝芙木 Rauvolfia vomitoria
voruscharin 前白花牛角瓜灵 白花牛角瓜 Calotropis procera（Uschar：阿拉伯名）
vouacapane 柯桠树烷 柯桠树属 Vouacapoua
vouacapene 柯桠树烯 柯桠树属 Vouacapoua
vouacapenic acid 柯桠树酸 柯桠树属 Vouacapoua
vouacapenol 柯桠树烯醇 柯桠树属 Vouacapoua
vulgarenol 北艾烯醇 北艾 Artemisia vulgaris
vulgarin 北艾素 北艾 Artemisia vulgaris
vulgarine 蓝蓟灵 蓝蓟 Echium vulgare
vulgaris lactone 北艾内酯 北艾 Artemisia vulgaris
vulgarol 欧夏至草洛醇 欧夏至草 Marrubium vulgare
vulgarone 菊蒿酮 菊蒿 Chrysanthemum vulgare（Tanacetum vulgare）
vulgaroside 榅桲萜内酯 榅桲 Cydonia vulgaris（卢法海绵内酯 luffolide 的结构类似物）
vulgaxanthin 甜菜黄辛 甜菜 Beta vulgaris

W

wahlenbergioside 蓝花参酚苷 蓝花参属 Wahlenbergia
wahlenoside 蓝花参诺苷 蓝花参属 Wahlenbergia
wallichenol 沃里克裸实醇 沃里克裸实 Gymnosporia wallichiana
wallichiiside 绵参苷 绵参 Eriophyton wallichii
wallichimine 云南野扇花胺 云南野扇花 Sarcococca wallichii
wallichoside* 清明花瓦氏苷 清明花 Beaumontia grandiflora Wallich.
wallichoside* 西南凤尾蕨苷 西南凤尾蕨 Pteris wallichiana
wallifoliol 西藏紫杉醇 喜马拉雅红豆杉（西藏紫杉）Taxus wallichiana
wampetin 黄皮亭 黄皮 Clausena wampi
wanpeinine 皖贝宁 安徽贝母 Fritillaria anhuiensis（Wanbeimu：生药拼音名）
warburganal 沃伯木醛 沃伯木属 Warburgia
wasalexin 山嵛菜植保素 山嵛菜属 Wasabia
watterose 长毛籽远志糖 长毛籽远志 Polygala wattersii
wattersiixanthone 长毛籽远志呫酮 长毛籽远志 Polygala wattersii
wattisine 西南轮环藤碱 西南轮环藤 Cyclea wattii
webbiaxanthin 裂叶忍冬黄质 华西忍冬（裂叶忍冬）Lonicera webbiana
wenchuanensin 汶川柴胡素 汶川柴胡 Bupleurum wenchuanense
wendoside 水锦树苷 水锦树属 Wendlandia
wenyujinin 温郁金素 温郁金 Curcuma wenyujin
wenyujinoside 温郁金苷 温郁金 Curcuma wenyujin
wewakazole 韦瓦克鞘丝藻唑 巨大鞘丝藻 Lyngbya majuscula（Wewak：产地）
widdaranal 维氏柏醛 维氏柏属 Widdringtonia
widdarol 维氏柏醇 维氏柏属 Widdringtonia
widdrene 维氏柏烯 维氏柏属 Widdringtonia
widdrol 南非柏醇 南非柏属 Widdringtonia
wighteone 怀特大豆酮 怀特大豆 Glycine wightii
wightianin 遍地金素 遍地金 Hypericum wightianum
wightianol 怀特石松醇 怀特石松 Lycopodium wightianum
wightin 维特穿心莲素 维特穿心莲 Andrographis wightiana
wiksphyllamin 革叶荛花明 革叶荛花 Wikstroemia scytophylla
wikstaiwanone 台湾荛花黄酮 台湾荛花 Wikstroemia taiwanensis
wikstroemol 荛花烯醇 荛花属 Wikstroemia
wikstrol 荛花酚 荛花属 Wikstroemia
wilfordsine 雷公藤辛碱 雷公藤 Tripterygium wilfordii
wilformine 雷公藤明碱 雷公藤 Tripterygium wilfordii
wilforol 雷公藤醇 雷公藤 Tripterygium wilfordii
wilforone 雷公藤酮 雷公藤 Tripterygium wilfordii
wilforsinine 雷公藤西宁 雷公藤 Tripterygium wilfordii
willignan 鹤庆五味子果木脂素 鹤庆五味子 Schisandra wilsoniana
wilsonianadilactone 鹤庆五味子二内酯 鹤庆五味子 Schisandra wilsoniana
wilsonilignan 鹤庆五味子木脂素 鹤庆五味子 Schisandra wilsoniana
wilsonione 台湾三尖杉碱 台湾三尖杉 Cephalotaxus sinensis var. wilsoniana
wilsonirine 威氏巴豆灵 威氏巴豆 Croton wilsonii
wilsonol 川桂醇 川桂 Cinnamomum wilsonii
wilsonol 网脉葡萄酚 网脉葡萄 Vitis wilsoniae
winkleriline 温泉翠雀碱 温泉翠雀花 Delphinium winklerianum
winterin 林仙素 林仙 Drimys winteri
wisanidine 几内亚胡椒定碱 几内亚胡椒 Piper guineense（Soro Wisa：加纳名）
wisanine 几内亚胡椒宁碱 几内亚胡椒 Piper guineense（Soro Wisa：加纳名）
withafastuosin 睡茄重瓣曼陀罗素 睡茄 Withania & 重瓣曼陀罗 Datura fastuosa
withalactone 睡茄新内酯 睡茄属 Withania
withametelin 睡茄白曼陀罗素 睡茄属 Withania & 洋金花（白曼陀罗）Datura metel
withametelinol 睡茄白曼陀罗素醇 睡茄属 Withania & 洋金花（白曼陀罗）Datura metel
withametelinone 睡茄白曼陀罗素酮 睡茄属 Withania & 洋金花（白曼陀罗）Datura metel
withanicandrin 睡茄假酸浆素 睡茄属 Withania & 假酸浆属 Nicandra
withanone 睡茄酮 睡茄属 Withania
withanoside 睡茄苷 睡茄属 Withania
withaoxylactone 睡茄氧内酯 睡茄属 Withania
withaphysacarpin 睡茄黏果酸浆素 睡茄属 Withania & 黏果酸浆 Physalis ixocarpa
withaphysanolide 睡茄酸浆诺内酯 睡茄属 Withania & 酸浆属 Physalis
witharifeen 睡茄瑞芬 睡茄属 Withania（Arfeen：作者名）
withasomilide 催眠睡茄米内酯 催眠睡茄 Withania somnifera
withasomniferanolide 催眠睡茄内酯 催眠睡茄 Withania somnifera
withasomnilide 催眠睡茄尼内酯 催眠睡茄 Withania somnifera
withasomnine 催眠睡茄宁 催眠睡茄 Withania somnifera
withastramonolide 睡茄曼陀罗内酯 睡茄属 Withania & 曼陀罗 Datura stramonium
withatatulin 睡茄曼陀罗素 睡茄属 Withania & 曼陀罗 Datura stramonium
woodorien 东方狗脊蕨素 东方狗脊蕨 Woodwardia orientalis
woorenoside 日本黄连苷 日本黄连 Coptis japonica（Wooren：日名）
worenine 日本黄连宁 日本黄连 Coptis japonica（Woren：日名）
wrightiadione 倒吊笔二酮 倒吊笔属 Wrightia

wrightial 倒吊笔醛 倒吊笔属 Wrightia
wuchuyuamide 吴茱萸新酰胺 吴茱萸 Euodia ruticarpa（Wuzhuyu：拼音名）
wurdin 多花芍药素 多花芍药 Paeonia emodi（Wurd：巴基斯坦名）
wushankaempferol 巫山山柰酚 巫山淫羊藿 Epimedium wushanense & 山柰酚 kaempferol
wutaiensal 屏东花椒醛 屏东花椒 Zanthoxylum wutaiense
wuweizilactone acid 五味子内酯酸 五味子 Schisandra chinensis（Wuweizi：拼音名）
wuzhuyurutine 吴茱萸如亭碱 吴茱萸 Euodia ruticarpa（Wuzhuyu：拼音名）

X

xambioona 毛蔓豆黄酮 毛蔓豆 Calopogonium mucunoides（Xambioa：地名）
xanalteric acid 黄链格孢酸 链格孢属 Alternaria
xanifolia 文冠果萜 文冠果 Xanthoceras sorbifolium
xanthalin 黄盔芹林素 黄盔芹属 Xanthogalum
xanthalongin 长叶山金车素 长叶山金车 Arnica longifolia（为苍耳内酯 xanthanolide 类成分）
xanthiazinone 苍耳噻嗪新酮 苍耳属 Xanthium & 噻嗪 thiazine
xanthiazone 苍耳噻嗪酮 苍耳属 Xanthium & 噻嗪 thiazine
xanthienopyran 苍耳噻吩吡喃 苍耳属 Xanthium & 噻吩稠环吡喃 thienocyclopyran
xanthocerasic acid 文冠果酸 文冠果属 Xanthoceras
xanthochymone 大叶藤黄酮 大叶藤黄 Garcinia xanthochymus
xanthochymuside 大叶藤黄苷 大叶藤黄 Garcinia multiflora
xanthogalenol 盖伦酒花黄酚 盖伦啤酒花 Humulus lupulus 'Galena'
xanthogalol 黄盔芹醇 黄盔芹属 Xanthogalum
xanthohumol 酒花黄酚 啤酒花 Humulus lupulus
xanthohypericoside 叫酮金丝桃苷 金丝桃属 Hypericum
xanthomegnin 麦格尼毛癣菌黄素 麦格尼毛癣菌 Trichophyton megninii
xanthomicrol 黄姜味草酚 姜味草属 Micromeria
xanthopappin 黄缨菊素 黄缨菊属 Xanthopappus
xanthoperol 黄桧酚 刺柏属（桧属）Juniperus
xanthorin 石黄衣素 石黄衣属 Xanthoria
xanthoxyol 花椒酚 花椒属 Zanthoxylum
xenognosin 黄芪胶识别素 黄芪胶 Gum Tragacanth & 宿主识别（host recognition）
xeroboside 倒卵叶山石榴苷 倒卵叶山石榴 Xeromphis obovata
xerocomic acid 绒盖牛肝菌酸 绒盖牛肝菌属 Xerocomus
xerocomorubin 绒盖牛肝菌红素 绒盖牛肝菌属 Xerocomus
xylariacin 炭角菌辛 炭角菌属 Xylaria
xylogranatinine 木果楝宁碱 木果楝 Xylocarpus granatum
xylopic acid 木瓣树酸 木瓣树属 Xylopia
xylopine 木瓣树碱 木瓣树属 Xylopia
xylopinidine 木瓣树尼定 木瓣树属 Xylopia
xylopinine 木瓣树宁碱 木瓣树属 Xylopia
xylosmacin 柞木辛 柞木属 Xylosma
xylosmoside 柞木苷 柞木属 Xylosma
xylotenin 缎木素 缎木 Chloroxylon swietenia
xysmalogenin 刚毛果苷元 刚毛果属 Xysmalobium

Y

yabunikkeol 天竺桂醇 天竺桂 Cinnamomum japonicum（Yabunikkei：日名）
yadanzioside 鸦胆子奥苷 鸦胆子 Brucea javanica（Yadanzi：拼音名）
yamataimine 雅塔蟹甲草碱 雅塔蟹甲草 Cacalia yatabei（Yamataimingasa：日名）
yangambin; yangabin 扬甘比胡椒素 胡椒属 Piper（Yangambi：地名）
yangonin 卡瓦胡椒宁 卡瓦胡椒 Piper methysticum（Yanggona：斐济名）
yanucamide 雅奴卡鞘丝藻酰胺 巨大鞘丝藻 Lyngbya majuscula（Yanuca：产地）
yashabushiketol 硬桤木酮醇 硬桤木 Alnus firma（Yashabushi：日名）
yemenine 也门文殊兰碱 也门文殊兰 Crinum yemense
yimunol 益母草醇 益母草 Leonurus sibiricus（Yimucao：拼音名）
yimunoside 益母草酚苷 益母草 Leonurus sibiricus（Yimucao：拼音名）
yinxiancaol 银线草新醇 银线草 Chloranthus japonicus（Yinxiancao：拼音名）
yixingensin 喙果绞股蓝素 喙果绞股蓝 Gynostemma yixingense
yixinoside 喙果绞股蓝苷 喙果绞股蓝 Gynostemma yixingense
youngiajaponicol 黄鹌菜醇 黄鹌菜 Youngia japonica
youngiajaponicoside 黄鹌菜醇苷 黄鹌菜 Youngia japonica
youngiaside 齿裂黄鹌菜苷 齿裂黄鹌菜 Youngia denticulata
ypsilactoside 丫蕊花内酯苷 丫蕊花属 Ypsilandra
ypsilandrogenin 丫蕊花苷元 丫蕊花属 Ypsilandra
ypsilandroside 丫蕊花苷 丫蕊花属 Ypsilandra
yuanamide 山延胡索胺 山延胡索 Corydalis bulbosa（Yuanhu：药材拼音名）
yuanhuacin; yuanhuacine 芫花辛 芫花 Daphne genkwa（Yuanhua：拼音名）
yuanhuadin; yuanhuadine 芫花定 芫花 Daphne genkwa（Yuanhua：拼音名）
yuanhuafin 芫花芬 芫花 Daphne genkwa（Yuanhua：拼音名）
yuanhuagin; yuanhuagine 芫花珍 芫花 Daphne genkwa（Yuanhua：拼音名）
yuanhuahine 芫花海因 芫花 Daphne genkwa（Yuanhua：拼音名）
yuanhuajin; yuanhuajine 芫花精 芫花 Daphne genkwa（Yuanhua：拼音名）
yuanhualin 芫花林素 芫花 Daphne genkwa（Yuanhua：拼音名）
yuanhuanin 芫花宁 芫花 Daphne genkwa（Yuanhua：拼音名）
yuanhuaoate 芫花酯 芫花 Daphne genkwa（Yuanhua：拼音名）
yuanhuapine 芫花品 芫花 Daphne genkwa（Yuanhua：拼音名）
yuanhuatin 芫花亭 芫花 Daphne genkwa（Yuanhua：拼音名）
yuankanin 芫花卡宁 芫花 Daphne genkwa（Yuanhua：拼音名）
yucalexin 木薯应激素 木薯 Manihot esculenta（Yuca：英名）
yuehgesin 月橘辛 千里香（月橘）Murraya paniculata（Yueh Ge：台湾拼音名）
yukovanol 玉克柑橘酚 玉克柑橘 Citrus yuko
yunanensin 滇桑素 滇桑 Morus yunanensis
yunanensol 滇桑醇 滇桑 Morus yunanensis
yunantaxusin 云南紫杉足辛 喜马拉雅红豆杉（云南紫杉）Taxus yunnanensis
yunnadelphinine 云南翠雀宁 云南翠雀花 Delphinium yunnanense
yunnaneic acid 云南鼠尾草酸 云南鼠尾草 Salvia yunnanensis
yunnanenseine 云南翠雀碱 云南翠雀花 Delphinium yunnanense
yunnanensin 云南拟单性木兰素 云南拟单性木兰 Parakmeria yunnanensis
yunnanin 云南繁缕素 云南繁缕 Stellaria yunnanensis
yunnankadsurin 云南南五味子素 南五味子属 Kadsura（Yunnan：产地）

yunnannin 云南鼠尾草宁 云南鼠尾草 Salvia yunnanensis
yunnanterpene 云南升麻萜 云南升麻 Cimicifuga yunnanensis
yunnanxamine 云南紫杉明碱 喜马拉雅红豆杉（云南紫杉）Taxus yunnanensis
yunnanxane 云南紫杉烷 喜马拉雅红豆杉（云南紫杉）Taxus yunnanensis
yunnanxol 云南紫杉醇 喜马拉雅红豆杉（云南紫杉）Taxus yunnanensis
yunnaxan 滇紫杉烷 喜马拉雅红豆杉（云南紫杉）Taxus yunnanensis
yunngnin 永宁独活素 永宁独活 Heracleum yunngningense
yunngnoside 永宁独活苷 永宁独活 Heracleum yunngningense
yuzuric acid 交让木酸 交让木 Daphniphyllum macropodum（Yuzuri-ha：日名）
yuzurimic acid 交让木胺酸 交让木 Daphniphyllum macropodum（Yuzuri-ha：日名）
yuzurine 交让木任 交让木 Daphniphyllum macropodum

Z

zamanic acid 萨曼鸡蛋花酸 钝叶鸡蛋花 Plumeria obtusa（Zama：地名）
zanoxyline 尖叶花椒林碱 尖叶花椒 Zanthoxylum oxyphyllum
zanthobungeanine 花椒宁碱 花椒 Zanthoxylum bungeanum
zanthocadinanine 花椒杜松碱 花椒属 Zanthoxylum & 杜松烷 cadinane
zanthodioline 花椒二醇林碱 花椒属 Zanthoxylum
zanthodione 花椒二酮 花椒属 Zanthoxylum
zanthomuurolanine 花椒欧洲赤松碱 花椒属 Zanthoxylum & 欧洲赤松烷 muurolane
zanthosimuline 野花椒林碱 野花椒 Zanthoxylum simulans
zanthoxyloside 花椒苷 花椒属 Zanthoxylum
zanthoxyphylline 尖叶花椒碱 尖叶花椒 Zanthoxylum oxyphyllum
zapoterin 香肉果萜素 香肉果 Casimiroa edulis（Zapote blanco：英名）
zapotin 香肉果素 香肉果 Casimiroa edulis（Zapote blanco：英名）
zapotinin 香肉果替宁 香肉果 Casimiroa edulis（Zapote blanco：英名）
zebagrandinoside 柚木甾苷 柚木 Tectona grandis（Zeba：人名）
zedoalactone 蓬莪术内酯（蓬）莪术 Curcuma zedoaria
zedoarofuran 莪术呋喃 莪术 Curcuma zedoaria
zedoarolide 莪术洛内酯 莪术 Curcuma zedoaria
zeinoxanthin 玉米麸黄质 玉米麸质 Zein
zelkoserratone 榉树酮 榉树 Zelkova serrata
zeorin 泽奥衣素 泽奥衣属 Zeora
zephyranamide 葱莲酰胺 葱莲 Zephyranthes candida
zerumin 艳山姜素 艳山姜 Alpinia zerumbet
zeylanicine 南亚新木姜子碱 南亚新木姜子 Neolitsea zeylanica
zeylanidine 南亚新木姜子定 南亚新木姜子 Neolitsea zeylanica
zeylanine 南亚新木姜子宁 南亚新木姜子 Neolitsea zeylanica
zeylanol 锡兰柯库木醇 锡兰柯库木 Kokoona zeylanica
zeylasteral 锡兰柯库木萜醛 锡兰柯库木 Kokoona zeylanica
zeylasterone 锡兰柯库木萜酮 锡兰柯库木 Kokoona zeylanica
zeylena 锡兰紫玉盘酯 锡兰紫玉盘 Uvaria zeylanica
zeylenol 锡兰紫玉盘烯醇 锡兰紫玉盘 Uvaria zeylanica
zeylenone 锡兰紫玉盘烯酮 锡兰紫玉盘 Uvaria zeylanica
zhebeiresinol 浙贝树脂醇 浙贝母 Fritillaria thunbergii（Zhebei：拼音名）
zhebeirine 浙贝灵 浙贝母 Fritillaria thunbergii（Zhebei：拼音名）
ziganein 席氏毛地黄素 席氏毛地黄 Digitalis schischkinii（Zigana：地名）
ziziphin 枣素 枣属 Ziziphus
ziziphorin 新塔花素 新塔花属 Ziziphora
zizyberanalic acid 枣醛酸 枣 Ziziphus jujuba
zizyberanone 枣酮 枣 Ziziphus jujuba
zizyberenalic acid 枣烯醛酸 枣 Ziziphus jujuba
zizyotin 枣奥亭 枣属 Zizyphus
zizyphusine 枣辛碱 枣属 Ziziphus
zizyvoside 枣催吐萝芙木醇苷 枣属 Zizyphus & 催吐萝芙木醇 vomifoliol
zonarene 带状网翼藻烯 带状网翼藻 Dictyopteris zonarioides
zonarol 带状网翼藻酚 带状网翼藻 Dictyopteris zonarioides
zosimin 佐氏芹素 佐氏芹属 Zosima
ZP-amide 秦椒酰胺 秦椒 Zanthoxylum piperitum
zuihonin; zuonin 香润楠宁 香润楠 Machilus zuihoensis
zygofaboside 驼蹄瓣波苷 驼蹄瓣 Zygophyllum fabago
zygophyloside 驼蹄瓣苷 驼蹄瓣属 Zygophyllum

化学成分中文名与英文名对照索引

（按汉语拼音顺序排列）

注：

1. 本索引从化学成分中文名的首个中文字起开始按汉语拼音字母顺序排序，并已经考虑了多音字的情况。
2. 本索引对本书正文收载的化学成分中文名给出本书采用的对应英文名，部分英文俗名存在同名异物的现象，但中文译名已经根据其词源进行了区分。
3. 本索引对正文收载的化学成分中文名进行了部分修订，近可能避免中文名中的同名异物现象。
4. 针对化学成分俗名中以字母或阿拉伯数字形式编号的系列成分，采用“~”对 3 个以上的连续系列成分的中、英文名进行了简写合并，但以罗马数字编号的则未进行简写。
5. 芪，应读作 [dǐ]，此字为药学工作者借用的古字以代音译，指 stilbene 类化合物，与该字的原始读音 [zhǐ] 及其原意均无关。

A

2- 吖啶基乙基胺 (2-aziridinylethyl)-amine
吖啶木脂宁碱▲A acrignine A
9(10*H*)- 吖啶酮 9(10*H*)-acridone
吖啶酮 acridone
吖啶香豆素碱 B~F, H, N acrimarine B~F, H, N
阿巴马甾体皂苷元 abamagenin
阿坝当归素 apaensin
阿贝苦酮 abbeokutone
阿苯达唑 albendazole
阿苯达唑砜 albendazole sulfone
阿苯达唑氧化物 albendazole oxide
阿比西尼亚刺桐黄烷酮▲IV, VI abyssinoflavanone IV, VI
阿比西尼亚刺桐素 I, II erythrabyssin I, II
阿比西尼亚刺桐酮▲II, IV, V abyssinone II, IV, V
阿比西尼亚南山藤苷元▲G, J drebyssogenin G, J
阿比西尼亚千金藤碱▲ stephabyssine
阿波醇酸 ambolic acid
阿波罗灰毛豆素▲ apollinin
(+)- 阿波酮酸 (+)-ambonic acid
阿布藤甾酮▲ abutasterone
阿德森刺桐酮▲Z erythraddison Z
阿蒂莫耶番荔枝素▲1, 2 annotemoyin 1, 2
阿尔米鞘丝藻酰胺▲A, B, C almiramide A, B, C
阿尔泰狗娃花酸▲ heteraltaic acid
阿尔泰藜芦胺林▲ germinaline
阿尔泰藜芦胺宁▲ germinalinine
阿尔泰藜芦定▲ veralomidine
阿尔泰藜芦碱▲ veralobine
阿尔泰藜芦宁▲ veralinine
阿尔泰藜芦西定▲ veralosidine
阿尔泰藜芦西宁▲ veralosinine
阿尔泰藜芦辛▲ veralosine
阿尔泰橐吾素▲A~D altaicalarin A~D
阿尔瓦橙桑呫酮▲ alvaxanthone
阿盖草醇▲ argyol
阿根廷马兜铃碱▲ argentinine
(17*R*)- 阿吉马蛇根 -17- 醇 (17*R*)-ajmalan-17-ol
阿吉马蛇根碱▲ ajmaline
阿吉马蛇根宁碱▲ ajimalicinine
阿吉马蛇根辛碱▲ ajmalicine
阿吉马蛇根辛碱▲B ajmalicine B
阿加芹素▲ agasyllin
阿江榄仁苷▲I arjunglycoside I
阿江榄仁苷元 arjungenin
阿江榄仁苷元 -23,28- 二 -*O*- 吡喃葡萄糖苷 arjungenin-23,28-di-*O*-glucopyranoside
阿江榄仁苷元 -28-*O*-*β*-D- 吡喃木糖基 -(1 → 2)-*β*-D- 吡喃葡萄糖苷 arjungenin-28-*O*-*β*-D-xylopyranosyl-(1 → 2)-*β*-D-glucopyranoside
阿江榄仁苷元 -3,28- 二 -*O*- 吡喃葡萄糖苷 arjungenin-3,28-di-*O*-glucopyranoside
阿江榄仁尼酸▲ arjunic acid
阿江榄仁葡萄糖苷 arjunglucoside
阿江榄仁树苷元 -23,28- 二 -*O*- 吡喃葡萄糖苷 arjungenin-23,28-bis-*O*-glucopyranoside
阿江榄仁素▲ arjunetin
阿江榄仁酸 arjunolic acid
阿江榄仁酸 -28-*O*- 吡喃葡萄糖苷 arjunolic acid-28-*O*-glucopyranoside
阿江榄仁酸甲酯 methyl arjunolate
阿江榄仁糖苷▲II arjunoglucoside II
阿卡哈素 akihalin
阿拉伯半乳聚糖 arabinogalactan
阿拉伯半乳聚糖蛋白 arabinogalactan protein
1-*O*-[*α*-L- 阿拉伯吡喃糖基 -(1 → 6)]-*β*-D- 葡萄吡喃糖基 - 水杨酸甲酯 methyl 1-*O*-[*α*-L-arabinopyranosyl-(1 → 6)]-*β*-D-glucopyranosylsalicylate
阿拉伯葡萄半乳聚糖 PNPS-IIa, PNPS-IIb arabinoglucogalactan PNPS-IIa, PNPS-IIb
D- 阿拉伯糖 D-arabinose
L- 阿拉伯糖 L-arabinose
阿拉伯糖 arabinose
D- 阿拉伯糖醇 D-arabinitol

1-D- 阿拉伯糖醇 - 单亚油酸酯 1-D-arabinitol-monolinoleate
3- 阿拉伯糖基 -24-*O*- 乙酰升麻新醇 -15- 吡喃葡萄糖苷 3-arabinosyl-24-*O*-acetylhydroshengmanol-15-glucoside
阿拉伯糖基 -4-*O*- 甲基葡糖醛酸木聚糖 arabino-4-*O*-methylglucuronoxylan
6-*C*- 阿拉伯糖基 -8-*C*- 葡萄糖基芹菜苷元 6-*C*-arabinosyl-8-*C*-glucosylapigenin
6- 阿拉伯糖基 -8- 吡喃葡萄糖基芹菜苷元 6-arabinosyl-8-glucopyranosylapigenin
阿拉伯糖基甘草酸 araboglycyrrhizin
8-*C*-α-L- 阿拉伯糖基木犀草素 8-*C*-α-L-arabinosylluteolin
阿拉伯糖基唐松草苷 arabinothalictoside
3β-*O*- 阿拉伯糖基 - 熊果 -12,19- 二烯 -28- 酸 -β-D- 吡喃葡萄糖酯苷 3β- *O*-arabinosyl-hydroxyursolic-12,19-diene-28-β-D-glucopyranosyl ester
阿拉伯糖酸 arabinonic acid
阿拉善马先蒿苷▲ A, C, D alaschanioside A, C, D
α- 阿拉斯加扁柏烯▲ α-alaskene
阿兰藤黄呫酮▲ A, C allanxanthone A, C
阿勒颇芸香素▲ rutarensin
阿里红酸▲ fomeffic acid
阿里山五味子二内酯▲ A arisandilactone A
阿里山五味子灵▲ A~E schiarisanrin A~E
阿里山五味子内酯▲ A~D arisanlactone A~D
阿里山五味子宁▲ A~N arisanschinin A~N
阿里山五味子四氢萘酮▲ A~D arisantetralone A~D
D- 阿洛醇 D-allitol
阿米芹奥醇▲ ammiol
阿米芹醇▲ khellol
阿米芹醇▲葡萄糖苷 khellol glucoside
阿米芹定▲ visnadin
阿米芹灵素▲ ammirin
阿米芹内酯▲ khellactone
阿米芹内酯▲ I, II khellactone I, II
(+)- 阿米芹诺醇▲ (+)-visamminol
阿米芹诺醇▲ visamminol
阿米芹素▲ visnagin; khellin
阿密罗苷 amiroside
阿纳尼合蕊木呫酮▲ ananixanthone
阿奴卡苹果酸▲ annurcoic acid
阿诺花椒素▲ arnottianin
阿诺花椒亭▲ I arnottin I
阿诺花椒酰胺▲ arnottianamide
阿诺花椒香豆素▲ arnocoumarin
阿朴啡 aporphine
阿普拉鞘丝藻毒素▲ A, D apratoxin A, D
阿普拉鞘丝藻酰胺▲ A~G apramide A~G
阿什越桔素▲ A vacciheín A
阿塔崖椒宁▲ atanine
阿糖醇 arabitol
阿糖尿苷 arauridine
阿糖腺苷 vidarabine
阿替 -15- 烯 atis-15-ene
(5β,8α,9β,10α,12α)- 阿替 -16- 醇 (5β,8α,9β,10α,12α)-atisan-16-ol
(5β,8α,9β,10α,12α)- 阿替 -3,16- 二醇 (5β,8α,9β,10α,12α)-atisan-3,16-diol
阿替斯烯 atisirene
阿替新 atisine
阿替新氯化物 atisine chloride
阿托品 atropine
阿娃乌头碱 avadharidine
阿魏胡椒碱▲ feruperine
阿魏精▲ ferugin
阿魏精宁▲ feruginin
阿魏尼定▲ feruginidin
(*E*)- 阿魏醛 (*E*)-ferulaldehyde
阿魏醛 ferulaldehyde; ferulic aldehyde; ferulyl aldehyde
阿魏醛 -4-*O*-β-D- 吡喃葡萄糖苷 ferulylaldehyde-4-*O*-β-D-glucopyranoside
阿魏栓翅芹素▲ pranferin
阿魏素 assafoetidin
(*E*)- 阿魏酸 (*E*)-ferulic acid
阿魏酸 ferulic acid
阿魏酸 -4-*O*-β-D- 吡喃葡萄糖苷 ferulic acid-4-*O*-β-D-glucopyranoside
阿魏酸 -4-*O*-β-D- 葡萄糖苷 ferulic acid-4-*O*-β-D-glucoside
阿魏酸 -β-D- 吡喃葡萄糖苷 ferulic acid-β-D-glucopyranoside
阿魏酸 -β-D- 吡喃葡萄糖酯 ferulic acid-β-D-glucopyranosyl ester
阿魏酸 -β-D- 葡萄糖苷 ferulic acid-β-D-glucoside
阿魏酸菜油甾醇酯 campesterol ferulate
阿魏酸丁酯 butyl ferulate
阿魏酸二十八酯 octacosyl ferulate
阿魏酸二十二酯 docosyl ferulate
(*E*)- 阿魏酸二十九酯 (*E*)-ferulic acid nonacosyl ester
阿魏酸二十六烷酯 ferulic acid hexacosyl ester
(*E*)- 阿魏酸二十六酯 hexacosyl-(*E*)-ferulate
阿魏酸二十六酯 hexacosyl ferulate
阿魏酸二十七酯 heptacosylferulate
阿魏酸二十三酯 tricosylferulate
(*E*)- 阿魏酸二十四酯 (*E*)-ferulic acid tetracosyl ester
阿魏酸二十四酯 tetracosyl ferulate
阿魏酸二十五酯 pentacosyl ferulate
阿魏酸二十一酯 heneicosyl ferulate
阿魏酸二十酯 eicosyl ferulate
阿魏酸甘油酯 glyceryl ferulate
阿魏酸环木菠萝醇酯 cycloartenyl ferulate
阿魏酸己糖酯 ferulic acid hexose ester
(*E*)- 阿魏酸甲酯 methyl (*E*)-ferulate
阿魏酸甲酯 methyl ferulate
(-)- 阿魏酸龙脑酯 (-)-bornyl ferulate
(+)- 阿魏酸龙脑酯 (+)-bornyl ferulate
l- 阿魏酸龙脑酯 *l*-bornyl ferulate
阿魏酸龙脑酯 bornyl ferulate
阿魏酸木蜡醇酯 lignoceryl ferulate
阿魏酸钠 sodium ferulate
阿魏酸葡萄糖苷 ferulic acid glucoside
阿魏酸十八酯 octadecyl ferulate
阿魏酸十九酯 nonadecyl ferulate
阿魏酸十六酯 feruloyl hexadecayl ester; hexadecyl ferulate
阿魏酸十七酯 heptadecanyl ferulate
(*E*)- 阿魏酸十四酯 tetradecyl (*E*)-ferulate
阿魏酸辛酯 octyl ferulate
(*E*)- 阿魏酸乙酯 (*E*)-ferulic acid ethyl ester
阿魏酸乙酯 ferulic acid ethyl ester; ethyl ferulate
阿魏酸蔗糖酯 sucrosyl ferulic acid ester
阿魏酸正丁酯 *n*-butyl ferulate
阿魏酸正二十八酯 *n*-octacostyl ferulate
阿魏酸正十八酯 stearyl ferulate

阿魏替定▲ ferutidin
阿魏亭▲ ferutin
阿魏亭宁▲ ferutinin
阿魏酮▲ feruone
阿魏酰柄球菊酸▲ A, B feruloylpodospermic acid A, B
(23*E*)- 阿魏酰常春藤皂苷元 (23*E*)-feruloylhederagenin
(23*Z*)- 阿魏酰常春藤皂苷元 (23*Z*)-feruloylhederagenin
阿魏酰二十二醇酯 n-docosyl ferulate
1-(*ω*- 阿魏酰二十二碳酰基) 甘油 1-(*ω*-feruloyldocosanoyl)glycerol
阿魏酰二十四醇酯 *n*-tetracosyl ferulate
2- 阿魏酰番石榴酸 2-feruloylpiscidic acid
2- 阿魏酰番石榴酸 -1- 甲酯 2-feruloylpiscidic acid-1-methyl ester
阿魏酰鲱精胺 feruloylagmatine
2- 阿魏酰蜂斗酸 -1- 甲酯 2-feruloylfukiic acid-1-methyl ester
(*S*,*R*)-1-*O*- 阿魏酰甘油 (*S*,*R*)-1-*O*-feruloylglycerol
1-*O*- 阿魏酰甘油 1-*O*-feruloylglycerol
1-*O*- 阿魏酰甘油 -2,3- 丙酮化物 1-*O*-feruloylglycerol-2,3-acetonide
1- 阿魏酰甘油醇 1-feruloylglycerol
6''-*O*- 阿魏酰钩果草吉苷▲ 6''-*O*-feruloylharpagide
8-*O*- 阿魏酰钩果草吉苷▲ 8-*O*-feruloylharpagide
1- 阿魏酰桂皮酸 1-feruloyloxycinnamic acid
2''-*O*- 阿魏酰荭草素 2''-*O*-feruloylorientin
7-*O*- 阿魏酰荭草素 7-*O*-feruloylorientin
(*E*)-6-*O*- 阿魏酰鸡矢藤次苷甲酯 (*E*)-6-*O*-feruloylscandoside methyl ester
9,9'-*O*- 阿魏酰基 -(-)- 裂环异落叶松树脂醇 9,9'-*O*-feruloyl-(-)-secoisolariciresinol
(6-*O*- 阿魏酰基)-*β*-D- 呋喃果糖基 -(6-*O*- 乙酰基)-*α*-D- 吡喃葡萄糖苷 (6-*O*-feruroyl)-*β*-D-fructofuranosyl-(6-*O*-acetyl)-*α*-D-glucopyranoside
6-*O*-*α*-L-(2''-*O*- 阿魏酰基)- 吡喃鼠李糖基梓醇 6-*O*-*α*-L-(2''-*O*-feruloyl)-rhamnopyranosylcatalpol
6-*O*-*α*-L-(3''-*O*- 阿魏酰基)- 吡喃鼠李糖基梓醇 6-*O*-*α*-L-(3''-*O*-feruloyl)-rhamnopyranosylcatalpol
6-*O*-*α*-L-(4''-*O*- 阿魏酰基)- 吡喃鼠李糖基梓醇 6-*O*-*α*-L-(4''-*O*-feruloyl)-rhamnopyranosylcatalpol
6-*α*-L-(4''-*O*- 阿魏酰基)- 吡喃鼠李糖基梓醇 6-*α*-L-(4''-*O*-feruloyl)-rhamnopyranosylcatalpol
β-D-(3-*O*- 阿魏酰基)- 呋喃果糖基 -*α*-D-(6-*O*- 阿魏酰基)- 吡喃葡萄糖苷 *β*-D-(3-*O*-feruloyl)-fructofuranosyl-*α*-D-(6-*O*-feruloyl) glucopyranoside
β-D-(3-*O*- 阿魏酰基)- 呋喃果糖基 -*α*-D-(6-*O*- 芥子酰基)- 吡喃葡萄糖苷 *β*-D-(3-*O*-feruloyl)fructofuranosyl-*α*-D-(6-*O*-sinapoyl)-glucopyranoside
6-*O*-*α*-L-[4''-*O*-(*E*)- 阿魏酰基] 吡喃鼠李糖基梓醇 6-*O*-*α*-L-[4''-*O*-(*E*)-feruloyl]rhamnopyranosylcatalpol
1-*O*- 阿魏酰基 -2-*O*- 对香豆酰甘油 1-*O*-feruloyl-2-*O*-*p*-coumaroylglycerol
1- 阿魏酰基 -2- 甲氧基桂皮酸 1-feruloyloxy-2-methoxycinnamic acid
(-)-2-(1-*O*- 阿魏酰基 -2- 羟基异丙基)-5,6- 二甲氧基苯并呋喃 (-)-2-(1-*O*-feruloyl-2-hydroxyisopropyl)-5,6-dimethyoxybenzofuran
5-*O*- 阿魏酰基 -2- 去氧 -D- 核糖基 -*γ*- 内酯 5-*O*-feruloyl-2-deoxy-D-ribono-*γ*-lactone
1-*O*- 阿魏酰基 -3-*O*-(26''- 羟基二十六酰基) 甘油 1-*O*-feruloyl-3-*O*-(26''-hydroxyhexacosanoyl)glycerol
5-*O*- 阿魏酰基 -3-*O*-(*β*-D- 吡喃葡萄糖基)-2- 去氧 -D- 核糖基 -*γ*- 内酯 5-*O*-feruloyl-3-*O*-(*β*-D-glucopyranosyl)-2-deoxy-D-ribono-*γ*-lactone
1-*O*- 阿魏酰基 -3-*O*- 对香豆酰甘油 1-*O*-feruloyl-3-*O*-*p*-coumaroylglycerol
3-*O*- 阿魏酰基 -4-*O*- 咖啡酰奎宁酸 3-*O*-feruloyl-4-*O*-caffeoylquinic acid
3- 阿魏酰基 -4- 乙酰基 -6'-(13'-*O*-*β*-D- 吡喃葡萄糖基) 阿魏酰蔗糖 3-feruloyl-4-acetyl-6'-(13'-*O*-*β*-D-glucopyranosyl)feruloylsucrose
(+)-9'-*O*-(*E*)- 阿魏酰基 -5,5'- 二甲氧基落叶松树脂醇 (+)-9'-*O*-(*E*)-feruloyl-5,5'-dimethoxylariciresinol
(+)-9'-*O*-(*Z*)- 阿魏酰基 -5,5'- 二甲氧基落叶松树脂醇 (+)-9'-*O*-(*Z*)-feruloyl-5,5'-dimethoxylariciresinol
阿魏酰基 -6'-*O*-*α*-D- 吡喃葡萄糖苷 feruloyl-6'-*O*-*α*-D-glucopyranoside
阿魏酰基 -6'-*O*-*β*-D- 吡喃葡萄糖苷 feruloyl-6'-*O*-*β*-Dglucopyranoside
(-)-(2*R*, 3*R*)-1-*O*- 阿魏酰基 -8,8'- 双二氢丁香苷元 (-)-(2*R*,3*R*)-1-*O*-feruloyl-8,8'-bisdihydrosiringenin
3*β*-*O*-(*E*)- 阿魏酰基 -D:C- 飞齐墩果 -7,9(11)- 二烯 -29- 醇 3*β*-*O*-(*E*)-feruloyl-D:C-friedooleana-7,9(11)-dien-29-ol
6-*O*- 阿魏酰基 -D- 吡喃葡萄糖 6-*O*-feruloyl-D-glucopyranose
6-*O*- 阿魏酰基 -L- 半乳糖基 -1,4- 内酯 6-*O*-feruloyl-L-galactono-1,4-lactone
N^1- 阿魏酰基 -N^5, N^{10}- 二咖啡酰精脒 N^1-feruloyl-N^5,N^{10}-dicaffeoylspermidine
2- 阿魏酰基 -*O*-*α*-D- 吡喃葡萄糖基 -(1'→2)-3,6-*O*- 阿魏酰基 -*β*-D-呋喃果糖苷 2-feruloyl-*O*-*α*-D-glucopyranoyl-(1'→2)-3,6-*O*-feruloyl-*β*-D-fructofuranoside
6-*O*-(*E*)- 阿魏酰基 -*α*-D- 吡喃葡萄糖 6-*O*-(*E*)-feruloyl-*α*-D-glucopyranose
6-*O*-(*E*)- 阿魏酰基 -*α*- 吡喃葡萄糖苷 6-*O*-(*E*)-feruloyl-*α*-glucopyranoside
1-*O*- 阿魏酰基 -*β*-D- 吡喃木糖基 -(1→6)-*β*-D- 吡喃葡萄糖苷 1-*O*-feruloyl-*β*-D-xylopyranosyl-(1→6)-*β*-D-glucopyraboside
1-*O*- 阿魏酰基 -*β*-D- 吡喃葡萄糖 1-*O*-feruloyl-*β*-D-glucopyranose
6-*O*-(*E*)- 阿魏酰基 -*β*-D- 吡喃葡萄糖 6-*O*-(*E*)-feruloyl-*β*-D-Glucopyranose
1- 阿魏酰基 -*β*-D- 吡喃葡萄糖苷 1-feruloyl-*β*-D-glucopyranoside
6-*O*- 阿魏酰基 -*β*-D- 吡喃葡萄糖苷 6-*O*-feruloyl-*β*-D-glucopyranoside
1- 阿魏酰基 -*β*-D- 吡喃葡萄糖基酯 1-feruloyl-*β*-D-glucopyranosyl ester
3-*O*-[5'''-*O*- 阿魏酰基 -*β*-D- 呋喃芹糖基 -(1'''→2'')-*β*-D- 吡喃葡萄糖基]- 鼠李柠檬素 3-*O*-[5'''-*O*-feruloyl-*β*-D-apiofuranosyl-(1'''→2'')-*β*-D-glucopyranosyl]-rhamnocitrin
1-*O*- 阿魏酰基 -*β*-D- 葡萄糖 1-*O*-feruloyl-*β*-D-glucose
6-*O*-(*E*)- 阿魏酰基 -*β*- 吡喃葡萄糖苷 6-*O*-(*E*)-feruloyl-*β*-glucopyranoside
6-*O*- 阿魏酰基 -*β*- 呋喃果糖基 -(2→1)-*O*-*α*- 吡喃葡萄糖基 -(6→1)-*O*-*α*- 吡喃葡萄糖苷 6-*O*-feruloyl-*β*-fructofuranosyl-(2→1)-*O*-*α*-glucopyranosyl-(6→1)-*O*-*α*-glucopyranoside
阿魏酰基 - 二 -*O*- 没食子酰葡萄糖 feruoyl-di-*O*-galloyl-glucose
4- 阿魏酰基奎宁酸 4-feruloylquinic acid
(*Z*)-*N*- 阿魏酰基酪胺 (*Z*)-*N*-feruloyltyramine
6-*O*-(*E*)- 阿魏酰基 - 葡萄糖 6-*O*-(*E*)-feruloyl-glucose
6'-*O*- 阿魏酰基 - 去甲基八角枫苷 6'-*O*-feruloyl-demethylalangiside
1-*O*- 阿魏酰基 - 十四碳 -4*E*,6*E*,12*E*- 三烯 -8,10- 二炔 1-*O*-feruloyl-tetradeca-4*E*,6*E*,12*E*-triene-8,10-diyne
阿魏酰己糖 feruloylhexose
(7'*R*)-*N*- 阿魏酰降变肾上腺素 (7'*R*)-*N*-feruloylnormetanephrine

6-*O*-*E*- 阿魏酰筋骨草醇 6-*O*-*E*-feruloylajugol
6-*O*-*Z*- 阿魏酰筋骨草醇 6-*O*-*Z*-feruloylajugol
6-*O*- 阿魏酰筋骨草醇 6-*O*-feruloylajugol
6- 阿魏酰筋骨草醇 6-feruloyl ajugol
4-*O*- 阿魏酰奎尼酸 4-*O*-feruloyl quinic acid
3-*O*- 阿魏酰奎尼酸甲酯 methyl 3-*O*-feruloyl quinate
4-*O*- 阿魏酰奎尼酸甲酯 methyl 4-*O*-feruloyl quinate
3-*O*- 阿魏酰奎尼酸乙酯 ethyl 3-*O*-feruloyl quinate
3-*O*- 阿魏酰奎宁酸 3-*O*-feruloylquinic acid
3- 阿魏酰奎宁酸 3-feruloylquinic acid
4-*O*- 阿魏酰奎宁酸 4-*O*-feruloylquinic acid
5-*O*- 阿魏酰奎宁酸 5-*O*-feruloylquinic acid
5- 阿魏酰奎宁酸 5-feruloylquinic acid
阿魏酰奎宁酸 feruloylquinic acid
3-*O*- 阿魏酰奎宁酸丁酯 butyl-3-*O*-feruloylquinate
4-*O*- 阿魏酰奎宁酸丁酯 4-*O*-feruloylquinic acid butyl ester
5-*O*- 阿魏酰奎宁酸丁酯 5-*O*-feruloylquinic acid butyl ester
3-*O*- 阿魏酰奎宁酸甲酯 methyl 3-*O*-feruloylquinate
5-*O*-*E*- 阿魏酰奎宁酸甲酯 5-*O*-*E*-feruloylquinic acid methyl ester
5-*O*- 阿魏酰奎宁酸甲酯 methyl 5-*O*-feruloylquinate
(+)-5-*O*- 阿魏酰奎宁酸乙酯 (+)-ethyl-5-*O*-feruloyquinate
4-*O*- 阿魏酰奎宁酸乙酯 ethyl 4-*O*-feruloylquinate
6'''-*O*- 阿魏酰兰香草苷 D 6'''-*O*-feruloylincanoside D
(*E*)-*N*- 阿魏酰酪胺 (*E*)-*N*-feruloyltyramine
N- 阿魏酰酪胺 *N*-feruloyltyramine
阿魏酰酪胺 feruloyltyramine
7-*O*-*E*- 阿魏酰马钱苷 7-*O*-*E*-feruloylloganin
24-*O*- 阿魏酰木蜡酸 24-*O*-feruloyllignoceric acid
阿魏酰苹果酸 feruloylmalic acid
阿魏酰苹果酸酯 feruloyl malate
1- 阿魏酰葡萄糖 1-feruloylglucose
阿魏酰葡萄糖 feruloylglucose
3α-*E*- 阿魏酰蒲公英赛醇 3α-*E*-feruloyltaraxerol
3α-*Z*- 阿魏酰蒲公英赛醇 3α-*Z*-feruloyltaraxerol
3β-*E*- 阿魏酰蒲公英赛醇 3β-*E*-feruloyltaraxerol
3β-*Z*- 阿魏酰蒲公英赛醇 3β-*Z*-feruloyltaraxerol
3β-*O*-*E*- 阿魏酰齐墩果酸 3β-*O*-*E*-feruloyloleanolic acid
6'-*O*- 阿魏酰去葡萄糖基波叶刚毛果苷▲ 6'-*O*-feruloyldesglucouzarin
N- 阿魏酰色胺 *N*-feruloyltryptamine
6'''- 阿魏酰酸枣素▲ 6'''-feruloylspinosin
6- 阿魏酰酸枣素▲ 6-feruloylspinosin
3α-[(*E*)- 阿魏酰氧基]-D:C- 飞齐墩果 -7,9(11)- 二烯 -29- 酸 3α-[(*E*)-feruloyloxy]-D:C-friedooleana-7,9(11)-dien-29-oic acid
3β-[(*E*)- 阿魏酰氧基]-D:C- 飞齐墩果 -7,9(11)- 二烯 -29- 酸 3β-[(*E*)-feruloyloxy]-D:C-friedooleana-7,9(11)-dien-29-oic acid
3β- 阿魏酰氧基 -20- 蒲公英萜烯 -16β,28- 二醇 3β-feruloyloxy-20-taraxastene-16β,28-diol
ω- 阿魏酰氧基二十二酸 ω-feruloyloxy docosanoic acid
22- 阿魏酰氧基二十二酸甲酯 methyl 22-feruloyloxydocosanoate
(*E*)- 阿魏酰乙醇酸甲酯 methyl (*E*)-feruloylglycolate
6'''- 阿魏酰异酸枣素▲ 6'''-feruloylisospinosin
3-*O*- 阿魏酰蔗糖 3-*O*-feruloylsucrose
6'-*O*-(*E*)- 阿魏酰蔗糖 6'-*O*-(*E*)-feruloylsucrose
6'-*O*- 阿魏酰蔗糖 6'-*O*-feruloylsucrose
阿魏酰蔗糖 feruloylsucrose
(-)-6- 阿魏酰梓醇 (-)-6-feruloylcatalpol
16- 阿魏酰棕榈酸 16-feruloyloxypalmitic acid
阿牙潘泽兰素▲ ayapanin
阿亚黄素 ayanin
埃尔贡芦荟二聚素 A, B elgonica dimer A, B
(+)- 埃法特莲叶桐胺▲ (+)-vateamine
(+)- 埃法特莲叶桐胺▲ -2'-β-*N*- 氧化物 (+)-vateamine-2'-β-*N*-oxide
埃塞俄比亚鼠尾草酮▲ salvipisone
矮艾素 A arbusculin A
矮火绒草内酯▲ leontonanin
矮三尖杉明碱▲ M cephalezomine M
矮桃苷▲ A~H clethroidoside A~H
矮野桐苷▲ A mallonanoside A
艾醇 yomogi alcohol
艾蒿醇内酯▲ artemisolide
艾蒿内酯 moxartenolide
β- 艾蒿素 β-vulgarin
艾蒿酮 moxartenone
艾纳香内酯 A, B, C blumealactone A, B, C
艾纳香呫烯▲ blumeaxanthene
艾纳香素 blumeatin
艾纳香素 A, B blumeatin A, B
艾纳香烯▲ A~J blumeaene A~J
艾脂麻素 sesartemin
爱氏贝母定▲ eduardine
安达曼胡椒素▲ andamanicin
安的列斯鞘丝藻毒素▲ A, B antillatoxin A, B
安哥拉崖椒灵碱▲ angoline
安哥拉紫檀素▲ muningin
安哥拉紫玉盘素▲ uvangoletin
安徽翠雀碱 anhweidelphinine
安徽银莲花苷▲ C, E, F anhuienoside C, E, F
安卡拉玄参苷▲ A, C angoroside A, C
安乃近 analgin
安塔尼鞘丝藻肽素▲ A~D antanapeptin A~D
(-)-13aα- 安托芬 (-)-13aα-antofine
(+)- 安托芬 (+)-antofine
安托芬 antofine
10*S*,13a*R*- 安托芬 -*N*- 氧化物 10*S*,13a*R*-antofine-*N*-oxide
(+)- 安五木脂素 (+)-anwulignan
dl- 安五木脂素 *dl*-anwulignan
安五木脂素 anwulignan
安五味子酸 anwuweizic acid
安五味子酮酸 anwuweizonic acid
安息香醇 styracitol
安息香苷▲ A, B styraxoside A, B
安息香木脂苷▲ A~F styraxlignolide A~F
安息香木脂素▲ A styrlignan A
安息香宁▲ F, S styranin F, S
桉醇和厚朴酚 A, B eudeshonokiol A, B
桉醇厚朴酚 eudesmagnolol
桉醇日本厚朴酚▲ A, B eudesobovatol A, B
桉醇酸▲ eucalyptolic acid
桉酚苷▲ calyptoside
桉酚醛▲ A~E eucalyptal A~E
1,4- 桉树脑 1,4-cineole; 1,4-cineol
1,8- 桉树脑 1,8-cineole; 1,8-cineol; 1,8-eucalyptol
桉树脑 eucalyptol; cineole
1,8- 桉树脑 -2-*O*-β-D- 吡喃葡萄糖苷 1,8-cineole-2-*O*-β-D-glucopyranoside
桉树素 eucalyptin
桉酸 eudesmic acid

桉酮▲ eucalyptone

桉酮▲G eucalyptone G

桉烷 -3α,4α,11- 三醇 -11-*O*-β-D- 吡喃葡萄糖苷 eudesmane-3α,4α,11-triol-11-*O*-β-D-glucopyranoside

桉叶 -1,3,11(13)- 三烯 -12- 酸 eudesma-1,3,11(13)-trien-12-oic acid

桉叶 -11- 烯 -2,4α- 二醇 eudesm-11-en-2,4 α -diol

桉叶 -11- 烯 -4-α-*O*-β-D-3- 巴豆酰氧基 -6- 去氧葡萄糖苷 eudesm-11-en-4-α-*O*-β-D-3-tigloyloxy-6-deoxyglucopyranoside

桉叶 -11- 烯 -4-α-*O*-β-D-3- 千里光酰氧基 -6- 去氧葡萄糖苷 eudesm-11-en-4-α-*O*-β-D-3-senecioyloxy-6-deoxyglucopyranoside

3- 桉叶 -1β,11- 二醇 3-eudesmol-1β,11-diol

桉叶 -3,7(11)- 二烯 eudesma-3,7(11)-diene

(-)- 桉叶 -3β,4β,7α- 三醇 (-)-eudesm-3β,4β,7α-triol

桉叶 -3- 烯 -1β,7,11- 三醇 eudesm-3-ene-1β,7,11-triol

5β,10α- 桉叶 -4(14),11- 二烯 5β,10α-eudesma-4(14),11-diene

桉叶 -4(14),11- 二烯 eudesma-4(14),11-diene

桉叶 -4(14),11- 二烯 -3β- 醇 eudesma-4(14),11-dien-3β-ol

桉叶 -4(14),7(11)- 二烯 eudesma-4(14),7(11)-diene

8β*H*- 桉叶 -4(14),7(11)- 二烯 -12,8- 内酯 8β*H*-eudesma-4(14),7(11)-dien-12,8-olide

(1β,6α)- 桉叶 -4(14)- 烯 -1,6- 二醇 (1β,6α)-eudesm-4(14)-ene-1,6-diol

桉叶 -4(14)- 烯 -1,6- 二醇 eudesm-4(14)-ene-1,6-diol

桉叶 -4(14)- 烯 -1β,5α- 二醇 eudesm-4(14)-ene-1β,5α-diol

桉叶 -4(15),11(13)- 二烯 -12,5β- 内酯 eudesm-4(15),11(13)-dien-12,5β-olide

5α*H*- 桉叶 -4(15),11(13)- 二烯 -12,8β- 内酯 5α*H*-eudesma-4(15),11(13)-dien-12,8β-olide

桉叶 -4(15),7(11),9- 三烯 -12- 内酯 eudesma-4(15),7(11),9-trien-12-olide

(5*R*,10*S*)- 桉叶 -4(15),7- 二烯 -11- 醇 -9- 酮 (5*R*,10*S*)-eudesm-4(15),7-dien-11-ol-9-one

桉叶 -4(15),7- 二烯 -1β- 醇 eudesma-4(15),7-dien-1β-ol

桉叶 -4(15),7- 二烯 -9α,11- 二醇 eudesm-4(15),7-dien-9α,11-diol)

5α,11α*H*- 桉叶 -4(15)- 烯 -12,8β- 内酯 5α,11α*H*-eudesma-4(15)-en-12,8β-olide

桉叶 -4(15)- 烯 -1β,6α- 二醇 eudesm-4(15)-ene-1β,6α-diol

桉叶 -4(15)- 烯 -1β,7,11- 三醇 eudesm-4(15)-ene-1β,7,11-triol

桉叶 -4(15)- 烯 -1β,8α- 二醇 eudesm-4(15)-en-1β,8α-diol

桉叶 -4(15)- 烯 -1β,8α- 二醇 -8-*O*-β-D- 吡喃木糖基 -(1 → 6)-β-D- 吡喃葡萄糖苷 eudesm-4(15)-ene-1β,8α-diol-8-*O*-β-D-xylopyranosyl-(1 → 6)-β-D-glucopyranoside

(-)- 桉叶 -4(15)- 烯 -3β,11- 二醇 (-)-eudesma-4(15)-en-3β,11-diol

桉叶 -4(15)- 烯 -7α,11- 二醇 eudesm-4(15)-ene-7α,11-diol

7α(*H*)- 桉叶 -4,11(12)- 二烯 -3- 酮 -2β- 羟基 -13-β-D- 吡喃葡萄糖苷 7α(*H*)-eudesmane-4,11(12)-diene-3-one-2β-hydroxy-13-β-D-glucopyranoside

桉叶 -4,11(13)- 二烯 -8,12- 内酯 eudesma-4,11(13)-dien-8,12-olide

桉叶 -4,11- 二烯 eudesma-4,11-diene

桉叶 -4,11- 二烯 -1β- 醇 eudesma-4,11-dien-1β-ol

5α*H*,7α*H*- 桉叶 -4α,6α,11,12- 四醇 5α*H*,7α*H*-eudesman-4α,6α,11,12-tetraol

桉叶 -4β,11- 二醇 eudesmane-4β,11-diol

桉叶 -5,11(13)- 二烯 -8,12- 内酯 eudesma-5,11(13)-dien-8,12-olid

桉叶 -7(11)- 烯 -4- 醇 eudesm-7(11)-en-4-ol

(+)-β- 桉叶油醇 (+)-β-eudesmol

4(15),11- 桉叶二烯 4(15),11-eudesmadiene

桉叶酸甲酯 methyl eudesmate

4β(*H*)- 桉叶烷 4β(*H*)-eudesmane

桉叶烷 eudesmane

桉叶烷 -4(14),11- 二烯 -1β- 醇 eudesma-4(14),11-dien-1β-ol

桉叶烷二醇 eudesmanediol

β- 桉叶烯 β-eudesmene

桉叶烯 eudesmene

4(15)- 桉叶烯 -1α,7β- 二醇 4(15)-eudesmene-1α,7β-diol

3- 桉叶烯 -1β,11- 二醇 3-eudesmene-1β,11-diol

4(15)- 桉叶烯 -1β,11- 二醇 4(15)-eudesmene-1β,11-diol

5- 桉叶烯 -1β,4α- 二醇 5-eudesmene-1β,4α-diol

4(15)- 桉叶烯 -1β,5α- 二醇 4(15)-eudesmene-1β,5α-diol

4(15)- 桉叶烯 -1β,6α- 二醇 4(15)-eudesmene-1β,6α-diol

3- 桉叶烯 -1β,7,11- 三醇 3-eudesmene-1β,7,11-triol

4(15)- 桉叶烯 -1β,7α- 二醇 4(15)-eudesmene-1β,7α-diol

4(15)- 桉叶烯 -1β,7β- 二醇 4(15)-eudesmene-1β,7β-diol

4(15)- 桉叶烯 -1β,8α- 二醇 4(15)-eudesmene-1β,8α-diol

(3β,5α,6β,7β,14β)- 桉叶烯 -3,5,6,11- 四醇 (3β,5α,6β,7β,14β)-eudesmen-3,5,6,11-tetrol

11- 桉叶烯 -4- 醇 11-eudesmen-4-ol

4(14)- 桉叶烯 -8α,11- 二醇 4(14)-eudesmene-8α,11-diol

3- 桉叶烯 -lβ,11- 二醇 3-eudesmen-lβ,11-diol

4- 桉叶烯 -lβ,11- 二醇 4-eudesmen-lβ,11-diol

桉叶油 -4(14),7(11)- 二烯 oleum eucalypti-4(14),7(11)-diene

α- 桉叶油醇 α-eudesmol

β- 桉叶油醇 β-eudesmol

γ- 桉叶油醇 γ-eudesmol

δ- 桉叶油醇 δ-eudesmol

桉叶油醇 eudesmol

γ- 桉叶油醇 -11-α-L- 鼠李糖苷 γ-eudesmol-11-α-L-rhamnoside

α- 桉叶油醇乙酸酯 α-eudesmol acetate

β- 桉叶油醇乙酸酯 β-eudesmol acetate

γ- 桉叶油醇乙酸酯 γ-eudesmol acetate

桉叶油萘▲ eudalene

(-)- 桉脂素 (-)-eudesmin

(+)- 桉脂素 (+)-eudesmin

桉脂素 eudesmin

氨丙基刀豆胺▲ aminopropylcanavalmine

氨丙基高精脒 aminopropylhomospermidine

N^5- 氨丁基均精胺 N^5-aminobutylhomospermine

N^{10}- 氨丁基均戊胺 N^{10}-aminobutylhomopentamine

N^5- 氨丁基均戊胺 N^5-aminobutylhomopentamine

N^{10}- 氨丁基均已胺 N^{10}-aminobutylhomohexamine

N^5- 氨丁基均已胺 N^5-aminobutyl-homohexamine

氨茴醛 anthranilic aldehyde

氨茴酸甲酯 methyl anthranilate

4- 氨茴酰拉普乌头定 4-anthranoyllappaconidine

氨茴酰狼毒乌头碱 anthranoyllycoctonine

(4β,20α)-29- 氨基 -23- 羟基 -29- 氧代齐墩果 -12- 烯 -3β-*O*-β-D- 吡喃葡萄糖基 -(1 → 2)-*O*-β-D- 吡喃葡萄糖醛酸 (4β,20α)-29-amino-23-hydroxy-29-oxoolean-12-en-3β-*O*-β-D-glucopyranosyl-(1 → 2)-*O*-β-D-Glucopyranosiduronic acid

1β- 氨基 -2α,3β,5β- 三羟基环庚烷 1β-amino-2α,3β,5β–trihydroxycycloheptane

3- 氨基 -2- 环已烯 -1- 酮 3-amino-2-cyclohexen-1-one

3- 氨基 -2- 甲氧基羰基 -1,4- 萘醌 3-amino-2-methoxycarbonyl-1,4-naphthoquinone

2- 氨基 -3(3'- 羟基 -2'- 甲氧苯基)-1- 丙醇 2-amino-3(3'-hydroxy-2'-methoxyphenyl)-1-propanol

2- 氨基 -3,4- 二羟基 -5- 甲氧基苯甲酸 2-amino-3,4-dihydroxy-5-methoxybenzoic acid

10- 氨基 -3,4- 二羟基菲 -1- 羧酸内酰胺 10-amino-3,4-

dihydroxylphenanthrene-1-carboxylic acid lactam
2- 氨基 -3*H*- 吩噁嗪 -3- 酮 2-amino-3*H*-phenoxazin-3-one
1*β*- 氨基 -3*β*,4*β*,5*α*- 三羟基环庚烷 1*β*-amino-3*β*,4*β*,5*α*-trihydroxycycloheptane
2- 氨基 -3- 苯丙基 -2- 苯甲酰氨基 -3- 苯丙酸酯 2-amino-3-phenylpropyl-2-benzamido-3-phenylpropanoate
2- 氨基 -3- 苯基丙基乙酸酯 2-amino-3-phenylpropyl acetate
2- 氨基 -3- 苯基 - 丙酸 2-amino-3-phenylpropionic acid
(*E*)-2(*S*)- 氨基 -3- 甲基 -3- 戊烯酸 (*E*)-2(*S*)-amino-3-methyl-3-pentenoic acid
L-2- 氨基 -3- 甲酰基 -3- 丙烯酸 L-2-amino-3-formyl-3-pentenoic acid
4- 氨基 -3- 甲氧基苯酚 4-amino-3-methoxyphenol
L-2- 氨基 -3- 羟甲基 -3- 丙烯酸 L-2-amino-3-hydroxymethyl-3-pentenoic acid
2*S*,3'*S*-1-(3- 氨基 -3- 羧基丙基)-5- 氧代 -2- 吡咯烷酸 2*S*,3'*S*-1-(3-amino-3-carboxyproyl)-5-oxo-2-pyrolidinecarboxylic acid
2- 氨基 -4- 甲基 - 戊酸 2-amino-4-methyl-pentanoic acid
10- 氨基 -4- 羟基 -3- 甲氧基菲 -1- 羧酸内酰胺 10-amino-4-hydroxyl-3-methoxyphenanthnene-1-carboxylic acid lactam
4- 氨基 -4- 羧基色烷 -2- 酮 4-amino-4-carboxychroman-2-one
2- 氨基 -5- 羟基己酸 2-amino-5-hydroxyhexanoic acid
2- 氨基 -5- 羟基戊酸 2-amino-5-hydroxypentanoic acid
L-2- 氨基 -7- 羟基辛酸 L-2-amino-7-hydroxyoctanoic acid
6- 氨基 -9-[1-(3,4- 二羟基苯基) 乙基]-9*H*- 嘌呤 6-amino-9-[1-(3,4-dihydroxyphenyl)ethyl]-9*H*-purine
2- 氨基 -*N*-(2- 甲氧甲基苯基)- 苯甲胺 2-amino-*N*-(2-methoxymethylphenyl)-benzenemethanamine
O- 氨基 -*N*- 甲酰苄胺 *O*-amino-*N*-formylbenzyamine
α- 氨基 -*β*-(草酰氨基) 丙酸 *α*-amino-*β*-(oxalylamino)propionic acid
L-(+)-*α*- 氨基 -*β*- 对甲氧基苯基 - 丙酸 L-(+)-*α*-amino-*β*-(*p*-methoxyphenyl)-propionic acid
α- 氨基 -*γ*- 脲基丁酸 *α*-amino-*γ*-ureidobutyric acid
L-*α*- 氨基 -*γ*- 硝氨基丁酸 L-*α*-amino-*γ*-nitraminobutyric acid
α- 氨基 -*δ*- 羟基戊酸 *α*-amino-*δ*-hydroxyvaleric acid
2-{[(2- 氨基苯基) 甲基] 氨基 }- 苯甲醇 2-{[(2-aminophenyl) methyl]amino}-benzenemethanol
N-(2- 氨基苯基) 脲 *N*-(2-aminophenyl)urea
N-(2- 氨基苯基)- 脲 *N*-(2-aminophenyl)-urea
2- 氨基苯甲醇 2-aminobenzenemethanol
4- 氨基苯甲醛 4-aminobenzaldehyde
2- 氨基苯甲酸 2-aminobenzoic acid
2- 氨基苯甲酸 -3,7- 二甲基 -1,6- 辛二烯 -3- 酯 3,7-dimethyl-1,6-octadien-3-ol-2-aminobenzoate
2- 氨基苯乙酮 2-aminoacetophenone
N-(3- 氨基丙基) 氨基丙醇 *N*-(3-aminopropyl)aminopropanol
N-(3- 氨基丙基) 氨基乙醇 *N*-(3-aminopropyl)aminoethanol
4-(2- 氨基丙基)- 苯酚 4-(2-aminopropyl)-phenol
2-(1'- 氨基 - 丁基) 吲哚 -3- 酮 2-(1'-amino-butyl)-indol-3-one
γ- 氨基丁酸 *γ*-aminobutyric acid
γ- 氨基丁酸 - 甜菜黄素 *γ*-aminobutyric acid-betaxanthin
α- 氨基肥酸 *α*-aminoadipic acid
3- 氨基谷酸 3-aminoglutaric acid
10- 氨基甲基 -3- 羟基 -4- 甲氧基 - 菲羧酸内酰胺 10-aminomethyl-3-hydroxy-4-methoxy-phenanthrenecarboxylic acid lactam
1- 氨基甲酰吡咯 -2- 酮 1-carbamoylpyrrolidin-2-one
1- 氨基甲酰基 -*β*- 咔啉 1-carbamoyl-*β*-carboline
5- 氨基咪唑 -4- 羧酸甲酯 5-aminoimidazole-4-carboxylic acid methyl ester
2- 氨基嘧啶 -1- 氧化物 2-aminopyrimidine-1-oxide
氨基酸浆素 A aminophysalin A
氨基团花碱▲ A, B aminocadambine A, B
氨基酰化酶 aminoacylase
2- 氨基氧化丙酸 2-aminooxypropanoic acid
N-(2- 氨基乙基)- 氮丙啶 *N*-(2-aminoethyl)aziridine
β- 氨基异丁酸 *β*-aminoisobutyric acid
D-*α*- 氨基正丁酸 D-*α*-amino-*n*-butyric acid
3*α*- 氨基止泻木 -5- 烯 3*α*-aminoconan-5-ene
N-(2- 氨甲酰苯基)-2- 羟基苯甲酰胺 -5-*O*-*β*-D- 吡喃阿洛糖苷 *N*-(2-aminoformyl-phenyl)-2-hydroxy-benzamide-5-*O*-*β*-D-allopyranoside
S-(2- 氨乙基)-L- 半胱氨酸 *S*-(2-aminoethyl)-L-cysteine
暗罗醇▲ suberosol
(+)- 暗罗酸▲ (+)-polyalthic acid
暗罗酰胺▲ kalasinamide
暗紫卫茅单糖苷 evatromonoside
昂天莲酸▲ augustic acid
β- 凹顶藻烯▲ *β*-laurene
凹顶藻烯▲ laurene
凹脉丁公藤碱 erycibelline
凹脉鹅掌柴酸▲ impressic acid
凹叶瑞香素▲ A, B daphneretusin A, B
凹叶瑞香酸▲ daphnretusic acid
奥德蘑素▲ oudemansin
12,13*E*- 奥济丹尼豆酸▲ 12,13*E*-ozic acid
12,13*E*- 奥济丹尼豆酸▲甲酯 12,13*E*-methyl ozate
奥罗矛果豆素▲ orotinin
奥罗矛果豆素▲-5- 甲醚 orotinin-5-methyl ether
奥氏黄檀素▲ A olibergin A
奥氏龙胆苷▲ olivieroside
奥索千里光碱 otosenine
奥托肉豆蔻酚 otobaphenol
奥托肉豆蔻素 otobain
奥托肉豆蔻酮▲ otobanone
奥佐木内酯▲ ozoroalide
薁 azulene
薁 [6,5-b] 呋喃 -2- 丁烯酸 azuleno[6,5-b]furan-2-butenoic acid
澳红厚壳素▲ cataustralin
澳琉璃草碱▲ cynaustraline
澳琉璃草亭▲ cynaustine
澳洲茄胺 solasodine
澳洲茄胺 -3-*O*-*β*- 石蒜四糖苷 solasodine-3-*O*-*β*-lycotetraoside
澳洲茄醇▲ solanaviol
澳洲茄醇▲-3-*O*-*β*- 茄三糖苷 solanaviol-3-*O*-*β*-solatrioside
澳洲茄二烯 solasodiene
α- 澳洲茄碱 *α*-solasonine
β_1- 澳洲茄碱 β_1-solasonine
β_2- 澳洲茄碱 β_2-solasonine
澳洲茄碱 solasonine

B

(*R*)- 八 -1- 烯 -3-*O*-*α*-L- 吡喃阿拉伯糖基 -(1 → 6)-*β*-D- 吡喃葡萄糖苷 (*R*)-oct-1-en-3-yl-*O*-*α*-L-arabinopyranosyl-(1 → 6)-*β*-D-glucopyranoside
4,4",8,8",9,9",4',4'"- 八甲氧基 -1,1"- 二苯基 -2,2",3,3"- 四氢 -7,7"- 双 (1*H*- 菲那烯) 4,4",8,8",9,9",4',4'"-octamethoxy-1,1"-diphenyl-2,2",3,3"-tetrahydro-7,7"-bi(1*H*-phenalene)

6,6",8,8",9,9",4',4'"- 八甲氧基 -1,1"- 二苯基 -2,2",3,3"- 四氢 -7,7"- 双 (1*H*- 菲那烯) 6,6",8,8",9,9",4',4'"-octamethoxy-1,1"-diphenyl-2,2",3,3"-tetrahydro-7,7"-bi(1*H*-phenalene)

2,3,4,5,2',4',5',6'- 八甲氧基查耳酮 2,3,4,5,2',4',5',6'-octamethoxychalcone

八甲氧基萘 octamethoxynaphthalene

八降达玛烷 octanordammarane

八降葫芦素 A~D octanorcucurbitacin A~D

八角醇内酯▲C illicinolide C

八角二酮▲A, B, C illicidione A, B, C

八角枫二醇 alangidiol

八角枫苷 alangiside

八角枫碱▲ alangine

八角枫木脂苷▲C, D alangilignoside C, D

八角枫宁▲ alanchinin

八角枫香堇苷▲A, B, E, G, H, J, K, L, O alangionoside A, B, E, G, H, J, K, L, O

八角呋酮▲A, C, D illifunone A, C, D

(2*R*,4*S*,11*R*)- 八角呋酮▲C (2*R*,4*S*,11*R*)-illifunone C

八角茴香醇▲A~K verimol A~K

八角茴香素▲A illiverin A

八角金盘苷▲A_1, B_1, C_1, D, D_1, E, F, G fatsiaside A_1, B_1, C_1, D, D_1, E, F, G

八角金盘苷▲B_1-28-*O*-β- 龙胆二糖基酯 fatsiaside B_1-28-*O*-β-gentiobiosyl ester

八角金盘萜苷▲A fatsioside A

八角莲醇 dysosmarol

八角莲蒽醌 dysoanthraquinone

八角莲酮醇 dysosmajol

八角莽草素 A~F veranisatin A~F

八角醚▲ illicinole

(-)- 八角酮 A, B (-)-illicinone A, B

4*R*-(-)- 八角酮 A 4*R*-(-)-illicinone A

(-)- 八角酮 A 衍生物 (-)-illicinone A derivative

2*R*,4*R*-(-)- 八角酮 B 2*R*,4*R*-(-)-illicinone B

2*S*,4*R*-(-)- 八角酮 B 2*S*,4*R*-(-)-illicinone B

4*R*,11*S*-(-)- 八角酮 C 4*R*,11*S*-(-)-illicinone C

4*R*- 八角酮 C 4*R*-illicinone C

(2*S*,4*S*)- 八角酮 D (2*S*,4*S*)-illicinone D

2*R*,4*S*-(-)- 八角酮 D 2*R*,4*S*-(-)-illicinone D

2*R*,4*S*,11*S*-(-)- 八角酮 D 2*S*,4*S*,11*S*-(-)-illicinone D

八没食子酰葡萄糖 octagalloylglucose

八氢 -1-(1- 甲氧基 -2- 甲基丙基)-3a- 甲基 -7- 亚甲基 -1H- 茚 -4- 醇 octahydro-1-(1-methoxy-2-methylpropyl)-3a-methyl-7-methylene-1H-inden-4-ol

1,2,3,4,4a,9,10,10a- 八氢 -1,1,4a- 三甲基 -7-(1- 甲基乙基)- 菲 1,2,3,4a,9,10,10a-octahydro-1,1,4a-trlmethyl-7-(1-methylethyl)-phenanthrene

1,1a,4,5,6,7,7b,8- 八氢 -1,1,7,7a- 四甲基 -2*H*- 环丙基 [a] 萘 -2- 酮 1,1a,4,5,6,7,7b-octahydro-1,1,7,7a-tetramethyl-2*H*-cyclopropa[a]naphtha

1,3a,4,4a,5,6,7,8- 八氢 -1,2,3a,5- 四甲基 -(1*R*,3a*S*,4a*S*,5*S*,8*R*,8a*S*)-相对 -(-)- 环戊 [1,4] 环丁 [1,2] 苯 -8- 醇 1,3a,4,4a,5,6,7,8-octahydro-1,2,3a,5-tetramethyl-(1*R*,3a*S*,4a*S*,5*S*,8*R*,8a*S*)-*rel*-(-)-cyclopenta[1,4]cyclobuta[1,2]benzen-8-ol

八氢 -1*H*,5*H*- 二吡咯 [1,2-*a*:1',2'-*d*] 吡嗪 octahydro-1*H*,5*H*-dipyrrolo[1,2-*a*:1',2'-*d*] pyrazine

八氢 -1- 甲基 -6- 亚甲基 -4-(1- 甲基乙烯基)-2(1*H*)- 萘酮 octahydro-1-methyl-6-methylene-4-(1-methylethenyl)-2(1*H*)-naphthalenone

[1*R*-(1α,2β,4aβ,7α)]-1,2,3,4,4a,5,6,7- 八氢 -2-(1- 羟基异丙基)-4a,8-二甲基 -1,7- 萘二酚 -7- 乙酸酯 [1*R*-(1α,2β,4aβ,7α)]-1,2,3,4,4a,5,6,7-octahydro-2-(1-hydroxy-1-methylethyl)-4a,8-dimethyl-1,7-Naphthalenediol-7-acetate

(1*S*,2*S*,4a*R*,6*R*,8a*S*)-1,2,4a,5,6,7,8,8a- 八氢 -2,6- 二甲基 -1- 萘烯丙酸 (1*S*,2*S*,4a*R*,6*R*,8a*S*)-1,2,4a,5,6,7,8,8a-octahydro-2,6-dimethyl-1-naphthalenepropanoic acid

3,3a,4,4a,7a,8,9,9a- 八氢 -3,4a,8- 三甲基 -4-(2- 甲基 -1- 氧代丙基)-薁 [6,5-b] 呋喃 -2,5- 二酮 3,3a,4,4a,7a,8,9,9a-octahydro-3,4a,8-trimethyl-4-(2-methyl-1-oxopropyl)-azuleno[6,5-b]furan-2,5-dione

[4a*S*-(4aα,5α,8aα)]-4,4a,5,6,7,8,8a,9- 八氢 -3,4a- 二甲基 - 萘 [2,3-b] 呋喃 -5- 羧酸甲酯 [4a*S*-(4aα,5α,8aα)]-4,4a,5,6,7,8,8a,9-octahydro-3,4a-dimethyl-naphtho[2,3-b]furan-5-carboxylic acid methyl ester

2,4a,5,6,7,8,9,9a- 八氢 -3,5,5- 三甲基 -9- 亚甲基 -1*H*- 苯并环己烯 2,4a,5,6,7,8,9,9a-octahydro-3,5,5-trimethyl-9-methylene-1*H*-benzocycloheptene

(1*R*,3a*R*,4*R*,7a*S*)- 八氢 -3a- 甲基 -7- 亚甲基 -1-(2- 甲基 -1- 丙烯 -1-基)-1*H*- 茚 -4- 醇 (1*R*,3a*R*,4*R*,7a*S*)-octahydro-3a-methyl-7-methylene-1-(2-methyl-1-propen-1-yl)-1*H*-inden-4-ol

[1*R*-(1α,3aβ,4β,7aα)]- 八氢 -3a- 甲基 -7- 亚甲基 -1-(2- 甲基 -2- 丙烯基)-1*H*- 茚 -4- 醇 [1*R*-(1α,3aβ,4β,7aα)]-octahydro-3a-methyl-7-methylene-1-(2-methyl-2-propenyl)-1*H*-inden-4-ol

3a,4,5,5a,6,7,8,9b- 八氢 -3a- 羟基 -5a,9- 二甲基 -3- 亚甲基 -[3a*S*-(3aα,5aα,9bβ)]- 萘并 [1,2-b] 呋喃 -2(3*H*)- 酮 3a,4,5,5a,6,7,8,9b-octahydro-3a-hydroxy-5a,9-dimethyl-3-methylene-[3a*S*-(3aα,5aα,9bβ)]-naphtho[1,2-b]furan-2(3*H*)-one

[1a*R*-(1aα,5α,9aα)]-1,1a,4,5,7,8,9,9a- 八氢 -3- 羟基 -1,1,2,5- 四甲基 -7- 亚甲基 -6*H*- 环丙 [3,4] 环七碳 [1,2-e] 茚 -6- 酮 [1a*R*-(1aα,5α,9aα)]-1,1a,4,5,7,8,9,9a-octahydro-3-hydroxy-1,1,2,5-tetramethyl-7-methylene-6*H*-cyclopropa[3,4]cyclohept[1,2-e]inden-6-one

[1a*R*-(1aα,5β,9aα)]-1,1a,4,5,7,8,9,9a- 八氢 -3- 羟基 -1,1,2,5- 四甲基 -7- 亚甲基 -6*H*- 环丙 [3,4] 环七碳 [1,2-e] 茚 -6- 酮 [1a*R*-(1aα, 5β,9aα)]-1,1a,4,5,7,8,9,9a-octahydro-3-hydroxy-1,1,2,5-tetramethyl-7-methylene-6*H*-cyclopropa[3,4]cyclohept[1,2-e]inden-6-one

4a*S*,7*S*,7a*R*-2-{3*R*,4*R*,4a*R*,7*S*,7a*R*- 八氢 -4,7- 二甲基 -1- 氧代环戊烷 [C] 吡喃 -3- 基 } 荆芥酰胺 4a*S*,7*S*,7a*R*-2-{3*R*,4*R*,4a*R*,7*S*,7a*R*-octahydro-4,7-dimethyl-1-oxocyclopenta[C]pyran-3-yl}nepetalactam

(4*R*,4a*R*,7*S*,7a*R*)- 八氢 -4,7- 二甲基 - 环戊烷 [c] 吡喃 (4*R*,4a*R*,7*S*,7a*R*)- octahydro-4,7-dimethyl-cyclopenta[c]pyran

[4*S*-(4α,4aα,5α,8aα,9aβ)]-4a,5,6,7,8,8a,9,9a- 八氢 -4,9a- 二羟基 -3,4a,5- 三甲基 - 萘 [2,3-b] 呋喃 -2(4*H*)- 酮 [4*S*-(4α,4aα,5α, 8aα,9aβ)]-4a,5,6,7,8,8a,9,9a-octahydro-4,9a-dihydroxy-3,4a,5-trimethyl-naphtho[2,3-b]furan-2(4*H*)-one

[1*S*-(1α,2β,4aβ,8aα)]-1,2,3,4,4a,5,6,8a- 八氢 -4a,8- 二甲基 -2-(1- 甲基乙烯基)-1- 萘酚乙酸酯 [1*S*-(1α,2β,4aβ,8aα)]-1,2,3,4,4a,5,6,8a-octahydro-4a,8-dimethyl-2-(1-methylethenyl)-1-naphthalenol acetate

4b,5,6,7,8a,9,10- 八氢 -4b,8- 二甲基 -2- 异丙基菲 4b,5,6,7,8a,9,10-octahydro-4b,8-dlmethyl-2-isopropylphenanthrene

(1*R*,3a*S*,4*R*,8a*S*)-1,2,3,3a,4,5,6,8a- 八氢 -4- 甲氧基 -1,4- 二甲基 -7-(1-甲基乙基)-1- 薁醇 (1*R*,3a*S*,4*R*,8a*S*)-1,2,3,3a,4,5,6,8a-octahydro-4-methoxy-1,4-dimethyl-7-(1-methylethyl)-1-azulenol

(1*S*,3a*R*,4*R*,8a*S*)-1,2,3,3a,4,5,6,8a- 八氢 -4- 甲氧基 -1,4- 二甲基 -7-(1-甲基乙基)-1- 薁醇 (1*S*,3a*R*,4*R*,8a*S*)-1,2,3,3a,4,5,6,8a-octahydro-

B

4-methoxy-1,4-dime-thyl-7-(1-methylethyl)-1-azulenol

(3a*R*,3b*S*,4*R*,5a*S*,6a*R*,7*S*,9a*S*)- 八氢 -4- 羟基 -1,3b,7- 三甲基 -4*H*- 环氧乙烷 [1,8a] 薁 [4,5-b] 呋喃 -2(1*H*)- 酮 3a*R*,3b*S*,4*R*,5a*S*,6a*R*,7*S*,9a*S*)-octahydro-4-hydroxy-1,3b,7-trimethyl-4*H*-oxireno[1,8a]azuleno[4,5-b]furan-2(1*H*)-one

(4*R*,4a*R*,5*S*,8a*R*,9a*S*)-4a,5,6,7,8,8a,9,9a- 八氢 -4- 羟基 -3,4a,5- 三甲基萘 [2,3-b] 呋喃 -2(4*H*)- 酮 (4*R*,4a*R*,5*S*,8a*R*,9a*S*)-4a,5,6,7,8,8a,9,9a-octahydro-4-hydroxy-3,4a,5-trimethyl-naphtho[2,3-b]furan-2(4*H*)-one

[3*S*-(3*α*,3a*α*,4*β*,6a*α*,9*α*,9a*α*,9b*β*)]- 八氢 -4- 羟基 -3,9- 二甲基 -6- 亚甲基 - 薁 [4,5-b] 呋喃 -2,8(3*H*,4*H*)- 二酮 [3*S*-(3*α*,3a*α*,4*β*,6a*α*,9*α*,9a*α*,9b*β*)]-octahydro-4-hydroxy-3,9-dimethyl-6-methylene-azuleno[4,5-b]furan-2,8(3*H*,4*H*)-dione

八氢 -4- 羟基 -3*R*- 甲基 -7- 亚甲基 -*R*-(1- 甲基乙基)-1*H*- 茚 -1- 甲醇 octahydro-4-hydroxy-3*R*-methyl-7-methylene-*R*-(1-methylethyl)-1*H*-indene-1-methanol

八氢 -4- 羟基 -3*α*- 甲基 -7- 亚甲基 -*α*-(1- 甲基乙基)-1*H*- 茚 -1- 甲醇 octahydro-4-hydroxy-3*α*-methyl-7-methyt-ene-*α*-(1-methylethyl)-1*H*-indene-1-methanol

八氢 -4- 羟基 -3*α*- 甲基 -7- 亚甲基 -*α*-(1- 甲基乙基)-1 氢 - 茚 -1- 甲醇 octahydro-4-hydroxy-3*α*-methyl-7-methylene-*α*-(1-methylethyl)-1*H*-indene-1-methanol

八氢 -4- 羟基 -3- 甲基 -7- 亚甲基 -*α*-(1- 甲基乙基)-1*H*- 茚烯 -1- 甲醇 octahydro-4-hydroxy-3-methyl-7-methylene-*α*-(1-methylethyl)-1*H*-indene-1-methanol

[1*S*-(1*α*,3a*β*,4*β*,7a*α*)]- 八氢 -4- 羟基 -*α*,*α*,3a- 三甲基 -7- 亚甲基 -1*H*- 茚 -1- 甲醇 [1*S*-(1*α*,3a*β*,4*β*,7a*α*)]-octahydro-4-hydroxy-*α*,*α*,3a-trimethyl-7-methylene-1*H*-indene-1-methanol

1,2,4a,5,6,7,8,8a- 八氢 -5-(1- 羟基 -1- 甲基乙基)-3,8- 二甲基 -2- 萘酸酯 1,2,4a,5,6,7,8,8a-octahydro-5-(1-hydroxy-1-methylethyl)-3,8-dimethyl-2-naphthalenyl ester

[a*R*-(1a*α*,2*β*,5*β*,5a*β*,6*β*,8a*α*,9*α*,10a*α*)]-1,1a,2,5,5a,6,9,10- 八氢 -5,5a,6- 三羟基 -1,1,7,9- 四甲基 -11- 氧代 -4-[(1- 氧代 - 己氧基)- 甲基]-10a*H*-2,8a- 甲醇基环戊 [a] 环丙 [e] 环癸 -10a- 基 - 十二酸酯 [a*R*-(1a*α*,2*β*,5*β*,5a*β*,6*β*,8a*α*,9*α*,10a*α*)]-1,1a,2,5,5a,6,9,10-octahydro-5,5a,6-trihydroxy-1,1,7,9-tetramethyl-11-oxo-4-[(1-oxo-hexyl)oxy]methyl)-10a*H*-2,8a-methanocyclopenta[a]cyclopropa[e]cyclodecen-10a-yl-dodecanoic acid ester

(2*Z*)-(1a*R*,2*R*,5*R*,5a*S*,6*S*,8a*S*,9*R*,10a*R*)-1a,2,5,5a,6,9,10,10a- 八氢 -5,5a- 二羟基 -1,1,4,7,9- 五甲基 -11- 氧代 -1*H*-2,8a- 甲醇环戊 [a] 环丙 [e] 环癸烯 -6- 基 -2- 丁烯酸酯 (2*Z*)-(1a*R*,2*R*,5*R*,5a*S*,6*S*,8a*S*,9*R*,10a*R*)-1a,2,5,5a,6,9,10,10a-octahydro-5,5a-dihydroxy-1,1,4,7,9-pentamethyl-11-oxo-1*H*-2,8a-methanocyclopenta[a]cyclopropa[e]cyclodecen-6-yl-2-butenoic acid ester

[1a*R*-(1a*α*,2*β*,5*β*,5a*β*,6*β*,8a*α*,9*α*,10a*α*)]-{1a,2,5,5a,6,9,10,10a- 八氢 -5,5a- 二羟基 -1,1,7,9- 四甲基 -11- 氧代 -6-(1- 氧代丙氧基)-1*H*-2,8a- 甲醇基环戊 [a] 环戊 [e] 环癸烯 -4- 基 }-2- 甲基 - 丙酸甲酯 [1a*R*-(1a*α*,2*β*,5*β*,5a*β*,6*β*,8a*α*,9*α*,10a*α*)]-{1a,2,5,5a,6,9,10,10a-octahydro-5,5a-dihydroxy-1,1,7,9-tetramethyl-11-oxo-6-(1-oxopropoxy)-1*H*-2,8a-methanocyclopenta[a]cyclopropa[e]cyclodecen-4-yl}-2-methyl-propanoic acid methyl ester

[1a*R*-(1a*α*,2*β*,5*β*,5a*β*,6*β*,8a*α*,9*α*,10a*α*)]-1a,2,5,5a,6,9,10,10a- 八氢 -5,5a- 二羟基 -1,1,7,9- 四甲基 -4-[(2- 甲基 -1- 氧代丙氧基)- 甲基]-11- 氧代 -1*H*-2,8a- 甲醇基环戊 [a] 环丙 [e] 环癸烯 -6- 基 -2- 甲基 - 丙酸酯 [1a*R*-(1a*α*,2*β*,5*β*,5a*β*,6*β*,8a*α*,9*α*,10a*α*)]-1a,2,5,5a,6,9,10,10a-octahydro-5,5a-dihydroxy-1,1,7,9-tetramethyl-4-[(2-methyl-1-oxopropoxy)methyl]-11-oxo-1*H*-2,8a-methanocyclopenta[a]cyclopropa[e]cyclodecen-6-yl-2-methyl-propanoic acid ester

(2*Z*)-(1a*R*,2*R*,5*R*,5a*S*,6*S*,8a*S*,9*R*,10a*R*)-1a,2,5,5a,6,9,10,10a- 八氢 -5,5a- 二羟基 -4-(乙酰氧基亚甲基)-1,1,7,9- 四甲基 -11- 氧代 -1*H*-2,8a- 甲醇环戊 [a] 环丙 [e] 环癸烯 -6- 基 -2- 丁烯酸酯 (2*Z*)-(1a*R*,2*R*,5*R*,5a*S*,6*S*,8a*S*,9*R*,10a*R*)-1a,2,5,5a,6,9,10,10a-octahydro-5,5a-dihydroxy-4-(acetoxymethylene)-1,1,7,9-tetramethyl-11-oxo-1*H*-2,8a-methanocyclopenta[a]cyclopropa[e]cyclodecen-6-yl-2-butenoic acid ester

[1a*R*-(1a*α*,2*β*,4S*,5*β*,5a*β*,6*β*,8a*α*,9*α*,10a*α*)]-{1a,2,5,5a,6,9,10,10a- 八氢 -5,6- 二羟基 -1,1,7,9- 四甲基 -11- 氧代 -6-(1- 氧代丙氧基)-1*H*-2,8a- 甲醇基环戊 [c] 环丙 [e] 环癸烯 -4- 基 }-2- 甲基 - 丁酸甲酯 [1a*R*-(1a*α*,2*β*,4*S**,5*β*,5a*β*,6*β*,8a*α*,9*α*,10a*α*)]-{1a,2,5,5a,6,9,10,10a-octahydro-5,6-dihydroxy-1,1,7,9-tetramethyl-11-oxo-6-(1-oxopropoxy)-1*H*-2,8a-methanocyclopenta[c]cyclopropa[e]cyclodecen-4-yl}-2-methyl-butanoic acid methyl ester

(3*R*,3a*S*,6*S*,8a*R*)- 八氢 -5,8a- 二甲基 -3-(1- 甲基乙基)-3a,5,6(1*H*)- 薁三醇 (3*R*,3a*S*,6*S*,8a*R*)-octahydro-5,8a-dimethyl-3-(1-methylethyl)-3a,5,6(1*H*)-azulenetriol

(1a*R*,4*S*,4a*S*,5*S*,8a*S*,9a*S*)-1a,2,3,4,4a,5,8a,9- 八氢 -5,8a- 二羟基 -4,4a,6- 三甲基 -7*H*- 环氧乙烷 [8,8a] 萘 [2,3-b] 呋喃 -7- 酮 (1a*R*,4*S*,4a*S*,5*S*,8a*S*,9a*S*)-1a,2,3,4,4a,5,8a,9-octahydro-5,8a-dihydroxy-4,4a,6-trimethyl-7*H*-oxireno[8,8a]naphtho[2,3-b]furan-7-one

[3*R*-(3*α*,4*α*,5*β*,5a*α*,6*α*,9*α*,9a*α*,10*R**)]- 八氢 -5a- 羟甲基 -2,2,9- 三甲基 -2*H*-3,9a- 甲醇基 -1- 苯并氧杂草 -4,5,6,10- 四醇 -10- 乙酸酯 [3*R*-(3*α*,4*α*,5*β*,5a*α*,6*α*,9*α*,9a*α*,10*R**)]-octahydro-5a-hydroxymethyl-2,2,9-trimethyl-2*H*-3,9a-methano-1-benzoxepin-4,5,6,10-tetrol-10-acetate

[3*R*-(3*α*,4*α*,5*β*,5a*α*,6*α*,9*α*,9a*α*,10*R**)]- 八氢 -5a- 羟甲基 -2,2,9- 三甲基 -2*H*-3,9a- 甲醇基 -1- 苯并氧杂草 -4,5,6,10- 四醇 -10- 乙酰基 -5- 苯甲酸酯 [3*R*-(3*α*,4*α*,5*β*,5a*α*,6*α*,9*α*,9a*α*,10*R**)]-octahydro-5a-hydroxymethyl-2,2,9-trimethyl-2*H*-3,9a-methano-1-benzoxepin-4,5,6,10-tetrol-10-acetate-5-benzoate

(2*R*,4a*R*,5*S*,8a*S*)-1,2,3,4,4a,5,8,8a- 八氢 -5- 羟基 -4a- 甲基 -*α*,8- 二 (亚甲基)-2- 萘乙酸 (2*R*,4a*R*,5*S*,8a*S*)-1,2,3,4,4a,5,8,8a-octahydro-5-hydroxy-4a-methyl-*α*,8-bis(methylene)-2-naphthaleneacetic acid

[3a*S*-(3a*α*,5*β*,5a*β*,9b*α*)]-3a,4,5,5a,6,7,8,9b- 八氢 -5- 羟基 -5a,9- 二甲基 -3- 亚甲基 - 萘 [1,2-b] 呋喃 -2(3*H*)- 酮 [3a*S*-(3a*α*,5*β*,5a*β*,9b*α*)]-3a,4,5,5a,6,7,8,9b-octahydro-5-hydroxy-5a,9-dimethyl-3-methylene-naphtho[1,2-b]furan-2(3*H*)-one

(2*R*,5*R*,8*S*,8a*R*)-1,2,3,5,6,7,8,8a- 八氢 -5- 羟基 -8,8a- 二甲基 -3- 氧代萘 -2- 基 - 乙酸酯 (2*R*,5*R*,8*S*,8a*R*)-1,2,3,5,6,7,8,8a-octahydro-5-hydroxy-8,8a-dimethyl-3-oxonaphthalen-2-yl-acetate

[1a*R*-(1a*α*,4*β*,4a*β*,5*β*,8a*β*,9a*S**)]-1a,2,3,4,4a,5,8a,9- 八氢 -5- 羟基 -8a- 甲氧基 -4,4a,6- 三甲基 -7*H*- 环氧乙烷 [8,8a] 萘 [2,3-b] 呋喃 -7- 酮 [1a*R*-(1a*α*,4*β*,4a*β*, 5*β*, 8a*β*, 9a*S**)]-1a,2,3,4,4a,5,8a,9-octahydro-5-hydroxy-8a-methoxy-4,4a,6-trimethyl-7*H*-oxireno[8,8a]naphtho[2,3-b]furan-7-one

(2a*S*,5a*R*,6a*R*,9b*R*,9c*S*)-3,4,5,5a,6,6a,9b,9c- 八氢 -6a- 羟基 -9,9c- 二甲基 2*H*- 呋喃 [3',2': 2,3] 萘 [1,8-bc] 呋喃 -2,8(2a*H*)- 二酮 (2a*S*,5a*R*,6a*R*,9b*R*,9c*S*)-3,4,5,5a,6,6a,9b,9c-octahydro-6a-hydroxy-9,9c-dimethyl-2*H*-furo[3',2': 2,3]naphtha[1,8-bc]furan-2,8(2a*H*)-dione

3a,4,5,6,6a,7,9a,9b- 八氢 -7- 羟基 -3,9- 二甲基 -6- 亚甲基 - [3*R*-(3*α*,3a*β*,6a*β*,7*α*,9a*β*,9b*α*)] - 薁 [4,5-b] 呋喃 -2(3*H*)- 酮 3a,4,5,6,6a, 7, 9a, 9b-octahydro-7-hydroxy-3,9-dimethyl-6-methylene-[3*R*-(3*α*, 3a*β*, 6a*β*,7*α*,9a*β*,9b*α*)]-azuleno[4,5-b]furan-2(3*H*)-one

(4*S*,4a*S*,5*S*,8*R*,8a*S*)-4,4a,5,6,7,8,8a,9- 八氢 -8,8a- 二羟基 -3,4a,5- 三甲基萘 [2,3-b] 呋喃 -4-yl-2-(羟甲基)-2- 丙烯酸酯 (4*S*,4a*S*,5*S*,8*R*, 8a*S*)-4,4a,5,6,7,8,8a,9-octahydro-8,8a-dihydroxy-3,4a,5-

trimethylnaphtho [2,3-b]furan-4-yl-2-(hydroxymethyl)prop-2-enoate

[1aR-(1aα,4β,4aβ,5β,8aβ,9aS*)]-1a,2,4,4a,5,7,8a,9- 八氢 -8a- 甲氧基 -4,4a,6- 三甲基 -7- 酮 -3H- 环氧乙烷 [8,8a] 萘 [2,3-b] 呋喃 -5-基 -2- 羟甲基 -2- 丙烯酸酯 [1aR-(1aα,4β,4aβ,5β,8aβ,9aS*)]-1a,2,4,4a,5,7,8a,9-octahydro-8a-methoxy-4,4a,6-trimethyl-7-oxo-3H-oxireno[8,8a]naphtho[2,3-b]furan-5-yl-2-hydroxymethyl-2-propenoic acid ester

[1aR-(1aα,4β,4aβ,5β,8aβ,9aS*)]-1a,2,4,4a,5,7,8a,9- 八氢 -8a- 甲氧基 -4,4a,6- 三甲基 -7- 氧代 -3H- 环氧乙烷 [8,8a] 萘 [2,3-b] 呋喃 -5-yl-2- 羟甲基 -2- 丙烯酸酯 [1aR-(1aα,4β,4aβ,5β,8aβ,9aS*)]-1a,2,4,4a,5,7,8a,9-octahydro-8a-methoxy-4,4a,6-trimethyl-7-oxo-3H-oxireno[8,8a]naphtha[2,3-b]furan-5-yl-2-hydroxymethyl-2-propenoic acid ester

(4R,4aS,5S,8S,8aS)-2,4,4a,5,6,7,8,8a- 八氢 -8a- 羟基 -3,4a,5- 三甲基 -2- 氧代萘 [2,3-b] 呋喃 -4,8- 二醇 (4R,4aS,5S,8S,8aS)-2,4,4a, 5,6,7,8,8a-octahydro-8a-hydroxy-3,4a,5-trimethyl-2-oxonaphtho[2,3-b]furan-4,8-diol

[1aR-(1aα,4β,4aβ,5β,8aβ,9aS*)]-1a,2,4,4a,5,7,8a,9- 八氢 -8a- 羟基 -4,4a,6- 三甲基 -7- 氧代 -3H- 环氧乙烷 [8,8a] 萘 [2,3-b] 呋喃 -5-基 -2- 甲氧基甲基 -2- 丙烯酸酯 [1aR-(1aα,4β,4aβ,5β,8aβ,9aS*)]-1a,2,4,4a,5,7,8a,9-octahydro-8a-hydroxy-4,4a,6-trimethyl-7-oxo-3H-oxireno[8,8a]naphtho[2,3-b]furan-5-yl-2-methoxymethyl-2-propenoic acid ester

(3aS,6S,9S,9aS,9bR)-3a,4,5,6,8,9,9a,9b- 八氢 -9- 羟基 -3,6,9a- 三甲基薁 [4,5-b] 呋喃 -2(3H)- 酮 (3aS,6S,9S,9aS,9bR)-3a,4,5,6,8,9,9a,9b-octahydro-9-hydroxy-3,6,9a-trimethylazuleno[4,5-b]furan-2(3H)-one

(4aR,9R,9aR)-2,3,4,4a,7,8,9,9a- 八氢 -9- 羟基 -4,4,9a- 三甲基 -1H- 苯并环庚三烯 -6- 甲醇 (4aR,9R,9aR)-2,3,4,4a,7,8,9,9a-octahydro-9-hydroxy-4,4,9a-trimethyl-1H-benzocycloheptene-6-methanol

(4aS,9R,9aS)-2,4a,5,6,7,8,9,9a- 八氢 -9- 羟基 -5,5,9- 三甲基 -1H- 苯并环庚三烯 -3- 甲醇 (4aS,9R,9aS)-2,4a,5,6,7,8,9,9a-octahydro-9-hydroxy-5,5,9-trimethyl-1H-benzocycloheptene-3-methanol

2R-(2α,4α,α,8α,β)-1,2,3,4,4α,5,6,8α- 八氢 -α,α,4α,8- 四甲基 -2- 萘甲醇 2R-(2α,4α,α,8α,β)-1,2,3,4,4α,5,6,8α-octahydro-α,α,4α,8-tetramethyl-2-naphthalenemethanol

[3R-(3α,3aα,8α,8aα)]-1,2,3,3a,6,7,8,8a- 八氢化 -8- 羟基 -8a- 甲基 -3-异丙基 -5- 薁甲醇 [3R-(3α,3aα,8α,8aα)]-1,2,3,3a,6,7,8,8a-octahydro-8-hydroxy-8a-methyl-3-(1-methylethyl)-5-azulenemethanol

[3R-(3α,3aα,8β,8aα)]-1,2,3,3a,6,7,8,8a- 八氢化 -8- 羟基 -8a- 甲基 -3- 异丙基 -5- 薁甲醇 [3R-(3α,3aα,8β,8aα)]-1,2,3,3a,6,7,8,8a-octahydro-8-hydroxy-8a-methyl-3-(1-methylethyl)-5-azulenemethanol

八氢姜黄素 octahydrocurcumin

1,2,3,5,6,7,8,8a- 八氢萘 1,2,3,5,6,7,8,8a-octahydronaphthalene

八朔柑橘定▲ hassanidin

八朔柑橘酮▲ hassanon

巴巴拉鞘丝藻酰胺▲ barbamide

巴比翠雀林碱▲ barbaline

巴茨草苷▲ bartsioside

巴德拉阿魏素▲ badrakemin

巴德拉阿魏素▲乙酸酯 badrakemin acetate

巴德拉阿魏酮▲ badrakemone

巴德来金眼菊素▲A, B budlein A, B

巴德来金眼菊素▲A-2- 甲基丁酸酯 budlein A 2-methylbutyrate

巴德来金眼菊素▲A 巴豆酸酯 budlein A tiglate

巴德来金眼菊素▲A 甲基丙烯酸酯 budlein A methylacrylate

巴德来金眼菊素▲A 异丁酸酯 budlein A isobutyrate

巴东过路黄素▲ patungensin

巴东荚蒾苷▲ henryoside

巴东荚蒾苷▲-6'-O-β-D- 吡喃葡萄糖苷 henryoside-6'-O-β-D-glucopyranoside

巴豆毒素 crotin

巴豆佛波醇酮 crotophorbolone；anhydrophorbol

巴豆苷 crotonoside

巴豆环氧化物 crotepoxide

(+)- 巴豆环氧素 (+)-crotepoxide

(-)- 巴豆环氧素 A, B (-)-crotepoxide A, B

巴豆灵 A, B, C tiglin A, B, C

巴豆宁碱 crotonine

巴豆醛 crotonaldehyde

巴豆酸 tiglic acid

巴豆酸 -1-O-β-D- 吡喃葡萄糖苷 tiglic acid-1-O-β-D-glucopyranoside

巴豆酸苄酯 benzyl tiglate

(E)- 巴豆酸甲酯 methyl (E)-crotonate

巴豆酸甲酯 ethyl crotonate

(E)- 巴豆酸乙酯 ethyl-(E)-crotonate

巴豆酸乙酯 ethyl tiglate

巴豆酸异丁酯 isobutyl tiglate

巴豆萜▲A, B badounoid A, B

3-O- 巴豆酰北卡堆心菊酮▲ 3-O-tigloylcarolenalone

巴豆酰北五味子素▲H, O, P, Q tigloylgomisin H, O, P, Q

(+)-14- 巴豆酰北五味子素▲K_3 (+)-14-tigloylgomisin K_3

巴豆酰大波斯菊苷 crotonoylcosiin; crotonoylcosmosiin

7,9- 巴豆酰倒千里光裂碱 7,9-tigloylretronecine

巴豆酰倒千里光裂碱 tigloylretronecine

巴豆酰非洲楝内酯▲A tigloylseneganolide A

12-O- 巴豆酰佛波醇 -13-(2- 甲基丁酸酯) 12-O-tigloylphorbol-13-(2-methylbutyrate)

12-O- 巴豆酰佛波醇 -13- 丙酸酯 12-O-tiglylporbol-13-propionate

12-O- 巴豆酰佛波醇 -13- 异丁酸酯 12-O-tiglylphorbol-13-isobutyrate

13-O- 巴豆酰佛波醇 -20- 亚油酸酯 13-O-tigloylphorbol-20-linoleate

O- 巴豆酰环锦熟黄杨烯碱▲B O-tigloylcyclovirobuxeine B

巴豆酰环锦熟黄杨辛碱▲B tigloycyclovirobuxine B

3- 巴豆酰基 -1,20- 二乙酰基 -11- 甲氧基楝卡品宁▲ 3-tigloyl-1,20-diacetyl-11-methoxymeliacarpinin

3- 巴豆酰基 -1,20- 乙酰基 -11- 甲氧基楝卡品宁▲ 3-tigloyl-1,20-acetyl-11-methoxymeliacarpinin

3- 巴豆酰基 -11- 甲氧基楝卡品宁▲ 3-tigloyl-11-methoxymeliacarpinin

11α-O- 巴豆酰基 -12β-O- 乙酰通光藤苷元 B 11α-O-tigloyl-12β-O-acetyltenacigenin B

11α-O- 巴豆酰基 -17β- 通光藤苷元 11α-O-tigloyl-17β-O-tenacigenin

1-O- 巴豆酰基 -1-O- 去苯甲酰日楝醛▲ 1-O-tigloyl-1-O-debenzoylohchinal

1- 巴豆酰基 -3,20- 二乙酰基 -11- 甲氧基楝卡品宁▲ 1-tigloyl-3,20-diacetyl-11-methoxymeliacarpinin

1- 巴豆酰基 -3- 乙酰基 -11- 甲氧基楝卡品宁▲ 1-tigloyl-3-acetyl-11-methoxymeliacarpinin

12-O- 巴豆酰基 -4- 去氧 -4α- 佛波醇 -13-(2- 甲基丁酸酯) 12-O-tiglyl-4-deoxy-4α-phorbol-13-(2-methylbutyrate)

12-O- 巴豆酰基 -4- 去氧 -4α- 佛波醇 -13- 苯乙酸酯 12-O-tiglyl-4-deoxy-4α-phorbol-13-phenylacetate

12-*O*- 巴豆酰基 -4- 去氧 -4*α*- 佛波醇 -13- 癸酸酯 12-*O*-tiglyl-4-deoxy-4*α*-phorbol-13-decanoate
12-*O*- 巴豆酰基 -4- 去氧 -4*α*- 佛波醇 -13- 乙酸酯 12-*O*-tiglyl-4-deoxy-4*α*-phorbol-13-acetate
12-*O*- 巴豆酰基 -4- 去氧 -4*α*- 佛波醇 -13- 异丁酸酯 12-*O*-tiglyl-4-deoxy-4*α*-phorbol-13-isobutyrate
6*β*- 巴豆酰基羽叶哈威豆尼酸▲ 6*β*-tigloyloxykolavenic acid
8-*O*- 巴豆酰巨大戟醇▲ 8-*O*-tigloylingol
3*α*- 巴豆酰楝醇 3*α*-tigloylmelianol
7-*O*- 巴豆酰裂环马钱醇 7-*O*-tigloylsecologanol
7-*O*- 巴豆酰裂环马钱苷酸 7-*O*-tigloylsecologanolic acid
7- 巴豆酰天芥菜定 7-tigloylheliotridine
巴豆酰伪托品碱 tigloidine
8*β*- 巴豆酰氧基 -14- 代 -11*β*,13- 二氢刺苞菊内酯 8*β*-tigloyloxy-14-oxo-11*β*,13-dihydroacanthospermolide
3*β*- 巴豆酰氧基 -2,6- 二羟基 -1- 氧代楝 -8(30)- 烯酸甲酯 methyl-3*β*-tigloyloxy-2,6-dihydroxy-1-oxomeliac-8(30)-enate
1*α*- 巴豆酰氧基 -3*α*- 乙酰氧基 -7*α*- 羟基 -12*α*- 乙氧基印楝波力宁▲ 1*α*-tigloyloxy-3*α*-acetoxyl-7*α*-hydroxyl-12*α*-ethoxylnimbolinin
8*α*- 巴豆酰氧基 -3- 氧代苦艾内酯 8*α*-tigloxy-3-oxaartabsin
3- 巴豆酰氧基 -6-(2'- 甲基丁酰氧基) 托品烷 3-tigloyloxy-6-(2'-methylbutyryloxy)tropane
3*α*- 巴豆酰氧基 -6,7- 二羟基托品烷 3*α*-tigloyloxy-6,7-dihydroxytropane
3- 巴豆酰氧基 -6,7- 环氧托品烷 3-tigloyloxy-6,7-epoxytropane
3- 巴豆酰氧基 -6- 丙酰氧基 -7- 羟基托品烷 3-tigloyloxy-6-propionyloxy-7-hydroxytropane
3- 巴豆酰氧基 -6- 丙酰氧基托品烷 3-tigloyloxy-6-propionyloxytropane
3- 巴豆酰氧基 -6- 甲基丁酰氧基托品烷 3-tigloyloxy-6-methylbutyryloxytropane
3- 巴豆酰氧基 -6- 羟基托品烷 3-tigloyloxy-6-hydroxytropane
3- 巴豆酰氧基 -6- 乙酰氧基托品烷 3-tigloyloxy-6-acetoxytropane
3- 巴豆酰氧基 -6- 异丁酰氧基 -7- 羟基托品烷 3-tigloyloxy-6-isobutyryloxy-7-hydroxytropane
3- 巴豆酰氧基 -6- 异丁酰氧基托品烷 3-tigloyloxy-6-isobutyryloxytropane
3*α*- 巴豆酰氧基 -6- 异戊酰氧基 -7- 羟基托品烷 3*α*-tigloyloxy-6-isovaleroyloxy-7-hydroxytropane
3*β*- 巴豆酰氧基 -6- 异戊酰氧基 -7- 羟基托品烷 3*β*-tigloyloxy-6-isovaleroyloxy-7-hydroxytropane
3*α*- 巴豆酰氧基贝壳杉 -16- 烯 -19- 酸 3*α*-tigloyloxykaur-16-en-19-oic-acid
3*α*- 巴豆酰氧基 - 对映 - 贝壳杉 -16- 烯 - 酸 3*α*-tigloyloxy-*ent*-kaur-16-en-oic acid
6*β*- 巴豆酰氧基活血丹呋喃 6*β*-tigloyloxyglechomafuran
6*α*- 巴豆酰氧基卡斯苦木素▲ 6*α*-tigloyloxychaparrin
6*α*- 巴豆酰氧基卡斯苦木酮▲ 6*α*-tigloyloxychaparrinone
8*α*- 巴豆酰氧基苦艾内酯 8*α*-tigloxyartabsin
6*β*- 巴豆酰氧基托品 -3*α*,7*β*- 二醇 6*β*-tigloyloxytropan-3*α*,7*β*-diol
(-)-6*β*- 巴豆酰氧基托品 -3*α*- 醇 (-)-6*β*-tigloyloxytropane-3*α*-ol
(-)-3*α*- 巴豆酰氧基托品 -6*β*- 醇 (-)-3*α*-tigloyloxytropan-6*β*-ol
3*α*- 巴豆酰氧基托品烷 3*α*-tigloyloxytropane
3*β*- 巴豆酰氧基托品烷 3*β*-tigloyloxytropane
3*α*- 巴豆酰氧基托品烷 -*N*- 氧化物 3*α*-tigloyloxytropane-*N*-oxide
8*α*- 巴豆酰氧基硬毛钩藤内酯 8*α*-tigloyloxyhirsutinolide
8*α*- 巴豆酰氧基硬毛钩藤内酯 -13-*O*- 乙酸酯 8*α*-tigloyloxyhirsutinolide-13-*O*-acetate
6- 巴豆酰氧基羽叶哈威豆尼酸▲ 6-tigloyloxykolavenic acid
21- 巴豆酰玉蕊皂醇▲ C 21-tigloylbarringtogenol C
巴豆酰紫草素 tigloylshikonin
巴豆香堇苷▲ A~G crotonionoside A~G
巴尔波皂苷元 barbourgenin
巴尔米拉鞘丝藻酰胺▲ A palmyramide A
巴伐利亚龙胆苷▲ gentiabavaroside
巴福木季铵碱▲盐酸盐 balfourodinium chloride
(+)- 巴福木碱▲ (+)-balfourodine
(+)- 巴基斯坦小檗胺▲ (+)-pakistanamine
巴基斯坦小檗胺▲ pakistanamine
巴基斯坦小檗碱▲ pakistanine
巴戟呋喃酮 morindafurone
巴戟林素▲ morindolin
巴戟萘烯酮▲ morinaphthalenone
巴戟内酯▲ morindolide
巴戟天苷▲ morofficianloside
巴戟天素▲ officinalisin
巴戟酮▲ morindone
巴戟酮▲ -3-*O*-*β*- 樱草糖苷 morindone-3-*O*-*β*-primeveroside
巴戟酮▲ -5- 甲醚 morindone-5-methyl ether
巴戟酮▲ -6-*O*-*β*-D- 樱草糖苷 morindone-6-*O*-*β*-D-primeveroside
巴戟酮▲ -6- 甲醚 morindone-6-methylether
巴拉圭茶皂苷 J_1, J_2 matesaponin J_1, J_2
巴拉圭冬青苷▲ mateside
巴兰耶伊木碱▲ geibalansine
巴洛草四糖苷▲ ballotetroside
巴马汀 palmatine
巴马汀对羟基苯甲酸酯 palmatine *p*-hydroxybenzoate
巴马汀红碱 palmatrubine
巴拿马斯氏豆素▲ panamin
巴氏九节苷▲ A, B bahienoside A, B
巴氏美盒果碱▲ lonicerine
巴氏木酚苷▲ B khaephuoside B
巴塔哥尼亚酒神菊酸▲ patagonic acid
巴塘紫菀皂苷▲ A~K asterbatanoside A~K
巴天酸模酚▲ batiansuanmol
巴天酸模苷▲ A, B patientoside A, B
巴西黑黄檀素▲ caviunin
巴西黑黄檀素▲ -7-*O*-[*β*-D- 呋喃芹糖基 -(1 → 6)-*β*-D- 吡喃葡萄糖苷] caviunin-7-*O*-[*β*-D-apiofuranosyl-(1 → 6)-*β*-D-glucopyranoside]
巴西黑黄檀素▲ -7-*O*-*β*-D- 吡喃葡萄糖苷 caviunin-7-*O*-*β*-D-glucopyranoside
巴西黑黄檀素▲ -7-*O*- 龙胆二糖苷 caviunin-7-*O*-gentiobioside
巴西黑黄檀素▲ -7-*O*- 葡萄糖苷 caviunin-7-*O*-glucopyranoside
巴西红厚壳地耳草醇▲ A, B, D jacarelhyperol A, B, D
巴西红厚壳定▲ guanandin
巴西红厚壳呫酮▲ F brasixanthone F
巴西红厚壳素 jacareubin
巴西红厚壳酸▲ brasiliensic acid
巴西金丝桃酚 A hyperbrasilol A
巴西良木豆苷 A amburoside A
巴西苏木红素 brazilein
巴西苏木内酯▲ brazilide
巴西苏木素 brazilin
巴西托沃木呫酮▲ brasilixanthone
巴西托沃木呫酮▲ B brasilixanthone B
巴西野牡丹素▲ A, B, D~H nobotanin A, B, D~H
菝葜拉苷 A~L smilaside A~L

菝葜落新妇苷▲ smitilbin
菝葜素 smilaxin
菝葜素 A, B, C smilaxin A, B, C
菝葜皂苷 A~D smilaxchinoside A~D
菝葜皂苷元 smilagenin
菝葜皂苷元 -3-*O*-*β*-D- 吡喃葡萄糖苷 -(1 → 2)-[*β*-D- 吡喃葡萄糖基 -(1 → 3)]-*β*-D- 半乳糖苷 smilagenin-3-*O*-*β*-D-glucopyranosyl-(1 → 2)-[*β*-D-glucopyranosyl-(1 → 3)]-*β*-D-galactopyranoside
菝葜皂苷元 -3-*O*-*β*-D- 吡喃葡萄糖基 -(1 → 2)-[*β*-D- 吡喃葡萄糖基 -(1 → 3)]-*β*-D- 吡喃葡萄糖苷 smilagenin-3-*O*-*β*-D-glucopyranosyl-(1 → 2)-[*β*-D-glucopyranosyl-(1 → 3)]-*β*-D-glucopyranoside
菝葜皂苷元 -3-*O*-*β*-D- 吡喃葡萄糖基 -(1 → 2)-*β*-D- 半乳糖苷 smilagenin-3-*O*-*β*-D-glucopyranosyl-(1 → 2)-*β*-D-galactopyranoside
菝葜皂苷元 -3-*O*-*β*-D- 吡喃葡萄糖基 -(1 → 2)-*β*-D- 吡喃葡萄糖苷 smilagenin-3-*O*-*β*-D-glucopyranosyl-(1 → 2)-*β*-D-glucopyranoside
菝葜皂苷元酮 smilagenone
白桉鞣宁 C eucalbanin C
白斑网球花碱 albomaculine
白苞筋骨草素▲ A, B, C, E, F lupulin A, B, C, E, F
白苞裸蒴螺木脂素▲ A, B gymnothespirolignan A, B
白苞芹醚▲ nothosmyrnol
白苞芹脑 nothoapiole
白背枫苷▲ A~D asiatiside A~D
白背枫酸酯▲ A, B asiatoate A, B
白背牛尾菜皂苷 A smilanippin A
白背叶素 A~D malloapelin A~D
白背叶酸▲ malloapeltic acid
白背叶萜▲ A, B malloapelta A, B
白背叶亭▲ malloapeltine
α- 白菖卡烯 *α*-corocalene
α- 白菖考烯 *α*-calacorene
β- 白菖考烯 *β*-calacorene
γ- 白菖考烯 *γ*-calacorene
白菖考烯 calacorene
白菖蒲新酮 acolamone
白菖酮 shyobunone
(+)- 白菖烯 (+)-calarene
白菖烯 calarene
白菖烯环氧化物 calarene epoxide
白车轴草素 A, B repensin A, B
白车轴草皂苷▲ I, II, III, IV, V cloversaponin I, II, III, IV, V
白刺胺 nitramine
白刺花酚▲ A~D davidiol A~D
白刺槐亭定 leucorobinetinidin
白刺环氧碱 nitraroxine
白刺拉胺 nitraramine
白刺拉胺 -*N*- 氧化物 nitraramine-*N*-oxide
白刺拉因 nitraraine
白刺灵碱▲ nitrarine
白刺米定碱▲ nitramidine
白大凤素▲ I, II chettaphanin I, II
白蛋白 albumin
白当归脑 byakangelicol; biacangelicol
(-)- 白当归素 (-)-byakangelicin
(+)- 白当归素 (+)-byakangelicin
白当归素 byakangelicin; biacangelicin
白当归素水合物 byakangelicin hydrate
白毒马草醇▲ A, B candol A, B
白饭树醇碱 fluggeainol
白饭树定碱▲ A flueggedine A
白饭树碱 flueggeine
白饭树精碱▲ A, B fluggine A, B
白饭树洛辛▲ virosine
白饭树洛辛▲ A, B virosine A, B
白饭树醚碱 fluggeaine ether
白饭树宁碱▲ A~D flueggenine A~D
白饭树瑞宁▲ virosecurinine
白饭树辛碱▲ A~D fluevirosine A~D
白饭树辛宁▲ A fluevirosinine A
白饭树因碱▲ A, B virosaine A, B
白飞燕草素 leucodelphinidin
白飞燕草素甲酯 leucodelphindin methyl ether
白粉藤苷 A, B cissuside A, B
白蜂斗菜素当归酸酯 albopetasin
白蜂斗菜素甲醚 petasalbin methyl ether
白附子脑苷 A, C typhoniside A, C
白桂木芪▲ A hypargystilbene A
白桂木黄酮 artohypaflavone
白桂木新黄酮▲ A, B, C hypargyflavone A, B, C
白果酚 bilogol
白果内酯 bilobalide
白果素 bilobetin
白蒿醇 sieversol
白蒿宁 sieversinin
白鹤灵芝素 A~Q rhinacanthin A~Q
白鹤灵芝酮 rhinacanthone
白喉乌头碱▲ leucostine
白喉乌头碱▲ A, B leucostine A, B
白喉乌头宁▲ leuconine
白花败酱醇 villosol
白花败酱醇苷 villosolside
白花败酱苷 villoside
白花败酱黄酮苷▲ flavovilloside
白花败酱素▲ A, B villosin A, B
白花菜醇▲ cleogynol
白花菜苷 glucocapparin
白花菜聚戊烯醇▲ 9~12 cleomeprenol 9~12
白花草木犀素▲ clovin
白花丹巴苷▲ A, B, C plumbaside A, B, C
白花丹醇▲ plumbaginol
白花丹儿茶素▲ A, B plumbocatechin A, B
白花丹苷▲ A~D plumbagoside A~D
白花丹碱▲ A~G plumbagine A~G
白花丹醌 plumbazeylanone
白花丹萘酮▲ chitanone
白花丹内酯▲ A, B plumbolactone A, B
白花丹素 plumbagin
白花丹酸 plumbagic acid
白花丹酮 zeylanone
白花地胆草林素▲ phantomolin
白花地胆草内酯 A~F, H tomenphantopin A~F, H
白花地胆草宁素▲ molephantinin
白花地胆草素 A, B tomenphantin A, B
白花地胆草亭 molephantin
白花瓜叶乌头定▲ leueandine
白花蒿炔 lactiflorasyne

白花蒿烯醇 lactiflorenol
白花牛角瓜定▲ uscharidin
白花牛角瓜灵▲ uscharin; uscharine
白花牛角瓜甾醇▲ procesterol
白花前胡定 peucenidin
白花前胡苷 baihuaqianhuoside
白花前胡苷 I, II, III, IV, V praeroside I, II, III, IV, V
(+)- 白花前胡素 (+)-praeruptorin
(+)- 白花前胡素 A~E (+)-praeruptorin A~E
(±)- 白花前胡素 A, B (±)-praeruptorin A, B
白花前胡素 D, E praeruptorin D, E
白花青素 leucoanthocyanidin
白花青素苷 leucoanthocyanin
白花色素 -3-*O*-*α*-L- 吡喃鼠李糖苷 leucoanthocyanidin-3-*O*-*α*-L-rhamnopyranoside
白花蛇舌草苷 A, B diffusoside A, B
白花蛇舌草环肽 DC_1, DC_2, DC_3 diffusa cyclotide DC_1, DC_2, DC_3
白花松潘乌头碱▲ D leucanthumsine D
白花酸藤子素 vilangin
白花酸藤子酸酯▲ embeliaribyl ester
白花延龄草倍半萜苷 A trikamsesquiside A
白花延龄草甾苷▲ A~E trikamsteroside A~E
白花阴生香茶菜素 E, F leukamenin E, F
白花油麻藤素 A~F mucodianin A~F
白桦醇苷▲ Ia, Ib, II betulaplatoside Ia, Ib, II
白桦苷 betuloside
白桦素▲ platyphyllin
白桦素▲ A platyphyllin A
白桦萜苷▲ A, B betulalbuside A, B
白桦酮▲ platyphyllone
白桦酮醇▲ -5-*O*-*β*-D- 吡喃木糖苷 platyphyllonol-5-*O*-*β*-D-xylopyranoside
白桦酮苷▲ platyphylloside
白桦酮酸 betulonic acid
白桦烯酮▲ platyphyllenone
白桦脂醇 betulinol; betulin
白桦脂醇 -28- 乙酸酯 betulin-28-acetate
白桦脂醇 -3-*O*- 咖啡酸酯 betulin-3-*O*-caffeate
白桦脂醇 -3-*O*- 棕榈酸酯 betulin-3-*O*-palmitate
白桦脂醇 -3- 乙酸酯 betulin-3-acetate
白桦脂醛 betulinaldehyde; betulinic aldehyde
白桦脂酸 betulinic acid; betulic acid; *β*-betulinic acid
白桦脂酸 -3-*O*- 乙酸酯 betulinic acid 3-*O*-acetate
白桦脂酸 -3-*O*-*β*-D- 吡喃葡萄糖苷 betulinic acid-3-*O*-*β*-D-glycopyranoside
白桦脂酸 -3-*O*-*β*-D- 吡喃葡萄糖基 -(1 → 2)-*β*-D- 吡喃葡萄糖苷 betulinic acid-3-*O*-*β*-D-glucopyranosyl-(1 → 2)-*β*-D-glucopyranoside
白桦脂酸 -3-*O*- 对香豆酸酯 betulinic acid-3-*O*-*p*-coumarate
白桦脂酸 -3-*O*- 硫酸酯 betulinic acid-3-*O*-sulfate
白桦脂酸 -3*β*-*O*-*α*-L- 吡喃鼠李糖基 -(1 → 2)-*O*-*α*-L- 吡喃阿拉伯糖苷 betulinic acid-3*β*-*O*-*α*-L-rhamnopyranosyl-(1 → 2)-*O*-*α*-L-arabinopyranoside
白桦脂酸 -3*β*- 咖啡酸酯 betulinic acid 3*β*-caffeate
白桦脂酸 -7',8'- 二羟基桂皮酸酯 betulinic acid-7',8'-dihydroxycinnamate
3-*O*- 白桦脂酸对香豆酸酯 3-*O*-betulinic acid-*p*-coumarate
白桦脂酸甲酯 betulinic acid methyl ester; methyl betulinate
白桦脂酸乙酯 ethyl betulinate
白桦脂酮 betulone
白黄芩素▲ A scutalbin A
白及芐醚 A, B, C bletilol A, B, C
白及菲螺醇 blespirol
白及酚 A, B, C blestrianol A, B, C
白及联菲 A, B, C blestriarene A, B, C
白及双菲醚 A~D blestrin A~D
白及亭 A, B, C blestritin A, B, C
(+)- 白坚木胺▲ (+)-quebrachamine
14*β*,15*β*-20*S*- 白坚木胺▲ 14*β*,15*β*-20*S*-quebrachamine
白坚木胺▲ quebrachamine
白坚木宾 aspidoalbine
白坚木定▲ -3- 羧酸 aspidospermidine-3-carboxylic acid
白坚木钦定▲ quebrachidine
(-)- 白坚木瑞辛▲ (-)-apparicine
白坚木瑞辛▲ apparicine
白僵菌定▲ bassiacridin
白僵菌洛内酯▲ A, B, Ba, C, Ca, D~I, Ja, Ka beauverolide A, B, Ba, C, Ca, D~I, Ja, Ka
白僵菌内酯▲ bassianolide
白僵菌宁▲ bassianin
白僵菌瑞内酯▲ A, B beauverilide A, B
白僵菌素 beauvericin
白僵菌素 A, B beauvericin A, B
白芥子苷 sinalbin; glucosinalbin
α-D-(6-*O*- 白芥子酰基)- 葡萄吡喃糖基 -(1 → 2)-*β*-D-(3-*O*- 白芥子酰基)- 呋喃果糖 *α*-D-(6-*O*-sinapoyl)-glucopyranosyl-(1 → 2)-*β*-D-(3-*O*-sinapoyl)-fructofuranose
白茎香科二醇▲ teucladiol
白茎香科三醇▲ teuclatriol
白酒草内酯▲ conyzalactone
白酒草皂苷▲ A~Q conyzasaponin A~Q
白菊木内酯▲ gochnatiolide
白卡雅楝醇▲ anthothecol
白蜡树醇▲ fraxetol
白蜡树定 fraxidin
白蜡树定 -8-*O*-*β*-D- 吡喃葡萄糖苷 fraxidin-8-*O*-*β*-D-glucopyranoside
白蜡树酚▲ fraxinol
白蜡树苷 fraxin
白蜡树裂苷▲ fraxisecoside
白蜡树诺苷▲ frachinoside
白蜡树亭 fraxetin
白蜡树亭 -8-*O*-(6'-*O*- 没食子酰基)-*β*-D- 吡喃半乳糖苷 fraxetin-8-*O*-(6'-*O*-galloyl)-*β*-D-galactopyranoside
白蜡树亭二甲醚 fraxetin dimethyl ether
白兰花碱 michelalbine
白蓝翠雀芬碱▲ uraphine
白藜芦胺▲ germine
(*Z*)- 白藜芦醇 (*Z*)-resveratrol
白藜芦醇 resveratrol
白藜芦醇 -(6'-*O*- 阿魏酰氧基)- 葡萄糖苷 resveratrol-(6'-*O*-feruoxyl)-glucoside
白藜芦醇 -(6'-*O*- 没食子酰基)- 二葡萄糖苷 resveratrol-(6'-*O*-galloyl)-diglucoside
白藜芦醇 -(6'-*O*- 没食子酰基)- 葡萄糖苷 resveratrol-(6'-*O*-galloyl)-glucoside
(+)- 白藜芦醇 -10-*C*- 吡喃葡萄糖苷 (+)-resveratrol-10-*C*-glucopyranoside
(-)- 白藜芦醇 -11-*C*- 吡喃葡萄糖苷 (-)-resveratrol-11-*C*-

glucopyranoside
(*E*)- 白藜芦醇 -3,5-*O*-*β*-D- 二吡喃葡萄糖苷 (*E*)-resveratrol-3,5-*O*-*β*-D-diglucopyranoside
(*E*)- 白藜芦醇 -3-*O*-(6-*O*- 阿魏酰基)-*β*-D- 吡喃葡萄糖苷 (*E*)-resveratrol-3-*O*-(6-*O*-feruoyl)-*β*-D-glucopyranoside
(*E*)- 白藜芦醇 -3-*O*-(6-*O*- 香豆酰基)-*β*-D- 吡喃葡萄糖苷 (*E*)-resveratrol-3-*O*-(6-*O*-coumaroyl)-*β*-D-glucopyranoside
(*E*)- 白藜芦醇 -3-*O*-[6-*O*-(3- 甲氧基 -4- 羟基)- 苯甲酰基]-*β*-D- 吡喃葡萄糖苷 (*E*)-resveratrol-3-*O*-[6-*O*-(3-methoxy-4-hydroxy)-benzoyl]-*β*-D-glucopyranoside
(*E*)- 白藜芦醇 -3-*O*-[6-*O*-(4- 甲氧基)- 苯甲酰基]-*β*-D- 吡喃葡萄糖苷 (*E*)-resveratrol-3-*O*-[6-*O*-(4-methoxy)-benzoyl]-*β*-D-glucopyranoside
(*E*)- 白藜芦醇 -3-*O*-[6-*O*-(4- 羟基)- 苯甲酰基]-*β*-D- 吡喃葡萄糖苷 (*E*)-resveratrol-3-*O*-[6-*O*-(4-hydroxy)-benzoyl]-*β*-D-glucopyranoside
(*E*)- 白藜芦醇 -3-*O*-*α*-D- 吡喃葡萄糖苷 (*E*)-resveratrol-3-*O*-*α*-D-glucopyranoside
(*E*)- 白藜芦醇 -3-*O*-*α*-L- 吡喃鼠李糖基 -(1 → 2)-*β*-D- 吡喃木糖苷 (*E*)-resveratrol-3-*O*-*α*-L-rhamnopyranosyl-(1 → 2)-*β*-D-xylopyranoside
(*E*)- 白藜芦醇 -3-*O*-*β*-D- 吡喃木糖苷 (*E*)-resveratrol-3-*O*-*β*-D-xylopyranoside
白藜芦醇 -3-*O*-*β*-D- 吡喃葡萄糖苷 resveratrol-3-*O*-*β*-D-glucopyranoside
白藜芦醇 -3-*O*-*β*- 吡喃葡萄糖苷 resveratrol-3-*O*-*β*-glucopyranoside
(*E*)- 白藜芦醇 -3-*O*- 芸香糖苷 (*E*)-resveratrol-3-*O*-rutinoside
白藜芦醇 -4'-*O*-*β*-D-(6''-*O*- 没食子酰基)- 吡喃葡萄糖苷 resveratrol-4'-*O*-*β*-D-(6''-*O*-galloyl)-glucopyranoside
白藜芦醇 -4'-*O*-*β*-D- 吡喃葡萄糖苷 resveratrol-4'-*O*-*β*-D-glucopyranoside
白藜芦醇 -4'- 甲醚 resveratrol-4'-methyl ether
白藜芦醇 - 反式 - 去氢二聚物 resveratrol-*trans*-dehydrodimer
(*E*)- 白藜芦醇苷 (*E*)-resveratroloside
白藜芦醇苷 resveratroloside
白藜芦碱 jervine
白藜芦碱 -3-*O*-*β*-D- 吡喃葡萄糖苷 jervine-3-*O*-*β*-D-glucopyranoside
白藜芦任▲ germerine
白藜芦特林▲ germitetrine
白亮独活二聚素▲ A~H candibirin A~H
白亮独活酚▲ A, B, C candinol A, B, C
白亮独活苷▲ A~D candinoside A~D
白亮独活海松酸▲ candicopimaric acid
白亮独活三聚素▲ A~E canditririn A~E
白亮独活四聚素▲ A, B canditetrarin A, B
白亮独活素 candicanin
白麻苷 baimaside
白曼陀罗苷 A~H baimantuoluoside A~H
白曼陀罗碱 datumetine
白曼陀罗林素 datumetelin
白曼陀罗灵 A~F, K baimantuoluoline A~F, K
白曼陀罗素 A~J daturametelin A~J
(-)- 白毛茛定▲ (-)-canadine
L- 白毛茛定▲ L-canadine
白毛茛定▲ canadine
(-)-*β*- 白毛茛定▲甲羟化物 (-)-*β*-canadine methohydroxide
(-)-*α*-*N*- 白毛茛定季铵碱▲甲基氢氧化物 (-)-*α*-*N*-methylcanadinium hydroxide
白毛茛分碱 hydrastinine
β- 白毛茛碱 *β*-hydrastine
白毛茛碱 hydrastine
白毛茛酸酯▲ -1 hycandinic acid ester -1
白毛花柱碱▲ candicine
白茅醇 A, B cylindol A, B
白茅苷 impecyloside
白茅素 cylindrin
白茅素 A, B cylindrin A, B
白茅萜烯 cylindrene
白茅烯 imperanene
白绵马素 albaspidin
白绵马素 AA, AB, AP, BB, PB, PP albaspidin AA, AB, AP, BB, PB, PP
白绵毛兰菲宁▲ flavanthrinin
白绵毛兰菲素▲ flavanthrin
(+)- 白木绿心樟碱▲ (+)-leucoxylonine
(+)- 白木绿心樟碱▲ -*N*- 氧化物 (+)-leucoxylonine-*N*-oxide
白木通皂苷 A~F mutongsaponin A~F
白木香醇 baimuxinol
白木香呋喃酸 baimuxifuranic acid
白木香醛 baimuxinal
白木香酸 baimuxinic acid
白木香酮▲ A~I aquilarone A~I
白千层酸 melaleucic acid
白千层酸 -28-*O*-[*α*-L- 吡喃鼠李糖基 -(1 → 4)-*β*-D- 吡喃葡萄糖基 -(1 → 6)]-*β*-D- 吡喃葡萄糖基酯 melaleucic acid-28-*O*-[*α*-L-rhamnopyranosyl-(1 → 4)-*β*-D-glucopyranosyl-(1 → 6)]-*β*-D-glucopyranosyl ester
白前苷 B vincetoxicoside B
白前苷▲ A~J glaucoside A~J
白前苷元▲ A~E, H glaucogenin A~E, H
白前苷元▲ A-3-*O*-*α*-D- 吡喃夹竹桃糖基 -(1 → 4)-*β*-D- 吡喃洋地黄毒糖基 -(1 → 4)-*β*-D- 吡喃夹竹桃糖苷 glaucogenin A-3-*O*-*α*-D-oleandropyranosyl-(1 → 4)-*β*-D-digitoxopyranosyl-(1 → 4)-*β*-D-oleandropyranoside
白前苷元▲ A-3-*O*-*α*-L- 吡喃磁麻糖基 -(1 → 4)-*β*-D- 吡喃磁麻糖基 -(1 → 4)-*β*-D- 吡喃磁麻糖苷 glaucogenin A-3-*O*-*α*-L-cymaropyranosyl-(1 → 4)-*β*-D-cymaropyranosyl-(1 → 4)-*β*-D-cymaropyranoside
白前苷元▲ A-3-*O*-*α*-L- 吡喃磁麻糖基 -(1 → 4)-*β*-D- 吡喃磁麻糖基 -(1 → 4)-*β*-D- 吡喃夹竹桃糖苷 glaucogenin A-3-*O*-*α*-L-cymaropyranosyl-(1 → 4)-*β*-D-cymaropyranosyl-(1 → 4)-*β*-D-oleandropyranoside
白前苷元▲ A-3-*O*-*α*-L- 吡喃磁麻糖基 -(1 → 4)-*β*-D- 吡喃洋地黄毒糖基 -(1 → 4)-*β*-D- 吡喃磁麻糖苷 glaucogenin A-3-*O*-*α*-L-cymaropyranosyl-(1 → 4)-*β*-D-digitoxopyranosyl-(1 → 4)-*β*-D-cymaropyranoside
白前苷元▲ A-3-*O*-*α*-L- 吡喃磁麻糖基 -(1 → 4)-*β*-D- 吡喃洋地黄毒糖基 -(1 → 4)-*β*-D- 吡喃洋地黄毒糖苷 glaucogenin A-3-*O*-*α*-L-cymaropyranosyl-(1 → 4)-*β*-D-digitoxopyranosyl-(1 → 4)-*β*-D-digitoxopyranoside
白前苷元▲ A-3-*O*-*α*-L- 吡喃夹竹桃糖基 -(1 → 4)-*β*-D- 吡喃洋地黄毒糖基 -(1 →)-*β*-D- 吡喃夹竹桃糖苷 glaucogenin A-3-*O*-*α*-L-oleandropyranosyl-(1 → 4)-*β*-D-digitoxopyranosyl-(1 →)-*β*-D-oleandropyranoside
白前苷元▲ A-3-*O*-*β*-D- 吡喃磁麻糖基 -(1 → 4)-*α*-L- 吡喃洋地黄糖基 -(1 → 4)-*β*-D- 吡喃磁麻糖苷 glaucogenin A-3-*O*-*β*-D-cymaropyranosyl-(1 → 4)-*α*-L-diginopyranosyl-(1 → 4)-*β*-D-cymaropyranoside

白前苷元▲A-3-*O*-β-D- 吡喃夹竹桃糖苷 glaucogenin A-3-*O*-β-D-oleandropyranoside

白前苷元▲A-3-*O*-β-D- 吡喃夹竹桃糖基 -(1→4)-β-D- 吡喃洋地黄毒糖基 -(1→4)-β-D- 吡喃夹竹桃糖苷 glaucogenin A-3-*O*-β-D-oleandropyranosyl-(1→4)-β-D-digitoxopyranosyl-(1→4)-β-D-oleandropyranoside

白前苷元▲A-3-*O*-β-D- 吡喃葡萄糖基 -(1→4)-α-L- 吡喃磁麻糖基 -(1→4)-β-D- 吡喃洋地黄毒糖基 -(1→4)-β-D- 吡喃磁麻糖苷 glaucogenin A-3-*O*-β-D-glucopyranosyl-(1→4)-α-L-cymaropyranosyl-(1→4)-β-D-digitoxopyranosyl-(1→4)-β-D-cymaropyranoside

白前苷元▲A-3-*O*-β-D- 吡喃葡萄糖基 -(1→4)-β-D- 吡喃夹竹桃糖苷 glaucogenin A-3-*O*-β-D-glucopyranosyl-(1→4)-β-D-oleandropyranoside

白前苷元▲A-3-*O*-β-D- 吡喃葡萄糖基 -(1→4)-β-D- 吡喃葡萄糖基 -(1→4)-β-D- 吡喃夹竹桃糖苷 glaucogenin A-3-*O*-β-D-glucopyranosyl-(1→4)-β-D-glucopyranosyl-(1→4)-β-D-oleandropyranoside

白前苷元▲A-3-*O*-β-D- 吡喃洋地黄毒糖苷 glaucogenin A-3-*O*-β-D-digitoxopyranoside

白前苷元▲A-3-*O*-β-D- 吡喃洋地黄毒糖基 -(1→4)-β-D- 吡喃磁麻糖苷 glaucogenin A-3-*O*-β-D-digitoxopyranosyl-(1→4)-β-D-cymaropyranoside

白前苷元▲C-3-*O*-α-D- 吡喃夹竹桃糖基 -(1→4)-β-D- 吡喃洋地黄毒糖基 -(1→4)-α-D- 吡喃夹竹桃糖苷 glaucogenin C-3-*O*-α-D-oleandropyranosyl-(1→4)-β-D-digitoxopyranosyl-(1→4)-α-D-oleandropyranoside

白前苷元▲C-3-*O*-α-D- 吡喃夹竹桃糖基 -(1→4)-β-D- 吡喃洋地黄毒糖基 -(1→4)-β-D- 吡喃夹竹桃糖苷 glaucogenin C-3-*O*-α-D-oleandropyranosyl-(1→4)-β-D-digitoxopyranosyl-(1→4)-β-D-oleandropyranoside

白前苷元▲C-3-*O*-α-L- 吡喃磁麻糖基 -(1→4)-β-D- 吡喃磁麻糖基 - (1→4)-β-D- 吡喃夹竹桃糖苷 glaucogenin C-3-*O*-α-L-cymaropyranosyl-(1→4)-β-D-cymaropyranosyl-(1→4)-β-D-oleandropyranoside

白前苷元▲C-3-*O*-α-L- 吡喃磁麻糖基 -(1→4)-β-D- 吡喃洋地黄毒糖基 -(1→4)-β-D- 吡喃黄花夹竹桃糖苷 glaucogenin C-3-*O*-α-L-cymaropyranosyl-(1→4)-β-D-digitoxopyranosyl-(1→4)-β-D-thevetopyranoside

白前苷元▲C-3-*O*-α-L- 吡喃磁麻糖基 -(1→4)-β-D- 吡喃洋地黄毒糖基 -(1→4)-β-D- 吡喃加那利毛地黄糖苷 glaucogenin C-3-*O*-α-L-cymaropyranosyl-(1→4)-β-D-digtoxopyransyl-(1→4)-β-D-canaropyranoside

白前苷元▲C-3-*O*-α-L- 吡喃磁麻糖基 -(1→4)-β-D- 吡喃洋地黄毒糖基 -(1→4)-β-D- 吡喃夹竹桃糖苷 glaucogenin C-3-*O*-α-L-cymaropyranosyl-(1→4)-β-D-digitoxopyranosy-(1→4)-β-D-oleandropyranoside

白前苷元▲C-3-*O*-α-L- 吡喃洋地黄糖基 -(1→4)-β-D- 吡喃黄花夹竹桃糖苷 glaucogenin C-3-*O*-α-L-diginopyranosyl-(1→4)-β-D-thevetopyranoside

白前苷元▲C-3-*O*-β-D- 吡喃磁麻糖基 -(1→4)-α-L- 吡喃洋地黄糖基 -(1→4)-β-D- 吡喃磁麻糖苷 glaucogenin C-3-*O*-β-D-cymaropyranosyl-(1→4)-α-L-diginopyranosyl-(1→4)-β-D-cymaropyranoside

白前苷元▲C-3-*O*-β-D- 吡喃磁麻糖基 -(1→4)-α-L- 吡喃洋地黄糖基 -(1→4)-β-D- 吡喃黄花夹竹桃糖苷 glaucogenin C-3-*O*-β-D-cymaropyranosyl-(1→4)-α-L-diginopyranosyl-(1→4)-β-D-thevetopyranoside

白前苷元▲C-3-*O*-β-D- 吡喃黄花夹竹桃糖苷 glaucogenin C-3-*O*-β-D-thevetopyranoside

白前苷元▲C-3-*O*-β-D- 吡喃夹竹桃糖苷 glaucogenin C-3-*O*-β-D-oleandropyranoside

白前苷元▲C-3-*O*-β-D- 黄花夹竹桃糖苷 glaucogenin C-3-*O*-β-D-thevetoside

白前苷元▲C- 单 -D- 黄花夹竹桃糖苷 glaucogenin C-mono-D-thevetoside

白枪杆苷▲ fraximalacoside

白楸苷▲ panoside

白屈菜宾 chelirubine

白屈菜红季铵碱氯化物 chelerythrinium chloride

白屈菜红碱 chelerythrine

白屈菜红碱 -ϕ- 氰化物 chelerythrine-ϕ-cyanide

白屈菜红碱丙酮 chelerythrine acetone

白屈菜红碱氯化物 chelerythrine chloride

白屈菜红默碱 chelerythridimerine

白屈菜黄碱 chelilutine

(-)- 白屈菜碱 (-)-chelidonine

(+)- 白屈菜碱 (+)-chelidonine

(±)- 白屈菜碱 (±)-chelidonine

白屈菜碱 chelidonine

白屈菜默碱 chelidimerine

2-*O*- 白雀木醇 2-*O*-quebrachitol

L- 白雀木醇 L-quebrachitol

白雀木醇 quebrachitol

白柔毛香茶菜素▲A albopilosin A

白芍苷 albiflorin

白芍苷 R_1, R_2, R_3 albiflorin R_1, R_2, R_3

白芍药素 leucopeonidin

白射干素 dichotomitin

(±)- 白矢车菊素 (±)-leucocyanidin

白矢车菊素 leucocyanidin

白矢车菊素 -3-*O*-α-D- 吡喃葡萄糖基 -(1→4)-*O*-β-D- 吡喃阿拉伯糖苷 leucocyanidin-3-*O*-α-D-glycopyranosyl-(1→4)-*O*-β-D-arabinopyranoside

白矢车菊素 -3-*O*-β-D- 吡喃葡萄糖苷 leucocyanidin-3-*O*-β-D-glucopyranoside

白矢车菊素 -7-*O*- 鼠李糖基葡萄糖苷甲酯 leucocyanidin-7-*O*-rhamnoglucoside methyl ether

白首乌二苯酮 baishouwubenzophenone

白首乌苷▲A~D bungeiside A~D

白藤铁线莲苷▲A, B vitalboside A, B

白天竺葵素 leucopelargonidin

白天竺葵素 -3-*O*-α-L- 吡喃鼠李糖苷 leucopelargonidin-3-*O*-α-L-rhamnopyranoside

白头婆宁▲ euponin

白头婆素 A~E eupachifolin A~E

白头树素 I, III, IV, V, VI garuganin I, III, IV, V, VI

白头翁苷 A~F pulsatilloside A~F

白头翁醌 pulsaquinone

白头翁洛苷▲C pulsatiloside C

白头翁三萜酸 A, B, C pulsatilla triterpenic acid A, B, C

白头翁酸▲ pulsatillic acid

白头翁萜苷▲A, A_3, B, B_4, C pulchinenoside A, A_3, B, B_4, C

白头翁皂苷 pulsatilla saponin

白头翁皂苷 A~D, F, H pulsatilla saponin A~D, F, H

白薇奥苷▲A, B cynatraoside A, B

白薇白前苷▲A, B atratoglaucoside A, B

白薇苷 A~F cynatratoside A~F

白薇洛苷▲ A, B, C cynatroside A, B, C
白薇托苷▲ A~D atratoside A~D
白鲜醇 dictamnol
白鲜醇 A, B dictamnol A, B
白鲜二醇 dictamdiol
白鲜苷 A~N dictamnoside A~N
白鲜碱 dictamine; dictamnine
白鲜碱二醇▲ dictamnaindiol
白鲜苦醇▲ dasycarpol
白鲜灵碱▲ dasycarine
白鲜醚 dictagymnin
白鲜那二醇▲ dictamnadiol
白鲜双酮▲ fraxinellonone
白鲜酸▲ dasycarpus acid
白鲜萜内酯▲ A, B dasylactone A, B
白鲜萜素▲ A, B, C dictamin A, B, C
白鲜酮▲ fraxinellone
白鲜烯酯▲ A dasycarpusenester A
白鲜新素▲ dictamnusin
白鲜酯▲ B dasycarpusester B
白藓碱 -7-*β*-D- 甘露糖苷 dictamnine-7-*β*-D-mannopyranoside
白香草木犀紫檀烷 A~E melilotocarpan A~E
白杨素 chrysin
白杨素 -6-*C*-*α*-L- 吡喃阿拉伯糖基 -8-*C*-*β*-D- 吡喃葡萄糖苷 chrysin-6-*C*-*α*-L-arabinopyranosyl-8-*C*-*β*-D-glucopyranoside
白杨素 -6-*C*-*β*-D- 吡喃葡萄糖苷 chrysin-6-*C*-*β*-D-glucopyranoside
白杨素 -6-*C*-*β*-D- 吡喃葡萄糖基 -8-*C*-*α*-L- 吡喃阿拉伯糖苷 chrysin-6-*C*-*β*-D-glucopyranosyl-8-*C*-*α*-L-arabinopyranoside
白杨素 -6-*C*-*β*-D- 吡喃葡萄糖基 -8-*O*-*β*-D- 吡喃葡萄糖醛酸苷 chrysin-6-*C*-*β*-D-glucopyranosyl-8-*O*-*β*-D-glucuronopyranoside
白杨素 -6-*C*-*β*- 芸香糖苷 chrysin-6-*C*-*β*-rutinoside
白杨素 -6-*C*- 吡喃葡萄糖苷 chrysin-6-*C*-glucopyranoside
白杨素 -7,8- 二 -*C*-*β*-D- 吡喃葡萄糖苷 chrysin-7,8-di-*C*-*β*-D-glucopyranoside
白杨素 -7-*O*-*β*-D- 吡喃葡萄糖苷 chrysin-7-*O*-*β*-D-glucopyranoside
白杨素 -7-*O*-*β*-D- 吡喃葡萄糖基 -(1 → 4)-*α*-L- 吡喃鼠李糖苷 chrysin-7-*O*-*β*-D-glucopyranosyl-(1 → 4)-*α*-L-rhamnopyranoside
白杨素 -7-*O*-*β*-D- 吡喃葡萄糖醛酸苷 chrysin-7-*O*-*β*-D-glucuronopyranoside
白杨素 -7-*O*-*β*-D- 葡萄糖醛酸苷 chrysin-7-*O*-*β*-D-glucuronide
白杨素 -7-*O*-*β*-D- 葡萄糖醛酸乙酯苷 chrysin-7-*O*-*β*-D-glucuronide ethyl ester
白杨素 -7-*O*- 吡喃半乳糖醛酸苷 chrysin-7-*O*-galactopyranuronoside
白杨素 -7-*O*- 龙胆二糖苷 chrysin-7-*O*-gentiobioside
白杨素 -7-*O*- 葡萄糖醛酸苷 chrysin-7-*O*-glucuronide
白杨素 -7- 葡萄糖苷 chrysin-7-glucoside
白杨素 -8-*C*-*β*-D- 吡喃葡萄糖苷 chrysin-8-*C*-*β*-D-glucopyranoside
白叶瓜馥木碱 fissicesine
白叶瓜馥木碱 -*N*- 氧化物 fissicesine-*N*-oxide
白叶瓜馥木酰胺▲ glaucenamide
白叶蒿定▲ leucodin
白叶晶 baiyecrystal A
(-)- 白叶米仔兰酮 (-)-leucophyllone
白叶藤苷▲ A~D cryptanoside A~D
白叶藤碱 cryptolepine
白叶藤碱酮 cryptolepinone
白叶香茶菜素 A, B, E leucophyllin A, B, E
白英醇 A~G lyratol A~G
白英碱▲ A, B solalyratine A, B
白英素▲ A, B solalyratin A, B
白英亭▲ A, B, C lyratin A, B, C
白柚明碱▲ A, B baiyumine A, B
白羽扇豆苷元▲ lupalbigenin
白羽扇豆素▲ A lupinalbin A
白元胡碱 ambinine
白云参苷 baiyunoside
(-)- 白汁藤内酰胺▲ (-)-leuconolam
白汁藤内酰胺▲ leuconolam
白汁藤辛碱▲ leuconoxine
白珠树林碱▲ A gaultherialine A
白株树苷 gaultherin
白术内酰胺 atractylenolactam
白术烯内酯▲ I, II, III, IV, V, VI, VII, A atractylenolide I, II, III, IV, V, VI, VII, A
白术烯内酯酮▲ atractylenolidone
白紫乌头碱▲ A~D alboviolaconitine A~D
白紫乌头亭▲ albovionitine
百部芪素▲ B, D, E, H~R stilbostemin B, D, E, H~R
百部定碱 stemonidine
百部菲 F, G stemanthrene F, G
百部碱 stemonine
百部螺碱 stemospironine
百部宁碱 stenine
百部缩醛▲ stemonacetal
百部烯碱▲ stemoenonine
百部酰胺 stemoninoamide
百部新碱 stemoninine
百部叶碱 stemofoline
百合苷 A, C lilioside A, C
百金花醇▲ centauriol
百金花灵▲ kantaurin
百金花酮▲ centaurione
百金素 saxifragifolin B
百里氢醌 -2-*O*-*β*-D- 吡喃葡萄糖苷 thymoquinol-2-*O*-*β*-D-glucopyranoside
百里氢醌 -5-*O*-*β*-D- 吡喃葡萄糖苷 thymoquinol-5-*O*-*β*-D-glucopyranoside
百里香酚 thymol
百里香酚 -3-*O*-(2- 甲基丙酸酯) thymol-3-*O*-(2-methylpropionate)
百里香酚 -3-*O*-*β*- 葡萄糖苷 thymol-3-*O*-*β*-glucoside
百里香酚 -3-*O*- 巴豆酸酯 thymol-3-*O*-tiglate
百里香酚 -*β*- 吡喃葡萄糖苷 thymol-*β*-glucopyranoside
百里香酚甲醚 methyl thymyl ether; thymol methyl ether
百里香酚异丁酸酯 thymol isobutyrate
百里香醌 thymoquinone
百里香醌氢醌 thymoquinhydrone
百里香脑 thyme camphor
百里香宁▲ thymonin
百里香氢醌 thymohydroquinone
百里香氢醌 -2-*O*-*β*- 吡喃葡萄糖苷 thymoquinol-2-*O*-*β*-glucopyranoside
百里香氢醌 -5-*O*-*β*- 吡喃葡萄糖苷 thymoquinol-5-*O*-*β*-glucopyranoside
百里香氢醌 -6-*O*-6'- 乙酰基 -*β*-D- 葡萄糖苷 thymohydroquinone-6-*O*-6'-acetyl-*β*-D-glucopyranoside
百里香氢醌 -6-*O*-*β*-6'- 乙酰葡萄糖苷 thymohydroquinone-6-*O*-*β*-6'-acetylglucoside
百里香氢醌二甲醚 thymohydroquinone dimethyl ether; thymoquinol

dimethyl ether
百两金素 A, B, C ardisiacrispin A, B, C
百脉根苷 lotaustralin
百脉根瘤碱▲ rhizolotine
百日青内酯▲ A~E podolactone A~E
SR- 百日青内酯▲ D *SR*-podolactone D
百蕊草宁碱▲ thesinine-4'-*O*-*α*-L-rhamnoside
(-)-*γ*- 柏芳醇▲ (-)-*γ*-cuparenol
(+)-*γ*- 柏芳醇▲ (+)-*γ*-cuparenol
β- 柏芳醇▲ *β*-cuparenol
δ- 柏芳醇▲ *δ*-cuparenol
γ- 柏芳醛▲ *γ*-cuparenal
柏芳酸▲ cuparenic acid
(+)- 柏芳烃▲ (+)-cuparene
α- 柏芳烃▲ *α*-cuparene
柏芳烃 cuparene
(*R*)-(-)-*α*- 柏芳酮▲ (*R*)-(-)-*α*-cuparenone
柏木醇▲ cupresol
柏木黄酮 cupressuflavone
柏木黄酮 -4',4''- 二甲醚 cupressuflavone-4',4''-dimethylether
柏木黄酮单甲醚 cupressuflavone monomethyl ether
(+)- 柏木酸 (+)-cupressic acid
败酱阿洛糖苷▲ patrinalloside
败酱草苷 A kanokoside A
败酱苷▲ patrinoside
败酱苷▲ A_1, B_1, C_1, D_1, E~H, J~M patrinoside A_1, B_1, C_1, D_1, E~H, J~M
败酱醚萜▲ I, II patriscadoid I, II
败酱糖苷 A, B, B-I, B-II, C~I patriniaglycoside A, B, B-I, B-II, C~I
败酱萜苷▲ patrinioside
败酱萜内酯▲ A patrinolide A
败酱烯 patrinene
败酱皂苷▲ D, F, H_3 patrinia saponin D, F, H_3
稗草素▲ crusgallin; sawamilletin
班努长春碱▲ bannucine
斑地锦素▲ A, B, D, E eumaculin A, B, D, E
斑点巨盘木定▲ maculosidine
斑花黄堇碱▲ consperine
斑鸠菊苷 G, S, S_1, S_2, S_3 vernonioside G, S, S_1, S_2, S_3
斑鸠菊黄烷 vernovan
斑鸠菊醚 vernoniether S
斑鸠菊内酯 A~D vernolide A~D
斑鸠菊酸 vernolic acid
斑巨盘木亭▲ flindulatin
斑乳牛肝菌红素▲ variegatorubin
斑乳牛肝菌酸▲ variegatic acid
斑叶兰苷▲ A, B goodyeroside A, B
斑叶兰素▲ goodyerin
斑玉蕈异戊烯醇▲ hypsiziprenol A, A_9, A_{11}, A_{12}, AA, AA_8, AA_9, AA_{12}, B, B_9, B_{10}, BA, BA_{10}, C
斑疹异叶茜素▲ pustulin
斑籽宁素▲ montanin
斑籽宁素▲二乙酸酯 montanin diacetate
斑籽素▲ baliospermin
板凳果 -16,21- 二烯 -3*β*,28- 二醇 pachysana-16,21-diene-3*β*,28-diol
板凳果 -16- 烯 -3*β*,28- 二醇 pachysan-16-ene-3*β*,28-diol
板凳果胺▲ A, B pachyaximine A, B
板凳果定碱▲ A axillaridine A
板凳果苷▲ A, B pachyaxioside A, B
板凳果碱▲ A~F axillarine A~F
板凳果灵碱 A, B paxillarine A, B
板凳果宁 pachysanonin
板凳果甾酮 pachysanone
板蓝苷▲ A, B cusianoside A, B
板蓝根异香豆素 A indigotiisocoumarin A
板栗鞣精▲ vescalagin
板栗鞣辛▲ castamollissin
版纳九里香素 bannamurpanisin
半 -*α*- 胡萝卜酮 semi-*α*-carotenone
半边莲胺▲ A, B radicamine A, B
半边莲酮碱 lelobanonoline
半齿泽兰林素▲ eupatilin
半齿泽兰素 eupatorin
半独行菜苷 A, B semilepidinoside A, B
半甘草异黄酮 B semilicoisoflavone B
L- 半胱氨酸 L-cysteine
半胱氨酸 cysteine
半裂翠雀醇▲ delfissinol
(*R*)- 半麦格尼毛癣菌黄素▲ (*R*)-semixanthomegnin
半扭卷马先蒿苷▲ A, B semitortoside A, B
半皮桉苷▲ hemiphloin
半日花 -13(*E*)- 烯 -8,15- 二醇 labd-13(*E*)-en-8,15-diol
半日花 -13- 烯 -8*β*- 醇 -15- 酸 labda-13-en-8*β*-ol-15-oic acid
半日花 -8(17),11,13- 三烯 -15(16)- 内酯 labda-8(17),11,13-trien-15(16)-olide
半日花 -8(17),11,13- 三烯 -15- 醛 -16- 酸 labda-8(17),11,13-trien-15-al-16-oic acid
半日花 -8(17),12,14- 三烯 -18- 醇 labda-8(17),12,14-trien-18-ol
半日花 -8(17),12,14- 三烯 -18- 酸 labda-8(17),12,14-trien-18-oic acid
(*E*)- 半日花 -8(17),12- 二烯 -15,16- 二醛 (*E*)-labda-8(17),12-diene-15,16-dial
半日花 -8(17),12- 二烯 -15,16- 二醛 labda-8(17),12-dien-15,16-dial
(*E*)- 半日花 -8(17),12- 二烯 -15,16- 内酯 (*E*)-labda-8(17),12-dien-15,16-olide
(*E*)- 半日花 -8(17),12- 二烯 -15- 醇 -16- 醛 (*E*)-labda-8(17),12-dien-15-ol-16-al
(12*R*)- 半日花 -8(17),13*E*- 二烯 -12,15,19- 三醇 (12*R*)-labda-8(17),13*E*-dien-12,15,19-triol
半日花 -8(17),13*E*- 二烯 -3*β*,15- 二醇 labda-8(17),13*E*-dien-3*β*,15-diol
半日花 -8(17),13- 二烯 -15,19- 二酸 labda-8(17),13-diene-15,19-dioic acid
半日花 -8(17),14- 二烯 -13- 醇 labda-8(17),14-dien-13-ol
8(17),13- 半日花二烯 -12,15- 内酯 -19- 酸 8(17),13-labdadien-12,15-olid-19-oic acid
8,14- 半日花二烯 -13- 醇 8,14-labdadien-13-ol
(*E*)-8(17),12- 半日花二烯 -15,16- 二醛 (*E*)-8(17),12-labdadien-15,16-dial
8(17),14- 半日花二烯 -3*R*,13*R*- 二醇 8(17),14-labdadiene-3*R*,13*R*-diol
(7*S*,12*Z*)-12,14- 半日花二烯 -7,8- 二醇 7*S*,12*Z*)-12,14-labdadiene-7,8-diol
(11*E*,13*R*)-11,14- 半日花二烯 -8,13- 醇 (11*E*,13*R*)-11,14-labdaiene-8,13-diol
(11*E*,13*S*)-11,14- 半日花二烯 -8,13- 醇 (11*E*,13*S*)-11,14-labdaiene-8,13-diol
(8*R*,12*Z*)-12,14- 半日花二烯 -8- 醇 (8*R*,12*Z*)-12,14-labdadien-8-ol
(8*α*,12*Z*)-12,14- 半日花二烯 -8- 醇 (8*α*,12*Z*)-12,14-labdadien-8-ol
(4*R*,5*S*,9*S*,10*R*)-8(17),12,14- 半日花三烯 -19- 醇 (4*R*,5*S*,9*S*,10*R*)-

8(17),12,14-labdantrien-19-ol
8(17),12*E*,14- 半日花三烯 -19- 醇 8(17),12*E*,14-labdatrien-19-ol
(4*R*,5*S*,9*S*,10*R*)-8(17),12,14- 半日花三烯 -19- 酸 (4*R*,5*S*,9*S*,10*R*)-8(17),12,14-labdantrien-19-oic acid
8(17),12,14- 半日花三烯 -19- 酸 8(17),12,14-labdatriene-19-oic acid
半日花烷 -13(*E*)- 烯 -8α,15- 二醇 labda-13(*E*)-en-8α,15-diol
(13*E*)-13- 半日花烯 -8α,15- 二醇 (13*E*)-13-labdene-8α,15-diol
2,3,4,6-α-D- 半乳吡喃糖四甲醚 2,3,4,6-α-D-galactopyranose tetramethyl ether
半乳甘露聚糖 galactomannan
半乳甘露葡聚糖 galactomannoglycan
D- 半乳糖 D-galactose
半乳糖 galactose
D- 半乳糖醇 D-galactitol
半乳糖醇 galactitol
半乳糖黄杨素▲ galactobuxin
O-α-D- 半乳糖基 -(1 → 6)-*O*-β-D- 半乳糖基 -(1 → 1)- 甘油 *O*-α-D-galactosyl-(1 → 6)-*O*-β-D-galactosyl-(1 → 1)-glycerin
1-*O*-α-L- 半乳糖基 -(1 → 6)-*O*-β-D- 半乳糖基 -3-*O*- 棕榈酰基 - 甘油 1-*O*-α-L-galactosyl-(1 → 6)-*O*-β-D-galactosyl-3-*O*-hexadecanoyl-glycerol
1-*O*-β-D- 半乳糖基 -(6 → 1)-α-D- 半乳糖基 -2,3-*O*- 十六酸甘油二酯 1-*O*-β-D-galactosyl-(6 → 1)-α-D-galactosyl-2,3-*O*-hexadecanoic acid diglyceride
半乳糖基甘油二酯 galactosyl diglycerides
半乳糖基甘油酯 galacto-glycerolipid
半乳糖基角胡麻苷 galactosylmartynoside
6-*C*- 半乳糖基 - 木犀草素 6-*C*-galactosyl-luteolin
D- 半乳糖醛酸 D-galacturonic acid
半乳糖醛酸 galacturonic acid
半乳糖酸 -γ- 内酯 galactonic acid-γ-lactone
半乳糖乙苷 ethyl galactoside
半秃灰毛豆醇▲ semiglabrinol
半秃灰毛豆呋黄素 tephroglabrin
半秃灰毛豆灵▲ glabratephrin
(-)- 半秃灰毛豆素▲ (-)-semiglabrin
半秃灰毛豆素▲ semiglabrin
半秃灰毛豆酮▲ semiglabrinone
半夏苷 pinelloside
半夏酸 pinellic acid
半纤维素 hemicellulose
半纤维素 A-2 hemicellulose A-2
半须翠雀明▲ delsemine
半须翠雀明▲ A, B delsemine A, B
半柚木酚▲ hemitectol
半月苔素 lunularin
半月苔素 -4-*O*-β-D- 葡萄糖苷 lunularin-4-*O*-β-D-glucoside
半月苔酸 lunularic acid
半月旋孢腔菌宁▲ lunatinin
半枝莲碱 A~O, W~Z scutebarbatine A~O, W~Z
半枝莲林素▲ A scutellin A
半枝莲灵素▲ A~F barbatellarine A~F
半枝莲内酯 A, B, C_1, C_2, D scuterivulactone A, B, C_1, C_2, D
半枝莲素 scutevulin
半枝莲萜▲ A~T scutebata A~T
半枝莲亭碱▲ A~D barbatine A~D
半枝莲亭素▲ A~E barbatin A~E
半枝莲酮▲ A~I scutellone A~I
伴刀豆素 A concanavalin A
伴绿树发酸 convirensic acid
伴小红石蕊酸 condidymic acid
伴野豌豆碱▲ convicine
(±)- 瓣蕊花格拉文▲ (±)-galgravin
瓣蕊花格拉文▲ galgravin
(-)- 瓣蕊花素▲ (-)-galbelgin
(+)- 瓣蕊花素▲ (+)-galbelgin
瓣蕊唐松草灵▲ thalpetaline
棒柄杯伞内酯▲ A clavilactone A
棒柄花萜素▲ A, B, C cleidbrevoid A, B, C
棒锤瓜苷▲ A, A_2, A_3, A_4, A_5, C_1, C_2, D_1, E_1, F_1, G_1, H_1, I_1, I_2, J_1, K_1, L_1, M_1, M_2, M_3, N_1, O_1, O_2 neoalsoside A, A_2, A_3, A_4, A_5, C_1, C_2, D_1, E_1, F_1, G_1, H_1, I_1, I_2, J_1, K_1, L_1, M_1, M_2, M_3, N_1, O_1, O_2
棒锤瓜苷元▲ B neoalsogenin B
棒锤瓜素▲ A neoalsomitin A
包公藤素 A, C baogongteng A, C
苞叶香茶菜素 G melissoidesin G
胞苷 cytidine
胞嘧啶 cytosine
薄果菊素▲ leptocarpin
薄荷 -1(7)- 烯 -9- 醇十二酸酯 menth-1(7)-en-9-yl dodecanoate
L- 薄荷醇 L-menthol
薄荷醇 menthol
薄荷醇乙酸酯 menthyl acetate
薄荷呋喃 menthofuran
薄荷苷 menthoside
薄荷木酚素 menthalignin
薄荷内酯 menthalactone
L- 薄荷酮 L-menthone
薄荷酮 menthone
1,2- 薄荷烯 1,2-menthene
δ- 薄荷烯 δ-menthene
$\Delta^{4(8)}$- 薄荷烯 -3 - 酮 $\Delta^{4(8)}$-menthene-3-one
薄片变豆菜萜▲ A, A_1, B, C, D saniculamoid A, A_1, B, C, D
薄叶红厚壳酚▲ A, B, C calophymembranol A, B, C
薄叶红厚壳酚苷▲ A, B calophymembranside A, B
薄叶红厚壳呫酮▲ A, B membraxanthone A, B
薄叶黄芩苷 I ikonnikoside I
薄叶山橙碱 A melotenine A
薄叶山橙辛碱▲ tenuicausine
饱食桑明▲ B brosimine B
宝盖草苷▲ A, B, C lamiuamplexoside A, B, C
宝藿苷 I, II, III, IV, V, VI, VII baohuoside I, II, III, IV, V, VI, VII
宝藿素 baohuosu
宝山堇菜环肽▲ 11, 15, 17 viba 11, 15, 17
保加利亚千里光碱▲ bulgarsenine
保利毒马草二醇▲ jabugodiol
报春花苷元 primulagenin
报春宁素▲ primulanin
报春宁素▲ A primulanin A
抱茎闭花木素▲ amplexin
抱茎蓼素▲ amplexicine
抱茎小苦荬木脂素 B sonchifolignan B
抱茎獐牙菜苷▲ swertifrancheside
鲍迪豆醌▲ bowdichione
鲍而山油树烯醇乙酸酯 bauerenol acetate
鲍尔山油柑 -7- 烯 -3β,16α- 二醇 bauer-7-ene-3β,16α-diol
鲍尔山油柑烯醇▲ bauerenol; baurenol
鲍尔山油柑烯醇▲乙酸酯 bauerenyl acetate

鲍尔山油柑烯酮▲ bauerenone
鲍氏尼润花碱▲ bowdensine
鲍氏树花酸▲ bourgeanic acid
鲍威文珠兰碱 powelline
爆竹柳素▲ fragilin
杯菊醇▲乙酸酯 lyratyl acetate
杯伞碱▲ clitocine
杯伞素 clitocybin
杯苋甾酮 cyasterone
杯苋甾酮-22-乙酸酯 cyasterone-22-acetate
杯形秃马勃甾醇▲ cyathisterol
北艾内酯▲ vulgaris lactone
北艾素▲ vulgarin
北艾烯醇▲ vulgarenol
北点地梅苷▲ A, B, C, C_1, D, D_1, E~I, K, L androseptoside A, B, C, C_1, D, D_1, E~I, K, L
北点地梅苷▲ A 甲酯 androseptoside A methyl ester
北豆根苷▲ dauricoside
北豆根朴啡碱▲ dauriporphine
北方乌头春定▲ acoseptridine
北方乌头春宁▲ acoseptrinine
北方乌头定碱 septentriodine
北方乌头定宁▲ acoseptridinine
北方乌头碱 septentrionine
北方乌头灵▲ acoseptrine
北方乌头钦碱▲ septentriocine
北方乌头替辛▲ acosepticine
北方乌头亭▲ sepaconitine
北方乌头辛▲ septatisine
北防风醇▲ ledebouriellol
北拐枣苷 hoduloside
北拐枣苷 III, XI, XII hoduloside III, XI, XII
北海道乌头碱▲ A, B hokbusine A, B
北卡堆心菊醇▲ carolenalol
北卡堆心菊宁▲ carolenin
北卡堆心菊宁▲-3-*O*-巴豆酰北卡堆心菊素▲ carolenin-3-*O*-tigloylcarolenalin
北卡堆心菊素▲ carolenalin
北卡堆心菊素▲-4-*O*-β-D-葡萄糖苷 carolenalin-4-*O*-β-D-glucoside
北卡堆心菊酮▲ carolenalone
北美短叶松素▲ pinobanksin
北美短叶松素▲-3-乙酸酯 pinobanksin-3-acetate
北美短叶松素▲-7-甲醚 pinobanksin-7-methyl ether
北美鹅掌楸醇 tulirinol
北美鹅掌楸碱▲ liriotulipiferine
北美鹅掌楸林碱 tuliferoline
(+)-北美鹅掌楸灵▲ (+)-lirioferine
d-北美鹅掌楸灵▲ *d*-lirioferine
北美鹅掌楸灵▲ lirioferine
北美鹅掌楸内酯 tulipinolide
北美鹅掌楸内酯二环氧化物 tulipinolide diepoxide
α-北美乔柏素▲ α-thujaplicin
β-北美乔柏素▲ β-thujaplicin
β-北美乔柏素醇▲ β-thujaplicinol
(-)-北美乔松宁素▲ (-)-strobopinin
北美乔松宁素▲ strobopinin
(-)-北美乔松素▲ (-)-pinostrobin
(2*S*)-北美乔松素▲ (2*S*)-pinostrobin
北美乔松素▲ pinostrobin
北美乔松素▲查耳酮 pinostrobin chalcone
北美乔松素-7-*O*-β-D-吡喃木糖基-(1→3)-β-D-吡喃木糖苷 strobopinin-7-*O*-β-D-xylopyranosyl-(1→3)-β-D-xylopyranoside
北水苦荬醇▲ aquaticol
北水苦荬苷▲ A, B, C aquaticoside A, B, C
北乌定 beiwudine
北乌碱 beiwutine
北乌灵 kusnesoline
北乌灵 B kusnesoline B
北乌生▲ A beiwusine A
北乌辛▲ beiwucine
北五味子二内酯▲ A, B schinesdilactone A, B
北五味子内酯▲ A, B, C schinchinenlactone A, B, C
北五味子宁▲ A~H schinchinenin A~H
北五味子素▲ A~H, J, K_3, L_1, M_2, N~U gomisin A~H, J, K_3, L_1, M_2, N~U
(-)-北五味子素▲ G, K_1, L_1, L_2, M_1 (-)-gomisin G, K_1, L_1, L_2, M_1
(+)-北五味子素▲ K, K_2, K_3, M_1, M_2 (+)-gomisin K, K_2, K_3, M_1, M_2
(±)-北五味子素▲ M_1 (±)-gomisin M_1
(*R*)-(+)-北五味子素▲ M_1 (*R*)-(+)-gomisin M_1
北玄参苷▲ A_1, B_1, B_2, C_1 buergeriside A_1, B_1, B_2, C_1
北玄参素▲ buergerinin
北玄参素▲ B~G buergerinin B~G
北枳椇醇 hovenodulinol
北枳椇苷 A_1, A_2, B_1, B_2 hovenidulcioside A_1, A_2, B_1, B_2
北紫堇碱▲ sibiricine
贝加尔唐松草定碱 thalbaicalidine
贝加尔唐松草碱▲ baicaline
贝加尔唐松草里定▲ baicalidine
贝加尔唐松草灵碱 thalbaicaline
贝壳杉-15-烯-17-醛 kaur-15-en-17-al
贝壳杉-16,17-二醇-16-乙酸酯 kaurane-16,17-diol-16-acetate
(-)-贝壳杉-16α-醇 (-)-kauran-16α-ol
16β*H*-贝壳杉-16-醇 16β*H*-kauran-16-ol
贝壳杉-16-醇 kauran-16-ol
贝壳杉-16-烯 kaur-16-ene
(4β,15β)-贝壳杉-16-烯-15,18-二醇 (4β,15β)-kaur-16-ene-15,18-diol
(4β)-贝壳杉-16-烯-18-酸 (4β)-kaur-16-en-18-oic acid
(-)-贝壳杉-16-烯-19-酸 (-)-kaur-16-en-19-oic acid
(2α,5α,8β,9α,10β,13β)-贝壳杉-16-烯-2,18,19-三醇 (2α,5α,8β,9α,10β,13β)-kaur-16-en-2,18,19-triol
(2β,5α,8β,9α,10β,13β)-贝壳杉-16-烯-2,18,19-三醇 (2β,5α,8β,9α,10β,13β)-kaur-16-en-2,18,19-triol
16α-贝壳杉-2,12-二酮 16α-kaurane-2,12-dione
(2α,13α)-贝壳杉-2,16-二醇 (2α,13α)-kaurane-2,16-diol
贝壳杉-2β,16α-二醇 kaurane-2β,16α-diol
贝壳杉醇▲ kauranol
贝壳杉醇酸 agatholic acid
贝壳杉黄酮 agathisflavone
贝壳杉醛▲ agatholal
贝壳杉树脂醇▲ agatharesinol
贝壳杉酸 agathic acid
贝壳杉酸糖苷 A kaurane acid glycoside A
贝壳杉烷酸 kauranoic acid
(-)-贝壳杉烯 (-)-kaurene
16-贝壳杉烯 16-kaurene
贝壳杉烯 kaurene
贝壳杉烯酸 kaurenoic acid
贝拉瓜斯绿心樟素▲ veraguensin

贝母定▲ petilidine

贝母碱 peimine; verticine

贝母碱 -*N*- 氧化物 verticine-*N*-oxide

贝母碱酮 verticinone

贝母拉灵▲ fritillarine

贝母兰菲定 coeloginanthridin

贝母兰菲素 coeloginanthrin

贝母兰宁 coelonin

贝母兰宁素▲ coeloginin

贝母兰素 coelogin

贝母立辛碱 fritillarizine

贝母灵 fritilline

贝母宁苷 peiminoside

贝母宁碱 peiminine

贝母辛 peimisine

贝母辛宁 fetisinine

背白鼠尾草素 B, C hypargenin B, C

倍半桧烯 sesquisabinene

倍半蒈烯酸 A, B sesquicaranoic acid A, B

α- 倍半水芹烯 *α*-sesquiphellandrene

β- 倍半水芹烯 *β*-sesquiphellandrene

倍半萜二醇 sesquiterpenic diol

倍半萜酮内酯 sesquiterpene ketolactone

被粉毛蕊花苷▲ I pulverulentoside I

蓓豆氨酸 baikiain

苯 benzene

苯 -1,2,3- 三酚 benzene-1,2,3-triol

2-*N*- 苯氨萘 2-*N*-phenylaminonaphthalene

(4*E*)-2- 苯胺 -*O*-4-(苯基亚氨基) 萘 -1-(4*H*)- 酮 (4*E*)-2-anilin-*O*-4-(phenylimino)naphthalene-1-(4*H*)-one

2- 苯胺基 -1,4- 萘醌 2-anilino-1,4-naphthoquinone

L- 苯丙氨酸 L-phenylalanine

苯丙氨酸 phenylalanine

苯丙氨酸 - 甜菜黄素 phenylalanine-betaxanthin

L- 苯丙氨酰 -L- 丙氨酸酐 L-phenylalanyl-L-alanine anhydride

L- 苯丙氨酰 -L- 丝氨酸酐 L-phenylalanyl-L-serylanhydride

苯丙醇胺 phenylpropanolamine

1,3,16*β*- 苯丙基乙酸酯 - 羊毛脂 -5,11,14,16,23,25- 六烯 -22- 酮 1,3,16*β*-phenypropylacetate-lanostan-5,11,14,16,23,25-hexen-22-one

苯丙醛 phenylpropionaldehyde

β- 苯丙酸 *β*-phenylpropionic acid

苯丙酸 benzenepropionic acid

苯丙酮 propiophenone

苯丙酰基 - 二 -*O*- 没食子酰葡萄糖 benzenepropanoyl-di-*O*-galloyl-glucose

3-(2'- 苯丙酰氧基)- 托品烷 3-(2'-phenylpropionyloxy)-tropane

2*H*,6*H*- 苯并 [1,2-b:5,4-b'] 二吡喃 -6- 酮 2*H*,6*H*-benzo[1,2-b:5,4-b']dipyran-6-one

14- 苯并 [1,3] 二氧 -5- 基 - 十四烷 -2- 醇 14-benzo[1,3]dioxol-5-yl-tetradecan-2-ol

{(7*S*)-8'-{ 苯并 [3',4'] 二氧 -1'- 基 }-7- 羟基丙基 } 苯 -2,4- 二酚 {(7*S*)-8'-{benzo[3',4']dioxol-1'-yl}-7-hydroxypropyl}benzene-2,4-diol

4-{(1*S*,3a*R*,4*R*,6a*R*)-4-{ 苯并 [*d*][1,3] 二氧代 -5- 基 } 六氢呋喃并 [3,4-*c*] 呋喃 -1- 基 } 苯 -1,2- 二醇 4-{(1*S*,3a*R*,4*R*,6a*R*)-4-{benzo[*d*][1,3]dioxol-5-yl}hexahydrofuro[3,4-*c*]furan-1-yl}benzene-1,2-diol

苯并吡喃 -12- 酮 -1,4,10,11- 四氢 -6'-(8'- 羟甲基乙烯基)-2,3- 二甲氧基 -8'-*O*-*β*-D- 吡喃葡萄糖基 -*O*-*α*-D- 阿拉伯糖苷 benzopyran-12-one-1,4,10,11-tetrahydro-6'-[8'-(hydroxymethyl)ethenyl]-2,3-dimethoxy-8'-*O*-*β*-D-glucopyranosyl-*O*-*α*-D-arabinoside

2*H*-1- 苯并吡喃 -2- 酮 2*H*-1-benzopyran-2-one

4*H*-1- 苯并吡喃 -4- 酮 4*H*-1-benzopyran-4-one

苯并噁嗪 -3(4*H*)- 酮 benzoxazolin-2(3*H*)-one

2- 苯并噁唑酮 2-benzoxazolinone

1,3- 苯并二氧 -5-(2,4,8- 三烯 - 壬酸甲酯 1,3-benzodioxole-5-(2,4,8-triene-methyl nonaoate)

1,3- 苯并二氧 -5-(2,4,8- 三烯 - 壬酸异丁酯 1,3-benzodioxole-5-(2,4,8-triene-isobutyl nonaoate

3-(1,3- 苯并二氧 -5)- 十三碳 -2*E*,4*E*,12*E*- 三烯酸异丁酯 isobutyl 3-(1,3-benzdioxolo-5)-trideca-2*E*,4*E*,12*E*-trienoate

(2*R*,3*S*,3a*R*)-2-(1,3- 苯并二氧 -5- 基)-3,3a- 二氢 -5- 甲氧基 -3- 甲基 -3a-(2- 正丙烯基)-6(2*H*)- 苯并呋喃酮 (2*R*,3*S*,3a*R*)-2-(1,3-benzodioxol-5-yl)-3,3a-dihydro-5-methoxy-3-methyl-3a-2-propen-1-yl-6(2*H*)-benzofuranone

(2*R*,3*S*,3a*S*)-2-(1,3- 苯并二氧 -5- 基)-3,3a- 二氢 -5- 甲氧基 -3- 甲基 -3a-(2- 正丙烯基)-6(2*H*)- 苯并呋喃酮 (2*R*,3*S*,3a*S*)-2-(1,3-benzodioxol-5-yl)-3,3a-dihydro-5-methoxy-3-methyl-3a-(2-propen-1-yl)-6(2*H*)-benzofuranone

(2*R*,3*R*)-1-(1,3- 苯并二氧 -5- 基)-4-(3,4- 二甲氧基苯基)-2,3- 二甲基 -1,4- 丁二酮 (2*R*,3*R*)-1-(1,3-benzodioxol-5-yl)-4-(3,4-dimethoxyphenyl)-2,3-dimethyl-1,4-butanedione

2-[6-(1,3- 苯并二氧戊环 -5- 基) 己基]-1- 甲基 -4(1*H*)- 喹诺酮 2-[6-(1,3-benzodioxol-5-yl)hexyl]-1-methyl-4(1*H*)-quinolinone

{[1,5-(1,3) 苯并二氧杂 -5- 基]-1- 氧代 -2,4- 戊二烯基 }- 哌啶 {[1,5-(1,3)benzodioxol-5yl]-1-oxo-2,4-pentadienyl} -piperidine

2-(1,3- 苯并二氧唑 -5- 基)-5- 苯并呋喃丙醇乙酸酯 2-(1,3-benzodioxol-5-yl)-5-benzofuranpropanoacetate

3-[2-(1,3- 苯并二氧唑 -5- 基)-5- 苯并呋喃基] 丙基 -6-*O*-*β*-D- 吡喃葡萄糖基 -*β*-D- 吡喃葡萄糖苷 3-[2-(1,3-benzodioxol-5-yl)-5-benzofuranyl]propyl-6-*O*-*β*-D-glucopyranosyl-*β*-D-glucopyranoside

(2*E*)-3-[2-(1,3- 苯并二氧唑 -5- 基)-7- 甲氧基 -5- 苯并呋喃基]-2- 丙烯醛 (2*E*)-3-[2-(1,3-benzodioxol-5-yl)-7-methoxy-5-benzofuranyl]-2-propenal

3-[2-(1,3- 苯并二氧唑 -5- 基)-7- 甲氧基 -5- 苯并呋喃基] 丁酸丙酯 3-[2-(1,3-benzodioxol-5-yl)-7-methoxy-5-benzofuranyl]butanoic acid propyl ester

2-(1,3- 苯并二氧唑 -5- 基)-7- 羟基 -5- 苯并呋喃丙醇 2-(1,3-benzodioxol-5-yl)-7-hydroxy-5-benzofuranpropanol

2,3- 苯并呋喃二酮 2,3-benzofurandione

苯并呋喃荒漠木 -1- 烯 benzofuranoeremophil-1-ene

苯并呋喃酮 benzofuranone

N-1*H*- 苯并咪唑 -2-. 氨基甲酸甲酯 *N*-1*H*-benzimidazol-2-yl-carbamic acid methyl ester

苯并噻唑 benzothiazole

2- 苯并噻唑醇 2-benzothiazolol

苯并桑酮 E benzokuwanon E

苯并野花椒碱▲ benzosimuline

4- 苯丁基芥子油苷 4-phenylbutylglucosinolate

4- 苯丁基异硫氰酸酯 4-phenylbutyl isothiocyanate

1,2- 苯二酚 1,2-benzenediol

1,4- 苯二酚 1,4-benzenediol

8-[3-(2,4- 苯二酚)- 丙酸甲酯]- 香豆素 -7-*β*-D- 吡喃葡萄糖苷 8-[3-(2,4-benzenediol)-propionic acid methyl ester]-coumarin-7-*β*-D-glucopyranoside

1,4- 苯二甲酸二乙酯 1,4-benzenedicarboxyic acid diethyl ester

1,2- 苯二甲酸二异辛酯 1,2-benzenedicarboxylic acid diisooctyl ester

1,4- 苯二甲酸甲酯 1,4-benzenedicarboxyic acid dimethyl ester

1,2- 苯二羧酸 1,2-benzenedicarboxylic acid

1,2- 苯二羧酸单 (2- 乙基己基) 酯 1,2-benzenedicarboxylic acid mono(2-ethylhexyl) ester

1,2- 苯二羧酸 - 二 (2- 乙基己基) 酯 1,2-benzenedicarboxylic acid-bis(2-ethylhexyl)ester

1,2- 苯二羧酸二庚酯 1,2-benzenedicarboxylic acid diheptyl ester

1,2- 苯二羧酸双 (2- 甲基丙基) 酯 1,2-benzenedicarboxylic acid bis(2-methylpropyl) ester

1,2- 苯二羧酸 - 双 (2- 甲基丙基) 酯 1,2-benzenedicarboxylic acid-bis(2-methylpropyl)ester

1,2- 苯二羧酸双 (2- 甲基庚基) 酯 1,2-benzenedicarboxylic acid bis(2-methylheptyl) ester

1,2- 苯二羧酸双 (2- 甲氧基乙基) 酯 1,2-benzenedicarboxylic acid bis(2-methoxyethyl) ester

1,2- 苯二羧酸双 (2- 乙基庚基) 酯 1,2-benzenedicarboxylic acid bis(2-ethylheptyl) ester

苯菲啶 benzophenanthridine

苯酚 phenol

苯酚 A phenol A

4''- 苯酚基 -6-*O*- 甲基丙酰基 -*β*-D- 吡喃葡萄糖苷 4''-phenolic-6-*O*-methylpropanoyl-*β*-D-glucopyranoside

(*R*)-9- 苯酚基壬烷 -2- 醇 (*R*)-9-phenylnonan-2-ol

苯磺酰胺 -4- 甲基 -*N*-(2- 酮基 -2- 苯乙烷) benzenesulfonamide-4-methyl-*N*-(2-oxo-2-phenylethane)

2-(苯基)- 乙基乙基葡萄糖苷 2-(3,4-dihydroxyphenyl)-ethyl glucoside

3- 苯基 -1-(2',6'- 二羟基 - 苯基 -4'-*O*-*β*-D- 吡喃葡萄糖基)-1- 丙酮 3-phenyl-1-(2',6'-dihydroxy-phenyl-4'-*O*-*β*-D-glucopyranosyl)-1-propanone

(2*S*)-3- 苯基 -1,2- 丙二醇 -2- 苯甲酸酯 (2*S*)-3-phenyl-1,2-propanediol-2-benzoate

1- 苯基 -1,2- 丙二酮 1-phenyl-1,2-propanedione

1- 苯基 -1,3,5- 庚三炔 1-phenyl-1,3,5-heptatriyne

1- 苯基 -1,3- 二炔 -5- 烯 -7- 醇 - 乙酸酯 1-phenyl-1,3-diyn-5-en-7-ol acetate

(2- 苯基 -1,3- 二氧戊烷 -4- 基) 甲基 -9- 十八烯酸酯 (2-phenyl-1,3-dioxolan-4-yl)methyl-9-octadecenoic acid ester

2- 苯基 -1,4- 苯并吡喃 2-phenyl-1,4-benzopyrone

2- 苯基 -1*H*- 苯并 [de] 异喹啉 -1,3(2*H*)- 二酮 2-phenyl-1*H*-benz[de]isoquinoline-1,3(2*H*)-dione

3- 苯基 -1*H*- 二苯并 [b,d] 吡喃 -1,4(6*H*)- 二酮 3-phenyl-1*H*-dibenzo[b,d]pyran-1,4(6*H*)-dione

4- 苯基 -1- 丁烯 4-phenyl-1-butene

N- 苯基 -1- 萘胺 *N*-phenyl-1-naphthalenamine

5- 苯基 -2-(1'- 丙炔基)- 噻吩 5-phenyl-2-(1'-propynyl)-thiophene

1- 苯基 -2,3- 丁二醇 1-phenyl-2,3-butanediol

(2*S*,3*S*)-1- 苯基 -2,3- 丁烷二醇 -3-*O*-*β*-D- 吡喃葡萄糖苷 (2*S*,3*S*)-1-phenyl-2,3-butanediol-3-*O*-*β*-D-glucopyranoside

7-*O*-(5- 苯基 -2,4- 戊二烯基)-8- 表马钱苷 7-*O*-(5-phenyl-2,4-pentadienoyl)-8-epiloganin

10-*O*-(5- 苯基 -2,4- 戊二烯基) 京尼平苷 10-*O*-(5-phenyl-2,4-pentadienoyl)geniposide

2'-*O*-(5- 苯基 -2*E*,4*E*- 戊二烯基)- 玉叶金花苷酸 2'-*O*-(5-phenyl-2*E*,4*E*-pentadienoyl)-mussaenosidic acid

(2*R*)-4- 苯基 -2-*O*-[*β*-D- 吡喃木糖基 -(1 → 6)-*β*-D- 吡喃葡萄糖基] 丁烷 (2*R*)-4-phenyl-2-*O*-[*β*-D-xylopyranosyl-(1 → 6)-*β*-D-glucopyranosyl]butane

2-(1*S*-1- 苯基 -2- 丙烯 -1- 基)-1,4- 苯二酚 2-(1*S*-1-phenyl-2-propen-1-yl)-1,4-benzenediol

4-(1*S*-1- 苯基 -2- 丙烯基)-1,3- 苯二酚 4-(1*S*-1-phenyl-2-propenyl)-1,3-benzenediol

(2*E*)-3- 苯基 -2- 丙烯酸 (2*E*)-3-phenyl-2-propenoic acid

(*E*)-3- 苯基 -2- 丙烯酸 (*E*)-3-phenyl-2-propenoic acid

(2*E*)-3- 苯基 -2- 丙烯酸 -2- 氧代 -2- 苯乙酯 (2*E*)-3-phenyl-2-propenoic acid-2-oxo-2-phenylethyl ester

3- 苯基 -2- 丙烯酸甲酯 3-phenyl-2-methyl acrylate

4- 苯基 -2- 丁醇乙酸酯 4-phenyl-2-butyl acetate

3- 苯基 -2- 丁酮 3-phenyl-2-butanone

4- 苯基 -2- 丁酮 4-phenyl-2-butanone

3- 苯基 -2 反式 - 丙烯酸 3-phenyl-2-*trans*-propenoic acid

7- 苯基 -2- 庚烯 -4,6- 二炔醛 7-phenyl-2-hepten-4,6-diynal

1- 苯基 -2- 甲基 -6,7- 二甲氧基 -1,2,3,4- 四氢异喹啉 1-phenyl-2-methyl-6,7-dimethoxy-1,2,3,4-tetrahydroisoquinoline

N- 苯基 -2- 萘胺 *N*-phenyl-2-naphthylamine

(±)-1- 苯基 -2- 酰亚胺 -1- 丙醇 (±)-1-phenyl-2-imido-1-propanol

1- 苯基 -2- 亚胺基 -1- 丙醇 1-phenyl-2-imido-1-propanol

6- 苯基 -3,5- 己二烯 -2- 酮 6-phenyl-3,5-hexadien-2-one

2- 苯基 -4- 色酮 2-phenyl-4-chromone

4- 苯基 -5,7- 二羟基 -6-(2'- 甲基丁酰基)-8-(3''- 甲基丁 -2''- 烯基) - 香豆素 4-phenyl-5,7-dihydroxy-6-(2'-methylbutanoyl)-8-(3''-methylbut-2''-enyl)-coumarin

4- 苯基 -5,7- 二羟基 -6-(2'- 甲基丁酰基)-8-[(*E*)-3'',7''- 二甲基辛 -2'',6''- 二烯基]- 香豆素 4-phenyl-5,7-dihydroxy-6-(2'-methylbutanoyl)-8-[(*E*)-3'',7''-dimethylocta-2'',6''-dienyl]-coumarin

4- 苯基 -5,7- 二羟基 -6-(2'- 甲基丁酰基)- 香豆素 4-phenyl-5,7-dihydroxy-6-(2'-methylbutanoyl)-coumarin

4- 苯基 -5,7- 二羟基 -6-(3'- 甲基丁酰基)-8-[(*E*)-3'',7''- 二甲基辛 -2'',6''- 二烯基]- 香豆素 4-phenyl-5,7-dihydroxy-6-(3'-methylbutanoyl)-8-[(*E*)-3'',7''-dimethylocta-2'',6''-dienyl]-coumarin

4- 苯基 -5,7- 二羟基 -8-(2''- 甲基丁酰基)-6-[(*E*)-3',7'- 二甲基辛 -2,6- 二烯基]- 香豆素 4-phenyl-5,7-dihydroxy-8-(2''-methylbutanoyl)-6-[(*E*)-3',7'-dimethylocta-2,6-dienyl]-coumarin

4- 苯基 -5,7- 二羟基 -8-(3''- 甲基丁酰基)-6-(3'- 甲基丁 -2'- 烯基) - 香豆素 4-phenyl-5,7-dihydroxy-8-(3''-methylbutanoyl)-6-(3'-methylbut-2'-enyl)-coumarin

4- 苯基 -5,7- 二羟基 -8-(3''- 甲基丁酰基)-6-[(*E*)-3',7'- 二甲基辛 -2',6'- 二烯基]- 香豆素 4-phenyl-5,7-dihydroxy-8-(3''-methylbutanoyl)-6-[(*E*)-3',7'-dimethylocta-2',6'-dienyl]-coumarin

4- 苯基 -5- 羟基 -6-(2'- 甲基丁烷氧基基)-8-[10- 甲基 -(4''- 甲基 -3''- 戊烯基)-2*H*- 吡喃并 [2,3-h] 香豆素 4-phenyl-5-hydroxy-6-(2'-methylbutanoyl)-8-[10-methyl-(4''-methylpent-3''-enyl)-2*H*-pyrano[2,3-h]coumarin

4- 苯基 -5- 羟基 -6-(2'- 甲基丁酰基)-8a-(2''- 羟基丙烷 -2''- 基)-8,9- 二氢 - 呋喃 [2,3-h] 香豆素 4-phenyl-5-hydroxy-6-(2'-methylbutanoyl)-8a-(2''-hydroxypropan-2''-yl)-8,9-dihydro-furo[2,3-h]coumarin

4- 苯基 -5- 羟基 -6-(2'- 甲基丁酰基)-8a-(丙 -1''- 烯 -2''- 基)- 8,9- 二氢 - 呋喃 [2,3-h] 香豆素 4-phenyl-5-hydroxy-6-(2'-methylbutanoyl)-8a-(prop-1''-en-2''-yl)-8,9-dihydro-furo[2,3-h]coumarin

4- 苯基 -5- 羟基 -6-(3'- 甲基丁烷氧基)-8a-(2''- 羟基丙烷 -2''- 基)-8,9- 二氢 - 呋喃 [2,3-h] 香豆素 4-phenyl-5-hydroxy-6-(3'-methylbutanoyl)-8a-(2''-hydroxypropan-2''-yl)-8,9-dihydro-furo[2,3-h]coumarin

4- 苯基 -5- 羟基 -6-(3'- 甲基丁酰基)-10- 二甲基 -2*H*- 吡喃并 [2,3-h] 香豆素 4-phenyl-5-hydroxy-6-(3'-methylbutanoyl)-10-dimethyl-2*H*-pyrano[2,3-h]coumarin

4- 苯基 -5- 羟基 -6-(3'- 甲基丁酰基)-8a-(丙 -1''- 烯 -2''- 基)- 8,9- 二氢 -

呋喃 [2,3-h] 香豆素 4-phenyl-5-hydroxy-6-(3'-methylbutanoyl)-8a-(prop-1''-en-2''-yl)-8,9-dihydro-furo[2,3-h]coumarin
4- 苯基 -5- 羟基 -6- 异丁基 -8-[10- 甲基 -(4''- 甲基 -3''- 戊烯基)]-2*H*- 吡喃并 [2,3-h] 香豆素 4-phenyl-5-hydroxy-6-isobutyryl-8-[10-methyl-(4''-methylpent-3''-enyl)]-2*H*-pyrano[2,3-h]coumarin
4- 苯基 -5- 羟基 -6- 异丁烯基 -8a-(2''- 羟基丙烷 -2''- 基)-8,9- 二氢 - 呋喃 [2,3-h] 香豆素 4-phenyl-5-hydroxy-6-isobutyryl-8a-(2''-hydroxypropan-2''-yl)-8,9-dihydro-furo[2,3-h]coumarin
1- 苯基 -7-(4- 羟基 -3- 甲氧基苯基)-4 反式 - 烯 -3- 庚酮 1-phenyl-7-(4-hydroxy-3-methoxyphenyl)-4*E*-en-3-heptanone
1- 苯基 -7- 对羟苯基 -4 反式 - 烯 -3- 庚酮 1-phenyl-7-(4-hydroxyphenyl) -4*E*-en-3-heptanone
3- 苯基 -*N*-(2- 苯乙基)-2- 丙烯酰胺 3-phenyl-*N*-(2-phenylethyl)-2-propenamide
苯基 -*O*-*β*-D- 吡喃葡萄糖苷 phenyl-*O*-*β*-D-glucopyranoside
苯基 -*O*-*β*- 吡喃木糖基 -(1 → 6)-*O*-*β*- 吡喃葡萄糖苷 phenyl-*O*-*β*-xylopyranosyl-(1 → 6)-*O*-*β*-glucopyranoside
苯基 -*β*-D- 吡喃葡萄糖苷 phenyl-*β*-D-glucopyranoside
N- 苯基 -*β*- 萘胺 *N*-phenyl-*β*-naphthylamine
苯基 -*β*- 萘胺 phenyl-*β*-naphthylamine
N- 苯基苯二甲酰亚胺 *N*-phenylbenzene phthalimide
L- 苯基丙氨酰裂环马钱苷 L-phenylalaninosecologanin
2- 苯基丙醇 2-phenylpropanol
1- 苯基丙烷 -1,2- 二酮 1-phenylpropane-1,2-dione
2- 苯基丙烷 -1,3- 二醇 2-phenylpropane-1,3-diol
苯基丙烯酸 phenyl acrylic acid
2-(3- 苯基丙酰)-1,3- 环己烷二酮 2-(3-phenylpropionyl)-1,3-cyclohexanedione
N- 苯基丙酰胺 *N*-phenylpropanamide
N-(3- 苯基丙酰基) 吡咯 *N*-(3-phenylpropanoyl)pyrrole
N-(3- 苯基丙酰基)- 吡咯 *N*-(3-phenylpropanoyl)-pyrrole
4- 苯基丁基没食子酸酯 4-phenylbutyl gallate
苯基二羟基二氢异香豆素 phenyldihydroxydihydroisocoumarin
24- 苯基二十四烷 -6- 酮 -19- 醇 24-phenyltetracosan-6-one-19-ol
1- 苯基庚 -1,3- 二炔 -5- 烯 1-phenylhepta-1,3-diyn-5-ene
7- 苯基庚 -2,4,6- 三炔 -1- 乙酸酯 7-phenylhepta-2,4,6-triyn-1-yl acetate
7- 苯基庚 -4,6- 二炔 -2- 烯 -1- 乙酸酯 7-phenylhepta-4,6-diyn-2-en-1-yl acetate
苯基庚三炔 phenylheptatriyne
1- 苯基庚烷 -1,3,5- 三炔 1-phenylhepta-1,3,5-triyne
1- 苯基 - 庚烷 -1,3,5- 三炔 1-phenyl-hepta-1,3,5-triyne
7- 苯基 - 庚烷 -2,4,6- 三炔 -2- 醇 7-phenyl-hepta-2,4,6-triyn-2-ol
7- 苯基 - 庚烷 -4,6- 二炔 -1,2- 二醇 7-phenyl-hepta-4,6-diyn-1,2-diol
7- 苯基 - 庚烷 -4,6- 二炔 -2- 醇 7-phenyl-hepta-4,6-diyn-2-ol
7- 苯基庚烷 -4,6- 二炔 -2- 烯 -1- 乙酸酯 7-phenylhept-4,6-diyn-2-en-1-yl acetate
7- 苯基 - 庚烯 -4,6- 二炔 -1- 醇 7-phenyl-2-heptene-4,6-diyn-1-ol
(*E*)-3- 苯基环戊酮 [b] 并吲哚 -1,2-(3H,4H)- 二酮 (*E*)-3-benzylidenecyclopenta[b]indole-1,2(3H,4H)-dione
N- 苯基甲酰胺 *N*-phenylformamide
6- 苯基没食子酸己酯 6-phenyl-hexylgallate
(+)- 苯基葡萄糖脎 *d*-phenylglucosazone
(7*R*)- 苯基氰甲基 -1'-*O*-*α*-L- 吡喃鼠李糖基 -(1 → 6)-*β*-D- 吡喃葡萄糖苷 (7*R*)-phenylcyanomethyl-1'-*O*-*α*-L-rhamnopyranosyl-(1→6)-*β*-D-glucopyranoside
(7*S*)- 苯基氰甲基 -1'-*O*-*α*-L- 吡喃鼠李糖基 -(1 → 6)-*β*-D- 吡喃葡萄糖苷 (7*S*)-phenylcyanomethyl-1'-*O*-*α*-L-rhamnopyranosyl-(1→6)-*β*-D-glucopyranoside
6- 苯基壬酸 6-phenylnonylic acid
3- 苯基乳酸 3-phenyllactic acid
D-*β*- 苯基乳酸 D-*β*-phenyllactic acid
β- 苯基乳酸 *β*-phenyllactic acid
(*R*)-3- 苯基乳酸甲酯 (*R*)-3-phenyllactic acid methyl ester
苯基噻二唑脲 thiadiazole phenylurea
2- 苯基色酮 2-phenylchromone
O-(*N*- 苯基四唑基) 瓜馥木定碱▲ *O*-(*N*-phenyltetrazolyl)fissoldine
α- 苯基 - 塔洛糖苷 *α*-phenyl-taloside
1-(2- 苯基羰氧基乙酰基)- 苯 1-(2-phenylcarbonyloxyacetyl)-benzene
2- 苯基乙醇 2-phenylethyl alcohol
2- 苯基乙醇芸香糖苷 2-phenylethyl rutinoside
5-(2- 苯基乙炔基)-2-*β*- 葡萄糖基甲基 - 噻吩 5-(2-phenylethynyl)-2-*β*-glucosylmethyl-thiophene
5-(2- 苯基乙炔基)-2- 噻吩甲醇 5-(2-phenylethynyl)-2-thiophene methanol
2- 苯基乙酸甲酯 methyl 2-phenylacetate
1- 苯基乙酮 1-phenylethanone
N- 苯基乙酰胺 *N*-phenylacetamide
24- 苯基 - 正二十四烷 -10- 酮 -19- 醇 24-phenyl-*n*-tetracosan-10-one-19-ol
苯甲醇 benzenemethanol; phenylmethanol
苯甲醇吡喃葡萄糖苷 phenylmethanol glucopyranoside
苯甲基 -2-*O*-(5-*O*- 苯甲酰基 -*β*-D- 呋喃芹糖基)-*β*-D- 吡喃葡萄糖苷 phenylmethyl-2-*O*-(5-*O*-benzoyl-*β*-D-apiofuranosyl)-*β*-D-glucopyranoside
苯甲基 -5-*O*-(4- 羟基苯甲酰基)-*β*-D- 呋喃芹糖基 -(1 → 2)-*β*-D- 吡喃葡萄糖苷 phenylcarbinyl-5-*O*-(4-hydroxybenzoyl)-*β*-D-apiofuranosyl-(1 → 2)-*β*-D-glucopyranoside
苯甲基 -6-*O*-*α*-L- 吡喃阿拉伯糖基 -*β*-D- 吡喃葡萄糖苷 phenylmethyl-6-*O*-*α*-L-arabinopyranosyl-*β*-D-glucopyranoside
苯甲基 -6-*O*-*α*-L- 呋喃阿拉伯糖基 -*β*-D- 吡喃葡萄糖苷 phenylmethyl-6-*O*-*α*-L-arabinofuranosyl-*β*-D-glucopyranoside
苯甲基 -*O*-*β*-D- 吡喃葡萄糖基 -(1 → 2)-*O*-[*β*-D- 吡喃木糖基 -(1 → 6)]-*β*-D- 吡喃葡萄糖苷 phenylmethyl-*O*-*β*-D-glucopyranosyl-(1 → 2)-*O*-[*β*-D-xylopyranosyl-(1 → 6)]-*β*-D-glucopyranoside
苯甲基 -*O*-*β*-D- 吡喃葡萄糖基 -(1 → 6)-*β*-D- 吡喃葡萄糖苷 phenylmethyl-*O*-*β*-d-glucopyranosyl-(1 → 6)-*β*-d-glucopyranoside
苯甲基 -*β*-D- 吡喃阿洛糖苷 phenylmethyl-*β*-D-allopyranoside
3- 苯甲基香豆素 3-benzylcoumarin
苯甲醛 benzaldehyde; phenylmethanal
苯甲酸 benzoic acid
苯甲酸 -4-L- 鼠李糖苷 benzoic acid-4-L-rhamnoside
苯甲酸苯乙酯 phenylethyl benzoate
苯甲酸苄酯 benzyl benzoate
苯甲酸苄酯 -2,6- 二 -*O*-*β*-D- 吡喃葡萄糖苷 benzylbenzoate-2,6-di-*O*-*β*-D-glucopyranoside
苯甲酸丙酯 propyl benzoate
苯甲酸丁酯 butyl benzoate
苯甲酸桂皮酯 cinnamyl benzoate
苯甲酸己酯 hexyl benzoate
苯甲酸甲酯 methyl benzoate
苯甲酸壬酯 nonylbenzoate
苯甲酸山荷叶素酯 benzoic acid diphyllin ester
苯甲酸乙酯 ethyl benzoate
苯甲酸异丁酯 isobutyl benzoate
苯甲酮 phenyl methyl ketone

3*β*-*O*- 苯甲酰 -11- 氧代熊果酸 3*β*-*O*-benzoyl-11-oxo-ursolic acid
3*β*-*O*- 苯甲酰 -6- 氧代熊果酸 3*β*-*O*-benzoyl-6-oxo-ursolic acid
1*β*-*O*- 苯甲酰 -D- 吡喃葡萄糖苷 1*β*-*O*-benzoyl-D-glucopyranoside
苯甲酰胺 benzamide
3''-*O*- 苯甲酰巴东荚蒾苷▲ 3''-*O*-benzoylhenryoside
6'-*O*- 苯甲酰白芍苷 6'-*O*-benzoylalbiflorin
苯甲酰北五味子素▲ H, O, P, Q, U benzoylgomisin H, O, P, Q, U
6-*O*- 苯甲酰北五味子素▲ O 6-*O*-benzoylgomisin O
N- 苯甲酰苯丙氨酸 -2- 苯甲酰氨基 -3- 苯丙酯 *N*-benzoylphenylalanine-2-benzoylamino-3-phenylpropylester
N- 苯甲酰苯丙氨酰基 -L- 苯丙氨醇乙酸酯 *N*-benzoyl phenylalanyl-L-phenylalaninol acetate
苯甲酰苯丙胺醇 benzoylphenylalaninol
苯甲酰苄酯 benzylbenzoate
3- 苯甲酰丙酸 3-benzoylpropionic acid
10- 苯甲酰布朗翠雀碱▲ 10-benzoylbrowniine
7- 苯甲酰川楝素 7-benzoyltoosendanin
14- 苯甲酰次乌头胺 14-benzoylhypaconine
14- 苯甲酰次乌头碱 14-benzoylhypaconitine
3'-*O*- 苯甲酰钉头果勾苷▲ 3'-*O*-benzoylfrugoside
1- 苯甲酰多根乌头萨明▲ 1-benzoylkarasamine
苯甲酰多花芍药素▲ benzoylwurdin
N- 苯甲酰二氢环小叶黄杨林碱▲ F *N*-benzoyldihydrocyclomicrophylline F
12-*O*- 苯甲酰佛波醇 -13- 壬酸酯 12-*O*-benzoylphorbol-13-nonanoate
12-*O*- 苯甲酰佛波醇 -13- 辛酸酯 12-*O*-benzoylphorbol-13-octanoate
14-*O*- 苯甲酰佛罗里达八角内酯▲ 14-*O*-benzoylfloridanolide
6-*O*- 苯甲酰戈米辛 6-*O*-benzoylgomisin
6'-*O*- 苯甲酰胡萝卜苷 6'-*O*-benzoyldaucosterol
N- 苯甲酰环黄杨定碱 F *N*-benzoylcycloxobuxidine F
N- 苯甲酰环黄杨林碱 F *N*-benzoylcycloxobuxoline F
N- 苯甲酰环黄杨辛碱 F *N*-benzoylcycloxobuxine F
10- 苯甲酰环小花茴香酮▲ 10-benzoylcycloparvifloralone
N- 苯甲酰环原黄杨林碱 C, D *N*-benzoylcycloprotobuxoline C, D
10-*O*- 苯甲酰黄花夹竹桃维苷▲ 10-*O*-benzoyltheveside
(-)- 苯甲酰黄杨二烯宁碱 (-)-benzoylbuxidienine
N- 苯甲酰黄杨二烯宁碱 E *N*-benzoylbuxodienine E
N-3- 苯甲酰黄杨二烯宁碱 F *N*-3-benzoybuxidienine F
7-*O*- 苯甲酰黄钟花苷 7-*O*-benzoyltecomoside
10-*O*- 苯甲酰鸡矢藤次苷甲酯 10-*O*-benzoylscandoside methyl ester
6-*O*-(3''-*O*- 苯甲酰基)-*α*-L- 吡喃鼠李糖基梓醇 6-*O*-(3''-*O*-benzoyl)-*α*-L-rhamnopyranosylcatalpol
6-*O*-(3''-*O*- 苯甲酰基)-*α*-L- 吡喃鼠李糖基梓醇七乙酸酯 6-*O*-(3''-*O*-benzoyl)-*α*-L-rhamnopyranosylcatalpol heptaacetate
10-*O*- 苯甲酰基 -10-*O*- 去乙酰车叶草苷 10-*O*-benzoyl-10-*O*-deacetylasperuloside
10-*O*- 苯甲酰基 -10-*O*- 去乙酰基 -11- 去甲氧基 -11- 乙氧基交让木苷 10-*O*-benzoyl-10-*O*-deacetyl-11-demethoxy-11-ethoxydaphylloside
10-*O*- 苯甲酰基 -10-*O*- 去乙酰交让木苷 10-*O*-benzoyl-10-*O*-deacetyldaphylloside
14- 苯甲酰基 -10- 羟基乌头原碱 14-benzoyl-10-hydroxyaconine
14- 苯甲酰基 -10- 羟基中乌头胺 14-benzoyl-10-hydroxymesaconine
(3*β*)-14-*O*- 苯甲酰基 -10- 去氧 -3- 羟基佛罗里达八角内酯▲ (3*β*)-14-*O*-benzoyl-10-deoxy-3-hydroxyfloridanolide
6-*O*- 苯甲酰基 -10- 去氧杜仲醇 6-*O*-benzoyl-10-deoxyeucommiol
11*α*-*O*- 苯甲酰基 -12*β*-*O*- 乙酰通光藤苷元 B 11*α*-*O*-benzoyl-12*β*-*O*-acetyltenacigenin B
3-*O*- 苯甲酰基 -13,17- 二苯甲酰氧基巨大戟烯醇▲ 3-*O*-benzoyl-13,17-dibenzoyloxyingenol
3-*O*- 苯甲酰基 -13-*O*- 十二酰基 -20- 乙酰巨大戟烯醇▲ 3-*O*-benzoyl-13-*O*-dodecanoyl-20-*O*-acetylingenol
20-*O*- 苯甲酰基 -13-*O*- 十二酰巨大戟烯醇▲ 20-*O*-benzoyl-13-*O*-dodecanoylingenol
3-*O*- 苯甲酰基 -13-*O*- 十二酰巨大戟烯醇▲ 3-*O*-benzoyl-13-*O*-dodecanoylingenol
3*β*- 苯甲酰基 -13*α*- 熊果 -28,12*β*- 内酯 3*β*-benzoyl-13*α*-ursan-28,12*β*-olide
3-*O*- 苯甲酰基 -13- 辛酰氧基巨大戟烯醇▲ 3-*O*-benzoyl-13-octanoyloxyingenol
12-*O*- 苯甲酰基 -14-*O*-(2*E*,4*E*)- 癸二烯基 -5*β*,12*β*- 二羟基树脂大戟醇 -6*α*,7*α*- 氧化物 12-*O*-benzoyl-14-*O*-(2*E*,4*E*)-decadienoyl-5*β*,12*β*-dihydroxyresiniferonol-6*α*,7*α*-oxide
3-*O*- 苯甲酰基 -17- 苯甲酰氧基 -13-(2,3- 二甲基丁酰氧基) 巨大戟烯醇▲ 3-*O*-benzoyl-17-benzoyloxy-13-(2,3-dimethylbutanoyloxy) ingenol
3-*O*- 苯甲酰基 -17- 苯甲酰氧基 -13- 辛酰氧基 -20- 去氧巨大戟烯醇▲ 3-*O*-benzoyl-17-benzoyloxy-13-octanoyloxy-20-deoxyingenol
20-*O*- 苯甲酰基 -17- 苯甲酰氧基 -13- 辛酰氧基巨大戟烯醇▲ 20-*O*-benzoyl-17-benzoyloxy-13-octanoyloxyingenol
3-*O*- 苯甲酰基 -17- 苯甲酰氧基 -13- 辛酰氧基巨大戟烯醇▲ 3-*O*-benzoyl-17-benzoyloxy-13-octanoyloxyingenol
3-*O*- 苯甲酰基 -20- 去氧巨大戟烯醇▲ 3-*O*-benzoyl-20-deoxyingenol
5-*O*- 苯甲酰基 -20- 去氧巨大戟烯醇▲ 5-*O*-benzoyl-20-deoxyingenol
N- 苯甲酰基 -2- 氨乙基 -*β*-D- 吡喃葡萄糖苷 *N*-benzoyl-2-aminoethyl-*β*-D-glucopyranoside
N- 苯甲酰基 -2- 苯乙胺 *N*-benzoyl-2-phenylethylamine
(-)-*N*- 苯甲酰基 -2- 羟基 -2- 苯乙胺 (-)-*N*-benzoyl-2-hydroxy-2-phenylethylamine
(+)-*N*- 苯甲酰基 -2- 羟基 -2- 苯乙胺 (+)-*N*-benzoyl-2-hydroxy-2-phenylethylamine
N- 苯甲酰基 -2- 羟基 -2- 苯乙胺 *N*-benzoyl-2-hydroxy-2-phenylethylamine
2-*O*- 苯甲酰基 -2- 去乙酰美登木因▲ 2-*O*-benzoyl-2-deacetylmayteine
14- 苯甲酰基 -3,13- 去氧乌头原碱 14-benzoyl-3,13-deoxyaconine
4-*O*- 苯甲酰基 -3'-*O*-3,4,5- 三甲氧基桂皮酰蔗糖 4-*O*-benzoyl-3'-*O*-3,4,5-trimethoxycinnamoylsucrose
6-*O*- 苯甲酰基 -3'-*O*-3,4,5- 三甲氧基桂皮酰蔗糖 6-*O*-benzoyl-3'-*O*-3,4,5-trimethoxycinnamoylsucrose
6-*O*- 苯甲酰基 -3'-*O*- 芥子酰蔗糖 6-*O*-benzoyl-3'-*O*-sinapoylsucrose
2-*O*- 苯甲酰基 -3-*O*- 去苯甲酰锡兰紫玉盘烯酮▲ 2-*O*-benzoyl-3-*O*-debenzoylzeylenone
3-*O*- 苯甲酰基 -3*β*- 羟基 -20- 去氧巨大戟烯醇▲ 3-*O*-benzoyl-3*β*-hydroxy-20-deoxyingenol
5-*O*- 苯甲酰基 -3*β*- 羟基 -20- 去氧巨大戟烯醇▲ 5-*O*-benzoyl-3*β*-hydroxy-20-deoxyingenol
6'-*O*- 苯甲酰基 -4''- 羟基 -3''- 甲氧基 - 芍药苷 6'-*O*-benzoyl-4''-hydroxy-3''-methoxypaeoniflorin
5*α*- 苯甲酰基 -4*α*- 羟基 -1*β*,8*α*- 二烟酰二氢沉香呋喃 5*α*-benzoyl-4*α*-hydroxy-1*β*,8*α*-dinicotinoyldihydroagarofuran
6'-*O*- 苯甲酰基 -4''- 羟基 -3''- 甲氧基 - 芍药苷 6'-*O*-benzoyl-4''-hydroxy-3''-methoxy-paeoniflorin
3-*O*- 苯甲酰基 -5,15-*O*- 二乙酰续随子醇 5,15-*O*-diacetyl-3-*O*-benzoyl-lathyrol
15*β*-*O*- 苯甲酰基 -5*α*- 羟基异续随子醇 15*β*-*O*-benzoyl-5*α*-

hydroxyisolathyrol
10-*O*- 苯甲酰基 -6'-*O*-α-L- 吡喃阿拉伯糖基 -(1 → 6)-β-D- 吡喃葡萄糖基京尼平苷酸 10-*O*-benzoyl-6'-*O*-α-L-arabinopyranosyl-(1 → 6)-β-D-glucopyranosylgeniposidic acid
3-*O*- 苯甲酰基 -6'-*O*- 反式桂皮酰蔗糖 3-*O*-benzoyl-6'-*O*-*trans*-cinnamoylsucrose
6β- 苯甲酰基 -7β- 羟基柯桠树烯▲ -5α- 醇 6β-benzoyl-7β-hydroxyvouacapen-5α-ol
12-*O*- 苯甲酰基 -8,11- 二巴豆酰基 -3β,8β,11α,12β,14β- 五羟基 - 孕甾 -14- 醇 -20- 酮 -3-*O*- 甲基 -β-D- 吡喃阿洛糖基 -(1 → 4)-β-D-吡喃磁麻糖苷 12-*O*-benzoyl-8,11-ditigloyl-3β,8β,11α,12β,14β-pentahydroxypregn-14-ol-20-one-3-*O*-methyl-β-D-allopyranosyl-(1 → 4)-β-D-thevetopyranoside
1β- 苯甲酰基 -8α- 桂皮酰基 -4α,5α- 二羟基二氢沉香呋喃 1β-benzoyl-8α-cinnamoyl-4α,5α-dihdroxydihydroagarofuran
12β-*O*- 苯甲酰基 -8β,14β,17β- 三羟基孕甾 -2,5- 二烯 -20- 酮 12β-*O*-benzoyl-8β,14β,17β-trihydroxypregn-2,5-diene-20-one
14- 苯甲酰基 -8- 甲氧基乌头原碱 14-benzoyl-8-methoxy-aconine
14-*O*- 苯甲酰基 -8- 甲氧基印度乌头原碱▲ 14-*O*-benzoyl-8-methoxybikhaconine
14-*O*- 苯甲酰基 -8- 乙氧基印度乌头原碱▲ 14-*O*-benzoyl-8-ethoxybikhaconine
N-δ- 苯甲酰基 -L-γ- 羟基鸟氨酸 *N*-δ-benzoyl-L-γ-hydroxyornithine
N- 苯甲酰基 -L- 苯丙氨醇 *N*-benzoyl-L-phenylalaninol
N-(*N*- 苯甲酰基 -L- 苯丙氨基)-*O*- 乙酰基 -L- 苯丙氨基醇 *N*-(*N*-benzoyl-L-phenylalanyl-)-*O*-actyl-L-phenylalanol
N- 苯甲酰基 -L- 苯丙氨酸甲酯 *N*-benzoyl-L-phenylalanine methyl ester
N-(*N*- 苯甲酰基 -L- 苯丙氨酰基)-*O*- 乙酰基 -L- 苯丙氨醇 *N*-(*N*-benzoyl-L-pheny-lalanyl-)-*O*-acetyl-L-phenylalanol
N- 苯甲酰基 -L- 苯丙氨酰基 -*N*- 苯甲酰基 -L- 苯丙氨酸酯 *N*-benzoyl-L-phenylalaninyl-*N*-benzoyl-L-phenylalaninate
N-δ- 苯甲酰基 -L- 鸟氨酸 *N*-δ-benzoyl-L-ornithine
N- 苯甲酰基 -*O*- 乙酰环黄杨林碱 F *N*-benzoyl-*O*-acetylcycloxobuxoline F
N- 苯甲酰基 -*O*- 乙酰黄杨二烯宁碱 E *N*-benzoyl-*O*-acetylbuxodienine E
N(*N* '- 苯甲酰基 -*S**- 苯丙氨基)-*S**- 苯丙氨基醇苯甲酸酯 *N*(*N*'-benzoyl-*S**-phenylalaninyl)-*S**-phenylalaninolbenzoate
N-(*N* '- 苯甲酰基 -*S*- 苯丙氨基)-*S*- 苯丙氨醇乙酸酯 *N*-(*N*'-benzoyl-*S*-phenylalanilyl)-*S*-phenylalaninol acetate
N-(*N*'- 苯甲酰基 -*S*- 苯丙氨酸基)-*S*- 苯丙胺醇 *N*-(*N*'-benzoyl-*S*-phenylalaninyl)-*S*-phenylalaninol
苯甲酰基 -β-D- 吡喃葡萄糖苷 benzoyl-β-D-glucopyranoside
7-*O*-(6-*O*- 苯甲酰基 -β-D- 吡喃葡萄糖基)- 芦丁 7-*O*-(6-*O*-benzoyl-β-D-glucopyranosyl)-rutin
2-(3- 苯甲酰基 -β-D- 吡喃葡萄糖氧基)-5- 羟基苄醇 2-(3-benzoyl-β-D-glucopyranosyloxy)-5-hydroxybenzyl alcohol
2-(4- 苯甲酰基 -β-D- 吡喃葡萄糖氧基)-5- 羟基苄醇 2-(4-benzoyl-β-D-glucopyranosyloxy)-5-hydroxybenzyl alcohol
2-(2- 苯甲酰基 -β-D- 吡喃葡萄糖氧基)-7-(1α,2α,6α- 三羟基 -3- 氧代环己 -4- 烯酰基)-5- 羟基苄醇 2-(2-benzoyl-β-D-glucopyranosyloxy)-7-(1α, 2α,6α-trihydroxy-3-oxocyclohex-4-enoyl)-5-hydroxybenzyl alcohol
2-(6- 苯甲酰基 -β-D- 吡喃葡萄糖氧基)-7-(1α,2α,6α- 三羟基 -3- 氧代环己 -4- 烯酰基)-5- 羟基苄醇 2-(6-benzoyl-β-D-glucopyranosyloxy)-7-(1α,2α,6α-trihydroxy-3-oxocyclohex-4-enoyl)-5-hydroxybenzyl alcohol
2-(6- 苯甲酰基 -β-D- 吡喃葡萄糖氧基)-7-(1,2,6- 三羟基 -5- 氧代环己 -3- 烯酰基)-5- 羟基苄醇 2-(6-benzoyl-β-D-glucopyranosyloxy)-7-(1,2,6-trihydroxy-5-oxocyclohex-3-enoyl)-5-hydroxybenzyl alcohol
21β- 苯甲酰基 - 长刺群戟柱苷元▲ -3-*O*-β-D- 吡喃葡萄糖醛酸苷 21β-benzoyl-longispinogenin-3-*O*-β-D-glucuronopyranoside
6-*O*- 苯甲酰基 - 二氢梓醇苷元 6-*O*-benzoyl-dihydrocatalpolgenin
6-*O*- 苯甲酰坚硬糙苏苷 B 6-*O*-benzoylphlorigidoside B
20-*O*- 苯甲酰巨大戟烯醇▲ 20-*O*-benzoylingenol
3-*O*- 苯甲酰巨大戟烯醇▲ 3-*O*-benzoylingenol
苯甲酰蕨素 B benzoylpterosin B
N- 苯甲酰酪胺 *N*-benzoyltyramine
N- 苯甲酰酪胺甲醚 *N*-benzoyltyramine methyl ether
6'-*O*- 苯甲酰柳皮苷醇 6'-*O*-benzoylsalicortinol
苯甲酰萝藦酮▲ benzoylramanone
7-*O*- 苯甲酰马钱酸 7-*O*-benzoylloganic acid
2'-*O*- 苯甲酰杧果苷 2'-*O*-benzoylmangiferin
2'- 苯甲酰杧果苷 2'-benzoylmangiferin
14-*O*- 苯甲酰闽皖八角素 14-*O*-benzoylminwanensin
2'-*O*- 苯甲酰莫罗忍冬吉苷▲ 2'-*O*-benzoylkingiside
8-*O*- 苯甲酰欧芍药苷▲ 8-*O*-benzoylpaeonidanin
苯甲酰匍匐柳苷 benzoylsalireposide
苯甲酰去氧乌头碱 benzoyldexoyaconitine
14- 苯甲酰去氧乌头原碱 14-benzoyldeoxyaconine
苯甲酰去氧乌头原碱 benzoyldeoxyaconine
12-*O*- 苯甲酰去乙酰萝藦苷元 12-*O*-benzoyldeacetylmetaplexigenin
苯甲酰日本南五味子素▲ benzoylbinankadsurin
12-*O*- 苯甲酰肉珊瑚素▲ 12-*O*-benzoylsarcostin
14- 苯甲酰萨柯乌头碱 14-benzoylsachaconitine
6- 苯甲酰伞形酮 6-benzoyl-umbelliferone
2'- 苯甲酰山拐枣苷▲ 2'-benzoylpoliothrysoside
4'- 苯甲酰山拐枣苷▲ 4'-benzoylpoliothrysoside
2'-*O*- 苯甲酰芍药苷 2'-*O*-benzoylpaeoniflorin
苯甲酰芍药苷 benzoylpaeoniflorin
苯甲酰芍药苷香叶醇酯 benzoylpaeoniflorin generate
3'- 苯甲酰水杨苷 3'-benzoylsalicin
14- 苯甲酰塔拉乌头胺 14-benzoyltalatisamine
3- 苯甲酰伪莽草素 3-benzoyl-pseudoanisatin
14- 苯甲酰乌头碱 14-benzoyaconitine
苯甲酰乌头碱 benzoylaconitine
14- 苯甲酰乌头原碱 14-benzoylaconine
苯甲酰乌头原碱 benzoylaconine
10-*O*- 苯甲酰五福花苷酸▲ 10-*O*-benzoyladoxosidic acid
12-*O*- 苯甲酰细纹厚果草酮▲ -3-*O*-α-L- 吡喃磁麻糖基 -(1 → 4)-β-D-吡喃磁麻糖基 -(1 → 4)-α-L- 吡喃洋地黄糖基 -(1 → 4)-β-D- 吡喃磁麻糖苷 12-*O*-benzoyllineolon-3-*O*-α-L-cymaropyranosyl-(1 →4)-β-D-cymaropyranosyl-(1 →4)-α-L-diginopyranosyl-(1 →4)-β-D-cymaropyranoside
14- 苯甲酰新欧乌林碱▲ 14-benzoylneoline
α- 苯甲酰氧化芍药苷 α-benzoyloxypaeoniflorin
β- 苯甲酰氧化芍药苷 β-benzoyloxypaeoniflorin
苯甲酰氧化芍药苷 benzoyloxypaeoniflorin
(1*S*, 4a*S*, 7*S*, 7a*S*)-7-(苯甲酰氧基) 甲基]-1-(β-D- 吡喃葡萄糖氧基) -1, 4a, 5,6,7,7a- 六氢 - 环戊 [c] 吡喃 -4- 羧酸 (1*S*,4a*S*,7*S*,7a*S*)-7-[(benzoyloxy)methyl]-1-(β-D-glucopyranosyloxy)-1,4a,5,6,7,7a-hexahydro-cyclopenta[c]pyran-4-carboxylic acid
[(苯甲酰氧基) 甲基]- 苯基 -4-*O*-α-L- 吡喃鼠李糖基 -(1 → 6)-β-D- 吡喃葡萄糖苷 [(benzoxy)methyl]-phenyl-4-*O*-α-L-rhamnopyranosyl-(1 → 6)-β-D-glucopyranoside
3β- 苯甲酰氧基 -10- 去氧佛罗里达八角内酯▲ 3β-benzoyloxy-10-

deoxyfloridanolide

3-*O*- 苯甲酰基 -13,17- 二苯甲酰氧基 -20- 去氧巨大戟烯醇▲ 3-*O*-benzoyl-13,17-dibenzoyloxy-20-deoxyingenol

17- 苯甲酰氧基 -13- 辛酰氧基巨大戟烯醇▲ 17-benzoyloxy-13-octanoyloxyingenol

3*β*- 苯甲酰氧基 -14*α*,22*ε*- 二羟基 -4*α*- 甲基 -24*ε*- 乙基 -5*α*- 胆甾 -7-烯 -6- 酮 3*β*-benzoyloxy-14*α*,22*ε*-dihydroxy-4*α*-methyl-24*ε*-ethyl-5*α*-cholest-7-en-6-one

3*β*- 苯甲酰氧基 -14*β*,22*ξ*- 二羟基 -4*α*- 甲基 -24*ξ*- 乙基 -5*α*- 胆甾 -7-烯 -6- 酮 3*β*-benzoyloxy-14*β*,22*ξ*-dihydroxy-4*α*-methyl-24*ξ*-ethyl-5*α*-cholest-7-en-6-one

14*α*- 苯甲酰氧基 -15*β*- 羟基 -5*α*,7*β*- 二异丁酰氧基 -2*α*,3*β*,8*α*,9*α*-四乙酰氧基麻疯树 -6(17),11*E*- 二烯 14*α*-benzoyloxy-15*β*-hydroxy-5*α*,7*β*-diisobutanoyloxy-2*α*,3*β*,8*α*,9*α*-tetraacetoxyjatropha-6(17),11*E*-diene

14*α*- 苯甲酰氧基 -15*β*- 羟基 -5*α*- 异丁酰氧基 -7*β*- 丙酰氧基 -2*α*,3*β*,8*α*, 9*α*- 四乙酰氧基麻疯树 -6(17),11*E*- 二烯 14*α*-benzoyloxy-15*β*-hydroxy-5*α*-isobutanoyloxy-7*β*-propionyloxy-2*α*,3*β*,8*α*,9*α*-tetraacetoxyjatropha-6(17),11*E*-diene

5*α*- 苯甲酰氧基 -15*β*- 羟基 -7*β*- 异丁酰氧基 -2*α*,3*β*,8*α*,9*α*- 四乙酰氧基麻疯树 -6(17),11*E*- 二烯 -14- 酮 5*α*-benzoyloxy-15*β*-hydroxy-7*β*-isobutanoyloxy-2*α*,3*β*,8*α*,9*α*-tetraacetoxyjatropha-6(17),11*E*-diene-14-one

14*α*- 苯甲酰氧基 -15*β*- 羟基 -7*β*- 异丁酰氧基 -5*α*- 丙酰氧基 -2*α*,3*β*,8*α*,9*α*- 四乙酰氧基麻疯树 -6(17),11*E*- 二烯 14*α*-benzoyloxy-15*β*-hydroxyl-7*β*-isobutanoyloxy-5*α*-propionyloxy-2*α*,3*β*,8*α*,9*α*-tetraacetoxyjatropha-6(17),11*E*-diene

(2*R*,3*R*,4*S*,5*R*,7*S*,8*S*,9*S*,13*S*,14*S*,15*R*)-5- 苯甲酰氧基 -15- 羟基 -7-异丁酰氧基 -2,3,8,9,14- 五乙酰氧基麻疯树 -6(17),11*E*- 二烯 (2*R*,3*R*,4*S*,5*R*,7*S*,8*S*,9*S*,13*S*,14*S*,15*R*)-5-benzoyloxy-15-hydroxy-7-isobutanoyloxy-2,3,8,9,14-pentaacetoxyjatropha-6(17),11*E*-diene

17- 苯甲酰氧基 -20-*O*-(2,3- 二甲基丁酰基)-13-(2,3- 二甲基丁酰氧基) 巨大戟烯醇▲ 17-benzoyloxy-20-*O*-(2,3-dimethylbutanoyl)-13-(2,3-dimethylbutanoyloxy)ingenol

17- 苯甲酰氧基 -20-*O*-(2,3- 二甲基丁酰基)-13- 辛酰氧基巨大戟烯醇▲ 17-benzoyloxy-20-*O*-(2,3-dimethylbutanoyl)-13-octanoyloxyingenol

16- 苯甲酰氧基 -20- 去氧巨大戟烯醇▲-5- 苯甲酸酯 16-benzoyloxy-20-deoxyingenol-5-benzoate

(5*α*)-3*β*- 苯甲酰氧基 -22*R*- 甲氧基 -4*α*- 甲基 - 豆甾 -7- 烯 -6- 酮 (5*α*)-3*β*-benzoyloxy-22*R*-methoxy-4*α*-methyl-stigmast-7-en-6-one

(5*α*)-3*β*- 苯甲酰氧基 -22*R*- 乙氧基 -4*α*- 甲基 - 豆甾 -7- 烯 -6- 酮 (5*α*)-3*β*-benzoyloxy-22*R*-ethoxy-4*α*-methyl-stigmast-7-en-6-one

3*α*- 苯甲酰氧基 -2*α*,7*α*- 二异丁酰氧基 -5*β*,8*α*,9*α*,15*β*- 四乙酰氧基麻疯树 -6(17),11*E*- 二烯 -14- 酮 3*α*-benzoyloxy-2*α*,7*α*-diisobutyroyloxy-5*β*,8*α*,9*α*,15*β*-tetraacetoxyjatropha-6(17),11*E*-diene-14-one

14*β*- 苯甲酰氧基 -2*α*,7*β*- 二异丁酰氧基 -15*α*- 羟基 -3*β*,5*α*,8*α*,9*α*-四乙酰氧基麻疯树 -6(17),11*E*- 二烯 -14- 酮 14*β*-benzoyloxy-2*α*,7*β*-diisobutyroyloxy-15*α*-hydroxy-3*β*,5*α*,8*α*,9*α*-tetraacetoxyjatropha-6(17),11*E*-diene

3*α*- 苯甲酰氧基 -2*α*- 异丁酰氧基 -5*β*,7*α*,8*α*,9*α*,15*β*- 五乙酰氧基麻疯树 -6(17),11*E*- 二烯 -14- 酮 3*α*-benzoyloxy-2*α*-isobutyroyloxy-5*β*,7*α*,8*α*,9*α*,15*β*-pentaacetoxyjatropha-6(17),11*E*-diene-14-one

1*β*- 苯甲酰氧基 -2*β*,6*α*- 二乙酰氧基 -4*α*- 羟基 -9*α*,15- 二 (*α*- 甲基) 丁氧基 -*β*- 二氢沉香呋喃 1*β*-benzoyloxy-2*β*,6*α*-diacetoxy-4*α*-hydroxy-9*α*,15-di(*α*-methyl)butanoyl-*β*-dihydroagarofuran

17- 苯甲酰氧基 -3-*O*-(2,3- 二甲基丁酰基)-13-(2,3- 二甲基丁酰氧基)-20- 去氧巨大戟烯醇▲ 17-benzoyloxy-3-*O*-(2,3-dimethylbutanoyl)-13-(2,3-dimethylbutayloxy)-20-deoxyingenol

17- 苯甲酰氧基 -3-*O*-(2,3- 二甲基丁酰基)-13-(2,3- 二甲基丁酰氧基) 巨大戟烯醇▲ 17-benzoyloxy-3-*O*-(2,3-dimethylbutanoyl)-13-(2,3-dimethylbutanoyloxy)ingenol

17- 苯甲酰氧基 -3-*O*-(2,3- 二甲基丁酰基)-13- 辛酰氧基巨大戟烯醇▲ 17-benzoyloxy-3-*O*-(2,3-dimethylbutanoyl)-13-octanoyloxyingenol

17- 苯甲酰氧基 -3-*O*-(2,3- 二甲基丁酰基)-20- 去氧巨大戟烯醇▲ 17-benzoyloxy-3-*O*-(2,3-dimethylbutanoyl)-20-deoxyingenol

1*α*- 苯甲酰氧基 -3*α*- 乙酰氧基 -7*α*- 羟基 -12*α*- 乙氧基印楝波力宁▲ 1*α*-benzoyloxy-3*α*-acetoxyl-7*α*-hydroxyl-12*α*-ethoxylnimbolinin

1*α*- 苯甲酰氧基 -3*α*- 乙酰氧基 -7*α*- 羟基 -12*β*- 乙氧基印楝波力宁▲ 1*α*-benzoyloxy-3*α*-acetoxyl-7*α*-hydroxyl-12*β*-ethoxylnimbolinin

(*S*)-2- 苯甲酰氧基 -3- 苯基 -1- 丙醇 (*S*)-2-benzoyloxy-3-phenyl-1-propanol

(12*E*,2*S*,3*S*,4*R*,5*R*,6*S*,9*S*,11*S*,15*R*)-3- 苯甲酰氧基 -5,15- 二乙酰氧基 -6,17- 环氧续随子 -12- 烯 -14- 酮 (12*E*,2*S*,3*S*,4*R*,5*R*,6*S*,9*S*,11*S*,15*R*)- 3-benzoyloxy-5,15-diacetoxy-6,17-epoxylathyra-12-en-14-one

(+)-(12*E*,2*S*,3*S*,4*R*,5*R*,6*R*,9*S*,11*S*,15*R*)-3- 苯甲酰氧基 -5,6- 环氧续随子 -12- 烯 -15- 醇 -14- 酮 (+)-(12*E*,2*S*,3*S*,4*R*,5*R*,6*R*,9*S*,11*S*,15*R*)-3-benzoyloxy-5,6-epoxylathyr-12-en-15-ol-14-one

3*α*- 苯甲酰氧基 -5*β*,14*β*- 二羟基 -2*α*- 异丁酰氧基 -7*α*,8*α*,9*α*,15*β*-四乙酰氧基麻疯树 -6(17),11*E*- 二烯 -14- 酮 3*α*-benzoyloxy-5*β*,14*β*-dihydroxy-2*α*-isobutyroyloxy-7*α*,8*α*,9*α*,15*β*-tetraacetoxyjatropha-6(17),11*E*-diene

2*β*- 苯甲酰氧基 -6*α*- 羟基伪大八角素 2*β*-benzoyloxy-6*α*-hydroxypseudomajucin

1*β*- 苯甲酰氧基 -6*α*- 烟酰氧基 -8*β*,9*β*,15- 三乙酰氧基 -*β*- 二氢沉香呋喃 1*β*-benzoyloxy-6*α*-nicotinoyloxy-8*β*,9*β*,15-triacetoxy-*β*-dihydroagarofuran

3*α*- 苯甲酰氧基 -D:A- 飞齐墩果 -27,16*α*- 内酯 3*α*-benzoyloxy-D:A-friedo-oleanan-27,16*α*-lactone

2-(苯甲酰氧基甲基) 苯基 -(3,6- 二 -*O*- 乙酰基)-*β*- 吡喃葡萄糖苷 2-(benzoyloxymethyl)phenyl-(3,6-di-*O*-acetyl)-*β*-glucopyranoside

(+)-(1*R*,2*R*,4*R*,5*S*,6*R*,7*R*)-4- 苯甲酰氧基甲基 -3,8- 二氧杂三环 [5.1.0.0^{2,4}]- 辛烷 -5,6- 二醇 -5- 乙酸酯 (+)-(1*R*,2*R*,4*R*,5*S*,6*R*,7*R*)-4-benzoyloxymethyl-3,8-dioxatricyclo-[5.1.0.0^{2,4}]octane-5,6-diol-5-acetate

(-)-(1*R*,2*R*,4*R*,5*S*,6*R*,7*R*)-4- 苯甲酰氧基甲基 -3,8- 二氧杂三环 [5.1.0.0^{2,4}]- 辛烷 -5,6- 二醇 -6- 苯甲酸酯 (-)-(1*R*,2*R*,4*R*,5*S*,6*R*,7*R*)-4-benzoyloxymethyl-3,8-dioxatricyclo[5.1.0.0^{2,4}]octane-5,6-diol-6-benzoate

(-)-(1*R*,2*R*,4*R*,5*S*,6*R*,7*R*)-4- 苯甲酰氧基甲基 -3,8- 二氧杂三环 [5.1.0.0^{2,4}]- 辛烷 -5,6- 二醇 -6- 乙酸酯 (-)-(1*R*,2*R*,4*R*,5*S*,6*R*,7*R*)-4-benzoyloxymethyl-3,8-dioxatricyclo[5.1.0.0^{2,4}]octane-5,6-diol-6-acetate

21*β*- 苯甲酰氧基齐墩果 -12- 烯 -3*β*,16*β*,23,28- 四醇 21*β*-benzoyloxyolean-12-ene-3*β*,16*β*,23,28-tetraol

21*β*- 苯甲酰氧基齐墩果 -12- 烯 -3*β*,16*β*,28- 三醇 21*β*-benzoyloxyolean-12-ene-3*β*,16*β*,28-triol

3*α*- 苯甲酰氧基托品烷 3*α*-benzoyloxytropane

(-)-(5*E*,12*E*,2*S*,3*S*,4*S*,9*S*,11*S*,15*R*)-15- 苯甲酰氧基续随子 -5,12-二烯 -3- 醇 -14- 酮 (-)-(5*E*,12*E*,2*S*,3*S*,4*S*,9*S*,11*S*,15*R*)-15-benzoyloxylathyra-5,12-dien-3-ol-14-one

苯甲酰氧基氧代南五味子烷 benzoyl oxokadsurane

10- 苯甲酰伊犁翠雀碱▲ 10-benzoylilensine

14- 苯甲酰伊犁翠雀碱▲ 14-benzoylilensine

苯甲酰乙酸 benzoylacetic acid

苯甲酰异北五味子素▲O benzoylisogomisin O
6-苯甲酰异叶乌头碱 6-benzoylheteratisine
1-苯甲酰印楝波力宁▲C 1-benzoylnimbolinin C
1-*O*-苯甲酰印楝沙兰宁酸甲酯 1-*O*-benzoylsalannic acid methyl ester
14-苯甲酰展花乌头宁 14-benzoylchasmanine
(1*R*,4*R*,5*R*)-5-苯甲酰樟脑烷-2-酮 (1*R*,4*R*,5*R*)-5-benzoyloxy-bornan-2-one
1'-*O*-苯甲酰蔗糖 1'-*O*-benzoylsucrose
6-*O*-苯甲酰蔗糖 6-*O*-benzoylsucrose
14-苯甲酰中乌头胺 14-benzoylmesaconine
14-苯甲酰中乌头碱 14-benzoylmesaconitine
苯甲酰中乌头碱 benzoylmesaconitine
10-苯甲酰梓醇 10-benzoylcatalpol
1,4-苯醌 1,4-benzoquinone
1,2,3-苯三酚 1,2,3-benzenetriol
1,2,4-苯三酚 1,2,4-benzenetriol
1,3,5-苯三酚 1,3,5-benzenetriol
苯亚甲基丙二醛 benzylidenemalonaldehyde
苯亚甲基丙酮 benzalacetone
2'-苯氧基-3,3',4,4'-四甲氧基查耳酮 2'-phenoxy-3,3',4,4'-tetramethoxychalcone
2-苯氧基乙醇 2-phenoxyethanol
β-苯乙胺 β-phenylethylamine
苯乙胺 phenethylamine; phenylethylamine
β-苯乙醇 β-phenylethyl alcohol
苯乙醇 benzeneethanol; phenethanol; phenylethanol; phenylethyl alcohol
苯乙醇-2-*O*-β-D-吡喃葡萄糖基-(1→6)-β-D-吡喃葡萄糖苷 phenylethyl-2-*O*-β-D-glucopyranosyl-(1→6)-β-D-glucopyranoside
苯乙醇-4-*O*-β-D-吡喃木糖基-(1→6)-β-D-吡喃葡萄糖苷 phenylethanol-4-*O*-β-D-xylopyranosyl-(1→6)-β-D-glucopyranoside
2-苯乙醇-6-*O*-α-L-吡喃阿拉伯糖基-β-D-吡喃葡萄糖苷 2-phenethyl alcohol-6-*O*-α-L-arabinopyranosyl-β-glucopyranoside
苯乙醇-8-*O*-β-D-吡喃葡萄糖基-(1→2)-β-D-吡喃葡萄糖苷 phenethyl alcohol-8-*O*-β-D-glucopyranosyl-(1→2)-β-D-glucopyranoside
苯乙醇-*O*-β-D-吡喃葡萄糖基-(2→1)-*O*-β-D-吡喃葡萄糖苷 phenethyl alcohol-*O*-β-D-glucopyranosyl-(2→1)-*O*-β-D-glucopyranoside
2-苯乙醇-α-L-吡喃阿拉伯糖基-(1→6)-β-D-吡喃葡萄糖苷 2-phenylethyl-α-L-arabinopyranosyl-(1→6)-β-D-glucopyranoside
苯乙醇-β-D-吡喃木糖基-(1→6)-β-D-吡喃葡萄糖苷 phenethyl alcohol-β-D-xylopyranosyl-(1→6)-β-D-glucopyranoside
苯乙醇-β-槐糖苷 phenethyl alcohol-β-sophoroside
苯乙醇-吡喃木糖基-(1→6)-吡喃葡萄糖苷 phenethyl-alcohol-xylopyranosyl-(1→6)-glucopyranoside
N-(2-苯乙基)-2*E*,4*E*-十一碳二烯-8,10-二炔酰胺 *N*-(2-phenylethyl)-2*E*,4*E*-undecadiene-8,10-diynamide
N-(2-苯乙基)-2*E*,4*Z*-十一碳二烯-8,10-二炔酰胺 *N*-(2-phenylethyl)-2*E*,4*Z*-undecadiene-8,10-diynamide
N-(2-苯乙基)-2*Z*-壬烯-6,8-二炔酰胺 *N*-(2-phenylethyl)-2*Z*-nonene-6,8-diynamide
2-(2-苯乙基)色酮 2-(2-phenylethyl)chromone
N-(2-苯乙基)十六酰胺 *N*-(2-phenylethyl)hexadecanamide
2-苯乙基-1-*O*-β-D-吡喃葡萄糖苷 2-phenylethyl-1-*O*-β-D-glucopyranoside
2-苯乙基-1-*O*-β-D-吡喃葡萄糖基-(1→6)-*O*-α-L-呋喃阿拉伯糖苷 2-phenylethyl-1-*O*-β-D-glucopyranosyl-(1→6)-*O*-α-L-arabinofuranoside
2-苯乙基-1-*O*-β-D-吡喃葡萄糖基-(1→6)-*O*-β-D-吡喃木糖苷 2-phenylethyl-1-*O*-β-D-glucopyranosyl-(1→6)-*O*-β-D-xylopyranoside
N-β-苯乙基-3-(3,4-二甲氧基苯基)丙烯酰胺 *N*-β-phenethyl-3-(3,4-dimethoxyphenyl)propenamide
N-β-苯乙基-3-(3,4-亚甲二氧基苯基)丙烯酰胺 *N*-β-phenethyl-3-(3,4-methylenedioxyphenyl)propenamide
2-苯乙基-3-*O*-α-L-吡喃鼠李糖基-β-D-吡喃葡萄糖苷 2-phenylethyl-3-*O*-α-L-rhamnopyranosyl-β-D-glucopyranoside
2-苯乙基-6-*O*-β-D-吡喃葡萄糖基-β-D-吡喃葡萄糖苷 2-phenylethyl-6-*O*-β-D-glucopyranosyl-β-D-glucopyranoside
苯乙基-8-*O*-β-D-吡喃葡萄糖苷 phenethyl-8-*O*-β-D-glucopyranoside
2-苯乙基-D-芸香糖苷 2-phenylethyl-D-rutinoside
苯乙基-*O*-(6-β-*O*-α-L-呋喃阿拉伯糖基)-β-D-吡喃葡萄糖苷 phenylethyl-*O*-(6-β-*O*-α-L-arabinofuranoside)-β-D-glucopyranoside
2-苯乙基-*O*-D-芸香糖苷 2-phenylethyl-*O*-D-rutinoside
2-苯乙基-*O*-α-L-呋喃阿拉伯基-β-D-吡喃葡萄糖苷 2-phenylethyl-*O*-α-L-arabinofuranosyl-β-D-glucopyranoside
2-苯乙基-*O*-α-L-吡喃阿拉伯糖基-(1→6)-β-吡喃葡萄糖苷 2-phenylethyl-*O*-α-L-arabinopyranosyl-(1→6)-β-glucopyranoside
2-苯乙基-*O*-α-L-吡喃鼠李糖基-(1→6)-β-D-吡喃葡萄糖苷 2-phenylethyl-*O*-α-L-rhamnopyranosyl-(1→6)-β-D-glucopyranoside
苯乙基-*O*-α-L-呋喃阿拉伯糖基-(1→6)-β-D-吡喃葡萄糖苷 phenylethyl-*O*-α-L-arabinofuranoside-(1→6)-β-D-glucopyranoside
2-苯乙基-*O*-β-D-吡喃木糖基-(1→2)-β-D-吡喃葡萄糖苷 2-phenylethyl-*O*-β-D-xylopyranosyl-(1→2)-β-D-glucopyranoside
2-苯乙基-*O*-β-D-吡喃木糖基-(1→6)-β-D-吡喃葡萄糖苷 2-phenylethyl-*O*-β-D-xylopyranosyl-(1→6)-β-D-glucopyranoside
苯乙基-*O*-β-D-吡喃葡萄糖-(1→2)-β-D-吡喃葡萄糖苷 phenylethyl-*O*-β-D-glucopyranosyl-(1→2)-β-D-glucopyranoside
2-苯乙基-*O*-β-D-吡喃葡萄糖苷 2-phenylethyl-*O*-β-D-glucopyranoside
苯乙基-*O*-β-D-吡喃葡萄糖苷 phenylethyl-*O*-β-D-glucopyranoside
苯乙基-*O*-β-D-吡喃葡萄糖基-(1→2)-*O*-β-D-吡喃葡萄糖苷 phenethyl-*O*-β-D-glucopyranosyl-(1→2)-*O*-β-D-glucopyranoside
苯乙基-*O*-β-L-吡喃阿拉伯糖基-(1→6)-*O*-β-D-吡喃葡萄糖苷 phenylethyl-*O*-β-L-arabinopyranosyl-(1→6)-*O*-β-D-glucopyranoside
2-苯乙基-*O*-β-葡萄糖苷 2-phenylethyl-*O*-β-glucoside
2-苯乙基-*O*-芸香糖苷 2-phenylethyl-*O*-rutinoside
1'-*O*-苯乙基-α-L-吡喃鼠李糖基-(1→6)-β-D-吡喃葡萄糖苷 1'-*O*-phenethyl-α-L-rhamnopyranosyl-(1→6)-β-D-glucopyranoside
苯乙基-α-L-吡喃鼠李糖基-(1→6)-β-D-吡喃葡萄糖苷 phenethyl-α-L-rhamnopyranosyl-(1→6)-β-D-glucopyranoside
2-苯乙基-β-D-吡喃木糖基-(1→6)-β-D-吡喃葡萄糖苷 2-phenylethyl-β-D-xylopyranosyl-(1→6)-β-D-glucopyranoside
2-苯乙基-β-D-吡喃葡萄糖苷 2-phenylethyl-β-D-glucopyranoside
β-苯乙基-β-D-吡喃葡萄糖苷 β-phenylethyl-β-D-glucopyranoside
苯乙基-β-D-吡喃葡萄糖苷 phenethyl-β-D-glucopyranoside
2-苯乙基-β-D-蚕豆糖苷 2-phenylethyl-β-vicianoside
1'-*O*-苯乙基-β-D-呋喃芹菜糖基-(1→2)-β-D-吡喃葡萄糖苷 1'-*O*-phenethyl-β-D-apiofuranosyl-(1→2)-β-D-glucopyranoside

2- 苯乙基 -β-D- 葡萄糖苷 2-phenylethy-β-D-glucoside
β- 苯乙基 -β-D- 葡萄糖苷 β-phenylethyl-β-D-glucoside
2- 苯乙基 -β- 樱草糖苷 2-phenylethyl-β-primeveroside
苯乙基 -β- 樱草糖苷 phenethyl-β-primeveroside
苯乙基阿魏酸酯 phenethyl ferulate
2- 苯乙基巴豆酸酯 2-phenylethyl tiglate
2- 苯乙基苯基乙酸酯 2-phenylethyl phenylacetate
2- 苯乙基苯甲酸酯 2-phenylethyl benzoate
β- 苯乙基苯甲酸酯 β-phenylethyl benzoate
N- 苯乙基苯甲酰胺 N-phenethylbenzamide
苯乙基吡咯 -2- 羧酸酯 phenethylpyrrole-2-carboxylate
苯乙基吡喃葡萄糖苷 phenylethyl glucopyranoside
苯乙基 - 吡喃葡萄糖苷 phenylethyl-glucopyranoside
2- 苯乙基草酸丙酯 n-propyl 2-phenethyl oxalate
苯乙基 - 反式 - 阿魏酸酯 phenethyl-trans-ferulate
N- 苯乙基桂皮胺 N-phenethylcinnamide
(E)-N- 苯乙基桂皮酰胺 (E)-N-phenethylcinnamamide
N-2- 苯乙基桂皮酰胺 N-2-phenylethylcinnamamide
苯乙基桂皮酰胺 phenethylcinnamamide
苯乙基甲醚 phenethyl methyl oxide
2- 苯乙基甲酯 2-phenylethyl methyl ether
2- 苯乙基芥子油苷 2-phenethylglucosinolate
2- 苯乙基酸酯 2-phenyl ethylbutanoate
苯乙基酰胺 phenylethylamide
2- 苯乙基乙酸酯 2-phenylethyl acetate
2- 苯乙基异硫氰酸酯 2-phenylethyl isothiocyanate
β- 苯乙基异硫氰酸酯 β-phenylethylisothiocyanate
苯乙基异硫氰酸酯 phenethyl isothiocyanate
2- 苯乙基异戊酸酯 2-phenylethyl isopentanoate
2- 苯乙基芸香糖苷 2-phenethylrutinoside
苯乙基 - 芸香糖苷 phenylethyl-rutinoside
苯乙腈 benzeneacetonitrile; benzyl cyanide; benzyl cyanide; phenylacetonitrile
2- 苯乙醛 2-phenylacetaldehyde
苯乙醛 benzeneacetaldehyde; phenylacetaldehyde
苯乙酸 benzeneacetic acid; phenylacetic acid
苯乙酸甲酯 methyl phenylacetate
苯乙酸乙酯 ethyl phenylacetate
苯乙酸异丁酯 isobutyl phenylacetate
苯乙酮 acetophenone; l-phenylethanone
4-O- 苯乙酮 -β-D- 吡喃葡萄糖基 -(1 → 3)-β-D- 吡喃葡萄糖苷 4-O-acetophenone-β-D-glucopyranosyl-(1 → 3)-β-D-glucopyranoside
苯乙烯 styrene
6- 苯乙烯基 -2- 吡喃酮 -4-O-β-D- 葡萄糖苷 6-styryl-2-pyrone-4-O-β-D-glucoside
苯乙酰蕨素 C phenylacetylpterosin C
3- 苯乙酰氧基 -6,7- 环氧托品烷 3-phenylacetoxy-6,7-epoxytropane
3-3- 苯乙酰氧基 -6- 羟基托品烷 3-phenylacetoxy-6-hydroxytropane
3α- 苯乙酰氧基托品烷 3α-phenylacetoxytropane
3- 苯乙酰氧基托品烷 3-phenylacetoxytropane
3β- 苯乙酰氧托品烷 3β-phenylacetoxytropane
鼻萼乌头辛碱▲ aconosine
(-)- 比枯枯灵碱 (-)-bicuculline
(+)- 比枯枯灵碱 (+)-bicuculline
比枯枯灵碱 bicuculline
比枯枯灵宁▲ bicucullinine
比平达羊角拗苷▲ bipindoside
比平达羊角拗苷元▲ bipindogenin
比氏刺桐碱▲ erybidine
比氏穴果木碱▲ coelobillardierine
1H- 吡啶 [3,4-b] 吲哚 -1,3,4(2H,9H)- 三酮 1H-pyrido[3,4-b]indole-1,3,4(2H,9H)-trione
吡啶 -2- 酮 pyrrolidin-2-one
吡啶 -3,5- 二羧酰胺 pyridine-3,5-dicarboxamide
2-(吡啶 -3- 基)-6-[2-(吡啶 -3- 基)- 吡啶 -5- 基]- 哌啶 2-(pyridin-3-yl)-6-[2-(pyridin-3-yl)-pyridin-5-yl]-piperidine
吡啶 -3- 基 - 甲醇 pyridin-3-yl-methanol
吡啶 -3- 羧酸 pyridine-3-carboxylic acid
吡啶 -N- 氧化物 pyridine-N-oxide
3,5- 吡啶二甲酰胺 3,5-pyridinedicarboxamide
吡啶基芍药苷 pyridylpaeoniflorin
3- 吡啶甲酸 3-pyridine carboxylic acid
2- 吡啶硫醇 -N- 氧化物 2-pyridinethiolate-N-oxide
吡啶硫酮铜 copper omadine
3- 吡啶羧酸 3-pyridinecarboxylic acid
1- 吡咯 -2,5- 二羧酸 1-pyrrole-2,5-dicarboxylic acid
吡咯 -2,5- 二酮 -5- 肟 pyrrolidine-2,5-dione-5-oxime
吡咯 -2- 甲酸甲酯 methyl pyrrole-2-carboxylate
吡咯 -2- 羧酸 -3- 呋喃甲酯 3-furfuryl pyrole-2-carboxylate
吡咯并哌嗪 -2,5- 二酮 pyrrolopiperazine-2,5-dione
吡咯花椒碱▲ pyrrolezanthine
吡咯花椒碱▲ -6- 甲醚 pyrrolezanthine-6-methyl ether
2- 吡咯甲酸 2-minaline
吡咯酮 pyrrolidinone
4-(吡咯烷 -2- 酮基)- 苯基乙酸 4-(pyrrolidin-2-one)-phenylacetic acid
6-(2- 吡咯烷酮 -5- 基)-(-)- 表儿茶素 6-(2-pyrrolidinone-5-yl)-(-)-epicatechin
8-(2- 吡咯烷酮 -5- 基)-(-)- 表儿茶素 8-(2-pyrrolidinone-5-yl)-(-)-epicatechin
2- 吡咯烷酮 -5- 甲酯 methyl 2-pyrrolidone-5-carboxylate
2- 吡咯烷酮 -5- 羧酸 2-pyrrolidone-5-carboxylic acid
2- 吡咯烷酮 -5- 羧酸乙酯 ethyl 2-pyrrolidinone-5-carboxylate
吡咯酰胺 pyrrole amide
吡喃 pyran
9H- 吡喃 [2,3-f]-1,4- 苯并二氧 -9- 酮 9H-pyrano[2,3-f]-1,4-benzodioxin-9-one
2H- 吡喃 -2,6(3H)- 二酮 2H-pyran-2,6(3H)-dione
2H- 吡喃 -4- 乙酸 2H-pyran-4-acetic acid
3-O-α-L- 吡喃阿拉伯糖常春藤皂苷元 -28-O-β-D- 吡喃葡萄糖 -(1 → 6)-β-D- 吡喃葡萄糖苷 3-O-α-L-arabinopyranosyl-hederagenin-28-O-β-D-glucopyranosyl-(1 → 6)-β-D-glucopyranoside
3-O-α-L- 吡喃阿拉伯糖 - 常春藤皂苷元 -28-O-β-D- 吡喃葡萄糖基 (1 → 6)-β-D- 吡喃葡萄糖苷 3-O-α-L-arabinopyranoyl-hederagenin-28-O-β-D-glucopyranosyl-(1 → 6)-β-D-glucopyranoside
3-O-α-L- 吡喃阿拉伯糖基 -(1 → 2)-[(4-O- 反式 - 咖啡酰基)-β-D- 吡喃半乳糖基]-7-O-β-D- 吡喃葡萄糖基山柰酚 3-O-α-L-arabinopyranosyl-(1 → 2)-[4-O-trans-caffeoyl-β-D-galactopyranosyl]-7-O-β-D-glucopyranosyl-quercetin
3-O-[α-L- 吡喃阿拉伯糖基 -(1 → 2)]-6-O- 甲基 -β-D- 吡喃葡萄糖醛酸基积雪草酸甲酯 3-O-[α-L-arabinopyranosyl-(1 → 2)]-6-O-methyl-β-D-glucuronopyranosyl methyl asiatate
3-O-[α-L- 吡喃阿拉伯糖基 -(1 → 2)]-6-O- 甲基 -β-D- 吡喃葡萄糖醛酸基山楂酸甲酯 3-O-[α-L-arabinopyranosyl-(1 → 2)]-6-O-methyl-β-D-glucuronopyranosyl methyl maslinate

3-O-[-α-L- 吡喃阿拉伯糖基 -(1 → 2)]-β-D- 吡喃葡萄糖醛酸基 - 赤豆皂醇 3-O-[-α-L-arabinopyranosyl-(1 → 2)]-β-D-glucuronopyranosyl-azukisapogenol

(4α)-3β-[(O-α-L- 吡喃阿拉伯糖基 -(1 → 2)-O-[α-L- 吡喃鼠李糖基 - (1 → 3)]-α-L- 吡喃阿拉伯糖氧基]-23- 羟基齐墩果酸 (4α)-3β-[(O- α-L-arabinopyranosyl-(1 → 2)-O-[α-L-rhamnopyranosyl-(1 → 3)]-α-L-arabinopyranosyloxy]-23-hydroxyoleanolic acid

3β-{O-α-L- 吡喃阿拉伯糖基 -(1 → 2)-O-[β-D- 吡喃木糖基 - (1 → 3)]-O-β-D- 吡喃葡萄糖醛酸基 }- 石头花苷元▲-28-{O-β-D- 吡喃木糖基 -(1 → 3)-O-β-D- 吡喃木糖基 -(1 → 4)-O-α-L- 吡喃鼠李糖基 -(1 → 2)-4-O-[(E)-4- 甲氧基桂皮酰基]-β-D- 吡喃岩藻糖基 } 酯 3β-[O-α-L-arabinopyranosyl-(1 → 2)-O-[β-D-xylopyranosyl-(1 → 3)]-O-β-D-glucopyranuronosyl]-gypsogenin-28-{O-β-D-xylopyranosyl-(1 → 3)-O-β-D-xylopyranosyl-(1 → 4)-O-α-L-rhamnopyranosyl-(1 → 2)-4-O-[(E)-4-methoxycinnamoyl]-β-D-fucopyranosyl}ester

3-O-α-L- 吡喃阿拉伯糖基 -(1 → 2)-β-D- 吡喃半乳糖基 -7-O-β-D-吡喃葡萄糖基山柰酚 3-O-α-L-arabinopyranosyl-(1 → 2)-β-D-galactopyranosyl-7-O-β-D-glucopyranosyl-kaempferol

3-O-[α-L- 吡喃阿拉伯糖基 -(1 → 2)-β-D- 吡喃葡萄糖基 -(1 → 2)-α-L- 吡喃阿拉伯糖基]-28-O-β-D- 吡喃葡萄糖基常春藤皂苷元 3-O-[α-L-arabinopyranosyl-(1 → 2)-β-D-glucopyranosyl-(1 → 2)-α-L-arabinopyranosyl]-28-O-β-D-glucopyranosylhederagenin

3-O-[α-L- 吡喃阿拉伯糖基 -(1 → 2)-β-D- 吡喃葡萄糖基 -(1 → 2)-α-L- 吡喃阿拉伯糖基]-28-O-β-D- 吡喃葡萄糖基苜蓿酸酯苷 3-O-[α-L-arabinopyranosyl-(1 → 2)-β-D-glucopyranosyl-(1 → 2)-α-L-arabinopyranosyl]-28-O-β-D-glucopyranoside medicagenate

3-O-α-L- 吡喃阿拉伯糖基 -(1 → 2)-β-D- 吡喃葡萄糖基贝萼皂苷元 -28-O-β-D- 吡喃木糖基 -(1 → 3)-α-L- 吡喃鼠李糖基 -(1 → 2)-α-L- 吡喃阿拉伯糖苷 3-O-α-L-arabinopyranosyl-(1 → 2)-β-D-glucopyranosyl-bayogenin-28-O-β-D-xylopyranosyl-(1 → 3)-α-L-rhamnopyranosyl-(1 → 2)-α-L-arabinopyranoside

3-O-[-α-L- 吡喃阿拉伯糖基 -(1 → 2)-β-D- 吡喃葡萄糖醛酸基]-29-O-β-D- 吡喃葡萄糖基 - 赤豆皂醇 3-O-[-α-L-arabinopyranosyl-(1 → 2)-β-D-glucuronopyranosyl]-29-O-β-D-glucopyranosyl-azukisapogenol

3-O-[α-L- 吡喃阿拉伯糖基 -(1 → 2)-β-D- 吡喃葡萄糖醛酸基] 齐墩果酸 -28-O-β-D- 吡喃葡萄糖苷 3-O-[α-L-arabinopyranosyl-(1 → 2)-β-D-glucuronopyranosyl]oleanolic acid-28-O-β-D-glucopyranoside

3-O-α-L- 吡喃阿拉伯糖基 -(1 → 2)-β-D- 吡喃葡萄糖醛酸基 - 常春藤皂苷元 3-O-α-L-arabinopyranosyl-(1 → 2)-β-D-glucuronopyranosyl-hederagenin

3β-O-α-L- 吡喃阿拉伯糖基 -(1 → 2)-β-D- 吡喃葡萄糖醛酸基 - 齐墩果酸 3β-O-α-L-arabinopyranosyl-(1 → 2)-(6'-O-methyl)-β-D-glucuronopyranosyl-oleanolic acid

3β-O-[α-L- 吡喃阿拉伯糖基 -(1 → 2)-β-D- 葡萄糖醛酸]- 齐墩果酸 -28-O-β-D- 吡喃葡萄糖基酯 3β-O-[α-L-arabinopyranosyl-(1 → 2)-β-D-glucuronic acid]-oleanolic acid-28-O-β-D-glucopyranosyl ester

3β-{O-α-L- 吡喃阿拉伯糖基 -(1 → 3)-O-[β-D- 吡喃半乳糖基 -(1 → 2)]-O-β-D- 吡喃葡萄糖醛酸基 }- 皂皮树酸 -28-{O-β-D- 吡喃半乳糖基 -(1 → 3)-O-β-D- 吡喃木糖基 -(1 → 4)-O-α-L- 吡喃鼠李糖基 -(1 → 2)-β-D- 吡喃岩藻糖基 } 酯 3β-[O-α-L-arabinopyranosyl-(1 → 3)-O-[β-D-galactopyranosyl-(1 → 2)]-O-β-D-glucopyranuronosyl]quillaic acid-28-{O-β-D-galactopyranosyl-(1 → 3)-O-β-D-xylopyranosyl-(1 → 4)-O-α-L-rhamnopyranosyl-(1 → 2)-β-D-fucopyranosyl} ester

3β-[(O-α-L- 吡喃阿拉伯糖基 -(1 → 3)-O-α-L- 吡喃阿拉伯糖基 -(1 → 4)-O-[O-α-L- 吡喃鼠李糖基 -(1 → 3)-α-L- 吡喃阿拉伯糖基 -(1 → 3)]-O-α-L- 吡喃鼠李糖基 -(1 → 3)-O-[O-β-D- 吡喃葡萄糖基 -(1 → 4)-α-L- 吡喃鼠李糖基 -(1 → 2)]-O-α-L- 吡喃鼠李糖基 -(1 → 3)-β-D- 吡喃葡萄糖基) 氧基]-2β,23- 二羟基 - 齐墩果酸 3β-[(O-α-L-arabinopyranosyl-(1 → 3)-O-α-L-arabinopyranosyl-(1 → 4)-O-[O-α-L-rhamnnopyranosyl-(1 → 3)-α-L-arabinopyranosyl-(1 → 3)]-O-α-L-rhamnopyranosyl-(1 → 3)-O-[O-β-D-glucopyranosyl-(1 → 4)-α-L-rhamnopyranosyl-(1 → 2)]-O-α-L-rhamnopyranosyl-(1 → 3)-β-D-glucopyranosyl)oxy]-2β,23-dihydroxy-oleanolic acid

(3β,5α,25R)-3-[(O-α-L- 吡喃阿拉伯糖基 -(1 → 3)-O-β-D- 吡喃葡萄糖基 -(1 → 2)-O-[β-D- 吡喃木糖基 -(1 → 3)]-O-β-D- 吡喃葡萄糖基 -(1 → 4)-β-D- 半乳糖氧基]- 螺甾 -12- 酮 (3β,5α,25R)-3-[(O-α-L-arabinopyranosyl-(1 → 3)-O-β-D-glucopyranosyl-(1 → 2)-O-[β-D-xylopyranosyl-(1 → 3)]-O-β-D-glucopyranosyl-(1 → 4)-β-D-galactopyranosyl)oxy]-spirostan-12-one

(3β,5α,25R)-3-[(O-α-L- 吡喃阿拉伯糖基 -(1 → 3)-O-β-D- 吡喃葡萄糖基 -(1 → 2)-O-[β-D- 吡喃葡萄糖基 -(1 → 3)]-O-β-D- 吡喃葡萄糖基 -(1 → 4)-β-D- 半乳糖氧基]- 螺甾 -12- 酮 (3β,5α,25R)-3-[(O-α-L-arabinopyranosyl-(1 → 3)-O-β-D-glucopyranosyl-(1 → 2)-O-[β-D-glucopyranosyl-(1 → 3)]-O-β-D-glucopyranosyl-(1 → 4)-β-D-galactopyranosyl)oxy]-spirostan-12-one

3-O-α-L- 吡喃阿拉伯糖基 -(1 → 3)-α-L- 吡喃鼠李糖基 -(1 → 2)-α-L- 吡喃阿拉伯糖基木通萜酸 3-O-α-L-arabinopyranosyl-(1 → 3)-α-L-rhamnopyranosyl-(1 → 2)-α-L-arabinopyranosylakebonic acid

α-L- 吡喃阿拉伯糖基 -(1 → 3)-β-D- 吡喃葡萄糖基 -(1 → 3)-β- 羟基齐墩果 -12- 烯 -28- 甲基乙酸酯 α-L-arabinopyranosyl-(1 → 3)-β-D-glucopyranosyl-(1 → 3)-β-hydroxy-oleane-12-ene-28-methyl acetate

3-O-α-L- 吡喃阿拉伯糖基 -(1 → 3)-β-D- 吡喃葡萄糖醛酸基齐墩果酸 -28-O-β-D- 吡喃葡萄糖苷 3-O-α-L-arabinopyranosyl-(1 → 3)-β-D-glucuronopyranosyloleanolic acid-28-O-β-D-glucopyranoside

3-O-α-L- 吡喃阿拉伯糖基 -(1 → 3)-β-D- 吡喃葡萄糖醛酸基赞哈木酸 -28-O-α-L- 吡喃鼠李糖基 -(1 → 2)-α-L- 吡喃阿拉伯糖基酯苷 3-O-α-L-arabinopyranosyl-(1 → 3)-β-D-glucopyranuronosylzanhic acid-28-O-α-L-rhamnopyranosyl-(1 → 2)-α-L-arabinopyranoside

25-O-β-D- 吡喃阿拉伯糖基 -(1 → 4)-β-D- 吡喃葡萄糖基 -9,19-环木菠萝 -7β, 24R,25- 三醇 -1- 烯 -3- 酮 25-O-β-D-arabinopyranosyl-(1 → 4)-β-D-glucopyranosyl-9,19-cycloart-7β,24R,25-triol-1-en-3-one

3-O-[α-L- 吡喃阿拉伯糖基 -(1 → 4)-β-D- 吡喃葡萄糖醛酸基]-28-O-[β-D- 吡喃葡萄糖基]- 齐墩果酸 3-O-[α-L-arabinopyranosyl-(1 → 4)-β-D-glucuronopyranosyl]-28-O-[β-D-glucopyranosyl]-oleanolic acid

3-O-α-L- 吡喃阿拉伯糖基 -(1 → 6)-β-D- 吡喃葡萄糖基 -(1 → 4)-β-D- 吡喃岩藻糖基 -(22S,24Z)- 环木菠萝 -24- 烯 -3β,22,26-三醇 -26-O-(6-O- 乙酰基)-β-D- 吡喃葡萄糖苷 3-O-α-L-arabinopyranosyl-(1 → 6)-β-D-glucopyranosyl-(1 → 4)-β-D-fucopyranosyl-(22S,24Z)-cycloart-24-en-3β,22,26-triol-26-O-(6-O-acetyl)-β-D-glucopyranoside

(2E,6S)-8-[α-L- 吡喃阿拉伯糖基 -(1" → 6')-β-D- 吡喃葡萄糖氧基]-2,6- 二甲基辛 -2- 烯醇 -1,2"- 内酯 (2E,6S)-8-[α-L-arabinopyranosyl-(1" → 6')-β-D-glucopyranosyloxy]-2,6-dimethyloct-2-eno-1,2"-lactone

3-O-α-L- 吡喃阿拉伯糖基 -(20R)- 孕甾 -5- 烯 -3β,20- 二醇 -20-O-β-D- 吡喃葡萄糖苷 3-O-α-L-arabinopyranosyl-(20R)-pregnan-5-ene-3β,20-diol-20-O-β-D-glucopyranoside

3-O-α-L- 吡喃阿拉伯糖基 -(20R)- 孕甾 -5- 烯 -3β,20- 二醇 -20-O-β-D- 吡喃葡萄糖基 -(1 → 2)-β-D- 吡喃葡萄糖苷 3-O-α-

L-arabinopyranosyl-(20R)-pregnan-5-ene-3β,20-diol-20-O-β-D-glucopyranosyl-(1 → 2)-β-D-glucopyranoside

3-O-[(α-L- 吡喃阿拉伯糖基)-(1 → 2)]-[-β-D- 吡喃葡萄醛酸基 -6-O-甲酯]- 齐墩果酸 3-O-[(α-L-arabinopyranosyl)-(1 → 2)]-[-D-glucuronopyranosyl-6-O-methyl ester]-oleanolic acid

3β-O-(α-L- 吡喃阿拉伯糖基)-2α,20β,23- 三羟基熊果 -12- 烯 -28-O-β-D- 吡喃葡萄糖基酯 3β-O-(α-L-arabinopyranosyl)-2α,20β,23-trihydroxyurs-12-en-28-O-β-D-glucopyranosyl ester

3β-[(α-L- 吡喃阿拉伯糖基) 氧基]-23- 羟基羽扇豆 -20(29)-烯 -28- 酸 -28-O-α-L- 吡喃鼠李糖基 -(1 → 4)-O-β-D- 吡喃葡萄糖基 -(1 → 6)-β-D- 吡喃葡萄糖基酯苷 3β-[(α-L-arabinopyranosyl)oxy]-23-hydroxylup-20(29)-en-28-oic acid-28-O-α-L-rhamnopyranosyl-(1→4)-O-β-D-glucopyranosyl-(1→6)-β-D-glucopyranosylester

3β-O-α-L- 吡喃阿拉伯糖基 -19α,23- 二羟基 -20α- 熊果 -12- 烯 -28-酸 -28-O-β-D- 吡喃葡萄糖基酯 3β-O-α-L-arabinopyranosyl-19α,23-dihydroxy-20α-urs-12-en-28-oic acid-28-O-β-D-glucopyranosyl ester

3β-O-α-L- 吡喃阿拉伯糖基 -19α- 羟基齐墩果酸 -28-O-β-D- 吡喃葡萄糖苷 3β-O-α-L-arabinopyranosyl-19α-hydroxyoleanolic acid-28-O-β-D-glucopyranoside

3β-O-α-L- 吡喃阿拉伯糖基 -19α- 羟基熊果酸 3β-O-α-L-arabinopyranosyl-19α-hydroxyursolic acid

3β- α -L- 吡喃阿拉伯糖基 -23- 羟基齐墩果 -12- 烯 -28- 酸 -O- α -L- 吡喃鼠李糖基 -(1 → 4)-O-β-D- 吡喃葡萄糖基 -(1 → 6)-β-D- 吡喃葡萄糖酯苷 3β-[(α -L-arabinopyranosyl)oxy]-23-hydroxyolean-12-en-28-oic acid O- α -L-rhamnopyranosyl-(1→4)-O-β-D-glucopyranosyl-(1 → 6)-β-D-glucopyranosyl ester

3- 吡喃阿拉伯糖基 -24-O- 乙酰氢化升麻新醇 -15- 吡喃葡萄糖苷 3-arabinopyranosyl-24-O-acetylhydroshengmanol-15-glucopyranoside

3-O-α-L- 吡喃阿拉伯糖基 -28-O-α-L- 吡喃鼠李糖基 -(1 → 4)-β-D-吡喃葡萄糖基 -(1 → 6)-β-D- 吡喃葡萄糖基常春藤皂苷元 3-O-α-L-arabinopyranosyl-28-O-α-L-rhamnopyranosyl-(1 → 4)-β-D-glucopyranosyl-(1 → 6)-β-D-glucopyranosyl-hederagenin

3-O-α-L- 吡喃阿拉伯糖基 -2α,3β,6β,23α- 四羟基熊果 -12- 烯 -28-酸 3-O-α-L-arabinopyranosyl-2α,3β,6β,23α-tetrahydroxyurs-12-ene-28-oic acid

3β-O-α-L- 吡喃阿拉伯糖基 -30- 降齐墩果 -12,20(29)- 二烯 -28- 酸 3β-O-α-L-arabinopyranosyl-30-noroleana-12,20(29)-dien-28-oic acid

3-O-α-L- 吡喃阿拉伯糖基 -30- 去甲常春藤皂苷元 -28-O-α-L- 吡喃鼠李糖基 -(1 → 4)-β-D- 吡喃葡萄糖基 -(1 → 6)-β-D- 吡喃葡萄糖基酯苷 3-O-α-L-arabinopyranosyl-30-nor-hederagenin-28-O-α-L-rhamnopyranosyl-(1→4)-β-D-glucopyranosyl-(1→6)-β-D-glucopyranosyl ester

3-O-α-L- 吡喃阿拉伯糖基 -30- 去甲基常春藤皂苷元 -28-O-α-L-吡喃鼠李糖基 -(1 → 4)-β-D- 吡喃葡萄糖基 -(1 → 6)-β-D- 吡喃葡萄糖苷 3-O-α-L-arabinopyranosyl-30-norhederagenin-28-O-α-L-rhamnopyranosyl-(1→4)-β-D-glucopyranosyl-(1→6)-β-D-glucopyranoside

3-O-α-L- 吡喃阿拉伯糖基 -30- 去甲基常春藤皂苷元 -28-O-α-L-吡喃鼠李糖基 -(1 → 4)-β-D- 吡喃葡萄糖基 -(1 → 6)-β-D- 吡喃葡萄糖基酯苷 3-O-α-L-arabinopyranosyl-30-norhederagenin-28-O-α-L-rhamnopyranosyl-(1→4)-β-D-glucopyranosyl-(1→6)-β-D-glucopyranosylester

3-O-α-L- 吡喃阿拉伯糖基 -3β,23- 二羟基羽扇豆 -20(29)- 烯 -28-酸 3-O-α-L-arabinopyranosyl-3β,23-dihydroxy-lup-20(29)-en-28-oic acid

3-O-α-L- 吡喃阿拉伯糖基 -4- 羟基苯甲酸 3-O-α-L-arabinopyranosyl-4-hydroxybenzoic acid

6-O-α-L- 吡喃阿拉伯糖基 -8-C-α-L- 吡喃阿拉伯糖基芹菜苷元 6-O-α-L-arabinopyranosyl-8-C-α-L-arabinopyranosylapigenin

6-C- 吡喃阿拉伯糖基 -8-C- 葡萄糖基芹菜苷元 6-C-arabinopyranosyl-8-C-glucopyranosylapigenin

3β-[(2-O-α-L- 吡喃阿拉伯糖基 -α-L- 吡喃阿拉伯糖基]-O- 齐墩果 -12- 烯 -28,29- 二羧酸 -28-O-[α-L- 吡喃鼠李糖基 -(1 → 4)-O-β-D- 吡喃葡萄糖基 -(1 → 6)-β-D- 吡喃葡萄糖基] 酯 3β-[(2-O-α-L-arabinopyranosyl-α-L-arabinopyranosyl)oxy]-olean-12-en-28,29-dioic acid-28-[O-α-L-rhamnopyranosyl-(1 → 4)-O-β-D-glucopyranosyl-(1 → 6)-β-D-glucopyranosyl]ester

3-O-α-L- 吡喃阿拉伯糖基 - 阿江榄仁酸 -28-O-α-L- 吡喃鼠李糖基 -(1 → 4)-O-β-D- 吡喃葡萄糖基 -(1 → 6)-O-β-D- 吡喃葡萄糖苷 3-O-α-L-arabinopyranosyl-arjunolic acid-28-O-α-L-rhamnopyranosyl-(1 → 4)-O-β-D-glucopyranosyl-(1 → 6)-O-β-D-glucopyranoside

3-O-α-L- 吡喃阿拉伯糖基常春藤皂苷元 3-O-α-L-arabinopyranosylhederagenin

3-O-α-L- 吡喃阿拉伯糖基常春藤皂苷元 -28-O-α-L- 吡喃鼠李糖基 -(1 → 4)-O-β-D- 吡喃葡萄糖基 -(1 → 6)-O-β-D- 吡喃葡萄糖基酯 3-O-α-L-arabinopyranosylhederagenin-28-O-α-L-rhamnopyranosyl-(1 → 4)-O-β-D-glucopyranosyl-(1 → 6)-O-β-D-glucopyranosyl ester

3-O-α-L- 吡喃阿拉伯糖基常春藤皂苷元 -28-O-α-L- 吡喃鼠李糖基 -(1 → 4)-β-D- 吡喃葡萄糖基 -(1 → 6)-β-D- 吡喃葡萄糖苷 3-O-α-L-arabinopyranosylhederagenin-28-O-α-L-rhamnopyranosyl-(1 → 4)-β-D-glucopyranosyl-(1 → 6)-β-D-glucopyranoside

3-O-α-L- 吡喃阿拉伯糖基常春藤皂苷元 -28-O-α-L- 吡喃鼠李糖基 -(1 → 4)-β-D- 吡喃葡萄糖基 -(1 → 6)-β-D- 吡喃葡萄糖基酯苷 3-O-α-L-arabinopyranosylhederagenin-28-O-α-L-rhamnopyranosyl-(1 → 4)-β-D-glucopyranosyl-(1 → 6)-β-D-glucopyranosyl ester

3-O-α-L- 吡喃阿拉伯糖基常春藤皂苷元 -28-O-α-L- 鼠李糖酯 3-O-α-L-arabinopyranosylhederagenin-28-O-α-L-rhamnopyranosyl ester

3-O-α-L- 吡喃阿拉伯糖基常春藤皂苷元 -28-O-β-D- 吡喃葡萄糖 -(1 → 6)-β-D- 吡喃葡萄糖基酯苷 -2'- 乙酸酯 3-O-α-L-arabinopyranosylhederagenin-28-O-β-D-glucopyranosyl-(1 → 6)-β-D-glucopyranoside-2'-acetate

3-O-α-L- 吡喃阿拉伯糖基常春藤皂苷元 -28-O-β-D- 吡喃葡萄糖基 -(1 → 6)-β-D- 吡喃葡萄糖苷 3-O-α-L-arabinopyranosylhederagenin-28-O-β-D-glucopyranosyl-(1 → 6)-β-D-glucopyranoside

3-O-α-L- 吡喃阿拉伯糖基 - 常春藤皂苷元 -28-α-L- 吡喃鼠李糖基 -(1 → 4)-β-D- 吡喃葡萄糖基 -(1 → 6)-β-D- 吡喃葡萄糖基酯 3-O-α-L-arabinopyranosyl-hederagenin-28-α-L-rhamnopyranosyl-(1 → 4)-β-D-glucopyranosyl-(1 → 6)-β-D-glucopyranosyl ester

3-O-α-L- 吡喃阿拉伯糖基 - 常春藤皂苷元 -28-β-D- 吡喃葡萄糖基 -(1 → 6)-β-D- 吡喃葡萄糖基酯 3-O-α-L-arabinopyranosyl-hederagenin-28-β-D-glucopyranosyl-(1 → 6)-β-D-glucopyranosyl ester

3-O-α-L- 吡喃阿拉伯糖基刺囊酸 3-O-α-L-arabinopyranosylechinocystic acid

3-O-α-L- 吡喃阿拉伯糖基果渣酸▲ 3-O-α-L-arabinopyranosylpomolic acid

3-O-β-D- 吡喃阿拉伯糖基果渣酸▲ 3-O-β-D-arabinopyranosylpomolic acid

3-O-α-L- 吡喃阿拉伯糖基果渣酸▲-28-O-(6'-O- 甲基)-β-D- 吡喃葡萄糖苷 3-O-α-L-arabinopyranosylpomolic acid-28-O-(6'-O-methyl)-β-D-glucopyranoside

2''-β-L- 吡喃阿拉伯糖基牡荆素 2''-β-L-arabinopyranosylvitexin

3-O-α-L- 吡喃阿拉伯糖基木通萜酸 3-O-α-L-arabinopyranosylakebonic acid

3β-O-α-L- 吡喃阿拉伯糖基 - 齐墩果 -12- 烯 -28- 酸 -6-O-β-D- 吡喃葡萄糖基 -β-D- 吡喃葡萄糖基酯苷 3β-O-α-L-arabinopyranosyl-olean-12-en-28-oic acid-6-O-β-D-glucopyranosyl-β-D-glucopyranosyl ester

3-O-α-L- 吡喃阿拉伯糖基齐墩果酸 3-O-α-L-arabinopyranosyloleanolic acid

3β-O-α-L- 吡喃阿拉伯糖基齐墩果酸 3β-O-α-L-arabinopyranosyloleanolic acid

3-O-α-L- 吡喃阿拉伯糖基齐墩果酸 -28-O-β-D- 吡喃葡萄糖基 -(1 → 6)-O-β-D- 吡喃葡萄糖酯苷 3-O-α-L-arabinopyranosyloleanolic acid-28-O-β-D-glucopyranosyl-(1 → 6)-O-β-D-glucopyranoside

6''-β-D- 吡喃阿拉伯糖基染料木苷 6''-β-D-arabinopyranosylgenistin

3-O-α-L- 吡喃阿拉伯糖基三对节萜酸 3-O-α-L-arabinopyranosylserratagenic acid

3-O-α-L- 吡喃阿拉伯糖基三对节萜酸 -28-O-β-D- 吡喃葡萄糖基酯酯 3-O-α-L-arabinopyranosylserratagenic acid-28-O-β-D-glucopyranosyl ester

3-O-α-L- 吡喃阿拉伯糖基三对节萜酸 -29- 甲酯 3-O-α-L-arabinopyranosylserratagenic acid-29-methyl ester

3-O-α-L- 吡喃阿拉伯糖基 - 山柰酚 -7-O-α-L- 吡喃鼠李糖苷 3-O-α-L-arabinopyranosyl-kaempferol-7-O-α-L-rhamnopyranoside

3-O-α-L- 吡喃阿拉伯糖基升麻醇 -15-O-β-D- 吡喃葡萄糖苷 3-O-α-L-arabinopyranosylcimigenol-15-O-β-D-glucopyranoside

3-O-α-L- 吡喃阿拉伯糖基石头花苷元▲-28-O-α-L- 吡喃鼠李糖基 -(1 → 4)-β-D- 吡喃葡萄糖基 -(1 → 6)-β-D- 吡喃葡萄糖基酯苷 3-O-α-L-arabinopyranosylgypsogenin-28-O-α-L-rhamnopyranosyl-(1 → 4)-β-D-glucopyranosyl-(1 → 6)-β-D-glucopyranosyl ester

3-β-O-α-L- 吡喃阿拉伯糖基酸枣仁苷元 3-β-O-α-L-arabinopyranosyljujubogenin

3-β-O-α-L- 吡喃阿拉伯糖基泰国树脂酸 -28-O-β-D- 吡喃葡萄糖基酯 3-β-O-α-L-arabinopyranosylsiaresinolic acid-28-O-β-D-glucopyranosyl ester

3β-O-α-L- 吡喃阿拉伯糖基铁冬青酸 3β-O-α-L-arabinopyranosylrotundic acid

3β-(α-L- 吡喃阿拉伯糖基氧)-19α- 羟基齐墩果酸 3β-(α-L-arabinopyranosyloxy)-19α-hydroxyoleanolic acid

(20R)-3-O-α-L- 吡喃阿拉伯糖基孕甾 -5- 烯 -3β,20- 二醇 (20R)-3-O-α-L-arabinopyranosylpregn-5-ene-3β,20-diol

(20R)-O-(3)-α-L- 吡喃阿拉伯糖基孕甾 -5- 烯 -3β,20- 二醇 (20R)-O-(3)-α-L-arabinopyranosylpregn-5-en-3β,20-diol

β-D- 吡喃阿拉伯糖甲苷 β-methyl-D-arabinopyranoside

3β-(α-L- 吡喃阿拉伯糖氧基)-19α- 羟基齐墩果 -12- 烯 -28- 酸 -28-O-β-D- 吡喃葡萄糖基酯 3β-[(α-L-arabinopyranosyl)oxy]-19α-hydroxyolean-12-en-28-oic acid-28-O-β-D-glucopyranosyl ester

3β-(α-L- 吡喃阿拉伯糖氧基)-19α- 羟基齐墩果酸 -28-β-D- 吡喃葡萄糖酯苷 3β-(α-L-arabinopyranosyloxy)-19α-hydroxyoleanolic acid-28-β-D-glucopyranosyl ester

3β-(α-L- 吡喃阿拉伯糖氧基)-19α- 羟基熊果 -12- 烯 -28- 酸 -28-β-D- 吡喃葡萄糖基苷 3β-(α-L-arabinopyranosyloxy)-19α-hydroxyurs-12-en-28-oic acid-28-β-D-glucopyranosyl ester

3β-(α-L- 吡喃阿拉伯糖氧基)-19α- 羟基熊果酸 3β-(α-L-arabinopyranosyloxy)-19α-hydroxyursolic acid

3β-(α-L- 吡喃阿拉伯糖氧基)-19α- 羟基熊果酸 -28-(6-O- 没食子酰基 -β-D- 吡喃葡萄糖基) 酯苷 3β-(α-L-arabinopyranosyloxy)-19α-hydroxyursolic acid-28-(6-O-galloyl-β-D-glucopyranosyl)ester

3β-(α-L- 吡喃阿拉伯糖氧基)-19α- 羟基熊果酸 -28-β-D- 吡喃葡萄糖酯苷 3β-(α-L-arabinopyranosyloxy)-19α-hydroxyursolic acid-28-β-D-glucopyranosyl ester

3β-(α-L- 吡喃阿拉伯糖氧基)-19β- 羟基熊果 -12,20(30)- 二烯 -28- 酸 3β-(α-L-arabinopyranosyloxy)-19β-hydroxyurs-12,20(30)-dien-28-oic acid

3β-(α-L- 吡喃阿拉伯糖氧基)-23- 羟基齐墩果酸 -28-β-D- 吡喃葡萄糖酯苷 3β-(α-L-arabinopyranosyloxy)-23-hydroxyoleanolic acid-28-β-D-glucopyranosyl ester

3β-(α-L- 吡喃阿拉伯糖氧基)-23- 羟基熊果 -12,19(29)- 二烯 -28- 酸 -28-β-D- 吡喃葡萄糖酯苷 3β-(α-L-arabinopyranosyloxy)-23-hydroxyurs-12,19(29)-dien-28-oic acid-28-β-D-glucopyranosyl ester

3β-(α-L- 吡喃阿拉伯糖氧基)-29- 羟基齐墩果酸 -β-D- 吡喃葡萄糖酯苷 3β-(α-L-arabinopyranosyloxy)-29-hydroxyoleanolic acid-β-D-glucopyranosyl ester

3β-(α-L- 吡喃阿拉伯糖氧基)- 熊果 -11,13(18)- 二烯 -28- 酸 -28-β-D- 吡喃葡萄糖酯苷 3β-(α-L-arabinopyranosyloxy)-urs-11,13(18)-dien-28-oic acid-β-D-glucopyranosyl ester

3β-(α-L- 吡喃阿拉伯糖氧基)- 熊果 -12,18- 二烯 -28- 酸 3β-(α-L-arabinopyranosyloxy)urs-12,18-dien-28-oic acid

3β-(α-L- 吡喃阿拉伯糖氧基)- 熊果 -12,18- 二烯 -28- 酸 -β-D- 吡喃葡萄糖酯苷 3β-(α-L-arabinopyranosyloxy)-urs-12,18-dien-28-oic acid-β-D-glucopyranosyl ester

3β-(α-L- 吡喃阿拉伯糖氧基)- 熊果 -12,19(20)- 二烯 -28- 酸 3β-(α-L-arabinopyranosyloxy)-urs-12,19(20)-dien-28-oic acid

3β-(α-L- 吡喃阿拉伯糖氧基) 熊果 -12,19(29)- 二烯 -28- 酸 -28-β-D- 吡喃葡萄糖酯苷 3β-[(α-L-arabinopyranosyl)oxy]urs-12,19(29)-dien-28-oic acid-28-β-D-glucopyranosyl ester

3β-(α-L- 吡喃阿拉伯糖氧基)- 熊果 -12,19(29)- 二烯 -28- 酸 -28-β-D- 吡喃葡萄糖酯苷 3β-(α-L-arabinopyranosyloxy)-urs-12,19(29)-dien-28-oic acid-28-β-D-glucopyranosyl ester

3-O-β-D- 吡喃阿洛糖基 -7β,25- 二羟基葫芦 -5,23E- 二烯 -19- 醛 3-O-β-D-allopyranosyl-7β,25-dihydroxycucurbita-5,23E-dien-19-al

23-O-β- 吡喃阿洛糖基葫芦 -5,24- 二烯 -7α,3β,22R,23S- 四醇 -3-O-β- 吡喃阿洛糖苷 23-O-β-allopyranosyl-cucurbita-5,24-dien-7α,3β,22R,23S-tetraol-3-O-β-allopyranoside

7-O-β-D- 吡喃阿洛糖基芹菜苷元 -4'-O-β- 吡喃阿洛糖苷 7-O-β-D-allopyranosyl-apigenin 4'-O-β-allopyranoside

2R-β-D- 吡喃阿洛糖氧基 -2- 苯基乙腈 2R-β-D-allopyranosyloxy-2-phenylacetonitrile

2S-β-D- 吡喃阿洛糖氧基 -2- 苯基乙腈 2S-β-D-allopyranosyloxy-2-phenylacetonitrile

吡喃巴西红厚壳素 pyranojacareubin

吡喃半乳糖 -α-6-(吡喃岩藻糖 -α-2)- 吡喃半乳糖 -β-6- 吡喃甘露糖 -β-2- 肌醇 -1- 磷酰神经酰胺 galactopyranosyl-α-6-(fucopyranosyl-α-2)-galactopyranosyl-β-6-mannopyranosyl-β-2-inositol-1-phosphoceramide

吡喃半乳糖 -α-6- 吡喃半乳糖 -α-6-(吡喃岩藻糖 -α-2)- 吡喃半乳糖 -β-6- 吡喃甘露糖 -β-2- 肌醇 -1- 磷酰神经酰胺 galactopyranosyl-α-6-galactopyranosyl-α-6-(fucopyranosyl-α-2)-galactopyranosyl-β-6-mannopyranosyl-β-2-inositol-1-phosphoceramide

吡喃半乳糖 -α-6- 吡喃半乳糖 -α-6- 吡喃半乳糖 -α-6-(吡岩藻糖 -α-2)- 吡喃半乳糖 -β-6- 吡喃甘露糖 -β-2- 肌醇 -1- 磷酰神经酰胺

B

galactopyranosyl-α-6-galactopyranosyl-α-6-galactopyranosyl-α-6-[fucopyranosyl-α-2]-galactopyranosyl-β-6-mannopyranosyl-β-2-inositol-1-phosphoceramide

α-D- 吡喃半乳糖基 -(1 → 1')- 肌肉肌醇 α-D-galactopyranosyl-(1 → 1')-myoinositol

3-O-β-D- 吡喃半乳糖基 -(1 → 2)-[α-L- 吡喃阿拉伯糖基 -(1 → 3)]-β-D- 吡喃葡萄糖基皂皮树酸 -28-O-α-L- 吡喃阿拉伯糖基 -(1 → 3)-β-D- 吡喃木糖基 -(1 → 4)-[β-D- 吡喃葡萄糖基 -(1 → 3)]-α-L- 吡喃鼠李糖基 -(1 → 2)-[α-L- 吡喃鼠李糖基 -(1 → 4)]-β-D- 吡喃岩藻糖基酯 3-O-β-D-galactopyranosyl-(1→2)-[α-L-arabinopyranosyl-(1→3)]-β-D-glucopyranosylquillaic acid-28-O-α-L-arabinopyranosyl-(1 → 3)-β-D-xylopyranosyl-(1→4)-[β-D-glucopyranosyl-(1→3)]-α-L-rhamnopyranosyl-(1→2)-[α-L-rhamnopyranosyl-(1 → 4)]-β-D-fucopyranosyl ester

3-O-β-D- 吡喃半乳糖基 -(1 → 2)-[α-L- 吡喃阿拉伯糖基 -(1 → 3)]-β-D- 吡喃葡萄糖醛酸基 - 皂皮树酸 -28-O-β-D- 吡喃木糖基 -(1 → 4)-[β-D-6-O- 乙酰基 - 吡喃葡萄糖基 -(1 → 3)]-α-L- 吡喃鼠李糖基 -(1 → 2)-β-D- 吡喃岩藻糖苷 3-O-β-D-galactopyranosyl-(1 → 2)-[α-L-arabinopyranosyl-(1 → 3)]-β-D-glucuronopyranosyl-quillaic acid-28-O-β-D-xylopyranosyl-(1→4)-[β-D-6-O-acetyl- glucopyranosyl-(1 → 3)]-α-L-rhamnopyranosyl-(1 → 2)-β-D-fucopyranoside

3-O-β-D- 吡喃半乳糖基 -(1 → 2)-[β-D- 吡喃木糖基 -(1 → 3)]-β-D-6-O- 甲基吡喃葡萄糖醛酸基石头花苷元▲ 3-O-β-D-galactopyranosyl-(1 → 2)-[β-D-xylopyranosyl-(1 → 3)]-β-D-6-O-methylglucuronopyranosyl-gypsogenin

3-O-β-D- 吡喃半乳糖基 -(1 → 2)-[β-D- 吡喃木糖基 -(1 → 3)]-β-D-6-O- 甲基吡喃葡萄糖醛酸基皂皮树酸 3-O-β-D-galactopyranosyl- (1 → 2)-[β-D-xylopyranosyl-(1 → 3)]-β-D-6-O-methylglucuronopyranosyl quillaic acid

3-O-β-D- 吡喃半乳糖基 -(1 → 2)-[β-D- 吡喃木糖基 -(1 → 3)]-β-D-6-O- 乙基吡喃葡萄糖醛酸基皂皮树酸 3-O-β-D-galactopyranosyl-(1 → 2)-[β-D-xylopyranosyl-(1 → 3)]-β-D-6-O-ethylglucuronopyranosyl quillaic acid

3β-O-β-D- 吡喃半乳糖基 -(1 → 2)-[β-D- 吡喃木糖基 -(1 → 3)]-β-D- 吡喃葡萄糖醛基石头花苷元▲-28-O-β-D- 吡喃木糖基 -(1 → 4)-α-L- 吡喃鼠李糖基 -(1 → 2)-β-D- 岩藻糖苷 3β-O-β-D-galactopyranosyl-(1→2)-[β-D-xylopyranosyl-(1→3)]-β-D-glucuronopyranosyl-gypsogenin-28-O-β-D-xylopyranosyl-(1→4)-α-L-rhamnopyranosyl-(1 → 2)-β-D-fucopyranoside

3β-O-β-D- 吡喃半乳糖基 -(1 → 2)-[β-D- 吡喃木糖基 -(1 → 3)]-β-D-吡喃葡萄糖醛基皂皮树酸 -28-O-β-D- 吡喃木糖基 -(1 → 4)-α-L- 吡喃鼠李糖基 -(1 → 2)-β-D- 吡喃岩藻糖苷 3β-O-β-D-galactopyranosyl-(1 → 2)-[β-D-xylopyranosyl-(1 → 3)]-β-D-glucuronopyranosyl-quillaic acid-28-O-β-D-xylopyranosyl-(1 → 4)-α-L-rhamnopyranosyl-(1 → 2)-β-D-fucopyranoside

3-O-β-D- 吡喃半乳糖基 -(1 → 2)-[β-D- 吡喃木糖基 -(1 → 3)]-β-D-吡喃葡萄糖醛酸基石头花苷元▲-28-O-(6-O- 乙酰基)-β-D- 吡喃葡萄糖基 -(1 → 3)-[β-D- 吡喃木糖基 -(1 → 4)]-α-L- 吡喃鼠李糖基 -(1 → 2)-β-D- 吡喃岩藻糖苷 3-O-β-D-galactopyranosyl-(1 → 2)-[β-D-xylopyranosyl-(1 → 3)]-β-D-glucuronopyranosyl gypsogenin-28-O-(6-O-acetyl)-β-D-glucopyranosyl-(1 → 3)-[β-D-xylopyranosyl-(1 → 4)]-α-L-rhamnopyranosyl-(1 → 2)-β-D-fucopyranoside

3-O-β-D- 吡喃半乳糖基 -(1 → 2)-[β-D- 吡喃木糖基 -(1 → 3)]-β-D-吡喃葡萄糖醛酸基 - 石头花苷元▲-28-O-α-L- 吡喃阿拉伯糖基 -(1 → 3)-β-D- 吡喃木糖基 -(1 → 4)-α-L- 吡喃鼠李糖基 -(1 → 2)-β-D- 吡喃岩藻糖苷 3-O-β-D- galactopyranosyl-(1 → 2)-[β-D-xylopyranosyl-(1 → 3)]-β-D-glucuronopyranosyl-gypsogenin-28-O-α-L-arabinopyranosyl-(1 → 3)-β-D-xylopyranosyl-(1 → 4)-α-L-rhamnopyranosyl-(1 → 2)-β-D-fucopyranoside

3-O-β-D- 吡喃半乳糖基 -(1 → 2)-[β-D- 吡喃木糖基 -(1 → 3)]-β-D-吡喃葡萄糖醛酸基石头花苷元▲-28-O-α-L- 吡喃阿拉伯糖基 -(1 → 4)-α-L- 吡喃阿拉伯糖基 -(1 → 3)-β-D- 吡喃木糖基 -(1 → 4)-α-L- 吡喃鼠李糖基 -(1 → 2)-β-D- 吡喃岩藻糖基酯 3-O-β-D-galactopyranosyl-(1 → 2)-[β-D-xylopyranosyl-(1 → 3)]-β-D-glucuronopyranosylgypsogenin-28-O-α-L-arabinopyranosyl-(1→4)-α-L-arabinopyranosyl-(1 → 3)-β-D-xylopyranosyl-(1 → 4)-α-L-rhamnopyranosyl-(1 → 2)-β-D-fucopyranosyl ester

3-O-β-D- 吡喃半乳糖基 -(1 → 2)-[β-D- 吡喃木糖基 -(1 → 3)]-β-D-吡喃葡萄糖醛酸基 - 石头花苷元▲-28-O-β-D-6-O- 乙酰基 - 吡喃葡萄糖基 -(1 → 3)-[β-D- 吡喃木糖基 -(1 → 4)]-α-L- 吡喃鼠李糖基 -(1 → 2)-β-D- 吡喃岩藻糖苷 3-O-β-D-galactopyranosyl-(1 → 2)-[β-D-xylopyranosyl-(1 → 3)]-β-D-glucuronopyranosyl-gypsogenin-28-O-β-D-6-O-acetyl-glucopyranosyl-(1 → 3)-[β-D-xylopyranosyl-(1 → 4)]-α-L-rhamnopyranosyl-(1 → 2)-β-D-fucopyranoside

3-O-β-D- 吡喃半乳糖基 -(1 → 2)-[β-D- 吡喃木糖基 -(1 → 3)]-β-D-吡喃葡萄糖醛酸基 - 石头花苷元▲-28-O-β-D-O- 乙酰基 - 吡喃葡萄糖基 -(1 → 3)-[β-D- 吡喃木糖基 -(1 → 3)-β-D- 吡喃木糖基 -(1 → 4)]-α-L- 吡喃鼠李糖基 -(1 → 2)-β-D- 吡喃岩藻糖苷 3-O-β-D-galactopyranosyl-(1 → 2)-[β-D-xylopyranosyl-(1 → 3)]-β-D-glucuronopyranosyl-gypsogenin-28-O-β-D-O-acetyl-glucopyranosyl-(1 → 3)-[β-D-xylopyranosyl-(1 → 3)-β-D-xylopyranosyl-(1 → 4)]-α-L-rhamnopyranosyl-(1 → 2)-β-D-fucopyranoside

3-O-β-D- 吡喃半乳糖基 -(1 → 2)-[β-D- 吡喃木糖基 -(1 → 3)]-β-D- 吡喃葡萄糖醛酸基 - 石头花苷元▲-28-O-β-D- 吡喃木糖基 -(1 → 3)-β-D- 吡喃木糖基 -(1 → 4)-α-L- 吡喃鼠李糖基 -(1 → 2)-β-D- 吡喃岩藻糖苷 3-O-β-D-galactopyranosyl-(1 → 2)-[β-D-xylopyranosyl-(1 → 3)]-β-D-glucuronopyranosyl-gypsogenin-28-O-β-D-xylopyranosyl-(1 → 3)-β-D-xylopyranosyl-(1 → 4)-α-L-rhamnopyranosyl-(1 → 2)-β-D-fucopyranoside

3-O-β-D- 吡喃半乳糖基 -(1 → 2)-[β-D- 吡喃木糖基 -(1 → 3)]-β-D-吡喃葡萄糖醛酸基石头花苷元▲-28-O-β-D-吡喃木糖基-(1→4)-[β-D- 吡喃葡萄糖基 -(1 → 3)]-α-L- 吡喃鼠李糖基 -(1 → 2)-β-D- 吡喃岩藻糖苷 3-O-β-D-galactopyranosyl-(1 → 2)-[β-D-xylopyranosyl-(1→3)]-β-D-glucuronopyranosyl-gypsogenin-28-O-β-D-xylopyranosyl-(1 → 4)-[β-D-glucopyranosyl-(1 → 3)]-α-L-rhamnopyranosyl-(1 → 2)-β-D-fucopyranoside

3-O-β-D- 吡喃半乳糖基 -(1 → 2)-[β-D- 吡喃木糖基 -(1 → 3)]-β-D- 吡喃葡萄糖醛酸基 - 石头花苷元▲-28-O-β-D- 吡喃葡萄糖基 -(1 → 3)-[β-D- 吡喃木糖基 -(1 → 3)-β-D- 吡喃木糖基 -(1 → 4)]-α-L- 吡喃鼠李糖基 -(1 → 2)-β-D- 吡喃岩藻糖苷 3-O-β-D-galactopyranosyl-(1 → 2)-[β-D-xylopyranosyl-(1 → 3)]-β-D-glucuronopyranosyl-gypsogenin-28-O-β-D-glucopyranosyl-(1→3)-[β-D-xylopyranosyl-(1 → 3)-β-D-xylopyranosyl-(1 → 4)]-α-L-rhamnopyranosyl-(1 → 2)-β-D-fucopyranoside

3-O-β-D- 吡喃半乳糖基 -(1 → 2)-[β-D- 吡喃木糖基 -(1 → 3)]-β- D-吡喃葡萄糖醛酸基 - 石头花苷元▲-28-O-β-D- 吡喃葡萄糖基 -(1 → 3)-[β-D- 吡喃木糖基 -(1 → 4)]-α-L- 吡喃鼠李糖基 -(1 → 2)-β-D- 吡喃岩藻糖苷 3-O-β-D-galactopyranosyl-(1 → 2)-[β-D-xylopyranosyl-(1→3)]-β-D-glucuronopyranosyl-gypsogenin-28-O-β-D-glucopyranosyl-(1 → 3)-[β-D-xylopyranosyl-(1 → 4)]-α-L-rhamnopyranosyl-(1 → 2)-β-D-fucopyranoside

3β-O-β-D- 吡喃半乳糖基 -(1 → 2)-[β-D- 吡喃木糖基 -(1 → 3)]-β-D- 吡喃葡萄糖醛酸基石头花苷元▲-28-O-β-D- 吡喃葡萄糖基 - (1 → 3)-[β-D- 吡喃木糖基 -(1 → 4)]-α-L- 吡喃鼠李糖基 -

(1→2)-β-D- 岩藻糖苷 3β-O-β-D-galactopyranosyl-(1→2)-[β-D-xylopyranosyl-(1→3)]-β-D-glucuronopyranosyl-gypsogenin-28-O-β-D-glucopyranosyl-(1→3)-[β-D-xylopyranosyl-(1→4)]-α-L-rhamnopyranosyl-(1→2)-β-D-fucopyranoside

3β-O-β-D- 吡喃半乳糖基 -(1→2)-[β-D- 吡喃木糖基 -(1→3)]-β-D- 吡喃葡萄糖醛酸基皂皮树酸 -28-O-α-L- 吡喃阿拉伯糖基 -(1→4)-α-L- 吡喃阿拉伯糖基 -(1→3)-β-D- 吡喃木糖基 -(1→4)-α-L- 吡喃鼠李糖基 -(1→2)-β-D- 岩藻糖苷 3β-O-β-D-galactopyranosyl-(1→2)-[β-D-xylopyranosyl-(1→3)]-β-D-glucuronopyranosyl-quillaic acid-28-O-α-L-arabinopyranosyl-(1→4)-α-L-arabinopyranosyl-(1→3)-β-D-xylopyranosyl-(1→4)-α-L-rhamnopyranosyl-(1→2)-β-D-fucopyranoside

3-O-β-D- 吡喃半乳糖基 -(1→2)-[β-D- 吡喃木糖基 -(1→3)]-β-D- 吡喃葡萄糖醛酸基 - 皂皮树酸 -28-O-β-D-6-O- 乙酰基 - 吡喃葡萄糖基 -(1→3)-[β-D- 吡喃木糖基 -(1→3)-β-D- 吡喃木糖基 -(1→4)]-α-L- 吡喃鼠李糖基 -(1→2)-β-D- 吡喃岩藻糖苷 3-O-β-D-galactopyranosyl-(1→2)-[β-D-xylopyranosyl-(1→3)]-β-D-glucuronopyranosyl-quillaic acid-28-O-β-D-6-O-acetyl-glucopyranosyl-(1→3)-[β-D-xylopyranosyl-(1→3)-β-D-xylopyranosyl-(1→4)]-α-L-rhamnopyranosyl-(1→2)-β-D-fucopyranoside

3-O-β-D- 吡喃半乳糖基 -(1→2)-[β-D- 吡喃木糖基 -(1→3)]-β-D- 吡喃葡萄糖醛酸基 - 皂皮树酸 -28-O-β-D-6-O- 乙酰基 - 吡喃葡萄糖基 -(1→3)-[β-D- 吡喃木糖基 -(1→4)]-α-L- 吡喃鼠李糖基 -(1→2)-β-D- 吡喃岩藻糖苷 3-O-β-D-galactopyranosyl-(1→2)-[β-D-xylopyranosyl-(1→3)]-β-D-glucuronopyranosyl-quillaic acid-28-O-β-D-6-O-acetyl-glucopyranosyl-(1→3)-[β-D-xylopyranosyl-(1→4)]-α-L-rhamnopyranosyl-(1→2)-β-D-fucopyranoside

3β-O-β-D- 吡喃半乳糖基 -(1→2)-[β-D- 吡喃木糖基 -(1→3)]-β-D- 吡喃葡萄糖醛酸基皂皮树酸 -28-O-β-D- 吡喃阿拉伯糖基 - (1→4)-β-D- 吡喃阿拉伯糖基 -(1→3)-β-D- 吡喃木糖基 - (1→4)- α-L- 吡喃鼠李糖基 -(1→2)-β-D- 吡喃岩藻糖苷 3β-O-β-D-galactopyranosyl-(1→2)-[β-D-xylopyranosyl-(1→3)]-β-D-glucuronopyranosyl-quillaic acid-28-O-β-D-arabinopyranosyl-(1→4)- β-D-arabinopyranosyl-(1→3)-β-D-xylopyranosyl-(1→4)-α-L-rhamnopyranosyl-(1→2)-β-D-fucopyranoside

3-O-β-D- 吡喃半乳糖基 -(1→2)-[β-D- 吡喃木糖基 -(1→3)]-β-D- 吡喃葡萄糖醛酸基 - 皂皮树酸 -28-O-β-D- 吡喃木糖基 -(1→4)-[β-D-6-O- 乙酰基 - 吡喃葡萄糖基 -(1→3)]-α-L- 吡喃鼠李糖基 -(1→2)-[α-D- 吡喃半乳糖基 -(1→4)]-β-D- 吡喃岩藻糖苷 3-O-β-D-galactopyranosyl-(1→2)-[β-D-xylopyranosyl-(1→3)]-β-D-glucuronopyranosylquillaic acid-28-O-β-D-xylopyranosyl-(1→4)-[β-D-6-O-acetyl-glucopyranosyl-(1→3)]-α-L-rhamnopyranosyl-(1→2)-[α-D-galactopyranosyl-(1→4)]-β-D-fucopyranoside

3-O-β-D- 吡喃半乳糖基 -(1→2)-[β-D- 吡喃木糖基 -(1→3)]-β-D- 吡喃葡萄糖醛酸基 - 皂皮树酸 -28-O-β-D- 吡喃木糖基 -(1→4)-[β-D- 吡喃葡萄糖基 -(1→3)]-α-L- 吡喃鼠李糖基 -(1→2)-[α-D- 吡喃半乳糖基 -(1→4)]-β-D- 吡喃岩藻糖苷 3-O-β-D-galactopyranosyl-(1→2)-[β-D-xylopyranosyl-(1→3)]-β-D-glucuronopyranosylquillaic acid-28-O-β-D-xylopyranosyl-(1→4)-[β-D-glucopyranosyl-(1→3)]-α-L-rhamnopyranosyl-(1→2)-[α-D-galactopyranosyl-(1→4)]-β-D-fucopyranoside

3-O-β-D- 吡喃半乳糖基 -(1→2)-[β-D- 吡喃木糖基 -(1→3)]-β-D- 吡喃葡萄糖醛酸基 - 皂皮树酸 -28-O-β-D- 吡喃葡萄糖基 - (1→3)-[β-D- 吡喃木糖基 -(1→3)-β-D- 吡喃木糖基 -(1→4)]-α-L- 吡喃鼠李糖基 -(1→2)-[α-D- 吡喃半乳糖基 -(1→4)]-β-D- 吡喃岩藻糖苷 3-O-β-D-galactopyranosyl-(1→2)-[β-D- xylopyranosyl-(1→3)]-β-D-glucuronopyranosyl-quillaic acid-28-O-β-D-glucopyranosyl-(1→3)-[β-D-xylopyranosyl-(1→3)-β-D-xylopyranosyl-(1→4)]-α-L-rhamnopyranosyl-(1→2)-[α-D-galactopyranosyl-(1→4)]-β-D-fucopyranoside

3-O-β-D- 吡喃半乳糖基 -(1→2)-[β-D- 吡喃木糖基 -(1→3)]-β-D- 吡喃葡萄糖醛酸基 - 皂皮树酸 -28-O-β-D- 吡喃葡萄糖基 -(1→3)-[β-D- 吡喃木糖基 - (1→3)-β-D- 吡喃木糖基 - (1→4)]-α-L- 吡喃鼠李糖基 -(1→2)-β-D- 吡喃岩藻糖苷 3-O-β- D-galactopyranosyl-(1→2)-[β-D-xylopyranosyl-(1→3)]- β-D- glucuronopyranosyl-quillaic acid-28-O-β-D-glucopyranosyl-(1→3)- [β-D-xylopyranosyl-(1→3)-β-D- xylopyranosyl-(1→4)]-α-L-rhamnopyranosyl-(1→2)-β-D-fucopyranoside

3β-O-β-D- 吡喃半乳糖基 -(1→2)-[β-D- 吡喃木糖基 -(1→3)]-β-D- 吡喃葡萄糖醛酸基皂皮树酸 -28-O-β-D- 吡喃葡萄糖基 -(1→3)-[β-D- 吡喃木糖基 -(1→4)]-α-L- 吡喃鼠李糖基 -(1→2)-β-D- 吡喃岩藻糖苷 3β-O-β-D-galactopyranosyl-(1→2)-[β-D-xylopyranosyl-(1→3)]-β-D-glucuronopyranosyl-quillaic acid-28-O-β-D-glucopyranosyl-(1→3)-[β-D-xylopyranosyl-(1→4)]-α-L-rhamnopyranosyl-(1→2)-β-D-fucopyranoside

3-O-β-D- 吡喃半乳糖基 -(1→2)-[β-D- 吡喃木糖基 -(1→3)]-β-D- 吡喃葡萄糖醛酸基 - 皂皮树酸 -28-O-β-D- 吡喃葡萄糖基 - (1→3)-[β-D- 吡喃木糖基 -(1→4)]-α-L- 吡喃鼠李糖基 -(1→2)- β-D- 吡喃岩藻糖苷 3-O-β-D-galactopyranosyl-(1→2)-[β-D-xylopyranosyl-(1→3)]-β-D-glucuronopyranosyl-quillaic acid-28-O-β-D-glucopyranosyl-(1→3)-[β-D-xylopyranosyl-(1→4)]-α-L-rhamnopyranosyl-(1→2)-β-D-fucopyranoside

3-O-β-D- 吡喃半乳糖基 -(1→2)-[β-D- 吡喃木糖基 -(1→3)]-β-D- 吡喃葡萄糖醛酸基皂皮树酸 -28-O-β-D- 吡喃葡萄糖基 -(1→3)-[β-D- 吡喃葡萄糖基 -(1→4)]-α-L- 吡喃鼠李糖基 -(1→2)-[α-L- 吡喃阿拉伯糖基 -(1→4)]-β-D- 吡喃岩藻糖基酯 3-O- β-D-galactopyranosyl-(1→2)-[β-D-xylopyranosyl-(1→3)]-β-D-glucuronopyranosylquillaic acid-28-O-β-D-glucopyranosyl-(1→3)-[β-D-glucopyranosyl-(1→4)]-α-L-rhamnopyranosyl-(1→2)-[α-L-arabinopyranosyl-(1→4)]-β-D-fucopyranosyl ester

3-O-β-D- 吡喃半乳糖基 -(1→2)-[β-D- 吡喃木糖基 -(1→3)]-β-D- 吡喃葡萄糖糖醛酸基石头花苷元▲甲酯 3-O-β-D-galactopyranosyl-(1→2)-[β-D-xylopyranosyl-(1→3)]-β-D-glucuronopyranosyl-gypsogenin methyl ester

3-O-β-D- 吡喃半乳糖基 -(1→2)-[β-D- 吡喃木糖基 -(1→3)]-β-D- 吡喃葡萄糖糖醛酸基皂皮树酸 -28-{O-β-D- 吡喃岩藻糖基 -(1→4)-[β-D- 吡喃葡萄糖糖基 -(1→3)]-α-L- 吡喃鼠李糖基 } 酯 {3-O-β-D-galactopyranosyl-(1→2)-[β-D-xylopyranosyl-(1→3)]-β-D-glucuronopyranosyl quillaic acid-28-{O-β-D-fucopyranosyl-(1→4)-[β-D-glucopyranosyl-(1→3)]-α-L-rhamnopyranosyl}ester

3-O-β-D- 吡喃半乳糖基 -(1→2)-[β-D- 吡喃木糖基 -(1→3)]-β-D- 吡喃葡萄糖糖醛酸基皂皮树酸甲酯 3-O-β-D-galactopyranosyl-(1→2)-[β-D-xylopyranosyl-(1→3)]-β-D-glucuronopyranosyl quillaic acid methyl ester

3-O-β-D- 吡喃半乳糖基 -(1→2)-[β-D- 吡喃木糖基 -(1→3)- 吡喃葡萄糖醛酸基石头花苷元▲ 3-O-β-D-galactopyranosyl-(1→2)-[β-D-xylopyranosyl-(1→3)]-β-D-glucuronopyranosyl-gypsogenin

3β-O-[β-D- 吡喃半乳糖基 -(1→2)]-[β-D- 吡喃木糖基 -(1→3)]-β-D- 吡喃葡萄糖醛酸基 - 皂皮树酸 -28-O-[α-L- 吡喃鼠李糖基 -(1→2)]-4-O- 乙酰基 -3-O-(E/Z)- 对甲氧基肉桂酰基 -β-D- 吡喃岩藻糖基酯 3β-O-[β-D-galactopyranosyl-(1→2)]-[β-D-xylopyranosyl-(1→3)]-β-D-glucuronopyranosyl-quillaic acid-28-O-[α-L-rhamnopyranosyl-(1→2)]-4-O-acetyl-3-O-(E/Z)-para-methoxycinnamoyl-β-D-fucopyranosyl ester

3β-{O-β-D- 吡喃半乳糖基 -(1→2)-O-[β-D- 吡喃半乳糖

基 -(1→3)]-*O*-*β*-D- 吡喃葡萄糖基 }- 皂皮树酸甲酯 3*β*-[*O*-*β*-D-galactopyranosyl-(1→2)-*O*-[*β*-D-xylopyranosyl-(1→3)]-*O*-*β*-D-glucopyranosyl]quillaic acid methyl ester

3*β*-{*O*-*β*-D- 吡喃半乳糖基 -(1→2)-*O*-[*β*-D- 吡喃木糖基 -(1→3)]-*β*-D- 吡喃葡萄糖醛酸基 }- 皂皮树酸 -28-{*O*-*β*-D- 吡喃木糖基 -(1→3)-*O*-*β*-D- 吡喃木糖基 -(1→4)-*O*-*α*-L- 鼠李糖基 -(1→2)-*O*-[3,4- 二 -*O*- 乙酰基 -*β*-D- 吡喃鸡纳糖基 -(1→4)]-*β*-D- 吡喃岩藻糖基] 酯 3*β*-[*O*-*β*-D-galactopyranosyl-(1→2)-*O*-[*β*-D-xylopyranosyl-(1→3)]-*β*-D-glucuronopyranosyl]-quillaic acid-28-[*O*-*β*-D-xylopyranosyl-(1→3)-*O*-*β*-D-xylopyranosyl-(1→4)-*O*-*α*-L-rhamnopyranosyl-(1→2)-*O*-[3,4-di-*O*-acetyl-*β*-D-quinovopyranosyl-(1→4)]-*β*-D-fucopyranosyl]ester

3-*O*-[*β*-D- 吡喃半乳糖基 -(1→2)-*α*-L- 吡喃阿拉伯糖基]-28-*O*-D- 吡喃葡萄糖基常春藤皂苷元 3-*O*-[*β*-D-galactopyranosyl-(1→2)-*α*-L-arabinopyranosyl]-28-*O*-D-glucopyranosylhederagenin

3-*O*-[*β*-D- 吡喃半乳糖基 -(1→2)-*β*-D- 吡喃葡萄糖基]-28-*O*-[[α-L- 吡喃阿拉伯糖基 -(1→2)-*α*-L- 吡喃阿拉伯糖基 -(1→3)-*β*-D- 吡喃木糖基 -(1→4)-*α*-L- 吡喃鼠李糖基 -(1→2)]-[*β*-D- 吡喃葡萄糖基 -(1→3)]-4-*O*- 乙酰基 -*β*-D- 吡喃岩藻糖基] 皂皮树酸 3-*O*-[*β*-D-galactopyranosyl-(1→2)-*β*-D-glucuronopyranosyl]-28-*O*-[[*α*-L-arabinopyranosyl-(1→2)-*α*-L-arabinopyranosyl-(1→3)-*β*-D-xylopyranosyl-(1→4)-*α*-L-rhamnopyranosyl-(1→2)]-[*β*-D-glucopyranosyl-(1→3)]-4-*O*-acetyl-*β*-D-fucopyranosyl]quillaic acid

3-*O*-*β*-D- 吡喃半乳糖基 -(1→2)-*β*-D- 吡喃葡萄糖醛酸基石头花苷元▲ 3-*O*-*β*-D-galactopyranosyl-(1→2)-*β*-D-glucuronopyranosyl gypsogenin

3-*O*-*β*-D- 吡喃半乳糖基 -(1→2)-*β*-D- 吡喃葡萄糖醛酸基石头花苷元▲-28-*O*-*β*-D- 吡喃吡喃木糖基 -(1→4)-[*β*-D- 吡喃葡萄糖基 -(1→3)]-*α*-L- 吡喃鼠李糖基 -(1→2)-*β*-D- 吡喃岩藻糖苷 3-*O*-*β*-D-galactopyranosyl-(1→2)-*β*-D-glucuronopyranosyl-gypsogenin-28-*O*-*β*-D-xylopyranosyl-(1→4)-[*β*-D-glucopyranosyl-(1→3)]-*α*-L-rhamnopyranosyl-(1→2)-*β*-D-fucopyranoside

3-*O*-*β*-D- 吡喃半乳糖基 -(1→2)-*β*-D- 吡喃葡萄糖醛酸基石头花苷元▲-28-*O*-*β*-D- 吡喃木糖基 -(1→4)-[*β*-D-6-*O*- 乙酰葡萄糖基 -(1→3)]-*α*-L- 吡喃鼠李糖基 -(1→2)-*β*-D- 吡喃岩藻糖苷 3-*O*-*β*-D-galactopyranosyl-(1→2)-*β*-D-glucuronopyranosyl-gypsogenin-28-*O*-*β*-D-xylopyranosyl-(1→4)-[*β*-D-6-*O*-acetylglucopyranosyl-(1→3)]-*α*-L-rhamnopyranosyl-(1→2)-*β*-D-fucopyranoside

3-*O*-*β*-D- 吡喃半乳糖基 -(1→2)-*β*-D- 吡喃葡萄糖醛酸基石头花苷元▲-28-*O*-*β*-D-吡喃木糖基-(1→4)-*α*-L-吡喃鼠李糖基-(1→2)-*β*-D- 吡喃岩藻糖苷 3-*O*-*β*-D-galactopyranosyl-(1→2)-*β*-D-glucuronopyranosyl gypsogenin-28-*O*-*β*-D-xylopyranosyl-(1→4)-*α*-L-rhamnopyranosyl-(1→2)-*β*-D-fucopyranoside

3*β*-*O*-[*β*-D- 吡喃半乳糖基 -(1→3)-*β*-D- 吡喃半乳糖基 -(1→4)-*α*-L- 吡喃鼠李糖基]-21*β*- 羟基 -16,23- 二氧代 -28- 降 -17*α*,18*β*-齐墩果 -12- 烯 3*β*-*O*-[*β*-D-galactopyranosyl-(1→3)-*β*-D-galactopyranosyl-(1→4)-*α*-L-rhamnopyranosyl]-21*β*-hydroxy-16,23-dioxo-28-nor-17*α*,18*β*-olean-12-ene

3*β*-*O*-*β*-D- 吡喃半乳糖基 -(1→3)-*β*-D- 吡喃葡萄糖基石头花苷元▲-28-*O*-{*β*-D- 吡喃葡萄糖基 -(1→3)-[*β*-D- 吡喃木糖基 -(1→4)]-*α*-L- 吡喃鼠李糖基 -(1→2)-[*β*-D- 吡喃岩藻糖基 -(1→3)]-*α*-L- 吡喃阿拉伯糖基酯 3*β*-*O*-*β*-D-galactopyranosyl-(1→3)-*β*-D-glucopyranosyl-gypsogenin-28-*O*-[*β*-D-glucopyranosyl-(1→3)-[*β*-D-xylopyranosyl-(1→4)]-*α*-L-rhamnopyranosyl-(1→2)-[*β*-D-fucopyranosyl-(1→3)]-*α*-L-arabinopyranosyl]ester

3-*O*-*β*-D- 吡喃半乳糖基 -(1→3)-*β*-D- 吡喃葡萄糖醛酸基石头花苷元▲-28-*O*-*β*-D- 吡喃木糖基 -(1→3)-*β*-D- 吡喃木糖基 -(1→4)-*α*-L- 吡喃鼠李糖基 -(1→2)-*β*-D- 吡喃岩藻糖基酯 3-*O*-*β*-D-galactopyranosyl-(1→3)-*β*-D-glucuronopyranosylgypsogenin-28-*O*-*β*-D-xylopyranosyl-(1→3)-*β*-D-xylopyranosyl-(1→4)-*α*-L-rhamnopyranosyl-(1→2)-*β*-D-fucopyranosyl ester

3-[*O*-*β*-D- 吡喃半乳糖基 -(1→4)-*O*-[*β*-D- 吡喃葡萄糖基 -(1→2)]-*O*-*β*-D- 吡喃葡萄糖醛酸基]- 皂皮树酸 3-[*O*-*β*-D-galactopyranosyl-(1→4)-*O*-[*β*-D-glucopyranosyl-(1→2)]-*O*-*β*-D-glucopyranuronosyl]quillaic acid

O-*β*-D- 吡喃半乳糖基 -(1→4)-*O*-*β*-D- 吡喃甘露糖 *O*-*β*-D-galactopyranosyl-(1→4)-*O*-*β*-D-mannopyranose

3-*O*-*α*-L- 吡喃半乳糖基 -(1→4)-*β*-D- 吡喃木糖基 -(1→3)-[*β*-D- 吡喃半乳糖基 -(1→2)]-*β*-D- 吡喃葡萄糖醛酸基 - 皂皮树酸 -28-*O*-*β*-D- 吡喃葡萄糖基 -(1→3)-[*β*-D- 吡喃木糖基 -(1→4)]-*α*-L- 吡喃鼠李糖基 -(1→2)-*β*-D- 吡喃岩藻糖苷 3-*O*-*α*-L-galactopyranosyl-(1→4)-*β*-D-xylopyranosyl-(1→3)-[*β*-D-galactopyranosyl-(1→2)]-*β*-D-glucuronopyranosyl-quillaic acid-28-*O*-*β*-D-glucopyranosyl-(1→3)-[*β*-D-xylopyranosyl-(1→4)]-*α*-L-rhamnopyranosyl-(1→2)-*β*-D-fucopyranoside

3-*O*-{[*β*-D- 吡喃半乳糖基 -(1→6)]-*O*-*β*-D- 吡喃半乳糖基 }-23(*R*),24(*R*),25- 三羟基葫芦 -5- 烯 3-*O*-{[*β*-D-galactopyranosyl-(1→6)]-*O*-*β*-D-galactopyranosyl}-23(*R*),24(*R*),25-trihydroxycucurbit-5-ene

O-*α*-D- 吡喃半乳糖基 -(1→6)-*O*-[*O*-*α*-D- 吡喃半乳糖基 -(1→6)-*O*-[*β*-D- 吡喃甘露糖基 -(1→4)]-*O*-*β*-D- 吡喃甘露糖基 -(1→4)-*β*-D- 吡喃甘露糖基 -(1→4)]-*O*-*β*-D- 吡喃甘露糖基 -(1→4)-*β*-D- 吡喃甘露糖 *O*-*α*-D-galactopyranosyl-(1→6)-*O*-[*O*-*α*-D-galactopyranosyl-(1→6)-*O*-[*β*-D-mannopyranosyl-(1→4)]-*O*-*β*-D-mannopyranosyl-(1→4)-*β*-D-mannopyranosyl-(1→4)]-*O*-*β*-D-mannopyranosyl-(1→4)-*β*-D-mannopyranose

O-*α*-D- 吡喃半乳糖基 -(1→6)-*O*-*α*-D- 吡喃半乳糖基 -(1→6)-*O*-*α*-D- 吡喃半乳糖基 -(1→6)-*O*-*α*-D- 吡喃半乳糖基 -(1→6)-*O*-*α*-D- 吡喃半乳糖基 -(1→6)-*O*-*α*-D- 吡喃半乳糖基 -(1→6)-*O*-*α*-D- 吡喃半乳糖基 -(1→6)-*O*-*α*-D- 吡喃葡萄糖基 -(1→2)-*O*-*β*-D- 呋喃果糖 *O*-*α*-D-galactopyranosyl-(1→6)-*O*-*α*-D-galactopyranosyl-(1→6)-*O*-*α*-D-galactopyranosyl-(1→6)-*O*-*α*-D-galactopyranosyl-(1→6)-*O*-*α*-D-galactopyranosyl-(1→6)-*O*-*α*-D-galactopyranosyl-(1→6)-*O*-*α*-D-galactopyranosyl-(1→6)-*O*-*α*-D-glucopyranosyl-(1→2)-*O*-*β*-D-fructofuranoside

O-*α*-D- 吡喃半乳糖基 -(1→6)-*O*-*α*-D- 吡喃半乳糖基 -(1→6)-*O*-*α*-D- 吡喃半乳糖基 -(1→6)-*O*-*α*-D- 吡喃半乳糖基 -(1→6)-*O*-*α*-D- 吡喃半乳糖基 -(1→6)-*O*-*α*-D- 吡喃半乳糖基 -(1→6)-*O*-*α*-D- 吡喃葡萄糖基 -(1→2)-*O*-*β*-D- 呋喃果糖 *O*-*α*-D-galactopyranosyl-(1→6)-*O*-*α*-D-galactopyranosyl-(1→6)-*O*-*α*-D-galactopyranosyl-(1→6)-*O*-*α*-D-galactopyranosyl-(1→6)-*O*-*α*-D-galactopyranosyl-(1→6)-*O*-*α*-D-galactopyranosyl-(1→6)-*O*-*α*-D-glucopyranosyl-(1→2)-*O*-*β*-D-fructofuranoside

O-*α*-D- 吡喃半乳糖基 -(1→6)-*O*-*α*-D- 吡喃半乳糖基 -(1→6)-*O*-*α*-D- 吡喃半乳糖基 -(1→6)-*O*-*α*-D- 吡喃半乳糖基 -(1→6)-*O*-*α*-D- 吡喃半乳糖基 -(1→6)-*O*-*α*-D- 吡喃葡萄糖基 -(1→2)-*O*-*β*-D- 呋喃果糖 *O*-*α*-D-galactopyranosyl-(1→6)-*O*-*α*-D-galactopyranosyl-(1→6)-*O*-*α*-D-galactopyranosyl-(1→6)-*O*-*α*-D-galactopyranosyl-(1→6)-*O*-*α*-D-galactopyranosyl-(1→6)-*O*-*α*-D-glucopyranosyl-(1→2)-*O*-*β*-D-fructofuranoside

O-*α*-D- 吡喃半乳糖基 -(1→6)-*O*-*α*-D- 吡喃甘露糖 *O*-*α*-D-galactopyranosyl-(1→6)-*O*-*α*-D-mannopyranose

O-*α*-D- 吡喃半乳糖基 -(1→6)-*O*-*α*-D- 吡喃甘露糖基 -(1→4)-*O*-*β*-D- 吡喃甘露糖 *O*-*α*-D-galaclopyranosyl-(1→6)-*O*-*α*-D-mannopyranosyl-(1→4)-*O*-*β*-D-mannopyranose

O-α-D- 吡喃半乳糖基 -(1 → 6)-O-β-D- 吡喃甘露糖基 -(1 → 5)-D-甘露糖 O-α-D-galactopyranosyl-(1 → 6)-O-β-D-mannopyranosyl-(1 → 5)-D-mannose

3-[O-α- 吡喃半乳糖基 -(1'' → 6')-O-β- 吡喃半乳糖基]-1-O- 亚麻酰基 -2-O- 棕榈酰甘油酯 3-[O-α-galactopyranosyl-(1' → 6')-O-β-galactopyranosyl]-1-O-linolenyl-2-O-palmitylglyceride

α-D- 吡喃半乳糖基 -(1 → 6)-α-D- 吡喃半乳糖基 (1 → 1')- 肌肉肌醇 α-D-galactopyranosyl-(1 → 6)-α-D-galactopyranosyl-(1 → 1')-myoinositol

β-D- 吡喃半乳糖基 -(3 → 3)-O-β-D- 吡喃半乳糖 β-D-galactopyranosyl-(3 → 3)-O-β-D-galactopyranose

2-O-β-D- 吡喃半乳糖基 -(3β,4α)-23- 羟基 -28-[(O-β-D- 吡喃木糖基 -(1 → 3)-O-β-D- 吡喃木糖基 -(1 → 4)-O-α-L- 吡喃鼠李糖基 -(1 → 2)-β-D- 吡喃木糖氧基] 齐墩果 -12- 烯 -3-O-β-D- 吡喃葡萄糖醛酸 2-O-β-D-galactopyranosyl-(3β,4α)-23-hydroxy-28-[(O-β-D-xylopyranosyl-(1→3)-O-β-D-xylopyranosyl-(1→4)-O-α-L-rhamnopyranosyl-(1→2)-β-D-xylopyranosyloxy]olean-12-en-3-O-β-D-glucopyranosidonic acid

1-O-β-D- 吡喃半乳糖基 -(6 → 1)-α-D- 吡喃半乳糖基 -2,3-O-十六酸甘油二酯 1-O-β-D-galactopyranosyl-(6 → 1)-α-D-galactopyranosyl-2,3-dihexadecanoylglycerol

3'-O-(β-D- 吡喃半乳糖基)-2'- 羟基黄酮 3'-O-(β-D-galactopyranosyl)-2'-hydroxyflavone

3-O-[β-D- 吡喃半乳糖基]-25-O-β-D- 吡喃半乳糖基 -7(R),22(S),23(R),24(R),25- 五羟基葫芦 -5- 烯 3-O-[β-D-galactopyranosyl]-25-O-β-D-galactopyranosyl-7(R),22(S),23(R),24(R),25-pentahydroxycucurbit-5-ene

4-O-β-D-吡喃半乳糖基-3-羟基-苯乙烯 4-O-β-D-galactopyranosyl-3-hydroxyl-phenylethene

(2-O-α-D- 吡喃半乳糖基 -4-O- 甲基 -α-D- 葡萄糖醛酸基)-D- 树胶质 (2-O-α-D-galactopyranosyl-4-O-methyl-α-D-glucuronosyl)-D-xylan

1D-5-O-α-D- 吡喃半乳糖基 -4-O- 甲基肌肉肌醇 1D-5-O-α-D-galactopyranosyl-4-O-methyl-myoinositol

8-C-β-D- 吡喃半乳糖基 -5,7,4'- 三羟基黄酮 8-C-β-D-galactopyranosyl-5,7,4'-trihydroxyflavone

6-C-β-D- 吡喃半乳糖基 -5,7,8,4'- 四羟基 - 黄酮 6-C-β-D-galactopyranosyl-5,7,8,4'-tetrahydroxy-flavone

3-O-β-D- 吡喃半乳糖基百脉根素▲ 3-O-β-D-galactopyranosylcorniculatusin

6'-O-α-D- 吡喃半乳糖基丁香苦苷 6'-O-α-D-galactopyranosylsyringopicroside

6''-O-α-D- 吡喃半乳糖基钩果草苷 6''-O-α-D-galactopyranosylharpagoside

6-O-α-D- 吡喃半乳糖基钩果草苷 6-O-α-D-galactopyranosylharpagoside

2''-O-β-L- 吡喃半乳糖基荭草素 2''-O-β-L-galactopyranosylorientin

6'-O-α-D- 吡喃半乳糖基假杜鹃素 6'-O-α-D-galactopyranosylbarlerin

6'-O-α-D- 吡喃半乳糖基坚硬糙苏苷 C 6'-O-α-D-galactopyranosylphlorigidoside C

2''-O-β-L- 吡喃半乳糖基牡荆素 2''-O-β-L-galactopyranosylvitexin

6'-O-α-D- 吡喃半乳糖基山栀苷甲酯 6'-O-α-D-galactopyranosylshanzhiside methyl ester

4-O-β-D- 吡喃半乳糖基 - 乙基 - 反式 - 咖啡酸酯 4-O-β-D-galactopyranosyl-ethyl-trans-caffeate

8-C-β-D- 吡喃半乳糖基异牡荆素 8-C-β-D-galactopyranosylisovitexin

3-O-β-D- 吡喃半乳糖基泽漆内酯 A 3-O-β-D-galactopyranosylhelioscopinolide A

6'-O-α-D- 吡喃半乳糖基芝麻苷 6'-O-α-D-galactopyranosylsesamoside

α-D- 吡喃半乳糖甲苷 methyl-α-D-galactopyranoside

3-(β-D- 吡喃半乳糖氧基)-4H- 吡喃 -4- 酮 3-(β-D-galactopyranosyloxy)-4H-pyran-4-one

1-({[5-(α-D- 吡喃半乳糖氧基) 甲基]-1H- 吡咯 -2- 醛基 -1- 基 }-乙基)-1H- 吡唑 1-({[5-(α-D-galactopyranosyloxy)methyl]-1H-pyrrole-2-carbaldehyde-1-yl}-ethyl)-1H-pyrazole

7-O-β-D- 吡喃半乳糖氧基 -8-(丁烯基 -3'- 甲基)- 香豆素 7-O-β-D-glucopyranosyloxy-8-(butenyl-3'-methyl)-coumarin

3-O-β-D- 吡喃半乳糖氧基 - 羽扇豆 -12- 烯 -28- 酸 3-O-β-D-galactopyranosyloxy-lup-12-en-28-oic acid

吡喃飞燕草素 A~D pyranodelphinidin A~D

吡喃甘露糖 -β-1-2- 肌醇 -1- 磷酰神经酰胺 mannopyranosyl-β-1-2-inositol-1-phosphoceramide

(4α)-3β-[(O-α-L- 吡喃甘露糖基 -(1 → 2)-O-[β-D- 吡喃木糖基 -(1 → 3)]-α-L- 吡喃阿拉伯糖氧基]-23- 羟基齐墩果酸 (4α)-3β-[O-α-L-rhamnopyranosyl-(1→2)-O-[β-D-xylopyranosyl-(1→3)]-α-L-arabinopyranosyloxy]-23-hydroxyoleanolic acid

O-β-D- 吡喃甘露糖基 -(1 → 4)-O-β-D- 吡喃甘露糖基 -(1 → 4)-O-β-D- 吡喃甘露糖 O-β-D-mannospyranosyl-(1 → 4)-O-β-D-mannopyranosyl-(1 → 4)-O-β-D-mannopyranose

O-α-D- 吡喃甘露糖基 -(1 → 6)-O-β-D- 吡喃甘露糖 O-α-D–mannopyranosyl-(1 → 6)-O-β-D-mannopyranose

4-O-β-D- 吡喃甘露糖基 - 吡喃甘露糖 4-O-β-D-mannopyranosyl-mannopyranose

D- 吡喃果糖 D-fructopyranose

β-D- 吡喃果糖基 -(1 → 4)-(β-D- 吡喃葡萄糖醛酸基)-(1 → 3)- 齐墩果酸 β-D-fucopyranosyl-(1 → 4)-(β-D-glucuronopyranosyl)-(1 → 3)-oleanolic acid

3-O-[β-D- 吡喃果糖基 -(1 → 4)-β-D- 吡喃葡萄糖基 -(1 → 2)-β-D-吡喃葡萄糖基]-(25S)-5β- 螺甾 -3β- 醇 3-O-[β-D-xylopyranosyl-(1→4)-β-D-glucopyranosyl-(1→2)-β-D-glucopyranosyl]-(25S)-5β-spirostan-3β-ol

β-D- 吡喃果糖甲苷 methyl O-β-D-fructopyranoside

3-O- 吡喃海藻糖基柴胡皂苷元 F 3-O-fucopyranosylsaikogenin F

3β-O-β-D-吡喃核糖基-(1→3)-O-α-L-吡喃鼠李糖基-(1→2)-[β-D-吡喃葡萄糖基-(1→4)α-L-吡喃阿拉伯糖基]齐墩果-12-烯-28-酸 -O-β-D- 吡喃葡萄糖基 -(1 → 3)-α-L- 吡喃鼠李糖基 -(1 → 4)-O-β-D- 吡喃葡萄糖基 -(1 → 6)-β-D- 吡喃葡萄糖酯苷 3β-O-β-D-ribopyranosyl-(1 → 3)-O-α-L-rhamnopyranosyl-(1 → 2)-[β-D-glucopyranosyl-(1 → 4)-α-L-arabinopyranosyl]oxy olean-12-en-28-oic acid O-β-D-glucopyranosyl-(1 → 3)-α-L-rhamnopyranosyl-(1 → 4)-O-β-D-glucopyranosyl-(1 → 6)-β-D-glucopyranosyl ester

3β-O-β-D- 吡喃核糖基 -(1 → 3)-O-α-L- 吡喃鼠李糖基 -(1 → 2)-α-L- 吡喃阿拉伯糖基 -23- 羟基齐墩果 -12- 烯 -28- 酸 -O-β-D- 吡喃葡萄糖基 -(1 → 3)-α-L- 吡喃鼠李糖基 -(1 → 4)-O-β-D- 吡喃葡萄糖基 -(1 → 6)-β-D- 吡喃葡萄糖酯苷 3β-[(O-β-D-ribopyranosyl-(1 → 3)-O-α-L-rhamnopyranosyl-(1 → 2)-α-L-arabinopyranosyl)oxy]-23-hydroxyolean-12-en-28-oic acid O-β-D-glucopyranosyl-(1 → 3)-α-L-rhamnopyranosyl-(1 → 4)-O-β-D-glucopyranosyl-(1 → 6)-β-D-glucopyranosyl ester

3β-O-β-D- 吡喃核糖基 -(1 → 3)-O-α-L- 吡喃鼠李糖基 -(1 → 2)-α-L-吡喃阿拉伯糖基齐墩果 -12- 烯 -28- 酸 -O-β-D- 吡喃葡萄糖基 -(1 → 3)-α-L- 吡喃鼠李糖基 -(1 → 4)-O-β-D- 吡喃葡萄糖基 -(1 → 6)-β-D- 吡喃葡萄糖酯苷 3β-[(O-β-D-ribopyranosyl-(1 → 3)-O-α-L-rhamnopyranosyl-(1 → 2)-α-L-arabinopyranosyl)oxy]olean-12-en-28-oic acid O-β-D-glucopyranosyl-(1 → 3)-

α-L-rhamnopyranosyl-(1→4)-O-β-D-glucopyranosyl-(1→6)-β-D-glucopyranosyl ester

3-O-β-D-吡喃核糖基-(1→3)-α-L-吡喃鼠李糖基-(1→2)-[β-D-吡喃核糖基-(1→4)]-α-L-吡喃阿拉伯糖基-齐墩果酸-28-O-α-L-吡喃鼠李糖基-(1→4)-β-D-吡喃葡萄糖基-(1→6)-β-D-吡喃葡萄糖苷 3-O-β-D-ribopyranosyl-(1→3)-α-L-rhamnopyranosyl-(1→2)-[β-D-glucopyranosyl-(1→4)]-α-L-arabinopyranosyl-oleanolic acid-28-O-α-L-rhamnopyranosyl-(1→4)-β-D-glucopyranosyl-(1→6)-β-D-glucopyranoside

3-O-β-D-吡喃核糖基-(1→3)-α-L-吡喃鼠李糖基-(1→2)-[β-D-吡喃葡萄糖基-(1→4)]-α-L-吡喃阿拉伯糖基常春藤皂苷元 3-O-β-D-ribopyranosyl-(1→3)-α-L-rhamnopyranosyl-(1→2)-[β-D-glucopyranosyl-(1→4)]-α-L-arabinopyranosylhederagenin

3-O-β-D-吡喃核糖基-(1→3)-α-L-吡喃鼠李糖基-(1→2)-[β-D-吡喃葡萄糖基-(1→4)]-α-L-吡喃阿拉伯糖基-齐墩果酸 3-O-β-D-ribopyranosyl-(1→3)-α-L-rhamnopyranosyl-(1→2)-[β-D-glucopyranosyl-(1→4)]-α-L-arabinopyranosyl-oleanolic acid

3β-O-{β-D-吡喃核糖基-(1→3)-α-L-吡喃鼠李糖基-(1→2)-[β-D-吡喃葡萄糖基-(1→4)]-β-D-吡喃木糖基}-齐墩果酸 3β-O-{β-D-ribopyranosyl-(1→3)-α-L-rhamnopyranosyl-(1→2)-[β-D-glucopyranosyl-(1→4)]-β-D-xylopyranosyl}-oleanolic acid

3-O-β-D-吡喃核糖基-(1→3)-α-L-吡喃鼠李糖基-(1→2)-[β-D-吡喃葡萄糖基-(1→4)]-β-D-吡喃木糖基常春藤皂苷元 3-O-β-D-ribopyranosyl-(1→3)-α-L-rhamnopyranosyl-(1→2)-[β-D-glucopyranosyl-(1→4)]-β-D-xylopyranosylhederagenin

3β-O-[β-D-吡喃核糖基-(1→3)-α-L-吡喃鼠李糖基-(1→2)-α-L-吡喃阿拉伯糖基]-23-羟基-齐墩果-11,13-二烯-28-酸 3β-O-[β-D-ribopyranosyl-(1→3)-α-L-rhamnopyranosyl-(1→2)-α-L-arabinopyranosyl]-23-hydroxy-olean-11,13-dien-28-oic acid

3β-O-[β-D-吡喃核糖基-(1→3)-α-L-吡喃鼠李糖基-(1→2)-α-L-吡喃阿拉伯糖基]-常春藤皂苷元-11,13-二烯-28-酸 3β-O-[β-D-ribopyranosyl-(1→3)-α-L-rhamnopyranosyl-(1→2)-α-L-arabinopyranosyl]hederagenin-11,13-dien-28-oic acid

3-O-β-D-吡喃核糖基-(1→3)-α-L-吡喃鼠李糖基-(1→2)-α-L-吡喃阿拉伯糖基常春藤皂苷元 3-O-β-D-ribopyranosyl-(1→3)-α-L-rhamnopyranosyl-(1→2)-α-L-arabinopyranosylhederagenin

3-O-β-D-吡喃核糖基-(1→3)-α-L-吡喃鼠李糖基-(1→2)-α-L-吡喃阿拉伯糖基-常春藤皂苷元-28-O-α-L-吡喃鼠李糖基-(1→4)-β-D-吡喃葡萄糖基-(1→6)-β-D-吡喃葡萄糖基酯苷 3-O-β-D-ribopyranosyl-(1→3)-α-L-rhamnopyranosyl-(1→2)-α-L-arabinopyranosylhederagenin-28-O-α-L-rhamnopyranosyl-(1→4)-β-D-glucopyranosyl-(1→6)-β-D-glucopyranosyl ester

3-O-β-D-吡喃核糖基-(1→3)-α-L-吡喃鼠李糖基-(1→2)-α-L-吡喃阿拉伯糖基齐墩果酸 3-O-β-D-ribopyranosyl-(1→3)-α-L-rhamnopyranosyl-(1→2)-α-L-arabinopyranosyloleanolic acid

3-O-β-D-吡喃核糖基-(1→3)-α-L-吡喃鼠李糖基-(1→2)-α-L-吡喃阿拉伯糖基-齐墩果酸-28-O-β-D-吡喃葡萄糖基-(1→6)-β-D-吡喃葡萄糖苷 3-O-β-D-ribopyranosyl-(1→3)-α-L-rhamnopyranosyl-(1→2)-α-L-arabinopyranosyl-oleanolic acid-28-O-β-D-glucopyranosyl-(1→6)-β-D-glucopyranoside

3-O-β-D-吡喃核糖基-(1→3)-α-L-吡喃鼠李糖基-(1→2)-β-D-吡喃木糖基-3β,21α-二羟基齐墩果-12-烯-28-酸 3-O-β-D-ribopyranosyl-(1→3)-α-L-rhamnopyranosyl-(1→2)-β-D-xylopyranosyl-3β,21α-dihydroxyolean-12-en-28-oic acid

3-O-β-D-吡喃核糖基-(1→3)-α-L-吡喃鼠李糖基-(1→2)-β-D-吡喃木糖基常春藤皂苷元 3-O-β-D-ribopyranosyl-(1→3)-α-L-rhamnopyranosyl-(1→2)-β-D-xylopyranosylhederagenin

3-O-β-D-吡喃核糖基-(1→3)-α-L-吡喃鼠李糖基-(1→2)-β-D-吡喃木糖基-常春藤皂苷元 3-O-β-D-ribopyranosyl-(1→3)-α-L-rhamnopyranosyl-(1→2)-β-D-xylopyranosyl-hederagenin

3-O-β-D-吡喃核糖基-(1→3)-α-L-吡喃鼠李糖基-(1→2)-β-D-吡喃木糖基齐墩果酸 3-O-β-D-ribopyranosyl-(1→3)-α-L-rhamnopyranosyl-(1→2)-β-D-xylopyranosyl oleanolic acid

3-O-β-D-吡喃核糖基-(1→3)-α-L-吡喃鼠李糖基-(1→2)-β-D-吡喃木糖基-齐墩果酸 3-O-β-D-ribopyranosyl-(1→3)-α-L-rhamnopyranosyl-(1→2)-β-D-xylopyranosyl-oleanolic acid

3-O-β-D-吡喃核糖基-(1→3)-α-L-吡喃鼠李糖基-(1→2)-β-D-吡喃木糖基齐墩果酸-28-O-β-D-吡喃葡萄糖基酯苷 3-O-β-D-ribopyranosyl-(1→3)-α-L-rhamnopyranosyl-(1→2)-β-D-xylopyranosyloleanolic acid-28-O-β-D-glucopyranosyl ester

3-O-β-吡喃核糖基-(1→3)-α-吡喃鼠李糖基-(1→2)-α-吡喃阿拉伯糖基常春藤皂苷元-28-O-α-L-吡喃鼠李糖基-(1→4)-β-D-吡喃葡萄糖基-(1→6)-β-D-吡喃葡萄糖苷 3-O-β-ribopyranosyl-(1→3)-α-rhamnopyranosyl-(1→2)-α-arabinopyranosyl-hederagenin-28-O-α-L-rhamnopyranosyl-(1→4)-β-D-glucopyranosyl-(1→6)-β-D-glucopyranoside

3-O-β-D-吡喃核糖基-(1→3)-α-L-吡喃鼠李糖基-(1→2)-α-L-吡喃阿拉伯糖基齐墩果酸 3-O-β-D-ribopyranosyl-(1→3)-α-L-rhamnopyranosyl-(1→2)-α-L-arabinopyranosyl oleanolic acid

β-D-吡喃黄花夹竹桃糖基-(1→4)-α-D-吡喃夹竹桃糖基乙苷 ethyl β-D-thevetopyranosyl-(1→4)-α-D-oleandropyranoside

β-D-吡喃黄花夹竹桃糖基-(1→4)-β-D-吡喃夹竹桃糖基乙苷 ethyl β-D-thevetopyranosyl-(1→4)-β-D-oleandropyranoside

(5α)-3β-O-β-吡喃黄花夹竹桃糖基-(1→4)-β-吡喃夹竹桃糖基-(1→4)-β-吡喃磁麻糖基-(1→4)-β-吡喃洋地黄毒糖氧基-8,14β,17α,20-四羟基孕甾-12β-苯甲酸酯 (5α)-3β-O-β-thevetopyranosyl-(1→4)-β-oleandropyranosyl-(1→4)-β-cymaropyranosyl-(1→4)-β-digitoxopyranoxy-8,14β,17α,20-tetrahydroxypregnan-12β-benzoate

(5α)-3β-O-β-吡喃黄花夹竹桃糖基-(1→4)-β-吡喃夹竹桃糖基-(1→4)-β-吡喃磁麻糖基-(1→4)-β-吡喃洋地黄毒糖氧基-8,14β,17α,20-四羟基孕甾-12β-桂皮酸酯 (5α)-3β-O-β-thevetopyranosyl-(1→4)-β-oleandropyranosyl-(1→4)-β-cymaropyranosyl-(1→4)-β-digitoxopyranoxy-8,14β,17α,20-tetrahydroxypregnan-12β-cinnamate

(5α,12β)-3β-O-β-吡喃黄花夹竹桃糖基-(1→4)-β-吡喃夹竹桃糖基-(1→4)-β-吡喃磁麻糖基-(1→4)-β-吡喃洋地黄毒糖氧基-8,14β,17α-三羟基孕甾-20-酮 (5α,12β)-3β-O-β-thevetopyranosyl-(1→4)-β-oleandropyranosyl-(1→4)-β-cymaropyranosyl-(1→4)-β-digitoxopyranoxy-8,14β,17α-trihydroxypregnan-20-one

(5α)-3β-O-β-吡喃黄花夹竹桃糖基-(1→4)-β-吡喃夹竹桃糖基-(1→4)-β-吡喃洋地黄毒糖基-(1→4)-β-吡喃洋地黄毒糖氧基-8,14β,17α,20-四羟基孕甾-12β-苯甲酸酯 (5α)-3β-O-β-thevetopyranosyl-(1→4)-β-oleandropyranosyl-(1→4)-β-digitoxopyranosyl-(1→4)-β-digitoxopyranoxy-8,14β,17α,20-tetrahydroxypregnan-12β-benzoate

3-O-[β-D-吡喃鸡纳糖基]鸡纳酸 3-O-[β-D-quinovopyranosyl] quinovic acid

3-O-β-D-吡喃鸡纳糖基鸡纳酸 3-O-β-D-quinovopyranosylquinovic acid

3-O-β-D-吡喃鸡纳糖基焦金鸡纳酸酯苷 3-O-β-D-quinovopyranosylpyrocincholate

3-O-β-D-吡喃鸡纳糖基金鸡纳酸 3-O-β-D-quinovopyranosylcincholic acid

α-L-吡喃毛地黄毒糖基-(1→4)-β-D-吡喃毛地黄毒糖 α-L-digitoxopyranosyl-(1→4)-β-D-digitoxopyranose

3-O-β-D-吡喃木糖基-(1→2)-[α-L-吡喃鼠李糖基-(1→6)]-

β-D- 吡喃葡萄糖苷 3-*O*-{β-D-xylopyranosyl-(1 → 2)-[α-L-rhamnopyranosyl-(1 → 6)]-β-D-glucopyranoside

3-*O*-[β-D- 吡喃木糖基 -(1 → 2)-[β-D- 吡喃木糖基 -(1 → 3)]-β-D- 吡喃葡萄糖基 -(1 → 4)-[α-L- 吡喃鼠李糖基 -(1 → 2)]-β-D- 吡喃半乳糖基]-26-β-D- 吡喃葡萄糖基 -22- 甲氧基 -(3β,5α,25*S*)- 呋甾 -3,26- 二醇 3-*O*-[β-D-xylopyranosyl-(1→2)-[β-D-xylopyranosyl-(1→3)]-β-D-glucopyranosyl-(1→4)-[α-L-rhamnopyranosyl-(1→2)]-β-D-galactopyranosyl]-26-β-D-glucopyranosyl-22-methoxy-(3β,5α,25*S*)-furostan-3,26-diol

3-*O*-{β-D- 吡喃木糖基 -(1 → 2)-[β-D- 吡喃木糖基 -(1 → 3)]-β-D-吡喃葡萄糖基 -(1 → 4)-[α-L- 吡喃鼠李糖基 -(1 → 2)]-β-D-吡喃半乳糖基 }- 新海柯皂苷元 3-*O*-{β-D-xylopyranosyl-(1→2)-[β-D-xylopyranosyl-(1→3)]-β-D-glucopyranosyl-(1→4)-[α-L-rhamnopyranosyl-(1 → 2)]-β-D-galactopyranosyl}-neohecogenin

3-*O*-{β-D- 吡喃木糖基 -(1 → 2)-[β-D- 吡喃木糖基 -(1 → 3)]-β-D-吡喃葡萄糖基 -(1 → 4)-β-D- 吡喃半乳糖基 }- 新替告皂苷元 3-*O*-{β-D-xylopyranosyl-(1→2)-[β-D-xylopyranosyl-(1→3)]-β-D-glucopyranosyl-(1 → 4)-β-D-galactopyranosyl}-neotigogenin

3-*O*-β-D- 吡喃木糖基 -(1 → 2)-[β-D- 吡喃葡萄糖基 -(1 → 3)]-α-L- 吡喃阿拉伯糖基齐墩果酸 -28-*O*-β-D- 吡喃葡萄糖酯苷 3-*O*-β-D-xylopyranosyl-(1→2)-[β-D-glucopyranosyl-(1→3)]-α-L-arabinopyranosyloleanolic acid-28-*O*-β-D-glucopyranosyl ester

3-*O*-β-D- 吡喃木糖基 -(1 → 2)-[β-D- 吡喃葡萄糖基 -(1 → 3)]-β-D-吡喃葡萄糖基 -(1 → 4)-[α-L- 吡喃鼠李糖基 -(1 → 2)-β-D- 吡喃半乳糖基]- 新海柯皂苷元 3-*O*-β-D-xylopyranosyl-(1 → 2)-[β-D-glucopyranosyl-(1 → 3)]-β-D-glucopyranosyl-(1 → 4)-[α-L-rhamnopyranosyl-(1 → 2)-β-D-galactopyranosyl]-neohecogenin

3β-*O*-β-D- 吡喃木糖基 -(1 → 2)-[β-D- 吡喃葡萄糖基 -(1 → 4)-β-D- 吡喃葡萄糖基 -(1 → 3)]-β-D- 吡喃海藻糖基 - 齐墩果 -11,13(18)- 二烯 -23α,28- 二醇 3β-*O*-β-D-xylopyranosyl-(1→2)-[β-D-glucopyranosyl-(1→4)-β-D-glucopyranosyl-(1→3)]-β-D-fucopyranosyl-olean-11,13(18)-diene-23α,28-diol

3-*O*-{[β-D- 吡喃木糖基 -(1 → 2)]-[β-D- 吡喃木糖基 -(1 → 4)]-[3-*O*-乙酰基]-β-D- 喃葡萄糖醛酸基 }-28-*O*-[β-D- 吡喃葡萄糖基]-齐墩果酸 3-*O*-{[β-D-xylopyranosyl-(1 → 2)]-[β-D-xylopyranosyl-(1 → 4)]-[3-*O*-acetyl]-β-D-glucuronopyranosyl}-28-*O*-[β-D-glucopyranosyl]-oleanolic acid

(3β,5α,25*R*)-3-(*O*-β-D- 吡喃木糖基 -(1 → 2)-*O*-β-D- 吡喃木糖基 -(1 → 3)-*O*-β-D- 吡喃葡萄糖基 -(1 → 4)-*O*-α-L- 吡喃鼠李糖基 -(1 → 2)-β-D- 吡喃半乳糖氧基)- 螺甾 -12- 酮 (3β,5α,25*R*)-3-*O*-β-D-xylopyranosyl-(1 → 2)-*O*-β-D-xylopyranosyl-(1 → 3)-*O*-β-D-glucopyranosyl-(1→4)-*O*-α-L-rhamnopyranosyl-(1 → 2)-β-D-galactopyranosyloxyspirostan-12-one

(3β,5α,25*R*)-3-*O*-β-D- 吡喃木糖基 -(1 → 2)-*O*-β-D- 吡喃木糖基 -(1 → 3)-*O*-β-D- 吡喃葡萄糖基 -(1 → 4)-*O*-α-L- 吡喃鼠李糖基 -(1 → 2)-β-D- 吡喃半乳糖氧基 - 螺甾 -12- 酮 (3β,5α,25*R*)-3-*O*-β-D-xylopyranosyl-(1 → 2)-*O*-β-D-xylopyranosyl-(1 → 3)-*O*-β-D-glucopyranosyl-(1→4)-*O*-α-L-rhamnopyranosyl-(1 → 2)-β-D-galactopyranosyloxy-spirost-12-one

3-*O*-β-D- 吡喃木糖基 -(1 → 2)-α-L- 吡喃阿拉伯糖基 -28-*O*-β-D-吡喃葡萄糖基 -(1 → 6)-β-D- 吡喃葡萄糖基石头花苷元▲ 3-*O*-β-D-xylopyranosyl-(1 → 2)-α-L-arabinopyranosyl-28-*O*-β-D-glucopyranosyl-(1 → 6)-β-D-glucopyranosylgypsogenin

3-*O*-β-D- 吡喃木糖基 -(1 → 2)-α-L- 吡喃阿拉伯糖基常春藤皂苷元 -28-*O*-β-D- 吡喃葡萄糖基 -(1 → 6)-β-D- 吡喃葡糖基苷 3-*O*-β-D-xylopyranosyl-(1 → 2)-α-L-arabinopyranosylhedereagenin-28-*O*-β-D-glucopyranosyl-(1→6)-β-D-glucopyranoside

3-*O*-β-D- 吡喃木糖基 -(1 → 2)-α-L- 吡喃阿拉伯糖基丝石头花苷元▲ 3-*O*-β-D-xylopyranosyl-(1 → 2)-α-L-arabinopyranosylgypsogenin

7-*O*-[β-D- 吡喃木糖基 -(1 → 2)-β-D- 吡喃木糖基]-1,8- 二羟基 -3-甲氧基吅酮 7-*O*-[β-D-xylopyranosyl-(1→2)-β-D-xylopyranosyl]-1,8-dihydroxy-3-methoxyxanthone

(20*S*)-6-*O*-[β-D- 吡喃木糖基 -(1 → 2)-β-D- 吡喃木糖基] 达玛 -24-烯 -3β,6α,12β,20- 四醇 (20*S*)-6-*O*-[β-D-xylopyranosyl-(1 → 2)-β-D-xylopyranosyl]dammar-24-ene-3β,6α,12β,20-tetrol

3-*O*-[β-D- 吡喃木糖基 -(1 → 2)-β-D- 吡喃葡萄糖基 -(1 → 2)-β-D-吡喃葡萄糖基]- 塞战藤酸 -28-*O*-β-D- 吡喃葡萄糖基酯苷 3-*O*-[β-D-xylopyranosyl(1 → 2)-β-D-glucopyranosyl-(1 → 2)-β-D-glucopyranosyl]-serjanic acid-28-*O*-β-D-glucopyranosylester

3-*O*-β-D- 吡喃木糖基 -(1 → 2)-β-D- 吡喃葡萄糖基 -(1 → 4)-[β-D-吡喃葡萄糖基 -(1 → 2)]-α-L- 吡喃阿拉伯糖基 -3β- 羟基 -13β,28-环氧 -16- 氧代 - 齐墩果 -30- 醛 3-*O*-β-D-xylopyranosyl-(1 → 2)-β-D-glucopyranosyl-(1 → 4)-[β-D-glucopyranosyl-(1 → 2)]-α-L-arabinopyranosyl-3β-hydroxy-13β,28-epoxy-16-oxo-oleanan-30-al

3β-*O*-{β-D- 吡喃木糖基 -(1 → 2)-β-D- 吡喃葡萄糖基 -(1 → 4)-α-L-吡喃阿拉伯糖基 }-3β- 羟基 -13β,28- 环氧 -16β- 羟基 -30- 醛 3β-*O*-{β-D-xylopyranosyl-(1 → 2)-β-D-glucopyranosyl-(1→4)-α-L-arabinopyranosyl}-3β-hydroxy-13β,28-epoxy-16β-hydroxy-30-al

3-*O*-β-D- 吡喃木糖基 -(1 → 2)-β-D- 吡喃葡萄糖基 -(1 → 4)-α-L-吡喃阿拉伯糖基 -3β- 羟基 -13β,28- 环氧 -16- 氧代 - 齐墩果 -30-醛 3-*O*-β-D-xylopyranosyl-(1→2)-β-D-glucopyranosyl-(1→4)-α-L-arabinopyranosyl-3β-hydroxy-13β,28-epoxy-16-oxo-oleanan-30-al

3-*O*-β-D- 吡喃木糖基 -(1 → 2)-β-D- 吡喃葡萄糖基 -28-*O*-β-D- 吡喃葡萄糖基 - 齐墩果酸 3-*O*-β-D-xylopyranosyl-(1 → 2)-β-D-glucopyranosyl-28-*O*-β-D-glucopyranosyl-oleanolic acid

3-*O*-[*O*-β-D- 吡喃木糖基 -(1 → 2)-β-D- 吡喃葡萄糖醛酸基]- 齐墩果酸 -28-*O*-β-D- 吡喃葡萄糖基酯苷 β-D-glucopyranosyl-3-*O*-[*O*-β-D-xylopyranosyl-(1→2)-β-D-glucuronopyranosyl] oleanolate

3-*O*-β-D- 吡喃木糖基 -(1 → 3)-[β-D- 吡喃半乳糖基 -(1 → 2)]-β-D-吡喃葡萄糖醛酸基石头花苷元▲-28-*O*-β-D- 吡喃木糖基 -(1→3)-β-D- 吡喃木糖基 -(1 → 4)-[β-D- 吡喃葡萄糖基 -(1 → 3)]-α-L-吡喃鼠李糖基 -(1 → 2)-β-D-4-*O*- 乙酰岩吡喃藻糖苷 3-*O*-β-D-xylopyranosyl-(1 → 3)-[β-D-galactopyranosyl-(1 → 2)]- β-D-glucuronopyranosyl-gypsogenin-28-*O*-β-D-xylopyranosyl-(1 → 3)-β-D-xylopyranosyl-(1 → 4)-[β-D-glucopyranosyl-(1 → 3)]-α-L-rhamnopyranosyl-(1 → 2)-β-D-4-*O*-acetylfucopyranoside

3-*O*-β-D- 吡喃木糖基 -(1 → 3)-[β-D- 吡喃半乳糖基 -(1 → 2)]-β-D-吡喃葡萄糖醛酸基石头花苷元▲-28-*O*-β-D- 吡喃木糖基 -(1→4)-[β-D- 吡喃葡萄糖基 -(1 → 3)]-α-L- 吡喃鼠李糖基 -(1 → 2)-β-D-4-*O*- 乙酰岩吡喃藻糖苷 3-*O*-β-D-xylopyranosyl-(1 → 3)-[β-D-galactopyranosyl-(1→2)]-β-D-glucuronopyranosylgypsogenin-28-*O*-β-D-xylopyranosyl-(1 → 4)-[β-D-glucopyranosyl-(1 → 3)]-α-L-rhamnopyranosyl-(1 → 2)-β-D-4-*O*-acetylfucopyranoside

3β-*O*-β-D- 吡喃木糖基 -(1 → 3)-[β-D- 吡喃半乳糖基 -(1 → 2)]-β-D- 吡喃葡萄糖醛酸基石头花苷元▲-28-*O*-β-D- 吡喃葡萄糖基 -(1 → 3)-[β-D- 吡喃木糖基 -(1 → 4)]-α-L- 吡喃鼠李糖基 -(1→2)-β-D- 吡喃岩藻糖苷 3β-*O*-β-D-xylopyranosyl-(1→3)-[β-D-galactopyranosyl-(1→2)]-β-D-glucuronopyranosyl-gypsogenin-28-*O*-β-D-glucopyranosyl-(1 → 3)-[β-D-xylopyranosyl-(1 → 4)]-α-L-rhamnopyranosyl-(1 → 2)-β-D-fucopyranoside

3-*O*-β-D- 吡喃木糖基 -(1 → 3)-L-3β-*O*-β-D- 吡喃木糖基 -(1 → 3)-α-L- 吡喃鼠李糖基 - 焦金鸡纳酸 -28-*O*-β-D- 吡喃葡萄糖基 -(1 → 6)-β-D- 吡喃葡萄糖基酯 3-*O*-β-D-xylopyranosyl-(1→3)-L-3β-*O*-β-D-xylopyranosyl-(1→3)-α-L-rhamnopyranosyl-pyrocincholic acid-28-*O*-β-D-glucopyranosyl-(1 → 6)-β-D-

glucopyranosyl ester

3-*O*-*β*-D- 吡喃木糖基 -(1→3)-*O*-*α*-L- 吡喃鼠李糖基 -(1→2)-*O*-*α*-L- 吡喃阿拉伯糖基常春藤皂苷元 -28-*O*-*β*-D- 吡喃葡萄糖基 -(1→6)-*O*-(3-*O*- 咖啡酰基)-*β*-D- 吡喃葡萄糖基酯苷 3-*O*-*β*-D-xylopyranosyl-(1→3)-*O*-*α*-L-rhamnopyranosyl-(1→2)-*O*-*α*-L-arabinopyranosylhederagenin-28-*O*-*β*-D-glucopyranosyl-(1→6)-*O*-(3-*O*-caffeoyl)-*β*-D-glucopyranosyl ester

(25*R*)-3*β*-{[*O*-*β*-D- 吡喃木糖基 -(1→3)-*O*-*β*-D- 吡喃葡萄糖基 -(1→2)-*O*-[*β*-D- 吡喃木糖基 -(1→3)]-*O*-*β*-D- 吡喃葡萄糖基 -(1→4)-*β*-D- 吡喃半乳糖基]} 氧基 -5*α*- 螺甾 -12- 酮 (25*R*)-3*β*-{[*O*-*β*-D-xylopyranosyl-(1→3)-*O*-*β*-D-glucopyranosyl-(1→2)-*O*-[*β*- D-xylopyranosyl-(1→3)]-*O*-*β*-D-glucopyranosyl-(1→4)-*β*-D-galactopyranosyl]}oxy-5*α*-spirostan-12-one

(25*R*)-3*β*-{[*O*-*β*-D- 吡喃木糖基 -(1→3)-*O*-*β*-D- 吡喃葡萄糖基 -(1→2)-*O*-[*β*-D- 吡喃木糖基 -(1→3)]-*O*-*β*-D- 吡喃葡萄糖基 -(1→4)-*β*-D- 吡喃半乳糖基氧基]}-5*α*- 螺甾 -9- 烯 -12- 酮 (25*R*)-3*β*-{[*O*-*β*-D-xylopyranosyl-(1→3)-*O*-*β*-D-glucopyranosyl-(1→2)-*O*-[*β*-D-xylopyranosyl-(1→3)]-*O*-*β*-D-glucopyranosyl-(1→4)-*β*-D-galactopyranosyl oxy]}-5*α*-spirost-9-en-12-one

3*β*-*O*-[*β*-D- 吡喃木糖基 -(1→3)-*α*-L- 吡喃阿拉伯糖基]-20*β*,23- 二羟基熊果 -12- 烯 -28-*O*-[*α*-L- 吡喃鼠李糖基 -(1→3)-*α*-L- 吡喃鼠李糖基 -(1→6)-*β*-D- 吡喃葡萄糖基] 酯苷 3*β*-*O*-[*β*-D-xylopyranosyl-(1→3)-*α*-L-arabinopyranosyl]-20*β*,23-dihydroxyurs-12-en-28-*O*-[*α*-L-rhamnopyranosyl-(1→3)-*α*-L-rhamnopyranosyl-(1→6)-*β*-D-glucopyranosyl] ester

3*β*-*O*-[*β*-D- 吡喃木糖基 -(1→3)-*α*-L- 吡喃阿拉伯糖基]-2*α*,20*β*,23- 三羟基熊果 -12- 烯 -28-*O*-(*β*-D- 吡喃葡萄糖基) 酯苷 3*β*-*O*-[*β*-D-xylopyranosyl-(1→3)-*α*-L-arabinopyranosyl]-2*α*,20*β*,23-trihydroxyurs-12-en-28-*O*-(*β*-D-glucopyranosyl)ester

3*β*-*O*-[*β*-D- 吡喃木糖基 -(1→3)-*α*-L- 吡喃阿拉伯糖基]-2*α*,20*β*,23- 三羟基熊果 -12- 烯 -28-*O*-[*β*-D- 吡喃葡萄糖基 -(1→6)-*β*-D- 吡喃葡萄糖基] 酯苷 3*β*-*O*-[*β*-D-xylopyranosyl-(1→3)-*α*-L-arabinopyranosyl]-2*α*,20*β*,23-trihydroxyurs-12-en-28-*O*-[*β*-D-glucopyranosyl-(1→6)-*β*-D-glucopyranosyl]ester

3*β*-*O*-*β*-D- 吡喃木糖基 -(1→3)-*α*-L- 吡喃阿拉伯糖基 -20*β*,23- 二羟基熊果 -12- 烯 -28-*O*-[*α*-L- 吡喃鼠李糖基 -(1→6)-*β*-D- 吡喃葡萄糖基) 酯苷 3*β*-*O*-*β*-D-xylopyranosyl-(1→3)-*α*-L-arabinopyranosyl-20*β*,23-dihydroxyurs-12-en-28-*O*-[*α*-L-rhamnoppyranosyl-(1→6)-*β*-D-glucopyranosyl]ester

3-*O*-*β*-D- 吡喃木糖基 -(1→3)-*α*-L- 吡喃鼠李糖基 -(1→2)-[*β*-D- 吡喃葡萄糖基 -(1→4)]-*α*-L- 吡喃阿拉伯糖基 - 齐墩果酸 3-*O*-*β*-D-xylopyranosyl-(1→3)-*α*-L-rhamnopyranosyl-(1→2)-[*β*-D-glucopyranosyl-(1→4)]-*α*-L-arabinopyranosyl-oleanolic acid

3-*O*-*β*-D- 吡喃木糖基 -(1→3)-*α*-L- 吡喃鼠李糖基 -(1→2)-[*β*-D- 吡喃葡萄糖基 -(1→4)]-*α*-L- 吡喃阿拉伯糖基石头花苷元▲ -28-*O*-*α*-L- 吡喃鼠李糖基 -(1→4)-*β*-D- 吡喃葡萄糖基 -(1→6)-*β*-D- 吡喃葡萄糖基酯苷 3-*O*-*β*-D-xylopyranosyl-(1→3)-*α*-L-rhamnopyranosyl-(1→2)-[*β*-D-glucopyranosyl-(1→4)]-*α*-L-arabinopyranosylgypsogenin-28-*O*-*α*-L-rhamnopyranosyl-(1→4)-*β*-D-glucopyranosyl-(1→6)-*β*-D-glucopyranosyl ester

3-*O*-*β*-D- 吡喃木糖基 -(1→3)-*α*-L- 吡喃鼠李糖基 -(1→2)-[*β*-D- 吡喃葡萄糖基 -(1→4)]-*α*-L- 吡喃阿拉伯糖基石头花苷元▲ -28-*O*-*β*-D- 吡喃葡萄糖基酯苷 3-*O*-*β*-D-xylopyranosyl-(1→3)-*α*-L-rhamnopyranosyl-(1→2)-[*β*-D-glucopyranosyl-(1→4)]-*α*-L-arabinopyranosylgypsogenin-28-*O*-*β*-D-glucopyranosyl ester

3-*O*-*β*-D- 吡喃木糖基 -(1→3)-*α*-L- 吡喃鼠李糖基 -(1→2)-[*β*-D- 吡喃葡萄糖基 -(1→4)-*β*-D- 吡喃葡萄糖基 -(1→4)]-*α*-L- 吡喃阿拉伯糖基 - 齐墩果酸 -28-*O*-*β*-D- 吡喃葡萄糖基酯苷 3-*O*-*β*-D-xylopyranosyl-(1→3)-*α*-L-rhamnopyranosyl-(1→2)-[*β*-D-glucopyranosyl-(1→4)-*β*-D-glucopyranosyl-(1→4)]-*α*-L-arabinopyranosyl-oleanolic acid-28-*O*-*β*-D-glucopyranosyl ester

3-*O*-*β*-D- 吡喃木糖基 -(1→3)-*α*-L- 吡喃鼠李糖基 -(1→2)-*α*-L- 吡喃阿拉伯糖常春藤皂苷元 -28-*O*-*β*-D- 吡喃葡萄糖酯苷 3-*O*-[*β*-D-xylopyranosyl-(1→3)-*α*-L-rhamnopyranosyl-(1→2)-*α*-L-arabinopyranosyl]-hederagenin-28-*O*-*β*-D-glucopyranosyl ether

3-*O*-[*β*-D- 吡喃木糖基 -(1→3)-*α*-L- 吡喃鼠李糖基 -(1→2)-*α*-L- 吡喃阿拉伯糖基]- 常春藤皂苷元 3-*O*-[*β*-D-xylopyranosyl-(1→3)-*α*-L-rhamnopyranosyl-(1→2)-*α*-L-arabinopyranosyl]-hederagenin

3-*O*-[*β*-D- 吡喃木糖基 -(1→3)-*α*-L- 吡喃鼠李糖基 -(1→2)-*α*-L- 吡喃阿拉伯糖基]- 常春藤皂苷元 -28-*O*-[*α*-L- 吡喃鼠李糖基 -(1→4)-*β*-D- 吡喃葡萄糖基 -(1→6)-*β*-D- 吡喃葡萄糖基] 酯苷 3-*O*-[*β*-D-xylopyranosyl-(1→3)-*α*-L-rhamnopyranosyl-(1→2)-*α*-L-arabinopyranosyl]-hederagenin-28-*O*-[*α*-L-rhamnopyranosyl-(1→4)-*β*-D-glucopyranosyl-(1→6)-*β*-D-glucopyranosyl]ester

3-*O*-*β*-D- 吡喃木糖基 -(1→3)-*α*-L- 吡喃鼠李糖基 -(1→2)-*α*-L- 吡喃阿拉伯糖基 -28-*O*-[*α*-L- 吡喃鼠李糖基 -(1→4)-*β*-D- 吡喃葡萄糖基 -(1→6)-*β*-D- 吡喃葡萄糖基]- 常春藤皂苷元 3-*O*-*β*-D-xylopyranosyl-(1→3)-*α*-L-rhamnopyranosyl-(1→2)-*α*-L-arabinopyranosyl-28-*O*-[*α*-L-rhamnopyranosyl-(1→4)-*β*-D-glucopyranosyl-(1→6)-*β*-D-glucopyranosyl]-hederagenin

3-*O*-*β*-D- 吡喃木糖基 -(1→3)-*α*-L- 吡喃鼠李糖基 -(1→2)-*α*-L- 吡喃阿拉伯糖基齐墩果酸 -28-*O*-*β*-D- 吡喃葡萄糖基酯苷 3-*O*-*β*-D-xylopyranosyl-(1→3)-*α*-L-rhamnopyranosyl-(1→2)-*α*-L-arabinopyranosyl-oleanolic acid-28-*O*-*β*-D-glucopyranosyl ester

3-*O*-[*β*-D- 吡喃木糖基 -(1→3)-*α*-L- 吡喃鼠李糖基 -(1→2)-*β*-D- 吡喃葡萄糖基]-12- 齐墩果烯 -3*β*,28- 二醇 3-*O*-[*β*-D-xylopyranosyl-(1→3)-*α*-L-rhamnopyranosyl-(1→2)-*β*-D-glucopyranosyl]-12-oleanene-3*β*,28-diol

3*β*-*O*-[*β*-D- 吡喃木糖基 -(1→3)-*α*-L- 吡喃鼠李糖基 -(1→2)-*β*-D- 吡喃葡萄糖基]-28- 羟基 -18*αH* 熊果 -20- 烯 3*β*-*O*-[*β*-D-xylopyranosyl-(1→3)-*α*-L-rhamnopyranosyl-(1→2)-*β*-D-glucopyranosyl]-28-hydroxy-18*αH*ursan-20-en

3*β*-*O*-[*β*-D- 吡喃木糖基 -(1→3)-*α*-L- 吡喃鼠李糖基 -(1→2)-*β*-D- 吡喃葡萄糖基]-28- 羟基蒲公英赛烷 -14- 烯 3*β*-*O*-[*β*-D- xylopyranosyl-(1→3)-*α*-L-rhamnopyranosyl-(1→2)-*β*-D-glucopyranosyl]-28-hydroxytaraxeran-14-en

3*β*-*O*-[*β*-D- 吡喃木糖基 -(1→3)-*α*-L- 吡喃鼠李糖基 -(1→2)-*β*-D- 吡喃葡萄糖基]-28- 羟基 - 齐墩果 -12- 烯 3*β*-*O*-[*β*-D-xylopyranosyl-(1→3)-*α*-L-rhamnopyranosyl-(1→2)-*β*-D-glucopyranosyl]-28-hydroxy-olean-12-en

3-*O*-[*β*-D- 吡喃木糖基 -(1→3)-*β*-D- 吡喃半乳糖基 -(1→3)-*β*-D- 吡喃木糖基]-28-*O*-*β*-D- 吡喃葡萄糖基美商陆苷元 3-*O*-[*β*-D-xylopyranosyl-(1→3)-*β*-D-galactopyranosyl-(1→3)-*β*-D-xylopyranosyl]-28-*O*-*β*-D-glucopyranosylphytolaccagenin

28-*O*-*β*-D- 吡喃木糖基 -(1→3)-*β*-D- 吡喃木糖基 -(1→4)-*α*-L- 吡喃鼠李糖基 -(1→2)-[*α*-L- 吡喃鼠李糖基 -(1→3)]-*β*-D- 吡喃岩藻糖基 - 石头花苷元▲ -3-*O*-*β*-D- 吡喃葡萄糖糖基 -(1→2)-*β*-D- 吡喃葡萄糖醛酸 28-*O*-*β*-D-xylopyranosyl-(1→3)-*β*-D- xylopyranosyl-(1→4)-*α*-L-rhamnopyranosyl-(1→2)-[*α*-L-rhamnopyranosyl-(1→3)]-*β*-D-fucopyranosyl-gypsogenin-3-*O*-*β*-D-glucopyranosyl-(1→2)-*β*-D-glucopyranosiduronic acid

(3*β*,25*R*)-3-{[*β*-D- 吡喃木糖基 -(1→3)-*β*-D- 吡喃葡萄糖基 -(1→4)-*β*-D- 吡喃半乳糖基] 氧基 }-5*α*- 螺甾 -12- 酮 (3*β*,25*R*)-3-{[*β*-D-xylopyranosyl-(1→3)-*β*-D-glucopyranosyl-(1→4)-*β*-D-galactopyranosyl]oxy}-5*α*-spirostan-12-one

3*β*-*O*-{*β*-D- 吡喃木糖基 -(1→4)-[2-*O*- 乙酰基]-*β*-D- 吡喃葡萄糖

醛酸基 }-28-O-[β-D- 吡喃葡萄糖基]- 摩拉豆酸▲ 3β-O-{β-D-xylopyranosyl-(1→4)-[2-O-acetyl]-β-D-glucuronopyranosyl}-28-O-[β-D-glucopyranosyl]-morolic acid

28-O-β-D- 吡喃木糖基 -(1→4)-α-L- 吡喃鼠李糖基 -(1→2)-[α-L- 吡喃鼠李糖基 -(1→3)]-β-D- 吡喃岩藻糖基 - 石头花苷元▲ -3-O-β-D- 吡喃葡萄糖糖基 -(1→2)-β-D- 吡喃葡萄糖醛酸 28-O-β-D-xylopyranosyl-(1→4)-α-L-rhamnopyranosyl-(1→2)-[α-L-rhamnopyranosyl-(1→3)]-β-D-fucopyranosyl-gypsogenin-3-O-β-D-glucopyranosyl-(1→2)-β-D-glucopyranosiduronic acid

28-O-[β-D- 吡喃木糖基 -(1→4)-α-L- 吡喃鼠李糖基 -(1→2)-α-L- 吡喃阿拉伯糖基]-3-O-[β-D- 吡喃葡萄糖基 -(1→2)-β-D- 吡喃葡萄糖基] 苜蓿酸酯苷 28-O-[β-D-xylopyranosyl-(1→4)-α-L-rhamnopyranosyl-(1→2)-α-L-arabinopyranosyl]-3-O-[β-D-glucopyranosyl-(1→2)-β-D-glucopyranosyl]medicagenate

28-O-[β-D- 吡喃木糖基 -(1→4)-α-L- 吡喃鼠李糖基 -(1→2)-α-L- 吡喃阿拉伯糖基]-3-O-β-D- 吡喃葡萄糖基苜蓿酸酯苷 28-O-[β-D-xylopyranosyl-(1→4)-α-L-rhamnopyranosyl-(1→2)-α-L-arabinopyranosyl]-3-O-β-D-glucopyranosylmedicagenate

28-O-[β-D- 吡喃木糖基 -(1→4)-α-L- 吡喃鼠李糖基 -(1→2)-α-L- 吡喃阿拉伯糖基]-3-O-β-D- 吡喃葡萄糖醛酸基苜蓿酸酯苷 28-O-[β-D-xylopyranosyl-(1→4)-α-L-rhamnopyranosyl-(1→2)-α-L-arabinopyranosyl]-3-O-β-D-glucuronopyranosylmedicagenate

28-O-[β-D- 吡喃木糖基 -(1→4)-α-L- 吡喃鼠李糖基 -(1→2)-α-L- 吡喃阿拉伯糖基] 苜蓿酸酯苷 28-O-[β-D-xylopyranosyl-(1→4)-α-L-rhamnopyranosyl-(1→2)-α-L-arabinopyranosyl]medicagenate

3β-{O-β-D- 吡喃木糖基 -(1→4)-β-D- 吡喃半乳糖基 -(1→2)-O-[α-L- 吡喃阿拉伯糖基 -(1→3)]-O-β-D- 吡喃葡萄糖醛酸基 }- 皂皮树酸 -28-{O-β-D- 吡喃木糖基 -(1→3)-O-β-D- 吡喃木糖基 -(1→4)-O-α-L- 吡喃鼠李糖基 -(1→2)-O-[β-D- 吡喃鸡纳糖基 -(1→4)]-β-D- 吡喃岩藻糖基 } 酯 3β-[O-β-D-xylopyranosyl-(1→4)-β-D-galactopyranosyl-(1→2)-O-[α-L-arabinopyranosyl-(1→3)]-O-β-D-glucopyranuronosyl]-quillaic acid-28-{O-β-D-xylopyranosyl-(1→3)-O-β-D-xylopyranosyl-(1→4)-O-α-L-rhamnopyranosyl-(1→2)-O-[β-D-quinovopyranosyl-(1→4)]-β-D-fucopyranosyl} ester

3-O-[β-D- 吡喃木糖基 -(1→4)-β-D- 吡喃葡萄糖基 -(1→3)-[β-D- 吡喃葡萄糖基 -(1→2)]-β-D- 吡喃葡萄糖基 -(1→4)-β-D- 吡喃半乳糖基]- 新吉托皂苷元 3-O-[β-D-xylopyranosyl-(1→4)-β-D-glucopyranosyl-(1→3)-[β-D-glucopyranosyl-(1→2)]-β-D-glucopyranosyl-(1→4)-β-D-galactopyranosyl]-neogitogenin

3-O-{β-D- 吡喃木糖基 -(1→4)-β-D- 吡喃葡萄糖基 -(1→3)-[β-D- 吡喃葡萄糖基 -(1→2)]-β-D- 吡喃葡萄糖基 -(1→4)- 吡喃半乳糖基 }- 新替告皂苷元 3-O-{β-D-xylopyranosyl-(1→4)-β-D-glucopyranosyl-(1→3)-[β-D-glucopyranosyl-(1→2)]-β-D-glucopyranosyl-(1→4)-galactopyranosyl}-neotigogenin

3-O-[β-D- 吡喃木糖基 -(1→4)-β-D- 吡喃葡萄糖基 -(1→4)] [α-L- 吡喃鼠李糖基 -(1→3)]-O-β-D- 吡喃葡萄糖基 -(1→3)-O-α-L- 吡喃鼠李糖基 -(1→2)-O-α-L- 吡喃阿拉伯糖基 - 常春藤皂苷元 3-O-[β-D-xylopyranosyl-(1→4)-β-D-glucopyranosyl-(1→4)][α-L-rhamnopyranosyl-(1→3)]-O-β-D-glucopyranosyl-(1→3)-O-α-L-rhamnopyranosyl-(1→2)-O-α-L-arabinopyranosyl-hederagenin

3-O-[β-D- 吡喃木糖基 -(1→4)-β-D- 吡喃葡萄糖基 -(1→4)][α-L- 吡喃鼠李糖基 -(1→3)]-O-β-D- 吡喃葡萄糖基 -(1→3)-O-α-L- 吡喃鼠李糖基 -(1→2)-O-α-L- 吡喃阿拉伯糖基 - 常春藤皂苷元 -28-O-β-D- 吡喃葡萄糖酯苷 3-O-[β-D-xylopyranosyl-(1→4)-β-D-glucopyranosyl-(1→4)][α-L-rhamnopyranosyl-(1→3)]-O-β-D-glucopyranosyl-(1→3)-O-α-L-rhamnopyranosyl-(1→2)-O-α-L-arabinopyranosyl-hederagenin-28-O-β-D-glucopyranosyl ester

3-O-[β-D- 吡喃木糖基 -(1→4)-β-D- 吡喃葡萄糖基 -(1→4)] [α-L- 吡喃鼠李糖基 -(1→3)]-β-D- 吡喃葡萄糖基 -(1→3)-α-L- 吡喃鼠李糖基 -(1→2)-α-L- 吡喃阿拉伯糖基 - 齐墩果酸 -28-O-β-D- 吡喃葡萄糖基 -(1→6)-β-D- 吡喃葡萄糖酯苷 3-O-[β-D-xylopyranosyl-(1→4)-β-D-glucopyranosyl-(1→4)][α-L-rhamnopyranosyl-(1→3)]-O-β-D-glucopyranosyl-(1→3)-O-α-L-rhamnopyranosyl-(1→2)-O-α-L-arabinopyranosyl-oleanolic acid-28-O-β-D-glucopyranosyl-(1→6)-O-β-D-glucopyranosyl ester

1-O-[β-D- 吡喃木糖基 -(1→4)-β-D- 吡喃葡萄糖基]-3,8- 二羟基 -4,5- 二甲氧基呫酮 1-O-[β-D-xylopyranosyl-(1→4)-β-D-glucopyranosyl]-3,8-dihydroxy-4,5-dimethoxyxanthone

1-O-[β- 吡喃木糖基 -(1→6)-O-β-D- 吡喃葡萄糖基]-2,6- 二甲氧基 -4- 丙烯基苯酚 1-O-[β-xylopyranosyl-(1→6)-O-β-D-glucopyranosyl]-2,6-dimethoxy-4-propenyl-phenol

4-[β-D- 吡喃木糖基 -(1→6)-O-β-D- 吡喃葡萄糖氧基]-1-(2- 硝基乙基)- 苯 4-[β-D-xylopyranosyl-(1→6)-O-β-D-glucopyranosyloxy]-1-(2-nitroethyl)-benzene

β-D- 吡喃木糖基 -(1→6)-α-D- 吡喃葡萄糖基 -(1→6)-β-D- 吡喃葡萄糖苷 β-D-xylopyranosyl-(1→6)-α-D-glucopyranosyl-(1→6)-β-D-glucopyranoside

3-O-β-D- 吡喃木糖基 -(1→6)-β-D- 吡喃葡萄糖基 -(1→4)-β-D- 吡喃岩藻糖基 -(22S,24Z)- 环木菠萝 -24- 烯 -3β,22,26- 三醇 -26-O-(6-O- 乙酰基)-β-D- 吡喃葡萄糖苷 3-O-β-D-xylopyranosyl-(1→6)-β-D-glucopyranosyl-(1→4)-β-D-fucopyranosyl-(22S,24Z)-cycloart-24-en-3β,22,26-triol-26-O-(6-O-acetyl)-β-D-glucopyranoside

3-O-β-D- 吡喃木糖基 -(1→6)-β-D- 吡喃葡萄糖基 -(1→6)-β-D- 吡喃葡萄糖基齐墩果酸 -28-O-β-D- 吡喃葡萄糖基酯 3-O-β-D-xylopyranosyl-(1→6)-β-D-glucopyranosyl-(1→6)-β-D-glucopyranosyloleanolic acid-28-O-β-D-glucopyranosyl ester

3-O-[β-D- 吡喃木糖基 -(1→6)-β-D- 吡喃葡萄糖基]-(3R)-1- 辛烯 -3- 醇 3-O-[β-D-xylopyranosyl-(1→6)-β-D-glucopyranosyl]-(3R)-1-octen-3-ol

8-O-[β-D- 吡喃木糖基 -(1→6)-β-D- 吡喃葡萄糖基]-1,7- 二羟基 -3- 甲氧基呫酮 8-O-[β-D-xylopyranosyl-(1→6)-β-D-glucopyranosyl]-1,7-dihydroxy-3-methoxyxanthone

7-O-[β-D- 吡喃木糖基 -(1→6)-β-D- 吡喃葡萄糖基]-1,8- 二羟基 -3- 甲氧基呫酮 7-O-[β-D-xylopyranosyl-(1→6)-β-D-glucopyranosyl]-1,8-dihydroxy-3-methoxyxanthone

8-O-[β-D- 吡喃木糖基 -(1→6)-β-D- 吡喃葡萄糖基]-1- 羟基 -2,3,4,5- 四甲氧基呫酮 8-O-[β-D-xylopyranosyl-(1→6)-β-D-glucopyranosyl]-1-hydroxy-2,3,4,5-tetramethoxyxanthone

8-O-[β-D- 吡喃木糖基 -(1→6)-β-D- 吡喃葡萄糖基]-1- 羟基 -2,3,5- 三甲氧基呫酮 8-O-[β-D-xylopyranosyl-(1→6)-β-D-glucopyranosyl]-1-hydroxy-2,3,5-trimethoxyxanthone

8-O-[β-D- 吡喃木糖基 -(1→6)-β-D- 吡喃葡萄糖基]-1- 羟基 -3,4,5- 三甲氧基呫酮 8-O-[β-D-xylopyranosyl-(1→6)-β-D-glucopyranosyl]-1-hydroxy-3,4,5-trimethoxyxanthone

1-O-[β-D- 吡喃木糖基 -(1→6)-β-D- 吡喃葡萄糖基]-3,5,6- 三甲氧基呫酮 1-O-[β-D-xylopyranosyl-(1→6)-β-D-glucopyranosyl]-3,5,6-trimethoxyxanthone

1-O-[β-D- 吡喃木糖基 -(1→6)-β-D- 吡喃葡萄糖基]-3,5- 二甲氧基呫酮 1-O-[β-D-xylopyranosyl-(1→6)-β-D-glucopyranosyl]-3,5-dimethoxyxanthone

1-O-[β-D- 吡喃木糖基 -(1→6)-β-D- 吡喃葡萄糖基]-3,7,8- 三甲氧基呫酮 1-O-[β-D-xylopyranosyl-(1→6)-β-D-glucopyranosyl]-3,7,8-trimethoxyxanthone

1-O-[β-D- 吡喃木糖基 -(1→6)-β-D- 吡喃葡萄糖基]-3,8- 二羟基 -4,5- 二甲氧基呫酮 1-O-[β-D-xylopyranosyl-(1→6)-β-D-glucopyranosyl]-3,8-dihydroxy-4,5-dimethoxyxanthone

1-*O*-[*β*-D- 吡喃木糖基 -(1 → 6)-*β*-D- 吡喃葡萄糖基]-7,8- 二羟基 -3- 甲氧基吨酮 1-*O*-[*β*-D-xylopyranosyl-(1 → 6)-*β*-D-glucopyranosyl]-7,8-dihydroxy-3-methoxyxanthone

1-*O*-[*β*-D- 吡喃木糖基 -(1 → 6)-*β*-D- 吡喃葡萄糖基]-7- 羟基 -3,8- 二甲氧基吨酮 1-*O*-[*β*-D-xylopyranosyl-(1 → 6)-*β*-D-glucopyranosyl]-7-hydroxy-3,8-dimethoxyxanthone

O-[*β*-D- 吡喃木糖基 -(1 → 6)-*β*-D- 吡喃葡萄糖基]-7- 羟基香豆素 *O*-[*β*-D-xylopyranosyl-(1 → 6)-*β*-D-glucopyranosyl]-7-hydroxycoumarin

1-*O*-[*β*-D- 吡喃木糖基 -(1 → 6)-*β*-D- 吡喃葡萄糖基]-8- 羟基 -2,3,4,5- 四甲氧基吨酮 1-*O*-[*β*-D-xylopyranosyl-(1 → 6)-*β*-D-glucopyranosyl]-8-hydroxy-2,3,4,5-tetramethoxyxanthone

1-*O*-[*β*-D- 吡喃木糖基 -(1 → 6)-*β*-D- 吡喃葡萄糖基]-8- 羟基 -3,4,5- 三甲氧基吨酮 1-*O*-[*β*-D-xylopyranosyl-(1 → 6)-*β*-D-glucopyranosyl]-8-hydroxy-3,4,5-trimethoxyxanthone

1-*O*-[*β*-D- 吡喃木糖基 -(1 → 6)-*β*-D- 吡喃葡萄糖基]-8- 羟基 -3,7- 二甲氧基吨酮 1-*O*-[*β*-D-xylopyranosyl-(1 → 6)-*β*-D-glucopyranosyl]-8-hydroxy-3,7-dimethoxyxanthone

[*β*-D- 吡喃木糖基 -(1 → 6)-*β*-D- 吡喃葡萄糖基]- 水杨酸甲酯 methyl [*β*-D-xylopyranosyl-(1 → 6)-*β*-D-glucopyranosyl]-salicylate

(2*R*,4*S*)-2-*O*-*β*-D- 吡喃木糖基 -(1 → 6)-*β*-D- 吡喃葡萄糖基 -2,4-戊烷二醇 (2*R*,4*S*)-2-*O*-*β*-D-xylopyranosyl-(1 → 6)-*β*-D-glucopyranosyl-2,4-pentanediol

3-*O*-*β*-D- 吡喃木糖基 -(6 → 1)-D- 葡萄糖基芳樟醇 3-*O*-*β*-D-xylopyranosyl-(6 → 1)-D-glucopyranosyl-linalool

3*β*-*O*-*β*-D- 吡喃木糖基 -(1 → 3)-*α*-L- 吡喃鼠李糖基 - 金鸡纳酸 -28-*O*-*β*-D- 吡喃葡萄糖基酯 3*β*-*O*-*β*-D-xylopyranosyl-(1 → 3)-*α*-L-rhamnopyranosyl-cincholic acid-28-*O*-*β*-D-glucopyranosyl ester

7-*O*-*β*-D-(6'-*O*-*β*-D- 吡喃木糖基) 吡喃葡萄糖苷 7-*O*-*β*-D-(6'-*O*-*β*-D-xylopyranosyl)glucopyranoside

2-*C*-*β*-D- 吡喃木糖基 -1,3,6,7- 四羟基吨酮 2-*C*-*β*-D-xybpyranosyl-1,3,6,7tetrahydroxyxanthone

7-*O*-*β*-D- 吡喃木糖基 -1,8- 二羟基 -3- 甲氧基吨酮 7-*O*-*β*-D-xylopyranosyl-l,8-dihydroxy-3-methoxyxanthone

3-*O*-*β*-D- 吡喃木糖基 -16*α*- 羟基石头花苷元酸▲-28-*O*-[*β*-D- 吡喃葡萄糖基 -(1 → 3)]-[*α*-D- 吡喃半乳糖基 -(1 → 6)-*α*-D- 吡喃半乳糖基 -(1 → 6)-*β*-D- 吡喃葡萄糖基 -(1 → 6)]-*β*-D- 吡喃葡萄糖苷 3-*O*-*β*-D-xylopyranosyl-16*α*-hydroxygypsogenic acid-28-*O*-[*β*-D-glucopyranosyl-(1 → 3)]-[*α*-D-galactopyranosyl-(1 →6)-*α*-D-galactopyranosyl-(1 →6)-*β*-D-glucopyranosyl-(1 →6)]-*β*-D-glucopyranoside

3-*O*-*β*-D- 吡喃木糖基 -16*α*- 羟基石头花苷元酸▲-28-*O*-[*β*-D- 吡喃葡萄糖基 -(1 → 6)]-*β*-D- 吡喃葡萄糖苷 3-*O*-*β*-D-xylopyranosyl-16*α*-hydroxygypsogenic acid-28-*O*-[*β*-D-glucopyranosyl-(1 → 6)]-*β*-D-glucopyranoside

3- 吡喃木糖基 -24-*O*- 乙酰氢化升麻新醇 -15- 吡喃葡萄糖苷 3-xylopyranosyl-24-*O*-acetylhydroshengmanol-15-glucopyranoside

1-*O*-*β*-D- 吡喃木糖基 -3-*O*-*α*-L- 吡喃鼠李糖基 -(25*S*)- 假叶树皂苷元 1-*O*-*β*-D-xylopyranosyl-3-*O*-*α*-L-rhamnopyranosyl-(25*S*)-ruscogenin

3-{[2-*O*-*β*- 吡喃木糖基 -3-*O*-*β*- 吡喃葡萄糖基]-*β*- 吡喃葡萄糖基 -(1 → 4)-*β*- 吡喃葡萄糖基 -(1 → 4)-*β*- 吡喃半乳糖基 } 氧基 -(25*R*)- 螺甾 -5- 烯 -3-*β*- 醇 -12- 酮 3-{[2-*O*-*β*-xylopyranosyl-3-*O*-*β*-glucopyranosyl]-*β*-glucopyranosyl-(1→4)-*β*-glucopyranosyl-(1 → 4)-*β*-galactopyranosyl}oxy-(25*R*)-spirost-5-en-3-*β*-ol-12-one

3-*O*-*β*-D- 吡喃木糖基 -3*β*- 羟基熊果 -12,18(19)- 二烯 -28- 酸 -28-*O*-*β*-D- 吡喃葡萄糖基酯 3-*O*-*β*-D-xylopyranosyl-3*β*-hydroxyurs-12,18(19)-dien-28-oic acid-28-*O*-*β*-D-glucopyranosyl ester

7-*O*-*β*-D- 吡喃木糖基 -4'- 甲氧基 - 牡荆素 7-*O*-*β*-D-xylopyranosyl-4'-methoxy-vitexin

6-*C*-*β*-D- 吡喃木糖基 -8-*C*-*α*-L- 吡喃阿拉伯糖基芹菜苷元 6-*C*-*β*-D-xylopyranosyl-8-*C*-*α*-L-arabinopyranosylapigenin

6-*C*- 吡喃木糖基 -8-*C*- 吡喃葡萄糖基木犀草素 6-*C*-xylopyranosyl-8-*C*-glucopyranosylluteolin

(7*R*,8*S*)-9-*O*-*β*-D- 吡喃木糖基 -9'-*O*-*α*-L- 吡喃鼠李糖基 -(1 → 6)-*β*-D- 吡喃葡萄糖基二氢去氢二松柏醇 (7*R*,8*S*)-9-*O*-*β*-D-xylopyranosyl-9'-*O*-*α*-L-rhamnopyranosyl-(1 →6)-*β*-D-glucopyranosyldihydrodehydrodiconiferyl alcohol

3-[(3-*O*-*β*-D- 吡喃木糖基 -*β*-D- 吡喃半乳糖基) 氧基]- 羽扇豆 -12-烯 -28- 酸 3-[(3-*O*-*β*-D-xylopyranosyl-*β*-D-galactopyranosyl)oxy]-lup-12-en-28-oic acid

3-(3-*O*-*β*-D- 吡喃木糖基 -*β*-D- 吡喃半乳糖氧基)- 羽扇豆 -12-烯 -28- 酸 -*O*-*α*-L- 鼠李糖基酯苷 3-(3-*O*-*β*-D-xylopyranosyl-*β*-D-galactopyranosyloxy)-lup-12-en-28-oic acid-*O*-*α*-L-rhamnopyranosyl ester

1-(6-*O*-*β*-D- 吡喃木糖基 -*β*-D- 吡喃葡萄糖氧基)-2,8- 二羟基 -6-甲氧基吨酮 1-(6-*O*-*β*-D-xylopyranosyl-*β*-D-glucopyranosyloxy)-2,8-dihydroxy-6-methoxyxanthone

3-(2''-*O*-*β*-D- 吡喃木糖基 -*β*-D- 吡喃葡萄糖氧基 -3',4',5,5',7- 五羟基黄酮 3-(2''-*O*-*β*-D-xylopyranosyl-*β*-D-glucopyranosyloxy)-3',4',5,5',7-pentahydroxyflavone

2''-*O*-*β*-D- 吡喃木糖基柴胡皂苷 b_2 2''-*O*-*β*-D-xylopyranosylsaikosaponin b_2

3-*O*-*β*-D- 吡喃木糖基常春藤苷元 -28-*O*-*α*-L- 吡喃鼠李糖基 -(1→4)-*O*-*β*-D- 吡喃葡萄糖基 -(1 → 6)-*O*-*β*-D- 吡喃葡萄糖基酯 3-*O*-*β*-D-xylopyranosylhederagenin-28-*O*-*α*-L-rhamnopyranosyl-(1→4)-*O*-*β*-D-glucopyranosyl-(1 → 6)-*O*-*β*-D-glucopyranosyl ester

6''-*O*-D- 吡喃木糖基葛根素 6''-*O*-D-xylopyranosyl-puerarin

3-*O*-*β*-D- 吡喃木糖基火焰木酸 -28-*O*-*β*-D- 吡喃葡萄糖基酯 3-*O*-*β*-D-xylopyranosyl spathodic acid-28-*O*-*β*-D-glucopyranosyl ester

3-*O*-*β*-D- 吡喃木糖基火焰树酸 3-*O*-*β*-D-xylopyranosylspathodic acid

6'-*O*-*β*-D- 吡喃木糖基龙胆苦苷 6'-*O*-*β*-D-xylopyranosylgentiopicroside

5-*O*-*β*- 吡喃木糖基龙胆酸 5-*O*-*β*-xylopyranosylgentisic acid

2''-*O*-D- 吡喃木糖基牡荆素 2''-*O*-D-xylopyranosylvitexin

2-*O*-*β*-D- 吡喃木糖基牡荆素 2-*O*-*β*-D-xylopyranosylvitexin

9-*β*-D- 吡喃木糖基 - 南烛树脂醇 9-*β*-D-xylopyranosyl-lyoniresinol

3-*O*-*β*-D- 吡喃木糖基齐墩果酸 3-*O*-*β*-D-xylopyranosyloleanolic acid

3-*O*-*β*-D- 吡喃木糖基石头花苷元酸▲-28-*O*-[*β*-D- 吡喃葡萄糖基 -(1 → 3)]-[6-*O*-(3- 羟基 -3- 甲基戊二酰基)-*β*-D- 吡喃葡萄糖基 -(1 → 6)]-*β*-D- 吡喃葡萄糖苷 3-*O*-*β*-D-xylopyranosyl-gypsogenic acid-28-*O*-[*β*-D-glucopyranosyl-(1 → 3)]-[6-*O*-(3-hydroxy-3-methylglutaryl)-*β*-D-glucopyranosyl-(1 → 6)]-*β*-D-glucopyranoside

6'-*O*-*β*-D- 吡喃木糖基水杨苷 6'-*O*-*β*-D-xylopyranosylsalicin

3-*O*-*β*-D- 吡喃木糖基羊角拗定▲ 3-*O*-*β*-D-xylopyranosylstrophanthidin

11-*O*-*β*-D- 吡喃木糖基杨梅醇 11-*O*-*β*-D-xylopyranosylmyricanol

β-D- 吡喃木糖甲苷 *β*-methyl-D-xylopyranoside

7-*β*-D- 吡喃木糖氧基 -1,8- 二羟基 -3- 甲氧基吨酮 7-*β*-D-xylopyranosyloxy-1,8-dihydroxy-3-methoxyxanthone

2-*β*-D- 吡喃木糖氧基 -1,8- 二羟基 -6- 甲氧基吨酮 2-*β*-D-xylopyranosyloxy-1,8-dihydroxy-6-methoxyxanthone

α-D- 吡喃葡糖 -1- 十六酸酯 *α*-D-glucopyranose-1-hexadecanoate

(24*R*,25*S*)-26-{[*O*-*β*-D- 吡喃葡糖基 -(1 → 2)-*O*-[*O*-*β*-D- 吡喃葡糖

基 -(1 → 4)-β-D- 吡喃葡糖基 -(1 → 6)]-β-D- 吡喃葡糖基] 氧基 } 麦角甾 -5- 烯 -3β- 基 -β-D- 吡喃葡萄糖苷 (24R,25S)-26-{[O-β-D-glucopyranosyl-(1→2)-O-[O-β-D-glucopyranosyl-(1→4)-β-D-glucopyranosyl-(1 → 6)]-β-D-glucopyranosyl]oxy}ergost-5-en-3β-O-β-D-glucopyranside

(24R,25S)-26-[(O-β-D- 吡喃葡糖基 -(1 → 3)-O-[O-β-D- 吡喃葡糖基 -(1 → 4)-β-D- 吡喃葡糖基 -(1 → 6)]-β-D- 吡喃葡糖基) 氧基] 麦角甾 -5- 烯 -3β-O-β-D- 吡喃葡萄糖苷 (24R,25S)-26-[(O-β-D-glucopyranosyl-(1→3)-O-[O-β-D-glucopyranosyl-(1→4)-β-D-glucopyranosyl-(1→6)]-β-D-glucopyranosyl)oxy]ergost-5-en-3β-β-D-glucopyranoside

(24R,25S)-26-[(O-β-D- 吡喃葡糖基 -(1 → 4)-O-β-D- 吡喃葡糖基 -(1 → 2)-O-[O-β-D- 吡喃葡糖基 -(1 → 4)-β-D- 吡喃葡糖基 -(1 → 6)]-β-D- 吡喃葡糖基) 氧基] 麦角甾 -5- 烯 -3β-β-D-吡喃葡萄糖苷 (24R,25S)-26-[(O-β-D-glucopyranosyl-(1 → 4)-O-β-D-glucopyranosyl-(1→2)-O-[O-β-D-glucopyranosyl-(1→4)-β-D-glucopyranosyl-(1→6)]-β-D-glucopyranosyl)oxy]ergost-5-en-3β-β-D-glucopyranoside

(22R,24R,25S)-3β-{[O-β-D- 吡喃葡糖基 -(1 → 4)-O-β-D- 吡喃葡糖基 -(1 → 2)-O-[β-D- 吡喃葡糖基 -(1 → 6)]-β-D- 吡喃葡糖基] 氧基 }-22- 羟基麦角甾 -5- 烯 -26- 羧酸 -δ- 内酯 (22R,24R,25S)-3β-{[O-β-D-glucopyranosyl-(1→4)-O-β-D-glucopyranosyl-(1→2)-O-[β-D-glucopyranosyl-(1 → 6)]-β-D-glucopyranosyl]oxy}-22-hydroxyergost-5-en-26-oic acid-δ-lactone

(24R,25S)-26-{[O-β-D- 吡喃葡糖基 -(1 → 4)-O-β-D- 吡喃葡糖基 -(1 → 2)-O-[β-D- 吡喃葡糖基 -(1 → 6)]-β-D- 吡喃葡糖基] 氧基 } 麦角甾 -5- 烯 -3β-O-β-D- 吡喃葡糖基 -(1 → 4)-O-β-D-吡喃葡糖基 -(1 → 2)-β-D- 吡喃葡萄糖苷 (24R,25S)-26-{[O-β-D-glucopyranosyl-(1→4)-O-β-D-glucopyranosyl-(1→2)-O-[β-D-glucopyranosyl-(1 → 6)]-β-D-glucopyranosyl]oxy}ergost-5-en-3β-O-β-D-glucopyranosyl-(1→4)-O-β-D-glucopyranosyl-(1→2)-β-D-glucopyranoside

(24R,25S)-26-{[O-β-D- 吡喃葡糖基 -(1 → 4)-O-β-D- 吡喃葡糖基 -(1 → 2)-O-[β-D- 吡喃葡糖基 -(1 → 6)]-β-D- 吡喃葡糖基] 氧基 } 麦角甾 -5- 烯 -3β-O-β-D- 吡喃葡萄糖苷 (24R,25S)-26-{[O-β-D-glucopyranosyl-(1→4)-O-β-D-glucopyranosyl-(1→2)-O-[β-D-glucopyranosyl-(1 → 6)]-β-D-glucopyranosyl]oxy}ergost-5-en-3β-O-β-D-glucopyranoside

(24R,25S)-26-{[O-β-D- 吡喃葡糖基 -(1 → 4)-O-β-D- 吡喃葡糖基 -(1 → 2)-β-D- 吡喃葡糖基] 氧基 } 麦角甾 -5- 烯 -3β-β-D- 吡喃葡萄糖苷 (24R,25S)-26-{[O-β-D-glucopyranosyl-(1 → 4)-O-β-D-glucopyranosyl-(1→2)-β-D-glucopyranosyl]oxy}ergost-5-en-3β-β-D-glucopyranoside

(24R,25S)-26-{[O-β-D- 吡喃葡糖基 -(1 → 4)-O-β-D- 吡喃葡糖基 -(1 → 4)-O-β-D- 吡喃葡糖基 -(1 → 2)-O-[O-β-D- 吡喃葡糖基 -(1 → 4)-β-D- 吡喃葡糖基 -(1 → 6)]-β-D- 吡喃葡糖基] 氧基 } 麦角甾 -5- 烯 -3β-β-D- 吡喃葡萄糖苷 (24R,25S)-26-{[O-β-D-glucopyranosyl-(1→4)-O-β-D-glucopyranosyl-(1→4)-O-β-D-glucopyranosyl-(1→2)-O-[O-β-D-glucopyranosyl-(1→4)-β-D-glucopyranosyl-(1 → 6)]-β-D-glucopyranosyl]oxy}ergost-5-en-3β-β-D-glucopyranoside

(25S)-26-{[O-β-D- 吡喃葡糖基 -(1 → 6)-β-D- 吡喃葡糖基] 氧基 }-22α- 甲基呋甾 -5- 烯 -3β-O-α-L 吡喃鼠李糖基 -(1 → 2)-O-[O-β-D- 吡喃葡糖基 -(1 → 4)-α-L- 吡喃鼠李糖基 -(1 → 3)]-β-D- 吡喃葡萄糖苷 (25S)-26-{[O-β-D-glucopyranosyl-(1 → 6)-β-D-glucopyranosyl]oxy}-22α-methoxyfurost-5-en-3β-O-α-Lrhamnopyranosyl-(1→2)-O-[O-β-D-glucopyranosyl-(1→4)-α-L-rhamnopyranosyl-(1 → 3)]-β-D-glucopyranoside

(20S,22Z,25ξ)-26-[(β-D- 吡喃葡糖基) 氧基]-20- 羟基呋甾 -5,22-二烯 -3β-O-α-L- 吡喃鼠李糖基 -(1 → 2)-O-[α-L- 吡喃鼠李糖基 -(1 → 3)]-β-D- 吡喃葡萄糖苷 (20S,22Z,25ξ)-26-[(β-D-glucopyranosyl)oxy]-20-hydroxyfurost-5,22-dien-3β-O-α-L-rhamnopyranosyl-(1 → 2)-O-[α-L-rhamnopyranosyl-(1 → 3)]-β-D-glucopyranoside

(20S,22Z,25ξ)-26-[(β-D- 吡喃葡糖基) 氧基]-20- 羟基呋甾 -5, 22-二烯 -3β-O-β-D- 吡喃葡糖基 -(1 → 4)-α-L- 吡喃鼠李糖基 -(1 → 3)-O-[α-L- 吡喃鼠李糖基 -(1 → 2)]-β-D- 吡喃葡萄糖苷 (20S,22Z,25ξ)-26-[(β-D-glucopyranosyl)oxy]-20-hydroxyfurost-5,22-dien-3β-O-β-D-glucopyranosyl-(1→4)-α-L-rhamnopyranosyl-(1 → 3)-O-[α-L-rhamnopyranosyl-(1 → 2)]-β-D-glucopyranoside

(25S)-26-[(β-D- 吡喃葡糖基) 氧基]-22α- 甲基呋甾 -5- 烯 -3β-O-α-L-吡喃鼠李糖基 -(1 → 2)-O-[O-β-D- 吡喃葡糖基 -(1 → 4)-α-L- 吡喃鼠李糖基 -(1 → 3)]-6-O- 乙酰基 -β-D- 吡喃葡萄糖苷 (25S)-26-[(β-D-glucopyranosyl)oxy]-22α-methoxyfurost-5-en-3β-O-α-L-rhamnopyranosyl-(1→2)-O-[O-β-D-glucopyranosyl-(1→4)-α-L-rhamnopyranosyl-(1 → 3)]-6-O-acetyl-β-D-glucopyranoside

(25S)-26-[(β-D- 吡喃葡糖基) 氧基]-22α- 甲氧基呋甾 -5,20(22)- 二烯 -3β-O-α-L- 吡喃鼠李糖基 -(1 → 2)-O-[O-β-D- 吡喃葡糖基 -(1 → 4)-α-L- 吡喃鼠李糖基 -(1 → 3)]-6-O- 乙酰基 -β-D- 吡喃葡萄糖苷 (25S)-26-[(β-D-glucopyranosyl)oxy]-22α-methoxyfurost-5,20(22)-dien-3β-O-α-L-rhamnopyranosyl-(1 → 2)-O-[O-β-D-glucopyranosyl-(1→4)-α-L-rhamnopyranosyl-(1→3)]-6-O-acetyl-β-D-glucopyranoside

(25S)-26-[(β-D- 吡喃葡糖基) 氧基]-22α- 甲氧基呋甾 -5- 烯 -3β-O-α-L- 吡喃鼠李糖基 -(1 → 2)-O-[O-β-D- 吡喃葡糖基 -(1 → 4)-α-L- 吡喃鼠李糖基 -(1 → 3)]-β-D- 吡喃葡萄糖苷 (25S)-26-[(β-D-glucopyranosyl)oxy]-22α-methoxyfurost-5-en-3β-O-α-L-rhamnopyranosyl-(1 → 2)-O-[O-β-D-glucopyranosyl-(1 → 4)-α-L-rhamnopyranosyl-(1 → 3)]-β-D-glucopyranoside

(25S)-26-[(β-D- 吡喃葡糖基) 氧基] 呋甾 -5,20(22)- 二烯 -3β-O-α-L- 吡喃鼠李糖基 -(1 → 2)-O-[O-β-D- 吡喃葡糖基 -(1 → 4)-α-L- 吡喃鼠李糖基 -(1 → 3)]-β-D- 吡喃葡萄糖苷 (25S)-26-[(β-D-glucopyranosyl)oxy]furost-5,20(22)-dien-3β-O-α-L-rhamnopyranosyl-(1 → 2)-O-[O-β-D-glucopyranosyl-(1 → 4)-α-L-rhamnopyranosyl-(1 → 3)]-β-D-glucopyranoside

(25S)-26-[(β-D- 吡喃葡糖基) 氧基] 呋甾 -5,20(22)- 二烯 -3β-O-α-L- 吡喃鼠李糖基 -(1 → 2)-O-[α-L- 吡喃鼠李糖基 -(1 → 3)]-β-D- 吡喃葡萄糖苷 (25S)-26-[(β-D-glucopyranosyl)oxy]furost-5,20(22)-dien-3β-O-α-L-rhamnopyranosyl-(1 → 2)-O-[α-L-rhamnopyranosyl-(1 → 3)]-β-D-glucopyranoside

26-O-β-D- 吡喃葡糖基 -22-O- 甲基 -5α- 呋甾 -25(27)- 烯 -1β,3α,22ζ,26- 四醇 -1-O-{O-α-L- 吡喃鼠李糖基 -(1 → 2)-O-[β-D-吡喃木糖基 -(1 → 3)]-β-D- 吡喃岩藻糖苷 } 26-O-β-D-glucopyranosyl-22-O-methyl-5α-furost-25(27)-en-1β,3α,22ζ,26-tetrol-1-O-{O-α-L-rhamnopyranosyl-(1→2)-O-[β-D-xylopyranosyl-(1 → 3)]-β-D-fucopyranoside}

16β-{[(4S)-5-(β-D- 吡喃葡糖基氧基)-4- 甲基 -1- 氧代戊基] 氧基 }-3β-{{O-α-L- 吡喃鼠李糖基 -(1 → 2)-O-[α-L- 吡喃鼠李糖基 -(1 → 3)]-β-D- 吡喃葡糖基 } 氧基 }- 孕甾 -5- 烯 -20- 酮 16β-{[(4S)-5-(β-D-glucopyranosyloxy)-4-methyl-1-oxopentyl]oxy}-3β-{{O-α-L-rhamnopyranosyl-(1 → 2)-O-[α-L-rhamnopyranosyl-(1 → 3)]-β-D-glucopyranosyl}oxy}-pregn-5-en-20-one

(3β,5β,17α)-3-(β-D- 吡喃葡糖糖氧基)-5,14- 二羟基 - 强心甾 -20(22)- 烯 (3β,5β,17α)-3-(β-D-glucopyranosyloxy)-5,14-dihydroxy-card-20(22)-enolide

16β-{[(4S)-5-(β-D- 吡喃葡糖氧基)-4- 甲基 -1- 氧代戊基] 氧基 }-3β-{(O-α-L- 吡喃鼠李糖基 -(1 → 2)-O-[O-β-D- 吡喃葡糖

基 -(1 → 4)-α-L- 吡喃鼠李糖基 -(1 → 3)]-β-D- 吡喃葡糖基) 氧基 } 孕甾 -5- 烯 -20- 酮 16β-{[(4S)-5-(β-D-glucopyranosyloxy)-4-methyl-1-oxopentyl]oxy}-3β-{(O-α-L-rhamnopyranosyl-(1 → 2)-O-[O-β-D-glucopyranosyl-(1→4)-α-L-rhamnopyranosyl-(1→3)]-β-D-glucopyranosyl)oxy}pregn-5-en-20-one

(S)-2,3-HHDP-D- 吡喃葡萄糖 (S)-2,3-HHDP-D-glucopyranose

α -D- 吡喃葡萄糖 α -D-glucopyranose

1-O-β-D- 吡喃葡萄糖 -(2S,3S,4R,5E,9Z)-2-N-(2'- 羟基二十四酰氨基)-1,3,4- 三羟基 - 十八碳 -5,9- 二烯 1-O-β-D-glucopyronaosyl-(2S,3S,4R,5E,9Z)-2-N-(2'-hydroxytetracosanoyl)-1,3,4-trihydroxy-5,9-octadienine

1-O-β-D- 吡喃葡萄糖 -(2S,3S,4R,8Z)-2-N-(2'R)-2'- 羟基二十四酰氨基 -3,4- 二羟基 -8- 十八烯 1-O-β-D-glucopyranosyl-(2S,3S,4R,8Z)-2-N-(2'R)-2'-hydroxytetracosanoyl-3,4- dihydroxy-8-octadene

(3S)-3-O-(α-D- 吡喃葡萄糖)-3,7- 二甲基 - 辛 -1,6- 二烯 -3- 醇 (3S)-3-O-(α-D-glucopyranosyl)-3,7-dimethylocta-1,6-dien-3-ol

β-D- 吡喃葡萄糖 -1,2,3,6- 四没食子酸酯 β-D-glucopyranose-1,2,3,6-tetragallate

8-O-β-D- 吡喃葡萄糖 -1,3,5- 三羟基吡酮 8-O-β-D-glucopyranoxyl-1,3,5-trihydroxyxanthone

β-D- 吡喃葡萄糖 -1,3,6- 三没食子酸酯 β-D-glucopyranose-1,3,6-trigallate

β-D- 吡喃葡萄糖 -1,6- 二 (1- 羟基 -4- 氧代 -2,5- 环己二烯 -1- 乙酸酯) β-D-glucopyranose-1,6-bis(1-hydroxy-4-oxo-2,5-cyclohexadiene-1-acetate)

β-D- 吡喃葡萄糖 -1- 阿魏酸酯 β-D-glucopyranose-1-ferulate

4-[(1E,3R)-3-O-β-D- 吡喃葡萄糖 -1- 丁基]-2- 羟基 -3,5,5- 三甲基 -3-环己烯 -1- 酮 4-[(1E,3R)-3-O-β-D-glucopyranosyl-1-butenyl]-2-hydroxy-3,5,5-trimethyl-3-cyclohexen-1-one

β-D- 吡喃葡萄糖 -2- 苯乙酸酯 -1-(1- 羟基 -4- 氧代 -2,5- 环己二烯 -1-乙酸酯) β-D-glucopyranose-2-benzeneacetate-1-(1-hydroxy-4-oxo-2,5-cyclohexadiene-1-acetate)

3'(R)-O-β-D- 吡喃葡萄糖 -3',4'- 二氢花椒内酯 3'(R)-O-β-D-glucopyranosyl-3',4'-dihydroxanthyletin

D- 吡喃葡萄糖 -6-[(2E)-3-(4- 羟基苯基) 丙 -2- 烯酯] D-glucopyranose-6-[(2E)-3-(4-hydroxyphenyl)prop-2-enoate]

4-O-(甲氧基桂皮酰基)-β-D- 吡喃葡萄糖苷 4-O-(methoxycinnamoyl)-β-D-glucopyranoside

1-O-β-D- 吡喃葡萄糖苷 -(2S,3R,4E,9E)-2-(2'R- 羟基十六酰基)-4,9-十八碳二烯 -1,3- 二醇 1-O-β-D-glucopyranosyl-(2S,3R,4E,9E)-2-(2'R-hydroxyhexadecanoy)-4,9-octadecadien-1,3-diol

1-(4'-O-β-D- 吡喃葡萄糖苷) 苄基 - 乙烷 -2- 醇 1-(4'-O-β-D-glucopyranosyl)benzyl-ethan-2-ol

26-O-β-D- 吡喃葡萄糖苷 -22-O- 甲基 -(25S)-5α- 呋甾 -1β,3α,22,26-四醇 3-O-β-D- 吡喃葡萄糖苷 26-O-β-D-glucopyranosyl-22-O-methyl-(25S)-5α-fustan-1β,3α,22,26-tetrol-3-O-β-D-glucopyranoside

26-O-β-D- 吡喃葡萄糖苷 -22-O- 甲基 -(25S)-5α- 呋甾 -3α,22 ζ ,26-三醇 -3-O-β-D- 吡喃葡萄糖苷 26-O-β-D-glucopyranosyl-22-O-methyl-(25S)-5α-fustan-3α,22 ζ ,26-triol-3-O-β-D-glucopyranoside

3-(4-O-β-D- 吡喃葡萄糖苷 -3,5- 二甲氧基苯基)-2- 丙烯 -1- 醇 3-(4-O-β-D-glucopyranoside-3,5-dimethoxyphenyl)-2-propen-1-ol

3-O-(β-D- 吡喃葡萄糖苷 -6''- 乙酰基)- 槲皮素 3-O-(β-D-glucopyranoside-6''-acetyl)-quercetin

3-O-(β-D- 吡喃葡萄糖苷 -6''- 乙酰基)- 异鼠李素 3-O-(β-D-glucopyranoside-6''-acetyl)-isorhamnetin

(-)-1-O-β-D- 吡喃葡萄糖苷 -8- 氧代四氢巴马汀 (-)-1-O-β-D-glucopyranoside-8-oxotetrahydropalmatine

26-O-β-D- 吡喃葡萄糖苷 - 呋甾 -5,20(22),25(27)- 三烯 -1β,3β,22β,26-三醇 -1-O-[α-L- 吡喃鼠李糖基 -(1 → 2)]-α-L- 吡喃阿拉伯糖苷 26-O-β-D-glucopyranosyl-furost-5,20(22),25(27)-trien-1β,3β,26-triol-1-O-[α-L-rhamnopyranosyl-(1 → 2)]-α-L-arabinopyranoside

3-O-β-D- 吡喃葡萄糖苷苜蓿酸酯 3-O-β-D-glucopyranoside medicagenate

7-O-β-D- 吡喃葡萄糖基 -(-)- 表缅茄儿茶素▲ 7-O-β-D-glucopyranosyl-(-)-epiafzelechin

7-O-β-D- 吡喃葡萄糖基 -(-)- 缅茄儿茶素▲ 7-O-β-D-glucopyranosyl-(-)-afzelechin

3β-O-β-D- 吡喃葡萄糖基 -(1 → 2)-[α-L- 吡喃鼠李糖基 -(1 → 2)-β-D- 吡喃葡萄糖基 -(1 → 4)]-α-L- 吡喃阿拉伯糖基 -13β,28-环氧 -16α- 羟基齐墩果烷 3β-O-β-D-glucopyranosyl-(1 → 2)-[α-L-rhamnopyranosyl-(1 → 2)-β-D-glucopyranosyl-(1 → 4)]-α-L-arabinopyranosyl-13β,28-epoxy-16α-hydroxyoleanane

3-O-β-D- 吡喃葡萄糖基 -(1 → 2)-[α-L- 吡喃鼠李糖基 -(1 → 2)-β-D-吡喃葡萄糖基 -(1 → 4)]-α-L- 吡喃阿拉伯糖基 -13β,28- 环氧 -3β,16α- 二羟基齐墩果烷 3-O-β-D-glucopyranosyl-(1 → 2)-[α-L-rhamnopyranosyl-(1 → 2)-β-D-glucopyranosyl-(1 → 4)]-α-L-arabinopyranosyl-13β,28-epoxy-3β,16α-dihydroxyoleanane

3-O-β-D- 吡喃葡萄糖基 -(1 → 2)-[α-L- 吡喃鼠李糖基 -(1 → 2)-β-D-吡喃葡萄糖基 -(1 → 4)]-α-L- 吡喃阿拉伯糖基 -3β,16α,28-三羟基齐墩果 -12- 烯 3-O-β-D-glucopyranosyl-(1 → 2)-[α-L-rhamnopyranosyl-(1 → 2)-β-D-glucopyranosyl-(1 → 4)]-α-L-arabinopyranosyl-3β,16α,28-trihydroxyolean-12-ene

3-O-β-D- 吡喃葡萄糖基 -(1 → 2)-[α-L- 吡喃鼠李糖基 -(1 → 4)]-α-L- 吡喃阿拉伯糖基常春藤皂苷元 -28-O-α-L- 吡喃鼠李糖基 -(1 → 4)-β-D- 吡喃葡萄糖基 -(1 → 6)-β-D- 吡喃葡萄糖苷 3-O-β-D-glucopyranosyl-(1→2)-[α-L-rhamnopyranosyl-(1→4)]-α-L-arabinopyranosyl-hedetragenin-28-O-α-L-rhamnopyranosyl-(1→4)-β-D-glucopyranosyl-(1 → 6)-β-D-glucopyranoside

3-O-β-D- 吡喃葡萄糖基 -(1 → 2)-[β-D- 吡喃木糖基 -(1 → 3)]-β-D-吡喃葡萄糖基 -(1 → 4)- 吡喃半乳糖基 -25(S)- 螺甾 -5(6),14(15)-二烯 -3β- 醇 3-O-β-D-glucopyranosyl-(1→2)-[β-D-xylopyranosyl-(1→3)]-β-D-glucopyranosyl-(1→4)-galactopyranosyl-25(S)-spirost-5(6),14(15)-dien-3β-ol

3-O-β-D- 吡喃葡萄糖基 -(1 → 2)-[β-D- 吡喃木糖基 -(1 → 3)]-β-D-吡喃葡萄糖基 -(1 → 4)- 吡喃半乳糖基 -25(S)- 螺甾 -5(6)-烯 -3β,14α- 二醇 3-O-β-D-glucopyranosyl-(1 → 2)-[β-D-xylopyranosyl-(1→3)]-β-D-glucopyranosyl-(1→4)-galactopyranosyl-25(S)-spirost-5(6)-en-3β,14α-diol

3-O-β-D- 吡喃葡萄糖基 -(1 → 2)-[β-D- 吡喃木糖基 -(1 → 3)]-β-D-吡喃葡萄糖基 -(1 → 4)- 吡喃半乳糖基 -25(S)- 螺甾 -5(6)- 烯 -3β-醇 3-O-β-D-glucopyranosyl-(1 → 2)-[β-D-xylopyranosyl-(1 → 3)]-β-D-glucopyranosyl-(1 →4)-galactopyranosyl-25(S)-spirost-5(6)-en-3β-ol

3-O-{β-D- 吡喃葡萄糖基 -(1 → 2)-[β-D- 吡喃木糖基 -(1 → 4)]-β-D-吡喃葡萄糖基 }-(25S)- 螺甾 -3β- 醇 3-O-{β-D-glucopyranosyl-(1 → 2)-[β-D-xylopyranosyl-(1 → 4)]-β-D-glucopyranosyl}-(25S)-spirostan-3β-ol

3-O-β-D- 吡喃葡萄糖基 -(1 → 2)-[β-D- 吡喃葡萄糖基 -(1 → 3)]-β-D- 吡喃葡萄糖基 -5β(25R)- 螺甾 -3β,12β- 二醇 3-O-β-D-glucopyranosyl-(1 → 2)-[β-D-glucopyranosyl-(1 → 3)]-β-D-glucopyranosyl-5β(25R)-spirostan-3β,12β-diol

3-O-β-D- 吡喃葡萄糖基 -(1 → 2)[β-D- 吡喃葡萄糖基 -(1 → 4)]-α-吡喃阿拉伯糖基常春藤皂苷元 -28-O-α-L- 吡喃鼠李糖基 -(1 → 4)-β-D- 吡喃葡萄糖基 -(1 → 6)-β-D- 吡喃葡萄糖酯苷 3-O-β-D-glucopyranosyl-(1 → 2)[β-D-glucopyranosyl-(1 → 4)]-α-L-arabinopyranosylhederagenin-28-O-α-L-rhamnopyranosyl-(1→4)-β-D-glucopyranosyl-(1 → 6)-β-D-glucopyranosyl ester

3-*O*-*β*-D- 吡喃葡萄糖基 -(1→2)-[*β*-D- 吡喃葡萄糖基 -1(→3)]-*β*-D- 吡喃葡萄糖基 -(1→4)-*β*-D- 吡喃半乳糖基 -22- 甲氧基 -(25*R*,*S*)- 呋甾 -5- 烯 -3*β*,14*α*,26- 三醇 -26-*O*-*β*-D- 吡喃葡萄糖苷 3-*O*-*β*-D-glucopyranosyl-(1→2)-[*β*-D-glucopyranosyl-1(→3)]-*β*-D-glucopyranosyl-(1→4)-*β*-D-galactopyranosyl-22-methoxy-(25*R*,*S*)-furost-5-en-3*β*,14*α*,26-triol-26-*O*-*β*-D-glucopyranoside

3-*O*-[*β*-D- 吡喃葡萄糖基 -(1→2)-[*β*-D- 吡喃岩藻糖基 -(1→3)]-*α*-L- 吡喃鼠李糖基 -(1→4)-*β*-D- 吡喃葡萄糖基]- 齐墩果 -12- 烯 -23,28- 二醇 3-*O*-[*β*-D-glucopyranosyl-(1→2)-*β*-D-fucopyranosyl-(1→3)-*α*-L-rhamnopyranosyl-(1→4)-*β*-D-glucopyranosyl]-olean-12-en-23,28-diol

1-[4-(*β*- 吡喃葡萄糖基 -(1→2)-[*β*- 吡喃葡萄糖基 -(1→6)]-*β*- 吡喃葡萄糖氧基)-3- 甲氧基苯基]-2-[4-(3- 羟基丙基)-2- 甲氧基苯氧基]-1,3- 丙二醇 1-[4-(*β*-glucopyranosyl-(1→2)-[*β*-glucopyranosyl-(1→6)]-*β*-glucopyranosyloxy)-3-methoxyphenyl]-2-[4-(3-hydroxypropyl)-2-methoxyphenoxy]-1,3-propanediol

3-*O*-{[*β*-D- 吡喃葡萄糖基 -(1→2)]-[*α*-L- 吡喃阿拉伯糖基 (1→4)]-[3-*O*- 乙酰基]-*β*-D- 吡喃葡萄糖醛酸基 }-28-*O*-[*β*-D- 吡喃葡萄糖基]- 齐墩果酸 3-*O*-{[*β*-D-glucopyranosyl-(1→2)]-[*α*-L-arabinofuranosyl(1→4)]-[3-*O*-acetyl]-*β*-D-glucuronopyranosyl}-28-*O*-[*β*-D-glucopyranosyl]-oleanolic acid

3-*O*-{[*β*-D- 吡喃葡萄糖基 -(1→2)]-[*β*-D- 吡喃木糖基 -(1→4)]-[3-*O*- 乙酰基]-*β*-D- 吡喃葡萄糖醛酸基 }-28-*O*-[*β*-D- 吡喃葡萄糖基]- 齐墩果酸 3-*O*-{[*β*-D-glucopyranosyl-(1→2)]-[*β*-D-xylopyranosyl-(1→4)]-[3-*O*-acetyl]-*β*-D-glucuronopyranosyl}-28-*O*-[*β*-D-glucopyranosyl]-oleanolic acid

3-*O*-[*β*-D- 吡喃葡萄糖基 -(1→2)]-[*β*-D- 吡喃葡萄糖基 -(1→3)]-*β*-D- 吡喃葡萄糖基 - 葳严仙皂苷元 3-*O*-[*β*-D-glucopyranosyl-(1→2)]-[*β*-D-glucopyranosyl-(1→3)]-*β*-D-glucopyranosyl-caulophyllogenin

3-*O*-{[*β*-D- 吡喃葡萄糖基 -(1→2)]-[*β*-D- 吡喃葡萄糖基 -(1→3)- *β*-D- 吡喃葡萄糖基 -(1→3)]-*β*-D- 吡喃葡萄糖基 }- 齐墩果酸 -28-*O*-*β*-D- 吡喃葡萄糖基酯 3-*O*-{[*β*-D-glucopyranosyl-(1→2)]-[*β*-D-glucopyranosyl-(1→3)-*β*-D-glucopyranosyl-(1→3)]-*β*-D-glucopyranosyl}-oleanolic acid-28-*O*-*β*-D-glucopyranosyl ester

{{3-*O*-[*β*-D- 吡喃葡萄糖基 -(1→2)]-*β*-D- 吡喃葡萄糖基 -(1→3)}-*β*-D- 吡喃葡萄糖基 -(1→4)-*β*-D- 吡喃半乳糖基 }- 新替告皂苷元 {{3-*O*-[*β*-D-glucopyranosyl-(1→2)]-*β*-D-glucopyranosyl-(1→3)}-*β*-D-glucopyranosyl-(1→4)-*β*-D-galactopyranosyl}-neotigogenin

3*β*-*O*-{*β*-D- 吡喃葡萄糖基 -(1→2)-{*β*-D- 吡喃木糖基 -(1→2)-[*β*-D- 吡喃葡萄糖基 -(1→3)-*β*-D- 吡喃葡萄糖基 -(1→3)]-*β*-D- 吡喃葡萄糖基 -(1→4)}-*α*-L- 吡喃阿拉伯糖基 }-16*α*- 羟基 -13*β*,28- 环氧 - 齐墩果 -30- 醛 3*β*-*O*-{*β*-D-glucopyranosyl-(1→2)-{*β*-D-xylopyranosyl-(1→2)-[*β*-D-glucopyranosyl-(1→3)-*β*-D-glucopyranosyl-(1→3)]-*β*-D-glucopyranosyl-(1→4)}-*α*-L-arabinopyranosyl}-16*α*-hydroxy-13*β*,28-epoxy-oleanan-30-al

β-D- 吡喃葡萄糖基 -(1→2)-*β*-D- 吡喃葡萄糖苷 *β*-D-glucopyranosyl-(1→2)-*β*-D-glucopyranoside

β-D- 吡喃葡萄糖基 -(1→2)-*β*-D- 吡喃葡萄糖基 -(1→2)-*β*-D- 吡喃葡萄糖基 -(1→3)-*α*- 菠菜甾醇 *β*-D-glucopyranosyl-(1→2)-*β*-D-glucopyranosyl-(1→2)-*β*-D-glucopyranosyl-(1→3)-*α*-spinasterol

(25*R*)-3*β*-{[*O*-*β*-D- 吡喃葡萄糖基 -(1→2)-*O*-[*β*-D- 吡喃木糖基 -(1→3)]-*O*-*β*-D- 吡喃葡萄糖基 -(1→4)-*β*-D- 吡喃半乳糖] 氧基 }-26-[(*β*-D- 吡喃葡萄糖基) 氧基]-2*α*- 羟基胆甾 -5,17- 二烯 -16, 22- 二酮 (25*R*)-3*β*-{[*O*-*β*-D-glucopyranosyl-(1→2)-*O*-[*β*-D- xylopyranosyl-(1→3)]-*O*-*β*-D-glucopyranosyl-(1→4)-*β*-D-galactopyranosyl]oxy}-26-[(*β*-D-glucopyranosyl)oxy]-2*α*-hydroxycholesta-5,17-diene-16,22-dione

3-{*O*-*β*-D- 吡喃葡萄糖基 -(1→2)-*O*-[*β*-D- 吡喃木糖基 -(1→3)]-*O*-*β*-D- 吡喃葡萄糖醛酸基 }- 皂皮树酸 3-{*O*-*β*-D-glucopyranosyl-(1→2)-*O*-[*β*-D-xylopyranosyl-(1→3)]-*O*-*β*-D-glucopyranuronosyl} quillaic acid

3-*β*-{{*β*-D- 吡喃葡萄糖基 -(1→2)-*O*-[*β*-D- 吡喃葡萄糖基 -(1→3)-*O*-]-*α*-L- 吡喃阿拉伯糖基 } 氧基 }-30- 降齐墩果 -12- 烯 -28- 酸 3-*β*-{{*β*-D-glucopyranosyl-(1→2)-*O*-[*β*-D-glucopyranosyl-(1→3)-*O*-]-*α*-L-arabinopyranosyl}oxy}-30-norolean-12-en-28-oic acid

3-*β*-{{*β*-D- 吡喃葡萄糖基 -(1→2)-*O*-[*β*-D- 吡喃葡萄糖基 -(1→3)-*O*-]-*α*-L- 吡喃阿拉伯糖基 } 氧基 }- 齐墩果 -12- 烯 -28- 酸 3-*β*-{{*β*-D-glucopyranosyl-(1→2)-*O*-[*β*-D-glucopyranosyl-(1→3)-*O*-]-*α*-L-arabinopyranos yl}oxy}-olean-12-en-28-oic acid

3-*β*-{{*β*-D- 吡喃葡萄糖基 -(1→2)-*O*-*α*-L- 吡喃阿拉伯糖基 } 氧基 }-30- 降齐墩果 -12- 烯 -28- 酸 3-*β*-{{*β*-D-glucopyranosyl-(1→2)-*O*-*α*-L-arabinopyranosyl}oxy}-30-norolean-12-en-28-oic acid

3-*O*-*β*-D- 吡喃葡萄糖基 -(1→2)-*O*-*α*-L- 吡喃鼠李糖基 -(1→4)-*α*-L- 吡喃阿拉伯糖基常春藤皂苷元 -28-*α*-L- 吡喃鼠李糖基 -(1→4)-*β*-D- 吡喃葡萄糖基 -(1→6)-*β*-D- 吡喃葡萄糖基酯苷 3-*O*-*β*-D-glucopyranosyl-(1→2)-*α*-L-rhamnopyranosyl-(1→4)-*α*-L-arabinopyranosylhederagenin-28-*α*-L-rhamnopyranosyl-(1→4)-*β*-D-glucopyranosyl-(1→6)-*β*-D-glucopyranosylester

3-*O*-*β*-D- 吡喃葡萄糖基 -(1→2)-*α*-L- 吡喃阿拉伯糖基 -(20*R*)- 孕甾 -5- 烯 -3*β*,20- 二醇 3-*O*-*β*-D-glucopyranosyl-(1→2)-*α*-L-arabinopyranosyl-(20*R*)-pregnan-5-ene-3*β*,20-diol

3-*O*-[*β*-D- 吡喃葡萄糖基 -(1→2)-*α*-L- 吡喃阿拉伯糖基]-28-*O*-*β*-D- 吡喃葡萄糖基常春藤皂苷元 3-*O*-[*β*-D-glucopyranosyl-(1→2)-*α*-L-arabinopyranosyl]-28-*O*-*β*-D-glucopyranoside hederagenin

3*β*-*O*-*β*-D- 吡喃葡萄糖基 -(1→2)-*α*-L- 吡喃阿拉伯糖基 -19- 羟基 -20*α*- 熊果 -12- 烯 -28- 酸 -28-*O*-*β*-D- 吡喃葡萄糖基酯 3*β*-*O*-*β*-D-glucopyranosyl-(1→2)-*α*-L-arabinopyranosyl-19-hydroxy-20*α*-urs-12-en-28-oic acid-28-*O*-*β*-D-glucopyranosyl ester

3-*O*-*β*-D- 吡喃葡萄糖基 -(1→2)-*α*-L- 吡喃阿拉伯糖基 -30- 降齐墩果 -12,20(29)- 二烯 -28- 酸 -*O*-*α*-L- 吡喃鼠李糖基 -(1→4)-*β*-D- 吡喃葡萄糖基 -(1→6)-*β*-D- 吡喃葡萄糖基酯 3-*O*-*β*-D-glucopyranosyl-(1→2)-*α*-L-arabinopyranosyl-30-norolean-12,20(29)-dien-28-oic acid-*O*-*α*-L-rhamnopyranosyl-(1→4)-*β*-D-glucopyranosyl-(1→6)-*β*-D-glucopyranosyl ester

3-*O*-*β*-D- 吡喃葡萄糖基 -(1→2)-*α*-L- 吡喃阿拉伯糖基 -30- 去甲基齐墩果 -12- 烯 -28- 酸 3-*O*-*β*-D-glucopyranosyl-(1→2)-*α*-L-arabinopyranosyl-30-norolean-12-en-28-oic acid

3-*O*-*β*-D- 吡喃葡萄糖基 -(1→2)-*α*-L- 吡喃阿拉伯糖基常春藤皂苷元 -28-*O*-*α*-L- 吡喃鼠李糖基 -(1→4)-*β*-D- 吡喃葡萄糖基 -(1→6)-*β*-D- 吡喃葡萄糖酯苷 3-*O*-*β*-D-glucopyranosyl-(1→2)-*α*-L-arabinopyranosylhederagenin-28-*O*-*α*-L-rhamnopyranosyl-(1→4)-*β*-D-glucopyranosyl-(1→6)-*β*-D-glucopyranosyl ester

3-*O*-*β*-D- 吡喃葡萄糖基 -(1→2)-*α*-L- 吡喃阿拉伯糖基常春藤皂苷元 -28-*O*-*β*-D- 吡喃葡萄糖基 -(1→6)-*β*-D- 吡喃葡萄糖苷 3-*O*-*β*-D-glucopyranosyl-(1→2)-*α*-L-arabinopyranosylhederagenin-28-*O*-*β*-D-glucopyranosyl-(1→6)-*β*-D-glucopyranoside

3-*O*-*β*-D- 吡喃葡萄糖基 -(1→2)-*α*-L- 吡喃阿拉伯糖基常春藤皂苷元 -28-*O*-*β*-D- 吡喃葡萄糖基 -(1→6)- 吡喃葡萄糖基酯苷 3-*O*-*β*-D-glucopyranosyl-(1→2)-*α*-L-arabinopyranosylhederagenin-28-*O*-*β*-D-glucopyranosyl-(1→6)-*β*-D-glucopyranosylester

3-*O*-*β*-D- 吡喃葡萄糖基 -(1→2)-*α*-L- 吡喃阿拉伯糖基齐墩果酸 3-*O*-*β*-D-glucopyranosyl-(1→2)-*α*-L-arabinopyranosyloleanolic acid

3-*O*-*β*-D- 吡喃葡萄糖基 -(1→2)-*α*-L- 吡喃阿拉伯糖基齐墩果酸 -28-*O*-*α*-L- 吡喃鼠李糖基 -(1→4)-*β*-D- 吡喃葡萄糖基 -(1→6)-

β-D- 吡喃葡萄糖基酯苷 3-O-β-D-glucopyranosyl-(1→2)-α-L-arabinopyranosyloleanolic acid-28-O-α-L-rhanopyranosyl-(1→4)-β-D-glucopyranosyl-(1→6)-β-D-glucopyranosylester

3-O-β-D- 吡喃葡萄糖基 -(1→2)-α-L- 吡喃阿拉伯糖基 - 齐墩果酸皂苷元 -28-O-α-L- 吡喃鼠李糖基 -(1→4)-β-D- 吡喃葡萄糖基 -(1→6)-β-D- 吡喃葡萄糖基酯苷 3-O-β-D-glucopyranosyl-(1→2)-α-L-arabinopyranosyloleanolicacid-28-O-α-L-rhamnopyranosyl-(1→4)-β-D-glucopyranosyl-(1→6)-β-D-glucopyranosyl ester

3-O-β-D- 吡喃葡萄糖基 -(1→2)-α-L- 吡喃阿拉伯糖基仙客来亭▲A 3-O-β-D-glucopyranosyl-(1→2)-α-L-arabinopyranosylcyclamiretin A

(20R)-O-(3)-β-D- 吡喃葡萄糖基 -(1→2)-α-L- 吡喃阿拉伯糖基 - 孕甾 -5- 烯 -3β,20- 二醇 (20R)-O-(3)-β-D-glucopyranosyl-(1→2)-α-L-arabinopyranosyl-pregnan-5-en-3β,20-diol

3-O-β-D- 吡喃葡萄糖基 -(1→2)-α-L- 吡喃木糖基齐墩果酸 3-O-β-D-glucopyranosyl-(1→2)-α-L-xylopyranosyloleanolic acid

3-O-[β-D- 吡喃葡萄糖基 -(1'→2')-α-L- 吡喃鼠李糖基火焰花内酯苷] 3-O-[β-D-glucopyranosyl-(1'→2')-α-L-rhamnopyranosylphlogacanthoside]

3-O-[β-D- 吡喃葡萄糖基 -(1→2)-β-D- 吡喃半乳糖基 -(1→2)-β-D- 吡喃葡萄糖醛酸基]- 齐墩果 -12- 烯 -3β,22β,24- 三醇 3-O-[β-D-glucopyranosyl-(1→2)-β-D-galactopyranosyl-(1→2)-β-D-glucuronopyranosyl]-olean-12-en-3β,22β,24-triol

3-O-β-D- 吡喃葡萄糖基 -(1→2)-β-D- 吡喃半乳糖基 -5β-(25R)- 螺甾 -2β,3β,12β- 三醇 3-O-β-D-glucopyranosyl-(1→2)-β-D-galactopyranosyl-5β-(25R)-spirostan-2β,3β,12β-triol

3-O-β-D- 吡喃葡萄糖基 -(1→2)-β-D- 吡喃半乳糖基 -5β(25R)- 螺甾 -3β,12β- 二醇 3-O-β-D-glucopyranosyl-(1→2)-β-D-galactopyranosyl-5β(25R)-spirostan-3β,12β-diol

3-O-β-D- 吡喃葡萄糖基 -(1→2)-β-D- 吡喃半乳糖基常春藤皂苷元 -28-O-α-L- 吡喃鼠李糖基 -(1→4)-β-D- 吡喃葡萄糖基 -(1→6)-β-D- 吡喃葡萄糖酯苷 3-O-β-D-glucopyranosyl-(1→2)-β-D-galactopyranosylhederagenin-28-O-α-L-rhamnopyranosyl-(1→4)-β-D-glucopyranosyl-(1→6)-β-D-glucopyranosyl ester

3-O-β-D- 吡喃葡萄糖基 -(1→2)-β-D- 吡喃半乳糖基常春藤皂苷元 -28-O-β-D- 吡喃葡萄糖酯苷 3-O-β-D-glucopyranosyl-(1→2)-β-D-galactopyranosylhederagenin-28-O-β-D-glucopyranosyl ester

3-O-β-D- 吡喃葡萄糖基 -(1→2)-β-D- 吡喃半乳糖基齐墩果酸 -28-O-α-L- 吡喃鼠李糖基 -(1→4)-β-D- 吡喃葡萄糖基 -(1→6)-β-D- 吡喃葡萄糖酯苷 3-O-β-D-glucopyranosyl-(1→2)-β-D-galactopyranosyl-oleanolic acid-28-O-α-L-rhamnopyranosyl-(1→4)-β-D-glucopyranosyl-(1→6)-β-D-glucopyranosyl ester

3-O-[β-D- 吡喃葡萄糖基 -(1→2)-β-D- 吡喃木基]-6-O-β-D- 吡喃木基环黄芪醇 3-O-[β-D-glucopyranosyl-(1→2)-β-D-xylopyranosyl]-6-O-β-D-xylopyranosyl cycloastragenol

3-O-[β-D- 吡喃葡萄糖基 -(1→2)-β-D- 吡喃木糖基 -(1→2)-α-L- 阿拉伯糖基]- 齐墩果酸 3-O-[β-D-glucopyranosyl-(1→2)-β-D-xylopyranosyl-(1→2)]-α-L-rabinopyranosyl]-oleanolic acid

3-O-[β-D- 吡喃葡萄糖基 -(1→2)-β-D- 吡喃葡萄糖基 -(1→2)-β-D- 吡喃葡萄糖基]-28-O-[β-D- 吡喃木糖基 -(1→4)-α-L- 吡喃鼠李糖基 -(1→2)-α-L- 吡喃阿拉伯糖基] 苜蓿酸酯苷 3-O-[β-D-glucopyranosyl-(1→2)-β-D-glucopyranosyl-(1→2)-β-D-glucopyanosyl]-28-O-[β-D-xylopyranosyl-(1→4)-α-L-rhamnopyranosyl-(1→2)-α-L-arabinopyranoside]medicagenate

3-O-[β-D- 吡喃葡萄糖基 -(1→2)-β-D- 吡喃葡萄糖基 -(1→2)-β-D- 吡喃葡萄糖基]-28-O-[β-D- 吡喃木糖基 -(1→4)-α-L- 吡喃鼠李糖基 -(1→2)-α-L- 吡喃阿拉伯糖基赞哈木酸酯苷 3-O-[β-D-glucopyranosyl-(1→2)-β-D-glucopyranosyl-(1→2)-β-D-glucopyranosyl]-28-O-[β-D-xylopyranosyl-(1→4)-α-L-rhamnopyranosyl-(1→2)-α-L-arabinopyranoside zanhic acid

3-O-[β-D- 吡喃葡萄糖基 -(1→2)-β-D- 吡喃葡萄糖基 -(1→2)-β-D- 吡喃葡萄糖基]-28-O-{β-D- 吡喃木糖基 -(1→4)-[β-D- 呋喃芹糖基 -(1→3)]-α-L- 吡喃鼠李糖基 -(1→2)-α-L- 吡喃阿拉伯糖基 } 苜蓿酸酯苷 3-O-[β-D-glucopyranosyl-(1→2)-β-D-glucopyranosyl-(1→2)-β-D-glucopyanosyl]-28-O-{β-D-xylopyranosyl-(1→4)-[β-D-apiofuranosyl-(1→3)]-α-L-rhamnopyranosyl-(1→2)-α-L-arabinopyranoside}medicagenate

3-O-[β-D- 吡喃葡萄糖基 -(1→2)-β-D- 吡喃葡萄糖基 -(1→2)-β-D- 吡喃葡萄糖基]-28-O-{β-D- 吡喃木糖基 -(1→4)-[β-D- 呋喃芹糖基 -(1→3)]-α-L- 吡喃鼠李糖基 -(1→2)-α-L- 吡喃阿拉伯糖基 } 赞哈木酸酯苷 3-O-[β-D-glucopyranosyl-(1→2)-β-D-glucopyranosyl-(1→2)-β-D-glucopyranosyl]-28-O-{β-D-xylopyranosyl-(1→4)-[β-D-apiofuranosyl-(1→3)]-α-L-rhamnopyranosyl-(1→2)-α-L-arabinopyraoside}zanhic acid

3-O-[β-D- 吡喃葡萄糖基 -(1→2)-β-D- 吡喃葡萄糖基 -(1→2)-β-D- 吡喃葡萄糖基]-28-O-β-D- 吡喃葡萄糖基苜蓿酸酯苷 3-O-[β-D-glucopyranosyl-(1→2)-β-D-glucopyranosyl-(1→2)-β-D-glucopyranosyl]-28-O-β-D-glucopyranoside medicagenate

3-O-[β-D- 吡喃葡萄糖基 -(1→2)-β-D- 吡喃葡萄糖基 -(1→2)-β-D- 吡喃葡萄糖基]-2β,3β,16α- 三羟基齐墩果 -12- 烯 -23,28- 二酸 -23-O-α-L- 吡喃阿拉伯糖基 -28-O-[β-D- 呋喃芹糖基 -(1→3)-β-D- 吡喃木糖基 -(1→4)-α-L- 吡喃鼠李糖基 -(1→2)-α-L- 阿拉伯糖苷 3-O-[β-D-glucopyranosyl-(1→2)-β-D-glucopyranosyl-(1→2)-β-D-glucopyranosyl]-2β,3β,16α-trihydroxyolean-12-en-23,28-dioic acid-23-O-α-L-arabinopyranosyl-28-O-[β-D-apiofuranosyl-(1→3)-β-D-xylopyranosyl-(1→4)-α-L-rhamnopyranosyl-(1→2)-α-L-arabinoside

3β-O-β-D- 吡喃葡萄糖基 -(1→2)-β-D- 吡喃葡萄糖基 -(1→3)-α-L- 吡喃阿拉伯糖基常春藤皂苷元 3β-O-β-D-glucopyranosyl(1→2)-β-D-glucopyranosyl(1→3)-α-L-arabinopyranosyl-hederagenin

3-O-β-D- 吡喃葡萄糖基 -(1→2)-β-D- 吡喃葡萄糖基 -(1→4)-α-L- 吡喃阿拉伯糖基齐墩果酸 -28-O-α-L- 吡喃鼠李糖基 -(1→4)-β-D- 吡喃葡萄糖基 -(1→6)-β-D- 吡喃葡萄糖苷 3-O-β-D-glucopyranosyl-(1→2)-β-D-glucopyranosyl-(1→4)-α-L-arabinopyranosyloleanolic acid-28-O-α-L-rhamnopyranosyl-(1→4)-β-D-glucopyranosyl-(1→6)-β-D-glucopyranoside

3-O-β-D- 吡喃葡萄糖基 -(1→2)-β-D- 吡喃葡萄糖基 -(1→4)-β-D- 吡喃半乳糖苷 -(25ξ)- 茄甾 -3β,23β- 二醇 3-O-β-D-glucopyranosyl-(1→2)-β-D-glucopyranosyl-(1→4)-β-D-galactopyranoside-(25ξ)-solanidan-3β,23β-diol

(25R)-3-O-[β-D- 吡喃葡萄糖基 -(1→2)-β-D- 吡喃葡萄糖基 -(1→4)-β-D- 吡喃半乳糖基]-5α- 螺甾 -12- 酮 (25R)-3-O-[β-D-glucopyranosyl-(1→2)-β-D-glucopyranosyl-(1→4)-β-D-galactopyranosyl]-5α-spirost-12-one

(25R)-3-O-[β-D- 吡喃葡萄糖基 -(1→2)-β-D- 吡喃葡萄糖基 -(1→4)-β-D- 吡喃半乳糖基] 螺甾 -5- 烯 -12- 酮 (25R)-3-O-[β-D- glucopyranosyl-(1→2)-β-D-glucopyranosyl-(1→4)-β-D-galactopyranosyl]spirost-5-en-12-one

3-O-β-D- 吡喃葡萄糖基 -(1→2)-β-D- 吡喃葡萄糖基 -(1→6)-β-D- 吡喃半乳糖基常春藤皂苷元 -28-O-α-L- 吡喃鼠李糖基 -(1→4)-β-D- 吡喃葡萄糖基 -(1→6)-β-D- 吡喃葡萄糖酯苷 3-O-β-D-glucopyranosyl-(1→2)-β-D-glucopyranosyl(1→6)-β-D-galactopyranosylhederagenin-28-O-α-L-rhamnopyranosyl-(1→4)-β-D-glucopyranosyl-(1→6)-β-D-glucopyranosyl ester

3-O-[β-D- 吡喃葡萄糖基 -(1→2)-β-D- 吡喃葡萄糖基]-(20S,24S)-3β,16β,20,24,25- 五羟基 -9,19- 环羊毛脂烷 3-O-[β-D-glucopyranosyl-(1→2)-β-D-glucopyranosyl]-(20S,24S)-3β,16β,

20,24,25-pentahydroxy-9,19-cyclolanostane

3-O-[β-D-吡喃葡萄糖基-(1→2)-β-D-吡喃葡萄糖基]-(25S)-螺甾-3β-醇 3-O-[β-D-glucopyranosyl-(1→2)-β-D-glucopyranosyl]-(25S)-spirostan-3β-ol

6-O-[β-D-吡喃葡萄糖基-(1→2)-β-D-吡喃葡萄糖基]-20-O-[β-D-吡喃葡萄糖基-(1→4)-β-D-吡喃葡萄糖基]-20(S)-原人参三醇 6-O-[β-D-glucopyranosyl-(1→2)-β-D-glucopyranosyl]-20-O-[β-D-glucopyranosyl-(1→4)-β-D-glucopyranosyl]-20(S)-protopanaxatriol

3-O-[β-D-吡喃葡萄糖基-(1→2)-β-D-吡喃葡萄糖基]-25-O-α-L-吡喃鼠李糖基-(20S,24S)-3β,16β,20,24,25-五羟基-9,19-环羊毛脂烷 3-O-[β-D-glucopyranosyl-(1→2)-β-D-glucopyranosyl]-25-O-α-L-rhamnopyranosyl-(20S,24S)-3β,16β,20,24,25-pentahydroxy-9,19-cyclolanostane

3-O-[β-D-吡喃葡萄糖基-(1→2)-β-D-吡喃葡萄糖基]-大豆皂醇B 3-O-[β-D-glucopyranosyl-(1→2)-β-D-glucopyranosyl]-soyasapogenol B

3-O-[β-D-吡喃葡萄糖基-(1→2)-β-D-吡喃葡萄糖基]-齐墩果-12-烯-28-酸 3-O-[β-D-glucopyranosyl-(1→2)-β-D-glucopyranosyl]-olean-12-en-28-oic acid

3-O-[β-D-吡喃葡萄糖基-(1→2)-β-D-吡喃葡萄糖基]塞战藤酸-28-O-β-D-吡喃葡萄糖基酯苷 3-O-[β-D-glucopyranosyl-(1→2)-β-D-glucopyranosyl]serjanic acid-28-O-β-D-glucopyranosylester

7-O-[β-D-吡喃葡萄糖基-(1→2)-β-D-吡喃葡萄糖基]脱甲基软木花椒素 7-O-[β-D-glucopyranosyl-(1→2)-β-D-glucopyranosyl] deme- thylsuberosin

3-O-β-D-吡喃葡萄糖基-(1→2)-β-D-吡喃葡萄糖基-14-醛基-白桦脂酸-28-O-β-D-吡喃葡萄糖苷 3-O-β-D-glucopyranosyl-(1→2)-β-D-glucopyranosyl-14-formylbetulinic acid-28-O-β-D-glucopyranoside

β-D-吡喃葡萄糖基-(1→2)-β-D-吡喃葡萄糖基-15,16-环氧-12-氧代-8(17),13(16),14-对映-半日花三烯-19-酸酯 β-D-glucopyranosyl-(1→2)-β-D-glucopyranosyl-15,16-epoxy-12-oxo-8(17),13(16),14-*ent*-labdatrien-19-oate

1-O-β-D-吡喃葡萄糖基-(1→2)-β-D-吡喃葡萄糖基-2,6-二甲氧基-4-苯丙烯醇 1-O-β-D-glucopyranosyl-(1→2)-β-D-glucopyranosyl-2,6-dimethoxy-4-benzenepropenol

3-O-β-D-吡喃葡萄糖基-(1→2)-β-D-吡喃葡萄糖基-28-O-α-D-吡喃鼠李糖基-(1→2)[β-D-吡喃葡萄糖基-(1→6)]-β-D-吡喃葡萄糖基-21β,22α-二羟基齐墩果-12-烯 3-O-β-D-glucopyranosyl-(1→2)-β-D-glucopyranosyl-28-O-α-D-rhamnopyranosyl-(1→2)[β-D-glucopyranosyl-(1→6)]-β-D-glucopyranosy-21β,22α-dihydroxyl-olean-12-ene

3β-O-β-D-吡喃葡萄糖基-(1→2)-β-D-吡喃葡萄糖基常春藤皂苷元 3β-O-β-D-glucopyranosyl-(1→2)-β-D-glucopyranosylhederagenin

3-O-β-D-吡喃葡萄糖基-(1→2)-β-D-吡喃葡萄糖基-常春藤皂苷元 3-O-β-D-glucopyranosyl-(1→2)-β-D-glucopyranosylhederagenin

3-O-β-D-吡喃葡萄糖基-(1→2)-β-D-吡喃葡萄糖基-常春藤皂苷元-28-O-α-L-吡喃鼠李糖基-(1→4)-β-D-吡喃葡萄糖基-(1→6)-β-D-吡喃葡萄糖苷 3-O-β-D-glucopyranosyl-(1→2)-glucopyranosyl-hederagenin-28-O-α-L-rhamnopyranosyl-(1→4)-β-D-glucopyranosyl-(1→6)-β-D-glucopyranosyl

3-O-β-D-吡喃葡萄糖基-(1→2)-β-D-吡喃葡萄糖基常春藤皂苷元-28-O-α-L-吡喃鼠李糖基-(1→4)-β-D-吡喃葡萄糖基-(1→6)-β-D-吡喃葡萄糖基酯苷 3-O-β -D-glucopyranosyl-(1→2)-β-D-glucopyranosylhederagenin-28-O-α-L-rhamnopyranosyl-(1→4)-β-D-glucopyranosyl-(1→6)-β-D-glucopyranosyl ester

3-O-β-D-吡喃葡萄糖基-(1→2)-β-D-吡喃葡萄糖基前美远志苷元-28-O-β-D-吡喃木糖基-(1→4)-α-L-吡喃鼠李糖基-(1→2)-β-D-3,4-二乙酰吡喃岩藻糖酯苷 3-O-β-D-glucopyranosyl-(1→2)- β-D-glucopyranosylpresenegenin-28-O-β-D-xylopyranosyl-(1→4)-α-L-rhamnopyranosyl-(1→2)-β-D-3,4-diacetylfucopyranosyl ester

3-O-β-D-吡喃葡萄糖基-(1→2)-β-D-吡喃葡萄糖基前美远志苷元-28-O-β-D-吡喃木糖基-(1→4)-α-L-吡喃鼠李糖基-(1→2)-β-D-3-O-乙酰吡喃岩藻糖酯苷 3-O-β-D-glucopyranosyl-(1→2)-β-D-glucopyranosylpresenegenin-28-O-β-D-xylopyranosyl-(1→4)-α-L-rhamnopyranosyl-(1→2)-β-D-3-O-acetylfucopyranosyl ester

3-O-β-D-吡喃葡萄糖基-(1→2)-β-D-吡喃葡萄糖基前美远志苷元-28-O-β-D-吡喃木糖基-(1→4)-α-L-吡喃鼠李糖基-(1→2)-β-D-4-O-乙酰吡喃岩藻糖酯苷 3-O-β-D-glucopyranosyl-(1→2)-β-D-glucopyranosylpresenegenin-28-O-β-D-xylopyranosyl-(1→4)-α-L-rhamnopyranosyl-(1→2)-β-D-4-O-acetylfucopyranosyl ester

3-O-β-D-吡喃葡萄糖基-(1→2)-β-D-吡喃葡萄糖基前美远志苷元-28-O-β-D-吡喃木糖基-(1→4)-α-L-吡喃鼠李糖基-(1→2)-β-D-吡喃岩藻糖酯苷 3-O-β-D-glucopyranosyl-(1→2)-β-D-glucopyranosylpresenegenin-28-O-β-D-xylopyranosyl-(1→4)-α-L-rhamnopyranosyl-(1→2)-β-D-fucopyranosyl ester

3-O-β-D-吡喃葡萄糖基-(1→2)-β-D-吡喃葡萄糖基越南槐苷元▲D 3-O-β-D-glucopyranosyl-(1→2)-β-D-glucopyranosylsubprogenin D

3-O-[β-D-吡喃葡萄糖基-(1→2)-β-D-吡喃葡萄糖醛酸基]赤豆皂醇 3-O-[β-D-glucopyranosyl-(1→2)-β-D-glucuronopyranosyl] azukisapogenol

3-O-β-D-吡喃葡萄糖基-(1→2)-β-D-吡喃葡萄糖醛酸基-21-O-乙酰基-22-O-当归酰基-R_1-玉蕊精醇▲ 3-O-β-D-glucopyranosyl-(1→2)-β-D-glucuronopyranosyl-21-O-acetyl-22-O-angeloyl-R_1-barrigenol

3-O-β-D-吡喃葡萄糖基-(1→2)-β-D-吡喃葡萄糖醛酸基-22-O-当归酰基-A_1-玉蕊精醇▲ 3-O-β-D-glucopyranosyl-(1→2)-β-D-glucuronopyranosyl-22-O-angeloyl-A_1-barrigenol

3-O-β-D-吡喃葡萄糖基-(1→2)-β-D-吡喃葡萄糖醛酸基-22-O-当归酰基-R_1-玉蕊精醇▲ 3-O-β-D-glucopyranosyl-(1→2)-β-D-glucuronopyranosyl-22-O-angeloyl-R_1-barrigenol

3-O-β-D-吡喃葡萄糖基-(1→2)-β-D-吡喃葡萄糖醛酸基齐墩果酸-28-O-β-D-吡喃葡萄糖基-(1→6)-β-D-吡喃葡萄糖苷 3-O-β-D-glucopyranosyl-(1→2)-β-D-glucuropyranosyl-oleanolic acid-28-O-β-D-glucopyranosyl-(1→6)-β-D-glucopyranoside

3β-O-β-D-吡喃葡萄糖基-(1→2)-β-D-吡喃葡萄糖醛酸基石头花苷元▲-28-O-β-D-吡喃葡萄糖基-(1→3)-[β-D-吡喃木糖基-(1→4)]-α-L-吡喃鼠李糖基-(1→2)-β-D-吡喃岩藻糖苷 3β-O-β-D-glucopyranosyl-(1→2)-β-D-glucuronopyranosyl-gypsogenin-28-O-β-D-glucopyranosyl-(1→3)-[β-D-xylopyranosyl-(1→4)]-α-L-rhamnopyranosyl-(1→2)-β-D-fucopyranoside

28-β-D-吡喃葡萄糖基-(1→2)-β-D-吡喃葡萄糖醛酸齐墩果酸酯-3-O-β-D-吡喃葡萄糖苷 28-β-D-glucopyranosyl-(1→2)-β-D-glucopyranosiduronic acid-oleanolate-3-O-β-D-glucopyranoside

3-O-[β-D-吡喃葡萄糖基-(1→3)-(4-O-反式-对香豆酰基)-α-L-吡喃鼠李糖基-(1→6)-β-D-吡喃葡萄糖基]-7-O-[β-D-吡喃葡萄糖基-(1→3)-α-L-吡喃鼠李糖基]槲皮素 3-O-[β-D-glucopyranosyl-(1→3)-(4-O-*trans*-*p*-coumaroyl)-α-L-rhamnopyranosyl-(1→6)-β-D-glucopyranosyl]-7-O-[β-D-glucopyranosyl-(1→3)-α-L-rhamnopyranosyl] quercetin

3-O-[β-D-吡喃葡萄糖基-(1→3)-(4-O-反式-对香豆酰基)-α-L-吡喃鼠李糖基-(1→6)-β-D-吡喃葡萄糖基]-7-O-[β-D-吡喃葡萄糖基-(1→3)-α-L-吡喃鼠李糖基]-山柰

酚 3-O-[β-D-glucopyranosyl-(1 → 3)-(4-O-trans-p-coumaroyl)-α-L-rhamnopyranosyl-(1 → 6)-β-D-glucopyranosyl]-7-O-[β-D-glucopyranosyl-(1 → 3)-α-L-rhamnopyranosyl]- kaempferol

3-O-β-D- 吡喃葡萄糖基 (1 → 3)-[α-L- 吡喃鼠李糖基 (1 → 2)]-α-L- 吡喃阿拉伯糖基 -19α,20α- 二羟基熊果 -12- 烯 -28- 酸 -28-O-α-L- 吡喃鼠李糖基 (1 → 2)-β-D- 吡喃葡萄糖基酯 3-O-β-D-glucopyranosyl(1 → 3)-[α-L-rhamnopyranosyl(1 → 2)]-α-L-arabinopyranosyl-19α,20α-dihydroxyurs-12-en-28-oic acid-28-O-α-L-rhamnopyranosyl(1 → 2)-β-D-glucopyranosyl ester

3-O-β-D- 吡喃葡萄糖基 (1 → 3)-[α-L- 吡喃鼠李糖基 (1 → 2)]-α-L- 吡喃阿拉伯糖基 - 熊果 -12,19(29)- 二烯 -28- 酸 -28-O-α-L- 吡喃鼠李糖基 (1 → 2)-β-D- 吡喃葡萄糖基酯 3-O-β-D-glucopyranosyl(1 → 3)-[α-L-rhamnopyranosyl(1 → 2)]-α-L-arabinopyranosyl-urs-12,19(29)-dien-28-oic acid-28-O-α-L-rhamnopyranosyl(1 → 2)-β-D-glucopyranosyl ester

3-O-β-D- 吡喃葡萄糖基 -(1 → 3)-O-(β-D- 吡喃葡萄糖基齐墩果酸)-28-O-β-D- 吡喃葡萄糖醛酸苷 3-O-β-D-glucopyranosyl-(1 → 3)-O-(β-D-glucopyranosyloleanolic acid)-28-O-β-D-glucuronopyranoside

3β-O-{β-D- 吡喃葡萄糖基 -(1 → 3)-O-[α-L- 吡喃鼠李糖基 -(1 → 2)]-α-L- 吡喃阿拉伯糖基 }-29- 羟基齐墩果 -12- 烯 -28- 酸 3β-O-{β-D-glucopyranosyl-(1 → 3)-O-[α-L-rhamnopyranosyl-(1 → 2)]-α-L-arabinopyranosyloxy}-29-hydroxyolean-12-en-28-oic acid

3β-O-{β-D- 吡喃葡萄糖基 -(1 → 3)-O-[α-L- 吡喃鼠李糖基 -(1 → 2)]-α-L- 吡喃阿拉伯糖基氧基 }-29- 羟基齐墩果 -12- 烯 -28- 酸 -O-α-L- 吡喃鼠李糖基 -(1 → 4)-β-D- 吡喃葡萄糖基 -(1 → 6)-β-D- 吡喃葡萄糖基酯苷 3β-O-{β-D-glucopyranosyl-(1 → 3)-O-[α-L-rhamnopyranosyl-(1 → 2)]-α-L-arabinopyranosyloxy}-29-hydroxyolean-12-en-28-oic acid-O-α-L-rhamnopyranosyl-(1 → 4)-β-D-glucopyranosyl-(1 → 6)-β-D-glucopyranosylester

3β-O-{β-D- 吡喃葡萄糖基 -(1 → 3)-O-[α-L- 吡喃鼠李糖基 -(1 → 2)]-α-L- 吡喃阿拉伯糖氧基 }-23,29- 二羟基齐墩果 -12- 烯 -28- 酸 3β-O-{β-D-glucopyranosyl-(1 → 3)-O-[α-L-rhamnopyranosyl-(1 → 2)]-α-L-arabinopyranosyloxy}-23,29-dihydroxyolean-12-en-28-oic acid

3β-O-{β-D- 吡喃葡萄糖基 -(1 → 3)-O-[α-L- 吡喃鼠李糖基 -(1 → 2)]-α-L- 吡喃阿拉伯糖氧基 }-23,29- 二羟基齐墩果 -12- 烯 -28- 酸 -O-α-L- 吡喃鼠李糖基 -(1 → 4)-β-D- 吡喃葡萄糖基 -(1 → 6)-β-D- 吡喃葡萄糖基酯苷 3β-O-{β-D-glucopyranosyl-(1 → 3)-O-[α-L-rhamnopyranosyl-(1 → 2)]-α-L-arabinopyranosyloxy}-23,29-dihydroxy-olean-12-en-28-oic acid-O-α-L-rhamnopyranosyl-(1 → 4)-β-D-glucopyranosyl-(1 → 6)-β-D-glucopyranosylester

3β-O-{β-D- 吡喃葡萄糖基 -(1 → 3)-O-[α-L- 吡喃鼠李糖基 -(1 → 2)]-α-L- 吡喃阿拉伯糖氧基 }-29- 羟基齐墩果 -12- 烯 -28- 酸 -O-α-L- 吡喃鼠李糖基 -(1 → 4)-β-D- 吡喃葡萄糖基 -(1 → 6)-β-D- 吡喃葡萄糖基酯苷 3β-O-{β-D-glucuronopyranosyl-(1 → 3)-O-[α-L-rhamnopyranosyl-(1 → 2)]-α-L-arabinopyranosyloxy}-29-hydroxyolean-12-en-28-oic acid-O-α-L-rhamnopyranosyl-(1 → 4)-β-D-glucopyranosyl-(1 → 6)-β-D-glucopyranosylester

3β-{[O-β-D- 吡喃葡萄糖基 -(1 → 3)-O-α-L- 吡喃鼠李糖基 -(1 → 2)-α-L- 吡喃阿拉伯糖基] 氧基 } 羽扇豆 -20(29)- 烯 -28- 酸 3β-{[O-β-D-glucopyranosyl-(1 → 3)-O-α-L-rhamnopyranosyl-(1 → 2)-α-L-arabinopyranosyl]oxy}lup-20(29)-en-28-oic acid

3-O-β-D- 吡喃葡萄糖基 -(1 → 3)-O-α-L- 吡喃鼠李糖基 -(1 → 2)-α-L- 吡喃阿拉伯糖基 - 齐墩果酸 -6-O-β-D- 吡喃葡萄糖基 -β-D- 吡喃葡萄糖基酯 3-O-β-D-glucopyranosyl-(1 → 3)-O-α-L-rhamnopyranosyl-(1 → 2)-α-L-arabinopyranosyloxy-oleanolic acid-6-O-β-D-glucopyranosyl-β-D-glucopyranosyl ester

3-{[O-β-D- 吡喃葡萄糖基 -(1 → 3)-O-α-L- 吡喃鼠李糖基 -(1 → 2)-α-L- 吡喃阿拉伯糖]- 氧基 }- 齐墩果酸 -28-O-(6-O-β-D- 吡喃葡萄糖基 -β-D- 吡喃葡萄糖基) 酯苷 3-{[O-β-D-glucopyranosyl-(1 → 3)-O-α-L-rhamnopyranosyl-(1 → 2)-α-L-arabinopyranosyl]-oxy}-oleanolic acid-28-O-(6-O-β-D-glucopyranosyl-β-D-glucopyranosyl) ester

3β-O-β-D- 吡喃葡萄糖基 -(1 → 3)-O-α-L- 吡喃鼠李糖基 -(1 → 2)-α-L- 吡喃阿拉伯糖氧基 - 齐墩果酸 3β-O-β-D-glucopyranosyl-(1 → 3)-O-α-L-rhamnopyranosyl-(1 → 2)-α-L-arabinopyranosyloxy-oleanolic acid

(3β,5α,25R)-3-{[O-β-D- 吡喃葡萄糖基 -(1 → 3)-O-β-D- 吡喃葡萄糖基 -(1 → 2)-O-[β-D- 吡喃木糖基 -(1 → 3)]-O-β-D- 吡喃葡萄糖基 -(1 → 4)-β-D- 半乳糖] 氧基 }- 螺甾 -12- 酮 (3β,5α,25R)-3-{[O-β-D-glucopyranosyl-(1 → 3)-O-β-D-glucopyranosyl-(1 → 2)-O-[β-D-xylopyranosyl-(1 → 3)]-O-β-D-glucopyranosyl-(1 → 4)-β-D-galactopyranosyl]oxy}-spirostan-12-one

(25R)-3β-{[O-β-D- 吡喃葡萄糖基 -(1 → 3)-O-β-D- 吡喃葡萄糖基 -(1 → 2)-O-[β-D- 吡喃木糖基 -(1 → 3)]-O-β-D- 吡喃葡萄糖基 -(1 → 4)-β-D- 吡喃半乳糖] 氧基 }-26-[(β-D- 吡喃葡萄糖基) 氧基]-2α- 羟基胆甾 -5,17- 二烯 -16,22- 二酮 (25R)-3β- {[O-β-D-glucopyranosyl-(1 → 3)-O-β-D-glucopyranosyl-(1 → 2)-O-[β-D-xylopyranosyl-(1 → 3)]-O-β-D-glucopyranosyl-(1 → 4)-β-D-galactopyranosyl)-oxy]-26-[(β-D-glucopyranosyl]oxy}-2α-hydroxycholesta-5,17-diene-16,22-dione

3β-{[O-β-D- 吡喃葡萄糖基 -(1 → 3)-O-β-D- 吡喃葡萄糖基 -(1 → 2)-O-[β-D- 吡喃木糖基 -(1 → 3)]-O-β-D- 吡喃葡萄糖基 -(1 → 4)-β-D- 吡喃半乳糖] 氧基 }-2α,16β- 二羟基孕甾 -5- 烯 -20- 羧酸 -γ- 内酯 3β-{[O-β-D-glucopyranosyl-(1 → 3)-O-β-D-glucopyranosyl-(1 → 2)-O-[β-D-xylopyranosyl-(1 → 3)]-O-β-D-glucopyranosyl-(1 → 4)-β-D-galactopyranosyl]-oxy}-2α,16β-dihydroxypregn-5-ene-20-carboxylic acid-γ-lactone

3β-{[O-β-D- 吡喃葡萄糖基 -(1 → 3)-O-β-D- 吡喃葡萄糖基 -(1 → 2)-O-[β-D- 吡喃木糖基 -(1 → 3)]-O-β-D- 吡喃葡萄糖基 -(1 → 4)-β-D- 吡喃半乳糖] 氧基 }-2α- 羟基孕甾 -5,16- 二烯 -20- 酮 3β-{[O-β-D-glucopyranosyl-(1 → 3)-O-β-D-glucopyranosyl-(1 → 2)-O-[β-D-xylopyranosyl-(1 → 3)]-O-β-D-glucopyranosyl-(1 → 4)-β-D-galactopyranosyl]oxy}-2α-hydroxypregna-5,16-dien-20-one

3β-{[O-β-D- 吡喃葡萄糖基 -(1 → 3)-O-β-D- 吡喃葡萄糖基 -(1 → 2)-O-[β-D- 吡喃木糖基 -(1 → 3)]-O-β-D- 吡喃葡萄糖基 -(1 → 4)-β-D- 吡喃半乳糖] 氧基 }-16β-{[(4R)-5-β-D- 吡喃葡萄糖氧基 -4- 甲基 -1- 氧代戊基] 氧基 }-2α- 羟基孕甾 -5- 烯 -20- 酮 3β- {[O-β-D-glucopyranosyl-(1 → 3)-O-β-D-glucopyranosyl-(1 → 2)-O-[β-D-xylopyranosyl-(1 → 3)]-O-β-D-glucopyranosyl-(1 → 4)-β-D-galactopyranosyl]oxy}-16β-{[(4R)-5-β-D-glucopyranosyloxyl-4-methyl-1-oxopentyl]oxy}-2α-hydroxypregn-5-en-20-one

1-{[β-D- 吡喃葡萄糖基 -(1 → 3)-O-β-D- 吡喃葡萄糖基 -(1 → 6)-O-β-D- 吡喃葡萄糖] 氧基 }-8- 羟基 -3- 甲基 -9,10- 蒽醌 1-{[β-D-glucopyranosyl-(1 → 3)-O-β-D-glucopyranosyl-(1 → 6)-O-β-D-glucopyranosyl]oxy}-8-hydroxy-3-methyl-9,10-anthraquinone

3-O-[β-D- 吡喃葡萄糖基 -(1 → 3)-α-L- 吡喃阿拉伯糖基]- 刺囊酸 3-O-[β-D-glucopyranosyl-(1 → 3)-α-L-arabinopyranosyl]-echinocystic acid

3-O-β-D- 吡喃葡萄糖基 -(1 → 3)-α-L- 吡喃阿拉伯糖基常春藤皂苷元 -28-O-α-L- 吡喃鼠李糖基 -(1 → 4)-β-D- 吡喃葡萄糖基 -(1 → 6)-β-D- 吡喃葡萄糖基酯 3-O-β-D-glucopyranosyl-(1 → 3)-α-L-arabinopyranosylhederagenin-28-O-α-L-rhamnopyranosyl-(1 → 4)-β-D-glucopyranosyl-(1 → 6)-β-D-glucopyranosyl ester

3-O-β-D- 吡喃葡萄糖基 -(1 → 3)-α-L- 吡喃阿拉伯糖基刺囊酸 3-O-β-D-glucopyranosyl-(1 → 3)-α-L-arabinopyranosylechinocystic acid

3-*O*-β-D- 吡喃葡萄糖基 -(1 → 3)-α-L- 吡喃阿拉伯糖基齐墩果酸 3-*O*-β-D-glucopyranosyl-(1 → 3)-α-L-arabinopyranosyloleanolic acid

3-*O*-β-D- 吡喃葡萄糖基 -(1 → 3)-α-L- 吡喃阿拉伯糖基齐墩果酸 -28-*O*-β-D- 吡喃葡萄糖基酯 3-*O*-β-D-glucopyranosyl-(1 → 3)-α-L-arabinopyranosyloleanolic acid-28-*O*-β-D-glucopyranosyl ester

3β-*O*-[β-D- 吡喃葡萄糖基 -(1 → 3)-α-L- 吡喃阿拉伯糖氧基]-29-羟基齐墩果 -12- 烯 -28- 酸 -*O*-α-L- 吡喃鼠李糖基 -(1 → 4)-β-D-吡喃葡萄糖基 -(1 → 6)-β-D- 吡喃葡萄糖基酯苷 3β-*O*-[β-D-glucopyranosyl-(1 → 3)-α-L-arabinopyranosyloxy]-29-hydroxyolean-12-en-28-oic acid-*O*-α-L-rhamnopyranosyl-(1 → 4) -β-D-glucopyranosyl-(1 → 6)-β-D-glucopyranosylester

3β-*O*-{β-D- 吡喃葡萄糖基 -(1 → 3)-α-L- 吡喃阿拉伯糖氧基 }-23,29-二羟基齐墩果 -12- 烯 -28- 酸 -*O*-α-L- 吡喃鼠李糖基 -(1 → 4)-β-D- 吡喃葡萄糖基 -(1 → 6)-β-D- 吡喃葡萄糖基酯苷 3β-*O*-{β-D-glucopyranosyl-(1 → 3)-α-L-arabinopyranosyloxy}-23,29-dihydroxyolean-12-en-28-oic acid-*O*-α-L-rhamnopyranosyl-(1 → 4)-β-D-glucopyranosyl-(1 → 6)-β-D-glucopyranosylester

3-*O*-β-D- 吡喃葡萄糖基 -(1 → 3)-α-L- 吡喃鼠李糖基 -(1 → 2)[β-D- 吡喃葡萄糖基 (1 → 4)]-α-L- 吡喃阿拉伯糖基 - 常春藤苷元 -28-*O*-α-L- 吡喃鼠李糖基 -(1 → 4)-β-D- 吡喃葡萄糖基 -(1 → 6)-β-D- 吡喃葡萄糖苷 3-*O*-β-D-glucopyranosyl-(1 → 3)-α-L-rhamnopyranosyl-(1 → 2)[β-D-glucopyranosyl-(1 → 4)]-α-L-arabinopyranosyl-hederagenin-28-*O*-α-L-rhamnopyranosyl-(1 → 4)-β-D-glucopyranosyl-(1 → 6)-β-D-glucopyranoside

3-*O*-β-D- 吡喃葡萄糖基 -(1 → 3)-α-L- 吡喃鼠李糖基 -(1 → 2)[β-D- 吡喃葡萄糖基 (1 → 4)]-α-L- 吡喃阿拉伯糖基 - 齐墩果酸 -28-*O*-α-L- 吡喃鼠李糖基 -(1 → 4)-β-D- 吡喃葡萄糖基 -(1 → 6)-β-D- 吡喃葡萄糖苷 3-*O*-β-D-glucopyranosyl-(1 → 3)-α-L-rhamnopyranosyl-(1 → 2)[β-D-glucopyranosyl-(1 → 4)]-α-L-arabinopyranosyl-oleanolic acid-28-*O*-α-L-rhamnopyranosyl-(1 → 4)-β-D-glucopyranosyl-(1 → 6)-β-D-glucopyranoside

3β-[(*O*-β-D- 吡喃葡萄糖基 -(1 → 3)-α-L- 吡喃鼠李糖基 -(1 → 2)-α-L- 吡喃阿拉伯糖基)]- 羽扇豆 -20(29)- 烯 -28- 酸 -28-*O*-α-L-吡喃鼠李糖基 -(1 → 4)-β-D- 吡喃葡萄糖基 -(1 → 6)-β-D-吡喃葡萄糖基酯苷 3β-[(*O*-β-D-glucopyranosyl-(1 → 3)-α-L-rhamnopyranosyl-(1 → 2)-α-L-arabinopyranosyl)]-lup-20(29)-en-28-oic acid-28-*O*-α-L-rhamnopyranosyl-(1 → 4)-β-D-glucopyranosyl-(1 → 6)-β-D-glucopyranosylester

3β-[(*O*-β-D- 吡喃葡萄糖基 -(1 → 3)-α-L- 吡喃鼠李糖基 -(1 → 2)-α-L- 吡喃阿拉伯糖基)]- 羽扇豆 -20(29)- 烯 -28- 酸 -28-*O*-β-D- 吡喃葡萄糖基 -(1 → 6)-β-D- 吡喃葡萄糖基酯苷 3β-[(*O*-β-D-glucopyranosyl-(1 → 3)-α-L-rhamnopyranosyl-(1 → 2)-α-L-arabinopyranosyl)]-lup-20(29)-en-28-oic acid-28-*O*-β-D-glucopyranosyl-(1 → 6)-β-D-glucopyranosylester

3β-*O*-[β-D- 吡喃葡萄糖基 -(1 → 3)-α-L- 吡喃鼠李糖基 -(1 → 2)-α-L- 吡喃阿拉伯糖基]-16α,23- 二羟基齐墩果酸 -28-*O*-{-α-L-吡喃鼠李糖基 -(1 → 4)-[β-D- 吡喃异鼠李糖基 -(1 → 2)]-β-D-吡喃葡萄糖基 -(1 → 6)-β-D- 吡喃葡萄糖基 }} 酯苷 3β-*O*-[β-D-glucopyranosyl-(1 → 3)-α-L-rhamnopyranosyl-(1 → 2)-α-L-arabinopyranosyl]-16α,23-dihydroxyoleanolic acid-28-*O*-{α-L-rhamnopyranosyl-(1 → 4)-[β-D-quinovopyranosyl-(1 → 2)]-β-D-glucopyranosyl-(1 → 6)-β-D-glucopyranosyl}}ester

3β-*O*-[β-D- 吡喃葡萄糖基 -(1 → 3)-α-L- 吡喃鼠李糖基 -(1 → 2)-α-L-吡喃阿拉伯糖基] 刺囊酸 -28-*O*-[α-L- 吡喃鼠李糖基 -(1 → 4)-β-D- 吡喃葡萄糖基 -(1 → 6)-β-D- 吡喃葡萄糖基] 酯苷 3β-*O*-[β-D-glucopyranosyl-(1 → 3)-α-L-rhamnopyranosyl-(1 → 2)-α-L-arabinopyranosyl]echinocystic acid-28-*O*-[α-L-rhamnopyranosyl-(1 → 4)-β-D-glucopyranosyl-(1 → 6)-β-D-glucopyranosyl]ester

3β-*O*-[β-D- 吡喃葡萄糖基 -(1 → 3)-α-L- 吡喃鼠李糖基 -(1 → 2)- α-L-吡喃阿拉伯糖基] 齐墩果酸 -28-*O*-[α-L- 吡喃鼠李糖基 -(1 → 4)-β-D- 吡喃葡萄糖基 -(1 → 6)-β-D- 吡喃葡萄糖基] 酯苷 3β-*O*-[β-D-glucopyranosyl-(1 → 3)-α-L-rhamnopyranosyl-(1 → 2)-α-L-arabinopyranosyl]oleanolic acid-28-*O*-[α-L-rhamnopyranosyl-(1 → 4)-β-D-glucopyranosyl-(1 → 6)-β-D-glucopyranosyl]ester

3β-*O*-[β-D- 吡喃葡萄糖基 -(1 → 3)-α-L- 吡喃鼠李糖基 -(1 → 2)-α-L-吡喃阿拉伯糖基] 齐墩果酸 -28-*O*-[β-D- 吡喃葡萄糖基 -(1 → 3)-α-L- 吡喃鼠李糖基 -(1 → 4)-β-D- 吡喃葡萄糖基 -(1 → 6)-β-D-吡喃葡萄糖基] 酯苷 3β-*O*-[β-D-glucopyranosyl-(1 → 3)-α-L-rhamnopyranosyl-(1 → 2)-α-L-arabinopyranosyl]oleanolic acid-28-*O*-[β-D-glucopyranosyl-(1 → 3)-α-L-rhamnopyranosyl-(1 → 4)-β-D-glucopyranosyl-(1 → 6)-β-D-glucopyranosyl]ester

3-*O*-β-D- 吡喃葡萄糖基 -(1 → 3)-α-L- 吡喃鼠李糖基 -(1 → 2)-α-L-吡喃阿拉伯糖基 -30- 去甲基齐墩果 -12,20(29)- 二烯 -28- 酸 3-*O*-β-D-glucopyranosyl-(1 → 3)-α-L-rhamnopyranosyl-(1 → 2)-α-L-arabinopyranosyl-30-norolean-12,20(29)-dien-28-oic acid

3-*O*-β-D- 吡喃葡萄糖基 -(1 → 3)-α-L- 吡喃鼠李糖基 -(1 → 2)-α-L-吡喃阿拉伯糖基常春藤皂苷元 3-*O*-β-D-glucopyranosyl-(1 → 3)-α-L-rhamnopyranosyl-(1 → 2)-α-L-arabinopyranosyl hederagenin

3-*O*-β-D- 吡喃葡萄糖基 -(1 → 3)-α-L- 吡喃鼠李糖基 -(1 → 2)-α-L- 吡喃阿拉伯糖基 - 常春藤皂苷元 -28-*O*-α-L- 吡喃鼠李糖基 -(1 → 4)-β-D- 吡喃葡萄糖基 -(1 → 6)-β-D- 吡喃葡萄糖苷 3-*O*-β-D-glucopyranosyl-(1 → 3)-α-L-rhamnopyranosyl-(1 → 2)-α-L-arabinopyranosyl-hederagenin-28-*O*-α-L-rhamnopyranosyl-(1 → 4)-β-D-glucopyranosyl-(1 → 6)-β-D-glucopyranoside

3-*O*-β-D- 吡喃葡萄糖基 -(1 → 3)-α-L- 吡喃鼠李糖基 -(1 → 2)-α-L-吡喃阿拉伯糖基 - 常春藤皂苷元 -28-*O*-β-D- 吡喃葡萄糖基酯 3-*O*-β-D-glucopyranosyl-(1 → 3)-α-L-rhamnopynosyl-(1 → 2)-α-L-arabinopyranosyl-hederagenin-28-*O*-β-D-glucopyranosyl ester

3-*O*-β-D- 吡喃葡萄糖基 -(1 → 3)-α-L- 吡喃鼠李糖基 -(1 → 2)-α-L-吡喃阿拉伯糖基齐墩果酸 3-*O*-β-D-glucopyranosyl-(1 → 3)-α-L-rhamnopyranosyl-(1 → 2)-α-L-arabinopyranosyl-oleanolic acid

3-*O*-β-D- 吡喃葡萄糖基 -(1 → 3)-α-L- 吡喃鼠李糖基 -(1 → 2)-α-L- 吡喃阿拉伯糖基 - 齐墩果酸 -28-*O*-α-L- 吡喃鼠李糖基 -(1 → 4)-β-D- 吡喃葡萄糖基 -(1 → 6)-β-D- 吡喃葡萄糖苷 3-*O*-β-D-glucopyranosyl-(1 → 3)-α-L-rhamnopyranosyl-(1 → 2)-α-L-arabinopyranosyl-oleanolic acid-28-*O*-α-L-rhamnopyranosyl-(1 → 4)-β-D-glucopyranosyl-(1 → 6)-β-D-glucopyranoside

3-*O*-[β-D- 吡喃葡萄糖基 -(1 → 3)-α-L- 吡喃鼠李糖基 -(1 → 2)-β-D- 吡喃葡萄糖基]-4α,20α- 二羟甲基齐墩果 -12- 烯 -28-酸 3-*O*-[β-D-glucuronopyranosyl-(1 → 3)-α-L-rhamnopyranosyl-(1 → 2)-β-D-glucopyranosyl]-4α,20α-dihydroxymethylolean-12-en-28-oic acid

3-*O*-β-D- 吡喃葡萄糖基 -(1 → 3)-α-L- 吡喃鼠李糖基 -(2*R*,3*R*)- 花旗松素 3-*O*-β-D-glucopyranosyl-(1 → 3)-α-L-rhamnopyranosyl-(2*R*,3*R*)-taxifolin

7-*O*-β-D- 吡喃葡萄糖基 -(1 → 3)-α-L- 吡喃鼠李糖基槲皮素 7-*O*-[β-D-glucopyranosyl-(1 → 3)-α-L-rhamnopyranosyl]quercetin

3-*O*-β-D- 吡喃葡萄糖基 -(1 → 3)-α-L- 吡喃鼠李糖基墨西哥仙人掌苷元 -28-α-L- 吡喃鼠李糖苷 3-*O*-β-D-glucopyranosyl-(1 → 3)-α-L-rhamnopyranosylchichipegenin-28-α-L-rhamnopyranoside

3β-*O*-[β-D- 吡喃葡萄糖基 -(1 → 3)-α-L- 去氧塔罗糖基 -(1 → 2)-α-L-吡喃阿拉伯糖基酸枣萜醇] 3β-*O*-[β-D-glucopyranosyl-(1 → 3)-α-L-deoxytalosyl-(1 → 2)-α-L-arabinosyl-jujubasterol]

3-*O*-[β-D- 吡喃葡萄糖基 -(1 → 3)-β-D-6-*O*- 甲基 - 吡喃葡萄糖醛酸氧基]-2β- 羟基 - 齐墩果 -12- 烯 -28- 酸 3-*O*-[β-D-glucopyranosyl-(1 → 3)-β-D-6-*O*-methyl-glucuronopyranosyloxy]-2β-hydroxy-olean-12-en-28-oic acid

3-*O*-β-D- 吡喃葡萄糖基 -(1 → 3)-β-D- 吡喃半乳糖基 -(1 → 2)-β-D- 吡喃葡萄糖醛酸基齐墩果酸 -28-*O*-β-D- 吡喃葡萄糖苷 3-*O*-β-D-glucopyranosyl-(1 → 3)-β-D-galactopyranosyl-(1 → 2)-β-D-glucuronopyranosyloleanolic acid-28-*O*-β-D-glucopyranoside

3-*O*-β-D- 吡喃葡萄糖基 -(1 → 3)-β-D- 吡喃半乳糖基齐墩果酸 3-*O*-β-D-glucopyranosyl-(1 → 3)-β-D-galactopyranosyloleanolic acid

(25*S*)-16(*S*)-[β-D- 吡喃葡萄糖基 -(1 → 3)-β-D- 吡喃半乳糖氧基]-22(*S*),26- 二羟基胆甾 -4- 烯 -3- 酮 (25*S*)-16(*S*)-[β-D-glucopyranosyl-(1 → 3)-β-D-galactopyranosyloxy]-22(*S*),26-dihydroxycholest-4-en-3-one

16(*S*)-[β-D- 吡喃葡萄糖基 -(1 → 3)-β-D- 吡喃半乳糖氧基]-22(*S*)-羟基 - 胆甾 -4- 烯 -3- 酮 16(*S*)-[β-D-glucopyranosyl-(1 → 3)-β-D-galactopyranosyloxy]-22(*S*)-hydroxycholest-4-en-3-one

(25*S*)-16(*S*)-[β-D- 吡喃葡萄糖基 -(1 → 3)-β-D- 吡喃半乳糖氧基]-26-羟基 - 胆甾 -4- 烯 -3,22- 二酮 (25*S*)-16(*S*)-[β-D-glucopyranosyl-(1 → 3)-β-D-galactopyranosyloxy]-26-hydroxycholest-4-en-3,22-dione

3-*O*-β-D- 吡喃葡萄糖基 -(1 → 3)-β-D- 吡喃木糖基 -(1 → 2)-[α-L-吡喃鼠李糖基 -(1 → 3)]-β-D- 吡喃葡萄糖基 -(1 → 4)-[β-D- 吡喃葡萄糖基 -(1 → 2)]-α-L- 吡喃阿拉伯糖基 -3β,16α,28,30-四羟基 - 齐墩果 -12- 烯 3-*O*-β-D-glucopyranosyl-(1 → 3)-β-D-xylopyranosyl-(1 → 2)-[α-L-rhamnopyranosyl-(1 → 3)]-β-D-glucopyranosyl-(1 → 4)-[β-D-glucopyranosyl-(1 → 2)]-α-L-arabinopyranosyl-3β,16α,28,30-tetrahydroxy-olean-12-ene

3-*O*-[β-D- 吡喃葡萄糖基 -(1 → 3)-β-D- 吡喃葡萄糖基 -(1 → 3)]-[β-D- 吡喃葡萄糖基 -(1 → 2)]-β-D- 吡喃葡萄糖基 - 常春藤皂苷元 -28-*O*-β-D- 吡喃葡萄糖苷 3-*O*-[β-D-glucopyranosyl-(1 → 3)-β-D-glucopyranosyl-(1 → 3)]-[β-D-glucopyranosyl-(1 → 2)]-β-D-glucopyranosyl-hederagenin-28-*O*-β-D-glucopyranoside

3-*O*-β-D- 吡喃葡萄糖基 -(1 → 3)-β-D- 吡喃葡萄糖基 -(1 → 3)-α-L-吡喃阿拉伯糖基刺囊酸 3-*O*-β-D-glucopyranosyl-(1 → 3)-β-D-glucopyranosyl-(1 → 3)-α-L-arabinopyranosylechinocystic acid

3-*O*-β-D- 吡喃葡萄糖基 -(1 → 3)-β-D- 吡喃葡萄糖基 -(1 → 3)-β-D-吡喃葡萄糖基 -16α- 羟基齐墩果酸 -28-*O*-β-D- 吡喃葡萄糖基酯 3-*O*-β-D-glucopyranosyl-(1 → 3)-β-D-glucopyranosyl-(1 → 3)-β-D-glucopyranosyl-16α-hydroxy-oleanolic acid-28-*O*-β-D-glucopyranosyl ester

3-*O*-β-D- 吡喃葡萄糖基 -(1 → 3)-β-D- 吡喃葡萄糖基 -(1 → 3)-β-D-吡喃葡萄糖基 - 刺囊酸 3-*O*-β-D-glucopyranosyl-(1 → 3)-β-D-glucopyranosyl-(1 → 3)-β-D-glucopyranosyl-echinocystic acid

3-*O*-β-D- 吡喃葡萄糖基 -(1 → 3)-β-D- 吡喃葡萄糖基 -(1 → 3)-β-D-吡喃葡萄糖基 - 齐墩果酸 3-*O*-β-D-glucopyranosyl-(1 → 3)-β-D-glucopyranosyl-(1 → 3)-β-D-glucopyranosyl-oleanolic acid

3-*O*-β-D- 吡喃葡萄糖基 -(1 → 3)-β-D- 吡喃葡萄糖基 -(1 → 3)-β-D- 吡喃葡萄糖基 - 齐墩果酸 -28-*O*-β-D- 吡喃葡萄糖基苷 3-*O*-β-D-glucopyranosyl-(1 → 3)-β-D-glucopyranosyl-(1 → 3)-β-D-glucopyranosyl-oleanolic acid-28-*O*-β-D-glucopyranoside

16-*O*-[β-D- 吡喃葡萄糖基 -(1 → 3)-β-D- 吡喃葡萄糖基]-(20*S*,24*S*)- 3β,16β,20,24,25- 五羟基 -9,19- 环羊毛脂烷 16-*O*-[β-D-glucopyranosyl-(1 → 3)-β-D-glucopyranosyl]-(20*S*,24*S*)-3β,16β,20,24,25-pentahydroxy-9,19-cyclolanostane

16-*O*-[β-D- 吡喃葡萄糖基 -(1 → 3)-β-D- 吡喃葡萄糖基]-20-*O*-α-L-吡喃阿拉伯糖基 -(20*S*,24*S*)-3β,16β,20,24,25- 五羟基 -9,19- 环羊毛脂烷 16-*O*-[β-D-glucopyranosyl-(1 → 3)-β-D-glucopyranosyl]-20-*O*-α-L-arabinopyranosyl-(20*S*,24*S*)-3β,16β,20,24,25-pentahydroxy-9,19-cyclolanostane

3-*O*-[β-D- 吡喃葡萄糖基 -(1 → 3)-β-D- 吡喃葡萄糖基]-28-*O*-[β-D- 吡喃木糖基 -(1 → 4)-α-L- 吡喃鼠李糖基 -(1 → 2)-α-L- 吡喃阿拉伯糖基苜蓿酸酯苷 3-*O*-[β-D-glucopyranosyl-(1 → 3)-β-D-glucopyranosyl]-28-*O*-[β-D-xylopyranosyl-(1 → 4)-α-L-rhamnopyranosyl-(1 → 2)-α-L-arabinopyranoside medicagenate

3-*O*-[β-D- 吡喃葡萄糖基 -(1 → 3)-β-D- 吡喃葡萄糖基]-28-*O*-β-D-吡喃葡萄糖基苜蓿酸酯苷 3-*O*-[β-D-glucopyranosyl-(1 → 3)-β-D-glucopyranosyl]-28-*O*-β-D-glucopyranoside medicagenate

(-)-(2*R*,3*S*)-1-{4-[β-D- 吡喃葡萄糖基 -(1 → 3)-β-D- 吡喃葡萄糖基] 苄基 }-2-*O*-β-D- 吡喃葡萄糖基 -4-(4-β-D- 吡喃葡萄糖氧苄基)-2- 异丁基酒石酸酯 (-)-(2*R*,3*S*)-1-{4-[β-D-glucopyranosyl-(1 → 3)-β-D-glucopyranosyloxy]benzyl}-2-*O*-β-D-glucopyranosyl-4-(4-β-D-glucopyranosyloxybenzyl)-2-isobutyltartrate

3-*O*-[β-D- 吡喃葡萄糖基 -(1 → 3)-β-D- 吡喃葡萄糖基]- 商陆酸 -28-*O*-β-D- 吡喃葡萄糖基酯苷 3-*O*-[β-D-glucopyranosyl-(1 → 3)-β-D-glucopyranosyl]-phytolaccagenic acid-28-*O*-β-D-glucopyranosylester

3-*O*-β-D- 吡喃葡萄糖基 -(1 → 3)-β-D- 吡喃葡萄糖基 -28-*O*-β-D-吡喃葡萄糖基齐墩果酸 3-*O*-β-D-glucopyranosyl-(1 → 3)-β-D-glucopyranosyl-28-*O*-β-D-glucopyranosyloleanolic acid

3-*O*-β-D- 吡喃葡萄糖基 -(1 → 3)-β-D- 吡喃葡萄糖基 -2β,12α,16α,23α- 四羟基齐墩果烷 -28(13)- 内酯 3-*O*-β-D-glucopyranosyl-(1 → 3)-β-D-glucopyranosyl-2β,12α,16α,23α-tetrahydroxyoleanane-28(13)-lactone

3-*O*-β-D- 吡喃葡萄糖基 -(1 → 3)-β-D- 吡喃葡萄糖基 - 常春藤皂苷元 -28-*O*-β-D- 吡喃葡萄糖基酯 3-*O*-β-D-glucopyranosyl-(1 → 3)-β-D-glucopyranosyl-hederagenin-28-*O*-β-D-glucopyranosyl ester

3-*O*-β-D- 吡喃葡萄糖基 -(1 → 3)-β-D- 吡喃葡萄糖基齐墩果酸 3-*O*-β-D-glucopyranosyl-(1 → 3)-β-D-glucopyranosyloleanolic acid

3β-*O*-β-D- 吡喃葡萄糖基 -(1 → 3)-β-D- 吡喃葡萄糖基齐墩果酸 -28-*O*-β-D- 吡喃葡萄糖基酯 3β-*O*-β-D-glucopyranosyl-(1 → 3)-β-D-glucopyranosyloleanolic acid-28-*O*-β-D-glucopyranosyl ester

3-*O*-β-D- 吡喃葡萄糖基 -(1 → 3)-β-D- 吡喃葡萄糖醛酸苷 -28-*O*-β-D- 吡喃葡萄糖基 - 齐墩果酸甲酯 3-*O*-β-D-glucopyranosyl-(1 → 3)-β-D-glucuronopyranoside-28-*O*-β-D-glucopyranosyl-oleanolic acid methyl ester

(-)-4-[β-D- 吡喃葡萄糖基 -(1 → 3)-β-D- 吡喃葡萄糖氧基] 苯甲醇 (-)-4-[β-D-glucopyranosyl-(1 → 3)-β-D-glucopyranosyloxy]benzyl alcohol

(-)-4-[β-D- 吡喃葡萄糖基 -(1 → 3)-β-D- 吡喃葡萄糖氧基] 苄乙醚 (-)-4-[β-D-glucopyranosyl-(1 → 3)-β-D-glucopyranosyloxy]benzyl ethyl ether

3-*O*-β- 吡喃葡萄糖基 -(1 → 3)-β- 吡喃葡萄糖醛酸基 -3β,15α- 二羟基 - 齐墩果 -12- 烯 -16- 酮 3-*O*-β-glucopyranosyl-(1 → 3)-β-glucuronopyranosyl-3β,15α-dihydroxy-oleana-12-en-16-one

3-*O*-[β- 吡喃葡萄糖基 -(1 → 4)-6- 去氧 -3-*O*- 甲基 -β- 吡喃阿洛糖基 -(1 → 4)-β- 吡喃洋地黄毒糖苷]-11α,12β- 二 -*O*- 苯甲酰基 -17β- 牛奶菜宁 3-*O*-[β-glucopyranosyl-(1 → 4)-6-deoxy-3-*O*-methyl-β-allopyanosyl-(1 → 4)-β-digitoxopyranoside]-11α,12β-di-*O*-benzoyl-17β-marsdenin

3-*O*-[β- 吡喃葡萄糖基 -(1 → 4)-6- 去氧 -3-*O*- 甲基 -β- 吡喃阿洛糖基 -(1 → 4)-β- 吡喃洋地黄毒糖苷]-11α,12β- 二 -*O*- 苯甲酰基 -17β- 牛奶菜宁 -5,6- 二氢 3-*O*-[β-glucopyranosyl-(1 → 4)-6-deoxy-3-*O*-methyl-β-allopyanosyl-(1 → 4)-β-digitoxopyranoside]-11α,12β-di-*O*-benzoyl-17β-marsdenin-5,6-dihydrogen

β-D- 吡喃葡萄糖基 -(1 → 4)-β-D- 吡喃葡萄糖基 -(1 → 3)-α- 菠菜甾醇 β-D-glucopyranosyl-(1 → 4)-β-D-glucopyranosyl(1 → 3)-α-spinasterol

β-D- 吡喃葡萄糖基 -(1 → 4)-β-D- 吡喃葡萄糖基 -(1 → 4)-β-D-吡喃葡萄糖醛酸基 -(1 → 3)- 齐墩果酸 β-D-glucopyranosyl-(1 → 4)-β-D-glucopyranosyl-(1 → 4)-β-D-glucuronopyranosyl-(1 → 3)-oleanolic acid

3-*O*-β-D- 吡喃葡萄糖基 -(1 → 4)-*O*-[*O*-α-L- 吡喃鼠李糖基 -(1 → 2)-β-D- 吡喃葡萄糖基 -(1 → 2)-β-D- 吡喃葡萄糖醛酸 - 原报春花苷元] 3-*O*-β-D-glucopyranosyl-(1 → 4)-*O*-[*O*-α-L-rhamnopyranosyl-(1 → 2)-β-D-glucopyranosyl-(1 → 2)-β-D-glucuronopyranosyl-protoprimulagenin]

3β-[(*O*-β-D- 吡喃葡萄糖基 -(1 → 4)-*O*-[*O*-β-D- 吡喃葡萄糖基 -(1 → 3)-α-L- 吡喃鼠李糖基]-α-L- 吡喃阿拉伯糖基) 氧基]- 齐墩果酸 3β-[(*O*-β-D-glucopyranosyl-(1 → 4)-*O*-[*O*-β-D-glucopyranosyl-(1 → 3)-α-L-rhamnopyranosyl]-α-L-arabinopyranosyl)oxy]-oleanolic acid

3-*O*-β-D- 吡喃葡萄糖基 -(1 → 4)-*O*-α-L- 吡喃鼠李糖基 -(1 → 2)-[*O*-β-D- 吡喃葡萄糖基 -(1 → 4)]-*O*-α-L- 吡喃阿拉伯糖基 - 齐墩果酸 3-*O*-β-D-glucopyranosyl-(1 → 4)-*O*-α-L-rhamnopyranosyl-(1 → 2)-[*O*-β-D-glucopyranosyl-(1 → 4)]-*O*-α-L-arabinopyranosyl-oleanolic acid

(6*S*,13*S*)-6-[6-*O*-β-D- 吡喃葡萄糖基 -(1 → 4)-*O*-α-L- 吡喃鼠李糖基]-13-[α-L- 吡喃鼠李糖基 -(1 → 4)-*O*-β-D- 吡喃岩藻糖]- 赪桐 -3,14- 二烯 (6*S*,13*S*)-6-[6-*O*-β-D-glucopyranosyl-(1 → 4)-*O*-α-L-rhamnopyranosyl]-13-[α-L-rhamnopyranosyl-(1 → 4)-*O*-β-D-fucopyranosyl]-cleroda-3,14-diene

(6*S*,13*E*)-6-[β-D- 吡喃葡萄糖基 -(1 → 4)-*O*-α-L- 吡喃鼠李糖基]-赪桐 -3,13- 二烯 -15- 醇 (6*S*,13*E*)-6-[β-D-glucopyranosyl-(1 → 4)-*O*-α-L-rhamnopyranosyl]-cleroda-3,13-dien-15-ol

(6*S*,13*S*)-6-[β-D- 吡喃葡萄糖基 -(1 → 4)-*O*-α-L- 吡喃鼠李糖基]-赪桐 -3,14- 二烯 -13- 醇 (6*S*,13*S*)-6-[β-D-glucopyranosyl-(1 → 4)-*O*-α-L-rhamnopyranosyl]-cleroda-3,14-dien-13-ol

3β-[(*O*-β-D- 吡喃葡萄糖基 -(1 → 4)-*O*-β-D- 吡喃核糖基 -(1 → 3)-*O*-α-L- 吡喃鼠李糖基 -(1 → 2)-α-L- 吡喃阿拉伯糖基) 氧基]- 齐墩果酸 3β-[(*O*-β-D-glucopyranosyl-(1 → 4)-*O*-β-D-ribopyranosyl-(1 → 3)-*O*-α-L-rhamnopyranosyl-(1 → 2)-α-L-arabinopyranosyl)oxy]-oleanolic acid

3β-[*O*-β-D- 吡喃葡萄糖基 -(1 → 4)-*O*-β-D- 吡喃核糖基 -(1 → 3)-*O*-α-L- 吡喃鼠李糖基 -(1 → 2)-α-L- 吡喃阿拉伯糖氧基]-21α-羟基齐墩果酸 -28-*O*-α-L- 吡喃鼠李糖基 -(1 → 4)-*O*-β-D-吡喃葡萄糖基 -(1 → 6)-β-D- 吡喃葡萄糖基酯苷 3β-[(*O*-β-D-glucopyranosyl-(1 → 4)-*O*-β-D-ribopyranosyl-(1 → 3)-*O*-α-L-rhamnopyranosyl-(1 → 2)-α-L-arabinopyranosyl)oxy]-21α-hydroxyoleanolic acid-28-*O*-α-L-rhamnopyranosyl-(1 → 4)-*O*-β-D-glucopyranosyl-(1 → 6)-β-D-glucopyranosyl ester

3β-[*O*-β-D- 吡喃葡萄糖基 -(1 → 4)-*O*-β-D- 吡喃核糖基 -(1 → 3)-*O*-α-L- 吡喃鼠李糖基 -(1 → 2)-α-L- 吡喃阿拉伯糖氧基]- 齐墩果酸 -28-*O*-β-D- 吡喃葡萄糖基酯苷 3β-[(*O*-β-D-glucopyranosyl-(1 → 4)-*O*-β-D-ribopyranosyl-(1 → 3)-*O*-α-L-rhamnopyranosyl-(1 → 2)-α-L-arabinopyranosyl)oxy]-oleanolic acid-28-*O*-β-D-glucopyranosyl ester

3-*O*-β-D- 吡喃葡萄糖基 -(1 → 4)-*O*-β-D- 吡喃木糖基 -(1 → 3)-*O*-α-L- 吡喃鼠李糖基 -(1 → 2)-*O*-α-L- 吡喃阿拉伯糖 - 齐墩果酸 -28-*O*-α-L- 吡喃鼠李糖基 -(1 → 4)-β-D- 吡喃葡萄糖基 - (1 → 6)-*O*-6-*O*- 乙酰基 -β-D- 吡喃葡萄糖基酯 3-*O*-β-D-glucopyranosyl-(1 → 4)-*O*-β-D-xylopyranosyl-(1 → 3)-*O*-α-L-rhamnopyranosyl-(1 → 2)-*O*-α-L-arabinopyranosyl-oleanolic acid-28-*O*-α-L-rhamnopyranosyl-(1 → 4)-*O*-6-acetyl-β-D-glucopyranosyl-(1 → 6)-*O*-β-D-glucopyranosyl ester

3-*O*-β-D-吡喃葡萄糖基-(1→4)-*O*-β-D-吡喃木糖基-(1→3)-*O*-α-L-吡喃鼠李糖基 -(1 → 2)-*O*-α-L- 吡喃阿拉伯糖 - 齐墩果酸 -28-*O*-α-L- 吡喃鼠李糖基 -(1 → 4)-β-D- 吡喃葡萄糖基 -(1 → 6)-*O*-β-D- 吡喃葡萄糖基酯 3-*O*-β-D-glucopyranosyl-(1 → 4)-*O*-β-D-xylopyranosyl-(1→3)-*O*-α-L-rhamnopyranosyl-(1→2)-*O*-α-L-arabinopyranosyl-oleanolic acid-28-*O*-α-L-rhamnopyranosyl-(1→4)-*O*-β-D-glucopyranosyl-(1→6)-*O*-β-D-glucopyranosyl ester

3-*O*-β-[(β-D- 吡喃葡萄糖基 -(1 → 4)-*O*-β-D- 吡喃木糖基)]-11β- 甲氧基商陆尼酸▲ -30- 甲酯 -28-*O*-β-D- 吡喃葡萄糖苷 3-*O*-β-[(β-D-glucopyranosyl-(1 → 4)-*O*-β-D-xylopyranosyl)]-11β-methoxyjaligonic acid-30-methyl ester-28-*O*-β-D-glucopyranoside

3-*O*-[*O*-β-D- 吡喃葡萄糖基 -(1 → 4)-*O*-β-D- 吡喃葡萄糖基 -(1 → 3)-(β-D- 吡喃葡萄糖醛酸基)] 齐墩果酸 3-*O*-[*O*-β-D-glucopyranosyl-(1 → 4)-*O*-β-D-glucopyranosyl-(1 → 3)-(β-D-glucuronopyranosyl)]oleanolic acid

3β-[(*O*-β- D- 吡喃葡萄糖基 -(1 → 4)-*O*-β-D- 吡喃葡萄糖基 -(1 → 4)-β-D- 吡喃葡萄糖氧基]- 齐墩果 -12- 烯 -28- 酸 -β-D- 吡喃葡萄糖基酯苷 3β-[(*O*-β-D-glucopyranosyl-(1 → 4)-*O*-β-D-glucopyranosyl- (1 → 4)-β-D-glucopyranosyl)oxy]-olean-12-en-28-oic acid-β-D-glucopyranosyl ester

3β-[*O*-β-D- 吡喃葡萄糖基 -(1 → 4)-*O*-β-D- 吡喃葡萄糖基]-5α, 14β,17β- 三羟基强心甾 -20(22)- 烯内酯 3β-[*O*-β-D-glucopyranosyl- (1 → 4)-*O*-β-D-glucopyranosyl]-5α,14β,17β-trihydroxycard-20(22)-enolide

3β-[*O*-β-D- 吡喃葡萄糖基 -(1 → 4)-*O*-β-D- 吡喃洋地黄毒糖基]-5β-羟基 -15(14 → 8)- 移 -(8*S*)-14- 氧代 - 强心甾 -20(22)- 烯内酯 3β-[*O*-β-D-glucopyranosyl-(1 → 4)-*O*-β-D-digitoxopyranosyl]-5β-hydroxy-15(14 → 8)-abeo-(8*S*)-14-oxo-card-20(22)-enolide

O-α-D- 吡喃葡萄糖基 -(1 → 4)-α-D- 吡喃葡萄糖基 -(1 → 4)-α-D-吡喃葡萄糖基 -(1 → 2)-β-D- 呋喃果糖苷 *O*-α-D-glucopyranosyl-(1→4)-α-D-glucopyranosyl-(1→4)-α-D-glucopyranosyl-(1→2)-β-D-fructofuranoside

3-*O*-β-D- 吡喃葡萄糖基 -(1 → 4)-α-L- 吡喃阿拉伯糖基 -28-*O*-α-L-吡喃鼠李糖基 -(1 → 4)-β-D- 吡喃葡萄糖基 -(1 → 6)-β-D- 吡喃葡萄糖基常春藤皂苷元 3-*O*-β-D-glucopyranosyl-(1 → 4)-α-L-arabinopyranosyl-28-*O*-α-L-rhamnopyranosyl-(1 → 4)-β-D-glucopyranosyl-(1 → 6)-β-D-glucopyranosylhederagenin

3-*O*-β-D- 吡喃葡萄糖基 -(1 → 4)-α-L- 吡喃阿拉伯糖基常春藤皂苷元 3-*O*-β-D-glucopyranosyl-(1 → 4)-α-L-arabinopyranosylhederagenin

3-*O*-β-D- 吡喃葡萄糖基 -(1 → 4)-α-L- 吡喃阿拉伯糖基常春藤皂苷元 -28-*O*-α-L- 吡喃鼠李糖基 -(1 → 4)-β-D- 吡喃葡萄糖基 -(1 → 6)-β-D- 吡喃葡萄糖苷 3-*O*-β-D-glucopyranosyl-(1 → 4)-α-L-arabinopyranosyl-hederagenin-28-*O*-α-L-rhamnopyranosyl-(1 → 4)-β-D-glucopyranosyl-(1 → 6)-β-D-glucopyranoside

3-*O*-β-D- 吡喃葡萄糖基 -(1 → 4)-α-L- 吡喃阿拉伯糖基常春藤皂苷元 -28-*O*-α-L- 吡喃鼠李糖基 -(1 → 4)-β-D- 吡喃葡萄糖基 -(1 → 6)-β-D- 吡喃葡萄糖酯苷 3-*O*-β-D-glucopyranosyl-(1→4)-α-L-arabinopyranosylhederagenin-28-*O*-α-L-rhamnopyranosyl-(1 → 4)-β-D-glucopyranosyl-(1 → 6)-β-D-glucopyranoside

3-*O*-β-D- 吡喃葡萄糖基 -(1 → 4)-α-L- 吡喃阿拉伯糖基 - 栗豆树苷元▲ -28-*O*-α-L- 吡喃鼠李糖基 -(1 → 4)-β-D- 吡喃葡萄糖基 -(1 → 6)-β-D- 吡喃葡萄糖基酯苷 3-*O*-β-D-glucopyranosyl-(1→4)-α-L-arabinopyranosyl-bayogenin-28-*O*-α-L-rhamnopyranosyl-(1 → 4)-β-D-glucopyranosyl-(1 → 6)-β-D-glucopyranosyl ester

3β-*O*-(β-D-*O*- 吡喃葡萄糖基 -(1 → 4)-α-L- 吡喃夹竹桃糖基)-16β-乙酰氧基 -14- 羟基 -5β,14β- 强心甾 -20(22)- 烯内酯 3β-*O*-(β-D-*O*-glucopyranosyl-(1 → 4)-α-L-oleandropyranosyl)-16β-acetoxy-14-hydroxy-5β,14β-card-20(22)-enolide

β-D- 吡喃葡萄糖基 -(1 → 4)-α-L- 吡喃鼠李糖基 -(1 → 3)-β-D-(4-*O*-反式 - 咖啡酰基)- 吡喃葡萄糖 β-D-glucopyranosyl-(1 → 4)-α-L-rhamnopyranosyl-(1 → 3)-β-D-(4-*O*-*trans*-caffeoyl)-glucopyranose

3-*O*-β-D- 吡喃葡萄糖基 -(1 → 4)-α-L- 吡喃鼠李糖基印第安麻苷元▲ 3-*O*-β-D-glucopyranosyl-(1 → 4)-α-L-rhamnopyranosylcannogenin

3-*O*-*β*-D- 吡喃葡萄糖基 -(1→4)-*α*-L- 常春藤皂苷元 -28-*O*-*α*-L- 吡喃鼠李糖基酯苷 3-*O*-*β*-D-glucopyranosyl-(1→4)-*α*-L-arabinopyranosylhederagenin-28-*O*-*α*-L-rhamnopyranosyl ester

3*β*-*O*-(*β*-D-*O*- 吡喃葡萄糖基 -(1→4)-*β*-D-2- 去氧吡喃毛地黄糖基)-16*β*- 乙酰氧基 -14- 羟基 -5*α*,14*β*- 强心甾 -20(22)- 烯内酯 3*β*-*O*-(*β*-D-*O*-glucopyranosyl-(1→4)-*β*-D-diginopyranosyl)-16*β*-acetoxy-14-hydroxy-5*α*,14*β*-card-20(22)-enolide

3*β*-*O*-(*β*-D-*O*- 吡喃葡萄糖基 -(1→4)-*β*-D-2- 去氧吡喃毛地黄糖基)-8,14- 环氧 -5*β*,14*β*- 强心甾 -20(22)- 烯内酯 3*β*-*O*-(*β*-D-*O*-glucopyranosyl-(1→4)-*β*-D-diginopyranosyl)-8,14-epoxy-5*β*,14*β*-card-20(22)-enolide

3-*O*-*β*-D- 吡喃葡萄糖基 -(1→4)-*β*-D- 吡喃果糖苷 3-*O*-*β*-D-glucopyranosyl-(1→4)-*β*-D-fucopyranoside

3-*O*-*β*-D- 吡喃葡萄糖基 -(1→4)-*β*-D- 吡喃核糖基 -(1→3)-*α*-L- 吡喃鼠李糖基 -(1→2)-*α*-L- 吡喃阿拉伯糖基常春藤皂苷元 3-*O*-*β*-D-glucopyranosyl-(1→4)-*β*-D-ribopyranosyl-(1→3)-*α*-L-rhamnopyranosyl-(1→2)-*α*-L-arabinopyranosylhederagenin

3-*O*-*β*-D- 吡喃葡萄糖基 -(1→4)-*β*-D- 吡喃核糖基 -(l→3)-*α*-L- 吡喃鼠李糖基 -(1→2)-*α*-L- 吡喃阿拉伯糖基齐墩果酸 3-*O*-*β*-D-glucopyranosyl-(1→4)-*β*-D-ribopyranosyl-(l→3)-*α*-L-rhamnopyranosyl-(1→2)-*α*-L-arabinopyranosyloleanolic acid

3*β*-*O*-[*β*-D-*O*- 吡喃葡萄糖基 -(1→4)-*β*-D- 吡喃毛地黄糖基]-14- 羟基 -5*α*,14*β*- 强心甾 -20(22)- 烯内酯 3*β*-*O*-[*β*-D-*O*-glucopyranosyl-(1→4)-*β*-D-digitalopyranosyl]-14-hydroxy-5*α*,14*β*-card-20(22)-enolide

3*β*-*O*-[*β*-D-*O*- 吡喃葡萄糖基 -(1→4)-*β*-D- 吡喃毛地黄糖基]-16*β*- 乙酰氧基 -14- 羟基 -5*α*,14*β*- 强心甾 -20(22)- 烯内酯 3*β*-*O*-[*β*-D-*O*-glucopyranosyl-(1→4)-*β*-D-digitalopyranosyl]-16*β*-acetoxy-14-hydroxy-5*α*,14*β*-card-20(22)-enolide

3*β*-*O*-[*β*-D-*O*- 吡喃葡萄糖基 -(1→4)-*β*-D- 吡喃毛地黄糖基]-16*β*- 乙酰氧基 -14- 羟基 -5*β*,14*β*- 强心甾 -20(22)- 烯内酯 3*β*-*O*-[*β*-D-*O*-glucopyranosyl-(1→4)-*β*-D-digitalopyranosyl]-16*β*-acetoxy-14-hydroxy-5*β*,14*β*-card-20(22)-enolide

3*β*-*O*-[*β*-D-*O*- 吡喃葡萄糖基 -(1→4)-*β*-D- 吡喃毛地黄糖基]-8,14- 环氧 -5*β*,14*β*- 强心甾 -16,20(22)- 二烯内酯 3*β*-*O*-[*β*-D-*O*-glucopyranosyl-(1→4)-*β*-D-digitalopyranosyl]-8,14-epoxy-5*β*,14*β*-card-16,20(22)-dienolide

3*β*-*O*-[*β*-D-*O*- 吡喃葡萄糖基 -(1→4)-*β*-D- 吡喃毛地黄糖基]-8,14- 环氧 -5*β*,14*β*- 强心甾 -20(22)- 烯内酯 3*β*-*O*-[*β*-D-*O*-glucopyranosyl-(1→4)-*β*-D-digitalopyranosyl]-8,14-epoxy-5*β*,14*β*-card-20(22)-enolide

3-*O*-{[*β*-D- 吡喃葡萄糖基 -(1→4)-*β*-D- 吡喃葡萄糖基 -(1→3)]-[*β*-D- 吡喃葡萄糖基 -(1→2)]-*β*-D- 吡喃岩藻糖基 }- 齐墩果 -12- 烯 -3*β*,23,28- 三醇 3-*O*-{[*β*-D-glucopyranosyl-(1→4)-*β*-D-glucopyranosyl-(1→3)]-[*β*-D-glucopyranosyl-(1→2)]-*β*-D-fucopyranosyl}-olean-12-en-3*β*,23,28-triol

3-*O*-{[*β*-D- 吡喃葡萄糖基 -(1→4)-*β*-D- 吡喃葡萄糖基 -(1→3)]-[*β*-D- 吡喃葡萄糖基 -(1→2)-*β*-D- 吡喃岩藻糖基 }- 齐墩果 -12- 烯 -3*β*,6*β*,23,28- 四醇 3-*O*-{[*β*-D-glucopyranosyl-(1→4)-*β*-D-glucopyranosyl-(1→3)]-[*β*-D-glucopyranosyl-(1→2)-*β*-D-fucopyranosyl}-olean-12-en-3*β*,6*β*,23,28-tetraol

3-*O*-*β*-D- 吡喃葡萄糖基 -(1→4)-*β*-D- 吡喃葡萄糖基 -(1→4)-[*α*-L- 吡喃鼠李糖基 -(1→2)]-*α*-L- 吡喃阿拉伯糖基 -21*α*- 羟基齐墩果酸 -28-*O*-*α*-L- 吡喃鼠李糖基 -(1→4)-*β*-D- 吡喃葡萄糖基 -(1→6)-*β*-D- 吡喃葡萄糖基酯苷 3-*O*-*β*-D-glucopyranosyl-(1→4)-*β*-D-glucopyranosyl-(1→4)-[*α*-L-rhamnopyranosyl-(1→2)]-*α*-L-arabinopyranosyl-21*α*-hydroxyoleanolic acid-28-*O*-*α*-L-rhamnopyranosyl-(1→4)-*β*-D-glucopyranosyl-(1→6)-*β*-D-glucopyranosyl ester

3-*O*-[*β*-D- 吡喃葡萄糖基 -(1→4)-*β*-D- 吡喃葡萄糖基 -(1→4)-*α*-L- 吡喃阿拉伯糖基]- 齐墩果酸 3-*O*-[*β*-D-glucopyranosyl-(1→4)-*β*-D-glucopyranosyl-(1→4)-*α*-L-arabinopyranosyl]-oleanolic acid

3-*O*-*β*-D- 吡喃葡萄糖基 -(1→4)-*β*-D- 吡喃葡萄糖基 -(1→4)-*β*-D- 吡喃核糖基 -(1→3)-*α*-L- 吡喃鼠李糖基 -(1→2)-*α*-L- 吡喃阿拉伯糖基常春藤皂苷元 3-*O*-*β*-D-glucopyranosyl-(1→4)-*β*-D-glucopyranosyl-(1→4)-*β*-D-ribopyranosyl-(1→3)-*α*-L-rhamnopyranosyl-(1→2)-*α*-L-arabinopyranosylhederagenin

3-*O*-*β*-D- 吡喃葡萄糖基 -(1→4)-*β*-D- 吡喃葡萄糖基 -(1→4)-*β*-D- 吡喃核糖基 -(1→3)-*α*-L- 吡喃鼠李糖基 -(1→2)-*α*-L- 吡喃阿拉伯糖基常春藤皂苷元 -28-*O*-*α*-L- 吡喃鼠李糖基 -(1→4)-*β*-D- 吡喃葡萄糖基 -(1→6)-*β*-D- 吡喃葡萄糖苷 3-*O*-*β*-D-glucopyranosyl-(1→4)-*β*-D-glucopyranosyl-(1→4)-*β*-D-ribopyranosyl-(1→3)-*α*-L-rhamnopyranosyl-(1→2)-*α*-L-arabinopyranosyl-hederagenin-28-*O*-*α*-L-rhamnopyranosyl-(1→4)-*β*-D-glucopyranosyl-(1→6)-*β*-D-glucopyranoside

3-*O*-*β*-D- 吡喃葡萄糖基 -(1→4)-*β*-D- 吡喃葡萄糖基 -(25*R*)-5*β*- 呋甾 -1*β*,3*β*,22*α*,26- 四醇 -26-*O*-*β*-D- 吡喃葡萄糖苷 3-*O*-*β*-D-glucopyranosyl-(1→4)-*β*-D-glucopyranosyl-(25*R*)-5*β*-furost-1*β*,3*β*,22*α*,26-tetrol-26-*O*-*β*-D-glucopyranoside

3-*O*-*β*-D- 吡喃葡萄糖基 -(1→4)-*β*-D- 吡喃葡萄糖基 -(25*S*)-5*β*- 呋甾 -1*β*,3*β*,22*α*,26- 四醇 -26-*O*-*β*-D- 吡喃葡萄糖苷 3-*O*-*β*-D-glucopyranosyl-(1→4)-*β*-D-glucopyranosyl-(25*S*)-5*β*-furost-1*β*,3*β*,22*α*,26-tetrol-26-*O*-*β*-D-glucopyranoside

3*β*-[*O*-*α*-D- 吡喃葡萄糖基 -(1→4)-*β*-D- 吡喃葡萄糖基]-2*β*- 羟基 -Δ^{12}- 齐墩果烯 -23,28- 二酸 3*β*-[*O*-*α*-D-glucopyranosyl-(1→4)-*β*-D-glucopyranosyl]-2*β*-hydroxy-Δ^{12}-oleanene-23,28-dioic acid

3-*O*-*β*-D- 吡喃葡萄糖基 -(1→4)-*β*-D- 吡喃葡萄糖基刺囊酸 3-*O*-*β*-D-glucopyranosyl-(1→4)-*β*-D-glucopyranosylechinocystic acid

3*β*-*O*-*β*-D- 吡喃葡萄糖基 -(1→4)-*β*-D- 吡喃葡萄糖基 - 齐墩果酸 3-*O*-*β*-D-glucopyranosyl-(1→4)-*β*-D-glucopyranosyl-oleanolic acid

3-*O*-*β*-D- 吡喃葡萄糖基 -(1→4)-*β*-D- 吡喃葡萄糖基 - 齐墩果酸 28-*O*-*β*-D- 吡喃葡萄糖基酯 3-*O*-*β*-D-glucopyranosyl-(1→4)-*β*-D-glucopyranosyl-oleanolic acid-28-*O*-*β*-D-glucopyranosyl ester

3-*O*-*β*-D- 吡喃葡萄糖基 -(1→4)-*β*-D- 吡喃葡萄糖醛酸基齐墩果酸 3-*O*-*β*-D-glucopyranosyl-(1→4)-*β*-D-glucuronopyranosyl-oleanolic acid

3-*O*-*β*-D- 吡喃葡萄糖基 -(1→4)-*β*-D- 吡喃葡萄糖醛酸基齐墩果酸 -28-*O*-*β*-D- 吡喃葡萄糖苷 3-*O*-*β*-D-glucopyranosyl-(1→4)-*β*-D-glucuronopyranosyl-oleanolic acid-28-*O*-*β*-D-glucopyranoside

(-)-4-[*β*-D- 吡喃葡萄糖基 -(1→4)-*β*-D- 吡喃葡萄糖氧基] 苯甲醇 (-)-4-[*β*-D-glucopyranosyl-(1→4)-*β*-D-glucopyranosyloxy]benzyl alcohol

(+)-4-[*α*-D- 吡喃葡萄糖基 -(1→4)-*β*-D- 吡喃葡萄糖氧基] 苯甲醇 (+)-4-[*α*-D-glucopyranosyl-(1→4)-*β*-D-glucopyranosyloxy]benzyl alcohol

3*β*-*O*-(*β*-D-*O*- 吡喃葡萄糖基 -(1→4)-*β*-D- 吡喃沙门糖基)-16*β*- 乙酰氧基 -14- 羟基 -5*β*,14*β*- 强心甾 -20(22)- 烯内酯 3*β*-*O*-(*β*-D-*O*-glucopyranosyl-(1→4)-*β*-D-samentopyranosyl)-16*β*-acetoxy-14-hydroxy-5*β*,14*β*-card-20(22)-enolide

3-*O*-*β*-D- 吡喃葡萄糖基 -(1→4)-*β*-D- 吡喃岩藻糖基 -(22*S*,24*Z*)- 环木菠萝 -24- 烯 -3*β*,22,26,29- 四醇 -26-*O*-*β*-D- 吡喃葡萄糖苷 3-*O*-*β*-D-glucopyranosyl-(1→4)-*β*-D-fucopyranosyl-(22*S*,24*Z*)-cycloart-24-en-3*β*,22,26,29-tetraol-26-*O*-*β*-D-glucopyranoside

3-*O*-*β*-D- 吡喃葡萄糖基 -(1→4)-*β*-D- 吡喃岩藻糖基 -(22*S*,24*Z*)- 环木菠萝 -24- 烯 -3*β*,22,26,30- 四醇 -26-*O*-*β*-D- 吡喃葡萄糖苷 3-*O*-*β*-D-glucopyranosyl-(1→4)-*β*-D-fucopyranosyl-(22*S*,24*Z*)-

cycloart-24-en-3β,22,26,30-tetraol-26-O-β-D-glucopyranoside

3-O-β-D- 吡喃葡萄糖基 -(1→4)-β-D- 吡喃岩藻糖基 -(22S,24Z)-环木菠萝 -24- 烯 -3β,22,26- 三醇 -26-O-α-L- 吡喃阿拉伯糖基 -(1→6)-β-D- 吡喃葡萄糖苷 3-O-β-D-glucopyranosyl-(1→4)-β-D-fucopyranosyl-(22S,24Z)-cycloart-24-en-3β,22,26-triol-26-O-α-L-arabinopyranosyl-(1→6)-β-D-glucopyranoside

3-O-β-D- 吡喃葡萄糖基 -(1→4)-β-D- 吡喃岩藻糖基 -(22S,24Z)-环木菠萝 -24- 烯 -3β,22,26- 三醇 -26-O-β-D- 吡喃鸡纳糖基 -(1→6)-β-D- 吡喃葡萄糖苷 3-O-β-D-glucopyranosyl-(1→4)-β-D-fucopyranosyl-(22S,24Z)-cycloart-24-en-3β,22,26-triol-26-O-β-D-quinovopyranosyl-(1→6)-β-D-glucopyranoside

3-O-β-D- 吡喃葡萄糖基 -(1→4)-β-D- 吡喃岩藻糖基 -(22S,24Z)- 环木菠萝 -24- 烯 -3β,22,26- 三醇 -26-O-β-D- 吡喃木糖基 -(1→6)-β-D- 吡喃葡萄糖苷 3-O-β-D-glucopyranosyl-(1→4)-β-D-fucopyranosyl-(22S,24Z)-cycloart-24-en-3β,22,26-triol-26-O-β-D-xylopyranosyl-(1→6)-β-D-glucopyranoside

3-O-β-D- 吡喃葡萄糖基 -(1→4)-β-D- 吡喃岩藻糖基 -(22S,24Z)-环木菠萝 -24- 烯 -3β,22,26- 三醇 -26-O-β-D- 吡喃葡萄糖苷 3-O-β-D-glucopyranosyl-(1→4)-β-D-fucopyranosyl-(22S,24Z)-cycloart-24-en-3β,22,26-triol-26-O-β-D-glucopyranoside

(23S,24S)-24-{[O-β-D- 吡喃葡萄糖基 -(1→4)-β-D- 吡喃岩藻糖基] 氧基 }-3β,23- 二羟基螺甾 -5,25(27)- 二烯 -1β-O-(4-O- 乙酰基 -α-L- 吡喃鼠李糖基)-(1→2)-O-[β-D- 吡喃木糖基 -(1→3)]-α-L- 吡喃阿拉伯糖苷 (23S,24S)-24-{[O-β-D-glucopyranosyl-(1→4)-β-D-fucopyranosyl]oxy}-3β,23-dihydroxyspirosta-5,25(27)-dien-1β-O-(4-O-acetyl-α-L-rhamnopyranosyl)-(1→2)-O-[β-D-xylopyranosyl-(1→3)]-α-L-arabinopyranoside

(23S,24S)-24-{[O-β-D- 吡喃葡萄糖基 -(1→4)-β-D- 吡喃岩藻糖基] 氧基 }-3β,23- 二羟基螺甾 -5,25(27)- 二烯 -1β-O-β-D- 呋喃芹糖基 -(1→3)-O-(4-O- 乙酰基 -α-L- 吡喃鼠李糖基)-(1→2)-O-[β-D-吡喃木糖基 -(1→3)]-α-L- 吡喃阿拉伯糖苷 (23S,24S)-24-{[O-β-D-glucopyranosyl-(1→4)-β-D-fucopyranosyl]oxy}-3β,23-dihydroxyspirosta-5,25(27)-dien-1β-O-β-D-apiofuranosyl-(1→3)-O-(4-O-acetyl-α-L-rhamnopyranosyl)-(1→2)-O-[β-D-xylopyranosyl-(1→3)]-α-L-arabinopyranoside

(23S,24S)-24-{[O-β-D- 吡喃葡萄糖基 -(1→4)-β-D- 吡喃岩藻糖基] 氧基 }-3β,23- 二羟基螺甾 -5,25(27)- 二烯 -1β-O-β-D- 呋喃芹糖基 -(1→3)-O-(4-O- 乙酰基 -α-L- 吡喃鼠李糖基)-(1→2)-O-α-L- 吡喃阿拉伯糖苷 (23S,24S)-24-{[O-β-D-glucopyranosyl-(1→4)-β-D-fucopyranosyl]oxy}-3β,23-dihydroxyspirosta-5,25(27)-dien-1β-O-β-D-apiofuranosyl-(1→3)-O-(4-O-acetyl-α-L-rhamnopyranosyl)-(1→2)-O-α-L-arabinopyranoside

3β-O-(β-D-O- 吡喃葡萄糖基 -(1→4)-β-D- 吡喃洋地黄糖基)-14α-羟基 -8- 氧代 -8,14- 裂环 -5β- 强心甾 -20(22)- 烯内酯 3β-O-(β-D-O-glucopyranosyl-(1→4)-β-D-diginopyranosyl)-14α-hydroxy-8-oxo-8,14-sec-5β-card-20(22)-enolide

3β-O-(β-D-O- 吡喃葡萄糖基 -(1→4)-β-D- 吡喃洋地黄糖基)-16β-乙酰氧基 -14- 羟基 -5β,14β- 强心甾 -20(22)- 烯内酯 3β-O-(β-D-O-glucopyranosyl-(1→4)-β-D-diginopyranosyl)-16β-acetoxy-14-hydroxy-5β,14β-card-20(22)-enolide

3-O-β-D- 吡喃葡萄糖基 -(1→6)-(2'- 当归酰基)-β-D- 吡喃葡萄糖基 -28-O-β-D- 吡喃葡萄糖基 -(1→6)[α-L- 吡喃鼠李糖基 -(1→2)-β-D- 吡喃葡萄糖基]-16- 去氧玉蕊皂醇▲C 3-O-β-D-glucopyranosyl-(1→6)-(2'-angeloyl)-β-D-glucopyranosyl-28-O-β-D-glucopyranosyl-(1→6)[α-L-rhamnopyranosyl-(1→2)-β-D-glucopyranosyl]-16-deoxybarringtogenol C

3-O-[β-D- 吡喃葡萄糖基 -(1→6)-(3'-O- 当归酰基)-β-D- 吡喃葡萄糖基]-28-O-β-D- 吡喃葡萄糖基 -(1→6)[α-L- 吡喃鼠李糖基 -(1→2)-β-D- 吡喃葡萄糖基]-16- 去氧玉蕊皂醇▲C 3-O-[β-D-glucopyranosyl-(1→6)-(3'-O-angeloyl)-β-D-glucopyranosyl]-28-O-β-D-glucopyranosyl-(1→6)[α-L-rhamnopyranosyl-(1→2)-β-D-glucopyranosyl]-16-deoxybarringtogenol C

3-O-{β-D- 吡喃葡萄糖基 -(1→6)-[α-L- 吡喃鼠李糖基 -(1→2)]-β-D- 吡喃葡萄糖基 -(1→4)-[β-D- 吡喃葡萄糖基 -(1→2)]-β-D- 吡喃木糖基 }-2,16- 二羟基 -23,29- 二羟甲基齐墩果 -11,13(18)- 二烯 -28- 酸 3-O-{β-D-glucopyranosyl-(1→6)-[α-L-rhamnopyranosyl-(1→2)]-β-D-glucopyranosyl-(1→4)-[β-D-glucopyranosyl-(1→2)]-β-D-xylopyranosyl}-2,16-dihydroxy-23,29-dihydroxymethylolean-11,13(18)-diene-28-oic acid

3-O-β-D- 吡喃葡萄糖基 -(1→6)[α-L- 呋喃阿拉伯糖基 -(1→2)]-β-D- 吡喃葡萄糖基 -21,22- 二 -O- 当归酰基 -R_1- 玉蕊精醇▲ 3-O-β-D-glucopyranosyl-(1→6)[α-L-arabinofuranosy-(1→2)]-β-D-glucopyranosyl-21,22-di-O-angeloyl-R_1-barringenol

β-D- 吡喃葡萄糖基 -(1→6)-[β-D- 吡喃木糖基 -(1→2)]-β-D- 半乳糖基 -(1→3)-O- 矢车菊素 β-D-glucopyranosyl-(1→6)-[β-D-xylopyranosyl-(1→2)]-β-D-galactopyranosyl-(1→3)-O-cyanidin

3-O-β-D- 吡喃葡萄糖基 -(1→6)-[当归酰基 -(1→2)]-β-D- 吡喃葡萄糖基 -28-O-α-L- 吡喃鼠李糖基 -(1→2)-[β-D- 吡喃葡萄糖基 -(1→6)]-β-D- 吡喃葡萄糖基 -21β,22α- 二羟基齐墩果 -12- 烯 3-O-β-D-glucopyranosyl-(1→6)-[angeloyl-(1→2)]-β-D-glucopyranosyl-28-O-α-L-rhamnopyranosyl-(1→2)-[β-D-glucopyranosyl-(1→6)]-β-D-glucopyranosyl-21β,22α-dihydroxyl-olean-12-ene

3-O-{[β-D- 吡喃葡萄糖基 -(1→6)]-O-α-L- 吡喃鼠李糖基 -(1→2)-O-β-D- 吡喃葡萄糖基 -(1→2)}-O-β-D- 吡喃葡萄糖基 -(1→3)-O-β-D- 吡喃葡萄糖基 - 环阿廷屯 -22,24- 二烯 -27- 酸 3-O-{[β-D-glucopyranosyl-(1→6)]-O-α-L-rhamnopyranosyl-(1→2)-O-β-D-glucopyranosyl-(1→2)}-O-β-D-glucopyranosyl-(1→3)-O-β-D-glucopyranosyl-cycloarta-22,24-dien-27-oic acid

3-O-[O-β-D- 吡喃葡萄糖基 -(1→6)-O-β-D- 吡喃葡萄糖基 -(1→3)-(β-D- 吡喃葡萄糖醛酸基)] 齐墩果酸 3-O-[O-β-D-glucopyranosyl-(1→6)-O-β-D-glucopyranosyl-(1→3)-(β-D-glucuronopyranosyl)]oleanolic acid

3β-[O-β-D- 吡喃葡萄糖基 -(1→6)-O-β-D- 吡喃葡萄糖基 -(1→4)-2,6- 二去氧 -3-O- 甲基 -α-L- 核己吡喃糖氧基]-14- 羟基 -(5β,17α)- 强心甾 -20(22)- 烯内酯 3β-[(O-β-D-glucopyranosyl-(1→6)-O-β-D-glucopyranosyl-(1→4)-2,6-dideoxy-3-O-methyl-α-L-ribo-hexopyranosyl)oxy]-14-hydroxy-(5β,17α)-card-20(22)-enolide

3-[O-β-D- 吡喃葡萄糖基 -(1→6)-O-β-D- 吡喃葡萄糖基 -(1→4)-2,6-二去氧 -3-O- 甲基 -β-D- 吡喃核己糖氧基]-14- 羟基 -(3β,5β)- 强心 -16,20(22)- 二烯内酯 3-[O-β-D-glucopyranosyl-(1→6)-O-β-D-glucopyranosyl-(1→4)-2,6-dideoxy-3-O-methyl-β-D-ribo-hexopyranosyloxy)]-14-hydroxy-(3β,5β)-card-16,20(22)-dienolide

3-[(O-β-D- 吡喃葡萄糖基 -(1→6)-O-β-D- 吡喃葡萄糖基 - (1→4)-2,6- 二去氧 -3-O- 甲基 -β-D- 核己吡喃糖氧基 -14- 羟基 - (3β,5β,17α)- 强心甾 -20(22)- 烯内酯 3-[(O-β-D-glucopyranosyl-(1→6)-O-β-D-glucopyranosyl-(1→4)-2,6-dideoxy-3-O-methyl-β-D-ribohexopyranosyl)oxy]-14-hydroxy-(3β,5β,17α)-card-20(22)-enolide

3-[O-β-D- 吡喃葡萄糖基 -(1→6)-O-β-D- 吡喃葡萄糖基 - (1→4)-2,6- 去氧 -3-O- 甲基 -α-L- 吡喃核己糖基氧基]-14- 羟基 -(3β,5β,17α)- 强心 -20(22)- 烯内酯 3-[O-β-D-glucopyranosyl-(1→6)-O-β-D-glucopyranosyl-(1→4)-2,6-dideoxy-3-O-methyl-α-L-ribohexopyranosyloxy]-14-hydroxy-(3β,5β,17α)-card-20(22)-enolide

3-[(O-β-D- 吡喃葡萄糖基 -(1→6)-O-β-D- 吡喃葡萄糖基 -(1→4)-2,6- 去氧 -3-O- 甲基 -α-L- 吡喃核己糖氧基]-14- 羟基 -(3β,5β)- 强心 -16,20(22)- 二烯内酯 3-[O-β-D-glucopyranosyl-(1→6)-

O-*β*-D-glucopyranosyl-(1→4)-2,6-dideoxy-3-*O*-methyl-*α*-L-ribo-hexopyranosyloxy]-14-hydroxy-(3*β*,5*β*)-card-16,20(22)-dienolide

(3*β*,5*β*,14*β*)-3-[*O*-*β*-D- 吡喃葡萄糖基 -(1→6)-*O*-*β*-D- 吡喃葡萄糖基 -(1→4)-6- 去氧 -3-*O*- 甲基 -*β*-L- 甘露糖氧基]-21-*β*-D- 吡喃葡萄糖基 -14- 羟基孕甾 -20- 酮 (3*β*,5*β*,14*β*)-3-[*O*-*β*-D-glucopyranosyl-(1→6)-*O*-*β*-D-glucopyranosyl-(1→4)-6-deoxy-3-*O*-methyl-*β*-L-mannopyranosyloxy]-21-*β*-D-glucopyranosyloxy-14-hydroxypregnan-20-one

9-[(*β*-D- 吡喃葡萄糖基 -(1→6)-*O*-*β*-D- 吡喃葡萄糖氧基]-10- 羟基 -7- 甲氧基 -3- 甲基 -1*H*- 萘 [2,3-c] 吡喃 -1- 酮 9-[(*β*-D-glucopyranosyl-(1→6)-*O*-*β*-D-glucopyranosyl)oxy]-10-hydroxy-7-methoxy-3-methyl-1*H*-naphtho[2,3-c]pyran-1-one

1-[(*β*-D- 吡喃葡萄糖基 -(1→6)-*O*-*β*- 吡喃葡萄糖基 -(1→3)-*O*-*β*-D- 吡喃葡萄糖基 -(1→6)-*O*-*β*-D- 吡喃葡萄糖氧基]-8- 羟基 -3- 甲基 -9,10- 蒽醌 1-[(*β*-D-glucopyranosyl-(1→6)-*O*-*β*-glucopyranosyl-(1→3)-*O*-*β*-D-glucopyranosyl-(1→6)-*O*-*β*-D-glucopyranosyl)oxy]-8-hydroxy-3-methyl-9,10-anthraquinone

3-*O*-*β*-D- 吡喃葡萄糖基 -(1→6)-*α*-L- 吡喃鼠李糖基 -(1→2)-*α*-L- 吡喃阿拉伯糖基常春藤皂苷元 -28-*O*-*α*-L- 吡喃鼠李糖基 -(1→4)-*β*-D- 吡喃葡萄糖基 -(1→6)-*β*-D- 吡喃葡萄糖基酯苷 3-*O*-*β*-D-glucopyranosyl-(1→6)-*α*-L-rhamnopyranosyl-(1→2)-*α*-L-arabinopyranosyl-hederagenin-28-*O*-*α*-L-rhamnopyranosyl-(1→4)-*β*-D-glucopyranosyl-(1→6)-*β*-D-glucopyranosylester

3-*O*-*β*-D- 吡喃葡萄糖基 -(1→6)-*α*-L- 鼠李糖基槲皮素 3-*O*-*β*-D-glucopyranosyl-(1→6)-*α*-L-rhamnosylquercetin

β-D- 吡喃葡萄糖基 -(1→6)-*β*-D- 吡喃葡萄糖基 -(1→4)-*β*-D- 吡喃葡萄糖苷 *β*-D-glucopyranosyl-(1→6)-*β*-D-glucopyranosyl-(1→4)-*β*-D-glucopyranoside

(20*S*)-20-*O*-[*β*-D- 吡喃葡萄糖基 -(1→6)-*β*-D- 吡喃葡萄糖基 -(1→6)-*β*-D- 吡喃葡萄糖基] 达玛 -24- 烯 -3*β*,6*α*,12*β*,20- 四醇 (20*S*)-20-*O*-[*β*-D-glucopyranosyl-(1→6)-*β*-D-glucopyranosyl-(1→6)-*β*-D-glucopyranosyl]dammar-24-ene-3*β*,6*α*,12*β*,20-tetrol

3-*O*-[*β*-D- 吡喃葡萄糖基 -(1→6)-*β*-D- 吡喃葡萄糖基]-(20*S*,22*R*)-1*α*,3*β*- 二羟基睡茄 -5,24- 二烯内酯 3-*O*-[*β*-D-glucopyranosyl-(1→6)-*β*-D-glucopyranosyl]-(20*S*,22*R*)-1*α*,3*β*-dihydroxywitha-5,24-dienolide

1-*O*-[*β*-D- 吡喃葡萄糖基 -(1→6)-*β*-D- 吡喃葡萄糖基]-3,8- 二羟基 -4,5- 二甲氧基𠮿酮 1-*O*-[*β*-D-glucopyranosyl-(1→6)-*β*-D-glucopyranosyl]-3,8-dihydroxy-4,5-dimethoxyxanthone

1-*O*-[*β*-D- 吡喃葡萄糖基 -(1→6)-*β*-D- 吡喃葡萄糖基]-8- 羟基 -3,7- 二甲氧基𠮿酮 1-*O*-[*β*-D-glucopyranosyl-(1→6)-*β*-D-glucopyranosyl]-8-hydroxy-3,7-dimethoxyxanthone

5-*O*-[*β*-D- 吡喃葡萄糖基 -(1→6)-*β*-D- 吡喃葡萄糖基]-8- 羟基香柠檬酚 5-*O*-[*β*-D-glucopyranosyl-(1→6)-*β*-D-glucopyrano- syl]-8-hydroxybergaptol

(*R*)-1-*O*-*β*-D- 吡喃葡萄糖基 -(1→6)-*β*-D- 吡喃葡萄糖基 -1,3- 辛二醇 (*R*)-1-*O*-*β*-D-glucopyranosyl-(1→6)-*β*-D-glucopyranosyl-1,3-octanediol

3-*O*-*β*-D- 吡喃葡萄糖基 -(1→6)-*β*-D- 吡喃葡萄糖基 -12*β*- 羟基 -25- 氢过氧达玛 -23,24(*E*)- 烯 -20(*S*)-*O*-*β*-D- 吡喃木糖基 -(1→6)-*β*-D- 吡喃葡萄糖苷 3-*O*-*β*-D-glucopyranosyl-(1→6)-*β*-D-glucopyranosyl-12*β*-hydroxy-25-hydroperoxydammaran-23,24(*E*)-ene-20(*S*)-*O*-*β*-D-xylopyranosyl-(1→6)-*β*-D-glucopyranoside

(2*R*,4*S*)-2-*O*-*β*-D- 吡喃葡萄糖基 -(1→6)-*β*-D- 吡喃葡萄糖基 -2,4- 戊烷二醇 (2*R*,4*S*)-2-*O*-*β*-D-glucopyranosyl-(1→6)-*β*-D-glucopyranosyl-2,4-pentanediol

3-*O*-*β*-D- 吡喃葡萄糖基 -(1→6)-*β*-D- 吡喃葡萄糖基 -28-*O*-[*α*-L- 吡喃鼠李糖基 -(1→2)-*β*-D- 吡喃葡萄糖基 -16- 去氧玉蕊皂醇▲C 3-*O*-*β*-D-glucopyranosyl-(1→6)-*β*-D-glucopyranosyl-28-*O*-[*α*-L-rhamnopyranosyl-(1→2)-*β*-D-glucopyranosyl-16-deoxybarringtogenol C

3-*O*-*β*-D- 吡喃葡萄糖基 -(1→6)-*β*-D- 吡喃葡萄糖基 -28-*O*-*α*-D- 吡喃鼠李糖基 -(1→2)-[*β*-D- 吡喃葡萄糖基 -(1→6)]-*β*-D- 吡喃葡萄糖基 -21*β*,22*α*- 二羟基齐墩果 -12,15- 二烯 3-*O*-*β*-D-glucopyranosyl-(1→6)-*β*-D-glucopyranosyl-28-*O*-*α*-D-rhamnopyranosyl-(1→2)-[*β*-D-glucopyranosyl-(1→6)]-*β*-D-glucopyranosyl-21*β*,22*α*-dihydroxyl-olean-12,15-diene

3-*O*-*β*-D- 吡喃葡萄糖基 -(1→6)-*β*-D- 吡喃葡萄糖基 -28-*O*-*β*-D- 吡喃葡萄糖基 -(1→6)[*α*-L- 吡喃鼠李糖基 -(1→2)]-*β*-D- 吡喃葡萄糖基 -16- 去氧玉蕊皂醇▲C 3-*O*-*β*-D-glucopyranosyl-(1→6)-*β*-D-glucopyranosyl-28-*O*-*β*-D-glucopyranosyl-(1→6)[*α*-L-rhamnopyranosyl-(1→2)]-*β*-D-glucopyranosyl-16-deoxybarringtogenol C

3-*O*-*β*-D- 吡喃葡萄糖基 -(1→6)-*β*-D- 吡喃葡萄糖基 -2*α*,12*β*- 二羟基 -24*ξ*- 氢过氧 -25,26- 烯 - 达玛 -20(*S*)-*O*-*β*-D- 吡喃木糖基 -(1→6)-*β*-D- 吡喃葡萄糖苷 3-*O*-*β*-D-glucopyranosyl-(1→6)-*β*-D-glucopyranosyl-2*α*,12*β*-dihydroxy-24*ξ*-hydroperoxy-25,26-en-dammaran-20(*S*)-*O*-*β*-D-xylopyranosyl-(1→6)-*β*-D-glucopyranoside

(*R*)-4-*O*-*β*-D- 吡喃葡萄糖基 -(1→6)-*β*-D- 吡喃葡萄糖基 -4- 羟基 -2- 戊酮 (*R*)-4-*O*-*β*-D-glucopyranosyl-(1→6)-*β*-D-glucopyranosyl-4-hydroxy-2-pentanone

28-*O*-*β*-D- 吡喃葡萄糖基 -(1→6)-*β*-D- 吡喃葡萄糖基常春藤皂苷元酯 28-*O*-*β*-D-glucopyranosyl-(1→6)-*β*-D-glucopyranosylhederagenin ester

3-*O*-*β*-D- 吡喃葡萄糖基 -(1→6)-*β*-D- 吡喃葡萄糖基齐墩果酸 -28-*O*-*β*-D- 吡喃葡萄糖基酯 3-*O*-*β*-D-glucopyranosyl-(1→6)-*β*-D-glucopyranosyloleanolic acid-28-*O*-*β*-D-glucopyranosyl ester

吡喃葡萄糖基 -(1→6)- 角胡麻苷 glucopyranosyl-(1→6)-martynoside

α-D- 吡喃葡萄糖基 -(2→1)-*α*-D- 吡喃葡萄糖苷 *α*-D-glucopyranosyl-(2→1)-*α*-D-glucopyranoside

6''-*O*-[山柰酚 -3-*O*-(*β*-D- 吡喃葡萄糖基 -(2→1)-*β*-D- 吡喃葡萄糖苷)-7-*O*-(2-*O*- 丙二酰酯基 -*β*-D- 吡喃葡萄糖醛酸)]- 矢车菊素 -3-*O*-*β*- 吡喃葡萄糖苷 6''-*O*-{kaempferol-3-*O*-[*β*-D-glucopyranosyl-(2→1)-*β*-D-glucopyranoside]-7-*O*-*β*-D-(glucopyranosiduronic acid-2-*O*-malonate)}-cyanidin-3-*O*-*β*-glucopyranoside

6''-*O*-{ 山柰酚 -3-*O*-[*β*-D- 吡喃葡萄糖基 -(2→1)-*β*-D- 吡喃葡萄糖苷]-7-*O*-(*β*- 吡喃葡萄糖醛酸 -2-*O*- 丙二酰酯)}- 矢车菊素 -3-*O*-*β*-(3- 乙酰氧基吡喃葡萄糖苷) 6''-*O*-{kaempferol-3-*O*-[*β*-D-glucopyranosyl-(2→1)-*β*-D-glucopyranoside]-7-*O*-(*β*-glucopyranosiduronic acid-2-*O*-malonate)}-cyanidin-3-*O*-*β*-(3-*O*-acetylglucopyranoside)

6''-*O*-{ 山柰酚 -3-*O*-[*β*-D- 吡喃葡萄糖基 -(2→1)-*β*-D- 吡喃葡萄糖苷]-7-*O*-[(*β*-D- 吡喃葡萄糖醛酸甲酯)-2-*O*- 丙二酰酯]}- 矢车菊素 -3-*O*-*β*-(3- 乙酰氧基吡喃葡萄糖苷) 6''-*O*-{kaempferol-3-*O*-[*β*-D-glucopyranosyl-(2→1)-*β*-D-glucopyranoside]-7-*O*-[(methyl-*O*-*β*-D-glucopyranosiduronate)-2-*O*-malonate]}-cyanidin-3-*O*-*β*-(3-*O*-acetylglucopyranoside)

6-*O*-{ 山柰酚 -3-*O*-[*β*-D- 吡喃葡萄糖基 -(2→1)-*β*-D- 吡喃葡萄糖苷]-7-*O*-[(*β*-D- 吡喃葡萄糖醛酸甲酯)-2-*O*- 丙二酰酯]}- 矢车菊素 -3-*O*-*β*- 吡喃葡萄糖苷 6-*O*-{kaempferol-3-*O*-[*β*-D-glucopyranosyl-(2→1)-*β*-D-glucopyranoside]-7-*O*-[(methyl-*O*-*β*-D-glucopyranosiduronate)-2-*O*-malonate]}-cyanidin-3-*O*-*β*-glucopyranoside

26-*O*-*β*-D- 吡喃葡萄糖基 -(22*ξ*,25*R*)-3*β*,22,26- 三羟基呋甾 -5- 烯 -3-*O*-*α*-L- 吡喃鼠李糖基 -(1→2)-[*β*-D- 吡喃葡萄糖基 -(1→3)]-

β-D- 吡喃葡萄糖醛酸苷 26-O-β-D-glucopyranosyl-(22ξ,25R)-3β,22,26-trihydroxyfurost-5-ene-3-O-α-L-rhamnopyranosyl-(1→2)-[β-D-glucopyranosyl-(1→3)]-β-D-glucuronopyranoside
26-O-β-D- 吡喃葡萄糖基 -(22Ψ,25R)- 呋甾 -5- 烯 -3β,17α,22,26-四醇 -3-O-α-L- 吡喃鼠李糖基 -(1→2)-[O-α-L- 吡喃鼠李糖基 -(1→4)]-O-β-D- 吡喃葡萄糖苷 26-O-β-D-glucopyranosyl-(22Ψ,25R)-furost-5-en-3β,17α,22,26-tetraol-3-O-α-L-rhamnopyranosyl-(1→2)-[O-α-L-rhamnopyranosyl-(1→4)]-O-β-D-glucopyranoside
26-O-β-D- 吡喃葡萄糖基 -(22Ψ,25R)- 呋甾 -5- 烯 -3β,17α,22,26-四醇 -3-O-α-L- 吡喃鼠李糖基 -(1→2)-O-β-D- 吡喃葡萄糖苷 26-O-β-D-glucopyranosyl-(22Ψ,25R)-furost-5-en-3β,17α,22,26-tetraol-3-O-α-L-rhamnopyranosyl-(1→2)-O-β-D-glucopyranoside
3-O-β-D- 吡喃葡萄糖基 -(24S)- 环木菠萝 -3β,16β,24,25,30- 五醇 -25-O-β-D- 吡喃葡萄糖基 -(1→4)-β-D- 吡喃葡萄糖苷 3-O-β-D-glucopyranosyl-(24S)-cycloartane-3β,16β,24,25,30-pentaol-25-O-β-D-glucopyranosyl-(1→4)-β-Dglucopyranoside
3-O-β-D- 吡喃葡萄糖基 -(24S)- 环木菠萝 -3β,16β,24,25,30- 五醇 -25-O-β-D- 吡喃葡萄糖基 -(1→6)-β-D- 吡喃葡萄糖苷 3-O-β-D-glucopyranosyl-(24S)-cycloartane-3β,16β,24,25,30-pentaol-25-O-β-D-glucopyranosyl-(1→6)-β-D-glucopyranoside
3-O-β-D- 吡喃葡萄糖基 -(24β)- 乙基胆甾 -5,22,25- 三烯 3-O-β-D-glucopyranosyl-(24β)-ethylcholesta-5,22,25-triene
26-O-β-D- 吡喃葡萄糖基 -(25R),5α-22α- 羟基 - 呋甾 -12- 酮 -3-O-β-D- 吡喃葡萄糖基 -(1→2)-β-D- 吡喃半乳糖苷 26-O-β-D-glucopyranosyl-(25R),5α-22α-hydroxy-furostan-12-one-3-O-β-D-glucopyranosyl-(1→2)-β-D-galactopyranoside
26-O-β-D- 吡喃葡萄糖基 -(25R)-3β,22ζ,26- 三羟基 -5α- 呋甾 -3-O-β- 查科马铃薯三糖苷▲ 26-O-β-D-glucopyranosyl-(25R)-3β,22ζ,26-trihydroxyl-5α-furostan-3-O-β-chacotrioside
26-O-β-D- 吡喃葡萄糖基 -(25R)-5,20(22)- 二烯 - 呋甾 -3β,26- 二醇 -3-O-α-L- 呋喃阿拉伯糖基 -(1→4)-[α-L- 吡喃鼠李糖基 -(1→2)]-β-D- 吡喃葡萄糖苷 26-O-β-D-glucopyranosyl-(25R)-5,20(22)-dien-furost-3β,26-diol-3-O-α-L-arabinofuranosyl-(1→4)-[α-L-rhamnopyranosyl-(1→2)]-β-D-glucopyranoside
26-O-β-D- 吡喃葡萄糖基 -(25R)-5α- 呋甾 -12- 羰基 -3β,22α,26-三醇 -3-O-β-D- 吡喃葡萄糖基 -(1→2)-β-D- 吡喃半乳糖苷 26-O-β-D-glucopyranosyl-(25R)-5α-furostane-12-one-3β,22α,26-triol-3-O-β-D-glucopyranosyl-(1→2)-β-D-galactopyranoside
26-O-β-D- 吡喃葡萄糖基 -(25R)-5α- 呋甾 -12- 酮 -3β,22α,26- 三醇 -3-O-β-D- 吡喃葡萄糖基 -(1→2)-β-D- 吡喃葡萄糖基 -(1→4)-β-D- 吡喃半乳糖苷 26-O-β-D-glucopyranosyl-(25R)-5α-furostan-12-one-3β,22α,26-triol-3-O-β-D-glucopyranosyl-(1→2)-β-D-glucopyranosyl-(1→4)-β-D-galactopyranoside
26-O-β-D- 吡喃葡萄糖基 -(25R)-5α- 呋甾 -12- 酮 -3β,22α,26- 三醇 -3-O-β-D- 吡喃葡萄糖基 -(1→4)-β-D- 吡喃半乳糖苷 26-O-β-D-glucopyranosyl-(25R)-5α-furostane-12-one-3β,22α,26-triol-3-O-β-D-glucopyranosyl-(1→4)-β-D-galactopyranoside
26-O-β-D- 吡喃葡萄糖基 -(25R)-5α- 呋甾 -20(22)- 烯 -2α,3β,26- 三醇 -3-O-{β-D- 吡喃葡萄糖基 -(1→2)-O-β-D- 吡喃葡萄糖基 -(1→4)-β-D- 吡喃半乳糖苷} 26-O-β-D-glucopyranosyl-(25R)-5α-furostan-20(22)-en-2α,3β,26-triol-3-O-{β-D-glucopyranosyl-(1→2)-O-β-D-glucopyranosyl-(1→4)-β-D-galactopyranoside}
26-O-β-D- 吡喃葡萄糖基 -(25R)-5α- 呋甾 -20(22)- 烯 -2α,3β,26-三醇 -3-O-β-D- 吡喃葡萄糖基 -(1→4)-β-D- 吡喃半乳糖苷 26-O-β-D-glucopyranosyl-(25R)-5α-furostan-20(22)-en-2α,3β,26-triol-3-O-β-D-glucopyranosyl-(1→4)-β-D-galactopyranoside
26-O-β-D- 吡喃葡萄糖基 -(25R)-5α- 呋甾 -2α,3β,22α,26- 四醇 -3-O-{β-D- 吡喃葡萄糖基 -(1→2)-O-β-D- 吡喃葡萄糖基 -(1→4)-β-D- 吡喃半乳糖苷 26-O-β-D-glucopyranosyl-(25R)-5α-furostan-2α,3β,22α,26-tetraol-3-O-{β-D-glucopyranosyl-(1→2)-O-β-D-glucopyranosyl-(1→4)-β-D-galactopyranoside}
26-O-β-D- 吡喃葡萄糖基 -(25R)-5- 烯 - 呋甾 -3β,17α,22α,26- 四醇 - 3-O-α-L- 吡喃鼠李糖基 -(1→4)-α-L- 吡喃鼠李糖基 -(1→4)-[α-L- 吡喃鼠李糖基 -(1→2)]-β-D- 吡喃葡萄糖苷 26-O- β-D-glucopyranosyl-(25R)-5-en-furost-3β,17α,22α,26-tetraol-3-O-α-L-rhamnopyranosyl-(1→4)-α-L-rhamnopyranosyl-(1→4)-[α-L-rhamnopyranosyl-(1→2)]-β-D-glucopyranoside
26-O-β-D- 吡喃葡萄糖基 -(25R)-5- 烯 - 呋甾 -3β,17α,22α,26- 四醇 -3-O-α-L- 呋喃阿拉伯糖基 -(1→4)-[α-L- 吡喃鼠李糖基 -(1→2)]-β-D- 吡喃葡萄糖苷 26-O-β-D-glucopyranosyl-(25R)-5-en-furost-3β,17α,22α,26-tetrol-3-O-α-L-arabinofuranosyl-(1→4)-[α-L-rhamnopyranosyl-(1→2)]-β-D-glucopyranoside
26-O-β-D- 吡喃葡萄糖基 -(25R)- 呋甾 -22ξ- 甲氧基 -3β,26- 二醇 -5- 烯 -3-O-α-L- 吡喃鼠李糖基 -(1→2)-β-D- 吡喃葡萄糖苷 26-O-β-D-glucopyranosyl-(25R)-furost-22ξ-methoxyl-3β,26-diol-5-ene-3-O-α-L-rhamnopyranosyl-(1→2)-β-D-glucopyranoside
26-O-β-D- 吡喃葡萄糖基 -(25R)- 呋甾 -3β,22ξ,26- 三醇 -5- 烯 -3-α-L- 吡喃鼠李糖基 -(1→2)-[3-O-(3-O- 乙酰基)-α-L- 吡喃鼠李糖基 -(1→4)]-β-D- 吡喃葡萄糖苷 26-O-β-D-glucopyranosyl-(25R)-furost-3β,22ξ,26-triol-5-ene-3-α-L-rhamnopyranosyl-(1→2)-[3-O-(3-O-acetyl)-α-L-rhamnopyranosyl-(1→4)]-β-D-glucopyranoside
26-O-β-D- 吡喃葡萄糖基 -(25R)- 呋甾 -5,20(22)- 二烯 -3β,26-二羟基 -3-O-[α-L- 吡喃鼠李糖基 -(1→2)]-β-D- 吡喃葡萄糖苷 26-O-β-D-glucopyranosyl-(25R)-furost-5,20(22)-dien-3β,26-dihydroxy-3-O-[α-L-rhamnopyranosyl-(1→2)]-β-D-glucopyranoside
26-O-β-D- 吡喃葡萄糖基 -(25R)- 呋甾 -5- 烯 -3β,12,17α,22ξ,26-五醇 -12-O- 乙酰基 -3-O-α- 吡喃鼠李糖基 -(1→2)-β-D- 吡喃葡萄糖苷 26-O-β-D-glucopyranosyl-(25R)-furost-5-en-3β,12,17α,22ξ,26-pentol-12-O-acetyl-3-O-α-rhamnopyranosyl-(1→2)-β-D-glucopyranoside
26-O-β-D- 吡喃葡萄糖基 -(25R)- 呋甾 -5- 烯 -3β,17α- 二羟基 -3-O-[α-L- 吡喃鼠李糖基 (1→2)]-α-L- 吡喃鼠李糖苷 26-O-β-D-glucopyranosyl-(25R)-furost-5-en-3β,17α-dihydroxy-3-O-[α-L-rhamnopyranosyl(1→2)]-α-L-rhamnopyranoside
26-O-β-D- 吡喃葡萄糖基 -(25R)- 呋甾 -5- 烯 -3β,22ζ,26- 三醇 26-O-β-D-glucopyranosyl-(25R)-furost-5-en-3β,22ζ,26-triol
26-O-β-D- 吡喃葡萄糖基 -(25R)- 呋甾 -5- 烯 -3β,22ζ,26- 三醇 3-O-β-D- 葡萄糖苷 26-O-β-D-glucopyranosyl-(25R)-furost-5-ene-3β,22ζ,26-triol-3-O-β-D-glucopyranoside
26-O-β-D- 吡喃葡萄糖基 -(25R)- 呋甾 -5- 烯 -3β,22ξ,26- 三醇 -3-O-β-D- 吡喃葡萄糖基 -(1→3)-β-D- 吡喃葡萄糖基 -(1→4)-[α-L- 吡喃鼠李糖基 -(1→2)]-β-D- 吡喃葡萄糖苷 26-O-β-D-glucopyranosyl-(25R)-furost-5-en-3β,22ξ,26-triol-3-O-β-D-glucopyranosyl-(1→3)-β-D-glucopyranosyl-(1→4)-[α-L-rhamnopyranosyl-(1→2)]-β-D-glucopyranoside
26-O-β-D- 吡喃葡萄糖基 -(25R/S)-5- 烯 - 呋甾 -3β,22α,26- 三醇 -3-O-α-L- 吡喃鼠李糖基 -(1→2)-[β-D- 吡喃葡萄糖基 -(1→6)-β-D- 吡喃葡萄糖基 -(1→3)-β-D- 吡喃葡萄糖基 -(1→4)]-β-D- 吡喃葡萄糖苷 26-O-β-D-glucopyranosyl-(25R/S)-5-en-furost-3β,22α,26-triol-3-O-α-L-rhamnopyranosyl-(1→2)-[β-D-glucopyranosyl-(1→6)]-β-D-glucopyranosyl-(1→3)-[β-D-glucopyranosyl-(1→4)]-β-D-glucopyranoside
26-O-β-D- 吡喃葡萄糖基 -(25R/S)-5α- 呋甾 -12- 羰基 -20(22)-烯 -3β,26- 二醇 -3-O-β-D- 吡喃葡萄糖基 -(1→4)-β-D- 吡喃半乳糖苷 26-O-β-D-glucopyranosyl-(25R/S)-5α-furostane-12-one-20(22)-en-3β,26-diol-3-O-β-D-glucopyranosyl-(1→4)-β-D-

galactopyranoside

26-*O*-*β*-D- 吡喃葡萄糖基 -(25*S*),5*α*- 呋甾 -20(22)- 烯 -12- 酮 -2*α*,3*β*,26- 三醇 -3-*O*-*β*-D- 吡喃葡萄糖基 -(1 → 4)-*β*-D- 吡喃半乳糖苷 26-*O*-*β*-D-glucopyranosyl-(25*S*),5*α*-furost-20(22)-en-12-one-2*α*,3*β*,26-triol-3-*O*-*β*-D-glucopyranosyl-(1 → 4)-*β*-D-galactopyranoside

3-*O*-*β*-D- 吡喃葡萄糖基 -(25*S*)-22-*O*- 甲基 -5*β*- 呋甾 -1*β*,3*β*,5*β*,22*α*,26- 五醇 -26-*O*-*β*-D- 吡喃葡萄糖苷 3-*O*-*β*-D-glucopyranosyl-(25*S*)-22-*O*-methyl-5*β*-furost-1*β*,3*β*,5*β*,22*α*,26-pentaol-26-*O*-*β*-D-glucopyranoside

26-*O*-*β*-D- 吡喃葡萄糖基 -(25*S*)-3*β*,5*β*,6*α*,22 ζ ,26- 五羟基 -5*β*- 呋甾 -3-*O*-*α*-L- 吡喃鼠李糖基 -(1 → 4)-*β*-D- 吡喃葡萄糖苷 26-*O*-*β*-D-glucopyranosyl-(25*S*)-3*β*,5*β*,6*α*,22 ζ ,26-pentahydroxyl-5*β*-furostan-3-*O*-*α*-L-rhamnopyranosyl-(1 → 4)-*β*-D-glucopyranoside

26-*O*-*β*- 吡喃葡萄糖基 -(25*S*)-5*α*- 呋喃甾醇 -12- 酮 -3*β*,22*α*,26- 三醇 -3-*O*-*β*- 吡喃葡萄糖基 -(1 → 2)-*β*- 吡喃半乳糖苷 26-*O*-*β*-glucopyranosyl-(25*S*)-5*α*-furostane-12-one-3*β*,22*α*,26-triol-3-*O*-*β*-glucopyranosyl(1 → 2)-*β*-galactopyranoside

26-*O*-*β*- 吡喃葡萄糖基 -(25*S*)-5*α*- 呋喃甾醇 -12- 酮 -3*β*,22*α*,26- 三醇 -3-*O*-*β*- 吡喃葡萄糖基 -(1 → 4)-*α*- 吡喃鼠李糖基 -(1 → 2)-*β*- 吡喃半乳糖苷 26-*O*-*β*-glucopyranosyl-(25*S*)-5*α*-furostane-12-one-3*β*,22*α*,26-triol-3-*O*-*β*-glucopyranosyl-(1 → 4)-*α*-rhamnopyranosyl-(1 → 2)-*β*-galactopyranoside

26-*O*-*β*-D- 吡喃葡萄糖基 -(25*S*)-5*α*- 呋甾 -12- 酮 -22- 甲氧基 -3*β*,26- 二醇 -3-*O*-{*α*-L- 吡喃鼠李糖基 -(1 → 2)-*O*-[*β*-D- 吡喃葡萄糖基 -(1 → 4)]-*β*-D- 吡喃半乳糖苷 } 26-*O*-*β*-D-glucopyranosyl-(25*S*)-5*α*-furostan-12-one-22-methoxy-3*β*,26-diol-3-*O*-{*α*-L-rhamnopyranosyl-(1 → 2)-*O*-[*β*-D-glucopyranosyl-(1 → 4)]-*β*-D-galactopyranoside}

26-*O*-*β*-D- 吡喃葡萄糖基 -(25*S*)-5*α*- 呋甾 -20(22)- 烯 -12- 酮 3*β*,26- 二醇 -3-*O*-*α*-L- 吡喃鼠李糖基 -(1 → 2)-[*β*-D- 吡喃葡萄糖基 -(1 → 4)]-*β*-D- 吡喃半乳糖苷 26-*O*-*β*-D-glucopyranosyl-(25*S*)-5*α*-furostane-20(22)-en-12-one-3*β*,26-diol-3-*O*-*α*-L-rhamnopyranosyl-(1 → 2)-[*β*-D-glucopyranosyl-(1 → 4)]-*β*-D-galactopyranoside

26-*O*-*β*-D- 吡喃葡萄糖基 -(25*S*)-5*α*- 呋甾 -20(22)- 烯 -12- 酮 -3*β*,26- 二醇 -3-*O*-*β*-D- 吡喃半乳糖基 -(1 → 2)-*β*-D- 吡喃葡萄糖基 -(1 → 4)-*β*-D- 吡喃半乳糖苷 26-*O*-*β*-D-glucopyranosyl-(25*S*)-5*α*-furost-20(22)-en-12-one-3*β*,26-diol-3-*O*-*β*-D-galactopyranosyl-(1 → 2)-*β*-D-glucopyranosyl-(1 → 4)-*β*-D-galactopyranoside

26-*O*-*β*-D- 吡喃葡萄糖基 -(25*S*)-5*α*- 呋甾 -20(22)- 烯 -2*α*,3*β*,26- 三醇 -3-*O*-*β*-D- 吡喃葡萄糖基 -(1 → 2)-*O*-*β*-D- 吡喃葡萄糖基 -(1 → 4)-*β*-D- 吡喃半乳糖苷 26-*O*-*β*-D-glucopyranosyl-(25*S*)-5*α*-furost-20(22)-en-2*α*,3*β*,26-triol-3-*O*-*β*-D-glucopyranosyl-(1 → 2)-*O*-*β*-D-glucopyranosyl-(1 → 4)-*β*-D-galactopyranoside

26-*O*-*β*-D- 吡喃葡萄糖基 -(25*S*)-5*α*- 呋甾 -20(22)- 烯 -3*β*,26- 二醇 -3-*O*-*α*-L- 吡喃鼠李糖基 -(1 → 2)-[*β*-D- 吡喃葡萄糖基 -(1 → 4)]-*β*-D- 吡喃半乳糖苷 26-*O*-*β*-D-glucopyranosyl-(25*S*)-5*α*-furost-20(22)-en-3*β*,26-diol-3-*O*-*α*-L-rhamnopyranosyl-(1 → 2)-[*β*-D-glucopyranosyl-(1 → 4)]-*β*-D-galactopyranoside

26-*O*-*β*-D- 吡喃葡萄糖基 -(25*S*)-5*α*- 呋甾 -22- 甲氧基 -2*α*,3*β*,26- 三醇 -3-*O*-*β*-D- 吡喃葡萄糖基 -(1 → 2)-*β*-D- 吡喃葡萄糖基 -(1 → 4)-*β*-D- 吡喃半乳糖苷 26-*O*-*β*-D-glucopyranosyl-(25*S*)-5*α*-furostan-22-methoxy-2*α*,3*β*,26-triol-3-*O*-*β*-D-glucopyranosyl-(1 → 2)-*β*-D-glucopyranosyl-(1 → 4)-*β*-D-galactopyranoside

26-*O*-*β*-D- 吡喃葡萄糖基 -(25*S*)-5*α*- 呋甾 -3*β*,22*α*,26- 三醇 -3-*O*-*β*-D- 吡喃鼠李糖基 -(1 → 2)-[*β*-D- 吡喃葡萄糖基 -(1 → 4)]-*β*-D- 吡喃半乳糖苷 26-*O*-*β*-D-glucopyranosyl-(25*S*)-5*α*-furost-3*β*,22*α*,26-triol-3-*O*-*β*-D-rhamnopyranosyl-(1 → 2)-[*β*-D-glucopyranosyl-(1 → 4)]-*β*-D-galactopyranoside

26-*O*-*β*-D- 吡喃葡萄糖基 -(25*S*)- 呋甾 -5- 烯 -3*β*,22 ζ ,26- 三醇 -3-*O*-*β*-D- 葡萄糖苷 26-*O*-*β*-D-glucopyranosyl-(25*S*)-furost-5-ene-3*β*,22 ζ ,26-triol-3-*O*-*β*-D-glucopyranoside

1'-*O*-*β*-D- 吡喃葡萄糖基 -(2*R*,3*S*)-3'- 羟基紫花前胡苷元 1'-*O*-*β*-D-glucopyranosyl-(2*R*,3*S*)-3'-hydroxynodakenetin

10-*O*-*β*-D- 吡喃葡萄糖基 -(2*R*,3*S*)-3- 羟基紫花前胡苷元 10-*O*-*β*-D-glucopyranosyl-(2*R*,3*S*)-3-hydroxynodakenetin

1'-*O*-*β*-D- 吡喃葡萄糖基 -(2*R*,3*S*)-3- 羟基紫花前胡苷元 1'-*O*-*β*-D-glucopyranosyl-(2*R*,3*S*)-3-hydroxynodakenetin

1-*O*-*β*-D- 吡喃葡萄糖基 -(2*S*,3*R*)-3- 羟甲基 -*N*-(2'- 羟基二十九酰基)- 十三碳 -9*E*- 神经鞘氨醇 1-*O*-*β*-D-glucopyranosyl-(2*S*,3*R*)-3-hydroxymethyl-*N*- (2'-hydroxy nonacosanoyl)-trideca-9*E*-sphingenine

1-*O*-*β*-D- 吡喃葡萄糖基 -(2*S*,3*R*)-*N*-(2'- 羟基二十六酰基) 十八神经鞘氨醇 1-*O*-*β*-D-glucopyranosyl-(2*S*,3*R*)-*N*-(2'-hydroxyhexacosanoyl)-octadecasphingenine

1-*O*-*β*-D- 吡喃葡萄糖基 -(2*S*,3*R*)-*N*-(2'- 羟基二十五酰基)- 十八碳 -11*E*- 神经鞘氨醇 1-*O*-*β*-D-glucopyranosyl-(2*S*,3*R*)-*N*-(2'-hydroxypentacosanoyl)-octadeca-11*E*-sphingenine

1-*O*-*β*-D- 吡喃葡萄糖基 -(2*S*,3*R*)-*N*-(2'- 羟基十六酰基)- 十八碳 -4*E*,8*E*- 神经鞘氨醇 1-*O*-*β*-D-glucopyranosyl-(2*S*,3*R*)-*N*-(2'-hydroxy-hexadecanoyl)-octadeca-4*E*,8*E*-sphingenine

1-*O*-*β*-D- 吡喃葡萄糖基 -(2*S*,3*R*,4*E*)-2-*N*-(2'- 羟基棕榈酰基) 十八烷基鞘 -4- 烯氨 1-*O*-*β*-D-glucopyranosyl-(2*S*,3*R*,4*E*)-2-*N*-(2'-hydroxypalmitoyl)octadecasphinga-4-enine

1-*O*-*β*-D- 吡喃葡萄糖基 -(2*S*,3*R*,4*E*,8*Z*)-2-[(2(*R*)- 羟基二十酰) 氨基]-4,8- 十八烷二烯 -1,3- 二醇 - 胡萝卜苷 1-*O*-*β*-D-glucopyranosyl-(2*S*,3*R*,4*E*,8*Z*)-2-[(2(*R*)-hydroxyeicosanoyl)-amido]-4,8-octadecadien-1,3-diol-daucosterol

1-*O*-*β*-D- 吡喃葡萄糖基 -(2*S*,3*R*,4*E*,8*Z*)-2-[(2*R*- 羟基 - 十六碳酰基)- 氨基]-4,8- 十八碳二烯 -1,3- 二醇 1-*O*-*β*-D-glucopyranosyl-(2*S*,3*R*,4*E*,8*Z*)-2-[(2*R*-hydroxy-hexadecanoyl)-amino]-4,8-octadecadiene-1,3-diol

1-*O*-*β*-D- 吡喃葡萄糖基 -(2*S*,3*R*,4*E*,8*Z*)-2-[(2- 羟基二十碳酰基) 氨基]-4,8- 十八碳二烯 -1,3- 二醇 1-*O*-*β*-D-glucopyranosyl-(2*S*,3*R*,4*E*,8*Z*)-2-[(2-hydroxyeicosanoyl)amido]-4,8-octadecadiene-1,3-diol

1-*O*-*β*-D- 吡喃葡萄糖基 -(2*S*,3*R*,4*E*,8*Z*)-2-[(2- 羟基十八碳酰基) 氨基]-4,8- 十八碳二烯 -1,3- 二醇 1-*O*-*β*-D-glucopyranosyl-(2*S*,3*R*,4*E*,8*Z*)-2-[(2-hydroxyoctadecanoyl)amido]-4,8-octadecadiene-1,3-diol

1-*O*-*β*-D- 吡喃葡萄糖基 -(2*S*,3*R*,4*E*,8*Z*)-2-*N*-(2'- 羟基棕榈酰基) 十八碳鞘氨 -4, 8- 二烯醇 1-*O*-*β*-D-glucopyranosyl-(2*S*,3*R*,4*E*,8*Z*)-2-*N*-(2'-hydroxypalmitoyl)octadecasphinga-4,8-dienine

1-*O*-*β*-D- 吡喃葡萄糖基 -(2*S*,3*R*,4*E*,8*Z*)-2-*N*-(2'- 羟基棕榈酰基)- 十八碳鞘氨 -4,8- 二烯醇 1-*O*-*β*-D-glucopyranosyl-(2*S*,3*R*,4*E*,8*Z*)-2-*N*-(2'-hydroxypalmitoyl)-octadecasphinga-4,8-dienine

1-*O*-*β*- 吡喃葡萄糖基 -(2*S*,3*R*,4*E*,8*Z*)-2-*N*-[(2'*R*)- 羟基十八酰]-4,8- 神经鞘氨二烯醇 1-*O*-*β*-glucopyranosyl-(2*S*,3*R*,4*E*,8*Z*)-2-*N*-[(2'*R*)-hydroxyoctadecanoyl]-4,8-sphingadienine

1-*O*-*β*-D- 吡喃葡萄糖基 -(2*S*,3*R*,4*E*,8*Z*)-2-*N*- 棕榈酰十八碳鞘氨 -4,8- 二烯醇 1-*O*-*β*-D-glucopyranosyl-(2*S*,3*R*,4*E*,8*Z*)-2-*N*-palmitoyloctadecasphinga-4,8-dienine

1-*O*-*α*-D- 吡喃葡萄糖基 -(2*S*,3*R*,4*E*,8*Z*)-2-*N*- 棕榈酰十八碳鞘氨醇 -4,8- 二烯 1-*O*-*α*-D-glucopyranosyl-(2*S*,3*R*,4*E*,8*Z*)-2-*N*-palmitoyloctade-casphinga-4,8-dienine

1-*O*-*β*-D- 吡喃葡萄糖基 -(2*S*,3*S*,4*R*,10*E*)-2-[(2'*R*)-2'- 羟基二十三

烷酰 - 氨]-10- 十八碳烯 -1,3,4- 三醇 1-*O*-*β*-D-glucopyranosyl-(2*S*,3*S*,4*R*,10*E*)-2-[(2'*R*)-2'-hydroxyltricosanoyl-amino]-10-octadecene-1,3,4-triol

1-*O*-*β*-D- 吡喃葡萄糖基 -(2*S*,3*S*,4*R*,10*Z*)-2-[(2'*R*)-2'- 羟基二十四烷酰 - 氨]-10- 十八碳烯 -1,3,4- 三醇 1-*O*-*β*-D-glucopyranosyl-(2*S*,3*S*,4*R*,10*Z*)-2-[(2'*R*)-2'-hydroxylignocenoyl-amino]-10-octadecene-1,3,4-triol

1-*O*-*β*-D- 吡喃葡萄糖基 -(2*S*,3*S*,4*R*,5*E*,9*Z*)-2-*N*-(2'- 羟基二十四碳酰氨基)- 1,3,4- 三羟基 - 十八碳 -5,9- 二烯 1-*O*-*β*-D-glucopyranosyl-(2*S*,3*S*,4*R*,5*E*,9*Z*)-2-*N*-(2'-hydroxytetracosanamido)-1,3,4-trihydroxy-5,9-octadecadiene

1-*O*-*β*-D- 吡喃葡萄糖基 -(2*S*,3*S*,4*R*,8*E*)-2-[(2'*R*)-2'- 羟基二十四酰基]-3,4- 二羟基 -8- 十八烯 1-*O*-*β*-D-glucopyranosyl-(2*S*,3*S*,4*R*,8*E*)-2*N*-[(2'*R*)-2'-hydroxytetracosanoyl]-3,4-dihydroxy-8-octadecene

1-*O*-*β*-D- 吡喃葡萄糖基 -(2*S*,3*S*,4*R*,8*E*)-2-[(2*R*)-2- 羟基十四酰氨基]-1,3,4- 十八烷三醇 -8- 烯 1-*O*-*β*-D-glucopyranosyl-(2*S*,3*S*,4*R*,8*E*)-2-[(2*R*)-2-hydroxytetracosanoylamino]-1,3,4-octodecanetriol-8-ene

1-*O*-*β*-D- 吡喃葡萄糖基 -(2*S*,3*S*,4*R*,8*E*)-2-[(2'*R*)-2'- 羟基棕榈酰氨基]-8- 十八烯 -1,3,4- 三醇 1-*O*-*β*-D-glucopyranosyl-(2*S*,3*S*,4*R*,8*E*)-2-[(2'*R*)-2'-hydroxypalmitoylamino]-8-octadecene-1,3,4-triol

1-*O*-*β*-D- 吡喃葡萄糖基 -(2*S*,3*S*,4*R*,8*E*/*Z*)-2-[(2*R*)- 2- 羟基二十二碳酰氨]-8- 十八烯 -1,3,4- 三醇 1-*O*-*β*-D-glucopyranosyl-(2*S*,3*S*,4*R*,8*E*/*Z*)-2-[(2*R*)-2-hydroxydocosanoyl)amino]-8-octadecene-1,3,4-triol

1-*O*-*β*-D- 吡喃葡萄糖基 -(2*S*,3*S*,4*R*,8*E*/*Z*)-2-[(2'*R*)-2'- 羟基二十二烷酰氨基]-8- 十八碳烯 -1,3,4- 三醇 1-*O*-*β*-D-glucopyranosyl-(2*S*,3*S*,4*R*,8*E*/*Z*)-2-[(2'*R*)-2'-hydroxydocosanoylamino]-8-octadecene-1,3,4-triol

1-*O*-*β*-D- 吡喃葡萄糖基 -(2*S*,3*S*, 4*R*,8*E*/*Z*)-2-[(2*R*)-2- 羟基二十三碳酰氨]-8- 十八烯 -1,3,4- 三醇 1-*O*-*β*-D-glucopyranosyl-(2*S*,3*S*,4*R*,8*E*/*Z*)-2-[(2*R*)-2-hydroxytricosanoylamino]-8-octadecene-1,3,4-triol

1-*O*-*β*-D- 吡喃葡萄糖基 -(2*S*,3*S*,4*R*,8*E*/*Z*)-2-[(2*R*)-2- 羟基二十四碳酰氨]-8- 十八烯 -1,3,4- 三醇 1-*O*-*β*-D-glucopyranosyl-(2*S*,3*S*,4*R*,8*E*/*Z*)-2-[(2*R*)-2-hydroxytetracosanoylamino]-8-octadecene-1,3,4-triol

1-*O*-*β*-D- 吡喃葡萄糖基 -(2*S*,3*S*,4*R*,8*E*/*Z*)-2-[(2'*R*)-2'- 羟基二十四烷酰氨基)]-8- 十八烯 -1,3,4- 三醇 1-*O*-*β*-D-glucopyranosyl-(2*S*,3*S*,4*R*,8*E*/*Z*)-2-[(2'*R*)-2'-hydroxytetracosanoylamino)]-8-octadecene-1,3,4-triol

1-*O*-*β*-D- 吡喃葡萄糖基 -(2*S*,3*S*,4*R*,8*E*/*Z*)-2-[(2'*R*)-2'- 羟基二十四烷酰氨基]-8- 十八碳烯 -1,3,4- 三醇 1-*O*-*β*-D-glucopyranosyl-(2*S*,3*S*,4*R*,8*E*/*Z*)-2-[(2'*R*)-2'-hydroxytetracosanoylamino]-8-octadecene-1,3,4-triol

1-*O*-*β*-D- 吡喃葡萄糖基 -(2*S*,3*S*,4*R*,8*E*/*Z*)-2-[(2*R*)- 2- 羟基二十五碳酰氨]-8- 十八烯 -1,3,4- 三醇 1-*O*-*β*-D-glucopyranosyl-(2*S*,3*S*,4*R*,8*E*/*Z*)-2-[(2*R*)-2-hydroxypentacosanoylamino]-8-octadecene-1,3,4-triol

1-*O*-*β*-D- 吡喃葡萄糖基 -(2*S*,3*S*,4*R*,8*E*/*Z*)-2-[(2'*R*)-2'- 羟基三十二烷酰]-8- 十八碳烯 -1,3,4- 三醇 1-*O*-*β*-D-glucopyranosyl-(2*S*,3*S*,4*R*,8*E*/*Z*)-2-[(2'*R*)-2'-hydroxytricosanoylamino]-8-octadecene-1,3,4-triol

1-*O*-*β*-D- 吡喃葡萄糖基 -(2*S*,3*S*,4*R*,8*E*/*Z*)-2- 氨基 -8- 十八碳烯 -1,3,4- 三醇 1-*O*-*β*-D-glucopyranosyl-(2*S*,3*S*,4*R*,8*E*/*Z*)-2-amino-8-octadecene-1,3,4-triol

1-*O*-*β*-D- 吡喃葡萄糖基 -(2*S*,3*S*,4*R*,8*Z*)-2-[(2*R*)-2- 羟基二十二烷酰氨基]-8- 十八碳烯 -1,3,4- 三醇 1-*O*-*β*-D-glucopyranosyl-(2*S*,3*S*,4*R*,8*Z*)-2-[(2*R*)-2-hydroxydocosanoylamino]-8-octadecene-1,3,4-triol

1-*O*-*β*-D- 吡喃葡萄糖基 -(2*S*,3*S*,4*R*,8*Z*)-2-[(2*R*)-2- 羟基二十二酰胺基]-8- 十八烯 -1,3,4- 三醇 1-*O*-*β*-D-glucopyranosyl-(2*S*,3*S*,4*R*,8*Z*)-2-[(2*R*)-2-hydroxyl docosylamino]-8-octadecene-1,3,4-triol

1-*O*-*β*-D- 吡喃葡萄糖基 -(2*S*,3*S*,4*R*,8*Z*)-2-[(2'*R*)-2'- 羟基二十二酰二十六酰 , 二十八酰氨基]-1,3,4- 十八碳三醇 -8- 烯 1-*O*-*β*-D-glucopyranosyl-(2*S*,3*S*,4*R*,8*Z*)-2-[(2'*R*)-2'-hydroxydocosanoylhexacosanoyl, octacosanoyl amino]-1,3,4-octadecanetriol-8-ene

1-*O*-*β*-D- 吡喃葡萄糖基 -(2*S*,3*S*,4*R*,8*Z*)-2-[(2'*R*)-2'- 羟基棕榈酰氨基]-8- 十八烯 -1,3,4- 三醇 1-*O*-*β*-D-glucopyranosyl(2*S*,3*S*,4*R*,8*Z*)-2-[(2'*R*)-2'-hydroxypal-mitoylamino]-8-octadecene-1,3,4-triol

1-*O*-*β*-D- 吡喃葡萄糖基 -(2*S*,3*S*,4*R*,8*Z*)-2-*N*-(2'- 羟基二十四酰) 十七鞘氨 -8- 烯 1-*O*-*β*-D-glucopyranosyl-(2*S*,3*S*,4*R*,8*Z*)-2-*N*-(2'-hydroxytetracosanoyl)heptadecasphinga-8-ene

1-*O*-*β*- 吡喃葡萄糖基 -(2*S*,3*S*,4*R*,8*Z*)-2-*N*-[(2'*R*)- 羟基二十四酰]-4- 羟基 -8- 神经鞘氨二烯醇 1-*O*-*β*-glucopyranosyl-(2*S*,3*S*,4*R*,8*Z*)-2-*N*-[(2'*R*)-hydroxytetracosanoyl]-4-hydroxy-8-sphingenine

1-*O*-*β*-D- 吡喃葡萄糖基 -(2*S*,3*S*,4*R*,8*Z*,12*E*)-2-*N*-[(2'*R*)-2'- 羟基二十七烷酰基]-8,12- 二十二烷二烯 -1,3,4- 三醇 1-*O*-*β*-D-glucopyranosyl-(2*S*,3*S*,4*R*,8*Z*,12*E*)-2-*N*-[(2'*R*)-2'-hydroxyheptacosanoyl]-8,12-docosadiene-1,3,4-triol

3-*O*-*β*-D- 吡喃葡萄糖基 -(3*R*)-1- 辛烯 -3- 醇 3-*O*-*β*-D-glucopyranosyl-(3*R*)-1-octen-3-ol

3-*O*-*β*-D- 吡喃葡萄糖基 -(3*R*)-4- 二羟基丁酸 3-*O*-*β*-D-glucopyranosyl-(3*R*)-4-dihydroxybutanoic acid

7-*O*-*α*-D- 吡喃葡萄糖基 -(6'''- 对羟基桂皮酰)-3,4'- 二羟基 -3'-(4-羟基 -3- 甲基丁基)-5,6- 二甲氧基黄酮 7-*O*-*α*-D-glucopyranosyl-(6'''-*p*-hydroxcinnamoyl)-3,4'-dihydroxy-3'-(4-hydroxy-3-methylbutyl)-5,6-dimethoxyflavone

4-*O*-*β*-D- 吡喃葡萄糖基 -(*Z*)- 对香豆酸 4-*O*-*β*-D-glucopyranosyl-(*Z*)-*p*-coumaric acid

3-*O*-[*β*-D- 吡喃葡萄糖基)-(1 → 4)-*β*-D- 吡喃葡萄糖基 -(1 → 4)-*α*-L- 吡喃阿拉伯糖基]- 常春藤皂苷元 -28-*O*-[*α*-L- 吡喃鼠李糖基 -(1 → 4)-*β*-D- 吡喃葡萄糖基 -(1 → 6)-*β*-D- 吡喃葡萄糖基] 酯苷 3-*O*-[*β*-D-glucopyranosyl)-(1 → 4)-*β*-D-glucopyranosyl-(1→4)-*α*-L-arabinopyranosyl]-hederagenin-28-*O*-[*α*-L-rhamnopyranosyl-(1 → 4)-*β*-D-glucopyranosyl-(1 → 6)-*β*-D-glucopyranosyl]ester

1-*O*-(*β*-D- 吡喃葡萄糖基)-(2*S*,3*S*)-2-[(2'*R*)-2'- 羟基十六酰氨基]-4(*E*),8(*E*)- 十八二烯 -1,3- 二醇 1-*O*-(*β*-D-glucopyranosyl)-(2*S*,3*S*)-2-[(2'*R*)-2'-hydroxyhexadecanoylamino]-4(*E*),8(*E*)-octadecadien-1,3-diol

1-*O*-(*β*-D- 吡喃葡萄糖基)-(2*S*,3*S*,4*E*,8*E*)-2-(2*R*- 羟基 - 十六酰氨)- 十八碳二烯 -1,3- 二醇 1-*O*-(*β*-D-glucopyranosyl)-(2*S*,3*S*,4*E*,8*E*)-2-(2*R*-hydroxy-hexadecanoylamino)-octadecadiene-1,3-diol

1-*O*-(*β*-D- 吡喃葡萄糖基)-(2*S*,3*S*,4*E*,8*E*)-2-[(2'*R*)-2'- 羟基棕榈酰胺]-4(*E*),8(*E*)- 十八碳二烯 -1,3- 二醇 1-*O*-(*β*-D-glucopyranosyl)-(2*S*,3*S*,4*E*,8*E*)-2-[(2'*R*)-2'-hydroxyhexadecanoylamino]-4(*E*),8(*E*)-octadecadiene-1,3-diol

1-*O*-(*β*-D- 吡喃葡萄糖基)-(2*S*,3*S*,4*R*,8*Z*)-2[(2*R*')-2'- 羟基二十二烷氨基]-8(*Z*)- 十八烯 -1,3,4- 三醇 1-*O*-(*β*-D-glucopyranosyl)-(2*S*,3*S*,4*R*,8*Z*)-2[(2*R*')-2'-hydroxydocosanoilamino]-8(*Z*)-octadecene-1,3,4-triol

1-*O*-(*β*-D- 吡喃葡萄糖基)-(2*S*,3*S*,4*R*,8*Z*)- 2-[(棕榈酰基) 氨基] 十八碳 -8- 烯 -1,3,4- 三醇 1-*O*-(*β*-D-glucopyranosyl)-(2*S*,3*S*,4*R*,8*Z*)-2-[(palmitoyl)amino]octadec-8-ene-1,3,4-triol

3-*O*-(2-*O*-*β*-D- 吡喃葡萄糖基)-(6-*O*- 甲基)-*β*-D- 吡喃葡萄糖醛

酸基 -21,22- 二 -*O*- 当归酰基 -R_1- 玉蕊精醇▲ 3-*O*-(2-*O*-*β*-D-glucopyranosyl)-(6-*O*-methyl)-*β*-D-glucuronopyranosyl-21,22-di-*O*-angeloy-R_1-barrigenol

3-*O*-(2-*O*-*β*-D- 吡喃葡萄糖基)-(6-*O*- 甲基)-*β*-D- 吡喃葡萄糖醛酸基 -21-*O*-(3',4'- 二 -*O*- 当归酰基)-*β*-D- 吡喃岩藻糖基 -22-*O*- 乙酰基 -R_1- 玉蕊精醇▲ 3-*O*-(2-*O*-*β*-D-glucopyranosyl)-(6-*O*-methyl)-*β*-D-glucuronopyranosyl-21-*O*-(3',4'-di-*O*-angeloyl)-*β*-D-fucopyranosyl-22-*O*-acetyl-R_1-barrigenol

3*β*-*O*-(*β*-D- 吡喃葡萄糖基)-16*β*- 乙酰氧基 -14- 羟基 -5*β*,14*β*- 强心甾 -20(22)- 烯内酯 3*β*-*O*-(*β*-D-glucopyranosyl)-16*β*-acetoxy-14-hydroxy-5*β*,14*β*-card-20(22)-enolide

1-(1-*β*- 吡喃葡萄糖基)-1*H*- 吲哚 -3- 醛 1-(1-*β*-glucopyranosyl)-1*H*-indole-3-carbaldehyde

6-*O*-(*β*-D- 吡喃葡萄糖基)-1-*O*- 癸酰基 -*β*-D- 吡喃葡萄糖 6-*O*-(*β*-D-glucopyranosyl)-1-*O*-decanoyl-*β*-D-glucopyranose

(*R*)-1-*O*-(*β*-D- 吡喃葡萄糖基)-2-[2- 甲氧基 -4-(*ω*- 羟基丙基)- 苯氧基]- 丙烷 -3- 醇 (*R*)-1-*O*-(*β*-D-glucopyranosyl)-2-[2-methoxy-4-(*ω*-hydroxypropyl)-phenoxyl]-propan-3-ol

(*R*)-1-*O*-(*β*-D- 吡喃葡萄糖基)-2-[2- 甲氧基 -4- 羟基丙基 - 苯氧基]- 丙烷 -3- 醇 (*R*)-1-*O*-(*β*-D-glucopyranosyl)-2-[2-methoxy-4-hydroxypropyl-phenoxyl]-propan-3-ol

(25*S*)-26-(*β*-D- 吡喃葡萄糖基)-22 ξ - 羟基呋甾 -12- 酮 -3*β*-*O*-*α*-L- 吡喃鼠李糖基 -(1 → 4)-*β*-D- 吡喃葡萄糖基 -(1 → 3)-*O*-[*O*-*β*-D- 吡喃葡萄糖基 -(1 → 2)]-*O*-*β*-D- 吡喃葡萄糖基 -(1 → 4)-*β*-D- 吡喃半乳糖苷 (25*S*)-26-(*β*-D-glucopyranosyl)-22 ξ -hydroxyfurost-12-one-3*β*-*O*-*α*-L-rhamnopyranosyl-(1 → 4)-*β*-D-glucopyranosyl-(1 → 3)-*O*-[*O*-*β*-D-glucopyranosyl-(1 → 2)]-*O*-*β*-D-glucopyranosyl-(1 → 4)-*β*-D-galactopyranoside

(25*S*)-26-(*β*-D- 吡喃葡萄糖基)-22 ξ - 羟基呋甾 -5- 烯 -12- 酮 -3*β*-*O*-*α*-L- 吡喃鼠李糖基 -(1 → 4)-*β*-D- 吡喃葡萄糖基 -(1 → 3)-*O*-[*O*-*β*-D- 吡喃葡萄糖基 -(1 → 2)]-*O*-*β*-D- 吡喃葡萄糖基 -(1 → 4)-*β*-D- 吡喃半乳糖苷 (25*S*)-26-(*β*-D-glucopyranosyl)-22 ξ -hydroxyfurost-5-en-12-one-3*β*-*O*-*α*-L-rhamnopyranosyl-(1 → 4)-*β*-D-glucopyranosyl-(1 → 3)-*O*-[*O*-*β*-D-glucopyranosyl-(1 → 2)]-*O*-*β*-D-glucopyranosyl-(1 → 4)-*β*-D-galactopyranoside

26-*O*-(*β*-D- 吡喃葡萄糖基)-22- 甲氧基 -25D,5*α*- 呋甾 -3*β*,26- 二醇 -3-*O*-*β*- 石蒜四糖苷 26-*O*-(*β*-D-glucopyranosyl)-22-methoxy-25D,5*α*-furostan-3*β*,26-diol-3-*O*-*β*-lycotetraoside)

3-*O*-(*β*-D- 吡喃葡萄糖基)-24*β*- 乙基 -5*α*- 胆甾 -7,22,25(27)- 三烯 -3*β*- 醇 3-*O*-(*β*-D-glucopyranosyl)-24*β*-ethyl-5*α*-cholesta-7,22,25(27)-trien-3*β*-ol

4'-*O*-(*β*-D- 吡喃葡萄糖基)-3,3',4- 三 -*O*- 甲基鞣花酸 4'-*O*-(*β*-D-glucopyranosyl)-3,3',4-tri-*O*-methylellagic acid

(2*S*,3*S*,4*R*,8*E*)-1-(*β*-D- 吡喃葡萄糖基)-3,4- 二羟基 -2-[(*R*)-2'- 羟基棕榈酰基] 氨 -8- 十七烯 (2*S*,3*S*,4*R*,8*E*)-1-(*β*-D-glucopyranosyl)-3,4-dihydroxy-2-[(*R*)-2'-hydroxypalmitoyl]amino-8-heptadecaene

3-[4-(*β*-D- 吡喃葡萄糖基)-3,5- 二甲氧基苯基]-(反式)-2- 丙烯醛 3-[4-(*β*-D-glucopyranosyloxy)-3,5-dimethoxyphenyl]-(*E*)-2-propenal

(3*S*)-3-*O*-(*α*-D- 吡喃葡萄糖基)-3,7- 二甲基 - 辛 -1,5- 二烯 -3,7- 二醇 (3*S*)-3-*O*-(*α*-D-glucopyranosyl)-3,7-dimethylocta-1,5-dien-3,7-diol

16*β*-(*β*-D- 吡喃葡萄糖基)-3,8,- 二羟基羊毛脂 -5,22- 二烯 -11- 甲氧基 -1-[6-*O*-(2,3- 二甲氧基苯甲酰基)-*β*-D- 吡喃葡萄糖醛酸 16*β*-(*β*-D-glucopyranosyl-3,8,-dihydroxylanostan-5,22-dien-11-methoxy-1-[6-*O*-(2,3-dimethoxybenzoyl)-*β*-D-glucuronopyranoside]

(22*S*)-1*β*-(*O*-*β*-D- 吡喃葡萄糖基)-3*β*,22- 二羟基胆甾 -5- 烯 -16*β*-*β*-D- 呋喃芹糖苷 (22*S*)-1*β*-(*O*-*β*-D-glucopyranosyl)-3*β*,22-dihydroxycholest-5-en-16*β*-*β*-D-apiofuranoside

(7*S*,8*R*)-1-[4-*O*-(*β*-D- 吡喃葡萄糖基)-3- 甲氧苯基]-2-[4-(3- 丙醇基)-2,6- 二甲氧苯氧基]-1,3- 丙二醇 (7*S*,8*R*)-1-[4-*O*-(*β*-D-glucopyranosyl)-3-methoxyphenyl]-2-[4-(3-hydroxypropyl)-2,6-dimethoxyphenoxy]-1,3-propanediol

(7*S*,8*R*)-1-[4-*O*-(*β*-D- 吡喃葡萄糖基)-3- 甲氧苯基]-2-[4-(3- 丙醇基)-2- 甲氧苯氧基]-1,3- 丙二醇 (7*S*,8*R*)-1-[4-*O*-(*β*-D-rhamnopyranosyl)-3-methoxyphenyl]-2-[4-(3-hydroxypropyl)-2-methoxyphenoxy]-1,3-propanediol

(2*S*,3*R*,4*E*,8*E*)-1-(*β*-D- 吡喃葡萄糖基)-3- 羟基 -2-(棕榈酰基) 氨基 -4,8- 十八二烯 (2*S*,3*R*,4*E*,8*E*)-1-(*β*-D-glucopyranosyl)-3-hydroxy-2-(palmitoyl)amino-4,8-octadecadiene

(2*S*,3*R*,8*E*)-1-(*β*-D- 吡喃葡萄糖基)-3- 羟基 -2-[(*R*)-2'- 羟基棕榈酰基] 氨 -8- 十七烯 (2*S*,3*R*,8*E*)-1-(*β*-D-glucopyranosyl)-3-hydroxy-2-[(*R*)-2'-hydroxypalmitoyl]amino-8-octadecaene

(2*S*,3*R*,4*E*,8*E*,10*E*)-1-(*β*-D- 吡喃葡萄糖基)-3- 羟基 -2-[(*R*)-2'- 羟基棕榈酰基] 氨基 -4,8,10- 十八三烯 (2*S*,3*R*,4*E*,8*E*,10*E*)-1-(*β*-D-glucopyranosyl)-3-hydroxy-2-[(*R*)-2'-hydroxypalmitoyl]amino-4,8,10-octadecatriene

6-(4'-*O*-*β*-D- 吡喃葡萄糖基)-4- 甲氧基 -2- 吡喃酮 6-(4'-*O*-*β*-D-glucopyranosylstyryl)-4-methoxy-2-pyrone

(3*R*)-3-(*β*-D- 吡喃葡萄糖基)-4- 羟基丁酸 (3*R*)-3-(*β*-D-glucopyranosyloxy)-4-hydroxybutanoic acid

(25*R*)-6-*O*-(*β*-D- 吡喃葡萄糖基)-5*α*- 螺甾 -3*β*,6*α*- 二醇 (25*R*)-6-*O*-(*β*-D-glucopyranosyl)-5*α*-spirostan-3*β*,6*α*-diol

(2*S*,3*R*,4*E*,8*E*,2'*R*)-1-*O*-(*β*-D- 吡喃葡萄糖基)-*N*-(2'- 羟基二十酰基)- 4,8- 神经鞘二烯氨醇 (2*S*,3*R*,4*E*,8*E*,2'*R*)-1-*O*-(*β*-D-glucopyranosyl)-*N*-(2'-hydroxyeicosanoyl)-4,8-sphingadienine

(4*E*,8*Z*)-1-*O*-(*β*-D- 吡喃葡萄糖基)-*N*-(2'- 羟基十六酰基)- 鞘氨 -4,8- 二烯 (4*E*,8*Z*)-1-*O*-(*β*-D-glucopyranosyl)-*N*-(2'-hydroxyhexadecanoyl)-sphinga-4,8-dienine

{6''-*O*-{ 飞燕草素 -3-*O*-[6''-*O*-(*β*-D- 吡喃葡萄糖基)-*β*-D- 吡喃葡萄糖基]}}{6''-*O*-[芹菜苷元 -7-*O*-(*β*-D- 吡喃葡萄糖基)]}} 丙二酸酯 {6''-*O*-{delphinidin-3-*O*-[6''-*O*-(*β*-D-glucopyransoyl)-*β*-D-glucopyranosyl]}}{6''-*O*-[apigenin-7-*O*-(*β*-D-glucopyranosyl)]}} malonate

6'''-(4''''-*O*-*β*-D- 吡喃葡萄糖基)- 苯甲酰酸枣素▲ 6'''-(4''''-*O*-*β*-D-glucopyranosyl)-benzoylspinosin

(25*R*)-26-*O*-(*β*-D- 吡喃葡萄糖基)- 呋甾 -1*β*,3*β*,22*α*,26- 四醇 -3-*O*-*β*-D- 吡喃葡萄糖基 -(1 → 4)-*β*-D- 吡喃葡萄糖基 -(1 → 2)-*β*-D- 吡喃葡萄糖苷 (25*R*)-26-*O*-(*β*-D-glucopyranosyl)-furost-1*β*, 3*β*,22*α*,26-tetrol-3-*O*-*β*-D-glucopyranosyl-(1 → 4)-*β*-D-glucopyranosyl-(1 → 2)-*β*-D-glucopyranoside

(25*S*)-26-*O*-(*β*-D- 吡喃葡萄糖基)- 呋甾 -1*β*,3*β*,22*α*,26- 四醇 -3-*O*-*β*-D- 吡喃葡萄糖基 -(1 → 4)-*β*-D- 吡喃葡萄糖基 -(1 → 2)-*β*-D- 吡喃葡萄糖苷 (25*S*)-26-*O*-(*β*-D-glucopyranosyl)-furost-1*β*, 3*β*,22*α*,26-tetrol-3-*O*-*β*-D-glucopyranosyl-(1 → 4)-*β*-D-glucopyranosyl-(1 → 2)-*β*-D-glucopyranoside

(25*R*)-26-*O*-(*β*-D- 吡喃葡萄糖基)- 呋甾 -5- 烯 -3*β*,22*α*,26- 三醇 -3-*O*-*β*-D- 吡喃葡萄糖基 -(1 → 2)-*β*-D- 吡喃葡萄糖基 -(1 → 4)-*β*-D- 吡喃葡萄糖苷 (25*R*)-26-*O*-(*β*-D-glucopyranosyl)-furost-5-en-3*β*,22*α*,26-triol-3-*O*-*β*-D-glucopyranosyl-(1 → 2)-*β*-D-glucopyranosyl-(1 → 4)-*β*-D-glucopyranoside

(25*S*)-26-*O*-(*β*-D- 吡喃葡萄糖基)- 呋甾 -5- 烯 -3*β*,22*α*,26- 三醇 -3-*O*-*β*-D- 吡喃葡萄糖基 -(1 → 2)-*β*-D- 吡喃葡萄糖基 -(1 → 4)-*β*-D- 吡喃葡萄糖苷 (25*S*)-26-*O*-(*β*-D-glucopyranosyl)-furost-5-en-3*β*,22*α*,26-triol-3-*O*-*β*-D-glucopyranosyl-(1 → 2)-*β*-D-glucopyranosyl-(1 → 4)-*β*-D-glucopyranoside

3-*O*-(*β*-D- 吡喃葡萄糖基)- 藜芦黄化碱▲ 3-*O*-(*β*-D-glucopyranosyl)-

etioline
(-)-2α-O-(β-D- 吡喃葡萄糖基)- 南烛树脂醇 (-)-2α-O-(β-D-glucopyranosyl)-lyoniresinol
(-)-3α-O-(β-D- 吡喃葡萄糖基)- 南烛树脂醇 (-)-3α-O-(β-D-glucopyranosyl)-lyoniresinol
4-(O-β-D- 吡喃葡萄糖基)- 羟基 -7-(3',4'- 二羟基苯甲酰基)- 苄醇 4-(O-β-D-glucopyranosyl)-hydroxy-7-(3',4'-dihydroxybenzoyl)-benzyl alcohol
6'''-(4''''-O-β-D- 吡喃葡萄糖基)- 香荚兰酰酸枣素▲ 6'''-(4''''-O-β-D-glucopyranosyl)-vanilloylspinosin
(25R)-26-[(β-D- 吡喃葡萄糖基) 氧基]-12α- 羟基 -3β-[(O-α-L- 吡喃鼠李糖基 -(1 → 2)-O-[α-L- 吡喃鼠李糖基 -(1 → 4)]-β-D- 吡喃葡萄糖基) 氧基] 胆甾 -5- 烯 -16,22- 二酮 (25R)-26-[(β-D-glucopyranosyl)oxy]-12α-hydroxy-3β-[(O-α-L-rhamnopyranosyl-(1→2)-O-[α-L-rhamnopyranosyl-(1→4)]-β-D-glucopyranosyl)oxy]cholest-5-en-16,22-dione
(25R)-26-[(β-D- 吡喃葡萄糖基) 氧基]-1α- 羟基 -22α- 甲氧基呋甾 -5- 烯 -3β-O-α-L- 吡喃鼠李糖基 -(1 → 2)-O-[α-L- 吡喃鼠李糖基 -(1 → 4)]-β-D- 吡喃葡萄糖苷 (25R)-26-[(β-D-glucopyranosyl)oxy]-1α-hydroxy-22α-methoxyfurost-5-en-3β-O-α-L-rhamnopyranosyl-(1→2)-O-[α-L-rhamnopyranosyl-(1→4)]-β-D-glucopyranoside
(25R)-26-[(β-D- 吡喃葡萄糖基) 氧基]-22α- 甲氧基呋甾 -5- 烯 -3β-O-α-L- 吡喃鼠李糖基 -(1 → 2)-O-[α-L- 吡喃鼠李糖基 -(1 → 4)]-β-D- 吡喃葡萄糖苷 (25R)-26-[(β-D-glucopyranosyl)oxy]-22α-methoxyfurost-5-en-3β-O-α-L-rhamnopyranosyl-(1 → 2)-O-[α-L-rhamnopyranosyl-(1 → 4)]-β-D-glucopyranoside
(22S)-1β-[(β-D- 吡喃葡萄糖基) 氧基]-3β,22- 二羟基胆甾 -5- 烯 -16β-α-L- 吡喃鼠李糖苷 (22S)-1β-[(β-D-glucopyranosyl)oxy]-3β,22-dihydroxycholest-5-en-16β-α-L-rhamnopyranoside
(23S,24S)-24-[(O-β-D- 吡喃葡萄糖基) 氧基]-3β,23- 二羟基螺甾 -5,25(27)- 二烯 -1β-O-(4-O- 乙酰基 -α-L- 吡喃鼠李糖基)-(1→2)-O-[β-D-吡喃木糖基-(1→3)]-α-L-吡喃阿拉伯糖苷 (23S,24S)-24-[(O-β-D-glucopyranosyl)oxy]-3β,23-dihydroxyspirosta-5,25(27)-dien-1β-O-(4-O-acetyl-α-L-rhamnopyranosyl)-(1→2)-O-[β-D-xylopyranosyl-(1 → 3)]-α-L-arabinopyranoside
(25R)-26-[(β-D- 吡喃葡萄糖基) 氧基]-3β-[(O-α-L- 吡喃鼠李糖基 -(1 → 2)-O-[α-L- 吡喃鼠李糖基 -(1 → 4)]-β-D- 吡喃葡萄糖基) 氧基] 胆甾 -5- 烯 -16,22- 二酮 (25R)-26-[(β-D-glucopyranosyl)oxy]-3β-[(O-α-L-rhamnopyranosyl-(1→2)-O-[α-L-rhamnopyranosyl-(1 → 4)]-β-D-glucopyranosyl)oxy]cholest-5-en-16,22-dione
3β-(β-D- 吡喃葡萄糖基) 异海松 -7,15- 二烯 -11α,12α- 二醇 3β-(β-D-glucopyranosyl)isopimara-7,15-diene-11α,12α-diol
3'-O-β-D- 吡喃葡萄糖基 -[2'',3:7,8] 呋喃黄酮 3'-O-β-D-glucopyranosyl-[2'',3:7,8]furanoflavone
1-O-[β-D- 吡喃葡萄糖基]-(2S,3R,5R,9E)-2-N-[十三碳酰基]- 二十九碳鞘 -9- 烯 1-O-[β-D-glucopyranosyl]-(2S,3R,5R,9E)-2-N-[tridecanoyl]-nonacosasphinga-9-ene
1-O-[β-D- 吡喃葡萄糖基]-(2S,3R,9E)-3- 羟甲基 -2-N-[(2R)- 羟基二十九碳酰基]- 十三碳鞘 -9- 烯 1-O-[β-D-glucopyranosyl]-(2S,3R,9E)-3-hydroxymethyl-2-N-[(2R)-hydroxynonacosanoyl]-tridecasphinga-9-ene
1-O-[β-D- 吡喃葡萄糖基]-(2S,3R,9E,12E)-2-N-[(2R)- 羟基二十四碳酰基]- 十八碳鞘 -9,12- 二烯 1-O-[β-D-glucopyranosyl]-(2S,3R,9E,12E)-2-N-[(2R)-hydroxytetracosanoyl]-octadecasphinga-9,12-diene
3-O-[β-D- 吡喃葡萄糖基]-28-O-[α-L- 吡喃鼠李糖基 -(1 → 2)-β-D- 吡喃葡萄糖基] 阿江榄仁酸 3-O-[β-D-glucopyranosyl]-28-O-[α-L-rhamnopyranosyl-(1 → 2)-β-D-glucopyranosyl]arjunolic acid
3-O-[β-D- 吡喃葡萄糖基]-28-O-[α-L- 吡喃鼠李糖基 -(1 → 2)-β-D- 吡喃葡萄糖基] 积雪草酸 3-O-[β-D-glucopyranosyl]-28-O-[α-L-rhamnopyranosyl-(1 → 2)-β-D-glucopyranosyl]asiatic acid
3-O-[β-D- 吡喃葡萄糖基]-28-O-[α-L- 吡喃鼠李糖基 -(1 → 2)-β-D- 吡喃葡萄糖基] 山楂酸 3-O-[β-D-glucopyranosyl]-28-O-[α-L-rhamnopyranosyl-(1 → 2)-β-D-glucopyranosyl]maslinic acid
(25R)-26-[(O-β-D- 吡喃葡萄糖基] 氧基]- 呋甾 -5,20(22)- 二烯 -3β-O-α-L- 吡喃鼠李糖基 -(1 → 2)-O-[β-D- 吡喃葡萄糖基 -(1 → 4)]-β-D- 吡喃半乳糖苷 (25R)-26-[(O-β-D-glucopyranosyl)oxy]-furosta-5,20(22)-dien-3β-O-α-L-rhamnopyranosyl-(1 → 2)-O-[β-D-glucopyranosyl-(1 → 4)]-β-D-galactopyranoside
β-D- 吡喃葡萄糖基 -1-(3,4- 二羟基桂皮酸酯) β-D-glucopyranosyl-1-(3,4-dihydroxycinnamate)
β-D- 吡喃葡萄糖基 -1-(3,7- 二甲基 -2- 反式 -6- 辛二烯酸酯) β-D-glucopyranosyl-1-(3,7-dimethyl-2-trans-6-octadienoate)
β-D- 吡喃葡萄糖基 -1-(对羟基桂皮酸酯) β-D-glucopyranosyl-1-(p-hydroxycinnamate)
8-O-β-D- 吡喃葡萄糖基 -1,1',8'- 三羟基 -3,3'- 二甲基 -2,7'- 联蒽醌 8-O-β-D-glucopyranosyl-1,1',8'-trihydroxy-3,3'-dimethyl-2,7'-bianthraquinone
(2E,6E)-10-β- 吡喃葡萄糖基 -1,10,11- 三羟基 -3,7,11- 三甲基十二烷 -2,6- 二烯 (2E,6E)-10-β-glucopyranosyl-1,10,11-trihydroxy-3,7,11-trimethyldodeca-2,6-diene
8-O-β-D- 吡喃葡萄糖基 -1,3,5,8- 四羟基叫酮 8-O-β-D-glucopyranosyl-1,3,5,8-tetrahydroxyxanthone
8-O-β-D- 吡喃葡萄糖基 -1,3,5- 三羟基叫酮 8-O-β-D-glucopyranosyl-1,3,5-trihydroxyxanthone
2-O-β-D- 吡喃葡萄糖基 -1,3,6,7- 四羟基叫酮 2-O-β-D-glucopyranosyl-1,3,6,7-tetrahydroxyxanthone
2-C-β-D- 吡喃葡萄糖基 -1,3,7- 三羟基叫酮 2-C-β-D-glucopyranosyl-1,3,7-trihydroxyxanthone
6-β-D- 吡喃葡萄糖基 -1,3,7- 三羟基叫酮 6-β-D-glucopyranosyloxy-1,3,7-trihydroxy-xanthone
8-O-β-D- 吡喃葡萄糖基 -1,3,7- 三羟基叫酮 8-O-β-D-glucopyranosyl-1,3,7-trihydroxanthone
5-O-β-D- 吡喃葡萄糖基 -1,3,8- 三羟基 -5,6,7,8- 四甲氧基叫酮 5-O-β-D-glucopyranosyl-1,3,8-trihydroxy-5,6,7,8-tetrahydroxanthone
5-O-β-D- 吡喃葡萄糖基 -1,3,8- 三羟基叫酮 5-O-β-D-glucopyranosyl-1,3,8-trihydroxyxanthone
1-O-β-D- 吡喃葡萄糖基 -1,3- 二羟基 -4,5- 二甲氧基叫酮 1-O-β-D-glucopyranosyl-1,3-dihydroxy-4,5-dimethoxyxanthone
3-O-β-D- 吡喃葡萄糖基 -1,3- 二羟基 -4,5- 二甲氧基叫酮 3-O-β-D-glucopyranosyl -1,3-dihydroxy-4,5-dimethoxyxanthone
(R)-1-O-β-D- 吡喃葡萄糖基 -1,3- 辛二醇 (R)-1-O-β-D-glucopyranosyl-1,3-octanediol
1,4- 吡喃葡萄糖基 -1',4'- 吡喃葡萄糖基 -1',4'- 吡喃葡萄糖苷 1,4-glucopyranosyl-1',4'-glucopyranosyl-1',4'-glucopyranoside
8-O-β-D- 吡喃葡萄糖基 -1,5- 二羟基 -3- 甲氧基叫酮 8-O-β-D-glucopyranosyl-1,5-dihydroxy-3-methoxyxanthone
8-O-β-D- 吡喃葡萄糖基 -1,5- 二羟基叫酮 8-O-β-D-glucopyranoxyl-1,5-dihydroxyxanthone
3-O-β-D- 吡喃葡萄糖基 -1,7,8- 三羟甲氧基叫酮 1-O-β-D-glucopyranosyl-1,7,8-trihydroxyxanthone
5-O-β-D- 吡喃葡萄糖基 -1,8- 二羟基 -3- 甲氧基叫酮 5-O-β-D-glucopyranosyl-1,8-dihydroxy-3-methoxyxanthone
3-O-β-D- 吡喃葡萄糖基 -1,8- 二羟基 -5- 甲氧基叫酮 3-O-β-D-glucopyranosyl-1,8-dihydroxy-5-methoxyxanthone

B

(9S,10S)-3-[7-(5-O-β- 吡喃葡萄糖基 -10- 羟基 -9- 羟基甲基 -2,6- 二甲氧基)-9,10- 二氢菲基] 丙烯醛 (9S,10S)-3-[7-(5-O-β-glucopyranosyl-10-hydroxy-9-hydroxymethyl-2,6-dimethoxy)-9,10-dihydrophenanthrenyl]propenal

2-O-β-D- 吡喃葡萄糖基 -11α,13- 二氢 -8- 表 - 去乙酰基苍耳明醇 2-O-β-D-glucopyranosyl-11α,13-dihydro-8-epi-desacetylxanthiuminol

4-O-β-D- 吡喃葡萄糖基 -11α,13- 二氢 -8- 表 - 去乙酰基苍耳明醇 4-O-β-D-glucopyranosyl-11α,13-dihydro-8-epi-desacetylxanthiuminol

15-O-β-D- 吡喃葡萄糖基 -11β,13- 二氢尾喙苣醛▲ A 15-O-β-D-glucopyranosyl-11β,13-dihydrourospermal A

7β-D- 吡喃葡萄糖基 -11- 甲基木犀榄苷▲ 7β-D-glucopyranosyl-11-methyloleoside

2'-O-β-D- 吡喃葡萄糖基 -11- 羟基小蔓长春花苷内酰胺▲ 2'-O-β-D-glucopyranosyl-11-hydroxyvincoside lactam

6'-O-β-D- 吡喃葡萄糖基 -12a- 羟基圆锥黄檀醇 6'-O-β-D-glucopyranosyl-12a-hydroxydalpanol

4'-O-β-D- 吡喃葡萄糖基 -12β- 羟基钉头果勾苷▲ 4'-O-β-D-glucopyranosyl-12β-hydroxyfrugoside

β-D- 吡喃葡萄糖基 -13S- 羟基 -7- 氧代 - 半日花 -8,14- 二烯 -18- 酯 β-D-glucopyranosyl-13S-hydroxy-7-oxo-labda-8,14-diene-18-oate

(1S,4S,5R,6R,9S)-13-O-β-D- 吡喃葡萄糖基 -13- 羟基别 - 雪松 -2,11- 二酮 (1S,4S,5R,6R,9S)-13-O-β-D-glucopyranosyl-13-hydroxyallo-cedra-2,11-dione

β-D- 吡喃葡萄糖基 -15α- 羟基 - 对映 -16- 贝壳烯 -19- 酯 β-D-glucopyranosyl-15α-hydroxy-ent-16-kauren-19-oate

17-O-β-D- 吡喃葡萄糖基 -16α- 对映 - 贝壳杉 -19- 羧酸 17-O-β-D-glucopyranosyl-16α-ent-kauran-19-oic acid

28-O-β-D- 吡喃葡萄糖基 -16α- 羟基 -23- 去氧原雾冰藜酸▲ 28-O-β-D-glucopyranosyl-16α-hydroxy-23-deoxyprotobassic acid

28-O-β- 吡喃葡萄糖基 -16α- 羟基 -23- 去氧原雾冰藜酸▲ 28-O-β-glucopyranosyl-16α-hydroxy-23-deoxyprotobassic acid

3'-O-β-D- 吡喃葡萄糖基 -16α- 羟基牛角瓜素▲ 3'-O-β-D-glucopyranosyl-16α-hydroxycalotropin

17-O-β-D- 吡喃葡萄糖基 -16βH- 对映 - 贝壳杉 -19- 羧酸 17-O-β-D-glucopyranosyl-16βH-ent-kauran-19-oic acid

17-O-β-D- 吡喃葡萄糖基 -16βH- 对映 - 贝壳杉 -19- 羧酸 -19-O-β-D- 吡喃葡萄糖苷 17-O-β-D-glucopyranosyl-16βH-ent-kauran-19-oic acid-19-O-β-D-glucopyranoside

3-O-β-D- 吡喃葡萄糖基 -16- 去氧玉蕊皂醇▲C 3-O-β-D-glucopyranosyl-16-deoxy-barringtogenol C

3-O-β-D- 吡喃葡萄糖基 -16- 氧代 - 桔梗皂苷元 -28-O-β-D- 呋喃芹糖基 -(1→3)-β-D- 吡喃木糖基 -(1→4)-α-L- 吡喃鼠李糖基 -(1→2)-α-L- 吡喃阿拉伯糖基酯苷 3-O-β-D-glucopyranosyl-16-oxo-platycodigenin-28-O-β-D-apiofuranosyl-(1→3)-β-D-xylopyranosyl-(1→4)-α-L-rhamnopyranosyl-(1→2)-α-L-arabinopyranosyl ester

26-O-β-D- 吡喃葡萄糖基 -17(20)- 去氢延龄草皂苷元 -3-O-α-L- 吡喃鼠李糖基 -(1→2)-[O-α-L- 吡喃鼠李糖基 -(1→4)]-O-β-D- 吡喃葡萄糖苷 26-O-β-D-glucopyranosyl-17(20)-dehydrokryptogenin-3-O-α-L-rhamnopyranosyl-(1→2)-[O-α-L-rhamnopyranosyl-(1→4)]-O-β-D-glucopyranoside

26-O-β-D- 吡喃葡萄糖基 -17(20)- 去氢延龄草皂苷元 -3-O-α-L- 吡喃鼠李糖基 -(1→2)-O-β-D- 吡喃葡萄糖苷 26-O-β-D-glucopyranosyl-17(20)-dehydrokryptogenin-3-O-α-L-rhamnopyranosyl-(1→2)-O-β-D-glucopyranoside

26-O-β-D- 吡喃葡萄糖基 -17(20)- 去氢延龄草皂苷元 -3-O-α-L- 吡喃鼠李糖基 -(1→2)-β-D- 吡喃葡萄糖苷 26-O-β-D-glucopyranosyl-17(20)-dehydrokryptogenin-3-O-α-L-rhamnopyranosyl-(1→2)-β-D-glucopyranoside

18-O-β-D- 吡喃葡萄糖基 -19- 羟基新克罗烷二烯 - 丁烯酸内酯 18-O-β-D-glucopyranosyl-19-hydroxyneoclerodadiene butenolide

(6-O-β-D- 吡喃葡萄糖基 -1H- 吲哚 -3- 基)- 羧酸甲酯 (6-O-β-D-glucopyranosyl-1H-indol-3-yl)-carboxylic acid methyl ester

β-D- 吡喃葡萄糖基 -1-O- 反式 - 桂皮酸酯 β-D-glucopyranosyl-1-O-trans-cinnamate

8-O-β-D- 吡喃葡萄糖基 -1- 羟基 -2,3,5- 三甲氧基屾酮 8-O-β-D-glucopyranosyl-1-hydroxy-2,3,5-trimethoxyxanthone

4-O-β-D- 吡喃葡萄糖基 -1- 羟基 -3-(3'- 羟基 -3'- 甲基丁基)-2- 萘酸甲酯 4-O-β-D-glucopyranosyl-1-hydroxy-3-(3'-hydroxy-3'-methylbutyl)-2-naphthalenecarboxylic acid methyl ester

3-O-β-D- 吡喃葡萄糖基 -1- 羟基 -4,5- 二甲氧基屾酮 3-O-β-D-glucopyranosyl-1-hydroxy-4,5-dimethoxyxanthone

2-O-β-D- 吡喃葡萄糖基 -1- 羟基 -5(E)- 十三烷烯 -7,9,11- 三炔 2-O-β-D-glucopyranosyloxy-1-hydroxy-5(E)-tridecene-7,9,11-triyne

3-O-β-D- 吡喃葡萄糖基 -1- 羟基 -6(E)- 十四烷烯 -8,10,12- 三炔 3-O-β-D-glucopyranosyloxy-1-hydroxy-6-(E)-tetradecene-8,10,12-triyne

3-β-D- 吡喃葡萄糖基 -1- 羟基 -6(E)- 十四烯 -8,10,12- 三炔 3-β-D-glucopyranosyl-1-hydroxy-6(E)-tetradecene-8,10,12-triyne

2-O-β-D- 吡喃葡萄糖基 -1- 羟基十三烷 -3,5,7,9,11- 五炔 2-O-β-D-glucopyranosyloxy-1- hydroxytrideca-3,5,7,9,11-pentayne

吡喃葡萄糖基 -1- 十八碳 -9',12',15'- 三烯酰基 -6- 十八碳 -9'',12''- 二烯酸酯 glucopyranosyl-1-octadec-9',12',15'-trienoyl-6-octadec-9'',12''-dienoate

(-)-(2R)-1-O-β-D- 吡喃葡萄糖基 -2-(2- 甲氧基 -4-E- 甲酰乙烯基苯氧基) 丙烷 -3- 醇 (-)-(2R)-1-O-β-D-glucopyranosyl-2-{2-methoxy-4-[(E)-formylvinyl]phenoxyl}propane-3-ol

β-O-D- 吡喃葡萄糖基 -2-(2'- 羟基 -Z-6'- 二十烯酰胺) 鞘氨醇 β-O-D-glucopyranosyl-2-(2'-hydroxy-Z-6'-enecosamide)sphingosine

3-O-β-D- 吡喃葡萄糖基 -2-(4- 羟基 -3- 甲氧基苯基) 丙醇 3-O-β-D-glucopyranosyl-2-(4-hydroxy-3-methoxyphenyl)propanol

β-D- 吡喃葡萄糖基 -2,3- 内向 - 二甲基 -3- 羟基 1-10- 降龙脑酸酯 β-D-glucopyranosyl 2,3-endo-dimethyl-3-hydroxyl-10-norbornanoate

3-O-β-D- 吡喃葡萄糖基 -2',4,6'- 三羟基苯并酚酮 3-O-β-D-glucopyranosyl-2',4,6'-trihydroxybenzophenone

2-O-β-D- 吡喃葡萄糖基 -2,4,6- 三羟基苯甲酸甲酯 methyl 2-O-β-D-glucopyranosyl-2,4,6-trihydroxybenzoate

(2R,4S)-2-O-β-D- 吡喃葡萄糖基 -2,4- 戊烷二醇 (2R,4S)-2-O-β-D-glucopyranosyl-2,4-pentanediol

3-O-β-D- 吡喃葡萄糖基 -2',5,6'- 三羟基苯并酚酮 3-O-β-D-glucopyranosyl-2',5,6'-trihydroxybenzophenone

4-O-β-D- 吡喃葡萄糖基 -2,6,4'- 三羟基二苯甲酮 4-O-β-D-glucopyranosyl-2,6,4'-trihydroxybenzophenone

1-O-β-D- 吡喃葡萄糖基 -2,6,8- 三羟甲氧基屾酮 1-O-β-D-glucopyranosyl-2,6,8-trihydroxyxanthone

1-β-D- 吡喃葡萄糖基 -2,6- 二甲氧基 -4- 丙烯基苯 1-β-D-glucopyranosyl-2,6-dimethoxy-4-propenylbenzene

2-O-β-D- 吡喃葡萄糖基 -2,6- 二羟基苯甲酸苄酯 benzyl-2-O-β-D-glucopyranosyl-2,6-dihydroxybenzoate

2-O-α-D- 吡喃葡萄糖基 -2,7- 二羟基 -1,6- 二甲基 -9,10,12,13- 四氢芘 2-O-α-D-glucopyranosyl-2,7-dihydroxy-1,6-dimethyl-9,10,12,13-tetrahydropyrene

2-O-β-D- 吡喃葡萄糖基 -2,7- 二羟基 -1,6- 二甲基 -9,10,12,13-

四氢芘 2-*O*-*β*-D-glucopyranosyl-2,7-dihydroxy-1,6-dimethyl-9,10,12,13-tetrahydropyrene
8-*O*-*β*-D- 吡喃葡萄糖基 -2,7'- 联 (1,8- 二羟基 -3- 甲基 -9,10- 蒽醌) 8-*O*-*β*-D-glucopyranosyl-2,7'-bi(1,8-dihydroxy-3-methyl-9,10-anthraquinonyl)
(-)-(2*R*)-1-*O*-*β*-D- 吡喃葡萄糖基 -2-{2,6- 二甲氧基 -4-[1-(*E*)- 丙烯 -3-醇] 苯氧基 } 丙烷 -3- 醇 (-)-(2*R*)-1-*O*-*β*-D-glucopyranosyl-2-{2,6-dimethoxy-4-[1-(*E*)-propen-3-ol]phenoxyl}propan-3-ol
(-)-(2*R*)-1-*O*-*β*-D- 吡喃葡萄糖基 -2-{2- 甲氧基 -4-[1-(*E*)- 丙烯 -3-醇] 苯氧基 } 丙烷 -3- 醇 (-)-(2*R*)-1-*O*-*β*-D-glucopyranosyl-2-{2-methoxy-4-[1-(*E*)-propen-3-ol]phenoxyl}propan-3-ol
(25*R*)-26-*O*-*β*-D- 吡喃葡萄糖基 -20(22)- 烯 - 呋甾 -1*β*,3*β*,5*β*,26- 四醇 -3-*O*-*β*-D- 葡萄糖苷 (25*R*)-26-*O*-*β*-D-glucopyranosyl-20(22)-en-furost-1*β*,3*β*,5*β*,26-tetraol-3-*O*-*β*-D-glucoside
6-*O*-*β*-D- 吡喃葡萄糖基 -20-*O*-*β*-D- 吡喃葡萄糖基 -20(*S*)- 原人参二醇 -3- 酮 6-*O*-*β*-D-glucopyranosyl-20-*O*-*β*-D-glucopyranosyl-20(*S*)-protopanaxadiol-3-one
3-*O*-*β*-D- 吡喃葡萄糖基 -20- 羟基蜕皮素 3-*O*-*β*-D-glucopyranosyl-20-hydroxyecdysone
28-*O*-*β*-D- 吡喃葡萄糖基 -21-*O*- 当归酰基 -R_1- 玉蕊精醇▲ 28-*O*-*β*-D-glucopyranosyl-21-*O*-angeloyl-R_1-barrigenol
3-*O*-*β*-D- 吡喃葡萄糖基 -21-*β*- 羟基艾麻三萜皂苷 3-*O*-*β*-D-glucopyranosyl-21-*β*-hydroxylaportea macrostachya triterpenoid saponin
3-*O*-*β*-D- 吡喃葡萄糖基 -21*β*- 羟基常春藤皂苷元 3-*O*-*β*-D-glucopyranosyl-21*β*-hydroxyhederagenin
(22*S*,25*S*)-26-*O*-*β*-D- 吡喃葡萄糖基 -22,25- 环氧呋甾 -5- 烯 -3*β*,26-二醇 -3-*O*-[*α*-L- 吡喃鼠李糖基 -(1 → 2)]-*β*-D- 吡喃葡萄糖苷 (22*S*,25*S*)-26-*O*-*β*-D-glucopyranosyl-22,25-epoxyfurost-5-en-3*β*,26-diol-3-*O*-[*α*-L-rhamnopyranosyl-(1 → 2)]-*β*-D-glucopyranoside
3-*O*-*β*-D- 吡喃葡萄糖基 -22*E*,24*R*-5*α*,8*α*- 环二氧麦角甾 -6,22- 二烯 3-*O*-*β*-D-glucopyranosyl-22*E*,24*R*-5*α*,8*α*-epidioxyergosta-6,22-diene
3-*O*-*β*-D- 吡喃葡萄糖基 -22*E*,24*R*-5*β*,8*β*- 环二氧麦角甾 -6,22- 二烯 3-*O*-*β*-D-glucopyranosyl-22*E*,24*R*-5*β*,8*β*-epidioxyergosta-6,22-diene
26-*O*-*β*-D- 吡喃葡萄糖基 -22-*O*- 甲基 -25(*S*)- 呋甾 -5- 烯 -3*β*,26-二醇 -3-*O*-*β*- 石蒜四糖 26-*O*-*β*-D-glucopyranosyl-22-*O*-methyl-25(*S*)-furost-5-en-3*β*,26-diol-3-*O*-*β*-lycotetraoside
26-*O*-*β*-D- 吡喃葡萄糖基 -22-*O*- 甲基呋甾 -5,25(27)- 二烯 -1*β*,3*α*,22 ζ ,26- 四醇 -1-*O*-{*O*-*α*-L- 吡喃鼠李糖基 -(1 → 2)-*O*-[*β*-D- 吡喃木糖基 -(1 → 3)]-*β*-D- 吡喃岩藻糖苷 } 26-*O*-*β*-D-glucopyranosyl-22-*O*-methylfurost-5,25(27)-dien-1*β*,3*α*,22 ζ ,26-tetrol-1-*O*-{*O*-*α*-L-rhamnopyranosyl-(1 →2)-*O*-[*β*-D-xylopyranosyl-(1 → 3)]-*β*-D-fucopyranoside}
26-*O*-*β*-D- 吡喃葡萄糖基 -22-*O*- 甲基呋甾 -5,25(27)- 二烯 -1*β*,3*β*,22*ξ*,26- 四醇 -1-*O*-[*O*-*α*-L- 吡喃鼠李糖基)-(1 → 2)-*α*-L- 吡喃阿拉伯糖苷] 26-*O*-*β*-D-glucopyranosyl-22-*O*-methylfurosta-5,25(27)-dien-1*β*,3*β*,22*ξ*,26-tetrol-1-*O*-[*O*-*α*-L-rhamnopyranosyl-(1 → 2)-*α*-L-arabinopyranoside]
(5*α*)-3*β*-*O*-*β*-D- 吡喃葡萄糖基 -22*R*- 甲氧基 -4*α*- 甲基 - 豆甾 -7-烯 -6- 酮 (5*α*)-3*β*-*O*-*β*-D-glucopyranosyl-22*R*-methoxy-4*α*-methyl-stigmast-7-en-6-one
(5*α*)-3*β*-*O*-*β*-D- 吡喃葡萄糖基 -22*R*- 羟基 -4*α*- 甲基 - 豆甾 -7-烯 -6- 酮 (5*α*)-3*β*-*O*-*β*-D-glucopyranosyl-22*R*-hydroxy-4*α*-methyl-stigmast-7-en-6-one
(25*R*)-26-*O*-*β*-D- 吡喃葡萄糖基 -22*α*- 甲氧基 -5*β*- 呋甾 -3*β*,26- 二醇 -3-*O*-[*β*-D- 吡喃葡萄糖基 -(1 → 2)-*O*-*β*-D- 吡喃半乳糖苷] (25*R*)-26-*O*-*β*-D-glucopyranosyl-22*α*-methoxy-5*β*-furostan-3*β*,26-diol-3-*O*-[*β*-D-glucopyranosyl-(1 → 2)-*O*-*β*-D-galactopyranoside]
20-*O*-*β*-D- 吡喃葡萄糖基 -22 ζ - 甲氧基 -(25*R*,*S*)-5*α*- 呋甾 -2*α*,3*β*,6*β*,26- 四醇 -3-*O*-*β*-D- 吡喃葡萄糖基 -(1 → 2)-*O*-[*β*-D-吡喃木糖基 -(1 → 3)]-*O*-*β*-D- 吡喃葡萄糖基 -(1 → 4)-*β*-D- 吡喃半乳糖苷 20-*O*-*β*-D-glucopyranosyl-22 ζ -methoxy-(25*R*,*S*)-5*α*-furostan-2*α*,3*β*,6*β*,26-tetraol-3-*O*-*β*-D-glucopyranosyl-(1 →2)-*O*-[*β*-D-xylopyranosyl-(1 → 3)]-*O*-*β*-D-glucopyranosyl-(1 → 4)-*β*-D-galactopyranoside
26-*O*-*β*- 吡喃葡萄糖基 -22- 甲氧基 -(25*R*)- 呋甾 -5- 烯 -3,26- 二羟基 -3-[α-L- 吡喃鼠李糖基 -(1 → 2)]-*β*-D- 葡萄吡喃糖苷 26-*O*-*β*-D-glucopyranosyl-22-methoxy-(25*R*)-furost-5-en-3,26-dihydroxy-3-*O*-[*α*-L-rhamnopyranosyl-(1 → 2)]-*β*-D-glucopyranoside
26-*O*-*β*-D- 吡喃葡萄糖基 -22- 甲氧基 -(25*R*)- 呋甾 -5- 烯 -3*β*,26-二醇 -3-*O*-*β*-D- 吡喃葡萄糖基 -(1 → 2)-*β*-D- 吡喃葡萄糖基 -(1 → 4)-*β*-D- 吡喃半乳糖苷 26-*O*-*β*-D-glucopyranosyl-22-methoxyl-(25*R*)-furost-5-en-3*β*,26-diol-3-*O*-*β*-D-glucopyranosyl-(1 → 2)-*β*-D-glucopyranosyl-(1 → 4)-*β*-D-galactopyranoside
26-*O*-*β*-D- 吡喃葡萄糖基 -22- 甲氧基 -5*β*- 呋甾 -1*β*,2*β*,3*β*,4*β*,5*β*,26-六醇 -5-*O*-*β*-D- 吡喃葡萄糖苷 26-*O*-*β*-D-glucopyranosyl-22-methoxy-5*β*-furostan-1*β*,2*β*,3*β*,4*β*,5*β*,26-hexaol-5-*O*-*β*-D-glucopyranoside
26-*O*-*β*-D- 吡喃葡萄糖基 -22- 甲氧基 -5*β*- 呋甾 -1*β*,3*β*,4*β*,5*β*,26-五醇 -5-*O*-*β*-D- 吡喃葡萄糖苷 26-*O*-*β*-D-glucopyranosyl-22-methoxy-5*β*-furostan-1*β*,3*β*,4*β*,5*β*,26-pentaol-5-*O*-*β*-D-glucopyranoside
26-*O*-*β*-D- 吡喃葡萄糖基 -22- 甲氧基 -5*β*- 呋甾 -1*β*,3*β*,4*β*,5*β*,26- 五羟基 -2*β*- 基 - 硫酸镁单羟化物 Mg-26-*O*-*β*-D-glucopyranosyl-22-methoxy-5*β*-furostan-1*β*,3*β*,4*β*,5*β*,26-pentahydroxy-2*β*-yl-sulfate monohydroxide
26-*O*-*β*-D- 吡喃葡萄糖基 -22- 甲氧基呋甾 -3*β*,26- 二醇 -3-*O*-[*β*-D-吡喃葡萄糖基 -(1 → 2)][*β*-D- 吡喃木糖基 -(1 → 4)][α-L- 吡喃鼠李糖基 -(1 → 6)]-*β*-D- 吡喃葡萄糖苷 26-*O*-*β*-D-glucopyranosyl-22-methoxyfurostan-3*β*,26-diol-3-*O*-[*β*-D-glucopyranosyl-(1 → 2)][*β*-D-xylopyranosyl-(1 → 4)][*α*-L-rhamnopyranosyl-(1 → 6)]-*β*-D-glucopyranoside
26-*O*-*β*-D- 吡喃葡萄糖基 -22 甲氧基呋甾 -3*β*,26- 二醇 -3-*O*-α-L- 吡喃鼠李糖基 -(1 → 6)-*β*-D- 吡喃葡萄糖苷 26-*O*-*β*-D-glucopyranosyl-22-methoxyfurostan-3*β*,26-diol-3-*O*-*α*-L-rhamnopyranosyl-(1 → 6)-*β*-D-glucopyranoside
26-*O*-*β*-D- 吡喃葡萄糖基 -22- 甲氧基呋甾 -3*β*,26- 二醇 -3-*O*-*β*-D-吡喃木糖基 -(1 → 4)-[α-L- 吡喃鼠李糖基 -(1 → 6)]-*β*-D- 吡喃葡萄糖苷 26-*O*-*β*-D-glucopyranosyl-22-methoxyfurostan-3*β*,26-diol-3-*O*-*β*-D-xylopyranosyl-(1 →4)-[*α*-L-rhamnopyranosyl-(1 →6)]-*β*-D-glucopyranoside
26-*O*-*β*-D- 吡喃葡萄糖基 -22- 甲氧基呋甾 -3*β*,26- 二醇 -3-*O*-*β*-D- 吡喃木糖基 -(1 → 4)-*β*-D- 吡喃葡萄糖苷 26-*O*-*β*-D-glucopyranosyl-22-methoxyfurostan-3*β*,26-diol-3-*O*-*β*-D-xylopyranosyl-(1 → 4)-*β*-D-glucopyranoside
(5*α*,22*α*,25*R*)-26-*O*-*β*-D- 吡喃葡萄糖基 -22- 甲氧基 - 呋甾 -3*β*,26-二醇 -3-*O*-*β*-D- 吡喃葡萄糖基 -(1 → 2)-*O*-[*β*-D- 吡喃葡萄糖基 -(1 → 3)]-*O*-*β*-D- 吡喃葡萄糖基 -(1 → 4)-*O*-*β*-D- 吡喃半乳糖苷 (5*α*,22*α*,25*R*)-26-*O*-*β*-D-glucopyranosyl-22-methoxy-furostan-3*β*,26-diol-3-*O*-*β*-D-glucopyranosyl-(1 →2)-*O*-[*β*-D-glucopyranosyl-(1 → 3)]-*O*-*β*-D-glucopyranosyl-(1 → 4)-*O*-*β*-D-galactopyranoside
(22*α*,25*R*)-26-*O*-*β*-D- 吡喃葡萄糖基 -22- 甲氧基 - 呋甾 -5- 烯 -3*β*,26-二醇 -3-*O*-*β*-D- 吡喃葡萄糖基 -(1 → 2)-*O*-[*β*-D- 吡喃木糖基 -(1 → 3)]-*O*-*β*-D- 吡喃葡萄糖基 -(1 → 4)-*O*-*β*-D- 吡喃半乳糖苷 (22*α*,25*R*)-26-*O*-(*β*-D-glucopyranosyl)-22-methoxy-

furost-5-en-3β,26-diol-3-O-β-D-glucopyranosyl-(1 → 2)-O-[β-D-xylopyranosyl-(1 → 3)]-O-β-D-glucopyranosyl-(1 → 4)-O-β-D-galactopyranoside

(25S)-26-O-β-D- 吡喃葡萄糖基 -22- 羟基 -5β- 呋甾 -3β,26- 二醇 -3-O-β-D- 吡喃葡萄糖基 -(1 → 2)-β-D- 吡喃半乳糖苷 (25S)-26-O-β-D-glucopyranosyl-22-hydroxy-5β-furostan-3β,26-diol-3-O-β-D-glucopyranosyl-(1 → 2)-β-D-galactopyranoside

(25R)-26-O-β-D- 吡喃葡萄糖基 -22- 羟基 -5-β- 呋甾 -3β,26- 二醇 -3-O-β-D- 吡喃葡萄糖基 -(1 → 2)-β-D- 吡喃半乳糖苷 (25R)-26-O-β-D-glucopyranosyl-22-hydroxy-5-β-furost-3β,26-diol-3-O-β-D-glucopyranosyl-(1 → 2)-β-D-galactopyranoside

(25R)-26-O-β-D- 吡喃葡萄糖基 -22- 羟基 - 呋甾 -3β,26β- 二醇 -3-O-β-D- 吡喃葡萄糖基 -(1 → 2)-β-D- 吡喃半乳糖苷 (25R)-26-O-β-D-glucopyranosyl-22-hydroxy-furost-3β,26β-diol-3-O-β-D-glucopyranosyl-(1 → 2)-β-D-galactopyranoside

(25S)-26-O-β-D- 吡喃葡萄糖基 -22- 羟基 - 呋甾 -3β,26β- 二醇 -3-O-β-D- 吡喃葡萄糖基 -(1 → 2)-β-D- 吡喃半乳糖苷 (25S)-26-O-β-D-glucopyranosyl-22-hydroxy-furost-3β,26β-diol-3-O-β-D-glucopyranosyl-(1 → 2)-β-D-galactopyranoside

(5α,22α,25R)-26-O-β-D- 吡喃葡萄糖基 -22- 羟基 - 呋甾 -3β,26- 二醇 -3-O-β-D- 吡喃葡萄糖基 -(1 → 2)-O-[β-D- 吡喃葡萄糖基 -(1 → 3)]-O-β-D- 吡喃葡萄糖基 -(1 → 4)-O-β-D- 吡喃半乳糖苷 (5α,22α,25R)-26-O-β-D-glucopyranosyl-22-hydroxy-furost-3β,26-diol-3-O-β-D-glucopyranosyl-(1→2)-O-[β-D-glucopyranosyl-(1 → 3)]-O-β-D-glucopyranosyl-(1 → 4)-O-β-D-galactopyranoside

(25R)-26-O-β-D- 吡喃葡萄糖基 -22- 羟基呋甾 -5(6) 烯 -3β,26- 二醇 -3-O-β-D- 吡喃葡萄糖基 -(1 → 2)-[-β-D- 吡喃葡萄糖基 -(1 → 3)]-β-D- 吡喃葡萄糖基 -(1 → 4)-β-D- 吡喃半乳糖苷 (25R)-26-O-β-D-glucopyranosyl-22-hydroxyfurost-5(6)en-3β,26-diol-3-O-β-D-glucopyranosyl-(1→2)-[-β-D-glucopyranosyl-(1→3)]-β-D-glucopyranosyl-(1 → 4)-β-D-galactopyranoside

(22α,25R)-26-O-β-D- 吡喃葡萄糖基 -22- 羟基 - 呋甾 -5- 烯 -3β,26- 二醇 -3-O-β-D- 吡喃葡萄糖基 -(1 → 2)-O-[β-D- 吡喃木糖基 -(1 → 3)]-O-β-D- 吡喃葡萄糖基 -(1 → 4)-O-β-D- 吡喃半乳糖苷 (22α,25R)-26-O-β-D-glucopyranosyl-22-hydroxy-furost-5-en-3β,26-diol-3-O-β-D-glucopyranosyl-(1→2)-O-[β-D-xylopyranosyl-(1 → 3)]-O-β-D-glucopyranosyl-(1 → 4)-O-β-D-galactopyranoside

3β-O-β-D- 吡喃葡萄糖基 -23α-O-α-D- 呋喃核糖基 - 齐墩果酸 3β-O-β-D-glucopyranosyl-23α-O-α-D-ribofuranosyl-oleanolic acid

3-O-β-D- 吡喃葡萄糖基 -23- 羟基熊果酸 3-O-β-D-glucopyranosyl-23-hydroxyursolic acid

3-O-β-D- 吡喃葡萄糖基 -24E-22ξ- 乙酰氧基 -1α,3β- 二羟基麦角甾 -5,24- 二烯 -26- 酸 -26-O-β-D- 吡喃葡萄糖基 -6‴- 乙酰氧基 -(1 → 4)-β-D- 吡喃葡萄糖基 -6″- 乙酰氧基 -(l → 2)- 吡喃葡萄糖基酯苷 3-O-β-D-glucopyranosyl-24E-22ξ-acetoxy-1α,3β-dihydroxyergosta-5,24-dien-26-oic acid-26-O-β-D-glucopyranosyl-6‴-acetoxy-(1 → 4)-β-D-glucopyranosyl-6″-acetoxy-(l → 2)-glucopyranosyl ester

3-O-β-D- 吡喃葡萄糖基 -24E-22ξ- 乙酰氧基 -1α,3β- 二羟基麦角甾 -5,24- 二烯 -26- 酸 -26-O- 吡喃葡萄糖基 -(1 → 4)- 吡喃葡萄糖基 -6″- 乙酰氧基 -(l → 2)- 吡喃葡萄糖基酯苷 3-O-β-D-glucopyranosyl-24E-22ξ-acetoxy-1α,3β-dihydroxyergosta-5,24-dien-26-oic acid-26-O-β-D-glucopyranosyl-(1 → 4)-β-D-glucopyranosyl-6″-acetoxy-(l → 2)-glucopyranosyl ester

3-O-β-D- 吡喃葡萄糖基 -24-O- 乙酰基 -(24S)- 环木菠萝 -3β,16β,24,25,30- 五醇 -25-O-β-D- 吡喃葡萄糖基 -(1 → 6)-β-D- 吡喃葡萄糖苷 3-O-β-D-glucopyranosyl-24-O-acetyl-(24S)-cycloartane-3β,16β,24,25,30-pentaol-25-O-β-D-glucopyranosyl-(1 → 6)-β-D-glucopyranoside

3-O-β-D- 吡喃葡萄糖基 -24- 乙基胆甾 -5- 烯 3-O-β-D-glucopyranosyl-24-ethylcholest-5-ene

26-O-β-D- 吡喃葡萄糖基 -25(R)-22- 羟基 - 呋甾 -5- 烯 -3β,26- 二醇 -3-O-{[α-L- 吡喃鼠李糖基 -(1 → 2)]-β-D- 吡喃葡萄糖基 -(1 → 3)}-β-D- 吡喃葡萄糖苷 26-O-β-D-glucopyranosyl-(25R)-22-hydroxy-furost-5-en-3β,26-diol-3-O-{[α-L-rhamnopyranosyl-(1 → 2)]-α-L-glucopyranosyl-(1 → 3)}-β-D-glucopyranoside

26-O-β-D- 吡喃葡萄糖基 -25(R)-22- 羟基 - 呋甾 -5- 烯 -3β,26- 二醇 -3-O-{[α-L- 吡喃鼠李糖基 -(1 → 2)]-α-L- 吡喃鼠李糖基 -(1 → 4)}-β-D- 吡喃葡萄糖苷 26-O-β-D-glucopyranosyl-(25R)-22-hydroxy-furost-5-en-3β,26-diol-3-O-{[α-L-rhamnopyranosyl-(1 → 2)]-α-L-thamnopyranosyl-(1 → 4)}-β-D-glucopyranoside

26-O-β-D- 吡喃葡萄糖基 -25(R)-5α- 呋甾 -12- 酮 -3β,22α,26- 三醇 -3-O-α-L- 吡喃鼠李糖基 -(1 → 2)-O-[β-D- 吡喃葡萄糖基 -(1 → 4)]-β-D- 吡喃半乳糖苷 26-O-β-D-glucopyranosyl-25(R)-5α-furostan-12-one-3β,22α,26-triol-3-O-α-L-rhamnopyranosyl-(1 → 2)-O-[β-D-glucopyranosyl-(1 → 4)]-β-D-galactopyranoside

26-O-β-D- 吡喃葡萄糖基 -25(R)- 呋甾 -5- 烯 -3β,22,26- 三醇 -12- 酮 -3-O-β-D- 吡喃葡萄糖基 -(1 → 4)-β-D- 吡喃岩藻糖苷 26-O-β-D-glucopyranosyl-25(R)-furost-5-en-3β,22,26-triol-12-one-3-O-β-D-glucopyranosyl-(1 → 4)-β-D-fucopyranoside

26-O-β-D- 吡喃葡萄糖基 -25(R,S)- 呋甾 -5- 烯 -3,22 ζ ,26- 三醇 -3-O-α-L- 吡喃鼠李糖基 -(1 → 2)-[β-D- 吡喃葡萄糖基 -(1 → 3)]-β-D- 吡喃葡萄糖苷 26-O-β-D-glucopyranosyl-25(R,S)-furost-5-en-3,22 ζ ,26-triol-3-O-α-L-rhamnopyranosyl-(1 → 2)-[β-D-glucopyranosyl-(1 → 3)]-β-D-glucopyranoside

26-O-β-D- 吡喃葡萄糖基 -25(R,S)- 螺甾 -5- 烯 -3,22 ζ ,26- 三醇 -3-O-α-L- 吡喃鼠李糖基 -(1 → 2)-[α-L- 吡喃鼠李糖基 -(1 → 4)]-β-D- 吡喃葡萄糖苷 26-O-β-D-glucopyranosyl-25(R,S)-spirost-5-en-3,22 ζ ,26-triol-3-O-α-L-rhamnopyranosyl-(1 → 2)-[α-L-rhamnopyranosyl-(1 → 4)]-β-D-glucopyranoside

26-O-β-D- 吡喃葡萄糖基 -25(S)- 呋甾 -5- 烯 -3β,22,26- 三醇 -12- 酮 -3-O-β-D- 吡喃葡萄糖基 -(1 → 4)-β-D- 吡喃岩藻糖苷 26-O-β-D-glucopyranosyl-25(S)-furost-5-en-3β,22,26-triol-12-one-3-O-β-D-glucopyranosyl-(1 → 4)-β-D-fucopyranoside

3-O-β-D- 吡喃葡萄糖基 -28-O-[α-L- 吡喃鼠李糖基 -(1 → 2)]-β-D- 吡喃葡萄糖基 -21β,22α- 二羟基齐墩果 -12- 烯 3-O-β-D-glucopyranosyl-28-O-[α-L-rhamnopyranosyl-(1 → 2)]-β-D-glucopyranosyl-21β,22α-dihydroxyl-olean-12-ene

3-O-β-D- 吡喃葡萄糖基 -28-O-[α-L- 吡喃鼠李糖基 -(1 → 2)-α-L- 吡喃阿拉伯糖基] 苜蓿酸酯苷 3-O-β-D-glucopyranosyl-28-O-[α-L-rhamnopyranosyl-(1 → 2)-α-L-arabinopyranoside]medicagenate

3-O-β-D- 吡喃葡萄糖基 -28-O-[β-D- 吡喃木糖基 -(1 → 4)-α-L- 吡喃鼠李糖基 -(1 → 2)-α-L- 吡喃阿拉伯糖苷]- 苜蓿酸酯 3-O-[β-D-glucopyranosyl]-28-O-[β-D-xylopyranosyl-(1 → 4)-α-L-rhamnopyranosyl-(1 → 2)-α-L-arabinopyranoside]medicagenate

3-O-β-D- 吡喃葡萄糖基 -28-O-[β-D- 吡喃葡萄糖基 -(1 → 2)]-β-D- 吡喃葡萄糖基 -21β,22α- 二羟基齐墩果 -12- 烯 3-O-β-D-glucopyranosyl-28-O-[β-D-glucopyranosyl-(1 → 2)]-β-D-glucopyranosyl-21β,22α-dihydroxyl-olean-12-ene

3-O-β-D- 吡喃葡萄糖基 -28-O-α-L- 吡喃鼠李糖基 -16α- 羟基 -23- 去氧原雾冰藜酸▲ 3-O-β-D-glucopyranosyl-28-O-α-L-rhamnopyranosyl-16α-hydroxy-23-deoxyprotobassic acid

3-O-β-D- 吡喃葡萄糖基 -28-O-α-L- 吡喃鼠李糖基 -16α- 羟基原雾冰藜酸▲ 3-O-β-D-glucopyranosyl-28-O-α-L-rhamnopyranosyl-16α-hydroxyprotobassic acid

3-O-β-D- 吡喃葡萄糖基 -28-O-β-D- 吡喃葡萄糖基苜蓿酸酯苷

3-O-β-D-glucopyranosyl-28-O-β-D-glucopyranoside medicagenate

3-O-β-D- 吡喃葡萄糖基 -28-O-β-D- 吡喃葡萄糖基商陆酸 3-O-β-D-glucopyranosyl-28-O-β-D-glucopyranosylphytolaccagenic acid

(2R)-2-O-β-D- 吡喃葡萄糖基 -2H-1,4- 苯并恶嗪 -3(4H)- 酮 (2R)-2-O-β-D-glucopyranosyl-2H-1,4-benzoxazin-3(4H)-one

2-O-β-D- 吡喃葡萄糖基 -2H-1,4- 苯并恶嗪 -3(4H)- 酮 2-O-β-D-glucopyranosyl-2H-1,4-benzoxazin-3(4H)-one

1-O-β-D- 吡喃葡萄糖基 -2-N-2'- 羟基棕榈酰基 - 鞘氨 -4- 反式 -8- 反式 - 二烯酰胺 1-O-β-D-glucopyranosyl-2-N-2'-hydroxypalmitoyl-sphinga-4-*trans*-8-*trans*-dienine

1-O-β-D- 吡喃葡萄糖基 -2-O- 油酰基 -3-O- 十六酸甘油酯 1-O-β-D-glucopyrano-2-O-oleo-3-O-hexadecanolenin

3-O-β-D- 吡喃葡萄糖基 -2α,19α- 二羟基熊果酸 -β-D- 吡喃葡萄糖酯苷 3-O-β-D-glucopyranosyl-2α,19α-dihydroxyursolic acid-β-D-glucopyranosyl ester

3-O-β-D- 吡喃葡萄糖基 -2α,3β,12β,20S- 达玛 -24- 烯 -3- 醇 -20-O-β-D- 吡喃葡萄糖苷 3-O-β-D-glucopyranosyl-2α,3β,12β,20S-dammar-24-en-3-ol-20-O-β-D-glucopyranoside

28-β-D- 吡喃葡萄糖基 -2α,3β,19α,23- 四羟基齐墩果 -12- 烯 -24,28- 二酸 28-β-D-glucopyranosyl-2α,3β,19α,23-tetrahydroxyolean-12-ene-24,28-dioic acid

β-D- 吡喃葡萄糖基 -2α,3β,19α- 三羟基熊果 -12- 烯 -28- 酯苷 β-D-glucopyranosyl-2α,3β,19α-trihydroxyurs-12-en-28-oate

3-O-β-D- 吡喃葡萄糖基 -2α,3β,6β,19α,21β,23- 六羟基齐墩果 -12- 烯 -28- 酸 3-O-β-D-glucopyranosyl-2α,3β,6β,19α,21β,23-hexahydroxyolean-12-en-28-oic acid

3-O-β-D- 吡喃葡萄糖基 -2α- 羟基 -24- 烯 - 达玛 -20(S)-O-β-D- 吡喃木糖基 -(1 → 6)-β-D- 吡喃葡萄糖苷 3-O-β-D-glucopyranosyl-2α-hydroxy-24-en-dammaran-20(S)-O-β-D-xylopyranosyl-(1 → 6)-β-D-glucopyranoside

3-O-β-D- 吡喃葡萄糖基 -2β,3β,16α,23,24- 五羟基齐墩果烷 -28(13)- 内酯 3-O-β-D-glucopyranosyl-2β,3β,16α,23,24-pentahydroxyoleanane-28(13)-lactone

3-O-β-D- 吡喃葡萄糖基 -2β,3β,16β- 三羟基 -28- 异 -12- 烯 -15- 酮 -23- 齐墩果酸 3-O-β-D-glucopyranosyl-2β,3β,16β-trihydroxy-28-norolean-12-en-15-one-23-oic acid

3-O-β-D- 吡喃葡萄糖基 -2β,3β- 二羟基 -30- 去氧齐墩果 -12,20(29)- 二烯 -23,28- 二酸 -23,28- 二 -O-β-D- 吡喃葡萄糖基酯 3-O-β-D-glucopyranosyl-2β,3β-dihydroxy-30-norolean-12,20(29)-dien-23,28-dioic acid-23,28-di-O-β-D-glucopyranosyl ester

1-O-β-D- 吡喃葡萄糖基 -2- 甲氧基 -3-(2- 羟基三十烷 -3,12- 二烯酸酯)- 甘油 1-O-β-D-glucopyranosyl-2-methoxy-3-(2-hydroxytriaconta-3,12-dienoate)-glycerol

β-D- 吡喃葡萄糖基 -2- 没食子酸酯 β-D-glucopyranosyl-2-gallate

1-O-β-D- 吡喃葡萄糖基 -2- 羟基 -4- 苯丙烯 1-O-β-D-glucopyranosyl-2-hydroxy-4-allylbenzene

4-O-β-D- 吡喃葡萄糖基 -2- 羟基 -6- 甲氧基苯乙酮 4-O-β-D-glycopyranosyl-2-hydroxy-6-methoxy-acetophenone

4'-O-β-D- 吡喃葡萄糖基 -2'- 羟基白藜芦醇 -3-(6-O-β-D- 吡喃葡萄糖基 -β-D- 吡喃葡萄糖苷) 4'-O-β-D-glucopyranosyl-2'-hydroxyresveratrol-3-(6-O-β-D-glucopyranosyl-β-D-glucopyranoside)

4'-O-β-D- 吡喃葡萄糖基 -2'- 羟基白藜芦醇 -3-(6-O-β-D- 呋喃芹糖基 -β-D- 吡喃葡萄糖苷 4'-O-β-D-glucopyranosyl-2'-hydroxyresveratrol-3-(6-O-β-D-apiofuranosyl-β-D-glucopyranoside)

3-O-β-D- 吡喃葡萄糖基 -2'- 羟基白藜芦醇 -4'-(6-O-β-D- 吡喃葡萄糖基 -β-D- 吡喃葡萄糖苷) 3-O-β-D-glucopyranosyl-2'-hydroxyresveratrol-4'-(6-O-β-D-glucopyranosyl-β-D-glucopyranoside)

(2S)-2-O-β-D- 吡喃葡萄糖基 -2- 羟基苯乙酸 (2S)-2-O-β-D-glucopyranosyl-2-hydroxyphenylacetic acid

3-O-β-D- 吡喃葡萄糖基 -2- 羟甲基 -D- 核糖酸 -γ- 内酯 3-O-β-D-glucopyranosyl-2-hydroxymethyl-D-ribono-γ-lactone

3-O-β-D- 吡喃葡萄糖基 -2- 氧代 - 齐敦果 -12- 烯 -23,28- 二酸 -28-O-β-D- 吡喃木糖基 -(1 → 4)-O-β-D- 呋喃芹糖基 -(1 → 3)-O-α-L- 吡喃鼠李糖基 -(1 → 2)-O-β-D- 吡喃葡萄糖酯苷 3-O-β-D-glucopyranosyl-2-oxo-olean-12-en-23,28-dioic acid-28-O-β-D-xylopyranosyl-(1 → 4)-O-β-D-apiofuranosyl-(1 → 3)-O-α-L-rhamnopyranosyl-(1 → 2)-O-β-D-glucopyranosyl ester

12-O-β-D- 吡喃葡萄糖基 -3,11,16- 三羟基冷杉 -8,11,13- 三烯 12-O-β-D-glucopyranosyl-3,11,16-trihydroxyabieta-8,11,13-triene

2-O-β-D- 吡喃葡萄糖基 -3,16,20,25- 四羟基 -9- 甲基 19- 降羊毛脂 -5,23- 二烯 -22- 酮 2-O-β-D-glucopyranosyl-3,16,20,25-tetrahydroxy-9-methyl-19-norlanosta-5,23-diene-22-one

2-O-β-D- 吡喃葡萄糖基 -3,16,20- 三羟基 -25- 乙酰氧基 -9- 甲基 19- 降羊毛脂 -5,23- 二烯 -22- 酮 2-O-β-D-glucopyranosyl-3,16,20-trihydroxy-25-acetoxy-9-methyl-19-norlanosta-5,23-diene-22-one

6-C- 吡喃葡萄糖基 -3,3',4',5,7- 五羟基黄烷酮 6-C-glucopyranosyl-3,3',4',5,7-pentahydroxyflavanone

4-O-β-D- 吡喃葡萄糖基 -3,3',4'- 三 -O- 甲基鞣花酸 4-O-β-D-glucopyranosyl-3,3',4'-tri-O-methylellagic acid

4-O-β-D- 吡喃葡萄糖基 -3,3'- 二 -O- 甲基鞣花酸 4-O-β-D-glucopyranosyl-3,3'-di-O-methylellagic acid

1-β-D- 吡喃葡萄糖基 -3,4,5- 三甲氧基苯 1-β-D-glucopyranosyl-3,4,5-trimethoxybenzene

7-O-α-D- 吡喃葡萄糖基 -3,4'- 二羟基 -3'-(4- 羟基 -3- 甲基丁基)-5,6- 二甲氧基黄酮 7-O-α-D-glucopyranosyl-3,4'-dihydroxy-3'-(4-hydroxy-3-methylbutyl)-5,6-dimethoxyflavone

7-O-α-D- 吡喃葡萄糖基 -3,4'- 二羟基 -3'-(4''- 乙酰氧基 -3''- 甲基丁基)-5,6- 二甲氧黄酮 7-O-α-D-glucopyranosyl-3,4'-dihydroxy-3'-(4''-acetoxyl-3''-methylbutyl)-5,6-dimethoxyflavone

3'(S)-O-β-D- 吡喃葡萄糖基 -3',4'- 二氢花椒内酯 3'(S)-O-β-D-glucopyranosyl-3',4'-dihydroxanthyletin

1-O-β-D- 吡喃葡萄糖基 -3,5,6- 三甲氧基呫酮 1-O-β-D-glucopyranosyl-3,5,6-trimethoxyxanthone

4-(4'-O-β-D- 吡喃葡萄糖基 -3',5'- 二甲氧基苯基)-2- 丁酮 4-(4'-O-β-D-glucopyranosyl-3',5'-dimethoxyphenyl)-2-butanone

4-O-β-D- 吡喃葡萄糖基 -3,5- 二甲氧基苯甲酸 4-O-β-D-glucopyranosyl-3,5-dimethoxybenzoic acid

7-O-α-D- 吡喃葡萄糖基 -3,5- 二羟基 -3'-(4''- 乙酰氧基 -3''- 甲基丁基)-6,4'- 二甲氧黄酮 7-O-α-D-glucopyranosyl-3,5-dihydroxy-3'-(4''-acetoxyl-3''-methylbutyl)-6,4'-dimethoxyflavone

4-O-β-D- 吡喃葡萄糖基 -3,5- 二羟基苯甲酸 4-O-β-D-glucopyranosyl-3,5-dihydroxybenzoic acid

1-O-β-D- 吡喃葡萄糖基 -3,8- 二羟基 -4,5- 二甲氧基呫酮 1-O-β-D-glucopyranosyl-3,8-dihydroxy-4,5-dimethoxyxanthone

β-D- 吡喃葡萄糖基 -3-O-[(O-β-D- 吡喃木糖基 -(1 → 2)-O-α-L- 吡喃鼠李糖基 -(1 → 3)-β-D- 吡喃葡萄糖醛酸基]- 齐墩果酸酯 β-D-glucopyranosyl-3-O-[(O-β-D-xylopyranosyl-(1 → 2)-O-α-L-rhamnopyranosyl-(1 → 3)-β-D-glucuronopyranosyl]oleanolate

β-D- 吡喃葡萄糖基 3-O-[(O-β-D- 吡喃葡萄糖基 -(1 → 2)-α-L- 吡喃鼠李糖基 -(1 → 3)-β-D- 吡喃葡萄糖醛酸基]- 齐墩果酸酯 β-D-glucopyranosyl-3-O-[(O-β-D-glucopyranosyl-(1 → 2)-α-L-rhamnopyranosyl-(1 → 3)-β-D-glucuronopyranosyl]oleanolate

28-O-β-D- 吡喃葡萄糖基 -3-O-[α-L- 吡喃鼠李糖基 -(1 → 2)-β-D- 吡喃葡萄糖基 -(1 → 2)-β-D- 吡喃葡萄糖基] 苜蓿酸酯苷

28-*O*-*β*-D-glucopyranosyl-3-*O*-[*α*-L-rhamnopyranosyl-(1→2)-*β*-D-glucopyranosyl-(1→2)-*β*-D-glucopyranosyl]medicagenate

β-D- 吡喃葡萄糖基 -3-*O*-[*α*-L- 吡喃鼠李糖基 -(1→3)-*β*-D- 吡喃葡萄糖醛酸基]- 齐墩果酸酯 *β*-D-glucopyranosyl-3-*O*-[*α*-L-rhamnopyranosyl-(1→3)-*β*-D-glucuronopyranosyl]oleanolate

23-*O*-*β*-D- 吡喃葡萄糖基 -3-*O*-[*β*-D- 吡喃半乳糖基 -(1→2)-*β*-D- 吡喃葡萄糖基] 苜蓿酸酯苷 23-*O*-*β*-D-glucopyranosyl-3-*O*-[*β*-D-galactopyranosyl-(1→2)-*β*-D-glucopyranosyl]medicagenate

28-*O*-*β*-D- 吡喃葡萄糖基 -3-*O*-[*β*-D- 吡喃半乳糖基 -(1→2)-*β*-D- 吡喃葡萄糖基] 苜蓿酸酯苷 28-*O*-*β*-D-glucopyranosyl-3-*O*-[*β*-D-galactopyranosyl-(1→2)-*β*-D-glucopyranosyl]medicagenate

26-*O*-*β*-D- 吡喃葡萄糖基 -3-*O*-*β*-D- 吡喃木糖基 -(1→3)-*β*-D- 吡喃半乳糖基 -(1→2)-*β*-D- 吡喃葡萄糖基 -(1→4)-*β*-D- 吡喃葡萄糖基 -5*α*- 呋甾 -12- 酮 -3*β*,22,26- 三醇 26-*O*-*β*-D-glucopyranosyl-3-*O*-*β*-D-xylopyranosyl-(1→3)-*β*-D-galactopyranosyl-(1→2)-*β*-D-glucopyranosyl-(1→4)-*β*-D-glucopyranosyl-5*α*-furostan-12-one-3*β*,22,26-triol

26-*O*-*β*-D- 吡喃葡萄糖基 -3-*O*-*β*-D- 吡喃木糖基 -(1→3)-*β*-D- 吡喃半乳糖基 -(1→2)-*β*-D- 吡喃葡萄糖基 -(1→4)-*β*-D- 吡喃葡萄糖基 -5*α*- 呋甾 -20(22)- 烯 -12- 酮 -3*β*,26- 二醇 26-*O*-*β*-D-glucopyranosyl-3-*O*-*β*-D-xylopyranosyl-(1→3)-*β*-D-galactopyranosyl-(1→2))-*β*-D-glucopyranosyl-(1→4)-*β*-D-glucopyranosyl-5*α*-furost-20(22)-en-12-one-3*β*,26-diol

4-*O*-*β*-D- 吡喃葡萄糖基 -3-*O*- 甲基鞣花酸 4-*O*-*β*-D-glucopyranosyl-3-*O*-methylellagic acid

3-*O*-*β*-D- 吡喃葡萄糖基 -3*α*,11*α*- 二羟基羽扇豆 -20(29)- 烯 -28- 酸 3-*O*-*β*-D-glucopyranosyl-3*α*,11*α*-dihydroxylup-20(29)-en-28-oic acid

3-*O*-*β*-D- 吡喃葡萄糖基 -3*β*,15*α*- 二羟基孕甾 -5- 烯 -20- 酮 3-*O*-*β*-D-glucopyranosyl-3*β*,15*α*-dihydroxypregn-5-en-20-one

(25*R*)-26-*O*-*β*-D- 吡喃葡萄糖基 -3*β*,20*α*,26- 三羟基呋甾 -5,22- 二烯 -3-*O*-*α*-L- 吡喃鼠李糖基 -(1→2)-[*α*-L- 吡喃鼠李糖基 -(1→4)]-*O*-*β*-D- 吡喃葡萄糖苷 (25*R*)-26-*O*-*β*-D-glucopyranosyl-3*β*,20*α*,26-trihydroxyfurost-5,22-dien-3-*O*-*α*-L-rhamnopyranosyl-(1→2)-[*α*-L-rhamnopyranosyl-(1→4)]-*O*-*β*-D-glucopyranoside

3-*O*-*β*-D- 吡喃葡萄糖基 -3*β*,21*α*,23- 三羟基 - 熊果 -12- 烯 -28- 酸 -21-*O*-*β*-D- 吡喃葡萄糖苷 3-*O*-*β*-D-glucopyranosyl-3*β*,21*α*,23-trihydroxy-urs-12-en-28-oic acid-21-*O*-*β*-D-glucopyranoside

21-*O*-*β*-D- 吡喃葡萄糖基 -3*β*,21*α*,30- 三羟基 -13(18)- 烯 -24- 齐墩果酸 21-*O*-*β*-D-glucopyranosyl-3*β*,21*α*,30-trihydroxyolean-13(18)-en-24-oic acid

26-*O*-*β*-D- 吡喃葡萄糖基 -3*β*,22 ζ ,26- 三羟基 -(25*R*)-5*α*- 呋甾 -6- 酮 -3-*O*-*α*-L- 吡喃阿拉伯糖基 -(1→6)-*β*-D- 吡喃葡萄糖苷 26-*O*-*β*-D-glucopyranosyl-3*β*,22 ζ ,26-trihydroxy-(25*R*)- 5*α*-furostan-6-one-3-*O*-*α*-L-arabinopyranosyl-(1→6)-*β*-D-glucopyranoside

26-*O*-*β*-D- 吡喃葡萄糖基 -3*β*,22*ζ*,26- 三羟基 -(25*R*)-5*α*- 呋甾 -6- 酮 -3-*O*-*β*-D- 吡喃葡萄糖基 -(1→4)-*O*-[*α*-L- 吡喃阿拉伯糖基 - (1→6)]-*β*-D- 吡喃葡萄糖苷 26-*O*-*β*-D-glucopyranosyl-3*β*,22*ζ*,26-trihydroxy-(25*R*)-5*α*-furstan-6-one-3-*O*-*β*-D-glucopyranosyl-(1→4)-*O*-[*α*-L-arabinopyranosyl-(1→6)]-*β*-D-glucopyranoside

(23*S*)-26-*O*-*β*-D- 吡喃葡萄糖基 -3*β*,23- 二羟基呋甾 -5,20(22),25(27)- 三烯 -1*β*- 硫酸酯 (23*S*)-26-*O*-*β*-D-glucopyranosyl-3*β*,23-dihydroxyfurosta-5,20(22),25(27)-trien-1*β*-sulfonate

26-*O*-*β*-D- 吡喃葡萄糖基 -3*β*,26- 二醇 -23(*S*)- 甲氧基 -(25*R*)- 呋甾 -5,20(22)- 二烯 -3-*O*-[*α*-L- 吡喃鼠李糖基 -(1→2)-*β*-D- 吡喃葡萄糖基 -(1→3)]-*β*-D- 吡喃葡萄糖苷 26-*O*-*β*-D-glucopyranosyl-3*β*,26-diol-23(*S*)-methoxy-(25*R*)-furost-5,20(22)-dien-3-*O*-[*α*-L-rhamnopyranosyl-(1→2)-*β*-D-glucopyranosyl-(1→3)]-*β*-D-glucopyranoside

26-*O*-*β*-D- 吡喃葡萄糖基 -3*β*,26- 二醇 -25(*R*)-$\Delta^{5,20(22)}$- 二烯 - 呋甾 -3-*O*-[*α*-L- 吡喃鼠李糖基 -(1→4)]-*β*-D- 吡喃葡萄糖苷 26-*O*-*β*-D-glucopyranosyl-3*β*,26-diol-25(*R*)-$\Delta^{5,20(22)}$-dien-furost-3-*O*-[*α*-L-rhamnopyranosyl-(1→4)]-*β*-D-glucopyranoside

26-*O*-*β*-D- 吡喃葡萄糖基 -3*β*,26- 二羟基 -25(*R*)- 呋甾 -5,20(22)- 二烯 -3-*O*-*α*-L- 吡喃鼠李糖基 -(1→2)-*β*-D- 吡喃葡萄糖苷 26-*O*-*β*-D-glucopyranosyl-3*β*,26-dihydroxy-25(*R*)-furost-5,20(22)-dien-3-*O*-*α*-L-rhamnopyranosyl-(1→2)-*β*-D-glucopyranoside

26-*O*-*β*-D- 吡喃葡萄糖基 -3*β*,26- 二羟基 -5- 胆甾烯 -16,22- 二氧 -3-*O*-*α*-L- 吡喃鼠李糖基 -(1→2)-*β*-D- 吡喃葡萄糖苷 26-*O*-*β*-D-glucopyranosyl-3*β*,26-dihydroxy-5-cholesten-16,22-dioxy-3-*O*-*α*-L-rhamnopyranosyl-(1→2)-*β*-D-glucopyranoside

26-*O*-*β*-D- 吡喃葡萄糖基 -3*β*,26- 二羟基胆甾 -16,22- 二氧代 -3-*O*-*α*-L- 吡喃鼠李糖基 -(1→2)-*β*-D- 吡喃葡萄糖苷 26-*O*-*β*-D-glucopyranosyl-3*β*,26-dihydroxy-cholestan-16,22-dioxo-3-*O*-*α*-L-rhamnopyranosyl-(1→2)-*β*-D-glucopyranoside

28-*O*-*β*- 吡喃葡萄糖基 -3*β*,7*β*- 二羟基羽扇豆 -20(29)- 烯 -28- 酯 28-*O*-*β*-glucopyranosyl-3*β*,7*β*-dihydroxy-lup-20(29)-en-28-oate

16-*O*-*β*-D- 吡喃葡萄糖基 -3*β*-20- 环氧 -3- 羟基冷杉 -8,11,13- 三烯 16-*O*-*β*-D-glucopyranosyl-3*β*-20-epoxy-3-hydroxyabieta-8,11,13-triene

2-*O*-*β*-D- 吡喃葡萄糖基 -3*β*-*O*-D- 吡喃葡萄糖醛酸基 -(4*α*)-23- 羟基齐墩果酸 -28-*O*-*β*-D- 吡喃葡萄糖基酯 2-*O*-*β*-D-glucopyranosyl-3*β*-*O*-D-glucopyranosiduronyl-(4*α*)-23-hydroxy-oleanolic acid-28-*O*-*β*-D-glucopyranosyl ester

28-*O*-*β*-D- 吡喃葡萄糖基 -3*β*- 羟基 - 羽扇豆 -20(29)- 烯 -28- 酯苷 28-*O*-*β*-D-glucopyranosyl-3*β*-hydroxy-lup-20(29)-en-28-oate

(*Z*)-2-*O*-*β*- 吡喃葡萄糖基 -3- 苯丙烯酸 (*Z*)-2-*O*-*β*-glucopyranosyl-3-phenylpropenoic acid

(3*R*)-3-*O*-*β*-D- 吡喃葡萄糖基 -3- 苯基丙酸 (3*R*)-3-*O*-*β*-D-glucopyranosyl-3-phenylpropanoic acid

1-*O*-*β*-D- 吡喃葡萄糖基 -3- 甲氧基 -5- 羟基苯 1-*O*-*β*-D-glucopyranosyl-3-methoxy-5-hydroxybenzene

(1*S*,2*R*)-1-(4'-*O*-*β*-D- 吡喃葡萄糖基 -3'- 甲氧基苯基)-2-(4"- 羟基 -3"- 甲氧基苯基)-1,3- 丙二醇 (1*S*,2*R*)-1-(4'-*O*-*β*-D-glucopyranosyl-3'-methoxyphenyl)-2-(4"-hydroxy-3"-methoxyphenyl)-1,3-propanediol

1-(4-*O*-*β*-D- 吡喃葡萄糖基 -3- 甲氧基苯基)-3,5- 二羟基癸烷 1-(4-*O*-*β*-D-glucopyranosyl-3-methoxyphenyl)-3,5-dihydroxydecane

3-(4-*O*-*β*-D- 吡喃葡萄糖基 -3- 甲氧基苯基) 丙酸甲酯 methyl 3-(4-*O*-*β*-D-glucopyranosyl-3-methoxyphenyl)propionate

3-(4-*β*- 吡喃葡萄糖基 -3- 甲氧基苯基) 丙酸甲酯 methyl 3-(4-*β*-glucopyranosyl-3-methoxyphenyl)propionate

3-(4-*O*-*β*-D- 吡喃葡萄糖基 -3- 甲氧基苯基) 丙酸乙酯 ethyl 3-(4-*O*-*β*-D-glucopyranosyl-3-methoxyphenyl)propionate

7-*O*-(4-*O*-*β*-D- 吡喃葡萄糖基 -3- 甲氧基苯甲酰) 裂环马钱子酸 7-*O*-(4-*O*-*β*-D-glucopyranosyl-3-methoxybenzoyl)secologanolic acid

5-*O*-*β*-D- 吡喃葡萄糖基 -3- 羟基 -1-(4- 羟基 -3- 甲氧基苯基)- 癸烷 5-*O*-*β*-D-glucopyranosyl-3-hydroxy-1-(4-hydroxy-3-methoxyphenyl)-decane

(4-*O*-*β*-D- 吡喃葡萄糖基 -3- 羟基苯基)-3,4- 二羟基苯甲酸酯 (4-*O*-*β*-D-glucopyranosyl-3-hydroxyphenyl)-3,4-dihydroxybenzoic acid ester

4-*O*-*β*-D- 吡喃葡萄糖基 -3- 羟基苯甲酸甲酯 4-*O*-*β*-D-glucopyranoside-3-hydroxymethyl benzoate

2-(4-*O*-β- 吡喃葡萄糖基 -3- 羟基正丁炔 -1- 基)-5-(1,3- 戊二炔 -1- 基) 噻吩 2-(4-*O*-β-glucopyranosyl-3-hydroxybut-1-yn-1-yl)-5-(penta-1,3-diyn-1-yl)thiophene

4'-*O*-β- 吡喃葡萄糖基 -3'- 羟基 - 紫花前胡苷元 4'-*O*-β-glucopyranosyl-3'-hydroxy-nodakenetin

1'-*O*-β-D- 吡喃葡萄糖基 -3- 羟基紫花前胡苷元 1'-*O*-β-D-glucopyranosyl-3-hydroxynodakenetin

(-)-(2*R*)-2-*O*-β-D- 吡喃葡萄糖基 -4-(4-β-D- 吡喃葡萄糖氧苄基)-2- 异丁基苹果酸酯 (-)-(2*R*)-2-*O*-β-D-glucopyranosyl-4-(4-β-D-glucopyranosyloxybenzyl)-2-isobutylmalate

2-*O*-β-D- 吡喃葡萄糖基 -4,4,9,14- 四羟基 -19- 降羊毛脂 -5- 烯 -20- 酮 2-*O*-β-D-glucopyranosyl-4,4,9,14-tetramethyl-19-norpregn-5-en-20-one

3-*O*-β-D- 吡喃葡萄糖基 -4',5,7- 三羟基黄酮 3-*O*-β-D-glucopyranosyloxy-4',5,7-trihydroxyflavone

6-*C*- 吡喃葡萄糖基 -4',5,7- 三羟基黄酮 6-*C*-galactopyranosyl-4',5,7-trihydroxyflavone

8-β-D- 吡喃葡萄糖基 -4',5,7- 三羟基黄酮 8-β-D-glucopyranosyl-4',5,7-trihydroxyflavone

8- 吡喃葡萄糖基 -4',5,7- 三羟基黄酮 8-glucopyranosyl-4',5,7-trihydroxyflavone

6-*C*-β-D- 吡喃葡萄糖基 -4',5- 二羟基 -7,8- 二甲氧基黄酮 6-*C*-β-D-glucopyranosyl-4',5-dihydroxy-7,8-dimethoxyflavone

1-(3-*O*-β-D- 吡喃葡萄糖基 -4,5- 二羟基苯基)- 乙酮 1-(3-*O*-β-D-glucopyranosyl-4,5-dihydroxyphenyl)-ethanone

2β-D- 吡喃葡萄糖基 -4,6- 二羟基苯基苯酮 2β-D-glucopyranosyl-4,6-dihydroxyphenyl phenyl ketone

7-*O*-β-D- 吡喃葡萄糖基 -4',8- 二甲氧基异黄酮 7-*O*-β-D-glucopyranosyl-4',8-dimethoxyisoflavone

3-*O*-β-D- 吡喃葡萄糖基 -4'-*O*-(3'''-*O*- 二氢红花菜豆酰基 -β-D- 吡喃葡萄糖基)- 鼠李柠檬素 3-*O*-β-D-glucopyranosyl-4'-*O*-(3'''-*O*-dihydrophaseoyl-β-D-glucopyranosyl)-rhamnocitrin

1-*O*-β-D- 吡喃葡萄糖基 -4- 苯丙烯 1-*O*-β-D-glucopyranosyl-4-allylbenzene

1-*O*-β-D- 吡喃葡萄糖基 -4- 表抱茎闭花木素▲ 1-*O*-β-D-glucopyranosyl-4-epiamplexine

2-*O*-β-D- 吡喃葡萄糖基 -4- 甲氧基苯丙酸 2-*O*-β-D-glucosyloxy-4-methoxybenzenepropanoic acid

2-*O*-β-D- 吡喃葡萄糖基 -4- 甲氧基 - 苯甲酸甲酯 2-*O*-β-D-glucopyranosyl-4-methoxy-methylbenzoate

3-(2-*O*-β-D- 吡喃葡萄糖基 -4- 羟苯基) 丙酸 3-(2-*O*-β-D-glucopyranosyl-4-hydroxyphenyl)propanoic acid

3-(2-*O*-β-D- 吡喃葡萄糖基 -4- 羟苯基) 丙酸甲酯 methyl 3-(2-*O*-β-D-glucopyranosyl-4-hydroxyphenyl)propanoate

2-(3'-*O*-β-D- 吡喃葡萄糖基 -4'- 羟苯基)- 乙醇 2-(3'-*O*-β-D-glucopyranosyl-4'-hydroxyphenyl)-ethanol

(2*R*)-2-*O*-β-D- 吡喃葡萄糖基 -4- 羟基 -2*H*-1,4- 苯并恶嗪 -3(4*H*)- 酮 (2*R*)-2-*O*-β-D-glucopyranosyl-4-hydroxy-2*H*-1,4-benzoxazin-3(4*H*)-one

(*R*)-4-*O*-β-D- 吡喃葡萄糖基 -4- 羟基 -2- 戊酮 (*R*)-4-*O*-β-D-glucopyranosyl-4-hydroxy-2-pentanone

4-(3'-*O*-β-D- 吡喃葡萄糖基 -4'- 羟基苯基)-2- 丁酮 4-(3'-*O*-β-D-glucopyranosyl-4'-hydroxyphenyl)-2-butanone

(1*R*,7*R*,10*S*)-11-*O*-β-D- 吡喃葡萄糖基 -4- 愈创木烯 -3- 酮 (1*R*,7*R*,10*S*)-11-*O*-β-D-glucopyranosyl-4-guaien-3-one

3-*O*-β-D- 吡喃葡萄糖基 -5,22,24- 豆甾三烯醇 3-*O*-β-D-glucopyranosyl-5,22,24-stigmastatrienol

8-*C*-β-D- 吡喃葡萄糖基 -5,4'- 二羟基 -6,7- 二甲氧基 - 黄酮 8-*C*-β-D-glucopyranosyl-5,4'-dihydroxy-6,7-dimethoxy-flavone

8-*C*- 吡喃葡萄糖基 -5,7,3',4'- 四羟基黄酮 8-*C*-glucopyranosyl-5,7,3',4'-tetrahydroxyflavone

8-*C*-β-D- 吡喃葡萄糖基 -5,7,4'- 三羟基 -6- 甲氧基 - 黄酮 8-*C*-β-D-glucopyranosyl-5,7,4'-trihydroxy-6-methoxy-flavone

6-β-*C*- 吡喃葡萄糖基 -5,7- 二羟基 -2- 甲基色酮 6-β-*C*-glucopyranosyl-5,7-dihydroxy-2-methylchromone

8-β-*C*- 吡喃葡萄糖基 -5,7- 二羟基 -2- 甲基色酮 8-β-*C*-glucopyranosyl-5,7-dihydroxy-2-methylchromone

6-β-*C*- 吡喃葡萄糖基 -5,7- 二羟基 -2- 异丙基色酮 6-β-*C*-glucopyranosyl-5,7-dihydroxy-2-isopropylchromone

8-β-*C*- 吡喃葡萄糖基 -5,7- 二羟基 -2- 异丙基色酮 8-β-*C*-glucopyranosyl-5,7-dihydroxy-2-isopropylchromone

8-β-*C*- 吡喃葡萄糖基 -5,7- 二羟基 -2- 异丁基色酮 8-β-*C*-glucopyranosyl-5,7-dihydroxy-2-isobutylchromone

4'-*O*-β-D- 吡喃葡萄糖基 -5,7- 二羟基异黄酮 4'-*O*-β-D-glucopyranosyl-5,7-dihydroxyisoflavone

6-*C*- 吡喃葡萄糖基 -5-*O*- 吡喃鼠李糖基三甲氧基汉黄芩素 6-*C*-glycopyranosyl-5-*O*-rhamnopyranosyltrimethoxywogonin

4'-*O*-β-D- 吡喃葡萄糖基 -5-*O*- 甲基阿米芹诺醇▲ 4'-*O*-β-D-glucopyranosyl-5-*O*-methylvisamminol

2α-*O*-β-D- 吡喃葡萄糖基 -5α,11α*H*- 桉叶 -4(15)- 烯 -12,8β- 内酯 2α-*O*-β-D-glucopyranosyl-5α,11α*H*-eudesma-4(15)-en-12,8β-olide

3β-*O*-β-D- 吡喃葡萄糖基 -5α,14β,17β- 三羟基强心甾 -20(22)- 烯内酯 3β-*O*-β-D-glucopyranosyl-5α,14β,17β-trihydroxycard-20(22)-enolide

3β-*O*- 吡喃葡萄糖基 -5α,6β- 二羟基麦角甾 -7,22- 二烯 3β-*O*-glucopyranosyl-5α,6β-dihydroxyergosta-7,22-diene

2α-*O*-β-D- 吡喃葡萄糖基 -5α*H*- 桉叶 -4(15),11(13)- 二烯 -12,8β- 内酯 2α-*O*-β-D-glucopyranosyl-5α*H*-eudesma-4(15),11(13)-dien-12,8β-olide

26-*O*-β-D- 吡喃葡萄糖基 -5α- 呋甾 -12- 酮 -20(22)- 烯 -3β,23,26- 三醇 -3-*O*-β-D- 吡喃木糖基 -(1→2)-[β-D- 吡喃木糖基 -(1→3)]-β-D- 吡喃葡萄糖基 -(1→4)-[α-L- 吡喃鼠李糖基 -(1→2)]-β-D- 吡喃半乳糖苷 26-*O*-β-D-glucopyranosyl-5α-furostan-12-one-20(22)-ene-3β,23,26-triol-3-*O*-β-D-xylopyranosyl-(1→2)-[β-D-xylopyranosyl-(1→3)]-β-D-glucopyranosyl-(1→4)-[α-L-rhamnopyranosyl-(1→2)]-β-D-galactopyranoside

(25*R*)-26-*O*-β-D- 吡喃葡萄糖基 -5α- 呋甾 -12- 酮 -3β,22α,26- 三醇 -3-*O*-β-D- 吡喃葡萄糖基 -(1→4)-β-D- 吡喃半乳糖苷 (25*R*)-26-*O*-β-D-glucopyranosyl-5α-furost-12-one-3β,22α,26-triol-3-*O*-β-D-glucopyranosyl-(1→4)-β-D-galactopyranoside

26-*O*-β-D- 吡喃葡萄糖基 -5α- 呋甾 -20(22)- 烯 -12- 酮 -3-*O*-β-D- 吡喃葡萄糖基 -(1→4)-β-D- 吡喃半乳糖苷 26-*O*-β-D-glucopyranosyl-5α-furost-20(22)-en-12-one-3-*O*-β-D-glucopyranosyl-(1→4)-β-D-galactopyranoside

26-*O*-β-D- 吡喃葡萄糖基 -5α- 呋甾 -20(22)- 烯 -1β,3α,26- 三醇 -3-*O*-β-D- 吡喃葡萄糖苷 26-*O*-β-D-glucopyranosyl-5α-furost-20(22)-en-1β,3α,26-triol-3-*O*-β-D-glucopyranoside

26-*O*-β-D- 吡喃葡萄糖基 -5α- 呋甾 -20(22)- 烯 -3β,23,26- 三醇 -3-*O*-β-D- 吡喃木糖基 -(1→2)-[β-D- 吡喃木糖基 -(1→3)]-β-D- 吡喃葡萄糖基 -(1→4)-[α-L- 吡喃鼠李糖基 -(1→2)]-β-D- 吡喃半乳糖苷 26-*O*-β-D-glucopyranosyl-5α-furostan-20(22)-ene-3β,23,26-triol-3-*O*-β-D-xylopyranosyl-(1→2)-[β-D-xylopyranosyl-(1→3)]-β-D-glucopyranosyl-(1→4)-[α-L-rhamnopyranosyl-(1→2)]-β-D-galactopyranoside

25(*S*)-26-*O*-β-D- 吡喃葡萄糖基 -5α- 呋甾 -22(20)- 烯 -3β,6α,26- 三醇 -6-*O*-[α-L- 吡喃鼠李糖基 -(1→3)-*O*-β-D- 吡喃金鸡纳糖苷] 25(*S*)-26-*O*-β-D-glucopyranosyl-5α-furost-22(20)-en-3β,6α,26-triol-6-*O*-[α-L-rhamnopyranosyl-(1→3)-*O*-β-D-quinovopyranoside]

25(*S*)-26-*O*-*β*-D- 吡喃葡萄糖基 -5*α*- 呋甾 -22(20)- 烯 -3*β*,6*α*,26- 三醇 -6-*O*-*β*-D- 吡喃金鸡纳糖苷 25(*S*)-26-*O*-*β*-D-glucopyranosyl-5*α*-furost-22(20)-en-3*β*,6*α*,26-triol-6-*O*-*β*-D-quinovopyranoside

25(*S*)-26-*O*-*β*-D- 吡喃葡萄糖基 -5*α*- 呋甾 -22(20)- 烯 -3- 酮 -6*α*,26- 二醇 -6-*O*-[*α*-L- 吡喃鼠李糖基 -(1 → 3)-*O*-*β*-D- 吡喃金鸡纳糖苷] 25(*S*)-26-*O*-*β*-D-glucopyranosyl-5*α*-furost-22(20)-en-3-one-6*α*,26-diol-6-*O*-[*α*-L-rhamnopyranosyl-(1 → 3)-*O*-*β*-D-quinovopyranoside]

26-*O*-*β*-D- 吡喃葡萄糖基 -5*α*- 呋甾 -25(27)- 烯 -3*β*,12*β*,22,26- 四醇 -3-*O*-*β*-D- 吡喃葡萄糖基 -(1 → 2)-[*β*-D- 吡喃葡萄糖基 -(1 → 3)]-*β*-D- 吡喃葡萄糖基 -(1 → 4)-*β*-D- 吡喃半乳糖苷 26-*O*-*β*-D-glucopyranosyl-5*α*-furost-25(27)-en-3*β*,12*β*,22,26-tetraol-3-*O*-*β*-D-glucopyranosyl-(1 → 2)[*β*-D-glucopyranosyl-(1 → 3)]-*β*-D-glucopyranosyl-(1 → 4)-*β*-D-galactopyranoside

26-*O*-*β*-D- 吡喃葡萄糖基 -5*β*- 呋甾 -20(22)-25(27)- 二烯 -3*β*,12*β*,26 三醇 -3-*O*-*β*-D- 吡喃葡萄糖基 -(1 → 2)-*β*-D- 吡喃半乳糖苷 26-*O*-*β*-D-glucopyranosyl-5*β*-furost-20(22)-25(27)-dien-3*β*,12*β*,26-triol-3-*O*-*β*-D-glucopyranosyl-(1 → 2)-*β*-D-galactopyranoside

(25*S*)-26-*O*-*β*-D- 吡喃葡萄糖基 -5*β*- 呋甾 -20(22)- 烯 -3*β*,26- 二醇 -3-*O*-*β*-D- 吡喃葡萄糖基 -(1 → 2)-*β*-D- 吡喃葡萄糖苷 (25*S*)-26-*O*-*β*-D-glucopyranosyl-5*β*-furost-20(22)-en-3*β*,26-diol-3-*O*-*β*-D-glucopyranosyl-(1 → 2)-*β*-D-glucopyranoside

(25*R*)-26-*O*-*β*-D- 吡喃葡萄糖基 -5*β*- 呋甾 -3*β*,22*α*,26- 三醇 -3-*O*-[*β*-D- 吡喃葡萄糖基 -(1 → 2)-*O*-*β*-D- 吡喃半乳糖苷] (25*R*)-26-*O*-*β*-D-glucopyranosyl-5*β*-furostan-3*β*,22*α*,26-triol-3-*O*-[*β*-D-glucopyranosyl-(1 → 2)-*O*-*β*-D-galactopyranoside]

(25*R*)-26-*O*-*β*-D- 吡喃葡萄糖基 -5*β*- 呋甾 -3*β*,22*α*,26- 三醇 -3-*O*-[*β*-D- 吡喃葡萄糖基 -(1 → 2)-*O*-*β*-D- 吡喃葡萄糖苷] (25*R*)-26-*O*-*β*-D-glucopyranosyl-5*β*-furostan-3*β*,22*α*,26-triol-3-*O*-[*β*-D-glucopyranosyl-(1 → 2)-*O*-*β*-D-glucopyranoside]

8-*O*-*β*-D- 吡喃葡萄糖基 -5- 甲氧基 - 补骨脂素 8-*O*-*β*-D-glucopyranosyl-5-methoxylpsoralen

1-*O*-*β*-D- 吡喃葡萄糖基 -5- 羟基 -3- 甲氧基呫酮 1-*O*-*β*-D-glucopyranosyl-5-hydroxy-3-methoxyxanthone

(±)-(2*E*,4*E*)-*O*-*β*-D- 吡喃葡萄糖基 -5'- 羟基 -*β*- 芷香叉乙酸酯 (±)-(2*E*,4*E*)-*O*-*β*-D-glucopyranosyl-4'-hydroxy-*β*-ionylideneacetic acid ester

β-D- 吡喃葡萄糖基 -6'-(*β*-D- 吡喃芹糖基) 哥伦比亚狭缝芹亭▲ *β*-D-glucopyranosyl-6'-(*β*-D-apiopyranosyl)columbianetin

(*Z*)-6-*O*-*β*-D- 吡喃葡萄糖基 -6,7,3',4'- 四羟基橙酮 (*Z*)-6-*O*-*β*-D-glucopyranosyl-6,7,3',4'-tetrahydroxyaurone

(3*S*)-*O*-*β*- 吡喃葡萄糖基 -6-[3- 氧代 -(2*R*)- 丁烯亚基]-1,1,5- 三甲基环己烷 -(5*R*)- 醇 (3*S*)-*O*-*β*-glucopyranosyl-6-[3-oxo-(2*R*)-butenylidenyl]-1,1,5-trimethylcyclohexane-(5*R*)-ol

(3*S*)-*O*-*β*-D- 吡喃葡萄糖基 -6-[3- 氧代 -(2*R*)- 亚丁烯基]-1,1,5- 三甲基环己烷 -(5*R*)- 醇 (3*S*)-*O*-*β*-D-glucopyranosyl-6-[3-oxo-(2*R*)-butenylidenyl]-1,1,5-trimethyl-cyclohexan-(5*R*)-ol

(3*S*)-*O*-*β*-D- 吡喃葡萄糖基 -6-[3- 氧代 -(2*S*)- 亚丁烯基]-1,1,5- 三甲基环己烷 -(5*R*)- 醇 (3*S*)-*O*-*β*-D-glucopyranosyl-6-[3-oxo-(2*S*)-butenylidenyl]-1,1,5-trimethyl-cyclohexan-(5*R*)-ol

4''-*O*-*β*-D- 吡喃葡萄糖基 -6'-*O*-(4-*O*-*β*-D- 吡喃葡萄糖基咖啡酰基) 狭叶龙胆苷▲ 4''-*O*-*β*-D-glucosyl-6'-*O*-(4-*O*-*β*-D-glucosylcaffeoyl) linearoside

(3*β*,4*α*,17*α*,21*β*)-3-*O*-(*β*-D- 吡喃葡萄糖基 -6'-*O*-*α*-L- 吡喃鼠李糖基)-21- 羟基 -16- 酮基 -28- 降齐墩果 -12- 烯 -23- 醛 (3*β*,4*α*,17*α*,21*β*)-3-*O*-(*β*-D-glucopyranosyl-6'-*O*-*α*-L-rhamnopyranosyl)-21-hydroxyl-16-oxo-28-norolean-12-en-23-al

5-*O*-*β*-D- 吡喃葡萄糖基 -6'-*O*- 苄基 -2,5- 二羟基苯甲酸 5-*O*-(*β*-D-glucopyranosyl)-6'-*O*-benzoyl-2,5-dihydroxybenzoic acid

α-D- 吡喃葡萄糖基 -6'-*O*- 十六酸酯 *α*-D-glucopyranosyl-6'-*O*-hexadecanoate

8-*C*- 吡喃葡萄糖基 -7,4',5- 三羟基异黄酮 8-*C*-glucopyranosyl-7,4',5-trihydroxyisoflavone

6-*C*-*β*-D- 吡喃葡萄糖基 -7-*O*-[6'''-*O*-(4''''- 羟基 -3'''',5''''- 二甲氧基苯基)-*β*-D- 吡喃葡萄糖基]-4',5- 二羟基黄酮 6-*C*-*β*-D-glucopyranosyl-7-*O*-[6'''-*O*-(4''''-hydroxy-3'''',5''''-dimethoxyphenyl)- *β*-D-glucopyranosyl]-4',5-dihydroxyflavone

3-*O*-*β*-D- 吡喃葡萄糖基 -7-*O*-*α*-L- 吡喃鼠李糖基山柰酚 3-*O*-*β*-D-glucopyranosyl-7-*O*-*α*-L-rhamnopyranosylkaempferol

(22*R*)-27-*O*-*β*-D- 吡喃葡萄糖基 -7*α*- 甲氧基 -1- 氧代睡茄 -3,5,24- 三烯内酯 (22*R*)-27-*O*-*β*-D-glucopyranosyl-7*α*-methoxy-1-oxowitha-3,5,24-trienolide

4'-*β*-D- 吡喃葡萄糖基 -7-*β*- 新橙皮糖基柚皮苷元 4'-*β*-D-glucopyranosyl-7-*β*-neohesperidosylnaringenin

4'-*β*-D- 吡喃葡萄糖基 -7-*β*- 芸香糖基柚皮苷元 4'-*β*-D-glucosyl-7-*β*-rutinosylnaringenin

2-*O*-*β*-D- 吡喃葡萄糖基 -7- 甲氧基 -1,4(2*H*)- 苯并噁嗪 -3- 酮 2-*O*-*β*-D-glucopyranosyl-7-methoxy-1,4(2*H*)-benzoxazin-3-one

8-*C*- 吡喃葡萄糖基 -7- 甲氧基 -4',5- 二羟基异黄酮 8-*C*-glucopyranosyl-7-methoxy-4',5-dihydroxyisoflavone

2-*O*-*β*-D- 吡喃葡萄糖基 -7- 羟基 -1,4(2*H*)- 苯并噁嗪 -3- 酮 2-*O*-*β*-D-glucopyranosyl-7-hydroxy-1,4(2*H*)-benzoxazin-3-one

1-*O*-*β*-D- 吡喃葡萄糖基 -7- 羟基 -3,8- 二甲氧基呫酮 1-*O*-*β*-D-glucopyranosyl-7-hydroxy-3,8-dimethoxyxanthone

4'-*β*-D- 吡喃葡萄糖基 -7- 芸香糖基柚皮苷元 4'-*β*-D-glucopyranosyl-7-rutinosylnaringenin

β-D- 吡喃葡萄糖基 -8(17),13- 对映 - 半日花二烯 -16,15- 内酯 -18- 酸酯 *β*-D-glucopyranosyl-8(17),13-*ent*-labdadien-16,15-olid-18-oate

6-*C*-*β*-D- 吡喃葡萄糖基 -8-*C*-*α*-L- 吡喃鼠李糖基木犀草素 6-*C*-*β*-D-glucopyranosyl-8-*C*-*α*-L-rhamnopyranosyl-luteolin

6-*C*-*β*-D- 吡喃葡萄糖基 -8-*C*-*β*-D- 半乳糖基芹菜苷元 6-*C*-*β*-D-glucopyranosyl-8-*C*-*β*-D-galactopyranosyl-apigenin

6-*C*-*β*-D- 吡喃葡萄糖基 -8-*C*-*β*-D- 吡喃木糖基芹菜苷元 6-*C*-*β*-D-glucopyranosyl-8-*C*-*β*-D-xylopyranosylapigenin

6-*C*- 吡喃葡萄糖基 -8-*C*- 阿拉伯羰基芹菜苷元 6-*C*-glucopyranosyl-8-*C*-arabinosylapigenin

6-*C*- 吡喃葡萄糖基 -8-*C*- 吡喃阿拉伯糖基芹菜苷元 6-*C*-glucopyranosyl-8-*C*-arabinopyranosylapigenin

6-*C*- 吡喃葡萄糖基 -8-*C*- 吡喃木糖基芹菜苷元 6-*C*-glycopyranosyl-8-C-xyloeylapigenin

6-*C*- 吡喃葡萄糖基 -8-*C*- 吡喃葡萄糖基芹菜苷元 6-*C*-glucopyranosyl-8-*C*-glycopyranosylapigenin

6-*C*- 吡喃葡萄糖基 -8-*C*- 木糖基芹菜苷元 6-*C*-glucopyranosyl-8-*C*-xylosylapigenin

6-*O*-*β*-D- 吡喃葡萄糖基 -8-*O*- 苯甲酰基 - 牡丹酮 6-*O*-*β*-D-glucopyranosyl-8-*O*-benzoyl-paeonisuffrone

1-*O*-*β*-D- 吡喃葡萄糖基 -8-*O*- 苯甲酰牡丹酮 1-*O*-*β*-D-glucopyranosyl-8-*O*-benzoylpaeonisuffrone

8-*O*-*β*-D- 吡喃葡萄糖基 -8*α*- 羟基 -6,10- 二去氧环小花茴香内酯▲ 8-*O*-*β*-D-glucopyranosyl-8*α*-hydroxy-6,10-dideoxycycloparviflorolide

1-*O*-*β*-D- 吡喃葡萄糖基 -8- 羟基 -3,7- 二甲氧基呫酮 1-*O*-*β*-D-glucopyranosyl-8-hydroxy-3,7-dimethoxyxanthone

9-*O*-*β*-D- 吡喃葡萄糖基 -9- 羟基百里香酚 9-*O*-*β*-D-glucopyranosyl-9-hydroxythymol

1-*O*-*β*-D- 吡喃葡萄糖基 -D- 甘露醇 1-*O*-*β*-D-glucopyranoyl-D-mannitol

1-β-D- 吡喃葡萄糖基 -N-(1- 氧代己基)-L- 色氨酸 1-β-D-glucopyranosyl-N-(1-oxohexyl)-L-tryptophan

3-O-β-D- 吡喃葡萄糖基 -O-β-D- 吡喃半乳糖基阿魏酰异鼠李素 3-O-β-D-glucopyranosyl- O-β-D-galactopyranosylferuloylisorhamnetin

α-D- 吡喃葡萄糖基 -α-D- 吡喃葡萄糖苷 α-D-glucopyranosyl-α-D-glucopyranoside

3β-O-(2- O-β-D- 吡喃葡萄糖基 -α-L- 吡喃阿拉伯糖基)- 齐墩果 -12- 烯 -28- 酸 -6-O-β-D- 吡喃葡萄糖基 -β-D- 吡喃葡萄糖酯苷 3β-O-(2-O-β-D-glucopyranosyl-α-L-arabinopyranosyl)-olean-12-en-28-oic acid-6-O-β-D-glucopyranosyl-β-D-glucopyranosyl ester

7-O-β-D- 吡喃葡萄糖基 -α- 高野尻霉素 7-O-β-D-glucopyranosyl-α-homonojirimycin

(2β,3β,4α,20β)-3-O-(2-O-β-D- 吡喃葡萄糖基 -β-D- 吡喃木糖基)-2,23- 二羟基 -28-β-D- 吡喃葡萄糖基 - 齐墩果 -12- 烯 -28,29- 二酸 -29- 甲基酯 (2β,3β,4α,20β)-3-O-(2-O-β-D-glucopyranosyl-β-D-xylopyranosyl)-2,23-dihydroxy-28-β-D-glucopyranosyl-olean-12-ene-28,29-dioic acid-29-methyl ester

(2β,3β,4α,20β)-3-O-(2-O-β-D- 吡喃葡萄糖基 -β-D- 吡喃木糖基)-2,23- 二羟基 - 齐墩果 -12- 烯 -28,29- 二酸 -29- 甲酯 (2β,3β,4α,20β)-3-O-(2-O-β-D-glucopyranosyl-β-D-xylopyranosyl)-2,23-dihydroxy-olean-12-ene-28,29-dioic acid 29-methyl ester

6-O-β-D- 吡喃葡萄糖基 -β-D- 吡喃葡萄糖 -1- 苯甲酸酯 6-O-β-D-glucopyranosyl-β-D-glucopyranose-1-benzoate

3β-[(6-O-β-D- 吡喃葡萄糖基 -β-D- 吡喃葡萄糖基) 氧基]-21β,22α- 二羟基齐墩果 -12- 烯 -28-O-α-L- 吡喃鼠李糖基 -(1 → 2)-O-[β-D- 吡喃葡萄糖基 -(1 → 6)]-β-D- 吡喃葡萄糖苷 3β-[(6-O-β-D-glucopyranosyl-β-D-glucopyranosyl)oxy]-21β,22α-dihydroxyolean-12-en-28-O-α-L-rhamnopyranosyl-(1→2)-O-[β-D-glucopyranosyl-(1 → 6)]-β-D-glucopyranoside

(2β,3β,4β)-3-(2-O-β-D- 吡喃葡萄糖基 -β-D- 吡喃葡萄糖氧基)-2,27- 二羟基 - 齐敦果 -12- 烯 -23,28- 二酸 -28-(O-β-D- 吡喃木糖基 -(1 → 4)-O-6-α-L- 吡喃李糖基基 -(1 → 2)-6- 去氧 -β-D- 吡喃半乳糖基) 酯苷 (2β,3β,4β)-3-(2-O-β-D-glucopyranosyl-β-D-glucopyranosyloxy)-2,27-dihydroxy-olean-12-ene-23,28-dioic acid-28-(O-β-D-xylopyranosyl-(1→4)-O-α-L-rhamnopyranosyl-(1→2)-6-deoxy-β-D-galactopyranosyl)ester

3-(6-O-β-D- 吡喃葡萄糖基 -β-D- 吡喃葡萄糖氧基)-5- 羟基 -2-(4- 羟基苯基)-4- 氧代 - 黄烷 -7- 基 -β-D- 吡喃葡萄糖醛酸 3-(6-O-β-D-glucopyranosyl-β-D-glucopyranosyloxy)-5-hydroxy-2-(4-hydroxyphenyl)-4-oxo-flavan-7-yl-β-D-glucopyranosiduronic acid

(R)-2-(2-O-β-D- 吡喃葡萄糖基 -β-D- 吡喃葡萄糖氧基)- 苯基乙腈 (R)-2-(2-O-β-D-glucopyranosyl-β-D-glucopyranosyloxy)-phenylacetonitrile

3β-[(4-O-β-D- 吡喃葡萄糖基 -β-D- 吡喃葡萄糖氧基]- 齐墩果 -12- 烯 -28- 酸 -β-D- 吡喃葡萄糖基酯苷 3β-[(4-O-β-D-glucopyranosyl-β-D-glucopyranosyl)oxy]-olean-12-en-28-oic acid -β-D-glucopyranosyl ester

α-D- 吡喃葡萄糖基 -β-D- 呋喃果糖 α-D-glucopyranosyl-β-D-fructofuranoside

α-D- 吡喃葡萄糖基 -β-L- 吡喃鼠李糖苷 α-D-glucopyranosyl-β-L-rhamnopyranoside

3-[4-(6-O-β- 吡喃葡萄糖基 -β- 吡喃葡萄糖基)-3- 羟基苯基] 丙酸甲酯 methyl-3-[4-(6-O-β-glucopyranosyl-β-glucopyranosyl)-3-hydroxyphenyl]propionate

3-O-β-D- 吡喃葡萄糖基 -β- 豆甾醇 3-O-β-D-glucopyranosyl-β-stigmasterol

α-D- 吡喃葡萄糖基 -β- 呋喃果糖 α-D-glucopyranosyl-β-fructofuranose

3-O-β-D- 吡喃葡萄糖基阿江榄仁酸 3-O-β-D-glucopyranosylarjunolic acid

12-O-β-D- 吡喃葡萄糖基阿魏栓翅芹醇 12-O-β-D-glucopyranosylgosferol

4-O-β-D- 吡喃葡萄糖基阿魏酸甲酯 methyl 4-O-β-D-glucopyranosylferulate

4-β-D- 吡喃葡萄糖基 - 阿魏酸甲酯 methyl-4-β-D-glucopyranosyl-ferulate

β-D- 吡喃葡萄糖基阿魏酸酯 β-D-glucopyranosyl ferulate

3-(4-O-β-D- 吡喃葡萄糖基阿魏酰基)- 奎宁酸 3-(4-O-β-D-glucopyranosylferuloyl)-quinic acid

6''-O-β-D- 吡喃葡萄糖基巴东荚蒾苷▲ 6''-O-β-D-glucopyranosylhenryoside

3-O- 吡喃葡萄糖基白花丹酸甲酯 3-O-glucopyranosylplumbagic acid methyl ester

6'-O-β-D- 吡喃葡萄糖基白芍苷 6'-O-β-D-glucopyranosylalbiflorin

6'-O-β- 吡喃葡萄糖基白芍苷 6'-O-β-glucopyranosylalbiflorin

7-O-β-D- 吡喃葡萄糖基白杨素 7-O-β-D-glucopyranosylchrysin

1-O-β-D- 吡喃葡萄糖基抱茎闭花木素▲ 1-O-β-D-glucopyranosylamplexine

4-(4'-O-β-D- 吡喃葡萄糖基苯基)-2- 丁酮 4-(4'-O-β-D-glucopyranosylphenyl)-2-butanone

3-(4-O-β-D- 吡喃葡萄糖基苯基) 丙酸甲酯 methyl 3-(4-O-β-D-glucopyranosyl phenyl)propionate

4'-O-β-D- 吡喃葡萄糖基苯基 -2- 丁酮 4'-O-β-D-glucopyranosylphenyl-2-butanone

4-(β-D- 吡喃葡萄糖基) 苯甲醇 4-(β-D-glucopyranosyloxy)benzyl alcohol

4-O-β-D- 吡喃葡萄糖基苯甲酸 4-O-β-D-glucopyranosylbenzoic acid

2-O-β-D- 吡喃葡萄糖基苯甲酸甲酯 methyl 2-O-β-D-glucopyranosylbenzoate

2-O-β- 吡喃葡萄糖基苯甲酸甲酯 methyl 2-O-β-glucopyranosylbenzoate

4-O-β-D- 吡喃葡萄糖基苯甲酸甲酯 4-O-β-D-glucopyranosyloxybenzoic acid methyl ester

β-D- 吡喃葡萄糖基苯甲酸酯 β-D-glucopyranosylbenzoate

4-(4-O-β-D- 吡喃葡萄糖基 - 苯氧基)-1-O-β-D- 吡喃葡萄糖基 -1,3- 苯二酚 4-(4-O-β-D-glucopyranosyl-phenoxy)-1-O-β-D-glucopyranosyl-1,3-benzenediol

2-O-β-D- 吡喃葡萄糖基苍术苷元 2-O-β-D-glucopyranosylatractyligenin

4'''-O-β-D- 吡喃葡萄糖基糙龙胆苷▲ 4'''-O-β-D-glucopyranosylscabraside

2''-O-β''-D- 吡喃葡萄糖基柴胡皂苷 b_2 2''-O-β''-D-glucopyranosylsaikosaponin b_2

2''-O-β-D- 吡喃葡萄糖基柴胡皂苷 b_2 2''-O-β-D-glucopyranosylsaikosaponin b_2

3-O-β-D- 吡喃葡萄糖基常春藤皂苷元 3-O-β-D-glucopyranosylhederagenin

3-O-β-L- 吡喃葡萄糖基常春藤皂苷元 3-O-β-L-glucopyranosylhederagenin

3-O-β-D- 吡喃葡萄糖基 - 常春藤皂苷元 -23α-O-α-D- 呋喃核糖苷 3-O-β-D-glucopyranosyl-hederagenin-23α-O-α-D-ribofuranoside

3-O-β-D- 吡喃葡萄糖基赤霉素 A_1 3-O-β-Dglucopyranosylgibberellin A_1

3-O-β-D- 吡喃葡萄糖基穿贝海绵甾醇 3-O-β-D-glucopyranosylclionasterol

3-O-β-D- 吡喃葡萄糖基刺囊酸 3-O-β-D-glucopyranosylechinocystic acid

3-*O*-β-D- 吡喃葡萄糖基刺囊酸 -28-*O*-β-D- 吡喃葡萄糖酯酸苷 3-*O*-β-D-glucopyranosylechinocystic acid-28-*O*-β-D-glucopyranoside

3-*O*-β-D- 吡喃葡萄糖基打碗花碱 B_1 3-*O*-β-D-glucopyranosylcalystegine B_1

4'-*O*-β-D- 吡喃葡萄糖基钉头果伏苷▲ 4'-*O*-β-D-glucopyranosyl-gofruside

4'-*O*-β-D- 吡喃葡萄糖基钉头果勾苷▲ 4'-*O*-β-D-glucopyranosyl-frugoside

3-*O*-β-D- 吡喃葡萄糖基豆甾醇 3-*O*-β-D-glucopyranosylstigmasterol

3-*O*-β-D- 吡喃葡萄糖基 - 豆甾醇 3-*O*-β-D-glucopyranosyl-stigmasterol

4-*O*-β- 吡喃葡萄糖基 - 对羟基苯甲酸 4-*O*-β-glucopyranosyl-p-hydroxybenzoic acid

(*Z*)-4-*O*-β-D- 吡喃葡萄糖基对香豆酸 (*Z*)-4-*O*-β-D-glucopyranosyl-*p*-coumaric acid

4-*O*-β-D- 吡喃葡萄糖基 - 对香豆酸 4-*O*-β-D-glucopyranosyl-*p*-coumaric acid

4-*O*-β- 吡喃葡萄糖基 - 对香豆酸 4-*O*-β-glucopyranosyl-*p*-coumaric acid

β-D- 吡喃葡萄糖基 - 对映 -2- 氧代 -15,16- 二羟基海松 -8(14)- 烯 -19- 羧酸酯 β-D-glucopyranosyl-*ent*-2-oxo-15,16-dihydroxypimar-8(14)-en-19-oiclate

19-*O*-β-D- 吡喃葡萄糖基 - 对映 - 半日花 -8(17),13- 二烯 -15,16,19- 三醇 19-*O*-β-D-glucopyranosyl-*ent*-labda-8(17),13-dien-15,16,19-triol

7-*O*-β-D- 吡喃葡萄糖基 - 二氢槲皮素 -3-*O*-α-D- 吡喃葡萄糖苷 7-*O*-β-D-glucopyranosyl-dihydroquercetin-3-*O*-α-D-glucopyranoside

4-*O*-β-D- 吡喃葡萄糖基 - 反式 - 对香豆酸 4-*O*-β-D-glucopyranosyl-*trans*-*p*-coumaric acid

(8*R*,8'*R*)-9'-*O*-β-D- 吡喃葡萄糖基菲律宾胡椒素▲ VI (8*R*,8'*R*)-9'-*O*-β-D-glucopyranosylpiperphilippinin VI

(8*R*,8'*R*)-9-*O*-β-D- 吡喃葡萄糖基菲律宾胡椒素▲ VI (8*R*,8'*R*)-9-*O*-β-D-glucopyranosylpiperphilippinin VI

(25*R*)-26-*O*-β-D- 吡喃葡萄糖基 - 呋甾 -1β,3β,22α,26- 四醇 -3-*O*-β-D- 葡萄糖苷 (25*R*)-26-*O*-β-D-glucopyranosyl-furost-1β,3β,22α,26-tetraol-3-*O*-β-D-glucoside

(25*S*)-26-*O*-β-D- 吡喃葡萄糖基 - 呋甾 -1β,3β,22α,26- 四醇 -3-*O*-β-D- 葡萄糖苷 (25*S*)-26-*O*-β-D-glucopyranosyl-furost-1β,3β,22α,26-tetraol-3-*O*-β-D-glucoside

26-*O*-β-D- 吡喃葡萄糖基 - 呋甾 -1β,3β,5β,22α,26- 五醇 -25(27)- 烯 -3-*O*-β-D- 葡萄糖苷 26-*O*-β-D-glucopyranosyl-furost-1β,3β,5β,22α,26-pentaol-25(27)-en-3-*O*-β-D-glucoside

(25*R*)-26-*O*-β-D- 吡喃葡萄糖基 - 呋甾 -1β,3β,5β,22α,26- 五醇 -3-*O*-β-D- 葡萄糖苷 (25*R*)-26-*O*-β-D-glucopyranosyl-furost-1β,3β,5β,22α,26-pentaol-3-*O*-β-D-glucoside

(25*S*)-26-*O*-β-D- 吡喃葡萄糖基 - 呋甾 -1β,3β,5β,22α,26- 五醇 -3-*O*-β-D- 葡萄糖苷 (25*S*)-26-*O*-β-D-glucopyranosyl-furost-1β,3β,5β,22α,26-pentaol-3-*O*-β-D-glucoside

26-*O*-β-D- 吡喃葡萄糖基 - 呋甾 -3β,22,26- 三醇 -3-*O*-β-D- 吡喃葡萄糖基 -(1 → 2)-*O*-β-D- 吡喃葡萄糖苷 26-*O*-β-D-glucopyranosyl-furost-3β,22,26-triol-3-*O*-β-D-glucopyranosyl-(1 → 2)-*O*-β-D-glucopyranoside

26-*O*-β-D- 吡喃葡萄糖基 - 呋甾 -3β,26- 二醇 -22- 甲氧基 -3-*O*-α-L- 吡喃鼠李糖基 -(1 → 4)-*O*-β-D- 吡喃葡萄糖苷 26-*O*-β-D-glucopyranosyl-furost-3β,26-diol-22-methoxy-3-*O*-α-L-rhamnopyranosyl-(1 → 4)-*O*-β-D-glucopyranoside

26-*O*-α-D- 吡喃葡萄糖基 - 呋甾 -5(6),20(22)- 二烯 -3α,26- 二醇 26-*O*-α-D-glucopyranosyl-furost-5(6),20(22)-dien-3α,26-diol

26-*O*-β-D- 吡喃葡萄糖基 - 呋甾 -5,20- 烯 -3β,2α,26- 三醇 -3-*O*-[α-L- 吡喃鼠李糖基 -(1 → 2)]-[α-L- 吡喃鼠李糖基 -(1 → 4)]-β-D- 吡喃葡萄糖苷 26-*O*-β-D-glucopyranosyl-furost-5,20-en-3β,2α,26-triol-3-*O*-[α-L-rhamnopyranosyl-(1 → 2)]-[α-L-rhamnopyranosyl-(1 → 4)]-β-D-glucopyranoside

26-*O*-β-D- 吡喃葡萄糖基 - 呋甾 -5,25(27)- 二烯 -1β,3β,22β,26- 四醇 -1-*O*-[α-L- 吡喃鼠李糖基 -(1 → 2)]-α-L- 吡喃阿拉伯糖苷 26-*O*-β-D-glucopyranosyl-furost-5,25(27)-dien-1β,3β,22β,26-tetraol-1-*O*-[α-L-rhamnopyranosyl-(1 → 2)]-α-L-arabinopyranoside

(25*S*)-26-*O*-β-D- 吡喃葡萄糖基 - 呋甾 -5- 烯 -3β,22 ζ ,26- 三醇 -3-*O*-β-D- 吡喃葡萄糖基 -(1 → 2)-[β-D- 吡喃木糖基 -(1 → 3)]-β-D- 吡喃葡萄糖基 -(1 → 4)-β-D- 吡喃半乳糖苷 (25*S*)-26-*O*-β-D-glucopyranosyl-furost-5-en-3β,22 ζ ,26-triol-3-*O*-β-D-glucopyranosyl-(1→2)-[β-D-xylopyranosyl-(1→3)]-β-D-glucopyranosyl-(1→4)-β-D-galactopyranoside

(25*R*)-26-*O*-β-D- 吡喃葡萄糖基 - 呋甾 -5- 烯 -3β,22 ζ - 二醇 -3-*O*-β-D- 吡喃葡萄糖基 -(1 → 3)-β-D- 吡喃葡萄糖基 -(1 → 4)-[α-L- 吡喃鼠李糖基 -(1 → 2)]-β-D- 吡喃葡萄糖苷 (25*R*)-26-*O*-β-D-glucopyranosyl-furost-5-en-3β,22 ζ -diol-3-*O*-β-D-glucopyranosyl-(1→3)-β-D-glucopyranosyl-(1→4)-[α-L-rhamnopyranosyl-(1→2)]-β-D-glucopyranoside

(25*R*)-26-*O*-β-D- 吡喃葡萄糖基 - 呋甾 -5- 烯 -3β,22 ξ ,26- 三醇 -3-*O*-α-L- 吡喃鼠李糖基 -(1 → 2)-β-D- 吡喃葡萄糖苷 (25*R*)-26-*O*-β-D-glucopyranosyl-furost-5-en-3β,22 ξ ,26-triol-3-*O*-α-L-rhamnopyranosyl-(1 → 2)-β-D-glucopyranoside

(25*R*)-26-*O*-β-D- 吡喃葡萄糖基 - 呋甾 -5- 烯 -3β,22 ξ ,26- 三醇 -3-*O*-β-D- 吡喃葡萄糖基 -(1→3)-β-D- 吡喃葡萄糖基 -(1→4)-[α-L- 吡喃鼠李糖基 -(1 → 2)]-β-D- 吡喃葡萄糖苷 (25*R*)-26-*O*-β-D-glucopyranosyl-furost-5-en-3β,22 ξ ,26-triol-3-*O*-β-D-glucopyranosyl-(1→3)-β-D-glucopyranosyl-(1→4)-[α-L-rhamnopyranosyl-(1→2)]-β-D-glucopyranoside

(25*R*)-26-*O*-β-D- 吡喃葡萄糖基 - 呋甾 -5- 烯 -3β,22 ξ ,26- 三醇 -3-*O*-β-D- 吡喃葡萄糖基 -(1 → 4)-[α-L- 吡喃鼠李糖基 -(1 → 2)]-β-D- 吡喃葡萄糖苷 (25*R*)-26-*O*-β-D-glucopyranosyl-furost-5-en-3β,22 ξ ,26-triol-3-*O*-β-D-glucopyranosyl-(1 → 4)-[α-L-rhamnopyranosyl-(1 → 2)]-β-D-glucopyranoside

7-*O*- 吡喃葡萄糖基甘草苷元 7-*O*-glucopyranosylliquiritigenin

6-*O*-β-D- 吡喃葡萄糖基葛缕子艾菊酮 6-*O*-β-D-glucopyranosyl-carvotanacetone

6''-*O*-β- 吡喃葡萄糖基钩果草苷 6''-*O*-β-glucopyranosylharpagoside

28-*O*-β-D- 吡喃葡萄糖基果渣酸▲ 28-*O*-β-D-glucopyranosylpomolic acid

3β-*O*-β-D- 吡喃葡萄糖基果渣酸▲ -28-*O*-β-D- 吡喃葡萄糖基酯 3β-*O*-β-D-glucopyranosylpomolic acid-28-*O*-β-D-glucopyranosyl ester

3'-*O*-β-D- 吡喃葡萄糖基红景天苷 3'-*O*-β-D-glucopyranosylsalidroside

6''-*O*-β-D- 吡喃葡萄糖基荭草素 6''-*O*-β-D-glucopyranosylorientin

6'''-*O*- 吡喃葡萄糖基荭草素 6'''-*O*-glucopyranosylorientin

2-*O*-β-D- 吡喃葡萄糖基葫芦素 2-*O*-β-D-glucopyranosylcucurbitacin

2-*O*-β-D- 吡喃葡萄糖基葫芦素 D 2-*O*-β-D-glucopyranosylcucurbitacin D

2-*O*-β-D- 吡喃葡萄糖基葫芦素 I 2-*O*-β-D-glucopyranosylcucurbitacin I

3-*O*-β-D- 吡喃葡萄糖基槲皮素 3-*O*-β-D-glucopyranosylquercetin

6-*C*- 吡喃葡萄糖基槲皮素 6-*C*-glucopyranosyl-quercetin

7-*O*-β-D- 吡喃葡萄糖基槲皮素 7-*O*-β-D-glucopyranosylquercetin

8-*O*-*β*-D- 吡喃葡萄糖基花椒毒酚 8-*O*-*β*-D-glucopyranosylxanthotoxol

8-*O*-*β*-D- 吡喃葡萄糖基花椒毒酚 - 8-*O*-*β*-D-glycopyranosylxanthotoxol

9-*O*-*β*- 吡喃葡萄糖基环银线草醇 A 9-*O*-*β*-glucopyranosylcycloshizukaol A

10-*O*-*β*-D- 吡喃葡萄糖基黄花夹竹桃醚萜苷▲ 10-*O*-*β*-D-glucopyranosyltheviridoside

3'-*O*-*β*-D- 吡喃葡萄糖基黄花夹竹桃醚萜苷▲ 3'-*O*-*β*-D-glucopyranosyltheviridoside

6'-*O*-*β*-D- 吡喃葡萄糖基黄花夹竹桃醚萜苷▲ 6'-*O*-*β*-D-glucopyranosyl-theviridoside

6'-*O*- 吡喃葡萄糖基黄花夹竹桃醚萜苷▲ 6'-*O*-glucopyranosyltheviridoside

4'-*O*-*β*-D- 吡喃葡萄糖基火索麻酸▲ 4'-*O*-*β*-D-glucopyranosylisorinic acid

3-*O*-*β*-D- 吡喃葡萄糖基鸡纳酸 3-*O*-*β*-D-glucopyranosylquinovic acid

3*β*-*O*-*β*-D- 吡喃葡萄糖基鸡纳酸 -27-*O*-*β*-D- 吡喃葡萄糖基酯 3*β*-*O*-*β*-D-glucopyranosylquinovic acid-27-*O*-*β*-D-glucopyranosyl ester

3*β*-*O*-*β*-D- 吡喃葡萄糖基鸡纳酸 -28-*O*-*β*-D- 吡喃葡萄糖基酯 3*β*-*O*-*β*-D-glucopyranosylquinovic acid-28-*O*-*β*-D-glucopyranosyl ester

3-*O*-*β*-D- 吡喃葡萄糖基鸡纳酸 -28-*O*-*β*-D- 吡喃葡萄糖基酯苷 3-*O*-*β*-D-glucopyranosylquinovic acid-28-*O*-*β*-D-glucopyranosyl ester

6*β*-*O*-*β*-D- 吡喃葡萄糖基鸡矢藤苷酸 6*β*-*O*-*β*-D-glucopyranosylpaederosidic acid

3*β*-*O*-*β*-D- 吡喃葡萄糖基基金鸡纳酸 -27-*O*-*β*-D- 吡喃葡萄糖基酯 3*β*-*O*-*β*-D-glucopyranosylcincholic acid-27-*O*-*β*-D-glucopyranosyl ester

6'-*O*-*β*-D- 吡喃葡萄糖基假杜鹃素 6'-*O*-*β*-D-glucopyranosylbarlerin

6'-*O*-*β*-D- 吡喃葡萄糖基坚硬糙苏苷 C 6'-*O*-*β*-D-glucopyranosylphlorigidoside C

8-*C*- 吡喃葡萄糖基降丁香宁 8-*C*-glucopyranosylnoreugenin

7-*O*-*β*-D- 吡喃葡萄糖基 - 降丁香宁 7-*O*-*β*-D-glucopyranopyranosyl-noreugenin

3-*O*-*β*-D- 吡喃葡萄糖基焦金鸡纳酸酯苷 3-*O*-*β*-D-glucopyranosylpyrocincholate

3-*O*-*β*-D- 吡喃葡萄糖基绞股蓝皂苷元 D 3-*O*-*β*-D-glucopyranosyl-gypensapogenin D

3-*O*-*β*-D- 吡喃葡萄糖基桔梗皂苷元 3-*O*-*β*-D-glucopyranosylplatycodigenin

3-*O*-*β*-D- 吡喃葡萄糖基桔梗皂苷元甲酯 3-*O*-*β*-D-glucopyranosylplatycodigenin methyl ester

3'-*O*-*β*-D- 吡喃葡萄糖基金鸡菊查耳酮 -4- 甲醚 3'-*O*-*β*-D-glucopyranosylokanin-4-methyl ether

3*β*-*O*-*β*-D- 吡喃葡萄糖基金鸡纳酸 3*β*-*O*-*β*-D-glucopyranosylcincholic acid

3-*O*-*β*-D- 吡喃葡萄糖基蕨素 C 3-*O*-*β*-D-glucopyranosylpterosin C

4-*O*-*β*-D- 吡喃葡萄糖基咖啡酸 4-*O*-*β*-D-glucopyranosylcaffeic acid

4-*O*- 吡喃葡萄糖基咖啡酸 4-*O*-glucopyranosylcaffeic acid

2-*O*-*β*-D- 吡喃葡萄糖基 - 抗坏血酸 2-*O*-*β*-D-glucopyranosyl-ascorbic acid

2'-*O*-*β*-D- 吡喃葡萄糖基苦瓜定▲ Ic 2'-*O*-*β*-D-glucopyranosylmomordin Ic

2'-*O*-*β*-D- 吡喃葡萄糖基苦瓜定▲ IIc 2'-*O*-*β*-D-glucopyranosylmomordin IIc

27-*O*-*β*-D- 吡喃葡萄糖基苦蘵素 D 27-*O*-*β*-D-glucopyranosylphysagulin D

3-O-*β*-D- 吡喃葡萄糖基栗豆树苷元▲ 3-*O*-*β*-D-glucopyranosylbayogenin methyl ester

3-*O*-*β*-D- 吡喃葡萄糖基栗豆树苷元▲ -28-*O*-*α*-L- 吡喃鼠李糖基 -(1 → 4)-*β*-D- 吡喃葡萄糖基 -(1 → 6)-*β*-D- 吡喃葡萄糖基酯苷 3-*O*-*β*-D-glucopyranosyl-bayogenin-28-*O*-*α*-L-rhamnopyranosyl-(1 → 4)-*β*-D-glucopyranosyl-(1 → 6)-*β*-D-glucopyranosyl ester

6'-*O*-*β*- 吡喃葡萄糖基裂环马钱醇▲ 6'-*O*-*β*-glucopyranosylsecologanol

6'-*O*-*β*- 吡喃葡萄糖基裂环马钱诺苷▲ 6'-*O*-*β*-glucopyranosylsecologanoside

3'-*O*-*β*-D- 吡喃葡萄糖基龙胆苦苷 3'-*O*-*β*-D-glucopyranosylgentiopicroside

4'-*O*-*β*-D- 吡喃葡萄糖基龙胆苦苷 4'-*O*-*β*-D-glucopyranosylgentiopicroside

6'-*O*-*β*-D- 吡喃葡萄糖基龙胆苦苷 6'-*O*-*β*-D-glucopyranosylgentiopicroside

6-*O*-*β*-D- 吡喃葡萄糖基龙胆苦苷 6-*O*-*β*-D-glucopyranosylgentiopicroside

N-*β*-D- 吡喃葡萄糖基马兜铃内酰胺 I *N*-*β*-D-glucopyranosylaristolactam I

6'-*O*-*β*-D- 吡喃葡萄糖基马钱酸 6'-*O*-*β*-D-glucopyranosylloganic acid

4'-*O*-*β*-D- 吡喃葡萄糖基迷迭香酸 4'-*O*-*β*-D-glucopyranosylrosmarinic acid

6'-*O*-*β*-D- 吡喃葡萄糖基莫罗忍冬苷 6'-*O*-*β*-D-glucopyranosylmorroniside

1-*O*-*β*-D- 吡喃葡萄糖基牡丹酮 1-*O*-*β*-D-glucopyranosylpaeonisuffrone

2''-*O*- 吡喃葡萄糖基牡荆素 2''-*O*-glucopyranosylvitexin

6'''-*O*- 吡喃葡萄糖基牡荆素 6'''-*O*-glucopyranosylvitexin

7-*O*-*β*- 吡喃葡萄糖基木棉酮▲ 7-*O*-*β*-glucopyranosylbombaxone

4'-*β*-D- 吡喃葡萄糖基木犀草素 4'-*β*-D-glucopyranosylluteolin

6-*C*- 吡喃葡萄糖基木犀草素 6-*C*-glucopyranosylluteolin

7-*O*-*β*-D- 吡喃葡萄糖基木犀草素 7-*O*-*β*-D-glucopyranosylluteolin

7- 吡喃葡萄糖基木犀榄苷▲ -11- 甲酯 7-glucosyl-11-methyl oleoside

3-*O*-*β*-D- 吡喃葡萄糖基苜蓿酸 -28-*O*-*β*-D- 吡喃木糖基 (1 → 4)-*O*-*β*-D- 呋喃芹糖基 -(1 → 3)-*O*-*α*-L- 吡喃鼠李糖基 -(1 → 2)-*O*-*β*-D- 吡喃葡萄糖酯苷 3-*O*-*β*-D-glucopyranosylmedicagenic acid-28-*O*-*β*-D-xylopyranosyl-(1 → 4)-*O*-*β*-D-apiofuranosyl-(1 → 3)-*O*-*α*-L-rhamnopyranosyl-(1 → 2)-*O*-*β*-D-glucopyranosyl ester

3-*O*-*β*-D- 吡喃葡萄糖基苜蓿酸 -28-*O*-*β*-D- 吡喃木糖基 -(1 → 4)-*O*-*β*-D- 呋喃芹糖基 -(1 → 3)-*O*-*α*-L- 吡喃鼠李糖基 -(1 → 2)-*O*-*β*-D- 吡喃葡萄糖酯苷 3-*O*-*β*-D-glucopyranosylmedicagenic acid-28-*O*-*β*-D-xylopyranosyl-(1 → 4)-*O*-*β*-D-apiofuranosyl-(1 → 3)-*O*-*α*-L-rhamnopyranosyl-(1 → 2)-*β*-D-glucopyranosyl ester

3-*O*-*β*-D- 吡喃葡萄糖基南瓜酸甲酯 methyl 3-*O*-*β*-D-glucopyranosylcucurbate

(-)-2a-*O*-*β*-D- 吡喃葡萄糖基南烛树脂醇 (-)-2a-*O*-*β*-D-glucopyranosyllyoniresinol

(+)-3a-*O*-*β*-D- 吡喃葡萄糖基南烛树脂醇 (+)-3a-*O*-*β*-D-glucopyranosyllyoniresinol

(+)-9-*O*-*β*-D- 吡喃葡萄糖基南烛树脂醇 (+)-9-*O*-*β*-D-glucopyranosyllyoniresinol

(2*R*,3*S*,4*R*)-3α-*O*-*β*-D- 吡喃葡萄糖基南烛树脂醇 (2*R*,3*S*,4*R*)-3α-*O*-*β*-D-glucopyranosyllyoniresinol

(2*R*,3*S*,4*S*)-3α-*O*-β-D- 吡喃葡萄糖基南烛树脂醇 (2*R*,3*S*,4*S*)-3α-*O*-β-D-glucopyranosyllyoniresinol

(2*S*,3*R*,4*R*)-3α-*O*-β-D- 吡喃葡萄糖基南烛树脂醇 (2*S*,3*R*,4*R*)-3α-*O*-β-D-glucopyranosyllyoniresinol

(2*S*,3*R*,4*S*)-3α-*O*-β-D- 吡喃葡萄糖基南烛树脂醇 (2*S*,3*R*,4*S*)-3α-*O*-β-D-glucopyranosyllyoniresinol

27-*O*-β-D- 吡喃葡萄糖基黏酸浆内酯▲ B 27-*O*-β-D-glucopyranosylviscosalactone B

3'-*O*-β- 吡喃葡萄糖基牛角瓜素▲ 3'-*O*-β-glucopyranosyl-calotropin

26-*O*-β-D- 吡喃葡萄糖基 - 纽阿替皂苷元 -3-*O*-α-L- 吡喃鼠李糖基 -(1 → 2)[α-L- 吡喃鼠李糖基 -(1 → 4)]-β-D- 吡喃葡萄糖苷 26-*O*-β-D-glucopyranosyl-nuatigenin-3-*O*-α-L-rhamnopyransoyl-(1 → 2)[α-L-rhamnopyranosyl-(1 → 4)]-β-D-glucopyranoside

26-*O*-β-D- 吡喃葡萄糖基纽阿替皂苷元 -3-*O*-α-L- 吡喃鼠李糖基 -(1 → 4)-β-D- 吡喃葡萄糖苷 26-*O*-β-D-glucopyranosylnuatigenin-3-*O*-α-L-rhamnopyranosyl-(1 → 4)-β-D-glucopyranoside

3-*O*-β-D- 吡喃葡萄糖基齐墩果 -11,13(18)- 二烯 -23,28- 二酸 3-*O*-β-D-glucopyranosylolean-11,13(18)-diene-23,28-dioic acid

3-*O*-β-D- 吡喃葡萄糖基齐墩果 -11,13(18)- 二烯 -23,28- 二酸 -28-*O*-β-D- 吡喃葡萄糖苷 3-*O*-β-D-glucopyranosyl-olean-11,13(18)-diene-23,28-dioic acid-28-*O*-β-D-glucopyranoside

3β-*O*-β-D- 吡喃葡萄糖基 - 齐墩果 -12- 烯 -1α,2α,3β- 三醇 3β-*O*-β-D-glucopyranosylolean-12-ene-1α,2α,3β-triol

3β-*O*-β-D- 吡喃葡萄糖基齐墩果 -12- 烯 -1α,2α,3β- 三羟基 -28- 酸 3β-*O*-β-D-glucopyranosylolean-12-ene-1α,2α,3β-trihydroxy-28-oic acid

3-*O*-β-D- 吡喃葡萄糖基齐墩果 -12- 烯 -22,24- 二醇 3-*O*-β-D-glucuronopyranosylolean-12-en-22,24-diol

21-*O*-β-D- 吡喃葡萄糖基 - 齐墩果 -12- 烯 -3β,16α,21β,22α,28-五醇 -3-*O*-β-D- 吡喃葡萄糖基 -(1 → 2)-[β-D- 吡喃阿拉伯糖基 -(1 → 3)]-β-D- 吡喃葡萄糖苷 21-*O*-β-D-glucopyranosyl-olean-12-ene-3β,16α,21β,22α,28-pentol-3-*O*-β-D-glucopyranosyl-(1 → 2)-[β-D-arabinopyranosyl-(1 → 3)]-β-D-glucopyranoside

3-*O*-β-D- 吡喃葡萄糖基齐墩果 -9(11),12- 二烯 -23,28- 二酸 -28-*O*-β-D- 吡喃葡萄糖苷 3-*O*-β-D-glucopyranosyl-olean-9(11),12-diene-23,28-dioic acid-28-*O*-β-D-glucopyranoside

3-*O*-β-D- 吡喃葡萄糖基齐墩果酸 3-*O*-β-D-glucopyranosyloleanolic acid

3-*O*-β-D- 吡喃葡萄糖基齐墩果酸 -28-*O*-β-D- 吡喃葡萄糖苷 3-*O*-β-D-glucopyranosyloleanolic acid-28-*O*-β-D-glucopyranoside

3-*O*-β-D- 吡喃葡萄糖基齐墩果酸 -28-*O*-β-D- 吡喃葡萄糖基酯 3-*O*-β-D-glucopyranosyloleanolic acid-28-*O*-β-D-glucopyranosyl ester

28-*O*-β-D-吡喃葡萄糖基齐墩果酸-3-*O*-α-L-吡喃鼠李糖基-(1→3)-β-D- 吡喃葡萄糖醛酸苷 28-*O*-β-D-glucopyranosyl-oleanolic acid-3-*O*-α-L-rhamnopyranosyl-(1 → 3)-β-D-glucuronopyranoside

28-*O*-β-D- 吡喃葡萄糖基齐墩果酸 -3-*O*-α-L- 吡喃鼠李糖基 -(1 → 3)- 正丁基 -β-D- 吡喃葡萄糖醛酸酯 28-*O*-β-D-glucopyranosyl-oleanolic acid-3-*O*-α-L-rhamnopyranosyl-(1 → 3)-*n*-butyl-β-D-glucopyranosiduronate

28-*O*-β-D-吡喃葡萄糖基齐墩果酸-3-*O*-β-D-吡喃葡萄糖基-(1→2)-α-L- 吡喃鼠李糖基 -(1 → 3)-β-D- 吡喃葡萄糖醛酸苷 28-*O*-β-D-glucopyranosyl-oleanolic acid-3-*O*-β-D-glucopyranosyl-(1 → 2)-α-L-rhamnopyranosyl-(1 → 3)-β-D-glucuronopyranoside

28-*O*-β-D- 吡喃葡萄糖基齐墩果酸 -3-*O*- 甲基 -β-D- 吡喃葡萄糖醛酸酯 28-*O*-β-D-glucopyranosyl-oleanolic acid-3-*O*-methyl-β-D-glucopyranosiduronate

28-β-D- 吡喃葡萄糖基齐墩果酸酯 -3-*O*-β-D- 吡喃葡萄糖醛酸苷 28-β-D-glucopyranosyloleanolate-3-*O*-β-D-glucopyranosiduronic acid

β-D- 吡喃葡萄糖基齐墩果酸酯苷 -3-*O*-[α-L- 呋喃阿拉伯糖基 -(1 → 4)]-[β-D- 吡喃半乳糖基 -(1 → 2)]- 甲基 -(β-D- 吡喃葡萄糖基) 醛酸酯 β-D-glucopyranosyloleanate-3-*O*-[α-L-arabinofuranosyl-(1 → 4)]-[β-D-galactopyranosyl-(1 → 2)]-methyl-(β-D-glucopyranosid)uronate

β-D- 吡喃葡萄糖基齐墩果酸酯苷 -3-*O*-β-D- 吡喃半乳糖基 -(1 → 2)-甲基 -(β-D- 吡喃葡萄糖基) 醛酸酯 β-D-glucopyranosyloleanate-3-*O*-β-D-galactopyranosyl-(1 → 2)-methyl-(β-D-glucopyranosid)uronate

9-*O*-β-D- 吡喃葡萄糖基槭苷元 K 9-*O*-β-D-glucopyranosylacerogenin K

3-*O*-β-D- 吡喃葡萄糖基前美远志苷元 -28-*O*-α-L- 吡喃阿拉伯糖基 -(1 → 3)-β-D- 吡喃木糖基 -(1 → 4)-[β-D- 呋喃芹糖基 -(1 → 3)]-α-L- 吡喃鼠李糖基 (1 → 2)-[α-L- 吡喃鼠李糖基 -(1 → 3)]-β-D- 吡喃岩藻糖酯苷 3-*O*-β-D-glucopyranosylpresenegenin-28-*O*-α-L-arabipyranosyl-(1 → 3)-β-D-xylopyranosyl-(1 → 4)-[β-D-apiofuranosyl-(1 → 3)]-α-L-rhamnopyranosyl-(1 → 2)-[α-L-rhamnopyranosyl-(1 → 3)]-β-D-fucopyranosyl ester

3-*O*-β-D- 吡喃葡萄糖基前美远志苷元 -28-*O*-β-D- 吡喃半乳糖基 -(1 → 4)-β-D- 吡喃木糖基 -(1 → 4)-α-L- 吡喃鼠李糖基 -(1 → 2)-[6-*O*- 乙酰基 -β-D- 吡喃葡萄糖基 -(1 → 3)]-{4-*O*-[(*E*/*Z*)-3,4- 二甲氧基桂皮酰基]}-β-D- 吡喃岩藻糖基酯苷 3-*O*-β-D-glucopyranosylpresenegenin-28-*O*-β-D-galactopyranosyl-(1 → 4)-β-D-xylopyranosyl-(1 → 4)-α-L-rhamnopyranosyl-(1 → 2)-[6-*O*-acetyl-β-D-glucopyranosyl-(1 → 3)]-{4-*O*-[(*E*/*Z*)-3,4-dimethoxycinnamoyl]}-β-D-fucopyranosyl ester

3-*O*-β-D- 吡喃葡萄糖基前美远志苷元 -28-*O*-β-D- 吡喃木糖基 -(1 → 4)-[β-D- 呋喃芹糖基 -(1 → 3)]-α-L- 吡喃鼠李糖基 -(1 → 2)-(3,4- 二 -*O*- 乙酰基)-β-D- 吡喃海藻糖基酯苷 3-*O*-β-D-glucopyranosylpresenegenin-28-*O*-β-D-xylopyranosyl-(1 → 4)-[β-D-apiofuranosyl-(1 → 3)]-α-L-rhamnopyranosyl-(1 → 2)-(3,4-di-*O*-acetyl)-β-D-fucopyranosyl ester

2β-*O*-D- 吡喃葡萄糖基 - 羟基贝壳杉 -16- 烯 -18,19- 二羧酸 2β-*O*-D-glucopyranosyl-hydroxy-kaur-16-en-18,19-dicarboxylic acid

4-β-D- 吡喃葡萄糖基羟基甲基苯基 -5-*O*- 苯甲酰基 -β-D-呋喃芹糖基 -(1 → 2)-β-D- 吡喃葡萄糖苷 4-β-D-glucopyranosyl(hydroxymethylphenyl)-5-*O*-benzoyl-β-D-apiofuranosyl-(1 → 2)-β-D-glucopyranoside

4-*O*-β-D- 吡喃葡萄糖基荞麦碱 4-*O*-β-D-glucopyranosylfagomine

6-*C*-β-D- 吡喃葡萄糖基芹菜苷元 6-*C*-β-D-glucopyranosylapigenin

7-β-D- 吡喃葡萄糖基芹菜苷元 7-β-D-glucopyranosylapigenin

8-*C*-β-D- 吡喃葡萄糖基芹菜苷元 8-*C*-β-D-glucopyranosylapigenin

8-*C*- 吡喃葡萄糖基染料木素 8-C-glucopyranosylgenistein

3-*O*-β-D- 吡喃葡萄糖基塞战藤酸 3-*O*-β-D-glucuronopyranosylserjanic acid

4'''-*O*-β-D- 吡喃葡萄糖基三花龙胆苷 4'''-*O*-β-D-glucopyranosyltrifloroside

8-*C*-β-D- 吡喃葡萄糖基山柰酚 -3-*O*-β-D- 吡喃葡萄糖苷 8-*C*-β-D-glucopyranosylkaempferol-3-*O*-β-D-glucopyranoside

7-*O*-β-D- 吡喃葡萄糖基 - 山柰酚 -3-*O*-β-D- 吡喃葡萄糖基 -(1 → 2)-β-D- 半乳糖苷 7-*O*-β-D-glucopyranosyl-kaempferol-3-*O*-β-D-glucopyranosyl-(1 → 2)-β-D-galactopyranoside

7-*O*-β-D- 吡喃葡萄糖基 - 山柰酚 -3-*O*-β-L- 吡喃鼠李糖基 -(1 → 2)-β-D- 吡喃葡萄糖基 7-*O*-β-D-glucopyranosyl-kaempferol-3-*O*-β-L-rhamnopyranosyl-(1 → 2)-β-D-glucopyranoside

3-O-β-D- 吡喃葡萄糖基 - 山柰酚 -7-O-{2-O-[2(E)-2,6- 二甲基 -6- 羟基 -2,7- 辛二烯酰基]}-α-L- 吡喃鼠李糖苷 3-O-β-D-glucopyranosyl-kaempferol-7-O-{2-O-[2(E)-2,6-dimethyl-6-hydroxy-2,7-octadienoyl]}-α-L-rhamnopyranoside

3-O-β-D- 吡喃葡萄糖基 - 山柰酚 -7-O-α-L- 吡喃鼠李糖苷 3-O-β-D-glucopyranosyl-kaempferol-7-O-α-L-rhamnopyranoside

3-O-β-D- 吡喃葡萄糖基山楂酸 3-O-β-D-glucopyranosylmaslinic acid

3-O-β-D- 吡喃葡萄糖基商陆酸 3-O-β-D-glucopyranosylphytolaccagenic acid

3-O-β-D- 吡喃葡萄糖基商陆酸 -28-O-β-D- 吡喃葡萄糖基酯苷 3-O-β-D-glucopyranosylphytolaccagenic acid-28-O-β-D-glucopyranosylester

6'-O-α- 吡喃葡萄糖基芍药苷 6'-O-α-glucopyranosylpaeoniflorin

6-O-β-D- 吡喃葡萄糖基芍药新内酯▲ 6-O-β-D-glucopyranosyllactinolide

3'-O-β-D- 吡喃葡萄糖基石南密穗草苷▲ 3'-O-β-D-glucopyranosylstilbericoside

3-O-β-D- 吡喃葡萄糖基石头花苷元▲ 3-O-β-D-glucopyranosylgypsogenin

3-O-β-D- 吡喃葡萄糖基石头花苷元酸▲ -28-O-α-D- 吡喃半乳糖基 -(1 → 6)-β-D- 吡喃葡萄糖基 -(1 → 6)-[β-D- 吡喃葡萄糖基 -(1 → 3)]-β-D- 吡喃葡萄糖酯苷 3-O-β-D-glucopyranosylgypsogenic acid-28-O-α-D-galactopyranosyl-(1 → 6)- β-D-glucopyranosyl-(1 → 6)-[β-D-glucopyranosyl-(1 → 3)]-β-D-glucopyranosyl ester

8-C-β-D- 吡喃葡萄糖基矢车菊素 -3-O-(6-O- 丙二酰基)-β-D- 吡喃葡萄糖苷 8-C-β-D-glucopyranosylcyanidin-3-O-(6-O-malonyl)-β-D-glucopyranoside

7-O-β-D- 吡喃葡萄糖基水杨苷 7-O-β-D-glucopyranosylsalicin

β-D- 吡喃葡萄糖基睡菜酸酯▲ β-D-glucopyranosyl menthiafolate

4-O-β-D- 吡喃葡萄糖基 - 顺式 - 对香豆酸 4-O-β-D-glucopyranosyl-cis-p-coumaric acid

4-O-β-D- 吡喃葡萄糖基松柏醛 4-O-β-D-glucopyranosylconiferyl aldehyde

11-O-β-D- 吡喃葡萄糖基塔姆斯宁 11-O-β-D-glucopyranosylthamnosmonin

1'''-O-β-D- 吡喃葡萄糖基台湾白蜡树苷 1'''-O-β-D-glucopyranosylfraxiformoside

28-O-β-D- 吡喃葡萄糖基铁冬青二酸▲ 28-O-β-D-glucopyranosylrotundioic acid

(1'S,6'R)-8-O-β-D- 吡喃葡萄糖基脱落酸钠盐 (1'S,6'R)-8-O-β-D-glucopyranosyl abscisate sodium

(+)-β-D- 吡喃葡萄糖基脱落酸酯 (+)-β-D-glucopyranosyl abscisate

β-D- 吡喃葡萄糖基脱落酸酯苷 β-D-glucopyranosylabscisate

3β-O-β-D- 吡喃葡萄糖基葳严仙苷元▲ 3β-O-β-D-glucopyranosylcaulophyllogenin

7-O-β-D- 吡喃葡萄糖基伪大八角素 7-O-β-D-glucopyranosylpseudomajucin

14-O-β-D- 吡喃葡萄糖基伪大八角酮▲ 14-O-β-D-glucopyranosylpseudomajucinone

15-O-β-D- 吡喃葡萄糖基尾喙苣醛▲ A 15-O-β-D-glucopyranosylurospermal A

4''-O-β-D- 吡喃葡萄糖基狭叶龙胆苷▲ 4''-O-β-D-glucopyranosyllinearoside

4-O-β-D- 吡喃葡萄糖基香豆酸 4-O-β-D-glucopyranosyl coumaric acid

4-β-D- 吡喃葡萄糖基 - 香豆酸乙酯 4-β-D-glucopyranosylcoumaric acid ethyl ester

6-C-β- 吡喃葡萄糖基香叶木苷 6-C-β-glucopyranosyldiosmin

11-O-β-D- 吡喃葡萄糖基新雷公藤酚内酯 11-O-β-D-glucopyranosylneotriptophenolide

28-O-β-D- 吡喃葡萄糖基 - 熊果 -12- 烯 -2α,3β,19α- 三羟基 -28- 酸 28-O-β-D-glucopyranosylurs-12-ene-2α,3β,19α-trihydroxy-28-oic acid

1α-O-β-D- 吡喃葡萄糖基延命草醇 1α-O-β-D-glucopyranosylenmenol

5-O-β-D- 吡喃葡萄糖基杨梅醇 5-O-β-D-glucopyranosylmyricanol

3-S-3-β-D- 吡喃葡萄糖基氧化丁内酯 3-S-3-β-D-glucopyranosyloxybutanolide

3-O-β-D- 吡喃葡萄糖基乙基胆甾 -22- 烯醇 3-O-β-D-glucopyranosyl ethyl cholestan-22-enol

8-O-β-D- 吡喃葡萄糖基异连翘醇 8-O-β-D-glucopyranosylisorengyol

3-O-β-D- 吡喃葡萄糖基 - 异鼠李素 -7-O-α-L- 吡喃鼠李糖苷 3-O-β-D-glucopyranosyl-isorhamnetin-7-O-α-L-rhamnopyranoside

6''-O-β-D- 吡喃葡萄糖基油橄榄苦苷 6''-O-β-D-glucopyranosyl-oleuropein

28-β-D- 吡喃葡萄糖基玉蕊精酸▲ 28-β-D-glucopyranosylbartogenic acid

6'-O-D- 吡喃葡萄糖基圆锥黄檀醇 6'-O-D-glucopyranosyldalpanol

3-O-β-D- 吡喃葡萄糖基泽漆内酯 A 3-O-β-D-glucopyranosylhelioscopinolide A

3'-O-β-D- 吡喃葡萄糖基獐牙菜苷 3'-O-β-D-glucopyranosylsweroside

6'-O-α-D- 吡喃葡萄糖基芝麻苷 6'-O-β-D-glucopyranosylsesamoside

β-D- 吡喃葡萄糖甲苷 methyl β-D-glucopyranoside

3-O-(β-D- 吡喃葡萄糖醛酸)- 齐墩果酸 -28-O-β-D- 吡喃葡萄糖基酯苷 3-O-(β-D-glucopyranosiduronic acid)-oleanolic acid-28-O-β-D-glucopyranosyl ester

3-O-β-D- 吡喃葡萄糖醛酸苷 -22-O- 乙酰基 -21-O-(3',4'-O-二当归酰基)-β-D- 吡喃岩藻糖基茶皂醇 B 3-O-β-D-glucouronopyranoside-22-O-acetyl-21-O-(3',4'-O-diangeloyl)-β-D-fucopyranosoyltheasapogenol B

3-O-β-D- 吡喃葡萄糖醛酸基 -(1 → 2)-β-D- 吡喃葡萄糖基 -14-醛基 - 白桦脂酸 -28-O-β-D- 吡喃葡萄糖苷 3-O-β-D-glucuronopyranosyl-(1→2)-β-D-glucopyranosyl-14-formylbetulinic acid-28-O-β-D-glucopyranoside

3-O-[β-D- 吡喃葡萄糖醛酸基 -(1 → 2)-β-D- 吡喃葡萄糖醛酸基]-24- 羟基光果甘草内酯 3-O-[β-D-glucuronopyranosyl-(1 → 2)-β-D-glucuronopyranosyl]-24-hydroxyglabrolide

3-O-[-β-D- 吡喃葡萄糖醛酸基 -(1 → 2)-β-D- 吡喃葡萄糖醛酸基]-29-O-β-D- 吡喃葡萄糖基 - 赤豆皂醇 3-O-[-β-D-glucuronopyranosyl-(1 → 2)-β-D-glucuronopyranosyl]-29-O-β-D-glucopyranosyl-azukisapogenol

3β-O-[β-D- 吡喃葡萄糖醛酸基 -(1 → 2)-β-D- 吡喃葡萄糖醛酸基]- 甘草醇 3β-O-[β-D-glucuronopyranosyl-(1 → 2)-β-D-glucuronopyranosyl]-glycyrretol

3-O-β-D- 吡喃葡萄糖醛酸基 -(1 → 2)-β-D- 吡喃鼠李糖基 -14-表羟甲基齐墩果酸 3-O-β-D-glucuronopyransyl-(1 → 2)-β-D-rhamnopyranosyl-14-epihydroxymethyloleanolic acid

3β-O-{β-D- 吡喃葡萄糖醛酸基 -(1 → 3)-O-[α-L- 吡喃鼠李糖基 -(1 → 2)]-α-L- 吡喃阿拉伯糖氧基 }-23- 羟基齐墩果 -12- 烯 -28-酸 -O-α-L- 吡喃鼠李糖基 -(1 → 4)-β-D- 吡喃葡萄糖基 -(1 → 6)-β-D- 吡喃葡萄糖基酯苷 3β-O-{β-D-glucuronopyranosyl-(1 → 3)-O-[α-L-rhamnopyranosyl-(1 → 2)]-α-L-arabinopyranosyloxy}-23-hydroxyolean-12-en-28-oic acid-O-α-L-rhamnopyranosyl-(1 → 4)-β-D-glucopyranosyl-(1 → 6)-β-D-glucopyranosylester

3β-O-{β-D- 吡喃葡萄糖醛酸基 -(1 → 3)-O-[α-L- 吡喃鼠李糖基 -

(1→2)]-α-L- 吡喃阿拉伯糖氧基 }- 齐墩果 -12- 烯 -28- 酸 -O-α-L- 吡喃鼠李糖基 -(1→4)-β-D- 吡喃葡萄糖基 -(1→6)-β-D- 吡喃葡萄糖基酯苷 3β-O-{β-D-glucuronopyranosyl-(1→3)-O-[α-L-rhamnopyranosyl-(1→2)]-α-L-arabinopyranosyloxy}-olean-12-en-28-oic acid-O-α-L-rhamnopyranosyl-(1→4)-β-D-glucopyranosyl-(1→6)-β-D-glucopyranosylester

3β-O-[β-D- 吡喃葡萄糖醛酸基 -(1→3)-α-L- 吡喃阿拉伯糖氧基]-23- 羟基齐墩果 -12- 烯 -28- 酸 -O-β-L- 吡喃鼠李糖基 -(1→4)-β-D- 吡喃葡萄糖基 -(1→6)-β-D- 吡喃葡萄糖基酯苷 3β-O-[β-D-glucuronopyranosyl-(1→3)-α-L-arabinopyranosyloxy]-23-hydroxyolean-12-en-28-oic acid-O-β-L-rhamnopyranosyl-(1→4)-β-D-glucopyranosyl-(1→6)-β-D-glucopyranosylester

3β-O-[β-D- 吡喃葡萄糖醛酸基 -(1→3)-α-L- 吡喃阿拉伯糖氧基]- 齐墩果 -12- 烯 -28- 酸 -O-α-L- 吡喃鼠李糖基 -(1→4)-β-D- 吡喃葡萄糖基 -(1→6)-β-D- 吡喃葡萄糖基酯苷 3β-O-[β-D-glucuronopyranosyl-(1→3)-α-L-arabinopyranosyloxy]-olean-12-en-28-oic acid-O-α-L-rhamnopyranosyl-(1→4)-β-D-glucopyranosyl-(1→6)-β-D-glucopyranosylester

3-β-O-[β-D- 吡喃葡萄糖醛酸基]-2β,3β- 二羟基 -30- 去甲齐墩果 -12,20(29)- 二烯 -23,28- 二酸 -28-O-[β-D- 吡喃葡萄糖基] 酯 3-β-O-[β-D-glucuronopyranosyl]-2β,3β-dihydroxy-30-norolean-12,20(29)-diene-23,28-dioic acid-28-O-[β-D-glucopyranosyl]ester

3-O-β-D- 吡喃葡萄糖醛酸基 -16α- 羟基 - 齐墩果 -12- 烯 -28- 酸 -28-O-α-L- 吡喃阿拉伯糖基 -(1→4)-α-L- 吡喃鼠李糖基 -(1→2)-β-D- 吡喃木糖基 -(1→3)-β-D- 吡喃木糖基 -(1→3)-α-L- 吡喃阿拉伯糖基酯苷 3-O-β-D-glucuronyl-16α-hydroxy-olean-12-en-28-oic acid-28-O-α-L-arabinopyranosyl-(1→4)-α-L-rhamnopyranosyl-(1→2)-β-D-xylopyranosyl-(1→3)-β-D-xylopyranosyl-(1→3)-α-L-arabinopyranoside

3-O-β-D- 吡喃葡萄糖醛酸基 -16α- 羟基齐墩果酸 -28-O-β-D- 吡喃木糖基 -(1→3)-α-L- 吡喃阿拉伯糖基 -(1→4)-β-D- 呋喃芹糖基 -(1→3)-α-L- 吡喃鼠李糖基 (1→2)-β-D- 吡喃木糖基酯苷甲酯 3-O-β-D-glucuronyl-16α-hydroxy-oleanolic acid-28-O-β-D-xylopyranosyl-(1→3)-α-L-arabinopyranosyl-(1→4)-β-D-apiofuranosyl-(1→3)-α-L-rhmnopyranosyl-(1→2)-β-D-xylopyranoside methyl ester

3-O-β-D- 吡喃葡萄糖醛酸基 -28-O-[β-D- 吡喃木糖基 -(1→4)-α- L- 吡喃鼠李糖基 -(1→2)-α-L- 吡喃阿拉伯糖基苜蓿酸酯苷 3-O-β-D-glucuronopyranosyl-28-O-[β-D-xylopyranosyl-(1→4)-α-L-rhamnopyranosyl-(1→2)-α-L-arabinopyranoside medicagenate

3β-O-β-D- 吡喃葡萄糖醛酸基 -28-O-β-D- 吡喃葡萄糖基 - 齐墩果酸 3β-O-β-D-glucopyranuronosyl-28-O-β-D-glucopyranosyl-oleanolic acid

3-O-β-D- 吡喃葡萄糖醛酸基 -28-O-β-D- 吡喃葡萄糖基塞战藤酸 3-O-β-D-glucuronopyranosyl-28-O-β-D-glucopyranosylserjanic acid

3-O-β-D- 吡喃葡萄糖醛酸基 -28-O-β-D- 吡喃葡萄糖基商陆酸 3-O-β-D-glucuronopyranosyl-28-O-β-D-glucopyranosylphytolaccagenic acid

3-O-β-D- 吡喃葡萄糖醛酸基 -2α,3β,23- 三羟基熊果 -12- 烯 -28- 酸 -β-D- 吡喃葡萄糖基酯 3-O-β-D-glucuronopyranosyl-2α,3β,23-trihydroxyurs-12-en-28-oic acid-β-D-glucopyranosyl ester

3β-O-(β-D- 吡喃葡萄糖醛酸基 -6-O- 甲酯)- 齐墩果 -12- 烯 -28- 酸 3β-O-(β-D-glucuronopyranosyl-6-O-methyl ester)-olean-12-en-28-olic acid

3-O-β-D- 吡喃葡萄糖醛酸基常春藤皂苷元 -28-O-β-D- 吡喃葡萄糖基 -(1→3)-α-L- 吡喃鼠李糖基 -(1→4)-β-D- 吡喃葡萄糖基 -(1→6)-β-D- 吡喃葡萄糖苷 3-O-β-D-glucuronopyranosylhederagenin-28-O-β-D-glucopyranosyl-(1→3)-α-L-rhamnopyranosyl-(1→4)-β-D-glucopyranosyl-(1→6)-β-D-glucopyranoside

β-D- 吡喃葡萄糖醛酸基大豆皂醇 B β-D-glucuronopyranosylsoyasapogenol B

3-O-β-D- 吡喃葡萄糖醛酸基齐墩果酸 3-O-β-D-glucuronopyranosyloleanolic acid

3β-O-β-D- 吡喃葡萄糖醛酸基齐墩果酸 3β-O-β-D-glucopyranuronosyl-oleanolic acid

3-O-β-D- 吡喃葡萄糖醛酸基齐墩果酸 -28-O-α-L- 吡喃阿拉伯糖 3-O-β-D-glucuronopyranosyloleanolic acid-28-O-α-L-arabinopyranoside

3-O-β-D- 吡喃葡萄糖醛酸基齐墩果酸 -28-O-α-L- 吡喃阿拉伯糖苷 3-O-β-D-glucuropyranosyloleanolic acid-28-O-α-L-arabinopyranoside

3-O-β-D- 吡喃葡萄糖醛酸基齐墩果酸 -28-O-α-L- 吡喃鼠李糖基 -(1→4)-β-D- 吡喃葡萄糖基 -(1→6)-β-D- 吡喃葡萄糖苷 3-O-β-D-glucuronopyranosylolean-12-en-28-oic acid-28-O-α-L-rhamnopyranosyl-(1→4)-β-D-glucopyranosyl-(1→6)-β-D-glucopyranoside

3-O-β-D- 吡喃葡萄糖醛酸基 - 齐墩果酸 -28-O-α-L- 吡喃鼠李糖基 -(1→4)-β-D- 吡喃葡萄糖基 -(1→6)-β-D- 吡喃葡萄糖苷 3-O-β-D-glucuronypyranosyl-oleanolic acid-28-O-α-L-rhamnopyranosyl-(1→4)-β-D-glucopyranosyl-(1→6)-β-D-glucopyranoside

3-O-β- 吡喃葡萄糖醛酸基 - 齐墩果酸 -28-O-α- 吡喃鼠李糖基 -(1→2)-α- 吡喃阿拉伯糖基酯苷 3-O-β-glucuronyl-oleanolic acid-28-O-α-rhamnopyranosyl-(1→2)-α-arabinopyranosyl ester

3-O-β-D- 吡喃葡萄糖醛酸基齐墩果酸 -28-O-β-D- 吡喃甘露糖苷 3-O-β-D-glucuronopyranosyloleanolic acid-28-O-β-D-mannopyranoside

3-O-β-D- 吡喃葡萄糖醛酸基齐墩果酸 -28-O-β-D- 吡喃葡萄糖苷 3-O-β-D-glucuronopyranosyloleanolic acid-28-O-β-D-glucopyranoside

3-O-β-D- 吡喃葡萄糖醛酸基齐墩果酸 -28-O-β-D- 吡喃葡萄糖基 -(1→3)-α-L- 吡喃鼠李糖基 -(1→4)-β-D- 吡喃葡萄糖基 -(1→6)-β-D- 吡喃葡萄糖苷 3-O-β-D-glucuronopyranosyloleanolic acid-28-O-β-D-glucopyranosyl-(1→3)-α-L-rhamnopyranosyl-(1→4)-β-D-glucopyranosyl-(1→6)-β-D-glucopyranoside

3-O-β-D- 吡喃葡萄糖醛酸基齐墩果酸 -28-O-β-D- 吡喃葡萄糖基 -(1→6)-β-D- 吡喃葡萄糖苷 3-O-β-D-glucuronopyranosyloleanolic acid-28-O-β-D-glucopyranosyl-(1→6)-β-D-glucopyranoside

3-O-β-D- 吡喃葡萄糖醛酸基 - 齐墩果酸 -28-O-β-D- 吡喃葡萄糖基 -(1→6)-β-D- 吡喃葡萄糖苷 3-O-β-D-glucuronypyranosyloleanolic acid-28-O-β-D-glucopyranosyl-(1→6)-β-D-glucopyranoside

3-O-β-D- 吡喃葡萄糖醛酸基齐墩果酸 -28-O-β-D- 吡喃葡萄糖基酯 3-O-β-D-glucuronopyranosyloleanolic acid-28-O-β-D-glucopyranosyl ester

3-O-β-D- 吡喃葡萄糖醛酸基齐墩果酸 -28-O-β-D- 吡喃葡萄糖醛酸苷 3-O-β-D-glucuropyranosyloleanolic acid-28-O-β-D-glucuropyranoside

3-O-β-D- 吡喃葡萄糖醛酸基商陆酸 3-O-β-D-glucuronopyranosylphytolaccagenic acid

3-O-β-D- 吡喃葡萄糖醛酸基石头花苷元▲ 3-O-β-D-glucuronopyranosylgypsogenin

3-O-{β-D- 吡喃葡萄糖醛酸氧基 -(1→4)-[β-D- 吡喃半乳糖基 -(1→2)]-β-D- 吡喃木糖基 -(1→3)-β-D- 吡喃葡萄糖基 }-

2,16α- 二羟基 -4,20- 羟甲基齐墩果 -12- 烯 -28- 酸 3-O-{β-D-glucuronopyranosyl-(1→4)-[β-D-galactopyranosyl-(1→2)]-β-D-xylopyranosyl-(1→3)-β-D-glucopyranosyl}-2,16α-dihydroxy-4,20-hydroxymethyl olean-12-ene-28-oic acid

3-O-β-D- 吡喃葡萄糖醛酰基 -28-O-β-D- 吡喃葡萄糖基泰国树脂酸 3-O-β-D-glucuronopyranosyl-28-O-β-D-glucopyranosyl-siaresinolic acid

(E)-3-O-β-D- 吡喃葡萄糖莳萝脑 (E)-3-O-β-D-glucopyranosylanethole

1-O-β-D- 吡喃葡萄糖糖基 -(2S,3R,4E,8E)-2-[(2- 羟基十六酰基）氨基]-4,8- 十八碳二烯基 -1,3- 二醇 1-O-β-D-glucopyranosyl-(2S,3R,4E,8E)-2-[(2-hydroxyhexadecanoyl)-amido-]-4,8-octadecadiene-1,3-diol

1-O-β-D- 吡喃葡萄糖糖基 -(2S,3R,4E,8Z)-2-[(2- 羟基十六酰基）氨基]-4,8- 十八碳二烯基 -1,3- 二醇 1-O-β-D-glucopyranosyl-(2S,3R,4E,8Z)-2-[(2-hydroxyhexadecanoyl)-amido]-4,8-octadecadiene-1,3-diol

4-O-β-D- 吡喃葡萄糖香荚兰酸 4-O-β-D-glucopyranosylvanillc acid

(-)-(2R,3S)-1-(4-β-D- 吡喃葡萄糖氧苄基)-2-O-β-D- 吡喃葡萄糖 -4-{4-[β-D- 吡喃葡萄糖基 -(1→3)-β-D- 吡喃葡萄糖氧基] 苄基 }-2- 异丁基酒石酸酯 (-)-(2R,3S)-1-(4-β-D-glucopyranosyloxybenzyl)-2-O-β-D-glucopyranosyl-4-{4-[β-D-glucopyranosyl-(1→3)-β-D-glucopyranosyloxy]benzyl}-2-isobutyltartrate

(-)-(2R,3S)-1-(4-β-D- 吡喃葡萄糖氧苄基)-4-{4-[β-D- 吡喃葡萄糖基 -(1→6)-β-D- 吡喃葡萄糖氧基] 苄基 }-2- 异丁基酒石酸酯 (-)-(2R,3S)-1-(4-β-D-glucopyranosyloxybenzyl)-4-{4-[β-D-glucopyranosyl-(1→6)-β-D-glucopyranosyloxy]benzyl}-2-isobutyltartrate

(-)-(2R,3S)-1-(4-β-D- 吡喃葡萄糖氧苄基)-4- 甲基 -2- 异丁基酒石酸酯 (-)-(2R,3S)-1-(4-β-D-glucopyranosyloxybenzyl)-4-methyl-2-isobutyltartrate

3-O-β-D- 吡喃葡萄糖氧基 -(1→3)-α-L- 吡喃鼠李糖基 -(1→2)-α-L- 吡喃阿拉伯糖基齐墩果酸 -28-O-β-D- 吡喃葡萄糖基 -(1→6)-β-D- 吡喃葡萄糖基酯苷 3-O-β-D-glucopyranoxyl-(1→3)-α-L-rhamnopyranosyl-(1→2)-α-L-arabinopyranosyloleanolic acid-28-O-β-D-glucopyranosyl-(1→6)-β-D-glucopyranoside

(1α,3β,22R,24E)-3-(β-D- 吡喃葡萄糖氧基)-1,22- 二羟基麦角甾 -5,24- 二烯 -26- 酸 -26-O-(6'-O- 乙酰基 -β-D- 吡喃葡萄糖基)-(1→2)-β-D- 吡喃葡萄糖基酯苷 (1α,3β,22R,24E)-3-(β-D-glucopyranosyloxy)-1,22-dihydroxy-ergosta-5,24-dien-26-oic acid-26-O-(6'-O-acetyl-β-D-glucopyranosyl)-(1→2)-β-D-glucopyranosyl ester

(1α,3β,22R,24E)-3-(β-D- 吡喃葡萄糖氧基)-1,22- 二羟基麦角甾 -5,24- 二烯 -26- 酸 -26-O-β-D- 吡喃葡萄糖基 -(1→4)-O-(6''-O- 乙酰基 -β-D- 吡喃葡萄糖基)-(1→2)-(6'-O- 乙酰基 -β-D- 吡喃葡萄糖基）酯苷 (1α,3β,22R,24E)-3-(β-D-glucopyranosyloxy)-1,22-dihydroxy-ergosta-5,24-dien-26-oic acid-26-O-β-D-glucopyranosyl-(1→4)-O-(6''-O-acetyl-β-D-glucopyranosyl)-(1→2)-(6'-O-acetyl-β-D-glucopyranosyl) ester

(1α,3β,22R,24E)-3-(β-D- 吡喃葡萄糖氧基)-1,22- 二羟基麦角甾 -5,24- 二烯 -26- 酸 -26-O-β-D- 吡喃葡萄糖基 -(1→4)-O-β-D- 吡喃葡萄糖基 -(1→2)-(6'-O- 乙酰基 -β-D- 吡喃葡萄糖基）酯苷 (1α,3β,22R,24E)-3-(β-D-glucopyranosyloxy)-1,22-dihydroxy-ergosta-5,24-dien-26-oic acid-26-O-β-D-glucopyranosyl-(1→4)-O-β-D-glucopyranosyl-(1→2)-(6'-O-acetyl-β-D-glucopyranosyl) ester

(1α,3β,22R,24E)-3-(β-D- 吡喃葡萄糖氧基)-1,22- 二羟基麦角甾 -5,24- 二烯 -26- 酸 -26-O-β-D- 吡喃葡萄糖基 -(1→2)-β-D- 吡喃葡萄糖基酯苷 (1α,3β,22R,24E)-3-(β-D-glucopyranosyloxy)-1,22-dihydroxy-ergosta-5,24-dien-26-oic acid-26-O-β-D-glucopyranosyl-(1→2)-β-D-glucopyranosyl ester

(1α,3β,22R,24E)-3-(β-D- 吡喃葡萄糖氧基)-1,22- 二羟基麦角甾 -5,24- 二烯 -26- 酸 -26-O-β-D- 吡喃葡萄糖基酯苷 (1α,3β,22R,24E)-3-(β-D-glucopyranosyloxy)-1,22-dihydroxy-ergosta-5,24- dien-26-oic acid-26-O-β-D-glucopyranosyl ester

{1S-[1α,4aα,6α(E),7α,7aα]}-1-(β-D- 吡喃葡萄糖氧基)-1,4a,5,6,7,7a- 六氢 -6-[3-(4- 羟基 -3- 甲氧基苯基)-1- 氧代 -2- 丙烯氧基]-7- 甲基 - 环戊 [c] 吡喃 -4- 羧酸 {1S-[1α,4aα,6α(E),7α,7aα]}-1-(β-D-glucopyranosyloxy)-1,4a,5,6,7,7a-hexahydro-6-[3-(4-hydroxy-3-methoxyphenyl)-1-oxo-2-propenyloxy]-7-methyl-cyclopenta[c]pyran-4-carboxylic acid

{1S-[1α,4aα,6α(Z),7α,7aα]}-1-(β-D- 吡喃葡萄糖氧基)-1,4a,5,6,7,7a- 六氢 -6-[3-(4- 羟基 -3- 甲氧基苯基)-1- 氧代 -2- 丙烯氧基]-7- 甲基 - 环戊 [c] 吡喃 -4- 羧酸 {1S-[1α,4aα,6α(Z),7α,7aα]}-1-(β-D-glucopyranosyloxy)-1,4a,5,6,7,7a-hexahydro-6-[3-(4-hydroxy-3-methoxyphenyl)-1-oxo-2-propenyloxy]-7-methyl-cyclopenta[c]pyran-4-carboxylic acid

1-[8-O-(β-D- 吡喃葡萄糖氧基)-1,6- 二羟基 -3- 甲基 -2- 萘烯基]- 乙酮 1-[8-O-(β-D-glucopyranosyloxy)-1,6-dihydroxy-3-methyl-2-naphthalenyl]-ethanone

3-(β-D- 吡喃葡萄糖氧基)-1,8- 二羟基 -5- 甲氧基叫酮 3-(β-D-glucopyranosyloxy)-1,8-dihydroxy-5-methoxyxanthone

3β-(β-D- 吡喃葡萄糖氧基)-14- 羟基 -5α- 蟾蜍甾 -20,22- 二烯酯 3β-(β-D-glucopyranosyloxy)-14-hydroxy-5α-bufa-20,22-dienolide

(3α,5β)-3-(β-D- 吡喃葡萄糖氧基)-14- 羟基 - 强心甾 -16,20(22)- 二烯内酯 (3α,5β)-3-(β-D-glucopyranosyloxy)-14-hydroxy-carda-16,20(22)-dienolide

{1aS-[1aα,1bβ,2β,5aβ,6β(Z),6aα]}-2-(β-D- 吡喃葡萄糖氧基)-1a,1b,2,5a,6,6a- 六氢 -1a-(羟基甲基) 环氧乙烷 [4,5] 环戊并 [1,2-c] 吡喃 -6- 基 -2-O-(α-L- 吡喃鼠李糖基)-4-{[3-(4- 甲氧基苯基)- 2- 丙烯酸酯]-O-β-D- 吡喃葡萄糖苷 } {1aS-[1aα,1bβ,2β,5aβ,6β(Z),6aα]}-2-(β-D-glucopyranosyloxy)-1a,1b,2,5a,6,6a-hexahydro-1a-(hydroxymethyl)oxireno[4,5]cyclopenta[1,2-c]pyran-6-yl-2-O-(α-L-rhamnopyranosyl)-4-{[3-(4-methoxyphenyl)-2-propenoate]-O-β-D-glucopyranoside}

4-(β-D- 吡喃葡萄糖氧基)-1- 羟基 -3-(3- 甲基 -2- 丁烯基)-2- 萘烯甲酯 4-(β-D-glucopyranosyloxy)-1-hydroxy-3-(3-methyl-2-butenyl)-2-naphthalenecarboxylic acid methyl ester

(3E)-4-[(4R)-4-(β-D- 吡喃葡萄糖氧基)-2,6,6- 三甲基 - 环己 -1- 烯基] 丁 -3- 烯 -2- 酮 (3E)-4-[(4R)-4-(β-D-glucopyranosyloxy)-2,6,6-trimethyl-cyclohex-1-enyl]but-3-en-2-one

21-(β-D- 吡喃葡萄糖氧基)-20- 羟基达玛 -24- 烯 -3β-O-α-L- 吡喃鼠李糖基 -(1→2)-O-[β-D- 吡喃木糖基 -(1→3)]-β-D- 吡喃葡萄糖苷 21-(β-D-glucopyranosyloxy)-20-hydroxydammar-24-en-3β-O-α-L-rhamnopyranosyl-(1→2)-O-[β-D-xylopyranosyl-(1→3)]-β-D-glucopyranoside

21-(β-D- 吡喃葡萄糖氧基)-20- 羟基达玛 -24- 烯 -3β-O-α-L- 吡喃鼠李糖基 -(1→2)-O-[β-D- 吡喃木糖基 -(1→3)]-β-D- 吡喃葡萄糖苷 -6- 乙酸酯 21-(β-D-glucopyranosyloxy)-20-hydroxydammar-24-en-3β-O-α-L-rhamnopyranosyl-(1→2)-O-[β-D-xylopyranosyl-(1→3)]-β-D-glucopyranoside-6-acetate

21-(β-D- 吡喃葡萄糖氧基)-20- 羟基达玛 -24- 烯 -3β-O-α-L- 吡喃鼠李糖基 -(1→2)-O-[β-D- 吡喃葡萄糖基 -(1→3)]-β-D- 吡喃葡萄糖苷 21-(β-D-glucopyranosyloxy)-20-hydroxydammar-24-en-3β-O-α-L-rhamnopyranosyl-(1→2)-O-[β-D-glucopyranosyl-(1→3)]-β-D-glucopyranoside

(3β,5α,22α,25R)-26-(β-D- 吡喃葡萄糖氧基)-22- 羟基呋甾 -3-O-β-D- 吡喃葡萄糖基 -(1→2)-β-D- 吡喃半乳糖苷 (3β,5α,22α,25R)-26-(β-D-glucopyranosyloxy)-22-hydroxyfurostan-3-O-β-D-

B

glucopyranosyl-(1 → 2)-β-D-galactopyranoside

(3β,4β,22β)-22-(β-D- 吡喃葡萄糖氧基)-23- 羟基齐墩果 -12- 烯 -3- 基 -O-6- 去氧 -α-L- 吡喃甘露糖基 -(1 → 2)-O-β-D- 吡喃半乳糖基 -(1 → 2)-β-D- 吡喃葡萄糖醛酸甲酯 (3β,4β,22β)-22-(β-D-glucopyranosyloxy)-23-hydroxyolean-12-en-3-yl-O-6-deoxy-α-L-mannopyranosyl-(1 → 2)-O-β-D-galactopyranosyl-(1 → 2)-β-D-glucopyranosiduronic acid methyl ester

(3β,4β,22β)-22-(β-D- 吡喃葡萄糖氧基)-23- 羟基齐墩果 -12- 烯 -3- 基 -O-6- 去氧 -α-L- 吡喃甘露糖基 -(1 → 2)-O-β-D- 吡喃木糖基 -(1 → 2)-β-D- 吡喃葡萄糖醛酸甲酯 (3β,4β,22β)-22-(β-D-glucopyranosyloxy)-23-hydroxyolean-12-en-3-yl-O-6-deoxy-α-L-mannopyranosyl-(1 → 2)-O-β-D-xylopyranosyl-(1 → 2)-β-D-glucopyranosiduronic acid methyl ester

(3β,9β,10α,24R)-25-(β-D- 吡喃葡萄糖氧基)-24- 羟基 -9- 甲基 -19- 降羊毛脂 -5- 烯 -3-O-α-L- 吡喃鼠李糖基 -(1 → 2)-O-β-D- 吡喃葡萄糖基 -(1 → 2)-β-D- 吡喃葡萄糖苷 (3β,9β,10α,24R)-25-(β-D-glucopyranosyloxy)-24-hydroxy-9-methyl-19-norlanost-5-en-3-O-α-L-rhamnopyranosyl-(1→2)-O-β-D-gluco-pyranosyl-(1→2)-β-D-glucopyranoside

(3β)-28-(β-D- 吡喃葡萄糖氧基)-28- 氧代齐墩果 -12- 烯 -3-O-β-D- 吡喃半乳糖基 -(1 → 3)-O-[β-D- 吡喃木糖基 -(1 → 2)]-β-D- 吡喃葡萄糖醛酸甲酯 (3β)-28-(β-D-glucopyranosyloxy)-28-oxoolean-12-en-3-O-β-D-galactopyranosyl-(1 → 3)-O-[β-D-xylopyranosyl-(1→2)]-β-D-glucopyranosiduronic acid methyl ester

28-(β-D- 吡喃葡萄糖氧基)-28- 氧代齐墩果 -12- 烯 -3β-O-α-L- 呋喃阿拉伯糖基 -(1 → 4)-O-[β-D- 吡喃半乳糖基 -(1 → 2)]-β-D- 吡喃葡萄糖醛酸苷 28-(β-D-glucopyranosyloxy)-28-oxoolean-12-en-3β-O-α-L-arabinofuranosyl-(1→4)-O-[β-D-galactopyranosyl-(1 → 2)]-β-D-glucuronopyranoside

(2E)-N-[(2R)-2-(β-D- 吡喃葡萄糖氧基)-2- 苯乙基]-N- 甲基 -3- 苯基 -2- 丙烯胺 (2E)-N-[(2R)-2-(β-D-glucopyranosyloxy)-2-phenylethyl]-N-methyl-3-phenyl-2-propenamide

1-[4-(β-D- 吡喃葡萄糖氧基)-2- 羟基 -6- 甲氧基 -3- 甲基苯基]-乙酮 1-[4-(β-D-glucopyranosyloxy)-2-hydroxy-6-methoxy-3-methylphenyl]-ethanone

6'-O-[3-(β-D- 吡喃葡萄糖氧基)-2- 羟基苯甲酰基] 獐牙菜苷 6'-O-[3-(β-D-glucopyranosyloxy)-2-hydroxybenzoyl]sweroside

29-(β-D- 吡喃葡萄糖氧基)-3,23- 二羟基齐墩果 -12- 烯 -28- 酸 29-(β-D-glucopyranosyloxy)-3,23-dihydroxy-olean-12-en-28-oic acid

(E)-3-[4-(β-D- 吡喃葡萄糖氧基)-3,5- 二甲氧基苯基]-2- 丙烯醛 (E)-3-[4-(β-D-glucopyranosyloxy)-3,5-dimethoxyphenyl]-2-propenal

2-(β-D- 吡喃葡萄糖氧基)-3,7,8- 三羟基 -[1] 苯并吡喃 [5,4,3-cde][1] 苯并吡喃 -5,10- 二酮 2-(β-D-glucopyranosyloxy)-3,7,8-trihydroxy-[1]benzopyrano[5,4,3-cde][1]benzopyran-5,10-dione

9-(β-D- 吡喃葡萄糖氧基)-3'- 甲氧基 -3,4- 亚甲二氧基 -7,9'- 环氧木脂素 -4'- 醇 9-β-D-glucopyranosyloxy-3'-methoxy-3,4-methylenedioxy-7,9'-epoxylignan-4'-ol

4-[4-(β-D- 吡喃葡萄糖氧基)-3- 甲氧基苯基)-2- 丁酮 4-[4-(β-D-glucopyranosyloxy)-3-methoxyphenyl)-2-butanone

3-[4-(β-D- 吡喃葡萄糖氧基)-3- 甲氧基苯基]-N-[2-(4- 羟基 -3- 甲氧基苯基) 乙基]-2- 丙胺 3-[4-(β-D-glucopyranosyloxy)-3-methoxyphenyl]-N-[2-(4-hydroxyl-3-methoxyphenyl)ethyl]-2-propenamide

1-[2-(β-D- 吡喃葡萄糖氧基)-4,6- 二羟基苯基]-1- 丁酮 1-[2-(β-D-glucopyranosyloxy)-4,6-dihydroxyphenyl]-1-butanone

(E)-4-[3-(β-D- 吡喃葡萄糖氧基)-4- 羟基苯基]-3- 丁烯 -2- 酮 (E)-4-[3-(β-D-glucopyranosyloxy)-4-hydroxyphenyl]-3-buten-2-one

(3R)-3-(β-D- 吡喃葡萄糖氧基)-4- 羟基丁内酯 (3R)-3-(β-D-glucopyranosyloxy)-4-hydroxybutanolide

3β-(β-D- 吡喃葡萄糖氧基)- 5α- 蟾蜍甾 -20,22- 二烯酯 3β-(β-D-glucopyranosyloxy)-5α-bufa-20,22-dienolide

7-(β-D- 吡喃葡萄糖氧基)-5- 甲氧基 - 苯酞 7-(β-D-glucopyranosyloxy)-5-methoxyphthalide

7-O-(β-D- 吡喃葡萄糖氧基)-5- 羟基 -1(3H)- 异苯并呋喃酮 7-O-(β-D-glucopyranosyloxy)-5-hydroxy-1(3H)-isobenzofuranone

3-(β-D- 吡喃葡萄糖氧基)-5- 羟基 -2-(4- 羟基苯基)-4- 氧代 - 黄烷 -7- 基 -β-D- 吡喃葡萄糖醛酸 3-(β-D-glucopyranosyloxy)-5-hydroxy-2-(4-hydroxyphenyl)-4-oxo-flavan-7-yl-β-D-glucopyranosiduronic acid

6-(β- 吡喃葡萄糖氧基)-7-[(2- 氧代 -2H-1- 苯并吡喃 -7- 基) 氧基]-2H-1- 苯并吡喃 -2- 酮 6-(β-glucopyranosyloxy)-7-[(2-oxo-2H-1-benzopyran-7-yl)oxy]-2H-1-benzopyran-2-one

7'-(α-D- 吡喃葡萄糖氧基)-7- 羟基 -3-[(2- 氧代 -2H-1- 苯并吡喃 -7- 基) 氧代 -8,8'- 双 -2H-1- 苯并吡喃 -2,2'- 二酮 7'-(α-D-glucopyranosyloxy)-7-hydroxy-3-[(2-oxo-2H-1-benzopyran-7-yl)oxy-8,8'-bi-2H-1-benzopyran]-2,2'-dione

7'-(α-D- 吡喃葡萄糖氧基)-7- 羟基 -3-[(2- 氧代 -2H-1- 苯并吡喃 -7- 基) 氧基]-8,8'- 二 -2H-1- 苯并吡喃]-2,2'- 二酮 7'-α-D-glucopyranosyloxy-7-hydroxy-3-[(2-oxo-2H-1-benzopyran-7-yl)oxy]-[8,8'-bi-2H-1-benzopyran]-2,2'-dione

4-[4-(β-D- 吡喃葡萄糖氧基)- 苯基]-2- 丁酮 4-[4-(β-D-glucopyranosyloxy)-phenyl]-2-butanone

3-[4-(β-D- 吡喃葡萄糖氧基)- 苯基] 丙烯酸 3-[4-(β-D-glucopyranosyloxy)-phenyl]propionic acid

3-(2'-O-β- D- 吡喃葡萄糖氧基) 苯基丙酸甲酯 3-(2'-O-β-D-glucopyranosyloxy)phenylpropionic acid methyl ester

2-[3-(β-D- 吡喃葡萄糖氧基) 苯甲酰氧基]-5- 羟基苯甲酸 2-[3-(β-D-glucopyranosyloxy)benzoyloxy]-5-hydroxy-benzoic acid

2-(4'-β-D- 吡喃葡萄糖氧基)- 苯乙醇 2-(4'-β-D-glucopyranosyloxy)-phenylethanol

(6R,9S)-9-(β-D- 吡喃葡萄糖氧基) 大柱香波龙 -4,7- 二烯 -3- 酮 (6R,9S)-9-(β-D-glucopyranosyloxy)megastigma-4,7-dien-3-one

(3S,5R,6R,7E,9S)-9-(β-D- 吡喃葡萄糖氧基)- 大柱香波龙 -7- 烯 -3,5,6- 三醇 (3S,5R,6R,7E,9S)-9-[(β-D-glucopyranosyl)oxy]-megastigm-7-ene-3,5,6-triol

(2'R)-N-{(1S,2S,3R,7Z)-1-[(β-D- 吡喃葡萄糖氧基) 甲基]-2,3- 二羟基十七碳 -7- 烯 -1- 基 }-2- 羟基十四碳酰胺 (2'R)-N-{(1S,2S,3R,7Z)-1-[(β-D-glucopyranosyloxy)methyl]-2,3-dihydroxyheptadec-7-en-1-yl}-2-hydroxytetracosanamide

N-{5E,8E-1-[(β-D- 吡喃葡萄糖氧基) 甲基]-2,4- 二羟基 -5,8- 二十六碳二烯 }- 十五酰胺 N-{5E,8E-1-[(β-D-glucopyranosyloxy)methyl]-2,4-dihydroxy-5,8-hexacosadienyl}-pentadecanamide

N-{8E-1-[(β-D- 吡喃葡萄糖氧基) 甲基]-2,4- 二羟基 -8- 二十六碳烯 }- 十五酰胺 N-[8E-1-[(β-D-glucopyranosyloxy)methyl]-2,4-dihydroxy-8-hexacosenyl]-pentadeca-namide

(3R,4S)-4-{(1R)-1-[(β-D- 吡喃葡萄糖氧基) 甲基]-2- 丙基 } 四氢 -3- 羟基甲基 -2H- 吡喃 -2- 酮 (3R,4S)-4-{(1R)-1-[(β-D-glucopyranosyloxy)methyl]-2-propenyl}tetrahydro-3-hydroxymethyl-2H-pyran-2-one

(2'R)-N-{(1S,2S,3E,7E)-1-[(β-D- 吡喃葡萄糖氧基) 甲基]-2- 羟基十七碳 -3,7- 二烯 -1- 基 }-2- 羟基十六碳酰胺 (2'R)-N-{(1S,2S,3E,7E)-1-[(β-D-glucopyranosyloxy)methyl]-2-hydroxyheptadeca-3,7-dien-1-yl}-2-hydroxyhexadecanamide

(6R,7R,8R)-7α-[(β-D- 吡喃葡萄糖基) 氧基] 南烛树脂醇 (6R,7R,8R)-7α-[(β-D-glucopyranosyl)oxy]lyoniresinol

(6*R*,7*S*,8*S*)-7α-[(β-D- 吡喃葡萄糖基) 氧基] 南烛树脂醇 (6*R*,7*S*,8*S*)-7α-[(β-D-glucopyranosyl)oxy]lyoniresinol

(6*S*,7*R*,8*R*)-7α-[(β-D- 吡喃葡萄糖基) 氧基] 南烛树脂醇 (6*S*,7*R*,8*R*)-7α-[(β-D-glucopyranosyl)oxy]lyoniresinol

4-[2-(β-D- 吡喃葡萄糖氧基) 乙基]-4,5- 二羟基 -2- 环己烯 -1- 酮 4-[2-(β-D-glucopyranosyloxy)ethyl]-4,5-dihydroxy-2-cyclohexen-1-one

4-[2-(β-D- 吡喃葡萄糖氧基) 乙基]-4- 羟基 -2- 环己烯 -1- 酮 4-[2-(β-D-glucopyranosyloxy)ethyl]-4-hydroxy-2-cyclohexen-1-one

4-[2-(β-D- 吡喃葡萄糖氧基) 乙基]-4- 羟基 -5- 甲氧基 -2- 环己烯 -1- 酮 4-[2-(β-D-glucopyranosyloxy)ethyl]-4-hydroxy-5-methoxy-2-cyclohexen-1-one

3-β-D- 吡喃葡萄糖氧基 -1-(4- 羟基苯基)-1- 丁酮 3-β-D-glucopyranosyloxy-1-(4-hydroxyphenyl)-1-butanone

3-β- 吡喃葡萄糖氧基 -1-(4- 羟基苯基)- 丁酮 3-β-glucopyranosyloxy-1-(4-hydroxyphenyl)-butanone

8-β-D- 吡喃葡萄糖氧基 -1,2- 二羟基 -6- 甲氧基呫酮 8-β-D-glucopyranosyloxy-1,2-dihydroxy-6-methoxyxanthone

8-β-D- 吡喃葡萄糖氧基 -1,3,5- 三甲氧基呫酮 8-β-D-glucopyranosyloxy-1,3,5-trimethoxyxanthone

(4a*S*,6*R*,7*R*,7a*S*)-6-β-D- 吡喃葡萄糖氧基 -1,4a,5,6,7,7a- 六氢 -7- 甲基 - 环戊 [c] 吡喃 -4- 甲醛 (4a*S*,6*R*,7*R*,7a*S*)-6-(β-D-glucopyranosyloxy)-1,4a,5,6,7,7a-hexahydro-7-methyl-cyclopenta[c]pyran-4-carboxaldehyde

1-β-D- 吡喃葡萄糖氧基 -1,4α,7,7α- 四氢 -7- 羟基 - 环戊 [c] 吡喃 -4,7- 二羧酸 1-(β-D-glucopyranosyloxy)-1,4α,7,7α-tetrahydro-7-hydroxy-cyclopenta[c]pyran-4,7-dicarboxylic acid

8-β-D- 吡喃葡萄糖氧基 -1,5- 二羟基 -3- 甲氧基呫酮 8-β-D-glucopyranosyloxy-1,5-dihydroxy-3-methoxyxanthone

5-β-D- 吡喃葡萄糖氧基 -1,8- 二羟基 -3- 甲氧基呫酮 5-β-D-glucopyranosyloxy-1,8-dihydroxy-3-methoxyxanthone

21-β-D- 吡喃葡萄糖氧基 -19,20- 二羟基达玛 -24- 烯 -3β-*O*-α-L- 吡喃鼠李糖基 -(1 → 2)-*O*-β-D- 吡喃木糖基 -(1 → 3)-β-D- 吡喃葡萄糖苷 21-β-D-glucopyranosyloxy-19,20-dihydroxydammar-24-en-3β-*O*-α-L-rhamnopyranosyl-(1→2)-*O*-β-D-xylopyranosyl-(1→3)-β-D-glucopyranoside

[4-(3-β-D- 吡喃葡萄糖氧基 -1-*E*- 丙烯基)-2,6- 二甲氧基苯基]-6-*O*-β-D- 吡喃葡萄糖基 -β-D- 吡喃葡萄糖苷 [4-(3-β-D-glucopyranosyloxy-1-*E*-propenyl)-2,6-dimethoxyphenyl]-6-*O*-β-D-glucopyranosyl-β-D-glucopyranoside

1-β-D- 吡喃葡萄糖氧基 -1- 苯基甲烷 1-β-D-glucopyranosyloxy-1-phenylmethane

3-β- 吡喃葡萄糖氧基 -1- 羟基 -6*E*- 十四烯 -8,10,12- 三炔 3-β-glucopyranosyloxy-1-hydroxy-6*E*-tetradecene-8,10,12-triyne

1-β-D- 吡喃葡萄糖氧基 -2-(3- 甲氧基 -4- 羟基苯基 - 丙烷 -1,3- 二醇 1-β-D-glucopyranosyloxy-2-(3-methoxy-4-hydroxyphenyl-propane-1,3-diol

(2*E*,6*E*)-8-β-D- 吡喃葡萄糖氧基 -2,6- 二甲基 -2,6- 辛二烯酸 -1,6'- 内酯 (2*E*,6*E*)-8-β-D-glucopyranosyloxy-2,6-dimethyl-2,6-octadienoic acid-1,6'-lactone

(2*Z*,4*E*)-8-β-D- 吡喃葡萄糖氧基 -2,7- 二甲基 -2,4- 癸二烯 -1,10- 二羧酸 (2*Z*,4*E*)-8-β-D-glucopyranosyloxy-2,7-dimethyl-2,4-decadiene-1,10-dioic acid

(2*Z*,4*Z*)-8-β-D- 吡喃葡萄糖氧基 -2,7- 二甲基 -2,4- 癸二烯 -1,10- 二羧酸 (2*Z*,4*Z*)-8-β-D-glucopyranosyloxy-2,7-dimethyl-2,4-decadiene-1,10-dioic acid

(2*E*,4*E*)-8-β- 吡喃葡萄糖氧基 -2,7- 二甲基 -2,4- 辛二烯 -1,10- 二酸 (2*E*,4*E*)-8-β-glucopyranosyloxy-2,7-dimethyl-2,4-decadiene-1,10-dioic acid

26-β-D- 吡喃葡萄糖氧基 -22α- 甲氧基呋甾 -5- 烯 -3β-*O*-α-L- 吡喃鼠李糖基)-(1 → 2)-β-D- 吡喃葡萄糖醛酸 26-β-D-glucopyranosyloxy-22α-methoxyfurost-5-en-3β-*O*-α-L-rhamnopyranosyl)-(1 → 2)-β-D-glucopyranosiduronic acid

(3β,5α,22α,25*S*)-26-β-D- 吡喃葡萄糖氧基 -22- 甲氧基呋甾 -3-*O*-β-D- 吡喃木糖基 -(1 → 2)-*O*-β-D- 吡喃木糖基 -(1 → 3)-*O*-β-D- 吡喃葡萄糖基 -(1 → 4)-*O*-α-L- 吡喃鼠李糖基 -(1 → 2)-β-D- 吡喃半乳糖苷 (3β,5α,22α,25*S*)-26-β-D-glucopyranosyloxy-22-methoxyfurostan-3-*O*-β-D-xylopyranosyl-(1 → 2)-*O*-β-D-xylopyranosyl-(1 → 3)-*O*-β-D-glucopyranosyl-(1 → 4)-*O*-α-L-rhamnopyranosyl-(1 → 2)-β-D-galactopyranoside

(3β,25*R*)-26-β-D- 吡喃葡萄糖氧基 -22- 羟基呋甾 -5- 烯 -3-*O*-α-L- 吡喃鼠李糖基 -(1 → 2)-*O*-α-L- 吡喃鼠李糖基 -(1 → 4)-β-D- 吡喃葡萄糖苷 (3β,25*R*)-26-β-D-glucopyranosyloxy-22-hydroxyfurost-5-en-3-*O*-α-L-rhamnopyranosyl-(1 → 2)-*O*-α-L-rhamnopyranosyl-(1 → 4)-β-D-glucopyranoside

28-β-D- 吡喃葡萄糖氧基 -28- 氧代 -30- 降齐墩果 -12,20(29)- 二烯 -3β-*O*-β-D- 吡喃葡萄糖苷 28-β-D-glucopyranosyloxy-28-oxo-30-noroleana-12,20(29)-dien-3β-*O*-β-D-glucopyranoside

28-β-D- 吡喃葡萄糖氧基 -28- 氧代 -30- 降齐墩果 -12,20(29)- 二烯 -3β-*O*-β-D- 吡喃葡萄糖醛酸 28-β-D-glucopyranosyloxy-28-oxo-30-noroleana-12,20(29)-dien-3β-*O*-β-D-glucopyranosiduronic acid

28-β-D- 吡喃葡萄糖氧基 -28- 氧代 -30- 降齐墩果 -12,20(29)- 二烯 -3β-*O*-β-D- 吡喃葡萄糖醛酸甲酯 28-β-D-glucopyranosyloxy-28-oxo-30-noroleana-12,20(29)-dien-3β-*O*-β-D-glucopyranosiduronic acid methyl ester

28-β-D- 吡喃葡萄糖氧基 -28- 氧代齐墩果 -12- 烯 -3β-*O*-β-D- 吡喃葡萄糖基 -(1 → 3)-β-D- 吡喃葡萄糖醛酸甲酯 28-β-D-glucopyranosyloxy-28-oxoolean-12-en-3β-*O*-β-D-glucopyranosyl-(1 → 3)-β-D-glucopyranosiduronic acid methyl ester

30-*O*-β-D- 吡喃葡萄糖氧基 -2α,3α,24- 三羟基熊果 -12,18- 二烯 -28- 酸 -28-*O*-β-D- 吡喃葡萄糖基酯 30-*O*-β-D-glucopyranosyloxy-2α,3α,24-trihydroxyurs-12,18-diene-28-oic acid-28-*O*-β-D-glucopyranosyl ester

(25*R*)-26-β-D- 吡喃葡萄糖氧基 -2α- 羟基 -22α- 甲氧基呋甾 -5- 烯 -3β-*O*-β-D- 吡喃葡萄糖基 -(1 → 3)-*O*-β-D- 吡喃葡萄糖基 -(1 → 2)-*O*-[β-D- 吡喃木糖基 -(1 → 3)]-*O*-β-D- 吡喃葡萄糖基 -(1 → 4)-β-D- 吡喃半乳糖苷 (25*R*)-26-β-D-glucopyranosyloxyl-2α-hydroxy-22α-methoxyfurost-5-en-3β-*O*-β-D-glucopyranosyl-(1 → 3)-*O*-β-D-glucopyranosyl-(1 → 2)-*O*-[β-D-xylopyranosyl-(1 → 3)]-*O*-β-D-glucopyranosyl-(1 → 4)-β-D-galactopyranoside

(25*R*)-26-β-D- 吡喃葡萄糖氧基 -2α- 羟基呋甾 -5,20(22)- 二烯 -3β-*O*-β-D- 吡喃葡萄糖基 -(1 → 3)-*O*-β-D- 吡喃葡萄糖基 -(1 → 2)-*O*-[β-D- 吡喃木糖基 -(1 → 3)]-*O*-β-D- 吡喃葡萄糖基 -(1 → 4)-β-D- 吡喃半乳糖苷 (25*R*)-26-β-D-glucopyranosyloxyl-2α-hydroxyfurosta-5,20(22)-dien-3β-*O*-β-D-glucopyranosyl-(1→3)-*O*-β-D-glucopyranosyl-(1 → 2)-*O*-[β-D-xylopyranosyl-(1 → 3)]-*O*-β-D-glucopyranosyl-(1 → 4)-β-D-galactopyranoside

(24*S*,25*S*)-24-β-D- 吡喃葡萄糖氧基 -2α- 羟基螺甾 -5- 烯 -3β-*O*-β-D- 吡喃葡萄糖基 -(1 → 3)-*O*-β-D- 吡喃葡萄糖基 -(1 → 2)-*O*-[β-D- 吡喃木糖基 -(1 → 3)]-*O*-β-D- 吡喃葡萄糖基 -(1 → 4)-β-D- 吡喃半乳糖苷 (24*S*,25*S*)-24-β-D-glucopyranosyloxyl-2α-hydroxyspirost-5-en-3β-*O*-β-D-glucopyranosyl-(1 → 3)-*O*-β-D-glucopyranosyl-(1 → 2)-*O*-[β-D-xylopyranosyl-(1 → 3)]-*O*-β-D-glucopyranosyl-(1 → 4)-β-D-galactopyranoside

1-β-D- 吡喃葡萄糖氧基 -2- 苯基乙烷 1-β-D-glucopyranosyloxy-2-phenylethane

B

1-β-D- 吡喃葡萄糖氧基 -2- 甲氧基 -4- 乙酰苯 1-β-D-glucopyranosyloxy-2-methoxy-4-ethanoylbenzene

3-β-D- 吡喃葡萄糖氧基 -2- 羟基 -1-(4- 羟基 -3- 甲氧基苯基)- 丙烷 -1- 酮 3-β-D-glucopyranosyloxy-2-hydroxy-1-(4-hydroxy-3-methoxyphenyl)-propan-1-one

8-β-D- 吡喃葡萄糖氧基 -2- 羟基甲基 -7- 甲基 -1,4- 二氢萘 -5-醇 8-β-D-glucopyranosyloxy-2-hydroxymethyl-7-methyl-1,4-dihydronaphthalene-5-ol

5-β-D- 吡喃葡萄糖氧基 -2- 羟基 - 间孜然芹烃▲ 5-β-D-glucopyranosyloxy-2-hydroxy-*m*-cymene

(2β,3β,4α)-3-β-D- 吡喃葡萄糖氧基 -2- 羟基齐墩果 -12- 烯 -23,28-二羧酸 -28-[2-*O*-(α-L- 鼠李糖基)-α-L- 吡喃阿拉伯糖基]-酯苷 (2β,3β,4α)-3-β-D-glucopyranosyloxy-2-hydroxy-olean-12-en-23,28-dioic acid-28-[2-*O*-(α-L-rhamnopyranosyl)-α-L-arabinopyranosyl]ester

(2β,3β,4α)-3-β-D- 吡喃葡萄糖氧基 -2- 羟基 - 齐墩果 -12- 烯 -23,28-二羧酸 -28-*O*-β-D- 吡喃木糖基 -(1 → 4)-6-*O*-α-L- 吡喃鼠李糖基 -(1 → 2)-α-L- 吡喃阿拉伯糖基酯苷 (2β,3β,4α)-3-β-D-glucopyranosyloxy-2-hydroxy-olean-12-en-23,28-dioic acid-28-*O*-β-D-xylopyranosyl-(1→4)-6-*O*-α-L-rhamnopyranosyl-(1→2)-α-L-arabinopyranosyl) ester

3'-β-D- 吡喃葡萄糖氧基 -3,4',5,7- 四羟基黄酮 3'-β-D-glucopyranosyloxy-3,4',5,7-tetrahydroxyflavone

1-β-D- 吡喃葡萄糖氧基 -3,4- 二甲氧基 -4- 羟基苯 1-β-D-glucopyranosyloxy-3,4-dimethoxybenzene

3-(4-*O*-β-D- 吡喃葡萄糖氧基 -3,5- 二甲氧基)- 苯基 -2*E*- 丙烯醇 3-(4-*O*-β-D-glucopyranosyloxy-3,5-dimethoxy)-phenyl-2*E*-propenol

1-β-D- 吡喃葡萄糖氧基 -3,5- 二甲氧基 -4- 羟基苯) 1-β-D-glucopyranosyloxy-3,5-dimethoxy-4-hydroxybenzene

3-(4β-D- 吡喃葡萄糖氧基 -3,5- 二甲氧基苯基)-2*E*- 丙烯醇 3-(4β-D-glucopyranosyloxy-3,5-dimethoxyphenyl)-2*E*-propenol

2-*O*-β-D- 吡喃葡萄糖氧基 -3α,19α- 二羟基齐墩果酸 2-*O*-β-D-glucopyranosyloxy-3α,19α-dihydroxyoleanolic acid

2-*O*-β-D- 吡喃葡萄糖氧基 -3α,19α- 二羟基熊果酸 2-*O*-β-D-glucopyranosyloxy-3α,19α-dihydroxyursolic acid

19- 吡喃葡萄糖氧基 -3β,5,14- 三羟基 -5β- 强心甾 -20(22)- 烯内酯 19-glucopyranosyloxy-3β,5,14-trihydroxy-5β-card-20(22)-enolide

(25*S*)-26-β-D- 吡喃葡萄糖氧基 -3β- 羟基 -22α- 甲氧基 -5α-呋甾 -6α-*O*-α-L- 吡喃鼠李糖基 -(1 → 3)-β-D- 吡喃葡萄糖苷 (25*S*)-26-β-D-glucopyranosyloxy-3β-hydroxy-22α-methoxy-5α-furostan-6α-yl-*O*-α-L-rhamnopyranosyl-(1 → 3)-β-D-glucopyranoside

2β- 吡喃葡萄糖氧基 -3- 甲基 -(2*R*)- 丁腈 2β-glucopyranosyloxy-3-methyl-(2*R*)-butyronitrile

1-*O*-β-D- 吡喃葡萄糖氧基 -3- 甲基丁烷 -2- 烯 -1- 醇 1-*O*-β-D-glucopyranosyloxy-3-methylbut-2-en-1-ol

3-(4-β-D- 吡喃葡萄糖氧基 -3- 甲氧基)- 苯基 -2*E*- 丙烯醇 3-(4-β-D-glucopyranosyloxy-3-methoxy)-phenyl-2*E*-propenol

1-β-D- 吡喃葡萄糖氧基 -3- 甲氧基 -4- 羟基苯 1-β-D-glucopyranosyloxy-3-methoxy-4-hydroxybenzene

1-β-D- 吡喃葡萄糖氧基 -3- 甲氧基 -5- 羟基苯 1-β-D-glucopyranosyloxy-3-methoxy-5-hydroxybenzene

3-(4β-D- 吡喃葡萄糖氧基 -3- 甲氧基苯基)-2*E*- 丙烯醇 3-(4β-D-glucopyranosyloxy-3-methoxyphenyl)-2*E*-propenol

4-(4-β-D- 吡喃葡萄糖氧基 -3- 羟基苯基)-2- 丁酮 4-[4-(β-D-glucopyranosyloxy)-3-hydroxyphenyl]-2-butanone

2-β-D- 吡喃葡萄糖氧基 -3- 羟基苯甲酸 2-β-D-glucopyranosyloxy-3-hydroxybenzoic acid

(25*S*)-26-β-D- 吡喃葡萄糖氧基 -3- 氧代 -22α- 甲氧基 -5α- 呋甾 -6α-*O*-β-D- 吡喃木糖苷 (25*S*)-26-β-D-glucopyranosyloxy-3-oxo-22α-methoxy-5α-furostan-6α-yl-*O*-β-D-xylopyranoside

(25*S*)-26-β-D- 吡喃葡萄糖氧基 -3- 氧代 -5α- 呋甾 -20(22)- 烯 -6α-*O*-β-D- 吡喃木糖苷 (25*S*)-26-β-D-glucopyranosyloxy-3-oxo-5α-furost-20(22)-en-6α-yl-*O*-β-D-xylopyranoside

3-β-D- 吡喃葡萄糖氧基 -4,5- 二甲氧基苯甲酸 3-β-D-glucopyranosyloxy-4,5-dimethoxybenzoic acid

1-(3-α-D- 吡喃葡萄糖氧基 -4,5- 二羟基苯基)- 乙酮 1-(3-α-D-glucopyranosyloxy-4,5-dihydroxyphenyl)-ethanone

(2*R*)-2-β-D- 吡喃葡萄糖氧基 -4,7- 二甲氧基 -2*H*-1,4- 苯并噁嗪 -3(4*H*)- 酮 (2*R*)-2-β-D-glucopyranosyloxy-4,7-dimethoxy-2*H*-1,4-benzoxazin-3(4*H*)-one

2-β-D- 吡喃葡萄糖氧基 -4- 对羟基苯甲酰氧基 -3- 亚甲基丁腈 2-β-D-glucopyranosyloxy-4-*p*-hydroxybenzoyloxy-3-methylenebutyronitrile

2-β-D- 吡喃葡萄糖氧基 -4- 羟基苯乙腈 2-(β-D-glucopyranosyloxy)-4-hydroxybenzeneacetonitrile

3-(*R*)-3-β-D- 吡喃葡萄糖氧基 -4 羟基丁酸 3-(*R*)-3-β-D-glucopyranosyloxy-4-hydroxybutanoic acid

9-*O*-β-D- 吡喃葡萄糖氧基 -5- 大柱香波龙烯 -4- 酮 9-*O*-β-D-glucopyranosyloxy-5-megastigmen-4-one

2-β-D- 吡喃葡萄糖氧基 -5- 丁氧基苯乙酸 2-β-D-glucopyranosyloxy-5-butoxyphenylacetic acid

4-β-D- 吡喃葡萄糖氧基 -5- 甲基香豆素 4-β-D-glucopyranosyloxy-5-methylcoumarin

2-β-D- 吡喃葡萄糖氧基 -5- 羟基苯乙酸甲酯 2-β-D-glucopyranosyloxy-5-hydroxyphenylacetic acid methyl ester

2-β-D- 吡喃葡萄糖氧基 -5- 羟基 - 间孜然芹烃▲ 2-β-D-glucopyranosyloxy-5-hydroxy-*m*-cymene

4-β-D- 吡喃葡萄糖氧基 -5- 羟基异戊烯基咖啡酸酯 4-β-D-glucopyranosyloxy-5-hydroxyprenyl caffeate

1β-D- 吡喃葡萄糖氧基 -6α- 羟基桉叶烷 -4(15)- 烯 1β-D-glucopyranosyloxy-6α-hydroxyeudesman-4(15)-ene

5-*O*-β-D- 吡喃葡萄糖氧基 -6- 甲基 -4'- 甲氧基 -3,7,4'- 三羟基黄烷 5-*O*-β-D-glucopyranosyloxy-6-methyl-4'-methoxy-3,7,4'-trihydroxyflavan

5-*O*-β-D- 吡喃葡萄糖氧基 -6- 甲氧基 -3'- 甲氧基 -3,7,4'- 三羟基黄烷 5-*O*-β-D-glucopyranosyloxy-6-methyl-3'-methoxy-3,7,4'-trihydroxyflavan

5-β-D- 吡喃葡萄糖氧基 -7- 羟基 -2- 甲基 - 苯并吡喃酮 5-β-D-glucopyranosyloxy-7-hydroxy-2-methyl-benzopyranone

18-β-D- 吡喃葡萄糖氧基 -8(17),13- 对映 - 半日花二烯 -16,15- 内酯 18-β-D-glucopyranosyloxy-8(17),13-*ent*-labdadien-16,15-olide

7-*O*-β-D- 吡喃葡萄糖氧基 -8-(3- 丁烯基 -2- 氧代)- 香豆素 7-*O*-β-D-glucopyranosyloxy-8-(3-butenyl-2-oxo)-coumarin

2-β-D- 吡喃葡萄糖氧基 -8- 羟基 -3- 甲基 -1- 甲氧基 -9,10- 蒽醌 2-β-D-glucopyranosyloxy-8-hydroxy-3-methyl-1-methoxy-9,10-anthraquinone

19-β-D- 吡喃葡萄糖氧基 - 半日花 -13(*E*)- 烯 -8a,15- 二醇 19-β-D-glucopyranosyloxy-lab-13(*E*)-en-8a,15-diol

1-(4-β-D- 吡喃葡萄糖氧基苯基)-2-(β-D- 吡喃葡萄糖氧基)- 乙烷 1-(4-β-D-glucopyranosyloxyphenyl)-2-(β-D-glucopyranosyloxy)-ethane

(*S*)-3-(4-β- 吡喃葡萄糖氧基苯基)-7- 羟基 -5- 甲氧基苯酞 (*S*)-3-(4-β-glucopyranosyloxybenzyl)-7-hydroxy-5-methoxyphthalide

4-*O*-β-D- 吡喃葡萄糖氧基苯甲酸 4-*O*-β-D-glucopyranosyloxybenzoic acid

(-)-(2*R*,3*S*)-1-(4-β-D- 吡喃葡萄糖氧基苄基)-2-*O*-β-D- 吡喃葡

萄糖基 -4-{4-[α-D- 吡喃葡萄糖基 -(1 → 4)-β-D- 吡喃葡萄糖氧基] 苄基 }-2- 异丁基酒石酸酯 (-)-(2R,3S)-1-(4-β-D-glucopyranosyloxybenzyl)-2-O-β-D-glucopyranosyl-4-{4-[α-D-glucopyranosyl-(1 → 4)-β-D-glucopyranosyloxy]benzyl}-2-isobutyltartrate
(6S,7E,9S)-9-β-D- 吡喃葡萄糖氧基 - 大柱香波龙 -4,7- 二烯 -3- 酮 (6S,7E,9S)-9-[(β-D-glucopyranosyl)-oxy]megastigma-4,7-dien-3-one
4-β-D- 吡喃葡萄糖氧基 - 丁酸甲酯 methyl 4-β-D-glucopyranosyl-butanoate
O-β-D- 吡喃葡萄糖氧基桂皮酸 O-(β-D-glucopyranosyloxy)-cinnamic acid
4-(β- 吡喃葡萄糖氧基基) 苯甲酸 4-(β-glucopyranosyloxy)benzoic acid
3-(β-D- 吡喃葡萄糖氧基甲基)-2-(4- 羟基 -3- 甲氧基苯基)-5-(3- 羟基丙基)-7- 甲氧基 -(2R,3S)- 二氢苯并呋喃 3-(β-D-glucopyranosyloxymethyl)-2-(4-hydroxy-3-methoxyphenyl)-5-(3-hydroxypropyl)-7-methoxy-(2R,3S)-dihydrobenzofuran
3-(β-D- 吡喃葡萄糖氧基甲基)-2-(4- 羟基 -3- 甲氧基苯基)-5-(3- 乙酰氧基丙基)-7- 甲氧基 -(2R,3S)- 二氢苯并呋喃 3-(β-D-glucopyranosyloxymethyl)-2-(4-hydroxy-3-methoxyphenyl)-5-(3-acetoxypropyl)-7-methoxy-(2R,3S)-dihydrobenzofuran
(-)-5'-β-D- 吡喃葡萄糖氧基茉莉酸 (-)-5'-β-D-glucopyranosyloxyjasmonic acid
(-)-5'-β-D- 吡喃葡萄糖氧基茉莉酸甲酯 (-)-5'-β-D-glucopyranosyloxyjasmonic acid methyl ester
5'-β-D- 吡喃葡萄糖氧基茉莉酮酸 5'-β-D-glucopyranosyloxyjasmonic acid
5'-β-D- 吡喃葡萄糖氧基茉莉酮酸丁酯 5'-β-D-glucopyranosyloxyjasmonic butylester
(6R,7S,8S)-7α-β-D- 吡喃葡萄糖氧基南烛树脂醇 (6R,7S,8S)-7α-[(β-D-glucopyranosyl)oxy]lyoniresinol
(8S,8'R,7'R)-9'-β- 吡喃葡萄糖氧基南烛树脂醇 (8S,8'R,7'R)-9'-[(β-glucopyranosyl)oxy]lyoniresinol
(2S,4R)-4-β-D- 吡喃葡萄糖氧基 - 戊烷 -(2E)- 对香豆酸酯 (2S,4R)-4-(β-D-glucopyranosyloxy)-pentan-2-yl-(2E)-p-coumarate
β-D- 吡喃葡萄糖乙苷 ethyl β-D-glucopyranoside
6''-O-β-D- 吡喃葡萄糖 - 油橄榄苦苷 6''-O-β-D-glucopyranosyloleuropein
5-O-(β- 吡喃芹糖基 -(1 → 2)-O-β- 吡喃木糖基) 龙胆酸 5-O-(β-apiopyranosyl-(1 → 2)-O-β-xylopyranosyl)gentisic acid
1-O-(β- 吡喃芹糖基 -(1 → 6)-O-β- 吡喃葡萄糖基)-3-O- 甲基根皮酚 1-O-(β-apiopyranosyl-(1 → 6)-O-β-glucopyranosyl)-3-O-methylphloroglucinol
8-C- 吡喃芹糖基 -(1 → 6)- 吡喃葡萄糖基大豆苷 8-C-apiofuranosyl-(1 → 6)-glucopyranosyldaidzin
8-C- 吡喃芹糖基 -(1 → 6)- 吡喃葡萄糖基大豆苷元 8-C-apiofuranosyl-(1 → 6)-glucopyranosyldaidzein
8-C- 吡喃芹糖基 -(1 → 6)- 吡喃葡萄糖基染料木苷 8-C-apiofuranosyl-(1 → 6)-glucopyranosylgenistin
吡喃矢车菊素 A~D pyranocyanin A~D
4-O-(对甲氧基桂皮酰基)-α-L- 吡喃鼠李糖 4-O-(p-methoxy-cinnamoyl)-α-L-rhamnopyranose
3-O-[α-L- 吡喃鼠李糖苷 (1 → 2)-α-L- 吡喃阿拉伯糖基 -(1 → 2-β-D- 吡喃葡萄糖醛酸基]- 槐二醇 3-O-[α-L-rhamnopyranoside(1 → 2)-α-L-arabinopyranosyl-(1 → 2-β-D-glucuronopyranosyl]-sophoradiol
3-α-L- 吡喃鼠李糖苷 -(1 → 6)-β-D- 吡喃葡萄糖苷 -3,5,7,4'- 四羟基黄酮 3-α-L-rhamnopyranoside-(1 → 6)-β-D-glucopyranoside-3,5,7,4'-tetrahydroflavone
3-O-α-L- 吡喃鼠李糖基 -(1 → 2)-[O-α-L- 吡喃鼠李糖基 -(1 → 4)]-O-β-D- 吡喃葡萄糖基 - 呋甾 -5- 烯 -3β,17α,22,26- 四醇 -26-O-β-D- 吡喃葡萄糖苷 3-O-α-L-rhamnopyranosyl-(1 → 2)-[O-α-L-rhamnopyranosyl-(1 → 4)]-O-β-D-glcopyranosyl-furost-5-en-3β,17α,22,26-tetraol-26-O-β-D-glucopyranoside
3-O-β-D- 吡喃鼠李糖基 -(1 → 2)-[α-L- 吡喃阿拉伯糖基 -(1 → 3)]-β-D- 吡喃葡萄糖醛酸基 - 齐墩果酸 -28-O-β-D- 吡喃葡萄糖基酯 3-O-β-D-rhamnopyranosyl-(1 → 2)-[α-L-arabinofuranosyl-(1 → 3)]-β-D-glucuronopyransyl-oleanolic acid-28-O-β-D-glucopyranosyl ester
3-O-α-L- 吡喃鼠李糖基 -(1 → 2)-[β-D- 吡喃半乳糖基 -(1 → 3)]-α-L- 吡喃阿拉伯糖基 - 齐墩果酸 -28-O-α-L- 吡喃鼠李糖基 -(1 → 4)-β-D- 吡喃葡萄糖基 -(1 → 6)-β-D- 吡喃葡萄糖基酯苷 3-O-α-L-rhamnopyranosyl-(1 → 2)-[β-D-galactopyranosyl-(1 → 3)]-α-L-arabinopyranosyl oleanolic acid-28-O-α-L-rhamnopyranosyl-(1 → 4)-β-D-glucopyranosyl-(1 → 6)-β-D-glucopyranosyl ester
3-O-α-L- 吡喃鼠李糖基 -(1 → 2)-[β-D- 吡喃葡萄糖基 -(1 → 3)]-α-L- 吡喃阿拉伯糖基 - 齐墩果酸 -28-O-α-L- 吡喃鼠李糖基 -(1 → 4)-β-D- 吡喃葡萄糖基 -(1 → 6)-β-D- 吡喃葡萄糖基酯苷 3-O-α-L-rhamnopyranosyl-(1 → 2)-[β-D-glucopyranosyl-(1 → 3)]-α-L-arabinopyranosy1-oleanolic acid-28-O-α-L-rhamnopyranosyl-(1 → 4)-β-D-glucopyranosyl-(1 → 6)-β-D-glucopyranosyl ester
3-O-α-L- 吡喃鼠李糖基 -(1 → 2)-[β-D- 吡喃葡萄糖基 -(1 → 3)]-β-D- 吡喃葡萄糖醛酸基 - 齐墩果酸 -28-O-β-D- 吡喃葡萄糖基酯 3-O-α-L-rhamnopyranosyl-(1 → 2)-[β-D-glucopyranosyl-(1 → 3)]-β-D-glucuronopyransyl-oleanolic acid-28-O-β-D-glucopyranosyl ester
16(S)-[α-L- 吡喃鼠李糖基 -(1 → 2)-[β-D- 吡喃葡萄糖基 -(1 → 3)]-β-D- 吡喃葡萄糖氧基]- 孕甾 -4,17(20)Z- 二烯 -3- 酮 16(S)-[α-L-rhamnopyranosyl-(1 → 2)-[β-D-glucopyranosyl-(1 → 3)]-β-D-glucopyranosyloxy]-pregna-4,17(20)Z-dien-3-one
3-O-α-L- 吡喃鼠李糖基 -(1 → 2)-[β-D- 吡喃葡萄糖基 -(1 → 4)]-α-L- 吡喃阿拉伯糖基 -21α- 羟基齐墩果酸 -28-O-α-L- 吡喃鼠李糖基 -(1 → 4)-β-D- 吡喃葡萄糖基 -(1 → 6)-β-D- 吡喃葡萄糖基酯苷 3-O-α-L-rhamnopyranosyl-(1 → 2)-[β-D-glucopyranosyl-(1 → 4)]-α-L-arabinopyranosyl-21α-hydroxyoleanolic acid-28-O-α-L-rhamnopyranosyl-(1 → 4)-β-D-glucopyranosyl-(1 → 6)-β-D-glucopyranosyl ester
3-O-α-L- 吡喃鼠李糖基 -(1 → 2)[β-D- 吡喃葡萄糖基 -(1 → 4)]-α-L- 吡喃阿拉伯糖基常春藤皂苷元 3-O-α-L-rhamnopyranosyl-(1 → 2)-[β-D-glucopyranosyl-(1 → 4)]-α-L-arabinopyranosylhederagenin
3-O-α-L- 吡喃鼠李糖基 -(1 → 2)[β-D- 吡喃葡萄糖基 -(1 → 4)]-α-L- 吡喃阿拉伯糖基常春藤皂苷元 -28-O-α-L- 吡喃鼠李糖基 -(1 → 4)-β-D- 吡喃葡萄糖基 -(1 → 6)-β-D- 吡喃葡萄糖苷 3-O-α-L-rhamnopyranosyl-(1 → 2)[β-D-glucopyranosyl-(1 → 4)]-α-L-arabinopyranosylhederagenin-28-O-α-L-rhamnopyranosyl-(1 → 4)-β-D-glucopyranosyl-(1 → 6)-β-D-glucopyranoside
3-O-α-L- 吡喃鼠李糖基 -(1 → 2)-[β-D- 吡喃葡萄糖基 -(1 → 4)]-α-L- 吡喃阿拉伯糖基常春藤皂苷元 -28-O-α-L- 吡喃鼠李糖基 -(1 → 4)-β-D- 吡喃葡萄糖基 -(1 → 6)-β-D- 吡喃葡萄糖基酯苷 3-O-α-L-rhamnopyranosyl-(1 → 2)-[β-D-glucopyranosyl-(1 → 4)]-α-L-arabinopyranosyl-hederagenin-28-O-α-L-rhamnopyranosyl-(1 → 4)-β-D-glucopyranosyl-(1 → 6)-β-D-glucopyranosylester
3-O-α-L- 吡喃鼠李糖基 -(1 → 2)[β-D- 吡喃葡萄糖基 -(1 → 4)]-α-L- 吡喃阿拉伯糖基常春藤皂苷元 -28-O-β-D- 吡喃葡萄糖苷 3-O-α-L-rhamnopyranosyl-(1 → 2)[β-D-glucopyranosyl-(1 → 4)]-α-L-arabinopyranosylhederagenin-28-O-β-D-glucopyranoside
3-O-α-L- 吡喃鼠李糖基 -(1 → 2)[β-D- 吡喃葡萄糖基 -(1 → 4)]-α-L-

吡喃阿拉伯糖基 - 齐墩果酸 -28-*O*-*α*-L- 吡喃鼠李糖基 -(1→4)-*β*-D- 吡喃葡萄糖基 -(1→6)-*β*-D- 吡喃葡萄糖苷 3-*O*-*α*-L-rhamnopyranosyl-(1→2)[*β*-D-glucopyranosyl-(1→4)]-*α*-L-arabinopyranosyl-oleanolic acid 28-*α*-L-rhamnopyranosyl-(1→4)-*β*-D-glucopyranosyl-(1→6)-*β*-D-glucopyranoside

3-*O*-*α*- 吡喃鼠李糖基 -(1→2)-[*β*- 吡喃葡萄糖基 -(1→3)]-*α*- 吡喃阿拉伯糖基 - 常春藤皂苷元 3-*O*-*α*-rhamnopyranosyl-(1→2)-[*β*-glucopyranosyl-(1→3)]-*α*-arabinopyranosyl-hederagenin

3-*β*-*O*-*α*-L- 吡喃鼠李糖基 -(1→2)-6-*O*- 甲基 -*β*-D- 吡喃葡萄糖基 -2*β*,3*β*- 二羟基齐墩果酸 -28-*O*-*β*-D- 吡喃葡萄糖基酯 3-*β*-*O*-*α*-L-rhamnopyranosyl-(1→2)-6-*O*-methyl-*β*-D-glucopyranosyl-2*β*,3*β*-dihydroxyolean-12-en-28-oic acid-28-*O*-*β*-D-glucopyranosyl ester

3*β*-{(*O*-*α*-L- 吡喃鼠李糖基 -(1→2)-*O*-[*O*-*β*-D- 吡喃葡糖基 -(1→4)-*α*-L- 吡喃鼠李糖基 -(1→3)]-*β*-D- 吡喃葡糖基）氧基｝孕甾 -5,16- 二烯 -20- 酮 3*β*-{(*O*-*α*-L-rhamnopyranosyl-(1→2)-*O*-[*O*-*β*-D-glucopyranosyl-(1→4)-*α*-L-rhamnopyranosyl-(1→3)]-*β*-D-glucopyranosyl)oxy}pregn-5,16-dien-20-one

3*β*-{[*O*-*α*-L- 吡喃鼠李糖基 -(1→2)-*O*-[*O*-*β*-D- 吡喃葡萄糖基 -(1→4)]-*α*-L- 吡喃阿拉伯糖基] 氧基｝羽扇豆 -20(29)- 烯 -28- 酸 3*β*-{[*O*-*α*-L-rhamnopyranosyl-(1→2)-*O*-[*O*-*β*-D-glucopyranosyl-(1→4)]-*α*-L-arabinopyranosyl]oxy}lup-20(29)-en-28-oic acid

3*β*-{[*O*-*α*-L- 吡喃鼠李糖基 -(1→2)-*O*-[*α*-L- 吡喃葡萄糖基 -(1→3)]-*β*-D- 吡喃葡萄糖基] 氧基｝- 孕甾 -5,16- 烯 -20- 酮 3*β*-{[*O*-*α*-L- rhamnopyranosyl-(1→2)-*O*-[*α*-L-glucopyranosyl-(1→3)]-*β*-D-glucopyranosyl]oxy}-pregn-5,16-en-20-one

3*β*-{[*O*-*α*-L- 吡喃鼠李糖基 -(1→2)-*O*-[*α*-L- 吡喃鼠李糖基 -(1→4)]-*β*-D- 吡喃葡萄糖基] 氧基｝- 孕甾 -5,16- 烯 -20- 酮 3*β*-{[*O*-*α*-L- rhamnopyranosyl-(1→2)-*O*-[*α*-L-rhamnopyranosyl-(1→4)]-*β*-D-glucopyranosyl]oxy}-pregn-5,16-en-20-one

3*β*-[*O*-*α*-L- 吡喃鼠李糖基 -(1→2)-*O*-[*α*-L- 吡喃鼠李糖基 -(1→4)-*O*-*α*-L- 吡喃鼠李糖基 (1→4)]-*β*-D- 吡喃葡萄糖氧基]- 孕甾 -5,16- 二烯 -20- 酮 3*β*-[*O*-*α*-L-rhamnopyranosyl-(1→2)-*O*-[*α*-L-rhamnopyranosyl-(1→4)-*O*-*α*-L-rhamnopyranosyl-(1→4)]-*β*-D-glucopyranosyloxy]-pregna-5,16-dien-20-one

(20*R*,23*R*)-3*β*-*O*-{*α*-L- 吡喃鼠李糖基 -(1→2)-*O*-[*β*-D- 吡喃木糖基 -(1→3)]-6-*O*- 乙酰基 -*β*-D- 吡喃葡萄糖氧基 }-20,23- 二羟基达玛 -24- 烯 -21- 酸 -21,23- 内酯 (20*R*,23*R*)-3*β*-*O*-{*α*-L-rhamnopyranosyl-(1→2)-*O*-[*β*-D-xylopyranosyl-(1→3)]-6-*O*-acetyl-*β*-D-glucopyranosyloxy}-20,23-dihydroxydammar-24-en-21-oic acid-21,23-lactone

3*β*-*O*-[(*α*-L- 吡喃鼠李糖基 -(1→2)-O-[*β*-D- 吡喃木糖基 -(1→3)]-*α*-L- 吡喃阿拉伯糖基）氧基]-20,23*S*- 二羟基 -19- 氧代 - 达玛 -24- 烯 -21- 酸 -*γ*- 内酯 3*β*-*O*-[(*α*-L-rhamnopyranosyl-(1→2)-*O*-[*β*-D-xylopyranosyl-(1→3)]-*α*-L-arabinopyranosyl)oxy]-20,23*S*-dihydroxy-19-oxo-dammar-24-en-21-oic acid-*γ*-lactone

(3*β*,5*α*,17*β*)-3-[(*O*-*α*-L- 吡喃鼠李糖基 -(1→2)-*O*-[*β*-D- 吡喃木糖基 -(1→3)]-*α*-L- 吡喃阿拉伯糖氧基)-4,4,8,14- 四甲基 -17-[(1*S*)-1,2,4- 三羟基 -3-(1- 羟基 -1- 甲基乙基) 环戊基]-18- 降雄甾 -19- 醛 (3*β*,5*α*,17*β*)-3-[(*O*-*α*-L-rhamnopyranosyl-(1→2)-*O*-[*β*-D-xylopyranosyl-(1→3)]-*α*-L-arabinopyranosyloxy]-4,4,8,14-tetramethyl-17-[(1*S*)-1,2,4-trihydroxy-3-(1-hydroxy-1-methylethyl) cyclopentyl]-18-norandrostan-19-al

3-[(*O*-*α*-L- 吡喃鼠李糖基 -(1→2)-*O*-[*β*-D- 吡喃木糖基 -(1→3)]-*α*-L- 吡喃阿拉伯糖氧基]-21,23- 环氧 -20,21- 二羟基 -(3*β*,20*ξ*)- 达玛 -24- 烯 -19- 醛 3-[(*O*-*α*-L-rhamnopyranosyl-(1→2)-*O*-[*β*-D-xylopyranosyl-(1→3)]-*α*-L-arabinopyranosyloxy]-21,23-epoxy-20,21-dihydroxy-(3*β*,20*ξ*)-dammar-24-en-19-al

(3*β*,20*ξ*)-3-[(*O*-*α*-L- 吡喃鼠李糖基 -(1→2)-*O*-[*β*-D- 吡喃木糖基 -(1→3)]-*α*-L- 吡喃阿拉伯糖氧基]-21,23- 环氧 -21- 乙氧基 -20- 羟基 - 达玛 -24- 烯 -19- 醛 (3*β*,20*ξ*)-3-[(*O*-*α*-L-rhamnopyranosyl-(1→2)-*O*-[*β*-D-xylopyranosyl-(1→3)]-*α*-L-arabinopyranosyloxy]-21,23-epoxy-21-ethoxy-20-hydroxy-dammar-24-en-19-al

3-[(*O*-*α*-L- 吡喃鼠李糖基 -(1→2)-*O*-[*β*-D- 吡喃木糖基 -(1→3)]-*α*-L- 吡喃阿拉伯糖氧基]-4,4,8,14- 四甲基 -17-[1,2,4- 三羟基 -3-(1- 甲基乙烯基) 环戊基]-(3*β*,5*α*,17*β*)-18- 降雄甾 -19- 醛 3-[(*O*-*α*-L-rhamnopyranosyl-(1→2)-*O*-[*β*-D-xylopyranosyl-(1→3)]-*α*-L-arabinopyranosyloxy]-4,4,8,14-tetramethyl-17-[1,2,4-trihydroxy-3-(1-methylethenyl)cyclopentyl]-(3*β*,5*α*,17*β*)-18-norandrostan-19-al

3*β*-{[*O*-*α*-L- 吡喃鼠李糖基 -(1→2)-*O*-[*β*-D- 吡喃葡萄糖基 -(1→4)]-*α*-L- 吡喃阿拉伯糖基]}- 羽扇豆 -20(29)- 烯 -28- 酸 3*β*-{[*O*-*α*-L- rhamnopyranosyl-(1→2)-*O*-[*β*-D-glucopyranosyl-(1→4)]-*α*-L-arabinopyranosyl]}-lup-20(29)-en-28-oic acid

3*β*-{[*O*-*α*-L- 吡喃鼠李糖基 -(1→2)-*O*-[*β*-D- 吡喃葡萄糖基 -(1→4)]-*α*-L- 吡喃阿拉伯糖基] 氧基｝羽扇豆 -20(29)- 烯 -28- 酸 -28-*O*-*α*-L- 吡喃鼠李糖基 -(1→4)-*O*-*β*-D- 吡喃葡萄糖基 -(1→6)-*β*-D- 吡喃葡萄糖基酯苷 3*β*-{[*O*-*α*-L-rhamnopyranosyl-(1→2)-*O*-[*β*-D-glucopyranosyl-(1→4)]-*α*-L-arabinopyranosyl]oxy}lup-20(29)-en-28-oic acid-28-*O*-*α*-L-rhamnopyranosyl-(1→4)-*O*-*β*-D-glucopyranosyl-(1→6)-*β*-D-glucopyranosyl ester

3*β*-[*O*-*α*-L- 吡喃鼠李糖基 -(1→2)-*O*-*β*-D- 吡喃木糖基 -(1→3)-(6-*O*- 乙酰基 -*β*-D- 吡喃葡萄糖氧基)-20*R*,23*R*- 二羟基达玛 -24- 烯 -21- 酸 -21,23- 内酯 3*β*-[*O*-*α*-L-rhamnopyranosyl-(1→2)-*O*-*β*-D-xylopyranosyl-(1→3)-(6-*O*-acetyl-*β*-D-glucopyranosyloxy)]-20*R*,23*R*-dihydroxydammar-24-en-21-oic acid-21,23-lactone

3*β*-[*O*-*α*-L- 吡喃鼠李糖基 -(1→2)-*O*-*β*-D- 吡喃木糖基 -(1→3)-(6-*O*- 乙酰基 -*β*-D- 吡喃葡萄糖氧基)-20*S*,23*S*- 二羟基达玛 -24- 烯 -21- 酸 -21,23- 内酯 3*β*-[*O*-*α*-L-rhamnopyranosyl-(1→2)-*O*-*β*-D-xylopyranosyl-(1→3)-(6-*O*-acetyl-*β*-D-glucopyranosyloxy)]-20*S*,23*S*-dihydroxydammar-24-en-21-oic acid-21,23-lactone

3*β*-[*O*-*α*-L- 吡喃鼠李糖基 -(1→2)-*O*-*β*-D- 吡喃木糖基 -(1→3)-*α*-L- 吡喃阿拉伯糖氧基)-25- 氢过氧 -20,21- 二羟基达玛 -23*E*- 烯 -19- 醛 3*β*-[*O*-*α*-L-rhamnopyranosyl-(1→2)-*O*-*β*-D-xylopyranosyl-(1→3)-*α*-L-arabinopyranosyloxy]-25-hydroperoxy-20,21-dihydroxydammar-23*E*-en-19-al

(5*α*)-3*β*-[*O*-*α*-L- 吡喃鼠李糖基 -(1→2)-*O*-*β*-D- 吡喃木糖基 -(1→3)-*α*-L- 吡喃阿拉伯糖氧基]-17*β*-[1,2- 二羟基 -3-(1- 羟基 - 1- 甲基乙基)- 环戊基]-18- 降雄甾 -19- 醛 (5*α*)-3*β*-[*O*-*α*-L-rhamnopyranosyl-(1→2)-*O*-*β*-D-xylopyranosyl-(1→3)-*α*-L-arabinopyranosyloxy]-17*β*-[1,2-dihydroxy-3-(1-hydroxy-1-methylethyl)- cyclopentyl]-18-norandrostan-19-al

3*β*-[*O*-*α*-L- 吡喃鼠李糖基 -(1→2)-*O*-*β*-D- 吡喃木糖基 -(1→3)-*α*-L- 吡喃阿拉伯糖氧基]-19,20- 二羟基达玛 -24- 烯 -21-*β*-D- 吡喃葡萄糖苷 3*β*-[*O*-*α*-L-rhamnopyranosyl-(1→2)-*O*-*β*-D-xylopyranosyl-(1→3)-*α*-L-arabinopyranosyloxy]-19,20-dihydroxydammar-24-en-21-*β*-D-glucopyranoside

3*β*-*O*-*α*-L- 吡喃鼠李糖基 -(1→2)-*O*-*β*-D- 吡喃木糖基 -(1→3)-*α*-L- 吡喃阿拉伯糖氧基 -19,20- 二羟基达玛 -24- 烯 -21-*β*-D- 吡喃葡萄糖苷 3*β*-*O*-*α*-L-rhamnopyranosyl-(1→2)-*O*-*β*-D-xylopyranosyl-(1→3)-*α*-L-arabinopyranosyloxy-19,20-dihydroxydammar-24-en-21-*β*-D-glucopyranoside

3*β*-*O*-*α*-L- 吡喃鼠李糖基 -(1→2)-*O*-*β*-D- 吡喃木糖基 -(1→3)-*α*-L- 吡喃阿拉伯糖氧基 -21-*β*-D- 吡喃葡萄糖氧基 -20,24*S*- 二羟基达玛 -25- 烯 -19- 醛 3*β*-*O*-*α*-L-rhamnopyranosyl-(1→2)-*O*-*β*-D-xylopyranosyl-(1→3)-*α*-L-arabinopyranosyloxy-21-*β*-D-glucopyranosyloxy-20,24S-dihydroxydammar-25-en-19-al

3β-O-α-L- 吡喃鼠李糖基 -(1 → 2)-O-β-D- 吡喃木糖基 -(1 → 3)-α-L- 吡喃阿拉伯糖氧基 -21-β-D- 吡喃葡萄糖氧基 -25- 氢过氧 -20- 羟基达玛 -23E- 烯 -19- 醛 3β-O-α-L-rhamnopyranosyl-(1→2)-O-β-D-xylopyranosyl-(1→3)-α-L-arabinopyranosyloxy-21-β-D-glucopyranosyloxy-25-hydroperoxy-20-hydroxydammar-23E-en-19-al

3β-[O-α-L- 吡喃鼠李糖基 -(1→2)-O-β-D- 吡喃木糖基 -(1→3)-β-D- 吡喃葡萄糖基氧基)-20R,23R- 二羟基达玛 -24- 烯 -21- 酸 -21,23- 内酯 3β-[O-α-L-rhamnopyranosyl-(1 → 2)-O-β-D-xylopyranosyl-(1→3)-β-D-glucopyranosyloxy]-20R,23R-dihydroxy-dammar-24-en-21-oic acid-21,23-lactone

3β-[O-α-L- 吡喃鼠李糖基 -(1→2)-O-β-D- 吡喃木糖基 -(1→3)-β-D- 吡喃葡萄糖氧基)-20S,23S- 二羟基达玛 -24- 烯 -21- 酸 -21,23- 内酯 3β-[O-α-L-rhamnopyranosyl-(1 → 2)-O-β-D-xylopyranosyl-(1→3)-β-D-glucopyranosyloxy]-20S,23S-dihydroxydammar-24-en-21-oic acid-21,23-lactone

3-O-α-L- 吡喃鼠李糖基 -(1→2)-O-β-D- 吡喃葡萄糖基 -(1→2)-α-L- 吡喃阿拉伯糖基 - 齐墩果酸 3-O-α-L-rhamnopyranosyl-(1 → 2)-O-β-D-glucopyranosyl-(1→2)-α-L-arabinopyranosyl-oleanolic acid

3β-[O-α-L- 吡喃鼠李糖基 -(1 → 2)-O-β-D- 吡喃葡萄糖基 -(1 → 3)-β-D- 吡喃葡萄糖氧基]-20S,23S- 二羟基达玛 -24- 烯 -21- 酸 -21,23- 内酯 3β-[O-α-L-rhamnopyranosyl-(1 → 2)-O-β-D-glucopyranosyl-(1 → 3)-β-D-glucopyranosyloxy]-20S,23S-dihydroxydammar-24-en-21-oic acid-21,23-lactone

3-O-α-L- 吡喃鼠李糖基 -(1 → 2)-O-β-D- 吡喃葡萄糖基 - 常春藤皂苷元 3-O-α-L-rhamnopyranosyl-(1→2)-O-β-D-glucopyranosyl-hederagenin

3-O-α-L- 吡喃鼠李糖基 -(1 → 2)-O-β-D- 吡喃葡萄糖基 - 呋甾 -5- 烯 -3β,17α,22,26- 四醇 -26-O-β-D- 吡喃葡萄糖苷 3-O-α-L-rhamnopyranosyl-(1 → 2)-O-β-D-glucopyranosyl-furost-5-en-3β, 17α,22,26-tetraol-26-O-β-D-glucopyranoside

3-O-α-L- 吡喃鼠李糖基 -(1 → 2)-O-β-D- 吡喃葡萄糖基 - 延龄草皂苷元 -26-O-β-D- 吡喃葡萄糖苷 3-O-α-L-rhamnopyranosyl-(1 → 2)-O-β-D-glucopyranosyl-kryptogenin-26-O-β-D-glucopyranoside

7-[2-O-α-L- 吡喃鼠李糖基 -(1 → 2)-O-β-D- 吡喃葡萄糖氧基]-5- 羟基 -4H-1- 苯并吡喃 -4- 酮 7-[2-O-α-L-rhamnopyranosyl-(1 → 2)-β-D-glucopyranosyloxy]-5-hydroxy-4H-1-benzopyran-4-one

3-O-[α-L- 吡喃鼠李糖基 -(1 → 2)-α-L- 吡喃阿拉伯糖基 -(1 → 4)-β-D- 吡喃葡萄糖醛酸基]- 黄豆醇 B 3-O-[α-L-rhamnopyranosyl-(1 → 2)-β-D-arabinopyranosyl-(1 → 4)-β-D-glucopyranosiduronic acid]-soyasapol B

3β-{[O-α-L- 吡喃鼠李糖基 -(1 → 2)-α-L- 吡喃阿拉伯糖基]}- 羽扇豆 -20(29)- 烯 -28- 酸 -28-O-β-D- 吡喃葡萄糖基 -(1 → 6)-β-D- 吡喃葡萄糖基酯苷 3β-{[O-α-L-rhamnopyranosyl-(1 → 2)-α-L-arabinopyranosyl]}-lup-20(29)-en-28-oic acid-28-O-β-D-glucopyranosyl-(1 → 6)-β-D-glucopyranosylester

3β-{[O-α-L- 吡喃鼠李糖基 -(1 → 2)-α-L- 吡喃阿拉伯糖基] 氧基 } 羽扇豆 -20(29)- 烯 -28- 酸 -28-O-α-L- 吡喃鼠李糖基 -(1 → 4)-O-β-D- 吡喃葡萄糖基 -(1 → 6)-β-D- 吡喃葡萄糖基酯苷 3β-{[O-α-L-rhamnopyranosyl-(1 → 2)-α-L-arabinopyranosyl]oxy}lup-20(29)-en-28-oic acid 28-O-α-L-rhamnopyranosyl-(1 → 4)-O-β-D-glucopyranosyl-(1 → 6)-β-D-glucopyranosylester

3β-{[O-α-L- 吡喃鼠李糖基 -(1 → 2)-α-L- 吡喃阿拉伯糖基] 氧基 } 羽扇豆 -20(29)- 烯 -28- 酸 -28-O-β-D- 吡喃葡萄糖基 -(1 → 6)-β-D- 吡喃葡萄糖基酯苷 3β-{[O-α-L-rhamnopyranosyl-(1 → 2)-α-L-arabinopyranosyl]oxy}lup-20(29)-en-28-oic acid-28-O-β-D-glucopyranosyl-(1 → 6)-β-D-glucopyranosyl ester

3-O-[α-L- 吡喃鼠李糖基 -(1 → 2)-α-L- 吡喃阿拉伯糖基]- 常春藤皂苷元 3-O-[α-L-rhamnopyranosyl-(1 → 2)-α-L-arabinopyranosyl]-hederagenin

3-O-[α-L- 吡喃鼠李糖基 -(1 → 2)-α-L- 吡喃阿拉伯糖基]- 常春藤皂苷元 -28-O-[β-D- 吡喃葡萄糖基 -(1 → 6)-β-D- 吡喃葡萄糖基] 酯苷 3-O-[α-L-rhamnopyranosyl-(1 → 2)-α-L-arabinopyranosyl]-hederagenin-28-O-[β-D-glucopyranosyl-(1→6)-β-D-glucopyranosyl]ester

3-O-[α-L- 吡喃鼠李糖基 -(1 → 2)-α-L- 吡喃阿拉伯糖基]- 常春藤皂苷元 -28-O-α-L- 吡喃鼠李糖基 -(1 → 4)-β-D- 吡喃葡萄糖基 -(1 → 6)-[β-D- 吡喃木糖基 -(1 → 2)]-β-D- 吡喃葡萄糖基酯苷 3-O-[α-L-rhamnopyranosyl-(1 → 2)-α-L-arabinopyranosyl]-hederagenin-28-O-α-L-rhamnopyranosyl-(1→4)-β-D-glucopyranosyl-(1 → 6)-[β-D-xylopyranosyl-(1 → 2)]-β-D-glucopyranosyl ether

3-O-[α-L- 吡喃鼠李糖基 -(1 → 2)-α-L- 吡喃阿拉伯糖基]- 常春藤皂苷元 -28-O-α-L- 吡喃鼠李糖基 -(1 → 4)-β-D- 吡喃葡萄糖基 -(1 → 6)-β-D- 吡喃葡萄糖基酯苷 3-O-[α-L-rhamnopyranosyl-(1 → 2)-α-L-arabinopyranosyl]hederagenin-28-O-[α-L-rhamnopyranosyl-(1→4)-β-D-glucopyranosyl-(1→6)-β-D-glucopyranosyl]ester

3-O-[α-L- 吡喃鼠李糖基 -(1 → 2)-α-L- 吡喃阿拉伯糖基]- 常春藤皂苷元 -28-O-β-D- 吡喃葡萄糖基酯苷 3-O-[α-L-rhamnopyranosyl-(1→2)-α-L-arabinopyranosyl]-hederagenin-28-O-β-D-glucopyranosyl ester

3β-O-[α-L- 吡喃鼠李糖基 -(1 → 2)-α-L- 吡喃阿拉伯糖基] 齐墩果酸 -28-O-[α-L- 吡喃鼠李糖基 -(1 → 4)-β-D- 吡喃葡萄糖基 -(1 → 6)- β-D- 吡喃葡萄糖基] 酯苷 3β-O-[α-L-rhamnopyranosyl-(1 → 2)-α-L-arabinopyranosyl]oleanolic acid-28-O-[α-L-rhamnopyranosyl-(1→4)-β-D-glucopyranosyl-(1→6)-β-D-glucopyranosyl]ester

3-O-α-L- 吡喃鼠李糖基 -(1 → 2)-α-L- 吡喃阿拉伯糖基 -30- 去甲基常春藤皂苷元 -28-O-α-L- 吡喃鼠李糖基 -(1 → 4)-β-D- 吡喃葡萄糖基 -(1 → 6)-β-D- 吡喃葡萄糖基酯苷 3-O-α-L-rhamnopyranosyl-(1→2)-α-L-arabinopyranosyl-30-norhederagenin-28-O-α-L-rhamnopyranosyl-(1→4)-β-D-glucopyranosyl-(1→6)-β-D-glucopyranosylester

3-O-α-L- 吡喃鼠李糖基 -(1 → 2)-α-L- 吡喃阿拉伯糖基 -30- 去甲基齐墩果 -12,20(29)- 二烯 -28- 酸 3-O-α-L-rhamnopyranosyl-(1 → 2)-α-L-arabinopyranosyl-30-norolean-12,20(29)-dien-28-oic acid

3-O-α-L- 吡喃鼠李糖基 -(1 → 2)-α-L- 吡喃阿拉伯糖基 -3β,23- 二羟基羽扇豆 -20(29)- 烯 -28- 酸 3-O-α-L-rhamnopyranosyl-(1→2)-α-L-arabinopyranosyl-3β,23-dihydroxylup-20(29)-en-28-oic acid

3-O-α-L- 吡喃鼠李糖基 -(1 → 2)-α-L- 吡喃阿拉伯糖基常春藤皂苷元 3-O-α-L-rhamnopyranosyl-(1 → 2)-α-L-arabinopyranosylhederagenin

3-O-α-L- 吡喃鼠李糖基 -(1 → 2)-α-L- 吡喃阿拉伯糖基常春藤皂苷元 -28-O-α-L- 吡喃鼠李糖基 -(1 → 4)-β-D- 吡喃葡萄糖基 -(1 → 6)-β-D- 吡喃葡萄糖苷 3-O-α-L-rhamnopyranosyl-(1→2)-α-L-arabinopyranosylhederagenin-28-O-α-L-rhamnopyranosyl-(1 → 4)-β-D-glucopyranosyl-(1 → 6)-β-D-glucopyranoside

3-O-α-L- 吡喃鼠李糖基 -(1 → 2)-α-L- 吡喃阿拉伯糖基 - 常春藤皂苷元 -28-O-α-L- 吡喃鼠李糖基 -(1 → 4)-β-D- 吡喃葡萄糖基 -(1 → 6)-β-D- 吡喃葡萄糖苷 3-O-α-L-rhamnopyranosyl-(1→2)-α-L-arabinopyranosylhederagenin-28-O-α-L-rhamnopyranosyl-(1 → 4)-β-D-glucopyranosyl-(1 → 6)-β-D-gcopyranoside

3-O-α-L- 吡喃鼠李糖基 -(1 → 2)-α-L- 吡喃阿拉伯糖基常春藤皂苷元 -28-O-α-L- 吡喃鼠李糖基 -(1 → 4)-β-D- 吡喃葡萄糖

基 -(1 → 6)-*β*-D- 吡喃葡萄糖基酯 3-*O*-*α*-L-rhamnopyranosyl-(1 → 2)-*α*-L-arabinopyranosylhederagenin-28-*O*-*α*-L-rhamnopyranosyl-(1 → 4)-*β*-D-glucopyranosyl-(1 → 6)-*β*-D-glucopyranosylester

3-*O*-*α*-L- 吡喃鼠李糖基 -(1 → 2)-*α*-L- 吡喃阿拉伯糖基常春藤皂苷元 -28-*O*-*α*-L- 吡喃鼠李糖基 -(1 → 4)-*β*-D- 吡喃葡萄糖基酯 3-*O*-*α*-L-rhamnopyranosyl-(1 → 2)-*α*-L-arabinopyranosylhederagenin-28-*O*-*α*-L-rhamnopyranosyl-(1 → 4)-*β*-D-glucopyranosylester

3-*O*-*α*-L- 吡喃鼠李糖基 -(1 → 2)-*α*-L- 吡喃阿拉伯糖基常春藤皂苷元 -28-*O*-*β*-D- 吡喃葡萄糖基 -(1 → 6)-*β*-D- 吡喃葡萄糖基酯 3-*O*-*α*-L-rhamnopyranosyl-(1 → 2)-*α*-L-arabinopyranosylhederagenin-28-*O*-*β*-D-glucopyranosyl-(1 → 6)-*β*-D-glucopyranosyl ester

3-*O*-*α*-L- 吡喃鼠李糖基 -(1 → 2)-*α*-L- 吡喃阿拉伯糖基常春藤皂苷元 -28-*O*-*β*-D- 吡喃木糖基 -(1 → 6)-*β*-D- 吡喃葡萄糖基酯 3-*O*-*α*-L-rhamnopyranosyl-(1 → 2)-*α*-L-arabinopyranosylhederagenin-28-*O*-*β*-D-xylopyranosyl-(1 → 6)-*β*-D-glucopyranosyl ester

3-*O*-*α*-L- 吡喃鼠李糖基 -(1 → 2)-*α*-L- 吡喃阿拉伯糖基 - 常春藤皂苷元 -28-*α*-L- 吡喃鼠李糖基 -(1 → 4)-*β*-D- 吡喃葡萄糖基 -(1 → 6)-*β*-D- 吡喃葡萄糖基酯 3-*O*-*α*-L-rhamnopyranosyl-(1 → 2)-*α*-L-arabinopyranosylhederagenin-28-*α*-L-rhamnopyranosyl-(1 → 4)-*β*-D-glucopyranosyl-(1 → 6)-*β*-D-glucopyranosyl ester

3-*O*-*α*-L- 吡喃鼠李糖基 -(1 → 2)-*α*-L- 吡喃阿拉伯糖基 - 齐墩果酸 3-*O*-*α*-L-rhamnopyranosyl-(1 → 2)-*α*-L-arabinopyrasyl-oleanolic acid

3*β*-*O*-*α*-L- 吡喃鼠李糖基 -(1 → 2)-*α*-L- 吡喃阿拉伯糖基齐墩果酸 3*β*-*O*-*α*-L-rhamnopyranosyl-(1 → 2)-*α*-L-arabinopyranosyloleanolic acid

3-*O*-*α*-L- 吡喃鼠李糖基 -(1 → 2)-*α*-L- 吡喃阿拉伯糖基齐墩果酸 -28-*O*-*α*-L- 吡喃鼠李糖基 -(1 → 4)-*β*-D- 吡喃葡萄糖基 -(1 → 6)-*β*-D- 吡喃葡萄糖苷 3-*O*-*α*-L-rhamnopyranosyl-(1 → 2)-*α*-L-arabinopyranosyloleanolic acid-28-*O*-*α*-L-rhamnopyranosyl-(1 → 4)-*β*-D-glucopyranosyl-(1 → 6)-*β*-D-glucopyranoside

3-*O*-*α*-L- 吡喃鼠李糖基 -(1 → 2)-*α*-L- 吡喃阿拉伯糖基 - 齐墩果酸 -28-*O*-*α*-L- 吡喃鼠李糖基 -(1 → 4)-*β*-D- 吡喃葡萄糖基 -(1 → 6)-*β*-D- 吡喃葡萄糖苷 3-*O*-*α*-L-rhamnopyranosyl-(1 → 2)-*α*-L-arabinopyranosyloleanolic acid-28-*O*-*α*-L-rhamnopyranosyl-(1 → 4)-*β*-D-glucopyranosyl-(1 → 6)-*β*-D-glucopyranoside

3-*O*-*α*-L- 吡喃鼠李糖基 -(1 → 2)-*α*-L- 吡喃阿拉伯糖基齐墩果酸 -28-*O*-*α*-L- 吡喃鼠李糖基 -(1 → 4)-*β*-D- 吡喃葡萄糖基 -(1 → 6)-*β*-D- 吡喃葡萄糖基酯苷 3-*O*-*α*-L-rhamnopyranosyl-(1 → 2)-*α*-L-arabinopyranosyloleanolic acid-28-*O*-*α*-L-rhamnopyranosyl-(1 → 4)-*β*-D-glucopyranosyl-(1 → 6)-*β*-D-glucopyranosylester

3*β*-*O*-*α*-L- 吡喃鼠李糖基 -(1 → 2)-*α*-L- 吡喃阿拉伯糖基 - 齐墩果酸 -28-*O*-*β*-D- 吡喃葡萄糖基 -(1 → 6)-*β*-D- 吡喃葡萄糖基酯苷 3*β*-*O*-*α*-L-rhamnopyranosyl-(1 → 2)-*α*-L-arabinopyranosyl-oleanolic acid -28-*O*-*β*-D-glucopyranosyl-(1 → 6)-*β*-D-glucopyranosyl ester

3-*O*-*α*-L- 吡喃鼠李糖基 -(1 → 2)-*α*-L- 吡喃阿拉伯糖基石头花苷元▲ 3-*O*-*α*-L-rhamnopyranosyl-(1 → 2)-*α*-L-arabinopyranosylgypsogenin

3-*O*-*α*-L- 吡喃鼠李糖基 -(1 → 2)-*α*-L- 吡喃木糖基齐墩果酸 3-*O*-*α*-L-rhamnopyranosyl-(1 → 2)-*β*-D-xylopyranosyloleanolic acid

3-*O*-*α*-L- 吡喃鼠李糖基 -(1 → 2)-*α*-L- 吡喃木糖基齐墩果酸 -28-*O*-*α*-L- 吡喃鼠李糖基 -(1 → 4)-*β*-D- 吡喃葡萄糖基 -(1 → 6)-*β*-D- 吡喃葡萄糖苷 3-*O*-*α*-L-rhamnopyranosyl-(1 → 2)-*α*-L-xylopyranosyloleanolic acid-28-*O*-*α*-L-rhamnopyranosyl-(1 → 4)-*β*-D-glucopyranosyl-(1 → 6)-*β*-D-glucopyranoside

3-*O*-{[*α*- 吡喃鼠李糖基 -(1 → 2)-*α*-L- 吡喃鼠李糖基 -(1 → 2)-*β*-D- 吡喃半乳糖基 -(1 → 3)]-[*β*-*D*- 吡喃葡萄糖基 -(1 → 2)]-*β*-*D*- 吡喃葡萄糖醛酸基]} 玉蕊皂醇▲ *C*-21,22-*O*- 二当归酸酯 3-*O*-{[(*α*-rhamnopyranosyl-(1 → 2)-*α*-L-rhamnopyranosyl-(1 → 2)-*β*-D-galactopyranosyl-(1 → 3)]-[*β*-*D*-glucopyranosyl-(1 → 2)]-*β*-D-glucuronopyranosyl}-barringtogenol *C*-21,22-*O*-diangeloate

3-*O*-*α*- 吡喃鼠李糖基 -(1 → 2)-*α*- 吡喃阿拉伯糖基日中花仙人棒精酸▲ 3-*O*-*α*-rhamnopyranosyl-(1 → 2)-*α*-arabinopyranosyl-mesembryanthemoidigenic acid

3-*O*-*α*-L- 吡喃鼠李糖基 -(1 → 2)-*β*-D- 吡喃半乳糖基 -(1 → 2)-6-*O*- 甲基 -*β*-D- 吡喃葡萄糖醛酸基 - 大豆皂醇 B-22-O-*β*-D- 吡喃葡萄糖苷 3-*O*-*α*-L-rhamnopyranosyl-(1 → 2)-*β*-D-galactopyranosyl-(1 → 2)-6-*O*-methyl-*β*-D-glucuronopyranosyl-soyasapogenol B-22-*O*-*β*-D-glucopyranoside

3-*O*-[*α*-L- 吡喃鼠李糖基 -(1 → 2)-*β*-D- 吡喃半乳糖基 -(1 → 2)-*β*-D- 吡喃葡萄糖醛酸基]-21-*O*-*α*-L- 吡喃鼠李糖基大豆皂醇 A 3-*O*-[*α*-L-rhamnopyranosyl-(1 → 2)-*β*-D-galactopyranosyl-(1 → 2)-*β*-D-glucuronopyranosyl]-21-*O*-*α*-L-rhamnopyranoside soyasapogenol A

3-*O*-[*α*-L- 吡喃鼠李糖基 -(1 → 2)-*β*-D- 吡喃半乳糖基 -(1 → 2)-*β*-D- 吡喃葡萄糖醛酸基] 大豆皂醇 E 3-*O*-[*α*-L-rhamnopyranosyl-(1 → 2)-*β*-D-galactopyranosyl-(1 → 2)-*β*-D-glucuronopyranoside] soyasapogenol E

3-*O*-[*α*-L- 吡喃鼠李糖基 -(1 → 2)-*β*-D- 吡喃半乳糖基 -(1 → 2)-*β*-D- 吡喃葡萄糖醛酸基]- 大豆皂醇 E 3-*O*-[*α*-L-rhamnopyranosyl-(1 → 2)-*β*-D-galactopyranosyl-(1 → 2)-*β*-D-glucuronopyranosyl] soyasapogenol E

3-*O*-{[*α*-L- 吡喃鼠李糖基 -(1 → 2)-*β*-D- 吡喃半乳糖基 -(1 → 2)-*β*-D- 吡喃葡萄糖醛酸基 }-22-*O*-[*α*-L- 吡喃鼠李糖基 -(1 → 2)-*α*-L- 吡喃阿拉伯糖基]-3*β*,22*β*,24- 三羟基齐墩果 -12- 烯 3-*O*-{[*α*-L-rhamnopyranosyl-(1 → 2)-*β*-D-galactopyranosyl-(1 → 2)-*β*-D-glucuronopyranosyl}-22-*O*-[*α*-L-rhamnopyranosyl-(1 → 2)-*α*-L-arabinopyranosyl]-3*β*,22*β*,24-trihydroxyolean-12-ene

3-*O*-{[*α*-L- 吡喃鼠李糖基 -(1 → 2)-*β*-D- 吡喃半乳糖基 -(1 → 2)-*β*-D- 吡喃葡萄糖醛酸基 }-22-*O*-[*α*-L- 吡喃鼠李糖基 -(1 → 2)-*β*-D- 吡喃葡萄糖]-3*β*,22*β*,24- 三羟基齐墩果 -12- 烯 3-*O*-{[α-L-rhamnopyranosyl-(1 → 2)-*β*-D-galactopyranosyl-(1 → 2)-*β*-D-glucuronopyranosyl}-22-*O*-[α-L-rhamnopyranosyl-(1 → 2)-*β*-D-glucopyranosyl]-3*β*,22*β*,24-trihydroxyolean-12-ene

3-*β*-*O*-[*α*-L- 吡喃鼠李糖基 -(1 → 2)-*β*-D- 吡喃半乳糖基 -(1 → 2)-*β*-D- 葡萄糖醛酸甲酯] 大豆皂醇 B 3-*β*-*O*-[*α*-L-rhamnopyranosyl-(1 → 2)-*β*-D-galactopyranosyl-(1 → 2)-*β*-D-glucuronoside methyl ester]soyasapogenol B

(5*S*,25*S*)-16(*S*)-[*α*-L- 吡喃鼠李糖基 -(1 → 2)-*β*-D- 吡喃半乳糖氧基]-22(*S*),26- 二羟基胆甾 -3- 酮 (5*S*,25*S*)-16(*S*)-[*α*-L-rhamnopyranosyl-(1 → 2)-*β*-D-galactopyranosyloxy]-22(*S*),26-dihydroxycholestan-3-one

(25*S*)-16(*S*)-[*α*-L- 吡喃鼠李糖基 -(1 → 2)-*β*-D- 吡喃半乳糖氧基]-22(*S*),26- 二羟基胆甾 -4- 烯 -3- 酮 (25*S*)-16(*S*)-[*α*-L-rhamnopyranosyl-(1 → 2)-*β*-D-galactopyranosyloxy]-22(*S*),26-dihydroxycholest-4-en-3-one

16(*S*)-[*α*-L- 吡喃鼠李糖基 -(1 → 2)-*β*-D- 吡喃半乳糖氧基]-22(*S*)- 羟基 - 胆甾 -4- 烯 -3- 酮 16(*S*)-[*α*-L-rhamnopyranosyl-(1 → 2)-*β*-D-galactopyranosyloxy]-22(*S*)-hydroxy-cholest-4-en-3-one

3-*O*-*α*-L- 吡喃鼠李糖基 -(1 → 2)-*β*-D- 吡喃木糖基 -(1 → 2)-6-*O*- 甲基 -*β*-D- 吡喃葡萄糖醛酸基 - 大豆皂醇 B-22-*O*-*β*-D- 吡喃

葡萄糖苷 3-O-α-L-rhamnopyranosyl-(1→2)-β-D-xylopyranosyl-(1→2)-6-O-methyl-β-D-glucuronopyranosyl-soyasapogenol B-22-O-β-D-glucopyranoside

3-O-α-L- 吡喃鼠李糖基 -(1→2)-β-D- 吡喃木糖基 -(1→2)-β-D- 吡喃葡萄糖醛酸基 -3β,22β,24- 三羟基 -11- 氧代齐墩果 -12- 烯 3-O-α-L-rhamnopyranosyl-(1→2)-β-D-xylopyranosyl-(1→2)-β-D-glucuronopyranosyl-3β,22β,24-trihydroxy-11-oxoolean-12-ene

7-O-[(α-L- 吡喃鼠李糖基 -(1→2)-β-D- 吡喃木糖基]-1,8- 二羟基 -3- 甲氧基呫酮 7-O-[(α-L-rhamnopyranosyl-(1→2)-β-D-xylopyranosyl]-1,8-dihydroxy-3-methoxyxanthone

7-O-[α-L- 吡喃鼠李糖基 -(1→2)-β-D- 吡喃木糖基]-1,8- 二羟基 -3- 甲氧基呫酮 7-O-[α-L-rhamnopyranosyl-(1→2)-β-D-xylopyranosyl]-1,8-dihydroxy-3-methoxyxanthone

3-O-β-{[α-L- 吡喃鼠李糖基 -(1→2)-β-D- 吡喃木糖基]-β-D- 吡喃葡萄糖基 }- 扶桑甾醇 3-O-β-{[α-L-rhamnopyranosyl-(1→2)-β-D-xylopyranosyl]-β-D-glucopyranosyl}-rosasterol

7-O-α-L- 吡喃鼠李糖基 -(1→2)-β-D- 吡喃木糖基 -1,8- 二羟基 -3- 甲氧基呫酮 7-O-α-L-rhamnopyranosyl-(1→2)-β-D-xylopyranoyl-1,8-dihydroxy-3-methoxyxanthone

3-O-α-L- 吡喃鼠李糖基 -(1→2)-β-D- 吡喃木糖基常春藤皂苷元 -28-O-β-D- 吡喃半乳糖基 -(1→6)-β-D- 吡喃半乳糖酯苷 3-O-α-L-rhamnopyranosyl-(1→2)-β-D-xylopyranosylhederagenin-28-O-β-D-galactopyranosyl-(1→6)-β-D-galactopyranosyl ester

3-O-[α-L- 吡喃鼠李糖基 -(1→2)-β-D- 吡喃葡萄糖基 -(1→2)-β-D- 吡喃葡萄糖基]-28-O-β-D- 吡喃葡萄糖基苜蓿酸酯苷 3-O-[α-L-rhamnopyranosyl-(1→2)-β-D-glucopyranosyl-(1→2)-β-D-glucopyranosyl]-28-O-β-D-glucopyranoside medicagenate

3-O-[α-L- 吡喃鼠李糖基 -(1→2)-β-D- 吡喃葡萄糖基 -(1→2)-β-D- 吡喃葡萄糖基]- 大豆皂醇 B 3-O-[α-L-rhamnopyranosyl-(1→2)-β-D-glucopyranosyl-(1→2)-β-D-glucopyranosyl]-soyasapogenol B

3-O-[α-L- 吡喃鼠李糖基 -(1→2)-β-D- 吡喃葡萄糖基 -(1→2)-β-D- 吡喃葡萄糖基] 苜蓿酸酯苷 3-O-[α-L-rhamnopyranosyl-(1→2)-β-D-glucopyranosyl-(1→2)-β-D-glucopyranoside]-medicagenate

3-O-[α-L- 吡喃鼠李糖基 -(1→2)-β-D- 吡喃葡萄糖基 -(1→2)-β-D- 吡喃葡萄糖基]- 商陆酸 -28-O-β-D- 吡喃葡萄糖基酯苷 3-O-[α-L-rhamnopyranosyl-(1→2)-β-D-glucopyranosyl-(1→2)-β-D-glucopyranosyl]-phytolaccagenic acid-28-O-β-D-glucopyranosylester

3β-O-[α-L- 吡喃鼠李糖基 -(1→2)-β-D- 吡喃葡萄糖基 -(1→2)-β-D- 吡喃葡萄糖醛酸苷 -6-O- 甲基酯]-28-O-β-D- 吡喃葡萄糖苷 3β-O-[α-L-rhamnopyranosyl-(1→2)-β-D-glucopyranosyl-(1→2)-β-D-glucuronopyranoside-6-O-methyl ester]-28-O-β-D-glucopyranoside

3-O-[α-L- 吡喃鼠李糖基 -(1→2)-β-D- 吡喃葡萄糖基 -(1→2)-β-D- 吡喃葡萄糖醛酸基] 大豆皂醇 B 3-O-[α-L-rhamnopyranosyl-(1→2)-β-D-glucopyranosyl-(1→2)-β-D-glucuronopyranosyl]-soyasapogenol B

3β-O-[α-L- 吡喃鼠李糖基 -(1→2)-β-D- 吡喃葡萄糖基 -(1→2)-β-D- 吡喃葡萄糖醛酸基]- 齐墩果酸 3β-O-[α-L-rhamnopyranosyl-(1→2)-β-D-glucopyranosyl-(1→2)-β-D-glucuronopyranosyl]-oleanolic acid

3-O-α-L- 吡喃鼠李糖基 -(1→2)-β-D- 吡喃葡萄糖基 -(1→2)-β-D- 吡喃葡萄糖醛酸基葛根皂醇 A 3-O-α-L-rhamnopyranosyl-(1→2)-β-D-glucopyranosyl-(1→2)-β-D-glucoronopyranosylkudzusapogenol A

3β-O-{α-L- 吡喃鼠李糖基 -(1→2)-β-D- 吡喃葡萄糖基 -(1→4)-[β-D- 吡喃葡萄糖基 -(1→2)]-α-L- 吡喃阿拉伯糖基 }-16α,28- 二羟基齐墩果 -12- 烯 3β-O-{α-L-rhamnopyranosyl-(1→2)-β-D-glucopyranosyl-(1→4)-[β-D-glucopyranosyl-(1→2)]-α-L-arabinopyranosyl}-16α,28-dihydroxy-olean-12-ene

3β-O-{α-L- 吡喃鼠李糖基 -(1→2)-β-D- 吡喃葡萄糖基 -(1→4)-[β-D- 吡喃葡萄糖基 -(1→2)]-α-L- 吡喃阿拉伯糖基 }-28,30- 二羟基齐墩果 -12- 烯 3β-O-{α-L-rhamnopyranosyl-(1→2)-β-D-glucopyranosyl-(1→4)-[β-D-glucopyranosyl-(1→2)]-α-L-arabinopyranosyl}-28,30-dihydroxyolean-12-ene

3β-O-[α-L- 吡喃鼠李糖基 -(1→2)-β-D- 吡喃葡萄糖基 -(1→4)-α-L- 吡喃阿拉伯糖基]- 仙客来亭▲ A 3β-O-[α-L-rhamnopyranosyl-(1→2)-β-D-glucopyranosyl-(1→4)-α-L-arabinopynanosyl]-cyclamiretin A

3-O-α-L- 吡喃鼠李糖基 -(1→2)-β-D- 吡喃葡萄糖基 -(1→4)-α-L- 吡喃阿拉伯糖基 -27- 羟基齐墩果酸 -28-O-α-L- 吡喃鼠李糖基 -(1→4)-β-D- 吡喃葡萄糖基 -(1→6)-β-D- 吡喃葡萄糖苷 3-O-α-L-rhamnopyranosyl-(1→2)-β-D-glucopyranosyl-(1→4)-α-L-arabinopyranosyl-27-hydroxyoleanolic acid -28-O-α-L-rhamnopyranosyl-(1→4)-β-D-glucopyranosyl-(1→6)-β-D-glucopyranoside

3-O-[α-L- 吡喃鼠李糖基 -(1→2)-β-D- 吡喃葡萄糖基 -(1→4)-β-D- 吡喃葡萄糖醛酸基] 大豆皂醇 B 3-O-[α-L-rhamnopyranosyl-(1→2)-β-D-glucopyranosyl-(1→4)-β-D-glucuronopyranosyl] soyasapogenol B

3-O-[α-L- 吡喃鼠李糖基 -(1→2)-β-D- 吡喃葡萄糖基 -(1→4)-β-D- 吡喃葡萄糖醛酸基]- 黄豆醇 B 3-O-[α-L-rhamnopyranosyl-(1→2)-β-D-glucopyranosyl-(1→4)-β-D-glucopyranosiduronic acid]-soyasapol B

4-O-[α-L- 吡喃鼠李糖基 -(1→2)-β-D- 吡喃葡萄糖基]-2-[(2- 甲氧基苯甲酰基) 氨基]- 苯甲酸甲酯 4-O-[α-L-rhamnopyranosyl-(1→2)-β-D-glucopyranosyl]-2-[(2-methoxybenzoyl)amino]-benzoic acid methyl ester

3-O-α-L- 吡喃鼠李糖基 -(1→2)-β-D- 吡喃葡萄糖基 -26-O-(β-D- 吡喃葡萄糖基)-22α- 甲氧基 -(25R)- 呋甾 -5- 烯 -3β,26- 二醇 3-O-α-L-rhamonpyranosyl-(1→2)-β-D-glucopyranosyl-26-O-(β-D-glucopyranosyl)-22α-methoxy-(25R)-furost-5-en-3β,26-diol

3-β-O-α-L- 吡喃鼠李糖基 -(1→2)-β-D- 吡喃葡萄糖基 -2β,3β,6α- 三羟基 -23- 氧 - 齐墩果酸 -28-O-β-D- 吡喃葡萄糖基酯 3-β-O-α-L-rhamnopyranosyl-(1→2)-β-D-glucopyranosyl-2β,3β,6α-trihydroxy-23-oxoolean-12-en-28-oic acid-28-O-β-D-glucopyranosyl ester

3-β-O-α-L- 吡喃鼠李糖基 -(1→2)-β-D- 吡喃葡萄糖基 -2β,3β- 二羟基 -23- 氧代齐墩果酸 -28-O-β-D- 吡喃葡萄糖基酯 3-β-O-α-L-rhamnopyranosyl-(1→2)-β-D-glucopyranosyl-2β,3β-dihydroxy-23-oxoolean-12-en-28-oic acid-28-O-β-D-glucopyranosyl ester

3-β-O-α-L- 吡喃鼠李糖基 -(1→2)-β-D- 吡喃葡萄糖基 -2β,3β- 二羟基齐墩果酸 -28-O-β-D- 吡喃葡萄糖基酯 3-β-O-α-L-rhamnopyranosyl-(1→2)-β-D-glucopyranosyl-2β,3β-dihydroxyolean-12-en-28-oic acid-28-O-β-D-glucopyranosyl ester

6-C-α-L- 吡喃鼠李糖基 -(1→2)-β-D- 吡喃葡萄糖基 -7-O-(6-O- 阿魏酰基 -β-D- 吡喃葡萄糖基)-4',5- 二羟基黄酮 6-C-α-L-rhamnopyranosyl-(1→2)-β-D-glucopyranosyl-7-O-(6-O-feruloyl-β-D-glucopyranosyl)-4',5-dihydroxyflavone

3-O-α-L- 吡喃鼠李糖基 -(1→2)-β-D- 吡喃葡萄糖基齐墩果酸 3-O-α-L-rhamnopyranosyl-(1→2)-β-D-glucopyranosyloleanolic acid

3-O-α-L- 吡喃鼠李糖基 -(1→2)-β-D- 吡喃葡萄糖基齐墩果酸 -28-O-α-L- 吡喃鼠李糖基 -(1→4)-β-D- 吡喃葡萄糖基 -(1→6)-β-D- 吡喃葡萄糖苷 3-O-α-L-rhamnopyranosyl-(1→2)-β-D-glucopyranosyl-oleanolic acid-28-O-α-L-rhamnopyranosyl-(1→4)-β-D-glucopyranosyl-(1→6)-β-D-glucopyranoside

3-O-α-L- 吡喃鼠李糖基 -(1→2)-β-D- 吡喃葡萄糖基齐墩果酸 -28-

O-*β*-D- 吡喃葡萄糖基 -(1 → 6)-*β*-D- 吡喃葡萄糖基酯苷 3-*O*-*α*-L-rhamnopyranosyl-(1 → 2)-*β*-D-glucopyranosyloleanolic acid-28-*O*-*β*-D-glucopyranosyl-(1 → 6)-*β*-D-glucopyranosyl ester

3*β*-*α*-L- 吡喃鼠李糖基 -(1 → 2)-*β*-D- 吡喃葡萄糖氧基 -26-羟基 -22,26- 环氧 -6- 氧代 -5*α*- 胆甾 -7- 烯 3*β*-*α*-L-rhamnopyranosyl-(1 → 2)-*β*-D-glucopyranosyloxy-26-hydroxy-22,26-epoxy-6-oxo-5*α*-cholest-7-ene

3-*O*-*β*-[{*α*-L- 吡喃鼠李糖基 -(1 → 2)-*β*-D- 呋喃芹糖基 -(1 → 6)}-*β*-D- 吡喃葡萄糖基]- 扶桑甾醇 3-*O*-*β*-[{*α*-L-rhamnopyranosyl-(1 → 2)-*β*-D-apiofuranosyl-(1 → 6)}-*β*-D-glucopyranosyl]-rosasterol

3-*O*-[*α*-L- 吡喃鼠李糖基 (1 → 2)-*β*- 吡喃半乳糖基 -(1 → 2)-*β*-D-吡喃葡萄糖醛酸]-22-*O*-[吡喃葡萄糖基 -(1 → 2)- 吡喃葡萄糖基] 大豆皂醇 B 3-*O*-[*α*-L-rhamnopyranosyl(1 → 2)-*β*-galactopyranosyl-(1 → 2)-*β*-D-glucuronopyranosyl]-22-*O*-[glucopyranosyl-(1 → 2)-glucopyranosyl]soyasapogenol B

3-*O*-[*α*-L- 吡喃鼠李糖基 -(1 → 2)-*β*- 吡喃半乳糖基 -(1 → 2)-*β*-D- 吡喃葡萄糖醛酸]-22-*O*-[吡喃葡萄糖基 (1 → 2)- 吡喃葡萄糖基] 大豆皂醇 B 3-*O*-[*α*-L-rhamnopyranosyl-(1 → 2)-*β*-galactopyranosyl-(1 → 2)-*β*-D-glucuronopyranosyl]-22-*O*-[glucopyranosyl(1 → 2)-glucopyranosyl]soyasapogenol B

3-*O*-[*α*-L- 吡喃鼠李糖基 -(1 → 2)-*β*- 吡喃半乳糖基 -(1 → 2)-*β*-D- 吡喃葡萄糖醛酸]-22-*O*-[吡喃葡萄糖基 -(1 → 2)- 吡喃葡萄糖基] 大豆皂醇 B 3-*O*-[*α*-L-rhamnopyranosyl-(1 → 2)-*β*-galactopyranosyl-(1 → 2)-*β*-D-glucuronopyranosyl]-22-*O*-[glucopyranosyl-(1 → 2)-glucopyranosyl]soyasapogenol B

3-*O*- 吡喃鼠李糖基 -(1 → 2)- 吡喃阿拉伯糖基齐墩果酸 3-*O*-rhamnopyranosyl-(1 → 2)-arabinopyranosyloleanolic acid

α-L- 吡喃鼠李糖基 -(1 → 3)-[2-*O*-(11*S*)-11- 羟基十六烷基]-[4-*O*-(2*R*,3*R*)-3- 羟基 -2- 甲基丁酰基]-*α*-L- 吡喃鼠李糖基 -(1 → 2)-[6-*O*- 乙酰基]-D- 吡喃葡萄糖苷 *α*-L-rhamnopyranosyl-(1 → 3)-[2-*O*-(11*S*)-11-hydroxyhexadecanoyl]-[4-*O*-(2*R*,3*R*)-3-hydroxy-2-methylbutyryl]-*α*-L-rhamnopyranosyl-(1 → 2)-[6-*O*-acetyl]-D-glucopyranose

α-L- 吡喃鼠李糖基 -(1 → 3)-[2-*O*-(11*S*)-11- 羟基十四烷基]-[4-*O*-(2*R*,3*R*)-3- 羟基 -2- 甲基丁酰基]-*α*-L- 吡喃鼠李糖基 -(1 → 2)-[6-*O*- 乙酰基]-D- 吡喃葡萄糖苷 *α*-L-rhamnopyranosyl-(1 → 3)-[2-*O*-(11*S*)-11-hydroxytetradecanoyl]-[4-*O*-(2*R*,3*R*)-3-hydroxy-2-methylbutyryl]-*α*-L-rhamnopyranosyl-(1 → 2)-[6-*O*-acetyl]-D-glucopyranose

(3*S*)-*O*-*α*-L- 吡喃鼠李糖基 -(1 → 3)-[4-*O*-(*E*)- 香豆酰基]-*α*-L- 吡喃鼠李糖基 -(1 → 6)-*β*-D- 吡喃葡萄糖基芳樟醇 (3*S*)-*O*-*α*-L-rhamnopyranosyl-(1 → 3)-[4-*O*-(*E*)-coumaroyl]-*α*-L-rhamnopyranosyl-(1 → 6)-*β*-D-glucopyranosyllinalool

(3*S*)-*O*-*α*-L- 吡喃鼠李糖基 -(1 → 3)-[4-*O*-(*Z*)- 香豆酰基]-*α*-L- 吡喃鼠李糖基 -(1 → 6)-*β*-D- 吡喃葡萄糖基芳樟醇 (3*S*)-*O*-*α*-L-rhamnopyranosyl-(1 → 3)-[4-*O*-(*Z*)-coumaroyl]-*α*-L-rhamnopyranosyl-(1 → 6)-*β*-D-glucopyranosyllinalool

3*β*-*O*-{*α*-L- 吡喃鼠李糖基 -(1 → 3)-[*β*-D- 吡喃木糖基 -(1 → 2)]-*β*-D- 吡喃半乳糖基 -(1 → 4)-[*β*-D-6-*O*- 乙酰基 - 吡喃葡萄糖基 -(1 → 2)]-*α*-L- 吡喃阿拉伯糖基 }- 仙客来亭▲ A 3*β*-*O*-{*α*-L-rhamnopyranosyl-(1 → 3)-[*β*-D-xylopyranosyl-(1 → 2)]-*β*-D-galactopyranosyl-(1 → 4)-[*β*-D-6-*O*-acetyl-glucopyranosyl-(1 → 2)]-*α*-L-arabinopyranosyl}-cyclamiretin A

3*β*-*O*-{*α*-L- 吡喃鼠李糖基 -(1 → 3)-[*β*-D- 吡喃木糖基 -(1 → 2)]-*β*-D- 吡喃半乳糖基 -(1 → 4)-[*β*-D- 吡喃葡萄糖基 -(1 → 2)]-*α*-L- 吡喃阿拉伯糖基 }-16*α*- 羟基 -13,28- 环氧 - 齐墩果烷 3*β*-*O*-{*α*-L-rhamnopyranosyl-(1 → 3)-[*β*-D-xylopyranosyl-(1 → 2)]-*β*-D-galactopyranosyl-(1 → 4)-[*β*-D-glucopyranosyl-(1 → 2)]-*α*-L-arabinopyranoside}-16*α*-hydroxy-13,28-epoxy-oleanane

3*β*-*O*-*α*-L- 吡喃鼠李糖基 -(1 → 3)-[*β*-D- 吡喃木糖基 -(1 → 2)]-*β*-D-吡喃葡萄糖基 -(1 → 4)-[*β*-D-6-*O*- 乙酰吡喃葡萄糖基 -(1 → 2)]-*α*-L- 吡喃阿拉伯糖基 -16*α*- 羟基 -13,28- 环氧 - 齐墩果烷 3*β*-*O*-*α*-L-rhamnopyranosyl-(1 → 3)-[*β*-D-xylopyranosyl-(1 → 2)]-*β*-D-glucopyranosyl-(1 → 4)-[*β*-D-6-*O*-acetylglucopranosyl-(1 → 2)]-*α*-L-arabinopyranosyl-16*α*-hydroxy-13,28-epoxy-oleanane

3*β*-*O*-{*α*-L- 吡喃鼠李糖基 -(1 → 3)-[*β*-D- 吡喃木糖基 -(1 → 2)]-*β*-D-吡喃葡萄糖基 -(1 → 4)-[*β*-D- 吡喃葡萄糖基 -(1 → 2)]-*α*-L-吡喃阿拉伯糖苷 }-16,28- 二羟基 -30- 乙酰氧基齐墩果 -12-烯 3*β*-*O*-{*α*-L-rhamnopyranosyl-(1 → 3)-[*β*-D-xylopyranosyl-(1 → 2)]-*β*-D-glucopyranosyl-(1 → 4)-[*β*-D-glucopyranosyl-(1 → 2)]-*α*-L-arabinopyranoside}-16,28-dihydroxy-30-acetoxyoleana-12-en

3*β*-*O*-*α*-L- 吡喃鼠李糖基 -(1 → 3)-[*β*-D- 吡喃木糖基 -(1 → 2)]-*β*-D-吡喃葡萄糖基 -(1 → 4)-[*β*-D- 吡喃葡萄糖基 -(1 → 2)]-*α*-L- 吡喃阿拉伯糖基 -16*α*- 羟基 -13,28- 环氧 -30- 乙酰氧基 - 齐墩果烷 3*β*-*O*-*α*-L-rhamnopyranosyl-(1 → 3)-[*β*-D-xylopyranosyl-(1 → 2)]-*β*-D-glucopyranosyl-(1 → 4)-[*β*-D-glucopyranosyl-(1 → 2)]-*α*-L-arabinopyranosyl-16*α*-hydroxy-13,28-epoxy-30-acetoxy-oleanane

3*β*-*O*-*α*-L- 吡喃鼠李糖基 -(1 → 3)-[*β*-D- 吡喃木糖基 -(1 → 2)]-*β*-D- 吡喃葡萄糖基 -(1 → 4)-[*β*-D- 吡喃葡萄糖基 -(1 → 2)]-*α*-L- 吡喃阿拉伯糖基 -16*α*- 羟基 -13,28- 环氧 - 齐墩果烷 3*β*-*O*-*α*-L-rhamnopyranosyl-(1 → 3)-[*β*-D-xylopyranosyl-(1 → 2)]-*β*-D-glucopyranosyl-(1 → 4)-[*β*-D-glucopyranosyl-(1 → 2)]-*α*-L-arabinopyranosyl-16*α*-hydroxy-13,28-epoxy-oleanane

3*β*-*O*-{*α*-L- 吡喃鼠李糖基 -(1 → 3)-[*β*-D- 吡喃木糖基 -(1 → 2)]-*β*-D-吡喃葡萄糖基 -(1 → 4)-*α*-L- 吡喃阿拉伯糖基 }-3*β*- 羟基 -13*β*,28-环氧 - 齐墩果 -16- 氧代 -30- 醛 3*β*-*O*-{*α*-L-rhamnopyranosyl-(1 → 3)-[*β*-D-xylopyranosyl-(1 → 2)]-*β*-D-glucopyranosyl-(1 → 4)-*α*-L-arabinopyranosyl}-3*β*-hydroxy-13*β*,28-epoxy-oleanan-16-oxo-30-al

3*β*-*O*-*α*-L- 吡喃鼠李糖基 -(1 → 3)-[*β*-D- 吡喃葡萄糖基 -(1 → 4)-*β*-D-吡喃木糖基 -(1 → 2)]-*β*-D- 吡喃葡萄糖基 -(1 → 4)-[*β*-D- 吡喃葡萄糖基 -(1 → 2)]-*α*-L- 吡喃阿拉伯糖基 -16*α*- 羟基 -13,28-环氧 - 齐墩果烷 3*β*-*O*-*α*-L-rhamnopyranosyl-(1 → 3)-[*β*-D-glucopyranosyl-(1 → 4)-*β*-D-xylopyranosyl-(1 → 2)]-*β*-D-glucopyranosyl-(1 → 4)-[*β*-D-glucopyranosyl-(1 → 2)]-*α*-L-arabinopyranosyl-16*α*-hydroxy-13,28-epoxy-oleanane

α-L- 吡喃鼠李糖基 -(1 → 3)-1-*O*- 咖啡酰基 -*β*-D- 吡喃葡萄糖苷 *α*-L-rhamnopyranosyl-(1 → 3)-1-*O*-caffeoyl-*β*-D-glucopyranoside

L- 吡喃鼠李糖基 -(1 → 3')-4- 顺式 - 阿魏酰基 - 吡喃葡萄糖苷 L-rhamnopyranosyl-(1 → 3')-4-*cis*-feruloyl-glucopyranoside

(4*α*)-3*β*-[*α*-L- 吡喃鼠李糖基 -(1 → 3)-*O*-[*β*-D- 吡喃木糖基 -(1 → 2)]-*α*-L- 吡喃阿拉伯糖氧基]-23- 羟基齐墩果酸 (4*α*)-3*β*-[(*O*-*α*-L-rhamnopyranosyl-(1 → 3)-*O*-[*β*-D-xylopyranosyl-(1 → 2)]-*α*-L-arabinopyranosyloxy]-23-hydroxyoleanolic acid

[*α*-L- 吡喃鼠李糖基 -(1 → 3)-*O*-*α*-L- 吡喃鼠李糖基 -(1 → 6)]-1-*O*-*E*- 咖啡酰基 -*β*-D- 吡喃葡萄糖苷 [*α*-L-rhamnopyranosyl-(1 → 3)-*O*-(*α*-L-rhamnopyranosyl-(1 → 6)]-1-*O*-*E*-caffeoyl-*β*-D-glucopyranoside

3-*O*-*α*-L- 吡喃鼠李糖基 -(1 → 3)-*O*-*β*-D- 吡喃葡萄糖基 -(1 → 3)-*O*-*α*-L- 吡喃鼠李糖基 -(1 → 2)-*O*-*α*-L- 吡喃阿拉伯糖基常春藤皂苷元 -28-*O*-*β*- 吡喃葡萄糖基 -(1 → 6)-*O*-*β*-D- 吡喃葡萄糖酯苷 3-*O*-*α*-L-rhamnopyranosyl-(1 → 3)-*O*-*β*-D-glucopyranosyl-(1 → 3)-*O*-*α*-L-rhamnopyranosyl-(1 → 2)-*O*-*α*-L-arabinopyranosyl-hederagenin-28-*O*-*β*-glucopyranosyl-(1 → 6)-*O*-*β*-D-glucopyranosyl ester

3-*O*-[*α*-L- 吡喃鼠李糖基 -(1 → 3)-*β*-D- 吡喃葡萄糖基 -(1 → 3)][*β*-D-吡喃葡萄糖基 -(1 → 2)]-*α*-L- 吡喃阿拉伯糖基仙客来亭▲ A 3-*O*-[*α*-L-rhamnopyranosyl-(1 → 3)-*β*-D-glucopyranosyl-(1 → 3)][*β*-D-glucopyranosyl-(1 → 2)]-*α*-L-arabinopyranosylcyclamiretin A

3-*O*-[α-L- 吡喃鼠李糖基 -(1→3)-β-D- 吡喃葡萄糖基 -(1→6)-β-D- 吡喃葡萄糖基]- 大豆皂醇 B 3-*O*-[α-L-rhamnopyranosyl-(1→3)-β-D-glucopyranosyl-(1→6)-β-D-glucuropyranosyl]-soyasapogenol B

3-*O*-[β-L- 吡喃鼠李糖基 -(1→3)-β-D- 吡喃葡萄糖醛酸基 -(1→2)-β-D- 吡喃葡萄糖基 -(1→2)-β-D- 吡喃葡萄糖基]- 齐墩果 -12- 烯 -28- 酸 3-*O*-[β-L-rhamnopyranosyl-(1→3)-β-D-glucuronopyranosyl-(1→2)-β-D-glucopyranosyl-(1→2)-β-D-glucopyranosyl]-olean-12-en-28-oic acid

3-β-*O*-[α-L- 吡喃鼠李糖基 -(1→3)-β-D- 吡喃葡萄糖醛酸基]-2β,3β,23- 三羟基齐墩果 -12- 烯 -28- 酸 -28-*O*-(β-D- 吡喃葡萄糖基) 酯 3-β-*O*-[α-L-rhamnopyranosyl-(1→3)-β-D-glucuronopyranosyl]-2β,3β,23-trihydroxyolean-12-en-28-oic acid-28-*O*-(β-D-glucopyranosyl) ester

3-β-*O*-[α- 吡喃鼠李糖基 -(1→3)-β-D- 吡喃葡萄糖醛酸基]-2β,3β- 二羟基 -23- 氧代齐墩果 -12- 烯 -28- 酸 -28-*O*-(β-D- 吡喃葡萄糖基) 酯 3-β-*O*-[α-rhamnopyranosyl-(1→3)-β-D-glucuronopyranosyl]-2β,3β-dihydroxy-23-oxoolean-12-en-28-oic acid-28-*O*-(β-D-glucopyranosyl)ester

3-β-*O*-[α-L- 吡喃鼠李糖基 -(1→3)-β-D- 吡喃葡萄糖醛酸基]-2β,3β- 二羟基齐墩果 -12- 烯 -28- 酸 -28-*O*-(β-D- 吡喃葡萄糖基) 酯 3-β-*O*-[α-L-rhamnopyranosyl-(1→3)-β-D-glucuronopyranosyl]-2β,3β-dihydroxyolean-12-en-28-oic acid-28-*O*-(β-D-glucopyranosyl)ester

3-*O*-[α-L- 吡喃鼠李糖基 -(1→3)-β-D- 吡喃葡萄糖醛酸基]- 齐墩果酸 3-*O*-[α-L-rhamnopyranosyl-(1→3)-β-D-glucuronopyranosyl]-oleanolic acid

3-*O*-α-L- 吡喃鼠李糖基 -(1→3)-β-D- 吡喃葡萄糖醛酸基 -2β,3β- 二羟基 -30- 去氧齐墩果 -12,20(29)- 二烯 -23-al-28- 酸 -28-*O*-β-D- 吡喃葡萄糖基酯 3-*O*-α-L-rhamnopyranosyl-(1→3)-β-D-glucuronopyranosyl-2β,3β-dihydroxy-30-norolean-12,20(29)-dien-23-al-28-oic acid-28-*O*-β-D-glucopyranosyl ester

3-*O*-α-L- 吡喃鼠李糖基 -(1→3)-β-D- 吡喃葡萄糖醛酸基 -2β,3β- 二羟基 -30- 去氧齐墩果 -12,20(29)- 二烯 -28- 酸 -28-*O*-β-D- 吡喃葡萄糖基酯 3-*O*-α-L-rhamnopyranosyl-(1→3)-β-D-glucuronopyranosyl-2β,3β-dihydroxy-30-norolean-12,20(29)-dien-28-oic acid-28-*O*-β-D-glucopyranosyl ester

3-*O*-α-L- 吡喃鼠李糖基 -(1→3)-β-D- 吡喃葡萄糖醛酸基 -2β,3β- 二羟基齐墩果 -12- 烯 -23- 醛 -28- 酸 -28-*O*-β-D- 吡喃葡萄糖基酯 3-*O*-α-L-rhamnopyranosyl-(1→3)-β-D-glucuronopyranosyl-2β,3β-dihydroxyolean-12-en-23-al-28-oic acid-28-*O*-β-D-glucopyranosyl ester

3-*O*-α-L- 吡喃鼠李糖基 -(1→3)-β-D- 吡喃葡萄糖醛酸基 -2β,3β- 二羟基齐墩果酸 -28-*O*-β-D- 吡喃葡萄糖基酯 3-*O*-α-L-rhamnopyranosyl-(1→3)-β-D-glucuronopyranosyl-2β,3β-dihydroxyolean-12-en-28-oic acid-28-*O*-β-D-glucopyranosyl ester

3-*O*-α-L- 吡喃鼠李糖基 -(1→4)-(β-D- 吡喃葡萄糖醛酸基齐墩果酸 -28-*O*-β-D- 吡喃葡萄糖基 -(1→4)-β-D- 吡喃葡萄糖苷 3-*O*-α-L-rhamnopyranosyl-(1→4)-(β-D-glucuronopyranosyl)-oleanolic acid-28-*O*-β-D-glucopyranosyl-(1→4)-β-D-glucopyranoside

3-*O*-α-L- 吡喃鼠李糖基 -(1→4)-[α-L- 吡喃阿拉伯糖基 -(1→2)]-β-D- 吡喃葡萄糖醛酸基齐墩果酸 3-*O*-α-L-rhamnopyranosyl-(1→4)-[α-L-arabinopyranosyl-(1→2)]-β-D-glucuronopyranosyloleanolic acid

3-*O*-α-L- 吡喃鼠李糖基 -(1→4)-[α-L- 吡喃阿拉伯糖基 -(1→2)]-β-D- 吡喃葡萄糖醛酸基齐墩果酸 -28-*O*-β-D- 吡喃葡萄糖基酯 3-*O*-α-L-rhamnopyranosyl-(1→4)-[α-L-arabinopyranosyl-(1→2)]-β-D-glucuronopyranosyloleanolic acid-28-*O*-β-D-glucopyranosyl ester

3-*O*-α-L- 吡喃鼠李糖基 -(1→4)-[β-D- 吡喃半乳糖基 -(1→2)]-β-D- 吡喃葡萄糖醛酸基齐墩果酸 3-*O*-α-L-rhamnopyranosyl-(1→4)-[β-D-galactopyranosyl-(1→2)]-β-D-glucuronopyranosyloleanolic acid

3-*O*-α-L- 吡喃鼠李糖基 -(1→4)-[β-D- 吡喃半乳糖基 -(1→2)-]-β-D- 吡喃葡萄糖醛酸基齐墩果酸 -28-*O*-β-D- 吡喃葡萄糖基酯 3-*O*-α-L-rhamnopyranosyl-(1→4)-[β-D-galactopyranosyl-(1→2)]-β-D-glucuronopyranosyloleanolic acid-28-*O*-β-D-glucopyranosyl ester

3-*O*-α-L- 吡喃鼠李糖基 -(1→4)-*O*-α-L- 吡喃鼠李糖基 -(1→4)-[*O*-α-L- 吡喃鼠李糖基 -(1→2)]-*O*-β-D- 吡喃葡萄糖基 - 呋甾 -5- 烯 -3β,17α,22,26- 四醇 -26-*O*-β-D- 吡喃葡萄糖苷 3-*O*-α-L-rhamnopyranosyl-(1→4)-*O*-α-L-rhamnopyranosyl-(1→4)-[*O*-α-L-rhamnopyranosyl-(1→2)]-*O*-β-D-glucopyranosyl-furost-5-en-3β,17α,22,26-tetraol-26-*O*-β-D-glucopyranoside

3β-[*O*-α-L- 吡喃鼠李糖基 -(1→4)-*O*-α-L- 吡喃鼠李糖基 -(1→4)-*O*-α-L- 吡喃鼠李糖基 -(1→4)]-β-D- 吡喃葡萄糖氧基]-16β-{[(4*R*)-5-(β-D- 吡喃葡萄糖氧基)-4- 甲基 -1- 氧代戊基] 氧基 }- 孕甾 -5- 烯 -20- 酮 3β-[*O*-α-L-rhamnopyranosyl-(1→4)-*O*-α-L-rhamnopyranosyl-(1→4)-*O*-α-L-rhamnopyranosyl-(1→4)]-β-D-glucopyranosyloxy]-16β-{[(4*R*)-5-(β-D-glucopyranosyloxy)-4-methyl-1-oxopentyl]oxy}-pregn-5-en-20-one

3-*O*-α-L- 吡喃鼠李糖基 -(1→4)-*O*-β-D- 吡喃木糖基 -(1→3)-*O*-[β-D- 吡喃葡萄糖基 -(1→2)]-*O*-β-D- 吡喃葡萄糖基 -(1→4)-*O*-β-D- 吡喃半乳糖基 -25*R*,5α- 螺甾 -3β- 醇 3-*O*-α-L-rhamnopyranoside-(1→4)-*O*-β-D-xylopyranosyl-(1→3)-*O*-[β-D-glucopyranosyl-(1→2)]-*O*-β-D-glucopyranosyl-(1→4)-*O*-β-D-galactopyranosyl-25*R*,5α-spirostan-3β-ol

3-*O*-[α-L- 吡喃鼠李糖基 -(1→4)-*O*-β-D- 吡喃葡萄糖基 -(1→3)]-[*O*-β-D- 吡喃葡萄糖基 -(1→3)-*O*-β-D- 吡喃葡萄糖基 -(1→2)]-*O*-β-D- 吡喃葡萄糖基 -(1→4)-*O*-β-D- 吡喃半乳糖苷 -5α,25*R*- 螺甾 -3β- 醇 3-*O*-[α-L-rhamnopyranosyl-(1→4)-*O*-β-D-glucopyranosyl-(1→3)]-[*O*-β-D-glucopyranosyl-(1→3)-*O*-β-D-glucopyranosyl-(1→2)]-*O*-β-D-glucopyranosyl-(1→4)-*O*-β--D-galactopyranoside-5α,25*R*-spirostan-3β-ol

α-L- 吡喃鼠李糖基 -(1→4)-*O*-β-D- 吡喃葡萄糖基 -(1→6)-*O*-β-D- 吡喃葡萄糖苷 α-L-rhamnopyranosyl-(1→4)-*O*-β-D-glucopyranosyl-(1→6)-*O*-β-D-glucopyranoside

α-L- 吡喃鼠李糖基 -(1→4)-*O*-β-D- 吡喃葡萄糖基 -(1→6)-β-D- 吡喃葡萄糖 α-L-rhamnopyranosyl-(1→4)-*O*-β-D-glucopyranosyl-(1→6)-β-D-glucopyranose

28-{[*O*-α-L- 吡喃鼠李糖基 -(1→4)-*O*-β-D- 吡喃葡萄糖基 -(1→6)-β-D- 吡喃葡萄糖基] 氧基 }-28- 氧代齐墩果 -12- 烯 -3β-*O*-α-L- 吡喃阿拉伯糖基 -(1→4)-*O*-[β-D- 吡喃半乳糖基 -(1→2)]-β-D- 吡喃葡萄糖醛酸苷 28-{[*O*-α-L-rhamnopyranosyl-(1→4)-*O*-β-D-glucopyranosyl-(1→6)-β-D-glucopyranosyl]oxy}-28-oxoolean-12-en-3β-*O*-α-L-arabinofuranosyl-(1→4)-*O*-[β-D-galactopyranosyl-(1→2)]-β-D-glucuronopyranoside

28-{[*O*-α-L- 吡喃鼠李糖基 -(1→4)-*O*-β-D- 吡喃葡萄糖基 -(1→6)-β-D- 吡喃葡萄糖基] 氧基 }-28- 氧代齐墩果 -12- 烯 -3β-*O*-α-L- 呋喃阿拉伯糖基 -(1→4)-β-D- 吡喃葡萄糖醛酸苷 28-{[*O*-α-L-rhamnopyranosyl-(1→4)-*O*-β-D-glucopyranosyl-(1→6)-β-D-glucopyranosyl]oxy}-28-oxoolean-12-en-3β-*O*-α-L-arabinofuranosyl-(1→4)-β-D-glucuronopyranoside

28-{[*O*-α-L- 吡喃鼠李糖基 -(1→4)-*O*-β-D- 吡喃葡萄糖基 -(1→6)-β-D- 吡喃葡萄糖基] 氧基 }-28- 氧代齐墩果 -12- 烯 -3β-*O*-β-D- 吡喃半乳糖基 -(1→6)-β-D- 吡喃葡萄糖醛酸苷 28-{[*O*-α- L-rhamnopyranosyl-(1→4)-*O*-β-D-glucopyranosyl-(1→6)-

β-D-glucopyranosyl]oxy}-28-oxoolean-12-en-3β-O-β-D-galactopyranosyl-(1→6)-β-D-glucuronopyranoside

3-O-[α-L- 吡喃鼠李糖基 -(1→4)-O-β-D- 吡喃鼠李糖基 -(1→3)]-[O-β-D- 吡喃葡萄糖基 -(1→2)]-O-β-D- 吡喃葡萄糖基 -(1→4)-O-β-D- 吡喃半乳糖苷 -5α,25R- 螺甾 -3β- 醇 3-O-[α-L-rhamnopyranosyl-(1→4)-O-β-D-glucopyranosyl-(1→3)]-[O-β-D-glucopyranosyl-(1→2)]-O-β-D-glucopyranosyl-(1→4)-O-β-D-galactopyranoside-5α,25R-spirostan-3β-ol

3-O-α-L- 吡喃鼠李糖基 -(1→4)-α-L- 吡喃阿拉伯糖基 - 齐墩果酸 -28-O-α-L- 吡喃鼠李糖基 -(1→4)-β-D- 吡喃葡萄糖基 -(1→6)-β-D- 吡喃葡萄糖基酯苷 3-O-α-L-rhamnopyranosyl-(1→4)-α-L-arabinopyranosyloleanolicacid-28-O-α-L-rhamnopyranosyl-(1→4)-β-D-glucopyranosyl-(1→6)-β-D-glucopyranosyl ester

3β-[α-L- 吡喃鼠李糖基 -(1→4)-α-L- 吡喃鼠李糖基 -(1→2)-β-D- 吡喃葡萄糖氧基]-26-(β-D- 吡喃葡萄糖氧基)-22α- 甲氧基 -(25R)- 呋甾 -5- 烯 3β-[α-L-rhamnopyranosyl-(1→4)-α-L-rhamnopyranosyl-(1→2)-β-D-glucopyranosyloxy]-26-(β-D-glucopyranosyloxy)-22α-methoxy-(25R)-furost-5-ene

3β-O-α-L- 吡喃鼠李糖基 -(1→4)-β-D- 吡喃葡萄糖基 -(1→2)-[β-D- 吡喃葡萄糖基 -(1→4)-α-L- 吡喃阿拉伯糖苷]-16α- 羟基 -13,28- 环氧 -30,30- 二甲氧基齐墩果烷 3β-O-α-L-rhamnopyranosyl-(1→4)-β-D-glucopyranosyl-(1→2)-[β-D-glucopyranosyl-(1→4)-α-L-arabinopyranoside]-16α-hydroxy-13,28-epoxy-30,30-dimethoxyoleane

3β-O-{α-L- 吡喃鼠李糖基 -(1→4)-β-D- 吡喃葡萄糖基 -(1→2)-[β-D- 吡喃葡萄糖基 -(1→4)-α-L- 吡喃阿拉伯糖苷]-16α- 羟基 -13,28- 环氧齐墩果 -29- 酸 3β-O-{α-L-rhamnopyranosyl-(1→4)-β-D-glucopyranosyl-(1→2)-[β-D-glucopyranosyl-(1→4)-α-L-arabinopyranoside]-16α-hydroxy-13,28-epoxyolean-29-oic acid

3-O-[α-L- 吡喃鼠李糖基 -(1→4)-β-D- 吡喃葡萄糖基 -(1→3)]-[β-D- 吡喃木糖基 -(1→2)]-β-D- 吡喃葡萄糖醛酸基齐墩果 -11,13(18)- 二烯 -3β,23,28- 三醇 3-O-[α-L-rhamnopyranosyl-(1→4)-β-D-glucopyranosyl-(1→3)]-[β-D-xylopyranosyl-(1→2)]-β-D-glucuronopyranosylolean-11,13(18)-diene-3β,23,28-triol

3-O-[α-L- 吡喃鼠李糖基 -(1→4)-β-D- 吡喃葡萄糖基 -(1→3)]-β-D- 吡喃葡萄糖基 -(1→2)-β-D- 吡喃岩藻糖基齐墩果 -11,13(18)- 二烯 -3β,23,28- 三醇 3-O-[α-L-rhamnopyranosyl-(1→4)-β-D-glucopyranosyl-(1→3)]-β-D-glucopyranosyl-(1→2)-β-D-fucopyranosylolean-11,13(18)-diene-3β,23,28-triol

3-O-[α-L- 吡喃鼠李糖基 -(1→4)-β-D- 吡喃葡萄糖基 -(1→4)-β-D- 吡喃葡萄糖基 -(1→3)]-β-D- 吡喃岩藻糖基齐墩果 -11,13(18)- 二烯 -3β,23,28- 三醇 3-O-[α-L-rhamnopyranosyl-(1→4)-β-D-glucopyranosyl-(1→4)-β-D-glucopyranosyl-(1→3)]-β-D-fucopyranosylolean-11,13(18)-diene-3β,23,28-triol

α-L- 吡喃鼠李糖基 -(1→4)-β-D- 吡喃葡萄糖基 -(1→6)-β-D- 吡喃葡萄糖基齐墩果酸酯苷 -3-O-α-L- 呋喃阿拉伯糖基 -(1→4)- 甲基 -(β-D- 吡喃葡萄糖基) 醛酸酯 α-L-rhamnopyranosyl-(1→4)-β-D-glucopyranosyl-(1→6)-β-D-glucopyranosyloleanate-3-O-α-L-arabinofuranosyl-(1→4)-methyl-(β-D-glucopyranosid)uronate

3-O-[α-L- 吡喃鼠李糖基 -(1→4)-β-D- 吡喃葡萄糖基]-26-O-(β-D- 吡喃葡萄糖基)-(25R)- 呋甾 -5,20- 二烯 -3β,26- 二醇 3-O-[α-L-rhamnopyranosyl-(1→4)-β-D-glucpyranosyl]-26-O-(β-D-glucopyranosyl)-(25R)-furost-5,20-dien-3β,26-diol

3-O-[α-L- 吡喃鼠李糖基 -(1→4)-β-D- 吡喃葡萄糖基]-26-O-(β-D- 吡喃葡萄糖基)-(25S)-5β- 螺甾 -3β- 醇 3-O-[α-L-rhamnopyranosyl-(1→4)-β-D-glucopyranosyl]-26-O-[β-D-glucopyranosyl]-(25S)-5β-spirostan-3β-ol

3-O-α-L- 吡喃鼠李糖基 -(1→4)-β-D- 吡喃葡萄糖基 -3β,5β,6α,16β- 四羟基孕甾 -16-[5-O-β-D- 吡喃葡萄糖基 -4(S)- 甲基 -5- 羟基戊酸] 酯 3-O-α-L-rhamnopyranosyl-(1→4)-β-D-glucopyranosyl-3β,5β,6α,16β-tetrahydroxypregnan-16-[5-O-β-D-glucopyranoyl-4(S)-methyl-5-hydroxypentanoic acid] ester

3-O-[α-L- 吡喃鼠李糖基 -(1→4)-β-D- 吡喃葡萄糖醛酸基] 刺囊酸 3-O-[α-L-rhamnopyranosyl-(1→4)-β-D-glucuronopyranosyl] echinocystic acid

3-O-[α-L- 吡喃鼠李糖基 -(1→4)-β-D- 吡喃葡萄糖醛酸基] 齐墩果酸 3-O-[α-L-rhamnopyranosyl-(1→4)-β-D-glucuronopyranosyl] oleanolic acid

3-O-[α-L- 吡喃鼠李糖基 -(1→4)-β-D- 吡喃葡萄糖醛酸基] 齐墩果酸 -28-O-β-D- 吡喃葡萄糖苷 3-O-[α-L-rhamnopyranosyl-(1→4)-β-D-glucuronopyranosyl]oleanolic acid 28-O-β-D-glucopyranoside

3-O-α-L- 吡喃鼠李糖基 -(1→4)-β-D- 吡喃葡萄糖醛酸基齐墩果酸 -28-O-β-D- 吡喃葡萄糖苷 3-O-α-L-rhamnopyranosyl-(1→4)-(β-D-glucuronopyranosyl)-oleanolic acid-28-O-β-D-glucopyranoside

8-C-[α-L- 吡喃鼠李糖基 -(1→4)-α-D- 吡喃葡萄糖基芹菜苷元] 8-C-[α-L-rhamnopyranosyl-(1→4)]-α-D-glucopyranosylapigenin

α-L- 吡喃鼠李糖基 -(1→5)-β-D- 呋喃木糖基 -(1→3)-α- 香树脂醇 α-L-rhamnopyranosyl-(1→5)-β-D-xylofuranosyl-(1→3)-α-amyrin

3β-{[O-α-L- 吡喃鼠李糖基 -(1→6)-O-β-D- 吡喃葡萄糖基 -(1→4)-O-β-D- 吡喃葡萄糖基 -(1→3)-O-α-L- 吡喃鼠李糖基 -(1→2)-α-L- 吡喃阿拉伯糖基] 氧基 }- 齐墩果酸 3β-{[O-α-L-rhamnopyranosyl-(1→6)-O-β-D-glucopyranosyl-(1→4)-O-β-D-glucopyranosyl-(1→3)-O-α-L-rhamnopyranosyl-(1→2)-α-L-arabinopyranosyl]oxy}-oleanolic acid

3β-{[O-α-L- 吡喃鼠李糖基 -(1→6)-O-β-D- 吡喃葡萄糖基 -(1→4)-O-β-D- 吡喃葡萄糖基 -(1→4)-O-β-D- 吡喃核糖基 -(1→3)-O-α-L- 吡喃鼠李糖基 -(1→2)-α-L- 吡喃阿拉伯糖基] 氧 }- 齐墩果酸 3β-{[O-α-L-rhamnopyranosyl-(1→6)-O-β-D-glucopyranosyl-(1→4)-O-β-D-glucopyranosyl-(1→4)-O-β-D-ribopyranosyl-(1→3)-O-α-L-rhamnopyranosyl-(1→2)-α-L-arabinopyranosyl]oxy}-oleanolic acid

3β-{[O-α-L- 吡喃鼠李糖基 -(1→6)-O-β-D- 吡喃葡萄糖基 -(1→4)-O-β-D- 吡喃葡萄糖基 -(1→4)-O-β-D- 吡喃核糖基 -(1→3)-O-α-L- 吡喃鼠李糖基 -(1→2)-α-L- 吡喃阿拉伯糖] 氧基 }- 齐墩果酸 -28-O-α-L- 吡喃鼠李糖基 -(1→4)-O-β-D- 吡喃葡萄糖基 -(1→6)-β-D- 吡喃葡萄糖基酯苷 3β-{[O-α-L-rhamnopyranosyl-(1→6)-O-β-D-glucopyranosyl-(1→4)-O-β-D-glucopyranosyl-(1→4)-O-β-D-ribopyranosyl-(1→3)-O-α-L-rhamnopyranosyl-(1→2)-α-L-arabinopyranosyl]oxy}-oleanolic acid -28-O-α-L-rhamnopyranosyl-(1→4)-O-β-D-glucopyranosyl-(1→6)-β-D-glucopyranosyl ester

3β-{[O-α-L- 吡喃鼠李糖基 -(1→6)-O-β-D- 吡喃葡萄糖基 -(1→4)-O-β-D- 吡喃葡萄糖基 -(1→4)-O-β-D- 吡喃核糖基 -(1→3)-O-α-L- 吡喃鼠李糖基 -(1→2)-α-L- 吡喃阿拉伯糖] 氧基 }- 齐墩果酸 -28-O-β-D- 吡喃葡萄糖基酯苷 3β-{[O-α-L-rhamnopyranosyl-(1→6)-O-β-D-glucopyranosyl-(1→4)-O-β-D-glucopyranosyl-(1→4)-O-β-D-ribopyranosyl-(1→3)-O-α-L-rhamnopyranosyl-(1→2)-α-L-arabinopyranosyl]oxy}-oleanolic acid-28-O-β-D-glucopyranosyl ester

3-O-α-L- 吡喃鼠李糖基 -(1→6)-β-D- 吡喃葡萄糖基 -(1→4)-β-D- 吡喃葡萄糖基 -(1→4)-β-D- 吡喃核糖基 -(1→3)-α-L- 吡喃鼠李糖基 -(1→2)-α-L- 吡喃阿拉伯糖基齐墩果酸 3-O-α-L-rhamnopyranosyl-(1→6)-β-D-glucopyranosyl-(1→4)-β-D-glucopyranosyl-(1→4)-β-D-ribopyranose-(1→3)-α-L-rhamnopyranosyl-(1→2)-α-L-arabinopyranosyloleanolic acid

6-*O*-α-L- 吡喃鼠李糖基 -(1 → 6)-β-D- 吡喃葡萄糖基 -3- 吲哚羧酸甲酯 methyl 6-*O*-α-L-rhamnopyranosyl-(1 → 6)-β-D-glucopyranosyl-3-indolecarbonate

α-L- 吡喃鼠李糖基 -(1 → 6)-β-D- 吡喃葡萄糖基 -3- 吲哚羧酸酯苷 α-L-rhamnopyranosyl-(1 → 6)-β-D-glucopyranosyl-3-indolecarbonate

1-[α-L- 吡喃鼠李糖基 -(1 → 6)-β-D- 吡喃葡萄糖氧基]-3,4,5- 三甲氧基苯 1-[α-L-rhamnopyranosyl-(1→6)-β-D-glucopyranosyloxy]-3,4,5-trimethoxybenzene

1-[α-L- 吡喃鼠李糖基 -(1 → 6)-β-D- 吡喃葡萄糖氧基]-3,4,5- 三甲氧基苯 1-[α-L-rhamnopyranosyl-(1→6)-β-D-glucopyranosyloxy]-3,4,5-trimethoxybenzene

3β-*O*-[(α-L- 吡喃鼠李糖基)(1 → 2)]-[β-D- 葡萄糖醛酸基 -6-*O*-甲酯]- 齐墩果 -12- 烯 -28- 酸 3β-*O*-[(α-L-rhamnopyranosyl)(1 → 2)]-[β-D-glucuronopyranosyl-6-*O*-methyl ester]-olean-12-ene-28-olic acid

(3β,22 ξ ,25*R*)-3-(2-*O*-α-L- 吡喃鼠李糖基)-*O*-β-D- 吡喃葡萄糖基 }-22- 羟基呋甾 -5- 烯 -26-β-D- 吡喃葡萄糖苷 (3β,22 ξ ,25*R*)-3-(2-*O*-α-L-rhamnopyranosyl-*O*-β-D-glucopyranosyl)-22-hydroxyfurost-5-en-26-β-D-glucopyranoside

3β-(2-*O*-α-L- 吡喃鼠李糖基 -α-L- 吡喃阿拉伯糖氧基)- 齐墩果酸 -6-*O*-β-D- 吡喃木糖基 -β-D- 吡喃葡萄糖基酯 3β-(2-*O*-α-L-rhamnopyranosyl-α-L-arabinopyranosyloxy)-oleanolic acid-6-*O*-β-D-xylopyranosyl-β-D-glucopyranosyl ester

2-[2-*O*-(α-L- 吡喃鼠李糖基)-β-D- 吡喃木糖氧基]-1,8- 二羟基 -6-甲氧基 -9*H*-呫烯 -9- 酮 2-[2-*O*-(α-L-rhamnopyranosyl)-β-D-xylopyranosyloxy]-1,8-dihydroxy-6-methoxy-9*H*-xanthen-9-one

2-[2-*O*-(α-L- 吡喃鼠李糖基)-β-D- 吡喃木糖氧基]-1,8- 二羟基 -6- 甲氧基呫酮 2-[2-*O*-(α-L-rhamnopyranosyl)-β-D-xylopyranosyloxy]-1,8-dihydroxy-6-methoxyxanthone

3-[6-*O*-(α-L- 吡喃鼠李糖基)-β-D- 吡喃葡萄糖氧基]-2-(3,4- 二羟基苯基)-5- 羟基 -4- 氧代 - 黄烷 -7- 基 -β-D- 吡喃葡萄糖醛酸 3-[6-*O*-(α-L-rhamnopyranosyl)-β-D-glucopyranosyloxy]-2-(3,4-dihydroxyphenyl)-5-hydroxy-4-oxo-flavan-7-yl-β-D-glucopyranosiduronic acid

4-*O*-(α-L- 吡喃鼠李糖基)- 反式 - 对香豆酸乙酯 4-*O*-(α-L-rhamnopyranosyl)-*trans*-*p*-coumaroyl ethyl ester

15-*O*-(α- 吡喃鼠李糖基)- 芦荟大黄素 15-*O*-(α-rhamnopyranosyl)-aloe-emodin

4-*O*-(α-L- 吡喃鼠李糖基)- 顺式 - 对香豆酸乙酯 4-*O*-(α-L-rhamnopyranosyl)-*cis*-*p*-coumaroyl ethyl ester

6-*O*-(4''-*O*-α-*L*- 吡喃鼠李糖基) 香荚兰酰筋骨草醇 6-*O*-(4''-α-*L*-rhamnopyranosyl)vanilloylajugol

2''-(2''-*O*-吡喃鼠李糖基)-淫羊藿次苷II 2''-(2''-*O*-rhamnopyranosyl)-icariside II

3-*O*-α-L- 吡喃鼠李糖基 -1-*O*- 硫酸酯 -(25*S*)- 假叶树皂苷元 3-*O*-α-L-rhamnopyranosyl-1-*O*-sulfo-(25*S*)-ruscogenin

(3β,4α,17α,21β)-3-*O*-α-L- 吡喃鼠李糖基 -21- 羟基 -16- 酮基 -28- 降齐墩果 -12- 烯 -23- 醛 (3β,4α,17α,21β)-3-*O*-α-L-rhamnopyranosyl-21-hydroxy-16-oxo-28-norolean-12-en-23-al

3β-*O*-α-L- 吡喃鼠李糖基 -30- 降齐墩果 -12,19- 二烯 -28- 酸 28-*O*-[β-D- 吡喃葡萄糖基 -(1 → 4)-*O*-β-D- 吡喃半乳糖基]- 酯苷 3β-*O*-α-L-rhamnopyranosyl-30-norolean-12,19-dien-28-oic acid-28-*O*-[β-D-glucopyranosyl-(1 → 4)-*O*-β-D-galactopyranosyl]-ester

α-L- 吡喃鼠李糖基 -3β- 羟基 - 羽扇豆 -20(29)- 烯 -28- 酸 α-L-rhamnopyranosyl-3β-hydroxy-lup-20(29)-en-28-oic acid

6'-*O*-α-L- 吡喃鼠李糖基 -4- 表鳞盖蕨苷 6'-*O*-α-L-rhamnopyranosyl-4-*epi*-microlepin

2''-α-L- 吡喃鼠李糖基 -7-*O*- 甲基牡荆素 2''-α-L-rhamnopyranosyl-7-*O*-methylvitexin

L- 吡喃鼠李糖基 -D- 吡喃葡萄糖基粟米草精醇 A L-rhamnopyranosyl-D-glucopyranosylmollugenol A

(4α)-3β-*O*-(2-*O*-α-L- 吡喃鼠李糖基 -α-L- 吡喃阿拉伯糖基)-23- 羟基齐墩果 -12- 烯 -28- 酸 -6-*O*-(6-*O*- 乙酰基 -β-D- 吡喃葡萄糖基)-β-D- 吡喃葡萄糖基酯苷 (4α)-3β-*O*-(2-*O*-α-L-rhamnopyranosyl-α-L-arabinopyranosyl)-23-hydroxyolean-12-en-28-oic acid-6-*O*-(6-*O*-acetyl-β-D-glucopyranosyl)-β-D-glucopyranosyl ester

3β-*O*-(2-*O*-α-L- 吡喃鼠李糖基 -α-L- 吡喃阿拉伯糖基)-23- 羟基齐墩果 -12- 烯 -28- 酸 -6-*O*-β-D- 吡喃葡萄糖基 -β-D- 吡喃葡萄糖基酯苷 3β-*O*-(2-*O*-α-L-rhamnopyranosyl-α-L-arabinopyranosyl)-olean-12-en-28-oic acid-6-*O*-β-D-glucopyranosyl-β-D-glucopyranosyl ester

(4α)-3β-*O*-(2-*O*-α-L- 吡喃鼠李糖基 -α-L- 吡喃阿拉伯糖基)-23-羟基齐墩果 -12- 烯 -28- 酸 -β-D- 吡喃葡萄糖基酯苷 (4α)-3β-*O*-(2-*O*-α-L-rhamnopyranosyl-α-L-arabinopyranosyl)-23-hydroxyolean-12-en-28-oic acid-β-D-glucopyranosyl ester

3β-(2-*O*-α-L- 吡喃鼠李糖基 -α-L- 吡喃阿拉伯糖氧基)- 齐墩果酸 -6-*O*-β-D- 吡喃葡萄糖基 -β-D- 吡喃葡萄糖基酯 3β-(2-*O*-α-L-rhamnopyranosyl-α-L-arabinopyranosyloxy)-oleanolic acid 6-*O*-β-D-glucopyranosyl-β-D-glucopyranosyl ester

1-*O*-(6-*O*-α-L- 吡喃鼠李糖基 -β-D- 吡喃葡萄糖基)-2- 羟基 -4- 烯丙基苯 1-*O*-(6-*O*-α-L-rhamnopyranosyl-β-D-glucopyranosyl)-2-hydroxy-4-allylbenzene

1-*O*-(6-*O*-α-L- 吡喃鼠李糖基 -β-D- 吡喃葡萄糖基)-4- 烯丙基苯 1-*O*-(6-*O*-α-L-rhamnopyranosyl-β-D-glucopyranosyl)-4-allylbenzene

N-{4-*O*-[3-*O*-(4-*O*-α-L- 吡喃鼠李糖基 -β-D- 吡喃葡萄糖基)-α-L-吡喃鼠李糖基]- 苯乙基 }- 乙酰胺 *N*-{4-*O*-[3-*O*-(4-*O*-α-L-rhamnopyranosyl-β-D-glucopyranosyl)-α-L-rhamnopyranosyl]-phenethyl}-acetamide

2''-*O*-α-L- 吡喃鼠李糖基车轴草苷▲ 2''-*O*-α-L-rhamnopyranosyltrifolin

2''-*O*- 吡喃鼠李糖基大花淫羊藿苷 A 2''-*O*-rhamnopyranosylikarisoside A

7-*O*-α-L- 吡喃鼠李糖基 - 槲皮素 -3-*O*-β-D-6- 咖啡酰吡喃葡萄糖基 -(1 → 2)-α-L- 吡喃鼠李糖苷 7-*O*-α-L-rhamnopyranosyl-quercetin-3-*O*-β-D-6-caffeoylglucopyranosyl-(1 → 2)-α-L-rhamnopyranoside

7-*O*-α-L- 吡喃鼠李糖基 - 槲皮素 -3-*O*-β-D- 吡喃葡萄糖基 -(1 → 2)-α-L- 吡喃鼠李糖苷 7-*O*-α-L-rhamnopyranosyl-quercetin-3-*O*-β-D-glucopyranosyl-(1 → 2)-α-L-rhamnopyranoside

6-*O*-α-L- 吡喃鼠李糖基黄瑞香素 6-*O*-α-L-rhamnopyranosyldaphnogirin

1(*R**)-(α-L- 吡喃鼠李糖基基)-3(*R**)-(β-D- 吡喃半乳糖氧基)- 胆甾 -5- 烯 -16(*S**),22(*S**)- 二醇 1(*R**)-(α-L-rhamnopyranosyloxy)-3(*R**)-(β-D-galactopyranosyloxy)-cholest-5-en-16(*S**),22(*S**)-diol

2''-*O*- 吡喃鼠李糖基牡荆素 2''-*O*-rhamnopyranosylvitexin

2''-*O*- 吡喃鼠李糖基牡荆素 2''-*O*-rhamnopyranosylvitexin

8-*C*- 吡喃鼠李糖基芹菜苷元 8-*C*-rhamnopyranosylapigenin

4-*O*-α-L- 吡喃鼠李糖基鞣花酸 4-*O*-α-L-rhamnopyranosylellagic acid

7-*O*-α-L- 吡喃鼠李糖基山柰酚 7-*O*-α-L-rhamnopyranosylkaempferol

7-*O*-α-L- 吡喃鼠李糖基山柰酚 -3-*O*-β-D- 吡喃葡萄糖苷 7-*O*-α-L-rhamnopyranosyl-kaempferol-3-*O*-β-D-glucopyranoside

7-*O*-α-L- 吡喃鼠李糖基山柰酚 -3-*O*-β-D- 吡喃葡萄糖基 -(1 → 2)-

β-D- 吡喃葡萄糖苷 7-O-α-L-rhamnopyranosyl-kaempferol-3-O-β-D-glucopyranosyl-(1 → 2)-β-D-glucopyranoside
7-O-α-L- 吡喃鼠李糖基 - 山柰酚 -3-O-β-D- 吡喃葡萄糖基 -(1 → 6)-β-D- 吡喃葡萄糖苷 7-O-α-L-rhamnopyransoyl-kaempferol-3-O-β-D-glucopyranosyl-(1 → 6)-β-D-glucopyranoside
6-O-α-L- 吡喃鼠李糖基桃叶珊瑚苷 6-O-α-L-rhamnopyranosylaucubin
4-O-α-L- 吡喃鼠李糖基 - 熊果 -12- 烯 -3β-O-β-D- 吡喃葡萄糖苷 4-O-α-L-rhamnopyranosyl-urs-12-en-3β-O-β-D-glucopyranoside
3-O-α-L- 吡喃鼠李糖基杨梅素基 -(I-2",II-2")-3-O-α-L- 吡喃鼠李糖基杨梅素 3-O-α-L-rhamnopyranosylmyricetinyl-(I-2",II-2")-3-O-α-L-rhamnopyranosylmyricetin
2"-α- 吡喃鼠李糖基异荭草素 2"-α-rhamnopyranosylisoorientin
7-O-α-L- 吡喃鼠李糖基异荭草素 7-O-α-L-rhamnopyransoylisoorientin
20-O-α-L- 吡喃鼠李糖基异牡荆素 20-O-α-L-rhamnopyranosylisovitexin
2"-α- 吡喃鼠李糖基异牡荆素 2"-α-rhamnopyranosylisovitexin
7-O-α-L- 吡喃鼠李糖基异牡荆素 7-O-α-L-rhamnopyransoylisovitexin
5-O-α-L- 吡喃鼠李糖基毡毛美洲茶素 5-O-α-L-rhamnopyranosylvelutin
6-O-α-L- 吡喃鼠李糖基梓醇 6-O-α-L-rhamnopyranosylcatalpol
(25S*)-l(R*)-(α-L- 吡喃鼠李糖氧基)-3(R*)-(β-D- 吡喃半乳糖氧基) 胆甾 -5- 烯 -16(S*),22(S*),26- 三醇 (25S*)-l(R*)-(α-L-rhamnopyranosyloxy)-3(R*)-(β-D-galactopyranosyloxy)cholest-5-en-16(S*),22(S*),26-triol
吡喃穗花杉黄酮 pyranoamentoflavone
1-(2'-γ- 吡喃酮)-6- 咖啡酰基 -α-D- 吡喃葡萄糖苷 1-(2'-γ-pyranone)-6-caffeoyl-α-D-pyranoglucose
吡喃酮 [3,2-b] 吡喃 -2,6- 二酮 pyrano[3,2-b]pyran-2,6-dione
β- 吡喃烯 β-pyronene
8-{7'-[(α-D- 吡喃岩藻糖基) 氧基]-2- 酮 -2H-1- 苯并吡喃 -8'-yl}-7- 羟基 -3-[(2- 氧代 -2H-1- 苯并吡喃 -7"- 基) 氧基]-2H-1- 苯并吡喃 -2- 酮 8-{7'-[(α-D-fucopyranosyl)oxy]-2-oxo-2H-1-benzopyran-8'-yl}-7-hydroxy-3-[(2-oxo-2H-1-benzopyran-7"-yl)oxy]-2H-1-benzopyran-2-one
(23S,24S)-24-[(O-β-D- 吡喃岩藻糖基) 氧基]-3β,23- 二羟基螺甾 -5,25(27)- 二烯 -1β-O-(4-O- 乙酰基 -α-L- 吡喃鼠李糖基)-(1 → 2)-O-[β-D- 吡喃木糖基 -(1 → 3)]-α-L- 吡喃阿拉伯糖苷 (23S,24S)-24-[(O-β-D-fucopyranosyl)oxy]-3β,23-dihydroxyspirosta-5,25(27)-dien-1β-O-(4-O-acetyl-α-L-rhamnopyranosyl)-(1 → 2)-O-[β-D-xylopyranosyl-(1 → 3)]-α-L-arabinopyranoside
3-O-β-D- 吡喃岩藻糖基柴胡皂苷元 F 3-O-β-D-fucopyranosylsaikogenin F
3β-O-[β-D- 吡喃异鼠李糖基 -(1 → 2)-α-L- 吡喃阿拉伯糖基] 常春藤皂苷元 -28-O-[α-L- 吡喃鼠李糖基 -(1 → 4)-β-D- 吡喃葡萄糖基 -(1 → 6)-β-D- 吡喃葡萄糖基] 酯苷 3β-O-[β-D-quinovopyranosyl-(1 → 2)-α-L-arabinopyranosyl]hederagenin-28-O-[α-L-rhamnopyranosyl-(1→4)-β-D-glucopyranosyl-(1→6)-β-D-glucopyranosyl]ester
3β-O-[β-D- 吡喃异鼠李糖基 -(1 → 2)-α-L- 吡喃阿拉伯糖基] 齐墩果酸 -28-O-[α-L- 吡喃鼠李糖基 -(1 → 4)-β-D- 吡喃葡萄糖基 -(1 → 6)-β-D- 吡喃葡萄糖基] 酯苷 3β-O-[β-D-quinovopyranosyl-(1 →2)-α-L-arabinopyranosyl]oleanolic acid-28-O-[α-L-rhamnopyranosyl-(1→4)-β-D-glucopyranosyl-(1→6)-β-D-glucopyranosyl]ester
4- 吡嗪 -2- 基 - 丁 -3- 烯 -1,2- 二醇 4-pyrazin-2-yl-but-3-en-1,2-diol
N-[4-(1H- 吡唑 -1- 基) 苯基] 甲酰胺 N-[4-(1H-pyrazol-1-yl)-phenyl]formamide
N-[4-(1H- 吡唑 -1- 基) 苯基] 乙酰胺 N-[4-(1H-pyrazol-1-yl)phenyl]acetamide
吡唑 -3(5)- 羧酸 pyrazole-3(5)-carboxylic acid
笔管草苷▲ A, B, C debiloside A, B, C
毕平多苷元 -3-O-6'- 脱氧 -β-D- 阿洛糖苷 bipindogenin-3-O-6'-deoxy-β-D-alloside
毕平多苷元 -3-O-6'- 脱氧 -β-D- 古洛糖苷 bipindogenin-3-O-6'-deoxy-β-D-guloside
毕平多苷元 -3-O-α-L- 鼠李糖苷 -6'- 脱氧 -β-D- 阿洛糖苷 bipindogenin-3-O-α-L-rhamnoside-6'-deoxy-β-D-alloside
毕平多苷元 -3-O-β-D- 阿洛糖苷 bipindogenin-3-O-β-D-alloside
毕平多苷元 -α-L- 鼠李糖苷 bipindogenin-α-L-rhamnoside
毕平多古洛甲基糖苷 bipindogulomethyloside
毕氏堆心菊素▲ bigelovin
毕氏盐角草苷▲ A, B salbige A, B
(4R,5S,8R,9S,10S,14R)- 闭花木 -12,15- 二烯 -19- 酸 (4R,5S,8R,9S,10S,14R)-cleistanth-12,15-dien-19-oic acid
闭花木 -13,15- 二烯 -18- 酸 cleistanth-13,15-dien-18-oic acid
闭花木醇▲ cleistanthol
闭花木素 B cleistanthin B
闭盔木碱▲ cleistopholine
闭鞘姜苷 I, J costusoside I, J
荜茇二十碳哌啶 pipereicosalidine
荜茇苷▲ A, B longumoside A, B
荜茇吉明碱▲ A, B piperlongimine A, B
荜茇明碱 piperlongumine
荜茇明宁碱 piperlonguminine
荜茇纳灵▲ pipernonaline
荜茇十八碳哌啶 piperoctadecalidine
荜茇十一碳哌啶 piperundecalidine
荜茇亭 piplartine
荜茇酮 3, 4 piprone 3, 4
荜茇烯胺 piperlongumide
荜茇酰胺▲ A, B, C piperlongumamide A, B, C
(-)- 荜澄茄醇 (-)-cubebol
荜澄茄醇 cubebol
(-)- 荜澄茄素 (-)-cubebin
(8R,8'R,9R)- 荜澄茄素 (8R,8'R,9R)-cubebin
(8R,8'R,9S)- 荜澄茄素 (8R,8'R,9S)-cubebin
荜澄茄素 cubebin
(-)-α- 荜澄茄萜 (-)-α-cubeb oil terpene
α- 荜澄茄烯 α-cubebene
β- 荜澄茄烯 β-cubebene
δ- 荜澄茄烯 δ-cubebene
荜澄茄烯 cubebene
荜澄茄烯醇 cubenol
α- 荜澄茄烯乙酸酯 α-cubebenoate
蓖麻毒素 ricin
蓖麻毒素 D, E, T ricin D, E, T
蓖麻胡椒基酯 ricipiperanyl ester
蓖麻碱 ricinine
蓖麻三甘油酯 ricintriglyceride
蓖麻三十五醇 ricipentatriacontanol
蓖麻酸 ricinoleic acid
蓖麻甾苯甲酸酯 ricinusteryl benzoate
碧冬茄苷 petunin
碧冬茄宁▲ petanin

碧冬茄素 petunidin
碧冬茄素 -3-(6"-*O*- 反式 - 对香豆酰基)-*β*-D- 葡萄糖苷 petunidin-3-(6"-*O*-trans-p-coumaroyl)-*β*-D-glucoside
碧冬茄素 -3-(6"- 香豆酰葡萄糖苷) petunidin-3-(6"-coumaroylglucoside)
碧冬茄素 -3-(咖啡酰芸香糖苷)-5- 葡萄糖苷 petunidin-3-(caffeoyl-rutinoside)-5-glucoside
碧冬茄素 -3-(香豆酰芸香糖苷)-5- 葡萄糖苷 petunidin-3-(coumaroyl)-rutinoside-5-glucoside
碧冬茄素 -3,5-*O*- 二葡萄糖苷 petunidin-3,5-*O*-diglucoside
碧冬茄素 -3,5- 二 -*O*-*β*-D- 吡喃葡萄糖苷 petunidin-3,5-di-*O*-*β*-D-glucopyranoside
碧冬茄素 -3-*O*-(4- 对反式香豆酰基 -*α*-L- 吡喃鼠李糖基)-(1 → 6)-*O*-*β*-D- 吡喃葡萄糖苷 petunidin-3-*O*-(4-*p*-*trans*-coumaroyl-*α*-L-rhamnopyranosyl)-(1 → 6)-*O*-*β*-D-glucopyranoside
碧冬茄素 -3-*O*-(4- 对反式香豆酰基 -*α*-L- 吡喃鼠李糖基)-(1 → 6)-*O*-*β*-D- 吡喃葡萄糖苷 -5-*O*-*β*-D- 葡萄糖苷 petunidin-3-*O*-(4-*p*-*trans*-coumaroyl-*α*-L-rhamnopyranosyl)-(1 → 6)-*O*-*β*-D-glucopyranoside-5-*O*-*β*-D-glucopyranoside
碧冬茄素 -3-*O*-(6-*O*- 对香豆酰基)- 葡萄糖苷 petunidin-3-*O*-(6-*O*-*p*-coumaryl)-glucoside
碧冬茄素 -3-*O*-(6-*O*- 对香豆酰基)- 芸香糖苷 -5-*O*- 吡喃葡萄糖苷 petunidin-3-*O*-(6-*O*-*p*-coumaryl)-rutinoside-5-*O*-glucopyranoside
碧冬茄素 -3-*O*-(6-*O*- 乙酰基)-5-*O*- 二葡萄糖苷 petunidin-3-*O*-(6-*O*-acetyl)-5-*O*-diglucoside
碧冬茄素 -3-*O*-(6-*O*- 乙酰基)- 葡萄糖苷 petunidin-3-*O*-(6-*O*-acetyl)-glucoside
碧冬茄素 -3-*O*-[(4'''-*O*- 反式 - 阿魏酰基)-*α*-L- 吡喃鼠李糖基)-(1''' → 6")-*β*-D- 吡喃葡萄糖基]-5-*O*-*β*-D- 吡喃葡萄糖苷 petunidin-3-*O*-[(4'''-*O*-*trans*-feruloyl)-*α*-L-rhamnopyranosyl)-(1''' → 6")-*β*-D-glucopyranoside]-5-*O*-*β*-D-glucopyranoside
碧冬茄素 -3-*O*-*α*-L- 吡喃阿拉伯糖苷 petunidin-3-*O*-*α*-L-arabinopyranoside
碧冬茄素 -3-*O*-*β*-D- 吡喃半乳糖苷 petunidin-3-*O*-*β*-D-galactopyranoside
碧冬茄素 -3-*O*-*β*-D- 吡喃葡萄糖苷 petunidin-3-*O*-*β*-D-glucopyranoside
碧冬茄素 -3-*O*- 阿魏酰己糖苷 -5-*O*- 己糖苷 petunidin-3-*O*-feruoyl-hexoside-5-*O*-hexoside
碧冬茄素 -3-*O*- 吡喃半乳糖苷 -5-*O*- 吡喃葡萄原去半乳糖替告皂苷糖苷 petunidin-3-*O*-galactopyranoside-5-*O*-glucopyranoside
碧冬茄素 -3-*O*- 吡喃葡萄糖苷 petunidin-3-*O*-glucopyranoside
碧冬茄素 -3-*O*- 吡喃葡萄糖苷 -(阿魏酰基)-5-*O*- 吡喃葡萄糖苷 petunidin-3-*O*-glucopyranoside-(feruloyl)-5-*O*-glucopyranoside
碧冬茄素 -3-*O*- 吡喃葡萄糖苷 -(丙二酰基)-5-*O*- 吡喃葡萄糖苷 petunidin-3-*O*-glucopyranoside-(maloyl)-5-*O*-glucopyranoside
碧冬茄素 -3-*O*- 吡喃葡萄糖苷 -5-*O*- 吡喃葡萄糖苷 petunidin-3-*O*-glucopyranoside-5-*O*-glucopyranoside
碧冬茄素 -3-*O*- 对香豆酰己糖苷 -5-*O*- 己糖苷 petunidin-3-*O*-*p*-coumaroyl-hexoside-5-*O*-hexoside
碧冬茄素 -3-*O*- 咖啡酰吡喃葡萄糖基 - 对香豆酰芸香糖苷 -5- 吡喃葡萄糖苷 petunidin-3-*O*-caffeoylglucopyranosyl-*p*-coumaroylrutinoside-5-glucopyranoside
碧冬茄素 -3-*O*- 香豆酰葡萄糖苷 -5-*O*- 葡萄糖苷 petunidin-3-*O*-coumaroylglucoside-5-*O*-glucoside
碧冬茄素 -3-*O*- 芸香糖苷 petunidin-3-*O*-rutinoside
碧冬茄素 -3-*O*- 芸香糖苷 -(反式 - 对香豆酰基)-5-*O*- 吡喃葡萄糖苷 petunidin-3-*O*-rutinoside-(*trans*-*p*-coumaroyl)-5-*O*-glucopyranoside
碧冬茄素 -3-*O*- 芸香糖苷 -(咖啡酰基)-5-*O*- 吡喃葡萄糖苷 petunidin-3-*O*-rutinoside-(caffeoyl)-5-*O*-glucopyranoside
碧冬茄素 -3-*O*- 芸香糖苷 -(顺式 - 对香豆酰基)-5-*O*- 吡喃葡萄糖苷 petunidin-3-*O*-rutinoside-(*cis*-*p*-coumaroyl)-5-*O*-glucopyranoside
碧冬茄素 -3-*O*- 芸香糖苷 -5-*O*-*β*-D- 吡喃葡萄糖苷 petunidin-3-*O*-rutinoside-5-*O*-*β*-D-glucopyranoside
碧冬茄素 -3-*O*- 芸香糖苷 -5-*O*- 吡喃葡萄糖苷 petunidin-3-*O*-rutinoside-5-*O*-glucopyranoside
碧冬茄素 -3-*O*- 芸香糖苷 -5-*O*- 葡萄糖苷 petunidin-3-*O*-rutinoside-5-*O*-glucoside
碧冬茄素 -3-*O*- 芸香糖苷 -5- 葡萄糖苷 petunidin-3-*O*-rutinoside-5-glucoside
碧冬茄素 -3- 吡喃阿拉伯糖苷 petunidin-3-arabinopyranoside
碧冬茄素 -3- 单吡喃葡萄糖苷 petunidin-3-monoglucopyranoside
碧冬茄素 -3- 对香豆酰鼠李葡萄糖苷 -5- 葡萄糖 petunidin-3-(*p*-coumaroyl)-rhamnosylglucoside-5-glucoside
碧冬茄素 -3- 对香豆酰芸香糖苷 -5- 葡萄糖苷 petunidin-3-(*p*-coumaroyl)-rutinosido-5-glucoside
碧冬茄素 -3- 葡萄糖苷 petunidin-3-glucoside
碧冬茄素 -3- 芸香糖苷 petunidin-3-rutinoside
碧冬茄素 -3- 芸香糖苷 -5- 葡萄糖糖苷 petunidin-3-rutinoside-5-glucoside
碧冬茄素 -5-*O*- 吡喃葡萄糖苷 petunidin-5-*O*-glucopyranoside
碧冬茄素 - 非乙酰化 -3- 鼠李糖基葡萄糖苷 -5- 葡萄糖苷 petunidin-nonacylated-3-rhamnosylglucoside-5-glucoside
碧冬茄素氯化物 petunidin chloride
碧冬茄素鼠李糖基己糖苷 petunidin rhamnosylhexoside
碧冬茄甾苷▲ L, N petunioside L, N
碧冬茄甾酮 A~G, G_1, G_2, H_1, H_2 petuniasterone A~G, G_1, G_2, H_1, H_2
碧冬茄甾酮 C-22-*O*-(甲硫基羰基) 乙酸酯 petuniasterone C-22-*O*-[(methylthio)carbonyl]acetate
碧冬茄甾酮 C-22-*O*- 乙酸酯 petuniasterone C-22-*O*-acetate
碧冬茄甾酮 D 二乙酸酯 petuniasterone D diacetate
碧冬茄甾酮 G-22-*O*- 乙酸酯 petuniasterone G-22-*O*-acetate
薜荔苷 A, B, C pumilaside A, B, C
篦子三尖杉黄酮 oliveriflavone
α- 边茄碱▲ *α*-solamargine
β_2- 边茄碱▲ β_2-solamargine
β- 边茄碱▲ *β*-solamargine
γ- 边茄碱▲ *γ*-solamargine
边茄碱▲ solamargine
边缘鳞盖蕨苷 A, B marginatoside A, B
边缘鳞盖蕨素 A, B, C fumotoshidin A, B, C
边缘鳞盖蕨素阿拉伯糖苷 fumotoshidin arabinoside
边缘绵马素 margaspidin
萹蓄苷 avicularin; avicularoside
萹蓄素▲ aviculin
蝙蝠葛醇灵碱▲ daurinoline
蝙蝠葛定 bianfugedine
蝙蝠葛苷▲ meniscoside
蝙蝠葛碱 dauricine
蝙蝠葛林碱▲ dauriciline
蝙蝠葛米定 dauricumidine
蝙蝠葛明 dauricumine
(+)- 蝙蝠葛内酯 (+)-menisdaurilide
蝙蝠葛内酯 menisdaurilide
蝙蝠葛宁 bianfugenine
蝙蝠葛诺林碱 dauricinoline

蝙蝠葛朴啡碱▲ menisporphine
蝙蝠葛朴啡灵▲ dauriporphinoline
蝙蝠葛任碱 menisperine
蝙蝠葛苏林碱 daurisoline
蝙蝠葛素▲ menisdaurin
蝙蝠葛辛 bianfugecine
蝙蝠葛新可林碱 dauricicoline
蝙蝠葛氧代异朴啡 A~D daurioxoisoporphine A~D
蝙蝠茄素▲ vespertilin
鞭打绣球苷 A, B, C hemiphroside A, B, C
(+)- 扁柏醇 (+)-hinokiol
3α- 扁柏醇 3α-hinokiol
扁柏醇 hinokiol
(-)- 扁柏次酸 (-)-isochaminic acid
扁柏定▲ chamaecydin
扁柏黄酮 hinokiflavone
(-)-β- 扁柏螺烯▲ (-)-β-chamigrene
α- 扁柏螺烯▲ α-chamigrene
β- 扁柏螺烯▲ β-chamigrene
扁柏螺烯▲ chamigrene
β- 扁柏螺烯▲ -10α- 醇 β-chamigrene-10α-ol
β- 扁柏螺烯▲ -1β- 醇 β-chamigrene-1β-ol
扁柏螺烯醇▲ chamigrenol
β- 扁柏螺烯醛▲ β-chamigrenal
扁柏螺烯醛▲ chamigrenal
β- 扁柏螺烯酸▲ β-chamigrenic acid
扁柏酸 hinokiic acid
扁柏酮 binokione
(-)- 扁柏脂素 (-)-hinokinin
(+)- 扁柏脂素 (+)-hinokinin
扁柏脂素 hinokinin
扁担叶碱 hamayne
扁豆苷 A~F lablaboside A~F
扁豆酮 dolineone
扁豆皂苷 I lablab saponin I
扁核木醇▲ prinsepiol
扁核木醇▲ -4-O-β-D- 葡萄糖苷 prinsepiol-4-O-β-D-glucoside
扁蕾芴酮 gentianopfluorenone
扁囊衣酸▲ placodiolic acid
扁平橘碱 I, II citpressine I, II
扁蒴藤醇 pristimerol
扁蒴藤素 pristimerin
扁桃斑鸠菊醇▲ vernodalol
扁桃斑鸠菊素▲ vernodalin
(R)- 扁桃腈芸香糖苷 (R)-mandelonitrile-rutinoside
D- 扁桃酸 D-mandelic acid
扁枝槲寄生苷▲ A~F visartiside A~F
扁枝杉 -16α,19- 二醇 phyllocladan-16α,19-diol
扁枝杉香豆素 phyllocoumarin
扁枝石松醇▲ A~D complanatumol A~D
扁枝石松定▲ A diphaladine A
扁枝石松定碱▲ A, B complanadine A, B
扁枝石松碱 complanatine
扁枝衣尼酸▲甲酯 -2-O-β-D- 吡喃木糖基 -(1 → 6)-β-D- 吡喃葡萄糖苷 everninic acid methyl ester-2-O-β-D-xylopyranosyl-(1 → 6)-β-D-glucopyranoside
扁枝衣宁酸 everninic acid
扁枝衣宁酸乙酯 ethyl everninate
扁枝衣酸▲ evernic acid
扁轴木素 A, B parkinsonin A, B
扁轴木亭▲ parkintin
苄醇 benzyl alcohol; phenmerhylol
苄醇 -1-O-[α-L- 吡喃阿拉伯糖基 -(1 → 6)-β-D- 吡喃葡萄糖苷] benzyl alcohol-1-O-[α-L-arabinopyranosyl-(1 → 6)-β-D-glucopyranoside]
苄醇 -6-O-α-L- 吡喃阿拉伯糖基 -β-D- 吡喃葡萄糖苷 benzyl alcohol-6-O-α-L-arabinopyranosyl-β-D-glucopyranoside
苄醇 -O-(2'-O-β-D- 吡喃木糖基 -3'-O-β-D- 吡喃葡萄糖苷)-β-D- 吡喃葡萄糖苷 benzyl alcohol-O-(2'-O-β-D-xylopyrnaosyl-3'-O-β-D-glucopyranoside)-β-D-glucopyrnaoside
苄醇 -O-α-L- 吡喃阿拉伯糖基 -(1 → 6)-β-D- 吡喃葡萄糖苷 benzyl alcohol-O-α-L-arabinopyranosyl-(1 → 6)-β-D-glycopyranoside
苄醇 -O-β-D- 吡喃木糖基 -(1 → 2)-β-D- 吡喃葡萄糖苷 benzyl alcohol-O-β-D-xylopyranosyl-(1 → 2)-β-D-glucopyranoside
苄醇 -O-β-D- 吡喃葡萄糖基 -(1 → 2)-O-β-D- 吡喃葡萄糖苷 benzyl alcohol-O-β-D-glucopyranosyl-(1 → 2)-O-β-D-glucopyranoside
苄醇 -O-β-D- 葡萄糖苷 benzyl alcohol-O-β-D-glucoside
苄醇 -β-(2'-O-β-D- 吡喃木糖基)- 吡喃葡萄糖苷 benzyl alcohol-β-(2'-O-β-D-xylopyranosyl)-glucopyranoside
苄醇 -β-(2'-O-β- 吡喃木糖基)- 吡喃葡萄糖苷 benzyl alcohol-β-(2'-O-β-xylopyranosyl)-glucopyranoside
苄醇 -β-D- 吡喃木糖基 -(1'' → 6')-β-D- 吡喃葡萄糖苷 benzyl alcohol-β-D-xylopyranosyl-(1'' → 6')-β-D-glucopyranoside
苄醇 -β-D- 吡喃葡萄糖苷 benzyl alcohol-β-D-glucopyranoside
苄醇 -β-D- 呋喃芹糖基 -(1 → 2)-β-D- 吡喃葡萄糖苷 benzyl alcohol-β-D-apiofuranosyl-(1 → 2)-β-D-glucopyranoside
苄醇 -β-D- 葡萄糖苷 benzyl alcohol-β-D-glucoside
苄醇 -β- 吡喃葡萄糖苷 benzyl alcohol-β-glucopyranoside
苄醇 - 吡喃木糖基 -(1 → 6)-O-β-D- 吡喃葡萄糖苷 benzyl alcohol-xylopyranosyl-(1 → 6)-O-β-D-glucopyranoside
苄醇 - 吡喃木糖基 -(1 → 6)- 吡喃葡萄糖苷 benzyl alcohol-xylopyranosyl-(1 → 6)-glucopyranoside
苄醇吡喃葡萄糖苷 benzyl alcohol glucopyranoside
苄醇二己糖 benzyl alcohol-dihexose
苄醇己糖 - 戊糖 benzyl alcohol-hexose-pentose
苄醇葡萄糖苷 benzyl alcohol glucoside
苄非他明 -N- 脱甲基酶 benzphetamine-N-demethylase
1- 苄基 -(6- 对羟基苯甲酰基)-β-D- 吡喃葡萄糖基 -(1 → 3)-β-D- 吡喃葡萄糖苷 1-benzyl-[6-p-hydroxybenzoyl]-β-D-glucopyranosyl-(1 → 3)-β-D-glucopyranoside
1-O- 苄基 -[5-O- 苯甲酰基 -β-D- 呋喃芹糖基 -(1 → 2)]-β-D- 吡喃葡萄糖苷 1-O-benzyl-[5-O-benzoyl-β-D-apiofuranosyl-(1→2)]-β-D-glucopyranoside
苄基 -1-O-β-D- 吡喃葡萄糖苷 benzyl-1-O-β-glucopyranoside
2- 苄基 -2,6,3',4'- 四羟基香豆烷 -3- 酮 2-benzyl-2,6,3',4'-tetrahydroxycoumaran-3-one
2- 苄基 -2,6,3'-4'- 四羟基香豆 -3- 酮 2-benzyl-2,6,3'-4'-tetrahydroxycoumaran-3-one
苄基 -2,6- 二甲氧基苯甲酸酯 benzyl-2,6-dimethoxybenzoate
苄基 -2,6- 二羟基苯甲酸酯 -6-O-α-L- 吡喃鼠李糖基 -(1 → 3)-β-D- 吡喃葡萄糖苷 benzyl-2,6-dihydroxybenzoate-6-O-α-L-rhamnopyranosyl-(1 → 3)-β-D-glucopyranoside
苄基 -2-O- 反式 - 对香豆酰基 -α-L- 吡喃鼠李糖基 -(1 → 6)-β-D- 吡喃葡萄糖苷 benzyl-2-O-trans-p-coumaroyl-α-L-rhamnopyranosyl-(1 → 6)-β-D-glucopyranoside
苄基 -2-O- 顺式 - 对香豆酰基 -α-L- 吡喃鼠李糖基 -(1 → 6)-β-D- 吡喃葡萄糖苷 benzyl-2-O-cis-p-coumaroyl-α-L-rhamnopyranosyl-(1 → 6)-β-D-glucopyranoside

苄基 -2-β- 吡喃葡萄糖氧基苯甲酸酯 benzyl-2-β-glucopyranosyloxybenzoate
苄基 -2- 羟基 -4-O-[β- 吡喃木糖基 -(1''→6')-β- 吡喃葡萄糖基]- 苯甲酸酯 benzyl-2-hydroxy-4-O-[β-xylopyranosyl-(1''→6')-β-glucopyranosyl]-benzoate
苄基 -2- 羟基 -6- 甲氧基苯甲酯 -2-O-β-D- 葡萄糖苷 benzyl-2-hydroxy-6-methoxybenzoate-2-O-β-D-glucoside
苄基 -2- 新橙皮糖氧基 -6- 羟基苯甲酸酯苷 benzyl-2-neohesperidosyloxy-6-hydroxybenzoate
苄基 -4-O-β-D- 吡喃葡萄糖基 -3,4- 二羟基 - 苯甲酸酯 benzyl-4-O-β-D-glucopyranosyl-3,4-dihydroxy-benzoate
苄基 -4-O- 反式 - 对香豆酰基 -α-L- 吡喃鼠李糖基 -(1→6)-β-D- 吡喃葡萄糖苷 benzyl-4-O-trans-p-coumaroyl-α-L-rhamnopyranosyl-(1→6)-β-D-glucopyranoside
苄基 -6-[(2E)-2- 丁烯酸酯]-β-D- 吡喃葡萄糖苷 benzyl-6-[(2E)-2-butenoate]-β-D-glucopyranoside
苄基 -6-O-α-L- 吡喃阿拉伯糖基 -(1→6)-β-D- 吡喃葡糖苷 benzyl-6-O-α-L-arabinopyranosyl-(1→6)-β-D-glucopyranoside
苄基 -6-O-α-L- 吡喃鼠李糖基 -β-D- 吡喃葡萄糖苷 benzyl-6-O-α-L-rhamnopyranosyl-β-D-glucopyranoside
苄基 -6'-O-β-D- 呋喃芹糖基 -β-D- 吡喃葡萄糖苷 benzyl-6'-O-β-D-apiofuranosyl-β-D-glucopyranoside
苄基 -6-O-β-D- 呋喃芹糖基 -β-D- 吡喃葡萄糖苷 benzyl-6-O-β-D-apiofuranosyl-β-D-glucopyranoside
(3S,6S)-3- 苄基 -6- 对羟基苄基 -2,5- 哌嗪二酮 (3S,6S)-3-benzyl-6-(p-hydroxybenzyl)-2,5-piperazine diketone
苄基 -D- 吡喃葡萄糖苷 benzyl-D-glucopyranoside
苄基 -O-α-L- 吡喃鼠李糖基 -(1→6)-β-D- 吡喃葡萄糖苷 benzyl-O-α-L-rhamnopyranosyl-(1→6)-β-D-glucopyranoside
苄基 -O-β-D- 吡喃葡萄糖苷 benzyl-O-β-D-glucopyranoside
苄基 -O-β-D- 呋喃芹糖基 -(1→2)-β-D- 吡喃葡萄糖苷 benzyl-O-β-D-apiofuranosyl-(1→2)-β-D-glucopyranoside
1'-O- 苄基 -α-L- 吡喃鼠李糖基 -(1→6)-β-D- 吡喃葡萄糖苷 1'-O-benzyl-α-L-rhamnopyranosyl-(1→6)-β-D-glucopyranoside
苄基 -α-L- 吡喃鼠李糖基 -(1→6)-β-D- 吡喃葡萄糖苷 benzyl-α-L-rhamnopyranosyl-(1→6)-β-D-glucopyranoside
苄基 -β-(2'-O-β-D- 吡喃葡萄糖基)-β-D- 吡喃葡萄糖苷 benzyl-β-(2'-O-β-D-glucopyranosyl)-β-D-glucopyranoside
苄基 -β-D- 吡喃阿洛糖苷 benzylic alcohol-β-D-allopyranoside
苄基 -β-D- 吡喃葡萄糖苷 benzyl-β-D-glucopyranoside
苄基 -β-D- 呋喃芹糖 -(1→6)-β-D- 吡喃葡萄糖醛酸 phenylmethyl-β-D-apiofuranosyl-(1→6)-β-D-glucopyranoside
苄基 -β-D- 呋喃芹糖基 -(1→6)-β-D- 吡喃葡萄糖苷 benzyl-β-D-apiofuranosyl-(1→6)-β-D-glucopyranoside
苄基 -β-D- 葡萄糖苷 benzyl-β-D-glucoside
苄基 -β- 吡喃葡萄糖苷 benzyl-β-glucopyranoside
苄基 -β- 樱草糖苷 benzyl-β-primeveroside
苄基吡喃葡萄糖苷 benzyl glucopyranoside
苄基 - 吡喃葡萄糖苷 benzylglucopyranoside
苄基丙酮 benzylacetone
12-O- 苄基 - 二氢肉珊瑚素▲-3-O-β-D- 吡喃磁麻糖基 -(1→4)-β-D- 吡喃夹竹桃糖基 -(1→4)-β-D- 吡喃洋地黄毒糖基 -(1→4)-β-D- 吡喃磁麻糖苷 12-O-benzyl-dihydrosarcostin-3-O-β-D-thevetopyranosyl-(1→4)-β-D-oleandropyranosyl-(1→4)-β-D-digitoxopyranosyl-(1→4)-β-D-cymaropyranoside
2- 苄基黄紫茜素 2-benzylxanthopurpurin
苄基芥子油苷 benzyl glucosinolate
N- 苄基咔唑 A, B N-benzylcarbazole A, B
苄基硫代 -(-)- 表儿茶酚 benzylthio-(-)-epicatechol
苄基硫苷 benzylthioglycoside
N- 苄基萘胺 N-benzyl-2-naphthylamine
3- 苄基色烯 -2- 酮 3-benzylchromen-2-one
12- 苄基泰勒纤冠藤酮▲-3-O-β-D- 吡喃磁麻糖基 -(1→4)-β-D- 吡喃夹竹桃糖基 -(1→4)-β-D- 吡喃洋地黄毒糖基 -(1→4)-β-D- 吡喃磁麻糖苷 12-benzyltayloron-3-O-β-D-thevetopyranosyl-(1→4)-β-D-oleandropyranosyl-(1→4)-β-D-digitoxopyranosyl-(1→4)-β- D-cymaropyranoside
苄基异喹啉 benzylisoquinoline
苄基樱草糖苷 benzylprimeveroside
4- 苄硫基表儿茶素 4-benzylthio-epicatechin
苄硫基二苯脲 benzyl sulfur-diphenyl urea
苄异腈 benzyl isocyanide
变孔绚孔菌酸 C, D versisponic acid C, D
变色白前苷▲ A~G cynanversicoside A~G
变色马兜铃内酯▲ A~D versicolactone A~D
变色曲霉红宁▲ averufanin
变色曲霉红素▲ averufin
变位黄质▲ mutatoxanthin
变叶美登木醇 maytenfoliol
变叶美登木素 A, B, C maytensifolin A, B, C
变叶美登木酸 maytenfolic acid
变叶美登木酮▲ maytenfolone
变叶美登木酮▲ A maytenfolone A
遍地金素▲ wightianin
杓唇石斛林 moscatilin
杓唇石斛素 moscatin
杓兰醌▲ A cypripediquinone A
杓兰素 cypripedin
(E)- 藨草素 A (E)-scirpusin A
藨草素 A, B scirpusin A, B
7- 表 -10- 去乙酰基印度三尖杉碱▲ 7-epi-10-deacetylcephalomannine
7- 表 -10- 去乙酰基紫杉醇 7-epi-10-deacetyltaxol
8- 表 -11β,13- 二氢齿叶黄皮素 A 8-epi-11β,13-dihydrodentatin A
表 -13- 泪柏醇 epi-13-manool
3- 表 -14,15- 二氢莸素 3-epi-14,15-dihydrocaryoptin
14- 表 -15-O- 甲基新荚蒾宁 F 14-epi-15-O-methylneovibsanin F
12- 表 -15-O- 乙酰欧乌头碱 12-epi-15-O-acetylnapelline
11- 表 -16α,17- 二羟基雷波乌头碱 11-epi-16α,17-dihydroxylepenine
1- 表 -16β- 羟基心瓣翠雀碱 1-epi-16β-hydroxycardiopetaline
20- 表 -16'- 去甲氧羰基 -19,20- 二氢硬锥喉花胺▲ 20-epi-16'-decarbomethoxy-19,20-dihydroconoduramine
20- 表 -19,20- 二氢去甲氧羰基伏康树辛▲ 20-epi-19,20-dihydro-decarbomethoxyvobasine
16- 表 -19S- 长春里宁 16-epi-19S-vindolinine
3'- 表 -19- 降钉头果洛苷▲ 3'-epi-19-norafroside
12- 表 -19- 去氢光泽乌头碱 12-epi-19-dehydrolucidusculine
12- 表 -19- 去氢欧乌头碱 12-epi-19-dehydronapelline
20- 表 -19- 氧代二氢苦籽木辛碱▲ 20-epi-19-oxodihydroakuammicine
3- 表 -20- 羟基蜕皮素 3-epi-20-hydroxyecdysone
24- 表 -24-O- 羟基 -7,8- 二去氢氢化升麻新醇 -3-O-β-D- 吡喃半乳糖苷 24-epi-24-O-hydroxy-7,8-didehydrohydroshengmanol-3-O-β-D-galactopyranoside
24- 表 -24-O- 乙酰基 -7,8- 二去氢氢化升麻新醇 -3-O-β-D- 吡喃半乳糖苷 24-epi-24-O-acetyl-7,8-didehydrohydroshengmanol-3-O-β-D-galactopyranoside
24- 表 -24-O- 乙酰基 -7,8- 二去氢 - 氢化升麻新醇 -3-O-β-D- 吡喃

木糖苷 24-*epi*-24-*O*-acetyl-7,8-didehydro-hydroshengmanol-3-*O*-β-D-xylopyranoside

24- 表 -24-*O*- 乙酰基 -7,8- 二去氢升麻新醇 -3-*O*-β-D- 吡喃木糖苷 24-*epi*-24-*O*-acetyl-7,8-didehydroshengmaol-3-*O*-β-D-xylopyranoside

24- 表 -24-*O*- 乙酰基 -7,8- 去二氢氢化升麻新醇 3-*O*-(2'-*O*-丙二酰基 -β-D- 吡喃木糖苷 24-*epi*-24-*O*-acetyl-7,8-didehydrohydroshengmanol-3-*O*-(2'-*O*-malonyl)-β-D-xylopyranoside

24- 表 -24-*O*- 乙酰基 -7,8- 去二氢氢化升麻新醇 -3-*O*-α-L- 吡喃阿拉伯糖苷 24-*epi*-24-*O*-acetyl-7,8-didehydrohydroshengmanol-3-*O*-α-L-arabinopyranoside

24- 表 -24-*O*- 乙酰基 -7,8- 去二氢氢化升麻新醇 -3-*O*-β-D- 吡喃木糖苷 24-*epi*-24-*O*-acetyl-7,8-didehydrohydroshengmanol-3-*O*-β-D-xylopyranoside

24- 表 -24-*O*- 乙酰氢化升麻新醇 -3-*O*-β-D- 吡喃半乳糖苷 24-*epi*-24-*O*-acetylhydroshengmanol-3-*O*-β-D-galactopyranoside

23- 表 -26- 去氧类叶升麻素▲ 23-*epi*-26-deoxyactein

1,3- 表 -29-(2- 甲基丙酰氧基)-2α- 羟基崖摩抑酮▲ 1,3-*epi*-29-(2-methylpropanoyloxy)-2α-hydroxyamoorastatone

1,3- 表 -29-(2- 甲基丁酰氧基)-2α- 羟基崖摩抑酮▲ 1,3-*epi*-29-(2-methylbutanoyloxy)-2α-hydroxyamoorastatone

2'- 表 -2'-*O*- 乙酰黄花夹竹桃素▲B 2'-*epi*-2'-*O*-acetylthevetin B

表 -2- 普普科亚膜海绵酮▲ *epi*-2-pupukeanone

表 -2- 羟基软木三萜酮乙酸酯 epicerin acetate

13- 表 -2- 氧代羽叶哈威豆洛醇▲ 13-*epi*-2-oxokolavelool

3- 表 -30- 降齐墩果 -12,20(29)- 二烯 -28- 酸 3-*epi*-30-norolean-12,20(29)-dien-28-oic acid

表 -3- 奎胺 *epi*-3-quinamine

19- 表 -3- 异 - 阿吉马蛇根辛碱▲ 19-*epi*-3-isoajmalicine

15- 表 -4*E*- 大齿麻疯树萜二酮 15-*epi*-4*E*-jatrogrossidentadione

15- 表 -4*Z*- 大齿麻疯树萜二酮 15-*epi*-4*Z*-jatrogrossidentadione

10- 表 -5α- 氢过氧基 -β- 桉叶油醇 10-*epi*-5α-hydroperoxy-β-eudesmol

4,10- 表 -5β- 羟基二氢桉叶油醇 4,10-*epi*-5β-hydroxydihydroeudesmol

10- 表 -5β- 氢过氧基 -β- 桉叶油醇 10-*epi*-5β-hydroperoxy-β-eudesmol

19- 表 -5- 氧代伏康树斯亭▲ 19-*epi*-5-oxovoacristine

4- 表 -6α,10β- 二羟基 - 鹰爪花醇 4-*epi*-6α,10β-dihydroxy-artabotrol

9- 表 -6α- 甲氧基 - 京尼平苷酸 9-*epi*-6α-methoxygeniposidic acid

7'- 表 -7''*R*,8''*S*-4''- 去甲基三白草醇▲ 7'-*epi*-7''*R*,8''*S*-4''-demethylsaucerneol

24- 表 -7(8)- 烯 - 升麻醇 -3-*O*-α-L- 吡喃阿拉伯糖苷 24-*epi*-7(8)-en-cimigenol-3-*O*-α-L-arabinopyranoside

24- 表 -7(8)- 烯 - 升麻醇 -3-*O*-β-D- 吡喃木糖苷 24-*epi*-7(8)-en-cimigenol-3-*O*-β-D-xylopyranoside

24- 表 -7,8- 二去氢升麻醇 24-*epi*-7,8-didehydrocimigenol

24- 表 -7,8- 二去氢升麻醇 -3-*O*-β-D- 吡喃木糖苷 24-*epi*-7,8-didehydrocimigenol-3-*O*-β-D-xylopyranoside

24- 表 -7,8- 二去氢升麻醇 -3- 酮 24-*epi*-7,8-didehydrocimigenol-3-ketone

4- 表 -7α,15- 二羟基去氢冷杉酸 4-*epi*-7α,15-dihydroxydehydroabietic acid

4- 表 -7α-*O*- 乙酰野甘草酸▲A 4-*epi*-7α-*O*-acetylscoparic acid A

4- 表 -7α- 羟基野甘草诺醛▲-13- 酮 4-*epi*-7α-hydroxydulcinodal-13-one

24- 表 -7β- 羟基 -24-*O*- 乙酰氢化升麻新醇 -3-*O*-β-D- 吡喃木糖苷 24-*epi*-7β-hydroxy-24-*O*-acetylhydroshengmanol-3-*O*-β-D-xylopyranoside

5- 表 -7- 表 -α- 桉叶油醇 5-*epi*-7-*epi*-α-eudesmol

(7*S*)-4- 表 -7- 羟基野甘草酸▲A (7*S*)-4-*epi*-7-hydroxyscoparic acid A

8- 表 -7- 去氧马钱苷 8-*epi*-7-deoxyloganin

6- 表 -8-*O*- 乙酰钩果草吉苷▲ 6-*epi*-8-*O*-acetylharpagide

6- 表 -8β- 乙酰氧基东北石松文碱▲ 6-*epi*-8β-acetoxylycoclavine

8- 表 -8- 巴豆酰岩生三裂蒿素▲A 8-*epi*-8-tiglylrupicolin A

8- 表 -8- 巴豆酰岩生三裂蒿素▲B 8-*epi*-8-tiglylrupicolin B

13- 表 -9- 去氧毛喉鞘蕊花素▲ 13-*epi*-9-deoxyforskolin

表 -*N*- 去甲石蒜胺 *epi*-*N*-demethyllycoramine

16- 表 -*Z*- 异长春钦碱▲ 16-*epi*-*Z*-isositsirikine

7- 表 -α- 桉叶油醇 7-*epi*-α-eudesmol

6- 表 -α- 荜澄茄烯 6-*epi*-α-cubebene

表 -α- 杜松醇 *epi*-α-cadinol

表 -α- 红没药醇 *epi*-α-bisabolol

表 -α- 绿叶烯 *epi*-α-patchoulene

表 -α- 欧洲赤松醇▲ *epi*-α-muurolol

7- 表 -α- 芹子烯 7-*epi*-α-selinene

表 -α- 夏天无新碱 *epi*-α-decumbensine

3- 表 -α- 香树脂醇 3-*epi*-α-amyrin

表 -α- 香树脂醇 *epi*-α-amyrin

3- 表 -α- 育亨宾碱 3-*epi*-α-yohimbine

7- 表 -β- 桉叶 -4(15)- 烯 -1α,6α- 二醇 7-*epi*-β-eudesm-4(15)-ene-1α,6α-diol

7- 表 -β- 桉叶油醇 7-*epi*-β-eudesmol

6- 表 -β- 荜澄茄烯 6-*epi*-β-cubebene

表 -β- 红没药醇 *epi*-β-bisabolol

表 -β- 檀香醇 *epi*-β-santalol

表 -β- 檀香烯 *epi*-β-santalene

表 -β- 香树脂醇 *epi*-β-amyrin

10- 表 -γ- 桉叶油醇 10-*epi*-γ-eudesmol

7- 表 -γ- 桉叶油醇 7-*epi*-γ-eudesmol

表 -γ- 桉叶油醇 *epi*-γ-eudesmol

16- 表 -Δ^{14}- 蔓长春花胺▲ 16-*epi*-Δ^{14}-vincamine

16- 表 -Δ^{14}- 蔓长春花醇▲ 16-*epi*-Δ^{14}-vincanol

3- 表 -δ- 香树脂醇 3-*epi*-δ-amyrin

表 -ψ- 蒲公英赛二醇 *epi*-ψ-taraxastanediol

表 -ψ- 蒲公英赛二醇单乙酸酯 *epi*-ψ-taraxastanediol monoacetate

表 -ψ- 蒲公英赛酮醇 *epi*-ψ-taraxastanonol

19- 表 - 阿吉马蛇根辛碱▲ 19-*epi*-ajmalicine

表阿江榄仁酸 epiarjunic acid

(+)-4- 表 - 矮艾素 A (+)-4-*epi*-arbusculin A

4- 表艾山亭 4-epiashantin

表艾脂麻素 A, B episesartemin A, B

表 - 安五味子酸 *epi*-anwuweizic acid

7- 表 - 桉叶 -4(15)- 烯 -1α,6α- 二醇 7-*epi*-eudesm-4(15)-ene-1α,6α-diol

5,7- 表桉叶 -4(15)- 烯 -1β,6β- 二醇 5,7-epieudesm-4(15)-ene-1β,6β-diol

5- 表桉叶 -4(15)- 烯 -1β,6β- 二醇 5-*epi*-eudesma-4(15)-en-1β,6β-diol

5- 表 - 桉叶 -4(15)- 烯 -1β,6β- 二醇 5-*epi*-eudesm-4(15)-ene-1β,6β-diol

7- 表 - 桉叶 -4(15)- 烯 -1β,6β- 二醇 7-*epi*-eudesm-4(15)-ene-1β,6β-diol

7- 表 - 桉叶 -4(15)- 烯 -1β,6α- 二醇 7-*epi*-eudesm-4(15)-ene-1β,6α-diol

(-)- 表桉脂素 (-)-epieudesmin

(+)- 表桉脂素 (+)-epieudesmin

表桉脂素 epieudesmin

10- 表 - 奥古山香素▲ 10-*epi*-olguine

4- 表 - 八角呋酮 -*E*-12- 莽草酸酯 4-*epi*-illicinone-*E*-12-shikimate

表菝葜皂苷元 epismilagenin
15- 表 - 白苞筋骨草素▲A 15-*epi*-lupulin A
15- 表 - 白苞筋骨草素▲B 15-*epi*-lupulin B
表白菖酮 epishyobunone
表白毒马草二醇▲ epicandicandiol
2'- 表白花牛角瓜灵▲ 2'-*epi*-uscharin
3α- 表白桦树脂酸 3α-*epi*-betulinic acid
3- 表白桦脂醇 3-epibetulin
3- 表白桦脂酸 3-epibetulinic acid
表白桦脂酸 epibetulinic acid
3- 表 - 白桦脂酸 -28-*O*-α-L- 吡喃鼠李糖基 -(1 → 4)-*O*-β-D- 吡喃葡萄糖基 -(1 → 6)-β-D- 吡喃葡萄糖苷 3-*epi*-betulinic acid-28-*O*-α-L-rhamnopyranosyl-(1→4)-*O*-β-D-glucopyranosyl-(1→6)-β-D-glucopyranoside
3- 表 - 白桦脂酸 -28-*O*-α-L- 吡喃鼠李糖基 -(1 → 4)-β-D- 吡喃葡萄糖基 -(1 → 6)-β-D- 吡喃葡萄糖基酯 3-*epi*-betulinic acid-28-*O*-α-L-rhamnopyranosyl-(1→4)-β-D-glucopyranosyl-(1→6)-β-D-glucopyranosyl ester
3- 表 - 白桦脂酸 -3-*O*-β-D-6'- 乙酰吡喃葡萄糖苷 -28-[α-L- 吡喃鼠李糖基 -(1 → 4)-*O*-β-D- 吡喃葡萄糖基 -(1 → 6)]-β-D- 吡喃葡萄糖苷 3-*epi*-betulinic acid-3-*O*-β-D-6'-acetylglucopyranoside-28-[α-L-rhamnopyranosyl-(1→4)-*O*-β-D-glucopyranosyl-(1→6)]-β-D-glycopyranoside
3- 表 - 白桦脂酸 -3-*O*-β-D- 吡喃葡萄糖苷 3-*epi*-betulinic acid-3-*O*-β-D-glucopyranoside
3- 表 - 白桦脂酸 -3-*O*- 硫酸酯 3-*epi*-betulinic acid-3-*O*-sulfate
3- 表 - 白桦脂酸 -3-*O*- 硫酸酯 -28-*O*-[α-L- 吡喃鼠李糖基 -(1 → 4)-*O*-β-D- 吡喃葡萄糖基 -(1 → 6)]-β-D- 吡喃葡萄糖苷 3-*epi*-betulinic acid-3-*O*-sulfate-28-*O*-[α-L-rhamnopyranosyl-(1 → 4)-*O*-β-D-glucopyranosyl-(1 → 6)]-β-D-glucopyranoside
3- 表 - 白桦脂酸甲酯 methyl 3-*epi*-betulinate
3- 表 - 白桦脂酸乙酸酯 3-*epi*-betulinic acid acetate
表百脉根苷 epilotaustralin
13- 表柏木酸 13-epicupressic acid
表杯苋甾酮 epicyasterone
28- 表 - 杯苋甾酮 28-*epi*-cyasterone
表北美鹅掌楸内酯 epitulipinolide
表北美鹅掌楸内酯二环氧化物 epitulipinolide diepoxide
表北五味子素▲O epigomisin O
4- 表贝壳杉二醇▲ 4-epiagathadiol
表荜澄茄醇 epicubebol
4- 表 - 荜澄茄醇 4-*epi*-cubebol
1- 表荜澄茄烯醇 1-epicubenol
表荜澄茄烯醇 epicubenol
表扁枝杉香豆素 epiphyllocoumarin
(+)- 表别杜英林碱 (+)-epialloelaeocarpiline
15- 表波斯益母草素▲B, C 15-epileopersin B, C
9- 表 - 布卢竹柏醇 B 9-*epi*-blumenol B
8- 表 - 苍耳亭 -1β,5β- 环氧化物 8-*epi*-xanthatin-1β,5β-epoxide
8- 表 - 苍耳亭 -1β- 环氧化物 8-*epi*-xanthatin-1β-epoxide
10- 表苍术苷 A 10-*epi*-atractyloside A
7- 表糙苏醇▲ 7-epiphlomiol
3- 表草蔻素 B 3-epicalyxin B
表草蔻素 B, C, D, F~K, M epicalyxin B, C, D, F~K, M
16- 表 - 柴胡皂苷元 C 16-*epi*-saikogenin C
16- 表 - 柴胡皂苷元 C-28-*O*-β-D- 吡喃葡萄糖基 -3-*O*-β-D- 吡喃葡萄糖基 -(1 → 6)-[α-L- 吡喃鼠李糖基 -(1 → 4)]-β-D- 吡喃葡萄糖苷 16-*epi*-saikogenin C-28-*O*-β-D-glucopyranosyl-3-*O*-β-D-glucopyranosyl-(1 → 6)-[α-L-rhamnopyranosyl-(1 → 4)]-β-D-glucopyranoside
16- 表 - 柴胡皂苷元 C-3-*O*-β-D- 吡喃葡萄糖基 -(1 → 6)-[α-L- 吡喃鼠李糖基 -(1 → 4)]-β-D- 吡喃葡萄糖苷 16-*epi*-saikogenin C-3-*O*-β-D-glucopyranosyl-(1→6)-[α-L-rhamnopyranosyl-(1→4)]-β-D-glucopyranoside
表菖蒲螺酮烯 epiacoronene
表菖蒲酮 epiacorone
20- 表长春里宁 20-epivindolinine
表 - 长春里宁 -N_b- 氧化物 *epi*-vindolinine-N_b-oxide
16- 表长春里宁 -*N*- 氧化物 16-*epi*-19*S*-vindolinine-*N*-oxide
20- 表长春里宁 -*N*- 氧化物 20-epivindolinine-*N*-oxide
4- 表 - 长叶松酸 -9α,13α- 桥过氧化物 4-*epi*-palustric acid-9α,13α-endoperoxide
4- 表常春藤皂苷元 4-epihederagenin
表常春藤皂苷元 epihederagenin
10- 表 - 巢菊酸▲ 10-*epi*-nidoresedic acid
表车叶草苷 epiasperuloside
1- 表橙椒醇 1-*epi*-cubenol
3- 表川藏香茶菜萜素▲B 3-epipseurata B
3- 表川藏香茶菜萜素▲B 丙酮化物 3-epipseurata B acetonide
16- 表刺囊酸 -3-*O*-α-L- 吡喃阿拉伯糖苷 16-epiechinocystic acid-3-*O*-α-L-arabinopyranoside
表刺桐替定碱 epierythratidine
3- 表簇毛石冬青碱▲ 3-epicomosine
3- 表簇毛石冬青明碱▲ 3-epicomosimine
2- 表 - 大齿麻疯树二酮 2-*epi*-jatrogrossidione
8- 表大海米菊素 8-epigrossheimin
8- 表 - 大花山牵牛酸▲ 8-*epi*-grandifloric acid
表大木姜子素▲ epigrandisin
表带状网翼藻烯▲ epizonarene
表丹参螺缩酮内酯 epidanshenspiroketallactone
15- 表丹参新醇 A 15-epidanshenol A
表丹参隐螺内酯 epicryptoacetalide
表单盖铁线蕨烷二醇▲ epihakonanediol
表胆甾烷醇 epicholestanol
(-)- 表丁香树脂酚 (-)-episyringaresinol
(+)- 表丁香树脂酚 (+)-episyringaresinol
表丁香树脂酚 episyringaresinol
表丁香树脂酚 -4''-*O*-β-D- 吡喃葡萄糖苷 episyringaresinol-4''-*O*-β-D-glucopyranoside
表丁香树脂酚 -4'-*O*-β-D- 吡喃葡萄糖苷 episyringaresinol-4'-*O*-β-D-glucopyranoside
(+)- 表丁香树脂酚 -4-*O*-β-D- 吡喃葡萄糖苷 (+)-episyringaresinol-4-*O*-β-D-glucopyranoside
(*E*)-9- 表丁香烯 (*E*)-9-*epi*-caryophyllene
3'- 表钉头果洛苷▲ 3'-epiafroside
3'- 表钉头果洛苷▲乙酸酯 3'-epiafroside acetate
3- 表东北石松诺醇▲ 3-epilycoclavanol
24- 表毒鱼割舌树醇▲A 24-epipiscidinol A
表杜鹃素 epirhododendrin
(-)- 表杜英林碱 (-)-epielaeocarpiline
表杜仲醇 epieucommiol
7- 表短柄野芝麻萜苷▲ 7-epilamalbide
3- 表短小蛇根草苷▲ 3-epipumiloside
8- 表堆心菊素 8-epihelenalin
表多果树胺▲-N^4- 氧化物 epipleiocarpamine-N^4-oxide
表多花水仙碱 epitazettine; criwelline
表莪术呋喃酮 epicurzerenone
表莪术酮 *epi*-curzerenone

表莪术烯醇 *epi*-curcumenol
4- 表 - 鄂西香茶菜素 A 4-*epi*-henryin A
6''- 表萼翅藤烯酮▲ B, C 6''-epicalyflorenone B, C
表恩施五味子辛 epienshicine
表恩施五味子辛甲酯 epienshicine methyl ether
(-)- 表儿茶酚 (-)-epicatechol
表儿茶酚 epicatechol
(-)- 表儿茶酚没食子酸酯 (-)-epicatechol gallate
(+)- 表儿茶素 (+)-epicatechin
(2*R*,3*R*)- 表儿茶素 (2*R*,3*R*)-epicatechin
1- 表儿茶素 1-epicatechin
表儿茶素 epicatechin; (-)-epicatechin
(-)- 表儿茶素 -(-)- 表儿茶素 (-)-epicatechin-(-)-epicatechin
表儿茶素 -(2β → 7,4β → 8)- 表缅茄儿茶素▲ -(4α → 8)- 表儿茶素 epicatechin-(2β → 7,4β → 8)-epiafzelechin-(4α → 8)-epicatechin
表儿茶素 -(2β → *O* → 7,4β → 8)- 表缅茄儿茶素▲ -(4α → 8)- 表儿茶素 epicatechin-(2β → *O* → 7,4β → 8)-epiafzelechin-(4α → 8)-epicatechin
表儿茶素 -(2β → *O* → 7,4β → 8)- 对映 - 表儿茶素 epicatechin-(2β → *O* → 7,4β → 8)-*ent*-epicatechin
表儿茶素 -(4 → 8)- 表儿茶素 -(4 → 8,2β → *O* → 7)- 表儿茶素 -(4 → 8)- 表儿茶素 epicatechin-(4 → 8)-epicatechin-(4 → 8,2 → *O* → 7)-epicatechin-(4 → 8)-epicatechin
表儿茶素 -(4 → 8,2 → *O* → 7)- 表儿茶素 -(4 → 8)- 表儿茶素 epicatechin-(4 → 8,2 → *O* → 7)-epicatechin-(4 → 8)-*epi*catechin
表儿茶素 -(4α,8)- 表儿茶素 -(4β,8;2β,7)- 表儿茶素 epicatechin-(4α,8)-epicatechin-(4β,8;2β,7)-epicatechin
表儿茶素 -(4β,6)- 表儿茶素 -(4β,6)- 表儿茶素 epicatechin-(4β,6)-epicatechin-(4β,6)-epicatechin
表儿茶素 -(4β,8)- 表儿茶素 -(4β,8;2β,8)- 表儿茶素 epicatechin(4β,8)-epicatechin-(4β,8;2β,8)-epicatechin
表儿茶素 -(4β,8;2β,7)- 表儿茶素 -(4α,8)- 对映 - 表儿茶素 epicatechin-(4β,8;2β,7)-epicatechin-(4α,8)-ent-epicatechin
表儿茶素 -(4β,8;2β,7)- 儿茶素 -(4β,8)- 表儿茶素 epicatechin-(4β,8;2β,7)-catechin-(4β,8)-epicatechin
表儿茶素 -(4β → 6)- 表儿茶素 -(4β → 8)- 表儿茶素 -(4β → 6)- 表儿茶素 epicatechin-(4β → 6)-epicatechin-(4β → 8)-epicatechin-(4β → 6)-epicatechin
(-)- 表儿茶素 -(4β → 8)-(-)- 表儿茶素 (-)-epicatechin-(4β → 8)-(-)-*epi*-catechin
表儿茶素 (4β → 8)-4β- 羧甲基表儿茶素 epicatechin-(4β → 8)-4β-carboxymethylepicatechin
表儿茶素 -(4β → 8)- 表儿茶素 -(4β → 6)- 表儿茶素 epicatechin-(4β → 8)-epicatechin-(4β → 6)-epicatechin
表儿茶素 -(4β → 8)- 表儿茶素 -(4β → 8)- 儿茶素 epicatechin-(4β → 8)-epicatechin-(4β → 8)-catechin
表儿茶素 -(4β → 8)- 表儿茶素 -(4β → 8)- 儿茶素 -3-*O*-β-D- 吡喃阿洛糖苷 epicatechin-(4β→8)-epicatechin-(4β→8)-catechin-3-*O*-β-D-allopyranoside
表儿茶素 -(4β → 8)- 表儿茶素 -(4β → 8,2β → *O* → 7)- 儿茶素 epicatechin-(4β → 8)-epicatechin-(4β → 8,2β → *O* → 7)-catechin
表儿茶素 -(4β → 8)- 表没食子儿茶素 -3-*O*- 没食子酸酯 epicatechin-(4β → 8)-epigallocatechin-3-*O*-gallate
表儿茶素 -(4β → 8)- 没食子儿茶素 epicatechin-(4β → 8)-gallocatechin
表儿茶素 -(4β-6)- 表儿茶素 -(4β-8)- 儿茶素 epicatechin-(4β-6)-epicatechin-(4β-8)-catechin
表儿茶素 -(4β-8)- 表儿茶素 -(4β-8)- 儿茶素 epicatechin-(4β-8)-epicatechin-(4β-8)-catechin
(-)- 表儿茶素 -(4-β-8)- 表没食子儿茶素 (-)-epicatechin-(4-β-8)-(-)-epicatechin
(-)- 表儿茶素 -(4-β-8)- 表没食子儿茶素没食子酸酯 (-)-epicatechin-(4-β-8)-epigallocatechin gallate
表儿茶素 -(4β-8)- 儿茶素 epicatechin-(4β-8)-catechin
(-)- 表儿茶素 -(4β-8)- 没食子儿茶素 (-)-epicatechin-(4β-8)-gallocatechin
表儿茶素 -(4β-8,2-*O*-7)- 表儿茶素 epicatechin-(4β-8,2-*O*-7)-epicatechin
表儿茶素 -(4β-8,2-*O*-7)- 儿茶素 epicatechin-(4β-8,2-*O*-7)-catechin
(-)- 表儿茶素 -(7,8-bc)-4α-(3,4- 二羟基苯基)- 二氢 -2(3*H*)- 吡喃酮 (-)-epicatechin-(7,8-bc)-4α-(3,4-dihydroxyphenyl)-dihydro-2(3*H*)-pyranone
表儿茶素 -(7,8-bc)-4β-(4- 羟基苯基)- 二氢 -2(3*H*)- 吡喃酮 epicatechin-(7,8-bc)-4β-(4-hydroxyphenyl)-dihydro-2(3H)-pyranone
(-)- 表儿茶素 [2-(3,4- 二羟基苯基)-3,4- 二氢 -2*H*- 色烯 -3,5,7- 三醇 (-)-epicatechin-[2-(3,4-dihydroxyphenyl]-3,4-dihydro-2*H*-chromene-3,5,7-triol
表儿茶素 -[8,7-e]-4β- 对羟基苯基 -3,4- 二羟基 -2(3*H*)- 吡喃酮 epicatechin-[8,7-e]-4β-(4-hydroxyphenyl)-3,4-dihydroxyl-2(3H)-pyranone
(-)- 表儿茶素 -3-(3-*O*- 甲基)- 没食子酸酯 (-)-epicatechin-3-(3-*O*-methyl)gallate
表儿茶素 -3,5- 二没食子酸酯 epicatechin-3,5-digallate
(-)- 表儿茶素 -3-*O*-(*E*)- 咖啡酸酯 (-)-epicatechin-3-*O*-(*E*)-caffeate
(-)- 表儿茶素 -3-*O*-β-D-(2''-*O*- 香荚兰酰基)- 吡喃阿洛糖苷 (-)-epicatechin-3-*O*-β-D-(2''-*O*-vanillyl)-allopyranoside
(-)- 表儿茶素 -3-*O*-β-D-(2''- 反式 - 桂皮酰基)- 吡喃阿洛糖苷 (-)-epicatechin-3-*O*-β-D-(2''-*trans*-cinnamoyl)-allopyranoside
(-)- 表儿茶素 -3-*O*-β-D-(3''-*O*- 香荚兰酰基)- 吡喃阿洛糖苷 (-)-epicatechin-3-*O*-β-D-(3''-*O*-vanillyl)-allopyranoside
(-)- 表儿茶素 -3-*O*-β-D-(3''- 反式 - 桂皮酰基)- 吡喃阿洛糖苷 (-)-epicatechin 3-*O*-β-D-(3''-*trans*-cinnamoyl)-allopyranoside
(-)- 表儿茶素 -3-*O*-β-D- 吡喃阿洛糖苷 (-)-epicatechin-3-*O*-β-D-allopyranoside
表儿茶素 -3-*O*-β-D- 吡喃木糖苷 epicatechin-3-*O*-β-D-xylopyranoside
(-)- 表儿茶素 -3-*O*-β-D- 吡喃葡萄糖苷 (-)-epicatechin-3-*O*-β-D-glucopyranoside
(-)- 表儿茶素 -3-*O*-β- 吡喃葡萄糖苷 (-)-epicatechin-3-*O*-β-glucopyranoside
(-)- 表儿茶素 -3-*O*- 对羟基苯甲酸酯 (-)-epicatechin-3-*O*-*p*-hydroxybenzoate
(-)- 表儿茶素 -3-*O*- 没食子酸酯 (-)-epicatechin-3-*O*-gallate
(+)- 表儿茶素 -3-*O*- 没食子酸酯 (+)-epicatechin-3-*O*-gallate
表儿茶素 -3-*O*- 没食子酸酯 epicatechin-3-*O*-gallate
表儿茶素 -3-*O*- 没食子酸酯 -(4β → 6)- 表儿茶素 -3-*O*- 没食子酸酯 epicatechin-3-*O*-gallate-(4β → 6)-epicatechin-3-*O*-gallate
表儿茶素 -3-*O*- 没食子酸酯 -(4β → 8)- 表儿茶素 -3-*O*- 没食子酸酯 epicatechin-3-*O*-gallate-(4β → 8)-epicatechin-3-*O*-gallate
表儿茶素 -3-*O*- 没食子酸酯 -(4β → 8)- 表儿茶素 -3-*O*- 没食子酸酯 -(4β → 8)- 表儿茶素 -3-*O*- 没食子酸酯 epicatechin-3-*O*-gallate-(4β → 8)-epicatechin-3-*O*-gallate-(4β → 8)-epicatechin-3-*O*-gallate
(-)- 表儿茶素 -3-*O*- 弯孢菌酸酯 (-)-epicatechin-3-*O*-curvulinate
(-)- 表儿茶素 -3- 没食子酸酯 (-)-epicatechin-3-gallate
表儿茶素 -3- 没食子酸酯 epicatechin-3-gallate
(-)- 表儿茶素 -4- 苄基硫醚 (-)-epicatechin 4-benzylthioether

(-)- 表儿茶素 -5-*O*-*β*-D- 吡喃葡萄苷 (-)-epicatechin-5-*O*-*β*-D-glucopyranosid
(-)- 表儿茶素 -5-*O*-*β*-D- 吡喃葡萄糖苷 (-)-epicatechin-5-*O*-*β*-D-glucopyranoside
表儿茶素 -5-*O*-*β*-D- 吡喃葡萄糖苷 epicatechin-5-*O*-*β*-D-glucopyranoside
(-)- 表儿茶素 -5-*O*-*β*-D- 吡喃葡萄糖基 -3- 苯甲酸酯 (-)-epicatechin-5-*O*-*β*-D-glucopyranosyl-3-benzoate
(-)- 表儿茶素 -5- 没食子酸酯 (-)-epicatechin-5-gallate
(-)- 表儿茶素 -6-*C*-*β*-D- 吡喃葡萄糖苷 (-)-epicatechin-6-*C*-*β*-D-glucopyranoside
(-)- 表儿茶素 -7-*O*-*β*-D- 葡萄糖苷 (-)-epicatechin-7-*O*-*β*-D-glucoside
(-)- 表儿茶素 -8-*C*-*β*-D- 吡喃葡萄糖苷 (-)-epicatechin-8-*C*-*β*-D-glucopyranoside
(-)- 表儿茶素没食子酸酯 (-)-epicatechin gallate
表儿茶素没食子酸酯 epicatechin gallate
表儿茶酸 epicatechin acid
1- 表二环倍半水芹烯 1-epibicyclosesquiphellandrene
13*α*- 表 - 二环氧冷杉 -8(14)- 烯 -18- 醇 13*α*-*epi*-dioxiabiet-8(14)-en-18-ol
表二氢菜豆酸 epidihydrophaseic acid
(1'*R*,3'*R*,5'*R*,8'*S*)- 表二氢菜豆酸 -*O*-*β*-D- 吡喃葡萄糖苷 (1'*R*,3'*R*,5'*R*,8'*S*)-*epi*-dihydrophaseic acid-*O*-*β*-D-glucopyranoside
(1'*R*,3'*R*,5'*R*,8'*S*)- 表 - 二氢菜豆酸 -*β*-D- 葡萄糖苷 (1'*R*,3'*R*,5'*R*,8'*S*)-*epi*-dihydrophaseic acid-*β*-D-glucoside
表二氢法氏石松定碱 *epi*-dihydrofawcettidine
(+)- 表二氢黄钟花宁▲ (+)-epidihydrotecomanine
5- 表 - 二氢柳叶黄薇碱▲ 5-*epi*-dihydrolyfoline
5- 表 - 二氢柳叶黄薇碱▲-*N*- 氧化物 5-*epi*-dihydrolyfoline-*N*-oxide
表二氢马桑素▲ epidihydrotutin
3''- 表二氢瑞香多灵▲B 3''-*epi*-dihydrodaphnodorin B
表二氢山茱萸素 epidihydrocornin
3- 表 - 二氢紫堇明 -17- 乙酸酯 3-*epi*-dihydrocorymine-17-acetate
表菲律宾大叶藤苷▲ epitinophylloloside
6*α*- 表 - 菲瑞木苷▲ 6*α*-*epi*-feretoside
表粉蕊黄杨胺 epipachysamine
表粉蕊黄杨胺 A, B, D, E epipachysamine A, B, D, E
表粉蕊黄杨胺 -*E*-5- 烯 -4- 酮 epipachysamine-*E*-5-en-4-one
表粉蕊黄杨碱 A epipachysandrine A
4- 表丰花草苷元▲ 4-epiborreriagenin
表呋喃并贯叶金丝桃素异构体 1 epifurohyperforin isomer 1
7- 表呋喃荚蒾宁 B 7-epifuranovibsanin B
16- 表伏康树卡品▲ 16-epivoacarpine
19*E*-16- 表伏康树卡品▲ 19*E*-16-*epi*-voacarpine
19- 表 - 伏康树灵碱▲ 19-*epi*-voacangarine
19*R*- 表伏康树斯亭▲ 19*R*-epivoacristine
19- 表 - 伏康树斯亭▲ 19-*epi*-voacristine
16- 表伏康树烯醛 16-epivobasenal
16- 表伏康树辛▲ 16-epivobasine
表福桂树醇▲ epiocotillol
3- 表福桂树醇▲乙酸酯 3-epiocotillol acetate
表甘遂烯酮 epikansenone
表甘蔗甾醇 epiikshusterol
(+)- 表刚果荜澄茄脂素 (+)-epiaschantin
3- 表杠柳苷元 3-*epi*-periplogenin
(+)- 表高大胡椒素▲ (+)-epiexcelsin
表告伊春 epigoitrin
20- 表狗牙花碱 20-epiervatamine
3- 表栝楼二醇 3-epikarounidiol
(-)- 表贯叶赝靛碱▲ (-)-epibaptifoline
表鬼臼毒素甲酯 -7'-*O*-*β*-D- 吡喃葡萄糖基 -(1 → 6)-*β*-D- 吡喃葡萄糖苷 methyl epipodophyllate-7'-*O*-*β*-D-glucopyranosyl-(1 → 6)-*β*-D-glucopyranoside
3- 表果渣酸▲ 3-epipomolic acid
19- 表 - 海涅狗牙花碱▲ 19-*epi*-heyneanine
表海罂粟菲定碱 epiglaufidine
(-)- 表黑麦草内酯 (-)-epiloliolide
(+)- 表黑麦草内酯 (+)-epiloliolide
7- 表黑麦草内酯 7-epiloliolide
表黑麦草素 epiloliolide
表黑面神素 B, D~H epibreynin B, D~H
7- 表黑冢白蚁醇▲ 7-*epi*-amiteol
11- 表红椿林素▲ 11-*epi*-toonacilin
4- 表红毛悬钩子素 4-epipinfaensin
表荭草素 epiorientin
3- 表 - 厚皮香酸▲ 3-*epi*-ternstroemic acid
表花椒杜松碱▲A, B epizanthocadinanine A, B
表花椒欧洲赤松碱▲ *epi*-zanthomuurolanine
(-)- 表花旗松素 -3-*O*-*β*-D- 吡喃木糖苷 (-)-epitaxifolin-3-*O*-*β*-D-xylopyranoside
(+)- 表花旗松素 -3-*O*-*β*-D- 吡喃木糖苷 (+)-epitaxifolin-3-*O*-*β*-D-xylopyranoside
10- 表滑桃树定▲ 10-epitrenudine
3- 表 - 环阿片甾烯醇 3-*epi*-cyclolaudenol
3- 表环桉烯醇 3-epicycloeucalenol
3- 表环桉烯醇乙酸酯 3-epicycloeucalenyl acetate
3- 表环桉烯基 -24- 酮 3-epicycloeucalenyl-24-one
3,4- 表环氧 -2-(2,4- 己二炔亚甲基)-1,6- 二氧杂螺 [4.5] 癸烷 3,4-epiepoxy-2-(2,4-hexadiynylidene)-1,6-dioxaspiro[4.5]decane
2'- 表环异短枝菊香豆素▲ 2'-epicycloisobrachycoumarin
8- 表黄独素 *E* 乙酸酯 8-epidiosbulbin *E* acetate
18- 表黄花木碱 18-epipiptanthine
(-)- 表黄栌素▲ (-)-epifustin
(-)- 表黄栌素▲-3-*O*- 没食子酸酯 (-)-epifustin-3-*O*-gallate
3- 表黄麻酸▲ 3-epicorosolic acid
3- 表黄麻酸▲内酯 3-epicorosolic acid lactone
表黄体黄质 epiluteoxanthin
表黄帚橐吾内酯▲ epivirgauride
(-)- 表辉片豆碱▲ (-)-epilamprolobine
(-)- 表辉片豆碱▲-*β*-*N*- 氧化物 (-)-epilamprolobine-*β*-*N*-oxide
表鸡蛋花环烯醚萜 C epiplumeridoid C
表鸡矢藤苷 epipaederoside
表鸡矢藤苷酸 epipaederosidic acid
6- 表 - 鸡屎藤苷甲酯 6-*epi*-scandoside methyl ester
表几内亚胡椒素▲ epiaschantin
(+)- 表几内亚胡椒脂素 (+)-epiyangambin
表加兰他敏 epigalanthamine
5- 表 - 加拿大紫杉烯▲ 5-*epi*-canadensene
5- 表荚蒾宁 C, E, G, H, K 5-epivibsanin C, E, G, H, K
3- 表甲基谢氏百合辛碱▲ 3-epimethylschelhammericine B
表甲氧基东方乌檀灵▲ epimethoxynaucleaorine
表假虎刺酮 epicarissone
3- 表假叶树皂苷元▲ 3-epiruscogenin
30- 表柬埔寨藤黄素▲ 30-epicambogin
d- 表浆果瓣蕊花素▲ *d*-epigalbacin
表浆果瓣蕊花素▲ epigalbacin
(-)- 表降络石苷元 (-)-epinortrachelogenin
(-)- 表 - 降络石苷元 (-)-*epi*-nortrachelogenin

16- 表 - 焦去氧乌头碱 16-*epi*-pyrodeoxyaconitine
16- 表 - 焦乌头碱 16-*epi*-pyroaconitine
16- 表焦乌头原碱 16-epipyroaconine
16- 表 - 焦中乌头碱 16-*epi*-pyromesaconitine
9- 表荆芥内酯 9-epinepetalactone
3- 表 - 旌节等唇花皂苷元▲ -3-*β*-D- 吡喃葡萄糖苷 3-*epi*-sceptrumgenin-3-*β*-D-glucopyranoside
6- 表酒酵母甾醇 6-epicerevisterol
8- 表 - 巨大鞘丝藻加酰胺▲ C 8-*epi*-malyngamide C
表蕨素 L epipterosin L
24- 表蕨甾酮 24-*epi*-pterosterone
24- 表蕨甾酮 -2,3,20,22- 二丙酮化物 24-epipterosterone-2,3,20,22-diacetonide
10',11'- 表苦艾素 10',11'-epiabsinthin
表苦艾素 epiabsinthin
4- 表 - 苦莓苷 F_1 4-*epi*-niga-ichigoside F_1
14- 表 - 苦蘵素 P 14-*epi*-physagulin P
12- 表款冬二醇 12-epifaradiol
3- 表奎胺 3-epiquinamine
9- 表奎尼丁 9-epiquinidine
9- 表奎宁 9-epiquinine
表蓝桉醇 epiglobulol
2- 表雷公二醇内酯 2-epitripdiolide
12- 表雷公藤三醇内酯 12-epitriptriolide
13- 表泪柏醇 13-epimanool
8- 表 - 泪柏醚 8-*epi*-manoyl oxide
13- 表 - 泪柏醚 -18-*O*-*α*-L-2',5'- 二乙酰呋喃阿拉伯糖苷 13-*epi*-manoyloxide-18-*O*-*α*-L-2',5'-diacetoxyarabinofuranoside
13- 表 - 泪柏醚 -18- 醇 13-*epi*-manoyloxide-18-ol
13- 表 - 泪柏醚 -18- 酸 13-*epi*-manoyl oxide-18-oic acid
13- 表 - 泪柏醚 -18- 羧酸 13-*epi*-manoyloxide-18-oic acid
4- 表 - 冷杉醛 4-*epi*-abietal
4- 表 - 冷杉酸 4-*epi*-abietic acid
表藜芦嗪 epiverazine
表丽钵花苷▲ epieustomoside
6- 表丽乌辛▲ 6-epiforesticine
(+)- 表栎醇 (+)-*epi*-quercitol
表栗色鼠尾草内酯▲ epicastanolide
4- 表 - 链珠藤内酯▲ 4-*epi*-alyxialactone
3- 表楝醇 3-epimelianol
表辽东桤木酮醇▲ epihirsutanonol
16- 表鳞盖蕨苷 16-epimicrolepin
4- 表鳞盖蕨苷 4-epimicrolepin
21- 表柳杉石松醇▲ 21-epilycocryptol
表隆纹黑蛋巢菌酸▲ epistriatic acid
表芦丁 epirutin
24- 表 - 罗汉松甾酮 A 24-*epi*-makisterone A
17- 表萝芙木碱▲ A 17-*epi*-rauvovertine A
17- 表萝芙木碱▲ B 17-*epi*-rauvovertine B
12- 表洛柯皂苷元 12-epirockogenin
3,2'- 表落叶松诺醇▲ 3,2'-epilarixinol
3- 表落叶松诺醇▲ 3-epilarixinol
表驴蹄草内酯 epicaltholide
表 - 麻疯树醇 *epi*-jatrophol
表 - 麻疯树醛 *epi*-jatrophaldehyde
4- 表 - 麻疯树萜酮▲ E 4-*epi*-curcusone E
(-)-8- 表 - 马兜铃环木脂酮 (-)-8-*epi*-aristoligone
7- 表马钱苷 7-epiloganin
8- 表马钱苷 8-epiloganin
7- 表 - 马钱苷 7-*epi*-loganin
8- 表马钱酸 8-epiloganic acid
表马钱酸 epiloganic acid
3- 表麦珠子酸 3-epialphitolic acid
16- 表蔓长春花胺▲ 16-epivincamine
Δ^{14}-16- 表蔓长春花胺▲ Δ^{14}-16-epivincamine
表蔓长春花胺▲ epivincamine
表蔓长春花醇▲ epivincanol
20- 表毛茶碱 20-*epi*-antirhine
表毛萼晶 P *epi*-maoecrystal P
表毛萼香茶菜素 A epieriocalyxin A
2''- 表美国白蜡苷▲ 2''-epifraxamoside
表美洲茶酸 epiceanothic acid
表迷迭香酚 epirosmanol
1- 表 - 密花豚草素▲ 1-*epi*-reynosin
(-)-(2*R*,3*R*)- 表缅茄儿茶素▲ (-)-(2*R*,3*R*)-epiafzelechin
(-)- 表缅茄儿茶素▲ (-)-epiafzelechin
表缅茄儿茶素▲ epiafzelechin
表缅茄儿茶素▲ -(4 → 8)- 表儿茶素▲ epiafzelechin-(4 → 8)-epicatechin
表缅茄儿茶素▲ -(4*β* → 6)- 表儿茶素 -3-*O*- 没食子酸酯 epiafzelechin-(4*β* → 6)-epicatechin-3-*O*-gallate
(-)- 表缅茄儿茶素▲ -(4*β* → 8)-(-)- 表缅茄儿茶素▲ (-)-epiafzelechin-(4*β* → 8)-(-)-epiafzelchin
表缅茄儿茶素▲ -(4*β* → 8)- 表儿茶素 epiafzelechin-(4*β* → 8)-epicatechin
表缅茄儿茶素▲ -(4*β* → 8)- 表儿茶素 -(4*β* → 8)- 表儿茶素 epiafzelechin-(4*β* → 8)-epicatechin-(4*β* → 8)-epicatechin
表缅茄儿茶素▲ -(4*β* → 8)- 表儿茶素 -3-*O*-*β*-D- 吡喃阿洛糖苷 epiafzelechin-(4*β* → 8)-epicatechin-3-*O*-*β*-D-allopyranosid
表缅茄儿茶素▲ -(4*β* → 8)- 表儿茶素 -3-*O*- 没食子酸酯 epiafzelechin-(4*β* → 8)-epicatechin-3-*O*-gallate
(-)- 表缅茄儿茶素▲ -3,5- 二 -*O*-*β*-D- 呋喃亲糖苷 (-)-epiafzelechin-3,5-di-*O*-*β*-D-apiofuranoside
(-)- 表缅茄儿茶素▲ -3-O-*β*-D- 吡喃阿洛糖苷 (-)-epiafzelechin-3-*O*-*β*-D-allopyranoside
(-)- 表缅茄儿茶素▲ -3-*O*- 对香豆酸酯 (-)-epiafzelechin-3-*O*-*p*-coumarate
表缅茄儿茶素▲ -3-*O*- 没食子酸酯 -(4*β* → 8)- 表儿茶素 -3-*O*- 没食子酸酯 epiafzelechin-3-*O*-gallate-(4*β* → 8)-epicatechin-3-*O*-gallate
(-)- 表缅茄儿茶素▲ -7-*O*-*β*-D- 吡喃葡萄糖苷 (-)-epiafzelechin-7-*O*-*β*-D-glucopyranoside
表缅茄儿茶素▲ - 表儿茶素 epiafzelechin-epicatechin
(-)- 表没食子儿茶酚 (-)-epigallocatechol
(-)- 表没食子儿茶酚没食子酸酯 (-)-epigallocatechol gallate
(-)- 表没食子儿茶素 (-)-epigallocatechin
(+)- 表没食子儿茶素 (+)-epigallocatechin
(±)- 表没食子儿茶素 (±)-epigallocatechin
4'-*O*-(-) 甲基 - 表没食子儿茶素 4'-*O*-(-)-methylepigallocatechin
表没食子儿茶素 epigallocatechin
(+)- 表没食子儿茶素 -(2*α* → *O* → 7,4*α* → 8)-(+)- 儿茶素 (+)-epigallocatechin-(2*α* → *O* → 7,4*α* → 8)-(+)-catechin
表没食子儿茶素 -(4*β* → 6)- 儿茶素 epigallocatechin-(4*β* → 6)-catechin
表没食子儿茶素 -(4*β* → 8)- 表儿茶素 epigallocatechin-(4*β* → 8)-epigallocatechin
表没食子儿茶素 -(4*β* → 8)- 表没食子儿茶素 -(4*β* → 8)- 儿茶素 epigallocatechin-(4*β* → 8)-epigallocatechin-(4*β* → 8)-catechin

表没食子儿茶素 -(4β→8)- 表没食子儿茶素 3-*O*- 没食子酸酯 epigallocatechin-(4β→8)-epigallocatechin 3-*O*-gallate
表没食子儿茶素 -(4β→8)- 儿茶素 epigallocatechin-(4β→8)-catechin
表没食子儿茶素 -(4β→8,2β→*O*-7)- 表儿茶素 epigallocatechin-(4β→8,2β→*O*-7)-epicatechin
(-)- 表没食子儿茶素 -(4β-8)-(-)- 表儿茶素 (-)-epigallocatechin-(4β-8)-(-)-epicatechin
表没食子儿茶素 -3-*O*- 丁香酸酯 epigallocatechin-3-*O*-syringate
(-)- 表没食子儿茶素 -3-*O*- 没食子酸酯 (-)-epigallocatechin-3-*O*-gallate
表没食子儿茶素 -3-*O*- 没食子酸酯 epigallocatechin-3-*O*-gallate
(-)- 表没食子儿茶素 -3- 没食子酸酯 (-)-epigallocatechin-3-gallate
1- 表没食子儿茶素 -3- 没食子酸酯 1-epigallocatechin-3-gallate
表没食子儿茶素 -3- 没食子酸酯 epigallocatechin-3-gallate
(-)- 表没食子儿茶素 -7-*O*- 没食子酸酯 (-)-epigallocatechin-7-*O*-gallate
表没食子儿茶素 - 表没食子儿茶素 -3-*O*- 没食子酸酯 epigallocatechin-epigallocatechin-3-*O*-gallate
(-)- 表没食子儿茶素没食子酸酯 (-)-epigallocatechin gallate
表没食子儿茶素没食子酸酯 epigallocatechin gallate
表茉莉酸甲酯 methyl epijasmonate
3- 表莫顿湾无花果烯醇▲ 3-epimoretenol
8- 表莫罗忍冬吉苷▲ 8-epikingiside
3- 表 - 墨西哥蒿素 3-*epi*-armefolin
3- 表木姜子烯醇内酯▲ D_2 3-*epi*-litsenolide D_2
(+)- 表木兰脂素 (+)-epimagnolin
表木兰脂素 epimagnolin
表木兰脂素 A, B epimagnolin A, B
1- 表 - 木藜芦毒素 II 1-*epi*-grayanotoxin II
1- 表 - 木藜芦毒素 IV 1-*epi*-grayanotoxin IV
表木犀草黄醇▲ epiluteoforol
3- 表南美楝二醇 3-epicabraleadiol
(-)-4- 表南烛树脂醇 (-)-4-epilyoniresinol
表南烛树脂醇 epilyoniresinol
表南烛树脂醇 -2-*O*- 吡喃葡萄糖苷 epilyoniresinol-2-*O*-glucopyranoside
(-)-4- 表 - 南烛树脂醇 - 3α-*O*-β-D- 吡喃葡萄糖苷 (-)-4-*epi*-lyoniresinol-3α-*O*-β-D-glucopyranoside
(-)-7'- 表 - 南烛树脂醇 -4,9'- 二 -*O*-β-D- 吡喃葡萄糖苷 (-)-7'-*epi*-lyoniresinol-4,9'-di-*O*-β-D-glucopyranoside
(-)-7'- 表 - 南烛树脂醇 -9'-*O*-β-D- 吡喃葡萄糖苷 (-)-7'-*epi*-lyoniresinol-9'-*O*-β-D-glucopyranoside
16- 表拟佩西木宁碱▲ 16-epiaffinine
8- 表粘性旋覆花内酯 8-epiinuviscolide
13- 表欧丹参醇▲ 13-episclareol
13- 表 - 欧丹参醇▲ 13-*epi*-sclareol
8- 表 - 欧丹参醇▲ 8-*epi*-sclareol
9- 表欧芍药苷▲ 9-*epi*-paeonidanin
12- 表欧乌头碱 12-epinapelline
1- 表欧乌头碱 1-epinapelline
α- 表欧洲赤松醇▲ α-epimuurolol
4- 表欧洲刺柏酸▲ 4-epicommunic acid
表欧洲桤木醇▲ epiglutinol
19- 表攀援山橙酮碱▲ 19-epimeloscandonine
19- 表 - 攀援山橙酮碱▲ 19-*epi*-meloscandonine
表攀援山橙辛碱▲ epimeloscine
4- 表泡番荔枝三醇▲ 4-*epi*-bullatantriol
7- 表萍蓬草定碱 7-epinupharidine
表葡萄糖山芥素▲ epiglucobarbarin
(±)-5- 表 - 葡萄柚醇 (±)-5-*epi*-paradisiol
3- 表蒲公英赛醇 3-epitaraxerol
表蒲公英赛醇 epitaraxerol
3- 表齐墩果酸 3-epioleanolic acid
表齐墩果酸 epioleanolic acid
16-*O*-21- 表千层塔三醇 16-*O*-21-episerratriol
21- 表千层塔三醇 21-episerratriol
21- 表千层塔烯二醇 21-episerratenediol
21- 表千层塔烯二醇 -3- 乙酸酯 21-episerratenediol-3-acetate
表千金藤碱 epistephanine
表千金藤默星碱 epistephamiersine
13- 表 - 前细叶益母草酮 A 13-*epi*-preleosibirone A
13- 表 - 前益母草灵素▲ 13-*epi*-preleoheterin
3,6- 表蔷薇果黄质▲ 3,6-epikarpoxanthin
2- 表羟基大齿麻疯树二酮 2-epihydroxyisojatrogrossidione
4- 表羟基过氧 -13- 羟基 -19- 降半日花 -8-(17),14- 二烯 4-*epi*-hydroxyperoxide-13-hydroxy-19-norlabda-8(17),14-diene
2- 表 - 羟基异大齿麻疯树二酮 2-*epi*-hydroxyisojatrogrossidione
12- 表 - 鞘丝藻毒素 A 12-*epi*-lyngbyatoxin A
8- 表窃衣醇酮 -8-*O*-β-D- 吡喃葡萄糖苷 8-epitorilolone-8-*O*-β-D-glucopyranoside
表青刺果酮▲ epiutililactone
1- 表去氯风龙明碱▲ 1-epidechloroacutumine
3- 表 - 去氢茯苓酸 3-*epi*-dehydropachymic acid
4- 表去氢冷杉醇 4-epidehydroabietol
4- 表去氢冷杉醛 4-epidehydroabietal
4- 表 - 去氢冷杉酸 4-*epi*-dehydroabietic acid
12- 表去氢欧乌头碱 12-epidehydronapelline
3- 表 - 去氢丘陵多孔菌酸▲ 3-*epi*-dehydrotumulosic acid
3- 表 - 去氢栓菌烯醇酸▲ 3-*epi*-dehydrotrametenolic acid
8- 表去酰菜蓟苦素 -3-*O*-β-D- 葡萄糖苷 8-epidesacylcynaropicrin-3-*O*-β-D-glucoside
8- 表去酰菜蓟苦素葡萄糖苷 8-epidesacylcynaropicrin glucoside
表去氧粗榧碱 epidesoxyharringtonine
1,5,8- 表去氧马钱酸 1,5,9-epideoxyloganic acid
5- 表去氧马钱酸 5-epideoxyloganic acid
8- 表去氧马钱酸 8-epideoxyloganic acid
7- 表去氧萍蓬草定碱 7-epideoxynupharidine
16- 表去乙酰苦籽木林碱▲ 16-epideacetylakuammiline
1- 表 - 去乙酰乌头碱 1-*epi*-deacetylaconitine
6- 表 - 去乙酰异细叶堆心菊素 6-*epi*-desacetylisotenulin
2- 表全能花西定 2-epipancrassidine
1- 表 - 全缘叶漏芦甾酮▲ A 1-*epi*-integristerone A
7- 表醛荚蒾宁 7-epialdovibsanin A
3- 表 - 日本当药苷▲ C 3-*epi*-swertiajaposide C
13- 表 - 日本榧树醇 13-*epi*-torreferol
3- 表乳香二烯酮酸甲酯 methyl 3-epimasticadienolate
16- 表蕊木宁 16-epikopsinine
表撒马尔罕阿魏素▲ episamarcandin
表塞氏罗汉松素 C episellowin C
1'- 表 - 三白草酮 1'-*epi*-sauchinone
1- 表 - 三齿蒿定▲ B 1-*epi*-tatridin B
表三尖杉碱 epicephalotaxine
3- 表三尖杉烯碱▲ 3-epifortuneine
2- 表三尖杉因碱▲ 2-epicephalofortuneine
3- 表 - 瑟伯群戟柱苷元▲ 3-*epi*-thurberogenin
16,20- 表沙地狗牙花碱▲ 16,20-episilicine
20- 表沙地狗牙花碱▲ 20-episilicine

4- 表 - 山达海松酸 4-*epi*-sandaracopimaric acid
20- 表山道楝酸▲ 20-epikatonic acid
3- 表山道楝酸▲ 3-epikatonic acid
表山道楝酸▲ epikatonic acid
3- 表山道楝酸▲甲酯 3-epikatonic acid methyl ester
表山姜内酯 epialpinolide
表山石榴素 epicatunaregin
3- 表山楂酸 3-epimaslinic acid
1- 表山栀苷元甲酯 1-epishanzhigenin methyl ester
表珊瑚樱品碱▲ episolacapine
16- 表蛇根精 16-*epi*-sarpagine
24- 表升麻醇 -3-*O*-*α*-L- 吡喃阿拉伯糖苷 24-epicimigenol-3-*O*-*α*-L-arabinopyranoside
24- 表升麻醇 -3-*O*-*β*-D- 吡喃木糖苷 24-epicimigenol-3-*O*-*β*-D-xylopyranoside
表石榴皮素▲ A epipunicacortein A
6- 表 - 石南密穗草苷▲ 6-*epi*-stilbericoside
12- 表石松灵碱 12-epilycodoline
12- 表石松灵碱 -N- 氧化物 12-epilycodoline-*N*-oxide
表石蒜胺 epilycoramine
2- 表石蒜碱 2-epilyocorine
表石头花苷元▲ epigypsogenin
3- 表 - 薯蓣皂苷元 3-*β*-D- 吡喃葡萄糖苷 3-*epi*-diosgenin 3-*β*-D-glucopyranoside
(+)- 表 - 双环倍半水芹烯 (+)-*epi*-bicyclosesquiphellandrene
表 - 双环倍半水芹烯 *epi*-bicyclosesquiphellandrene
34- 表 - 顺式 - 田方骨宁▲ 34-*epi*-*cis*-goniodonin
3- 表四季米仔兰醇 3-epiagladupol D
表四雄西番莲素▲ B_4 硫酸酯 epitetraphyllin B_4 sulfate
(-)- 表松脂酚 (-)-epipinoresinol
(+)- 表松脂酚 (+)-epipinoresinol
(±)- 表松脂酚 (±)-epipinoresinol
表松脂酚 epipinoresinol
表松脂酚 -4,4'- 二 -*O*-*β*-D- 吡喃葡萄糖苷 epipinoresinol-4,4'-di-*O*-D-glucopyranoside
表松脂酚 -4'-*O*-*β*-D- 吡喃葡萄糖苷 epipinoresinol-4'-*O*-*β*-D-glucopyranoside
(+)- 表松脂酚 -4-*O*-*β*-D- 吡喃葡萄糖苷 (+)-epipinoresinol-4-*O*-*β*-D-glucopyranoside
表松脂酚 -4-*O*-*β*-D- 吡喃葡萄糖苷 epipinoresinol-4-*O*-*β*-D-glucopyranoside
(+)- 表松脂酚 -4''-*β*-D- 吡喃葡萄糖苷 (+)-epipinoresinol -4''-*β*-D-glucopyranoside
(+)- 表松脂酚 -*β*-D- 吡喃葡萄糖苷 (+)-epipinoresinol-*β*-D-glucopyranoside
表苏木醇 episappanol
3- 表算盘子二醇 3-epiglochidiol
3- 表台湾三尖杉碱 3-epiwilsonine
表台湾三尖杉碱 epiwilsonine
C-3- 表 - 台湾三尖杉碱▲ C-3-*epi*-wilsonione
19- 表 - 糖胶树辛碱▲ 19-*epi*-scholaricine
4- 表 - 天人菊素▲-2-*O*- 乙酸酯 4-epipulchellin-2-*O*-acetate
34- 表 - 田方骨宁▲ 34-*epi*-goniodonin
34- 表 - 田方骨七醇素▲ 34-*epi*-donhepocin
34- 表 - 田方骨素▲ A~D 34-*epi*-donnaienin A~D
3- 表 - 通脱木皂苷元 C 3-*epi*-papyriogenin C
表桐叶千金藤醇碱▲ epihernandolinol
表脱水射干呋喃醛 epianhydrobelachinal
2*β*,19*α*-2- 表委陵菜酸 2*β*,19*α*-2-*epi*-tormentic acid
7- 表沃格闭花木苷▲ 7-epivogeloside
表沃格闭花木苷▲ epivogeloside
7- 表乌毛蕨酸 7-epiblechnic acid
8- 表乌毛蕨酸 8-epiblechnic acid
表乌毛蕨酸 epiblechnic acid
19- 表 - 乌檀定醛▲ 19-*epi*-naucleidinal
1- 表乌头原碱 1-epiaconine
4- 表无羁萜 4-epifriedelin
表无羁萜 epifriedelin
表无羁萜 -3- 醇 *epi*-friedelan-3-ol
3- 表无羁萜醇 3-epifriedelinol
表无羁萜醇 epifriedelanol; epifriedelinol
3- 表 - 无羁萜醇 3-*epi*-friedelanol
表无羁萜醇乙酸酯 epifriedelinol acetate
表五味子酮 epischisandrone
表五脂素 A_1 epiwulignan A_1
表西南獐牙菜内酯▲ B episwercinctolide B
13- 表西藏柏木醇▲ 13-epitorulosol
13- 表西藏柏木醛▲ 13-epitorulosal
1- 表锡兰紫玉盘烯醇▲ 1-epizeylenol
表膝沟藻毒素 8 epigonyautoxin 8
15- 表 - 细叶益母草酮 B 15-*epi*-leosibirone B
15- 表 - 细叶益母草新酮▲ D, E 15-*epi*-sibiricinone D, E
6- 表狭叶香茶菜素 6-epiangustifolin
8- 表狭叶依瓦菊素 8-epiivangustin
15- 表 - 夏至草素▲ C, D 15-*epi*-lagopsin C, D
表香茶菜辛▲ epinodosin
表香茶菜辛醇▲ epinodosinol
表香根草醇▲ epikhusinol
7- 表香科酮 7-epiteucrenone
3*α*- 表香树脂醇 3*α*-epiamyrin
β- 表香树脂醇乙酸酯 *β*-epiamyrin acetate
11- 表 - 向日葵肿柄菊内酯▲ 11-*epi*-sundiversifolide
表小檗碱 epiberberine
24- 表 - 小升麻醇 24-*epi*-acerinol
13- 表斜萼草素 A 13-epiloxocalyxin A
3- 表泻根醇 3-epibryonolol
20- 表泻根醇酸 20-epibryonolic acid
3- 表谢氏百合定▲ 3-epischelhammeridine
3- 表谢氏百合辛碱▲ 3-epischelhammericine
表谢氏百合辛碱▲ epischelhammericine
表蟹甲草酮▲ epicacalone
7- 表新荚蒾宁 D 7-epineovibsanin D
14- 表新荚蒾宁 G 14-epineovibsanin G
3- 表新假叶树皂苷元▲ 3-epineoruscogenin
1- 表新异信浓山柿酮▲ 1-epineoisoshinanolone
表新有色质▲ epineochrome
3- 表熊果酸 3-epiursolic acid
表熊果酸 epiursolic acid
4- 表 - 绣球茜宁▲ 4-*epi*-dunnisinin
表雪松烷二醇 epicedranediol
12- 表血见愁素▲ 12-epiteucvidin
10- 表勋章菊内酯▲ 10-epigazaniolide
表延龄草烯苷▲ C-PA epitrillenoside C-PA
表扬甘比胡椒素▲ epiyangambin
表洋菝葜皂苷元▲ episarsasapogenin
3- 表洋地黄毒苷元 3-epidigitoxigenin
4- 表 - 野甘草西酸▲ 4-*epi*-scopadulcic acid
4- 表 - 野甘草西酸▲ B 4-*epi*-scopadulcic acid B

3'- 表叶黄素 3'-epilutein
4- 表叶下珠辛碱▲ 4-epiphyllanthine
11- 表腋生依瓦菊素 11-epiivaxillin
2- 表一叶萩醇 A 2-episecurinol A
8-(二乙基氨基)-2- 表一叶萩醇 A 8-(diethylamino)-2-episecurinol A
表一枝黄花二萜烯酮醚 *epi*-solidagenone ether
6-*O*- 表 - 乙酰鸡矢藤次苷 6-*O*-*epi*-acetylscandoside
3- 表乙酰基薄果菊素▲ 3-epiacetylleptocarpin
12- 表乙酰去氢光泽乌头碱 12-epiacetyldehydrolucidusculine
表乙酰石栗萜酸▲ epiacetylaleuritolic acid
3- 表 - 乙酰氧基熊果 -12- 烯 -28- 醛 3-*epi*-acetoxyurs-12-en-28-al
8- 表 - 异丁酰岩生三裂蒿素▲B 8-*epi*-isobutyrylrupicolin B
5'- 表 - 异都丽菊香豆素▲A, B 5'-*epi*-isoethuliacoumarin A, B
(+)- 表异杜英林碱 (+)-epiisoelaeocarpiline
19- 表 - 异伏康树斯亭▲ 19-*epi*-isovoacristine
4- 表 - 异海松酸 4-*epi*-isopimaric acid
4- 表 - 异胡萝卜 -6- 烯 -10β,14- 二醇 4-*epi*-isodauc-6-ene-10β,14-diol
3- 表 - 异葫芦素 D 3-*epi*-isocucurbitacin D
表异黄柏酸 -17-*O*-β-D- 吡喃葡萄糖苷 epiisobacunoic acid-17-*O*-β-D-glucopyranoside
8- 表异利皮珀菊二醇▲ 8-epiisolipidiol
表异迷迭香酚 epiisorosmanol
4- 表异粘性旋覆花内酯 4-epiisoinuviscolide
4- 表 - 异粘性旋覆花内酯 4-*epi*-isoinuviscolide
表异信浓山柿酮▲ epiisoshinanolone
3- 表异止泻木奈辛▲ 3-epiheteroconessine
15- 表益母草酮 B, D, E 15-epileoheteronone B, D, E
3- 表 - 硬皮地星醇▲ 3-*epi*-astrahygrol
3- 表 - 莸素 3-*epi*-caryoptin
表鱼藤黄烷酮▲ epiderriflavanone
3- 表羽扇豆醇 3-epilupeol
表羽扇豆醇 epilupeol
表羽扇豆醇乙酸酯 epilupeol acetate
(+)- 表羽扇豆宁 (+)-epilupinine
表羽扇豆宁 epilupinine
表玉柏石松醇 epilobscurinol
8- 表 - 玉叶金花诺苷▲ 8-*epi*-mussaenoside
表 - 愈创二醇 A *epi*-guaidiol A
4- 表云南石梓二醇▲-4-*O*-β-D- 吡喃葡萄糖苷 4-epigummadiol-4-*O*-β-D-glucopyranoside
24- 表芸苔素内酯 24-epibrassinolide
表甾醇 episterol
表泽漆平▲ epieuphoscopin
表泽漆平▲A, B epieuphoscopin A, B
表泽泻醇 A epialisol A
6- 表展花乌头宁 6-epichasmanine
9- 表獐牙菜苦素 9-episwertiamarin
(+)- 表芝麻素 (+)-episesamin
d- 表芝麻素 *d*-episesamin
表芝麻素 episesamin
表芝麻素 -2,6- 二儿茶酚 episesamin-2,6-dicatechol
表芝麻素二儿茶酚 episesamin dicatechol
2- 表芝麻素酚 -2-*O*-β-D- 吡喃葡萄糖苷 2-episesaminol-2-*O*-β-D-glucopyranoside
(+)- 表芝麻素酚 -6- 儿茶酚 (+)-episesaminol-6-catechol
(+)- 表芝麻素酮 (+)-episesaminone
表芝麻素酮▲ episesaminone
(+)- 表芝麻素酮 -9-*O*-β-D- 槐糖苷 (+)-episesaminone-9-*O*-β-D-sophoroside
表栀子诺苷▲A, H epijasminoside A, H
7- 表猪胶树酮▲ 7-epiclusianone
3- 表竹柏内酯 C 3-epinagi1actone
16- 表竹柴胡苷▲ 16-epichikusaikoside
16- 表竹柴胡苷▲I 16-epichikusaikoside I
3- 表柱果内雄楝素▲A 3-episapelin A
4- 表 - 髭脉桤叶树酸▲ 4-*epi*-barbinervic acid
表梓素▲ epicatalpin
表梓酮醇 epicatalponol
3'- 表紫花前胡醇 3'-epidecursinol
(+)-13- 表紫堇灵 (+)-13-epicorynoline
(+)-14- 表紫堇灵 (+)-14-epicorynoline
11- 表紫堇灵 11-epicorynoline
7- 表紫杉醇 7-epitaxol
表紫菀醇 epishionol
8- 表紫菀内酯▲ 8-epiasterolide
别白饭树瑞宁▲ viroallosecurinine
别白桦脂醇 allobetulinol; allobetulin
别补骨脂素 allopsoralen
别匙叶桉油烯醇 allospathulenol
(-)- 别杜英林碱 (-)-alloelaeocarpiline
别甘草异黄酮 A, B allolicoisoflavone A, B
别杠柳苷元 alloperiplogenin
别荒漠木烯酮▲ alloeremophilone
别基及树酮▲ allomicrophyllone
别孔雀草素▲ allopatuletin
(+)- 别苦参碱 (+)-allomatrine
别罗勒烯 alloocimene
别欧前胡素 alloimperatorin
别欧前胡素甲醚 alloimperatorin methyl ether
别鳝藤碱▲ alloanodendrine
别史库菊内酯 alloschkuhriolide
别蹄盖蕨酚▲ alloathyriol
别土木香内酯 alloalantolactone
别喜马雪松醇▲ allohimachalol
别香树 -3α,9α- 二醇 alloaromadendrane-3α,9α-diol
(-)- 别香树 -3β,9β- 二醇 (-)-alloaromadendrane-3β,9β-diol
(+)- 别香树 -4α,10β- 二醇 (+)-alloaromadendrane-4α,10β-diol
别香树 -4α,10β- 二醇 alloaromadendrane-4α,10β-diol
(-)- 别香树 -4β,10α,13,15- 四醇 (-)-alloaromadendrane-4β,10α,13,15-tetrol
(-)- 别香树 -4β,10β- 二醇 (-)-alloaromadendrane-4β,10β-diol
别香树酮 alloaromadendrone
(-)- 别香树烯 (-)-alloaromadendrene
l- 别香树烯 *l*-alloaromadendrene
别香树烯 alloaromadendrene
别香树烯氧化物 alloaromadendrene oxide
别新吉托司廷 alloneogitostin
别洋地黄苷 allodigitalin
别药水苏苷▲ allobetonicoside
(+)- 别一叶萩碱 (+)-allosecurinine
别一叶萩碱 allosecurinine
别异欧前胡素 alloisoimperatorin
别异闪白酸 alloisoleucic acid
α- 别隐品碱 α-allocryptopine
β- 别隐品碱 β-allocryptopine
别隐品碱 allocryptopine
别育亨宾碱 alloyohimbine
别孕烯醇酮 allopregenolone

别藻蓝素 allophycocyanin
别蔗糖 allosucrose
宾川乌头碱▲ duclouxine
宾乌定 A~F ducloudine A~F
宾西法尼亚蓼苷▲ A, B, C, E, F vanicoside A, B, C, E, F
滨海前胡苷▲ peujaponiside
滨海前胡素▲ peujaponisin
滨海全能花星碱 pancracine
滨海珍珠菜苷▲ mauritianin
滨蒿内酯 scoparone
滨蒿醛 scoparal
滨蓟黄苷 cirsimarin
滨蓟素 cirsimaritin
滨蓟素 -4'- 葡萄糖苷 cirsimaritin-4'-glucoside
滨藜叶分药花苷▲ atroside
槟榔次碱 arecaidine
槟榔儿茶素三聚体 AC trimer
槟榔副碱 arecolidine
槟榔碱 areconline
槟榔林碱▲ guvacoline
槟榔鞣质 arecatannin
槟榔鞣质 A_1 arecatannin A_1
槟榔三聚体▲ AC-trimer
槟榔辛碱▲ guvacine
髌骨海鞘酰胺▲ A, C patellamide A, C
冰草麦角碱▲ agroclavine
冰草麦角文碱▲ pyroclavine
冰草炔 agropyrene
冰岛青霉灵▲ skyrin
冰岛青霉素 islandicin
冰岛青霉素 -4- 甲醚 islandicin-4-methyl ether
冰岛衣醌▲ isolandoquinone
L- 丙氨酸 L-alanine
β- 丙氨酸 *β*-alanine
丙氨酸 alanine
丙氨酸 - 甜菜黄素 alanine-betaxanthin
L- 丙氨酰 -L- 亮氨酸酐 L-alanyl-L-leucine anhydride
L- 丙氨酰 -L- 缬氨酸 L-alanyl-L-valine
L- 丙氨酰 -L- 异亮氨酸 L-alanyl-L-isoleucine
L- 丙氨酰 -L- 异亮氨酸酐 L-alanyl-L-isoleucine anhydride
丙醇 propyl alcohol
2- 丙醇 -*β*-D- 吡喃葡萄糖苷 2-propyl alchohol-*β*-D-glucopyranoside
丙二醇 propylene glycol
1-*O*-(1,2- 丙二醇)-6-*O*- 没食子酰基 -*β*-D- 吡喃葡萄糖苷 1-*O*-(1,2-propanediol)-6-*O*-galloyl-*β*-D-glucopyranoside
(2*S*)-1,2- 丙二醇 -1-*O*-*β*-D- 吡喃葡萄糖苷 -6'-*O*- 没食子酸酯 (2*S*)-1,2-propanediol-1-*O*-*β*-D-glucopyranoside-6'-*O*-gallate
1,2- 丙二醇双十七酸甲酯 methyl 1,2-ethyl-diheptaecanotate
丙二酸 malonic acid
3-*O*- 丙二酸单酰苦瓜素 I 3-*O*-malonylmomordicin I
6''-*O*- 丙二酰大豆苷 6''-*O*-malonyldaidzin
6''-*O*- 丙二酰黄豆黄苷 6''-*O*-malonylglycitin
6''-*O*- 丙二酰黄染料木苷 6''-*O*-malonylgenistin
7-(6-*O*- 丙二酰基 -*β*-D- 吡喃葡萄糖基)-4'- 羟基异黄烷酮 7-(6-*O*-malonyl-*β*-D-glucopyranosyloxy)-4'-hydroxyisoflavanone
6-*O*- 丙二酰基 -*β*- 甲基 -D- 吡喃葡萄糖苷 6-*O*-maloynyl-*β*-methyl-D-glucopyranoside
丙二酰基 - 咖啡酰奎宁酸 malonyl-caffeoylquinic acid
6''- 丙二酰绞股蓝苷 V 6''-malonylgypenoside V
2''-*O*- 丙二酰牡荆素 2''-*O*-malonylvitexin
6''-*O*- 丙二酰牡荆素 6''-*O*-malonylvitexin
6''- 丙二酰人参皂苷 Rb_1, Rd 6''-malonylginsenoside Rb_1, Rd
丙二酰人参皂苷 Ra_3, Rb_1, Rb_2, Rb_3, Rc, Rd, Rg_1 malonyl-ginsenoside Ra_3, Rb_1, Rb_2, Rb_3, Rc, Rd, Rg_1
丙二酰三七皂苷 Fa, R_4 malonylnotoginsenoside Fa, R_4
2'-*O*- 丙二酰升麻苷 2'-*O*-malonylcimicifugoside
丙二酰矢车菊素 -3- 葡萄糖苷 malonylcyanidin-3-glucoside
2'-*O*- 丙二酰小升麻苷 B 2'-*O*-malonylcimiaceroside B
3-(3- 丙基 -[1,1',3',1''] 联三环己烷 -3''-yl)- 丙烷 -1- 醇 3-(3-propyl-[1,1',3',1'']tercyclohexan-3''-yl)-propan-1-ol
2- 丙基 -1,3- 二氧杂螺环 [5.5] 十一烷 -9- 醇 2-propyl-1,3-dioxaspiro[5.5]undecan-9-ol
3- 丙基 -2- 乙烯基 -1,2,3,3a,3b,6,7,7a,8,8a- 十氢环戊 [a] 茚 -3,3a,7a,8a- 四醇 3-propyl-2-vinyl-1,2,3,3a,3b,6,7,7a,8,8a-decahydrocyclopenta[a]indene-3,3a,7a,8a-tetraol
3- 丙基 -3-(2,4,5- 三甲氧基) 苄氧基 - 戊烷 -2,4- 二酮 3-propyl-3-(2,4,5-trimethoxy) benzyloxy-pentan-2,4-dione
1- 丙基苯 1-propylbenzene
丙基苯 propylbenzene
4- 丙基苯甲醛 4-propylbenzaldehyde
24*R*- 丙基胆甾 -5- 烯 -3*β*- 醇 24*R*-propylcholest-5-en-3*β*-ol
2- 丙基呋喃 2-propylfuran
5- 丙基癸烷 5-propyl-decane
4- 丙基茴香醚 4-propylanisole
5- 丙基间苯二酚 5-propylresorcinol
丙基硫氰酸酯 propyl thiocyanate
6- 丙基 - 双环 [3,2,0]- 庚 -3,6- 二烯 -2- 酮 6-propyl-bicyclo[3,2,0]-hept-6-dien-2-one
6- 丙基 - 双环 [3,2,0]- 庚 -6- 烯 -2- 酮 6-propyl-bicyclo[3,2,0]-hept-6-en-2-one
丙醛二乙缩醛 propanal diethylacetal
5-(1- 丙炔 -1- 基)-2- 噻吩丙酸甲酯 5-(1-propyn-1-yl)-2-thiophenepropanoic acid methyl ester
1,2,3- 丙三醇 1,2,3-propanetriol
丙三醇 propanetriol
丙三醇 -1,2- 二十二酸二酯 1,2-docosanoic acid diester-propanetriol
8-(7',8',9'- 丙三醇 -4'- 甲氧基 -3'-*O*- 苯基)-7- 羟基 -6- 甲氧基香豆素 8-(7',8',9'-propanetriol-4'-methoxy-3'-*O*-phenylpropanoid)-7-hydroxy-6-methoxycoumarin
(7*S*,8*R*)-4-*O*-(2- 丙三醇基)-7,9,9'- 三羟基 -3,3',5'- 三甲氧基 -8-*O*-4'- 新木脂素 (7*S*,8*R*)-4-*O*-(glycer-2-yl)-7,9,9'-trihydroxy-3,3',5'-trimethoxy-8-*O*-4'-neolignan
(7*R*,8*R*)-4-*O*-(2- 丙三醇基)-7,9,9'- 三羟基 -3,3'- 二甲氧基 -8-*O*-4'- 新木脂素 (7*R*,8*R*)-4-*O*-(glycer-2-yl)-7,9,9'-trihydroxy-3,3'-dimethoxy-8-*O*-4'-neolignan
(7*R*,8*S*)-4-*O*-(2- 丙三醇基)-7,9,9'- 三羟基 -3,3'- 二甲氧基 -8-*O*-4'- 新木脂素 (7*R*,8*S*)-4-*O*-(glycer-2-yl)-7,9,9'-trihydroxy-3,3'-dimethoxy-8-*O*-4'-neolignan
(7*R*,8*R*)-4-*O*-(2- 丙三醇基)-7,9,9'- 三羟基 -3,5,3'- 三甲氧基 -8-*O*-4'- 新木脂素 (7*R*,8*R*)-4-*O*-(glycer-2-yl)-7,9,9'-trihydroxy-3,5,3'-trimethoxy-8-*O*-4'-neolignan
(7*S*,8*R*)-4-*O*-(2- 丙三醇基)-7,9,9'- 三羟基 -3,5,3'- 三甲氧基 -8-*O*-4'- 新木脂素 (7*S*,8*R*)-4-*O*-(glycer-2-yl)-7,9,9'-trihydroxy-3,5,3'-trimethoxy-8-*O*-4'-neolignan
4-*O*-(2- 丙三醇基) 二氢松柏醇 4-*O*-(glycer-2-yl)dihydroconiferyl alcohol
4-*O*-(2- 丙三醇基) 二氢松柏醇 -6- 对香豆酰基 - 吡喃葡萄糖苷 4-*O*-(glycer-2-yl)dihydroconiferyl alcohol-6-*p*-

coumaroylglucopyranoside
1-*O*-(2- 丙三醇基二氢松柏醇)-6-*O*-(3- 甲氧基 -4- 羟基苯甲酰基)-β-D- 吡喃葡萄糖苷 1-*O*-(glycer-2-yl-dihydroconiferyl alcohol)-6-*O*-(3-methoxy-4-hydroxybenzoyl)-β-D-glucopyranoside
1-*O*-(2- 丙三醇基二氢松柏醇)-6-*O*-(对羟基苯甲酰基)-β-D- 吡喃葡萄糖苷 1-*O*-(glycer-2-yl-dihydroconiferyl alcohol)-6-*O*-(*p*-hydroxybenzoyl)-β-D-glucopyranoside
丙酸 propanoic acid; propionic acid
3α- 丙酸基托品烷 3α-propionyloxytropane
丙酸香叶酯 geranyl propionate
丙酸乙酯 propanoic acid ethyl ester
13- 丙酮基 -12,13- 基二氢白屈菜红碱 13-acetylonyl-12,13-dihydrochelerythrine
5- 丙酮基 -2- 甲基色酮 -7-*O*-β-D- 吡喃葡萄糖苷 5-acetonyl-2-methylchromone-7-*O*-β-D-glucopyranoside
4- 丙酮基 -3,5- 二甲氧基对氢醌 4-acetonyl-3,5-dimethoxy-*p*-quinol
4- 丙酮基 -4- 羟基 -3,5- 二甲氧基 -2,5- 环己二烯 -1- 酮 4-acetonyl-4-hydroxy-3,5-dimethoxy-2,5-cyclohexadien-1-one
6- 丙酮基 -5,6- 二氢血根碱 6-acetonyl-5,6-dihydrosanguinarine
2- 丙酮基 -5,7- 二羟基色酮 -*O*- 没食子酰葡萄糖苷 2-acetonyl-5,7-dihydroxychromone-*O*-galloyl-glucoside
2- 丙酮基 -5- 甲基 -7- 羟基色酮 -7-*O*- 没食子酰葡萄糖苷 2-acetonyl-5-methyl-7-hydroxychromone-7-*O*-galloyl-glucoside
5- 丙酮基 -6- 吡喃葡萄糖基 -7- 羟基 -2- 甲基色酮 5-acetonyl-6-glycopyranosyl-7-hydroxy-2-methylchromone
5- 丙酮基 -7-β-D- 吡喃葡萄糖氧基 -2- 甲基色酮 5-acetonyl-7-β-D-glucopyranosyloxy-2-methylchromone
5- 丙酮基 -7- 羟基 -2- 甲基色酮 5-acetonyl-7-hydroxy-2-methylchromone
5- 丙酮基 -7- 羟基 -2- 甲基色酮 -*C*- 糖苷 5-acetonyl-7-hydroxy-2-methylchromone-*C*-glycoside
6- 丙酮基 -8-*O*- 去甲基二氢白屈菜红碱 6-acetonyl-8-*O*-demethyldihydrochelerythrine
6- 丙酮基 -*N*- 甲基二氢得卡瑞花椒碱 6-acetonyl-*N*-methyldihydrodecarine
8- 丙酮基白屈菜红碱 8-acetonyldrochelerythrin
(±)-8- 丙酮基二氢白屈菜红碱 (±)-8-acetonyldihydrochelerythrine
11- 丙酮基二氢白屈菜红碱 11-acetonyldihydrochelerythrine
6- 丙酮基二氢白屈菜红碱 6-acetonyldihydrochelerythrine
8- 丙酮基二氢白屈菜红碱 8-acetonyldihydrochelerythrine
丙酮基二氢白屈菜红碱 acetonyldihydrochelerythrine
8- 丙酮基二氢簕欓花椒碱▲ 8-acetonyldihydroavicine
6- 丙酮基二氢两面针碱 6-acetonyldihydronitidine
8- 丙酮基二氢两面针碱 8-acetonyldihydronitidine
11- 丙酮基 - 二氢两面针碱 11-acetonyl-dihydronitidine
6- 丙酮基二氢血根碱 6-acetonyl dihydrosanguinarine
8- 丙酮基二氢血根碱 8-acetonyl dihydrosanguinarine
丙酮基二氢血根碱 acetonyldihydrosanguinarine
丙酮基老鹳草鞣质 acetonyl geraniin
3α- 丙酮基柳叶水甘草碱 3α-acetonyltabersonine
5,6- 丙酮基木藜芦毒素 I 5,6-acetonylgrayanotoxin I
丙酮基麝香草酚 -8,9- 二醛 acetone thymol-8,9-diyl ketal
11α,12β- 丙酮基通光藤苷 11α,12β-acetonyltenacissoside
丙酮基吴茱萸碱 acetonylevodiamine
19- 丙酮基异伏康树碱▲ 19-acetonylisovoacangine
6- 丙酮基 - 紫堇灵 6-acetonyl-corynoline
丙酮酸 pyruvic acid
(1*E*)-1- 丙烯 -1,2,3- 三羧酸镁钾盐 (1*E*)-1-propene-1,2,3-tricarboxylic acid magnesium potassium salt
2- 丙烯 -1- 硫酸 -*S*- 甲酯 *S*-methyl 2-propen-1-thiosulfinate
丙烯苯 propenylbenzene
1-(1-*E*- 丙烯基)-2,4,5- 三甲氧基苯 1-(1-*E*-propenyl)-2,4,5-trimethoxybenzene
2-(2-*O*- 丙烯基)- 乙醛 2-(2-*O*-propenyl)-acetaldehyde
5-[3-(乙酰氧基)-1- 丙烯基]-2,3- 二氢 -2-(4- 羟基 -3- 甲氧基苯基)-7- 甲氧基 -3- 苯并呋喃甲醇 -α- 乙酸酯 5-[3-(acetyloxy)-1-propenyl]-2,3-dihydro-2-(4-hydroxy-3-methoxyphenyl)-7-methoxy-3-benzofuranmethanol-α-acetate
(7*R*,8*S*)-2-(4- 丙烯基 -2- 甲氧基苯氧基)-1-(3,4,5- 三甲氧基苯基)- 丙烷 -1- 醇 (7*R*,8*S*)-2-(4-propenyl-2-methoxyphenoxy)-1-(3,4,5-trimethoxyphenyl)-propan-1-ol
2-*O*- 丙烯基 -3,6- 二 -*O*-3- 硝基丙酰基 -α-D- 吡喃葡萄糖 2-*O*-acryl-3,6-di-*O*-3-nitropropanoyl-α-D-glucopyranose
4- 丙烯基苯酚 4-propenylphenol
4-*E*- 丙烯基苯酚 -1-*O*-β-D- 芸香糖苷 4-*E*-propenylphenol-1-*O*-β-D-rutinoside
丙烯基丙基三硫醚 propenyl propyl trisulfide
4- 丙烯氧基香豆素 4-propenoxycoumarin
(-)-4- 丙酰基 -2,6- 二甲氧基苯基 -β-D- 吡喃葡萄糖苷 (-)-4-propionyl-2,6-dimethoxyphenyl-β-D-glucopyranoside
4- 丙酰基 -2,6- 二甲氧基苯基 -β-D- 吡喃葡萄糖苷 4-propionyl-2,6-dimethoxyphenyl-β-D-glucopyranoside
(-)-4- 丙酰基 -3,5- 二甲氧基苯基 -β-D- 吡喃葡萄糖苷 (-)-4-propionyl-3,5-dimethoxyphenyl-β-D-glucopyranoside
(*Z*)-6-*O*-(6''- 丙酰基 -β-D- 吡喃葡萄糖基)-6,7,3',4'- 四羟基橙酮 (*Z*)-6-*O*-(6''-propionyl-β-D-glucopyranosyl)-6,7,3',4'-tetrahydroxy-auron
N- 丙酰降黑麦草碱 *N*-propionylnorloline
(12*E*,2*S*,3*S*,4*R*,5*R*,6*S*,9*S*,11*S*,15*R*)-3- 丙酰氧基 -5,15- 二乙酰氧基 -6,17- 环氧续随子 -12- 烯 -14- 酮 (12*E*,2*S*,3*S*,4*R*,5*R*,6*S*,9*S*,11*S*,15*R*)-3-propionyloxy-5,15-diacetoxy-6,17-epoxylathyra-12-en-14-one
丙酰氧基氧代南五味子烷 propoxyl oxokadsurane
2- 丙氧基胡桃醌 2-propoxyjuglone
柄花菊素 erioflorin
(+)- 波翅芹素▲ (+)-pteryxin
波翅芹素▲ pteryxin
(+)- 波尔定碱 (+)-boldine
波尔定碱 boldine
波棱瓜丙烯醛▲ herpepropenal
波棱瓜醇▲ herpetol
波棱瓜定▲ herpecaudin
波棱瓜灵▲ A, B herpetosperin A, B
波棱瓜内酯▲ A, B herpetolide A, B
波棱瓜醛 herpetal
波棱瓜三聚醇▲ herpetriol
波棱瓜三聚酮▲ herpetrione
波棱瓜三聚托醇▲ herpetotriol
波棱瓜四聚醇 herpetetrol
波棱瓜四聚二酮▲ herpetetradione
波棱瓜四聚酮▲ herpetetrone
波棱瓜素 bolengsu
波棱瓜亭▲ herpetin
波棱瓜酮 herpetone
波棱瓜五聚醇▲ herpepentol
波棱瓜烯醇▲ herpetenol
波棱芴酮 herpetfluorenone
波罗蜜宾▲ artocarbene
波罗蜜芪▲ A artocarstilbene A

波罗蜜酚宁▲A heteroartonin A
波罗蜜呋喃醇▲ artocarpfuranol
波罗蜜黄烷香豆素▲ artoflavanocoumarin
波罗蜜林素▲ heterophyllin
波罗蜜米亭▲A, B, C artocarmitin A, B, C
波罗蜜明▲A~D artocarmin A~D
波罗蜜宁▲A, B, F, J, Y, ZA, ZB artonin A, B, F, J, Y, ZA, ZB
波罗蜜品▲ artocarpin
波罗蜜普辛▲A, B, C artocarpusin A, B, C
波罗蜜素▲A~J artoheterophyllin A~J
波罗蜜亭▲ artocarpetin
波罗蜜亭▲A, B artocarpetin A, B
波罗蜜酮▲B artocarpone B
波罗蜜烷酮▲ artocarpanone
波罗蜜烯▲ artocarpene
波罗蜜辛▲ artocarpesin
α- 波旁老鹳草烯 α-bourbonene
β- 波旁老鹳草烯 β-bourbonene
波旁老鹳草烯 bourbonene
波氏大戟毒素▲ tinyatoxin
波氏吴萸素▲ evorubodinin
波斯常春藤苷▲A colchiside A
波斯菊萜 cosmene
波斯石蒜胺 ungeremine
波斯益母草素▲B, C, G leopersin B, C, G
波希鼠李苷▲C, D cascaroside C, D
波叶刚毛果苷▲ uzarin
波叶刚毛果苷元▲ uzarigenin
波叶刚毛果苷元▲-3β- 槐糖苷 uzarigenin-3β-sophoroside
波叶刚毛果苷元▲-β-D- 龙胆二糖基 -(1→4)-α-L- 黄花夹竹桃糖苷 uzarigenin-β-D-gentiobiosyl-(1→4)-α-L-thevetoside
波叶刚毛果苷元▲-β-D- 葡萄糖基 -(1→4)-α-L- 黄花夹竹桃糖苷 uzarigenin-β-D-glucosyl-(1→4)-α-L-thevetoside
波叶刚毛果苷元▲-β- 纤维二糖苷 uzarigenin-β-cellobioside
(3R,5S,8R,9S,10S,13R,14S,17R,20Z,2'R)-3-O- 波叶刚毛果苷元▲乳酸酯 (3R,5S,8R,9S,10S,13R,14S,17R,20Z,2'R)-3-O-uzarigenin lactate
(3R,5S,8R,9S,10S,13R,14S,17R,20Z,2'S)-3-O- 波叶刚毛果苷元▲乳酸酯 (3R,5S,8R,9S,10S,13R,14S,17R,20Z,2'S)-3-O-uzarigenin lactate
波叶黄钟花苷▲A, B undulatoside A, B
波叶鸡骨常山碱▲ undulifoline
波叶尼润花碱▲ undulatine
波叶青牛胆醇▲A tinocrispol A
波叶青牛胆苷▲ tinocrisposide
波叶青牛胆碱苷▲A tinoscorside A
波叶青牛胆萜醇▲E rumphiol E
(-)- 波状瑞青楠素 (-)-repandine
菠菜苷▲C, D spinacoside C, D
菠菜亭▲ spinacetin
菠菜亭▲-3-O-β-D-(2''- 阿魏酸吡喃葡萄糖基)-(1→6)-[β-D- 呋喃芹糖基 -(1→2)]-β-D- 吡喃葡萄糖苷 spinacetin-3-O-β-D-(2''-feruloylglucopyranosyl)-(1→6)-[β-D-apiofuranosyl-(1→2)]-β-D-glucopyranoside
菠菜亭▲-3-O-β-D-(2''- 阿魏酸吡喃葡萄糖基)-(1→6)-β-D- 吡喃葡萄糖苷 spinacetin-3-O-β-D-(2''-feruloylglucopyranosyl)-(1→6)-β-D-glucopyranoside
菠菜亭▲-3-O-β-D-(2''- 对香豆酰吡喃葡萄糖基)-(1→6)-[β-D- 呋喃芹糖 (1→2)]-β-D- 吡喃葡萄糖苷 spinacetin-3-O-β-D-(2''-p-coumaroylglucopyranosyl)-(1→6)-[β-D-apiofuranosyl-(1→2)]-β-D-glucopyranoside
菠菜亭▲-3-O-β-D- 吡喃葡萄糖基 -(1→6)-[β-D- 呋喃芹糖基 -(1→2)]-β-D- 吡喃葡萄糖苷 spinacetin-3-O-β-D-glucopyranosyl-(1→6)-[β-D-apiofuranosyl-(1→2)]-β-D-glucopyranoside
菠菜亭▲-3- 龙胆二糖苷 spinacetin-3-gentiobioside
菠菜托苷▲ spinatoside
α- 菠菜甾醇 α-spinasterol
β- 菠菜甾醇 β-spinasterol
γ- 菠菜甾醇 γ-spinasterol
δ- 菠菜甾醇 δ-spinasterol
菠菜甾醇 spinasterol
α- 菠菜甾醇 -3-O-β-D- 吡喃葡萄糖苷 α-spinasterol-3-O-β-D-glucopyranoside
菠菜甾醇 -3-O-β-D- 吡喃葡萄糖苷 spinasterol-3-O-β-D-glucopyranoside
α- 菠菜甾醇 -3-O-β-D- 吡喃葡萄糖苷 -6'-O- 棕榈酸酯 α-spinasterol-3-O-β-D-glucopyranoside-6'-O-palmitate
α- 菠菜甾醇 -3-O-β-D- 吡喃葡萄糖苷 -6'- 十七酸酯 α-spinasterol-3-O-β-D-glucopyranoside-6'-heptadecanoate
α- 菠菜甾醇 -3-O-β-D- 吡喃葡萄糖苷 -6'- 棕榈酸酯 α-spinasteryl-3-O-β-D-glucopyranoside-6'-palmitate
α- 菠菜甾醇 -3-O-β-D- 葡萄糖苷 α-spinasterol-3-O-β-D-glucoside
菠菜甾醇 -3-O-β-D- 葡萄糖苷 spinasterol-3-O-β-D-glucoside
α- 菠菜甾醇 -3-O-β-D- 葡萄糖苷 -6'-O- 棕榈酸酯 α-spinasterol-3-O-β-D-glucoside-6'-O-palmitate
菠菜甾醇 -3-O-β-D- 葡萄糖苷 -6'-O- 棕榈酸酯 spinasterol-3-O-β-D-glucoside-6'-O-palmitate
α- 菠菜甾醇 -3-β-D- 吡喃葡萄糖苷 α-spinasterol-3-β-D-glucopyranoside
α- 菠菜甾醇 -3β-O-β-D- 吡喃葡萄糖苷 α-spinasterol-3β-O-β-D-glucopyranoside
α- 菠菜甾醇 -β-D-(6'- 软脂酰吡喃葡萄糖苷) α-spinasterol-β-D-(6'-palmitylglucopyranoside)
α- 菠菜甾醇 -β-D- 吡喃葡萄糖苷 α-spinasterol-β-D-glucopyranoside
菠菜甾醇 -β-D- 吡喃葡萄糖苷 spinasteryl-β-D-glucopyranoside
α- 菠菜甾醇 -β-D- 葡萄糖苷 α-spinasterol-β-D-glucoside
α- 菠菜甾醇吡喃葡萄糖苷 α-spinasterol glucopyranoside
α- 菠菜甾醇己酸酯 α-spinasterol caproate
α- 菠菜甾醇葡萄糖苷 α-spinasterol glucoside
δ- 菠菜甾醇葡萄糖苷 δ-spinasterol glucoside
α- 菠菜甾醇十八酸酯 α-spinasterol octacosanoate
α- 菠菜甾醇硬脂酸酯 α-spinasterol octadecanate
α- 菠菜甾醇皂苷 α-spinasterol glycoside
α- 菠菜甾酮 α-spinasterone
菠菜甾酮 spinasterone
菠菜皂苷▲ oleragenoside
菠菜皂苷 A spinasaponin A
菠菜皂苷 A-28-O- 吡喃葡萄糖苷 spinasaponin A-28-O-glucopyranoside
菠菜皂苷 A 甲酯 spinasaponin A methyl ester
菠萝蛋白酶 bromelain
菠萝酰酯 ananasate
播娘蒿苷 descurainoside
播娘蒿素▲ descuraini
伯 -O- 吡喃葡萄糖基当归因▲ prim-O-glucopyranosylangelicain
伯 -O- 葡萄糖基升麻素 prim-O-glucosylcimifugin
伯恩鸡骨常山素▲ boonein
伯格龙胆苷▲ rindoside
伯兰菊素▲ berlandin
伯乐树苷▲A, B, C bretschneideroside A, B, C

伯乐树噻嗪▲ A, B bretschneiderazine A, B
伯鲁斯花素▲ III, IV bolusanthin III, IV
伯氏雏菊苷▲ B_2 bernardioside B_2
伯氏亚丁花素▲ echujin
帛斑蝶胺▲ B ideamine B
帛斑蝶胺▲ B-*N*- 氧化物 ideamine B-*N*-oxide
博落回醇碱 bocconoline
博落回碱 bocconine
(+)- 博氏木林素▲ (+)-boscialin
博氏木林素▲ boscialin
博氏木林素▲ -4'-*O*-*β*-D- 吡喃葡萄糖苷 boscialin-4'-*O*-*β*-D-glucopyranoside
补骨脂查耳酮 bavachalcone
补骨脂查耳酮 A psorachalcone A
补骨脂定 psoralidin
补骨脂定 2',3'- 氧化物二乙酸酯 psoralidin 2',3'-oxide diacetate
(+)- 补骨脂酚 (+)-bakuchiol
补骨脂酚 bakuchiol
补骨脂呋喃查耳酮 bakuchalcone
补骨脂苷 psoralenoside
补骨脂黄烷酮 psoralenflavanone
补骨脂黎酚▲ A~E corylifol A~E
补骨脂里定▲ corylidin
补骨脂林素▲ corylin
补骨脂宁▲ corylifolinin
补骨脂醛▲ corylinal
补骨脂色酚 bavachromanol
补骨脂色烯 bavachromene; psorachromene
补骨脂素 psoralen
补骨脂萜酚 A~E psoracorylifol A~E
补骨脂酮醇▲ psoralenol
补骨脂酮酚▲ corylifonol
补骨脂香豆雌烷 A, B bavacoumestan A, B
补骨脂辛▲ bavachin
补骨脂辛宁▲ bavachinin
补骨脂新异黄酮 bavarigenin
补骨脂异黄酮苷 bavadin
补骨脂异黄烷酮 bavaisoflavanone
补骨脂酯 psoralester
不落草酮▲ aptosimone
不育红素▲ A, B, C rabyuennane A, B, C
布比林仙定▲ bubbialidine
(+)- 布尔萨唐松草碱▲ (+)-bursanine
布朗翠雀碱▲ browniine
布雷巨盘木素▲ braylin
布雷巨盘木素▲ I braylin I
布雷青霉菌素▲ A brefeldin A
布藜醇 bulnesol
α- 布藜烯 *α*-bulnesene
布卢竹柏醇 A, B, C blumenol A, B, C
布卢竹柏醇 A-*β*-D- 吡喃葡萄糖苷 blumenol A-*β*-D-glucopyranoside
布卢竹柏醇 B-9-*O*-*α*-L- 吡喃鼠李糖基 -(1 → 6)-*β*-D- 吡喃葡萄糖苷 blumenol B-9-*O*-*α*-L-rhamnopyranosyl-(1 → 6)-*β*-D-glucopyranoside
布卢竹柏醇 B-9-*O*-*β*-D- 呋喃芹糖基 -(1 → 6)-*β*-D- 吡喃葡萄糖苷 blumenol B-9-*O*-*β*-D-apiofuranosyl-(1 → 6)-*β*-D-glucopyranoside
布卢竹柏醇 B-*β*-D- 吡喃葡萄糖苷 blumenol B-*β*-D-glucopyranoside
布卢竹柏醇 C-9-*O*-*α*-L- 吡喃鼠李糖基 -(1 → 6)-*β*-D- 吡喃葡萄糖苷 blumenol C-9-*O*-*α*-L-rhamnopyranosyl-(1 → 6)-*β*-D-glucopyranoside
布卢竹柏醇 C-9-*O*-*β*-D- 呋喃芹糖基 -(1 → 6)-*β*-D- 吡喃葡萄糖苷 blumenol C-9-*O*-*β*-D-apiofuranosyl-(1 → 6)-*β*-D-glucopyranoside
布卢竹柏醇 C-*O*-*β*-D- 吡喃葡萄糖苷 blumenol C-*O*-*β*-D-glucopyranoside
布卢竹柏醇 C-*β*-D- 吡喃葡萄糖苷 blumenol C-*β*-D-glucopyranosde
布卢竹柏醇 C 吡喃葡萄糖苷 blumenol C glucopyranoside
布卢竹柏醇 C 葡萄糖苷 blumenol C glucoside
布卢竹柏醇 C 纤维二糖苷 blumenol C cellobioside
(6*R*,9*R*)- 布卢竹柏醇 -*α*-L- 吡喃鼠李糖基 -(1 → 6)-*β*-D- 吡喃葡萄糖苷 (6*R*,9*R*)-blumenyl-*α*-L-rhamnopyranosyl-(1 → 6)-*β*-D-glucopyranoside
布沙迪苷元 -3- 乙酸酯 bersaldegenin-3-acetate
(+)- 布氏安尼樟素▲ (+)-burchellin
布氏安尼樟素▲ burchellin
布氏假橄榄素▲ mutangin
布氏菊素▲ brickellin
布氏美登木丙基碱▲ maytanprine
布氏美登木丁基碱▲ maytanbutine
布氏鼠尾草醇▲ iguestol
布氏藤黄双黄酮 -1, -1a, -2, -2a GB -1, -1a, -2, -2a
布约巨盘木醇酮▲ A, B bourjotinolone A, B

C

采木醇▲ hematoxylol
采木素▲ hematoxylin
彩苞鼠尾草醇▲ salviviridinol
菜豆白细胞凝集素 phaseolus vulgaris leucoagglutinin; PHA-L
菜豆定 phaseolidin; phaseollidin
菜豆酚酸▲ phaselic acid
菜豆苷 IV phaseoside IV
菜豆树宁▲ radermasinin
菜豆素 phaseolin
菜豆酸 phaseic acid
菜豆异黄烷 phaseollinisoflavan
菜豆皂苷 a, D, E sandosaponin a, D, E
菜蓟苷▲ cynaroside; cinaroside
菜蓟苦素 cynaropicrin
菜蓟莫苷▲ scolymoside; scolimoside
菜蓟内酯▲ cynarolide
菜蓟宁▲ A, B cynarinin A, B
菜蓟三醇▲ cynaratriol
菜蓟素 cynarin
菜蓟皂苷▲ A~K cynarasaponin A~K
菜蓟皂苷▲ A 甲酯 cynarasaponin A methyl ester
菜蓟皂苷▲ E 甲酯 cynarasaponin E methyl ester
菜蓟皂苷▲ H 甲酯 cynarasaponin H methyl ester
菜椒酰胺▲ grossamide
菜椒酰胺▲ K grossamide K
菜油甾 -4- 烯 -3- 酮 campest-4-en-3-one
(20*R*,24*R*)- 菜油甾 -5- 烯 -3*β*,4*β*- 二醇 (20*R*,24*R*)-campest-5-en-3*β*,4*β*-diol
Δ^7- 菜油甾醇 Δ^7-campesterol
菜油甾醇 campesterol
菜油甾醇 -3-*O*-*β*-D- 吡喃半乳糖苷 campesterol-3-*O*-*β*-D-galactopyranoside
菜油甾醇 -3-*O*-*β*-D- 吡喃葡萄糖苷 campesterol-3-*O*-*β*-D-glucopyranoside

C

菜油甾醇 -D- 葡萄糖苷 campesteryl-D-glucoside
菜油甾醇 -D- 葡萄糖苷 -6'- 棕榈酸酯 campesteryl-D-glucoside-6'-palmitate
菜油甾醇吡喃葡萄糖苷 campesteryl glucopyranoside
菜油甾醇葡萄糖苷 campesterol glucoside; campesteryl glucoside
菜油甾醇棕榈酸酯 campesteryl palmitate
菜油甾烷醇 campestanol
菜籽甾醇 brassicasterol
菜籽甾醇 -3-*O*-*β*-D- 吡喃半乳糖苷 brassicasterol-3-*O*-*β*-D-galactopyranoside
蔡帕里红厚壳酸▲ chapelieric acid
蚕醛 bombykal
蚕戊烯酮▲ bombiprenone
苍白粉藤酚 pallidol
苍耳醇 xanthanol
苍耳明 xanthumin
苍耳内酯▲ A, B sibiriolide A, B
苍耳噻吩吡喃▲ xanthienopyran
苍耳噻嗪酮▲ xanthiazone
苍耳噻嗪酮苷 xanthiside
苍耳噻嗪新酮▲ xanthiazinone
苍耳亭 xanthatin
苍耳皂素 xanthinosin
苍山乌头碱▲ contorsine
苍山乌头灵▲ contorine
苍山乌头明▲ contortumine
苍山乌头亭▲ contortine
苍术醇 hinesol
(1*Z*)- 苍术二醇 (1*Z*)-atractylodinol
苍术苷 atractyloside
苍术苷 A~I atractyloside A~I
苍术苷 A-14-*O*-*β*-D- 呋喃果糖苷 atractyloside A-14-*O*-*β*-D-fructofuranoside
(2*R*,3*R*,5*R*,7*R*,10*S*)- 苍术苷 G-2-*O*-*β*-D- 吡喃葡萄糖苷 (2*R*,3*R*,5*R*,7*R*,10*S*)-atractyloside G-2-*O*-*β*-D-glucopyranoside
苍术苷元 atractyligenin
苍术聚糖▲ A, B, C atractan A, B, C
苍术醚 atractyloxide; atractylon; atractylone
苍术色烯▲ atractylochromene
(1*Z*)- 苍术素 (1*Z*)-atractylodin
苍术素 atractylodin
(1*S*,5*R*,9*R*)- 糙龙胆苷▲ (1*S*,5*R*,9*R*)-scabraside
糙龙胆苷▲ scabraside
糙龙胆素▲ G_3, G_4, G_5 scabran G_3, G_4, G_5
糙皮桦酸▲ karachic acid
糙苏醇▲ phlomiol
糙苏醇苷▲ A, B phlomisumbroside A, B
糙苏苷 I, II, III, IV, V, F phlomisoside I, II, III, IV, V, F
糙苏六醇 A~D phlomishexaol A~D
糙苏洛苷▲ umbroside
糙苏四醇 A, B, C phlomistetraol A, B, C
糙苏酸▲ phlomisoic acid
糙苏酮▲ phlomisone
糙苏五醇 phlomispentaol
糙苏辛素 phlomisin
糙苏乙醇苷▲ phlomisethanoside
糙叶埃氏草素▲ azafrin
3- 糙叶败酱醇▲ 3-patriscabrol
糙叶败酱醇▲ patriscabrol
糙叶败酱苷▲ I, II, III patriscabroside I, II, III
糙叶败酱碱 patriscabratine
糙叶依瓦菊灵▲ asperilin
糙枝金丝桃素▲ A, B, C hyperscabrin A, B, C
糙枝金丝桃酮▲ A~L, L-a, L-b hyperibone A~L, L-a, L-b
草本蔓长春花辛碱▲ herboxine
草本威灵仙苷▲ versibirioside
草苁蓉醇 boschnarol
草苁蓉醇甲醚 boschnarol methylether
草苁蓉苷 A~F rossicaside A~F
草苁蓉碱 boschniakine
草苁蓉那苷▲ boschnaside
草苁蓉内酯 boschnialactone
草苁蓉醛苷▲ boschnaloside
草苁蓉素▲ A, B rossicasin A, B
草苁蓉酸 boschniakinic acid
草苁蓉新内酯▲ onikulactone
草地乌头芬碱▲ umbrophine
草地乌头碱 umbrosine
草豆蔻素▲ A, B, C sumadain A, B, C
草果芳酮▲ tsaokoarylone
草果素 tsaokoin
草果药醇▲ spicatanol
草果药醇▲甲醚 spicatanol methyl ether
草果药酸▲ spicatanoic acid
草胡椒素▲ A~F peperomin A~F
草蔻达因▲ A, B katsumadain A, B
草蔻定▲ katsumadin
草蔻素 A~M calyxin A~M
草莓树苷▲ unedoside
草棉苷 herbacitrin
草棉素 herbacetin
草棉素 -3,8-*O*- 二吡喃葡萄糖苷 herbacetin-3,8-*O*-diglucopyranoside
草棉素 -3-*O*-*β*-D- 吡喃葡萄糖基 -7-*O*-*α*-L- 吡喃鼠李糖苷 herbacetin-3-*O*-*β*-D-glucopyranosyl-7-*O*-*α*-L-rhamnopyranoside
草棉素 -3-*O*- 葡萄糖苷 herbacetin-3-*O*-glucoside
草棉素 -7-*O*-*α*-L- 吡喃鼠李糖苷 herbacetin-7-*O*-*α*-L-rhamnopyranoside
草棉素 -7-*O*-*β*-D- 吡喃葡萄糖苷 herbacetin-7-*O*-*β*-D-glucopyranoside
草棉素 -7-*O*- 葡萄糖苷 herbacetin-7-*O*-glucoside
草棉素 -7-*O*- 新橙皮苷 herbacetin-7-*O*-neohesperidoside
草棉素 -8,4'- 二甲醚 herbacetin-8,4'-dimethyl ether
草棉素 -8-*O*-*α*-D- 来苏糖苷 herbacetin-8-*O*-*α*-D-lyxopyranoside
草棉素 -8-*O*-*β*-D- 葡萄糖醛酸苷 herbacetin-8-*O*-*β*-D-glucuronide
草棉素 -8- 甲醚 herbacetin-8-methyl ether
草棉素 -8- 甲醚 -3-*O*-*β*-D- 槐糖苷 herbacetin 8-methyl ether-3-*O*-*β*-D-sophoroside
草棉素 -8- 甲醚 -3- 葡萄糖苷 herbacetin-8-methylether 3-glucoside
草棉辛▲ herbacin
草木犀苷 A, A_1, B, B_1, C, C_1, D melilotoside A, A_1, B, B_1, C, C_1, D
草木犀苷元 melilotigenin
草木犀苷元 B, C melilotigenin B, C
草木犀素▲ melitin
草木犀酸 melilotic acid
草木犀酸葡萄糖苷 melilotic acid glucoside
草木犀亭 melilotin
草木犀皂苷 O_1, O_2 melilotus saponin O_1, O_2
(+)- 草木犀紫檀烷 (+)-meliotocarpan

草木犀紫檀烷 A meliotocarpan A
草珊瑚宝苷▲ A, B sarcaboside A, B
草珊瑚醇▲ A, B glabranol A, B
草珊瑚醇内酯▲ A, B sarcanolide A, B
草珊瑚二聚内酯▲ A~J sarcandrolide A~J
草珊瑚苷 A, B, D sarcandroside A, B, D
草珊瑚苷 C glabraoside C
草珊瑚内酯 A~E sarcandralactone A~E
草珊瑚酮▲ A~D sarcandrone A~D
草珊瑚香豆素▲ sarcandracoumarin
草酸 oxalic acid
草酸二丁酯 dibutyl oxalate
草酸钾 potassium oxalate
O- 草酰高丝氨酸 *O*-oxalylhomoserine
(-)-*β*-*N*- 草酰基 -L-*α*,*β*- 二氨基丙酸 (-)-*β*-*N*-oxalyl-L-*α*,*β*-diaminopropionic acid
α-*N*- 草酰基 -*α*,*β*- 二氨基丙酸 *α*-*N*-oxalyl-*α*,*β*-diaminopropionic acid
草玉梅苷▲ A anemonerivulariside A
草玉梅脑苷 rivulacerebroside
草玉梅宁▲ rivularinin
草原大戟苷元▲ steppogenin
草原文殊兰胺 pratorimine
草原文殊兰宁碱 pratorinine
草原文殊兰素 pratorine
草原文殊兰星碱 pratosine
草质倔海绵酰胺▲ herbamide B
2,4(10)- 侧柏二烯 2,4(10)-thujadiene
2- 侧柏酮 2-thujone
侧扁软柳珊瑚醇▲ B suberosol B
侧扁软柳珊瑚烯醇▲ A, B suberosenol A, B
侧扁软柳珊瑚烯酮▲ suberosenone
侧花槐藤素 I secundiflorol I
侧花玄参苷▲ laterioside
侧金盏花醇 adonitol
侧金盏花毒苷 adonitoxin
(3*S*)- 侧金盏花红素▲ (3*S*)-adonirubin
侧金盏花黄质 adonixanthin
侧金盏花内酯 adonilide
侧金盏花酸 adonilidic acid
箣柊酚苷▲ A~E scolochinenoside A~E
箣柊苷▲ C scoloposide C
箣柊洛苷▲ A scoloside A
箣柊酯▲ A scolopianate A
(+)- 梣树脂酚▲ (+)-fraxiresinol
叉枝藻氨酸 gongrine
插田泡苷 F_1 coreanoside F_1
茶氨酸 theanine
茶花粉亭▲ B pollenitin B
茶痂衣酸 psoromic acid
茶痂衣酸甲酯 methylpsoromate
茶碱 theophylline
茶壳皂苷 I, II, III chakasaponin I, II, III
茶可灵碱▲ theacrine
茶梅素▲ sasanquin
茶没食子素 theogallin
茶曲霉酚▲ teasperol
茶曲霉素▲ teasperin
茶条槭素 A, B, C ginnalin A, B, C
茶烯酚▲ A, B teadenol A, B
茶叶皂苷 I, II, III, IV, V foliatheasaponin I, II, III, IV, V
茶银耳醇▲ B, C trefoliol B, C
茶银耳素▲ A trefolane A
茶甾酮▲ teasterone
茶皂醇 A theasapogenol A
茶皂苷 A_1~A_5, C_1, E_1~E_9, F_1, F_2, F_3, G_1, H_1 theasaponin A_1~A_5, C_1, E_1~E_9, F_1, F_2, F_3, G_1, H_1
茶皂苷元 D theasapogenin D
茶渍素 lecanorin
茶渍酸 lecanoric acid
查尔酮柑桔苷元▲ -2',4'- 二 -*O*-*β*-D- 吡喃葡萄糖苷 chalcononaringenin-2',4'-di-*O*-*β*-D-glucopyranoside
查尔酮柑桔苷元▲ -2',4'- 二 -*O*- 吡喃葡萄糖苷 chalcononaringenin-2',4'-di-*O*-glucopyranoside
查尔酮柑桔苷元▲ -2'-*O*-*β*-D- 吡喃葡萄糖苷 chalcononaringenin-2'-*O*-*β*-D-glucopyranoside
查尔酮柑桔苷元▲ -2'-*O*- 吡喃葡萄糖苷 chalcononaringenin-2'-*O*-glucopyranoside
查耳桑辛素▲ chalcomoracin
查耳酮 chalcone
查耳酮 -2',4- 二羟基 -4'-*O*-*β*-D- 吡喃葡萄糖苷 chalcone-2',4-dihydroxy-4'-*O*-*β*-D-glucopyranoside
查耳酮柚皮苷元 -2'-*O*- 甲醚 chalconaringenin-2'-*O*-methyl ether
查耳酮柚皮苷元 -2'-*O*- 葡萄糖苷 chalcononaringenin-2'-*O*-glucoside
β-1- 查科马铃薯碱▲ *β*-1-chaconine
查米纳银胶菊酮▲ charminarone
α- 查茄碱 *α*-chaconine
6- 差向异构长春花苷 6-epimeric roseoside
差向异构南瓜色素▲ 1, 2 epimeric cucurbitachrome 1, 2
柴胡毒素 bupleurotoxin
柴胡苷▲ bupleuroside I, II, III, IV, V, VI, VII, VIII, IX, X, XI, XII
柴胡苷元 b bupleurogenin b
柴胡洛酚▲ buplerol
柴胡木脂素苷 A saikolignanoside A
柴胡萘酮▲ chaihunaphthone
柴胡炔醇 bupleurynol
柴胡色酮 A saikochromone A
柴胡色酮苷 A saikochromoside A
柴胡色酮酸 saikochromic acid
柴胡酮醇 bupleuronol
柴胡新苷 A, B chaihuxinoside A, B
柴胡异黄酮苷 A saikoisoflavonoside A
柴胡皂苷 saikosaponin A, B, B_1~B_4, C~I, K~P, Q_1, R, S_1~S_5, S_8, S_9, S_{10}, S_{13}~S_{29}, S_{31}~S_{34}, S_{36}~S_{40}, U, V, V_1, V_2, W
柴胡皂苷元 A, D, F, G saikogenin A, D, F, G
豺皮樟醇▲ oblongifolinol
缠结霍夫曼云实酚▲ intricatinol
缠结霍夫曼云实素▲ intricatin
蝉翼藤酚酮▲ A, B securiphenone A, B
蝉翼藤苷▲ A, B securioside A, B
蝉翼藤呲酮 A~G securixanthone A~G
蝉翼藤呲酮苷▲ B, C securixanside B, C
蝉翼藤萜苷▲ securiterpenoside
蝉翼藤甾苷▲ securisteroside
(+)- 潺槁木姜子碱 (+)-litseferine
潺槁木姜子碱▲ litseferine
潺槁木姜子灵▲ sebiferine
潺槁木姜子素▲ glutin
潺槁木姜子亭▲ A, B litseglutine A, B

潺槁木姜子酯▲ A litseaglutinan A
蟾蜍二烯内酯 -3-*O*-*α*-L- 吡喃鼠李糖基 -(1 → 6)-*O*-*β*-D- 吡喃半乳糖苷 bufadienolide-3-*O*-*α*-L-rhamnopyranosyl-(1 → 6)-*O*-*β*-D-galactopyranoside
蟾蜍特尼定 bufotenidine
蟾毒色胺 bufotenine
蟾毒色胺 -5-*O*-*β*-D- 吡喃葡萄糖苷 -*N*- 氧化物 bufotenine-5-*O*-*β*-D-glucopyranoside-*N*-oxide
蟾毒色胺 -*N*- 氧化物 bufotenine-*N*-oxide
颤杨苷 tremuloidin
颤藻毒素 A oscillatoxin A
菖蒲倍半萜醇 calamensesquiterpinenol
菖蒲醇 acorusnol
菖蒲醇酮 calamenone
菖蒲大根老鹳草酮 acoragermacrone
菖蒲二醇 acorusdiol
菖蒲二聚素 acoradin
Δ- 菖蒲二烯 *Δ*-acoradiene
α- 菖蒲二烯 *α*-acoradiene
β- 菖蒲二烯 *β*-acoradiene
γ- 菖蒲二烯 *γ*-acoradiene
菖蒲二烯 acoradiene
菖蒲呋喃▲ acorafuran
菖蒲螺酮烯 acoronene
菖蒲螺新酮 acoramone
菖蒲酸 calamonic acid
菖蒲烃▲ calamenene
菖蒲烃▲ -3,7- 二醇 calamenene-3,7-diol
菖蒲酮 acorone
菖蒲烯 calamene
α- 菖蒲烯醇 *α*-acorenol
β- 菖蒲烯醇 *β*-acorenol
菖蒲烯二醇 calamendiol
菖蒲烯酮 acorenone; calamusenone
长白楤木酸 continentalic acid
长苞凹舌兰素 A~G coelovirin A~G
长鞭红景天素 A fastigitin A
长柄胡椒碱 sylvatine
长柄胡椒酮▲ sylvone
长柄胡椒酰胺▲ sylvamide
长柄胡椒脂素▲ sylvatesmin
长柄七叶树素▲ I, II, III, IV, V, VI, VII, VIII assamicin I, II, III, IV, V, VI, VII, VIII
长柄山蚂蝗苷▲ A podocarioside A
长柄山蚂蝗酮▲ podocarnone
长柄唐松草定▲ przewalstidine
长柄唐松草定宁▲ przewalstidinine
长柄唐松草灵▲ przewaline
长柄唐松草宁▲ przewalskinine
长柄唐松草亭▲ przewalstine
长柄唐松草亭宁▲ przewalstinine
长柄唐松草酮▲ thalprzewalskiinone
长柄唐松草因▲ przewalskine
长春宾碱▲ leurocolombine
长春多灵 vindoline
长春多洛辛▲ vindorosine; vindolidine
长春法胺▲ vinaphamine
长春花胺 catharanthamine
长春花定▲ roseadine
(6*R*,9*R*)- 长春花苷 (6*R*,9*R*)-roseoside
(6*R*,9*S*)- 长春花苷 (6*R*,9*S*)-roseoside
(6*S*,7*E*,9*R*)- 长春花苷 (6*S*,7*E*,9*R*)-roseoside
(6*S*,8*R*)- 长春花苷 (6*S*,8*R*)-roseoside
(6*S*,9*R*)- 长春花苷 (6*S*,9*R*)-roseoside
(6*S*,9*S*)- 长春花苷 (6*S*,9*S*)-roseoside
6*S*,9*R*- 长春花苷 6*S*,9*R*-roseoside
7*Z*- 长春花苷 7*Z*-roseoside
长春花苷 roseoside
长春花苷 II roseoside II
长春花碱 catharanthine
长春花明碱 catharoseumine
长春花辛▲ catharosine
长春环文▲ pericyclivine
长春碱 vinblastine
长春碱 -N^b- 氧化物 vinblastine-N^b-oxide
(-)- 长春碱裂胺▲ (-)-velbanamine
长春考灵 vincoline
长春里定 vincolidine
19(*R*)- 长春里宁 19(*R*)-vindolinine
19(*S*)- 长春里宁 19(*S*)-vindolinine
长春里宁 vindolinine
19(*R*)- 长春里宁 -N_b- 氧化物 19(*R*)-vindolinine-N_b-oxide
19(*S*)- 长春里宁 -N_b- 氧化物 19(*S*)-vindolinine-N_b-oxide
长春里宁 -*N*- 氧化物 vindolinine-*N*-oxide
长春立维定▲ perividine
长春立辛 vindolicine
长春灵碱▲ catharine
长春龙胆碱▲ vindogentianine
长春罗定▲ vincarodine
长春洛维定▲ rovidine
长春洛文▲ lochrovine
长春洛西定▲ leurosidine
长春洛辛▲ leurosine
长春米定 vinamidine
长春米文▲ perimivine
长春米辛 vincamicine
长春莫卡林▲ ammocalline
长春莫洛辛▲ ammorosine
长春耐灵▲ lochvinerine
长春内任 vinerine
长春内日定 vineridine
长春宁 vinine
长春派洛辛▲ perosine
长春派瑞辛▲ -*N*- 氧化物 pericine-*N*-oxide
长春品碱▲ vinaspine
长春普洛辛▲ pleurosine
(-)- 长春普辛 (-)-vincapusine
(2)- 长春普辛 (2)-vincapusine
长春七素 A, C libanotin A, C
16*R*-*E*- 长春钦碱▲ 16*R*-*E*-sitsirikine
16*S*-*E*- 长春钦碱▲ 16*S*-*E*-sitsirikine
长春钦碱▲ sitsirikine
长春任碱▲ lochnerine
长春任碱▲ -*N*- 氧化物 lochnerine-*N*-oxide
长春日辛 cathariciine
长春柔西定▲ carosidine
长春柔辛▲ carosine
长春瑞定▲ lochneridine

长春瑞卡林▲ pericalline
长春瑞宁▲ lochnerinine
长春瑞文▲ lochnerivine
长春瑞辛▲ lochnericine
长春萨胺▲ rosamine
长春藤皂苷元 -3-*O*-*β*-D- 吡喃葡萄糖基 -(1 → 3)-*α*-L- 吡喃阿拉伯糖基 -28-*O*-*β*-D- 吡喃葡萄糖基酯苷 hederagenin-3-*O*-*β*-D-glucopyranosyl-(1 → 3)-*α*-L-arabinopyranoside-28-*O*-*β*-D-glucopyranosylester
长春替辛 vincathicine
长春维定▲ lochrovidine
长春维辛▲ lochrovicine
长春文碱▲ perivine
长春文辛▲ cavincine
长春西定 vinosidine
长春西酮▲ leurosinone
长春西辛▲ rosicine
14- 长春辛 14-vincine
Δ^{14}- 长春辛 Δ^{14}-vincine
长春辛 vincine
长春新碱 leurocristine
长春籽胺▲ methylvingramine
长刺群戟柱苷元▲ longispinogenin
长刺群戟柱苷元▲ -3-*O*-*β*-D- 吡喃葡萄糖醛酸苷 longispinogenin-3-*O*-*β*-D-glucuronopyranoside
长梗冬青苷 peduncloside
长梗绞股蓝苷▲ A, B gylongoside A, B
长梗绞股蓝坡苷▲ I gylongiposide I
长梗南五味子灵▲ A, B kadlongirin A, B
长梗南五味子内酯▲ A~J longipedlactone A~J
长梗南五味子素▲ A, B, C longipedunin A, B, C
长梗南五味子酸▲ changnanic acid
长梗星粟草苷元酸▲ A spergulagenic acid A
长管大青素 A~F cleroindicin A~F
长管香茶菜贝壳杉素▲ A~G longikaurin A~G
长管香茶菜贝壳杉素 A~D rabdokaurin A~D
长管香茶菜内酯▲ A~G longirabdolide A~G
长管香茶菜素 longirabdosin
长管香茶菜萜内酯▲ longirabdolactone
长管香茶菜新素 A rabdolongin A
长管香茶菜乙缩醛 longirabdacetal
长管栀子内酯▲甲酯 tubiferolide methyl ester
长胡椒酰胺二烯▲ pergumidiene
长花尖药木苷▲ H, K acolongifloroside H, K
长花龙血树皂苷▲ A~F namonin A~F
长花龙血树皂苷元▲ A, B, C namogenin A, B, C
22*R*- 长花龙血树皂苷元▲ B 22*R*-namogenin B
25*S*- 长花龙血树皂苷元▲ B 25*S*-namogenin B
长花马先蒿苷▲ longifloroside
长花马先蒿苷▲ A~D longifloroside A~D
长花排草酮▲ longiflorone
长花啤酒草酮▲ angelone
长花蕊木碱▲ kopsiflorine
长花蕊木精▲ kopsilongine
长花锥喉花碱▲ conoflorine
长节珠鞣质▲ A_1, A_2, A_3 parameritannin A_1, A_2, A_3
长颈蓍内酯 sintenin
长距石斛酚▲ A longicornuol A
长鳞红景天洛素▲ gelolin
长鳞红景天素▲ gelidolin
长毛灰毛豆酚▲ villosol
长毛鸡骨常山定碱▲ F villalstonidine F
长毛鸡骨常山碱▲ villalstonine
长毛籽远志呫酮▲ A, B wattersiixanthone A, B
长毛籽远志糖▲ A~J watterose A~J
α- 长蒎烯 *α*-longipinene
长前胡素 A, B, C turgeniifolin A, B, C
长蠕孢素 helminthosporin
长蕊石头花苷▲ I oldhamianoside I
长蕊石头花碱▲ A, B oldhamiaine A, B
长蕊石头花皂苷▲ A gypoldoside A
长生盘菌素▲ B, C, D lachnellin B, C, D
长蒴黄麻苷 olitoriside
长蒴黄麻灵▲ olitorin
长蒴黄麻素▲ olitoriusin
长松萝醚酮▲ A, B longissiminone A, B
长松萝素 longiusnine
长松萝酮 longissimausnone
长穗决明酮酸▲ didyronic acid
长突仙人掌胺▲ longimammamine
长突仙人掌碱▲ longimammine
长突仙人掌米定碱▲ longimammidine
长突仙人掌亭碱▲ longimammatine
长突仙人掌辛碱▲ longimammosine
长序虎皮楠胺▲ E daphlongamine E
长序虎皮楠定碱▲ daphnilongeridine
长序虎皮楠宁碱▲ A, D daphnilongeranin A, D
长序荆苷▲ peduncularisede
长序荆素▲ peduncularisin
长序三宝木素▲ A trigowiin A
长药隔重楼苷▲ A, B, C parispseudoside A, B, C
2(*S*)- 长叶长春花碱▲ 2(*S*)-cathafoline
长叶长春花碱▲ cathafoline
长叶地榆苷 I, II, III changyediyuine I, II, III
长叶冻绿苷▲ crenatoside
长叶黄肉楠素▲ actifolin
长叶九里香醇 murralonginol
长叶九里香醇异缬草酸酯 murralonginol isovalerate
长叶九里香醛▲ murralonginal
长叶九里香素▲ murralongin
长叶九里香亭▲ murrangatin
长叶九里香亭▲ -2'- 棕榈酸酯 murrangatin-2'-palmitate
长叶九里香亭▲丙酮化物 murrangatin acetonide
长叶九里香亭▲乙酸酯 murrangatin acetate
长叶九里香亭▲异缬草酸酯 murrangatin isovalerate
长叶九里香酮 murranganone
长叶九里香酮乙酸酯 murranganone acetate
长叶龙脑 longiborneol
长叶马鞭草烯酮 longiverbenone
长叶曼密苹果精▲ C surangin C
长叶山金车素▲ xanthalongin
长叶松葛缕子酮 longipinocarvone
长叶松环烯 longicyclene
(+)- 长叶松龙脑醇▲ (+)-longiborneol
长叶松醛 longifolenaldehyde
长叶松酸 palustric acid
α- 长叶松烯 *α*-longifolene
长叶松烯 longifolene

长叶松烯 -(V4) longifolene-(V4)
(+)- 长叶松烯▲ (+)-longifolene
(+)- 长叶松樟烯酮▲ (+)-longicamphenylone
长叶野扇花醇▲ longifolol
长叶紫荆木皂苷▲B mi-saponin B
长叶柞木苷 A, B xylongoside A, B
长圆果冬青苷 B, H, I, K oblonganoside B, H, I, K
长圆叶波罗蜜酮▲ artogomezianone
(-)- 长圆叶小檗碱▲ (-)-oblongine
(+)- 长圆叶小檗碱▲ (+)-oblongine
(*R*)- 长圆叶小檗碱▲ (*R*)-oblongine
长圆叶小檗碱▲ oblongine chloride
长舟马先蒿苷▲A~D dolichocymboside A~D
长柱虎皮楠碱▲A, B, C longistylumphylline A, B, C
长柱琉璃草定苯甲酸酯 lindelofidine benzoic acid ester
长柱矛果豆素▲A, C longistylin A, C
肠果澄广花内酰胺▲I, II enterocarpam I, II
肠胃康酸 A changweikangic acid A
常春藤苷 A_2, B, E_2, F, H_2, I hederoside A_2, B, E_2, F, H_2, I
α- 常春藤素 *α*-hederin
β- 常春藤素 *β*-hederin
δ- 常春藤素 *δ*-hederin
常春藤酸 hederagenic acid
常春藤萜苷▲A, B, C hederacoside A, B, C
常春藤酮酸 hederagonic acid
常春藤酮酸 -28-*O*-*β*-D- 吡喃葡萄糖苷 hederagonic acid-28-*O*-*β*-D-glucopyranoside
常春藤叶萝藦碱▲D_{10}, X_2 ipanguline D_{10}, X_2
常春藤皂苷 B~I hederasaponin B~I
常春藤皂苷元 hederagenin
常春藤皂苷元 -28-*O*-*α*-L- 吡喃鼠李糖基 -(1 → 4)-*O*-*β*-D- 吡喃葡萄糖基 -(1 → 6)-*O*-*β*-D- 吡喃葡萄糖基酯 heteragenin-28-*O*-*α*-L-rhamnopyranosyl-(1→4)-*O*-*β*-D-glucopyranosyl-(1→6)-*O*-*β*-D-glucopyranosyl ester
常春藤皂苷元 -28-*O*-*α*-L- 吡喃鼠李糖基 -(1 → 4)-*β*-D- 吡喃葡萄糖基 -(1 → 6)-*β*-D- 吡喃葡萄糖基酯苷 hederagenin-28-*O*-*α*-L-rhamnopyranosyl-(1→4)-*β*-D-glucopyranosyl-(1→6)-*β*-D-glucopyranosyl ester
常春藤皂苷元 -28-*O*-*β*-D- 吡喃葡萄糖苷 hederagenin-28-*O*-*β*-D-glucopyranoside
常春藤皂苷元 -28-*O*-*β*-D- 吡喃葡萄糖基 -(1 → 6)-*O*-*β*-D- 吡喃葡萄糖基酯 hederagenin-28-*O*-*β*-D-glucopyranosyl-(1 → 6)-*O*-*β*-D-glucopyranosyl ester
常春藤皂苷元 -28-*O*-*β*-D- 吡喃葡萄糖基 -(1 → 6)-*β*-D- 吡喃葡萄糖苷 hederagenin-28-*O*-*β*-D-glucopyranosyl-(1 → 6)-*β*-D-glucopyranoside
常春藤皂苷元 -28-*O*-*β*-D- 吡喃葡萄糖基 -(1 → 6)-*β*-D- 吡喃葡萄糖基酯苷 hederagenin-28-*O*-[*β*-D-glucopyranosyl-(1 → 6)-*β*-D-glucopyranosyl]ester
常春藤皂苷元 -28-*O*-*β*-D- 吡喃葡萄糖基 -(6 → 1)-*O*-*β*-D- 吡喃葡萄糖基酯 hederagenin-28-*O*-*β*-D-glucopyranosyl-(6 → 1)-*O*-*β*-D-glucopyranosyl ester
常春藤皂苷元 -28-*O*-*β*-D- 吡喃葡萄糖基酯 hederagenin-28-*O*-*β*-D-glucopyranosyl ester
常春藤皂苷元 -28-*O*-*β*-D- 吡喃葡萄糖醛酸基 -(1 → 4)-*β*-D- 吡喃葡萄糖苷 hederagenin-28-*O*-*β*-D-glucuronopyranosyl-(1 → 4)-*β*-D-glucopyranoside
常春藤皂苷元 -28-*α*-L- 吡喃鼠李糖基 -(1 → 4)-*β*-D- 吡喃葡萄糖基 -(1 → 6)-*β*-D- 吡喃葡萄糖基酯 hederagenin-28-*α*-L-rhamnopyranosyl-(1 → 4)-*β*-D-glucopyranosyl-(1 → 6)-*β*-D-glucopyranoxyl ester
常春藤皂苷元 -3-*O*-(2,3- 二 -*O*- 乙酰基 -*α*-L- 呋喃阿拉伯糖基)-(1 → 3)-[*α*-L- 吡喃鼠李糖基 -(1 → 2)]-*β*-L- 吡喃阿拉伯糖苷 hederagenin-3-*O*-(2,3-di-*O*-acetyl-*α*-L-arabinofuranosyl)-(1 → 3)-[*α*-L-rhamnopyranosyl-(1 → 2)]-*β*-L-arabinopyranoside
常春藤皂苷元 -3-*O*-(2,4-*O*- 二 - 乙酰基 -*α*-L- 吡喃阿拉伯糖苷)-(1 → 3)-*α*-L- 吡喃鼠李糖基 -(1 → 2)-*α*-L- 吡喃阿拉伯糖苷 hederagenin-3-*O*-(2,4-*O*-diacetyl-*α*-L-arabinopyranoside)-(1 → 3)-*α*-L-rhamnopyranosyl-(1 → 2)-*α*-L-arabinopyranoside
常春藤皂苷元 -3-*O*-(2,4- 二 -*O*- 乙酰基 -*α*-L- 吡喃阿拉伯糖基)-(1 → 3)-*α*-L- 吡喃鼠李糖基 -(1 → 2)-*α*-L- 吡喃阿拉伯糖苷 hederagenin-3-*O*-(2,4-di-*O*-acetyl-*α*-L-arabinopyranosyl)-(1→3)-*α*-L-rhamnopyranosyl-(1 → 2)-*α*-L-arabinopyranoside
常春藤皂苷元 -3-*O*-(2'-*O*- 乙酰基 -*α*-L- 吡喃阿拉伯糖苷) hederagenin-3-*O*-(2'-*O*-acetyl-*α*-L-arabinopyranoside
常春藤皂苷元 -3-*O*-(2-*O*- 乙酰基 -*β*-D- 吡喃木糖基)-(1 → 3)-*α*-L- 吡喃鼠李糖基 -(1 → 2)-*α*-L- 吡喃阿拉伯糖苷 hederagenin-3-*O*-(2-*O*-acetyl-*β*-D-xylopyranosyl)-(1 → 3)-*α*-L-rhamnopyranosyl-(1 → 2)-*α*-L-arabinopyranoside
常春藤皂苷元 -3-*O*-(3,4-*O*- 二 - 乙酰基 -*α*-L- 吡喃阿拉伯糖苷)-(1 → 3)-*α*-L- 吡喃鼠李糖基 -(1 → 2)-*α*-L- 吡喃阿拉伯糖苷 hederagenin-3-*O*-(3,4-*O*-di-acetyl-*α*-L-arabinopyranoside)-(1 → 3)-*α*-L-rhamnopyranosyl-(1 → 2)-*α*-L-arabinopyranoside
常春藤皂苷元 -3-*O*-(3,4-*O*- 二 - 乙酰基 -*β*-D- 吡喃木糖基)-(1 → 3)-*α*-L- 吡喃鼠李糖基 -(1 → 2)-*α*-L- 吡喃阿拉伯糖苷 hederagenin-3-*O*-(3,4-*O*-di-acetyl-*β*-D-xylopyranosyl)-(1→3)-*α*-L-rhamnopyranosyl-(1 → 2)-*α*-L-arabinopyranoside
常春藤皂苷元 -3-*O*-(3,4- 二 -*O*- 乙酰基 -*α*-L- 吡喃阿拉伯糖基)-(1 → 3)-*α*-L- 吡喃鼠李糖基 -(1 → 2)-*α*-L- 吡喃阿拉伯糖苷 hederagenin-3-*O*-(3,4-di-*O*-acetyl-*α*-L-arabinopyranosyl)-(1→3)-*α*-L-rhamnopyranosyl-(1 → 2)-*α*-L-arabinopyranoside
常春藤皂苷元 -3-*O*-(3,4- 二 -*O*- 乙酰基 -*β*-D- 吡喃木糖基)-(1 → 3)-*α*-L- 吡喃鼠李糖基 -(1 → 2)-*α*-L- 吡喃阿拉伯糖苷 hederagenin-3-*O*-(3,4-di-*O*-acetyl-*β*-D-xylopyranosyl)-(1→3)-*α*-L-rhamnopyranosyl-(1 → 2)-*α*-L-arabinopyranoside
常春藤皂苷元 -3-*O*-(3,5- 二 -*O*- 乙酰基 -*α*-L- 呋喃阿拉伯糖基)-(1 → 3)-*α*-L- 吡喃鼠李糖基 -(1 → 2)-*α*-L- 吡喃阿拉伯糖苷 hederagenin-3-*O*-(3,5-di-*O*-acetyl-*α*-L-arabinofuranosyl)-(1→3)-*α*-L-rhamnopyranosyl-(1 → 2)-*α*-L-arabinopyranoside
常春藤皂苷元 -3-*O*-(3-*O*- 乙酰基 -*α*-L- 呋喃阿拉伯糖基)-(1 → 3)-[*α*-L- 吡喃鼠李糖基 -(1 → 2)]-*β*-L- 吡喃阿拉伯糖苷 hederagenin-3-*O*-(3-*O*-acetyl-*α*-L-arabinofuranosyl)-(1 → 3)-[*α*-L-rhamnopyranosyl-(1 → 2)]-*β*-L-arabinopyranoside
常春藤皂苷元 -3-*O*-(3-*O*- 乙酰基 -*β*-D- 吡喃木糖基)-(1 → 3)-*α*-L- 吡喃阿拉伯糖苷 hederagenin-3-*O*-(3-*O*-acetyl-*β*-D-xylopyranosyl)-(1 → 3)-*α*-L-arabinopyranoside
常春藤皂苷元 -3-*O*-(3-*O*- 乙酰基 -*β*-D- 吡喃木糖基)-(1 → 3)-*α*-L- 吡喃鼠李糖基 -(1 → 2)-*α*-L- 吡喃阿拉伯糖苷 hederagenin-3-*O*-(3-*O*-acetyl-*β*-D-xylopyranosyl)-(1 → 3)-*α*-L-rhamnopyranosyl-(1 → 2)-*α*-L-arabinopyranoside
常春藤皂苷元 -3-*O*-(4-*O*- 乙酰基 -*α*-L- 吡喃阿拉伯糖基)-(1 → 3)-*α*-L- 吡喃鼠李糖基 -(1 → 2)-*α*-L- 吡喃阿拉伯糖苷 hederagenin- 3-*O*-(4-*O*-acetyl-*α*-L-arabinopyranosyl)-(1 → 3)-*α*-L-rhamnopyranosyl-(1 → 2)-*α*-L-arabinopyranoside
常春藤皂苷元 -3-*O*-(4-*O*- 乙酰基 -*β*-D- 吡喃木糖基)-(1 → 3)-*α*-L- 吡喃鼠李糖基 -(1 → 2)-*α*-L- 吡喃阿拉伯糖苷 hederagenin-3-*O*-(4-*O*-acetyl-*β*-D-xylopyranosyl)-(1 → 3)-*α*-L-rhamnopyranosyl-(1 → 2)-*α*-L-arabinopyranoside

常春藤皂苷元 -3-O-(6-O- 咖啡酰基 -β-D- 吡喃葡萄糖基)-(1 → 4)-O-β-D- 吡喃木糖基 -(1 → 3)-O-α-L- 吡喃鼠李糖基 -(1 → 2)-O-α-L- 吡喃阿拉伯糖苷 hederagenin-3-O-(6-O-caffeyl-β-D-glucopyranosyl)-(1 → 4)-O-β-D-xylopyranosyl-(1 → 3)-O-α-L-rhamnopyranosyl-(1 → 2)-O-α-L-arabinopyranoside

常春藤皂苷元 -3-O-(6-O- 咖啡酰基 -β-D- 吡喃葡萄糖基)-(1 → 4)-O-β-D- 吡喃木糖基 (1 → 3)-O-α-L- 吡喃鼠李糖基 -(1 → 2)-O-α-L- 吡喃阿拉伯糖苷 -28-O-α-L- 吡喃鼠李糖基 -(1 → 4)-O-(6-O-acetyl-β-D- 吡喃葡萄糖基)-(1 → 6)-O-β-D- 吡喃葡萄糖基酯 hederagenin-3-O-(6-O-caffeyl-β-D-glucopyranosyl)-(1 → 4)-O-β-D-xylopyranosyl-(1 → 3)-O-α-L-rhamnopyranosyl-(1 → 2)-O-α-L-arabinopyranoside-28-O-α-L-rhamnopyranosyl-(1 → 4)-O-(6-O-acetyl-β-D-glucopyranosyl)-(1 → 6)-O-β-D-glucopyranosyl ester

常春藤皂苷元 -3-O-(6-O- 咖啡酰基 -β-D- 吡喃葡萄糖基)-(1 → 4)-O-β-D- 吡喃木糖基 -(1 → 3)-O-α-L- 吡喃鼠李糖基 -(1 → 2)-O-α-L- 吡喃阿拉伯糖苷 -28-O-α-L- 吡喃鼠李糖基 -(1 → 4)-β-D- 吡喃葡萄糖基 -(1 → 6)-O-β-D- 吡喃葡萄糖基酯 hederagenin-3-O-(6-O-caffeyl-β-D-glucopyranosyl)-(1 → 4)-O-β-D-xylopyranosyl-(1 → 3)-O-α-L-rhamnopyranosyl-(1 → 2)-O-α-L-arabinopyranoside-28-O-α-L-rhamnopyranosyl-(1 → 4)-β-D-glucopyranosyl-(1 → 6)-O-β-D-glucopyranosyl ester

常春藤皂苷元 -3-O-(α-L- 吡喃阿拉伯糖基 -(1 → 3)-α-L- 吡喃鼠李糖基 -(1 → 2)-α-L- 吡喃阿拉伯糖苷 hederagenin-3-O-(α-L-arabinopyranosyl-(1 → 3)-α-L-rhamnopyranosyl-(1 → 2)-α-L-arabinopyranoside

常春藤皂苷元 -3-O-[α-L- 吡喃阿拉伯糖基 -(1 → 2)-β-D- 吡喃葡萄糖基 -(1 → 2)-α-L- 吡喃阿拉伯糖苷] hederagenin-3-O-[α-L-arabinopyranosyl-(1 → 2)-β-D-glucopyranosyl-(1 → 2)-α-L-arabinopyranoside]

常春藤皂苷元 -3-O-[α-L- 吡喃鼠李糖基 -(1 → 2)-α-L- 吡喃阿拉伯糖苷] hederagenin-3-O-[α-L-rhamnopyranosyl-(1 → 2)-α-L-arabinopyranoside]

常春藤皂苷元 -3-O-[α-L- 吡喃鼠李糖基 -(1 → 2)-α-L- 吡喃阿拉伯糖基]-28-O-[β-D- 吡喃葡萄糖基 -(1 → 6)-β-D- 吡喃葡萄糖苷] hederagenin-3-O-[α-L-rhamnopyranosyl-(1 → 2)-α-L-arabinopyranosyl]-28-O-[β-D-glucopyranosyl-(1 → 6)-β-D-glucopyranoside]

常春藤皂苷元 -3-O-[β-D- 吡喃葡萄糖基 -(1 → 2)-α-L- 吡喃阿拉伯糖基]-28-O-(β-D- 吡喃葡萄糖苷) hederagenin-3-O-[β-D-glucopyranosyl-(1 → 2)-α-L-arabinopyranosyl]-28-O-(β-D-glucopyranoside)

常春藤皂苷元 -3-O-α-L- 吡喃阿拉伯糖苷 hederagenin-3-O-α-L-arabinopyranoside

常春藤皂苷元 -3-O-α-L- 吡喃阿拉伯糖苷 -28-O-α-L- 吡喃鼠李糖基 -(1 → 4)-O-(6-O- 乙酰基 -β-D- 吡喃葡萄糖基)-(1 → 6)-O-β-D- 吡喃葡萄糖基酯 hederagenin-3-O-α-L-arabinopyranoside-28-O-α-L-rhamnopyranosyl-(1 → 4)-O-(6-O -acetyl-β-D-glucopyranosyl)-(1 → 6)-O-β-D-glucopyranosyl ester

常春藤皂苷元 -3-O-α-L- 吡喃阿拉伯糖苷 -28-O-α-L- 吡喃鼠李糖基 -(1 → 4)-O-β-D- 吡喃葡萄糖基 -(1 → 6)-O-β-D- 吡喃葡萄糖基酯 hederagenin-3-O-α-L-arabinopyranoside-28-O-α-L-rhamnopyranosyl-(1 → 4)-O-β-D-glucopyranosyl-(1 → 6)-O-β-D-glucopyranosyl ester

常春藤皂苷元 -3-O-α-L- 吡喃阿拉伯糖苷 -28-O-β- 吡喃葡萄糖基酯 hederageniun-3-O-α-L-arabinopyranoside-28-O-β-glucopyranosyl ester

常春藤皂苷元 -3-O-α-L- 吡喃阿拉伯糖基 -(1 → 3)-α-L- 吡喃鼠李糖基 -(1 → 2)-α-L- 吡喃阿拉伯糖苷 hederagenin-3-O-α-L-arabinopyranosyl-(1 → 3)-α-L-rhamnopyranosyl-(1 → 2)-α-L-arabinopyranoside

常春藤皂苷元 -3-O-α-L- 吡喃阿拉伯糖基 -(1 → 3)-α-L- 吡喃鼠李糖基 -(1 → 4)-β-D- 吡喃葡萄糖苷 hederagenin-3-O-α-L-arabinopyranosyl-(1 → 3)-α-L-rhamnopyranosyl-(1 → 4)-β-D-glucopyranoside

常春藤皂苷元 -3-O-α-L- 吡喃阿拉伯糖基 -(1 → 3)-β-D- 吡喃木糖苷 hederagenin-3-O-α-L-arabinopyranosyl-(1 → 3)-β-D-xylopyranoside

常春藤皂苷元 -3-O-α-L- 吡喃阿拉伯糖基 -(2 → 1)-O-α-L- 吡喃鼠李糖苷 hederagenin-3-O-α-L-arabinopyranosyl-(2 → 1)-O-α-L-rhamnopyranoside

常春藤皂苷元 -3-O-α-L- 吡喃阿拉伯糖基 -(2 → 1)-α-L- 吡喃鼠李糖基 -(3 → 1)-β-D- 吡喃木糖基 -(3 → 1)-β-D- 吡喃木糖基 -(1 → 3)- 吡喃葡萄糖苷 hederagenin-3-O-α-L-arabinopyranosyl-(2 → 1)-α-L-rhamnopyranosyl-(3 → 1)-β-D-xylopyranosyl-(3 → 1)-β-D-xylopyranosyl-(1 → 3)-glucopyranoside

常春藤皂苷元 -3-O-α-L- 吡喃阿拉伯糖基 -(2 → 1)-β-D- 吡喃葡萄糖苷 hederagenin-3-O-α-L-arabinopyranoyl-(2 → 1)-O-β-D-glucopyranoside

常春藤皂苷元 -3-O-α-L- 吡喃阿拉伯糖基 -28-O-α-L- 吡喃鼠李糖基 -(1 → 4)-O-6-O- 乙酰基 -β-D- 吡喃葡萄糖基 -(1 → 6)-O-β-D- 吡喃葡萄糖基酯 hederagenin-3-O-α-L-arabinopyranosyl-28-O-α-L-rhamnopyranosyl-(1 → 4)-O-6-O-acetyl-β-D-glucopyranosyl-(1 → 6)-O-β-D-glucopyranosyl ester

常春藤皂苷元 -3-O-α-L- 吡喃阿拉伯糖基 -28-O-α-L- 吡喃鼠李糖基 -(1 → 4)-β-D- 吡喃葡萄糖基 -(1 → 6)-β-D- 吡喃葡萄糖苷 hederagenin-3-O-α-L-arabinopyranosyl-28-O-α-L-rhamnopyranosyl-(1 → 4)-β-D-glucopyranosyl-(1 → 6)-β-D-glucopyranoside

常春藤皂苷元 -3-O-α-L- 吡喃阿拉伯糖基 -28-O-β-D- 吡喃葡萄糖苷 hederagenin-3-O-α-L-arabinopyranosyl-28-O-β-D-glucopyranoside

常春藤皂苷元 -3-O-α-L- 吡喃阿拉伯糖基 -28-O-β- D- 吡喃葡萄糖基 -(1 → 6)-β-D- 吡喃葡萄糖基酯苷 hederagenin-3-O-α-L-arabinopyranosyl-28-O-[β-D-glucopyranosyl-(1 → 6)-β-D-glucopyranosyl]ester

常春藤皂苷元 -3-O-α-L- 吡喃阿拉伯糖基 -28-O-β-D- 吡喃葡萄糖基酯苷 hederagenin-3-O-α-L-arabinopyranosyl-28-O-β-D-glucopyranosyl ester

常春藤皂苷元 -3-O-α-L- 吡喃鼠李糖苷 hederagenin-3-O-α-L-rhamnopyranoside

常春藤皂苷元 -3-O-α-L- 吡喃鼠李糖基 -(1 → 2)-[β-D- 吡喃葡萄糖基 -(1 → 4)]-α-L- 吡喃阿拉伯糖苷 hederagenin-3-O-α-L-rhamnopyranosyl-(1 → 2)-[β-D-glucopyranosyl-(1 → 4)]-α-L-arabinopyranoside

常春藤皂苷元 -3-O-α-L- 吡喃鼠李糖基 -(1 → 2)-O-[β-D- 吡喃葡萄糖基 -(1 → 4)]-α-L- 吡喃阿拉伯糖苷 hederagenin-3-O-α-L-rhamnopyranosyl-(1 → 2)-O-[β-D-glucopyranosyl-(1 → 4)]-α-L-arabinopyranoside

常春藤皂苷元 -3-O-α-L- 吡喃鼠李糖基 -(1 → 2)-O-α-L- 吡喃阿拉伯糖苷 hederagenin-3-O-α-L-rhamnopyranosyl-(1 → 2)-O-α-L-arabinopyranoside

常春藤皂苷元 -3-O-α-L- 吡喃鼠李糖基 -(1 → 2)-O-α-L- 吡喃阿拉伯糖苷 -28-O-β-D- 吡喃葡萄糖基 -(1 → 6)-O-β-D- 吡喃葡萄糖基酯 hederagenin-3-O-α-L-rhamnopyranosyl-(1 → 2)-O-α-L-arabinopyranoside-28-O-β-D-glucopyranosyl-(1 → 6)-O-β-D-glucopyranosyl ester

常春藤皂苷元 -3-O-α-L- 吡喃鼠李糖基 -(1 → 2)-O-β-D- 吡喃葡萄糖苷 hederagenin-3-O-α-L-rhamnopyranosyl-(1 → 2)-O-β-D-

glucopyranoside

常春藤皂苷元 -3-*O*-*α*-L- 吡喃鼠李糖基 -(1→2)-*α*-L- 吡喃阿拉伯糖苷 hederagenin-3-*O*-*α*-L-rhamnopyranosyl-(1→2)-*α*-L-arabinopyranoside

常春藤皂苷元 -3-*O*-*α*-L- 吡喃鼠李糖基 -(1→2)-*β*-D- 吡喃木糖苷 hederagenin-3-*O*-*α*-L-rhamnopyranosyl-(1→2)-*β*-D-xylopyranoside

常春藤皂苷元 -3-*O*-*α*-L- 吡喃鼠李糖基 -(1→4)-*β*-D- 吡喃葡萄糖苷 hederagenin-3-*O*-*α*-L-rhamnopyranosyl-(1→4)-*β*-D-glucopyranoside

常春藤皂苷元 -3-*O*-*α*-L- 吡喃鼠李糖基 -(1→6)2-*α*-L- 吡喃阿拉伯糖苷 hederagenin-3-*O*-*α*-L-rhamnopyranosyl-(1→2)-*α*-L-pyranarabinoside

常春藤皂苷元 -3-*O*-*α*-L- 吡喃鼠李糖基 -(3→1)-[2,4-*O*- 二乙酰基 -*α*-L- 吡喃阿拉伯糖基]-28-*O*-*β*-D- 吡喃葡萄糖基 -(2→1)[3-*O*- 乙酰基 -*β*-D- 吡喃葡萄糖基] 酯 hederagenin-3-*O*-*α*-L-rhamnopyranosyl-(3→1)-[2,4-*O*-diacetyl-*α*-L-arabinopyranosyl]-28-*O*-*β*-D-glucopyranosyl-(2→1)[3-*O*-acetyl-*β*-D-glucopyranosyl] ester

常春藤皂苷元 -3-*O*-*α*-L- 呋喃阿拉伯糖基 -(1→3)-[*α*-L- 吡喃鼠李糖基 -(1→2)]-*β*-L- 吡喃阿拉伯糖苷 hederagenin-3-*O*-*α*-L-arabinofuranosyl-(1→3)-[*α*-L-rhamnopyranosyl-(1→2)]- *β*-L-arabinopyranoside

常春藤皂苷元 -3-*O*-*α*-L- 呋喃阿拉伯糖基 -(1→3)-*α*-L- 吡喃鼠李糖基 -(1→2)-*α*-L- 吡喃阿拉伯糖苷 hederagenin-3-*O*-*α*-L-arabinofuranosyl-(1→3)-*α*-L-rhamnopyranosyl-(1→2)-*α*-L-arabinopyranoside

常春藤皂苷元 -3-*O*-*β*-D- 吡喃半乳糖基 -(1→2)-*O*-*α*-L- 吡喃阿拉伯糖苷 hederagenin-3-*O*-*β*-D-galactopyranosyl-(1→2)-*O*-*α*-L-arabinopyranoside

常春藤皂苷元 -3-*O*-*β*-D- 吡喃木糖基 -(1→2)-*α*-L- 吡喃阿拉伯糖苷 hederagenin-3-*O*-*β*-D-xylopyranosyl-(1→2)-*α*-L-arabinopyranoside

常春藤皂苷元 -3-*O*-*β*-D- 吡喃木糖基 -(1→3)-*O*-*α*-L- 吡喃鼠李糖基 -(1→2)-*O*-*α*-L- 吡喃阿拉伯糖苷 -28-*O*-*α*-L- 吡喃鼠李糖基 -(1→4)-*O*-(6-*O*- 乙酰基 -*β*-D- 吡喃葡萄糖基)-(1→6)-*O*-*β*-D- 吡喃葡萄糖基酯 hederagenin-3-*O*-*β*-D-xylopyranosyl-(1→3)-*O*-*α*-L-rhamnopyranosyl-(1→2)-*O*-*α*-L-arabinopyranoside-28-*O*-*α*-L-rhamnopyranosyl-(1→4)-*O*-(6-*O*-acetyl-*β*-D-glucopyranosyl)-(1→6)-*O*-*β*-D-glucopyranosyl ester

常春藤皂苷元 -3-*O*-*β*-D- 吡喃木糖基 -(1→3)-*α*-L- 吡喃阿拉伯糖苷 hederagenin-3-*O*-*β*-D-xylopyranosyl-(1→3)-*α*-L-arabinopyranoside

常春藤皂苷元 -3-*O*-*β*-D- 吡喃木糖基 -(1→3)-*α*-L- 吡喃鼠李糖基 -(1→2)-*α*-L- 吡喃阿拉伯糖苷 hederagenin-3-*O*-*β*-D-xylopyranosyl-(1→3)-*α*-L-rhamnopyranosyl-(1→2)-*α*-L-arabinopyranoside

常春藤皂苷元 -3-*O*-*β*-D- 吡喃木糖基 -(2→1)-[3-*O*- 乙酰基 -*α*-L- 吡喃阿拉伯糖基 -28-*O*-*α*-L- 吡喃鼠李糖基酯] hederagenin-3-*O*-*β*-D-xylopyranosyl-(2→1)-[3-*O*-acetyl-*α*-L-arabinopyranosyl-28-*O*-*α*-L-rhamnopyranosylester]

常春藤皂苷元 -3-*O*-*β*-D- 吡喃葡萄糖苷 hederagenin-3-*O*-*β*-D-glucopyranoside

常春藤皂苷元 -3-*O*-*β*-D- 吡喃葡萄糖苷 -28-*O*-*β*- 龙胆二糖基酯 hederagenin-3-*O*-*β*-D-glucopyranoside-28-*O*-*β*-gentiobiosyl ester

常春藤皂苷元 -3-*O*-*β*-D- 吡喃葡萄糖基 -(1→2)-*O*-*α*-L- 吡喃阿拉伯糖苷 -28-*O*-*α*-L- 吡喃鼠李糖基 -(1→4)-*O*-*β*-D- 吡喃葡萄糖基 -(1→6)-*O*-*β*-D- 吡喃葡萄糖基酯 hederagenin-3-*O*-*β*-D-glucopyranosyl-(1→2)-*O*-*α*-L-arabinopyranoside-28-*O*-*α*-L-rhamnopyranosyl-(1→4)-*O*-*β*-D-glucopyranosyl-(1→6)-*O*-*β*-D-glucopyranosyl ester

常春藤皂苷元 -3-*O*-*β*-D- 吡喃葡萄糖基 -(1→2)-*O*-*β*-D- 吡喃葡萄糖苷 hederagenin-3-*O*-*β*-D-glucopyranosyl-(1→2)-*O*-*β*-D-glucopyranoside

常春藤皂苷元 -3-*O*-*β*-*D*- 吡喃葡萄糖基 -(1→2)-*α*-L- 阿拉伯糖苷 hederagenin-3-*O*-[*β*-*D*-glucopyranosyl-(1→2)-*α*-L-arabinoside]

常春藤皂苷元 -3-*O*-*β*-D- 吡喃葡萄糖基 -(1→2)-*α*-L- 吡喃阿拉伯糖苷 hederagenin-3-*O*-*β*-D-glucopyranosyl-(1→2)-*α*-L-arabinopyranoside

常春藤皂苷元 -3-*O*-*β*-D- 吡喃葡萄糖基 (1→2)-*β*-D- 吡喃葡萄糖苷 hederagenin-3-*O*-*β*-D-glucopyranosyl-(1→2)-*β*-D-glucopyranoside

常春藤皂苷元 -3-*O*-*β*-D- 吡喃葡萄糖基 -(1→2)-*β*-D- 吡喃葡萄糖基 -(1→6)-*β*-D- 吡喃半乳糖苷 hederagenin-3-*O*-*β*-D-glucopyranosyl-(1→2)-*β*-D-glucopyranosyl-(1→6)-*β*-D-galactopyranoside

常春藤皂苷元 -3-*O*-*β*-D- 吡喃葡萄糖基 -(1→3')-(2'-*O*- 乙酰基)-*α*-L- 吡喃阿拉伯糖苷 hederagenin-3-*O*-*β*-D-glucopyranosyl-(1→3')-(2'-*O*-acetyl)-*α*-L-arabinopyranoside

常春藤皂苷元 -3-*O*-*β*-D- 吡喃葡萄糖基 -(1→3)-*α*-L- 吡喃阿拉伯糖苷 hederagenin-3-*O*-*β*-D-glucopyranosyl-(1→3)-*α*-L-arabinopyranoside

常春藤皂苷元 -3-*O*-*β*-D- 吡喃葡萄糖基 -(1→3)-*α*-L- 吡喃鼠李糖基 -(1→2)[*α*-L- 吡喃鼠李糖基 -(1→2)-*β*-D- 吡喃葡萄糖基 -(1→4)]-*α*-L- 吡喃阿拉伯糖基 -28-*O*-*α*-L- 吡喃鼠李糖基 -(1→4)-*β*-D- 吡喃葡萄糖基 -(1→6)-*β*-D- 吡喃葡萄糖基酯苷 hederagenin-3-*O*-*β*-D-glucopyranosyl-(1→3)-*α*-L-rhamnopyranosyl-(1→2)[*α*-L-rhamnopyranosyl-(1→2)-*β*-D-glucopyranosyl-(1→4)]-*α*-L-arabinopyranosyl-28-*O*-*α*-L-rhamnopyranosyl-(1→4)-*β*-D-glucopyranosyl-(1→6)-*β*-D-glucopyranosyl ester

常春藤皂苷元 -3-*O*-*β*-D- 吡喃葡萄糖基 -(1→3)-*α*-L- 吡喃鼠李糖基 -(1→2)-[*β*-D- 吡喃葡萄糖基 -(1→4)]-*α*-L- 吡喃阿拉伯糖苷 hederagenin-3-*O*-*β*-D-glucopyranosyl-(1→3)-*α*-L-rhamnopyranosyl-(1→2)-[*β*-D-glucopyranosyl-(1→4)]-*α*-L-arabinopyranoside

常春藤皂苷元 -3-*O*-*β*-D- 吡喃葡萄糖基 (1→3)-*α*-L- 吡喃鼠李糖基 -(1→2)-*α*-L- 吡喃阿拉伯糖苷 hederagenin-3-*O*-*β*-D-glucopyranosyl-(1→3)-*α*-L-rhamnopyranosyl(1→2)-*α*-L-arabinopyranoside

常春藤皂苷元 -3-*O*-*β*-D- 吡喃葡萄糖基 -(1→3)-*α*-L- 吡喃鼠李糖基 -(1→2)-*α*-L- 吡喃阿拉伯糖苷 hederagenin-3-*O*-*β*-D-glucopyranosyl-(1→3)-*O*-*α*-L-rhamnopyranosyl-(1→2)-*α*-L-arabinopyranoside

常春藤皂苷元 -3-*O*-*β*-D- 吡喃葡萄糖基 -(1→3)-*α*-L- 吡喃鼠李糖基 -(1→2)-*α*-L- 吡喃阿拉伯糖基 -28-*O*-*β*-D- 吡喃葡萄糖基酯苷 hederagenin-3-*O*-*β*-D-glucopyranosyl-(1→3)-*α*-L-rhamnopyranosyl-(1→2)-*α*-L-arabinopyranosyl-28-*O*-*β*-D-glucopyranoside

常春藤皂苷元 -3-*O*-*β*-D- 吡喃葡萄糖基 -(1→3)-*α*-L- 吡喃鼠李糖基 -(1→2)-*α*-L- 吡喃阿拉伯糖基苷 hederagenin-3-*O*-*β*-D-glucopyranosyl-(1→3)-*α*-L-rhamnopyranosyl-(1→2)-*α*-L-arabinopyranoside

常春藤皂苷元 -3-*O*-*β*-D- 吡喃葡萄糖基 -(1→3)-*α*-L- 吡喃鼠李糖基 -(1→4)-*β*-D- 吡喃木糖苷 hederagenin-3-*O*-*β*-D-glucopyranosyl-(1→3)-*α*-L-rhamnopyranosyl-(1→4)-*β*-D-xylopyranoside

常春藤皂苷元 -3-*O*-*β*-D- 吡喃葡萄糖基 -(1→4)-*O*-*β*-D- 吡喃葡

萄糖苷 hederagenin-3-O-β-D-glucopyranosyl-(1 → 4)-O-β-D-glucopyranoside
常春藤皂苷元 -3-O-β-D- 吡喃葡萄糖基 -(1 → 4)-α-L- 吡喃阿拉伯糖苷 hederagenin-3-O-β-D-glucopyranosyl-(1 → 4)-α-L-arabinopyranoside
常春藤皂苷元 -3-O-β-D- 吡喃葡萄糖基 -(1 → 4)-β-D- 吡喃木糖基 -(1 → 3)-α-L- 吡喃鼠李糖基 -(1 → 2)-α-L- 吡喃阿拉伯糖苷 hederagenin-3-O-β-D-glucopyranosyl-(1 → 4)-β-D-xylopyranosyl-(1 → 3)-α-L-rhamnopyranosyl-(1 → 2)-α-L-arabinopyranoside
常春藤皂苷元 -3-O-β-D- 吡喃葡萄糖基 -(1 → 4)-β-D- 吡喃葡萄糖基 -(1 → 3)-α-L- 吡喃鼠李糖基 -(1 → 2)-α-L- 吡喃阿拉伯糖苷 hederagenin-3-O-β-D-glucopyranosyl-(1 → 4)-β-D-glucopyranosyl-(1 → 3)-α-L-rhamnopyranosyl-(1 → 2)-α-L-arabinopyranoside
常春藤皂苷元 -3-O-β-D- 吡喃葡萄糖基 -(1 → 4)-β-D- 吡喃葡萄糖基 -(1 → 4)-β-D- 吡喃木糖基 -(1 → 3)-α-L- 吡喃鼠李糖基 -(1 → 2)-α-L- 吡喃阿拉伯糖苷 hederagenin-3-O-β-D-glucopyranosyl-(1 → 4)-β-D-glucopyranosyl-(1 → 4)-β-D-xylopyranosyl-(1 → 3)-α-L-rhamnopyranosyl-(1 → 2)-α-L-arabinopyranoside
常春藤皂苷元 -3-O-β-D- 吡喃葡萄糖基 -(6 → 1)-O-β-D- 吡喃葡萄糖苷 hederagenin-3-O-β-D-glucopyranosyl-(6 → 1)-O-β-D-glucopyranoside
常春藤皂苷元 -3-O-β-D- 吡喃葡萄糖醛酸苷 hederagenin-3-O-β-D-glucuronopyranoside
常春藤皂苷元 -3-O-β-D- 吡喃葡萄糖醛酸苷 -6'-O- 甲酯 hederagenin-3-O-β-D-glucuronopyranoside-6'-O-methyl ester
常春藤皂苷元 -3-O-β-D- 吡喃葡萄糖醛酸甲酯苷 hederagenin-3-O-β-D-glucuronopyranosyl methyl ester
常春藤皂苷元 -3-O-β-D- 葡萄糖醛酸苷 6'-O- 甲酯 hederagenin-3-O-β-D-glucuronopyranoside 6'-O-methyl ester
常春藤皂苷元 -3-O-β- 吡喃核糖基 -(1 → 3)-α- 吡喃鼠李糖基 -(1 → 2)-α- 吡喃阿拉伯糖苷 hederagenin-3-O-β-ribopyranosyl-(1 → 3)-α-rhamnopyranosyl-(1 → 2)-α-arabinopyranoside
常春藤皂苷元 -3-O-β- 吡喃葡萄糖醛酸苷 hederagenin-3-O-β-glucuronopyranoside
常春藤皂苷元 -3-O-β- 槐糖苷 hederagenin-3-O-β-sophoroside
常春藤皂苷元 -3-O-β- 槐糖苷 -28-O-α-L- 鼠李糖基 -(1 → 4)-O-β- 龙胆二糖基酯 hederagenin-3-O-β-sophoroside-28-O-α-L-rhamnopyranosyl-(1 → 4)-O-β-gentiobioside
常春藤皂苷元 -3-O-β- 槐糖苷 -28-O-β- 龙胆二糖基酯 hederagenin-3-O-β-sophoroside-28-O-β-gentiobiosyl ester
常春藤皂苷元 -3-O- 糖苷 hederagenin-3-O-glycoside
常春藤皂苷元 -3β,23- 丙酮化物 hederagenin-3β,23-acetonide
常春藤皂苷元 -3β-O-α-L- 吡喃阿拉伯糖苷 hederagenin-3β-O-α-L-arabinopyranoside
常春藤皂元 -3-O-β-(2'- 乙酰基)- 吡喃阿拉伯糖苷 hederagenin-3-O-β-(2'-acetyl)-arabinopyranoside
常绿钩吻灵▲ gelsevirine
(4R)- 常绿钩吻灵▲ -N_4- 氧化物 (4R)-gelsevirine-N_4-oxide
γ- 常山碱 γ-dichroine
常山碱 febrifugine; β-dichroine
常现青霉醇▲ questinol
常现青霉素▲ questin
超氧化物歧化酶 SOD
β- 巢菜糖基 -3- 槲皮素 β-vicianosyl-3-quercetin
朝藿苷 A, C~F caohuoside A, C~F
朝藿宁素▲ A~D epimedonin A~D
朝鲜白头翁苷 A, B, C cernuoside A, B, C
朝鲜白头翁新苷▲ A~D cernuaside A~D
朝鲜当归醇 gigasol
朝鲜人参皂苷 R_1, R_2 koryoginsenoside R_1, R_2
朝鲜瑞香素 daphkoreanin
朝鲜五加苷▲ sumogaside
朝鲜五加苷 A~D acankoreoside A~D
朝鲜五加苷元 acankoreagenin
朝鲜五加苷元二甲酯 acankoreagenin dimethyl ester
朝鲜淫羊藿苷 A, B, C korepimedoside A, B, C
朝鲜淫羊藿碱 epimediphine
朝鲜淫羊藿素▲ A~D epimedokoreanin A~D
朝鲜淫羊藿酮▲ A epimedokoreanone A
潮风草苷 A~E cynascyroside A~E
车前多糖 plantasan
车前酚苷▲ plantasioside
车前苷 plantaginin
车前胍酸▲ plantagoguanidinic acid
车前碱▲ A~D plasiaticine A~D
车前蓝蓟亭▲ -N- 氧化物 echimiplatine-N-oxide
车前蓝蓟酯亭▲ echiuplatine
车前蓝蓟酯亭▲ -N- 氧化物 echiuplatine-N-oxide
车前脒酸▲ B plantagoamidinic acid B
车前粘多糖 Ia, II, A plantago mucilage Ia, II, A
车前宁 plantagonine
车前烯醇酸▲ plantenolic acid
车前因苷▲ A~F plantainoside A~F
车前酯苷 hellicoside
车前状垂头菊素▲ 1, 2, A, B crellisin 1, 2, A, B
车前子苷 plantagoside
车瑞灵 cherylline
车桑子苷▲ A, B dodoneaside A, B
车桑子苷元▲ doviscogenin
车桑子灵▲ aliarin
车桑子内酯 hautriwaic lactone
车桑子内酯▲ dodonolide
车桑子尼酸▲ dodonic acid
车桑子诺苷▲ A, B dodonoside A, B
车桑子素 A~J dodoviscin A~J
车桑子酸 hautriwaic acid
车桑子酸甲酯 A, B, C methyl dodonate A, B, C
车桑子酸内酯 hautriwaic acid lactone
车桑子酮▲ A~D dodovisone A~D
车桑子维内酯▲ A, B dodovislactone A, B
车桑子维酸▲甲酯 A, B methyl dodovisate A, B
车叶草苷 asperuloside
车叶草苷四乙酸酯 asperuloside tetraacetate
车叶草苷酸 asperulosidic acid
车叶草苷酸甲酯 asperulosidic acid methyl ester
车叶草苷酸乙酯 asperulosidic acid ethyl ester
车轴草福苷▲ trifoside
车轴草福苷▲ -6''-O- 丙二酸酯 trifoside-6''-O-malonate
车轴草苷▲ trifolin
(-)- 车轴草根苷▲ (-)-trifolirhizin
(6aR,11aR)- 车轴草根苷▲ (6aR,11aR)-trifolirhizin
车轴草根苷▲ trifolirhizin
车轴草根苷▲ -6'- 单乙酸酯 trifolirhizin-6'-monoacetate
车轴草亭▲ trifolitin
车轴草紫檀素▲ trifolian
尘曲霉素▲ dustanin
α- 沉香呋喃 α-agarofuran

β-沉香呋喃 *β*-agarofuran
沉香苷▲A, A_1 aquilarinoside A, A_1
沉香黄酮苷 aquisiflavoside
沉香螺醇 agarospirol
沉香木脂素 aquillochin
沉香呫酮 aquilarixanthone
沉香素▲A, B aquilarin A, B
沉香西宁▲ aquilarisinin
沉香辛▲ aquilarisin
柽柳醇 tamarixol
柽柳酚▲ tamarixinol
柽柳苷 tamarixin
柽柳鞣花酸 tamarixellagic acid
柽柳素 tamarixetin
柽柳素-3,7-二葡萄糖 tamarixetin-3,7-bis-glucoside
柽柳素-3-*O*-(6"-*O*-反式-咖啡酰基)-*β*-D-吡喃半乳糖苷 tamarixetin-3-*O*-(6"-*O*-*E*-caffeoyl)-*β*-D-galactopyranoside
柽柳素-3-*O*-*α*-L-吡喃核糖苷 tamarixetin-3-*O*-*α*-L-ribopyranoside
柽柳素-3-*O*-*α*-L-吡喃鼠李糖苷 tamarixetin-3-*O*-*α*-L-rhamnopyranoside
柽柳素-3-*O*-*α*-L-鼠李糖苷 tamarixetin-3-*O*-*α*-L-rhamnoside
柽柳素-3-*O*-*β*-D-吡喃半乳糖苷 tamarixetin-3-*O*-*β*-D-galactopyranoside
柽柳素-3-*O*-*β*-D-吡喃木糖基-(1→2)-*α*-L-吡喃核糖苷 tamarixetin-3-*O*-*β*-D-xylopyranosyl-(1→2)-*α*-L-ribopyranoside
柽柳素-3-*O*-*β*-D-吡喃葡萄糖苷 tamarixetin-3-*O*-*β*-D-glucopyranoside
柽柳素-3-*O*-*β*-D-葡萄糖苷 tamarixetin-3-*O*-*β*-D-glucoside
柽柳素-3-*O*-*β*-吡喃葡萄糖苷-7-*O*-*α*-吡喃鼠李糖苷 tamarixetin-3-*O*-*β*-glucopyranoside-7-*O*-*α*-rhamnopyranoside
柽柳素-3-*O*-吡喃半乳糖苷 tamarixetin-3-*O*-galactopyranoside
柽柳素-3-*O*-橙皮糖苷 tamarixetin-3-*O*-neohesperidoside
柽柳素-3-*O*-二吡喃半乳糖苷 tamarixetin-3-*O*-digalactopyranoside
柽柳素-3-*O*-芸香糖苷 tamarixetin-3-*O*-rutinoside
柽柳素-3-吡喃鼠李糖苷 tamarixetin-3-rhamnoside
柽柳素-5-*O*-*β*-D-葡萄糖苷 tamarixetin-5-*O*-*β*-D-glucoside
柽柳素-7-*O*-*β*-D-吡喃葡萄糖苷 tamarixetin-7-*O*-*β*-D-glucopyranoside
柽柳素-7-*O*-*β*-D-葡萄糖苷 tamarixetin-7-*O*-*β*-D-glucoside
柽柳酮 tamarixone
赪桐醇 clerodol
赪桐醇酮▲ clerodolone
赪桐定 clerodin
赪桐定半缩醛 clerodin hemiacetal
赪桐定宁▲A, C, D clerodinin A, C, D
赪桐杜酮▲ clerodone
(+)-3,13-赪桐二烯-16,15-内酯-18-酸 (+)-3,13-clerodadien-16,15-olid-18-oic acid
赪桐二烯醇▲ clerodadienol
赪桐酚胺▲A, B clerodendiod A, B
赪桐苷 A clerodenoside A
赪桐宁▲A, B clerodendronin A, B
赪桐诺苷▲ clerodendronoside
赪桐素▲ clerodendrin
赪桐素▲A, B, D~I clerodendrin A, B, D~I
赪桐酮▲ clerodendrone
赪桐烯酮▲A clerodenone A
赪桐甾醇 clerosterol
赪桐甾醇-3-*O*-(6'-*O*-棕榈酰基)-*β*-D-吡喃葡萄糖苷 clerosterol-3-*O*-(6'-*O*-palmitoyl)-*β*-D-glucopyranoside
赪桐甾醇-3-*O*-*β*-D-吡喃半乳糖苷 clerosterol-3-*O*-*β*-D-galactopyranoside
赪桐甾醇-3-*O*-*β*-D-吡喃葡萄糖苷 clerosterol-3-*O*-*β*-D-glucopyranoside
赪桐甾醇-3-*O*-*β*-D-葡萄糖苷 clerosterol-3-*O*-*β*-D-glucoside
赪桐甾醇半乳糖苷 clerosterol galactoside
成精子囊素 antheridiogen
橙花醇 nerol
橙花醇-2-甲基丁酸酯 neryl 2-methylbutyrate
橙花醇-3-甲基丁酸酯 neryl 3-methylbutyrate
橙花醇-*β*-D-吡喃葡萄糖苷 nerol-*β*-D-glucopyranoside
橙花醇-*β*-吡喃葡萄糖苷 neryl-*β*-glucopyranoside
橙花醇甲酸酯 neryl formate
橙花醇乙酸酯 neryl acetate
橙花醇异丁酸酯 neryl isobutyrate
橙花基-1-*O*-*β*-D-吡喃葡萄糖基-(1→2)-O-[*α*-L-吡喃阿拉伯糖基-(1→6)]-*O*-*β*-D-吡喃葡萄糖苷 neryl-1-*O*-*β*-D-glucopyranosyl-(1→2)-*O*-[*α*-L-arabinopyranosyl-(1→6)]-*O*-*β*-D-glucopyranoside
橙花开口箭皂苷元 aurantigenin
橙花醛 neral
橙花瑞香-3,11-二烯-2*α*,15-二醇 dauca-3,11-dien-2*α*,15-diol
橙花瑞香醇▲A, B, C daphnauranol A, B, C
橙花瑞香诺醇▲A~M auranticanol A~M
(*E*)-橙花叔醇 (*E*)-nerolidol
(*Z*)-橙花叔醇 (*Z*)-nerolidol
d-橙花叔醇 *d*-nerolidol
α-橙花叔醇 *α*-nerolidol
β-橙花叔醇 *β*-nerolidol
δ-橙花叔醇 *δ*-nerolidol
τ-橙花叔醇 *τ*-nerolidol
橙花叔醇 nerolidol
橙花叔醇-3-*O*-*α*-L-吡喃鼠李糖基-(1→4)-*α*-L-吡喃鼠李糖基-(1→2)-[*α*-L-吡喃鼠李糖基-(1→6)]-*β*-D-吡喃葡萄糖苷 nerolidol-3-*O*-*α*-L-rhamnopyranosyl-(1→4)-*α*-L-rhamnopyranosyl-(1→2)-[*α*-L-rhamnopyranosyl-(1→6)]-*β*-D-glucopyranoside
橙花叔醇氧化物 nerolidol oxide
橙花叔醇乙酸酯 nerolidyl acetate
橙花酸 nerolic acid
橙花烯 nerolidene
橙黄胡椒酰胺 aurantiamide
橙黄胡椒酰胺苯甲酸酯 aurantiamide benzoate
橙黄胡椒酰胺乙酸酯 aurantiamide acetate
橙黄决明素 aurantioobtusin
橙黄决明素-2-*β*-D-葡萄糖苷 aurantioobtusin-2-*β*-D-glucoside
橙黄决明素-6-*O*-*β*-D-吡喃葡萄糖苷 aurantioobtusin-6-*O*-*β*-D-glucopyranoside
橙皮苷 hesperidin
橙皮苷甲基查耳酮 hesperidin methyl chalone
橙皮内酯 meranzin
橙皮内酯水合物 meranzin hydrate
橙皮素 hesperetin
橙皮素-5-*O*-*β*-D-葡萄糖苷 hesperetin-5-*O*-*β*-D-glucoside
橙皮素-5-*O*-吡喃葡萄糖苷 hesperetin-5-glucopyranoside
橙皮素-7-*O*-(2",6"-二-*O*-*α*-吡喃鼠李糖基)-*β*-吡喃葡萄糖苷 hesperetin-7-*O*-(2",6"-di-*O*-*α*-rhamnopyranosyl)-*β*-glucopyranoside
橙皮素-7-*O*-*β*-D-吡喃葡萄糖苷 hesperetin-7-*O*-*β*-D-glucopyranoside

橙皮素 -7-*O*- 芸香糖苷 hesperetin-7-*O*-rutinoside
橙皮素 -7- 吡喃葡萄糖苷 hesperitin-7-glucopyranoside
橙皮素 B hesperetin B
橙皮素二氢查耳酮 -4'-*O*-*β*-D- 吡喃葡萄糖苷 hesperetin dihydrochalcone-4'-*O*-*β*-D-glucopyranoside
橙皮油内酯 aurapten
橙皮油烯 auraptene
橙皮油烯醇 auraptenol
橙皮油烯醇乙酸酯 auraptenol acetate
橙桑青素▲ cyanomaclurin
橙桑咖酮▲ toxyloxanthone
橙桑咖酮▲ B, C, D toxyloxanthone B, C, D
橙桑素 osajin
橙桑素 -4'- 甲醚 osajin-4'-methyl ether
橙色罂粟碱▲ oreophiline
(2*S*,1''*S*)- 橙酰胺乙酸酯 (2*S*,1''*S*)-anrantiamide acetate
秤钩风素▲ diploclisin
匙萼金丝桃醇酮▲ A, B hyperuralone A, B
匙羹藤苷▲ I, II, III, IV, V, VI, VII gymnemaside I, II, III, IV, V, VI, VII
匙羹藤苷元 gymnemagenin
匙羹藤精醇▲ gymnemagenol
匙羹藤灵▲ gurmarin
匙羹藤洛苷▲ A, B gymnemaroside A, B
匙羹藤莫苷▲ A~F, W_1, W_2 gymnemoside A~F, W_1, W_2
匙羹藤斯苷元▲ gymnemarsgenin
匙羹藤素▲ A~D gymnemasin A~D
匙羹藤酸 gymnemic acid I, II, III, IV, V, VI, VII, VIII, IX, X, XI, XII, XV, XVI, XVII, XVIII, A, A_1, A_2, A_3, A_4, B, C, D
匙羹藤托苷▲ A~D gymsylvestroside A~D
匙羹藤托苷元▲ gymnestrogenin
匙羹藤皂苷 I, II, III, IV, V gymnemasaponin I, II, III, IV, V
(-)- 匙叶桉油烯醇 (-)-spathulenol
(+)- 匙叶桉油烯醇 (+)-spathulenol
D- 匙叶桉油烯醇 D-spathulenol
β- 匙叶桉油烯醇 *β*-spathulenol
匙叶桉油烯醇 espatulenol; spathulenol
匙叶甘松醇▲ A, B jatamol A, B
匙叶甘松素 jatamansin
匙叶甘松酸 jatamanshic acid
匙叶甘松酮▲ jatamansone
匙叶甘松西醇▲ jatamansinol
匙叶翼首花苷 A~D hookeroside A~D
呎半哥纳香碱▲ goniopedaline
齿瓣延胡索碱 corymotine
齿孔醇 eburicol
齿孔二醇 eburicodiol
齿孔醛 eburical
齿孔酸 eburicoic acid
齿裂黄鹌菜苷▲ A, B youngiaside A, B
齿叶草苷 odontoside
齿叶黄皮素 dentatin
齿叶黄皮酸▲ A, B dunniana acid A, B
齿叶橐吾酚 ligudentatol
齿叶橐吾降萜酚▲ liguladentanorol
齿叶橐吾亭▲ A, B ligudentatin A, B
齿叶橐吾酮▲ A, B ligudentatone A, B
齿叶玄参苷 A~E scrodentoside A~E
齿叶玄参萜▲ A~E scrodentoid A~E
赤桉苷▲ camaldulenside
赤桉酸▲ camaldulenic acid
赤爬苷▲ A~F dubioside A~F
赤爬皂苷▲ H_1 thladioside H_1
赤道李素▲ aequinoctin
赤豆皂醇 azukisapogenol
赤豆皂苷 I, II, III, IV, V, VI azukisaponin I, II, III, IV, V, VI
赤豆皂苷 II 甲酯 azukisaponin II methyl ester
赤豆皂苷 V 甲酯 azukisaponin V methyl ester
赤胫散苷▲ runcinatside
赤麻醇乙酸酯 boehmeryl acetate
赤霉素 A_1, A_{15}, A_{19}, A_{20}, A_{24}, A_{25}, A_{26}, A_{27}, A_3, A_{37}, A_4, A_{44}, A_5, A_{53}, A_7, A_9 gibberellin A_1, A_{15}, A_{19}, A_{20}, A_{24}, A_{25}, A_{26}, A_{27}, A_3, A_{37}, A_4, A_{44}, A_5, A_{53}, A_7, A_9
赤霉素 A_{12} 甲酯 gibberellin A_{12} methyl ester
赤霉素 A_{73} 甲酯 gibberellin A_{73} methyl ester
赤霉素 A_9 甲酯 gibberellin A_9 methyl ester
赤霉素葡萄糖苷 F-I, F-II, F-III, F-IV, F-V, F-VI, F-VII gibberellin glucoside F-I, F-II, F-III, F-IV, F-V, F-VI, F-VII
赤式 -(1,3*Z*,11*E*)- 十三烷三烯 -7,9- 二烯 -5,6- 二炔二乙酸酯 *erythro*-(1,3*Z*,11*E*)-tridecatrien-7,9-dien-5, 6-diynyl diacetate
赤式 -(1,5*E*,11*E*)- 十三烷三烯 -7,9- 二炔 -3,4- 二乙酸酯 *erythro*-(1,5*E*,11*E*)-tridecatrien-7,9-diyn-3,4-diacetate
赤式 -(3,4- 亚甲二氧基 -7- 羟基 -1'- 烯丙基 -3,5- 二甲氧基)-8.0.4'- 新木脂素 *erythro*-(3,4-methylenedioxy-7-hydroxy-1'-allyl-3,5-dimethoxy)-8.0.4'-neolignan
赤式 -(4- 羟基 -3- 甲氧基苯基)-2-{4-[2- 甲酰基 -(*E*)- 乙烯基]-2- 甲氧基苯氧基 }- 丙烷 -1,3- 二醇 *erythro*-(4-hydroxy-3-methoxyphenyl)-2-{4-[2-formyl-(*E*)-vinyl]-2-methoxyphenoxy}-propan-1,3-diol
(-)- 赤式 -(7*R*,8*S*)-$\Delta^{8'}$-4,7- 二羟基 -3,3',5'- 三甲氧基 -8-*O*-4'- 新木脂素 (-)-*erythro*-(7*R*,8*S*)-$\Delta^{8'}$-4,7-dihydroxy-3,3',5'-trimethoxy-8-*O*-4'-neolignan
(-)- 赤式 -(7*R*,8*S*)-$\Delta^{8'}$-7- 羟基 -3,4,3',5'- 四甲氧基 -8-*O*-4'- 新木脂素 (-)-*erythro*-(7*R*,8*S*)-$\Delta^{8'}$-7-hydroxy-3,4,3',5'-tetramethoxy-8-*O*-4'-neolignan
(-)- 赤式 -(7*R*,8*S*)-$\Delta^{8'}$-7- 乙酰氧基 -3,4- 亚甲二氧基 -3',5'- 二甲氧基 -8-*O*-4'- 新木脂素 (-)-*erythro*-(7*R*,8*S*)-$\Delta^{8'}$-7-acetoxy-3,4-methylenedioxy-3',5'-dimethoxy-8-*O*-4'-neolignan
赤式 -(7*S*,8*R*)-7-(4- 羟基 -3- 甲氧基苯基)-8-{[2'- 甲氧基 -4'-(*E*)- 丙烯基] 苯氧基 } 丙烷 -7- 醇 *erythro*-(7*S*,8*R*)-7-(4-hydroxy-3-methoxypheny1)-8-{[2'-methoxy-4'-(*E*)-propenyl]phenoxy}propan-7-ol
(+)- 赤式 -(7*S*,8*R*)-$\Delta^{8'}$-4,7- 二羟基 -3,3',5'- 三甲氧基 -8-*O*-4'- 新木脂素 (+)-*erythro*-(7*S*,8*R*)-$\Delta^{8'}$-4,7-dihydroxy-3,3',5'-trimethoxy-8-*O*-4'-neolignan
(+)- 赤式 -(7*S*,8*R*)-$\Delta^{8'}$-4,7- 二羟基 -3,3',5'- 三甲氧基 -8-*O*-4'- 新木脂素 -8'- 烯 (+)-*erythro*-(7*S*,8*R*)-$\Delta^{8'}$-4,7-dihydroxy-3,3',5'-trimethoxy-8-*O*-4'-neolignan-8'-ene
(+)- 赤式 -(7*S*,8*R*)-$\Delta^{8'}$-7- 二羟基 -3,4,5,3',5'- 五甲氧基 -8-*O*-4'- 新木脂素 -8'- 烯 (+)-*erythro*-(7*S*,8*R*)-$\Delta^{8'}$-7-dihydroxy-3,4,5,3',5'-pentamethoxy-8-*O*-4'-neolignan-8'-ene
(+)- 赤式 -(7*S*,8*R*)-$\Delta^{8'}$-7- 羟基 -3,4,3',5'- 四甲氧基 -8-*O*-4'- 新木脂素 (+)-*erythro*-(7*S*,8*R*)-$\Delta^{8'}$-7-hydroxy-3,4,3',5'-tetramethoxy-8-*O*-4'-neolignan
(+)- 赤式 -(7*S*,8*R*)-$\Delta^{8'}$-7- 羟基 -3,4,5,3',5'- 五甲氧基 -8-*O*-4'- 新木脂素 (+)-*erythro*-(7*S*,8*R*)-$\Delta^{8'}$-7-hydroxy-3,4,5,3',5'-pentamethoxy-8-*O*-4'-neolignan
(+)- 赤式 -(7*S*,8*R*)-$\Delta^{8'}$-7- 羟基 -3,4- 亚甲二氧基 -3',5'- 二甲氧

基 -8-*O*-4'- 新木脂素 (+)-*erythro*-(7*S*,8*R*)-$\Delta^{8'}$-7-hydroxy-3,4-methylenedioxy-3',5'-dimethoxy-8-*O*-4'-neolignan

(+)- 赤式 -(7*S*,8*R*)-$\Delta^{8'}$-7- 乙酰氧基 -3,4,3',5'- 四甲氧基 -8-*O*-4'- 新木脂素 (+)-*erythro*-(7*S*,8*R*)-$\Delta^{8'}$-7-acetoxy-3,4,3',5'-tetramethoxy-8-*O*-4'-neolignan

(6,7- 赤式)-3,7- 二甲基辛烷 -3(10)- 烯 -1,2,6,7,8- 五醇 (6,7-*erythro*)-3,7-dimethyloct-3(10)-ene-1,2,6,7,8-pentol

赤式 , 赤式 - 蜥尾草亭▲ A *erythro,erythro*-manassantin A

(赤式 , 苏式)-1-{4-[2- 羟基 -2-(4- 羟基 -3- 甲氧基苯基)-1- 羟基甲基 - 乙氧基]-3,5- 二甲氧基苯基 }-1,2,3- 丙三醇 (*erythro*,*threo*)-1-{4-[2-hydroxy-2-(4-hydroxy-3-methoxyphenyl)-1-(hydroxymethyl)-ethoxy]-3,5-dimethoxyphenyl}-1,2,3-propanetriol

赤式 -1-(1- 甲氧基 -2- 羟丙基)-2- 甲氧基 -4,5- 亚甲二氧基苯 *erythro*-1-(1-methoxy-2-hydroxypropyl)-2-methoxy-4,5methylenedioxybenzene

(±)- 赤式 -1-(1- 氧代 -4,5- 二羟基 -2*E*- 十碳烯基) 哌啶 (±)-*erythro*-1-(1-oxo-4,5-dihydroxy-2*E*-decaenyl)piperidine

赤式 -1-(3'',4''- 二甲氧基苯基)-4-(3',4'- 亚甲二氧基苯基)-2,3-二甲基丁烷 *erythro*-1-(3'',4''-dimethoxyphenyl)-4-(3',4'-methylenedioxyphenyl)-2,3-dimethylbutane

赤式 -1-(3,4- 二甲氧基苯基)-2-[2- 甲氧基 -4(*E*)- 丙烯基苯氧基]-丙烷 -1- 醇 *erythro*-1-(3,4-dimethoxyphenyl)-2-[2-methoxy-4(*E*)-propenylphenoxy]-propan-1-ol

赤式 -1-(3,4- 二甲氧基苯基)-4-(3,4- 亚甲二氧基苯基)-2,3-二甲基丁烷 *erythro*-1-(3,4-dimethoxyphenyl)-4-(3,4-methylenedioxyphenyl)-2,3-dimethylbutane

赤式 -1-(3,4- 二甲氧基苯基) 丙烷 -1,2- 二醇 *erythro*-1-(3,4-dimethoxyphenyl)propane-1,2-diol

赤式 -1-(3',5'- 二氯 -4'- 甲氧基苯基)-1,2- 丙二醇 *erythro*-1-(3',5'-dichloro-4'-methoxyphenyl)-1,2-propanediol

赤式 -1-(4-*O*-*β*-D- 吡喃葡萄糖基 -3,5 二甲氧基苯基)-2- 丁香树脂酚氧基 - 丙烷 -1,3- 二醇 *erythro*-1-(4-*O*-*β*-D-glucopyranosyl-3,5-dimethyoxyphenyl)-2-syringaresinoxyl-propane-1,3-diol

赤式 -1-(4-*O*-*β*-D- 吡喃葡萄糖基 -3,5- 二甲氧基苯基)-2- 丁香树脂酚氧基 - 丙烷 -1,3- 二醇 *erythro*-1-(4-*O*-*β*-D-glucopyranosyl-3,5-dimethoxyphenyl)-2-syringaresinoxyl-propane-1,3-diol

赤式 -1-(4-*O*-*β*-D- 吡喃葡萄糖基 -3- 甲氧基苯基)-2-[4-(3- 羟丙基)-2,6- 二甲氧基苯氧基]-1,3- 丙二醇 erythro-1-(4-*O*-*β*-D-glucopyranosyl-3-methoxyphenyl)-2-[4-(3-hydroxypropyl)-2,6-dimethoxyphenoxy]-1,3-propanediol

赤式 -1-(4- 羟基 -3,5- 二甲氧基苯基)-1,2,3- 丙三醇 *erythro*-1-(4-hydroxy-3,5-dimethoxyphenyl)-1,2,3-propanetriol

赤式 -1-(4- 羟基 -3- 甲氧基)- 苯基 -2-[4-(1,2,3- 三羟基丙烷)-2- 甲氧基]- 苯氧基 -1,3- 丙二醇 *erythro*-1-(4-hydroxy-3-methoxy)-phenyl-2-[4-(1,2,3-trihydroxypropyl)-2-methoxy]-phenoxy-1,3-propandiol

赤式 -1-(4'- 羟基 -3'- 甲氧基苯基)-1- 甲氧基 -2-[2''- 甲氧基 -4''-(1'''- 反式 - 丙烯基) 苯氧基] 丙烷 *erythro*-1-(4'-hydroxy-3'-methoxyphenyl)-1-methoxy-2-[2''-methoxy-4''-(1'''-*trans*-propenyl) phenoxy]-propane

赤式 -1-(4'- 羟基 -3'- 甲氧基苯基)-2-[2''- 甲氧基 -4''-(1'''- 反式 - 丙烯基) 苯氧基] 丙烷 -1- 醇 *erythro*-1-(4'-hydroxy-3'-methoxyphenyl)-2-[2''-methoxy-4''-(1'''-*trans*-propenyl)phenoxy] propan-1-ol

赤式 -1-(4- 羟基 -3- 甲氧基苯基)-2-[2- 甲氧基 -4(*E*)- 丙烯基苯氧基]- 丙烷 -1- 醇 *erythro*-1-(4-hydroxy-3-methoxyphenyl)-2-[2-methoxy-4(*E*)-propenylphenoxy]-propan-1-ol

赤式 -1-(4'- 羟基 -3'- 甲氧基苯基)-2-(4'- 羟基 -3'- 甲氧基苯基)-1,3-丙二醇 *eryhtro*-1-(4'-hydroxy-3'-methoxyphenyl)-2-(4'-hydroxy-3'-methoxyphenyl)-1,3-propanediol

赤式 -1-(4- 羟基 -3- 甲氧基苯基)-2-[2,6- 二甲氧基 -4-(1-*E*- 丙烯 -3- 醇)- 苯氧基]- 丙烷 -1,3- 二醇 *erythro*-1-(4-hydroxy-3-methoxyphenyl)-2-[2,6-dimethoxy-4-(1-*E*-propen-3-ol) -phenoxy]-propan-1,3-diol

赤式 -1-(4- 羟基 -3- 甲氧基苯基)-2-[2- 甲氧基 -4-(1-*E*- 丙烯 -3- 醇)- 苯氧基]- 丙烷 -1,3- 二醇 *erythro*-1-(4-hydroxy-3-methoxyphenyl)-2-[2-methoxy-4-(1-*E*-propen-3-ol)-phenoxy]-propan-1,3-diol

赤式 -1-(4- 羟基 -3- 甲氧基苯基)-2-[2- 甲氧基 -4-(1- 反式 - 丙烯 -3- 醇)- 苯氧基]- 丙烷 -3- 二醇 *erythro*-1-(4-hydroxy-3-methoxyphenyl)-2-[2-methoxy-4-(1-*trans*-propen-3-ol)-phenoxy]-propane-3-diol

赤式 -1-(4- 羟基 -3- 甲氧基苯基)-2-[4-(3-*β*-D- 葡萄糖氧基丙基)-2,6- 二甲氧基苯酚]-1,3- 丙二醇 *erythro*-1-(4-hydroxy-3-methoxyphenyl)-2-[4-(3-*β*-D-glucopyranoxypropyl)-2,6-dimethoxyphenoxy]-1,3-propanediol

赤式 -1-(4- 羟基 -3- 甲氧基苯基)-2-[4-(3- 吡喃鼠李糖氧基丙基)-2- 甲氧基苯酚]-1,3- 丙二醇 *erythro*-1-(4-hydroxy-3-methoxypheny1)-2-[4-(3-rhamnopyranoxylpropyl)-2-methoxyphenoxy]-1,3-propanediol

(-)- 赤式 -1-(4- 羟基 -3- 甲氧基苯基)-2-[4-(3- 羟基丙基)-2- 甲氧基苯氧基]-1,3- 丙二醇 (-)-*erythro*-1-(4-hydroxy-3-methoxyphenyl)-2-[4-(3-hydroxypropanyl)-2-methoxyphenoxy]-1,3-propanediol

赤式 -1-(4- 羟基 -3- 甲氧基苯基)-2-{4-[(*E*)-3- 羟基 -1- 丙烯基]-2- 甲氧基苯氧基 }-1,3- 丙二醇 erythro-1-(4-hydroxy-3-methoxyphenyl)-2-{4-[(*E*)-3-hydroxy-1-propenyl]-2-methoxyphenoxy}-1,3-propanediol

赤式 -1-(4- 羟基 -3- 甲氧基苯基)-2-{4-[2- 甲酰基 -(*E*)- 乙烯基]-2- 甲氧基苯氧基 }- 丙烷 -1,3- 二醇 *erythro*-1-(4-hydroxy-3-methoxyphenyl)-2-{4-[2-formyl-(*E*)-vinyl]-2-methoxyphenoxy}-propane-1,3-diol

赤式 -1-(4- 羟基苯基)-1- 甲氧基 -2,3- 丙二醇 *erythro*-1-(4-hydroxyphenyl)-1-methoxy-2,3-propanediol

(+)- 赤式 -1,2- 二 (4- 羟基 -3- 甲氧基苯基)-1,3- 丙二醇 (+)-*erythro*-1,2-bis(4-hydroxy-3-methoxyphenyl)-1,3-propandiol

赤式 -1,2- 双 (4- 羟基 -3- 甲氧基苯基)-1,3- 丙二醇 *erythro*-1,2-bis(4-hydroxy-3-methoxyphenyl)-1,3-propanediol

赤式 -1-[1- 氧代 -9(3,4- 亚甲二氧苯基)-8,9- 二羟基 -2*E*- 壬烯基]- 哌啶 *erythro*-1-[1-oxo-9(3,4-methylenedioxyphenyl)-8,9-dihydroxy-2E-nonenyl]-piperidine

赤式 -13,14- 二羟基二十二酸酯 *erythro*-13,14-dihydroxydocosanoate

赤式 -15,16- 二羟基二十四酸酯 *erythro*-15,16-dihydroxytetracosanoate

赤式 -1-*C*- 丁香基甘油 *erythro*-1-*C*-syringylglycerol

赤式 -1-*C*- 对羟基苯基甘油 *erythro*-1-*C*-(*p*-hydroxyheneyl)glycerol

赤式 -2-(4- 烯丙基 -2,6- 二甲氧基苯氧基)-1-(3,4,5- 三甲氧基苯基)- 丙烷 *erythro*-2-(4-allyl-2,6-dimethoxyphenoxy)-1-(3,4,5-trimethoxyphenyl)-propane

赤式 -2-(4''- 烯丙基 -2'',6''- 二甲氧基苯氧基)-1-(3',4',5'- 三甲氧基苯基) 丙烷 -1,3- 二醇 *erythro*-2-(4''-allyl-2'',6''-dimethoxyphenoxy)-1-(3',4',5'-trimethoxyphenyl)propan-1,3-diol

赤式 -2-(4- 烯丙基 -2,6- 二甲氧基苯氧基)-1-(3,4,5- 三甲氧基苯基)-丙烷 -1- 醇 *erythro*-2-(4-allyl-2,6-dimethoxyphenoxy)-1-(3,4,5-trimethoxyphenyl)-propan-1-ol

赤式 -2-(4- 烯丙基 -2,6- 二甲氧基苯氧基)-1-(3,4- 二甲氧基苯基)- 丙烷 *erythro*-2-(4-allyl-2,6-dimethoxyphenoxy)-1-(3,4-dimethoxyphenyl)-propane

赤式 -2-(4- 烯丙基 -2,6- 二甲氧基苯氧基)-1-(3,4- 二甲氧基苯基)- 丙烷 -1- 醇 *threo*-2-(4-allyl-2,6-dimethoyphenoxy)-1-(3,4-dimethoxyphenyl)-propan-1-ol
赤式 -2-(4- 烯丙基 -2,6- 二甲氧基苯氧基)-1-(3,4- 二甲氧基苯基)- 丙烷 -1- 醇乙酸酯 *erythro*-2-(4-allyl-2,6-dimethoxyphenoxy)-1-(3,4-dimethoxyphenyl)-propan-1-ol acetate
赤式 -2-(4- 烯丙基 -2,6- 二甲氧基苯氧基)-1-(3- 羟基 -4,5- 二甲氧基苯基) 丙烷 -1- 醇 *erythro*-2-(4-allyl-2,6-dimethoxyphenoxy)-1-(3-hydroxy-4,5-dimethoxyphenyl)propan-1-ol
赤式 -2-(4- 烯丙基 -2,6- 二甲氧基苯氧基)-1-(4- 羟基 -3,5- 二甲氧基苯基) 丙烷 -1- 醇 *erythro*-2-(4-ally1-2,6-dimethoxyphenoxy)-1-(4-hydroxy-3,5-dimethoxyphenyl)propan-l-ol
赤式 -2-(4- 烯丙基 -2,6- 二甲氧基苯氧基)-1-(4- 羟基 -3- 甲氧基苯基)-1- 丙烷 *erythro*-2-(4-allyl-2,6-dimethoxyphenoxy)-1-(4-hydroxy-3-methoxyphenyl)-1-methoxypropane
赤式 -2-(4- 烯丙基 -2,6- 二甲氧基苯氧基)-1-(4- 羟基 -3- 甲氧基苯基)- 丙烷 -1- 醇 *erythro*-2-(4-allyl-2,6-dimethoxyphenoxy)-1-(4-hydroxy-3-methoxyphenyl)-propan-1-ol
赤式 -2-(4- 烯丙基 -2- 甲氧基苯氧基)-1-(羟基 -3- 甲氧基苯基) 丙烷 -1- 醇 *erythro*-2-(4-allyl-2-methoxyphenoxy)-1-(4-hydroxy-3-methoxyphenyl)propan-1-ol
赤式 -2,3- 二 (4- 羟基 -3- 甲氧基苯基)-3- 甲氧基丙醇 *erythro*-2,3-bis(4-hydroxy-3-methoxyphenyl)-3-methoxypropanol
赤式 -2,3- 二 (4- 羟基 -3- 甲氧基苯基)-3- 乙氧基丙烷 -1- 醇 *erythro*-2,3-bis(4-hydroxy-3-methoxyphenyl)-3-ethoxypropan-1-ol
赤式 -2,3- 双 (4- 羟基 -3- 甲氧基苯)-3- 甲氧基丙醇 *erythro*-2,3-bis(4-hydroxy-3-methoxyphenyl)-3-methoxy-propanol
D- 赤式 -2- 己烯酸 -*γ*- 内酯 D-*erythro*-2-hexenoic acid-*γ*-lactone
赤式 -3-(1',2',3'- 三羟基) 异戊基 -7- 羟基香豆素 *erythro*-3-(1',2',3'-trihydroxy)-isopentyl-7-hydroxycoumarin
7",8"- 赤式 -4',4"- 二羟基 -3,3',3",5,5'- 五甲氧基 -7,9',7',9-7",9"- 二醇 7",8"-*erythro*-4',4"-dihydroxy-3,3',3",5,5'-pentamethoxy-7,9',7',9-7",9"-diol
7",8"- 赤式 -4,4'- 二羟基 -3,3',3",5,5',5"- 六甲氧基 -7,9':7',9- 二环氧 -4,8"- 氧代 -8,8'- 倍半新木脂素 -7",9"- 二醇 7",8"-erythro-4,4'-dihydroxyl-3,3',3",5,5',5"-hexamethoxy-7,9':7',9-diepoxy-4,8"-oxy-8,8'-sesquineolignan-7",9"-diol
(7*S*,8*R*)- 赤式 -4,7,9,9'- 四羟基 -3,3'- 二甲氧基 -8-*O*-4'- 新木脂素 (7*S*,8*R*)-*erythro*-4,7,9,9'-tetrahydroxy-3,3'-dimethoxy-8-*O*-4'-neolignan
赤式 -4,7,9,9'- 四羟基 -3,3'- 二甲氧基 -8-*O*-4'- 新木脂素 *erythro*-4,7,9,9'-tetrahydroxy-3,3'-dimethoxy-8-*O*-4'-neolignan
7*S*,8*R*- 赤式 -4,7,9- 三羟基 -3,3'- 二甲氧基 -8-*O*-4'- 新木脂素 -9'-*O*-*β*-D- 吡喃葡萄糖苷 7*S*,8*R*-*erythro*-4,7,9-trihydroxy-3,3'-dimethoxy-8-*O*-4'-neolignan-9'-*O*-*β*-D-glucopyranoside
7,8- 赤式 -4,9,9'- 三羟基 -3,3'- 二甲氧基 -8-*O*-4'- 新木脂素 7,8-erythro-4,9,9'-trihydroxy-3,3'-dimethoxy-8-*O*-4'-neolignan
(7*S*,8*S*)- 赤式 -4,9,9'- 三羟基 -3,3'- 二甲氧基 -8-*O*-4'- 新木脂素 -7-*O*-*β*-D- 吡喃葡萄糖苷 (7*S*,8*S*)-*erythro*-4,9,9'-trihydroxy-3,3'-dimethoxy-8-*O*-4'-neolignan-7-*O*-*β*-D-glucopyranoside
赤式 -4- 羟基苯基丙烷 -7,8- 二醇 *erythro*-4-hydroxyphenylpropane-7,8-diol
(-)-(1'*R*,2'*S*)- 赤式 -5- 羟基 -7-(1,2- 二羟基丙基)-2- 甲基 - 色酮 (-)-(1'*R*,2'*S*)-*erythro*-5-hydroxy-7-(1, 2-dihydroxypropyl)-2-methyl-chromone
赤式 -6-*O*-4'-(3- 甲氧基 -4- 羟基苯丙三醇 -8")- 阿魏酰筋骨草醇 *erythro*-6-oxo-4'-(3-methoxy-4-hydroxyphenylglycol-8")-feruloylajugol
(7*R*,8*S*)- 赤式 -7,9,9'- 三羟基 -3,3',5'- 三甲氧基 -8-*O*-4'- 新木脂素 -4-*O*-*β*-D- 吡喃葡萄糖苷 (7*R*,8*S*)-*erythro*-7,9,9'-trihydroxy-3,3',5'-trimethoxy-8-*O*-4'-neolignan-4-*O*-*β*-D-glucopyranoside
(7*S*,8*R*)- 赤式 -7,9,9'- 三羟基 -3,3',5'- 三甲氧基 -8-*O*-4'- 新木脂素 -4-*O*-*β*-D- 吡喃葡萄糖苷 (7*S*,8*R*)-*erythro*-7,9,9'-trihydroxy-3,3',5'-trimethoxy-8-*O*-4'-neolignan-4-*O*-*β*-D-glucopyranoside
(7*R*,8*S*)- 赤式 -7,9,9'- 三羟基 -3,3'- 二甲氧基 -8-*O*-4'- 新木脂素 -4-*O*-*β*-D- 吡喃葡萄糖苷 (7*R*,8*S*)-*erythro*-7,9,9'-trihydroxy-3,3'-dimethoxy-8-*O*-4'-neolignan-4-*O*-*β*-D-glucopyranoside
(7*S*,8*R*)- 赤式 -7,9,9'- 三羟基 -3,3'- 二甲氧基 -8-*O*-4'- 新木脂素 -4-*O*-*β*-D- 吡喃葡萄糖苷 (7*S*,8*R*)-erythro-7,9,9'-trihydroxy-3,3'-dimethoxy-8-*O*-4'-neolignan-4-*O*-*β*-D-glucopyranoside
赤式 -7'- 甲氧基鹊肾树木脂醇▲ *erythro*-7'-methoxylstreblusIignanol
赤式 -*γ*- 羟基精氨酸 *erythro*-*γ*-hydroxyarginine
(+)- 赤式 - 长叶九里香亭▲ (+)-*erythro*-murrangatin
赤式 - 丁烷 -2,3- 二醇 *erythro*-butane-2,3-diol
赤式 - 丁香甘油 -*β*-*O*-4- 芥子醇醚 *erythro*-syringylglycerol-*β*-*O*-4-sinapyl ether
赤式 - 丁香酰甘油 -4-*O*-*β*-D- 葡萄糖苷 *erythro*-syringoylglycerol-4-*O*-*β*-D-glucoside
赤式 - 丁香酰甘油 -8-*O*-*β*-D- 吡喃葡萄糖苷 *erythro*-syringoylglycerol-8-*O*-*β*-D-glucopyranoside
7,8- 赤式 - 二羟基 -3,4,5- 三甲氧基 - 苯丙烷 -8-*O*-*β*-D- 吡喃葡萄糖苷 7,8-*erythro*-dihydroxy-3,4,5-trimethoxy-phenylpropane-8-*O*-*β*-D-glucopyranoside
赤式 - 二羟基去氢二松柏醇 *erythro*-dihydroxydehydrodiconiferyl alcohol
赤式 - 和厚朴三醇 *erythro*-honokitriol
赤式 - 木兰藤木脂素▲-6 *erythro*-austrobailignan-6
赤式 - 轻木卡罗木脂素▲E *erythro*-carolignan E
(7'*R*,8'*S*)- 赤式 - 鹊肾树醇▲B (7'*R*,8'*S*)-*erythro*-streblusol B
赤式 - 鹊肾树木脂醇▲ *erythro*-strebluslignanol
(7'*R*,8'*S*,7"*R*,8"*S*)- 赤式 - 鹊肾树木脂醇▲G (7'*R*,8'*S*,7"*R*,8"*S*)-*erythro*-strebluslignanol G
(7*R*,8*S*,7'*R*,8'*S*)- 赤式 - 鹊肾树木脂醇▲H (7*R*,8*S*,7'*R*,8'*S*)-*erythro*-strebluslignanol H
赤式 - 莳萝脑甘醇 *erythro*-anethole glycol
赤式 - 苏里南维罗蔻木素▲ *erythro*-surinamensin
D- 赤式 - 新蝶呤 D-*erythro*-neopterin
(±)- 赤式 - 愈创木基甘油 (±)-*erythro*-guaiacylglycerol
赤式 - 愈创木基甘油 *erythro*-guaiacylglycerol
赤式 - 愈创木基甘油 -8'- 香荚兰素醚 *erythro*-guaiacylglycerol-8'-vanillin ether
赤式 - 愈创木基甘油 -*β*-*O*-4'-(5')- 甲氧基落叶松树脂醇 *erythro*-guaiacylglycerol *β*-*O*-4'-(5')-methoxylariciresinol
赤式 - 愈创木基甘油 -*β*-*O*-4'- 芥子酰醚 *erythro*-guaiacylglycerol-*β*-*O*-4'-sinapyl ether
赤式 - 愈创木基甘油 -*β*-*O*-4'- 松柏醇 *erythro*-guaiacylglycerol-*β*-*O*-4'-coniferyl alcohol
赤式 - 愈创木基甘油 -*β*-*O*-4'- 松柏醇醚 *erythro*-guaiacylglycerol-*β*-*O*-4'-coniferyl ether
赤式 - 愈创木基甘油 -*β*- 阿魏酸醚 *erythro*-guaiacylglycerol-*β*-ferulic acid ether
赤式 - 愈创木基甘油 -*β*- 松柏醇醚 *erythro*-guaiacylglycerol-*β*-coniferyl ether
赤式 - 愈创木基甘油 -*β*- 松柏醛醚 *erythro*-guaiacylglycerol-*β*-coniferyl aldehyde ether
赤式 - 醉鱼草醇 C *erythro*-buddlenol C
赤松素单甲醚 pinosylvin monomethylether
赤藓醇 erythritol

赤星衣酸 haematommic acid
赤星衣酸甲酯 methyl haematommate
赤星衣酸乙酯 ethyl haematommate; ethyl hematommate
赤芝醇 A, B lucidumol A, B
赤芝二醇 lucidadiol
赤芝醛 A, B, C lucialdehyde A, B, C
赤芝酸 A~D, D_1, D_2, E_1, E_2, F~L, LM_1, M~Q, SP_1, α lucidenic acid A~D, D_1, D_2, E_1, E_2, F~L, LM_1, M~Q, SP_1, α
赤芝酸 A 甲酯 methyl lucidenate A
赤芝酸 C 甲酯 methyl lucidenate C
赤芝酸 D_2 甲酯 methyl lucidenate D_2
赤芝酸 E_2 甲酯 methyl lucidenate E_2
赤芝酸 F 甲酯 methyl lucidenate F
赤芝酸 L 甲酯 methyl lucidenate L
赤芝酸 N 甲酯 methyl lucidenate N
赤芝酸 P 甲酯 methyl lucidenate P
赤芝酸 Q 甲酯 methyl lucidenate Q
赤芝酸丁酯 A, B, N butyl lucidenate A, B, N
赤芝酮 lucidone
赤芝酮 A, B, C lucidone A, B, C
翅柄多子橘酰胺▲ alatamide
翅柄钩藤碱▲ pteropodine
翅梗石斛醇▲ A, B trigonopol A, B
翅果草碱▲ rinderine
翅果草碱▲-*N*- 氧化物 rinderine-*N*-oxide
翅果刺桐素 F erysubin F
翅果藤苷▲ A, B extensumside A, B
翅荚决明蒽酮▲ alarone
翅荚决明醌▲ alquinone
翅荚决明酮▲ alatinone
翅荚香槐柰亭▲ fujikinetin
翅荚香槐宁▲ fujikinin
翅荚香槐亭▲ platycarpanetin
翅荚香槐亭▲-1-*O*-*β*- 吡喃葡萄糖苷 platycarpanetin-1-*O*-*β*-glucopyranoside
翅荚香槐亭▲-7-*O*-*β*- 吡喃葡萄糖苷 platycarpanetin-7-*O*-*β*-glucopyranoside
翅子罗汉果苷▲ I siamenoside I
翅子树酰胺 A, B pteroceramide A, B
翅子树甾醇 A, B pterosterol A, B
虫草醇▲ A, B, C cordycepol A, B, C
虫草考醇▲ cordycol
虫草素 cordycepin
虫胶酸 aleuritic acid
虫胶酸 D laccaic acid D
虫漆蜡醇 laccerol
虫漆蜡酸 lacceroic acid
重瓣五味子环氧化物▲ plenoxide
重瓣萱草蒽醌▲ A~G kwanzoquinone A~G
重齿毛当归呋灵 angepubefurin
重齿毛当归素 angepubebisin
重氮氨苯脒乙酰甘氨酸盐 diminazene aceturate
重楼排草苷 A, B paridiformoside A, B
重楼素 A~H, P polyphyllin A~H, P
重楼甾苷 VII chonglouoside VII
重楼甾酮 paristerone
重楼甾酮 -20,22- 单丙酮化物 paristerone-20,22-monoacetonide
重楼皂苷 I, II, V, VI, VII, H paris saponin I, II, V, VI, VII, H
稠李苷▲ prupaside
臭阿魏素▲ feterin
臭常山胺▲ sukiramine
臭常山定碱 orixidine
(+)-3'-*O*- 臭常山碱 (+)-3'-*O*-methylorixine
臭常山碱 orixine
臭常山精碱▲ kokusagine
臭常山精宁碱▲ kokusaginine
臭常山精宁碱▲苦味酸盐 kokusaginine picrate
臭常山灵碱 orixiarine
臭常山隆酮▲ A~D orixalone A~D
臭常山宁碱 orixidinine
臭常山酮 orixinone
臭椿醇 ailantinol
臭椿醇 A~H ailantinol A~H
臭椿苦木素▲ ailanquassin
臭椿苦内酯 amarolide
臭椿苦内酯 -11- 乙酸酯 amarolide-11-acetate
臭椿内酯 shinjulactone
臭椿内酯 A~N shinjulactone A~N
臭椿宁▲ A~E altissimanin A~E
臭椿双内酯 shinjudilactone
臭椿索醇▲ ailanthol
臭椿糖苷 A~F shinjuglycoside A~F
臭椿替宁▲ A alianthusaltinin A
臭椿铁屎米碱苷▲ A, B ailantcanthinoside A, B
臭椿酮 ailanthone
臭椿香豆素▲ A, B, D, G altissimacoumarin A, B, D, G
臭椿新醇▲ A, B altissinol A, B
臭椿吲哚▲ ailanindole
臭椿甾醇▲ A, B ailanthusterol A, B
臭椿甾酮▲ A alianthaltone A
臭椿酯醇 B ailanthinol B
臭椿酯酮 ailanthinone
(-)- 臭豆碱 (-)-anagyrine
臭豆碱 anagyrine
臭根醇 intermedeol
臭瓜苷▲ A foetidissimoside A
臭黄菇素▲ russlfoen
臭节草素▲ 1, 2, 3 albiflorin 1, 2, 3
臭辣吴萸碱 fargesine
臭灵丹二醇 pterodondiol
臭灵丹三醇 A~F pterodontriol A~F
臭灵丹三醇 D-6-*O*-*β*-D- 吡喃葡萄糖苷 pterodontriol D-6-*O*-*β*-D-glucopyranoside
臭灵丹四醇 pterodontetraol
臭灵丹酸 pterodontic acid
臭牡丹苷 A bunginoside A
(-)- 臭牡丹精▲ A (-)-clerobungin A
(+)- 臭牡丹精▲ A (+)-clerobungin A
臭牡丹素▲ A bungein A
臭牡丹酮 A, B bungone A, B
臭牡丹甾醇 bungesterol
臭牡丹酯 A, B bungnate A, B
臭矢菜素 A leomiscosin A
臭硬皮地星酸▲ C astraodoric acid C
除虫菊内酯 pyrethrosin
除虫菊酯 I, II pyrethrin I, II
雏菊苷▲ A~F bellisoside A~F
雏菊双糖链苷▲ A bellidioside A

雏菊叶龙胆苷 bellidifoloside
雏菊叶龙胆素 bellidifolin
雏菊叶龙胆素 -8-*O*-*β*-D- 吡喃葡萄糖苷 bellidifolin-8-*O*-*β*-D-glucopyranoside
雏菊叶龙胆素 -8-*O*- 吡喃葡萄糖苷 bellidifolin-8-*O*-glucopyranoside
雏菊皂苷▲ BA_1, BA_2, BS_1, BS_2, BS_3, BS_4, BS_5, BS_6, BS_7, BS_8, BS_9 bellissaponin BA_1, BA_2, BS_1, BS_2, BS_3, BS_4, BS_5, BS_6, BS_7, BS_8, BS_9
楮实子辛素 A~I chushizisin A~I
(+)- 川白芷内酯 (+)-anomalin
川白芷内酯 anomalin
川白芷素 angenomalin
川贝酮 chuanbeinone
川陈皮素 nobiletin
川赤芍烯内酯▲ F, G, H paeonenolide F, G, H
川赤芍烯萜▲ A, B, C paeonenoide A, B, C
川滇土大黄苷▲ A, B hastatuside A, B
川东獐牙菜素 A daviditin A
川甘翠雀定▲ soulidine
川甘翠雀碱▲ A~F souline A~F
川桂醇▲ A~L wilsonol A~L
川藿苷 A, B sutchuenoside A, B
川楝达宁 A~U mesendanin A~U
川楝达酮▲ A toosendanone A
川楝苷 toosendanoside
川楝苷▲ A, B meliadanoside A, B
川楝宁素 A~S meliatoosenin A~S
川楝醛 toosendanal
川楝素 chuanliansu; toosendanin
川楝酸▲ A, B toosendanic acid A, B
川楝酮 toosendone
川楝甾醇 A, B toosendansterol A, B
川明参苷 chuanminshenoside
川木香醇 A, B, D, F vladinol A, B, D, F
川木香内酯 mokko lactone
川木香素▲ A, B dolomiaeasin A, B
川黔翠雀醇 bonvalol
川黔翠雀定▲ A, B, C bonvalotidine A, B, C
川黔翠雀定▲ A 丙酮化物 bonvalotidine A acetone solvate
川黔翠雀宁碱▲ delbonine
川黔翠雀亭 bonvalotine
川黔翠雀亭碱▲ delbotine
川黔翠雀酮 bonvalone
川黔翠雀新碱▲ delboxine
川素馨苷▲ A~G jasuroside A~G
(7*S*,8*R*)- 川素馨木脂苷▲ (7*S*,8*R*)-urolignoside
川素馨木脂苷▲ urolignoside
川素馨酯木脂苷▲ jasurolignoside
川西翠雀宁碱▲ tongolinine
川西荚蒾苷▲ davidioside
川西荚蒾苷元▲ davidigenin
川西荚蒾苷元▲ -2'-*O*-(2''-*O*- 对羟基苯甲酰基)-*β*-D- 吡喃葡萄糖苷 davidigenin-2'-*O*-(2''-*O*-4'''-hydroxybenzoyl)-*β*-D-glucopyranoside
川西荚蒾苷元▲ -2'-*O*-(3''-*O*-4'''- 对羟基苯甲酰基)-*β*-D- 吡喃葡萄糖苷 davidigenin-2'-*O*-(3''-*O*-4'''-hydroxybenzoyl)-*β*-D-glucopyranoside
川西荚蒾苷元▲ -2'-*O*-(6''-*O*- 丁香酰基)-*β*-D- 吡喃葡萄糖苷 davidigenin-2'-*O*-(6''-*O*-syringoyl)-*β*-D-glucopyranoside
川西荚蒾苷元▲ -2'-*O*-(6''-*O*- 对羟基苯甲酰基)-*β*-D- 吡喃葡萄糖苷 davidigenin-2'-*O*-(6''-*O*-4'''-hydroxybenzoyl)-*β*-D-glucopyranoside
(-)- 川西獐牙菜内酯▲ A (-)-swerimuslatone A
(-)- 川西獐牙菜酸▲ A, B (-)-swermusic acid A, B
川芎醇内酯 A, B, R_1, R_2 chuanxiongnolide A, B, R_1, R_2
川芎二内酯▲ A, B, R_1, R_2 chuanxiongdiolide A, B, R_1, R_2
川芎酚 chuanxingol
川芎内酯 senkyunolide
川芎内酯 A~J, L~S senkyunolide A~J, L~S
(*E*)- 川芎内酯 E (*E*)-senkyunolide E
川芎嗪 chuanxingzine
川芎三萜 xiongterpene
川续断皂苷 VI, X, A, B, C, E, F, G, H_1, H_2 asperosaponin VI, X, A, B, C, E, F, G, H_1, H_2
川藏香茶菜苦素▲ N~R pharicunin N~R
川藏香茶菜宁 A~E pharicinin A~E
川藏香茶菜宁 D 丙酮化物 pharicinin D acetonide
川藏香茶菜宁 F 丙酮化物 pharicinin F acetonide
川藏香茶菜素 A~F isodopharicin A~F
川藏香茶菜萜素▲ A~I pseurata A~I
川藏香茶菜萜素▲ B 丙酮化物 pseurata B acetonide
川藏香茶菜萜素▲ B 乙缩醛 pseurata B acetal
穿贝海绵甾醇 clionasterol
穿贝海绵甾醇 -3-*O*-*β*-D- 吡喃葡萄糖苷 clionasterol-3-*O*-*β*-D-glucopyranoside
穿鞘菝葜素 F smilglaside F
穿心莲定▲ A~G andrographidine A~G
穿心莲佛内酯▲ andrographolactone
穿心莲苷▲ andrographoside
穿心莲醚萜▲ A~E andrographidoid A~E
穿心莲内酯 andrographolide
穿心莲诺苷▲ andropanoside
穿心莲素▲ andrograpanin
穿心莲素▲乙酸酯 andrograpanin acetate
穿心莲酸 andrographic acid
穿心莛子藨醚萜▲ A, B, C triohima A, B, C
船盔乌头碱▲ navirine
船盔乌头碱▲ B, C navirine B, C
船盔乌头林碱▲ A, B naviculine A, B
创伤酸 traumatic acid
垂花巴豆沃罗素▲ penduliflaworosin
(+)- 垂木防己碱▲ (+)-cocsuline
垂木防己碱▲ cocsuline
(+)- 垂木防己灵▲ (+)-cocsoline
垂木防己灵▲ cocsoline
垂幕菇素▲ B hypholomin B
垂盆草醇▲ A sarmentol A
垂盆草苷 sarmentosin
垂盆草素▲ sarmentolin
垂盆草酸▲ sarmentoic acid
垂茄定 demissidine
垂穗石松苷 cernoside
垂穗石松海因▲ A lycopalhine A
垂穗石松碱▲ lycocernuine
垂穗石松碱▲ -*N*- 氧化物 lycocernuine-*N*-oxide
垂穗石松灵碱▲ A~F palhicerine A~F
垂穗石松米碱▲ A~D cermizine A~D
(+)- 垂穗石松米碱▲ D (+)-cermizine D
(+)- 垂穗石松米碱▲ D-*N*- 氧化物 (+)-cermizine D-*N*-oxide
垂穗石松宁碱▲ A, B, C palhinine A, B, C

垂穗石松瑟宁▲ A palcernine A
垂穗石松酸▲ A~E lycernuic acid A~E
垂穗石松酮▲ A, B, C lycernuic ketone A, B, C
垂穗石松因碱▲ cernuine
垂穗石松因碱 -*N*- 氧化物 cernuine-*N*-oxide
垂头菊苷▲ cremanthodioside
垂笑君子兰碱▲ nobilisine
垂笑君子兰亭▲ A, B nobilisitine A, B
垂序布氏菊苷▲ pendulin
垂序布氏菊素▲ penduletin
垂序崖豆藤醌▲ pendulone
垂叶榕酰胺▲ benjaminamide
垂子买麻藤素▲ A~D gnetupendin A~D
春侧金盏花苷▲ adonivernite
春蓼查耳酮▲ persicochalcone
椿叶花椒醇▲ ailanthoidol
椿叶花椒定碱▲ ailanthiodine
椿叶花椒二醇▲ ailanthoidiol
椿叶花椒酰胺▲ ailanthamide
莼菜黄苷 A junsainoside A
唇萼薄荷醇▲ pulegol
唇萼薄荷酮▲ pulegone
唇萼薄荷烯酮▲ pulespenone
唇柱苣苔苷▲ C chiritoside C
慈姑苷 A, B sagittarioside A, B
磁麻醇 cymarol
磁麻苷 cymarin
磁麻酸 cymarinic acid
(5*α*)-3*β*-*O*-*β*- 磁麻糖氧基 -8,14*β*,17*α*,20- 四羟基孕甾 -12*β*- 苯甲酸酯 (5*α*)-3*β*-*O*-*β*-cymaropyranosyloxy-8,14*β*,17*α*,20-tetrahydroxypregnan-12*β*-benzoate
(5*α*)-3*β*-*O*-*β*- 磁麻糖氧基 -8,14*β*,17*α*,20- 四羟基孕甾 -12*β*- 桂皮酸酯 (5*α*)-3*β*-*O*-*β*-cymaropyranosyloxy-8,14*β*,17*α*,20-tetrahydroxypregnan-12*β*-cinnamate
雌三醇 estriol
次黄嘌呤 hypoxanthine
次黄嘌呤核苷 hypoxanthosine
3,4- 次甲二氧基 -12- 羟基马兜铃内酰胺 3,4-methylenedioxy-12-hydroxyaristolactam
3,4- 次甲二氧基 -12- 羟基马兜铃内酰胺 -*N*-*β*-D- 葡萄糖苷 3,4-methylenedioxy-12-hydroxyaristolactam-*N*-*β*-D-glucopyranoside
2,2'- 次甲基呋喃 2,2'-methylene furan
次乌头碱 hypaconitine
次叶下珠素 hypophyllanthin
刺柏二醇▲ A 2'-*O*-*β*-D- 吡喃葡萄糖苷 junipediol A-2'-*O*-*β*-D-glucopyranoside
刺柏二醇 A junipediol A
刺柏酚 formosanol
刺柏苷元 B junipegenin B
刺柏三醇苷▲ A, B junipetrioloside A, B
刺柏素▲ formosanin
刺柏素酚▲ formosaninol
(-)- 刺柏烯醇 (-)-junenol
刺柏烯醇 junenol
刺苞菜蓟宁▲ cynarinine
刺苞菊苷 carlinoside
刺苞木脂素 A flagelignanin A
刺孢曲霉素 echinulin
刺齿马先蒿苷▲ armaoside
刺齿马先蒿苷元▲ armaosigenin
刺齿枝子花素▲ A, B, C peregrinumin A, B, C
刺齿枝子花辛▲ A pergrinumcin A
刺翅果草碱▲ echinatine
刺翅果草碱▲ -*N*- 氧化物 echinatine-*N*-oxide
刺臭椿宁▲ A~F vilmorinine A~F
刺穿心莲苷 echioidin
刺穿心莲黄素 -2'-*O*-*β*-D-(2''-*O*- 乙酰基) 吡喃葡萄糖苷 echioidinin-2'-*O*-*β*-D-(2''-*O*-acetyl)glucopyranoside
(-)- 刺飞龙掌血素▲ (-)-aculeatin
刺飞龙掌血素▲ aculeatin
刺飞龙掌血素▲水合物 aculeatin hydrate
刺甘草素▲ echinatin
刺甘草酸▲ echinatic acid
刺果鼻烟盒树酸▲ gorlic acid
刺果峨参素▲ nemerosin
(+)- 刺果番荔枝碱▲ (+)-anomuricine
刺果番荔枝林素▲ corossolin
刺果番荔枝明▲ solamin
刺果番荔枝宁▲ muricinine
刺果番荔枝素▲ murisolin
刺果番荔枝素酮▲ murisolinone
刺果番荔枝酮▲ corossolone
刺果番荔枝辛▲ javoricin
刺果甘草查耳酮 glypallichalcone
刺果甘草素 pallidiflorin
刺果甘草酸 glypallidifloric acid
刺果苏木林素▲ bonducellin
刺果苏木素▲ A~G bonducellpin A~G
刺果苏木烯内酯▲ bondenolide
刺果紫玉盘醇▲ A~K uvacalol A~K
刺果紫玉盘素 A~I calamistrin A~I
刺花椒醇▲ tambulol
刺花椒素▲ tambulin
刺槐波亭▲ robtin
刺槐定▲ A robipseudin A
刺槐二糖苷▲ biorobin
刺槐苷 acaciin
刺槐林素▲ robinlin
刺槐硫黄菌素▲ laetirobin
刺槐素 acacetin
刺槐素 -7-*O*-(3''-*O*- 乙酰基)-*β*-D- 吡喃葡萄糖苷 acacetin-7-*O*-(3''-*O*-acetyl)-*β*-D-glucopyranoside
刺槐素 -7-*O*-(6''-*O*-*α*-L- 吡喃鼠李糖基)-*β*- 槐糖苷 acacetin-7-*O*-(6''-*O*-*α*-L-rhamnopyranosyl)-*β*-sophoroside
刺槐素 -7-*O*-(6-*O*- 丙二酰基 -*β*-D- 吡喃葡萄糖苷 acacetin-7-*O*-(6-*O*-malonyl-*β*-D-glucopyranoside
刺槐素 -7-*O*-(6''-*O*- 鼠李糖基)-*β*-D- 葡萄糖苷 acacetin-7-*O*-(6''-*O*-rhamnosyl)-*β*-D-glucoside
刺槐素 -7-*O*-(6''-*O*- 乙酰基)-*β*-D- 吡喃葡萄糖苷 acacetin-7-*O*-(6''-*O*-acetyl)-*β*-D-glucopyranoside
刺槐素 -7-*O*-(*α*-D- 呋喃芹糖基)-(1 → 6)-*β*-D- 吡喃葡萄糖苷 acacetin-7-*O*-(*α*-D-apiofuranosyl)-(1 → 6)-*β*-D-glucopyranside
刺槐素 -7-*O*-[4'''-*O*- 乙酰基 -*β*-D- 呋喃芹糖基 -(1 → 3)]-*β*-D- 吡喃木糖苷 acacetin-7-*O*-[4'''-*O*-acetyl-*β*-D-apiofuransyl-(1 → 3)]-*β*-D-xylopyranoside
刺槐素 -7-*O*-[6'''-*O*- 乙酰基 -*β*-D- 吡喃半乳糖基 -(1 → 2)]-*β*-D- 吡喃葡萄糖苷 acacetin-7-*O*-[6'''-*O*-acetyl-*β*-D-galactopyranosyl-(1 → 2)]-*β*-D-glucopyranoside

刺槐素 -7-*O*-[6‴-*O*- 乙酰基 -*β*-D- 吡喃半乳糖基 -(1 → 3)]-*β*-D- 吡喃木糖苷 acacetin-7-*O*-[6‴-*O*-acetyl-*β*-D-galactopyranosyl-(1 → 3)]-*β*-D-xylopyranoside
刺槐素 -7-*O*-[*β*-D- 吡喃葡萄糖基 -(1 → 6)-*α*-L- 吡喃鼠李糖基 -(1 → 2)]-*β*-D- 吡喃葡萄糖苷 acacetin-7-*O*-[2″-*O*-*α*-L-rhamnopyranosyl-6″-*O*-*β*-D-glucopyranosyl]-*β*-D-glucopyranoside
刺槐素 -7-*O*-*α*-L- 吡喃鼠李糖基 -(1 → 6)-[2-*O*- 乙酰基 -*β*-D- 吡喃葡萄糖基 -(1 → 2)]-*β*-D- 吡喃葡萄糖苷 acacetin-7-*O*-*α*-L-rhamnopyranosyl-(1 → 6)-[2-*O*-acetyl-*β*-D-glucopyranosyl-(1 → 2)]-*β*-D-glucopyranoside
刺槐素 -7-*O*-*α*-L- 吡喃鼠李糖基 -(1 → 6)[*α*-L- 吡喃鼠李糖基 -(1 → 2)]-*β*-D- 吡喃葡萄糖苷 acacetin-7-*O*-*α*-L-rhamnopyranosyl-(1 → 6)[*α*-L-rhamnopyranosyl-(1 → 2)]-*β*-D-glucopyranoside
刺槐素 -7-*O*-*α*-L- 吡喃鼠李糖基 -(1 → 6)-*β*-D- 吡喃葡萄糖苷 acacetin-7-*O*-*α*-L-rhamnopyranosyl-(1 → 6)-*β*-D-glucopyranoside
刺槐素 -7-*O*-*α*-L- 吡喃鼠李糖基 -(1‴ → 6″)-*β*-D- 吡喃葡萄糖苷 acacetin-7-*O*-*α*-L-rhamnopyranosyl-(1‴ → 6″)-*β*-D-glucopyranoside
刺槐素 -7-*O*-*α*-L- 吡喃鼠李糖基 -l-(1 → 6)-*β*-D- 吡喃葡萄糖苷 acacetin-7-*O*-*α*-L-rhamnopyranosy-l-(1 → 6)-*β*-D-glucopyranoside
刺槐素 -7-*O*-*α*-L- 鼠李糖苷 acacetin-7-*O*-*α*-L-rhmnoside
刺槐素 -7-*O*-*β*-D-(3″- 乙酰吡喃葡萄糖苷) acacetin-7-*O*-*β*-D-(3″-acetylglucopyranoside)
刺槐素 -7-*O*-*β*-D-(4″- 乙酰吡喃葡萄糖苷) acacetin-7-*O*-*β*-D-(4″-acetylglucopyranoside)
刺槐素 -7-*O*-*β*-D-(6″- 乙酰吡喃葡萄糖苷) acacetin-7-*O*-*β*-D-(6″-acetylglucopyranoside)
刺槐素 -7-*O*-*β*-D- 吡喃半乳糖苷 acacetin-7-*O*-*β*-D-galactopyranoside
刺槐素 -7-*O*-*β*-D- 吡喃葡萄糖苷 acacetin-7-*O*-*β*-D-glucopyranoside
刺槐素 -7-*O*-*β*-D- 吡喃葡萄糖基 -(1 → 2)-3-*O*- 乙酰基 -*β*-D- 吡喃葡萄糖基 -(1 → 2)-[*α*-L- 吡喃鼠李糖基 -(1 → 6)]-*β*-D- 吡喃葡萄糖苷 acacetin-7-*O*-*β*-D-glucopyranosyl-(1 → 2)-3-*O*-acetyl-*β*-D-glucopyranosyl-(1 → 2)-[*α*-L-rhamnopyranosyl-(1 → 6)]-*β*-D-glucopyranoside
刺槐素 -7-*O*-*β*-D- 吡喃葡萄糖基 -(1 → 2)-6-*O*- 乙酰基 -*β*-D- 吡喃葡萄糖基 -(1 → 2)-[*α*-L- 吡喃鼠李糖基 -(1 → 6)]-*β*-D- 吡喃葡萄糖苷 acacetin-7-*O*-*β*-D-glucopyranosyl-(1 → 2)-6-*O*-acetyl-*β*-D-glucopyranosyl-(1 → 2)-[*α*-L-rhamnopyranosyl-(1 → 6)]-*β*-D-glucopyranoside
刺槐素 -7-*O*-*β*-D- 吡喃葡萄糖基 -(1 → 2)-*β*-D- 吡喃葡萄糖基 -(1 → 2)-[*α*-L- 吡喃鼠李糖基 -(1 → 6)]-*β*-D- 吡喃葡萄糖苷 acacetin-7-*O*-*β*-D-glucopyranosyl-(1 → 2)-*β*-D-glucopyranosyl-(1 → 2)-[*α*-L-rhamnopyranosyl-(1 → 6)]-*β*-D-glucopyranoside
刺槐素 -7-*O*-*β*-D- 吡喃葡萄糖醛酸苷 acacetin-7-*O*-*β*-D-glucuronopyranoside
刺槐素 -7-*O*-*β*-D- 吡喃葡萄糖醛酸基 -(1 → 2)[*α*-L- 吡喃鼠李糖基 -(1 → 6)]-*β*-D- 吡喃葡萄糖醛酸苷 acacetin-7-*O*-*β*-D-glucuronopyranosyl-(1 → 2)[*α*-L-rhamnopyranosyl-(1 → 6)]-*β*-D-glucopyranoside
刺槐素 -7-*O*-*β*-D- 呋喃芹糖基 -(1‴ → 6″)-*O*-*β*-D- 吡喃葡萄糖苷 acacetin-7-*O*-*β*-D-apiofuranosyl-(1‴ → 6″)-*O*-*β*-D-glucopyranoside
刺槐素 -7-*O*-*β*-D- 葡萄糖苷 acacetin-7-*O*-*β*-D-glucoside
刺槐素 -7-*O*-*β*-D- 葡萄糖醛酸苷 acacetin-7-*O*-*β*-D-glucuronide
刺槐素 -7-*O*-*β*-D- 葡萄糖醛酸基 -(1 → 2)-*β*-D- 葡萄糖醛酸苷 acacetin-7-*O*-*β*-D-glucurono-(1 → 2)-*β*-D-glucuronide
刺槐素 -7-*O*-*β*-D- 芹菜糖 -(1 → 2)-*β*-D- 吡喃葡萄糖苷 acacetin-7-*O*-*β*-D-apiopyranosyl-(1 → 2)-*β*-D-glucopyranoside
刺槐素 -7-O-*β*-D- 芸香糖苷 acacetin-7-*O*-*β*-D-rutinoside
刺槐素 -7-*O*-*β*- 槐糖苷 acacetin-7-*O*-*β*-sophoroside
刺槐素 -7-*O*- 吡喃葡萄糖基 -8-*C*- 吡喃鼠李糖基 -3-*O*-*α*-L- 呋喃阿拉伯糖苷 acacetin-7-*O*-glucopyranosyl-8-*C*-rhamnopyranosyl-3-*O*-*α*-L-arabinofuranoside
刺槐素 -7-*O*- 葡萄糖醛酸苷 acacetin-7-*O*-glucuronide
刺槐素 -7-*O*- 新橙皮苷 acacetin-7-*O*-neohesperidose
刺槐素 -7-*O*- 新橙皮糖苷 acacetin-7-*O*-neohesperidoside
刺槐素 -7-*O*- 芸香糖苷 acacetin-7-*O*-rutinoside
刺槐素 -7-*α*-L- 吡喃鼠李糖基 -(1 → 6)-*β*-D- 吡喃葡萄糖苷 acacetin 7-*α*-L-rhamnopyranosyl-(1 → 6)-*β*-D-glucopyranoside
刺槐素 -7- 甲醚 acacetin-7-methyl ether
刺槐素 -7- 三糖苷 acacetin-7-trioside
刺槐素 -7- 芸香糖苷 acacetin-7-rutinoside
刺槐素 -8-*C*- 新橙皮糖苷 acacetin-8-*C*-neohesperidoside
刺槐糖苷 E robinoside E
刺槐亭 robinetin
(-)- 刺槐亭醇 (-)-robinetinidol
刺槐因 robtein
刺槐皂苷 I robinioside I
(-)- 刺黄果醇▲ (-)-carinol
刺蒺藜苷 tribuloside
刺蒺藜碱▲ tribulusterine
刺蓟苦素 onopordopicrin
刺梨素 A, B roxbin A, B
刺梨酸 roxburic acid
刺篱木苷▲ flacourside
刺篱木考苷▲ A, B, C flacoside A, B, C
(-)- 刺篱木素▲ (-)-flacourtin
刺篱木素▲ flacourtin
刺篱木托苷▲ A~F flacourtoside A~F
刺篱木辛▲ flacourticin
刺毛黧豆定 prurienidine
刺毛黧豆宁 prurieninine
刺毛黧豆宁烯 prurieninene
刺毛黧豆烯 prurienene
刺玫果素 D_1, D_2, M_1, T_1 davuriciin D_1, D_2, M_1, T_1
刺茉莉苷▲ salvadoraside
刺囊酸 echinocystic acid
刺囊酸 -3-*O*-(6′-*O*- 甲基)-*β*-D- 吡喃葡萄糖醛酸苷 echinocystic acid-3-*O*-(6′-*O*-methyl)-*β*-D-glucuronopyranoside
刺囊酸 -3-*O*-[*O*-*α*-L- 吡喃鼠李糖基 -(1 → 2)-*α*-L- 吡喃阿拉伯糖苷] echinocystic acid-3-*O*-[-*O*-*α*-L-rhamnosyl-(1 → 2)-*α*-L-arabinoside]
刺囊酸 -3-*O*-[*β*-D- 吡喃葡萄糖基 -(1 → 2)-*α*-L- 吡喃阿拉伯糖基]-28-*O*-[*β*-D- 吡喃葡萄糖基 -(1 → 6)-*β*-D- 吡喃葡萄糖苷] echinocystic acid-3-*O*-[*β*-D-glucopyranosyl-(1 → 2)-*α*-L-arabinopyranosyl]-28-*O*-[*β*-D-glucopyranosyl-(1 → 6)-*β*-D-glucopyranoside]
刺囊酸 -3-*O*-*α*-L- 吡喃阿拉伯糖苷 echinocystic acid-3-*O*-*α*-L-arabinopyranoside
刺囊酸 -3-*O*-*α*-L- 吡喃阿拉伯糖基 -28-*O*-[*β*-D- 吡喃葡萄糖基 -(1 → 6)-*β*-D- 吡喃葡萄糖苷] echinocystic acid-3-*O*-*α*-L-arabinopyranosyl-28-*O*-[*β*-D-glucopyranosyl-(1 → 6)-*β*-D-glucopyranoside]
刺囊酸 -3-*O*-*α*-L- 吡喃阿拉伯糖基 -28-*O*-*β*-D- 吡喃葡萄糖苷 echinocystic acid-3-*O*-*α*-L-arabinopyranosyl-28-*O*-*β*-D-glucopyranoside
刺囊酸 -3-*O*-*α*-L- 吡喃鼠李糖基 -(1 → 4)-*O*-*β*-D- 吡喃葡萄糖醛酸苷 echinocystic acid-3-*O*-*α*-L-rhamnopyranosyl-(1 → 4)-*O*-*β*-D-

glucuronopyranoside
刺囊酸 -3-*O*-*α*- 吡喃阿拉伯糖苷 -28-*O*-*α*-L- 吡喃鼠李糖基 -(1 → 4)-*O*-*β*-D- 吡喃葡萄糖基 -(1 → 4)-*O*-*β*-D- 吡喃葡萄糖基酯 echinocystic acid-3-*O*-*α*-arabinopyranoside-28-*O*-*α*-L-rhamnopyranosyl-(1→4)-*O*-*β*-D-glucopyranosyl-(1→4)-*O*-*β*-D-glucopyranosyl ester
刺囊酸 -3-*O*-*β*-D- 吡喃半乳糖基 -(1 → 2)-*O*-*α*-L- 吡喃阿拉伯糖苷 echinocystic acid-3-*O*-*β*-D-galactopyranosyl-(1 → 2)-*O*-*α*-L-arabinopyranoside
刺囊酸 -3-*O*-*β*-D- 吡喃木糖基 -(l → 2)-*α*-L- 吡喃阿拉伯糖基 -(1 → 6)-[*β*-D- 吡喃葡萄糖基 -(l → 2)]-*β*-D- 吡喃葡萄糖苷 echinocystic acid-3-*O*-*β*-D-xylopyranosyl-(l → 2)-*α*-L-arabinopyranosyl-(1 → 6)-[*β*-D-glucopyranosyl-(l → 2)]-*β*-D-glucopyranoside
刺囊酸 -3-*O*-*β*-D- 吡喃葡萄糖基 -(1 → 2)-*α*-L- 吡喃阿拉伯糖苷 -28-*O*-*α*-L- 吡喃鼠李糖基 -(1 → 4)-*β*-D- 吡喃葡萄糖基 -(1 → 4)-*β*-D- 吡喃葡萄糖苷 echinocystic acid-3-*O*-*β*-D-glucopyranosyl-(1→2)-*α*-L-arabinopyranoside-28-*O*-*α*-L-rhamnopyranosyl-(1→4)-*β*-D-glucopyranosyl-(1 → 4)-*β*-D-glucopyranoside
刺囊酸 -3-*O*-*β*-D- 吡喃葡萄糖基 -(1 → 3)-*β*-D- 吡喃葡萄糖醛酸苷 -6'-*O*- 丁酯 echinocystic acid-3-*O*-*β*-D-glucopyranosyl-(1→3)-*β*-D-glucuronopyranoside-6'-*O*-butyl ester
刺囊酸 -3-*O*-*β*-D- 吡喃葡萄糖醛酸苷 echinocystic acid-3-*O*-*β*-D-glucuronopyranoside
刺囊酸 -3-*O*-*β*-D- 吡喃葡萄糖醛酸甲酯苷 echinocystic acid-3-*O*-*β*-D-methylpyranglycuronate
刺囊酸 -3-*β*-D- 吡喃葡萄糖醛酸苷 echinocystic acid-3-*β*-D-glucuronopyranoside
刺囊酸甲酯 echinocystic acid methyl ester
(-)- 刺片豆醇▲ (-)-centrolobol
(+)- 刺片豆醇▲ (+)-centrolobol
刺片豆醇▲ centrolobol
刺苹婆素▲ stercurensin
刺葡萄酚▲ davidol
刺楸苷▲ A, B pictoside A, B
刺楸根皂苷 F kalopanaxsaponin F
刺楸根皂苷 F 甲酯 kalopanaxsaponin F methylester
刺楸洛苷▲ I, III septemloside I, III
刺楸莫苷▲ A septemoside A
刺楸素 A~D kalopanaxin A~D
刺楸皂苷 A~J, JLa, JLb, K, La, Lb, Lc kalopanaxsaponin A~J, JLa, JLb, K, La, Lb, Lc
刺人参苷 A~V cirensenoside A~V
刺山柑苷▲ A, B spinoside A, B
刺山柑碱 capparispine
刺山柑碱 -26-*O*-*β*-D- 葡萄糖苷 capparispine-26-*O*-*β*-D-glucoside
刺参醇▲ A~L morinol A~L
刺参二醇▲ oplopandiol
刺参苷 A~L monepaloside A~L
刺参黄素苷 A, B monepalin A, B
刺参炔▲ A, B oploxyne A, B
刺参素▲ A~P morinin A~P
刺参皂苷元 C oplopanaxogenin C
刺蒴麻素▲ triumboidin
刺蒴麻酰胺 B triumfettamide B
刺酸模素 rumarin
对刺藤宁碱▲ C scutianine C
刺天茄苷 A~F indioside A~F
刺天茄素▲ A~E indicumine A~E
刺桐阿亭碱 erythratine
刺桐苯乙烯 eryvariestyrene
刺桐宾碱 erythrabine
刺桐醇▲ A, B eryvarinol A, B
刺桐狄诺福灵碱 erysodinophorine
α- 刺桐定碱 *α*-erythroidine
β- 刺桐定碱 *β*-erythroidine
刺桐定碱 erysodine
刺桐二烯酮 erysodienone
刺桐福灵碱 erysophorine
刺桐衡州乌药碱▲ erythlaurine
刺桐甲氧二烯酮▲ erythromotidienone
刺桐碱▲ erythrinine
刺桐枯林碱 erythroculine
刺桐灵碱 erythraline
刺桐灵素▲ A~D, F~U eryvarin A~D, F~U
刺桐那宾碱 erythrinarbine
刺桐宁碱 erysonine
刺桐匹诺福灵碱 erysopinophorine
刺桐匹亭碱 erysopitine
刺桐平碱 erysopine
刺桐素 erythrinin
刺桐素 A, B, C erythrinin A, B, C
刺桐特拉米定▲ erysotramidine
刺桐特灵碱 erysotrine
刺桐替定碱 erythratidine
刺桐替定酮 erythratidinone
刺桐亭碱 erysotine
刺桐酮▲ A, B erythrivarone A, B
刺桐文碱 erysovine
刺桐酰胺 erythramide
刺桐星碱 erythrascine
刺桐亚氧二烯酮▲ erythrosotidienone
刺桐酯▲ erythrinasinate
刺桐酯▲ B erythrinasinate B
刺五加苷 A, B, B_1, B_2, D, E, E_1, E_2, K, M eleutheroside A, B, B_1, B_2, D, E, E_1, E_2, K, M
刺五加嗪▲ A, B eleutherazine A, B
刺五加酮 ciwujiatone
刺五加皂苷 A, A_1~A_4, B, C, C_1~C_4, D_1, D_2, D_3, E ciwujianoside A, A_1~A_4, B, C, C_1~C_4, D_1, D_2, D_3, E
刺苋苷▲ spinoside
刺血红苷▲ A, B, C saletpangponoside A, B, C
刺羽菊环氧化物▲ ptiloepoxide
刺状小号花素▲ spinescin
枞醛 abietinal
d- 枞油三烯 *d*-sylvestrine
d- 枞油烯 *d*-sylvestrene
枞油烯 sylvestrene
葱兰酰胺▲ A, B candidamide A, B
葱莲碱 zephyranthine
葱莲酰胺▲ A~D zephyranamide A~D
葱吲哚碱 alline
楤木苷 congmunoside V, VI, VII, IX, X, XI, XII, XIII, XIV, XV, XVI
楤木洛苷▲ A~D, G, H, J, S_1 araloside A~D, G, H, J, S_1
楤木洛苷▲ A 甲酯 araloside A methyl ester
楤木脑苷 aralia cerebroside
楤木鼠李宁碱▲ B aralionine B

楤木新皂苷▲ aralia-saponin Ⅰ, Ⅱ, Ⅲ, Ⅳ, Ⅴ, Ⅵ, Ⅶ, Ⅷ, Ⅸ
楤木芽苷Ⅰ, A, B, C, D congmuyanoside Ⅰ, A, B, C, D
楤木芽糖苷▲Ⅰ, Ⅱ congmuyaglycoside Ⅰ, Ⅱ
楤木叶苷Ⅰ, Ⅱ, Ⅲ, Ⅳ, A, B, C, D, E congmuyenoside Ⅰ, Ⅱ, Ⅲ, Ⅳ, A, B, C, D, E
楤木皂苷 aralia saponin 3, Ⅱ, Ⅲ, Ⅳ, Ⅴ, Ⅵ, Ⅶ, Ⅻ, ⅩⅢ, ⅩⅣ, ⅩⅤ, ⅩⅥ, ⅩⅦ, ⅩⅧ
丛毛红曲嗜氮酮▲ monapilosusazaphilone
丛片木革菌醇▲ frustulosinol
丛片木革菌素▲ frustulosin
丛枝菌根真菌素 mycorradicin
粗贝壳杉黄酮 robustaflavone
粗贝壳杉黄酮 -4',4''- 二甲醚 robustaflavone-4',4'''-dimethyl ether
粗贝壳杉黄酮 -4'- 甲醚 robustaflavone-4'-methyl ether
粗贝壳杉黄酮 -7,4',4'''- 三甲醚 robustaflavone-7,4',4'''-trimethyl ether
粗贝壳杉黄酮 -7,4',7''- 三甲醚 robustaflavone-7,4',7''-trimethyl ether
粗贝壳杉黄酮 -7''- 甲醚 robustaflavone-7''-methylether
4'-*O*- 粗贝壳杉黄酮甲醚 4'-*O*-robustaflavone methyl ether
粗糙白千层鞣宁▲A squarrosanin A
粗糙龙胆苷▲A gentiascabraside A
粗榧碱 harringtonine
粗梗胡椒酰胺 A pipermacramide A
粗藿苷 cuhuoside
粗茎鳞毛蕨苷▲A, B, C crassirhizomoside A, B, C
粗茎龙胆碱 A, B gentiocrasine A, B
粗茎乌头定▲ crassicaudine
粗茎乌头碱 crassicauline
粗茎乌头里定▲ crassicaulidine
粗茎乌头里辛▲ crassicaulisine
粗茎乌头亭▲ crassicautine
粗茎乌头辛▲ crassicausine
粗糠柴查耳酮▲A~D kamalachalcone A~D
粗糠柴毒素 rottlerin
粗糠柴宁▲ mallophilinin
粗糠柴酸 kamlolenic acid
粗糠柴烯 A~E mallotophilippen A~E
粗裂豆酸▲ trachylobanoic acid
粗毛报春定▲ hirsutidin
粗毛报春定▲-3,5- 二 -*O*-*β*-D- 吡喃葡萄糖苷 hirsutidin-3,5-di-*O*-*β*-D-glucopyranoside
粗毛甘草素 A~N glyasperin A~N
粗毛甘草紫檀素 asperopterocarpin
粗毛豚草素 hispidulin
粗毛豚草素 -4'- 硫酸酯 hispidulin-4'-sulfate
粗毛豚草素 -7-(6-*E*- 对香豆酰基 -*β*-D- 吡喃葡萄糖苷) hispidulin-7-(6-*E*-*p*-coumaroyl-*β*-D-glucopyranoside)
粗毛豚草素 -7,4'- 二硫酸酯粗毛豚草素 -7,4'- 二硫酸酯 hispidulin-7,4'-disulfate
粗毛豚草素 -7-*O*-*α*-L- 吡喃鼠李糖基 -(1''' → 2'')-*O*-*β*-D- 吡喃葡萄糖醛酸苷 hispidulin-7-*O*-*α*-L-rhamnopyranosyl-(1''' → 2'')-*O*-*β*-D-glucuronopyranoside
粗毛豚草素 -7-*O*-*β*-D-(6-*O*- 香豆酰基) 吡喃葡萄糖苷 hispidulin-7-*O*-*β*-D-(6-*O*-coumaroyl)glucopyranoside
粗毛豚草素 -7-*O*-*β*-D- 吡喃葡萄糖苷 hispidulin-7-*O*-*β*-D-glucopyranoside
粗毛豚草素 -7-*O*-*β*-D- 吡喃葡萄糖醛酸苷 hispidulin-7-*O*-*β*-D-glucuronopyranoside
粗毛豚草素 -7-*O*-*β*-D- 葡萄糖醛酸苷 hispidulin-7-*O*-*β*-D-glucuronide
粗毛豚草素 -7-*O*- 葡萄糖苷 hispidulin-7-*O*-glucoside
粗毛豚草素 -7-*O*- 葡萄糖醛酸苷甲酯 hispidulin-7-*O*-glucuronide methyl ester
粗毛豚草素 -7- 硫酸酯 hispidulin-7-sulfate
粗毛豚草素 -7- 葡萄糖苷 hispidulin-7-glucoside
粗毛豚草素 -7- 新橙皮糖苷 hispidulin-7-neohesperidoside
粗毛纤孔菌素▲ hispidin
粗毛纤孔菌素▲-4-*O*-*β*-*D*- 吡喃葡萄糖苷 hispidin-4-*O*-*β*-*D*-glucopyranoside
粗毛纤孔菌酮▲ hispolon
(+)- 粗毛淫羊藿苷 (+)-acuminatin
粗毛淫羊藿苷 acuminatoside
粗叶木苷▲A, B, C lasianthuoside A, B, C
粗叶木灵▲ lasianthurin
粗叶木内酯▲A lasianthuslactone A
粗叶木香堇苷▲A lasianthionoside A
粗叶悬钩子苷 alcesefoliside
粗芸香碱▲ robustine
粗枝木麻黄宁▲A casuglaunin A
粗壮杜楝酮▲ mzikonone
粗壮金鸡纳醌▲D robustaquinone D
粗壮女贞苷▲A~Q ligurobustoside A~Q
醋酐 anhydride acetic acid
簇毛石冬青定碱▲ comosidine
簇毛石冬青碱▲ comosine
簇毛石冬青明碱▲ comosimine
簇生垂幕菇醇▲A~F fasciculol A~F
簇生垂幕菇酸▲A~F fasciculic acid A~F
簇生垂幕菇酮▲A~K fascicularone A~K
簇序草苷▲A cranioside A
催眠睡茄拉诺内酯▲ somniferanolide
催眠睡茄灵▲ anaferine
催眠睡茄米内酯▲ withasomilide
催眠睡茄内酯▲ withasomniferanolide
催眠睡茄尼内酯▲ withasomnilide
催眠睡茄宁▲ withasomnine
催眠睡茄诺内酯▲ somniferawithanolide
催眠睡茄萨诺内酯▲ somniwithanolide
催眠睡茄双内酯▲ ashwagandhanolide
催眠睡茄素 A withaferin A
催眠睡茄辛▲ somniferícin
催吐白前苷▲A hirundoside A
催吐白前考苷▲C hirundicoside C
催吐萝芙木定 mitoridine
催吐萝芙木烯宁▲ vomilenine
(+)- 催吐萝芙木叶醇 (+)-vomifoliol
(6*S*,9*R*)- 催吐萝芙木叶醇 (6*S*,9*R*)-vomifoliol
6*S*,9*S*- 催吐萝芙木叶醇 6*S*,9*S*-vomifoliol
催吐萝芙木叶醇 vomifoliol
催吐萝芙木叶醇 -9-*O*-*α*- 呋喃阿拉伯糖基 -(1 → 6)-*β*-D- 吡喃葡萄糖苷 vomifoliol-9-*O*-*α*-arabinofuranosyl-(1 → 6)-*β*-D-glucopyranoside
(6*S*,7*E*,9*R*)- 催吐萝芙木叶醇 -9-*O*-*β*-D- 吡喃木糖 -(1 → 6)-*O*-*β*-D-葡萄糖苷 (6*S*,7*E*,9*R*)-vomifoliol-9-*O*-*β*-D-xylopyranosyl-(1 → 6)-*O*-*β*-D-glucopyranoside
催吐萝芙木叶醇 -9-*O*-*β*-D- 吡喃葡萄糖苷 vomifoliol-9-*O*-*β*-D-glucopyranoside
催吐萝芙木叶醇 -9-*O*-*β*-D- 呋喃芹糖基 -(1 → 6)-*β*-D- 吡喃葡萄糖苷 vomifoliol-9-*O*-*β*-D-apiofuranosyl-(1 → 6)-*β*-D-

glucopyranoside
催吐萝芙木叶醇 -9-O-β-D- 呋喃芹糖基 -(1"→6')-β-D- 吡喃葡萄糖苷 vomifoliol-9-O-β-D-apiofuranosyl-(1"→6')-β-D-glucopyranoside
催吐萝芙木叶醇 -O-β-D- 吡喃葡萄糖苷 vomifoliol-O-β-D-glucopyranoside
催吐萝芙木叶醇葡萄糖苷 vomifoliol glucoside
脆叶香科科素▲ teugin
翠雀宾 delbine
翠雀灵 delpheline
翠雀朴啡碱▲ delporphine
翠雀素 delphisine
翠雀它灵 deltaline
翠雀它明 deltamine
翠雀亭 delphatine
翠雀酰胺 delamide
翠云草苷 A, B uncinoside A, B

D

达伦代黄芩苷▲ A, B darendoside A, B
达玛 -(20:21)- 烯 -(24:25)- 环氧 -3β-O-α-L- 吡喃鼠李糖基 -(1→4)-β-D- 吡喃木糖苷 dammar-(20:21)-en-(24:25)-epoxy-3β-O-α-L-rhamnopyranosyl-(1→4)-β-D-xylopyranoside
达玛 -(20E)22,25- 二烯 -3β,6α,12β,24S- 四醇 dammara-(20E)22,25-diene-3β,6α,12β,24S-tetrol
达玛 -(E)-20(22),24- 二烯 -3β,6α,12β- 三醇 dammar-(E)-20(22),24-diene-3β,6α,12β-triol
达玛 -(E)-20(22)- 烯 -3β,12β,25- 三醇 dammarane-(E)-20(22)-ene-3β,12β,25-triol
达玛 -12,25- 二烯 -3-β- 乙酸酯 dammar-12,25-dien-3-β-acetate
(20R)- 达玛 -13(17),24- 二烯 -3- 酮 (20R)-dammara-13(17),24-dien-3-one
(20S)- 达玛 -13(17),24- 二烯 -3- 酮 (20S)-dammara-13(17),24-dien-3-one
达玛 -17,21- 二烯 dammara-17,21-diene
达玛 -18(28),21- 二烯 dammara-18(28),21-diene
3β,6α,12β- 达玛 -20(21),24- 二烯 -3,6,12- 三醇 3β,6α,12β-dammar-20(21),24-diene-3,6,12-triol
达玛 -20(21),24- 二烯 -3β,6α,12β- 三醇 dammara-20(21),24-diene-3β,6α,12β-triol
达玛 -20(22),24- 二烯 -3β,6α,12β- 三醇 dammar-20(22),24-diene-3β,6α,12β-triol
达玛 -20(22),24- 二烯 -3β- 醇 dammara-20(22),24-dien-3β-ol
达玛 -20(22)E,24- 二烯 -3β,6α,12β- 三醇 dammar-20(22)E,24-diene-3β,6α,12β-triol
20(22)E- 达玛 -20(22) 烯 -3β,12β,25- 人参三醇 20(22)E-dammarane-20(22)en-3β,12β,25-panaxatriol
达玛 -20,24- 二烯 dammara-20,24-diene
达玛 -20,24- 二烯 -3β- 醇 dammara-20,24-dien-3β-ol
达玛 -20,24- 二烯 -3β- 醇乙酸酯 dammara-20,24-dien-3β-acetate
(-)- 达玛 -20,24- 二烯 -3β- 乙酸酯 (-)-dammara-20,24-dien-3β-yl acetate
达玛 -20,24- 二烯 -3β- 乙酸酯 dammara-20,24-dien-3β-yl acetate
达玛 -20,24- 二烯 -3- 醇 dammara-20,24-dien-3-ol
(20S,24R)- 达玛 -20,24- 环氧 -3α,6α,12β,25- 四醇 (20S,24R)-dammar-20,24-epoxy-3α,6α,12β,25-tetraol
达玛 -20,25- 二烯 -3α,24- 二醇 dammar-20,25-dien-3α,24-diol
达玛 -20,25- 二烯 -3β,24- 二醇 dammara-20,25-dien-3β,24-diol
达玛 -20- 烯 -3α,24(R),25- 三醇 dammar-20-ene-3α,24(R),25-triol
达玛 -20- 烯 -3β,24(R),25- 三醇 dammar-20-ene-3β,24(R),25-triol
5α- 达玛 -20- 烯 -3β,24,25- 三醇 5α-dammar-20-ene-3β,24,25-triol
达玛 -20- 烯 -3β,24R,25- 三醇 dammar-20-en-3β,24R,25-triol
达玛 -20- 烯 -3β,24S,25- 三醇 dammar-20-en-3β,24S,25-triol
达玛 -20- 烯三醇 dammar-20-enetriol
达玛 -23- 烯 -3α,12β,20,25- 四醇 dammar-23-ene-3α,12β,20,25-tetrol
20S- 达玛 -23- 烯 -3β,20,25,26- 四醇 -3-O-[β-D- 吡喃葡萄糖基 -(1→2)-α-L- 吡喃阿拉伯糖基]-20-O-β-D- 吡喃鼠李糖基 -26-O- 吡喃葡萄糖苷 (20S)-dammar-23-ene-3β,20,25,26-tetraol-3-O-[β-D-glucopyranosyl-(1→2)-α-L-arabinopyranosyl]-20-O-β-D-rhamnopyranosyl-26-O-glucopyranoside
达玛 -23- 烯 -3β,25- 二醇 dammara-23-en-3β,25-diol
(20S)- 达玛 -24(25)- 烯 -3β,20,21- 四醇 (20S)-dammarane-24(25)-ene-3β,20,21-tetrol
达玛 -24(25)- 烯 -3β,6α,12β,20(S)- 四醇 -20-O-β-D- 吡喃葡萄糖苷 dammar-24(25)-ene-3β,6α,12β,20(S)-tetraol-20-O-β-D-pyranoglucoside
(3β,24S)- 达玛 -24,25- 环氧 -20- 烯 -3-O-L- 吡喃鼠李糖基 -4-D- 吡喃木糖苷 (3β,24S)-dammar-24,25-epoxy-20-en-3-O-L-rhamnopyranosyl)-4-D-xylopyranoside
(20R)- 达玛 -24- 烯 -20- 醇 (20R)-dammar-24-en-20-ol
达玛 -24- 烯 -3α,12β,20- 三醇 -3,12- 二乙酸酯 dammar-24-ene-3α,12β,20-triol-3,12-diacetate
达玛 -24- 烯 -3β,11α,20(S)- 三醇 dammar-24-en-3β,11α,20(S)-triol
达玛 -24- 烯 -3β,11α,20(S)- 三醇 -3-O-β-D-2-O- 乙酰吡喃葡萄糖苷 dammar-24-en-3β,11α,20(S)-triol-3-O-β-D-2-O-acetylglucopyranoside
达玛 -24- 烯 -3β,20S- 二醇 dammar-24-en-3-β,20S-diol
达玛 -24- 烯 -3β,20- 二醇 dammar-24-ene-3β,20-diol
20(S)- 达玛 -24- 烯 -3β,20- 二醇 -3- 乙酸酯 20(S)-dammar-24-ene-3β,20-diol-3-acetate
达玛 -24- 烯 -3β- 乙酸酯 -20S- 醇 dammar-24-ene-3β-acetate-20S-ol
达玛 -24- 烯 -3β- 乙酰氧基 -20S- 醇 dammar-24-en-3β-acetoxy-20S-ol
达玛 -24- 烯 -3β- 乙酰氧基 -20- 醇 dammar-24-ene-3β-acetoxy-20-ol
(20S,24S)- 达玛 -25(26)- 烯 -3β,12β,20,24- 四醇 (20S,24S)-dammarane-25(26)-ene-3β,12β,20,24-tetrol
20(S)- 达玛 -25(26)- 烯 -3β,12β,20- 三醇 20(S)-dammarane-25(26)-ene-3β,12β,20-triol
20(R),22(ζ),24(S)- 达玛 -25(26)- 烯 -3β,6α,12β,20,22,24- 六醇 20(R),22(ζ),24(S)-dammar-25(26)-ene-3β,6α,12β,20,22,24-hexanol
达玛 -25- 烯 -3α,12β,20,24R- 四醇 dammar-25-ene-3α,12β,20,24R-tetrol
达玛 -25- 烯 -3α,12β,20,24S- 四醇 dammar-25-ene-3α,12β,20,24S-tetrol
20R- 达玛 -25- 烯 -3β,20,21,24ξ- 四醇 -3-O-[β-D- 吡喃葡萄糖基 -(1→2)-α-L- 吡喃阿拉伯糖基]-21-O-β-D- 吡喃葡萄糖基 -24-O- 吡喃鼠李糖苷 20R-dammar-25-ene-3β,20,21,24ξ-tetraol-3-O-[β-D-glucopyranosyl-(1→2)-α-L-arabinopyranosyl]-21-O-β-D-glucopyranosy1-24-O-rhamnopyranoside
达玛 -25- 烯 -3β,20ζ,24ζ 三醇 dammar-25-en-3β,20ζ,24ζ-triol
20(R)- 达玛 -3β,12β,20,25- 四醇 20(R)-dammarane-3β,12β,20,25-tetrol
达玛 -3β,20(S),25- 三醇 dammara-3β,20(S),25-triol
达玛 -3β,25- 二醇 -20,24- 环氧 -3- 乙酸酯 dammarane-3β,25-diol-20,24-epoxy-3-acetate
20(R)- 达玛 -3β,6α,12β,20,25- 五醇 20(R)-dammarane-

3β,6α,12β,20,25-pentol
20(*R*)-达玛-3β,6α,12β,20,25-五醇-6-*O*-α-L-吡喃鼠李糖基-(1→2)-*O*-β-D-吡喃葡萄糖苷 20(*R*)-dammaran-3β,6α,12β,20,25-pentol-6-*O*-α-L-rhampyranosyl(1→2)-*O*-β-D-glucopyranoside
3β,6α,12β-达玛-*E*-20(22)-烯-3,6,12,25-四醇 3β,6α,12β-dammar-*E*-20(22)-ene-3,6,12,25-tetraol
达玛二烯醇 dammaradienol
达玛二烯醇乙酸酯 dammaradienyl acetate
达玛二烯酮 dammadienone
达玛烯二醇 dammarenediol
达玛烯二醇 II dammarenediol II
达玛烯二醇 II-3-*O*-对香豆酸酯 dammarenediol II-3-*O*-*p*-coumarate
达玛烯二醇 II-3-*O*-咖啡酸酯 dammarenediol II-3-*O*-caffeate
达玛烯二醇 II-3-*O*-棕榈酸酯 dammarenediol II-3-*O*-palmitate
达玛烯二醇 II-3-咖啡酸酯 dammarenediol II-3-caffeate
达玛烯二醇 II 乙酸酯 dammarenediol II acetate
达玛烯酸 dammarenolic acid
打破碗花花皂苷▲A~G hupehensis saponin A~G
打碗花碱▲ calystegine A_3, A_5, A_6, A_7, B_1, B_2, B_3, B_4, C_1, C_2, N_1
大阿魏素▲ fercomin
大八角醇▲A~E majusanol A~E
大八角醇▲E-13-*O*-β-D-吡喃葡萄糖苷 majusanol E-13-*O*-β-D-glucopyranoside
大八角苷▲ majusanside
大八角宁▲A, B, C majusanin A, B, C
大八角素 majucin
大八角酸▲A~F majusanic acid A~F
大白刺定▲ schoberidine
大白刺碱▲ schoberine
大白刺宁▲ nazlinin
大白刺辛▲ schobericine
大白杜鹃苷▲A, B decoroside A, B
大白药醇 griffithol
大苞水竹叶内酯▲A, B bracteanolide A, B
大苞雪莲碱 involucratin
大苞雪莲内酯 involucratolactone
大苞雪莲内酯-8-*O*-β-D-葡萄糖苷 involucratolactone-8-β-D-glucoside
大苞鸢尾素▲A, B, D irisoid A, B, D
大柄冬青糖苷▲A, B, C aohada-glycoside A, B, C
大波斯菊苷 cosmosiin; apigenin-7-*O*-β-D-glucopyranoside
大车前苷 plantamajoside
大车前洛苷▲ majoroside
大齿当归醇▲ angelikoreanol
大齿麻疯树二酮 jatrogrossidione
4*E*-大齿麻疯树萜二酮 4*E*-jatrogrossidentadione
4*Z*-大齿麻疯树萜二酮 4*Z*-jatrogrossidentadione
大齿麻疯树烷▲ caniojane
大齿杨素▲ grandidentatin
大翅蓟苷▲ aconiside
大丁草醇▲ gerberinol
大丁香鞣宁▲ grandinin
大豆菜豆素▲III, VI glyceollin III, VI
(-)-大豆醇 (-)-glycinol
大豆苷 daidzin
大豆苷-6''-*O*-丙二酸酯 daidzin-6''-*O*-malonate
大豆苷-6''-*O*-乙酸酯 daidzin 6''-*O*-acetate
大豆苷元 daidzein
大豆苷元-4',7-二-*O*-β-D-吡喃葡萄糖苷 daidzein-4',7-di-*O*-β-D-glucopyranoside
大豆苷元-4',7-二葡萄糖苷 daidzein-4',7-diglucoside
大豆苷元-4'-*O*-β-D-吡喃葡萄糖苷 daidzein-4'-*O*-β-D-glucopyranoside
大豆苷元-7,4'-*O*-吡喃葡萄糖苷 daidzein-7,4'-*O*-glucopyranoside
大豆苷元-7-*O*-β-D-(6''-*O*-乙酰吡喃葡萄糖苷) daidzein-7-*O*-β-D-(6''-*O*-acetylglucopyranoside)
大豆苷元-7-*O*-β-D-吡喃葡萄糖苷 daidzein-7-*O*-β-D-glucopyranoside
大豆苷元-7-*O*-甲醚 daidzein-7-*O*-methyl ether
大豆苷元-8-*C*-呋喃芹糖基-(1→6)-吡喃葡萄糖苷 daidzein-8-*C*-apiofuranosyl-(1→6)-glucopyranoside
大豆苷元-8-*C*-吡喃芹糖基-(1→6)-吡喃葡萄糖苷 daidzein-8-*C*-apiopyranosyl-(1→6)-glucopyranoside
大豆苷元二甲醚 daidzein-di-methyl ether
大豆脑苷 I, II soyacerebroside I, II
大豆原皂苷▲ soyaprosaponin
大豆皂醇 A, B, B_1, C~G soyasapogenol A, B, B_1, C~G
大豆皂醇 B-3-*O*-[α-L-吡喃鼠李糖基-(1→2)-β-D-吡喃半乳糖基-(1→2)-β-D-吡喃葡萄糖醛酸苷] soyasapogenol B-3-*O*-[α-L-rhamnopyranosyl-(1→2)-β-D-galactopyranosyl-(1→2)-β-D-glucuronopyranoside]
大豆皂醇 B-3-*O*-β-D-吡喃葡萄醛酸苷 soyasapogenol B-3-*O*-β-D-glucuronopyranoside
大豆皂醇 B-3-*O*-β-D-吡喃葡萄醛酸苷甲酯 soyasapogenol B-3-*O*-β-D-glucuronopyranoside methylester
大豆皂醇 B-3-*O*-β-D-吡喃葡萄糖基-(1→2)-β-D-吡喃葡萄糖基-(1→2)-β-D-吡喃葡萄糖醛酸苷 soyasapogenol B-3-*O*-β-D-glucopyranosyl-(1→2)-β-D-glucopyranosyl-(1→2)-β-D-glucuronopyranoside
大豆皂醇 B-*O*-β-D-吡喃葡萄糖醛酸苷 soyasapogenol B-*O*-β-D-glucuronopyranoside
大豆皂醇 B 单葡萄糖醛酸苷 soyasapogenol B monoglucuronide
大豆皂苷 soyasaponin
大豆皂苷 I, II, III, IV, V, A_1, A_2, B, Bg, Bh, SA_3, αg, βa, βg, γa, γg soyasaponin I, II, III, IV, V, A_1, A_2, B, Bg, Bh, SA_3, αg, βa, βg, γa, γg
大豆皂苷 I 甲酯 soyasaponin I methyl ester
大豆皂苷 II 甲酯 soyasaponin II methyl ester
大豆皂苷 B-3-*O*-[α-D-吡喃鼠李糖基-(1→2)-β-D-吡喃葡萄糖基-(1→2)-β-D-葡萄糖醛酸苷] soyabean saponin B-3-*O*-[α-D-rhamnopyranosyl-(1→2)-β-D-glucopyranosyl-(1→2)-β-D-glucuronic acid]
大豆皂苷 V 甲酯 soyasaponin V methyl ester
大渡乌头碱 franchetine
大渡乌头灵▲ francheline
大萼香茶菜变型素 A, B, D, E macrocalyxoformin A, B, D, E
大萼香茶菜素 B macrocalin B
大萼香茶菜辛 A~H, J macrocalyxin A~H, J
大萼赝靛素 calycosin
大萼赝靛素-7-*O*-β-D-吡喃葡萄糖苷 calycosin-7-*O*-β-D-glucopyranoside
大萼赝靛素-7-*O*-β-D-吡喃葡萄糖苷-6''-*O*-丙二酸酯 calycosin-7-*O*-β-D-glucopyranoside-6''-*O*-malonate
大萼赝靛素-7-*O*-β-D-葡萄糖苷 calycosin-7-*O*-β-D-glucoside
大萼赝靛素-7-*O*-吡喃葡萄糖苷 calycosin-7-*O*-glucopyranoside
大萼赝靛素-7-*O*-葡萄糖苷 calycosin-7-*O*-glucoside
大萼赝靛素吡喃葡萄糖苷 calycosin glucopyranoside
(-)-大风子素 (-)-hydnocarpin

D

大风子素 hydnocarpin
大风子素 D hydnocarpin D
大风子酸 gynocardic acid
(*R*)-(+)- 大风子油酸 (*R*)-(+)-chaulmoogric acid
大风子油酸 chaulmoogric acid
大风子油酸乙酯 ethyl chaulmoograte
大根老鹳草 -1(10),4,11(13)- 三烯 -12- 醛 germacra-1(10),4,11(13)-trien-12-al
大根老鹳草 -1(10),4,11(13)- 三烯 -12- 酸 germacra-1(10),4,11(13)-trien-12-oic acid
大根老鹳草 -1(10),4,7(11)- 三烯 -9- 醇 germacra-1(10),4,7(11)-trien-9-ol
大根老鹳草 -5,10(14)- 二烯 -1*β*,4*β*- 二醇 germacra-5,10(14)-dien-1*β*,4*β*-diol
大根老鹳草 -5E,10(14)- 二烯 -1*β*,4*β*- 二醇 germacra-5*E*,10(14)-dien-1*β*,4*β*-diol
大根老鹳草内酯 germacranolide
(-)- 大根老鹳草醛▲ (-)-germacral
大根老鹳草三烯 germacratriene
大根老鹳草酮 germacrone
大根老鹳草酮 -4,5- 环氧物 germacrone-4,5-epoxide
大根老鹳草烷 germacrane
(-)- 大根老鹳草烷▲ -4(15),5(*E*),10(14)- 三烯 -1*β*- 醇 (-)-germacra-4(15),5(*E*),10(14)-trien-1*β*-ol
δ- 大根老鹳草烯 *δ*-germacrene
(+)- 大根老鹳草烯 A (+)-germacrene A
大根老鹳草烯 A~D germacrene A~D
(-)- 大根老鹳草烯 D (-)-germacrene D
(+)- 大根老鹳草烯 D (+)-germacrene D
大根老鹳草烯 D-4- 醇 germacrene D-4-ol
大根老鹳草烯酮 germacrenone
大管素▲ -4'- 异缬草酸酯 microfalcatin-4'-isovalerate
大管素▲异缬草酸酯 microfalcatin isovalerate
大果阿魏醇 lehmannolol
大果阿魏定▲ lehmferidin
大果阿魏灵▲ lehmferin
大果阿魏酮 lehmannolone
大果桉醛 A, B, D, E, G~M, M-B, N, O macrocarpal A, B, D, E, G~M, M-B, N, O
大果刺篱木苷▲ ramontoside
大果大戟醇 A wallichanol A
大果大戟苷 wallichiioside
大果琉璃草碱▲ divarine
大果琉璃草素▲ cynodivaricatin
大果山胡椒素▲ praderin
大果藤黄叫酮▲ C pedunxanthone C
大海米菊硫素▲ grosulfeimin
大海米菊素 grossheimin
大韩都鞘丝藻酰胺▲ A, B besarhanamide A, B
大花八角酚 macranthol
大花闭花木苷▲ grandifloroside
大花闭花木苷▲ -11- 甲酯 grandifloroside-11-methyl ester
大花飞燕草定▲ delgrandine
大花飞燕草碱▲ grandiflorine
大花飞燕草明▲ delgramine
大花飞燕草亭▲ grandifloritine
大花飞燕草辛▲ grandifloricine
大花和尚菊酸▲ grandifloric acid
大花和尚菊烯酸▲ grandiflorenic acid
大花红景天苷 crenuloside
大花红景天素 crenulatin
大花鸡肉参碱▲ A, B incargranine A, B
大花蒺藜强心苷▲ cistocardin
大花金鸡菊苷 leptosin
大花藜芦胺▲ teinemine
大花山牵牛酸▲ grandifloric acid
大花双参苷 A triplostoside A
大花双参皂苷 A~G triploside A~G
大花水苏苷▲ macranthoside
大花田青醇 grandiflorol
大花菟丝子林素▲ swarnalin
大花菟丝子素▲ reflexin
大花文殊兰碱▲ macronine
大花五味子二内酯▲ A, B, C schigrandilactone A, B, C
大花五味子素▲ schisandraflorin
大花淫羊藿苷 A ikarisoside A; icarisoside A
大花淫羊藿苷 B ikarisoside B; icarisoside B
大花淫羊藿苷 C ikarisoside C; icarisoside C
大花淫羊藿苷 F ikarisoside F; icarisoside F
大花紫薇宁▲ A, B reginin A, B
大花紫薇素▲ A, B flosin A, B
大花紫玉盘醇 A~J uvarigranol A~J
大花紫玉盘醇酮▲ A~D uvarigranone A~D
大花紫玉盘定▲ A uvarigrandin A
大花紫玉盘灵▲ A, B, C grandiuvarin A, B, C
大花紫玉盘宁▲ uvarigranin
大花紫玉盘素 uvarigrin
大花紫玉盘酮▲ grandiflorone
大花紫玉盘辛▲ grandifloracin
大花紫玉盘酯酮▲ A grandiuvarone A
大环喙荚云实素▲ macrocaesalmin
大环球孢内酯▲ A macrosphelide A
大黄定▲ A reidin A
大黄蒽酮▲ chrysothrone
大黄二蒽酮 rheindianthrone
大黄酚 chrysophanol
大黄酚 -10,10'- 二蒽酮 chrysophanol-10,10'-dianthrone
大黄酚 -10-10'- 蒽酮 chrysophanol-10,10'-bianthrone
大黄酚 -1-*O*-*β*-D-(6'-*O*- 丙二酰基)- 吡喃葡萄糖苷 chrysophanol-1-*O*-*β*-D-(6'-*O*-malonyl)-glucopyranoside
大黄酚 -1-*O*-*β*-D- 吡喃葡萄糖苷 chrysophanol-1-*O*-*β*-D-glucopyranoside
大黄酚 -1-*O*-*β*-D- 吡喃葡萄糖基 -(1 → 3)-*β*-D- 吡喃葡萄糖基 -(1 → 6)-*β*-D- 吡喃葡萄糖苷 chrysophanol-1-*O*-*β*-D-glucopyranosyl-(1 → 3)-*β*-D-glucopyranosyl-(1 → 6)-*β*-D-glucopyranoside
大黄酚 -1-*O*-*β*-*D*- 吡喃葡萄糖基 -(1 → 6)-*O*-*β*-*D*- 吡喃葡萄糖苷 chrysophanol-1-*O*-*β*-D-glucopyranosyl-(1 → 6)-*O*-*β*-D-glucopyranoside
大黄酚 -1-*O*-*β*- 龙胆二糖苷 chrysophanol-1-*O*-*β*-gentiobioside
大黄酚 -1-*O*- 吡喃葡萄糖苷 chrysophanol-1-*O*-glucopyranoside
10-(大黄酚 -7'- 基)-10- 羟基大黄酚 -9- 蒽酮 10-(chrysophanol-7'-yl)-10-hydroxychrysophanol-9-anthrone
10-(大黄酚 -7'- 基)-10- 羟基大黄酚 -9- 蒽烷 10-(chrysophanol-7'-yl)-10-hydroxychrysophanol-9-anthrane
大黄酚 -8-*O*-(6'-*O*- 没食子酰基 -*β*-D- 吡喃葡萄糖苷) chrysophanol-8-*O*-(6'-*O*-galloyl-*β*-D-glucopyranoside)
大黄酚 -8-*O*-*β*-D-(6'-*O*- 丙二酸单酰基)- 吡喃葡萄糖苷

chrysophanol-8-*O*-*β*-D-(6'-*O*-malonyl)-glucopyranoside
大黄酚 -8-*O*-*β*-D-(6'-*O*- 没食子酰基)- 吡喃葡萄糖苷 chrysophanol-8-*O*-*β*-D-(6'-*O*-galloyl)-glucopyranoside
大黄酚 -8-*O*-*β*-D-(6'-*O*- 乙酰基)- 吡喃葡萄糖苷 chrysophanol-8-*O*-*β*-D-(6'-*O*-acetyl)-glucopyranoside
大黄酚 -8-*O*-*β*-D-(6'- 乙酰基)- 吡喃葡萄糖苷 chrysophanol-8-*O*-*β*-D-(6'-acetyl)-glucopyranoside
大黄酚 -8-*O*-*β*-D- 吡喃半乳糖苷 chrysophanol-8-*O*-*β*-D-galactopyranoside
大黄酚 -8-*O*-*β*-D- 吡喃葡萄糖苷 chrysophanol-8-*O*-*β*-D-glucopyranoside
大黄酚 -8- 甲醚 chrysophanol-8-methyl ether
大黄酚 -8- 甲醚 -*O*-L- 吡喃鼠李糖苷 chrysophanol-8-methyl ether-*O*-L-rhamnopyranoside
大黄酚 -9- 蒽酮 chrysophanol-9-anthrone
大黄酚吡喃葡萄糖苷 chrysophanol glucopyranoside
大黄酚蒽酮 chrysophanol anthrone
大黄酚二蒽酮 chrysophanol dianthrone
大黄酚二甲醚 chrysophanol dimethyl ether
大黄酚二乙酸酯 chrysophanol diacetate
大黄酚苷 chrysophanein
大黄酚葡萄糖苷 chrysophanol glucoside
大黄苷 A~D rheinoside A~D
大黄醌▲ rhabarberone
大黄明 rheosmin
大黄醛 rheinal
大黄素 emodin
大黄素 -1,6- 二甲醚 emodin-1,6-dimethyl ether
大黄素 -1,6- 二甲醚 -1-*O*-*β*-D- 吡喃葡萄糖苷 emodin-1,6-dimethyl ether-1-*O*-*β*-D-glucopyranoside
大黄素 -1-*O*-*β*-D- 吡喃葡萄糖苷 emodin-1-*O*-*β*-D-glucopyranoside
大黄素 -1-*O*-*β*-D- 龙胆双糖苷 emodin-1-*O*-*β*-D-gentiobioside
大黄素 -1-*O*-*β*- 龙胆二糖苷 emodin-1-*O*-*β*-gentiobioside
大黄素 -1-*O*- 吡喃葡萄糖苷 emodin-1-*O*-glucopyranoside
大黄素 -1- 吡喃葡萄糖基 -(1 → 4)- 吡喃鼠李糖苷 emodin-1-glucopyranosyl-(1 → 4)-rhamnopyranoside
大黄素 -3-*O*-*α*-L- 吡喃鼠李糖苷 emodin-3-*O*-*α*-L-rhamnopyranoside
大黄素 -6,8- 二甲醚 emodin-6,8-dimethyl ether
大黄素 -6-*O*-*β*-D- 吡喃葡萄糖苷 emodin-6-*O*-*β*-D-glucopyranoside
大黄素 -6-*O*-*β*- 龙胆二糖苷 emodin-6-*O*-*β*-gentiobioside
大黄素 -8-*O*-*β*-D-(6'-*O*- 乙酰基)- 吡喃葡萄糖苷 emodin-8-*O*-*β*-D-(6'-*O*-acetyl)-glucopyranoside
大黄素 -8-*O*-*β*-D- 吡喃葡萄糖苷 emodin-8-*O*-*β*-D-glucopyranoside
大黄素 -8-*O*-*β*-D- 吡喃葡萄糖苷 -6-*O*- 硫酸酯 emodin-8-*O*-*β*-D-glucopyranoside-6-*O*-sulfate
大黄素 -8-*O*-*β*- 龙胆二糖苷 emodin-8-*O*-*β*-gentiobioside
大黄素 -8-*O*-*β*- 樱草糖苷 emodin-8-*O*-*β*-primveroside
大黄素 -8-*O*- 槐糖苷 emodin-8-*O*-sophoroside
大黄素 -8- 甲醚 emodin-8-methyl ether
大黄素 -9- 蒽酮 emodin-9-anthrone
大黄素 -*O*-*β*-D- 吡喃葡萄糖苷 emodin-*O*-*β*-D-glucopyranoside
大黄素 -*O*-*β*-D- 没食子酰吡喃葡萄糖苷 emodin-*O*-*β*-D-galloylglucopyranoside
大黄素吡喃葡萄糖苷 emodin glucopyranoside
大黄素吡喃葡萄糖苷 B emodin glucopyranoside B
大黄素单甲醚 emodin monomethyl ether
大黄素单葡萄糖苷 emodin monoglycoside
大黄素蒽酚 emodin anthranol
大黄素蒽酮 emodin anthrone
大黄素甲醚 physcion
大黄素甲醚 -10,10'- 蒽酮 physcion-10,10'-bianthrone
大黄素甲醚 -1-*O*-*β*-D- 吡喃葡萄糖苷 physcion-1-*O*-*β*-D-glucopyranoside
大黄素甲醚 -1-*O*-*β*- 龙胆二糖苷 physcion-1-*O*-*β*-gentiobioside
大黄素甲醚 -8-*O*-*β*-D-(6'-*O*- 乙酰基)- 吡喃葡萄糖苷 physcion-8-*O*-*β*-D-(6'-*O*-acetyl)-glucopyranoside
大黄素甲醚 -8-*O*-*β*-D- 吡喃葡萄糖苷 physcion-8-*O*-*β*-D-glucopyranoside
大黄素甲醚 -8-*O*-*β*- 龙胆二糖苷 physcion-8-*O*-*β*-gentiobioside
大黄素甲醚 -8-*O*- 葡萄糖苷 physcion-8-*O*-glucoside
大黄素甲醚 -8-*β*-D- 葡萄糖苷 physcion-8-*β*-D-glucoside
大黄素甲醚 -9- 蒽酮 physcion-9-anthrone
大黄素甲醚吡喃葡萄糖苷 physcionglucopyranoside
大黄素甲醚蒽酚 B physcion anthranol B
大黄素甲醚蒽酮 physcion anthrone
大黄素甲醚二蒽酮 physciondianthrone
大黄素甲醚苷 rheochrysin
大黄素甲醚宁 physcionin
大黄素甲醚葡萄糖苷 physcion glucoside
大黄素葡萄糖苷 B emodin glucoside B
大黄素三甲醚 emodin trimethyl ether
大黄素酸 emodic acid
大黄酸 rhein; rheinic acid
大黄酸 -11-*O*-*β*-D- 吡喃葡萄糖苷 rhein-11-*O*-*β*-D-glucopyranoside
大黄酸 -11-*O*-*β*-D- 吡喃葡萄糖苷六乙酯 rhein-11-*O*-*β*-D-glucopyranoside-hexaacetate
大黄酸 -8-*O*-*β*-D-[6'-*O*-(3''- 甲氧基丙二酰基)]- 吡喃葡萄糖苷 rhein-8-*O*-*β*-D-[6'-*O*-(3''-methoxyl malonyl)]-glucopyranoside
大黄酸 -8-*O*-*β*-D- 吡喃葡萄糖苷 rhein-8-*O*-*β*-D-glucopyranoside
大黄酸甲酯 rhein methyl ester
大黄酸乙酯 rhein ethyl ester
大黄酮▲ A rheumone A
大黄橐吾碱▲ duciformine
大黄橐吾素 A, B liguducin A, B
大黄栀子二醛▲ sootependial
大黄栀子二烯酮▲ sootepdienone
大黄栀子素▲ A~E sootepin A~E
大黄栀子酸▲ sootepenoic acid
大黄酯素▲ rheumin
大灰毛豆异黄酮 B maximaisoflavone B
大茴香酸 draconic acid
大火草苷▲ tomentoside
大火草苷▲ I, II, A, B, C tomentoside I, II, A, B, C
大戟 -25- 烯 -3*α*- 醇 euphane-25-en-3*α*-ol
大戟 -3*β*,20- 二羟基 -24- 烯 euphane-3*β*,20-dihydroxy-24-ene
大戟 -7,21- 二烯 eupha-7,21-diene
(20*R*,23*E*)- 大戟 -8,23- 二烯 -3*β*,25- 二醇 (20*R*,23*E*)-eupha-8,23-diene-3*β*,25-diol
(20*R*)- 大戟 -8,25- 二烯 -3*β*,24- 二醇 (20*R*)-eupha-8,25-diene-3*β*,24-diol
(+)-(24*S*)- 大戟 -8,25- 二烯 -3*β*,24- 二醇 -7- 酮 (+)-(24*S*)-eupha-8,25-dien-3*β*,24-diol-7-one
α- 大戟醇 *α*-euphorbol
大戟醇 euphorbol
大戟醇 -3-*O*-*β*-D- 吡喃葡萄糖苷 euphol-3-*O*-*β*-D-glucopyranoside
大戟醇二十六酸酯 euphorbol hexacosanoate
α- 大戟二烯醇 *α*-euphol
大戟二烯醇 euphol; euphadienol

D

大戟二烯醇 -3-*O*- 桂皮酸酯 euphol-3-*O*-cinnamate
大戟二烯醇乙酸酯 euphol acetate
大戟二烯酮 euphone
大戟精醇▲ euphorginol
大戟宁 euphornin
大戟宁 A~L, N euphornin A~L, N
大戟瓢虫碱▲ euphococcinine
大戟素 A, B, D~H euphorbin A, B, D~H
大戟萜▲ A~N euphorbialoid A~N
9- 大戟萜 -7- 烯 -3- 酮 9-euph-7-en-3-one
大戟萜烷▲ euphorbiane
大戟亭▲ euphorbetin
大戟物质 SPr_5 euphorbia substance SPr_5
大戟辛醇▲ euphorcinol
大戟因子 euphorbia factor L_1~L_5, L_7a, L_7b, L_8~L_{11}, N_1, N_2
大戟甾醇 euphorbosterol
大蕉谷甾苷▲ I, II, III, IV, VII, VIII, IX sitoindoside I, II, III, IV, VII, VIII, IX
大聚首花苷▲ D, G giganteaside D, G
大狼毒醇 nematocyphol
大理白前苷 A~Q cynaforroside A~Q
大理翠雀碱 B talitine B
大理藜芦碱 B vertaline B
大理藜芦他林▲ veramitaline
大粒咖啡碱 liberine
大芦荟酚苷 aloearbonaside
大卵叶虎刺醇▲ juzunol
大卵叶虎刺那醛▲ majoronal
大卵叶虎刺醛▲ juzunal
大麻别素▲ cannabielsoin
大麻二酚 cannabidiol
大麻二酚灵▲ cannabidivarin
大麻二涤酚▲ cannabidivarol
大麻酚 cannabinol
大麻格伦醇▲ cannabiglendol
大麻环酚 cannabicyclol
大麻黄素▲ A, B cannflavin A, B
大麻碱 cannabisativine
大麻槿素▲ cannabiscitrin
大麻螺酮 cannabispirone
大麻螺烷▲ cannabispiran
β- 大麻螺烷醇▲ *β*-cannabispiranol
大麻洛酚▲ cannabivarol
大麻柠檬烷▲ cannabicitran
(+)- 大麻三醇▲ (+)-cannabitriol
大麻色烯▲ cannabichromene
大麻色烯苔黑素▲ cannabichromeorcin
大麻色烯苔黑酸▲ cannabichromeorcinic acid
大麻素▲ A, B, D~G, K, L cannabisin A, B, D~G, K, L
大麻苔黑环酸▲ cannabiorcicyclolic acid
大麻苔黑色烯酸▲ cannabiorcichromenic acid
大麻烯 canniprene
大麻香叶酚▲ cannabigerol
大麻香叶酚酸▲ cannabigerolic acid
大麻叶泽兰素 eucanbin
大麦黄素 lutonarin
大麦芽碱 hordenine
大麦芽碱 -*O*-[(6''-*O*- 反式 - 桂皮酰基)-4'-*O*-*β*-D- 吡喃葡萄糖基 -*α*-L- 吡喃鼠李糖苷] hordenine-*O*-[(6''-*O*-*trans*-cinnamoyl)-4'-*O*-*β*-D-glucopyranosyl-*α*-L-rhamnopyranoside]
(*E*)- 大麦芽碱 -*O*-[(6- 桂皮酰基 -*β*-D- 吡喃葡萄糖基 -(1 → 3)-*α*-L- 吡喃鼠李糖苷] (*E*)-hordenine-*O*-[(6-cinnamoyl)-*β*-D-glucopyranosyl-(1 → 3)-*α*-L-rhamnopyranoside
(*E*)- 大麦芽碱 -*O*-[6-(4- 羟基桂皮酰基 -*β*-D- 吡喃葡萄糖基 -(1 → 3)-*α*-L- 吡喃鼠李糖苷] (*E*)-hordenine-*O*-[6-(4-hydroxycinnamoyl)-*β*-D-glucopyranosyl)-(1 → 3)-*α*-L-rhamnopyranoside
大麦芽碱 -*O*-[6-*O*- 反式 - 桂皮酰基 -*β*- 葡萄糖基 -(1 → 4)-*α*- 鼠李糖苷] hordenine-*O*-[6-*O*-*t*-cinnamoyl-*β*-glucosyl-(1 → 4)-*α*-rhamnoside]
大麦芽碱 -*O*-*α*-L- 吡喃鼠李糖苷 hordenine-*O*-*α*-L-rhamnopyranoside
大木姜子素 grandisin
大青素▲ cyrtophyllin
大青酮▲ A, B cyrtophyllone A, B
大三叶升麻醇 heracleifolinol
大沙叶鞣质▲ A, C-1 pavetannin A, C-1
大斯氏白坚木春▲ macrospegatrine
大蒜苷▲ B_1, C, R_1, R_2 sativoside B_1, C, R_1, R_2
大蒜素 allicin
大头橐吾酮▲ ligujapone
大团囊虫草亭▲ ophiosetin
大托菊苷 A, C macrocliniside A, C
大王马先蒿苷▲ pedicurexoside
大尾摇碱 indicine
大尾摇碱 -*N*- 氧化物 indicine-*N*-oxide
大尾摇宁碱▲ indicinine
大尾摇辛碱▲ helindicine
大吴风草碱▲ farfugine
大吴风草素 A, B farfugin A, B
(+)-*α*- 大西洋雪松酮▲ (+)-*α*-atlantone
(*E*)- 大西洋雪松酮▲ (*E*)-atlantone
(*Z*)- 大西洋雪松酮▲ (*Z*)-atlantone
大旋覆花素 igalane
大血藤醇 sargentol
大血藤苷▲ A~F cuneataside A~F
大叶桉二醛 A~E robustadial A~E
大叶桉酸▲ robustanic acid
大叶报春苷▲ macrophylloside
大叶报春皂苷▲ macrophyllicin
大叶报春皂苷宁▲ macrophyllicinin
大叶报春皂苷元▲ macrophyllogenin
大叶吊兰苷 E chloromaloside E
大叶冬青醇▲ D ilelatifol D
大叶冬青苷 A~Q latifoloside A~Q
大叶冬青利苷▲ I, II, III latifoliaside I, II, III
大叶冬青酸 A~D ilelic acid A~D
大叶凤尾蕨苷 A, B creticoside A, B
大叶钩藤季铵碱▲ macrophyllionium
大叶钩藤碱▲ A, B macrophylline A, B
大叶过路黄酚▲ fordianol
大叶过路黄醌▲ A, B fordianaquinone A, B
大叶过路黄素▲ A, B fordianin A, B
大叶虎皮楠碱 A yunnandaphnine A
大叶虎皮楠宁碱▲ A~E daphniyunnine A~E
大叶皇冠草碱▲ C echinophylline C
大叶及己醇 dayejijiol
大叶晶 A, B dayecrystal A, B
大叶蒟素 laetispicine

大叶蒟酰胺 B laetispiamide B
大叶卡雅楝烯酮▲ grandifoliolenone
大叶兰酚 gigantol
大叶龙胆苷▲ macrophylloside
大叶龙胆苷▲A~D macrophylloside A~D
大叶龙胆洛苷▲ gentimacroside
大叶龙胆酯▲A~E gentiaphyllide A~E
大叶马兜铃萘碱▲A, B, C aristoliukine A, B, C
大叶帽柱木碱 mitraphylline
大叶帽柱木酸▲ mitraphyllic acid
大叶帽柱木酸▲[16 → 1]-β-D- 吡喃葡萄糖酯苷 mitraphyllic acid[16 → 1]-β-D-glucopyranosyl ester
大叶牛奶菜苷 marsdekoiside
大叶牛奶菜苷 A~D, F, G marsdekoiside A~D, F, G
大叶千斤拔素▲ flemiphyllin
大叶千斤拔素▲B flemiphyllin B
大叶茜草素 A, B, C rubischumanin A, B, C
大叶清香桂碱 A, B, C vaganine A, B, C
大叶山楝醇 A, B aphagranol A, B
大叶山楝定▲A~K aphanamgrandin A~K
大叶山楝二醇▲A aphanamgrandiol A
大叶山楝拉宁▲A~D aphanagranin A~D
大叶山楝宁▲A~G aphagranin A~G
大叶山楝萜▲A~D aphagrandinoid A~D
大叶山蚂蝗碱▲ gangenoid
大叶山蚂蝗宁▲ gangetinin
大叶山蚂蝗醛▲ gangetial
大叶山蚂蟥素▲ gangetin
大叶唐松草胺▲ thalifaboramine
大叶唐松草宾▲ thalifabine
大叶唐松草定▲ thalifaberidine
大叶唐松草定碱 faberidine
(+)- 大叶唐松草碱▲ (+)-thalifaberine
大叶唐松草碱▲ thalifaberine
大叶唐松草兰定▲ thalifalandine
(+)- 大叶唐松草林碱▲ (+)-thalifaroline
(+)- 大叶唐松草明▲ (+)-thalifaramine
大叶唐松草明▲ thalifaramine
(+)- 大叶唐松草宁碱▲ (+)-thalifaronine
大叶唐松草宁碱▲ thalifaronine
大叶唐松草诺宁碱 faberonine
大叶唐松草品▲ thalifarapine
(+)- 大叶唐松草嗪▲ (+)-thalifarazine
大叶唐松草嗪▲ thalifarazine
(+)- 大叶唐松草瑞亭▲ (+)-thalifaretine
大叶唐松草瑞亭▲ thalifaretine
(+)- 大叶唐松草瑞辛▲ (+)-thalifaricine
大叶唐松草瑞辛▲ thalifaricine
大叶唐松草亭▲ thalifabatine
大叶唐松草辛▲ thalifasine
大叶糖胶树达辛▲A, B, H macrodasine A, B, H
大叶糖胶树菲林碱▲ alstomacrophylline
大叶糖胶树弗林▲ alstofoline
大叶糖胶树苷▲ naresuanoside
大叶糖胶树碱▲ alstophylline
大叶糖胶树精亭▲ macrogentine
大叶糖胶树卡帕胺▲ macrocarpamine
大叶糖胶树利宁▲A alstofolinine A
大叶糖胶树林碱▲ alstomacroline
大叶糖胶树灵碱▲A, B, C alstoniaphylline A, B, C
大叶糖胶树马林▲ alstomaline
大叶糖胶树米辛▲ alstomicine
大叶糖胶树宁碱▲A~O alstiphyllanine A~O
大叶糖胶树品碱▲A~D macrocarpine A~D
大叶糖胶树醛▲ alstophyllal
大叶糖胶树替定▲A, B, C perhentidine A, B, C
大叶糖胶树替宁▲ perhentinine
大叶糖胶树亭碱▲ alstohentine
大叶糖胶树亭宁▲A~D lumutinine A~D
大叶糖胶树托宁▲ macralstonine
大叶糖胶树西定▲A~D lumusidine A~D
大叶糖胶树辛碱▲ alstomacrocine
大叶糖胶树因碱▲ thungfaine
(+)- 大叶藤黄醇 (+)-xanthochymol
大叶藤黄醇 xanthochymol
大叶藤黄苷▲ xanthochymuside
大叶藤黄精酮▲ gambogenone
大叶藤黄呫酮▲A~F garcinexanthone A~F
大叶藤黄酮▲A, B, C xanthochymone A, B, C
大叶土木香内酯 granilin
大叶土木香内酯▲E macrophyllilactone E
大叶托沃木素▲A, B tovophyllin A, B
大叶橐吾内酯▲ ligolide
大叶橐吾萜醛▲ ligumacrophyllal
大叶橐吾萜素▲ ligumacrophyllatin
大叶仙茅苷 capituloside
大叶仙茅环苷 curcapicycloside
大叶仙茅醛 curcapital
大叶仙茅汀 A, B capitulatin A, B
大叶香茶菜宁素▲E, F macrophynin E, F
大叶香茶菜素 G, H rabdophyllin G, H
大叶斜蕊樟素▲B macrophyllin B
大叶云实素 magnicaesalpin
大叶芸香胺▲ perfamine
大叶芸香定▲ haplophydine
大叶芸香芬碱▲ haplafine
大叶芸香苷▲A~E haploperoside A~E
大叶芸香碱▲ perforine
大叶芸香利定▲ haplophyllidine
大叶芸香灵▲ haploperine
大叶紫玉盘洛醇▲G uvamalol G
大叶紫玉盘素▲A, B macrophyllain A, B
大叶紫珠素▲ calliphyllin
大叶紫珠烯▲A~E macrophypene A~E
大鱼藤树酮▲ derrone
大鱼藤树酮▲-4'-O- 甲醚 derrone-4'-O-methylether
大屿八角酸▲B, E, F, G angustanoic acid B, E, F, G
大云实灵▲a, c, e, F~L caesaldekarin a, c, e, F~L
大枣碱 yuziphine
大枣皂苷 I, II, III zizyphus saponin I, II, III
大泽米铁苷▲ macrozamin
大猪屎豆碱 assamicadine
大柱香波龙 -3,4,9- 三醇 -3-O-β-D- 吡喃葡萄糖苷 megastigmane-3,4,9-triol-3-O-β-D-glucopyranoside
(3S,5R,6R,9R)- 大柱香波龙 -3,5,6,9- 四醇 -9-O-β-D- 吡喃葡萄糖苷 (3S,5R,6R,9R)-megastigman-3,5,6,9-tetrol-9-O-β-D-glucopyranoside
(3S,5R,6S,9R)- 大柱香波龙 -3,9- 二醇 -3-O-[α-L- 呋喃阿拉伯糖

基 -(1 → 6)-β-D- 吡喃葡萄糖苷] (3S,5R,6S,9R)-megastigmane-3,9-diol-3-O-[α-L-arabinofuranosyl-(1 → 6)-β-D-glucopyranoside]
7- 大柱香波龙 -3- 醇 -9- 酮 -3-O-[α-L- 呋喃阿拉伯糖基 -(1 → 6)-β-D- 吡喃葡萄糖苷] 7-megastigmane-3-ol-9-one-3-O-[α-L-arabinofuranosyl-(1 → 6)-β-D-glucopyranoside]
(6R,9S)- 大柱香波龙 -3- 酮 -4,7- 烯 -9- 醇 -9-O-α-L- 呋喃阿拉伯糖基 -(1 → 6)-β-D- 吡喃葡萄糖苷 (6R,9S)-megastigman-3-one-4,7-ene-9-ol-9-O-α-L-arabinofuranosyl-(1 → 6)-β-D-glucopyranoside
(6R,7E,9R)- 大柱香波龙 -4,7- 二烯 -3- 酮 -9-O-β-D- 吡喃葡萄糖苷 (6R,7E,9R)-megastigma-4,7-dien-3-one-9-O-β-D-glucopyranoside
(6R,9R)- 大柱香波龙 -4,7- 二烯 -9- 醇 -3- 酮 -α-L- 呋喃阿拉伯糖基 -(1 → 6)-β-D- 吡喃葡萄糖苷 (6R,9R)-megastigma-4,7-dien-9-ol-3-one-α-L-arabinofuranosyl-(1 → 6)-β-D-glucopyranoside]
大柱香波龙 -5- 烯 -3,9,11- 三醇 megastigman-5-en-3,9,11-triol
(3R,9S)- 大柱香波龙 -5- 烯 -3,9- 二醇 -3-O-β-D- 吡喃葡萄糖苷 (3R,9S)-megastigman-5-ene-3,9-diol-3-O-β-D-glucopyranoside
(3S,5R,6R,7E,9S)- 大柱香波龙 -7- 烯 -3,5,6,9- 四醇 (3S,5R,6R,7E,9S)-megastigman-7-ene-3,5,6,9-tetrol
(3S,5R,6S,7E)- 大柱香波龙 -7- 烯 -3,5,6,9- 四醇 (3S,5R,6S,7E)-megastigma-7-ene-3,5,6,9-tetrol
(3S,5R,6R,7E,9S)- 大柱香波龙 -7- 烯 -3,5,6,9- 四醇 -3-O-β-D- 吡喃葡萄糖苷 (3S,5R,6R,7E,9S)-megastigman-7-ene-3,5,6,9-tetrol-3-O-β-D-glucopyranoside
(3R,5S,6S,7E,9R)- 大柱香波龙 -7- 烯 -3,5,6,9- 四醇 -9-O-β-D- 吡喃葡萄糖苷 (3R,5S,6S,7E,9R)-megastigman-7-ene-3,5,6,9-tetrol-9-O-β-D-glucopyranoside
(3S,5R,6R,7E,9S)- 大柱香波龙 -7- 烯 -3,5,6,9- 四醇 -9-O-β-D- 吡喃葡萄糖苷 (3S,5R,6R,7E,9S)-megastigman-7-ene-3,5,6,9-tetrol-9-O-β-D-glucopyranoside
(3S,5R,6R,7E,9R)- 大柱香波龙 -7- 烯 -3,5,6,9- 四醇 -9-O-β-D- 呋喃芹糖基 -(1" → 2')-O-β-D- 吡喃葡萄糖苷 (3S,5R,6R,7E,9R)-megastigman-7-ene-3,5,6,9-tetrol-9-O-β-D-apiofuranosyl-(1" → 2')-O-β-D-glucopyranoside
(3S,5R,6R,7E,9S)- 大柱香波龙 -7- 烯 -3- 羟基 -5,6- 环氧 -9-O-β-D- 吡喃葡萄糖苷 (3S,5R,6R,7E,9S)-megastigman-7-ene-3-hydroxy-5,6-epoxy-9-O-β-D-glucopyranoside
(3S,5R,6S,7E,9S)- 大柱香波龙 -7- 烯 -5,6- 环氧 -3,9- 二醇 -3-O-β-D- 吡喃葡萄糖苷 (3S,5R,6S,7E,9S)-megastigman-7-ene-5,6-epoxy-3,9-diol-3-O-β-D-glucopyranoside
(6R,7E)-4,7- 大柱香波龙二烯 -3,9- 二酮 (6R,7E)-4,7-megastigmadien-3,9-dione
大柱香波龙二烯 -3,9- 二酮 megastigmadiene-3,9-dione
5,7-(E)- 大柱香波龙二烯 -3β,4α,9ξ- 三醇 5,7-(E)-megastigmadiene-3β,4α,9ξ-triol
4,6,8- 大柱香波龙三烯 4,6,8-megastigmatriene
大柱香波龙三烯酮 megastigmatrienone
大柱香波龙烷 megastigmane
大柱香波龙烷吡喃葡萄糖苷 megastigmane glucopyranoside
(3S,5R,6R,7E,9S)-7- 大柱香波龙烯 -3,5,6,9- 四醇 -3-O-β-D- 吡喃葡萄糖苷 (3S,5R,6R,7E,9S)-7-megastigmene-3,5,6,9-tetrol-3-O-β-D-glucopyranoside
(3R,9R)-5- 大柱香波龙烯 -3,9,11- 三醇 -9-O-β-D- 吡喃葡萄糖苷 (3R,9R)-5-megastigmen-3,9,11-triol-9-O-β-D-glucopyranoside
5- 大柱香波龙烯 -3,9- 二醇 5-megastigmene-3,9-diol
4- 大柱香波龙烯 -3,9- 二酮 4-megastigmen-3,9-dione
7- 大柱香波龙烯 -3S,5R,6R,7E,9S- 四醇 7-megastigmene-3S,5R,6R,7E,9S-tetrol
7- 大柱香波龙烯 -3α,6,9- 三醇 7-megastigmene-3α,6,9-triol
大锥香茶菜素 A, B megathyrin A, B
大子买麻藤素▲ A, B, C gnetumelin A, B, C
大子五层龙酸 salaspermic acid
大子五层龙酸 -3- 乙醚 salaspermic acid-3-ethyl ether
大籽筋骨草素 A~E ajugamacrin A~E
大籽獐牙菜苷 A macrospermaoside A
大籽獐牙菜内酯 A, B, C swermacrolactone A, B, C
代儿茶素▲ A~R dichrostachine A~R
带状网翼藻酚▲ zonarol
丹酚酸 salvianolic acid
丹酚酸 A~L, N salvianolic acid A~L, N
丹酚酸 A 甲酯 methyl salvianolate A
丹酚酸 A 乙酯 ethyl salvianolate A
丹酚酸 C 甲酯 methyl salvianolic acid C
丹皮酚 paeonol; peonol
丹皮苷 paeonoside
丹皮新苷▲ A, B paeoniside A, B
丹皮原苷 paeonolide
丹参醇 B tanshinol B
丹参二醇 A, B, C tanshindiol A, B, C
丹参二酚 miltiodiol
丹参酚醌 I, II miltionone I, II
丹参酚内酯 salvinolactone
丹参酚酮 salvinolone
丹参螺缩酮内酯 danshenspiroketallactone
丹参莫酮▲ salviamone
丹参内酯 tanshinlactone
丹参醛 tanshinaldehyde; tanshinonal
丹参素 danshensu
丹参素甲酯 danshensu methyl ester
丹参素乙酯 danshensu ethyl ester
丹参酸 A salvianic acid A
丹参酸甲酯 methyl tanshinonate
丹参酮 tanshinone
丹参酮 I, IA, IIA, IIB, V, VI, A, B, C tanshinone I, IA, IIA, IIB, V, VI, A, B, C
丹参酮 IIA 酐 tanshinone IIA anhydride
丹参烯酚酮 miltipolone
丹参酰胺 salviamiltamide
丹参新醇 A, C danshenol A, C
丹参新醌 A~D danshenxinkun A~D
丹参新酮 miltirone
丹参隐螺内酯 cryptoacetalide
单 -O- 甲基穗花杉双黄酮 mono-O-methylamentoflavone
单 -O- 乙酰纽子花苷▲ mono-O-acetylsolanoside
单 -O- 乙酰纽子花洛苷▲ mono-O-acetylvallaroside
单 -O- 乙酰希氏尖药木苷▲ P mono-O-acetylacoschimperoside P
单阿魏酰基 -R,R-(+)- 酒石酸 monoferuloyl-R,R-(+)-tartaric acid
单阿魏酰酒石酸 monoferuloyltartaric acid
1-N- 单氨基甲酸甲酯 -3-O-β-D- 吡喃葡萄糖苷 1-N-monomethylcarbamate-argentinine-3-O-β-D-glucopyranoside
单半乳糖二酰甘油酯 monogalactosyldiacyglycerol
单半乳糖基二酰甘油 monogalactosyldiacylglycerol
单半乳糖基二亚油酰甘油 monogalactosyldilinoleylglycerol
单瓣狗牙花碱▲ A, B ervadivaricatine A, B
L- 单薄荷醇琥珀酸酯 L-monomenthyl succinate
单刺蓬酸▲乙酸酯 cornulactic acid acetate
单 - 对香豆酰甘油酯 mono-p-coumaroyl glyceride
单盖铁线蕨烷二醇▲ hakonanediol
单钩爵床醇▲ monechmol

N-单桂皮酰腐胺 *N*-mono-cinnamoyl-putrescine
单花山竹子屾酮▲ A oliganthone A
单花山竹子素▲ A~G oliganthin A~G
5,6-单环氧-*β*-胡萝卜素 5,6-monoepoxy-*β*-carotene
8,9-单环氧短叶苏木酚 8,9-single-epoxybrevifolin
5,6-单环氧隐黄质 5,6-monoepoxycryptoxanthin
单甲基二氢愈创木酸 monomethyl dihydroguaiaretic acid
单甲基硫赭曲菌素 monomethylsulochrin
1-单甲基柠檬酸酯 1-monomethylcitrate
单降缬草烯酮▲ mononorvalerenone
单茎稻花素▲ simplexin
单爵床苷▲ simplexoside
单咖啡酰奎宁酸 monocaffeoyl quinic acid
单龙胆二糖基番红花酸 mono-gentiobiosyl crocetin
单没食子酰二葡萄糖 monogalloyldiglucose
单没食子酰葡萄糖 monogalloylglucose
单木脂醇葡萄糖苷 monolignol glucoside
7,12'-单桥双苄基异喹啉生物碱 7,12'-single bridged bisbenzylisoquinoline alkaloid
单去甲氧基姜黄素 monodemethoxycurcumin
单去咖啡酰吊竹梅素 monodecaffeoylzebrinin
单去羧基鞣花酸 monodecarboxyellagic acid
1'-单去羧基橡碗酸二内酯 1'-monodecarboxyvaloneic acid dilactone
1-单山萮酸甘油酯 1-monobehenin
1-单十五酸甘油酯 1-monopentadecanoin
单穗升麻皂苷▲ A~F bugbanoside A~F
单条草苷 candidoside
单烯漆酚 monoene-urushiol
1-单亚麻酸甘油酯 1-monolinolenin
1-单亚麻油脂 1-monolinolein
2-单亚油酸甘油酯 2-monolinolein
1-单亚油酰甘油三甲基硅醚 1-monolinoleoylglycerol trimethylsilyl ether
单叶酒饼簕定▲ atalaphyllidine
单叶酒饼簕碱▲ atalaphylline
单叶酒饼簕宁▲ atalaphyllinine
单叶蔓荆二醛▲ rotundial
单叶蔓荆呋喃▲ rotundifuran
单叶蔓荆林素▲ A, B viterotulin A, B
单叶蔓荆醛▲ A~F vitrofolal A~F
单叶蔓荆素▲ A, B, C vitexfolin A, B, C
单叶蔓荆新素▲ A~E vitexifolin A~E
单乙酰草苁蓉苷 A monoacetylrossicaside A
单乙酰塔拉乌头胺 monoacetyltalatisamine
单乙酰糖基大叶芸香任▲ monoacetylglycoperine
D-1-单硬脂酸甘油酯 D-1-monostearin
单硬脂酸甘油酯 monostearin
单紫杉烯 aplotaxene
(±)-1-单棕榈甘油酯 (±)-1-monopalmitin
单棕榈酸甘油酯 glyceryl monopalmitate
胆胺 cholamine
胆碱 choline
胆碱抗坏血酸酯 choline ascorbate
胆碱硫酸盐 choline sulfurate
胆甾-14-烯-3,7,24,25-四醇-21,23-环氧-21-甲氧基-4,4,8-三甲基-3-(3-甲基-2-丁烯酸酯) cholest-14-ene-3,7,24,25-tetrol-21,23-epoxy-21-methoxy-4,4,8-trimethyl-3-(3-methyl-2-butenoate)
5*α*-胆甾-20,24-二烯-3*β*,6*α*-二醇 5*α*-cholesta-20,24-diene-3*β*,6*α*-diol
胆甾-22-烯-3-醇 cholest-22-en-3-ol
胆甾-23-酮 cholestane-23-one
5*α*-胆甾-3,6-二酮 5*α*-cholestane-3,6-dione
5*α*-胆甾-3*β*-醇 5*α*-cholestan-3*β*-ol
胆甾-3-酮 cholestan-3-one
胆甾-4,6-二烯-3-酮 cholesta-4,6-dien-3-one
胆甾-4*α*-甲基-7-烯-3*β*-醇 cholest-4*α*-methyl-7-en-3*β*-ol
胆甾-4*α*-甲基-7-烯-3-酮 cholest-4*α*-methyl-7-en-3-one
胆甾-4-烯-3,6-二酮 cholest-4-ene-3,6-dione
胆甾-4-烯-3*β*-醇 cholest-4-en-3*β*-ol
胆甾-4-烯-3-酮 cholest-4-en-3-one
胆甾-5,22-二烯-3*β*-醇 cholest-5,22-dien-3*β*-ol
胆甾-5-烯-1*α*,3*β*,4*α*–三醇 cholest-5-en-1*α*,3*β*,4*α*-triol
(22*S*)-胆甾-5-烯-1-*β*,3*β*,16*β*,22-羟基-1-*O*-*α*-L-吡喃鼠李糖基-16-*O*-*β*-D-吡喃葡萄糖苷 (22*S*)-cholest-5-en-1-*β*,3*β*,16*β*,22-hydroxy-1-*O*-*α*-L-rhamnopyranosyl-16-*O*-*β*-D-glucopyranoside
(22*S*)-胆甾-5-烯-1*β*,3*β*,16*β*,22-四醇-1,16-二-(*β*-D-吡喃葡萄糖苷) (22*S*)-cholest-5-en-1*β*,3*β*,16*β*,22-tetrol-1,16-di-(*β*-D-glucopyranoside)
(22*S*)-胆甾-5-烯-1*β*,3*β*,16*β*,22-四醇-1-*O*-*α*-L-吡喃鼠李糖苷-16-*O*-*β*-D-吡喃葡萄糖苷 (22*S*)-cholest-5-en-1*β*,3*β*,16*β*,22-tetrol-1-*O*-*α*-L-rhamnopyranoside-16-*O*-*β*-D-glucopyranoside
胆甾-5-烯-1*β*,4*β*-二醇 cholest-5-en-1*β*,4*β*-diol
胆甾-5-烯-2,3,21-三醇 cholest-5-en-2,3,21-triol
胆甾-5-烯-2*β*,4*β*-二醇 cholest-5-en-2*β*,4*β*-diol
胆甾-5-烯-3,25-二醇 cholest-5-ene-3,25-diol
胆甾-5-烯-3,7-二醇 cholest-5-ene-3,7-diol
胆甾-5-烯-3*β*,4*β*-二醇 cholest-5-ene-3*β*,4*β*-diol
胆甾-5-烯-3*β*,7*α*-二醇 cholest-5-ene-3*β*,7*α*-diol
(22*R*)-胆甾-5-烯-3*β*,7*β*,22-三醇-7,22-双-*O*-*β*-D-吡喃葡萄糖苷 (22*R*)-cholest-5-ene-3*β*,7*β*,22-triol -7,22-bis-*O*-*β*-D-glucopyranoside
胆甾-5-烯-3*β*,7*β*-二醇 cholest-5-ene-3*β*,7*β*-diol
胆甾-5-烯-3*β*,7-二醇 cholest-5-ene-3*β*,7-diol
胆甾-5-烯-3*β*-D-吡喃葡萄糖苷 cholest-5-en-3*β*-D-glucopyranoside
胆甾-5-烯-3*β*-醇 cholest-5-en-3*β*-ol
胆甾-5-烯-3*β*-醇十六酸酯 cholest-5-en-3*β*-oxylhexadecanoate
5*α*-胆甾-7-烯-22ζ-醇-3-棕榈酸酯 5*α*-cholesta-7-en-22ζ-ol-3-palmitate
5*α*-胆甾-7-烯-3*β*,22ζ-二醇 5*α*-cholesta-7-en-3*β*,22ζ-diol
5*α*-胆甾-7-烯-3*β*-醇 5*α*-cholest-7-en-3*β*-ol
胆甾-7-烯-3*β*-醇 cholest-7-en-3*β*-ol
胆甾-7-烯-3-醇 cholest-7-en-3-ol
胆甾-7-烯-3-酮 cholest-7-en-3-one
胆甾-7-烯醇 cholest-7-enol
胆甾醇 cholesterol
胆甾醇-3-*O*-*β*-D-吡喃半乳糖苷 cholesterol-3-*O*-*β*-D-galactopyranoside
胆甾醇-5,22-烯-3*β*-醇 cholesterine-5,22-en-3*β*-ol
胆甾醇-反式-桂皮酸酯 cholestery-*trans*-cinnamate
胆甾醇十七酸酯 cholesteryl hepadecanoate
胆甾醇乙酸酯 cholesterol acetate
胆甾醇棕榈酸酯 cholesteryl palmitate
胆甾酸 cholestanic acid
胆甾酮 cholestenone
胆甾烷 cholestane
胆甾烷醇 cholestanol

5- 胆甾烯 -3β- 醇 5-cholesten-3β-ol
Δ^7-5α- 胆甾烯 -3β- 醇 Δ^7-5α-cholesten-3β-ol
4- 胆甾烯 -3- 酮 4-cholesten-3-one
7- 胆甾烯醇 7-cholestenol
胆甾烯基亚油酸酯 cholestery-9,12-octadecadienoate
淡褐藤黄叫酮▲ A, C, E fuscaxanthone A, C, E
淡黄薄子木酮▲ flavesone
淡黄贝母兰宁▲ flavidinin
淡黄贝母兰素▲ flavidin
淡黄木层孔菌素▲ A~D gilvsin A~D
淡黄紫堇碱 ochrobirine
刺果苏木蛋白酶抑制剂 -1 CbTI-1
氮杂吖啶酮 A azacridone A
当归阿魏酸酯 angeliferulate
当归醇 A~D, G~M angelol A~D, G~M
当归二醇 angelidiol
22β- 当归甲酰氧基马缨丹醇酸▲ 22β-angeloyloxylantanolic acid
当归胶多糖▲ angelan
当归螺内酯▲ sinaspirolide
α- 当归内酯 α-angelica lactone
当归醛▲ angelical
当归萨螺内酯▲ ansaspirolide
当归三醇 angelitriol
当归双螺内酯▲ angelicolide
当归斯的明▲ angelicastigmine
当归素 angelicin
当归酸 angelic acid
当归酸龙脑酯 bornyl angelate
当归酸异丁酯 isobutyl angelate
当归酮▲ angelicone
当归烯内酯▲ angeolide
7- 当归酰 -1- 甲酰基 -6,7- 二氢 -5 氢 - 吡咯 7-angeloyl-1-formyl-6,7-dihydro-5*H*-pyrrolizine
当归酰胺 A, B angelicamide A, B
15- 当归酰白藜芦胺▲ 15-angeloylgermine
3- 当归酰白藜芦胺▲ 3-angeloygermine
3-*O*- 当归酰北卡堆心菊酮▲ 3-*O*-angeloylcarolenalone
当归酰北五味子素▲ H, O~R angeloylgomisin H, O~R
(+)- 当归酰北五味子素▲ K_3 (+)-angeloylgomisin K_3
(*R*)-(+)- 当归酰北五味子素▲ M_1 (*R*)-(+)-angeloylgomisin M_1
7- 当归酰翅果草碱▲ 7-angeloylrinderine
当归酰川芎内酯 F angeloylsenkyunolide F
7- 当归酰刺翅果草碱▲ 7-angeloylechinatine
7,9- 当归酰倒千里光裂碱 7,9-angeloylretronecine
7- 当归酰倒千里光裂碱 7-angeloylretronecine
9-*O*- 当归酰倒千里光裂碱 9-*O*-angeloylretronecine
10- 当归酰丁基苯酞 10-angeloylbutylphthalide
6-*O*- 当归酰多梗贝氏菊素▲ 6-*O*-angeloylplenolin
6- 当归酰呋喃蜂斗菜醇 6-angelylfuranofukinol
当归酰鬼臼毒素 angeloylpodophyllotoxin
当归酰基 -(+)- 北五味子素▲ K_3 angeloyl-(+)-gomisin K_3
4-*O*- 当归酰基 -11,13- 二氢秋堆心菊内酯 4-*O*-tigloyl-11,13-dihydroautumnolide
12α-1-*O*- 当归酰基 -1-*O*- 去乙酰基 - 印楝波力宁▲ B 12α-1-*O*-tigloyl-1-*O*-deacetyl-nimbolinin B
12β-1-*O*- 当归酰基 -1-*O*- 去乙酰基 - 印楝波力宁▲ B 12β-1-*O*-tigloyl-1-*O*-deacetyl-nimbolinin B
3'- 当归酰基 -4'- 羟基 - 反式 - 阿米芹内酯▲ 3'-angeloyl-4'-hydroxy-*trans*-khellactone
2β- 当归酰基 -5α,8- 二异丁酰基 -1β,3α,4α,10,11- 五羟基红没药烯 2β-angeloyl-5α,8-diisobutyryl-1β,3α,4α,10,11-pentahydroxybisabolene
2β- 当归酰基 -5α,8- 二异丁酰基 -1β,3α,4α,9,10,11- 六羟基红没药烯 2β-angeloyl-5α,8-diisobutyryl-1β,3α,4α,9,10,11-hexahydroxybisabolene
9-*O*- 当归酰基 -8,10- 去氢麝香草酚 9-*O*-angeloyl-8,10-dehydrothymol
7α-*H*-3α- 当归酰基 -9(10)- 烯 -11,12- 环氧 -8- 酮基 - 荒漠木烷 7α-*H*-3α-angeloyl-9(10)-ene-11,12-epoxy-8-oxo-eremophilane
7- 当归酰基 -9-(2,3- 二羟基丁酰基) 天芥菜定 7-angeloyl-9-(2,3-dihydroxybutyryl)heliotridine
当归酰基 -9-(2,3- 二羟基丁酰基) 天芥菜定 angeloyl-9-(2,3-dihydroxybutyryl)heliotridine
7- 当归酰基 -9-(2- 甲基丁酰基) 天芥菜定 7-angeloyl-9-(2-methylbutyryl)heliotridine
21-*O*- 当归酰基 -R_1- 玉蕊醇 21-*O*-angeloyl-R_1-barrigenol
当归酰基大花和尚菊酸▲ angeloylgrandifloric acid
9- 当归酰基倒千里光裂碱 9-angeloylretronecine
3-*O*- 当归酰基阔苞菊烯醇 3-*O*-angeloylplucheinol
6β- 当归酰基羽叶哈威豆尼酸▲ 6β-angeloyloxykolavenic acid
21-*O*- 当归酰基 - 玉蕊皂苷元 C 21-*O*-angeloyl-barringtogenol C
3-*O*- 当归酰巨大戟烯醇▲ 3-*O*-angeloylingenol
当归酰库曼豚草素 B angeoylcumambrin B
6α- 当归酰阔叶千里光裂碱 6α-angeloylplatynecine
7- 当归酰阔叶千里光裂碱 7-angeloylplatynecine
9- 当归酰阔叶千里光裂碱 9-angeloylplatynecine
22β-*O*- 当归酰马缨丹醇酸▲ 22β-*O*-angeloyllantanolic acid
22β-*O*- 当归酰齐墩果酸 22β-*O*-angeloyloleanolic acid
当归酰棋盘花碱 angeloylzygadenine
3- 当归酰棋盘花碱 -β-*N*- 氧化物 3-angeloylzygadenine-β-*N*-oxide
3'-*O*- 当归酰日本当归醇▲ 3'-*O*-angeloylhamaudol
当归酰日本南五味子素▲ A, B angeloylbinankadsurin A, B
7-*O*- 当归酰砂引草定▲ 7-*O*-angeloylturneforcidine
9β-*O*- 当归酰山地阿魏烯醇▲ 9β-*O*-angeloylakichenol
当归酰酸模叶蓼酮▲ angelafolone
7-*O*- 当归酰天芥菜定 7-*O*-angeloylheliotridine
7- 当归酰天芥菜定 7-angeloylheliotridine
7-*O*- 当归酰天芥菜定 -*N*- 氧化物 7-*O*-angeloylheliotridine-*N*-oxide
当归酰亚菊素 angeloylajadin
8β-(当归酰氧基)-4β,6α,15- 三羟基 -14- 氧代愈创木 -9,11(13)- 二烯 -12- 酸 -12,6- 内酯 8β-(angeloyloxy)-4β,6α,15-trihydroxy-14-oxoguaia-9,11(13)-dien-12-oic acid 12,6-lactone
[1(10)*E*,4β]-8β-(当归酰氧基)-6α,14,15- 三羟基氧代大根老鹳草 -1,11(13)- 二烯 -12- 酸 -12,6- 内酯 [1(10)*E*,4β]-8β-(angeloyloxy)-6α,14,15-trihydroxygermacra-1,11(13)-dien-12-oic acid-12,6-lactone
[1(10)*E*,4*E*,8*Z*]-8-(当归酰氧基)-6α,15- 二羟基 -14- 氧代大根老鹳草 -[1(10),4,8,11(13)]- 四烯 -12- 酸 -12,6- 内酯 [(1(10)*E*,4*E*,8*Z*]-8-(angeloyloxy)-6α,15-dihydroxy-14-oxogermacra-[1(10),4,8,11(13)]-tetraen-12-oic acid 12,6-lactone
6β- 当归酰氧基 -1,10β- 环氧 -9- 氧化呋喃荒漠木烷 6β-angeloyloxy-1,10β-epoxy-9-oxofuranoeremophilane
(1β,3β,6β,8β,10β)-3- 当归酰氧基 -1,10- 环氧 -6,8- 二羟基荒漠木 -7(11)- 烯 -8,12α- 内酯 (1β,3β,6β,8β,10β)-3-angeloyloxy-1,10-epoxy-6,8-dihydroxyeremophil-7(11)-en-8,12α-olide
(1β,3β,8β,10β)-3- 当归酰氧基 -1,10- 环氧 -8- 羟基荒漠木 -7(11)- 烯 -8,12α- 内酯 (1β,3β,8β,10β)-3-(angeloyloxy)-1,10-epoxy-8-hydroxy-eremophil-7(11)-en-8,12α-olide

(1β,3β,6β,8β,10β)-3- 当归酰氧基 -1,10- 环氧 -8- 乙氧基 -6- 羟基荒漠木 -7(11)- 烯 -8,12α- 内酯 (1β,3β,6β,8β,10β)-3-angeloyloxy-1,10-epoxy-8-ethoxy-6-hydroxy-eremophil-7(11)-en-8,12α-olide

6- 当归酰氧基 -1,10- 环氧阔眼菊素▲ 6-angeloyloxy-1,10-epoxyeuryopsin

2'- 当归酰氧基 -1',2'- 二氢美洲花椒素 2'-angeloyloxy-1',2'-dihydroxanthyletin

6α- 当归酰氧基 -10βH- 呋喃荒漠木 -1- 酮 6α-angeloyloxy-10βH-furanoeremophil-1-one

3β- 当归酰氧基 -10β- 羟基 -6β- 甲氧基 - 荒漠木 -7(11),8(9)- 二烯 -8,12- 内酯 3β-angeloyloxy-10β-hydroxy-6β-methoxy-eremophila-7(11),8(9)-dien-8,12-olide

6β- 当归酰氧基 -10β- 羟基 -8α- 甲氧基荒漠木 -7(11)- 烯 -12,8β- 内酯 6β-angeloyloxy-10β-hydroxy-8α-methoxy-eremophil-7(11)-en-12,8β-olide

6β- 当归酰氧基 -10β- 羟基 -8β- 甲氧基荒漠木 -7(11)- 烯 -12,8α- 内酯 6β-angeloyloxy-10β-hydroxy-8β-methoxyeremophil-7(11)-en-12,8α-olide

3β- 当归酰氧基 -10β- 羟基 -8- 氧代 - 荒漠木 -6(7)- 烯 3β-angeloyloxy-10β-hydroxy-8-oxo-eremophil-6(7)-ene

3β- 当归酰氧基 -10β- 羟基 -8- 氧代 - 荒漠木 -6(7)- 烯 -12- 酸 3β-angeloyloxy-10β-hydroxy-8-oxo-eremophil-6(7)-en-12-oic acid

6β- 当归酰氧基 -10β- 羟基呋喃荒漠木烷 6β-angeloyloxy-10β-hydroxyfuranoeremophilane

3β- 当归酰氧基 -10β- 羟基荒漠木 -8(9),7(11)- 二烯 -12,8(14β,6α)- 二氧化物 3β-angeloyloxy-10β-hydroxyeremophil-8(9),7(11)-dien-12,8(14β,6α)-dioxide

(+)-9- 当归酰氧基 -11- 甲氧基红没药 -1,3,5,10(15)- 四烯 -5,6,7- 三醇 (+)-9-(angeloyloxy)-11-methoxybisabola-1,3,5,10(15)-tetraene-5,6,7-triol

7β- 当归酰氧基 -14- 羟基 - 石生诺顿菊酮▲ 7β-angeloyloxy-14-hydroxy-notonipetranone

6- 当归酰氧基 -15- 乙酰氧基 - 呋喃荒漠木烷 6-angeloyloxy-15-aceto-furanoeremophilane

6β- 当归酰氧基 -1α,8β,10β- 三羟基荒漠木 -7(11)- 烯 -12,8α- 内酯 6β-angeloyloxy-1α,8β,10β-trihydroxyeremophil-7(11)-en-12,8α-olide

6β- 当归酰氧基 -1β,10β- 环氧 -8β- 乙氧基荒漠木 -7(11)- 烯 -12,8α- 内酯 6β-(angeloyloxy)-1β,10β-epoxy-8β-ethoxyeremophil-7(11)-en-12,8α-olide

8α- 当归酰氧基 -1β,2β,4β,5β- 二环氧 -10β- 羟基 -6βH,7αH,11βH-12,6α- 愈创木内酯 8α-angeloxy-1β,2β,4β,5β-diepoxy-10β-hydroxy-6βH,7αH,11βH-12,6α-guaianolide

6α- 当归酰氧基 -1β- 羟基 -4(15),11- 桉叶二烯 -8α,12- 内酯 6α-tigloyloxy-1β-hydroxy-4(15),11-eudesmadien-8α,12-olide

8α- 当归酰氧基 -2α,4α,10β- 三羟基 -6βH,7αH,11βH-1(5)- 愈创木烯 -12,6α- 内酯 8α-angeloxy-2α,4α,10β-trihydroxy-6βH,7αH,11βH-1(5)-guaien-12,6α-olide

5β- 当归酰氧基 -3a,4,5,6,7,7a- 六氢 -3aβ- 甲基 -1H- 茚 -2,4β- 二羧酸甲酯 5β-angeloyloxy-3a,4,5,6,7,7a-hexahydro-3aβ-methyl-1H-indene-2,4β-dioic acid methyl ester

21β- 当归酰氧基 -3β,15α,16α,28- 四羟基 -22α-(2- 甲基丁酰氧基)- 齐墩果 -12- 烯 21β-angeloyloxy-3β,15α,16α,28-tetrahydroxy-22α-(2-methylbutanoyloxy)-olean-12-ene

21β- 当归酰氧基 -3β,15α,16α,28- 四羟基 -22α-(2- 甲基丁酰氧基)- 齐墩果 -12- 烯 -23- 醛 21β-angeloyloxy-3β,15α,16α,28-tetrahydroxy-22α-(2-methylbutanoyloxy)-olean-12-en-23-al

22α- 当归酰氧基 -3β,15α,16α,28- 四羟基齐墩果 -12- 烯 22α-angeloyloxy-3β,15α,16α,28-tetrahydroxyolean-12-ene

(15R)-6β- 当归酰氧基 -3β,15- 环氧 -9β,15- 二羟基荒漠木 -7(11)- 烯 -12,8α- 内酯 (15R)-6β-angeloyoxy-3β,15-epoxy-9β,15-dihydroxyeremophil-7(11)-en-12,8α-olide

21β- 当归酰氧基 -3β,16α,28- 三羟基 -22α-(2- 甲基丁酰氧基)- 齐墩果 -12- 烯 21β-angeloyloxy-3β,16α,28-trihydroxy-22α-(2-methylbutanoyloxy)-olean-12-ene

21β- 当归酰氧基 -3β,16α,28- 三羟基 -22α-(2- 甲基丁酰氧基)- 齐墩果 -12- 烯 -23- 醛 21β-angeloyloxy-3β,16α,28-trihydroxy-22α-(2-methylbutanoyloxy)-olean-12-en-23-al

8- 当归酰氧基 -3β,4β,10,11- 二环氧 -1β-(2- 甲基丁酰氧基) 红没药 -7(14)- 烯 -2β- 醇 8-angeloyloxy-3β,4β,10,11-bisepoxy-1β-(2-methylbutyryloxy)bisabol-7(14)-en-2β-ol

8α- 当归酰氧基 -3β,4β- 环氧 -6βH,7αH,8βH- 愈创木 -1(10),11(13)- 二烯 -12,6α- 内酯 8α-angeloyloxy- 3β,4β-epoxy-6βH,7αH,8βH-guaia-1(10),11(13)-dien-12,6α-olide

6β- 当归酰氧基 -3β,8α- 二羟基荒漠木 -7(11)- 烯 -12,8β- 内酯 6β-angeloyloxy-3β,8α-dihydroxyeremophil-7(11)-en-12,8β-olide

6β- 当归酰氧基 -3β,8β,9β- 三羟基荒漠木 -7(11)- 烯 -12,8α- 内酯 6β-angeloyloxy-3β,8β,9β-trihydroxyeremophil-7(11)-en-12,8α-olide

6β- 当归酰氧基 -3β,8β- 二羟基荒漠木 -7(11)- 烯 -12,8α- 内酯 6β-angeloyloxy-3β,8β-dihydroxyeremophil-7(11)-en-12,8α-olide

6β- 当归酰氧基 -3β,9α- 二羟基荒漠木 -7-(11)- 烯 -12,8β- 内酯 6β-angeloyloxy-3β,9α-dihydroxyeremophil-7(11)-en-12,8β-olide

6β- 当归酰氧基 -3β,9β- 二羟基荒漠木 -7-(11)- 烯 -12,8β- 内酯 6β-angeloyloxy-3β,9β-dihydroxy-eremophil-7(11)-en-12,8β-olide

6β- 当归酰氧基 -3β- 羟基荒漠木 -7(11)- 烯 -12,8α- 内酯 6β-angeloyloxy-3β-hydroxyeremophil-7(11)-en-12,8α-olide

6β- 当归酰氧基 -3β- 羟基荒漠木 -7(11)- 烯 -12,8β- 内酯 6β-angeloyloxy-3β-hydroxyeremophil-7(11)-en-12,8β-olide

6β- 当归酰氧基 -3- 氧代荒漠木 -7(11)- 烯 -12,8α- 内酯 6β-angeloyloxy-3-oxoeremophil-7(11)-en-12,8α-olide

8α- 当归酰氧基 3- 氧代洋艾内酯 8α-angeloxy-3-oxaartabsin

3'(S)- 当归酰氧基 -4'(S)- 异戊酰基 - 顺式 - 阿米芹内酯▲ 3'(S)-angeloyl-4'(S)-isovaleryl-cis-khellactone

8α- 当归酰氧基 -4α,10β- 二羟基 -2- 氧代 -6βH,7αH,11βH-1(5)- 愈创木烯 -12,6α- 内酯 8α-angeloxy-4α,10β-dihydroxy-2-oxo-6βH,7αH,11βH-1(5)-guaien- 12,6α-olide

3β- 当归酰氧基 -4α,8β- 二羟基 - 桉叶 -7(11)- 烯 -8α,12- 内酯 3β-angeloyloxy-4α,8β-dihydroxy-eudesm-7(11)-en-8α,12-olide

3α- 当归酰氧基 -4α- 羟基 -3,4- 二氢花椒内酯 3α-angeloxy-4α-hydroxy-3,4-dihydroxanthyletin

3α- 当归酰氧基 -4α- 乙酰氧基 -3,4- 二氢花椒内酯 3α-angeloxy-4α-acetyloxy-3,4-dihydroxanthyletin

8α- 当归酰氧基 -4β- 羟基 -5β- 异丁氧基 -9- 氧代 - 吉马 -7β,12α- 内酯 8α-angeloyloxy-4β-hydroxy-5β-isobutyryloxy-9-oxo-germacran-7β,12α-olide

3β- 当归酰氧基 -4β- 乙酰氧基 -8β- 羟基 - 桉叶 -7(11)- 烯 -8α,12- 内酯 3β-angeloyloxy-4β-acetoxy-8β-hydroxy-eudesm-7(11)-en-8α,12-olide

(+)-3'- 当归酰氧基 -4'- 酮 -3',4'- 二氢邪蒿素 (+)-3'-angeloyloxy-4'-keto-3',4'-dihydroseselin

(8β,10α)-8- 当归酰氧基 -5,10- 环氧红没药 -1,3,5,7(14)- 四烯 -2,4,11- 三醇 (8β,10α)-8-angeloyloxy-5,10-epoxy-bisabola-1,3,5,7(14)-tetraene-2,4,11-triol

(8β,10α)-8- 当归酰氧基 -5,10- 环氧噻唑 [5,4-a] 红没药 -1,3,5,7(14)- 四烯 -4,11- 二醇 (8β,10α)-8-angeloyloxy-5,10-epoxythiazolo[5,4-a]bisabola-1,3,5,7(14)-tetraene-4,11-diol

3β- 当归酰氧基 -6β,10β- 二羟基 - 荒漠木 -7(11),8(9)- 二烯 -8,12-

内酯 3β-angeloyloxy-6β,10β-dihydroxy-eremophila-7(11),8(9)-dien-8,12-olide

1β-当归酰氧基-6β,8α-二羟基-10α-甲氧基荒漠木-7(11)-烯-8β,12-内酯 1β-angeloyloxy-6β,8α-dihydroxy-10α-methoxyeremophil-7(11)-en-8β,12-olide

3β-当归酰氧基-6β,8α-二羟基荒漠木-7(11),9(10)-二烯-8,12-内酯 3β-angeloyloxy-6β,8α-dihydroxyeremophil-7(11),9(10)-dien-8,12-olide

D

1β-当归酰氧基-6β,8β-二羟基-10β-甲氧基荒漠木-7(11)-烯-8α,12-内酯 1β-angeloyloxy-6β,8β-dihydroxy-10β-methoxyeremophil-7(11)-en-8α,12-olide

3β-当归酰氧基-6β-甲氧基荒漠木-7(11),9(10)-二烯-8α,12-内酯 3β-angeloyloxy-6β-methoxyeremophil-7(11),9(10)-dien-8α,12-olide

3β-当归酰氧基-6β-乙氧基-8β,10β-二羟基荒漠木烯内酯▲ 3β-angeloyloxy-6β-ethoxy-8β,10β-dihydroxyeremophilenolide

1α-当归酰氧基-7β-(4-甲基千里光酰氧基)-日本刺参-3(14)Z,8(10)-二烯-2-酮 1α-angeloyloxy-7β-(4-methyl-senecioyloxy)-oplopa-3(14)Z,8(10)-dien-2-one

3β-当归酰氧基-7-表林仙内酯▲ 3β-angeloyloxy-7-epifutronolide

6-当归酰氧基-7-甲氧基-2,2-二甲基色烯 6-angeloyloxyl-7-methoxy-2,2-dimethylchromene

3β-当归酰氧基-8,12-环氧-12α-羟基-8β-甲氧基荒漠木-7(11)-烯-14β,6α-内酯 3β-angeloyloxy-8,12-epoxy-12α-hydroxy-8β-methoxyeremophil-7(11)-en-14β,6α-olide

3β-当归酰氧基-8α-羟基-6β-甲基荒漠木-7(11),9(10)-二烯-8,12-内酯 3β-angeloyloxy-8α-hydroxy-6β-methoxyeremophil-7(11),9(10)-dien-8,12-olide

3β-当归酰氧基-8α-羟基-6β-乙氧基荒漠木-7(11),9(10)-二烯-8,12-内酯 3β-angeloyloxy-8α-hydroxy-6β-ethoxyeremophil-7(11),9(10)-dien-8,12-olide

6β-当归酰氧基-8β,10β-二羟基-3-氧代-荒漠木烯内酯▲ 6β-angeloyloxy-8β,10β-dihydroxy-3-oxo-eremophilenolide

3β-当归酰氧基-8β,10β-二羟基-6β-甲氧基荒漠木烯内酯▲ 3β-angeloyloxy-8β,10β-dihydroxy-6β-methoxyeremophilenolide

3β-当归酰氧基-8βH-荒漠木-7(11)-烯-12,8α(14β,6α)-二氧化物 3β-angeloyloxy-8βH-eremophil-7(11)-en-12,8α(14β,6α)-dioxide

3β-当归酰氧基-8β-甲氧基荒漠木-7(11)-烯-12,8α(14β,6α)-二氧化物 3β-angeloyloxy-8β-methoxyeremophil-7(11)-en-12,8α(14β,6α)-dioxide

6β-当归酰氧基-8β-羟基-3-氧代荒漠木-7(11)-烯-12,8α-内酯 6β-angeloyloxy-8β-hydroxy-3-oxoeremophil-7(11)-en-12,8α-olide

3β-当归酰氧基-8β-羟基-6α,15β-环氧荒漠木-7(11)-烯-12,8α-内酯 3β-angeloyloxy-8β-hydroxy-6α,15β-epoxy-eremophil-7(11)-en-12,8α-olide

3β-当归酰氧基-8β-羟基-9β-千里光酰氧基荒漠木烯内酯▲ 3β-angeloyloxy-8β-hydroxy-9β-senecioyloxyeremophilenolide

3β-当归酰氧基-8β-乙氧基荒漠木-7(11)-烯-12,8α,14β,6α-二氧化物 3β-angeloyloxy-8β-ethoxyeremophil-7(11)-en-12,8α,14β,6α-dioxide

3β-当归酰氧基-8-表荒漠木烯内酯▲ 3β-angeloyloxy-8-epi-eremophilenolide

(4S,5S,6R,8R,10R)-6-当归酰氧基-8-羟基荒漠木-7(11)-烯-8,12-内酯-15-羧甲酯 (4S,5S,6R,8R,10R)-6-(angeloyloxy)-8-hydroxyeremophil-7(11)-en-8,12-olide-15-carboxylic acid methyl ester

3β-当归酰氧基-8-氧代荒漠木-6(7)-烯-12,15-二羧酸甲酯 3β-angeloyloxy-8-oxoeremophil-6(7)-en-12,15-dioic acid methyl ester

3β-当归酰氧基-8-氧代-荒漠木-6(7)-烯-12-酸 3β-angeloyloxy-8-oxo-eremophil-6(7)-en-12-oic acid

3β-当归酰氧基-8-氧代-荒漠木-6,9-二烯-12-酸 3β-angeloyloxy-8-oxo-eremophila-6,9-dien-12-oic acid

3β-当归酰氧基-8-氧代-荒漠木-6.9-二烯-12-酸乙酯 3β-angeloyloxy-8-oxo-eremophila-6.9-dien-12-oic acid ethyl ester

(4S,5S,6R,8R,10R)-6-当归酰氧基-8-乙氧基荒漠木-7(11)-烯-8,12-内酯-15-酸 (4S,5S,6R,8R,10R)-6-angeloyloxy-8-ethoxyeremophil-7(11)-en-8,12-olid-15-oic acid

(4S,5S,6S,8R,10R)-6-当归酰氧基-8-乙氧基荒漠木-7(11)-烯-8,12-内酯-15-酸 (4S,5S,6S,8R,10R)-6-(angeloyloxy)-8-ethoxyeremophil-7(11)-en-8,12-olid-15-oic acid

3α-当归酰氧基-9β-羟基-对映-贝壳杉-16-烯酸 3α-angeloyloxy-9β-hydroxy-ent-kaur-16-en-oic acid

3β-当归酰氧基-9-烯-8-表荒漠木烯内酯▲ 3β-angeloyloxy-9-en-8-epi-eremophilenolide

3'-当归酰氧基阿米芹内酯▲ 3'-angeloyloxykhellactone

8α-当归酰氧基白叶蒿定▲ 8α-angeloxyleucodin

3α-当归酰氧基贝壳杉-16-烯-19-酸 3α-angeloyloxykaur-16-en-19-oic-acid

3α-当归酰氧基-对映-贝壳杉-16-烯-酸 3α-angeloyloxy-ent-kaur-16-en-oic acid

3α-当归酰氧基蜂斗菜内酯A 3α-angeloyloxybakkenolide A

6β-当归酰氧基-呋喃荒漠木-10β-醇 6β-angeloyloxy-furanoeremophilan-10β-ol

6β-当归酰氧基呋喃荒漠木-15-酸 6β-angeloyloxyfuranoeremophilan-15-oic acid

6β-当归酰氧基呋喃荒漠木-15-羧酸甲酯 methyl 6β-angeloyloxyfuranoeremophilan-15-oate

6-当归酰氧基-呋喃荒漠木烷 3-angeloyl-furanoeremophilane

1α-当归酰氧基呋喃荒漠木烷-6β-醇 1α-angeloyloxyfuranoeremophilan-6β-ol

1α-当归酰氧基胡萝卜烯醇 1α-angeloyloxycarotol

3β-当归酰氧基荒漠木-7,11-二烯-14β,6α-内酯 3β-angeloyloxyeremophilan-7,11-dien-14β,6α-olide

8α-当归酰氧基苦艾内酯 8α-angeloxyartabsin

7β-当归酰氧基日本刺参-3(14)Z,8(10)-二烯-2-酮 7β-angeloyloxyoplopa-3(14)Z,8(10)-dien-2-one

9α-当归酰氧基松脂酚 9α-angloyloxypinoresinol

3β-当归酰氧基橐吾醇 3β-angeloyloxyligularol

6-当归酰氧基羽叶哈威豆尼酸▲ 6-angeloyloxykolavenic acid

(Z)-2-当归酰氧甲基-2-丁烯酸 (Z)-2-angeloyloxymethyl-2-butenoic acid

当归酰异北五味子素▲O angeloylisogomisin O

22-O-当归酰玉蕊精醇▲A1-3-O-[α-L-吡喃鼠李糖基-(1→2)]-[β-D-吡喃葡萄糖基-(1→2)-β-D-吡喃半乳糖基(1→4)]-β-D-吡喃葡萄糖醛酸苷 22-O-angeloylbarrigenol A1-3-O-[α-L-rhamnopyransyl-(1→2)]-[β-D-glucopyranosyl-(1→2)-β-D-galactopyranosyl-(1→4)]-β-D-glucouronopyranoside

21-O-当归酰玉蕊皂醇▲C 21-O-angeloylbarringtogenol C

21β-当归酰原七叶树皂苷元 21β-angeloylprotoescigenin

21β-当归酰原七叶树皂苷元-3β-O-α-L-吡喃鼠李糖基-(1→3)-O-β-D-吡喃葡萄糖醛酸 21β-angeloylprotoescigenin-3β-O-α-L-rhamnopyranosyl-(1→3)-O-β-D-glucopyranosiduronic acid

21β-当归酰原七叶树皂苷元-3β-O-β-D-吡喃葡萄糖基-(1→2)-O-β-D-吡喃葡萄糖基-(1→4)-O-β-D-吡喃葡萄糖醛酸 21β-angeloylprotoescigenin-3β-O-β-D-glucopyranosyl-(1→2)-O-β-D-glucopyranosyl-(1→4)-O-β-D-glucopyranosiduronic acid

6-当归酰中亚阿魏二醇▲ 6-angeloyljaeschkeanadiol

当归酰中亚阿魏宁▲ angeloylferutinianin
当归新内酯 angelicide
当归因▲ angelicain
党参吡咯盐 A, B codonopyrrolidium A, B
党参次碱 codonopsinine
党参多糖 COP
党参苷 I, II, III, IV, V, VI tangshenoside I, II, III, IV, V, VI
(+)- 党参碱 (+)-codonopsine
党参碱 codonopsine
党参内酯 codonolactone
党参酸 codopiloic acid
刀豆胺▲ canavalmine
刀豆苷▲A-1, A-2, A-3, B-1, B-2, B-3, C-1, C-2 gladiatoside A-1, A-2, A-3, B-1, B-2, B-3, C-1, C-2
刀豆宁碱▲ canavanine
刀豆素 canavalin
刀豆萜苷▲ canavalioside
倒地铃素 -5-(4- 羟基苯甲酸酯) cardiospermin-5-(4-hydroxybenzoate)
倒吊笔二酮▲ wrightiadione
倒吊笔醛▲ wrightial
倒吊笔醛▲乙酸酯 wrightial acetate
倒卵伏石蕨芒柄花环氧萜 onoceranoxide
倒卵叶山石榴苷▲ xeroboside
倒卵叶算盘子苷▲ glochidioboside
倒捻子醇 mangostanol
11α- 倒捻子宁 11α-mangostanin
倒捻子宁 mangostanin
倒捻子沙灵▲ mangosharin
倒捻子叫酮▲A~G garcimangosxanthone A~G
α- 倒捻子素 α-mangostin
β- 倒捻子素 β-mangostin
γ- 倒捻子素 γ-mangostin
倒捻子素 mangostin
α- 倒捻子素 -3,6- 二乙酯 α-mangostin-3,6-diyl diacetate
倒捻子素酮▲ mangostingone
倒捻子酮 mangostinone
倒捻子烯醇▲ mangostenol
倒捻子烯酮▲A~G mangostenone A~G
倒千里光碱 retrorsine
倒千里光裂碱 retronecine
倒千里光裂碱 -N- 氧化物 retronecine-N-oxide
倒赛菊芋黄质 retrohelioxanthin
倒提壶碱 amabiline
倒提壶酸▲ amabilic acid
道尔鼠尾草醇▲ salvidorol
道孚香茶菜素 A dawoensin A
道氏蒿素 douglanin
稻定碱▲ oryzadine
稻花亚毒素▲A subtoxin A
稻花因子 P_2, P_3 pimelea factor P_2, P_3
稻突变酸▲A oryzamutaic acid A
得卡瑞花椒碱 decarine
得卡瑞花椒碱乙酸酯 decarine acetate
5α- 得撒罗苷元 5α-desarogenin
得撒罗苷元 desarogenin
α- 德国鸢尾醛 α-irigermanal
γ- 德国鸢尾醛 γ-irigermanal
德国鸢尾醛 iridogermanal
德国鸢尾素 A~G germanaism A~G
德国鸢尾萜 A, B, C irisgermanical A, B, C
德钦大叶香茶菜素 A atuntzensin A
德钦红景天苷 rhodiolatuntoside
德钦乌头定▲A, B ouvrardiandine A, B
德钦乌头碱▲A, B ouvrardianine A, B
德钦乌头亭▲ ouvrardiantine
德氏伏康树胺▲ dregamine
德氏田菁醇▲ drummondol
德氏田菁醇▲-11-O-β-D- 吡喃葡萄糖苷 drummondol-11-O-β-D-glucopyranoside
德氏鹧鸪花素▲1 dregeana 1
地奥替皂苷元 diotigenin
地奥替皂苷元 -2,4- 二乙酸酯 diotigenin-2,4-diacetate
地奥替皂苷元 -2- 乙酸酯 diotigenin-2-acetate
地奥替皂苷元 -4- 乙酸酯 diotigenin-4-acetate
地不容碱 delavaine
地不容碱 A, B delavaine A, B
地茶酸 thamnolic acid
地茶缩酚酸▲A, B thamnoliadepside A, B
地胆草内酯 scabertopin
地胆头素▲ elescaberin
(+)- 地丁紫堇碱 (+)-bungeanine
地耳草吡酮▲ saropyrone
地耳草内酯▲ sarolactone
地耳草素 A~D japonicin A~D
地耳草酸▲ japonica acid
地耳草肽酯▲ saropeptate
地耳草酮▲A, B japonicumone A, B
地耳草酮▲A-4'-O-β-D- 吡喃葡萄糖苷 japonicumone A-4'-O-β-D-glucopyranoside
地耳草酮▲B-3'-O-β-D- 吡喃葡萄糖苷 japonicumone B-3'-O-β-D-glucopyranoside
地耳草酮▲B-4'-O-β-D- 吡喃葡萄糖苷 japonicumone B-4'-O-β-D-glucopyranoside
地枫皮醇 A, B difengpiol A, B
地枫皮内酯 difengpilactone
地枫皮素 difengpin
地肤苷▲A, B, C kochioside A, B, C
地梗鼠尾草内酯▲A~I scapiformolactone A~I
地构叶吡啶碱▲A, B speranskatine A, B
地构叶吡咯吡啶碱▲A speranskilatine A
地构叶双吡啶碱▲A, B, C speranculatine A, B, C
地构叶双吡咯碱▲A speranberculatine A
地果素▲A, B ficustikousin A, B
地花菌素▲ confluentin
地黄大柱香波龙烷 rehmamegastigmane
地黄定 rehmannidine
地黄毒苷元吡喃葡萄糖基黄花夹竹桃糖苷 digitoxigenin-glucopyranosyl-thevetoside
地黄多糖▲FS-I, FS-II, SA, SB rehmannan FS-I, FS-II, SA, SB
地黄苷 rehmannioside
地黄苷 A~D rehmannioside A~D
地黄苦苷 rehmapicroside
地黄苦苷元 rehmapicrogenin
地黄苦苷元单甲酯 rehmapicrogenin monomethyl ester
地黄连苷 I, II, III, IV munronoside I, II, III, IV
地黄连内酯▲ munronolide
地黄连内酯▲-21-O-β-D- 吡喃葡萄糖苷 munronolide-21-O-β-D-

glucopyranoside
地黄连素▲ A~G munronin A~G
地黄连萜▲ A~O munronoid A~O
地黄连酰胺▲ munroniamide
地黄连新苷▲ A, B musinisin A, B
地黄内酯▲ A, B, C glutinosalactone A, B, C
地黄诺苷▲ glutinoside
地黄素 A~D rehmaglutin A~D
地黄酸▲ glutinolic acid
地黄酮▲ A, B, C rehmanone A, B, C
地黄香堇苷▲ A, B, C rehmaionoside A, B, C
地锦草素▲ M_1, M_2, M_3 euphormisin M_1, M_2, M_3
地锦芪素▲ A, B parthenostilbenin A, B
地锦酚▲ A tricuspidatol A
地锦素▲ A, B, M, N parthenocissin A, B, M, N
地锦萜烷 A, B humifusane A, B
地锦辛▲ parthenosin
地钱素 A~E, M, N, O marchantin A~E, M, N, O
地钱素醌▲ marchantinquinone
地松筋骨草素▲ ajugapitin
地桃花苷 A urenoside A
地图衣尼酸▲ rhizonic acid
地衣多糖 lichenin
地衣酚 -1-*O*-*β*-D- 呋喃芹菜糖基 -(1 → 6)-*β*-D- 吡喃葡萄糖
orcinol-1-*O*-*β*-D-apiofuranosyl-(1 → 6)-*β*-D-glucopyranoside
地衣酚 -1-*O*-*β*-D- 葡萄糖苷 orcinol-1-*O*-*β*-D-glucoside
地衣酚 -3-*O*-*β*-D- 吡喃葡萄糖苷 orcinol-3-*O*-*β*-glucopyranoside
地衣酚 -*β*-D- 吡喃葡萄糖苷 orcinol-*β*-D-glucopyranoside
地衣酚吡喃葡萄糖苷 orcinol glucopyranoside
地衣酚葡萄糖苷 orcinol glucoside
地衣呫酮 lichexanthone
地衣硬脂酸 lichesterinic acid
地涌金莲内酯▲ musellactone
地榆苷 I, II ziyuglycoside I, II
地榆葡萄糖苷 I zigu-glucoside I
地榆鞣质▲ H_1, H_2, H_3, H_4, H_5, H_6, H_{10}, H_{11} sanguiin H_1, H_2, H_3, H_4, H_5, H_6, H_{10}, H_{11}
地榆双皂苷 A~D sanguidioside A~D
地榆酸二内酯 sanguisorbic acid dilactone
地榆皂苷 A~E, I, II, III sanguisorbin A~E, I, II, III
(+)- 地中海柏木酚▲ (+)-sempervirol
地中海荚蒾苷▲ IV, V viburtinoside IV, V
(+)- 灯笼草碱 (+)-physoperuvine
(±)- 灯笼草碱 (±)-physoperuvine
灯笼草碱 physoperuvine
灯笼草内酯 perulactone
灯笼草内酯 -3-*O*-*β*-D- 吡喃葡萄糖苷 perulactone-3-*O*-*β*-D-glucopyranoside
灯笼草内酯 B~H perulactone B~H
灯笼果内酯▲ A~F phyperunolide A~F
灯笼果素▲ A physapruin A
灯笼果甾酮▲ peruvianoxide
灯心草菲酚 effusol
灯心草酚 juncunol
灯心草萜苷▲ I, II, III, IV, V juncoside I, II, III, IV, V
灯心草新酚▲ juncusol
灯芯草苷▲ I, II, III, IV, V effuside I, II, III, IV, V
灯芯草酮 A effusenone A
灯芯草酯 A, B juncusyl ester A, B
灯油藤醇▲ malkanguniol
灯油藤二醇▲ paniculatadiol
灯油藤碱 A~L paniculatine A~L
灯油藤精碱▲ celapagin
灯油藤宁碱▲ celapanin
灯油藤宁精碱▲ celapanigin
灯油藤素▲ malkangunin
灯盏花苷 I, II, A~E erigeside I, II, A~E
(*R*)-*α*- 邓恩扭果花酮▲ (*R*)-*α*-dunnione
低绵马素 BB desaspidin BB
芪 stilbene
芪 -2,4,3',5'- 四醇 stilbene-2,4,3',5'-tetraol
3,4,3',5'- 芪四醇 3,4,3',5'-stilbenetetrol
蒂巴因 thebaine
棣棠花醇▲ kerinol
滇白珠苷 A gaultheroside A
滇白珠素 A~D gaultherin A~D
滇百部碱 stemotinine
滇重楼苷▲ III, IV polyphylloside III, IV
(3*β*,25*R*)- 滇重楼甾苷 F (3*β*,25*R*)-parisyunnanoside F
滇重楼甾苷 F parisyunnanoside F
滇重楼皂苷▲ I, Pb parisaponin I, Pb
滇刺枣碱 A~H, J~M mauritine A~H, J~M
滇刺枣酸 A, B, C zizimauritic acid A, B, C
滇丁香酸▲ A luculiaoic acid A
滇杠柳苷 A, B, D~I periforoside A, B, D~I
滇杠柳苷元 A, C periforgenin A, C
滇杠柳苷元 A-3-*O*-*β*- 洋地黄毒吡喃糖苷 periforgenin A-3-*O*-*β*-digitoxopyranoside
滇杠柳糖▲ A~D perifosaccharide A~D
(25*R*,*S*)- 滇黄精苷 A (25*R*,*S*)-kingianoside A
滇黄精苷 A~D, H~K kingianoside A~D, H~K
(25*S*)- 滇黄精苷 C (25*S*)-kingianoside C
(25*R*)- 滇黄精苷 G (25*R*)-kingianoside G
滇黄精酮 kinganone
滇黄芩苷 scuteamoenoside
滇黄芩宁▲ A~E amoenin A~E
滇黄芩素 scuteamoenin
滇鸡骨常山碱▲ A~F alstoyunine A~F
滇鸡血藤酮 diankadsurinone
滇姜花三醇▲ hedytriol
滇姜花素 A~E yunnancoronarin A~E
滇南红厚壳内酯▲ A~D calopolyanolide A~D
滇南红厚壳酸▲ calopolyanic acidl
滇南九节碱▲ psychohenin
滇芹内酯▲ A~H sinodielide A~H
滇瑞香酚▲ A, B, C feddeiphenol A, B, C
滇瑞香黄素 A feddeinoid A
滇瑞香素▲ feddeiticin
滇瑞香酮 A, B, C feddeiketone A, B, C
滇桑醇▲ A, B yunanensol A, B
滇桑素▲ A, B, D yunanensin A, B, D
滇乌碱 yunaconitine
滇西八角内酯▲ merrillianolide
滇西八角酮▲ merrillianone
滇藏五味子二内酯▲ A, B neglschidilactone A, B
滇藏五味子酚▲ A~F neglectahenol A~F
滇藏五味子果木脂素▲ A, B schineglignan A, B
滇藏五味子茎木脂素▲ A~D neglectalignan A~D

滇藏五味子木脂素▲ A~H negliganan A~H
滇藏五味子素▲ A~F neglschisandrin A~F
滇紫草萘呋喃宁▲ A, B, C naphthofuranin A, B, C
滇紫杉素▲ A~D dantaxusin A~D
滇紫杉烷▲ yunnaxan
颠茄定碱 bellaradine
颠茄苷 A~H atroposide A~H
颠茄黄酸▲ chrysatropic acid
α- 颠茄宁 α-belladonnine
β- 颠茄宁 β-belladonnine
点地梅素▲ androsacin
点花黄精苷 A~D polypunctoside A~D
碘化唐松草碱 thalictrine iodide
碘乙酸 iodoacetic acid
碘乙酰胺 iodoacetamide
垫型蒿素▲ A, D arteminorin A, D
垫状卷柏二酮 pulvinatadione
垫状卷柏双黄酮 pulvinatabiflavone
垫状鸟巢菌醛▲ pulvinatal
淀粉 starch
β- 淀粉酶 β-amylase
靛草素苷 glucoindican
靛苷 indican
靛红 isatin
靛蓝 indigo; indigotin
靛玉红 indirubin
凋缨菊内酯▲ A, B loloanolide A, B
吊兰萜苷 A chlorophytoside A
吊裙草胺▲ retusamine
吊裙草碱 retusine
吊石苣苔奥苷▲ A~D, F lysioside A~D, F
吊石苣苔苷 paucifloside
吊钟木酮▲ halleridone
吊钟木酯酮▲ hallerone
吊竹梅素 zebrinin
钓樟薁 linderazulene
钓樟醇 A linderol A
钓樟醇内酯▲ linderanolide
钓樟醇内酯▲ A~E, G linderanolide A~E, G
(+)- 钓樟定▲ (+)-linderadin
钓樟呋喃 A linderafurane A
钓樟黄酮 B linderoflavone B
钓樟林碱▲ linderaline
钓樟灵▲ A linderin A
(-)- 钓樟螺酮▲ A (-)-linderaspirone A
(+)- 钓樟螺酮▲ A (+)-linderaspirone A
钓樟洛内酯▲ A~T linderolide A~T
钓樟醚 linderoxide
钓樟醚内酯▲ linderoline
钓樟内酯 linderalactone
钓樟宁▲ A, B, C linderanin A, B, C
钓樟鞣质三聚体 lindetannin trimer
钓樟素 linderane
钓樟酮▲ linderone
钓樟烯醇 lindenenol
钓樟烯醇乙酸酯 lindenenyl acetate
钓樟烯内酯▲ A, B_1, B_2, C~H lindenanolide A, B_1, B_2, C~H
钓樟烯酮 lindenenone
钓钟柳苷 penstemoside
钓钟柳诺苷▲ penstemonoside
调料九里香胺▲ A, B karapinchamine A, B
调料九里香醇▲ murrayakoeninol
调料九里香定碱▲ mukonidine
调料九里香酚▲ girinimbilol
调料九里香酚▲乙酸酯 girinimbilyl acetate
调料九里香碱▲ A, B, C mukoenine A, B, C
调料九里香咔唑碱▲ kurryame
调料九里香里定碱▲ mukolidine
调料九里香林碱▲ mukoline
调料九里香宁碱▲ mukonine
调料九里香醛▲ mukonal
调料九里香酸▲ mukoeic acid; mukeic acid
调料九里香亭▲ murrayagetin
调料九里香烯醇▲ murrayenol
调料九里香辛碱▲ mukonicine
叠裂翠雀碱▲ A nordhagenine A
叠籽木裂醇▲ geissoschizol
7R- 叠籽木裂醇▲氧化吲哚 7R-geissoschizol oxindole
7S- 叠籽木裂醇▲氧化吲哚 7S-geissoschizol oxindole
叠籽木裂嗪▲甲醚 geissoschizine methyl ether
叠籽木裂嗪▲甲醚 -N- 氧化物 geissoschizine methyl ether-N-oxide
蝶豆素 clitorin
蝶豆缩醛▲ clitoriacetal
(20S)-6-O-[(E)- 丁 -2- 烯酰基 -(1→6)-β-D- 吡喃葡萄糖基] 达玛 -24- 烯 -3β,6α,12β,20- 四醇 (20S)-6-O-[(E)-but-2-enoyl-(1 → 6)-β-D-glucopyranosyl]dammar-24-ene-3β,6α,12β,20-tetrol
N- 丁苯氨苯磺胺 N-butylbenzenesulfonamide
2,2'-(1,4- 丁叉基)- 双 - 环氧乙烷 2,2'-(1,4-butanediyl)-bis-oxirane
1- 丁醇 1-butanol
丁醇 butanol
2S- 丁醇 -2-O-β-D- 吡喃葡萄糖苷 2S-butanol-2-O-β-D-glucopyranoside
丁醇 -O-α-D- 果糖苷 butyl alcohol-O-α-D-fructoside
(2S)-2- 丁醇 -β-D- 呋喃芹糖基 -(1-6)-β-D- 吡喃葡萄糖苷 (2S)-2-butanol-β-D-apiofuranosyl-(1-6)-β-D-glucopyranoside
2,3- 丁二醇 2,3-butanediol
4- 丁二醇 - 丙烯酸酯 4-butanediol monoacrylate
1,4- 丁二酸 1,4-butanedioic acid
丁二酸 butanedioic acid
丁二酸单 [(13S)-13- 羟基半日花 -8(17),14- 二烯 -19- 基] 酯 butanedioic acid mono[(13S)-13-hydroxylabda-8(17),14-dien-19-yl] ester
丁二酸双 [(13S)-13- 羟基半日花 -8(17),14- 二烯 -19- 基] 酯 butanedioic acid bis[(13S)-13-hydroxylabda-8(17),14-dien-19-yl] ester
2,3- 丁二酮 2,3-butanedione
2,7- 丁二酮基 -3,6- 二甲基 -1,8- 萘二酚 2,7-diacetyl-3,6-dinmethyl-1,8-napthalenediol
3-O-(6-O- 丁二酰基 -β-D- 葡萄糖基)-5-O-(β-D- 葡萄糖基) 花青素 3-O-(6-O-succinyl-β-D-glucosyl)-5-O-(β-D-glucosyl)cyanidin
10-O- 丁二酰京尼平苷 10-O-succinoylgeniposide
丁基 -(+)-5- 甲氧基异落叶松树脂醇 -9'-O-β-D- 吡喃木糖苷 butyl-(+)-5'-methoxyisolariciresinol-9'-O-β-D-xylopyranoside
6- 丁基 -1,4- 环七碳二烯 6-butyl-1,4-cycloheptadien
7- 丁基 -15- 烯基 -6,8- 二羟基 -3R- 戊基 -11- 烯基苯并二氢异吡喃 -1- 酮 7-butyl-15-enyl-6,8-dihydroxy-3R-pentyl-11-enylisochroman-1-one
2- 丁基 -1- 辛醇 2-butyl-1-octanol

D

24-*O*- 丁基 -2α,3β,19α,24- 四羟基熊果酸 24-*O*-butyl-2α,3β,19α,24-tetrahydroxyursolic acid
4- 丁基 -2- 氯 -5- 甲酰基 -1*H*- 咪唑 4-butyl-2-chloro-5-formyl-1*H*-imidazole
(5- 丁基 -3- 氧代 -2,3- 二氢呋喃 -2- 基)- 乙酸 (5-butyl-3-oxo-2,3-dihydrofuran-2-yl)-acetic acid
3- 丁基 -4,5,6,7- 四氢 -3α,6β,7β- 三羟基 -1(3*H*)- 异苯并呋喃酮 3-butyl-4,5,6,7-tetrahydro-3α,6β,7β-trihydroxy-1(3*H*)-isobenzofuranone
3(*S*)-3- 丁基 -4,5- 二氢苯酞 3(*S*)-3-butyl-4,5-dihydrophthalide
3- 丁基 -4,5- 二氢苯酞 3-butyl-4,5-dihydrophthalide
3(*S*)-3- 丁基 -4- 羟基苯酞 3(*S*)-3-butyl-4-hydroxyphthalide
3β,20(*R*)- 丁基 -5- 烯基 - 胆甾醇 3β,20(*R*)-butyl-5-alkenyl-cholesterol
7- 丁基 -6,8- 二羟基 -3*R*- 戊基 -11- 烯基苯并二氢异吡喃 -1- 酮 7-butyl-6,8-dihydroxy-3*R*-pentyl-11-enylisochroman-1-one
7- 丁基 -6,8- 二羟基 -3*R*- 戊基苯并二氢异吡喃 -1- 酮 7-butyl-6,8-dihydroxy-3*R*-pentylisochroman-1-one
丁基 -*O*-β-D- 吡喃果糖苷 butyl-*O*-β-D-fructopyranoside
丁基 -*O*-β-D- 吡喃葡萄糖苷 butyl-*O*-β-D-glucopyranoside
丁基 -α-D- 呋喃果糖苷 butyl-α-D-fructofuranoside
丁基 -α-L- 吡喃梾糖苷 butyl-α-L-sorbopyranoside
丁基 -β-D- 吡喃果糖苷 butyl-β-D-fructopyranoside
3-*O*-(6'-*O*- 丁基 -β-D- 吡喃葡萄糖醛酸基)- 齐墩果酸 -28-*O*-β-D- 吡喃葡萄糖基酯 3-*O*-(6'-*O*-butyl-β-D-glucuronopyranosyl)-oleanolic acid-28-*O*-β-D-glucopyranosyl ester
丁基 -β-L- 吡喃梾糖苷 butyl-β-L-sorbopyranoside
丁基 -β-L- 吡喃梾糖苷四乙酸酯 butyl-β-L-sorbopyranoside tetraacetate
3-*n*- 丁基苯酞 3-*n*-butylphthalide
3- 丁基苯酞 3-butylphthalide
丁基苯酞 butylphthalide
N- 丁基苯酰胺 *N*-butylbenzamide
6-*O*- 丁基表桃叶珊瑚苷 6-*O*-butyl-epiaucubin
12-*O*- 丁基海棠果素 D 12-*O*-butylinophyllum D
丁基芥子油苷 butyl glucosinolate
7-*O*- 丁基裂环马钱酸 7-*O*-butylsecologanic acid
丁基硫氰酸酯 butyl thiocyanate
9'- 丁基美商陆酚 A 9'-butylamericanol A
(-)-(1*S*,2*S*)-1-*O*- 丁基尼亚小金梅草苷▲ (-)-(1*S*,2*S*)-1-*O*-butylnyasicoside
(+)-(1*R*,2*S*)-1-*O*- 丁基尼亚小金梅草苷▲ (+)-(1*R*,2*S*)-1-*O*-butylnyasicoside
丁基脲 butylurea
1- 丁基柠檬酸酯 1-butylcitrate
丁基盆架树缩醛 butyl winchal
丁基羟基苯甲醚 butylated hydroxyanisole
丁基羟基甲苯 butylated hydroxytoluene
α-L- 丁基山梨糖苷 α-L-butyl sorboside
4-*O*- 丁基芍药苷 4-*O*-butylpaeoniflorin
25-*O*- 丁基升麻醇 -3-*O*-β-D- 吡喃木糖苷 25-*O*-butylcimigenol-3-*O*-β-D-xylopyranoside
丁基松柏苷 butylconiferin
3α-(3'- 丁基羧酸乙酰氧)-12β,23- 环氧 -23- 羟基 -24- 亚甲基 - 羊毛脂 -8- 烯 -26- 酸 3α-(3'-butylcarboxyacetoxy)-12β,23-epoxy-23-hydroxy-24-methylen-lanost-8-en-26-carboxylic acid
6-*O*- 丁基桃叶珊瑚苷 6-*O*-butyl-aucubin
γ- 丁基甜菜碱 γ-butyrobetaine
丁基亚砜甲酯 methyl butylsulfoxide
1- 丁基乙酸酯 1-butyl acetate
丁基异盆架树缩醛 butyl isowinchal
4- 丁内酯 4-butyrolactone
γ- 丁内酯 γ-butyrolactone
1,3- 丁炔二醇 1,3-bytanediol
(-)- 丁氏千金藤碱▲ (-)-stephalagine
4- 丁酸 4-butanoic acid
丁酸 butanoic acid; butyric acid
丁酸 -3- 甲基 -4-(2,2'- 联噻吩)-5- 基 -3- 丁炔酯 butanoic acid-3-methyl-4-(2,2'-bithiophen)-5-yl-3-butynyl ester
9-(2- 丁酸 -4,4- 二甲氧基)- 当归酰日本南五味子素▲ A 9-(2-butenoic acid-4,4-dimethoxy)-angeloylbinankadsurin A
丁酸苄酯 benzyl butanoate
丁酸丁酯 butanoic acid butyl ester
丁酸甲酯 methyl butanoate
丁酸香叶酯 geranyl butyrate
丁酸乙酯 butanoic acid ethyl ester
2- 丁酮 2-butanone
N[4]- 丁酮 - 伏毛铁棒锤碱 *N*[4]-butanone-flavaconitine
(2*R*,3*R*)- 丁烷 -2,3- 二醇 -2-*O*-β-D- 吡喃葡萄糖苷 (2*R*,3*R*)-butane-2,3-diol-2-*O*-β-D-glucopyranoside
丁烷 -2,3- 二醇 -2-*O*-β-D- 吡喃葡萄糖苷 butane-2,3-diol-2-*O*-β-D-glucopyranoside
5-(丁烷 -3- 烯 -1- 炔基)-2,2'- 联噻吩 5-(but-3-en-1-ynyl)-2,2'-bithiophene
(7*S*,7'*R*,8*R*,8'*S*)-7'- 丁烷氧基 -7,9'- 环氧 -4,4',9- 三羟基 -3,3'- 二甲氧基木脂素 -9-*O*-β-D- 吡喃葡萄糖苷 (7*S*,7'*R*,8*R*,8'*S*)-7'-butoxy-7,9'-epoxy-4,4',9-trihydroxy-3,3'-dimethoxylignane-9-*O*-β-D-glucopyranoside
1-[(15*E*)- 丁烯 -17- 酮]-4- 甲基 -7- 异丙基薁 1-[(15*E*)-buten-17-one]-4-methyl-7-isopropylazulene
5-(3- 丁烯 -1- 炔基)-2,2'- 联噻吩 5-(3-buten-1-ynyl)-2,2'-bithiophene
2-(3- 丁烯 -1- 炔基)-5-(1,3- 戊二炔基) 噻吩 2-(3-butylen-1-ynyl)-5-(1,3-pentadiynyl)thiophene
5-(3- 丁烯 -1- 烯基)-2,2'- 联噻吩 5-(3-buten-1-enyl)-2,2'-bithiophene
3- 丁烯 -2- 酮 3-buten-2-one
(*E*)-2-(1- 丁烯 -3- 炔基) 四氢 -2*H*- 吡喃 (*E*)-2-(1-buten-3-ynyl) tetrahydro-2*H*-pyran
6-(反式 -1- 丁烯 -3- 氧基)-7- 甲氧基香豆素 6-(*trans*-1-buten-3-oxyl)-7-methoxycoumarin
丁烯二醛 malealdehyde
(*E*)- 丁烯二酸 (*E*)-butenedioic acid
2- 丁烯二羧酸 2-butenedioic acid
2- 丁烯二羧酸 -1-(2- 甲基丙基醇) 酯 2-butenedioic acid-1-(2-methylpropyl)ester
9- 丁烯基苯酞 9-butenylphthalide
3- 丁烯基硫苷 3-butenylthioglycoside
3- 丁烯基异硫氰酸酯 3-butenyl isothiocyanate
3- 丁烯腈 3-butenenitrile
(*Z*)-1-(1- 丁烯氧基)- 戊烷 (*Z*)-1-(1-butenyloxy)-pentane
1- 丁酰根皮酚 -β-D- 吡喃葡萄糖苷 1-butyrylphloroglucinol-β-D-glucopyranoside
3-*O*-(6'- 丁酰基)-β-D- 吡喃葡萄糖基 -28-*O*-α-L- 吡喃鼠李糖基 -(1 → 4)-β-D- 吡喃葡萄糖基 -(1 → 6)-β-D- 吡喃葡萄糖基齐墩果酸 3-*O*-(6'-butyryl)-β-D-glucopyranosyl-28-*O*-α-L-rhamnopyranosyl-(1 → 4)-β-D-glucopyranosyl-(1 → 6)-β-D-glucopyranosyloleanolic acid
15-(2- 丁酰基) 白藜芦胺▲ 15-(2-methylbutyroyl)germine
3- 丁酰基 -4- 氨基桂皮酸乙酯 3-butyryl-4-amino ethylcinnamate

6β- 丁酰氧基 -3β- 羟基 -6,7- 裂环 -6,20- 环氧 -7,1α- 内酯 - 对映 - 贝壳杉 -16- 烯 -15- 酮 6β-butyroxy-3β-hydroxy-6,7-seco-6,20-epoxy-7,1α-olide-ent-kaur-16-en-15-one
(12*E*,2*S*,3*S*,4*R*,5*R*,6*S*,9*S*,11*S*,15*R*)-3- 丁酰氧基 -5,15- 二乙酰氧基 -6,17- 环氧续随子 -12- 烯 -14- 酮 (12*E*,2*S*,3*S*,4*R*,5*R*,6*S*,9*S*,11*S*,15*R*)-3-butyryloxy-5,15-diacetoxy-6,17-epoxylathyra-12-en-14-one
4- 丁酰氧基苯甲酸甲酯 methyl-4-(butyryloxy)benzoate
N-(丁酰氧甲基)-*N*-(2',6'- 二乙基苯基)-2- 氯代乙酰胺 *N*-(butyloxymethyl)-*N*-(2',6'-diethylphenyl)-2-chloroacetamide
丁酰野桐色烷醇 butyrylmallotochromanol
丁酰野桐色烯 butyrylmallotochromene
丁酰野梧桐素 butyrylmallotojaponin
丁香 -1,9α- 二醇 caryolane-1,9α-diol
(+)- 丁香 -1,9β- 二醇 (+)-caryolane-1,9β-diol
丁香 -1,9β- 二醇 caryolane-1,9β-diol
丁香 -1,9- 二醇 caryolane-1,9-diol
丁香 -1β,9β- 二醇 caryolane-1β,9β-diol
丁香 -4(12),8(13)- 二烯 -5α- 醇 caryophylla-4(12),8(13)-dien-5α-ol
丁香 -4(12),8(13)- 二烯 -5β- 醇 caryophylla-4(12),8(13)-dien-5β-ol
丁香 -4(14),8(15)- 二烯 -5-α- 醇 caryophylla-4(14),8(15)-dien-5-α-ol
丁香醇 syringyl alcohol
丁香单烯醇 caryophyllenyl alcohol
丁香单烯醇▲ caryolenol
(-)- 丁香杜鹃酚▲ (-)-farrerol
丁香杜鹃酚▲ farrerol
(2*R*)- 丁香杜鹃酚▲ -7-*O*-β-D- 吡喃葡萄糖苷 (2*R*)-farrerol-7-*O*-glucopyranoside
丁香杜鹃酚▲ A~F farrerol A~F
丁香酚 eugenol
丁香酚 -4-*O*-β-D-(6'-*O*- 没食子酰基)- 吡喃葡萄糖苷 eugenol-4-*O*-β-D-(6'-*O*-galloyl)glucopyranoside
丁香酚 -4"-*O*- 乙酰基 -β- 芸香糖苷 eugenyl-4"-*O*-acetyl-β-rutinoside
丁香酚 -*O*-β- 呋喃芹糖基 -(1" → 6')-*O*-β- 吡喃葡萄糖苷 eugenyl-*O*-β-apiofuranosyl-(1" → 6')-*O*-β-glucopyranoside
丁香酚 -*O*-β- 呋喃芹糖基 -(1 → 6)-*O*-β- 吡喃葡萄糖苷 eugenyl-*O*-β-apiofuranosyl-(1 → 6)-*O*-β-glucopyranoside
丁香酚 -β-D- 吡喃葡萄糖苷 eugenyl-β-D-glucopyranoside
丁香酚 -β- 芸香糖苷 eugenyl-β-rutinoside
丁香酚巢菜糖苷 eugenyl vicianoside
丁香酚甲醚 eugenol methyl ether
丁香酚乙酸酯 eugenol acetate
丁香酚芸香糖苷 eugenol rutinoside
(+)- 丁香苷 (+)-syringin
丁香苷 syringin; syringoside
丁香苷 -4-*O*-β- 葡萄糖苷 syringin-4-*O*-β-glucoside
丁香苷甲醚 syringin methyl ether
丁香苷元 syringenin
丁香苷元 -4'-*O*-β-D- 吡喃芹糖基 -(1 → 2)-β-D- 吡喃葡萄糖苷 syringenin-4'-*O*-β-D-apiospyranoyl-(1 → 2)-β-D-glucopyranoside
O-16- 丁香黄杨胺醇 E *O*-16-syringylbuxaminol E
4-[6-*O*-(丁香基)-β-D- 吡喃葡萄糖氧基]-3- 甲氧基苯甲酸 4-[6-*O*-(syringyl)-β-D-glucopyranosyloxy]-3-methoxybenzoic acid
6-*O*- 丁香基 -8-*O*- 乙酰山栀苷甲酯 6-*O*-syringyl-8-*O*-acetylshanzhiside methyl ester
(7*S*,8*S*)- 丁香基甘油 (7*S*,8*S*)-syringylglycerol
丁香基甘油 syringylglycerol
丁香基甘油 -2-*O*-β-D- 吡喃葡萄糖苷 syringylglycerol-2-*O*-β-D-glucopyranoside
7*S*,8*R*- 丁香基甘油 -8-*O*-4'-(芥子醇) 醚 7*S*,8*R*-syringylglycerol-8-*O*-4'-(synapyl alcohol)ether
丁香基甘油 -8-*O*-4-(芥子醇) 醚 syringylglycerol-8-*O*-4-(sinapyl alcohol)ether
(7*S*,8*R*)- 丁香基甘油 -8-*O*-4'- 芥子醚 -9'-*O*-β-D- 吡喃葡萄糖苷 (7*S*,8*R*)-syringylglycerol-8-*O*-4'-sinapyl ether-9'-*O*-β-D-glucopyranoside
(-)-(7*R*,8*S*)- 丁香基甘油 -8-*O*-β-D- 吡喃葡萄糖苷 (-)-(7*R*,8*S*)-syringylglycerol-8-*O*-β-D-glucopyranoside
(+)-(7*S*,8*S*)- 丁香基甘油 -8-*O*-β-D- 吡喃葡萄糖苷 (+)-(7*S*,8*S*)-syringylglycerol-8-*O*-β-D-glucopyranoside
(-)-(7*R*,8*R*)- 丁香基甘油 -9-*O*-β-D- 吡喃葡萄糖苷 (-)-(7*R*,8*R*)-syringyl-glycerol-9-*O*-β-D-glucopyranoside
丁香基甘油 -β- 丁香树脂酚醚 -4",4"'- 二 -*O*-β-D- 吡喃葡萄糖苷 syringylglycerol-β-syringaresinol ether-4",4"'-di-*O*-β-D-glucopyranoside
6-*O*- 丁香基假杜鹃素 6-*O*-syingylbarlerin
6'-*O*- 丁香基坚硬糙苏苷 C 6'-*O*-syringylphlorigidoside C
2"'- 丁香基芦丁 2"'-syringylrutin
11-*O*- 丁香基岩白菜素 11-*O*-syringylbergenin
丁香苦苷 syringopicroside
丁香苦苷 B, C syringopicroside B, C
丁香苦苷元 A, B, C, F syringopicrogenin A, B, C, F
丁香醚酚▲ syringol
丁香内酯 A, B syringalactone A, B
丁香宁 eugenin
丁香诺苷▲ syringinoside
丁香茄素▲ muricatin
丁香茄素▲ I, II, III, IV, V, VI, VII, VIII, IX, A muricatin I, II, III, IV, V, VI, VII, VIII, IX, A
丁香醛 syringaldehyde; syringic aldehyde
丁香鞣宁▲ A aromatinin A
丁香鞣质 eugeniin
(-)-DL- 丁香树脂酚 (-)-DL-syringaresinol
(-)- 丁香树脂酚 (-)-syringaresinol
(+)- 丁香树脂酚 (+)-syringaresinol
(±)- 丁香树脂酚 (±)-syringaresinol
dl- 丁香树脂酚 *dl*-syringaresinol
丁香树脂酚 syringaresinol
丁香树脂酚 -4',4"-*O*- 双 -β- 葡萄糖苷 syringaresinol-4',4"-*O*-bis-β-glucoside
(-)- 丁香树脂酚 -4,4'-*O*-β-D- 吡喃葡萄糖苷 (-)-syringaresinol-4,4'-*O*-β-D-glucopyranoside
丁香树脂酚 -4,4'-*O*-β-D- 二吡喃葡萄糖苷 syringaresinol-4,4'-*O*-β-D-diglucopyranoside
丁香树脂酚 -4,4'-*O*- 二吡喃葡萄糖苷 syringaresinol-4,4'-*O*-bis-glucopyranoside
丁香树脂酚 -4,4'-*O*- 双 -β-D- 吡喃葡萄糖苷 syringaresinol-4,4'-*O*-bis-β-D-glucopyranoside
丁香树脂酚 -4',4"-*O*- 双 -β-D- 葡萄糖苷 syringaresinol-4',4"-*O*-bis-β-D-glucoside
(-)- 丁香树脂酚 -4,4'- 二 -*O*-β-D- 吡喃葡萄糖苷 (-)-syringaresinol-4,4'-di-*O*-β-D-glucopyranoside
(+)- 丁香树脂酚 -4,4'- 二 -*O*-β-D- 吡喃葡萄糖苷 (+)-syringaresinol-4,4'-di-*O*-β-D-glucopyranoside
(±)- 丁香树脂酚 -4,4'- 二 -*O*-β-D- 吡喃葡萄糖苷 (±)-syringaresinol-4,4'-bis-*O*-β-D-glucopyranoside
丁香树脂酚 -4,4'- 二 -*O*-β-D- 吡喃葡萄糖苷 syringaresinol-4,4'-di-*O*-β-D-glucopyranoside

D

丁香树脂酚 -4',4''- 二 -*O*-*β*-D- 吡喃葡萄糖苷 syringaresinol-4',4''-di-*O*-*β*-D-glucopyranoside
(-)- 丁香树脂酚 -4',4'- 双 -*O*-*β*-D- 吡喃葡萄糖苷 (-)-syringaresinol-4',4'-bis-*O*-*β*-D-glucopyranoside
(-)- 丁香树脂酚 -4,4'- 双 -*O*-*β*-D- 葡萄糖苷 (-)-syringaresinol-4,4'-bis-*O*-*β*-D-glucopyranoside
(-)- 丁香树脂酚 -4-*O*-D- 吡喃葡萄糖苷 (-)-syringaresinol-4-*O*-D-glucopyranoside
(-)- 丁香树脂酚 -4''-*O*-*β*-D- 吡喃葡萄糖苷 (-)-syringaresinol-4''-*O*-*β*-D-glucopyranoside
丁香树脂酚 -4''-*O*-*β*-D- 吡喃葡萄糖苷 syringaresinol-4''-*O*-*β*-D-glucopyranoside
(-)- 丁香树脂酚 -4'-O-*β*-D- 吡喃葡萄糖苷 (-)-syringaresinol-4'-*O*-*β*-D-glucopyranoside
(+)- 丁香树脂酚 -4'-*O*-*β*-D- 吡喃葡萄糖苷 (+)-syringaresinol-4'-*O*-*β*-D-glucopyranoside
丁香树脂酚 -4'-*O*-*β*-D- 吡喃葡萄糖苷 syringaresinol-4'-*O*-*β*-D-glucopyranoside
(-)- 丁香树脂酚 -4-*O*-*β*-D- 吡喃葡萄糖苷 (-)-syringaresinol-4-*O*-*β*-D-glucopyranoside
(+)- 丁香树脂酚 -4-*O*-*β*-D- 吡喃葡萄糖苷 (+)-syringaresinol-4-*O*-*β*-D-glucopyranoside
丁香树脂酚 -4-*O*-*β*-D- 吡喃葡萄糖苷 syringaresinol-4-*O*-*β*-D-glucopyranoside
(+)- 丁香树脂酚 -4'-*O*-*β*-D- 吡喃葡萄糖基 -(1 → 6)-*β*-D- 吡喃葡萄糖苷 (+)-syringaresinol-4'-*O*-*β*-D-glucopyranosyl-(1 → 6)-*β*-D-glucopyranoside
丁香树脂酚 -4''-*O*-*β*-D- 单吡喃葡萄糖苷 syringaresinol-4''-*O*-*β*-D-monoglucopyranoside
(-)- 丁香树脂酚 -4-*O*-*β*-D- 呋喃芹糖基 -(1 → 2)-*β*-D- 吡喃葡萄糖苷 (-)-syringaresinol-4-*O*-*β*-D-apiofuranosyl-(1 → 2)-*β*-D-glucopyranoside
(-)- 丁香树脂酚 -4-*O*-*β*-D- 呋喃芹糖基 -(l → 2)-*β*-D- 吡喃葡萄糖苷 (-)-syringaresinol-4-*O*-*β*-D-apiofuranosyl-(l → 2)-*β*-D-glucopyranoside
(-)- 丁香树脂酚 -4-*O*-*β*-D- 呋喃芹糖基 -(1 → 2)-*β*-D- 吡喃葡萄糖苷 -4'-*O*-*β*-D- 吡喃葡萄糖苷 (-)-syringaresinol-4-*O*-*β*-D-apiofuranosyl-(1 → 2)-*β*-D-glucopyranoside-4'-*O*-*β*-D-glucopyranoside
丁香树脂酚 -4'-*O*-*β*-D- 葡萄糖苷 syringaresinol-4'-*O*-*β*-D-glucoside
(+)- 丁香树脂酚 -4'-*O*-*β*- 吡喃葡萄糖苷 (+)-syringaresinol-4'-*O*-*β*-glucopyranoside
(-)- 丁香树脂酚 -5, 5- 二甲氧基落叶松树脂醇 (-)-syringaresinol-5,5-dimethoxylariciresinol
(-)- 丁香树脂酚 -*O*-*β*-D- 吡喃葡萄糖苷 (-)-syringaresinol-*O*-*β*-D-glucopyranoside
(+)- 丁香树脂酚 -*O*-*β*-D- 吡喃葡萄糖苷 (+)-syringaresinol-*O*-*β*-D-glucopyranoside
丁香树脂酚 -*O*-*β*-D- 吡喃葡萄糖苷 syringaresinol-*O*-*β*-D-glucopyranoside
(+)- 丁香树脂酚 -*O*-*β*-D- 葡萄糖苷 (+)-syringaresinol-*O*-*β*-D-glucoside
丁香树脂酚 -*β*-D- 吡喃葡萄糖苷 syringaresinol-*β*-D-glucopyranoside
(+)- 丁香树脂酚 -*β*-D- 葡萄糖苷 (+)-syringaresinol-*β*-D-glucoside
丁香树脂酚 -*β*-D- 葡萄糖苷 syringaresinol-*β*-D-glucoside
(-)- 丁香树脂酚吡喃葡萄糖苷 (-)-syringaresinolglucopyranoside
丁香树脂酚单 -*β*-D- 吡喃葡萄糖苷 syringaresinol mono-*β*-D-glucopyranoside
丁香树脂酚 - 单 -*β*-D- 吡喃葡萄糖苷 syringaresinol-mono-*β*-D-glucopyranoside
(+)- 丁香树脂酚 - 二 -*O*-D- 葡萄糖苷 (+)-syringaresinol-di-*O*-D-glucoside
(+)- 丁香树脂酚 - 二 -*O*-*β*-D- 吡喃葡萄糖苷 (+)-syringaresinol-di-*O*-*β*-D-glucopyranoside
丁香树脂酚 - 二 -*O*-*β*-D- 吡喃葡萄糖苷 syringaresinol-di-*O*-*β*-D-glucopyranoside
丁香树脂酚 - 二 -*O*-*β*-D- 葡萄糖苷 syringaresinol-di-*O*-*β*-D-glucoside
(+)- 丁香树脂酚二 -*O*-*β*- 吡喃葡萄糖苷 (+)-syringaresinol-di-*O*-*β*-glucopyranoside
丁香树脂酚二吡喃葡萄糖苷 syringaresinol diglucopyranoside
(+)- 丁香树脂酚二甲醚 (+)-syringaresinol dimethyl ether
丁香树脂酚二葡萄糖苷 syringaresinol diglucoside
丁香酸 syringic acid
丁香酸 -4-*O*-*α*-L- 吡喃鼠李糖苷 syringic acid-4-*O*-*α*-L-rhamnopyranoside
丁香酸 -4-*O*-*β*-D- 吡喃葡萄糖苷 syringic acid-4-*O*-*β*-D-glucopyranoside
丁香酸 -4-*O*-*β*-D- 吡喃葡萄糖基 -(1 → 5)-*α*-L- 吡喃鼠李糖苷 syringic acid-4-*O*-*β*-D-glucopyranosyl-(1 → 5)-*α*-L-rhamnopyranoside
丁香酸 -4-*β*-D- 吡喃葡萄糖苷 syringic acid-4-*β*-D-glucopyranoside
丁香酸 -*β*-D- 吡喃葡萄糖苷 syringic acid-*β*-D-glucopyranoside
丁香酸甲酯 methyl syringate
丁香酸甲酯 -4-*O*-*β*-D- 吡喃葡萄糖苷 methyl syringate-4-*O*-*β*-D-glucopyranoside
丁香酸葡萄糖苷 syringic acid glucoside
丁香酸乙酯 syringic acid ethyl ester
丁香亭 syringetin
丁香亭 -3-*O*-*α*-L- 阿拉伯呋喃糖苷 syringetin-3-*O*-*α*-L-arabinofuranosid
丁香亭 -3-*O*-*β*-D- 吡喃半乳糖苷 syringetin-3-*O*-*β*-D-galactopyranoside
丁香亭 -3-*O*-*β*-D- 吡喃葡萄糖苷 syringetin-3-*O*-*β*-D-glucopyranoside
丁香亭 -3-*O*-*β*- 吡喃半乳糖苷 syringetin-3-*O*-*β*-galactopyranoside
丁香亭 -3-*O*-*β*- 吡喃葡萄糖苷 syringetin-3-*O*-*β*-glucopyranoside
丁香亭 -3-*O*- 吡喃葡萄糖苷 syringetin-3-*O*-glucopyranoside
丁香亭 -3-*O*- 刺槐二糖苷 syringetin-3-*O*-robinobioside
丁香亭 -3-*O*- 二糖苷 syringetin-3-*O*-bioside
丁香亭 -3-*O*- 葡萄糖苷 syringetin-3-*O*-glucoside
丁香亭 -3-*O*- 芸香糖苷 syringetin-3-*O*-rutinoside
丁香亭 -3- 半乳糖苷 syringetin-3-galactoside
丁香亭 -3- 吡喃半乳糖苷 syringetin-3-galactopyranoside
丁香亭 -*O*- 己糖苷 syringetin-*O*-hexoside
丁香酮 eugenone
β- 丁香烷醇 *β*-caryolanol
丁香烷厚朴酚▲ caryolanemagnolol
(-)-*β*- 丁香烯 (-)-*β*-caryophyllene
(*E*)-*β*- 丁香烯 (*E*)-*β*-caryophyllene
(*E*)- 丁香烯 (*E*)-caryophyllene
α- 丁香烯 *α*-caryophyllene
β- 丁香烯 *β*-caryophyllene
丁香烯 caryophyllene
β- 丁香烯 -1*β*,10*α*- 环氧化物 *β*-caryophyllene-1*β*,10*α*-epoxide
丁香烯 -4*β*,5*α*- 氧化物 caryophyllene-4*β*,5*α*-oxide
β- 丁香烯 -6,7- 氧化物 *β*-caryophyllene-6,7-oxide
丁香烯 -*β*- 氧化物 caryophyllene-*β*-oxide

α- 丁香烯醇 α-caryophyllenol
丁香烯醇 caryophyllenol
β- 丁香烯环氧化物 β-caryophyllene epoxide
丁香烯环氧化物 caryophyllene epoxide
丁香烯酮 caryophyllene ketone
丁香烯酮▲ syringenone
(-)- 丁香烯氧化物 (-)-caryophyllene oxide
β- 丁香烯氧化物 β-caryophyllene oxide
丁香烯氧化物 caryophyllene oxide
丁香烯乙酸酯 caryophyllene acetate
18-*O*- 丁香酰八角枫碱▲ -4'-*O*-β-D- 吡喃葡萄糖苷 18-*O*-syringoylalangine-4'-*O*-β-D-glucopyranoside
(7*S*,8*R*)- 丁香酰甘油 (7*S*,8*R*)-syringoylglycerol
丁香酰甘油 -8-*O*-β-D- 吡喃葡萄糖苷 syringoylglycerol-8-*O*-β-D-glucopyranoside
(7*S*,8*S*)- 丁香酰甘油 -9-*O*-(6'-*O*- 桂皮酰基)-β-D- 吡喃葡萄糖苷 (7*S*,8*S*)-syringoylglycerol-9-*O*-(6'-*O*-cinnamoyl)-β-D-glucopyranoside
(7*S*,8*S*)- 丁香酰甘油 -9-*O*-β-D- 吡喃葡萄糖苷 (7*S*,8*S*)-syringoylglycerol-9-*O*-β-D-glucopyranoside
21-*O*- 丁香酰基 -(3*S*,4*S*,15*S*,20*R*)- 毛茶碱 -N_4- 氧化物 -4'-*O*-β-D- 吡喃葡萄糖苷 21-*O*-syringoyl-(3*S*,4*S*,15*S*,20*R*)-antirhine-N_4-oxide-4'-*O*-β-D-glucopyranoside
3-*O*- 丁香酰基 -4-*O*- 咖啡酰奎宁酸 3-*O*-syringoyl-4-*O*-caffeoylquinic acid
4-*O*- 丁香酰基 -5-*O*- 咖啡酰奎宁酸 4-*O*-syringoyl-5-*O*-caffeoylquinic acid
7-*O*-(6-*O*- 丁香酰基 -β-D- 吡喃葡萄糖基)-6- 甲氧基香豆素 7-*O*-(6-*O*-syringoyl-β-D-glucopyranosyl)-6-methoxycoumarin
9-*O*-[6-*O*-(5-*O*- 丁香酰基 -β-D- 呋喃芹糖基)-β-D- 吡喃葡萄糖基]-(3*S*,5*R*,6*R*,9*R*,7*E*)-3,6,9- 三羟基大柱香波龙 -7- 烯 9-*O*-[6-*O*-(5-*O*-syringoyl-β-D-apiofuranosyl)-β-D-glucopyranosyl]-(3*S*,5*R*,6*R*,9*R*,7*E*)-3,6,9-trihydroxymegastigman-7-ene
7-*O*-[2-*O*-(5-*O*- 丁香酰基 -β-D- 呋喃芹糖基)-β-D- 吡喃葡萄糖基]-6- 甲氧基香豆素 7-*O*-[2-*O*-(5-*O*-syringoyl-β-D-apiofuranosyl)-β-D-glucopyranosyl]-6-methoxycoumarin
7-*O*-[6-*O*-(5-*O*- 丁香酰基 -β-D- 呋喃芹糖基)-β-D- 吡喃葡萄糖基]-6- 甲氧基香豆素 7-*O*-[6-*O*-(5-*O*-syringoyl-β-D-apiofuranosyl)-β-D-glucopyranosyl]-6-methoxycoumarin
2-*O*-[6-*O*-(5-*O*- 丁香酰基 -β-D- 呋喃芹糖基)-β-D- 吡喃葡萄糖基] 异丙醇 2-*O*-[6-*O*-(5-*O*-syringoyl-β-D-apiofuranosyl)-β-D-glucopyranosyl]isopropyl alchohol
6-*O*- 丁香酰筋骨草醇 6-*O*-syringoylajugol
21-*O*- 丁香酰毛茶碱 21-*O*-syringoylantirhine
21-*O*- 丁香酰毛茶碱 -4'-*O*-[(*E*)-6''-*O*- 阿魏酰基]-β-d- 吡喃葡萄糖苷 21-*O*-syringoylantirhine-4'-*O*-[(*E*)-6''-*O*-feruloyl]-β-d-glucopyranoside
21-*O*- 丁香酰毛茶碱 -4'-*O*-[(*E*)-6''-*O*- 芥子酰基]-β-D- 吡喃葡萄糖苷 21-*O*-syringoylantirhine-4'-*O*-[(*E*)-6''-*O*-sinapoyl]-β-d-glucopyranoside
21-*O*- 丁香酰毛茶碱 -4'-*O*-[6''-*O*- 丁香酰基]-β-d- 吡喃葡萄糖苷 21-*O*-syringoylantirhine-4'-*O*-[6''-*O*-syringoyl]-β-d-glucopyranoside
21-*O*- 丁香酰毛茶碱 -4'-*O*-β-D- 吡喃葡萄糖苷 21-*O*-syringoylantirhine-4'-*O*-β-d-glucopyranoside
丁香氧化物▲ syringoxide
丁香乙酮 syringylethanone
丁香酯苷▲ A-3'-*O*-α-L- 吡喃鼠李糖苷 syringalide A-3'-*O*-α-L-rhamnopyranoside
丁香酯苷▲ A-3'-α-L- 吡喃鼠李糖苷 syringalide A-3'-α-L-rhamnopyranoside
丁香酯苷▲ C syringalide C
15α- 丁氧基 -14,15- 二氢降一叶萩碱 15α-butoxy-14,15-dihydronorsecurinine
15β- 丁氧基 -14,15- 二氢降一叶萩碱 15β-butoxy-14,15-dihydronorsecurinine
3β- 丁氧基 -3,4- 二氢桃叶珊瑚苷 3β-butoxy-3,4-dihydroaucubin
5β- 丁氧基 -4α- 羟基 -3- 亚甲基 -α- 吡咯烷酮 5β-butoxy-4α-hydroxy-3-methylene-α-pyrrolidinone
4- 丁氧基苯酚 4-butoxyphenol
丁氧基琥珀酸 butoxysuccinic acid
6α- 丁氧基京尼平苷 6α-butoxygeniposide
6β- 丁氧基京尼平苷 6β-butoxygeniposide
2- 丁氧基乙醇 2-butoxyethanol
2-(2- 丁氧基乙氧基) 乙醇 2-(2-butoxyethoxy)ethanol
1- 丁氧羰基 -β- 咔啉 1-carbobutoxy-β-carboline
3-*O*-(6'- 丁酯)-β-D- 吡喃葡萄糖醛酸基齐墩果酸 -28-*O*-α-L- 吡喃阿拉伯糖苷 3-*O*-(6'-butyl ester)-β-D-glucuropyranosyloleanolic acid-28-*O*-α-L-arabinopyranoside
3-*O*-(6'- 丁酯)-β-D- 吡喃葡萄糖醛酸基齐墩果酸 -28-*O*-β-D- 吡喃葡萄糖苷 3-*O*-(6'-butyl ester)-β-D-glucuronopyranosyloleanolic acid-28-*O*-β-D-glucopyranoside
(-)- 丁子香 -2,9- 二醇 (-)-clovane-2,9-diol
丁子香 -2,9- 二醇 clovane-2,9-diol
丁子香 -2β,9α- 二醇 clovane-2β,9α-diol
丁子香 -2- 烯 -9α- 醇 clov-2-ene-9α-ol
丁子香素 caryophyllin
丁子香亭 eugenitin
丁子香烷二醇 clovanediol
丁子香烷红花八角酚 clovanedunnianol
丁子香烷厚朴酚▲ clovanemagnolol
丁子香烯 clovene
丁子香烯 -2β,9α- 二醇 cloven-2β,9α-diol
丁座草苷▲ A, B himaloside A, B
钉头果毒素▲ gomphotoxin
钉头果伏苷▲ gofruside
钉头果苷 gomphoside
钉头果勾苷▲ frugoside
(3*R*,5*S*,8*R*,9*S*,10*R*,13*R*,14*S*,17*R*,20*Z*,2''*R*)-19-*O*- 钉头果勾苷▲乳酸酯 (3*R*,5*S*,8*R*,9*S*,10*R*,13*R*,14*S*,17*R*,20*Z*,2''*R*)-19-*O*-frugoside lactate
钉头果洛苷▲ afroside
钉头果洛苷元▲ afrogenin
钉头果亭▲ gomphotin
顶盖丝瓜素▲ A opercurin A
顶花板凳果胺 A~J terminamine A~J
顶花板凳果碱▲ terminaline
顶花杜茎山内酯▲ maesabalide
顶花杜茎山内酯▲ I, IV, V, VI maesabalide I, IV, V, VI
顶羽菊醇内酯▲ A picrolide A
顶羽菊内酯 acroptilin
顶羽菊素 repin
顶羽菊萜内酯▲ acrorepiolide
顶羽菊亭▲ acroptin
鼎湖钓樟碱▲ A, B lindechunine A, B
鼎湖钓樟酮▲ linchuniinone
定心藤定碱▲ A, B, C mappiodine A, B, C
定心藤苷▲ A~G mappiodoside A~G
定心藤苷酸▲ mapposidic acid

D

定心藤碱▲A mappine A
东北甘草黄酮醇▲A glycyrrhiza flavonol A
东北甘草异黄酮▲A, B, C glycyrrhiza isoflavone A, B, C
东北贯众醇 dryocrassol
东北贯众醇乙酸酯 dryocrassol acetate
东北贯众素 dryocrassin
东北贯众素 ABBA, ABBP dryocrassin ABBA, ABBP
东北雷公藤醇▲C regeol C
东北雷公藤定碱▲ regelidine
东北雷公藤碱▲A, B, C tripterregeline A, B, C
东北雷公藤林素▲ A_1~A_{11}, B_1, B_2, C_1~C_4, D_1, E_1~E_8, F_1, F_2, G_1, G_2 triptogelin A_1~A_{11}, B_1, B_2, C_1~C_4, D_1, E_1~E_8, F_1, F_2, G_1, G_2
东北雷公藤内酯 regelide
东北雷公藤内酯▲A, B triregelolide A, B
东北雷公藤素▲ regelin
东北雷公藤素▲C, D regelin C, D
东北雷公藤素醇▲ regelinol
东北雷公藤素二醇▲A, B regelindiol A, B
东北雷公藤酸▲ triregeloic acid
东北石杉醇▲A, B, C miyoshianol A, B, C
东北石杉碱▲A, B, C miyoshianine A, B, C
东北石松醇▲ clavatol
东北石松碱▲ clavatine
东北石松洛宁▲ clavolonine
东北石松明碱▲A, B lycopoclavamine A, B
东北石松尼醇▲ lyclaninol
东北石松尼亭▲ lyclanitin
东北石松宁▲ lycoclavanin
东北石松诺醇▲ lycoclavanol
东北石松亭碱▲A lycovatine A
东北石松文碱▲ lycoclavine
东北铁线莲酚苷▲A, B, C clemomandshuricoside A, B, C
东北铁线莲皂苷▲A~K clematomandshurica saponin A~K
东北铁线莲脂素▲A, B clemomanshurinane A, B
东北乌头碱▲ manshuritine
东北淫羊藿苷▲ epimedokoreanoside
东北玉簪内酯▲A hostasolide A
东北紫杉定▲A~H, J~P taxezopidine A~H, J~P
东北紫杉素▲A~H, J~Z taxuspine A~H, J~Z
东北紫杉亭▲ taxacustin
东贝宁 dongbeinine
东贝素 dongbeirine
东当归内酯▲A, B tokinolide A, B
东方狗脊蕨素▲ woodorien
东方荚果蕨宁▲ matteuorienin
东方荚果蕨素▲ matteuorien
东方荚果蕨酯▲A, B, C matteuorienate A, B, C
东方莱莲苷▲ anatolioside
东方酸模苷▲ orientaloside
东方酸模酮▲ orientalone
东方铁线莲皂苷▲A~L orientaloside A~L
东方乌檀灵▲ naucleaorine
东方乌檀醛▲A, B naucleaoral A, B
东方罂粟碱 oripavine
(-)- 东方罂粟灵 (-)-orientaline
(-)- 东方罂粟酮▲ (-)-orientalinone
东非决明醇▲I singueanol I
东风菜苷▲ A_1~A_4, B_1~B_6 scaberoside A_1~A_4, B_1~B_6
东风菜苷▲ B_6 甲酯 scaberoside B_6 methyl ester
东风橘碱▲ severifoline
东风橘内酯▲ severinolide
东风橘新碱▲ severibuxine
东风橘新碱▲乙酸酯 severibuxine acetate
东京胭脂素▲-4'-*O*- 吡喃葡萄糖苷▲ artonkin-4'-*O*-glucopyranoside
东京紫玉盘林素▲ tonkinelin
东京紫玉盘宁▲A, B tonkinin A, B
东莨菪苷 scopolin; scopoloside
(*S*)- 东莨菪碱 (*S*)-scopolamine
东莨菪碱 scopolamine
东莨菪金合欢醚▲ scopofarnol
东莨菪林碱 scopoline
东莨菪林仙醚▲A scopodrimol A
东莨菪内酯 scopoletin
东莨菪内酯 -7-*O*-*β*-D- 吡喃葡萄糖苷 scopoletin-7-*O*-*β*-D-glucopyranoside
东莨菪内酯 -*O*-*β*-D- 吡喃葡萄糖苷 scopoletin-*O*-*β*-D-glucopyranoside
东莨菪内酯 -*β*-D- 吡喃木糖基 -(1 → 6)-*β*-D- 吡喃葡萄糖苷 scopoletin-*β*-D-xylopyranosyl-(1 → 6)-*β*-D-glucopyranoside
东莨菪内酯 -*β*-D- 葡萄糖苷 scopoletin-*β*-D-glucopyranoside
东莨菪内酯 -*β*- 龙胆二糖苷 scopoletin-*β*-gentiobioside
东莨菪内酯吡喃葡萄糖苷 scopoletin glucopyranoside
东莨菪内酯甲醚 scopoletin methyl ether
α- 东莨菪宁碱 *α*-scopodonnine
β- 东莨菪宁碱 *β*-scopodonnine
东莨菪品碱 scopine
东南葡萄酚▲ chunganenol
东亚唐松草碱 thalicthuberine
东亚唐松草碱 -*N*- 氧化物 thalicthuberine-*N*-oxide
东亚唐松草宁▲ takatonine
东亚唐松草亭▲ thalmelatine
东罂粟灵 orientaline
东紫苏奥苷▲A~D bodinioside A~D
东紫苏苷 bodinierin
东紫苏苷 C bodinierin C
东紫苏瑞苷▲C bodinieriside C
东紫苏素 A bodinierine A
冬凌草甲素 oridonin
冬凌草碱 donglingine
冬凌草内酯▲A~E rubesanolide A~E
冬凌草素 A~U, W rubescensin A~U, W
冬凌草素 J 丙酮化物 rubescensin J acetonide
冬凌草辛▲A~E isorubesin A~E
冬凌草乙素 ponicidin
冬青醇 ilexol
冬青醇酸 ilexolic acid
冬青醇酸 A, B ilexolic acid A, B
冬青苷 I 甲酯 ilexoside I methyl ester
冬青苷 ilexoside II, III, IV, V, VI, VII, VIII, IX, X, XI, XII, XIII, XIV, XV, XVI, XVII, XVIII, XIX, XX, XXI, XXII, XXIII, XXIV, XXV, XXVI, XXVII, XXVIII, XXIX, XXX, XXXI, XXXII, XXXIII, XXXIV, XXXV, XXXVI, XXXVII, XXXVIII, XXXIX, XL, XLI, XLII, XLIII, XLIV, XLV, XLVI, XLVII, XLVIII, XLIX, A~L, LI, O, P
冬青苷元 A, A_2 ilexgenin A, A_2
冬青苷元 B-28-*O*-*β*-D- 吡喃葡萄糖基酯 ilexgenin B-28-*O*-*β*-D-glucopyranoside
冬青苷元 B-3-*O*-*β*-D- 吡喃木糖苷 ilexgenin B-3-*O*-*β*-D-

xylopyranoside
冬青栎苷▲ A quercilicoside A
冬青木脂素 A ilexlignan A
冬青素 A, B, C, L_1, L_3 ilexin A, B, C, L_1, L_3
冬青酸 A, B ilex acid A, B
冬青卫矛倍半萜▲ -2~-7, -10~-14 ejap -2~-7, -10~-14
冬青卫矛碱 A~D, F, G, I~N euojaponine A~D, F, G, I~N
冬青卫矛鞘脂苷▲ A, B, C euojaposphingoside A, B, C
冬青叶美登木宁▲ cangoronine
冬青叶美登木瑞宁▲ E-I cangorinine E-I
冬青叶豚草酸 ilicic acid
冬青异色烷 ilexisochromane
冬青皂苷 A, A_1, B, B_1~B_4, C~H, O ilexsaponin A, A_1, B, B_1~B_4, C~H, O
冬青皂苷元 A ilexosapogenin A
冬青皂苷元 A-28-*O*-β-D- 吡喃葡萄糖酯苷 ilexosapogenin A-28-*O*-β-D-glucopyranosyl ester
冬青柱枝双孢霉酸▲ B ilicicolinic acid B
(+)- 冬崖椒灵▲ (+)-tembetarine
(*S*)-*N*- 冬崖椒灵▲ (*S*)-tembetarine
冬崖椒灵▲ tembetarine
(+)- 冬崖椒酰胺▲ (+)-tembamide
冬崖椒酰胺▲ tembamide
冻沙莱素▲ A-1, A-2, B, C, D hypnin A-1, A-2, B, C, D
豆白蛋白 legumelin
豆瓣绿素▲ peperotetraphin
豆包菌醌▲ pisoquinone
豆包菌内酯▲ pisolactone
豆包菌素▲ A, B pisolithin A, B
豆腐柴二聚物▲ premnadimer
豆腐柴苷▲ C, D premnoside C, D
豆腐柴苷酸▲ premnosidic acid
豆腐柴烯醇▲ premnenol
豆蔻明 cardamomin; cardamonin
豆球蛋白 legumin
豆薯素▲ pachyrrhizin
豆薯酮 pachyrrhizone
豆薯皂苷▲ A, B pachysaponin A, B
豆薯皂苷元▲ A, B pachysapogenin A, B
豆叶九里香吡喃碱▲ A~E pyrayafoline A~E
豆叶九里香吡喃醌▲ A, B, C pyrayaquinone A, B, C
豆叶九里香碱▲ A, B murrayafoline A, B
豆叶九里香科林碱▲ A~D chrestifoline A~D
豆叶九里香林碱▲ A~I murrafoline A~I
豆叶九里香斯亭碱▲ murrayastine
豆叶九里香替林碱▲ A~F murrastifoline A~F
豆叶九里香亭碱▲ A~E euchrestine A~E
豆叶九里香优林碱▲ A~D eustifoline A~D
(22*E*,24*S*)- 豆甾 -1,4,22- 三烯 -3- 酮 (22*E*,24*S*)-stigmasta-1,4,22-trien-3-one
(24*R*)- 豆甾 -1,4- 二烯 -3- 酮 (24*R*)-stigmasta-1,4-dien-3-one
(20*R*,22*E*,24*R*)- 豆甾 -22,25- 二烯 -3,6- 二酮 (20*R*,22*E*,24*R*)-stigmasta-22,25-dien-3,6-dione
(20*R*,22*E*,24*R*)- 豆甾 -22,25- 二烯 -3β,6β,9α- 三醇 (20*R*,22*E*,24*R*)-stigmasta-22,25-dien-3β,6β,9α-triol
豆甾 -22- 烯 -3,6- 二酮 stigmast-22-ene-3,6-dione
5α- 豆甾 -22- 烯 -3β- 醇 5α-stigmast-22-en-3β-ol
豆甾 -22- 烯 -3β- 醇 stigmast-22-en-3β-ol
(5α,22*E*,24ξ)- 豆甾 -22- 烯 -3- 酮 (5α,22*E*,24ξ)-stigmast-22-en-3-one
(5β,22*E*,24ξ)- 豆甾 -22- 烯 -3- 酮 (5β,22*E*,24ξ)-stigmast-22-en-3-one
5α- 豆甾 -22- 烯 -3- 酮 5α-stigmast-22-en-3-one
豆甾 -22- 烯 -3- 酮 stigmast-22-en-3-one
豆甾 -25- 烯 -3β,5α,6β- 三醇 stigmast-25-ene-3β,5α,6β-triol
豆甾 -3,5,22- 三烯 stigmasta-3,5,22-triene
豆甾 -3,5,22- 三烯 -7- 酮 stigmast-3,5,22-trien-7-one
豆甾 -3,5- 二烯 stigmasta-3,5-diene
豆甾 -3,5- 二烯 -7- 酮 stigmasta-3,5-dien-7-one
(24*R*)-5α- 豆甾 -3,6- 二酮 (24*R*)-5α-stigmast-3,6-dione
24*R*,5α- 豆甾 -3,6- 二酮 24*R*,5α-stigmastane-3,6-dione
5α- 豆甾 -3,6- 二酮 5α-stigmast-3,6-dione
豆甾 -3,6- 二酮 stigmasta-3,6-dione; stigmastane-3,6-dione
豆甾 -3,7- 二酮 stigmastane-3,7-dione
豆甾 -3-*O*-β-D- 吡喃葡萄糖苷 stigmast-3-*O*-β-D-glucopyranoside
$\Delta^{5,22}$- 豆甾 -3-*O*-β-D- 葡萄糖苷 -6'- 棕榈酸酯 $\Delta^{5,22}$-stigmast-3-*O*-β-D-glucopyranosyl-6'-hexadecanoate
(5α,24*S*)- 豆甾 -3α- 醇 (5α,24*S*)-stigmastan-3α-ol
(24*S*)- 豆甾 -3β,5α,6β- 三醇 (24*S*)-stigmast-3β,5α,6β-triol
豆甾 -3β,5α,6β- 三醇 stigmastane-3β,5α,6β-triol
24*R*- 豆甾 -3β,5α,6β- 三醇 -25- 烯 -3-*O*-β- 吡喃葡萄糖苷 24*R*-stigmastan-3β,5α,6β-triol-25-ene-3-*O*-β-glucopyranoside
(24*R*)- 豆甾 -3β,5α,6β- 三醇 -3-*O*-β-D- 吡喃葡萄糖苷 (24*R*)-stigmastane-3β,5α,6β-triol-3-*O*-β-D-glucopyranoside
5α- 豆甾 -3β,6α- 二醇 5α-stigmastane-3β,6α-diol
豆甾 -3β,6α- 二醇 stigmastane-3β,6α-diol
5α- 豆甾 -3β,6β- 二醇 5α-stigmast-3β,6β-diol
5α- 豆甾 -3β- 醇 5α-stigmastan-3β-ol
豆甾 -3β- 醇 stigmastan-3β-ol
豆甾 -3β- 醇 -6- 酮 stigmast-3β-ol-6-one
5α- 豆甾 -3- 酮 5α-stigmast-3-one
豆甾 -3- 酮 stigmastan-3-one
豆甾 -3- 酮 -21- 酸 stigmastan-3-one-21-oic acid
豆甾 -4,22,25- 三烯 -3β- 醇 stigmasta-4,22,25-trien-3β-ol
(22*E*)- 豆甾 -4,22,25- 三烯 -3- 酮 (22*E*)-stigmasta-4,22,25-trien-3-one
(22*E*,24*R*)- 豆甾 -4,22,25- 三烯 -3- 酮 (22*E*,24*R*)-stigmasta-4,22,25-trien-3-one
(3β,6β,22*E*)- 豆甾 -4,22- 二烯 -3,6- 二醇 (3β,6β,22*E*)-stigmasta-4,22-diene-3,6-diol
豆甾 -4,22- 二烯 -3,6- 二酮 stigmasta-4,22-diene-3,6-dione
豆甾 -4,22- 二烯 -3β,6β- 二醇 stigmasta-4,22-diene-3β,6β-diol
(22*E*,24*R*)- 豆甾 -4,22- 二烯 -3- 酮 (22*E*,24*R*)-stigmast-4,22-dien-3-one
(24*R*)-24- 豆甾 -4,22- 二烯 -3- 酮 (24*R*)-24-ethylcholesta-4,22-dien-3-one
24*S*- 豆甾 -4,22- 二烯 -3- 酮 24*S*-stigmasterol-4,22-dien-3-one
β- 豆甾 -4,22- 二烯 -3- 酮 β-stigmast-4,22-dien-3-one
豆甾 -4,22- 二烯 -3- 酮 stigmast-4,22-dien-3-one
豆甾 -4,22- 二烯 -6β- 醇 -3- 酮 stigmasta-4,22-dien-6β-ol-3-one
豆甾 -4,25- 二烯 -3- 酮 stigmasta-4,25-dien-3-one
豆甾 -4,6,8(14),22- 四烯 -3- 酮 stigmast-4,6,8(14),22-tetraen-3-one
豆甾 -4- 烯 -1,3- 二酮 stigmast-4-en-1,3-dione
3β,6β- 豆甾 -4- 烯 -3,6- 二醇 3β,6β-stigmast-4-en-3,6-diol
豆甾 -4- 烯 -3,6- 二醇 stigmast-4-en-3,6-diol
α- 豆甾 -4- 烯 -3,6- 二酮 α-stigmast-4-en-3,6-dione
豆甾 -4- 烯 -3,6- 二酮 stigmast-4-en-3,6-dione
豆甾 -4- 烯 -3α,6β- 二醇 stigmast-4-ene-3α,6β-diol
豆甾 -4- 烯 -3β,6α- 二醇 stigmast-4-ene-3β,6α-diol
豆甾 -4- 烯 -3β,6β- 二醇 stigmast-4-ene-3β,6β-diol
豆甾 -4- 烯 -3β- 醇 stigmast-4-en-3β-ol
豆甾 -4- 烯 -3β- 醇 -6- 酮 stigmast-4-en-3β-ol-6-one

豆甾 -4- 烯 -3β- 醇 -7- 酮 stigmast-4-en-3β-ol-7-one
(24R)- 豆甾 -4- 烯 -3- 酮 (24R)-stigmast-4-en-3-one
(24S)- 豆甾 -4- 烯 -3- 酮 (24S)-stigmast-4-en-3-one
24S- 豆甾 -4- 烯 -3- 酮 24S-stigmasterol-4-en-3-one
β- 豆甾 -4- 烯 -3- 酮 β-stigmast-4-en-3-one
豆甾 -4- 烯 -3- 酮 stigmast-4-en-3-one
豆甾 -4- 烯 -6α- 醇 -3- 酮 stigmast-4-en-6α-ol-3-one
β- 豆甾 -4- 烯 -6β- 醇 -3- 酮 β-stigmast-4-en-6β-ol-3-one
豆甾 -4- 烯 -6β- 醇 -3- 酮 stigmast-4-en-6β-ol-3-one
豆甾 -5(6)- 烯 -3-α-O-β-D- 葡萄糖苷 stigma-5(6)-ene-3-α-O-β-D-glucopyranoside
豆甾 -5,11(12)- 二烯 -3β- 醇 stigmast-5,11(12)-dien-3β-ol
豆甾 -5,17(20)- 二烯 -3- 醇 stigmasta-5,17(20)-dien-3-ol
(20R,22E,24R)- 豆甾 -5,22,25- 三烯 -3β,7β- 二醇 (20R,22E,24R)-stigmasta-5,22,25-trien-3β,7β-diol
(3β,24S,22E)- 豆甾 -5,22,25- 三烯 -3β- 醇 (3β,24S,22E)-stigmasta-5,22,25-trien-3β-ol
22E,24S- 豆甾 -5,22,25- 三烯 -3β- 醇 22E,24S-stigmata-5,22,25-trien-3β-ol
豆甾 -5,22,25- 三烯 -3β- 醇 stigma-5,22,25-trien-3β-ol
豆甾 -5,22,25- 三烯 -7- 酮 -3β- 醇 stigmasta-5,22,25-trien-7-on-3β-ol
豆甾 -5,22E- 二烯 -3β-O-β-D- 吡喃葡萄糖苷 stigmasta-5,22E -dien-3β-O-β-D-glucopyranoside
豆甾 -5,22- 二烯 -3-O-α-D- 吡喃葡萄糖苷 stigmast-5,22-dien-3-O-α-D-glucopyranoside
豆甾 -5,22- 二烯 -3-O-β-D- 吡喃葡萄糖苷 stigmast-5,22-dien-3-O-β-D-glucopyranoside
豆甾 -5,22- 二烯 -3β,21- 二醇 -3β,21- 二十六酸酯 stigmast-5,22-dien-3β,21-diol-3β,21-dihexadecanoate
豆甾 -5,22- 二烯 -3β,7α- 二醇 stigmast-5,22-diene-3β,7α-diol
22E,22S- 豆甾 -5,22- 二烯 -3β-O-β-D- 吡喃葡萄糖苷 22E,22S-stigmasta-5,22-dien-3β-O-β-D-glucopyranoside
豆甾 -5,22- 二烯 -3β- 醇 stigmasta-5,22-dien-3β-ol
豆甾 -5,22- 二烯 -3β- 醇 -3-O-β-D- 吡喃葡萄糖苷 stigmasta-5,22-dien-3β-ol-3-O-β-D-glucopyranoside
豆甾 -5,22- 二烯 -3β- 醇 -7- 酮 stigmasta-5,22-dien-3β-ol-7-one
豆甾 -5,22 二烯 -3β- 醇乙酸酯 stigmasta-5,22-dien-3β-ol acetate
(3β,22E)- 豆甾 -5,22- 二烯 -3- 醇 (3β,22E)-stigmasta-5,22-dien-3-ol
豆甾 -5,22- 二烯 -3- 醇乙酸酯 stigmasta-5,22-dien-3-ol acetate
豆甾 -5,22- 二烯 -3- 酮 stigmasta-5,22-dien-3-one
豆甾 -5,22- 二烯 -7- 酮 -3β- 醇 stigmasta-5,22-dien-7-one-3β-ol
豆甾 -5,23- 二烯 -3β- 醇 stigmasta-5,23-dien-3β-ol
豆甾 -5,24(28)- 二烯 -3β-O-α-L- 鼠李糖苷 stigmasta-5,24(28)-diene-3β-O-α-L-rhamnoside
豆甾 -5,24(28)- 二烯 -3β-O-β-D- 吡喃半乳糖苷 stigmasta-5,24(28)-dien-3β-O-β-D-galactopyranoside
豆甾 -5,24(28)- 二烯 -3β- 醇 stigmasta-5,24(28)-dien-3β-ol
豆甾 -5,24- 二烯 -3β- 醇 stigmasta-5,24-dien-3β-ol
豆甾 -5,24- 二烯 -3- 醇 stigmasta-5,24-dien-3-ol
24S- 豆甾 -5,25- 二烯 -3β- 醇 24S-stigmata-5,25-dien-3β-ol
豆甾 -5,25- 二烯 -3β- 醇 stigmasta-5,25-dien-3β-ol
(3β,24ξ)- 豆甾 -5,28- 二烯 -3,24- 二醇 (3β,24ξ)-stigmasta-5,28-diene-3,24-diol
豆甾 -5,9(11) 二烯 -3β- 醇 stigmasta-5,9(11)dien-3β-ol
24ξ- 豆甾 -5 反式 -,22- 二烯 -3β- 醇 24ξ-stigmasta-5*trans*,22-dien-3β-ol
豆甾 -5- 烯 -11- 醇 -3-O-β-D- 吡喃葡萄糖苷 stigmast-5-ene-11-ol-3-O-β-D-glucopyranoside
豆甾 -5- 烯 -22β- 醇 -3β- 月桂酸酯 stigmast-5-ene-22β-ol-3β-dodecanoate
豆甾 -5- 烯 -3,26- 二醇 -26- 苯甲酸酯 stigmast-5-en-3,26-diol-26-benzoate
豆甾 -5- 烯 -3,7,16- 三醇 stigmast-5-ene-3,7,16-triol
豆甾 -5- 烯 -3,7- 二醇 stigmast-5-ene-3,7-diol
豆甾 -5- 烯 -3-O-β-D- 吡喃葡萄糖苷 stigmast-5-en-3-O-β-D-glucopyranoside
豆甾 -5- 烯 -3β,21α,22R- 三醇 stigmast-5-ene-3β,21α,22R-triol
豆甾 -5- 烯 -3β,22R- 二醇 stigmast-5-ene-3β,22R-diol
(3S,22R,24R)- 豆甾 -5- 烯 -3β,22α- 二醇 (3S,22R,24R)-stigmast-5-ene-3β,22α-diol
(24S)- 豆甾 -5- 烯 -3β,24- 二醇 (24S)-stigmast-5-ene-3β,24-diol
豆甾 -5- 烯 -3β,4α- 二醇 stigmast-5-ene-3β,4α-diol
豆甾 -5- 烯 -3β,4β- 二醇 stigmast-5-ene-3β,4β-diol
豆甾 -5- 烯 -3β,7α,20ξ- 三醇 stigmast-5-en-3β,7α,20ξ-triol
豆甾 -5- 烯 -3β,7α,22α- 三醇 stigmast-5-ene-3β,7α,22α-triol
(24S)- 豆甾 -5- 烯 -3β,7α- 二醇 (24S)-stigmast-5-ene-3β,7α-diol
豆甾 -5- 烯 -3β,7α- 二醇 stigmast-5-ene-3β,7α-diol
豆甾 -5- 烯 -3β,7β- 二醇 stigmast-5-ene-3β,7β-diol
豆甾 -5- 烯 -3β-O-(6-O- 六癸酰基 -β-D- 吡喃葡萄糖苷）stigmast-5-en-3β-O-(6-O-hexadecanoyl-β-D-glucopyranoside)
豆甾 -5- 烯 -3β-O-β-D-[6-(9Z,12Z,15Z- 十八碳三烯酰基）吡喃葡萄糖苷］stigmast-5-en-3β-O-β-D-[6-(9Z,12Z,15Z-octadecatrienoyl)-glucopyranoside]
豆甾 -5- 烯 -3β-O-β-D- 吡喃葡萄糖苷 stigmast-5-en-3β-O-β-D-glucopyranoside
豆甾 -5- 烯 -3β- 醇 stigmast-5-en-3β-ol
豆甾 -5- 烯 -3β- 醇 -3-O-β-D-(2'- 正三十酰基)- 吡喃葡萄糖苷 stigmast-5-en-3β-ol-3-O-β-D-(2'-n-triacontanoyl)-glucopyranoside
豆甾 -5- 烯 -3β- 醇 -7- 酮 stigmast-5-en-3β-ol-7-one
豆甾 -5- 烯 -3β- 醇 -β-D- 吡喃葡萄糖苷 stigmasta-5-en-3β-ol-β-D-glucopyranoside
豆甾 -5- 烯 -3β- 基 -β-D- 吡喃葡萄糖苷 -6'- 二十四酸酯 stigmast-5-en-3β-yl-β-D-glucopyranoside-6'-tetracosanoate
豆甾 -5- 烯 -3- 醇 stigmast-5-en-3-ol
豆甾 -5- 烯 -3- 醇 -O-β-D- 吡喃葡萄糖醛酸苷 stigmast-5-en-3-ol-O-β-D-glucuronopyranoside
豆甾 -5- 烯 -3- 醇油酸酯 stigmast-5-en-3-ol oleate
豆甾 -5- 烯 -3- 乙酸酯 stigmast-5-en-3-acetate
豆甾 -5- 烯 -7α,22α- 二醇 -3β- 十四酸酯 stigmast-5-en-7α,22α-diol-3β-tetradecanoate
(24S)- 豆甾 -5- 烯 -7β- 乙氧基 -3β- 醇 (24S)-stigmast-5-en-7β-ethoxy-3β-ol
豆甾 -5- 烯 -7- 酮 stigmast-5-en-7-one
豆甾 -5- 烯 -7- 酮 -3-O-β-D- 吡喃葡萄糖苷 stigmast-5-en-7-one-3-O-β-D-glucopyranoside
豆甾 -5- 烯 -7- 酮 -3β- 醇 stigmast-5-en-7-one-3β-ol
豆甾 -5- 烯 -7- 酮 -3β- 棕榈酸酯 stigmast-5-en-7-oxo-3β-palmitate
豆甾 -5- 烯 -7- 氧代 -3β- 醇 stigmast-5-en-7-oxo-3β-ol
豆甾 -6β- 羟基 -4- 烯 -3- 酮 stigmast-6β-hydroxy-4-en-3-one
5α- 豆甾 -7(8)- 烯 -3β- 醇 5α-stigmast-7(8)-ene-3β-ol
豆甾 -7,16- 二烯 -3β- 醇 stigmasta-7,16-dien-3β-ol
(24R)-5α- 豆甾 -7,22(E)- 二烯 -3α- 醇 (24R)-5α-stigmasta-7,22(E)-dien-3α-ol
(24R)- 豆甾 -7,22(E)- 二烯 -3α- 醇 (24R)-stigmast-7,22(E)-dien-3α-ol
24(R)- 豆甾 -7,22-(E)- 二烯 -3α- 醇 24(R)-stigmast-7,22(E)-dien-3α-ol
(24R)- 豆甾 -7,22(E)- 二烯 -3β-D- 吡喃葡萄糖苷 (24R)-stigmast-7,22(E)-dien-3β-D-glucopyranoside

(24*R*)- 豆甾 -7,22(*E*)- 二烯 -3β- 醇 (24*R*)-stigmast-7,22(*E*)-dien-3β-ol
豆甾 -7,22,25- 三烯 -3-*O*-β-D-(6'- 棕榈酰基)- 葡萄糖苷 stigmasta-7,22,25-triene-3-*O*-β-D-(6'-palmitoyl)-glucopyranoside
豆甾 -7,22,25- 三烯 -3β- 醇 stigmasta-7,22,25-trien-3β-ol
3β,5α,22*E*,24ζ- 豆甾 -7,22,25- 三烯 -3- 醇 3β,5α,22*E*,24ζ-stigmasta-7,22,25-trien-3-ol
豆甾 -7,22,25- 三烯 -3- 十九酸酯 stigmasta-7,22,25-trien-3-nonadecanoic acid ester
24*R*- 豆甾 -7,22*E*- 二烯 -3α- 醇 24*R*-stigmast-7,22(*E*)-diene-3α-ol
24*R*- 豆甾 -7,22*E*- 二烯 -3β- 醇 24*R*-stigmast-7,22(*E*)-diene-3β-ol
豆甾 -7,22- 二烯 stigmasta-7,22-diene
豆甾 -7,22- 二烯 -3-*O*-β-D- 吡喃葡萄糖苷 stigmasta-7,22-dien-3-*O*-β-D-glucopyranoside
豆甾 -7,22- 二烯 -3β,4β- 二醇 stigmasta-7,22-dien-3β,4β-diol
豆甾 -7,22- 二烯 -3β,5α,6β- 三醇 stigmasta-7,22-diene-3β,5α,6β-triol
豆甾 -7,22- 二烯 -3β-*O*-β-D- 吡喃葡萄糖苷 stigmasta-7,22-dien-3β-*O*-β-D-glucopyranoside
豆甾 -7,22- 二烯 -3β-*O*- 葡萄糖苷 stigmasta-7,22-dien-3β-*O*-glucoside
(*E*)-5α- 豆甾 -7,22- 二烯 -3β- 醇 (*E*)-5α-stigmasta-7,22-dien-3β-ol
5α,24ζ- 豆甾 -7,22- 二烯 -3β- 醇 5α,24ζ-stigmasta-7,22-dien-3β-ol
5α- 豆甾 -7,22- 二烯 -3β- 醇 5α-stigmasta-7,22-dien-3β-ol
豆甾 -7,22- 二烯 -3β- 醇 stigmasta-7,22-dien-3β-ol
豆甾 -7,22- 二烯 -3β- 棕榈酸酯 stigmasta-7,22-dien-3β-palmitate
豆甾 -7,22- 二烯 -3- 醇 stigmasta-7,22-dien-3-ol
(22*E*,20*S*,24*S*)- 豆甾 -7,22- 二烯 -3- 酮 (22*E*,20*S*,24*S*)-stigmata-7,22-diene-3-one
豆甾 -7,22- 二烯 -3- 酮 stigmasta-7,22-dien-3-one
(5α)- 豆甾 -7,24(28)- 二烯 -3β- 醇 (5α)-stigmasta-7,24(28)-dien-3β-ol
豆甾 -7,24(28)- 二烯 -3β- 醇 stigmasta-7,24(28)-dien-3β-ol
5α- 豆甾 -7,24(28)- 二烯 -3- 醇 5α-stigmasta-7,24(28)-dien-3-ol
(5α)- 豆甾 -7,24- 二烯 -3β- 醇 (5α)-stigmasta-7,24-dien-3β-ol
豆甾 -7,24- 二烯 -3β- 醇 stigmasta-7,24-dien-3β-ol
3β,5α,24ζ- 豆甾 -7,25- 二烯 -3- 醇 3β,5α,24ζ-stigmasta-7,25-dien-3-ol
豆甾 -7,25- 二烯 -3- 醇 stigmasta-7,25-dien-3-ol
(5α)- 豆甾 -7,9(11),24(28)- 三烯 -3β- 醇 (5α)-stigmasta-7,9(11),24(28)-trien-3β-ol
(22*R*)- 豆甾 -7,9(11)- 二烯 -22α- 醇 -3β-*O*-β-D- 吡喃半乳糖苷 (22*R*)-stigmasta-7,9(11)-dien-22α-ol-3β-*O*-β-D-galactopyranoside
(22*R*)- 豆甾 -7,9(11)- 二烯 -22β- 醇 -3β-*O*-β-D- 吡喃半乳糖苷 (22*R*)-stigmasta-7,9(11)-dien-22β-ol-3β-*O*-β-D-galactopyranoside
豆甾 -7- 酮 stigmastane-7-one
豆甾 -7- 烯 -3,6- 二醇 stigmast-7-en-3,6-diol
(5α)- 豆甾 -7- 烯 -3β- 醇 (5α)-stigmast-7-en-3β-ol
5α-(24*S*)- 豆甾 -7- 烯 -3β- 醇 5α-(24*S*)-stigmast-7-en-3β-ol
5α- 豆甾 -7- 烯 -3β- 醇 5α-stigmast-7-en-3β-ol
豆甾 -7- 烯 -3β- 醇 stigmast-7-en-3β-ol
豆甾 -7- 烯 -3β- 醇 -β-D- 吡喃葡萄糖苷 stigmast-7-en-3β-yl-β-D-glucopyranoside
豆甾 -7- 烯 -3- 醇 stigmast-7-en-3-ol
豆甾 -7- 烯 -3- 醇乙酸酯 stigmast-7-en-3-ol acetate
豆甾 -7- 烯 -3- 醇棕榈酸酯 stigmast-7-en-3-ol palmitate
豆甾 -7- 烯 -3- 酮 stigmast-7-en-3-one
5α- 豆甾 -7- 烯醇 5α-stigmasta-7-enol
5α- 豆甾 -8(14)- 烯 -3β- 醇 5α-stigmast-8(14)-en-3β-ol
豆甾 -8(14)- 烯 -3- 醇 stigmast-8(14)-en-3-ol
豆甾 -8,24- 二烯 -3β- 醇 stigmasta-8,24-dien-3β-ol
5α- 豆甾 -9(11)- 烯 -3β- 醇 5α-stigmast-9(11)-en-3β-ol
豆甾 -9(11)- 烯 -3β- 醇 stigmast-9(11)-en-3β-ol
5α- 豆甾 -9(11)- 烯 -3β- 醇 - 二十四碳三烯酸酯 5α-stigmast-9(11)-en-3β-ol-tetracosantrienoic acid ester
α- 豆甾醇 α-stigmasterol
$\Delta^{5,22}$- 豆甾醇 $\Delta^{5,22}$-stigmasterol
Δ^{7}- 豆甾醇 Δ^{7}-stigmasterol
豆甾醇 stigmasterol; β-stigmasterol
豆甾醇 -3-(6'- 亚油酰基) 吡喃葡萄糖苷 stigmasterol-3-(6'-linoleoyl) glucopyranoside
豆甾醇 -3-(6'- 硬脂酰基) 吡喃葡萄糖苷 stigmasterol-3-(6'-stearoyl) glucopyranoside
豆甾醇 -3-(6'- 油酰基) 吡喃葡萄糖苷 stigmasterol-3-(6'-oleoyl) glucopyranoside
豆甾醇 -3-(6'- 棕榈酰基) 吡喃葡萄糖苷 stigmasterol-3-(6'-palmitoyl)glucopyranoside
豆甾醇 -3-(6'- 棕榈油酰基) 吡喃葡萄糖苷 stigmasterol-3-(6'-palmitoleoyl)glucopyranoside
β- 豆甾醇 -3-*O*-β-D-6- 棕榈酰葡萄糖苷 β-stigmasteryl-3-*O*-β-D-(6-palmitoyl)glucopyranoside
豆甾醇 -3-*O*-β-D- 吡喃阿拉伯糖基 -(1 → 4)-*O*-β-D- 吡喃葡萄糖苷 stigmasterol-3-*O*-β-D-arabinopyranosyl-(1 → 4)-*O*-β-D-glucopyranoside
豆甾醇 -3-*O*-β-D- 吡喃半乳糖苷 stigmasterol-3-*O*-β-D-galactopyranoside
β- 豆甾醇 -3-*O*-β-D- 吡喃葡萄糖苷 β-stigmasteryl-3-*O*-β-D-glucopyranoside
$\Delta^{5,22}$- 豆甾醇 -3-*O*-β-*D*- 吡喃葡萄糖苷 $\Delta^{5,22}$-stigmasterol-3-*O*-β-D-glucopyranoside
豆甾醇 -3-*O*-β-D- 吡喃葡萄糖苷 stigmasterol-3-*O*-β-D-glucopyranoside
豆甾醇 -3-*O*-β-D- 吡喃葡萄糖醛酸 stigmasterol-3-*O*-β-D-glucuronopyranoside
Δ^{7}- 豆甾醇 -3-*O*-β-D- 葡萄糖苷 Δ^{7}-stigmasteryl-3-*O*-β-D-glucoside
豆甾醇 -3-*O*-β-D- 葡萄糖苷 -6'- 棕榈酸酯 stigmasterol-3-*O*-β-D-glucopyranosyl-6'-hexadecanoate
Δ^{7}- 豆甾醇 -3-β-D- 吡喃葡萄糖苷 Δ^{7}-stigmasterol-3-β-D-glucopyranoside
豆甾醇 -4- 烯 -3,6- 二酮 stigmasterol-4-ene-3,6-di-one
豆甾醇 -4- 烯 -3- 酮 stigmasterol-4-en-3-one
豆甾醇 -5,24(28)- 二烯 -3β- 醇 stigmasterol-5,24(28)-dien-3β-ol
豆甾醇 -6'- 十六酸 - 葡萄糖酯苷 stigmasterol-6'-hexadecoic acid-glucoside
豆甾醇 -α-D- 吡喃葡萄糖苷 stigmasterol-α-D-glucopyranoside
豆甾醇花生酸酯 stigmasterol arachidate
豆甾醇葡萄糖苷 stigmasterol glucoside
豆甾醇乙酸酯 stigmasterol acetate
豆甾醇硬脂酸酯 stigmasterol stearate
豆甾醇油酸酯 stigmasterol oleate
豆甾醇棕榈酸酯 stigmasterol palmitate
(24*R*)-5,28- 豆甾二烯 -3β,24- 二醇 (24*R*)-5,28-stigmastadien-3β,24-diol
(24*S*)-5,28- 豆甾二烯 -3β,24- 二醇 (24*S*)-5,28-stigmastadien-3β,24-diol
5,28- 豆甾二烯 -3β- 醇 5,28-stigmastadien-3β-ol
5,11- 豆甾二烯 -3- 醇 5,11-stigmastadien-3β-ol
5,22- 豆甾二烯 -3- 醇 5,22-stigmastadien-3-ol
3β-*O*-5,25- 豆甾二烯 -β-D- 吡喃葡萄糖苷 3β-*O*-5,25-stigmastadien-β-D-glucopyranoside
5,22- 豆甾二烯醇 5,22-stigmastadienol

D

5,25- 豆甾二烯醇 5,25-stigmastadienol
$\Delta^{7,22}$- 豆甾二烯醇 $\Delta^{7,22}$-stigmastadienol
豆甾二烯酮 stigmastadienone
$\Delta^{7,22,25}$- 豆甾三烯 -3-β-D- 葡萄糖苷 $\Delta^{7,22,25}$-stigmsta-trien-3-β-D-glucoside
$\Delta^{7,22,25}$- 豆甾三烯 -3- 醇 $\Delta^{7,22,25}$-stigmsta-trien-3-ol
豆甾酮 stigmasterone
豆甾烷 stigmastane
豆甾烷醇 stigmastanol
豆甾烷醇 -3-*O*-β-D- 吡喃葡萄糖苷 stigmastanol-3-*O*-β-D-glucopyranoside
3α- 豆甾烷醇 -β-D-(6'- 软脂酰吡喃葡萄糖苷) 3α-stigmastanyl-β-D-(6'-palmitylglucopyranoside)
豆甾烷酮 stigmastanone
(20*S*)-5- 豆甾烯 -3β,7α,20- 三醇 (20*S*)-5-stigmastene-3β,7α,20-triol
5- 豆甾烯 -3β,7α- 二醇 5-stigmasten-3β,7α-diol
7- 豆甾烯 -3β- 醇 7-stigmasten-3β-ol
Δ^{7}- 豆甾烯 -3β- 醇 Δ^{7}-stigmasten-3β-ol
Δ^{7}- 豆甾烯 -3- 酮 Δ^{7}-stigmasten-3-one
7- 豆甾烯醇 7-stigmastenol
$\Delta^{5,22}$- 豆甾烯醇 $\Delta^{5,22}$-stigmastenol
Δ^{7}- 豆甾烯醇 Δ^{7}-stigmastenol
豆甾烯醇 stigmastenol
Δ^{7}- 豆甾烯醇 -3-*O*-β-D- 吡喃吡喃葡萄糖苷 Δ^{7}-stigmastenol-3-*O*-β-D-glucopyranoside
豆甾烯醇 -3-*O*-β-D- 吡喃葡萄糖苷 stigmastenol-3-*O*-β-D-glucopyranoside
Δ^{7}- 豆甾烯醇 -β-D-(6'- 二十碳烯酰吡喃葡萄糖苷) Δ^{7}-stigmastenyl-β-D-(6'-eicosenyl-glucopyranoside)
Δ^{7}- 豆甾烯醇 -β-D-(6'- 软脂酰吡喃葡萄糖苷) Δ^{7}-stigmastenyl-β-D-(6'-palmitylglucopyranoside)
Δ^{7}- 豆甾烯醇 -β-D- 葡萄糖苷 Δ^{7}-stigmastenol-β-D-glucoside
Δ^{7}- 豆甾烯醇葡萄糖苷 Δ^{7}-stigmastenol glucoside
豆甾烯三醇 stigmastenetriol
β- 豆甾烯酮 β-stigmastenone
豆甾烯酮 stigmastenone
嘟啦碱 dolaconine
都丽菊苯酮 ethuliaconyzophenone
都丽菊螺环香豆素▲ spiroethuliacoumarin
都丽菊酮 ethuliconyzone
都丽菊香豆素▲ ethuliacoumarin
毒豆碱 laburnine
毒豆碱乙酸酯 laburnine acetate
毒豆亭▲ laburnetin
毒豆异黄酮▲ A anagyroidisoflavone A
毒根斑鸠菊苷 A~G vernocuminoside A~G
l-α- 毒灰毛豆酚 *l*-α-toxicarol
α- 毒灰毛豆酚 α-toxicarol
毒灰毛豆酚 toxicarol
毒灰毛豆酚异黄酮 toxicarol isoflavone
毒鸡骨常山定▲ venalstonidine
毒鸡骨常山碱▲ venalstonine
毒鸡骨常山卡品▲ A, B venacarpine A, B
(-)- 毒鸡骨常山林碱▲ (-)-echitoveniline
毒鸡骨常山林碱▲ echitoveniline
毒鸡骨常山那定▲ echitovenaldine
毒鸡骨常山尼定▲ echitovenidine
(-)- 毒鸡骨常山宁碱▲ (-)-echitovenine
毒鸡骨常山萜碱▲ venoterpine
毒鸡骨常山萜碱▲糖苷 venoterpine glucoside
毒鸡骨常山血平定▲ echitoserpidine
毒尖药木苷▲ A, C acovenoside A, C
毒尖药木苷元▲ A-3-*O*-α-L- 吡喃鼠李糖苷 acovenosigenin A-3-*O*-α-L-ramnopyranoside
毒见血封喉苷 A~I, K~O toxicarioside A~I, K~O
毒马草黄酮 sideritoflavone
毒马草素▲ siderin
毒马钱辛碱▲ B macusine B
毒芹醇 cicutol
毒芹毒素 cicutoxin
毒芹二醇 cicudiol
毒芹洛醇▲ A, B, C virol A, B, C
毒参碱▲ coniine
毒参羟碱▲ conhydrine
毒参亭碱▲ conmaculatine
毒参酮碱▲ conhydrinone
毒参亚胺碱▲ coniceine
毒鼠豆素 gliricidin
毒鼠子素▲ A, I~L, T~W dichapetalin A, I~L, T~W
α- 毒莴苣醇 α-lactucerol
毒莴苣醇▲ germanicol
毒莴苣醇▲ C germanicol C
毒莴苣醇▲乙酸酯 germanicol acetate
毒莴苣酮▲ germanicone
毒莴苣烯▲ germanicene
毒鱼豆苷元▲ piscigenin
毒鱼豆酸▲ piscidic acid
毒鱼豆酸▲单乙酯 piscidic acid monoethyl ester
毒鱼豆酮▲ ichthynone
毒鱼割舌树醇▲ A piscidinol A
毒鱼菊醇▲乙酸酯 ichthyothereol acetate
独活醇 heraclenol
独活醇 -3'- 甲醚 heraclenol-3'-methyl ether
独活醇 -3- 甲醚 heraclenol-3-methyl ether
独活醇 - 叔 -*O*- 吡喃葡萄糖苷 heraclenol-*tert*-*O*-β-glucopyranoside
独活素 heraclenin
(+)- 独脚金醇 (+)-strigol
独蒜兰醇▲ shancignol
独蒜兰定▲ bulbocodin
独蒜兰定▲ C, D bulbocodin C, D
独蒜兰酚▲ bulbocol
独蒜兰灵▲ shancilin
独蒜兰诺酚▲ pleionol
独蒜兰素▲ A pleionin A
独蒜兰西醇▲ shanciol
独蒜兰西醇▲ A~H shanciol A~H
独蒜兰西定▲ shancidin
独蒜兰脂素▲ A, B sanjidin A, B
独行菜二倍半萜醇▲ lepidiumsesterterpenol
独行菜苷▲ lepidoside
独行菜碱 A~F lepidine A~F
独行菜类萜▲ lepidiumterpenoid
独行菜萜烯酯▲ lepidiumterpenyl ester
独一味醇▲ A, B, C lamiophlomiol A, B, C
独一味苷 A lamiophlomioside A
独一味内酯 lamiolactone
独一味萜苷 lamiophlomiside
独子藤醇 monospermol

独子藤二醇▲ monospermondiol
独子藤诺醇▲ monospermonol
独子藤醛▲ monospermonal
笃斯越桔素▲ A, B vacciuligin A, B
α-4,8,13- 杜法三烯 -1,3- 二醇 α-4,8,13-duvatriene-1,3-diol
杜格菊内酯▲ dugesialactone
杜衡素 A~D asarumin A~D
杜茎山酚 maesol
杜茎山苷▲ A~E maejaposide A~E
杜茎山醌 maesaquinone
杜茎山宁▲ maesanin
杜茎山皂苷▲ maesasaponin
杜茎山皂苷▲ II, III, IV, V, VI maesasaponin II, III, IV, V, VI
(-)- 杜鹃醇 (-)-rhododendrol
(+)- 杜鹃醇 (+)-rhododendrol
杜鹃醇 rhododendrol
杜鹃醇 -4'-*O*-β-D- 吡喃葡萄糖苷 rhododendrol-4'-*O*-β-D-glucopyranoside
杜鹃花毒素 rhodotoxin
杜鹃黄素 azaleatin
杜鹃兰碱▲ cremastrine
杜鹃素 rhododendrin
杜鹃酮▲ A rhododendrone A
杜鹃酮苷 rhododendroketoside
杜鹃酮苷▲ rhododendronside
杜拉崖豆藤酮▲ durmillone
杜楝宾 A~K turrapubin A~K
杜楝醇 A, B, C turrapubesol A, B, C
杜楝宁 A~F turranin A~F
杜楝素 A~G turrapubesin A~G
杜楝酸 A, B, C turrapubesic acid A, B, C
杜松 -1(10),4- 二烯 cadina-1(10),4-diene
杜松 -1,3,5- 三烯 cadina-1,3,5-triene
杜松 -1,4- 二烯 cadina-1,4-diene
杜松 -3,9- 二烯 cadina-3,9-diene
杜松 -3- 烯 -6,7- 二醇 cadinan-3-ene-6,7-diol
(-)- 杜松 -4,10(15)- 二烯 -11- 酸 (-)-cadin-4,10(15)-dien-11-oic acid
杜松 -4,10(15)- 二烯 -3- 酮 cadina-4,10(15)-dien-3-one
杜松 -4,11- 二烯 -14- 醇 cadina-4,11-dien-14-ol
杜松 -4,11- 二烯 -14- 醛 cadina-4,11-dien-14-al
杜松 -4,11- 二烯 -14- 酸 cadina-4,11-dien-14-oic acid
杜松 -4,7- 二烯 cadina-4,7-diene
杜松 -4,9- 二烯 cadina-4,9-diene
杜松 -4β,5α,10β- 三醇 cadinane-4β,5α,10β-triol
杜松 -9,11(12)- 二烯 cadina-9,11(12)-diene
(-)-Δ- 杜松醇 (-)-Δ-cadinol
Δ- 杜松醇 Δ-cadinol
t- 杜松醇 *t*-cadinol
α- 杜松醇 α-cadinol
γ- 杜松醇 γ-cadinol
δ- 杜松醇 δ-cadinol
τ- 杜松醇 τ-cadinol
杜松醇 cadinol
α- 杜松醇乙醚 α-cadinol ethyl ether
杜松萘▲ cadalene
杜松烷 -τ- 杜松醇 cadinane-τ-cadinol
(-)-β- 杜松烯 (-)-β-cadinene
(-)- 杜松烯 (-)-cadinene
(+)-δ- 杜松烯 (+)-δ-cadinene
(±)-γ- 杜松烯 (±)-γ-cadinene
Δ- 杜松烯 Δ-cadinene
d- 杜松烯 *d*-cadinene
α- 杜松烯 α-cadinene
β- 杜松烯 β-cadinene
γ- 杜松烯 γ-cadinene
δ- 杜松烯 δ-cadinene
ε- 杜松烯 ε-cadinene
ν- 杜松烯 v-cadiene
σ- 杜松烯 σ-cadinene
τ- 杜松烯 τ-cadinene
杜松烯 cadinene
(+)- 杜松烯醇 (+)-cadinenol
δ- 杜松烯醇 δ-cadinenol
杜烯酚 durenol
(+)- 杜香醇 (+)-ledol
杜香醇 ledol
(-)- 杜香二醇 (-)-leddiol
杜香苷▲ palustroside
杜香萜酮▲ lebaicone
杜香烷 ledane
(+)- 杜香烯 (+)-ledene
杜香烯▲ ledene
杜香烯▲氧化物 ledene oxide
10(15)- 杜香烯 -4- 醇 10(15)-cadinen-4-ol
杜香烯醇 ledene alcohol
杜香烯醇▲ ledenealcohol
杜英定碱 elaeocarpidine
(±)- 杜英碱 (±)-elaeocarpine
(±)- 杜英碱 -*N*- 氧化物 (±)-elaeocarpine-*N*-oxide
(+)- 杜英林碱 (+)-elaeocarpiline
杜英素 elaeocarpusin
杜英辛▲ A~H elaeocarpucin A~H
杜仲醇 eucommiol
杜仲醇苷 eucommioside
杜仲多糖 eucomman A
杜仲二醇 eucommidiol
杜仲苷 ulmoside
杜仲胶 gutta percha
杜仲抗真菌肽▲ 1 EAFP1
杜仲抗真菌肽▲ 2 EAFP2
杜仲莫苷▲ A, B, C eucomoside A, B, C
杜仲素 A eucommin A
杜仲藤苷▲ A, B, C parabaroside A, B, C
杜仲萜醇▲ ulmoidol
杜仲萜醇▲ A ulmoidol A
杜仲萜苷▲ A~D ulmoidoside A~D
杜仲异戊烯醇 ulmoprenol
短瓣花醇▲ A, B, C brachystemol A, B, C
短瓣花定碱▲ A~G brachystemidine A~G
短瓣花素▲ A~I brachystemin A~I
短瓣花因▲ A, B, C duanbanhuain A, B, C
短瓣金莲花烯▲ ledebourene
短柄乌头碱▲ A~D brachyaconitine A~D
短柄五加苷 A, B brachyposide A, B
短柄雪胆苷 A~E delavanoside A~E
短柄野芝麻半萜苷▲ hemialboside
短柄野芝麻醇苷▲ A, B alboside A, B
短柄野芝麻苷▲ lamalboside

D

短柄野芝麻酸▲ lamalbidic acid
短柄野芝麻萜苷▲ lamalbide
短翅黄芪苷▲B brachyoside B
短刺枣碱▲D, J mucronine D, J
短萼海桐皂苷元 pittobrevigenin
短梗胡枝子定 lespedin
短梗胡枝子素▲$A_1, B_1, B_2, B_3, C_1, D_1, E_1, E_2, E_3, E_4, E_5, E_6, E_7, F_1, F_2, G_1, H_1, H_2, H_3, H_4$ lespecyrtin $A_1, B_1, B_2, B_3, C_1, D_1, E_1, E_2, E_3, E_4, E_5, E_6, E_7, F_1, F_2, G_1, H_1, H_2, H_3, H_4$
短梗五加苷▲ sessiloside
(-)- 短梗烟堇宁▲ (-)-egenine
短尖冬青皂苷▲-3 brevicuspisaponin-3
短茎马先蒿苷▲A, B artselaeroside A, B
短茎马先蒿素▲I, II, III, A, B, C artselaenin I, II, III, A, B, C
短绢毛波罗蜜素▲B artopetelin B
短毛小芸木素▲ micropubescin
短密青霉素▲ compactin
短舌匹菊素▲ santamarin; santamarine
短穗胡椒胺▲B brachyamide B
短穗胡椒酰胺▲A, B, D brachystamide A, B, D
(2*R*,3*S*)- 短缩决明酚 -3-*O*-α-D- 呋喃芹糖基 -(1 → 6)-*O*-β-D- 吡喃葡萄糖苷 (2*R*,3*S*)-guibourtinidol-3-*O*-α-D-apiofuranosyl-(1 → 6)-*O*-β-D-glucopyranoside
短葶仙茅苷 A, B breviscaside A, B
短葶仙茅素▲A, B, C breviscapin A, B, C
短小蛇根草波苷▲ chaboside
(3*S*)- 短小蛇根草苷▲ (3*S*)-pumiloside
短小蛇根草苷▲ pumiloside
短小蛇根草莫苷▲ inamoside
短小蛇根草莫苷▲A~G inamoside A~G
短序鹅掌柴灵▲A, B bodirin A, B
短序鹅掌柴宁▲ bodinin
短序鹅掌柴亭▲A~D bodinitin A~D
短序鹅掌柴酮▲ bodinone
短序鹅掌柴酮▲糖苷 bodinone glycoside
短叶堆心菊素▲A brevilin A
短叶罗汉松内酯▲A~J rakanmakilactone A~J
短叶罗汉松内酯▲G-7-*O*-β-D- 呋喃芹糖苷 rakanmakilactone G-7-*O*-β-D-apiofuranoside
短叶苏木酚 brevifolin
短叶苏木酚羧酸甲酯 methyl brevifolin carboxylate
短叶苏木酸 brevifolincarboxylic acid
短叶苏木酸甲酯 brevifolincarboxylic acid methyl ester; methyl brevifolincarboxylate
短叶苏木酸乙酯 brevifolincarboxylic acid ethyl ester
短叶紫杉醇▲ brevifoliol
短叶紫杉素▲ brevitaxin
短枝菊色原酮▲ brachychromone
短枝菊香豆素▲ brachycoumarin
(1*S*,5*R*,7*R*,10*R*)- 断苍术醇内酯 -11-*O*-β-D- 吡喃葡糖苷 (1*S*,5*R*,7*R*,10*R*)-secoatractylolactone-11-*O*-β-D-glucopyranoside
断节参苷 wallicoside
断节参苷 J wallicoside J
缎木素▲ xylotenin
椴树醇 basseol
椴树素 tilianin
椴树素 -7-*O*-β-D- 吡喃葡萄糖苷 tilianin-7-*O*-β-D-glucopyranoside
椴树素 -7-*O*-β-D- 葡萄糖苷 tilianin-7-*O*-β-D-glucoside
椴松酸 todomatsuic acid
堆花石斛素▲ cumulatin
堆心菊内酯 florilenalin
堆心菊内酯 -2α-*O*- 巴豆酸酯 florilenalin-2α-*O*-tiglate
堆心菊内酯当归酸酯 florilenalin angelate
堆心菊内酯异丁酸酯 florilenalin isobutyrate
堆心菊内酯异戊酸酯 florilenalin isovalerate
堆心菊素 helenalin
堆心菊烯 helenien
对 -(2'- 羟基乙基)- 苯酚 -β-D- 吡喃葡萄糖苷 *p*-(2'-hydroxyethyl)-phenol-β-D-glucopyranoside
27-*O*- 对 -(*E*)- 香豆酰熊果酸 27-*O*-*p*-(*E*)-coumaroylursolic acid
27- 对 -(*E*)- 香豆酰氧基熊果酸 27-*p*-(*E*)-coumaroyloxyursolic acid
27-*O*- 对 -(*Z*)- 香豆酰熊果酸 27-*O*-*p*-(*Z*)-coumaroylursolic acid
对 -1,3,8- 薄荷三烯 *p*-1,3,8-menthatriene
对 -2,5- 二甲氧基孜然芹烃▲ *p*-2,5-dimethoxycymene
对 -D- 吡喃半乳糖基 - 豆甾 -5- 烯 *p*-D-galactopyrano-stigmast-5-ene
对 - *E*- 甲氧基桂皮酸 *p*-*E*-methoxycinnamicacid
对 -*E*- 香豆酸 *p*-*E*-coumaric acid
(1- 对 -*O*- 香豆酰基 -3,6- 二 -*O*- 阿魏酰基)-β-D- 呋喃果糖基 -α-D- 吡喃葡萄糖苷 (1-*p*-*O*-coumaroyl-3,6-di-*O*-feruroyl)-β-D-fructofuranosyl-α-D-glucopyranoside
(1- 对 -*O*- 香豆酰基 -6-*O*- 阿魏酰基)-β-D- 呋喃果糖基 -α-D- 吡喃葡萄糖苷 (1-*p*-*O*-coumaroyl-6-*O*-feruroyl)-β-D-fructofuranosyl-α-D-glucopyranoside
27- 对 -*Z*- 香豆酰氧基熊果酸 27-*p*-*Z*-coumaroyloxyursolic acid
对 -β-D- 葡萄糖氧基苯甲酸 *p*-β-D-glucosyloxybenzoic acid
(*E*)- 对阿魏醇硬脂酸酯 (*E*)-*p*-ferulyl stearate
(*E*)- 对阿魏醇棕榈酸酯 (*E*)-*p*-ferulyl palmitate
(*E*)-6-*O*- 对阿魏酰鸡矢藤次苷甲酯 (*E*)-6-*O*-*p*-feruloylscandoside methyl ester
(*Z*)-6-*O*- 对阿魏酰鸡矢藤次苷甲酯 (*Z*)-6-*O*-*p*-feruloylscandoside methyl ester
N- 对阿魏酰酪胺 *N*-*p*-feruloyltyramine
L-(+)- 对氨基苯丙氨酸 L-(+)-*p*-aminophenylalanine
对氨基苯酚 *p*-aminophenol
对氨基苯甲醛 *p*-aminobenzaldehyde
对氨烷基苯甲酸 *p*-aminoalkyl-benzoic acid
(7*R**)- 对凹顶藻 -4(15)- 烯 -1β,11- 二醇 (7*R**)-opposit-4(15)-en-1β,11-diol
对凹顶藻 -4(15)- 烯 -1β,11- 二醇 opposit-4(15)-ene-1β,11-diol
(7*R**)- 对凹顶藻 -4(15)- 烯 -1β,7α- 二醇 (7*R**)-opposit-4(15)-en-1β,7α-diol
(7*R**)- 对凹顶藻 -4(15)- 烯 -1β,7- 二醇 (7*R**)-opposit-4(15)-en-1β,7-diol
(7*R**)- 对凹顶藻 -4(15)- 烯 -1β,8- 二醇 (7*R**)-opposit-4(15)-en-1β,8-diol
4(15)- 对凹顶藻烯 -1,11- 二醇 4(15)-oppositene-1,11-diol
(-)-(2*R*,4*S*)- 对薄荷 -1(7),8- 二烯 -2- 氢过氧化物 (-)-(2*R*,4*S*)-*p*-mentha-1(7),8-dien-2-hydroperoxide
(-)-(2*S*,4*S*)- 对薄荷 -1(7),8- 二烯 -2- 氢过氧化物 (-)-(2*S*,4*S*)-*p*-mentha-1(7),8-dien-2-hydroperoxide
(1*R*,2*R*,3*R*,4*S*,6*S*)- 对薄荷 -1,2,3,6- 四醇 (1*R*,2*R*,3*R*,4*S*,6*S*)-*p*-menthane-1,2,3,6-tetrol
(1*R*,2*S*,3*R*,4*R*,6*S*)- 对薄荷 -1,2,3,6- 四醇 (1*R*,2*S*,3*R*,4*R*,6*S*)-*p*-menthane-1,2,3,6-tetrol
(1*R*,2*R*,4*S*)- 对薄荷 -1,2,8- 三醇 (1*R*,2*R*,4*S*)-*p*-menthane-1,2,8-triol
(1*S*,2*S*,4*R*,8*R*)- 对薄荷 -1,2,8- 三醇 (1*S*,2*S*,4*R*,8*R*)-*p*-menthane-1,2,8-

triol
对薄荷 -1,2,8- 三醇 *p*-menthane-1,2,8-triol
对薄荷 -1,2,8- 三醇 -2-*O*-*β*-D- 吡喃葡萄糖苷 *p*-menthane-1,2,8-triol-2-*O*-*β*-D-glucopyranoside
(1*S*,2*R*,4*S*)- 对薄荷 -1,2,8- 三醇 -8-*O*-*β*-D- 吡喃葡萄糖苷 (1*S*,2*R*,4*S*)-*p*-menthane-1,2,8-triol-8-*O*-*β*-D-glucopyranoside
(1*S*,2*R*,4*S*,8*R*)- 对薄荷 -1,2,9- 三醇 -2-*O*-*β*-D- 吡喃葡萄糖苷 (1*S*,2*S*,4*R*,8*R*)-*p*-menthane-1,2,9-triol-2-*O*-*β*-D-glucopyranoside
对薄荷 -1,2- 二醇 *p*-menthane-1,2-diol
对薄荷 -1,3,8- 三烯 *p*-mentha-1,3,8-triene
对薄荷 -1,4(8)- 二烯 *p*-mentha-1,4(8)-diene
对薄荷 -1,4- 二烯 -7- 醇 *p*-mentha-1,4-dien-7-ol
对薄荷 -1,5,8- 三烯 *p*-mentha-1,5,8-triene
对薄荷 -1,5- 二烯 -7- 醇 *p*-mentha-1,5-dien-7-ol
对薄荷 -1,5- 二烯 -8- 醇 *p*-mentha-1,5-dien-8-ol
4- 对薄荷 -1,8- 二醇 4-*p*-menthane-1,8-diol
对薄荷 -1- 烯 -3,6- 二醇 *p*-menth-1-ene-3,6-diol
(3*S*,4*S*,6*R*)- 对薄荷 -1- 烯 -3,6- 二醇 -6-*O*-*β*-D- 吡喃葡萄糖苷 (3*S*,4*S*,6*R*)-*p*-menth-1-ene-3,6-diol-6-*O*-*β*-D-glucopyranoside
对薄荷 -1- 烯 -4- 醇 *p*-menth-1-en-4-ol
(4*R*)- 对薄荷 -1- 烯 -7,8- 二醇 -8-*O*-*β*-D- 吡喃葡萄糖苷 (4*R*)-*p*-menth-1-ene-7,8-diol-8-*O*-*β*-D-glucopyranoside
(4*S*)- 对 - 薄荷 -1- 烯 -7,8- 二醇 -8-*O*-*β*-D- 吡喃葡萄糖苷 (4*S*)-*p*-menth-1-ene-7,8-diol-8-*O*-*β*-D-glucopyranoside
(4*R*)- 对薄荷 -1- 烯 -7,8- 二醇 -8-*O*-*β*-D- 呋喃芹糖基 -(1 → 6)-*β*-D- 吡喃葡萄糖苷 (4*R*)-*p*-menth-1-ene-7,8-diol-8-*O*-*β*-D-apiofuranosyl-(1 → 6)-*β*-D-glucopyranoside
(4*S*)- 对薄荷 -1- 烯 -7,8- 二醇 -8-*O*-*β*-D- 呋喃芹糖基 -(1 → 6)-*β*-D- 吡喃葡萄糖苷 (4*S*)-*p*-menth-1-ene-7,8-diol-8-*O*-*β*-D-apiofuranosyl-(1 → 6)-*β*-D-glucopyranoside
对薄荷 -1- 烯 -8- 醇 *p*-menth-1-en-8-ol
(1*R*,2*R*,4*R*,8*R*)-(-)- 对薄荷 -2,8,9- 三醇 (1*R*,2*R*,4*R*,8*R*)-(-)-*p*-methane-2,8,9-triol
相对 -(1*R*,2*S*,4*R*,8*S*)- 对薄荷 -2,8,9- 三醇 rel-(1*R*,2*S*,4*R*,8*S*)-p-menthane-2,8,9-triol
相对 -(1*R*,2*S*,4*R*,8*R*)- 对薄荷 -2,8,9- 三醇 rel-(1*R*,2*S*,4*R*,8*R*)-p-menthane-2,8,9-triol
(1*S*,2*R*,4*R*,8*R*)- 对薄荷 -2,8,9- 三醇 (1*S*,2*R*,4*R*,8*R*)-p-menthane-2,8,9-triol
(1*S*,2*R*,4*R*,8*S*)- 对薄荷 -2,8,9- 三醇 (1*S*,2*R*,4*R*,8*S*)-p-menthane-2,8,9-triol
相对 -(1*S*,2*S*,4*R*,8*S*)- 对薄荷 -2,8,9- 三醇 rel-(1*S*,2*S*,4*R*,8*S*)-p-menthane-2,8,9-triol
相对 -(1*S*,2*S*,4*R*,8*R*)- 对薄荷 -2,8,9- 三醇 rel-(1*S*,2*S*,4*R*,8*R*)-p-menthane-2,8,9-triol
(1*S*,2*S*,4*S*,8*R*)- 对薄荷 -2,8,9- 三醇 (1*S*,2*S*,4*S*,8*R*)-*p*-menthane-2,8,9-triol
(1*S*,2*S*,4*S*,8*S*)- 对薄荷 -2,8,9- 三醇 (1*S*,2*S*,4*S*,8*S*)-*p*-menthane-2,8,9-triol
(1*S*,2*R*,4*R*,8*S*)- 对薄荷 -2,8,9- 三醇 4-*O*-*β*-D- 吡喃葡萄糖苷 (1*S*,2*R*,4*R*,8*S*)-*p*-menthane-2,8,9-triol-4-*O*-*β*-D-glucopyranoside
(1*S*,2*R*,4*R*,8*S*)- 对薄荷 -2,8,9- 三醇 -9-*O*-*β*-D- 吡喃葡萄糖苷 (1*S*,2*R*,4*R*,8*S*)-*p*-menthane-2,8,9-triol-9-*O*-*β*-D-glucopyranoside
(-)-(1*R*,4*S*)- 对薄荷 -2,8- 二烯 - 氢过氧化物 (-)-(1*R*,4*S*)-*p*-mentha-2,8-dien-1-hydroperoxide
(-)-(1*S*,4*S*)- 对薄荷 -2,8- 二烯 - 氢过氧化物 (-)-(1*S*,4*S*)-*p*-mentha-2,8-dien-1-hydroperoxide
对薄荷 -2- 烯 -1,4,8- 三醇 *p*-menth-2-ene-1,4,8-triol
对薄荷 -2- 烯 -1*β*,4*β*,8- 三醇 *p*-menth-2-en-1*β*,4*β*,8-triol
对薄荷 -2- 烯 -1- 醇 *p*-menth-2-en-1-ol
[9,9,9-2*H*3]-(1*S**,3*R**,4*S**,8*S**)- 对薄荷 -3,8- 二醇 [9,9,9-2*H*3]-(1*S**,3*R**,4*S**,8*S**)-*p*-menthane-3,8-diol
[9,9,9-2*H*3]-(1*S**,3*S**,4*S**,8*S**)- 对薄荷 -3,8- 二醇 [9,9,9-2*H*3]-(1*S**,3*S**,4*S**,8*S**)-*p*-menthane-3,8-diol
对薄荷 -3- 烯 -1,2,8- 三醇 *p*-menth-3-ene-1,2,8-triol
对薄荷 -3- 烯 -1,2- 二醇 *p*-menth-3-ene-1,2-diol
对薄荷 -3- 烯 -8 醇 *p*-menth-3-en-8-ol
对薄荷 -4- 烯 -1,2- 二醇 *p*-menth-4-ene-1,2-diol
对薄荷 -6- 烯 -2,5- 二醇 *p*-menth-6-en-2,5-diol
对薄荷 -8- 烯 -1,2- 二醇 *p*-menth-8-ene-1,2-diol
(1*S*,2*R*,4*S*)- 对薄荷 -8- 烯 -1,2,10- 三醇 -2-*O*-*β*-D- 吡喃葡萄糖苷 (1*S*,2*S*,4*R*)-*p*-menth-8-ene-1,2,10-triol-2-*O*-*β*-D-glucopyranoside
对薄荷 -8- 烯 -2- 醇 *p*-menth-8-en-2-ol
1,4- 对薄荷二烯 -7- 醇 1,4-*p*-menthadien-7-ol
1,3- 对薄荷二烯 -7- 醛 1,3-*p*-menthadien-7-al
对薄荷二烯醛 *p*-menthadienal
对薄荷红花八角酚 *p*-menthadunnianol
1,3,8- 对薄荷三烯 1,3,8-*p*-menthatriene
对薄荷烷 -1,8,9- 三醇 -9-*O*-*β*-D- 吡喃葡萄糖苷 *p*-menthane-1,8,9-triol-9-*O*-*β*-D-glucopyranoside
3- 对薄荷烯 3-*p*-menthene
8- 对薄荷烯 -1,2- 二醇 8-*p*-menthene-1,2-diol
3- 对薄荷烯 -7- 醛 3-*p*-menthen-7-al
1- 对薄荷烯 -9- 醛 1-*p*-menthen-9-al
(1*R*,4*S*,6*R*)- 对薄荷烯二醇 (1*R*,4*S*,6*R*)-*p*-menthenediol
对苯二甲酸二 (4- 辛基) 酯 *p*-phthalic acid-di(4-octyl)ester
对苯甲酸鼠李糖醇苷 *p*-hyroxybenzoic acid rhamnoside
对苯醌 *p*-benzoquinone
苯醌 -2,5- 二甲酸二甲酯 dimethyl benzoquinone-2,5-dicarboxylate
对吡喃葡萄糖氧基扁桃腈 *p*-glucopyranosyloxymandelonitrile
对吡喃葡萄糖氧基扁桃腈 -*β*- 吡喃葡萄糖苷 *p*-glucopyranosyloxy mandelonitrile-*β*-glucopyranoside
对丙烯基苯酚 *p*-anol
对丁香酚 *p*-eugenol
对二甲氨基苯甲醛 *p*-dimethylaminobenzaldehyde
对二甲苯 *p*-xylene
对二没食子酸 *p*-digallic acid
对二没食子酸甲酯 methyl *p*-digallate
对二没食子酸乙酯 ethyl *p*-digallate
对二羟基苯 *p*-dihydroxybenzene
对二羟基香豆酸 *p*-dihydroxycoumaric acid
对二氢香豆酸甲酯 *p*-dihydrocoumaric acid methyl ester
10- 对 - 二氢香豆酰基 -6-*α*- 羟基京尼平苷 10-*p*-dihydrocoumaroyl-6-*α*-hydroxygeniposide
10- 对 - 二氢香豆酰基 - 去酰车叶草苷 10-*p*-dihydrocoumaroyl-deacetylasperuloside
5- 对 - 反式羟基肉桂酰奎宁酸 5-*p*-*trans*-hydroxycinnamoylquinic acid
N-(对 - 反式 - 香豆酰基)- 酪胺 *N*-(*p*-*trans*-coumaroyl)-tyramine
6-*O*- 对 - 反式 - 香豆酰基 -8-*O*- 乙酰山栀苷甲酯 6-*O*-*p*-*trans*-coumaroyl-8-*O*-acetylshanzhiside methyl ester
6''-*O*- 对 - 反式 - 香豆酰京尼平龙胆二糖苷 6''-*O*-*p*-*trans*-coumaroylgenipin gentiobioside
5- 对 - 反式 - 香豆酰奎宁酸 5-*p*-*trans*-coumaroylquinic acid
N- 对 - 反式 - 香豆酰酪胺 *N*-*p*-*trans*-coumaroyltyramine
3- 对 - 反式 - 香豆酰齐墩果酸 3-*p*-*trans*-coumaroyloleanolic acid

D

对茴芹醛▲ *p*-anisaldehyde
对茴芹酸▲ *p*-anisic acid
对茴芹酸▲甲酯 methyl *p*-anisate
3-(对 - 茴香酰基) 丙酸甲酯 methyl 3-(*p*-anisoloxy)propionate
对甲苯基苯甲酸甲酯 methyl *p*-tolylbenzoate
对甲酚 *p*-cresol
(*E*)- 对甲基苯丙烯醛 (*E*)-methylcinnaldehyde
对甲基苯酚 *p*-methylphenol
对甲基苯基 -1-*O*-*β*-D- 吡喃葡萄糖苷 *p*-methylphenyl-1-*O*-*β*-D-glucopyranoside
对甲基苯甲酸 *p*-methylbenzoic acid
对甲基苯乙酮 *p*-methylacetophenone
对甲基苄醇 *p*-methylbenzyl alcohol
(*E*)- 对甲基桂皮酸 (*E*)-*p*-methylcinnamic acid
对甲基异丙烯基苯 *p*-methylisopropenylbenzene
对甲酰苯甲酸 *p*-formylbenzoic acid
对甲酰苯甲酸甲酯 methyl *p*-formylbenzoate
对甲酰桂皮酸 *p*-formylcinnamic acid
对甲氧基 -*α*- 甲基苄醇 *p*-methoxy-*α*-methylbenzyl alcohol
对甲氧基苯酚 -*O*- 没食子酰葡萄糖 *p*-methoxyphenol-*O*-galloyl-glucose
4- 对甲氧基苯基 -1*H*,3*H*- 萘 [1,8-cd] 吡喃 -1,3- 二酮 4-(4-methoxyphenyl)-1*H*,3*H*-naphtho[1,8-cd]pyran-1,3-dione
1- 对甲氧基苯基 -2,4- 戊二炔 -1- 醇 1-(*p*-methoxyphenyl)-2,4-pentadiyn-1-ol
1- 对甲氧基苯基 -2,4- 戊二炔 -1- 酮 1-(*p*-methoxyphenyl)-2,4-pentadiyn-1-one
对甲氧基苯甲醛 *p*-methoxybenzaldehyde
对甲氧基苯甲酸 *p*-methoxybenzoic acid
7-*O*- 对甲氧基苯甲酰黄钟花苷 7-*O*-(*p*-methoxybenzoyl)tecomoside
对甲氧基苯乙酸 *p*-methoxyphenylacetic acid
对甲氧基苯乙酮 *p*-methoxy acetophenone
对甲氧基苯乙烯 *p*-methoxystyrene
对甲氧基苄基丙酮 *p*-methoxybenzyl acetone
6-*O*- 对甲氧基 - 反式 - 桂皮酰基 -8-*O*- 乙酰山栀苷甲酯 6-*O*-*p*-methoxy-*trans*-cinnamoyl-8-*O*-acetylshanzhiside methyl ester
对甲氧基桂皮醛 *p*-methoxycinnamaldehyde
对甲氧基桂皮酸 *p*-methoxycinnamic acid
(*E*)- 对甲氧基桂皮酸甲酯 methyl (*E*)-*p*-methoxycinnamate
对甲氧基桂皮酸甲酯 methyl *p*-methoxycinnamate
对甲氧基桂皮酸乙酯 ethyl *p*-methoxycinnamate
6'-*O*-*E*- 对甲氧基桂皮酰钩果草吉苷▲ 6'-*O*-*E*-*p*-methoxycinnamoylharpagide
6'-*O*-*Z*- 对甲氧基桂皮酰钩果草吉苷▲ 6'-*O*-*Z*-*p*-methoxycinnamoylharpagide
8-*O*-*E*- 对甲氧基桂皮酰钩果草吉苷▲ 8-*O*-*E*-*p*-methoxycinnamoylharpagide
8-*O*-*Z*- 对甲氧基桂皮酰钩果草吉苷▲ 8-*O*-*Z*-*p*-methoxycinnamoylharpagide
7-*O*-*E*- 对甲氧基桂皮酰黄钟花苷 7-*O*-(*E*-*p*-methoxycinnamoyl)tecomoside
(*E*)-6-*O*- 对甲氧基桂皮酰鸡矢藤次苷甲酯 (*E*)-6-*O*-*p*-methoxycinnamoylscandoside methyl ester
(*Z*)-6-*O*- 对甲氧基桂皮酰鸡矢藤次苷甲酯 (*Z*)-6-*O*-*p*-methoxycinnamoylscandoside methyl ester
6-*O*-*α*-L-[2''-*O*-(*E*)- 对甲氧基桂皮酰基] 吡喃鼠李糖基梓醇 6-*O*-*α*-L-[2''-*O*-(*E*)-*p*-methoxycinnamoyl]rhamnopyranosylcatalpol
10-*O*-(*E*)- 对甲氧基桂皮酰梓醇 10-*O*-(*E*)-*p*-methoxycinmamoyl-catalpol
10-*O*-(*Z*)- 对甲氧基桂皮酰梓醇 10-*O*-(*Z*)-*p*-methoxycinmamoyl-catalpol
对甲氧基茴芹醚▲ *p*-methoxyanisole
对甲氧基没食子酸 *p*-methoxygallic acid
对甲氧基没食子酸甲酯 *p*-methoxygallic acid methyl ester
对甲氧基水杨酸 *p*-methoxysalicylic acid
6-*O*- 对甲氧基 - 顺式 - 桂皮酰基 -8-*O*- 乙酰山栀苷甲酯 6-*O*-*p*-methoxy-*cis*-cinnamoyl-8-*O*-acetylshanzhiside methyl ester
对甲氧基烯丙基苯 *p*-methoxy-allylbenzene
对焦儿茶酸 *p*-pyrocatechuic acid
对醌酸 *p*-quinone acid
对酪醇 *p*-tyrosol
对罗勒烯 *p*-ocimene
对氯汞苯甲酸 *p*-chloromeruribenzoic acid
对葡萄糖基桂皮酸 *p*-glucosylcinnamic acid
对七没食子酸乙酯 ethyl *p*-heptagallate
S-4- 羟苄基 - 谷胱甘肽 *S*-(4-hydroxybenzyl)-glutathione
8-*C*- 对羟苄基山柰酚 8-*C*-*p*-hydoxybenzylkaempferol
对羟基 -*N*,*N*- 二甲基苯乙胺 *p*-hydroxy-*N*,*N*-dimethylphenethylamine
对羟基 -*β*- 苯乙胺 *p*-hydroxy-*β*-phenylethylamine
对羟基苯丙醇 *p*-hydroxyphenylpropanol
对羟基苯丙酸 *p*-hydroxyphenylpropionic acid
对羟基苯丙酸甲酯 *p*-hydroxyphenylpropionic methyl ester
对羟基苯丙酮 *p*-hydroxybenzylacetone
1-(对羟基苯基)-1,2- 乙二醇 1-(*p*-hydroxyphenyl)-1,2-ethanediol
(2*R*)-(对羟基苯基) 乳酸酯 (2*R*)-(*p*-hydroxylphenyl)lactate
(2*R*)-3-(对羟基苯基) 乳酸酯 (2*R*)-3-(*p*-hydroxyl-phenyl)lactate
(对羟基苯基) 三甲基铵氯化物 (*p*-hydroxyphenyl) trimethylammonium chloride
6-[1-(对羟基苯基) 乙基]-7-*O*- 甲基香树素 6-[1-(*p*-hydroxy-phenyl) ethyl]-7-*O*-methylaromadendrin
1- 对羟基苯基 -1-(*O*- 乙酰基)-2- 丙烯 1-(*p*-hydroxyphenyl)-1-(*O*-acetyl)prop-2-ene
4- 对羟基苯基 -1*H*,3*H*- 萘 [1,8-cd] 吡喃 -1,3- 二酮 4-(*p*-hydroxyphenyl)-1*H*,3*H*-naphtho[1,8-cd]pyran-1,3-dione
7- 对羟基苯基 -1- 苯基庚 -4- 烯 -3- 酮 7-(*p*-hydroxyphenyl)-1-phenylhept-4-en-3-one
(2*E*)-3- 对羟基苯基 -2- 丙烯酸 (2*E*)-3-(*p*-hydroxyphenyl)-prop-2-enoic acid
3- 对羟基苯基 -2- 丙烯酸 3-(*p*-hydroxyphenyl)-2-propenoic acid
(*E*)-3- 对羟基苯基 -2- 丙烯酰胺 (*E*)-3-(*p*-hydroxyphenyl)-2-propenamide
1-[(2*Z*)-3- 对羟基苯基 -2- 丙烯酰基]-*β*-D- 吡喃葡萄糖苷 1-[(2*Z*)-3-(*p*-hydroxyphenyl)-2-propenoate]-*β*-D-glucopyranoside
4- 对羟基苯基 -2- 丁醇 4-*p*-hydroxyphenyl-2-butanol
对羟基苯基 -2- 丁酮 *p*-hydroxyprenyl-2-butanone
2- 对羟基苯基 -2- 氧代乙酸甲酯 methyl 2-(*p*-hydroxyphenyl)-2-oxoacetate
3-(2- 对羟基苯基 -3- 羟基甲基 -2,3- 二氢 -1- 苯并呋喃 -5- 基) 丙醇 3-(2-*p*-hydroxyphenyl-3-hydroxymethyl-2,3-dihydro-1-benzofuran-5-yl)-propan-1-ol
(2*E*)-3- 对羟基苯基 -4-[(1*E*)-3-*O*-3-(3- 苯基丙氧基)-1- 丙烯基] 苯基 -2- 丙烯酸酯 (2*E*)-3-(4-hydroxyphenyl)-4-[(1*E*)-3-oxo-3-(3-phenylpropoxy)-1-propenyl]phenyl-2-propenoic acid ester
6- 对羟基苯基 -4- 羟基己烷 -2- 酮 6-(*p*-hydroxyphenyl)-4-hydroxyhexan-2-one
对羟基苯基 -6-*O*- 反式 - 咖啡酰基 -*β*-D- 阿洛糖苷 *p*-hydroxyphenyl-6-*O*-*trans*-caffeoyl-*β*-D-alloside
对羟基苯基 -6-*O*- 反式 - 咖啡酰基 -*β*-D- 葡萄糖苷

p-hydroxyphenyl-6-O-trans-caffeoyl-β-D-glucoside
1-(4- 羟基苯基)-7-(4- 羟基 -3- 甲氧基苯基)-4E- 烯 -3- 庚酮 1-(4-hydroxyphenyl)-7-(4-hydroxy-3-methoxyphenyl)-4E-en-3-heptanone
3- 对羟基苯基 -7- 甲氧基香豆素 3-(p-hydroxyphenyl)-7-methoxycoumarin
对羟基苯基 -β-D- 阿洛糖苷 p-hydroxyphenyl-β-D-alloside
N-(对羟基苯乙基)-β- 乙基 - 对羟基桂皮酸 N-(p-hydroxyphenyl)-β-ethyl-p-hydroxycinnamic acid
(-)-2- 对羟基苯基丙酸 (-)-p-hydroxyhydratropic acid
1- 对羟基苯基丙烷 -1- 酮 1-(p-hydroxyphenyl)propan-1-one
10-O- 对羟基苯基鸡矢藤次苷甲酯 10-O-(p-hydroxybenzoyl) scandoside methyl ester
(+)-(R)- 对羟基苯基乳酸 (+)-(R)-p-hydroxyphenyllactic acid
对羟基苯基乳酸 p-hydroxyphenyl lactic acid
(2R)- 对羟基苯基乳酸钠 sodium (2R)-p-hydroxyphenyllactate
N- 对羟基苯基腺苷 N-(p-hydroxybenzyl)-adenosine
2- 对羟基苯基乙醇 2-(p-hydroxyphenyl)-ethanol
2- 对羟基苯基 - 乙醇 -1-O-β-D- 吡喃葡萄糖苷 2-(p-hydroxyphenyl)-ethanol-1-O-β-D-glucopyranoside
(-)- 对羟基苯基乙基 -[5'''-O-(3,4- 二甲氧基桂皮酰基)-β-D- 呋喃芹糖基 (1'''→6')]-β-D- 吡喃葡萄糖苷 (-)-p-hydroxyphenylethyl-[5'''-O-(3,4-dimethoxycinnamoyl)-β-D-apiofuranosyl(1'''→6')]-β-D-glucopyranoside
2- 对羟基苯基 - 乙基 -2,6- 二 (2S,3E,4S)-3- 亚乙基 -2-(β-D- 吡喃葡萄糖氧基)-3,4- 二氢 -5- 甲酯基 -2H- 吡喃 -4- 乙酸酯 2-(p-hydroxyphenyl)-ethyl-2,6-bis(2S,3E,4S)-3-ethylidene-2-(β-D-glucopyranosyloxy)-3,4-dihydro-5-(methoxycarbonyl)-2H-pyran-4-acetate
对羟基苯甲胺 p-hydroxybenzylamine
6- 对羟基苯甲基花旗松素 -7-O-β-D- 吡喃葡萄糖苷 6-p-hydroxybenzyltaxifolin-7-O-β-D-glucopyranoside
对羟基苯甲醛 p-hydroxybenzaldehyde
对羟基苯甲酸 p-hydroxybenzoic acid
对羟基苯甲酸 -1-O-β-D- 葡萄糖基酯 p-hydroxybenzoic acid-1-O-β-D-glucosyl ester
对羟基苯甲酸 -2-(2'- 正二十一碳酰基)- 苯乙酯 p-hydroxybenzoic acid-2-(2'-heneicosanoyl)phenethyl ester
对羟基苯甲酸 -2-(2'- 正十九碳酰基)- 苯乙酯 p-hydroxybenzoic acid-2-(2'-nonadecanoyl)phenethyl ester
对羟基苯甲酸 -3,4- 二羟基苄醇酯 -4- 葡萄糖苷 p-hydroxybenzoic acid-3,4-dihydroxybenzyl alcohol ester-4-glucoside
对羟基苯甲酸 -β-D- 吡喃葡萄糖苷 p-hydroxybenzoic acid-β-D-glucopyranoside
对羟基苯甲酸 -O-β-D- 吡喃葡萄糖基酯 p-hydroxybenzoic acid-O-β-D-glucopyranosyl ester
对羟基苯甲酸 -β- 葡萄糖苷 p-hydroxybenzoic acid-β-glucoside
对羟基苯甲酸丁酯 butyl p-hydroxybenzoate
对羟基苯甲酸几丁聚糖酯 p-hydroxybenzoate chitosan ester
对羟基苯甲酸甲酯 methylparaben; methyl p-hydroxybenzoate
对羟基苯甲酸葡萄糖苷 p-hydroxybenzoic acid glucoside
对羟基苯甲酸乙酯 p-hydroxybenzoic acid ethyl ester; ethyl p-hydroxybenzoate
对羟基苯甲酰胺 p-hydroxybenzamide
对羟基苯甲酰斑鸠菊黄烷 p-hydroxybenzoylvernovan
1- 对羟基苯甲酰吡喃葡萄糖 1-p-hydorxybenzoyl-glucopyranose
对羟基苯甲酰丙酯 propanyl-4-hydroxybenzoate
6-O- 对羟基苯甲酰地黄诺苷▲ 6-O-p-hydroxybenzoylglutinoside
7-O- 对羟基苯甲酰黄钟花苷 7-O-(p-hydroxybenzoyl)tecomoside
6-O- 对羟基苯甲酰基 -10- 去氧杜仲醇 6-O-p-hydroxybenzoyl-10-deoxyeucommiol
6'-O- 对羟基苯甲酰基 -4''- 羟基白芍苷 6'-O-p-hydroxybenzoyl-4''-hydroxyalbiflorin
1-O- 对羟基苯甲酰基 -6-O- 没食子酰基 -β-D- 葡萄糖 1-O-p-hydroxybenzoyl-6-O-galloyl-β-D-glucose
6-O- 对羟基苯甲酰基 -6- 表桃叶珊瑚苷 6-O-p-hydroxybenzoyl-6-epiaucubin
12β-O- 对羟基苯甲酰基 -8β,14β,17β- 三羟基孕甾 -2,5- 二烯 -20- 酮 12β-O-(4-hydroxybenzoyl)-8β,14β,17β-trihydroxypregn-2,5-diene-20-one
7-O- 对羟基苯甲酰基 -8- 表马钱酸 7-O-p-hydroxybenzoyl-8-epiloganic acid
6-O- 对羟基苯甲酰基 -D- 葡萄糖 6-O-(p-hydroxybenzoyl)-D-glucose
6- 对羟基苯甲酰基 -D- 葡萄糖 6-p-hydroxybenzoyl-D-glucose
1-O- 对羟基苯甲酰基 -β-D- 吡喃葡萄糖苷 1-O-p-hydroxybenzoyl-β-D-glucopyranoside
对羟基苯甲酰基 -β-D- 吡喃葡萄糖苷 p-hydroxybenzoyl-β-D-glucopyranoside
4-O-(6'-O- 对羟基苯甲酰基 -β-D- 吡喃葡萄糖基)- 顺式 - 对香豆酸 4-O-(6'-O-p-hydroxybenzoyl-β-D-glucopyranosyl)-cis-p-coumaric acid
(6-O- 对羟基苯甲酰基)-β-D- 吡喃葡萄糖甲苷 methyl (6-O-p-hydroxybenzoyl)-β-D-glucopyranoside
1-O- 对羟基苯甲酰基 -β-D- 呋喃芹糖基 -(1→6)-β-D- 吡喃葡萄糖苷 1-O-p-hydroxybenzoyl-β-D-apiofuranosyl-(1→6)-β-D-glucopyranoside
5-O- 对羟基苯甲酰基 - 岩白菜素 5-O-(p-hydroxybenzoyl)-bergenin
7-O- 对羟基苯甲酰基梓树醇 -1-O-(6'-O- 对羟基苯甲酰基)-β-D- 吡喃葡萄糖苷 7-O-p-hydroxybenzoylovatol-1-O-(6'-O-p-hydroxybenzoyl)-β-D-glucopyranoside
6-O- 对羟基苯甲酰筋骨草醇 6-O-p-hydroxybenzoylajugol
2'-O- 对羟基苯甲酰马钱酸 2'-O-p-hydroxybenzoylloganic acid
3'-O- 对羟基苯甲酰杧果苷 3'-O-p-hydroxybenzoylmangiferin
3-O- 对羟基苯甲酰杧果苷 3-O-p-hydroxybenzoylmangiferin
4'-O- 对羟基苯甲酰杧果苷 4'-O-p-hydroxybenzoylmangiferin
6'-O- 对羟基苯甲酰杧果苷 6'-O-p-hydroxybenzoylmangiferin
1-O-β-D- 对羟基苯甲酰葡萄糖苷 1-O-β-D-(4-hydroxybenzoyl) glucose
5α-O- 对羟基苯甲酰山地阿魏烯醇▲ 5α-O-p-hydroxybenzoylakichenol
6-O- 对羟基苯甲酰十万错苷▲E 6-O-p-hydroxybenzoyl asystasioside E
6-O- 对羟基苯甲酰桃叶珊瑚苷 6-O-p-hydroxybenzoylaucubin
对羟基苯甲酰熊果苷 p-hydroxybenzoyl arbutin
3β- 对羟基苯甲酰氧基 -22α- 羟基 -4α- 甲基 -5α- 豆甾 -7- 烯 -6- 酮 3β-(p-hydroxy)-benzoyloxy-22α-hydroxy-4α-methyl-5α-stigmast-7-en-6-one
3β- 对羟基苯甲酰氧基 -22ξ- 羟基 -4α- 甲基 -24ξ- 乙基 -5α- 胆甾 -7- 烯 -6- 酮 3β-(p-hydroxybenzoyloxy)-22ξ-hydroxy-4α-methyl-24ξ-ethyl-5α-cholest-7-en-6-one
5- 对羟基苯甲酰氧基 -7-(2,3,5- 三羟基苯甲酰氧基)-8- 甲氧羰基 -(-)- 缅茄儿茶素▲ 5-p-hydroxybenzoxy-7-(2,3,5-trihydroxybenzoxy)-8-methoxycarbonyl-(-)-afzelechin
5- 对羟基苯甲酰氧基 -7-(2,3,5- 三羟基苯甲酰氧基)-8- 乙氧羰基 -(-)- 缅茄儿茶素▲ 5-p-hydroxybenzoxy-7-(2,3,5-trihydroxybenzoxy)-8-ethoxycarbonyl-(-)-afzelechin
5- 对羟基苯甲酰氧基 -7- 羟基 -8- 乙氧羰基 -(-)- 缅茄儿茶素▲ 5-p-hydroxybenzoxy-7-hydroxyl-8-ethoxycarbonyl-(-)-afzelechin
6'-O- 对羟基苯甲酰玉叶金花苷酸 6'-O-p-

hydroxybenzoylmussaenosidic acid
6''-*O*- 对羟基苯甲酰鸢尾苷 6''-*O*-*p*-hydroxybenzoyliridin
6'-*O*- 对羟基苯甲酰栀子新苷 6'-*O*-*p*-hydroxybenzoyl-gardoside
7-*O*- 对羟基苯甲酰栀子新苷 7-*O*-*p*-hydroxybenzoylgardoside
5α- 对羟基苯甲酰中亚阿魏二醇▲ 5α-(4-hydroxybenzoyl) jaeschkeanadiol
6'-*O*- 对羟基苯甲酰梓苷 6'-*O*-*p*-hydroxybenzoylcatalposide
对羟基苯乳酸 *p*-hydroxyphenyllactic acid
3β- 对羟基苯氧基 -11α- 甲氧基 -12α- 羟基 -20- 熊果烯 -28- 酸 3β-*p*-hydroxyphenoxy-11α-methoxy-12α-hydroxy-20-ursen-28-oic acid
2-*O*- 对羟基苯氧基 -2,4,6- 三羟基苯乙酸甲酯 methyl 2-*O*-(4-hydroxybenzoyl)-2,4,6-trihydroxyphenylacetate
对羟基苯乙醇 *p*-hydroxyphenethyl alcohol; *p*-hydroxyphenylethanol
对羟基苯乙醇 -4'-*O*-β-D-(6''-*O*- 没食子酰基)- 葡萄糖 *p*-hydroxyphenethyl alcohol-4'-*O*-β-D-(6''-*O*-galloyl)-glucose
对羟基苯乙醇 -8-*O*-β-D- 吡喃葡萄糖苷 *p*-hydroxyphenethanol-8-*O*-β-D-glucopyranoside
对羟基苯乙醇阿魏酸酯 *p*-hydroxyphenylethanol ferulate
对羟基苯乙醇吡喃葡萄糖苷 *p*-hydroxyphenylethanol-β-D-glucopyranoside
对羟基苯乙醇丙酸酯 *p*-hydroxyphenylethyl propanoate
对羟基苯乙醇对香豆酸酯 *p*-hydroxyphenylethyl *p*-coumarate
N-(对羟基苯乙基)- 对羟基桂皮酰胺 *N*-(*p*-hydroxyphenylethyl)-*p*-hydroxycinnamamide
N-(对羟基苯乙基)- 对香豆酰胺 *N*-(*p*-hydroxyphenethyl)-*p*-coumaramide
对羟基苯乙基阿魏酸酯 *p*-hydroxyphenethyl ferulate
对羟基苯乙基 - 反式 - 阿魏酸酯 *p*-hydroxyphenethyl *trans*-ferulate
对羟基苯乙基茴芹酸酯 *p*-hydroxyphenethyl anisate
对羟基苯乙基乙酸酯 *p*-hydroxyphenyl acetate
对羟基苯乙酸 *p*-hydroxyphenylacetic acid
对羟基苯乙酸甲酯 methyl *p*-hydroxyphenylacetate
对羟基苯乙酸乙酯 ethyl *p*-hydroxyphenylacetate
对羟基苯乙酮 *p*-hydroxyacetophenone
对羟基苯乙酮 -*O*-β-D- 吡喃葡萄糖苷 *p*-hydroxyacetophenone-*O*-β-D-glucopyranoside
对羟基苯乙烯基 -*O*-β-D- 吡喃葡萄糖苷 *p*-hydroxystyryl-*O*-β-D-glucopyranoside
对羟基苯乙酰胺 *p*-hydroxyphenylacetylamide
6'- 对羟基苯乙酰基 - 苦荬菜内酯 D 6'-*p*-hydroxyphenylacetyl-ixerin D
对羟基苄醇 *p*-hydroxybenzyl alcohol
(±)-8-(对羟基苄基)-2,3,10,11- 四羟基原小檗碱 (±)-8-(*p*-hydroxybenzyl)-2,3,10,11-tetrahydroxyprotoberberine
4- 对羟基苄基 -2- 对甲氧基苯酚 4-(4-hydroxybenzyl)-2-*p*-methoxyphenol
2- 对羟基苄基 -3'-*O*- 甲基山药素 III 2-(4-hydroxybenzyl)-3'-*O*-methylbatatasin III
2- 对羟基苄基 -3- 甲氧基联苄 -3,3'- 二醇 2-(4-hydroxybenzyl)-3-methoxybibenzyl-3,3'-diol
3- 对羟基苄基 -4- 甲氧基 -9,10- 二氢菲 -2,7- 二醇 3-(4-hydroxybenzyl)-4-methoxy-9,10-dihydrophenanthrene-2,7-diol
3- 对羟基苄基 -5,7- 二甲氧基色烷 3-(4-hydroxybenzyl)-5,7-dimethoxychroman
2- 对羟基苄基 -5- 甲氧基联苄 -3',5- 二醇 2-(4-hydroxybenzyl)-5-methoxybibenzyl-3',5-diol
6- 对羟基苄基二氢槲皮素 6-*p*-hydroxybenzyldihydroquercetin
6- 对羟基苄基槲皮素 6-*p*-hydroxybenzylquercetin
8- 对羟基苄基槲皮素 8-*p*-hydroxybenzylquercetin
对羟基苄基甲醚 *p*-hydroxybenzyl methyl ether
6- 对羟基苄基山柰酚 6-*p*-hydroxybenzylkaempferol
5- 对羟基苄基 - 香草醛 5-(4-hydroxybenzyl)vanillin
对羟基苄基乙醚 *p*-hydroxybenzyl ethyl ether
对羟基 - 反式 - 桂皮酸 *p*-hydroxy-*trans*-cinnamic acid
6-*O*-(2''- 对羟基反式 - 桂皮酰基 -α-L- 吡喃鼠李糖基) 梓醇 6-*O*-(2''-p-hydroxy-*trans*-cinnamoyl-α-L-rhamnopyranosyl)catapol
3-*O*- 对羟基 - 反式 - 桂皮酰山楂酸 3-*O*-*p*-hydroxy-*trans*-cinnamoylmaslinic acid
3β-*O*- 对羟基反式 - 桂皮酰氧基 -2α,23- 二羟基齐墩果 -12- 烯 -28- 酸甲酯 methyl 3β-*O*-*p*-hydroxy-*E*-cinnamoyloxy-2α,23-dihydroxyolean-12-en-28-oate
对羟基 - 反式 - 肉桂酸甲酯 methyl *p*-hydroxy-(*E*)-cinnamate
对羟基桂甲酮 methyl *p*-hydroxycinnamylketone
对羟基桂皮醇 -β-D- 吡喃葡萄糖苷 *p*-hydroxycinnamyl-β-D-glucopyranoside
对羟基桂皮醛 *p*-hydroxycinnamaldehyde
(*E*)- 对羟基桂皮酸 (*E*)-*p*-hydroxycinnamic acid
对羟基桂皮酸 *p*-hydroxycinnamic acid
对羟基桂皮酸己酯 hexyl *p*-hydroxycinnamate
(*E*)- 对羟基桂皮酸甲酯 methyl (*E*)-*p*-hydroxycinnamate
对羟基桂皮酸甲酯 *p*-hydroxycinnamic acid methyl ester; methyl *p*-hydroxycinnamate
对羟基桂皮酸十六酯 *p*-hydroxycinnamic acid hexadecyl ester
对羟基桂皮酸乙酯 *p*-hydroxycinnamic acid ethyl ester
6-*O*-(*E*)- 对羟基桂皮酰吡喃葡萄糖乙苷 6-*O*-(*E*)-*p*-hydroxycinnamoyl-ethyl-glucopyranoside
6-*O*-(*Z*)- 对羟基桂皮酰吡喃葡萄糖乙苷 6-*O*-(*Z*)-*p*-hydroxycinnamoyl-ethyl-glucopyranoside
1-*O*- 对羟基桂皮酰甘油 -(2*S*)-2,3- 丙酮化物 1-*O*-*p*-hydroxycinnamoylglycerol-(2*S*)-2,3-acetonide
1- 对羟基桂皮酰桂皮酸 1-*p*-hydroxycinnamoyl cinnamic acid
7-*O*-*E*- 对羟基桂皮酰黄钟花苷 7-*O*-(*E*-*p*-hydroxycinnamoyl) tecomoside
2'-(对羟基桂皮酰基)-6'- 蓝花楹酮 -D- 吡喃葡萄糖苷 2'-(*p*-hydroxycinnamoyl)-6'-jacaranone-D-glucopyranoside
1-*O*- 对羟基桂皮酰基 -D- 吡喃葡萄糖苷 1-*O*-*p*-coumaroyl-D-glucopyranose
对羟基桂皮酰基 -β-D- 吡喃葡萄糖 *p*-hydroxycinnamoyl-β-D-glucopyranose
6''-*O*-(*E*)- 对羟基桂皮酰基 - 葡萄糖基丁香酸甲酯 methyl 6''-*O*-(*E*)-*p*-hydroxycinnamoxyl-glucosyringate
3-*O*-(*E*)- 对羟基桂皮酰葡萄糖 3-*O*-(*E*)-*p*-hydroxycinnamoyl-glucose
6-*O*- 对羟基桂皮酰葡萄糖 6-*O*-*p*-hydroxycinnamoyl-glucose
2''- 对羟基桂皮酰紫云英苷 2''-*p*-coumaroylastragalin
(*E*)- 对羟基甲苯基 -6-*O*- 咖啡酰基 -β-D- 吡喃葡萄糖苷 (*E*)-4-hydroxymethylphenyl-6-*O*-caffeoyl-β-D-glucopyranoside
对羟基秘鲁古柯尼酸▲ *p*-hydroxytruxinic acid
对羟基香豆酸 *p*-hydroxycoumaric acid
对羟基香豆酸甲酯 methyl-*p*-coumarate
对羟基乙酰苯胺 *p*-hydroxyacetanilide
对羟甲基苯基 -β-D- 葡萄糖苷 *p*-(hydroxymethyl)-phenyl-β-D-glucoside
对氢醌 *p*-hydroquinone
对三没食子酸乙酯 ethyl *p*-trigallate
对 - 双 (1,2- 二溴乙基)- 苯 *p*-bis(1,2-dibromoethyl)-benzene
对水杨酸 *p*-salicylic acid

6-O-对-顺式-香豆酰基-8-O-乙酰山栀苷甲酯 6-O-p-cis-coumaroyl-8-O-acetylshanzhiside methyl ester
6''-O-对-顺式-香豆酰京尼平龙胆二糖苷 6''-O-p-cis-coumaroylgenipin gentiobioside
5-对-顺式-香豆酰奎宁酸 5-p-cis-coumaroylquinic acid
N-对-顺式-香豆酰酪胺 N-p-cis-coumaroyltyramine
对松柏醛 p-coniferaldehyde
对酞酸 terephthalic acid
对酞酸二丁酯 dibutyl terephthalate
对酞酸二甲酯 dimethyl terephthalate
对檀香醇 teresantalol
对檀香酸 teresantalic acid
对烯丙基茴香醚 p-allylanisole
2''-对酰牡荆素-7-吡喃葡萄糖苷 2''-p-coumaroylvitexin-7-glucopyranoside
(E)-对香豆醇 (E)-p-coumaryl alcohol
(E)-对香豆醇-13-顺式-二十二烯酸酯 (E)-p-coumaryl-13-cis-docosenoate
(Z)-对香豆醇-13-顺式-二十二烯酸酯 (Z)-p-coumaryl-13-cis-docosenoate
(Z)-对香豆醇二十四酸酯 (Z)-p-coumaryl lignoceroate
对香豆醇葡萄糖苷 p-coumaryl alcohol glucoside
(E)-对香豆醇山嵛酸酯 (E)-p-coumaryl behenoate
(E)-对香豆醇亚油酸酯 (E)-p-coumaryl linoleate
(E)-对香豆醇硬脂酸酯 (E)-p-coumaryl stearate
(E)-对香豆醇油酸酯 (E)-p-coumaryl oleate
(E)-对香豆醇棕榈酸酯 (E)-p-coumaryl palmitate
(E)-对香豆酸 (E)-p-coumaric acid
(Z)-对香豆酸 (Z)-p-coumaric acid
对香豆酸 p-coumaric acid
对香豆酸-4-O-α-L-鼠李糖苷 p-coumaric acid-4-O-α-L-rhamnoside
对香豆酸-4-O-β-D-吡喃葡萄糖苷 p-coumaric acid-4-O-β-D-glucopyranoside
对香豆酸己酯 hexacosyl p-coumarate
(E)-对香豆酸甲酯 (E)-p-methylcoumarate
对香豆酸甲酯 p-coumaric acid methyl ester; methyl p-coumarate
对香豆酸龙脑酯 bornyl p-coumarate
对香豆酸葡萄糖苷 p-coumaric acid glucoside
对香豆酸葡萄糖基酯 p-coumaric acid glucosyl ester
(E)-对香豆酸葡萄糖酯 (E)-p-coumaric acid-glucose ester
(E)-对香豆酸十八酯 octadecyl-(E)-p-coumarate
对香豆酸正二十二烷基酯 p-coumaric acid n-eicosanyl ester
l-龙脑-对香豆酸酯 l-bornyl-p-coumarate
1-对香豆酰-3-咖啡酰基-2-乙酰甘油 1-p-coumaryl-3-caffeyl-2-acetylglycerol
对香豆酰-D-苹果酸-1-甲酯 p-coumaroyl-D-malic acid-1-merthyl ester
N-[2-[3'-[2-(对香豆酰胺)乙基]-5,5'-二羟基-4,4'-二-1H-吲哚-3-基]乙基]阿魏酰胺 N-[2-[3'-[2-(p-coumaramide)ethyl]-5,5'-dihydroxy-4,4'-bi-1H-indol-3-yl]ethyl]ferulamide
3-O-(E)-对香豆酰白桦脂醇 3-O-(E)-p-coumaroylbetulin
3-O-(Z)-对香豆酰白桦脂醇 3-O-(Z)-p-coumaroylbetulin
7-对香豆酰败酱苷▲ 7-p-coumaroylpatrinoside
1-O-对香豆酰吡喃葡萄糖 1-O-p-coumaroylglucopyranose
O-对香豆酰东北贯众醇 O-p-coumaryldryocrassol
1-O-对香豆酰甘油 1-O-p-coumaroylglycerol
2-O-对香豆酰甘油 2-O-p-coumaroylglycerol
(2S)-1-O-对香豆酰甘油酯 (2S)-1-O-p-coumaroyl glyceride
6''-O-对香豆酰钩果草吉苷▲ 6''-O-(p-coumaroyl)-harpagide
6'-O-对香豆酰钩果草吉苷▲ 6'-O-p-coumaroylharpagide
8-O-对香豆酰钩果草吉苷▲ 8-O-(p-coumaroyl)-harpagide
2'-对香豆酰黄芪苷 2'-p-coumarylastragalin
(E)-6-O-对香豆酰鸡矢藤次苷甲酯 (E)-6-O-p-coumaroylscandoside methyl ester
(Z)-6-O-对香豆酰鸡矢藤次苷甲酯 (Z)-6-O-p-coumaroylscandoside methylester
3β-O-(反式-对香豆酰基)-2α-羟基齐墩果酸 3β-O-(trans-p-coumaroyl)-2α-hydroxyoleanolic acid
3β-O-(顺式-对香豆酰基)-2α-羟基齐墩果酸 3β-O-(cis-p-coumaroyl)-2α-hydroxyeanolic acid
3β-O-(反式-对香豆酰基)-2α-羟基熊果酸 3β-O-(trans-p-coumaroyl)-2α-hydroxyursolic acid
3β-O-(顺式-对香豆酰基)-2α-羟基熊果酸 3β-O-(cis-p-coumaroyl)-2α-hydroxyursolic acid
4-[N-(对-香豆酰基)-5-羟色胺-4''-基]-N-阿魏酰基-5-羟色胺 4-[N-(p-coumaroyl)serotonin-4''-yl]-N-feruloylserotonin
(6-O-E-对香豆酰基)-β-D-呋喃果糖基-(2→1)-(6-O-E-对香豆酰基)-α-D-吡喃葡萄糖苷 6-O-(E)-p-coumaroyl]-β-D-fructofuranosyl-(2→1)-[6-O-(E)-p-coumaroyl]-α-D-glucopyranoside
4-(对香豆酰基)-甲基-α-L-吡喃鼠李糖苷 4-(p-cumaroyl)-methyl-α-L-rhamnopyranoside
8-O-对香豆酰基-1(10)E,4(5)E-葎草二烯-8-醇 8-O-(p-coumaroyl)-1(10)E,4(5)E-humuladien-8-ol
1-O-对香豆酰基-2-O-阿魏酰甘油 1-O-p-coumaroyl-2-O-feruloylglycerol
1,3-对香豆酰基-2-乙酰甘油 1,3-p-coumaryl-2-acetylglycerol
8-O-对香豆酰基-5β-过氧氢-1(10)E,4(15)-葎草二烯-8α-醇 8-O-(p-coumaroyl)-5β-hydroperoxy-1(10)E,4(15)-humuladien-8α-ol
3-E-对香豆酰基-5-反式-咖啡酰奎宁酸 3-p-(E)-coumaroyl-5-(E)-caffeoylquinic acid
6'-O-对香豆酰基-8-O-乙酰钩果草吉苷▲ 6'-O-p-coumaroyl-8-O-acetylharpagide
6'-O-对香豆酰基-8-表莫罗忍冬吉苷▲ 6'-O-p-coumaroyl-8-epikingiside
6-O-对香豆酰基-D-吡喃葡萄糖苷 6-O-p-coumaroyl-D-glucopyranoside
对香豆酰基-D-吡喃葡萄糖苷 p-coumaroyl-D-glucopyranoside
4-O-对香豆酰基-D-葡萄糖 4-O-p-coumaroyl-D-glucose
6-O-对香豆酰基-L-半乳糖基-1,4-内酯 6-O-p-coumaroyl-L-galactono-1,4-lactone
N^1-对香豆酰基-N^5-咖啡酰基-N^{10}-阿魏酰精脒 N^1-p-coumaroyl-N^5-caffeoyl-N^{10}-feruloylspermidine
N-对-香豆酰基-N'-咖啡酰基腐胺 N-p-coumaroyl-N'-caffeoylputrescine
1-对香豆酰基-α-L-吡喃鼠李糖苷 1-(p-coumaroyl)-α-L-rhamnopyranose
1-O-对香豆酰基-β-D-吡喃木糖基-(1→6)-β-D-吡喃葡萄糖苷 1-O-p-coumaroyl-β-D-xylopyranosyl-(1→6)-β-D-glucopyraboside
1-O-对香豆酰基-β-D-吡喃葡萄糖 1-O-p-coumaroyl-β-D-glucopyranose
(E)-1-O-对香豆酰基-β-D-吡喃葡萄糖苷 (E)-1-O-p-coumaroyl-β-D-glucopyranoside
1-对香豆酰基-β-D-吡喃葡萄糖苷 1-p-coumaroyl-β-D-glucopyranoside)
(Z)-6-O-(6-O-对香豆酰基-β-D-吡喃葡萄糖基)-6,7,3',4'-四羟基橙酮 (Z)-6-O-(6-O-p- coumaroyl-β-D-glucopyranosyl)-6,7,3',4'-

D

tetrahydroxyaurone
4-*O*-(6-*O*- 对香豆酰基 -*β*-D- 吡喃葡萄糖基)- 对香豆酸 4-*O*-(6-*O*-*p*-coumaroyl-*β*-D-glucopyranosyl)-*p*-coumaric acid
6-*O*-(*E*)- 对香豆酰基 -*β*-D- 呋喃果糖基 -(2 → 1)-*α*-D- 吡喃葡萄糖苷 6-*O*-(*E*)-*p*-coumaroyl-*β*-D-fructofuranosyl-(2 → 1)-*α*-D-glucopyranoside
3-*O*-[5'''-*O*- 对香豆酰基 -*β*-D- 呋喃芹糖基 -(1''' → 2'')-*β*-D- 吡喃葡萄糖基]- 鼠李柠檬素 3-*O*-[5'''-*O*-*p*-coumaroyl-*β*-D-apiofuranosyl-(1''' → 2'')-*β*-D-glucopyranosyl]-rhamnocitrin
1-*O*- 对香豆酰基 -*β*-D- 葡萄糖 1-*O*-*p*-coumaroyl-*β*-D-glucose
1- 对香豆酰基 -*β*-D- 葡萄糖 1-*p*-coumaroyl-*β*-D-glucose
4-*O*-(6''-*O*- 对香豆酰基 -*β*-D- 葡萄糖基)- 对香豆酸 4-*O*-(6''-*O*-*p*-coumaroyl-*β*-D-glucopyranosyl)-*p*-coumaric acid
6-*O*- 对香豆酰基 -*β*- 呋喃果糖基 -(2 → 1)-*α*-D- 吡喃葡萄糖苷 6-*O*-*p*-coumaroyl-*β*-fructofuranosyl-(2 → 1)-*α*-D-glucopyranoside
(*E*)-*N*- 对香豆酰基 - 血清素 (*E*)-*N*-(*p*-coumaroyl)-serotonin
6'-*O*- 对香豆酰金鱼草苷 6'-*O*-(*p*-coumaroyl)-antirrinoside
6-*O*- 对香豆酰筋骨草醇 6-*O*-*p*-coumaroylajugol
6- 对香豆酰筋骨草醇 6-(*p*-coumaroyl) ajugol
6'-*O*- 对香豆酰京尼平苷 6'-*O*-*p*-coumaroylgeniposide
11-*O*- 对香豆酰荆芥苷辛▲ 11-*O*-*p*-coumaryl-nepeticin
1-*O*- 对香豆酰可巴龙脑 1-*O*-*p*-coumaroyl-copaborneol
1-*O*- 对香豆酰奎宁酸 1-*O*-*p*-coumaroylquinic acid
3-*O*- 对香豆酰奎宁酸 3-*O*-*p*-coumaroylquinic acid
3- 对香豆酰奎宁酸 3-*p*-coumaroylquinic acid
4-*O*- 对香豆酰奎宁酸 4-*O*-*p*-coumaroylquinic acid
5-*O*-*E*- 对香豆酰奎宁酸 5-*O*-*E*-*p*-coumaroylquinic acid
5-*O*- 对香豆酰奎宁酸 5-*O*-*p*-coumaroylquinic acid
5- 对香豆酰奎宁酸 5-*p*-coumaroylquinic acid
对香豆酰奎宁酸 *p*-coumaroylquinic acid
5-*O*-*E*- 对香豆酰奎宁酸甲酯 5-*O*-*E*-*p*-coumaroylquinic acid methyl ester
5-*O*-*E*- 对香豆酰奎宁酸乙酯 5-*O*-*E*-*p*-coumaroylquinic acid ethyl ester
N- 对香豆酰酪胺 *N*-*p*-coumaroyltyramine
6'-*E*- 对香豆酰裂环马钱诺苷▲ 6'-*E*-*p*-coumaroylsecologanoside
7-*O*-(*Z*)- 对香豆酰凌霄苷 I 7-*O*-(*Z*)-*p*-coumaroylcachineside I
7-*O*-(*Z*)- 对香豆酰凌霄苷 V 7-*O*-(*Z*)-*p*-coumaroylcachineside V
对香豆酰芦荟宁 *p*-coumaroylaloenin
7-*O*- 对香豆酰马钱苷 7-*O*-*p*-coumaroylloganin
2-*O*- 对香豆酰美洲茶醇酸▲ 2-*O*-(*p*-coumaroyl)-ceanothanolic acid
对香豆酰苹果酸 *p*-coumaroylmalic acid
1-*O*- 对香豆酰葡萄糖 1-*O*-*p*-coumaroylglucose
对香豆酰葡萄糖 *p*-coumaroylglucose
1- 对香豆酰葡萄糖 -2- 硫酸酯 1-*p*-coumaroylglucose-2-sulphate
1- 对香豆酰葡萄糖 -6- 硫酸酯 1-*p*-coumaroylglucose-6-sulphate
N- 对香豆酰色胺 *N*-(*p*-coumaroyl)tryptamine
6'''- 对香豆酰酸枣素▲ 6'''-*p*-coumaroylspinosin
10- 对香豆酰桃叶珊瑚苷 10-*p*-coumaroylaucubin
2- 对香豆酰熊果苷 2-*p*-coumarylarbutin
6- 对香豆酰熊果苷 6-*p*-coumarylarbutin
对香豆酰熊果酸 *p*-coumaroyl ursolic acid
2''-(*E*)- 对香豆酰杨梅苷 2''-(*E*)-*p*-coumaroylmyricitrin
2'-(*E*)- 对香豆酰杨梅苷 2''-(*E*)-*p*-coumaroylmyritrin
27-[(*E*)- 对香豆酰氧基]- 无羁萜 -28- 酸 27-[(*E*)-*p*-coumaroyloxy]-friedelin-28-carboxylic acid
27-[(*Z*)- 对香豆酰氧基]- 无羁萜 -28- 酸 27-[(*Z*)-*p*-coumaroyloxy]-friedelin-28-carboxylic acid
7-*O*- 对香豆酰氧基乌干达赪桐苷▲ 7-*O*-*p*-coumaroyloxyugandoside
10-*O*-(*E*)- 对香豆酰梓醇 10-*O*-(*E*)-*p*-coumaroylcatalpol
10-*O*-(*Z*)- 对香豆酰梓醇 10-*O*-(*Z*)-p-coumaroylcatalpol
2''- 对香豆酰紫云英苷 2''-*p*-coumarylastragalin
对香荚兰素 *p*-vanillin
对硝基苯酚 *p*-nitrophenol
对硝基苯基腙 *p*-nitrophenylhydrazone
1- 对亚甲基 -8- 硫醇 1-*p*-methene-8-thiol
对叶百部醇 tuberostemol
对叶百部碱 tuberostemonine
对叶百部碱 B, C tuberostemonine B, C
对叶百部尼醇▲ tuberostemoninol
对叶百部尼醇▲ A, B tuberostemoninol A, B
对叶百部酮 tuberostemonone
对叶百部烯酮 tuberostemoenone
对叶车前苷▲ plantarenaloside
对叶车前因▲ arenaine
对叶大戟内酯▲ A, B, C sororianolide A, B, C
(*S*)-(+)- 对叶榕碱▲ (*S*)-(+)-hispidine
对叶榕碱▲ hispidine
对叶榕辛碱▲ hispidacine
对叶延胡索碱 corledine
对叶元胡定碱 ledeboridine
对叶元胡碱 ledeborine
对叶元胡考林碱 ledecorine
对叶元胡任碱 lederine
对乙基愈创木酚 *p*-ethylguaiacol
对乙烯基苯酚 *p*-vinylphenol
对乙烯基愈创木酚 *p*-vinylguaiacol
对乙酰氨基酚 *p*-(acetylamino)phenol
对乙酰苯酚 -*O*- 没食子酰葡萄糖 *p*-acetylphenol-*O*-galloyl-glucose
1-*O*- 对乙氧桂皮酰基 -D- 吡喃葡萄糖 1-*O*-*p*-ethoxy-cinnamoyl-D-glucopyranose
对乙氧基苯甲酸 *p*-ethoxy benzoic acid
对乙氧基甲基苯 -*O*-*β*-D- 葡萄糖苷 *p*-ethoxymethylphenyl-*O*-*β*-D-glucoside
7*α*- 对异丙基苯基锈色罗汉松酚▲ 7*α*-*p*-isopropyl-benzyl-ferruginol
对异丙基苯甲醛 *p*-isopropylbenzaldehyde
对异丙基苯甲酸 *p*-isopropylbenzoicacid
对异丙基苄醇 *p*-isopropylbenzyl alcohol
对映 -(13*S*)- 羟基阿替 -16- 烯 -3,14- 二酮 *ent*-(13*S*)-hydroxyatis-16-en-3,14-dione
对映 -(15*R*),16,19- 三羟基海松 -8(14)- 烯 -19-*O*-*β*-D- 吡喃葡萄糖苷 *ent*-(15*R*),16,19-trihydroxypimar-8(14)-ene-19-*O*-*β*-D-glucopyranoside
对映 -(3*R*)-3- 羟基白术烯内酯▲ III *ent*-(3*R*)-3-hydroxyatractylenolide III
对映 -(3*α*,5*β*,8*α*,9*β*,10*α*,11*α*,12*α*)-3,11- 二羟基阿替 -16- 烯 -14- 酮 *ent*-(3*α*,5*β*,8*α*,9*β*,10*α*,11*α*,12*α*)-3,11-dihydroxyatis-16-en-14-one
对映 -(3*α*,5*β*,8*α*,9*β*,10*α*,12*α*)-3- 羟基阿替 -16- 烯 -14- 酮 *ent*-(3*α*,5*β*,8*α*,9*β*,10*α*,12*α*)-3-hydroxyatis-16-en-14-one
对映 -(5*β*,8*α*,9*β*,10*α*,11*α*,12*α*)-11- 羟基阿替 -16- 烯 -3,14- 二酮 *ent*-(5*β*,8*α*,9*β*,10*α*,11*α*,12*α*)-11-hydroxyatis-16-ene-3,14-dione
对映 -(5*β*,8*α*,9*β*,10*α*,11*α*,12*α*)-3,14- 二氧代阿替 -16- 烯 -11- 醇乙酯 *ent*-(5*β*,8*α*,9*β*,10*α*, 11*α*,12*α*)-3,14-dioxoatis-16-en-11-yl acetate
对映 -(5*β*,8*α*,9*β*,10*α*,12*α*)-12- 羟基阿替 -16- 烯 -3,14- 二酮 *ent*-(5*β*,8*α*,9*β*,10*α*,12*α*)-12-hydroxyatis-16-en-3,14-dione
对映 -(7*α*,14*β*)-7,14- 二羟基 - 对映 - 贝壳杉 -16- 烯 -15- 酮 *ent*-(7*α*,14*β*)-7,14-dihydroxy-*ent*-kaur-16-en-15-one
对映 -11*α*,15*α*- 二羟基贝壳杉 -16- 烯 -19- 酸 *ent*-11*α*,15*α*-

dihydroxykaur-16-en-19-oic acid
对映 -11α- 羟基 -15α- 乙酰氧基贝壳杉 -16- 烯 -19- 酸 *ent*-11α-hydroxy-15α-acetoxykaur-16-en-19-oic acid
对映 -11α- 羟基 -15- 酮基 - 贝壳杉 -16- 烯 -19- 酸 *ent*-11α-hydroxy-15-oxo-kaur-16-en-19-oic acid
对映 -11α- 羟基 -15- 氧代 -16*R*- 贝壳杉 -19- 酸 *ent*-11α-hydroxy-15-oxo-16*R*-kaurane-19-carboxylic acid
对映 -11α- 羟基 -15- 氧代 -16*S*- 贝壳杉 -19- 酸 *ent*-11α-hydroxy-15-oxo-16*S*-kaurane-19-carboxylic acid
对映 -11α- 羟基 -15- 氧代贝壳杉 -16- 烯 -19- 酸 *ent*-11α-hydroxy-15-oxokaur-16-en-19-oic acid
16*R*)- 对映 - 11α- 羟基 -15- 氧代贝壳杉 -19- 酸 (16*R*)-*ent*-11α-hydroxy-15- oxokauran-19-oic acid
对映 -11α- 羟基冷杉 -8(14),13(15)- 二烯 -16,12α- 内酯 *ent*-11α-hydroxyabieta-8(14),13(15)-dien-16,12α-olide
对映 -11β- 羟基冷杉 -8(14),13(15)- 二烯 -16,12β- 内酯 *ent*-11β-hydroxyabieta-8(14),13(15)-dien-16,12β-olide
对映 -11β- 羟基玫瑰 -5,15- 二烯 *ent*-11β-hydroxy-rosa-5,15-diene
对映 -12,17- 环氧 -16β- 羟基 -9(11)- 贝壳杉烯 -19- 酸甲酯 methyl-*ent*-12,17-epoxy-16β-hydroxy-9(11)-kauren-19-oate
对映 -12α,16- 环氧 -2β,15α,19- 三羟基海松 -8(14)- 烯 *ent*-12α,16-epoxy-2β,15α,19-trihydroxypimar-8(14)-ene
对映 -12α,16- 环氧 -2β,15α,19- 三羟基海松 -8- 烯 *ent*-12α,16-epoxy-2β,15α,19-trihydroxypimar-8-ene
(-)- 对映 -12β- 羟基贝壳杉 -16- 烯 -19- 酸 -*O*-β-D- 吡喃木糖基 -(1 → 6)-*O*-β-D- 吡喃葡萄糖苷 (-)-ent-12β-hydroxykaur-16-en-19-oic acid-19-*O*-β-D-xylopyranosyl-(1 → 6)-*O*-β-D-glucopyranoside
对映 -12β- 羟基海松 -8(14),15- 二烯 -3- 酮 *ent*-12β-hydroxypimara-8(14),15-diene-3-one
对映 -12- 羟基 -12[*R*]- 冷杉 -8(14),13(15)- 二烯 -16,12- 内酯 *ent*-12-hydroxy-12[*R*]-abieta-8(14),13(15)-dien-16,12-olide
对映 -13,17- 二羟基 - 贝壳杉 -15- 烯 -19- 酸 *ent*-13,17-dihydroxy-kauran-15-en-19-oic acid
对映 -13,3β- 二羟基 -14- 氧代阿替 -16- 烯 *ent*-13,3β-dihydroxy-14-oxoatis-16-ene
对映 -13R- 羟基阿替 -16- 烯 -3,14- 二酮 *ent*-13*R*-hydroxyatis-16-en-3,14-dione
对映 -13*S*- 羟基 -16- 阿替烯 -3,14- 二酮 *ent*-13*S*-hydroxy-16-atisene-3,14-dione
对映 -13- 表 -8,13- 环氧 -14*S*,15- 二羟基半日花 -1,14- 二烯 -3- 酮 *ent*-13-*epi*-8,13-epoxy-14*S*,15-dihydroxylabdan-1,14-dien-3-one
对映 -13- 表 -8,13- 环氧 -2,3- 裂环半日花 -14- 烯 -2,3- 二酸 *ent*-13-*epi*-8,13-epoxy-2,3-secolabd-14-ene-2,3-dioic acid
对映 -13- 表 -8,13- 环氧 -2,3- 裂环半日花 -14- 烯 -2,3- 二酸 -3- 甲酯 *ent*-13-*epi*-8,13-epoxy-2,3-secolabd-14-en-2,3-dioic acid 3-methyl ester
对映 -13- 表 -8,13- 环氧 -2- 羟基半日花 -1,14- 二烯 -3- 酮 *ent*-13-*epi*-8,13-epoxy-2-hydroxylabdan-1,14-dien-3-one
对映 -13- 表 -8,13- 环氧 -2- 氧杂 -3- 氧代 - 半日花 -14- 烯 -1*R*- 羧酸 *ent*-13-*epi*-8,13-epoxy-2-oxa-3-oxo-labd-14-en-1*R*-carboxylic acid
对映 -13- 表 - 泪柏醚 -3- 酮 *ent*-13-*epi*-manoyl oxide-3-one
对映 -13- 羟基阿替 -16- 烯 -3,14- 二酮 *ent*-13-hydroxyatis-16-ene-3,14-dione
对映 -14β,16- 环氧 -8- 海松烯 -2α,15α,19- 三醇 *ent*-14β,16-epoxy-8-pimarene-2α,15α,19-triol
对映 -14β,16- 环氧 -8- 海松烯 -3β,15α- 二醇 *ent*-14β,16-epoxy-8-pimarene-3β,15α-diol
对映 -15,16- 环氧 -9α*H*- 半日花 -13(16),14- 二烯 -3β,8α- 二醇 *ent*-15,16-epoxy-9α*H*-labda-13(16),14-diene-3β,8α-diol
对映 -15,18- 二羟基半日花 -8(17),13*E*- 二烯 *ent*-15,18-dihydroxylabda-8(17),13*E*-diene
对映 -15*S*,16- 二羟基海松 -8(14)- 烯 -19- 酸 *ent*-15*S*,16-dihydroxypimar-8(14)-en-19-oic acid
对映 -15β,16β- 环氧 -17- 羟基贝壳杉 -19- 酸 *ent*-15β,16β-epoxy-17-hydroxykauran-19-oic acid
对映 -15β- 羟基贝壳杉 -16(17)- 烯 -19- 羧酸甲酯 *ent*-15β-hydroxy-kaur-16(17)-en-19-oic acid methyl ester
对映 -15β- 羟基 - 贝壳杉 -16- 烯 -19- 酸 *ent*-15β-hydroxy-kaur-16-en-19-oic acid
对映 -15ξ- 乙氧基 - 半日花 -3α,8β- 二羟基 -13(14)- 烯 -15,16- 内酯 *ent*-15ξ-ethoxy-labdan-3α,8β-dihydroxy-13(14)-en-15,16-olide
对映 -15- 当归酰氧基 -16,17- 环氧 -19- 贝壳杉烷酸 *ent*-15-angeloyloxy-16,17-epoxy-19-kauranoic acid
对映 -15- 当归酰氧基 -16- 贝壳杉烯 -19- 酸 *ent*-15-angeloyloxy-16-kauren-19-oic acid
对映 -15- 降 -14- 氧代半日花 -8(17),12*E*- 二烯 -18- 酸 *ent*-15-nor-14-oxolabda-8(17),12*E*-dien-18-oic acid
对映 -15- 羟基半日花 -8(17),13*E*- 二烯 -3- 酮 *ent*-15-hydroxylabda-8(17),13*E*-dien-3-one
对映 -15- 氧代 -2β,16,19- 三羟基海松 -8(14)- 烯 *ent*-15-oxo-2β,16,19-trihydroxypimar-8(14)-ene
对映 -16,17- 环氧贝壳杉 -3α- 醇 *ent*-16,17-epoxykauran-3α-ol
对映 -16α,17,18- 三羟基贝壳杉 -19- 酸 *ent*-16α,17,18-trihydroxykauran-19-oic acid
对映 -16α,17β- 二羟基贝壳杉烷 *ent*-16α,17β-dihydroxykaurane
对映 -16α,17- 二羟基阿替 -3- 酮 *ent*-16α,17-dihydroxyatisan-3-one
对映 -16α,17- 二羟基贝壳杉 -19- 醛 *ent*-16α,17-dihydroxykauran-19-al
对映 -16α,17- 二羟基贝壳杉 -19- 酸 *ent*-16α,17-dihydroxykauran-19-oic acid
对映 -16α,17- 二羟基贝壳杉 -19- 酸 -16α,17- 丙酮化物 *ent*-16α,17-dihydroxykauran-19-oic acid-16α,17-acetonide
对映 -16α,17- 二羟基贝壳杉 -3- 酮 *ent*-16α,17-dihydroxykauran-3-one
对映 -16α*H*,17- 羟基贝壳杉 -19- 酸 *ent*-16α*H*,17-hydroxykauran-19-oic acid
对映 -16α*H*- 贝壳杉 -17,19- 二羧酸 *ent*-16α*H*-kauran-17,19- dioic acid
对映 -16α- 羟基贝壳杉 -19- 酸 *ent*-16α-hydroxykauran-19-oic acid
对映 -16β,17,18- 三羟基贝壳杉 -19- 酸 *ent*-16β,17,18-trihydroxykauran-19-oic acid
对映 -16β,17- 二羟基 -9(11)- 贝壳杉烯 -19- 酸甲酯 methyl-*ent*-16β,17-dihydroxy-9(11)-kauren-19-oate
对映 -16β,17- 二羟基贝壳杉 -19- 醛 *ent*-16β,17-dihydroxykauran-19-al
对映 -16β,17- 二羟基贝壳杉 -19- 酸 *ent*-16β,17-dihydroxykauran-19-oic acid
对映 -16β,17- 二羟基贝壳杉 -19- 酸 -16β,17- 丙酮化物 *ent*-16β,17-dihydroxykauran-19-oic acid-16β,17-acetonide
对映 -16β,17- 二羟基贝壳杉 -3- 酮 *ent*-16β,17-dihydroxykauran-3-one
对映 -16β*H*,17- 羟基贝壳杉 -19- 酸 *ent*-16β*H*,17-hydroxykauran-19-oic acid
对映 -16β*H*,17- 乙酰氧基 -18- 异丁酰氧基贝壳杉 -19- 酸 *ent*-16β*H*,17-acetoxy-18-isobutyryloxy-kauran-19-oic acid
对映 -16β-*H*-3- 氧代贝壳杉 -17- 醇 *ent*-16β-*H*-3-oxokauran-17-ol

对映 -16β- 羟基阿替 -18- 酸 *ent*-16β-hydroxyatisan-18-oic acid
对映 -16β- 羟基贝壳杉 -3,4- 内酯 *ent*-16β-hydroxykauran-3,4-lactone
对映 -16ξ- 羟基 - 半日花 -3α,8β- 二羟基 -13(14)- 烯 -15,16- 内酯 *ent*-16ξ-hydroxy-labdan-3α,8β-dihydroxy-13(14)-en-15,16-olide
对映 -16- 贝壳杉烯 *ent*-16-kaurene
对映 -16- 降 -5α,13α- 甲基 -2- 氧代斧松 -3- 烯 -3- 醇 -15- 酸 *ent*-16-nor-5α,13α-methyl-2-oxodolabra-3-en-3-ol-15-oic acid
对映 -16- 降 -5α,13α- 甲基 -3- 氧代斧松 -1,4(18)- 二烯 -2- 醇 -15- 酸 *ent*-16-nor-5α,13α-methyl-3-oxodolabra-1,4(18)-dien-2-ol-15-oic acid
对映 -16- 羟基 -3- 氧代 -13- 表 - 泪柏醚 *ent*-16-hydroxy-3-oxo-13-*epi*-manoyl oxide
对映 -16- 乙酰氧基 -15- 羟基海松 -8(14)- 烯 -3α-*O*-β- 吡喃葡萄糖苷 *ent*-16-acetoxy-15-hydroxypimar-8(14)-en-3α-*O*-β-glucopyranoside
对映 -16- 乙酰氧基 -3α,15- 二羟基 -14α- 氢过氧海松 -7- 烯 -3α-*O*-β- 吡喃葡萄糖苷 *ent*-16-acetoxy-3α,15- dihydroxy-14α-hydroperoxypimar-7-en-3α-*O*-β-glucopyranoside
对映 -16- 乙酰氧基 -3α,15- 二羟基 -7β- 氢过氧海松 -8(14)-烯 -3α-*O*-β- 吡喃葡萄糖苷 *ent*-16-acetoxy- 3α,15-dihydroxy-7β-hydroperoxypimar-8(14)-en-3α-*O*-β-glucopyranoside
对映 -17,18- 二羟基 -16βH- 贝壳杉 -19- 酸 *ent*-17,18-dihydroxy-16βH-kauran-19-oic acid
对映 -17α- 乙酰基 -16β- 羟基贝壳杉 -3- 酮 *ent*-17α-acetyl-16β-hydroxylkauran-3-one
对映 -17- 降贝壳杉 -16- 酮 ent-17-norkauran-16-one
对映 -17- 羟基 -16αH- 贝壳杉 -19- 酸 *ent*-17-hydroxy-16αH-kauran-19-oic acid
对映 -17- 羟基 -16α- 贝壳杉 -3- 酮 *ent*-17-hydroxy-16α-kaur-3-one
对映 -17- 羟基 -16β- 甲氧基 - 贝壳杉 -3- 酮 *ent*-17-hydroxyl-16β-methoxyl-kauran-3-one
(4*R*,5*S*,8*R*,9*R*,10*S*,13*S*)- 对映 -17- 羟基 -16- 氧代贝叶 -19- 醛 (4*R*,5*S*,8*R*,9*R*,10*S*,13*S*)-*ent*-17-hydroxy-16-oxobeyeran-19-al
对映 -17- 羟基贝壳杉 -15(16)- 烯 -19- 酸 *ent*-17-hydroxykaur-15(16)-en-19-oic acid
对映 -17- 羟基贝壳杉 -15- 烯 -19- 酸 *ent*-17-hydroxykaur-15-en-19-oic acid
对映 -17- 羟基贝壳杉 -15- 烯 -3- 酮 *ent*-17-hydroxykaur-15-en-3-one
对映 -17- 羟基 - 贝壳杉 -15- 烯 -3- 酮 *ent*-17-hydroxyl-kaur-15-en-3-one
对映 -17- 氧代贝壳杉 -15(16)- 烯 -19- 酸 *ent*-17-oxokaur-15(16)-en-19-oic acid
对映 -17- 乙酰氧基 -16β- 甲氧基 - 贝壳杉 -3- 酮 *ent*-17-acetoxyl-16β-methoxyl-kauran-3-one
对映 -17- 异丁酰氧基 -18- 羟基贝壳杉 -19- 酸 *ent*-17-isobutyryloxy-18-hydroxykauran-19-oic acid
对映 -18- 乙酰氧基 -16α,17- 二羟基贝壳杉 -19- 酸 *ent*-18-acetoxy-16α,17-dihydroxykauran-19-oic acid
对映 -18- 乙酰氧基 -16α- 羟基 -17- 异丁酰氧基贝壳杉 -19- 酸 *ent*-18-acetoxy-16α- hydroxy- 17-isobutyryloxykauran-19-oic acid
对映 -18- 乙酰氧基 -17- 羟基 -16βH- 贝壳杉 -19- 酸 *ent*-18-acetoxy-17-hydroxy-16βH-kauran-19-oic acid
对映 -18- 乙酰氧基 -17- 异丁酰氧基 -16βH- 贝壳杉 -19- 酸 *ent*-18-acetoxy-17-isobutyryloxy-16βH-kauran-19-oic acid
对映 -19- 甲基 -16α,17- 二羟基贝壳杉 -19- 酸 -16α,17- 丙酮化物 *ent*-19-methyl-16α,17-dihydroxykauran-19-oic acid-16α,17-acetonide
对映 -19- 甲基 -17- 羟基 -16αH- 贝壳杉 -19- 酸 *ent*-19-methyl-17-hydroxy-16αH- kauran-19-oic acid
对映 -1α,14β,20- 三羟基 -7,20- 环氧 - 对映 - 贝壳杉 -16- 烯 -15- 酮 *ent*-1α,14β,20-trihydroxy-7,20-epoxy-kaur-16-en-15-one
对映 -1α,7α,14β,20- 四羟基 -11,16- 贝壳杉二烯 -15- 酮 *ent*-1α,7α,14β,20-tetrahydroxy-11,16-kauradien-15-one
对映 -2,3- 裂环 - 贝叶 -15- 烯 -2,3- 二酸 *ent*-2,3-seco-beyer-15-en-2,3-dioic acid
对映 -2α,15,16,19- 四羟基海松 -8(14)- 烯 *ent*-2α,15,16,19-tetrahydroxypimar-8(14)-ene
对映 -2β,15,16,19- 四羟基海松 -8(14)- 烯 -19-*O*-β- 吡喃葡萄糖苷 *ent*-2β,15,16,19-tetrahydroxypimar-8(14)-en-19-*O*-β-glucopyranoside
对映 -2β,15,16- 三羟基海松 -8(14)- 烯 -19- 酸 *ent*-2β,15,16-trihydroxypimar-8(14)-en-19-oic acid
对映 -2β- 羟基 -15,16- 环氧 -3,13(16),14- 克罗三烯 -18- 酸 *ent*-2β-hydroxy-15,16-epoxy-3,13(16),14-cleroda-trien-18-oic acid
对映 -2- 羟基阿替 -1,16(17)- 二烯 -3,14- 二酮 *ent*-2-hydroxyatis-1,16(17)-diene-3,14-dione
对映 -2- 羰基 -16α- 羟基 - 贝壳杉 -17-β-D- 葡萄糖苷 *ent*-2-carbonyl-16α-hydroxy-kauran-17-β-D-glucoside
对映 -2- 氧代 -15,16,19- 三羟基海松 -8(14)- 烯 *ent*-2-oxo-15,16,19-trihydroxypimar-8(14)-ene
对映 -2- 氧代 -15,16,19- 三羟基海松 -8(14)- 烯 -19-*O*-β-D- 吡喃葡萄糖苷 *ent*-2-oxo-15,16,19-trihydroxypimar-8(14)-en-19-*O*-β-D-glucopyranoside
对映 -2- 氧代 -15,16- 二羟基海松 -8(14)- 烯 -16-*O*-β- 吡喃葡萄糖苷 *ent*-2-oxo-15,16-dihydroxypimar-8(14)-en-16-*O*-β-glucopyranoside
对映 -2- 氧代 -3β,15,16- 三羟基海松 -8(14)- 烯 -3-*O*-β- 吡喃葡萄糖苷 *ent*-2-oxo-3β,15,16-trihydroxypimar-8(14)-en-3-*O*-β-glucopyranoside
对映 -3,4- 裂 -12*R*,15- 环氧 -4(18),8(17),13- 半日花三烯 -3- 酸 *ent*-3,4-seco-12*R*,15-epoxy-4(18),8(17),13-labdatrien-3-oic acid
对映 -3,4- 裂 -14- 羰基 -15,16- 环氧 -4(18),8(17),13(14)- 半日花三烯 -3- 酸 *ent*-3,4-seco-14-carbonyl-15,16-epoxy-4(18),8(17),13(14)-labdatrien-3-oic acid
对映 -3,4- 裂 -16- 羟基 -12,15- 环氧 -4(18),8(17),12,14- 半日花四烯 -3- 酸 *ent*-3,4-seco-16-hydroxy-12,15-epoxy-4(18),8(17),12,14-labdatetraen-3-oic acid
对映 -3,4- 裂环 -4,16β,17- 三羟基贝壳杉 -3- 酸 *ent*-3,4-seco-4,16b,17-trihydroxykauran-3-oic acid
对映 -3,5,7,2',5'- 五羟基黄烷 *ent*-3,5,7,2',5'-pentahydroxyflavan
对映 -3*E*-13- 克罗烷二烯 -15- 酸 *ent*-3*E*-13-clerodadien-15-oic acid
对映 -3α,15,16,19- 四羟基海松 -8(14)- 烯 *ent*-3α,15,16,19-tetrahydroxypimar-8(14)-ene
对映 -3α,15,16- 三羟基海松 -8(14)- 烯 -15,16- 丙酮化物 *ent*-3α,15,16-trihydroxypimar-8(14)-en-15,16-acetonide
对映 -3α,15,16- 三羟基海松 -8(14)- 烯 -3α-*O*-β- 吡喃葡萄糖苷 -15,16- 丙酮化物 *ent*-3α,15,16-trihydroxypimar-8(14)-en-3α-*O*-β-glucopyranoside-15,16-acetonide
对映 -3α,7β,15,16- 四羟基海松 -8(14)- 烯 *ent*-3α,7β,15,16-tetrahydroxypimar-8(14)-ene
对映 -3α- 羟基海松 -8(14),15- 二烯 -12- 酮 *ent*-3α-hydroxypimara-8(14),15-dien-12-one
对映 -3α- 乙酰氧基异海松 -15- 烯 -8α- 醇 *ent*-3α-acetoxyisopimar-15-en-8α-ol
对映 -3β,(13*S*)- 二羟基阿替 -16- 烯 -14- 酮 *ent*-3β,(13*S*)-dihydroxyatis-16-en-14-one
对映 -3β,11α- 二羟基异海松 -8(14),15- 二烯 -2- 酮 *ent*-3β,11α-

dihydroxyisopimara-8(14),15-dien-2-one
对映 -3β,12α- 二羟基海松 -8(14),15- 二烯 ent-3β,12α-dihydroxypimara-8(14),15-diene
对映 -3β,14α- 二羟基海松 -7,9(11),15- 三烯 -12- 酮 ent-3β,14α-dihydroxypimara-7,9(11),15-triene-12-one
对映 -3β,14α- 羟基海松 -7,9(11),15- 三烯 -12- 酮 ent-3β,14α-hydroxylpimara-7,9(11),15-trien-12-one
对映 -3β,16- 二羟基异海松 -7- 烯 -2,15- 二酮 ent-3β,16-dihydroxyisopimar-7-ene-2,15-dione
对映 -3β,19- 二羟基半日花 -12,14- 二烯 ent-3β,19-dihydroxylabda-12,14-diene
对映 -3β- 羟基 -13- 表 - 泪柏醚 ent-3β-hydroxy-13-epi-manoyl oxide
对映 -3β- 羟基 -15- 贝叶烯 -2- 酮 ent-3β-hydroxy-15-beyeren-2-one
对映 -3β- 羟基贝叶 -15- 烯 -2,12- 二酮 ent-3β-hydroxybeyer-15-en-2,12-dione
对映 -3β- 羟基海松 -8(14),15- 二烯 -12- 酮 ent-3β-hydroxypimara-8(14),15-diene-12-one
对映 -3β- 乙酰氧基 -16α- 甲氧基贝壳杉 -17- 醇 ent-3β-acetoxy-16-amethoxykauran-17-ol
对映 -3β- 乙酰氧基贝壳杉 -16β,17- 二醇 ent-3β-acetoxylkauran-16β,17-diol
对映 -3- 羟基 -8(17),13E- 半日花二烯 -15- 羧酸 ent-3-hydroxy-8(17),13E-dilabden-15-carboxylic acid
对映 -3- 氧代 -13- 表 - 泪柏醚 ent-3-oxo-13-epi-manoyl oxide
对映 -3- 氧代贝壳杉 -16α,17- 二醇 ent-3-oxokaurane-16α,17-diol
对映 -4(15)- 桉叶烯 -1β,6α- 二醇 ent-4(15)-eudesmene-1β,6α-diol
对映 -4α,10β- 二羟基香橙烷 ent-4α,10β-dihydroxyaromadendrane
对映 -4β- 羟基 -10α- 甲氧基香树烷 ent-4β-hydroxy-10α-methoxyaromadendrane
对映 -4- 表 - 玛瑙 -18- 酸甲酯 methyl ent-4-epi-agath-18-oate
对映 -5α,3,15- 二氧代斧松 -4(18)- 烯 -16,18- 二醇 ent-5α,3,15-dioxodolabr-4(18)-en-16,18-diol
对映 -5α- 斧松 -4(18)- 烯 -15S,16- 二醇 ent-5α-dolabr-4(18)-ene-15S,16-diol
对映 -6,7- 裂环 -6,20- 环氧 -6β- 甲氧基贝壳杉 -16- 烯 -15α,20β- 二醇 ent-6,7-seco-6,20-epoxy-6β-methoxykaur-16-ene-15α,20β-diol
对映 -7(11)- 芹子烯醇 ent-7(11)-selinen-ol
对映 -7(11)- 烯 - 桉叶 -4- 醇 ent-7(11)-eudesmen-4-ol
对映 -7α,14β- 二羟基贝壳杉 -16- 烯 -15- 酮 -20- 酸 ent-7α,14β-dihydroxykaur-16-en-15-one-20-oic acid
对映 -7α,16β,17- 三羟基贝壳杉烷 ent-7α,16β,17-trihydroxykauran
对映 -7α,9- 二羟基 -15- 氧代 -16S- 贝壳杉 -19,6β- 内酯 ent-7α,9-dihydroxy-15-oxo-16S-kaurane-19,6β-olide
对映 -7α,9- 二羟基 -15- 氧代贝壳杉 -16- 烯 -19,6β- 内酯 ent-7α,9-dihydroxy-15-oxokaur-16-en-19,6β-olide
对映 -7β,11α,14- 三羟基 -18- 醛 -11β-20- 环氧 - 贝壳 -16- 烯 -15- 酮 ent-7β,11α,14-trihydroxy-18-aldehyde-11β-20-epoxy-kaur-16-en-15-one
对映 -7β,14α,15β- 三羟基 -16- 贝壳杉烯 -3- 酮 ent-7β,14α,15β-trihydroxy-16-kauren-3-one
对映 -7β,14- 二羟基 -11α- 甲氧基 -18- 醛 -11β-20- 环氧 - 贝壳 -16- 烯 -15- 酮 ent-7β,14-dihydroxy-11α-methoxy-18-aldehyde-11β-20-epoxy-kaur-16-en-15-one
对映 -7β,20- 环氧贝壳杉 -16- 烯 -1β,6α,7α,14α,15α- 五醇 -1-O-β-D- 吡喃葡萄糖苷 ent-7β,20-epoxykaur-16-ene-1β,6α,7α,14α,15α-pentanol-1-O-β-D-glucopyranoside
对映 -7β,20- 环氧 - 贝壳杉 -16- 烯 -1β,6α,7α,14α,15α- 五醇 -1-O-β-D- 吡喃葡萄糖苷 ent-7β,20-epoxy-kaur-16-ene-1β,6α,7α,14α,15α-pentanol-1-O-β-D-glucopyranoside
对映 -7β- 羟基 -15- 氧化贝壳杉 -16- 烯 -18- 乙酸酯 ent-7β-hydroxy-15-oxokaur-16-en-18-yl-acetate
对映 -8(14),15- 山达海松二烯 -2α,18- 二醇 ent-8(14),15-sandaracopimaradiene-2α,18-diol
对映 -8(14)- 海松烯 -15R,16- 二醇 ent-8(14)-pimarene-15R,16-diol
对映 -8(14)- 海松烯 -1α,15R,16- 三醇 ent-8(14)-pimarene-1α,15R,16-triol
(5R,9S,10R,13S,15S)- 对映 -8(14)- 海松烯 -1- 氧代 -15R,16- 二醇 (5R,9S,10R,13S,15S)-ent-8(14)-pimarene-1-oxo-15R,16-diol
对映 -8,13- 环氧半日花 -14- 烯 -19- 酸 ent-8,13-epoxylabd-14-en-19-oic acid
(13R,14S)- 对映 -8α,13;14,15- 二环氧 -13- 表 - 半日花 -3- 酮 (13R,14S)-ent-8a,13;14,15-diepoxy-13-epi-labdan-3-one
对映 -8α,14α- 二羟基 -13(15)- 烯 -16(12α)- 冷杉烷内酯 ent-8α,14α-dihydroxy-13(15)-en-16(12α)-abietanolide
对映 -8α,14β- 二羟基 -13(15)- 烯 -16(12α)- 冷杉烷内酯 ent-8α,14β-dihydroxy-13(15)-en-16(12α)-abietanolide
对映 -τ- 欧洲赤松醇▲ ent-τ-muurolol
对映 - 阿替 -16(17)- 烯 -3,14- 二酮 ent-atis-16(17)-ene-3,14-dione
16α- 对映 - 阿替 -16,17,19- 三醇 16α-ent-atisan-16,17,19-triol
对映 - 阿替 -16α- 醇 ent-atisan-16α-ol
对映 - 阿替 -16- 烯 -13α- 羟基 -3,14- 二酮 ent-atis-16-ene-13α-hydroxy-3,14-dione
对映 - 阿替 -16- 烯 -3,14- 二酮 ent-atis-16-ene-3,14-dione
对映 - 阿替 -3β,16α,17- 三醇 ent-atisane-3β,16α,17-triol
8(17),13- 对映 - 半日花二烯 -(15 → 16)- 内酯 -19- 酸 8(17),13-ent-labdadien-(15 → 16)-lactone-19-oic acid
8(17),13- 对映 - 半日花二烯 -15 → 16,19 → 20- 二内酯 8(17),13-ent-labdadien-15 → 16,19 → 20-dilactone
8(17),13- 对映 - 半日花二烯 -15 → 16- 内酯 -19- 羧酸 8(17),13-ent-labdadien-15 → 16-lactone-19-oic acid
对映 - 贝壳杉 -15- 烯 -17,19- 二醇 ent-kaur-15-ene-17,19-diol
对映 - 贝壳杉 -15- 烯 -17- 醇 ent-kaur-15-en-17-ol
对映 - 贝壳杉 -15- 烯 -19,20- 内酯 ent-kaur-15-en-19,20-olide
对映 - 贝壳杉 -15- 烯 -19- 酸 ent-kaur-15-en-19-oic acid
对映 - 贝壳杉 -15- 烯 -3α,17- 二醇 ent-kaur-15-en-3α,17-diol
对映 - 贝壳杉 -15- 烯 -3β,17- 二醇 ent-kaur-15-en-3β,17-diol
对映 - 贝壳杉 -16,17- 二醇 ent-kaurane-16,17-diol
对映 - 贝壳杉 -16α,17- 二醇 ent-kaurane-16α,17-diol
对映 - 贝壳杉 -16β,17,18- 三醇 ent-kaurane-16β,17,18-triol
对映 - 贝壳杉 -16β,17,19- 三醇 ent-kaurane-16β,17,19-triol
对映 - 贝壳杉 -16β,17- 二醇 ent-kaurane-16β,17-diol
对映 - 贝壳杉 -16β,17- 二醇 -3- 酮 -17-O-β-D- 葡萄糖苷 ent-kaurane-16β,17-diol-3-one-17-O-β-D-glucoside
对映 - 贝壳杉 -16β- 醇 ent-kaurane-16β-ol
(-)- 对映 - 贝壳杉 -16- 烯 (-)-ent-kaur-16-ene
对映 - 贝壳杉 -16- 烯 -13,19- 二醇 ent-kaur-16-en-13,19-diol
对映 - 贝壳杉 -16- 烯 -13- 羟基 -19- 醛 ent-kaur-16-en-13-hydroxy-19-al
对映 - 贝壳杉 -16- 烯 -14- 醇 ent-kaur-16-en-14-ol
对映 - 贝壳杉 -16- 烯 -15- 酮 ent-kaur-16-en-15-one
对映 - 贝壳杉 -16- 烯 -19- 醇 ent-kaur-16-en-19-ol
对映 - 贝壳杉 -16- 烯 -19- 酸 ent-kaur-16-en-19-oic acid
对映 - 贝壳杉 -16- 烯 -2β,15α- 二醇 ent-kaur-16- ene-2β,15α-diol
对映 - 贝壳杉 -16- 烯 -3β,13- 二醇 ent-kaur-16-en-3β,13-diol
对映 - 贝壳杉 -16- 烯 -6- 醇 ent-kaur-16-en-6-ol
(-)- 对映 - 贝壳杉 -17,19- 二酸 (-)-ent-kaur-17,19-dioic acid
对映 - 贝壳杉 -17- 醇 ent-kaurane-17-ol

(-)- 对映 - 贝壳杉 -17- 乙酸基 -19- 酸 (-)-*ent*-kaur-17-acetoxy-19-oic acid
对映 - 贝壳杉 -2β,16α- 二醇 *ent*-kaurane-2β,16α-diol
对映 - 贝壳杉 -3α,16α,17,19- 四醇 *ent*-kaurane-3α,16α,17,19-tetrol
对映 - 贝壳杉 -3α,16α,17- 三醇 *ent*-kaurane-3α,16α,17-triol
对映 - 贝壳杉 -3α,16α- 二醇 *ent*-kaurane-3α,16α-diol
对映 - 贝壳杉 -3α,16β,17- 三醇 *ent*-kaurane-3α,16β,17-triol
对映 - 贝壳杉 -3β,16β,17- 三醇 *ent*-kaurane-3β,16β,17-triol
对映 - 贝壳杉 -3β,16β,17- 三醇 -3α-*O*-β-D- 吡喃葡萄糖基 -17-*O*-β-D- 吡喃葡萄糖苷 *ent*-kaurane-3β,16β,17-triol-3α-*O*-β-D-glucopyranosyl-17-*O*-β-D-glucopyranoside
对映 - 贝壳杉 -3β,16β- 二醇 *ent*-kaurane-3β,16β-diol
对映 - 贝壳杉 -3- 酮基 -16α,17- 二醇 *ent*-kaurane-3-oxo-16α,17-diol
对映 - 贝壳杉 -3- 氧代 -16,17- 二醇 *ent*-kaurane-3-oxo-16,17-diol
对映 - 贝壳杉 -3- 氧代 -16α-17- 二醇 *ent*-kaurane-3-oxo-16α-17-diol
对映 - 贝壳杉 -7α,16β,17- 三醇 *ent*-kaurane-7α,16β,17-triol
对映 - 贝壳杉 -9(11)- 烯 -13,17- 环氧 -16- 羟基 -19- 酸甲酯 methyl *ent*-kaur-9(11)-en-13,17-epoxy-16-hydroxy-19-oate
16αH-17,19- 对映 - 贝壳杉二醇 16αH-17,19-*ent*-kauranediol
对映 - 贝壳杉烯 *ent*-kaurene
16- 对映 - 贝壳杉烯 -13,19- 二醇 16-*ent*-kaurene-13,19-diol
16- 对映 - 贝壳杉烯 -19- 醇 16-*ent*-kauren-19-ol
对映 - 贝壳杉烯酸 *ent*-kaurenoic acid
(+)- 对映 - 表荜澄茄烯醇 (+)-*ent*-epicubenol
对映 - 表儿茶素 -(2α,7,4α,8)- 儿茶素 *ent*-epicatechin-(2α,7,4α,8)-catechin
对映 - 表缅茄儿茶素▲-(4α → 8,2α → *O* → 7)- 山柰酚 *ent*-epiafzelechin-(4α → 8,2α → O → 7)-kaempferol
对映 - 匙叶桉油烯醇 *ent*-spathulenol
对映 - 粗裂豆▲-19- 酸 *ent*-trachyloban-19-oic acid
对映 - 大根老鹳草 -4(15),5,10(14)- 三烯 -1β- 醇 *ent*-germacra-4(15),5,10(14)-trien-1β-ol
(2*S*,3*R*)- 对映 - 儿茶素 (2*S*,3*R*)-*ent*-catechin
对映 - 海松 -15- 烯 -8α,19- 二醇 *ent*-pimar-15-en-8α,19-diol
对映 - 海松 -8(14),15- 二烯 ent-pimara-8(14),15-diene
对映 - 海松 -8(14),15- 二烯 -18- 酸 *ent*-pimara-8(14),15-dien-18-oic acid
对映 - 海松 -8(14),15- 二烯 -19- 醇 *ent*-pimara-8(14),15-dien-19-ol
对映 - 海松 -8(14),15- 二烯 -19- 酸 *ent*-pimara-8(14),15-dien-19-oic acid
对映 - 海松 -8(14),15- 二烯 -3,12- 二酮 *ent*-pimara-8(14),15-dien-3,12-dione
1β,15(*R*)- 对映 - 海松 -8(14)- 烯 -1,15,16- 三醇 1β,15(*R*)- *ent*-pimar-8(14)-en-1,15,16-triol
对映 - 冷杉冬凌草素 A~E *ent*-abierubesin A~E
对映 - 冷杉显脉香茶菜素 A, B, C *ent*-abienervonin A, B, C
对映 - 马兜铃 -9- 烯 -8α- 醇 ent-aristol-9-en-8α-ol
对映 - 马兜铃酮 ent-aristolone
对映 - 三白草酮 *ent*-sauchinone
对映 - 山达海松 -8(14),15- 二烯 -2β,18- 二醇 *ent*-sandaracopinara-8(14),15-diene-2β,18-diol
对映 - 叶下珠碱 *ent*-phyllanthidine
对映 - 异海松 -15- 烯 -6α,7α,8α- 三醇 *ent*-isopimar-15-en-6α,7α,8α-triol
对映 - 异海松 -8(14),15- 二烯 -19- 羧酸 *ent*-isopimar-8(14),15-dien-19-oic acid
对映 - 异海松显脉香茶菜苷 A, B *ent*-isopimanervoside A, B
对映 - 异落叶松树脂醇 *ent*-isolariciresinol
对映 - 异落叶松树脂醇 -9'-*O*-β-D- 吡喃木糖苷 *ent*-isolariciresinol-9'-*O*-β-D-xylopyranoside
对正丙基苯酚 *p*-*n*-propylphenol
对孜然芹烃▲ *p*-cymene
对孜然芹烃▲-7- 醇 *p*-cymen-7-ol
对孜然芹烃▲-8- 醇 *p*-cymen-8-ol
对孜然芹烃▲-α- 醇 *p*-cymene-α-ol
对孜然芹烯▲ *p*-cymenene
钝盖赤桉酸▲ camaldulensic acid
钝果寄生苷▲ A~D taxillusside A~D
钝裂银莲花宁素▲ obtusilobicinin
钝裂银莲花素▲ obtusilobin
钝叶臭黄荆苷▲ premnafolioside
钝叶大戟醇▲ obtusifoliol
钝叶大戟二烯醇▲ obtusifoldienol
(2*R*,3*R*)- 钝叶黄檀呋喃 (2*R*,3*R*)-obtusafuran
钝叶鸡蛋花醇▲ obtusol
钝叶鸡蛋花林宁▲ obtusilinin
钝叶鸡蛋花林素▲ obtusalin
钝叶鸡蛋花林酸▲ obtusilinic acid
钝叶鸡蛋花醚萜 A, B obtusadoid A, B
钝叶鸡蛋花尼定▲ obtusinidin
钝叶鸡蛋花素▲ obtusin
钝叶鸡蛋花素酸▲ obtusilic acid
钝叶鸡蛋花酸▲ obtusic acid
钝叶鸡蛋花西定▲ obtusidin
钝叶鸡蛋花西林▲ obtusilin
钝叶鸡蛋花西宁▲ obtusinin
钝叶决明素 obtusifolin
钝叶决明素 -2-*O*-β-D-(6'-*O*- 乙酰基)- 吡喃葡萄糖苷 obtusifolin-2-*O*-β-D-(6'-*O*-acetyl)-glucopyranside
钝叶决明素 -2-*O*-β-D- 吡喃葡萄糖苷 obtusifolin-2-*O*-β-D-glucopyranoside
钝叶决明素 -2- 甲酯 obtusifolin-2-methyl ether
钝叶决明辛▲ obtusin
(-)- 盾叶扁柏内酯▲ (-)-hibalactone
α- 盾叶鬼臼素 α-peltatin
β- 盾叶鬼臼素 β-peltatin
β- 盾叶鬼臼素 A 甲醚 β-peltatin A methyl ether
(-)- 盾叶轮环藤碱 (-)-cycleapeltine
盾叶薯蓣新皂苷 zingiberensis newsaponin
盾叶薯蓣皂苷 A, E~H zingiberenin A, E~H
(-)- 多巴 (-)-dopa
L- 多巴 L-dopa
多巴 dopa
(*R*)-β- 多巴胺 (*R*)-β-dopa
多巴胺 dopamine
(*R*)-β- 多巴胺三价铁离子复合物 Fe(III)-(*R*)-β-dopa complex
多巴胺 - 甜菜黄素 dopamine-betaxanthin
多巴醇 dopaol
多瓣驴蹄草苷▲ A polypetaloside A
多苞斑种草素▲ bothriodumin
多苞瓜馥木内酯▲ bractelactone
多被银莲花苷▲ raddeanoside 12~21, R_8~R_{11}, R_{13}, R_{14}, R_{17}, R_{19}~R_{23}, Ra, Rb
(±)- 多被银莲花碱▲ (±)-raddeanine
(±)- 多被银莲花酮▲ (±)-raddeanone
多变鲣木素▲ H dyvariabilin H
多齿黄芩素▲ I scupolin I

多酚氧化酶 polyphenol oxidase
多根乌头定▲ karakolidine
多根乌头芬碱▲ acophine
多根乌头碱 karakoline; karacoline
多根乌头柯明碱 karakomine
多根乌头明▲ A, B acofamine A, B
多根乌头宁▲ karakanine
多根乌头萨明▲ karasamine
多根乌头亭▲ karaconitine
多根乌头烯 karacolene
多梗贝氏菊素▲ plenolin
多果菊烯▲ pleocarpenene
多果树胺▲ pleiocarpamine
多果树胺▲甲氯化物 pleiocarpamine methochloride
多果树碱 pleiocarpine
多花白蜡树素▲ floribin
多花白树▲-7- 烯 multiflor-7-ene
多花白树 -5,7,9(11)- 三烯 -3,29- 二醇 -3,29- 二苯甲酸酯 multiflora-5,7,9(11)-triene-3,29-diol-3,29-dibenzoate
多花白树 -7,9(11)- 二烯 -3*α*,29- 二醇 -3,29- 二苯甲酸酯 multiflora-7,9(11)-diene-3*α*,29-diol-3,29-dibenzoate
多花白树 -7,9(11)- 二烯 -3*α*,29- 二醇 -3- 苯甲酸酯 multiflora-7,9(11)-diene-3*α*,29-diol-3-benzoate
多花白树 -7,9(11)- 二烯 -3*α*,29- 二醇 -3- 对羟基苯甲酸酯 -29- 苯甲酸酯 multiflora-7,9(11)-diene-3*α*,29-diol-3-*p*-hydroxybenzoate-29-benzoate
多花白树 -8- 烯 multiflor-8-ene
多花白树 -9(11)- 烯 multiflor-9(11)-ene
多花白树内酯▲ G gelomulide G
多花白树酮 multiflorenone
多花白树烯▲ multiflorene
多花白树烯醇▲ multiflorenol
多花白树烯醇▲乙酸酯 multiflorenol acetate
多花杜楝素▲ A, E turraflorin A, E
多花勾儿茶醌 A~E floribundiquinone A~E
多花蒿内酯▲ A~D artemyriantholide A~D
多花胡枝子素 lespeflorin A_1~A_4, B_1~B_4, C_1~C_7, D_1, E_1, F_1, F_2, G_1~G_{12}, H_1, H_2, I_1, I_2, I_3, J_1~J_4
多花黄精凝集素 PCL
多花佩雷菊素▲ B pereflorin B
多花蓬莱葛胺 gardfloramine
多花蓬莱葛胺 -9-*O*-*β*-D- 吡喃葡萄糖苷 gardfloramine-9-*O*-*β*-D-glucopyranoside
多花蓬莱葛胺 -N^4- 氧化物 gardfloramine-N^4-oxide
多花蓬莱葛亭碱 gardmultine
多花茜草素▲ A, B, C rubiawallin A, B, C
多花蔷薇苷 A, B multiflorin A, B
多花芍药醇▲ emodinol
多花芍药苷▲ A~D paeonin A~D
多花芍药素▲ wurdin
多花水仙碱 tazettine
多花素馨阿诺苷▲ jaspolyanoside
多花素馨奥苷▲ jaspolyoside
多花素馨芳樟醇苷▲ jaspolinaloside
多花素馨芳樟醇苷▲ B jaspolinaloside B
多花素馨苷▲ jaspolyanthoside
多花素馨利苷▲ jaspolyside
多花素馨木犀苷▲ A, B, C jaspolyoleoside A, B, C
多花素馨诺苷▲ polyanoside
多花素馨睡菜苷▲ A~G jaspofoliamoside A~G
多花素馨香叶醇苷▲ A, B jaspogeranoside A, B
β- 多花藤碱▲ *β*-skytanthine
δ- 多花藤碱▲ *δ*-skytanthine
多花罂粟碱 floripavidine
(-)- 多花罂粟碱 (-)-salutaridine
多花罂粟碱 salutaridine
多花紫藤苷 wistin
多荚草苷▲ A~J prostratoside A~J
多荚草素▲ A, B, C polycarponin A, B, C
多胶箭仙人柱苷元▲ gummosogenin
多聚白刺槐亭定单宁 polymeric leucorobinetinidin tannin
多聚乙醇 A~D polyalcohol A~D
多聚原花青素 oligomeric proanthocyanidin
多聚原矢车菊素 oligomeric procyanidin
多孔海绵甾醇 poriferasterol
多孔海绵甾醇 -3-*O*-*α*-L- 吡喃鼠李糖苷 poriferasterol-3-*O*-*α*-L-rhamnopyranoside
多孔海绵甾醇 -*β*-D- 吡喃葡萄糖苷 poriferasterol-*β*-D-glucopyranoside
多孔菌洛甾酮▲ polyprosterone
多孔菌烯酸▲ polyporenic acid
多孔菌烯酸▲ A, C polyporenic acid A, C
多孔菌甾酮 I, A~G polyporusterone I, A~G
多孔算盘子二醇 glochilocudiol
多孔甾 -3*β*,6*α*- 二醇 poriferastane-3*β*,6*α*-diol
多孔甾 -5,25- 二烯 -3*β*,4*β*- 二醇 poriferasta-5,25-diene-3*β*,4*β*-diol
多孔甾 -5- 烯 -3*β*,4*β*- 二醇 poriferast-5-ene-3*β*,4*β*-diol
多孔甾 -5- 烯 -3*β*,7*α*- 二醇 poriferast-5-en-3*β*,7*α*-diol
多榔菊碱 doronine
多里亚千里光碱▲ doriasenine
多裂乌头碱 A~D polyschistine A~D
3*β*- 多裂鱼黄草碱▲ C 3*β*-merresectine C
多裂鱼黄草碱▲ C, E merresectine C, E
多鳞番荔枝明▲ A, B squamin A, B
多鳞番荔枝酮 squamolone
多鳞番荔枝辛 squamocin
多鳞番荔枝辛 C, D squamocin C, D
多氯化联苯 polychlorinated biphenyl
多脉白坚木定▲ polyneuridine
多脉瓜馥木二酮▲ fissilandione
多年黑麦草碱 perlolyrine
多羟基叶黄素 polyhydroxy xanthophyll
多蕊商陆苷▲ A, B polyandraside A, B
多蕊蛇菰素▲ A, B balapolyphorin A, B
多伞阿魏酚酮▲ A~H ferulaeone A~H
多伞阿魏内酯▲ A, B ferulactone A, B
多伞阿魏素▲ A~E ferulin A~E
多穗金粟兰醇 A~G chloramultiol A~G
多穗金粟兰内酯 A~F multistalactone A~F
多穗金粟兰素▲ A~D chlomultin A~D
多穗金粟兰萜内酯▲ multislactone
多穗金粟兰萜酯▲ A~D chloramultilide A~D
多穗金粟兰酯▲ A, B multistalide A, B
多穗蓼苷▲ polystachoside
多穗石松定碱▲ annopodine
多穗石松碱▲ annotine
多穗石松宁碱▲ annotinine
多穗石松叶碱▲ annofoline

多肽 D-AFP-3 peptide D-AFP-3
多糖 polysaccharide
多糖 Fa, Fb, Fc, Fd, Fe, Ff, PP_1, PP_2, PP_3, PP_4, PP_5 polysaccharide Fa, Fb, Fc, Fd, Fe, Ff, PP_1, PP_2, PP_3, PP_4, PP_5
多烯 D, E, F polyene D, E, F
多型短指软珊瑚亭▲B polydactin B
多序岩黄芪素▲ polybotrin
多叶棘豆苷▲I, II, III, A~G myriophylloside I, II, III, A~G
多叶棘豆黄酮苷▲ oxymyrioside
多叶棘豆皂苷▲A~D myrioside A~D
多叶菊蒿素▲ tamirin
多枝桉醛 -1 euvimal-1
多枝炭角菌内酯▲A multiplolide A
多子南五味子木脂素▲A~K polysperlignan A~K
多子南五味子内酯▲A, B, D, E polysperlactone A, B, D, E
多子南五味子素▲A~N kadpolysperin A~N
(7*S*,8*S*)- 多籽脂素 (7*S*,8*S*)-polysphorin
(13*E*,17*E*)- 多足蕨 -7,13,17,21- 四烯 -3*β*- 醇 (13*E*,17*E*)-polypoda-7,13,17,21-tetraen-3*β*-ol
(13*E*,17*E*)- 多足蕨 -8(26),13,17,21- 四烯 -3*β*- 醇 (13*E*,17*E*)-polypoda-8(26),13,17,21-tetraene-3*β*-ol
多足蕨苷▲A polypodoside A
多足蕨四烯 polypodatetraene
α- 多足蕨四烯▲ *α*-polypodatetraene
γ- 多足蕨四烯▲ *γ*-polypodatetraene
多足蕨素▲B polypodine B
多足蕨素▲B-20,22- 单丙酮化物 polypodine B-20,22-monoacetonide

E

俄亥俄金发藓素▲A, C, F, G, H ohioensin A, C, F, G, H
俄勒冈桤木芳烷▲A, B oregonoyl A, B
俄勒冈桤木宁▲ oregonin
俄罗斯前胡素▲ peuruthenicin
莪术奥酮二醇 zedoarondiol
莪术倍半萜内酯 A, B curcumanolide A, B
莪术醇 curcumol
莪术二醇 aerugidiol
莪术二酮 curdione
莪术呋喃▲ zedoarofuran
莪术呋喃二烯 furanodiene
莪术呋喃二烯酮 furanodienone
莪术洛内酯▲B zedoarolide B
莪术内酯 curcumalactone
莪术素▲A~N phaeocaulisin A~N
莪术酮 curzerenone
莪术烯 curzerene
莪术烯醇 curcumenol
莪术烯醇内酯 A, B, C curcumenolactone A, B, C
莪术烯酮 curcumenone
峨眉翠雀灵▲ omeieline
峨眉翠雀宁▲ omeienine
峨参醇 anthriscinol
峨参醇甲醚 anthriscinol methyl ether
峨参素 anthriscusin
峨参辛▲ anthricin
峨参脂素▲ sylvestrin
鹅耳枥鞣质 carpinusin
鹅耳枥三醇▲A, B carpinontriol A, B
鹅绒藤二酮▲A cynandione A
鹅绒藤苷▲A~O, P_1~P_5, Q_1, Q_2, Q_3, R_1, R_2, R_3, S cynanoside A~O, P_1~P_5, Q_1, Q_2, Q_3, R_1, R_2, R_3, S
鹅绒藤苷元▲ cynanchogenin
鹅绒藤南苷▲A, B cynanside A, B
鹅绒藤三萜▲A cynanotriterpene A
鹅绒藤酮▲A cynanchone A
鹅绒藤酮苷▲B cynanoneside B
鹅绒藤新苷▲A~O cynanoside* A~O
鹅绒藤酯▲A cynanester A
鹅掌草苷▲I, II, III, IV, V, VI, VII flaccidoside I, II, III, IV, V, VI, VII
鹅掌柴齐墩果苷▲A~F scheffoleoside A~F
鹅掌柴萜苷▲A~H scheffleside A~H
鹅掌柴熊果苷▲A~F scheffursoside A~F
鹅掌柴皂苷 I, II schefflerasideⅠ, II
鹅掌楸定▲ liridine
(-)- 鹅掌楸苷 (-)-liriodendrin
(+)- 鹅掌楸苷 (+)-liriodendrin
鹅掌楸苷 liriodendrin
鹅掌楸肌醇▲ liriodendritol
鹅掌楸碱 liriodenine
鹅掌楸木脂醛▲ liriolignal
α- 鹅掌楸内酯▲ *α*-liriodenolide
β- 鹅掌楸内酯▲ *β*-liriodenolide
γ- 鹅掌楸内酯▲ *γ*-liriodenolide
(+)- 鹅掌楸尼定▲ (+)-lirinidine
鹅掌楸尼定▲ lirinidine
鹅掌楸宁 lirinine
鹅掌楸宁 -*N*- 氧化物 lirinine-*N*-oxide
鹅掌楸宁甲醚 lirinine methyl ether
(-)- 鹅掌楸宁碱 (-)-liridinine
鹅掌楸宁碱▲ liriodendronine
(-)- 鹅掌楸树脂酚 A, B, C (-)-lirioresinol A, B, C
(+)- 鹅掌楸树脂酚 A, B (+)-lirioresinol A, B
鹅掌楸树脂酚 A, B, C lirioresinol A, B, C
(+)- 鹅掌楸树脂酚 B 二甲醚 (+)-liriorosinol B dimethyl ether
鹅掌楸树脂酚 B 二甲醚 lirioresinol B dimethyl ether
鹅掌楸树脂酚 B- 二甲醚 lirioresinol B-dimethyl ether
鹅掌藤苷▲A~D scheffarboside A~D
鹅掌藤素▲A~G schefflerin A~G
噁唑 -2- 硫酮 oxazolidine-2-thione
厄比林内酯 ebelin lactone
苊醌 acenaphthenequinone
鄂贝啶碱 ebeiedine; edpetilidine
鄂贝啶酮碱▲ ebeiedinone
鄂贝宁碱▲ ebeinine
鄂贝缩醛 A, C, D fritilleinide A, C, D
鄂贝辛碱 ebeiensine
鄂贝新醇 fritillaziebinol
鄂西香茶菜二酮▲ henrydione
鄂西香茶菜灵▲A~E isodonhenrin A~E
鄂西香茶菜宁▲ exidonin
鄂西香茶菜素 henryin
鄂西香茶菜素 A henryin A
萼翅藤素▲ calycopterin
萼翅藤亭▲ calycopteretin
萼翅藤酮▲ calycopterone
萼翅藤烯酮▲A~D calyflorenone A~D

萼卷豆碱 calycotomine
鳄梨二烯▲ persediene
鳄梨苦苷 A perseapicroside A
鳄梨内酯▲ persealide
鳄梨醛▲ F, G perseal F, G
鳄梨素▲ avocadoin
鳄梨烯醇▲ A~D avocadenol A~D
鳄梨烯酮▲ A, B, C persenone A, B, C
鳄梨辛▲ persin
恩施五味子辛 enshicine
恩施五味子脂素 enshizhisu
蒽 anthracene
蒽棓酚 anthragallol
蒽棓酚 -1,2- 二甲醚 anthragallol-1,2-dimethyl ether
蒽棓酚 -1,3- 二甲醚 anthragallol-1,3-dimethyl ether
蒽棓酚 -2- 甲醚 anthragallol-2-methyl ether
9,10- 蒽二酮 9,10-anthracenedione
9- 蒽酚 9-anthracenol
蒽酚 anthranol
蒽苷 A anthraglycoside A
蒽胡麻酮▲ A~F anthrasesamone A~F
蒽基吡喃 anthracenylpyran
蒽绛酚 anthrarufin
9,10- 蒽醌 9,10-anthraquinone
蒽醌 anthraquinone
蒽醌 -1,6- 二羟基 -2- 甲基 -8-*O*-*α*-D- 吡喃葡萄糖基 -(1' → 6)-*α*-L- 吡喃木糖苷 anthraquinone-1,6-dihydroxy-2-methyl-8-*O*-*α*-D-glucopyranosyl-(1' → 6)-*α*-L-xylopyranoside
蒽醌 -2- 羧酸 anthraquinone-2-carboxylic acid
蒽林 cignolin
dl- 儿茶酚 *dl*-catechol
(+)- 儿茶酚 -7-*β*-D- 吡喃木糖苷 (+)-catechol-7-*β*-D-xylopyranoside
儿茶酚胺 catecholamine
儿茶酚酶 catecholase
(-)- 儿茶素 (-)-catechin
(±)- 儿茶素 (±)-catechin
(2*R*,3*R*)- 儿茶素 (2*R*,3*R*)-catechin
(2*R*,3*S*)- 儿茶素 (2*R*,3*S*)-catechin
2*R*,3*R*- 儿茶素 2*R*,3*R*-catechin
dl- 儿茶素 *dl*-catechin
d- 儿茶素 *d*-catechin
l- 儿茶素 *l*-catechin
儿茶素 catechin; catechol; (+)-catechin; (+)-catechol
(+)- 儿茶素 -(-)- 表儿茶素 (+)-catechin-(-)-epicatechin
(+)- 儿茶素 -(4 → 8")-(+)- 儿茶素 (+)-catechin-(4 → 8")-(+)-catechin
(+)- 儿茶素 -(4 → 8)-(+)- 儿茶素 -(4 → 8)-(-)- 表儿茶素 (+)-catechin-(4 → 8)-(+)-catechin-(4 → 8)-(-)-epicatechin
儿茶素 -(4*α* → 6)- 表儿茶素 catechin-(4*α* → 6)-epicatechin
(+)- 儿茶素 -(4*α* → 8)-(+)- 儿茶素 (+)-catechin-(4*α* → 8)-(+)-catechin
儿茶素 -(4*α* → 8)-7-*O*-*β*- 吡喃木糖基 - 儿茶素 catechin-(4*α* → 8)-7-*O*-*β*-xylopyranosyl-catechin
儿茶素 -(4*α* → 8)- 表儿茶素 catechin-(4*α*-8)-epicatechin
儿茶素 -(4*α*-6)- 儿茶素 catechin-(4*α*-6)-catechin
儿茶素 -(4*α*-8)- 儿茶素 -(4*α*-6)- 儿茶素 catechin-(4*α*-8)-catechin-(4*α*-6)-catechin
儿茶素 -(5,6-e)-4*α*-(3,4- 二羟苯基)- 二氢 -2(3*H*)- 吡喃酮 catechin-(5,6-e)-4*α*-(3,4-dihydroxyphenyl)-dihydro-2(3*H*)-pyranone
儿茶素 -(5,6-e)-4*β*-(3,4- 二羟苯基)- 二氢 -2(3*H*)- 吡喃酮 catechin-(5,6-e)-4*β*-(3,4-dihydroxyphenyl)-dihydro-2(3*H*)-pyranone
儿茶素 -(6'-8)- 儿茶素 catechin-(6'-8)-catechin
儿茶素 -(7,8-bc)-4*β*-(3,4- 二羟苯基)- 二氢 -2(3*H*)- 吡喃酮 catechin-(7,8-bc)-4*β*-(3,4-dihydroxyphenyl)-dihydro-2(3*H*)-pyranone
儿茶素 -(7,8-bc)-4*β*-(3,4- 二羟苯基)- 二氢吡喃 -2(3*H*)- 酮 catechin-(7,8-bc)-4*β*-(3,4-dihydroxyphenyl)-dihydropyran-2(3*H*)-one
儿茶素 -[5,6-e]-4*β*-(3,4- 二羟基苯基) 二氢 -2(3*H*)- 吡喃酮 catechin-[5,6-e]-4*β*-(3,4-dihydroxyphenyl)dihydro-2(3H)-pyranone
儿茶素 -[8,7-e]-4*α*-(3,4- 二羟基苯基)- 二氢 -2(3*H*)- 吡喃酮 catechin-[8,7-e]-4*α*-(3,4-dihydroxyphenyl)-dihydro-2(3*H*)-pyranone
(+)- 儿茶素 -3-*O*-*α*-L- 吡喃鼠李糖苷 (+)-catechin-3-*O*-*α*-L-rhamnopyranoside
儿茶素 -3-*O*-*α*-L- 吡喃鼠李糖苷 catechin-3-*O*-*α*-L-rhamnopyranoside
(+)- 儿茶素 -3-*O*-*β*-D- 吡喃阿洛糖苷 (+)-catechin-3-*O*-*β*-D-allopyranoside
儿茶素 -3-*O*-*β*-D- 吡喃葡萄糖苷 catechin-3-*O*-*β*-D-glucopyranoside
儿茶素 -3-*O*- 吡喃鼠李糖苷 catechin-3-*O*-rhamnopyranoside
儿茶素 -3'-*O*- 没食子酸酯 catechin-3'-*O*-gallate
(+)- 儿茶素 -3-*O*- 没食子酸酯 (+)-catechin-3-*O*-gallate
儿茶素 -3-*O*- 没食子酸酯 catechin-3-*O*-gallate
儿茶素 -3'-*O*- 葡萄糖苷 catechin-3'-*O*-glucoside
儿茶素 -3-*O*- 鼠李糖基 -(4*α* → 8)- 儿茶素 catechin-3-*O*-rhamnosyl-(4*α* → 8)-catechin
儿茶素 -3-*O*- 乙酸酯 -(4*α* → 8)- 儿茶素 -3-*O*- 乙酸酯 -3'-*O*-*β*-D- 吡喃葡萄糖苷 catechin-3-*O*-acetate-(4*α* → 8)-catechin-3-*O*-acetate-3'-*O*-*β*-D-glucopyranoside
儿茶素 -3*β*- 羟基 -(1*R*-3,4- 二羟苯基) 吡喃酮 catechin-3*β*-hydroxy-(1*R*-3,4-dihydroxyphenyl)pyranone
儿茶素 -3*β*- 羟基 -(1*S*-3,4- 二羟苯基) 吡喃酮 catechin-3*β*-hydroxy-(1*S*-3,4-dihydroxyphenyl)pyranone
儿茶素 -3- 没食子酸酯 catechin-3-gallate
儿茶素 -4'-*O*- 没食子酸酯 catechin-4'-*O*-gallate
儿茶素 -4'-*O*- 葡萄糖苷 catechin-4'-*O*-glucoside
(+)- 儿茶素 -4- 苄基硫醚 (+)-catechin 4-benzylthioether
(+)- 儿茶素 -5-*O*-*β*-D- 吡喃葡萄糖 (+)-catechin-5-*O*-*β*-D-glucopyranosid
儿茶素 -5-*O*-*β*-D- 吡喃葡萄糖苷 catechin-5-*O*-*β*-D-glucopyranoside
(+)- 儿茶素 -5-*O*-*β*-D- 呋喃芹糖苷 (+)-catechin-5-*O*-*β*-D-apiofuranoside
儿茶素 -5-*O*- 葡萄糖苷 catechin-5-*O*-glucoside
儿茶素 -7-*O*-D- 芹糖苷 catechin-7-*O*-D-apioside
儿茶素 -7-*O*-*α*-L- 吡喃鼠李糖苷 catechin-7-*O*-*α*-L-rhamnopyranoside
(+)- 儿茶素 -7-*O*-*α*-L- 鼠李吡喃糖苷 (+)-catechin-7-*O*-*α*-L-rhamnopyranoside
(-)- 儿茶素 -7-*O*-*β*-D- 吡喃木糖苷 (-)-catechin-7-*O*-*β*-D-xylopyranoside
(+)- 儿茶素 -7-*O*-*β*-D- 吡喃木糖苷 (+)-catechin-7-*O*-*β*-D-xylopyranoside
(+)- 儿茶素 -7-*O*-*β*-D- 吡喃葡萄糖苷 (+)-catechin-7-*O*-*β*-D-glucopyranoside
(2*R*,3*S*)- 儿茶素 -7-*O*-*β*-D- 吡喃葡萄糖苷 (2*R*,3*S*)-catechin-7-*O*-*β*-D-glucopyranoside
儿茶素 -7-*O*-*β*-D- 吡喃葡萄糖苷 catechin-7-*O*-*β*-D-glucopyranoside
(-)- 儿茶素 -7-*O*-*β*-D- 呋喃芹糖苷 (-)-catechin-7-*O*-*β*-D-apiofuranoside
(+)- 儿茶素 -7-*O*-*β*-D- 呋喃芹糖苷 (+)-catechin-7-*O*-*β*-D-apiofuranoside

E

儿茶素 -7-*O*-*β*-D- 呋喃芹糖苷 catechin-7-*O*-*β*-D-apiofuranoside
儿茶素 -7-*O*- 没食子酸酯 catechin-7-*O*-gallate
(-)- 儿茶素 -7-*O*- 没食子酸酯 -5-*O*-(5''''- 反式 - 咖啡酰基)-*β*-D- 呋喃芹糖苷 (-)-catechin-7-*O*-gallate-5-*O*-(5''''-*trans*-caffeoyl)-*β*-D-apiofuranoside
(-)- 儿茶素 -7-*O*- 没食子酸酯 -5-*O*-(5''''- 反式 - 咖啡酰基)-*β*-D- 呋喃芹糖苷 -3-*O*-*β*-D- 吡喃葡萄糖苷 (-)-catechin-7-*O*-gallate-5-*O*-(5''''-*trans*-caffeoyl)-*β*-D-apiofuranoside-3-*O*-*β*-D-glucopyranoside
(-)- 儿茶素 -7-*O*- 没食子酸酯 -5-*O*-(5''''- 反式 - 咖啡酰基)-*β*-D- 呋喃芹糖苷 -3-*O*-*β*-D- 呋喃芹糖基 -(1→2)-*β*-D- 吡喃葡萄糖苷 (-)-catechin-7-*O*-gallate-5-*O*-(5''''-*trans*-caffeoyl)-*β*-D-apiofuranoside-3-*O*-*β*-D-apiofuranosyl-(1→2)-*β*-D-glucopyranoside
(-)- 儿茶素 -7-*O*- 没食子酸酯 -5-*O*-*β*-D- 呋喃芹糖苷 -3-*O*-(2''-*O*- 没食子酰基)-*β*-D- 吡喃葡萄糖苷 (-)-catechin-7-*O*-gallate-5-*O*-*β*-D-apiofuranoside-3-*O*-(2''-*O*-galloyl)-*β*-D-glucopyranoside
儿茶素 -7-*O*- 葡萄糖苷 catechin-7-*O*-glucoside
儿茶素 -8-*O*-*β*-D- 吡喃葡萄糖苷 catechin-8-*O*-*β*-D-glucopyranoside
儿茶素 -*O*-*β*-D-(6'-*O*-*β*-D- 呋喃芹糖基) 吡喃葡萄糖苷 catechin-*O*-*β*-D-(6'-*O*-*β*-D-apiofuranosyl)glucopyranoside
(+)- 儿茶素 - 阿拉伯糖苷 (+)-catechin arabinoside
(-)- 儿茶素没食子酸酯 (-)-catechin gallate
(+)- 儿茶素没食子酸酯 (+)-catechin gallate
儿茶素没食子酸酯 catechin gallate
儿茶素内酯 A catechin lactone A
(+)- 儿茶素 - 鼠李糖苷 (+)-catechin rhamnoside
(+)- 儿茶素水合物 (+)-catechin hydrate
(+)- 儿茶酸 -6-*C*-*β*-*D*- 吡喃葡萄糖苷 (+)-catechin-6-*C*-*β*-*D*-glucopyranoside
鸸鹋木苷▲ heterodendrin
耳草醇▲ A, C hedyotol A, C
耳草醇▲ C-4'',4'''- 二 -*O*-*β*-D- 吡喃葡萄糖苷 hedyotol C-4'',4'''-di-*O*-*β*-D-glucopyranoside
耳草醇▲ C-4''-*O*-*β*-D- 吡喃葡萄糖苷 hedyotol C-4''-*O*-*β*-D-glucopyranoside
耳草苷 hedyoside
耳草环肽▲ B_1, B_2, B_5, B_6, B_7, B_8, B_9 hedyotide B_1, B_2, B_5, B_6, B_7, B_8, B_9
耳草碱 auricularine
耳草酮 A, B, C hedyotiscone A, B, C
耳草托苷▲ hedyotoside
耳草托苷▲ A~E hedyotoside A~E
耳草脂醇▲ A, B, C hedyotisol A, B, C
耳蕨醇 polysthicol
耳形鸡血藤素▲ auriculasin
耳形截尾海兔内酯▲ B, C aurilide B, C
耳形羊耳蒜碱 auriculine
耳叶牛皮消奥苷▲ A, C cynauricuoside A, C
耳叶牛皮消苷▲ I, II, A~E cynanauriculoside I, II, A~E
耳叶牛皮消考苷▲ A~I cynauricoside A~I
耳叶牛皮消库苷▲ A, B, C cynauricuside A, B, C
耳叶牛皮消洛苷▲ A~H cyanoauriculoside A~H
(-)- 耳叶苔内酯 (-)-frullanolide
耳叶紫菀苷▲ A, B, C auriculatoside A, B, C
耳叶紫菀酮▲ auriculatone
耳叶紫菀皂苷▲ A~F auriculatusaponin A~F
洱源橐吾碱▲ A, B lankongensisine A, B
2,6- 二 (1,1- 二甲基乙基)-4- 甲基苯酚 2,6-bis(1,1-dimethylethyl)-4-methylphenol
2,6- 二 (1,1- 二甲基乙基)-4- 甲基 - 苯酚 2,6-bis(1,1-dimethylethyl)-4-methyl-phenol
2,4- 二 (1,1- 二甲基乙基)- 苯酚 2,4-bis(1,1-dimethylethyl)-phenol
4,4'- 二 (1,3,8- 三羟基 -2- 甲基 -6- 甲氧基) 蒽醌 4,4'-di(1,3,8-trihydroxy-2-methyl-6-methoxy)anthraquinone
4,4'- 二 (1,3- 二羟基 -2- 甲基 -6,8- 二甲氧基蒽醌) 4,4'-di(1,3-dihydroxy-2-methyl-6,8-dimethoxyanthraquinone)
2,2'-*O*- 二 (1- 苯乙醇) 2,2'-*O*-bis(1-phenylethanol)
N,*N*- 二 (1- 亚胺丙基) 丙脒 *N*,*N*-di(1-iminepropanyl)propionamidine
5,8- 二 (2,3- 二羟基 -3- 甲基丁氧基) 补骨脂素 5,8-di(2,3-dihydroxy-3-methylbutoxy)psoralen
5,8- 二 -(2,3- 二羟基 -3- 甲基丁氧基)- 补骨脂素 5,8-di-(2,3-dihydroxy-3-methylbutoxy)-psoralen
2,4- 二 (2- 苯基丙烷 -2- 基) 苯酚 2,4-bis(2-phenylpropan-2-yl)phenol
(3*S*,6*S*)-3,6- 二 -(2- 甲基丙基)-2,5- 哌嗪二酮 (3*S*,6*S*)-3,6-di-(2-methylpropyl)-2,5-piperazine diketone
5,8- 二 -(2- 羟基 -3- 甲氧基 -3- 甲基丁氧基)- 补骨脂素 5,8-di-(2-hydroxy-3-methoxy-3-methylbutoxy)-psoralen
3,5- 二 (3,3- 二甲基烯丙基)-4- 羟基苯乙酮 3,5-bis(3,3-dimethylallyl)-4-hydroxyacetophenone
1,12- 二 (3,3'- 二羟基 -4,4'- 二甲基 -5,5'- 二甲氧基苯基) 十二烷 1,12-bis(3,3'-dihydroxy-4,4'-dimethyl-5,5'-dimethoxyphenyl)dodecane
3,6- 二 (3,4,5- 三羟基苯甲酸酯)-*β*-D- 吡喃葡萄糖 3,6-bis(3,4,5-trihydroxybenzoate)-*β*-D-glucopyranose
(1*R*,2*R*,4*E*)-1,5- 二 (3,4- 二甲氧基苯基)-2-(甲氧基甲基) 戊 -4- 烯 -1- 醇 (1*R*,2*R*,4*E*)-1,5-bis(3,4-dimethoxyphenyl)-2-(methoxymethyl)pent-4-en-1-ol
3,4- 二 (3',4'- 二甲氧基苯甲基) 二氢呋喃 -2- 酮 3,4-bis(3',4'-dimethoxyphenylmethyl)dihydrofuran-2-one
2,3- 二 (3',4'- 二甲氧基苄基)-2- 丁烯 -4- 内酯 2,3-di(3',4'-methyl-endioxy-benzyl)-2-buten-4-olide
1,7- 二 (3',4'- 二羟苯基)-4- 庚烯 -3- 酮 1,7-bis(3',4'-dihydroxyphenyl)-4-hepten-3-one
1,7- 二 (3,4- 二羟苯基) 庚 -4 反式 ,6 反式 - 二烯 -3- 酮 1,7-bis(3,4-dihydroxyphenyl)hepta-4*E*,6*E*-dien-3-one
1,2'- 二 -(3'',4''- 二羟基 -5''- 甲氧基)-*O*- 反式 - 桂皮酰龙胆二糖 1,2'-di-(3'',4''-dihydroxy-5''-methoxy)-*O*-*trans*-cinnamoyl gentiobiose
1,7- 二 (3,4- 二羟基苯基)-1,4,6- 庚三烯 -3- 酮 1,7-bis(3,4-dihydroxyphenyl)-1,4,6-heptatrien-3-one
(2*R*,3*S*,10*S*)-2,10- 二 (3,4- 二羟基苯基)-3,4,9,10- 四氢 -3,5- 二羟基 -2*H*,8*H*- 苯并 [1,2-b:3,4-b'] 二吡喃 -8- 酮 (2*R*,3*S*,10*S*)-2,10-bis(3,4-dihydroxyphenyl)-3,4,9,10-tetrahydro-3,5-dihydroxy-2*H*,8*H*-benzo[1,2-b:3,4-b']dipyran-8-one
(4*S*,8*R*,9*S*)-4,8- 二 (3,4- 二羟基苯基)-3,4,9,10- 四氢 -5,9- 二羟基 -2*H*,8*H*- 苯并 [1,2-b:3,4-b'] 二吡喃 -2- 酮 (4*S*,8*R*,9*S*)-4,8-bis(3,4-dihydroxyphenyl)-3,4,9,10-tetrahydro-5,9-dihydroxy-2*H*,8*H*-benzo[1,2-b:3,4-b']dipyran-2-one
1,7- 二 (3,4- 二羟基苯基)-4,6- 庚二烯 -3- 酮 1,7-bis(3,4-dihydroxyphenyl)-4,6-heptadien-3-one
4,2'- 二 -(3,4- 二羟基苯基)-5,3'- 二羟基 -6,7- 骈二氢吡喃 -3,4- 二氢苯骈吡喃酮 4,2'-di-(3,4-dihydroxybenzyl)-5,3'-dihydroxy-6,7-combine-dihydropyran-3,4-dihydrobenzopyrone
(4*R*,8*R*,9*S*)-4,8- 二 (3,4- 二羟基苯基)- 二羟基苯基)-3,4,9,10- 四氢 -5,9- 二羟基 -2*H*,8*H*- 苯并 [1,2-b:3,4-b'] 二吡喃 -2- 酮 (4*R*,8*R*,9*S*)-4,8-bis(3,4-dihydroxyphenyl)-dihydroxyphenyl)-3,4,9,10-tetrahydro-5,9-dihydroxy-2*H*,8*H*-benzo[1,2-b:3,4-b']dipyran-2-one

3,3'- 二 (3,4- 二氢 -4- 羟基 -6- 甲氧基 -2H-1- 苯并吡喃) 3,3'-bis(3,4-dihydro-4-hydroxy-6-methoxy-2H-1-benzopyran)

3,3'- 二 (3,4- 二氢 -6- 甲氧基 -2*H*-1- 苯并吡喃) 3,3'-bis(3,4-dihydro-6-methoxy-2*H*-1-benzopyran)

(2*R*,3*R*)-2,3- 二 -(3,4- 亚甲二氧基苯基)- 丁内酯 (2*R*,3*R*)-2,3-di-(3,4-methylenedioxybenzyl)-butyrolactone

2,3- 二 (3,4- 亚甲二氧基苄基)- 丁 -2- 烯 -4- 内酯 2,3-bis(3,4-methylenedioxybenzyl)-but-2-en-4-olide

(1*R**,2*R**,5*R**,6*S**)-2,6- 二 (3,5- 二甲氧基苯基)-3,7- 二氧代双环 [3.3.0] 辛烷 (1*R**,2*R**,5*R**,6*S**)-2,6-bis(3,5-dimethoxyphenyl)-3,7-dioxybicyclo[3.3.0]octane

α,*α*- 二 (3*β*- 当归酰氧基呋喃荒漠木烷) *α*,*α*-bis(3*β*-angeloyloxyfuranoeremophilane)

(3*R*)-3,5- 二 (3- 甲氧基 -4- 羟基苯基)-2,3- 二氢 -2(1*H*)- 吡啶酮 (3*R*)-3,5-bis(3-methoxy-4-hydroxyphenyl)-2,3-dihydro-2(1*H*)-pyridinone

1,1'- 二 (4,5- 二羟基 -2- 甲基蒽醌) 1,1'-bi(4,5-dihydroxy-2-methylanthraquinone)

1*α*,7*β*- 二 (4- 甲基千里光酰氧基)- 日本刺参 -3(14)*Z*,8(10)- 二烯 -2- 酮 1*α*,7*β*-di(4-methylsenecioyloxy)-oplopa-3(14)*Z*,8(10)-dien-2-one

2,5- 二 (4- 甲氧基 -3- 环氧苯基)-3,4- 二 (3,5- 二羟基苯基)- 四氢呋喃 2,5-bis(4-methoxy-3-epoxyphenyl)-3,4-bis(3,5-dihydroxyphenyl)-tetrahydrofuran

1,3- 二 -(4- 羟基 -3,5- 二甲氧基苯基)-1,3- 丙二醇 1,3-bis-(4-hydroxy-3,5-dimethoxyphenyl)-1,3-propanediol

(2*S*)-3,3- 二 -(4- 羟基 -3- 甲氧基苯基)-1,2- 丙二醇 (2*S*)-3,3-di-(4-hydroxy-3-methoxyphenyl)-propane-1,2-diol

(1*R*,2*S*)-1,2- 二 (4- 羟基 -3- 甲氧基苯基)-1,3- 丙二醇 (1*R*,2*S*)-1,2-bis(4-hydroxy-3-methoxyphenyl)-1,3-propanediol

(1*S*,2*R*)-1,2- 二 (4- 羟基 -3- 甲氧基苯基)-1,3- 丙二醇 (1*S*,2*R*)-1,2-bis(4-hydroxy-3-methoxyphenyl)-1,3-propanediol

3,4- 二 (4- 羟基 -3- 甲氧基苯基)-1,6- 己二醇 3,4-bis(4-hydroxy-3-methoxyphenyl)-1,6-hexanediol

1,4- 二 (4- 羟基 -3- 甲氧基苯基)-2,3- 二 (羟甲基) 丁烷 -1,4- 二醇 1,4-bis(4-hydroxy-3-methoxyphenyl)-2,3-bis(hydroxymethyl) butane-1,4-diol

4,4'- 二 (4- 羟基 -3- 甲氧基苯基)-2,3- 二甲基丁醇 4,4'-di(4-hydroxy-3-methoxyphenly)-2,3-dimethylbutanol

4,4- 二 (4- 羟基 -3- 甲氧基苯基)-2,3- 二甲基丁醇 4,4-di(4-hydroxy-3-methoxyphenyl)-2,3-dimethylbutanol

(+)-(1*R*,2*S*)-1,2- 二 (4- 羟基 -3- 甲氧基苯基)-3- 乙酰基 -1,3- 丙二醇 (+)-(1*R*,2*S*)-1,2-bis(4-hydroxy-3-methoxyphenyl)-3-acetyl-1,3-propanediol

(+)-(1*R*,2*S*,5*R*,6*S*)-2,6- 二 (4- 羟基苯基)-3,7- 二氧杂双环 [3.3.0] 辛烷 (+)-(1*R*,2*S*,5*R*,6*S*)-2,6-bis(4-hydroxyphenyl)-3,7-dioxabicyclo[3.3.0]octane

(1*R*,2*S*,5*R*,6*R*)-2,6- 二 -(4- 羟基苯基)-3,7- 二氧杂双环 [3.3.0] 辛烷 (1*R*,2*S*,5*R*,6*R*)-2,6-di-(4-hydroxyphenyl)-3,7-dioxabicyclo[3.3.0] octane

(1*R*,2*S*,5*R*,6*S*)-2,6- 二 -(4- 羟基苯基)- 二氧杂双环 [3.3.0] 辛烷 (1*R*,2*S*,5*R*,6*S*)-2,6-di-(4-hydroxyphenyl)-dioxabicyclo[3.3.0]octane

7,7'- 二 (5- 甲氧基 -3,4- 亚甲二氧基苯基)-8- 乙酰氧基甲基 -8'- 羟甲基四氢呋喃 7,7'-bis(5-methoxy-3,4-methylenedioxyphenyl)-8-acetoxymethyl-8'-hydroxymethyltetrahydrofuran

1,3- 二 (8- 二氢两面针碱基) 丙酮 1,3-bis(8-dihydronitidinyl)acetone

(2*S*)-2,3-*O*- 二 -(9,12,15- 十八碳三烯酰基)- 甘油基 -*β*-D- 吡喃阿拉伯糖苷 (2*S*)-2,3-*O*-di-(9,12,15-octadecatrienoyl)-glyceryl-*β*-D-galactopyranoside

2*S*-2,3- 二 -(9*Z*,12*Z*,15*Z*-1- 氧代 -9,12,15- 十八烷三烯酰基氧) 丙基 -*β*-D- 吡喃半乳糖苷 2*S*-2,3-bis[(9*Z*,12*Z*,15*Z*-1-oxo-9,12,15-octadecatrienyl)oxy]propyl-*β*-D-galactopyranoside

3,3'-(氧代二亚甲基)- 二 (9- 甲氧基 -9*H*- 咔唑) 3,3'-[oxybis(methylene)]-bis(9-methoxy-9*H*-carbazole)

9,9'-*O*- 二 -(*E*)- 阿魏酰基 -(+)- 裂环异落叶松树脂醇 9,9'-*O*-di-(*E*)-feruloyl-(+)-secoisolariciresinol

9,9'-*O*- 二 -(*E*)- 阿魏酰基 -5,5'-(+)- 二甲氧基裂环异落叶松树脂醇 9,9'-*O*-di-(*E*)-feruloyl-5,5'-(+)-dimethoxysecoisolariciresinol

9,9'-*O*- 二 -(*E*)- 阿魏酰基 - 内消旋 -5,5'- 二甲氧基裂环异落叶松树脂醇 9,9'-*O*-di-(*E*)-feruloyl-*meso*-5,5'-dimethoxysecoisolariciresinol

9,9'-*O*- 二 -(*E*)- 阿魏酰基 - 内消旋 - 裂环异落叶松树脂醇 9,9'-*O*-di-(*E*)-feruloyl-*meso*-secoisolariciresinol

9,9'-*O*- 二 -(*E*)- 芥子酰基 - 内消旋 -5,5'- 二甲氧基裂环异落叶松树脂醇 9,9'-*O*-di-(*E*)-sinapinoyl-*meso*-5,5'-dimethoxysecoisolariciresinol

3,28- 二 (*O*-*β*-D- 吡喃葡萄糖苷) 苜蓿酸 3,28-di(*O*-*β*-D-glucopyranoside)medicagenic acid

1,4- 二 (*β*-D- 吡喃葡萄糖氧基)-3-(3'- 甲基 -2'- 丁烯基)-2- 萘酸甲酯 1,4-bis(*β*-D-glucopyranosyloxy)-3-(3'-methyl-2'-butenyl)-2-naphthalenecarboxylic acid methyl ester

3*β*,6*α*-20(*S*)-6,20- 二 (*β*-D- 吡喃葡萄糖氧基)-3- 羟基达玛 -24- 烯 -12- 酮 3*β*,6*α*-20(*S*)-6,20-bis(*β*-D-glucopyranosyloxy)-3-hydroxydammar-24-en-12-one

2,4- 二 (*β*-D- 吡喃葡萄糖氧基)-6- 羟基苯甲酸 2,4-bis(*β*-D-glucopyranosyloxy)-6-hydroxybenzoic acid

1*β*,9*α*- 二 (*β*- 呋喃酰氧基)-2*β*,6*α*,13- 三乙酰氧基 -4*α*- 羟基 -*β*- 二氢沉香呋喃 1*β*,9*α*-di(*β*-furoyloxy)-2*β*,6*α*,13-triacetoxy-4*α*-hydroxy-*β*-dihydroagarofuran

1*β*,9*α*- 二 (*β*- 呋喃氧基)-2*β*-(*α*- 甲基丁酰氧基)-6*α*,13- 二乙酰氧基 -4*α*- 羟基 -*β*- 二氢沉香呋喃 1*β*,9*α*-di(*β*-furoyloxy)-2*β*-(*α*-methylbutyroyloxyl)-6*α*,13-diacetoxy-4*α*-hydroxy-*β*-dihydroagarofuran

2,8- 二 -(*γ*,*γ*- 二甲基烯丙基)-1,3,7- 三羟基屾酮 2,8-bis-(*γ*,*γ*-dimethylally1)-1,3,7-trihydroxyxanthone

3',6- 二 (*γ*,*γ*- 二甲基烯丙基)-4',5,7- 三羟基黄烷酮 3',6-di(*γ*,*γ*-dimethylallyl)-4',5,7-trihydroxyflavanone

6,8- 二 (*γ*,*γ*- 二甲基烯丙基)-4',7- 二羟基黄烷酮 6,8-di(*γ*,*γ*-dimethylallyl)-4',7-dihydroxyflavanone

二 (氨甲酰氧乙基) 砜 di(carbamoyloxyethyl)sulfone

二 -(对羟基苄基)- 二硫醚 di-(*p*-hydroxybenzyl)-disulfide

3',6- 二 -(二甲基烯丙基)- 染料木素 3',6-di-(dimethylallyl)-genistein

6,8- 二 -(二甲基烯丙基)- 染料木素 6,8-di-(dimethylallyl)-genistein

N^1,N^8- 二 (二氢咖啡酰基) 亚精胺 N^1,N^8-bis(dihydrocaffeoyl) spermidine

8,8'- 二 -(二氢松柏醇)- 二咖啡酸酯 8,8'-bis-(dihydroconiferyl)-diferuloylate

1*β*,6*α*- 二 (甲基丁酰氧基)-2*β*,14- 二乙酰氧基 -7*α*-(乙酰氧基甲基千里光酰氧基)-11,12- 环氧刺参萜 -8(10)- 烯 1*β*,6*α*-di(methylbutyryloxy)-2*β*,14-diacetoxy-7*α*-(acetoxymethylsenecioyloxy)-11,12-epoxyoplopa-8(10)-ene

2,4- 二 (邻甲基偶氮苯)- 萘酚 2,4-bis(o-tolylazo)naphth-l-ol

2,5- 二 (羟基乙基)-1,4- 二甲氧基苯 2,5-bis(hydroxyethyl)-1,4-bismethoxybenzene

(3*S*,3'*S*,5')-3,3'- 二 (四癸酰氧基)- 5'- 羟基 -5,6,5',6'- 二开环 -*β*,*β*- 胡萝卜素 -5,6,6'- 三酮 (3*S*,3'*S*,5')-3,3'-di(tetradecanoyloxy)-5'-hydroxy-5,6,5',6'-diseco-*β*,*β*-carotene-5,6,6'-trione

3,4:3',4'- 二 (亚甲二氧基)- 木脂素 3,4:3',4'-bis(methylenedioxy)-

lignan

1,6- 二 (亚甲基)-4-(1- 甲乙基)- 十氢化萘 1,6-bis(methylene)-4-(1-methylethyl)-decahydro-naphthalene

(9*R*,10*S*)-9,10- 二 (乙酰氧基)-9,10- 二氢 -5- 甲氧基 -8,8- 二甲基 - 黄酮 (9*R*,10*S*)-9,10-bis(acetyloxy)-9,10-dihydro-5-methoxy-8,8-dimethyl-flavone

2,7- 二 (异丙脒并)-2*H*,7*H*- 二环戊环辛烯 -4,9- 二醇 2,7-bis(isopropylimino)-2*H*,7*H*-dicyclopentacyclooctene-4,9-diol

2,3- 二 [(4- 羟基 -3,5- 二甲氧基苯基)- 甲基]-1,4- 丁二醇 2,3-bis[(4-hydroxy-3,5-dimethoxyphenyl)-methyl]-1,4-butanediol

(2*E*,2'*E*)-2,3- 二 [(4- 羟基 -3- 甲氧基苯基) 甲基]-1,4- 丁烷二基 -3- 对羟苯基 -2- 丙烯酸酯 (2*E*,2'*E*)-2,3-bis[(4-hydroxy-3-methoxyphenyl)methyl]-1,4-butanediyl-3-(4-hydroxyphenyl)-2-propenoic acid ester

3,7- 二 [(*β*-D- 吡喃葡萄糖基 -(1 → 4)-*α*-L- 吡喃甘露糖基) 氧基]-4',5- 二羟基黄酮 3,7-bis[(*β*-D-glucopyranosyl-(1 → 4)-*α*-L-mannopyranosyl)oxy]-4',5-dihydroxyflavone

3,5- 二 [1-*O*-(5- 咖啡酰基) 奎宁酸]-4- 咖啡酰基奎宁酸 3,5-di-[1-*O*-(5-caffeoyl)-quinic acid]-4-caffeoylquinic acid

{1*R*-[1*α*(1*S**,6*S**),6*β*]}-3,3'- 二 [3- 甲基 -6-(1- 异丙基)-2- 环己烯 -1- 基]-5,5'- 二 -2- 丙烯基 -[1,1'- 联苯基]-2,2'- 二醇 {1*R*-[1*α*(1*S**,6*S**),6*β*]}-3,3'-bis[3-methyl-6-(1-methylethyl)-2-cyclohexen-1-yl]-5,5'-di-2-propenyl-[1,1'-biphenyl]-2,2'-diol

9*β*,9'*α*- 二 -1,8- 二氢橐吾内酯 9*β*,9'*α*-bis-1,8-dihydroligularenolid

9*β*,9'*β*- 二 -1,8- 二氢橐吾内酯 9*β*,9'*β*-bis-1,8-dihydroligularenolide

(4a*S*,5*R*,8a*S*)5,8a- 二 -1- 丙基 - 八氢萘烯 -1-(2*H*)- 酮 (4a*S*,5*R*,8a*S*)5,8a-di-1-propyl-octahydronaphthalen-1-(2*H*)-one

二 -2- 丙烯基三硫化物 di-2-propenyl trisulfide

8,8'- 二 -3*β*- 当归酰氧基 - 荒漠木 -7(11)- 烯 -12,8*α*(14*β*,6*α*)- 二内酯 8,8'-bi-3*β*-angeloyloxy-eremophil-7(11)-en-12,8*α*(14*β*,6*α*)-diolide

1,1- 二 -4,4',5,5'- 四羟基 -2,2'- 二甲基蒽醌 1,1-bi-4,4',5,5'-tetrahydroxy-2,2'-dimethylanthraquinone

二 -4- 羟基 -3,3'- 亚甲基香豆素 di-4-hydroxy-3,3'-methylenecoumarin

1,2- 二 -9,12,15- 十八碳三烯酰 -*sn*- 甘油 1,2-di-9,12,15-octadecatrienoyl-*sn*-glycerol

6,8- 二 -*C*-*α*-L- 阿拉伯糖基芹菜苷元 6,8-di-*C*-*α*-L-arabinosylapigenin

6,8- 二 -*C*-*β*-D- 吡喃葡萄糖基白杨素 6,8-di-*C*-*β*-D-glucopyranosylchrysin

3',5'- 二 -*C*-*β*-D- 吡喃葡萄糖基根皮素 3',5'-di-*C*-*β*-D-glucopyranosylphloretin

6,8- 二 -*C*-*β*-D- 吡喃葡萄糖基芹菜苷元 6,8-di-C-*β*-D-glucopyranosylapigenin

3',5'- 二 -*C*-*β*- 吡喃葡萄糖基根皮素 3',5'-di-*C*-*β*-glucopyranosylphloretin

6,8- 二 -*C*-*β*- 吡喃葡萄糖基香叶木苷 6,8-di-*C*-*β*-glucopyranosyldiosmin

6,8- 二 -*C*- 吡喃阿拉伯糖基木犀草素 6,8-di-*C*-arabinopyranosylluteolin

6,8- 二 -*C*- 吡喃葡萄糖基 -2(*R*)- 柚皮苷元 6,8-di-*C*-glucopyranosyl-2(*R*)-naringenin

6,8- 二 -*C*- 吡喃葡萄糖基 -2(*S*)- 柚皮苷元 6,8-di-*C*-glucopyranosyl-2-(*S*)-naringenin

6,8- 二 -*C*- 吡喃葡萄糖基香叶木素 6,8-di-*C*-glucopyranosyldiosmetin

6,8- 二 -*C*- 甲基槲皮素 -3- 甲醚 6,8-di-*C*-methylquercetin-3-methyl ether

6,8- 二 -*C*- 甲基山柰酚 -3-*O*-*α*-L- 吡喃鼠李糖苷 6,8-di-*C*-methylkeampferol-3-*O*-*α*-L-rhamnopyranoside

6,8- 二 -*C*- 葡萄糖基芹菜苷元 6,8-di-*C*-glucosylapigenin

3',5'- 二 -*C*- 异戊烯基 -2',4'-4- 三羟基查耳酮 3',5'-di-*C*-prenyl-2',4'-4-trihydroxychalcone

二 -D- 呋喃果糖 -1,2':2,3'- 二酐 di-D-fructofuranose-1,2':2,3'-dianhydride

二 -*E*- 咖啡酰基 - 内消旋 - 酒石酸 di-*E*-caffeoyl-*meso*-tartaric acid

二 -*E*- 咖啡酰酒石酸单甲酯 di-*E*-caffeoylmeso-tartaric acid monomethyl ester

3,4- 二 -*O*-(3- 硝基丙酰基)-*α*-D- 吡喃葡萄糖 3,4-di-*O*-(3-nitropropanoyl)-*α*-D-glucopyranose

3,4- 二 -*O*-(3- 硝基丙酰基)-*β*-D- 吡喃葡萄糖 3,4-di-*O*-(3-nitropropanoyl)-*β*-D-glucopyranose

4,5- 二 -*O*-(4- 羟基 -3,5- 甲氧基 - 苯甲酰基)- 莽草酸 4,5-di-*O*-(4-hydroxy-3,5-methoxy-benzoyl)-shikimic acid

1,2- 二 -*O*-(9*Z*,12*Z*,15*Z*- 十八碳三烯酰)-3-*O*-[*α*-D- 葡萄糖基 -(1 → 6)-*β*-D- 阿洛糖基]- 甘油 1,2-di-*O*-(9*Z*,12*Z*,15*Z*-octadecatrienoyl)-3-*O*-[*α*-D-glucose(1 → 6)-*β*-D-allose]-glycerol

(25*R*)-3,6- 二 -*O*-(*β*-D- 吡喃葡萄糖基)-5*α*- 螺甾 -3*β*,6*α*,23*α*- 三醇 (25*R*)-3,6-di-*O*-(*β*-D-glucopyranosyl)-5*α*-spirostan-3*β*,6*α*,23*α*-triol

(25*R*)-3,6- 二 -*O*-(*β*-D- 吡喃葡萄糖基)-5*α*- 螺甾 -3*β*,6*α*- 二醇 (25*R*)-3,6-di-*O*-(*β*-D-glucopyranosyl)- 5*α*-spirostan-3*β*,6*α*-diol

3,29- 二 -*O*-(对甲氧基苯甲酰基) 多花白树 -8- 烯 -3*α*,29- 二醇 -7- 酮 3,29-di-*O*-(*p*-methoxybenzoyl)multiflora-8-ene-3*α*,29-diol-7-one

(2*S*)-1,2- 二 -*O*-[(9*Z*,12*Z*,15*Z*)- 十八碳 -9,12,15- 三烯酰基]-3-*O*-[*α*-D- 吡喃半乳糖基 -(1" → 6')-*O*-*β*-D- 吡喃半乳糖基] 甘油 (2*S*)-1,2-di-*O*-[(9*Z*,12*Z*,15*Z*)-octadeca-9,12,15-trienoyl]-3-*O*-[*α*-D-galctopyranosyl-(1" → 6')-*O*-*β*-D-galactopyranosyl]glycerol

2,3- 二 -*O*-[(*S*)-4,5,6,4',5',6'- 六羟基二苯基 -2,2'- 二基二羰基]-*α*-D- 吡喃葡萄糖 2,3-di-*O*-[(*S*)-4,5,6,4',5',6'-hexahydroxybiphenyl-2,2'-diyldicarbonyl]-*α*-D-glucopyranose

2,3- 二 -*O*-[(*S*)-4,5,6,4',5',6'- 六羟基二苯基 -2,2'- 二基二羰基]-*β*-D- 吡喃葡萄糖 2,3-di-*O*-[(*S*)-4,5,6,4',5',6'-hexahydroxybiphenyl-2,2'-diyldicarbonyl]-*β*-D-glucopyranose

1,2- 二 -*O*-*α*- 亚麻酰基 -3-*O*-*β*- 吡喃半乳糖基甘油 1,2-di-*O*-*α*-linolenoyl-3-*O*-*β*-galactopyranosyl-glycerol

2,3- 二 -*O*-*β*-D- 半乳糖基 -*α*-D- 半乳糖 2,3-di-*O*-*β*-D-galactosyl-*α*-D-galactose

7,4'- 二 -*O*-*β*-D- 吡喃阿洛糖基芹菜苷元 7,4'-di-*O*-*β*-D-allopyranosylapigenin

5,7- 二 -*O*-*β*-D- 吡喃葡萄糖基 -2(*S*)- 柚皮苷元 5,7-di-*O*-*β*-D-glucopyranosyl-2(*S*)-naringenin

2,7- 二 -*O*-*β*-D- 吡喃葡萄糖基 -2,7- 二羟基 -1,6- 二甲基 -9,10,12,13- 四氢芘 2,7-di-*O*-*β*-D-glucopyranosyl-2,7-dihydroxy-1,6-dimethyl-9,10,12,13-tetrahydropyrene

2',4'- 二 -*O*-*β*-D- 吡喃葡萄糖基 -4,6'- 二羟基查耳酮 2',4'-di-*O*-*β*-D-glucopyranosyl-4,6'-dihydroxychalcone

1,2- 二 -*O*-*β*-D- 吡喃葡萄糖基 -4- 烯丙基苯 1,2-di-*O*-*β*-D-glucopyranosyl-4-allylbenzene

2-[(2,6- 二 -*O*-*β*-D- 吡喃葡萄糖基 -*O*- 苯甲酰基) 甲基] 苯基 -*β*-D- 吡喃葡萄糖苷 2-[(2,6-di-*O*-*β*-D-glucopyranosyl-*O*-benzoyl)methyl]phenyl-*β*-D-glucopyranoside

3',5'- 二 -*O*-*β*-D- 吡喃葡萄糖基根皮素 3',5'-di-*O*-*β*-D-glucopyranosylphloretin

6,7- 二 -*O*-*β*-D- 吡喃葡萄糖基七叶树内酯 6,7-di-*O*-*β*-D-glucopyranosylesculetin

5,7- 二 -*O*-*β*-D- 吡喃葡萄糖基柚皮苷元 5,7-di-*O*-*β*-D-glucpyranosylnaringenin

3,5- 二 -O-β- 吡喃葡萄糖基矢车菊素 -6"-O-4,6'''-O-1- 环苹果酸酯 3,5-di-O-β-glucopyranosyl-cyanidin-6"-O-4,6'''-O-1-cyclicmalate
3,5- 二 -O-β- 吡喃葡萄糖基天竺葵素 -6"-O-4,6'''-O-1- 环苹果酸酯 3,5-di-O-β-glucopyranosyl-pelargonidin-6"-O-4,6'''-O-1-cyclicmalate
9,9'- 二 -O- 阿魏酰基 -(+)-5,5'- 二甲氧基裂环异落叶松树脂醇 9,9'-di-O-feruloyl-(+)-5,5'-dimethoxysecoisolariciresinol
3,6'-O- 二 -O- 阿魏酰蔗糖 3,6'-O-di-O-feruloylsucrose
9,9'- 二 -O- 阿魏酰左旋裂环异落叶松树脂醇 9,9'-di-O-feruloyl-(-)-secoisolariciresinol
11,12- 二 -O- 巴豆酰通光藤苷元 B 11,12-di-O-tigloyltenacigenin B
3,6'- 二 -O- 苯甲酰基 -2'-O- 乙酰蔗糖 3,6'-di-O-benzoyl-2'-O-acetylsucrose
3,6'- 二 -O- 苯甲酰基 -3'-O- 乙酰蔗糖 3,6'-di-O-benzoyl-3'-O-acetylsucrose
2α,14α- 二 -O- 苯甲酰基 -3β,5α,7β,10,15β- 五 -O- 乙酰基 -10,18- 二氢铁仔酚▲ 2α,14α-di-O-benzoyl-3β,5α,7β,10,15β-penta-O-acetyl-10,18-dihydromyrsinol
3,6'- 二 -O- 苯甲酰基 -4'-O- 乙酰蔗糖 3,6'-di-O-benzoyl-4'-O-acetylsucrose
6,7- 二 -O- 苯甲酰夜花苷▲ 6,7-di-O-benzoylnyctanthoside
3,6'- 二 -O- 苯甲酰蔗糖 3,6'-di-O-benzoylsucrose
1,6- 二 -O- 吡喃葡萄糖基 -D- 甘露醇 1,6-di-O-glucopyranosyl-D-mannitol
21β,22α- 二 -O- 当归酰玉蕊精醇▲ R1 21β,22α-di-O-angeloylbarrigenol R1
21β,22α- 二 -O- 当归酰玉蕊皂醇▲ C 21β,22α-di-O-angeloylbarringtogenol C
1,6- 二 -O- 丁香酰基 -β-D- 吡喃葡萄糖 1,6-di-O-syringoyl-β-D-glucopyranose
1,6- 二 -O- 对羟基苯甲酰基 -β-D- 吡喃葡萄糖苷 1,6-di-O-p-hydroxybenzoyl-β-D-glucopyranoside
3,6- 二 -O- 二没食子酰基 -1,2,4- 三 -O- 没食子酰基 -β-D- 葡萄糖 3,6-bis-O-digalloyl-1,2,4-tri-O-galloyl-β-D-glucose
1,6- 二 -O- 反式 - 对香豆酰基 -β-D- 吡喃葡萄糖苷 1,6-di-O-trans-p-coumaroyl-β-D-glucopyranoside
6-O-α-L-(2",3"- 二 -O- 反式 - 桂皮酰基)- 吡喃鼠李糖基梓醇 6-O-α-L-(2",3"-di-O-trans-cinnamoyl)-rhamnopyranosylcatalpol
6-O-α-L-(3",4"- 二 -O- 反式 - 桂皮酰基)- 吡喃鼠李糖基梓醇 6-O-α-L-(3",4"-di-O-trans-cinnamoyl)-rhamnopyranosylcatalpol
1,2'- 二 -O- 反式 - 芥子酰龙胆二糖 1,2'-di-O-trans-sinapoyl gentiobiose
1,3- 二 -O- 反式 - 咖啡酰基 -4,6-(S)- 六羟基联苯二甲酰基 -β-D- 吡喃葡萄糖 1,3-di-O-trans-caffeoyl-4,6-(S)-HHDP-β-D-glucopyranose
2,3- 二 -O- 癸酰基 -1'-O-(2- 甲基丁酰基)- 葡萄糖 2,3-di-O-decanoyl-1'-O-(2-methylbutyryl)-sucrose
2,3- 二 -O- 癸酰基 -1'-O- 异丁酰葡萄糖 2,3-di-O-decanoyl-1'-O-isobutyryl sucrose
2,3- 二 -O- 癸酰葡萄糖 2,3-di-O-decanoyl sucrose
2,3- 二 -O- 己酰基 -α- 吡喃葡萄糖 2,3-di-O-hexanoyl-α-glucopyranose
3',4'- 二 -O- 甲基 -3,4- 亚甲二氧基黄素鞣花酸 3',4'-di-O-methyl-3,4-methylenedioxyflavellagic acid
1,10- 二 -O- 甲基巴基斯坦小檗碱▲ 1,10-di-O-methylpakistanine
5,15- 二 -O- 甲基巴戟酚▲ 5,15-di-O-methylmorindol
7,7"- 二 -O- 甲基柏木黄酮 7,7"-di-O-methylcupressuflavone
4',6'- 二 -O- 甲基查耳酮柚皮苷元 4',6'-di-O-methylchalconaringenin
7,7"- 二 -O- 甲基粗贝壳杉黄酮 7,7"-di-O-methylrobustaflavone
4',7- 二 -O- 甲基大豆苷元 4',7-di-O-methyldaidzein
二 -O- 甲基大豆苷元 di-O-methyldaidzein
(2R,3R)-(+)-4',7- 二 -O- 甲基二氢槲皮素 (2R,3R)-(+)-4',7-di-O-methyldihydroquercetin
(2R,3R)-(+)-4',7- 二 -O- 甲基二氢山柰酚 (2R,3R)-(+)-4',7-di-O-methyldihydrokaempferol
(2S)- 二 -O- 甲基甘草苷元 (2S)-di-O-methylquiritigenin
3'4'- 二 -O- 甲基槲皮素 -3-O-α-L- 吡喃鼠李糖基 -(1 → 2)-O-β-D- 吡喃葡萄糖苷 3'4'-di-O-methylquercetin-3-O-α-L-rhamnopyranosyl-(1 → 2)-O-β-D-glucopyranoside
3,7- 二 -O- 甲基槲皮素 -5-O- 葡萄糖苷 3,7-di-O-methylquercetin-5-O-glucoside
15,18- 二 -O- 甲基荚蒾宁 H 15,18-di-O-methylvibsanin H
7,3'- 二 -O- 甲基木犀草素 -5-O-β-D- 吡喃葡萄糖苷 7,3'-di-O-methylluteolin-5-O-β-D-glucopyranoside
3,9- 二 -O- 甲基尼氏山黧豆素▲ 3,9-di-O-methylnissolin
7,4'- 二 -O- 甲基芹菜苷元 -5-O- 吡喃木糖基吡喃葡萄糖苷 7,4'-di-O-methylapigenin-5-O-xylopyranosylglucopyranoside
二 -O- 甲基去氢二丁香酚 di-O-methyldehydrodieugenol
二 -O- 甲基日本栗苷 di-O-methylcrenatin
2,4- 二 -O- 甲基柔扁枝衣瑞酸▲ 2,4-di-O-methyldivaric acid
3,3'- 二 -O- 甲基鞣花酸 3,3'-di-O-methylellagic acid
3,4'- 二 -O- 甲基鞣花酸 3,4'-di-O-methylellagic acid
3,4- 二 -O- 甲基鞣花酸 3,4-di-O-methylellagic acid
4,4'- 二 -O- 甲基鞣花酸 4,4'-di-O-methylellagic acid
3,3'- 二 -O- 甲基鞣花酸 -4'-O-α-D- 呋喃阿拉伯糖苷 3,3'-di-O-methylellagic acid-4'-O-α-D-arabinofuranoside
3,3'- 二 -O- 甲基鞣花酸 -4'-O-α-L- 吡喃鼠李糖苷 3,3'-di-O-methylellagic acid-4'-O-α-L-rhamnopyranoside
3,3'- 二 -O- 甲基鞣花酸 -4-O-α-L- 鼠李糖苷 3,3'-di-O-methylellagic acid-4-O-α-L-rhamnoside
3,3'- 二 -O- 甲基鞣花酸 -4'-O-β-D- 吡喃木糖苷 3,3'-di-O-methylellagic acid-4'-O-β-D-xylopyranoside
3,3'- 二 -O- 甲基鞣花酸 -4-O-β-D- 吡喃木糖苷 3,3'-di-O-methylellagic acid-4-O-β-D-xylopyranoside
3,3'- 二 -O- 甲基鞣花酸 -4'-O-β-D- 吡喃葡萄糖苷 3,3'-di-O-methylellagic acid-4'-O-β-D-glucopyranoside
3,3'- 二 -O- 甲基鞣花酸 -4-O-β-D- 吡喃葡萄糖苷 3,3'-di-O-methylellagic acid-4-O-β-D-glucopyranoside
3,3'- 二 -O- 甲基鞣花酸 -4'-O-β-D- 呋喃木糖苷 3,3'-di-O-methylellagic acid-4'-O-β-D-xylofuranoside
3,4'- 二 -O- 甲基鞣花酸 -4-O-β-D- 木糖苷 3,4'-di-O-methylellagic acid-4-O-β-D-xyloside
3,3'- 二 -O- 甲基鞣花酸 -4-O- 木糖苷 3,3'-di-O-methylellagic acid-4-O-xyloside
3,3'- 二 -O- 甲基鞣花酸 -4-O- 葡萄糖苷 3,3'-di-O-methylellagic acid-4-O-glucoside
2,3-2H-4',7- 二 -O- 甲基山柰酚 2,3-2H-4',7-di-O-methylkaempferol
7,4'- 二 -O- 甲基圣草酚 7,4'-di-O-methyleriodictyol
5,4'- 二 -O- 甲基圣草酚 -7-O-β-D- 吡喃葡萄糖苷 5,4'-di-O-methyleriodictyol-7-O-β-D-glucopyranoside
二 -O- 甲基四氢呋喃愈创木素 di-O-methyltetrahydrofuriguaiacin
二 -O- 甲基四氢呋喃愈创木素 B di-O-methyltetrahydrofuriguaiacin B
7,7"- 二 -O- 甲基穗花杉黄酮 7,7"-di-O-methylamentoflavone
二 -O- 甲基穗花杉双黄酮 di-O-methylamentoflavone
9,12- 二 -O- 甲基香桂醇▲ 9,12-di-O-methylsubamol
7,3'- 二 -O- 甲基香豌豆酚▲ 7,3'-di-O-methylorobol
3',3- 二 -O- 甲基新橄榄脂素 -3-O- 吡喃葡萄糖苷 3',3-di-O-

methylneoolivil-3-*O*-glucopyranoside
(-)-3',4- 二 -*O*- 甲基雪松脂素▲ (-)-3',4-di-*O*-methylcedrusin
7,4'- 二 -*O*- 甲基柚皮苷元 7,4'-di-*O*-methylnaringenin
5,7- 二 -*O*- 甲基羽扇豆异黄酮 5,7-di-*O*-methylluteone
6,6'- 二 -*O*- 芥子酰蔗糖 6,6'-di-*O*-sinapoylsurcose
3,5- 二 -*O*- 咖啡酰表奎宁酸 3,5-di-*O*-caffeoyl-epiquinic acid
3,5- 二 -*O*- 咖啡酰基 -4-*O*-(3- 羟基 -3- 甲基) 戊二酰奎宁酸 3,5-di-*O*-caffeoyl-4-*O*-(3-hydroxy-3-methyl)glutaroylquinic acid
3,5- 二 -*O*- 咖啡酰基 -4-*O*-(3- 羟基 -3- 甲基) 戊二酰奎宁酸甲酯 methyl 3,5-di-*O*-caffeoyl-4-*O*-(3-hydroxy-3-methyl) glutaroylquinate
1,6- 二 -*O*- 咖啡酰基 -*β*-D- 吡喃葡萄糖苷 1,6-di-*O*-caffeoyl-*β*-D-glucopyranoside
1,3- 二 -*O*- 咖啡酰奎宁酸 1,3-di-*O*-caffeoylquinic acid
1,5- 二 -*O*- 咖啡酰奎宁酸 1,5-di-*O*-caffeoylquinic acid
3,4- 二 -*O*- 咖啡酰奎宁酸 3,4-di-*O*-caffeoylquinic acid
3,5- 二 -*O*- 咖啡酰奎宁酸 3,5-di-*O*-caffeoylquinic acid
4,5- 二 -*O*- 咖啡酰奎宁酸 4,5-di-*O*-caffeoylquinic acid
3,5- 二 -*O*- 咖啡酰奎宁酸丁酯 3,5-di-*O*-caffeoylquinic acid butyl ester
4,5- 二 -*O*- 咖啡酰奎宁酸丁酯 4,5-di-*O*-caffeoylquinic acid butyl ester
1,3- 二 -*O*- 咖啡酰奎宁酸甲酯 1,3-di-*O*-caffeoylquinic acid methyl ester
3,4- 二 -*O*- 咖啡酰奎宁酸甲酯 3,4-di-*O*-caffeoylquinic acid methyl ester; methyl 3,4-di-*O*-caffeoylquinate
3,5- 二 -*O*- 咖啡酰奎宁酸甲酯 3,5-di-*O*-caffeoylquinic acid methyl ester; methyl 3,5-di-*O*-caffeoylquinate
4,5- 二 -*O*- 咖啡酰奎宁酸甲酯 4,5-di-*O*-caffeoylquinic acid methyl ester; methyl 4,5-di-*O*-caffeoylquinate
3,5- 二 -*O*- 咖啡酰奎宁酸乙酯 ethyl 3,5-di-*O*-caffeoylquinate
4,5- 二 -*O*- 咖啡酰奎宁酸乙酯 ethyl 4,5-di-*O*-caffeoylquinate
3,5- 二 -*O*- 咖啡酰粘奎宁酸 3,5-di-*O*-caffeoyl-*muco*-quinic acid
4'-*O*-*β*-D-(2'',6''- 二 -*O*- 没食子酰吡喃葡萄糖基)- 苯基 -2- 丁酮 4'-*O*-*β*-D-(2'',6''-di-*O*-galloylglucopyranosyl)-phenyl-2-butanone
3,4- 二 -*O*- 没食子酰基 -(-)- 莽草酸 3,4-di-*O*-galloyl-(-)-shikimic acid
3,5- 二 -*O*- 没食子酰基 -(-)- 莽草酸 3,5-di-*O*-galloyl-(-)-shikimic acid
2,4- 二 -*O*- 没食子酰基 -1,5- 酐 -D- 山梨糖醇 2,4-di-*O*-galloyl-1,5-anhydro-D-glucitol
1,6- 二 -*O*- 没食子酰基 -2-*O*- 桂皮酰基 -*β*-D- 吡喃葡萄糖 1,6-di-*O*-galloyl-2-*O*-cinnamoyl-*β*-D-glucopyranose
1,6- 二 -*O*- 没食子酰基 -2-*O*- 咖啡酰基 -*β*-D- 吡喃葡萄糖 1,6-di-*O*-galloyl-2-*O*-caffeoyl-*β*-D-glucopyranose
1,2- 二 -*O*- 没食子酰基 -3-*O*- 二没食子酰基 -4,6-*O*-(*S*)- 六羟基二苯甲酰基 -*β*-D- 葡萄糖 1,2-di-*O*-galloyl-3-*O*-digalloyl-4,6-*O*-(*S*)-hexahydroxydiphenoy-*β*-D-glucose
1,3- 二 -*O*- 没食子酰基 -4,6-(*S*)- 六羟基二苯甲酰基 -*β*-D- 葡萄糖 1,3-di-*O*-galloyl-4,6-(*S*)-hexahydroxydiphenoyl-*β*-D-glucose
1,3- 二 -*O*- 没食子酰基 -4,6-(*S*)- 六羟基联苯二甲酰基 -*β*-D- 吡喃葡萄糖 1,3-di-*O*-galloyl-4,6-(*S*)-hexahydroxydiphenoyl-*β*-D-glucopyranose
2',3'- 二 -*O*- 没食子酰基 -4',6'-*O*-(*S*)- 六羟基联苯甲酸酯 2',3'-di-*O*-galloyl-4',6'-*O*-(*S*)-hexahydroxydiphenoyl ester
1,2- 二 -*O*- 没食子酰基 -4,6-*O*-(*S*)- 六羟基联苯甲酰基 -*β*-D- 吡喃葡萄糖苷 1,2-di-*O*- galloyl-4,6-*O*-(*S*)-hexahydroxydiphenoyl-*β*-D-glucopyranoside
1,2- 二 -*O*- 没食子酰基 -6-*O*- 反式 - 对香豆酰基 -*β*-D- 吡喃葡萄糖苷 1,2-di-*O*-galloyl-6-*O*-*trans*-*p*-coumaroyl-*β*-D-glucopyranoside
1,4- 二 -*O*- 没食子酰基 -D- 吡喃葡萄糖 1,4-di-*O*-galloyl-*β*-glucopyranose
2,3- 二 -*O*- 没食子酰基 -D- 吡喃葡萄糖 2,3-di-*O*-galloyl-D-glucopyranose
3,4- 二 -*O*- 没食子酰基 -D- 吡喃葡萄糖 3,4-di-*O*-galloyl-D-glucopyranose
4,6- 二 -*O*- 没食子酰基 -D- 吡喃葡萄糖 4,6-di-*O*-galloyl-D-glucopyranose
2,3- 二 -*O*- 没食子酰基 -D- 葡萄糖 2,3-di-*O*-galloyl-D-glucose
1,3- 二 -*O*- 没食子酰基 -*β*-D- 吡喃葡萄糖 1,3-di-*O*-galloyl-*β*-D-glucopyranose
1,4- 二 -*O*- 没食子酰基 -*β*-D- 吡喃葡萄糖 1,4-di-*O*-galloyl-*β*-D-glucopyranose
1,6- 二 -*O*- 没食子酰基 -*β*-D- 吡喃葡萄糖 1,6-di-*O*-galloyl-*β*-D-glucopyranose
2,6- 二 -*O*- 没食子酰基 -*β*-D- 吡喃葡萄糖 2,6-di-*O*-galloyl-*β*-D-glucopyranose
二 -*O*- 没食子酰基 -*β*-D- 吡喃葡萄糖苷 di-*O*-galloyl-*β*-D-glucopyranoside
1,2- 二 -*O*- 没食子酰基 -*β*-D- 葡萄糖 1,2-di-*O*-galloyl-*β*-D-glucose
1,6- 二 -*O*- 没食子酰基 -*β*-D- 葡萄糖 1,6-di-*O*-galloyl-*β*-D-glucose
3,6- 二 -*O*- 没食子酰基 -*β*-D- 葡萄糖 3,6-di-*O*-galloyl-*β*-D-glucose
3,4- 二 -*O*- 没食子酰奎宁酸 3,4-di-*O*-galloylquinic acid
3,5- 二 -*O*- 没食子酰奎宁酸 3,5-di-*O*-galloylquinic acid
4,5- 二 -*O*- 没食子酰奎宁酸 4,5-di-*O*-galloylquinic acid
1,6- 二 -*O*- 没食子酰葡萄糖 1,6-di-*O*-galloylglucose
2,3- 二 -*O*- 没食子酰葡萄糖 2,3-di-*O*-galloylglucose
二 -*O*- 没食子酰葡萄糖 di-*O*-galloylglucose
3',6'- 二 -*O*- 没食子酰芍药苷 3',6'-di-*O*-galloylpaeoniflorin
4',6'- 二 -*O*- 没食子酰水杨苷 4',6'-di-*O*-galloylsalicin
7,3'- 二 -*O*- 没食子酰小麦黄烷▲ 7,3'-*O*-di-gallyoltricetiflavan
7,4'- 二 -*O*- 没食子酰小麦黄烷▲ 7,4'-di-*O*-galloyltricetifavan
3,4- 二 -*O*- 没食子酰岩白菜素 3,4-di-*O*-galloylbergenin
4,11- 二 -*O*- 没食子酰岩白菜素 4,11-di-*O*-galloylbergenin
3,3'- 二 -*O*- 没食子酰原飞燕草素 B_1, B_2, B_5 3,3'-di-*O*-galloylprodelphinidin B_1, B_2, B_5
2,7- 二 -*O*- 葡萄糖苷 -1,6- 二甲基 -5- 乙烯基 -9,10- 二氢菲 2,7-di-*O*-glucoside-1,6-dimethyl-5-vinyl-9,10-dihydrophenanthrene
3,28- 二 -*O*- 葡萄糖基 -19*α*- 羟基积雪草酸 3,28-di-*O*-glucosyl-19*α*-hydroxyasiatic acid
1,5- 二 -*O*- 顺式 - 对香豆酰奎宁酸 1,5-di-*O*-*cis*-*p*-coumaroylquinic acid
1,2- 二 -*O*- 香荚兰酰基 -*β*-D- 吡喃葡萄糖苷 1,2-di-*O*-vanilloyl-*β*-D-glucopyranoside
1,6- 二 -*O*- 香荚兰酰基 -*β*-D- 吡喃葡萄糖苷 1,6-di-*O*-vanilloyl-*β*-D-glucopyranoside
1,6- 二 -*O*- 辛酰基 -*β*-D- 吡喃葡萄糖 1,6-di-*O*-octanoyl-*β*-D-glucopyranose
6,7- 二 -*O*- 烟酰半枝莲碱 G 6,7-di-*O*-nicotinoylscutebarbatine G
2',3'- 二 -*O*- 乙酰巴东荚蒾苷▲ 2',3'-di-*O*-acetylhenryoside
2',6'- 二 -*O*- 乙酰巴东荚蒾苷▲ 2',6'-di-*O*-acetylhenryoside
6,7- 二 -*O*- 乙酰半枝莲亭素▲A 6,7-di-*O*-acetylbarbatin A
2',6'- 二 -*O*- 乙酰东莨菪苷 2',6'-di-*O*-acetylscopolin
3',6'- 二 -*O*- 乙酰东莨菪苷 3',6'-di-*O*-acetylscopolin
1,7- 二 -*O*- 乙酰基 -14,15- 去氧哈湾鹧鸪花素▲ 1,7-di-*O*-acetyl-14,15-deoxyhavanensin
11,12- 二 -*O*- 乙酰基 -17*β*- 牛奶菜宁 11,12-di-*O*-acetyl-17*β*-marsdenin
6*α*,19- 二 -*O*- 乙酰基 -2,19:4,18:11,16:15,16- 四环氧新赪桐 -6,15,19- 三醇 6*α*,19-di-*O*-acetyl-2,19:4,18:11,16:15,16-tetraepoxyneoclerodane-6,15,19-triol
1,2- 二 -*O*- 乙酰基 -3-*O*-*β*-D- 吡喃半乳糖基甘油 1,2-di-*O*-acyl-3-

O-β-D-galactopyranosylglycerol
3,12- 二 -O- 乙酰基 -8-O- 巴豆酰巨大戟醇▲ 3,12-di-O-acetyl-8-O-tigloylingol
3,12- 二 -O- 乙酰基 -8-O- 苯甲酰巨大戟醇▲ 3,12-di-O-acetyl-8-O-benzoylingol
1-O-[2",4"- 二 -O- 乙酰基 -α-L- 吡喃鼠李糖基 -(1 → 2)-α-L- 吡喃阿拉伯糖基] 表延龄草烯苷元▲-24-O- 乙酸酯 1-O-[2",4"-di-O-acetyl-α-L-rhamnopyranosyl-(1 → 2)-α-L-arabinopyranosyl] epitrillenogenin-24-O-acetate
(3β,4α)-3-[O-3,5- 二 -O- 乙酰基 -α-L- 呋喃阿拉伯糖基 -(1 → 3)-O-α-L- 吡喃鼠李糖基 -(1 → 2)-α-L- 吡喃阿拉伯糖基氧]-23- 羟基齐墩果酸 (3β,4α)-3-[O-3,5-di-O-acetyl-α-L-arabinofuranosyl-(1→3)-O-α-L-rhamnopyranosyl-(1→2)-α-L-arabinopyranosyloxy]-23-hydroxyoleanolic acid
7-O-(4",6"- 二 -O- 乙酰基 -β-D- 吡喃阿洛糖基芹菜苷元 -4'-O-β- 吡喃阿洛糖苷 7-O-(4",6"-di-O-acetyl-β-D-allopyranosyl)-apigenin 4'-O-β-allopyranoside
(3β,4α)-3-[(O-3,4- 二 -O- 乙酰基 -β-D- 吡喃木糖基 -(1 → 3)-O-6-去氧 -α-L- 吡喃甘露糖基 -(1 → 2)-α-L- 吡喃阿拉伯糖基) 氧]-23- 羟基 - 齐墩果酸 (3β,4α)-3-[(O-3,4-di-O-acetyl-β-D-xylopyranosyl-(1→3)-O-6-deoxy-α-L-mannopyranosyl-(1→2)-α-L-arabinopyranosyl)oxy]-23-hydroxy-oleanolic acid
(4α)-3β-[(O-3,4- 二 -O- 乙酰基 -β-D- 吡喃木糖基 -(1 → 3)-O-α-L-吡喃鼠李糖基 -(1 → 2)-α-L- 吡喃阿拉伯糖氧基]-23- 羟基齐墩果酸 (4α)-3β-[O-3,4-di-O-acetyl-β-D-xylopyranosyl-(1 → 3)-O-α-L-rhamnopyranosyl-(1 → 2)-α-L-arabinopyranosyloxy]-23-hydroxyoleanolic acid
2-(2,3- 二 -O- 乙酰基 -β-D- 吡喃葡萄糖氧基)-6- 羟基苯甲酸 2-[(2,3-di-O-acetyl-β-D-glucopyranosyl)oxy]-6-hydroxybenzoic acid
2',3'- 二 -O- 乙酰基欧鼠李苷 A 2',3'-di-O-acetylfrangulin A
14,18- 二 -O- 乙酰基睡茄酸浆素 C 14,18-di-O-acetylwithaphysalin C
15,16- 二 -O- 乙酰基稀莶苷 15,16-di-O-acetyldarutoside
3",4"- 二 -O- 乙酰角胡麻苷 3",4"-di-O-acetylmartynoside
1,12- 二 -O- 乙酰鹧鸪花素▲B 1,12-di-O-acetyltrichilin B
2β,3β- 二 -O- 异亚丙基 - 齐墩果 -12- 烯 -28- 酸 2β,3β-bis-O-isopropylidene-olean-12-en-28 acid
二 -α- 磷脂酰胆碱 di-α-phosphatidylcholine
3',5'- 二 -β-D- 吡喃葡萄糖基根皮素 3',5'-di-β-D-glucopyranosylphloretin
(R)-5,5'- 二 -γ- 生育酚 (R)-5,5'-bi-γ-tocopherol
(S)-5,5'- 二 -γ- 生育酚 (S)-5,5'-bi-γ-tocopherol
1,2-O- 二阿魏酰甘油 1,2-O-diferuloylglycerol
1,3-O- 二阿魏酰甘油 1,3-O-diferuloylglycerol
2-O- 二阿魏酰甘油 2-O-diferuloylglycerol
9,9'-O- 二阿魏酰基 - 左旋 - 裂环异落叶松树脂醇 9,9'-O-diferuloyl-(-)-secoisolariciresionol
(-)-(2R,3R)-1,4-O- 二阿魏酰裂环异落叶松树脂醇 (-)-(2R,3R)-1,4-O-diferuloylsecoisolariciresinol
1,4-O- 二阿魏酰裂环异落叶松树脂醇 1,4-O-diferuloylsecoisolariciresinol
9,9'-O- 二阿魏酰裂环异落叶松树脂醇 9,9'-O-diferuloylsecoisolariciresinol
1,6- 二阿魏酰葡萄糖 1,6-diferuloylglucose
6",6'"- 二阿魏酰异酸枣素▲ 6",6'"-diferuloylisospinosin
3,6'-O- 二阿魏酰蔗糖 3,6'-O-diferuloylsucrose
3,6'- 二阿魏酰蔗糖 3,6'-diferuloylsucrose
2,4- 二氨基 -3- 甲基丁酸 2,4-diamino-3-methylbutanoic acid
2,6- 二氨基 -9-β-D- 呋喃核糖基嘌呤 2,6-diamino-9-β-D-ribofuranosylpurine
二氨基丙酸 diaminopropionic acid
二氨基丙烷 diaminopropane
2,4- 二氨基丁酸 2,4-diaminobutyric acid
11α,12β-O,O- 二巴豆酰基 -17β-O- 通光藤苷元 B 11α,12β-O,O-ditigloyl-17β-O-tenacigenin B
1α,7α- 二巴豆酰氧基 -3α- 乙酰氧基 -12α- 乙氧基印楝波力宁▲ 1α,7α-ditigloyloxy-3α-acetoxyl-12α-ethoxylnimbolinin
3β,6β- 二巴豆酰氧基 -7β- 羟基托品烷 3β,6β-ditigloyloxy-7β-hydroxytropane
3,6- 二巴豆酰氧基托品烷 3,6-ditigloyloxytropane
二巴豆酰氧基托品烷 ditigloyloxytropane
二半乳糖基二酰甘油 digalactosyldiacylglycerol
二半乳糖基二亚油酰甘油 digalactosyldilinoleylglycerol
二瓣花椒内酯▲ dipetalolactone
二孢镰刀菌酸▲ dimerumic acid
二倍 -1(2- 环戊酮) 甲烷 di-1(2-cyclopentanone)methane
1,1'- 二苯 -6',8',9'- 三羟基 -3- 烯丙基 -4-O-β-D- 吡喃葡萄糖苷 1,1'-dibenzene-6',8',9'-trihydroxy-3-allyl-4-O-β-D-glucopyranoside
二苯胺 diphenylamine
二苯并 [b,d] 氧杂环辛三烯 dibenz[b,d]oxocin
二苯并呋喃 dibenzofuran
1,4- 二苯基 -1,4- 丁二酮 1,4-diphenyl-1,4-butanedione
1,5- 二苯基 -1,4- 戊二烯 1,5-diphenyl-1,4-pentadiene
1,5- 二苯基 -1- 戊酮 1,5-diphenyl-1-pentanone
1,5- 二苯基 -2(E)- 戊烯 -1- 酮 1,5-diphenyl-2(E)-penten-1-one
1,3- 二苯基 -2 丙烯 -1- 酮 1,3-diphenyl-2-propen-1-one
2E-2,4- 二苯基 -2- 丁烯醛 2E-2,4-diphenyl-2-butenal
(3R,5R)-1,7- 二苯基 -3,5- 庚二醇 (3R,5R)-1,7-diphenyl-3,5-heptanediol
(S)-(+)-1,5- 二苯基 -3- 羟基 -1- 戊酮 (S)-(+)-1,5-diphenyl-3-hydroxy-1-pentanone
(4E,6E)-1,7- 二苯基 -4,6- 庚二烯 -3- 酮 (4E,6E)-1,7-diphenyl-4,6-heptadien-3-one
1,7- 二苯基 -4,6- 庚二烯 -3- 酮 1,7-diphenyl-4,6-heptadien-3-one
1,7- 二苯基 -4 反式 - 庚烯 -3- 酮 1,7-diphenyl-4E-hepten-3-one
(5S)-1,7- 二苯基 -5- 甲氧基 -3- 庚酮 (5S)-1,7-diphenyl-5-methoxy-3-heptanone
(5R)-1,7- 二苯基 -5- 羟基 -3- 庚酮 (5R)-1,7-diphenyl-5-hydroxy-3-heptanone
1,7- 二苯基 -5- 羟基 -4,6- 庚二烯 -3- 酮 1,7-diphenyl-5-hydroxy-4,6-heptadien-3-one
2,3- 二苯基吡咯 2,3-diphenylpyrrole
2,4- 二苯基吡咯 2,4-diphenylpyrrole
1,4- 二苯基丁二酮 1,4-diphenylbutanedione
1,7- 二苯基 - 庚 -4- 烯 -3- 酮 1,7-diphenyl-hept-4-en-3-one
1,7- 二苯基庚烷 -3,5- 二醇 1,7-diphenylheptan-3,5-diol
1,1- 二苯基肼 1,1-diphenhydrazine
二苯基苦味酸肼 diphenylpicrylhydrazyl
3,3',4,4'- 二苯基四羧酸 3,3',4,4'-biphenyltetracarboxylic acid
2,5- 二苯基氧杂唑 2,5-diphenyloxazole
二苯基乙二酮 diphenylethanedione
二苯甲酰甘松香酮 G dibenzoylkanshone G
6-O-(3"4"-O- 二苯甲酰基)-α-L- 吡喃鼠李糖基梓醇 6-O-(3",4"-O-dibenzoyl)-α-L-rhamnopyranosylcatalpol
2-(4,6- 二苯甲酰基 -β- 吡喃葡萄糖氧基)-5- 羟基苄醇 2-(4,6-dibenzoyl-β-glucopyranosyloxy)-5-hydroxybenzyl alcohol
二苯甲酰萝藦醇 dibenzoylgagaimol
N^1,N^8- 二苯甲酰亚精胺 N^1,N^8-dibenzoylspermidine
13,16- 二苯甲酰氧基 -20- 去氧巨大戟烯醇▲-3- 苯甲酸酯

E

13,16-dibenzoyloxy-20-deoxyingenol-3-benzoate
1β,9β- 二苯甲酰氧基 -2β,6α,12- 三乙酰氧基 -8β-(β- 烟酰氧基)-β- 二氢沉香呋喃 1β,9β-bis(benzoyloxy)-2β,6α,12-triacetoxy-8β-(β-nicotinoyloxy)-β-dihydroagarofuran
1β,8β- 二苯甲酰氧基 -2β,6α,9β,15- 四乙酰氧基 -β- 二氢沉香呋喃 1β,8β-dibenzoyloxy-2β,6α,9β,15-tetraacetoxy-β-dihydroagarofuran
1β,8β- 二苯甲酰氧基 -2β- 羟基 -6α,9β,13- 三乙酰氧基 -β- 二氢沉香呋喃 1β,8β-dibenzoyloxy-2β-hydroxy-6α,9β,13-triacetoxy-β-dihydroagarofuran
1β,8β- 二苯甲酰氧基 -2β- 羟基 -6α,9β,15- 三乙酰氧基 -β- 二氢沉香呋喃 1β,8β-dibenzoyloxy-2β-hydroxy-6α,9β,15-triacetoxy-β-dihydroagarofuran
13,17- 二苯甲酰氧基 -3-O-(2,3- 二甲基丁酰基)-20- 去氧巨大戟烯醇▲ 13,17-dibenzoyloxy-3-O-(2,3-dimethylbutanoyl)-20-deoxyingenol
13,17- 二苯甲酰氧基 -3-O-(2,3- 二甲基丁酰基) 巨大戟烯醇▲ 13,17-dibenzoyloxy-3-O-(2,3-dimethylbutanoyl)ingenol
1β,2β- 二苯甲酰氧基 -4α- 羟基 -6α,9α,15- 三乙酰氧基 -β- 二氢沉香呋喃 1β,2β-dibenzoyloxy-4α-hydroxy-6α,9α,15-triacetoxy-β-dihydroagarofuran
(-)-(12E,2S,3S,4R,5R,6R,9S,11S,15R)-3,15- 二苯甲酰氧基 -5,6- 环氧续随子 -12- 烯 -14- 酮 (-)-(12E,2S,3S,4R,5R,6R,9S,11S,15R)-3,15-dibenzoyloxy-5,6-epoxylathyr-12-en-14-one
3,29- 二苯甲酰氧基栝楼二醇 3,29-dibenzoyloxykarounidiol
二苯骈吡喃 C, D dichromene C, D
3,12-O-β-D- 二吡喃葡萄糖基 -11,16- 二羟基冷杉 -8,11,13- 三烯 3,12-O-β-D-diglucopyranosyl-11,16-dihydroxyabieta-8,11,13-triene
3,7-O-β-D- 二吡喃葡萄糖基槲皮素 3,7-O-β-D-diglucopyranosylquencetin
6,8- 二吡喃葡萄糖基芹菜苷元 6,8-diglucopyranosylapigenin
二苄基丁乳醇 dibenzylbutyrolactol
1,7- 二 - 表 -α- 花侧柏烯 1,7-di-epi-α-cedrene
二 - 表 -α- 雪松烯 di-epi-α-cedrene
二 - 表 -α- 雪松烯环氧化物 di-epi-α-cedrene epoxide
5,6- 二表辣椒蔷薇果黄质▲ 5,6-diepicapsokarpoxanthin
二表柳杉石松醇▲-30- 对香豆酸酯 diepilycocryptol-30-yl-p-coumarate
二表千层塔烯二醇 diepiserratenediol
二表 - 千层塔烯二醇 diepi-serratenediol
5,6- 二表蔷薇果黄质▲ 5,6-diepikarpoxanthin
5,6- 二表异味蔷薇黄质▲ 5,6-diepilatoxanthin
二丙基二硫醚 dipropyl disulphide
二丙基三硫醚 dipropyl trisulfide
二齿香科科素▲ bidentatin
3β,26- 二醇 -25(R)-$\Delta^{5,20(22)}$- 二烯 - 呋甾 -26-O-β-D- 吡喃葡萄糖苷 3β,26-diol-25(R)-$\Delta^{5,20(22)}$-dien-furost-26-O-β-D-glucopyranoside
1α,2α- 二醇 -4α- 乙氧基 -1,2,3,4- 四氢萘 1α,2α-diol-4α-ethoxy-1,2,3,4-tetrahydronaphthalene
3,15- 二当归酰白藜芦胺▲ 3,15-diangeloylgermine
(1R,2R,3S,5S,6R)-2,8- 二当归酰氧基 -1,3,5- 三羟基 - 红没药 -7(14),10- 二烯 -4- 酮 (1R,2R,3S,5S,6R)-2,8-diangeloyloxy-1,3,5-trihydroxy-bisabola-7(14),10-dien-4-one
3β,6β- 二当归酰氧基 -10α- 羟基 -8α- 甲氧基荒漠木烯内酯▲ 3β,6β-diangeloyloxy-10α-hydroxy-8α-methoxyeremophilenolide
(1α,2β,3β,5α,6β)-1,8- 二当归酰氧基 -2,3- 环氧 -5,10- 二羟基 -11- 甲氧基红没药 -7(14)- 烯 -4- 酮 (1α,2β,3β,5α,6β)-1,8-bisangeloyloxy-2,3-epoxy-5,10-dihydroxy-11-methoxybisabol-7(14)-en-4-one
(1S,2S,3S,5R,6S)-1β,8- 二当归酰氧基 -2β,10,11- 三羟基 -3α- 氯 -6β- 乙酰氧基 - 红没药 -7(14)- 烯 (1S,2S,3S,5R,6S)-1β,8,11-triangeloyloxy-2β,10-dihydroxy-3α-chloro-6β-acetyloxy-bisabol-7(14)-ene
(1S,2S,3S,5R,6S)-1β,8- 二当归酰氧基 -2β,10- 二羟基 -3α- 氯 -6β- 乙酰氧基 -11- 甲氧基 - 红没药 -7(14)- 烯 (1S,2S,3S,5R,6S)-1β,8-diangeloyloxy-2β,10-dihydroxy-3α- chloro-6β-acetyloxy-11-methoxy-bisabol-7(14)-ene
(1S,2S,3S,5R,6S)-1β,8- 二当归酰氧基 -2β,10- 二羟基 -3α- 氯 -6β- 乙酰氧基 -11- 乙氧基 - 红没药 -7(14)- 烯 (1S,2S,3S,5R,6S)-1β,8-diangeloyl-oxy-2β,10-dihydroxy-3α-chloro-6β-acetyloxy-11-ethyloxy-bisabol-7(14)- ene
(1S,2S,3S,5R,6S)-1β,10- 二当归酰氧基 -2β,8,11- 三羟基 -3α- 氯 -6β- 乙酰氧基 - 红没药 -7(14)- 烯 (1S,2S,3S,5R,6S)-1β,10-diangeloyloxy-2β,8,11-trihydroxy-3α-chloro-6β-acetyloxy-bisabol-7(14)-ene
1β,8- 二当归酰氧基 -2β- 乙酰氧基 -3β- 羟基 -4α- 氯 -10,11- 环氧红没药 -7(14)- 烯 2β-acetoxy-4α-chloro-1β,8-diangeloyloxy-3β-hydroxy-10,11-epoxybisabol-7(14)-ene
(-)-1β,8ε- 二当归酰氧基 -2β- 乙酰氧基 -4α- 氯 -11- 甲氧基 -3β,10ε- 二羟基红没药烷 -7(14)- 烯 (-)-1β,8ε-diangeloyloxy-2β-acetoxy-4α-chloro-11-methoxy-3β,10ε-dihydroxybisabola-7(14)-ene
21β,22α- 二当归酰氧基 -3β,15α,16α,28- 四羟基齐墩果 -12- 烯 21β,22α-diangeloyloxy-3β,15α,16α,28-tetrahydroxyolean-12-ene
21β,22α- 二当归酰氧基 -3β,15α,16α,28- 四羟基齐墩果 -12- 烯 -23- 醛 21β,22α-diangeloyloxy-3β,15α,16α,28-tetrahydroxyolean-12-en-23-al
21β,22α- 二当归酰氧基 -3β,16α,28- 三羟基齐墩果 -12- 烯 21β,22α-diangeloyloxy-3β,16α,28-trihydroxyolean-12-ene
21β,22α- 二当归酰氧基 -3β,16α,28- 三羟基齐墩果 -12- 烯 -23- 醛 21β,22α-diangeloyloxy-3β,16α,28-trihydroxyolean-12-en-23-al
1β,8- 二当归酰氧基 -3β,4β,10,11- 二环氧红没药 -7(14)- 烯 1β,8-diangeloyloxy-3β,4β,10,11-diepoxybisabol-7(14)-ene
2β,8- 二当归酰氧基 -3β,4β,10,11- 二环氧红没药 -7(14)- 烯 -1β- 醇 2β,8-bisangeloyloxy-3β,4β,10,11-bisepoxybisabol-7(14)-en-1β-ol
1β,8- 二当归酰氧基 -3β,4β,10,11- 二环氧红没药 -7(14)- 烯 -2β- 醇 1β,8-bisangeloyloxy-3β,4β,10,11-bisepoxybisabol-7(14)-en-2β-ol
2β,8- 二当归酰氧基 -4α- 氯 -10,11- 环氧红没药 -7(14)- 烯 -1β,3β- 二醇 2β,8-bisangeloyloxy-4α-chloro-10,11-epoxybisabol-7(14)-en-1β,3β-diol
(1S,2R,6S,9R)-2,7- 二当归酰氧基 -6,9- 环氧 -11- 羟基 -6- 甲氧基红没药 -3,10(15)- 二烯 -5- 酮 (1S,2R,6S,9R)-2,7-bisangeloyloxy-6,9-epoxy-11-hydroxy-6-methoxybisabola-3,10(15)-dien-5-one
3β,6β- 二当归酰氧基 -8β,10β- 二羟基荒漠木烯内酯▲ 3β,6β-diangeloyloxy-8β,10β-dihydroxyeremophilenolide
1β,5α- 二当归酰氧基 - 桉叶 -(15)- 烯 1β,5α-diangeloyloxy-eudesm-(15)-ene
1β,5α- 二当归酰氧基桉叶 -4(15)- 烯 1β,5α-diangeloyloxyeudesm-4(15)-ene
1β,5α- 二当归酰氧基 - 桉叶 -4(15)- 烯 1β,5α-diangeloyloxy-eudesm-4(15)-ene
3α,6β- 二当归酰氧基 - 呋喃荒漠木 -15- 酸 3α,6β-bisangeloyloxy-furanoeremophilane-15-carboxylic acid
3β,6β- 二当归酰氧基荒漠木 -7(11)- 烯 -12,8β- 内酯 3β,6β-diangeloyloxyeremophil-7(11)-en-12,8β-olide
3,5- 二丁基 -4- 羟基甲苯 3,5-dibutyl-4-hydroxyl toluene
2,6- 二丁基 - 对甲苯酚 2,6-di-butyl-p-cresol
二丁基琥珀酸酯 dibutyl succinate
二丁基羟基甲苯 dibutylhydroxytoluene

二丁香醚 disyringin ether

5,5'- 二丁氧基 -2,2'- 双呋喃 5,5'-dibutoxy-2,2'-bifuran

4,5- 二 - 对 - 反式 - 香豆酰奎宁酸 4,5-di-*p*-*trans*-coumaroylquinic acid

(4*E*)-1,5- 二对羟苯基 -1-[(2*E*)-3-(4- 乙酰氧基苯基)-2- 丙烯氧基]-2-(甲氧基甲基)-4- 戊烯 (4*E*)-1,5-bis(4-hydroxyphenyl)-1-[(2*E*)-3-(4-acetoxyphenyl)-2-propenoxy]-2-(methoxymethyl)-4-pentene

(4*E*)-1,5- 二对羟苯基 -1- 甲氧基 -2-(甲氧基甲基)-4- 戊烯 (4*E*)-1,5-bis(4-hydroxyphenyl)-1-methoxy-2-(methoxymethyl)-4-pentene

(4*E*)-1,5- 二对羟苯基 -1- 乙氧基 -2-(甲氧基甲基)-4- 戊烯 (4*E*)-1,5-bis(4-hydroxyphenyl)-1-ethoxy-2-(methoxymethyl)-4-pentene

(4*E*)-1,5- 二对羟苯基 -2-(甲氧基甲基)-4- 戊烯 -1- 醇 (4*E*)-1,5-bis(4-hydroxyphenyl)-2-(methoxymethyl)-4-penten-1-ol

(4*E*)-1,5- 二对羟苯基 -2-(羟甲基)-4- 戊烯 -1- 醇 (4*E*)-1,5-bis(4-hydroxyphenyl)-2-(hydroxymethyl)-4-penten-1-ol

1,7- 二对羟苯基 -3- 羟基 -1,3,6- 庚三烯 -5- 酮 1,7-bis(4-hydroxyphenyl)-3-hydroxy-1,3,6-heptatrien-5-one

1,7- 二对羟苯基 -3- 羟基 -1,3- 庚二烯 -5- 酮 1,7-bis(4-hydroxyphenyl)-3-hydroxy-1,3-heptadien-5-one

1,7- 二对羟苯基庚 -4*E*,6*E*- 二烯 -3- 酮 1,7-bis(4-hydroxyphenyl) hepta-4*E*,6*E*-dien-3-one

2,6- 二对羟苄基 -3,3',5- 三羟基联苄 2,6-bis(4-hydroxybenzyl)-3,3',5-trihydroxybibenzyl

2',6'- 二对羟苄基 -3,3'- 二羟基 -5- 甲氧基联苄 2',6'-bis(*p*-hydroxybenzyl)-3,3'-dihydroxy-5-methoxybibenzyl

2,6- 二对羟苄基 -3',5- 二甲氧基 -3- 羟基联苄 2,6-bis(*p*-hydroxybenzyl)-3',5-dimethoxy-3-hydroxybibenzyl

1,3- 二对羟苄基 -4- 甲氧基 -9,10- 二氢菲 -2,7- 二醇 1,3-bis(4-hydroxybenzyl)-4-methoxy-9,10-dihydrophenanthrene-2,7-diol

1,6- 二对羟苄基 -4- 甲氧基 -9,10- 二氢菲 -2,7- 二醇 1,6-bis(4-hydroxybenzyl)-4-methoxy-9,10-dihydrophenanthrene-2,7-diol

1,8- 二对羟苄基 -4- 甲氧基菲 -2,7- 二醇 1,8-bis(4-hydroxybenzyl)-4-methoxyphenanthrene-2,7-diol

2,6- 二对羟苄基 -5,3'- 二甲氧基联苄 -3- 醇 2,6-bis(4-hydroxybenzyl)-5,3'-dimethoxybibenzyl-3-ol

2',6'- 二 - 对羟苄基 -5- 甲氧基联苄 -3,3'- 二醇 2',6'-bis(4-hydroxybenzyl)-5-methoxybibenzyl-3,3'-diol

3,4- 二对羟基苯基 -1,2- 环丁烷二羧酸二甲酯 dimethyl 3,4-bis(4-hydroxyphenyl)-1,2-cyclobutanedicarboxylate

4,5- 二 - 对 - 顺式 - 香豆酰奎宁酸 4,5-di-*p*-*cis*-coumaroylquinic acid

1,3- 二 - 对香豆酰 -2- 乙酰甘油 1,3-di-*p*-coumaryl-2-acetylglycerol

1,3-*O*- 二 - 对香豆酰甘油 1,3-*O*-di-*p*-coumaroylglycerol

N^1,N^5- 二 - 对香豆酰基 -N^{10}- 咖啡酰精脒 N^1,N^5-di-*p*-coumaroyl-N^{10}-caffeoylspermidine

N^1,N^{10}- 二 - 对香豆酰基 -N^5- 咖啡酰精脒 N^1,N^{10}-di-*p*-coumaroyl-N^5-caffeoylspermidine

(2,2'- 二噁唑定)-3,3'- 二乙醇 (2,2'-bioxazolidine)-3,3'-diethanol

二蒽酮 A_1, J bianthrone A_1, J

N^1,N^{10}- 二 - 二氢咖啡酰亚精胺 N^1,N^{10}-di-dihydrocaffeoylspermidine

二番石榴酚二醛▲ diguajadial

9,9'-*O*- 二 - 反式 - 阿魏酰基 -(-)- 裂环异落叶松树脂醇 9,9'-*O*-di-*trans*-feruloyl-(-)-secoisolariciresinol

1,2-*O*- 二 - 反式 - 对香豆酸甘油 1,2-*O*-di-*trans*-*p*-coumaroylglycerol

1,3-*O*- 二 - 反式 - 对香豆酸甘油 1,3-*O*-di-*trans*-*p*-coumaroylglycerol

3α,29-*O*- 二 - 反式 - 桂皮酰基 -D:C- 飞齐墩果 -7,9-(11)- 二烯 3α,29-*O*-di-*trans*-cinnamoyl-D:C-friedooleana-7,9-(11)-diene

1,2- 二芳基丙烷 -3- 醇 1,2-diarylpropane-3-ol

5,5'- 二呋喃醛基二甲醚 5,5'-di-α-furaldehyde dimethyl ether

1α,9β- 二呋喃酰氧基 -2α- 乙酰氧基 -β- 二氢沉香呋喃 1α,9β-difuroyloxy-2α-acetoxy-β-dihydroagarofuran

1α,9β- 二呋喃酰氧基 -6β- 乙酰氧基 -β- 二氢沉香呋喃 1α,9β-difuroyloxy-6β-acetoxy-β-dihydroagarofuran

2,5- 二氟苯甲酸 -4- 十二烷基酯 2,5-difluorobenzoic acid-4-dodecyl ester

二甘醇单苯甲酸酯 diethylene glycol monobenzoate

二高缬草三酯 dihomovaltrate

(3*Z*)-(3a*R*,6*S*,3'*R*,8'*S*)-3a.8',6.3'- 二藁本内酯 (3*Z*)-(3a*R*,6*S*,3'*R*,8'*S*)-3a.8',6.3'-diligustilide

(3'*Z*)-(3*R*,8*S*,3a'*R*,6'*S*)-3,3a':8,6'- 二藁本内酯 (3'*Z*)-(3*R*,8*S*,3a'*R*,6'*S*)-3,3a':8,6'-diligustilide

(3*Z*,3'*Z*)-6.8',7.3'- 二藁本内酯 (3*Z*,3'*Z*)-6.8',7.3'-diligustilide

(*Z*)-6,8',7,3'- 二藁本内酯 (*Z*)-6,8',7,3'-diligustilide

(*Z*,*Z*')-3.3',8.8'- 二藁本内酯 (*Z*,*Z*')-3.3',8.8'-diligustilide

(*Z*,*Z*')-6,6',7,3a- 二藁本内酯 (*Z*,*Z*')-6,6',7,3a-diligustilide

(*Z*,*Z*')-6,7,3',8'- 二藁本内酯 (*Z*,*Z*')-6,7,3',8'-diligustilide

(*Z*,*Z*')-6,7,3a',6'- 二藁本内酯 (*Z*,*Z*')-6,7,3a',6'-diligustilide

二藁本内酯 diligustilide

二胱氨酸 dicysteine

5- 二癸酰吡啶 5-didecanoylpyridine

3,5- 二癸酰基 -4- 壬基 -1,4- 二氢吡啶 3,5-didecanoyl-4-nonyl-1,4-dihydropyridine

二桂皮基醚 dicinnamyl ether

1,6- 二桂皮酰基 -β-D- 吡喃葡萄糖 1,6-dicinnamoyl-β-D-glucopyranose

2,3- 二胡椒基 -1,4- 丁二醇 2,3-dipiperonyl-1,4-butanediol

N,*N*'- 二环己基脲 *N*,*N*'-dicyclohexylurea

N,*N*- 二环己基脲 *N*,*N*-dicyclohexylurea

N,*N*'- 二环己基乙二酰二胺 *N*,*N*'-dicyclohexyloxamide

5α,6α;8α,9α- 二环氧 -(22*E*)- 麦角甾 -22- 烯 -3β,7α- 二醇 5α,6α;8α,9α-diepoxy-(22*E*)-ergosta-22-ene-3β,7α-diol

5α,6α,8α,9α- 二环氧 -(22*E*,24*R*)- 麦角甾 -22- 烯 -3β,7α- 二醇 5α,6α,8α,9α-diepoxy-(22*E*,24*R*)-ergost-22-ene-3β,7α-diol

5α,6α;8α,9α- 二环氧 -(22*E*,24*R*)- 麦角甾 -22- 烯 -3β,7α- 二醇 5α,6α;8α,9α-diepoxy-(22*E*,24*R*)-ergost-22-en-3β,7α-diol

5α,6α,8α,9α- 二环氧 -(22*E*,24*R*)- 麦角甾 -22- 烯 -3β,7β- 二醇 5α,6α,8α,9α-diepoxy-(22*E*,24*R*)-ergost-22-ene-3β,7β-diol

5α,6α;8α,9α- 二环氧 -(22*E*,24*R*)- 麦角甾 -22- 烯 -3β-7α- 二醇 5α,6α;8α,9α-diepoxy-(22*E*,24*R*)-ergosta-22-ene-3β-7α-diol

5α,6α;8α,9α- 二环氧 -(22*E*,24*R*)- 麦角甾 -22- 烯 -3β-7β- 二醇 5α,6α;8α,9α-diepoxy-(22*E*,24*R*)-ergosta-22-ene-3β-7β-diol

1β,4β,4α,5β- 二环氧 -10α*H*,11α*H*- 苍耳 -12,8β- 内酯 1β,4β,4α,5β-diepoxy-10α*H*,11α*H*-xantha-12,8β-olide

1,2,3,4- 二环氧 -11(13)- 桉叶烯 -12,8- 内酯 1,2,3,4-diepoxy-11(13)-eudesmen-12,8-olide

(8α,9β,11β,14β,16β,23*S*,24*R*)-16,23:24,25- 二环氧 -11,20- 二羟基 - 达玛 -13(17)- 烯 -3- 酮 8α,9β,11β,14β,16β,23*S*,24*R*)-16,23:24,25-diepoxy-11,20-dihydroxy-dammar-13(17)-en-3-one

(相对 -5*S*,8*R*,9*R*,10*S*,13*S*,15*R*,16*R*)-9,13;15,16- 二环氧 -15,16- 二甲氧基半日花烷 (rel-5*S*,8*R*,9*R*,10*S*,13*S*,15*R*,16*R*)-9,13;15,16-diepoxy-15,16-dimethoxylabdane

(相对 -5*S*,8*R*,9*R*,10*S*,13*S*,15*R*,16*S*)-9,13;15,16- 二环氧 -15,16- 二甲氧基半日花烷 (rel-5*S*,8*R*,9*R*,10*S*,13*S*,15*R*,16*S*)-9,13;15,16-diepoxy-15,16-dimethoxylabdane

(相对 -5*S*,8*R*,9*R*,10*S*,13*S*,15*S*,16*R*)-9,13;15,16- 二环氧 -15,16- 二甲氧基半日花烷 (rel-5*S*,8*R*,9*R*,10*S*,13*S*,15*S*,16*R*)-9,13;15,16-diepoxy-15,16-dimethoxylabdane

9α,13:15,16- 二环氧 -15α- 乙氧基 -3α,7β- 二羟基半日花 -6- 酮

E

9α,13:15,16-diepoxy-15α-ethoxy-3α,7β-dihydroxylabdan-6-one

9α,13:15,16- 二环氧 -15β- 乙氧基 -3α,7β- 二羟基半日花 -6- 酮 9α,13:15,16-diepoxy-15β-ethoxy-3α,7β-dihydroxylabdan-6-one

(3β,4α,11α,12α)- 11,12:13,28- 二环氧 -23- 羟基齐墩果 -3-O-α-L- 吡喃阿拉伯糖苷 (3β,4α,11α,12α)-11,12:13,28-diepoxy-23-hydroxyoleanan-3-yl-α-L-arabinopyranoside

(4β,5β,6β,22R,24S,25S)-5,6:24,25- 二环氧 -4,20,22- 三羟基 -1- 氧代 - 麦角甾 -2- 烯 -26- 酸 -δ- 内酯 (4β,5β,6β,22R,24S,25S)-5,6:24,25-diepoxy-4,20,22-trihydroxy-1-oxo-ergost-2-en-26-oic acid-δ-lactone

E

1α,2α,3α,4α- 二环氧 -5α,6β,7αH- 桉叶 -11(13)- 烯 -12,6- 内酯 1α,2α,3α,4α-diepoxy-5α,6β,7αH-eudesma-11(13)-en-12,6-olide

1β,10α:4α,5β- 二环氧 -6β,8α- 二乙酰氧基活血丹内酯 1β,10α:4α,5β-diepoxy-6β,8α-diacetoxyglechomanolide

1β,10α:4α,5β- 二环氧 -6β,8β- 二乙酰氧基活血丹内酯 1β,10α:4α,5β-diepoxy-6β,8β-diacetoxyglechomanolide

1β,10α,4α,5β- 二环氧 -6β- 羟基活血丹 -8α,12- 内酯 1β,10α,4α,5β-diepoxy-6β-hydroxyglechoman-8α,12-olide

1β,10α,4β,5α- 二环氧 -7αH- 大根老鹳草 -6β- 醇 1β,10α,4β,5α-diepoxy-7αH-germacran-6β-ol

1β,10β(8,12)- 二环氧 -7β,11β- 二羟基 -8β,12α- 二甲氧基荒漠木烷 1β,10β(8,12)-diepoxy-7β,11β-dihydroxy-8β,12α-dimethoxyeremophilane

1β,10α;4α,5β- 二环氧 -8β- 羟基 - 活血丹 -8α,12- 内酯 1β,10α;4α,5β-diepoxy-8β-hydroxy-glechoman-8α,12-olide

1β,10α;4α,5β- 二环氧 -8- 甲氧基 - 活血丹 -8α,12- 内酯 1β,10α;4α,5β-diepoxy-8-methoxy-glechoman-8α,12-olide

(-)-6,9:15,16- 二环氧 -9α- 羟基 -8,9- 裂环 -13(16),14- 半日花二烯 -7- 酮 (-)-6,9:15,16-diepoxy-9α-hydroxy-8,9-seco-13(16),14-labdadiene-7-one

二环氧刺果番荔枝宁▲ diepomuricanin

(1S,4S,5S,10S)-1,10:4,5- 二环氧大根老鹳草酮 (1S,4S,5S,10S)-1,10:4,5-diepoxygermacrone

6,3':7,2'- 二环氧 - 二 -2,3- 二羟基 -18- 降 - 玫瑰 -1(10),2,4,15- 四烯 6,3':7,2'-diepoxy-di-2,3-di-hydroxy-18-norros-1(10),2,4,15-tetraene

1β,10α;4α,5β- 二环氧 - 活血丹 -8α,12- 内酯 1β,10α;4α,5β-diepoxy-glechoman-8α,12-olide

8α,9α,13α,14α- 二环氧冷杉 -18- 酸 8α,9α,13α,14α-diepoxyabietan-18-oic acid

(3α,5α),(8β,11β)- 二环氧 - 麦角甾 -22E- 烯 -12- 酮 (3α,5α),(8β,11β)-diepidioxy-ergost-22E-en-12-one

二环氧牛心果宁▲-1, -2 dieporeticanin -1, -2

二环氧牛心果烯宁▲ dieporeticenin

1,2-15,16- 二环氧十六烷 1,2-15,16-diepoxyhexadecane

(24R)-4α,5α:24,25- 二环氧向日葵醇 (24R)-4α,5α:24,25-diepoxyhelianol

(24S)-4α,5α:24,25- 二环氧向日葵醇 (24S)-4α,5α:24,25-diepoxyhelianol

(24R)-4α,5α:24,25- 二环氧向日葵醇辛酸酯 (24R)-4α,5α:24,25-diepoxyhelianyl octanoate

(24S)-4α,5α:24,25- 二环氧向日葵醇辛酸酯 (24S)-4α,5α:24,25-diepoxyhelianyl octanoate

(13α,14β,17α,20S)-21,23:24,25- 二环氧 - 羊毛脂 -7- 烯 -21- 醇 (13α,14β,17α,20S)-21,23:24,25-diepoxylanost-7-en-21-ol

5,6:5',6'- 二环氧隐黄质 5,6:5',6'-diepoxycryptoxanthin

二活菌素 dinactin

1,3- 二甲基 -(4- 甲氧基苯基) 萘 -1,8- 二羧酸酯 1,3-dimethy-(4-methoxyphenyl)naphthalene-1,8-dicarboxylate

(1S,2R,3S)- 二甲基 -1,2,3,4- 四氢 -3,6,7- 三羟基 -1-(3',4'- 二羟基苯基)- 萘 -2,3- 二羧酸酯 (1S,2R,3S)-dimethyl-1,2,3,4-tetrahydro-3,6,7-trihydroxy-1-(3',4'-dihydroxyphenyl)-naphthalene-2,3-dicarboxylate

1,1- 二甲基 -1,2,3,4- 四氢异喹啉 -3- 酸 1,1-dimethyl-1,2,3,4-tetrahydroisoquinoline-3-oic acid

3,7- 二甲基 -1,2,6,7- 四羟基辛烷 -3(10)- 烯 3,7-dimethyl-1,2,6,7-tetrahydroxyoct-3(10)-ene

2,6- 二甲基 -1,3,5,7- 辛四烯 2,6-dimethyl-1,3,5,7-octatetraene

(Z)-3,7- 二甲基 -1,3,6- 十八碳三烯 (Z)-3,7-dimethyl-1,3,6-octatriene

(E)-3,7- 二甲基 -1,3,6- 辛三烯 (E)-3,7-dimethyl-1,3,6-octatriene

3,7- 二甲基 -1,3,6- 辛三烯 3,7-dimethyl-1,3,6-octatriene

(E)-4,8- 二甲基 -1,3,7- 壬三烯 (E)-4,8-dimethyl-1,3,7-nonatriene

3,7- 二甲基 -1,3,7- 辛三烯 3,7-dimethyl-1,3,7-octatriene

4,5- 二甲基 -1,3- 间苯二酚 4,5-dimethyl-1,3-benzenediol

α,α- 二甲基 -1,4- 苯二甲醇 α,α-dimethyl-1,4-benzenedimethanol

2,7- 二甲基 -1,4- 二氢萘 -5,8- 二醇 5-O-β-D- 吡喃木糖基 -(1 → 6)-β-D- 吡喃葡萄糖苷 2,7-dimethyl-1,4-dihydronaphthalene-5,8-diol-5-O-β-D-xylopyranosyl-(1 → 6)-β-D-glucopyranoside

4-(1,5- 二甲基 -1, 4- 己二烯基)-1- 甲基 - 环己烯 4-(1,5-dimethyl-1,4-hexadienyl)-1-methyl-cyclohexene

2,3- 二甲基 -1,4- 双 (3,4- 亚甲二氧苯基)- 丁烷 -1- 醇 2,3-dimethyl-1,4-bis(3,4-methylenedioxyphenyl)butan-1-ol

4-[(1E)-3,3- 二甲基 -1,4- 戊二烯]- 苯酚 4-[(1E)-3,3-dimethyl-1,4-pentadienyl]phenol

3,7- 二甲基 -1,5,7- 辛三烯 -3- 醇 3,7-dimethyl-1,5,7-octatrien-3-ol

2,5- 二甲基 -1,5- 己二烯 2,5-dimethyl-1,5-hexadiene

2,7- 二甲基 -1,6- 辛二烯 2,7-dimethyl-1,6-octadiene

3,7- 二甲基 -1,6- 辛二烯 -3- 醇 3,7-dimethyl-1,6-octadien-3-ol

4,4'- 二甲基 -1,7- 庚二酸 4,4'-dimethyl-1,7-heptanedioic acid

(2S,6R)-2,6- 二甲基 -1,8- 辛二醇 (2S,6R)-2,6-dimethyl-1,8-octanediol

(1R)-1,5- 二甲基 -1-[(1S)-4- 甲基 -3- 环己烯 -1- 基]-4- 己烯基 -β-D- 吡喃来苏糖苷 (1R)-1,5-dimethyl-1-[(1S)-4-methyl-3-cyclohexen-1-yl]-4-hexenyl-β-D-lyxopyranoside

(2E,6E)-3,7- 二甲基 -10-(6- 甲基庚烷 -5- 烯 -2- 基)- 环十 -2,6- 二烯 -1,4- 二醇 (2E,6E)-3,7-dimethyl-10-(6-methylhept-5-en-2-yl) cyclodeca-2,6-diene-1,4-diol

(2E,6E)-3,7- 二甲基 -10-(6- 甲基庚烷 -5- 烯 -2- 基)- 环十 -2,6- 二烯 -1- 醇 (2E,6E)-3,7-dimethyl-10-(6-methylhept-5-en-2-yl)cyclodeca-2,6-diene-1-ol

(1R,3R,5E,10S)-2,3- 二甲基 -10- 羟基 -6,10- 二甲基 -3-(1- 甲基乙基)-4,9- 二氧代 -5- 环癸烯 -1- 基环氧乙烷羧酸酯 (1R,3R,5E,10S)-2,3-dimethyl-10-hydroxy-6,10-dimethyl-3-(1-methylethyl)-4,9-dioxo-5-cyclodecen-1-yl-oxiranecarboxylic acid ester

4,6- 二甲基 -11- 二甲氧基甲基 -1- 氧代 -4H,2,3- 二氢萘呋喃 4,6-dimethyl-11-dimethoxymethyl-1-oxo-4H,2,3-dihydronaphthofuran

6- 二甲基 -11- 甲酰基 -1- 氧代 -4H,2,3- 二氢萘呋喃 6-dimethyl-11-formyl-1-oxo-4H,2,3-dihydronaphthofuran

5,8-O- 二甲基 -11- 去氧紫朱草素 5,8-O-dimethyl-11-deoxyalkannin

(3α,4β,5β,8α,9β,10α,13α,14β,15β)-3-[1-(羟基甲基) 乙烯基]-4,9- 二甲基 -15-(1- 甲基乙烯基)- 雄烷 -4- 丙酸 (3α,4β,5β,8α,9β,10α,13α,14β,15β)-3-[1-(hydroxymethyl)ethenyl]-4,9-dimethyl-15-(1-methylethenyl)-androstane-4-propanoic acid

6,7- 二甲基 -1-D- 核糖基 - 喹喔啉 -2,3(1H,4H)- 二酮 -5'-O-β-D- 吡喃葡萄糖苷 6,7-dimethyl-1-D-ribityl-quinoxaline-2,3(1H,4H)-dione-5'-O-β-D-glucopyranoside

N,N- 二甲基 -1H- 吲哚 -3- 乙胺 N,N-dimethyl-1H-indole-3-ethanamine

(E)-3,7- 二甲基 -1-O-(α-L- 吡喃鼠李糖基 -(1 → 6)-β-D- 吡喃葡萄糖基)- 辛 -2- 烯 -7- 醇 (E)-3,7-dimethyl-1-O-(α-L-rhamnopyranosyl-(1 → 6)-β-D-glucopyranosyl)-oct-2-en-7-ol

(E)-3,7- 二甲基 -1-O-(α-L- 呋喃阿拉伯糖基 -(1 → 6)-β-D- 吡喃葡萄糖基)- 辛 -2- 烯 -7- 醇 (E)-3,7-dimethyl-1-O-(α-L-arabinofuranosyl-(1 → 6)-β-D-glucopyranosyl)-oct-2-en-7-ol

(E)-3,7- 二甲基 -1-O-[α-L- 吡喃阿拉伯糖基 -(1 → 6)-β-D- 吡喃葡萄糖基]- 辛 -2- 烯 -7- 醇 (E)-3,7-dimethyl-1-O-[α-L-arabinofuranosyl-(1 → 6)-β-D-glucopyranosyl]-oct-2-en-7-ol

(E)-3,7- 二甲基 -1-O-[α-L- 吡喃鼠李糖基 -(1 → 6)-β-D- 吡喃葡萄糖基]- 辛 -2- 烯 -7- 醇 (E)-3,7-dimethyl-1-O-[α-L-rhamnopyranosyl-(1 → 6)-β-D-glucopyranosyl]-oct-2-en-7-ol

2R,2'R- 二甲基 -1S,1'S- 二 (2,4,5- 三甲氧基苯基) 环丁烷 2R,2'R-dimethyl-1S,1'S-di(2,4,5-trimethoxylbenzenyl)cyclobutane

2,2- 二甲基 -2H-1- 苯并吡喃 -6- 醇 2,2-dimethyl-2H-1-benzopyran-6-ol

3'-C-(1,1- 二甲基 -1- 丙烯基)- 山柰酚 3'-C-(1,1-dimethyl-1-propen-3-yl)-kaempferol

6-C-(1,1- 二甲基 -1- 丙烯基)- 山柰酚 6-C-(1,1-dimethyl-1-propen-3-yl)-kaempferol

2,4- 二甲基 -1- 庚烯 2,4-dimethyl-1-heptene

6,7- 二甲基 -1- 核糖醇 -1- 基 -1,4- 二氢喹恶啉 -2,3- 二酮 6,7-dimethyl-1-ribitol-1-yl-1,4-dihydroquinoxaline-2,3-dione

2,6- 二甲基 -1- 环己烯 -1- 醇乙酸酯 2,6-dimethyl-1-cyclohexen-1-ol acetate

4,7- 二甲基 -1- 四氢萘酮 4,7-dimethyl-1-tetralone

4,7- 二甲基 -1- 异丙基 -1,2,4a,5,8,8a- 六氢 -1S-(1α,4aβ,8aα)- 萘 4,7-dimethyl-1-isopropyl-1,2,4a,5,8,8a-hexahydro-1S-(1α,4aβ,8aα)-naphthalene

3,6- 二甲基 -1- 异戊烯基咔唑 3,6-dimethyl-1-isopentenyl-carbazole

3,7- 二甲基 -2(E),6- 辛二烯 -5- 酮 -1-O-β-D- 葡萄糖苷 3,7-dimethyl-2(E),6-octadien-5-one-1-O-β-D-glucoside

3β,6- 二甲基 -2,3- 二氢苯并呋喃 -2α- 醇 3β,6-dimethyl-2,3-dihydrobenzofuran-2α-ol

3β,6- 二甲基 -2,3- 二氢苯并呋喃 -2α- 乙酸酯 3β,6-dimethyl-2,3-dihydrobenzofuran-2α-yl acetate

3β,6- 二甲基 -2,3- 二氢苯并呋喃 -2β-O-β-D- 吡喃葡萄糖苷 3β,6-dimethyl-2,3-dihydrobenzofuran-2β-O-β-D-glucopyranoside

3β,6- 二甲基 -2,3- 二氢苯并呋喃 -2β- 醇 3β,6-dimethyl-2,3-dihydrobenzofuran-2β-ol

3β,6- 二甲基 -2,3- 二氢苯并呋喃 -2β- 乙酸酯 3β,6-dimethyl-2,3-dihydrobenzofuran-2β-yl acetate

2,3- 二甲基 -2,4,6- 环庚三烯 -1- 酮 2,3-dimethyl-2,4,6-cycloheptatrien-1-one

2E-3-[4-(2E,5E-3,7- 二甲基 -2,5,7- 辛三烯 -1- 氧基)-3,5- 二甲氧基苯基]-2- 丙烯 -1- 醇 2E-3-{4-[(2E,5E-3,7-dimethyl-2,5,7-octatrien-1-yl)oxy]-3,5-dimethoxyphenyl}-2-propen-1-ol

3,6- 二甲基 -2,5- 二羟基吡嗪 3,6-dimethyl-2,5-dihydroxypyrazine

2β-(3,4- 二甲基 -2,5- 二氢 -1H- 吡咯 -2- 基)-1'- 甲基乙基戊酸酯 2β-(3,4-dimethyl-2,5-dihydro-1H-pyrrol-2-yl)-1'-methylethylpentanoate

[(1S,4R,8R)-9,9- 二甲基 -2,5- 二亚甲基双环 [6.2.0] 癸烷 -4- 基]- 甲醇 [(1S,4R,8R)-9,9-dimethyl-2,5-dimethylenebicyclo[6.2.0]decan-4-yl]-methanol

3,4- 二甲基 -2,5- 二氧代 -2,5- 二羟基噻吩 3,4-dimethyl-2,5-dioxo-2,5-dihydrothiophene

1,4- 二甲基 -2,5- 二异丙基苯 1,4-dimethyl-2,5-diisopropylbenzene

(2E)-2,6- 二甲基 -2,5- 庚二烯酸 (2E)-2,6-dimethyl-2,5-heptadienoic acid

(2E)-2,6- 二甲基 -2,5- 庚二烯酸 -β-D- 吡喃葡萄糖酯 (2E)-2,6-dimethyl-2,5-heptadienoic acid-β-D-glucopyranosyl ester

6,11- 二甲基 -2,6,10- 十二碳三烯 -1- 醇 6,11-dimethyl-2,6,10-dodecatrien-1-ol

(1R*,5S*,8E)-10,10- 二甲基 -2,6- 二亚甲基 -8- 环十一烯 -1,5- 二醇 (1R*,5S*,8E)-10,10-dimethyl-2,6-bis(methylene)-8-cycloundecene-1,5-diol

10,10- 二甲基 -2,6- 二亚甲基二环 [7.2.0]-5- 十一醇 10,10-dimethyl-2,6-dimethylenebicyclo[7.2.0]undecan-5-ol

10,10- 二甲基 -2,6- 二亚甲基双环 [7.2.0] 十一烷 -5β- 醇 10,10-dimethyl-2,6-dimethylenebiyclo[7.2.0]undecn-5beta-ol

2-(2E-3,7- 二甲基 -2,6- 癸二炔)-6- 甲基 -2,5- 环己烷二烯 -1,4- 二酮 2-[(2E)-3,7-dimethyl-2,6-octadienyl]-6-methyl-2,5-cyclohexadien-1,4-dione

3'-(3",7"- 二甲基 -2",6"- 十八碳二烯)-8-C-β-D- 吡喃葡萄糖基山柰酚 -3-O-β-D- 吡喃葡萄糖苷 3'-(3",7"-dimethyl-2",6"-octadiene)-8-C-β-D-glucopyranosyl-kaempferol-3-O-β-D-glucopyranoside

3'-(3",7"- 二甲基 -2",6"- 十八碳二烯)-8-C-β-D- 吡喃葡萄糖基 - 山柰酚 -3-O-β-D- 吡喃葡萄糖基 -[1 → 4]-β-D- 吡喃葡萄糖苷 3'-(3",7"-dimethyl-2",6"-octadiene)-8-C-β-D-glucopyranosyl-kaempferol-3-O-β-D-glucopyranosyl-[1 → 4]-β-D-glucopyranoside

[2-(2E-3,7- 二甲基 -2,6- 辛二烯)-6- 甲基 -2,5- 环己二烯 -1,4- 二酮] 2-[(2E)-3,7-dimethyl-2,6-octadienyl]-6-methyl-2,5-cyclohexadiene-1,4-dione

2-[(2Z)-3,7- 二甲基 -2,6- 辛二烯]-6- 甲基 -2,5- 环己二烯 -1,4- 二酮 2-[(2Z)-3,7-di-methyl-2,6-octadienyl)]-6-methyl-2,5-cyclohexadiene-1,4-dione

3,7- 二甲基 -2,6- 辛二烯 -1- 醇 3,7-dimethyl-2,6-octadien-1-ol

(Z)-3,7- 二甲基 -2,6- 辛二烯 -1- 醇乙酸酯 (Z)-3,7-dimethyl-2,6-octadien-1-ol acetate

2-(3,7- 二甲基 -2,6- 辛二烯 -1- 基)-8-(3- 甲基 -2- 丁烯 -1- 基)-1,3,6- 三羟基 -7- 甲氧基呫酮 2-(3,7-dimethyl-2,6-octadien-1-yl)-8-(3-methyl-2-buten-1-yl)-1,3,6-trihydroxy-7-methoxy-xanthone

7-{[(2E)-3,7- 二甲基 -2,6- 辛二烯 -1- 基] 氧基 }-1,3- 二羟基 - 呫酮 7-{[(2E)-3,7-dimethyl-2,6-octadien-1-yl]oxy}-1,3-dihydroxy-xanthone

(2E)-3-{4-(2E-3,7- 二甲基 -2,6- 辛二烯 -1- 氧基)-3- 甲氧基苯基 }-2- 丙烯 -1- 醇 (2E)-3-{4-[(2E-3,7-dimethyl-2,6-octadien-1-yl)oxy]-3-methoxyphenyl}-2-propen-1-ol

(E)-7-(3,7- 二甲基 -2,6- 辛二烯基)-3,4- 二氢 -3,8,9- 三羟基 -6- 甲氧基 -3- 甲基 -1(2H)- 蒽酮 (E)-7-(3,7-dimethyl-2,6-octadienyl)-3,4-dihydro-3,8,9-trihydroxy-6-methoxy-3-methyl-1(2H)-anthracenone

4-[3',7'- 二甲基 -2',6'- 辛二烯基]-2- 甲酰基 -3- 羟基 -5- 甲氧基苄醇 4-[3',7'-dimethyl-2',6'-octadienyl]-2-formyl-3-hydroxy-5-methoxybenzyl alcohol

7-[(2E)-3,7- 二甲基 -2,6- 辛二烯基]-6- 甲氧基香豆素 7-[(2E)-3,7-dimethyl-2,6-octadienyl]-6-methoxycoumarin

7-[[(2E)-3,7- 二甲基 -2,6- 辛二烯基] 氧基]-1,3- 二羟基呫酮 7-[[(2E)-3,7-dimethyl-2,6-octadienyl]oxy]-1,3-dihydroxyxanthone

(E)-3,7- 二甲基 -2,6- 辛二烯醛 (E)-3,7-dimethyl-2,6-octadienal

(Z)-3,7- 二甲基 -2,6- 辛二烯醛 (Z)-3,7-dimethyl-2,6-octadienal

(E,E)-3-[4-(3,7- 二甲基 -2,6- 辛二烯氧基)-3,5- 二甲氧基苯基]-2- 丙烯 -(9Z,12Z)-9,12- 十八碳二烯酸酯 (E,E)-3-[4-[(3,7-dimethyl-2,6-octadienyl)oxy]-3,5-dimethoxyphenyl]-2-propenyl-(9Z,12Z)-9,12-octadecadienoic acid ester

E

7-(3,7- 二甲基 -2,6- 辛二烯氧基)-6- 甲氧基香豆精 7-(3,7-dimethyl-2,6-octadienyloxy)-6-methoxly-coumarim

5-[(3,7- 二甲基 -2,6- 辛二烯氧基]-2*H*-1- 苯并吡喃 -2- 酮 5-(3,7-dimethyl-2,6-octadienyloxy)-2*H*-1-benzopyran-2-one

5-[(2*E*)-3,7- 二甲基 -2,6- 辛二烯氧基]-7- 羟基香豆素 5-[(2*E*)-3,7-dimethyl-2,6-octadienyloxy]-7-hydroxycoumarin

3,7- 二甲基 -2,6- 亚辛基 -1- 醇醋酸酯 3,7-dimethyl-6-octadien-1-ol acetate

4'-*O*-(3,7- 二甲基 -2,7- 辛二烯 -1,5- 二醇)- 芥子醇 4'-*O*-(3,7-dimethyl-2,7-octadiene-1,5-diol)-sinapyl alcohol

E

(6*RS*)-(*E*)-2,6- 二甲基 -2,7- 辛二烯 -1,6- 二醇 (6*RS*)-(*E*)-2,6-dimethyl-2,7-octadiene-1,6-diol

(6*RS*)-(*Z*)-2,6- 二甲基 -2,7- 辛二烯 -1,6- 二醇 (6*RS*)-(*Z*)-2,6-dimethyl-2,7-octadiene-1,6-diol

(*E*)-2,6- 二甲基 -2,7- 辛二烯 -1,6- 二醇 (*E*)-2,6-dimethyl-2,7-octadiene-1,6-diol

(*Z*)-2,6- 二甲基 -2,7- 辛二烯 -1,6- 二醇 (*Z*)-2,6-dimethyl-2,7-octadiene-1,6-diol

(2*E*)-2,6- 二甲基 -2,7- 辛二烯 -1,6- 二醇 -6-*O*-*β*- 吡喃葡萄糖苷 (2*E*)-2,6-dimethyl-2,7-octadien-1,6-diol-6-*O*-*β*-glucopyranoside

2(*E*)-2,6- 二甲基 -2,7- 辛二烯 -6- 羟基 -1- 糖苷 2(*E*)-2,6-dimethyl-2,7-octadien-6-hydroxy-1-glycoside

2,6- 二甲基 -2,7- 辛二烯酸 2,6-dimethyl-2,7-octadienoic acid

2,9- 二甲基 -2,8- 葵二烯 2,9-dimethyldeca-2,8-diene

(1*α*,3*β*,8*α*,9*β*,10*α*,13*α*,14*β*)-9,10- 二甲基 -25,26- 二去甲基齐墩果 -5- 烯 -1,3- 二醇 (1*α*,3*β*,8*α*,9*β*,10*α*,13*α*,14*β*)-9,10-dimethyl-25,26-dinorolean-5-en-1,3-diol

(+)-24,24- 二甲基 -25,32- 环 -5*α*- 羊毛脂 -9(11)- 烯 -3*β*- 醇 (+)-24,24-dimethyl-25,32-cyclo-5*α*-lanosta-9(11)-en-3*β*-ol

24,24- 二甲基 -25- 去氢鸡冠柱烯醇▲ 24,24-dimethyl-25-dehydrolophenol

26,26- 二甲基 -25- 烯 - 环木菠萝烷醇 26,26-dimethyl-25-ene-cycloartanol

2,6- 二甲基 -2*E*,7- 辛二烯 -1,6- 二醇 2,6-dimethyl-2*E*,7-octadiene-1,6-diol

2,2- 二甲基 -2*H*-(8- 羟基 -6- 乙酰基)-[2,3-b] 吡喃 -8-*O*-*β*-D- 呋喃芹菜糖基 -(1 → 6)-*β*-D- 吡喃葡萄糖苷 2,2-dimethyl-2*H*-(8-hydroxy-6-acetyl)-[2,3-b]pyran-8-*O*-*β*-D-apiofuranosyl-(1 → 6)-*β*-D-glucopyranoside

8,8- 二甲基 -2*H*,8*H*- 苯并二吡喃 -2- 酮 8,8-dimethyl-2*H*,8*H*-benzo[1,2-b:3,4-b']dipyran-2-one

2,2- 二甲基 -2*H*-1- 苯并吡喃 -6- 羧酸 2,2-dimethyl-2*H*-1-benzopyran-6-carboxylic acid

7,8-(2,2- 二甲基 -2*H*- 吡喃)-5,2'- 二羟基 -4'- 甲氧基黄烷醇 7,8-(2,2-dimethyl-2*H*-pyran)-5,2'-dihydroxy-4'-methoxyflavanonol

(*E*)-3-(2,2- 二甲基 -2*H*- 色烯 -6- 基) 丙 -2- 烯醛 (*E*)-3-(2,2-dimethyl-2*H*-chromen-6-yl)prop-2-enal

8,8- 二甲基 -2- 苯基 -10- 戊烯基 -2,3- 二氢 -8*H*- 吡喃 [3,2-g] 色烷 -4- 酮 8,8-dimethyl-2-phenyl-10-prenyl-2,3-dihydro-8*H*-pyrano[3,2-g]chroman-4-one

8-(1,1- 二甲基 -2- 丙烯 -1- 基)-5- 羟基美洲花椒素 8-(1,1-dimethyl-2-propen-1-yl)-5-hydroxyxanthyletin

4-(1,1- 二甲基 -2- 丙烯基)-1,3- 二羟基苯 4-(1,1-dimethyl-2-propenyl)-1,3-dihydroxybenzene

4-(1,2- 二甲基 -2- 丙烯基)-1,3- 二羟基苯 4-(1,2-dimethyl-2-propenyl)-1,3-dihydroxybenzene

(2*E*)-3-[4-(1,1- 二甲基 -2- 丙烯基)-2,5- 二羟基苯基]-1-(4- 甲氧基苯基)-2- 丙烯 -1- 酮 (2*E*)-3-[4-(1,1-dimethyl-2-propen-1-yl)-2,5-dihydroxyphenyl]-1-(4-methoxyphenyl)-2-propen-1-one

8-*C*-(1,1- 二甲基 -2- 丙烯基)-4'- 甲氧基 -5,7- 二羟基黄酮醇 8-*C*-(1,1-dimethyl-2-propen-1-yl)-4'-methoxy-5,7-dihydroxyflavonol

8-(1,1- 二甲基 -2- 丙烯基)-5,11- 二羟基 -9- 甲氧基 -3,3- 二甲基吡喃 [3,2-*a*]咖烯 -12(3*H*)- 酮 8-(1,1-dimethyl-2-propenyl)-5,11-dihydroxy-9-methoxy-3,3-dimethylpyrano[3,2-*a*]xanthen-12(3*H*)-one

8-*C*-(1,1- 二甲基 -2- 丙烯基)-5,7- 二羟基黄酮醇 8-*C*-(1,1-dimethyl-2-propen-1-yl)-5,7-dihydroxyflavonol

8-*C*-(1,1- 二甲基 -2- 丙烯基) 山柰酚 8-*C*-(1,1-dimethyl-2-propen-1-yl)-kaempferol

6,6- 二甲基 -2- 次甲基二环 -[2,2,1]- 庚 -3- 酮 6,6-dimethly-2-methlyene-bicyclo[2,2,1]-heptan-one

[1*S*-(1a,3a,5a)]-6,6- 二甲基 -2- 次甲基二环 [3,1,1] 庚 -3- 醇 [1s-(1a,3a,5a)]-6,6-dimethyl-2-methylene-bicyclo[3,1,1]heptan-3-ol

(2,3- 二甲基 -2- 丁烯酰基)-(2*R*,3*R*)-5- 乙酰基 -2-[1-(乙酰氧基甲基) 乙烯基]-2,3- 二氢 -6- 羟基 -3- 苯并呋喃酯 (2,3-dimethyl-2-butenoic acid)-(2*R*,3*R*)-5-acetyl-2-[1-[(acetyloxy)methyl]ethenyl]-2,3-dihydro-6-hydroxy-3-benzofuranyl ester

2,4- 二甲基 -2- 癸烯 2,4-dimethyl-2-decene

3,4- 二甲基 -2- 环戊烯 -1- 酮 3,4-dimethyl-2-cyclopenten-1-one

6,10- 二甲基 -2- 十一酮 6,10-dimethyl-2-undecanone

6,10- 二甲基 -2- 十一烷 6,10-dimethyl-2-undecane

2,3- 二甲基 -2- 戊烯 2,3-dimethyl-2-pentene

3,6- 二甲基 -2- 辛酮 3,6-dimethyl-2-octanone

3,7- 二甲基 -2- 辛烯 -1,6,7- 三醇 3,7-dimethyloct-2*E*-en-1,6,7-triol

7,7- 二甲基 -2- 亚甲基双环 [2.2.1] 庚烷 7,7-dimethyl-2-methylenebicyclo[2.2.1]heptane

6,6- 二甲基 -2- 亚甲基 - 双环 [3.1.1]- 庚烷 -3- 醇 6,6-dimethyl-2-methylene-bicyclo[3.1.1]-heptan-3-ol

3,7- 二甲基 -3(*E*),6- 辛二烯 -5- 酮 -1-*O*-*β*-D- 葡萄糖苷 3,7-dimethyl-3(*E*),6-octadien-5-one-1-*O*-*β*-D-glucoside

3,7- 二甲基 -3(*Z*),6- 辛二烯 -5- 酮 -1-*O*-*β*-D- 葡萄糖苷 3,7-dimethyl-3(*Z*),6-octadien-5-one-1-*O*-*β*-D-glucoside

二甲基 -3,4,3',4'- 四羟基 -*δ*- 秘鲁古柯尼酸酯▲ dimethyl-3,4,3',4'-tetrahydroxy-*δ*-truxinate

N,*N*'- 二甲基 -3,4- 二甲氧基 -*β*- 苯乙胺 *N*,*N*'-dimethyl-3,4-dimethoxy-*β*-phenylethylamine

8,8- 二甲基 -3,4- 二氢 -2*H*,8*H*- 吡喃 [2,3-f]- 色酮 -3- 醇 8,8-dimethyl-3,4-dihydro-2*H*,8*H*-pyrano[2,3-f]-chromon-3-ol

3',4'-*O*- 二甲基 -3,4- 亚甲二氧基鞣花酸 3',4'-*O*-dimethyl-3,4-methylenedioxyellagic acid

5,7- 二甲基 -3',4'- 亚甲基 - 左旋表儿茶素 5,7-dimethyl-3',4'-methylene-(-)-epicatechin

(3*S*)-2,2- 二甲基 -3,5- 二羟基 -8- 羟甲基 -3,4- 二氢色酮 (3*S*)-2,2-dimethyl-3,5-dihydroxy-8-hydroxymethyl-3,4-dihydro-chromone

3,7- 二甲基 -3,6- 二羟基 - 辛 -1,7- 二烯 3,7-dimethyl-3,6-dihydroxy-octa-1,7-diene

(3*Z*,6*E*)-3,7- 二甲基 -3,6- 辛二烯 -1,2,8- 三醇 (3*Z*,6*E*)-3,7-dimethyl-3,6-octadiene-1,2,8-triol

3,7- 二甲基 -3,6- 辛二烯 -1- 醇 3,7-dimethyl-3,6-octadien-1-ol

3-(4,8- 二甲基 -3,7- 壬二烯)- 呋喃 3-(4,8-dimethyl-3,7-nonadienyl)-furan

3-(*E*)-4',8'- 二甲基 -3',7- 壬二烯基 -3- 环己烯 - 甲基酮 3-[(*E*)-4',8'-dimethyl-3',7'-nonadienyl]-3-cyclohexenyl methyl ketone

2,2- 二甲基 -3- 己醇 2,2-dimethyl-3-hexanol

2,3- 二甲基 -3- 己烯 -2- 酮 2,3-dimethyl-3-hexen-2-one

2',2'- 二甲基 -3'- 甲氧基 -3',4'- 二氢吡喃香豆素 2',2'-dimethyl-3'-

methoxy-3',4'-dihydropyranocoumarin
2,2'-(1'',1''- 二甲基 -3''- 甲氧基 -3''- 甲基 -1'',3''- 丙烷二基) 二 (5,6- 二甲氧基苯并呋喃 2,2'-(1'',1''-dimethyl-3''-methoxy-3''-methyl-1'',3''-propanediyl)bis(5,6-dimethoxybenzofuran
(E)-5-(2,3- 二甲基 -3- 降三环) 戊 -3- 烯 -2- 酮 (E)-5-(2,3-dimethyl-3-nortricyclyl)pent-3-en-2-one
(3S,4aR,10bR)-2,2- 二甲基 -3- 羟基 -3,4,4a,10b- 四氢 -5H- 萘并 [1,2-b] 吡喃 -5- 酮 (3S,4aR,10bR)-2,2-dimethyl-3-hydroxy-3,4,4a,10b-tetrahydro-5H-naphtho[1,2-b]pyran-5-one
1,10-O- 二甲基 -3- 去氢绢毛向日葵素 B 二醇 1,10-O-dimethyl-3-dehydroargophyllin B diol
(R)-4-(1,5- 二甲基 -3- 酮 -4- 己烯基) 苯甲酸 (R)-4-(1,5-dimethyl-3-oxo-4-hexenyl)benzoic acid
(R)-4-(1,5- 二甲基 -3- 酮己基) 苯甲酸 (R)-4-(1,5-dimethyl-3-oxohexyl)benzoic acid
(3E)-3,7- 二甲基 -3- 辛烯 -1,2,6,7- 四醇 (3E)-3,7-dimethyl-3-octene-1,2,6,7-tetrol
(E)-7,11- 二甲基 -3- 亚甲基 -1,6,10- 十二碳三烯 (E)-7,11-dimethyl-3-methylene-1,6,10-dodecatriene
7,11- 二甲基 -3- 亚甲基 -1,6- 十二碳二烯 -10,11- 二醇 -10-O-β-D- 吡喃葡萄糖基 -(1 → 4)-O-β-D- 吡喃葡萄糖苷 7,11-dimethyl-3-methylene-1,6-dodecadien-10,11-diol-10-O-β-D-glucopyranosyl-(1 → 4)-O-β-D-glucopyranoside
5a,9- 二甲基 -3- 亚甲基 -3,3a,4,5,5a,6,7,8- 八氢 -1- 氧杂环戊 [c] 薁 -2- 酮 5a,9-dimethyl-3-methylene-3,3a,4,5,5a,6,7,8-octahydro-1-oxacyclopenta[c]azulen-2-one
6,6- 二甲基 -3- 亚甲基双环 [3.1.1] 庚烷 6,6-dimethyl-3-methylene-bicyclo[3.1.1]heptane
(E)-4-(1,5- 二甲基 -3- 氧代 -1,4- 己二烯) 苯甲酸 (E)-4-(1,5-dimethyl-3-oxo-1,4-hexadienyl)benzoic acid
(E)-4-(1,5- 二甲基 -3- 氧代 -1- 己烯基) 苯甲酸 (E)-4-(1,5-dimethyl-3-oxo-1-hexenyl)benzoic acid
4-(3,7- 二甲基 -3- 乙烯基 -1,6- 辛二烯)- 苯酚 4-(3,7-dimethyl-3-ethenylocta-1,6-dienyl)-phenol
3,7- 二甲基 -3- 乙酰氧基 -6- 羟基 - 辛 -1,7- 二烯 3,7-dimethyl-3-acetoxy-6-hydroxy-octa-1,7-diene
3,7- 二甲基 -3- 乙酰氧基 -7- 羟基 - 辛 -1,5- 二烯 3,7-dimethyl-3-acetoxy-7-hydroxy-octa-1,5-diene
1,2- 二甲基 -4(1H)- 喹诺酮 1,2-dimethyl-4(1H)-quinolone
(7'S,8'S,8R)-(8β,8'α)- 二甲基 -4,4'- 二羟基 -5,3'- 二甲氧基 -5'- 环木脂素 (7'S,8'S,8R)-(8β,8'α)-dimethyl-4,4'-dihydroxy-5,3'-dimethoxy-5'-cyclolignan
6,8- 二甲基 -4',5,7- 三羟基高异黄酮 6,8-dimethyl-4',5,7-trihydroxyhomoisoflavone
6'',6''- 二甲基 -4',5- 二羟基 -3'- 甲氧基吡喃 [2'',3'':7,6] 异黄酮 6'',6''-dimethyl-4',5-dihydroxy-3'-methoxypyrano[2'',3'':7,6] isoflavone
2,2- 二甲基 -4,5- 环氧 -2-(2- 羟基亚乙基)- 环己酮 2,2-dimethyl-4,5-epoxy-2-(2-hydroxyethylidene)-cyclohexanone
5,9- 二甲基 -4,8- 癸二烯 -3- 醇 5,9-dimethyl-4,8-decadien-3-ol
7-(1,5- 二甲基 -4- 己烯 -1- 基)-5- 甲基 -2,3- 二氧杂双环 [2.2.2] 辛 -5- 烯 7-(1,5-dimethyl-4-hexen-1-yl)-5-methyl-2,3-dioxabicyclo[2.2.2]oct-5-ene
2,5- 二甲基 -4- 甲氧基 -2,3- 二氢 -3- 呋喃酮 2,5-dimethyl-4-methoxy-2,3-dihydro-3-furanone
2,5- 二甲基 -4- 甲氧基 -3(2H)- 呋喃酮 2,5-dimethyl-4-methoxy-3(2H)-furanone
2,5- 二甲基 -4- 羟基 -3(2H)- 呋喃酮 2,5-dimethyl-4-hydroxy-3(2H)-furanone
2,5- 二甲基 -4- 羟基 -3(2H)- 呋喃酮基 -β-D- 吡喃葡萄糖苷 2,5-dimethyl-4-hydroxy-3(2H)-furanone-β-D-glucopyranoside
5,5- 二甲基 -4- 羟基 - 四氢呋喃 -2- 酮 5,5-dimethyl-4-hydroxy-tetrahydrofuran-2-one
6,10- 二甲基 -4- 十一醇 6,10-dimethyl-4-undecanol
1,2- 二甲基 -4- 叔丁基咪唑 1,2-dimethyl-4-terbutylimidazole
(1S*,5S*,10aR*)-1-[(8'S*,8a'R*)-8',8a'- 二甲基 -4'- 氧代 -1',4',6',7',8',8a'- 六氢萘 -2'- 基]-4- 羟基 -1,4,5,10a- 四甲基 -1,2,3,4,5,6,7,9,10,10a- 十氢蒽 -9- 酮 (1S*,5S*,10aR*)-1-[(8'S*,8a'R*)-8',8a'-dimethyl-4'-oxo-1',4',6',7',8',8a'-hexahydronaphthalen-2'-yl]-4-hydroxy-1,4,5,10a-tetramethyl-1,2,3,4,5,6,7,9,10,10a-decahydroanthracen-9-one
1,2- 二甲基 -4- 乙烯基苯 1,2-dimethyl-4-ethenylbenzene
1,6- 二甲基 -4- 异丙基 -7,8- 二氢萘 1,6-dimethyl-4-isopropyl-7,8-dihydronaphthalene
1,8- 二甲基 -4- 异丙基 - 螺环 [4.5] 十碳 -8- 烯 -7- 酮 1,8-dimethyl-4-isopropyl-spiro[4.5]deca-8-en-7-one
1,7- 二甲基 -4- 异丙基 - 螺旋 [4,5] 癸 -6- 烯 -8- 酮 1,7-dimethyl-4-(1-methylethyl)spiro[4.5]dec-6-en-8-one
1,6- 二甲基 -4- 异丙基萘 1,6-dimethyl-4-isopropylnaphthalene
3,8- 二甲基 -5-(1- 甲基乙叉)-1,2,3,4,5,6,7,8- 八氢薁 -6- 酮 3,8-dimethyl-5-(1-methylethylidene)-1,2,3,4,5,6,7,8-octahydroazulene-6-one
(5E)-2,6- 二甲基 -5,7- 辛二烯 -2,3- 二醇 (5E)-2,6-dimethyl-5,7-octadiene-2,3-diol
(E,E)-6,10- 二甲基 -5,9- 十四碳二烯 -2- 酮 (E,E)-6,10-dimethyl-5,9-dodecadien-2-one
6,10- 二甲基 -5,9- 十一碳二烯酮 6,10-dimethyl-5,9-undecadienone
(E)-6,10- 二甲基 -5,9- 十一烷双烯 -2- 酮 (E)-6,10-dimethyl-5,9-undecadien-2-one
4,6- 二甲基 -5-O-[α-L- 吡喃鼠李糖基 -(1 → 6)-α-D- 吡喃葡萄糖基 珊瑚花醇▲ 4,6-dimethyl-5-O-[α-L-rhamnopyranosyl-(1 → 6)-α-D-glucopyranosyl]multifidol
24,24- 二甲基 -5α- 胆甾 -3β- 醇 24,24-dimethyl-5α-cholestan-3β-ol
22E-24,24- 二甲基 -5α- 胆甾 -7,22- 二烯 -3β- 醇 22E-24,24-dimethyl-5α-cholesta-7,22-dien-3β-ol
24,24- 二甲基 -5α- 胆甾 -7,25- 二烯 -3β- 醇 24,24-dimethyl-5α-cholesta-7,25-dien-3β-ol
4α,24(R)- 二甲基 -5α- 胆甾 -8- 烯 -3β- 醇 4α,24(R)-dimethyl-5α-cholest-8-en-3β-ol
14α,24α- 二甲基 -5α- 胆甾 -9(11)- 烯 -3β- 醇 14α,24α-dimethyl-5α-cholest-9(11)-en-3β-ol
14α,24β- 二甲基 -5α- 胆甾 -9(11)- 烯 -3β- 醇 14α,24β-dimethyl-5α-cholest-9(11)-en-3β-ol
4α,14α- 二甲基 -5α- 麦角甾 -7,9(11),24(28)- 三烯 -3β- 醇 4α,14α-dimethyl-5α-ergosta-7,9(11),24(28)-trien-3β-ol
4α,14α- 二甲基 -5α- 麦角甾 -8,25- 二烯 -3β- 醇 4α,14α-dimethyl-5α-ergosta-8,25-diene-3β-ol
4β,14α- 二甲基 -5α- 麦角甾 -9β,19- 环 -24(31)- 烯 -3β- 羟基 -4α- 羧酸 4β,14α-dimethyl-5α-ergosta-9β,19-cyclo-24(31)-en-3β-hydroxy-4α-carboxylic acid
6,7- 二甲基 -5- 苯并呋喃酚 6,7-dimethyl-5-benzofuranol
2,6- 二甲基 -5- 庚烯 -1- 醇 2,6-dimethyl-5-hepten-1-ol
N,N- 二甲基 -5- 甲氧基色胺 N,N-dimethyl-5-methoxytryptamine
5,6- 二甲基 -5- 降龙脑烯 - 外向 -2- 醇 5,6-dimethyl-5-norbornen-exo-2-ol
4,4- 二甲基 -5- 麦角甾 -8,24(28)- 二烯 -3- 醇 4,4-dimethyl-5-ergosta-8,24(28)-dien-3-ol
6'',6''- 二甲基 -5- 羟基 -3',4'- 二甲氧基吡喃 [2'',3'':7,6] 异黄

E

E

酮 6'',6''-dimethyl-5-hydroxy-3',4'-dimethoxypyrano[2'',3'':7,6] isoflavone

(+)-(2*R*,3*S*)-2,3- 二甲基 -5- 羟基 -6-(3- 甲基丁 -2- 烯基)-7- 甲氧基 -8-(2- 羧基 -1- 苯基乙基)-2,3- 二氢苯并吡喃 (+)-(2*R*,3*S*)-2,3-dimethyl-5-hydroxy-6-(3-methylbut-2-enyl)-7-methoxy-8-(2-carboxyl-l-phenylethyl)-2,3-dihydrobenzopyran

(-)-(1*R**,2*S*,*4*R**,5*S**)-3,3- 二甲基 -5- 羟基双环 [2,2,1] 庚 -2- 甲醇 (-)-(1*R**,2*S*,*4*R**,5*S**)-3,3-dimethyl-5-hydroxybicyclo[2,2,1]hept-2-yl methanol

7,7- 二甲基 -5- 三十九酮 7,7-dimethyl-5-nonatriacontanone

3,3- 二甲基 -5- 叔 - 丁基茚酮 3,3-dimethyl-5-tert-butylindone

3,9- 二甲基 -5- 硝基吡啶并 [3,2,1-ij] 喹唑啉 -1,7- 二酮 3,9-dimethyl-5-nitro-pyrido[3,2,1-ij]quinazoline-1,7-dione

(*S*)-3,7- 二甲基 -5- 辛烯 -1,7- 二醇 (*S*)-3,7-dimethyl-5-octene-1,7-diol

2,2- 二甲基 -5- 氧 -2,5- 二氢呋喃 2,2-dimethyl-5-oxo-2,5-dihydrofuran

2,6- 二甲基 -6-(4- 甲基 -3- 丙烯基) 双环 [3.1.1] 庚烷 -2- 烯 2,6-dimethyl-6-(4-methyl-3-propenyl)bicyclo[3.1.1]heptane-2-ene

2,6- 二甲基 -6-(4- 甲基 -3- 戊烯基)- 双环 [3,1,1]- 庚 -2- 烯 2,6-dimethyl-6-(4-methl-3-pentenyl)-bicyclo[3,1,1]hept-2-ene

2,5- 二甲基 -6,8- 二羟基色酮 2,5-dimethyl-6,8-dihydroxychromone

3,5- 二甲基 -6-[(3*E*)- 戊 -3- 烯 -1- 基]-1- 苯并呋喃 -4,7- 二酮 3,5-dimethyl-6-[(3*E*)-pent-3-en-1-yl]-1-benzofuran-4,7-dione

3,5- 二甲基 -6-[(3*E*)- 戊 -3- 烯 -1- 基]-1- 苯并呋喃 -7- 醇 3,5-dimethyl-6-[(3*E*)-pent-3-en-1-yl]-1-benzofuran-7-ol

1,5- 二甲基 -6- 苯基 -1,2- 二氢 -1,2,4- 三嗪 -3(2*H*)- 酮 1,5-dimethyl-6-phenyl-1,2-dihydro-1,2,4-triazin-3(2*H*)-one

4,7- 二甲基 -6- 甲氧基 -1- 四氢萘酮 4,7-dimethyl-6-methoxy-1-tetralone

1,1- 二甲基 -6- 甲氧基 -7- 羟基 -1,2,3,4- 四氢异喹啉 1,1-dimethyl-6-methoxy-7-hydroxy-1,2,3,4-tetrahydroisoquinoline

2,2- 二甲基 -6- 甲酯基 -2*H*- 苯并吡喃 2,2-dimethyl-6-methoxycarbonyl-2*H*-benzopyran

4,8- 二甲基 -6- 喹啉酚 4,8-dimethyl-6-quinolinol

4,8- 二甲基 -6- 喹啉酚 -2,4- 二 -*O*- 甲基 -*β*-D- 吡喃木糖苷 4,8-dimethyl-6-quinolinyl-2,4-di-*O*-methyl-*β*-D-xylopyranoside

2,6- 二甲基 -6- 羟基 -2- 庚烯 -4- 酮 2,6-dimethyl-6-hydroxy-2-heptene-4-one

5',7'- 二甲基 -6'- 羟基 -3'- 苯基 -3*α*- 氨基 -*β*- 炔 - 谷甾醇 5',7'-dimethyl-6'-hydroxy-3'-phenyl-3*α*-amine-*β*-yne-sitosterol

4,4'- 二甲基 -6'- 羟基查尔酮 4,4'-dimethyl-6'-hydroxychalcone

(2*E*)-2,6- 二甲基 -6- 羟基 - 辛 -2,7- 二烯酯 -2-*O*-*β*-D- 吡喃葡萄糖基 -*β*-D- 吡喃葡萄糖苷 (2*E*)-2,6-dimethyl-6-hydroxy-oct-2,7-dienoate-2-*O*-*β*-D-glucopyranosyl-*β*-D-glucopyranoside

3,7- 二甲基 -6- 辛醛 3,7-dimethyl-6-octenal

3,7- 二甲基 -6- 辛烯 -1- 醇甲酸酯 3,7-dimethyl-6-octen-1-ol formate

3,7- 二甲基 -6- 辛烯 -1- 醇乙酸酯 3,7-dimethyl-6-octen-1-ol acetate

3,7- 二甲基 -6- 辛烯 -1- 炔基 -3- 醇 3,7-dimethyl-6-octen-1-yn-3-ol

(3*R*,5*S*,6*Z*)-2,6- 二甲基 -6- 辛烯 -2,3,5- 三醇 (3*R*,5*S*,6*Z*)-2,6-dimethyl-6-octene-2,3,5-triol

4-(2,2- 二甲基 -6- 亚甲基环己基)-3- 丁烯 -2- 酮 4-(2,2-dimethyl-6-methylenecyclohexyl)-3-buten-2-one

7-[(*E*)-3',7'- 二甲基 -6'- 氧代 -2',7'- 辛二烯氧基]- 香豆素 7-[(*E*)-3',7'-dimethyl-6'-oxo-2',7'-octadienyloxy]-coumarin

2,2- 二甲基 -6- 乙酰色烷酮 2,2-dimethyl-6-acetylchromanone

4,4- 二甲基 -7*α*,8*β*- 二羟基 -3,5- 二氧代二环 [4.3.1] 癸 -1(10) 烯 -2- 酮 4,4-dimethyl-7,8-dihydroxy-3,5-dioxabicyclo[4.3.1]dec-1-en-2-one

2,5- 二甲基 -7- 羟基色酮 2,5-dimethyl-7-hydroxychromone

2,5- 二甲基 -7- 羟基色酮 -7-*O*-*β*-D-(6'-*O*- 没食子酰基)- 吡喃葡萄糖苷 2,5-dimethyl-7-hydroxychromone-7-*O*-*β*-D-(6'-*O*-galloyl)-glucopyranoside

2,5- 二甲基 -7- 羟基色酮 -7-*O*-*β*-D- 吡喃葡萄糖基苷 2,5-dimethyl-7-hydroxychromone-7-*O*-*β*-D-glucopyranoside

2,5- 二甲基 -7- 羟基色酮 -7-*O*-*β*- 吡喃葡萄糖苷 2,5-dimethyl-7-hydroxychromone-7-*O*-*β*-glucopyranoside

8-(4'*β*,10'*α*- 二甲基 -7'- 异丙炔基 -4'*α*,5'*β*- 二羟基 -6'- 氧代 - 十氢化萘)- 香豆素 8-(4'*β*,10'*α*-dimethyl-7'-isopropynyl-4'*α*,5'*β*-dihydroxy-6'-oxo-decalin)-coumarin

8-(4'*β*,10'*α*- 二甲基 -7'- 异丙烯基 -4'*α*- 羟基 -6'- 氧代 - 十氢化萘)- 香豆素 8-(4'*β*,10'*α*-dimethyl-7'-isopropenyl-4'*α*-hydroxy-6'-oxo-decalin)-coumarin

2,5- 二甲基 -8-*C*-*β*-D- 吡喃葡萄糖基 -7- 羟基色酮 2,5-dimethyl-8-*C*-*β*-D-glucopyranosyl-7-hydroxychromone

(2*E*,6*Z*)-2,6- 二甲基 -8-*β*-D- 葡萄糖氧基 -2,6- 辛二烯酸 (2*E*,6*Z*)-2,6-dimethyl-8-*β*-D-glucosyloxy-2,6-octadienoic acid

(2*E*,6*R*)-2,6- 二甲基 -8- 羟基 -2- 辛烯酸 -8-*O*-[6'-*O*-(*E*)- 对香豆酰基]-*β*-D- 吡喃葡萄糖苷 (2*E*,6*R*)-2,6-dimethyl-8-hydroxy-2-octenoic acid-8-*O*-[6'-*O*-(*E*)-*p*-coumaroyl]-*β*-D-glucopyranoside

6'-*O*-[(2*E*)-2,6- 二甲基 -8- 羟基 -2- 辛烯酰]- 裂环马钱诺苷▲ 6'-*O*-[(2*E*)-2,6-dimethyl-8-hydroxy-2-octenoyloxy]-secologanoside

(2*E*,6*E*)-3,7- 二甲基 -8- 羟基辛二烯 -1-*O*-*β*-D- 吡喃葡萄糖苷 (2*E*,6*E*)-3,7-dimethyl-8-hydroxyoctadien-1-*O*-*β*-D-glucopyranoside

(2*E*,6*E*)-3,7- 二甲基 -8- 羟基辛二烯 -1-*O*-*β*-D- 葡萄糖苷 (2*E*,6*E*)-3,7-dimethyl-8-hydroxyoctadien-1-*O*-*β*-D-glucoside

24,24- 二甲基 -9,19- 环 -9*β*- 羊毛脂 -25- 烯 -3*β*- 乙酸酯 24,24-dimethyl-9,19-cyclo-9*β*-lanost-25-en-3*β*-acetate

4*α*,4*α*- 二甲基 -9,19- 环胆甾 -20- 烯 -3- 酮 4*α*,4*α*-dimethyl-9,19-cyclocholestan-20-en-3-one

4,14- 二甲基 -9,19- 环麦角甾 -24(28)- 烯 -3- 醇 4,14-dimethyl-9,19-cycloergost-24(28)-en-3-ol

(3*β*,4*α*,5*α*)-4,14- 二甲基 -9,19- 环麦角甾 -24(28)- 烯 -3- 醇乙酸酯 (3*β*,4*α*,5*α*)-4,14-dimethyl-9,19-cycloergost-24(28)-en-3-ol acetate

24,24- 二甲基 -9,19- 环羊毛脂 -25- 烯 -3- 醇乙酸酯 24,24-dimethyl-9,19-cyclolanost-25-en-3-ol acetate

(*E*)-6,10- 二甲基 -9- 亚甲基 -5- 十一碳烯 -2- 酮 (*E*)-6,10-dimethyl-9-methyleneundec-5-en-2-one

1,2- 二甲基 -1*H*- 咪唑 1,2-dimethyl-1*H*-imidazole

N,*N*- 二甲基 -L- 色氨酸 *N*,*N*-dimethyl-L-tryptophan

5,6- 二甲基 -*N*- 甲基酞亚胺 5,6-dimethoxy-*N*-methylphthalimide

3,6- 二甲基 -*β*-2,4- 二羟基苯甲醛 3,6-dimethyl-*β*-resorcylaldehyde

2,3- 二甲基 -*β*- 亚甲基 - 三环 [2.2.1.02,6] 庚烷 -3- 戊醇 2,3-dimethyl-*β*-methylenetricyclo[2.2.1.02,6]heptan-3-pentanol

3,4'- 二甲基安卡拉玄参苷▲ A 3,4'-dimethylangoroside A

4-(*N*,*N*- 二甲基氨)-4'-(*N*'- 甲基氨) 苯并酚酮 4-(*N*,*N*-dimethylamino)-4'-(*N*'-methylamino)benzophenone

(20*S*)-20-(*N*,*N*- 二甲基氨基)-16*α*,17*α*- 环氧 -3*β*- 甲氧基 - 孕甾 -5- 烯 (20*S*)-20-(*N*,*N*-dimethylamino)-16*α*,17*α*-epoxy-3*β*-methoxy-pregn-5-ene

(20*S*)-20-(*N*,*N*- 二甲基氨基)-3*β*- 巴豆酰氨基 -5*α*- 孕甾 -11*β*- 醇 (20*S*)-20-(*N*,*N*-dimethylamino)-3*β*-tigloylamino-5*α*-pregn-11*β*-ol

(20*S*)-20-(*N*,*N*- 二甲基氨基)-3*β*- 甲氧基 - 孕甾 -5- 烯 (20*S*)-20-(*N*,*N*-dimethylamino)-3*β*-methoxy-pregn-5-ene

20*α*- 二甲基氨基 -2*α*- 羟基 -3*β*- 巴豆酰氨基 -5*α*- 孕甾烷 20*α*-dimethylamino-2*α*-hydroxyl-3*β*-tigloylamino-5*α*-pregnane

Δ^{16}-20*α*- 二甲基氨基 -3*β*,4*α*- 二醇 -5*α*- 孕甾烷 Δ^{16}-20*α*-dimethylamino-3*β*,4*α*-diol-5*α*-pregnane

二甲基铵 dimethylammonium
5,7- 二甲基八氢吲嗪 5,7-dimethyloctahydroindolizine
5,15- 二甲基巴戟酚▲ 5,15-dimethylmorindol
6,8- 二甲基白杨素 6,8-dimethylchrysin
二甲基北美乔柏脂素▲ dimethylthujaplicatin
二甲基北五味子素▲J dimethylgomisin J
1,3- 二甲基苯 1,3-dimethylbenzene
3,4- 二甲基苯胺 3,4-dimethylbenzenamine
N,N- 二甲基苯丙氨酸 *N,N*-dimethylphenylalanine
6,7- 二甲基苯并呋喃醇 -5-*O*-β-D- 吡喃木糖基 -(1 → 6)-β-D- 吡喃葡萄糖苷 6,7-dimethylbenzofuranol-5-*O*-β-D-xylopyranosyl-(1 → 6)-β-D-glucopyranoside
2,3- 二甲基苯酚 2,3-dimethylphenol
2,4- 二甲基苯酚 2,4-dimethylphenol
2,5- 二甲基苯酚 2,5-dirnethylphenol
2,6- 二甲基苯酚 2,6-dimethylphenol
3-(2,5- 二甲基苯基)-1-(2- 羟基苯基)- 丙烯酮 3-(2,5-dimethylphenyl)-1-(2-hydroxyphenyl)-propenone
2-(2,5- 二甲基苯基) 丙烯酸 2-(2,5-dimethylphenyl)-acrylic acid
2,5- 二甲基苯基 -1-*O*-β-D- 吡喃葡萄糖苷 2,5-dimethylphenyl-1-*O*-β-D-glucopyranoside
2,4- 二甲基苯甲醇 2,4-dimethylbenzenemethanol
α,4- 二甲基苯甲醇 α,4-dimethyl-benzenemethanol
2,4- 二甲基苯甲醛 2,4-dimethyl-benzaldehyde
3,4- 二甲基苯甲酸 3,4-dimethylbenzoic acid
2,4- 二甲基苯乙酮 2,4-dimethylacetophenone
2,4- 二甲基苯乙烯 2,4-dimethylstyrene
α,4- 二甲基苯乙烯 α,4-dimethylstyrene
α,*p*- 二甲基苯乙烯 α,*p*-dimethylstyrene
2,6- 二甲基吡啶 2,6-dimethylpiperidine
6",6"- 二甲基吡喃 (2",3":7,6)-5- 羟基 -8- 甲基黄烷酮 6",6"-dimethylpyrano(2",3":7,6)-5-hydroxy-8-methylflavanone
(2*S*)-6",6"- 二甲基吡喃 (2",3":8,7)-5- 羟基 -6- 甲基黄烷酮 (2*S*)-6",6"-dimethylpyrano(2",3":8,7)-5-hydroxy-6-methylflavanone
2",2"- 二甲基吡喃 -(5",6":7,8)-3'- 甲氧基 -5,2',4'- 三羟基 -(2*R*,3*R*)- 二氢黄酮醇 2",2"-dimethylpyran-(5",6":7,8)-3'-methoxy-5,2',4'-trihydroxy-(2*R*,3*R*)-dihydroflavonol
2",2"- 二甲基吡喃 -(5",6":7,8)-4'- 甲氧基 -5- 羟基 -(2*R*,3*R*)- 二氢黄酮醇 2",2"-dimethylpyran-(5",6":7,8)-4'-methoxy-5-hydroxy-(2*R*,3*R*)-dihydroflavonol
2",2"- 二甲基吡喃 -(5",6":7,8)-6- 甲基 -5,4'- 二羟基 -(2*R*,3*R*)- 二氢黄酮醇 2",2"-dimethylpyran-(5",6":7,8)-6-methyl-5,4'-dihydroxy-(2*R*,3*R*)-dihydroflavonol
7,8-(2",2"- 二甲基吡喃)-5,3',4'- 三羟基 -3- 甲氧基黄酮 7,8-(2",2"-dimethylpyrano)-5,3',4'-trihydroxy-3-methoxylflavone
7,8-(2",2"- 二甲基吡喃)-5,3',4'- 三羟基 -3- 甲氧基黄酮 7,8-(2",2"-dimethylpyran)-5,3',4'-trihydroxy-3-methoxyflavone
7,8-(2",2"- 二甲基吡喃并)-5,3',4'- 三羟基 -3- 甲氧基黄酮 7,8-(2",2"-dimethylpyrano)-5,3',4'-trihydroxy-3-methoxyflavone
2,5- 二甲基吡嗪 2,5-dimethylpyrazine
2,6- 二甲基吡嗪 2,6-dimethylpyrazine
7,8- 二甲基吡嗪 -[2,3-g] 喹唑啉 -2,4-(1*H*,3*H*)- 二酮 7,8-dimethylpyrazino-[2,3-g]quinazolin-2,4-(1*H*,3*H*)-dione
5,7- 二甲基碧冬茄素 -3-*O*-α- 吡喃鼠李糖苷 5,7-dimethylpetunidin-3-*O*-α-rhamnopyranoside
5,7- 二甲基碧冬茄素 -3-*O*-β- 吡喃半乳糖苷 5,7-dimethylpetunidin-3-*O*-β-galactopyranoside
4-(1,1- 二甲基 - 丙 -2- 烯基)-1,5,6- 三羟基 -3- 甲氧基 -2-(3- 甲基丁 -2- 烯基)屾酮 4-(1,1-dimethyl-prop-2-enyl)-1,5,6-trihydroxy-3-methoxy-2-(3-methylbut-2-enyl)xanthone
22β- 二甲基丙烯酰氧基马缨丹醇酸▲ 22β-dimethylacryloyloxylantanolic acid
β,β- 二甲基丙烯酰紫草素 β,β-dimethylacrylshikonin
β,β- 二甲基丙烯酰紫朱草素 β,β-dimethylacrylalkannin
4',6'- 二甲基查耳酮柚皮苷元 4',6'-dimethylchalconaringenin
4,4- 二甲基胆甾 -6,22,24- 三烯 4,4-dimethylcholesta-6,22,24-triene
20,23- 二甲基胆甾 -6,22- 二烯 -3β- 醇 20,23-dimethylcholesta-6,22-dien-3β-ol
4α,24- 二甲基胆甾 -7- 烯 -3β- 醇 -3β-D- 葡萄糖苷 4α,24-dimethylcholest-7-en-3β-ol 3β-D-glucoside
(+)-*N,N*- 二甲基灯笼草碱盐 *N,N*-dimethylphysoperuvinium salt
4,4'-(2*R*,3*S*)-2,3- 二甲基丁烷 -1,4- 二基) 二 (1,2- 二甲氧基苯) 4,4'-(2*R*,3*S*)-2,3-dimethylbutane-1,4-diyl)bis(1,2-dimethoxybenzene)
3-*O*-(2,3- 二甲基丁酰基)-13-*O*- 癸酰巨大戟烯醇▲ 3-*O*-(2,3-dimethylbutanoyl)-13-*O*-decanoylingenol
3-*O*-(2,3- 二甲基丁酰基)-13-*O*- 十二烷酰基 -20-*O*- 棕榈醛基巨大戟烯醇▲ 3-*O*-(2,3-dimethylbutanoyl)-13-*O*-decanoyl-20-*O*-hexadecanoylingenol
3-*O*-(2,3- 二甲基丁酰基)-13-*O*- 十二酰基 -20-*O*-(十八烷 -9Z- 烯 - 氧基) 巨大戟烯醇▲ 3-*O*-(2,3-dimethylbutanoyl)-13-*O*-dodecanoyl-20-*O*-(octadec-9*Z*-enoyl)ingenol
3-*O*-(2,3- 二甲基丁酰基)-13-*O*- 十二酰基 -20-*O*-[(9Z,12Z)- 十八烷 -9,12- 二烯酰基] 大戟二萜醇 3-*O*-(2,3-dimethylbutanoyl)-13-*O*-dodecanoyl-20-*O*-[(9*Z*,12*Z*)-octadeca-9,12-dienoyl]ingenol
(3*S*,5*R*)5-*O*-(2,3- 二甲基丁酰基)-13-*O*- 十二酰基 -20-*O*- 去氧巨大戟烯醇▲ (3*S*,5*R*)5-*O*-(2,3-dimethylbutanoyl)-13-*O*-dodecanoyl-20-*O*-deoxyingenol
3-*O*-(2,3- 二甲基丁酰基)-13-*O*- 十二酰基 -20-*O*- 去氧巨大戟烯醇▲ 3-*O*-(2,3-dimethylbutanoyl)-13-*O*-dodecanoyl-20-*O*-deoxyingenol
3-*O*-(2,3- 二甲基丁酰基)-13-*O*- 十二酰基 -20-*O*- 十二酰巨大戟烯醇▲ 3-*O*-(2,3-dimethylbutanoyl)-13-*O*-dodecanoyl-20-*O*-dodecanoylingenol
3-*O*-(2,3- 二甲基丁酰基)-13-*O*- 十二酰基 -20-*O*- 乙酰巨大戟烯醇▲ 3-*O*-(2,3-dimethylbutanoyl)-13-*O*-dodecanoyl-20-*O*-acetylingenol
20-*O*-(2,3- 二甲基丁酰基)-13-*O*- 十二酰巨大戟烯醇▲ 20-*O*-(2,3-dimethylbutanoyl)-13-*O*-dodecanoylingenol
3-*O*-(2,3- 二甲基丁酰基)-13-*O*- 十二酰巨大戟烯醇▲ 3-*O*-(2,3-dimethylbutanoyl)-13-*O*-dodecanoylingenol
3-*O*-(2,3- 二甲基丁酰基)-13-*O*- 正十二酰基 -13- 羟基巨大戟烯醇▲ 3-*O*-(2,3-dimethylbutyryl)-13-*O*-*n*-dodecanoyl-13-hydroxyingenol
3-*O*-(2,3- 二甲基丁酰基)-13- 辛酰氧基巨大戟烯醇▲ 3-*O*-(2,3-dimethylbutanoyl)-13-octanoyloxyingenol
6,6- 二甲基二环 [3,1,1] 庚 -2- 烯 -2- 羧醛 6,6-dimethylbicyclo[3,1,1]hept-2-en-2-carboxaldehyde
6,6- 二甲基 - 二环 [3,1,1] 庚烷 6,6-dimethyl-bicycio[3,1,1]-heptane
(+)-(6*S*,10*S*)-6,10- 二甲基二环 [4.4.0] 十 -1- 烯 -3- 酮 (+)-(6*S*,10*S*)-6,10-dimethylbicyclo[4.4.0]dec-1-en-3-one
(+)-(1*S*,10*R*)-1,10- 二甲基二环 [4.4.0] 十 -6- 烯 -3- 酮 (+)-(1*S*,10*R*)-1,10-dimethylbicyclo[4.4.0]dec-6-en-3-one
4α-24(*R*)- 二甲基二甲基 -5α- 胆甾 -7- 烯 -3β- 醇 4α-24(*R*)-dimethyl-5α-cholest-7-en-3β-ol
二甲基二硫醚 dimethyl disulfide
2",2"- 二甲基二氢吡喃 -(5",6":7,8)-5,2',4'- 三羟基 -(2*R*,3*R*)- 二氢黄酮醇 2",2"-dimethyldihydropyran-(5",6":7,8)-5,2',4'-trihydroxy-(2*R*,3*R*)-dihydroflavonol
(2*S*)-6,7-(2,2- 二甲基二氢吡喃)-8- 异戊烯基 -4'- 羟基黄烷酮 (2*S*)-6,7-(2,2-dimethyldihydropyrano)-8-prenyl-4'-hydroxyflavanone

10,10- 二甲基二十六 -7- 酮 10,10-dimethylhexacosan-7-one

5,7- 二甲基飞燕草素 -3-*O*-α- 吡喃鼠李糖苷 5,7-dimethyldelphinidin-3-*O*-α-rhamnopyranoside

5,7- 二甲基飞燕草素 -3-*O*-β- 吡喃半乳糖苷 5,7-dimethyldelphinidin-3-*O*-β-galactopyranoside

2,2'-*N*,*N*- 二甲基粉防己碱氯化物 2,2'-*N*,*N*-dimethyltetrandrinium dichloride

二甲基砜 dimethyl sulfone

2",2"- 二甲基呋喃 [2",3":7,8] 黄酮 2",2"-dimethyl-furan-[2",3":7,8] flavone

N,*N*- 二甲基甘氨酸甲酯 *N*,*N*-dimethyl glycine methyl ester

3,7- 二甲基甘草黄酮醇 3,7-dimethyllicoflavonol

2,5- 二甲基高粱酮 2,5-dimethoxysorgoleone

7,8- 二甲基咯嗪 7,8-dimethyl alloxazine

4- 二甲基庚二酸 4-dimethyl heptanedioic acid

二甲基庚二烯酸 dimethylheptadienoic acid

2,4- 二甲基庚醛 2,4-dimethylpentanal

2,6- 二甲基庚烯醇 2,6-dimethylheptenol

N,*O*- 二甲基瓜馥木定碱▲ *N*,*O*-dimethylfissoldine

3,7- 二甲基癸烷 3,7-dimethyldecane

5,6- 二甲基癸烷 5,6-dimethyldecane

5,6- 二甲基 - 癸烷 5,6-dimethyl-decane

3,3'- 二甲基槲皮素 3,3'-dimethylquercetin

3,4'-*O*- 二甲基槲皮素 3,4'-*O*-dimethylquercetin

3,7-*O*- 二甲基槲皮素 3,7-*O*-dimethylquercetin

3,7- 二甲基槲皮素 3,7-dimethylquercetin

3,6- 二甲基槲皮万寿菊素 3,6-dimethylquercetagetin

3',4'-*O*- 二甲基花旗松素 3',4'-*O*-dimethyltaxifolin

1,1- 二甲基环丙烷 1,1-dimethyl-cyclopropane

二甲基环黄杨辛碱 dimethylcyclobuxine

1,4- 二甲基环己 -3- 烯基甲基酮 1,4-dimethylcyclohex-3-enyl methyl ketone

2,4- 二甲基环己醇 2,4-dimethylcyclohexanol

2,6- 二甲基环己醇 2,6-dimethylcyclohexanol

2,3- 二甲基 - 环己醇 2,3-dimethyl-cyclohexanol

3,5- 二甲基环己烯 3,5-dimethyl-cyclohexene

1,2- 二甲基 - 环己烯 1,2-dimethyl-cyclohexene

二甲基环锦熟黄杨辛碱▲ dimethylcyclovirobuxine

1,3- 二甲基环戊烷 1,3-dimethylcyclopentane

9-[5-(3,3- 二甲基环氧乙基)-3- 甲基 -2- 丁烯酰氧基]-7*H*- 呋喃 [3,2-g][1] 苯并吡喃 -7- 酮 9-[5-(3,3-dimethyloxiranyl)-3-methyl-2-pentenyloxy]-7*H*-furo[3,2-g][1]benzopyran-7-one

1-(3,3- 二甲基环氧乙基)-7- 羟基 -3,7- 二甲基 -3,5,8- 壬三烯基 -2- 甲基 -2- 丁酸酯 1-(3,3-dimethyloxiranyl)-7-hydroxy-3,7-dimethyl-3,5,8-nonatrienyl-2-methyl-2-butenoic acid ester]

3-[(3,3- 二甲基环氧乙基) 甲基]-4- 羟基 -7- 甲氧基 -1- 甲基 -2(1*H*)- 喹诺酮 3-[(3,3-dimethyloxiranyl)methyl]-4-hydroxy-7-methoxy-1-methyl-2(1*H*)-quinolinone

9-[(3,3- 二甲基环氧乙基) 甲氧基]-4-(3- 甲基 -2- 丁烯酰氧基)-7*H*- 呋喃并 [3,2-g][1] 苯并吡喃 -7- 酮 9-[(3,3-dimethyloxiranyl) methoxy]-4-(3-methyl-2-butenyloxy)-7*H*-furo[3,2-g][1] benzopyran-7-one

5-[(3,3- 二甲基环氧乙基) 甲氧基]-7- 甲氧基 -2*H*-1- 苯并吡喃 -2- 酮 5-[(3,3-dimethyloxiranyl)methoxy]-7-methoxy-2*H*-1-benzopyran-2-one

2,2- 二甲基环氧乙烷 2,2-dimethyloxirane

(3*R*,5*R*,9*R*,10*R*,13*S*,14*S*,17*S*)-17-{(2*R*,3*S*,5*R*)-5-[(2*S*)-3,3- 二甲基环氧乙烷 -2-]-2,3,4,5- 四氢 -2,5- 二甲氧基呋喃 -3- 基 }4,4,10,13,14-五甲基 -2,3,4,5,6,9,10,11,12,13,14,15,16,17- 十四氢化 -1*H*- 环戊 [a] 菲 -3- 醇 (3*R*,5*R*,9*R*,10*R*,13*S*,14*S*,17*S*)-17-{(2*R*,3*S*,5*R*)-5-[(2*S*)-3,3-dimethyloxiran-2-yl]-2,3,4,5-tetrahydro- 2,5-dimethoxyfuran-3-yl}4,4,10,13,14-pentamethyl-2,3,4,5,6,9,10,11,12,13,14,15,16,17-tetradecahydro-1*H*-cyclopenta[a]phenanthren-3-ol

(5*R*,9*R*,10*R*,13*S*,14*S*,17*S*)-17-{(2*R*,3*S*,5*R*)-5-[(2*S*)-3,3- 二甲基环氧乙烷 -2- 基]-2,5- 二甲氧基四氢呋喃 -3- 基 }-1,2,4,5,6,9,10, 11, 12,13,14,15,16,17- 十四氢化 -4,4,10,13,14- 五甲基 -3*H*- 环戊 [a] 菲 -3- 酮 (5*R*,9*R*,10*R*,13*S*,14*S*,17*S*)-17-{(2*R*,3*S*,5*R*)-5-[(2*S*)-3,3-dimethyloxiran-2-yl]-2,5-dimethoxytetrahydrofuran-3-yl}-1,2,4, 5,6,9,10,11,12,13,14,15,16,17-tetradecahydro-4,4,10,13,14-pentamethyl-3*H*-cyclopenta[a]phenanthren-3-one

1,7- 二甲基黄嘌呤 1,7-dimethylxanthine

2,4- 二甲基己烷 2,4-dimethylhexane

(*S*,*S*)-*O*,*O*- 二甲基箭毒碱 (*S*,*S*)-*O*,*O*-dimethylcurine

4,4- 二甲基金刚烷 -2- 醇 4,4-dimethyladamantan-2-ol

二甲基金丝梅呫酮宁▲ dimethylpaxanthonin

二甲基金松酮酸酯▲ dimethylsciadinonate

5,7- 二甲基锦葵素 -3-*O*-α- 吡喃鼠李糖苷 5,7-dimethylmalvidin-3-*O*-α-rhamnopyranoside

5,7- 二甲基锦葵素 -3-*O*-β- 吡喃半乳糖苷 5,7-dimethylmalvidin-3-*O*-β-galactopyranoside

2,6- 二甲基喹啉 2,6-dimethylquinoline

N,*O*- 二甲基莲叶桐文碱▲ *N*,*O*-dimethylhernovine

21α,25- 二甲基楝酮二醇 21α,25-dimethylmelianodiol

21β,25- 二甲基楝酮二醇 21β,25-dimethylmelianodiol

2α,25- 二甲基楝酮二醇 -[(21*R*,23*R*)- 环氧 -24- 羟基 -21α,25- 甲氧基] 绿玉树 -7- 烯 -3- 酮 2α,25-dimethylmelianodiol-[(21*R*,23*R*)-epoxy-24-hydroxy-21α,25-methoxy]tirucalla-7-en-3-one

二甲基裂环马钱诺苷▲ dimethylsecologanoside

二甲基裂环异落叶松树脂醇 dimethylsecoisolariciresinol

二甲基硫醚 dimethyl sulfide

2,3a- 二甲基六氢苯并呋喃 -7a- 醇 2,3a-dimethylhexahydrobenzofuran-7a-ol

N,*N*'- 二甲基马尾杉碱 *N*,*N*'-dimethylphlegmarine

4,14- 二甲基麦角甾 -7,9(11),24(28)- 三烯 -3β- 醇 4,14-dimethylergosta-7,9(11),24(28)-trien-3β-ol

3β,4α,14α,20*R*,24*R*-4,14- 二甲基麦角甾 -9(11)- 烯 -3- 醇 3β,4α,14α,20*R*,24*R*-4,14-dimethylergost-9(11)-en-3-ol

N,*N*- 二甲基门冬氨酸 *N*,*N*-dimethyl-*L*-aspartic acid

3,5-*O*- 二甲基没食子酸 3,5-*O*-dimethylgallic acid

二聚没食子酸甲酯 di-methyl gallate

4',7- 二甲基木犀草素 4',7-dimethylluteolin

7,4'- 二甲基木犀草素 7,4'-dimethylluteolin

1,3- 二甲基萘 1,3-dimethylnaphthalene

1,5- 二甲基萘 1,5-dimethylnaphthalene

1,6- 二甲基萘 1,6-dimethylnaphthalene

1,7- 二甲基萘 1,7-dimethylnaphthalene

1,8- 二甲基萘 1,8-dimethylnaphthalene

2,3- 二甲基萘 2,3-dimethylnaphthalene

2,6- 二甲基萘 2,6-dimethylnaphthalene

2,7- 二甲基萘 2,7-dimethy]naphthalene

二甲基萘 dimethylnaphthalene

1,2- 二甲基柠檬酸酯 1,2-dimethylcitrate

1,5- 二甲基柠檬酸酯 1,5-dimethyl citrate

1,4- 二甲基 - 哌嗪 1,4-dimethyl-piperazine

3,6- 二甲基哌嗪 -2,5- 二酮 3,6-dimethylpiperazine-2,5-dione

6,7- 二甲基七叶树内酯 6,7-dimethylesculetin

4',7- 二甲基芹菜苷元 4',7-dimethylapigenin

7,4'- 二甲基芹菜苷元 -5-*O*- 吡喃木糖基吡喃葡萄糖苷

7,4'-dimethylapigenin-5-O-xylopyranosylglucopyranoside
7,4'- 二甲基 - 芹菜苷元 -6-C-β-D- 吡喃葡萄糖基 -2"-O-α-L- 吡喃阿拉伯糖苷 7,4'-dimethyl-apigenin-6-C-β-D-glucopyranosyl-2"-O-α-L-arabinopyranoside
7, 4'- 二甲基芹菜素 7,4'-dimethylapigenin
2,6- 二甲基壬烷 2,6-dimethylnonane
3,8- 二甲基任烷 3,8-dimethylhendecane
3,3'- 二甲基鞣花酸 3,3'-dimethylellagic acid
3,4'-O- 二甲基鞣花酸 3,4'-O-dimethylellagic acid
4,4'-O- 二甲基鞣花酸 -3-(2"-O- 乙酰基)-α- 吡喃鼠李糖苷 4,4'-O-dimethylellagic acid-3-(2"-O-acetyl)-α-rhamnopyranoside
3,3'-O- 二甲基鞣花酸 -4'-O-α-L- 吡喃鼠李糖苷 3,3'-O-dimethylellagic acid-4'-O-α-L-rhamnopyranoside
3,3'- 二甲基鞣花酸 -4-O- 硫酸酯 3,3'-dimethylellagic acid-4-O-sulfate
3,3'- 二甲基鞣花酸 -4'-β-D- 吡喃木糖苷 3,3'-dimethylellagic acid-4'-β-D-xylopyranosid
2,4- 二甲基噻吩 2,4-dimethylthiophene
1-(2,3- 二甲基三环 [2.2.1.02,6] 庚烷 -3- 基)-4- 甲基 -3- 戊酮 1-(2,3-dimethyltricyclo[2.2.1.02,6]hept-3-yl)-4-methyl-3-pentanone
1-(2,3- 二甲基三环 [2.2.1.02,6] 庚烷 -3- 基)-4- 甲基 -4- 戊烯 -2- 酮 1-(2,3-dimethyltricyclo[2.2.1.02,6]hept-3-yl)-4-methyl-4-penten-2-one
二甲基三硫醚 dimethyl trisulfide
19,21- 二甲基三十碳 -17,22,24,26,28- 五烯 -1- 酸 19,21-dimethyltriacont-17,22,24,26,28-pentaene-1-oic acid
N,N- 二甲基色氨酸 N,N-dimethyltryptophan
N,N- 二甲基色氨酸 - 甲阳离子甲酯 N,N-dimethyltryptophan methocation methyl ester
N,N- 二甲基色氨酸甲酯 N,N-dimethyltryptophan methyl ester
N,N- 二甲基色胺 N,N-dimethyltryptamine
N^a,N^b- 二甲基色胺 N^a, N^b-dimethyltryptamine
N,N- 二甲基色胺 -N_b- 氧化物 N,N-dimethyltryptamine-N_b-oxide
N,N- 二甲基色胺 -N- 氧化物 N,N-dimethyltryptamine-N-oxide
N,N- 二甲基色胺甲基羟化物 N,N-dimethyltryptamine methylhydroxide
2,5- 二甲基色酮 -7-O-β-D- 吡喃葡萄糖苷 2,5-dimethylchromone-7-O-β-D-glucopyranoside
6,7,2,2- 二甲基色酮 -8-γ,γ- 二甲基 - 烯丙基黄烷酮 6,7,2,2-dimethylchromono-8-γ,γ-dimethyl-allylflavanone
2,2- 二甲基色烷 -6- 酸 2,2-dimethylchroman-6-carboxylic acid
2,2- 二甲基色烯 2,2-dimethylchromene
2,2- 二甲基色烯 -7-O-β- 吡喃葡萄糖苷 2,2-dimethylchromene-7-O-β-glucopyranoside
3,7- 二甲基山柰酚 3,7-dimethylkaempferol
4',7- 二甲基山柰酚 4',7-dimethylkaempferol
7,4- 二甲基山柰酚 7,4-dimethylkaempferol
6,8- 二甲基山柰酚 -3,7- 二甲醚 6,8-dimethylkaempferol-3,7-dimethyl ether
6,8- 二甲基山柰酚 -3-O-α-L- 吡喃鼠李糖苷 6,8-dimethylkaempferol-3-O-α-L-rhamnopyranoside
二甲基山药素 IV dimethylbatatasin IV
4,6- 二甲基十二烷 4,6-dimethyldodecane
2,6- 二甲基十七碳烷 2,6-dimethylheptadecane
2,16- 二甲基十七烷 2,16-dimethylheptadecane
4,8- 二甲基十三烷 4,8-dimethyltridecane
6,10- 二甲基 - 十一酮 6,10-dimethyl-undecanone
6,6- 二甲基 - 双环 -(3,1,1)- 庚 -2- 烯 -2- 甲醛 6,6-dimethyl-bicyclo-(3,1,1)-hept-2-en-2-carboxaldehyde
6,6- 二甲基 - 双环 [3.1.1] 庚 -2- 烯 - 乙醇 6,6-dimethyl-bicyclo[3.1.1]hept-2-en-ethanol
4,4- 二甲基 - 四环 [6.3.2.0(2,5).0(1,8)] 十三烷 -9- 醇 4,4-dimethyl-tetracyclo[6.3.2.0(2,5).0(1,8)]tridecan-9-ol
二甲基四氢呋喃愈创木素 dimethyltetrahydrofuroguaiacin
二甲基松脂醇 dimethylpinoresinol
二甲基穗罗汉松树脂酚 dimethylmatairesinol
二甲基五脂素 A_1 dimethylwulignan A_1
4-(反式 -3,3- 二甲基戊 -1,4- 二烯基)- 苯酚 4-(trans-3,3-dimethylpenta-1,4-dienyl)-phenol
二甲基戊烯酰楝内酯 A, B teracrylmelazolide A, B
1,1- 二甲基烯丙醇 -β- 葡萄糖苷 1,1-dimethylallyl alcohol-β-glucoside
2-(3,3- 二甲基烯丙基)-1,3,5,6- 四羟基呫酮 2-(3,3-dimethylallyl)-1,3,5,6-tetrahydroxyxanthone
2-(3,3- 二甲基烯丙基)-1,3,5- 三羟基呫酮 2-(3,3-dimethylallyl)-1,3,5-trihydroxyxanthone
2-(γ,γ- 二甲基烯丙基)-1,7- 二羟基 -3- 甲氧基呫酮 2-(γ,γ-dimethylallyl)-1,7-dihydroxy-3-methoxyxanthone
2-(γ,γ- 二甲基烯丙基)-1,7- 二羟基 -3- 甲氧基 - 呫酮 2-(γ,γ-dimethylallyl)-1,7-dihydroxy-3-methoxy-xanthone
(2R,3R)-8-(3,3- 二甲基烯丙基)-2,3- 二氢 -4',5,7- 三羟基黄酮醇 -7-[O-β-D- 吡喃葡萄糖基 -(1 → 2)-β-D- 吡喃葡萄糖苷] (2R,3R)-8-(3,3-dimethylallyl)-2,3-dihydro-4',5,7-trihydroxyflavonol-7-[O-β-D-glucopyranosyl-(1 → 2)-β-D-glucopyranoside]
8-(3,3- 二甲基烯丙基)-4',5,7- 三羟基黄酮醇 -3-[O-6-O- 乙酰基 -β-D- 吡喃葡萄糖基 -(1 → 3)-4-O- 乙酰基 -α-L- 吡喃鼠李糖苷]-7-(β-D- 吡喃葡萄糖苷) 8-(3,3-dimethylallyl)-4',5,7-trihydroxyflavonol-3-[O-6-O-acetyl-β-D-glucopyranosyl-(1 → 3)-4-O-acetyl-α-L-rhamnopyranoside]-7-(β-D-glucopyranoside)
8-(3,3- 二甲基烯丙基)-4',5,7- 三羟基黄酮醇 -7-[O-β-D- 吡喃葡萄糖基 -(1 → 2)-β-D- 吡喃葡萄糖苷] 8-(3,3-dimethylallyl)-4',5,7-trihydroxyflavonol-7-[O-β-D-glucopyranosyl-(1 → 2)-β-D-glucopyranoside]
3-(3',3'- 二甲基烯丙基)-4,8- 二甲氧基 -N- 甲基喹啉 -2- 酮 3-(3',3'-dimethylallyl)-4,8-dimethoxy-N-methylquinolin-2-one
8-(1,1- 二甲基烯丙基)-5'-(3- 甲基 -2- 丁烯基)-3',4',5,7- 四羟基黄酮醇 8-(1,1-dimethylallyl)-5'-(3-methylbut-2-enyl)-3',4',5,7-tetrahydroxy-flavonol
8-(γ,γ- 二甲基烯丙基)-5,7,2',4'- 四羟基 -(2R,3S)- 二氢黄酮醇 8-(γ,γ-dimethylallyl)-5,7,2',4'-tetrahydroxy-(2R,3S)-dihydroflavonol
5'-(1",1"- 二甲基烯丙基)-5,7,2',4'- 四羟基黄酮 5'-(1",1"-dimethylallyl)-5,7,2',4'-tetrahydroxyflavone
8-(γ,γ- 二甲基烯丙基)-5,7,4'- 三羟基二氢黄酮醇 8-(γ,γ-dimethylallyl)-5,7,4'-trihydroxydihydroflavonol
8-(3,3- 二甲基烯丙基)-5,7- 二羟基 -4'- 甲氧基黄酮醇 -3-[O-2-C- 羰氧基 -3,5- 二去氧 -β-D- 赤式 - 呋喃戊糖基 -(1 → 2)-α-L- 吡喃鼠李糖苷]-7-β-D- 吡喃葡萄糖苷 8-(3,3-dimethylallyl)-5,7-dihydroxy-4'-methoxyflavonol-3-[O-2-C-carboxy-3,5-di-deoxy-β-D-erythro-pentofuranosyl-(1 → 2)-α-L-rhamnopyranoside]-7-β-D-glucopyranoside
8-(3,3- 二甲基烯丙基)-5,7- 二羟基 -4'- 甲氧基黄酮醇 -3-[O-3,5- 二 - 去氧 -2-C-(乙氧羰基)-β-D- 赤式 - 呋喃戊糖基 -(1 → 2)-α-L- 吡喃鼠李糖苷]-7-β-D- 吡喃葡萄糖苷 8-(3,3-dimethylallyl)-5,7-dihydroxy-4'-methoxyflavonol-3-[O-3,5-dideoxy-2-C-(ethoxycarbonyl)-β-D-erythro-pentofuranosyl-(1 → 2)-α-L-rhamnopyranoside]-7-β-D-glucopyranoside
8-(3,3- 二甲基烯丙基)-6,7- 二甲氧基香豆素 8-(3,3-dimethylallyl)-

6,7-dimethoxycoumarin
2-(γ,γ-二甲基烯丙基)-6a-羟基菜豆定 2-(γ,γ-dimethylallyl)-6a-hydroxyphaseollidin
3-(1',1'-二甲基烯丙基)-7-羟基-8-甲氧基-香豆素 3-(1',1'-dimethylallyl)-7-hydroxy-8-methoxy-coumarin
3-(1',1'-二甲基烯丙基)-8-(3",3"-二甲基烯丙基)花椒亭 3-(1',1'-dimethylallyl)-8-(3",3"-dimethylallyl)xanthyletine
5-(3",3"-二甲基烯丙基)-8-甲氧基呋喃香豆素 5-(3",3"-dimethylallyl)-8-methoxyfuranocoumarin
2-(γ,γ-二甲基烯丙基)-菜豆定 2-(γ,γ-dimethylallyl)-phaseollidin
4-(γ,γ-二甲基烯丙基)-菜豆定 4-(γ,γ-dimethylallyl)-phaseollidin
3-(1,1-二甲基烯丙基)-东莨菪内酯 3-(1,1-dimethylallyl)-scopoletin
3-(1,1-二甲基烯丙基)-东莨菪内酯-7-*O*-β-D-吡喃葡萄糖苷 3-(1,1-dimethylallyl)-scopoletin-7-*O*-β-D-glucopyranoside
8-(γ,γ-二甲基烯丙基)-怀特大豆酮▲ 8-(γ,γ-dimethylallyl)-wighteone
3'-(γ,γ-二甲基烯丙基)-基维酮 3'-(γ,γ-dimethylallyl)-kievitone
3-(1,1-二甲基烯丙基)美洲花椒素 3-(1,1-dimethylallyl)xanthyletin
3-(1',1'-二甲基烯丙基)美洲花椒素 3-(1',1'-dimethylallyl)xanthyletin
3-(1',1'-二甲基烯丙基)-美洲花椒素 3-(1',1'-dimethylallyl)-xanthyletin
8-(1,1-二甲基烯丙基)-染料木素 8-(1,1-dimethylallyl)-genistein
3-(3,3-二甲基烯丙基)异戊烯基-5-(3-乙酰基-2,4-二羟基-5-甲基-6-甲氧基苯基)-根皮苯乙酮 3-(3,3-dimethylallyl)-5-(3-acetyl-2,4-dihydroxy-5-methyl-6-methoxybenzyl)-phloracetophenone
3-(1,1-二甲基烯丙基)-治疝草素▲ 3-(1,1-dimethylallyl)-herniarin
8-γ,γ-二甲基烯丙基怀特大豆酮▲ 8-γ,γ-dimethylallylwighteone
3'-二甲基烯丙基染料木素 3'-dimethylallylgenistein
4'-γ,γ-二甲基烯丙氧基-5,7-二羟基异黄酮 4'-γ,γ-dimethylallyloxy-5,7-dihydroxyisoflavone
7-γ,γ-二甲基烯丙氧基-5-羟基-4'-甲氧基异黄酮 7-γ,γ-dimethylallyloxy-5-hydroxy-4'-methoxyisoflavone
4'-γ,γ-二甲基烯丙氧基-5-羟基-7-甲氧基异黄酮 4'-γ,γ-dimethylallyloxy-5-hydroxy-7-methoxyisoflavone
7,4'-二甲基香树素 7,4'-dimethylaromadendrin
7,4'-二甲基香树素-5-*O*-葡萄糖苷 7,4'-dimethylaromadendrin-5-*O*-glucoside
(*E*)-β-3,7-二甲基-辛-1,3,6-三烯 (*E*)-β-3,7-dimethyl-1,3,6-octatriene
3,7-二甲基辛-1-烯-3,8-二醇-8-*O*-β-D-吡喃葡萄糖苷 3,7-dimethyloct-1-en-3,8-diol-8-*O*-β-D-glucopyranoside
4-(3',7'-二甲基辛-2',6'-二烯基)-1,3,5-三羟基-9*H*-呫烯-9-酮 4-(3',7'-dimethylocta-2',6'-dienyl)-1,3,5-trihydroxy-9*H*-xanthen-9-one
(2*E*)-3,7-二甲基辛-2,6-二烯酯-6-*O*-α-L-吡喃阿拉伯糖基-(1→6)-β-D-吡喃葡萄糖苷 (2*E*)-3,7-dimethylocta-2,6-dienoate-6-*O*-α-L-arabinopyranosyl-(1→6)-β-D-glucopyranoside
3,6-二甲基-辛-2-酮 3,6-dimethyl-octan-2-one
(*E*)-5-(3,7-二甲基辛烷-2,6-二烯-1-基)-4-羟基-6-甲氧基-2-苯乙基异吲哚啉-1-酮 (*E*)-5-(3,7-dimethylocta-2,6-dien-1-yl)-4-hydroxy-6-methoxy-2-phenethylisoindolin-1-one
3,7-二甲基辛烷-3(10)-烯-1,2,6,7-四醇 3,7-dimethyloct-3(10)-ene-1,2,6,7-tetrol
3',4-*O*-二甲基雪松脂素▲ 3',4-*O*-dimethylcedrusin
24,24-二甲基羊毛脂-9(11),25-二烯-3-酮 24,24-dimethyllanosta-9(11),25-dien-3-one
N,N-二甲基乙醇胺 *N,N*-dimethylethanolamine
2-(1,1-二甲基乙基)-3-环氧丙烷 2-(1,1-dimethylethyl)-3-methyloxirane
2-(1,1-二甲基乙基)-5-甲基-苯酚 2-(1,1-dimethylethyl)-5-methyl-phenol
2-(1,1-二甲基乙基)-苯酚 2-(1,1-dimethylethyl)-phenol
二甲基乙烯基苯 dimethyl ethenylbenzene
7,8-二甲基异咯嗪 7,8-dimethylisoalloxazine
7,4'-*O*-二甲基柚皮苷元 7,4'-*O*-dimethylnaringenin
4',7-二甲基鸢尾黄素 4',7-dimethyltectorigenin
二甲基鸢尾黄素 dimethyltectorigenin
二甲基獐牙菜酚▲ dimethylswertianol
二甲基獐牙菜酚素▲ dimethylswertianolin
*N*α, *N*α-二甲基组胺 *N*α,*N*α-dimethylhistamine
二甲硫醚 thiobismethane
2,25-二-甲酸甲酯-绯红南五味子酸A 2,25-di-methylformate-kadsuraccinic acid A
6',7-*O*-二甲酰马钱苷 6',7-*O*-diformylloganin
9,9'-*O*-二甲酰雪松脂素▲ 9,9'-*O*-diformacylcedrusin
10-(3,4-二甲氧苯基)-6-羟基呋喃[3',4':6,7]萘并[1,2-d]-1,3-间二氧杂环戊烯-9(7*H*)-酮 10-(3,4-dimethoxyphenyl)-6-hydroxyfuro[3',4':6,7]naphtho[1,2-d]-1,3-dioxol-9(7*H*)-one
3',4'-二甲氧基(2",3":7,8)呋喃黄酮 3',4'-dimethoxy(2",3":7,8)furanoflavone
10-*O*-(3,4-二甲氧基-(*E*)-桂皮酰基)桃叶珊瑚苷 10-*O*-(3,4-dimethoxy-(*E*)-cinnamoyl)aucubin
8-(3',6'-二甲氧基)-4,5-环己二烯-($\Delta^{11,12}$-二氧亚甲基)-稠二氢异香豆素 8-(3',6'-dimethoxy)-4,5-cyclohexadiene-($\Delta^{11,12}$-dioxidemethylene)-dense-dihydrogen-isocoumarin
1-[(3,4-二甲氧基)-苯]-1-丙酮 1-[(3,4-dimethoxy)-phenyl]-1-propanone
1-(3',5'-二甲氧基)-苯基-2-(4"-*O*-β-D-吡喃葡萄糖基)-苯基乙烷 1-(3',5'-dimethoxy)-phenyl-2-(4"-*O*-β-D-glucopyranosyl)-phenylethane
1-(3',5'-二甲氧基)-苯基-2-(4"-羟基)-苯基乙烷 1-(3',5'-dimethoxy)-phenyl-2-(4"-hydroxy)-phenylethane
1-(3',5'-二甲氧基)-苯基-2-[4"-*O*-β-D-吡喃葡萄糖基-(6→1)-*O*-α-L-吡喃鼠李糖基]-苯基乙烷 1-(3',5'-dimethoxy)-phenyl-2-[4"-*O*-β-D-glucopyranosyl-(6→1)-*O*-α-L-rhamnopyranosyl]-phenylethane
1,3-二甲氧基-[1,3]苯并二噁唑并[5,6-c]菲啶 1,3-dimethoxy-[1,3]benzodioxolo[5,6-c]phenanthridine
3,6-二甲氧基[4",5":8,7]呋喃黄酮 3,6-dimethoxy[4",5":8,7]furanoflavone
4,8-二甲氧基-1-(2-甲氧基乙基)-β-咔啉 4,8-dimethoxy-1-(2-methoxyethyl)-β-carboline
5,6-二甲氧基-1-(或-4-)羟基-2-(或-3-)羟甲基蒽醌 5,6-dimethoxy-1-(or-4-)hydroxy-2-(or-3-)hydroxymethylanthraquinone
4,5-二甲氧基-1,2-邻苯醌 4,5-dimethoxy-1,2-benzoquinone
2,3-二甲氧基-1,4,5-三羟基-10-甲基吖啶酮 2,3-dimethoxy-1,4,5-trihydroxy-10-methylacridone
2,6-二甲氧基-1,4-苯二酚 2,6-dimethoxy-1,4-benzenediol
2,6-二甲氧基-1,4苯醌 2,6-dimethoxy-1,4-benzoquinone
2,5-二甲氧基-1,4-苯醌 2,5-dimethoxy-1,4-benzoquinone
2,6-二甲氧基-1,4-苯醌 2,6-dimethoxy-1,4-benzoquinone
7,8-二甲氧基-1,4-二甲基二苯并呋喃 7,8-dimethoxy-1,4-dimethyldibenzofuran
3,8-二甲氧基-1,7-二羟基呫酮 3,8-dimethoxy-1,7-dihydroxyxanthone
6β,8β-二甲氧基-10β-羟基荒漠木-7(11)-烯-12,8α-内酯 6β,8β-

dimethoxy-10β-hydroxyeremophil-7(11)-en-12,8α-olide
6β,8β- 二甲氧基 -10β- 羟基莸漠木 -7(11)- 烯 -8β,12- 内酯 6β,8β-dimethoxy-10β-hydroxyeremophil-7(11)-en-8β,12-olide
4,5- 二甲氧基 -10- 羟基铁屎米 -6- 酮 4,5-dimethoxy-10-hydroxy-canthin-6-one
(6aR,11aR)-3,9- 二甲氧基 -10- 羟基紫檀烷 (6aR,11aR)-3,9-dimethoxy-10-hydroxypterocarpane
13- 二甲氧基 -11(S),12(R)- 二氢原百部碱 13-demethoxy-11(S),12(R)-dihydroprotostemonine
(1S,5S,6S,9R,11S)-5,14- 二甲氧基 -12- 羟基丁香 -2(15)- 烯 -7- 酮 (1S,5S,6S,9R,11S)-5,14-dimethoxy-12-hydroxycaryophyll-2(15)-en-7-one
(1S,5S,6S,9R,11S)-5,14- 二甲氧基 -12- 乙酰氧基丁香 -2(15)- 烯 -7- 酮 (1S,5S,6S,9R,11S)-5,14-dimethoxy-12-acetoxycaryophyll-2(15)-en-7-one
10,11- 二甲氧基 -19- 表 - 阿吉马蛇根辛碱▲ 10,11-dimethoxy-19-epiajmalicine
4,8- 二甲氧基 -1- 甲基 -3-(3- 甲基丁 -2- 烯 -1- 基) 喹啉 -2(1H)- 酮 4,8-dimethoxy-1-methyl-3-(3-methylbut-2-en-1-yl)quinolin-2(1H)-one
10,11- 二甲氧基 -1- 甲基去乙酰苦籽木碱▲ -3',4',5'- 三甲氧 - 苯甲酸酯 10,11-dimethoxy-1-methyldeacetylpicraline-3',4',5'-trimethoxy-benzoate
6,7- 二甲氧基 -1- 羟基 -3- 甲基咔唑 6,7-dimethoxy-1-hydroxy-3-methylcarbazole
6β,8β- 二甲氧基 -1- 氧代莸漠木 -7(11),9- 二烯 -12,8α- 内酯 6β,8β-dimethoxy-1-oxoeremophila-7(11),9-dieno-12,8α-lactone
4,8- 二甲氧基 -1- 乙基 -β- 咔啉 4,8-dimethoxy-1-ethyl-β-carboline
5,6- 二甲氧基 -2-(2,3,5- 三甲氧基苯基)-4(1H)- 喹啉酮 5,6-dimethoxy-2-(2,3,5-trimethoxyphenyl)-4(1H)-quinolinone
5,6- 二甲氧基 -2-(2,3,6- 三甲氧基苯基)-4(1H)- 喹啉酮 5,6-dimethoxy-2-(2,3,6-trimethoxyphenyl)-4(1H)-quinolinone
5,6- 二甲氧基 -2-(2,5,6- 三甲氧基苯基)-1H- 喹啉 -4- 酮 5,6-dimethoxy-2-(2,5,6-trimethoxyphenyl)-1H-quinolin-4-one
6,7- 二甲氧基 -2-(2- 苯乙基) 色酮 6.7-dimethoxy-2-(2-phenylethyl) chromone
6,7- 二甲氧基 -2-(2- 对甲氧基苯乙基) 色酮 6,7-dimethoxy-2-(2-p-methoxyphenylethyl)chromone
3',4'- 二甲氧基 -2-(2- 哌啶基)- 苯乙酮 3',4'-dimethoxy-2-(2-piperidyl)-acetophenone
5,6- 二甲氧基 -2-(3,4- 二甲氧基苯基)-1H- 喹啉 -4- 酮 5,6-dimethoxy-2-(3,4-dimethoxyphenyl)-1H-quinolin-4-one
3,7- 二甲氧基 -2(3',4'- 亚甲二氧苯基)- 色烯 -2- 酮 3,7-dimethoxy-2-(3',4'-methylenedioxyphenyl)-chromen-4-one
5,6- 二甲氧基 -2-(3- 甲氧基苯基)-1H- 喹啉 -4- 酮 5,6-dimethoxy-2-(3-methoxyphenyl)-1H-quinolin-4-one
5,8- 二甲氧基 -2-(3- 甲氧基苯基)-3- 丙基 -4(1H)- 喹啉酮 5,8-dimethoxy-2-(3-methoxy-phenyl)-3-propyl-4(1H)-quinolinone
6,7- 二甲氧基 -2-(3'- 羟基 -4'- 甲氧基苯乙基) 色酮 6,7-dimethoxy-2-(3'-hydroxy-4'-methoxyphenethyl)chromone
6,7- 二甲氧基 -2-(4'- 羟基 -3'- 甲氧基苯乙基) 色酮 6,7-dimethoxy-2-(4'-hydroxy-3'-methoxyphenethyl)chromone
6,6'- 二甲氧基 -2,2,2',2'- 四甲基 -8,8'- 二 -2H-1- 苯并吡喃 6,6'-dimethoxy-2,2,2',2'-tetramethyl-8,8'-bi-2H-1-benzopyran
4,4'- 二甲氧基 -2,2',7,7'- 四羟基 -1,1'- 联菲 4,4'-dimethoxy-(1,1'-biphenanthrene)-2,2',7,7'-tetrol
5,9- 二甲氧基 -2,2- 二甲基 -[2H]- 吡喃 [2,3-b] 喹啉 5,9-dimethoxy-2,2-dimethyl-[2H]-pyrano[2,3-b]quinoline
7,8- 二甲氧基 -2,2- 二甲基 -2H- 色烯 7,8-dimethoxy-2,2-dimethyl-2H-chromene
1-[5,7- 二甲氧基 -2,2- 二甲基 -8-(3- 甲基 -2- 丁烯基)-2H-1- 苯并吡喃 -6- 基]-3-(2,4- 二甲氧基苯基)-2- 丙烯 -1- 酮 1-[5,7-dimethoxy-2,2-dimethyl-8-(3-methyl-2-butenyl)-2H-1-benzopyran-6-yl]-3-(2,4-dimethoxyphenyl)-2-propen-1-one
5,7- 二甲氧基 -2,2- 二甲基丁 -2'- 烯 -1'- 酮 -1- 苯骈吡喃 5,7-dimethoxy-2,2-dimethylbut-2'-en-1'-on-1-benzopyrane
4,5- 二甲氧基 -2,3- 亚甲二氧基 -1- 苯丙烯 4,5-dimethoxy-2,3-methylenedioxy-1-propenylbenzene
4,5- 二甲氧基 -2,3- 亚甲二氧基苯甲醛 4,5-dimethoxy-2,3-methylenedioxybenzaldehyde
1,4- 二甲氧基 -2,3- 亚甲二氧基蒽醌 1,4-dimethoxy-2,3methylene-dioxyanthapuinone
1,5- 二甲氧基 -2,3- 亚甲二氧基蒽醌 1,5-dimethoxy-2,3-methylenedioxyanthraquinone
4,5- 二甲氧基 -2,3- 亚甲二氧基桂皮醛 4,5-dimethoxy-2,3-methylenedioxycinnamaldehyde
1,4- 二甲氧基 -2,3- 亚甲二氧基吨酮 1,4-dimethoxy-2,3-methylenedioxyxanthone
1,7- 二甲氧基 -2,3- 亚甲二氧基吨酮 1,7-dimethoxy-2,3-methylenedioxyxanthone
4,11- 二甲氧基 -2,3- 亚甲二氧基吨酮 4,11-dimethoxy-2,3-methylenedioxyxanthone
7,8- 二甲氧基 -2,3- 亚甲基二氧苯并 [c] 菲啶 7,8-dimethoxy-2,3-methylenedioxybenzo[c]phenanthridine
3,4- 二甲氧基 -2,4- 己二烯二酸 3,4-dimethoxy-2,4-hexadienedioic acid
1,3- 二甲氧基 -2,5- 苯二酚 -5-O-β-D- 吡喃葡萄糖苷 1,3-dimethoxyl-2,5-benzenediol-5-O-β-D-glucopyranoside
1,4- 二甲氧基 -2,7- 二羟基吨酮 1,4-dimethoxy-2,7-dihydroxyxanthone
3,5- 二甲氧基 -2,7- 菲二醇 3,5-dimethoxy-2,7-phenanthrenediol
5,7- 二甲氧基 -2,8- 二甲基色酮 5,7-dimethoxy-2,8-dimethylchromone
1,6- 二甲氧基 -2,8- 二羟基吨酮 1,6-dimethoxy-2,8-dihydroxyxanthone
4,6- 二甲氧基 -2-[(8'Z,11'Z)-8',11',14'- 十五三烯] 雷琐酚 4,6-dimethoxy-2-[(8'Z,11'Z)-8',11',14'-pentadecatriene]resorcinol
6,7- 二甲氧基 -2-[2-(4'- 甲氧基苯基) 乙基] 色酮 6,7-dimethoxy-2-[2-(4'-methoxybenzene)ethyl]chromone
(3β,23R)- 二甲氧基 -24- 亚甲基 -9,19- 环羊毛脂烷 (3β,23R)-dimethoxy-24-methylene-9,19-cyclolanostane
(3β,23R)- 二甲氧基 -24- 亚甲基 - 羊毛脂 -8- 烯 (3β,23R)-dimethoxy-24-methylene-lanost-8-ene
5,7- 二甲氧基 -2- 甲基 -4- 色烷酮 5,7-dimethoxy-2-methyl-4-chromanone
5,7- 二甲氧基 -2- 甲基 -8- 异戊烯基色酮 5,7-dimethoxy-2-methyl-8-isoprenylchromone
5,7- 二甲氧基 -2- 甲基苯并吡喃 -4- 酮 5,7-dimethoxy-2-methylbezopyran-4-one
9,10- 二甲氧基 -2- 甲基蒽 -1,4- 醌 9,10-dimethoxy-2-methylanthra-1,4-quinone
6,8- 二甲氧基 -2- 甲基蒽醌 -3-O-β-D- 吡喃半乳糖苷 6,8-dimethoxy-2-methylanthraquinone-3-O-β-D-galactopyranoside
5,7- 二甲氧基 -2- 甲基 - 二甲氧基 -8-O-β-D-(6'-O- 没食子酰基)- 吡喃葡萄糖苷 5,7-dimethoxy-2-methyl-chromone-8-O-β-D-(6'-O-galloyl)-glucopyranoside
5,7- 二甲氧基 -2- 甲基色酮 5,7-dimethoxy-2-methylchromone
5,7- 二甲氧基 -2- 甲基 - 色酮 5,7-dimethoxy-2-methyl-chromone

E

E

6,7- 二甲氧基 -2- 甲基异喹啉季铵碱 6,7-dimethoxy-2-methylisoquinolinium
6,7- 二甲氧基 -2- 甲基 - 异喹诺酮 6,7-dimethoxy-2-methyl-isocarbostyril
1,3- 二甲氧基 -2- 甲氧基甲基蒽醌 1,3-dimethoxy-2-methoxymethylanthraquinone
6,7- 二甲氧基 -2- 萘乙醇 6,7-dimethoxy-2-naphthalene ethanol
7,8- 二甲氧基 -2'- 羟基 -5-*O*-*β*-D- 吡喃葡萄糖基黄酮 7,8-dimethoxy-2'-hydroxy-5-*O*-*β*-D-glucopyranosylflavone
1,3- 二甲氧基 -2- 羟基 -9,10- 蒽醌 1,3-dimethoxy-2-hydroxy-9,10-anthraquinone
3-(3,4- 二甲氧基 -2- 羟基苯基)-7- 羟基香豆素 3-(3,4-dimethoxy-2-hydroxyphenyl)-7-hydroxycoumarin
4,4'- 二甲氧基 -2'- 羟基查尔酮 4,4'-dimethoxy-2'-hydroxychalcone
1,3- 二甲氧基 -2- 羟基蒽醌 1,3-dimethoxy-2-hydroxyanthraquinone
1,4- 二甲氧基 -2- 羟基蒽醌 1,4-dimethoxy-2-hydroxyanthraquinone
3,4- 二甲氧基 -2'- 羟基二苯乙烷 3,4-dimethoxy-2'-hydroxybibenzyl
4,5- 二甲氧基 -2- 羟基黄檀氢醌▲ 4,5-dimethoxy-2-hydroxydalbergiquinol
1,8- 二甲氧基 -2- 羟基呫酮 1,8-dimethoxy-2-hydroxyxanthone
3',4'- 二甲氧基 -2'- 羟基异黄烷 3',4'-dimethoxy-2'-hydroxyisoflavan
1,3- 二甲氧基 -2- 羧基蒽醌 1,3-dimethoxy-2-carboxyanthraquinone
5,6- 二甲氧基 -2- 异丙烯基苯并呋喃 5,6-dimethoxy-2-isopropenylbenzofuran
6,12- 二甲氧基 -3-(1,2- 二羟乙基)-*β*- 咔啉 6,12-dimethoxy-3-(1,2-dihydroxylethyl)-*β*-carboline
6,12- 二甲氧基 -3-(1- 羟乙基)-*β*- 咔啉 6,12-dimethoxy-3-(1-hydroxylethyl)-*β*-carboline
2,4'- 二甲氧基 -3'(2- 羟基 -3- 甲基 -3- 丁烯基)- 苯乙酮 2,4'-dimethoxy-3'-(2-hydroxy-3-methyl-3-butenyl)acetophenone
6,12- 二甲氧基 -3-(2- 羟乙基)-*β*- 咔啉 6,12-dimethoxy-3-(2-hydroxylethyl)-*β*-carboline
4,4- 二甲氧基 -3-(甲氧甲基)- 丁酸甲酯 4,4-dimethoxy-3-(methoxymethyl)-butyric acid methyl ester
(*R**,3*R**,6*S**,7*R**,8*R**,10*R**)-1,3- 二甲氧基 -3,10- 环氧 -8-(2- 甲基丙酰氧基)- 大根老鹳草 -4,11(13)- 二烯 -6,12- 内酯 (*R**,3*R**,6*S**,7*R**,8*R**,10*R**)-1,3-dimethoxy-3,10-epoxy-8-(2-methylpropanoy1oxy)-germacra-4,11(13)-dien-6,12-olide
2,2'- 二甲氧基 -3,3'- 二羟基 -5,5'- 氧代 -6,6'- 联苯甲酸酐 2,2'-dimethoxy-3,3'-dihydroxy-5,5'-oxo-6,6'-biphenylformic anhydride
(3*R*,4*R*,3'*R*,4'*R*)-6,6'- 二甲氧基 -3,4,3',4'- 四氢 -2*H*,2'*H*-[3,3'] 二色烯基 -4,4'- 二醇 (3*R*,4*R*,3'*R*,4'*R*)-6,6'-dimethoxy-3,4,3',4'-tetrahydro-2*H*,2'*H*-[3,3']bichromenyl-4,4'-diol
3,7- 二甲氧基 -3',4',5,6- 四羟基黄酮 3,7-dimethoxy-3',4',5,6-tetrahydroxyflavone
5,7- 二甲氧基 -3,4,5- 三羟基黄烷酮 5,7-dimethoxy-3,4,5-trihydroxyflavanone
(7'*S**,8*R**,8'*R**)-3,5'- 二甲氧基 -3',4,9'- 三羟基 -7',9- 环氧 -8,8'- 木脂素 (7'*S**,8*R**,8'*R**)-3,5'-dimethoxy-3',4,9'-trihydroxy-7',9-epoxy-8,8'-lignan
(7*S*,8*S*,8'*R*)-3',4'- 二甲氧基 -3,4,- 亚甲二氧基木脂素 -7- 醇 (7*S*,8*S*,8'*R*)-3',4'-dimethoxy-3,4,-methylenedioxylignan-7-ol
2,5- 二甲氧基 -3,4:3',4'- 二 (二亚甲二氧基) 联苄 2,5-dimethoxy-3,4:3',4'-bis(dimethylenedioxy)bibenzyl
6,7- 二甲氧基 -3',4'- 亚甲二氧基异黄酮 6,7-dimethoxy-3',4'-methylendioxyisoflavone
5,7- 二甲氧基 -3',4'- 二 -*O*- 亚甲基 -(±)- 表儿茶素 5,7-dimethoxyl-3',4'-di-*O*-methylene-(±)-epicatechin
6,7- 二甲氧基 -3',4'- 二羟基黄烷 6,7-dimethoxy-3',4'-dihydroxyflavan
(-)-3,4- 二甲氧基 -3,4- 去亚甲二氧基荜澄茄素 (-)-3,4-dimethoxy-3,4-desmethylenedioxycubebin
(-)-3',4'- 二甲氧基 -3',4'- 去亚甲二氧基荜澄茄素 (-)-3',4'-dimethoxy-3',4'-desmethylenedioxycubebin
(7*S*,8*R*,1'*S*,2'*R*)-$\Delta^{8'}$-1',2'- 二甲氧基 -3,4- 亚甲二氧基 -1',2',3',4'- 四氢 -4'- 酮 -7.*O*.2',8.1'- 新木脂素 (7*S*,8*R*,1'*S*,2'*R*)-$\Delta^{8'}$-1',2'-dimethoxy-3,4-methylenedioxy-1',2',3',4'-tetrahydro-4'-oxo-7.*O*.2',8.1'-neolignan
(7*S*,8*S*,7'*R*,8'*R*)-3',4'- 二甲氧基 -3,4- 亚甲二氧基 -7,7'- 环氧脂素 (7*S*,8*S*,7'*R*,8'*R*)-3',4'-dimethoxy-3,4-methylenedioxy-7,7'-epoxylignan
(7'*R*,8'*S*)-3,4- 二甲氧基 -3',4'- 亚甲二氧基 -7,8- 裂环 -7,7'- 环氧木脂素 -7,8- 二酮 (7'*R*,8'*S*)-3,4-dimethoxy-3',4'-methylenedioxy-7,8-seco-7,7'-epoxylignan-7,8-dione
7,8- 二甲氧基 -3',4'- 亚甲二氧基黄酮 7,8-dimethoxy-3',4'-methylenedioxyflavone
5,7- 二甲氧基 -3',4'- 亚甲二氧基黄烷 -3- 醇 5,7-dimethoxy-3',4'-methylenedioxyflavan-3-ol
(2*S*)-5,7- 二甲氧基 -3',4'- 亚甲二氧基黄烷酮 (2*S*)-5,7-dimethoxy-3',4'-methyleneflavanone
7,5'- 二甲氧基 -3,5,2'- 三羟基黄酮 7,5'-dimethoxy-3,5,2'-trihydroxyflavone
(2*R*,3*R*)-7,5'- 二甲氧基 -3,5,2'- 三羟基黄烷酮 (2*R*,3*R*)-7,5'-dimethoxy-3,5,2'-trihydroxyflavonone
8,3'- 二甲氧基 -3,5,4'- 三羟基黄酮 -7-*O*-*β*-D-(6''- 乙酰基) 吡喃葡萄糖苷 8,3'-dimethoxy-3,5,4'-trihydroxyflavone-7-*O*-*β*-D-(6''-acetyl) glucopyranoside
6,4'- 二甲氧基 -3,5,7- 三羟基黄酮 6,4'-dimethoxy-3,5,7-trihydroxyflavone
1,7- 二甲氧基 -3,6- 二羟基呫酮 1,7-dimethoxy-3,6-dihydroxyxanthone
2,4- 二甲氧基 -3,7- 二苯基呋喃二醇 2,4-dimethoxy-3,7-dibenzofurandiol
(3*S*)-2',4'- 二甲氧基 -3,7- 二羟基异黄烷酮 (3*S*)-2',4'-dimethoxy-3,7-dihydroxyisoflavanone
2,5- 二甲氧基 -3-*O*-*β*-D- 吡喃葡萄糖基桂皮醇 2,5-dimethoxy-3-*O*-*β*-D-glucopyranosylcinnamic alcohol
6,12- 二甲氧基 -3- 甲酰基 -*β*- 咔啉 6,12-dimethoxy-3-formyl-*β*-carboline
4',5- 二甲氧基 -3- 羟基 -6,7- 亚甲二氧基异黄酮 4',5-dimethoxy-3-hydroxy-6,7-methylenedioxyisoflavone
4,4'- 二甲氧基 -3'- 羟基 -7,9',7',9- 二环氧木脂素 -3-*O*-*β*-D- 吡喃葡萄糖苷 4,4'-dimethoxy-3'-hydroxy-7,9',7',9-diepoxyligan-3-*O*-*β*-D-glucopyranoside
4,4'- 二甲氧基 -3'- 羟基 -7,9':7',9- 二环氧木脂素 -3-*O*-*β*-D- 吡喃葡萄糖苷 4,4'-dimethoxy-3'-hydroxy-7,9':7',9-diepoxylignan-3-*O*-*β*-D-glucopyranoside
3,4- 二甲氧基 -3'- 羟基苯丙酮 3,4-dimethoxy-ethylphenylketone
7,4'- 二甲氧基 -3'- 羟基黄酮 7,4'-dimethoxy-3'-hydroxyflavone
2',4'- 二甲氧基 -3'- 羟基异黄烷 -6-*O*-*β*-D- 吡喃葡萄糖苷 2',4'-dimethoxy-3'-hydroxyisoflavan-6-*O*-*β*-D-glucopyranoside
2,5- 二甲氧基 -3- 十一烷基苯酚 2,5-dimethoxy-3-undecylphenol
6,12- 二甲氧基 -3- 乙基 -*β*- 咔啉 6,12-dimethoxyl-3-ethyl-*β*-carboline
6,12- 二甲氧基 -3- 乙烯基 -*β*- 咔啉 6,12-dimethoxy-3-vinyl-*β*-carboline
5,4'- 二甲氧基 -3'- 异丙烯基乙酰基 -6,7- 二氧亚甲基黄酮 -3-*O*-[*β*-D- 吡喃木糖基 -(1→6)]-*β*-D- 吡喃葡萄糖苷 5,4'-dimethoxy-3'-isopropenyl-acetyl-6,7-methylenedioxyflavone-3-*O*-[*β*-D-

xylopyranoxyl-(1 → 6)]-β-D-glucopyranoside
5,4'- 二甲氧基 -3'- 异戊二烯基鹰嘴豆芽素 -7-O-β-D- 半乳糖苷 5,4'-dimethoxy-3'-prenylbiochanin-7-O-β-D-galactoside
2,6- 二甲氧基 -4-(1 反式)- 丙 -1- 烯基)- 苯 -O-α-L- 吡喃鼠李糖基 -(1 → 6)-β-D- 吡喃葡萄糖苷 2,6-dimethoxy-4-[(1E)-prop-1-enyl]phenyl-O-α-L-rhamnopyranosyl-(1 → 6)-β-D-glucopyranoside
(αR)-α-{(1S)-1-[2,6- 二甲氧基 -4-(2- 丙烯 -1- 基) 苯氧基] 乙基 }-3,4- 二甲氧基 - 苯甲醇 -1- 乙酸酯 (αR)-α-{(1S)-1-[2,6-dimethoxy-4-(2-propen-1-yl)phenoxy]ethyl}-3,4-dimethoxy-benzenemethanol-1-acetate
1,2- 二甲氧基 -4-(2- 丙烯基) 苯 1,2-dimethoxy-4-(2-propenyl) benzene
1,2- 二甲氧基 -4-(2- 丙烯基)- 苯 1,2-dimethoxy-4-(2-propenyl)-benzene
2,6- 二甲氧基 -4-(2- 丙烯基) 苯酚 -6-O-β-D- 吡喃葡萄糖基 -β-D- 吡喃葡萄糖苷 2,6-dimethoxy-4-(2-propenyl)phenol-6-O-β-D-glucopyranosyl-β-D-glucopyranoside
2,6- 二甲氧基 -4-(2- 丙烯基) 苯基 -β-D- 吡喃葡萄糖苷 2,6-dimethoxy-4-(2-propenyl)phenyl-β-D-glucopyranoside
α-{1-[2,6- 二甲氧基 -4-(2- 丙烯基) 苯氧基] 乙基 }-1,3- 苯并二茂 -5- 甲醇乙酸酯 α-{1-[2,6-dimethoxy-4-(2-propenyl)phenoxy]ethyl}-1,3-benzodioxole-5-methanol acetate
[S-(R*,S*)]-α-{1-[2,6- 二甲氧基 -4-(2- 丙烯基) 苯氧基] 乙基 }-3,4- 二甲氧基 - 苯甲醇 [S-(R*,S*)]-α-{1-[2,6-dimethoxy-4-(2-propenyl)phenoxy]ethyl}-3,4-dimethoxy-benzenemethanol
α-{1-[2,6- 二甲氧基 -4-(2- 丙烯基) 苯氧基] 乙基 }-3,4- 二甲氧基 - 苯甲醇乙酸酯 α-{1-[2,6-dimethoxy-4-(2-propenyl)phenoxy]ethyl}-3,4-dimethoxy-benzenemethanol acetate
2,6- 二甲氧基 -4-(2- 丙烯基 - 苯酚) 2,6-dimethoxy-4-(2-propenyl)-phenol)
2,6- 二甲氧基 -4-(2- 羟乙基) 苯酚 -1-O-β-D- 吡喃葡萄糖苷 2,6-dimethoxy-4-(2-hydroxyethyl)phenol-1-O-β-D-glucopyranoside
2,6- 二甲氧基 -4-(2- 羟乙基)- 苯酚 -1-O-β-D- 吡喃葡萄糖苷 2,6-dimethoxy-4-(2-hydroxyethyl)-phenol-1-O-β-D-glucopyranoside
2,6- 二甲氧基 -4-(3- 羟基丙烯基)- 苯基 -1-O-α-L- 吡喃鼠李糖基 -(1 → 6)-β-D- 吡喃葡萄糖苷 2,6-dimethoxy-4-(3-hydroxy-propen-1-yl)-phenyl-4-O-α-L-rhamnopyranosyl-(1 → 6)-β-D-glucopyranoside
2,6- 二甲氧基 -4-(3- 羟基 - 烯丙基 -1- 基)- 苯基 -4-O-α-L- 吡喃鼠李糖基 -(1 → 6)-β-D- 吡喃葡萄糖苷 2,6-dimethoxy-4-(3-hydroxy-propen-1-yl)phenyl-4-O-α-L-rhamnopyranosyl-(1 → 6)-β-D-glucopyranoside
2,6- 二甲氧基 -4-(丙 -2- 烯基)- 苯 -O-α-L- 吡喃鼠李糖基 -(1 → 6)-β-D- 吡喃葡萄糖苷 2,6-dimethoxy-4-(prop-2-enyl]phenyl-O-α-L-rhamnopyranosyl-(1 → 6)-β-D-glucopyranoside
(7S,8R,8'R)-3,3'- 二甲氧基 -4,4,',8'- 三羟基 -9- 乙酰氧基 -7,9- 环氧木脂素 (7S,8R,8'R)-3,3'-dimethoxy-4,4,',8'-trihydroxy-9-acetoxy-7,9-exopylignan
(8R)-3,3'- 二甲氧基 -4,4',9,9'- 四羟基 -5',8- 木脂素 -3'-O-β-D- 吡喃葡萄糖苷 (8R)-3,3'-dimethoxy-4,4',9,9'-tetrahydroxy-5',8-lignan-3'-O-β-D-glucopyranoside
3,3'- 二甲氧基 -4,4',9,9'- 四羟基简单木脂素 3,3'-dimethoxy-4,4',9,9'-tetrahydroxy simple lignan
2',6'- 二甲氧基 -4,4'- 二羟基查耳酮 2',6'-dimethoxy-4,4'-dihydroxychalcone
(E)-3,3'- 二甲氧基 -4,4'- 二羟基芪 (E)-3,3'-dimethoxy-4,4'-dihydroxystilbene
2,6- 二甲氧基 -4,4'- 二羟基二氢查耳酮 2,6-dimethoxy-4,4'-dihydroxydihydrochalcone
3,5- 二甲氧基 -4,4'- 二羟基 - 联苄 3,5-dimethoxy-4,4'-dihydroxy-bibenzyl
3',3- 二甲氧基 -4',5,7- 三羟基黄酮 3',3-dimethoxy-4',5,7-trihydroxyflavone
3',5'- 二甲氧基 -4',5,7- 三羟基黄酮 3',5'-dimethoxy-4',5,7-trihydroxyflavone
3,3'- 二甲氧基 -4',5,7- 三羟基 - 黄酮 3,3'-dimethoxy-4',5,7-trihydroxy-flavone
3',7- 二甲氧基 -4',5- 二羟基黄酮 3',7-dimethoxy-4',5-dihydroxyflavone
2',7- 二甲氧基 -4',5'- 亚甲二氧基异黄酮 2',7-dimethoxy-4',5'-methylenedioxyisoflavone
1,3- 二甲氧基 -4,6,11- 三甲基萘并呋喃 1,3-dimethoxy-4,6,11-trimethylnaphthofuran
(7R,8S)-7'-3,3'- 二甲氧基 -4,7,9,9'- 四羟基 -8-O-4'- 新木脂素 -7-O-β-D- 吡喃葡萄糖苷 (7R,8S)-7'-3,3'-dimethoxy-4,7,9,9'-tetrahydroxy-8-O-4'-neolignan-7-O-β-D-glucopyranoside
3,3'- 二甲氧基 -4,8'- 氧代新木脂素 -9,4',7',9'- 四醇 3,3'-dimethoxy-4,8'-oxyneoligna-9,4',7',9'-tetraol
3,3'- 二甲氧基 -4,9,9'- 三羟基 -4',7- 环氧 -5',8- 木脂素 -4,9- 二 -O-β-D- 吡喃葡萄糖苷 3,3'-dimethoxy-4,9,9'-trihydroxy-4',7-epoxy-5',8-lignan-4,9-bis-O-β-D-glucopyranoside
(7S,8R)-3,3'- 二甲氧基 -4,9,9'- 三羟基 -4',7- 环氧 -5',8- 木脂素 -9'-O-β-D- 吡喃葡萄糖苷 (7S,8R)-3,3'-dimethoxy-4,9,9'-trihydroxy-4',7-epoxy-5',8-lignan-9'-O-β-D-glucopyranoside
(7S,8R)-3,3'- 二甲氧基 -4,9,9'- 三羟基 -4',7- 环氧 -5',8- 木脂素 -9-O-β-D- 吡喃葡萄糖苷 (7S,8R)-3,3'-dimethoxy-4,9,9'-trihydroxy-4',7-epoxy-5',8-lignan-9-O-β-D-glucopyranoside
3,4'- 二甲氧基 -4,9,9'- 三羟基 - 苯并呋喃木脂素 -7'- 烯 3,4'-dimethoxyl-4,9,9'-trihydroxy-benzofuranneolignan-7'-ene
3,4'- 二甲氧基 -4,9,9'- 三羟基 - 苯并呋喃新木脂素 -7'- 烯 3,4'-dimethoxy-4,9,9'-trihydroxy-benzofuranneolignan-7'-ene
2,6- 二甲氧基 -4-[(1S)-3- 甲氧基丙醇] 苯酚 2,6-dimethoxy-4-[(1S)-3-methoxypropyl]phenol
2,6- 二甲氧基 -4-{ 四氢 -4-[(4- 羟基 -3,5- 二甲氧基苯基) 甲基]-3- 羟甲基 -2- 呋喃基 } 苯基 -β-D- 吡喃葡萄糖苷 2,6-dimethoxy-4-[tetrahydro-4-[(4-hydroxy-3,5-dimethoxyphenyl)methyl]-3-(hydroxymethyl)-2-furanyl]phenyl-β-D-glucopyranoside
10,11- 二甲氧基 -4-N- 羟甲基马钱碱 -17- 乙酸 10,11-dimethoxy-4-N-hydroxymethylstrychnidin-17-acetic acid
3',5'- 二甲氧基 4'-O-β-D- 吡喃葡萄糖基桂皮酸 3',5'-dimethoxy-4'-O-β-D-glucopyranosyl-cinnamic acid
3,5- 二甲氧基 -4-O-β-D- 吡喃葡萄糖基桂皮酸 3,5-dimethoxy-4-O-β-D-glucopyranosylcinnamic acid
2,3- 二甲氧基 -4'-γ,γ- 二甲基烯丙氧基 -2'- 羟基查耳酮 2,3-dimethoxy-4'-γ,γ-dimethylallyloxy-2'-hydroxychalcone
(E)-1,2- 二甲氧基 -4- 丙烯基苯 (E)-1,2-dimethoxy-4-propenyl-benzene
2,6- 二甲氧基 -4- 甲基苯基 -1-O-β-D- 吡喃葡萄糖苷 2,6-dimethoxy-4-methylphenyl-1-O-β-D-glucopyranoside
2,6- 二甲氧基 -4- 甲基苯乙酮 2,6-dimethoxy-4-methylacetophenone
4,7- 二甲氧基 -4- 甲基香豆素 4,7-dimethoxy-4-methylcoumarin
2,6- 二甲氧基 -4- 甲氧基甲基苯酚 2,6-dimethoxy-4-methoxymethylphenol
3,5- 二甲氧基 -4- 羟基 -1-O- 葡萄糖苷 3,5-dimethoxy-4-hydroxy-1-O-glucoside
6,7- 二甲氧基 -4- 羟基 -1- 萘酚酸 6,7-dimethoxy-4-hydroxy-1-

E

naphthoic acid
3,5- 二甲氧基 -4- 羟基苯丙醇 3,5-dimethoxy-4-hydroxyphenylpropynol
3,5- 二甲氧基 -4- 羟基苯丙酮 3,5-dimethoxy-4-hydroxypropiophenone
3,5- 二甲氧基 -4- 羟基苯酚 -1-*O*-*β*-D-(6'-*O*- 没食子酰基)- 吡喃葡萄糖苷 3,5-dimethoxy-4-hydroxyphenol-1-*O*-*β*-D-(6'-*O*-galloyl)-glucopyranoside
3,5- 二甲氧基 -4- 羟基苯酚 -1-*O*-*β*-D-(6-*O*- 没食子酰基)- 葡萄糖 3,5-dimethoxy-4-hydroxyphenol-1-*O*-*β*-D-(6-*O*-galloyl)-glucose
2,6- 二甲氧基 -4- 羟基苯酚 -1-*O*-*β*-D- 吡喃葡萄糖苷 2,6-dimethoxy-4-hydroxyphenol-1-*O*-*β*-D-glucopyranoside
3,5- 二甲氧基 -4- 羟基苯基 -1-*O*-*β*-D- 吡喃葡萄糖苷 3,5-dimethoxy-4-hydroxyphenyl-1-*O*-*β*-D-glucopyranoside
(3,5- 二甲氧基 -4- 羟基苯基)-1-*O*-*β*-D-(6-*O*- 没食子酰基)- 吡喃葡萄糖苷 (3,5-dimethoxy-4-hydroxyphenyl)-1-*O*-*β*-D-(6-*O*-galloyl)-glucopyranoside
3,5- 二甲氧基 -4- 羟基苯基 -1-*O*-*β*-D- 呋喃芹糖基 -(1''→6')-*O*-*β*-D- 吡喃葡萄糖苷 3,5-dimethoxy-4-hydroxyphenyl-1-*O*-*β*-D-apiofuranosyl-(1''→6')-*O*-*β*-D-glucopyranoside
3,5- 二甲氧基 -4- 羟基苯基 -1-*O*-*β*-D- 芹糖基 -(1→6)-*O*-*β*-D- 吡喃葡萄糖苷 3,5-dimethoxy-4-hydrophenyl-1-*O*-*β*-D-apiosyl-(1→6)-*O*-*β*-D-glucopyranoside
(-)-3,5- 二甲氧基 -4- 羟基苯基 -*β*-D- 吡喃葡萄糖苷 (-)-3,5-dimethoxy-4-hydroxyphenyl-*β*-D-glucopyranoside
2,6- 二甲氧基 -4- 羟基苯甲醇 -1-*O*-*β*-D- 吡喃葡萄糖苷 2,6-dimethoxy-4-hydroxybenzyl alcohol-1-*O*-*β*-D-glucopyranoside
3,5- 二甲氧基 -4- 羟基苯甲醛 3,5-dimethoxy-4-hydroxybenzaldehyde
2,6- 二甲氧基 -4- 羟基苯甲酸 2,6-dimethoxy-4-hydroxybenzoic acid
3,5- 二甲氧基 -4- 羟基苯甲酸 3,5-dimethoxy-4-hydroxybenzoic acid
3,5- 二甲氧基 -4- 羟基苯甲酸 -1-*O*-*β*-D- 吡喃葡萄糖苷 3,5-dimethoxy-4-hydroxybenzoic acid-1-*O*-*β*-D-glucopyranoside
3,5- 二甲氧基 -4- 羟基苯甲酸 -4-*β*-D- 葡萄糖 3,5-dimethoxy-4-hydroxy-benzoic acid-4-*β*-D-glucoside
3,5- 二甲氧基 -4- 羟基苯甲酸 -7-*O*-*β*-D- 吡喃葡萄糖苷 3,5-dimethoxyl-4-hydroxybenzoic acid-7-*O*-*β*-D-glucopyranoside
3,5- 二甲氧基 -4- 羟基苯甲酸 -*O*-*β*-D- 吡喃葡萄糖苷 3,5-dimethoxy-4-hydroxybenzoic acid-*O*-*β*-D-glucopyranoside
3,5- 二甲氧基 -4- 羟基苯甲酸 -*O*- 葡萄糖苷 3,5-dimethoxy-4-hydroxybenzoic acid-*O*-glucoside
3,5- 二甲氧基 -4- 羟基苯甲酸甲酯 methyl 3,5-dimethoxy-4-hydroxybenzoate
3,5- 二甲氧基 -4- 羟基苯乙醇 3,5-dimethoxy-4-hydroxyphenethyl alcohol
3,5- 二甲氧基 -4- 羟基苯乙醇 -4-*O*-*β*-D- 吡喃葡萄糖苷 3,5-dimethoxy-4-hydroxybenzyl alcohol-4-*O*-*β*-D-glucoside
3',5'- 二甲氧基 -4'- 羟基苯乙酮 3',5'-dimethoxy-4'-hydroxyacetophenone
3,5- 二甲氧基 -4- 羟基苯乙酮 3,5-dimethoxy-4-hydroxyacetophenone
3,5- 二甲氧基 -4- 羟基苄醇 -4-*O*-*β*-D- 吡喃葡萄糖苷 3,5-dimethoxy-4-hydroxybenzyl-alcohol-4-*O*-*β*-D-glucopyranoside
1-(3,5- 二甲氧基 -4- 羟基苄基)-6-*O*- 没食子酰基 -1-*O*-*β*-D- 吡喃葡萄糖苷 1-(3,5-dimethoxy-4-hydroxybenzyl)-6-*O*-galloyl-1-*O*-*β*-D-glucopyranoside
3,5- 二甲氧基 -4- 羟基苄基 -1-*O*-*β*-D- 吡喃葡萄糖苷 3,5-dimethoxy-4-hydroxybenzyl-1-*O*-*β*-D-glucopyranoside
2,3- 二甲氧基 -4- 羟基二苯甲酮 2,3-dimethoxy-4-hydroxybenzophenone
2,4- 二甲氧基 -4'- 羟基二氢查耳酮 2,4-dimethoxy-4'-hydroxydihydrochalcone
3,5- 二甲氧基 -4- 羟基反式 - 桂皮醛 3,5-dimethoxy-4-hydroxy-*trans*-cinnamaldehyde
3,5- 二甲氧基 -4- 羟基桂皮醛 3,5-dimethoxy-4-hydroxycinnamaldehyde
3,5- 二甲氧基 -4- 羟基桂皮酸 3,5-dimethoxy-4-hydroxycinnamic acid
5,7- 二甲氧基 -4'- 羟基黄酮 5,7-dimethoxy-4'-hydroxyflavone
7,3'- 二甲氧基 -4'- 羟基黄酮 -5-*O*- 吡喃葡萄糖苷 7,3'-dimethoxy-4'-hydroxyflavone-5-*O*-glucopyranoside
(2*S*)-7,3'- 二甲氧基 -4'- 羟基黄烷 (2*S*)-7,3'-dimethoxy-4'-hydroxyflavan
5,7- 二甲氧基 -4'- 羟基黄烷 5,7-dimethoxy-4'-hydroxyflavan
3,4- 二甲氧基 -4- 羟基联苄 3,4-dimethoxy-4-hydroxybibenzyl
3',5'- 二甲氧基 -4- 羟基 - 顺式 - 芪 3',5'-dimethoxy-4-hydroxy-*trans*-stilbene
2,6- 二甲氧基 -4- 氢醌 -1-*O*-*β*-D- 吡喃葡萄糖苷 2,6-dimethoxy-4-hydroquinone-1-*O*-*β*-D-glucopyranoside
6,7- 二甲氧基 -4- 色烷酮 6,7-dimethoxy-4-chromanone
(+)-(8*R*)-(2,6- 二甲氧基 -4- 异戊烯基苯氧基)-1-(3,4,5- 三甲氧基苯基)- 丙烷 -1- 酮 (+)-(8*R*)-(2,6-dimethoxy-4-propenylphenoxy)-1-(3,4,5-trimethoxyphenyl)-propan-1-one
1-[3,4- 二甲氧基 -5-(3- 甲基 -3- 丁烯 -1- 炔 -1- 基) 苯基]- 乙酮 1-[3,4-dimethoxy-5-(3-methyl-3-buten-1-yn-1-yl)phenyl]-ethanone
3,7- 二甲氧基 -5,3',4'- 三羟基黄酮 3,7-dimethoxy-5,3',4'-trihydroxyflavone
3,7- 二甲氧基 -5,4'- 二羟基黄酮 3,7-dimethoxy-5,4'-dihydroxyflavone
8,3'- 二甲氧基 -5,4'- 二羟基黄酮 -7- 葡萄糖苷 8,3'-dimethoxy-5,4'-dihydroxyflavone-7-glucoside
6,7- 二甲氧基 -5,4'- 二羟基黄酮醇 -3-*O*-*β*-D- 吡喃葡萄糖苷 6,7-dimethoxy-5,4'-dihydroflavonol-3-*O*-*β*-D-glucopyranoside
3',4'- 二甲氧基 -5',5- 二羟基 -6,7- 亚甲二氧基异黄酮 3',4'-dimethoxy-5',5-dihydroxy-6,7-methylenedioxyisoflavone
4,4'- 二甲氧基 -5,6,5',6'- 二 (亚甲二氧基)- 二苯基 -2,2'- 二羧酸二甲酯 dimethyl 4,4'-dimethoxy-5,6,5',6'-di(methylenedioxy)-biphenyl-2,2'-dicarboxylate
4,4- 二甲氧基 -5,6,5',6'- 二亚甲二氧基联苯 -2,2- 二羧二甲酯 dimethyl 4,4-dimethoxy-5,6,5',6'-dimethylenedioxybiphenyl-2,2-dicarboxylate
6,4'- 二甲氧基 -5,7,3'- 三羟基异黄酮 6,4'-dimethoxy-5,7,3'-trihydroxyisoflavone
8,3'- 二甲氧基 -5,7,4'- 三羟黄酮 8,3'-dimethoxy-5,7,4'-trihydroxyflavone
3,6- 二甲氧基 -5,7,4'- 三羟基黄酮 3,6-dimethoxy-5,7,4'-trihydroxyflavone
3',4'- 二甲氧基 -5,7,5'- 三羟基黄酮 -3-*O*-*α*-L- 吡喃鼠李糖苷 3',4'-dimethoxy-5,7,5'-trihydroxyflavone-3-*O*-*α*-L-rhamnopyranoside
3,6- 二甲氧基 -5,7- 二羟基黄酮 3,6-dimethoxy-5,7-dihydroxyflavone
2,3- 二甲氧基 -5- 丙基苯酚 2,3-dimethoxy-5-propylphenol
4,7- 二甲氧基 -5- 甲基 -6- 羟基香豆素 4,7-dimethoxyl-5-methyl-6-hydroxycoumarin
2,3- 二甲氧基 -5- 甲基苯基 -1-*O*-*β*-D- 吡喃葡萄糖苷 2,3-dimethoxy-5-methylphenyl-1-*O*-*β*-D-glucopyranoside
4,7- 二甲氧基 -5- 甲基香豆素 4,7-dimethoxy-5-methylcoumarin
4,7- 二甲氧基 -5- 甲酰基 -6- 羟基香豆素 4,7-dimethoxyl-5-formyl-6-hydroxycoumarin
7,4'- 二甲氧基 -5- 羟基 -(2*S*)- 黄烷酮 7,4'-dimethoxy-5-hydroxy-

(2*S*)-flavanone
4,6- 二甲氧基 -5- 羟基 -3- 羟甲基 -2-(3,4,5- 三甲氧基苯基)-2,3- 二氢苯并呋喃 4,6-dimethoxy-5-hydroxy-3-hydroxymethyl-2-(3,4,5-trimethoxyphenyl)-2,3-dihydrobenzofuran
1-*O*-3,4- 二甲氧基 -5- 羟基苯基 -(6-*O*-3,5- 二甲氧基没食子酰基)-*β*-D- 吡喃葡萄糖苷 1-*O*-3,4-dimethoxy-5-hydroxyphenyl-(6-*O*-3,5-dimethoxygalloyl)-*β*-D-glucopyranoside
1-*O*-3,4- 二甲氧基 -5- 羟基苯基 -(6-*O*- 香荚兰酰基)-*β*-D- 吡喃葡萄糖苷 1-*O*-3,4-dimethoxy-5-hydroxyphenyl-(6-*O*-vanilloyl)-*β*-D-glucopyranoside
1-*O*-3,4- 二甲氧基 -5- 羟基苯基 -6-*O*-(3,5- 二 -*O*- 甲基没食子酰基)-*β*- 吡喃葡萄糖苷 1-*O*-3,4-dimethoxy-5-hydroxyphenyl-6-*O*-(3,5-di-*O*-methylgalloyl)-*β*-glucopyranoside
3,4- 二甲氧基 -5- 羟基 - 反式桂皮醇 3,4-dimethoxy-5-hydroxy-trans-cinnamyl alcohol
4',7- 二甲氧基 -5- 羟基黄酮 4',7-dimethoxyl-5-hydroxyflavone
7,4'- 二甲氧基 -5- 羟基黄酮 7,4'-dimethoxy-5-hydroxyflavone
7,4'- 二甲氧基 -5- 羟基黄烷酮 7,4'-dimethoxy-5-hydroxyflavanone
1,3- 二甲氧基 -5- 羟基吨酮 1,3-dimethoxy-5-hydroxyxanthone
7,4'- 二甲氧基 -5- 羟基异黄酮 7,4'-dimethoxy-5-hydroxyisoflavone
5,7- 二甲氧基 -6-(1',2',3'- 三羟基丙基)-2*H*-1- 苯并吡喃 -2- 酮 5,7-dimethoxy-6-(1',2',3'-trihydroxypropyl)-2*H*-1-benzopyran-2-one
4,5- 二甲氧基 -6-(2- 丙烯基)-1,3- 亚甲二氧基苯 4,5-dimethoxy-6-(2-propenyl)-1,3-benzodioxole
5,7- 二甲氧基 -6-(2- 异戊烯基) 香豆素 5,7-dimethoxy-6-(2-isopentenyl)coumarin
2,3- 二甲氧基 -6-(3- 氧代丁基)-7,9,10,11,11*α*,12- 六氢苯并 [f] 吡咯 [1,2-b] 异喹啉 2,3-dimethoxy-6-(3-oxo-butyl)-7,9,10,11,11*α*,12-hexahydrobenzo[f]pyrrolo[1,2-b]isquinoline
(2*S*)-7,3'- 二甲氧基 -6,4'- 二羟基黄烷 (2*S*)-7,3'-dimethoxy-6,4'-dihydroxyflavan
4,4'- 二甲氧基 -6,6'- 二甲基 -8,8'- 二羟基 -2,2'- 二萘基 -1,1'- 醌 4,4'-dimethoxy-6,6'-dimethyl-8,8'-dihydroxy-2,2'-binaphthyl-1,1'-quinone
3,6- 二甲氧基 -6",6"- 二甲基苯并吡喃 -(7,8,2",3")- 黄酮 3,6-dimethoxy-6",6"-dimethylchromene-(7,8,2",3")-flavone
4',5'- 二甲氧基 -6,6- 二甲基吡喃异黄酮 4',5'-dimethoxy-6,6-dimethylpyranoisoflavone
3,6- 二甲氧基 -6",6"- 二甲基色烯 -(7,8,2",3")- 黄酮 3,6-dimethoxy-6",6"-dimethchromene-(7,8,2",3")-flavone
5,2'- 二甲氧基 -6,7- 二氧亚甲基黄烷酮 5,2'-dimethoxy-6,7-methylene dioxyflavanone
5,4'- 二甲氧基 -6,7- 亚甲二氧基黄烷酮 5,4'-dimethoxy-6,7-methylenedioxyflavanone
5,8- 二甲氧基 -6,7- 亚甲二氧基香豆素 5,8-dimethoxy-6,7-methylenedioxycoumarin
7,7'- 二甲氧基 -6,8'- 双香豆素 7,7'-dimethoxy-6,8'-bicoumarin
2,3- 二甲氧基 -6- 甲基蒽醌 2,3-dimethoxy-6-methylanthraquinone
1,8- 二甲氧基 -6- 羟基 -7- 甲基二苯 [b,f] 氧杂草 1,8-dimethoxy-6-hydroxy-7-methyldibenz[b,f]oxepin
5,7- 二甲氧基 -6- 羟基香豆素 5,7-dimethoxy-6-hydroxycoumarin
(2'*R*,3'*R*,4'*S*,5'*S*)-6,8- 二甲氧基 -7-(3',7'- 二甲基 -4',5'- 环氧 -2'- 羟基八碳 -6'- 烯氧基)- 香豆素 (2'*R*,3'*R*,4'*S*,5'*S*)-6,8-dimethoxy-7-(3',7'-dimethyl-4',5'-epoxy-2'-hydroxyocta-6'-enyloxy)-coumarin
6,8- 二甲氧基 -7-(3',7'- 二甲基八碳 -2',6'- 二烯氧基)- 香豆素 6,8-dimethoxy-7-(3',7'-dimethylocta-2',6'-dienyloxy)-coumarin
6,3'- 二甲氧基 -7,5'- 二羟基异黄酮 6,3'-dimethoxy-7,5'-dihydroxyisoflavone
(7*R*,7'*S*,8*R*,8'*S*)-3,3'- 二甲氧基 -7,7'- 环氧木脂素 -4,4',9- 三醇 (7*R*,7'*S*,8*R*,8'*S*)-3,3'-dimethoxy-7,7'-epoxylignan-4,4',9-triol
(7*R*,7'*S*,8*S*,8'*R*)-3,3'- 二甲氧基 -7,7'- 环氧木脂素 -4,4',9- 三醇 (7*R*,7'*S*,8*S*,8'*R*)-3,3'-dimethoxy-7,7'-epoxylignan-4,4',9-triol
5,6- 二甲氧基 -7,8- 亚甲二氧基香豆素 5,6-dimethoxy-7,8-methylenedioxycoumarin
4',8- 二甲氧基 -7-*O*-*β*-D- 吡喃葡糖基异黄酮 4',8-dimethoxy-7-*O*-*β*-D-glucopyranosylisoflavone
4,5- 二甲氧基 -7- 甲基香豆素 4,5-dimethoxy-7-methylcoumarin
4,8- 二甲氧基 -7- 羟基 -5- 甲基香豆素 4,8-dimethoxy-7-hydroxy-5-methylcoumarin
5,6- 二甲氧基 -7- 羟基香豆素 5,6-dimethoxy-7-hydroxycoumarin
6,8- 二甲氧基 -7- 羟基香豆素 6,8-dimethyl-oxy-7-hydroxycoumarin
1,3- 二甲氧基 -7- 羟甲基 -4-(3- 甲基 - 丁酰氧甲基)-1- 氢化环戊烷 -4,7- 二烯 [c] 吡喃 -6- 酮 1,3-dimethyloxy-7-hydroxymethyl-4-(3-methyl-butyryloxymethyl)-1-hydrocyclopenta-4,7-diene[c]pyran-6-one
1,3- 二甲氧基 -7- 羟甲基 -4- 甲氧基甲基 -1- 氢化环戊 -4,7- 二烯 [c] 吡喃 -6- 酮 1,3-dimethyloxy-7-hydroxymethyl-4-methyloxymethyl-1-hydrocyclopenta-4,7-diene[c]pyran-6-one
5,5'- 二甲氧基 -7- 氧代落叶松树脂醇 5,5'-dimethoxy-7-oxolariciresinol
5,5'- 二甲氧基 -7- 氧代落叶松树脂醇 -4'-*O*-*β*-D- 吡喃葡萄糖苷 5,5'-dimethoxy-7-oxolariciresinol-4'-*O*-*β*-D-glucopyranoside
(8*R**,7'*S**,8'*R**)-5,5'- 二甲氧基 -7- 氧代落叶松树脂醇 -9'-*O*-*β*-D- 吡喃木糖苷 (8*R**,7'*S**,8'*R**)-5,5'-dimethoxy-7-oxolariciresinol-9'-*O*-*β*-D-xylopyranoside
5,8- 二甲氧基 -7- 异戊烯基氧香豆素 5,8-dimethoxy-7-isopentenyloxycoumarin
5,7- 二甲氧基 -8-(3- 甲基 -2- 丁烯氧基)- 香豆素 5,7-dimethoxy-8-(3-methyl-2-butenoxy)coumarin
5,7- 二甲氧基 -8-(3'- 甲基 -2'- 氧代丁基) 香豆素 5,7-dimethoxy-8-(3'-methyl-2'-oxobutyl)coumarin
5,7- 二甲氧基 -8-(3'- 甲基 -2'- 氧代丁基)- 香豆素 5,7-dimethoxy-8-(3'-methyl-2'-oxo-butyl)-coumarin
5,7- 二甲氧基 -8-(3- 甲基 -2- 氧代丁基) 香豆素 5,7-dimethoxy-8-(3-methyl-2-oxobutyl)-coumarin
5,7- 二甲氧基 -8-(3- 甲基 -2- 氧代 - 丁基) 香豆素 5,7-dimethoxy-8-(3-methyl-2-keto-butyl)coumarin
5,7- 二甲氧基 -8-(3'- 羟基 -3'- 甲基 -1'- 丁烯)- 香豆素 5,7-dimethoxy-8-(3'-hydroxy-3'-methyl-1'-butene)-coumarin
7,4'- 二甲氧基 -8,3',5'- 三羟基 -6-*O*-*β*-D- 吡喃葡萄糖苷异黄酮 7,4'-dimethoxy-8,3',5'-trihydroxy-6-*O*-*β*-D-glucopyranosylisoflavone
3,6- 二甲氧基 -8,8- 二甲基 -2- 苯基 -4*H*,8*H*- 苯 [1,2-b:3,4-b'] 二吡喃 -4- 酮 3,6-dimethoxy-8,8-dimethyl-2-phenyl-4*H*,8*H*-benzo[1,2-b:3,4-b']dipyran-4-one
7,7'- 二甲氧基 -8,8'- 双香豆素 7,7'-dimethoxy-8,8'-bicoumarin
3,3'- 二甲氧基 -8,9- 环氧木脂素 -4,4',9'- 三醇 3,3'-dimethoxy-8,9-epoxylignan-4,4',9'-triol
5,7- 二甲氧基 -8-[(*Z*)-3'- 甲基丁烷 -1',3'- 二烯基]- 香豆素 5,7-dimethoxy-8-[(*Z*)-3'-methylbutan-1',3'-dienyl]-coumarin
2',7- 二甲氧基 -8- 甲基异黄酮 2',7-dimethoxy-8-methylisoflavone
4*α*,5- 二甲氧基 -8- 甲醛基 -7- 羟基 -6- 甲基黄烷 4*α*,5-dimethoxy-8-formyl-7-hydroxy-6-methylflavan
1,2- 二甲氧基 -8- 羟基 -3- 甲基 -9,10- 蒽醌 1,2-dimethoxy-8-hydroxy-3-methyl-9,10-anthraquinone
1,3- 二甲氧基 -8- 羟基吨酮 1,3-dimethoxy-8-hydroxyxanthone
5,7- 二甲氧基 -8- 羟基香豆素 5,7-dimethoxy-8-hydroxycoumarin

E

6,7- 二甲氧基 -8- 羟基香豆素 6,7-dimethoxy-8-hydroxycoumarin
(2*S*)-5,4'- 二甲氧基 -8- 熏衣草基 -7,2'- 二羟基黄烷酮 (2*S*)-5,4'-dimethoxy-8-lavandulyl-7,2'-dihydroxyflavanone
1,2- 二甲氧基 -9,10- 亚基二氧基 -7- 氧代二苯并 [de,g] 喹啉 1,2-dimethoxy-9,10-methylenedioxy-7-oxodibenzo[de,g]quinoline
2,6- 二甲氧基 -9,4- 苯醌 2,6-dimethoxy-9,4-benzoquinone
(7'*R*,8'*R*)-3,5'- 二甲氧基 -9,9'- 二羟基 -4,7'- 环氧木脂素 -4'-*β*-D-吡喃葡萄糖苷 (7'*R*,8'*R*)-3,5'-dimethoxy-9,9'-dihydroxy-4,7'-epoxylignan-4'-*β*-D-glucopyranoside
(+)-5,5'- 二甲氧基 -9-*O*-*β*-D- 吡喃葡萄糖基裂环异落叶松树脂醇 (+)-5,5'-dimethoxy-9-*O*-*β*-D-glucopyranosylsecoisolariciresinol
(+)-5,5'- 二甲氧基 -9-*O*-*β*-D- 吡喃葡萄糖基落叶松树脂醇 (+)-5,5'-dimethoxy-9-*O*-*β*-D-glucopyranosyllariciresinol
5,5'- 二甲氧基 -9-*β*-D- 吡喃木糖基 -(-)- 异落叶松树脂醇 5,5'-dimethoxy-9-*β*-D-xylopyranosyl-(-)-isolariciresinol
2,6- 二甲氧基 -9- 苯基 -1*H*- 菲那烯 -1- 酮 2,6-dimethoxy-9-phenyl-1*H*-phenalen-1-one
2,8- 二甲氧基 -9- 苯基 -3*H*- 苯并 [e] 茚 -3- 酮 2,8-dimethoxy-9-phenyl-3*H*-benz[e]inden-3-one
2,4- 二甲氧基 -9- 蒽酮 2,4-dimethoxy-9-anthrone
2,3- 二甲氧基 -9- 羟基 -1,4- 蒽醌 2,3-dimethoxy-9-hydroxy-1,4-anthraquinone
3,4- 二甲氧基 -*N*,*N*- 二甲基苯甲酰胺 3,4-dimethoxy-*N*,*N*-dimethylbenzamide
6,7- 二甲氧基 -*N*- 甲基 -3,4- 二氧代 -1(2*H*)- 异喹啉 6,7-dimethoxy-*N*-methyl-3,4-dioxo-1(2*H*)-isoquinolinone
3,4- 二甲氧基 -*N*- 甲基马兜铃内酰胺 3,4-dimethoxy-*N*-methylaristolactam
11,12- 二甲氧基 -*N*- 甲氧羰基药用蕊木碱▲ 11,12-dimethoxy-*N*-methoxycarbonylkopsinaline
3,4- 二甲氧基 -*α*-[[3-[2-[(2*E*)-3-(4- 甲氧基苯基)-1- 氧代 -2- 丙烯基] 氨] 乙基]-1*H*- 吲哚 -5- 基] 氧基]- 氧代 - 苯丙酸乙酯 3,4-dimethoxy-*α*-[[3-[2-[(2*E*)-3-(4-methoxyphenyl)-1-oxo-2-propenyl]amino]ethyl]-1H-indol-5-yl]oxy]-oxo-benzenepropanoic acid ethyl ester
10,11- 二甲氧基 -*α*- 育亨宾碱 10,11-dimethoxy-*α*-yohimbine
2,6- 二甲氧基 -*β*- 苯醌 2,6-dimethoxy-*β*-benzoquinone
(*S*)-(+)-1,2- 二甲氧基阿朴啡 -11- 醇 (*S*)-(+)-1,2-dimethoxyaporphin-11-ol
(3*R*)-(-)-8,9- 二甲氧基巴兰吉枝木碱▲ (3*R*)-(-)-8,9-dimethoxygeibalansine
6,7- 二甲氧基白毛茛碱 6,7-dimethoxyhydrastine
1,4- 二甲氧基苯 1,4-dimethoxybenzene
3,6- 二甲氧基 - 苯并恶嗪 -2(3*H*)- 酮 3,6-dimethoxy-benzoxazolin-2(3*H*)-one
(5,6- 二甲氧基苯并呋喃 -2- 基)(4- 羟基苯基) 甲酮 (5,6-dimethoxybenzofuran-2-yl)(4-hydroxyphenyl)methanone
2,4- 二甲氧基苯酚 2,4-dimethoxyphenol
2,6- 二甲氧基苯酚 2,6-dimethoxyphenol
3,4- 二甲氧基苯酚 3,4-dimethoxyphenol
3,5- 二甲氧基苯酚 3,5-dimethoxyphenol
3,5- 二甲氧基苯酚 -1-*O*-*β*-D- 呋喃芹糖基 -(1 → 2)-*β*-D- 吡喃葡萄糖苷 3,5-dimethoxyphenol-1-*O*-*β*-D-apiofuranosyl-(1 → 2)-*β*-D-glucopyranoside
3,4- 二甲氧基苯酚 -*β*-D- 吡喃葡萄糖苷 3,4-dimethoxyphenol-*β*-D-glucopyranoside
3,4- 二甲氧基苯酚 -*β*-D- 呋喃芹糖基 -(1 → 6)-*β*-D- 吡喃葡萄糖苷 3,4-dimethoxyphenol-*β*-D-apiofuranosyl-(1 → 6)-*β*-D-glucopyranoside
{(3,4- 二甲氧基苯基)[2-(1- 乙基 -2- 丙酮基)-4,5- 二甲氧基苯基] 亚甲基 } 酰肼丙酸 {(3,4-dimethoxyphenyl)[2-(1-ethyl-2-oxopropyl)-4,5-dimethoxyphenyl]methylene}hydrazide propanoic acid
3-(3,4- 二甲氧基苯基)-1,2- 丙二醇 3-(3,4-dimethoxyphenyl)-1,2-propanediol
1-(3,4- 二甲氧基苯基)-1,3- 丙二醇 1-(3,4-dimethoxyphenyl)-1,3-propanediol
1-(3',4'- 二甲氧基苯基)-1- 羟基 -2- 丙烯 1-(3',4'-dimethoxyphenyl)-1-hydroxy-2-propene
1-(3,4- 二甲氧基苯基)-2-(4- 烯丙基 -2,6- 二甲氧基苯氧基)-1- 丙醇 1-(3,4-dimethoxyphenyl)-2-(4-allyl-2,6-dimethoxyphenoxy) propan-1-ol
1-(3,4- 二甲氧基苯基)-2-(4- 烯丙基 -2,6- 二甲氧基苯氧基)-1- 丙酮 1-(3,4-dimethoxyphenyl)-2-(4-allyl-2,6-dimethoxyphenoxy) propan-1-acetone
1-(3,4- 二甲氧基苯基)-2-(4- 烯丙基 -2,6- 二甲氧基苯氧基) 丙醇 1-(3,4-dimethoxyphenyl)-2-(4-allyl-2,6-dimethoxyphenoxy) propanol
1-(3,4- 二甲氧基苯基)-2-(4- 烯丙基 -2,6- 二甲氧基苯氧基) 丙醇 -1- 乙酸酯 1-(3,4-dimethoxyphenyl)-2-(4-allyl-2,6-dimethoxyphenoxy)propanol-1-acetate
1-(3,4- 二甲氧基苯基)-2-(4- 烯丙基 -2,6- 二甲氧基苯氧基)-丙烷 1- 乙酸酯 1-(3,4-dimethoxyphenyl)-2-(4-alllyl-2,6-dimethoxyphenoxy)propan-1-ol acetate
5-[(2*S*,3*R*)-4-(3,4- 二甲氧基苯基)-2,3- 二甲基丁基]-1,3- 苯并二茂 5-[(2*S*,3*R*)-4-(3,4-dimethoxyphenyl)-2,3-dimethylbutyl]-1,3-benzodioxole
4-[(2*R*,3*S*)-4-(3,4- 二甲氧基苯基)-2,3- 二甲基丁基]-2- 甲氧基苯酚 4-[(2*R*,3*S*)-4-(3,4-dimethoxyphenyl)-2,3-dimethylbutyl]-2-methoxyphenol
4-[4-(3,4- 二甲氧基苯基)-2,3- 二甲基丁基]-2- 甲氧基苯酚 4-[4-(3,4-dimethoxyphenyl)-2,3-dimethylbutyl]-2-methoxyphenol
(*S*)-2-(2,4- 二甲氧基苯基)-2,3- 二氢 -5- 甲氧基 -7,7- 二甲基 -10-(3-甲基 -2- 丁烯基)- 苯并 [1,2-b:4,5-b'] 二吡喃 -4(7*H*)- 酮 (*S*)-2-(2,4-dimethoxyphenyl)-2,3-dihydro-5-methoxy-7,7-dimethyl-10-(3-methyl-2-butenyl)-benzo[1,2-b:4,5-b']dipyran-4(7*H*)-one
2'-(苯氧基)-3-(3,4- 二甲氧基苯基)-2,3- 环氧 -3',4'- 二甲氧基苯丙酮 2'-(benzyloxy)-3-(3,4-dimethoxyphenyl)-2,3-epoxy-3',4'-dimethoxypropiophenone
(7*R*,8*S*)-1-(3,4- 二甲氧基苯基)-2-[4-(3- 羟基 -1- 丙烯基)-2- 甲氧基苯氧基]- 丙烷 -1,3- 二醇 (7*R*,8*S*)-1-(3,4-dimethoxyphenyl)-2-[4-(3-hydroxy-1-propenyl)-2-methoxyphenoxy]-propane-1,3-diol
(1*S*,3*R*)-1-(3,4- 二甲氧基苯基)-2-[4-(3- 羟基丙基)-2- 甲氧基苯氧基]- 丙烷 -1,3- 二醇 (1*S*,3*R*)-1-(3,4-dimethoxyphenyl)-2-[4-(3-hydroxypropyl)-2-methoxyphenoxy]-propane-1,3-diol
(1*S*,2*S*)-1-(3,4- 二甲氧基苯基)-2-[4-[(1*E*)-3- 羟基 -1- 丙烯 -1- 基]-2-甲氧基苯氧基]-1,3- 丙二醇 (1*S*,2*S*)-1-(3,4-dimethoxyphenyl)-2-[4-[(1E)-3-hydroxy-1-propen-1-yl]-2-methoxyphenoxy]-1,3-propanediol
(7*R*,8*S*)-1-(3,4- 二甲氧基苯基)-2-*O*-(2- 甲氧基 -4-*ω* 羟基丙基苯基) 丙烷 -1,3- 二醇 (7*R*,8*S*)-1-(3,4-dimethoxyphenyl)-2-*O*-(2-methoxy-4-omegahydroxypropylphenyl)propane-1,3-diol
(7*S*,8*R*)-1-(3,4- 二甲氧基苯基)-2-*O*-(2- 甲氧基 -4-*ω*- 羟基丙基苯基) 丙烷 -1,3- 二醇 (7*S*,8*R*)-1-(3,4-dimethoxyphenyl)-2-*O*-(2-methoxy-4-omega-hydroxypropylphenyl)propane-1,3-diol
1-(3,4- 二甲氧基苯基)-2-*O*-(2- 甲氧基 -4-*ω*- 羟基丙基苯基) 丙烷 -1,3- 二醇 1-(3,4-dimethoxyphenyl)-2-*O*-(2-methoxy-4-omegahydroxypropylphenyl)propane-1,3-diol

3-(3,4- 二甲氧基苯基)-2- 丙烯醛 3-(3,4-dimethoxyphenyl)-2-propenal

2*E*-3-(3,4- 二甲氧基苯基)-2- 丙烯酸二十八酯 (2*E*)-3-(3,4-dimethoxyphenyl)-2-propenoic acid octacosyl ester

(2*R*,3*R*,4*S*)-4-(3,4- 二甲氧基苯基)-3,4- 二氢 -6,7- 二甲氧基 -2,3-二甲基 -1(2*H*)- 萘酮 (2*R*,3*R*,4*S*)-4-(3,4-dimethoxyphenyl)-3,4-dihydro-6,7-dimethoxy-2,3-dimethyl-1(2*H*)-naphthalenone

1-(3,4- 二甲氧基苯基)-4(3,4- 亚甲二氧基苯基)-2,3- 二甲基丁烷 1-(3,4-dimethoxyphenyl)-4(3,4-methylenedioxyphenyl)-2,3-dimethylbutane

2-(2,3- 二甲氧基苯基)-5,8- 二甲氧基 -3- 丙基 -4(1*H*)- 喹啉酮 2-(2,3-dimethoxyphenyl)-5,8-dimethoxy-3-propyl-4(1*H*)-quinolinone

2-(3,4- 二甲氧基苯基)-5,8- 二甲氧基 -3- 丙基 -4(1*H*)- 喹啉酮 2-(3,4-dimethoxyphenyl)-5,8-dimethoxy-3-propyl-4(1*H*)-quinolinone

(+)-2-(3,4- 二甲氧基苯基)-6-(3,4- 二羟基苯基)-3,7- 二氧杂双环 [3,3,0] 辛烷 (+)-2-(3,4-dimethoxyphenyl)-6-(3,4-dihydroxyphenyl)-3,7-dioxabicyclo[3,3,0]octane

(1*R*,2*R*,5*R*,6*S*)-2-(3,4- 二甲氧基苯基)-6-(3,4- 二羟基苯基)-3,7- 二氧杂双环 [3.3.0] 辛烷 (1*R*,2*R*,5*R*,6*S*)-2-(3,4-dimethoxyphenyl)-6-(3,4-dihydroxyphenyl)-3,7-dioxabicyclo[3.3.0]octane

(1*R**,2*R**,5*R**,6*S**)-2-(3,5- 二甲氧基苯基)-6-(3,4- 亚甲二氧基苯基)-3,7- 二氧代双环 [3.3.0] 辛烷 (1*R**,2*R**,5*R**,6*S**)-2-(3,5-dimethoxyphenyl)-6-(3,4-methylenedioxyphenyl)-3,7-dioxabicyclo[3.3.0]octane

(1*S**,2*R**,5*S**,6*S**)-2-(3,5- 二甲氧基苯基)-6-(3,4- 亚甲二氧基苯基)-3,7- 二氧代双环 [3.3.0] 辛烷 (1*S**,2*R**,5*S**,6*S**)-2-(3,5-dimethoxyphenyl)-6-(3,4-methylenedioxyphenyl)-3,7-dioxabicyclo[3.3.0]octane

(*E*)-5-(3,4- 二甲氧基苯基)-6-[2-(3,4- 二甲氧基苯基) 乙烯基]-2,8,10- 三甲氧基 -9*H*- 苯并 [a] 氧杂蒽 -9- 酮 (*E*)-5-(3,4-dimethoxyphenyl)-6-[2-(3,4-dimethoxyphenyl)ethenyl]-2,8,10-trimethoxy-9*H*-benzo[a]xanthen-9-one

(+)-2*α*-(3',4'- 二甲氧基苯基)-6*α*-(3''- 羟基 -4'',5''- 二甲氧基苯基)-3,7- 二氧代双环 [3.3.0] 辛烷 (+)-2*α*-(3',4'-dimethoxyphenyl)-6*α*-(3''-hydroxy-4'',5''-dimethoxyphenyl)-3,7-dioxabicyclo[3.3.0]octane

4-(3,4- 二甲氧基苯基)-6- 羟基 -5- 甲氧基萘并 [2,3-*c*] 呋喃 -1(3*H*)-酮 4-(3,4-dimethoxyphenyl)-6-hydroxy-5-methoxynaphtho[2,3-*c*]furan-1(3*H*)-one

4-(3,4- 二甲氧基苯基)-6- 羟基 -7- 甲氧基萘并 [2,3-*c*] 呋喃 -1(3*H*)-酮 4-(3,4-dimethoxyphenyl)-6-hydroxy-7-methoxynaphtho[2,3-*c*]furan-1(3*H*)-one

7'-(3',4'- 二甲氧基苯基)-8,8'- 二甲基 -7-(3- 甲氧基 -4- 羟基苯基)-丁烷 7'-(3',4'-dimethoxyphenyl)-8,8'-dimethyl-7-(3-methoxy-4-hydroxyphenyl)-butane

2(*R*)-(3,4- 二甲氧基苯基)- 丙烷 -1,3- 二醇 -1-*O*-*β*-D- 吡喃葡萄糖苷 2(*R*)-(3,4-dimethoxyphenyl)-propane-1,3-diol-1-*O*-*β*-D-glucopyranoside

(3*R*,4*R*)-4-[(3,4- 二甲氧基苯基) 甲基]-3-[[4-(*β*-D- 吡喃葡萄糖基)-3- 甲氧基苯基] 二氢化 -2(3*H*)- 呋喃酮 (3*R*,4*R*)-4-[(3,4-dimethoxyphenyl)methyl]-3-[4-(*β*-D-glucopyranosyloxy)-3-methoxyphenyl]dihydro-2(3*H*)-furanone

[2*S*-(2*α*,3*β*,4*β*)]-4-[(3,4- 二甲氧基苯基)- 甲基]- 四氢 -2-(4- 羟基 -3- 甲氧基苯基)-3- 呋喃甲醇 [2*S*-(2*α*,3*β*,4*β*)]-4-[(3,4-dimethoxyphenyl)-methyl]-tetrahydro-2-(4-hydroxy-3-methoxyphenyl)-3-furanmethanol

5-[(2*R*,3*S*,4*S*,5*S*)-5-(3,4- 二甲氧基苯基)- 四氢 -3,4- 二甲基 -2-呋喃]-1,3- 苯并二亚甲二氧基苯 5-[(2*R*,3*S*,4*S*,5*S*)-5-(3,4-dimethoxyphenyl)-tetrahydro-3,4-dimethyl-2-furanyl]-1,3-benzodioxole

[2*S*-(2*α*,3*α*,4*α*,5*α*)]-5-[5-(3,4- 二甲氧基苯基) 四氢 -3,4- 二甲基 -2- 呋喃基]-1,3- 苯并二噁茂 [2*S*-(2*α*,3*α*,4*α*,5*α*)]-5-[5-(3,4-dimethoxyphenyl)tetrahydro-3,4-dimethyl-2-furanyl]-1,3-benzodioxole

5-[(2*R*,3*S*,4*S*,5*S*)-5-(3,4- 二甲氧基苯基) 四氢 -3,4- 二甲基 -2- 呋喃基]-1,3- 亚甲二氧基苯 5-[(2*R*,3*S*,4*S*,5*S*)-5-(3,4-dimethoxyphenyl)tetrahydro-3,4-dimethyl-2-furanyl]-1,3-benzodioxole

N-[2-(3,4- 二甲氧基苯基)- 乙基]-3- 苯基 - 丙烯酰胺 *N*-[2-(3,4-dimethoxyphenyl)-ethyl]-3-phenyl-acrylamide

2-[2-(3,5- 二甲氧基苯基) 乙基] 苯酚 2-[2-(3,5-dimethoxyphenyl)ethyl]phenol

3,4- 二甲氧基苯基 -1-*O*-*α*-L- 吡喃鼠李糖 -(1 → 6)-*β*-D- 吡喃葡萄糖苷 3,4-dimethoxyphenyl-(6'-*O*-*α*-L-rhamnopyranosyl)-*β*-D-glucopyranoside

3,4- 二甲氧基苯基 -1-*O*-*β*-D-[5-*O*-(4- 羟基苯甲酰基)]- 呋喃芹糖基 -(1 → 6)-*O*-*β*-D- 吡喃葡萄糖苷 3,4-dimethoxyphenyl-1-*O*-*β*-D-[5-*O*-(4-hydroxybenzoyl)]-apiofuranosyl-(1 → 6)-*O*-*β*-D-glucopyranoside

3,4- 二甲氧基苯基 -1-*O*-*β*-D- 吡喃葡萄糖苷 3,4-dimethoxyphenyl-1-*O*-*β*-D-glucopyranoside

3,4- 二甲氧基苯基 -1-*O*-*β*-D- 呋喃芹糖基 -(1'' → 3')-*O*-*β*-D- 吡喃葡萄糖苷 3,4-dimethoxyphenyl-1-*O*-*β*-D-apiofuranosyl-(1'' → 3')-*O*-*β*-D-glucopyranoside

6,7- 二甲氧基苯基 -2-(2- 苯乙基) 色酮 6,7-dimethoxy-2-(2-phenylethyl)chromone

3,5-二甲氧基苯基-2-丙烯-1-醇 3,5-dimethoxyphenyl-2-propen-1-ol

3,4- 二甲氧基苯基 -4-*β*-D- 吡喃葡萄糖苷 3,4-dimethoxyphenyl-4-*β*-D-glucopyranoside

(*Z*)-5-(3',5'- 二甲氧基苯基 -4- 羟基)-2- 烯戊酸酯 (*Z*)-5-(3',5'-dimethoxyphenyl-4-hydroxy)-2-ene pentanoate

3,4- 二甲氧基苯基 -6-*O*-(*α*-L- 吡喃鼠李糖基)-*β*-D- 吡喃葡萄糖苷 3,4-dimethoxyphenyl-6-*O*-(*α*-L-rhamnopyranosyl)-*β*-D-glucopyranoside

3,4- 二甲氧基苯基 -*O*-*β*-D- 吡喃葡萄糖苷 3,4-dimethoxyphenyl-*O*-*β*-D-glucopyranoside

2,6- 二甲氧基苯基 -*β*-D- 吡喃葡萄糖苷 2,6-dimethoxyphenyl-*β*-D-glucopyranoside

3,4- 二甲氧基苯基 -*β*-D- 吡喃葡萄糖苷 3,4-dimethoxyphenyl-*β*-D-glucopyranoside

3,4- 二甲氧基苯甲醛 3,4-dimethoxybenzaldehyde

3,5- 二甲氧基苯甲醛 3,5-dimethoxybenzaldehyde

2,4- 二甲氧基苯甲酸 2,4-dimethoxybenzoic acid

2,5- 二甲氧基苯甲酸 2,5-dimethoxybenzoic acid

2,6- 二甲氧基苯甲酸 2,6-dimethoxybenzoic acid

3,4- 二甲氧基苯甲酸 3,4-dimethoxybenzoic acid

3,5- 二甲氧基苯甲酸 3,5-dimethoxybenzoic acid

2,6- 二甲氧基苯甲酸 -(2- 甲氧基苯基) 甲酯 2,6-dimethoxybenzoic acid-(2-methoxyphenyl)methyl ester

3',4'- 二甲氧基苯甲酸 -(3'',4''- 二甲氧基苯基)-3- 氧代丁酯 3',4'-dimethoxybenzoic acid-(3'',4''-dimethoxyphenyl)-3-oxobutyl ester

3',4'- 二甲氧基苯甲酸 -(3'',4''- 二甲氧基苯基)-2- 甲基 -3- 氧代丁基酯 3',4'-dimethoxybenzoic acid-(3'',4''-dimethoxyphenyl)-2-methyl-3-oxobutyl ester

3,5- 二甲氧基苯甲酸 -4-*O*-*β*-D- 吡喃葡萄糖苷 3,5-dimethoxybenzoic acid-4-*O*-*β*-D-glucopyranoside

2,6- 二甲氧基苯甲酸苯甲酯 2,6-dimethoxybenzoic acid phenylmethyl ester

E

3,4- 二甲氧基苯甲酸甲酯 3,4-dimethoxybenzoic acid methyl ester
3,4- 二甲氧基苯甲酸钠 sodium 3,4-dimethoxybenzoate
4',5'- 二甲氧基苯甲酰豆甾醇 4',5'-dimethoxybenzoloxystigmasterol
2''-*O*-(3''',4'''- 二甲氧基苯甲酰基)- 荭草素 2''-*O*-(3''',4'''-dimethoxylbenzoyl)-orientin
2''-*O*-(3''',4'''- 二甲氧基苯甲酰基)- 荭草素 2''-*O*-(3''',4'''-dimethoxybenzoyl)-orientin
2''-*O*-(3''',4'''- 二甲氧基苯甲酰基)- 牡荆素 2''-*O*-(3''',4'''-dimethoxylbenzoyl)-vitexin
2''-*O*-(3''',4'''- 二甲氧基苯甲酰基)- 牡荆素 2''-*O*-(3''',4'''-dimethoxybenzoyl)-vitexin
2,5- 二甲氧基苯醌 2,5-dimethoxybenzoquinone
3,5- 二甲氧基苯乙醇 -4-*O*-*β*-D- 吡喃葡萄糖苷 3,5-dimethoxyphenethyl alcohol-4-*O*-*β*-D-glucopyranoside
5-(2,3- 二甲氧基苯乙基)-6- 甲基苯并 [d][1,3] 二氧杂环戊烯 5-(2,3-dimethoxyphenethyl)-6-methylbenzo[d][1,3]dioxole
1-*O*-4- 二甲氧基苯乙基 -4-*O*-3,4- 二甲氧基苯乙基 -*β*-D- 吡喃葡萄糖苷 1-*O*-4-dimethoxyphenylethyl-4-*O*-3,4-dimethoxyphenylethy-*β*-D-glucopyranoside
3,4- 二甲氧基苯乙酮 3,4-dimethoxyacetophenone
3,4- 二甲氧基苯乙烯 3,4-dimethoxystyrene
3,5- 二甲氧基 - 苄醇 -4-*O*-*β*-D- 吡喃葡萄糖苷 3,5-dimethoxybenzylalcohol-4-*O*-*β*-D-glucopyranoside
(3,4- 二甲氧基苄基)-2-(3,4- 亚甲二氧基苄基)- 丁酸内酯 (3,4-dimethoxybenzyl)-2-(3,4-methylenedioxybenzyl)-butyrolactone
3,4- 二甲氧基苄基 -*β*-D- 吡喃葡萄糖苷 3,4-dimethoxybenzyl-*β*-D-glucopyranoside
3,4- 二甲氧基苄基 -*β*-D- 葡萄糖苷 3,4-dimethoxybenzyl-*β*-D-glucoside
2,4- 二甲氧基丙烯苯 2,4-dimethoxyallylbenzene
5,8- 二甲氧基补骨脂素 5,8-dimethoxypsoralen
3,7- 二甲氧基草棉素 3,7-dimethoxyherbacetin
6,5'- 二甲氧基橙皮油烯 6,5'-dimethoxyauraptene
5',5''- 二甲氧基大风子素 D 5',5''-dimethoxyhydnocarpin D
2,2- 二甲氧基丁烷 2,2-dimethoxybutane
5*α*-3,3- 二甲氧基豆甾 -6- 酮 5*α*-3,3-dimethoxystigmastan-6-one
(5*α*)-3,3- 二甲氧基豆甾烷 (5*α*)-3,3-dimethoxystigmastane
7,9- 二甲氧基杜鹃醇 7,9-dimethoxyrhododendrol
2,6- 二甲氧基对苯醌 2,6-dimethoxy-*p*-benzoquinone
2,5- 二甲氧基 - 对苯醌 2,5-dimethoxy-*p*-benzoquinone
3,5- 二甲氧基对羟基苄醇 3,5-dimethoxy-*p*-hydroxybenzyl alcohol
2,6- 二甲氧基对氢醌 -1-*O*-*β*-D- 吡喃葡萄糖苷 2,6-dimethoxy-*p*-hydroquinone-1-*O*-*β*-D-glucopyranoside
2,5- 二甲氧基对酞酸 2,5-dimethoxyterephthalic acid
2,5- 二甲氧基对孜然芹烃▲ 2,5-dimethoxy-*p*-cymene
1,2- 二甲氧基蒽醌 1,2-dimethoxyanthraquinone
1,3- 二甲氧基蒽醌 1,3-dimethoxyanthraquinone
4,4'- 二甲氧基二苯甲酮 4,4'-dimethoxybenzophenone
5,7- 二甲氧基二氢杨梅素 -3-*O*-*α*-L- 吡喃木糖基 -4-*O*-*β*-D- 吡喃葡萄糖苷 5,7-dimethoxydihydromyricetin-3-*O*-*α*-L-xylopyranosyl-4-*O*-*β*-D-glucopyranoside
2*β*,13*α*- 二甲氧基 - 二氢银胶菊素 2*β*,13*α*-dimethoxy-dihydroparthenin
4,4'- 二甲氧基 - 反式 - 芪 4,4'-dimethoxy-trans-stilbene
3,4- 二甲氧基 - 反式 - 桂皮酸 3,4-dimethoxy-*trans*-cinnamic acid
3,4- 二甲氧基 - 反式 - 桂皮酸 -9-*O*-*β*-D- 吡喃阿洛糖苷 3,4-dimethoxy-trans-cinnamic acid-9-*O*-*β*-D-allopyranoside
3,4- 二甲氧基菲 -2,7- 二醇 3,4-dimethoxyphenanthrene-2,7-diol
2,4- 二甲氧基菲 -3,7- 二醇 2,4-dimethoxyphenanthrene-3,7-diol
9,10-2*H*-3,7- 二甲氧基菲 -4,5- 二醇 9,10-2*H*-3,7-dimethoxyphenanthrene-4,5-diol
2',*β*- 二甲氧基呋喃 [2'',3'':4',3'] 二氢查耳酮 2',*β*-dimethoxy-furan-[2'',3'':4',3']dihydrochalcone
4,8- 二甲氧基呋喃 [2,3-b] 喹啉 4,8-dimethoxyfuro[2,3-b]quinoline
(2*S*)-1-{[6,7- 二甲氧基呋喃并 [2,3-b] 喹啉 -4- 基]- 氧 }-3- 甲基丁烷 -2,3- 二醇 (2*S*)-1-{[6,7-dimethoxyfuro[2,3-b]quinolin-4-yl]oxy}-3-methylbutane-2,3-diol
2',5'- 二甲氧基呋喃并 [8,7:4'',5''] 黄酮 2',5'-dimethoxyfuro[8,7:4'',5'']flavone
4,7- 二甲氧基呋喃喹啉 4,7-dimethoxy-furan quinoline
5,8- 二甲氧基呋喃香豆素 5,8-dimethoxyfurocoumarin
5,5'- 二甲氧基 - 甘蜜树素▲ B 5,5'-dimethoxy-nectandrin B
6,4'- 二甲氧基高黄芩苷 6,4'-dimethoxyscutellarin
3,4- 二甲氧基桂皮醇甲醚 3,4-dimethoxycinnamyl methyl ether
3',4'- 二甲氧基桂皮基 -(*Z*)-2- 当归酰氧基 - 甲基 -2- 丁烯酯 3',4'-dimethoxycinnamyl-(*Z*)-2-angeloyloxy-methyl-2-butenoate
(*E*)-3,4- 二甲氧基桂皮基 - ω - 羟基亚油酸酯 (*E*)-3,4-dimethoxycinnamyl- ω -hydroxylinoleate
3',4'- 二甲氧基桂皮基 - 顺式 -2- 巴豆酰氧基 - 甲基 -2- 丁烯酯 3',4'-dimethoxycinnamyl-(*Z*)-2-tigloyloxy-methyl-2-butenoate
2,4- 二甲氧基桂皮酸 2,4-dimethoxycinnamic acid
3,4- 二甲氧基桂皮酸 3,4-dimethoxycinnamic acid
3, 5- 二甲氧基桂皮酸甲酯 methyl 3,5-dimethoxycinnamate
10-*O*-[(*E*)-3,4- 二甲氧基桂皮酰] 梓醇 10-*O*-[(*E*)-3,4-dimethoxycinnamoyl]catalpol
10-*O*-[(*Z*)-3,4- 二甲氧基桂皮酰] 梓醇 10-*O*-[(*Z*)-3,4-dimethoxycinnamoyl]catalpol
6-*O*-[*α*-L-(2''-3''',4'''- 二甲氧基桂皮酰基)- 吡喃鼠李糖基]- 梓醇 6-*O*-[*α*-L-(2''-3''',4'''-dimethoxycinnamoyl)-rhamnopyranosyl]-catalpol
6-*O*-[*α*-L-(3''-3''',4'''- 二甲氧基桂皮酰基)- 吡喃鼠李糖基]- 梓醇 6-*O*-[*α*-L-(3''- 3''',4'''-dimethoxycinnamoyl)-rhamnopyranosyl]-catalpol
6'-*O*-(3,4- 二甲氧基桂皮酰基)- 熊果苷 6'-*O*-(3,4-dimethoxycinnamoyl)-arbutin
6-*O*-(3'',4''- 二甲氧基桂皮酰基) 梓醇 6-*O*-(3'',4''-dimethoxycinnamoyl)catapol
3,4- 二甲氧基桂皮酰基 -*β*-D- 吡喃葡萄糖苷 3,4-dimethoxycinnamyl-*β*-D-glucopyranoside
6-*O*-(*E*)-3'',4''- 二甲氧基桂皮酰梓醇 6-*O*-(*E*)-3'',4''-dimethoxycinmamoylcatalpol
6-*O*-*Z*-3'',4''- 二甲氧基桂皮酰梓醇 6-*O*-(*Z*)-3'',4''-dimethoxycinmamoylcatalpol
11,12- 二甲氧基亨氏马钱胺▲ 11,12-dimethoxyhenningsamine
4,4'- 二甲氧基狐衣酸 4,4'-dimethoxy vulpinic acid
4,4'- 二甲氧基狐衣酸甲酯 methyl 4,4'-dimethoxyvulpinate
7*β*,25- 二甲氧基葫芦 -5(6),23*E*- 二烯 -19- 醛 -3-*O*-*β*-D- 吡喃阿洛糖苷 7*β*,25-dimethoxycucurbita-5(6),23*E*-dien-19-al-3-*O*-*β*-D-allopyranoside
3',4'- 二甲氧基槲皮苷 3',4'-dimethoxyquercitrin
3,7- 二甲氧基槲皮苷 3,7-dimethoxyquercitrin
3,3'- 二甲氧基槲皮素 3,3'-dimethoxyquercetin
3',4'- 二甲氧基槲皮素 3',4'-dimethoxyquercetin
3,7- 二甲氧基槲皮素 3,7-dimethoxyquercetin
3',7- 二甲氧基槲皮素 3',7-dimethoxyquercetin
5,7- 二甲氧基槲皮素 5,7-dimethoxyquercetin
3',4'- 二甲氧基槲皮素 -3-*O*-*β*-*D*- 吡喃半乳糖苷

3',4'-dimethoxyquercetin-3-O-β-D-galactopyranoside
7,3'- 二甲氧基槲皮素 -3-O- 吡喃葡萄糖苷 7,3'-dimethoxyquercetin-3-O-glucopyranoside
3,3'- 二甲氧基槲皮素 -4'-O- 葡萄糖苷 3,3'-dimethoxyl quercetin-4'-O-glucoside
3,4'- 二甲氧基槲皮素 -7-O-β-D- 吡喃葡萄糖苷 3,4'-dimethoxyquercetin-7-O-β-D-glucopyranoside
3',4'- 二甲氧基槲皮素 -7-O-β- 吡喃葡萄糖苷 3',4'-dimethoxyquercetin-7-O-β-glucopyranoside
3',4- 二甲氧基槲皮素 -7- 葡萄糖苷 3',4-dimethoxy-quercetin-7-glucoside
3,6- 二甲氧基槲皮万寿菊素 3,6-dimethoxyquercetagetin
(7S*,8R*,7'S*,8'R*)-4,4'- 二甲氧基华中冬青素 -9-O-α-L- 吡喃阿拉伯糖苷 (7S*,8R*,7'S*,8'R*)-4,4'-dimethoxyhuazhongilexin-9-O-α-L-arabinopyranoside
(7S*,8R*,7'S*,8'R*)-4,4'- 二甲氧基华中冬青素 -9-O-β-D- 吡喃木糖苷 (7S*,8R*,7'S*,8'R*)-4,4'-dimethoxyhuazhongilexin-9-O-β-D-xylopyranoside
2',5'- 二甲氧基黄酮 2',5'-dimethoxyflavone
3',4'- 二甲氧基黄酮 3',4'-dimethoxyflavone
5,6- 二甲氧基黄酮 5,6-dimethoxyflavone
5,7- 二甲氧基黄酮 5,7-dimethoxyflavone
5,7- 二甲氧基黄酮 -4'-O-α-L- 鼠李糖基 -(1 → 2)-β-D- 葡萄糖苷 5,7-dimethoxyflaone-4'-O-α-L-rhamnosyl-(1 → 2)-β-D-glucoside
7,4'- 二甲氧基黄酮 -5-O- 吡喃葡萄糖苷 7,4'-dimethoxyflavone-5-O-glucopyranoside
7,8- 二甲氧基黄烷酮 7,8-dimethoxyflavanone
5,7- 二甲氧基黄烷酮 -4'-O-α-L- 吡喃鼠李糖基 -β-D- 吡喃葡萄糖苷 5,7-dimethoxyflavanone-4'-O-α-L-rhamnopyranosyl-β-D-glucopyranoside
5,7- 二甲氧基黄紫茜素 5,7-dimethoxyxanthopurpurin
二甲氧基荚果蕨酚 dimethoxymatteucinol
二甲氧基甲苯 dimethoxytoluene
3-(1,1- 二甲氧基甲基)-β- 咔啉 3-(1,1-dimethoxylmethyl)-β-carboline
3,4- 二甲氧基咖啡酸甲酯 methyl 3,4-dimethoxycaffeate
2,6- 二甲氧基醌 2,6-dimethoxyquinone
7,8- 二甲氧基阔果芸香碱 7,8-dimethoxyplatydesmine
6,14- 二甲氧基丽乌辛▲ 6,14-dimethoxyforesticine
3,5- 二甲氧基联苯 3,5-dimethoxybiphenyl
3',5'- 二甲氧基联苯 -3,4'- 二酚 3',5'-dimethoxybiphenyl-3,4'-diol
3,5- 二甲氧基联苄 3,5-dimethoxybibenzyl
5,4'- 二甲氧基联苄 -3,3'- 二醇 5,4'-dimethoxybibenzyl-3,3'-diol
(-)-8,8'- 二甲氧基 - 裂环异落叶松树脂醇 -1-O-β-D- 吡喃葡萄糖苷 (-)-8,8'-dimethoxysecoisolariciresinol-1-O-β-D-glucopyranoside
(+)-5,5'- 二甲氧基落叶松树脂醇 (+)-5,5'-dimethoxylariciresinol
(±)-5,5'- 二甲氧基落叶松树脂醇 (±)-5,5'-dimethoxylariciresinol
5,5'- 二甲氧基落叶松树脂醇 5,5'-dimethoxylariciresinol
5,5'- 二甲氧基落叶松树脂醇 -4'-O-β-D- 吡喃葡萄糖苷 5,5'-dimethoxylariciresinol-4'-O-β-D-glucopyranoside
(8R,7'S,8'R)-5,5'- 二甲氧基落叶松树脂醇 -9'-O-β-D-(6-O-E-4- 羟基 -3,5- 二甲氧基桂皮酰基)- 吡喃葡萄糖苷 (8R,7'S,8'R)-5,5'-dimethoxylariciresinol-9'-O-β-D-(6-O-E-4-hydroxy-3,5-dimethoxycinnamoyl)-glucopyranoside
(8R,7'S,8'R)-5,5'- 二甲氧基落叶松树脂醇 -9'-O-β-D-(6-O-E-4- 羟基 -3- 甲氧基桂皮酰基)- 吡喃葡萄糖苷 (8R,7'S,8'R)-5,5'-dimethoxylariciresinol-9'-O-β-D-(6-O-E-4-hydroxy-3-methoxycinnamoyl)-glucopyranoside
(8R,7'S,8'R)-5,5'- 二甲氧基落叶松树脂醇 -9'-O-β-D-(6-O-E-4- 羟基桂皮酰基)- 吡喃葡萄糖苷 (8R,7'S,8'R)-5,5'-dimethoxylariciresinol-9'-O-β-D-(6-O-E-4-hydroxycinnamoyl)-glucopyranoside
(8R,7'S,8'R)-5,5'- 二甲氧基落叶松树脂醇 -9'-O-β-D-(6-O-Z-4- 羟基 -3- 甲氧基桂皮酰基)- 吡喃葡萄糖苷 (8R,7'S,8'R)-5,5'-dimethoxylariciresinol-9'-O-β-D-(6-O-Z-4-hydroxy-3-methoxycinnamoyl)-glucopyranoside
(5α)-3,3- 二甲氧基麦角甾 -7,22- 二烯 (5α)-3,3-dimethoxyergosta-7,22-diene
5,8- 二甲氧基美洲花椒素 5,8-dimethoxyxanthyletin
3,5- 二甲氧基没食子酸 -4-O-β-D- 吡喃葡萄糖苷 3,5-dimethoxygallic acid-4-O-β-D-glucopyranoside
(+)-8-O-(3',5')- 二甲氧基没食子酰岩白菜素 (+)-8-O-(3',5')-dimethoxy-galloylbergenin
7,3'- 二甲氧基木犀草素 7,3'-dimethoxyluteolin
7,4'- 二甲氧基木犀草素 7,4'-dimethoxyluteolin
3,3'-(4,5- 二甲氧基萘 -2,7- 二基)- 二 (1- 硝基丙烷 -1- 酮) 3,3'-(4,5-dimethoxynaphthalene-2,7-diyl)bis(1-nitropropan-1-one)
N-(1,7- 二甲氧基萘 -2- 基)- 乙酰胺 N-(1,7-dimethoxylphenanthren-2-yl)-acetamide
6,7- 二甲氧基萘 -2- 酸 6,7-dimethoxynaphthalene-2-carboxylic acid
3',5'- 二甲氧基尼鸢尾黄素 -4'-O-β-D- 葡萄糖苷 3',5'-dimethoxyirisolone-4'-O-β-D-glucoside
7,8- 二甲氧基拟香桃木碱▲ 7,8-dimethoxymyrtopsine
4',7- 二甲氧基芹菜苷元 4',7-dimethoxyapigenin
7,4'- 二甲氧基芹菜苷元 7,4'-dimethoxyapigenin
3',5'- 二甲氧基芹菜素 3',5'-dimethoxyapigenin
5,6- 二甲氧基芹菜素 5,6-dimethoxyapigenin
4',7- 二甲氧基芹菜素 -6-C-β-D- 吡喃葡萄糖基 -O-L- 鼠李糖 4',7-dimethoxyapigenin-6-C-β-D-glucopyranosyl-O-L-rhamnose
2,5- 二甲氧基氢醌 2,5-dimethoxyhydroquinone
2,6- 二甲氧基氢醌 2,6-dimethoxyhydroquinone
3,5- 二甲氧基氢醌 3,5-dimethoxyhydroquinone
(2R)-5,6- 二甲氧基去氢 - 异 -α- 风铃木醌▲ (2R)-5,6-dimethoxydehydro-iso-α-lapachone
3,6- 二甲氧基去氢 - 异 -α- 风铃木醌▲ 3,6-dimethoxydehydro-iso-α-lapachone
2',5'- 二甲氧基染料木素 -7-O-β-D- 呋喃芹糖基 -(1''' → 6'')-O-β-D-吡喃葡萄糖苷 2',5'-dimethoxygenistein-7-O-β-D-apiofuranosyl-(1''' → 6'')-O-β-D-glucopyranoside
2,3- 二甲氧基鞣花酸 2,3-dimethoxyellagic acid
3,3'- 二甲氧基鞣花酸 3,3'-dimethoxyellagic acid
4,4'- 二甲氧基鞣花酸 4,4'-dimethoxyellagic acid
3,3'- 二甲氧基鞣花酸 -4-O-(5'-O- 乙酰基)-α-L- 呋喃阿拉伯糖苷 3,3'-dimethoxy-ellagic acid-4-O-(5'-O-acetyl)-α-L-arabinofuranoside
3,3'- 二甲氧基鞣花酸 -4-O-α-D- 呋喃阿拉伯糖苷 3,3'-dimethoxyellagic acid-4-O-α-D-arabinofuranoside
3,3'- 二甲氧基鞣花酸 -4-O-α-L- 呋喃阿拉伯糖苷 3,3'-dimethoxyellagic acid-4-O-α-L-arabinofuranoside
3,3'- 二甲氧基鞣花酸 -4'-O-β-D- 吡喃木糖苷 3,3'-dimethoxyellagic acid-4'-O-β-D-xylopyranoside
3,3'- 二甲氧基鞣花酸 -4-O-β-D- 吡喃木糖苷 3,3'-dimethoxyellagic acid-4-O- β -D-xylopyranoside
3,3'- 二甲氧基鞣花酸 -4'-O-β-D- 吡喃葡萄糖苷 3,3'-dimethoxyellagic acid-4'-O-β-D-glucopyranoside
3,3'- 二甲氧基鞣花酸 -4-O-β-D- 吡喃葡萄糖苷 3,3'-dimethoxyellagic acid-4-O-β-D-glucopyranoside
3,3'- 二甲氧基鞣花酸 -4'-β-D- 吡喃葡萄糖苷 3,3'-dimethoxyellagic acid 4'-β-D-glucopyranoside

E

3,3'- 二甲氧基鞣花酸 -4'-β-D- 木糖苷 3,3'-dimethoxyellagic acid-4'-β-D-xy1oside
3,3'- 二 - 甲氧基鞣花酸 -4'-β- 氧 - 吡喃木糖苷 3,3'-dimethoxy ellagic acid-4'-β-O-xylopyranoside
3,3'- 二甲氧基鞣花酸 -4- 吡喃葡萄糖苷 3,3'-dimethoxyellagic acid-4-glucopyranoside
3,4- 二甲氧基鞣花酸 -4'- 芸香糖苷 3,4-dimethoxyellagic acid-4'-rutinoside
5,5'- 二甲氧基 - 三白草亭▲ 5,5'-dimethoxy-saucernetin
3',3''- 二甲氧基三齿拉瑞木辛▲ 3',3''-dimethoxylarreatricin

E

6,7- 二甲氧基色酮 6,7-dimethoxychromone
3,4'- 二甲氧基山柰酚 3,4'-dimethoxykaempferol
3,5- 二甲氧基山柰酚 3,5-dimethoxykaempferol
4',7- 二甲氧基山柰酚 4',7-dimethoxykaempferol
7,4'- 二甲氧基山柰酚 7,4'-dimethoxykaempferol
6,4'- 二甲氧基山柰酚 -3-O-β-D- 吡喃葡萄糖基 -(1''' → 2'')-β-D- 吡喃葡萄糖基 -[6''''-(E)- 咖啡酰基]-7-O-β-D- 吡喃葡萄糖苷 6,4'-dimethoxykaempferol-3-O-β-D-glucopyranosyl-(1'''→2'')-β-D-glucopyranosyl-[6''''-(E)-caffeoyl]-7-O-β-D-glucopyranoside
3,5- 二甲氧基山柰酚 -7-O-β-D- 葡萄糖苷 3,5-dimethoxykaempferol-7-O-β-D-glucoside
3,6- 二甲氧基山柰素 3,6-dimethoxykaempferide
1,2- 二甲氧基呫酮 1,2-dimethoxyxanthone
1,7- 二甲氧基呫酮 1,7-dimethoxyxanthone
2,3- 二甲氧基呫酮 2,3-dimethoxyxanthone
2,5- 二甲氧基麝香草酚 2,5-dimethoxythymol
(5R*R*)-4,6- 二甲氧基羰基 -5-[2',3',4'- 三羟基 -6'-(甲氧基羰基)- 苯基]-5,6- 二氢 -2H- 吡喃 -2- 酮 (5R*R*)-4,6-dimethoxycarbonyl-5-[2',3',4'-trihydroxy-6'-(methoxycarbonyl)-phenyl]-5,6-dihydro-2H-pyran-2-one
10,11- 二甲氧基糖胶树林碱▲ 10,11-dimethoxynareline
4,5- 二甲氧基铁屎米 -6- 酮 4,5-dimethoxycanthin-6-one
5,7- 二甲氧基香豆素 5,7-dimethoxycoumarin
5,8- 二甲氧基香豆素 5,8-dimethoxycoumarin
6,7- 二甲氧基香豆素 6,7-dimethoxycoumarin
6,8- 二甲氧基香豆素 6,8-dimethoxycoumarin
7,8- 二甲氧基香豆素 7,8-dimethoxycoumarin
3β,17β- 二甲氧基雄甾 -5- 烯 3β,17β-dimethoxy-androst-5-ene
二甲氧基亚甲二氧基黄烷酮 dimethoxymethylenedioxyflavanone
3',4'- 二甲氧基杨梅素 3',4'-dimethoxymyricetin
5,7- 二甲氧基杨梅素 -3-O-α-L- 吡喃木糖基 -(4 → 1)-O-β-D- 吡喃葡萄糖苷 5,7-dimethoxymyricetin-3-O-α-L-xylopyranosyl-(4 → 1)-O-β-D-glucopyranoside
3',5'- 二甲氧基杨梅素 -3-O- 鼠李糖苷 3',5'-dimethoxymyricetin-3-O-rhamnopyranoside
5,8- 二甲氧基乙烷 -3,4- 环氧呋喃香豆素 5,8-dimethoxyethane-3,4-epoxy-furanocoumarin
4,7- 二甲氧基异黄酮 4,7-dimethoxyisoflavone
4',7- 二甲氧基异黄酮 4',7-dimethoxyisoflavone
7,4'- 二甲氧基异黄酮 7,4'-dimethoxyisoflavone
7',4- 二甲氧基异黄酮 7',4-dimethoxyisoflavone
8,4'- 二甲氧基异黄酮 -7-O-β-D- 吡喃吡喃葡萄糖苷 8,4'-dimethoxyisoflavone-7-O-β-D-glucopyranoside
3,4'- 二甲氧基异黄酮 -7-O-β-D- 吡喃葡萄糖苷 3,4'-dimethoxyisoflavone-7-O-β-D-glucopyranoside
4',6- 二甲氧基异黄酮 -7-O-β-D- 吡喃葡萄糖苷 4',6-dimethoxyisoflavone-7-O-β-D-glucopyranoside
4',6- 二甲氧基异黄酮 -7-O-β-D- 吡喃葡萄糖基 -(1 → 6)-β-D- 吡喃葡萄糖苷 4',6-dimethoxyisoflavone-7-O-β-D-glucopyranosyl-(1 → 6)-β-D-glucopyranoside
4',6- 二甲氧基异黄酮 -7-O-β-D- 吡喃芹糖基 -(1 → 6)-β-D- 吡喃葡萄糖苷 4',6-dimethoxyisoflavone-7-O-β-D-apiofuranosyl-(1 → 6)-β-D-glucopyranoside
3',7- 二甲氧基异黄烷酮 -4',5- 二 -O-β-D- 吡喃葡萄糖苷 3',7-dimethoxyisoflavanone-4',5-di-O-β-D-glucopyranoside
5,6- 二甲氧基异香豆素 5,6-dimethoxyisocoumarin
5,8- 二甲氧基异香豆素 5,8-dimethoxyisocoumarin
7,8- 二甲氧基异香豆素 7,8-dimethoxyisocoumarin
4',7- 二甲氧基柚皮苷元 4',7-dimethoxynaringenin
5,7- 二甲氧基柚皮苷元 5,7-dimethoxynaringenin
7,4'- 二甲氧基柚皮苷元 -5-O-α-L- 吡喃鼠李糖苷 7,4'-dimethoxynaringenin-5-O-α-L-rhamnopyranoside
2,5- 二甲氧基孜然芹烃▲ 2,5-dimethoxy-cymene
3,9- 二甲氧基紫檀烷 3,9-dimethoxypterocarpan
(6aR,11aR)-9,10- 二甲氧基紫檀烷 -3-O-β-D- 吡喃葡萄糖苷 (6aR,11aR)-9,10-dimethoxypterocarpan-3-O-β-D-glucopyranoside
9,10- 二甲氧基紫檀烷 -3-O-β-D- 吡喃葡萄糖苷 9,10-dimethoxypterocarpan-3-O-β-D-glucopyranoside
(E)- 二甲氧羟苄吲哚酮 (E)-3-(3',5'-dimethoxy-4'-hydroxybenzylidene)-2-indolinone
18,20- 二降 -1,3,5(10),6,8,13- 冷杉六烯 -11,12- 二酮 18,20-dinor-1,3,5(10),6,8,13-abietahexaene-11,12-dione
15,16- 二降 -13- 氧代 -8(17),11- 半日花二烯 -18- 醇 15,16-bisnor-13-oxo-8(17),11-labdadien-18-ol
15,16- 二降 -8(17),11- 半日花二烯 -13- 酮 15,16-dinor-8(17),11-labdadien-13-one
14,15- 二降 -8(17),11- 半日花二烯 -18- 酮 14,15-dinor-8(17),11-labdandien-18-one
26,27- 二降 -8,14- 二氧代 -α- 芒柄花灵▲ 26,27-bisnor-8,14-dioxo-α-onocerin
15,16- 二降 -8,17- 环氧 -13- 氧代半日花 -11E- 烯 -19- 酸 15,16-bisnor-8,17-epoxy-13-oxolabd-11E-en-19-oic acid
(11E)-14,15- 二降 -8- 羟基 -11- 半日花烯 -13- 酮 (11E)-14,15-bisnor-8-hydroxy-11-labden-13-one
26,27- 二降 -α- 芒柄花 -3α,8β,14α,21β- 四醇 26,27-dinoronocerane-3α,8β,14α,21β-tetrol
26,27- 二降 -α- 芒柄花 -3β,8β,14α,21α- 四醇 26,27-dinoronocerane-3β,8β,14α,21α-tetrol
(E)-15,16- 二降半日花 -8(17),11- 二烯 -13- 酮 (E)-15,16-bisnorlabda-8(17),11-dien-13-one
14,15- 二降半日花烷 -13- 酮 -8-O-α-L- 吡喃阿拉伯糖苷 14,15-dinor-labdan-13-one-8-O-α-L-arabinopyranoside
二降二氢辣椒素 dinordihydrocapsaicin
14,15- 二降克罗 -3- 烯 -2,13- 二酮 14,15-dinorclerod-3-en-2,13-dione
二降辣椒素 nornorcapsaicin
(3β,8β,14α,21α)-26,27- 二降芒柄花 -3,8,14,21- 四醇 (3β,8β,14α,21α)-26,27-dinoronocerane-3,8,14,21-tetrol
(3β,8β,14α,21β)-26,27- 二降芒柄花 -3,8,14,21- 四醇 (3β,8β,14α,21β)-26,27-dinoronocerane-3,8,14,21-tetrol
3α,8β,14α,21β)-26,27- 二降芒柄花 -3,8,14,21- 四醇 (3α,8β,14α,21β)-26,27-dinoronocerane-3,8,14,21-tetrol
16,17- 二降日本花柏醛▲A 16,17-dinorpisferal A
17,18- 二降五月茶酮 17,18-bis-nor-antidesmone
β-D-(3,4- 二芥子酰基)- 呋喃果糖基 -R-D-(6- 芥子酰基)- 吡喃葡萄糖苷 β-D-(3,4-dipinapoyl)-frucofuranosyl-R-D-(6-sinapoyl)-glucopyranoside
β-D-(3,4-O- 二芥子酰基)- 呋喃果糖基 -α-D-(6-O- 芥子酰基)- 吡

喃葡萄糖苷 β-D-(3,4-O-disinapoyl)-fructofuranosyl-α-D-(6-O-sinapoyl)-glucopyranoside
β-D-(3,4- 二芥子酰基) 呋喃果糖基 -α-D-(6- 芥子酰基)- 吡喃葡萄糖苷 β-D-(3,4-disinapoyl)fructofuranosyl-α-D-(6-sinapoyl) glucopyranoside
1,2- 二芥子酰基 -β-D- 吡喃葡萄糖苷 1,2-disinapoyl-β-D-glucopyranoside
1,2- 二芥子酰龙胆二糖 1,2-disinapoylgentiobiose
1,3- 二芥子酰龙胆二糖 1,3-disinapoylgentiobiose
1,2- 二芥子酰葡萄糖 1,2-disinapoylglucose
1,3- 二芥子酰葡萄糖 1,3-disinapoylglucose
3',6-O- 二芥子酰蔗糖 3',6-O-disinapoylsucrose
3',6- 二芥子酰蔗糖 3',6-disinapoylsucrose
二聚矮紫玉盘素 dichamanetin
二聚荜茇亭 piplartine dimer
二聚东莨菪内酯▲ biscopoletin
二聚儿茶素 dimmer-catechin
二聚沟斜菊素▲ I, II dibothrioclinin I, II
(M)- 二聚冠叶南蛇藤醇▲ A (M)-bicelaphanol A
(P)- 二聚冠叶南蛇藤醇▲ A (P)-bicelaphanol A
2,6- 二聚果糖 2,6-difructose
8,8''- 二聚黄芩素 8,8''-bisbaicalein
二聚降蜡菊吡喃酮▲ bisnorhelipyrone
二聚角蒿隆酮▲ A~D diincarvilone A~D
β-O- 二聚木脂酚▲ β-O-dilignol
二聚牛蒡苷元▲ diarctigenin
二聚牛蒡叶橐吾内酯 biligulaplenolide
二聚葡萄素 B diviniferin B
二聚七叶树内酯 dimeresculetin
二聚青藤碱 disinomenine
二聚弱小暗罗碱▲ A bidebiline A
二聚桑黄素 A phelligridimer A
二聚桑辛素 dimoracin
二聚斯氏白坚木春▲ dispegatrine
二聚松柏醇 dihydrodehydrodico-nifery alcohol
(+)- 二聚松柏醇乙酸酯 (+)-dimeric coniferyl acetate
二聚尾叶香茶菜辛▲ A~E biexcisusin A~E
二聚邪蒿素▲ A, B diseselin A, B
二聚新吴茱萸叶五加苷▲ A, B diinnovanoside A, B
二聚血见愁酮▲ A, B biteuvisone A, B
8,8'- 二聚异牡荆素 8,8'-biisovitexin
二聚异鼠李素 bi-isorhamnetin
二聚愈创木鸭葱内酯▲ A, B biguaiascorzolide A, B
二聚原花青素 dimeric proanthocyanidin
二聚原矢车菊素 dimeric procyanidin
1,3- 二咖啡酰表奎宁酸 1,3-dicaffeoylepiquinic acid
3,5- 二咖啡酰表奎宁酸 3,5-dicaffeoylepiquinic acid
1,2-O- 二咖啡酰环戊烷 -3- 醇 1,2-O-dicaffeoylcyclopentan-3-ol
1,3- 二 - 咖啡酰基 -2- 乙酰甘油 1,3-di-caffeyl-2-acetylglycerol
1,5-O- 二咖啡酰基 -3,4-O- 二琥珀酰奎宁酸 1,5-O-dicaffeoyl-3,4-di-O-succinylquinic acid
1,5-O- 二咖啡酰基 -3-O- 琥珀酰奎宁酸 1,5-O-dicaffeoyl-3-O-succinylquinic acid
1,5-O- 二咖啡酰基 -4-O- 琥珀酰奎宁酸 1,5-O-dicaffeoyl-4-O-succinylquinic acid
3,4- 二咖啡酰基 -5-(3- 羟基 -3- 甲基戊二酰) 奎宁酸 3,4-dicaffeoyl-5-(3-hydroxy-3-methyllutaroyl)quinic acid
(-)-3,5-O- 二咖啡酰基奎宁酸 (-)-3,5-O-dicaffeoylquinic acid
(-)-3,5- 二咖啡酰基奎宁酸 (-)-3,5-dicaffeoylquinic acid
(-)-4,5-O- 二咖啡酰基奎宁酸 (-)-4,5-O-dicaffeoylquinic acid
二咖啡酰酒石酸 dicaffeyltartaric acid
1,3- 二咖啡酰奎宁酸 1,3-dicaffeoylquinic acid
1,4- 二咖啡酰奎宁酸 1,4-dicaffeylquinic acid
1,5-O- 二咖啡酰奎宁酸 1,5-O-dicaffeoylquinic acid
1',5'-O- 二咖啡酰奎宁酸 1',5'-O-dicaffeoylquinic acid
1,5- 二咖啡酰奎宁酸 1,5-dicaffeoylquinic acid
3,4-O- 二咖啡酰奎宁酸 3,4-O-dicaffeoylquinic acid
3,4- 二咖啡酰奎宁酸 3,4-dicaffeoylquinic acid
3,5-O- 二咖啡酰奎宁酸 3,5-O-dicaffeoylquinic acid
3,5- 二咖啡酰奎宁酸 3,5-dicaffeoylquinic acid
4,5-O- 二咖啡酰奎宁酸 4,5-O-dicaffeoylquinic acid
4',5'-O- 二咖啡酰奎宁酸 4',5'-O-dicaffeoylquinic acid
4,5- 二咖啡酰奎宁酸 4,5-dicaffeoylquinic acid
3,4-O- 二咖啡酰奎宁酸丁酯 3,4-O-dicaffeoylquinic acid butyl ester
3,5- 二咖啡酰奎宁酸丁酯 3,5-dicaffeoylquinic acid butyl ester
3,4-O- 二咖啡酰奎宁酸甲酯 3,4-O-dicaffeoylquinic acid methyl ester
3,5- 二咖啡酰奎宁酸甲酯 3,5-dicaffeoylquinic acid methyl ester; methyl 3,5-dicaffeoylquinate
4,5-O- 二咖啡酰奎宁酸甲酯 4,5-O-dicaffeoylquinic acid methyl ester
4,5- 二咖啡酰奎宁酸甲酯 4,5-dicaffeoylquinic acid methyl ester
二咖啡酰奎宁酸甲酯 methyl dicaffeoylquinate
二咖啡酰奎宁酸葡萄糖苷 di-caffeoylquinic acid glucoside
3,5- 二咖啡酰莽草酸 3,5-dicaffeoylshikimic acid
3,5- 二咖啡酰粘奎宁酸 3,5-dicaffeoylmucoquinic acid
(1E,22Z)-1,22- 二咖啡酰氧基二十二烷 (1E,22Z)-1,22-diferuloyloxydocosane
(1E,24Z)-1,24- 二咖啡酰氧基二十四烷 (1E,24Z)-1,24-diferuloyloxytetracosane
N,N'- 二咖啡酰氧基亚精胺 N,N'-dicaffeoylspermidine
二昆布酚 dieckol
9,9'- 二离 -10,9'- 全反 - 胡萝卜素 -9,9'- 二酮 9,9'-diapo-10,9'-retro-carotene-9,9'-dione
(9,11),(18,19)- 二裂环齐墩果酸 (9,11),(18,19)-disecoolean-12-en-28-oic acid
2',3'- 二磷酰基 -1'- 丙氧基 -β-D- 吡喃葡萄糖苷 2',3'-diphosphoryl-1'-propanoxy-β-D-glucopyranoside
二磷脂酰甘油 diphosphatidylglycerol
3,3''- 二硫代二丙酸酯 3,3''-dithiodipropionate
2,2'- 二硫二苯并噻唑 2,2'-dithiobisbenzothiazole
二硫化碳 carbon disulfide
2,2'- 二硫基吡啶 2,2'-dithiodipyridine
二 - 六羟基二苯甲酰基 - 没食子酰葡萄糖 di-HHDP-galloyl-glucose
2,4- 二氯 -1,8- 二羟基 -3- 甲基萘 -8-O-β-D- 吡喃葡萄糖苷 2,4-dichloro-1,8-dihydroxy-3-methylnaphthalene-8-O-β-D-glucopyranoside
3,5- 二氯 -4- 甲氧基苯 -1-ONN- 氧化偶氮甲酰胺 3,5-dichloro-4-methoxybenzene-1-ONN-azoxyformamide
3,5- 二氯 -4- 甲氧基苯甲醇 3,5-dichloro-4-metoxybenzyl alcohol
2,4- 二氯 -5- 甲氧基 -3- 甲基苯酚 2,4-dichloro-5-methoxy-3-methylphenol
4,4- 二氯 -5- 羟基 -3- 甲基苯酚 -1-O-β-D- 吡喃葡萄糖基 -(1 → 6)-β-D- 吡喃葡萄糖苷 4,4-dichlorine-5-hydroxy-3-methylphenol-1-O-β-D-glucopyranosyl-(1 → 6)-β-D-glucopyranoside
5,5''- 二氯 -α- 三噻吩 5,5''-dichloro-α-terthiophene
1,3- 二氯苯 1,3-dichlorobenzene
(2,4- 二氯苯基)-2,4- 二氯苯甲酸酯 (2,4-dichlorophenyl)-2,4-

E

dichlorobenzoate
2,4- 二氯苯甲酸甲酯 methyl 2,4-dichlorobenzoate
3,5- 二氯 - 苯甲酸甲酯 3,5-dichloro-benzoic acid methyl ester
N-[2,5- 二氯对羟基苯基] 乙酰胺 *N*-[2,5-dichloro-4-hydroxyphenyl] acetamide
2,2'-*N*,*N*- 二氯甲基粉防己碱 2,2'-*N*,*N*-dichloromethyltetrandrine
3-*O*- 二没食子酰基 -1,2,4,6- 四 -*O*- 没食子酰基 -β-D- 葡萄糖 3-*O*-digalloyl-1,2,4,6-tetra-*O*-galloyl-β-D-glucose
1,6-*O*- 二没食子酰基 -β-D- 吡喃葡萄糖 1,6-*O*-digalloyl-β-D-glucopyranose
1,6- 二没食子酰基 -β- 葡萄糖苷 1,6-digalloyl-β-glucoside
二没食子酰二葡萄糖 digalloyl-diglucose
二没食子酰基 - 六羟基二苯甲酰葡萄糖 digalloyl-HHDP-glucose
3,6- 二没食子酰葡萄糖 3,6-digalloylglucose
二没食子酰葡萄糖 digalloylglucose
3,3'- 二没食子酰原花青素 B_2 3,3'-digalloylprocyanidin B_2
1,1'- 二萘 -2,2'- 二酚 1,1'-binaphthalene-2,2'-diol
(7'*S*,8'*S*)- 二片扁担杆素 (7'*S*,8'*S*)-bilagrewin
6,8- 二葡萄糖基芹菜苷元 6,8-di-glucosylapigenin
二岐河谷木胺▲ vallesiachotamine
二岐河谷木胺内酯▲ vallesiachotamine lactone
7-(3,4- 二羟苯基)-1-4- 羟基 -3-(甲氧基苯基)- 庚 -4- 烯 -3- 酮 7-(3,4-dihydroxyphenyl)-1-4-hydroxy-3-(methoxyphenyl)-hept-4-en-3-one
4-(3,4- 二羟苯基)-2-(4- 羟苯基)-2-(2- 吡咯烷酮 -5- 基)-4- 环戊烯 -1,3- 二酮 4-(3,4-dihydroxyphenyl)-2-(4-hydroxyphenyl)-2-(2-pyrrolidon-5-yl)-4-cyclopentene-1,3-dione
1-(2,4- 二羟苯基)-3,7,11- 三甲基 -3- 乙烯基 -6(反式),10- 十二烷二烯 -1- 酮 1-(2,4-dihydroxyphenyl)-3,7,11-trimethyl-3-vinyl-6(*E*),10-dodecadien-1-one
1-(2,4- 二羟苯基)-3,7- 二甲基 -3- 乙烯基 -8-(4- 甲基 -2- 呋喃基)-6(反式)- 癸烯 -1- 酮 1-(2,4-dihydroxyphenyl)-3,7-dimethyl-3-vinyl-8-(4-methyl-2- furyl)-6(*E*)-octen-1-one
7-(3,4- 二羟苯基)-5- 羟基 -1- 苯基 -(1 反式)-1- 庚烯 7-(3,4-dihydroxyphenyl)-5-hydroxy-1-phenyl-(1*E*)-1-heptene
1-(3',4'- 二羟苯基)-7-(4''- 羟苯基)-4- 庚烯 -3- 酮 1-(3',4'-dihydroxyphenyl)-7-(4''-hydroxyphenyl)-4-hepten-3-one
(*E*)-1-(2,4- 二羟苯基) 丙烯酸乙酯 ethyl (*E*)-1-(2,4-dihydroxyphenyl) acrylate
2-(3,4- 二羟苯基) 乙醇 2-(3,4-dihydroxyphenyl)alcohol
2,4- 二羟苯乙酸甲酯 2,4-dihydroxyphenyl acetic acid methyl ester
3-(3',4'- 二羟苄基)-3,4- 二氢异香豆素 3-(3',4'-dihydroxyphenyl)-3,4-dihydroisocoumarin
3-(3,4- 二羟苄基)-5,7- 二羟基 -6- 甲氧基色原烷 -4- 酮 3-(3,4-dihydroxybenzyl)-5,7-dihydroxy-6-methoxychroman-4-one
3-(3',4'- 二羟苄基)-6,7- 二羟基香豆素 3-(3',4'-dihydroxybenzyl)-6,7-dihydroxycoumarin
4,4'- 二羟苄基亚砜 4,4'-dihydroxybenzyl sulfoxide
(*R*)-(+)-5-(2,3- 二羟丙基)-1,3- 亚甲二氧基苯 (*R*)-(+)-5-(2,3-dihydroxypropyl)-1,3-benzodioxole
2β,15α- 二羟基 -(-)- 贝壳杉 -16- 烯 2β,15α-dihydroxy-(-)-kaur-16-ene
16β,17- 二羟基 -(-)- 贝壳杉 -19- 酸 -β-D- 吡喃葡萄糖基酯苷 16β,17-dihydroxy-(-)-kauran-19-oic acid-β-D-glucopyranosyl ester
6,7- 二羟基 -(-)- 哈威豆酸▲ -2'-β-D- 吡喃葡萄糖基苄基酯 6,7-dihydroxy-(-)-hardwickiic acid-2'-β-D-glucopyranosylbenzyl ester
3β,5α- 二羟基 -(22*E*)- 麦角甾 -7,22- 二烯 -6- 酮 3β,5α-dihydroxy-(22*E*)-ergosta-7,22-diene-6-one
3β,5α- 二羟基 -(22*E*,24*R*)- 麦角甾 -7,22- 二烯 -6α- 基 - 棕榈酸酯 3β,5α-dihydroxy-(22*E*,24*R*)-ergosta-7,22-dien-6α-yl palmitate
3β,27- 二羟基 -(25*S*)-5α- 螺甾 -6- 酮 3-*O*-[β-D- 吡喃葡萄糖基 -(1 → 4)-*O*-[α-L- 吡喃阿拉伯糖基 -(1 → 6)]-β-D- 吡喃葡萄糖苷 3β,27-dihydroxy-(25*S*)-5α-spirost-6-one3-*O*-[β-D-glucopyranosyl-(1 → 4)-*O*-[α-L-arabinopyranosyl-(1 → 6)]-β-D-glucopyranoside
3β,27- 二羟基 -(25*S*)-5α- 螺甾 -6- 酮 -3-*O*-β-D- 吡喃葡萄糖基 -(1 → 4)-*O*-[α-L- 吡喃阿拉伯糖基 -(1 → 6)]-β-D- 吡喃葡萄糖苷 3β,27-dihydroxy-(25*S*)-5α-spirostan-6-one-3-*O*-β-D-glucopyranosyl-(1 → 4)-*O*-[α-L-arabinopyranosyl-(1 → 6)]-β-D-glucopyranoside
3β,30β- 二羟基 -(3 → 1)- 葡萄糖基 -(2 → 1)- 葡萄糖基齐墩果烷 3β,30β-dihydroxy-(3 → 1)-glucosyl-(2 → 1)-glucosyloleanane
2,3- 二羟基 -(4- 羟基 -3,5- 二甲氧基苯基)- 丙烷 -1- 酮 2,3-dihydroxy-(4-hydroxy-3,5-dimethoxyphenyl)-propan-1-one
N-(3',4'- 二羟基 -(*E*)- 桂皮酰基)-5- 羟基邻氨基苯甲酸 *N*-[3',4'-dihydroxy-(*E*)-cinnamoyl]-5-hydroxyanthranilic acid
(-)-*N*-[3',4'- 二羟基 -(*E*)- 桂皮酰基]-L- 谷氨酸 (-)-*N*-[3',4'-dihydroxy-(*E*)-cinnamoyl]-L-glutamic acid
(-)-*N*-[3',4'- 二羟基 -(*E*)- 桂皮酰基]-L- 酪氨酸 (-)-*N*-[3',4'-dihydroxy-(*E*)-cinnamoyl]-L-tyrosine
1-(3',5'- 二羟基)- 苯基 -2-(4''-*O*-β-D- 吡喃葡萄糖基)- 苯基乙烷 1-(3',5'-dihydroxy)-phenyl-2-(4''-*O*-β-D-glucopyranosyl)-phenylethane
2-(3,4- 二羟基) 苯乙醇乙酸酯 2-(3,4-dihydroxyphenyl)-ethyl acetate
2-(3,4- 二羟基)- 苯乙基 -β-D- 吡喃葡萄糖苷 2-(3,4-dihydroxy)-phenyl-ethyl-β-D-glucopyranoside
2-(1',2'- 二羟基)- 丙基 -4- 甲氧基苯酚 2-(1',2'-dihydroxy)-propyl-4-methoxyphenol
3',7- 二羟基 -,4'- 甲氧基异黄烷 -7-*O*-β-D- 吡喃葡萄糖苷 3',7-dihydroxy-4'-methoxyisoflavan-7-*O*-β-D-glucopyranoside
(±)-8,9- 二羟基 -$\Delta^{6a(10a)}$- 四氢大麻酚 (±)-8,9-dihydroxy-$\Delta^{6a(10a)}$-tetrahydrocannabinol
(±)-9,10- 二羟基 -$\Delta^{6a(10a)}$- 四氢大麻酚 (±)-9,10-dihydroxy-$\Delta^{6a(10a)}$-tetrahydrocannabinol
2',4'- 二羟基 -[6'',6''- 二甲基吡喃 (2'',3'':7,8)]-3- 芳基香豆素 2',4'-dihydroxy-[6'',6''-dimethylpyrano(2'',3'':7,8)]-3-arylcoumarin
8,11- 二羟基 -1(10)- 瓦伦西亚橘烯 valenc-1(10)-ene-8,11-diol
5,7- 二羟基 -1-(1- 甲基丙基) 色酮 -8-β-D- 吡喃葡萄糖苷 5,7-dihydroxy-1-(1-methylpropyl)chromone-8-β-D-glucopyranoside
(3*R*,5*R*)-3,5- 二羟基 -1-(3,4- 二羟基苯基)-7-(4- 羟基苯基) 庚烷 (3*R*,5*R*)-3,5-dihydroxy-1-(3,4-dihydroxyphenyl)-7-(4-hydroxyphenyl)heptane
(3*R*,5*R*)-3,5- 二羟基 -1-(3,4- 二羟基苯基)-7-(4- 羟基苯基) 庚烷 -3-*O*-β-D- 吡喃葡萄糖苷 (3*R*,5*R*)-3,5-dihydroxy-1-(3,4-dihydroxyphenyl)-7-(4-hydroxyphenyl)heptane-3-*O*-β-D-glucopyranoside
(3*R*,5*R*)-3,5- 二羟基 -1-(3,4- 二羟基苯基)-7-(4- 羟基苯基) 庚烷 -5-*O*-β-D- 吡喃葡萄糖苷 (3*R*,5*R*)-3,5-dihydroxy-1-(3,4-dihydroxyphenyl)-7-(4-hydroxyphenyl)heptane-5-*O*-β-D-glucopyranoside
4,6- 二羟基 -1(3*H*)- 异苯并呋喃酮 4,6-dihydroxy-1(3*H*)-isobenzofuranone
5,7- 二羟基 -1(3*H*)- 异苯并呋喃酮 5,7-dihydroxy-1(3*H*)-isobenzofuranone
3β,4α- 二羟基 -1-(3- 苯基丙酰基)- 哌啶 -2- 酮 3β,4α-dihydroxy-1-(3-phenylpropanoyl)-piperidine-2-one

2,7- 二羟基 -1-(3- 甲基 -2- 丁烯基)-9H- 咔唑 -3- 甲醛 2,7-dihydroxy-1-(3-methyl-2-butenyl)-9H-carbazole-3-carboxaldehyde
2,7- 二羟基 -1-(4'- 羟苄基)-4- 甲氧基 -9,10- 二氢菲 -4'-O- 葡萄糖苷 2,7-dihydroxy-1-(4'-hydroxybenzyl)-4-methoxy-9,10-dihydrophenanthrene-4'-O-glucoside
1,3- 二羟基 -1-(4- 羟基 -3,5- 二甲氧苯)- 丙 -2- 酮 1,3-dihydroxy-1-(4-hydroxy-3,5-dimethoxyphenyl)-propan-2-one
2,3- 二羟基 -1-(4- 羟基 -3,5- 二甲氧基苯基)-1- 丙酮 2,3-dihydroxy-1-(4-hydroxy-3,5-dimethoxyphenyl)-1-propanone
(3R,5S)-3,5- 二羟基 -1-(4- 羟基 -3,5- 二甲氧基苯基)-7-(4- 羟基 -3- 甲氧基苯基)- 庚烷 (3R,5S)-3,5-dihydroxy-1-(4-hydroxy-3,5-dimethoxyphenyl)-7-(4-hydroxy-3-methoxyphenyl)-heptane
(3R,5R)-3,5- 二羟基 -1-(4- 羟基 -3- 甲氧基苯基)-7-(3,4- 二羟基苯基) 庚烷 -3-O-β-D- 吡喃葡萄糖苷 (3R,5R)-3,5-dihydroxy-1-(4-hydroxy-3-methoxyphenyl)-7-(3,4-dihydroxyphenyl)heptane-3-O-β-D-glucopyranoside
(3R,5R)-3,5- 二羟基 -1-(4- 羟基 -3- 甲氧基苯基)-7-(4- 羟基苯基) 庚烷 -3-O-β-D- 吡喃葡萄糖苷 (3R,5R)-3,5-dihydroxy-1-(4-hydroxy-3-methoxyphenyl)-7-(4-hydroxyphenyl)heptane-3-O-β-D-glucopyranoside
2,3- 二羟基 -1-(4- 羟基 -3- 甲氧基苯基)- 丙烷 -1- 酮 2,3-dihydroxy-1-(4-hydroxy-3-methoxyphenyl)-propan-1-one
2,7- 二羟基 -1-(对羟基苄甲酰基)-4- 甲氧基 -9,10- 二氢菲 2,7-dihydroxy-1-(p-hydroxybenzoyl)-4-methoxy-9,10-dihydrophenanthrene
N-[(1S,2S,3R,7E)-2,3- 二羟基 -1-(羟基甲基)-7- 十七烷 -1- 基]- 二十八酰胺 N-[(1S,2S,3R,7E)-2,3-dihydroxy-1-(hydroxymethyl)-7-heptadecen-1-yl]-octacosanamide
N-[(1S,2S,3R,7E)-2,3- 二羟基 -1-(羟基甲基)-7- 十七烷 -1- 基]- 二十二酰胺 N-[(1S,2S,3R,7E)-2,3-dihydroxy-1-(hydroxymethyl)-7-heptadecen-1-yl]-docosanamide
N-[(1S,2S,3R,7E)-2,3- 二羟基 -1-(羟基甲基)-7- 十七烷 -1- 基]- 二十六酰胺 N-[(1S,2S,3R,7E)-2,3-dihydroxy-1-(hydroxymethyl)-7-heptadecen-1-yl]-hexacosanamide
N-[(1S,2S,3R,7E)-2,3- 二羟基 -1-(羟基甲基)-7- 十七烷 -1- 基]- 二十七酰胺 N-[(1S,2S,3R,7E)-2,3-dihydroxy-1-(hydroxymethyl)-7-heptadecen-1-yl]-heptacosanamide
N-[(1S,2S,3R,7E)-2,3- 二羟基 -1-(羟基甲基)-7- 十七烷 -1- 基]- 二十三酰胺 N-[(1S,2S,3R,7E)-2,3-dihydroxy-1-(hydroxymethyl)-7-heptadecen-1-yl]-tricosanamide
N-[(1S,2S,3R,7E)-2,3- 二羟基 -1-(羟基甲基)-7- 十七烷 -1- 基]- 二十四酰胺 N-[(1S,2S,3R,7E)-2,3-dihydroxy-1-(hydroxymethyl)-7-heptadecen-1-yl]-tetracosanamide
N-[(1S,2S,3R,7E)-2,3- 二羟基 -1-(羟基甲基)-7- 十七烷 -1- 基]- 二十五酰胺 N-[(1S,2S,3R,7E)-2,3-dihydroxy-1-(hydroxymethyl)-7-heptadecen-1-yl]-pentacosanamide
N-[(1S,2S,3R,7E)-2,3- 二羟基 -1-(羟基甲基)-7- 十七烷 -1- 基]- 二十酰胺 N-[(1S,2S,3R,7E)-2,3-dihydroxy-1-(hydroxymethyl)-7-heptadecen-1-yl]-eicosanamide
N-[(1S,2S,3R,7E)-2,3- 二羟基 -1-(羟基甲基)-7- 十七烷 -1- 基]- 二十一酰胺 N-[(1S,2S,3R,7E)-2,3-dihydroxy-1-(hydroxymethyl)-7-heptadecen-1-yl]-heneicosanamide
6,7- 二羟基 -1,1- 二甲基异色原烷 6,7-dihydroxy-1,1-dimethylisochromane
7',8'- 二羟基 -1,1'- 二青藤碱 7',8'-dihydro-1,1'-disinomenine
N-(1',4'- 二羟基 -1',2',3',4'- 四氢萘基)- 丙基 -N- 二苯甲基 -N-3,3- 二甲基丁基胺 N-(1',4'-dihydroxy-1',2',3',4'-tetrahydronaphthyl)-propyl-N-diphenylmethyl-N-3,3-dimethylbutylamine
4,8- 二羟基 -1,2,3,6- 四甲氧基呫酮 4,8-dihydroxy-1,2,3,6-tetramethoxyxanthone
6,8- 二羟基 -1,2,3- 三甲氧基呫酮 6,8-dihydroxy-1,2,3-trimethoxyxanthone
3,8- 二羟基 -1,2,4- 三甲氧基呫酮 3,8-dihydroxy-1,2,4-trimethoxyxanthone
3,8- 二羟基 -1,2,6- 三甲氧基呫酮 3,8-dihydroxy-1,2,6-trimethoxyxanthone
3,6- 二羟基 -1,2,7,8- 四甲氧基呫酮 3,6-dihydroxy-1,2,7,8-tetramethoxyxanthone
3,6- 二羟基 -1,2,7- 三甲氧基呫酮 3,6-dihydroxy-1,2,7-trimethoxyxanthone
3,6- 二羟基 -1,2,8- 三甲氧基呫酮 3,6-dihydroxy-1,2,8-trimethoxyxanthone
2,3- 二羟基 -1,2- 丙烷二羧酸阿魏酸酯 2,3-dihydroxy-1,2-propanedicarboxylic acid-feruloyl ester
2,3- 二羟基 -1,2- 丙烷二羧酸 - 反式 - 对香豆酸酯 2,3-dihydroxy-1,2-propanedicarboxylic acid-trans-p-coumaroyl ester
2,3- 二羟基 -1,2- 丙烷二羧酸 - 顺式 - 对香豆酸酯 2,3-dihydroxy-1,2-propanedicarboxylic acid-cis-p-coumaroyl ester
7,8- 二羟基 -1,2- 二甲氧基 -3- 甲基蒽醌 7,8-dihydroxy-1,2-dimethoxy-3-methylanthraquinone
3,5- 二羟基 -1,2- 二甲氧基呫酮 3,5-dihydroxy-1,2-dimethoxyxanthone
3,6- 二羟基 -1,2- 二甲氧基呫酮 3,6-dihydroxy-1,2-dimethoxyxanthone
3,7- 二羟基 -1,2- 二甲氧基呫酮 3,7-dihydroxy-1,2-dimethoxyxanthone
6,8- 二羟基 -1,2- 二甲氧基呫酮 6,8-dihydroxy-1,2-dimethoxyxanthone
2,5-(或 3,5-) 二羟基 -1,3,4-(或 -1,2,4-) 三甲氧基蒽醌 2,5-(or 3,5-)dihydroxy-1,3,4-(or-1,2,4-)trimethoxyanthraquinone
2,7-二羟基-1,3-二对羟苄基-4-甲氧基-9,10-二氢菲 2,7-dihydroxy-1,3-bis(p-hydroxybenzyl)-4-methoxy-9,10-dihydrophenanthrene
2,5- 二羟基 -1,3- 二甲氧基蒽醌 2,5-dihydroxy-1,3-dimethoxyanthraquinone
6,9- 二羟基 -1,3- 亚甲二氧基呫酮 6,9-dihydroxy-1,3-methylenedioxyxanthone
2,3- 二羟基 -1,4- 苯并二羧酸 2,3-dihydroxy-1,4-benzodicarboxylic acid
3,8- 二羟基 -1,4- 二甲氧基呫酮 3,8-dihydroxy-1,4-dimethoxyxanthone
5,8- 二羟基 -1,4- 萘二酮 5,8-dihydroxy-1,4-naphthalenedione
2,5- 二羟基 -1,4- 萘醌 2,5-dihydroxy-1,4-naphthoquinone
3,5- 二羟基 -1,4- 萘醌 3,5-dihydroxy-1,4-naphthoquinone
5,8- 二羟基 -1,4- 萘醌 5,8-dihydroxy-1,4-naphthoquinone
8,9- 二羟基 -1,5,6,10b- 四氢 -2H- 吡咯 [2,1-a] 异喹啉 -3- 酮 8,9-dihydroxy-1,5,6,10b-tetrahydro-2H-pyrrolo[2,1-a]isoquinolin-3-one
9- 二羟基 -1,5,6,10b- 四氢 -2H- 吡咯 [2,1-α] 异喹啉 -3- 酮 9-dihydroxy-1,5,6,10b-tetrahydro-2H-pyrrolo[2,1-α]isoquinolin-3-one
2,8- 二羟基 -1,5,6- 三甲氧基呫酮 2,8-dihydroxy-1,5,6-trimethoxyxanthone
2,6- 二羟基 -1,5,7- 三甲氧基菲 2,6-dihydroxy-1,5,7-trimethoxyphenanthrene
5-{3,8- 二羟基 -1,5- 二甲基 -6- 氧杂双环 [3.2.1] 辛 -8- 基 }-3- 甲基 -2(E),4(E)- 戊二烯酸 5-{3,8-dihydroxy-1,5-dimethyl-6-oxabicyclo[3.2.1]oct-8-yl}-3-methyl-2(E),4(E)-pentadienoic acid

E

2,6- 二羟基 -1,5- 二甲氧基呫酮 2,6-dihydroxy-1,5-dimethoxyxanthone

3,6- 二羟基 -1,5- 二甲氧基呫酮 3,6-dihydroxy-1,5-dimethoxyxanthone

2,7- 二羟基 -1,6- 二甲基 -5- 乙烯基 -9,10- 二氢菲 2,7-dihydroxy-1,6-dimethyl-5-vinyl-9,10-dihydrophenanthrene

2,8- 二羟基 -1,6- 二甲基 -5- 乙烯基 -9,10- 二氢菲 2,8-dihydroxy-1,6-dimethyl-5-vinyl-9,10-dihydrophenanthrene

2,7- 二羟基 -1,6- 二甲基 -9,10,12,13- 四氢芘 2,7-dihydroxy-1,6-dimethyl-9,10,12,13-tetrahydropyrene

2,7- 二羟基 -1,6- 二甲基芘 2,7-dihydroxy-1,6-dimethylpyrene

2,7- 二羟基 -1,6- 二甲氧基 -9- 甲基二苯并呋喃 2,7-dihydroxy -1,6-dimethoxy-9-methyldibenzofuran

2,8- 二羟基 -1,6- 二甲氧基呫酮 2,8-dihydroxy-1,6-dimethoxyxanthone

(3*R*,5*S*)-3,5- 二羟基 -1,7- 二 (4- 羟基 -3- 甲氧基苯基)- 庚烷 (3*R*,5*S*)-3,5-dihydroxy-1,7-bis(4-hydroxy-3-methoxyphenyl)-heptane

(3*S*,5*S*)-3,5- 二羟基 -1,7- 二 (4- 羟基 -3- 甲氧基苯基)- 庚烷 (3*S*,5*S*)-3,5-dihydroxy-1,7-bis(4-hydroxy-3-methoxyphenyl)-heptane

(3*S*,5*R*)-3,5- 二羟基 -1,7- 二苯基庚烷 (3*S*,5*R*)-3,5-dihydroxy-1,7-diphenylheptane

(3*S*,5*R*,6*S*,7*R*)-5,6- 二羟基 -1,7- 二对羟苯基 -4'',2- 去氧甲基心裂宾 (3*S*,5*R*,6*S*,7*R*)-5,6-dihydroxy-1,7-bis(4-hydroxyphenyl)-4''-de-*O*-methylcentrolobine

(3*S*,5*S*,6*R*,7*R*)-5,6- 二羟基 -1,7- 二对羟苯基 -4''- 去氧甲基心裂宾 (3*S*,5*S*,6*R*,7*R*)-5,6-dihydroxy-1,7-bis(4-hydroxyphenyl)-4''-de-*O*-methylcentrolobine

(3*S*,5*S*,6*S*,7*R*)-5,6- 二羟基 -1,7- 二对羟苯基 -4''- 去氧甲基心裂宾 (3*S*,5*S*,6*S*,7*R*)-5,6-dihydroxy-1,7-bis(4-hydroxyphenyl)-4''-de-*O*-methylcentrolobine

(3*S*,5*S*)-3,5- 二羟基 -1,7- 二对羟苯基庚烷 (3*S*,5*S*)-3,5-dihydroxy-1,7-bis(4-hydroxyphenyl)heptane

2,6- 二羟基 -1,7- 二甲基 -5- 乙烯基 -9,10- 二氢菲 2,6-dihydroxy-1,7-dimethyl-5-vinyl-9,10-dihydrophenanthrene

2,8- 二羟基 -1,7- 二甲基 -6- 乙烯基 -10,11- 二氢 - 二苯并 [b,f] 氧杂䓬 2,8-dihydroxy-1,7-dimethyl-6-vinyl-10,11-dihydro-dibenz[b,f] oxepin

3,6- 二羟基 -1,7- 二甲氧基呫酮 3,6-dihydroxy-1,7-dimethoxyxanthone

(3*R*,5*R*)-3,5- 二羟基 -1,7- 双 -(3,4- 二羟基苯基) 庚烷 (3*R*,5*R*)-3,5-dihydroxy-1,7-bis-(3,4-dihydroxyphenyl)heptane

(3*R*,5*R*)-3,5- 二羟基 -1,7- 双 (3,4- 二羟基苯基) 庚烷 -3-*O*-*β*-D- 吡喃葡萄糖苷 (3*R*,5*R*)-3,5-dihydroxy-1,7-bis(3,4-dihydroxyphenyl) heptane-3-*O*-*β*-D-glucopyranoside

(3*R*,5*R*)-3,5- 二羟基 -1,7- 双 (4- 羟苯基)-3,5- 庚二醇 (3*R*,5*R*)-3,5-dihydroxy-1,7-bis(4-hydroxyphenyl)-3,5-heptanediol

(3*R*,5*R*)-3,5- 二羟基 -1,7- 双 (4- 羟基 -3- 甲氧基苯基) 庚烷 -3-*O*-*β*-D- 吡喃葡萄糖苷 (3*R*,5*R*)-3,5-dihydroxy-1,7-bis(4-hydroxy-3-methoxyphenyl)heptane-3-*O*-*β*-D-glucopyranoside

3,5- 二羟基 -1,7- 双 (4- 羟基苯基) 庚烷 3,5-dihydroxy-1,7-bis(4-hydroxyphenyl)heptane

3,5- 二羟基 -1,7- 双 (4- 羟基苯基)- 庚烷 3,5-dihydroxy-1,7-bis(4-hydroxyphenyl)-heptane

(3*R*,5*R*)-3,5- 二羟基 -1,7- 双 (4- 羟基苯基) 庚烷 -3-*O*-*β*-D- 吡喃葡萄糖苷 (3*R*,5*R*)-3,5-dihydroxy-1,7-bis(4-hydroxyphenyl)heptane-3-*O*-*β*-D-glucopyranoside

2*α*,9- 二羟基 -1,8- 桉树脑 2*α*,9-dihydroxy-1,8-cineole

2,7- 二羟基 -1,8- 二甲基 -5- 乙烯基 -9,10- 二氢菲 2,7-dihydroxy-1,8-dimethyl-5-vinyl-9,10-dihydrophenanthrene

2,7- 二羟基 -1,8- 二甲氧基呫酮 2,7-dihydroxy-1,8-dimethoxyxanthone

3,7- 二羟基 -1,9- 二甲基二苯并呋喃 3,7-dihydroxy-1,9-dimethyldibenzofuran

4*α*,7*β*- 二羟基 -10*βH*- 愈创木 -5- 烯 -1*β*,8*β*- 内氧化物 4*α*,7*β*-dihydroxy-10*βH*-guai-5-en-1*β*,8*β*-endoxide

1*β*,6*α*- 二羟基 -10*β*- 甲基 -5*αH*,7*αH*- 桉叶 -4- 酮 1*β*,6*α*-dihydroxy-10*β*-methyl- 5*αH*,7*αH*-eudesm-4-one

1,3- 二羟基 -10- 甲基吖啶酮 1,3-dihydroxy-10-methylacridone

19,21*α*- 二羟基 -10- 甲氧基 -19,20- 二氢小蔓长春花碱▲ 19,21*α*-dihydroxy-10-methoxy-19,20-dihydrovinorine

3,8- 二羟基 -11,11- 二甲基 -6-(2- 甲基丙烯基)-6*H*,7*H*,11*H*- 二 [1] 苯并吡喃 [4,3-b:6',7'-e] 吡喃 -7- 酮 3,8-dihydroxy-11,11-dimethyl-6-(2-methylpropenyl)-6*H*,7*H*,11*H*-bis[1] benzopyrano[4,3-b:6',7'-e]pyran-7-one

2,7- 二羟基 -11,12- 菖蒲烃▲ 2,7-dihydroxy-11,12-dehydrocalamenene

(1*S*,4*S*)-7,8- 二羟基 -11,12- 去氢菖蒲烃▲ (1*S*,4*S*)-7,8-dihydroxy-11,12-dehydrocalamenene

1*β*,3*β*- 二羟基 -11*α*,12*α*- 环氧蒲公英赛烷 1*β*,3*β*-dihydroxy-11*α*,12*α*-oxidotaraxerane

3*β*,28- 二羟基 -11*α*,12*α*- 环氧蒲公英赛烷 3*β*,28-dihydroxy-11*α*,12*α*-oxidotaraxerane

3*β*,6*β*- 二羟基 -11*α*,12*α*- 环氧齐墩果 -28,13*β*- 内酯 3*β*,6*β*-dihydroxy-11*α*,12*α*-epoxyolean-28,13*β*-olide

2*α*,3*β*- 二羟基 -11*α*,12*α*- 环氧 - 熊果 -28,13*β*- 内酯 2*α*,3*β*-dihydroxy-11*α*,12*α*-epoxy-urs-28,13*β*-olide

2*α*,5*α*- 二羟基 -11*αH*- 桉叶 -4(15)- 烯 -12,8*β*- 内酯 2*α*,5*α*-dihydroxy-11*αH*-eudesma-4(15)-en-12,8*β*-olide

3*β*,8*β*- 二羟基 -11*αH*- 愈创木 -4(15),10(14)- 二烯 -12,6*α*- 内酯 3*β*,8*β*-dihydroxy-11*αH*-guaia-4(15),10(14)-dien-12,6*α*-olide

3*β*,28- 二羟基 -11*α*- 甲氧基熊果 -12- 烯 3*β*,28-dihydroxy-11*α*-methoxyurs-12-ene

3*β*,25- 二羟基 -11*α*- 乙酰氧基 -20*S*,24*R*- 环氧达玛烷 3*β*,25-dihydroxy-11*α*-acetoxy-20*S*,24*R*-epoxydammarane

3*α*,8*α*- 二羟基 -11*βH*-11,13- 二氢去氢木香内酯 3*α*,8*α*-dihydroxyl-11*βH*-11,13-dihydrodehydrocostus lactone

10*β*,14- 二羟基 -11*βH*- 愈创木 -4-(15)- 烯 -12,6*α*- 内酯 -14-*O*-*β*-D- 葡萄糖苷 10*β*,14-dihydroxy-11*βH*-guai-4-(15)-ene-12,6*α*-olide-14-*O*-*β*-D-glucoside

8,10- 二羟基 -11- 甲氧基 -5*H*- 异色原烯 [4,3-b] 色原烯 -7- 酮 8,10-dihydroxy-11-methoxy-5*H*-isochromeno[4,3-b]chromen-7-one

2,13- 二羟基 -11- 十三碳烯 -3,5,7,9- 四炔 -1-*O*-*β*-D- 吡喃葡萄糖苷 2,13-dihydroxy-11-tridecen-3,5,7,9- tetraynyl-1-*O*-*β*-D-glucopyranoside

(3*β*)-3,27- 二羟基 -11- 氧代 - 齐墩果 -12- 烯 -28- 酸 (3*β*)-3,27-dihydroxy-11-oxo-olean-12-en-28-oic acid

3*β*,6*β*- 二羟基 -11- 氧代 - 齐墩果 -12- 烯 -28- 酸 3*β*,6*β*-dihydroxy-11-oxo-olean-12-en-28-oic acid

(3*β*,4*β*,22*β*)-22,23- 二羟基 -11- 氧代齐墩果 -12- 烯 -3- 基 -*O*-6- 去氧 -*α*-L- 吡喃甘露糖基 -(1 → 2)-*O*-*β*-D- 吡喃半乳糖基 -(1 → 2)-*β*-D- 吡喃葡萄糖醛酸 (3*β*,4*β*,22*β*)-22,23-dihydroxy-11-oxoolean-12-en-3-yl-*O*-6-deoxy-*α*-L-mannopyranosyl-(1 → 2)-*O*-*β*-D-galactopyranosyl-(1 → 2)-*β*-D-glucopyranosiduronic acid

(3*β*,4*β*,22*β*)-22,23- 二羟基 -11- 氧代齐墩果 -12- 烯 -3- 基 -*O*-6- 去氧 -*α*-L- 吡喃甘露糖基 -(1 → 2)-*O*-*β*-D- 吡喃半乳糖基 -(1 → 2)-

β-D- 吡喃葡萄糖醛酸甲酯 (3β,4β,22β)-22,23-dihydroxy-11-oxoolean-12-en-3-yl-O-6-deoxy-α-L-mannopyranosyl-(1→2)-O-β-D-galactopyranosyl-(1→2)-β-D-glucopyranosiduronic acid methyl ester
(3β,4β,22β)-22,23- 二羟基 -11- 氧代齐墩果 -12- 烯 -3- 基 -O-6- 去氧 -α-L- 吡喃甘露糖基 -(1→2)-O-β-D- 吡喃木糖基 -(1→2)-β-D- 吡喃葡萄糖醛酸甲酯 (3β,4β,22β)-22,23-dihydroxy-11-oxoolean-12-en-3-yl-O-6-deoxy-α-L-mannopyranosyl-(1→2)-O-β-D-xylopyranosyl-(1→2)-β-D-glucopyranosiduronic acid methyl ester
6α,11- 二羟基 -12,13- 二乙酰氧基 -1,3- 二烯 6α,11-dihydroxy-12,13-diacetoxyelem-1,3-diene
11,14- 二羟基 -12,16- 环氧冷杉 -5,8,11,13- 四烯 -7- 酮 11,14-dihydroxy-12,16-epoxyabieta-5,8,11,13-tetraen-7-one
3β,20S- 二羟基 -12β,23R- 环氧达玛 -24- 烯 -3-O-[β-D- 吡喃葡萄糖基 -(1→2)-β-D- 吡喃葡萄糖基]-20-O-β-D- 吡喃葡萄糖苷 3β,20S-dihydroxy-12β,23R-epoxydammar-24-ene-3-O-[β-D-glucopyranosyl-(1→2)-β-D-glucopyranosyl]-20-O-β-D-glucopyranoside
16α,24α- 二羟基 -12β- 乙酰氧基 -25,26,27- 三降 -16,24- 环环木菠萝 -23- 酮 -3β-O-α-L- 吡喃阿拉伯糖苷 16α,24α-dihydroxy-12β-acetoxy-25,26,27-trinor-16,24-cyclocycloartan-23-one-3β-O-α-L-arabinopyranoside
11,14- 二羟基 -12- 甲氧基 -7- 氧代 -8,11,13- 冷杉三烯 -19-20β- 内酯 11,14-dihydroxy-12-methoxy-7-oxo-8,11,13-abietatrien-19-20β-olide
3β,16β- 二羟基 -12- 齐墩果烯 -28- 醛 3β,16β-dihydroxy-12-oleanen-28-al
2α,3β- 二羟基 -12- 齐墩果烯 -28- 酸 2α,3β-dihydroxy-12-oleanen-28-oic acid
3β,22α- 二羟基 -12- 齐墩果烯 -29- 酸 3β,22α-dihydroxy-12-oleanen-29-oic acid
22β,29- 二羟基 -12- 齐墩果烯 -3- 酮 22β,29-dihydroxy-12-oleanen-3-one
(12Z)-9,10- 二羟基 -12- 十八烯酸 (12Z)-9,10-dihydroxy-12-octadecenoic acid
3β,28- 二羟基 -12- 熊果烯 3β,28-dihydroxy-12-ursene
2α,3β- 二羟基 -12- 熊果烯 -28- 酸 2α,3β-dihydroxy-12-ursen-28-oic acid
3β,6β- 二羟基 -12- 氧代 -13Hα- 齐墩果 -28,19β- 内酯 3β,6β-dihydroxy-12-oxo-13Hα-olean-28,19β-olide
23β-H-3β,20ξ- 二羟基 -12- 氧代 -21,23- 环氧达玛 -24- 烯 -3-O-[α-L- 吡喃鼠李糖基 -(1→2)][β-D- 吡喃葡萄糖基 -(1→3)]-α-L- 吡喃阿拉伯糖苷 23β-H-3β,20ξ-dihydroxy-12-oxo-21,23-epoxydammar-24-ene-3-O-[α-L-rhamnopyranosyl-(1→2)][β-D-glucopyranosyl-(1→3)]-α-L-arabinopyranoside
3β,16α- 二羟基 -12- 乙酰氧基 -16,22- 环 -23- 酮 -24R,25- 环氧环木菠萝 -7- 烯 -3-O-β-D- 吡喃半乳糖苷 3β,16α-dihydroxy-12-acetoxy-16,22-cyclo-23-ketone-24R,25-epoxycycloartane-7-ene-3-O-β-D-galactopyranoside
3β,16α- 二羟基 -12- 乙酰氧基 -16,22- 环 -23- 酮基 -24,25- 环氧 - 环木菠萝 -3-O-β-D- 吡喃半乳糖苷 3β,16α-dihydroxy-12-acetoxy-16,22-cyclo-23-ketone-24,25-epoxy-cycloartane-3-O-β-D-galactopyranoside
3β,16α- 二羟基 -12- 乙酰氧基 -16,22- 环 -23- 酮基 -24,25- 环氧 - 环木菠萝 -7- 烯 -3-O-β-D- 吡喃木糖苷 3β,16α-dihydroxy-12-acetoxy-16,22-cyclo-23-ketone-24,25-epoxy-cycloartane-7-ene-3-O-β-D-xylopyranoside
(相对 -3S,5S,8R,9R,10S)-3,9- 二羟基 -13(14)- 半日花烯 -16,15- 内酯 (rel-3S,5S,8R,9R,10S)-3,9-dihydroxy-13(14)-labden-16,15-olide
(3S,5S,8R,9R,10S)-3,9- 二羟基 -13(14)- 半日花烯 -16,15- 内酯 -3-O-β-D- 吡喃葡萄糖苷 (3S,5S,8R,9R,10S)-3,9-dihydroxy-13(14)-labdaen-16,15-olide-3-O-β-D-glucopyranoside
3β,16α- 二羟基 -13,28- 环氧齐墩果 -3-O-α-L- 吡喃鼠李糖基 -(1→2)-β-D- 吡喃葡萄糖基 -(1→4)-β-D- 吡喃葡萄糖基 -(1→2)-α-L- 吡喃阿拉伯糖苷 3β,16α-dihydroxy-13,28-epoxy-oleanane-3-O-α-L-rhamnopyranosyl-(1→2)-β-D-glucopyranosyl-(1→4)-β-D-glucopyranosyl-(1→2)-α-L-arabinopyranoside
8,15- 二羟基 -13E- 半日花烷 8,15-dihydroxy-13E-labdane
3β,8α- 二羟基 -13- 吡咯烷 -4(15),10(14)-(1αH,5αH,6βH,11βH)-愈创木烷二烯 -12,6- 内酯 3β,8α-dihydroxy-13-pyrrolidine-4(15),10(14)-(1αH,5αH,6βH,11βH)-guaiadien-12,6-olide
7β,12α- 二羟基 -13- 表泪柏醚 7β,12α-dihydroxy-13-epimanoyloxide
7β,12α- 二羟基 -13- 表 - 泪柏醚 7β,12α-dihydroxy-13-epi-manoyl oxide
3β,12- 二羟基 -13- 甲基 -5,8,11,13- 罗汉松四烯 -7- 酮 3β,12-dihydroxy-13-methyl-5,8,11,13-podocarpatetraen-7-one
3β,12- 二羟基 -13- 甲基 -6,8,11,13- 罗汉松四烯 3β,12-dihydroxy-13-methyl-6,8,11,13-podocarpatetraen
5,8α- 二羟基 -13- 降小皮伞 -7- 酮 5,7α-dihydroxy-13-normarasman-7-one
5,7α- 二羟基 -13- 降小皮伞 -8- 酮 5,7α-dihydroxy-13-normarasman-8-one
1β,6α-1,6- 二羟基 -14-O-[(4- 羟苯基) 乙酰基] 桉叶 -3,11(13)- 二烯 -12- 酸 -γ- 内酯 1β,6α-1,6-dihydroxy-14-O-[(4-hydroxyphenyl)acetyl]eudesma-3,11(13)-dien-12-oic acid-γ-lactone
6α,9- 二羟基 -14β- 羰基呋喃荒漠木 -9(10)- 烯 6α,9-dihydroxy-14β-carboxyfuranoeremophil-9(10)-ene
3β,14- 二羟基 -14β- 孕甾 -5- 烯 -20- 酮 3β,14-dihydroxy-14β-pregn-5-en-20-one
3β-14α- 二羟基 -14β- 孕甾 -5- 烯 -20- 酮 3β-14α-dihydroxy-14β-pregn-5-en-20-one
8,13- 二羟基 -14- 半日花烯 8,13-dihydroxy-14-labdene
3β,5β- 二羟基 -14- 烯 - 强心甾 -20(22)- 烯内酯 3β,5β-dihydroxy-14-en-card-20(22)-enolide
4,13β- 二羟基 -14- 氧代 -3,4- 裂环阿替 -16- 烯 -3- 酸 4,13β-dihydroxy-14-oxo-3,4-secoatis-16-en-3-oic acid
4,13β- 二羟基 -14- 氧代 -3,4- 裂环阿替 -16- 烯 -3- 酸甲酯 4,13β-dihydroxy-14-oxo-3,4-secoatis-16-en-3-oic acid methyl ester
3α,17- 二羟基 -15(16)- 烯 - 对映 - 贝壳杉 -7- 酮 3α,17-dihydroxy-15(16)-ene-ent-kaur-7-one
(E)-8α,15- 二羟基 -15-(3S- 羟基 - 十八烷酰基 -13- 半日花烯 -8-O-α-L- 吡喃阿拉伯糖苷 (E)-8α,15-dihydroxy-15-(3S-hydroxy-octadecanoyl)-13-labdene-8-O-α-L-arabinopyranoside
13,14- 二羟基 -15,16- 二甲氧基 -(-)-6α- 羟基 -5α,8α,9α,10α- 赪桐 -3-烯 -18- 酸 13,14-dihydroxy-15,16-dimethoxy-(-)-6α-hydroxy-5α,8α,9α,10α-cleroda-3-en-18-oic acid
19,20- 二羟基 -15,16- 环氧 -8(17),13(16),14- 对映 - 半日花三烯 19,20-dihydroxy-15,16-epoxy-8(17),13(16),14-ent-labdatriene
10α,19- 二羟基 -15,16- 环氧 -8(17),13(16),14- 降 - 对映 - 半日花三烯 10α,19-dihydroxy-15,16-epoxy-8(17),13(16),14-nor-ent-labdatriene
3β,5α- 二羟基 -15β- 桂皮酰氧基 -14- 氧代续随子 -6 顺式 ,12 反式 -二烯 3β,5α-dihydroxy-15β-cinnamoyloxy-14-oxolathyra-6Z,12E-diene
3β,6β- 二羟基 -15- 降 -14- 氧代 -8(17),12- 半日花二烯 -14- 醛 3β,6β-dihydroxy-15-nor-14-oxo-8(17),12-labdadien-14-al

E

E

7β,11β-二羟基-15-氧代-对映-贝壳杉-16-烯-19,6β-内酯 7β,11β-dihydroxy-15-oxo-ent-kaur-16-en-19,6β-olide

7β,9-二羟基-15-氧代-对映-贝壳杉-16-烯-19,6β-内酯 7β,9-dihydroxy-15-oxo-ent-kaur-16-en-19,6β-olide

(3β,4α,20α)-3,29-二羟基-16,23-二氧代-28-降齐墩果-17-烯-3β-O-β-D-吡喃半乳糖基-(1→2)-O-[β-D-吡喃半乳糖基-(1→4)]-β-D-吡喃葡萄糖醛酸苷 (3β,4α,20α)-3,29-dihydroxy-16,23-dioxo-28-norolean-17-en-3β-O-β-D-galactopyranosyl-(1→2)-O-[β-D-galactopyranosyl-(1→4)]-β-D-glucopyranuronosidic acid

7β,17-二羟基-16α-对映-贝壳杉-19-酸-19-O-β-D-吡喃葡萄糖苷酯 7β,17-dihydroxy-16α-ent-kauran-19-oic acid-19-O-β-D-glucopyranoside ester

16,17-二羟基-16β-(-)-贝壳杉-19-酸 16,17-dihydroxy-16β-(-)-kauran-19-oic acid

3α,21α-二羟基-16-氧代千层塔-14-烯-24-基-对香豆酸酯 3α,21α-dihydroxy-16-oxoserrat-14-en-24-yl-p-coumarate

6,7-二羟基-17(20)-顺式-5-孕甾-16-酮 6,7-dihydroxy-17(20)-cis-5-pregna-16-one

7α,14β-二羟基-17α-甲氧基甲基-18β-乙酰氧基-贝壳杉-11,15-二酮 7α,14β-dihydroxy-17α-methoxymethyl-18β-acetoxy-ent-kaur-11,15-dione

7α,14β-二羟基-17α-甲氧基甲基-对映-贝壳杉-3,11,15-三酮 7α,14β-dihydroxy-17α-methoxymethyl-ent-kaur-3,11,15-trione

7α,14β-二羟基-17α-乙氧基甲基-3β-乙酰氧基-对映-贝壳杉-11,15-二酮 7α,14β-dihydroxy-17α-ethoxymethyl-3β-acetoxy-ent-kaur-11,15-dione

7α,14β-二羟基-17β-甲氧基甲基-18β-乙酰氧基-贝壳杉-11,15-二酮 7α,14β-dihydroxy-17β-methoxymethyl-18β-acetoxy-ent-kaur-11,15-dione

7α,14β-二羟基-17β-甲氧基甲基-3β-乙酰氧基-对映-贝壳杉-11,15-二酮 7α,14β-dihydroxy-17β-methoxymethyl-3β-acetoxy-ent-kaur-11,15-dione

7α,14β-二羟基-17β-乙氧基甲基-3β-乙酰氧基-对映-贝壳杉-11,15-二酮 7α,14β-dihydroxy-17β-ethyoxymethyl-3β-acetoxy-ent-kaur-11,15-dione

4α,6α-二羟基-18-(4'-甲氧基-4'-氧代丁酰氧基)-19-巴豆酰氧基-新-赪桐-13-烯-15,16-内酯 4α,6α-dihydroxy-18-(4'-methoxy-4'-oxobutyryloxy)-19-tigloyloxy-neo-clerod-13-en-15,16-olide

2E,10E-1,12-二羟基-18-乙酰氧基-3,7,15-三甲基十六烷-2,10,14-三烯 2E,10E-1,12-dihydroxy-18-acetoxy-3,7,15-trimethylhexadeca-2,10,14-triene

3β,13-二羟基-19αH-熊果烷-28-酸-γ-内酯 3β,13-dihydroxy-19αH-ursan-28-oic acid-γ-lactone

5β,14β-二羟基-19-酮-3β-O-α-L-吡喃鼠李糖基-蟾蜍甾-20,22-二烯内酯 5β,14β-dihydroxy-19-oxo-3β-O-α-L-rhamnopyranosyl-bufa-20,22-dienolide

2α,3α-二羟基-19-氧代-18,19-裂环-熊果-11,13(18)-二烯-28-酸 2α,3α-dihydroxy-19-oxo-18,19-seco-urs-11,13(18)-dien-28-oic acid

23β-H-3β,20ξ-二羟基-19-氧代-21,23-环氧达玛-24-烯-3-O-[α-L-吡喃鼠李糖基-(1→2)][β-D-吡喃木糖基-(1→3)]-α-L-吡喃阿拉伯糖苷 23β-H-3β,20ξ-dihydroxy-19-oxo-21,23-epoxydammar-24-ene-3-O-[α-L-rhamnopyranosyl-(1→2)][β-D-xylopyranosyl-(1→3)]-α-L-arabinopyranoside

2α,15β-二羟基-19-氧代波叶刚毛果苷元▲ 2α,15β-dihydroxy-19-oxo-uzarigenin

(20R,23R)-3β,20-二羟基-19-氧代达玛-24-烯-21-酸-21,23-内酯-3-O-[α-L-吡喃鼠李糖基-(1→2)][β-D-吡喃木糖基-(1→3)]-α-L-吡喃阿拉伯糖苷 (20R,23R)-3β,20-dihydroxy-19-oxodammar-24-en-21-oic acid-21,23-lactone-3-O-[α-L-rhamnopyranosyl-(1→2)][β-D-xylopyranosyl-(1→3)]-α-L-arabinopyranoside

4β,9β-二羟基-1α,5α-H-愈创木-6,10(14)-二烯 4β,9β-dihydroxy-1α,5α-H-guaia-6,10(14)-dien

4α,10α-二羟基-1α,5α-H-愈创木-6-烯 4α,10α-dihydroxy-1α,5α-H-guaia-6-en

4β,6β-二羟基-1α,5β(H)-愈创木-9-烯 4β,6β-dihydroxy-1α,5β(H)-guai-9-ene

6β,14α-二羟基-1α,7β-二乙酰氧基-7α,20-环氧-对映-贝壳杉-16-烯-15-酮 6β,14α-dihydroxy-1α,7β-diacetoxy-7α,20-epoxy-ent-kaur-16-en-15-one

4β,10β-二羟基-1αH,5αH-愈创木烷-11(13)-烯-8α,12-内酯 4β,10β-dihydroxy-1αH,5αH-guai-11(13)-en-8α,12-olide

8β,9β-二羟基-1β,10α-环氧-11β,13-二氢木香内酯 8β,9β-dihydroxy-1β,10α-epoxy-11β,13-dihydrocostunolide

4α,10β-二羟基-1β,5α-H-愈创木-6-烯 4α,10β-dihydroxy-1β,5α-H-guai-6-ene

4β,10β-二羟基-1β,5β-H-愈创木-6-烯 4β,10β-dihydroxy-1β,5β-H-guaia-6-en

4α,10α-二羟基-1βH,5βH-愈创木烷-11(13)-烯-8α,12-内酯 4α,10α-dihydroxy-1βH,5βH-guai-11(13)-en-8α,12-olide

(3R,4R,6S)-3,6-二羟基-1-薄荷烯 (3R,4R,6S)-3,6-dihydroxy-1-menthene

(3S,6S)-3,6-二羟基-1-薄荷烯 (3S,6S)-3,6-dihydroxy-1-menthene

2',3'-二羟基-1'-丙氧基金钱松酸酯B 2',3'-dihydroxy-1'-propoxypseudolarate B

(4R,5S)-4-[(1E,3R)-3,4-二羟基-1-丁基]-4-羟基-3,3,5-三甲基环己酮 (4R,5S)-4-[(1E,3R)-3,4-dihydroxy-1-butenyl]-4-hydroxy-3,3,5-trimethylcyclohexanone

(4S,5R)-4-[(1E,3R)-3,4-二羟基-1-丁基]-4-羟基-3,3,5-三甲基环己酮 (4S,5R)-4-[(1E,3R)-3,4-dihydroxy-1-butenyl]-4-hydroxy-3,3,5-trimethylcyclohexanone

4,7-二羟基-1-对羟苄基-2-甲氧基-9,10-二氢菲 4,7-dihydroxy-1-(p-hydroxybenzyl)-2-methoxy-9,10-dihydrophenanthrene

2,7-二羟基-1-对羟苄基-4-二甲氧基-9,10-二氢菲 2,7-dihydroxy-1-(p-hydroxybenzyl)-4-dimethoxy-9,10-dihydrophenanthrene

4,5-二羟基-1-甲基-3-氧代-2-(三氯甲基)-3H-吲哚季铵离子盐酸盐 4,5-dihydroxy-1-methyl-3-oxo-2-(trichloromethyl)-3H-indolium chloride

1,7-二羟基-1-甲基-6,8-二甲氧基-β-咔啉 1,7-dihydroxy-1-methyl-6,8-dimethoxy-β-carboline

2,8-二羟基-1-甲基-7-甲氧基-5-乙烯基-9,10-二氢菲 2,8-dihydroxy-1-methyl-7-methoxy-5-vinyl-9,10-dihydrophenanthrene

3,8-二羟基-1-甲基-9,10-蒽醌 3,8-dihydroxy-1-methyl-9,10-anthracenedione

3,8-二羟基-1-甲基蒽醌-2-羧酸 3,8-dihydroxy-1-methylanthraquinone-2-carboxylic acid

1-[3,6-二羟基-1-甲基萘-8-O-β-D-(2'-O-没食子酰基)-吡喃葡萄糖苷-2-基]乙酮 1-[3,6-dihydroxyl-1-methylnaphthalen-8-O-β-D-(2'-O-galloyl)-glucopyranoside-2-yl]ethanone

1-[(3,6-二羟基-1-甲基萘-8-O-β-D-吡喃葡萄糖苷)-2-基]乙酮 1-[(3,6-dihydroxyl-1-methylnaphthalen-8-O-β-D-glucopyranoside)-2-yl]ethanone

7-(1,2-二羟基-1-甲基乙基)-4-甲基薁-1-甲醛 7-(1,2-dihydroxy-1-methylethyl)-4-methylazulene-1-carbaldehyde

2-(1',2'-二羟基-1'-甲基乙基)-6,10-二甲基-9-羟基螺环[4,5]癸-6-烯-8-酮 2-(1',2'-dihydroxy-1'-methylethyl)-6,10-dimethyl-

9-hydroxyspiro[4,5]dec-6-en-8-one
(1'R,2R,5S,10R)-2-(1',2'- 二羟基 -1'- 甲基乙基)-6,10- 二甲基螺环 [4,5] 癸 -6- 烯 -8- 酮 (1'R,2R,5S,10R)-2-(1',2'-dihydroxy-1'-methylethyl)-6,10-dimethylspiro[4,5]dec-6-en-8-one
(1'S,2R,5S,10R)-2-(1',2'- 二羟基 -1'- 甲基乙基)-6,10- 二甲基螺环 [4,5] 癸 -6- 烯 -8- 酮 (1'S,2R,5S,10R)-2-(1',2'-dihydroxy-1'-methylethyl)-6,10-dimethylspiro[4,5]dec-6-en-8-one
1-[2-(1,2- 二羟基 -1- 甲基乙基)-6- 羟基 -5- 苯并呋喃]- 乙酮 1-[2-(1,2-dihydroxy-1-methylethyl)-6-hydroxy-5-benzofuranyl]-ethanone
3,8- 二羟基 -1- 甲氧基 -2- 甲氧基亚甲基 -9,10- 蒽醌 8-dihydroxy-1-methoxy-2-methoxymethylene-9,10-anthraquinone
6-(2,3- 二羟基 -1- 甲氧基 -3- 甲基丁基)-7- 甲氧基香豆素 6-(2,3-dihydroxy-1-methoxy-3-methyl-butyl)-7-methoxycoumarin
2,3- 二羟基 -1- 甲氧基蒽醌 2,3-dihydroxy-1-methoxyl-anthraquinone
2,5- 二羟基 -1- 甲氧基蒽醌 2,5-dihydroxy-1-methoxyanthraquinone
3,6- 二羟基 -1- 甲氧基蒽醌 3,6-dihydroxy-1-methoxyanthraquinone
2,9- 二羟基 -1- 甲氧基 - 二苯并 [cd,f] 吲哚酮 -4(5H)- 酮 2,9-dihydroxy-1-methoxy-dibenz[cd,f]indol-4(5H)-one
1,7- 二羟基 -1- 甲氧基吡酮 1,7-dihydroxy-1-methoxyxanthone
2,5- 二羟基 -1- 甲氧基吡酮 2,5-dihydroxy-1-methoxyxanthone
2,7- 二羟基 -1- 甲氧基吡酮 2,7-dihydroxy-1-methoxyxanthone
3,5- 二羟基 -1- 甲氧基吡酮 3,5-dihydroxy-1-methoxyxanthone
3,7- 二羟基 -1- 甲氧基吡酮 3,7-dihydroxy-1-methoxyxanthone
(2R)-N-[(1S,2R,3R,7E)-2,3- 二羟基 -1- 羟基甲基 -7- 十七烯 -1- 基]-2- 羟基 - 二十四酰胺 (2R)-N-[(1S,2R,3R,7E)-2,3-dihydroxy-1-(hydroxymethyl)-7-heptadecen-1-yl]-2-hydroxy-tetracosanamide
N-[5E,8E-2,4- 二羟基 -1- 羟甲基 -5,8- 二十六碳二烯]- 十五酰胺 N-[5E,8E-2,4-dihydroxy-1-hydroxymethyl-5,8-hexacosadienyl]-pentadecanamide
N-(8E-2,4- 二羟基 -1- 羟甲基 -8- 二十六碳烯)- 十五酰胺 N-(8E-2,4-dihydroxy-1-hydroxymethyl-8-hexacosenyl)-pentadecanamide
(1S,2R,3R,7E)-2,3- 二羟基 -1- 羟甲基 - 十七碳 -7- 烯 -1- 醇 -2- 羟基二十二酸酯 (1S,2R,3R,7E)-2,3-dihydroxy-1-(hydroxyl-methyl)-7-heptadecen-1-yl-2-hydroxy-docosanoic acid ester
(1S,2R,3R,7E)-2,3- 二羟基 -1- 羟甲基 - 十七碳 -7- 烯 -1- 醇 -2- 羟基二十六酸酯 (1S,2R,3R,7E)-2,3-dihydroxy-1-(hydroxymethyl)-7-heptadecen-1-yl-2-hydroxy-hexacosanoic acid ester
(1S,2R,3R,7E)-2,3- 二羟基 -1- 羟甲基 - 十七碳 -7- 烯 -1- 醇 -2- 羟基二十四酸酯 (1S,2R,3R,7E)-2,3-dihydroxy-1-(hydroxymethyl)-7-heptadecen-1-yl-2-hydroxytetracosanoic acid ester
(1S,2R,3R,7E)-2,3- 二羟基 -1- 羟甲基 - 十七碳 -7- 烯 -1- 醇棕榈酸酯 (1S,2R,3R,7E)-2,3-dihydroxy-1-(hydroxymethyl)-7-heptadecen-1-yl-hexadecanoic acid ester
(4S)-4,6- 二羟基 -1- 四氢萘酮 (4S)-4,6-dihydroxy-1-tetralone
(4S)-4,8- 二羟基 -1- 四氢萘酮 (4S)-4,8-dihydroxy-1-tetralone
4,8- 二羟基 -1- 四氢萘酮 4,8-dihydroxy-1-tetralone
3,4- 二羟基 -1- 烯丙基苯 -4-O-α-L- 吡喃鼠李糖基 -(1 → 6)-O-β-D- 吡喃葡萄糖苷 3,4-dihydroxy-1-allylbenzene-4-O-α-L-rhamnopyranosyl-(1 → 6)-O-β-D-glucopyranoside
(6β,10α)-6,10- 二羟基 -1- 氧代荒漠木 -7(11),8(9)- 二烯 -8(12)- 内酯 (6β,10α)-6,10-dihydroxy-1-oxoeremophila-7(11),8(9)-dieno-8(12)-lactone
3β,23- 二羟基 -1- 氧代齐墩果 -12- 烯 -28- 酸 3β,23-dihydroxy-1-oxo-olean-12-en-28-oic aicd
3β,23- 二羟基 -1- 氧代 - 齐墩果 -12- 烯 -28- 酸 3β,23-dihydroxy-1-oxo-olean- 12-en-28-oic acid
(20R,22R-14α,20α)- 二羟基 -1- 氧代睡茄 -2,5,16,24- 四烯内酯 (20R,22R-14α,20α)-dihydroxy-1-oxowitha-2,5,16,24-tetraenolide
7,27- 二羟基 -1- 氧代睡茄 -2,5,24- 三烯内酯 7,27-dihydroxy-1-oxowitha-2,5,24-trienolide
7α,27- 二羟基 -1- 氧代 - 睡茄 -2,5,24- 三烯内酯 7α,27-dihydroxy-1-oxo-witha-2,5,24-trienolide
(20R,22R)-20,27- 二羟基 -1- 氧代睡茄 -5,24- 二烯内酯 -3β-(O-β-D-吡喃葡萄糖苷) (20R,22R)-20,27-hydroxy-1-oxowitha-5,24-dienolide-3β-(O-β-D-glucopyranoside)
(2S)-2',4'- 二羟基 -2''-(1- 羟基 -1- 甲基乙基) 二氢呋喃 [2,3-h] 黄烷酮 (2S)-2',4'-dihydroxy-2''-(1-hydroxy-1-methylethyl) dihydrofuro[2,3-h]flavanone
4,2'- 二羟基 -2''-(1'''- 甲基)-2'',3''- 二氢 -(4'',5'',3',4')- 呋喃查耳酮 4,2'-dihydroxy-2''-(1'''-methyl)-2'',3''-dihydro-(4'',5'',3',4') furanochalcone
5,7- 二羟基 -2-(1- 甲基丙基) 色酮 -8-β-D- 吡喃葡萄糖苷 5,7-dihydroxy-2-(1-methylpropyl)chromone-8-β-D-glucopyranoside
6,7- 二羟基 -2-(2- 苯乙基)-5,6,7,8- 四氢色酮 6,7-dihydroxy-2-(2-phenylethyl)-5,6,7,8-tetrahydrochromone
5,8- 二羟基 -2-(2- 苯乙基) 色酮 5,8-dihydroxy-2-(2-phenylethyl) chromone
5,8- 二羟基 -2-(2- 对甲氧基苯乙基) 色酮 5,8-dihydroxy-2-(2-p-methoxyphenylethyl)chromone
1,5- 二羟基 -2- （ 2'- 甲基丙酰基 ）-3- 甲氧基 -6- 甲基苯 1,5-dihydroxy-2-(2'-methylpropionyl)-3-methoxy-6-methylbenzene
1,3- 二羟基 -2-(2'- 甲基丙酰基)-5- 甲氧基 -6- 甲基苯 1,3-dihydroxy-2-(2'-methoxypropionyl)-5-methoxy-6-methylbenzene
1,5- 二羟基 -2-(2'- 甲基丁酰基)-3- 甲氧基 -6- 甲基苯 1,5-dihydroxy-2-(2'-methylbutanoyl)-3-methoxy-6-methylbenzene
1,6- 二羟基 -2-(2- 羟基 -3- 甲基丁 -3- 烯基)-3,7- 二甲氧基 -8- 异戊烯基 - 吡酮 1,6-dihydroxy-2-(2-hydroxy-3-methylbut-3-enyl)-3,7-dimethoxy-8-prenyl-xanthone
1,3- 二羟基 -2-(2- 羟基 -3- 甲基丁 -3- 烯基)-6,7- 二甲氧基 -8- 异戊烯基 - 吡酮 1,3-dihydroxy-2-(2-hydroxy-3-methylbut-3-enyl)-6,7-dimethoxy-8-prenyl-xanthone
1,5- 二羟基 -2-(3,3- 二甲基烯丙基)-3- 甲氧基吡酮 1,5-dihydroxy-2-(3,3-dimethylallyl)-3-methoxyxanthone
7,8- 二羟基 -2-(3,4- 二羟基苯基)-1,2- 二氢萘 -1,3- 二羧酸 7,8-dihydroxy-2-(3,4-dihydroxyphenyl)-1,2-dihydronaphthalene-1,3-dicarboxylic acid
6,8- 二羟基 -2-(3'- 羟基 -4'- 甲氧基苯乙基) 色酮 6,8-dihydroxy-2-(3'-hydroxy-4'-methoxyphenethyl)chromone
5,8- 二羟基 -2-(4- 甲基 -6- 氧 -5,6- 二氢 -2H- 吡喃 -2- 基)-[1,4]-萘醌 5,8-dihydroxy-2-(4-methyl-6-oxo-5,6-dihydro-2H-pyran-2-yl)-[1,4]naphthaqquinone
3-[5,7- 二羟基 -2-(4- 甲氧苯基)-4- 氧代 -4H- 色烯 -8- 基]-4- 甲氧基苯甲酸 3-[5,7-dihydroxy-2-(4-methoxyphenyl)-4-oxo-4H-chromen-8-yl]-4-methoxybenzoic acid
6,7- 二羟基 -2-(4'- 甲氧基苯乙基) 色酮 6,7-dihydroxy-2-(4'-methoxyphenethyl)chromone
3',5- 二羟基 -2-(4- 羟苄基)-3- 甲氧基联苄 3',5-dihydroxy-2-(4-hydroxybenzyl)-3-methoxybibenzyl
3,3'- 二羟基 -2-(4- 羟苄基)-5- 甲氧基联苄 3,3'-dihydroxy-2-(4-hydroxybenzyl)-5-methoxybibenzyl
5,7- 二羟基 -2(Z)- 辛酸甲酯 methyl 5,7-dihydroxy-2(Z)-octanoate
(4S,4aR,10R,10aR)-4,10- 二羟基 -2,2- 二甲基 -2,3,4,4a,10,10a- 六氢苯 [g]- 色烯 -5- 酮 (4S,4aR,10R,10aR)-4,10-dihydroxy-2,2-dimethyl-2,3,4,4α,10,10α-hexahydrobenzo[g]chromen-5-one
4,9- 二羟基 -2,2- 二甲基 -3,4- 二氢萘并 [2,3-b] 吡喃 -5,10- 二酮

4,9-dihydroxy-2,2-dimethyl-3,4-dihydronaphtho[2,3-b]pyran-5,10-dione

5,4'- 二羟基 -2",2"- 二甲基吡喃 [5,6:6,7] 异黄酮 5,4'-dihydroxy-2",2"-dimethylpyrano[5,6:6,7]isoflavone

1,7- 二羟基 -2,3,4,5- 四甲氧基 吅酮 1,7-dihydroxy-2,3,4,5-tetramethoxyxanthone

1,6- 二羟基 -2,3,4,8- 四甲氧基 吅酮 1,6-dihydroxy-2,3,4,8-tetramethoxyxanthone

5,6- 二羟基 -2,3,4- 三甲氧芪 5,6-dihydroxy-2,3,4-trimethoxystilbene

4',6- 二羟基 -2,3',4- 三甲氧基苯甲酮 4',6-dihydroxy-2,3',4-trimethoxybenzophenone

4',6'- 二羟基 -2',3',4- 三甲氧基二氢查耳酮 4',6'-dihydroxy-2',3',4-trimethoxydihydrochalcone

1,5- 二羟基 -2,3,4- 三甲氧基 吅酮 1,5-dihydroxy-2,3,4-trimethoxyxanthone

1,7- 二羟基 -2,3,4- 三甲氧基 吅酮 1,7-dihydroxy-2,3,4-trimethoxyxanthone

7,5'- 二羟基 -2',3',4'- 三甲氧基异黄烷 7,5'-dihydroxy-2',3',4'-trimethoxyisoflavane

5,7- 二羟基 -2',3',4'- 三甲氧基异黄烷酮 5,7-dihydroxy-2',3',4'-trimethoxyisoflavanone

5,7- 二羟基 -2',3',4'- 三甲氧基异黄烷酮 -7-*O*-*β*- 吡喃葡萄糖苷 5,7-dihydroxy-2',3',4'-trimethoxyisoflavanone-7-*O*-*β*-glucopyranoside

1,7- 二羟基 -2,3,5- 三甲氧基 吅酮 1,7-dihydroxy-2,3,5-trimethoxyxanthone

2',4'- 二羟基 -2,3',6'- 三甲氧基查耳酮 2',4'-dihydroxy-2,3',6'-trimethoxychalcone

4',5- 二羟基 -2',3',7,8- 四甲氧基黄酮 4',5-dihydroxy-2',3',7,8-tetramethoxyflavone

1,4- 二羟基 -2,3,7- 三甲氧基 吅酮 1,4-dihydroxy-2,3,7-trimethoxyxanthone

1,5- 二羟基 -2,3,7- 三甲氧基 吅酮 1,5-dihydroxy-2,3,7-trimethoxyxanthone

4,5- 二羟基 -2,3,7- 三甲氧基 吅酮 4,5-dihydroxy-2,3,7-trimethoxyxanthone

1,7- 二羟基 -2,3,8- 三甲氧基 吅酮 1,7-dihydroxy-2,3,8-trimethoxyxanthone

1,7- 二羟基 -2,3-[2"-(1- 羟基 -1- 甲基乙基)- 二氢呋喃]- 吅酮 1,7-dihydroxy-2,3-[2"-(1-hydroxy-1-methylethyl)-dihydrofurano]-xanthone

4,8- 二羟基 -2,3- 二甲氧基 -1-(3- 甲基丁 -2- 烯基)-9*H*- 吅烯 -9- 酮 4,8-dihydroxy-2,3-dimethoxy-1-(3-methylbut-2-enyl)-9*H*-xanthen-9-one

4',5- 二羟基 -2',3'- 二甲氧基 -7-(5- 羟氧基色烯 -7- 基) 异黄烷酮 4',5-dihydroxy-2',3'-dimethoxy-7-(5-hydroxyoxychromen-7-yl)-isoflavanone

1,4- 二羟基 -2,3- 二甲氧基蒽醌 1,4-dihydroxy-2,3-dimethoxyanthraquinone

5,7- 二羟基 -2,3- 二甲氧基黄烷酮 5,7-dihydroxy-2,3-dimethoxyflavanone

1,5- 二羟基 -2,3- 二甲氧基 吅酮 1,5-dihydroxy-2,3-dimethoxyxanthone

1,7- 二羟基 -2,3- 二甲氧基 吅酮 1,7-dihydroxy-2,3-dimethoxyxanthone

4,5- 二羟基 -2,3- 二甲氧基 吅酮 4,5-dihydroxy-2,3-dimethoxyxanthone

4,6- 二羟基 -2,3- 二甲氧基 吅酮 4,6-dihydroxy-2,3-dimethoxyxanthone

4,7- 二羟基 -2,3- 二甲氧基 吅酮 4,7-dihydroxy-2,3-dimethoxyxanthone

11*α*,30- 二羟基 -2,3- 裂环 - 齐墩果 -12- 烯 -2,3- 二酸酐 11*α*,30-dihydroxy-2,3-seco-olean-12-en-2,3-dioic anhydride

5,3'- 二羟基 -2,3- 亚甲二氧基联苄 5,3'-dihydroxy-2,3-(methylenedioxy)bibenzyl

1,7- 二羟基 -2,3- 亚甲二氧基 吅酮 1,7-dihydroxy-2,3-methylenedioxyxanthone

3',6- 二羟基 -2,4,4'- 三甲氧基 -3-(3",4"- 二羟苄基) 查耳酮 3',6-dihydroxy-2,4,4'-trimethoxy-3-(3",4"-dihydroxybenzyl) chalcone

3',6- 二羟基 -2,4,4'- 三甲氧基苯酚酮 3',6-dihydroxy-2,4,4'-trimethoxybenzophenone

3',6'- 二羟基 -2',4',5',4- 四甲氧基查耳酮 3',6'-dihydroxy-2',4',5',4-tetramethoxychalcone

1,3- 二羟基 -2,4,5,7- 四甲氧基 吅酮 1,3-dihydroxy-2,4,5,7-tetramethoxyxanthone

5,7- 二羟基 -2',4',5',7- 四甲氧基异黄酮 -7- 龙胆二糖苷 5,7-dihydroxy-2',4',5',7-tetramethoxyisoflavone-7-gentiobioside

3,7- 二羟基 -2,4,6- 三甲氧基菲 3,7-dihydroxy-2,4,6-trimethoxyphenanthrene

1,8- 二羟基 -2,4,6- 三甲氧基 吅酮 1,8-dihydroxy-2,4,6-trimethoxyxanthone

3,8- 二羟基 -2,4,6- 三甲氧基 吅酮 3,8-dihydroxy-2,4,6-trimethoxyxanthone

3,7- 二羟基 -2,4,8- 三甲氧基菲 3,7-dihydroxy-2,4,8-trimethoxyphenanthrene

(*S*)-3-(3',5'- 二羟基 -2',4'- 二甲基苯基) 丁 -2- 酮 (*S*)-3-(3',5'-dihydroxy-2',4'-dimethyl phenyl)butan-2-one

3,5- 二羟基 -2,4- 二甲基 - 己酸 -4- 对羟基苯基酯 3,5-dihydroxy-2,4-dimethyl-hexanoic acid-4-hydroxyphenyl ester

(2*S*)-5,7- 二羟基 -2',4'- 二甲氧基 -8-(2,3- 环氧 -3- 甲基丁基) 黄烷酮 (2*S*)-5,7-dihydroxy-2',4'-dimethoxy-8-(2,3-epoxy-3-methylbutyl)-flavanone

3,5- 二羟基 -2,4- 二甲氧基 -9- 芴酮 3,5-dihydroxy-2,4-dimethoxy-9-fluorenone

6,3'- 二羟基 -2,4- 二甲氧基苯酚酮 6,3'-dihydroxy-2,4-dimethoxybenzophenone

1,3- 二羟基 -2,4- 二甲氧基蒽醌 1,3-dihydroxy-2,4-dimethoxyanthraquinone

1,6- 二羟基 -2,4- 二甲氧基蒽醌 1,6-dihydroxy-2,4-dimethoxyanthraquinone

3,7- 二羟基 -2,4- 二甲氧基菲 3,7-dihydroxy-2,4-dimethoxyphenanthrene

3,7- 二羟基 -2,4- 二甲氧基菲 -3-*O*- 葡萄糖苷 3,7-dihydroxy-2,4-dimethoxyphenanthrene-3-*O*-glucoside

1,3- 二羟基 -2,4- 二甲氧基 吅酮 1,3-dihydroxy-2,4-dimethoxyxanthone

3,7- 二羟基 -2,4- 二甲氧基 吅酮 3,7-dihydroxy-2,4-dimethoxyxanthone

3,8- 二羟基 -2,4- 二甲氧基 吅酮 3,8-dihydroxy-2,4-dimethoxyxanthone

3,5- 二羟基 -2,4- 二甲氧基芴酮 3,5-dihydroxy-2,4-dimethoxyfluorenone

3',7- 二羟基 -2',4'- 二甲氧基异黄酮 3',7-dihydroxy-2',4'-dimethoxyisoflavone

(3*R*)-7,3'- 二羟基 -2',4'- 二甲氧基异黄烷 (3*R*)-7,3'-dihydroxy-2',4'-dimethoxyisoflavan

3',7- 二羟基 -2',4'- 二甲氧基异黄烷 3',7-dihydroxy-2',4'-

dimethoxyisoflavan

(+)-3',7- 二羟基 -2',4'- 二甲氧基 - 异黄烷 (+)-3',7-dihydroxy-2',4'-dimethoxy-isoflavan

6,3'- 二羟基 -2',4'- 二甲氧基异黄烷 -6-*O*-β-D- 吡喃葡萄糖苷 6,3'-dihydroxy-2',4'-dimethoxyisoflavan-6-*O*-β-D-glucopyranoside

1,3- 二羟基 -2,4- 二异戊烯基吖啶酮 1,3-dihydroxy-2,4-diprenylacridone

(4*S*,5*S*,7*R*,8*R*,14*R*)-8,11- 二羟基 -2,4- 环桉叶烷 (4*S*,5*S*,7*R*,8*R*,14*R*)-8,11-dihydroxy-2,4-cyclo-eudesmane

2,3- 二羟基 -2,4- 环戊二烯 -1- 酮 2,3-dihydroxy-2,4-cyclopentadien-1-one

1,3- 二羟基 -2,5,6,7- 四甲氧基𠮿酮 1,3-dihydroxy-2,5,6,7-tetramethoxyxanthone

1(*R*),2(*R*),3(*R*)-1,3- 二羟基 -2,5,7- 三甲基 -6- 羟乙基茚满 -1-*O*-β-D- 糖苷 1(*R*),2(*R*),3(*R*)-1,3-dihydroxy-2,5,7-trimethyl-6-hydroxyethylindane-1-*O*-β-D-glycoside

1,3- 二羟基 -2,5- 二甲氧基蒽醌 1,3-dihydroxy-2,5-dimethoxyanthraquinone

3,3'- 二羟基 -2,5'- 二甲氧基二苯乙烷 3,3'-dihydroxy-2,5'-dimethoxybibenzyl

3,5- 二羟基 -2',5'- 二甲氧基二苯乙烷 3,5-dihydroxy-2',5'-dimethoxybibenzyl

(2*R*,3*R*)-4',7- 二羟基 -2',5- 二甲氧基二氢黄酮醇 (2*R*,3*R*)-4',7-dihydroxy-2',5-dimethoxydihydroflavonol

4',7- 二羟基 -2',5- 二甲氧基黄酮醇 4',7-dihydroxy-2',5-dimethoxyflavonol

{1*R*-[1α,1(*E*),2β]}-4-(1,2- 二羟基 -2,6,6- 三甲基环己基)-3-丁烯 -2- 酮 {1*R*-[1α,1(*E*),2β]}-4-(1,2-dihydroxy-2,6,6-trimethylcyclohexyl)-3-buten-2-one

5,7- 二羟基 -2,6,8- 三甲基色酮 5,7-dihydroxy-2,6,8-trimethylchromone

1,5- 二羟基 -2,6,8- 三甲氧基𠮿酮 1,5-dihydroxy-2,6,8-trimethoxyxanthone

3'- 二羟基 -2,6- 二对羟苄基 -5- 甲氧基联苄 3'-dihydroxy-2,6-bis(4-hydroxybenzyl)-5-methoxybibenzyl

3,3'- 二羟基 -2',6'- 双 (对羟苄基)-5- 甲氧基联苄 3,3'-dihydroxy-2',6'-bis(*p*-hydroxybenzyl)-5-methoxybibenzyl

1,4- 二羟基 -2,6- 二甲氧基苯基 -4-*O*- 吡喃葡萄糖苷 1,4-dihydroxy-2,6-dimethoxyphenyl-4-*O*-glucopyranoside

4,4'- 二羟基 -2,6- 二甲氧基二氢查耳酮 4,4'-dihydroxy-2,6-dimethoxydihydrochalcone

1,8- 二羟基 -2,6- 二甲氧基口山酮 1,8-dihydroxy-2,6-dimethoxyxanthone

5,7- 二羟基 -2',6- 二甲氧基异黄酮 5,7-dihydroxy-2',6-dimethoxyisoflavone

1,4- 二羟基 -2,6- 甲氧基苯 1,4-dihydroxy-2,6-dimethoxybenzene

3,3'- 二羟基 -2,6- 双 (对羟苄基)-5- 甲氧基联苄 3,3'-dihydroxy-2,6-bis(*p*-hydroxybenzyl)-5-methoxybibenzyl

5,6- 二羟基 -2,7,3',4'- 四甲氧基黄酮醇 5,6-dihydroxy-3,7,3',4'-tetramethoxyflavonol

5,6- 二羟基 -2,7,4'- 三甲氧基黄酮醇 5,6-dihydroxy-3,7,4'-trimethoxyflavonol

1,8- 二羟基 -2,7- 二甲基 -3,6- 二甲氧基蒽醌 1,8-dihydroxy-2,7-dimethyl-3,6-dimethoxyanthraquinone

6,8- 二羟基 -2,7- 二甲氧基 -3-(1,1- 二甲基丙 -2- 烯基)-1,4- 萘醌 6,8-dihydroxy-2,7-dimethoxy-3-(1,1-dimethylprop-2-enyl)-1,4-naphthoquinone

1,3- 二羟基 -2,7- 二甲氧基𠮿酮 1,3-dihydroxy-2,7-dimethoxyxanthone

4,13- 二羟基 -2,8,9- 三甲氧基二苯并 [a,g] 喹嗪季铵碱 4,13-dihydroxy-2,8,9-trimethoxydibenzo[a,g]quinolizinium

5,7- 二羟基 -2,8- 二甲基色酮 5,7-dihydroxy-2,8-dimethylchromone

5,7- 二羟基 -2',8- 二甲氧基黄酮 5,7-dihydroxy-2',8-dimethoxyflavone

1,8- 二羟基 -2-[(1*Z*)-4- 甲基 -1,3- 戊二烯 -1-yl]-9,10- 蒽醌 1,8-dihydroxy-2-[(1*Z*)-4-methyl-1,3-pentadien-1-yl]-9,10-anthracenedione

3,6- 二羟基 -2-[2-(2- 羟苯基) 乙炔基] 苯甲酸甲酯 methyl 3,6-dihydroxy-2-[2-(2-hydroxyphenyl)-ethynyl]benzoate

6,8- 二羟基 -2-[2-(3'- 甲氧基 -4'- 羟基苯乙基)] 色酮 6,8-dihydroxy-2-[2-(3'-methoxy-4'-hydroxylphenylethyl)]chromone

2,6- 二羟基 -2-[3,7,11- 三甲基 -2(*E*),6(*E*),10- 十二碳三烯 -1-基]-3(2*H*)- 苯并呋喃酮 2,6-dihydroxy-2-[3,7,11-trimethyl-2(*E*),6(*E*),10-dodecatrien-1-y l]-3(2*H*)-benzofuranone

[*R*-(*R**,*S**)]-4-{1,3- 二羟基 -2-[4-(3- 羟丙基)-2- 甲氧基苯氧基] 丙基 }-2- 甲氧基苯基 -β-D- 吡喃葡萄糖苷 [*R*-(*R**,*S**)]-4-{1,3-dihydroxy-2-[4-(3-hydroxypropyl)-2-methoxyphenoxy]propyl}-2-methoxyphenyl-β-D-glucopyranoside

4-{1,3- 二羟基 -2-[4-(3- 羟丙基)-2- 甲氧基苯氧基] 丙基 }-2-甲氧基苯基 -β-D- 吡喃葡萄糖苷 4-{1,3-dihydroxy-2-[4-(3-hydroxypropyl)-2-methoxyphenoxy]propyl}-2-methoxyphenyl-β-D-glucopyranoside

(*E*)-2-{4,5- 二羟基 -2-{3-[(4- 羟基苯乙基) 氨基]-3- 氧代丙基 } 苯基 }-3-(4- 羟基 -3,5- 二甲氧基苯基)-*N*-(4- 羟基苯乙基) 丙烯酰胺 (*E*)-2-{4,5-dihydroxy-2-{3-[(4-hydroxyphenethyl)amino]-3-oxopropyl}phenyl}-3-(4-hydroxy-3,5-dimethoxyphenyl)-*N*-(4-hydroxyphenethyl)acrylamide

(*E*)-2-{4,5- 二羟基 -2-{3-[(4- 羟基苯乙基) 氨基]-3- 氧代丙基 } 苯基 }-3-(4- 羟基 -3,5- 二甲氧基苯基)-*N*-(4- 乙酰胺丁基) 丙烯酰胺 (*E*)-2-{4,5-dihydroxy-2-{3-[(4-hydroxyphenethyl)amino]-3-oxopropyl}phenyl}-3-(4-hydroxy-3,5-dimethoxyphenyl)-*N*-(4-acetamidobutyl)acrylamide

(*E*)-2-{4,5- 二羟基 -2-{3-[(4- 羟基苯乙基) 氨基]-3- 氧代丙基 }苯基 }-3-(4- 羟基 -3- 甲氧基苯基)-*N*-(4- 乙酰胺丁基) 丙烯酰胺 (*E*)-2-{4,5-dihydroxy-2-{3-[(4-hydroxyphenethyl)amino]-3-oxopropyl}phenyl}-3-(4-hydroxy-3-methoxyphenyl)-*N*-(4-acetamidobutyl)acrylamide

5,7- 二羟基 -2',6- 二甲氧基黄酮 5,7-dihydroxy-2',6-dimethoxyisoflavone

2α,3β- 二羟基 -20(29)- 羽扇豆烯 -28- 酸 2α,3β-dihydroxy-20(29)-lupen-28-oic acid

(20*S*,24*R*)-12β,25- 二羟基 -20,24- 环氧达玛 -3- 酮 (20*S*,24*R*)-12β,25-dihydroxy-20,24-epoxydammaran-3-one

(3β,18α,19α)-3,28- 二羟基 -20,28- 环氧熊果 -24- 酸 (3β,18α,19α)-3,28-dihydroxy-20,28-epoxyurs-24-oic acid

3β,23- 二羟基 -20α*H*- 熊果 -12- 烯 -28- 酸 3β,23-dihydroxy-20α*H*-urs-12-en-28-oic acid

3β,19α- 二羟基 -20α- 熊果 -12- 烯 -28- 酸 3β,19α-dihydroxy-20α-urs-12-en-28-oic acid

3β,19α- 二羟基 -20α- 熊果 -12- 烯 -28- 酸 -3β-*O*-α-L- 吡喃阿拉伯糖苷 3β,19α-dihydroxy-20α-urs-12-en-28-oic acid-3β-*O*-α-L-arabinopyranoside

3β,19α- 二羟基 -20β- 乙酸酯 - 千层塔 -14- 烯 -21β- 醇 3β,19α-dihydroxy-20β-acetate-serrat-14-en-21β-ol

6α,15α- 二羟基 -20- 醛 -6,7- 裂环 -6,11α- 环氧 -1,7- 内酯 - 对映 -贝壳杉 -16- 烯 6α,15α-dihydroxy-20-aldehyde-6,7-seco-6,11α-epoxy-1,7-olide-*ent*-kaur-16-ene

6α,15α- 二羟基 -20- 醛 -6,7- 裂环 -6,11α- 环氧 - 对映 - 贝壳杉 -16-

烯 -1,7- 内酯 6α,15α-dihydroxy-20-aldehyde-6,7-seco-6,11α-epoxy-ent-kaur-16-en-1,7-olide

6α,15α- 二羟基 -20- 醛 -6,7- 裂环 -6,11α- 环氧 - 对映 - 贝壳杉 -16-烯 -1α,7- 内酯 6α,15α-dihydroxy-20-aldehyde-6,7-seco-6,11α-epoxy-ent-kaur-16-en-1α,7-olide

16,29- 二羟基 -20- 烯环阿片甾烯醇 16,29-dihydroxy-20-enecyclolaudenol

3β,12β- 二羟基 -23,24,25,26,27- 五降达玛 -20- 酮 3β,12β-dihydroxy-23,24,25,26,27-hexanordammarane-20-one

2α,3β- 二羟基 -23- 降齐墩果 -4(24),12(13)- 二烯 -28- 酸 2α,3β-dihydroxy-23-norolean-24(24),12(13)-dien-28-oic acid

2α,3β- 二羟基 -23- 氧代 -30- 去甲齐墩果 -12,20(29)- 二烯 -28- 酸 2α,3β-dihydroxy-23-oxo-30-norolean-12,20(29)-dien-28-oic acid

2α,3β- 二羟基 -23- 氧代 - 齐墩果 -12- 烯 -28- 酸 2α,3β-dihydroxy-23-oxo-olean-12-en-28-oic acid

3β,16α- 二羟基 -23- 氧代齐墩果 -13(18)- 烯 -28- 酸 3β-16α-dihydroxy-23-oxoolean-13(18)-en-28-oic acid

2β,3β- 二羟基 -23- 氧代熊果酸 2β,3β-dihydroxy-23-oxours-12-en-28-oic acid

(3β,4α,11α)-3,11- 二羟基 -23- 氧代 - 羽扇豆 -20(29)- 烯 -28- 酸 (3β,4α,11α)-3,11-dihydroxy-23-oxo-lup-20(29)-en-28-oic acid

3α,11α- 二羟基 -23- 氧代 - 羽扇豆 -20(29)- 烯 -28- 酸 3α,11α-dihydroxy-23-oxo-lup-20(29)-en-28-oic acid

3β,11β- 二羟基 -24,25,26,27- 去四甲基 - 环木菠萝 -7- 烯 -23,16β-内酯 -3-O-β-D- 吡喃木糖苷 3β,11β-dihydroxy-24,25,26,27-tetranor-cycloart-7-en-23,16β-olide-3-O-β-D-xylopyranoside

3β,12β- 二羟基 -24α- 甲氧基 -25,26,27- 三降达玛 -20,24- 环氧物 3β,12β-dihydroxy-24α-methoxy-25,26,27-trinordammara-20,24-epoxy

(24R,S)-3β,31- 二羟基 -24- 甲氧基 -24- 甲基环木菠萝烷 (24R,S)-3β,31-dihydroxy-24-methoxy-24-methylcycloartane

2α,3α- 二羟基 -24- 降 -4(23),12- 齐墩果二烯 -28- 酸 2α,3α-dihydroxy-24-nor-4(23),12-oleanadien-28-oic acid

(3α,4α,11α)-3,11- 二羟基 -24- 降羽扇豆 -20(29)- 烯 -28- 酸 (3α,4α,11α)-3,11-dihydroxy-24-norlup-20(29)-en-28-oic acid

3β,28ξ- 二羟基 -24- 乙基胆甾 -5,23-Z- 二烯 3β,28ξ-dihydroxy-24-ethylcholesta-5,23-Z-dien

3β,12β- 二羟基 -25,26,27- 三降达玛 -22- 烯 -24,20- 内酯 3β,12β-dihydroxy-25,26,27-trinordammara-22-en-24,20-olide

3β,16- 二羟基 -25- 过氧羟基绿玉树 -7,23(24)- 二烯 -6- 酸 3β,16-dihydroxy-25-hydroperoxytirucalla-7,23(24)-dien-6-oic acid

3β,7β- 二羟基 -25- 甲氧基葫芦 -5,(23E)- 二烯 -19- 醛 3β,7β-dihydroxy-25-methoxycucurbita-5,(23E)-dien-19-al

3β,7β- 二羟基 -25- 甲氧基葫芦 -5,23(E)- 二烯 -19- 醛 3β,7β-dihydroxy-25-methoxycucurbita-5,23(E)-dien-19-al

(23E)-3β,7β- 二羟基 -25- 甲氧基葫芦 -5,23- 二烯 -19- 醛 -3-O-β-D-吡喃阿洛糖苷 (23E)-3β,7β-dihydroxy-25-methoxycucurbita-5,23-dien-19-al-3-O-β-D-allopyranoside

2α,3β- 二羟基 -28- 降熊果 -12,17,19(20),21- 四烯 -23- 酸 2α,3β-dihydroxy-28-norurs-12,17,19(20),21-tetraen-23-oic acid

(2R,4S)-2',4'- 二羟基 -2H- 呋喃 -(3",4":8,7)- 黄酮 -4- 醇 (2R,4S)-2',4'-dihydroxy-2H-furan-(3",4":8,7)-flavan-4-ol

4,6- 二羟基 -2-O-(4'- 羟丁基) 苯乙酮 4,6-dihydroxy-2-O-(4'-hydroxybutyl)acetophenone

5,4'- 二羟基 -2-O-β-D- 吡喃葡萄糖基 -3-O-α-L- 鼠李糖基芪 5,4'-dihydroxyl-2-O-β-D-glucopyranosyl-3-O-α-L-rhamnopyranosyl-stilbene

4,6- 二羟基 -2-O-β-D- 吡喃葡萄糖基 - 苯乙酮 4,6-dihydroxy-2-O-β-D-glucopyranosyl-acetophenone

4R'S',4'R'S'- 二羟基 -2R'S',2'R'S'- 双萘 -1,10- 酮 4R'S',4'R'S'-dihydroxy-2R'S',2'R'S'-binaphthalene-1,10-dione

1α,3α- 二羟基 -2α-(2- 甲基丁酰氧基)- 异土木香内酯 1α,3α-dihydroxy-2α-(2-methylbutanoyloxy)-isoalantolactone

4,5β- 二羟基 -2β-(异丁酰氧基)-10βH- 愈创木 -11(13)- 烯 -12,8β-内酯 4,5β-dihydroxy-2β-(isobutyryloxy)-10βH-guai-11(13)-en-12,8β-olide

6-(1",3"- 二羟基 -2"- 丙氧基)- 肌苷 6-(1",3"-dihydroxy-2"-propoxyl)-inosine

5,7- 二羟基 -2- 对羟基苯基 -3-O-(6-O- 对羟基桂皮酰基 -β-D-吡喃葡萄糖基)-4H-1- 苯并吡喃 -4- 酮 5,7-dihydroxy-2-(4-hydroxyphenyl)-3-O-(6-O-(4-hydroxyphenylcinnamoyl)-β-D-fucopyranoxyl)-4H-1-benzopyran-4-one

5,7- 二羟基 -2- 对羟基苯氧基 -6- 色酮 5,7-dihydroxy-2-(p-hydroxyphenoxy)-6-prenylchromone

(-)-5,7- 二羟基 -2- 二十烷基 - 色酮 (-)-5,7-dihydroxy-2-eicosyl-chromone

2,3- 二羟基 -2- 己基 -5- 甲基呋喃 -3- 酮 2,3-dihydro-2-hexyl-5-methylfuran-3-one

8,10- 二羟基 -2- 甲基 -(2E,6E)- 辛二烯酰梓醇 8,10-dihydroxy-2-methyl-(2E,6E)-octadienoyl catalpol

5,6- 二羟基 -2- 甲基 -2-[3',7'E]-4',8',12'- 三甲基十三癸 -3',7',11'-三烯 -2(H)- 色烯 5,6-dihydroxy-2-methyl-2-[3',7'E]-4',8',12'-trimethyltrideca-3',7',11'-trien-2(H)-chromene

1,8- 二羟基 -2- 甲基 -3,7- 二甲氧基蒽醌 1,8-dihydroxy-2-methyl-3,7-dimethoxyanthraquinone

3,5- 二羟基 -2- 甲基 -4H- 吡喃 -4- 酮 3,5-dihydroxy-2-methyl-4H-pyran-4-one

5,7- 二羟基 -2- 甲基 -4- 色烷酮 5,7-dihydroxy-2-methyl-4-chromanone

1,4- 二羟基 -2- 甲基 -5- 甲氧基蒽醌 1,4-dihydroxy-2-methyl-5-methoxyanthraquinone

1,8- 二羟基 -2- 甲基 -6- 甲氧基蒽醌 1,8-dihydroxy-2-methyl-6-methoxyanthraquinone

1,4- 二羟基 -2- 甲基 -8- 甲氧基蒽醌 1,4-dihydroxy-2-methyl-8-methoxyanthraquinone

1,6- 二羟基 -2- 甲基 -9,10- 蒽醌 1,6-dihydroxy-2-methyl-9,10-anthraquinone

1,6- 二羟基 -2- 甲基 -9,10- 蒽醌 -3-O-[α-L- 吡喃鼠李糖基 -(1 → 2)-β-D-(3',6'-O- 二乙酰基)- 吡喃葡萄糖苷] 1,6-dihydroxy-2-methyl-9,10-anthraquinone-3-O-[α-L-rhamnopyranosyl-(1→2)-β-D-(3',6'-O-diacetyl)-glucopyranoside]

1,6- 二羟基 -2- 甲基 -9,10- 蒽醌 -3-O-[α-L- 吡喃鼠李糖基 -(1 → 2)-β-D-(3'-O- 乙酰基)- 吡喃葡萄糖苷] 1,6-dihydroxy-2-methyl-9,10-anthraquinone-3-O-[α-L-rhamnopyranosyl-(1→2)-β-D-(3'-O-acetyl)-glucopyranoside]

1,6- 二羟基 -2- 甲基 -9,10- 蒽醌 -3-O-[α-L- 吡喃鼠李糖基 -(1 → 2)-β-D-(4',6'-O- 二乙酰基)- 吡喃葡萄糖苷] 1,6-dihydroxy-2-methyl-9,10-anthraquinone-3-O-[α-L-rhamnopyranosyl-(1→2)-β-D-(4',6'-O-diacetyl)-glucopyranoside]

1,6- 二羟基 -2- 甲基 -9,10- 蒽醌 -3-O-β-D- 吡喃葡萄糖苷 1,6-dihydroxy-2-methyl-9,10-anthraquinone-3-O-β-D-glucopyranoside

(2R,3R)-2,3- 二羟基 -2- 甲基 -γ- 丁内酯 (2R,3R)-2,3-dihydroxy-2-methyl-butanoic acid-γ-lactone

5,7- 二羟基 -2- 甲基 - 苯并吡喃 -4- 酮 5,7-dihydroxy-2-methyl-benzopyran-4-one

2,3- 二羟基 -2- 甲基 - 丁内酯 2,3-dihydroxyl-2-methylbutylro lactone

3-O-(2,3-二羟基-2-甲基丁酰氧基)阔苞菊酮 3-O-(2,3-dihydroxy-2-methylbutyroyl)cuauhtemone
1,3-二羟基-2-甲基蒽醌 1,3-dihydroxy-2-methylanthraquinone
1,4-二羟基-2-甲基蒽醌 1,4-dihydroxy-2-methylanthraquinone
1,5-二羟基-2-甲基蒽醌 1,5-dihydroxy-2-methylanthraquinone
1,6-二羟基-2-甲基蒽醌 1,6-dihydroxy-2-methylanthraquinone
1,7-二羟基-2-甲基蒽醌 1,7-dihydroxy-2-methylanthraquinone
3,6-二羟基-2-甲基蒽醌 3,6-dihydroxy-2-methylanthraquinone
1,8-二羟基-2-甲基蒽醌-3-O-β-D-吡喃半乳糖苷 1,8-dihydroxy-2-methylanthraquinone-3-O-β-D-galactopyranoside
1,8-二羟基-2-甲基蒽醌-3-O-β-D-吡喃葡萄糖苷 1,8-dihydroxy-2-methylanthraquinone-3-O-β-D-glucopyranoside
1,8-二羟基-2-甲基蒽醌-3-O-芸香糖苷 1,8-dihydroxy-2-methylanthraquinone-3-O-rutinoside
1,8-二羟基-2-甲基蒽醌-3-新橙皮糖苷 1,8-dihydroxy-2-methylanthraquinone-3-neohesperidinoside
1,6-二羟基-2-甲基蒽醌-8-O-β-D-吡喃葡萄糖基-(1→6)-β-L-吡喃木糖苷 1,6-dihydroxy-2-methylanthraquinone -8-O-β-D-glucopyranosyl-(1→6)-β-L-xylopyranoside
6,7-二羟基-2-甲基萘-9,10-二甲基乙烷-10-O-[3'-乙酰基-α-L-吡喃鼠李糖苷] 6,7-dihydroxy-2-methylnaphthalene-9,10-dimethylethane-10-O-[3'-acetyl-α-L-rhamnopyranoside]
5,7-二羟基-2-甲基色酮 5,7-dihydroxy-2-methylchromone
5,7-二羟基-2-甲基色酮-7-O-β-D-吡喃葡萄糖苷 5,7-dihydroxy-2-methylchromone-7-O-β-D-glucopyranoside
5,7-二羟基-2-甲基色酮-7-O-β-D-呋喃芹糖基-(1→6)-β-D-吡喃葡萄糖苷 5,7-dihydroxy-2-methylchromone-7-O-β-D-apiofuranosyl-(1→6)-β-D-glucopyranoside
5,7-二羟基-2-甲基-色烯-4-酮 5,7-dihydroxy-2-methylchromen-4-one
1,3-二羟基-2-甲基吡酮 1,3-dihydroxy-2-methylxanthone
6-O-(3',4'-二羟基-2'-甲烯基丁酰基)-1-O-反式-桂皮酰基-β-D-吡喃葡萄糖 6-O-(3',4'-dihydroxy-2'-methylenbutyryl)-1-O-trans-cinnamoyl-β-D-glucopyranose
6,7-二羟基-2-甲氧基-1,4-菲二酮 6,7-dihydroxy-2-methoxy-1,4-phenanthrenedione
5,7-二羟基-2'-甲氧基-2',4'-二甲氧基异黄烷酮-7-O-β-吡喃葡萄糖苷 5,7-dihydroxy-2'-methoxy-2',4'-dimethoxyisoflavanone-7-O-β-glucopyranoside
5,7-二羟基-2'-甲氧基-3',4'-亚甲二氧基异黄烷酮 5,7-dihydroxy-2'-methoxy-3',4'-methylenedioxyisoflavanone
5,7-二羟基-2'-甲氧基-3',4'-亚甲二氧基异黄烷酮-7-O-β-吡喃葡萄糖苷 5,7-dihydroxy-2'-methoxy3',4'-methylenedioxyisoflavanone-7-O-β-glucopyranoside
4',6'-二羟基-2'-甲氧基-3',5'-二甲基查耳酮 4',6'-dihydroxy-2'-methoxy-3',5'-dimethylchalcone
4,6-二羟基-2-甲氧基-3-甲基二氢查尔酮 4,6-dihydroxy-2-methoxy-3-methyldihydrochalcone
3,5-二羟基-2'-甲氧基-4-甲基二苯乙烷 3,5-dihydroxy-2'-methoxy-4-methylbibenzyl
(+)-5,6-二羟基-2-甲氧基-5-(1-苯基-2-丙烯-1-基)-2-环己烯-1,4-二酮 (+)-5,6-dihydroxy-2-methoxy-5-(1-phenyl-2-propen-1-yl)-2-cyclohexen-1,4-dione
4',6'-二羟基-2'-甲氧基-5'-异戊烯基查耳酮 4',6'-dihydroxy-2'-methoxy-5'-prenylchalcone)
5,3'-二羟基-2'-甲氧基-6,7-亚甲二氧基异黄酮 5,3'-dihydroxy-2'-methoxy-6,7-methylenedioxyisoflavone
7,4'-二羟基-2'-甲氧基-6-香叶基异黄烷酮 7,4'-dihydroxy-2'-methoxy-6-geranylisoflavanone
5,4'-二羟基-2'-甲氧基-8-(3,3-二甲基烯丙基)-2'',2''-二甲基吡喃[5,6:6,7]异黄烷酮 5,4'-dihydroxy-2'-methoxy-8-(3,3-dimethylallyl)-2'',2''-dimethylpyrano[5,6:6,7]isoflavanone
4,5-二羟基-2-甲氧基-9,10-二氢菲 4,5-dihydroxy-2-methoxy-9,10-dihydrophenanthrene
4,7-二羟基-2-甲氧基-9,10-二氢菲 4,7-dihydroxy-2-methoxy-9,10-dihydrophenanthrene
1,4-二羟基-2-甲氧基苯 1,4-dihydroxy-2-methylphenyl ether
4,6-二羟基-2-甲氧基苯基-1-O-β-D-吡喃葡萄糖苷 4,6-dihydroxy-2-methoxyphenyl-1-O-β-D-glucopyranoside
4,6-二羟基-2-甲氧基苯乙酮 4,6-dihydroxy-2-methoxyacetophenone
4,6-二羟基-2-甲氧基-苯乙酮 4,6-dihydroxy-2-methoxy-acetophenone
4,4'-二羟基-2'-甲氧基查耳酮 4,4'-dihydroxy-2'-methoxychalcone
4,4'-二羟基-2-甲氧基查耳酮 4,4'-dihydroxy-2-methoxychalcone
1,3-二羟基-2-甲氧基蒽醌 1,3-dihydroxy-2-methoxyanthraquinone
1,6-二羟基-2-甲氧基蒽醌 1,6-dihydroxy-2-methoxyanthraquinone
3,5-二羟基-2'-甲氧基二苯乙烷 3,5-dihydroxy-2'-methoxybibenzyl
4,4'-二羟基-2-甲氧基二氢查耳酮 4,4'-dihydroxy-2-methoxydihydrochalcone
5,7-二羟基-2'-甲氧基黄酮 5,7-dihydroxy-2'-methoxyflavone
1,6-二羟基-2-甲氧基甲基蒽醌 1,6-dihydroxy-2-methoxymethylanthraquinone
1,3-二羟基-2-甲氧基吡酮 1,3-dihydroxy-2-methoxyxanthone
1,5-二羟基-2-甲氧基吡酮 1,5-dihydroxy-2-methoxyxanthone
1,7-二羟基-2-甲氧基吡酮 1,7-dihydroxy-2-methoxyxanthone
1,8-二羟基-2-甲氧基吡酮 1,8-dihydroxy-2-methoxyxanthone
3,4-二羟基-2-甲氧基吡酮 3,4-dihydroxy-2-methoxyxanthone
4,4'-二羟基-2'-甲氧基石竹酰胺▲ 4,4'-dihydroxy-2'-methoxydianthramide
(3R)-7,4'-二羟基-2'-甲氧基异黄烷 (3R)-7,4'-dihydroxy-2'-methoxyisoflavan
7,4'-二羟基-2'-甲氧基异黄烷 7,4'-dihydroxy-2'-methoxyisoflavan
1,3-二羟基-2-甲氧甲基蒽醌 1,3-dihydroxy-2-methoxymethylanthraquinone
3,6-二羟基-2-甲氧甲基蒽醌 3,6-dihydroxy-2-methoxymethylanthraquinone
1,4-二羟基-2-甲氧羰基-3-异戊烯萘-1-O-β-D-吡喃葡萄糖苷 1,4-dihydroxy-2-carbomethoxy-3-prenylnaphthalene-1-O-β-D-glucopyranoside
1,4-二羟基-2-萘甲酸甲酯 1,4-dihydroxy-2-naphthalenecarboxylic acid methyl ester
1,4-二羟基-2-萘羧酸甲酯-4-O-α-L-吡喃鼠李糖基-(1→6)-β-D-吡喃葡萄糖苷 1,4-dihydroxy-2-naphthalene carboxylic acid methyl ester-4-O-α-L-rhamnopyranosyl-(1→6)-β-D-glucopyranoside
3β,4α-二羟基-2-哌啶酮 3β,4α-dihydroxy-2-piperidinone
3,5-二羟基-2-羟甲基-4H-吡喃-4-酮 3,5-dihydroxy-2-hydroxymethyl-4H-pyran-4-one
3,5-二羟基-2-羟甲基-6-(3,4,5-三甲氧基苯氧基)四氢-2H-吡喃-4-基-4-羟基-3-甲氧基苯甲酸酯 3,5-dihydroxy-2-(hydroxymethyl)-6-(3,4,5-trimethoxyphenoxy)tetrahydro-2H-pyran-4-yl-4-hydroxy-3-methoxybenzoate
1,3-二羟基-2-羟甲基-6-甲氧基蒽醌 1,3-dihydroxy-2-hydroxymethyl-6-methoxyanthraquinone
aR-3',5-二羟基-2-羟甲基-7-甲氧基-6-甲基异黄酮-2'-O-β-D-吡喃葡萄糖苷 aR-3',5-dihydroxy-2-hydroxymethyl-7-methoxy-6-methylisoflavone-2'-O-β-D-glucopyranoside
1,3-二羟基-2-羟甲基-9,10-蒽醌-3-O-β-D-吡喃葡萄糖苷

E

1,3-dihydroxy-2-hydroxymethyl-9,10-anthraquinone-3-*O*-*β*-D-glucopyranoside

1,3- 二羟基 -2- 羟甲基 -9,10- 蒽醌 -3- 羟基 -2- 羟甲基 - 丙酮化物 1,3-dihydroxy-2-hydroxymethyl-9,10-anthraquinone-3-hydroxy-2-hydroxymethyl-acetonide

(-)-3-{[4,5- 二羟基 -2- 羟甲基苯基] 甲基 }-2,3- 二氢 -3,6- 苯并呋喃二醇 (-)-3-{[4,5-dihydroxy-2-(hydroxymethyl)phenyl]methyl}-2,3-dihydro-3,6-benzofurandiol

1,3- 二羟基 -2- 羟甲基蒽醌 1,3-dihydroxy-2-hydroxymethylanthraquinone

1,4- 二羟基 -2- 羟甲基蒽醌 1,4-dihydroxy-2-hydroxymethylanthraquinone

1,7- 二羟基 -2- 羟甲基蒽醌 1,7-dihydroxy-2-hydroxymethylanthraquinone

3,6- 二羟基 -2- 羟甲基蒽醌 3,6-dihydroxy-2-hydroxymethylanthraquinone

3,8- 二羟基 -2- 羟甲基蒽醌 -3- 葡萄糖苷 3,8-dihydroxy-2-hydroxyme-thylanthraquinone-3-glucoside

1,4- 二羟基 -2- 羧基蒽醌 1,4-dihydroxy-2-carboxyanthraquinone

3'*S*,4'- 二羟基 -2'- 亚甲基 - 丁 -1'- 烯醇咖啡酸酯 3'*S*,4'-dihydroxy-2'-methylene-but-1'-enyl caffeate

(*E*)-11*β*,15- 二羟基 -2- 氧代 -6*βH*-13- 降愈创木 -3- 烯 -11,6- 羰酰内酯 (*E*)-11*β*,15-dihydroxy-2-oxo-6*βH*-13-norguaia-3-en-11,6-carbolactone

(-)-1*S*,5*S*,8*S*,10*R*-1,8- 二羟基 -2- 氧代桉叶 -3,7(11)- 二烯 -8,12- 内酯 (-)-1*S*,5*S*,8*S*,10*R*-1,8-dihydroxy-2-oxoeudesman-3,7(11)-dien-8,12-olide

15,16- 二羟基 -2- 氧代 - 对映 - 海松 -8(14)- 烯 15,16-dihydroxy-2-oxo-*ent*-pimar-8(14)-ene

1,8- 二羟基 -2- 乙酰基 -3- 甲基萘 1,8-dihydroxy-2-acetyl-3-methylnaphthalene

1,8- 二羟基 -2- 乙酰萘 1,8-dihydroxy-2-acetylnaphthalene

1,8- 二羟基 -2- 乙酰萘葡萄糖苷或鼠李糖苷 1,8-dihydroxy-2-acetylnaphthalene glucose or rhamnose

1,3- 二羟基 -2- 乙酰氧基蒽醌 1,3-dihydroxy-2-acetoxyanthraquinone

1,3- 二羟基 -2- 乙氧甲基 -9,10- 蒽醌 1,3-dihydroxy-2-ethoxymethyl-9,10-anthraquinone

2,3- 二羟基 -2- 异丙基 - 甲基丁酸 -(2*S*,3*S*)-[(1*S*,7*αR*)-1-(乙酰氧基)-2,3,5,7*α*- 四氢 -1*H*- 吡咯里西 -7- 基] 甲酯 2,3-dihydroxy-2-(1-methylethyl)-butanoic acid-(2*S*,3*S*)-[(1*S*,7*αR*)-1-(acetoxy)-2,3,5,7*α*-tetrahydro-1*H*-pyrrolizin-7-yl]methyl ester

5,7- 二羟基 -2- 异丙基色酮 -8-*β*-D- 吡喃葡萄糖苷 5,7-dihydroxy-2-isopropylchromone-8-*β*-D-glucopyranoside

1,3- 二羟基 -2- 异丁酰蒽醌 1,3-dihydroxy-2-isobutyryl-anthraquinone

1,5- 二羟基 -2- 异戊烯基 -3- 甲氧基呫酮 1,5-dihydroxy-2-prenyl-3-methoxyxanthone

1,7- 二羟基 -2- 异戊烯基 -3- 甲氧基呫酮 1,7-dihydroxy-2-prenyl-3-methoxyxanthone

1,9- 二羟基 -2- 异戊烯基 -3- 甲氧基紫檀素 1,9-dihydroxy-2-prenyl-3-methoxypterocarpin

(5*α*)-17*β*-[1,2- 二羟基 -3-(1- 羟基 -1- 甲基乙基)- 环戊基]-4,4,8,14- 四甲基 -18- 降雄甾 -3*β*-[*O*-*α*-L- 吡喃鼠李糖基 -(1 → 2)-*O*-*β*-D- 吡喃木糖基 -(1 → 3)-*β*-D- 吡喃葡萄糖苷 -6- 乙酸酯] (5*α*)-17*β*-[1,2-dihydroxy-3-(1-hydroxy-1-methylethyl)-cyclopentyl]-4,4,8,14-tetramethyl-18-norandrostan-3*β*-[*O*-*α*-L-rhamno-pyranosyl-(1→2)-*O*-*β*-D-xylopyranosyl-(1 → 3)-*β*-D-glucopyranoside-6-acetate]

2',4'- 二羟基 -3'-(2,6- 二羟基苯基)-6'- 甲氧基查耳酮 2',4'-dihydroxy-3'-(2,6-dihydroxybenzyl)-6'-methoxychalcone

5,7- 二羟基 -3'-(2- 羟基 -3- 甲基 -3- 丁烯基)-3,6,4'- 三甲氧基黄酮 5,7-dihydroxy-3'-(2-hydroxy-3-methyl-3-butenyl)-3,6,4'-trimethoxyflavone

2',6'- 二羟基 -3'-(2- 羟基 -3- 甲基 -3- 丁烯基)-4'- 甲氧基查耳酮 2',6'-dihydroxy-3'-(2-hydroxy-3-methyl-3-butenyl)-4'-methoxychalcone

3,7- 二羟基 -3'-(2- 羟基 -3- 甲基 -3- 丁烯基)-5,6,4'- 三甲氧基黄酮 3,7-dihydroxy-3'-(2-hydroxy-3-methyl-3-butenyl)-5,6,4'-trimethoxyflavone

1-[2,4- 二羟基 -3-(2- 羟基 -3- 甲基 -3- 丁烯基) 苯基]-3-(4- 羟基苯基)-2- 丙烯 -1- 酮 1-[2,4-dihydroxy-3-(2-hydroxy-3-methyl-3-butenyl)phenyl]-3-(4-hydroxyphenyl)-2-propen-1-one

(-)-(2*R*,3*S*)-2,3- 二羟基 -3-(3,4- 二羟基苯基)- 丙酸 (-)-(2*R*,3*S*)-2,3-dihydroxy-3-(3,4-dihydroxyphenyl)-propionic acid

5,4- 二羟基 -3-(3- 甲基 - 丁 -2- 烯基)-3,5,6- 三羟基黄酮 -7-*O*-*β*-D-吡喃葡萄糖苷 5,4-dihydroxy-3-(3-methyl-but-2-enyl)-3,5,6-trimethoxy-flavone-7-*O*-*β*-D-glucopyranoside

1-[2',4'- 二羟基 -3'-(3''- 甲基丁 -2''- 烯基)-5'-(1'''- 乙氧基 -3'''- 甲基丁基)-6'- 甲氧基] 苯乙酮 1-[2',4'-dihydroxy-3'-(3''-methylbut-2''-enyl)-5'-(1'''-ethoxy-3'''-methylbutyl)-6'-methoxy]phenylethanone

5,7- 二羟基 -3-(3- 甲氧基 -4- 羟基)-6- 甲氧基黄酮 5,7-dihydroxy-3-(3-methoxy-4-hydroxy)-6-methoxyflavone

5,7- 二羟基 -3-(3- 羟基 -4,5- 二甲氧基)-6- 甲氧基黄酮 5,7-dihydroxy-3-(3-hydroxyl-4,5-dimethoxy)-6-methoxyflavone

5,7- 二羟基 -3-(3- 羟基 -4,5- 二甲氧基)-8- 甲氧基黄酮 5,7-dihydroxy-3-(3-hydroxy-4,5-dimethoxy)-8-methoxyflavone

5,7- 二羟基 -3-(3- 羟基 -4- 甲氧基)-6- 甲氧基黄酮 5,7-dihydroxy-3-(3-hydroxy-4-methoxy)-6-methoxyflavone

5,7- 二羟基 -3-(3- 羟基 -4- 甲氧基苄基)-4- 色烷酮 5,7-dihydroxy-3-(3-hydroxy-4-methoxybenzyl)-4-chromanone

5,7- 二羟基 -3-(3- 羟基 -4- 甲氧基苄基)-6- 甲氧基色烷 -4-酮 5,7-dihydroxy-3-(3-hydroxy-4-methoxybenzyl)-6-methoxychroman-4-one

7,8- 二羟基 -3-(3- 羟基 -4- 氧代 -4*H*- 吡喃基)- 香豆素 7,8-dihydroxy-3-(3-hydroxy-4-oxo-4*H*-pyran-2-yl)-coumarin

1,8- 二羟基 -3-(3- 羟基丁氧基) 呫酮 1,8-dihydroxy-3-(3-hydroxybutoxy)xanthone

5,7- 二羟基 -3'-(3- 羟甲基丁基)-3,6,4'- 三甲氧基黄酮 5,7-dihydroxy-3'-(3-hydroxymethylbutyl)-3,6,4'-trimethoxyflavone

3,7- 二羟基 -3-(4'- 对甲基苯)- 色烷 -4- 酮 3,7-dihydroxy-3-(4'-hydroxybenzyl)-chroman-4-one

5,7- 二羟基 -3-(4- 羟基)-6- 甲氧基黄酮 5,7-dihydroxy-3-(4-hydroxy)-6-methoxyflavone

(2*S*,3*R*)-2,3- 二羟基 -3-(4- 羟基 -3,5- 二甲氧基苯基) 丙醇苯甲酸酯 (2*S*,3*R*)-2,3-dihydroxy-3-(4-hydroxy-3,5-dimethoxyphenyl)propyl benzoate

(2*R*,3*R*)-2,3- 二羟基 -3-(4- 羟基 -3,5- 二甲氧基苯基) 丙基 -*β*-D-吡喃葡萄糖苷 (2*R*,3*R*)-2,3-dihydroxy-3-(4-hydroxy-3,5-dimethoxyphenyl)propyl-*β*-D-glucopyranoside

3,7- 二羟基 -3'-(4- 羟基 -3- 甲基丁基)-5,6,4'- 三甲氧基黄酮 3,7-dihydroxy-3'-(4-hydroxy-3-methylbutyl)-5,6,4'-trimethoxyflavone

(*E*)-5,7- 二羟基 -3-(4'- 羟基苯亚甲基) 色原烷 -4- 酮 (*E*)-5,7-dihydroxy-3-(4'-hydroxybenzylidene)chroman-4-one

5,7- 二羟基 -3-(4'- 羟基苄基)-4- 色烷酮 5,7-dihydroxy-3-(4'-hydroxy-benzyl)-4-chromanone

4,5- 二羟基 -3-(4- 壬烯酰氧基) 吡咯烷 -2- 羧酸辛酯 octyl 4,5-dihydroxy-3-(4-noneneacyloxy)pyrrolidine-2-carboxylate

5,7- 二羟基 -3'-(4''- 乙酰氧基 -3''- 甲基丁基)-3,6,4'- 三甲氧基

黄酮 5,7-dihydroxy-3'-(4''-acetoxy-3''-methylbutyl)-3,6,4'-trimethoxyflavone
5,7- 二羟基 -3-(7- 羟基 -2,2- 二甲基 -2*H*-1- 苯并吡喃 -6- 基)-4*H*-1-苯并吡喃 -4- 酮 5,7-dihydroxy-3-(7-hydroxy-2,2-dimethyl-2*H*-1-benzopyran-6-yl)-4*H*-1-benzopyran-4-one
2,8- 二羟基 -3,10- 二甲氧基 -6-(2- 甲基 -1- 正丙烯基)-6*H*,7*H*-[1]苯并吡喃 [4,3-b][1]- 苯并吡喃 -7- 酮 2,8-dihydroxy-3,10-dimethoxy-6-(2-methyl-1-propen-1-yl)-6*H*,7*H*-[1]benzopyrano[4,3-b][1]-benzopyran-7-one
7*β*,23*ξ*- 二羟基 -3,11,15- 三氧羊毛脂 -8,20*E*(22)- 二烯 -26- 酸 7*β*,23*ξ*-dihydroxy-3,11,15-trioxolanosta-8,20*E*(22)-dien-26-oic acid
13*β*,19- 二羟基 -3,15- 二氧代阿替 -16- 烯 13*β*,19-dihydroxy-3,15-dioxoatis-16-ene
(+)-(7*R*,7'*R*,7''*R*,7'''*R*,8*S*,8'*S*,8''*S*,8'''*S*)-4'',4'''- 二羟基 -3,3',3'',3''',5,5'-六甲氧基 -7,9':7',9- 二环氧 -4,8'':4',8'''- 二氧 -8,8'- 二新木脂素 -7'',7''',9'',9'''- 四醇 (+)-(7*R*,7'*R*,7''*R*,7'''*R*,8*S*,8'*S*,8''*S*,8'''*S*)-4'',4'''-dihydroxy-3,3',3'',3''',5,5'-hexamethoxy-7,9':7',9-diepoxy-4,8'':4',8'''-bisoxy-8,8'-dineolignan-7'',7''',9'',9'''-tetraol
(+)-(7*R*,7'*R*,7''*R*,7'''*S*,8*S*,8'*S*,8''*S*,8'''*S*)-4'',4'''- 二羟基 -3,3',3'',3''',5,5'-六甲氧基 -7,9';7',9- 二环氧 -4,8'';4',8'''- 二氧 -8,8'- 二新木脂素 -7'',7''',9'',9'''- 四醇 (+)-(7*R*,7'*R*,7''*R*,7'''*S*,8*S*,8'*S*,8''*S*,8'''*S*)-4'',4'''-dihydroxy-3,3',3'',3''',5,5'-hexamethoxy-7,9';7',9-diepoxy-4,8'';4',8'''-bisoxy-8,8'-dineolignan-7'',7''',9'',9'''-tetraol
(+)-(7*R*,7'*R*,7''*S*,7'''*S*,8*S*,8'*S*,8''*S*,8'''*S*)-4'',4'''- 二羟基 -3,3',3'',3''',5,5'-六甲氧基 -7,9';7',9- 二环氧 -4,8'';4',8'''- 二氧 -8,8'- 二新木脂素 -7'',7''',9'',9'''- 四醇 (+)-(7*R*,7'*R*,7''*S*,7'''*S*,8*S*,8'*S*,8''*S*,8'''*S*)-4'',4'''-dihydroxy-3,3',3'',3''',5,5'-hexamethoxy-7,9';7',9-diepoxy-4,8'';4',8'''-bisoxy-8,8'-dineolignan-7'',7''',9'',9'''-tetraol
(-)-(7*R*,7'*R*,7''*S*,8*S*,8'*S*,8''*S*)-4',4''- 二羟基 -3,3',3'',5,5'- 五甲氧基 -7,9':7',9- 二环氧 -4,8''- 氧 -8,8'- 倍半新木脂素 -7'',9''- 二醇 (-)-(7*R*,7'*R*,7''*S*,8*S*,8'*S*,8''*S*)-4',4''-dihydroxy-3,3',3'',5,5'-pentamethoxy-7,9':7',9-diepoxy-4,8''-oxy-8,8'-sesquineolignan-7'',9''-diol
2,2'- 二羟基 -3,3',4,4',7,7'- 六甲氧基 -9,9',10,10'-4*H*-1,1'- 联菲 2,2'-dihydroxy-3,3',4,4',7,7'-hexamethoxy-9,9',10,10'-4*H*-1,1'-biphenanthrene
5,7- 二羟基 -3,3',4'- 三甲氧基黄酮 5,7-dihydroxy-3,3',4'-trimethoxyflavone
4',5- 二羟基 -3,3',5,7- 四甲氧基黄酮 4',5-dihydroxy-3,3',5,7-tetramethoxyflavone
4',5- 二羟基 -3,3',5',7- 四甲氧基黄酮 4',5-dihydroxy-3,3',5',7-tetramethoxyflavone
4,4'- 二羟基 -3,3',5,*α*- 四甲氧基联苄 4,4'-dihydroxy-3,3',5,*α*-tetramethoxybibenzyl
7'*E*-4,9- 二羟基 -3,3',5'- 三甲氧基 -8,4'- 氧新木脂素 -7'- 烯 -9'- 醛 7'*E*-4,9-dihydroxy-3,3',5'-trimethoxy-8,4'-oxyneolign-7'-en-9'-al
4,4'- 二羟基 -3,3',5- 三甲氧基联苄 4,4'-dihydroxy-3,3',5-trimethoxybibenzyl
4,4'- 二羟基 -3,3',5- 三甲氧基双四氢呋喃木脂素 4,4'-dihydroxy-3,3',5-trimethoxyl bisepoxylignan
4',5- 二羟基 -3,3',6,7- 四甲氧基黄酮 4',5-dihydroxy-3,3',6,7-tetramethoxyflavone
5,4'- 二羟基 -3,3',6,7- 四甲氧基黄酮 5,4'-dihydroxy-3,3',6,7-tetramethoxyflavone
4',5- 二羟基 -3,3',7- 三甲氧基黄酮 4',5-dihydroxy-3,3',7-trimethoxyflavone
5,4'- 二羟基 -3,3',7- 三甲氧基黄酮 5,4'-dihydroxy-3,3',7-trimethoxyflavone
(8*R*,8'*R*,9'*R*)-4,4'- 二羟基 -3,3',9'- 三甲氧基 -9,9'- 环氧木脂素 (8*R*,8'*R*,9'*R*)-4,4'-dihydroxy-3,3',9'-trimethoxy-9,9'-epoxylignan
(8*R*,8'*R*,9'*S*)-4,4'- 二羟基 -3,3',9'- 三甲氧基 -9,9'- 环氧木脂素 (8*R*,8'*R*,9'*S*)-4,4'-dihydroxy-3,3',9'-trimethoxy-9,9'-epoxylignan
(8*R*,8'*R*,9'*R*)-4,4'- 二羟基 -3,3',9'- 三甲氧基 -9,9- 环氧木脂素 (8*R*,8'*R*,9'*R*)-4,4'-dihydroxy-3,3',9'-trimethoxy-9,9-epoxylignan
(8*R*,8'*R*,9*R*)-4,4'- 二羟基 -3,3',9- 三甲氧基 -9,9'- 环氧木脂素 (8*R*,8'*R*,9*R*)-4,4'-dihydroxy-3,3',9-trimethoxy-9,9'-epoxylignan
(8*R*,8'*R*,9*S*)-4,4'- 二羟基 -3,3',9- 三甲氧基 -9,9'- 环氧木脂素 (8*R*,8'*R*,9*S*)-4,4'-dihydroxy-3,3',9-trimethoxy-9,9'-epoxylignan
4,5- 二羟基 -3,3',*α*- 三甲氧基联苄 4,5-dihydroxy-3,3',*α*-trimethoxybibenzyl
4',5- 二羟基 -3,3'- 二甲氧基 -6,7- 亚甲二氧基黄酮 4',5-dihydroxy-3,3'-dimethoxy-6,7-methylenedioxyflavone
4',5- 二羟基 -3,3'- 二甲氧基 -6,7- 亚甲二氧基黄酮 -4'- 葡萄糖醛酸苷 4',5-dihydroxy-3,3'-dimethoxy-6,7-methylenedioxyflavone-4'-glucuronide
(7*S*,8*S*,7'*R*,8'*S*)-4,5'- 二羟基 -3,3'- 二甲氧基 -7,7'- 环氧木脂素 (7*S*,8*S*,7'*R*,8'*S*)-4,5'-dihydroxy-3,3'-dimethoxy-7,7'-epoxylignan
(7*S*,8*R*)-4,9'- 二羟基 -3,3'- 二甲氧基 -7,8- 二氢苯并呋喃 -1'- 丙醇基新木脂素 -9-*O*-*α*-L- 吡喃鼠李糖苷 (7*S*,8*R*)-4,9'-dihydroxy-3,3'-dimethoxy-7,8-dihydrobenzofuran-1'-propanolneolignan-9-*O*-*α*-L-rhamnopyranoside
(7*R*,8*S*)-4,9'- 二羟基 -3,3'- 二甲氧基 -7,8- 二氢苯并呋喃 -1'- 丙基新木脂素 -9-*O*-*β*-D- 吡喃葡萄糖苷 (7*R*,8*S*)-4,9'-dihydroxy-3,3'-dimethoxyl-7,8-dihydrobenzofuran-1'-propylneolignan-9-*O*-*β*-D-glucopyranoside
(7*S*,8*R*)-4,9'- 二羟基 -3,3'- 二甲氧基 -7,8- 二氢苯并呋喃 -1'- 丙基新木脂素 -9-*O*-*β*-D- 吡喃葡萄糖苷 (7*S*,8*R*)-4,9'-dihydroxy-3,3'-dimethoxy-7,8-dihydrobenzfuran-1'-propylneolignan-9-*O*-*β*-D-glucopyranoside
4,4'- 二羟基 -3,3'- 二甲氧基 -9- 丁氧基 -9,9'- 环氧木脂素 4,4'-dihydroxy-3,3'-dimethoxy-9-butoxy-9,9'-epoxylignan
4,4'- 二羟基 -3,3'- 二甲氧基 -9- 乙氧基 -9,9'- 环氧木脂素 4,4'-dihydroxy-3,3'-dimethoxy-9-ethoxy-9,9'-epoxylignan
4,4'- 二羟基 -3,3'- 二甲氧基 -*α*- 秘鲁古柯酸▲ 4,4'-dihydroxy-3,3'-dimethoxy-*α*-truxillic acid
4,4'- 二羟基 -3,3'- 二甲氧基 -*β*- 秘鲁古柯尼酸▲二甲酯 dimethyl 4,4'-dihydroxy-3,3'-dimethoxy-*β*-truxinate
4,4'- 二羟基 -3,3'- 二甲氧基 - 反式 - 芪 4,4'-dihydroxy-3,3'-dimethoxy-*trans*-stilbene
4',5- 二羟基 -3,3'- 二甲氧基联苄 4',5-dihydroxy-3,3'-dimethoxybibenzyl
5,4'- 二羟基 -3,3'- 二甲氧基联苄 5,4'-dihydroxy-3,3'-dimethoxybibenzyl
3',5- 二羟基 -3,4',5',6,7- 五甲氧基黄酮 3',5-dihydroxy-3,4',5',6,7-pentamethoxyflavone
2,2'- 二羟基 -3,4,5',6'- 四甲氧基 -4',5'- 亚甲二氧基查耳酮 2,2'-dihydroxy-3,4,5',6'-tetramethoxy-4',5'-methylenedioxychalcone
(3*R*,4*S*)-6,8- 二羟基 -3,4,5,7- 四甲基异色烷 (3*R*,4*S*)-6,8-dihydroxy-3,4,5,7-tetramethylisochroman
3',5- 二羟基 -3,4',5',7- 四甲氧基黄酮 3',5-dihydroxy-3,4',5',7-tetramethoxyflavone
(3*R*,4*S*)-6,8- 二羟基 -3,4,5- 三甲基异香豆素 (3*R*,4*S*)-6,8-dihydroxy-3,4,5-trimethylisocoumarin
2',6'- 二羟基 -3',4',5'- 三甲氧基查耳酮 2',6'-dihydroxyl-3',4',5'-trimethoxychalcone
5,7- 二羟基 -3',4',5'- 三甲氧基黄酮 5,7-dihydroxy-3',4',5'-trimethoxyflavone
1,2- 二羟基 -3,4,5- 三甲氧基呫酮 1,2-dihydroxy-3,4,5-

trimethoxyxanthone
1,8- 二羟基 -3,4,5- 三甲氧基𠮿酮 1,8-dihydroxy-3,4,5-trimethoxyxanthone
3,5- 二羟基 -3',4',6,7- 四甲氧基黄酮 3,5-dihydroxy-3',4',6,7-tetramethoxyflavone
3,5- 二羟基 -3',4',6,7- 四甲氧基黄酮醇 3,5-dihydroxy-3',4',6,7-tetramethoxyflavonol
5,7- 二羟基 -3',4',6,8- 四甲氧基黄酮 5,7-dihydroxy-3',4',6,8-tetramethoxyflavone
2,7- 二羟基 -3,4,6- 三甲氧基 -9,10- 二氢菲 2,7-dihydroxy-3,4,6-trimethoxy-9,10-dihydrophenanthrene
2,7- 二羟基 -3,4,6- 三甲氧基菲 2,7-dihydroxy-3,4,6-trimethoxyphenanthrene
5,6- 二羟基 -3',4',7,8- 四甲氧基黄酮 5,6-dihydroxy-3',4',7,8-tetramethoxyflavone
(3*R*,4*S*)-6,8- 二羟基 -3,4,7- 三甲基异香豆素 (3*R*,4*S*)-6,8-dihydroxy-3,4,7-trimethylisocoumarin
2,8- 二羟基 -3,4,7- 三甲氧基 -9,10- 二氢菲 2,8-dihydroxy-3,4,7-trimethoxy-9,10-dihydrophenanthrene
2,8- 二羟基 -3,4,7- 三甲氧基菲 2,8-dihydroxy-3,4,7-trimethoxyphenanthrene
3',5- 二羟基 -3,4',7- 三甲氧基黄酮 3',5-dihydroxy-3,4',7-trimethoxyflavone
5,7- 二羟基 -3,4',8- 三甲氧基黄酮 5,7-dihydroxy-3,4',8-trimethoxyflavone
1,6- 二羟基 -3,4,8- 三甲氧基𠮿酮 1,6-dihydroxy-3,4,8-trimethoxyxanthone
1,7- 二羟基 -3,4,8- 三甲氧基𠮿酮 1,7-dihydroxy-3,4,8-trimethoxyxanthone
2,8- 二羟基 -3,4,9,10- 四甲氧基美迪紫檀素 2,8-dihydroxy-3,4,9,10-tetramethoxymedicarpin
2,6- 二羟基 -3,4- 二甲基苯甲酸甲酯 methyl 2,6-dihydroxy-3,4-dimethylbenzoate
(11*S*)-11,17- 二羟基 -3,4- 二甲氧基 -[7,0]- 间环芳 (11*S*)-11,17-dihydroxy-3,4-dimethoxy-[7,0]-metacyclophane
5,7- 二羟基 -3',4'- 二甲氧基 -5'- 异戊烯基黄烷酮 5,7-dihydroxy-3',4'-dimethoxy-5'-prenylflavanone
5,7- 二羟基 -3',4'- 二甲氧基 -6,8- 二异戊烯基黄酮 5,7-dihydroxy-3',4'-dimethoxy-6,8-diisoprenylflavanone
2',4- 二羟基 -3,4'- 二甲氧基查耳酮 2',4-dihydroxy-3,4'-dimethoxychalcone
2',6'- 二羟基 -3',4'- 二甲氧基查耳酮 2',6'-dihydroxy-3',4'-dimethoxychalcone
3,2'- 二羟基 -3',4'- 二甲氧基查耳酮 3,2'-dihydroxy-3',4'-dimethoxychalcone
2,5- 二羟基 -3,4- 二甲氧基菲 2,5-dihydroxy-3,4-dimethoxyphenanthrene
2,7- 二羟基 -3,4- 二甲氧基菲 2,7-dihydroxy-3,4-dimethoxphenanthrene
5,7- 二羟基 -3,4'- 二甲氧基黄酮 5,7-dihydroxy-3,4'-dimethoxyflavone
5,7- 二羟基 -3',4'- 二甲氧基黄酮 5,7-dihydroxy-3',4'-dimethoxyflavone
5,7- 二羟基 -3',4'- 二甲氧基黄烷酮 5,7-dihydroxy-3',4'-dimethoxyflavanone
1,7- 二羟基 -3,4- 二甲氧基𠮿酮 1,7-dihydroxy-3,4-dimethoxyxanthone
2,6- 二羟基 -3,4- 二甲氧基𠮿酮 2,6-dihydroxy-3,4-dimethoxyxanthone
1,8- 二羟基 -3,4- 二甲氧基𠮿酮 -7-*O*-*β*-D- 吡喃葡萄糖苷 1,8-dihydroxy-3,4-dimethoxyxanthone-7-*O*-*β*-D-glucopyranoside
2',7- 二羟基 -3',4'- 二甲氧基异黄酮 2',7-dihydroxy-3',4'-dimethoxyisoflavone
7,8- 二羟基 -3',4'- 二甲氧基异黄酮 7,8-dihydroxy-3',4'-dimethoxyisoflavone
(3*R*)-7,2'- 二羟基 -3',4'- 二甲氧基异黄烷 (3*R*)-7,2'-dihydroxy-3',4'-dimethoxyisoflavan
2',7- 二羟基 -3',4'- 二甲氧基异黄烷 2',7-dihydroxy-3',4'-dimethoxyisoflavane
7,2'- 二羟基 -3',4'- 二甲氧基异黄烷 7,2'-dihydroxy-3',4'-dimethoxyisoflavan
(3*R*)-7,2'- 二羟基 -3',4'- 二甲氧基 - 异黄烷 (3*R*)-7,2'-dihydroxy-3',4'-dimethoxy-isoflavan
(3*R*)-(-)-7,2'- 二羟基 -3',4'- 二甲氧基异黄烷 -7-*O*-*β*-D- 吡喃葡萄糖苷 (3*R*)-(-)-7,2'-dihydroxy-3',4'-dimethoxyisoflavan-7-*O*-*β*-D-glucopyranoside
3,2'- 二羟基 -3',4'- 二甲氧基异黄烷 -7-*O*-*β*-D- 吡喃葡萄糖苷 3,2'-dihydroxy-3',4'-dimethylisoflavan-7-*O*-*β*-D-glucopyranoside
7,2'- 二羟基 -3',4'- 二甲氧基异黄烷 -7-*O*-*β*-D- 葡萄糖苷 7,2'-dihydroxy-3',4'-dimethoxyisoflavan-7-*O*-*β*-D-glucoside
2*β*,30*β*- 二羟基 -3,4- 裂环 - 无羁萜内酯 -27- 内酯 2*β*,30*β*-dihydroxy-3,4-seco-friedelolactone-27-lactone
2*β*,28*β*- 二羟基 -3,4- 裂环 - 无羁萜内酯 -27- 酸 2*β*,28*β*-dihydroxy-3,4-seco-friedelolactone-27-oic acid
16*α*,25- 二羟基 -3,4- 裂环 - 羊毛脂 -4(28),7,9(11),24(31)- 四烯 -3,21- 二酸 16*α*,25-dihydroxy-3,4-*seco*-lanosta-4(28),7,9(11),24(31)-tetraen-3,21-dioic acid
16*α*,25- 二羟基 -3,4- 裂环 - 羊毛脂 -4(28),7,9(11),24(31)- 四烯 -3,21- 二酸 3- 甲酯 16*α*,25-dihydroxy-3,4-*seco*-lanosta-4(28),7,9(11),24(31)-tetraen-3,21-dioic acid 3-methyl ester
(11*R*)-11,17- 二羟基 -3,4- 亚甲二氧基 -[7,0]- 间环芳 (11*R*)-11,17-dihydroxy-3,4-methylenedioxy-[7,0]-metacyclophane
(7*S*,8*R*,7'*S*)-9,9'- 二羟基 -3,4- 亚甲二氧基 -3',7'- 二甲氧基 [7-*O*-4',8-5'] 新木脂素 (7*S*,8*R*,7'*S*)-9,9'-dihydroxy-3,4-methylenedioxy-3',7'-dimethoxy[7-*O*-4',8-5']neolignan
9,9'- 二羟基 -3,4- 亚甲二氧基 -3'- 甲氧基 [7-*O*-4',8-5'] 新木脂素 9,9'-dihydroxy-3,4-methylenedioxy-3'-methoxy[7-*O*-4',8-5']neolignan
5,7- 二羟基 -3',4'- 亚甲二氧基黄酮 5,7-dihydroxy-3',4'-methylenedioxyflavone
7,5'- 二羟基 -3',4'- 亚甲二氧基黄酮醇 -7-*O*-*β*-D- 吡喃葡萄糖苷 7,5'-dihydroxy-3',4'-methylenedioxyflavonol-7-*O*-*β*-D-glucopyranoside
5,7- 二羟基 -3',4'- 亚甲二氧基异黄酮 5,7-dihydroxy-3',4'-methylenedioxyisoflavone
4',5- 二羟基 -3',5',6,7- 四甲氧基黄酮 4',5-dihydroxy-3',5',6,7-tetramethoxyflavone
2,4- 二羟基 -3,5,6- 三甲基苯甲酸甲酯 methyl 2,4-dihydroxy-3,5,6-trimethylbenzoate
4',5- 二羟基 -3',5',7- 三甲氧基黄酮 4',5-dihydroxy-3',5',7-trimethoxyflavone
(±)-4',5- 二羟基 -3',5',7- 三甲氧基黄烷酮 (±)-4',5-dihydroxy-3',5',7-trimethoxyflavanone
1,8- 二羟基 -3,5,7- 三甲氧基𠮿酮 1,8-dihydroxy-3,5,7-trimethoxyxanthone
4,4'- 二羟基 -3',5,9- 三甲氧基 -9,9'- 环氧 -2,7'- 环木脂素 4,4'-dihydroxy-3',5,9-trimethoxy-9,9'-epoxy-2,7'-cyclolignan
1-[2',4'- 二羟基 -3',5'- 二 -(3''- 甲基丁 -2''- 烯基)-6'- 甲氧基] 苯乙

酮 1-[2',4'-dihydroxy-3',5'-di-(3''-methylbut-2''-enyl)-6'-methoxy]phenylethanone
2,6- 二羟基 -3,5- 二甲基 -1-(2- 甲基丁酰基) 苯 -4-*O*-*β*-D- 吡喃葡萄糖苷 2,6-dihydroxy-3,5-dimethyl-1-(2-methylbutyryl)benzene-4-*O*-*β*-D-glucopyranoside
2,6- 二羟基 -3,5- 二甲基 -1- 异丁酰苯 -4-*O*-*β*-D- 吡喃葡萄糖苷 2,6-dihydroxy-3,5-dimethyl-1-isobutyrylbenzene-4-*O*-*β*-D-glucopyranoside
2,6- 二羟基 -3,5- 二甲基 -4-*O*-(6''-*O*- 没食子酰基 -*β*-D- 吡喃葡萄糖基)- 苯甲酮 2,6-dihydroxy-3,5-dimethyl-4-*O*-(6''-*O*-galloyl-*β*-D-glucopyranosyl)benzophenone
2,6- 二羟基 -3,5- 二甲基 -4-*O*-*β*-D- 吡喃葡萄糖基 - 苯甲酮 2,6-dihydroxy-3,5-dimethyl-4-*O*-*β*-D-glucopyranosyl-benzophenone
2,4- 二羟基 -3,5- 二甲基 -6-*O*-(6''-*O*- 没食子酰基)-*β*-D- 吡喃葡萄糖基 - 苯甲酮 2,4-dihydroxy-3,5-dimethyl-6-*O*-(6''-*O*-galloyl)-*β*-D-glucopyranosyl-benzophenone
2',4'- 二羟基 -3',5'- 二甲基 -6'- 甲氧基查耳酮 2',4'-dihydroxy-3',5'-dimethyl-6'-methoxychalcone
4',6'- 二羟基 -3',5- 二甲氧基 -[1,1'- 联苯]-3- 甲醛 4',6'-dihydroxy-3',5-dimethoxy-[1,1'-biphenyl]-3-carboxaldehyde
4,9- 二羟基 -3,5'- 二甲氧基 -4',7- 环氧 -8,5'- 新木脂素 -9'- 基乙酸酯 4,9-dihydroxy-3,5'-dimethoxy-4',7-epoxy-8,5'-neolignane-9'-yl acetate
5,4'- 二羟基 -3',5'- 二甲氧基 -6,7-(2'',2''- 二甲氧基吡喃)- 黄酮 5,4'-dihydroxy-3',5'-dimethoxy-6,7-(2'',2''-dimethylpyran)-flavone
5,4'- 二羟基 -3',5'- 二甲氧基 -7-*O*-[*β*-D- 芹糖基 -(1 → 2)]-*β*-D- 吡喃葡萄糖基黄酮苷 5,4'-dihydroxy-3',5'-dimethoxy-7-*O*-[*β*-D-apiose-(1 → 2)]-*β*-D-glucopyranosyl flavonoside
1,6- 二羟基 -3,5- 二甲氧基 -9*H*-9-叫酮 1,6-dihydroxy-3,5-dimethoxy-9*H*-xanthen-9-one
2',4- 二羟基 -3,5- 二甲氧基二苯乙烷 2',4-dihydroxy-3,5-dimethoxybibenzyl
3,4'- 二羟基 -3',5- 二甲氧基二氢芪 3,4'-dihydroxy-3',5-dimethoxydihydrostilbene
7,4'- 二羟基 -3,5- 二甲氧基黄酮 7,4'-dihydroxy-3,5-dimethoxyflavone
3,5- 二羟基 -3',5'- 二甲氧基黄酮 -7-*O*-*β*-D- 吡喃葡萄糖苷 3,5-dihydroxy-3',5'-dimethoxyflavone-7-*O*-*β*-D-glucopyranoside
4',5- 二羟基 -3',5'- 二甲氧基 - 黄酮 -7-*O*-*β*-D- 吡喃葡萄糖醛酸基 -(1 → 2)-*β*-D- 吡喃葡萄糖醛酸 4',5-dihydroxy-3',5'-dimethoxy-flavone-7-*O*-*β*-D-glucopyranuronosyl-(1 → 2)-*β*-D-glucopyranosiduronic acid
4',5- 二羟基 -3',5'- 二甲氧基黄酮 -7-*β*-D- 吡喃葡萄糖醛酸苷 4',5-dihydroxy-3',5'-dimethoxyflavone-7-*β*-D-glucuronopyranoside
4',5- 二羟基 -3',5'- 二甲氧基黄酮 -7-*β*-D- 二吡喃葡萄糖醛酸苷 4',5-dihydroxy-3',5'-dimethoxyflavone-7-*β*-D-diglucuronopyranoside
4',5- 二羟基 -3',5'- 二甲氧基黄酮 -7-*β*-D- 三吡喃葡萄糖醛酸苷 4',5-dihydroxy-3',5'-dimethoxyflavone-7-*β*-D-triglucuronopyranoside
4',7- 二羟基 -3',5'- 二甲氧基黄酮醇 -7-*O*-*β*-D- 吡喃半乳糖苷 4',7-dihydroxy-3',5'-dimethoxyflavonol-7-*O*-*β* D-galactopyranoside
4',7- 二羟基 -3',5'- 二甲氧基黄酮醇 -7-*O*-*β*-D- 吡喃葡萄糖苷 4',7-dihydroxy-3',5'-dimethoxyflavonol-7-*O*-*β*-D-glucopyranoside
3',4- 二羟基 -3,5'- 二甲氧基联苄 3',4-dihydroxy-3,5'-dimethoxybibenzyl
2,2'- 二羟基 -3,5- 二甲氧基联苄 2,2'-dihydroxy-3,5-dimethoxybibenzyl
4,4'- 二羟基 -3,5- 二甲氧基联苄 4,4'-dihydroxy-3,5-dimethoxybibenzyl
3,4'- 二羟基 -3',5- 二甲氧基联苄 3,4'-dihydroxy-3',5-dimethoxybibenzyl
3',4''- 二羟基 -3'',5'- 二甲氧基联苄 3',4''-dihydroxy-3'',5'-dimethoxybibenzyl
1,8- 二羟基 -3,5- 二甲氧基叫酮 1,8-dihydroxy-3,5-dimethoxyxanthone
1,8- 二羟基 -3,5- 二甲氧基叫酮 -1-*O*-[2-(4'- 羟基 -3',5'- 二甲氧基 -*E*- 桂皮酰基)]-*β*-D- 吡喃木糖基 -(1 → 6)-*β*-D- 吡喃葡萄糖苷 1,8-dihydroxy-3,5-dimethoxyxanthone-1-*O*-[2-(4'-hydroxy-3',5'-dimethoxy-*E*-cinnamoyl)]-*β*-D-xylopyranosyl-(1 → 6)-*β*-D-glucopyranoside
7,4'- 二羟基 -3',5'- 二甲氧基异黄酮 7,4'-dihydroxy-3',5'-dimethoxyisoflavone
5,4'- 二羟基 -3,6,3'- 三甲氧基黄酮 -7-*O*-*β*-D- 葡萄糖苷 5,4'-dihydroxy-3,6,3'-trimethoxy-flavone-7-*O*-*β*-D-glucoside
5,7- 二羟基 -3,6,4'- 三甲氧基 -3'-(4- 羟基 -3- 甲基 - 丁 -2- 烯基)- 黄酮 5,7-dihydroxy-3,6,4'-trimethoxy-3'-(4-hydroxy-3-methyl-but-2-enyl)-flavone
5,7- 二羟基 -3,6,4'- 三甲氧基 -3'-(4- 羟基 -3- 甲基丁基)- 黄酮 5,7-dihydroxy-3,6,4'-trimethoxy-3'-(4-hydroxy-3-methylbutyl)-flavone
4',5- 二羟基 -3,6,7,3',5'- 五甲氧基黄酮 4',5-dihydroxy-3,6,7,3',5'-pentamethoxyflavone
5,4'- 二羟基 -3,6,7,3'- 四甲氧基黄酮 5,4'-dihydroxy-3,6,7,3'-tetramethoxyflavone
5,3'- 二羟基 -3,6,7,4',5'- 五甲氧基黄酮 5,3'-dihydroxy-3,6,7,4',5'-pentamethoxyflavone
3',5- 二羟基 -3,6,7,4'- 四甲氧基黄酮 3',5-dihydroxy-3,6,7,4'-tetramethoxyflavone
5,3'- 二羟基 -3,6,7,4'- 四甲氧基黄酮 5,3'-dihydroxy-3,6,7,4'-tetramethoxyflavone
5,4'- 二羟基 -3,6,7,8,3'- 五甲氧基黄酮 5,4'-dihydroxy-3,6,7,8,3'-pentamethoxyflavone
3,4'- 二羟基 -3,6,7- 三甲氧基黄酮 3,4'-dihydroxy-3,6,7-trimethoxyflavone
4',5- 二羟基 -3,6,7- 三甲氧基黄酮 4',5-dihydroxy-3,6,7-trimethoxyflavone
5,4'- 二羟基 -3,6,7- 三甲氧基黄酮 5,4'-dihydroxy-3,6,7-trimethoxyflavone
5,7- 二羟基 -3,6,8,4'- 四甲氧基黄酮 5,7-dihydroxy-3,6,8,4'-tetramethoxyflavone
5,7- 二羟基 -3,6,8- 三甲氧基黄酮 5,7-dihydroxy-3,6,8-trimethoxyflavone
2,4- 二羟基 -3,6- 二甲基苯甲酸甲酯 2,4-dihydroxy-3,6-dimethyl-benzoic acid methyl ester; methyl 2,4-dihydroxy-3,6-dimethylbenzoate
2,4- 二羟基 -3,6- 二甲基 - 苯甲酸甲酯 2,4-dihydroxy-3,6-dimethyl-methylbenzoate
1,7- 二羟基 -3,6- 二甲氧基 -2,8- 双 (3- 甲基 -2- 丁烯)-叫酮 1,7-dihydroxy-3,6-dimethoxy-2,8-bis(3-methyl-2-butenyl)-xanthone
1,8- 二羟基 -3,6- 二甲氧基 -2- 甲基 -7- 乙烯基蒽醌 1,8-dihydroxy-3,6-dimethoxy-2-methyl-7-vinylanthraquinone
2',4'- 二羟基 -3',6'- 二甲氧基查耳酮 2',4'-dihydroxy-3',6'-dimethoxychalcone
1,7- 二羟基 -3,6- 二甲氧基蒽醌 1,7-dihydroxy-3,6-dimethoxyanthraquinone

E

5,7- 二羟基 -3,6- 二甲氧基黄酮 5,7-dihydroxy-3,6-dimethoxyflavone

1,7- 二羟基 -3,6- 二甲氧基吡酮 1,7-dihydroxy-3,6-dimethoxyxanthone

8,4'- 二羟基 -3,7,2'- 三甲氧基黄酮 8,4'-dihydroxy-3,7,2'-trimethoxyflavone

5,4'- 二羟基 -3,7,3',5'- 四甲氧基黄酮 5,4'-dihydroxy-3,7,3',5'-tetramethoxyflavone

5,4'- 二羟基 -3,7,3'- 三甲氧基黄酮 5,4'-dihydroxy-3,7,3'-trimethoxyflavone

5,2'- 二羟基 -3,7,4',5'- 四甲氧基黄酮 5,2'-dihydroxy-3,7,4',5'-tetramethoxyflavone

3',5- 二羟基 -3,7,4'- 三甲氧基黄酮 3',5-dihydroxy-3,7,4'-trimethoxylflavone

5,3'- 二羟基 -3,7,4'- 三甲氧基黄酮 5,3'-dihydroxy-3,7,4'-trimethoxyflavone

5,3'- 二羟基 -3,7,8,4',5'- 五甲氧基黄酮 5,3'-dihydroxy-3,7,8,4',5'-pentamethoxyflavone

6,7- 二羟基 -3,7- 二甲基 -2- 辛烯酸 6,7-dihydroxy-3,7-dimethyl-oct-2-enoic acid

5-(6',7'- 二羟基 -3',7'- 二甲基 -2- 辛烯氧基) 补骨脂素 5-(6',7'-dihydroxy-3',7'-dimethyl-2-octenyloxy)psoralen

7-(6,7- 二羟基 -3,7- 二甲基 -2- 辛烯氧基) 香豆素 7-(6,7-dihydroxy-3,7-dimethyl-2-octenyloxy)coumarin

7-(6',7'- 二羟基 -3',7'- 二甲基 -2- 辛烯氧基) 香豆素 7-(6',7'-dihydroxy-3',7'-dimethyl-2-octenyloxy)-coumarin

(2'*R*,3'*R*)-7-(2',3'- 二羟基 -3',7'- 二甲基八碳 -6'- 烯氧基)-6,8- 二甲氧基香豆素 (2'*R*,3'*R*)-7-(2',3'-dihydroxy-3',7'-dimethylocta-6'-enyloxy)-6,8-dimethoxycoumarin

1,6- 二羟基 -3,7- 二甲氧基 -2-(3- 甲基 -2- 丁烯基)吡酮 1,6-dihydroxy-3,7-dimethoxy-2-(3-methyl-2-butenyl)xanthone

1,6- 二羟基 -3,7- 二甲氧基 -2-(3- 甲基 - 丁 -2- 烯基)-吡酮 1,6-dihydroxy-3,7-dimethoxy-2-(3-methyl-but-2-enyl)-xanthone

1,6- 二羟基 -3,7- 二甲氧基 -2- 异戊烯基 -8-(2- 氧代 -3- 甲基丁 -3- 烯基)-吡酮 1,6-dihydroxy-3,7-dimethoxy-2-prenyl-8-(2-oxo-3-methylbut-3-enyl)-xanthone

1,6- 二羟基 -3,7- 二甲氧基 -2- 异戊烯基吡酮 1,6-dihydroxy-3,7-dimethoxy-2-prenyl-xanthone

1,6- 二羟基 -3,7- 二甲氧基 -2- 异戊烯基 -吡酮 1,6-dihydroxy-3,7-dimethoxy-2-prenyl)-xanthone

1,8- 二羟基 -3,7- 二甲氧基 -4-*O*-[3'- 甲基 -4'-(3''- 甲基 -2''*H*,5''*H*-2''-氧代呋喃 -5- 基)-2- 丁烯基]-吡酮 1,8-dihydroxy-3,7-dimethoxy-4-*O*-[3'-methyl-4'-(3''-methyl-2''*H*,5''*H*-2''-oxofuran-5-yl)-2-butenyl]-xanthone

4,5- 二羟基 -3,7- 二甲氧基黄酮 4,5-dihydroxy-3,7-dimethoxyflavone

4',5- 二羟基 -3,7- 二甲氧基黄酮 4',5-dihydroxy-3,7-dimethoxyflavone

5,4'- 二羟基 -3,7- 二甲氧基黄酮 5,4'-dihydroxy-3,7-dimethoxyflavone

5,6- 二羟基 -3,7- 二甲氧基黄酮 5,6-dihydroxy-3,7-dimethoxyflavone

4',5- 二羟基 -3',7- 二甲氧基黄酮 4',5-dihydroxy-3',7-dimethoxyflavone

(2*S*)-4',5- 二羟基 -3',7- 二甲氧基黄烷 -5-*O*-β-D- 吡喃葡萄糖苷 (2*S*)-4',5-dihydroxy-3',7-dimethoxyflavan-5-*O*-β-D-glucopyranoside

4',5- 二羟基 -3',7- 二甲氧基黄烷酮 4',5-dihydroxy-3',7-dimethoxyflavanone

1,6- 二羟基 -3,7- 二甲氧基吡酮 1,6-dihydroxy-3,7-dimethoxyxanthone

1,8- 二羟基 -3,7- 二甲氧基吡酮 1,8-dihydroxy-3,7-dimethoxyxanthone

1,8- 二羟基 -3,7- 二甲氧基氧杂蒽酮 1,8-dihydroxy-3,7-dimethoxy-xanthone

4',5- 二羟基 -3',7- 二甲氧基异黄酮 4',5-dihydroxy-3',7-dimethoxyisoflavone

4',5- 二羟基 -3',7- 甲氧基异黄酮 -4'-*O*-β-D- 呋喃芹糖基 -(1 → 6)-β-D- 吡喃葡萄糖苷 4',5-dihydroxy-3',7-dimethoxyisoflavone-4'-*O*-β-D-apiofuranosyl-(1 → 6)-β-D-glucopyranoside

5,7- 二羟基 -3,8,4'- 三甲氧基黄酮 5,7-dihydroxy-3,8,4'-trimethoxyflavone

4,9- 二羟基 -3,8- 二甲氧基 - 苯并 [4,5] 呋喃 [3,2-*C*]- 色烯 -6- 酮 4,9-dihydroxy-3,8-dimethoxy-benzo[4,5]furo[3,2-*C*]-chromen-6-one

1,7- 二羟基 -3,8- 二甲氧基吡酮 1,7-dihydroxy-3,8-dimethoxyxanthone

(1*R*,3*R*,5*R*,7*S*,8*R*,9*S*)-1,5- 二羟基 -3,8- 环氧氯化缬草三酯 (1*R*,3*R*,5*R*,7*S*,8*R*,9*S*)-1,5-dihydroxy-3,8-epoxyvalechlorine

1,7- 二羟基 -3,9- 二甲氧基紫檀烯 1,7-dihydroxy-3,9-dimethoxypterocarpene

4,7- 二羟基 -3-[3,7,11- 三甲基 -2(*E*),6(*E*),10- 十二碳三烯基] 香豆素 4,7-dihydroxy-3-[3,7,11-trimethyl-2(*E*),6(*E*),10-dodecatrienyl]coumarin

3α,24- 二羟基 -30- 降齐墩果 -12,20(29)- 二烯 -28- 酸 3α,24-dihydroxy-30-norolean-12,20(29)-dien-28-oic acid

3α,28- 二羟基 -30- 降羽扇豆 -20- 酮 3α,28-dihydroxy-30-norlupan-20-one

3β,11α- 二羟基 -30- 降羽扇豆 -20- 酮 3β,11α-dihydroxy-30-norlupan-20-one

3β,23- 二羟基 -30- 去甲基齐墩果 -12,20(29)- 二烯 -28- 酸 3β,23-dihydroxy-30-norolean-12,20(29)-dien-28-oic acid

3β,23- 二羟基 -30- 去甲基齐墩果 -12,20- 二烯 -28- 酸 3β,23-dihydroxy-30-noroleana-12,20-dien-28-oic acid

2α,3β- 二羟基 -30- 去甲齐墩果 -12,20(29)- 二烯 -28- 酸 2α,3β-dihydroxy-30-noroleana-12,20(29)-dien-28-oic acid

2β,3β- 二羟基 -30- 去氧齐墩果 -12,20(29)- 二烯 -23,28- 二酸 -23,28-二 -*O*-β-D- 吡喃葡萄糖基酯 2β,3β-dihydroxy-30-norolean-12,20(29)-dien-23,28-dioic acid-23,28-di-*O*-β-D-glucopyranosyl ester

2β,3β- 二羟基 -30- 去氧齐墩果 -12,20(29)- 二烯 -23,28- 二酸 -28-*O*-β-D- 吡喃葡萄糖基酯 2β,3β-dihydroxy-30-norolean-12,20(29)-dien-23,28-dioic acid-28-*O*-β-D-glucopyranosyl ester

6β,8β- 二羟基 -3-3- 氧代荒漠木 -7(11)- 烯 -12,8α- 内酯 6β,8β-dihydroxy-3-oxoeremophil-7(11)-en-12,8α-olide

(24*S*,28*R*)- 二羟基 -36- 四十八烯酸 (24*S*,28*R*)-dihydroxy-36-octatetracontenoic acid

1,4- 二羟基 -3*R*,5*R*- 二咖啡酰基环已烷甲酸甲酯 1,4-dihydroxy-3*R*,5*R*-dicaffeoyloxycyclohexane carboxylic acid methyl ester

1α,2α- 二羟基 -3α-(2- 甲基丁酰氧基)- 异土木香内酯 1α,2α-dihydroxy-3α-(2-methylbutanoyloxy)-isoalantolactone

(+)-12α,28- 二羟基 -3α-(3'- 羟基 -3'- 甲基戊二酰氧)-24- 甲基羊毛脂 -8,24(31)- 二烯 -26- 酸 (+)-12α,28-dihydroxy-3α-(3'-hydroxy-3'-methylglutaryloxy)-24-methyllanosta-8,24(31)-dien-26-oic acid

14β,16- 二羟基 -3α,18-[(1- 甲基乙烷 -1,1- 二基) 二氧基]- 对映 -冷杉 -7,15(17)- 二烯 14β,16-dihydroxy-3α,18-[(1-methylethane-1,1-diyl)dioxy]-ent-abieta-7,15(17)-diene

5,4'- 二羟基 -3-α-L- 吡喃鼠李糖基 -(1 → 3)-β-D- 吡喃木糖氧基联苯 5,4'-dihydroxy-3-α-L-rhamnopyranosyl-(1 → 3)-β-D-xylopyranosyloxybibenzyl

8,5'- 二羟基 -3'-α- 吡喃鼠李糖基黄酮 8,5'-dihydroxy-3'-α-

rhamnopyranosylflavone
5β,6α- 二羟基 -3β-(β-D- 吡喃葡萄糖氧基)-7- 大柱香波龙烯 -9- 酮 5β,6α-dihydroxy-3β-(β-D-glucoyranosyloxy)-7-megastigmen-9-one
16(S)-7α,14β- 二羟基 -3β,19- 二乙酰氧基 -17- 甲氧基 - 对映 - 贝壳杉 -12,15- 二酮 16(S)-7α,14β-dihydroxy-3β,19-diacetoxy-17-methoxy-ent-kaur-12,15-dione
12β,14β- 二羟基 -3β,19- 环氧 -3α- 甲氧基 -5α- 强心甾 -20(22)- 烯内酯 12β,14β-dihydroxy-3β,19-epoxy-3α-methoxy-5α-card-20(22)-enolide
3α,18- 二羟基 -3β,20- 环氧贝壳杉 -15- 烯 3α,18-dihydroxy-3β,20-epoxykaur-15-ene
3α,20- 二羟基 -3β,25- 环氧羽扇豆烷 3α,20-dihydroxy-3β,25-epoxylupane
20,23- 二羟基 -3β-[(O-α-L- 吡喃鼠李糖基 -(1 → 2)-α-L- 吡喃阿拉伯糖基) 氧基] 羽扇豆 -28- 酸 -28-O-α-L- 吡喃鼠李糖基 -(1 → 4)-O-β-D- 吡喃葡萄糖基 -(1 → 6)-β-D- 吡喃葡萄糖基酯苷 20,23-dihydroxy-3β-[(O-α-L-rhamnopyranosyl-(1 → 2)-α-L-arabinopyranosyl)oxy]lupan-28-oic acid-28-O-α-L-rhamnopyranosyl-(1 → 4)-O-β-D-glucopyranosyl-(1 → 6)-β-D-glucopyranosylester
1β,23- 二羟基 -3β-L-α-O- 吡喃阿拉伯糖基齐墩果 -12- 烯 1β,23-dihydroxy-3β-L-α-O-arabinopyranosylolean-12-ene
14β,16β- 二羟基 -3β-O-[β-D- 吡喃葡萄糖基 -(1 → 4)-β-D- 吡喃葡萄糖基]-5α- 蟾蜍甾 -20,22- 二烯内酯 14β,16β-dihydroxy-3β-O-[β-D-glucopyranosyl-(1 → 4)-β-D-glucopyranosyloxy]-5α-bufa-20,22-dienolide
14β,16β- 二羟基 -3β-O-β-D- 吡喃葡萄糖基 -5α- 蟾蜍甾 -20,22- 二烯内酯 14β,16β-dihydroxy-3β-O-β-D-glucopyranosyl-5α-bufa-20,22-dienolide
5β,6α- 二羟基 -3β-O-β-D- 吡喃葡萄糖基 -7- 大柱香波龙烯 -9- 酮 5β,6α-dihydroxy-3β-O-β-D-glucoyranosyl-7-megastigment-9-one
4,7- 二羟基 -3- 丁基苯酞 4,7-dihydroxy-3-butylphthalide
5,8- 二羟基 -3- 甲基 -3,4- 二氢香豆素 5,8-dihydroxy-3-methyl-3,4-dihydrocoumarin
2,6- 二羟基 -3- 甲基 -4-O-(6''-O- 没食子酰基 -β-D- 吡喃葡萄糖基)- 苯甲酮 2,6-dihydroxy-3-methyl-4-O-(6''-O-galloyl-β-D-glucopyranosyl)-benzophenone
2,6- 二羟基 -3- 甲基 -4- 甲氧基苯乙酮 2,6-dihydroxy-3-methyl-4-methoxyacetophenone
2,6- 二羟基 -3- 甲基 -4- 甲氧基蒽醌 2,6-dihydroxy-3-methyl-4-methoxyanthraquinon
2',6'- 二羟基 -3'- 甲基 -4'- 甲氧基 - 二氢查耳酮 2',6'-dihydroxy-3'-methyl-4'-methoxy-dihydrochalcone
2,4- 二羟基 -3- 甲基 -6-(2- 氧代丙基) 苯甲醛 2,4-dihydroxy-3-methyl-6-(2-oxopropyl)benzaldehyde
2',4'- 二羟基 -3'- 甲基 -6'- 甲氧基查耳酮 2',4'-dihydroxy-3'-methyl-6'-methoxychalcone
1,8- 二羟基 -3- 甲基 -6- 甲氧基蒽醌 1,8-dihydroxy-3-methyl-6-methoxyanthraquinone
3-(2,3- 二羟基 -3- 甲基丁基)-4,7- 二甲氧基 -1- 甲基 -2(1H)- 喹诺酮 3-(2,3-dihydroxy-3-methylbutyl)-4,7-dimethoxy-1-methyl-2(1H)-quinolinone
8-(2,3- 二羟基 -3- 甲基丁基)-7- 甲氧基香豆素 8-(2,3-dihydroxy-3-methylbutyl)-7-methoxycoumarin
8-(2',3'- 二羟基 -3'- 甲基丁基)- 伞形酮 8-(2',3'-dihydroxy-3'-methylbutyl)-umbelliferone
8-(2',3'- 二羟基 -3'- 甲基丁基) 香豆素 -7-O-β-D- 吡喃葡萄糖苷 7-O-β-D-glucopyranoside-8-(2',3'-dihydroxy-3'-methylbutyl)coumarin
5-(2',3'- 二羟基 -3'- 甲基丁酰氧基)-8-(3''- 甲基丁基 -2- 烯酰氧基) 补骨脂素 5-(2',3'-dihydroxy-3'-methylbutyloxy)-8-(3''-methylbut-2-enyloxy)psoralen
9-(2,3- 二羟基 -3- 甲基丁氧基)-4-(3- 甲基 -2- 丁烯酰氧基)-7H- 呋喃 [3,2-g][1] 苯并吡喃 -7- 酮 9-(2,3-dihydroxy-3-methylbutoxy)-4-(3-methyl-2-butenyloxy)-7H-furo[3,2-g][1]benzopyran-7-one
5-(2,3- 二羟基 -3- 甲基丁氧基)-7- 甲氧基 -2H-1- 苯并吡喃 -2- 酮 5-(2,3-dihydroxy-3-methylbutoxy)-7-methoxy-2H-1-benzopyran-2-one
7-(2,3- 二羟基 -3- 甲基丁氧基)-8-(3- 甲基 -2-butenyl)- 香豆素 7-(2,3-dihydroxy-3-methylbutoxy)-8-(3-methyl-2-butenyl)-coumarin
(2'R)-4-(2',3'- 二羟基 -3'- 甲基 - 丁氧基)- 苯乙醇 (2'R)-4-(2',3'-dihydroxy-3'-methyl-butanoxy)-phenethanol
5-(2,3- 二羟基 -3- 甲基丁氧基) 补骨脂素 5-(2,3-dihydroxy-3-methylbutoxy)psoralen
1,2- 二羟基 -3- 甲基蒽醌 1,2-dihydroxy-3-methylanthraquinone
1,5- 二羟基 -3- 甲基蒽醌 1,5-dihydroxy-3-methylanthraquinone
1,8- 二羟基 -3- 甲基蒽醌 1,8-dihydroxy-3-methylanthraquinone
2,7- 二羟基 -3- 甲基蒽醌 2,7-dihydroxy-3-methylanthraquinone
1,6- 二羟基 -3- 甲基 -咄酮 -8- 酸 -1-O-β-D- 吡喃葡萄糖苷 1,6-dihydroxy-3-methyl-xanthone-8-acid-1-O-β-D-glucopyranoside
1,6- 二羟基 -3- 甲基 -咄酮 -8- 酸 -1-O-β-D- 吡喃葡萄糖基 -(1 → 6)-β-D- 吡喃葡萄糖苷 1,6-dihydroxy-3-methyl-xanthone-8-acid-1-O-β-D-glucopyranosyl-(1 → 6)-β-D-glucopyranoside
2,6- 二羟基 -3- 甲醛 -5- 甲基 -4-O-(6''-O- 没食子酰基 -β-D- 吡喃葡萄糖基)- 二苯基甲烷 2,6-dihydroxy-3-formaldehyde-5-methyl-4-O-(6''-O-galloyl-β-D-glucopyranosyl)-diphenylmethane
2,7- 二羟基 -3- 甲酰基 -1-(3'- 甲基 -2'- 丁烯基) 咔唑 2,7-dihydroxy-3-formyl-1-(3'-methyl-2'-buenyl)carbazole
2,7- 二羟基 -3- 甲酰基 -1-(3'- 甲基 -2'- 丁烯基)- 咔唑 2,7-dihydroxy-3-formyl-1-(3'-methyl-2'-butenyl)-carzole
2,7- 二羟基 -3- 甲酰基 -1-(3- 甲基 -2- 丁烯基) 咔唑 2,7-dihydroxy-3-formyl-1-(3-methyl-2-butenyl)carbazole
3-(α,4- 二羟基 -3- 甲氧苄基)-4-(4- 羟基 -3- 甲氧苄基) 四氢呋喃 3-(α,4-dihydroxy-3-methoxybenzyl)-4-(4-hydroxy-3-methoxybenzyl)tetrahydrofuran
2,2'- 二羟基 -3- 甲氧基 -1,1'- 新木脂素 2,2'-dihydroxy-3-methoxy-1,1'-neolignan
6,8- 二羟基 -3- 甲氧基 -1- 甲基蒽醌 -2- 羧酸 6,8-dihydroxy-3-methoxy-1-methylanthraquinone-2-carboxylic acid
4',5- 二羟基 -3'- 甲氧基 -2'',2''- 二甲基吡喃 -(5'',6'',7,8)- 黄酮 4',5-dihydroxy-3'-methoxy-2'',2''-dimethylpyrano-(5'',6'',7,8)-flavone
1,5- 二羟基 -3- 甲氧基 -2- 异戊烯基 -咄酮 1,5-dihydroxy-3-methoxy-2-prenyl-xanthone
1,6- 二羟基 -3- 甲氧基 -2- 异戊烯基 -咄酮 1,6-dihydroxy-3-methoxy-2-prenyl-xanthone
1,8- 二羟基 -3- 甲氧基 -3- 甲基蒽醌 1,8-dihydroxy-3-methoxy-3-methylanthraquinone
6,7- 二羟基 -3'- 甲氧基 -4',5'- 亚甲二氧基异黄酮 6,7-dihydroxy-3'-methoxy-4',5'-methylenedioxyisoflavone
6,7- 二羟基 -3'- 甲氧基 -4',5'- 亚甲二氧基异黄酮 -6-O-α-L- 吡喃鼠李糖苷 6,7-dihydroxy-3'-methoxy-4',5'-methylenedioxyisoflavone-6-O-α-L-rhamnopyranoside
6,7- 二羟基 -3'- 甲氧基 -4',5'- 亚甲二氧基异黄酮 -6-O-β-D- 吡喃木糖基 -(1-6)-β-D- 吡喃葡萄糖苷 6,7-dihydroxy-3'-methoxy-4',5'-methylenedioxyisoflavone-6-O-β-D-xylopyranosyl-(1-6)-β-D-

E

glucopyranoside
6,7- 二羟基 -3'- 甲氧基 -4',5'- 亚甲二氧基异黄酮 -6-*O*-*β*-D- 吡喃葡萄糖苷 6,7-dihydroxy-3'-methoxy-4',5'-methylenedioxyisoflavone-6-*O*-*β*-D-glucopyranoside
1,5- 二羟基 -3- 甲氧基 -6',6'- 二甲基 -2*H*- 吡喃并 (2',3':6,7)-4-(3- 甲基丁 -2- 烯基)呫酮 1,5-dihydroxy-3-methoxy-6',6'-dimethyl-2*H*-pyrano(2',3':6,7)-4-(3-methylbut-2-enyl)xanthone
5,5'- 二羟基 -3- 甲氧基 -6,8,3'',3''- 四甲基吡喃 (3',4') 黄酮 -7-*O*-[*β*-D- 呋喃芹糖基 -(1 → 6)]-*β*-D- 吡喃葡萄糖苷 5,5'-dihydroxy-3-methoxy-6,8,3'',3''-tetranmethylpyran(3',4')flavone-7-*O*-[*β*-D-apiofuranosyl-(1 → 6)]-*β*-D-glucopyranoside
1,8- 二羟基 -3- 甲氧基 -6- 甲基 -2-(3- 甲基 -2- 丁烯基) 蒽醌 1,8-dihydroxy-3-methoxy-6-methyl-2-(3-methyl-2-butenyl) anthraquinone
1,8- 二羟基 -3- 甲氧基 -6- 甲基 -9,10- 蒽醌 1,8-dihydroxy-3-methoxy-6-methyl-9,10-anthraquinone
1,8- 二羟基 -3- 甲氧基 -6- 甲基蒽 -9,10- 二酮 1,8-dihydroxy-3-methoxy-6-methylanthracene-9,10-dione
1,8- 二羟基 -3- 甲氧基 -6- 甲基蒽醌 1,8-dihydroxy-3-methoxy-6-methylanthraquinone
1,8- 二羟基 -3- 甲氧基 -6- 甲基呫酮 1,8-dihydroxy-3-methoxy-6-methylxanthone
4',5- 二羟基 -3'- 甲氧基 -7-(2-*O*-*α*-L- 吡喃鼠李糖基 -*β*-D- 吡喃葡萄糖氧基)- 黄烷酮 4',5-dihydroxy-3'-methoxy-7-(2-*O*-*α*-L-rhamnopyranosyl-*β*-D-glucopyranosyloxy)-flavanone
4,4'- 二羟基 -3- 甲氧基 -7,7'- 环氧木脂素 4,4'-dihydroxy-3-methoxy-7,7'-epoxylignan
1,5- 二羟基 -3- 甲氧基 -7- 甲基蒽醌 1,5-dihydroxy-3-methoxy-7-methylanthraquinone
1,5- 二羟基 -3- 甲氧基 -7- 甲基 - 蒽醌 1,5-dihydroxy-3-methoxy-7-methyl-anthraquinone
(2*S*)-4',7- 二羟基 -3'- 甲氧基 -8- 甲基黄烷 (2*S*)-4',7-dihydroxy-3'-methoxy-8-methylflavane
1,6- 二羟基 -3- 甲氧基 -8- 甲基呫酮 1,6-dihydroxy-3-methoxy-8-methylxanthone
4,4'- 二羟基 -3- 甲氧基 -*α*- 秘鲁古柯酸▲ 4,4'-dihydroxy-3-methoxy-*α*-truxillic acid
1,4- 二羟基 -3- 甲氧基苯酚 -4-*O*-*β*-D- 吡喃葡萄糖苷 1,4-dihydroxy-3-methoxyphenyl-4- *O*-*β*-D-glucopyranoside
4,5- 二羟基 -3- 甲氧基苯甲酸 4,5-dihydroxy-3-methoxybenzoic acid
2-(2,4- 二羟基 -3- 甲氧基苯甲酰基)-3- 羟基 -4- 甲基苯甲酸 -2- 羟乙基酯 2-(2,4-dihydroxy-3-methoxybenzoyl)-3-hydroxy-4-methylbenzoic acid-2-hydroxyethyl ester
3,4'- 二羟基 -3'- 甲氧基苯戊酸 3,4'-dihydroxy-3'-methoxybenzenepentanoic acid
(*R*)-4,7- 二羟基 -3- 甲氧基苯乙酸乙酯 (*R*)-4,7-dihyroxy-3-methoxybenzeneacetic acid ethyl ester
(*S*)-4,7- 二羟基 -3- 甲氧基苯乙酸乙酯 (*S*)-4,7-dihyroxy-3-methoxybenzeneacetic acid ethyl ester
1,8- 二羟基 -3- 甲氧基蒽醌 1,8-dihydroxy-3-methoxyanthraquinone
6,7- 二羟基 -3- 甲氧基二氢黄酮醇 6,7-dihydroxy-3-methoxydihydroflavonol
4',7- 二羟基 -3'- 甲氧基黄酮 4',7-dihydroxy-3'-methylflavone
5,7- 二羟基 -3- 甲氧基黄酮 5,7-dihydroxy-3-methoxyflavone
5,7- 二羟基 -3'- 甲氧基黄酮 -4'-*O*-D- 吡喃葡萄糖苷 5,7-dihydroxy-3'-methoxyflavone-4'-*O*-D-glucopyranoside
7,4'- 二羟基 -3'- 甲氧基黄酮 -5-*O*- 芸香糖苷 7,4'-dihydroxy-3'-methoxyflavone-5-*O*-rutinoside
5,4'- 二羟基 -3'- 甲氧基 - 黄酮 -7-*O*-6''- 正丁酰基 -*β*-D- 吡喃葡萄糖苷 5,4'-dihydroxy-3'-methoxy-flavone-7-*O*-6''-n-butyryl-*β*-D-glucopyranoside
(±)-4',7- 二羟基 -3'- 甲氧基黄烷 (±)-4',7-dihydroxy-3'-methoxyflavan
4',7- 二羟基 -3'- 甲氧基黄烷 4',7-dihydroxy-3'-methoxyflavan
7,4'- 二羟基 -3'- 甲氧基黄烷酮 7,4'-dihydroxy-3'-methoxyflavanone
5,4'- 二羟基 -3'- 甲氧基黄烷酮 -7-(6''-*O*-*β*-L- 吡喃鼠李糖基)-*β*-D- 吡喃葡萄糖苷 5,4'-dihydroxy-3'-methoxyflavanone-7-(6''-*O*-*β*-L-rhamnopyranosyl)-*β*-D-glucopyranoside
(2*S*)-4',5- 二羟基 -3'- 甲氧基黄烷酮 -7-*O*-*β*-D- 呋喃芹糖基 -(1 → 5)-*O*-*β*-D- 呋喃芹糖基 -(1 → 2)-*β*-D- 吡喃葡萄糖苷 (2*S*)-4',5-dihydroxy-3'-methoxyflavanone-7-*O*-*β*-D-apiofuranosyl-(1 → 5)-*O*-*β*-D-apiofuranosyl-(1 → 2)-*β*-D-glucopyranoside
2,5- 二羟基 -3- 甲氧基甲苯 2,5-dihydroxy-3-methoxytoluene
4,5- 二羟基 -3- 甲氧基联苯 4,5-dihydroxy-3-methoxybiphenyl
1,5- 二羟基 -3- 甲氧基呫酮 1,5-dihydroxy-3-methoxyxanthone
1,7- 二羟基 -3- 甲氧基呫酮 1,7-dihydroxy-3-methoxyxanthone
7,8- 二羟基 -3- 甲氧基呫酮 -1-*O*-*β*-D- 吡喃葡萄糖苷 7,8-dihydroxy-3-methoxyxanthone-1-*O*-*β*-D-glucopyranoside
1,8- 二羟基 -3- 甲氧基呫酮 -7-*O*-[*α*-L- 吡喃鼠李糖基 -(1 → 2)-*β*-D- 吡喃葡萄糖苷] 1,8-dihydroxy-3-methoxyxanthone-7-*O*-[*α*-L-rhamnopyranosyl-(1 → 2)-*β*-D-glucopyranoside]
1,8- 二羟基 -3- 甲氧基呫酮 -7-*O*-[*α*-L- 吡喃鼠李糖基 -(1 → 3)-*α*-L- 吡喃鼠李糖基 -(1 → 2)-*β*-D- 吡喃木糖苷] 1,8-dihydroxy-3-methoxyxanthone-7-*O*-[*α*-L-rhamnopyranosyl-(1 → 3)-*α*-L-rhamnopyranosyl-(1 → 2)-*β*-D-xylopyranoside]
1,8- 二羟基 -3- 甲氧基呫酮 -7-*O*-*β*-D- 吡喃葡萄糖苷 1,8-dihydroxy-3-methoxyxanthone-7-*O*-*β*-D-glucopyranoside
1,5- 二羟基 -3- 甲氧基呫酮 -8-*O*-*β*- 吡喃葡萄糖苷 1,5-dihydroxy-3-methoxyxanthone-8-*O*-*β*-glucopyranoside
4',7- 二羟基 -3'- 甲氧基异黄酮 4',7-dihydroxy-3'-methoxyisoflavone
5',7- 二羟基 -3'- 甲氧基异黄酮 5',7-dihydroxy-3'-methoxyisoflavone
7,4'- 二羟基 -3'- 甲氧基异黄酮 7,4'-dihydroxy-3'-methoxyisoflavone
7,5'- 二羟基 -3'- 甲氧基异黄酮 7,5'-dihydroxy-3'-methoxyisoflavone
7,6'- 二羟基 -3'- 甲氧基异黄酮 7,6'-dihydroxy-3'-methoxyisoflavone
4',7- 二羟基 -3'- 甲氧基异黄酮 -7-*O*-*β*-D- 吡喃葡萄糖苷 4',7-dihydroxy-3'-methoxyisoflavone-7-*O*-*β*-D-glucopyranoside
7,5'- 二羟基 -3'- 甲氧基异黄酮 -7-*O*-*β*-D- 吡喃葡萄糖苷 7,5'-dihydroxy-3'-methoxyisoflavone-7-*O*-*β*-D-glucopyranoside
7,6'- 二羟基 -3'- 甲氧基紫檀烷 7,6'-dihydroxy-3'-methoxypterocarpan
1,8- 二羟基 -3- 羟基甲基蒽醌 1,8-dihydroxy-3-hydroxymethylanthraquinone
1,5- 二羟基 -3- 羟甲基蒽醌 1,5-dihydroxy-3-hydroxymethylanthraquinone
1,8- 二羟基 -3- 羟甲基蒽醌三乙酸酯 1,8-dihydroxy-3-(hydroxymethyl)anthraquinone triacetate
2,4- 二羟基 -3- 醛基 -6- 甲基苯甲酸甲酯 methyl 2,4-dihydroxy-3-aldehyde-6-methylbenzoate
2,4- 二羟基 -3- 醛基 -6- 甲氧基苯乙酮 2,4-dihydroxy-3-al-6-methoxyacetophenone
2,5- 二羟基 -3- 十三烷基 -1,4- 苯醌 2,5-dihydroxy-3-tridecyl-1,4-benzoquinone
2,5- 二羟基 -3- 十一烷基 -1,4- 苯醌 2,5-dihydroxyl-3-undecyl-1,4-benzoquinone
1,8- 二羟基 -3- 羧基 -9,10- 蒽醌 1,8-dihydroxy-3-carboxy-9,10-anthraquinone
7,8- 二羟基 -3- 羰甲基香豆素 -5- 羧酸 7,8-dihydroxy-3-carboxymethylcoumarin-5-carboxylic acid
12*β*,15*α*- 二羟基 -3- 酮基 -17-en-20,21,22-23,24,25,26,27- 八降达

玛烷 12β,15α-dihydroxy-3-oxo-17-en-20,21,22-23,24,25,26,27-octanordammanrane

5α,11- 二羟基 -3- 烯 - 桉叶 -2- 酮 5α,11-dihydroxy-3-en-eudesman-2-one

2,5- 二羟基 -3- 香叶基香叶基 -1,4- 苯醌 2,5-dihydroxy-3-geranylgeranyl-1,4-benzoquinone

2,6β- 二羟基 -3- 氧代 -11α,12α- 环氧 -24- 降熊果 -1,4- 二烯 -28,13β- 内酯 2,6β-dihydroxy-3-oxo-11α,12α-epoxy-24-norursa-1,4-dien-28,13β-olide

2α,19α- 二羟基 -3- 氧代 -24- 降齐墩果 -12- 烯 -28- 酸 2α,19α-dihydroxy-3-oxo-24-norolean-12-en-28-oic acid

6β,19α- 二羟基 -3- 氧代 -24- 降齐墩果 -12- 烯 -28- 酸 6β,19α-dihydroxy-3-oxo-24-norolean-12-en-28-oic acid

6β,19α- 二羟基 -3- 氧代 -24- 降熊果 -12- 烯 -28- 酸 6β,19α-dihydroxy-3-oxo-24-norurs-12-en-28-oic acid

4α,10α- 二羟基 -3- 氧代 -8β- 异丁酰氧基愈创木 -11(13)- 烯 -12,6α- 内酯 4α,10α-dihydroxy-3-oxo-8β-isobutyryloxyguaia-11(13)-en-12,6α-olide

4β,10α- 二羟基 -3- 氧代 -8β- 异丁酰氧基愈创木 -11(13)- 烯 -6,12- 内酯 4β,10α-dihydroxy-3-oxo-8β-isobutyryloxy-guaia-11(13)-en-6,12-olide

4β,10β- 二羟基 -3- 氧代 -8β- 异丁酰氧基愈创木 -11(13)- 烯 -6,12- 内酯 4β,10β-dihydroxy-3-oxo-8β-isobutyryloxyguaia-11(13)-en-6,12-olide

16,17- 二羟基 -3- 氧代扁枝杉烷 16,17-dihydroxy-3-oxophyllocladane

16α,17- 二羟基 -3- 氧代扁枝杉烷 16α,17-dihydroxy-3-oxophyllocladane

8β,19- 二羟基 -3- 氧代海松 -15- 烯 8β,19-dihydroxy-3-oxopimar-15-ene

6α,19α- 二羟基 -3- 氧代 - 齐墩果 -12- 烯 -28- 酸 6α,19α-dihydroxy-3-oxo-olean-12-en-28-oic acid

2α,19α- 二羟基 -3- 氧代 - 齐墩果 -12- 烯 -28- 酸 -β-D- 吡喃葡萄糖基酯 2α,19α-dihydroxy-3-oxo-olean-12-en-28-oic acid-β-D-glucopyranosyl ester

2,19α- 二羟基 -3- 氧代 - 熊果 -12- 烯 -28- 酸 2,19α-dihydroxy-3-oxo-12-ursen-28-oic acid

2α,19α- 二羟基 -3- 氧代 - 熊果 -12- 烯 -28- 酸 2α,19α-dihydroxy-3-oxo-urs-12-en-28-oic acid

6β,19α- 二羟基 -3- 氧代 - 熊果 -12- 烯 -28- 酸 6β,19α-dihydroxy-3-oxo-urs-12-en-28-oic acid

2α,19α- 二羟基 -3- 氧代 - 熊果 -12- 烯 -28- 酸 -β-D- 吡喃葡萄糖基酯 2α,19α-dihydroxy-3-oxo-urs-12-en-28-oic acid-β-D-glucopyranosyl ester

6β,30- 二羟基 -3- 氧代羽扇豆 -20(29)- 烯 -28- 酸 6β,30-dihydroxy-3-oxolup-20(29)-en-28-oic acid

11α,23- 二羟基 -3- 氧代 - 羽扇豆 -20(29)- 烯 -28- 酸 11α,23-dihydroxy-3-oxo-lup-20(29)-en-28-oic acid

4',7- 二羟基 -3'- 乙烯氧基黄烷 4',7-dihydroxy-3'-vinyloxyflavan

1,4- 二羟基 -3- 异戊二烯基 -2- 萘酸甲酯 1,4-dihydroxy-3-prenyl-2-naphtholic acid methyl ester

(2*S*)-7,4'- 二羟基 -3'- 异戊二烯基黄烷 (2*S*)-7,4'-dihydroxy-3'-prenylflavane

6,4'- 二羟基 -3'- 异戊烯基 -3,5,7,5'- 四甲氧基黄酮 -6-*O*-α-L- 吡喃鼠李糖苷 6,4'-dihydroxy-3'-prenyl-3,5,7,5'-tetramethoxyflavone-6-*O*-α-L-rhamnopyranoside

2,5- 二羟基 -3- 异戊烯基 -6-(3- 甲基丁 -3- 烯 -1- 炔基) 苯甲醛 2,5-dihydroxy-3-isoprenyl-6-(3-methylbut-3-en-1-ynyl) benzaldehyde

(*E*)-1-(2,4- 二羟基 -3- 异戊烯基苯基)-3-(8- 羟基 -2,2- 二甲基 -2*H*-1- 苯并吡喃 -6- 基)-2- 丙烯 -1- 酮 (*E*)-1-(2,4-dihydroxy-3-prenylphenyl)-3-(8-hydroxy-2,2-dimethyl-2*H*-1-benzopyran-6-yl)-2-propen-1-one

5,7- 二羟基 -3- 异戊烯基黄酮 5,7-dihydroxy-3-isoprenylflavone

7,4'- 二羟基 -3'- 异戊烯基黄烷 7,4'-dihydroxy-3'-prenylflavan

1α,6β- 二羟基 -4(14)- 桉叶烯 1α,6β-dihydroxy-4(14)-eudesmene

1β,6*R*- 二羟基 -4(14)- 桉叶烯 1β,6*R*-dihydroxy-4(14)-eudesmene

1β,6β- 二羟基 -4(14)- 桉叶烯 1β,6β-dihydroxy-4(14)-eudesmene

1β,8β- 二羟基 -4(15),11(13)- 桉叶二烯 -12,6α- 内酯 1β,8β-dihydroxy-4(15),11(13)-eudesmadien-12,6α-olide

(*S*)-1,8- 二羟基 -4-(1- 羟基 -3- 氧代丁基)-3- 甲氧基 -9*H*- 呫烯 -9- 酮 (*S*)-1,8-dihydroxy-4-(1-hydroxy-3-oxobutyl)-3-methoxy-9*H*-xanthen-9-one

1,8- 二羟基 -4-(2- 羟基乙基)-3- 甲氧基 -9*H*- 呫烯 -9- 酮 1,8-dihydroxy-4-(2-hydroxyethyl)-3-methoxy-9*H*-xanthen-9-one

3,5- 二羟基 -4-(3,4,5- 三羟基苯甲酰氧基)- 苯甲酸甲酯 3,5-dihydroxy-4-(3,4,5-trihydroxybenzoyloxy)-benzoic acid methyl ester

3,3'- 二羟基 -4-(4- 羟苄基)-5- 甲氧基联苄 3,3'-dihydroxy-4-(4-hydroxybenzyl)-5-methoxybibenzyl

3,8- 二羟基 -4,10- 二甲氧基 -7- 氧代 -[2] 苯并吡喃 [4,3-b][1] 苯并吡喃 -7-(5*H*)- 酮 3,8-dihydroxy-4,10-dimethoxy-7-oxo-[2]benzopyrano[4,3-b][1]benzopyran-7-(5*H*)-one

3',5- 二羟基 -4',3- 二甲氧基黄酮 -7-*O*-β-D- 吡喃葡萄糖苷 3',5-dihydroxy-4',3-dimethoxyflavone-7-*O*-β-D-glucopyranoside

3β,6β- 二羟基 -4,4,14α- 三甲基 -5α- 孕甾 -8- 烯 -20- 酮 3β,6β-dihydroxy-4,4,14α-trimethyl-5α-pregn-8-en-20-one

3,3'- 二羟基 -4,4',5,5'- 四甲氧基木脂素 3,3'-dihydroxy-4,4',5,5'-tetramethoxylignan

N,*N*'-[2,2'-(5,5'- 二羟基 -4,4'- 二 -1*H*- 吲哚 -3,3'- 基) 二乙基]- 二阿魏酰胺 *N*,*N*'-[2,2'-(5,5'-dihydroxy-4,4'-bi-1*H*-indol-3,3'-yl) diethyl]-diferulamide

5,4'- 二羟基 -4",4"- 二甲基 -5"- 甲基 -5"*H*- 二羟基呋喃 [2",3":6,7] 黄烷酮 5,4'-dihydroxy-4",4"-dimethyl-5"-methyl-5"*H*-dihydrofurano[2",3":6,7]flavanone

2',6'- 二羟基 -4,4'- 二甲氧基查耳酮 2',6'-dihydroxy-4,4'-dimethoxychalcone

3,3'- 二羟基 -4,4'- 二甲氧基芪 3,3'-dihydroxy-4,4'-dimethoxystilbene

2',6'- 二羟基 -4,4'- 二甲氧基二氢查耳酮 2',6'-dihydroxy-4,4'-dimethoxydihydrochalcone

α,2'- 二羟基 -4,4'- 二甲氧基二氢查耳酮 α,2'-dihydroxy-4,4'-dimethoxydihydrochalcone

N,*N*'-[2,2'-(5,5'- 二羟基 -4,4'- 双 -1*H*- 吲哚 -3,3'- 基) 二乙基]- 二 - 对香豆酰胺 *N*,*N*'-[2,2'-(5,5'-dihydroxy-4,4'-bi-1*H*-indol-3,3'-yl) diethyl]-di-*p*-coumaramide

2',7- 二羟基 -4',5',5,6- 四甲氧基异黄酮 -7-*O*-(5-*O*- 反式 - 对香豆酰基)-β-D- 呋喃芹糖基 -(1 → 6)-β-D- 吡喃葡萄糖苷 2',7-dihydroxy-4',5',5,6-tetramethoxyisoflavone-7-*O*-(5-*O*-*trans*-*p*-coumaroyl)-β-D-apiofuranosyl-(1 → 6)-β-D-glucopyranoside

2',7- 二羟基 -4',5',5,6- 四甲氧基异黄酮 -7-*O*-β-D- 呋喃芹糖基 -(1 → 6)-β-D- 吡喃葡萄糖苷 2',7-dihydroxy-4',5',5,6-tetramethoxyisoflavone-7-*O*-β-D-apiofuranosyl-(1 → 6)-β-D-glucopyranoside

4,2'- 二羟基 -4',5',6'- 三甲氧基查耳酮 4,2'-dihydroxy-4',5',6'-trimethoxychalcone

3',7- 二羟基 -4',5,6- 三甲氧基异黄酮 -7-*O*-(5-*O*- 反式 - 对香豆酰基)-β-D- 呋喃芹糖基 -(1 → 6)-β-D- 吡喃葡萄糖苷 3',7-dihydroxy-4',5,6-trimethoxyisoflavone-7-*O*-(5-*O*-*trans*-*p*-

coumaroyl)-β-D-apiofuranosyl-(1 → 6)-β-D-glucopyranoside
3,3'- 二羟基 -4',5,7- 三甲氧基黄酮 3,3'-dihydroxy-4',5,7-trimethoxyflavone
2',5- 二羟基 -4',5',7- 三甲氧基黄酮 2',5-dihydroxy-4',5',7-trimethoxyflavone
1,3- 二羟基 -4,5,8- 三甲氧基呫酮 1,3-dihydroxy-4,5,8-trimethoxyxanthone
3,6- 二羟基 -4,5- 二甲氧基 -1,8- 萘酐 3,6-dihydroxy-4,5-dimethoxy-1,8-naphalic anhydride
3,4- 二羟基 -4',5- 二甲氧基联苄 3,4-dihydroxy-4',5-dimethoxybibenzyl
1,3- 二羟基 -4,5- 二甲氧基呫酮 1,3-dihydroxy-4,5-dimethoxyxanthone
1,6- 二羟基 -4,5- 二甲氧基呫酮 1,6-dihydroxy-4,5-dimethoxyxanthone
2',7- 二羟基 -4',5'- 二甲氧基异黄酮 2',7-dihydroxy-4',5'-dimethoxyisoflavone
13a(S),14(S)-(+)-3,14- 二羟基 -4,6,7- 三甲氧基 - 氮杂菲并喹喏里西啶 13a(S),14(S)-(+)-3,14-dihydroxy-4,6,7-trimethoxy-phenanthroindolizidine
3,5- 二羟基 -4',6,7- 三甲氧基黄酮 -3'-O-β-D- 吡喃葡萄糖苷 3,5-dihydroxy-4',6,7-trimethoxyflavone-3'-O-β-D-glucopyranoside
5,8- 二羟基 -4',6,7- 三甲氧基黄酮 -8-O-β-D- 吡喃葡萄糖苷 5,8-dihydroxy-4',6,7-trimethoxyflavone-8-O-β-D-glucopyranoside
5,5'- 二羟基 -4',6,7- 三甲氧基黄烷酮 5,5'-dihydroxy-4',6,7-trimethoxyflavanone
5,7- 二羟基 -4',6,8- 三甲氧基黄酮 5,7-dihydroxy-4',6,8-trimethoxyflavone
2,7- 二羟基 -4,6- 二甲氧基 -9,10- 二氢菲 2,7-dihydroxy-4,6-dimethoxy-9,10-dihydrophenanthrene
1,2- 二羟基 -4,6- 二甲氧基苯 -1-O-α-D- 吡喃鼠李糖基 -(1 → 6)-β-D- 吡喃葡萄糖苷 1,2-dihydroxy-4,6-dimethoxybenzene-1-O-α-D-rhamnopyranosyl-(1 → 6)-β-D-glucopyranoside
2',3'- 二羟基 -4',6'- 二甲氧基查耳酮 2',3'-dihydroxy-4',6'-dimethoxychalcone
2',3'- 二羟基 -4',6'- 二甲氧基二氢查耳酮 2',3'-dihydroxy-4',6'-dimethoxydihydrochalcone
7,8- 二羟基 -4',6- 二甲氧基黄烷酮 7,8-dihydroxy-4',6-dimethoxyflavanone
2,2'- 二羟基 -4,7,4',7'- 四甲氧基 -1,1'- 联菲 2,2'-dihydroxy-4,7,4',7'-tetramethoxy-1,1'-biphenanthrene
5,6- 二羟基 -4',7,8- 三甲氧基黄酮 5,6-dihydroxy-4',7,8-trimethoxyflavone
(3R,6R,7E,9R)-3,9- 二羟基 -4,7- 大柱香波龙二烯 (3R,6R,7E,9R)-3,9-dihydroxy-4,7-megastigmadiene
6,9- 二羟基 -4,7- 大柱香波龙二烯 -3- 酮 6,9-dihydroxy-4,7-megastigmadien-3-one
9,10- 二羟基 -4,7- 大柱香波龙二烯 -3- 酮 9,10-dihydroxy-4,7-megastigmadien-3-one
(6S,7E,9R)-6,9- 二羟基 -4,7- 大柱香波龙二烯 -3- 酮 -9-O-[α-L- 吡喃阿拉伯糖基 -(1 → 6)-β-D- 吡喃葡萄糖苷] (6S,7E,9R)-6,9-dihydroxy-4,7-megastigmadien-3-one-9-O-[α-L-arabinopyranosyl-(1 → 6)-β-D-glucopyranoside]
(6S,7E,9R)-6,9- 二羟基 -4,7- 大柱香波龙二烯 -3- 酮 -9-O-[α-L- 呋喃阿拉伯糖基 -(1 → 6)]-β-D- 吡喃葡萄糖苷 (6S,7E,9R)-6,9-dihydroxy-4,7-megastigmadien-3-one-9-O-[α-L-arabinofuranosyl-(1 → 6)]-β-D-glucopyranoside
(6S,7E,9R)-6,9- 二羟基 -4,7- 大柱香波龙二烯 -3- 酮 -β-D- 吡喃木糖基 (1 → 6)- 吡喃葡萄糖苷 (6S,7E,9R)-6,9-dihydroxy-4,7-megastigmadien-3-one-9-O-β-D-xylopyranosyl (1 → 6)-glucopyranoside
(2R,3S)-(+)-3',5- 二羟基 -4',7- 二甲氧基二氢黄酮醇 (2R,3S)-(+)-3',5-dihydroxy-4',7-dimethoxydihydroflavonol
3,5- 二羟基 -4,7- 二甲氧基黄酮 3,5-dihydroxy-4,7-dimethoxyflavone
3,5- 二羟基 -4',7- 二甲氧基黄酮 3,5-dihydroxy-4',7-dimethoxyflavone
3',5- 二羟基 -4',7- 二甲氧基黄酮 3',5-dihydroxy-4',7-dimethoxyflavone
5,8- 二羟基 -4',7- 二甲氧基黄酮 5,8-dihydroxy-4',7-dimethoxyflavone
3,5- 二羟基 -4,7- 二甲氧基黄烷酮 3,5-dihydroxy-4,7-dimethoxyflavanone
1,3- 二羟基 -4,7- 二甲氧基呫酮 1,3-dihydroxy-4,7-dimethoxyxanthone
2',5- 二羟基 -4',7- 二甲氧基异黄烷酮 2',5-dihydroxy-4',7-dimethoxyisoflavonone
2,5- 二羟基 -4,9- 二甲氧基菲 2,5-dihydroxy-4,9-dimethoxyphenanthrene
2,6- 二羟基 -4-[(E)-5- 羟基 -3,7- 二甲基辛 -2,7- 二烯氧基] 苯并酚酮 2,6-dihydroxy-4-[(E)-5-hydroxy-3,7-dimethylocta-2,7-dienyloxy]benzophenone
2,6- 二羟基 -4-[(E)-7- 羟基 -3,7- 二甲基辛 -2- 烯氧基] 苯并酚酮 2,6-dihydroxy-4-[(E)-7-hydroxy-3,7-dimethylocta-2-enyloxy] benzophenone
6-(20,30- 二羟基 -40- 羟甲基 - 四氢呋喃 -10- 基) 环戊二烯 [c] 吡咯 -1,3- 二醇 6-(20,30-dihydroxy-40-hydroxymethyl-tetrahydro-furan-10-yl)cyclopentadiene[c]pyrrole-1,3-diol
5,7- 二羟基 -4H-4- 色原酮 5,7-dihydroxy-4H-4-chromenone
2,6- 二羟基 -4-O-β-D- 吡喃葡萄糖基苯甲酮 2,6-dihydroxy-4-O-β-D-glucopyranosylbenzophenone
3,5- 二羟基 -4-O-β-D- 吡喃葡萄糖基 - 苯乙酮 3,5-dihydroxy-4-O-β-D-glucopyranosyl-acetophenone
5,3'- 二羟基 -4'-O- 当归酰氧基黄酮 -7-O-β-D- 吡喃葡萄糖苷 5,3'-dihydroxy-4'-O-angeloxyflavone-7-O-β-D-glucopyranoside
5,7- 二羟基 -4'-O- 香叶基异黄酮 5,7-dihydroxy-4'-O-geranylisoflavone
1R,3R- 二羟基 -4S,5R- 二咖啡酰基环己烷甲酸甲酯 1R,3R-dihydroxy-4S,5R-dicaffeoyloxycyclohexane carboxylic acid methyl ester
3α,5β- 二羟基 -4α,11- 环氧二降杜松烷 3α,5β-dihydroxy-4α,11-epoxybis-norcadinane
(24R)-24,25- 二羟基 -4α,5α- 环氧向日葵醇 (24R)-24,25-dihydroxy-4α,5α-epoxyhelianol
(24S)-24,25- 二羟基 -4α,5α- 环氧向日葵醇 (24S)-24,25-dihydroxy-4α,5α-epoxyhelianol
(24R)-24,25- 二羟基 -4α,5α- 环氧向日葵醇辛酸酯 (24R)-24,25-dihydroxy-4α,5α-epoxy-helianyloctanoate
(24S)-24,25- 二羟基 -4α,5α- 环氧向日葵醇辛酸酯 (24S)-24,25-dihydroxy-4α,5α-epoxyhelianyloctanoate
1,6α- 二羟基 -4αH-1,10- 裂环桉叶 -5(10),11(13)- 二烯 -12,8β- 内酯 1,6α-dihydroxy-4αH-1,10-secoeudesma-5(10),11(13)-dien-12,8β-olide
1β,9β- 二羟基 -4αH- 桉叶 -5,11(13)- 二烯 -12- 酸 1β,9β-dihydroxy-4αH-eudesma-5,11(13)-dien-12-oic acid
3α- 二羟基 -4αH- 桉叶 -5,11(13)- 二烯 -12- 酸 3α-dihydroxy-4αH-eudesma-5,11(13)-dien-12-oic acid
3β,22ξ- 二羟基 -4α- 甲基 -24ξ- 乙基 -5α- 胆甾 -7- 烯 -6- 酮 3β,22ξ-dihydroxy-4α-methyl-24ξ-ethyl-5α-cholest-7-en-6-one

3*β*,11*α*- 二羟基 -4*β*- 甲基愈创木 -10(14)- 烯 -12,6*α*- 内酯 3*β*,11*α*-dihydroxy-4*β*-methyl-guaia-10(14)-en-12,6*α*-olide
5,7- 二羟基 -4- 苯基 -8-(3- 苯基 - 反式 - 丙烯酰)-3,4- 二氢 -1- 苯并吡喃 -2- 酮 5,7-dihydroxy-4-phenyl-8-(3-phenyl-trans-acryloyl)-3,4-dihydro-1-benzopyran-2-one
1,2- 二羟基 -4- 吡喃葡萄糖氧基萘 1,2-dihydroxy-4-glucopyranosyloxynaphthalene
3,9- 二羟基 -4- 大柱香波龙烯 3,9-dihydroxy-4-megastigmene
(6*R*,9*S*)-9,10- 二羟基 -4- 大柱香波龙烯 -3- 酮 (6*R*,9*S*)-9,10-dihydroxy-4-megastigmen-3-one
1α,6α- 二羟基 -4 反式 ,10(14)- 吉玛二烯 -12,8α- 内酯 1α,6α-dihydroxy-4*E*,10(14)-germacradien-12,8α-olide
3,6- 二羟基 -4- 甲基苯乙酮 3,6-dihyddroxy-4-methylacetophenone
1,8- 二羟基 -4- 甲基蒽醌 1,8-dihydroxy-4-methylanthraquinone
3,5- 二羟基 -4- 甲基二苯乙烷 3,5-dihydroxy-4-methylbibenzyl
(1*S*,32*R*,5*S*,6*R*,7*R*)-6-[(*R*)-3,4- 二羟基 -4- 甲基戊基]-2-(2- 羟基丙烷 -2- 基)-7- 异丁烯基 -6- 甲基 -5,9- 二 (3- 甲基丁 -2- 烯 -1- 基)-4,5,6,7- 四氢 -2*H*-32,7- 甲醇环辛 [*b*] 呋喃 -8,10(3*H*)- 二酮 (1*S*,32*R*,5S,6*R*,7*R*)-6-[(*R*)-3,4-dihydroxy-4-methylpentyl]-2-(2-hydroxypropan-2-yl)-7-isobutyryl-6-methyl-5,9-bis(3-methylbut-2-en-1-yl)-4,5,6,7-tetrahydro-2*H*-32,7-methanocycloocta[*b*]furan-8,10(3*H*)-dione
(4*R*,5*R*,7*R*)-4-[(*R*)-3,4- 二羟基 -4- 甲基戊基]-2,2,4- 三甲基 -5,7- 二 (3- 甲基 - 丁 -2- 烯 -1- 基)-7-(5- 甲基己 -4- 烯酮基)-4,5,6,7- 四氢苯并呋喃 -3(2*H*)- 酮 (4*R*,5*R*,7*R*)-4-[(*R*)-3,4-dihydroxy-4-methylpentyl]-2,2,4-trimethyl-5,7-bis(3-methyl-but-2-en-1-yl)-7-(5-methylhex-4-enoyl)-4,5,6,7-tetrahydrobenzofuran-3(2*H*)-one
1,7- 二羟基 -4- 甲氧基 -1-(2- 丙酮基)-1*H*- 菲 -2- 酮 1,7-dihydroxy-4-methoxy-1-(2-oxopropyl)-1*H*-phenanthren-2-one
1,3- 二羟基 -4- 甲氧基 -10- 甲基吖啶酮 1,3-dihydroxy-4-methoxy-10-methylacridone
5,8- 二羟基 -4- 甲氧基 -1- 四氢萘酮 5,8-dihydroxy-4-methoxy-1-tetralone
3',5- 二羟基 -4'- 甲氧基 -2'',2''- 二甲基吡喃 [6'',5''-*h*] 异黄酮 3',5-dihydroxy-4'-methoxyl-2'',2''-dimethylpyrano[6'',5''-*h*] isoflavone
3',5- 二羟基 -4'- 甲氧基 -2'',2''- 二甲基吡喃 -(5'',6'',6,7)- 异黄酮 3',5-dihydroxy-4'-methoxy-2'',2''-dimethylpyran-(5'',6'',6,7)-isoflavone
(2*E*)-2',4'- 二羟基 -4- 甲氧基 -3'-(2- 羟基 -3- 甲基丁 -3- 烯基)- 查耳酮 (2*E*)-2',4'-dihydroxy-4-methoxy-3'-(2-hydroxy-3-methylbut-3-enyl)-chalcone
2',3- 二羟基 -4'- 甲氧基 -3'',3''- 二甲基吡喃 [2'',3'':7,8] 异黄烷酮 2',3-dihydroxy-4'-methoxy-3'',3''-dimethylpyrano[2'',3'':7,8] isoflavanone
(3*R*)-3,5'- 二羟基 -4'- 甲氧基 -3',4''- 氧代 -1,7- 二苯基 -1- 庚烯 (3*R*)-3,5'-dihydroxy-4'-methoxy-3',4''-oxo-1,7-diphenyl-1-heptene
1-(2,6- 二羟基 -4- 甲氧基 -3,5- 二甲基苯基)-2- 甲基 -1- 丙酮 1-(2,6-dihydroxy-4-methoxy-3,5-dimethylphenyl)-2-methyl-1-propanone
1-(2,6- 二羟基 -4- 甲氧基 -3,5- 二甲基苯基)-2- 甲基 -1- 丁酮 1-(2,6-dihydroxy-4-methoxy-3,5-dimethyl- phenyl)-2-methyl-1-butanone
2',7- 二羟基 -4'- 甲氧基 -3- 芳基香豆素 2',7-dihydroxy-4'-methoxy-3-arylcoumarin
5,7- 二羟基 -4'- 甲氧基 -3'- 乙酰黄酮 5,7-dihydroxy-4'-methoxy-3'-acetylflavone
(2*E*)-2',4'- 二羟基 -4- 甲氧基 -3'- 异戊烯基 - 查耳酮 (2*E*)-2',4'-dihydroxy-4-methoxy-3'-prenylchalcone
6,7- 二羟基 -4'- 甲氧基 -4- 苯基香豆素 6,7-dihydroxy-4'-methoxy-4-phenylcoumarin
4,2'- 二羟基 -4'- 甲氧基 -5'-(3''',3'''- 二甲基烯丙基) 查耳酮 4,2'-dihydroxy-4'-methoxy-5'-(3''',3'''-dimethylallyl)chalcone
(-)-(2*S*)-5,3'- 二羟基 -4'- 甲氧基 -6'',6''- 二甲基色烯并 -(7,8,2'',3'')- 黄烷酮 (-)-(2*S*)-5,3'-dihydroxy-4'-methoxy-6'',6''-dimethylchromeno-(7,8,2'',3'')-flavanone
5,7- 二羟基 -4'- 甲氧基 -6,8- 二异戊烯基异黄酮 5,7-dihydroxy-4'-methoxy-6,8-diprenylisoflavone
1-(2,3- 二羟基 -4- 甲氧基 -6- 甲基苯基)- 乙酮 1-(2,3-dihydroxy-4-methoxy-6-meyhylphenyl)-ethanone
7,8- 二羟基 -4'- 甲氧基 -6- 异戊烯基异黄烷酮 7,8-dihydroxy-4'-methoxy-6-prenylisoflavanone
5,3- 二羟基 -4- 甲氧基 -7- 芸香糖苷 5,3-dihydroxy-4-methoxy-7-rutinoside
(2*S*)-3',7- 二羟基 -4'- 甲氧基 -8- 甲基黄烷 (2*S*)-3',7-dihydroxy-4'-methoxy-8-methylflavan
(2*S*)-5,7- 二羟基 -4'- 甲氧基 -8- 甲基黄烷 (2*S*)-5,7-dihydroxy-4'-methoxy-8-methylflavan
2',7- 二羟基 -4'- 甲氧基 -8- 异戊烯基黄烷 2',7-dihydroxy-4'-methoxy-8-prenylflavan
2,7- 二羟基 -4- 甲氧基 -9,10- 二氢菲 2,7-dihydroxy-4-methoxy-9,10-dihydrophenanthrene
2,7- 二羟基 -4- 甲氧基 -9,10- 菲 2,7-dihydroxy-4-methoxy-9,10-phenanthrene
2,5- 二羟基 -4- 甲氧基 -9- 芴酮 2,5-dihydroxy-4-methoxy-9-fluorenone
5,8- 二羟基 -4- 甲氧基 -*α*- 四氢萘酮 5,8-dihydroxy-4-methoxy-*α*-tetralone
1,2- 二羟基 -4- 甲氧基苯 -1-*O*-*α*-D- 吡喃鼠李糖基 -(1 → 6)-*β*-D-吡喃葡萄糖苷 1,2-dihydroxy-4-methoxybenzene-1-*O*-*α*-D-rhamnopyranosyl-(1 → 6)-*β*-D-glucopyranoside
2-(3,5- 二羟基 -4- 甲氧基苯基)-3,5- 二羟基 -8,8- 二甲基 -2,3- 二氢 -8*H*- 吡喃 [3,2] 色烯 -4- 酮 2-(3,5-dihydroxy-4-methoxy-phenyl)-3,5-dihydroxy-8,8-dimethyl-2,3-dihydro-8*H*-pyrano[3,2] chromen-4-one
(*Z*,*Z*,*Z*)-1-(2',6'- 二羟基 -4'- 甲氧基苯基)- 十八碳 -9,12,15- 三烯 -1- 酮 (*Z*,*Z*,*Z*)-1-(2',6'-dihydroxy-4'-methoxyphenyl)-octadeca-9,12,15-trien-1-one
2,5-二羟基-4-甲氧基苯甲醛 2,5-dihydroxy-4-methoxybenzaldehyde
3,5-二羟基-4-甲氧基苯甲醛 3,5-dihydroxy-4-methoxybenzaldehyde
3,5- 二羟基 -4- 甲氧基苯甲酸 3,5-dihydroxy-4-methoxybenzoic acid
3,5- 二羟基 -4- 甲氧基苯甲酸甲酯 methyl 3,5-dihydroxy-4-methoxybenzoate
3,5- 二羟基 -4- 甲氧基苯甲酸乙酯 ethyl 3,5-dihydroxy-4-methoxybenzoate
2',6'- 二羟基 -4'- 甲氧基苯乙酮 2',6'-dihydroxy-4'-methoxyacetophenone
2,3-二羟基-4-甲氧基苯乙酮 2,3-dihydroxy-4-methoxyacetophenone
2,5-二羟基-4-甲氧基苯乙酮 2,5-dihydroxy-4-methoxyacetophenone
2,6- 二羟基 -4- 甲氧基苯乙酮 -3-*C*-*β*-D-(6'-*O*- 没食子酰基)- 吡喃葡萄糖苷 2,6-dihydroxy-4-methoxyacetophenone-3-*C*-*β*-D-(6'-*O*-galloyl)-glucopyranoside
2,6- 二羟基 -4- 甲氧基苯乙酮 -3-*C*-*β*-D- 吡喃葡萄糖苷 2,6-dihydroxy-4-methoxyacetophenone-3-*C*-*β*-D-glucopyranoside
2',4- 二羟基 -4'- 甲氧基查耳酮 2',4-dihydroxy-4'-methoxychalcone
2',6'- 二羟基 -4'- 甲氧基查耳酮 2',6'-dihydroxy-4'-methoxychalcone
4,2'- 二羟基 -4'- 甲氧基查耳酮 4,2'-dihydroxy-4'-methoxychalcone
2',4'- 二羟基 -4- 甲氧基查耳酮 2',4'-dihydroxy-4-methoxychalcone

3,5- 二羟基 -4- 甲氧基芪 3,5-dihydroxy-4-methoxystilbene
1,3- 二羟基 -4- 甲氧基蒽醌 1,3-dihydroxy-4-methoxyanthraquinone
3,5- 二羟基 -4- 甲氧基二苯乙烷 3,5-dihydroxy-4-methoxybibenzyl
3,4'- 二羟基 -4- 甲氧基二苄醚 3,4'-dihydroxy-4-methoxydibenzylether
2,4'- 二羟基 -4- 甲氧基二氢查尔酮 2,4'-dihydroxy-4-methoxydihydrochalcone
2',6'- 二羟基 -4'- 甲氧基二氢查耳酮 2',6'-dihydroxy-4'-methoxydihydrochalcone
2',4'- 二羟基 -4- 甲氧基二氢查耳酮 2',4'-dihydroxy-4-methoxydihydrochalcone
2',4'- 二羟基 -4- 甲氧基二氢查耳酮 -4'-*O*-β-D- 吡喃葡萄糖苷 2',4'-dihydroxy-4-methoxydihydrochalcone-4'-*O*-β-D-glucopyranoside
2',4- 二羟基 -4'- 甲氧基 - 二氢查耳酮 -6'-*O*-β-D- 吡喃葡萄糖苷 2',4-dihydroxy-4'-methoxy-dihydrochalcone-6'-*O*-β-D-glucopyranoside
2,5- 二羟基 -4- 甲氧基菲 2,5-dihydroxy-4-methoxyphenanthrene
2,7- 二羟基 -4- 甲氧基菲 2,7-dihydroxy-4-methoxyphenanthrene
2,7- 二羟基 -4- 甲氧基菲 -2,7-*O*- 二葡萄糖苷 2,7-dihydroxy-4-methoxyphenanthrene-2,7-*O*-diglucoside
2,7- 二羟基 -4- 甲氧基菲 -2-*O*- 葡萄糖苷 2,7-dihydroxy-4-methoxyphenanthrene-2-*O*-glucoside
3,7- 二羟基 -4'- 甲氧基黄酮 3,7-dihydroxy-4'-methoxyflavone
5,7- 二羟基 -4'- 甲氧基黄酮 5,7-dihydroxy-4'-methoxyflavone
7,3'- 二羟基 -4'- 甲氧基黄酮 7,3'-dihydroxy-4'-methoxyflavone
5,7- 二羟基 -4'- 甲氧基黄酮 -3-*O*-β-D- 吡喃半乳糖苷 5,7-dihydroxy-4'-methoxyflavone-3-*O*-β-D-galactopyranoside
5,7- 二羟基 -4'- 甲氧基黄酮 -3-*O*-β-D- 吡喃葡萄糖苷 5,7-dihydroxy-4'-methoxyflavone-3-*O*-β-D-glucopyranoside
5,7- 二羟基 -4'- 甲氧基黄酮 -7-*O*-(6-*O*-α-L- 吡喃鼠李糖基)-β-D- 吡喃葡萄糖苷 5,7-dihydroxy-4'-methoxyflavone-7-*O*-(6-*O*-α-L-rhamnopyranosyl)-β-D-glucopyranoside
5,7- 二羟基 -4'- 甲氧基黄酮 -7-*O*-[6-*O*-(4-*O*- 乙酰基 -α-L- 吡喃鼠李糖基)]-β-D- 吡喃葡萄苷 5,7-dihydroxy-4'-methoxyflavone-7-*O*-[6-*O*-(4-*O*-acetyl-α-L-rhamnopyranosyl)]-β-D-glucopyranoside
5,7- 二羟基 -4'- 甲氧基黄酮 -7-*O*-[6-*O*-(4-*O*- 乙酰基 -α-L- 吡喃鼠李糖基)-3-*O*-β-D- 吡喃葡萄糖基]-6-*O*- 乙酰基 -β-D- 吡喃葡萄苷 5,7-dihydroxy-4'-methoxyflavone-7-*O*-[6-*O*-(4-*O*-acetyl-α-L-rhamnopyranosyl)-3-*O*-β-D-glucopyranosyl]-6-*O*-acetyl-β-D-glucopyranoside
5,7- 二羟基 -4'- 甲氧基黄酮 -7-*O*-α-L- 吡喃鼠李糖基 -(1 → 6)-β-D- 吡喃葡萄糖苷 5,7-dihydroxy-4'-methoxy-flavone-7-*O*-α-L-rhamnopyranosyl-(1 → 6)-β-D-glucopyranoside
7,3'- 二羟基 -4'- 甲氧基黄酮 -7-*O*-β-(6"- 没食子酰基)- 吡喃葡萄糖苷 7,3'-dihydroxy-4'-methoxyflavone 7-*O*-β-(6"-galloyl)-glucopyranoside
5,7- 二羟基 -4- 甲氧基黄酮 -7-*O*-β-*D*- 吡喃葡萄糖苷 5,7-dihydroxy-4-methoxyflavone-7-*O*-β-D-glucopyranoside
7,3'- 二羟基 -4'- 甲氧基黄酮 -7-*O*-β- 吡喃葡萄糖苷 7,3'-dihydroxy-4'-methoxyflavone-7-*O*-β-glucopyranoside
5,7- 二羟基 -4'- 甲氧基黄酮醇 5,7-dihydroxy-4'-methoxyflavonol
5,7- 二羟基 -4'- 甲氧基黄酮醇 -3-*O*- 芸香糖苷 5,7-dihydroxyl-4'-methoxylflavonol-3-*O*-rutinoside
(±)-3',7- 二羟基 -4'- 甲氧基黄烷 (±)-3',7-dihydroxy-4'-methoxyflavan
(2*S*)-3',7- 二羟基 -4'- 甲氧基黄烷 (2*S*)-3',7-dihydroxy-4'-methoxyflavan
(2*S*)-7,3'- 二羟基 -4'- 甲氧基黄烷 (2*S*)-7,3'-dihydroxy-4'-methoxyflavan
3',7- 二羟基 -4'- 甲氧基黄烷 3',7-dihydroxy-4'-methoxyflavan
7,3'- 二羟基 -4'- 甲氧基黄烷 7,3'-dihydroxy-4'-methoxyflavan
3',5- 二羟基 -4'- 甲氧基黄烷酮 -7-*O*-α-L- 鼠李糖基 -(1 → 6)- 葡萄糖苷 3',5-dihydroxy-4'-methoxyflavanone-7-*O*-α-L-rhamnosyl-(1 → 6)-glucoside
3',5- 二羟基 -4- 甲氧基黄烷酮 -7-*O*-β-D- 葡萄糖基 -(1 → 2)-α-L- 鼠李糖苷 3',5-dihydroxy-4-methoxyflavanone-7-*O*-β-D-glucosyl-(1 → 2)-α-L-rhamnoside
3,5,7- 二羟基 -4'- 甲氧基黄烷酮醇 3,5,7-trihydroxy-4'-methoxy-dihydroflavonol
1,5- 二羟基 -4- 甲氧基呫酮 1,5-dihydroxy-4-methoxyxanthone
1,7- 二羟基 -4- 甲氧基呫酮 1,7-dihydroxy-4-methoxyxanthone
2,5- 二羟基 -4- 甲氧基芴酮 2,5-dihydroxy-4-methoxyfluorenone
3,5- 二羟基 -4- 甲氧基芴酮 3,5-dihydroxy-4-methoxyfluorenone
4',6- 二羟基 -4- 甲氧基异橙酮 4',6-dihydroxy-4-methoxyisoaurone
2',7'- 二羟基 -4'- 甲氧基异黄酮 2',7'-dihydroxy-4'-methoxyisoflavone
3',7- 二羟基 -4'- 甲氧基异黄酮 3',7-dihydroxy-4'-methoxyisoflavone
5,7- 二羟基 -4'- 甲氧基异黄酮 5,7-dihydroxy-4'-methoxyisoflavone
6,7- 二羟基 -4'- 甲氧基异黄酮 6,7-dihydroxy-4'-methoxyisoflavone
7,3'- 二羟基 -4'- 甲氧基异黄酮 7,3'-dihydroxy-4'-methoxyisoflavone
7,8- 二羟基 -4'- 甲氧基异黄酮 7,8-dihydroxy-4'-methoxyisoflavone
3',7- 二羟基 -4- 甲氧基异黄酮 3',7-dihydroxy-4'-methoxylisoflavone
3',7- 二羟基 -4'- 甲氧基异黄酮 -7-D- 吡喃葡萄糖苷 3',7-dihydroxy-4'-methoxyisoflavone-7-D-glucopyranoside
7,3'- 二羟基 -4'- 甲氧基异黄酮 -7-*O*-β-D- 吡喃半乳糖苷 7,3'-dihydroxy-4'-methoxyisoflavone-7-*O*-β-D-galactopyranoside
3',5- 二羟基 -4'- 甲氧基异黄酮 -7-*O*-β-D- 吡喃葡萄糖苷 3',5-dihydroxy-4'-methoxyisoflavone-7-*O*-β-D-glucopyranoside
5,7- 二羟基 -4'- 甲氧基异黄酮 -7-*O*-β-D- 吡喃葡萄糖苷 5,7-dihydroxy-4'-methoxyisoflavone-7-*O*-β-D-glucopyranoside
7,2'- 二羟基 -4'- 甲氧基异黄酮醇 7,2'-dihydroxy-4'-methoxyisoflavanol
7,2'- 二羟基 -4'- 甲氧基异黄烷 7,2'-dihydroxy-4'-methoxyisoflavan
2',7- 二羟基 -4'- 甲氧基异黄烷 -3- 烯 2',7-dihydroxy-4'-methoxyisoflav-3-ene
5,7- 二羟基 -4'- 羟基黄酮 5,7-dihydroxy-4'-hydroxyflavone
1,8- 二羟基 -4- 羟甲基蒽醌 1,8-dihydroxy-4-hydrxymethylanthraquinone
6-(2,3- 二羟基 -4- 羟甲基 - 四氢呋喃)- 环戊烯 [c] 吡咯 -1,3- 二醇 6-(2,3-dihydroxyl-4-hydroxymethyl-tetrahydro-furan-1-yl)-cyclopentene[c]pyrrole-1,3-diol
2α,3α- 二羟基 -4- 酮基 -5α- 对羟基苯甲酰基 - 中亚阿魏二醇▲ 2α,3α-dihydroxy-4-keto-5α-p-hydroxybenzoyl-jaeschkeanadiol
3,5- 二羟基 -4- 戊 -4'- 烯酰基 -1'- 氧代甲基苯甲酸 3,5-dihydroxy-4-pent-4'-enoyl-1'-oxymethylbenzoic acid
3,5- 二羟基 -4- 香叶基 - 二苯 3,5-dihydroxy-4-geranyl-bibenzyl
2-(1,6- 二羟基 -4- 氧代环己 -2- 二烯) 乙酸 2-(1,6-dihydroxy-4-oxocyclohex-2-enyl)acetic acid
3,5- 二羟基 -4- 乙氧基 -6- 乙酰基 -7- 甲氧基 -2,2- 二甲基色烷 3,5-dihydroxy-4-ethoxy-6-acetyl-7-methoxy-2,2-dimethylchroman
3,4- 二羟基 -5-(3,4,5- 三羟基苯甲酰氧基)- 苯甲酸甲酯 3,4-dihydroxy-5-(3,4,5-trihydroxybenzoyloxy)-benzoic acid methyl ester
7α,8α- 二羟基 -5,13- 小皮伞内酯 7α,8α-dihydroxy-5,13-marasmanolide
7α,8β- 二羟基 -5,13- 小皮伞内酯 7α,8β-dihydroxy-5,13-marasmanolide
3,7- 二羟基 -5,3',4'- 三甲氧基黄酮 3,7-dihydroxy-5,3',4'-

trimethoxyflavone

(2*S*)-7,4'- 二羟基 -5,3'- 二甲氧基黄烷酮 (2*S*)-7,4'-dihydroxy-5,3'-dimethoxyflavanone

7,3'- 二羟基 -5,4',5'- 三甲氧基异黄酮 7,3'-dihydroxy-5,4',5'-trimethoxyisoflavone

3,7- 二羟基 -5,4'- 二甲氧基黄酮 3,7-dihydroxy-5,4'-dimethoxyflavone

3,4- 二羟基 -5,4'- 二甲氧基联苄 3,4-dihydroxy-5,4'-dimethoxybibenzyl

6'',7''- 二羟基 -5',5'''- 双辣椒素 6'',7''-dihydro-5',5'''-dicapsaicin

3,3'- 二羟基 -5,6,7,4'- 四甲氧基黄酮 3,3'-dihydroxy-5,6,7,4'-tetramethoxyflavone

8,3'- 二羟基 -5,6,7,4'- 四甲氧基黄酮 8,3'-dihydroxy-5,6,7,4'-tetramethoxyflavone

1,3- 二羟基 -5,6,7- 三甲氧基屾酮 1,3-dihydroxy-5,6,7-trimethoxyxanthone

1,3- 二羟基 -5,6- 二甲氧基 -2- 甲基蒽醌 1,3-dihydroxy-5,6-dimethoxy-2-methylanthraquinone

3,3'- 二羟基 -5,6'- 二甲氧基二苯乙烷 3,3'-dihydroxy-5,6'-dimethoxybibenzyl

3,7- 二羟基 -5,6- 二甲氧基黄酮 -7-*O*-α-L- 吡喃鼠李糖基 -(1 → 3)-*O*-β-D- 吡喃木糖基 -(1 → 4)-β-D- 吡喃半乳糖苷 3,7-dihydroxy-5,6-dimethoxyflavone-7-*O*-α-L-rhamnopyranosyl-(1 → 3)-*O*-β-D-xylopyranosyl-(1 → 4)-β-D-galactopyranoside

1,2- 二羟基 -5,6- 二甲氧基屾酮 1,2-dihydroxy-5,6-dimethoxyxanthone

1,7- 二羟基 -5,6- 二甲氧基屾酮 1,7-dihydroxy-5,6-dimethoxyxanthone

(3*S*,4*S*,5*S*,6*S*,9*R*)-3,4- 二羟基 -5,6- 二氢 -β- 香堇醇 (3*S*,4*S*,5*S*,6*S*,9*R*)-3,4-dihydroxy-5,6-dihydro-β-ionol

(3*S*,4*S*,5*S*,6*S*,9*S*)-3,4- 二羟基 -5,6- 二氢 -β- 香堇醇 (3*S*,4*S*,5*S*,6*S*,9*S*)-3,4-dihydroxy-5,6-dihydro-β-ionol

(3*S*,5*R*,6*S*,7*E*,9*R*)-3,6- 二羟基 -5,6- 二氢 -β- 香堇醇 (3*S*,5*R*,6*S*,7*E*,9*R*)-3,6-dihydroxy-5,6-dihydro-β-ionol

(3*S*,5*S*,6*S*,9*R*)-3,6- 二羟基 -5,6- 二氢 -β- 香堇醇 (3*S*,5*S*,6*S*,9*R*)-3,6-dihydroxy-5,6-dihydro-β-ionol

13,14- 二羟基 -5,6- 顺式 - 丁香烯 -7- 酮 13,14 -dihydroxy-5,6-*cis*-caryophyllen-7-one

6,2'- 二羟基 -5,7,8,6'- 四甲氧基黄酮 6,2'-dihydroxy-5,7,8,6'-tetramethoxyflavone

1,3- 二羟基 -5,7,8- 三甲氧基 -2- 甲基蒽醌 1,3-dihydroxy-5,7,8-trimethoxy-2-methylanthraquinone

3,9- 二羟基 -5,7- 大柱香波龙二烯 -4- 酮 3,9-dihydroxy-5,7-megastigmadien-4-one

1,6- 二羟基 -5,7- 二甲氧基屾酮 1,6-dihydroxy-5,7-dimethoxyxanthone

6,12- 二羟基 -5,8,11,13- 冷杉四烯 -7- 酮 6,12-dihydroxy-5,8,11,13-abietatetraen-7-one

2(*S*)-2',7- 二羟基 -5,8- 二甲氧基黄烷酮 2(*S*)-2',7-dihydroxy-5,8-dimethoxyflavanone

1,3- 二羟基 -5,8- 二甲氧基屾酮 1,3-dihydroxy-5,8-dimethoxyxanthone

3,4- 二羟基 -5-{[6-*O*-(3,4,5- 三羟基苯甲酰基)-β-D- 吡喃葡萄糖氧基]}- 苯甲酸 3,4-dihydroxy-5-[[6-*O*-(3,4,5-trihydroxybenzoyl)-β-D-glucopyranosyloxy]-benzoic acid

8,10- 二羟基 -5*H*- 异色原烯 [4,3-b] 色原烯 -7- 酮 8,10-dihydroxy-5H-isochromeno[4,3-b]chromen-7-one

1,3- 二羟基 -5-*O*-β-D- 吡喃葡萄糖基屾酮 -4- 硫酸酯 1,3-dihydroxy-5-*O*-β-D-glucopyranosylxanthone-4-sulfonate

4α,8β- 二羟基 -5α(*H*)- 桉叶 -7(11)- 烯 -8,12- 内酯 4α,8β-dihydroxy-5α(*H*)-eudesm-7(11)-en-8,12-olide

4β,8β- 二羟基 -5α(*H*)- 桉叶 -7(11)- 烯 -8,12- 内酯 4β,8β-dihydroxy-5α(*H*)-eudesm-7(11)-en-8,12-olide

18,19- 二羟基 -5α,10β- 新克罗烷二烯 - 丁烯酸内酯 18,19-dihydroxy-5α,10β-neoclerodadiene butenolide

4α,6α- 二羟基 -5α,11α*H*- 桉叶 -12,8β- 内酯 4α,6α-dihydroxy-5α,11α*H*-eudesma-12,8β-olide

3β,16α- 二羟基 -5α,17β- 胆甾 -21- 羧酸 3β,16α-dihydroxy-5α,17β-cholestan-21-carboxylic acid

1β,4β- 二羟基 -5α,6β,7α*H*- 桉叶 -11(13)- 烯 -12,6- 内酯 1β,4β-dihydroxy-5α,6β,7α*H*-eudesma-11(13)-en-12,6-olide

1α,2β- 二羟基 -5α,6β,7α*H*- 桉叶 -3(4),11(13)- 二烯 -12,6- 内酯 1α,2β-dihydroxy-5α,6β,7α*H*-eudesma-3(4),11(13)-dien-12,6-olide

1β,2β- 二羟基 -5α,6β,7α*H*- 桉叶 -4(15),11(13)- 二烯 -12,6- 内酯 1β,2β-dihydroxy-5α,6β,7α*H*-eudesma-4(15),11(13)-dien-12,6-olide

1β,4α- 二羟基 -5α,8β(*H*)- 桉叶 -7(11)*Z*- 烯 -8,12- 内酯 1β,4α-dihydroxy-5α,8β(*H*)-eudesm-7(11)*Z*-en-8,12-olide

1β,4β- 二羟基 -5α,8β(*H*)- 桉叶 -7(11)*Z*- 烯 -8,12- 内酯 1β,4β-dihydroxy-5α,8β(*H*)-eudesm-7(11)*Z*-en-8,12-olide

1β,15- 二羟基 -5α*H*,7α*H*- 桉叶 -3,11(13)- 二烯 -12,6α- 内酯 1β,15-dihydroxy-5α*H*,7α*H*-eudesma-3,11(13)-dien-12,6α-olide

4α,6α- 二羟基 -5α*H*- 桉叶 -2(3),11(13)- 二烯 -12,8β- 内酯 4α,6α-dihydroxy-5 α*H*-eudesma-2(3),11(13)-dien-12,8β-olide

4β,10α- 二羟基 -5α*H*- 愈创木 -1(2),11(13)- 二烯 -12,8α- 内酯 4β,10α-dihydroxy-5α*H*-guai-1(2),11(13)-dien-12,8α-olide

24(*R*),25- 二羟基 -5α- 达玛 -20- 烯 -3- 酮 24(*R*),25-dihydroxy-5α-dammar-20-en-3-one

3β,16α- 二羟基 -5α- 胆甾 -21- 酸 3β,16α-dihydroxy-5α-cholestan-21-oic acid

(25*R*)-3β,6α- 二羟基 -5α- 螺甾 -12- 酮 -3,6- 二 -*O*-β-D- 吡喃葡萄糖苷 (25*R*)-3β,6α-dihydroxy-5α-spirostan-12-one-3,6-di-*O*-β-D-glucopyranoside

(25*R*)-3β,6β- 二羟基 -5α- 螺甾 -23- 酮 (25*R*)-3β,6β-dihydroxy-5α-spirostan-23-one

(25*S*)-3β,27- 二羟基 -5α- 螺甾 -6α-*O*-β-D- 吡喃葡萄糖苷 (25*S*)-3β,27-dihydroxy-5α-spirostan-6α-yl-*O*-β-D-glucopyranoside

25(*R*)-3β,17α- 二羟基 -5α- 螺甾 -6- 酮 -3-*O*-α-D- 吡喃鼠李糖基 -(1 → 2)-β-D- 吡喃葡萄糖苷 5(*R*)-3β,17α-dihydroxy-5α-spirostan-6-one-3-*O*-α-D-rhamnopyranosyl-(1 → 2)-β-D-glucopyranoside

(25*R*)-3β,17α- 二羟基 -5α- 螺甾 -6- 酮 -3-*O*-α-L- 吡喃鼠李糖基 -(1 → 2)-*O*-[α-L- 吡喃阿拉伯糖基 -(1 → 3)]-α-L- 吡喃葡萄糖苷 (25*R*)-3β,17α-dihydroxy-5α-spirostan-6-one-3-*O*-α-L-rhamnopyranosyl-(1 → 2)-*O*-[α-L-arabinopyranosyl-(1 → 3)]-α-L-glucopyranoside

(25*R*)-3β,17α- 二羟基 -5α- 螺甾 -6- 酮 -3-*O*-α-L- 吡喃鼠李糖基 -(1 → 2)-β-D- 吡喃葡萄糖苷 (25*R*)-3β,17α-dihydroxy-5α-spirostan-6-one-3-*O*-α-L-rhamnopyranosyl-(1 → 2)-β-D-glucopyranoside

(25*R*)-2α,3β- 二羟基 -5α- 螺甾 -9(11)- 烯 -12- 酮 (25*R*)-2α,3β-dihydroxy-5α-spirostane-9(11)-en-12-one

(25*R*)-2α,3β- 二羟基 -5α- 螺甾 -9(11)- 烯 -12- 酮 -3-*O*-{*O*-β-D- 吡喃葡萄糖基 -(1 → 2)-*O*-[β-D- 吡喃木糖基 -(1 → 3)]-*O*-β-D- 吡喃葡萄糖基 -(1 → 4)-β-D- 吡喃半乳糖苷 } (25*R*)-2α,3β-dihydroxy-5α-spirostane-9(11)-en-12-one-3-*O*-{*O*-β-D-glucopyranosyl-(1→2)-*O*-[β-D-xylopyranosyl-(1→3)]-*O*-β-D-glucopyranosyl-(1→4)-β-D-galactopyranoside}

26,27- 二羟基 -5α- 羊毛脂 -7,9,(11),24- 三烯 -3,22- 二酮

E

26,27-dihydroxy-5α-lanosta-7,9(11)24-triene-3,22-dione
3β,12β- 二羟基 -5α- 孕甾 -14,16- 二烯 -20- 酮 3β,12β-dihydroxy-5α-pregnane-14,16-dien-20-one
1β,3α- 二羟基 -5α- 孕甾 -16- 烯 -20- 酮 -3-O-β-D- 吡喃葡萄糖苷 1β,3α-dihydroxy-5α-pregn-16-en-20-one-3-O-β-D-glucopyranoside
2α,3β- 二羟基 -5α- 孕甾 -16- 烯 -20- 酮 -3-O-β-D- 吡喃葡萄糖基 -(1→4)-β-D- 吡喃半乳糖苷 2α,3β-dihydroxy-5α-pregnan-16-en-20-one-3-O-β-D-glucopyranosyl-(1→4)-β-D-galactopyranoside
2β,3β- 二羟基 -5α- 孕甾 -17(20)-(E)- 烯 -16- 酮 2β,3β-dihydroxy-5α-pregnan-17(20)-(E)-en-16-one
3β,25- 二羟基 -5β,19- 环氧葫芦 -6,(23E)- 二烯 3β,25-dihydroxy-5β,19-epoxycucurbita-6,(23E)-diene
23,25- 二羟基 -5β,19- 环氧葫芦 -6- 烯 -3,24- 二酮 23,25-dihydroxy-5β,19-epoxycucurbit-6-ene-3,24-dione
(20R,22R,24S,25R)-4β,20β- 二羟基 -5β,6β- 环氧 -3β- 甲氧基 -1- 氧代 - 睡茄内酯 (20R,22R,24S,25R)-4β,20β-dihydroxy-5β,6β-epoxy-3β-methoxy-1-oxo-withanolide
4,16- 二羟基 -5β,6β- 环氧苦蘵素 D 4,16-dihydroxy-5β,6β-epoxyphysagulin D
4β,9β- 二羟基 -5β,8α- 二异丁氧基 -3- 氧代 - 吉马 -7β,12α- 内酯 4β,9β-dihydroxy-5β,8α-diisobutyryloxy-3-oxo-germacran-7β,12α-olide)
4β,8α- 二羟基 -5β-2- 甲基丁氧基 -9β-3- 甲基丁氧基 -3- 氧代 - 吉马 -7β,12α- 内酯 4β,8α-dihydroxy-5β-2-methylbutyryloxy-9β-3-methylbutyryloxy-3-oxo-germacran-7β,12α-olide
3β,8α- 二羟基 -5βH,6βH,7αH,8βH- 愈创木 -4(15)- 烯 -6,12- 内酯 3β,8α-dihydroxy-5βH,6βH,7αH,8βH-guai-4(15)-en-6,12-olide
4β,10β- 二羟基 -5βH-1,11(13)- 愈创木烷二烯 -8α,12- 内酯 4β,10β-dihydroxy-5βH-1,11(13)-guaidien-8α,12- olide
4α,10α- 二羟基 -5βH- 古芸 -6- 烯 4α,10α-dihydroxy-5βH-gurjun-6-ene
3β,14- 二羟基 -5β- 强心甾 -20(22)- 烯内酯 3β,14-dihydroxy-5β-card-20(22)-enolide
4β,8α- 二羟基 -5β- 异丁氧基 -9β-3- 甲基丁氧基 -3- 氧代 - 吉马 -7β,12α- 内酯 4β,8α-dihydroxy-5β-isobutyryloxy-9β-3-methylbutyryloxy-3-oxo-germacran-7β,12α-olide
1α,3β- 二羟基 -5β- 孕甾 -16- 烯 -20- 酮 -3-O-β-D- 吡喃葡萄糖苷 1α,3β-dihydroxy-5β-pregn-16-en-20-one-3-O-β-D-glucopyranoside
3β,14α- 二羟基 -5β- 孕甾 -7- 烯 -2,6,20- 三酮 3β,14α-dihydroxy-5β-pregn-7-ene-2,6,20-trione
3β,20- 二羟基 -5β- 孕甾烷 3β,20-dihydroxy-5β-pregnane
1β,11- 二羟基 -5- 桉叶烯 1β,11-dihydroxy-5-eudesmene
2,4- 二羟基 -5- 甲基 -6-O-(6''-O- 没食子酰基)-β-D- 吡喃葡萄糖基苯甲酮 2,4-dihydroxy-5-methyl-6-O-(6''-O-galloyl)-β-D-glucopyranosyl-benzophenone
6-(3,4- 二羟基 -5- 甲基苯基)-4- 甲氧基 - 吡喃 -2- 酮 6-(3,4-dihydroxy-5-methyl-phenyl)-4-methoxy-pyran-2-one
(3R,4R,5S)-3,4- 二羟基 -5- 甲基二氢 - 呋喃 -2- 酮 (3R,4R,5S)-3,4-dihydroxy-5-methyldihydro-furan-2-one
1-(3'',4''- 二羟基 -5''- 甲氧基)-O- 反式 - 桂皮酰基 -2'-O- 反式 - 阿魏酰龙胆二糖 1-(3'',4''-dihydroxy-5''-methoxy)-O-trans-cinnamoyl-2'-O-trans-feruloyl gentibiose
1-(3'',4''- 二羟基 -5''- 甲氧基)-O- 反式 - 桂皮酰基 -2'-O- 反式 - 芥子酰龙胆二糖 1-(3'',4''-dihydroxy-5''-methoxy)-O-trans-cinnamoyl-2'-O-trans-sinapoyl gentiobiose
1-(3'',4''- 二羟基 -5''- 甲氧基)-O- 反式 - 桂皮酰龙胆二糖 1-(3'',4''-dihydroxy-5''-methoxy)-O-trans-cinnamoyl gentiobiose
3,3'- 二羟基 -5- 甲氧基 -2,5',6- 三对羟苄基联苄 3,3'-dihydroxy-5-methoxy-2,5',6-tris(p-hydroxybenzyl)bibenzyl
1,6- 二羟基 -5- 甲氧基 -2- 甲基蒽醌 1,6-dihydroxy-5-methoxy-2-methylanthraquinone
1,6- 二羟基 -5- 甲氧基 -2- 甲氧基甲基蒽醌 1,6-dihydroxy-5-methoxy-2-methoxymethylanthraquinone
4,8- 二羟基 -5- 甲氧基 -2- 萘醛 4,8-dihydroxy-5-methoxy-2-naphthaldehyde
1,6- 二羟基 -5- 甲氧基 -4',5'- 二氢 -4',4',5'- 三甲基呋喃并 -(2',3':3,4)- 𠮿酮 1,6-dihydroxy-5-methoxy-4',5'-dihydro-4',4',5'-trimethylfurano-(2',3':3,4)-xanthone
1,4- 二羟基 -5- 甲氧基 -6,6'- 二甲基吡喃并 (2',3':6,7) 𠮿酮 1,4-dihydroxy-5-methoxy-6,6'-dimethylpyrano(2',3':6,7)xanthone
(2S)-2,7- 二羟基 -5- 甲氧基 -6,8- 二甲基黄烷酮 (2S)-2,7-dihydroxy-5-methoxy-6,8-dimethylflavanone
4,7- 二羟基 -5- 甲氧基 -6- 甲基 -8- 甲酰黄烷 4,7-dihydroxy-5-methoxy-6-methyl-8-formylflavan
(2S)-7,4'- 二羟基 -5- 甲氧基 -8-(γ,γ- 二甲基烯丙基)- 黄烷酮 (2S)-7,4'-dihydroxy-5-methoxy-8-(γ,γ-dimethylallyl)-flavanone
4,7- 二羟基 -5- 甲氧基 -8- 甲基 -6- 甲酰黄烷 4,7-dihydroxy-5-methoxy-8-methyl-6-formyl-flavan
7,4'- 二羟基 -5- 甲氧基 -8- 甲基黄酮 7,4'-dihydroxy-5-methoxy-8-methylflavone
2-(3,4- 二羟基 -5- 甲氧基苯)-3,5,7- 三羟基 -1- 苯并吡喃 2-(3,4-dihydroxy-5-methoxyphenyl)-3,5,7-trihydroxy-1-benzopyrylium
3-(2,4- 二羟基 -5- 甲氧基苯基) 丙酸丁酯 butyl 3-(2,4-dihydroxy-5-methoxyphenyl)propionate
3-(2,4- 二羟基 -5- 甲氧基苯基) 丙酸甲酯 methyl 3-(2,4-dihydroxy-5-methoxyphenyl)propionate
3,4- 二羟基 -5- 甲氧基苯甲醛 3,4-dihydroxy-5-methoxy-benzaldehyde
3,4- 二羟基 -5- 甲氧基苯甲酸 3,4-dihydroxy-5-methoxy-benzoic acid
3,4- 二羟基 -5- 甲氧基 - 苯甲酸 -2,3- 二羟基 -5- 甲氧基羰基苯酯 3,4-dihydroxy-5-methoxy-benzoic acid-2,3-dihydroxy-5-(methoxycarbonyl)-phenyl ester
2,4- 二羟基 -5- 甲氧基苯甲酮 2,4-dihydroxy-5-methoxybenzophenone
2,4- 二羟基 -5- 甲氧基 - 苯甲酮 2,4-dihydroxy-5-methoxy-benzophenone
4-(3,4- 二羟基 -5- 甲氧基苯甲酰氧基)-3- 羟基 -5- 甲氧基苯甲酸 -2,3- 二羟基 -5- 甲氧基羰基苯酯 4-(3,4-dihydroxy-5-methoxybenzoyloxy)-3-hydroxy-5-methoxy-benzoic acid-2,3-dihydroxy-5-(methoxycarbonyl)-phenyl ester
2,4- 二羟基 -5- 甲氧基苯乙酮 2,4-dihydroxy-5-methoxy-acetophenone
2,4'- 二羟基 -5'- 甲氧基查耳酮 2,4'-dihydroxy-5'-methoxychalcone
3,3'- 二羟基 -5- 甲氧基芪 3,3'-dihydroxy-5-methoxystilbene
3,4'- 二羟基 -5- 甲氧基对苯乙烯 3,4'-dihydroxy-5-methoxy-p-styrene
3,4'- 二羟基 -5- 甲氧基二氢芪 3,4'-dihydroxy-5-methoxydihydrostlibene
3,4- 二羟基 -5- 甲氧基 - 反式 - 桂皮酸 3,4-dihydroy-5-methoxy-trans-cinnamic acid
3,4- 二羟基 -5- 甲氧基 - 反式 - 桂皮酸甲酯 3,4-dihydroy-5-methoxy-trans-cinnamic acid methyl ester
7,4'- 二羟基 -5- 甲氧基高异黄烷 7,4'-dihydroxy-5-methoxyhomoisoflavan
2,4- 二羟基 -5- 甲氧基 - 桂皮酸 2,4-dihydroxy-5-methoxy-cinnamic acid
(2S)-7,2'- 二羟基 -5- 甲氧基黄酮 (2S)-7,2'-dihydroxy-5-

methoxyflavone
4',7- 二羟基 -5- 甲氧基黄烷酮 4',7-dihydroxy-5-methoxyflavanone
7,4'- 二羟基 -5- 甲氧基黄烷酮 7,4'-dihydroxy-5-methoxyflavanone
3',3''- 二羟基 -5'- 甲氧基联苄 3',3''-dihydroxy-5'-methoxybibenzyl
3',3'- 二羟基 -5'- 甲氧基联苄 3',3'-dihydroxy-5'-methoxybibenzyl
3',3- 二羟基 -5- 甲氧基联苄 3',3-dihydroxy-5-methoxybibenzyl
3,4'- 二羟基 -5- 甲氧基联苄 3,4'-dihydroxy-5-methoxybibenzyl
1,3- 二羟基 -5- 甲氧基呫酮 1,3-dihydroxy-5-methoxyxanthone
1,6- 二羟基 -5- 甲氧基呫酮 1,6-dihydroxy-5-methoxyxanthone
1,3- 二羟基 -5- 甲氧基呫酮 -4- 硫酸酯 1,3-dihydroxy-5-methoxyxanthone-4-sulfonate
7,4'- 二羟基 -5'- 甲氧基香豆色酮 7,4'-dihydroxy-5'-methoxy-coumaronochromone
6,7- 二羟基 -5- 甲氧基香豆素 6,7-dihydroxy-5-methoxycoumarin
7,3'- 二羟基 -5'- 甲氧基异黄酮 7,3'-dihydroxy-5'-methoxyisoflavone
7,3'- 二羟基 -5- 甲氧基异黄酮 7,3'-dihydroxy-5-methoxyisoflavone
2,7- 二羟基 -5- 羟甲基 -1,8- 二甲基 -9,10- 二氢菲 2,7-dihydroxy-5-hydroxymethyl-1,8-dimethyl-9,10-dihydrophenanthrene
7,12- 二羟基 -5- 羟甲基 -11- 异丙基 -6- 甲基 -9- 氧杂三环 [6.2.1.02,6] 十一烷 -10- 酮 -15-*O*-β-D- 吡喃葡萄糖苷 7,12-dihydroxy-5-hydroxymethyl-11-isopropyl-6-methyl-9-oxatricyclo[6.2.1.02,6] undecan-10-one-15-*O*-β-D-glucopyranoside
2,3- 二羟基 -5- 羟甲基 -24- 去甲基齐墩果 -12- 烯 -28- 酸 2,3-dihydroxy-5-(hydroxymethyl)-24-norolean-12-en-28-oic acid
3,4- 二羟基 -5- 羟甲基 -4-*O*-[5-(羟甲基)- 呋喃 -2- 基]- 四氢呋喃 -2- 羧酸正丁酯 *n*-butyl 3,4-dihydroxyl-5-hydroxymethyl-4-*O*-[5-(hydroxymethyl)-furan-2-yl]-tetrahydrofuran-2-carboxylate
1,3- 二羟基 -5- 十一烷基苯 1,3-dihydroxy-5-undecylbenzene
2,4'- 二羟基 -5- 羰基二苯醚 2,4'-dihydroxy-5-carboxydiphenyl ether
3,7- 二羟基 -5- 辛内酯 3,7-dihydroxy-5-octanolide
2-(2,4- 二羟基 -5- 异戊烯基苯基)-5,6- 亚甲二氧基苯丙呋喃 2-(2,4-dihydroxy-5-prenylphenyl)-5,6-methylenedioxybenzofuran
1,3- 二羟基 -5- 正二十五级苯 1,3-dihydroxy-5-*n*-pentacosylbenzene
1,3- 二羟基 -5- 正二十一基苯 1,3-dihydroxy-5-*n*-heneicosylbenzene
1,3- 二 - 羟基 -5- 正十九基苯 1,3-dihydroxy-5-*n*-nonadecylbenzene
3,7- 二羟基 -6-(2'- 甲基丁酰氧基) 托品烷 3,7-dihydroxy-6-(2'-methylbutyryloxy)tropane
5,4'- 二羟基 -6-(2'''- 羟基 -3'''- 甲基 -3'''- 丁烯基)-2'',2''- 甲基吡喃 [5'',6'':8,7] 异黄酮 5,4'-dihydroxy-6-(2'''-hydroxy-3'''-methyl-3'''-butenyl)-2'',2''-dimethylpyrano[5'',6'':8,7]isoflavone
5,7- 二羟基 -6-(2''- 羟基 -3''- 甲基丁 -3''- 烯基)-4'- 甲氧基异黄酮 5,7-dihydroxy-6-(2''-hydroxy-3''-methylbut-3''-enyl)-4'-methoxylisoflavone
5,7- 二羟基 -6-(2- 羟基 -3- 甲基丁 -3- 烯基)-8-(2- 甲基 -1- 氧代丙基)-4- 苯基 -2*H*- 苯并吡喃 -2- 酮 5,7-dihydroxy-6-(2-hydroxy-3-methylbut-3-enyl)-8-(2-methyl-1-oxopropyl)-4-phenyl-2*H*-benzopyran-2-one
5,4'- 二羟基 -6-(3,3- 二甲基烯丙基)-2'',2''- 二甲基吡喃 [5,6:7,8] 异黄酮 5,4'-dihydroxy-6-(3,3-dimethylallyl)-2'',2''-dimethylpyrano[5,6:7,8]isoflavone
5,7- 二羟基 -6-(3',3'- 二甲基烯丙基)- 黄烷酮 5,7-dihydroxy-6-(3',3'-dimethylallyl)-flavanone
3,4- 二羟基 -6-(3',4'- 二羟基 -*E*- 苯乙烯基)-2- 吡喃酮 -3-*O*-β-D- 吡喃葡萄糖苷 3,4-dihydroxy-6-(3',4'-dihydroxy-*E*-styryl)-2-pyrone-3-*O*-β-D-glucopyranoside
1,5- 二羟基 -6-(3- 甲基 -2- 丁烯基) 呫酮 1,5-dihydroxy-6-(3-methyl-2-butenyl)xanthone
5,4'- 二羟基 -6-(3''- 甲基丁 -2''- 烯基)-2'''-(4'''- 羟基 -4'''- 甲基乙基)-3'''- 甲氧基二氢呋喃并 -[4''',5''';7,8] 异黄酮 5,4'-dihydroxy-6-(3''-methylbut-2''-enyl)-2'''-(4'''-hydroxy-4'''-methylethyl)-3'''-methoxydihydrofurano-[4''',5''';7,8]isoflavone
3,4- 二羟基 -6-(*N*- 乙基氨基) 苯酰胺 3,4-dihydroxy-6-(*N*-ethylamino)benzamide
5,7- 二羟基 -6-(γ,γ- 二甲基烯丙基) 黄烷酮 5,7-dihydroxy-6-(γ,γ-dimethylallyl)flavanone
5,7- 二羟基 -6,2',4',5'- 四甲氧基黄酮 5,7-dihydroxy-6,2',4',5'-tetramethoxyflavone
5,7- 二羟基 -6,2'- 二甲氧基异黄酮 5,7-dihydroxy-6,2-'dimethoxyisoflavone
5,7- 二羟基 -6,2'- 二甲氧基异黄酮 -7-*O*-α-L- 吡喃鼠李糖苷 5,7-dihydroxy-6,2'-dimethoxyisoflavone-7-*O*-α-L-rhamnopyranoside
5,7- 二羟基 -6,3',4'- 三甲氧基黄酮 5,7-dihydroxy-6,3',4'-trimethoxyflavone
5,4'- 二羟基 -6,3'- 二甲氧基黄酮 -7-*O*-β-D- 吡喃葡萄糖苷 5,4'-dihydroxy-6,3'-dimethoxyflavone-7-*O*-β-D-glucopyranoside
5,7- 二羟基 -6,4'- 二甲氧基黄酮 5,7-dihydroxy-6,4'-dimethoxyflavone
(2*R*)-7,3'- 二羟基 -6,4'- 二甲氧基黄烷 (2*R*)-7,3'-dihydroxy-6,4'-dimethoxyflavan
5,7- 二羟基 -6,4'- 二甲氧基黄烷酮 5,7-dihydroxy-6,4'-dimethoxyflavanone
7,3'- 二羟基 -6,4'- 二甲氧基异黄酮 -7-*O*-β-D- 吡喃葡萄糖苷 7,3'-dihydroxy-6,4'-dimethoxyisoflavon-7-*O*-β-D-glucopyranoside
5,7- 二羟基 -6,5'- 二甲氧基 -3',4'- 亚甲二氧基黄烷酮 5,7-dihydroxy-6,5'-dimethoxy-3',4'-methylenedioxyflavanone
2',5- 二羟基 -6,6',7,8- 四甲氧基黄酮 2,5-dihydroxy-6,6',7,8-tetramethoxyflavone
(3*E*)-4-[(3*R*,4*S*)-3,4- 二羟基 -6,6- 二甲基 -1- 环己烯 -1-yl]-3- 丁烯 -2- 酮 (3*E*)-4-[(3*R*,4*S*)-3,4-dihydroxy-6,6-dimethyl-1-cyclohexen-1-yl]-3-buten-2-one
1,4- 二羟基 -6',6'- 二甲基吡喃并 (2',3':5,6) 呫酮 1,4-dihydroxy-6',6'-dimethylpyrano(2',3':5,6)xanthone
7,7'- 二羟基 -6,6'- 二甲氧基 -3,3'- 双香豆素 7,7'-dihydroxy-6,6'-dimethoxy-3,3'-biscoumarin
7,7'- 二羟基 -6,6'- 二甲氧基 -8,8'- 双香豆素 7,7'-dihydroxy-6,6'-dimethoxy-8,8'-biscoumarin
3,5- 二羟基 -6,7,3',4'- 四甲氧基黄酮 3,5-dihydroxy-6,7,3',4'-tetramethoxyflavone
5,8- 二羟基 -6,7,3',4'- 四甲氧基黄酮 -8-*O*-β-D- 吡喃葡萄糖苷 5,8-dihydroxy-6,7,3',4'-tetramethoxy flavone-8-*O*-β-D-glucopyranoside
5,4'- 二羟基 -6,7,3',5'- 四甲氧基黄酮 5,4'-dihydroxy-6,7,3',5'-tetramethoxyflavone
5,4'- 二羟基 -6,7,3'- 三甲氧基黄酮 5,4'-dihydroxy-6,7,3'-trimethoxyflavone
5,3'- 二羟基 -6,7,4',5'- 四甲氧基黄酮 5,3'-dihydroxy-6,7,4',5'-tetramethoxyflavone
5,3'- 二羟基 -6,7,4'- 三甲氧基黄酮 5,3'-dihydroxy-6,7,4'-trimethoxyflavone
5,8- 二羟基 -6,7,4'- 三甲氧基黄酮 5,8-dihydroxy-6,7,4'-trimethoxyflavone
5,3'- 二羟基 -6,7,4'- 三甲氧基黄烷酮 5,3'-dihydroxy-6,7,4'-trimethoxyflavanone
5,2'- 二羟基 -6,7,6'- 三甲氧基黄烷酮 5,2'-dihydroxy-6,7,6'-trimethoxyflavanone
5,2'- 二羟基 -6,7,8,3'- 四甲氧基黄酮 5,2'-dihydroxy-6,7,8,3'-tetramethoxyflavone

E

5,4'- 二羟基 -6,7,8,3'- 四甲氧基黄酮 5,4'-dihydroxy-6,7,8,3'-tetramethoxyflavone

3,5- 二羟基 -6,7,8,4'- 四甲氧基黄酮 3,5-dihydroxy-6,7,8,4'-tetramethoxyflavone

5,3'- 二羟基 -6,7,8,4'- 四甲氧基黄酮 5,3'-dihydroxy-6,7,8,4'-tetramethoxyflavone

2',5- 二羟基 -6,7,8,6'- 四甲氧基黄酮 2',5-dihydroxy-6,7,8,6'-tetramethoxyflavone

5,2'- 二羟基 -6,7,8,6'- 四甲氧基黄烷酮 5,2'-dihydroxy-6,7,8,6'-tetramethoxyflavanone

1,5- 二羟基 -6,7,8- 三甲氧基 -2- 甲基蒽醌 -3-*O*-*β*-D- 吡喃木糖苷 1,5-dihydroxy-6,7,8-trimethoxy-2-methylanthraquinone-3-*O*-*β*-D-xylopyranoside

1,3- 二羟基 -6,7,8- 三甲氧基 -2- 甲基蒽酮 -3-*O*-*α*- 吡喃鼠李糖基 -(1 → 6)-*β*- 吡喃葡萄糖基 -(1 → 6)-*β*- 吡喃半乳糖苷 1,3-dihydroxy-6,7,8-trimethoxy-2-methylanthraquinone-3-*O*-*α*-rhamnopyranosyl-(1 → 6)-*β*-glucopyranosyl-(1 → 6)-*β*-galactopyranoside

3,5- 二羟基 -6,7,8- 三甲氧基黄酮 3,5-dihydroxy-6,7,8-trimethoxyflavone

5,2'- 二羟基 -6,7,8- 三甲氧基黄酮 5,2'-dihydroxy-6,7,8-trimethoxyflavone

5,4'- 二羟基 -6,7,8- 三甲氧基黄酮 5,4'-dihydroxy-6,7,8-trimethoxyflavone

2',5- 二羟基 -6',7,8- 三甲氧基黄酮 2',5-dihydroxy-6',7,8-trimethoxyflavone

(3*S*,5*R*)- 二羟基 -6,7- 大柱香波龙二烯 -9- 酮 (3*S*,5*R*)-dihydroxy-6,7-megstigmadien-9-one

(3*S*,5*R*,7*E*,8*R*)- 3,5- 二羟基 -6,7- 大柱香波龙二烯 -9- 酮 (3*S*,5*R*,7*E*,8*R*)-3,5-dihydroxy-6,7-megastigmadien-9-one

2*R*-4',5- 二羟基 -6,7- 二 -*O*-*β*-D- 吡喃葡萄糖基黄烷酮 2*R*-4',5-dihydroxyl-6,7-di-*O*-*β*-D-glucopyranosylflavanone

2*S*-5,4'- 二羟基 -6,7- 二 -*O*-*β*-D- 吡喃葡萄糖基黄烷酮 2*S*-5,4'-dihydroxyl-6,7-di-*O*-*β*-D-glucopyranosylflavanone

1,8- 二羟基 -6,7- 二甲氧基 -2- 甲基蒽醌 1,8-dihydroxy-6,7-dimethoxy-2-methylanthraquinone

5,4'- 二羟基 -6,7- 二甲氧基 -8-*C*-[*β*-D- 吡喃木糖基 -(1 → 2)]-*β*-D- 吡喃葡萄糖基黄酮 5,4'-dihydroxy-6,7-dimethoxyl-8-*C*-[*β*-D-xylopyranosyl-(1 → 2)]-*β*-D-glucopyranosylflavone

5,4'- 二羟基 -6,7- 二甲氧基 -8-*C*-[*β*-D- 吡喃木糖基 -(1 → 2)]-*β*-D- 吡喃葡萄糖基黄酮苷 5,4'-dihydroxy-6,7-dimethoxy-8-*C*-[*β*-D-xylopyranosyl-(1 → 2)]-*β*-D-glucopyranosyl-flavonoside

5,4'- 二羟基 -6,7- 二甲氧基 -8-*C*-[*β*-D- 呋喃芹糖基 -(1 → 2)]-*β*-D- 吡喃葡萄糖基黄酮 5,4'-dihydroxy-6,7-dimethoxyl-8-*C*-[*β*-D-apiofuranosyl-(1 → 2)]-*β*-D-glucopyranosyl flavone

4',5- 二羟基 -6,7- 二甲氧基 -8-*C*-*β*-D- 吡喃葡萄糖基黄酮 4',5-dihydroxy-6,7-dimethoxy-8-*C*-*β*-D-glucopyranosylflavones

5,4'- 二羟基 -6,7- 二甲氧基 -8-*C*-*β*-D- 吡喃葡萄糖基黄酮苷 5,4'-dihydroxy-6,7-dimethoxy-8-*C*-*β*-D-glucopyranosylflavone

5,4'- 二羟基 -6,7- 二甲氧基 -8-*C*-*β*-D- 葡萄糖基黄酮 5,4'-dihydroxy-6,7-dimethoxyl-8-*C*-*β*-D-glucopyranosylflavone

13a(*S*),14(*S*)-(+)-3,14- 二羟基 -6,7- 二甲氧基氮杂菲并喹喏里西啶 13a(*S*),14(*S*)-(+)-3,14-dihydroxy-6,7-dimethoxyphenanthroindolizidine

5,8- 二羟基 -6,7 二甲氧基黄酮 5,8-dihydroxy-6,7-dimethoxyflavone

4',5- 二羟基 -6,7- 二甲氧基黄酮 4',5-dihydroxy-6,7-dimethoxyflavone

5,4'- 二羟基 -6,7- 二甲氧基黄酮 5,4'-dihydroxy-6,7-dimethoxyflavone

2',5- 二羟基 -6',7- 二甲氧基 - 黄酮 -2'-*O*-*β*-D- 吡喃葡萄糖苷 2',5-dihydroxy-dihydroxy-6',7-dimethoxy-flavone-2'-*O*-*β*-D-glucopyranoside

5,4'- 二羟基 -6,7- 二甲氧基黄酮 -4'-*O*-*β*-D- 吡喃葡萄糖苷 5,4'-dihydroxy-6,7-dimethoxyflavone-4'-*O*-*β*-D-glucopyranoside

5,4'- 二羟基 -6,7- 二甲氧基黄酮醇 -3-*O*-*β*-D- 吡喃葡萄糖苷 5,4'-dihydroxy-6,7-dimethoxyflavonol-3-*O*-*β*-D-glucopyranoside

2(*S*)-4',5- 二羟基 -6,7- 二甲氧基黄烷酮 2(*S*)-4',5-dihydroxy-6,7-dimethoxyflavanone

1,3- 二羟基 -6,7- 二甲氧基吡酮 1,3-dihydroxy-6,7-dimethoxyxanthone

1,5- 二羟基 -6,7- 二甲氧基吡酮 1,5-dihydroxy-6,7-dimethoxyxanthone

4',5- 二羟基 -6,7- 二甲氧基异黄酮 4',5-dihydroxy-6,7-dimethoxyisoflavone

(2'*R*,3'*R*,6'*R*)-7-(2',3'- 二羟基 -6',7'- 环氧 -3',7'- 二甲基八碳氧基)-6,8- 二甲氧基香豆素 (2'*R*,3'*R*,6'*R*)-7-(2',3'-dihydroxy-6',7'-epoxy-3',7'-dimethyloctaoxy)-6,8-dimethoxycoumarin

6*β*,15*α*- 二羟基 -6,7- 裂环 -6,20- 环氧 -1*α*,7- 内酯 - 对映 - 贝壳杉 -16- 烯 6*β*,15*α*-dihydroxy-6,7-seco-6,20-epoxy-1*α*,7-olide-*ent*-kaur-16-ene

15*α*,20- 二羟基 -6,7- 裂环 - 对映 - 贝壳杉 -16- 烯 -7,1*α*(6,11*α*)- 二内酯 15*α*,20-dihydroxy-6,7-seco-ent-kaur-16-ene-7,1*α*(6,11*α*)-diolide

5,4'- 二羟基 -6,7- 亚基二氧基 -3'- 甲氧基黄酮 5,4'-dihydroxy-6,7-methylenedioxy-3'-methoxyflavone

2′ ,5- 二羟基 -6,7- 亚甲二氧基黄烷酮 2′ ,5-dihydroxy-6,7-methylenedioxyflavanone

5,2'- 二羟基 -6,7- 亚甲二氧基黄烷酮 5,2'-dihydroxy-6,7-methylenedioxyflavanone

1,4- 二羟基 -6,7- 亚甲二氧基吡酮 1,4-dihydroxy-6,7-methylenedioxyxanthone

2',5- 二羟基 -6,7- 亚甲二氧基异黄酮 2',5-dihydroxy-6,7-methylenedioxyisoflavone

5,2'- 二羟基 -6',7- 亚甲二氧基异黄酮 5,2'-dihydroxy-6,7-methylenedioxyisoflavone

5,4'- 二羟基 -6,7- 亚甲二氧基异黄酮 5,4'-dihydroxy-6,7-methylenedioxyisoflavone

5,4'- 二羟基 -6,7- 亚甲二氧基异黄酮 -4'-*O*-*β*-D- 葡萄糖苷 5,4'-dihydroxy-6,7-methylenedioxyisoflavone-4'-*O*-*β*-D-glucoside

5,7- 二羟基 -6,8,4'- 三甲氧基黄酮 5,7-dihydroxy-6,8,4'-trimethoxylflavone

5,7- 二羟基 -6,8,4'- 三甲氧基黄酮醇 5,7-dihydroxy-6,8,4'-trimethoxylflavonol

5,7- 二羟基 -6,8- 二甲基黄酮 5,7-dihydroxy-6,8-dimethylflavone

(2*S*)-4',7- 二羟基 -6,8- 二甲基黄烷 (2*S*)-4',7-dihydroxy-6,8-dimethylflavan

(2*S*)-5,7- 二羟基 -6,8- 二甲基黄烷酮 (2*S*)-5,7-dihydroxy-6,8-dimethylflavanone

5,7- 二羟基 -6,8- 二甲基黄烷酮 5,7-dihydroxy-6,8-dimethylflavanone

1,3- 二羟基 -6,8- 二甲基萘 -1-*O*-*β*-D-(2'-*O*- 没食子酰基)- 吡喃葡萄糖苷 1,3-dihydroxyl-6,8-dimethylnaphthalene-1-*O*-*β*-D-(2'-*O*-galloyl)glucopyranoside

1,3- 二羟基 -6,8- 二甲基萘 -1-*O*-*β*-D- 吡喃葡萄糖苷 1,3-dihydroxyl-6,8-dimethylnaphthalene-1-*O*-*β*-D-glucopyranoside

5,7- 二羟基 -6,8- 二甲基色酮 5,7-dihydroxy-6,8-dimethylchromone

1,3- 二羟基 -6,8- 二甲氧基 -2- 甲基蒽醌 1,3-dihydroxy-6,8-dimethoxy-2-methylanthraquinone

1,3- 二羟基 -6,8- 二甲氧基 -2- 甲基蒽醌吡喃葡萄糖苷 1,3-dihydroxy-6,8-dimethoxy-2-methylanthraquinone-glucopyranoside
7,4'- 二羟基 -6,8- 二甲氧基 -4- 苯基香豆素 7,4'-dihydroxy-6,8-dimethoxy-4-phenylcoumarin
5,7- 二羟基 -6,8- 二甲氧基黄酮 5,7-dihydroxy-6,8-dimethoxyflavone
5,7- 二羟基 -6,8- 二异戊烯基 -4'- 甲氧基异黄酮 5,7-dihydroxy-6,8-diprenyl-4'-methoxyisoflavone
4',7'- 二羟基 -6,8- 二异戊烯基黄烷酮 4',7'-dihydroxy-6,8-diprenylflavanone
5,7- 二羟基 -6,8- 二异戊烯基色酮 5,7-dihydroxy-6,8-diprenylchromone
7,7'- 二羟基 -6,8'- 双香豆素 7,7'-dihydroxy-6,8'-bicoumarin
(2*E*)-1-[2,4- 二羟基 -6-[6-*O*-(8- 羟基 -1- 氧代 -5,6- 辛二烯 -1- 基)-β-D- 吡喃葡萄糖氧基] 苯基 -3-(4- 羟基苯基)-2- 丙烯 -1- 酮 (2*E*)-1-[2,4-dihydroxy-6-[6-*O*-(8-hydroxy-1-oxo-5,6-octadien-1-yl)-β-D-glucopyranosyloxy]phenyl-3-(4-hydroxyphenyl)-2-propen-1-one
4',5'- 二羟基 -6a,12a- 去氢鱼藤素 4',5'-dihydroxy-6a,12a-dehydrodeguelin
3,8- 二羟基 -6*H*- 苯并 [b,d] 吡喃 -6- 酮 3,8-dihydroxy-6*H*-benzo[b,d]pyran-6-one
3*S*,5*R*- 二羟基 -6*S*,7- 大柱香波龙二烯 -9- 酮 3*S*,5*R*-dihydroxy-6*S*,7-megastiginadien-9-one
6β,15α- 二羟基 -6α,20- 环氧 -6,7- 裂环 - 对映 - 贝壳杉 -16- 烯 -1α,7- 内酯 6β,15α-dihydroxy-6α,20-epoxy-6,7-seco-ent-kaur-16-en-1α,7-olide
(20*S*,22*R*)-5α,27- 二羟基 -6α,7α- 环氧 -1- 氧代睡茄 -2,24- 二烯内酯 (20*S*,22*R*)-5α,27-dihydroxy-6α,7α-epoxy-1-oxowitha-2,24-dienolide
5α,20αF(*R*)- 二羟基 -6α,7α- 环氧 -1- 氧代睡茄 -2,24- 二烯内酯 5α,20αF(*R*)-dihydroxy-6α,7α-epoxy-1-oxowitha-2,24-dienolide
5,20α- 二羟基 -6α,7α- 环氧 -1- 氧代 - 睡茄 -2,24- 二烯内酯 5,20α-dihydroxy-6α,7α-epoxy-1-oxo-witha-2,24-dienolid
1β,2β- 二羟基 -6α- 乙酰氧基 -8β,9β- 二苯甲酰氧基 -β- 二氢沉香呋喃 1β,2β-dihydroxy-6α-acetoxy-8β,9β-dibenzoyloxy-β-dihydroagarofuran
1β,4α- 二羟基 -6β,15- 环氧桉叶烷 1β,4α-dibydroxy-6β,15-epoxyeudesmane
3β,19α- 二羟基 -6β,7β- 环氧 - 熊果 -12- 烯 -28- 酸 3β,19α-dihydroxy-6β,7β-epoxyl-urs-12-en-28-oic acid
(*E*,*E*)-2α,9β- 二羟基 -6β*H*,11α*H*-13- 降大根老鹳草 -1(10),4- 二烯 -11,6- 羰酰内酯 (*E*,*E*)-2α,9β-dihydroxy-6β*H*,11α*H*-13-norgermacra-1(10),4-dien-11,6-carbolactone
(*E*,*E*)-3α,9β- 二羟基 -6β*H*,11β-13- 降大根老鹳草 -1(10),4- 二烯 -11,6- 羰酰内酯 (*E*,*E*)-3α,9β-dihydroxy-6β*H*,11β-13-norgermacra-1(10),4-dien-11,6-carbolactone
(*E*,*E*)-2α,9β- 二羟基 -6β*H*,11β*H*-13- 降大根老鹳草 -1(10),4- 二烯 -11,6- 羰酰内酯 (*E*,*E*)-2α,9β-dihydroxy-6β*H*,11β*H*-13-norgermacra-1(10),4-dien-11,6-carbolactone
3β,8β- 二羟基 -6β- 巴豆酰氧基基荒漠木 -7(11)- 烯 -12,8α- 内酯 3β,8β-dihydroxy-6β-tigloyloxyeremophil-7(11)-en-12,8α-olide
3β,8α- 二羟基 -6β- 巴豆酰氧基荒漠木 -7(11)- 烯 -12,8β- 内酯 3β,8α-dihydroxy-6β-tigloyloxyeremophil-7(11)-en-12,8β-olide
3β,8α- 二羟基 -6β- 当归酰荒漠木 -7(11)- 烯 -12,8β- 内酯 2β,8α-dihydroxyl-6β-angloxyeremophil-7(11)-en-12,8β-olide
1α,10β- 二羟基 -6β- 当归酰基 -9- 氧代呋喃荒漠木烷 1α,10β-dihydroxy-6β-angeloyloxy-9-oxo-furanoeremophylane
15α,20β- 二羟基 -6β- 甲氧基 -6,7- 裂环 -6,20- 环氧 -1,7- 内酯 - 对映 - 贝壳杉 -16- 烯 15α,20β-dihydroxy-6β-methoxy-6,7-seco-6,20-epoxy-1,7-olide-*ent*-kaur-16-ene
15α,20β- 二羟基 -6β- 甲氧基 -6,7- 裂环 -6,20- 环氧 - 对映 - 贝壳杉 -16- 烯 -1,7- 内酯 15α,20β-dihydroxy-6β-methoxy-6,7-seco-6,20-epoxy-*ent*-kaur-16-en-1,7-olide
8β,10β- 二羟基 -6β- 甲氧基荒漠木 -7(11)- 烯 -12,8α- 内酯 8β,10β-dihydroxy-6β-methoxyeremophil-7(11)-en-12,8α-olide
3β,8α- 二羟基 -6β- 甲氧基荒漠木 -7(11)- 烯 -12,8β- 内酯 3β,8α-dihydroxy-6β-methoxyeremophil-7(11)-en-12,8β-olide
3β,5α- 二羟基 -6β- 乙酰氧基 - 麦角甾 -7,22- 二烯 3β,5α-dihydroxy-6β-acetoxy-ergosta-7,22-diene
3,7- 二羟基 -6- 巴豆酰氧基托品烷 3,7-dihydroxy-6-tigloyloxytropane
2,4- 二羟基 -6- 丙基苯甲酸 2,4-dihydroxy-6-propylbenzoic acid
3,7- 二羟基 -6- 丙酰氧基托品烷 3,7-dihydroxy-6-propionyloxytropane
2,7- 二羟基 -6- 甲基 -4- 异丙基 -1- 萘醛 2,7-dihydroxy-6-methyl-4-(1-methylethyl)-1-naphthalenecarboxaldehyde
2,7- 二羟基 -6- 甲基 -4- 异丙基 -1- 萘酸甲酯 2,7-dihydroxy-6-methyl-4-(1-methylethyl)-1-naphthalenecarboxylic acid methyl ester
2',4'- 二羟基 -6''- 甲基 -6''-(4'''- 甲基戊 -3- 烯基) 吡喃 (3'',2'':6,7)- 异黄烷酮 2',4'-dihydroxy-6''-methyl-6''-(4'''-methylpent-3-enyl) pyrano(3'',2'':6,7)-isoflavanone
(2*S*)-5,7- 二羟基 -6- 甲基 -8- 异戊烯基黄烷酮 (2*S*)-5,7-dihydroxy-6-methyl-8-prenylflavanone
2,4- 二羟基 -6- 甲基苯丙氨酸 2,4-dihydroxy-6-methylphenylalanine
2,4- 二羟基 -6- 甲基苯甲酸甲酯 methyl 2,4-dihydroxy-6-methylbenzoate
2,4- 二羟基 -6- 甲基苯甲酸乙酯 ethyl 2,4-dihydroxy-6-methylbenzoate
2,4- 二羟基 -6- 甲基 - 苯乙酮 -4-*O*-β-D- 葡萄糖苷 2,4-dihydroxy-6-methyl-phenylethanone-4-*O*-β-D-glucoside
1,2- 二羟基 -6- 甲基蒽醌 1,2-dihydroxy-6-methylanthraquinone
1,4- 二羟基 -6- 甲基蒽醌 1,4-dihydroxy-6-methylanthraquinone
1,7- 二羟基 -6- 甲基蒽醌 1,7-dihydroxy-6-methyl anthraquinone
5,7- 二羟基 -6- 甲基黄烷酮 -7-*O*-β-D- 吡喃木糖基 -(3 → 1)-β-*O*- 吡喃木糖苷 5,7-dihydroxy-6-methylflavanone-7-*O*-β-D-xylopyranosyl-(3 → 1)-β-*O*-xylopyranoside
(2*S*)-5,7- 二羟基 -6- 甲基黄烷酮 -7-*O*-β-D- 吡喃葡萄糖苷 (2*S*)-5,7-dihydroxy-6-methylflavanone-7-*O*-β-D-glucopyranoside
2,8- 二羟基 -6- 甲氧基 -1-(2-*O*-β-D- 吡喃木糖基 -β-D- 吡喃葡萄糖氧基)-9*H*- 呫烯 -9- 酮 2,8-dihydroxy-6-methoxy-1-(2-*O*-β-D-xylopyranosyl-β-D-glucopyranosyloxy)-9*H*-xanthen-9-one
3,8- 二羟基 -6- 甲氧基 -1- 甲基 -2- 羧酸甲酯 3,8-dihydroxy-6-methoxy-1-methylanthraquinone-2-carboxylate
3,8- 二羟基 -6- 甲氧基 -1- 甲基蒽醌 -2- 羧酸 3,8-dihydroxy-6-methoxy-1-methylanthraquinone-2-carboxylic acid
3,8- 二羟基 -6- 甲氧基 -1- 甲基呫酮 3,8-dihydroxy-6-methoxy-1-methylxanthone
1,3- 二羟基 -6- 甲氧基 -2,4- 二 (3- 甲基 -2- 丁烯 -1- 基)- 呫酮 1,3-dihydroxy-6-methoxy-2,4-bis(3-methyl-2-buten-1-yl)-xanthone
3,7- 二羟基 -6- 甲氧基 -2,7- 二甲基二苯并呋喃 3,7-dihydroxy-6-methoxy-2,7-dimethyldibenzofuran
1,3- 二羟基 -6- 甲氧基 -2- 甲基 -9,10- 蒽醌 1,3-dihydroxy-6-methoxy-2-methyl-9,10-anthraquinone
1,3- 二羟基 -6- 甲氧基 -2- 甲基蒽醌 1,3-dihydroxy-6-methoxy-2-methylanthraquinone
1,5- 二羟基 -6- 甲氧基 -2- 甲基蒽醌 1,5-dihydroxy-6-methoxy-2-methylanthraquinone

1,7- 二羟基 -6- 甲氧基 -2- 甲基蒽醌 1,7-dihydroxy-6-methoxy-2-methylanthraquinone

1,8- 二羟基 -6- 甲氧基 -2- 甲基蒽醌 -3-*O*- 芸香糖苷 1,8-dihydroxy-6-methoxy-2-methylanthraquinone-3-*O*-rutinoside

1,3- 二羟基 -6- 甲氧基 -2- 甲氧基 - 甲基蒽醌 1,3-dihydroxy-6-methoxy-2-methoxy-methylanthraquinone

1,3- 二羟基 -6- 甲氧基 -2- 甲氧甲基蒽醌 1,3-dihydroxy-6-methoxy-2-methoxymethylanthraquinone

1-[2,4- 二羟基 -6- 甲氧基 -3,5- 二 (3- 甲基丁 -2- 烯 -1- 基) 苯基] 乙酮 1-[2,4-dihydroxy-6-methoxy-3,5-bis(3-methylbut-2-en-1-yl)phenyl]ethanone

2',4'- 二羟基 -6'- 甲氧基 -3',5'- 二甲基查耳酮 2',4'-dihydroxy-6'-methoxy-3',5'-dimethylchalcone

2,4- 二羟基 -6- 甲氧基 -3,5- 二甲基查耳酮 2,4-dihydroxy-6-methoxy-3,5-dimethylchalcone

2',4'- 二羟基 -6'- 甲氧基 -3',5'- 二甲基二氢查耳酮 2',4'-dihydroxy-6'-methoxy-3',5'-dimethyldihydrochalcone

1,8- 二羟基 -6- 甲氧基 -3- 甲基 -9- 蒽酮 1,8-dihydroxy-6-methoxy-3-methyl-9-anthrone

2,4- 二羟基 -6- 甲氧基 -3- 甲基苯乙酮 2,4-dihydroxy-6-methoxy-3-methylacetophenone

2,4- 二羟基 -6- 甲氧基 -3- 甲基苯乙酮 -4-*O*-*β*-D- 吡喃葡萄糖苷 2,4-dihydroxy-6-methoxy-3-methylacetophenone-4-*O*-*β*-D-glucopyranoside

2',4'- 二羟基 -6'- 甲氧基 -3'- 甲基查耳酮 2',4'-dihydroxy-6'-methoxy-3'-methylchalcone

1,8- 二羟基 -6- 甲氧基 -3- 甲基蒽醌 1,8-dihydroxy-6-methoxy-3-methylanthraquinone

2,4- 二羟基 -6- 甲氧基 -3- 甲酰苯乙酮 2,4-dihydroxy-6-methoxy-3-formylacetophenone

2,4- 二羟基 -6- 甲氧基 -3- 醛基 - 苯乙酮 2,4-dihydroxy-6-methoxy-3-aldehyde-acetophenone

2,4- 二羟基 -6- 甲氧基苯乙酮 2,4-dihydroxy-6-methoxyacetophenone

2,5- 二羟基 -6- 甲氧基苯乙酮 2,5-dihydroxy-6-methoxyacetophenone

2,4- 二羟基 -6- 甲氧基苯乙酮 -2-*β*-D- 吡喃葡萄糖苷 2,4-dihydroxy-6-methoxyacetophenone-2-*β*-D-glucopyranoside

2,4- 二羟基 -6- 甲氧基苯乙酮 -4-*O*-*β*-D- 葡萄糖苷 2,4-dihydroxy-6-methoxyacetophenone-4-*O*-*β*-D-glucoside

2',4'- 二羟基 -6'- 甲氧基查耳酮 2',4'-dihydroxy-6'-methoxychalcone

1,3- 二羟基 -6- 甲氧基蒽醌 1,3-dihydroxy-6-methoxyanthraquinone

2',4'- 二羟基 -6'- 甲氧基二氢查耳酮 2',4'-dihydroxy-6'-methoxydihydrochalcone

3,7- 二羟基 -6- 甲氧基二氢黄酮醇 3,7-dihydroxy-6-methoxydihydroflavonol

3,7- 二羟基 -6- 甲氧基黄酮 3,7-dihydroxy-6-methoxyflavone

5,7- 二羟基 -6- 甲氧基黄酮 5,7-dihydroxy-6-methoxyflavone

5,7- 二羟基 -6- 甲氧基黄酮 -5-*O*-*α*-L- 吡喃鼠李糖苷 5,7-dihydroxy-6-methoxyflavone-5-*O*-*α*-L-rhamnopyranoside

3',4'- 二羟基 -6- 甲氧基黄酮 -7-*O*-*α*-L- 吡喃鼠李糖苷 3',4'-dihydroxy-6-methoxyflavone-7-*O*-*α*-L-rhamnopyranoside

5,4'- 二羟基 -6- 甲氧基黄酮 -7-*O*-*β*-D- 木糖基 -(1 → 2)-*β*-D- 木糖苷 5,4'-dihydroxy-6-methoxyflavone-7-*O*-*β*-D-xylopyranosyl-(1 → 2)-*β*-D-xylopyranoside

(2*S*)-5,7- 二羟基 -6- 甲氧基黄烷酮 -7-*O*-*β*-D- 吡喃葡萄糖苷 (2*S*)-5,7-dihydroxy-6-methoxyflavanone-7-*O*-*β*-D-glucopyranoside

3,5- 二羟基 -6- 甲氧基去氢 - 异 -*α*- 风铃木醌▲ 3,5-dihydroxy-6-methoxydehydro-iso-*α*-lapachone

1,3- 二羟基 -6- 甲氧基呫酮 1,3-dihydroxy-6-methoxyxanthone

1,7- 二羟基 -6- 甲氧基呫酮 1,7-dihydroxy-6-methoxyxanthone

1,5- 二羟基 -6- 甲氧基 -呫酮 1,5-dihydroxy-6-methoxyxanthone

3,7- 二羟基 -6- 甲氧基异黄酮 3,7-dihydroxy-6-methoxyisoflavone

7,2'- 二羟基 -6- 甲氧基异黄酮 7,2'-dihydroxy-6-methoxyisoflavone

4',7- 二羟基 -6- 甲氧基异黄酮 -7-*O*-*β*-D- 吡喃木糖基 -(1 → 6)-*β*-D- 吡喃葡萄糖苷 4',7-dihydroxy-6-methoxyisoflavone-7-*O*-*β*-D-xylopyranosyl-(1 → 6)-*β*-D-glucopyranoside

4',5- 二羟基 -6- 甲氧基异黄酮 -7-*O*-*β*-D- 呋喃芹糖基 -(1 → 6)-*β*-D- 吡喃葡萄糖苷 4',5-dihydroxy-6-methoxyisoflavone-7-*O*-*β*-D-apiofuranosyl-(1 → 6)-*β*-D-glucopyranoside

2-(2,4- 二羟基 -6- 甲氧基异戊烯基)-5- 羟基 -7- 甲氧基 -6-(3- 甲基 -1- 丁基)-3-(3- 甲基 -2- 丁基)-4*H*-1- 苯并吡喃 -4- 酮 2-(2,4-dihydroxy-6-methoxyphenyl)-5-hydroxy-7-methoxy-6-(3-methyl-l-buten-l-yl)-3-(3-methyl-2-buten-l-yl)-4*H*-1-benzopyran-4-one

1,4- 二羟基 -6- 羟甲基 -8- 丙基蒽醌 1,4-dihydroxy-6-(hydroxymethyl)-8-propylanthracene-9,10-dione

1,4- 二羟基 -6- 羟甲基 -8- 丁基蒽醌 1,4-dihydroxy-6-(hydroxymethyl)-8-butylanthracene-9,10-dione

2,4- 二羟基 -6- 戊基苯甲酸 2,4-dihydroxy-6-pentylbenzoic acid

5,7- 二羟基 -6- 香叶基黄烷 -4- 酮 5,7-dihydroxy-6-geranylflavan-4-one

5,7- 二羟基 -6- 香叶基色酮 5,7-dihydroxy-6-geranylchromone

3*α*,4*β*- 二羟基 -6- 氧代 -1- 环己烷 -1- 乙腈 3*α*,4*β*-dihydroxy-6-oxo-1-cyclohexene-1-acetonitrile

2,3- 二羟基 -6- 氧代 -D:A- 飞 -24- 降 -1,3,5(10),7- 齐墩果四烯 -29- 酸 2,3-dihydroxy-6-oxo-D:A-friedo-24-nor-1,3,5(10),7-oleanatetraen-29-oic acid

3*β*,19*α*- 二羟基 -6- 氧代 - 齐墩果 -12- 烯 -28- 酸 3*β*,19*α*-dihydroxy-6-oxo-olean-12-en-28-oic acid

3*β*,19*α*- 二羟基 -6- 氧代 - 熊果 -12-12- 烯 -28- 酸 3*β*,19*α*-dihydroxy-6-oxo-urs-12-en-28-oic acid

1,4- 二羟基 -6- 乙氧甲基 -8- 丙基蒽醌 1,4-dihydroxy-6-(ethoxymethyl)-8-propylanthracene-9,10-dione

5,7- 二羟基 -6- 异戊烯基黄烷酮 5,7-dihydroxy-6-prenylflavanone

5,7- 二羟基 -6- 异戊烯基香豆素 5,7-dihydroxy-6-prenylcoumarin

6*β*,8*β*- 二羟基 -7(11)- 荒漠木烯 -8*α*,12- 内酯 6*β*,8*β*-di-hydroxyl-7(11)-eremophilen-8*α*,12-olide

(3*S*,7*R*,10*S*)-3,11- 二羟基 -7,10- 环氧 -3,7,11- 三甲基十二碳 -1,5- 二烯 -3-*O*-*β*-D- 吡喃葡萄糖苷 (3*S*,7*R*,10*S*)-3,11-dihydroxy-7,10-cyclooxy-3,7,11-trimethyldodeca-1,5-diene-3-*O*-*β*-D-glucopyranoside

3*β*,23*β*- 二羟基 -7,12(14)- 二烯 -5*α*- 藜芦胺 -6- 酮 3*β*,23*β*-dihydroxy-7,12(14)-dien-5*α*-veratramin-6-one

14*α*,18- 二羟基 -7,15- 异海松二烯 14*α*,18-dihydroxy-7,15-isopimaradiene

3*α*,6*β*- 二羟基 -7,17- 二氧代 - 对映 - 冷杉 -15(16)- 烯 3*α*,6*β*-dihydroxy-7,17-dioxo-*ent*-abieta-15(16)-ene

(24*Z*)-3*β*,27- 二羟基 -7,24- 绿玉树二烯 -21- 醛 (24*Z*)-3*β*,27-dihydroxy-7,24-tirucalladien-21-al

5,8- 二羟基 -7,2'- 二甲氧基黄酮 5,8-dihydroxy-7,2'-dimethoxyflavone

5,3'- 二羟基 -7,2'- 二甲氧基黄烷酮 5,3'-dihydroxy-7,2'-dimethoxyflavanone

3,5- 二羟基 -7,3',4'- 三甲氧基黄酮 3,5-dihydroxy-7,3',4'-trimethoxyflavone

5,6- 二羟基 -7,3',4'- 三甲氧基黄酮 5,6-dihydroxy-7,3',4'-trimethoxyflavone

5,8- 二羟基 -7,3',4'- 三甲氧基黄酮 5,8-dihydroxy-7,3',4'-trimethoxyflavone

5,4'- 二羟基 -7,3',5'- 三甲氧基黄酮 5,4'-dihydroxy-7,3',5'-trimethoxyflavone
5,4'- 二羟基 -7,3'- 二甲氧基黄酮 5,4'-dihydroxy-7,3'-dimethoxyflavone
5,4'- 二羟基 -7,3- 二甲氧基黄酮 5,4'-dihydroxy-7,3-dimethoxyflavone
(2*S*)-5,4'- 二羟基 -7,3'- 二甲氧基黄烷 (2*S*)-5,4'-dihydroxy-7,3'-dimethoxyflavan
5,4'- 二羟基 -7,3'- 二甲氧基黄烷酮 5,4'-dihydroxy-7,3'-dimenthoxyflavanone
(7*S*,8*R*)-2,4- 二羟基 -7,3'- 环氧 -8,4'- 氧化新木脂素 -7'- 炔 (7*S*,8*R*)-2,4-dihydroxy-7,3'-epoxy-8,4'-oxyneolign-7'-ine
(7*S*,8*S*)-2,4- 二羟基 -7,3'- 环氧 -8,4'- 氧化新木脂素 -7'- 炔 (7*S*,8*S*)-2,4-dihydroxy-7,3'-epoxy-8,4'-oxyneolign-7'-ine
(7*S*,8*R*)-2,4- 二羟基 -7,3'- 环氧 -8,4'- 氧化新木脂素 -7'- 烯 (7*S*,8*R*)-2,4-dihydroxy-7,3'-epoxy-8,4'-oxyneolign-7'-ene
(7*S*,8*S*)-2,4- 二羟基 -7,3'- 环氧 -8,4'- 氧化新木脂素 -7'- 烯 (7*S*,8*S*)-2,4-dihydroxy-7,3'-epoxy-8,4'-oxyneolign-7'-ene
5,3'- 二羟基 -7,4',5'- 三甲氧基黄酮 5,3'-dihydroxy-7,4',5'-trimethoxyflavone
5,5''- 二羟基 -7,4',7'',4'''- 四甲氧基双黄酮 5,5''-dihydroxy-7,4',7'',4'''-tetramethoxybiflavone
3,5- 二羟基 -7,4'- 二甲氧基黄酮 3,5-dihydroxy-7,4'-dimethoxyflavone
5,3'- 二羟基 -7,4'- 二甲氧基黄酮 5,3'-dihydroxy-7,4'-dimethoxyflavone
5,6- 二羟基 -7,4'- 二甲氧基黄酮 5,6-dihydroxy-7,4'-dimethoxyflavone
5,8- 二羟基 -7,4'- 二甲氧基黄酮 5,8-dihydroxy-7,4'-dimethoxyflavone
3,5- 二羟基 -7,4'- 二甲氧基 - 黄酮 -3-*O*-*β*-D- 吡喃半乳糖苷 3,5-dihydroxy-7,4'-dimethoxyflavone-3-*O*-*β*-D-galactopyranoside
5,3'- 二羟基 -7,4'- 二甲氧基黄酮 -3-*O*-*β*-D- 吡喃葡萄糖苷 5,3'-dihydroxy-7,4'-dimethoxyflavone-3-*O*-*β*-D-glucopyranoside
3,5- 二羟基 -7,4'- 二甲氧基黄烷酮 3,5-dihydroxy-7,4'-dimethoxyflavonone
5,3'- 二羟基 -7,4'- 二甲氧基黄烷酮 5,3'-dihydroxy-7,4'-dimethoxyflavanone
8,3'- 二羟基 -7,4'- 二甲氧基异黄酮 8,3'-dihydroxy-7,4'-dimethoxyisoflavone
(3*R*)-8,2'- 二羟基 -7,4'- 二甲氧基异黄烷 (3*R*)-8,2'-dihydroxy-7,4'-dimethoxyisoflavan
8,2'- 二羟基 -7,4'- 二甲氧基异黄烷 8,2'-dihydroxy-7,4'-dimethoxyisoflavan
5,2'- 二羟基 -7,5'- 二甲氧基黄烷酮 5,2'-dihydroxy-7,5'-dimethoxyflavanone
6,4'- 二羟基 -7,5'- 二甲氧基香豆色酮 6,4'-dihydroxy-7,5'-dimethoxy-coumaronochromone
5,4'- 二羟基 -7,8,2',3'- 四甲氧基黄酮 5,4'-dihydroxy-7,8,2',3'-tetramethoxyflavone
5,5'- 二羟基 -7,8,2'- 三甲氧基黄酮 5,5'-dihydroxy-7,8,2'-trimethoxyflavone
5,3'- 二羟基 -7,8,2'- 三甲氧基异黄酮 5,3'-dihydroxy-7,8,2'-trimethoxyisoflavone
5,6- 二羟基 -7,8,3',4'- 四甲氧基黄酮 5,6-dihydroxy-7,8,3',4'-tetramethoxyflavone
5,3'- 二羟基 -7,8,4'- 三甲氧基黄酮 5,3'-dihydroxy-7,8,4'-trimethoxyflavone
5,6- 二羟基 -7,8,4'- 三甲氧基黄酮 5,6-dihydroxy-7,8,4'-trimethoxyflavone
3,2'- 二羟基 -7,8,4'- 三甲氧基黄酮 -5-*O*-[*β*-D- 吡喃葡萄糖基 -(1 → 2)]-*β*-D- 吡喃半乳糖苷 3,2'-dihydroxy-7,8,4'-trimethoxyflavone-5-*O*-[*β*-D-glucopyranosyl-(1 → 2)]-*β*-D-galactopyranoside
5,3'- 二羟基 -7,8,4'- 三甲氧基黄烷酮 5,3'-dihydroxy-7,8,4'-trimethoxyflavanone
5,2'- 二羟基 -7,8,6'- 三甲氧基黄烷酮 5,2'-dihydroxy-7,8,6'-trimethoxyflavanone
5,2'- 二羟基 -7,8,6'- 三甲氧基黄烷酮 -2'-*O*-*β*- 吡喃葡萄糖醛酸苷 5,2'-dihydroxy-7,8,6'-trimethoxyflavanone-2'-*O*-*β*-glucuronopyranoside
5,4'- 二羟基 -7,8-[(3'',4''- 二氢 -3'',4''- 二羟基)-2'',2''- 二甲基吡喃]- 黄酮 5,4'-dihydroxy-7,8-[(3'',4''-dihydro-3'',4''-dihyroxy)-2'',2''-dimethylpyran]-flavone
(-)-5,4'- 二羟基 -7,8-[(3'',4''- 顺式 - 二羟基 -3'',4''- 二氢)-2'',2''- 二甲基吡喃]- 黄酮 (-)-5,4'-dihydroxy-7,8-[(3'',4''-*cis*-dihydroxy-3'',4''-dihydro)-2'',2''-dimethylpyrano]-flavone
(-)-5,4'- 二羟基 -7,8-[(3''- 羟基 -4''- 酮)-2'',2''- 二甲基吡喃]- 黄酮 (-)-5,4'-dihydroxy-7,8-[(3''-hydroxy-4''-one)-2'',2''-dimethylpyrano]-flavone
(-)-5,4'- 二羟基 -7,8-[(顺式 -3''- 羟基 -4''- 乙氧基 -3'',4''- 二氢)-2'',2''- 二甲基吡喃]- 黄酮 (-)-5,4'-dihydroxy-7,8-[(*cis*-3''-hydroxy-4''-ethoxy-3'',4''-dihydro)-2'',2''-dimethylpyrano]-flavone
1,6- 二羟基 -7,8- 二甲氧基 -2,3- 亚甲二氧基呫酮 1,6-dihydroxy-7,8-dimethoxy-2,3-methylenedioxyxanthone
2-(2,4- 二羟基 -7,8- 二甲氧基 -2*H*-1,4- 苯并噁嗪 -3[4*H*]- 酮)-*β*-D- 葡萄糖苷 2-(2,4-dihydroxy-7,8-dimethoxy-2*H*-1,4-benzoxazin-3[4*H*]-one)-*β*-D-glucopyranoside
2',5- 二羟基 -7,8- 二甲氧基黄酮 2',5-dihydroxy-7,8-dimethoxyflvone
5,2'- 二羟基 -7,8- 二甲氧基黄酮 5,2'-dihydroxy-7,8-dimethoxyflavone
5,4'- 二羟基 -7,8- 二甲氧基黄酮 5,4'-dihydroxy-7,8-dimethoxyflavone
5,6- 二羟基 -7,8- 二甲氧基黄酮 5,6-dihydroxy-7,8-dimethoxyflavone
5,2'- 二羟基 -7,8- 二甲氧基黄酮 -2'-*O*-*β*-D- 吡喃葡萄糖苷 5,2'-dihydroxy-7,8-dimethoxyflavone-2'-*O*-*β*-D-glucopyranoside
(2*S*)-5,5'- 二羟基 -7,8- 二甲氧基黄烷酮 -2'-*O*-*β*-D- 吡喃葡萄糖苷 (2*S*)-5,5'-dihydroxy-7,8-dimethoxyflavanone-2'-*O*-*β*-D-glucopyranoside
5,5'- 二羟基 -7,8- 二甲氧基黄烷酮 -2'-*O*-*β*-D- 吡喃葡萄糖苷 5,5'-dihydroxy-7,8-dimethoxyflavanone-2'-*O*-*β*-D-glucopyranoside
1,3- 二羟基 -7,8- 二甲氧基呫酮 1,3-dihydroxy-7,8-dimethoxyxanthone
1,6- 二羟基 -7,8- 二甲氧基呫酮 1,6-dihydroxy-7,8-dimethoxyxanthone
3,4- 二羟基 -7,8- 二氢香堇酮 -3-*O*-*β*-D- 吡喃葡萄糖苷 3,4-dihydroxy-7,8-dihydroionone-3-*O*-*β*-D-glucopyranoside
5,2'- 二羟基 -7-*O*- 葡萄糖醛酸基黄酮 5,2'-dihydroxy-7-*O*-glucuronylflavone
6*β*,7*β*- 二羟基 -7*α*,20- 环氧 - 对映 - 贝壳杉 -16- 烯 -1*α*,11*β*- 丙酮化物 6*β*,7*β*-dihydroxy-7*α*,20-epoxy-*ent*-kaur-16-en-1*α*,11*β*-acetonide
1*α*,3*α*- 二羟基 -7*α*- 巴豆酰氧基 -12*α*- 乙氧基印楝波力宁▲ 1*α*,3*α*-dihydroxyl-7*α*-tigloyloxy-12*α*-ethoxylnimbolinin
3*β*,25- 二羟基 -7*β*- 甲氧基葫芦 -5,23(*E*)- 二烯 3*β*,25-dihydroxy-7*β*-methoxycucurbita-5,23(*E*)-diene
3*β*,25- 二羟基 -7*β*- 甲氧基葫芦 -5,23*E*- 二烯 3*β*,25-dihydroxy-7*β*-methoxycucurbita-5,23*E*-diene
(23*E*)-3*β*,25- 二羟基 -7*β*- 甲氧基葫芦 -5,23- 二烯 -19- 醛 (23*E*)-3*β*,25-dihydroxy-7*β*-methoxycucurbita-5,23-dien-19-al
6,9- 二羟基 -7- 大柱香波龙烯 -3- 酮 6,9-dihydroxy-7-megastigmen-3-one
5,4'- 二羟基 -7- 甲基 -3- 苄基色酮 5,4'-dihydroxy-7-methyl-3-

benzylchromone
1,6- 二羟基 -7- 甲氧基 -13,13- 二甲基 -8- 异戊烯基 -2H,6H- 吡喃并[3,2-b]呫酮 1,6-dihydroxy-7-methoxy-13,13-dimethyl-8-prenyl-2*H*,6*H*-pyran[3,2-b]xanthone
2,4- 二羟基 -7- 甲氧基 -2*H*-1,4- 苯并噁嗪 -3(4*H*)- 酮 2,4-dihydroxy-7-methoxy-2*H*-1,4-benzoxazin-3(4*H*)-one
1,6- 二羟基 -7- 甲氧基 -2- 甲基蒽醌 1,6-dihydroxy-7-methoxy-2-methylanthraquinone
3,6- 二羟基 -7- 甲氧基 -2- 甲基蒽醌 3,6-dihydroxy-7-methoxy-2-methylanthraquinone
6,3'- 二羟基 -7- 甲氧基 -4',5'- 亚甲二氧基异黄酮 6,3'-dihydroxy-7-methoxy-4',5'-methylenedioxyisoflavone
6,3'- 二羟基 -7- 甲氧基 -4',5'- 亚甲二氧基异黄酮 -6-*O*-*α*-L- 鼠李糖苷 6,3'-dihydroxy-7-methoxy-4',5'-methylenedioxyisoflavone-6-*O*-*α*-L-rhamnopyranoside
6,3'- 二羟基 -7- 甲氧基 -4',5'- 亚甲二氧基异黄酮 -6-*O*-*β*-D- 吡喃木糖基 (1-6)-*β*-D- 吡喃葡萄糖苷 6-3'-dihydroxy-7-methoxy-4',5'-methylenedioxyisoflavone-6-*O*-*β*-D-xylopyranosyl-(1→6)-*β*-D-glucopyranoside
6,3'- 二羟基 -7- 甲氧基 -4',5'- 亚甲二氧基异黄酮 -6-*O*-*β*-D- 吡喃葡糖糖苷 6,3'-dihydroxy-7-methoxy-4',5'-methylenedioxyisoflavone-6-*O*-*β*-D-glucopyranoside
5,4'- 二羟基 -7- 甲氧基 -6-*C*-[*β*-D- 呋喃芹糖基 -(1 → 2)]-*β*-D- 吡喃葡萄糖基黄酮苷 5,4'-dihydroxy-7-methoxy-6-*C*-[*β*-D-apiofuranosyl-(1 → 2)]-*β*-D-glucopyranosylflavone
4',5- 二羟基 -7- 甲氧基 -6-*C*-*β*-D- 吡喃葡萄糖基黄酮 4',5-dihydroxy-7-methoxy-6-*C*-*β*-D-glucopyranosylflavone
5,4'- 二羟基 -7- 甲氧基 -6-*C*-*β*-D- 吡喃葡萄糖基黄酮苷 5,4'-dihydroxy-7-methoxy-6-*C*-*β*-D-glucopyranosylflavone
5,4'- 二羟基 -7- 甲氧基 -6-*C*- 吡喃葡萄糖基黄酮苷 5,4'-dihydroxy-7-methoxy-6-*C*-glucopyranosylflavone
5,4'- 二羟基 -7- 甲氧基 -6- 甲基黄烷 5,4'-dihydroxy-7-methoxy-6-methylflavan
5,4'- 二羟基 -7- 甲氧基 -6- 甲基黄烷酮 5,4'-dihydroxy-7-methoxy-6-methylflavanone
4'5- 二羟基 -7- 甲氧基 -6- 异戊烯基黄酮 4'5-dihydroxy-7-methoxy-6-isoprenyl-flavone
1,3- 二羟基 -7- 甲氧基 -8-(3- 甲基 -2- 丁烯基)-6-*O*-*α*- 吡喃鼠李糖基 -(1 → 6)-[*β*-D- 吡喃葡萄糖基 -(1 → 6)]-*β*-D- 吡喃葡萄糖基呫酮 1,3-dihydroxy-7-methoxy-8-(3-methyl-2-butenyl)-6-*O*-*α*-L-rhamnopyranosyl-(1→6)-[*β*-D-glucopyranosyl-(1→6)]-*β*-D-glucopyranosylxanthone
1,6- 二羟基 -7- 甲氧基 -8-(3- 甲基丁 -2- 烯基)-6',6'- 二甲基吡喃并(2',3':3,2)呫酮 1,6-dihydroxy-7-methoxy-8-(3-methylbut-2-enyl)-6',6'-dimethylpyrano(2',3':3,2)xanthone
1,6- 二羟基 -7- 甲氧基 -8-(3- 甲基丁 -3- 烯基)-6',6'- 二甲基 -4',5'- 二氢吡喃并 [2'3':3,2]呫酮 1,6-dihydroxy-7-methoxy-8-(3-methylbut-3-enyl)-6',6'-dimethyl-4',5'-dihydropyrano[2'3':3,2]xanthone
1,6- 二羟基 -7- 甲氧基 -8-(3- 羟基 -3- 甲基丁基)-6',6'- 二甲基 -4',5'- 二氢吡喃 [2',3':3,2]呫酮 1,6-dihydroxy-7-methoxy-8-(3-hydroxy-3-methylbutyl)-6',6'-dimethyl-4',5'-dihydropyrano[2',3':3,2]xanthone
(2*S*)-2',4'- 二羟基 -7- 甲氧基 -8- 丁基黄烷 (2*S*)-2',4'-dihydroxy-7-methoxyl-8-butyricflavane
(2*S*)-4',5- 二羟基 -7- 甲氧基 -8- 甲基黄烷 (2*S*)-4',5-dihydroxy-7-methoxy-8-methylflavan
6,4'- 二羟基 -7- 甲氧基 -8- 甲基黄烷 6,4'-dihydroxy-7-methoxy-8-methylflavan
1,6- 二羟基 -7- 甲氧基 -8- 异戊烯基 -6',6'- 二甲基吡喃并(2',3':3,2)呫酮 1,6-dihydroxy-7-methoxy-8-prenyl-6',6'-dimethylpyrano(2',3':3,2)xanthone
2',4'- 二羟基 -7'- 甲氧基 -8- 异戊烯基黄烷 2',4'-dihydroxy-7'-methoxy-8-prenylflavan
(2*R*)-6,8- 二羟基 -7- 甲氧基 -*α*- 邓氏链果苣苔醌▲ (2*R*)-6,8-dihydroxy-7-methoxy-*α*-dunnione
3',4'- 二羟基 -7- 甲氧基二氢查耳酮 3',4'-dihydroxy-7-methoxydihydrochalcone
5,6- 二羟基 -7- 甲氧基二氢黄酮 5,6-dihydroxy-7-methoxydihydroflavone
3,4'- 二羟基 -7- 甲氧基黄酮 3,4'-dihydroxy-7-methoxyflavone
3',4'- 二羟基 -7- 甲氧基黄酮 3',4'-dihydroxy-7-methoxyflavone
3,5- 二羟基 -7- 甲氧基黄酮 3,5-dihydroxy-7-methoxyflavone
4',5- 二羟基 -7- 甲氧基黄酮 4',5-dihydroxy-7-methoxyflavone
5,4'- 二羟基 -7- 甲氧基黄酮 5,4'-dihydroxy-7-methoxyflavone
5,6- 二羟基 -7- 甲氧基黄酮 5,6-dihydroxy-7-methoxyflavone
5,8- 二羟基 -7- 甲氧基黄酮 5,8-dihydroxy-7-methoxyflavone
5,4'- 二羟基 -7- 甲氧基黄酮 -3-*O*-*β*-D- 吡喃葡萄糖苷 5,4'-dihydroxy-7-methoxyflavone-3-*O*-*β*-D-glucopyranoside
5,2'- 二羟基 -7- 甲氧基黄酮 -4'-*O*- 葡萄糖苷 5,2'-dihydroxy-7-methoxyflavone-4'-*O*-glucoside
5,6- 二羟基 -7- 甲氧基黄酮 -6-*O*-*β*-D- 吡喃木糖苷 5,6-dihydroxy-7-methoxyflavone-6-*O*-*β*-D-xylopyranoside
4',5- 二羟基 -7- 甲氧基黄酮 -8-*O*-*β*-D- 吡喃葡萄糖苷 4',5-dihydroxy-7-methoxyflavone-8-*O*-*β*-D-glucopyranoside
5,4'- 二羟基 -7- 甲氧基黄酮 -8-*O*-*β*-D- 吡喃葡萄糖苷 5,4'-dihydroxy-7-methoxyflavone-8-*O*-*β*-D-glucopyranoside
4',5- 二羟基 -7- 甲氧基黄酮醇 -3-*O*-[6-*O*-(*E*)-3,5- 二甲氧基 -4- 羟基桂皮酰基 -*β*-D- 吡喃葡萄糖基]-(1 → 2)-*O*-[α-L- 吡喃鼠李糖基 -(1 → 6)]-*β*-D- 吡喃葡萄糖苷 4',5-dihydroxy-7-methoxyflavonol-3-*O*-[6-*O*-(*E*)-3,5-dimethoxy-4-hydroxycinnamoyl-*β*-D-glucopyranoyl]-(1→2)-*O*-[*α*-L-rhamnopyranosyl-(1→6)]-*β*-D-glucopyranoside
4',5- 二羟基 -7- 甲氧基黄酮醇 -3-*O*-*β*-D- 吡喃木糖基 -(1 → 2)-*O*-[*α*-L- 吡喃鼠李糖基 -(1 → 6)]-*β*-D- 吡喃葡萄糖苷 4',5-dihydroxy-7-methoxyflavonol-3-*O*-*β*-D-xylopyranosyl-(1→2)-*O*-[*α*-L-rhamnopyranosyl-(1 → 6)]-*β*-D-glucopyranoside
(2*S*)-5,4'- 二羟基 -7- 甲氧基黄烷 (2*S*)-5,4'-dihydroxy-7-methoxyflavan
(2*S*)-6,4'- 二羟基 -7- 甲氧基黄烷 2*S*-6,4'-dihydroxy-7-methoxyflavan
5,4'- 二羟基 -7- 甲氧基黄烷酮 5,4'-dihydroxy-7-methoxyflavanone
4',5- 二羟基 -7- 甲氧基黄烷酮醇 -*O*- 吡喃葡萄糖苷 4',5-dihydroxy-7-methoxyflavanol-*O*-glucopyranoside
1,8- 二羟基 -7- 甲氧基呫酮 1,8-dihydroxy-7-methoxyxanthone
5,8- 二羟基 -7- 甲氧基香豆素 5,8-dihydroxy-7-methoxycoumarin
6,8- 二羟基 -7- 甲氧基香豆素 6,8-dihydroxy-7-methoxycoumarin
5,8- 二羟基 -7- 甲氧基香豆素 -5-*β*- 吡喃葡萄糖苷 5,8-dihydroxy-7-methoxycoumarin-5-*β*-glucopyranoside
4,5- 二羟基 -7- 甲氧基异黄酮 4,5-dihydroxy-7-methoxyisoflavone
4',8- 二羟基 -7- 甲氧基异黄酮 4',8-dihydroxy-7-methoxyisoflavone
5,4'- 二羟基 -7- 甲氧基异黄酮 5,4'-dihydroxy-7-methoxyisoflavone
2',5- 二羟基 -7- 羟甲基异黄酮 2',5-dihydroxy-7-hydroxymethylisoflavone
5,6- 二羟基 -7- 十三烷基 -3-[4- 十三烷基 -3- 羟基 -5- 氧代 -2(5*H*)- 亚呋喃基]-2- 氧代 -3(2*H*)- 苯并呋喃 5,6-dihydroxy-7-tridecyl-3-[4-tridecyl-3-hydroxy-5-oxo-2(5*H*)-furylidene]-2-oxo-3(2*H*)-benzofuran
3*α*,29- 二羟基 -7- 氧代多花白树 -8- 烯 -3,29- 二苯甲酸酯 3*α*,29-

dihydroxy-7-oxomultiflor-8-ene-3,29-diyldibenzoate
4,6- 二羟基 -7- 异丁酰基 -5- 戊烯基 -2(3H)- 苯并呋喃酮 4,6-dihydroxy-7-isobutyryl-5-prenyl-2(3H)-benzofuranone
15,19- 二羟基 -8(17),13(E)- 半日花二烯 15,19-dihydroxyl-8(17),13(E)-labdadiene
13ξ,14β- 二羟基 -8(17)- 半日花烯 -(15 → 16)- 内酯 -19- 酸 13ξ,14β-dihydroxy-8(17)-labdaen-(15 → 16)-lactone-19-oic acid
(3R)-5,7- 二羟基 -8-(2''-O- 藜芦酰基 -β-D- 吡喃葡萄糖基)-3-(4'- 羟基苯基)-6- 甲基色烷 -4- 酮 (3R)-5,7-dihydroxy-8-(2''-O-veratroyl-β-D-glucopyranosyl)-3-(4'-hydroxyphenyl)-6-methylchroman-4-one
1,6- 二羟基 -8-(2- 羟基 -3- 甲基丁 -3- 烯基)-3,7- 二甲氧基 -2- 异戊烯基 -呫酮 1,6-dihydroxy-8-(2-hydroxy-3-methylbut-3-enyl)-3,7-dimethoxy-2-prenyl)-xanthone
5,4'- 二羟基 -8-(3,3- 二甲基烯丙基)-2'',2''- 二甲基吡喃 [5,6:6,7] 异黄酮 5,4'-dihydroxy-8-(3,3-dimethylallyl)-2'',2''-dimethylpyrano[5,6:6,7]isoflavone
5,4'- 二羟基 -8-(3,3- 二甲基烯丙基)-2''- 甲氧基异丙基呋喃 [4,5:6,7] 异黄酮 5,4'-dihydroxy-8-(3,3-dimethylallyl)-2''-methoxyisopropylfurano[4,5:6,7]isoflavone
5,4'- 二羟基 -8-(3,3- 二甲基烯丙基)-2''- 羟甲基 -2''- 甲基吡喃 [5,6:6,7] 异黄酮 5,4'-dihydroxy-8-(3,3-dimethyl-allyl)-2''-hydroxymethyl-2''-methylpyrano[5,6:6,7]isoflavone
5,7- 二羟基 -8-(3,3- 二甲基烯丙基)- 二氢黄酮 5,7-dihydroxy-8-(3,3-dimethylallyl)-dihydroflavone
4',5- 二羟基 -8-(3,3- 二甲基烯丙基)- 黄酮醇 -3-O-[β-D- 吡喃木糖基 -(1 → 3)-4-O- 乙酰基 -α-L- 吡喃鼠李糖苷]-7-O-β-D- 吡喃葡萄糖苷 4',5-dihydroxyl-8-(3,3-dimethylallyl)-flavonol-3-O-[β-D-xylopyranosyl-(1 →3)-4-O-acetyl-α-L-rhamnopyranoside]-7-O-β-D-glucopyranoside
4',5- 二羟基 -8-(3,3- 二甲基烯丙基)- 黄酮醇 -3-O-[β-D- 吡喃木糖基 -(1 → 3)-α-L- 吡喃鼠李糖苷]-7-O-β-D- 吡喃葡萄糖苷 4',5-dihydroxy-8-(3,3-dimethylallyl)-flavonol-3-O-[β-D-xylopyranosyl-(1 → 3)-α-L-rhamnopyranoside]-7-O-β-D-glucopyranoside
5,7- 二羟基 -8-(3',3'- 二甲基烯丙基)- 黄烷酮 5,7-dihydroxy-8-(3',3'-dimethylallyl)-flavanone
5,4'- 二羟基 -8-(3'''- 甲基 -2'''- 丁烯基)-2'',2''- 二甲基吡喃 [5'',6'':6,7] 异黄酮 5,4'-dihydroxy-8-(3'''-methyl-2'''-butenyl)-2'',2''-dimethylpyrano[5'',6'':6,7]isoflavone
5,4'- 二羟基 -8-(3''- 甲基丁 -2''- 烯基)-2'''-(4'''- 羟基 -4'''- 甲基乙基) 呋喃并 -[4''',5''';6,7] 异黄酮 5,4'-dihydroxy-8-(3''-methylbut-2''-enyl)-2'''-(4'''-hydroxy-4'''-methylethyl)furano-[4''',5''';6,7]isoflavone
(16E)-1,6- 二羟基 -8-(3- 羟基 -3- 甲基丁 -1- 烯基)-3,7- 二甲氧基 -2- 异戊烯基 -呫酮 (16E)-1,6-dihydroxy-8-(3-hydroxy-3-methylbut-1-enyl)-3,7-dimethoxy-2-prenyl)-xanthone
11,12- 二羟基 -8,11,13- 冷杉三烯 -7- 酮 11,12-dihydroxy-8,11,13-abietatrien-7-one
13,14- 二羟基 -8,11,13- 罗汉松三烯 -7- 酮 13,14-dihydroxy-8,11,13-podocarpatrien-7-one
5,7- 二羟基 -8,2',6'- 三甲氧基黄酮 5,7-dihydroxy-8,2',6'-trimethoxyflavone
5,7- 二羟基 -8,2'- 二甲氧基黄酮 5,7-dihydroxy-8,2'-dimethoxyflavone
5,7- 二羟基 -8,2'- 二甲氧基黄酮 -7-O-β- 吡喃葡萄糖醛酸苷 5,7-dihydroxy-8,2'-dimethoxyflavone-7-O-β-glucuronopyranoside
(2S)-5,7- 二羟基 -8,2'- 二甲氧基黄烷酮 (2S)-5,7-dihydroxy-8,2'-dimethoxyflavanone
5,7- 二羟基 -8,2'- 二甲氧基黄烷酮 5,7-dihydroxy-8,2'-dimethoxyflavanone
5,2'- 二羟基 -8,3',4'- 三甲氧基黄酮 5,2'-dihydroxy-8,3',4'-trimethoxyflavone
5,7- 二羟基 -8,3',5'- 三甲氧基黄酮 5,7-dihydroxy-8,3',5'-trimethoxyflavone
(2R,3R)-7,4'- 二羟基 -8,3',5'- 三异戊烯基二氢黄酮醇 (2R,3R)7,4'-dihydroxy-8,3',5'-triprenyldihydroflavonol
5,7- 二羟基 -8,4'- 二甲氧基 -3-O- 葡萄糖苷 5,7-dihydroxy-8,4'-dimethoxy-3-O-glucoside
7,3'- 二羟基 -8,4'- 二甲氧基异黄酮 7,3'-dihydroxy-8,4'-dimethoxyisoflavone
(-)-2,3- 二羟基 -8,9- 亚甲二氧基紫檀烷 (-)-2,3-dihydroxy-8,9-methylenedioxypterocarpan
4,9- 二羟基 -8-10- 去氢百里香酚 -1-O-β-D- 吡喃葡萄糖苷 4,9-dihydroxy-8,10-dehydrothymol-1-O-β-D-glucopyranoside
5,7- 二羟基 -8-C- 异戊烯基 -4'- 甲氧基异黄酮 5,7-dihydroxy-8-C-prenyl-4'-methoxyisoflavone
3α,4α- 二羟基 -8α- 乙酰氧基 -11βH- 愈创木 -1,9- 二烯 -12,6α- 内酯 3α,4α-dihydroxy-8α-acetoxy-11βH-guai-1,9-dien-12,6α-olide
1α,4β- 二羟基 -8α- 乙酰氧基 - 愈创木 -2,9,11(13)- 三烯 -6α,12- 内酯 1α,4β-dihydroxy-8α-acetoxy-guaia-2,9,11(13)-triene-6α,12-olide
9α,15- 二羟基 -8β- 异丁酰氧 -14- 氧代黑足菊内酯▲ 9α,15-dihydroxy-8β-isobutyryloxy-14-oxo-melampolide
9β,14- 二羟基 -8β- 异丁酰氧基木香内酯 9β,14-dihydroxy-8β-isobutyryloxycostunolide
(2Z)-3,7- 二羟基 -8- 甲基 -3',4',5'- 三甲氧基 -6-[(Z)-2- 丙烯酸] 二氢黄烷 (2Z)-3,7-dihydroxy-8-methyl-3',4',5'-trimethoxy-6-[(Z)-2-propenoic acid]dihydroflavane
5,7- 二羟基 -8- 甲基 -4',6- 二甲氧基 - 高异黄烷酮 5,7-dihydroxy-8-methyl-4',6-dimethoxy-homoisoflavanone
5,7- 二羟基 -8- 甲基 -4'- 甲氧基黄烷酮 5,7-dihydroxy-8-methyl-4'-methoxyflavanone
5,7- 二羟基 -8- 甲基 -4'- 甲氧基异黄酮 5,7-dihydroxy-8-methyl-4'-methoxyisoflavone
5,7- 二羟基 -8- 甲基 -6- 异戊烯基黄烷酮 5,7-dihydroxy-8-methyl-6-prenylflavanone
2,3- 二羟基 -8- 甲基丙烯酰氧基去氢木香内酯 2,3-dihydroxy-8-methacryloyloxydehydrocostus lactone
(2R)-4',7- 二羟基 -8- 甲基黄烷 (2R)-4',7-dihydroxy-8-methylflavan
(2S)-4',7- 二羟基 -8- 甲基黄烷 (2S)-4',7-dihydroxy-8-methylflavan
7,4'- 二羟基 -8- 甲基黄烷 7,4'-dihydroxy-8-methylflavan
5,9- 二羟基 -8- 甲氧基 -2,2- 二甲基 -7-(3- 甲基丁 -2- 烯基)-2H,6H- 吡喃并 [3,2b] 呫酮 5,9-dihydroxy-8-methoxy-2,2-dimethyl-7-(3-methylbut-2-enyl)-2H,6H-pyrano[3,2b]xanthone
5,9- 二羟基 -8- 甲氧基 -2,2- 二甲基 -7-(3- 甲基丁 -2- 烯基)-2H,6H- 吡喃并 [3,2-b]- 呫烯 -6- 酮 5,9-dihydroxy-8-methoxy-2,2-dimethyl-7-(3-methylbut-2-enyl)-2H,6H-pyrano-[3,2-b]xanthen-6-one
5,9- 二羟基 -8- 甲氧基 -2,2- 二甲基 -7- 异戊烯基 -2H,6H- 吡喃并 [3,2-b] 呫烯 -6- 酮 5,9-dihydroxy-8-methoxy-2,2-dimethyl-7-prenyl-2H,6H-pyrano[3,2-b]xanthen-6-one
5,7- 二羟基 -8- 甲氧基 -2- 甲基 -1,4- 萘醌 5,7-dihydroxy-8-methoxy-2-methyl-1,4-naphthoquinone
1,5- 二羟基 -8- 甲氧基 -2- 甲基蒽醌 -3-O-α-L- 吡喃鼠李糖苷 1,5-dihydroxy-8-methoxy-2-methyl-anthraquinone-3-O-α-L-rhamnopyranoside
1,4- 二羟基 -8- 甲氧基 -2- 甲基蒽醌 -3-O-β-D- 吡喃葡萄糖苷 1,4-dihydroxy-8-methoxy-2-methylanthraquinone-3-O-β-D-

E

glucopyranoside
1,6- 二羟基 -8- 甲氧基 -3- 甲基蒽醌 1,6-dihydroxy-8-methoxy-3-methylanthraquinone
6,12- 二羟基 -8- 甲氧基 -7-(3- 甲基 -2- 丁烯基)-2,2- 二甲基呋喃并 (20,30:7,8)呫酮 6,12-dihydroxy-8-methoxy-7-(3-methyl-2-butenyl)-2,2-dimethylpyrano(20,30:7,8)xanthone
2,7- 二羟基 -8- 甲氧基菲并 [4,5-bcd] 吡喃 -5(5*H*)- 酮 2,7-dihydroxy-8-methoxyphenanthro[4,5-bcd]pyran-5(5*H*)-one
5,7- 二羟基 -8- 甲氧基黄酮 5,7-dihydroxy-8-methoxyflavone
3,7- 二羟基 -8- 甲氧基黄酮 -7-*O*-*β*-D- 吡喃半乳糖苷 3,7-dihydroxy-8-methoxyflavone-7-*O*-*β*-D-galactopyranoside
7,4'- 二羟基 -8- 甲氧基黄烷 7,4'-dihydroxy-8-methoxyflavane
1,7- 二羟基 -8- 甲氧基 -呫酮 1,7-dihydroxy-8-methoxyxanthone
3,9- 二羟基 -8- 甲氧基香豆雌烷 3,9-dihydroxy-8-methoxycoumestan
7,4'- 二羟基 -8- 甲氧基异黄酮 7,4'-dihydroxy-8-methoxyisoflavone
4,10- 二羟基 -8- 甲氧基愈创木 -7(11)- 烯 -8,12- 内酯 4,10-dihydroxy-8-methoxyguai-7(11)-en-8,12-olide
5,7- 二羟基 -8- 香叶基黄烷酮 5,7-dihydroxy-8-geranylflavanone
(9*R*,10*S*,12*Z*)-9,10- 二羟基 -8- 氧代 -12- 十八烯酸 (9*R*,10*S*,12*Z*)-9,10-dihydroxy-8-oxo-12-octadecenoic acid
5,7- 二羟基 -8- 异丁基酰基 -4- 苯基香豆素 5,7-dihydroxy-8-(2-methylbutyryl)-4-phenylcournarin
(2*R*,3*R*)-5,4'- 二羟基 -8- 异戊烯基 -6",6"- 二甲基吡喃[2",3":7,6]- 黄烷酮醇 (2*R*,3*R*)-5,4'-dihydroxy-8-prenyl-6",6"-dimethylpyrano[2",3":7,6]-flavanonol
1,2- 二羟基 -9(11)- 乔木山小橘烯▲ -3- 酮 1,2-dihydroxy-9(11)-arborinen-3-one
2,3- 二羟基 -9(11)- 羊齿烯 -23- 酸 2,3-dihydroxy-9(11)-fernen-23-oic acid
8,10- 二羟基 -9(2)- 甲基异丁酰氧基麝香草酚 8,10-dihydroxy-9(2)-methylbutyryloxythymol
2,6- 二羟基 -9,10- 蒽醌 -2-*β*-D- 吡喃葡萄糖苷 2,6-dihydroxy-9,10-anthraquinone-2-*β*-D-glucopyranoside
1,5- 二羟基 -9,10- 蒽醌 -2- 羧酸甲酯 1,5-dihydroxy-9,10-anthraquinone-2-carboxylic acid methyl ester
1,8- 二羟基 -9,10- 蒽酮 -3- 甲基 -(2- 羟基) 丙酸酯 1,8-dihydroxy-9,10-anthraquinone-3-methyl-(2-hydroxy)propionateester
(6a*R*,11a*R*)-3,8- 二羟基 -9,10- 二甲氧基紫檀烷 (6a*R*,11a*R*)-3,8-dihydroxy-9,10-dimethoxypterocarpan
1,3- 二羟基 -9,10- 二氧代 -9,10- 二氢蒽 -2- 甲醛 1,3-dihydroxy-9,10-dioxo-9,10-dihydroanthracene-2-carbaldehyde
3*β*,22- 二羟基 -9,19- 环羊毛脂 -24*E*- 烯 -26- 酸 3*β*,22-dihydroxy-9,19-cyclolanost-24*E*-en-26-oic acid
3*β*,27- 二羟基 -9,19- 环羊毛脂 -24 反式 - 烯 -26- 酸 3*β*,27-dihydroxy-9,19-cyclolanost-24*E*-en-26-oic acid
1,6- 二羟基 -9*H*- 咔唑 -3- 羧酸甲酯 methyl 1,6-dihydroxy-9*H*-carbazole-3-carboxylate
8,10- 二羟基 -9-*O*- 乙酰基 -3-*O*- 当归酰基麝香草酚 8,10-dihydroxy-9-*O*-acetyl-3-*O*-angeloylthymol
2*β*,3*α*- 二羟基 -9*β*- 当归酰氧基 - 吉马 -4- 烯 -6*α*,12- 内酯 2*β*,3*α*-dihydroxy-9*β*-angeloxy-germacra-4-en-6*α*,12-olide
(3*β*,9*β*,10*α*,24*R*)-24,25- 二羟基 -9- 甲基 -19- 降羊毛脂 -5- 烯 -3-*O*-*α*-L- 吡喃鼠李糖基 -(→ 2)-*O*-*β*-D- 吡喃葡萄糖基 -(1 → 2)-*β*-D- 吡喃葡萄糖苷 (3*β*,9*β*,10*α*,24*R*)-24,25-dihydroxy-9-methyl-19-norlanost-5-en-3-*O*-*α*-L-rhamnopyranosyl-(1→2)-*O*-*β*-D-glucopyranosyl-(1 → 2)-*β*-D-glucopyranoside
5,10- 二羟基 -9- 甲氧基 -12-(1,1- 二甲基 -2- 丙烯基)-2H,6H- 吡喃并 [3,2-b]呫烯 -6- 酮 5,10-dihydroxy-9-methoxy-12-(1,1-dimethyl-2-propenyl)-2H,6H-pyrano[3,2-b]xanthen-6-one
5,8- 二羟基 -9- 甲氧基 -2- 乙烯基苯并呋喃基 [4,5-b][1] 苯并吡喃基 [4,3-e] 吡喃 -6(12*H*)- 酮 5,8-dihydroxy-9-methoxy-2-vinylbenzofuro[4,5-b][1]benzopyrano[4,3-e]pyran-6(12*H*)-one
5,8- 二羟基 -9- 甲氧基 -2- 乙烯基 - 苯并呋喃基 [4,5-b][1] 苯并吡喃基 [4,3-e] 吡喃 -6(12*H*)- 酮肟 5,8-dihydroxy-9-methoxy-2-vinylbenzofuro[4,5-b][1]benzopyrano[4,3-e]pyran-6(12*H*)-one-oxime
3,8- 二羟基 -9- 甲氧基紫檀烷 3,8-dihydroxy-9-methoxypterocarpan
(9*S*,10*S*)-3-[7-(3,10- 二羟基 -9- 羟基甲基 -2,5- 二甲氧基)-9,10- 二氢菲基] 丙烯醛 (9*S*,10*S*)-3-[7-(3,10-dihydroxy-9-hydroxymethyl-2,5-dimethoxy)-9,10-dihydrophe-nanthrenyl]propenal
8,10- 二羟基 -9- 异丁酰氧基麝香草酚 8,10-dihydroxy-9-isobutyryloxythymol
3*β*,29- 二羟基 -D:B- 表无羁萜 -5- 烯 3*β*,29-dihydroxy-D:B-friedoolean-5-ene
2*β*,3*β*- 二羟基 -D:C- 飞齐墩果 -8- 烯 -29- 甲酯 methyl 2*β*,3*β*-dihydroxy-D:C-friedoolean-8-en-29-oate
4,6- 二羟基 -1,5,7- 三甲氧基呫酮 4,6-dihydroxy-1,5,7-trimethoxyxanthone
2*β*,23- 二羟基 -l2- 烯 -28- 齐墩果酸 2*β*,23-dihydroxy-12-ene-28-oleanolic acid
2*α*,8*α*- 二羟基 -l*α*,l0*α*- 环氧愈创木 -3,11(13)- 二烯 -12,6*α*- 内酯 2*α*,8*α*-dihydroxy-l*α*,l0*α*-epoxyguaia-3,11(13)-diene-12,6*α*-olide
3,4- 二羟基 -*N*-[2-(3,4- 二羟基苯基) 乙基] 苯甲酰胺 3,4-dihydroxy-N-[2-(3,4-dihydroxyphenyl)ethyl]benzamide
3,4- 二羟基 -*N*-[2-(4- 羟基苯基) 乙基] 苯甲酰胺 3,4-dihydroxy-N-[2-(4-hydroxyphenyl)ethyl]benzamide
1,7- 二羟基 -*N*- 甲基吖啶酮 1,7-dihydroxy-*N*-methylacridone
14*α*,15*β*- 二羟基 -*N*- 甲基白坚木碱 14*α*,15*β*-dihydroxy-*N*-methylaspidospermine
4,4'- 二羟基 -*Z*- 芪 4,4'-dihydroxy-*Z*-stilbene
(2*R*)-6,8- 二羟基 -*α*- 邓恩扭果花醌▲ (2*R*)-6,8-dihydroxy-*α*-dunnione
(*R*)-7,8- 二羟基 -*α*- 邓恩扭果花醌▲ (*R*)-7,8-dihydroxy-*α*-dunnione
4,9- 二羟基 -*α*- 风铃木醌▲ 4,9-dihydroxy-*α*-lapachone
(-)-3,4- 二羟基 -*α*- 甲氧基 - 苯乙酸甲酯 (-)-3,4-dihydroxy-*α*-methoxy-benzeneacetic acid methyl ester
4,4'- 二羟基 -*α*- 秘鲁古柯酸▲ 4,4'-dihydroxy-*α*-truxillic acid
2',3'- 二羟基 -*α*- 山椒素 2',3'-dihydroxy-*α*-sanshool
(4*S*)-4,5- 二羟基 -*α*- 四氢萘酮 (4*S*)-4,5-dihydroxy-*α*-tetralone
4,5- 二羟基 -*α*- 四氢萘酮 4,5-dihydroxy-*α*-tetralone
4*R*-4,8- 二羟基 -*α*- 四氢萘酮 4*R*-4,8-dihydroxy-*α*-tetralone
(4*S*)-4,5- 二羟基 -*α*- 四氢萘酮 -4-*O*-*β*-D- 吡喃葡萄糖苷 (4*S*)-4,5-dihydroxy-*α*-tetralone-4-*O*-*β*-D-glucopyranoside
(4*S*)-4,6- 二羟基 -*α*- 四氢萘酮 -4-*O*-*β*-D- 吡喃葡萄糖苷 (4*S*)-4,6-dihydroxy-*α*-tetralone-4-*O*-*β*-D-glucopyranoside
4,5- 二羟基 -*α*- 四氢萘酮 -4-*O*-*β*-D- 吡喃葡萄糖苷 4,5-dihydroxy-*α*-tetralone-4-*O*-*β*-D-glucopyranoside
(10*R*,11*R*)-10,11- 二羟基 -*α*- 檀香醇 (10*R*,11*R*)-10,11-dihydroxy-*α*-santalol
(9*E*)-11,13- 二羟基 -*α*- 檀香醇 (9*E*)-11,13-dihydroxy-*α*-santalol
3*β*,6*α*- 二羟基 -*α*- 香堇醇 -9-*O*-*β*-D- 呋喃芹糖基 -(1 → 6)-*β*-D- 吡喃葡萄糖苷 3*β*,6*α*-dihydroxy-*α*-ionol-9-*O*-*β*-D-apiofuranosyl-(1 → 6)-*β*-D-glucopyranoside
2,4- 二羟基 -*α*- 氧代 - 苯乙酸 2,4-dihydroxy-*α*-oxo-phenylacetic acid
3,4-二羟基-*β*-苯基乙氧基-*O*-*α*-L-吡喃阿拉伯糖基-(1''''→2")-*α*-L-吡喃鼠李糖基 -(1''' → 3")-4"-*O*- 咖啡酰基 -*β*-D- 吡喃葡萄糖苷 3,4-dihydroxy-*β*-phenylethoxy-*O*-*α*-L-arabinopyranosyl-(1''''→2")-*α*-L-rhamnopyranosyl-(1'''→3")-4"-*O*-caffeoyl-*β*-D-glucopyranoside

3,4- 二羟基 -β- 苯乙醇 3,4-dihydroxy-β-phenethyl alcohol
3,4- 二羟基 -β- 苯乙基 -O-α-L- 吡喃鼠李糖基 -(1 → 3)-O-β-D- 吡喃半乳糖基 -(1 → 6)-4-O- 咖啡酰基 -β-D- 吡喃葡萄糖苷 3,4-dihydroxy-β-phenethyl-O-α-L-rhamnopyranosyl-(1 → 3)-O-β-D-galacopyranosyl-(1 → 6)-4-O-caffeoyl-β-D-glucopyranoside
3,4- 二羟基 -β- 苯乙基 -O-β-D- 吡喃葡萄糖苷 3,4-dihydroxy-β-phenylethyl-O-β-D-glucopyranoside
3,4- 二羟基 -β- 苯乙基 -O-β-D- 吡喃葡萄糖基 -(1 → 3)-4-O- 咖啡酰基 -β-D- 吡喃葡萄糖苷 3,4-dihydroxy-β-phenethyl-O-β-D-glucopyranosyl-(1 → 3)-4-O-caffeoyl-β-D-glucopyranoside
3,4- 二羟基 -β- 苯乙基 -O-β-D- 吡喃葡萄糖基 -(1 → 3)-O-α-L- 吡喃鼠李糖基 -(1 → 6)-4-O- 咖啡酰基 -β-D- 吡喃葡萄糖苷 3,4-dihydroxy-β-phenethyl-O-β-D-glucopyranosyl-(1 → 3)-O-α-L-rhamnopyranosyl-(1 → 6)-4-O-caffeoyl-β-D-glucopyranoside
3,4- 二羟基 -β- 甲氧基苯乙醇 3,4-dihydroxy-β-methoxyphenethyl alcohol
3,10- 二羟基 -β- 咔啉 3,10-dihydroxy-β-carboline
5,6- 二羟基 -β- 香堇酮 5,6-dihydroxy-β-ionone
3,5- 二羟基 -γ- 己内酯 3,5-dihydroxy-γ-caprolactone
3,5- 二羟基 -γ- 戊内酯 3,5-dihydroxy-pentonic acid-γ-lactone
3β,22α- 二羟基 -Δ^{12}- 齐墩果烯 -29- 酸 3β,22α-dihydroxy-Δ^{12}-oleanen-29-oic acid
3β,22α- 二羟基 -Δ^{12}- 齐墩果烯 -29- 酸甲酯 3β,22α-dihydroxy-Δ^{12}-oleanen-29-oic acid methyl ester
3β,22α- 二羟基 -Δ^{12}- 熊果烯 -30- 酸甲酯 3β,22α-dihy-droxy-Δ^{12}-ursen-30-oic acid methyl ester
4α,5α- 二羟基桉叶 -11(13)- 烯 -12- 酸 4α,5α-dihydroxyeudesm-11(13)-en-12-oic acid
1α,4α- 二羟基桉叶 -11- 烯 1α,4α-dihydroxyeudesman-11-ene
1β,4β- 二羟基桉叶 -11- 烯 1β,4β-dihydroxyeudesman-11-ene
1α,6α- 二羟基桉叶 -3,11(13)- 二烯 -12- 羧酸甲酯 1α,6α-dihydroxyeudesma-3,11(13)-dien-12-carboxylic acid methyl ester
1β,8β- 二羟基 - 桉叶 -3,7(11)- 二烯 -8α,12- 内酯 1β,8β-dihydroxy-eudesman-3,7(11)-dien-8α,12-olide
1β,6β- 二羟基 - 桉叶 -4(14)- 烯 1β,6β-dihydroxy-eudesman-4(14)-ene
1β,8β- 二羟基桉叶 -4(15),7(11)- 二烯 -8α,12- 内酯 1β,8β-dihydroxy-eudesman-4(15),7(11)-dien-8α,12-olide
8β,9α- 二羟基桉叶 -4(15),7(11)- 二烯 -8α,12- 内酯 8β,9α-dihydroxyeudesman-4(15),7(11)-dien-8α,12-olide
1β,5α- 二羟基桉叶 -4(15)- 烯 1β,5α-dihydroxyeudesma-4(15)-ene
1β,6α- 二羟基桉叶 -4(15)- 烯 1β,6α-dihydroxyeudesm-4(15)-ene
1β,7α- 二羟基桉叶 -4(15)- 烯 1β,7α-dihydroxyeudesma-4(15)-ene
(±)-1β,6α- 二羟基 - 桉叶 -4(15)- 烯 (±)-1β,6α-dihydroxyeudesm-4(15)-ene
1β,6α- 二羟基 - 桉叶 -4(15)- 烯 1β,6α-dihydroxy-eudesm-4(15)-ene
1β,3α- 二羟基桉叶 -5,11(13)- 二烯 -12- 酸 1β,3α-dihydroxyeudesma-5,11(13)-dien-12-oic acid
1β,9β- 二羟基桉叶 -5,11(13)- 二烯 -12- 酸 1β,9β-dihydroxyeudesma-5,11(13)-dien-12-oic acid
2β,11α- 二羟基 - 桉叶 -5- 烯 -8β,12- 内酯 2β,11α-dihydroxyeudesm-5-en-8β,12-olide
4α,8β- 二羟基桉叶 -7(11)- 烯 -12,8- 内酯 4α,8β-dihydroxyeudesm-7(11)-en-12,8-olide
4α,6α- 二羟基桉叶 -8,12- 内酯 4α,6α-dihydroxyeudesman-8,12-olide
5,7- 二羟基桉叶内酯 5,7-dihydroxyeudesmanolide
(1R,5S,6S,7S,10R)-1β,6α- 二羟基桉叶烷 -4- 酮 (1R,5S,6S,7S,10R)-1β,6α-dihydroxyeudesman-4-one
12β,27- 二羟基澳洲茄胺 -3-β- 马铃薯三糖苷 12β,27-dihydroxysolasodine-3-β-chacotrisoide
3,8- 二羟基白花丹素 3,8-dihydroxyplumbogin
2α,3β- 二羟基白桦脂酸 2α,3β-dihydroxybetulinic acid
(1β,3α,5β)-1,3- 二羟基白藜芦宁 -12- 烯 -11- 酮 (1β,3α,5β)-1,3-dihydroxyjervanin-12-en-11-one
2,18- 二羟基半日花 -7,13(E)- 二烯 -15- 酸 2,18-dihydroxylabda-7,13(E)-dien-15-oic acid
2,17- 二羟基半日花 -7,13(E)- 二烯罗汉柏 -15- 酸 2,17-dihydroxylabda-7,13(E)-dien-15-oic acid
(E)-14ξ,15- 二羟基半日花 -8(17),12- 二烯 -16- 醛 (E)-14ξ,15-dihydroxylabda-8(17),12-dien-16-al
(14S)-14,15- 二羟基半日花 -8(17),13(16)- 二烯 -19- 酸 (14S)-14,15-dihydroxylabda-8(17),13(16)-dien-19-oic acid
12,15- 二羟基半日花 -8(17),13(E)- 二烯 -19- 酸 12,15-dihydroxylabda-8(17),13(E)-dien-19-oic acid
12,15- 二羟基半日花 -8(17),13(Z)- 二烯 -19- 酸 12,15-dihydroxylabda-8(17),13(Z)-dien-19-oic acid
3α,15- 二羟基半日花 -8(17),13E- 二烯 3α,15-dihydroxy-ladba-8(17),13E-diene
(12S)-12,15- 二羟基半日花 -8(17),13E- 二烯 -19- 酸 (12S)-12,15-dihydroxylabda-8(17),13E-dien-19-oic acid
12(R)-12,15- 二羟基半日花 -8(17),13E- 二烯 -19- 酸 12(R)-12,15-dihydroxylabda-8(17),13E-dien-19-oic acid
12(S),15- 二羟基半日花 -8(17),13E- 二烯 -19- 酸 12(S),15-dihydroxylabda-8(17),13E-dien-19-oic acid
12R,15- 二羟基半日花 -8(17),13E- 二烯 -19- 酸 12R,15-dihydroxylabda-8(17),13E-dien-19-oic acid
(E)-12ξ,15- 二羟基半日花 -8(17),13- 二烯 -16- 醛 (E)-12ξ,15-dihydroxylabda-8(17)-13-dien-16-al
12(R),13(R)- 二羟基半日花 -8(17),14- 二烯 -19- 酸 12(R),13(R)-dihydroxylabda-8(17),14-dien-19-oic acid
12,13- 二羟基半日花 -8(17),14- 二烯 -19- 酸 12,13-dihydroxylabda-8(17),14-dien-19-oic acid
12R,13S- 二羟基半日花 -8(17),14- 二烯 -19- 酸 12R,13S-dihydroxylabda-8(17),14-dien-19-oic acid
(4β,7α)-7,18- 二羟基 - 贝壳杉 -16- 烯 -15- 酮 (4β,7α)-7,18-dihydroxy-kaur-16-en-15-one
(7α,14R)-7,14- 二羟基 - 贝壳杉 -16- 烯 -15- 酮 (7α,14R)-7,14-dihydroxy-kaur-16-en-15-one
(5α,8β,9α,10β,13β)-18,19- 二羟基 - 贝壳杉 -16- 烯 -2- 酮 (5α,8β,9α,10β,13β)-18,19-dihydroxy-kaur-16-en-2-one
(4α,13α)-15,16- 二羟基贝壳杉 -18- 酸 (4α,13α)-15,16-dihydroxykauran-18-oic acid
16β,17- 二羟基贝壳杉 -18- 酸 16β,17-dihydroxykauran-18-oic acid
16β,17- 二羟基贝壳杉 -18- 酸 -18-O-D- 吡喃葡萄糖苷 16β,17-dihydroxykauran-18-oic acid-18-O-D-glucopyranoside
3α,16α- 二羟基贝壳杉 -19-O-β-D- 葡萄糖苷 3α,16α-dihydroxykaurane-19-O-β-D-glucoside
16,17- 二羟基贝壳杉 -19- 酸 16,17-dihydroxykauran-19-oic acid
(4R,5S,8S,9S,10,13R)-16,17- 二羟基贝壳杉 -19- 酸 -β-D- 葡萄糖酯苷 (4R,5S,8S,9S,10,13R)-16,17-dihydroxykauran-19-oic acid-β-D-glucopyranosyl ester
3α,16α- 二羟基贝壳杉 -20-O-β-D- 葡萄糖苷 3α,16α-dihydroxykaurane-20-O-β-D-glucoside
16β,17- 二羟基 - 贝壳杉烷 16β,17-dihydroxy-kaurane
1,2- 二羟基苯 1,2-dihydroxybenzene
1,4- 二羟基苯 1,4-dihydroxybenzene
1-(2,6- 二羟基苯)-11- 十一酚酰 -1- 酮 1-(2,6-dihydroxyphenyl)-11-

phenylundecan-1-one
2-(3,4- 二羟基苯)-3,5,7- 三羟基 -1- 苯并吡喃 2-(3,4-dihydroxyphenyl)-3,5,7-trihydroxy-1-benzopyrylium
1-(2,6- 二羟基苯)-3- 羟基 - 丁酮 1-(2,6-dihydroxyphenyl)-3-hydroxy-butanone
1-(2,6- 二羟基苯)-4- 甲基 -4- 十三烯 -1- 酮 1-(2,6-dihydroxyphenyl)-4-methyl-4-tridecen-1-one
6'-(2,3- 二羟基苯) 獐牙菜苦素 6'-(2,3-dihydroxyphenyl) swertiamarin
3,4- 二羟基苯丙氨酸 3,4-dihydroxyphenylalanine
L-3,4- 二羟基苯丙氨酸 L-3,4-dihydroxyphenylalanine
3,4- 二羟基苯丙酸 3,4-dihydroxybenzenepropionic acid
3,4- 二羟基苯丙酸 -3-(4- 羟基苯基) 丙醇酯 3,4-dihydroxybenzenepropanoic acid-3-(4-hydroxyphenyl)propyl ester
3,4- 二羟基苯丙酸甲酯 3,4-dihydroxybenzenepropionic acid methyl ester
3,4- 二羟基苯丙酮 3,4-dihydroxyphenylacetone
3,4'- 二羟基苯丙酮 3,4'-dihydroxypropiophenone
3,4'- 二羟基苯丙酮 -3-*O*-*β*-D- 吡喃葡萄糖苷 3,4'-dihydroxypropiophenone-3-*O*-*β*-D-glucopyranoside
3,4- 二羟基苯丙烯酸 3,4-dihydroxyphenylacrylic acid
2,5- 二羟基苯并呋喃 -5-*O*-*β*-D- 吡喃木糖基 -(1 → 6)-*O*-*β*-D- 吡喃葡萄糖苷 2,5-dihydroxybenzofuran-5-*O*-*β*-D-xylopyranosyl-(1 → 6)-*O*-*β*-D-glucopyranoside
3,5- 二羟基苯酚 -1-*O*-*β*-D- 吡喃葡萄糖苷 3,5-dihydroxyphenol-1-*O*-*β*-D-glucopyranoside
(2*E*)-3-(2'',4''- 二羟基苯基)-1-(5'- 羟基 -2',2'- 二甲基 -2*H*-1- 苯并吡喃 -6'- 基)-2- 丙烯 -1- 酮 (2*E*)-3-(2'',4''-dihydroxyphenyl)-1-(5'-hydroxy-2',2'-dimethyl-2*H*-1-benzopyran-6'-yl)-2-propen-1-one
(2*S*,3*R*)-2-(3,4- 二羟基苯基)-1,2,3,4- 四氢 -3,5,9,11- 四羟基 - 苯并 [a] 呫离子 (2*S*,3*R*)-2-(3,4-dihydroxyphenyl)-1,2,3,4-tetrahydro-3,5,9,11-tetrahydroxy-benzo[a]xanthylium
1,2-*O*-[2*S*-(3,4- 二羟基苯基)-1,2- 乙烷二基]-3-*O*-*α*-L- 吡喃鼠李糖基 -4-*O*- 咖啡酰基 -*β*-D- 吡喃葡萄糖苷 1,2-*O*-[2*S*-(3,4-dihydroxyphenyl)-1,2-ethylanediyl]-3-*O*-*α*-L-rhamnylpyranylosyl-4-*O*-caffeoyl-*β*-D-glucopyranoside
2-(3',4'- 二羟基苯基)-1,3- 苯并二恶茂 -5- 醛 2-(3',4'-dihydroxyphenyl)-1,3-benzodioxole-5-aldehyde
2-(3',4'- 二羟基苯基)-1,3- 胡椒环 -5- 醛 2-(3',4'-dihydroxyphenyl)-1,3-piperonylcyclo-5-al
7-(3,4- 二羟基苯基)-1- 对羟基苯基 -5- 甲氧基庚烷 -3- 酮 7-(3,4-dihydroxyphenyl)-1-(4-hydroxyphenyl)-5-methoxyheptan-3-one
1-[2-(3,4- 二羟基苯基)-1- 甲氧羰基] 乙氧羰基 -2-(3,4- 二羟基苯基)-3-[2-(3,4- 二羟基苯基)-1- 甲氧羰基] 乙氧羰基 -7,8- 二羟基 -1,2- 二氢萘 1-[2-(3,4-dihydroxyphenyl)-1-methoxycarbonyl]ethoxycarbonyl-2-(3,4-dihydroxyphenyl)-3-[2-(3,4-dihydroxyphenyl) -1-carboxy]ethoxycarbonyl-7,8-dihydroxy-1,2-dihydronaphthalene
(*S*)-1-(3',4'- 二羟基苯基)-1- 羟基丙烷 -2- 酮 (*S*)-1-(3',4'-dihydroxyphenyl)-1-hydroxypropan-2-one
3-[2-(3,4- 二羟基苯基)-1- 羧基] 乙氧基羰基 -2-(3,4- 二羟基苯基)-7,8- 二羟基 -1,2- 二氢萘 -1- 羧酸 3-[2-(3,4-dihydroxyphenyl)-7,8-dihydroxy-1,2-dihydronaphthalene-1-carboxylic acid
1-[2-(3,4- 二羟基苯基)-1 羧基] 乙氧羰基 -2-(3,4- 二羟基苯基)-3-[2-(3,4- 二羟基苯基)-1- 甲氧羰基] 乙氧羰基 -7,8- 二羟基 -1,2- 二氢萘 1-[2-(3,4-dihydroxyphenyl)-1-carboxy]ethoxycarbonyl-2-(3,4-dihydroxyphenyl)-3-[2-(3,4-dihydroxyphenyl)-1-methoxycarbonyl]ethoxycarbonyl-7,8-dihydroxy-1,2-dihydronaphthalenel
1-[2-(3,4- 二羟基苯基)-1- 羧基] 乙氧羰基 -2-(3,4- 二羟基苯基)-7,8- 二羟基 -1,2- 二氢萘 -3- 羧酸 1-[2-(3,4-dihydroxyphenyl)-1-carboxy] ethoxycarbonyl-2-(3,4-dihydroxyphenyl)-7,8-dihydroxy-1,2-dihydronaphthalene-3-carboxylic acid
4-[2-[3-(3,4- 二羟基苯基)-1- 氧代 -2- 丙烯醇基]-2- 羧基 -1- 乙基]-2-(3,4- 二羟基苯基)-2,3- 二氢 -7- 羟基苯并呋喃 -3- 酸 -l- 羰基 -2-(3,4- 二羟基苯基) 乙酯 4-[2-[3-(3,4-dihydroxyphenyl)-1-oxo-2-propenoxyl]-2-carboxyl-1-ethyl]-2-(3,4-dihydroxyphenyl)-2,3-dihydro-7-hydroxybenzofuran-3-carboxylic acid-l-carboxy-2-(3,4-dihydroxyphenyl)ethyl ester
(1*R*,3*R*,4*S*,5*R*)-3-[(2*E*)-3-(3,4- 二羟基苯基)-1- 氧代 -2- 丙烯氧基]-1,5- 二羟基 -4- 甲氧基 - 环己烷羧酸 (1*R*,3*R*,4*S*,5*R*)-3-[(2*E*)-3-(3,4-dihydroxyphenyl)-1-oxo-2-propenyloxy]-1,5-dihydroxy-4-methoxy-cyclohexanecarboxylic acid
4-[2-[3-(3,4- 二羟基苯基)-1- 氧代 -2- 丙烯氧基]-2- 羧基 -1- 乙基]-2-(3,4- 二羟基苯基)-2,3- 二氢 -7- 羟基苯并呋喃 -3- 羧酸 -l- 羰基 -2-[2-(3,4- 二羟基苯基)]-2,3- 二氢 -7- 羟基苯并呋喃 -3- 羧酸 -l- 羰基 -2-(3,4- 二羟基苯基) 乙酯 4-[2-[3-(3,4-dihydroxyphenyl)-l-oxo-2-propenoxy]-2-carboxy-1-ethyl]-2-(3,4-dihydroxyhenyl)-2,3-dihydro-7-hydroxybenzofuran-3-carboxylic acid-l-carboxy-2-[2-(3,4-dihydroxyphenyl)-2,3-dihydro-7-hydroxybenzofuran-3-carboxylic acid-l-carboxy-2-(3,4-dihydroxyl-phenyl)ethyl ester
4-(3,4- 二羟基苯基)-2-(4- 羟基苯基)-2-(2- 吡咯烷酮 -5- 基)-4- 环戊烯 -1,3- 二酮 4-(3,4-dihydroxyphenyl)-2-(4-hydroxyphenyl)-2-(2-pyrrolidinone-5-yl)-4-cyclopentene-1,3-dione
3-(3,5- 二羟基苯基)-2*E*- 丙烯酸 3-(3,5-dihydroxyphenyl)-2*E*-propenoic acid
3*β*-(3',5'- 二羟基苯基)-2*α*-(4''- 羟苯基) 二羟基苯并呋喃 -5- 醛 3*β*-(3',5'-dihydroxyphenyl)-2*α*-(4''-hydroxyphenyl) dihydrobenzofuran-5-carbaldehyde
3-(3,4- 二羟基苯基)-2- 丙烯 -1- 乙醇酯 3-(3,4-dihydroxyphenyl)-2-propen-1-ethanoate
3-(2,4- 二羟基苯基)-2- 丙烯酸 3-(2,4-dihydroxyphenyl)-2-propenoic acid
3-(3,4- 二羟基苯基)-2- 丙烯酸 3-(3,4-dihydroxyphenyl)-2-propenoic acid
(2*E*)-3-(3,4- 二羟基苯基)-2- 丙烯酰胺 (2*E*)-3-(3,4-dihydroxyphenyl)-2-propenamide
(2*R*)-4-(3',4'- 二羟基苯基)-2- 丁醇 (2*R*)-4-(3',4'-dihydroxyphenyl)-2-butanol
(2*S*)-4-(3,4- 二羟基苯基)-2- 丁醇 (2*S*)-4-(3,4-dihydroxyphenyl)-2-butanol
4-(3,4- 二羟基苯基)-2- 丁酮 4-(3,4-dihydroxyphenyl)-2-butanone
1-(2',4'- 二羟基苯基)-2- 羟基 -3-(4''- 羟基苯基)-1- 丙酮 1-(2',4'-dihydroxyphenyl)-2-hydroxy-3-(4''-hydroxyphenyl)-1-propanone
1-(2,4- 二羟基苯基)-2- 羟基 -5,9,13- 三甲基 -4(*E*),8(*E*),12- 十四碳三烯 -1- 酮 1-(2,4-dihydroxyphenyl)-2-hydroxy-5,9,13-trimethyl-4(*E*),8(*E*),12-tetradecatrien-1-one
(3,4- 二羟基苯基)-2- 乙醇 (3,4-dihydroxyphenol)-2-ethanol
2-(3,4- 二羟基苯基)-2- 乙氧基乙基 -*O*-(*α*-L- 吡喃鼠李糖基 -(1 → 3)-{4-[(2*E*)-3-(3,4- 二羟基苯基)-2- 丙烯酸酯]-*β*-D- 吡喃葡萄糖苷 } 2-(3,4-dihydroxyphenyl)-2-ethoxyethyl-*O*-(*α*-L-rhamnopyranosyl-(1 → 3)- {4-[(2*E*)-3-(3,4-dihydroxyphenyl)-2-propenoate]-*β*-D-glucopyranoside}
3-(3,4- 二羟基苯基)-2- 异丙氧基 - 丙酸 3-(3,4-dihydroxyphenyl)-2-

isopropoxy-propionic acid
2-(3,4- 二羟基苯基)-3-(6-*O*-*β*-D- 吡喃葡萄糖基 -*β*-D- 吡喃葡萄糖氧基)-5- 羟基 -4- 氧代 - 黄烷 -7- 基 -*β*-D- 吡喃葡萄糖醛酸 2-(3,4-dihydroxyphenyl)-3-(6-*O*-*β*-D-glucopyranosyl-*β*-D-glucopyranosyloxy)-5-hydroxy-4-oxo-flavan-7-yl-*β*-D-glucopyranosiduronic acid
2-(3,4- 二羟基苯基)-3-(*β*-D- 吡喃葡萄糖氧基)-5- 羟基 -4- 氧代 - 黄烷 -7- 基 -*β*-D- 吡喃葡萄糖醛酸 2-(3,4-dihydroxyphenyl)-3-(*β*-D-glucopyranosyloxy)-5-hydroxy-4-oxo-flavan-7-yl-*β*-D-glucopyranosiduronic acid
1-(2,4- 二羟基苯基)-3,7,11- 三甲基 -3- 乙烯基 -6(*E*),10- 十二碳二烯 -1,9- 二酮 1-(2,4-dihydroxyphenyl)-3,7,11-trimethyl-3-vinyl-6(*E*),10-dodecadiene-1,9-dione
1-(2,4- 二羟基苯基)-3,7,11- 三甲基 -3- 乙烯基 -6(*E*),10- 十二碳二烯 -1- 酮 1-(2,4-dihydroxyphenyl)-3,7,11-trimethyl-3-vinyl-6(*E*),10-dodecadiene-1-one
1-(2,4- 二羟基苯基)-3,7- 二甲基 -3- 乙烯基 -8-(4- 甲基 -2- 呋喃基)-6(*E*)- 辛烯 -1- 酮 1-(2,4-dihydroxyphenyl)-3,7-dimethyl-3-vinyl-8-(4-methyl-2-furyl)-6(*E*)-octen-1-one
1-(3,4- 二羟基苯基)-3-[2-(3,4- 二羟基苯基)-1- 羧基] 乙氧羰基 -6,7- 二羟基 -1,2- 二氢萘 -2- 羧酸 1-(3,4-dihydroxyphenyl)-3-[2-(3,4-dihydroxyphenyl)-1-carboxy]ethoxycarbonyl-6,7-dihydroxy-1,2-dihydronaphthalene-2-carboxylic acid
2-(2'4'- 二羟基苯基)-3- 甲基 -6- 甲氧基苯并呋喃 2-(2'4'-dihydroxyphenyl)-3-methyl-6-methoxybenzofuran
5-(3,4- 二羟基苯基)-3- 羟基戊 -2,4- 二烯酸甲酯 methyl 5-(3,4-dihydroxyphenyl)-3-hydroxypenta-2,4-dienoate
2-(3,4- 二羟基苯基)-4,6- 二羟基 -2- 甲氧基香豆素 -3- 酮 2-(3,4-dihydroxyphenyl)-4,6-dihydroxy-2-methoxybenzofuran-3-one
2-(3,5- 二羟基苯基)-5,6- 二羟基苯并呋喃 2-(3,5-dihydroxyphenyl)-5,6-dihydroxybenzofuran
2-(2',4'- 二羟基苯基)-5,6- 亚甲二氧基苯丙呋喃 2-(2',4'-dihydroxyphenyl)-5,6-methylenedioxybenzofuran
2-(2,4- 二羟基苯基)-5,6- 亚甲二氧基苯并呋喃 2-(2,4-dihydroxyphenyl)-5,6-methylenedioxybenzofuran
7-(3,4- 二羟基苯基)-5- 羟基 -1-(4- 羟基苯基)-3- 庚酮 -5-*O*-*β*-D- 吡喃木糖苷 7-(3,4-dihydroxyphenyl)-5-hydroxy-1-(4-hydroxyphenyl)-3-heptanone-5-*O*-*β*-D-xylopyranoside
1-(3,4- 二羟基苯基)-5- 羟基 -7-(4- 羟基苯基)-3- 庚酮 -5-*O*-*β*-D- 吡喃木糖苷 1-(3,4-dihydroxyphenyl)-5-hydroxy-7-(4-hydroxyphenyl)-3-heptanone-5-*O*-*β*-D-xylopyranoside
1-(3,4- 二羟基苯基)-6,7- 二羟基 -1,2- 二氢萘 -2,3- 二羧酸 1-(3,4-dihydroxyphenyl)-6,7-dihydroxy-1,2-dihydronaphthalene-2,3-dicarboxylic acid
1-(3',4'- 二羟基苯基)-6,7- 二羟基异色烷 1-(3',4'-dihydroxyphenyl)-6,7-dihydroxyisochroman
2-(2,4- 二羟基苯基)-6- 羟基苯并呋喃 2-(2,4-dihydroxyphenyl)-6-hydroxybenzofuran
1-(3,4- 二羟基苯基)-7-(4- 羟基苯基)-4- 庚烯 -3- 酮 1-(3,4-dihydroxyphenyl)-7-(4-hydroxyphenyl)-4-hepten-3-one
1-(3,4- 二羟基苯基)-7-(4- 羟基苯基)- 庚烷 -3(*R*)-*O*-*β*-D- 吡喃葡萄糖苷 1-(3,4-dihydroxyphenyl)-7-(4-hydroxyphenyl)-heptan-3(*R*)-*O*-*β*-D-glucopyranoside
2-(2',4'- 二羟基苯基)-8,8- 二甲基 -10-(3- 甲基 -2- 丁烯基)-8*H*- 吡喃 [2,3-d] 色烷 -4- 酮 2-(2',4'-dihydroxyphenyl)-8,8-dimethyl-10-(3-methyl-2-butenyl)-8*H*-pyrano[2,3-d]chroman-4-one
1-(2,6- 二羟基苯基)-9-(3,4- 二羟基苯基)-1- 壬酮 1-(2,6-dihydroxyphenyl)-9-(3,4-dihydroxyphenyl)-1-nonanone
1-(2,6- 二羟基苯基)-9-(4- 羟基苯基)-1- 壬酮 1-(2,6-dihydroxyphenyl)-9-(4-hydroxyphenyl)-1-nonanone
(-)-1-(2,6- 二羟基苯基)-9-[4- 羟基 -3-(对薄荷 -1- 烯 -8- 氧基)- 苯基]-1- 壬酮 (-)-1-(2,6-dihydroxyphenyl)-9-[4-hydroxy-3-(*p*-menth-1-en-8-oxy)-phenyl]-1-nonanone
8-{[7'-(3',4'- 二羟基苯基)-9'- 氧代 -7'- 丙烯基] 氧基 }-3-(1''-*O*-*β*-D- 吡喃葡萄糖基)-4- 羟基 -[*R*-(*E*)]- 苯丙酸 8-{[7'-(3',4'-dihydroxypheny1)-9'-oxo-7'-propeny1] oxy}-3-(1''-*O*-*β*-D-glucopyranosy1)-4-hydroxy-[*R*-(*E*)]-benzenepropanoic acid
(*E*)-4-(3,4- 二羟基苯基)-*N*-(1- 羟基 -2-(4- 羟基苯基) 乙基)-2- 氧代丁 -3- 烯酰胺 (*E*)-4-(3,4-dihydroxyphenyl)-*N*-(1-hydroxy-2-(4-hydroxyphenyl) ethyl)-2-oxobut-3-enamide
7'-(3',4'- 二羟基苯基)-*N*-[(4- 甲氧基苯基) 乙基] 丙烯酰胺 7'-(3',4'-dihydroxyphenyl)-*N*-[(4-methoxyphenyl)ethyl] propenamide
2-(3,4- 二羟基苯基)-*N*-[(*E*)- 阿魏酰基] 乙酰胺 2-(3,4-dihydroxyphenyl)-*N*-[(*E*)-feruloyl]ethanamine
(*E*)-3-(3,4- 二羟基苯基)-*N*-[2-(3,4- 二羟基苯基) 乙基]-2- 丙烯酰胺 (*E*)-3-(3,4-dihydroxyphenyl)-*N*-[2-(3,4-dihydroxyphenyl)ethyl]-2-propenamide
(2*E*)-3-(3,4- 二羟基苯基)-*N*-[2-(3- 羟基 -4- 甲氧基苯基) 乙基]-2- 丙烯酰胺 (2*E*)-3-(3,4-dihydroxyphenyl)-*N*-[2-(3-hydroxy-4-methoxyphenyl)ethyl]-2-propenamide
7'-(3',4'- 二羟基苯基)-*N*-[4- 甲氧基苯基) 乙基] 丙烯胺 7'-(3',4'-dihydroxyphenyl)-N-[4-methoxyphenyl)ethyl]propenamide
3-(3',4'- 二羟基苯基)- 丙基棕榈酸酯 3-(3',4'-dihydroxyphenyl)-propyl palmitate
3-(3,4- 二羟基苯基) 丙酸 3-(3,4-dihydroxyphenyl)propionic acid
3-(2',4'- 二羟基苯基) 丙酸甲酯 3-(2',4'-dihydroxyphenyl)methyl propionate
3-(3',4'- 二羟基苯基) 丙酸甲酯 methyl 3-(3',4'-dihydroxyphenyl) propionate
3-(3,4- 二羟基苯基)- 丙烯酸 -1-(3,4- 二羟基苯基)-2- 甲氧基甲酰乙酯 3-(3,4-dihydroxyphenyl)-acrylic acid-1-(3,4-dihydroxyphenyl)-2-methoxycarbonyl ethyl ester
6-[3-(2,4- 二羟基苯基)- 丙烯酰基]-7- 羟基 -2,2- 二甲基 -8-(3-甲基 -2- 丁烯基)-2*H*- 苯并吡喃 6-[3-(2,4-dihydroxyphenyl)-acryloyl]-7-hydroxy-2,2-dimethyl-8-(3-methyl-2-butenyl)-2*H*-benzopyarn
4-[3-(3,4- 二羟基苯基)- 丙烯酰氧基]-2,3- 二羟基 -2- 甲基丁酸 4-[3-(3,4-dihydroxyphenyl)-acryloyloxy]-2,3-dihydroxy-2-methyl-butyric acid
(*E*)-4-(3,4- 二羟基苯基)- 丁烷 -3- 烯 -2- 酮 (*E*)-4-(3,4-dihydroxyphenyl)-but-3-en-2-one
4-(3,4- 二羟基苯基)- 丁烷 -3- 烯 -2- 酮 4-(3,4-dihydroxyphenyl)-but-3-en-2-one
1-(3,5- 二羟基苯基) 庚烷 -1- 酮 1-(3,5-dihydroxyphenyl)heptan-1-one
6-(3,4- 二羟基苯基)- 己 -3,5- 二烯 -2- 酮 6-(3,4-dihydroxyphenyl)-hex-3,5-dien-2-one
1-(3,5- 二羟基苯基) 壬烷 -1- 酮 1-(3,5-dihydroxyphenyl)nonan-1-one
3-(3,4- 二羟基苯基)- 乳酸 3-(3,4-dihydroxyphenyl)-lactic acid
3-(3,4- 二羟基苯基) 乳酸甲酯 methyl 3-(3,4-dihydroxyphenyl) lactate
3-(3',4'- 二羟基苯基) 乳酸甲酯 methyl 3-(3',4'-dihydroxyphenyl)-lactate
3-(3,4- 二羟基苯基) 乳酸乙酯 ethyl 3-(3,4-dihydroxyphenyl)lactate
(10*Z*)-1-(2,6- 二羟基苯基) 十八 -10- 烯 -1- 酮 (10*Z*)-1-(2,6-

dihydroxyphenyl)octadec-10-en-1-one
1-(3,5- 二羟基苯基) 十五烷 -1- 酮 1-(3,5-dihydroxyphenyl)pentadecan-1-one
5-[14'-(3'',5''- 二羟基苯基)- 顺式 - 二十四碳 -6'- 烯 -1'- 基] 苯 -1,3- 二醇 5-[14'-(3'',5''-dihydroxyphenyl)-*cis*-tetradec-6'-en-1'-yl] benzene-1,3-diol
1-(3,5- 二羟基苯基) 戊烷 -1- 酮 1-(3,5-dihydroxyphenyl)pentan-1-one
3-(3,4- 二羟基苯基)- 戊酯 3-(3,4-dihydroxyphenyl)-pentyl ester
6-[3-(2',4'- 二羟基苯基) 烯丙酰]-7- 羟基 -2,2- 二甲基 -8-(3- 甲基 -2- 丁烯基)-2*H*- 苯并吡喃 6-[3-(2',4'-dihydroxyphenyl)acryloyl]-7-hydroxy-2,2-dimethyl-8-(3-methyl-2-butenyl)-2*H*-benzopyran
2-(3,4- 二羟基苯基) 乙醇 2-(3,4-dihydroxyphenyl)ethanol
2-(3,4- 二羟基苯基)- 乙醇 -1-*O*-*β*-D- 吡喃葡萄糖苷 2-(3,4-dihydroxyphenyl)-ethanol-1-*O*-*β*-*D*-glucopyranoside
2-(3,4- 二羟基苯基)- 乙醇 - 吡喃葡萄糖苷 2-(3,4-dihydroxyphenyl)-ethanol-glucopyranoside
2-(3,4- 二羟基苯基) 乙基 (1*R*,4a*S*,8*R*,8a*S*)-8- 甲基 -6- 氧代 -1-[(2*S*,3*R*,4*S*,5*S*,6*R*)-3,4,5- 三羟基 -6-(羟甲基) 环氧乙烷 -2- 基] 氧基 -4a,5,8,8a- 四氢 -1*H*- 吡喃 [3,4-c] 吡喃 -4- 羧酸酯 2-(3,4-dihydroxyphenyl)ethyl(1*R*,4a*S*,8*R*,8a*S*)-8-methyl-6-oxo-1-[(2*S*,3*R*,4*S*,5*S*,6*R*)-3,4,5-trihydroxy-6-(hydroxymethy)oxan-2-yl]oxy-4a,5,8,8a-tetrahydro-1*H*-pyrano[3,4-c]pyran-4-carboxylate
α-(3,4- 二羟基苯基)- 乙基 -(2'-*O*-*β*-L- 吡喃鼠李糖基 -3'-*O*-*β*-D- 呋喃芹糖基 -4'-*O*- 反式 - 咖啡酰基)-*β*-D- 吡喃葡萄糖苷 *α*-(3,4-dihydroxyphenyl)ethyl-(2'-*O*-*β*-L-rhamnopyranosyl-3'-*O*-*β*-D-apiofuranosyl-4'-*O*-*E*-caffeoyl)-*β*-D-glucopyranoside
2'-(3',4'- 二羟基苯基) 乙基 -(6''-*O*- 木犀榄苷▲ -11- 甲酯)-*β*-D- 吡喃葡萄糖苷 2'-(3',4'-dihydroxyphenyl)ethyl-(6''-*O*-oleoside-11-methyl ester)-*β*-D-glucopyranoside
2-(3,4- 二羟基苯基) 乙基 -(6-*O*- 咖啡酰基)-*β*-D- 吡喃葡萄糖苷 2-(3,4-dihydroxyphenyl)ethyl-(6-*O*-caffeoyl)-*β*-D-glucopyranoside
2-(3,4- 二羟基苯基) 乙基 -2-*O*-*α*-D- 吡喃鼠李糖基 -*β*-D- 吡喃阿洛糖苷 2-(3,4-dihydroxyphenyl)ethyl-2-*O*-*α*-D-rhamnopyranosyl-*β*-D-allopyranoside
β-(3,4- 二羟基苯基) 乙基 -3-*O*-*E*- 咖啡酰基 -*O*-[*β*-D- 呋喃芹糖基 -(1 → 2)]-*β*-D- 吡喃葡萄糖苷 *β*-(3,4-dihydroxyphenyl)ethyl-3-*O*-*E*-caffeoyl-*O*-[*β*-D-apiofuranosyl-(1 → 2)]-*β*-D-glucopyranoside
2-(3,4- 二羟基苯基)- 乙基 -3-*O*-*β*-D- 吡喃阿洛糖基 -6-*O*- 咖啡酰基 -*β*-D- 吡喃葡萄糖苷 2-(3,4-dihydroxyphenyl)ethyl-3-*O*-*β*-D-allopyranosyl-6-*O*-caffeoyl-*β*-D-glucopyranoside
β-(3,4- 二羟基苯基) 乙基 -4-*O*-*E*- 咖啡酰基 -*O*-[*β*-D- 呋喃芹糖基 -(1 → 2)]-*β*-D- 吡喃葡萄糖苷 *β*-(3,4-dihydroxyphenyl)ethyl-4-*O*-*E*-caffeoyl-*O*-[*β*-D-apiofuranosyl-(1 → 2)]-*β*-D-glucopyranoside
2-(3,4- 二羟基苯基) 乙基 -4- 甲酰基 -3- 甲酰甲基 -4- 己烯酯 2-(3,4-dihydroxyphenyl)ethyl 4-formyl-3-formylmethyl-4-hexenoate
β-(3,4- 二羟基苯基) 乙基 -6-*O*-*E*- 咖啡酰基 -*O*-[*β*-D- 呋喃芹糖基 -(1 → 2)]-*β*-D- 吡喃葡萄糖苷 *β*-(3,4-dihydroxyphenyl)ethyl-6-*O*-*E*-caffeoyl-*O*-[*β*-D-apiofuranosyl-(1 → 2)]-*β*-D-glucopyranoside
(3,4- 二羟基苯基)- 乙基 -6-*O*- 反式 - 阿魏酰基 -*β*-D- 吡喃葡萄糖苷 (3,4-dihydroxyphenyl)-ethyl-6-*O*-*trans*-feruloyl-*β*-D-glucopyranoside
1'-*O*-*β*-D-(3,4- 二羟基苯基)- 乙基 -6'-*O*- 反式 - 阿魏酰基 -*β*-D- 呋喃芹糖基 -(1 → 3')- 吡喃葡萄糖苷 1'-*O*-*β*-D-(3,4-dihydroxyphenyl)-ethyl-6'-*O*-*trans*-caffeoyl-*β*-D-apiofuranosyl-(1 → 3')-glucopyranoside
2-(3,4- 二羟基苯基)- 乙基 -*O*-D- 芹糖 -*β*-D- 呋喃基 -(1→3)-*O*-[*β*-D- 吡喃葡萄糖基 -(1 → 6)]-{4-[(2*E*)-3-(3,4- 二羟基苯基)-2- 丙烯酸酯]-*β*-D- 吡喃葡萄糖苷 } 2-(3,4-dihydroxyphenyl)ethyl-*O*-D-apio-*β*-D-furanosyl-(1→3)-*O*-[*β*-D-glucopyranosyl-(1→6)]-{4-[(2*E*)-3-(3,4-dihydroxyphenyl)-2-propenoate]-*β*-D-glucopyranoside}
β-(3',4'- 二羟基苯基)- 乙基 -*O*-*α*-L- 吡喃鼠李糖基 -(1 → 3)-*β*-D- 吡喃葡萄糖苷 *β*-(3',4'-dihydroxyphenyl)ethyl-*O*-*α*-L-rhamnopyranosyl-(1 → 3)-*β*-D-glucopyranoside
β-(3,4- 二羟基苯基)- 乙基 -*O*-*β*-D- 吡喃葡萄糖 *β*-(3,4-dihydroxyphenyl)ethyl-*O*-*β*-D-glucopyranose
2-(3,4- 二羟基苯基)- 乙基 -*O*-*β*-D- 吡喃葡萄糖苷 2-(3,4-dihydroxyphenyl)-ethyl-*O*-*β*-D-glucopyranoside
1-*O*-(3,4- 二羟基苯基) 乙基 -*O*-*β*-D- 吡喃葡萄糖基 -(1 → 2)-*α*-L- 吡喃鼠李糖基 -(1 → 3)-4-*O*- 咖啡酰基 -*β*-D- 吡喃葡萄糖苷 1-*O*-(3,4-dihydroxyphenyl)ethyl-*O*-*β*-D-glucopyranosyl-(1 → 2)-*α*-L-rhamnopyranosyl(1 → 3)-4-*O*-feruloyl-*β*-D-glucopyranoside
1-*O*-3,4-(二羟基苯基)- 乙基 -*α*-L- 吡喃鼠李糖基 -(1 → 2)-4-*O*- 咖啡酰基 -*β*-D- 吡喃葡萄糖苷 1-*O*-3,4-(dihydroxyphenyl)ethyl-*α*-L-rhamnopyranosyl-(1 → 2)-4-*O*-caffeoyl-*β*-D-glucopyranoside
2-(3,4- 二羟基苯基) 乙基 -*β*-D- 吡喃阿洛糖苷 2-(3,4-dihydroxyphenyl)ethyl-*β*-D-allopyranoside
2-(3,4- 二羟基苯基) 乙基 -*β*-D- 吡喃葡萄糖苷 2-(3,4-dihydroxyphenyl)ethyl-*β*-D-glucopyranoside
β-(3,4- 二羟基苯基) 乙基 -*β*-D- 吡喃葡萄糖苷 *β*-(3,4-dihydroxyphenyl)ethyl-*β*-D-glucopyranoside
2-(3,4- 二羟基苯基)- 乙基 -*β*-D- 吡喃葡萄糖苷 2-(3,4-dihydroxyphenyl)-ethyl-*β*-D-glucopyranoside
1-*O*-3,4-(二羟基苯基)- 乙基 -*β*-D- 呋喃芹糖基 -(1 → 4)-*α*-L- 吡喃鼠李糖基 -(1 → 3)-4-*O*- 咖啡酰基 -*β*-D- 吡喃葡萄糖苷 1-*O*-3,4-(dihydroxyphenyl)-ethyl-*β*-D-apiofuranosyl-(1 → 4)-*α*-*L*-rharmnopyranosyl-(1 → 3)-4-*O*-caffeoyl-*β*-D-glucopyranoside
2-(3,4- 二羟基苯基)- 乙基吡喃葡萄糖苷 2-(3,4-dihydroxyphenyl)-ethyl glucopyranoside
2-[(3,4- 二羟基苯基)- 乙酸苯乙基]-3'-*α*-L- 吡喃鼠李糖基 -(1→ 4)-(4-*O*- 咖啡酰基)-*β*-D- 吡喃葡萄糖苷 2-[(3,4-dihydroxyphenyl)acetic phenylethyl)]-3'-*α*-L-rhamnopyranosyl-(1 → 4)-(4-*O*-caffeoyl)-*β*-D-glucopyranoside
3,5- 二羟基苯基 -1-*O*-(6'-*O*- 反式 - 阿魏酰基)-*β*-D- 吡喃葡萄糖苷 3,5-dihydroxyphenyl-1-*O*-(6'-*O*-*trans*-feruloyl)-*β*-D-glucopyranoside
(*E*)-3-2,4- 二羟基苯基 -2- 丙烯酸 (*E*)-3-2,4-dihydroxyphenyl-2-acrylic acid
3,4- 二羟基苯基丙醇 -3-*O*-*β*-D- 吡喃葡萄糖苷 3,4-dihydroxyphenylpropanol-3-*O*-*β*-D-glucopyranoside
(*E*)-3-(3,4- 二羟基苯基丙基)-3-(3,4- 二羟基苯基) 丙烯酸酯 (*E*)-3-(3,4-dihydroxyphenyl)propyl-3-(3,4-dihydroxyphenyl)acrylate
3,4- 二羟基苯基丙烯酸酯 (3,4-dihydroxyphenyl)-acrylate
3,4- 二羟基苯基 - 乳酸 3,4-dihydroxyphenyl-lactic acid
3,4- 二羟基苯基乳酸甲酯 methyl 3,4-dihydroxyphenyllactate
3,4- 二羟基苯基乳酸乙酯 ethyl 3,4-dihydroxyphenyllactate
3,4- 二羟基苯基乳酰胺 3,4-dihydroxyphenyllactamide
(*E*)-3-(3,4- 二羟基苯基亚甲基)-7- 羟基色烷 -4- 酮 (*E*)-3-(3,4-dihydroxybenzylidene)-7-hydroxychroman-4-one
3,4- 二羟基苯基乙醇酮 3,4-dihydroxyphenyl ethanol ketone
3,4- 二羟基苯基乙酸酯 3,4-dihydroxyphenyl acetate
3,4- 二羟基苯甲醇 3,4-dihydroxybenzyl alcohol
3,5- 二羟基苯甲醇 3,5-dihydroxybenzyl alcohol
2,3- 二羟基苯甲醛 2,3-dihydroxybenzaldehyde
2,4- 二羟基苯甲醛 2,4-dihydroxybenzaldehyde
2,5- 二羟基苯甲醛 2,5-dihydroxybenzaldehyde
3,4- 二羟基苯甲醛 3,4-dihydroxybenzaldehyde

3,5- 二羟基苯甲醛 3,5-dihydroxybenzaldehyde
4,5- 二羟基苯甲醛 -3-O-β-D- 吡喃葡萄糖苷 4,5-dihydroxybenzaldehyde-3-O-β-D-glucopyranoside
2,3- 二羟基苯甲酸 2,3-dihydroxybenzoic acid
2,4- 二羟基苯甲酸 2,4-dihydroxybenzoic acid
2,5- 二羟基苯甲酸 2,5-dihydroxybenzoic acid
2,6- 二羟基苯甲酸 2,6-dihydroxybenzoic acid
3,4- 二羟基苯甲酸 3,4-dihydroxybenzoic acid
3,5- 二羟基苯甲酸 3,5-dihydroxybenzoic acid
4-O-(3,5- 二羟基苯甲酸)-β-D- 吡喃葡萄糖醛酸苷 4-O-(3,5-dihydroxybenzoic acid)-β-D-glucuropyranonide
(R)-3,4- 二羟基 - 苯甲酸 -1'- 丙三醇酯 (R)-2,3-dihydroxypropyl-3,4-dihydroxybenzoate
2,4- 二羟基苯甲酸 -2-O- 葡萄糖苷 2,4-dihydroxybenzoic acid-2-O-glucoside
2,6- 二羟基苯甲酸 -2- 苯乙酯 2-phenylethyl-2,6-dihydroxybenzoate
3,4- 二羟基苯甲酸 -4-O-β-D-(4'-O- 甲基)- 吡喃葡萄糖苷 3,4-dihydroxybenzoic acid-4-O-β-D-(4'-O-methyl)-glucopyranoside
3,5- 二羟基苯甲酸 -4-O-β- 吡喃葡萄糖苷 3,5-dihydroxybenzoic acid-4-O-β-glucopyranoside
2,6- 二羟基苯甲酸苄酯 benzyl 2,6-dihydroxybenzoate
3,4- 二羟基苯甲酸根皮酚酯 phloroglucinoyl 3,4-dihydroxybenzoate
2,4- 二羟基苯甲酸甲酯 2,4-dihydroxybenzoic acid methyl ester
2,5- 二羟基苯甲酸甲酯 2,5-dihydroxybenzoic acid methyl ester; methyl 2,5-dihydroxybenzoate
3,4- 二羟基苯甲酸甲酯 3,4-dihydroxybenzoic acid methyl ester; methyl 3,4-dihydroxybenzoate
3,5- 二羟基苯甲酸甲酯 3,5-dihydroxybenzoic acid methyl ester
2,3- 二羟基苯甲酸甲酯 -3-O-β-D- 吡喃葡萄糖基 -(1 → 6)-β-D- 吡喃葡萄糖苷 2,3-dihydroxybenzoic acid methyl ester-3-O-β-D-glucopyranosyl-(1 → 6)-β-D-glucopyranoside
2,3- 二羟基苯甲酸乙酯 2,3-dihydroxybenzoic acid ethyl ester
2,4- 二羟基苯甲酸乙酯 ethyl 2,4-dihydroxybenzote
2,5- 二羟基苯甲酸乙酯 ethyl 2,5-dihydroxybenzoate
3,4- 二羟基苯甲酸乙酯 3,4-dihydroxybenzoic acid ethyl ester
(4αS,5R,6S)-6-[6-O-(2,3- 二羟基苯甲酰)-D- 吡喃葡萄糖氧基]-5- 乙烯基 -1,4α,5,6- 四氢 -1H,3H- 吡喃 [3,4-c] 吡喃 -1- 酮 (4αS,5R,6S)-6-[6-O-(2,3-dihydroxybenzoyl)-D-glucopyranosyloxy]-5-etheny-1,4α,5,6-tetrahydro-1H,3H-pyrano[3,4-c]pyran-1-one
7-O-(2,6- 二羟基苯甲酰) 水杨苷 7-O-(2,6-dihydroxybenzoyl)salicin
2'-O-(2,3- 二羟基苯甲酰) 獐牙菜苷 2'-O-(2,3-dihydroxy-benzoyl)sweroside
3,4- 二羟基苯甲酰胺 3,4-dihydroxybenzamide
(S)-3-[2-(3,4- 二羟基苯甲酰基)-4,5- 二羟基苯基]-2- 羟基丙酸乙酯 ethyl (S)-3-[2-(3,4-dihydroxybenzoyl)-4,5-dihydroxyphenyl]-2-hydroxypropanoate
3S*-(2,4- 二羟基苯甲酰基)-4R*,5R*- 二甲基 -5-(4,8- 二甲基 -3(E),7(E)- 壬二烯 -1- 基)- 四氢 -2- 呋喃酮 3S*-(2,4-dihydroxybenzoyl)-4R*,5R*-dimethyl-5-(4,8-dimethyl-3(E),7(E)-nonadien-1-yl)-tetrahydro-2-furanone
3S*-(2,4- 二羟基苯甲酰基)-4R*,5R*- 二甲基 -5-[4- 甲基 -5-(4- 甲基 -2- 呋喃基)-3(E)- 戊烯 -1- 基]- 四氢 -2- 呋喃酮 3S*-(2,4-dihydroxybenzoyl)-4R*,5R*-dimethyl-5-[4-methyl-5-(4-methyl-2-furyl)-3(E)-penten-1-yl]tetrahydro-2-furanone
3S*-(2,4- 二羟基苯甲酰基)-4R*,5S*- 二甲基 -5-[4- 甲基 -5-(4- 甲基 -2- 呋喃基)-3(E)- 戊烯 -1- 基]- 四氢 -2- 呋喃酮 3S*-(2,4-dihydroxybenzoyl)-4R*,5S*-dimethyl-5-[4-methyl-5-(4-methyl-2-furyl)-3(E)-penten-1-yl]-tetrahydro-2-furanone
3-(2,4- 二羟基苯甲酰基)-4S*,5R*- 二甲基 -5-[4,8- 二甲基 -3(E),7(E)- 壬二烯 -1- 基]- 四氢 -2- 呋喃酮 3-(2,4-dihydroxybenzoyl)-4S*,5R*-dimethyl-5-[4,8-dimethyl-3(E),7(E)-nonadien-1-yl]-tetrahydro-2-furanone
2-(2',6'- 二羟基苯甲酰基)-5- 甲基苯甲酸 -8-O-β-D- 吡喃葡萄糖苷 2-(2',6'-dihydroxybenzoyl)-5-methylbenzoic acid-8-O-β-D-glucopyranoside
6'-O-(2",3"- 二羟基苯甲酰基)-8- 表莫罗忍冬吉苷▲ 6'-O-(2",3"-dihydroxybenzoyl)-8-epikingiside
5-(3',5'- 二羟基苯甲酰基) 吡咯 -2- 羰基 -β- 吡喃葡萄糖苷 5-(3',5'-dihydroxybenzoyl)pyrrole-2-carbonyl-β-glucopyranoside
1-O-(2,4- 二羟基苯甲酰基)- 甘油 1-O-(2,4-dihydroxybenzoyl)-glycerol
2'-(2,3- 二羟基苯甲酰基) 龙胆苦苷 2'-(2,3-dihydroxybenzoyl) gentiopicroside
2-O-(3,4- 二羟基苯甲酰基) 麦珠子酸 2-O-(3,4-dihydroxybenzoyl) alphitolic acid
2'-O-(2",3"- 二羟基苯甲酰基) 莫罗忍冬吉苷▲ 2'-O-(2",3"-dihydroxybenzoyl)kingiside
4-[[(3',4'- 二羟基苯甲酰基) 氧基] 甲基] 苯基 -O-β-D-[6-O-(3",5"- 二甲氧基 -4"- 羟基苯甲酰基)]- 吡喃葡萄糖苷 4-[[(3',4'-dihydroxybenzoyl)oxy]methyl]phenyl-O-β-D-[6-O-(3",5"-dimethoxyl-4"-hydroxybenzoyl)]-glucopyranoside
4-[[(2',5'- 二羟基苯甲酰基) 氧基] 甲基] 苯基 -O-β-D- 吡喃葡萄糖苷 4-[[(2',5'-dihydroxybenzoyl)oxy]methyl]phenyl-O-β-D-glucopyranoside
2'-(2,3- 二羟基苯甲酰基) 獐牙菜苷 2'-(2,3-dihydroxybenzoyl) sweroside
3'-(2,3-2,3- 二羟基苯甲酰基) 獐牙菜苷 3'-(2,3-dihydroxybenzoyl) sweroside
6'-(2,3- 二羟基苯甲酰基) 獐牙菜苷 6'-(2,3-dihydroxybenzoyl) sweroside
2'-(2,3- 二羟基苯甲酰基) 獐牙菜苦素 2'-(2,3-dihydroxybenzoyl) swertiamarin
3,4- 二羟基苯甲酰甲醇 3,4-dihydroxyphenacyl alcohol
3,4- 二羟基苯甲酰桃叶珊瑚苷 3,4-dihydroxybenzoylaucubin
4-(3,4- 二羟基苯甲酰氧基甲基) 苯基 -O-β-D- 吡喃葡萄糖苷 4-(3,4-dihydroxybenzoyloxymethyl)phenyl-O-β-D-glucopyranoside
3,4- 二羟基苯乳酸丁酯 butyl 3,4-dihydroxyphenyllactate
5,7- 二羟基苯酞 5,7-dihydroxyphthalide
4,4'- 二羟基苯亚砜 4,4'-dihydroxybenzylsulfone
3,4- 二羟基苯氧基 -8-O-β-D-[6-O-(4-O-β-D- 吡喃葡萄糖基)- 阿魏酰基]- 吡喃葡萄糖苷 3,4-dihydroxyphenethoxy-8-O-β-D-[6-O-(4-O-β-D-glucopyranosyl)-feruloyl]-glucopyranoside
3,4- 二羟基苯乙醇 3,4-dihydroxyphenethyl alcohol
3,4- 二羟基苯乙醇 -2-O-β-D- 吡喃葡萄糖苷 3,4-dihydroxybenzenethanol-2-O-β-D-glucopyranoside
3,4- 二羟基苯乙醇 -3-O-β-D- 吡喃葡萄糖苷 3,4-dihydroxyphenylethyl-3-O-β-D-glucopyranoside
3,5- 二羟基苯乙醇 -3-O-β-D- 吡喃葡萄糖苷 3,5-dihydroxyphenethyl alchohol-3-O-β-D-glucopyranoside
3,4- 二羟基苯乙醇 -4- 吡喃葡萄糖苷 3,4-dihydroxyphenylethanol-4-glucopyranoside
3,4- 二羟基苯乙醇 -6-O- 咖啡酰基 -β-D- 吡喃葡萄糖苷 3,4-dihydroxyphenylethanol-6-O-caffeoyl-β-D-glucopyranoside
3,4- 二羟基苯乙醇 -8-O-[(5-O- 香荚兰酰基)-β-D- 呋喃芹糖基 -(1 → 2)]-β-D- 吡喃葡萄糖苷 3,4-dihydroxyphenylethanol-8-

E

O-[(5-*O*-vanilloyl)-*β*-D-apiofuranosyl-(1→2)]-*β*-D-glucopyranoside
3,4- 二羟基苯乙醇 -8-*O*-[4-*O*- 反式 - 咖啡酰基 -*β*-D- 呋喃芹糖基 -(1→3)-*β*-D- 吡喃葡萄糖基 (1→6)]-*β*-D- 吡喃葡萄糖苷 3,4-dihydroxyphenylethanol-8-*O*-[4-*O*-*trans*-caffeoyl-*β*-D-apiofuranosyl-(1→3)-*β*-D-glucopyranosyl-(1→6)]-*β*-D-glucopyranoside
3,4- 二羟基苯乙醇 -8-*O*-[4-*O*- 反式 - 咖啡酰基 -*β*-D- 呋喃芹糖基 -(1→3)-*β*-D- 吡喃葡萄糖基 -(1→6)]-*β*-D- 吡喃葡萄糖苷 3,4-dihydroxyphenylethanol-8-*O*-[4-*O*-*trans*-caffeoyl-*β*-D-apiofuranosyl-(1→3)- *β*-D-glucopyranosyl-(1→6)]-*β*-D-glucopyranoside
3,4- 二羟基苯乙醇 -8-*O*-[*β*-D- 呋喃芹糖基 -(1→2)]-*β*-D- 吡喃葡萄糖苷 3,4-dihydroxyphenylethanol-8-*O*-[*β*-D-apiofuranosyl-(1→2)]-*β*-D-glucopyranoside
3,4- 二羟基苯乙醇 -8-*O*-[*β*-D- 呋喃芹糖基 -(1→3)]-*β*-D- 吡喃葡萄糖苷 3,4-dihydroxyphenylethanol-8-*O*-[*β*-D-apiofuranosyl-(1→3)]-*β*-D-glucopyranoside
3,4- 二羟基苯乙醇 -8-*O*-[*β*-D- 呋喃芹糖基 -(1→3)-*β*-D- 吡喃葡萄糖基 -(1→6)]-*β*-D- 吡喃葡萄糖苷 3,4-dihydroxyphenylethanol-8-*O*-[*β*-D-apiofuranosyl-(1→3)-*β*-D-glucopyranosyl-(1→6)]-*β*-D-glucopyranoside
3,4- 二羟基苯乙醇 -8-*O*-*β*-D- 吡喃葡萄糖苷 3,4-dihydroxyphenylethyl alcohol-8-*O*-*β*-D-glucopyranoside
3,4- 二羟基苯乙醇 -8-*O*-*β*-D- 呋喃芹糖基 -(1→3)-[*β*-D- 吡喃葡萄糖基 -(1→6)]-4-*O*- 反式 - 咖啡酰基 -*β*-D- 吡喃葡萄糖苷 3,4-dihydroxyphenylethanol-8-*O*-*β*-D-apiofuranosyl-(1→3)-[*β*-D-glucopyranosyl-(1→6)]-4-*O*-*trans*-caffeyl-*β*-D-glucopyranoside
3,4- 二羟基苯乙醇 -8-*O*-*β*-D- 呋喃芹糖基 -(1→6)-*β*-D- 吡喃葡萄糖苷 3,4-dihydroxyphenylethanol-8-*O*-*β*-D-apiofuranosyl-(1→6)-*β*-D-glucopyranoside
3,4- 二羟基苯乙醇 -*O*-*α*-L- 吡喃鼠李糖基 -(1→3)-4-*O*- 咖啡酰基 -*β*-D- 吡喃葡萄糖苷 3,4-dihydroxyphenylethanol-*O*-*α*-L-rhamnopyranosyl-(1→3)-4-*O*-caffeoyl-*β*-D-glucopyranoside
3,4- 二羟基苯乙醇 -*O*-*α*-L- 吡喃鼠李糖基 -(1→3)-*β*-D-(2-*O*- 乙酰基 -4-*O*- 咖啡酰基)- 吡喃半乳糖苷 3,4-dihydroxyphenylethanol-*O*-*α*-L-rhamnopyranosyl-(1→3)-*β*-D-(2-*O*-acetyl-4-*O*-caffeyl)-galactopyranoside
3,4- 二羟基苯乙醇 -*O*-*α*-L- 吡喃鼠李糖基 (1→3)-*β*-D-(4-*O*- 咖啡酰基)- 吡喃半乳糖苷 3,4-dihydroxyphenylethanol-*O*-*α*-L-rhamnopyranosyl-(1→3)-*β*-D-(4-*O*-caffeyl)-galactopyranoside
3,4- 二羟基苯乙醇 -*β*-D- 吡喃葡萄糖苷 3,4-dihydroxyphenylethanol-*β*-D-glucopyranoside
3,4- 二羟基苯乙醇吡喃葡萄糖苷 3,4-dihydroxyphenylethanol glucopyranoside
3,4- 二羟基苯乙醇葡萄糖苷 3,4-dihydroxyphenethyl glucoside
1'-*O*-*β*-D-(3,4- 二羟基苯乙基)-6'-*O*- 香荚兰酰吡喃葡萄糖苷 1'-*O*-*β*-D-(3,4-dihydroxyphenethyl)-6'-*O*-vanilloyl-glucopyranoside
1'-*O*-*β*-D-(3,4- 二羟基苯乙基)-6'-*O*- 香荚兰酰基 - 葡萄糖苷 1'-*O*-*β*-D-(3,4-dihydroxyphenyl)-ethyl-6'-*O*-vanilloyl-glucopyranoside
2-(3,4- 二羟基苯乙基)-*O*-*α*- 吡喃阿拉伯糖基 -(1→2)-*α*-L- 吡喃鼠李糖基 -(1→3)-6-*O*-*β*-D- 吡喃葡萄糖苷 2-(3,4-dihydroxyphenethy)-*O*-*α*-arabinopyranosyl-(1→2)-*α*-L-rhamnopyranosyl-(1→3)-6-*O*-*β*-D-glucopyranoside
N-(3,4- 二羟基苯乙基)- 十四酰胺 *N*-(3,4-dihydroxyphenethyl)-tetracosanamide
3,4- 二羟基苯乙基 -8-*O*-*β*-D- 吡喃葡萄糖苷 3,4-dihydroxyphenylethyl-8-*O*-*β*-D-glucopyranoside
3,4- 二羟基苯乙基 -*β*-D- 吡喃葡萄糖苷 3,4-dihydroxyphenethyl-*β*-D-glucopyranoside
(*R*)-(-)-4*β*- 二羟基苯乙基阿魏酸酯 (*R*)-(-)-4*β*-dihydroxyphenethyl ferulate
3,4- 二羟基苯乙腈 3,4-dihydroxybenzonitrile
2,4- 二羟基苯乙酸 2,4-dihydroxyphenylacetic acid
2,5- 二羟基苯乙酸 2,5-dihydroxybenzeneacetic acid
3,4- 二羟基苯乙酸 3,4-dihydroxybenzeneacetic acid
二羟基苯乙酸 dihydroxyphenylacetic acid
2,4- 二羟基苯乙酸甲酯 2,4-dihydroxyphenylacetic acid methyl ester
2,5- 二羟基苯乙酸甲酯 methyl 2,5-dihydroxybenzeneacetate
3,4- 二羟基苯乙酸甲酯 3,4-dihydroxyphenylacetic acid methyl ester
3,4- 二羟基苯乙酸乙二醇酯 3,4-dihydroxyphenylacetic acid glycol ester
2,5- 二羟基苯乙酸乙酯 ethyl 2,5-dihydroxybenzeneacetate
2,4'- 二羟基苯乙酮 2,4'-dihydroxyacetophenone
2,4- 二羟基苯乙酮 2,4-dihydroxyacetophenone
2',4'- 二羟基苯乙酮 2',4'-dihydroxyacetophenone
2,5- 二羟基苯乙酮 2,5-dihydroxyacetophenone
3,4- 二羟基苯乙酮 3,4-dihydroxyacetophenone
4,6- 二羟基 - 苯乙酮 -2-*O*-*β*-D- 吡喃葡萄糖苷 4,6-dihydroxyacetophenone-2-*O*-*β*-D-glucopyranoside
1-*O*-(2,4- 二羟基苯乙酰基) 甘油 1-*O*-(2,4-dihydroxyphenylacetyl)-glycerol
1*α*,4*β*- 二羟基比梢菊内酯▲ 1*α*,4*β*-dihydroxybishopsolicepolide
1*α*,4*α*- 二羟基 - 比梢菊内酯▲ 1*α*,4*α*-dihydroxy-bishopsolicepolide
3*β*,17- 二羟基闭花木 -12,15- 二烯 -2- 酮 3*β*,17-dihydroxycleistantha-12,15-dien-2-one
3,4- 二羟基苄醇 -*O*-*β*-D- 葡萄吡喃糖基 -(1→6)-*β*-D- 吡喃葡萄糖苷 3,4-dihydroxy-phenylmethol-*O*-*β*-D-glucopyranosyl-(1→6)-*β*-D-glucopyranoside
2,4- 二羟基苄基 -*O*-*α*-L- 吡喃鼠李糖苷 2,4-dihydroxybenzyl-*O*-*α*-L-rhamnopyranoside
3,4- 二羟基苄基十八烷 3,4-dihydroxybenzyloctadecane
24*β*,28*β*- 二羟基苄基四十八碳 -36- 烯 -1- 酸 24*β*,28*β*-dihydroxybenzyloctatetracont-36-en-1-oic-acid
4',5'- 二羟基 - 表异梓酮醇 4',5'-dihydroxy-epiisocatalponol
(9*Z*,12*Z*,15*Z*)-2,3- 二羟基丙醇十八烷 -9,12,15- 三烯酸酯 (9*Z*,12*Z*,15*Z*)-2,3-dihydroxypropyloctadeca-9,12,15-trienoate
(9*Z*,12*Z*)-2,3- 二羟基丙醇十八烷 -9,12- 二烯酸酯 (9*Z*,12*Z*)-2,3-dihydroxypropyl octadeca-9,12-dienoate
2,3- 二羟基丙醇四十一酸酯 2,3-dihydroxypropanyl hentetracosanate
2,3- 二羟基丙基 -(*Z*,*Z*)-9,12- 十八烷二烯酯 2,3-dihydroxypropyl-(*Z*,*Z*)-9,12-octadecadienate
3-{4-{[4-(2,3- 二羟基丙基)-2,6- 二甲氧基苯基] 氨 }-3- 羟基 -5- 甲氧基苯基 } 丙基 -*α*-L- 吡喃鼠李糖苷 3-{4-{[4-(2,3-dihydroxypropyl)-2,6-dimethoxyphenyl]amino}-3-hydroxy-5-methoxyphenyl}propyl-*α*-L-rhamnopyranoside
4-[(1*R*,2*R*)-1,2- 二羟基丙基] 苯 -*O*-*β*-D- 吡喃葡萄糖苷 4-[(1*R*,2*R*)-1,2-dihydroxypropyl]phenyl-*O*-*β*-D-glucopyranoside
(2'*S*)-2',3'- 二羟基丙基 -1,6,8- 三羟基 -3- 甲基蒽醌 -2- 羧酸酯 (2'*S*)-2',3'-dihydroxypropyl-1,6,8-trihydroxy-3-methylanthraquinone-2-carboxylate
2,3- 二羟基丙基 -9- 十八烯酸酯 2,3-dihydroxypropyl-9-octadecenoate
α,*β*- 二羟基丙基丁香酮 *α*,*β*-dihydroxypropiosyringone
2,3- 二羟基丙基二十八酸酯 2,3-dihydroxypropyl octacosanoate
2,3- 二羟基丙基肉豆蔻酸酯 2,3-dihydroxypropyl myristate
2,3- 二羟基丙基十八酸酯 2,3-dihydroxypropyl octadecanoate
(9*Z*,12*Z*)-2,3- 二羟基丙基十八碳二烯酸酯 (9*Z*,12*Z*)-2,3-dihydroxypropyloctadecadienoate

(9*Z*,12*Z*,15*Z*)-2,3- 二羟基丙基十八碳三烯酸酯 (9*Z*,12*Z*,15*Z*)-2,3-dihydroxypropyloctadecatrienoate
2,3- 二羟基丙基十七酸酯 2,3-dihydroxypropyl heptadecoate
2,3- 二羟基丙基棕榈酸酯 2,3-dihydroxypropylpalmitate
2,3- 二羟基丙酯 2,3-dihydroxypropyl ester
5*β*,6*β*- 二羟基草苁蓉醛苷▲ 5*β*,6*β*-dihydroxyboschnaloside
2,2'- 二羟基查耳酮 2,2'-dihydroxychalcone
2',4'- 二羟基查耳酮 2',4'-dihydroxychalcone
3,3'- 二羟基查耳酮 3,3'-dihydroxychalcone
4,4'- 二羟基查耳酮 4,4'-dihydroxychalcone
3,4- 二羟基查耳酮 -4-*O*-*β*-L- 吡喃阿拉伯糖基 -*O*-*β*-D- 吡喃半乳糖苷 3,4-dihydroxychalcone-4-*O*-*β*-L-arabinopyranosyl-*O*-*β*-D-galactopyranoside
7,8- 二羟基菖蒲醛▲ 7,8-dihydroxycalamenal
(1*S*,4*R*)-7,8- 二羟基菖蒲烃▲ (1*S*,4*R*)-7,8-dihydroxycalamenene
5,7- 二羟基菖蒲烃▲ 5,7-dihydroxycalamenene
3,10- 二羟基菖蒲酮烯 3,10-dihydroxyacoronene
1*R*,3*S*,4*R*,5*R*,10*R*-3,10- 二羟基菖蒲酮烯 -3-*O*-*β*-D- 吡喃葡萄糖苷 1*R*,3*S*,4*R*,5*R*,10*R*-3,10-dihydroxyacoronene-3-*O*-*β*-D-glucopyranoside
7*α*,12*α*- 二羟基车桑子酸 -19- 内酯 7*α*,12*α*-dihydroxy-hautriwaic acid-19-lactone
22- 二羟基赪桐甾醇 22-dihydroxyclerosterol
(*Z*)-4,6,4'- 二羟基橙酮 (*Z*)-4,6,4'-trihydroxyaurone
二羟基匙羹藤酸三乙酯 dihydroxy gymnemic triacetate
2*α*,3*β*- 二羟基臭灵丹酸 2*α*,3*β*-dihydroxypterodontic acid
3*β*,12*β* - 二羟基达玛 -20(22)*E*,24- 二烯 -6-*O*-*β*-D- 吡喃木糖基 -(1 → 2)-*O*-*β*-D- 吡喃葡萄糖苷 3*β*,12*β*-dihydroxydammar-20(22)*E*,24-diene-6-*O*-*β*-D-xylopyranosyl-(1 → 2)-*O*-*β*-D-glucopyranoside
12*β*,25- 二羟基达玛 -20(22)*E*- 烯 -3-*O*-*β*-D- 吡喃葡萄糖基 -(1 → 2)-*O*-*β*-D- 吡喃葡萄糖苷 12*β*,25-dihydroxydammar-20(22)*E*-ene-3-*O*-*β*-D-glucopyranosyl-(1 → 2)-*O*-*β*-D-glucopyranoside
3*β*,25- 二羟基达玛 -20- 烯 -24- 酮 3*β*,25-dihydroxydammar-20-en-24-one
24(*R*),25- 二羟基达玛 -20- 烯 -3- 酮 24(*R*),25-dihydroxydammar-20-en-3-one
24,25- 二羟基达玛 -20- 烯 -3- 酮 24,25-dihydroxydammar-20-en-3-one
24(*R*),25- 二羟基 - 达玛 -20- 烯 -3- 酮 24(*R*),25-dihydroxy-dammar-20-en-3-one
(3*β*,6*α*,12*β*,23*E*)-3,12- 二羟基达玛 -23- 烯 -6,20- 二 -*O*-*β*-D- 吡喃葡萄糖苷 (3*β*,6*α*,12*β*,23*E*)-3,12-dihydroxydammar-23-ene-6,20-bis-*O*-*β*-D-glucopyranoside
(20*S*,23*R*)-3*β*,20*β*- 二羟基达玛 -24- 二烯 -21- 酸 -21,23- 内酯 (20*S*,23*R*)-3*β*,20*β*-dihydroxydamma-24-dien-21-oic acid-21,23-lactone
3*β*,20(*S*)- 二羟基达玛 -24- 烯 -12*β*,23*β*- 环氧 -20-*O*-*β*-D- 吡喃葡萄糖苷 3*β*,20(*S*)-dihydroxydammar-24-en-12*β*,23*β*-epoxy-20-*O*-*β*-D-glucopyranoside
3*β*,20*S*- 二羟基达玛 -24- 烯 -21,28- 二酸 3-*O*-[*α*-L- 吡喃鼠李糖基 -(1 → 2)-*α*-L- 吡喃鼠李糖基 -(1 → 6)-*β*-D- 吡喃葡萄糖基 -(1 → 3)-*α*-L- 吡喃阿拉伯糖基]-21-*O*-*β*-D- 吡喃葡萄糖苷 3*β*,20*S*-dihydroxydammar-24-en-21,28-dioic acid 3-*O*-[*α*-L-rhamnopyranosyl-(1 → 2)-*α*-L-rhamnopyranosyl-(1 → 6)-*β*-D-glucopyranosyl-(1 → 3)-*α*-L-arabinopyranosyl]-21-*O*-*β*-D-glucopyranoside
3*β*,20*S*- 二羟基达玛 -24- 烯 -21,28- 二酸 -3-*O*-[*α*-L- 吡喃鼠李糖基 -(1 → 2)-*β*-D- 吡喃葡萄糖基 -(1 → 3)-*α*-L- 吡喃阿拉伯糖基]-21-*O*-*β*-D- 吡喃葡萄糖苷 3*β*,20*S*-dihydroxydammar-24-en-21,28-dioic acid-3-*O*-[*α*-L-rhamnopyranosyl-(1 → 2)-*β*-D-glucopyranosyl-(1 → 3)-*α*-L-arabinopyranosyl]-21-*O*-*β*-D-glucopyranoside
3*β*,20*S*- 二羟基达玛 -24- 烯 -21,28- 二酸 3-*O*-[*β*-D- 吡喃葡萄糖基 -(1 → 3)-*α*-L- 吡喃阿拉伯糖基]-21-*O*-*β*-D- 吡喃葡萄糖苷 3*β*,20*S*-dihydroxydammar-24-en-21,28-dioic acid 3-*O*-[*β*-D-glucopyranosyl-(1 → 3)-*α*-L-arabinopyranosyl]-21-*O*-*β*-D-glucopyranoside
3*β*,20*S*- 二羟基达玛 -24- 烯 -21,29- 二酸 -21-*O*-[*β*-D- 吡喃葡萄糖基 -(1 → 2)-*α*-L- 吡喃鼠李糖基 -(1 → 6)-*β*-D- 吡喃葡萄糖苷] 3*β*,20*S*-dihydroxydammar-24-en-21,29-dioic acid-21-*O*-[*β*-D-glucopyranosyl-(1 → 2)-*α*-L-rhamnopyranosyl-(1 → 6)-*β*-D-glucopyranoside]
3*β*,20*S*- 二羟基达玛 -24- 烯 -21,29- 二酸 -3-*O*-[*α*-L- 吡喃鼠李糖基 -(1 → 6)-*β*-D- 吡喃葡萄糖基 -(1 → 3)]-*α*-L- 吡喃阿拉伯糖基 -21-*O*-*β*-D- 吡喃葡萄糖苷 3*β*,20*S*-dihydroxydammar-24-en-21,29-dioic acid-3-*O*-[*α*-L-rhamnopyranosyl-(1 → 6)-*β*-D-glucopyranosyl-(1 → 3)-*α*-L-arabinopyranosyl]-21-*O*-*β*-D-glucopyranoside
3*β*,20*S*- 二羟基达玛 -24- 烯 -21,29- 二酸 -3-*O*-[*β*-D- 吡喃葡萄糖基 -(1 → 3)-*α*-L- 吡喃阿拉伯糖基]-21-*O*-*β*-D- 吡喃葡萄糖苷 3*β*,20*S*-dihydroxydammar-24-en-21,29-dioic acid 3-*O*-[*β*-D-glucopyranosyl-(1 → 3)-*α*-L-arabinopyranosyl]-21-*O*-*β*-D-glucopyranoside
3*β*,20*S*- 二羟基达玛 -24- 烯 -21,29- 二酸 -3-*O*-*α*-L- 吡喃阿拉伯糖基 -21-*O*-*β*-D- 吡喃葡萄糖苷 3*β*,20*S*-dihydroxydammar-24-en-21,29-dioic acid-3-*O*-*α*-L-arabinopyranosyl-21-*O*-*β*-D-glucopyranoside
(20*R*,23*R*)-3*β*,20- 二羟基达玛 -24- 烯 -21- 酸 -21,23- 内酯 (20*R*,23*R*)-3*β*,20-dihydroxyldammarane-24-ene-21-oic acid-21,23-lactone
(20*S*,23*S*)-3*β*,20- 二羟基达玛 -24- 烯 -21- 酸 -21,23- 内酯 (20*S*,23*S*)-3*β*,20-dihydroxyldammarane-24-ene-21-oic acid-21,23-lactone
3*β*,20*S*- 二羟基达玛 -24- 烯 -21- 羧酸 -3-*O*-{[*α*-L- 吡喃鼠李糖基 -(1 → 2)]-[*α*-L- 吡喃鼠李糖基 -(1 → 3)]-*β*-D- 吡喃葡萄糖基 }-21-*O*-[*β*-D- 吡喃葡萄糖基 -(1 → 2)]-[*α*-L- 吡喃鼠李糖基 -(1 → 6)]-*β*-D- 吡喃葡萄糖苷 3*β*,20*S*-dihydroxydammar-24-en-21-carboxylic acid-3-*O*-{[*α*-L-rhamnopyanosyl-(1 → 2)]-[*α*-L-rhamnopyranosyl-(1 → 3)]-*β*-D-glucopyranosyl}-21-*O*-[*β*-D-glucopyranosyl-(1 → 2)]-[*α*-L-rhamnopyranosyl-(1 → 6)]-*β*-D-glucopyranoside
3*β*,20*S*- 二羟基达玛 -24- 烯 -21- 羧酸 -3-*O*-{[*α*-L- 吡喃鼠李糖基 -(1 → 2)][*β*-D- 吡喃木糖基 -(1 → 3)][*β*-D- 吡喃葡萄糖基 -(1 → 6)]*β*-D- 吡喃葡萄糖基 }-21-*O*-*β*-D- 吡喃葡萄糖苷 3*β*,20*S*-dihydroxydammar-24-ene-21-carboxylic acid-3-*O*-{[*α*-L-rhamnopyranosyl-(1 → 2)][*β*-D-xylopyranosyl-(1 → 3)][*β*-D-glucopyranosyl-(1 → 6)]*β*-D-glucopyranosyl}-21-*O*-*β*-D-glucopyranoside
3*β*,20*S*- 二羟基达玛 -24- 烯 -21- 羧酸 -3-*O*-{[*α*-L- 吡喃鼠李糖基 -(1 → 2)]-[*β*-D- 吡喃木糖基 -(1 → 3)]-*β*-D- 吡喃葡萄糖基 }-21-*O*-[*β*-D- 吡喃葡萄糖基 -(1 → 2)]-[*α*-L- 吡喃鼠李糖基 -(1 → 6)]-*β*-D- 吡喃葡萄糖苷 3*β*,20*S*-dihydroxydammar-24-en-21-carboxylic acid-3-*O*-{[*α*-L-rhamnopyranosyl-(1 → 2)]-[*β*-D-xylopyranosyl-(1 → 3)]-*β*-D-glucopyranosyl}-21-*O*-[*β*-D-glucopyranosyl-(1 → 2)]-[*α*-L-rhamnopyranosyl-(1 → 6)]-*β*-D-glucopyranoside
3*β*,20*S*- 二羟基达玛 -24- 烯 -21- 羧酸 -3-*O*-{[*α*-L- 吡喃鼠李糖基 -(1 → 2)]-[*β*-D- 吡喃葡萄糖基 -(1 → 3)]-*β*-D- 吡喃葡萄糖基 }-21-*O*-[*β*-D- 吡喃葡萄糖基 -(1 → 2)]-[*α*-L- 吡喃鼠李糖基 -(1 → 6)]-*β*-D- 吡喃葡萄糖苷 3*β*,20*S*-dihydroxydammar-24-en-21-carboxylic

E

acid-3-*O*-{[*α*-L-rhamnopyranosyl-(1 → 2)]-[*β*-D-glucopyranosyl-(1 → 3)]-*β*-D-glucopyranosyl}-21-*O*-[*β*-D-glucopyranosyl-(1 → 2)]-[*α*-L-rhamnopyranosyl-(1 → 6)]-*β*-D-glucopyranoside

3*β*,20*S*- 二羟基达玛 -24- 烯 -21- 羧酸 -3-*O*-{[*α*-L- 吡喃鼠李糖基 -(1 → 2)]-[*β*-D- 吡喃葡萄糖基 -(1 → 3)]-*β*-D- 吡喃葡萄糖基 }-21-*O*-[*β*-D- 吡喃葡萄糖基 -(1 → 2)]-*β*-D- 吡喃葡萄糖苷 3*β*,20*S*-dihydroxydammar-24-en-21-carboxylic acid-3-*O*-{[*α*- L-rhamnopyranosyl-(1 → 2)]-[*β*-D-glucopyranosyl-(1 → 3)]-*β*-D-glucopyranosyl}-21-*O*-[*β*-D-glucopyranosyl-(1 → 2)]-*β*-D-glucopyranoside

3*β*,20*S*- 二羟基达玛 -24- 烯 -21- 羧酸 -3-*O*-{[*α*-L- 吡喃鼠李糖基 -(1 → 2)][*β*-D- 吡喃葡萄糖基 -(1 → 3)]*β*-D- 吡喃葡萄糖基 }-21-*O*-*β*-D- 吡喃葡萄糖苷 3*β*,20*S*-dihydroxydammar-24-ene-21-carboxylic acid-3-*O*-{[*α*-L-rhamnopyranosyl-(1 → 2)][*β*-D-glucopyranosyl-(1 → 3)]*β*-D-glucopyranosyl}-21-*O*-*β*-D-glucopyranoside

3*β*,20*S*- 二羟基达玛 -24- 烯 -21- 羧酸 -3-*O*-{[*α*-L- 吡喃鼠李糖基 -(1 → 2)][*β*-D- 吡喃葡萄糖基 -(1 → 6)-*β*-D- 吡喃葡萄糖基 -(1 → 3)]*β*-D- 吡喃葡萄糖基 }-21-*O*-*β*-D- 吡喃葡萄糖苷 3*β*,20*S*-dihydroxydammar-24-ene-21-carboxylic acid-3-*O*-{[*α*-L-rhamnopyranosyl-(1 → 2)][*β*-D-glucopyranosyl-(1 → 6)-*β*-D-glucopyranosyl-(1 → 3)]*β*-D-glucopyranosyl}-21-*O*-*β*-D-glucopyranoside

3*β*,20*S*- 二羟基达玛 -24- 烯 -21- 羧酸 -3-*O*-[*α*-L- 吡喃鼠李糖基 -(1 → 2)][*β*-D- 吡喃葡萄糖基 -(1 → 3)]-*β*-D- 吡喃葡萄糖苷 3*β*,20*S*-dihydroxydammar-24-ene-21-carboxylic acid-3-*O*-[*α*-L-rhamnopyranosyl-(1 → 2)][*β*-D-glucopyranosyl-(1 → 3)]-*β*-D-glucopyranoside

3*β*,20*S*- 二羟基达玛 -24- 烯 -29- 醛 -21- 羧酸 -3-*O*-[*α*-L- 吡喃鼠李糖基 -(1 → 2)-*β*-D- 吡喃葡萄糖基 -(1 → 2)-*α*-L- 吡喃鼠李糖基 (1 → 6)-*β*-D- 吡喃葡萄糖基 -(1 → 3)-*α*-L- 吡喃阿拉伯糖基]-21-*O*-*β*-D- 吡喃葡萄糖苷 3*β*,20*S*-dihydroxydammar-24-en-29-aldehyde-21-carboxylic acid-3-*O*-[*α*-L-rhamnopyranosyl-(1 →2)-*β*-D-glucopyranosyl-(1 →2)-*α*-L-rhamnopyranosyl-(1 →6)-*β*-D-gluco-pyranosyl-(1 → 3)-*α*-L-arabinopyranosyl]-21-*O*-*β*-D-glucopyranoside

3*β*,19,20*S*- 二羟基达玛 -24- 烯 -3-*O*-[*β*-D- 吡喃葡萄糖基 -(2 → 1)-*β*-D- 吡喃葡萄糖基]-20-*O*-[*α*-L- 吡喃鼠李糖基 (6 → 1)-*β*-D- 吡喃葡萄糖苷] 3*β*,19,20*S*-dihydroxydammar-24-ene-3-*O*-[*β*-D-glucopyranosyl-(2 → 1)-*β*-D-glucopyranosyl]-20-*O*-[*α*-L-rhamnopyranosyl-(6 → 1)-*β*-D-glucopyranoside]

(2*α*,20*S*)-2,20- 二羟基达玛 -24- 烯 -3- 酮 (2*α*,20*S*)-2,20-dihydroxydammar-24-en-3-one

12*β*,20(*S*)- 二羟基达玛 -24- 烯 -3- 酮 12*β*,20(*S*)-dihydroxydammar-24-en-3-one

12*β*,20*S*- 二羟基达玛 -24- 烯 -3- 酮 12*β*,20*S*-dihydroxydammar-24-en-3-one

11*α*,20*R*- 二羟基 - 达玛 -24- 烯 -3- 酮 11*α*,20*R*-dihydroxy-dammar-24-en-3-one

(12*β*,24*S*)-12,24- 二羟基达玛 -25- 烯 -3*β*-*O*-*β*-D- 吡喃葡萄糖基 -(1 → 2)-*O*-*β*-D- 吡喃葡萄糖苷 -20-*O*-*α*-L- 吡喃阿拉伯糖基 -(1 → 6)-*O*-*β*-D- 吡喃葡萄糖苷 (12*β*,24*S*)-12,24-dihydroxydammar-25-ene-3*β*-*O*-*β*-D-glucopyranosyl-(1 → 2)-*O*-*β*-D-glucopyranoside-20-*O*-*α*-L-arabinopyranosyl-(1 → 6)-*O*-*β*-D-glucopyranoside

20*S*,24*S*- 二羟基 - 达玛 -25- 烯 -3- 酮 20*S*,24*S*-dihydroxy-dammar-25-en-3-one

20(*S*),24(*S*)- 二羟基 - 达玛 -26- 烯 -3- 酮 20(*S*),24(*S*)-dihydroxydammara-26-en-3-one

6*α*,20(*S*)- 二羟基达玛 -3,12- 二酮 -24- 烯 6*α*,20(*S*)-dihydroxydammar-3,12-dione-24-ene

(23*S*)-3*β*- 二羟基 - 达玛 -4- 烯 -21- 酸 -21,23- 内酯 (23*S*)-3*β*-dihydroxyl-dammarane-4-ene-21-oic acid-21,23-lactone

(1*R*,5*R*,7*R*)-1,5- 二羟基大根老鹳草 -4(15),10(14),11(12)- 三烯 (1*R*,5*R*,7*R*)-1,5-dihydroxygermacra-4(15),10(14),11(12)-triene

(1*R*,5*S*,7*R*)-1,5- 二羟基大根老鹳草 -4(15),10(14),11(12)- 三烯 (1*R*,5*S*,7*R*)-1,5-dihydroxygermacra-4(15),10(14),11(12)-triene

(1*S*,5*R*,7*R*)-1,5- 二羟基大根老鹳草 -4(15),10(14),11(12)- 三烯 (1*S*,5*R*,7*R*)-1,5-dihydroxygermacra-4(15),10(14),11(12)-triene

(1*S*,5*S*,7*R*)-1,5- 二羟基大根老鹳草 -4(15),10(14),11(12)- 三烯 (1*S*,5*S*,7*R*)-1,5-dihydroxygermacra-4(15),10(14),11(12)-triene

(3*R*,7*S*,9*S*)-3,9- 二羟基大根老鹳草 -4(15),10(14),11(12)- 三烯 (3*R*,7*S*,9*S*)-3,9-dihydroxygermacra-4(15),10(14),11(12)-triene

(3*S*,7*S*,9*S*)-3,9- 二羟基大根老鹳草 -4(15),10(14),11(12)- 三烯 (3*S*,7*S*,9*S*)-3,9-dihydroxygermacra-4(15),10(14),11(12)-triene

4*E*,10*E*-3*β*,11*β*- 二羟基大根老鹳草 -4(5),10(1)- 二烯 -12,6*α*- 内酯 4*E*,10*E*-3*β*,11*β*-dihydroxygermacra-4(5),10(1)-dien-12,6*α*-olide

3*β*,25- 二羟基大戟 -7,23(24)- 二烯 3*β*,25-dihydroxytirucalla-7,23(24)-diene

3,16- 二羟基大戟 -7,24- 二烯 -21- 酸甲酯 3,16-dihydroxyeupha-7,24-dien-21-oic acid methyl ester

3,5'- 二羟基大叶唐松草拉明碱 3,5'-dihydroxythalifaboramine

(6*S*,7*E*)-6,9- 二羟基大柱香波龙 -4,7- 二烯 -3- 酮 (6*S*,7*E*)-6,9-dihydroxymegastigma-4,7-dien-3-one

6*S*,7*E*,9*R*-6,9- 二羟基大柱香波龙 -4,7- 二烯 -3- 酮 -9-*O*-*β*-D- 吡喃葡萄糖苷 6*S*,7*E*,9*R*-6,9-dihydroxymegastigma-4,7-dien-3-one-9-*O*-*β*-D-glucopyranoside

6,9- 二羟基大柱香波龙 -5,7- 二烯 -3- 酮 -9-*O*-*β*-D- 龙胆二糖苷 6,9-dihydroxymegastigmasta-5,7-dien-3-one-9-*O*-*β*-D-gentiobioside

3,9- 二羟基大柱香波龙 -5- 烯 3,9-dihydroxymegastigman-5-ene

3,9- 二羟基 - 大柱香波龙 -5- 烯 3,9-dihydroxy-megastigma-5-ene

3,9- 二羟基大柱香波龙 -5- 烯 -3-*O*-[*β*-D- 吡喃葡萄糖基 -(1 → 6)]-*β*-D- 吡喃葡萄糖苷 3,9-dihydroxymegastigmast-5-ene-3-*O*-[*β*-D-glucopyranosyl-(1 → 6)]-*β*-D-glucopyranoside

(3*S*,5*R*,8*R*)-3,5- 二羟基大柱香波龙 -6,7- 二烯 -9- 酮 (3*S*,5*R*,8*R*)-3,5-dihydroxymegastigma-6,7-dien-9-one

(3*S*,5*R*,8*R*)-3,5- 二羟基大柱香波龙 -6,7- 亚烯 -9- 酮 -5-*O*-*β*-D- 吡喃葡萄糖苷 (3*S*,5*R*,8*R*)-3,5-dihydroxymegastigman-6,7-alkenylen-9-one-5-*β*-D-glucopyranoside

6,9- 二羟基大柱香波龙 -7- 烯 -3- 酮 6,9-dihydroxymegastigm-7-en-3-one

6,9- 二羟基大柱香波龙 -7- 烯 -3- 酮 -*β*-D- 吡喃葡萄糖苷 6,9-dihydroxymegastigm-7-en-3-one-*β*-D-glucopyranoside

(7*E*)-2*β*,3*α*- 二羟基大柱香波龙 -7- 烯 -9- 酮 (7*E*)-2*β*,3*α*-dihydroxy-megastigm-7-en-9-one

3*α*,6*α*- 二羟基大柱香波龙 -7- 烯 -9- 酮 -3-*O*-*β*-D- 呋喃芹糖基 -(1 → 6)-*β*-D- 吡喃葡萄糖苷 3*α*,6*α*-dihydroxymegastigman-7-en-9-one-3-*O*-*β*-D-apiofuranosyl-(1 → 6)-*β*-D-glucopyranoside

5*α*,6*β*- 二羟基胆甾烷醇 5*α*,6*β*-dihydroxycholestanol

(*E*)-4,4'- 二羟基芪 (*E*)-4,4'-dihydroxystilbene

(*Z*)-3,5- 二羟基芪 (*Z*)-3,5-dihydroxystilbene

3,5- 二羟基芪 3,5-dihydroxystilbene

2-(3,4- 二羟基丁炔 -1)-5-(1- 丙炔基) 噻吩 2-(3,4-dihydroxybut-1-ynyl)-5-(prop-1-ynyl)thiophene

(3*S*)-4- 二羟基丁酸 (3*S*)-4-dihydroxybutyric acid

2,3- 二羟基丁酸 2,3-dihydroxybutanoic acid

(*R*)-(+)-3,4- 二羟基丁酸 -*γ*- 内酯 (*R*)-(+)-3,4-dihydroxybutanoic

acid-γ-lactone
5-(3,4- 二羟基丁烷 -1- 炔基)-2,2'- 联噻吩 5-(3,4-dihydroxybut-1-ynyl)-2,2'-bithiophene
(1S,5R,9R, 11R)-5,12- 二羟基丁香 -2(15),6(14)- 二烯 -7- 酮 (1S,5R,9R,11R)-5,12-dihydroxycaryophylla-2(15),6(14)-dien-7-one
(1S,5R,9R,11S)-5,12- 二羟基丁香 -2(15),6(14)- 二烯 -7- 酮 (1S,5R,9R,11S)-5,12-dihydroxycaryophylla-2(15),6(14)-dien-7-one
(1S,6R,9R,11R)-13,14- 二羟基丁香 -2(15)- 烯 -7- 酮 (1S,6R,9R,11R)-13,14-dihydroxycaryophyll-2(15)-en-7-one
5α,6β- 二羟基豆甾 -3-O-β-D- 吡喃葡萄糖苷 5α,6β-dihydroxystigmastane-3-O-β-D-glucopyranoside
3β,6β- 二羟基 - 豆甾 -4- 烯 3β,6β-dihydroxystigmast-4-ene
3,8- 二羟基豆甾 -5,22- 二烯 -7- 酮 3,8-dihydroxystigmast-5,22-dien-7-one
3,29- 二羟基豆甾 -5- 烯 -3β-O-β-D- 半乳糖苷 3,29-dihydroxystigmast-5-en-3β-O-β-D-galactopyranoside
3,8- 二羟基豆甾 -5- 烯 -7- 酮 3,8-dihydroxystigmast-5-en-7-one
3β,6α- 二羟基豆甾烷 3β,6α-dihydroxy stigmasterane
(+)-(5S*,6R*,9R*,10S*)-5,6- 二羟基杜松 -3- 烯 -2,7- 二酮 (+)-(5S*,6R*,9R*,10S*)-5,6-dihydroxycadinan-3-ene-2,7-dione
6α,9α- 二羟基杜松 -4- 烯 -3- 酮 6α,9α-dihydroxycadinan-4-en-3-one
(4α)-8,11β- 二羟基杜松 -6,8,10- 三烯 -12- 酸 -γ- 内酯 (4α)-8,11β-dihydroxycadina-6,8,10-trien-12-oic acid-γ-lactone
(4α,11β)-8,11- 二羟基杜松 -6,8,10- 三烯 -12- 酸 -γ- 内酯 (4α,11β)-8,11-dihydroxycadina-6,8,10-trien-12-oic acid-γ-lactone
(4β,11β)-8,11- 二羟基杜松 -6,8,10- 三烯 -12- 酸 -γ- 内酯 (4β,11β)-8,11-dihydroxycadina-6,8,10-trien-12-oic acid-γ-lactone
8,11β- 二羟基杜松 -6,8,10- 三烯 -12- 酸 -γ- 内酯 8,11β-dihydroxycadina-6,8,10-trien-12-oic acid-γ-lactone
6,8α- 二羟基杜松 -7(11),10(15)- 二烯 -12- 酸 -γ- 内酯 6,8α-dihydroxycadina-7(11),10(15)-dien-12-oic acid-γ-lactone
2,7- 二羟基杜松萘▲ 2,7-dihydroxycadalene
(-)-(1R,4S)-1,4- 二羟基 - 对薄荷 -2- 烯 (-)-(1R,4S)-1,4-dihydroxy-p-menth-2-ene
2,6- 二羟基 - 对 - 甲基苯甲醛 2,6-dihydroxy-p-methylbenzaldehyde
3,20- 二羟基 - 对映 -1(10),15- 粉红单端孢二烯▲ 3,20-dihydroxy-ent-1(10),15-rosadiene
3,7- 二羟基 - 对映 -1(10),15- 粉红单端孢二烯▲ 3,7-dihydroxy-ent-1(10),15-rosadiene
16α,17- 二羟基 - 对映 -9(11)- 贝壳杉烯 -19- 醛 16α,17-dihydroxy-ent-9(11)-kauren-19-al
16α,17- 二羟基 - 对映 -9(11)- 贝壳杉烯 -19- 酸 16α,17-dihydroxy-ent-9(11)-kauren-19-oic acid
16α,17- 二羟基 - 对映 - 阿替 -19- 醛 16α,17-dihydroxy-ent-atisan-19-al
(16α)-17- 二羟基 - 对映 - 阿替 -19- 酸甲酯 (16α)-17-dihydroxy-ent-atisan-19-oic acid methyl ester
4β,11- 二羟基对映桉叶 -1- 酮 4β,11-dihydroxyenantioeudesman-1-one
2β,3α- 二羟基 - 对映 - 贝壳杉 -15- 烯 -17- 酸 -3-O-β-D- 吡喃葡萄糖苷 2β,3α-dihydroxy-ent-kaur-15-en-17-oic acid-3-O-β-D-glucopyranoside
7β,17- 二羟基 - 对映 - 贝壳杉 -15- 烯 -19- 酸 -19-O-β-D- 吡喃葡萄糖苷酯 7β,17-dihydroxy-ent-kaur-15-en-19-oic acid-19-O-β-D-glucopyranoside ester
2β,15α- 二羟基 - 对映 - 贝壳杉 -16- 烯 2β,15α-dihydroxy-ent-kaur-16-ene
3α,7β- 二羟基 - 对映 - 贝壳杉 -16- 烯 -15- 酮 3α,7β-dihydroxy-ent-kaur-16-en-15-one
16,17- 二羟基 - 对映 - 贝壳杉 -19- 甲酯 16,17-dihydroxy-ent-kauran-19-oic acid methyl ester
16α,17- 二羟基 - 对映 - 贝壳杉 -19- 醛 16α,17-dihydroxy-ent-kauran-19-al
16β,17- 二羟基 - 对映 - 贝壳杉 -19- 醛 16β,17-dihydroxy-ent-kauran-19-al
16,17- 二羟基 - 对映 - 贝壳杉 -19- 酸 16,17-dihydroxy-ent-kauran-19-oic acid
16α,17- 二羟基 - 对映 - 贝壳杉 -19- 酸 16α,17-dihydroxy-ent-kauran-19-oic acid
16β,17- 二羟基 - 对映 - 贝壳杉 -19- 酸 16β,17-dihydroxy-ent-kauran-19-oic acid
16α,17- 二羟基 - 对映 - 贝壳杉 -19- 羧酸 16α,17-dihydroxyl-ent-kauran-19-oic acid
16β,17- 二羟基 - 对映 - 贝壳杉 -3- 酮 16β,17-dihydroxy-ent-kaurane-3-one
16R,19- 二羟基 - 对映 - 贝壳杉烷 16R,19-dihydroxy-ent-kaurane
16α,17- 二羟基 - 对映 - 贝壳杉烷 16α,17-dihydroxy-ent-kaurane
16α,19- 二羟基 - 对映 - 贝壳杉烷 16α,19-dihydroxy-ent-kaurane
16β,17- 二羟基 - 对映 - 贝壳杉烷 16β,17-dihydroxy-ent-kaurane
2β,16α- 二羟基 - 对映 - 贝壳杉烷 2β,16α-dihydroxy-ent-kaurane
3α,12α- 二羟基 - 对映 - 海松 -8(14),15- 二烯 3α,12α-dihydroxy-ent-pimara-8(14),15-diene
3α,17- 二羟基 - 对映 - 海松 -8(14),15- 二烯 3α,17-dihydroxy-ent-pimara-8(14),15-diene
3α,19- 二羟基 - 对映 - 海松 -9(11),15- 二烯 3α,19-dihydroxyl-ent-pimara-9(11),15-diene
1α,3α- 二羟基 - 对映 - 冷杉 -8(14),13(15)- 二烯 -16,12- 内酯 1α,3α-dihydroxy-ent-abieta-8(14),13(15)-dien-16,12-olide
3α,7β- 二羟基 - 对映 - 冷杉 -8,11,13- 三烯 3α,7β-dihydroxy-ent-abieta-8,11,13-triene
3α,11β- 二羟基 - 对映 - 异海松 -8(14),15- 二烯 -2- 酮 3α,11β-dihydroxy-ent-isopimara-8(14),15-dien-2-one
1,2- 二羟基蒽醌 1,2-dihydroxyanthraquinone
1,3- 二羟基蒽醌 1,3-dihydroxyanthraquinone
1,4- 二羟基蒽醌 1,4-dihydroxyanthraquinone
1,5- 二羟基蒽醌 1,5-dihydroxyanthraquinone
1,8- 二羟基蒽醌 1,8-dihydroxyanthraquinone
2,3- 二羟基蒽醌 2,3-dihydroxyanthraquinone
2,6- 二羟基蒽醌 2,6-dihydroxyanthraquinone
1,3- 二羟基蒽酮 1,3-dihydroxyanthrone
4,4'- 二羟基二苯基甲烷 4,4'-dihydroxydiphenylmethane
3,5- 二羟基二苯乙烷 3,5-dihydroxybibenzyl
4,4'- 二羟基二苄基醚 4,4'-dihydroxydibenzyl ether
3β,12β- 二羟基二羟基 -5α- 孕甾 -16- 烯 -20- 酮 3β,12β-dihydroxy-5α-pregnane-16-en-20-one
12β- 二羟基二羟基 -5α- 孕甾 -16- 烯 -3,20- 二酮 12β-dihydroxy-5α-pregnane-16-en-3,20-dione
2',4'- 二羟基二氢查耳酮 2',4'-dihydroxydihydrochalcone
4,4'- 二羟基 - 二氢查耳酮 -2'-O-β-D- 吡喃葡萄糖苷 4,4'-dihydroxyl-dihydrochalcone-2'-O-β-D-glucopyranoside
3,4- 二羟基二氢二甲基苯基苯并二吡喃酮 3,4-dihydroxyisolonchocarpin
2α,7α- 二羟基二氢伏康树叶碱▲ 2α,7α-dihydroxydihydrovoaphylline
(E)-6,7- 二羟基二氢藁本内酯 (E)-6,7-dihydroxydihydroligustilide
7,8- 二羟基二氢黄酮 7,8-dihydroxyflavanone
5,7- 二羟基二氢黄酮 -4'-O-β-D- 吡喃葡萄糖苷 5,7-dihydroxyflavanone-4'-O-β-D-glucopyranoside

4',5- 二羟基二氢黄酮 -7-*O*-*β*-D- 吡喃葡萄糖苷 4',5-dihydroxyflavanone-7-*O*-*β*-D-glucopyranoside
2',3'- 二羟基二氢栓质花椒素▲ 2',3'-dihydroxydihydrosuberin
2,3- 二羟基二氢栓质花椒素▲丙酮化物 2,3-dihydroxydihydrosuberosin acetonide
5,6- 二羟基二氢酸浆素 B 5,6-dihydroxydihydrophysalin B
5*β*,13*β*- 二羟基二十九烷基鳕烯酸酯 5*β*,13*β*-dihydroxynonacosanyl gadoleate
2-*N*-(2',3'- 二羟基二十六烷酰)- 十六烷 -1,3,4- 三醇 2-*N*-(2',3'-dihydroxyhexacosanoyl)-hexadecane-1,3,4-triol
(2*S*,3*S*,4*R*,8*E*)-2*N*-[(2'*R*,3')-2',3'- 二羟基二十六酰基]-1,3,4-三羟基 -8- 十八烯 (2*S*,3*S*,4*R*,8*E*)-2*N*-[(2'*R*,3')-2',3'-dihydroxyhexacosanoyl]-1,3,4-trihydroxy-8-octadecene
(2*S*,3*S*,4*R*,10*E*)-2-(2',3'- 二羟基二十四碳酰氨基)-10- 十八烯 -1,3,4-三醇 (2*S*,3*S*,4*R*,10*E*)-2-(2',3'-dihydroxy-tetracosanoylamino)-10-octadecene-1,3,4-triol
3,5- 二羟基 - 反式 - 芪 -2- 羧酸 3,5-dihydroxy-*trans*-stilbene-2-carboxylic acid
3,4- 二羟基 - 反式 - 桂皮酸乙酯 3,4-dihydroxy-*trans*-coumatate ethyl ester
3-(3',5'- 二羟基 - 反式 - 肉桂酰基)-5- 羟基 -Δ^5-*α*- 吡喃酮 3-(3',5'-dihydroxyl-*trans*-cinnamoyl)-5-hydroxyl-Δ^5-*α*-pyranone
(±)-3,9- 二羟基凤梨百合素▲ (±)-3,9-dihydroxyeucomin
3,5- 二羟基呋喃 -2(5*H*)- 酮 3,5-dihydroxyfuran-2(5*H*)-one
(5*S**,8*S**,9*S**,10*R**,13*S**)-3,16- 二羟基斧松 -3- 烯 -2,15- 二酮 (5*S**,8*S**,9*S**,10*R**,13*S**)-3,16-dihydroxydolabr-3-ene-2,15-dione
7,4'- 二羟基高异黄酮 7,4'-dihydroxyhomoisoflavone
7,4'- 二羟基高异黄烷 7,4'-dihydroxyhomoisoflavane
7,4'- 二羟基高异黄烷酮 7,4'-dihydroxyhomoisoflavanone
(6*R*,7*R*)- 二羟基藁本内酯 (6*R*,7*R*)-dihydroxyligustilide
3,9- 二羟基藁本内酯 3,9-dihydroxylligustilide
6,7- 二羟基藁本内酯 6,7-dihydroxyligustilide
7-*O*-[4'-*O*-(3'',4''- 二羟基桂皮)-*β*-D- 吡喃葡萄糖]-6- 甲氧基香豆素 7-*O*-[4'-*O*-(3'',4''-dihydroxy-cinnamyl)-*β*-D-glucopyranosyl]-6-methoxycoumarin
3,4- 二羟基桂皮醇 3,4-dihydroxycinnamyl alcohol
3,4- 二羟基桂皮醛 3,4-dihydroxycinnamaldehyde
(*E*)-3,4- 二羟基桂皮酸 (*E*)-3,4-dihydroxylcinnamic acid
2,4- 二羟基桂皮酸 2,4-dihydroxycinnamic acid
2,6- 二羟基桂皮酸 2,6-dihydroxycinnamic acid
3,4- 二羟基桂皮酸 3,4-dihydroxycinnamic acid
3,5- 二羟基桂皮酸 3,5-dihydroxycinnamic acid
3,5- 二羟基桂皮酸二十八酯 octacosyl 3,5-dihydroxycinnamate
3,4- 二羟基桂皮酸二十四酯 3,4-dihydroxycinnamic acid tetracosyl ester
2,5- 二羟基桂皮酸甲酯 methyl 2,5-dihydroxycinnamate
3,4- 二羟基桂皮酸甲酯 3,4-dihydroxycinnamic acid methyl ester; methyl 3,4-dihydroxycinnamate
2,5- 二羟基桂皮酸乙酯 ethyl 2,5-dihydroxycinnamate
二羟基桂皮酰胺 dihydroxycinnamoyl amide
6'-(2,5- 二羟基桂皮酰基)- 熊果苷 6'-(2,5-dihydroxycinnamoyl)-arbutin
3-*O*-(*E*)-3,5- 二羟基桂皮酰熊果酸 3-*O*-(*E*)-3,5-dihydroxycinnamoylursolic acid
3,16- 二羟基海松 -3(4),8(14)- 二烯 -2,15- 二酮 3,16-dihydroxypimar-3(4),8(14)-dien-2,15-dione
(3*β*,12*α*,13*α*)-3,12- 二羟基海松 -7,15- 二烯 -2- 酮 (3*β*,12*α*,13*α*)-3,12-dihydroxypimara-7,15-dien-2-one
(1*S*,5*S*,9*S*,10*S*,11*R*,13*R*)-1,11- 二羟基海松 -8(14),15- 二烯 (1*S*,5*S*,9*S*,10*S*,11*R*,13*R*)-1,11-dihydroxypimara-8(14),15-diene
(1*R*,2*S*,5*S*,7*S*,9*R*,10*S*,13*R*)-1,2- 二羟基海松 -8(14),15- 二烯 -7- 酮 (1*R*,2*S*,5*S*,7*S*,9*R*,10*S*,13*R*)-1,2-dihydroxypimara-8(14),15-dien-7-one
7*β*,12*β*- 二羟基海松 -8,15- 二烯 -14- 酮 7*β*,12*β*-dihydroxypimara-8,15-dien-14-one
2*α*,3*β*- 二羟基合瓣樟▲内酯 2*α*,3*β*-dihydroxycinnamolide
3*β*,22- 二羟基何帕 3*β*,22-dihydroxyhopane
17,24- 二羟基何帕 -28,22- 内酯 17,24-dihydroxyhopan-28,22-olide
16,22- 二羟基何帕酸甲酯 16,22-dihydroxymethyl hopanoate
20*α*,22- 二羟基何帕烷 20*α*,22-dihydroxyhopane
21,22- 二羟基何帕烷 21,22-dihydroxyhopane
22,28- 二羟基何帕烷 22,28-dihydroxyhopane
6*α*,22- 二羟基何帕烷 6*α*,22-dihydroxyhopane
3,12- 二羟基黑老虎酸 3,12-dihydroxycoccinic acid
3',4'- 二羟基 - 红没药 -1,10- 二烯 3',4'-dihydroxy-biabola-1,10-diene
5*α*,6*β*- 二羟基胡萝卜苷 5*α*,6*β*-dihydroxydaucosterol
3*β*,27- 二羟基葫芦 -5,24- 二烯 -11- 酮 -3-*O*-*β*-D- 吡喃葡萄糖基 -27-*O*-*β*-D- 吡喃葡萄糖苷 3*β*,27-dihydroxycucurbita-5,24-dien-11-one-3-*O*-*β*-D-glucopyranosyl-27-*O*-*β*-D-glucopyranoside
2,3- 二羟基葫芦 -5,24- 二烯 -19- 醛 2,3-dihydroxycucurbita-5,24-dien-19-al
11*α*,26- 二羟基葫芦 -5,24- 二烯 -26-*O*-*β*-D- 吡喃葡萄糖基 -(1 → 6)-*β*-D- 吡喃葡萄糖苷 11*α*,26-dihydroxycucurbita-5,24-dien-26-*O*-*β*-D-glucopyranosyl-(1 → 6)- *β*-D-glucopyranoside
3*β*,23- 二羟基葫芦 -5,24- 二烯 -7*β*-*O*-*β*-D- 吡喃葡萄糖苷 3*β*,23-dihydroxycucurbita-5,24-dien-7*β*-*O*-*β*-D-glucopyranoside
二羟基槲皮素 -3- 鼠李糖苷 dihydroquercetin-3-rhamnoside
(1*S*,2*R*)- 二羟基环埃克 -4(15)- 烯 (1*S*,2*R*)-dihydroxycycloax-4(15)-ene
5*β*,6*β*- 二羟基环己 -2- 烯 -1-*O*-*β*-D- 吡喃葡萄糖苷 5*β*,6*β*-dihydroxycyclohex-2-en-1-*O*-*β*-D-glucopyranoside
2-(反式 -1,4- 二羟基环己基) 乙基 -*β*-D- 吡喃葡萄糖苷 2-(*trans*-1,4-dihydroxycyclohexyl)ethyl-*β*-D-glucopyranoside
2-(1,4- 二羟基环己基) 乙基咖啡酸酯 2-(1,4-dihydroxycyclohexyl) ethyl caffeate
2-(1,4- 二羟基环己基) 乙酸甲酯 methyl 2-(1,4-dihydroxycyclohexyl) acetate
2-(1,4- 二羟基环己烷基)- 乙酸 2-(1,4-dihydroxycyclohexany1)-acetic acid
3*α*,22(*R* 或 *S*)- 二羟基环木菠萝 -24*E*- 烯 -26- 酸 3*α*,22(*R* or *S*)-dihydroxycycloart-24*E*-en-26-oic acid
3*α*,27- 二羟基环木菠萝 -24*E*- 烯 -26- 酸 3*α*,27-dihydroxycycloart-24*E*-en-26-oic acid
3*β*,22(*R* 或 *S*)- 二羟基环木菠萝 -24*E*- 烯 -26- 酸 3*β*,22(*R* or *S*)-dihydroxycycloart-24*E*-en-26-oic acid
3*β*,23(*R* 或 *S*)- 二羟基环木菠萝 -24*E*- 烯 -26- 酸 3*β*,23(*R* or *S*)-dihydroxycycloart-24*E*-en-26-oic acid
(*E*)-2,3- 二羟基环戊基 -3-(3',4'- 二羟基苯基) 丙烯酸酯 (*E*)-2,3-dihydroxycyclopentyl-3-(3',4'-dihydroxyphenyl) acrylate
(2*E*,7*Z*)-2,6- 二羟基环辛 -2,7- 二烯酮 (2*E*,7*Z*)-2,6-dihydroxycycloocta-2,7-dienone
3*β*,6*β*- 二羟基荒漠木 -7(11)- 烯 -12,8*α*- 内酯 3*β*,6*β*-dihydroxyeremophil-7(11)-en-12,8*α*-olide
6*β*,8*β*- 二羟基荒漠木 -7(11)- 烯 -12,8*α*- 内酯 6*β*,8*β*-dihydroxyeremophil-7(11)-en-12,8*α*-olide
6*β*,8*β*- 二羟基 - 荒漠木 -7(11)- 烯 -12,8*α*- 内酯 6*β*,8*β*-dihydroxy-eremophil-7(11)-en-12,8*α*-olide
6*β*,8*α*- 二羟基荒漠木 -7(11)- 烯 -12,8*β*- 内酯 6*β*,8*α*-

dihydroxyeremophil-7(11)-en-12,8β-olide
(6α,8α)-6,8- 二羟基荒漠木 -7(11)- 烯 -12- 酸 -12,8- 内酯 (6α,8α)-6,8-dihydroxy-eremophil-7(11)-en-12-oic acid-12,8-lactone
6β,10β- 二羟基荒漠木 -7(11)- 烯 -8α,12- 内酯 6β,10β-dihydroxyeremophil-7(11)-en-8α,12-olide
6β,8- 二羟基荒漠木 -7(11)- 烯 -8α,12- 内酯 6β,8-hydroxyeremophil-7(11)-en-8α,12-olide
1β,11- 二羟基 - 荒漠木 -9- 烯 1β,11-dihydroxy-eremophil-9-ene
1,8- 二羟基荒漠木烷 -7(11),9(10)- 二烯 -12,8- 内酯 1,8-dihydroxyeremophil-7(11),9(10)-dien-12,8-olide
5,2'- 二羟基黄芩黄烷酮 I 5,2'-dihydroxyskullcapflavanone I
二羟基黄芩素 -7-O-β-D- 葡萄糖醛酸苷 dihydroxybaicalein-7-O-β-D-glucuronide
2',5'- 二羟基黄酮 2',5'-dihydroxyflavone
3',4'- 二羟基黄酮 3',4'-dihydroxyflavone
3,5- 二羟基黄酮 3,5-dihydroxyflavone
4',7- 二羟基黄酮 4',7-dihydroxyflavone
5,2'- 二羟基黄酮 5,2'-dihydroxyflavone
5,4'- 二羟基黄酮 5,4'-dihydroxyflavone
5,7- 二羟基黄酮 5,7-dihydroxyflavone
5,8- 二羟基黄酮 5,8-dihydroxyflavone
7,4'- 二羟基黄酮 7,4'-dihydroxyflavone
8,2'- 二羟基黄酮 8,2'-dihydroxyflavone
5,7- 二羟基黄酮 -3,4'- 二 -O-α-L- 吡喃鼠李糖苷 5,7-dihydroxyflavone-3,4'-di-O-α-L-rhamnopyranoside
4',5- 二羟基黄酮 -3-O-β-D- 吡喃木糖基 -7-O-β-D- 吡喃葡萄糖苷 4',5-dihydroxyflavone-3-O-β-D-xylopyranosyl-7-O-β-D-glucopyranoside
4',5- 二羟基黄酮 -7-O-α-L- 吡喃鼠李糖基 -(1→4)-β-D- 吡喃葡萄糖苷 4',5-dihy-droxyflavone-7-O-α-L-rhamnopyranosyl-(1→4)-β-D-glucopyranoside
4',7- 二羟基黄酮 -7-O-β-D- 吡喃葡萄糖苷 4',7-dihydroxyflavone-7-O-β-D-glucopyranoside
7,4'- 二羟基黄酮 -7-O-β-D- 吡喃葡萄糖苷 7,4'-dihydroxyflavone-7-O-β-D-glucopyranoside
5,4'- 二羟基黄酮 -7-O-β-D- 吡喃葡萄糖醛酸丁酯 5,4'-dihydroxyflavone-7-O-β-D-pyranglycuronate butylester
4',5- 二羟基黄酮 -7-O-β-D- 葡萄糖醛酸苷 4',5-dihydroxyflavone-7-O-β-D-glucuronide
5,6- 二羟基黄酮 -7- 葡萄糖醛酸管 5,6-dihydroxyflavone-7-glucuronide
4',7- 二羟基黄酮醇 4',7-dihydroxyflavanol
3,3'- 二羟基黄酮醇 -7- 鼠李糖苷 3,3'-dihydroxyflavonol-7-rhamnoside
(2S)-4',7- 二羟基黄烷 (2S)-4',7-dihydroxyflavan
3,4- 二羟基黄烷 3,4-dihydroxyflavandiol
4',7- 二羟基黄烷 4',7-dihydroxyflavan
7,4'- 二羟基黄烷 7,4'-dihydroxyflavan
(S)-5,7- 二羟基黄烷酮 (S)-5,7-dihydroxyflavanone
2S-6,7- 二羟基黄烷酮 2S-6,7-dihydroxyflavanone
4',5- 二羟基黄烷酮 4',5-dihydroxy-flavanone
4',7- 二羟基黄烷酮 4',7-dihydroxyflavanone
5,7- 二羟基黄烷酮 5,7-dihydroxyflavanone
7,4'- 二羟基黄烷酮 7,4'-dihydroxyflavonone
7,8- 二羟基黄烷酮 7,8-dihydroxyflavonone
(2S)-2',5'- 二羟基黄烷酮 -2'-O-β-D-(2"-O- 反式 - 咖啡酰基)- 吡喃葡萄糖苷 (2S)-2',5'-dihydroxyflavanone-2'-O-β-D-(2"-O-*trans*-caffeoyl)glucopyranoside
5,7- 二羟基黄烷酮 -4'-O-α-L- 吡喃鼠李糖基 -β-D- 吡喃葡萄糖苷 5,7-dihydroxyflavanone-4'-O-α-L-rhamnopyranosyl-β-D-glucopyranoside
4',7- 二羟基黄烷酮 -4'-β-D- 葡萄糖苷 4',7-dihydroxyflavanone-4'-β-D-glucoside
5,2'- 二羟基黄烷酮 -7,4'- 二 -O-β-D- 吡喃葡萄糖苷 5,2'-dihydroxyflavanone-7,4'-di-O-β-D-glucopyranoside
5,4'- 二羟基黄烷酮 -7-O-α-L- 吡喃鼠李糖基 -(1→2)-β-D- 吡喃葡萄糖苷 5,4'-dihydroxyflavanone-7-O-α-L-rhamnopyranosyl-(1→2)-β-D-glucopyranoside
4',5- 二羟基黄烷酮 -7-O-α-L- 鼠李糖基 -(1→2)-β-D- 葡萄糖苷 4',5-dihydroxyflavanone-7-O-α-L-rhamnosyl-(1→2)-β-D-glucoside
5,4'- 二羟基黄烷酮 -7-O-β-D- 吡喃葡萄糖苷 5,4'-dihydroxyflavanone-7-O-β-D-glucopyranoside
(2S)-5,6- 二羟基 - 黄烷酮 -7-O-β-D- 吡喃葡萄糖基 -(1→6)-β-D- 吡喃葡萄糖苷 (2S)-5,6-dihydroxyflavanone-7-O-β-D-glucopyranosyl-(1→6)-β-D-glucopyranoside
3',4'- 二羟基黄烷酮 -7-O-β-D- 葡萄糖苷 3',4'-dihydroxyflavanone-7-O-β-D-glucoside
二羟基吉九里香碱 dihydroxygirinimbine
2,5- 二羟基己酸 2,5-dihydroxyhexanoic acid
3,5- 二羟基甲苯 3,5-dihydroxytoluene
二羟基甲基 - 双 (3,5- 二甲氧基 -4- 羟基苯基) 四氢呋喃 -9-O-β- 吡喃葡萄糖苷 dihydroxymethyl-bis(3,5-dimethoxy-4-hydroxyphenyl)tetrahydrofuran-9-O-β-glucopyranoside
(1S,3R,5S)-1,3- 二羟基 - 间薄荷 -8- 烯 (1S,3R,5S)-1,3-dihydroxy-*m*-menth-8-ene
2α,23- 二羟基姜味草酸▲ 2α,23-dihydroxylmicromeric acid
1α,3β- 二羟基降蕨素 C 1α,3β-dihydroxylnorpterosin C
(-)-2α,3β- 二羟基降托品烷 (-)-2α,3β-dihydroxynortropane
(-)-2β,3β- 二羟基降托品烷 (-)-2β,3β-dihydroxynortropane
2α,3β- 二羟基降托品烷 2α,3β-dihydroxynortropane
2α,7β- 二羟基降托品烷 2α,7β-dihydroxynortropane
二羟基酒花黄酚▲ dihydroxyxanthohumol
11,12a- 二羟基绢毛萌豆酮▲ 11,12a-dihydroxymunduserone
3α,4α- 二羟基克罗 -15- 酸 3α,4α-dihydroxyclerodan-15-oic acid
4α,18- 二羟基克罗 -15- 酸 4α,18-dihydroxyclerodan-15-oic acid
5,9- 二羟基苦参次碱 -15- 酮 5,9-dihydroxymatridin-15-one
(+)-5α,9α- 二羟基苦参碱 (+)-5α,9α-dihydroxymatrine
2α,7- 二羟基宽叶缬草烷▲ 2α,7-dihydroxykessane
2α,7,12- 二羟基宽叶缬草烷▲ -2-O-β-D- 吡喃葡萄糖苷 2α,7,12-trihydroxykessane-2-O-β-D-glucopyranoside
2α,7- 二羟基宽叶缬草烷▲ -2-O-β-D- 吡喃葡萄糖苷 2α,7-dihydroxykessane-2-O-β-D-glucopyranoside
(+)-(3S,4S,6R)-3,6- 二羟基辣薄荷酮 (+)-(3S,4S,6R)-3,6-dihydroxypiperitone
12β,19- 二羟基泪柏醚 12β,19-dihydroxymanoyloxide
7β,12α- 二羟基泪柏醚 7β,12α-dihydroxymanoyl oxide
6,12- 二羟基冷杉 -5,8,11,13- 四烯 -7- 酮 6,12-dihydroxyabieta-5,8,11,13-tetraen-7-one
11,12- 二羟基冷杉 -7- 氧代 -8,11,13- 三烯 -15- 醇 11,12-dihydroxyabieta-7-oxo-8,11,13-trien-15-ol
11,14- 二羟基冷杉 -8,11,13- 三烯 -7- 酮 11,14-dihydroxyabieta-8,11,13-trien-7-one
3α,13- 二羟基丽江乌头碱 3α,13-dihydroxyforesaconitine
8β,9α- 二羟基林丹 -(5),7(1)- 二烯 -8α,12- 内酯 8β,9α-dihydroxylindan-(5),7(1)-dien-8α,12-olide
8β,9α- 二羟基林丹 -4(5),7(11)- 二烯 -8α,12- 内酯 8β,9α-dihydroxylindan-4(5),7(11)-dien-8α,12-olide

E

6,6'- 二羟基硫双萍蓬草定碱 6,6'-dihydroxythiobinupharidine
11,19R- 二羟基柳叶水甘草碱 11,19R-dihydroxytabersonine
2α,5β- 二羟基龙脑 -2- 对羟基桂皮酸酯 2α,5β-dihydroxybornane-2-p-hydroxycinnamate
2α,5β- 二羟基龙脑 -2- 桂皮酸酯 2α,5β-dihydroxybornane-2-cinnamate
2α,5β- 二羟基龙脑 -2- 顺式 - 对羟基桂皮酸酯 2α,5β-dihydroxybornane-2-cis-p-hydroxycinnamate
2α,5β- 二羟基龙脑 -5- 乙酰基 -2- 桂皮酸酯 2α,5β-dihydroxybornane-5-acetyl-2-cinnamate

10,11- 二羟基龙血酮 C 10,11-dihydroxydracaenone C
(5β,10α)-12,13- 二羟基罗汉松 -8,11,13- 三烯 -3- 酮 (5β,10α)-12,13-dihydroxypodocarpa-8,11,13-trien-3-one
(25R)-2α,17α- 二羟基螺甾 -5- 烯 -3β-O-β-D- 吡喃葡萄糖基 -(1→2)-O-[β-D- 吡喃木糖基 -(1→3)]-O-β-D- 吡喃葡萄糖基 -(1→4)-β-D- 吡喃半乳糖苷 (25R)-2α,17α-dihydroxyspirost-5-en-3β-O-β-D-glucopyranosyl-(1→2)-O-[β-D-xylopyranosyl-(1→3)]-O-β-D-glucopyranosyl-(1→4)-β-D-galactopyranoside
(25R)-2α,15β- 二羟基螺甾 -5- 烯 -3β-O-β-D- 吡喃葡萄糖基 -(1→3)-O-β-D- 吡喃葡萄糖基 -(1→2)-O-[β-D- 吡喃木糖基 -(1→3)]-O-β-D- 吡喃葡萄糖基 -(1→4)-β-D- 吡喃半乳糖苷 (25R)-2α,15β-dihydroxyspirost-5-en-3β-O-β-D-glucopyranosyl-(1→3)-O-β-D-glucopyranosyl-(1→2)-O-[β-D-xylopyranosyl-(1→3)]-O-β-D-glucopyranosyl-(1→4)-β-D-galactopyranoside
(25R)-2α,17α- 二羟基螺甾 -5- 烯 -3β-O-β-D- 吡喃葡萄糖基 -(1→3)-O-β-D- 吡喃葡萄糖基 -(1→2)-O-[β-D- 吡喃木糖基 -(1→3)]-O-β-D- 吡喃葡萄糖基 -(1→4)-β-D- 吡喃半乳糖苷 (25R)-2α,17α-dihydroxyspirost-5-en-3β-O-β-D-glucopyranosyl-(1→3)-O-β-D-glucopyranosyl-(1→2)-O-[β-D-xylopyranosyl-(1→3)]-O-β-D-glucopyranosyl-(1→4)-β-D-galactopyranoside
(3β,12β,22α,25R)-3,12- 二羟基 - 螺甾醇 -5- 烯 -27- 酸 (3β,12β,22α,25R)-3,12-dihydroxy-spirosol-5-en-27-oic acid
(23E)-3β,25- 二羟基绿玉树 -7,23- 二烯 (23E)-3β,25-dihydroxytirucalla-7,23-diene
3β,25- 二羟基绿玉树 -7,23- 二烯 3β,25-dihydroxytirucalla-7,23-diene
3β,25- 二羟基 - 绿玉树 -7,23- 二烯 3β,25-dihydroxy-tirucalla-7,23-diene
23,26- 二羟基绿玉树 -7,24- 二烯 -3- 酮 23,26-dihydroxytirucall-7,24-dien-3-one
(24S)-24,25- 二羟基绿玉树 -7- 烯 -3- 酮 (24S)-24,25-dihydroxytirucall-7-en-3-one
2,6- 二羟基葎草 -3(12),7(13),9(E)- 三烯 2,6-dihydroxyhumula-3(12),7(13),9(E)-triene
(9E)-2,6- 二羟基葎草 -3(12),7(13),9- 三烯 (9E)-2,6-dihydroxyhumlan-3(12),7(13),9-triene
(2R,3R)-2',4'- 二羟基马鞍树黄烷酮醇 (2R,3R)-2',4'-dihydroxymaackiaflavanonol
9α,14α- 二羟基麦角甾 -4,7,22- 三烯 -3,6- 二酮 9α,14α-dihydroxyergosta-4,7,22-trien-3,6-dione
3β,5α- 二羟基麦角甾 -7,22- 二烯 -6β- 基 - 亚油酸酯 3β,5α-dihydroxyergosta-7,22-dien-6β-yl linoleate
3β,5α- 二羟基麦角甾 -7,22- 二烯 -6β- 基 - 油酸酯 3β,5α-dihydroxyergosta-7,22-dien-6β-yl oleate
(22E,24R)-3β,5α- 二羟基麦角甾 -7,22- 烯 -6- 酮 (22E,24R)-3β,5α-dihydroxyergosta-7,22-dien-6-one
2,2- 二羟基麦角甾醇 2,2-dihydroergosterol
19,3'- 二羟基米仔兰因 C 19,3'-dihydroxyaglain C
4,4'- 二羟基秘鲁古柯酸▲ 4,4'-dihydroxytruxillic acid
2,4- 二羟基嘧啶 2,4-dihydroxypyrimidine
3β,4α- 二羟基绵马烷 3β,4α-dihydroxyfilicane
6,8- 二羟基缅茄苷▲ 6,8-dihydroxyafzelin
8R,9R- 二羟基母菊灵▲甲酯 8R,9R-dihydroxymatricarine methyl ester
3,32- 二羟基木通萜酸 3,23-dihydroxyakebonic acid
1β,6α- 二羟基木香酸乙酯 1β,6α-dihydroxycostic acid ethyl ester
4,8- 二羟基萘 -1-O-β-D- 葡萄糖苷 4,8-dihydroxynaphthalene-1-O-β-D-glucoside
4,8- 二羟基萘酚 -1-O-β-D-(6'- 乙酰氧基)- 吡喃葡萄糖苷 4,8-dihydroxynaphthalenyl-O-β-D-(6'-acetoxyl)-glucopyranoside
4,8- 二羟基萘酚 -1-O-β-D-[6'-O-(3",5"- 二甲氧基 -4"- 羟基苯甲酰基)]- 吡喃葡萄糖苷 4,8-dihydroxynaphthalenyl-1-O-β-D-[6'-O-(3",5"-dimethoxy-4"-hydroxybenzoyl)]-glucopyranoside
4,8- 二羟基萘酚 -1-O-β-D- 吡喃葡萄糖苷 4,8-dihydroxynaphthalenyl-1-O-β-glucopyranoside
二羟基萘甲酸 dihydroxynaphthoic acid
5,8- 二羟基萘醌 5,8-dihydroxynaphthoquinone
1,2- 二羟基柠檬烯 1,2-dihydroxylimonene
4'β,15β- 二羟基牛角瓜亭▲ 4'β,15β-dihydroxycalactin
23β,27- 二羟基偏诺皂苷元 23β,27-dihydroxypennogenin
16β,20β- 二羟基蒲公英赛 -3-O- 棕榈酸酯 16β,20β-dihydroxytaraxastane-3-O-palmitate ester
2α,3β- 二羟基蒲公英萜 -20- 烯 -28- 酸 2α,3β-dihydroxytaraxer-20-en-28-oic acid
3β,20α- 二羟基蒲公英烷 3β,20β-dihydroxytaraxastane
3α,22α- 二羟基齐敦果 -12- 烯 -29- 酸 3α,22α-dihydroxy-olean-12-en-29-oic acid
3β,28- 二羟基齐墩果 -11,13(18)- 二烯 3β,28-dihydroxyoleana-11,13(18)-diene
3β,13β- 二羟基齐墩果 -11- 烯 -28- 酸 3β,13β-dihydroxyolean-11-en-28-oic acid
2β,3β- 二羟基齐墩果 -12- 烯 2β,3β-dihydroxyolean-12-ene
3α-27- 二羟基齐墩果 -12- 烯 3α,27-dihydroxyolean-12-ene
3β,11α- 二羟基齐墩果 -12- 烯 3β,11α-dihydroxyolean-12-ene
3β,28- 二羟基齐墩果 -12- 烯 3β,28-dihydroxyolean-12-ene
3α,21β- 二羟基 - 齐墩果 -12- 烯 3α,21β-dihydroxy-olean-12-ene
3β,24- 二羟基 - 齐墩果 -12- 烯 3β,14-dihydroxy-oleanane-12-ene
1α,3β- 二羟基齐墩果 -12- 烯 -11- 酮 1α,3β-dihydroxyolean-12-en-11-one
3β,15α- 二羟基 - 齐墩果 -12- 烯 -16- 酮 3β,15α-dihydroxy-olean-12-en-16-one
2,3- 二羟基 - 齐墩果 -12- 烯 -23,28- 二羟酸 2,3-dihydroxy-olean-12-ene-23,28-dioic acid
2β,3β- 二羟基齐墩果 -12- 烯 -23,28- 二酸 2β,3β-dihydroxyolean-12-ene-23,28-dioic acid
3β,19α- 二羟基齐墩果 -12- 烯 -23,28- 二酸 3β,19α-dihydroxyolean-12-ene-23,28-dioic acid
3α,16α- 二羟基齐墩果 -12- 烯 -23,28- 二酸 3α,16α-dihydroxyolean-12-ene-23,28-dioic acid
(4α,20α)-3β,29- 二羟基 - 齐墩果 -12- 烯 -23,28- 二酸 -28-O-(β-D- 吡喃半乳糖基 -(1→6)-β-D- 吡喃葡萄糖基) 酯 (4α,20α)-3β,29-dihydroxy-olean-12-ene-23,28-dioic acid-28-O-(β-D-galactopyranosyl-(1→6)-β-D-glucopyranosyl)ester
2β,3β- 二羟基 - 齐墩果 -12- 烯 -23,28- 二羧酸 2β,3β-dihydroxyolean-12-en-23,28-dioic acid
2α,3α- 二羟基齐墩果 -12- 烯 -23,28- 二羧酸 -3-O-β-D- 吡喃葡萄糖苷 2α,3α-dihydroxy-olean-12-en-23,28-dioic acid-3-O-β-D-glucopyranoside
3β,19α- 二羟基齐墩果 -12- 烯 -24,28- 二酸 -28-O-β-D- 吡喃葡

糖苷 3β,19α-dihydroxyolean-12-ene-24,28-dioic acid-28-O-β-D-glucopyranoside
3β,19α- 二羟基齐墩果 -12- 烯 -24,28- 二酸 -O-β-D- 吡喃葡萄糖基酯 3β,19α-dihydroxyolea-12-en-24,28-dioic acid-O-β-D-glucopyranosyl ester
3β,22β- 二羟基齐墩果 -12- 烯 -24-O-β-D- 吡喃葡萄糖苷 3β,22β-dihydroxyolean-12-en-24-O-β-D-glucopyranoside
3,22- 二羟基齐墩果 -12- 烯 -25- 醛 3,22-dihydroxyolean-12-en-25-al
3α,24- 二羟基齐墩果 -12- 烯 -27- 酸 3α,24-dihydroxyolean-12-en-27-oic acid
3β,6β- 二羟基齐墩果 -12- 烯 -27- 酸 3β,6β-dihydroxyolean-12-en-27-oic acid
(20α)-3β,29- 二羟基齐墩果 -12- 烯 -28- 二羧酸 (20α)-3β,29-dihydroxy-olean-12-en-28-oic acid
1α,3β- 二羟基齐墩果 -12- 烯 -28- 酸 1α,3β-dihydroxylolean-12-en-28-oic acid
2α,3α- 二羟基齐墩果 -12- 烯 -28- 酸 2α,3α-dihydroxyolean-12-en-28-oic acid
2α,3β- 二羟基齐墩果 -12- 烯 -28- 酸 2α,3β-dihydroxyolean-12-en-28-oic acid
3,23- 二羟基齐墩果 -12- 烯 -28- 酸 3,23-dihydroxy-12-oleanen-28-oic acid
3α,24- 二羟基齐墩果 -12- 烯 -28- 酸 3α,24-dihydroxyolean-12-en-28-oic acid
3α,25- 二羟基齐墩果 -12- 烯 -28- 酸 3α,25-dihydroxyolean-12-en-28-oic acid
3β,16α- 二羟基齐墩果 -12- 烯 -28- 酸 3β,16α-dihydroxy-olean-12-en-28-oic acid
3β,19- 二羟基齐墩果 -12- 烯 -28- 酸 3β,19-dihydroxyolean-12-en-28-oic acid
3α,24- 二羟基 - 齐墩果 -12- 烯 -28- 酸 3α,24-dihydroxy-olean-12-en-28-oic acid
3β,23- 二羟基齐墩果 -12- 烯 -28- 酸 3β,23-dihydroxyolean-12-en-28-oic acid
3β,19α- 二羟基齐墩果 -12- 烯 -28- 酸 -(28 → 1)-β-D- 吡喃葡萄糖基酯 3β,19α-dihydroxyolean-12-en-28-oic acid-(28 → 1)-β-D-glucopyranosyl ester
2α,3β- 二羟基齐墩果 -12- 烯 -28- 酸 -28-O-β-D- 吡喃葡萄糖苷 2α,3β-dihydroxyolean-12-en-28-oic acid-28-O-β-D-glucopyranoside
2α,3β- 二羟基齐墩果 -12- 烯 -28- 酸 -28-O-β-D- 吡喃葡萄糖基 -(1 → 2)-β-D- 吡喃葡萄糖苷 2α,3β-dihydroxyolean-12-en-28-oic acid-28-O-β-D-glucopyranosyl-(1 → 2)-β-D-glucopyranoside
2β,22β- 二羟基齐墩果 -12- 烯 -29- 酸 2β,22β-dihydroxyolean-12-en-29-oic acid
3β,22α- 二羟基齐墩果 -12- 烯 -29- 酸 3β,22α-dihydroxyolean-12-en-29-oic acid
3β,22β- 二羟基齐墩果 -12- 烯 -29- 酸 3β,22β-dihydroxyolean-12-en-29-oic acid
(3β,16α,20α)-16,28- 二羟基齐墩果 -12- 烯 -29- 酸 3-[(O-β-D- 吡喃葡萄糖基 -(1 → 2)-O-[β-D- 吡喃葡萄糖基 -(1 → 4)]-α-L- 吡喃阿拉伯糖苷] (3β,16α,20α)-16,28-dihydroxy-olean-12-en-29-oic acid 3-[(O-β-D-glucopyranosyl-(1 → 2)-O-[β-D-glucopyranosyl-(1 → 4)]-α-L-arabinopyranoside]
3β,22β- 二羟基齐墩果 -12- 烯 -29- 酸 -3-O-α-L- 吡喃鼠李糖基 -(1 → 2)-β-D- 吡喃半乳糖基 -(1 → 2)-β-D- 吡喃葡萄糖醛酸 3β,22β-dihydroxyole-an-12-en-29-oic acid-3-O-α-L-rhamnopyranosyl-(1 → 2)-β-D-galactopyranosyl-(1 → 2)-β-D-glucuronopyranosiduronic acid
22β,23- 二羟基齐墩果 -12- 烯 -3-O-α-L- 吡喃鼠李糖基 -(1 → 2)-O-β-D- 吡喃葡萄糖基 -(1 → 4)-β-D- 吡喃葡萄糖醛酸 22β,23-dihydroxyolean-12-en-3-O-α-L-rhamnopyranosyl-(1 → 2)-O-β-D-glucopyranosyl-(1 → 4)-β-D-glucopyranosiduronic acid
(4β)-22β,23- 二羟基齐墩果 -12- 烯 -3β-O-α-L- 吡喃鼠李糖基 -(1 → 2)-O-β-D- 吡喃葡萄糖基 -(1 → 4)-O-[β-D- 吡喃葡萄糖基 -(1 → 2)]-β-D- 吡喃葡萄糖醛酸 (4β)-22β,23-dihydroxyolean-12-en-3β-O-α-L-rhamnopyranosyl-(1 → 2)-O-β-D-glucopyranosyl-(1→4)-O-[β-D-glucopyranosyl-(1→2)]-β-D-glucopyranosiduronic acid
16β,28- 二羟基齐墩果 -12- 烯 -3β-O-β-D- 吡喃葡萄糖基 -(1 → 2)-β-D- 吡喃葡萄糖醛酸 16β,28-dihydroxyolean-12-en-3β-O-β-D-glucopyranosyl-(1 → 2)-β-D-glucopyranosiduronic acid
9,18- 二羟基齐墩果 -12- 烯 -3β-O- 乙酸酯 9,18-dihydroxyolean-12-en-3β-O-acetate
2β,24- 二羟基齐墩果 -12- 烯 -3- 酮 2β,24-dihydroxyolean-12-en-3-one
2α,3β- 二羟基齐墩果 -13(18)- 烯 -28- 酸 2α,3β-dihydroxyolean-13(18)-en-28-oic acid
3β,28- 二羟基齐墩果 -18- 烯 -1- 酮 3β,28-dihydroxyolean-18-en-1-one
1β,11α- 二羟基齐墩果 -18- 烯 -3- 酮 1β,11α-dihydroxyolean-18-en-3-one
(3β,21β)-3,21- 二羟基齐墩果 -28- 酸 -γ- 内酯 (3β,21β)-3,21-dihydroxy-oleanan-28-oic acid-γ-lactone
12α,13- 二羟基齐墩果 -3- 氧代 -28- 酸 12α,13-dihydroxyolean-3-oxo-28-oic acid
1β,3β- 二羟基齐墩果 -9(11),12- 二烯 -3- 棕榈酸酯 1β,3β-dihydroxy-olean-9(11),12-dienyl-3-palmitate
19α,23α- 二羟基齐墩果酸 19α,23α-dihydroxyoleanolic acid
2',3β- 二羟基齐墩果酸 2',3β-dihydroxy oleanolic acid
2α,23- 二羟基齐墩果酸 2α,23-dihydroxyoleanolic acid
2α,3α- 二羟基齐墩果酸 2α,3α-dihydroxyoleanolic acid
2α,3β- 二羟基齐墩果酸 2α,3β-dihydroxyoleanolic acid
2β,23α- 二羟基齐墩果酸 2β,23α-dihydroxyoleanolic acid
3β,29- 二羟基 - 齐墩果酸 -28-O-β-D- 吡喃葡萄糖基酯 3β,29-dihydroxy-olean-12-en-28-oic acid-28-O-β-D-glucopyranosyl ester
23,27- 二羟基 - 齐墩果酸 -3-O-α-L- 吡喃阿拉伯糖苷 23,27-dihydroxy-oleanolic acid-3-O-α-L-arabinopyranoside
3β,21α- 二羟基千层塔 -14- 烯 -16- 酮 3β,21α-dihydroxyserrat-14-en-16-one
(1α,6β)-1,6- 二羟基窃衣素 (1α,6β)-1,6-dihydroxytorilin
16α,25- 二羟基去氢齿孔酸 16α,25-dihydroxydehydroeburicoic acid
(2S,3R)- 二羟基去氢二松柏醇 -β-D- 葡萄糖苷 (2S,3R)-dihydroxydehydrodiconiferyl alcohol-β-D-glucoside
7α,18- 二羟基去氢冷杉醇 7α,18-dihydroxydehydroabietanol
7β,18- 二羟基去氢冷杉醇 7β,18-dihydroxydehydroabietanol
16,7α- 二羟基去氢冷杉酸 16,7α-dihydroxydehydroabietic acid
7α,15- 二羟基去氢冷杉酸 7α,15-dihydroxydehydroabietic acid
7β,15- 二羟基去氢冷杉酸 7β,15-dihydroxydehydroabietic acid
7R,18- 二羟基去氢冷杉烷醇 7R,18-dihydroxydehydroabietanol
2α,9β- 二羟基去氢木香内酯 2α,9β-dihydroxy-dehydrocostus lactone
24,26- 二羟基人参二醇 24,26-dihydroxypanaxdiol
2,4- 二羟基壬烷 2,4-dihydroxynonane
(3R)-3',8- 二羟基绒叶军刀豆酚▲ (3R)-3',8-dihydroxyvestitol
6,10- 二羟基瑞士松烯 -5- 酮 6,10-dihydroxycembrene-5-one
5,7- 二羟基色甘酸 -7-O- 芸香糖苷 5,7-dihydroxycromone-7-O-rutinoside
5,7- 二羟基色酮 5,7-dihydroxychromone

5,7- 二羟基色酮 -3-*O*-*β*-D- 吡喃阿拉伯糖苷 5,7-dihydroxy-4*H*-chromen-4-one-3-*O*-*α*-L-arabinopyranoside
5,7- 二羟基色酮 -3-*O*-*β*-D- 吡喃木糖苷 5,7-dihydroxy-4*H*-chromen-4-one-3-*O*-*β*-D-xylopyranoside
1-*O*-(5,7- 二羟基色酮 -3-*O*-*β*-D- 吡喃葡萄糖苷 1-*O*-(5,7-dihydroxychromone-3-*O*-*β*-D-glucopyranoside
5,7- 二羟基色酮 -3-*O*-*β*-D- 吡喃葡萄糖苷 5,7-dihydroxy-4*H*-chromen-4-one-3-*O*-*β*-D-glucopyranoside
5,7- 二羟基色酮 -7-*O*-*β*-D- 吡喃葡萄糖苷 5,7-dihydroxychromone-7-*O*-*β*-D-glucopyranoside
5,7- 二羟基色酮 -7-*O*-*β*-D- 葡萄糖苷 5,7-dihydroxychromone-7-*O*-*β*-D-glucoside
5,7- 二羟基色酮 -7- 新橙皮糖苷 5,7-dihydroxychromone-7-neohesperidoside
3,7- 二羟基色烷 -4- 酮 3,7-dihydroxychroman-4-one
6,8- 二羟基山柰酚 6,8-dihydroxykaempferol
6,8- 二羟基山柰酚 -3-*O*-*β*-D- 吡喃葡萄糖苷 6,8-dihydroxykaempferol-3-*O*-*β*-D-glucopyranoside
2,3- 二羟基山柰酚 -3-*O*- 吡喃鼠李糖苷 2,3-dihydroxykaempferol-3-*O*-rhamnopyranoside
6,8- 二羟基山柰酚 -3-*O*- 芸香糖苷 6,8-dihydroxykaempferol-3-*O*-rutinoside
二羟基山柰酚 -4'-*O*-*β*-D- 吡喃葡萄糖苷 dihydroxykaempferol-4'-*O*-*β*-D-glucopyranoside
5,4'- 二羟基山柰酚 -7-*O*-*β*- 芸香糖苷 5,4'-dihydroxykaempferol-7-*O*-*β*-rutinoside
1*α*,2- 二羟基山楂定 1*α*,2-dihydroxypinnatifidin
1,3- 二羟基吣酮 1,3-dihydroxyxanthone
1,5- 二羟基吣酮 1,5-dihydroxyxanthone
1,6- 二羟基吣酮 1,6-dihydroxyxanthone
1,7- 二羟基吣酮 1,7-dihydroxyxanthone
2,5- 二羟基吣酮 2,5-dihydroxyxanthone
2,6- 二羟基吣酮 2,6-dihydroxyxanthone
2,7- 二羟基吣酮 2,7-dihydroxyxanthone
3,4- 二羟基吣酮 3,4-dihydroxyxanthone
3,5- 二羟基吣酮 3,5-dihydroxyxanthone
1,5- 二羟基吣酮 -6-*O*-*β*-D- 吡喃葡萄糖苷 1,5-dihydroxyxanthone-6-*O*-*β*-D-glucopyranoside
8,9- 二羟基麝香草酚 8,9-dihydroxythymol
(9*S*,10*E*,16*R*)-9,16- 二羟基十八碳 -10- 烯 -12,14- 二炔 -1- 基乙酸酯 (9*S*,10*E*,16*R*)-9,16-dihydroxyoctadec-10-ene-12,14-diyn-1-yl acetate
11(*S*),16(*R*)- 二羟基 - 十八碳 -9Z,17- 二烯 -12,14- 二炔 -l- 基乙酯 11(*S*),16(*R*)-dihydroxy-octadeca-9*Z*,17-dien-12,14-diyn-l-yl acetate
11(*S*),16(*R*) - 二羟基十八碳 -9 顺 ,17- 二烯 -12,14- 二炔 -1- 乙酸酯 11(*S*),16(*R*)-dihydroxy-octadeca-9*Z*,17-diene-12,14-diyn-1-yl acetate
8,9- 二羟基 - 十八烷 -10*E*,12*Z*- 二烯酸 8,9-dihydroxy-10*E*,12*Z*-octadecadienoic acid
2*E*,4*E*,9*E*-8,11- 二羟基 - 十二碳三烯饱和异丁酰胺 2*E*,4*E*,9*E*-8,11-dihydroxy-dodecatriensaureisobutylamide
1,2- 二羟基十九酮 -3 1,2-dihydroxynonadecone-3
(*R*)-10,16- 二羟基十六酸 (*R*)-10,16-dihydroxyhexadecanoic acid
8,16- 二羟基十六酸 8,16-dihydroxyhexadecanoic acid
3,8- 二羟基十五碳 -1,9,14- 三烯 -4,6- 二炔 3,8-dihydroxypentadeca-1,9,14-trien-4,6-diyne
4*α*,8*β*- 二羟基石松碱 4*α*,8*β*-dihydroxylycopodine
6*α*,8*β*- 二羟基石松碱 6*α*,8*β*-dihydroxylycopodine
24,25- 二羟基睡茄内酯 24,25-dihydrowithanolide D
8,8'- 二羟基松脂酚 8,8'-dihydroxypinoresinol
8,9- 二羟基素馨素▲ 8,9-dihydroxyjasminin
二羟基酸浆素 B dihydroxyphysalin B
2*β*,6*α*- 二羟基蒜味香科科素▲ 2*β*,6*α*-dihydroxyteuscordin
2*β*,6*β*- 二羟基蒜味香科科素▲ 2*β*,6*β*-dihydroxyteuscordin
5',3'''- 二羟基穗花杉黄酮 5',3'''-dihydroxyamentoflavone
5,6- 二羟基穗罗汉松树脂酚 5,6-dihydroxymatairesinol
5,6- 二羟基团网菌黄素 A 5,6-dihydroxyarcyriaflavin A
1*α*,20*R*- 二羟基蜕皮素 1*α*,20*R*-dihydroxyecdysone
5*β*,20- 二羟基蜕皮素 5*β*,20-dihydroxyecdysone
3,6- 二羟基托品烷 3,6-dihydroxytropane
4*α*,6*α*- 二羟基脱水石松灵碱 4*α*,6*α*-dihydroxyanhydrolycodoline
16*β*,22a- 二羟基伪蒲公英萜醇▲ -3*β*-*O*- 棕榈酸酯 16*β*,22a-dihydroxypseudotaraxasterol-3*β*-*O*-palmitate
6*β*,23- 二羟基委陵菜酸 6*β*,23-dihydroxytormentic acid
6*β*,24- 二羟基委陵菜酸 6*β*,24-dihydroxytormentic acid
21*α*,30- 二羟基无羁萜 -3- 酮 21*α*,30-dihydroxyfriedelane-3-one
28,29- 二羟基无羁萜 -3- 酮 28,29-dihydroxyfriedelan-3-one
7*α*,21*α*- 二羟基无羁萜 -3- 酮 7*α*,21*α*-dihydroxyfriedelane-3-one
7*α*,29- 二羟基无羁萜 -3- 酮 7*α*,29-dihydroxyfriedelane-3-one
2,3- 二羟基 - 无羁萜 -6,9(11)- 烯 -29- 酸 2,3-dihydroxy-friedel-6,9(11)-en-29-oic acid
3,15- 二羟基无羁萜烷 3,15-dihydroxyfriedelane
36,47- 二羟基五十一烷 -4- 酮 36,47-dihydroxyhenpentacontan-4-one
3-(2*S*,4*S*- 二羟基戊基)-6,8- 二羟基异香豆素 3-(2*S*,4*S*-dihydroxypentyl)-6,8-dihydroxyisocoumarin
(-)-5-(1,2- 二羟基戊烷基) 苯 -1,3- 二醇 (-)-5-(1,2-dihydroxypentyl) benzene-1,3-diol
(+)-5-(1,2- 二羟基戊烷基)- 苯 -1,3- 二醇 (+)-5-(1,2-dihydroxypentyl)-benzene-1,3-diol
(3*E*,7*Z*,11*Z*)-17,20- 二羟基西松 -3,7,11,15- 四烯 -19- 酸 (3*E*,7*Z*,11*Z*)-17,20-dihydroxycembra-3,7,11,15-tetraen-19-oic acid
3,4- 二羟基烯丙基苯 3,4-dihydroxyallylbenzene
2,4- 二羟基 - 烯丙基苯 -2-*O*-*β*-D- 吡喃葡萄糖苷 2,4-dihydroxy-allylbenzene-2-*O*-*β*-D-glucopyranoside
3,4- 二羟基 - 烯丙基苯 -3-*O*-*α*-L- 吡喃鼠李糖基 -(1 → 2)-*β*-D- 吡喃葡萄糖苷 3,4-dihydroxy-allylbenzene-3-*O*-*α*-L-rhamnopyranosyl-(1 → 2)-*β*-D-glucopyranoside
3,4- 二羟基 - 烯丙基苯 -3-*O*-*α*-L- 吡喃鼠李糖基 -(1 → 6)-*β*-D- 吡喃葡萄糖苷 3,4-dihydroxy-allylbenzene-3-*O*-*α*-L-rhamnopyranosyl-(1 → 6)-*β*-D-glucopyranoside
3,4- 二羟基烯丙基苯 4-*O*-[*α*-L- 吡喃鼠李糖基 -(1 → 6)]-*β*-D- 吡喃葡萄糖苷 3,4-dihydroxyallylbenzene-4-*O*-[*α*-L-rhamnopyranosyl-(1 → 6)]-*β*-D-glucopyranoside
3,9- 二羟基香豆雌烷 3,9-dihydroxvcoumestan
3,4- 二羟基香豆素 3,4-dihydroxycoumarin
5,7- 二羟基香豆素 5,7-dihydroxycoumarin
5,8- 二羟基香豆素 5,8-dihydroxycoumarin
6,7- 二羟基香豆素 6,7-dihydroxycoumarin
6,8- 二羟基香豆素 6,8-dihydroxycoumarin
7,8- 二羟基香豆素 7,8-dihydroxycoumarin
5,7- 二羟基香豆素 -5-*O*-*β*-D- 吡喃葡萄糖苷 5,7-dihydroxylcoumarin-5-*O*-*β*-D-glucopyranoside
5,7- 二羟基香豆素 -7-(6-*O*-*β*-D- 呋喃芹糖基 -*β*-D- 吡喃葡萄糖苷) 5,7-dihydroxycoumarin-7-(6-*O*-*β*-D-apiofuranosyl-*β*-D-glucopyranoside)
(*R*)-(+)-6',7'- 二羟基香柠檬素 (*R*)-(+)-6',7'-dihydroxybergamottin
6,7- 二羟基香柠檬素 6,7-dihydroxybergamottin
10*α*- 二羟基香树烷 10*α*-dihydroxyaromadendrane

4β,10α- 二羟基香树烷 4β,10α-dihydroxyaromadendrane
4β,10β- 二羟基香树烷 4β,10β-dihydroxyaromadendrane
17,20- 二羟基香叶基橙花醇 17,20-dihydroxygeranylnerol
(24R)-24,25- 二羟基向日葵醇 (24R)-24,25-dihydroxyhelianol
(24S)-24,25- 二羟基向日葵醇 (24S)-24,25-dihydroxyhelianol
(24R)-24,25- 二羟基向日葵醇辛酸酯 (24R)-24,25-dihydroxyhelianyloctanoate
(24S)-24,25- 二羟基向日葵醇辛酸酯 (24S)-24,25-dihydroxyhelianyloctanoate
7α,8β- 二羟基 - 小皮伞 -5,13- 内酯 7α,8β-dihydroxy-marasman-5,13-lactone
8α,13- 二羟基小皮伞 -5- 酸 -γ- 内酯 8α,13-dihydroxy-marasm-5-oic acid-γ-lactone
9α,13- 二羟基 - 小皮伞 -7(8)- 烯 -5- 酸 -7-γ- 内酯 9α,13-dihydroxy-marasm-7(8)-en-5-oic acid-7-γ-1actone
10β,13- 二羟基 - 小皮伞 -7(8)- 烯 -5- 酸 -β- 内酯 10β,13-dihydroxy-marasm-7(8)-en-5-oic acid-β-lactone
13,14- 二羟基 - 小皮伞 -7(8)- 烯 -5- 酸 -γ- 内酯 13,14-dihydroxy-marasm-7(8)-en-5-oic acid-γ-lactone
2α,13- 二羟基 - 小皮伞 -7(8)- 烯 -5- 酸 -γ- 内酯 2α,13-dihydroxy-marasm-7(8)-en-5-oic acid-γ-lactone
1α,15- 二羟基小皮伞烯▲ 1α,15-dihydroxymarasmene
3α,15- 二羟基小皮伞烯▲ 3α,15-dihydroxymarasmene
5,7- 二羟基辛酸甲酯 methyl 5,7-dihydroxyoctanoate
2α,3α- 二羟基雄烷 -16- 酮 -2β,19- 半缩醛 2α,3α-dihydroxyandrostane-16-one-2β,19-hemiketal
3β,13β- 二羟基熊果 -11- 烯 -28- 酸 3β,13β-dihydroxyurs-11-en-28-oic acid
3β,13β- 二羟基 - 熊果 -11- 烯 -28- 酸 3β,13β-dihydroxy-urs-11-en-28-oic acid
3β,13β- 二羟基熊果 -11- 烯 -28- 酸 -13- 内酯 3β,13β-dihydroxyurs-11-en-28-oic acid-13-lactone
2α,3α- 二羟基熊果 -12(13)- 烯 -28- 酸 2α,3α-dihydroxyurs-12(13)-en-28-oic acid
3β,6β- 二羟基 - 熊果 -12,18(19)- 二烯 -28- 酸 3β,6β-dihydroxy-urs-12,18(19)-dien-28-oic acid
2α,3α- 二羟基熊果 -12,18- 二烯 -28- 酸 2α,3α-dihydroxyursa-12,18-dien-28-oic acid
2α,3β- 二羟基熊果 -12,19- 二烯 -23,28- 二羧酸 2α,3β-dihydroxyurs-12,19-diene-23,28-dioic acid
2α,3α- 二羟基熊果 -12,19- 二烯 -28- 酸 2α,3α-dihydroxyursa-12,19-dien-28-oic acid
2α,3β- 二羟基熊果 -12,19- 二烯 -28- 酸 2α,3β-dihydroxyurs-12,19-dien-28-oic acid
2α,3α- 二羟基熊果 -12,20(30)- 二烯 -28- 酸 2α,3α-dihydroxyurs-12,20(30)-dien-28-oic acid
2α,3β- 二羟基熊果 -12,20(30)- 二烯 -28- 酸 -3-O-[O-β-D- 吡喃木糖基 -(1 → 3)-β-D- 吡喃葡萄糖苷] 2α,3β-dihydroxyurs-12,20(30)-dien-28-oic acid-3-O-[O-β-D-xylopyranosyl-(1→3)-β-D-glucopyranoside]
2α,3β- 二羟基熊果 -12,20(30)- 二烯 -28- 酸 -3-O-{O-α-L- 吡喃阿拉伯糖基 -(1 → 2)-O-[β-D- 吡喃木糖基 -(1 → 3)]β-D- 吡喃葡萄糖苷 } 2α,3β-dihydroxyurs-12,20(30)-dien-28-oic acid-3-O-{O-α-L-arabinopyranosyl-(1 → 2)-O-[β-D-xylopyranosyl-(1 → 3)]β-D-glucopyranoside}
2α,3β- 二羟基熊果 -12,20(30)- 二烯 -28- 酸 -3-O-{O-β-D- 吡喃鸡纳糖基 -(1 → 2)-O-α-L- 吡喃阿拉伯糖基 -(1 → 2)-O-[β-D- 吡喃木糖基 -(1 → 3)]β-D- 吡喃葡萄糖苷 } 2α,3β-dihydroxyurs-12,20(30)-dien-28-oic acid-3-O-{O-β-D-quinovopyranosyl-(1→2)-O-α-L-arabinopyranosyl-(1 → 2)-O-[β-D-xylopyranosyl-(1 → 3)]β-D-glucopyranoside}
2α,3β- 二羟基熊果 -12,20(30)- 二烯 -28- 酸 -3-O-{O-β-D- 吡喃葡萄糖基 -(1 → 2)-O-α-L- 吡喃阿拉伯糖基 -(1 → 2)-O-[β-D- 吡喃木糖基 -(1 → 3)]-β-D- 吡喃葡萄糖苷 } 2α,3β-dihydroxyurs-12,20(30)-dien-28-oic acid-3-O-{O-β-D-glucopyranosyl-(1 → 2)-O-α-L-arabinopyranosyl-(1→2)-O-[β-D-xylopyranosyl-(1→3)]-β-D-glucopyranoside}
3β,6β- 二羟基熊果 -12-3β- 羟基熊果 -12- 烯 -27- 酸 3β,6β-dihydroxyurs-12-en-27-oic acid
3,21- 二羟基熊果 -12- 烯 3,21-dihydroxyurs-12-ene
3,28- 二羟基熊果 -12- 烯 3,28-dihydroxylurs-12-ene
3β,11α- 二羟基熊果 -12- 烯 3β,11α-dihydroxyurs-12-ene
3β,24- 二羟基熊果 -12- 烯 3β,24-dihydroxyurs-12-ene
3β,28- 二羟基熊果 -12- 烯 3β,28-dihydroxyurs-12-ene
3β,28- 二羟基 - 熊果 -12- 烯 3β,28-dihydroxy-urs-12-ene
3β,16β- 二羟基熊果 -12- 烯 -11- 酮 3β,16β-dihydroxyurs-12-en-11-one
2α,3β- 二羟基熊果 -12- 烯 -18,19- 环氧 -28- 酸 2α,3β-dihydroxyurs-12-en-18,19-epoxy-28-oic acid
3β,19α- 二羟基熊果 -12- 烯 -23,28- 二酸 3β,19α-dihydroxy-urs-12-ene-23,28-dioic acid
3β,19α- 二羟基熊果 -12- 烯 -24,28- 二酸 -24,28- 二 -O-β-D- 吡喃葡萄糖苷 3β,19α-dihydroxyurs-12-en-24,28-dioic acid-24,28-di-O-β-D-glucopyranoside
2α,3α- 二羟基熊果 -12- 烯 -24- 醛 -28- 酸 2α,3α-dihydroxyurs-12-en-24-al-28-oic acid
2α,3β- 二羟基熊果 -12- 烯 -28,30- 内酯 2α,3β-dihydroxyurs-12-en-28,30-olide
1β,3β- 二羟基熊果 -12 烯 -28- 酸 1β,3β-dihydroxyurs-12-en-28-oic acid
2,3- 二羟基熊果 -12- 烯 -28- 酸 2,3-dihydroxyurs-12-en-28-oic acid
2α,3α- 二羟基熊果 -12- 烯 -28- 酸 2α,3α-dihydroxyurs-12-en-28-oic acid
2α,3β- 二羟基熊果 -12- 烯 -28- 酸 2α,3β-dihydroxyurs-12-en-28-oic acid
3,24- 二羟基熊果 -12- 烯 -28- 酸 3,24-dihydroxyurs-12-en-28-oic acid
3α,11β- 二羟基熊果 -12- 烯 -28- 酸 3α,11β-dihydroxyurs-12-en-28-oic acid
3α,23- 二羟基熊果 -12- 烯 -28- 酸 3α,23-dihydroxyurs-12-en-28-oic acid
3α,24- 二羟基熊果 -12- 烯 -28- 酸 3α,24-dihydroxyurs-12-en-28-oic acid
3β,19α- 二羟基熊果 -12- 烯 -28- 酸 3β,19α-dihydroxyurs-12-en-28-oic acid
3β,22α- 二羟基熊果 -12- 烯 -28- 酸 3β,22α-dihydroxyurs-12-en-28-oic acid
3β,23- 二羟基熊果 -12- 烯 -28- 酸 3β,23-dihydroxyurs-12-en-28-oic acid
3β,24- 二羟基熊果 -12- 烯 -28- 酸 3β,24-dihydroxyurs-12-en-28-oic acid
6β,20β- 二羟基熊果 -12- 烯 -28- 酸 6β,20β-dihydroxy-12-ursen-28-oic acid
3α,24- 二羟基 - 熊果 -12- 烯 -28- 酸 3α,24-dihydroxy-urs-12-en-28-oic acid
2α,3β- 二羟基熊果 -12- 烯 -28- 酸 (28 → 1)-β-D- 吡喃葡萄糖基酯 2α,3β-dihydroxyurs-12-en-28-oic acid(28 → 1)-β-D-glucopyranosyl ester

E

3β,24- 二羟基熊果 -12- 烯 -28- 酸 -24-O-β-D- 吡喃木糖苷 3β,24-dihydroxyurs-12-en-28-oic acid-24-O-β-D-xylopyranoside
3β,23- 二羟基熊果 -12- 烯 -28- 酸 -28-O-β-D- 吡喃葡萄糖基酯 3β,23-dihydroxyurs-12-en-28-oic acid-28-O-β-D-glucopyranosyl ester
3β,24- 二羟基熊果 -12- 烯 -28- 酸 -3-O-β-D- 吡喃木糖苷 3β,24-dihydroxyurs-12-en-28-oic acid-3-O-β-D-xylopyranoside
3β,23- 二羟基熊果 -12- 烯 -28 酸 -3-O-β-D- 吡喃葡萄糖醛酸苷 -6'-O- 甲酯 3β,23-dihydroxy-urs-12-en-28-oic acid-3-O-β-D-glucuronopyranoside-6'-O-methyl ester
19α,24- 二羟基熊果 -12- 烯 -28- 酸 -3-O-β-D- 木糖苷 19α,24-dihydrours-12-en-28-oic acid-3-O-β-D-xyloside
19α,23- 二羟基熊果 -12- 烯 -28- 酸 -3β-O-(β-D- 吡喃葡萄糖醛酸苷 -6-O- 甲酯) 19α,23-dihydroxyurs-12-en-28-oic acid-3β-O-(β-D-glucuronopyranoside-6-O-methyl ester
19α,23- 二羟基熊果 -12- 烯 -28- 酸 -3β-O-(β-D- 吡喃葡萄糖醛酸苷 -6-O- 甲酯)-28-O-β-D- 吡喃葡萄糖基酯 19α,23-dihydroxyurs-12-en-28-oic acid-3β-O-(β-D-glucuronopyranoside-6-O-methyl ester)-28-O-β-D-glucopyranosyl ester
2β,3α- 二羟基熊果 -12- 烯 -28- 酯 2β,3α-dihydroxyurs-12-en-28-oate
19,24- 二羟基熊果 -12- 烯 -3- 酮 -28- 酸 19,24-dihydroxyurs-12-en-3-one-28-oic acid
24- 二羟基熊果 -12- 烯 -3- 酮 -28- 酸 24-dihydroxyurs-12-en-3-one-28-oic acid
3β,6β- 二羟基熊果 -12- 烯 -7α,27α- 内酯 3β,6β-dihydroxyurs-12-en-7α,27α-olide
3β,6α- 二羟基 - 熊果 -14- 烯 -12- 酮 3β,6α-dihydroxy-urs-14-en-12-one
3β,20α- 二羟基熊果 -21(22)- 烯 -28- 酸 3β,20α-dihydroxyurs-21(22)-en-28-oic acid
(3β,12β,13β)-3,12- 二羟基熊果 -28,13β- 内酯 (3β,12β,13β)-3,12-dihydroxyurs-28,13β-lactone
3β,19α- 二羟基熊果 -28- 酸 3β,19α-dihydroxyursan-28-oic acid
6β,19α- 二羟基熊果 -3- 酮 -12- 烯 -28- 酸 6β,19α-dihydroxyurs-3-one-12-en-28-oic acid
2α,3β- 二羟基熊果 -5,12- 二烯 -28- 酸 2α,3β-dihydroxyurs-5,12-dien-28-oic acid
1β,3β- 二羟基熊果 -9(11),12- 二烯 1β,3β-dihydroxyurs-9(11),12-diene
12,13- 二羟基熊果酸 12,13-dihydroursolic acid
1α,2α- 二羟基熊果酸 1α,2α-dihydroxyursolic acid
2,24- 二羟基熊果酸 2,24-dihydroxyursolic acid
2,3- 二羟基熊果酸 2,3-dihydroxyursolic acid
2α,18α- 二羟基熊果酸 2α,18α-dihydroxyursolic acid
2α,19α- 二羟基熊果酸 2α,19α-dihydroxyursolic acid
2α,19- 二羟基熊果酸 2α,19-dihydroxyursolic acid
2α,23- 二羟基熊果酸 2α,23-dihydroxyursolic acid
2α,24- 二羟基熊果酸 2α,24-dihydroxyursolic acid
2α,3α- 二羟基熊果酸 2α,3α-dihydroxyursolic acid
2α,3β- 二羟基熊果酸 2α,3β-dihydroxyursolic acid
3,19- 二羟基熊果酸 3,19-dihydroxyursolic acid
3α,24- 二羟基熊果酸 3α,24-dihydroxyursolic acid
6α,23- 二羟基熊果酸 6α,23-dihydroxyursolic acid
2α,19α- 二羟基熊果酸 -(28 → 1)-β-D- 吡喃葡萄糖苷 2α,19α-dihydroxyurs-(28 → 1)-β-D-glucopyranoside
3β,19α- 二羟基熊果酸 28-O-β-D- 吡喃葡萄糖苷 3β,19α-dihydroxyursolic acid-28-O-β-D-glucopyranoside
3β,19α- 二羟基熊果酸 -β-D- 吡喃葡萄糖酯苷 3β,19α-dihydroxyursolic acid-28-β-D-glucopyranoside
3β,28- 二羟基熊果烷 3β,28-dihydroxyursane
4,5- 二羟基雪叶向日葵素▲ A 4,5-dihydroniveusin A
3-(3,4- 二羟基亚苄基)-5,7- 二羟基 -6- 甲氧基色原烷 -4- 酮 3-(3,4-dihydroxybenzylidene)-5,7-dihydroxy-6-methoxychroman-4-one
3,4- 二羟基亚苄基丙酮 3,4-dihydroxybenzalacetone
8,11- 二羟基亚丁基苯酞 8,11-dihydroxybutylidenephthalide
(+)-3β,24- 二羟基羊毛脂 -25- 烯 (+)-3β,24-dihydroxylanost-25-ene
3β,16α- 二羟基羊毛脂 -7,9(11),24- 三烯 -21- 酸 3β,16α-dihydroxylanosta-7,9(11),24-trien-21-oic acid
26,27- 二羟基羊毛脂 -7,9(11),24- 三烯 -3,16- 二酮 26,27-dihydroxylanosta-7,9(11),24-triene-3,16-dione
3β,7α- 二羟基羊毛脂 -8,24- 二烯 -11- 酮 3β,7α-dihydroxylanosta-8,24-dien-11-one
3β,11β- 二羟基羊毛脂 -8,24- 二烯 -7- 酮 3β,11β-dihydroxylanosta-8,24-dien-7-one
11,19- 二羟基洋地黄毒苷元 -3-O-β-(3'-O- 甲基) 吡喃葡萄糖苷 11,19-dihydroxydigitoxigenin-3-O-β-(3'-O-methyl)glucopyranoside
5-(1,2- 二羟基乙基)-2-(E)- 庚 -5- 烯 -1,3- 二炔噻吩 5-(1,2-dihydroxyethyl)-2-(E)-hept-5-ene-1,3-diynylthiophene
2-(1,2- 二羟基乙基)- 呋喃 2-(1,2-dihydroxyethyl)-furan
1,6- 二羟基异巴西红厚壳素 -5-O-β-D- 吡喃葡萄糖苷 1,6-dihydroxyisojacareubin-5-O-β-D-glucopyranoside
(-)-2-(1,2- 二羟基异丙基)-5,6- 二甲氧基苯并呋喃 (-)-2-(1,2-dihydroxyisopropyl)-5,6-dimethoxybenzofuran
9α,13α- 二羟基异丙亚基菘蓝素▲ A 9α,13α-dihydroxylisopropylidenylisatisine A
8α-O-(2',3'- 二羟基异丁酰)-11β,13- 二氢去酰莱蓟苦素 8α-O-(2',3'-dihydroxyl-isobutyryl)-11β,13-dihydro-deacylcynaropicrin
7,8- 二羟基 - 异丁酰基麝香草酚 7,8-dihydroxy-isobutyrylthymol
4',7- 二羟基异黄酮 4',7-dihydroxyisoflavone
7,4'- 二羟基异黄酮 7,4'-dihydroxyisoflavone
7,4'- 二羟基异黄酮 -7-O-β-D- 吡喃葡萄糖苷 7,4'-dihydroxyisoflavone-7-O-β-D-glucopyranoside
7,4'- 二羟基异黄酮 -8-C-β-D- 吡喃葡萄糖苷 7,4'-dihydroxyisoflavone-8-C-β-D-glucopyranoside
7,4'- 二羟基异黄酮 -8-C-β- 吡喃葡萄糖苷 7,4'-dihydroxyisoflavone-8-C-β-glucopyranoside
(2S*,6R*)-2,6- 二羟基异林仙烯宁▲ (2S*,6R*)-2,6-dihydroxyisodrimenin
6α,8α- 二羟基异木香酸甲酯 6α,8α-dihydroxyisocostic acid methyl ester
6-(2,3- 二羟基异戊基)-5,7- 二甲氧基香豆素 6-(2,3-dihydroxyisoamyl)-5,7-dimethoxycoumarin
4,5- 二羟基异戊烯基咖啡酸酯 4,5-dihydroxyprenyl caffeate
10,12- 二羟基印防己毒素 10,12-dihydroxypicrotoxane
9,10- 二羟基硬脂酸 9,10-dihydroxystearic acid
二羟基硬脂酸 dihydroxystearic acid
9,10- 二羟基 - 硬脂酸 9,10-dihydroxy-octadecanoic acid
二羟基莸素 dihydroxycaryoptin
二羟基莸素醇▲ dihydroxycaryoptinol
3β,29- 二羟基羽扇 -20(30)- 烯 -28- 醛 3β,29-dihydroxylup-20(30)-en-28-al
3β,29- 二羟基羽扇 -20(30)- 烯 -28- 醛 3β,28,29- 三羟基羽扇豆烷 3β,28,29-trihydroxylupane
3β,27- 二羟基羽扇豆 -12- 烯 3β,27-dihydroxylup-12-ene
3β,21α- 二羟基羽扇豆 -18(19)- 烯 3β,21α-dihydroxylupen-18(19)-ene
1β,3β- 二羟基羽扇豆 -20(29)- 烯 1β,3β-dihydroxylup-20(29)-ene
2α,3β- 二羟基羽扇豆 -20(29)- 烯 2α,3β-dihydroxylup-20(29)-ene

3α,28- 二羟基羽扇豆 -20(29)- 烯 3α,28-dihydroxylup-20(29)-ene
3β,28- 二羟基羽扇豆 -20(29)- 烯 3β,28-dihydroxylup-20(29)-ene
3β,30- 二羟基羽扇豆 -20(29)- 烯 3β,30-dihydroxylup-20(29)-ene
3α,11α- 二羟基羽扇豆 -20(29)- 烯 -23,28- 二羧酸 3α,11α-dihydroxylup-20(29)-en-23,28-dioic acid
3α,11α- 二羟基羽扇豆 -20(29)- 烯 -23,28- 二羧酸 -28-O-α-L- 吡喃鼠李糖基 -(1 → 4)-O-β-D- 吡喃葡萄糖基 -(1 → 6)-β-D- 吡喃葡萄糖苷 3α,11α-dihydroxylup-20(29)-en-23,28-dioic acid-28-O-α-L-rhamnopyranosyl-(1→4)-O-β-D-glucopyranosyl-(1→6)-β-D-glucopyranoside
3β,23- 二羟基羽扇豆 -20(29)- 烯 -27,28- 二羧酸 3β,23-dihydroxylup-20(29)-en-27,28-dioic acid
3α,30- 二羟基羽扇豆 -20(29)- 烯 -27- 酸 3α,30-dihydroxylup-20(29)-en-27-oic acid
3β,28- 二羟基 - 羽扇豆 -20(29)- 烯 -27- 酸 3β,28-dihydroxy-lup-20(29)-en-27-oic acid
2α,3β- 二羟基羽扇豆 -20(29)- 烯 -28(19)- 内酯 2α,3β-dihydroxyl-lup-20(29)-en-28(19)-lactone
2α,3β- 二羟基羽扇豆 -20(29)- 烯 -28- 酸 2α,3β-dihydroxyllup-20(29)-en-28-oic acid
3α,11α- 二羟基羽扇豆 -20(29)- 烯 -28- 酸 3α,11α-dihydroxylup-20(29)-en-28-oic acid
3α,11α- 二羟基羽扇豆 -20(29)- 烯 -28- 酸 -28-O-α-L- 吡喃鼠李糖基 -(1 → 4)-β-D- 吡喃葡萄糖基 -(1 → 6)-β-D- 吡喃葡萄糖基酯 3α,11α-dihydroxylup-20(29)-en-28-oic acid-28-O-α-L-rhamnopyranosyl-(1 → 4)-β-D-glucopyranosyl-(1 → 6)-β-D-glucopyranosyl ester
2α,3β- 二羟基羽扇豆 -20(29)- 烯 -28- 酸甲酯 2α,3β-dihydroxylup-20(29)-en-28-oci acid methyl ester
3α,27- 二羟基羽扇豆 -20(29)- 烯 -28- 酸甲酯 3α,27-dihydroxylup-20(29)-en-28-oic acid methyl ester
2α,3α- 二羟基羽扇豆 -20(29)- 烯 -28- 酸酯 2α,3α-dihydroxy-lup-20(29)-en-28-oate
3β,30- 二羟基羽扇豆 -20(29)- 烯 -2- 酮 3β,30-dihydroxylup-20(29)-en-2-one
15α,30- 二羟基羽扇豆 -20(29)- 烯 -3- 酮 15α,30-dihydroxylup-20(29)-en-3-one
1β,11α- 二羟基羽扇豆 -20(29)- 烯 -3- 酮 1β,11α-dihydroxylup-20(29)-en-3-one
28,30- 二羟基羽扇豆 -20(29)- 烯 -3- 酮 28,30-dihydroxylup-20(29)-en-3-one
7β,30- 二羟基羽扇豆 -20(29)- 烯 -3- 酮 7β,30-dihydroxylup-20(29)-en-3-one
(20S)-3α,29- 二羟基羽扇豆 -27- 酸 (20S)-3α,29-dihydroxylupan-27-oic acid
(20R)-15α,29- 二羟基羽扇豆 -3- 酮 (20R)-15α,29-dihydroxylupan-3-one
(20R)-7β,29- 二羟基羽扇豆 -3- 酮 (20R)-7β,29-dihydroxylupan-3-one
11α,20- 二羟基 - 羽扇豆 -3- 酮 11α,20-dihydroxy-lupan-3-one
3,28- 二羟基羽扇豆醇 3,28-dihydroxylupeol
3β,16β- 二羟基羽扇豆醇 -3- 肉豆蔻酸酯 3β,16β-dihydroxylupeol-3-myristate
3β,16β- 二羟基羽扇豆醇 -3- 棕榈酸酯 3β,16β-dihydroxylupeol-3-palmitate
(20S)-3β,30- 二羟基羽扇豆烷 (20S)-3β,30-dihydroxylupane
3β,20- 二羟基羽扇豆烷 3β,20-dihydroxylupane
3β,28- 二羟基羽扇豆烷 3β,28-dihydroxylupane
3β,29- 二羟基羽扇豆烷 3β,29-dihydroxylupane
二羟基羽扇豆烷 dihydroxylupane
3β,8α- 二羟基 - 愈创木 -10(14)- 烯 -1α,4α,5α,6β,7α,11βH-12,6α- 内酯 3β,8α-dihydroxy-guaia-10(14)-en-1α,4α,5α,6β,7α,11βH-12,6α-olide
3β,8β- 二羟基 - 愈创木 -10(14)- 烯 -1α,4α,5α,6β,7α,11βH-12,6α- 内酯 3β,8β-dihydroxy-guaia-10(14)-en-1α,4α,5α,6β,7α,11βH-12,6α-olide
3β,8β- 二羟基愈创木 -4(15),10(14),11(13)- 三烯 -12,6α- 内酯 3β,8β-dihydroxyguaia-4(15),10(14),11(13)-trien-12,6α-olide
3β,10α- 二羟基愈创木 -4(15),11(13)- 二烯 -12,6- 内酯 3β,10α-dihydroxyguaia-4(15),11(13)-dien-12,6-lactone
4β,12- 二羟基愈创木 -6,10- 二烯 4β,12-dihydroxyguaian-6,10-diene
1αH,4αH,5αH,7αH,10α,11- 二羟基愈创木烷 1αH,4αH,5αH,7αH,10α,11-dihydroxyguaiane
1αH,4αH,5αH,7βH,10αH,5β,11- 二羟基愈创木烷 1αH,4αH,5αH,7βH,10αH,5β,11-dihydroxyguaiane
二羟基原小檗碱 dihydroxyprotoberberine
(2β,3β,4β,5α)-2-(乙酰氧基)-3,4- 二羟基孕甾 -16- 酮 (2β,3β,4β,5α)-2-(acetyloxy)-3,4-dihydroxy-pregnan-16-one
3β,4α- 二羟基孕甾 -16- 酮 3β,4α-dihydroxypregnan-16-one
3α,12β- 二羟基孕甾 -16- 烯 -20- 酮 3α,12β-dihydroxypregnane-16-en-20-one
3β,12β- 二羟基孕甾 -16- 烯 -20- 酮 3β,12β-dihydroxypregnane-16-en-20-one
3β,12β- 二羟基孕甾 -16- 烯 -20- 酮醇 3β,12β-dihydroxypregnane-16-ene-20-one
(3β,5α,14β,17α)-3,14- 二羟基孕甾 -20- 酮 (3β, 5α,14β,17α)-3,14-dihydroxypregnan-20-one
(3β,5α,1β,17α)-3,14- 二羟基孕甾 -20- 酮 (3β,5α,14β,17α)-3,14-dihydroxypregnan-20-one
3β,4α- 二羟基孕甾 -21- 酮 3β,4α-dihydroxypregnan-21-one
(5α,20S)-3β,16β- 二羟基孕甾 -22- 羧酸 -(22,16)- 内酯 -3-(O-β-D- 吡喃葡萄糖基 -(1 → 2)-O-[β-D- 吡喃木糖基 -(1 → 3)]-O-β-D- 吡喃葡萄糖基 -(1 → 4)-O-β-D- 吡喃半乳糖苷 (5α,20S)-3β, 16β-dihydroxypregn-22-carboxylic acid-(22,16)-lactone-3-(O-β- D-glucopyranosyl-(1 → 2)-O-[β-D-xylpyranosyl-(1 → 3)]-O-β-D-glucopyranosyl-(1 → 4)-O-β-D-galactopyranoside
(5α,20R)-17,20- 二羟基 - 孕甾 -3,16- 二酮 (5α,20R)-17,20-dihydroxypregnane-3,16-dione
20β,21- 二羟基孕甾 -4,6- 二烯 -3- 酮 20β,21-dihydroxypregna-4,6-dien-3-one
15α,20β- 二羟基孕甾 -4- 烯 -3- 酮 15α,20β-dihydroxypregn-4-en-3-one
(15α,20R)- 二羟基孕甾 -4- 烯 -3- 酮 -6'-O- 乙酰基 -20-β- 纤维二糖苷 (15α,20R)-dihydroxypregn-4-en-3-one-6'-O-acetyl-20-β-cellobioside
1β,3β- 二羟基孕甾 -5,16- 二烯 -20- 酮 -1-O-{O-α-L- 吡喃鼠李糖基 -(1 → 2)-O-[β-D- 吡喃木糖基 -(1 → 3)]-6-O- 乙酰基 -β-D- 吡喃葡萄糖苷 } 1β,3β-dihydroxypregn-5,16-dien-20-one-1-O-{O-α-L-rhamnopyranosyl-(1→2)-O-[β-D-xylopyranosyl-(1→3)]-6-O-acetyl-β-D-glucopyranoside}
1β,3β- 二羟基孕甾 -5,16- 二烯 -20- 酮 -1-O-{O-α-L- 吡喃鼠李糖基 -(1 → 2)-O-[β-D- 吡喃木糖基 -(1 → 3)]-α-L- 吡喃阿拉伯糖苷 } 1β,3β-dihydroxypregn-5,16-dien-20-one-1-O-{O-α-L-rhamnopyranosyl-(1 → 2)-O-[β-D-xylopyranosyl-(1 → 3)]-α-L-arabinopyranoside}
1β,3β- 二羟基孕甾 -5,16- 二烯 -20- 酮 -1-O-{O-α-L- 吡喃鼠李糖基 -(1 → 2)-O-[β-D- 吡喃木糖基 -(1 → 3)]-β-D- 吡喃葡萄糖苷 } 1β,3β-dihydroxypregn-5,16-dien-20-one-1-O-{O-α-L-rhamnopyranosyl-(1 → 2)-O-[β-D-xylopyranosyl-(1 → 3)]-β-D-

E

glucopyranoside}

1β,3β- 二羟基孕甾 -5,16- 二烯 -20- 酮 -1-O-{O-α-L- 吡喃鼠李糖基 -(1 → 2)-α-L- 吡喃阿拉伯糖苷 } 1β,3β-dihydroxypregn-5,16-dien-20-one-1-O-{O-α-L-rhamnopyranosyl-(1 → 2)-α-L-arabinopyranoside}

3β,21- 二羟基孕甾 -5- 烯 -20S-(22,16)- 内酯 -1-O-α-L- 吡喃鼠李糖基 -(1 → 2)-[α-D- 吡喃木糖基 -(1 → 3)]-β-D- 吡喃葡萄糖苷 3β,21-dihydroxypregnane-5-en-20S-(22,16)-lactone-1-O-α-L-rhamnopyranosyl-(1 → 2)-[α-D-xylopyranosyl-(1 → 3)]-β-D-glucopyranoside

二羟基甾醇 I, II dihydroxysterols I, II

2-(3,4- 二羟基正丁炔 -1- 基)-5-(1,3- 戊二炔 -1- 基) 噻吩 2-(3,4-dihydroxybut-1-yn-1-yl)-5-(penta-1,3-diyn-1-yl)thiophene

4,8- 二羟基芝麻素 4,8-dihydroxysesamin

3,9- 二羟基紫檀 -6a- 烯 3,9-dihydroxypterocarp-6a-ene

5,6- 二羟甲基 -1,1- 二甲基环己 -4- 烯酮 5,6-dihydroxymethyl-1,1-dimethylcyclohex-4-enone

(2R,3R,4R,5R)-2,5- 二羟甲基 -3,4- 二羟基吡咯烷 (2R,3R,4R,5R)-2,5-bis(hydroxymethyl)-3,4-dihydroxypyrrolidine

2,5- 二羟甲基 -3,4- 二羟基吡咯烷 2,5-dihydroxymethyl-3,4-dihydroxypyrrolidine

3,6- 二羟甲基 -4,5- 二羟基 -2E- 烯 - 辛酸 3,6-dihydroxymethyl-4,5-dihydroxy-2E-ene-octanic acid

2,5- 二羟甲基呋喃 furan-2,5-diyldim-ethanol

13β-(1,2- 二羟乙基)-13- 甲基 - 罗汉松 -8(14)- 烯 -15- 酸 13β-(1,2-dihydroxyethyl)-13-methyl-podocarp-8(14)-en-15-oic acid

1-O-(1,2- 二羟乙基)-4-O- 甲氧基 -β-D- 吡喃葡萄糖基 -(1 → 3)-β-D- 吡喃葡萄糖苷 1-O-(1,2-dihydroxyethyl)-4-O-methoxy-β-D-glucopyranosyl-(1 → 3)-β-D-glucopyranoside

1-(1',2'- 二羟乙基)-4- 甲氧基 -β- 咔啉 1-(1',2'-dihydroxyethyl)-4-methoxy-β-carboline

2,5- 二羟吲哚 2,5-dihydroxyindole

(1S,4S,5R,7R,10R)-11,14- 二羟愈创木 -3- 酮 -11-O-β-D- 吡喃葡萄糖苷 (1S,4S,5R,7R,10R)-11,14-dihydroxyguai-3-one-11-O-β-D-glucopyranoside

1,1'- 二青藤碱 1,1'-disinomenine

2,2'- 二青藤碱 2,2'-disinomenine

7,8- 二氢 -(S)-7- 甲氧基阿魏酸甲酯 methyl 7,8-dihydro-(S)-7-methoxyferulate

1,3- 二氢 -1-(1- 壬烯基)-6- 甲氧基 -7- 羟基 -9-(1'- 戊烯基 -4'- 炔 -3'- 醇)- 萘 [2,3-c] 呋喃 1,3-dihydro-1-(1-nonenyl)-6-methoxy-7-hydroxy-9-(1'-penten-4'-yn-3'-ol)-naphtho[2,3-c]furan

1,3- 二氢 -1-(1- 乙烯基)-6- 甲氧基 -7- 羟基 -9-[(4'Z)- 十二烯 -1'- 炔 -3'- 醇]- 萘 [2,3-c] 呋喃 1,3-dihydro-1-(1-ethenyl)-6-methoxy-7-hydroxy-9-[(4'Z)-dodecen-1'-yn-3'-ol]-naphtho[2,3-c]furan

1,2- 二氢 -1,1,6- 三甲基萘 1,2-dihydro-1,1,6-trimethyl-naphthalene

6,7- 二氢 -1,2,3,13- 四甲氧基 -6,7- 二甲基 - 苯并 [3,4] 环辛 [1,2-f][1,3] 苯并二噁茂 -8(5H)- 酮 6,7-dihydro-1,2,3,13-tetramethoxy-6,7-dimethyl-benzo[3,4]cycloocta[1,2-f][1,3]benzodioxol-8(5H)-one

1,2- 二氢 -1,2,3- 三羟基 -9-(4- 甲氧基苯基) 菲烯 1,2-dihydro-1,2,3-trihydroxy-9-(4-methoxyphenyl)phenalene

3,4- 二氢 -1,2- 裂环小花小芸木宁▲ 3,4-dihydro-1,2-secomicrominutinin

3,4- 二氢 -1,2- 裂环小花小芸木宁▲-9-O- 葡萄糖苷 3,4-dihydro-1,2-secomicrominutinin-9-O-glucoside

3,4- 二氢 -1,2- 裂环小花小芸木宁▲甲酯 3,4-dihydro-1,2-secomicrominutinin methyl ester

9,10- 二氢 -1,3,6- 三羟基 -2- 甲醛基 - 蒽醌 9,10-dihydro-1,3,6-trihydroxy-2-carboxaldehyde-anthraquinone

1,2- 二氢 -1,4,6- 三甲基萘 1,2-dihydro-1,4,6-trimethyl-naphthalene

4',5'- 二氢 -1,5,6- 三羟基 -4',4',5'- 三甲基呋喃并 (2',3':4,5) 呫酮 4',5'-dihydro-1,5,6-trihydroxy-4',4',5'-trimethylfurano(2',3':4,5)xanthone

1,2- 二氢 -1,6- 二甲基 - 呋喃并 [3,2-c] 萘 [2,1-e] 氧杂革 -10,12-二酮 1,2-dihydro-1,6-dimethyl-furo[3,2-c]naphth[2,1-e]oxepin-10,12-dione

1,2- 二氢 -1,8,10- 三羟基 -2-(2- 羟基丙基 -2- 基)-9- 异戊烯基 -呋喃 [3,2-a] 呫烯 -11- 酮 1,2-dihydro-1,8,10-trihydroxy-2-(2-hydroxypropan-2-yl)-9-prenyl-furo[3,2-a]xanthen-11-one

2,3- 二氢 -1,8- 桉树脑 2,3-dihydro-1,8-cineole

3,4- 二氢 -10- 羟基 -7- 甲氧基 -3(R)- 甲基 -1H-3,4- 二氢萘 -[2,3c]-吡喃 -1- 酮 -9-O-β-D- 吡喃阿洛糖基 -(1 → 6)- 吡喃葡萄糖苷 3,4-dihydro-10-hydroxy-7-methoxy-3-(R)-methyl-1H-3,4-dihydronaphtho-[2,3c]-pyran-1-one-9-O-β-D-allopyranosyl-(1→6)-glucopyranoside

3,4- 二氢 -10- 羟基 -7- 甲氧基 -3(R)- 甲基 -1H-3,4- 二氢萘 -[2,3c]-吡喃 -1- 酮 -9-O-β-D- 吡喃葡萄糖基 -(1 → 6)- 吡喃葡萄糖苷 3,4-dihydro-10-hydroxy-7-methoxy-3(R)-methyl-1H-3,4-dihydronaphtho-[2,3c]-pyran-1-one-9-O-β-D-glucopyranosyl-(1 → 6)-glucopyranoside

3,4- 二氢 -10- 羟基 -7- 甲氧基 -3(R)- 甲基 -1 氢 -3,4- 二氢萘 -[2,3c]-吡喃 -1- 酮 -9-O-β-D- 吡喃葡萄糖苷 3,4-dihydro-10-hydroxy-7-methoxy-3(R)-methyl-1H-3,4-dihydronaphtho-[2,3c]-pyran-1-one-9-O-β-D-glucopyranoside

3β,14- 二氢 -11β,13- 二氢木香内酯 3β,14-dihydroxy-11β,13-dihydrocostunolide

21,23- 二氢 -11β,21- 二羟基 -23- 氧代黄柏酮 21,23-dihydro-11β,21-dihydroxy-23-oxoobacunone

21,23- 二氢 -11β,23- 二羟基 -21- 氧代黄柏酮 21,23-dihydro-11β,23-dihydroxy-21-oxoobacunone

(12R)-12,13- 二氢 -12,13- 二羟基黄根姜黄醇 (12R)-12,13-dihydro-12,13-dihydroxyxanthorrhizol

(12S)-12,13- 二氢 -12,13- 二羟基黄根姜黄醇 (12S)-12,13-dihydro-12,13-dihydroxyxanthorrhizol

12,13- 二氢 -12,13- 环氧补骨脂酚 12,13-dihydro-12,13-epoxybakuchiol

16,17- 二氢 -12β,16β- 环氧欧乌头碱 16,17-dihydro-12β,16β-epoxynapelline

12,13- 二氢 -13-α- 羟基石头花苷元▲ 12,13-dihydro-13-α-hydroxygypsogenin

13,14- 二氢 -13- 甲基 -[1,3] 二噁茂苯并 [5,6-c]-1,3- 二噁茂 [4,5-i] 菲啶 -14- 甲醇 13,14-dihydro-13-methyl-[1,3]benzodioxolo[5,6-c]-1,3-dioxolo[4,5-i]phenanthridine-14-methanol

9- 二氢 -13- 乙酰浆果紫杉素 III 9-dihydro-13-acetylbaccatin III

14,15- 二氢 -14β,15β- 环氧 -10- 羟基攀援山橙碱▲ 14,15-dihydro-14β,15β-epoxy-10-hydroxyscandine

15,16- 二氢 -15- 甲氧基 -16- 氧代哈威豆酸▲ 15,16-dihydro-15-methoxy-16-oxohardwickiic acid

14,15- 二氢 -15- 甲氧基 -3- 表莸素 14,15-dihydro-15-methoxy-3-epicaryoptin

3,4β- 二氢 -15- 去氢莴苣苦素 3,4β-dihydro-15-dehydrolactucopicrin

2,3- 二氢 -16- 羟基罗汉松内酯 2,3-dihydro-16-hydroxypodolide

2,3- 二氢 -16- 羟基竹柏内酯 F 2,3-dihydro-16-hydroxynagilactone F

(16R,19E)-1,2- 二氢 -16- 羟甲基 -5- 氧代苦籽木 -17- 甲酯 (16R,19E)-1,2-dihydro-16-(hydroxymethyl)-5-oxoakuammilan-17-oate

3,4- 二氢 -1H,6H,8H- 萘并 -[1,2-c:4,5-c',d'] 二吡喃 -1,8- 二酮 3,4-dihydro-1H,6H,8H-naphtho-[1,2-c:4,5-c',d']dipyrano-1,8-dione

3,4- 二氢 -1- 羟基 -3,4- 二酮 -2- 萘烯甲酯 3,4-dihydro-1-hydroxy-3,4-dioxo-2-naphthalenecarboxylic acid methyl ester

5,6- 二氢 -2(1*H*)- 吡啶酮 5,6-dihydro-2(1*H*)-pyridinone
2,3- 二氢 -2-(1- 甲乙烯基)-5- 苯并呋喃酸 2,3-dihydro-2-(1-methylethenyl)-5-benzofurancarboxylic acid
2,3- 二氢 -2-(1- 甲乙烯基)-5- 苯并呋喃酸甲酯 2,3-dihydro-2-(1-methylethenyl)-5-benzofurancarboxylic acid methyl ester
(-)-2,3- 二氢 -2-(1- 羟基 -1- 羟基甲基乙基)- 香豆素 (-)-2,3-dihydro-2-(1-hydroxy-1-hydroxymethylethyl)-coumarin
3,4- 二氢 -2-(2,5- 二羟基苯基)-2- 二氢 -3,5,7- 三羟基苯并吡喃 3,4-dihydro-2-(2,5-dihydroxyphenyl)-2-dihydro-3,5,7-trihydroxybenzopyran
2,3- 二氢 -2-(3',5'- 二甲氧基)-4'-(2''- 正甘油酰丁酯)-3- 羟甲基 -5- 苯并呋喃丙醇 2,3-dihydro-2-(3',5'-dimethoxy)-4'-(2''-n-glyceric acid butyl ester)-3-hydroxymethyl-5-benzofuranpropanol
(2*R*,2*S*)- 二氢 -2-(3',5'- 二甲氧基 -4'- 羟基苯基)-3-3- 羟甲基 -7- 甲氧基 -5- 乙酰苯并呋喃 (2*R*,2*S*)-dihydro-2-(3',5'-dimethoxy-4'-hydroxypenyl)-3-3-hydroxymethyl-7-methoxy-5-acetyl-benzofuran
2,3-*E*-2,3- 二氢 -2-(3'- 甲氧基 -4'-*O*-*β*-D- 吡喃葡萄糖基苯基)-3- 羟甲基 -5-(3″ 羟基丙烯基)-7- 甲氧基 -1- 苯骈 -[b]- 呋喃 2,3-*E*- 2,3-dihydro-2-(3'-methoxy-4'-*O*-*β*-D-glucopyranosylphenyl)-3-hydroxymethyl-5-(3'-hydroxypropenyl)-7-methoxy-1-benzo[b]furan
2,3-*E*-2,3- 二氢 -2-(3'- 甲氧基 -4'- 羟基苯基)-3- 羟甲基 -5-(3''- 羟基 - 丙烯基)-7-*O*-*β*-D- 吡喃葡糖基 -1- 苯并 [b] 呋喃 2,3-*E*-2,3-dihydro-2-(3'-methoxy-4'-hydroxyphenyl)-3-hydroxymethyl-5-(3''-hydroxypropenyl)-7-*O*-*β*-D-glucopyranosyl-1-benzo[b]furan
2,3- 二氢 -2-(4- 羟基 -3,5- 二甲氧基苯基)-3- 对羟基苯甲酰基 - 氧代甲基 -5-(2- 甲酰乙烯基)-7- 甲氧基苯并呋喃 2,3-dihydro-2-(4-hydroxy-3,5-dimethoxyphenyl)-3-*p*-hydroxybenzoyl-oxymethyl-5-(2-formylvinyl)-7-methoxybenzofuran
2,3- 二氢 -2-(4- 羟基 -3,5- 二甲氧基苯基)-3- 羟甲基 -5-(2- 甲酰乙烯基)-7- 甲氧基苯并呋喃 2,3-dihydro-2-(4-hydroxy-3,5-dimethoxyphenyl)-3-hydroxymethyl-5-(2-formylvinyl)-7-methoxybenzofuran
2*R*,3*R*-2,3- 二氢 -2-(4'- 羟基 -3'- 甲氧基苯基)-3-(吡喃葡萄糖氧基甲基)-7- 羟基 -5- 苯并呋喃丙醇 2*R*,3*R*-2,3-dihydro-2-(4'-hydroxy-3'-methoxyphenyl)-3-(glucopyranosyloxymethyl)-7-hydroxy-5-benzofuranpropanol
2,3- 二氢 -2-(4'- 羟基 -3'- 甲氧基苯基)-3-(羟基甲基)-7- 甲氧基 -5- 苯并呋喃丙醇 -4'-*O*-*β*- 吡喃葡萄糖苷 2,3-dihydro-2-(4'-hydroxy-3'-methoxyphenyl)-3-(hydroxymethyl)-7-methoxy-5-benzofuranpropanol-4'-*O*-*β*-glucopyranoside
2,3- 反式 - 二氢 -2-(4- 羟基 -3- 甲氧基苯基)-3-[(*β*-D- 吡喃葡萄糖氧基) 甲基]-7- 甲氧基苯并呋喃 -5- 丙烯酸 2,3-(*trans*)-dihydro-2-(4-hydroxy-3-methoxyphenyl)-3-[(*β*-D-glucopyranosyloxy) methyl]-7-methoxybenzofuran-5-propenoic acid
2,3- 二氢 -2-(4'- 羟基 -3'- 甲氧基苯基)-3-*β*-D- 吡喃葡萄糖基甲基 -7- 羟基 -5- 苯并呋喃丙醇 2,3-dihydro-2-(4'-hydroxy-3'-methoxyphenyl)-3-*β*-D-glucopyranosylmethyl-7-hydroxy-5-benzofuranpropanol
2,3- 二氢 -2-(4- 羟基 -3- 甲氧基苯基)-3- 对羟基苯甲酰基 - 氧代甲基 -5-(2- 甲酰乙烯基)-7- 甲氧基苯并呋喃 2,3-dihydro-2-(4-hydroxy-3-methoxyphenyl)-3-*p*-hydroxybenzoyl-oxymethyl-5-(2-formylvinyl)-7-methoxybenzofuran
2,3- 二氢 -2-(4- 羟基 -3- 甲氧基苯基)-3- 羟甲基 -5-(2- 甲酰乙烯基)-7- 甲基苯并呋喃 2,3-dihydro-2-(4-hydroxy-3-methoxyphenyl)-3-hydroxymethyl-5-(2-formylvinyl)-7-methylbenzofuran
(*E*)-3-{(2*R*,3*S*)-2,3- 二氢 -2-(4'- 羟基 -3'- 甲氧基苯基)-3- 羟甲基 -7- 甲氧基 -1- 苯并 [b] 呋喃 -5- 基 }-2- 丙烯醛 (*E*)-3-{(2*R*,3*S*)-2,3-dihydro-2-(4'-hydroxy-3'-methoxyphenyl)-3-hydroxymethyl-7-methoxy-1-benzo[b]furan-5-yl}-2-propenal
(*E*)-3-{(2*S*,3*R*)-2,3- 二氢 -2-(4'- 羟基 -3'- 甲氧基苯基)-3- 羟甲基 -7- 甲氧基 -1- 苯并 [b] 呋喃 -5- 基 }-2- 丙烯醛 (*E*)-3-{(2*S*,3*R*)-2,3-dihydro-2-(4'-hydroxy-3'-methoxyphenyl)-3-hydroxymethyl-7-methoxy-1-benzo[b]furan-5-yl}-2-propenal
5-{{3-[2,3- 二氢 -2-(4- 羟基 -3- 甲氧基苯基)-3- 羟甲基 -7- 甲氧基 -5- 苯并呋喃]-1-*O*-2- 丙烯基 } 氧基 }-1,4a,5,6,7,7a- 六氢 -7- 羟基 -7- 甲基环戊并 [c] 吡喃 -1-*O*-*β*-D- 吡喃葡萄糖苷 5-{{3-[2,3-dihydro-2-(4-hydroxy-3-methoxyphenyl)-3-(hydroxymethyl)-7-methoxy-5-benzofuranyl]-1-oxo-2-propenyl}oxy}-1,4a,5,6,7,7a-hexahydro-7-hydroxy-7-methylcyclopenta[c]pyran-1-*O*-*β*-D-glucopyranoside
(2*E*)-3-[(2*S*,3*R*)-2,3- 二氢 -2-(4- 羟基 -3- 甲氧基苯基)-3- 羟甲基 -7- 甲氧基 -5- 苯并呋喃]-2- 丙烯基 -*β*-D- 吡喃葡萄糖苷 (2*E*)-3-[(2*S*,3*R*)-2,3-dihydro-2-(4-hydroxy-3-methoxyphenyl)-3-(hydroxymethyl)-7-methoxy-5-benzofuranyl]-2-propenyl-*β*-D-glucopyranoside
(2*R*,3*S*)-2,3- 二氢 -2-(4'- 羟基 -3'- 甲氧基 - 苯基)-3- 羟甲基 -7- 甲氧基 -5- 苯并呋喃 - 丙醇 -4'-*O*-*β*- 吡喃葡萄糖苷 (2*R*,3*S*)-2,3-dihydro-2-(4'-hydroxy-3'-methoxy-phenyl)-3-(hydroxymethyl)-7-methoxy-5-benzofuran-propanol-4'-*O*-*β*-glucopyranoside
3-[2,3- 二氢 -2-(4- 羟基 -3- 甲氧基苯基)-3- 羟甲基 -7- 甲氧基 -5- 苯并呋喃基]- 丙基 -*O*-*α*-L- 吡喃鼠李糖苷 3-[2,3-dihydro-2-(4-hydroxy-3-methoxyphenyl)-3-(hydroxymethyl)-7-methoxy-5-benzofuranyl]-propyl-*O*-*α*-L-rhamnopyranoside
2*S*,3*R*-2,3- 二氢 -2-(4- 羟基 -3- 甲氧基苯基)-3- 羟甲基 -7- 甲氧基苯并呋喃 -5- 反式 - 丙烯 -1- 醇 -3-*O*-*β*- 吡喃葡萄糖苷 2*S*,3*R*-2,3-dihydro-2-(4-hydroxy-3-methoxyphenyl)-3-hydroxymethyl-7-methoxybenzofuran-5-*trans*-propen-1-ol-3-*O*-*β*-glucopyranoside
(2*R*,3*S*)-2,3- 二氢 -2-(4- 羟基 -3- 甲氧基苯基)-5-(3- 羟丙基)-7- 甲氧基 -1- 苯并呋喃 -3- 基] 甲基 -*β*-D- 吡楠葡萄糖苷 (2*R*,3*S*)-2,3-dihydro-2-(4-hydroxy-3-methoxyphenyl)-5-(3-hydroxypropyl)-7-methoxy-1-benzofuran-3-yl]methyl-*β*-D-glucopyranoside
[(2*S*,3*R*)-2,3- 二氢 -2-(4- 羟基 -3- 甲氧基苯基)-5-(3- 羟丙基)-7- 甲氧基 -3- 苯并呋喃基] 甲基 -*β*-D- 吡喃木糖苷 [(2*S*,3*R*)-2,3-dihydro-2-(4-hydroxy-3-methoxyphenyl)-5-(3-hydroxypropyl)-7-methoxy-3-benzofuranyl]methyl-*β*-D-xylopyranoside
3,4- 二氢 -2,2- 二甲基 -2*H*- 苯并吡喃 -4- 酮 -6- 甲醛 3,4-dihydro-2,2-dimethyl-2*H*-I-benzopyran-4-one-6-carboxaldehyde
2,3- 二氢 -2,2- 二甲基 -7- 苯并呋喃醇 2,3-dihydro-2,2-dimethyl-7-benzofuranol
(1*R*,2*S*)-1,2- 二氢 -2,3- 二甲基 -7- 羟基 -6- 甲氧基 -1-(3- 甲氧基 -4- 羟基苯基)- 萘 (1*R*,2*S*)-1,2-dihydro-2,3-dimethyl-7-hydroxy-6-methoxy-1-(3-methoxy-4-hydroxyphenyl)-naphthalene
(2*R*,3*S*)-2,3- 二氢 -2,3- 二羟基 -9- 苯基 -1*H*- 菲烯 -1- 酮 (2*R*,3*S*)-2,3-dihydro-2,3-dihydroxy-9-phenyl-1*H*-phenalen-1-one
9,10- 二氢 -2,4- 二羟基 -7- 甲氧基菲 9,10-dihydro-2,4-dihydroxy-7-methoxyphenanthrene
2,5- 二氢 -2,5- 二甲基呋喃 2,5-dihydro-2,5-dimethyl-furan
2-(1,4- 二氢 -2,6- 二甲基 -1,4- 二氧代 -3- 萘基)-3,4,5- 三羟基苯甲酸 2-(1,4-dihydro-2,6-dimethyl-1,4-dioxo-3-naphthalenyl)-3,4,5-trihydroxy benzoic acid
10,11- 二氢 -2,7- 二甲氧基 -3,4- 亚甲二氧基二苯并 [b,f] 噁庚英 10,11-dihydro-2,7-dimethoxy-3,4-methylenedioxydibenzo[b,f]oxepine
2,3- 二氢 -2-[3'- 甲氧基 -4'-(1'',3''- 二羟基 -2''- 丙氧基) 苯基]-3- 羟甲基 -7- 甲氧基苯并呋喃 -5- 丙醇 2,3-dihydro-2-[3'-methoxy-4'-(1'',3''-dihydroxy-2''-propyloxy)phenyl]-3-(hydroxymethyl)-7-

E

methoxybenzofuran-5-propanol

2,3- 二氢 -2-[4-(β- 吡喃葡萄糖基 -(1 → 2)-[β- 吡喃葡萄糖基 -(1 → 6)]-β- 吡喃葡萄糖氧基)-3- 甲氧基苯基]-3- 羟甲基 -7- 甲氧基 -5- 苯并呋喃丙醇 2,3-dihydro-2-[4-(β-glucopyranosyl-(1 → 2)-[β-glucopyranosyl-(1 → 6)]-β-glucopyranosyloxy)-3-methoxyphenyl]-3-(hydroxymethyl)-7-methoxy-5-benzofuranpropanol

[2,3- 二氢 -2-[4-[2- 羟基 -2-(4- 羟基 -3- 甲氧基苯基)-1- 羟甲基乙氧基]-3,5- 二甲氧基苯基]-7- 甲氧基 -5-(3- 氧代 -1- 丙烯 -1- 基)-3- 苯并呋喃] 甲基 -4- 羟基苯甲酸酯 [2,3-dihydro-2-[4-[2-hydroxy-2-(4-hydroxy-3-methoxyphenyl)-1-(hydroxymethyl) ethoxy]-3,5-dimethoxyphenyl]-7-methoxy-5-(3-oxo-1-propen-1-yl)-3-benzofuranyl]methyl-4-hydroxybenzoic acid ester

12,13- 二氢 -20,20- 二氢羽扇豆醇 12,13-dihydro-20,20-dihydrolupeol

1,2α- 二氢 -20- 棕榈酰瑞香毒素 1,2α-dihydro-20-palmitoyldaphnetoxin

18,19- 二氢 -21- 氧代钩吻明▲ 18,19-dihydro-21-oxokoumine

24,25- 二氢 -24- 亚甲基羊毛脂醇乙酯 24,25-dihydro-24-methylenelanosterol acetate

23,24- 二氢 -25- 去乙酰葫芦素 A 23,24-dihydro-25-deacetylcucurbitacin A

4,5- 二氢 -2- 氨基 -4-(2,4- 二氯苯基)-7- 甲基 -5- 氧代 - 吡喃 [3,2-c] 吡喃 -3- 甲腈 4,5-dihydro-2-amino-4-(2,4-dichlorophenyl)-7-methyl-5-oxo-pyrano[3,2-c]pyran-3-carbonitrile

(2R,3R)-2,3- 二氢 -2- 对羟基苯基 -7- 甲氧基 -3- 甲基 -5-(E)- 丙烯基苯并呋喃 (2R,3R)-2,3-dihydro-2-(4-hydroxyphenyl)-7-methoxy-3-methyl-5-(E)-propenylbenzofuran

(S)-6,7- 二氢 -2- 对羟基苯乙基 -4,7- 二甲基 -5H-2- 吡啶 (S)-6,7-dihydro-2-(p-hydroxyphenethyl)-4,7-dimethyl-5H-2-pyrindinium

4,5- 二氢 -2- 甲基 -1H- 咪唑 4,5-dihydro-2-methyl-1H-imidazole

1,4- 二氢 -2- 甲基 -2H-3,1- 苯并噁嗪 1,4-dihydro-2-methyl-2H-3,1-benzoxazine

2,3- 二氢 -2- 甲基苯并呋喃 2,3-dihydro-2-methylbenzofuran

2,3- 二氢 -2- 甲基苯并呋喃 -7- 甲酯 methyl 2,3-dihydro-2-mthylbenzofuran-7-carboxylate

2,3- 二氢 -2- 羟基 -2,4- 二甲基 -5- 反式 - 丙烯基呋喃 -3- 酮 2,3-dihydro-2-hydroxy-2,4-dimethyl-5-*trans*-propenylfuran-3-one

1,2- 二氢 -2- 氧代喹啉 -4- 羧酸甲酯 methyl 1,2-dihydro-2-oxoquinoline-4-carboxylic acid ester

1,2- 二氢 -2- 氧代喹啉 -4- 羧酸乙酯 ethyl 1,2-dihydro-2-oxoquinoline-4-carboxylic acid ester

2,3- 二氢 -2- 异丙基 -5,6- 二甲氧基 - 苯并呋喃 2,3-di-hydro-2-isopropyl-5,6-dimethoxybenzofuran

2,3- 二氢 -2- 正己基 -5- 甲基呋喃 -3- 酮 2,3-dihydro-2-n-hexyl-5-methylfuran-3-one

3,4- 二氢 -3-(2- 羟基 -3,4- 二甲氧基苯基)-2H-1- 苯并吡喃 -7-O-β-D- 吡喃葡萄糖苷 3,4-dihydro-3-(2-hydroxy-3,4-dimethoxyphenyl)-2H-1-benzopyran-7-O-β-D-glucopyranoside

3,4- 二氢 -3-(3- 羟基丁基)-1,1- 二甲基 -1H-2- 苯并吡喃 -6,8- 二醇 3,4-dihydro-3-(3-hydroxybutyl)-1,1-dimethyl-1H-2-benzopyran-6,8-diol

8,9- 二氢 -3-(4- 羟基苯基)-8-(1- 甲基乙烯基)-4H- 呋喃 [2,3-h]-1- 苯并吡喃 -4- 酮 8,9-dihydro-3-(4-hydroxyphenyl)-8-(1-methylethenyl)-4H-furo[2,3-h]-1-benzopyran-4-one

4,5- 二氢 -3,1'- 二羟基 -3- 戊基苯酞 4,5-dihydro-3,1'-dihydroxy-3-butylphthalide

α,α'- 二氢 -3,3',4'- 三羟基 -5-O- 异戊烯基 -6- 异戊烯基芪 α,α'-dihydro-3,3',4'-trihydroxy-5-O-isopentenyl-6-isopentenylstilbene

3,4- 二氢 -3,3- 二甲基 -2H- 萘并 [2,3-b] 吡喃 -5,10- 二酮 3,4-dihydro-3,3-dimethyl-2H-naphtho-[2,3b]pyran-5,10-diome

α,α'- 二氢 -3,3'- 二羟基 -5β-D-O- 吡喃葡萄糖基 -4'- 甲氧基芪 α,α'-dihydro-3,3'-dihydroxy-5β-D-O-glucopyranosyl-4'-methoxystilbene

(2S,3S,4R)-3,4- 二氢 -3,4- 二羟基 -2-(3- 甲基 -2- 丁烯基)-1(2H)- 萘酮 (2S,3S,4R)-3,4-dihydro-3,4-dihydroxy-2-(3-methyl-2-butenyl)-1(2H)-naphthalenone

(3S,4S)-3,4- 二氢 -3,4- 二羟基萘 -1(2H)- 酮 (3S,4S)-3,4-dihydro-3,4-dihydroxynaphthalen-1(2H)-one

3S,4R- 二氢 -3,4- 二羟基萘 -1(2H)- 酮 3S,4R-dihydro-3,4-dihydroxynaphthalen-1(2H)-one

3,4- 二氢 -3,4- 环氧 - 一枝黄花内酯 III 3,4-dihydro-3,4-epoxy-solidagolactone III

α,α'- 二氢 -3,5,3',4'- 四羟基 -4,5'- 二异戊烯基芪 α,α'-dihydro-3,5,3',4'-tetrahydroxy-4,5'-diisopentenylstilbene

α,α'- 二氢 -3,5,3',4'- 四羟基 -5'- 异戊烯基芪 α,α'-dihydro-3,5,3',4'-tetrahydroxy-5'-isopentenylstilbene

α,α'- 二氢 -3,5,3'- 三羟基 -4'- 甲氧基 -5'- 异戊烯基芪 α,α'-dihydro-3,5,3'-trihydroxy-4'-methoxy-5'-isopentenylstilbene

α,α'- 二氢 -3,5,3'- 三羟基 -4'- 甲氧基芪 α,α'-dihydro-3,5,3'-trihydroxy-4'-methoxystilbene

α,α'- 二氢 -3,5,4'- 三羟基 -4,5'- 二异戊烯基芪 α,α'-dihydro-3,5,4'-trihydroxy-4,5'-diisopentenylstilbene

α,α'- 二氢 -3,5,4'- 三羟基 -5'- 异戊烯基芪 α,α'-dihydro-3,5,4'-trihydroxy-5'-isopentenylstilbene

α,α'- 二氢 -3,5,4'- 三羟基 -5'- 异戊烯基芪乙酰化物 α,α'-dihydro-3,5,4'-trihydroxy-5'-isopentenylstilbene acetate

α,α'- 二氢 -3,5- 二羟基 -4'- 乙酰氧基 -5'- 异戊烯基芪 α,α'-dihydro-3,5-dihydroxy-4'-acetoxy-5'-isopentenylstilbene

2,3- 二氢 -3,5- 二羟基 -6- 甲基 -4H- 吡喃 -4- 酮 2,3-dihydro-3,5-dihydroxy-6-methyl-4H-pyran-4-one

2,3- 二氢 -3,5- 二羟基 -7- 甲氧基黄酮 2,3-dihydro-3,5-dihydroxy-7-methoxyflavone

3,4- 二氢 -3,6,7,11- 四羟基 -8,9- 二异戊烯基 -2,2- 二甲基 - 吡喃并 [2,3-c]山酮 3,4-dihydro-3,6,7,11-tetrahydroxy-8,9-diprenyl-2,2-dimethyl-pyrano[2,3-c]xanthone

2,3- 二氢 -3,6,7- 三羟基 -1- 苯并吡喃 -4- 酮 2,3-dihydro-3,6,7-trihydroxy-1-benzopyran-4-one

1,2- 二氢 -3,6,8- 三羟基 -1,1- 二 (3- 甲基丁 -2- 烯基)-5-(1,1- 二甲基丙 -2- 烯基)-山烯 -2,9- 二酮 1,2-dihydro-3,6,8-tridroxy-1,1-bis(3-methylbut-2-enyl)-5-(1,1-dimethylprop-2-enyl)-xanthen-2,9-dione

α,β- 二氢 -3',6- 二羟基 -2,4,6'- 三甲氧基 -3-(3'',4''- 二羟苄基) 查耳酮 α,β-dihydro-3',6-dihydroxy-2,4,6'-trimethoxy-3-(3'',4''-dihydroxybenzyl)chalcone

(-)-(5S,6S)-5,6- 二氢 -3,8,10- 三羟基 -5-(4- 羟基 -3- 甲氧苯基)-6- 羟甲基 -2,4- 二甲氧基 -7H- 苯并 [c]山烯 -7- 酮 (-)-(5S,6S)-5,6-dihydro-3,8,10-trihydroxy-5-(4-hydroxy-3-methoxyphenyl)-6-hydroxymethyl-2,4-dimethoxy-7H-benzo[c]xanthen-7-one

2,3- 二氢 -3-[(15- 羟苯基) 甲基]-5,7- 二羟基 -6,8- 二甲基黄酮 2,3-dihydro-3-[(15-hydroxyphenyl)methyl]-5,7-dihydroxy-6,8-dimethylflavone

2,3- 二氢 -3-[(15- 羟苯基) 甲基]-5,7- 二羟基 -6- 甲基 -8- 甲氧基黄酮 2,3-dihydro-3-[(15-hydroxyphenyl)methyl]-5,7-dihydroxy-6-methyl-8-methoxyflavone

11β,13- 二氢 -3-3- 表中美菊素 C 11β,13-dihydro-3-epizaluzanin C

2,4- 二氢 -3H-1,2,4- 三吡咯 -3- 酮 2,4-dihydro-3H-1,2,4-triazol-3-one

11α,13- 二氢 -3α,7α- 二羟基桉叶 -4- 烯 -6α,12- 内酯 11α,13-dihydro-3α,7α-dihydroxyeudesm-4-en-6α,12-olide

3, 4- 二氢 -3β, 4α- 二羟基一枝黄花内酯 II, III 3, 4-dihydro-3β, 4α-dihydoxysolidagolactone II, III
18,19- 二氢 -3β,17β- 金鸡纳叶碱▲ 18,19-dihydro-3β,17β-cinchophylline
7,8- 二氢 -3β,6α- 二羟基 -α- 香堇醇 -9-O-β-D- 吡喃葡萄糖苷 7,8-dihydro-3β,6α-dihydroxy-α-ionol-9-O-β-D-glucopyranoside
7,8- 二氢 -3β,6α- 二羟基 -α- 香堇醇 -9-O-β-D- 呋喃芹糖基 -(1→6)-β-D- 吡喃葡萄糖苷 7,8-dihydro-3β,6α-dihydroxy-α-ionol-9-O-β-D-apiofuranosyl-(1→6)-β-D-glucopyranoside
2,3- 二氢 -3β- 羟基睡茄酮▲ 2,3-dihydro-3β-hydroxywithanone
23,24- 二氢 -3- 表 - 异葫芦素 B 23,24-dihydro-3-epi-isocucurbitacin B
4,5- 二氢 -3- 丁基苯酞 4,5-dihydro-3-butylphthalide
2,3- 二氢 -3- 甲氧基睡茄黏果酸浆素▲ 2,3-dihydro-3-methoxywithaphysacarpin
7,8- 二氢 -3- 羟基 -12,13- 亚甲二氧基 -11- 甲氧基联苯 [b,f] 噁庚英 7,8-dihydro-3-hydroxy-12,13-methylenedioxy-11-methoxy-dibenz[b,f]oxepine
2-O-{[(2S,3S)-3,4- 二氢 -3- 羟基 -6-[(1E)-3- 甲氧基 -2- 甲基 -3- 氧合 -1- 丙烯基]-2H- 吡喃 -2- 基] 甲基 }-β-D- 甲基吡喃木糖苷 2-O-{[(2S,3S)-3,4-dihydro-3-hydroxy-6-[(1E)-3-methoxy-2-methyl-3-oxo-1-propenyl]-2H-pyran-2-yl]methyl}-β-D-methyl-xylopyranoside
(7S,8R)- 二氢 -3'- 羟基 -8- 羟甲基 -7-(4- 羟基 -3- 甲氧基苯基)-1'-苯并呋喃丙醇 (7S,8R)-dihydro-3'-hydroxy-8-hydroxymethyl-7-(4-hydroxy-3-methoxyphenyl)-1'-benzofuranpropanol
2,3- 二氢 -3- 羟基蓝花楹酮乙酯 2,3-dihydro-3-hydroxyljacaranone ethyl ester
(±)-2"R,3"R- 二氢 -3"- 羟基穗花双黄酮 (±)-2"R,3"R-dihydro-3"-hydroxyamentoflavone
4-[2,3- 二氢 -3- 羟甲基 -5-(3- 羟基丙基)-7- 甲氧基 -2- 苯并呋喃基]-2- 甲氧基苯基 -β-D- 吡喃葡萄糖苷 4-[2,3-dihydro-3-(hydroxymethyl)-5-(3-hydroxypropyl)-7-methoxy-2-benzofuranyl]-2-methoxyphenyl-β-D-glucopyranoside
4-[2,3- 二氢 -3- 羟甲基 -5-[(1E)-3- 羟基 -1- 丙烯 -1- 基]-7- 甲氧基 -2- 苯并呋喃基]-2- 甲氧基苯基 -β-D- 吡喃葡萄糖苷 4-[2,3-dihydro-3-(hydroxymethyl)-5-[(1E)-3-hydroxy-1-propen-1-yl]-7-methoxy-2-benzofuranyl]-2-methoxyphenyl-β-D-glucopyranoside
4-[(2R,3S)-2,3- 二氢 -3- 羟甲基 -5-[(1E)-3- 羟基 -1- 丙烯基]-7-甲氧基 -2- 苯并呋喃基]-2- 甲氧基苯基 -β-D- 吡喃葡萄糖苷 4-[(2R,3S)-2,3-dihydro-3-(hydroxymethyl)-5-[(1E)-3-hydroxy-1-propenyl]-7-methoxy-2-benzofuranyl]-2-methoxyphenyl-β-D-glucopyranoside
(2R,3R)-2,3- 二氢 -3- 羟甲基 -7- 甲氧基 -2-(3'- 甲氧基 -4'-α-L- 吡喃鼠李糖氧基苯基)-5- 苯并丙醇 (2R,3R)-2,3-dihydro-3-hydroxymethyl-7-methoxy-2-(3'-methoxy-4'-α-L-rhamnopyranosyloxyphenyl)-5-benzofuranpropanol
3, 4- 二氢 -3- 氧代 - 一枝黄花内酯 II, III 3, 4-dihydro-3-oxo-solidagolactone II, III
14,15- 二氢 -3- 氧代异形蔓长春花胺 -12H- 环氧乙烯并 [6,7] 氮茚并 [8,1-cd] 咔唑 14,15-dihydro-3-oxovincadifformine-12H-oxireno[6,7]indolizino[8,1-cd]carbazole
3,4- 二氢 -3- 乙烯基 -1,2- 二噻英 3,4-dihydro-3-vinyl-1,2-dithiin
3α- 二氢 -4(15)- 去氢大海米菊素 -α,β- 二羟基异丁酸酯 3α-dihydro-4(15)-dehydrogrosshemin-α,β-dihydroxyisoburyrate
(3R,4S)-3,4- 二氢 -4-(4- 羟基 -3- 甲氧基苯基)-3- 羟甲基 -6,7-二甲氧基 -2- 萘醛 (3R,4S)-3,4-dihydro-4-(4-hydroxy-3-methoxyphenyl)-3-(hydroxymethyl)-6,7-dimethoxy-2-naphthalenecarboxaldehyde
3,4- 二氢 -4-(4'- 羟基苯基)-5,7- 二羟基香豆素 3,4-dihydro-4-(4'-hydroxyphenyl)-5,7-dihydroxycoumarin
2,3- 二氢 -4',4'''- 二 -O- 甲基穗花杉黄酮 2,3-dihydro-4',4'''-di-O-methylamentoflavone
2,3- 二氢 -4,4- 二甲基 -11,12- 二羟基 -13- 异丙基菲酮 2,3-dihydro-4,4-dimethyl-11,12-dihydroxy-13-isopropyl anthracone
2,3- 二氢 -4,5,7- 三甲氧基 -l- 乙基 -2- 甲基 -3-(2,4,5- 三甲氧基苯基) 茚 2,3-dihydro-4,5,7-trimethoxy-l-ethyl-2-methyl-3-(2,4,5-trimethoxyphenyl)indene
(3α,4β,5α)-4,5- 二氢 -4,5- 二甲基 -3-(1- 吡咯基)- 呋喃 -2(3H)- 酮 (3α,4β,5α)-4,5-dihydro-4,5-dimethyl-3-(1-pyrrolyl)-furan-2(3H)-one
(4R,5S)- 二氢 -4,5- 二羟基 -5- 甲基 -2(3H)- 呋喃酮 (4R,5S)-dihydro-4,5-dihydroxy-5-methyl-2(3H)-furanone
(6aR,12aR,4'R,5'S)-4',5'- 二氢 -4',5'- 二羟基灰叶素 (6aR,12aR,4'R,5'S)-4',5'-dihydro-4',5'-dihydroxytephrosin
25,27- 二氢 -4,7- 二去氢 -7- 去氧新酸浆素 A 25,27-dihydro-4,7-didehydro-7-deoxyneophysalin A
(4S)-3,4- 二氢 -4,8- 二羟基 -1(2H)- 萘酮 (4S)-3,4-dihydro-4,8-dihydroxy-1(2H)-naphthalenone
(4S)-3,4- 二氢 -4,8- 二羟基 -5-[6-O-(4- 羟基 -3,5- 二甲氧基苯甲酰基)-β-D- 吡喃葡萄糖氧基]-1(2H)- 萘酮 (4S)-3,4-dihydro-4,8-dihydroxy-5-[6-O-(4-hydroxy-3,5-dimethoxybenzoyl)-β-D-glucopyranosyloxy]-1(2H)-naphthalenone
9,10- 二氢 -4,8- 二羟基 -9,10- 二氧代蒽 -2- 羧酸 9,10-dihydro-4,8-dihydroxy-9,10-dioxoanthracene-2-carboxylic acid
[4S-(4α,4aα,5α,9aα)]-4a,9a- 二氢 -4,9a- 二羟基 -3,4a,5- 三甲基 - 萘 [2,3-b] 呋喃 -2,6(4H,5H)- 二酮 [4S-(4α,4aα,5α,9aα)]-4a,9a-dihydro-4,9a-dihydroxy-3,4a,5-trimethyl-naphtho[2,3-b]furan-2,6(4H,5H)-dione
(3S,3aR,4aR,7S,8aR,9aR)- 二氢 -4a,7- 二羟基 -3,8a- 二甲基 -5- 亚甲基 - 萘 [2,3-b] 呋喃 -2(3H)- 酮 (3S,3aR,4aR,7S,8aR,9aR)-decahydro-4a,7-dihydroxy-3,8a-dimethyl-5-methylene-naphtho[2,3-b]furan-2(3H)-one
11β,13- 二氢 -4H- 绒毛银胶菊素▲ 11β,13-dihydro-4H-tomentosin
2",3"- 二氢 -4'-O- 甲基穗花杉黄酮 2",3"-dihydro-4'-O-methylamentoflavone
3,4- 二氢 -4- 丁氧基 -5- 羟基 - 萘 -1(2H)- 酮 3,4-dihydro-4-butoxy-5-hydroxy-naphthalen-1(2H)-one
10,11- 二氢 -4- 甲氧基 - 二苯 [b,f] 氧杂䓬 -2- 醇 10,11-dihydro-4-methoxy-dibenz[b,f]oxepin-2-ol
7,8- 二氢 -4- 羟基 -12,13- 亚甲二氧基 -11- 甲氧基联苯 [b,f] 噁庚英 7,8-dihydro-4-hydroxy-12,13-methylenedioxy-11-methoxy-dibenz[b,f]oxepine
2-[2,3- 二氢 -4- 羟基 -2-(2- 羟基 -2- 丙基)-5- 甲氧基 -1H- 茚基]-1-(2,4,6- 三羟基苯基) 乙酮 2-[2,3-dihydro-4-hydroxy-2-(2-hydroxy-2-propyl)-5-methoxy-1H-inden-1-yl]-1-(2,4,6-trihydroxyphenyl)ethanone
二氢 -4- 羟基 -2(3H)- 呋喃酮 dihydro-4-hydroxy-2(3H)-furanone
(4R)-4- 二氢 -4- 羟基 -2,7- 二甲基萘 -1(2H)- 酮 (4R)-4-dihydro-4-hydroxy-2,7-dimethylnaphthalen-1(2H)-one
(4S)-4- 二氢 -4- 羟基 -2,7- 二甲基萘 -1(2H)- 酮 (4S)-4-dihydro-4-hydroxy-2,7-dimethylnaphthalen-1(2H)-one
3,4- 二氢 -4- 羟基 -2,7- 二甲基萘 -1(2H)- 酮 3,4-dihydro-4-hydroxy-2,7-dimethyl-naphthalene-1(2H)-one
2,3- 二氢 -4- 羟基 -2- 氧代 - 吲哚 -3- 乙腈 2,3-dihydro-4-hydroxy-2-oxoindole-3-acetonitrile
(3R,4R)-3,4- 二氢 -4- 羟基 -3-(3- 甲基 -2- 丁烯基)-1(2H)- 萘酮 (3R,4R)-3,4-dihydro-4-hydroxy-3-(3-methyl-2-butenyl)-1(2H)-

naphthalenone

(3R,4R)-3,4- 二氢 -4- 羟基 -3-[3- 羟甲基 -(2Z)- 丁烯基]-1(2H)- 萘酮 (3R,4R)-3,4-dihydro-4-hydroxy-3-[3-hydroxymethyl-(2Z)-butenyl]-1(2H)-naphthalenone

(4R)- 二氢 -4- 羟基 -5,5- 二甲基 -2(3H)- 呋喃酮 (4R)-dihydro-4-hydroxy-5,5-dimethyl-2(3H)-furanone

二氢 -4- 羟基 -5- 羟甲基 -2(3H)- 呋喃酮 dihydro-4-hydroxy-5-hydroxymethyl-2(3H)-franone

9,10- 二氢 -4- 羟基 -9,10- 二酮 -2- 蒽烯羧酸甲酯 9,10-dihydro-4-hydroxy-9,10-dioxo-2-anthracenecarboxylic acid methyl ester

3,4- 二氢 -4- 羟基萘 -2- 羧酸 3,4-dihydro-4-hydroxynaphthalene-2-carboxylic acid

6,7- 二氢 -4- 羟甲基 -2- 对羟基苯乙基 -7- 甲基 -5H-2- 吡啶 6,7-dihydro-4-(hydroxymethyl)-2-(p-hydroxyphenethyl)-7-methyl-5H-2-pyrindinium

2,3- 二氢 -5',3'''- 二羟基穗花杉黄酮 2,3-dihydro-5',3'''-dihydroxyamentoflavone

二氢 -5,5- 二甲基 -4-(3- 氧代丁基)-2(3H)- 呋喃 dihydro-5,5-dimethyl-4-(3-oxobutyl)-2(3H)-furanone

(1R,2S)-1,2- 二氢 -5,6- 二羟基 -1-(4- 羟基苯基)-2,3- 萘二羧酸 -2,3- 二 (10- 小依兰苷 A) 酯 (1R,2S)-1,2-dihydro-5,6-dihydroxy-1-(4-hydroxyphenyl)-2,3-naphthalenedicarboxylic acid-2,3-bis(10-canangafruiticoside A)ester

5,6- 二氢 -5,6- 环氧多枝炭角菌内酯▲ A 5,6-dihydro-5,6-epoxymultiplolide A

二氢 -5,6- 去氢卡瓦胡椒素 dihydro-5,6-dehydrokawain

2,3- 二氢 -5,7,8- 三羟基 -3- 甲基 - 萘并 [1,8-bc] 吡喃 -6,9- 二醛 2,3-dihydro-5,7,8-trihydroxy-3-methyl-naphtho[1,8-bc]pyran-6,9-dicarboxaldehyde

2,3- 二氢 -5,7- 二羟基 -2,6,8- 三甲基 -4H-1- 苯并吡喃 -4- 酮 2,3-dihydro-5,7-dihydroxy-2,6,8-trimethyl-4H-1-benzopyran-4-one

2,3- 二氢 -5,7- 二羟基 -2,6- 二甲基 -8-(3- 甲基 -2- 丁烯基)-4H-1- 苯并吡喃 -4- 酮 2,3-dihydro-5,7-dihydroxy-2,6-dimethyl-8-(3-methyl-2-butenyl)-4H-1-benzopyran-4-one

2,3- 二氢 -5,7- 二羟基 -2,8- 二甲基 -6-(3- 甲基 -2- 丁烯基)-4H-1- 苯并吡喃 -4- 酮 2,3-dihydro-5,7-dihydroxy-2,8-dimethyl-6-(3-methyl-2-butenyl)-4H-1-benzopyran-4-one

3,4- 二氢 -5,7- 二羟基 -4-(4'- 甲氧基苯基) 香豆素 3,4-dihydro-5,7-dihydroxy-4-(4'-methoxyphenyl)coumarin

(1S)-1-(1,4- 二氢 -5,8- 二羟基 -1,4- 二氧 -2- 萘基)-4- 甲基 -3- 戊烯 -1- 酯基 -3-(乙酰氧基)-3- 甲基 - 丁酸 (1S)-1-(1,4-dihydro-5,8-dihydroxy-1,4-dioxo-2-naphthalenyl)-4-methyl-3-penten-1-yl ester-3-(acetyloxy)-3-methyl-butanoic acid

(1R)-1-(1,4- 二氢 -5,8- 二羟基 -1,4- 二氧基 -2- 萘基)-4- 甲基 -3- 戊烯 -1- 酯基 -3-(乙酰氧基)-3- 甲基 – 丁酸 (1R)-1-(1,4-dihydro-5,8-dihydroxy-1,4-dioxo-2-naph-thalenyl)-4-methyl-3-penten-1-yl-ester-3-(acetyloxy)-3-methyl-butanoic acid

2,3- 二氢 -5,9,11- 三羟基 -3,3- 二甲基 -6,10- 二 (1- 异戊烯基)- 吡喃并 [3,2-a] 呫烯 -12(1H)- 酮 2,3-dihydro-5,9,11-trihydroxy-3,3-dimethyl-6,10-bis(1-prenyl)-pyrano[3,2-a]xanthen-12(1H)-one

3,4- 二氢 -5,9- 二羟基 -7-(3- 羟基 -3- 甲基丁基)-8- 甲氧基 -2,2- 二甲基 -2H,6H- 吡喃并 [3,2-b] 呫烯 -6- 酮 3,4-dihydro-5,9-dihydroxy-7-(3-hydroxy-3-methylbutyl)-8-methoxy-2,2-dimethyl-2H,6H-pyrano[3,2-b]xanthen-6-one

3,4- 二氢 -5,9- 二羟基 -8- 甲氧基 -7-(3- 甲氧基 -3- 甲基丁基)-2,2- 二甲基 -2H,6H- 吡喃并 [3,2-b] 呫烯 -6- 酮 3,4-dihydro-5,9-dihydroxy-8-methoxy-7-(3-methoxy-3-methylbutyl)-2,2-dimethyl-2H,6H-pyrano-[3,2-b]xanthen-6-one

(4S,5S)- 二氢 -5-[(1R,2R)-2- 羟基 -2- 甲基 -5- 氧代 -3- 环戊烯 -1- 基]-3- 亚甲基 -4-(3- 氧代丁基)-2(3H)- 呋喃酮 (4S,5S)-dihydro-5-[(1R,2R)-2-hydroxy-2-methyl-5-oxo-3-cyclopenten-1-yl]-3-methylene-4-(3-oxobutyl)-2(3H)-furanone

(4S,5S)- 二氢 -5-[(1R,2S)-2- 羟基 -2- 甲基 -5- 氧代 -3- 环戊烯 -1- 基]-3- 亚甲基 -4-(3- 氧代丁基)-2(3H)- 呋喃酮 (4S,5S)-dihydro-5-[(1R,2S)-2-hydroxy-2-methyl-5-oxo-3-cyclopenten-1-yl]-3-methylene-4-(3-oxobutyl)-2(3H)-furanone

(4S,5S)- 二氢 -5-[(1S,2R)-2- 羟基 -2- 甲基 -5- 氧代 -3- 环戊烯 -1- 基]-3- 亚甲基 -4-(3- 氧代丁基)-2(3H)- 呋喃酮 (4S,5S)-dihydro-5-[(1S,2R)-2-hydroxy-2-methyl-5-oxo-3-cyclopenten-1-yl]-3-methylene-4-(3-oxobutyl)-2(3H)-furanone

(4S,5S)- 二氢 -5-[(1S,2S)-2- 羟基 -2- 甲基 -5- 氧代 -3- 环戊烯 -1- 基]-3- 亚甲基 -4-(3- 氧代丁基)-2(3H)- 呋喃酮 (4S,5S)-dihydro-5-[(1S,2S)-2-hydroxy-2-methyl-5-oxo-3-cyclopenten-1-yl]-3-methylene-4-(3-oxobutyl)-2(3H)-furanone

1,2α- 二氢 -5β- 羟基 -6α,7α- 环氧 - 树脂大戟醇 -14- 苯甲酸酯 1,2α-dihydro-5β-hydroxy-6α,7α-epoxy-resiniferonol-14-benzoate

1,2β- 二氢 -5β- 羟基 -6α,7α- 环氧 - 树脂大戟醇 -14- 苯甲酸酯 1,2β-dihydro-5β-hydroxy-6α,7α-epoxy-resiniferonol-14-benzoate

3,4- 二氢 -5- 甲氧基 -2- 甲基 -2-(4'- 甲基 -2'- 氧代 -3'- 戊烯基)-9(7H)- 氧代 -2H- 呋喃 [3,4-h] 苯并吡喃 3,4-dihydro-5-methoxy-2-methyl-2-(4'-methyl-2'-oxo-3'-pentenyl)-9(7H)-oxo-2H-furo[3,4-h]benzopyran

5-[2-(2,5- 二氢 -5- 甲氧基 -2- 氧代 -3- 呋喃基) 乙基]-4a,5,6,7,8,8a- 六氢 -5,6,8a- 三甲基 -1- 萘羧酸 5-[2-(2,5-dihydro-5-methoxy-2-oxo-3-furanyl)ethyl]-4a,5,6,7,8,8a-hexahydro-5,6,8a-trimethyl-1-naphthalenecarboxylic acid

6-[2-(2,5- 二氢 -5- 甲氧基 -2- 氧代 -3- 呋喃基) 乙基]-6,7- 二甲基 -10- 亚甲基 -1,3- 环癸二烯 -1- 酸 6-[2-(2,5-dihydro-5-methoxy-2-oxo-3-furanyl)ethyl]-6,7-dimethyl-10-methylene-1,3-cyclodecadiene-1-carboxylic acid

(4aR,5S,6R,8aR)-5-[2-(2,5- 二氢 -5- 甲氧基 -2- 氧代呋喃 -3- 基) 乙基]-3,4,4a,5,6,7,8,8a- 八氢 -5,6,8a- 三甲基萘 -1- 酸 (4aR,5S,6R,8aR)-5-[2-(2,5-dihydro-5-methoxy-2-oxofuran-3-yl)ethyl]-3,4,4a,5,6,7,8,8a-octahydro-5,6,8a-trimethylnaphthalene-1-carboxylic acid

(7R,8S,1'S)-$\Delta^{8'}$-1',4'- 二氢 -5'- 甲氧基 -3,4- 亚甲二氧基 -4'- 酮 -7.O.2,8.1'- 新木脂素 (7R,8S,1'S)-$\Delta^{8'}$-1',4'-dihydro-5'-methoxy-3,4-methylenedioxy-4'-oxo-7.O.2,8.1'-neolignan

9,10- 二氢 -5- 甲氧基 -3- 甲基 -2,7- 二 (2- 正丙烯氧基)- 菲 9,10-dihydro-5-methoxy-3-methyl-2,7-bis(2-propen-1-yloxy)-phenanthrene

2,3- 二氢 -5- 甲氧基 -α-(4- 甲氧基苯基)-2- 甲基 -1H- 异吲哚 -1- 甲醇 2,3-dihydro-5-methoxy-α-(4-methoxyphenyl)-2-methyl-1H-isoindole-1-methanol

7,8- 二氢 -5- 羟基 -12,13- 亚甲二氧基 -11- 甲氧基联苯 [b,f] 噁庚英 7,8-dihydro-5-hydroxy-12,13-methylenedioxy-11-methoxy-dibenz[b,f]oxepine

(2R,3R)-2,3- 二氢 -5- 羟基 -2,3,8,8- 四甲基 -6-(1- 苯基乙烯基)-4H,8H- 苯并 [1,2-b:3,4-b'] 二吡喃 -4- 酮 (2R,3R)-2,3-dihydro-5-hydroxy-2,3,8,8-tetramethyl-6-(1-phenylethenyl)-4H,8H-benzo[1,2-b:3,4-b']dipyran-4-one

(2S,3R)-2,3- 二氢 -5- 羟基 -2,3,8,8- 四甲基 -6-(1- 苯基乙烯基)-4H,8H- 苯并 [1,2-b:3,4-b'] 二吡喃 -4- 酮 (2S,3R)-2,3-dihydro-5-hydroxy-2,3,8,8-tetramethyl-6-(1-phenylethenyl)-4H,8H-benzo[1,2-b:3,4-b']dipyran-4-one

8,9- 二氢 -5- 羟基 -3-(4-4- 羟基苯基)-8-(1- 甲基乙烯基)-4H- 呋喃 [2,3-h]-1- 苯并吡喃 -4- 酮 8,9-dihydro-5-hydroxy-3-(4-hydroxyphenyl)-8-(1-methylethenyl)-4H-furo[2,3-h]-1-

benzopyran-4-one
(3*S*,5*R*,6*R*)-5,6- 二氢 -5- 羟基 -3,6- 环氧 -*β*- 香堇醇 (3*S*,5*R*,6*R*)-5,6-dihydro-5-hydroxy-3,6-epoxy-*β*-ionol
3,4- 二氢 -5- 羟基 -4-(4'- 羟基苯基)-7- 甲氧基香豆素 3,4-dihydro-5-hydroxy-4-(4'-hydroxyphenyl)-7-methoxycoumarin
(2*R*,3*R*)-2,3- 二氢 -5- 羟基 -4',7- 二甲氧基黄酮 (2*R*,3*R*)-2,3-dihydro-5-hydroxy-4',7-dimethoxyflavone
2,3- 二氢 -5- 羟基 -4',7- 二甲氧基黄酮 2,3-dihydro-5-hydroxy-4',7-dimethoxyflavone
3,4- 二氢 -5- 羟基 -7- 甲氧基 -4-(4'- 甲氧基苯基) 香豆素 3,4-dihydro-5-hydroxy-7-methoxy-4-(4'-methoxyphenyl)coumarin
2,3- 二氢 -5'- 羟基粗贝壳杉黄酮 2,3-dihydro-5'-hydroxyrobustaflavone
2,3- 二氢 -5'- 羟基穗花杉黄酮 2,3-dihydro-5'-hydroxyamentoflavone
2*α*,3*β*- 二氢 -5- 孕甾烯 -16- 酮 2*α*,3*β*-dihydro-5-pregnen-16-one
(*Z*')-3,8- 二氢 -6,6',7,3'- 二藁本内酯 (*Z*')-3,8-dihydro-6,6',7,3'*α*-diligustilide
3,4- 二氢 -6,7- 二甲氧基异喹诺酮 6,7-dimethoxy-3,4-dihydro-2H-isoquinolin-1-one
3,4- 二氢 -6,7- 二甲氧基 - 异喹诺酮 3,4-dihydro-6,7-dimethoxy-isocarbostyril
(*E*)-(6*R*,7*S*)-4,5- 二氢 -6,7- 二羟基 -3- 丁烯基苯酞 (*E*)-(6*R*,7*S*)-3-butylidene-4,5-dihydro-6,7-dihydroxyphthalide
1,2- 二氢 -6,8- 二甲氧基 -7-1-(3,5- 二甲氧基 -4- 羟基苯基)-N^1,N^2- 双 [2-(4- 羟基苯基) 乙基]-2,3- 萘酰胺 1,2-dihydro-6,8-dimethoxy-7-1-(3,5-dimethoxy-4-hydroxyphenyl)-N^1, N^2-bis[2-(4-hydroxyphenyl)ethyl]-2,3-naphthalene dicarboxamide
1,2- 二氢 -6,8- 二甲氧基 -7-1-(3,5- 二甲氧基 - 对羟苯基)-N^1, N^2- 二 -(2- 对羟苯基乙基)-2,3- 萘二酰胺 1,2-dihydro-6,8-dimethoxy-7-1-(3,5-dimethoxy-4-hydroxyphenyl)-N^1, N^2-bis-[2-(4-hydroxyphenyl)ethyl]-2,3-naphthalene dicarboxamide
1,2- 二氢 -6,8- 二甲氧基 -7- 羟基 -1-(3,5- 二甲氧基 -4- 羟基苯基)-N^1, N^2- 二 -[2-(4- 羟基苯基) 乙基]-2,3- 萘二酰胺 1,2-dihydro-6,8-dimethoxy-7-hydroxy-1-(3,5-dimethoxy-4-hydroxyphenyl)-N^1, N^2-bis-[2-(4-hydroxyphenyl)ethyl]-2,3-naphthalene dicarboxamide
6a,11a- 二氢 -6*H*-[1] 苯并呋喃 [3,2-*c*][1,3] 二氧基 [4,5-g] 色烯 -9- 醇 6a,11a-dihydro-6*H*-[1]benzofuro[3,2-c][1,3]dioxolo[4,5-g]chromen-9-ol
7,8- 二氢 -6*α*- 羟基 -*α*- 香堇醇 -9-*O*-*β*-D- 呋喃芹糖基 -(1 → 6)-*β*-D- 吡喃葡萄糖苷 7,8-dihydro-6*α*-hydroxy-*α*-ionol-9-*O*-*β*-D-apiofuranosyl-(1 → 6)-*β*-D-glucopyranoside
8,8a- 二氢 -6- 苯基 - 环戊 [a] 菲烯 -7(7a*H*)- 酮 8,8a-dihydro-6-phenyl-cyclopropa[a]phenalen-7(7a*H*)-one
2,3- 二氢 -6- 甲基红杉黄酮 2,3-dihydro-6-methylsequoiaflavone
5,8- 二氢 -6- 甲基萘 -1,4- 二 -*O*-*β*-D- 吡喃葡萄糖苷 5,8-dihydro-6-methyl-1,4-di-*O*-*β*-D-glucopyranosylnaphthalene
2,3- 二氢 -6- 甲基银杏素 2,3-dihydro-6-methylginkgetin
5,6- 二氢 -6- 甲氧基 - 连翘醇酮 5,6-dihydro-6-methoxy-rengyolone
6,7- 二氢 -6- 羟基去氢酸浆素 B 6,7-dihydro-6-hydroxydehydrophysalin B
5,6- 二氢 -6- 苏合香烯 -2- 吡喃酮 5,6-dihydro-6-styryl-2-pyrone
(*E*)-10,11- 二氢 -6- 氧代大西洋雪松酮▲ (*E*)-10,11-dihydro-6-oxoatlantone
6'',7''- 二氢 -7''- 甲基 - 黄牛茶酮▲ I 6'',7''-dihydro-7''-methylcochinchinone I
(7*R*,8*R*)-7,8- 二氢 -7-(3,4- 二羟基苯基)-3'- 甲氧基 -8- 甲基 -1'-(*E*- 丙烯基)- 苯并呋喃 (7*R*,8*R*)-7,8-dihydro-7-(3,4-dihydroxyphenyl)-3'-methoxy-8-methyl-1'-(*E*-propenyl)-benzofuran
(2*S*)-1,2- 二氢 -7,9- 二羟基 -2-(1- 甲基乙烯基)- 蒽 [2,1-b] 呋喃 -6,11- 二酮 (2*S*)-1,2-dihydro-7,9-dihydroxy-2-(1-methylethenyl)-anthra[2,1-b]furan-6,11-dione
1-*O*-7,8- 二氢 -7*α*- 甲氧基咖啡酰基 -5-*O*- 反式 - 咖啡酰奎宁酸 1-*O*-7,8-dihydro-7*α*-methoxycaffeoyl-5-*O*-*trans*-caffeoylquinic acid
23,24- 二氢 -7*β*- 羟基葫芦素 B 23,24-dihydro-7*β*-hydroxycucurbitacin B
2,3- 二氢 -7- 甲氧基)-2*S**,3*R**- 二甲基 -2-[4,8- 二甲基 -3(*E*),7- 壬二烯基 -6- 酮基]- 呋喃并 [3,2-c] 香豆素 2,3-dihydro-7-methoxy-2*S**,3*R**-dimethyl-2-[4,8-dimethyl-3(*E*),7-nonadien-6-onyl]-furo[3,2-c]coumarin
2,3- 二氢 -7- 甲氧基)-2*S**,3*R**- 二甲基 -2-[4- 甲基 -5-(4- 甲基 -2- 呋喃基)-3(*E*)- 戊烯基]- 呋喃并 [3,2-c] 香豆素 2,3-dihydro-7-methoxy-2*S**,3*R**-dimethyl-2-[4-methyl-5-(4-methyl-2-furyl)-3(*E*)-pentenyl]-furo[3,2-c]coumarin
2,3- 二氢 -7- 甲氧基 -2-(3,4- 二甲氧基苯基)-3- 甲基 -5-(*E*)- 丙烯基苯并呋喃 2,3-dihydro-7-methoxy-2-(3,4-dimethoxyphenyl)-3-methyl-5-(*E*)-propenylbenzofuran
2,3- 二氢 -7- 甲氧基 -2-(3,4- 二甲氧基苯基)-3- 甲基 -5-[1-(*E*)- 丙烯基] 苯并呋喃 2,3-dihydro-7-methoxy-2-(3,4-dimethoxyphenyl)-3-methyl-5-[1-(*E*)-propenyl]benzofuran
2,3- 二氢 -7- 甲氧基 -2-(3- 甲氧基 -4,5- 亚甲二氧基苯基)-3- 甲基 -5-(*E*)- 丙烯基苯并呋喃 2,3-dihydro-7-methoxy-2-(3-methoxy-4,5-methylenedioxyphenyl)-3-methyl-5-(*E*)-propenylbenzofuran
2,3- 二氢 -7- 甲氧基 -2-(4'- 羟基 -3'- 甲氧基苯基)-3a-*O*-*β*-D- 吡喃木糖氧基 - 甲基 -5- 苯并呋喃丙醇 2,3-dihydro-7-methoxy-2-(4'-hydroxy-3'-methoxyphenyl)-3a-*O*-*β*-D-xylopyranosyloxymethyl-5-benzofuranpropanol
2,3- 二氢 -7- 甲氧基 -2-(4'- 羟基 -3'- 甲氧基苯基)-3- 羟甲基 -5- 苯并呋喃丙醇 -4'-*O*-*α*-L- 吡喃鼠李糖苷 2,3-dihydro-7-methoxy-2-(4'-hydroxy-3'-methoxyphenyl)-3-hydroxymethyl-5-benzofuranpropanol-4'-*O*-*α*-L-rhamnopyranoside
9,10- 二氢 -7- 甲氧基 -2,5- 菲二醇 9,10-dihydro-7-methoxy-2,5-phenanthrenediol
2,3- 二氢 -7- 甲氧基 -2*R**,3*R**- 二甲基 -2-[4,8- 二甲基 -3(*E*),7- 壬二烯基] 呋喃并 [3,2-c] 香豆素 2,3-dihydro-7-methoxy-2*R**,3*R**-dimethyl-2-[4,8-dimethyl-3(*E*),7-nonadienyl]furo[3,2-c]coumarin
2,3- 二氢 -7- 甲氧基 -2*R**,3*R**- 二甲基 -2-[4,8- 二甲基 -3(*E*),7- 壬二烯基]- 呋喃并 [3,2-c] 香豆素 2,3-dihydro-7-methoxy-2*R**,3*R**-dimethyl-2-[4,8-dimethyl-3(*E*),7-nonadienyl]-furo[3,2-c]coumarin}
2,3- 二氢 -7- 甲氧基 -2*S**,3*R**- 二甲基 -2-[4,8- 二甲基 -3(*E*),7- 壬二烯基] 呋喃并 [3,2-c] 香豆素 2,3-dihydro-7-methoxy-2*S**,3*R**-dimethyl-2-[4,8-dimethyl-3(*E*),7-nonadienyl]furo[3,2-c]coumarin
2,3- 二氢 -7- 甲氧基 -2*S**,3*R**- 二甲基 -2-[4,8- 二甲基 -3(*E*),7- 壬二烯基]- 呋喃并 [3,2-c] 香豆素 2,3-dihydro-7-methoxy-2*S**,3*R**-dimethyl-2-[4,8-dimethyl-3(*E*),7-nonadienyl]-furo[3,2-c]coumarin
2,3- 二氢 -7- 甲氧基 -2*S**,3*R**- 二甲基 -3-[4,8- 二甲基 -3(*E*),7- 壬二烯基]- 呋喃并 [3,2-c] 香豆素 2,3-dihydro-7-methoxy-2*S**,3*R**-dimethyl-3-[4,8-dimethyl-3(*E*),7-nonadienyl]-furo]3,2-c]coumarin
2*R*,3*R*- 二氢 -7- 甲氧基山柰酚 2*R*,3*R*-dihydro-7-methoxykaempferol
(1*S*,2*R*)-1,2- 二氢 -7- 羟基 -1-(4- 羟基 -3- 甲氧基苯基)-3- 羟甲基 -6- 甲氧基 -2- 萘醛 (1*S*,2*R*)-1,2-dihydro-7-hydroxy-1-(4-hydroxy-3-methoxyphenyl)-3-(hydroxymethyl)-6-methoxy-2-naphthalenecarboxaldehyde
(2*S*,3*R*)-2,3- 二氢 -7- 羟基 -2-(4'- 羟基 -3'- 甲氧基苯基)-3-(羟基 - 甲基)-5- 苯并呋喃醇 -4'-*O*-*β*-D- 吡喃葡萄糖苷 (2*S*,3*R*)-2,3-dihydro-7-hydroxy-2-(4'-hydroxy-3'-methoxyphenyl)-3-(hydroxymethyl)-5-benzofuranpropanol-4'-*O*-*β*-D-glucopyranoside
2,3- 二氢 -7- 羟基 -2-(4'- 羟基 -3'- 甲氧基苯基)-3- 羟甲基 -5-

E

苯并呋喃丙醇 -4'-*O*-*α*-L- 吡喃鼠李糖苷 2,3-dihydro-7-hydroxy-2-(4'-hydroxy-3'-methoxyphenyl)-3-hydroxy-methyl-5-benzofuranpropanol-4'-*O*-*α*-L-rhamnopyranoside

2,3- 二氢 -7- 羟基 -2*R**,3*R**- 二甲基 -2-[4,8- 二甲基 -3(*E*),7- 壬二烯基]- 呋喃并 [3,2-b] 色酮 2,3-dihydro-7-hydroxy-2*R**,3*R**-dimethyl-2-[4,8-dimethyl-3(*E*),7-nonadienyl]-furo[3,2-b]chromone

2,3- 二氢 -7- 羟基 -2*R**,3*R**- 二甲基 -2-[4,8- 二甲基 -3(*E*),7- 壬二烯基]- 呋喃并 [3,2-c] 香豆素 2,3-dihydro-7-hydroxy-2*R**,3*R**-dimethyl-2-[4,8-dimethyl-3(*E*),7-nonadienyl]-furo[3,2-c]coumarin

2,3- 二氢 -7- 羟基 -2*R**,3*R**- 二甲基 -2-[4,8- 二甲基 -3(*E*),7- 壬二烯基 -6- 酮基] 呋喃并 [3,2-c] 香豆素 2,3-dihydro-7-hydroxy-2*R**,3*R**-dimethyl-2-[4,8-dimethyl-3(*E*),7-nonadien-6-onyl] furo[3,2-c]coumarin

2,3- 二氢 -7- 羟基 -2*R**,3*R**- 二甲基 -2-[4- 甲基 -5-(4- 甲基 -2- 呋喃基)-3(*E*),7- 戊烯基]- 呋喃并 [2,3-b] 色酮 2,3-dihydro-7-hydroxyl-2*R**,3*R**-dimethyl-2-[4-methyl-5-(4-methyl-2-furyl)-3(*E*),7-pentenyl]-furo[2,3-b]chromone

2,3- 二氢 -7- 羟基 -2*R**,3*R**- 二甲基 -3-[4,8- 二甲基 l-3(*E*),7- 壬二烯基]- 呋喃并 [3,2-c] 香豆素 2,3-dihydro-7-hydroxy-2*R**,3*R**-dimethyl-3-[4,8-dimethyl-3(*E*),7-nonadienyl]-furo[3,2-c]coumarin

2,3- 二氢 -7- 羟基 -2*S**,3*R**- 二甲基 -2-[4,8- 二甲基 -3(*E*),7- 壬二烯基]- 呋喃并 [2,3-b] 色酮 2,3-dihydro-7-hydroxy-2*S**,3*R**-dimethyl-2-[4,8-dimethyl-3(*E*),7-nonadienyl]-furo[2,3-b]chromone

2,3- 二氢 -7- 羟基 -2*S**,3*R**- 二甲基 -2-[4,8- 二甲基 -3(*E*),7- 壬二烯基]- 呋喃并 [3,2-c] 香豆素 2,3-dihydro-7-hydroxy-2*S**,3*R**-dimethyl-2-[4,8-dimethyl-3(*E*),7-nonadienyl]-furo[3,2-c]coumarin

2,3- 二氢 -7- 羟基 -2*S**,3*R**- 二甲基 -2-[4,8- 二甲基 -3(*E*),7- 壬二烯基 -6- 酮基]- 呋喃并 [3,2-c] 香豆素 2,3-dihydro-7-hydroxy-2*S**,3*R**-dimethyl-2-[4,8-dimethyl-3(*E*),7-nonadien-6-onyl]-furo[3,2-c]coumarin

2,3- 二氢 -7- 羟基 -2*S**,3*R**- 二甲基 -2-[4- 甲基 -5-(4- 甲基 -2- 呋喃基)-3(*E*),7- 戊烯基]- 呋喃并 [2,3-b] 色酮 2,3-dihydro-7-hydroxy-2*S**,3*R**-dimethyl-2-[4-methyl-5-(4-methyl-2-furyl)-3(*E*),7-pentenyl]-furo[2,3-b]chromone

2,3- 二氢 -7- 羟基 -2*S**,3*R**- 二甲基 -2-[4- 甲基 -5-(4- 甲基 -2- 呋喃基)-3(*E*)- 戊烯基]- 呋喃并 [3,2-c] 香豆素 2,3-dihydro-7-hydroxy-2*S**,3*R**-dimethyl-2-[4-methyl-5-(4-methyl-2-furyl)-3(*E*)-pentenyl]-furo[3,2-c]coumarin

2,3- 二氢 -7- 羟基 -2*S**,3*R**- 二甲基 -3-[4,8- 二甲基 -3(*E*),7- 壬二烯基]- 呋喃并 [3,2-c] 香豆素 2,3-dihydro-7-hydroxy-2*S**,3*R**-dimethyl-3-[4,8-dimethyl-3(*E*),7-nonadienyl]-furo[3,2-c]coumarin

2,3- 二氢 -7- 羟基 -2*S**,3*R**- 二甲基 -3-[4- 甲基 -5-(4- 甲基 -2- 呋喃基)-3(*E*)- 戊烯基]- 呋喃并 [3,2-c] 香豆素 2,3-dihydro-7-hydroxy-2*S**,3*R**-dimethyl-3-[4-methyl-5-(4-methyl-2-furyl)-3(*E*)-pentenyl]-furo[3,2-c]coumarin

5,6- 二氢 -7- 羟基 - 山茱萸诺苷▲ 5,6-dihydro-7-hydroxy-cornoside

7,8- 二氢 -8-(4- 羟基苯基)-2,2- 二甲基 -2*H*,6*H*-[1,2-b:5,4-b] 二吡喃 -6- 酮 7,8-dihydro-8-(4-hydroxyphenyl)-2,2-dimethyl-2*H*,6*H*-[1,2-b:5,4-b]dipyran-6-one

8,9- 二氢 -8,9- 二羟基大柱香波龙三烯酮 8,9-dihydro-8,9-dihydroxymegastigmatrienone

8,9- 二氢 -8,9- 二羟基 - 大柱香波龙三烯酮 8,9-dihydro-8,9-dihydroxy-megastimatrienone

(8*S*)-8,9- 二氢 -8-[1- 甲基 -1-(硫氧) 乙基]-2*H*- 呋喃 [2,3-h]-1- 苯并吡喃 -2- 酮 (8*S*)-8,9-dihydro-8-[1-methyl-1-(sulfooxy)ethyl]-2*H*-furo[2,3-h]-1-benzopyran-2-one

2,3- 二氢 8*E*- 十七烯 -4,6- 二炔 1,10- 二醇 (8*E*)-heptadecene-4,6-diyne-1,10-diol

7,8- 二氢 -8- 甲氧基小檗碱 7,8-dihydro-8-methoxyberberine

7,8- 二氢 -8- 羟基小檗碱 7,8-dihydro-8-hydroxyberberine

(-)-2,3- 二氢 -9-*O*-*β*-D- 葡萄糖氧基 -2- 异丙烯基 - 香豆素 (-)-2,3-dihydro-9-*O*-*β*-D-glucosyloxy-2-isopropenylcoumarin

(+)-2,3- 二氢 -9- 羟基 -2-[1-(6- 芥子酰基)-D- 葡萄糖氧基 -1- 甲基乙基]- 香豆素 (+)-2,3-dihydro-9-hydroxy-2-[1-(6-sinapinoyl)-D-glucosyloxy-1-methylethyl]-coumarin

(7*R*,8*R*)-7,8- 二氢 -9'- 羟基 -3'- 甲氧基 -8- 羟甲基 -7-(4-*O*-*α*-L- 吡喃鼠李糖氧基 -3- 甲氧基苯基)-1'- 苯并呋喃丙醇 (7*R*,8*R*)-7,8-dihydro-9'-hydroxyl-3'-methoxyl-8-hydroxymethyl-7-(4-*O*-*α*-L-rhamnopyranosyloxy-3-methoxyphenyl)-1'-benzofuranpropanol

(7*R*,8*R*)-7,8- 二氢 -9'- 羟基 -3'- 甲氧基 -8- 羟甲基 -7-(4- 羟基 -3- 甲氧基苯基)-1'- 苯并呋喃丙醇 9'-*O*-*β*-D- 吡喃葡萄糖苷 (7*R*,8*R*)-7,8-dihydro-9'-hydroxyl-3'-methoxyl-8-hydroxymethyl-7-(4-hydroxy-3-methoxyphenyl)-1'-benzofuranpropanol 9'-*O*-*β*-D-glucopyranoside

二氢 -*N*- 咖啡酰酪胺 dihydro-*N*-caffeoyltyramine

二氢 -*O*- 甲基柯氏九里香宾碱 dihydro-*O*-methylkoenimbine

(*R*)-(-)-8,11- 二氢 -*α*- 柏芳酮▲ (*R*)-(-)-8,11-dihydro-*α*-cuparenone

11*α*,13- 二氢 -*α*- 环木香内酯 11*α*,13-dihydro-*α*-cyclocostunolide

11*β*,13- 二氢 -*α*- 环木香内酯 11*β*,13-dihydro-*α*-cyclocostunolide

22,23- 二氢 -*α*- 鸡肝海绵甾酮▲ 22,23-dehydroxy-*α*-chondrillasterone

Al- 二氢 -*α*- 见血封喉素▲ Al-dihydro-*α*-antiarin

二氢 -*α*- 香堇酮 dihydro-*α*-ionone

二氢 -*β*- 环除虫菊内酯 dihydro-*β*-cyclopyrethrosin

11*α*,13- 二氢 -*β*- 环木香内酯 11*α*,13-dihydro-*β*-cyclocostunilide

11*β*,13- 二氢 -*β*- 环木香内酯 11*β*,13-dihydro-*β*-cyclocostunolide

Al- 二氢 -*β*- 见血封喉素▲ Al-dihydro-*β*-antiarin

二氢 -*β*- 香堇酮 dihydro-*β*-ionone

(2*S*)-2,3- 二氢阿波罗尼亚灰毛豆素 C (2*S*)-2,3-dihydrotephroapollin C

二氢阿替新 dihydroatisine

二氢阿魏酸 dihydroferulic acid

10-*O*- 二氢阿魏酰去乙酰交让木苷 10-*O*-dihydroferuloyldeacetyldaphylloside

11,13- 二氢矮艾素 A 11,13-dihydroarbusculin A

二氢薁醇 dihydroazulene alcohol

二氢薁醇硬脂酸酯 dihydroazulene alcohol stearic acid ester

二氢八角枫香堇苷▲ A dihydroalangionoside A

二氢巴马汀 dihydropalmatine

3,4- 二氢巴西红厚壳素 3,4-dihydrojacareubin

二氢白刺拉因 dihydronitraraine

二氢白刺灵碱▲ dihydronitrarine

二氢白藜芦醇 dihydroresveratrol

二氢白屈菜宾 dihydrochelirubine

二氢白屈菜红碱 dihydrochelerythrine

二氢白屈菜红碱 -8- 乙醛 dihydrochelerythrinyl-8-acetaldehyde

二氢白屈菜黄碱 dihydrochelilutine

二氢百部新碱 dihydrostemoninine

(2*S*)-2,3- 二氢半秃灰毛豆呋黄素 (2*S*)-2,3-dihydrotephroglabrin

2,3- 二氢北豆根朴啡碱▲ 2,3-dihydrodauriporphine

2,3- 二氢苯并呋喃 2,3-dihydrobenzofuran

2,3- 二氢苯并呋喃 -6- 醇 2,3-dihydro-benzofuran-6-ol

3,4- 二氢吡咯骈 [1,2a] 吡嗪 3,4-dihydropyrrolo[1,2a]pyrazine

5,6- 二氢荜茇明碱 5,6-dihydropiperlongumine

4,5- 二氢荜茇明宁碱 4,5-dihydropiper-longuminine

二氢荜茇明宁碱 dihydropiperlonguminine

8,9- 二氢荜茇亭 8,9-dihydropiplartine

(-)- 二氢荜澄茄素 (-)-dihydrocubebin

二氢荜澄茄素 dihydrocubebin

2,3- 二氢蝙蝠葛朴啡碱▲ 2,3-dihydromenisporphine

2,3- 二氢扁柏黄酮 2,3-dihydrohinokiflavone
二氢表荆芥内酯 dihydroepinepetalactone
二氢表千金藤默星碱 dihydroepistephamiersine
(15*R*)-14,15- 二氢表玉柏石松醇 (15*R*)-14,15-dihydroepilobscurinol
2,3- 二氢丙基十七烷 -5- 烯酸酯 2,3-dihydro-propylheptadec-5-enoate
22,23- 二氢菠菜甾醇 22,23-dihydrospinasterol
22- 二氢菠菜甾醇 22-dihydrospinasterol
24- 二氢菠菜甾醇 24-dihydrospinasterol
22,23- 二氢菠菜甾醇 -3-*O*-*β*-D- 葡萄糖苷 22,23-dihydrospinasterol 3-*O*-*β*-D-glucoside
22,23- 二氢菠菜甾醇棕榈酸酯 22,23-dihydrospinasterol palmitate
22,23- 二氢菠菜甾酮 22,23-dihydrospinasterone
二氢菠甾醇 dihydrospinasterol
3,4- 二氢补骨脂素 3,4-dihydropsoralen
4,5- 二氢布卢竹柏醇 4,5-dihydroblumenol
(5*R*)-4,5- 二氢布卢竹柏醇 A (5*R*)-4,5-dihydroblumenol A
4,5- 二氢布卢竹柏醇 A 4,5-dihydroblumenol A
4'- 二氢菜豆酸 4'-dihydrophaseic acid
二氢菜豆酸 dihydrophaseic acid
二氢菜豆酸 -1-*O*-(6-*O*- 乙酰基)- 吡喃葡萄糖苷 dihydrophaseic acid-1-*O*-(6-*O*-acetyl)-glucopyranoside
二氢菜豆酸 -3-*O*-*β*-D- 吡喃葡萄糖苷 dihydrophaseic acid-3-*O*-*β*-D-glucopyranoside
二氢菜豆酸 -4'-*O*-6''-(*β*- 呋喃核糖基)-*β*- 吡喃葡萄糖苷 dihydrophaseic acid-4'-*O*-6''-(*β*-ribofuranosyl)-*β*-glucopyranoside
二氢菜豆酸 -4'-*O*-*β*-D- 吡喃葡萄糖苷 dihydrophaseic acid-4'-*O*-*β*-D-glucopyranoside
4'-*O*- 二氢菜豆酸 -*β*-D- 葡萄糖苷甲酯 4'-*O*-dihydrophaseic acid-*β*-D-glucopyranoside methyl ester
22- 二氢菜籽甾醇 22-dihydrobrassicasterol
二氢菜籽甾醇 dihydrobrassicasterol
11*α*,13- 二氢苍耳亭 11*α*,13-dihydroxanthatin
二氢草木犀苷 dihydromelilotoside
二氢查耳酮 -2'-*O*-*β*-D- 吡喃葡萄糖苷 dihydrochalcone-2'-*O*-*β*-D-glucopyranoside
二氢查耳酮 -4'-*O*-*β*-D- 吡喃葡萄糖苷 dihydrochalcone-4'-*O*-*β*-D-glucopyranoside
18,19- 二氢长春钦碱▲ 18,19-dihydro-sitsirikine
二氢长春钦碱▲ dihydrositsirikine
11*α*,13- 二氢长叶山金车素▲ 11*α*,13-dihydroxanthalongin
4*H*- 二氢长叶山金车素▲ 4*H*-xanthalongin
二氢沉香呋喃 dihydroagarofuran
β- 二氢沉香萜呋喃 *β*-dihydroagarofuran
二氢赪桐定 dihydroclerodin
二氢翅柄多子橘酰胺▲ dihydroalatamide
2- 二氢臭椿酮 2-dihydroailanthone
二氢川藏香茶菜萜素▲F dihydropseurata F
二氢刺巢菊素▲ dihydrostizolin
二氢刺穿心莲宁▲ dihydroechioidinin
二氢刺果苏木林素▲ dihydrobonducellin
(+)- 二氢刺槐亭 (+)-dihydrorobinetin
二氢刺桐文碱 dihydroerysovine
二氢刺五加苷 B dihydroeleutheroside B
2'',3''- 二氢粗贝壳杉黄酮 -7,4'- 二甲醚 2'',3''-dihydrobustaflavone-7,4'-dimethyl ether
5*α*,6- 二氢粗糙鼠尾草醇 5*α*,6-dihydrosalviasperanol
2,3- 二氢催眠睡茄素 A 2,3-dihydrowithaferin A
2,3- 二氢催眠睡茄素 A-3*β*-*O*- 硫酸盐 2,3-dihydrowithaferin A-3*β*-*O*-sulfate
19,20- 二氢催吐萝芙木烯宁▲ 19,20-dihydrovomilenine
(-)- 二氢催吐萝芙木叶醇 (-)-dihydrovomifoliol
7,8- 二氢催吐萝芙木叶醇 7,8-dihydrovomifoliol
二氢催吐萝芙木叶醇 dihydrovomifoliol
二氢催吐萝芙木叶醇 -3'-*O*-*β*-D- 吡喃葡萄糖苷 dihydrovomifoliol-3'-*O*-*β*-D-glucopyranoside
二氢催吐萝芙木叶醇 -3'-*O*-*β*- 吡喃葡萄糖苷 dihydrovomifoliol-3'-*O*-*β*-glucopyranoside
二氢催吐萝芙木叶醇 -9-*O*-*β*-D- 吡喃葡萄糖苷 dihydrovomifoliol-9-*O*-*β*-D-glucopyranoside
二氢催吐萝芙木叶醇 -9-*β*-D- 吡喃葡萄糖苷 dihydrovomifoliol-9-*β*-D-glucopyranoside
二氢催吐萝芙木叶醇 -*O*-*β*-D- 吡喃葡萄糖苷 dihydrovomifoliol-*O*-*β*-D-glucopyranoside
二氢脆叶香科科素▲ dihydroteugin
二氢大豆苷 dihydrodaidzin
二氢大豆苷元 dihydrodaidzein
二氢大麻酚 dihydrocannabinol
(*E*)-10,11- 二氢大西洋雪松酮▲ (*E*)-10,11-dihydroatlantone
(*Z*)-10,11- 二氢大西洋雪松酮▲ (*Z*)-10,11-dihydroatlantone
1,2- 二氢丹参醌 1,2-dihydrotanshinquinone
二氢丹参内酯 dihydrotanshinlactone
1,2- 二氢丹参酮 1,2-dihydrotanshinone
1,2- 二氢丹参酮 I 1,2-dihydrotanshinone I
二氢丹参酮 I dihydrotanshinone I
二氢丹参酮 IIA 酐 dihydrotanshinone IIA anhydride
二氢单紫杉烯 dihydroaplotaxene
7,8- 二氢倒赛菊芋黄质 7,8-dihydroretrohelioxanthin
11,13- 二氢道氏艾素 A 11,13-dihydroarteglasin A
二氢地胆草素 dihydroelephantopin
14,15- 二氢地松筋骨草素▲ 14,15-dihydroajugapitin
4,15- 二氢地松筋骨草素▲ 4,15-dihydroajugapitin
二氢地松筋骨草素▲ dihydroajugapitin
二氢丁香苷 dihydrosyringin
二氢东北石松明碱▲A dihydrolycopoclavamine A
(-)-11,12- 二氢东方罂粟酮▲ (-)-11,12-dihydroorientalinone
二氢东唐碱 dihydroschoberine
二氢冬凌草乙素 dihydroponicidin
22,23- 二氢豆甾醇 22,23-dihydrostigmasterol
22- 二氢豆甾醇 22-dihydrostigmasterol
二氢豆甾醇 dihydrostigmasterol
11*β*,13- 二氢短舌匹菊素 11*β*,13-dihydrosantamarin
11,13- 二氢短舌匹菊素▲ 11,13-dihydrosantamarin
二氢堆心菊内酯 dihydroflorilenalin
二氢堆心菊素 dihydrohelenalin
二氢对香豆酸 dihydro-*p*-coumaric acid
二氢对香豆酸二十五酯 pentacosyl dihydro-*p*-coumarate
11,13- 二氢多叶山金车素▲ 11,13-dihydroarnifolin
(1*R*,10*R*)-(-)-1,10- 二氢莪术二酮 (1*R*,10*R*)-(-)-1,10-dihydrocurdione
4*S*- 二氢莪术双环烯酮 4*S*-dihydrocurcumenone
10,11- 二氢 - 二苯 [*b*,*f*] 氧杂草 -2,4- 二醇 10,11-dihydro-dibenz[*b*,*f*]oxepin-2,4-diol
3,8- 二氢二藁本内酯 3,8-dihydrodiligustilide
1,2- 二氢二去甲氧基姜黄素 1,2-dihydrobis(de-*O*-methyl)curcumin
1,2- 二氢二去氧甲基姜黄素 1,2-dihydrobis(de-*O*-methyl)-curcumin
5,6- 二氢二色水仙碱 5,6-dihydrobicolorine
二氢芳姜黄烯 dihydro-ar-curcumene
2,3- 二氢芳香堆心菊素 2,3-dihydroaromaticin

E

二氢菲 dihydrophenanthrene
二氢蜂斗菜苦内酯 dihydrofukinolide
6,7-(2'-3'- 二氢呋喃)- 苯并吡喃 -2- 酮 6,7-(2'-3'-dihydrofurano)-benzopyran-2-one
二氢呋喃双叶细辛酮 dihydrofuranocaulesone
7,8- 二氢呋喃香豆素 7,8-dihydrofurocoumarin
二氢盖耶翠雀碱▲ dihydrogeyerine
二氢甘草异黄酮 A dihydrolicoisoflavone A
二氢甘松香醇 A dihydronarchinol A
2,7- 二氢高刺桐特灵碱 2,7-dihydrohomoerysotrine
二氢高黄芩苷 dihydroscutellarin
二氢高良姜醇 dihydrogalangol
二氢高山毒豆异黄酮▲ dihydroalpinumisoflavone
7,4'- 二氢高异黄烷酮 7,4'-dihydrohomoisoflavanone
二氢哥纳香素 dihydrogoniothalamin
二氢葛缕子醇 dihydrocarveol
二氢葛缕子醇乙酸酯 dihydrocarveyl acetate
二氢葛缕子酮 dihydrocarvone
二氢钩吻明▲ dihydrokoumine
19,20- 二氢狗牙花胺▲ 19,20-dihydrotabernamine
二氢光泽石松碱▲ dihydroluciduline
二氢龟叶香茶菜贝壳杉素▲ dihydrokamebakaurin
二氢桂皮酸 dihydrocinnamic acid
8- 二氢桂皮酰基 -5,7- 二羟基 -4- 苯基 -2*H*-1-3,4- 二氢苯并吡喃 -2- 酮 8-dihydrocinnamoyl-5,7-dihydroxy-4-phenyl-2*H*-1-3,4-dihydrobenzopyran-2-one
8- 或 6- 二氢桂皮酰基 -5,7- 二羟基 -4- 苯基 -2*H*-1- 苯并吡喃 -2- 酮 8- or 6-dihydrocinnamoyl-5,7-dihydroxy-4-phenyl-2*H*-1-benzopyran-2-one
19,20- 二氢海南狗牙花碱 19,20-dihydroervahanine A
(-)- 二氢汉黄芩素 (-)-dihydrowogonin
二氢汉黄芩素 dihydrowogonin
4,5- 二氢诃子酸三乙酯 4,5-didehydrochebulic acid triethyl ester
8,14- 二氢黑水罂粟碱 8,14-dihydroamurine
(-)- 二氢黑水罂粟宁▲ (-)-dihydroamuronine
二氢红果山胡椒酚▲ dihydrokanakugiol
6'''- 二氢红花菜豆酰酸枣素▲ 6'''-dihydrophaseoylspinosin
二氢红曲可林 K, L dihydromonacolin K, L
α,β- 二氢红曲可林 S *α,β*-dehydromonacolin S
二氢胡椒碱 dihydropiperine
二氢胡椒杀虫碱▲ dihydropipercide
23,24- 二氢葫芦素 B, D, E, F 23,24-dihydrocucurbitacin B, D, E, F
二氢葫芦素 B, E, F dihydrocucurbitacin B, E, F
23,24- 二氢葫芦素 E-2-*O*-D- 吡喃葡萄糖苷 23,24-dihydrocucurbitacin E-2-*O*-D-glucopyranoside
23,24- 二氢葫芦素 F-16,25- 二乙酸酯 23,24-dihydrocucurbitacin F-16,25-diacetate
23,24- 二氢葫芦素 F-16,25- 二乙酸酯 -2-*O*-*β*-D- 吡喃葡萄糖苷 23,24-dihydrocucurbitacin F-16,25-diacetate-2-*O*-*β*-D-glucopyranoside
23,24- 二氢葫芦素 F-16- 乙酸酯 23,24-dihydrocucurbitacin F-16-acetate
二氢葫芦素 F-25-*O*- 乙酸酯 dihydrocucurbitacin F-25-*O*-acetate
二氢葫芦素 F-25-*O*- 乙酸酯 -2-*O*-*β*- 葡萄糖苷 dihydrocucurbitacin F-25-*O*-acetate-2-*O*-*β*-glucoside
23,24- 二氢葫芦素 F-25- 乙酸酯 23,24-dihydrocucurbitacin F-25-acetate
二氢葫芦素 F 葡萄糖苷 dihydrocucurbitacin F-glucoside
(+)- 二氢槲皮素 (+)-dihydroquercetin
(2*R*,3*R*)-(+)- 二氢槲皮素 (2*R*,3*R*)-(+)-dihydroquercetin
(2*R*,3*R*)- 二氢槲皮素 (2*R*,3*R*)-dihydroquercetin
二氢槲皮素 dihydroquercetin
(2*R*,3*R*)- 二氢槲皮素 -3,7-*O*-*α*-L- 二鼠李糖苷 (2*R*,3*R*)-dihydroquercetin-3,7-*O*-*α*-L-dirhamnoside
二氢槲皮素 -3-*O*-*α*-L- 吡喃鼠李糖苷 dihydroquercetin-3-*O*-*α*-L-rhamnopyranoside
(2*R*,3*R*)-(-)- 二氢槲皮素 -3-*O*-*β*-D- 吡喃木糖苷 (2*R*,3*R*)-(-)-dihydroquercetin-3-*O*-*β*-D-xylopyranoside
(2*S*,3*S*)-(-)- 二氢槲皮素 -3-*O*-*β*-D- 吡喃葡萄糖苷 (2*S*,3*S*)-(-)-dihydroquercetin-3-*O*-*β*-D-glucopyranoside
二氢槲皮素 -4'- 甲醚 dihydroquercetin -4'-methyl ether
二氢槲皮素 -5- 吡喃半乳糖苷 dihydroquercetin-5-galactopyranoside
二氢槲皮素 -7,3'- 二甲醚 dihydroquercetin-7,3'-dimethyl ether
二氢槲皮素 -7,4'- 二甲醚 dihydroquercetin-7,4'-dimethyl ether
(2*R*,3*R*)- 二氢槲皮素 -7-*O*-*α*-L- 吡喃鼠李糖苷 (2*R*,3*R*)-dihydroquercetin-7-*O*-*α*-L-rhamnopyranoside
2,3- 二氢槲皮素 -7-*O*-*β*-D- 吡喃葡萄糖苷 2,3-dihydroquercetin-7-*O*-*β*-D-glucopyranoside
二氢槲皮素 -7-*O*-*β*-D- 吡喃葡萄糖苷 dihydroquercetin-7-*O*-*β*-D-glucopyranoside
二氢槲皮素 -*O*- 己糖苷 dihydroquercetin-*O*-hexoside
二氢槲皮素 -*O*- 木糖苷 dihydroquercetin-*O*-xyloside
二氢花椒醇 dihydrobungeanool
二氢花椒内酯 dihydroxanthyletin
24(*R*/*α*)- 二氢环桉烯醇 -(*E*)- 对羟基桂皮酸酯 24(*R*/*α*)-dihydrocycloeucalenol-(*E*)-*p*-hydroxycinnamate
24(*S*/*β*)- 二氢环桉烯醇 -(*E*)- 对羟基桂皮烯 24(*S*/*β*)-dihydrocycloeucalenol-(*E*)-*p*-hydroxycinnamene
二氢环黄杨辛碱 dihydrocyclobuxine
(-)-8,14- 二氢黄巴豆亭 (-)-8,14-dihydroflavinantine
二氢黄柏酮 dihydroobacunone
二氢黄檗叶苷▲ dihydrophellozide
二氢黄卡瓦胡椒素 B dihydroflavokawain B
二氢黄芩苷 dihydrobaicalin
二氢黄芩黄酮 I dihydroskullcapflavone I
二氢黄芩素 dihydrobaicalein
二氢黄肉楠内酯 dihydroactinolide
1,2- 二氢黄瑞香芬▲ 1,2-dihydrodaphnegiraldifin
二氢鸡蛋果素 I, II dihydroedulan I, II
β- 二氢鸡蛋花素 *β*-dihydroplumericin
二氢鸡蛋花素 dihydroplumericin
β- 二氢鸡蛋花素酸 *β*-dihydroplumericinic acid
Δα'β- 二氢几内亚胡椒定碱▲ *Δα'β*-dihydrowisanidine
Δα'β- 二氢几内亚胡椒宁碱▲ *Δα'β*-dihydrowisanine
α- 二氢加兰砂石蒜碱▲ *α*-dihydrocaranine
6,7- 二氢夹竹桃二烯酮▲ A 6,7-dihydroneridienone A
二氢姜黄烯 dihydrocurcumene
6- 二氢姜辣二酮 6-dihydrogingerdione
二氢姜三七醌 dihydrostahlianthusone
12,13- 二氢姜味草酸▲ 12,13-dihydromicromeric acid
二氢降一叶萩碱 dihydronorsecurinine
二氢芥子醇 dihydrosinapyl alcohol
二氢芥子醇阿魏酸酯 dihydrosinapyl ferulate
二氢金鸡纳定 dihydrocinchonidine
二氢金鸡纳碱▲ dihydrocinchonine
5,6- 二氢金丝桃内酯▲ D 5,6-dihydrohyperolactone D
2,3- 二氢金松素 2,3-dihydrosciadopitysin
二氢筋骨草马灵▲ dihydroajugamarin

二氢荆芥内酯 dihydronepetalactone
α,β- 二氢酒花黄酚▲ α,β-dihydroxanthohumol
1'',2''- 二氢酒花黄酚▲C 1'',2''-dihydroxanthohumol C
22,23- 二氢酒酵母甾醇 22,23-dihydrocerevisterol
二氢咖啡酸 dihydrocaffeic acid
二氢咖啡酸甲酯 dihydrocaffeic acid methyl ester
二氢咖啡酸乙酯 ethyl dihydrocaffeate
6''-O-(7,8- 二氢咖啡酰基)-α,β- 二氢土大黄苷 6''-O-(7,8-dihydrocaffeoyl)-α,β-dihydrorhaponticin
二氢卡拉酮 dihydrokaranone
13,21- 二氢卡斯苦木酮▲ 13,21-didehydrochaparrinone
11,13- 二氢考氏飞蓬内酯▲ 11,13-dihydroergolide
(-)- 二氢柯楠醇 (-)-dihydrocorynantheol
二氢柯楠因碱 dihydrocorynantheine
(-)- 二氢克氏胡椒素二乙酸酯 (-)-dihydroclusin diacetate
1,2- 二氢克氏千里光碱 1,2-dihydrosenkirkine
(-)-7,11- 二氢苦参碱 (-)-7,11-dihydromatrine
13,14- 二氢苦参碱 13,14-didehydromatrine
19,20- 二氢苦籽木辛碱▲ 19,20-dihydroakuammicine
二氢奎尼丁 dihydroquinidine
二氢奎宁 dihydroquinine
二氢昆明香茶菜素 C dihydrorabdokunmin C
二氢辣椒素 dihydrocapsaicin
二氢辣椒素 -β-D- 吡喃葡萄糖苷 dihydrocapsaicin-β-D-glucopyranoside
二氢簕欓花椒碱▲ dihydroavicine
二氢离东莨菪碱▲ dihydroaposcopolamine
二氢篱笆毒鼠豆酚▲ dihydrosepiol
5,6- 二氢 - 连翘醇酮 5,6-dihydro-rengyolone
二氢两面针碱 dihydronitidine
8,14- 二氢疗伤巴豆碱▲ 8,14-dihydrosalutaridine
二氢柳叶黄薇碱▲ dihydrolyfoline
二氢轮叶十齿水柳碱▲ dihydroverticillatine
2,3- 二氢罗汉松内酯 2,3-dihydropodolide
1',4'- 二氢螺环 { 苯并呋喃 -3(2H)-3'-[3H-2] 苯并吡喃 }-1',6,6',7'-四醇 1',4'-dihydrospiro{benzofuran-3(2H)-3'-[3H-2]benzopyran}-1',6,6',7'-tetrol
二氢骆驼蓬满碱▲ dihydroharmane
3,4- 二氢马鞭草醛 3,4-dihydroverbenal
3,4- 二氢马鞭草素▲ 3,4-dihydroverbenalin
6- 二氢马鞭草素▲ 6-dihydroverbenalin
二氢马兜铃酮 dihydroaristolone
19- 二氢马利筋素▲ 19-dihydroasclepin
二氢马铃薯叶甲定▲ dihydroleptinidine
二氢马桑素▲ dihydrotutin
22,23- 二氢麦角甾醇 22,23-dihydroergosterol
5,6- 二氢麦角甾醇 5,6-dihydroergosterol
5- 二氢麦角甾醇 5-dihydroergosterol
α- 二氢麦角甾醇 α-dihydroergosterol
22,23- 二氢麦角甾醇 -3-O-β-D- 吡喃葡萄糖苷 22,23-dihydroergosteryl-3-O-β-D-glucopyranoside
二氢芒柄花素 dihydroformononetin
二氢毛茶碱 dihydroantirhine
二氢毛茛宁▲ dihydroranunculinin
二氢毛果香茶菜素▲ dihydroisodocarpin
二氢毛果延命草奥宁▲ dihydrocarpalasionin
5,8- 二氢梅笠草素 5,8-dihydrochimaphilin
(-)- 二氢猕猴桃内酯 (-)-dihydroactinidiolide
二氢猕猴桃内酯 dihydroactinidiolide
11β,13- 二氢密花豚草素▲ 11β,13-dihydroreynosin
二氢密花豚草素▲ dihydroreynosin
二氢没食子酸 dihydrogallic acid
二氢茉莉酮 dihydrojasmone
二氢母菊薁异构体 dihydrochamazulene isomer
11,13- 二氢母菊素 11,13-dihydromatricarin
二氢木蝴蝶素 A dihydrooroxylin A
二氢木蝴蝶素 A -7-O-β-D- 甲基葡萄糖醛酸苷 dihydrooroxylin A-7-O-β-D-methylglucuronide
11β,13- 二氢木兰内酯 11β,13-dihydromagnolialide
二氢木犀草素 dihydroluteolin
11β,13- 二氢木香内酯 11β,13-dihydrocostunolide
二氢木香内酯 dihydrocostunolide
20,21- 二氢穆氏鸡骨常山碱▲ 20,21-dihydroalstonerine
二氢南美牛奶藤醇▲ dihydroconduritol
二氢尼罗河杜楝素▲ dihydroniloticin
二氢拟芸香胺▲ dihydrohaplamine
2,3- 二氢黏果酸浆内酯▲ 2,3-dihydroixocarpalactone B
(+)-7,8- 二氢牛蒡苷元 (+)-7,8-didehydroarctigenin
19- 二氢牛角瓜亭▲ 19-dihydrocalactin
3,14- 二氢牛眼马钱林碱▲ 3,14-dihydroangustoline
3R-3,4- 二氢牛眼马钱林碱▲ 3R-3,4-dihydroangustoline
3S-3,4- 二氢牛眼马钱林碱▲ 3S-3,4-dihydroangustoline
18,19- 二氢牛眼马钱亭 18,19-dihydroangustine
24,25- 二氢牛油果烯醇▲乙酸酯 24,25-dihydroparkeol acetate
二氢欧马桑亭▲ dihydrocoriamyrtin
(20S)- 二氢欧山芹素 (20S)-columbianetin
(2'S)- 二氢欧山芹素 -3'- 硫酸酯 (2'S)-columbianetin-3'-sulfate
(20S)- 二氢欧山芹素 -O-β-D- 吡喃葡萄糖苷 (20S)-columbianetin-O-β-D-glucopyranoside
二氢欧洲赤松素▲ dihydropinosylvin
(E)- 二氢欧洲赤松素▲-2- 羧基 -5-O-β-D- 吡喃葡萄糖苷 (E)-dihydropinosylvin-2-carboxyl-5-O-β-D-glucopyranoside
(E)- 二氢欧洲赤松素▲-3-O-β-D- 吡喃葡萄糖苷 (E)-dihydropinosylvin-3-O-β-D-glucopyranoside
二氢欧洲赤松素▲单甲醚 dihydropinosylvin monomethyl ether
14,15- 二氢攀援山橙碱▲ 14,15-dihydroscandine
二氢霹雳萝芙木辛碱 dihydroperaksine
二氢苹婆酸 dihydrosterculic acid
11α,13- 二氢葡萄糖中美菊素 C 11α,13-dihydroglucozaluzanin C
11β,13- 二氢葡萄糖中美菊素 C 11β,13-dihydroglucozaluzanin C
11βH,13- 二氢葡萄糖中美菊素 C 11βH,13-dihydroglucozaluzanin C
二氢葡萄糖中美菊素 C dihydroglucozaluzanin C
11,13- 二氢蒲公英萜酸▲-1'-O-β-D- 吡喃葡萄糖苷 11,13-dihydrotaraxinic acid-1'-O-D-glucopyranoside
二氢漆黄素 dihydrofisetin
(+)-3', 4'- 二氢千金藤松宾碱 (+)-3',4'-dihydrostephasubine
3',4'- 二氢千金藤松宾碱 3',4'-dihydrostephasubine
二氢羟基二氧代萘甲酸 dihydrohydroxydioxonaphthoic acid
14,15- 二氢乔德黄芩素▲T 14,15-dihydrojodrellin T
二氢芹菜苷元 dihydroapigenin
二氢青蒿酸 dihydroartemisinic acid
7,8- 二氢氢台湾杉素 7,8-dihydrotaiwanin
3,9- 二氢秋凤梨百合素▲ 3,9-dihydroeucomnalin
19,20- 二氢去甲氧羰基伏康树辛▲ 19,20-dihydrodecarbomethoxyvobasine
(-)-(7R,8S)- 二氢去氢二松柏醇 (-)-(7R,8S)-dihydrodehydrodiconiferyl alcohol
(-)-(7S,8R)- 二氢去氢二松柏醇 (-)-(7S,8R)-

E

dihydrodehydrodiconiferyl alcohol
(-)- 二氢去氢二松柏醇 (-)-dihydrodehydrodiconiferyl alcohol
(+)- 二氢去氢二松柏醇 (+)-dihydrodehydrodiconiferyl alcohol
(7*R*,8*S*)- 二氢去氢二松柏醇 (7*R*,8*S*)-dihydrodehydroconiferyl alcohol
(7*S*,8*R*)- 二氢去氢二松柏醇 (7*S*,8*R*)-dihydrodehydrodiconiferyl alcohol
(7'*S*,8'*R*)- 二氢去氢二松柏醇 (7'*S*,8'*R*)-dihydrodehydrodiconiferyl alcohol
(7*S*,8*S*)- 二氢去氢二松柏醇 (7*S*,8*S*)-dihydrodehydrodiconiferyl alcohol
7*R*,8*S*- 二氢去氢二松柏醇 7*R*,8*S*-dihydrodehydrodiconiferyl alcohol
二氢去氢二松柏醇 dihydrodehydrodiconiferyl alcohol
二氢去氢二松柏醇 -3a-*O*-*α*-L- 吡喃鼠李糖苷 dihydrodehydrodiconiferyl alcohol-3a-*O*-*α*-L-rhamnopyranoside
(7*R*,8*S*)- 二氢去氢二松柏醇 -4,9'- 二 -*O*-*β*-D- 吡喃葡萄糖苷 (7*R*,8*S*)-dihydrodehydrodiconiferyl alcohol-4,9'-di-*O*-*β*-D-glucopyranoside
(-)-(7*S*,8*R*)- 二氢去氢二松柏醇 -4-*O*-*α*-D- 吡喃葡萄糖苷 (-)-(7*S*,8*R*)-dihydrodehydrodiconiferyl alcohol-4-*O*-*α*-D-glucopyranoside
(+)- 二氢去氢二松柏醇 -4-*O*-*α*-L- 吡喃鼠李糖苷 (+)-dihydrodehydrodiconiferyl alcohol-4-*O*-*α*-L-rhamnopyranoside
(+)- 二氢去氢二松柏醇 -4-*O*-*β*-(6''-*O*- 没食子酰基)- 吡喃葡萄糖苷 (+)-dihydrodehydrodiconiferyl alcohol-4-*O*-*β*-(6''-*O*-galloyl)-glucopyranoside
(+)- 二氢去氢二松柏醇 -4-*O*-*β*-D- 吡喃葡萄糖苷 (+)-dihydrodehydrodiconiferyl alcohol-4-*O*-*β*-D-glucopyranoside
(7*R*,8*S*)- 二氢去氢二松柏醇 -4-*O*-*β*-D- 吡喃葡萄糖苷 (7*R*,8*S*)-dihydrodehydrodiconiferyl alcohol-4-*O*-*β*-D-glucopyranoside
(7*S*,8*R*)- 二氢去氢二松柏醇 -4-*O*-*β*-D- 吡喃葡萄糖苷 (7*S*,8*R*)-dihydrodehydrodiconiferyl alcohol-4-*O*-*β*-D-glucopyranoside
7*R*,8*S*- 二氢去氢二松柏醇 -4-*O*-*β*-D- 吡喃葡萄糖苷 7*R*,8*S*-dihydrodehydrodiconiferyl alcohol-4-*O*-*β*-D-glucopyranoside
7*S*,8*R*- 二氢去氢二松柏醇 -4-*O*-*β*-D- 吡喃葡萄糖苷 7*S*,8*R*-dihydrodehydrodiconferyl alcohol-4-*O*-*β*-D-glucopyranoside
二氢去氢二松柏醇 -4-*O*-*β*-D- 吡喃葡萄糖苷 dihydrodehydrodiconiferyl alcohol-4-*O*-*β*-D-glucopyranoside
二氢去氢二松柏醇 -4-*O*-*β*-D- 吡喃葡萄糖苷 -3,5- 二 -*O*- 甲基没食子酸 dihydrodehydrodiconiferyl alcohol-4-*O*-*β*-D-glucopyranosyl-3,5-di-*O*-methylgallic acid
(7*R*,8*S*)- 二氢去氢二松柏醇 -4-*O*-*β*-D- 呋喃芹糖基 -(1 → 6)-*O*-*β*-D-吡喃葡萄糖苷 (7*R*,8*S*)-dihydrodehydrodiconiferyl alcohol-4-*O*-*β*-D-apiofuranosyl-(1 → 6)-*O*-*β*-D-glucopyranoside
(7*S*,8*R*)- 二氢去氢二松柏醇 -4'-*O*-*β*-D- 葡萄糖苷 (7*S*,8*R*)-dihydrodehydrodiconiferyl alcohol-4'-*O*-*β*-D-glucoside
二氢去氢二松柏醇 -4-*O*-*β*- 吡喃葡萄糖苷 dihydrodehydrodiconiferyl alcohol-4-*O*-*β*-glucopyranoside
(7*S*,8*R*)- 二氢去氢二松柏醇 -4-*O*- 吡喃葡萄糖苷 (7*S*,8*R*)-dihydrodehydrodiconiferyl alcohol-4-*O*-glucopyranoside
(-)-(7*S*,8*R*)- 二氢去氢二松柏醇 -9'-*O*-*α*-D- 吡喃葡萄糖苷 (-)-(7*S*,8*R*)-dihydrodehydrodiconiferyl alcohol-9'-*O*-*α*-D-glucopyranoside
(-)-(7*S*,8*R*)- 二氢去氢二松柏醇 -9-*O*-*α*-D- 吡喃葡萄糖苷 (-)-(7*S*,8*R*)-dihydrodehydrodiconiferyl alcohol-9-*O*-*α*-D-glucopyranoside
二氢去氢二松柏醇 -9-*O*-*α*-L- 吡喃鼠李糖苷 dihydrodehydrodiconiferyl alcohol-9-*O*-*α*-L-rhamnopyranoside
二氢去氢二松柏醇 -9-*O*-*β*-D-(3''-*O*- 乙酰基)- 吡喃木糖苷 dihydrodehydrodiconiferyl alcohol-9-*O*-*β*-D-(3''-*O*-acetyl)-xylopyranoside
(7'*R*,8'*S*)- 二氢去氢二松柏醇 -9'-*O*-*β*-D- 吡喃木糖苷 (7'*R*,8'*S*)-dihydrodehydrodiconiferyl alcohol-9'-*O*-*β*-D-xylopyranoside
二氢去氢二松柏醇 -9-*O*-*β*-D- 吡喃木糖苷 dihydrodehydrodiconiferyl alcohol-9-*O*-*β*-D-xylopyranoside
(7*R*,8*S*)- 二氢去氢二松柏醇 -9'-*O*-*β*-D- 吡喃葡萄糖苷 (7*R*,8*S*)-dihydrodehydrodiconiferyl alcohol-9'-*O*-*β*-D-glucopyranoside
(7*S*,8*R*)- 二氢去氢二松柏醇 -9'-*O*-*β*-D- 吡喃葡萄糖苷 (7*S*,8*R*)-dihydrodehydrodiconiferyl alcohol-9'-*O*-*β*-D-glucopyranoside
二氢去氢二松柏醇 -9'-*O*-*β*-D- 吡喃葡萄糖苷 dihydrodehydrodiconiferyl alcohol-9'-*O*-*β*-D-glucopyranoside
(+)- 二氢去氢二松柏醇 -9-*O*-*β*-D- 吡喃葡萄糖苷 (+)-dihydrodehydrodiconiferyl alcohol-9-*O*-*β*-D-glucopyranoside
(7*R*,8*S*)- 二氢去氢二松柏醇 -9-*O*-*β*-D- 吡喃葡萄糖苷 (7*R*,8*S*)-dihydrodehydrodiconiferyl alcohol-9-*O*-*β*-D-glucopyranoside
(7*S*,8*R*)- 二氢去氢二松柏醇 -9-*O*-*β*-D- 吡喃葡萄糖苷 (7*S*,8*R*)-dihydrodehydrodiconiferyl alcohol-9-*O*-*β*-D-glucopyranoside
二氢去氢二松柏醇 -9-*O*-*β*-D- 吡喃葡萄糖苷 dihydrodehydrodiconiferyl alcohol-9-*O*-*β*-D-glucopyranoside
7*R*,8*S*- 二氢去氢二松柏醇 -9-*O*-*β*-D- 吡喃葡萄糖苷吡喃葡萄糖苷 7*R*,8*S*-dihydrodehydrodiconiferyl alcohol-9-*O*-*β*-D-glucopyranoside
(7*S*,8*R*)- 二氢去氢二松柏醇 -9-*O*-*β*-D- 呋喃芹糖基 -(1 → 6)-*O*-*β*-D-吡喃葡萄糖苷 (7*S*,8*R*)-dihydrodehydrodiconiferyl alcohol-9-*O*-*β*-D-apiofuranosyl-(1 → 6)-*O*-*β*-D-glucopyranoside
(+)- 二氢去氢二松柏醇 -9'-*O*- 硫酸酯 (+)-dihydrodehydrodiconiferyl alcohol-9'-*O*-sulfate
二氢去氢二松柏醇 -9'-*O*- 硫酸酯 dihydrodehydrodiconiferyl alcohol-9'-*O*-sulfate
(7*R*,8*S*)- 二氢去氢二松柏醇 -9-*O*- 莽草酰基 -4-*O*-*β*-D- 吡喃葡萄糖苷 (7*R*,8*S*)-dihydrodehydrodiconiferyl alcohol-9-*O*-shikimoyl-4-*O*-*β*-D-glucopyranoside
(7*S*,8*R*)- 二氢去氢二松柏醇 -9'-*β*-D- 吡喃葡萄糖苷 (7*S*,8*R*)-dihydrodehydrodiconiferyl alcohol-9'-*β*-D-glucopyranoside
(7*S*,8*R*)- 二氢去氢二松柏醇 -9-*β*-D- 吡喃葡萄糖苷 (7*S*,8*R*)-dihydrodehydrodiconiferyl alcohol-9-*β*-D-glucopyranoside
二氢去氢二松柏醇 -*β*-D-(2'-*O*- 对羟基苯甲酰基)- 吡喃葡萄糖苷 dihydrodehydrodiconiferyl alcohol-*β*-D-(2'-*O*-*p*-hydroxybenzoyl)-glucopyranoside
二氢去氢二松柏醇 -*β*-D- 吡喃木糖苷 dihydrodehydrodiconiferyl alcohol-*β*-D-xylopyranoside
二氢去氢二松柏醇 -*β*-D- 吡喃葡萄糖苷 dihydrodehydrodiconiferyl alcohol-*β*-D-glucopyranoside
11*α*,13- 二氢去氢木香内酯 11*α*,13-dihydrodehydrocostus lactone
二氢去氢木香内酯 dihydrodehydrocostus lactone
11*β*,13- 二氢去氢木香内酯 -8-*O*-*β*-D- 葡萄糖苷 11*β*,13-dihydrodehydrocostus lactone-8-*O*-*β*-D-glucoside
11*β*,13- 二氢去氢木香内酯 -8*α*-*O*-[6'-*O*- 乙酰基 -*β*-D- 吡喃葡萄糖苷] 11*β*,13-dihydrodehydrocostus lactone-8-*O*-[6'-*O*-acetyl-*β*-D-glucopyranoside]
2*R*,3*S*- 二氢去氢松柏醇 2*R*,3*S*-dihydrodehydroconiferyl alcohol
2*S*,3*R*- 二氢去氢松柏醇 2*S*,3*R*-dihydrodehydroconiferyl alcohol
二氢去氢松柏醇 -4'-*O*-*α*-L- 吡喃鼠李糖苷 dihydrodehydroconiferyl alcohol-4'-*O*-*α*-L-rhamnopyranoside
11,13- 二氢去酰菜蓟苦素 11,13-dihydrodesacylcynaropicrin
11*β*,13- 二氢去酰菜蓟苦素 11*β*,13-dihydrodesacylcynaropicrin
(-)-11,13- 二氢去酰菜蓟苦素 -3-*O*-*β*-D- 吡喃葡萄糖苷 (-)-11,13-dihydrodeacylcynaropicrin-3-*O*-*β*-D-glucopyranoside]
11*β*,13- 二氢去酰菜蓟苦素 -8-*β*-D- 葡萄糖苷 11*β*,13-

dihydrodesacylcynaropicrin-8-β-D-glucoside
11,13- 二氢去氧地胆草素 11,13-dihydrodeoxyelephantopin
17,19- 二氢去氧地胆草素 17,19-dihydrodeoxyelephantopin
11βH-11,13- 二氢全缘叶安菊素▲ 11βH-11,13-dihydrointegrifolin
二氢染料木苷 dihydrogenistin
11α,13- 二氢绒毛银胶菊素▲ 11α,13-dihydrotomentosin
二氢肉桂卡斯苷▲ dihydrocinnacasside
1,2α- 二氢瑞香毒素 1,2α-dihydrodaphnetoxin
1,2- 二氢瑞香毒素 1,2-dihydrodaphnetoxin
二氢瑞香多灵▲B dihydrodaphnodorin B
(±)- 二氢萨阿米芹定▲ (±)-dihydrosamidin
(11R)-11,13- 二氢三齿蒿定▲A (11R)-11, 13-dihydrotatridin A
二氢三脉泽兰素 dihydroayapin
二氢桑黄素 dihydromorin
二氢山地乌头胺▲ dihydromonticamine
二氢山柰酚 dihydrokaempferol
二氢山柰酚 -3-O-α-L- 吡喃鼠李糖苷 dihydrokaempferol-3-O-α-L-rhamnopyranoside
二氢山柰酚 -3-O-β-D- 吡喃葡萄糖苷 dihydrokaempferol-3-O-β-D-glucopyranoside
2R,3R- 二氢山柰酚 -3-O-β-D- 葡萄糖苷 2R,3R-dihydrokaempferol-3-O-β-D-glucoside
二氢山柰酚 -3-O- 己糖苷 dihydrokaempferol-3-O-hexoside
二氢山柰酚 -3-O- 葡萄糖苷 dihydrokaempferol-3-O-glucoside
二氢山柰酚 -3-O- 鼠李糖苷 dihydrokaempferol-3-O-rhamnoside
二氢山柰酚 -3-α-L- 吡喃鼠李糖苷 -5-O-β-D- 吡喃葡萄糖苷 dihydrokaempferol-3-α-L-rhamnopyranoside-5-O-β-D-glucopyranoside
二氢山柰酚 -3- 葡萄糖醛酸苷 dihydrokaempferol-3-glucuronide
二氢山柰酚 -3- 鼠李糖苷 dihydrokaempferol-3-rhamnoside
(2R,3R)- 二氢山柰酚 -4'-O-β-D- 吡喃葡萄糖苷 (2R,3R)-dihydrokaempferol-4'-O-β-D-glucopyranoside
二氢山柰酚 -4'-O-β-D- 吡喃葡萄糖苷 dihydrokaempferol-4'-O-β-D-glucopyranoside
二氢山柰酚 -4'- 木糖苷 dihydrokaempferol-4'-xyloside
二氢山柰酚 -5-O-β-D- 吡喃葡萄糖苷 dihydrokaempferol-5-O-β-D-glucopyranoside
二氢山柰酚 -5-O-β-D- 葡萄糖苷 dihydrokaempferol-5-O-β-D-glucoside
(2R,3R)- 二氢山柰酚 -7-O-β-D- 吡喃葡萄糖苷 (2R,3R)-dihydrokaempferol-7-O-β-D-glucopyranoside
二氢山柰酚 -7-O-β-D- 吡喃葡萄糖苷 dihydrokaempferol-7-O-β-D-glucopyranoside
(2R,3R)- 二氢山柰酚 -7-O-β- D- 葡萄糖苷 (2R,3R)-dihydrokaempferol-7-O-β-D-glucoside
二氢山柰酚 -7-O- 吡喃葡萄糖苷 dihydrokaempferol-7-O-glucopyranoside
二氢山柰酚 -7-O- 己糖苷 dihydrokaempferol-7-O-hexoside
二氢山柰甲黄素 dihydrokaempferid
二氢山柰素 dihydrokaempferide
5,6- 二氢 - 山茱萸诺苷▲ 5,6-dihydro-cornoside
二氢山茱萸素▲ dihydrocornin
6α- 二氢山茱萸酸 6α-dihydrocornic acid
6β- 二氢山茱萸酸 6β-dihydrocornic acid
6α- 二氢山茱萸酸甲酯 -6'-O-β-D- 吡喃葡萄糖苷 6α-dihydrocornic methyl ester-6'-O-β-D-glucopyranoside
二氢肾石苣苔酮▲ dihydropashanone
8,15- 二氢石杉宁碱▲ 8,15-dihydrohuperzinine
二氢石松碱 dihydrolycopodine
二氢使君子酸 dihydroquisqualic acid
(2α,3β)- 二氢鼠李素 (2α,3β)-dihydrorhamnetin
二氢薯蓣皂苷元 dihydrodiosgenin
2,3- 二氢水芹醇▲ 2,3-dihydrooenanthetol
二氢睡菜辛▲ dihydrofoliamenthin
24,25- 二氢睡茄内酯 VI 24,25-dihydrowithanolide VI
24,25- 二氢睡茄内酯 A 24,25-dihydrowithanolide A
二氢睡茄内酯 D, E dihydrowithanolide D, E
2,3- 二氢睡茄内酯 E 2,3-dihydrowithanolide E
2,3- 二氢睡茄酮▲ -3β-O- 硫酸盐 2,3-dihydrowithanone-3β-O-sulfate
二氢松柏醇 dihydroconiferyl alcohol
二氢松柏醇 -γ-O-β-D- 吡喃葡萄糖苷 dihydroconiferyl alcohol-γ-O-β-D-glucopyranoside
二氢松柏醇阿魏酸酯 dihydroconiferyl ferulate
二氢松柏醇二氢对香豆酸酯 dihydroconiferyl dihydro-p-coumarate
二氢松柏苷 dihydroconiferin
二氢苏里南维罗蔻木定▲ dihydrocarinatidin
二氢粟猪殃殃素 dihydromollugin
2,3- 二氢酸浆素 B 2,3-dihydrophysalin B
2,3- 二氢穗花杉黄酮 2,3-dihydroamentoflavone
2,3- 二氢穗花杉黄酮 -7,4',7''- 三甲醚 2,3-dihydroamentoflavone-7,4',7''-trimethyl ether
2,3- 二氢穗花杉黄酮 -7,4'- 二甲醚 2,3-dihydroamentoflavone-7,4'-dimethyl ether
3,4- 二氢桃叶珊瑚苷 3,4-dihydroaucubin
11(13)- 二氢特勒菊素▲ 11(13)-dihydrotelekin
11α,13- 二氢特勒菊素▲ 11α,13-dihydrotelekin
8,15- 二氢藤石松碱▲A 8,15-dihydrolycoparin A
(-)- 二氢天料木辛▲ (-)-dihydrohomalicine
二氢凸尖花椒二醇▲ dihydrocuspidiol
αβ- 二氢土大黄苷 αβ-dihydrorhaponticin
11α,13- 二氢土木香内酯 11α,13-dihydroalantolactone
二氢土木香内酯 dihydroalantolactone
3α- 二氢团花碱▲ 3α-dihydrocadambine
3β- 二氢团花碱▲ 3β-dihydrocadambine
二氢团花碱▲ dihydrocadambine
二氢豚草素 damsin
(7R,8S)- 二氢脱氢二松柏醇 -4-O-α-L- 吡喃鼠李糖苷 (7R,8S)-dihydrodehydroconiferyl alcohol-4-O-α-D-rhamnopyranoside
二氢脱水鬼臼根醇 dihydroanhydropodorhizol
10,11- 二氢脱水铁刀木醇 10,11-dihydroanhydrobarakol
二氢万寿菊酮 dihydrotagetone
二氢王贝母宁▲ dihydroimpranine
二氢薇甘菊内酯 dihydromikanolide
二氢维氏巴豆素▲ dihydrocroverin
11β,13- 二氢尾喙苣醛▲A 11β,13-dihydrourospermal A
11β,13- 二氢莴苣苦素 11β,13-dihydrolactucopicrin
3,4- 二氢莴苣苦素 3,4-dihydrolactucopicrin
11β,13- 二氢莴苣内酯乙酸酯 11β,13-dihydrolactucin acetate
11β,13- 二氢莴苣素 11β,13-dihydrolactucin
3,4- 二氢莴苣素 3,4-dihydrolactucin
二氢吴茱萸次碱 dihydorutaecarpine
二氢吴茱萸卡品碱▲ dihydroevocarpine
二氢五蕊翠雀碱▲ dihydrogadesine
二氢稀疏木瓣树胺▲ dihydrodiscretamine
19,20- 二氢膝果双喙木碱▲ 19,20-dihydrocondylocarpine
二氢香豆酮 dihydrocoumarone
β- 二氢香堇酮 β-dihydroionone
(-)- 二氢小白菊内酯 (-)-dihydroparthenolide

E

11α,13- 二氢小白菊内酯 11α,13-dihydroparthenolide
二氢小白菊内酯 dihydroparthenolide
二氢小白菊内酯二醇 dihydroparthenolidediol
二氢小麦黄素 dihydrotricin
二氢小皮伞酮▲ dihydromarasomone
二氢小芸木素 A, B dihydromicromelin A, B
二氢新丹参内酯 dihydroneotanshinlactone
二氢新黄芩素 dihydroneobaicalein
二氢熊耳草酮▲ dihydroageratone
二氢旋覆花内酯 dihydroinunolide
二氢血根碱 dihydrosanguinarine
二氢熏陆香二烯酮酸 dihydromasticadienolic acid
二氢鸦胆子苦醇 dihydrobrusatol
二氢鸦胆子宁▲A dihydrobruceajavanin A
二氢鸦胆子素 A dihydrobruceine A
二氢崖摩宁▲ dihydroamoorinin
二氢芫荽素▲ dihydrocoriandrin
二氢羊毛脂艾格醇▲ dihydroagnosterol
24- 二氢羊毛脂醇 24-dihydrolanosterol
二氢羊毛脂醇 dihydrolanosterol
(+)- 二氢杨梅素 (+)-dihydromyricetin
(2*R*,3*R*)- 二氢杨梅素 (2*R*,3*R*)-dihydromyricetin
2,3- 二氢杨梅素 2,3-dihydromyricetin
4- 二氢杨梅素 4-dihydromyricetin
二氢杨梅素 dihydromyricetin
二氢杨梅素 -3'-*O*-β-D- 吡喃木糖苷 dihydromyricetin-3'-*O*-β-D-xylopyranoside
二氢杨梅素 -3'-*O*-β-D- 吡喃葡萄糖苷 dihydromyricetin-3'-*O*-β-D-glucopyranoside
二氢洋椿酮 dihydrocedrelone
二氢氧代去甲氧基网球花胺 dihydro-oxo-demethoxyhaemanthamine
2,3- 二氢野鸢尾苷元 2,3-dihydroirigenin
3β,4β- 二氢叶苞菊酮▲ 3β,4β-dihydropallenone
6,7- 二氢叶酸二吡喃葡萄糖苷 6,7-dihydrofoliamenthoic acid diglucopyranoside
14,15- 二氢一叶萩碱 14,15-dihydrosecurinine
二氢一叶萩碱 dihydrosecurinine
二氢一枝黄花烯酮 dihydrosolidagenone
11α,13- 二氢依瓦菊素 11α,13-dihydroivalin
3,4- 二氢 - 乙烯基 -1,2- 二噻英 3,4-dihydro-vinyl-1,2-dithiin
二氢异 -α- 风铃木醌▲ dihydroiso-α-lapachone
二氢异阿魏酸 dihydroisoferulic acid
19,20- 二氢异长春钦碱▲ 19,20-dihydroisositsirikine
二氢异丹参酮 dihydroisotanshinone
(+)-8,9- 二氢异东方罂粟酮▲ (+)-8,9-dihydroisoorientalinone
2,3- 二氢异甘草苷元 2,3-dihydroisoliquiritigenin
二氢异高黄芩苷 dihydroisoscutellarin
23,24- 二氢异葫芦素 B 23,24-dihydroisocucurbitacin B
二氢异葫芦素 B dihydroisocucurbitacin B
(+)-8,9- 二氢异疆罂粟酮▲ (+)-8,9-dihydroisoroemerialinone
7,8- 二氢异爵床定 B 7,8-dihydroisojusticidin B
二氢异喹胺 dihydroisoquinamine
2'',3''- 二氢异柳杉素 -7- 甲醚 2'',3''-dihydroisocryptomerin-7-methyl ether
(+)- 二氢异鼠李素 (+)-dihydroisorhamnetin
11,13- 二氢异土木香内酯 11,13-dihydroisoalantolactone
11α,13- 二氢异土木香内酯 11α,13-dihydroisoalantolactone
二氢异土木香内酯 dihydroisoalantolactone
(a*R*,7*R*)- 二氢异香桂醇▲ (a*R*,7*R*)-dihydroisosubamol
二氢异缬草三酯 dihydroisovaltrate
二氢异银胶菊素 dihydroisoparthenin
二氢异止泻木西明▲ dihydroisoconessimine
二氢异紫萁林素▲ dihydroisoosmundalin
11β*H*,13- 二氢银胶菊素 11βH,13-dihydroparthenin
二氢银胶菊素 dihydroparthenin
二氢吲哚 -6- 羧酸甲酯 methyl indoline-6-carboxylate
α- 二氢印防已毒内酯 α-dihydropicrotoxinin
二氢硬椴木酮醇▲ dihydroyashabushiketol
二氢莸素 dihydrocaryoptin
二氢玉米素 dihydrozeatin
二氢郁金香内酯 dihydrotulipinolide
(-)- 二氢愈创木酸 (-)-dihydroguaiaretic acid
(+)- 二氢愈创木酸 (+)-dihydroguaiaretic acid
二氢愈创木酸 dihydroguaiaretic acid
(+)- 二氢愈创木脂酸 (+)-dihydroguaiaretic acid)
11,13- 二氢愈创内酯 C 11,13-dihydrozaluzanin C
11,13- 二氢愈创内酯 D 11,13-dihydrozaluzanin D
(-)- 二氢原莪术酮 (-)-dihydropyrocurzerenone
8,9- 二氢原厚壳桂螺酮碱▲ 8,9-dihydroprooxocryptochine
2',3'- 二氢原芫花酮▲ 2',3'-dihydroprotogenkwanone
二氢圆锥茎阿魏素▲ dihydroconferin
二氢月桂烯 dihydromyrcene
11β,13- 二氢泽兰内酯 11β,13-dihydroeupatolide
二氢泽兰素 dihydroeuparin
2,3- 二氢泽藓黄酮▲ 2,3-dihydrophilonotisflavone
二氢爪哇苦树素 Z dihydrojavanicin Z
(-)- 二氢芝麻素 (-)-dihydrosesamin
二氢芝麻素 dihydrosesamin
二氢植酰质体醌 dihydrophytylplastoquinone
二氢止泻木奈辛▲ dihydroconessine
二氢止泻木瑞辛▲ dihydroconkuressine
11,13α- 二氢中美菊素 C 11,13α-dihydrozaluzanin C
11,13β- 二氢中美菊素 C 11,13β-dihydrozaluzanin C
11α,13- 二氢中美菊素 C 11α,13-dihydrozaluzanin C
4β,15- 二氢中美菊素 C 4β,15-dihydrozaluzanin C
二氢中美菊素 C dihydrozaluzanin-C
二氢皱叶香茶菜素 dihydrorugosanin
2,3- 二氢竹柏内酯 A 2,3-dehydronagilactone A
二氢柱果内雄楝素▲E 乙酸酯 dihydrosapelin E acetate
2,3- 二氢孜然芹醛▲ 2,3-dihydrocuminal
二氢孜然芹醛▲ dihydrocuminal
二氢梓醇苷元 dihydrocatalpolgenin
二氢紫丁香苷元 dihydrosyringenin
1,3- 二氢紫杉宁 1,3-dihydrotaxinine
二氢紫穗槐苷元 dihydroamorphigenin
二氢醉鱼草醇 B dihydrobuddlenol B
二氢醉鱼草定 A, C dihydrobuddledin A, C
(11*E*)-14,15- 二去甲 -8α- 羟基 -11- 半日花烯 -13- 酮 (11*E*)-14,15-bisnor-8α-hydroxy-11-labden-13-one
(24*R*)-28,29- 二去甲 - 环木菠萝 -3β,24,25- 三醇 (24*R*)-28,29-dinorcycloart-3β,24,25-triol
二去甲基 -5- 羟基松脂醇 didemethyl-5-hydroxypinoresinol
1,9'- 二去甲基白头树素 III 1,9'-didesmethylgaruganin III
4',5'- 二去甲基鬼臼毒素 4',5'-didemethylpodophyllotoxin
4',5-*O*- 二去甲基环瓣蕊花格拉文▲ 4',5-*O*-didemethylcyclogalgravin
(+)-3,3'- 二去甲基琉球络石醇▲ (+)-3,3'-bisdemethyltanegool
1,2- 二去甲基秋水仙碱 1,2-didemethylcolchicine

2,3- 二去甲基秋水仙碱 2,3-didemethylcolchicine
(-)-3,3'- 二去甲基松脂酚 (-)-3,3'-bisdemethylpinoresinol
3,3'- 二去甲基松脂酚 3,3'-bisdemethylpinoresinol
3.3'- 二去甲基松脂酚 3.3'-bisdemethylpinoresinol
二去甲基伪绵马素 AA didemethylpseudoaspidin AA
19(*E*)-9,18- 二去甲氧基蓬莱葛胺 19(*E*)-9,18-didemethoxygardneramine
二去甲氧基松脂醇 didemethoxypinoresinol
3',4'- 二去硫酸基苍术苷 3',4'-didesulphatedatractyloside
3',4'- 二去硫酸基羰基苍术苷 3',4'-didesulphated-carboxyatractyloside
(5'*R*)-3,4- 二去羟基 -*β*,*κ*- 胡萝卜烯 -6'- 酮 (5'*R*)-3,4-didehydroxy-*β*,*κ*-caroten-6'-one
19,28- 二去羟基茜草乔木醇 A 19,28-didehydroxyrubiarbonol A
13,14- 二去羟基异山竹子素 13,14-didehydroxyisogarcinol
3^1,3^2- 二去氢 -1,10,15,20,22,24- 六羟基 -8^2- 羟基 -13^2- 甲氧羰基 -4,5- 二氧 -4,5- 裂环 -21*H*,23*H*- 植物卟啉钠 sodium 3^1,3^2-didehydro-1,10,15,20,22,24-hexahydro-8^2-hydroxy-13^2-methoxycarbonyl-4,5-dioxo-4,5-seco-21*H*,23*H*-phytoporphyrinate
(2*β*,16*R*,19*E*)-4,5- 二去氢 -1,2- 二氢 -2- 羟基 -16- 羟甲基苦籽木▲ -4- 季铵碱 -17- 甲酯 (2*β*,16*R*,19*E*)-4,5-didehydro-1,2-dihydro-2-hydroxy-16-(hydroxymethyl)-akuammilan-4-ium-17-oate
14,15- 二去氢 -10,11- 二甲氧基 -16- 表蔓长春花胺▲ 14,15-didehydro-10,11-dimethoxy-16-epivincamine
14,15- 二去氢 -10,11- 二甲氧基蔓长春花胺▲ 14,15-didehydro-10,11-dimethoxyvincamine
(*S*)-(-)-7,8- 二去氢 -10-*O*- 去甲基木瓣树宁季铵碱 (*S*)-(-)-7,8-didehydro-10-*O*-demethylxylopininium
14,15- 二去氢 -10- 羟基 -11- 甲氧基 -16- 表蔓长春花胺▲ 14,15-didehydro-10-hydroxy-11-methoxy-16-epivincamine
14,15- 二去氢 -10- 羟基 -11- 甲氧基蔓长春花胺▲ 14,15-didehydro-10-hydroxy-11-methoxyvincamine
14,15- 二去氢 -16- 表蔓长春花胺▲ 14,15-didehydro-16-epivincamine
(5*α*,12*β*,19*α*,20*R*)-2,3- 二去氢 -16- 甲氧基 -20-[(3,4,5- 三甲氧基苯甲酰) 氧基]- 白坚木定▲ -3- 羧酸甲酯 (5*α*,12*β*,19*α*,20*R*)-2,3-didehydro-16-methoxy-20-[(3,4,5-trimethoxybenzoyl)oxy]-aspidospermidine-3-carboxylic acid methyl ester
(5*α*,12*β*,19*α*,20*R*)-2,3- 二去氢 -16- 甲氧基 -20-[(3- 甲基 -1- 氧代 -2- 丁烯基) 氧基]- 白坚木定▲ -3- 羧酸甲酯 (5*α*,12*β*,19*α*,20*R*)-2,3-didehydro-16-methoxy-20-[(3-methyl-1-oxo-2-butenyl)oxy]-aspidospermidine-3-carboxylic acid methyl ester
6,16- 二去氢 -20- 表沙地狗牙花碱▲ 6,16-didehydro-20-episilicine
16,17- 二去氢 -23*R*,24*R*-*O*- 乙酰基 - 氢化升麻新醇 -3-*O*-*β*-D- 吡喃半乳糖苷 16,17-didehydro-23*R*,24*R*-*O*-acetyl-hydroshengmanol-3-*O*-*β*-D-galactopyranoside
7,8- 二去氢 -24-*O*- 乙酰氢化升麻新醇 -3-*O*-*β*-D- 吡喃木糖苷 7,8-didehydro-24-*O*-acetylhydroshengmanol-3-*O*-*β*-D-xylopyranoside
(6*R*,10*S*,11*S*)-16,17- 二去氢 -26- 羟基鸢尾醛 (6*R*,10*S*,11*S*)-16,17-didehydro-26-hydroxyiridal
7,8- 二去氢 -27- 去氧类叶升麻素▲ 7,8-didehydro-27-deoxyactein
7*R*,8*R*,7'*E*-7',8'- 二去氢 -4,7,9,9'- 四羟基 -3- 甲氧基 -8-*O*-4'- 新木脂素 7*R*,8*R*,7'*E*-7',8'-didehydro-4,7,9,9'-tetrahydroxy-3-methoxy-8-*O*-4'-neolignan
7,8- 二去氢 -4- 羟基 -3,7- 二甲氧基吗啡 -6- 醇 7,8-didehydro-4-hydroxy-3,7-dimethoxymorphinan-6-ol
2,3- 二去氢 -5-*O*- 甲基 -11- 表八角呋酮▲ E 2,3-didehydro-5-*O*-methyl-11-epiillifunone E
2,3- 二去氢 -5-*O*- 甲基八角呋酮▲ E 2,3-didehydro-5-*O*-methylillifunone E
19,20- 二去氢 -6*α*- 羟基狗牙花碱 19,20-didehydro-6*α*-hydroxyervatamine
4,7- 二去氢 -7 去氧新酸浆素 L 4,7-didehydro-7-deoxyneophysalin L
二去氢奥托肉豆蔻素 didehydrootobain
11,12- 二去氢白花阴生香茶菜素 E 11,12-didehydroleukamenin E
二去氢百部碱 didehydrostmonine
2,3- 二去氢催眠睡茄辛▲ 2,3-didehydrosomniferícin
二去氢对叶百部碱 didehydrotuberostemonine
5,6- 二去氢非洲鹅绒藤苷元▲ 5,6-didehydrocynafogenin
19,20- 二去氢狗牙花碱 19,20-didehydroervatamine
二去氢海罂粟碱 didehydroglaucine
14',15'- 二去氢环长春碱 14',15'-didehydrocyclovinblastine
二去氢金刚大碱 didehydrocroomine
8,9,11,14- 二去氢柯桠树烯▲ -5*α*- 醇 8,9,11,14-didehydrovouacapen-5*α*-ol
2,3- 二去氢苦树素 B 2,3-didehydropicrasin B
二去氢狼毒因▲ A didehydrolangduin A
1,10- 二去氢罗必明 1,10-didehydrolubimin
6,7- 二去氢罗氏旋覆花酮▲ 6,7-didehydroroyleanone
αβ- 二去氢洛伐他汀 *αβ*-didehydrolovastatin
5,6- 二去氢千解草素 A 5,6-didehydropygmaeocin A
2*R*-2,3- 二去氢山蚂蝗酚 2*R*-2,3-didehydrodesmodol
7,8- 二去氢升麻醇 7,8-didehydrocimigenol
7,8- 二去氢升麻醇 -3-*O*-*α*-L- 阿拉伯糖苷 7,8-didehydrocimigenol-3-*O*-*α*-L-arabinopyranoside
7,8- 二去氢升麻醇 -3-*O*-*β*-D- 吡喃半乳糖苷 7,8-didehydrocimigenol-3-*O*-*β*-D-galactopyranoside
7,8- 二去氢升麻醇 -3-*O*-*β*-D- 吡喃木糖苷 7,8-didehydrocimigenol-3-*O*-*β*-D-xylopyranoside
4,7- 二去氢酸浆素 B 4,7-didehydrophysalin B
二去氢碎叶紫堇碱 didehydrocheilanthifoline
3*α*-1,2- 二去氢文殊兰碱 -3- 醇 3*α*-1,2-didehydrocrinan-3-ol
二去氢细花百部碱 didehydroparvistemonine
4,7- 二去氢新酸浆素 B 4,7-didehydroneophysalin B
3'-*O*- 二去氢叶黄素 3'-*O*-didehydrolutein
11,13- 二去氢腋生依瓦菊素 11,13-didehydroivaxillin
6,7- 二去氢异管花多果树赛宁▲ 6,7-didehydroisotuboxenine
(6*R*,10*S*,11*S*)-16,17- 二去氢鸢尾醛 (6*R*,10*S*,11*S*)-16,17-didehydroiridal
17,29- 二去氢鸢尾醛 17,29-didehydroiridal
二去氢原百部碱 didehydroprotostemonine
(*S*)-(-)-7,8- 二去氢紫堇达明季铵碱 (*S*)-(-)-7,8-didehydrocorydalminium
7,14- 二去酰石生诺顿菊酮▲ 7,14-bisdesacylnotonipetrone
1,4- 二去氧 -1,4- 亚氨基 -D- 阿拉伯糖醇 1,4-deoxy-1,4-imino-D-arabinitol
1,5- 二去氧 -3-*C*-(2- 羟乙基)-2-*C*- 甲基戊糖醇 1,5-dideoxy-3-*C*-(2-hydroxyethyl)-2-*C*-methylpentitol
3*β*-[*O*-2,6- 二去氧 -3-*O*- 甲基 -*α*-L- 吡喃核己糖基 -(1 → 4)-*O*-2,6- 二去氧 -3-*O*- 甲基 -*β*-D- 吡喃核己糖基 -(1 → 4)-*O*-2,6- 二去氧 -3-*O*- 甲基 -*α*-L- 吡喃核己糖基 -(1 → 4)-*O*-2,6- 二去氧 -3-*O*- 甲基 -*β*-D- 吡喃核己糖基 -(1 → 4)-2,6- 二去氧 -3-*O*- 甲基 -*β*-D- 吡喃核己糖氧基]-12*β*,14*β*,17*α*- 三羟基孕甾 -5- 烯 -20- 酮 3*β*-[*O*-2,6-dideoxy-3-*O*-methyl-*α*-L-ribohexopyranosyl-(1 → 4)-*O*-2,6-dideoxy-3-*O*-methyl-*β*-D-ribohexopyranosyl-(1 → 4)-*O*-2,6-dideoxy-3-*O*-methyl-*α*-L-ribohexopyranosyl-(1→4)-*O*-2,6-dideoxy-3-*O*-methyl-*β*-D-ribohexopyranosyl-(1→4)-2,6-dideoxy-3-*O*-methyl-

E

E

β-D-ribohexopyranosyloxy]-12β,14,β17α-trihydroxypregn-5-en-20-one

3β-[O-2,6- 二去氧 -3-O- 甲基 -α-L- 吡喃核己糖基 -(1→4)-O-2,6- 二去氧 -3-O- 甲基 -β-D- 吡喃核己糖基 -(1→4)-O-2,6- 二去氧 -3-O- 甲基 -α-L- 吡喃核己糖基 -(1→4)-O-2,6- 二去氧 -3-O- 甲基 -β-D- 吡喃核己糖基 -(1→4)-2,6- 二去氧 -3-O- 甲基 -β-D- 吡喃核己糖氧基]-12β,14β- 二羟基孕甾 -5- 烯 -20- 酮 3β-[O-2,6-dideoxy-3-O-methyl-α-L-ribohexopyranosyl-(1→4)-O-2,6-dideoxy-3-O-methyl-β-D-ribohexopyranosyl-(1→4)-O-2,6-dideoxy-3-O-methyl-α-L-ribohexopyranosyl-(1→4)-O-2,6-dideoxy-3-O-methyl-β-D-ribo-hexopyranosyl-(1→4)-2,6-dideoxy-3-O-methyl-β-D-ribohexopyranosyloxy]-12,β14β-dihydroxypregn-5-en-20-one

3β-[O-2,6- 二去氧 -3-O- 甲基 -α-L- 吡喃核己糖基 -(1→4)-O-2,6- 二去氧 -3-O- 甲基 -β-D- 吡喃核己糖基 -(1→4)-O-2,6- 二去氧 -3-O- 甲基 -α-L- 吡喃核己糖基 -(1→4)-O-2,6- 二去氧 -3-O- 甲基 -β-D- 吡喃核己糖基 -(1→4)-2,6- 二去氧 -3-O- 甲基 -β-D- 吡喃核己糖氧基]-8,12β,14β,17α- 四羟基孕甾 -5- 烯 -20- 酮 3β-[O-2,6-dideoxy-3-O-methyl-α-L-ribohexopyranosyl-(1→4)-O-2,6-dideoxy-3-O-methyl-β-D-ribohexopyranosyl-(1→4)-O-2,6-dideoxy-3-O-methyl-α-L-ribohexopyranosyl-(1→4)-O-2,6-dideoxy-3-O-methyl-β-D-ribohexopyranosyl-(1→4)-2,6-dideoxy-3-O-methyl-β-D-ribohexopyranosyloxy]-8,12β,14β,17α-tetrahydroxypregn-5-en-20-one

3β-[O-2,6- 二去氧 -3-O- 甲基 -α-L- 吡喃核己糖基 -(1→4)-O-2,6- 二去氧 -3-O- 甲基 -β- 吡喃核己糖基 -(1→4)-O-2,6- 二去氧 -3-O- 甲基 -α-L- 吡喃核己糖基 -(1→4)-O-2,6- 二去氧 -3-O- 甲基 -β- 吡喃核己糖基 -(1→4)-2,6- 二去氧 -β- 吡喃核己糖氧基]-8,14β,17α- 三羟基孕甾 -5- 烯 -20- 酮 3β-[O-2,6-dideoxy-3-O-methyl-α-L-ribohexopyranosyl-(1→4)-O-2,6-dideoxy-3-O-methyl-β-ribo-hexopyranosyl-(1→4)-O-2,6-dideoxy-3-O-methyl-α-L-ribohexopyranosyl-(1→4)-O-2,6-dideoxy-3-O-methyl-β-ribohexopyranosyl-(1→4)-2,6-dideoxy-β-ribohexopyranosyloxy]-8,14β,17α-trihydroxypregn-5-en-20-one

(5α,17α,20R)-3β-O-[(2,6- 二去氧 -4-O-(6- 去氧 -3-O- 甲基 -β-D- 吡喃阿洛糖基)-3-O- 甲基 -β-D- 吡喃阿拉伯己糖) 氧基]-12-O-(2- 甲基丁酰基)-8α,20:11α,20- 二环氧孕甾 -12β,14β- 二 (5α,17α,20R)-3β-O-[(2,6-dideoxy-4-O-(6-deoxy-3-O-methyl-β-D-allopyranosyl)-3-O-methyl-β-D-arabino-hexopyranosyl)oxy]-12-O-(2-methylbutanoyl)-8α,20:11α,20-diepoxypregnane-12β,14β-diol

(5α,17α,20R)-3β-O-[(2,6- 二去氧 -4-O-(6- 去氧 -3-O- 甲基 -β-D- 吡喃阿洛糖基)-3-O- 甲基 -β-D- 吡喃阿拉伯己糖) 氧基]-12-O- 巴豆酰基 -8α,20:11α,20- 二环氧孕甾 -12β,14β- 二醇 (5α,17α,20R)-3β-O-[(2,6-dideoxy-4-O-(6-deoxy-3-O-methyl-β-D-allopyranosyl)-3-O-methyl-β-D-arabino-hexopyranosyl)oxy]-12-O-tigloyl-8α,20:11α,20-diepoxypregnane-12β,14β-diol

3-[(2,6- 二去氧 -4-O-β-D- 吡喃葡萄糖基 -3-O- 甲基 -α-L- 吡喃核己糖氧基 -14- 羟基 -(3β,5β)- 强心 -20(22)- 烯内酯 3-[(2,6- dideoxy-4-O-β-D-glucopyranosyl-3-O-methyl-α-L-ribo-hexopyranosyl)oxy]-14-hydroxy-(3β,5β)-card-20(22)-enolide

3β-(2,6- 二去氧 -4-O-β-D- 吡喃葡萄糖基 -3-O- 甲基 -α-L- 核己吡喃糖氧基)-14- 羟基 -(5β,17α) 强心甾 -20(22)- 烯内酯 3β-(2,6-dideoxy-4-O-β-D-glucopyranosyl-3-O-methyl-α-L-ribo-hexopyranosyloxy)-14-hydroxy-(5β,17α)-card-20(22)-enolide

3β-(2,6- 二去氧 -4-O-β-D- 吡喃葡萄糖基 -3-O- 甲基 -α- 吡喃核糖氧基)-14- 羟基 -(5β)- 强心甾 -20(22)- 烯内酯 3β-(2,6-dideoxy-4-O-β-D-glucopyranosyl-3-O-methyl-α-L-ribopyranosyloxy)-14-hydroxy-(5β)-card-20(22)-enolide

4,20- 二去氧 -5ζ- 羟基佛波醇 -12,13- 二异丁酸酯 4,20-dideoxy-5ζ-hydroxyphorbol-12,13-diisobutyrate

4,20- 二去氧 -5ζ- 羟基佛波醇 -12- 苯甲酸酯 -13- 异丁酸酯 4,20-dideoxy-5ζ-hydroxyphorbol-12-benzoate-13-isobutyrate

3,14- 二去氧穿心莲内酯 3,14-dideoxyandrographolide

4,20- 二去氧佛波醇 -12- 苯甲酸酯 -13- 异丁酸酯 4,20-dideoxyphorbol-12-benzoate-13-isobutyrate

11,11'- 二去氧轮枝孢素▲ A 11,11'-dideoxyverticillin A

1,9- 二去氧毛喉鞘蕊花素▲ 1,9-dideoxyforskolin

5,7- 二去氧牛皮消猫爪藤苷 5,7-bisdeoxycynanchoside

1,9- 二去氧鞘蕊花诺醇▲ B 1,9-dideoxycoleonol B

13,15- 二去氧乌头碱 13,15-dideoxyaconitine

3,13- 二去氧乌头碱 3,13-dideoxyaconitine

6,20- 二去乙酰比利牛斯香科科定 6,20-bisdeacetylteupyreinidin

7,9- 二去乙酰基浆果紫杉素 IV 7,9-dideacetylbaccatin IV

7,9- 二去乙酰基浆果紫杉素 VI 7,9-dideacetylbaccatin VI

7,9- 二去乙酰基云南紫杉亭▲ 7,9-dideacetyltaxayuntin

7,2'- 二去乙酰氧基澳紫杉碱▲ 7,2'-didesacetoxyaustrospicatine

二去乙酰原藜芦碱 A dideacetylprotoveratrine A

(6E,12E)- 十四碳二烯 -8,10- 二炔 -1,3- 二醇 (6E,12E)-tetradecadiene-8,10-diyne-1,3-diol

4,6- 二炔基 -1,8- 二醇 -2,9- 十二烯 4,6-diyne-1,8-diol-2,9-decadiene

4,6- 二炔基 -1,8- 二醇 -2- 癸烯 4,6-diyne-1,8-diol-2-decene

二乳牛肝菌醌▲ -4,4 diboviquinone-4,4

二蕊紫苏定▲ collinsonidin

二色波罗蜜素▲ A, B, C styracifolin A, B, C

二色波罗蜜辛▲ A, B, C artostyracin A, B, C

二色瘤玉球醇▲ itesmol

二色五味子灵▲ A schisanbicolorin A

二色五味子木脂素▲ A schibicolignan A

二色五味子内酯▲ A, B schisanbilactone A, B

1- 二十八醇 1-octacosanol

二十八醇 octacosanol

1- 二十八醇阿魏酸酯 1-octacosanly ferulate

二十八醇三十酸脂 octacosanyl triacontanoate

二十八醇十六酸酯 octacosanyl hexadecanoate

二十八醛 octacosanal

二十八酸 octacosanoic acid

1- 二十八酸甘油单酯 1-octacosanoyl glyceride

二十八酸乙酯 ethyl octacosate

二十八碳四烯 oleaoctacosatetraene

二十八烷 octacosane

二十八烷 -1- 醇 octacosan-1-ol

(6R,8S)- 二十八烷二醇 (6R,8S)-octacosanediol

(7R,9S)- 二十八烷二醇 (7R,9S)-octacosanediol

1- 二十八烷基乙酸酯 1-octacosanyl acetate

N- 二十八烷酰邻氨基苯甲酸 N-octacosanoylanthranilic acid

1- 二十八烯 1-octacosene

二十八烯 octacosene

1- 二十醇 1-eicosanol

二十醇 eicosanol

1- 二十二醇 1-docosanol

二十二醇 docosanol

二十二醇阿魏酸酯 docosylferulate

二十二酸 docosanoic acid

1- 二十二酸 -2,3- 丙二醇酯 1-docosanoic acid-2,3-propanediol ester

二十二酸 -2,3- 二羟基丙酯 docosanoic acid-2,3-dihydroxypropyl ester

1- 山萮酸甘油酯 1-behenin

二十二酸甘油酯 glycerin-docosanate

二十二酸环氧乙烷甲酯 docosanoic acid oxiranylmethyl ester

二十二酸甲酯 methyl docosanoate
二十二酸乙酯 ethyl docosanoate
5-[1'-(二十二碳-2'*E*,5'*E*-二烯基)]-1,4-二氧杂芑-2,3-二酮 5-[1'-(docosa-2'*E*,5'*E*-dienyl)]-1,4-dioxin-2,3-dione
二十二碳六烯酸 docosahexaenoic acid; DHA
(4*Z*,7*Z*,10*Z*,13*Z*,16*Z*,19*Z*)-4,7,10,13,16,19-二十二碳六烯酸甲酯 methyl-(4*Z*,7*Z*,10*Z*,13*Z*,16*Z*,19*Z*)-4,7,10,13,16,19-docosahexaenoate
二十二烷 docosane
(*E*)-二十二烷基-3-(4-羟基-3-甲氧基苯基)丙烯酸酯 (*E*)-docosyl-3-(4-hydroxy-3-methoxyphenyl) acrylate
二十二烷基-3,4-二羟基-反式-桂皮酸酯 docosyl-3,4-dihydroxy-*trans*-cinnamate
(*E*)-二十二烷基-3,4-二羟基桂皮酸酯 (*E*)-docosyl-3,4-dihydroxycinnamate
(*E*)-二十二烷基-3-甲氧基-4-羟基阿魏酸酯 (*E*)-docosyl-3-methoxy-4-hydroxyferulate
8-二十二烷酰基-苯甲酰乌头原碱 8-docosanoyl-benzoylaconine
N-二十二烷酰基邻氨基苯甲酸 *N*-docosanoylanthranilic acid
1-二十二烯 1-docosene
二十二烯酸 docosenoic acid
二十二烯酰胺 docosenamide
1-二十二酰基-2,3-异亚丙基甘油 1-docosanoyl-2,3-isopropylideneglycerol
N-二十二酰基邻氨基苯甲酸乙酯 ethyl *N*-docosanoylanthranilate
N-二十二酰酪胺 *N*-docosanoyltyramine
10-二十九醇 10-nonacosanol
15-二十九醇 15-nonacosanol
1-二十九醇 1-nonacosanol
2-二十九醇 2-nonacosanol
二十九醇 nonacosanol
二十九醇咖啡酸酯 nonacosyl caffeate
二十九酸 nonacosanoic acid
二十九烷 nonacosane
二十九烷-10-醇 nonacosan-10-ol
二十九烷-5,10-二醇 nonacosan-5,10-diol
二十九烷-6,10-二醇 nonacosane-6,10-diol
二十九烷-6,21-二醇 nonacosane-6,21-diol
二十九烷-6,8-二醇 nonacosane-6,8-diol
7-二十九烷醇 7-nonacosanol
(6*R*,8*S*)-二十九烷二醇 (6*R*,8*S*)-nonacosanediol
(8*R*,10*S*)-二十九烷二醇 (8*R*,10*S*)-nonacosanediol
(*Z*)-14-二十九烯 (*Z*)-14-nonacosa-ene
(17*Z*,20*Z*)-二十六-17,20-二烯-9-酮 (17*Z*,20*Z*)-hexacosa-17,20-dien-9-one
1-二十六醇 1-hexacosanol
二十六醇 hexacosanol
二十六醇-3-反式-阿魏酸酯 hexacosanoic alcohol-3-(4-hydroxy-3-methoxybenzol)-*trans*-acryliceylenate
1-二十六醇-3-羟基-齐墩果-12-烯-28-酸酯 1-hexacosanol-3-hydroxyolean-12-en-28-oate
1-二十六醇蜡酸酯 1-hexacosanyl cerotate
二十六基咖啡酸酯 hexacosanyl caffeate
二十六醛 hexacosanal
二十六酸 hexacosanoic acid
1-*O*-二十六酸甘油酯 1-*O*-hexacosanoic acid glycerol ester
二十六酸甲酯 methyl hexacosanoate
9-二十六碳烯 9-hexacosene
二十六烷 hexacosane
二十六烷-3-烯-2,5-酮 hexacos-3-en-25-one
二十六烷-4-内酯 hexacosan-4-olide
二十六烷基-3-咖啡酸酯 hexacosyl-3-caffeate
N-二十六烷酰邻氨基苯甲酸 *N*-hexacosanoylanthranilic acid
9-二十六烯 9-hexacosanediene
二十六烯 hexacosene
N-二十六酰基-*β*-D-吡喃葡萄糖基-(1-1')-植物鞘氨醇 *N*-hexacosanoyl-*β*-D-glucopyranosyl-(1-1')-phytosphingosine
1-二十七醇 1-heptacosanol
二十七醇 heptacosanol
二十七酸 heptacosanoic acid
二十七酸-1-甘油酯 heptacosanoic acid-1-glyceryl ester
二十七碳-3-烯-25-酮 heptacos-3-en-25-one
2-二十七酮 2-heptacosanone
二十七烷 heptacosane
(6*R*,8*S*)-二十七烷二醇 (6*R*,8*S*)-heptacosanediol
(8*R*,10*S*)-二十七烷二醇 (8*R*,10*S*)-heptacosanediol
12-二十三醇 12-tricosanol
1-二十三醇 1-tricosanol
二十三醇 tricosanol
2-二十三基-2,5,7-三羟基二氢色酮 2-tricosyl-2,5,7-trihydroxy-chromanone
二十三酸 tricosanoic acid
8-二十三碳二烯酰基-苯甲酰乌头原碱 8-tricosadienoyl-benzoylaconine
8-二十三碳二烯酰基-苯甲酰中乌头胺 8-tricosadienoyl-benzoymesaconine
(*Z*)-9-二十三碳烯 (*Z*)-9-tricosene
8-二十三碳烯酰基-苯甲酰去氧乌头原碱 8-tricosenoyl-benzoyldeoxyaconine
8-二十三碳烯酰基-苯甲酰乌头原碱 8-tricosenoyl-benzoylaconine
二十三烷 tricosane
(6*R*,8*S*)-二十三烷二醇 (6*R*,8*S*)-tricosane diol
N-二十三烷酰基邻氨基苯甲酸 *N*-tricosanoylanthranilic acid
N-二十三酰色胺 *N*-tricosanoyltryptamine
1-二十四醇 1-tetracosanol
二十四醇 tetracosanol
1-二十四醇甘油酯 1-tetracosanoylglycerol
二十四基阿魏酸酯 lignocerylferulate
二十四酸 tetracosanoic acid
二十四酸-2,3-二羟基丙酯 tetracosanoic acid-2,3-dihydroxypropyl ester
二十四酸二十一酯 heneicosanol tetracosanoate
1-二十四酸甘油酯 glyceryl 1-tetracosanoate
二十四酸甲酯 tetracosanoic acid methyl ester
1-[(17*Z*)-17-二十四碳烯-1-基氧基]-1,2-丙二醇 1-[(17*Z*)-17-tetracosen-1-yloxy]-1,2-propanediol
二十四烷 lignocerane; tetracosane
1,24-二十四烷二醇二阿魏酸酯 1,24-tetracosanediol diferulate
N-二十四烷酰氨茴酸 *N*-tetracosanoylanthranilic acid
(2*S*,3*S*,4*R*)-2-二十四酰胺基-1,3,4-十八烷三醇 (2*S*,3*S*,4*R*)-2-tetracosanoylamino-1,3,4-octadecanetriol
N-二十四酰酪胺 *N*-tetracosanoyltyramine
N-二十四酰色胺 *N*-lignoceroyltryptamine
N-二十四酰植物鞘氨醇 *N*-tetracosanoyl-phytosphingosine
二十酸甘油酯 monoeicosanoin
二十酸乙酯 ethyl eicosanoate
1-(二十碳-2*E*,14*Z*-二烯酰基)哌啶 1-(eicosa-2*E*,14*Z*-dienoyl) piperidine

E

E

1-(二十碳-2*E*,4*E*,14*Z*-三烯酰)哌啶 1-(eicosa-2*E*,4*E*,14*Z*-trienoyl) piperidine
1-(二十碳-2*E*,4*E*-二烯酰基)哌啶 1-(eicosa-2*E*,4*E*-dienoyl) piperidine
1-(二十碳-2*E*,4*E*-去烟酰)哌啶 1-(octadeca-2*E*,4*E*-deinoyl) piperidine
11,14-二十碳二烯酸 11,14-eicosadienoic acid
14,15-二十碳二烯酸 14,15-eicosenoic acid
二十碳二烯酸 eicosadienoic acid
11,13-二十碳二烯酸甲酯 11,13-eicosadienoic acid methyl ester
11,14-二十碳二烯酸甲酯 11,14-eicosadienoic acid methyl ester
1-[(12*E*,16*E*)-12,16-二十碳二烯酰基]-2-[(*E*,*E*)-7,11-十八碳二烯酰基]-3-硬脂酰甘油 1-[(12*E*,16*E*)-12,16-eicosadienoyl]-2-[(*E*,*E*)-7,11-octadecadienoyl]-3-stearoylglycerol
8-二十碳二烯酰基-苯甲酰次乌头胺 8-eicosadienoyl-benzoylhypaconine
11,14,17-二十碳三烯酸 11,14,17-eicosatrienoic acid
5*Z*,11*Z*,14*Z*-二十碳三烯酸 5*Z*,11*Z*,14*Z*-eicosatrienoic acid
二十碳三烯酸 eicosatrienoic acid
11,14,17-二十碳三烯酸甲酯 11,14,17-eicosatrienoic acid methyl ester
5*Z*,11*Z*,14*Z*,17*Z*-二十碳四烯酸 5*Z*,11*Z*,14*Z*,17*Z*-eicosatetraenoic acid
二十碳五烯酸 eicosapentaenoic acid; EPA; timnodonic acid
8-二十碳五烯酰基-10-羟基-苯甲酰乌头原碱 8-eicosapentaenoyl-10-hydroxy-benzoylaconine
8-二十碳五烯酰基-苯甲酰次乌头胺 8-eicosapentaenoyl-benzoylhypaconine
8-二十碳烯酰基-10-羟基-苯甲酰中乌头胺 8-eicosenoyl-10-hydroxy-benzoylmesaconine
8-二十碳烯酰基-苯甲酰次乌头胺 8-eicosenoyl-benzoylhypaconine
8-二十碳烯酰基-苯甲酰去氧乌头原碱 8-eicosenoyl-benzoyldeoxyaconine
8-二十碳烯酰基-苯甲酰中乌头胺 8-eicosenoyl-benzoylmesaconine
二十烷 eicosane
(*Z*)-4-(二十烷-13-烯酰氧基)-苯甲酸 (*Z*)-4-(docos-13-enoyloxy) benzoic acid
(6*Z*,8*E*,17*E*)-二十烷-6,8,17-三烯-10-醇 (6*Z*,8*E*,17*E*)-eicosa-6,8,17-trien-l0-ol
1,4-二十烷二烯 1,4-eicosane-diene
二十烷基-(*E*)-对香豆酸酯 eicosanyl-(*E*)-*p*-coumarate
二十烷基-(*E*)-咖啡酸酯 eicosanyl-(*E*)-caffeate
二十烷基咖啡酸酯 eicosanyl caffeate
二十酸 eicosanoic acid
N-二十烷酰酪胺 *N*-eicosanoyltyramine
N-二十烷酰邻氨基苯甲酸 *N*-arachidylanthranilic acid
二十五醇 pentacosanol
2-二十五基-2,5,7-三羟基二氢色酮 2-pentacosyl-2,5,7-trihydroxy-chromanone
二十五酸 pentacosanoic acid
16*Z*,19*Z*-二十五碳二烯酸 16*Z*,19*Z*-pentacosadienoic acid
二十五烷 pentacosane
(6*R*,8*S*)-二十五烷二醇 (6*R*,8*S*)-pentacosanediol
N-二十五烷基-2-羧基苯甲酰胺 *N*-pentacosyl-2-carboxy-benzoylamide
8-二十五烷酰基-苯甲酰次乌头胺 8-pentacosanoyl-benzoylhypaconine
8-二十五烷酰基-苯甲酰去氧乌头原碱 8-pentacosanoyl-benzoyldeoxyaconine
(*Z*)-9-二十五烯 (*Z*)-9-pentacosene
N-二十五酰基-*β*-D-吡喃葡萄糖基-(1-1')-植物鞘氨醇 *N*-pentacosanoyl-*β*-D-glucopyranosyl-(1-1')-phytosphingosine
N-二十五酰色胺 *N*-pentacosanoyltryptamine
11-二十烯酸 11-eicosenoic acid
二十烯酸 eicosenoic acid
11-二十烯酸甲酯 11-eicosenoic acid methyl ester
3-*O*-14,15-二十烯酰基-1-氰基-2-甲基-1,2-丙烯 3-*O*-14,15-eicosylenoyl-1-cyano-2-methyl-1,2-propene)
3-*O*-14,15-二十烯酰基-4-*O*-硬脂酰基-1-氰基-2-氧甲基-1,2-丙烯 3-*O*-14,15-eicosylenoyl-4-*O*-stearoyl-1-cyano-2-oxymethyl-1,2-propene
二十一醇 heneicosanol
二十一酸 heneicosanoic acid
12,15-二十一碳二烯-1,2,4-三醇-1-乙酸酯 12,15-heneicosadiene-1,2,4-triol-1-acetate
8-二十一碳四烯酰基-苯甲酰次乌头胺 8-heneicosatetraenoyl-benzoylhypaconine
8-二十一碳四烯酰基-苯甲酰去氧乌头原碱 8-heneicosatetraenoyl-benzoyldeoxyaconine
8-二十一碳五烯酰基-苯甲酰乌头原碱 8-heneicosapentaenoyl-benzoylaconine
1-二十一碳烯 1-heneicosene
二十一烷 heneicosane
二十一烷-6-炔-20-烯-1-酸 henicosa-6-yn-20-en-1-oic acid
(6*R*,8*S*)-二十一烷二醇 (6*R*,8*S*)-heneicosanediol
二十一烯 heneicosene
(*Z*)-10-二十一烯酸 (*Z*)-10-heneicosenoic acid
7,9-二-叔丁基-1-氧杂螺环(4,5)十碳-6,9-二烯-2,8-酮 7,9-di-tert-butyl-1-oxaspiro(4,5)deca-6,9-diene-2,8-dione
4,6-二叔丁基-2-甲基苯酚 4,6-di-tert-butyl-2-methylphenol
2,6-二-叔-丁基-4-甲基苯酚 2,6-di-*tert*-butyl-4-methylphenol
2,6-二叔丁基-4-羟基-4,4-二甲基-2,5-环已二烯-1-酮 2,6-di-*tert*-butyl-4,4-dimethyl-2,5-cyclohexadien-1-one
2,6-二叔丁基-4-羟基-4-甲基-2,5-环已二烯-1-酮 2,6-di-*tert*-butyl-4-hydroxy-4-methyl-2,5-cyclohexadien-1-one
1,3-二叔丁基苯 1,3-di-t-butylbenzene
2,4-二叔丁基苯酚 2,4-di-*tert*-butylphenol
2,6-二叔丁基苯酚 2,6-di-*tert*-butylphenol
3,5-二叔丁基苯酚 3,5-di-tert-butylphenol
4-(氨基甲基)-2,6-二-叔-丁基苯酚 4-(aminomethyl)-2,6-di-tert-butylphenol
2,6-二叔丁基对甲酚 2,6-di-*tert*-butyl-*p*-cresol
2,6-二叔丁基对醌 2,6-di-*tert*-butyl-*p*-benzoquinone
二叔丁基甲酚 dibutylcresol
二酸酯甘油基-*O*-(4''-*N*,*N*,*N*-三甲基)-高丝氨酸 diacylglyceryl-*O*-(4''-*N*,*N*,*N*-trimethyl)-homoserine
3,5-二羧基-2,4-二甲氧基菲 3,5-dicarboxy-2,4-dimethoxyphenanthrene
二羧基-3-去氧酒石酸 dicarboxylic acid-3-deoxytartaric acid
二缩氨基脲蓼二醛▲ disemicarbazone polygodial
(20*R*,24*S*)-3,16-二羰基-6*α*,25-二羟基-20,24-环氧-23-氮-9,19-环斜茎黄芪宁 (20*R*,24*S*)-3,16-dicarbonyl-6*α*,25-dihydroxy-20,24-epoxy-23-nitrogen-9,19-cycloadsurgenin
(20*R*,24*S*)-3,16-二羰基-6*α*,25-二羟基-20,24-环氧-9,19-环斜茎黄芪宁 (20*R*,24*S*)-3,16-dicarbonyl-6*α*,25-dihydroxy-20,24-epoxy-9,19-cycloadsurgenin
3,5-二酮-1,7-双(4-羟基-3-甲氧基苯基)-庚烷 3,5-dion-1,7-bis(4-hydroxy-3-methoxyphenyl)-heptane

11,21- 二酮 -2β,3β,15- 三羟基熊果 -12- 烯 -2-O-β-D- 吡喃葡萄糖苷 11,21-dioxo-2β,3β,15-trihydroxyurs-12-ene-2-O-β-D-glucopyranoside
9,10- 二酮 -3,4- 亚甲二氧基 -8- 甲氧基 -9,10- 二氢菲酸 9,10-dione-3,4-methylenedioxy-8-methoxy-9,10-dihydrophenanthrinic acid
11,21- 二酮 -3β,15,24- 三羟基熊果 -12- 烯 -24-O-β-D- 吡喃葡萄糖苷 11,21-dioxo-3β,15,24-trihydroxyurs-12-ene-24-O-β-D-glucopyranoside
1,6:2,3- 二脱水 -β-D- 吡喃阿洛糖 1,6:2,3-dianhydro-β-D-allopyranose
1,6:3,4- 二脱水 -β-D- 吡喃阿洛糖 1,6:3,4-dianhydro-β-D-allopyranose
14,16- 二脱水羟基洋地黄毒苷元 -3-O-β-D- 吡喃木糖苷 14,16-dianhydrogitoxigenin-3-O-β-D-xylopyranoside
二戊烯 dipentene
6,5'- 二戊烯基木犀草素 6,5'-diprenylluteolin
(E)-7,9- 二烯 -11- 次甲基棕榈酸 (E)-7,9-diene-11-methenylpalmitic acid
2,5'- 二烯 -2',8'- 环氧 -5'- 甲氧基 -8- 甲基 -4'- 酮 -3,4- 亚甲二氧基 - 螺环 (5,5)- 十一烷 2,5'-diene-2',8'-epoxy-5'-methoxy-8-methyl-4'-oxo-3,4-methylenedioxy-spiro(5,5)-undecane
6,22- 二烯 -3β- 羟基 -5α,8β- 环二氧 -(22E,24R)- 豆甾醇 6,22-dien-3β-hydroxy-5α,8β-epidioxy-(22E,24R)-stigmasterol
(8Z)-1,8- 二烯 -4,6- 二炔 - 十七碳 -3,10- 二醇 (8Z)-1,8-diene-4,6-diyne-heptadeca-3,10-diol
5,5'- 二烯丙基 -2'-(3- 甲基丁 -2- 烯氧基) 联苯 -2- 醇 5,5'-diallyl-2'-(3-methylbut-2-enyloxy)biphenyl-2-ol
5,5'- 二烯丙基 -2,2',3'- 三甲氧基二苯醚 5,5'-diallyl-2,2',3'-trimethoxydiphenyl ether
5,5'- 二烯丙基 -2,2'- 二羟基 -3- 甲氧基联苯 5,5'-diallyl-2,2'-dihydroxy-3-methoxybiphenyl
4,4'- 二烯丙基 -2,3'- 二羟基联苯醚 4,4'-diallyl-2,3'-dihydroxybiphenyl ether
4',5- 二烯丙基 -2- 羟基 -3- 甲氧基二苯醚 4',5-diallyl-2-hydroxy-3-methoxybiphenyl ether
5,5'- 二烯丙基 -2'- 烯丙氧基联苯 -2- 醇 5,5'-diallyl-2'-(allyloxy)biphenyl-2-ol
二烯丙基二硫醚 diallyl disulfide
二烯丙基三硫醚 diallyl trisulfide
2,7- 二烯丙氧基 -5- 甲氧基 -3- 甲基 -9,10- 二氢菲 2,7-bis(allyloxy)-5-methoxy-3-methyl-9,10-dihydrophenanthrene
3,5- 二烯豆甾烷 3,5-dien-stigmastane
12Z,15Z- 二烯花生酸甘油酯 12Z,15Z-dien-arachidate glyceryl
二烯漆酚 diene-urushiol
9(11),12- 二烯齐墩果 -3β- 醇 9(11),12-dieneolean-3β-ol
9Z,12Z- 二烯肉豆蔻酸乙酯 ethyl-9Z,12Z-dien-palmitate
(Z,Z)-9,12- 二烯十八酸 (Z,Z)-9,12-diene-octadecanoic acid
9,12- 二烯 - 十八酸 9,12-diene-octadecanoic acid
二酰甘油基 -N,N,N- 三甲基高丝氨酸 diacylglyceryl-N,N,N-trimethylhomoserine
1,2- 二酰甘油基 -O-4'-(N,N,N- 三甲基)- 高丝氨酸 1,2-diacylglyceryl-O-4'-(N,N,N-trimethy1)-homoserine
二酰甘油基羟甲基三甲基 -β- 丙氨酸 diacylglycerylhydroxymethyl trimethyl-β-alanine
二酰甘油基三甲基高丝氨酸 diacylglyceryltrimethyl homosserine
(S)-1,2- 二酰基 -3- 甘油乙酸酯 (S)-1,2-diacyl-3-acetin
二酰基甘油 -O-4'-(N,N,N- 三甲基)- 高丝氨酸 diacylglyceryl-O-4'-(N, N, N-trimethyl)-homoserine
二酰卵磷脂 diacylphosphatidylcholine
2,3- 二香荚兰基 -1,4- 丁二醇 2,3-divanillyl-1,4-butanediol
二香荚兰基四氢呋喃 divanillyl tetrahydrofuran
二香荚兰酰四氢呋喃阿魏酸酯 divanillyltetrahydrofuran ferulate
3β-3,5- 二硝基苯酰基 -β- 谷甾醇 3β-3,5-dinitrobenzoyl-β-sitosterol
2,4- 二硝基苯腙 2,4-dinitrophenylhydrazone
12,13E- 二型泪柏烯▲ 12,13E-biformene
3,5- 二溴 -2- 氨基苯甲醛 3,5-dibromo-2-amino-benzaldehyde
2,4- 二溴苯酚 2,4-dibromophenol
二溴碘苯酚 dibromo-iodophenol
22,23- 二溴豆甾醇乙酸酯 22,23-dibromostigmasterol acetate
(-)-6,7- 二亚基二氧基 -3',4'- 二甲氧基 -α- 羰基 -2'- 羰基苄基异喹啉 (-)-6,7-dimethylenedioxy-3',4'-dimethoxy-α-carbonyl-2'-carboxybenzylisoquinoline
2,3,9,10- 二亚甲二氧基 -1,8- 二羟基原小檗碱 2,3,9,10-dimethylenedioxy-1,8-dihydroxyprotoberberine
(8S,8'R)-3,4,3',4'- 二亚甲二氧基 -7- 氧代 -8,8'- 新木脂素 (8S,8'R)-3,4,3',4'-dimethylenedioxy-7-oxo-8,8'-neolignan
2,3,9,10- 二亚甲二氧基 -8- 氧代原小檗碱 2,3,9,10-dimethylenedioxy-8-oxoprotoberberine
3,4(3',4')- 二亚甲二氧基 -9,9'- 二羟基简单木脂素 3,4(3',4')-bis(methylenedioxy)-9,9'-dihydroxy simple lignan
3,4:3',4'- 二亚甲二氧基 -9'- 羟基 - 木脂素 -9- 甲基 -O-β-D- 吡喃葡萄糖苷 3,4:3',4'-bis(methylenedioxy)-9'-hydroxy-lignane-9-methyl-O-β-D-glucopyranoside glucopyranoside
(2,3,10,11)- 二亚甲二氧基四氢原小檗碱 (2,3,10,11)-dimethylenedioxytetrahydroprotoberberine
(1R,5E,7S)-4,10- 二亚甲基 -7-(1- 甲基乙基)-5- 环癸烯 -1- 醇 (1R,5E,7S)-4,10-bis(methylene)-7-(1-methylethyl)-5-cyclodecen-1-ol
1,2- 二亚麻醇 -3-O-(α-D- 吡喃半乳糖基 -(1 → 6)-O-β-D- 吡喃半乳糖基)- 甘油 1,2-dilinolenyl-3-O-(α-D-galactopyranosyl-(1 → 6)-O-β-D-galactopyranosyl)-glycerol
1,2- 二亚麻醇 -3-O-β- 吡喃半乳糖基甘油 1,2-dilinolenyl-3-O-β-galactopyranosylglycerol
2,3- 二亚麻酰甘油 -1-O-β-D- 吡喃半乳糖苷 2,3-dilinolenoylglycerol-1-O-β-D-galacopyranoside
1,3- 二亚油酸甘油酯 glycerin 1,3-dilinoleate
2,3- 二亚油酰甘油 -1-O-β-D- 吡喃半乳糖苷 2,3-dilinoleoylglycerol-1-O-β-D-galacopyranoside
1,3- 二亚油酰基 -2- 癸酰甘油 1,3-dilinoleoyl-2-decanoylglycerol
1,2- 二亚油酰基 -3- 半乳糖基甘油 1,2-dilinolenoyl-3-galactosylglycerol
1α,5α- 二氧 -11α- 羟基熊果 -12- 烯 -3- 酮 1α,5α-dioxy-11α-hydroxyurs-12-en-3-one
8,11- 二氧 -6- 烯 -9α,10α- 环氧 -8β- 羟基荒漠木烷 8,11-dioxol-6-en-9α,10α-epoxy-8β-hydroxyeremophilane
1,2- 二氧 -α- 亚麻酰基 -3-O-β-D- 吡喃半乳糖基 -sn- 甘油 1,2-di-O-α-linolenoyl-3-O-β-D-galactopyranosyl-sn-glycerol
3,6- 二氧阿魏酰基蔗糖 3,6-di-O-feruloylsucrose
二氧并吖啶香豆素碱 A dioxinoacrimarine A
9,16- 二氧代 -10,12,14- 十八碳三烯酸 9,16-dioxo-10,12,14-octadecatrienoic acid
8,14- 二氧代 -11β,13- 二氢刺苞菊内酯 8,14-dioxo-11β,13-dihydroacanthospermolide
8,13- 二氧代 -14- 丁氧基白毛茛定▲ 8,13-dioxo-14-butoxycanadine
8,13- 二氧代 -14- 甲氧基白毛茛定▲ 8,13-dioxo-14-methoxycanadine
8,13- 二氧代 -14- 羟基白毛茛定▲ 8,13-dioxo-14-hydroxycanadine
1,6- 二氧代 -2(3),9(10)- 去氢呋喃荒漠木烷 1,6-dioxo-2(3),9(10)-dehydrofuranoeremophilane

3,7- 二氧代 -23,24,25,26,27- 五降葫芦 -5- 烯 -22- 酸 3,7-dioxo-23,24,25,26,27-pentanorcucurbit-5-en-22-oic acid

3,22- 二氧代 -29- 降莫烷 3,22-dioxo-29-normoretane

1-(1,6- 二氧代 -2*E*,4*E*- 十碳二烯基) 哌啶 1-(1,6-dioxo-2*E*,4*E*-decadienyl)piperidine

11,21- 二氧代 -3β,15,24- 三羟基齐墩果 -12- 烯 -24-*O*-β-D- 吡喃葡萄糖苷 11,21-dioxo-3β,15,24-trihydroxyolean-12-ene-24-*O*-β-D-glucopyranoside

1,4- 二氧代 -3β,25,26- 三羟基麦角甾 -24(28)- 烯 1,4-dioxo-3β,25,26-trihydroxyergost-24(28)-ene

2,5- 二氧代 -3- 三十四碳 -3'- 烯基 -1,4- 二氧六环 2,5-dioxo-3-tetratriacont-3'-enyl-1,4-dioxane

2,5- 二氧代 -4- 咪唑烷基 - 氨基甲酸 (2,5-dioxo-4-imidazolidinyl)-carbamic acid

2,5- 二氧代 -4- 咪唑烷基 - 氨甲酸 2,5-dioxo-4-imidazolidinyl-carbamic acid

8,14- 二氧代 -7,11- 去氢 -11,13- 二氢刺苞菊内酯 8,14-dioxo-7,11-dehydro-11,13-dihydroacanthospermolide

α,α'- 二氧代 -7'-*O*- 去甲基千金藤双亚胺 α,α'-dioxo-7'-*O*-demethylstebisimine

1,3- 二氧代 -D:A- 飞齐墩果 -26- 醛 1,3-dioxo-D:A-friedooleanan-26-al

3,11- 二氧代 -β- 香树脂烯 3,11-dioxo-β-amyrene

3,11- 二氧代白花阴生香茶菜素 E 3,11-dioxoleukamenin E

(+)-10,11- 二氧代表刺桐替定碱 (+)-10,11-dioxoepierythratidine

(+)-10,11- 二氧代刺桐阿亭碱 (+)-10,11-dioxoerythratine

(+)-10,11- 二氧代刺桐替定酮 (+)-10,11-dioxoerythratidinone

7,11- 二氧代二氢栝楼二醇 7,11-dioxodihydrokarounidiol

3,11- 二氧代齐墩果 -12- 烯 3,11-dioxo-olean-12-ene

3,11- 二氧代齐墩果 -12- 烯 -28- 酸 3,11-dioxoolean-12-en-28-oic acid

4,5- 二氧代去氢三裂泡泡碱▲ 4,5-dioxodehydroasimilobine

5,22- 二氧代蕊木烷 5,22-dioxokopsane

(10*Z*,14*Z*)-9,16- 二氧代十八碳 -10,12,14- 三烯酸 (10*Z*,14*Z*)-9,16-dioxooctadec-10,12,14-trienoic acid

3,24- 二氧代无羁萜 -29- 酸 3,24-dioxofridelan-29-oic acid

3,12- 二氧代无羁萜烷 3,12-dioxofriedelane

3,24- 二氧代熊果 -12- 烯 -28- 酸 3,24-dioxo-urs-12-en-28-oic acid

3,7- 二氧代 - 羊毛脂 -8,24- 二烯 -26- 酸 3,7-dioxo-lanosta-8,24-dien-26-oic acid

4,5- 二氧代鹰爪花碱 4,5-dioxoartacinatine

二氧化硫 sulfur dioxide

6,6'-(乙烷 -1,2- 二氧基)- 双 (5- 甲氧基环己烷 -1,2,3,4- 四醇) 6,6'-(ethane-1,2-diylbis(oxy))bis(5-methoxycyclohexane-1,2,3,4-tetraol)

2,6- 二氧甲基 -4-[(1*E*)-3,3- 二氧甲基 -1- 丙烯基] 苯基 -β-D- 吡喃葡萄糖苷 2,6-dimethoxy-4-[(1*E*)-3,3-dimethoxy-1-propenyl] phenyl-β-D-glucopyranoside

1,2- 二氧没食子酰基 -β-D- 吡喃葡萄糖苷 1,2-di-*O*-galloyl-β-D-glucopyranoside

4,5- 二氧去氢南天竹宁 4,5-dioxodehydronantenine

(5,22)- 二氧蕊木烷 5,22-dioxykop-sane

5,18- 二氧蕊木烷 5,18-dioxokopsane

1,3- 二氧新西兰罗汉松酚▲ 1,3-dioxetotarol

(-)-3,16- 二氧羊毛脂 -8,24- 二烯 -21- 酸 (-)-3,16-dioxolanosta-8,24-diene-21-oic acid

3,4-*O*- 二氧异丙基莽草酸 3,4-*O*-isopropylidenylshikimic acid

二氧吲哚 -3- 乙酸甲酯 methyl dioxindole-3-acetate

6-{[1,3] 二氧杂环戊烷并 [4,5-g] 异喹啉 -5- 甲酰基 }-2,3- 二甲氧基苯甲酸甲酯 6-{[1,3]dioxolo[4,5-g]isoquinoline-5-carbonyl}-2,3-dimethoxy-benzoic acid methyl ester

2,3(*S*);22(*S*),23- 二氧杂角鲨烯 2,3(*S*);22(*S*),23-dioxidosqualene

12-[2'-(1',4'- 二氧杂芑 -5',6'- 二酮)]-8"*E*- 十一醇 - 十二酸酯 12-[2'-(1',4'-dioxin-5',6'-dione)]-8"*E*-undecenyl-dodecanoate

二叶金罂粟碱▲ diphylline

二叶淫羊藿苷 A, B diphylloside A, B

3,4- 二乙基 -1,1'- 联苯 3,4-diethyl-1,1'-biphenyl

二乙基 -2,2',3,3',4,4'- 六羟基二苯基 -6,6'- 二羧酸酯 diethyl-2,2',3,3',4,4'-hexahydroxybiphenyl-6,6'-dicarboxylate

N,*N*- 二乙基 -2- 羟基苯甲酰胺 *N*,*N*-diethyl-2-hydroxybenzamide

N-(3- 二乙基氨 -4- 乙氧基苯基)- 乙酰胺 *N*-(3-diethylamino-4-ethoxy-phenyl)-acetamide

二乙基氨基甲酸 diethylcarbamic chloride

二乙基氨基甲酸甲酯 diethylcarbamic acid methyl ester

2,5- 二乙基苯酚 2,5-diethylphenol

N-(2',6'- 二乙基苯基)-2- 氯代乙酰胺 *N*-(2',6'-diethylphenyl)-2-chloroacetamide

O,*O*- 二乙基蝙蝠葛醇灵碱▲ *O*,*O*-diethyldaurinoline

O,*O*- 二乙基碘化唐松草碱 *O*,*O*-diethylthalictrine iodide

1,2- 二乙基环丁烷 1,2-diethyl-cyclobutane

1,2- 二乙基 - 环十六烷 1,2-diethyl-cyclohexadecane

二乙基己醇酞酸酯 diethylhexylphthalate

二乙基己基酞酸酯 diethylhexyl phthalate

二乙基甲苯酰胺 diethyltoluamide

8,10- 二乙基山梗二酮 8,10-diethyllobelidione

4,5- 二乙基 - 辛烷 4,5-diethyl-octane

二乙基乙缩醛 diethyl acetal

1,2- 二乙酸甘油酯 1,2-diacetin

5,6- 二乙烯基 -1- 甲基 -1- 环己烯 5,6-diethenyl-1-methyl-1-cyclohexene

7,8a- 二乙烯基 -2,4a,4b,5,6,7,8,8a,9,9a- 十氢 -1*H*- 芴 -2,4a,4b,9a- 四醇 7,8a-divinyl-2,4a,4b,5,6,7,8,8a,9,9a-decahydro-1*H*-fluorene-2,4a,4b,9a-tetraol

3,4- 二乙烯基 -3- 甲基 - 环已烯 3,4-diethenyl-3-methylcyclohexene

10,2'- 二乙酰败酱苷▲ 10,2'-diacetylpatrinoside

3-*O*-β-3",6"- 二乙酰吡喃葡萄糖苷 3-*O*-β-3",6"-diacetylglucopyranoside

N,*N*- 二乙酰表粉蕊黄杨胺 C *N*,*N*-diacetylepipachysamine C

3",6"-*O*- 二乙酰柴胡皂苷 b_2 3",6"-*O*-diacetylsaikosapon b_2

3,5- 二乙酰刺花椒素▲ 3,5-diacetyltambulin

二乙酰大黄酸 diacerhein

1,14-*O*,*O*- 二乙酰冬凌草甲素 1,14-*O*,*O*-diacetyl-oridonin

二乙酰关苍术炔二醇 diacetyl-atractylodiol

二乙酰桂南木莲碱▲氢氧化物 diacetylmangochinine hydroxide

16,25-*O*- 二乙酰葫芦素 F-2-*O*-β-D- 吡喃葡萄糖苷 16,25-*O*-diacetylcucurbitacin F-2-*O*-β-D-glucopyranoside

4',5'- 二乙酰滑桃树定▲ 4',5'-diacetyltrenudine

(+)-16α,31- 二乙酰黄杨定碱▲ (+)-16α,31-diacetylbuxadine

1,10- 二乙酰基 -10- 降雨石蒜碱 1,10-diacetyl-10-norpluviine

1,13- 二乙酰基 -10- 去乙酰基浆果紫杉素 III 1,13-diacetyl-10-deacetylbaccatin III

2',4'-*O*- 二乙酰基 -24- 表 -7,8- 二去氢升麻醇 -3-*O*-β-D- 吡喃木糖苷 2',4'-*O*-diacetyl-24-*epi*-7,8-didehydrocimigenol-3-*O*-β-D-xylopyranoside

2',24-*O*- 二乙酰基 -25- 脱水升麻新醇 -3-*O*-α-L- 吡喃阿拉伯糖苷 2',24-*O*-diacetyl-25-anhydrohydroshengmanol-3-*O*-α-L-arabinopyranoside

二乙酰基 -2α,3β- 羟基羽扇豆 -28- 酸甲酯 diacetyl-2α,3β-

hydroxylupin-28-carboxy-methyl ester
2',6'- 二乙酰基 -3,6- 二阿魏酰蔗糖 2',6'-diacetyl-3,6-diferuloylsucrose
5,15-*O*- 二乙酰基 -3,7-*O*- 二苯甲酰基 -7- 羟基续随子醇 5,15-*O*-diacetyl-3,7-*O*-dibenzoyl-7-hydroxylathyrol
5,15-*O*- 二乙酰基 -3-*O*- 苯甲酰基 -7-*O*- 烟酰基 -7- 羟基续随子醇 5,15-*O*-diacetyl-3-*O*-benzoyl-7-*O*-nicotinoyl-7-hydroxy-lathyrol
15,17-*O*- 二乙酰基 -3-*O*- 桂皮酰基 -17- 羟基南大戟醇 15,17-*O*-diacetyl-3-*O*-cinnamoyl-17-hydroxyjolkinol
5,15-*O*- 二乙酰基 -3-*O*- 烟酰续随子醇 5,15-*O*-diacetyl-3-*O*-nicotinoyl-lathyrol
23,24*R*- 二乙酰基 -3*β*,15*α*,25- 三羟基 - 环木菠萝 -7- 烯 -16- 酮 -3-*O*- 吡喃木糖苷 23,24*R*-diacetoxy-3*β*,15*α*,25-trihydroxy-cycloart-7-en-16-one-3-*O*-xylopyranoside
23,24*S*- 二乙酰基 -3*β*,15*α*,25- 三羟基 - 环木菠萝 -7- 烯 -16- 酮 -3-*O*- 吡喃木糖苷 23,24*S*-diacetoxy-3*β*,15*α*,25-trihydroxy-cycloart-7-en-16-one-3-*O*-xylopyranoside
3,3'- 二乙酰基 -4,4'- 二甲氧基 -2,2',6,6'- 四羟基二苯基甲烷 3,3'-diacetyl-4,4'-dimethoxy-2,2',6,6'-tetrahydroxydiphenylmethane
4-*O*-(2'',4''-*O*- 二乙酰基 -6''-*O*- 对香豆酰基 -*β*- 吡喃葡萄糖基)- 对香豆酸 4-*O*-(2'',4''-*O*-diacetyl-6''-*O*-*p*-coumaroyl-*β*-glucopyranosyl)-*p*-coumaric acid
2,5- 二乙酰基 -6- 甲氧基 - 苯并呋喃 2,5-diacetyl-6-methoxy-benzofuran
3,12-*O*- 二乙酰基 -7-*O*- 苯甲酰基 -8- 甲氧基巨大戟醇▲ 3,12-*O*-diacetyl-7-*O*-benzoyl-8-methoxyingol
7,13- 二乙酰基 -7- 去苯甲酰短叶紫杉醇▲ 7,13-diacetyl-7-debenzoylbrevifoliol
1,6- 二乙酰基 -7- 去乙酰毛喉鞘蕊花素▲ 1,6-diacetoxy-7-deacetoxyforskolin
3*α*,13*β*- 二乙酰基 -8(17),14- 半日花二烯 3*α*,13*β*-diacetyl-8(17),14-labdadiene
1,6- 二乙酰基 -9- 去氧毛喉鞘蕊花素▲ 1,6-diacetoxy-9-deoxyforskolin
O,*N*- 二乙酰基 -*N*- 甲基粉蕊黄杨胺 A *O*,*N*-dideacyl-*N*-methyl-pachysandrine A
2''',4'''- 二乙酰基 -*O*- 毛蕊花苷 2''',4'''-diacetyl-*O*-verbascoside
3''',4'''- 二乙酰基 -*O*- 药水苏醇苷▲ A 3''',4'''-diacetyl-*O*-betonyoside A
4''',6''- 二乙酰基 -*O*- 药水苏醇苷▲ A 4''',6''-diacetyl-*O*-betonyoside A
2''',3'''- 二乙酰基 -*O*- 药水苏醇苷▲ D 2''',3'''-di-acetyl-*O*-betonyoside D
3''',4'''- 二乙酰基 -*O*- 药水苏醇苷▲ D 3''',4'''-di-acetyl-*O*-betonyoside D
3''',4'''- 二乙酰基 -*O*- 异毛蕊花苷 3''',4'''-diacetyl-*O*-isoverbascoside
1-*O*-{*O*-(2,3-*O*- 二乙酰基 -*α*-L- 吡喃鼠李糖基)-(1 → 2)-*O*-[*β*-D-吡喃木糖基 -(1 → 3)]-*α*-L- 吡喃阿拉伯糖苷 } 1-*O*-{*O*-(2,3-*O*-diacetyl-*α*-L-rhamnopyranosyl)-(1 → 2)-*O*-[*β*-D-xylopyranosyl-(1 → 3)]-*α*-L-arabinopyranoside}
(*Z*)-6-*O*-(4'',6''- 二乙酰基 -*β*-D- 吡喃葡萄糖基)-6,7,3',4'- 四羟基橙酮 (*Z*)-6-*O*-(4'',6''-diacetyl-*β*-D-glucopyranosyl)-6,7,3',4'-tetrahydroxyaurone
6-*O*-(3'',6''- 二乙酰基 -*β*-D- 吡喃葡萄糖基)-6,7,3',4'- 四羟基橙酮 6-*O*-(3'',6''-diacetyl-*β*-D-glucopyranosyl)-6,7,3',4'-tetrahydroxyaurone
6-*O*-(4'',6''- 二乙酰基 -*β*-D- 吡喃葡萄糖基)-6,7,3',4'- 四羟基橙酮 6-*O*-(4'',6''-diacetyl-*β*-D- glucopyranosyl)-6,7,3',4'-tetrahydroxyaurone
3,3'- 二乙酰基 - 吡啶 -4,4'- 二甲氧基 -2,2',6,6'- 四羟基二苯基甲烷 3,3'-diacetyl-pyridine-4,4'-dimethoxy-2,2',6,6'-tetrahydroxydiphenylmethane
4'',6''- 二乙酰基海滨金鸡菊苷▲ 4'',6''-diacetylmaritimein
1,6-*O*- 二乙酰基欧亚旋覆花内酯 1,6-*O*-diacetyl-britannilactone
二乙酰角胡麻苷 diacetylmartynoside
8,12-*O*- 二乙酰巨大戟醇▲ -3,7- 二巴豆酸酯 8,12-*O*-diacetylingol-3,7-ditiglate
8,12-*O*- 二乙酰巨大戟醇▲ -3,7- 二苯甲酸酯 8,12-*O*-diacetylingol-3,7-dibenzoate
7,2'-*O*- 二乙酰马钱酸 7,2'-*O*-diacetylloganic acid
1,6- 二乙酰毛喉鞘蕊花素▲ 1,6-diacetylforskolin
2'',3'''- 二乙酰毛蕊花苷 2'',3'''-diacetylverbascoside
11,12- 二乙酰南山藤伏苷元▲ P 11,12-diacetyldrevogenin P
11,15-*O*,*O*- 二乙酰牛尾草宁▲ D 11,15-*O*,*O*-diacetyl-rabdoternin D
1,6-*O*,*O*- 二乙酰欧亚旋覆花内酯 1,6-*O*,*O*-diacetylbritannilactone
3'',2'''-*O*- 二乙酰蛇藤皂苷 3'',2'''-*O*-diacetylcolubrin
25,2'-*O*- 二乙酰升麻醇 -3-*O*-*β*-D- 吡喃木糖苷 25,2'-*O*-diacetylcimigenol-3-*O*-*β*-D-xylopyranoside
3',12*β*-*O*- 二乙酰升麻醇 -3-*O*-*β*-D- 吡喃木糖苷 3',12*β*-*O*-diacetyl-cimigenol-3-*O*-*β*-D-xylopyranoside
4',25-*O*- 二乙酰升麻醇 -3-*O*-*β*-D- 吡喃木糖苷 4',25-*O*-diacetyl-cimigenol-3-*O*-*β*-D-xylopyranoside
25,3'-*O*- 二乙酰升麻醇 -3*β*-*O*-*β*-D- 吡喃木糖苷 25,3'-*O*-diacetylcimigenol-3*β*-*O*-*β*-D-xylopyranoside
25,4'-*O*- 二乙酰升麻醇 -3*β*-*O*-*β*-D- 吡喃木糖苷 25,4'-*O*-diacetylcimigenol-3*β*-*O*-*β*-D-xylopyranoside
2',23-*O*- 二乙酰升麻新醇 -3-*O*-*α*-L- 吡喃阿拉伯糖苷 2',23-*O*-diacetylshengmanol-3-*O*-*α*-L-arabinopyranoside
4',23-*O*- 二乙酰升麻新醇 -3-*O*-*α*-L- 吡喃阿拉伯糖苷 4',23-*O*-diacetylshengmanol-3-*O*-*α*-L-arabinopyranoside
二乙酰石松叶碱 diacetyllycofoline
二乙酰石蒜碱 diacetyllycorine
24,25-*O*- 二乙酰榅桲萜内酯▲ 24,25-*O*-diacetylvulgaroside
(3*R*,5*S*)-3,5- 二乙酰氧基 -1-(3,4- 二甲氧基苯基)- 癸烷 (3*R*,5*S*)-3,5-diacetoxy-1-(3,4-dimethoxyphenyl)-decane
3,5- 二乙酰氧基 -1-(4- 羟基 -3,5- 二甲氧基苯基)-7-(4- 羟基 -3- 甲氧基苯基)- 庚烷 3,5-diacetoxy-1-(4-hydroxy-3,5-dimethoxyphenyl)-7-(4-hydroxy-3-methoxyphenyl)heptane
(3*R*,5*S*)-3,5- 二乙酰氧基 -1-(4- 羟基 -3- 甲氧基苯基)- 癸烷 (3*R*,5*S*)-3,5-diacetoxy-1-(4-hydroxy-3-methoxyphenyl)-decane
(4a*R*,6*R*,10*R*,12*S*,13a*R*)-6,12- 二乙酰氧基 -1,2,3,4,4a,5,6,9,10,11,12,13a- 十二氢 -4,4,13a- 三甲基 -9- 亚甲基 -10,7- 亚甲基 -7*H*- 苯并环十一烯 -8, 13- 二酮 (4a*R*,6*R*,10*R*,12*S*,13a*R*)-6,12-bisacetyloxy-1,2,3,4,4a,5,6,9,10,11, 12, 13a-dodecahydro-4,4,13a-trimethyl-9-methylene-10,7-metheno-7*H*-benzocycloundecene-8,13-dione
12,13- 二乙酰氧基 -1,4,611- 桉烷四醇 12,13-di-acetoxyl-1,4,611-eudesmanetetraol
(3*S*,5*S*)-3,5- 二乙酰氧基 -1,7- 二 (3,4- 二羟苯基)- 庚烷 (3*S*,5*S*)-3,5-diacetoxy-1,7-bis(3,4-dihydroxyphenyl)-heptane
(3*S*,5*S*)-3,5- 二乙酰氧基 -1,7- 二 (4- 羟基 -3- 甲氧基苯基)- 庚烷 (3*S*,5*S*)-3,5-diacetoxy-1,7-bis(4-hydroxy-3-methoxyphenyl)-heptane
7*α*,14*α*- 二乙酰氧基 -11*α*- 羟基 -8,15- 异海松二烯 -18- 酸甲酯 methyl-7*α*,14*α*-diacetoxy-11*α*-hydroxy-8,15-isopimaradien-18-oate
3,20- 二乙酰氧基 -11- 甲氧基楝卡品宁▲ 3,20-diacetoxy-11-methoxymeliacarpinin
6*α*,7*α*- 二乙酰氧基 -13- 羟基 -8(9),14- 半日花二烯 6*α*,7*α*-diacetoxy-13-hydroxy-8(9),14-labdadiene
6*β*,7*β*- 二乙酰氧基 -13- 羟基 - 半日花 -8,14- 二烯 6*β*,7*β*-diacetoxy-13-hydroxy-labda-8,14-diene
1*α*,7*α*- 二乙酰氧基 -14*α*- 羟基 -8,15- 异海松二烯 -18- 酸甲酯 methyl-1*α*,7*α*-diacetoxy-14*α*-hydroxy-8,15-isopimaradien-18-oate

E

(1β,7α,14R)-1,7- 二乙酰氧基 -14- 羟基 - 贝壳杉 -16- 烯 -15- 酮 (1β,7α,14R)-1,7-bisacetyloxy-14-hydroxy-kaur-16-en-15-one

1α,7α- 二乙酰氧基 -14- 氧代 -8,15- 异海松二烯 -18- 酸甲酯 methyl-1α,7α-diacetoxy-14-oxo-8,15-isopimaradien-18-oate

(12S,2'S)-12,19- 二乙酰氧基 -18- 氯化 -4α,6α- 二羟基 -1β-(2- 甲基丁酰氧基)- 新 - 赪桐 -13- 烯 -15,16- 内酯 (12S,2'S)-12,19-diacetoxy-18-chloro-4α,6α-dihydroxy-1β-(2-methylbutanoyloxy)-neo-clerod-13-en-15,16-olide

(12S,2"S)-6α,19- 二乙酰氧基 -18- 氯化 -4α- 羟基 -12-(2- 甲基丁酰氧基)- 新 - 赪桐 -13- 烯 -15,16- 内酯 (12S,2"S)-6α,19-diacetoxy-18-chloro-4α-hydroxy-12-(2-methylbutanoyloxy)-neo-clerod-13-en-15,16-olide

(12S)-6α,19- 二乙酰氧基 -18- 氯化 -4α- 羟基 -12- 巴豆酰氧基 - 新 - 赪桐 -13- 烯 -15,16- 内酯 (12S)-6α,19-diacetoxy-18-chloro-4α-hydroxy-12-tigloyloxy-neo-clerod-13-en-15,16-olide

4α,5α- 二乙酰氧基 -1α- 当归酰氧基 -11- 羟基红没药 -2,9- 二烯 4α,5α-diacetoxy-1α-angeloyloxy-11-hydroxybisabol-2,9-diene

4α,5α- 二乙酰氧基 -1α- 当归酰氧基红没药 -2,9,11- 三烯 4α,5α-diacetoxy-1α-angeloyloxybisabol-2,9,11-triene

7α,14α- 二乙酰氧基 -1α- 羟基 -8,15- 异海松二烯 -18- 酸甲酯 methyl-7α,14α-diacetoxy-1α-hydroxy-8,15-isopimaradien-18-oate

4α,9α- 二乙酰氧基 -1β,5α- 愈创木 -6- 烯 4α,9α-diacetoxy-1β,5α-guaia-6-ene

5-(3,4- 二乙酰氧基 -1- 丁烯炔基)-2,2'- 双联噻吩 5-(3,4-diacetoxy-1-butenynyl)-2,2'-bithiophene

2R,4R- 二乙酰氧基 -1- 羟基 - 正十七碳 -16- 炔 2R,4R-diacetoxy-1-hydroxy-n-heptadeca-16-yne

2R,4R- 二乙酰氧基 -1- 羟基 - 正十七碳 -16- 烯 2R,4R-diacetoxy-1-hydroxy-n-heptadeca-16-ene

(2α,3β,4β,20S)-2,4- 二乙酰氧基 -20-(N,N- 二甲基氨基)-3-[(3-甲基丁 -2- 烯酰基) 氨基]-5α- 孕甾烷 (2α,3β,4β,20S)-2,4-bis(acetoxy)-20-(N,N-dimethylamino)-3-[(3-methylbut-2-enoyl) amino]-5α-pregnane

(20S)-2α,4β- 二乙酰氧基 -20-(N,N- 二甲基氨基)-3β- 巴豆酰氨基 -5α- 孕甾烷 (20S)-2α,4β-bis(acetoxy)-20-(N,N-dimethylamino)-3β-tigloylamino-5α-pregnane

1,4R- 二乙酰氧基 -2R- 羟基 - 正十七碳 -16- 炔 1,4R-diacetoxy-2R-hydroxy-n-heptadec-16-yne

1,4R- 二乙酰氧基 -2R- 羟基 - 正十七碳 -16- 烯 1,4R-diacetoxy-2R-hydroxy-n-heptadeca-16-ene

1α,8β- 二乙酰氧基 -2α,9β- 二苯甲酰氧基 -14- 羟基 -β- 二氢沉香呋喃 1α,8β-bis(acetyloxy)-2α,9β-bis(benzoyloxy)-14-hydroxy-β-dihydroagarofuran

1β,8β- 二乙酰氧基 -2β,12- 二异丁酰氧基 -9β- 苯甲酰氧基 -4α,6β- 二羟基 -β- 二氢沉香呋喃 1β,8β-diacetoxy-2β,12-diisobutyryloxy-9β-benzoyloxy-4α,6β-dihydroxy-β-dihydroagarofuran

6α,12- 二乙酰氧基 -2β,9α- 二 (β- 呋喃甲酰氧基)-4α- 羟基 -1β-(2- 甲基丁酰氧基)-β- 二氢沉香呋喃 6α,12-diacetoxy-2β,9α-di(β-furancarbonyloxy)-4α-hydroxy-1β-(2-methylbutanoyloxy)-β-dihydroagarofuran

1β,6α- 二乙酰氧基 -2β- 呋喃酰氧基 -4α- 羟基 -8β,11- 二异丁酰氧基 -9β- 烟酰氧基 -β- 二氢沉香呋喃 1β,6α-diacetoxy-2β-furoyloxy-4α-hydroxy-8β,11-diisobutyryloxy-9β-nicotinoyloxy-β-dihydroagarofuran

1β,6α- 二乙酰氧基 -2β- 烟酰氧基 -8β,13- 二异丁酰氧基 -9α- 苯甲酰氧基 -4α- 羟基 -β- 二氢沉香呋喃 1β,6α-diacetoxy-2β-nicotinoyloxy-8β,13-diisobutanoyloxy-9α-benzoyloxy-4α-hydroxy-β-dihydroagarofuran

1β,11- 二乙酰氧基 -2β- 异丁酰氧基 -4α,6α- 二羟基 -8α- 烟酰氧基 -9β- 苯甲酰氧基 -β- 二氢沉香呋喃 1β,11-diacetoxy-2β-isobutyryloxy-4α,6α-dihydroxy-8α-nicotinoyloxy-9β-benzoyloxy-β-dihydroagarofuran

3-(2',3'- 二乙酰氧基 -2'- 甲基丁酰基)- 阔苞菊酮 3-(2',3'-diacetoxy-2'-methylbutyryl)cuauhtemone

1,4- 二乙酰氧基 -2- 羟基十七碳 -16- 烯 1,4-diacetoxy-2-hydroxyheptadec-16-ene

(2R,3S,4R,5R,6S,9R,10R,11S,13S,16R)-6,19- 二乙酰氧基 -3-[(2R)-2-乙酰氧基 -2- 甲基丁酰氧基]-4,18:11,16:15,16- 三环氧 -15- 甲氧基 -7- 赪桐烯 -2- 醇 (2R,3S,4R,5R,6S,9R,10R,11S,13S,16R)-6,19-diacetoxy-3-[(2R)-2-acetoxy-2-methylbutyryloxy]-4,18:11,16:15,16-triepoxy-15-methoxy-7-clerodene-2-ol

2α,24- 二乙酰氧基 -3β- 羟基齐墩果酸 2α,24-diacetoxy-3β-hydroxyoleanolic acid

1,2R- 二乙酰氧基 -4R- 羟基 - 正十七碳 -16- 炔 1,2R-diacetoxy-4R-hydroxy-n-heptadeca-16-yne

1,2R- 二乙酰氧基 -4R- 羟基 - 正十七碳 -16- 烯 1,2R-diacetoxy-4R-hydroxy-n-heptadeca-16-ene

(12S)-18,19- 二乙酰氧基 -4α,6α,12- 三羟基 -1β- 巴豆酰氧基 - 新 - 赪桐 -13- 烯 -15,16- 内酯 (12S)-18,19-diacetoxy-4α,6α,12-trihydroxy-1β-tigloyloxy-neo-clerod-13-en-15,16-olide

1β,2β- 二乙酰氧基 -4α,6α- 二羟基 -8α- 异丁酰氧基 -9β- 苯甲酰氧基 -15-(α- 甲基)- 丁酰氧基 -β- 二氢沉香呋喃 1β,2β-diacetoxy-4α,6α-dihydroxy-8α-isobutanoyloxy-9β-benzoyloxy-15-(α-methyl) butanoyloxy-β-dihydroagrofuran

6α,18- 二乙酰氧基 -4α- 羟基 -19- 巴豆酰氧基 - 新 - 赪桐 -13- 烯 -15,16- 内酯 6α,18-diacetoxy-4α-hydroxy-19-tigloyloxy-neo-clerod-13-en-15,16-olide

6α,19- 二乙酰氧基 -4α- 羟基 -1β- 巴豆酰氧基 - 新 - 赪桐 -12- 烯 -15- 酸甲酯 -16- 醛 6α,19-diacetoxy-4α-hydroxy-1β-tigloyloxyneo-clerod-12-en-15-oic acid methyl ester-16-aldehyde

(-)-(12E,2S,3S,4R,5R,6R,9S,11S,15R)-3,15- 二乙酰氧基 -5,6- 环氧续随子 -12- 烯 -14- 酮 (-)-(12E,2S,3S,4R,5R,6R,9S,11S,15R)-3,15-diacetoxy-5,6-epoxylathyr-12-en-14-one

1α,3β- 二乙酰氧基 -5α,7β- 二苯甲酰氧基 -9,14- 二酮基 -11β,12α-环氧 -2α,8α,15β- 三羟基 -13βH- 麻疯树 -6(17)- 烯 1α,3β-diacetoxy-5α,7β-dibenzoyloxy-9,14-dioxo-11β,12α-epoxy-2α,8α,15β-trihydroxy-13βH-jatropha-6(17)-ene

1β,12- 二乙酰氧基 -6,9,12E- 三烯 - 氧化荒漠木 1β,12-diacetoxy-6,9,12E-trien-oxyeremophilane

2β,14- 二乙酰氧基 -6α-(甲基丁酰氧基)-7α-(甲基千里光酰氧基)-11,12- 环氧刺参萜 -8(10)- 烯 2β,14-diacetoxy-6α-(methylbutyryloxy)-7α-(methylsenecioyloxy)-11,12-epoxyoplopa-8(10)-ene

1β,2β- 二乙酰氧基 -6α,9α- 二苯甲酰氧基 -β- 二氢沉香呋喃 1β,2β-diacetoxy-6α,9α-dibenzoyloxy-β-dihydroagarofuran

1β,8α- 二乙酰氧基 -6α,9α- 二苯甲酰氧基 -β- 二氢沉香呋喃 1β,8α-diacetoxy-6α,9α-dibenzoyloxy-β-dihydroagarofuran

1β,2β- 二乙酰氧基 -6α- 苯甲酰氧基 -9α- 桂皮酰氧基 -β- 二氢沉香呋喃 1β,2β-diacetoxy-6α-benzoyloxy-9α-cinnamoyloxy-β-dihydroagarofuran

1α,2α- 二乙酰氧基 -6β,9β,15- 三苯甲酰氧基 -β- 二氢沉香呋喃 1α,2α-diacetoxy-6β,9β,15-tribenzoyloxy-β-dihydroagarofuran

3,5- 二乙酰氧基 -7-(3,4- 二羟苯基)-1-(4- 羟基 -3- 甲氧基苯基)-庚烷 3,5-diacetoxy-7-(3,4-dihydroxyphenyl)-1-(4-hydroxy-3-methoxyphenyl)heptane

1α,14α- 二乙酰氧基 -7α- 羟基 -8,15- 异海松二烯 -18- 酸甲酯 methyl-1α,14α-diacetoxy-7α-hydroxy-8,15-isopimaradien-18-oate

(1β,7α,14R)-1,14- 二乙酰氧基 -7- 羟基 -17- 甲氧基 - 贝壳杉 -15- 酮

(1β,7α,14R)-1,14-bisacetyloxy-7-hydroxy-17-methoxy-kuran-15-one
(1β,7α,14R)-1,14- 二乙酰氧基 -7- 羟基 - 贝壳杉 -16- 烯 -15- 酮 (1β,7α,14R)-1,14-bisacetyloxy-7-hydroxy-kaur-16-en-15-one
(4β,7α,11β)-11,18- 二乙酰氧基 -7- 羟基 - 贝壳杉 -16- 烯 -15- 酮 (4β,7α,11β)-11,18-bisacetyloxy-7-hydroxy-kaur-16-en-15-one
6,11- 二乙酰氧基 -7- 氧代 -14β,15β- 环氧楝三萜 -1,5- 二烯 -3-O-β-D- 吡喃葡萄糖苷 6,11-diacetoxy-7-oxo-14β,15β-epoxymeliacin-1,5-dien-3-O-β-D-glucopyranoside
[1R-(1α,4α,4aβ,7β,8β,9α,10aα)]-8,9- 二乙酰氧基 -7- 乙烯基 -1,2,3,4,4a,5,6,7,8,9,10,10a- 十二氢 -4- 羟基 -1,4a,7- 三甲基 -1- 菲羧酸甲酯 [1R-(1α,4α,4aβ,7β,8β,9α,10aα)]-8,9-bis(acetyloxy)-7-ethenyl-1,2,3,4,4a,5,6,7,8,9,10,10a-dodecahydro-4-hydroxy-1,4a,7-trimethyl-1-phenanthrenecarboxylic acid methyl ester
7α,14α- 二乙酰氧基 -8,15- 异海松二烯 -18- 酸甲酯 methyl-7α,14α-diacetoxy-8,15-isopimaradien-18-oate
3β,4- 二乙酰氧基 -8α-(2- 甲基丁酰氧基)-9α-(4- 甲基千里光酰氧基)-11α,12- 环氧日本刺参 -10(14)- 烯 3β,4-diacetoxy-8α-(2-methylbutyryloxy)-9α-(4-methylsenecioyloxy)-11α,12-epoxyoplop-10(14)-ene
1α,6β- 二乙酰氧基 -8α- 桂皮酰氧基 -9α- 苯甲酰氧基 -β- 二氢沉香呋喃 1α,6β-diacetoxy-8α-cinnamoyloxy-9α-benzoyloxy-β-dihydroagarofuran
1β,13- 二乙酰氧基 -8α- 羟基 -9β- 苯甲酰氧基 -β- 二氢沉香呋喃 1β,13-diacetoxy-8α-hydroxy-9β-benzoyloxy-β-dihydroagarofuran
1α,2α- 二乙酰氧基 -8β-(β- 呋喃甲酰氧基)-9α- 苯甲酰氧基 -13- 异丁酰氧基 -4β,6β- 二羟基 -β- 二氢沉香呋喃 1α,2α-diacetoxy-8β-(β-furancarbonyloxy)-9α-benzoyloxy-13-isobutanoyloxy-4β,6β-dihydroxy-β-dihydroagarofuran
1β,13- 二乙酰氧基 -8β,9β- 二苯甲酰氧基 -β- 二氢沉香呋喃 1β,13-diacetoxy-8β,9β-dibenzoyloxy-β-dihydroagarofuran
1α,2α- 二乙酰氧基 -8β- 异丁酰氧基 -9α- 苯甲酰氧基 -13-(α- 甲基) 丁酰氧基 -4β,6β- 二羟基 -β- 二氢沉香呋喃 1α,2α-diacetoxy-8β-isobutanoyloxy-9α-benzoyloxy-13-(α-methyl)butanoyloxy-4β,6β-dihydroxy-β-dihydroagarofuran
1α,5α- 二乙酰氧基 -8- 当归酰氧基 -3β,4β- 环氧红没药 -7(14),10- 二烯 -2- 酮 1α,5α-bisacetoxy-8-angeloyloxy-3β,4β-epoxy-bisabola-7(14),10-dien-2-one
1β,8α- 二乙酰氧基 -9-(α- 烟酰氧基)-12- 苯甲酰氧基 -β- 二氢沉香呋喃 1β,8α-diacetoxy-9-(α-nicotinoyloxy)-12-benzoyloxy-β-dihydroagarofuran
3β,4- 二乙酰氧基 -9α-(4- 乙酰氧基 -4- 甲基千里光酰氧基)-2β,8α- 二 (2- 甲基丁酰氧基)-11α,12- 环日本刺参烷 -10(14)- 烯 3β,4-diacetoxy-9α-(4-acetoxy-4-methylsenecioyloxy)-2β,8α-di(2-methylbutyryloxy)-11α,12-epoxyoplop-10(14)-ene
1β,2β- 二乙酰氧基 -9α-(β- 苯甲酰环氧丁酰氧基)-β- 二氢沉香呋喃 1β,2β-diacetoxy-9α-(β-benzoylepoxybutyryloxy)-β-dihydroagarofuran
1β,2β- 二乙酰氧基 -9α- 苯甲酰氧基 -13- 烟酰氧基 -β- 二氢沉香呋喃 1β,2β-diacetoxy-9α-benzoyloxy-13-nicotinoyloxy-β-dihydroagarofuran
1β,2β- 二乙酰氧基 -9α- 桂皮酰氧基 -β- 二氢沉香呋喃 1β,2β-diacetoxy-9α-cinnamoyloxy-β-dihydroagarofuran
1β,8β- 二乙酰氧基 -9β-(β- 烟酰氧基)-12- 苯甲酰氧基 -β- 二氢沉香呋喃 1β,8β-diacetoxy-9β-(β-nicotinoyloxy)-12-benzoyloxy-β-dihydroagarofuran
1β,8α- 二乙酰氧基 -9β- 苯甲酰氧基 -12-(β- 烟酰氧基)-β- 二氢沉香呋喃 1β,8α-diacetoxy-9β-benzoyloxy-12-(β-nicotinoyloxy)-β-dihydroagarofuran
2α,14- 二乙酰氧基 -9β- 苯甲酰氧基 -1α- 羟基 - 二氢 -β- 沉香呋喃 2α,14-bis(acetyloxy)-9β-benzoyloxy-1α-hydroxy-dihydro-β-agarofuran
1α,8β- 二乙酰氧基 -9β- 苯甲酰氧基 -2α- 羟基 -β- 二氢沉香呋喃 1α,8β-bis(acetyloxy)-9β-benzoyloxy-2α-hydroxy-β-dihydroagarofuran
1α,14- 二乙酰氧基 -9β- 苯甲酰氧基 -2α- 羟基二氢 -β- 沉香呋喃 1α,14-bis(acetyloxy)-9β-benzoyloxy-2α-hydroxydihydro-β-agarofuran
1β,8α- 二乙酰氧基 -9β- 苯甲酰氧基 -4α,6α- 二羟基 -2β,13- 二异丁酰氧基 -β- 二氢沉香呋喃 1β,8α-diacetoxy-9β-benzoyloxy-4α,6α-dihydroxy-2β,13-diisobutyryloxy-β-dihydroagarofuran
1β,6α- 二乙酰氧基 -9β- 苯甲酰氧基 -8β- 桂皮酰氧基 -β- 二氢沉香呋喃 1β,6α-diacetoxy-9β-benzoyloxy-8β-cinnamoyloxy-β-dihydroagarofuran
1β,6α- 二乙酰氧基 -9β- 苯甲酰氧基 -8β- 羟基 -β- 二氢沉香呋喃 1β,6α-diacetoxy-9β-benzoyloxy-8β-hydroxy-β-dihydroagarofuran
1α,6β- 二乙酰氧基 -9β- 苯甲酰氧基 -β- 二氢沉香呋喃 1α,6β-diacetoxy-9β-benzoyloxy-β-dihydroagarofuran
1α,2α- 二乙酰氧基 -9β- 桂皮酰氧基 -β- 二氢沉香呋喃 1α,2α-diacetoxy-9β-cinnamoyloxy-β-dihydroagarofuran
1α,6β- 二乙酰氧基 -9β- 桂皮酰氧基 -β- 二氢沉香呋喃 1α,6β-diacetoxy-9β-cinnamoyloxy-β-dihydroagarofuran
[1aR-(1aα,4β,4aβ,5β,8aβ,9aR*)]-5,8a- 二乙酰氧基 - 八氢 -4,4a,6- 三甲基 -7H- 环氧乙烷 [8,8a] 萘 [2,3-b] 呋喃 -7- 酮 [1aR-(1aα,4β,4aβ,5β,8aβ,9aR*)]-5,8a-bisacetyloxy-octahydro-4,4a,6-trimethyl-7H-oxireno[8,8a]naphtho[2,3-b]furan-7-one
(4β,7α)-7,18- 二乙酰氧基 - 贝壳杉 -16- 烯 -15- 酮 (4β,7α)-7,18-bisacetyloxy-kaur-16-en-15-one
18-β-D-3',4'- 二乙酰氧基吡喃木糖基 - 对映 - 贝壳杉 -16- 烯 18-β-D-3',4'-diacetoxyxylopyranosyl-*ent*-kaur-16-ene
18-β-L-3',5'- 二乙酰氧基吡喃木糖基 - 对映 - 贝壳杉 -16- 烯 18-β-L-3',5'-diacetoxyarabinofuranosyl-*ent*-kaur-16-ene
18-β-D-3',6'- 二乙酰氧基吡喃葡萄糖基 - 对映 - 贝壳杉 -16- 烯 18-β-D-3',6'-diacetoxyglucopyranosyl-*ent*-kaur-16-ene
2-(3,4- 二乙酰氧基丁炔 -1)-5-(1- 丙炔基) 噻吩 2-(3,4-diacetoxybut-1-ynyl)-5-(prop-1-ynyl)thiophene
5-(3,4- 二乙酰氧基丁烷 -1- 炔基)-2,2'- 联噻吩 5-(3,4-diacetoxybut-1-ynyl)-2,2'-bithiophene
3,4- 二乙酰氧基丁烯基噻吩 3,4-diacetoxybutinylbithiophene
16β,17- 二乙酰氧基 - 对映 - 贝壳杉 -19- 酸 16β,17-diacetoxy-*ent*-kauran-19-oic acid
7,10- 二乙酰氧基桦叶荚蒾苷 7,10-diacetyloxyviburnalloside
2,3- 二乙酰氧基美登木酮▲ 2,3-diacetoxylmaytenusone
11β,12β- 二乙酰氧基牛筋果宁 11β,12β-diacetoxyharrisonin
13,14- 二乙酰氧基羟基丁香烯 -7- 酮 13,14-diacetoxyhydroxycaryophyllen-7-one
1,3- 二乙酰氧基 - 十四碳 -4,6- 二烯 -8,10,12- 三炔 1,3-diacetoxy-tetradeca-4,6-dien-8,10,12-triyne
1,4- 二乙酰氧基十四烷 -6,12- 二烯 -8,10- 二炔 1,4-diacetoxytetradeca-6,12-diene-8,10-diyne
3,6- 二乙酰氧基托品烷 3,6-diacetoxytropane
(-)-(5E,12E,2S,3S,4S,9S,11S,15R)-3,15- 二乙酰氧基续随子 -5,12- 二烯 -14- 酮 (-)-(5E,12E,2S,3S,4S,9S,11S,15R)-3,15-diacetoxylathyra-5,12-dien-14-one
5-(1,2- 二乙酰氧基乙基)-2-(E)- 庚 -5- 烯 -1,3- 二炔噻吩 5-(1,2-diacetoxy-ethyl)-2-(E)-hept-5-ene-1,3-diynylthiophene
3β,27- 二乙酰氧基 - 羽扇豆 -20(29)- 烯 -28- 甲酯 3β,27-diacetoxylup-20(29)-en-28-oic acid methyl ester

3β,28- 二乙酰氧基羽扇豆烷 3β,28-diacetoxylupane
12,13- 二乙酰氧基愈创木 -4α,6α,10α,11- 四醇 12,13-diacetoxy-guaia-4α,6α,10α,11-tetraol
2',24-O- 二乙酰异兴安升麻醇 -3-O-α-L- 吡喃阿拉伯糖苷 2',24-O-diacetylisodahurinol-3-O-α-L-arabinopyranoside
二乙酰异叶乌头碱 diacetylheteratisine
1,2- 二乙酰鹧鸪花内雄楝林素▲C 1,2-diacetyltrichagmalin C
1,30- 二乙酰鹧鸪花内雄楝林素▲F 1,30-diacetyltrichagmalin F
1,12- 二乙酰鹧鸪花素▲B 1,12-diacetyltrichilin B
5,10- 二乙氧基 -2,3,7,8- 四氢化 -1H,6H- 联吡咯 [1,2-a:1',2'-d] 吡嗪 5,10-diethoxy-2,3,7,8-tetrahydro-1H,6H-dipyrrolo[1,2-a:1',2'-d]pyrazine
2,3- 二乙氧基 - 丙酸乙酯 2,3-diethoxypropionic acid ethyl ester
1,1- 二乙氧基乙烷 1,1-diethoxy-ethane
(3S,6S)-3,6- 二异丙基 -2,5- 哌嗪二酮 (3S,6S)-3,6-di-isopropyl-2,5-piperazine diketone
3,6- 二异丙基 -2,5- 哌嗪二酮 3,6-diisopropyl-2,5-piperazinedione
7α- 二异丁酰氧基 -3α- 烟酰氧基 -5β,8α,9α,15β- 四乙酰氧基麻疯树 -6(17),11E- 二烯 -14- 酮 7α-diisobutyroyloxy-3α-nicotinoyloxy-5β,8α,9α,15β-tetraacetoxyjatropha-6(17),11E-diene-14-one
1β,2β- 二异丁酰氧基 -6α,15- 二乙酰氧基 -9α- 苯甲酰氧基 -4α- 羟基 - 二氢 -β- 沉香呋喃 1β,2β-diisobutanoyloxy-6α,15-diacetoxy-9α-benzoyloxy-4α-hydroxy-dihydro-β-agarofuran
5,5'- 二异丁氧基 -2,2'- 双呋喃 5,5'-diisobutoxy-2,2'-bifuran
2,7- 二异戊烯基 -1,3,8- 三羟基 -4- 甲基 -呫酮 2,7-diprenyl-1,3,8-trihydroxy-4-methyl-xanthone
2,4- 二异戊烯基 -1,3,8- 三羟基 -5- 甲氧基呫酮 2,4-diprenyl-1,3,8-trihydroxy-5-methoxyxanthone
6,8- 二异戊烯基 -5,7,4'- 三羟基异黄酮 6,8-diisoprenyl-5,7,4'-trihydroxyisoflavone
6,8- 二异戊烯基 -7,4'- 二羟基黄烷酮 6,8-diprenyl-7,4'-dihydroxyflavanone
2,8- 二异戊烯基 -7- 羧基 -1,3- 二羟基呫酮 2,8-diprenyl-7-carboxy-1,3-dihydroxyxanthone
8,2'- 二异戊烯基槲皮素 -3- 甲醚 8,2'-diprenylquercetin-3-methyl ether
6,8- 二异戊烯基芹菜苷元 6,8-diprenylapigenin
3',5'- 二异戊烯基染料木素 3',5'-diprenylgenistein
6,8- 二异戊烯基染料木素 6,8-diprenylgenistein
6,8- 二异戊烯基伞形酮 6,8-diprenylumbelliferone
6,8- 二异戊烯基山柰酚 6,8-diprenylkaempferol
6,8- 二异戊烯基圣草酚 6,8-diprenyleriodictyol
6,8- 二异戊烯基香豌豆酚▲ 6,8-diprenylorobol
6,8- 二异戊烯基柚皮苷元 6,8-diprenylnaringenin
3',4'- 二异戊酰阿米芹内酯▲ 3',4'-diisovalerylkhellactone
二异辛基 -1,2- 苯二羧酸酯 diisooctyl-1,2-benzenedicarboxylate
5,6- 二吲哚乙酸 -5-O-β-D- 吡喃葡萄糖苷 5,6-dihydroxyindole-5-O-β-D-glucopyranoside
2,3- 二油酰甘油 -1-O-β-D- 吡喃半乳糖苷 2,3-dioleoylglycerol-1-O-β-D-galacopyranoside
二油酰亚油精 dioleolinolin
1,2- 二愈创木基 -1,3- 丙二醇 1,2-diguaiacyl-1,3-propanediol
3,5- 二月桂酰基 -4- 壬基 -1,4- 二氢吡啶 3,5-didodecanoyl-4-nonyl-1,4-dihydropyridine
1,3- 二棕榈酸 -2- 山梨酸 - 甘油酯 glyceride-1,3-dipalmito-2-sorbate
1,2- 二棕榈酸甘油酯 1,2-dihexadecanoic acid glyceryl ester
二棕榈酸甘油酯 dipalmitin
2,3- 二棕榈酰甘油 -1-O-β-D- 吡喃半乳糖苷 2,3-dipalmitoylglycerol-1-O-β-D-galacopyranoside
二棕榈酰磷脂酰胆碱 dipalmitoylphosphatidylcholine
1,2- 二棕榈酰氧 -3-β- 半乳糖基甘油 1,2-dipalmitoyl-3-beta-galactosylglycerol

F

(E,E)- 法尼基丙酮 (E,E)-farnesylacetone
法氏石松定碱 fawcettidine
法氏石松碱 fawcettiine
法氏石松明碱 fawcettimine
法氏石松辛碱 lycofawcine
番红花苷 crocin
番红花苷 -1 crocin-1
番红花苷 -2 crocin-2
番红花苦素 picrocrocin
番红花醛 safranal
α- 番红花酸 α-crocetin
β- 番红花酸 β-crocetin
γ- 番红花酸 γ-crocetin
番红花酸 crocetin
番红花酸 -β-D- 葡萄糖基 -β- 龙胆二糖基酯苷 crocetin-β-D-glucosyl-β-gentiobiosyl ester
番红花酸单甲酯 crocetin monomethyl ester
番红花酸单龙胆二糖酯 crocetin monogentibiosyl ester
番红花酸单乙酯 crocetin monoethyl ester
番红花酸二醛 crocetin dialdehyde
番红花酸二乙酯 crocetin diethyl ester
番红花亭▲B~M crocusatin B~M
番红花新苷 A, B crosatoside A, B
番红水芹酮▲ crocatone
番金莲木儿茶素▲ ourateacatechin
番荔枝二聚素▲A, B annonebinide A, B
番荔枝呋辛▲B, C, F, G squafosacin B, C, F, G
番荔枝环素▲A, D, E, H, I cyclosquamosin A, D, E, H, I
(-)- 番荔枝碱 (-)-anonaine
(+)- 番荔枝碱 (+)-anonaine
番荔枝碱 anonaine
番荔枝降木脂苷▲ squadinorlignoside
番荔枝邻二醇素▲A, B, C squadiolin A, B, C
番荔枝明▲A, B, C annosquamin A, B, C
番荔枝莫辛▲A annomosin A
番荔枝宁 annonin
(-)- 番荔枝三裂泡泡碱▲ (-)-anolobine
番荔枝三裂泡泡碱▲ anolobine
番荔枝素▲A~G annosquamosin A~G
番荔枝塔辛▲ squamotacin
番荔枝亭▲I, II, A, B annosquatin I, II, A, B
番荔枝酮 squamone
番荔枝辛 annonacin
番荔枝辛素▲A~D, I annosquacin A~D, I
番荔枝辛酮▲ annonacinone
番荔枝抑宁▲A~D squamostanin A~D
番荔枝抑素▲A~E squamostatin A~E
番木鳖次碱 vomicine
番木鳖碱 strychnine
番木鳖碱 -N- 氧化物 strychnine-N-oxide
番木鳖碱甲碘化物 strychnine methiodide
番木瓜苷 carposide

番木瓜碱 carpaine
番茄奥苷▲ A, B esculeoside A, B
番茄定 tomatidine
5α- 番茄定 -3- 酮 5α-tomatidan-3-one
番茄定 -5- 烯 -3β- 醇 tomatid-5-en-3β-ol
番茄定碱 -1 lycoperodine-1
番茄定烯醇▲ tomatidenol
番茄苷 A~D, F, G, H lycoperoside A~D, F, G, H
α- 番茄碱 α-tomatine
番茄碱 tomatine
番茄镰刀菌素▲ lycopersin
3-O-β- 番茄四糖基 -3β- 羟基 -5α- 孕甾 -16- 烯 -20- 酮 3-O-β-lycotetraosyl-3β-hydroxy-5α-pregn-16-en-20-one
3-O-β- 番茄四糖基 -5α- 孕甾 -3β,16β- 二醇 -20- 酮 3-O-β-lycotetraosyl-5α-pregna-3β,16β-diol-20-one
3-O- 番茄四糖基 -5α- 孕甾 -3β- 醇 -16- 烯 -20- 烯 3-O-lycotetraosyl-5α-pregna-3β-ol-16-ene-20-ene
番茄烯 lycopene
番茄皂苷 A tomatoside A
番石榴二醛▲ A~D psiguadial A~D
番石榴酚二醛▲ guajadial
番石榴酚二醛▲ B~F guajadial B~F
番石榴酚苷▲ A~F guavinoside A~F
番石榴瓜二醛▲ A, B, C guadial A, B, C
番石榴瓜西二醛▲ A guapsidial A
番石榴内酯▲ guajavolide
番石榴宁▲ A~D psiguanin A~D
番石榴素▲ guaijaverin; guajavarin
番石榴酸▲ guavenoic acid
番石榴西二醛▲ A, B, C psidial A, B, C
番薯胺▲ ipomine
番薯苷▲ A~P batatoside A~P
番薯亭苷▲ I batatinoside I
番桫椤辛▲ A cyathenosin A
番泻苷 A~D, G sennoside A~D, G
番泻苷元 B, C sennidin B, C
(-)- 番樱桃叶拟芸香素▲ (-)-haplomyrfolin
番樱桃叶拟芸香素▲ haplomyrfolin
钒溴过氧化物酶 vanadium bromoperoxidase
繁缕环肽▲ stellaria cyclopeptide
繁缕环肽▲ A, B stellaria cyclopeptide A, B
繁缕碱▲ A, B stellarine A, B
繁缕素▲ A~H stellarin A~H
反 , 反 , 顺 -2,4,8-N- 异丁基十四碳三烯酰胺 trans,trans,cis-2,4,8-N-isobutyltetradecatrienamide
反 , 反 -2,4-N- 异丁基十四碳二烯酰胺 trans,trans-2,4-N-isobutyltetradecadienamide
反 , 反 -2,4-N- 异丁基十五碳二烯酰胺 trans,trans-2,4-N-isobutylpentadecadienamide
反可巴香醇 anticopalol
反曲刺桐素▲ B, C sigmoidin B, C
(-)- 反曲刺桐素▲ E (-)-sigmoidin E
(±)- 反曲刺酮素▲ A (±)-sigmoidin A
反式 -(-)- 松葛缕子醇 trans-(-)-pinocarveol
反式 -(+)-2-{4-[2,3- 二氢 -3- 羟甲基 -5-(3- 羟基丙基)-7- 甲氧基 -2- 苯并呋喃基]-2- 甲氧基苯氧基 }-1,3- 丙二醇 trans-(+)-2-{4-[2,3-dihydro-3-(hydroxymethyl)-5-(3-hydroxypropyl)-7-methoxy-2-benzofuranyl]-2-methoxyphenoxy}-1,3-propanediol
反式 -(+)- 葛缕子醇 trans-(+)-carveol
6- 反式 -(2''-O-α- 吡喃鼠李糖基) 乙烯基 -5,7,3',4'- 四羟基黄酮 6-trans-(2''-O-α-rhamnopyranosyl)ethenyl-5,7,3',4'-tetrahydroxyflavone
反式 -(3)E-3-(3,4- 二羟基苯亚甲基)-5-(3,4- 二羟基苯基)-4-(羟甲基) 二氢呋喃 -2(3H)- 酮 trans-(3)E-3-(3,4-dihydroxybenzylidene)-5-(3,4-dihydroxyphenyl)-4-(hydroxymethyl)dihydrofuran-2(3H)-one
反式 -(3S,5R,6R,9S)- 大柱香波龙 -7- 烯 -3,5,6,9- 四醇 -3-O- 葡萄糖苷 trans-(3S,5R,6R,9S)-megastigman-7-ene-3,5,6,9-tetraol-3-O-glucoside
反式 -(3S,5R,6R,9S)- 大柱香波龙 -7- 烯 -3,5,6,9- 四醇 -9-O- 葡萄糖苷 trans-(3S,5R,6R,9S)-megastigman-7-ene-3,5,6,9-tetraol-9-O-glucoside
反式 -[四氢 -2-(4- 羟基 -3- 甲氧基苯基)-5- 氧代呋喃 -3- 基]- 苯甲酸甲酯 trans-[tetrahydro-2-(4-hydroxy-3-methoxyphenyl)-5-oxofuran-3-yl]-methyl benzoate
(2S- 反式)-1-[2,3- 二氢 -3,6- 二羟基 -2-(1- 甲基乙烯基)-5- 苯并呋喃]- 乙酮 (2S-trans)-1-[2,3-dihydro-3,6-dihydroxy-2-(1-methylethenyl)-5-benzofuranyl]-ethanone
(2S- 反式)-1-[2,3- 二氢 -6- 羟基 -3- 甲氧基 -2-(1- 甲基乙烯基)-5- 苯并呋喃]- 乙酮 (2S-trans)-1-[2,3-dihydro-6-hydroxy-3-methoxy-2-(1-methylethenyl)-5-benzofuranyl]-ethanone
(2S- 反式)-2-(3,4- 二甲氧基苯基)-2,3- 二氢 -7- 羟基 -3- 羟甲基 -5- 苯并呋喃丙醇 (2S-trans)-2-(3,4-dimethoxyphenyl)-2,3-dihydro-7-hydroxy-3-hydroxymethyl-5-benzofuranpropanol
(E)-3-{(2,3- 反式 -)-2-(4- 羟基 -3- 甲氧基苯基)-3- 羟基甲基 -2,3- 二氢苯并 [b][1,4] 二氧杂芑 -6- 基 }-N-(4- 羟基苯乙基) 丙烯酰胺 (E)-3-{(2,3-trans)-2-(4-hydroxy-3-methoxyphenyl)-3-hydroxymethyl-2,3-dihydrobenzo[b][1,4]dioxin-6-yl}-N-(4-hydroxyphenethyl)acrylamide
(Z)-3-{(2,3- 反式 -)-2-(4- 羟基 -3- 甲氧基苯基)-3- 羟基甲基 -2,3- 二氢苯并 [b][1,4] 二氧杂芑 -6- 基 }-N-(4- 羟基苯乙基) 丙烯酰胺 (Z)-3-{(2,3-trans)-2-(4-hydroxy-3-methoxyphenyl)-3-hydroxymethyl-2,3-dihydrobenzo[b][1,4]dioxin-6-yl}-N-(4-hydroxyphenethyl)acrylamide
(5S- 反式 -)-2,3,6,11- 四氢 -3- 氧代 -1H- 氮茚并 [8,7-b] 吲哚 -5,11-b(5H)- 二羧酸 (5S-trans)-2,3,6,11-tetrahydro-3-oxo-1H-indolizino[8,7-b]indole-5,11-b(5H)-dicarboxylic acid
(2R- 反式)-2,3- 二氢 -2- 羟基 -3- 甲基 -1,4- 萘二酮 (2R-trans)-2,3-dihydro-2-hydroxy-3-methyl-1,4-naphthalenedione
(2R- 反式)-2,3- 二氢 -3-(4- 羟基 -3,5- 二甲氧基苯基)-2- 羟甲基 -5- 甲氧基 -8H- 吡喃 [3,2-f]-1,4- 苯并二氧 (杂) 芑 -8- 酮 (2R-trans)-2,3-dihydro-3-(4-hydroxy-3,5-dimethoxyphenyl)-2-(hydroxymethyl)-5-methoxy-8H-pyrano[3,2-f]-1,4-benzodioxin-8-one
(2,3- 反式 -)-3-(3- 羟基 -5- 甲氧基苯基)-N-(4- 羟基苯乙基)-7-{(E)-3-[(4- 羟基苯乙基) 氨基]-3- 氧代丙 -1- 烯 -1- 基 }-2,3- 二氢苯并 [b][1,4] 二氧杂芑 -2- 羧酰胺 (2,3-trans)-3-(3-hydroxy-5-methoxyphenyl)-N-(4-hydroxyphenethyl)-7-{(E)-3-[(4-hydroxyphenethyl)amino]-3-oxoprop-1-en-1-yl}-2,3-dihydrobenzo[b][1,4]dioxine-2-carboxamide
(2,3- 反式 -)-3-(3- 羟基 -5- 甲氧基苯基)-N-(4- 羟基苯乙基)-7-{(Z)-3-[(4- 羟基苯乙基) 氨基]-3- 氧代丙 -1- 烯 -1- 基 }-2,3- 二氢苯并 [b][1,4] 二氧杂芑 -2- 羧酰胺 (2,3-trans)-3-(3-hydroxy-5-methoxyphenyl)-N-(4-hydroxyphenethyl)-7-{(Z)-3-[(4-hydroxyphenethyl)amino]-3-oxoprop-1-en-1-yl}-2,3-dihydrobenzo[b][1,4]dioxine-2-carboxamide
(2R- 反式)-3,3',4',5,7- 五羟基 -8- 异戊烯基二氢黄酮 (2R-trans)-3,3',4',5,7-pentahydroxy-8-prenyldihydroflavone

(2*R*- 反式)-3-[2,3- 二氢 -2-(4- 羟基 -3- 甲氧基苯基)-3- 羟甲基 -7- 甲氧基 -5- 苯并呋喃]-2- 丙烯基 -β-D- 吡喃葡萄糖苷 (2*R*-*trans*)-3-[2,3-dihydro-2-(4-hydroxy-3-methoxyphenyl)-3-(hydroxymethyl)-7-methoxy-5-benzofuranyl]-2-propenyl-β-D-glucopyranoside

(2*S*- 反式)-3- 苯基 -*N*-(2- 苯乙基)- 氧杂环丙烷酰胺 (2*S*-*trans*)-3-phenyl-*N*-(2-phenylethyl)-oxiranecarboxamide

(反式)-4-[2-(3,5- 二甲氧基苯基) 乙烯基]-1,2- 苯二酚 (*trans*)-4-[2-(3,5-dimethoxyphenyl)ethenyl]-1,2-benzenediol

(反式)-4-[2-(3,5- 二甲氧基苯基) 乙烯基]-2- 甲氧基苯酚 (*trans*)-4-[2-(3,5-dimethoxyphenyl)ethenyl]-2-methoxyphenol

(3*S*- 反式)-5,5'-[(四氢 -3,4- 呋喃二基) 二亚甲基] 二 -1,3- 苯并二恶茂 (3*S*-*trans*)-5,5'-[(tetrahydro-3,4-furandiyl)bis(methylene)]bis-1,3-benzodioxole

(1,2- 反式 -)-N^3-(4- 乙酰胺丁基)-1-(3,4- 二羟基苯基)-7- 羟基 -N^2-(4- 羟基苯乙基)-6,8- 二甲氧基 -1,2- 二氢萘 -2,3- 二羧酰胺 (1,2-*trans*)-N^3-(4-acetamidobutyl)-1-(3,4-dihydroxyphenyl)-7-hydroxy-N^2-(4-hydroxyphenethyl)-6,8-dimethoxy-1,2-dihydronaphthalene-2,3-dicarboxamide

(2,3- 反式)-*N*- 对羟基苯乙基阿魏酰胺 (2,3-*trans*)-*N*-(*p*-hydroxyphenethyl)ferulamide

(反式 , 反式 , 反式)-2,6,10- 三甲基 -2,6,9,11- 十二碳四烯 -1- 醛 (*trans,trans,trans*)-2,6,10-trimethyl-2,6,9,11-dodecatetraen-1-al

反式 , 反式 -1,7- 二苯基 -1,3- 庚二烯 -4- 酮 *trans-trans*-1,7-diphenyl-1,3-heptadien-4-one

反式 , 反式 -1,7- 二苯基 -1,3- 庚二烯 -5- 醇 *trans,trans*-1,7-diphenyl-1,3-heptadien-5-ol

反式 , 反式 -1,7- 二苯基 -4,6- 庚二烯 -3- 酮 *trans,trans*-1,7-diphenyl-4,6-heptadien-3-one

反式 , 反式 -1,7- 二苯基 -5,6- 庚二烯 -3- 酮 *trans,trans*-1,7-diphenyl-5,6-heptadien-3-one

反式 , 反式 - 荜茇明宁碱 *trans,trans*-piperlonguminine

反式 , 反式 - 大根老鹳草酮 *trans,trans*-germacrone

反式 , 反式 - 金合欢醇 *trans,trans*-farnesol

反式 , 反式 - 金合欢醇乙酸酯 *trans,trans*-farnesol acetate

反式 , 顺式 -*n*- 姜烯酚 *trans,cis*-*n*-shogaol

反式 , 顺式 - 甲基 -*n*- 姜烯酚 *trans,cis*-methyl-*n*-shogaol

6- 反式 -[2''-*O*-(α- 吡喃鼠李糖基)]- 乙烯基 -5,7,4'- 三羟基黄酮 6-*trans*-[2''-*O*-(α-rhamnopyranosyl)]-ethenyl-5,7,4'-trihydroxyflavone

反式 -[3-(4'- 羟基苯基)-2- 丙烯酸] *trans*-[3-(4'-hydroxyphenyl)-2-propenoic acid]

反式 -1-(3,4- 二羟基苯基)- 丙烯酸乙酯 ethyl *trans*-1-(3,4-dihydroxyphenyl)-acrylate

反式 -1(7),8- 对薄荷二烯 -2- 醇 *trans*-1(7),8-*p*-menthadien-2-ol

反式 -1,2:4,5- 二环氧萜烷 *trans*-1,2:4,5-diepoxy-*p*-menthane

反式 -1,5- 二 -(3,4- 二羟基苯基)- 乙烯醚 *trans*-1,5-di-(3,4-dihydroxyphenyl)-divinyl ether

反式 -1,7- 二苯基 -1- 庚烯 -5- 醇 *trans*-1,7-diphenyl-1-hepten-5-ol

(3*S*,5*S*)- 反式 -1,7- 二苯基 -3,5- 二羟基 -1- 庚烯 (3*S*,5*S*)-*trans*-1,7-diphenyl-3,5-dihydroxy-1-heptene

反式 -1,7- 二苯基 -5- 羟基 -1- 庚烯 *trans*-1,7-diphenyl-5-hydroxy-1-heptene

(5*R*)- 反式 -1,7- 二苯基 -5- 羟基 -6- 庚烯 -3- 酮 (5*R*)-*trans*-1,7-diphenyl-5-hydroxy-6-hepten-3-one

(1*S*,2*S*,4*R*)- 反式 -1,8- 桉树脑 -2-*O*-β-D- 葡萄糖苷 (1*S*,2*S*,4*R*)-*trans*-1,8-cineole-2-*O*-β-D-glucopyranoside

(+)-*S*-(反式 -1- 丙烯基)-L- 半胱氨酸亚砜 (+)-*S*-(*trans*-1-propenyl)-L-cysteine sulfoxide

反式 -1- 甲氧基 -2- 癸烯 -4,6,8- 三炔 *trans*-1-methoxy-2-decene-4,6,8-triyne

(-)- 反式 -2-(3,4- 二甲氧基苯基)-3-(3,4,5- 三甲氧基苯基) 丁内酯 (-)-*trans*-2-(3,4-dimethoxybenzyl)-3-(3,4,5-trimethoxybenzyl) butyrolactone

反式 -2-(六碳 -2,4- 二炔 -1- 亚甲基)-1,6- 二氧杂螺 [4.4] 壬 -3- 烯 *trans*-2-(hexa-2,4-diyn-1-ylidene)-1,6-dioxaspiro[4.4]non-3-ene

反式 -2,2',4,4'- 四甲基 -6,6'- 二硝基偶氮苯 *trans*-2,2',4,4'-tetramethyl-6,6'-dinitroazobenzene

反式 -2',3,4,4',6'- 五羟基查耳酮 *trans*-2',3,4,4',6'-pentahydroxychalcone

反式 -2,3- 二羟基桂皮酸 *trans*-2,3-dihydroxycinnamic acid

反式 -2,3- 环氧癸 -4,6,8- 三炔 -1- 醇 *trans*-2,3-epoxydeca-4,6,8-triyn-1-ol

(-)-1,2- 反式 -2,3- 顺式 -2- 甲基 -3[二 (5- 甲氧基 -3,4- 亚甲二氧基苯基) 甲基] 四氢呋喃 -1- 醇 (-)-1,2-*trans*-2,3-*cis*-2-methyl-3[bis(5-methoxy-3,4-methylenedioxyphenyl)methyl] tetrahydrofuran-1-ol

反式 -2',4'- 二羟基查耳酮 *trans*-2',4'-dihydroxychalcone

反式 -2,5- 二羟基桂皮酸 *trans*-2,5-dihydroxycinnamic acid

反式 -2,5- 二羟基桂皮酸 -α-D- 吡喃葡萄糖基酯 *trans*-2,5-dihydroxycinnamic acid-α-D-glucopyranosyl ester

反式 -2,5- 二羟基桂皮酸 -β-D- 吡喃葡萄糖基酯 *trans*-2,5-dihydroxycinnamic acid-β-D-glucopyranosyl ester

(6*S*)-2- 反式 -2,6- 二甲基 -6-[3-*O*-(β-D- 吡喃葡萄糖基)-4-*O*-(2-甲基丁酰基)-α-L- 吡喃阿拉伯糖氧基]-2,7- 辛二烯酸 (6*S*)-2-*trans*-2,6-dimethyl-6-[3-*O*-(β-D-glucopyranosyl)-4-*O*-(2-methylbutyroyl)-α-L-arabinopyranosyloxy]-2,7-octadienoic acid

(6*R*)-2- 反式 -2,6- 二甲基 -6-*O*-β-D- 吡喃鸡纳糖基 -2,7- 睡菜酸▲ (6*R*)-2-*trans*-2,6-dimethyl-6-*O*-β-D-quinovosyl-2,7-menthiafolic acid

(6*S*)-2- 反式 -2,6- 二甲基 -6-*O*-β-D- 吡喃鸡纳糖基 -2,7- 睡菜酸▲ (6*S*)-2-*trans*-2,6-dimethyl-6-*O*-β-D-quinovosyl-2,7-menthiafolic acid

反式 -2,8- 对薄荷二烯 -1- 醇 *trans*-2,8-*p*-menthadien-1-ol

反式 -2, 反式 -4- 癸二烯醛 *trans*-2,*trans*-4-decadienal

反式 -22- 去氢菜油甾醇 *trans*-22-dehydrocampesterol

(+)- 反式 -2*R*,3*R*-3',4',5,7- 四羟基黄烷酮醇 (+)-trans-2*R*,3*R*-3',4',5,7-tetrahydroxyflavanonol

反式 -2- 癸烯 -4,6,8- 三炔 -1- 醇 *trans*-2-decene-4,6,8-triyn-1-ol

反式 -2- 癸烯 -4,6,8- 三炔酸甲酯 methyl *trans*-2-decene-4,6,8-triynoate

反式 -2- 癸烯醛 *trans*-2-decenal

反式 -2- 己烯醛 *trans*-2-hexenal

反式 -2- 己烯醇 *trans*-2-hexenol

反式 -2- 甲基 -2-(3- 甲基环氧乙烷基)-1,4- 苯基丙酸酯 *trans*-2-methyl-2-(3-methyloxiranyl)-1,4-phenylene-propanoic acid ester

反式 -2- 甲基 - 环戊醇 *trans*-2-methyl cyclopentanol

(1*S*,2*S*,4*R*)- 反式 -2- 羟基 -1,8- 桉树脑 (1*S*,2*S*,4*R*)-*trans*-2-hydroxy-1,8-cineole

(1*R*,2*R*,4*S*)- 反式 -2- 羟基 -1,8- 桉树脑 -β-D- 吡喃葡萄糖苷 (1*R*,2*R*,4*S*)-*trans*-2-hydroxy-1,8-cineole-β-D-glucopyranoside

(1*S*,2*S*,4*R*)- 反式 -2- 羟基 -1,8- 桉树脑 -β-D- 吡喃葡萄糖苷 (1*S*,2*S*,4*R*)-*trans*-2-hydroxy-1,8-cineole-β-D-glucopyranoside

反式 -2- 羟基 -5- 甲氧基桂皮酸 *trans*-2-hydroxy-5-methoxycinnamic acid

反式 -2- 羟基 -5- 甲氧基桂皮酸 -(8-4')- 反式 -2'- 羟基桂皮酸 *trans*-2-hydroxy-5-methoxycinnamic acid-(8-4')-*trans*-2'-hydroxycinnamic acid

反式 -2- 羟基异丙基 -3- 羟基 -7- 异戊烯基 -2,3- 二氢苯并呋喃 -5- 酸 *trans*-2-hydroxyisopropyl-3-hydroxy-7-isopentene-2,3-dihydrobenzofuran-5-carboxylic acid
反式 -2- 壬烯醛 *trans*-2-nonenal
反式 -2- 顺式 -8- 癸二烯 4,6- 二炔 -1- 醇异 - 戊酸酯 *trans*-2-*cis*-8-decadiene-4,6-diyn-1-ol-isovalerate
反式 -2- 辛烯醛 *trans*-2-octenal
反式 -3-(苯氧基甲基)-3,5- 环已二烯 -1,2- 二乙酸酯 *trans*-3-[(benzoyloxy)methyl]-3,5-cyclohexadiene-1,2-diol diacetate
反式 -3,3',5- 三羟基 -2'- 甲氧基芪 *trans*-3,3',5-trihydroxy-2'-methoxystilbene
反式 -3,3',5- 三羟基芪 *trans*-3,3',5-trihydroxystilbene
反式 -3,4,3',5'- 四羟基 -4'- 甲基芪 -4-*O*-*β*-D- 吡喃木糖基 -(1 → 6)-*β*-D- 吡喃葡萄糖苷 *trans*-3,4,3',5'-tetrahydroxy-4'-methylstilbene-4-*O*-*β*-D-xylopyranosyl-(1 → 6)-*β*-D-glucopyranoside
反式 -3,4,5- 三甲氧基桂皮醇 *trans*-3,4,5-trimethoxycinnamic alcohol
反式 -3,4',5- 三羟基芪 *trans*-3,4',5-trihydroxystilbene
反式 -3,4',5- 三羟基芪 -4'-*O*-*β*-D-(6''-*O*- 没食子酰基)- 吡喃葡萄糖苷 *trans*-3,4',5-trihydroxystilbene-4'-*O*-*β*-D-(6''-*O*-galloyl)-glucopyranoside
反式 -3,4',5- 三羟基芪 -4'-*O*-*β*-D- 吡喃葡萄糖苷 *trans*-3,4',5-trihydroxystilbene-4'-*O*-*β*-D-glucopyranoside
(-)-2,3- 反式 -3',4',7,8- 四羟基二氢黄酮醇 (-)-2,3-*trans*-3',4',7,8-tetrahydroxydihydroflavonol
2,3- 反式 -3',4',7,8- 四羟基黄烷 -3- 醇 2,3-*trans*-3',4',7,8-tetrahydroxyflavan-3-ol
反式 -3,4- 二甲氧基桂皮酸 *trans*-3,4-dimethoxycinnamic acid
反式 -3,4- 二羟基桂皮酸 *trans*-3,4-dihydroxycinnamic acid
3*β*- 反式 -3,4- 二羟基桂皮酰氧基 -11*α*- 甲氧基 -12- 熊果烯 3*β*-*trans*-(3,4-dihydroxycinnamoyloxy)-11*α*-methoxy-12-ursene
反式 -3,4- 二乙酰氧基桂皮酸 C15-C20 脂肪醇酯 *trans*-3,4-diacetoxycinnamic acid-C15-C20-long-chain alcohol ester
反式 -3,4- 羟基桂皮酸 C15-C20 脂肪醇酯 *trans*-3,4-dihydroxycinnamic acid-C15-C20- long-chain alcohol ester
2,3- 反式 -3,4- 顺式 -3- 乙酰氧基甲基 -4-[(5- 甲氧基 -3,4- 亚甲二氧基苯基)(3,4,5- 三甲氧基苯基) 甲基] 四氢呋喃 -2- 醇 2,3-*trans*-3,4-*cis*-3-acetoxymethyl-4-[(5-methoxy-3,4-methylenedioxyphenyl)(3,4,5-trimethoxyphenyl)methyl]tetrahydrofuran-2-ol
2,3- 反式 -3,4- 顺式 -4,5- 顺式 -5-(4''- 羟基苯基)-2-(4'- 羟基 -3'-甲氧基苯基)-3,4- 二甲基四氢呋喃 2,3-*trans*-3,4-*cis*-4,5-*cis*-5-(4''-hydroxyphenyl)-2-(4'-hydroxy-3'-methoxyphenyl)-3,4-dimethyltetrahydrofuran
β-(反式 -3',4'- 亚甲二氧基苯亚甲基)-*α*-(3,4- 二甲氧基苄基)-*γ*-丁内酯 *β*-(*trans*-3',4'-methylenedioxybenzylidene)-*α*-(3,4-dimethoxybenzyl)-*γ*-butyrolactone
α-(反式 -3',4'- 亚甲二氧基苯亚甲基)-*β*-(3,4- 二甲氧基苄基)-*γ*-丁内酯 *α*-(*trans*-3',4'-methylenedioxybenzylidene)-*β*-(3,4-dimethoxybenzyl)-*γ*-butyrolactone
反式 -3,4- 亚甲二氧基桂皮醇 *trans*-3,4-methylenedioxycinnamyl alcohol
N- 反式 -3,4- 亚甲二氧基桂皮酰基 -3- 甲氧基酪胺 *N*-*trans*-3,4-methylenedioxycinnamoyl-3-methoxytyramine
反式 -3,5- 二甲氧基 -2- 异戊烯基芪 *trans*-3,5-dimethoxy-2-prenylstilbene
反式 -3,5- 二甲氧基 -4- 羟基 - 桂皮醛 *trans*-3,5-dimethoxy-4-hydroxy-cinnamic aldehyde
反式 -3,5- 二甲氧基芪 *trans*-3,5-dimethoxystilbene
反式 -3,5- 二甲氧基桂皮炔醛 *trans*-3,5-dimethoxy alkyne cinnaldehyde
(3*R*,5*S*)- 反式 -3,5- 二羟基 -1,7- 二苯基 -1- 庚烯 (3*R*,5*S*)-*trans*-3,5-dihydroxy-1,7-diphenyl-1-heptene
(3*S*,5*S*)- 反式 -3,5- 二羟基 -1,7- 二苯基 -1- 庚烯 (3*S*,5*S*)-*trans*-3,5-dihydroxy-1,7-diphenyl-1-heptene
(3*S*,5*S*)- 反式 -3,5- 二羟基 -1,7- 二苯基 -1- 庚烯 -3- 酮 (3*S*,5*S*)-*trans*-3,5-dihydroxy-1,7-diphenyl-1-hepten-3-one
反式 -3,5- 二羟基 -1,7- 二苯基 - 庚 -l- 烯 *trans*-3,5-dihydroxy-1,7-diphenyl-hept-l-ene
反式 -3,5- 二羟基 -4'- 甲氧基芪 *trans*-3,5-dihydroxy-4'-methoxystilbene
反式 -3,7,11- 三甲基十二烷 -1,7,10- 三烯 -3- 醇 -9- 酮 *trans*-3,7,11-trimethyldodeca-1,7,10-trien-3-ol-9-one
反式 -3,7- 二甲基 -1,6- 辛二烯 -3,8- 二醇 *trans*-3,7-dimethyl-1,6-octadien-3,8-diol
反式 -3-*O*- 对香豆酰奎宁酸 *trans*-3-*O*-*p*-coumaroylquinic acid
反式 -3-*O*- 甲基 - 白藜芦醇 -2-*C*-*β*- 吡喃葡萄糖苷 *trans*-3-*O*-methyl-resveratrol-2-*C*-*β*-glucopyranoside
反式 -3-*O*- 咖啡酰奎宁酸 *trans*-3-*O*-caffeoylquinic acid
反式 -3- 对香豆酰奎宁酸 *trans*-3-*p*-coumaroylquinic acid
反式 -3- 己烯 -1- 醇 *trans*-3-hexen-1-ol
反式 -3- 己烯醇 *trans*-3-hexenol
3,4- 反式 -3- 甲基 -4-[(3,4- 二羟基 -5- 甲氧基苯基)(3,4,5- 三甲氧基苯基) 甲基] 丁内酯 3,4-*trans*-3-methyl-4-[(3,4-dihydroxy-5-methoxyphenyl)(3,4,5-trimethoxyphenyl)methyl]butyrolactone
3,4- 反式 -3- 甲基 -4-[(5- 羟基 -3,4- 亚甲二氧基苯基)(3,4,5- 三甲氧基苯基) 甲基] 丁内酯 3,4-*trans*-3-methyl-4-[(5-hydroxy-3,4-methylenedioxyphenyl)(3,4,5-trimethoxyphenyl)methyl]butyrolactone
反式 -3- 甲氧基 -4,5- 亚甲二氧基桂皮醇 *trans*-3-methoxy-4,5-methylenedioxy-cinnamic alcohol
反式 -3- 甲氧基 -4,5- 亚甲二氧基 - 桂皮醛 *trans*-3-methoxy-4,5-methylenedioxy-cinnamaldehyde
(1*R*,3*S*,4*S*)- 反式 -3- 羟基 -1,8- 桉树脑 -*β*-D- 吡喃葡萄糖苷 (1*R*,3*S*,4*S*)-*trans*-3-hydroxy-1,8-cineole-*β*-D-glucopyranoside
反式 -3- 十八碳烯酸 *trans*-3-octadecenoic acid
反式 -3- 十六碳烯酸 *trans*-3-hexadecenoic acid
反式 -3- 十三烯 -1- 炔 *trans*-3-tridecen-1-yen
反式 -3- 十三烯 -5,7,9,11- 四炔 -1,2- 双醇 *trans*-3-tridecene-5,7,9,11-tetrayne-1,2-diol
反式 -3- 戊烯 -1- 醇 *trans*-3-penten-1-ol
反式 -3- 亚乙基 -2 - 吡咯酮 *trans*-3-ethylidene-2-pyrrolidone
(-)- 反式 -3'- 乙酰基 -4'- 千里光酰阿米芹内酯▲ (-)-*trans*-3'-acetyl-4'-senecioyl khellactone
反式 -3'- 乙酰基 -4'- 千里光酰阿米芹内酯▲ *trans*-3'-acetyl-4'-senecioylkhellactone
反式 -3- 乙酰氧基 -5,7- 二羟基黄烷酮 *trans*-3-acetoxy-5,7-dihydroxyflavanone
反式 -4-(1- 丙烯基)- 苯酚 -*β*-D- 吡喃葡萄糖苷 *trans*-4-(1-propenyl)-phenol-*β*-D-glucopyranoside
反式 -4,10- 环氧 - 艾莫烷 *trans*-4,10-epoxy-amorphane
7,8- 反式 -4,5,9,9'- 四羟基 -3,3'- 二甲氧基 -7-*O*-5',8-*O*-4'- 新木脂素 7,8-*trans*-4,5,9,9'-tetrahydroxy-3,3'-dimethoxy-7-*O*-5',8-*O*-4'-neolignan
7,8- 反式 -4,5,9- 三羟基 -3,3',9'- 三甲氧基 -7-*O*-5',8-*O*-4'- 新木脂素 7,8-*trans*-4,5,9-trihydroxy-3,3',9'-trimethoxy-7-*O*-5',8-*O*-4'-neolignan
{3,4- 反式 -4-[(3- 甲氧基 -4- 羟基苯基)(3,4- 二甲氧基苯基) 甲基]-2-氧代四氢呋喃 -3- 基 } 甲基 -*O*-*β*- 吡喃葡萄糖苷 {3,4-*trans*-4-

F

[(3-methoxy-4-hydroxyphenyl)(3,4-dimethoxyphenyl)methyl]-2-oxotetrahydrofuran-3-yl}methyl-*O*-*β*-glucopyranoside
{3,4- 反式 -4-[二 (3,4- 二甲氧基苯基) 甲基]-2- 氧代四氢呋喃 -3- 基 } 甲基 -*O*-*β*- 吡喃葡萄糖苷 {3,4-*trans*-4-[bis(3,4-dimethoxyphenyl)methyl]-2-oxotetrahydrofuran-3-yl}methyl-*O*-*β*-glucopyranoside
反式 -4'-*O*- 甲基阿米芹内酯▲ *trans*-4'-*O*-methylkhellactone
(+)- 反式 -4'- 巴豆酰阿米芹内酯▲ (+)-*trans*-4'-tigloylkhellactone
反式 -4- 羟基 -2- 壬烯酸 *trans*-4-hydroxy-2-nonenoic acid
反式 -4'- 羟基 -3'- 甲氧基桂皮醛 *trans*-4'-hydroxy-3'-methoxycinnamaldehyde
反式 -4- 羟基 -3- 甲氧基桂皮酸甲酯 *trans*-4-hydroxy-3-methoxycinnamic acid methyl ester
反式 -4- 羟基 -L- 脯氨酸 *trans*-4-hydroxy-L-proline
反式 -4- 羟基蜂蜜曲霉素 *trans*-4-hydroxymellein
反式 -4- 羟基桂皮醇 -4-*O*-*β*-D- 吡喃葡萄糖苷 *trans*-4-hydroxycinnamyl alcohol-4-*O*-*β*-*D*-glucopyranoside
反式 -4- 羟基桂皮酸 *trans*-4-hydroxycinnamic acid
反式 -4'- 羟基桂皮酸二十二酯 docosanyl *trans*-4'-hydroxycinnamate
反式 -4- 羟基桂皮酸甲酯 *trans*-4-hydroxycinnamic acid methyl ester
反式 -4'- 羟基桂皮酸烷醇酯 alkyl 4'-hydroxy-*trans*-cinnamates
反式 -4- 羟基山羊豆碱 *trans*-4-hydroxygalegine
反式 -4- 羟甲基脯氨酸 *trans*-4-hydroxymethylproline
(+)- 反式 -4'- 乙酰基 -3'- 巴豆酰阿米芹内酯▲ (+)-*trans*-4'-acetyl-3'-tigloylkhellactone
反式 -5-(3- 羟丙基)-7- 甲氧基 -2-[2,3- 二羟基 -3- 羟甲基 -7- 甲氧基 -2-(3- 甲氧基 -4- 羟苯基)-5- 呋喃基] 苯并呋喃 *trans*-5-(3-hydroxypropyl)-7-methoxy-2-[2,3-dihydro-3-hydroxymethyl-7-methoxy-2-(3-methoxy-4-hydroxy phenyl)-benzofuran-5-yl]benzofuran
反式 -5-(3- 羟丙基)-7- 甲氧基 -2-[2,3- 二氢 -3- 羟甲基 -7- 甲氧基 -2-(3- 甲氧基 -4- 羟基苯基) 苯并呋喃 -5- 基] 苯并呋喃 *trans*-5-(3-hydroxypropyl)-7-methoxy-2-[2,3-dihydro-3-hydroxymethyl-7-methoxy-2-(3-methoxy-4-hydroxyphenyl)-benzofuran-5-yl]benzofuran
反式 -5,7,2',6'- 四羟基黄酮醇 *trans*-5,7,2',6'-tetrahoxyflavonol
(-)- 反式 -5,7- 二甲氧基 -3',4'- 亚甲二氧基黄烷 -3- 醇 (-)-*trans*-5,7-dimethoxy-3',4'-methylenedioxyflavan-3-ol
(2*S*,3*S*)-2,3- 反式 -5,7- 二羟基 -6,8- 二甲基二氢黄酮醇 (2*S*,3*S*)-2,3-*trans*-5,7-dihydroxy-6,8-dimethyldihydroflavonol
反式 -5-[4- 羟基 -1- 丁烯基]-2,2'- 二噻酚 *trans*-5-[4-hydroxyl-1-butenyl]-2,2'-bithienyl
反式 -5-*O*- 咖啡酰奎宁酸 *trans*-5-*O*-caffeoylquinic acid
反式 -5- 甲氧基紫花前胡定醇▲ *trans*-5-methoxydecursidinol
反式 -5- 羟基 -L- 哌啶甲酸 *trans*-5-hydroxy-L-pipecolicacid
反式 -5- 十六烯酸 *trans*-5-hexadecenoic acid
反式 -6,7- 二羟基藁本内酯 *trans*-6,7-dihydroxyligustilide
反式 -6'-*O*- 阿魏酰钩果草吉苷▲ *trans*-6'-*O*-feruloylharpagide
(6*S*)-2- 反式 -6-*α*-L- 吡喃阿拉伯糖氧基 -2,6- 二甲基 -2,7- 辛二烯酸 (6*S*)-2-*trans*-6-*α*-L-arabinopyranosyloxy-2,6-dimethyl-2,7-octadienoic acid
反式 -7- 对香豆酰基 -5- 羟基裂环马钱醇▲ *trans*-7-(*p*-coumaroyl)-5-hydroxy-secologanol
(7*S*,8*S*,7'*R*,8'*S*)-(7,8- 反式 -8,8'- 反式 -7',8'- 反式)-7- 甲氧基 -7-(3,4- 亚甲二氧基苯基)-8- 甲基 -8'- 甲基 -7'-(3',4'- 二甲氧基苯基)- 四氢呋喃 (7*S*,8*S*,7'*R*,8'*S*)-(7,8-*trans*-8,8'-*trans*-7',8'-*trans*)-7-methoxyl-7-(3,4-methylenedioxyphenyl)-8-methyl-8'-methyl-7'-(3',4'-dimethoxyphenyl)-tetrahydrofuran
7,8- 反式 -8,8'- 反式 -7',8'- 反式 -7-(4- 羟基 -3,5- 二甲氧基苯基)-7'-(5'- 甲氧基 -3',4'- 亚甲二氧基苯基)-8- 乙酰氧基甲基 -8'- 羟基甲基四氢呋喃 7,8-*trans*-8,8'-*trans*-7',8'-*trans*-7-(4-hydroxy-3,5-dimethoxyphenyl)-7'-(5'-methoxy-3',4'-methylenedioxyphenyl)-8-acetoxymethyl-8'-hydroxymethyltetrahydrofuran
7,8- 反式 -8,8'- 反式 -7',8'- 反式 -7,7'- 二 (5- 甲氧基 -3,4- 亚甲二氧基苯基)-8- 乙酰氧基甲基 -8'- 羟甲基四氢呋喃 7,8-*trans*-8,8'-*trans*-7',8'-*trans*-7,7'-bis(5-methoxy-3,4-methylenedioxyphenyl)-8-acetoxymethyl-8'-hydroxymethyltetrahydrofuran
7,8- 反式 -8,8'- 反式 -7',8'- 顺式 -7-(5- 甲氧基 -3,4- 亚甲二氧基苯基)-7'-(3,4,5- 三甲氧基苯基)-8- 乙酰氧基甲基 -8'- 羟基甲基四氢呋喃 7,8-*trans*-8,8'-*trans*-7',8'-*cis*-7-(5-methoxy-3,4-methylenedioxyphenyl)-7'-(3,4,5-trimethoxyphenyl)-8-acetoxymethyl-8'-hydroxymethyltetrahydrofuran
7,8- 反式 -8,8'- 反式 -7',8'- 顺式 -7-(5- 甲氧基 -3,4- 亚甲二氧基苯基)-7'-(4'- 羟基 -3',5'- 二甲氧基苯基)-8- 乙酰氧基甲基 -8'- 羟基甲基四氢呋喃 7,8-*trans*-8,8'-*trans*-7',8'-*cis*-7-(5-methoxy-3,4-methylenedioxyphenyl)-7'-(4'-hydroxy-3',5'-dimethoxyphenyl)-8-acetoxymethyl-8'-hydroxymethyltetrahydrofuran
7,8- 反式 -8,8'- 反式 -7',8'- 顺式 -7-(5- 甲氧基 -3,4- 亚甲二氧基苯基)-7'-(羟基 -3,5- 二甲氧基苯基)-8,8'- 二乙酰氧基甲基四氢呋喃 7,8-*trans*-8,8'-*trans*-7',8'-*cis*-7-(5-methoxy-3,4-methylene dioxyphenyl)-7'-(4-hydroxy-3,5-dimethoxyphenyl)-8,8'-diacetoxymethyltetrahydrofuran
7,8- 反式 -8,8'- 反式 -7',8'- 顺式 -7,7'-(4- 羟基 -3,5- 二甲氧基苯基)-8,8'- 二乙酰氧基甲基四氢呋喃 7,8-*trans*-8,8'-*trans*-7',8'-*cis*-7,7'-(4-hydroxy-3,5-dimethoxyphenyl)-8,8'-diacetoxymethyltetrahydrofuran
7,8- 反式 -8,8'- 反式 -7',8'- 顺式 -7,7'- 二 (5- 甲氧基 -3,4- 亚甲二氧基苯基)-8- 羟甲基 -8'- 乙酰氧基甲基四氢呋喃 7,8-*trans*-8,8'-*trans*-7',8'-*cis*-7,7'-bis(5-methoxy-3,4-methylenedioxyphenyl)-8-hydroxymethyl-8'-acetoxymethyltetrahydrofuran
7,8- 反式 -8,8'- 反式 -7',8'- 顺式 -7,7'- 二 (5- 甲氧基 -3,4- 亚甲二氧基苯基)-8- 乙酰氧基甲基 -8'- 羟甲基四氢呋喃 7,8-*trans*-8,8'-*trans*-7',8'-*cis*-7,7'-bis(5-methoxy-3,4-methylenedioxyphenyl)-8-acetoxymethyl-8'-hydroxymethyltetrahydrofuran
(7,8- 反式 -8,8'- 顺式)-7-(3,4- 二羟基苯基)-7'-(3,4- 亚甲二氧基苯基)-8,8'- 二甲基丁烷 -7- 醇 (7,8-*trans*-8,8'-*cis*)-7-(3,4-dihydroxyphenyl)-7'-(3,4-methylenedioxyphenyl)-8,8'-dimethylbutan-7-ol
反式 -8- 甲基 -*N*- 香荚兰基 -6- 壬烯基酰胺 *trans*-8-methyl-*N*-vanillyl-6-nonenamide
反式 -*N*-(4- 羟基苯乙基) 阿魏酸酰胺 *trans*-*N*-(4-hydroxyphenethyl) ferulamide
反式 -*N*- 阿魏酰腐胺 *trans*-*N*-feruloylputrescine
反式 -*N*- 阿魏酰基 -3-*O*- 甲基多巴胺 *trans*-*N*-feruloyl-3-*O*-methyldopamine
反式 -*N*- 阿魏酰酪胺 *trans*-*N*-feruloyltyramine
反式 -*N*- 阿魏酰章鱼胺 *trans*-*N*-feruloyloctopamine
反式 -*N*- 对香豆酰酪胺 *trans*-*N*-*p*-coumaroyltyramine
反式 -*N*- 甲基桂皮酰胺 *trans*-*N*-methylcinnamamide
反式 -*N*- 甲基金罂粟季铵碱碘化物 *trans*-*N*-methyl-stylopinium iodide
(-)- 反式 -*N*- 甲基金罂粟季铵碱氢氧化物 (-)-*trans*-*N*-methylstylopinium hydroxide
(*S*)- 反式 -*N*- 甲基四氢原小檗碱 (*S*)-*trans*-*N*-methyltetrahydroprotoberberine
反式 -*N*- 咖啡酰酪胺 *trans*-*N*-caffeoyltyramine
反式 -*N*- 羟基桂皮酰酪胺 *trans*-*N*-hydroxycinnamoyltyramine
反式 -*N*- 异阿魏酰酪胺 *trans*-*N*-isoferuloyltyramine

反式 -α- 红没药烯 trans-α-bisabolene
反式 -α- 金合欢烯 trans-α-farnesene
反式 -α- 香柠檬醇 trans-α-bergamotol
反式 -α- 香柠檬烯 trans-α-bergamotene
反式 -β- 胡萝卜素 trans-β-carotene
反式 -β- 甲基苯乙烯 trans-β-methylstyrene
反式 -β- 金合欢烯 trans-β-farnesene
反式 -β- 罗勒烯 trans-β-ocimene
反式 -β- 羧基苯乙烯 trans-β-carboxystyrene
反式 -β- 突厥蔷薇酮 trans-β-damascenone
反式 -β- 香堇酮 -5,6- 环氧化物 trans-β-ionon-5,6-epoxide
反式 -γ- 红没药烯 trans-γ-bisabolene
反式 -ε- 葡萄素 trans-ε-viniferin
(-)- 反式 - 阿米芹内酯▲ (-)-trans-khellactone
(+)- 反式 - 阿米芹内酯▲ (+)-trans-khellactone
(±)- 反式 - 阿米芹内酯▲ (±)-trans-khellactone
反式 - 阿米芹内酯▲ trans-khellactone
反式 - 阿魏醛 trans-ferulaldehyde
反式 - 阿魏酸 trans-ferulic acid
反式 - 阿魏酸 -22- 羟基二十二酸酯 trans-ferulic acid-22-hydroxydocosanoic acid ester
反式 - 阿魏酸 -4-O-β-D- 吡喃阿洛糖苷 trans-ferulic acid-4-O-β-D-allopyranoside
反式 - 阿魏酸 -4-O-β-D- 吡喃葡萄糖苷 trans-ferulic acid-4-O-β-D-glucopyranoside
反式 - 阿魏酸 -β-D- 吡喃葡萄糖苷 trans-ferulic acid-β-D-glucopyranoside
反式 - 阿魏酸二十八酯 trans-ferulic acid-octacosyl ester; octacosyl trans-ferulate
反式 - 阿魏酸二十二酯 docosyl trans-ferulate
反式 - 阿魏酸 - 二十二酯 trans-ferulic acid-docosyl ester
反式 - 阿魏酸二十六酯 trans-ferulic acid-hexacosyl ester; hexacosyl trans-ferulate
反式 - 阿魏酸二十七酯 heptacosyl trans-ferulate
反式 - 阿魏酸二十三酯 trans-ferulic acid tricosyl ester
反式 - 阿魏酸二十四酯 tetracosyl trans-ferulate
反式 - 阿魏酸二十五酯 pentacosyl trans-ferulate
反式 - 阿魏酸二十酯 eicosyl trans-ferulate
反式 - 阿魏酸甲酯 trans-ferulic acid methyl ester; methyl trans-ferulate
反式 - 阿魏酸十八酯 octadecyl trans-ferulate
反式 - 阿魏酸烷酯 alkyl trans-ferulate
反式 - 阿魏酸乙酯 ethyl trans-ferulate
3β-O- 反式 - 阿魏酰白桦脂醇 3β-O-trans-feruloylbetulin
3α-O- 反式 - 阿魏酰白桦脂酸 3α-O-trans-feruloylbetulinic acid
3β-O- 反式 - 阿魏酰白桦脂酸 3β-O-trans-feruloylbetulinic acid
2-O- 反式 - 阿魏酰吡喃鼠李糖 2-O-trans-feruloylrhamnopyranose
3-O- 反式 - 阿魏酰吡喃鼠李糖 3-O-trans-feruloylrhamnopyranose
反式 - 阿魏酰菜油甾烷醇 trans-feruloylcampestanol
反式 - 阿魏酰豆甾烷醇 trans-feruloylstigmastanol
6''-O- 反式 - 阿魏酰高车前苷 6''-O-trans-feruloylhomoplantaginin
6-O-(3''-O- 反式 - 阿魏酰基)-α-L- 吡喃鼠李糖基梓醇 6-O-(3''-O-trans-feruloyl)-α-L-rhamnopyranosylcatalpol
6-O-[α-L-(2''- 反式 - 阿魏酰基)- 吡喃鼠李糖基]- 梓醇 6-O-[α-L-(2''-trans-feruloyl)-rhamnopyranosyl]-catalpol
6-O-[α-L-(4''- 反式 - 阿魏酰基)- 吡喃鼠李糖基]- 梓醇 6-O-[α-L-(4''-trans-feruloyl)-rhamnopyranosyl]-catalpol
6-O-α-L-(4''-O- 反式 - 阿魏酰基) 吡喃鼠李糖基梓醇 6-O-α-L-(4''-O-trans-feruloyl)rhamnopyranosylcatalpol
1-O- 反式 - 阿魏酰基 -2'-O- 反式 - 芥子酰龙胆二糖 1-O-trans-feruloyl-2'-O-trans-sinapoyl gentiobiose
3β-O- 反式 - 阿魏酰基 -2α,19α- 二羟基熊果酸 3β-O-trans-ferulyl-2α,19α-dihydroxyursolic acid
3β-O- 反式 - 阿魏酰基 -2α,23- 二羟基齐墩果 -12- 烯 -28- 酸 3β-O-trans-ferulyl-2α,23-dihydroxyolean-12-en-28-oic acid
3β-O- 反式 - 阿魏酰基 -2α- 羟基熊果 -12- 烯 -28- 酸 3β-O-trans-ferulyl-2α-hydroxyurs-12-en-28-oic acid
N- 反式 - 阿魏酰基 -2'- 甲氧基酪胺 N-trans-feruloyl-2'-methoxytyramine
N- 反式 - 阿魏酰基 -3-O- 甲基多巴胺 N-trans-feruloyl-3-O-methyldopamine
N- 反式 - 阿魏酰基 -3- 甲基多巴胺 N-trans-feruloyl-3-methyldopamine
N- 反式 - 阿魏酰基 -3- 甲基酪胺 N-trans-feruloyl-3-methyltyramine
N- 反式 - 阿魏酰基 -3- 甲氧基酪胺 N-trans-feruloyl-3-methoxytyramine
N- 反式 - 阿魏酰基 -3- 甲氧基酪胺 -4'-O-β-D- 吡喃葡萄糖苷 N-trans-feruloyl-3-methoxytyramine-4'-O-β-D-glucopyranoside
N- 反式 - 阿魏酰基 -3- 甲氧基酪胺 -4-O-β-D- 吡喃葡萄糖苷 N-trans-feruloyl-3-methoxytyramine-4-O-β-D-glucopyranoside
N- 反式 - 阿魏酰基 -4'-O- 甲基多巴胺 N-trans-feruloyl-4'-O-methyldopamine
N- 反式 - 阿魏酰基 -4-O- 甲基多巴胺 N-trans-feruloyl-4-O-methyldopamine
(+)-9'-O- 反式 - 阿魏酰基 -5,5'- 二甲氧基落叶松树脂醇 (+)-9'-O-trans-feruloyl-5,5'-dimethoxylariciresinol
N- 反式 - 阿魏酰基 -5- 甲氧基酪胺 N-trans-feruloyl-5-methoxytyramine
反式 - 阿魏酰基 -6-O- 葡萄糖酸 trans-feruloyl-6-O-gluconic acid
反式 - 阿魏酰基 -β-D-[1'-O-(2'',3'',4''- 三羟基丁基) 吡喃葡萄糖苷] 酯 trans-feruloyl-β-D-[1'-O-(2'',3'',4''-trihydroxybutyl) glucopyranoside]ester
1-O- 反式 - 阿魏酰基 -β-D- 吡喃葡萄糖 1-O-trans-feruloyl-β-D-glucopyranose
6'-O- 反式 - 阿魏酰基 - 异紫花前胡苷元 6'-O-trans-feruloyl-nodakenin
N- 反式 - 阿魏酰甲氧基酪胺 N-trans-feruloylmethoxytyramine
6-O- 反式 - 阿魏酰筋骨草醇 6-O-trans-feruloylajugol
6''-O- 反式 - 阿魏酰京尼平龙胆二糖苷 6''-O-trans-feruloylgenipin gentiobioside
6''-O- 反式 - 阿魏酰荆芥苷▲ 6''-O-trans-feruloylnepitrin
反式 - 阿魏酰酒石酸 trans-fertaric acid
3-O- 反式 - 阿魏酰奎宁酸 3-O-trans-feruloylquinic acid
N- 反式 - 阿魏酰酪胺 N-trans-feruloyltyramine
N- 反式 - 阿魏酰酪胺 -4'''-O-β-D- 吡喃葡萄糖苷 N-trans-feruloyltyramine-4'''-O-β-D-glucopyranoside
N- 反式 - 阿魏酰酪胺 -4'-O-β-D- 吡喃葡萄糖苷 N-trans-feruloyltyramine-4'-O-β-D-glucopyranoside
N- 反式 - 阿魏酰酪胺二聚体 N-trans-feruloyltyramine dimer
N- 反式 - 阿魏酰哌啶 N-trans-feruloylpiperidine
N- 反式 - 阿魏酰色胺 N-trans-feruloyltryptamine
3- 反式 - 阿魏酰山楂酸 3-trans-feruloylmaslinic acid
10-O- 反式 - 阿魏酰水晶兰苷 10-O-E-feruloylmonotropein
6'-O- 反式 - 阿魏酰水晶兰苷 6'-O-E-feruloylmonotropein
3β- 反式 - 阿魏酰氧基 -16β- 羟基羽扇豆羽扇豆 -20(29)- 烯 3β-trans-feruloyloxy-16β-hydroxylup-20(29)-ene
3α- 反式 - 阿魏酰氧基 -2α-O- 乙酰熊果 -12- 烯 -28- 酸 3α-trans-feruloyloxy-2α-O-acetylurs-12-en-28-oic acid

F

3α- 反式 - 阿魏酰氧基 -2α- 羟基熊果 -12- 烯 -28- 酸甲酯 methyl 3α-trans-feruloyloxy-2α-hydroxyurs-12-en-28-oate
3α- 反式 - 阿魏酰氧基 -2α- 羟基熊果酸 3α-*trans*-feruloyloxy-2α-hydroxyursolic acid
反式 - 阿魏酰氧基二十六酸 *trans*-feruloyloxyhexacosanoic acid
(*S*)-*N*- 反式 - 阿魏酰章鱼胺 (*S*)-*N*-*trans*-feruloyloctopamine
N- 反式 - 阿魏酰章鱼胺 *N*-*trans*-feruloyloctopamine
6'-*O*- 反式 - 阿魏酰蔗糖 6'-*O*-*trans*-feruloylsucrose
2'-*O*- 反式 - 阿魏酰栀子新苷 2'-*O*-*trans*-caffeoylgardoside
6-*O*- 反式 - 阿魏酰梓醇 6-*O*-*trans*-feruloylcatalpol
反式 - 八氢二氢化茚 -7β- 异丙基 -4- 亚甲基 -9β- 甲基 -1β- 醇 *trans*-octahydroindane-7β-isopropyl-4-methylene-9β-methyl-1β-ol
反式 - 八氢番茄红素 *trans*-phytoene
反式 - 八朔柑橘宁▲ *trans*-hassanin
反式 - 白藜芦醇 -4'-O-β-D- 吡喃葡萄糖苷 *trans*-resveratrol-4'-*O*-β-D-glucopyranoside
反式 - 白藜芦醇 -2-*C*-β- 吡喃葡萄糖苷 *trans*-resveratrol-2-*C*-β-glucopyranoside
反式 - 白藜芦醇 -3-*O*-β-D- 吡喃木糖苷 *trans*-resveratrol-3-*O*-β-D-xylopyranosid)
反式 - 白藜芦醇 -3-*O*-β-D- 吡喃葡萄糖苷 *trans*-resveratrol-3-*O*-β-D-glucopyranoside
反式 - 白藜芦醇 -4'-*O*-β-D-(2''-*O*- 没食子酰基)- 吡喃葡萄糖苷 *trans*-resveratrol-4'-*O*-β-D-(2''-*O*-galloyl)-glucopyranoside
反式 - 白藜芦醇 -4'-*O*-β-D-(6''-*O*- 没食子酰基)- 吡喃葡萄糖苷 *trans*-resveratrol-4'-*O*-β-D-(6''-*O*-galloyl)-glucopyranoside
反式 - 倍半桧烯水合物 *trans*-sesquisabinene hydrate
反式 - 碧冬茄素 -3-*O*-(6-*O*- 对香豆酰基)-5-*O*- 二葡萄糖苷 *trans*-petunidin-3-*O*-(6-*O*-*p*-coumaryl)-5-*O*-diglucoside
反式 - 丙烯酸乙酯 *trans*-propenoic ethyl ester
N- 反式 - 菜椒酰胺▲ *N*-*trans*-grossamide
反式 - 草木犀苷 *trans*-melilotoside
反式 - 侧柏酮 *trans*-thujone
反式 - 茶螺烷 *trans*-theaspirane
反式 - 菖蒲烃▲ *trans*-calamenene
(±)- 反式 - 橙花叔醇 (±)-*trans*-nerolidol
反式 - 橙花叔醇 *trans*-nerolidol
反式 - 创伤酸 *trans*-traumatic acid
10,10'- 反式 - 大黄酚 - 大黄素二蒽酮 10,10'-*trans*-chrysophanol-emodin bianthrone
10,10'- 反式 - 大黄酚二蒽酮 10,10'-*trans*-chrysophanol bianthrone
10,10'- 反式 - 大黄素二蒽酮 10,10'-*trans*-emodin bianthrone
反式 - 芪 *trans*-stilbene
反式 - 丁香苷 *trans*-syringin
反式 - 丁香烯 *trans*-caryophyllene
反式 - 杜松 -1(2),4- 二烯 *trans*-cadina-1(2),4-diene
反式 - 对阿魏醇 -4-*O*-[6-(2- 甲基 -3- 羟基丙酰基)]- 吡喃葡萄糖苷 *trans*-*p*-ferulyl alcohol-4-*O*-[6-(2-methyl-3-hydroxypropionyl)]-glucopyranoside
反式 - 对阿魏酰基 -β-D- 吡喃葡萄糖苷 *trans*-*p*-feruloyl-β-D-glucopyranoside
反式 - 对薄荷 -1(7),8- 二烯 -2- 醇 *trans*-*p*-mentha-1(7),8-dien-2-ol
反式 - 对薄荷 -1,4- 二醇 *trans*-*p*-menthan-1,4-diol
反式 - 对薄荷 -1α,2β,8- 三醇 -8-*O*-β-D-(3',6'- 二当归酰氧基)-吡喃葡萄糖苷 *trans*-*p*-menthane-1α,2β,8-triol-8-*O*-β-D-(3',6'-diangeloyloxy)-glucopyranoside
反式 - 对薄荷 -1α,2β,8- 三醇 -8-*O*-β-D-(3'- 当归酰氧基 -6'- 异丁氧基)- 吡喃葡萄糖苷 *trans*-*p*-menthane-1α,2β,8-triol-8-*O*-β-D-(3'-angeloyloxy-6'-isobutyloxy)-glucopyranoside
反式 - 对薄荷 -1β,2α,8,9- 四醇 *trans*-*p*-menthane-1β,2α,8,9-tetrol
反式 - 对薄荷 -2- 烯 -1- 醇 *trans*-*p*-menth-2-en-1-ol
反式 - 对薄荷 -2- 烯 -1α,2β,8- 三醇 *trans*-*p*-menth-2-ene-1α,2β,8-triol
反式 - 对薄荷 -2- 烯 -1α,7,8- 三醇 *trans*-*p*-menth-2-ene-1α,7,8-triol
(+)-3,4- 反式 - 对薄荷 -3,8- 二醇 (+)-3,4-*trans*-*p*-menthane-3,8-diol
反式 - 对薄荷 -6,8- 二烯 -2- 醇 *trans*-*p*-mentha-6,8-dien-2-ol
反式 - 对薄荷 -8- 烯 - 反式 -1,2- 二醇 *trans*-*p*-menth-8-ene-*trans*-1,2-diol
6-*O*-α-L-(4''-*O*- 反式 - 对桂皮酰基) 吡喃鼠李糖基梓醇 6-*O*-α-L-(4''-*O*-*trans*-*p*-coumaroyl)rhamnopyranosylcatalpol
6-*O*-α-L-(3''-*O*- 反式 - 对甲氧基反式 - 桂皮酰基)- 吡喃鼠李糖基梓醇 6-*O*-α-L-(3''-*O*-*trans*-*p*-methoxycinnamoyl)-rhamnopyranosylcatalpol
反式 - 对甲氧基桂皮酸 *trans*-*p*-methoxycinnamic acid
反式 - 对甲氧基桂皮酸甲酯 methyl *trans*-*p*-methoxycinnamate
反式 - 对甲氧基桂皮酸乙酯 ethyl *trans*-*p*-methoxycinnamate
10-*O*- 反式 - 对甲氧基桂皮酰吡喃鼠李糖基梓醇 10-*O*-*trans*-*p*-methoxycinnamoylcatalpol
6-*O*-[α-L-(2''-*O*- 反式 - 对甲氧基桂皮酰基)- 吡喃鼠李糖基]- 梓醇 6-*O*-α-L-(2''-*O*-*trans*-*p*-methoxycinnamoyl)-rhamnopyranosyl-catapol
6-*O*-[α-L-(3-*O*- 反式 - 对甲氧基桂皮酰基)- 吡喃鼠李糖基]- 梓醇 6-*O*-α-L-(3-*O*-*trans*-*p*-methoxycinnamoyl)-rhamnopyranosyl-catalpol
3β-*O*- 反式 - 对甲氧基桂皮酰基 -15α- 羟基 -β- 香树脂醇 3β-*O*-*trans*-4-methoxycinnamoyl-15α-hydroxy-β-amyrin
6-*O*-[α-L-(2''-*O*- 反式 - 对甲氧基桂皮酰基 -4''- 乙酰氧基)- 吡喃鼠李糖基]- 梓醇 6-*O*-α-L-(2''-*O*-*trans*-*p*-methoxycinnamoyl-4''-acetoxy)-rhamnopyranosyl-catapol
3-*O*- 反式 - 对甲氧基桂皮酰基 -α-L- 吡喃鼠李糖 3-*O*-*trans*-*p*-methoxycinnamoyl-α-L-rhamnopyranose
4-*O*- 反式 - 对甲氧基桂皮酰基 -α-L- 吡喃鼠李糖酯苷 4-*O*-*trans*-*p*-methoxycinnamoyl-α-L-rhamnopyranoside ester
反式 - 对芥子酰基 -β-D- 吡喃葡萄糖苷 *trans*-*p*-sinapoyl-β-D-glucopyranoside
3-*O*- 反式 - 对咖啡酰槲皮素 3-*O*-*trans*-*p*-caffeoyl-quercetin
6'-*O*-(反式 - 对咖啡酰基)-α- 吡喃葡萄糖 6'-*O*-(*trans*-*p*-caffeoyl)-α-glucopyranose
6'-*O*-(反式 - 对咖啡酰基)-β- 吡喃葡萄糖 6'-*O*-(*trans*-*p*-caffeoyl)-β-glucopyranose
3β-*O*- 反式 - 对咖啡酰麦珠子酸 3β-*O*-*trans*-*p*-caffeoylalphitolic acid
N- 反式 - 对羟基苯乙基阿魏酰胺 *N*-*trans*-*p*-hydroxyphenethylferolamine
反式 - 对羟基桂皮醛 *trans*-*p*-hydroxycinnamaldehyde
反式 - 对羟基桂皮醛乙酸酯 *trans*-*p*-hydroxycinnamaldehyde acetate
反式 - 对羟基桂皮酸 *trans*-*p*-hydroxycinnamic acid
反式 - 对羟基桂皮酸 C15-C20 脂肪醇酯 *trans*-4-hydroxycinnamic acid-C15-C20-long-chain alcohol ester
反式 - 对羟基桂皮酸甲酯 *trans*-*p*-hydroxycinnamic acid methyl ester
反式 - 对羟基桂皮酸三十醇酯 *trans*-triacontyl-4-hydroxycinnamate
反式 - 对羟基桂皮酸乙酯 trans-p-hydroxycinnamic acid ethyl ester; ethyl trans-p-hydroxycinnamate
反式 - 对羟基桂皮酰 -β-D- 吡喃葡萄糖基酯 *trans*-*p*-hydroxycinnamoyl-β-D-glucopyranosyl ester
4'-*O*-β-D-(6''-*O*- 反式 - 对羟基桂皮酰吡喃葡萄糖基)- 苯基 -2- 丁酮 4'-*O*-β-D-(6''-*O*-*trans*-*p*-hydroxycinnamoylglucopyranosyl)-phenyl-2-butanone

3β-O- 反式对羟基桂皮酰基 -12- 烯 -28- 齐墩果酸 3β-O-trans-coumaroyl-12-en-28-oleanolic acid
3β-O- 反式对羟基桂皮酰基 -2α- 羟基 -12- 烯 -28- 熊果酸 3β-O-trans-coumaroyl-12-en-28-ursolic acid
10-O- 反式 - 对羟基桂皮酰基 -6α- 羟基 - 二氢水晶兰苷 10-O-trans-p-coumaroyl-6α-hydroxyl-dihydromonotropein
1- 反式对羟基桂皮酰基 -β-D- 吡喃葡萄糖基酯 1-trans-p-hydroxy-cinnamyl-β-D-glucopyranosyl ester
3-O- 反式 - 对羟基桂皮酰齐墩果酸 3-O-trans-p-hydroxycinnamoyloleanolic acid
反式 - 对羟基桂皮酰吴茱萸苦素 trans-p-hydroxycinnam oylrutaevin
3-O- 反式 - 对羟基桂皮酰熊果酸 3-O-trans-p-hydroxycinnamoylursolic acid
反式 - 对羟基香豆酸 trans-p-hydroxycoumaric acid
反式 - 对茴萝脑 trans-p-anethole
3β-(反式 - 对酰基香豆素)-2α,23- 二羟基熊果 -12- 烯 -28- 酸 3β-(trans-p-acylcoumarin)-2α,23-dihydroxyurs-12-en-28-oic acid
3β-(反式 - 对酰基香豆素)-2α,24- 二羟基熊果 -12- 烯 -28- 酸 3β-(trans-p-acylcoumarin)-2α,24-dihydroxyurs-12-en-28-oic acid
反式 - 对香豆醇 -(2'-O-β-D- 吡喃葡萄糖基)-β-D- 吡喃葡萄糖苷 trans-p-coumaryl alcohol-(2'-O-β-D-glucopyranosyl)-β-D-glucopyranoside
反式 - 对香豆醇 -1-O-β-D- 吡喃葡萄糖基 -(1 → 4)-α-L- 吡喃鼠李糖基 -(1 → 3)-β-D- 吡喃葡萄糖苷 trans-p-coumaryl alcohol-1-O-β-D-glucopyranosyl-(1→4)-α-L-rhamnopyranosyl-(1→3)-β-D-glucopyranoside
反式 - 对香豆醇二乙酸酯 trans-p-coumaryl diacetate
反式 - 对香豆醛 trans-p-coumaraldehyde
反式 - 对香豆酸 trans-p-coumaric acid
反式 - 对香豆酸 -4-O-(2'-O-β-D- 呋喃芹糖基)-β-D- 吡喃葡萄糖苷 trans-p-coumaric acid-4-O-(2'-O-β-D-apiofuranosyl)-β-D-glucopyranoside
反式 - 对香豆酸 -4-O-β-D- 吡喃葡萄糖苷 trans-p-coumaric acid-4-O-β-D-glucopyranoside
反式 - 对香豆酸 -β-D- 葡萄糖基酯 trans-p-coumaroyl-β-D-glucopyranosyl ester
反式 - 对香豆酸二十酯 eicosanyl-trans-p-coumarate
反式 - 对香豆酸甲酯 trans-p-coumaric acid methyl ester; methyl trans-p-coumarate
反式 - 对香豆酸乙酯 trans-p-coumaric acid ethyl ester
反式 - 对香豆酸正二十八酯 n-octacosy trans-p-coumarate
1-O- 反式 - 对香豆酰 -6-O- 桂皮酰基 -β-D- 吡喃葡萄糖苷 1-O-trans-p-coumaroyl-6-O-cinnamoyl-β-D-glucopyranoside
N- 反式 - 对香豆酰多巴胺 N-trans-p-coumaroyldopamine
2'- 反式 - 对香豆酰二氢钓钟柳次苷▲ 2'-trans-p-coumaroyl-dihydropenstemide
1-O- 反式 - 对香豆酰甘油 1-O-trans-p-coumaroylglycerol
10-O- 反式 - 对香豆酰鸡矢藤次苷 10-O-trans-p-coumaroylscandoside
6'-O-(反式 - 对香豆酰基)-α- 吡喃葡萄糖 6'-O-(trans-p-coumaroyl)-α-glucopyranose
6'-O-(反式 - 对香豆酰基)-β- 吡喃葡萄糖 6'-O-(trans-p-coumaroyl)-β-glucopyranose
6-O-[α-L-(4"-O- 反式 - 对香豆酰基)- 吡喃鼠李糖基]- 梓醇 6-O-[α-L-(4"-O-trans-p-coumaroyl)-rhamnopyranosyl]-catapol
6-O-α-L-(2"-O- 反式 - 对香豆酰基)- 吡喃鼠李糖基梓醇 6-O-α-L-(2"-O-trans-p-coumaroyl)-rhamnopyranosylcatalpol
6-O-α-L-(4"-O- 反式 - 对香豆酰基)- 吡喃鼠李糖基梓醇 6-O-α-L-(4"-O-trans-p-coumaroyl)-rhamnopyranosylcatalpol
3-(反式 - 对香豆酰基) 奎宁酸 3-(trans-p-coumaroyl)-quinic acid
10-O- 反式 - 对香豆酰基 -10-O- 去乙酰交让木苷 10-O-trans-p-coumaroyl-10-O-deacetyldaphylloside
6-O- 反式 - 对香豆酰基 -1β-O- 甲基梓树呋喃酸甲酯▲ 6-O-trans-p-coumaroyl-1β-O-methylovatofuranic acid methyl ester
3β-O- 反式 - 对香豆酰基 -2α,23- 二羟基齐墩果 -12- 烯 -28- 酸 3β-O-trans-p-coumaroyl-2α,23-dihydroxyolean-12-en-28-oic acid
3-O- 反式 - 对香豆酰基 -2α- 羟基齐墩果酸 3-O-trans-p-coumaroyl-2α-hydroxyolean-12-en-28-oic acid
3-O- 反式 - 对香豆酰基 -2α- 羟基熊果酸 3-O-trans-p-coumaroyl-2α-hydroxyursolic acid
1-O- 反式 - 对香豆酰基 -3-O- 没食子酰基 -β-D- 吡喃葡萄糖 1-O-[(E)-p-coumaroyl]-3-O-galloyl-β-D-glucopyranose
6-O- 反式 - 对香豆酰基 -3α-O- 甲基 -7- 去氧地黄素 A 6-O-trans-p-coumaroyl-3α-O-methyl-7-deoxyrehmaglutin A
6-O- 反式 - 对香豆酰基 -3β-O- 甲基 -7- 去氧地黄素 A 6-O-trans-p-coumaroyl-3β-O-methyl-7-deoxyrehmaglutin A
1-O- 反式 - 对香豆酰基 -5-O- 顺式 - 对香豆酰奎宁酸 1-O-trans-p-coumaroyl-5-O-cis-p-coumaroylquinic acid
10-O- 反式 - 对香豆酰基 -6-O-α-L- 吡喃鼠李糖基梓醇 10-O-trans-p-coumaroyl-6-O-α-L-rhamnopyranosylcatalpol
6-O- 反式 - 对香豆酰基 -7- 去氧地黄素 A 6-O-trans-p-coumaroyl-7-deoxyrehmaglutin A
6-O- 反式 - 对香豆酰基 -8-O- 乙酰山栀苷甲酯 6-O-trans-p-coumaroyl-8-O-acetylshanzhiside methyl ester
N- 反式 - 对香豆酰基 -L- 酪氨酸 N-trans-p-coumaroyl-L-tyrosine
6-O- 反式 - 对香豆酰基 -α-D- 吡喃葡萄糖苷 6-O-trans-p-coumaroyl-α-D-glucopyranoside
1-O- 反式 - 对香豆酰基 -α-L- 吡喃鼠李糖苷 1-O-trans-p-coumaroyl-α-L-rhamnopyranoside
1-O- 反式 - 对香豆酰基 -β-D- 吡喃葡萄糖 1-O-trans-p-coumaroyl-β-D-glucopyranose
6-O- 反式 - 对香豆酰基 -β-D- 吡喃葡萄糖苷 6-O-trans-p-coumaroyl-β-D-glucopyranoside
24- 反式 - 对香豆酰基 - 二十四烷基 - 反式 - 阿魏酸酯 24-trans-p-coumaroyl-tetracosanyl-trans-ferulate
3-O- 反式 - 对香豆酰基 - 山柰酚 3-O-trans-p-coumaroyl-kaempferol
4"- 反式 - 对香豆酰基 - 山柰酚 -3-O-α-L- 吡喃鼠李糖苷 4"-trans-p-coumaroyl-kaempferol-3-O-α-L-rhamnopyranoside
6'-O- 反式 - 对香豆酰京尼平苷 6'-O-trans-p-coumaroylgeniposide
6'-O- 反式 - 对香豆酰京尼平苷酸 6'-O-trans-p-coumaroylgeniposidic acid
6"-O- 反式 - 对香豆酰荆芥苷▲ 6"-O-trans-p-coumaroylnepitrin
反式 - 对香豆酰酒石酸 trans-p-coumaroyltartaric acid
3'-O- 反式 - 对香豆酰奎宁酸 3'-O-trans-p-coumaroylquinic acid
5'-O- 反式 - 对香豆酰奎宁酸 5'-O-trans-p-coumaroylquinic acid
N- 反式 - 对香豆酰酪胺 N-trans-p-coumaroyltyramine
4"-O- 反式 - 对香豆酰龙胆二糖基京尼平 4"-O-(trans-p-coumaroyl)-gentiobiosylgenipin
6'-O- 反式 - 对香豆酰龙胆二糖基京尼平 6'-O-(trans-p-coumaroyl)-gentiobiosylgenipin
2'-O- 反式 - 对香豆酰马钱酸 2'-O-trans-p-coumaroylloganic acid
3-O- 反式 - 对香豆酰麦珠子酸 3-O-trans-p-coumaroylalphitolic acid
3β-O- 反式 - 对香豆酰麦珠子酸 3β-O-trans-p-coumaroylalphitolic acid
3-O- 反式 - 对香豆酰猕猴桃酸▲ 3-O-trans-p-coumaroylactinidic acid
11α-O- 反式 - 对香豆酰蒲公英赛醇 11α-O-trans-p-coumaroyltaraxerol

3-*O*- 反式 - 对香豆酰齐墩果酸 3-*O*-*trans*-*p*-coumaroyloleanolic acid
10-*O*- 反式 - 对香豆酰去乙酰车叶草苷酸 10-*O*-*trans*-*p*-coumaroyldesacetyl asperulosidic acid
3-*O*- 反式 - 对香豆酰山楂酸 3-*O*-*trans*-*p*-coumaroylmaslinic acid
3*β*-*O*- 反式 - 对香豆酰山楂酸 3*β*-*O*-*trans*-*p*-coumaroylmaslinic acid
6-*O*- 反式 - 对香豆酰山栀苷甲酯 6-*O*-*trans*-*p*-coumaroylshanzhiside methyl ester
3-*O*- 反式 - 对香豆酰铁冬青酸 3-*O*-*trans*-*p*-coumaroyl rotundic acid
23- 反式 - 对香豆酰委陵菜酸 23-*trans*-*p*-coumaroyltormentic acid
3-*O*- 反式 - 对香豆酰委陵菜酸 3-*O*-*trans*-*p*-coumaroyltormentic acid
3''- 反式 - 对香豆酰杨梅苷 3''-(*E*)-*p*-coumaroylmyricitrin
3*β*-(反式 - 对香豆酰氧基)-2*α*,23- 二羟基熊果 -12- 烯 -28- 酸 3*β*-(*trans*-*p*-coumaroyloxy)-2*α*,23-dihydroxy-urs-12-en-28-oic acid
3*β*- 反式 - 对香豆酰氧基 -2*α*,23- 二羟基齐墩果 -12- 烯 -28- 酸 3*β*-*trans*-*p*-coumaroyloxy-2*α*,23-dihydroxyolean-12-en-28-oic acid
23- 反式 - 对香豆酰氧基 -2*α*,3*β*- 二羟基齐墩果 -12- 烯 -28- 酸 23-*trans*-*p*-coumaroyloxy-2*α*,3*β*-dihydroxyolean-12-en-28-oic acid
4'-*O*- 反式 - 对香豆酰玉叶金花诺苷▲ 4'-*O*-*trans*-*p*-coumaroylmussaenoside
N- 反式 - 对香豆酰章鱼胺 *N*-*trans*-*p*-coumaroyloctopamine
4'-*O*- 反式 - 对香豆酰獐牙菜苦素 4'-*O*-*trans*-*p*-coumaroylswertiamarin
10-*O*- 反式 - 对香豆酰梓醇 10-*O*-*trans*-*p*-coumaroylcatalpol
反式 - 对乙酰氧基桂皮酸 C15-C20 脂肪醇酯 *trans*-4-acetoxycinnamic acid-C15-C20-long-chain alcohol ester
1,5-*O*- 反式 - 二咖啡酰奎宁酸 1,5-*O*-*trans*-dicaffeoylquinic acid
3,4-*O*- 反式 - 二咖啡酰奎宁酸甲酯 3,4-*O*-*trans*-dicaffeoylquinic acid methyl ester
3,5-*O*- 反式 - 二咖啡酰奎宁酸甲酯 3,5-*O*-*trans*-dicaffeoylquinic acid methyl ester
4,5-*O*- 反式 - 二咖啡酰奎宁酸甲酯 4,5-*O*-*trans*-dicaffeoylquinic acid methyl ester
(*E*)-6,7- 反式 - 二羟基藁本内酯 (*E*)-6,7-*trans*-dihydroxyligustilide
(*Z*)-6,7- 反式 - 二羟基藁本内酯 (*Z*)-6,7-*trans*-dihydroxyligustilide
2,3- 反式 - 二氢 -3,5,4'- 三羟基黄酮醇 -7-*O*-*α*-L- 吡喃鼠李糖苷 2,3-*trans*-dihydro-3,5,4'-trihydroxyflavonol-7-*O*-*α*-L-rhamnopyranoside
反式 - 二氢沉香呋喃 *trans*-dihydroagarofuran
(±)- 反式 - 二氢二松柏醇 (±)-*trans*-dihydrodiconiferyl alcohol
反式 - 二氢葛缕子酮 *trans*-dihydrocarvone
反式 - 二氢槲皮素 *trans*-dihydroquercetin
反式 - 二氢去氢松柏醇 -4'-*O*-*α*-L- 吡喃鼠李糖苷 *trans*-dihydrodehydroconiferyl alcohol-4'-*O*-*α*-L-rhamnopyranoside
2,3- 反式 - 二氢桑黄素 2,3-*trans*-dihydromorin
反式 - 二氢桑黄素 *trans*-dihydromorin
(+)-(2*R*,3*R*)- 反式 - 二氢山柰酚 (+)-(2*R*,3*R*)-*trans*-dihydrokaempferol
2,3- 反式 - 二氢山柰酚 2,3-*trans*-dihydrokaempferol
反式 - 二氢水仙环素 *trans*-dihydronarciclasine
反式 - 二十四碳 -15- 烯酸 *trans*-tetracosa-15-enoic acid
反式 - 二十碳 -14- 烯酸 *trans*-eicosa-14-enoic acid
反式 - 二乙酰兔耳草托苷▲ *trans*-diacetyllagotoside
反式 - 番红花酸 -*β*- 三葡萄糖基 -*β*- 龙胆二糖基酯 *trans*-crocetin-*β*-triglucosyl-*β*-gentibiosyl-ester
反式 - 反式 -3,11- 十三烯 -5,7,9- 三炔 -1,2- 二醇 *trans*-*trans*-3,11-tridecadiene-5,7,9-triyne-1,2-diol
反式 - 芳樟醇氧化物 *trans*-linalool oxide
反式 - 飞燕草素 -3-*O*-(6-*O*- 对香豆酰基)-5-*O*- 二葡萄糖苷 *trans*-delphinidin-3-*O*-(6-*O*-*p*-coumaryl)-5-*O*-diglucoside
(*Z*)-*α*- 反式 - 佛手柑油醇 (*Z*)-*α*-*trans*-bergamotol
反式 - 藁本内酯 *trans*-ligustilide
反式 - 革叶基尔藤黄素▲ *trans*-kielcorin
反式 - 葛缕子醇 *trans*-carveol
反式 - 葛缕子醇 -6-*O*-*β*- 吡喃葡萄糖醛酸苷 *trans*-carveol-6-*O*-*β*-glucuronopyranoside
反式 - 葛缕子醇乙酸酯 *trans*-carvyl acetate
反式 - 宫部苔草酚 C *trans*-miyabenol C
反式 - 钩果草苷 *trans*-harpagoside
反式 - 桂皮醇 -3- 苯基丙酸酯 *trans*-cinnamyl-3-phenylpropionate
β- 反式桂皮醇 -*O*-(6'-*O*-*α*-L- 呋喃阿拉伯糖基)-D- 吡喃葡萄糖苷 *β*-*trans*-cinnamic alcohol-*O*-(6'-*O*-*α*-L- arabinofuranosyl)-D-glucopyranoside
反式 - 桂皮醇乙酸酯 *trans*-cinnamyl acetate
反式 - 桂皮基 -1- 苯基 -2- 丙烯基醚 *trans*-cinnamyl-1-phenyl-2-propenyl ether
反式 - 桂皮醛 *trans*-cinnamaldehyde
反式 - 桂皮酸 *trans*-cinnamic acid
反式 - 桂皮酸酐 *trans*-cinnamic anhydride
反式 - 桂皮酸甲酯 trans-cinnamic acid methyl ester; methyl trans-cinnamate
反式 - 桂皮酸龙脑酯 bornyl *trans*-cinnamate
反式 - 桂皮酸乙酯 ethyl *trans*-cinnamate
4'-*O*-*β*-D-(5- 反式 - 桂皮酰呋喃芹糖基)-[(2*S*)-5- 羟基 -3'- 甲氧基黄烷酮 -7-*O*-*β*-D- 吡喃葡萄糖苷] 4'-*O*-*β*-D-(5-*trans*-cinnamyloylapiofuranosyl)-[(2*S*)-5-hydroxy-3'-methoxyflavanone]-7-*O*-*β*-D-glucopyranoside
反式 - 桂皮酰古柯碱 *trans*-cinnamoylcocaine
7-*O*- 反式 - 桂皮酰黄钟花苷 7-*O*-(*trans*-cinnamoyl)tecomoside
6-*O*-(3''-*O*- 反式 - 桂皮酰基)-*α*-L- 吡喃鼠李糖基梓醇 6-*O*-(3''-*O*-*trans*-cinnamoyl)-*α*-L-rhamnopyranosylcatalpol
6-*O*-(3''-*O*- 反式 - 桂皮酰基)-*α*-L- 吡喃鼠李糖基梓醇七乙酸酯 6-*O*-(3''-*O*-*trans*-cinnamoyl)-*α*-L-rhamnopyranosylcatalpol heptaacetate
4-*O*-*β*-D-(6'-*O*- 反式 - 桂皮酰基)- 吡喃葡萄糖基 -2- 丁酮 4-*O*-*β*-D-(6'-*O*-*trans*-cinnamoyl)-glucopyranosyl-2-butanone
6-*O*-*α*-L-(3''-*O*- 反式 - 桂皮酰基) 吡喃鼠李糖基梓醇 6-*O*-*α*-L-(3''-*O*-*trans*-cinnamoyl)rhamnopyranosylcatalpol
6-*O*-*α*-L-(4''-*O*- 反式 - 桂皮酰基) 吡喃鼠李糖基梓醇 6-*O*-*α*-L-(4''-*O*-*trans*-cinnamoyl)rhamnopyranosylcatalpol
6-*O*-*α*-L-(2''-*O*- 反式 - 桂皮酰基) 吡喃鼠李糖基梓醇 6-*O*-*α*-L-(2''-*O*-*trans*-cinnamoyl)rhamnopyranosylcatalpol
6-*O*-*α*-L-(3''-*O*- 反式 - 桂皮酰基)- 吡喃鼠李糖基梓醇 6-*O*-*α*-L-(3''-*O*-*trans*-cinnamoyl)-rhamnopyranosylcatalpol
6-*O*-*α*-L-(4''-*O*- 反式 - 桂皮酰基)- 吡喃鼠李糖基梓醇 6-*O*-*α*-L-(4''-*O*-*trans*-cinnamoyl)-rhamnopyranosylcatalpol
6-*O*-*α*-L-(4''-*O*- 反式 - 桂皮酰基)- 吡喃鼠李糖基梓醇 6-*O*-*α*-L-(4''-*O*-*trans*-cinnamoyl)-rhamnopyranosylcatalpol
6-*O*-*α*-L-(4''-*O*- 反式 - 桂皮酰基)- 吡喃鼠李糖基 - 梓醇 6-*O*-*α*-L-(4''-*O*-*trans*-cinnamoyl)-rhamnopyranosyl-catapol
6-*O*- 反式桂皮酰基 -1-*O*-(4''- 羟基 -3''- 甲基呋喃 -2''- 酮)-*β*-D- 吡喃葡萄糖苷 6-*O*-(*trans*-cinnamoyl)-1-*O*-(4''-hydroxy-3''-methylfuran-2''-one)-*β*-D-glucopyranoside
(2*S*)-*N*- 反式 - 桂皮酰基 -2- 氧代原吡咯烷 (2*S*)-*N*-*trans*-cinnamoyl-2-oxopropyrrolidine
1-*O*- 反式 - 桂皮酰基 -3-*O*- 没食子酰基 -4,6-(*S*)- 六羟基联苯二甲酰基 -*β*-D- 吡喃葡萄糖 1-*O*-*trans*-cinnamoyl-3-*O*-galloyl-4,6-(*S*)-HHDP-*β*-D-glucopyranose
1-*O*- 反式 - 桂皮酰基 -4-*O*- 没食子酰基 -*β*-D- 吡喃葡萄糖

1-*O-trans*-cinnamoyl-4-*O*-galloyl-*β*-D-glucopyranose
7-*O*- 反式 - 桂皮酰基 -6*β*- 羟基马钱苷 7-*O-trans*-cinnamoyl-6*β*-hydroxyloganin
6-*O*- 反式 - 桂皮酰基 -*E*- 钩果草苷 6-*O-trans*-cinnamoyl-*E*-harpagoside
1-*O*- 反式 - 桂皮酰基 -*α*-L- 吡喃鼠李糖 1-*O-trans*-cinnamoyl-*α*-L-rhamnopyranose
2-*O*- 反式 - 桂皮酰基 -*α*-L- 吡喃鼠李糖 2-*O-trans*-cinnamoyl-*α*-L-rhamnopyranose
3-*O*- 反式 - 桂皮酰基 -*α*-L- 吡喃鼠李糖 3-*O-trans*-cinnamoyl-*α*-L-rhamnopyranose
1-*O*- 反式 - 桂皮酰基 -*β*-D- 吡喃葡萄糖 1-*O-trans*-cinnamoyl-*β*-D-glucopyranose
1-*O*- 反式 - 桂皮酰基 -*β*-D- 吡喃葡萄糖苷 1-*O-trans*-cinnamoyl-*β*-D-glucopyranoside
1-*O*- 反式 - 桂皮酰基 -*β*-D- 吡喃葡萄糖基 -(1 → 6)-*β*-D- 吡喃葡萄糖苷 1-*O-trans*-cinnamoyl-*β*-D-glucopyranosyl-(1 → 6)-*β*-D-glucopyranoside
6-*O*- 反式 - 桂皮酰坚硬糙苏苷 B 6-*O-trans*-cinnamoylphlorigidoside B
6''-*O*- 反式 - 桂皮酰京尼平龙胆二糖苷 6''-*O-trans*-cinnamoylgenipin gentiobioside
N- 反式 - 桂皮酰酪胺 *N-trans*-cinnamoyltyramine
6'-*O*- 反式 - 桂皮酰龙胆二糖基京尼平 6'-*O*-(*trans*-cinnamoyl)-gentiobiosylgenipin
O- 反式 - 桂皮酰欧洲桤木醇▲ *O-trans*-cinnamoylglutinol
8-*O*- 反式 - 桂皮酰山栀苷甲酯 8-*O-trans*-cinnamoylshanzhiside methyl ester
6'-*O*- 反式 - 桂皮酰水杨苷 6'-*O-trans*-cinnamoylsalicin
21*β*- 反式 - 桂皮酰氧基 - 齐墩果 -12- 烯 -3*β*,16*β*,23,28- 四醇 21*β*-(*trans*-cinnamoyloxy)-olean-12-ene-3*β*,16*β*,23,28-tetraol
8-*O*- 反式 - 桂皮酰莸苷▲ A 8-*O-trans*-cinnamoylcaryoptoside
8-*O*- 反式 - 桂皮酰玉叶金花诺苷▲ 8-*O-trans*-cinnamoylmussaenoside
反式 - 桧醇 *trans*-sabinol
反式 - 桧醇乙酸酯 *trans*-sabinyl acetate
反式 - 桧烯 *trans*-sabinene
反式 - 桧烯水合物 *trans*-sabinene hydrate
反式 - 红车轴草酰胺 *trans*-clovamide
反式 - 胡枝子酸钾 *trans*-potassium lespedezate
反式 - 虎杖苷 *trans*-polydatin
(+)- 反式 - 花旗松素 (+)-*trans*-taxifolin
反式 - 花旗松素 -3-*O*-*α*- 吡喃阿拉伯糖苷 *trans*-taxifolin-3-*O*-*α*-arabinopyranoside
反式 - 花旗松素 -3-*O*-*β*- 吡喃葡萄糖苷 *trans*-taxifolin-3-*O*-*β*-glucopyranoside
反式 - 花药黄质 *trans*-antheraxanthin
(±)-6,7- 反式 - 环氧大麻香叶酚▲ (±)-6,7-*trans*-epoxycannabigerol
(±)-6,7- 反式 - 环氧大麻香叶酚酸▲ (±)-6,7-*trans*-epoxycannabigerolic acid
反式 - 黄柏酸 -17-*O*-*β*-D- 吡喃葡萄糖苷 *trans*-obacunoic acid-17-*O*-*β*-D-glucopyranoside
反式 - 黄皮香豆醇▲ *trans*-clausarinol
反式 - 黄体呋喃素 *trans*-luteoxanthin
反式 - 火热回环菊碱▲ *trans*-pellitorine
反式 - 甲基赤芝酮 *trans*-methyllucidone
2-*O*- 反式 - 甲氧基桂皮酰吡喃鼠李糖苷 2-*O-trans*-methoxycinnamoylrhamnopyranoside
6- 反式 - 假杜鹃素 6-*trans*-barlerin
反式 - 芥子醛 *trans*-sinapaldehyde
反式 - 芥子酸 *trans*-sinapic acid
反式 - 芥子酸 -4-*O*-*β*-D- 吡喃葡萄糖苷 *trans*-sinapic acid-4-*O*-*β*-glucopyranoside
反式 - 芥子酸甲酯 *trans*-sinapic acid methyl ester
8-*C*-(6-*O*- 反式 - 芥子酰基)-*β*- 吡喃葡萄糖基矢车菊素 -3-*O*-(6-*O*-丙二酰基 -*β*- 吡喃葡萄糖苷) 8-*C*-(6-*O-trans*-sinapoyl)-*β*-glucopyranosylcyanidin-3-*O*-(6-*O*-malonyl-*β*-glucopyranoside)
反式 - 芥子酰基 -*β*-D- 吡喃葡萄糖苷 *trans*-psinapoyl-*β*-D-glucopyranoside
6''-*O*-(2-*O*- 反式 - 芥子酰基 -*β*-D- 吡喃葡萄糖基)-7-*O*- 反式 - 芥子酰异牡荆素 6''-*O*-(2-*O-trans*-sinapoyl-*β*-D-glucopyranosyl)-7-*O*-*trans*-sinapoylisovitexin
6''-*O*-(2-*O*- 反式 - 芥子酰基 -*β*-D- 吡喃葡萄糖基)-7-*O*- 反式 - 芥子酰异牡荆素 -4'-*O*-*β*-D- 吡喃葡萄糖苷 6''-*O*-(2-*O-trans*-sinapoyl-*β*-D-glucopyranosyl)-7-*O-trans*-sinapoylisovitexin-4'-*O*-*β*-D-glucopyranoside
N- 反式 - 芥子酰甲氧基酪胺 *N-trans*-sinapoylmethoxytyramine
10-*O*- 反式 - 芥子酰京尼平苷 10-*O-trans*-sinapoylgeniposide
6''-*O*- 反式 - 芥子酰京尼平龙胆二糖苷 6''-*O-trans*-sinapoylgenipin gentiobioside
N- 反式 - 芥子酰酪胺 *N-trans*-sinapoyltyramine
10-(6-*O*- 反式 - 芥子酰葡萄糖基)- 栀子二醇 10-(6-*O-trans*-sinapoylglucopyranosyl)-gardendiol
11-(6-*O*- 反式 - 芥子酰葡萄糖基)- 栀子二醇 11-(6-*O-trans*-sinapoylglucopyranosyl)-gardendiol
3*α*- 反式 - 芥子酰氧基 - 简尼泽兰醇▲ -18-*O*-*β*-D- 吡喃葡萄糖苷 3*α*-*trans*-sinapoyloxy-jhanol-18-*O*-*β*-D-glucopyranoside
3*β*- 反式 - 芥子酰氧基羽扇豆 -20(29)- 烯 -28- 醇 3*β*-*trans*-sinapoyloxylup-20(29)-en-28-ol
7-*O*- 反式 - 芥子酰异牡荆素 7-*O-trans*-sinapoylisovitexin
7-*O*- 反式 - 芥子酰异牡荆素 -4'-*O*-(6-*O*- 反式 - 芥子酰基 -*β*-D-吡喃葡萄糖苷 7-*O-trans*-sinapoylisovitexin-4'-*O*-(6-*O-trans*-sinapoyl-*β*-D-glucopyranoside)
7-*O*- 反式 - 芥子酰异牡荆素 -4'-*O*-*β*-D- 吡喃葡萄糖苷 7-*O-trans*-sinapoylisovitexin-4'-*O*-*β*-D-glucopyranoside
6'-*O*- 反式 - 芥子酰栀子诺苷▲ A 6'-*O-trans*-sinapoyljasminoside A
6'-*O*- 反式 - 芥子酰栀子诺苷▲ B 6'-*O-trans*-sinapoyljasminoside B
6'-*O*- 反式 - 芥子酰栀子诺苷▲ C 6'-*O-trans*-sinapoyljasminoside C
6'-*O*- 反式 - 芥子酰栀子诺苷▲ L 6'-*O-trans*-sinapoyljasminoside L
6'-*O*- 反式 - 芥子酰栀子新苷 6'-*O-trans*-sinapoylgardoside
反式 - 金合欢基乙酸酯 *trans*-farnesylacetate
反式 - 堇黄质 *trans*-violaxanthin
反式 - 锦葵素 -3-*O*-(6-*O*- 对香豆酰基)-5-*O*- 二葡萄糖苷 *trans*-malvidin-3-*O*-(6-*O*-*p*-coumaryl)-5-*O*-diglucoside
反式 - 锦葵素 -3-*O*-(6-*O*- 对香豆酰基)- 葡萄糖苷 *trans*-malvidin-3-*O*-(6-*O*-*p*-coumaryl)-glucoside
反式 - 菊醇乙酸酯 *trans*-chrysanthenyl acetate
反式 - 菊花醛 *trans*-chrysanthemal
反式 - 菊酸 *trans*-chrysanthemumic acid
反式 - 咖啡酸 *trans*-caffeic acid
反式 - 咖啡酸 -1-*O*- 芸香糖酯 *trans*-caffeic acid-1-*O*-rutinose ester
反式 - 咖啡酸二十二酯 docosyl *trans*-caffeate
反式 - 咖啡酸二十三酯 tricosyl *trans*-ferulate
反式 - 咖啡酸二十四酯 tetracosyl *trans*-caffeate
反式 - 咖啡酸二十酯 eicosyl *trans*-caffeate
反式 - 咖啡酸甲酯 *trans*-caffeic acid methyl ester
反式 - 咖啡酸葡萄糖基酯 *trans*-caffeic acid glucose ester
反式 - 咖啡酸十八酯 octadecyl *trans*-caffeate
反式 - 咖啡酸十六酯 hexadecyl *trans*-caffeate

F

反式 - 咖啡酸十三酯 trydecyl *trans*-caffeate
反式咖啡酸乙酯 ethyl *trans*-3,4-dihydroxycinnamate
反式 - 咖啡酸乙酯 ethyl *trans*-caffeate
N- 反式 - 咖啡酰胺 *N*-*tran*-*s*caffeoyl-tyramine
3*β*-*O*- 反式 - 咖啡酰白桦脂醇 3*β*-*O*-*trans*-caffeoylbetulin
1-*O*- 反式 - 咖啡酰基 -(6-*O*- 没食子酰基)-*β*-D- 吡喃葡萄糖 1-*O*-(*E*)-caffeoyl-(6-*O*-galloyl)-*β*-D-glucopyranose
1-*O*-(反式 - 咖啡酰基)-4,6-[1,1'-(3,3',4,4'- 四羟基二苯并呋喃二羧酰)]-*β*-D- 吡喃葡萄糖 1-*O*-*trans*-caffeoyl-4,6-[1,1'-(3,3',4,4'-tetrahydroxydibenzofuran-dicarboxyl)]-*β*-D-glucopyranose
6-*O*-[*α*-L-(2''- 反式 - 咖啡酰基)- 吡喃鼠李糖基]- 梓醇 6-*O*-[*α*-L-(2''-*trans*-caffeoyl)-rhamnopyranosyl]-catalpol
6-*O*-[*α*-L-(3''- 反式 - 咖啡酰基)- 吡喃鼠李糖基]- 梓醇 6-*O*-[*α*-L-(3''-*trans*-caffeoyl)-rhamnopyranosyl]-catalpol
2-*O*- 反式 - 咖啡酰基 -1-*O*- 对 - 反式 - 香豆酰基 -*β*-D- 吡喃葡萄糖 2-*O*-*trans*-caffeoyl-1-*O*-*p*-*trans*-coumaroyl-*β*-D-glucopyranose
3-*O*- 反式 - 咖啡酰基 -1-*O*- 没食子酰基 -*β*-D- 吡喃葡萄糖 3-*O*-*trans*-caffeoyl-1-*O*-galloyl-*β*-D-glucopyranose)
3*β*-*O*- 反式 - 咖啡酰基 -29- 羟基白桦脂醇 3*β*-*O*-*trans*-caffeoyl-29-hydroxybetulin
1-*O*- 反式 - 咖啡酰基 -2'-*O*- 反式 - 芥子酰龙胆二糖 1-*O*-*trans*-caffeoyl-2'-*O*-*trans*-sinapoyl gentiobiose
1-*O*- 反式 - 咖啡酰基 -3,4,6- 三 -*O*- 没食子酰基 -*β*-D- 吡喃葡萄糖 1-*O*-*trans*-caffeoyl-3,4,6-tri-*O*-galloyl-*β*-D-glucopyranose
1-*O*-(反式 - 咖啡酰基 -3-*O*- 没食子酰基 -4,6-(*S*)- 六羟基联苯二甲酰基 -*β*-D- 吡喃葡萄糖 1-*O*-(*trans*-caffeoyl)-3-*O*-galloyl-4,6-(*S*)-hexahydroxydiphenoyl-*β*-D-glucopyranose
1-*O*- 反式 - 咖啡酰基 -3-*O*- 没食子酰基 -4,6-(*S*)- 六羟基联苯二甲酰基 -*β*-D- 吡喃葡萄糖 1-*O*-*trans*-caffeoyl-3-*O*-galloyl-4,6-(*S*)-HHDP-*β*-D-glucopyranose
1-*O*- 反式 - 咖啡酰基 -3-*O*- 没食子酰基 -*β*-D- 吡喃葡萄糖 1-*O*-*trans*-caffeoyl-3-*O*-galloyl-*β*-D-glucopyranose
27-*O*- 反式 - 咖啡酰基 -3- 氧代 - 羽扇豆 -20(29)- 烯 -28- 酸 27-*O*-*trans*-caffeoyl-3-oxo-lup-20(29)-en-28-oic acid
1-*O*- 反式 - 咖啡酰基 -4,6-(*S*)- 六羟基联苯二甲酰基 -*β*-D- 吡喃葡萄糖 1-*O*-*trans*-caffeoyl-4,6-(*S*)-hexahydroxydiphenoyl-*β*-D-glucopyranose
1-*O*- 反式 - 咖啡酰基 -4,6- 二 -*O*- 没食子酰基 -*β*-D- 吡喃葡萄糖 1-*O*-*trans*-caffeoyl-4,6-di-*O*-galloyl-*β*-D-glucopyranose
1-*O*- 反式 - 咖啡酰基 -4-*O*- 没食子酰基 -*β*-D- 吡喃葡萄糖 1-*O*-*trans*-caffeoyl-4-*O*-galloyl-*β*-D-glucopyranose
6-*O*- 反式 - 咖啡酰基 -5,7- 二去氧牛皮消猫爪藤苷 6-*O*-*trans*-caffeoyl-5,7-bisdeoxycynanchoside
1-*O*- 反式 - 咖啡酰基 -5-*O*-7,8- 二氢 -7*α*- 甲氧基咖啡酰奎宁酸 1-*O*-*trans*-caffeoyl-5-*O*-7,8-dihydro-7*α*-methoxycaffeoylquinic acid
1-*O*- 反式 - 咖啡酰基 -5-*O*- 反式 - 对香豆酰奎宁酸 1-*O*-*trans*-caffeoyl-5-*O*-*trans*-*p*-coumaroylquinic acid
N- 反式 - 咖啡酰基 -5- 羟基酪胺 *N*-*trans*-caffeoyl-5-hydroxytyramine
1-*O*- 反式 - 咖啡酰基 -6-*O*- 没食子酰基 -*β*-D- 吡喃葡萄糖 1-*O*-*trans*-caffeoyl-6-*O*-galloyl-*β*-D-glucopyranose
反式 - 咖啡酰基 -6-*O*- 葡萄糖酸 *trans*-caffeoyl-6-*O*-gluconic acid
10-*O*- 反式 - 咖啡酰基 -6*α*- 羟基京尼平苷 10-*O*-*trans*-caffeoyl-6*α*-hydroxygeniposide
N- 反式 - 咖啡酰基 -L- 酪氨酸 *N*-*trans*-caffeoyl-L-tyrosine
3-*O*-[2-*O*- 反式 - 咖啡酰基 -*α*-L- 吡喃阿拉伯糖基 -(1 → 2)-*β*-D-吡喃半乳糖基]- 槲皮素 3-*O*-[(2-*O*-*trans*-caffeoyl-*α*-L-arabinopyranosyl)-(1 → 2)-*β*-D-galactopyranosyl]-quercetin
3-*O*-[(2-*O*- 反式 - 咖啡酰基 -*α*-L- 吡喃阿拉伯糖基)-(1 → 2)-*β*-D- 吡喃半乳糖基]-7-*O*-*β*-D- 吡喃葡萄糖基槲皮素 3-*O*-[(2-*O*-*trans*-caffeoyl-*α*-L-arabinopyranosyl)-(1 → 2)-*β*-D-galactopyranosyl]-7-*O*-*β*-D-glucopyranosyl-quercetin
3-*O*-[(2-*O*- 反式 - 咖啡酰基 -*α*-L- 吡喃阿拉伯糖基)-(1 → 2)-*β*-D- 吡喃半乳糖基]- 山柰酚 3-*O*-[(2-*O*-*trans*-caffeoyl-*α*-L-arabinopyranosyl)-(1 → 2)-*β*-D-galactopyranosyl]-kaempferol
4-*O*- 反式 - 咖啡酰基 -*α*-L- 吡喃鼠李糖基 -(1' → 3)-*α*-D- 吡喃葡萄糖 4-*O*-*trans*-caffeoyl-*α*-L-rhamnopyranosyl-(1' → 3)-*α*-D-glucopyranose
4-*O*- 反式 - 咖啡酰基 -*α*-L- 吡喃鼠李糖基 -(1' → 3)-*β*-D- 吡喃葡萄糖 4-*O*-*trans*-caffeoyl-*α*-L-rhamnopyranosyl-(1' → 3)-*β*-D-glucopyranose
1-*O*- 反式 - 咖啡酰基 -*β*-D- 吡喃葡萄糖 1-*O*-*trans*-caffeoyl-*β*-D-glucopyranose
6-*C*-(6''-*O*- 反式 - 咖啡酰基 -*β*-D- 吡喃葡萄糖基)-3',4',5,7- 四羟基黄酮 6-*C*-(6''-*O*-*trans*-caffeoyl-*β*-D-glucopyranosyl)-3',4',5,7-tetrahydroxyflavone
3-*O*-[2-*O*-(6-*O*- 反式 - 咖啡酰基 -*β*-D- 吡喃葡萄糖基)-6-*O*-(4-*O*-(6-*O*-(3-*O*-(*β*-D- 吡喃葡萄糖基)- 反式 - 咖啡酰基)-*β*-D- 吡喃葡萄糖基)- 反式 - 咖啡酰基)-*β*-D- 吡喃葡萄糖苷]-5-*O*-*β*-D- 吡喃葡萄糖苷 3-*O*-[2-*O*-(6-*O*-(*trans*-caffeoyl)-*β*-D-glucopyranosyl)-6-*O*-(4-*O*-(6-*O*-(3-*O*-(*β*-D-glucopyranosyl)-*trans*-caffeoyl)-*β*-D-glucopyranosyl)-*trans*-caffeoyl)-*β*-D-glucopyranoside]-5-*O*-*β*-D-glucopyranoside
1-*O*- 反式 - 咖啡酰基 -*β*- 龙胆二糖 1-*O*-*trans*-caffeoyl-*β*-gentiobiose
6'-*O*- 反式 - 咖啡酰基 - 马钱酸 6'-*O*-*trans*-caffeoyl-loganic acid
6-*O*- 反式 - 咖啡酰基 - 去桂皮酰球花明苷▲ 6-*O*-*trans*-caffeoyl-decinnamoylglobularimin
6'-*O*- 反式 - 咖啡酰基 - 去乙酰车叶草苷酸甲酯 6'-*O*-(*trans*-caffeoyl)-deacetylasperulosidic acid methyl ester
6-*O*- 反式 - 咖啡酰基 - 十万错苷▲ E 6-*O*-*trans*-caffeoyl-asystasioside E
6''-*O*- 反式 - 咖啡酰京尼平龙胆二糖苷 6''-*O*-*trans*-caffeoylgenipin gentiobioside
反式 - 咖啡酰酒石酸 *trans*-caftaric acid
4-*O*- 反式 - 咖啡酰奎宁酸甲酯 4-*O*-*trans*-caffeoylquinic acid methyl ester
5-*O*- 反式 - 咖啡酰奎宁酸甲酯 5-*O*-*trans*-caffeoylquinic acid methyl ester
N-4- 反式 - 咖啡酰酪胺 *N*-4-*trans*-caffeoyltyramine
N- 反式 - 咖啡酰酪胺 *N*-*trans*-caffeoyltyramine
反式 - 咖啡酰酪胺 *trans*-caffeoyltyramine
5- 反式咖啡酰莽草酸 5-*trans*-caffeoylshikimic acid
3*β*-*O*- 反式 - 咖啡酰模绕酸 3*β*-*O*-*trans*-caffeoyl-morolic acid
3*β*- 反式 - 咖啡酰蒲公英赛醇 3*β*-*E*-caffeoyltaraxerol
3*β*-*O*- 反式 - 咖啡酰扇豆醇 3*β*-*O*-*trans*-caffeoyllupeol
6'-*O*- 反式 - 咖啡酰水杨苷 6'-*O*-*trans*-caffeoylsalicin
3-*O*- 反式 - 咖啡酰委陵菜酸 3-*O*-*trans*-caffeoyltormentic acid
3*β*- 反式 - 咖啡酰氧基齐墩果 -12- 烯 -28- 酸 3*β*-*trans*-caffeoyloxyolean-12-en-28-acid
反式 - 咖啡酰硬脂醇酯 *trans*-caffeic acid stearyl ester
27-*O*- 反式 - 咖啡酰圆盘豆酸▲ 27-*O*-*trans*-caffeoylcylicodiscic acid
27-*O*- 反式 - 咖啡酰圆盘豆酸甲酯 methyl 27-*O*-*trans*-caffeoylcylicodiscate
反式 - 辣薄荷醇 *trans*-piperitol
反式 - 辣薄荷酮氧化物 *trans*-piperitone oxide
反式 - 邻羟基 - 对甲氧基桂皮酸 *trans*-*o*-hydroxy-*p*-methoxycinnamic acid
反式 - 邻羟基桂皮酸 *trans*-*o*-hydroxycinnamic acid
反式 - 邻羟基桂皮酸葡萄糖苷 *trans*-*o*-hydroxycinnamic acid

glucoside
反式 - 邻香豆酸 *trans-o*-coumaric acid
反式 - 硫酸烯丙基酯 -3- 烯丙基巯基 - 烯丙基酯 *trans*-sulfuric acid allyl ester 3-allylsulfanyl-allyl ester
β- 反式 - 罗勒烯 *β-trans*-ocimene
反式 - 罗勒烯 *trans*-ocimene
反式 - 螺缩醛烯醇醚多炔 *trans*-spiroketalenolether polyyne
反式 - 绿原酸 *trans*-chlorogenic acid
反式 - 麻叶千里光内酯 A *trans*-cannabifolactone A
反式 - 马鞭草烯醇 *trans*-verbenol
反式 - 毛蕊花苷 *trans*-verbascoside
反式 - 玫瑰醚 *trans*-roseoxide
反式 - 米团花苷 A *trans*-leucosceptoside A
反式 - 牡丹茋酚▲D *trans*-suffruticosol D
反式 - 柠檬醛 *trans*-citral
反式欧芹酸 petroselaidic acid
反式 - 欧洲刺柏酸▲ *trans*-communic acid
反式 - 蒎烯水合物 *trans*-pinene hydrate
反式 - 葡萄辛▲B *trans*-vitisin B
反式 - 千里光内酯 *trans*-seneciolactone
反式 - 羟基酒花黄酚▲ *trans*-hydroxyxanthohumol
反式 - 茄色苷 *trans*-nasunin
(+)- 反式 - 去氢二异丁香油酚 (+)-*trans*-dehydrodiisoeugenol
反式 - 去氢母菊炔甲酯 *trans*-dehydromatricaria ester
反式 - 去氢欧前胡醚▲ *trans*-dehydroosthole
(7'*S*,8'*S*)- 反式 - 鹊肾树醇▲A (7'*S*,8'*S*)-*trans*-streblusol A
反式 - 肉苁蓉苷 D *trans*-cistanoside D
反式 - 沙田柚马灵▲ *trans*-grandmarin
反式 - 山葡萄素 B *trans*-amurensin B
反式 - 山楂酸 *trans*-crataegolic acid
反式 - 湿地松酸 *trans*-elliotinoic acid
反式 - 十六碳 -9- 烯酸 *trans*-hexadec-9-enoic acid
反式 - 莳萝脑 *trans*-anethole
反式 - 顺式 - 表 -β- 檀香醇 *trans-cis-epi-β*-santalol
反式 - 松柏醇 *trans*-coniferyl alcohol
反式 - 松柏醛 *trans*-coniferaldehyde
反式 - 松葛缕子醇 *trans*-pinocarveol
反式 - 松葛缕子醇乙酸酯 *trans*-pinocarvyl acetate
反式 - 松葛缕子酮 *trans*-pinocarvone
反式 - 桃金娘醇乙酸酯 *trans*-myrtenol acetate
反式 - 天竺桂醇▲ *trans*-yabunikkeol
反式 - 脱落醇 -β-D- 吡喃葡萄糖苷 *trans*-abscisic alcohol-*β*-D-glucopyranoside
反式 - 乌头酸 *trans*-aconitic acid
反式 - 乌头酸 -1- 乙酯 *trans*-aconitate-1-ethyl ester
反式 - 乌头酸 -5- 乙酯 *trans*-aconitate-5-ethyl ester
反式 - 乌头酸 -6- 乙酯 *trans*-aconitate-6-ethyl ester
反式 - 细辛脑 *trans*-asarone
反式 - 香豆酸 *trans*-coumaric acid
反式 - 香豆酸甲酯 *trans*-coumaric acid methyl ester
反式 - 香豆酸三十二酯 *trans*-dotriacontyl-coumarate
3β-*O*- 反式 - 香豆酰白桦脂醇 3*β*-*O*-*trans*-coumaroylbetulin
3α-*O*- 反式 - 香豆酰白桦脂酸 3*α*-*O*-*trans*-coumaroylbetulinic acid
3β-*O*- 反式 - 香豆酰白桦脂酸 3*β*-*O*-*trans*-coumaroylbetulinic acid
1-*O*- 反式 - 香豆酰基 -3,4,6- 三 -*O*- 没食子酰基 -β-D- 吡喃葡萄糖 1-*O*-*trans*-coumaroyl-3,4,6-tri-*O*-galloyl-*β*-D-glucopyranose
1-*O*- 反式 - 香豆酰基 -3-*O*- 没食子酰基 -4,6-(*S*)- 六羟基联苯二甲酰基 -β-D- 吡喃葡萄糖 1-*O*-*trans*-coumaroyl-3-*O*-galloyl-4,6-(*S*)-HHDP-*β*-D-glucopyranose
1-*O*- 反式 - 香豆酰基 -4,6-(*S*)- 六羟基联苯二甲酰基 -β-D- 吡喃葡萄糖 1-*O*-*trans*-coumaroyl-4,6-(*S*)-HHDP-*β*-D-glucopyranose
反式 - 香豆酰酒石酸 *trans*-coutaric acid
3-*O*- 反式 - 香豆酰奎宁酸 3-*O*-*trans*-coumaroylquinic acid
4-*O*- 反式 - 香豆酰奎宁酸甲酯 4-*O*-*trans*-coumaroylquinic acid methyl ester
5-*O*- 反式 - 香豆酰奎宁酸甲酯 5-*O*-*trans*-coumaroylquinic acid methyl ester
N-4- 反式 - 香豆酰酪胺 *N*-4-*trans*-coumaroyltyramine
N- 反式 - 香豆酰酪胺 *N*-*trans*-coumaroyltyramine
α- 反式 - 香柠檬烯 *α*-*trans*-bergamotene
β- 反式 - 香柠檬烯 *β*-*trans*-bergamotene
α- 反式 - 香柠檬烯醇 *α*-*trans*-bergamotenol
反式 - 香叶醇 *trans*-geraniol
反式 - 香叶基丙酮 *trans*-geranylacetone
反式 - 香叶酸 *trans*-geranic acid
反式 - 新黄质 *trans*-neoxanthin
反式 - 崖柏烯 *trans*-thujenol
反式 - 崖椒酰胺 *trans*-fagaramide
反式 - 亚油酸 *trans*-linoleic acid
反式 - 亚油酸甲酯 *trans*-linoleic acid methyl ester
反式 - 叶黄素 *trans*-lutein
反式 - 异阿魏酸 *trans*-isoferulic acid
2-*O*- 反式 - 异阿魏酰吡喃鼠李糖苷 2-*O*-*trans*-isoferuloylrhamnopyranoside
3-*O*- 反式 - 异阿魏酰吡喃鼠李糖苷 3-*O*-*trans*-isoferuloylrhamnopyranoside
反式 - 异丁香苷 *trans*-isosyringin
反式 - 异肉豆蔻醚 *trans*-isomyristicin
反式 - 银椴苷 *trans*-tiliroside
反式 - 油酸 *trans*-oleic acid
反式 - 玉米素 *trans*-zeatin
反式 - 云杉鞣酚 *trans*-piceatannol
反式 - 云杉新苷 *trans*-piceid
反式 - 植醇 *trans*-phytol
(-)- 反式 - 紫花前胡定醇▲ (-)-*trans*-decursidinol
(+)- 反式 - 紫花前胡定醇▲ (+)-*trans*-decursidinol
反式 - 紫花前胡定醇▲ *trans*-decursidinol
反式 - 紫杉叶素 -3-*O*- 戊糖苷 *trans*-taxifolin-3-*O*-pentoside
反式 - 棕榈酰植醇 *trans*-palmitoylphytol
反油酸 elaidic acid
反折萝芙木灵碱▲ flexicorine
反枝苋醇 A 糖苷 amaranthölidol A glycoside
泛醌 -10 ubiquinone-10
泛醌 -8 ubiquinone-8
泛醌 9, Q7 ubiquinone 9, Q7
D- 泛酸 D-pantothenic acid
泛酸 pantothenic acid
梵茜草素▲ munjistin
梵茜草素▲甲酯 munjistin methyl ester
方杆蕨素▲A, B, C eruberin A, B, C
方茎金丝桃素▲ subalatin
方茎青紫葛素▲A quadrangularin A
芳红曲可林 A aromonacolin A
芳基苯并呋喃 DO-22 arylbenzofuran DO-22
芳 - 姜黄酮 ar-tumerone
芳 - 姜黄烯 ar-curcumene
芳香白珠苷▲ dhasingreoside
芳香堆心菊素 aromaticin

F

(+)- 芳香厚壳桂碱 (+)-cryptodorine
芳香花桂林碱▲ aromoline
芳香膜菊素 odoratin
芳香润楠醇▲ A odoratisol A
芳香蓍苷▲ afroside
(-)- 芳樟醇 (-)-linalool
(3*R*)-(-)- 芳樟醇 (3*R*)-(-)-linalool
(3*S*)-(+)- 芳樟醇 (3*S*)-(+)-linalool
(*R*)- 芳樟醇 (*R*)-linalool
(*S*)- 芳樟醇 (*S*)-linalool
d- 芳樟醇 *d*-linalool
L- 芳樟醇 L-linalool
α- 芳樟醇 α-linalool
β- 芳樟醇 β-linalool
芳樟醇 linalool
(*E*)- 芳樟醇 -1- 酸 (*E*)-linalool-1-oic acid
芳樟醇 -1- 酸 linalool-1-oic acid
芳樟醇 -3-*O*-β-D- 吡喃葡萄糖苷 linalool-3-*O*-β-D-glucopyranoside
芳樟醇 -3- 芸香糖苷 linalool-3-rutinoside
芳樟醇 -β-D-*O*- 葡萄糖苷 -3,4- 二当归酸酯 linalool-β-D-*O*-glucoside-3,4-diangelicate
芳樟醇 -β-D- 吡喃葡萄糖苷 linalool-β-D-glucopyranoside
芳樟醇丙烯酸酯 linalyl propanoate
芳樟醇甲酸酯 linalyl formate
芳樟醇葡萄糖苷 linaloylglucoside
芳樟醇芹糖基葡萄糖苷 linaloyl-apiosyl-glucoside
芳樟醇氧化物 linalool oxide
芳樟醇乙酸酯 linalool acetate; linalyl acetate
防风醇▲ divaricatol
防风灵 sapodivarin
防风嘧啶 fangfengalpyrimidine
防风酯▲ A, B, C divaricataester A, B, C
(±)- 防己诺林碱 (±)-thaltugosine
防己诺林碱 fangchinoline
防卫素 CM defensin CM
防已碱 menispermine
飞蛾藤醇▲ racemosol
飞廉碱 acanthoidine
(+)- 飞龙掌血醇▲ (+)-toddanol
(±)- 飞龙掌血醇▲ (±)-toddanol
飞龙掌血醇▲ toddanol
飞龙掌血二聚碱▲ toddalidimerine
飞龙掌血喹啉▲ toddaquinoline
飞龙掌血灵▲ toddaculine
飞龙掌血洛辛▲ toddalosin
(+)- 飞龙掌血内酯 (+)-toddalolactone
飞龙掌血内酯 toddalolactone
飞龙掌血宁▲ toddanin
飞龙掌血素▲ toddasiatin
飞龙掌血酮▲ toddanone
飞龙掌血烯醇▲ toddalenol
飞龙掌血烯酮▲ toddalenone
飞龙掌血酰胺▲ toddaliamide
飞龙掌血香豆醌 toddacoumaquinone
飞龙掌血香豆酮 toddacoumalone
飞龙掌血辛▲ toddasin
飞蓬酚苷 A erigearide A
飞蓬呋内酯 A, B erigeracerin A, B
飞蓬苷 erigeroside
飞蓬黄烷酮 erigeroflavanone
飞蓬烯酮 A, B, C erigerenone A, B, C
飞蓬酯 A erigoster A
D- 飞齐墩果 -14- 烯 -3β- 醇 D-friedoolean-14-en-3β-ol
3-β-D- 飞齐墩果 -14- 烯 -3- 醇 3-β-D-friedoolean-14-en-3-ol
D- 飞齐墩果 -14- 烯 -3- 醇 D-friedoolean-14-en-3-ol
D- 飞齐墩果 -14- 烯 -3- 酮 D-friedoolean-14-en-3-one
飞齐墩果 -14- 烯 -3- 酮 friedoolean-14-en-3-one
20α-D:A- 飞齐墩果 -3β,29- 二醇 20α-D:A-friedooleanane-3β,29-diol
20α-D:A- 飞齐墩果 -3β,29- 二醇 -29- 乙酸酯 20α-D:A-friedooleanane-3β,29-diol-29-acetate
20α-D:A- 飞齐墩果 -3β,29- 二醇 -3- 乙酸酯 20α-D:A-friedooleanane-3β,29-diol-3-acetate
20α-D:A- 飞齐墩果 -3β,29- 二醇 - 二乙酸酯 20α-D:A-friedooleanane-3β,29-diol-diacetate
D:A- 飞齐墩果 -5(10)- 烯 -3- 乙酸酯 D:A-friedoolean-5(10)-en-3-acetate
飞齐墩果 -7- 酮 friedoolean-7-one
D:C- 飞齐墩果 -8- 烯 -3- 酮 D:C-friedoolean-8-en-3-one
D- 飞熊果 -14- 烯 -11α,12α- 环氧 -3β- 基 - 棕榈酸酯 D-friedours-14-en-11α,12α-epoxy-3β-yl-palmitate
飞熊果 -7- 烯 -3- 醇 friedours-7-en-3-ol
D:C- 飞熊果 -7- 烯 -3- 酮 D:C-friedours-7-en-3-one
飞燕草苷 delphin
飞燕草色素 -3-*O*-[6-*O*-(2-*O*- 反式咖啡酰基 -α- 呋喃阿拉伯糖基)-β- 吡喃葡萄糖苷]-7,3'-*O*- 二 -[6-*O*- 反式咖啡酰基 -β- 吡喃葡萄糖苷 delphinidin-3-*O*-[6-*O*-(2-*O*-(*trans*-caffeoyl)-α-arabinofuranosyl)-β-glucopyranoside]-7,3'-*O*-di-[6-*O*-(*trans*-caffeoyl)-β-glucopyranoside]
飞燕草素 delphinidin
飞燕草素 -3-(6- 对香豆酰葡萄糖苷)-5-(4,6- 二丙二酰葡萄糖苷) delphinidin-3-(6-*p*-coumaroylglucoside)-5-(4,6-dimalonylglucoside)
飞燕草素 -3-(6- 咖啡酰葡萄糖苷)-5-(4,6- 二丙二酰葡萄糖苷) delphinidin-3-(6-caffeoylglucoside)-5-(4,6-dimalonylglucoside)
飞燕草素 -3-(6- 咖啡酰葡萄糖苷)-5-(6- 丙二酰葡萄糖苷) delphinidin-3-(6-caffeoylglucoside)-5-(6-malonylglucoside)
飞燕草素 -3-(6- 咖啡酰葡萄糖苷)-5- 葡萄糖苷) delphinidin-3-(6-caffeoylglucoside)-5-glucoside
飞燕草素 -3-(6''- 香豆酰基)- 葡萄糖苷 delphinidin-3-(6''-coumaroylglucoside)
飞燕草素 -3-(咖啡酰芸香糖苷)-5- 葡萄糖苷 delphinidin-3-(caffeoyl-rutinoside)-5-glucoside
飞燕草素 -3-(香豆酰芸香糖苷)-5- 葡萄糖苷 delphinidin-3-(coumaroyl-rutinoside)-5-glucoside
飞燕草素 -3,3'- 二 -*O*-β-D- 吡喃葡萄糖苷 delphinidin-3,3'-di-*O*-β-D-glucopyranoside
飞燕草素 -3,5-*O*- 二葡萄糖苷 delphinidin-3,5-*O*-diglucoside
飞燕草素 -3,5- 二 -*O*-(6-*O*- 丙二酰基 -β-D- 葡萄糖苷) delphinidin-3,5-di-*O*-(6-*O*-malonyl-β-D-glucoside)
飞燕草素 -3,5- 二 -*O*-β-D- 吡喃葡萄糖苷 delphinidin-3,5-di-*O*-β-D-glucopyranoside
飞燕草素 -3,5- 二 -*O*-β-D- 葡萄糖苷 delphinidin-3,5-di-*O*-β-D-glucoside
飞燕草素 -3,5- 二 -*O*- 吡喃葡萄糖苷 delphinidin-3,5-*O*-diglucopyranoside
飞燕草素 -3,5- 二葡萄糖苷 delphinidin-3,5-diglucoside
飞燕草素 -3-*O*-(2-*O*-(6-*O*- 对香豆酰基 -β-D- 吡喃葡萄糖基)-6-*O*- 对香豆酰基 -β-D- 吡喃葡萄糖苷)-5-*O*-β-D- 吡喃葡萄糖苷

delphinidin-3-O-(2-O-(6-O-p-coumaroyl-β-D-glucopyranosyl)-6-O-p-coumaroyl-β-D-glucopyranoside)-5-O-β-D-glucopyranoside

飞燕草素 -3-O-(4- 对反式香豆酰基 -α-L- 吡喃鼠李糖基)-(1 → 6)-O-β-D- 吡喃葡萄糖苷 -5-O-β-D- 吡喃葡萄糖苷 delphinidin-3-O-(4-p-trans-coumaroyl-α-L-rhamnopyranosyl)-(1 → 6)-O-β-D-glucopyranoside-5-O-β-D-glucopyranoside

飞燕草素 -3-O-(6''-E- 阿魏酰葡萄糖基)-(1 → 2)-(6''-E- 阿魏酰葡萄糖苷)-5-O-(6''- 丙二酰葡萄糖苷) delphinidin-3-O-(6''-E-feruloylglucosyl)-(1 → 2)-(6''-E-feruloylglucoside)-5-O-(6''-malonylglucoside)

飞燕草素 -3-O-(6''-E- 阿魏酰葡萄糖基)-(1 → 2)-(6''-E- 对香豆酰葡萄糖苷)-5-O-(6''- 丙二酰葡萄糖苷) delphinidin-3-O-(6''-E-feruloylglucosyl)-(1 → 2)-(6''-E-p-coumaroylglucoside)-5-O-(6''-malonylglucoside)

飞燕草素 -3-O-(6''-E- 对香豆酰葡萄糖基)-(1 → 2)-(6''-E- 对香豆酰葡萄糖苷)-5-O-(6''- 丙二酰葡萄糖苷) delphinidin-3-O-(6''-E-p-coumaroylglucosyl)-(1 → 2)-(6''-E-p-coumaroylglucoside)-5-O-(6''-malonylglucoside)

飞燕草素 -3-O-(6''- 阿魏酰葡萄糖基)-(1 → 2)-(6''- 对香豆酰葡萄糖苷)-5-O- 葡萄糖苷 delphinidin-3-O-(6''-feruloylglucosyl)-(1 → 2)-(6''-p-coumaroylglucoside)-5-O-glucoside

飞燕草素 -3-O-(6''- 对香豆酰葡萄糖基)-(1 → 2)-(6''- 对香豆酰葡萄糖苷)-5-O- 葡萄糖苷 delphinidin-3-O-(6''-p-coumaroylglucosyl)-(1 → 2)-(6''-p- coumaroylglucoside)-5-O-glucoside

飞燕草素 -3-O-(6-O-(E)- 对香豆酰基)-β-D- 吡喃葡萄糖苷 delphinidin-3-O-(6-O-(E)-p-coumaroyl)-β-D-glucopyranoside

飞燕草素 -3-O-(6-O-(E)- 咖啡酰基)-β-D- 吡喃葡萄糖苷 delphinidin-3-O-(6-O-(E)-caffeoyl)-β-D-glucopyranoside

飞燕草素 -3-O-[6-O-(Z)- 对香豆酰基]-β-D- 吡喃葡萄糖苷 delphinidin-3-O-[6-O-(Z)-p-coumaroyl]-β-D-glucopyranoside

飞燕草素 -3-O-(6''-O-α- 吡喃鼠李糖基 -β- 吡喃葡萄糖苷) delphinidin-3-O-(6''-O-α-rhamnopyranosyl-β-glucopyranoside)

飞燕草素 -3-O-(6-O- 丙二酰基 -β-D- 葡萄糖苷)-5-O-β-D- 葡萄糖苷 delphinidin-3-O-(6-O-malonyl-β-D-glucoside)-5-O-β-D-glucoside

飞燕草素 -3-O-(6-O- 对香豆酰基)- 葡萄糖苷 delphinidin-3-O-(6-O-p-coumaryl)-glucoside

飞燕草素 -3-O-(6-O- 乙酰基)- 吡喃葡萄糖苷 delphinidin-3-O-(6-O-acetyl)-glucopyranoside

飞燕草素 -3-O-(6-O- 乙酰基)- 葡萄糖苷 delphinidin-3-O-(6-O-acetyl)-glucoside

飞燕草素 -3-O-(咖啡酰基)- 二葡萄糖苷 delphinidin-3-O-(caffeoyl)-diglucoside

飞燕草素 -3-O-[4-(对香豆酰)-α-L- 吡喃鼠李糖基 -(1 → 6)- 吡喃葡萄糖苷]-5-O-β-D- 吡喃葡萄糖苷 delphinidin-3-O-[4-(p-coumaroyl)-α-L-rhamnopyranosyl-(1 → 6)-glucopyranoside]-5-O-β-D-glucopyranoside

飞燕草素 -3-O-α-L- 吡喃阿拉伯糖苷 delphinidin-3-O-α-L-arabinopyranoside

飞燕草素 -3-O-β-D-(6''- 乙酰基) 葡萄糖苷 -5-β-D- 葡萄糖苷 delphinidin-3-O-β-D-(6''-acetyl)glucoside 5-β-D-glucoside

飞燕草素 -3-O-β-D-[6-(E)- 对香豆酰] 吡喃半乳糖苷 delphinidin-3-O-β-D-(6-(E)-p-coumaryl)galactopyranoside

飞燕草素 -3-O-β-D- 吡喃半乳糖苷 delphinidin-3-O-β-D-galactopyranoside

飞燕草素 -3-O-β-D- 吡喃木糖基 -(1 → 2)- 吡喃半乳糖苷 delphinidin-3-O-β-D-xylopyranosyl-(1 → 2)- β-D-galactopyranoside

飞燕草素 -3-O-β-D- 吡喃葡萄糖苷 delphinidin-3-O-β-D-glucopyranoside

飞燕草素 -3-O-β-D- 葡萄糖苷 -5-O-(6-O- 丙二酰基 -β-D- 葡萄糖苷) delphinidin-3-O-β-D-glucoside-5-O-(6-O-malonyl-β-D-glucoside)

飞燕草素 -3-O-β- 葡萄糖苷 delphinidin-3-O-β-glucoside

飞燕草素 -3-O- 阿魏酰芸香糖苷 -5-O- 葡萄糖苷 delphinidin-3-O-feruoyl-rutinoside-5-O-glucoside

飞燕草素 -3-O- 吡喃葡萄糖苷 delphinidin-3-O-glucopyranoside

飞燕草素 -3-O- 对香豆酰芸香糖苷 -5-O- 葡萄糖苷 delphinidin-3-O-p-coumaroyl-rutinoside-5-O-glucoside

飞燕草素 -3-O- 反式 - 香豆酰葡萄糖苷 -5-O- 葡萄糖苷 delphinidin-3-O-trans-coumaroylglucoside-5-O-glucoside

飞燕草素 -3-O- 接骨木二糖苷 delphinidin-3-O-sambubioside

飞燕草素 -3-O- 葡萄糖苷 delphinidin-3-O-glucoside

飞燕草素 -3-O- 葡萄糖醛酸苷 delphinidin-3-O-glucuronide

飞燕草素 -3-O- 芸香糖苷 delphinidin-3-O-rutinoside

飞燕草素 -3-O- 芸香糖苷 -(反式 - 对香豆酰基)-5-O- 吡喃葡萄糖苷 delphinidin-3-O-rutinoside-(trans-p-coumaroyl)-5-O-glucopyranoside

飞燕草素 -3-O- 芸香糖苷 -(顺式 - 对香豆酰基)-5-O- 吡喃葡萄糖苷 delphinidin-3-O-rutinoside-(cis-p-coumaroyl)-5-O-glucopyranoside

飞燕草素 -3-O- 芸香糖苷 -5-O-β-D- 吡喃葡萄糖苷 delphinidin-3-O-rutinoside-5-O-β-D-glucopyranoside

飞燕草素 -3-O- 芸香糖苷 -5-O- 葡萄糖苷 delphinidin-3-O-rutinoside-5-O-glucoside

飞燕草素 -3- 吡喃阿拉伯糖苷 delphinidin-3-arabinopyranoside

飞燕草素 -3- 单吡喃葡萄糖苷 delphinidin-3-monoglucopyranoside

飞燕草素 -3- 咖啡酰芦丁糖苷 -5- 葡萄糖苷 delphinidin-3-caffeoylrutinoside-5-glucoside

飞燕草素 -3- 木糖苷 delphinidin-3-xyloside

飞燕草素 -3- 葡萄糖苷 delphinidin-3-glucoside

飞燕草素 -3- 双咖啡酰芸香糖基 -5- 葡萄糖苷 delphinidin-3-di-caffeoylrutinosyl-5-glucoside

飞燕草素 -3- 芸香糖苷 delphinidin-3-rutinoside

飞燕草素 -3- 芸香糖苷 -5- 葡萄糖糖苷 delphinidin-3-rutinoside-5-glucoside

飞燕草素 -7-O-β-D- 吡喃半乳糖苷 delphinidin-7-O-β-D-galactopyranoside

飞燕草素 -7-O-β-D- 吡喃葡萄糖苷 delphinidin-7-O-β-D-glucopyranoside

飞燕草素吡喃葡萄糖苷 delphinidin glucopyranoside

飞燕草素己糖苷 delphinidin hexoside

飞燕草素氯化物 delphinidin chloride

飞燕草素葡萄糖苷 delphinidin glucoside

飞燕草素鼠李糖基己糖苷 delphinidin rhamnosylhexoside

飞燕草素乙酰己糖苷 delphinidin acetylhexoside

飞燕草素芸香糖苷 delphinidin rutinoside

飞燕草因碱▲ ambiguine

非对映艾脂麻素 diasesartemin

(+)- 非对映桉脂素 (+)-diaeudesmin

非对映桉脂素 diaeudesmin

非对映 - 橙黄胡椒酰胺乙酸脂 dia-aurantiamide acetate

(+)- 非对映丁香树脂酚 (+)-diasyringaresinol

非对映丁香树脂酚 diasyringaresinol

非对映扬甘比胡椒素▲ diayangambin

(+)- 非对映芝麻素 (+)-diasesamin

非洲防己苷 C palmatoside C

非洲防己苷 E palmatoside E

非洲防己碱 columbamine

非洲防己素▲ columbin
非洲桧素 procerin
非洲核果木酸▲ putric acid
非洲红豆素▲ afrormosin
非洲红豆素▲-7-*O*-*β*-D- 吡喃葡萄糖苷 afrormosin-7-*O*-*β*-D-glucopyranoside
非洲红豆素▲-7-*O*-*β*-D- 吡喃葡萄糖苷 -6''-*O*- 丙二酸酯 afrormosin-7-*O*-*β*-D-glucopyranoside-6''-*O*-malonate
非洲红豆素▲-7-*O*- 吡喃葡萄糖苷 afrormosin-7-*O*-glucopyranoside
非洲箭毒草灵▲ buphanidrine
非洲箭毒草辛▲ buphanisine
非洲楝辛素 khayasin
非洲楝辛素 T khayasin T
非洲丝胶树碱▲ C funtumafrine C
菲 phenanthrene
菲并吲哚里西定 II phenanthraindolizidine II
2- 菲醇 2-phenanthrenol
菲岛福木烯酮▲ B, H subelliptenone B, H
1,4- 菲醌 1,4-phenanthraquinone
菲律宾大叶藤苷▲ tinophylloloside
菲律宾胡椒素 VI piperphilippinin VI
菲律宾南五味子醇▲ A, C kadsuphilol A, C
菲律宾南五味子内酯▲ A, B kadsuphilactone A, B
菲律宾南五味子素▲ A, B kadsuphilin A, B
菲律宾石梓苷▲ gmephiloside
菲瑞木苷▲ feretoside
绯红黄细心酮▲ B, E coccineone B, E
绯红南五味子木脂素▲ A coccilignan A
绯红南五味子内酯▲ A, B coccinilactone A, B
绯红南五味子酸 A, B, C kadsuracoccinic acid A, B, C
绯红南五味子酮▲ A~D coccinone A~D
绯红南五味子烷 coccinetane E
肥牛木脂素 ceplignan
(2*R*,3*S*)- 肥牛树木脂素▲ (2*R*,3*S*)-ceplignan
肥牛树木脂素▲-4-*O*-*β*-D- 吡喃葡萄糖苷 ceplignan-4-*O*-*β*-D-glucopyranoside
肥酸二异丁酯 diisobutyl adipate
肥皂草吡喃苷▲ sapopyroside
肥皂草苷 saponarin
肥皂草苷 -4'-*O*- 吡喃葡萄糖苷 saponarin-4'-*O*-glucopyranoside
肥皂草素 saponaretin
肥皂草皂苷▲ A~M saponarioside A~M
肥皂荚皂苷 A~D, D_1, E, F_1, F_2, G gymnocladus saponin A~D, D_1, E, F_1, F_2, G
腓尼基刺柏苷▲ phoeniceoside
榧黄酮 kayaflavone
榧黄酮洛苷▲ torreyaflavonoloside
榧树醇 torreyol
榧树黄酮 torreyaflavone
榧树酮▲ grandione
榧树酯▲ torreyagrandate
肺衣内酯▲ A, B, C lobarialide A, B, C
费巴芸香素▲ phebalosin
分蘖葱头苷 A alliumoside A
分枝荚蒾苷▲ A furcatoside A
芬氏唐松草定碱 thalifendine
(+)- 芬氏唐松草碱 (+)-thalidezine
芬氏唐松草碱 thalidezine
(+)- 芬氏唐松草亭碱 (+)-thalidastine
吩噁嗪 phenoxazine
酚酞 phenolphthalein
粉背蕨酸 alepterolic acid
粉背南蛇藤二醇▲ celahypodiol
粉背薯蓣苷▲ A, F, G hypoglaucin A, F, G
粉背薯蓣苷 H hypoglaucin H
粉防己菲碱 stephenanthrine
D- 粉防己碱 D-tetrandrin
粉防己碱 tetrandrine
粉防己碱 -2'-*N*-*β*- 氧化物 tetrandrine-2'-*N*-*β*-oxide
粉防己碱 A fenfangjine A
粉防己碱 B~I tetrandrine B~I
粉防己碱单 -*N*-2'- 氧化物 tetrandrine mono-*N*-2'-oxide
粉红动蕊花素▲ A, B, C kinalborin A, B, C
粉瘤菌苷▲ A, B lycogalinoside A, B
粉瘤菌红素▲ A, B, C lycogarubin A, B, C
粉瘤菌酸▲ A, B, C lycogalic acid A, B, C
粉瘤菌酸▲ B 二甲酯 lycogalic acid B dimethyl ester
粉瘤菌酸▲ C 二甲酯 lycogalic acid C dimethyl ester
粉瘤菌酯▲ A~G lycogaride A~G
粉绿虎皮楠素▲ D daphniglaucin D
粉蕊黄杨胺 pachysamine
粉蕊黄杨胺 A, B, G~R pachysamine A, B, G~R
粉蕊黄杨二醇 pachysandiol
粉蕊黄杨二醇 A, B pachysandiol A, B
粉蕊黄杨二烯醇 A, B pachysandienol A, B
粉蕊黄杨碱 A~D pachysandrine A~D
粉蕊黄杨明碱 A, B, E pachystermine A, B, E
粉蕊黄杨三醇 pachysantriol
粉蕊黄杨特明 A pachysantermine A
粉蕊黄杨酮醇 pachysonol
粉叶蕨酚 A~J calomelanol A~J
粉枝莓素 A, B fenzhimin A, B
粪臭素 skatole
粪箕笃碱 longaninine
粪箕笃洛宁碱▲ A~K stephalonine A~K
粪箕笃宁碱▲ A, B, C stephalonganine A, B, C
粪箕笃酮▲ longanon
粪箕笃酮碱 longanone
丰城鸡血藤苷▲ A, B, C, F hirsutissimiside A, B, C, F
丰花草苷元▲ borreriagenin
风车子酚 combretol
风车子酚 A~E combretol A~E
风车子苷元 combregenin
风车子醌▲ A, B, C combrequinone A, B, C
风车子葡萄糖苷▲ combreglucoside
风车子抑素▲ D-2, D-3 combretastatin D-2, D-3
风吹楠素▲ horsfieldin
风铃草苷▲ campanuloside
风铃草素 campanulin
风铃木醇▲ lapachol
α- 风铃木醌▲ *α*-lapachone
β- 风铃木醌▲ *β*-lapachone
风龙北豆根灵▲ acutudaurine
(+)- 风龙碱▲ (+)-sinactine
(±)- 风龙碱▲ (±)-sinactine
风龙碱▲ sinactine
风龙米定碱▲ acutumidine
风龙米宁▲ acutuminine

风龙明碱▲ acutumine
(-)- 风龙木防己灵▲ (-)-sinococuline
风龙木防己灵▲ sinococuline
(+)- 风龙宁碱▲ (+)-tuduranine
风龙宁碱▲ tuduranine
风龙亭碱▲ sinoracutine
风龙新碱 A~E sinomacutine A~E
风轮菜酚 A, B clinopodphenol A, B
风轮菜苷 I, II, III, IV, V, A~H clinopodiside I, II, III, IV, V, A~H
风轮菜酸 A~Q clinopodic acid A~Q
风轮菜皂苷 clinoposaponin I, II, III, IIIb, IV, V, Vb, VI, XIII, IX, X, XI, XII, XIV, XV, XVI, XVII, XIX, Ga
风毛菊胺 A~E saussureamine A~E
风毛菊醇 saussurol
风毛菊苷▲B saussureoside B
风毛菊碱 saussurine
风毛菊内酯 japonicolactone
风毛菊内酯 -10-*O*-β-D- 吡喃葡萄糖苷 japonicolactone-10-*O*-β-D-glucopyranoside
风毛菊诺苷▲ saussurenoside
风毛菊醛 saussurealdehyde
风毛菊素▲ saurine
风毛菊脂醇 saussol
风藤克塔酮▲A kadsuketanone A
风藤奎脑▲ futoquinol
风藤灵▲A, B, C futokadsurin A, B, C
风藤灵▲C futokadsurin C
风藤素 A, B kadsurin A, B
风藤酮 futoenone
风藤烯素▲A~M kadsurenin A~M
风藤酰胺 futoamide
风藤新素▲A, B, C piperkadsin A, B, C
风藤愈创素▲A kadsuguain A
风信子醛苷 hyacinthin
枫香槲寄生苷 liquidamboside
枫香醛▲ liquidambronal
枫香鞣质 liquidambin
枫香酮醛▲ ambronal
枫杨苷▲A, B pterocaryoside A, B
枫杨内酯 pterolactone
枫杨宁素▲C pterocaryanin C
枫杨鞣宁▲A, B pterocarinin A, B
枫杨素 pterocarine
蜂巢草醇 A, B leucasperol A, B
蜂巢草苷 A, B, C leucasperoside A, B, C
蜂巢草酮 A, B leucasperone A, B
蜂斗菜醇苷▲A fukinoside A
蜂斗菜醇酮 petasitolone
蜂斗菜次螺内酯 fukinanolide
蜂斗菜毒素 fukinotoxin
蜂斗菜酚 petasiphenol
蜂斗菜酚酮▲ petasiphenone
蜂斗菜苷 petasinoside
蜂斗菜碱 petasinine
S- 蜂斗菜苦内酯 *S*-fukinolide
蜂斗菜苦内酯 fukinolide
蜂斗菜木脂素 A petasiignolide A
蜂斗菜内酯 bakkenolide
S- 蜂斗菜素 *S*-petasin
蜂斗菜素 petasin
蜂斗菜素 A~D japonin A~D
蜂斗菜酸 fukinolic acid
蜂斗菜亭▲ petasitin
蜂斗菜酮 fukinone
蜂斗菜烯碱 petasitenine
蜂斗酸 fukiic acid
蜂海绵脑苷▲A halicerebroside A
蜂花醇 myricyl alcohol
蜂花酸 melissic acid
蜂花烷 melissane
(3*R*)- 蜂蜜曲霉素 (3*R*)-mellein
蜂蜜曲霉素 mellein
(*R*)-(-)- 蜂蜜曲霉素▲ (*R*)-(-)-mellein
凤瓜因▲ aoibaclyin
凤梨百合素▲ eucomin
凤梨百合酸▲ eucomic acid
凤梨百合酸▲甲酯 methyl eucomate
凤梨百合酸▲正丁酯 *n*-butyl eucomate
凤尾丝兰酚 A~E gloriosaol A~E
凤尾丝兰皂苷元 gloriogenin
凤尾丝兰皂苷元 -3-*O*-β-D- 吡喃葡萄糖基 -(1 → 2)-[β-D- 吡喃葡萄糖基 -(1 → 3)]-β-D- 吡喃半乳糖苷 gloriogenin-3-*O*-β-D-glucopyranosyl-(1 → 2)-[β-D-glucopyranosyl-(1 → 3)]-β-D-galactopyranosid
凤尾丝兰皂苷元 -3-*O*-β-D- 吡喃葡萄糖基 -(1 → 2)-[β-D- 吡喃葡萄糖基 -(1 → 3)]-β-D- 吡喃葡萄糖苷 gloriogenin-3-*O*-β-D-glucopyranosyl-(1 → 2)-[β-D-glucopyranosyl-(1 → 3)]-β-D-glucopyranoside
凤仙花醇▲A hosenkol A
凤仙花苷▲A~O hosenkoside A~O
凤仙花醌▲ balsaquinone
凤仙花醌醇盐▲ balsaminolate
凤仙花醌酚▲ impatienol
凤仙花醌酚盐▲ impatienolate
凤仙花诺苷▲A~G impatienoside A~G
凤仙花酮 A, B, C balsaminone A, B, C
9-β-D- 呋核亚硝脲 -9*H*- 嘌呤 -6- 胺 9-β-D-ribofuranosyl-9*H*-purin-6-amine
1-(2- 呋喃)-2-(4- 甲氧基苯基)- 乙酮 1-(2-furanyl)-2-(4-methoxyphenyl)-ethanone
[4a*S*-(4aα,5α,6α,8aβ)]- 5-[2-(3- 呋喃) 乙基]-4a,5,6,7,8,8a- 六氢 -5,6,8a- 三甲基 -1- 萘羧酸 [4a*S*-(4aα,5α,6α,8aβ)]-5-[2-(3-furanyl)ethyl]-4a,5,6,7,8,8a-hexahydro-5,6,8a-trimethyl-1-naphthalene carboxylic acid
呋喃 [2",3":7,8] 黄酮 furan-[2",3":7,8]flavone
2*H*- 呋喃 [2',3'-h][1-] 苯并吡喃 -2- 酮 2*H*-furo[2',3'-h][1-]benzopyran-2-one
[2] 苯并吡喃 [4,3-b]- 呋喃 [2,3-h][1] 苯并吡喃 -6(10*H*)- 酮 [2]benzopyranyl[4,3-b]-furo[2,3-h][1]benzopyranyl-6(10*H*)-one
2*H*- 呋喃 [3',2'-g][2'] 苯并吡喃 -2- 酮 2*H*-furo[3',2'-g][2']benzopyran-2-one
呋喃 -[4",5",8,7]- 黄酮 furan-[4",5",8,7]-flavone
3,6- 呋喃 -1,7- 二苯基庚烷 3,6-furan-1,7-diphenyl-heptane
1-[2-(呋喃 -2- 基)-2- 氧代乙基]-5- 氧代吡咯 -2- 羧酸 1-[2-(furan-2-yl)-2-oxoethyl]-5-oxopyrrolidine-2-carboxylic acid
1-[2-(呋喃 -2- 基)-2- 氧代乙基]-5- 氧代吡咯 -2- 羧酸甲酯 methyl 1-[2-(furan-2-yl)-2-oxoethyl]-5-oxopyrrolidine-2-carboxylate
1-[2-(呋喃 -2- 基)-2- 氧代乙基] 吡咯 -2- 酮 1-[2-(furan-2-yl)-2-

F

oxoethyl]pyrrolidin-2-one
呋喃 -2- 羰基 -*C*- 吡喃葡萄糖苷 furan-2-carbonyl-*C*-glucopyranoside
呋喃 -2- 羧酸 furan-2-carboxylic acid
呋喃 -3- 羧酸 furan-3-carboxylic acid
3,6- 呋喃 -7-(4"- 羟基 -3"- 甲氧基苯基)-1- 苯基庚烷 3,6-furan-7-(4"-hydroxy-3"-methoxyphenyl)-1-phenylheptane
呋喃吖啶酮 furacridone
23-[(*O*-*α*-L- 呋喃阿拉伯糖基 -(1 → 2)-*O*-[*β*-D- 吡喃葡萄糖基 -(1 → 6)]-*β*-D- 吡喃葡萄糖基) 氧基]-17,22- 二羟基 -(4*β*)-A'- 新伽马蜡 -28- 酸 -*δ*- 内酯 23-[(*O*-*α*-L-arabinofuranosyl-(1 → 2)-*O*-[*β*-D-glucopyranosyl-(1 → 6)]-*β*-D-glucopyranosyl)oxy]-17,22-dihydroxy-(4*β*)-A'-neogammaceran-28-oic acid-*δ*-lactone
(3*β*,4*α*)-3-[(*O*-*α*-*L*- 呋喃阿拉伯糖基 -(1 → 3)-6- 去氧 -*α*-L- 吡喃甘露糖基 -(1 → 2)-*α*-L- 吡喃阿拉伯糖基) 氧]-23- 羟基齐墩果酸 (3*β*,4*α*)-3-[(*O*-*α*-L-arabinofuranosyl-(1 → 3)-6-deoxy-*α*-L-mannopyranosyl-(1 → 2)-*α*-L-arabinopyranosyl)oxy]-23-hydroxy-oleanolic acid
(4*α*)-3*β*-[(*O*-*α*-L- 呋喃阿拉伯糖基 -(1 → 3)-*O*-*α*-L- 吡喃鼠李糖基 -(1 → 2)-*α*-L- 吡喃阿拉伯糖氧基]-23- 羟基齐墩果酸 (4*α*)-3*β*-[*O*-*α*-L-arabinofuranosyl-(1 → 3)-*O*-*α*-L-rhamnopyranosyl-(1 → 2)-*α*-L-arabinopyranosyloxy]-23-hydroxyoleanolic acid
[*α*-L- 呋喃阿拉伯糖基 -(1 → 4)-*β*-D- 吡喃葡萄糖醛酸基 (1 → 3)]-3*β*- 羟基羽扇 -20(29)- 烯 [*α*-L-arabinofuranosyl-(1 → 4)-*β*-D-glucuronopyranosyl-(1 → 3)]-3*β*-hydroxy-lup-20(29)-ene
(1*S*,4*S*,5*R*,6*R*,9*S*)-13-*O*-*α*-L- 呋喃阿拉伯糖基 -(1 → 6)-*β*-D- 吡喃葡萄糖基 -13- 羟基别 - 雪松 -2,11- 二酮 (1*S*,4*S*,5*R*,6*R*,9*S*)-13-*O*-*α*-L-arabinofuranosyl-(1 → 6)-*β*-D-glucopyranosyl-13-hydroxyallo-cedra-2,11-dione
1-*O*-*α*-L- 呋喃阿拉伯糖基 -(1 → 6)-*β*-D- 吡喃葡萄糖基 -3,7- 二甲基 - 辛 -2- 烯 -7- 醇 1-*O*-*α*-L-arabinofuranosyl-(1 → 6)-*β*-D-glucopyranosyl-3,7-dimethyl-oct-2-en-7-ol
(8*R*,8'*R*)-9-*O*-(6'-*O*-*α*-L- 呋喃阿拉伯糖基)-*β*-D- 吡喃葡萄糖基二氢荜澄茄素 (8*R*,8'*R*)-9-*O*-(6'-*O*-*α*-L-arabinofuranosyl)-*β*-D-glucopyranosyldihydrocubebin
(3*E*)-4-[(1*R*,4*S*,6*R*)-4-(6-*O*-*α*-L- 呋喃阿拉伯糖基 -*O*-*β*-D- 吡喃葡萄糖基)]-2,2,6- 三甲基环己基]-3- 丁烯 -2- 酮 (3*E*)-4-[(1*R*,4*S*,6*R*)-4-(6-*O*-*α*-L-arabinofuranosyl-*O*-*β*-D-glucopyranosyl)]-2,2,6-trimethylcyclohexyl]-3-buten-2-one
1-{4-(6-*O*-*α*-L- 呋喃阿拉伯糖基 -*β*-D- 吡喃葡萄糖氧基)-2- 羟基 -6- 甲氧基 -3- 甲基苯基 }- 乙酮 1-{4-[(6-*O*-*α*-L-arabinofuranosyl-*β*-D-glucopyranosyl)oxy]-2-hydroxy-6-methoxy-3-methylphenyl}-ethanone
α-D- 呋喃阿卢糖 *α*-D-furanallulose
4-*O*-*α*-D- 呋喃阿洛酮糖 -*α*-D- 吡喃葡萄糖 4-*O*-*α*-D-furanoallulosyl-*α*-D-pyranoglucose
4-*O*-*β*-D- 呋喃阿洛酮糖基 -*α*-D- 吡喃葡萄糖 4-*O*-*β*-D-psicofuranosyl-*α*-D-glucopyranose
呋喃桉叶烷 B furanoeudesmane B
呋喃并 (2",3",7,6)-4'- 羟基黄烷酮 furano(2",3",7,6)-4'-hydroxylflavanone
呋喃并 [8,7:4",5"] 黄酮 furo[8,7:4",5"]flavone
呋喃并贯叶金丝桃素 furohyperforin
呋喃并贯叶金丝桃素异构体 1 furohyperforin isomer 1
(2*S*)-(2",3":7,8)- 呋喃并黄烷酮 (2*S*)-(2",3":7,8)-furanoflavanone
呋喃并加贯叶金丝桃素 furoadhyperforin
呋喃豆叶九里香碱▲ furostifoline
呋喃二醇 furandiol
2,5- 呋喃二甲醛 2,5-furandicarboxaldehyde
2,4- 呋喃二羧酸 2,4-furandicarboxylic acid
2,5- 呋喃二酮 2,5-furandione
呋喃蜂斗菜醇 furanofukinol
呋喃蜂斗菜宁▲ furanojaponin
S- 呋喃蜂斗菜亭▲ *S*-furanopetasitin
呋喃钩吻明▲ furanokoumine
D- 呋喃果糖 D-fructofuranose
α-D- 呋喃果糖 *α*-D-fructofuranose
β-D- 呋喃果糖 *β*-D-fructofuranose
O-*β*-D- 呋喃果糖基 -(2 → 6)-*α*-D- 吡喃葡萄糖基 -(1 → 6)-*β*-D- 呋喃果糖基 -(2 → 6)-*β*-D- 呋喃果糖基 -(2 → 1)-*α*-D- 吡喃葡萄糖基 -(6 → 2)-*β*-D- 呋喃果糖苷 *O*-*β*-D-fructofuranosyl-(2 → 6)-*α*-D-glucopyranosyl-(1 → 6)-*β*-D-fructofuranosyl-(2 → 6)-*β*-D-fructofuranosyl-(2 → 1)-*α*-D-glucopyranosyl-(6 → 2)-*β*-D-fructofuranoside
1^F(1-*β*- 呋喃果糖基)$_2$-6^G(1-*β*- 呋喃果糖基)$_2$- 蔗糖 1^F(1-*β*-fructofuranosyl)$_2$-6^G(1-*β*-fructofuranosyl)$_2$-sucrose
1^F-*β*- 呋喃果糖基 -6^G(1-*β*- 呋喃果糖基)$_3$- 蔗糖 1^F-*β*-fructofuranosyl-6^G(1-*β*-fructofuranosyl)$_3$-sucrose
β-D- 呋喃果糖基 -6-*O*- 对羟基苯甲酰基 -*α*-D- 吡喃葡萄糖苷 *β*-D-fructofuranosyl-6-*O*-(*p*-hydroxybenzoyl)-*α*-D-glucopyranoside
β-D- 呋喃果糖基 -*α*-D-(6-*O*- 反式 - 芥子酰基)- 吡喃葡萄糖苷 *β*-D-fructofuranosyl-*α*-D-(6-*O*-*trans*-sinapoyl)-glucopyranoside
β-D- 呋喃果糖基 -*α*-D-(6-*O*- 芥子酰基)- 吡喃葡萄糖苷 *β*-D-fructofuranosyl-*α*-D-(6-*O*-sinapoyl)-glucopyranoside
β-D- 呋喃果糖基 -*α*-D-(6- 香荚兰酰)- 吡喃葡萄糖苷 *β*-D-fructofuranosyl-*α*-D-(6-vanilloyl)-glucopyranoside
β-D- 呋喃果糖基 -*α*-D- 葡萄糖苷 *β*-D-fructofuranosyl-*α*-D-glucoside
10-*O*-*β*-D- 呋喃果糖基黄花夹竹桃醚萜苷▲ 10-*O*-*β*-D-fructofuranosyltheviridoside
10-*O*- 呋喃果糖基黄花夹竹桃醚萜苷▲ 10-*O*-fructofuranosyltheviridoside
β-D- 呋喃果糖甲苷 methyl *O*-*β*-D-fructofuranoside
呋喃海岛巴豆内酯▲ A furocrotinsulolide A
1-(*β*-D- 呋喃核糖基)- 尿嘧啶 1-(*β*-D-ribofuranosyl)-uracil
3-*β*-D- 呋喃核糖基 -2,3- 二氢 -6*H*-1,3- 噁嗪 -2,6- 酮 3-*β*-D-ribofuranosyl-2,3-dihydro-6*H*-1,3-oxazine-2,6-dione
23*α*-*O*-*α*-D- 呋喃核糖基 - 齐墩果酸 -28-*O*-*α*-L- 吡喃鼠李糖基 -(1 → 4)-*O*-*β*-D- 吡喃葡萄糖基 -(1 → 6)-*β*-D- 吡喃葡萄糖基酯苷 23*α*-*O*-*α*-D-ribofuranosyl-oleanolic acid-28-*O*-*α*-L-rhamnopyranosyl-(1 → 4)-*O*-*β*-D-glucopyranosyl-(1 → 6)-*β*-D-glucopyranosyl ester
β-D- 呋喃核糖腺嘌呤 *β*-D-ribofuranosyl adenine
呋喃荒漠木 -1(10)- 烯 -2,9- 二酮 furanoeremophil-1(10)-en-2,9-dione
呋喃荒漠木 -14*β*,6*α*- 内酯 furanoeremophilan-14*β*,6*α*-olide
呋喃荒漠木 -15,6*α*- 内酯 furanoeremophilan-15,6*α*-olide
呋喃荒漠木 -6*α*,14*β*- 内酯 furanoeremophylan-14*β*-6*α*-olide
呋喃荒漠木 -6*α*,15- 内酯 furanoeremophilan-6*α*,15-olide
呋喃荒漠木 -6*β*,10*β*- 二醇 furanoeremophilane-6*β*,10*β*-diol
呋喃荒漠木烷 furanoeremophilane
呋喃黄皮碱▲A, B, C, E, F, J, K, M~W furoclausine A, B, C, E, F, J, K, M~W
呋喃黄酮 furanoflavone
1-(2- 呋喃基)-(7*E*)- 壬烯 -3,5- 二炔 -1,2- 二乙酸酯 1-(2-furyl)-(7*E*)-nonen-3,5-diyn-1,2-diacetate
17-(2- 呋喃基)-3,7,9- 十七碳三烯 -6- 醇 17-(2-furanyl)-3,7,9-heptade-catrien-6-ol
17-(2- 呋喃基)-7,9- 十七碳二烯 -6- 醇 17-(2-furanyl)-3,7,9-heptadecadien-6-ol
23-(2- 呋喃基)- 二十五碳 -5,7- 二炔酸 23-(2-furyl)-tricosa-5,7-

diynoic acid
[4aS-(4aα,5β,6α,8aα)]-5-[2-(3- 呋喃基) 乙基]-4a,5,6,7,8,8a- 六氢 -5,6,8a- 三甲基 -1- 萘酸 [4aS-(4aα,5β,6α,8aα)]-5-[2-(3-furanyl)ethyl]-4a,5,6,7,8,8a-hexahydro-5,6,8a-trimethyl-1-naphthalenecarboxylic acid
[4aR-(4aα,5α,6β,8aβ)]-5-[2-(3- 呋喃基) 乙基]-4a,5,6,7,8,8a- 六氢 -5,6,8a- 三甲基 -1- 萘羧酸 [4aR-(4aα,5α,6β,8aβ)]-5-[2-(3-furanyl)ethyl]-4a,5,6,7,8,8a-hexahy-dro-5,6,8a-trimethyl-1-naphthalenecarboxylic acid
2- 呋喃基 -2- 对羟苯基 - 乙酮 furan-2-yl-2-(4-hydroxyphenyl)-ethanone
呋喃荚蒾宁 A~G furanovibsanin A~G
2- 呋喃甲醇 2-furanmethanol
3- 呋喃甲醇 -β-D- 吡喃葡萄糖苷 3-furanmethyl-β-D-glucopyranoside
2- 呋喃甲醇乙酸酯 2-furanmethanol acetate
1-[5-(2- 呋喃甲基)-2- 呋喃] 乙烯酮 1-[5-(2-furanmethyl)-2-furan]-ketene
2- 呋喃甲醛 2-furancarboxaldehyde
3- 呋喃甲醛 3-furaldehyde
呋喃甲酸 furoic acid
1β-(β-) 呋喃甲酰氧基 -2β,6α- 二乙酰氧基 -4α- 羟基 -9α,15- 二 (α- 甲基) 丁氧基 -β- 二氢沉香呋喃 1β-(β-)furancarboxy-2β,6α-diacetoxy-4α-hydroxy-9α,15-di(α-methyl)butanoyl-β-dihydroagarofuran
呋喃辣红菇素▲ furosardonin
呋喃灵芝酸 furanoganoderic acid
呋喃墨西哥烷 -9- 烯 -8- 酮 furanomexican-9-en-8-one
α- 呋喃木糖尿嘧啶 α-xylofuranosyluracil
1-O-{β-D- 呋喃芹菜糖基 -(1 → 3)-α-L- 吡喃鼠李糖基 -(1 → 2)-[β-D- 吡喃木糖基 -(1 → 3)]-α-L- 吡喃阿拉伯糖基 } 表延龄草烯苷元▲ -24-O-α-L- 吡喃鼠李糖苷 1-O-{β-D-apiofuranosyl-(1→3)-α-L-rhamnopyranosyl-(1→2)-[β-D-xylopyranosyl-(1→3)]-α-L-arabinopyranosyl}epitrillenogenin-24-O-α-L-rhamnopyranoside
13-O-[β-D- 呋喃芹菜糖基 -(1 → 6)-β-D- 吡喃葡萄糖基]-(12R)-独活醇 13-O-[β-D-apiofuranosyl-(1 → 6)-β-D-glucopyranosyl]-(12R)-heraclenol
8-O-[β-D- 呋喃芹菜糖基 -(1 → 6)-β-D- 吡喃葡萄糖基]-8- 羟基香柠檬烯 8-O-[β-D-apiofuranosyl-(1 → 6)-β-D-glucopyranosyl]-8-hydroxybergapten
7-O-β-D- 呋喃芹菜糖基 -(1 → 6)-β-D- 吡喃葡萄糖基东莨菪内酯 7-O-β-D-apiofuranosyl-(1 → 6)-β-D-glucopyranosylscopoletin
2'-O-β-D- 呋喃芹菜糖基 -(1 → 6)-β-D- 吡喃葡萄糖基 - 前胡醇 2'-O-β-D-apiofuranosyl-(1 → 6)-β-D-glucopyranosyl-peucedanol
4-[β-D- 呋喃芹菜糖基 -(1 → 6)-β-D- 吡喃葡萄糖氧基]-3- 甲氧基苯丙酮 4-[β-D-apiofuranosyl-(1→6)-β-D-glucopyranosyl-oxy]-3-methoxypropiophenone
O-β-D- 呋喃芹糖基 -(1'' → 6')-β-D- 吡喃葡萄糖苷 O-β-D-apiofuranosyl-(1'' → 6')-β-D-glucopyranoside
6-C-[β-D- 呋喃芹糖基 -(1 → 2)-β-D- 吡喃葡萄糖基]-4',5- 二羟基 -7,8- 二甲氧基黄酮 6-C-[β-D-apiofuranosyl-(1 → 2)-β-D-glucopyranosyl]-4',5-dihydroxy-7,8-dimethoxyflavone
6-C-[β-D- 呋喃芹糖基 -(1→2)-β-D- 吡喃葡萄糖基]-4',5- 二羟基 -7-甲氧基黄酮 6-C-[β-D-apiofuranosyl-(1→2)-β-D-glucopyranosyl]-4',5-dihydroxy-7-methoxyflavone
4'-O-[β-D- 呋喃芹糖基 -(1 → 2)-β-D- 吡喃葡萄糖基]- 甘草苷元 4'-O-[β-D-apio-D-furanosyl-(1 → 2)-β-D-glucopyranosyl]-liquiritigenin
(R)-1-O-β-D- 呋喃芹糖基 -(1 → 2)-β-D- 吡喃葡萄糖基 -1,3- 辛二醇 (R)-1-O-β-D-apiofuranosyl-(1 → 2)-β-D-glucopyransoyl-1,3-octanediol
2-O-β- 呋喃芹糖基 -(1 → 2)-β-D- 吡喃葡萄糖基 -2,6- 二羟基苯甲酸苄酯 benzyl-2-O-β-apiofuranosyl-(1 → 2)-β-D-glucopyranosyl-2,6-dihydroxy benzoate
4-O-β-D- 呋喃芹糖基 -(1 → 2)-β-D- 吡喃葡萄糖基 -2- 羟基 -6- 甲氧基苯乙酮 4-O-β-D-apifuranosyl-(1→2)-β-D-glucopyranosyl-2-hydroxy-6-methoxyacetophenone
2-O-β-D- 呋喃芹糖基 -(1 → 2)-β-D- 吡喃葡萄糖基苯甲酸苄酯 benzyl-2-O-β-D-apiofuranosyl-(1 → 2)-β-D-glucopyranosylbenzoate
3-O-β-D- 呋喃芹糖基 -(1 → 2)-β-D- 吡喃葡萄糖基山柰酚 -4'-O-β-D- 吡喃葡萄糖苷 3-O-β-D-apiofuranosyl-(1 → 2)-β-D-glucopyranosylkaempferol-4'-O-β-D-glucopyranoside
3-O-β-D- 呋喃芹糖基 -(1 → 2)-β-D- 吡喃葡萄糖基鼠李柠檬素 -4'-O-β-D- 吡喃葡萄糖苷 3-O-β-D-apiofuranosyl-(1 → 2)-β-D-glucopyranosylrhamnocitrin-4'-O-β-D-glucopyranoside
3-O-β-D- 呋喃芹糖基 -(1 → 4)-[α-L- 吡喃阿拉伯糖基 -(1 → 2)]-β-D-吡喃葡萄糖醛酸基齐墩果酸 3-O-β-D-apiofuranosyl-(1 → 4)-[α-L-arabinopyranosyl-(1 →2)]-β-D-glucuronopyranosyloleanolic acid
3-O-β-D- 呋喃芹糖基 -(1 → 4)-[α-L- 吡喃阿拉伯糖基 -(1 → 2)-β-D- 吡喃葡萄糖醛酸基齐墩果酸 -28-O-β-D- 吡喃葡萄糖基酯 3-O-β-D-apiofuranosyl-(1→4)-[α-L-arabinopyranosyl-(1→2)]-β-D-glucuronopyranosyloleanolic acid-28-O-β-D-glucopyranosyl ester
3-O-[β-D- 呋喃芹糖基 -(1 → 4)-β-D- 吡喃葡萄糖醛酸基] 齐墩果酸 -28-O-β-D- 吡喃葡萄糖基酯 3-O-[β-D-apiofuranosyl-(1 → 4)-β-D-glucuronopyranosyl]oleanolic acid 28-O-β-D-glucopyranosyl ester
β-D- 呋喃芹糖基 -(1 → 6)-O-β-D- 吡喃葡萄糖酰氧基 -5-O- 甲基阿米芹诺醇▲ β-D-apiofuranosyl-(1 → 6)-O-β-D-glucopyranosyloxy-5-O-methylvisamminol
6-(α- 呋喃芹糖基 -(1 → 6)-O-β-D- 吡喃葡萄糖氧基)- 红镰孢素 6-[(α-apiofuranosyl-(1 → 6)-O-β-D-glucopyranosyl)oxy]-rubrofusarin
4-[β-D- 呋喃芹糖基 -(1 → 6)-O-β-D- 吡喃葡萄糖氧基]- 苯乙腈 4-[β-D-apiofuranosyl-(1 → 6)-O-β-D-glucopyranosyloxy]-phenylacetonitrile
4-[β-D- 呋喃芹糖基 -(1 → 6)-β-D- 吡喃葡萄糖苷]-3- 甲氧基苯丙酮 4-[β-D-apiofuranosyl-(1 → 6)-β-D-glucopyranosyloxy]-3-methoxypropiophenone]
8-O-[β-D- 呋喃芹糖基 -(1 → 6)-β-D- 吡喃葡萄糖基] 花椒毒酚 8-O-[β-D-apiofuranosyl-(1 → 6)-β-D-glucopyranosyl]xanthotoxol
7-O-β-D- 呋喃芹糖基 -(1 → 6)-β-D- 吡喃葡萄糖基荚果蕨酚 7-O-β-D-apiofuranosyl-(1 → 6)-β-D-glucopyranosylmatteucinol
(5S)-5-(2-O-β-D- 呋喃芹糖基 -β-D- 吡喃葡萄糖氧基)-1,7- 双 (4- 羟基苯基)-3- 庚酮 (5S)-5-[(2-O-β-D-apiofuranosyl-β-D-glucopyranosyl)oxy]-1,7-bis(4-hydroxyphenyl)-3-heptanone
3-(2''-O-β-D- 呋喃芹糖基 -β-D- 吡喃葡萄糖氧基)-4',5- 二羟基 -7-甲氧基黄酮 3-(2''-O-β-D-apiofuranosyl-β-D-glucopyranosyloxy)-4',5-dihydroxy-7-methoxyflavone
3-(2''-O-β-D- 呋喃芹糖基 -β-D- 吡喃葡萄糖氧基)-4'-β-D- 吡喃葡萄糖氧基 -5,7- 二羟基黄酮 3-(2''-O-β-D-apiofuranosyl-β-D-glucopyranosyloxy)-4'-β-D-glucopyranosyloxy-5,7-dihydroxyflavone
3-(2''-O-β-D- 呋喃芹糖基 -β-D- 吡喃葡萄糖氧基)-4'-β-D- 吡喃葡萄糖氧基 -5- 羟基 -7- 甲氧基黄酮 3-(2''-O-β-D-apiofuranosyl-β-D-glucopyranosyloxy)-4'-β-D-glucopyranosyloxy-5-hydroxy-7-methoxyflavone

F

6-*O*-*β*-D- 呋喃芹糖基黄瑞香素 6-*O*-*β*-D-apiofuranosyldaphnogirin
6'-*O*- 呋喃芹糖基菊苷▲A 6'-*O*-apiofuranosyldendranthemoside A
6'-*β*-D- 呋喃芹糖基肉苁蓉苷 C 6'-*β*-D-apiofuranosylcistanoside C
6'-*O*-*β*-D- 呋喃芹糖基石竹苷▲ 6'-*O*-*β*-D-apiofuranosyldianthoside
6'-*O*-*β*-D- 呋喃芹糖基獐牙菜苷 6'-*O*-*β*-D-apiofuranosylsweroside
呋喃双叶细辛酮 A, B, C furanocaulesone A, B, C
呋喃粟猪殃殃素 furomollugin
3- 呋喃羧酸 3-furancarboxylic acid
呋喃台湾崖豆藤素▲B furowanin B
呋喃天竺葵酮 A, B furopelargone A, B
呋喃酮 furanone
呋喃酮醇 furaneol
呋喃橐吾酮 furanoligularenone
呋喃尾叶血桐素▲ furanokurzin
1*α*- 呋喃酰氧基 -6*β*- 乙酰氧基 -9*β*- 苯甲酰氧基 -*β*- 二氢沉香呋喃 1*α*-furoyloxy-6*β*-acetoxy-9*β*-benzoyloxy-*β*-dihydroagarofuran
6,7- 呋喃香豆素 6,7-furocoumarin
呋甾 -5,20(22),25(27)- 三烯 -1*β*,3*β*,26- 三醇 -1-*O*-[*α*-L- 吡喃鼠李糖基 -(1 → 2)-*α*-L- 吡喃阿拉伯糖苷 -26-*O*-*β*-D- 葡萄糖苷 furost-5,20(22),25(27)-trien-1*β*,3*β*,26-triol-1-*O*-[*α*-L-rhamnopyranosyl-(1 → 2)-*α*-L-arabinopyranoside]-26-*O*-*β*-D-glucopyranoside
呋甾 -5- 烯 -3*β*,22,26- 三醇 furost-5-en-3*β*,22,26-triol
5*β*- 呋甾 -$\Delta^{25(27)}$- 烯 -1*β*,2*β*,3*β*,4*β*,5*β*,6*β*,7*α*,22 ζ ,26- 九醇 -26-*O*-*β*-D- 吡喃葡萄糖苷 5*β*-furost-$\Delta^{25(27)}$-en-1*β*,2*β*,3*β*,4*β*,5*β*,6*β*,7*α*,22 ζ ,26-nonaol-26-*O*-*β*-D-glucopyranoside
5*β*- 呋甾 -$\Delta^{25(27)}$- 烯 -1*β*,2*β*,3*β*,4*β*,5*β*,7*α*,22 ζ ,26- 八醇 -6- 酮 -26-*O*-*β*-D- 吡喃葡萄糖苷 5*β*-furost-$\Delta^{25(27)}$-en-1*β*,2*β*,3*β*,4*β*,5*β*,7*α*,22 ζ ,26-octaol-6-one-26-*O*-*β*-D-glucopyranoside
弗吉尼亚雏菊内酯▲ virginolide
弗莱罗甘草苷元▲ folerogenin
弗氏尖药木苷▲L acofrioside L
伏康马钱辛▲ vobatricine
伏康树胺▲ voacamine
伏康树定碱 A~D vobasidine A~D
伏康树菲尼定▲ voafinidine
伏康树菲宁▲ voafinine
伏康树哈灵▲ voaharine
伏康树黄碱▲ voaluteine
伏康树碱▲ voacangine
伏康树碱▲-7- 羟基伪吲哚 voacangine-7-hydroxyindolenine
伏康树碱▲羟基伪吲哚 voacangine hydroxyindolenine
伏康树里宁▲ voalenine
19*S*- 伏康树灵碱▲ 19*S*-voacangarine
伏康树尼定▲ vobasonidine
伏康树斯亭▲ voacristine
伏康树斯亭▲羟基伪吲哚 voacristine hydroxyindolenine
伏康树烯醛 vobasenal
伏康树辛▲ vobasine
(+)- 伏康树叶碱▲ (+)-voaphylline
伏康树叶碱▲ voaphylline
伏康树叶碱▲羟基伪吲哚 voaphylline hydroxyindolenine
伏康树叶碱二醇▲ voaphyllinediol
伏康直立拉齐木碱▲ voastrictine
伏毛铁棒锤胺▲ flavamine
伏毛铁棒锤定▲ flavadine
伏毛铁棒锤碱 flavaconitine
伏生石豆兰菲▲ reptanthrin
伏石蕨 -7,21- 二烯 lemmaphylla-7,21-diene
伏石蕨 -7,21- 二烯 -3*β*- 醇 lemmaphylla-7,21-dien-3*β*-ol
伏石蕨甾酮 lemmasterone
扶芳藤碱 A, B, C fortuneine A, B, C
β- 扶桑甾醇 *β*-rosasterol
β- 扶桑甾醇氧化物 *β*-rosasterol oxide
β- 扶桑甾醇棕榈酸酯 *β*-rosasterol palmitate
扶沙木碱▲ fuseine
芙蓉菊属素▲ crossostephin
佛波醇 phorbol
佛波醇 -13- 单乙酸酯 phorbol-13-monoacetate
佛波醇 -13- 乙酸酯 phorbol-13-acetate
佛波醇二丁酸酯 phorbol dibutyrate
佛波醇肉豆蔻酰乙酸酯 phorbol myristate acetate
佛肚树环肽 A, B podacycline A, B
佛肚树灵 japodagrin
佛肚树酸 japodic acid
佛肚树酮 japodagrone
佛手定 A, B citrumedin A, B
佛手瓜素 sechiumin
佛手灵 A citrusarin A
茯苓酸 pachymic acid
茯苓酮 A, B poriacosone A, B
茯苓新酸 A, B, BM, C~H poricoic acid A, B, BM, C~H
茯砖茶素▲A, B fuzhuanin A, B
1- 氟 -3- 异硫氰基 - 苯 1-fluoro-3-isothiocyanato-benzene
1- 氟代甲基 -3- 硝基萘 1-fluomethyl-3-nitronaphthalene
5- 氟尿嘧啶 5-fluorouracil
5- 氟脱氧尿核苷 5-fluorodeoxyuridine
氟乙酸 fluoroacetic acid
20(*R*)- 福桂树醇▲ 20(*R*)-ocotillol
24(*R*)- 福桂树醇▲ 24(*R*)-ocotillol
福桂树醇▲ ocotillol
福桂树醇▲I, II ocotillol I, II
福桂树醇▲II-3-*O*- 咖啡酸酯 ocotillol II-3-*O*-caffeate
福桂树醇▲乙酸酯 ocotillol acetate
福桂树苷▲ splendoside
福桂树酮▲ ocotillone
福建假卫矛沉香呋喃 A~D fokienagarofuran A~D
福建假卫矛环氧萜▲A~D microfokienoxane A~D
福建假卫矛素▲ forkienin
福橘素 tangeretin; tangeritin
福木巧茶素▲ iguesterin
福氏马尾杉明碱▲ fordimine
福寿草苷▲A~K amurensioside A~K
福寿草降甾酮▲ fukujusonorone
福寿草酮 fukujusone
福树苷 spicataside
(5*S**,8*S**,9*S**,10*R**,13*S**)- 斧松 -3- 烯 -15,16- 二醇 (5*S**,8*S**,9*S**,10*R**,13*S**)-dolabr-3-ene-15,16-diol
(5*S**,8*S**,9*S**,10*R**,13*S**)- 斧松 -4(18)- 烯 -15,16- 二醇 (5*S**,8*S**,9*S**,10*R**,13*S**)-dolabr-4(18)-ene-15,16-diol
辅酶 Q_9 coenzyme Q_9
腐胺 putrescine
腐肉碱 putrescrine
附地菜素▲A, B, C trigonotin A, B, C
附球菌嗪 A, B, C epicorazine A, B, C
附子灵 fuziline
附子亭 fuzitine
阜康阿魏呋喃香豆素▲A~M fukanefuromarin A~M

阜康阿魏色酮▲ A~E fukanefurochromone A~E
阜康阿魏萜酮▲ A~E fukanedone A~E
阜康阿魏酮酯▲ A fukaneketoester A
阜康阿魏香豆素▲ A, B fukanemarin A, B
副黄嘌呤 paraxanthine
副绵马素 paraaspidin
富马酸 fumaric acid
富马酸单甲酯 fumaric acid monomethyl ester
富马酸单乙酯 monoethyl fumarate
富马酸乙酯 ethyl fumarate
富马原冰岛衣酸 fumaroprotocetraric acid
腹水草苷▲ veronicastroside
(±)- 福木苷 (±)-fukugiside
福木苷 fukugiside
(±)- 福木素 (±)-fukugetin
覆盆子酸 fupenzic acid
覆盆子酮 raspberry ketone
(+)- 覆瓦南洋杉醇酸 (+)-imbricatolic acid
覆瓦南洋杉醇酸▲ imbricatoloic acid
覆瓦南洋杉二醇▲ imbricatadiol
覆瓦南洋杉醛酸▲ imbricataloic acid
覆瓦南洋杉酸▲ imbricatolic acid
覆瓦衣酸 imbricaric acid

G

伽马蜡 -16- 烯 -3α- 醇 gammacer-16-en-3α-ol
伽马蜡 -16- 烯 -3β- 醇 gammacer-16-en-3β-ol
伽马蜡 -16- 烯 -3β- 醇乙酸酯 gammacer-16-en-3β-yl acetate
伽马蜡 -16- 烯 -3- 酮 gammacer-16-en-3-one
伽氏矢车菊素 janerin
钙生榄仁树酮▲ A termicalcicolanone A
盖伦酒花黄酚▲ xanthogalenol
盖耶翠雀宁碱▲ geyerinine
L- 甘氨酸 L-glycine
甘氨酸 glycine
甘氨酸 - 甜菜黄素 glycine-betaxanthin
L- 甘氨酰 -L- 脯氨酸酐 L-glycyl-L-proline anhydride
甘巴豆酚▲ A kompasinol A
甘草苯并呋喃 glycybenzofuran
甘草吡喃香豆素 licopyranocoumarin
甘草查耳酮 A~E, G licochalcone A~E, G
甘草醇酸▲ liquoric acid
甘草次酸 glycyrrhetic acid; glycyrrhetinic acid
甘草次酸单葡萄糖醛酸苷 glycyrrhetic acid monoglucuronide
甘草次酸甲酯 methyl glycyrrhetate
甘草次酸乙酯 ethyl glycyrrhetate
甘草多糖 UA, UC glycyrrhizan UA, UC
甘草二酮▲ licodione
甘草发根菌查耳酮▲ A~D licoagrochalcone A~D
甘草发根菌橙酮 licoagroaurone
甘草发根菌定 licoagrodin
甘草发根菌苷▲ C~F licoagroside C~F
甘草发根菌酮 licoagrone
甘草发根菌异黄酮▲ licoagroisoflavone
甘草发根菌紫檀素 licoagrocarpin
甘草芳基香豆素 licoarylcoumarin
甘草酚 glycyrol
甘草酚酮 glicophenone
甘草呋喃酮 licofuranone
甘草呋喃香豆素 licofuranocoumarin
甘草苷 liquiritin
(-)- 甘草苷元 (-)-liquiritigenin
(±)- 甘草苷元 (±)-liquiritigenin
甘草苷元 liquiritigenin
甘草苷元 -4'-O-[β-D-(3-O- 乙酰基)- 呋喃芹糖基 -(1 → 2)]-β-D- 吡喃葡萄糖苷 liquiritigenin-4'-O-[β-D-(3-O-acetyl)-apiofuranosyl-(1 → 2)]-β-D-glucopyranoside
甘草苷元 -7,4'- 二 -O-β-D- 吡喃葡萄糖苷 liquiritigenin-7,4'-di-O-β-D-glucopyranoside
甘草苷元 -7-O-β-D-(3-O- 乙酰基)- 呋喃芹糖基 -4'-O-β-D- 吡喃葡萄糖苷 liquiritigenin-7-O-β-D-(3-O-acetyl)-apiofuranosyl-4'-O-β-D-glucopyranoside
甘草苷元 -7-O-β-D- 吡喃葡萄糖苷 liquiritigenin-7-O-β-D-glucopyranoside
甘草苷元 -7-O-β-D- 呋喃芹糖基 -4'-O-β-D- 吡喃葡萄糖苷 liquiritigenin-7-O-β-D-apiofuranosyl-4'-O-β-D-glucopyranoside
甘草黄酮 licoflavone
甘草黄酮 A, B, C licoflavone A, B, C
甘草黄酮醇 licoflavonol
甘草黄烷酮 licoflavanone
甘草黄烷酮 A licoflavanone A
甘草醌 A, B licoriquinone A, B
甘草拉苷▲ licraside; licuraside
甘草利酮 licoricone
甘草灵▲ glycyrin
甘草宁 -3'-O- 甲醚 gancaonin-3'-O-methyl ether
甘草宁 A~E, G~P, W, Z gancaonin A~E, G~P, W, Z
甘草宁 P-3'- 甲醚 gancaonin P-3'-methylether
甘草诺酚▲ A, B, C gancaonol A, B, C
甘草葡萄糖醛酸苷▲ A, B glychionide A, B
甘草瑞酮 glicoricone
甘草双查耳酮 licobichalcone
甘草斯特酮 glycestrone
18α- 甘草酸 18α-glycyrrhizin
甘草酸 glycyrrhizic acid; glycyrrhizin
甘草特苷▲ liquiritoside
甘草甜素 glycyrrhizin
甘草西定 licoricidin
甘草香豆素 glycycoumarin
甘草香豆酮 licocoumarone
甘草新酚▲ A~J, M~Z kanzonol A~J, M~Z
甘草新木脂素 liconeolignan
甘草新异黄烷酮▲ glicoisoflavanone
甘草叶醇 licoleafol
甘草异黄酮 A, B licoisoflavone A, B
甘草异黄烷 A licorisoflavan A
甘草异黄烷酮 licoisoflavanone
甘草皂苷 A_3, B_2, C_2, D_3, E_2, F_3, G_2, H_2, J_2, K_2, L_3, M_3, N_4, O_4 licoricesaponin A_3, B_2, C_2, D_3, E_2, F_3, G_2, H_2, J_2, K_2, L_3, M_3, N_4, O_4
甘草扎灵 glyzarin
甘草紫檀酚 A, B glycyrrhizol A, B
甘草紫檀烷 glycycarpan
甘茶酚▲ A, C thunberginol A, C
(±)- 甘茶酚▲ C (±)-thunberginol C
甘川紫菀苷▲ A, B smithoside A, B
甘醇单棕榈酸酯 glycol monopalmitate
甘醇酸 glycolic acid

G

甘黄芩苷元 ganhuangenin
甘黄芩素 ganhuangemin
(+)- 甘露醇 (+)-mannitol
D- 甘露醇 D-mannitol
L- 甘露醇 L-mannitol
甘露醇 mannitol
甘露聚糖 mannan
甘露三糖 mannotriose
D- 甘露糖 D-mannose
甘露糖 mannose
甘露糖苷甘油酸钠 sodium mannoside glycerate
α- 甘露糖苷酶 I, II *α*-mannosidase I, II
甘露子皂苷 A sieboldii saponin A
(-)- 甘蜜树素▲ A (-)-nectandrin A
甘蜜树素▲ A, B nectandrin A, B
甘青白刺灵碱▲ tangutorine
甘青大戟素 A~F, F_1, G, G_1, H~O euphoractin A~F, F_1, G, G_1, H~O
甘青大戟亭▲ A~F euphactin A~F
甘青青兰苷▲ A~D dracotanoside A~D
甘青铁线莲苷▲ A, B tanguticoside A, B
甘青铁线莲皂苷▲ A~D clematangoside A~D
甘青乌头碱▲ tanaconitine
甘青乌头灵▲ tangirine
甘青乌头明▲ tangutimine
甘青乌头辛▲ tangutisine
甘青乌头辛▲ A, B tangutisine A, B
甘松桉烯醇▲ A nardoeudesmol A
甘松萸醇 nardol
甘松醇 nardostachnol
甘松定▲ nardin
甘松二酯 nardostachin
甘松呋喃 nardofuran
甘松根醇 gansongol
甘松根酮 gansongone
甘松过氧化物 nardoperoxide
甘松基二十二酸酯 nardostachyl docosanoate
甘松基庚酸酯 nardostachyl heptanoate
甘松基癸烯酸酯 nardostachyl decenoate
甘松基环已酸酯 nardostachyl cyclohexanyl ester
甘松基戊酸酯 nardostachyl pentanoate
甘松螺醇▲ spirojatomol
甘松醛 nardosaldehyde
甘松素▲ nardostachysin
甘松酮 nardostachone
甘松酮醇▲ nardostachysol
甘松烯醛▲ nardal
甘松香醇 A narchinol A
甘松香酮 A~G kanshone A~G
甘松新酮 nardosinone
甘松新酮 A nardosinone A
甘松新酮二醇 nardosinonediol
甘松氧化物 nardoxide
甘松愈创木酮 A~K nardoguaianone A~K
甘肃大戟萜▲ A, B ekanpenoid A, B
甘肃黄芩素 I rehderianin I
甘肃棘豆苷▲ A kansuensisoside A
甘肃马先蒿苷 kansuenoside
甘肃马先蒿素▲ kansuenin
甘肃马先蒿素▲ B kansuenin B
甘肃显脉香茶菜素 A, B ganervosin A, B
甘遂 -7,21- 二烯 tirucalla-7,21-diene
甘遂宁 A~D, D_1, E, F, I~M kansuinine A~D, D_1, E, F, I~M
甘遂素 A~D kansuiphorin A~D
甘遂酮 kansuinone
甘遂烯醇 kansenol
甘遂烯酮 kansenone
甘遂烯酮醇 kansenonol
甘乌辛▲ tanwusine
甘五味子素▲ ganschisandrin
甘五味子酸 ganwuweizic acid; schisandronic acid
甘西鼠尾草苷 A ganxinoside A
甘西鼠尾草醌▲ A salviskinone A
甘西鼠尾草内酯 salprzelactone
甘西鼠尾草三醇 A, B ganxintriol A, B
甘西鼠尾草素▲ przewalskin
甘西鼠尾草素▲ A~G, Y-1 przewalskin A~G, Y-1
甘西鼠尾草酸 A, B, C przewalskinic acid A, B, C
甘西鼠尾草萜酸▲ A, B przewanoic acid A, B
甘西鼠尾草酮▲ przewalskone
甘油 glycerin; glycerol
甘油 -1,2,3- 三 - 十二烷 -9- 烯酸酯 glycerol-1,2,3-trisdodec-9-enoate
甘油 -1,2- 二棕榈酸酯 -3-*O*-*β*-D- 吡喃半乳糖苷 glycerol-1,2-dihexadecanoate-3-*O*-*β*-D-galactopyranoside
甘油 -1,3- 二肉豆蔻酸 -2- 山梨酸酯 glyceride-1,3-dimyristic-2-sorbate
甘油 -1,3- 二 - 十一碳 -9- 烯酸酯 -2- 十二碳 -9- 烯酸酯 glycerol-1,3-bis-undec-9-enoate-2-dodec-9-enoate
甘油 -1,3- 二棕榈酸酯 glycerol-1,3-dihexadecanoate
甘油 -1,3- 油酸双酯 glycerol-1,3-bisoleate
甘油 -1-*O*-*α*-D- 葡萄糖醛酸苷 -3-*O*- 苯甲酸酯 glycerol-1-*O*-*α*-D-glucuronide-3-*O*-benzoyl ester
甘油 -1-*O*-*β*-D- 吡喃半乳糖苷 glycerol-1-*O*-*β*-D-galacopyranoside
甘油 -1- 二十八酸酯 glycerol-1-octacosanoate
甘油 -1- 二十六酸酯 glycerol-1-hexacosanoate; glyceryl-1-hexacosanoate
甘油 -1- 二十四酸酯 glycerol-1-tetracosanoate
sn- 甘油 -1- 二十碳 -9,12- 二烯酸酯 -2- 棕榈油酸酯 -3- 亚油酸酯 *sn*-glycerol-l-eicosa-9,12-dienoate-2-palmitoleate-3-1inoleate
甘油 -1- 二十五酸酯 glycerol-1-pentacosanoate
甘油 -1- 十八酸酯 glycerol-1-octadecanoate
甘油 -1- 十八碳 -9',12',15'- 三烯酰基 -2- 十八碳 -9'',12''- 二烯酰基 -3- 十六酸酯 glycerol-1-octadec-9',12',15'-trienoyl-2-octadec-9'',12''-dienoyl-3-hexadecanoate
甘油 -1- 十八碳 -9',12',15'- 三烯酰基 -2- 十八碳 -9''- 烯酰基 -3- 二十酸酯 glycerol-1-octadec-9',12',15'-trienoyl-2-octadec-9''-enoyl-3-eicosanoate
甘油 -1- 十六酸酯 glycerol-1-hexadecanoate
甘油 -1- 硬脂酸酯 glycerol-1-stearate
甘油 -1- 棕榈酸酯 glycerol-1-palmitate
甘油 -2-(3- 甲氧基 -4- 羟基苯甲酸) 醚 glycerol-2-(3-methoxy-4-hydroxybenzoic acid)ether
26- 羟基二十六酸甘油酯 glyceryl 26-hydroxyhexacosanoate
甘油 -2-*O*-*α*-L- 岩藻糖苷 glycerol-2-*O*-*α*-L-fucopyranoside
甘油 -2- 虫漆蜡酸酯 glycerol-2-lacceroate
2-(甘油 -2- 基)-5-(2- 羟基乙基)- 苯基 -*O*-*β*-D- 吡喃半乳糖苷 2-(glycer-2-yl)-5-(2-hydroxyethyl)-phenyl-*O*-*β*-D-galactopyranoside
2-(甘油 -2- 基)-5-(2- 羟基乙基)- 苯基 -*O*-*β*-D- 吡喃葡萄糖苷

2-(glycer-2-yl)-5-(2-hydroxyethyl)-phenyl-*O*-*β*-D-glucopyranoside
甘油 -9'-*Z*- 十八烯酸酯 glycerol-9'-*Z*-octadecaenate
甘油 -*α*- 单山嵛酸酯 glycerol-*α*-monobehenate
甘油 -*α*- 二十二酸酯 glycerol-*α*-docosanoate
甘油 -*α*- 二十五酸酯 glycerol-*α*-pentacosanoate
甘油 -*α*- 十四酸酯 glycerol-*α*-tetradecanoate
甘油 -*α*- 亚油酸酯 glycerol-*α*-monolinolate
(-)-*R*,*Z*- 甘油醇 -1-9- 十八烯酸酯 (-)-*R*,*Z*-glycerol-1-9-octadecenoate
(*R*)- 甘油单亚麻油酸酯 (*R*)-glycerol-monolinoleate
甘油单亚油酸酯 monolinoleoyl glycerol
(*R*)- 甘油单硬脂酸酯 (*R*)-glycerol-monostearate
甘油单硬脂酸酯 glycerol monostearate; monostearin
甘油单棕榈酸酯 glycerol monopalmitate; monopalmitin
甘油二十六酸酯 glycerol hexacosanoate
甘油基 -1,6,8- 三羟基 -3- 甲基 -9,10- 二氧代 -2- 蒽羧酸酯 glycerol-1,6,8-trihydroxy-3-methyl-9,10-dioxo-2-anthracenecarboxylate
α- 甘油基 -*α*- 甘露糖苷 -4- 铵盐 *α*-glyceryl-*α*-mannoside-4-ammonium salt
1- 甘油基亚油酸酯 1-glyceryllinoleate
甘油磷酸酯 glycerol phosphate
甘油三去氢还阳参烯炔酸酯▲ glycerol tridehydrocrepenynate
甘油三肉豆蔻酸酯 trimyristin
甘油 - 三 - 十三碳 -9- 烯酸酯 glycerol tristridec-9-enoate
甘油三亚油酸酯 glycerol trilinoleate; linoleate triglyeride; trilinolein
甘油三反油酸酯 trielaidin
甘油三油酸酯 glycerol trioleate; triolein
甘油三棕榈酸酯 tripalmitin
甘油十九烷 -4- 炔 -18- 烯 -1- 羧酰三酯 nonadeca-4-yn-18-en-1-oic acid triglyceride
1- 甘油十六酸酯 1-glycerinhexadecylate
甘油酸 glyceric acid
4-*O*-(*n*- 甘油酸丁酯基) 二氢松柏醇 4-*O*-(*n*-glyceric acid-butyryl ester)dihydro-coniferyl alcohol
甘油亚麻酸酯 glycerol linolenate
甘油亚油酸二油酸酯 glycerol linoleate-diooleate
甘蔗甾醇 ikshusterol
α- 甘蔗甾烯酮▲ *α*-saccharostenone
柑橘吖啶酮 I, II, III citracridone I, II, III
柑橘胺▲ citrusamine
柑橘奥苷▲ A~D citrusoside A~D
柑橘醇▲ citrusol
柑橘苷 A, B citroside A, B
柑橘黄酮 tangeritin
柑橘黄烷酮 citflavanone
柑橘黄质 citroxanthin
柑橘黄质样色素 citroxanthin-like pigment
柑橘明▲ citramine
柑橘素 citrusin
柑橘素 C 丙二酸酯 citrusin C malonate
柑橘酮▲ C citropone C
柑橘文旦素 citrubuntin
赶山鞭素▲ A~I hyperattenin A~I
赶山鞭酮▲ A~F attenuatumione A~F
橄榄斑叶酚酸▲ olivetolic acid
橄榄斑叶酚酸▲乙酯 ethyl olivetolate
橄榄斑叶酸▲ olivetoric acid
橄榄灵碱 oliveroline
橄榄酮▲ canarone
(-)- 橄榄脂素 (-)-olivil
(+)- 橄榄脂素 (+)-olivil
橄榄脂素 olivil
(-)- 橄榄脂素 -4''-*O*-*β*-D- 吡喃葡萄糖苷 (-)-olivil-4''-*O*-*β*-D-glucopyranoside
(-)- 橄榄脂素 -4',4''- 二 -*O*-*β*-D- 吡喃葡萄糖苷 (-)-olivil-4',4''-di-*O*-*β*-D-glucopyranoside
(-)- 橄榄脂素 -4''-*O*-*β*-D- 吡喃葡萄糖苷 (-)-olivil-4''-*O*-*β*-D-glucopyranoside
(-)- 橄榄脂素 -4'-*O*-*β*-D- 吡喃葡萄糖苷 (-)-olivil-4'-*O*-*β*-D-glucopyranoside
橄榄脂素 -4'-*O*-*β*-D- 吡喃葡萄糖苷 olivil-4'-*O*-*β*-D-glucopyranoside
(-)- 橄榄脂素 -4-*O*-*β*-D- 吡喃葡萄糖苷 (-)-olivil-4-*O*-*β*-D-glucopyranoside
橄榄脂素 -4'-*O*- 吡喃葡萄糖苷 olivil-4'-*O*-glucopyranoside
橄榄脂素 -4-*O*- 吡喃葡萄糖苷 olivil-4-*O*-glucopyranoside
(-)- 橄榄脂素 -9-*O*-*β*- 吡喃葡萄糖苷 (-)-olivil-9-*O*-*β*-glucopyranoside
橄榄脂素单乙酸酯 olivil monoacetate
(-)- 橄榄脂素乙酸酯 (-)-olivilmonoacetate
橄香烯醇 elemenol
干巴菌素▲ B, D, E ganbajunin B, D, E
干花豆素▲ B, A cauliflorin B, A
干酪菌素▲ A tyromycin A
赣皖乌头碱▲ finaconitine
赣皖乌头定▲ finetiadine
赣皖乌头宁▲ firetianine
刚毛果苷元▲ xysmalogenin
刚毛橐吾碱▲ A ligulachyroine A
刚毛香茶菜素▲ A~D hispidanin A~D
刚毛鹧鸪花醇▲ A, B hispidol A, B
刚毛鹧鸪花酮▲ hispidone
岗松素▲ A~I baeckein A~I
杠板归素▲ A, B perfoliatumin A, B
杠柳阿洛糖苷▲ peripalloside
杠柳磁麻苷 periplocymarin
杠柳苷 periplocin; periplocoside
杠柳苷 A~F, H_1, J~N, NW, O, P, X periplocoside A~F, H_1, J~N, NW, O, P, X
17*βH*- 杠柳苷元 17*βH*-periplogenin
杠柳苷元 periplogenin
杠柳苷元 -3-[*O*-*β*- 吡喃葡萄糖基 -(1 → 4)-*β*- 吡喃西非羊角拗糖苷] periplogenin-3-[*O*-*β*-glucopyranosyl-(1 → 4)-*β*-sarmentopyranoside]
杠柳苷元 -3-*O*-D- 吡喃葡萄糖基 -(1 → 6)(1 → 4)-D- 吡喃磁麻糖苷 periplogenin-3-*O*-D-glucopyranosyl-(1 → 6)(1 → 4)-D-cymaropyranoside
杠柳苷元 -3-*O*-*β*-D- 吡喃磁麻糖苷 periplogenin-3-*O*-*β*-D-cymaropyranoside
杠柳苷元 -3-*O*-*β*-D- 吡喃葡萄糖基 -(1 → 4)-*O*-*β*-D- 吡喃磁麻糖苷 periplogenin-3-*O*-*β*-D-glucopyranosyl-(1 → 4)-*O*-*β*-D-cymaropyranoside
杠柳苷元 -3-*O*-*β*-D- 吡喃葡萄糖基 -(1 → 4)-*O*-*β*-D- 吡喃洋地黄毒糖苷 periplogenin-3-*O*-*β*-D-glucopyranosyl-(1 → 4)-*O*-*β*-D-digitoxopyranoside
杠柳苷元 -3-*O*-*β*-D- 吡喃葡萄糖基 -(1 → 6)-*β*-D- 吡喃葡萄糖基 -(1 → 4)-D- 吡喃磁麻糖苷 periplogenin-3-*O*-*β*-D-glucopyranosyl-(1 → 6)-*β*-D-glucopyaranosyl-(1 → 4)-D-cymaropyranoside
杠柳苷元 -3-*O*-*β*-D- 吡喃洋地黄毒糖苷 periplogenin-3-*O*-*β*-D-digitoxopyranoside

G

杠柳苷元 -6- 脱氧 -β-D- 古洛糖苷 periplogenin-6-deoxy-β-D-guloside
杠柳苷元葡萄糖苷 periplogenin glucoside
杠柳古洛糖苷 periguloside
杠柳古洛糖苷▲ periplogulcoside
杠柳寡糖 A~E perisesaccharide A~E
杠柳过氧化物▲ A~E periperoxide A~E
杠柳考苷▲ A, B plocoside A, B
杠柳洛辛▲ locin
杠柳莫苷▲ A~I perisepiumoside A~I
杠柳赛苷▲ A~E periseoside A~E
杠柳鼠李糖苷 periplorhamnoside
杠柳糖▲ A, B, C perisaccharide A, B, C
杠柳酮苷元▲ periplocogenin
杠柳辛▲ plocin
杠柳辛苷元▲ plocigenin
杠柳辛宁▲ plocinin
D- 高 -1,4,6- 雄甾三烯 -3,17- 二酮 D-homo-1,4,6-androstatrien-3,17-dione
13- 高 -13- 氧杂 -6a,12a- 去氢鱼藤素 13-homo-13-oxa-6a,12a-dehydrodeguelin
A- 高 -3a- 氧代 - 齐墩果 -12- 烯 -3- 酮 -28- 酸 A-homo-3a-oxa-olean-12-en-3-one-28-oic acid
(+)- 高白屈菜碱 (+)-homochelidonine
高白屈菜碱 homochelidonine
高槟榔碱 homoarecoline
高车前苷 homoplantaginin
高川芎内酯 H, I homosenkyunolide H, I
高串叶松香草酸▲ homosilphiperfoloic acid
高粗榧碱 homoharringtonine
高翠雀碱▲ delelatine
高大臭椿素▲ excelsin
高大苦油楝内酯 proceranolide
高大苦油楝酮▲ proceranone
高大鹿药苷 A~G atropuroside A~G
高丁香醛 homosyringaldehyde
高二氢辣椒素 homodihydrocapsaicin
高二氢缬草三酯 homodihydroisovaltrate
(+)- 高芳香花桂林碱▲ (+)-homoaromoline
高芳香花桂林碱▲ homoaromoline
高蜂斗菜苦内酯 homofukinolide
高胱氨酸 homocystine
高红豆宁碱▲ homoormosanine
(±)- 高红豆萨宁 (±)-homoormosanine
高荭草素 homoorientin
高虎皮楠碱甲酯 methylhomodaphniphyllate
(-)- 高黄花木碱 (-)-homopiptanthine
高黄皮酰胺 homoclausenamide
高黄芩苷 scutellarin
高黄芩苷 A, B scutellarin A, B
高黄芩苷甲酯 scutellarin methyl ester
高黄芩苷钠盐 sodium scutellarin
高黄芩素 scutellarein
高黄芩素 -4'- 甲醚 scutellarein-4'-methyl ether
高黄芩素 -5-O-[α-L- 吡喃鼠李糖基 -(1→4)-β-D-6-O- 乙酰吡喃葡萄糖苷] scutellarein-5-O-[α-L-rhamnopyranosyl-(1→4)-β-D-6-O-acetylglucopyranoside]
高黄芩素 -5- 半乳糖苷 scutellarein-5-galactoside
高黄芩素 -6,4'- 二甲醚 scutellarein-6,4'-dimethyl ether
高黄芩素 -6,7,4'- 三甲醚 scutellarein-6,7,4'-trimethyl ether
高黄芩素 -6- 甲醚 scutellarein 6-methyl ether
高黄芩素 -7-O-(2-O- 阿魏酰基)- 二葡萄糖醛酸苷 scutellarein-7-O-(2-O-feruloyl)-diglucuronide
高黄芩素 -7-O-α-L- 吡喃鼠李糖苷 scutellarein-7-O-α-L-rhamnopyranoside
高黄芩素 -7-O-α-L- 鼠李糖苷 scutellarein-7-O-α-L-rhamnoside
高黄芩素 -7-O-α- 葡萄糖醛酸胺 scutellarein-7-O-α-glucuronamide
高黄芩素 -7-O-β-D- 吡喃葡萄糖苷 scutellarein-7-O-β-D-glucopyranoside
高黄芩素 -7-O-β-D- 吡喃葡萄糖基 -(1→6)-β-D- 吡喃葡萄糖苷 scutellarein-7-O-β-D-glucopyranosyl-(1→6)-β-D-glucopyranoside
高黄芩素 -7-O-β-D- 葡萄糖苷 scutellarein-7-O-β-D-glucoside
高黄芩素 -7-O-β-D- 葡萄糖醛酸苷 scutellarein-7-O-β-D-glucuronide
高黄芩素 -7-O-β-D- 葡萄糖醛酸苷 -6''- 甲酯 scutellarein-7-O-β-D-glucuronide-6''-methyl ester
高黄芩素 -7-O-β-D- 葡萄糖醛酸苷甲酯 scutellarein-7-O-β-D-glucuronide methyl ester
高黄芩素 -7-O- 二葡萄糖醛酸苷 scutellarein-7-O-diglucuronide
高黄芩素 -7-O- 葡萄糖醛酸苷 scutellarein-7-O-glucuronide
高黄芩素 -7-O- 芸香糖苷 scutellarein-7-O-rutinoside
高黄芩素 -7- 芸香糖苷 scutellarein-7-rutinoside
高黄芩素四甲醚 scutellarein tetramethyl ether
高黄芩素 - 新橙皮糖苷 scutellarein-7-neohesperidoside
高黄芩辛▲ scutaltisin
高加索常春藤苷▲ B hederacaucaside B
高加索蒿素▲ grossmizin
L- 高精氨酸 L-homoarginine
高精胺 homospermine
高精脒 homospermidine
高榉树酮▲ homozelkoserratone
高辣椒素 homocapsaicin
(+)- 高丽槐碱 (+)-maackiamine
高丽槐林素▲ maackolin; maackinine
(-)- 高丽槐素 (-)-maackiain
(+)- 高丽槐素 (+)-maackiain
(6aR,11aR)- 高丽槐素 (6aR,11aR)-maackiain
(6aR,12aR)- 高丽槐素 (6aR,12aR)-maackiain
6aR,11aR- 高丽槐素 6aR,11aR-maackiain
l- 高丽槐素 l-maackiain
高丽槐素 maackiain
高丽槐素 -3-O-(6'-O- 丙二酰基 -β-D- 吡喃葡萄糖苷 maackiain-3-O-(6'-O-malonyl-β-D-glucopyranoside)
高丽槐素 -3-O-(6'-O- 乙酰基 -β-D- 吡喃葡萄糖苷 maackiain-3-O-(6'-O-acetyl-β-D-glucopyranoside
(-)- 高丽槐素 -3-O-6'-O- 烯酰基 -β-D- 吡喃半乳糖苷 (-)-maackiain-3-O-6'-O-acrylyl-β-D-galactopyranoside
(-)- 高丽槐素 -3-O-6'-O- 乙酰基 -β-D- 吡喃葡萄糖苷 (-)-maackiain-3-O-6'-O-acetyl-β-D-glucopyranoside
(-)- 高丽槐素 -3-O-β-D- 吡喃半乳糖苷 (-)-maackiain-3-O-β-D-galactopyranoside
高丽槐素 -3-O-β-D- 吡喃半乳糖苷 maackiain-3-O-β-D-galactopyranoside
(-)- 高丽槐素 -3-O-β-D- 吡喃葡萄糖苷 (-)-maackiain-3-O-β-D-glucopyranoside
高丽槐素 -3-O-β-D- 吡喃葡萄糖苷 maackiain-3-O-β-D-glucopyranoside
高良姜苷 A alpinoside A
高良姜庚烷 A, B officinaruminane A, B

高良姜素 galangin
高良姜素 -3-*O*-*β*-D- 吡喃葡萄糖苷 -8- 磺酸酯 galangin-3-*O*-*β*-D-glucopyranoside-8-sulfonate
高良姜素 -3-*O*-*β*-D- 吡喃葡萄糖基 -7-*O*-*β*-L- 吡喃鼠李糖苷 galangin-3-*O*-*β*-D-glucopyranosyl-7-*O*-*β*-L-rhamnopyranoside
高良姜素 -3- 甲醚 galangin-3-methyl ether
高良姜素 -8- 磺酸酯 galangin-8-sulfonate
高良姜萜内酯 galanolactone
高良姜萜醛 A, B galanal A, B
高良姜烷▲ A~E alpinoid A~E
高粱醇 sorghumol
高粱醇 -3-*O*-*E*- 对羟基香豆素 sorghumol-3-*O*-*E*-*p*-coumarate
高粱醇 -3-*O*-*Z*- 对羟基香豆素 sorghumol-3-*O*-*Z*-*p*-coumarate
高粱内酯醇 sorgomol
高粱酮 sorgoleone
高裂环虎皮楠碱甲酯 methyl homosecodaphniphyllate
高龙胆酸 homogentisic acid
高马长春碱▲ gomaline
高杧果苷 homomangiferin
高密花树醌▲ homorapanone
高木防己碱 homotrilobine
高盆樱桃素▲ A puddumin A
高千斤拔精▲ homoflemingin
11- 高羟基二氢缬草三酯 11-homohydroxydihydrovaltrate
高山车前苷▲ alpinoside
高山地榆苷▲ alpinoside
高山地榆酸▲ alpinic acid
高山毒豆异黄酮▲ alpinumisoflavone
高山毒豆异黄酮▲ -4'- 甲醚 alpinumisoflavone-4'-methyl ether
高山黄芩素 scutalpin
高山龙胆内酯▲ A algiolide A
高山芹素▲ saxalin
高山忍冬苷▲ alpigenoside
高山唐松草二酮▲ thalpindione
高山香科科素 D, E montanin D, E
高山小橘酮▲ homoglycosolone
(2*S*)- 高圣草酚 (2*S*)-homoeriodictyol
高圣草酚 homoeriodictyol
高圣草酚 -3-*O*-*β*-D- 吡喃葡萄糖苷 homoeriodictyol-3-*O*-*β*-D-glucopyranoside
(2*S*)- 高圣草酚 -7,4'- 二 -*O*-*β*-D- 吡喃葡萄糖苷 (2*S*)-homoeriodictyol-7,4'-di-*O*-*β*-D-glucopyranoside
(2*S*)- 高圣草酚 -7-*O*-*β*-D- 吡喃葡萄糖苷 (2*S*)-homoeriodictyol-7-*O*-*β*-D-glucopyranoside
高圣草酚 -7-*O*-*β*-D- 吡喃葡萄糖苷 homoeriodictyol-7-*O*-*β*-D-glucopyranoside
(2*S*)- 高圣草酚 -7-*O*-*β*-D- 吡喃芹糖基 -(1 → 2)-*β*-D- 吡喃葡萄糖苷 (2*S*)-homoeriodictyol-7-*O*-*β*-D-apiofuranosyl-(1 → 2)-*β*-D-glucopyranoside
(+)- 高石蒜碱 (+)-homolycorine
高石蒜碱 homolycorine
高石蒜碱 -*N*- 氧化物 homolycorine-*N*-oxide
高氏缨瓣素▲ A crossogumerin A
dl- 高丝氨酸 *dl*-homoserine
高丝氨酸 homoserine
高斯核果木酮▲ gossweilone
高唐松草任碱 homothalicrine
高唐素 -8-*O*- 葡萄糖醛酸苷 takakin-8-*O*-glucuronide
β- 高甜菜碱 *β*-homobetaine
高尾乌头明▲ takaosamine
高尾乌头宁▲ takaonine
高尾细辛三酮▲ heterotropatrione
高尾细辛脂素▲ heterotropan
高乌头碱 A~I sinomontanine A~I
高乌头尼定 ranaconidine
高乌头尼亭▲ A, B sinomontanitine A, B
高乌头亭▲ A, B sinaconitine A, B
(±)- 高无活菌酸 (±)-homononactic acid
高香荚兰醇 homovanillyl alcohol
高香荚兰醇 -4-*O*-*β*-D- 吡喃葡萄糖苷 homovanillyl alcohol-4-*O*-*β*-D-glucopyranoside
高香荚兰酸 homovanillic acid
高缬草醛 homobaldrinal
高缬草三酯 homovaltrate
高熊果苷 homoarbutin
高野决明碱 homothermopsine
α- 高野尻霉素 *α*-homonojirimycin
1- 高乙酰缬草三酯 1-homoacevaltrate
高异粗榧碱 homoisoharringtonine
7,4'- 高异黄烷 7,4'-homoisoflavane
1- 高异乙酰缬草三酯 1-homo-isoacevaltrate
高原儿茶酸 homoprotocatechuic acid
(-)- 高原唐松草灵碱 (-)-thalmiculine
(+)- 高原唐松草米宁 (+)-cultithalminine
(-)- 高原唐松草明碱 (-)-thalmiculimine
(+)- 高原唐松草替明碱 (+)-thalmiculatimine
高原天名精素▲ carpesilipskyin
高原天名精萜▲ A, B carpelipine A, B
高展花乌头宁 homochasmanine
高紫檀素 homopterocarpin
高足瓣豆碱▲ homopodopetaline
藁本酚 ligustiphenol
藁本苷▲ A~D ligusinenoside A~D
(*E*)- 藁本内酯 (*E*)-ligustilide
(*Z*)- 藁本内酯 (*Z*)-ligustilide
Z- 藁本内酯 *Z*-ligustilide
藁本内酯 ligustilide
藁本酮 ligustilone
告伊春 goitrin
戈壁天门冬素 A, B gobicusin A, B
戈梅拉毒马草醇▲ gomerol
戈氏藤黄二酮▲ H gaudichaudione H
哥贡蒿内酯▲ gorgonolide
哥伦比亚乌头定▲ columbidine
哥伦比亚乌头碱▲ columbianine
哥伦比亚狭缝芹定▲ columbianadin
哥伦比亚狭缝芹苷▲ columbianoside
哥伦比亚狭缝芹素 columbianin
(-)- 哥伦比亚狭缝芹亭▲ (-)-columbianetin
R-(-)- 哥伦比亚狭缝芹亭▲ *R*-(-)-columbianetin
哥伦比亚狭缝芹亭▲ columbianetin
哥伦比亚狭缝芹亭▲ -*O*-*β*-D- 吡喃葡萄糖苷 columbianetin-*O*-*β*-D-glucopyranoside
哥伦比亚狭缝芹亭▲ -*β*-D- 吡喃葡萄糖苷 columbianetin-*β*-D-glucopyranoside
哥伦比亚狭缝芹亭▲ -*β*-D- 葡萄糖苷 columbianetin-*β*-D-glucoside
哥伦比亚狭缝芹亭▲丙酸酯 columbianetin propionate
哥伦比亚狭缝芹亭▲乙酸酯 columbianetin acetate

G

哥伦黄芩素▲ C scutecolumnin C
哥伦鼠尾草二酮▲ columbaridione
哥纳香内酰胺▲ goniothalactam
(+)- 哥纳香素▲ (+)-goniothalamin
革菌素▲ A thelephorin A
革菌酸 thelephoric acid
革叶基尔藤黄素▲ kielcorin
革叶荛花明▲ A, B wikstrophyllamin A, B
茖葱素▲ allivicin
格劳卡醇 A glaucanol A
格劳卡吴萸素▲ A graucin A
格雷拟洋椿色烯醇▲ greveichromenol
格里阿魏内酯▲ grilactone
格里芬豆内酯▲ griffonilide
格林纳达鞘丝藻二烯▲ grenadadiene
格林纳达鞘丝藻酰胺▲ A, B, C grenadamide A, B, C
格陵兰黄连碱▲ groenlandicine
格伦云杉烯醇▲ gleenol
(+)- 格氏绿心樟碱▲ (+)-glaziovine
格氏绿心樟碱▲ glaziovine
格氏小叶藤黄屾酮▲ griffipavixanthone
葛醇 A, B puerol A, B
葛丁烯内酯苷 kuzubutenolide A
葛苷 A~D pueroside A~D
葛根酚 puerarol
葛根呋喃 puerariafuran
葛根素 puerarin
葛根素 -4'-*O*-D- 吡喃葡萄糖苷 puerarin-4'-*O*-D-glucopyranoside
葛花苷 kakkalide
葛花宁▲ kakkanin
葛花素▲ gehuain
葛花亭 kakkatin
葛花酮 kakkalidone
葛藟葡萄酚▲ A flexuosol A
葛缕子艾菊酮 carvotanacetone
葛缕子薄荷醇 carvomenthol
(*E*)- 葛缕子醇 (*E*)-carveol
L- 葛缕子醇 L-carveol
葛缕子醇 carveol
葛缕子醇乙酸酯 carveol acetate
葛缕子酚 carvacrol
葛缕子酚 -2-*O*-*α*-L- 吡喃鼠李糖基 -(1 → 6)-*β*-D- 吡喃葡萄糖苷 carvacrol-2-*O*-*α*-L-rhamnopyranosyl-(1 → 6)-*β*-D-glucopyranoside
葛缕子酚甲醚 carvacrol methyl ether
(+)- 葛缕子酮 (+)-carvone
D- 葛缕子酮 D-carvone
l- 葛缕子酮 *l*-carvone
葛缕子酮 carvone
葛缕子烯醇 carvenol
葛缕子烯酮 carvenone
葛皂苷 A_1, A_2, A_3, A_4, A_5, B_1, C_1, SA_1, SA_2, SA_3, SA_4, SB_1 kudzusaponin A_1, A_2, A_3, A_4, A_5, B_1, C_1, SA_1, SA_2, SA_3, SA_4, SB_1
隔山消二糖 wilforibiose
隔山消苷 A, B, C, C_1G, C_1GG, C_1N, C_2G, C_3N, D, D_1N, E, F, G, H, K_1GG, K_1N, M_1N wilfoside A, B, C, C_1G, C_1GG, C_1N, C_2G, C_3N, D, D_1N, E, F, G, H, K_1GG, K_1N, M_1N
隔山消素▲ cynanforidin
根皮酚 phloroglucinol
根皮酚 -1-*O*-*β*-D- 葡萄糖苷 phloroglucinol-1-*O*-*β*-D-glucoside
1-*O*- 根皮酚 -2-*O*- 没食子酰基 -6-*O*- 桂皮酰基 -*β*-D- 吡喃葡萄糖苷 1-*O*-phloroglucinyl-2-*O*-galloyl-6-*O*-cinnamoyl-*β*-D-glucopyranoside
根皮酚苷▲ phlorin
3- 根皮酚基 -2,3- 环氧黄烷酮 3-phloroglucinoyl-2,3-epoxyflavanone
根皮酚甲酰基 -D- 葡萄糖醛酸基 -6''- 长叶 -1''- 醇 -2''- 酮 phloroglucinolyl-D-glucuronopyranosyl-6''-longifolan-1''-ol-2''-one
根皮酚鞣质 phlorotannin
根皮酚乙酮 -2'- 吡喃葡萄糖苷 phloracetophenone-2'-glucopyranoside
根皮呋喃昆布酚▲ phlorofucofuroeckol
根皮苷 phlorizin; phloridzin
根皮昆布酚▲ phloroeckol
根皮绵马素 phloraspin
根皮素 phloretin
根皮素 -2'-*O*-*β*-D- 吡喃葡萄糖苷 phloretin-2'-*O*-*β*-D-glucopyranoside
根皮素 -2-*O*-*β*-D- 呋喃芹糖基 -(1 → 6)-*β*-D- 吡喃葡萄糖苷 phloretin-2-*O*-*β*-D-apiofuranosyl-(1 → 6)-*β*-D-glucopyranoside
根皮素 -2'-*O*- 木糖葡萄糖苷 phloretin-2'-*O*-xyloglucoside
根皮素 -2'-*O*- 葡萄糖苷 phloretin-2'-*O*-glucoside
根皮素 -3',5'- 二 -*C*-*β*- 吡喃葡萄糖苷 phloretin-3',5'-di-*C*-*β*-glucopyranoside
根皮素 -4'-*O*-[4',6'-*O*-(*S*)- 六羟基联苯二甲酰基]-*β*-D- 吡喃葡萄糖苷 phloretin-4'-*O*-[4', 6'-*O*-(*S*)-HHDP]-*β*-D-glucopyranoside
根皮素 -4'-*O*-*β*-D- 吡喃葡萄糖苷 phloretin-4'-*O*-*β*-D-glucopyranoside
根皮素 -4'-*O*- 吡喃葡萄糖苷 phloretin-4'-*O*-glucopyranoside
根皮素 -4'-*O*- 甲醚 phloretin-4'-*O*-methyl ether
根皮酸 phloretic acid
根状白鲜醇▲ radicol
庚 - 顺式 -2- 烯醛 hept-*cis*-2-enal
1- 庚醇 1-heptanol
2- 庚醇 2-heptanol
4- 庚醇 4-heptaol
庚醇 heptanol
α-1,3- 庚二炔 -3-(6- 庚烯基) 缩水甘油 *α*-1,3-heptadiynyl-3-(6-heptenyl)-oxiranemethanol
庚二烯 heptadiene
(*E*,*E*)-2,4- 庚二烯醛 (*E*,*E*)-2,4-heptadienal
2,4- 庚二烯醛 2,4-heptadienal
1-(3- 庚环氧乙烷)-7- 辛烯 -2,4- 二炔 -1,6- 二醇 1-(3-heptyloxiranyl)-7-octene-2,4-diyne-1,6-diol
庚基 -(*E*)- 咖啡酸酯 heptyl-(*E*)-caffeate
10- 庚基 -10- 辛基 - 二十烷 10-heptyl-10-octyleicosane
1-[(2*S*,3*R*)-3- 庚基 -2- 环氧乙烷基]-7- 辛烯 -2,4- 二炔 -1*R*,6*R*- 二醇 1-[(2*S*,3*R*)-3-heptyl-2-oxiranyl]-7-octene-2,4-diyne-1*R*,6*R*-diol
3- 庚基 -2- 甲基异喹啉 -1(2*H*)- 酮 3-heptyl-2-methylisoquinolin-1(2*H*)-one
(2*E*)- 庚基 -3-(3,4- 二羟基苯基)- 丙烯酸酯 (2*E*)-heptyl-3-(3,4-dihydroxyphenyl)-acrylate
α-*n*- 庚基 -4- 甲氧基喹啉 *α*-*n*-heptyl-4-methoxyquinoline
庚基木蝴蝶紫檀烷 heptyl oroxylopterocarpan
庚基异硫氰酸酯 heptyl isothiocyanate
庚内酯 heptalactone
庚醛 heptanal
1,3,7- 庚三烯 1,3,7-octatriene
庚酸 enanthic acid; heptanoic acid
庚酸乙酯 ethyl heptanoate

庚糖 heptaose
2- 庚酮 2-heptanone
庚烷 heptane
庚烷 -2- 硫醇 heptane-2-thiol
2,4- 庚烷 - 二硫醇 2,4-heptane-dithiol
2-(3*E*)-3- 庚烯 -1- 基 -3,6- 二羟基 -5-(3- 甲基 -2- 丁烯 -1- 基)- 苯甲醛 2-(3*E*)-3-hepten-1-yl-3,6-dihydroxy-5-(3-methyl-2-buten-1-yl)-benzaldehyde
(*E*)-3- 庚烯 -2- 硫醇 (*E*)-3-heptene-2-thiol
(*E*)-4- 庚烯 -2- 硫醇 (*E*)-4-heptene-2-thiol
(*Z*)-4- 庚烯 -2- 硫醇 (*Z*)-4-heptene-2-thiol
(3*E*)-3- 庚烯 -2- 酮 (3*E*)-3-hepten-2-one
(*E*,*E*)-4- 庚烯 -2- 酮 (*E*,*E*)-4-hepten-2-one
1- 庚烯 -3- 醇 1-hepten-3-ol
1- 庚烯 -3- 酮 1-hepten-3-one
(*E*)-2- 庚烯醛 (*E*)-2-heptenal
(*Z*)-2- 庚烯醛 (*Z*)-2-heptenal
2- 庚烯醛 2-heptenal
工布乌头定▲ kongboendine
工布乌头碱▲ kongboensine
工布乌头宁▲ kongboenine
弓果藤醇▲ toxocarol
(*E*)- 宫部苔草酚 C (*E*)-miyabenol C
(*E*)- 宫部苔草酚 C (*E*)-miyabenol C
宫部苔草酚 C miyabenol C
珙桐酚苷 A, B involcranoside A, B
珙桐苷▲ A, B davidioside A, B
珙桐酯苷▲ A, B, C davidioside A, B, C
共感黄檀素▲ dalsympathetin
贡山三尖杉苷▲ A, B, C lanceoloside A, B, C
贡山三尖杉碱▲ A~D cephalancetine A~D
贡山三尖杉素▲ A~G lanceolatin A~G
贡乌宁 liljestrandinine
贡乌生 liljestrandisine
(-)- 勾儿茶醇▲ (-)-berchemol
勾儿茶醇▲ berchemol
勾儿茶醇▲ -4'-*O*-*β*-D- 吡喃葡萄糖苷 berchemol-4'-*O*-*β*-D-glucopyranoside
勾儿茶苷▲ berchemolide
沟孢青霉内酯▲ A striatisporolide A
沟酸浆隆酮▲ mimulone
沟酸浆酮▲ diplacone
沟斜菊素▲ bothrioclinin
钩萂桐酮▲ uncinatone
钩萼草素 A, B, C notohamosin A, B, C
(*E*)- 钩果草苷 (*E*)-harpagoside
Z- 钩果草苷 *Z*-harpagoside
钩果草苷 harpagoside
钩果草吉苷▲ harpagide
钩果草吉苷▲乙酸酯 harpagide acetate
钩毛茜草林素▲ A, B, C rubioncolin A, B, C
钩毛山蚂蟥酮▲ A uncinanone A
钩藤芬碱▲ rhynchophine
钩藤苷▲ A uncariaside A
钩藤苷元 A~D uncargenin A~D
钩藤碱 rhynchophylline
钩藤碱 -*N*- 氧化物 rhynchophylline-*N*-oxide
钩藤利酸▲ uncarilic acid
钩藤灵▲ A, B, C, E, F uncarine A, B, C, E, F
钩藤尼酸▲ A~J uncarinic acid A~J
钩藤鞣素▲ Ia rhinchoin Ia
钩藤酸▲ uncaric acid
钩藤酸▲ A uncaric acid A
钩藤熊果尼酸▲ uncariursanic acid
钩吻胺 D gelegamine D
钩吻巴豆定▲ gelsecrotonidine
(19*R*)- 钩吻醇▲ (19*R*)-kouminol
(19*S*)- 钩吻醇▲ (19*S*)-kouminol
钩吻丁香定▲ gelsesyringalidine
钩吻定碱 gelsedine
钩吻噁唑宁▲ gelseoxazolidinine
钩吻二内酰胺▲ gelsedilam
钩吻呋喃定▲ gelsefuranidine
钩吻甘酰胺▲ geleganamide
钩吻苷 A gouwenoside A
钩吻环烯醚酮▲ gelseiridone
钩吻加明▲ A~E gelsegamine A~E
钩吻加尼定▲ A, B, C geleganidine A, B, C
钩吻加宁▲ A~D gelseganine A~D
钩吻碱 gelsemine
4-(*R*)- 钩吻碱 -*N*- 氧化物 4-(*R*)-gelsemine-*N*-oxide
4-(*S*)- 钩吻碱 -*N*- 氧化物 4-(*S*)-gelsemine-*N*-oxide
钩吻碱 -*N*- 氧化物 gelsemine-*N*-oxide
钩吻精碱 gelselegine
钩吻咔啉▲ A, B, C geleboline A, B, C
钩吻麦定 gelsamydine
钩吻醚宁▲ gelsemoxonine
钩吻醚萜 -3, -2, -1 GRIR -3, -2, -1
19-(*Z*)- 钩吻米定▲ 19-(*Z*)-koumidine
钩吻米定▲ koumidine
钩吻明▲ koumine
钩吻明▲ -*N*- 氧化物 koumine-*N*-oxide
钩吻尼定▲ gelselenidine
钩吻尼明▲ A, B geleganimine A, B
钩吻尼辛▲ gelsenicine
钩吻宁碱 gelsenine
钩吻诺苷▲ A, B geleganoside A, B
钩吻萨胺▲ elegansamine
钩吻缩醛胺▲ kounaminal
钩吻萜▲ A~F geleganoid A~F
钩吻烯宁▲ A, B gelsemolenine A, B
钩吻夏洛亭▲ gelsochalotine
钩吻酰胺 gelsemamide
钩吻香荚兰定▲ gelsevanillidine
钩吻氧氮丙啶▲ gelseziridine
钩腺大戟宁素▲ A, B, C sieboldianine A, B, C
钩樟烯 lindenene
钩状石斛素 aduncin
狗骨柴醇▲ A, B tricalysiol A, B
狗骨柴苷▲ A~U tricalysioside A~U
狗骨柴内酯▲ A~I tricalysiolide A~I
狗骨柴酮▲ A, B tricalysione A, B
狗骨柴酰胺▲ A~D tricalysiamide A~D
狗脊蕨酸 woodwardic acid
狗筋蔓醇▲ cucubalol
狗筋蔓二醇▲ cucubaldiol
狗筋蔓苷元▲ A cucubalugenin A
狗筋蔓内酰胺▲ cucubalactam

狗筋蔓内酯▲ cucubalactone
狗舌草苷▲A, B tephroside A, B
狗娃花皂苷▲5, 7, 8 heteropappussaponin 5, 7, 8
狗牙花胺▲ tabernamine
(+)- 狗牙花宾碱▲ (+)-hecubine
狗牙花宾碱▲ hecubine
狗牙花定碱▲ pandine
狗牙花弗林碱▲A, B lirofoline A, B
狗牙花哈宁▲ taberhanine
狗牙花碱 ervatamine
(-)- 狗牙花兰宁▲ (-)-mehranine
狗牙花明▲ tacamine
狗牙花明▲-N- 氧化物 tacamine-N-oxide
狗牙花莫宁▲ tacamonine
狗牙花莫宁▲-N- 氧化物 tacamonine-N-oxide
狗牙花尼亭▲ janetine
狗牙花宁碱▲ tabernaemontanine
狗牙花素▲ ervatamisin
狗牙花亭碱▲A~G tabernaricatine A~G
狗牙花叶定碱▲ ervafolidine
狗牙花叶碱▲ ervafoline
狗牙花因▲ ervataine
枸骨苷 1~7 gouguside 1~7
枸橘福林 ponfolin
枸橘苷 poncirin
枸橘双香豆素 A, B, D khelmarin A, B, D
枸橘香豆素 poncimarin
枸杞胺▲A, B kukoamine A, B
枸杞苷▲ lyciumoside I, II, III, IV, V, VI, VII, IX, X
枸杞四萜六阿拉伯糖苷 lyciumtetraterpenic hexaarabinoside
枸杞素 A~D lyciumin A~D
枸杞物质 B lycium substance B
枸杞酰胺 lyciumamide
枸杞酰胺 A lyciumide A
构棘酚▲A, B cochinchinol A, B
构棘屾酮▲A~E, G, H, I gerontoxanthone A~E, G, H, I
构棘异黄酮▲A gerontoisoflavone A
构皮黄酮醇▲A papyriflavonol A
构树查耳酮▲A, B broussochalcone A, B
构树橙酮▲A broussoaurone A
构树醇▲A~E broussonol A~E
构树苷▲A~E broussoside A~E
构树黄酮醇 A~F broussoflavonol A~F
构树黄烷▲A broussoflavan A
构树碱 broussonetine A~J, J_1, J_2, K, L, M, M_1, N~U, U_1, V~Z
构树灵碱▲ broussonpapyrine
构树宁 A, B, F broussonin A, B, F
构树宁碱 A, B broussonetinine A, B
构树酮 A broussonone A
构树芴酮 A, B brossoflurenone A, B
孤挺花林碱▲ ambelline
古巴长春花碱 vincubina
古巴蜂胶酮▲A propolone A
古巴萝芙木芬碱▲ amerovolfine
古巴萝芙木辛碱▲ amerovolficine
古当归内酯▲ archangelin
古当归素 archangelicin
(+)- 古豆醇碱 (+)-hygroline
古豆醇碱 hygroline
古豆碱 hygrine
古钩藤素▲ buchanin
古柯 -4(17),15(16)- 二烯 -3- 酮 erythroxyl-4(17),15(16)-dien-3-one
(+)- 古柯二醇 (+)-erythrodiol
3β- 古柯二醇 3β-erythrodiol
古柯二醇 erythrodiol
古柯二醇 -28- 乙酸酯 erythrodiol-28-acetate
古柯二醇 -3-O- 乙酸酯 erythrodiol-3-O-acetate
古柯二醇 -3-O- 棕榈酸酯 erythrodiol-3-O-palmitate
古柯二醇 -3- 咖啡酸酯 erythrodiol-3-caffeate
古柯二醇 -3- 乙酸酯 erythrodiol-3-acetate
古柯二醇 -3- 棕榈酸酯 erythrodiol-3-palmitate
古柯碱 cocaine
古柯三醇 erythrotriol
古柯萜二醇▲Y erythroxydiol Y
1- 古洛糖醛酸 1-guluronic acid
D- 古洛糖酸 D-gulonic acid
古洛糖酸 -γ- 内酯 gulonic acid-γ-lactone
古蓬阿魏酸▲ galbanic acid
古蓬阿魏酸▲甲酯 methyl galbanate
古山龙苷▲A~D gusanlungionoside A~D
古山龙碱 A~E gusanlung A~E
L- 谷氨酸 L-glutamic acid
谷氨酸 glutamic acid
L- 谷氨酸 -γ-(4- 羟基苯胺) L-glutamic acid-γ-(4-hydroxyanilide)
谷氨酸 - 甜菜黄素 glutamic acid-betaxanthin
谷氨酸脱氢酶 glutamate dehydrogenase
N-(γ-L- 谷氨酰)-β- 氰基 -L- 丙氨酸 N-(γ-L-glutamyl)-β-cyano-L-alanine
L- 谷氨酰胺 L-glutamine
谷氨酰胺 glutamine
谷氨酰胺 - 甜菜黄素 glutamine-betaxanthin
γ- 谷氨酰苯丙氨酸 γ-glutamylphenylalanine
(S,S)-γ- 谷氨酰基 -(反式 -S-1- 丙烯基)- 巯基甘氨酸 (S,S)-γ-glutamyl-(trans-S-1-propenyl)-thioglycine
γ- 谷氨酰基 -(顺式 -S-1- 丙烯基)- 半胱胺酸 γ-glutamyl-(cis-S-1-propenyl)-cysteine
(S,S)-γ- 谷氨酰基 -(顺式 -S-1- 丙烯基)- 巯基甘氨酸 (S,S)-γ-glutamyl-(cis-S-1-propenyl)-thioglycine
γ-L- 谷氨酰基 -L- 苯丙氨酸 γ-L-glutamyl-L-phenylalanine
γ-L- 谷氨酰基 -L- 酪氨酸 γ-L-glutamyl-L-tyrosine
γ-L- 谷氨酰基 -L- 山黧豆碱▲ γ-L-glutamyl-L-lathyrine
N-L-γ- 谷氨酰基 -S- 芥子酰基 -L- 半胱氨酸 N-L-γ-glutamyl-S-sinapyl-L-cysteine
γ- 谷氨酰基 -α- 赖氨酸 γ-glutamyl-α-lysine
γ- 谷氨酰基 -α- 鸟氨酸 γ-glutamyl-α-ornithine
γ-L- 谷氨酰基 - 反式 -S-1- 丙烯 -L- 半胱氨酸亚砜 γ-L-glutamyl-trans-S-1-propenyl-L-cysteine sulfoxide
γ- 谷氨酰肽 γ-glutamylpeptide
γ- 谷氨酰烟草宁碱▲ γ-glutamylnicotianine
γ- 谷氨酰组氨酸 γ-glutamylhistidine
谷蛋白 glutelin
谷地翠雀辛▲A, B davidisine A, B
谷胱甘肽 glutathione
谷精草苷▲A, B, C eriocauloside A, B, C
谷精草素▲A eriocaulin A
谷甾 -4- 烯 -3- 酮 sitost-4-en-3-one
谷甾 -5,23- 二烯 -3β- 醇 sitosta-5,23-dien-3β-ol
(24R)-5α- 谷甾 -7,22(E)- 二烯 -3α- 醇 -β-D- 葡萄糖苷 (24R)-

stigmast-7,22 (*E*)-dien-3*α*-ol-*β*-D-glucoside
谷甾 -7,22- 二烯 -3*β*,5*α*,6*α*- 三醇 stigmasta-7,22-diene-3*β*,5*α*,6*α*-triol
7α- 谷甾醇 7α-sitosterol
α- 谷甾醇 *α*-sitosterol
γ- 谷甾醇 *γ*-sitosterol
谷甾醇 sitosterol; *β*-sitosterol
谷甾醇 -(6'-*O*- 十七碳酰基)-*β*-D- 吡喃葡萄糖苷 sitosterol-(6'-*O*-margaroyl)-*β*-D-glucopyranoside
谷甾醇 -(6'-*O*- 亚麻酰基)-*β*-D- 吡喃葡萄糖苷 sitosterol-(6'-*O*-linolenoyl)-*β*-D-glucopyranoside
谷甾醇 -(6'-*O*- 亚油酰基)-*β*-D- 吡喃葡萄糖苷 sitosterol-(6'-*O*-linoleoyl)-*β*-D-glucopyranoside
谷甾醇 -(6'-*O*- 硬脂酰基)-*β*-D- 吡喃葡萄糖苷 sitosterol-(6'-*O*-stearoyl)-*β*-D-glucopyranoside
谷甾醇 -(6'-*O*- 棕榈酰基)-*β*-D- 吡喃葡萄糖苷 sitosterol-(6'-*O*-palmitoyl)-*β*-D-glucopyranoside
β- 谷甾醇 -(6- 棕榈酰基)- 吡喃葡萄糖苷 *β*-sitosterol-(6-palmitoyl)-glucopyranoside
β- 谷甾醇 -3-(6'- 亚油酰基) 吡喃葡萄糖苷 *β*-sitosterol-3-(6'-linoleoyl)glucopyranoside
β- 谷甾醇 -3-(6'- 硬脂酰基) 吡喃葡萄糖苷 *β*-sitosterol-3-(6'-stearoyl) glucopyranoside
β- 谷甾醇 -3-(6'- 棕榈酰基) 吡喃葡萄糖苷 *β*-sitosterol-3-(6'-palmitoyl)glucopyranoside
β- 谷甾醇 -3-(6'- 棕榈油酰基) 吡喃葡萄糖苷 *β*-sitosterol-3-(6'-palmitoleoyl)glucopyranoside
β- 谷甾醇 -3,5,6- 三醇 *β*-sitosterol-3,5,6-triol
β- 谷甾醇 -3-*O*-(6'-*O*- 棕榈酰基)-*β*-D- 吡喃葡萄糖苷 *β*-sitosterol-3-*O*-*β*-D-(6'-*O*-palmitate)-glucopyranoside
谷甾醇 -3-*O*-(6'-*O*- 棕榈酰基)-*β*-D- 葡萄糖苷 sitosterol-3-*O*-(6'-*O*-palmityl)-*β*-D-glucoside
β- 谷甾醇 -3-*O*-(6'- 甘油酯)-*β*-D- 葡萄糖苷 *β*-sitosterol-3-*O*-(6'-glyceride)-*β*-D-glucoside
β- 谷甾醇 -3-*O*-(6'- 酰氧基)-*β*-D- 葡萄糖苷 *β*-sitosterol-3-*O*-(6'-acyloxy)-*β*-D-glucoside
β- 谷甾醇 -3-*O*-(6'- 硬脂酰基)-*β*-D- 吡喃葡萄糖苷 *β*-sitosterol-3-*O*-(6'-octadecanoyl)-*β*-D-glucopyranoside
β- 谷甾醇 -3-*O*-(6'- 正十六酰氧基)-3-*β*-D- 葡萄糖苷 *β*-sitosterol-3-*O*-(6'-hexadecanoyloxy)-*β*-D-glucoside
谷甾醇 -3-*O*-[2',4'- 二乙酰基 -6'-*O*- 十八酰基]-*β*-D- 吡喃葡萄糖苷 sitosterol-3-*O*-[2',4'-*O*-diacetyl-6'-*O*-stearyl]-*β*-D-glucopyranoside
谷甾醇 -3-*O*-[2'-*O*- 十八酰基]-*β*-D- 木糖苷 sitosterol-3-*O*-[2'-*O*-stearyl]-*β*-D-xylopyranoside
谷甾醇 -3-*O*-[4'-*O*- 十八酰基]-*β*-D- 木糖苷 sitosterol-3-*O*-[4'-*O*-stearyl]-*β*-D-xylopyranoside
β- 谷甾醇 -3-*O*-[6'-*O*- 油酰基]-*β*-D- 吡喃葡萄糖苷 *β*-sitosteryl-3-*O*-[6'-*O*-oleoyl]-*β*-D-glucopyranoside
谷甾醇 -3-*O*-12',13'- 环氧 -9'- 氧 -(10' 反式)- 十八烯酸甲酯 sitosterol-3-*O*-12',13'-epoxy-9'-oxo-(10'*E*)-octadecenoate
谷甾醇 -3-*O*-6- 硬脂酰基 -*β*-D- 吡喃葡萄糖苷 sitosterol-3-*O*-6-stearoyl-*β*-D-glucopyranoside
β- 谷甾醇 -3-*O*-*β*-D- 呋喃阿拉伯糖基 -*O*-*α*-L- 吡喃鼠李糖基 -*O*-*β*-D- 吡喃葡萄糖苷 *β*-sitosterol-3-*O*-*β*-D-arabinofuranosyl-*O*-*α*-L-rhamnopyranosyl-*O*-*β*-D-glucopyranoside
6'-(*α*- 谷甾醇 -3-*O*-*α*- 吡喃葡萄糖苷基) 二十六烷酯 6'-(*α*-sitosteroyl-3-*O*-*α*-glucopyranosidyl)hexacosanate
6'-(谷甾醇 -3-*O*-*α*- 吡喃葡萄糖苷基) 亚麻酸酯 6'-(stigmasteroyl-3-*O*-*α*-glucopyranosidyl)linolenate
β- 谷甾醇 -3-*O*-*β*-D-(3,4- 丙酮缩合)- 吡喃葡萄糖苷 *β*-sitosterol-3-*O*-*β*-D-(3,4-acetonide)-pyranoglucoside
β- 谷甾醇 -3-*O*-*β*-D- 吡喃半乳糖苷 *β*-sitosterol-3-*O*-*β*-D-galactopyranoside
β- 谷甾醇 -3-*O*-*β*-D- 吡喃木糖苷 *β*-sitosterol-3-*O*-*β*-D-xylopyranoside
β- 谷甾醇 -3-*O*-*β*-D- 吡喃葡萄糖 -6'- 棕榈酸酯 *β*-sitosterol-3-*O*-*β*-D-glucopyranoside-6'-*O*-palmitate
β- 谷甾醇 -3-*O*-*β*-D- 吡喃葡萄糖苷 -2'-*O*- 棕榈酸酯 *β*-sitosteryl-3-*O*-*β*-D-glucopyranoside-2'-*O*-palmitate
β- 谷甾醇 -3-*O*-*β*-D- 吡喃葡萄糖苷 -6'-*O*- 棕榈酸酯 *β*-sitosteryl-3-*O*-*β*-D-glucopyranosyl-6'-*O*-palmitate
β- 谷甾醇 -3-*O*-*β*-D- 吡喃葡萄糖苷 -6'- 单棕榈酸酯 *β*-sitosterol-3-*O*-*β*-D-glucopyranoside-6'-monopalmitate
6'-(*β*- 谷甾醇 -3-*O*-*β*-D- 吡喃葡萄糖苷基)- 十六酸酯 6'-(*β*-sitostery-3-*O*-*β*-D-glucopyranosidyl)-hexadecanoate
β- 谷甾醇 -3-*O*-*β*-D- 吡喃葡萄糖基 -3'-*O*- 三十三酸酯 *β*-sitosterol-3-*O*-*β*-D-glucoside-3'-*O*-tritriacontanate
β- 谷甾醇 -3-*O*-*β*-D- 呋喃阿拉伯糖基 -(1 → 4)-*O*-L- 吡喃鼠李糖基 -(1 → 4)-*O*-*β*-D- 吡喃葡萄糖苷 *β*-sitosterol-3-*O*-*β*-D-arabinofuronosyl-(1 → 4)-*O*-*α*-L-rhamnopyranosyl-(1 → 4)-*O*-*β*-D-glucopyranoside
β- 谷甾醇 -3-*O*-*β*-D- 葡萄糖苷 *β*-sitosterol-3-*O*-*β*-D-glucoside
谷甾醇 -3-*O*-*β*-D- 葡萄糖苷 -6'- 棕榈酸酯 sitostery1-3-*O*-*β*-D-glucoside-6'-*O*-palmitate
谷甾醇 -3-*O*- 木糖苷 sitosterol-3-*O*-xyloside
β- 谷甾醇 -3-*β*-D- 吡喃葡萄糖醛酸苷 *β*-sitosterol-3-*β*-D-glucuronopyranoside
β- 谷甾醇 -3*β*-*O*- 昆布二糖苷 *β*-sitosterol-3*β*-*O*-laminaribioside
β- 谷甾醇 -3*β*- 吡喃葡萄糖苷 -6'-*O*- 棕榈酸酯 *β*-sitosteryl-3*β*-glucopyranoside-6'-*O*-palmitate
谷甾醇 -3*β*- 吡喃葡萄糖苷 -6'-*O*- 棕榈酸酯 sitosteryl-3*β*-glucopyranoside-6'-*O*-palmitate
Δ-4- 谷甾醇 -3- 酮 *Δ*-4-sitosterol-3-one
谷甾醇 -5- 烯 -3*β*,7*α*- 二醇 sistosterol-5-en-3*β*,7*α*-diol
谷甾醇 -5- 烯 -3*β*,7*β*- 二醇 sistosterol-5-en-3*β*,7*β*-diol
谷甾醇 -5- 烯 -3*β*- 羟基 -7- 酮 sistoterol-5-en-3*β*-hydroxy-7-one
谷甾醇 -6'-*O*- 十一酸酯 -D- 吡喃葡萄糖苷 sitosteryl-6'-*O*-undecanoate-D-glucopyranoside
β- 谷甾醇 -6'-*O*- 酰基 -*β*-D- 吡喃葡萄糖苷 *β*-sitosterol-6'-*O*-acyl-*β*-D-glucopyranoside
β- 谷甾醇 -D- 葡萄糖苷 -6'- 棕榈酸酯 *β*-sitosteryl-D-glucoside-6'-palmitate
谷甾醇 -*β*-D- 半乳糖苷 sitosterol-*β*-D-galactoside
β- 谷甾醇 -*β*-D- 吡喃半乳糖苷 *β*-sitosterol-*β*-D-galactopyranoside
β- 谷甾醇 -*β*-D- 葡萄糖苷 -6'- 单棕榈酸酯 *β*-sitosteryl-*β*-D-glucoside-6'-monopalmitate
β- 谷甾醇阿魏酸酯 *β*-sitosteryl ferulate
γ- 谷甾醇苯甲酸酯 *γ*-sitosterol benzoate
谷甾醇苯甲酸酯 sitosterol benzoate
β- 谷甾醇吡喃半乳糖苷 *β*-sitosterol galactopyranoside
谷甾醇二十一酸酯 sitosteryl heneicosanoate
谷甾醇 - 反式 - 对香豆酸酯 sitosterol-*trans*-*p*-coumarate
β- 谷甾醇 - 花生四烯酸酯 *β*-sitosteryl arachidonate
β- 谷甾醇蜡酸酯 *β*-sitosterol cerotate
β- 谷甾醇龙胆二糖苷 *β*-sitosterol gentiobioside
β- 谷甾醇葡萄糖苷 *β*-sitosterol glucoside
β- 谷甾醇葡萄糖苷 -3'-*O*- 十七酸酯 *β*-sitosteryl-glucoside-3'-*O*-heptadecoicate
β- 谷甾醇葡萄糖苷 -6'-*O*- 正十七酸酯 *β*-sitosteryl-glucoside-6'-*O*-

G

heptadecoicate
β- 谷甾醇十六酸酯 *β*-sitosterolhexadecanoate
β- 谷甾醇十五酸酯 *β*-sitosteryl pentadecanate
谷甾醇 - 顺式对香豆酸酯 sitosterol-*cis*-*p*-coumarate
β- 谷甾醇亚油酸酯 *β*-sitosterol linoleate
20*R*-β- 谷甾醇乙酸酯 20*R*-*β*-sitosterol acetate
20*S*-β- 谷甾醇乙酸酯 20*S*-*β*-sitosterol acetate
β- 谷甾醇乙酸酯 *β*-sitosterol acetate
γ- 谷甾醇乙酸酯 *γ*-sitosterol acetate
β- 谷甾醇硬脂酸酯 *β*-sitosterol stearate
谷甾醇油酸酯 sitosterol oleate
β- 谷甾醇月桂酸酯 *β*-sitosterol laurate
β- 谷甾醇脂肪酸酯 *β*-sitosterol fatty acid ester
3-β- 谷甾醇棕榈酸酯 3-*β*-sitosterylpalmitate
β- 谷甾醇棕榈酸酯 *β*-sitosterol palmitate
谷甾醇棕榈酸酯 sitosteryl palmitate
3β- 谷甾醇 - 棕榈酸酯 3*β*-sitosterol-palmitate
β- 谷甾酮 *β*-sitosterone
谷甾酮 sitosterone
谷甾烷醇 sitostanol
谷甾烷醇 -3-*O*-β-D- 吡喃葡萄糖苷 sitostanol-3-*O*-*β*-D-glucopyranoside
β- 谷甾烷酮 *β*-sitostanone
谷甾烷酮 sitostanone
β- 谷甾烯酮 *β*-sitostenone
谷甾烯酮 sitostenone
骨碎补苷 A, B davallioside A, B
骨碎补内酯 davallialactone
骨碎补素 davallin
骨碎补酸 davallic acid
骨碎补烯▲ davallene
鼓槌菲 chrysotoxene
鼓槌联苄 chrysotobibenzyl
鼓槌石斛素 chrysotoxine
鼓槌酮 chrysotoxone
L- 瓜氨酸 L-citrulline
瓜氨酸 citrulline
瓜馥木胺▲ fissistigmine
瓜馥木定碱▲ fissoldine
瓜馥木苷▲ fissistigmoside
瓜馥木碱 A, B, C fissistigine A, B, C
瓜馥木明▲ kuafumine
瓜馥木内酰胺▲ stigmalactam
瓜馥木嗪胺▲ fissoldhimine
瓜馥木亭▲ A~D fissistigmatin A~D
瓜馥木酮▲ I, II stigmahamone I, II
瓜馥木酰胺▲ A, B fissistigamide A, B
瓜馥木异内酰胺▲ oldhamactam
瓜馥木酯酮▲ fissohamione
瓜菊酯 I, II cinerin I, II
瓜木酚苷▲ plataplatanoside
瓜木苷▲ A alangitanifoliside A
瓜木香堇苷▲ A~J platanionoside A~J
瓜木叶苷▲ alangifolioside
瓜叶马兜铃宾▲ A, B, C ariscucurbin A, B, C
瓜叶马兜铃素▲ A~E aristofolin A~E
瓜叶马兜铃素▲ A 钠盐 sodium aristofolin A
瓜叶乌头碱 A, B, C guayewuanine A, B, C
瓜叶乌头尼亭▲ A~G hemsleyaconitine A~G
瓜叶乌头宁▲ hemsleyanine
瓜叶乌头宁▲ C~G hemsleyanine C~G
瓜叶乌头亭▲ hemsleyatine
瓜子金屾酮 guazijinxanthone
瓜子金皂苷 polygalasaponin I, II, III, IV, V, VI, VII, VIII, IX, X, XI, XII, XIII, XIV, XV, XVI, XVII, XVIII, XIX, XX, XXI, XXII, XXIII, XXIV, XXV, XXVI, XXVII, XXVIII, XXIX, XXX, XXXI, XXXII, XXXIII, XXXIV, XXXV, XXXVI, XXXVII, XXXVIII, XXXIX, XL, XLI, XLII, XLIII, XLIV, XLV, XLVI, XLVII, XLVIII, XLIX, F, L, LI, LII, LIII
胍 guanidine
4- 胍基 -1- 丁醇 4-guanidino-1-butanol
γ- 胍基丁酸 *γ*-guanidinobutyric acid
4- 胍基 - 丁酸 4-guanidino-butyric acid
γ- 胍氧基丙胺 *γ*-guanidinooxypropylamine
栝楼 -3,29- 二醇 -3,29- 二苯甲酸酯 karouni-3,29-diol-3,29-dibenzoate
栝楼苯并木脂素▲ trichobenzolignan
栝楼蛋白 trichosanthrip
栝楼二醇 karounidiol
栝楼二醇 -3- 苯甲酸酯 karounidiol-3-benzoate
栝楼碱 trichosanatine
栝楼聚糖 A~E trichosan A~E
栝楼脂素 hanultarin
寡糖 A, C_1, D_2, F_1, F_2 oligasaccharide A, C_1, D_2, F_1, F_2
拐芹色酮▲ A, B polymorchromone A, B
拐芹替辛▲ A angeliticin A
关苍术炔二醇 atractylodiol
关东丁香苷▲ A, B syrveoside A, B
关附胺醇 guan-fu aminealcohol
关附二萜 A guan fu diterpenoid A
关附碱 A, A_1, B~K, N~Z guan-fu base A, A_1, B~K, N~Z
关附碱 F-*N*- 氧化物 guan-fu-base F-*N*-oxide
关附碱 Z-*N*- 氧化物 guan-fu base Z-*N*-oxide
观赏獐牙菜屾酮 II swertiadecoraxanthone II
观音座莲内酯 A, B angiopterlactone A, B
冠唇花素 A, B, C microtoenin A, B, C
(-)- 冠狗牙花定 (-)-coronaridine
冠狗牙花定 coronaridine
冠狗牙花定羟基伪吲哚 coronaridine hydroxyindolenine
冠裸穗豚草素 coronopilin
冠叶南蛇藤醇▲ A celaphanol A
冠叶南蛇藤素▲ A_1, B_3 celafolin A_1, B_3
冠羽栓翅芹醇▲ lophopterol
管齿木素▲ siphonodin
管葱皂苷▲ A, B, C fistuloside A, B, C
管花党参碱▲ A, B codotubulosine A, B
(+)- 管花多果树文碱▲ (+)-tubotaiwine
管花多果树文碱▲ tubotaiwine
管花多果树文碱▲ -*N*- 氧化物 tubotaiwine-*N*-oxide
管花苷 A~E tubuloside A~E
(*E*)- 管花苷 E (*E*)-tubuloside E
(*Z*)- 管花苷 E (*Z*)-tubuloside E
管花鹿药苷▲ A~E henryioside A~E
管花肉苁蓉苷 A, B_1, B_2, C_1, C_2 cistantubuloside A, B_1, B_2, C_1, C_2
管花肉苁蓉诺醇▲ kankanol
管花肉苁蓉诺苷▲ A~H, H_1, H_2, I, J_1, J_2, K_1, K_2, L~P kankanoside A~H, H_1, H_2, I, J_1, J_2, K_1, K_2, L~P
管花肉苁蓉糖▲ A_1, A_2 cistantubulose A_1, A_2

贯叶金丝桃素 hyperforin
贯叶连翘苯酚苷▲A perforaphenonoside A
贯叶蓼素 I, II guanyeliaoine I, II
(-)- 贯叶赝靛碱▲ (-)-baptifoline
贯叶赝靛碱▲ baptifoline
贯众苷 cyrtomin
贯众蕨苷▲ cyrtopterin
贯众蕨素▲ cyrtopterinetin
贯众素 cyrtominetin
灌丛芸香素▲ thamnosin
灌木千斤拔素▲ flemiculosin
灌木天门冬苷▲ dumoside
光刺苞菊内酯 glabratolide
光萼猪屎豆碱▲ usaramine
光果甘草定 glabridin
光果甘草酚 glabrol
光果甘草内酯 glabrolide
光果甘草宁 glabranin
光果甘草宁异构体 glabranin isomer
光果甘草素 glabrene
光果甘草酮 glabrone
光果甘草香豆灵▲ glabrocoumarin
光果甘草香豆素 liqcoumarin
光果甘草异黄酮 glabrisoflavone
光果巨盘木色烯▲ carpachromene
(+)- 光果铁苏木素▲ (+)-leiocarpin
(-)- 光果铁苏木辛▲ (-)-leiocin
光滑飞机草二酮▲ chromolaevanedione
光滑黄皮素▲A, B, C lenisin A, B, C
(-)- 光滑锡生藤明碱▲ (-)-cissaglaberrimine
光里白苷▲A~D laevissioside A~D
光里白己酸苷▲A hexanoside A
光亮阿布藤碱▲ splendidine
光亮臭叶木素▲ lucidin
光亮臭叶木素▲-3-*O*-[*β*-D- 吡喃木糖基 -(1 → 6)-*β*-D- 吡喃葡萄糖苷] lucidin-3-*O*-[*β*-D-xylopyranosyl-(1 → 6)-*β*-D-glucopyranoside]
光亮臭叶木素▲-3-*O*-*β*-D- 葡萄糖苷 lucidin-3-*O*-*β*-D-glucoside
光亮臭叶木素▲-3-*O*-*β*-D- 樱草糖苷 lucidin-3-*O*-*β*-D-primeveroside
光亮臭叶木素▲-3-*O*-*β*- 樱草糖苷 lucidin-3-*O*-*β*-primeveroside
光亮臭叶木素▲-3-*O*- 樱草糖苷 lucidin-3-*O*-primeveroside
光亮臭叶木素▲-*ω*- 丁醚 lucidin-*ω*-butyl ether
光亮臭叶木素▲-*ω*- 甲醚 lucidin-*ω*-methyl ether
光亮臭叶木素▲-*ω*- 乙醚 lucidin-*ω*-ethyl ether
光亮臭叶木素▲甲酯 lucidin-methyl ether
光亮臭叶木素▲- 樱草糖苷 lucidin-primeveroside
光牡荆素 lucenin
光牡荆素 -1-*C*- 葡萄糖苷 lucenin-1-*C*-glucoside
光牡荆素 -2 lucenin-2
光牡荆素 -2,4'- 甲醚 lucenin-2,4'-methyl ether
光牡荆素 -3-*C*- 葡萄糖苷 lucenin-3-*C*-glucoside
光牡荆素 -7- 吡喃鼠李糖苷 lucenin-7-rhamnopyranoside
(-)- 光千金藤定碱 (-)-stepholidine
(*S*)- 光千金藤定碱 (*S*)-stepholidine
l- 光千金藤定碱 *l*-stepholidine
光千金藤定碱 stepholidine
(+)- 光千金藤碱 (+)-stepharine
D- 光千金藤碱 D-stepharine
光千金藤碱 stepharine
β- 光秋水仙碱 *β*-lumicolchicine
光水黄皮酚▲ pongaglabol
光水黄皮酚▲甲醚 pongaglabol methylether
光水黄皮呋喃▲I, II glabra I, II
光水黄皮色烯▲ glabrachromene
光水黄皮色烯▲II glabrachromene II
光水黄皮酮▲ pongaglabrone
α- 光檀香醇▲A *α*-photosantalol A
(+)-*α*- 光檀香醇 A (+)-*α*-photosantalol A
(+)-(10*R*)-*α*- 光檀香醇 B (+)-(10*R*)-*α*-photosantalol B
(+)-(10*S*)-*α*- 光檀香醇 B (+)-(10*S*)-*α*-photosantalol B
光叶巴豆苯甲酸酯 laevigatbenzoate
光叶巴豆内酯 A~F laevigatlactone A~F
光叶巴豆萜▲A, B laevinoid A, B
光叶菝葜苷 smiglanin
光叶当归内酯▲ glabralactone
光叶高丽槐素 A, B, D~H, K, Q manuifolin A, B, D~H, K, Q
光叶海桐苷▲A, B pittogoside A, B
光叶堇菜环肽 1, 2 visu 1, 2
光叶决明酮▲1, 2 floribundone 1, 2
(-)- 光叶马鞍树碱▲ (-)-tenuamine
光叶桑酮▲A~O guangsangon A~O
光叶山姜醇▲ aokumanol
光叶绣线菊碱▲ spiraqine
光泽钓樟素二甲醚 lucidin dimethyl ether
光泽石松二醇碱▲ lucidioline
光泽石松碱▲ luciduline
光泽乌头碱 lucidusculine
光泽乌头灵▲ luciculine
L- 胱氨酸 L-cystine
胱氨酸 cystine
胱硫醚 cystathionine
广东蛇葡萄醇▲ cantonienol
广东丝瓜苷▲A~I acutoside A~I
广东丝瓜林素▲ luffaculin
广东丝瓜素▲ luffangulin
广防风二内酯▲ ovatodiolide
广防风苷 A epimeridinoside A
广防风素▲ anisomelin
广防风酸▲ anisomelic acid
广防风托苷▲ anisovatodside
广防风叶素▲A, B anisofolin A, B
广藿香醇 patchouli alcohol
广藿香托醇▲ pogostol
广藿香烷 patchulane
α- 广藿香烯 *α*-patchoulene
β- 广藿香烯 *β*-patchoulene
γ- 广藿香烯 *γ*-patchoulene
广藿香烯 patchoulene
1- 广藿香烯 -4*α*,7*α*- 二醇 1-patchoulene-4*α*,7*α*-diol
广金钱草碱 desmodimine
广金钱草内酯 desmodilactone
广木香二内酯▲ lappadilactone
广木香酮▲ lappalone
广西鹅掌柴苷▲A~G schekwangsienside A~G
广西鹅掌柴素▲ schekwangsienin
广西九里香碱 kwangsine
广西前胡素 peguangxienin
归叶棱子芹醇▲ angelicoidenol

(-)- 归叶棱子芹醇▲ -2-*O*-*β*-D- 吡喃葡萄糖苷 (-)-angelicoidenol-2-*O*-*β*-D-glucopyranoside
(+)- 归叶棱子芹醇▲ -2-*O*-*β*-D- 吡喃葡萄糖苷 (+)-angelicoidenol-2-*O*-*β*-D-glucopyranoside
(-)- 归叶棱子芹醇▲ -2-*O*-*β*-D- 呋喃芹糖基 -(1 → 6)-*β*-D- 吡喃葡萄糖苷 (-)-angelicoidenol-2-*O*-*β*-D-apiofuranosyl-(1 → 6)-*β*-D-glucopyranoside
归叶棱子芹黄素▲ B angelicoin B
龟花栵叶楸醌▲ A stereochenol A
龟叶香茶菜贝壳杉素▲ kamebakaurin
龟叶香茶菜素▲ kamebanin
龟叶香茶菜缩醛▲ A, B kamebacetal A, B
鬼灯檠醇▲ rodgersinol
鬼臼毒素 podophyllotoxin
鬼臼毒素 -4-*O*-*β*-D- 吡喃葡萄糖苷 podophyllotoxin-4-*O*-*β*-D-glucopyranoside
鬼臼毒素 -7'-*O*-*β*-D- 吡喃葡萄糖苷 podophyllotoxin-7'-*O*-*β*-D-glucopyranoside
鬼臼毒酮 podophyllotoxone
鬼臼根醇 podorhizol
鬼臼苦素 picropodophyllin
鬼臼苦素 -1- 乙醚 picropodophyllin-1-ethyl ether
鬼臼苦素葡萄糖苷 picropodophyllin glucoside
鬼臼苦酮 picropodophyllone
鬼针草薄荷醇苷▲ A, B bidensmenthoside A, B
鬼针草苷▲ A~D, F, G bidenoside A~D, F, G
鬼针草聚炔▲ cytopiloyne
鬼针草木脂素苷▲ A, B bidenlignaside A, B
鬼针草炔苷▲ A_1, A_2, B, C bidensyneoside A_1, A_2, B, C
鬼针草叶褐素▲ A, B bidenphytin A, B
鬼针聚炔苷 bipinnatapolyacetyloside
鬼针聚炔苷 B bipinnatapolyacetyloside B
1- 癸醇 1-decanol
癸醇 decanol
癸醇乙酸酯 decyl acetate
4,6- 癸二炔 -1,3,8,10- 四醇 4,6-decadiyne-1,3,8,10-tetraol
4,6- 癸二炔 -1,3,8- 三醇 4,6-decadiyne-1,3,8-triol
4,6- 癸二炔 -1- 醇 - 异戊酸酯 4,6-decadiyn-1-ol-isovalerate
1,10- 癸二酸 1,10-decanedicarboxylic acid
(2*E*,8*E*)-2,8- 癸二烯 -4,6- 二炔 -1,10- 二醇 -1-*O*-*β*-D- 吡喃葡萄糖苷 (2*E*,8*E*)-2,8-decadien-4,6-diyn-1,10-diol-1-*O*-*β*-D-glucopyranoside
2,4- 癸二烯 -6- 炔 -4- 内酯 2,4-decadiene-6-yn-4-olide
(2*E*,4*E*)- 癸二烯醛 (2*E*,4*E*)-decadienal
(*E*,*E*)-2,4- 癸二烯醛 (*E*,*E*)-2,4-decadienal
2,4- 癸二烯醛 2,4-decadienal
3-*O*-(2*E*,4*E*- 癸二烯酰基)-20-*O*- 乙酰巨大戟烯醇▲ 3-*O*-(2*E*,4*E*-decadienoyl)-20-*O*-acetylingenol
3-*O*-(2*E*,4*Z*- 癸二烯酰基)-20-*O*- 乙酰巨大戟烯醇▲ 3-*O*-(2*E*,4*Z*-decadienoyl)-20-*O*-acetylingenol
3-*O*-(2*E*,4*Z*- 癸二烯酰基)-20- 去氧巨大戟烯醇▲ 3-*O*-(2*E*,4*Z*-decadienoyl)-20-deoxyingenol
3-*O*-(2*E*,4*Z*- 癸二烯酰基)-5-*O*- 乙酰巨大戟烯醇▲ 3-*O*-(2*E*,4*Z*-decadienoyl)-5-*O*-acetylingenol
5-*O*-(2*E*,4*E*- 癸二烯酰基) 巨大戟烯醇▲ 5-*O*-(2*E*,4*E*-decadienoyl)-ingenol
20-*O*-(2'*E*,4'*E*- 癸二烯酰基)- 巨大戟烯醇▲ 20-*O*-(2'*E*,4'*E*-decadienoyl)-ingenol
20-*O*-(2*E*,4*Z*- 癸二烯酰基)- 巨大戟烯醇▲ 20-*O*-(2*E*,4*Z*-decadienoyl)-ingenol
3-*O*-(2*E*,4*Z*- 癸二烯酰基)- 巨大戟烯醇▲ 3-*O*-(2*E*,4*Z*-decadienoyl)-ingenol
3-*O*-(2*E*,4*E*- 癸二烯酰基)- 巨大戟烯醇▲ 3-*O*-(2*E*,4*E*-decadienoyl)-ingenol
5-*O*-(2'*E*,4'*Z*- 癸二烯酰基 -20-*O*- 乙酰巨大戟 5-*O*-(2'*E*,4'*Z*-decadienoyl)-20-*O*-acetylingenol
5-*O*-(2'*E*,4'*E*- 癸二烯酰基 -20-*O*- 乙酰巨大戟烯醇▲ 5-*O*-(2'*E*,4'*E*-decadienoyl)-20-*O*-acetylingenol
2- 癸基 -1- 甲基 -4(1*H*)- 喹诺酮 2-decyl-1-methyl-4(1*H*)-quinolinone
2- 癸基 -4(1*H*)- 喹诺酮 2-decyl-4(1*H*)-quinolinone
4- 癸基 -*E*- 戊二烯醛 4-decyl-*E*-pentadienal
5- 癸内酯 5-dodecanolide
γ- 癸内酯 *γ*-decalactone
δ- 癸内酯 *δ*-decalactone
癸醛 decanal
{1a*R*-[1a*α*,1b*β*,4a*β*,7a*α*,7b*α*,8*α*,9*β*(2*E*,4*E*,6*E*),9a*α*]}-2,4,6- 癸三烯酸 -9a- 乙酰氧基 -1a,1b,4,4a,5,7a,7b,8,9,9a- 十氢 -4a,7b- 二羟基 -3-(羟甲基)-1,1,6,8- 四甲基 -5- 氧代 -1*H*- 环丙基 [3,4] 苯并 [1,2-e] 薁 -9- 酯 {1a*R*-[1a*α*,1b*β*,4a*β*,7a*α*,7b*α*,8*α*,9*β*(2*E*, 4*E*, 6*E*),9a*α*]}-2,4,6-decatrienoic acid-9a-(acetyloxy)-1a,1b,4,4a, 5,7a, 7b,8,9,9a-decahydro-4a,7b-dihydroxy-3-(hydroxymethyl)-1,1,6,8-tetramethyl-5-oxo-1*H*-cyclopropa[3,4]benz[1,2-e]azulen-9-yl ester
癸酸 decanoic acid
癸酸甲酯 methyl decanoate
癸酸十八酯 octadecyl caprate
癸酸乙酯 ethyl caprate
2- 癸酮 2-decanone
癸烷 decane
1,2-*O*-(1- 癸烷基 -5- 氧代 -1,5- 戊烷二基)-*β*-D- 吡喃木糖 1,2-*O*-(1-decyl-5-oxo-1,5-pentanediyl)-*β*-D-xylopyranose
1- 癸烯 1-decene
2*E*- 癸烯 -1- 醇 2*E*-decen-1-ol
(2*E*)-2- 癸烯 -4,6,8- 三炔酸甲酯 (2*E*)-2-decen-4,6,8-triynoic acid methyl ester
(3*R*,8*E*)- 癸烯 -4,6- 二炔 -1,3,10- 三醇 (3*R*,8*E*)-decen-4,6-diyn-1,3,10-triol
2*E*- 癸烯 -4,6- 二炔 -1-*O*-*β*-D- 吡喃葡萄糖苷 2*E*-decaene-4,6-diyn-1-*O*-*β*-D- glucopyranoside
8*E*- 癸烯 -4,6- 二炔 -1-*O*-*β*-D- 吡喃葡萄糖苷 8*E*-decaene-4,6-diyn-1-*O*-*β*-D-glucopyranoside
8*E*- 癸烯 -4,6- 二炔 -1-*O*-*β*-D- 吡喃葡萄糖基 -(1'' → 2')-*β*-D- 吡喃葡萄糖苷 8*E*-decaene-4,6-diyn-1-*O*-*β*-D-glucopyranosyl-(1''→2')-*β*-D-glucopyranoside
8*E*- 癸烯 -4,6- 二炔 -1-*O*-*β*-D- 呋喃芹糖基 -(1'' → 6')-*β*-D- 吡喃葡萄糖苷 8*E*-decaene-4,6-diyn-1-*O*-*β*-D-apiofuranosyl-(1'' → 6')-*β*-D-glucopyranoside
(2*E*)-2- 癸烯 -4,6- 二炔 -9*Z*,12*Z*- 十八烷二烯酸酯 (2*E*)-2-decene-4,6-diynyl-(9*Z*,12*Z*)-octadecadienoic acid ester
(*Z*)-5- 癸烯 -4- 内酯 (*Z*)-5-decen-4-olide
2- 癸烯醇 2-decenol
癸烯基菲 decenylphenanthrene
(*E*)-2- 癸烯醛 (*E*)-2-decenal
(*E*)-6- 癸烯醛 (*E*)-6-decenal
(*Z*)-2- 癸烯醛 (*Z*)-2-decenal
2*E*- 癸烯醛 2*E*-decenal
12-*O*- 癸酰佛波醇 -13-(2- 甲基丁酸酯) 12-*O*-decanoylphorbol-13-(2-methylbutyrate)
3-*O*- 癸酰基 -16-*O*- 乙酰异德国鸢尾醛 3-*O*-decanoyl-16-*O*-acetylisoiridogermanal

5- 癸酰基 -2- 壬基吡啶 5-decanoyl-2-nonyl pyridine
2-*O*- 癸酰基 -3,1',3'- 三 -*O*- 异丁酰葡萄糖 2-*O*-decanoyl-3,1',3'-tri-*O*-isobutyryl sucrose
2-*O*- 癸酰基 -3-*O*-(2- 甲基丁酰基)-1',3'- 二 -*O*- 异丁酰葡萄糖 2-*O*-decanoyl-3-*O*-(2-methylbutyryl)-1',3'-di-*O*-isobutyryl sucrose
3- 癸酰基 -4- 壬基 -5- 月桂酰基 -1,4- 二氢吡啶 3-decanoyl-4-nonyl-5-dodecanoyl-1,4-dihydropyridine
3- 癸酰基 -6- 壬基吡啶 3-decanoyl-6-nonylpyridine
20-*O*- 癸酰巨大戟烯醇▲ 20-*O*-decanoylingenol
癸酰乙醛 decanoyl acetaldehyde
8- 癸氧基 -3- 苯基 -2,4,7- 三氧双环 -[4.4.0] 癸 -9- 烯 8-decyloxy-3-phenyl-2,4,7-trioxabicyclo[4.4.0]dec-9-ene
贵州冬凌草素 A~H guidongnin A~H
贵州獐牙菜苷 A~J kouitchenside A~J
贵州獐牙菜内酯 swertiakoulactone
贵州獐牙菜萜 A, B kouitchenoid A, B
贵州獐牙菜萜苷▲ A, B swertiakoside A, B
贵州獐牙菜酮 kouitchensone
桂莪术内酯 gweicurculactone
桂南木莲碱▲ mangochinine
桂南木莲碱▲氯化物 mangochinine chloride
桂南木莲碱▲氢氧化物 mangochinine hydroxide
桂皮醇 cinnamic alcohol
桂皮醇 -*O*-β-D- 吡喃葡萄糖苷 cinnamic alcohol-*O*-β-D-glucopyranoside
桂皮醇乙酸酯 cinnamyl acetate
桂皮醇芸香糖 A cinnamrutinose A
桂皮苷 cinnamoside
桂皮基 -(6'-*O*-β- 吡喃木糖基)-*O*-β- 吡喃葡萄糖苷 cinnamyl-(6'-*O*-β-xylopyranoside)-*O*-β-glucopyranoside
桂皮基 -3- 苯基 -1- 丙烯基醚 cinnamyl-3-phenyl-1-propenyl ether
桂皮基 -*O*-β-D- 吡喃葡萄糖苷 cinnamyl-*O*-β-D-glucopyranoside
桂皮基 -β-D- 吡喃葡萄糖苷 cinnamyl-β-D-glucopyranoside
桂皮基二氢桂皮酸酯 cinnamyl dihydrocinnamate
(*E*)- 桂皮醛 (*E*)-cinnamaldehyde
桂皮醛 cinnamaldehyde
桂皮醛环 -D- 半乳糖醇 -3'*R*,4'*S*- 缩醛 cinnamic aldehyde cyclic D-galactitol-3'*R*,4'*S*-acetal
桂皮醛环丁香基甘油 -1,3- 缩醛 cinnamic aldehyde cyclic syringylglycerol-1,3-acetal
桂皮鞣质 A_2, A_3, A_4, B_1, B-1, B_2, B-2, D_1, D-1 cinnamtannin A_2, A_3, A_4, B_1, B-1, B_2, B-2, D_1, D-1
桂皮鞣质 B_1-3-*O*- 没食子酸酯 cinnamtannin B_1-3-*O*-gallate
(*E*)- 桂皮酸 (*E*)-cinnamic acid
(*Z*)- 桂皮酸 (*Z*)-cinnamic acid
桂皮酸 cinnamic acid
(*E*)- 桂皮酸 -1-*O*-[*E*- 桂皮酰基 -(1 → 3)-[α-L- 吡喃鼠李糖基 -(1 → 6)]-β-D- 吡喃葡萄糖基] 酯 (*E*)-cinnamic acid-1-*O*-[(*E*)-cinnamoyl-(1 → 3)-[α-L-Rhamnopyranosyl-(1 → 6)]-β-D-glucopyranosyl]ester
桂皮酸酐 cinnamic acid anhydride
(*E*)- 桂皮酸甲酯 methyl (*E*)-cinnamate
桂皮酸甲酯 cinnamic acid methyl ester; methyl cinnamate
桂皮酸龙脑酯 bornyl cinnamate
(*E*)- 桂皮酸乙酯 ethyl-(*E*)-cinnamate
桂皮酸乙酯 cinnamic acid ethyl ester
桂皮酸异丁酯 isobutyl cinnamate
桂皮酸酯 cinnamicoate
桂皮酰胺 cinnamamide
7- 桂皮酰败酱苷▲ 7-cinnamoylpatrinoside
桂皮酸苯甲酯 cinnamic acid benzyl ester
1- 桂皮酰吡咯烷 1-cinnamoylpyrrolidine
7- 桂皮酰川楝素 7-cinnamoyltoosendanin
3- 桂皮酰刺蒺藜苷 3-cinnamoyltribuloside
6'-*O*- 桂皮酰钩果草吉苷▲ 6'-*O*-cinnamoylharpagide
1-*O*-*E*- 桂皮酰基 -[3-*O*-*E*- 桂皮酰基 -α-L- 吡喃鼠李糖基 -(1 → 6)-β-D- 吡喃葡萄糖基] 1-*O*-*E*-cinnamoyl-[3-*O*-*E*-cinnamoyl-α-L-rhamnopyranosyl-(1 → 6)-β-D-glucopyranoside]
3β-*O*-[对羟基 -(*E*)- 桂皮酰基]-12 齐墩果烯 -28- 酸 3β-*O*-[*p*-hydroxy-(*E*)-cinnamoyl]-12 oleanen-28-oic acid
(+)-*N*-[(*E*)- 桂皮酰基]-L- 天冬氨酸 (+)-*N*-[(*E*)-cinnamoyl]-L-aspartic acid
6-*O*-α-L-[4''-*O*-(*E*)- 桂皮酰基] 吡喃鼠李糖基梓醇 6-*O*-α-*L*-[4''-*O*-(*E*)-cinnamoyl]rhamnopyranosylcatalpol
10-*O*-[(*E*)-*p*- 桂皮酰基]- 京尼平苷酸 10-*O*-[(*E*)-*p*-coumaroyl]-geniposidic acid
10-*O*-[(*E*)- 桂皮酰基]- 京尼平苷酸 10-*O*-[(*E*)-cinnamoyl]-geniposidic acid
10-*O*-(*E*)- 桂皮酰基 -2- 氧代 -6- 去氧新莽草素 10-*O*-(*E*)-cinnamoyl-2-oxo-6-deoxyneoanisatin
6-*O*- 桂皮酰基 -1-*O*- 对香豆酰葡萄糖 6-*O*-cinnamoyl-1-*O*-*p*-coumaroylglucose
1-*O*- 桂皮酰基 -1-*O*- 去苯甲酰日楝醛▲ 1-*O*-cinnamoyl-1-*O*-debenzoylohchinal
桂皮酰基 -1-α-L- 鼠李糖苷 cinnamoyl-1-α-L-rhamnoside
12-*O*- 桂皮酰基 -20- 烟酰基 - 二氢肉珊瑚素▲ -3-*O*-β-D- 吡喃磁麻糖基 -(1 → 4)-β-D- 吡喃夹竹桃糖基 -(1 → 4)-β-D- 吡喃磁麻糖苷 12-*O*-cinnamoyl-20-nicotinoyl-dihydrosarcostin-3-*O*-β-D-thevetopyranosyl-(1 → 4)- β-D-oleandropyranosyl-(1 → 4)-β-D-cymaropyranoside
N- 桂皮酰基 -2- 苯乙胺 *N*-cinnamoyl-2-phenylethylamine
1- 桂皮酰基 -3,11- 二羟基楝卡品素▲ 1-cinnamoyl-3,11-dihydroxymeliacarpin
17β-*O*- 桂皮酰基 -3β,8β,14β- 三羟基孕甾 -12,20- 醚 17β-*O*-cinnamoyl-3β,8β,14β-trihydroxypregn-12,20-ether
1- 桂皮酰基 -3- 羟基 -11- 甲氧基楝卡品宁▲ 1-cinnamoyl-3-hydroxy-11-methoxymeliacarpinin
1- 桂皮酰基 -3- 乙酰基 -11- 甲氧基楝卡品宁▲ 1-cinnamoyl-3-acetyl-11-methoxymeliacarpinin
(+)-6- 桂皮酰基 -6,7- 二氢 -7- 月桂烯醇 (+)-6-cinnamoyl-6,7-dihydro-7-myrceneol
4'-*O*-β-D-(2''-*O*- 桂皮酰基 -6''-*O*- 没食子酰基 - 吡喃葡萄糖基)- 苯基 -2- 丁酮 4'-*O*-β-D-(2''-*O*-cinnamoyl-6''-*O*-galloyl-glucopyranosyl)-phenyl-2-butanone
6β- 桂皮酰基 -7β- 羟基柯桠树烯▲ -5α- 醇 6β-cinnamoyl-7β-hydroxyvouacapen-5α-ol
6-*O*- 桂皮酰基 -α-D- 吡喃葡萄糖 6-*O*-cinnamoyl-α-D-glucopyranose
6-*O*- 桂皮酰基 -β-D- 吡喃葡萄糖 6-*O*-cinnamoyl-β-D-glucopyranose
桂皮酰基 -β-D- 吡喃葡萄糖 cinnamoyl-β-D-glucopyranose
1- 桂皮酰基 -β-D- 吡喃葡萄糖苷 1-*p*-cinnamoyl-β-D-glucopyranoside
6-*O*- 桂皮酰基 -β- 呋喃果糖基 -(2 → 1)-*O*-α- 吡喃葡萄糖基 -(6 → 1)-*O*-α- 吡喃葡萄糖苷 6-*O*-cinnamoyl-β-fructofuranosyl-(2 → 1)-*O*-α-glucopyranosyl-(6 → 1)-*O*-α-glucopyranoside
12-*O*- 桂皮酰基 - 二氢肉珊瑚素▲ -3-*O*-β-D- 吡喃磁麻糖基 -(1 → 4)-β-D- 吡喃夹竹桃糖基 -(1 → 4)-β-D- 吡喃磁麻糖基 -(1 → 4)-β-D- 吡喃磁麻糖苷 12-*O*-cinnamoyl-dihydrosarcostin-3-*O*-β-D-thevetopyranosyl-(1 → 4)-β-D-oleandropyranosyl-(1 → 4)-β-D-

G

cymaropyranosyl-(1 → 4)-*β*-D-cymaropyranoside

12-*O*- 桂皮酰基 - 二氢肉珊瑚素▲-3-*O*-*β*-D- 吡喃磁麻糖基 -(1 → 4)-*β*-D- 吡喃夹竹桃糖基 -(1 → 4)-*β*-D- 吡喃洋地黄毒糖基 -(1 → 4)-*β*-D- 吡喃磁麻糖苷 12-*O*-cinnamoyl-dihydrosarcostin-3-*O*-*β*-D-thevetopyranosyl-(1→4)-*β*-D-oleandropyranosyl-(1→4)-*β*-D-digitoxopyranosyl-(1 → 4)-*β*-D-cymaropyranoside

13- 桂皮酰基浆果紫杉素 III 13-cinnamoylbaccatin III

12-*O*- 桂皮酰基 - 去乙酰萝藦苷元 -3-*O*-*β*-D- 吡喃磁麻糖基 -(1 → 4)-*O*-*β*-D- 吡喃黄花夹竹桃糖基 -(1 → 4)-*O*-*β*-D- 吡喃磁麻糖基 -(1 → 4)-*O*-*β*-D- 吡喃洋地黄毒糖苷 12-*O*-cinnamoyl-deacetylmetaplexigenin-3-*O*-*β*-D-cymaropyranosyl-(1 → 4)-*O*-*β*-D-thevetopyranosyl-(1 → 4)-*O*-*β*-D-cymaropyranosyl-(1 → 4)-*O*-*β*-D-digitoxopyranoside

5- 桂皮酰基紫杉因▲B 5-cinnamoyltaxin B

8- 桂皮酰苦槛蓝苷▲ 8-cinnamoylmyoporoside

4-*O*- 桂皮酰奎宁酸 4-*O*-cinnamoylquinic acid

桂皮酰酪胺 cinnamoyltyramine

1- 桂皮酰楝醇酮▲ 1-cinnamoylmelianolone

桂皮酰哌啶 cinnamoylpiperidine

20-*O*- 桂皮酰肉珊瑚素▲ 20-*O*-cinnamoylsarcostin

桂皮酰三乙炔素▲A, B cinnatriacetin A, B

10-*O*- 桂皮酰深波毛蕊花醇 10-*O*-cinnamoylsinuatol

12- 桂皮酰泰勒纤冠藤酮▲-3-*O*-*β*-D- 吡喃磁麻糖基 -(1 → 4)-*β*-D- 吡喃夹竹桃糖基 -(1 → 4)-*β*-D- 吡喃洋地黄毒糖基 -(1 → 4)-*β*-D- 吡喃磁麻糖苷 12-cinnamoyltayloron-3-*O*-*β*-D-thevetopyranosyl-(1→4)-*β*-D-oleandropyranosyl-(1→4)-*β*-D-digitoxopyranosyl-(1→4)-*β*-D-cymaropyranoside

6- 桂皮酰桐叶千金藤碱 6-cinnamoylhernandine

25-*O*- 桂皮酰榅桲萜内酯▲ 25-*O*-cinnamoylvulgaroside

14-*O*- 桂皮酰新欧乌林碱▲ 14-*O*-cinnamoylneoline

8-*O*- 桂皮酰新欧乌林碱▲ 8-*O*-cinnamoylneoline

1*β*- 桂皮酰氧基 -2*β*,6*α*,8*α*,9*β*,12- 五乙酰氧基 -*β*- 二氢沉香呋喃 1*β*-cinnamoyloxy-2*β*,6*α*,8*α*,9*β*,12-pentaacetoxy-*β*-dihydroagarofuran

(-)-(6*Z*,12*E*,2*S*,3*S*,4*R*,5*R*,9*S*,11*S*,15*R*)-15- 桂皮酰氧基 -3,5- 二 -*O*- 异丙亚基续随子 -6,12- 二烯 -14- 酮 (-)-(6*Z*,12*E*,2*S*,3*S*,4*R*,5*R*,9*S*,11*S*,15*R*)-15-cinnamoyloxy-3,5-di-*O*-isopropylidenelathyra-6,12-dien-14-one

(+)-(12*E*,2*S*,3*S*,4*R*,5*R*,6*R*,9*S*,11*S*,15*R*)-3- 桂皮酰氧基 -5,6- 环氧续随子 -12- 烯 -15- 醇 -14- 酮 (+)-(12*E*,2*S*,3*S*,4*R*,5*R*,6*R*,9*S*,11*S*,15*R*)-3-cinnamoyloxy-5,6-epoxylathyr-12-en-15-ol-14-one

5*α*-桂皮酰氧基-8,12-环氧-3-甲氧基-7*β*H,8*α*H-桉叶-3,11-二烯-6-酮 5*α*-(cinnamoyloxy)-8,12-epoxy-3-methoxy-7*β*H,8*α*H-eudesma-3,11-dien-6-one

5*α*- 桂皮酰氧基 -9*α*,10*β*,13*α*- 三乙酰氧基紫杉 -4(20),11- 二烯 5*α*-cinnamoyloxy-9*α*,10*β*,13*α*-triacetoxytaxa-4(20),11-diene

3*α*- 桂皮酰氧基 -9*β*- 羟基 - 对映 - 贝壳杉 -16- 烯 -19- 酸 3*α*-cinnnamoyloxy-9*β*-hydroxy-*ent*-kaur-16-en-19-oic acid

8*β*- 桂皮酰氧基桉叶 -4(14),7(11)- 二烯 -12,8- 内酯 8*β*-(cinnamoyloxy)eudesma-4(14),7(11)-dien-12,8-olide

3*α*- 桂皮酰氧基 - 对映 - 贝壳杉 -16- 烯 -19- 酸 3*α*-cinnnamoyloxy-*ent*-kaur-16-en-19-oic acid

(+)-(5*E*,12*E*,2*S*,3*S*,4*S*,9*S*,11*S*,15*R*)-3- 桂皮酰氧基续随子 -5,12- 二烯 -15- 醇 -14- 酮 (+)-(5*E*,12*E*,2*S*,3*S*,4*S*,9*S*,11*S*,15*R*)-3-cinnamoyloxylathyra-5,12-dien-15-ol-14-one

(-)-(5*E*,12*E*,2*S*,3*S*,4*S*,9*S*,11*S*,15*R*)-15- 桂皮酰氧基续随子 -5,12- 二烯 -3- 醇 -14- 酮 (-)-(5*E*,12*E*,2*S*,3*S*,4*S*,9*S*,11*S*,15*R*)-15-cinnamoyloxylathyra-5,12-dien-3-ol-14-one

15- 桂皮酰氧基续随子 -5*E*,12*E*- 二烯 -3,7- 二醇 -14- 酮 15-cinnamoyloxylathr-5*E*,12*E*-dien-3,7-diol-14-one

(+)-(12*E*,2*S*,3*S*,4*R*,5*R*,9*S*,11*S*,15*R*)-15- 桂皮酰氧基 - 续随子 -6(17),12- 二烯 -3,5- 二醇 -14- 酮 (+)-(12*E*,2*S*,3*S*,4*R*,5*R*,9*S*,11*S*,15*R*)-15-cinnamoyloxy-lathyra-6(17),12-diene-3,5-diol-14-one

(-)-(6*Z*,12*E*,2*S*,3*S*,4*R*,5*R*,9*S*,11*S*,15*R*)-3- 桂皮酰氧基续随子 -6,12- 二烯 -5,15- 二醇 -14- 酮 (-)-(6*Z*,12*E*,2*S*,3*S*,4*R*,5*R*,9*S*,11*S*,15*R*)-3-cinnamoyloxylathyra-6,12-diene-5,15-diol-14-one

(-)-(6*Z*,12*E*,2*S*,3*S*,4*R*,5*R*,9*S*,11*S*,15*R*)-5- 桂皮酰氧基续随子 -6,12- 二烯 -5,15- 二醇 -14- 酮 (-)-(6*Z*,12*E*,2*S*,3*S*,4*R*,5*R*,9*S*,11*S*,15*R*)-5-cinnamoyloxylathyra-6,12-diene-3,15-diol-14-one

1-*O*-*Z*- 桂皮酰印楝沙兰宁酸甲酯 1-*O*-*Z*-cinnamoylsalannic acid methyl ester

2'- 桂皮酰玉叶金花苷酸 2'-cinnamoyl-mussaenosidic acid

2'- 桂皮酰玉叶金花诺苷▲ 2'-cinnamoyl-mussaenoside

1-*O*- 桂皮酰鹧鸪花宁▲ 1-*O*-cinnamoyltrichilinin

1- 桂皮酰鹧鸪花宁▲ 1-cinnamoyl-trichilinin

10-(*Z*)- 桂皮酰梓醇 10-(*Z*)-cinnamoyl-catalpol

6-*O*- 桂皮酰梓醇 6-*O*-cinnamoylcatalpol

Nα- 桂皮酰组胺 *Nα*-cinnamoylhistamine

桂竹糖芥苷 erythriside

桂竹香毒素 cheirotoxin

桂竹香糖芥草苷 erychroside

(+)- 桧醇 (+)-junenol

桧醇 sabinol

桧脑 juniper camphor

桧宁 sabinine

桧酮 sabinaketone

d- 桧烯 *d*-sabinene

桧烯 sabinene

桧脂素 savinin

1F- 果呋喃糖基耐斯糖 1F-fructofuranosyl nystose

果胶 pectin

果胶 SB_{1-1}, SB_{2-1} pectin SB_{1-1}, SB_{2-1}

果胶多糖 pectic polysaccharide

果胶柳穿鱼苷▲ pectolinarin

果胶柳穿鱼苷元▲ pectolinarigenin

果胶柳穿鱼苷元▲-7-*O*-*α*-L- 吡喃鼠李糖基 -(1''' → 2'')-*O*-*β*-D- 吡喃葡萄糖醛酸苷 pectolinarigenin-7-*O*-*α*-L-rhamnopyranosyl-(1''' → 2'')-*O*-*β*-D-glucuronopyranoside

果胶柳穿鱼苷元▲-7-*O*-*β*-D- 吡喃葡萄糖苷 pectolinarigenin-7-*O*-*β*-D-glucopyranoside

果胶柳穿鱼苷元▲-7-*O*-*β*-D- 吡喃葡萄糖醛酸苷 pectolinarigenin-7-*O*-*β*-D-glucuronopyranoside

果胶柳穿鱼苷元▲-7-*O*-*β*-D- 吡喃葡萄糖醛酸苷甲酯 pectolinarigenin-7-*O*-*β*-D-glucuronopyranoside methyl ester

果胶柳穿鱼苷元▲-7-*O*- 葡萄糖苷 pectolinarigenin-7-*O*-*β*-glucopyranoside

果胶柳穿鱼苷元▲- 芸香糖苷 pectolinarigenin-rutinoside

果聚糖 fructans

D- 果糖 D-fructose

果糖 fructose

果糖寡糖 fructooligosaccharides

果香菊苷▲ chamaemeloside

果渣酸▲ pomolic acid

果渣酸▲-28-*O*-*β*-D- 吡喃葡萄糖苷 pomolic acid-28-*O*-*β*-D-glucopyranoside

果渣酸▲-3*β*-*O*-*α*-L-2- 乙酰氧基吡喃阿拉伯糖基 -28-*O*-*β*-D- 吡喃葡萄糖苷 pomolic acid-3*β*-*O*-*α*-L-2-acetoxyarabinopyranosyl-28-*O*-*β*-D-glucopyranoside

果渣酸▲乙酸酯 pomolic acid acetate
果渣酮酸▲ pomonic acid
过江藤黄疸苷元▲ icterogenin
过江藤灵▲A, B lippiflorin A, B
过江藤素 nodifloretin
过江藤素 -6,7- 二硫酸酯 nodifloretin-6,7-disulfate
过江藤素 -7- 硫酸酯 nodifloretin-7-sulfate
过江藤亭▲-7-*O*- 鼠李糖基葡萄糖苷 nodifloretin-7-*O*-rhamnosylglucoside
过江藤辛▲ lippiacin
过路黄苷▲A, B lysichriside A, B
过氢金合欢烯丙酮 perhydrofarnesyl acetone
过山蕨苷▲A, B, C camsibriside A, B, C
过山蕨酸▲ camptosoric acid
过氧白术烯内酯▲III peroxiatractylenolide III
过氧橙皮油烯醇 peroxyauraptenol
3*β*- 过氧大麻叶泽兰内酯▲ 3*β*-peroxyeucannabinolide
5*α*,8*α*- 过氧化麦角甾 -6,22- 二烯 -3*β*- 醇 5*α*,8*α*-peroxyergosta-6,22-dien-3*β*-ol
过氧化氢酶 catalase
过氧九里香醇 peroxymurraol
22*E*-5*α*,8*α*- 过氧麦角甾 -6,22- 二烯 -3*β*- 醇 22*E*-5*α*,8*α*-peroxyergosterd-6,22-diene-3*β*-alcohol
5*α*,8*α*- 过氧麦角甾醇 5*α*,8*α*-peroxyergosterol
过氧麦角甾醇 peroxyergosterol
过氧美鹅掌楸内酯 peroxyferolide
3*α*- 过氧墨西哥蒿素 3*α*-peroxyarmefolin
α- 过氧千叶蓍内酯 *α*-peroxyachifolid
β- 过氧千叶蓍内酯 *β*-peroxyisoachifolide
24*ξ*- 过氧羟基 -24- 乙烯基 -7- 烯胆甾烷醇 24*ξ*-hydroperoxy-24-vinyl-lathosterol
24*ξ*- 过氧羟基 -24- 乙烯基 - 胆甾醇 24*ξ*-hydroperoxy-24-vinyl-cholesterol
(*E*)-8-(6- 过氧羟基 -3,7,- 二甲基辛 -2,7- 二烯氧基)- 补骨脂素 (*E*)-8-(6-hydroperoxy-3,7-dimethylocta-2,7-dienyloxy)-psoralen
2*α*- 过氧羟基 -3*β*- 羟基熊果 -12- 烯 -28- 酸 2*α*-hydroperoxy-3*β*-hydroxy-urs-12-en-28-oic acid
(+)-(24*S*),24- 过氧羟基 - 大戟 -8,25- 二烯 -3*β*- 醇 -7- 酮 (+)-(24*S*),24-hydroperoxyeupha-8,25-dien-3*β*-ol-7-one
29- 过氧羟基 - 豆甾 -7,24(28)*E*- 二烯 -3*β*- 醇 29-hydroperoxy-stigmast-7,24(28)*E*-dien-3*β*-ol
(1*R*,4*S*)-1- 过氧羟基 - 对薄荷 -2- 烯 -8- 醇乙酸酯 (1*R*,4*S*)-1-hydroperoxy-*p*-menth-2-en-8-ol acetate
25- 过氧羟基环木菠萝 -23*E*- 烯 -3*β*- 醇 25-hydroperoxycycloart-23*E*-en-3*β*-ol
25- 过氧羟基基绿玉树 -7,23(24)- 二烯 -3,6- 二酮 -21,16- 内酯 25-hydroperoxytirucalla-7,23(24)-diene-3,6-dion-21,16-olide
(+)-(23 *E*),25- 过氧羟基 - 绿玉树 -8,23- 二烯 -3*β*- 醇 -7,11- 二酮 (+)-(23*E*),25-hydroperoxy-tirucalla-8,23-dien-3*β*-ol-7,11-dione
(-)-(23*E*),25- 过氧羟基 - 绿玉树 -8,23- 二烯 -3*β*- 醇 -7- 酮 (-)-(23*E*),25-hydroperoxytirucalla-8,23-dien-3*β*-ol-7-one
(-)-(24*R*),24- 过氧羟基 - 绿玉树 -8,25- 二烯 -3*β*- 醇 -7- 酮 (-)-(24*R*),24-hydroperoxytirucalla-8,25-dien-3*β*-ol-7-one
(-)-(24*S*),24- 过氧羟基 - 绿玉树 -8,25- 二烯 -3*β*- 醇 -7- 酮 (-)-(24*S*),24-hydroperoxytirucalla-8,25-dien-3*β*-ol-7-one
(22*E*,24*S*)-7*α*- 过氧氢豆甾 -5,22 - 二烯 -3*β*- 醇 (22*E*,24*S*)-7*α*-hydroperoxystigmasta-5,22-dien-3*β*-ol
(3*β*,7*α*)- 7- 过氧氢 - 豆甾 -5- 烯 -3 醇 (3*β*,7*α*)-7-hydroperoxystigmast-5-en-3-ol]
3- 过氧氢日本珊瑚树醇▲ 3-hydroperoxyawabukinol
4- 过氧氢日本珊瑚树醇▲ 4-hydroperoxyawabukinol
5*α*,8*α*- 过氧去氢丘陵多孔菌酸▲ 5*α*,8*α*-peroxydehydrotumulosic acid
过氧野花椒醇碱 peroxysimulenoline
过氧羽叶芸香灵▲ peroxytamarin
过氧元宝草酮 peroxysampsone
过氧元宝草酮 B peroxysampsone B

H

哈尔萨堆心菊素 halshalin
哈氏唐松草嗪▲ thalihazine
哈氏唐松草嗪▲-*N*- 氧化物 thalihazine-*N*-oxide
(-)- 哈威豆酸▲ (-)-hardwickiic acid
(+)- 哈威豆酸▲ (+)-hardwickiic acid
哈威豆酸▲ hardwickiic acid
哈亚锡生藤碱▲ hayatine
哈宗藤碱▲ hazuntine
孩儿参素▲A~H pseudostellarin A~H
海岸桐香堇苷▲ guettardionoside
海滨金鸡菊苷▲ maritimein
海滨金鸡菊黄烷酮苷▲ flavanomarein
海滨金鸡菊亭▲ maritimetin
海滨金鸡菊亭▲-7-*O*-*β*-D- 葡萄糖苷 maritimetin-7-*O*-*β*-D-glucoside
海滨金鸡菊因▲ marein
海滨柳穿鱼苷▲A, B, C unranoside A, B, C
海滨柳穿鱼素▲ unranin
海滨木巴戟二酚▲ soranjidiol
海滨木巴戟二酚▲-6-*O*-*β*- 樱草糖苷 -1- 羟基 -2- 樱草糖氧基 - 甲基蒽醌 -3- 酯 soranjidiol-6-*O*-*β*-primeveroside-1-hydroxy-2-primeverosyloxy-methylanthraquinone-3-olate
海滨木巴戟苷▲A~T nonioside A~T
海滨木巴戟尼酮▲ morindicininone
海滨木巴戟宁▲异构体 Ba, Bb citrifolinin B epimer Ba, Bb
海滨木巴戟诺苷▲A citrifolinoside A
海滨木巴戟素▲A, B, C nonin A, B, C
海滨木巴戟萜素▲ morindacin
海滨木巴戟酮▲ morindicinone
海滨天芥菜宁碱▲ curassavinine
海滨天芥菜文碱▲ curassavine
海葱西定▲-3-*O*-*β*-D- 吡喃葡萄糖基 -(1 → 2)-L- 吡喃鼠李糖苷 scilliphaeosidin-3-*O*-*β*-D-glucopyranosyl-(1 → 2)-L-rhamnopyranoside
海带氨酸 laminine
海带醇▲ laminitol
海带多糖 laminaran; laminarin
海胆烯酮 echinenone
海岛轮环藤碱 insularine
海岛轮环藤碱 -2'*α*-*N*- 氧化物 insularine-2'*α*-*N*-oxide
海岛轮环藤碱 -2*β*-2'*β*-*N*,*N*- 二氧化物 insularine-2*β*-2'*β*-*N*,*N*-dioxide
海岛轮环藤碱 -2*β*-*N*- 氧化物 insularine-2*β*-*N*-oxide
海岛轮环藤碱 -2'*β*-*N*- 氧化物 insularine-2'*β*-*N*-oxide
海岛轮环藤林碱▲ insularoline; insulanoline
海风藤酮 kadsurenone
海枫藤苷▲A, B haifengtenoside A, B
海茴香二醇▲ crithmumdiol
海金沙内酯▲ lygodinolide
海金沙素 lygodin
海金沙甾苷 A lygodiumsteroside A

海韭菜苷 triglochinin
海柯酮 hecogenone
$\Delta^{9(11)}$- 海柯皂苷元 $\Delta^{9(11)}$-hecogenin
海柯皂苷元 hecogenin
海柯皂苷元 -3-*O*-{*O*-β-D- 吡喃葡萄糖基 -(1 → 2)-*O*-[*O*-β-D- 呋喃芹菜糖基 -(1 → 4)-β-D- 吡喃木糖基 -(1 → 3)]-*O*-β-D- 吡喃葡萄糖基 -(1 → 4)-β-D- 吡喃半乳糖苷 } hecogenin-3-*O*-{*O*-β-D-glucopyranosyl-(1 → 2)-*O*-[*O*-β-D-apiofuranosyl-(1 → 4)-β-D-xylopyranosyl-(1 → 3)]-*O*-β-D-glucopyranosyl-(1 → 4)-β-D-galactopyranoside}
海柯皂苷元 -3-*O*-{*O*-β-D- 吡喃葡萄糖基 -(1 → 2)-*O*-[*O*-β-D- 呋喃芹菜糖基 -(1 → 4)-β-D- 吡喃葡萄糖基 -(1 → 3)]-*O*-β-D- 吡喃葡萄糖基 -(1 → 4)-β-D- 吡喃半乳糖苷 } hecogenin-3-*O*-{*O*- β-D-glucopyranosyl-(1 → 2)-*O*-[*O*-β-D-apiofuranosyl-(1 → 4)-β-D-glucopyranosyl-(1 → 3)]-*O*-β-D-glucopyranosyl-(1 → 4)-β-D-galactopyranoside}
海柯皂苷元 -3-*O*-{*O*-β-D- 吡喃葡萄糖基 -(1 → 2)-*O*-[β-D- 吡喃葡萄糖基 -(1 → 3)]-*O*-β-D- 吡喃葡萄糖基 -(1 → 4)-β-D- 吡喃半乳糖苷 } hecogenin-3-*O*-{*O*-β-D-glucopyranosyl-(1 → 2)-*O*-[β-D-xylopyranosyl-(1→3)]-*O*-β-D-glucopyranosyl-(1→4)-β-D-galactopyranoside}
海柯皂苷元 -3-*O*-β-D- 吡喃半乳糖基 -[(1 → 2)-β-D- 吡喃木糖基 -(1 → 3)]-β-D- 吡喃葡萄糖基 -(1 → 4)-β-D- 吡喃半乳糖苷 hecogenin-3-*O*-β-D-galactopyranosyl-[(1 → 2)-β-D-xylopyranosyl-(1 → 3)]-β-D-glucopyranosyl-(1 → 4)-β-D-galactopyranoside
海柯皂苷元 -3-*O*-β-D- 吡喃木糖基 -(1 → 3)-β-D- 吡喃葡萄糖基 -(1 → 2)-[β-D- 吡喃木糖基 -(1 → 3)]-β-D- 吡喃葡萄糖基 -(1 → 4)-β-D- 吡喃半乳糖苷 hecogenin-3-*O*-β-D-xyloyranosyl-(1→3)-β-D-glucopyranosyl-(1→2)-[β-D-xyloyranosyl-(1 → 3)]-β-D-glucopyranosyl-(1 → 4)-β-D-galactopyranoside
海柯皂苷元 -3-*O*-β-D- 吡喃葡萄糖基 -(1 → 2)-[β-D- 吡喃木糖基 -(1 → 3)]-β-D- 吡喃葡萄糖基 -(1 → 4)-β-D- 吡喃半乳糖苷 hecogenin-3-*O*-β-D-glucopyranosyl-(1 → 2)-[β-D-xylopyranosyl-(1 → 3)]-β-D-glucopyranosyl-(1 → 4)-β-D-galactopyranoside
海柯皂苷元 -3-*O*-β-D- 吡喃葡萄糖基 -(1 → 2)-β-D- 吡喃木糖基 -(1 → 3)-β-D- 吡喃葡萄糖基 -(1 → 4)-β-D- 吡喃半乳糖苷 hecogenin-3-*O*-β-D-glucopyranosyl-(1 → 2)-β-D-xylopyranosyl-(1 → 3)-β-D-glucopyranosyl-(1 → 4)-β-D-galactopyranoside
海柯皂苷元 -3-*O*-β-D- 吡喃葡萄糖基 -(1 → 2)-β-D- 吡喃葡萄糖基 -(1→4)-β-D- 吡喃半乳糖苷 hecogenin-3-*O*-β-D-glucopyranosyl-(1 → 2)-β-D-glucopyranosyl-(1 → 4)-β-D-galactopyranoside
海柯皂苷元 -3-*O*-β-D- 吡喃葡萄糖基 -(1 → 4)-β-D- 吡喃半乳糖苷 hecogenin-3-*O*-β-D-glucopyranosyl-(1→4)-β-D-galactopyranoside
海柯皂苷元 -3-*O*-β- 吡喃木糖基 -(1 → 3)-β- 吡喃葡萄糖基 -(1 → 4)-β- 吡喃半乳糖苷 hecogenin-3-*O*-β-xylopyranosyl-(1 → 3)-β-glucopyranosyl-(1 → 4)-β-galactopyranoside
海柯皂苷元 -3-*O*-β- 吡喃葡萄糖基 -(1 → 2)-β- 吡喃葡萄糖基 -(1 → 4)-β- 吡喃半乳糖苷 hecogenin-3-*O*-β-glucopyranosyl-(1 → 2)-β-glucopyranosyl-(1 → 4)-β-galactopyranoside
海柯皂苷元 -3-*O*-β- 吡喃葡萄糖基 -(1 → 4)-β- 吡喃半乳糖苷 hecogenin-3-*O*-β-glucopyranosyl-(1 → 4)-β-galactopyranoside
海榄雌醇▲ A, B, C avicenol A, B, C
海榄雌醌▲ A, B, C avicequinone A, B, C
海榄雌素▲ A~M marinoid A~M
海榄雌烯酮▲ avicenone
海榄雌酮▲ A~G avicennone A~G
海榄雌脂酮▲ A, B marinnone A, B
海离药草醇▲ maristeminol
海莲酸▲ sexangulic acid
海萝聚糖 funoran
海螺毒素▲ ciguatoxin
海螺碱 littorine
海绿苷 anagalloside
海绿苷 A~E anagalloside A~E
海绿苷元▲ B-3-*O*-{β-D- 吡喃木糖基 -(1 → 2)-β-D- 吡喃葡萄糖基 - (1 → 4)[β-D- 吡喃葡萄糖基 -(1 → 2)]-α-L- 吡喃阿拉伯糖苷 } anagalligenin B-3-*O*-{β-D-xylopyranosyl-(1 → 2)-β-D-glucopyranosyl-(1 → 4)[β-D-glucopyranosyl-(1 → 2)]-α-L-arabinopyranoside}
海绿苷元 B-3-*O*-[β-D- 吡喃木糖基 -(1 → 2)-β-D- 吡喃葡萄糖基 -(1 → 4)-β-D- 吡喃葡萄糖基 -(1 → 4)-β-D- 吡喃葡萄糖基 -(1 → 2)-α-L- 吡喃阿拉伯糖苷] anagalligenin B-3-*O*-[β-D-xylopyranosyl-(1→2)-β-D-glucopyranosyl-(1→4)-β-D-glucopyranosyl-(1 → 4)-β-D-glucopyranosyl-(1 → 2)-α-L-arabinopyranoside]
海绿苷元 B-3-*O*-{β-D- 吡喃葡萄糖基 -(1 → 2)-[β-D- 吡喃葡萄糖基 -(1 → 4)]-α-L- 吡喃阿拉伯糖苷 } anagalligenin B-3-*O*-{β-D-glucopyranosyl-(1 → 2)-[β-D-glucopyranosyl-(1 → 4)]-α-L-arabinopyranoside}
海绿苷元酮▲ -3-*O*-[β-D- 吡喃木糖基 -(1 → 2)-β-D- 吡喃葡萄糖基 -(1 → 4)-α-L- 吡喃阿拉伯糖苷] anagalligenone-3-*O*-[β-D-xylopyranosyl-(1 → 2)-β-D-glucopyranosyl-(1 → 4)-α-L-arabinopyranoside]
海绿苷元酮▲ -3-*O*-[β-D- 吡喃葡萄糖基 -(1 → 4)-α-L- 吡喃阿拉伯糖苷] anagalligenone-3-*O*-[β-D-glucopyranosyl-(1 → 4)-α-L-arabinopyranoside]
海绿苷元酮▲ -3-*O*-α-L- 吡喃阿拉伯糖苷 anagalligenone-3-*O*-α-L-arabinopyranoside
海绿苷元酮 -3-*O*-[β-D- 吡喃木糖基 -(1 → 2)-β-D- 吡喃葡萄糖基 -(1 → 4)-[β-D- 吡喃葡萄糖基 -(1 → 4)-β-D- 吡喃葡萄糖基 -(1 → 4)]-α-L- 吡喃阿拉伯糖苷] anagalligenone-3-*O*-[β-D-xylopyranosyl-(1→2)-β-D-glucopyranosyl-(1→4)-[β-D-glucopyranosyl-(1 → 4)-β-D-glucopyranosyl-(1 → 4)]-α-L-arabinopyranoside]
海绿苷元酮 -3-*O*-[β-D- 吡喃木糖基 -(1 → 2)-β-D- 吡喃葡萄糖基 -(1 → 4)-β-D- 吡喃葡萄糖基 -(1 → 2)]-α-L- 吡喃阿拉伯糖苷 anagalligenone-3-*O*-[β-D-xylopyranosyl-(1 → 2)-β-D-glucopyranosyl-(1 → 4)-β-D-glucopyranosyl-(1 → 2)]-α-L-arabinopoyranoside
海绿苷元酮 B anagalligenone B
海绿宁▲ I, II, III, IV arvenin I, II, III, IV
海绿素▲ A~E anagallisin A~E
海绿皂苷 anagallosaponin I, II, III, IV, V, VI, VII, VIII, IX
海杧果醇 cerberidol
海杧果醇 -α-D- 吡喃阿洛糖苷 cerberidol-α-D-allopyranoside
海杧果苷元▲ tanghinigenin
海杧果苷元▲ -L- 弗氏尖药木苷▲ tanghinigenin-L-acofrioside
17α- 海杧果苷元▲ -β-D- 葡萄糖 -3- 氧代 -(1 → 4)-α-L- 黄花夹竹桃糖苷 17α-tanghinigenin-β-D-glucos-3-ulosyl-(1 → 4)-α-L-thevetoside
海杧果苷元▲吡喃葡萄糖基黄花夹竹桃糖苷 tanghinigenin-glucopyranosyl-thevetoside
17βH- 海杧果苷元▲黄花夹竹桃糖苷 17βH-tanghinigenin thevetoside
海杧果苷元▲黄花夹竹桃糖苷 tanghinigenin-thevetoside
海杧果林素▲ manghaslin
海杧果木脂素 D~N cerberalignan D~N
海杧果尼酸▲ cerberinic acid
海杧果宁▲ tanghinin
海杧果醛 cerbinal

海杧果素▲ cerberin
海杧果酸 cerberic acid
海杧果酸 A, B cerberic acid A, B
海杧果叶苷▲ A, B cerleaside A, B
海南巴豆内酯▲ A~J crotonolide A~J
海南粗榧内酯 hainanolide
海南粗榧内酯醇 hainanolidol
海南粗榧新碱 hainanensine
海南冬青苷 hainanenside
海南冬青苷▲ A~E ilexhainanoside A~E
海南冬青宁▲ A~D ilexhainanin A~D
海南哥纳香素▲ A howiicin A
海南狗牙花胺 A, B ervahaimine A, B
海南狗牙花碱 A, B, C ervahanine A, B, C
海南狗牙花米定碱 A, B ervahainamidine A, B
海南狗牙花明 ervahainanmine
海南狗牙花宁 A ervahainine A
海南狗牙花素 hainanervatasine
海南狗牙花辛 hainanervatacine
海南九里香宁 hainanmurpanin
海南陆均松甾酮 dacryhainansterone
α- 海南轮环藤碱▲ α-hainanine
海南买麻藤素▲ A~S gnetuhainin A~S
海南牛奶菜新苷▲ A hainaneoside A
海南茄烯酮碱 solasodenone
海南青牛胆碱 haitinosporine
海南蕊木碱▲ A~F kopsihainin A~F
海南蕊木宁▲ A, B kopsihainanine A, B
海南崖豆藤素▲ pachylobin
海南野扇花碱 A~D sarcovagine A~D
海南野扇花宁碱 C sarcovagenine C
海尼姜黄酮▲ C heyneanone C
19S- 海涅狗牙花碱▲ 19S-heyneanine
19- 海涅狗牙花碱▲ 19-heyneanine
海涅狗牙花碱▲ heyneanine
海涅狗牙花碱▲羟基伪吲哚 heyneanine hydroxyindolenine
海帕刺桐碱 hypaphorine
海帕刺桐碱甲酯 hypaphorine methyl ester
海漆半日花酮▲ A, B, C excolabdone A, B, C
海漆醇 A~Q agallochaol A~Q
海漆毒素 excoecariatoxin
海漆苷▲ A, B excoecarioside A, B
海漆卡灵▲ excoecarin A~G, G_1, G_2, H, K, M, N, R_1, R_2, S, T_1, T_2, V_1, V_2, V_3
海漆卡灵▲ F 二甲酯 excoecarin F dimethyl ester
海漆卡灵▲ M 二甲酯 excoecarin M dimethyl ester
海漆卡诺醇▲ A, B excoecanol A, B
海漆灵素▲ A~F agallochaexcoerin A~F
海漆宁▲ excoecarianin
海漆诺醇▲ A~G excocarinol A~G
海漆素▲ A~O agallochin A~O
海漆酮 A agallochaone A
海漆新醇▲ A~D excoagallochaol A~D
海漆因子 O_1 excoecaria factor O_1
α- 海人草酸 α-kainic acid
海萨崖椒酰胺▲ hazaleamide
(-)- 海松 -9(11),15- 二烯 -19- 酸 (-)-pimara-9(11),15-dien-19-oic acid
海松醇 pimarol
海松二烯 pimaradiene
8,15- 海松二烯 -18- 酸酯 8,15-pimaradien-18-oate
海松二烯酸 pimaradienoic acid
海松醛 pimaral
8,15- 海松酸 8,15-pimaric acid
D- 海松酸 D-pimaric acid
海松酸 pimaric acid
海滩马鞭草查耳酮▲ littorachalcone
海棠果醇 canophyllol
海棠果酚酮▲ inophinone
海棠果林素▲ A, B inophyllin A, B
海棠果宁素▲ inophinnin
海棠果醛 canophyllal
海棠果呫酮▲ A inophyxanthone A
海棠果素 A~E, G-1, G-2, H, I, P inophyllum A~E, G-1, G-2, H, I, P
海棠果酸 canophyllic acid
海棠果酮▲ inophynone
海棠果酮▲ I inophynone I
海棠果酮酸 canophyllalic acid
海通酮 A~H mandarone A~H
海桐苷▲ A, B pittosporatobiraside A, B
海桐花苷▲ A_1~A_6, B_1, B_2, B_3 pittosporanoside A_1~A_6, B_1, B_2, B_3
海桐花黄质▲ A_1~A_4, B_1, B_2, C_1, C_2 pittosporumxanthin A_1~A_4, B_1, B_2, C_1, C_2
海桐黄质▲ A_1, A_2, A_3, B, C, D tobiraxanthin A_1, A_2, A_3, B, C, D
(1R,3E,7E,10S,11S,12R)- 海兔 -3,7- 二烯 -10,18- 二醇 (1R,3E,7E,10S,11S,12R)-dolabella-3,7-dien-10,18-diol
(1R,3E,7E,11S,12R)- 海兔 -3,7- 二烯 -18- 醇 (1R,3E,7E,11S,12R)-dolabella-3,7-dien-18-ol
(1R,3E,7R,11S,12R)- 海兔 -3,8(17)- 二烯 -7,18- 二醇 (1R,3E,7R,11S,12R)-dolabella-3,8(17)-dien-7,18-diol
(1R,3R,7E,11S,12R)- 海兔 -4(16),7,18- 三烯 -3- 醇 (1R,3R,7E,11S,12R)-dolabella-4(16),7,18-trien-3-ol
(1R,3R,7E,11S,12R)- 海兔 -4(16),7- 二烯 -3,18- 二醇 (1R,3R,7E,11S,12R)-dolabella-4(16),7-dien-3,18-diol
(1R,3S,7E,11S,12R)- 海兔 -4(16),7- 二烯 -3,18- 二醇 (1R,3S,7E,11S,12R)-dolabella-4(16),7-dien-3,18-diol
海兔醇▲ C, D, E aplysiol C, D, E
海兔毒素 aplysiatoxin
海兔素 aplysin
海兔抑素▲ aplysistatin
海星脑苷 G asteriacerebroside G
海星甾醇 stellasterol
海罂粟胺 glaucamine
(+)- 海罂粟菲定碱 (+)-glaufidine
(-)- 海罂粟碱 (-)-glaucine
(+)- 海罂粟碱 (+)-glaucine
d- 海罂粟碱 d-glaucine
海罂粟碱 glaucine
海罂粟尼定碱 glaunidine
海罂粟宁碱 glaunine
海罂粟酮碱▲ glaucinone
海芋素 alocasin
海芋酰胺▲ A, B alomacrorrhiza A, B
海藻酸 alginic acid
海藻酸钠 sodium alginate
海藻酸盐 alginate
α,α'- 海藻糖 α,α'-trehalose
α,α- 海藻糖 α,α-trehalose
海藻糖 trehalose

H

海州常山苷 trichotomoside
海州常山酮 trichotomone
海州常山酮 D, E, F trichotomone D, E, F
海州骨碎补苷 marioside
含生草脂素▲B hierochin B
含笑苷▲A, B michelioside A, B
含笑内酯 micheliolide
含笑烯内酯▲ michelenolide
含羞草定碱▲ mimopudine
L- 含羞草碱 L-mimosine
含羞草碱 mimosine
含羞云实醇▲A~G mimosol A~G
韩都鞘丝藻肽素▲A, B, C hantupeptin A, B, C
韩槐酮▲F, H, I kenusanone F, H, I
寒地报春黄苷▲ primflasin; primflasine
寒梅酸甲酯 methyl buergericate
寒原龙胆苷▲ gelidoside
蔊菜砜▲ rorifone
蔊菜苷▲ roripanoside
蔊菜酰胺 rorifamide
汉迪亚大戟醇▲ handianol
(+)- 汉防己甲素 (+)-tetrandrine
汉黄芩苷 wogonoside
汉黄芩素 wogonin
汉黄芩素 -5-*O*-D- 吡喃葡萄糖苷 wogonin-5-*O*-D-glucopyranoside
汉黄芩素 -7-*O*-D- 吡喃葡萄糖苷 wogonin-7-*O*-D-glucopyranoside
汉黄芩素 -7-*O*-*β*-D- 吡喃葡萄糖苷 wogonin-7-*O*-*β*-D-glucopyranoside
汉黄芩素 -7-*O*-*β*-D- 吡喃葡萄糖醛酸苷 wogonin-7-*O*-*β*-D-glucuronopyranoside
汉黄芩素 -7-*O*-*β*-D- 葡萄糖苷甲酯 wogonin-7-*O*-*β*-D-glucuronide methyl ester
汉黄芩素 -7-*O*-*β*-D- 葡萄糖醛酸苷 wogonin-7-*O*-*β*-D-glucuronide
汉黄芩素 -7-*O*- 吡喃葡萄糖苷 wogonin-7-*O*-glucopyranoside
汉黄芩素 -7-*O*- 葡萄糖醛酸苷 wogonin-7-*O*-glucuronide
汉黄芩素 -7-*O*- 葡萄糖醛酸苷甲酯 wogonin-7-*O*-glucuronide methyl ester
汉黄芩素 -7-*O*- 葡萄糖醛酸苷乙酯 wogonin-7-*O*-*β*-D-ethylglucuronide
汉山姜醇 hanalpinol
汉山姜醇过氧化物 hanalpinol peroxide
汉山姜米醇 hanamyol
汉山姜酮 hanalpinone
旱金莲苷 glucotropaeolin
旱柳苷 A matsudoside A
旱柳素 hanliuin
旱柳素▲ hanliuin I
旱柳素 IV hanliuin IV
旱柳酮▲A matsudone A
旱芹苷▲E celerioside E
旱芹素▲ apigravin
旱生香茶菜素 X, A, B, G, H, L, N xerophilusin X, A, B, G, H, L, N
杭白芷香豆素▲A~J andafocoumarin A~J
蒿本柯苷▲A ligusticoside A
蒿黄素 artemetin
蒿内酯▲ arteminolide
蒿宁▲ artanin
蒿萜内酯 artemolin
蒿亭 artemitin
蒿酮 artemisia ketone
蒿西定▲A artemisidin A
蒿辛素▲ artesin
蒿甾醇▲ artemisterol
豪氏罗汉松内酯▲B hallactone B
好望角芦荟定▲ feroxidin
好望角芦荟内酯 feralolide
好望角锡生藤碱▲ cissacapine
诃子宾▲ terchebin
诃子醇酸▲ terminolic acid
诃子苷▲I, II chebuloside I, II
诃子黄素▲A, B terflavin A, B
诃子精酸▲ chebulagic acid
诃子木脂素▲ termilignan
诃子尼酸▲ chebulinic acid
诃子宁 chebulanin
诃子诺酸▲ terminoic acid
诃子鞣质 terchebulin
诃子酸 chebulic acid
诃子酸三乙酯 triethyl chebulate
诃子五醇▲ chebupentol
禾本甾醇 gramisterol
禾草碱 gramine
禾草碱甲基羟化物 gramine methohydroxide
禾草酮▲A, B graminone A, B
禾串树烃酯▲I, II balansenate I, II
禾叶兰素▲ callosin
禾叶山麦冬甾苷 A, B lirigramoside A, B
合果含笑内酯▲ paramicholide
合欢草素 -1 desmanthin-1
合欢催产素 albitocin
合欢苷▲I, II, III, A_1~A_4, B_1, C_1, J_1~J_{15}, J_{18}~J_{31} julibroside I, II, III, A_1~A_4, B_1, C_1, J_1~J_{15}, J_{18}~J_{31}
合欢苷元▲ albigenin
合欢己糖苷 albiziahexoside
合欢灵碱▲I, II julibrine I, II
合欢诺苷▲A, B albibrissinoside A, B
合欢三萜内酯 A julibrotriterpenoidal lactone A
合欢皂苷▲A, B, C albiziasaponin A, B, C
合欢酯苷▲A~E albizoside A~E
合酒花苦素▲a colupox a
合葎草林酮 cohumulinone
合葎草酮 cohumulone
合萌酸钾▲ potassium aeschynomate
合蕊木屾酮▲ symphoxanthone
合蕊五味子二内酯▲A~S propindilactone A~S
合蕊五味子灵▲A~D schpropinrin A~D
合蕊五味子木脂素▲C schpropliganan C
合蕊五味子内酯▲A, B schiprolactone A, B
合蕊五味子内酯 A, B propinic lactone A, B
合蕊五味子宁▲A~F propinquanin A~F
合蕊五味子三内酯▲A, B propintrilactone A, B
合蕊五味子素▲E~K propinquain E~K
合掌消苷▲A~G amplexicoside A~G
合掌消苷元▲B-3-*O*-*β*-D- 吡喃磁麻糖苷 amplexicogenin B-3-*O*-*β*-D-cymaropyranoside
合掌消苷元▲B-3-*O*-*β*-D- 吡喃磁麻糖基 -(1 → 4)-*α*-L- 吡喃磁麻糖基 -(1 → 4)-*β*-D- 吡喃磁麻糖苷 amplexicogenin B-3-*O*-*β*-D-cymaropyranosyl-(1 → 4)-*α*-L-cymaropyranosyl-(1 → 4)-*β*-D-

H

cymaropyranoside
合掌消苷元▲ C-3-*O*-*β*-D- 吡喃磁麻糖苷 amplexicogenin C-3-*O*-*β*-D-cymaropyranoside
合掌消苷元▲ C-3-*β*-D- 吡喃磁麻糖苷 amplexicogenin C-3-*β*-D-cymaropyranoside
合掌消苷元▲ D-3-*O*-*β*-D- 吡喃磁麻糖苷 amplexicogenin D-3-*O*-*β*-D-cymaropyranoside
合子草苷 A~J actinostemmoside A~J
6,22- 何柏烷二醇 6,22-hopanediol
何帕 -13(18)- 烯 hop-13(18)-ene
何帕 -16- 烯 hop-16-ene
何帕 -17(21)- 烯 hop-17(21)-ene
何帕 -17(21)- 烯 -3*β*- 基 - 乙酸酯 hop-17(21)-en-3*β*-yl acetate
何帕 -17(21)- 烯 -3- 醇 hop-17(21)-en-3-ol
何帕 -17(21)- 烯 -3- 酮 hop-17(21)-en-3-one
何帕 -1*β*,3*β*,22- 三醇 hopane-1*β*,3*β*,22-triol
何帕 -21- 烯 hop-21-ene
何帕 -22(29)- 烯 hop-22(29)-ene
何帕 -22(29)- 烯 -28- 醇 hop-22(29)-en-28-ol
何帕 -22(29)- 烯 -28- 醛 hop-22(29)-en-28-al
何帕 -22(29)- 烯 -30- 醇 hop-22(29)-en-30-ol
21*αH*- 何帕 -22(29)- 烯 -3*β*,30- 二醇 21-*αH*-hop-22(29)-ene-3*β*,30-diol
何帕 -22(29)- 烯 -3*β*- 醇 hop-22(29)-en-3*β*-ol
何帕 -22,29- 二醇 -29- 甲酸酯 hopane-22,29-diol-29-formate
何帕 -22,30- 二醇 hopane-22,30-diol
21*αH*- 何帕 -22- 醇 21*αH*-hopan-22-ol
何帕 -28(22)- 内酯 hopan-28(22)-olide
何帕 -29- 醇乙酸酯 hopan-29-ol acetate
何帕 -3- 醇 hopan-3-ol
何帕 -3- 酮 -22- 醇 hopane-3-one-22-ol
何帕 -6*α*,22- 二醇 hopane-6*α*,22-diol
29- 何帕醇 29-hopanol
17(21)- 何帕烯 17(21)-hopene
22(29)- 何帕烯 22(29)-hopene
22- 何帕烯 22-hopene
何帕烯 hopene
何帕烯 I, II, a hopene I, II, a
何帕烯醇 B hopenol B
何帕烯酮 hopenone
何帕烯酮 B hopenone B
何首乌素▲ B, C polygonimitin B, C
和蟾蜍他灵 gamabufotalin
和厚朴酚 honokiol
和厚朴醛▲ obovaaldehyde
和尚菜内酯▲ adenoculolide
和尚菜酮▲ adenoculone
和乌胺 higenamine
河北冬凌草冷杉素▲ hebeiabinin
河北冬凌草冷杉素▲ A~E hebeiabinin A~E
河北冬凌草素 A~L hebeirubescensin A~L
河川木蓝素▲ A hetranthin A
河谷木胺▲ vallesamine
河谷木胺▲ -17-*O*- 乙酸酯 vallesamine-17-*O*-acetate
河谷木胺▲ -N^b- 氧化物 vallesamine-N^b-oxide
河南半枝莲碱▲ A~D, H scutehenanine A~D, H
河南翠雀碱▲ honatisine
(-)- 荷包牡丹碱 (-)-dicentrin
(+)- 荷包牡丹碱 (+)-dicentrine
d- 荷包牡丹碱 *d*-dicentrine
l- 荷包牡丹碱 *l*-dicentrine
荷包牡丹碱 dicentrine
荷包牡丹酮 dicentrinone
荷包山桂花糖 A~F arillatose A~F
荷蒂芸香碱 hortiacine
荷蒂芸香酰胺 hortiamide
荷花碱 neferine
(+)- 荷花玉兰碱 (+)-magnoflorine
(*S*)- 荷花玉兰碱 (*S*)-magnoflorine
α- 荷花玉兰碱 *α*-magnoflorine
β- 荷花玉兰碱 *β*-magnoflorine
荷花玉兰碱 magnoflorine
荷花玉兰碱收敛酸酯 magnoflorine styphnate
荷花玉兰内酯▲ magnograndiolide
荷莲豆草碱 cordatanine
荷莲豆草素 cordacin
荷茗草酮▲ horminone
(-)- 荷叶碱 (-)-nuciferine
荷叶碱 nuciferine
核苷酸 nucleic acid
核果木醇 putrol
核果木素 A, B putranjivain A, B
核果三尖杉碱▲ drupacine
核黄素 riboflavin
D- 核己酮糖 D-ribohexulose
核糖基玉蜀素 ribosylzeatin
核替生 hetisine
核替生酮 hetisinone
盒果藤苷▲ A~D operculinoside A~D
盒果藤酸▲ A, B, C turpethic acid A, B, C
盒果藤酯苷▲ A, B turpethoside A, B
盒子草苷▲ A~O lobatoside A~O
赫柏托醇▲ II, III hebitol II, III
赫卡尼亚香科科苷▲ teuhircoside
赫克托鞘丝氯素▲ hectochlorin
(+)- 赫勒飞燕草亭碱▲ (+)-chellespontine
赫米特鞘丝藻酰胺▲ A, B hermitamide A, B
(+)- 赫氏唐松草碱 (+)-hernandezine
赫氏唐松草碱 hernandezine
褐盖韧革菌内酯▲ vibralactone
褐盖韧革菌内酯▲ B vibralactone B
褐黑口蘑酸▲ ustalic acid
褐煤酸 montanic acid
褐小菇酚▲ A, B, C alcalinaphenol A, B, C
鹤草酚 agrimophol
鹤庆独活苷▲ A, B rapulaside A, B
鹤庆独活三聚素▲ A rapultririn A
鹤庆五味子二内酯▲ A~F wilsonianadilactone A~F
鹤庆五味子果木脂素▲ A willignan A
鹤庆五味子木脂素▲ A, B, C wilsonilignan A, B, C
鹤庆五味子素 A~G, K~O schisanwilsonin A~G, K~O
鹤庆五味子烯 A, B, C schisanwilsonene A, B, C
鹤乌碱 scopaline
黑足菊内酯▲ melampolide
黑百合宁碱▲ hapepunine
黑百合宁碱▲ -3-*O*-*α*-L- 吡喃鼠李糖基 -(1 → 2)-*β*-D- 吡喃葡萄糖苷 hapepunine-3-*O*-*α*-L-rhamnopyranosyl-(1 → 2)-*β*-D-glucopyranoside

H

黑百合宁碱▲-3-*O*-*β*- 纤维二糖 hapepunine-3-*O*-*β*-cellobioside
黑茶渍酚▲ atranol
黑茶渍素 atranorin
黑茶渍酸▲ atraric acid
黑翠碱 A, B potanidine A, B
黑蛋巢菌醛▲ A, B, C cyathusal A, B, C
黑蛋巢菌酸▲ cyathic acid
黑蛋巢菌酮酸▲ cyathadonic acid
黑果茜草素 A, B rubiprasin A, B
黑胡椒酰胺▲ A~S nigramide A~S
黑花杠柳苷元▲-3-*β*-*O*-*α*-L- 鼠李糖苷 nigrescigenin-3-*β*-*O*-*α*-L-rhamnoside
黑花杠柳苷元▲-3-*β*-*O*-*β*-D-6- 脱氧古洛糖苷 nigrescigenin-3-*β*-*O*-*β*-D-gulomethyloside
黑花鸢尾素▲ nigricanin
黑花鸢尾素▲-4'-*O*-*β*-D- 葡萄糖苷 nigricanin-4'-*O*-*β*-D-glucoside
黑椒素 chavicine
黑荆苷▲ mearnsitrin; mearncitrin
黑荆素▲ mearnsetin
黑荆素▲-3-(2'',4''- 二乙酰鼠李糖苷）mearnsetin-3-(2'',4''-diacetylrhamnoside)
黑荆素▲-3-*O*-*α*-L- 吡喃鼠李糖苷 mearnsetin-3-*O*-*α*-L-rhamnopyranoside
黑荆素▲-3-*O*-*β*-D- 吡喃葡萄糖苷 mearnsetin-3-*O*-*β*-D-glucopyranoside
黑荆素▲-3-*O*-*β*- 吡喃葡萄糖醛酸苷 mearnsetin-3-*O*-*β*-glucuronopranoside
黑老虎木脂素▲ kadcoccilignan
黑老虎内酯▲ A~R kadcoccilactone A~R
黑老虎三酮▲ A, B, C kadcotrione A, B, C
黑老虎酸 coccinic acid
黑老虎酮▲ A, B, C kadcoccitone A, B, C
黑龙贝母碱 heilonine
黑龙骨苷 A, B periploforgeside A, B
黑龙江野豌豆苷▲ A, B amurenoside A, B
黑麦草碱 loline
(-)- 黑麦草内酯 (-)-loliolide
黑麦草内酯 loliolide
黑麦草内酯 -*β*-D- 吡喃葡萄糖苷 loliolide-*β*-D-glucopyranoside
黑麦麦角碱▲ secaclavine
黑鳗藤苷▲ A~G, K, L stemucronatoside A~G, K, L
黑鳗藤诺苷▲ B, H stephanoside B, H
黑鳗藤托苷▲ C, H mucronatoside C, H
黑毛桩菇素 atromentin
黑毛桩菇酸 atromentic acid
黑毛桩菇甾酮 C atrotosterone C
黑面神苷▲ A, B breynioside A, B
黑面神美洲茶酸▲ breynceanothanolic acid
黑面神素 A~D, G, I breynin A~D, G, I
黑面神香堇苷▲ A~E breyniaionoside A~E
黑面神甾苷 A~G fruticoside A~G
黑牛角椒黄质▲ nigroxanthin
α- 黑曲霉糖 *α*-nigerose
黑桑醇▲ D~H mornigrol D~H
黑桑素▲ A~J nigrasin A~J
黑水翠雀花辛碱 F postanisine F
黑水翠雀宁▲ potanine
黑水翠雀辛▲ A~G potanisine A~G
黑水藤素▲ A insignin A
黑水罂粟胺▲ muramine
(-)- 黑水罂粟碱 (-)-amurine
(+)- 黑水罂粟碱 (+)-amurine
黑水罂粟碱 amurine
黑水罂粟灵▲ amuroline
(+)- 黑水罂粟宁▲ (+)-amuronine
黑水罂粟宁▲ amuronine
(-)- 黑水罂粟西宁▲ (-)-amurensinine
黑水罂粟西宁▲ amurensinine
(-)- 黑水罂粟西宁▲-*N*- 氧化物 A, B (-)-amurensinine-*N*-oxide A, B
黑水罂粟西宁▲-*N*- 氧化物 A, B amurensinine-*N*-oxide A, B
(-)- 黑水罂粟辛▲ (-)-amurensine
黑水罂粟辛▲ amurensine
黑菥苷 melasmoside
黑五味子苷 schizandriside
黑五味子酸▲ nigranoic acid
黑五味子酸▲-26- 甲酯 nigranoic acid-26-methyl ester
黑五味子酸▲-3- 乙酯 nigranoic acid-3-ethyl ester
黑线藤黄吅酮▲ E, F, K, T, V, W nigrolineaxanthone E, F, K, T, V, W
黑腺珍珠菜苷▲ A~E heterogenoside A~E
黑夜翠雀定▲ blacknidine
黑夜翠雀碱▲ blacknine
黑蚁素 dendrolasin
黑榆酮▲ A, B, C davidianone A, B, C
黑种草苷▲ nigelloside
黑种草苷▲ A~D nigelloside A~D
黑足金粉蕨苷▲ A, B contigoside A, B
亨氏马钱林碱▲ henningsoline
衡州乌药艾酮▲ coccudienone
衡州乌药定 cocculidine; coculidine
衡州乌药芬碱▲ cocclafine
(+)-1(*R*)- 衡州乌药碱 (+)-1(*R*)-coclaurine
(+)- 衡州乌药碱 (+)-coclaurine
(±)- 衡州乌药碱 (±)-coclaurine
(1*R*)- 衡州乌药碱 (1*R*)-coclaurine
衡州乌药碱 coclaurine
衡州乌药里宁 coccolinine
衡州乌药里亭 cocculitine
衡州乌药灵 cocculine
衡州乌药明 cocculimine
衡州乌药替宁▲ cocculitinine
衡州乌药酮 coccudinone; cocculidinone
衡州乌药维宁▲ coccuvinine
衡州乌药文碱 coccuvine
红百金花素▲ erythrocentaurin
红百金花素▲二甲缩醛 erythrocentaurin dimethylacetal
红百金花酸 erythrocentauric acid
红百金花辛▲ erythricin
红斑红曲胺▲ rubropunctamine
红斑红曲素▲ rubropunctatin
红背艳尺蛾毒素 I arichannatoxin I
红柄木犀苷▲ armatuside
红波罗花醇▲ delavayol
红波罗花碱▲ A, B, C delavayine A, B, C
红柴胡苷▲ A, B, C scorzoneroside A, B, C
7Z- 红车轴草大柱香波龙苷▲ I, II 7Z-trifostigmanoside I, II
红车轴草酚▲ pratol
红车轴草素 pratensein
红车轴草素 -7-*O*-*β*-D- 吡喃葡萄糖苷 pratensein-7-*O*-*β*-D-

glucopyranoside
红车轴草素 -7-*O*-*β*-D- 吡喃葡萄糖苷 -6''-*O*- 丙二酸酯 pratensein-7-*O*-*β*-D-glucopyranoside-6''-*O*-malonate
红车轴草素 -7-*O*-*β*-D- 葡萄糖苷 pratensein-7-*O*-*β*-D-glucoside
红车轴草素 -7-*O*- 吡喃葡萄糖苷 pratensein-7-*O*-glucopyranoside
红车轴草酰胺▲ clovamide
红椿林素▲ toonacilin
红椿素 A~M toonaciliatin A~M
红椿亭▲ A toonaciliatine A
红椿酮▲ A~F toonaciliatone A~F
红大戟素 knoxiadin
红大戟酸 A knoxivalic acid A
红淡比鞣质▲ A, B, C cleyeratannin A, B, C
红豆酚▲ ormosinol
红豆苷▲ ormosinoside
红豆萨宁 ormosanine
(2*R*)- 红豆杉氰苷 (2*R*)-taxiphyllin
红豆杉萜▲ A, B, C hongdoushan A, B, C
红豆杉叶素▲ taxiphyllin
红豆杉叶素 -6'-*O*- 没食子酸酯 taxiphyllin-6'-*O*-gallate
红根草对醌 sapriparaquinone
红根草苷▲ A, B prionitiside A, B
红根草邻醌 saprorthoquinone
红根草林碱▲ prioline
红根草灵▲ saprirearine
红根草内酯 salpriolactone
红根草宁 salprionin
红根草素 salvonitin
红根草酸酐▲ saprionide
红根草萜▲ A~F prionoid A~F
红根草亭▲ prionitin
红根草酮▲ hongencaotone
红根草酮内酯 prioketolactone
红根草新对醌▲ prineoparaquinone
红菇胺▲ lepidamine
红菇醇▲ rulepidol
红菇二醇▲ rulepidadiol
红菇二烯▲ A, B rulepidadiene A, B
红菇降醇▲ russulanorol
红菇内酯▲ lepidolide
红菇诺醇▲ rulepidanol
红菇三醇▲ rulepidatriol
红菇酸▲ A lepida acid A
红古豆碱 cuscohygrine
红鹳酮▲ phenicopterone
红光皂苷元 hongguanggenin
红果山胡椒酚▲ kanakugiol
红果山胡椒素▲ kanakugin
红果山胡椒烷▲ erythrane
(2)-(*R*)- 红果酸 (2)-(*R*)-eucomic acid
红果酸 -4- 甲酯 4-methyl eucomate
(2)-(*R*)- 红果酸二甲酯 dimethyl (2)-(*R*)-eucomate
红厚壳林素▲ A, B inocalophyllin A, B
红厚壳林素▲ A 甲酯 inocalophyllin A methyl ester
红厚壳林素▲ B 甲酯 inocalophyllin B methyl ester
红厚壳内酯 inophyllolide
红厚壳尼酸▲ calophynic acid
红厚壳𠮿酮 A~E, I, M~Q caloxanthone A~E, I, M~Q
红厚壳素▲ A, B, C calophyllumin A, B, C
红厚壳酸▲ calophyllic acid
红厚壳塔玛内酯▲ tamanolide
红厚壳塔玛内酯▲ D, P tamanolide D, P
红厚壳酮▲ calophinone
红厚壳烯酮内酯 calophyllolide
红厚壳香豆素▲ A, B, C calocoumarin A, B, C
红花胺 tinctormine
红花八角酚 dunnianol
红花八角苷 A~J dunnianoside A~J
红花八角木脂素 A, B dunnianeolignan A, B
红花八角内酯▲ A~D dunnianolide A~D
红花八角素 dunnianin
红花八角烷 dunniane
6'''-(-)- 红花菜豆酰酸枣素▲ 6'''-(-)-phaseoylspinosin
红花苷 carthamin
红花黄色素 A, B safflor yellow A, B
红花疆罂粟胺▲ roemeramine
(-)- 红花疆罂粟定▲ (-)-reframidine
红花疆罂粟定▲ reframidine
红花疆罂粟芬碱▲ remrefine
红花疆罂粟碱▲ reframine
红花疆罂粟洛灵▲ reomeroline
(-)- 红花疆罂粟明▲ (-)-refractamine
红花疆罂粟明▲ refractamine
(-)- 红花疆罂粟莫灵▲ (-)-reframoline
红花疆罂粟莫灵▲ reframoline
红花疆罂粟宁▲ roemeronine
(+)- 红花疆罂粟亭▲ (+)-roefractine
红花锦鸡儿酚 A~D cararosinol A~D
红花锦鸡儿素▲ A cararosin A
红花龙胆酚酮▲ A~D rhodanthenone A~D
红花龙胆苷▲ A, B, C rhodanthoside A, B, C
红花漏芦甾酮 lesterone
红花明苷 A, B, C safflomin A, B, C
红花明素▲ cartormin
红花莫苷▲ $A_1, A_2, B_4, B_5, B_6, B_7, B_8$ carthamoside $A_1, A_2, B_4, B_5, B_6, B_7, B_8$
红花炔醇 safynol
红花蕊木胺▲ fruticosamine
红花蕊木碱▲ fruticosine
红花蕊木宁▲ A mersinine A
红花色胺宁▲ serotobenine
红花素 carthamidin
红花素 -7-*O*-*β*-D- 葡萄糖醛酸苷 carthamidin-7-*O*-*β*-D-glucuronide
红花萜明▲ cartorimine
红花文殊兰酚苷▲ amabiloside
红花五味子二内酯 rubriflordilactone
红花五味子二内酯▲ A~F schirubridilactone A~F
红花五味子二内酯 A, B rubriflordilactone A, B
红花五味子酚素 A, A_1b, B, C rubrisandrin A, A_1b, B, C
红花五味子苷▲ A, B rubrifloside A, B
红花五味子灵▲ A~J rubriflorin A~J
红花五味子木脂素▲ A, B rubrilignan A, B
(-)- 红花五味子素 (-)-rubschisandrin
(+)-*γ*- 红花五味子素 (+)-*γ*-rubschisandrin
红花五味子酮素▲ schizanrutonin
红花五味子辛▲ A~D schirubrisin A~D
红花五味子酯 rubschisantherin; rubschizantherin
红花亚精胺 A, B safflospermidine A, B

红灰青霉素▲ erythroglaucin
红茴香薁▲A illihenazulene A
红茴香吡喃醇▲A illihenryipyranol A
红茴香吡喃酮 A illihenryipyranone A
红茴香二酮▲A illihendione A
红茴香呋喃醇▲A illihenryifunol A
红茴香呋喃酮▲A, B, C illihenryifunone A, B, C
红茴香内酯▲A~G henrylactone A~G
红茴香内酯苷▲A~G illihenlactoneoside A~G
红茴香酮▲A~G illihenryione A~G
红鸡蛋花醇▲ rubrajaleelol
红鸡蛋花苷▲ plumerubroside
红鸡蛋花环烯醚萜▲ rubradoid
红鸡蛋花宁▲ rubranin
红鸡蛋花诺醇▲ rubrinol
红鸡蛋花酸▲ rubrajaleelic acid
红鸡蛋花酮苷▲ rubranonoside
红金鸡纳碱 succirubin
红景天苷 rhodioloside; salidroside
红景天苷 A~F rhodioloside A~F
红景天吉定▲ rhodiolgidin
红景天吉素▲ rhodiolgin
红景天里定▲ rhodalidin
红景天林素▲ rhodiolin
红景天尼定▲ rhodionidin
红景天宁▲ rhodionin
红景天氰苷 A, D rhodiocyanoside A, D
红景天鞣素▲ rhodisin
红景天素 rhodiosin
红景天辛醇苷 rhodiooctanoside
红孔菌素▲ pycnoporin
红藜芦碱▲ rubijervine
红镰孢素 rubrofusarin
红镰孢素 -6-*O*-*β*- 龙胆二糖苷 rubrofusarin-6-*O*-*β*-gentiobioside
红镰孢素三葡萄糖苷 rubrofusarin triglucoside
红镰霉素 -6-*O*-*α*-L- 吡喃鼠李糖基 -(1 → 6)-*O*-*β*-D- 吡喃葡萄糖苷 rubrofusarin-6-*O*-*α*-L-rhamnopyranosyl-(1 → 6)-*O*-*β*-D-glucopyranoside
红镰霉素 -6-*O*-*β*-D-(6'-*O*- 乙酰基)- 吡喃葡萄糖苷 rubrofusarin-6-*O*-*β*-D-(6'-*O*-acetyl)-glucopyranoside
红镰霉素 -6-*O*-*β*-D- 吡喃葡萄糖苷 rubrofusarin-6-*O*-*β*-D-glucopyranoside
红蓼素▲ orientalin
红笼果宁素 -3 nymania -3
红轮千里光素▲A flammein A
红毛丹内酯▲A, B lappaceolide A, B
红毛破布木酐▲ rufescidride
红毛悬钩子素 pinfaensin
红毛悬钩子酸▲ pinfaenoic acid
红毛悬钩子酸▲-28-*O*-*β*-D- 吡喃葡萄糖酯苷 pinfaenoic acid-28-*O*-*β*-D-glucopyranoside
红门兰酚 orchinol
α- 红没药醇 *α*-bisabolol
β- 红没药醇 β -bisabolol
红没药醇 bisabolol
红没药醇氧化物 A bisabolol oxide A
红没药醇氧化物 A-*β*-D- 葡萄糖苷 bisabolol oxide A-*β*-D-glucoside
红没药当归酮▲ bisabolangelone
7(14),10- 红没药二烯 -1- 醇 -4- 酮 7(14),10-bisaboladien-1-ol-4-one
红没药姜黄醇▲ bisacurol
红没药姜黄莫醇▲ bisacumol
红没药姜黄酮▲ bisacurone
红没药姜黄酮▲A, B, C bisacurone A, B, C
红没药姜黄酮▲环氧化物 bisacurone epoxide
2,7(14),10- 红没药三烯 -1- 醇 -4- 酮 2,7(14),10-bisabolatrien-1-ol-4-one
1- 红没药酮 1-bisabolone
红没药酮 bisabolone
(-)-*β*- 红没药烯 (-)-*β*-bisabolene
(±)-*β*- 红没药烯 (±)-*β*-bisabolene
(*Z*)-*γ*- 红没药烯 (*Z*)-*γ*-bisabolene
l-*β*- 红没药烯 *l*-*β*-bisabolene
α- 红没药烯 *α*-bisabolene
β- 红没药烯 *β*-bisabolene
γ- 红没药烯 *γ*-bisabolene
红没药烯 bisabolene
红没药烯醇 A~E bisabolenol A~E
α- 红没药烯环氧化物 *α*-bisabolene epoxide
红没药烯环氧化物 bisabolene epoxide
红木素 bixin
红盘衣明▲ ophioparmin
红盘衣素▲ haemoventosin
红盘衣酸▲ ventosic acid
红楩木苷▲A, B, C rubranoside A, B, C
红茄苳酮▲ mucronatone
红氰酸 hydroxyanic acid
红球姜酮 zerumbone
红曲二酮▲ monascodilone
红曲红胺▲ monascorubramine
红曲红素 monascorubrin
红曲黄素 ankaflalvin
红曲可林 J~M, O~S, X monacolin J~M, O~S, X
红曲灵▲ monascupurpurin
红曲内酯▲A monascusic A
红曲嗜氮醇▲A~D monaphilol A~D
红曲嗜氮酮▲A, B, C monaphilone A, B, C
红曲素 monascin
红曲酸▲A~D monascusic acid A~D
红曲酮▲ purpureusone
红曲香豆素▲A~F monankarin A~F
红雀珊瑚香豆素▲A, B pedilanthocoumarin A, B
红鞣质 phlobatannins
红乳菇素 lactarorufin
红乳菇素 A, B lactarorufin A, B
红桑黄酮▲C rubraflavone C
红色木莲素▲A~D maninsigin A~D
红色木莲新素▲A, B manneoinsigin A, B
红杉醇 sequoyitol
红杉黄酮 sequoiaflavone
红杉素▲C sequirin C
红石蕊酸▲ rhodocladonic acid
红树碱▲ rhizophorine
红树素▲A~E rhizophorin A~E
红丝线呋喃酮▲ lycifuranone A
红丝线内酯 A bifloride A
红丝线酰胺 I, II peristrophamide I, II
红算盘子素▲D glochicoccin D
红穗铁苋菜素 D_1, M_1, M_2 acalyphidin D_1, M_1, M_2

红藤黄叫酮▲ rubraxanthone
红纹马先蒿苷 A, B striatoside A, B
红血藤苷 AA, B spatholosineside A, B
红芽大戟素▲ K_1, K_2, K_3, K_4 corymbosin K_1, K_2, K_3, K_4
红芽木苷▲ A, B, C prunifloroside A, B, C
红芽木黄酮▲ A formosumone A
红芽木酮▲ A~U pruniflorone A~U
红叶藤苷▲ rourinoside
红叶藤素▲ rouremin
红柚迪辛▲ honyudisin
红柚橘黄素▲ honyucitrin
红柚明碱▲ honyumine
红藻氨酸 kainic acid
红藻多糖 rhodoic polysaccharide
红藻苷 floridoside
红藻酸 rhodoic acid
红鹧鸪花灵▲ D rubralin D
红汁小菇定▲ haematopodine
红汁小菇定▲ B haematopodine B
红芝酸▲ A~E ganolucidic acid A~E
红芝酸▲ A 甲酯 methyl ganolucidate A
红芝酸▲ B 甲酯 methyl ganolucidate B
红紫青霉素▲ citreorosein
荭草苷 orientoside
荭草素 orientin
荭草素 -2''-*O*-*α*-L- 吡喃鼠李糖苷 orientin-2''-*O*-*α*-L-rhamnopyranoside
荭草素 -2''-*O*-*β*-D- 吡喃木糖苷 orientin-2''-*O*-*β*-D-pyranxyloside
荭草素 -2''-*O*-*β*-D- 吡喃葡萄糖苷 orientin-2''-*O*-*β*-D-glucopyranoside
荭草素 -2''-*O*- 对 - 反式 - 香豆酸酯 orientin-2''-*O*-*p*-*trans*-coumarate
荭草素 -2''-*O*- 木糖苷 orientin-2''-*O*-xyloside
荭草素 -2''-*O*- 葡萄糖苷 orientin-2''-*O*-glucoside
荭草素 -6''-*O*-(*E*)- 阿魏酰基 -2''-*O*- 木糖苷 orientin-6''-*O*-(*E*)-feruloyl-2''-*O*-xyloside
荭草素 -7- 吡喃鼠李糖苷 orientin-7-rhamnopyranoside
荭草素 -7- 咖啡酸酯 orientin-7-caffeate
荭草素 -7- 葡萄糖苷 orientin-7-glucoside
荭草素 -X''-*O*-(*E*)- 阿魏酰基 -2''-*O*- 葡萄糖苷 orientin-X''-*O*-(*E*)-feruloyl-2''-*O*-glucoside
荭草素木糖苷 orientinxyloside
虹臭蚁二醛▲ -*β*-D- 龙胆二糖苷 iridodialo-*β*-D-gentiobioside
虹臭蚁内酯▲ iridolactone
虹臭蚁素▲ iridomyrmecin
虹臭蚁烷▲三醇 iridane triol
虹臭蚁烷▲四醇 iridane tetraol
洪赫尔亚丁花三糖苷▲ A honghelotrioside A
喉咙草素▲ A~D saxifragifolin A~D
喉毛花苷 comastomaside
喉毛花苷 A~E comastomaside A~E
喉毛花叫酮▲ A, B, C comastomaxanthone A, B, C
喉毛花皂苷▲ A~H comastomasaponin A~H
猴耳环苷▲ pithecelloside
猴头杜鹃烯醇 simiarenol
猴头杜鹃烯酮 simiarenone
猴头菌醇▲ A~J erinarol A~J
猴头菌碱▲ hericirine
猴头菌灵▲ A~L erinacerin A~L
猴头菌内酯▲ A~H erinaceolactone A~H
猴头菌素▲ hericerin
猴头菌素▲ A hericerin A
猴头菌烯▲ A, B, C hericene A, B, C
猴头菌烯酮▲ A~K hericenone A~K
猴头烯▲ D erinacene D
厚管狗牙花碱▲ pachysiphine
厚果草缩宫素▲ utendin
厚果槐碱 pachycarpine
(-)- 厚果唐松草次碱 (-)-thalidasine
厚果唐松草次碱 thalidasine; thalidazine
(+)- 厚果唐松草次碱 -2-*α*-*N*- 氧化物 (+)-thalidasine-2-*α*-*N*-oxide
(+)- 厚果唐松草碱 (+)-thalicarpine
厚果唐松草碱 thalicarpine
厚果崖豆藤钦素▲ millepachine
厚果崖豆藤素▲ A~E pachycarin A~E
厚环乳牛肝酚▲ bolegrevilol
厚环乳牛肝菌素 grevillin
厚环乳牛肝菌素 A, B, C grevillin A, B, C
厚基孢素▲ pachybasin
厚壳树醇▲ C ehletianol C
厚壳树苷▲ B ehretioside B
厚壳树醌▲ ehretiquinone
厚壳树内酯▲ A, B ehretilactone A, B
厚壳树酸酯▲ ehretiate
厚壳树萜内酯▲ ehretiolide
厚壳树亭▲ ehretine
厚壳树酮▲ ehretianone
厚壳树酰胺▲ ehretiamide
厚壳树香豆素▲ ehreticoumarin
厚膜树苷▲ fernandoside
厚皮香酸▲ ternstroemic acid
厚皮香萜酸▲ gymnantheraic acid
厚朴酚 magnolol
厚朴辛碱▲ magnofficine
厚朴脂素▲ A~D houpulin A~D
厚藤素▲ pescaprein I, II, III, IV, V, VI, VII, VIII, IX, X, XI, XII, XIII, XIV, XV, XVI, XVII, XVIII, XIX, XX, XXI, XXII, XXIII, XXIV, XXV, XXVI, XXVII, XXVIII, XXIX, XXX
厚足花酚▲ pachypodol
狐扁枝衣酸▲ pulvinic acid
狐尾石松定碱▲ alopecuridine
狐衣酸 vulpinic acid
胡瓜醇 cucumber alcohol
胡黄连醇苷▲ A~I scroside A~I
胡黄连酚苷▲ A, B, C, E, F scrophenoside A, B, C, E, F
胡黄连苷 picroside
胡黄连苷 I, II, III, IV, VI picroside I, II, III, IV, VI
胡黄连咖啡酸苷▲ A, B, C scrocaffeside A, B, C
胡黄连裂苷▲ I, II, A, B picrosecoside I, II, A, B
胡黄连龙胆苷▲ I, II, A~D picrogentioside I, II, A~D
胡黄连洛苷▲ A~D scrophuloside A~D
胡黄连辛▲ A~D piscrocin A~D
胡黄连新苷▲ A, B scroneoside A, B
胡椒比宁碱▲ pipbinine
(-)- 胡椒醇 (-)-piperitol
胡椒二酮▲ piperadione
胡椒酚 chavicol
胡椒酚 -1-*O*-*β*-D- 吡喃葡萄糖苷 chavicol-1-*O*-*β*-D-glucopyranoside
胡椒酚 -4-*O*-*β*-D- 呋喃芹糖基 -(1 → 6)-*β*-D- 吡喃葡萄糖苷 chavicol-4-*O*-*β*-D-apiofuranosyl-(1 → 6)-*β*-D-glucopyranoside

胡椒酚 -β-D- 葡萄糖苷 chavicol-β-D-glucoside
胡椒酚酸▲ piperoic acid
胡椒格灵碱▲ piptigrine
胡椒果钓樟碱▲ lindcarpine
胡椒海因碱▲ pipyahyine
胡椒环丁酰胺▲ A, B pipercyclobutanamide A, B
胡椒环酰胺▲ pipercycliamide
胡椒环氧化物▲ pipoxide
胡椒环氧化物氯氢素 pipoxide chlorohydrin
2- 胡椒基 -3-(羟甲基)-4-(α- 羟基 -3,4- 亚甲二氧基苄基)-4- 羟基四氢呋喃 2-piperonyl-3-(hydroxymethyl)-4-(α-hydroxy-3,4-methylenedioxybenzyl)-4-hydroxytetrahydrofuran
胡椒基丙烯醛 piperonylacrolein
胡椒基丁醚 piperonyl butoxide
胡椒碱 piperine
胡椒碱 S piperine S
胡椒卡灵碱▲ pipkirine
胡椒利辛▲ pipericine
胡椒林碱 piperyline
胡椒醚酸 piperonylic acid
胡椒内酰胺 A~D, S piperolactam A~D, S
胡椒诺因碱▲ pipnoohine
胡椒哌二酮 piperodione
胡椒曲宾碱▲ pipyaqubine
胡椒醛 piperonal
胡椒萨伊定碱▲ pipsaeedine
胡椒杀虫碱▲ pipercide
(2*E*,12*E*)- 胡椒十三碳二烯胺 (2*E*,12*E*)-pipertridecadienamide
胡椒酸 piperic acid; piperinic acid; piperonic acid
胡椒酸甲酯 piperinic acid methyl ester; methyl piperate
胡椒塔灵▲ pipataline
胡椒替平碱▲ pipertipine
胡椒亭 piperettine
1- 胡椒亭基吡咯烷 1-piperettylpyrrolidine
(8*R*)- 胡椒酮 -4- 烯 -9-*O*-β-D- 吡喃葡萄糖苷 (8*R*)-piperitone-4-en-9-*O*-β-D-glucopyranoside
胡椒西亭碱▲ pipercitine
胡椒烯醇▲ A piperenol A
胡椒烯酮▲ piperenone
胡椒新碱 piperanine
胡椒雅辛碱▲ pipilyasine
胡椒油碱 A, B piperoleine A, B
胡椒祖贝定碱▲ pipzubedine
胡卢巴噁唑烷▲ trigoxazonane
胡卢巴苷 trigoneoside Ia, Ib, IIa, IIb, IIIa, IIIb, IVa, Va, Vb, VI, VIIb, VIII, VIIIb, IX, XIb, XIIa, XIIb, XIIIa, Xa, Xb, A~D
胡卢巴碱 trigonelline
胡卢巴碱糖酯 trigonelline sugar ester
胡卢巴素 foenin
胡卢巴甾苷 A-1, D-1 trigofoenoside A-1, D-1
η- 胡罗卜素 η-carotene
胡萝卜 -1,4-β- 氧化物 carota-1,4-β-oxide
胡萝卜 -3,11- 二烯 -2β,15- 二醇 dauca-3,11-dien-2β,15-diol
胡萝卜醇 daucol
胡萝卜苷 daucosterin; daucosterol; β-daucosterol
胡萝卜苷 -6'-*O*- 二十酸酯 daucosterol-6'-*O*-eicosanate
胡萝卜苷 -6'-*O*- 硬脂酸酯 daucosterol-6'-*O*-stearate
胡萝卜苷 -6'-*O*- 棕榈酸酯 daucosterol-6'-*O*-palmitate
胡萝卜苷 -6'- 苹果酸酯 daucosterol-6'-malate
胡萝卜苷 -6'- 亚油酸酯 daucosterol-6'-linoleate
胡萝卜苷 -6'- 乙酸酯 daucosterol-6'-acetate
胡萝卜苷 -6'- 棕榈酸酯 daucosterol-6'-palmitate
胡萝卜苷亚油酸酯 daucosterol linoleate
胡萝卜苷棕榈酸酯 daucosterol palmitate
α- 胡萝卜素 α-carotene
β,β- 胡萝卜素 β,β-carotene
β- 胡萝卜素 β-carotene
γ- 胡萝卜素 γ-carotene
ζ- 胡萝卜素 ζ-carotene
ξ - 胡萝卜素 ξ -carotene
胡萝卜素 carotene
α- 胡萝卜素 -5,6- 环氧化物 α-carotene-5,6-epoxide
胡萝卜烯 daucene
胡萝卜烯醇 carotol
胡萝卜甾醇 deucosterol
胡麻苷 pedaliin; pedalin
胡麻苷 -6''- 乙酸酯 pedaliin-6''-acetate
胡麻花皂苷▲ A, B helonioside A, B
胡麻素 pedalitin
胡麻素 -3'-*O*-β- 吡喃葡萄糖苷 pedalitin-3'-*O*-β-glucopyranoside
胡麻素 -6-*O*-(2-*O*- 阿魏酰基)- 二葡萄糖醛酸苷 pedalitin-6-*O*-(2-*O*-feruloyl)-diglucuronide
胡麻素 -6-*O*-β-D- 吡喃半乳糖苷 pedalitin-6-*O*-β-D-galactopyranoside
胡麻素 -6-*O*-β-D- 吡喃葡萄糖苷 pedalitin-6-*O*-β-D-glucopyranoside
胡麻素 -6-*O*- 二葡萄糖醛酸苷 pedalitin-6-*O*-diglucuronide
胡麻素 -6-*O*- 葡萄糖苷 pedalitin-6-*O*-glucoside
胡玛拉因 humarain
胡蔓藤定▲ humantendine
胡蔓藤苷▲ A, B eleganoside A, B
胡蔓藤灵▲ humantenrine
胡蔓藤明▲ humantenmine
胡蔓藤尼灵▲ humantenirine
胡蔓藤宁▲ humantenine
(4*R*)- 胡蔓藤宁▲ -N^4- 氧化物 (4*R*)-humantenine-N^4-oxide
(4*S*)- 胡蔓藤宁▲ -N^4- 氧化物 (4*S*)-humantenine-N^4-oxide
胡蔓藤宁▲ -N^4- 氧化物 humantenine-N^4-oxide
胡蔓藤萜苷▲ A eleganoside A
胡蔓藤氧杂宁▲ humantenoxenine
胡桃苝酮▲ A, B juglanperylenone A, B
胡桃苯丁酯▲ benzjuglansoic acid
胡桃苯甲酸酯▲ juglansbenzoate
(-)- 胡桃醇酮▲ (-)-regiolone
(4*R*)-(-)- 胡桃醇酮▲ (4*R*)-(-)-regiolone
(*S*)- 胡桃醇酮▲ (*S*)-regiolone
胡桃醇酮▲ regiolone
胡桃蒽苷▲ A juglanthracenoside A
胡桃蒽醌▲ A, B, C juglanthraquinone A, B, C
胡桃苷 A, E juglanoside A, E
胡桃苷元▲ A juglangenin A
胡桃醌 juglone
胡桃灵 juglalin
胡桃萘苷▲ A, B, C jugnaphthalenoside A, B, C
胡桃萘酸▲ naphthjuglansoic acid
胡桃脑苷▲ A juglans cerebroside A
胡桃宁 juglanin
胡桃宁 A, B, D juglanin A, B, D
胡桃宁 B-(11*R*)-*O*- 硫酸酯 juglanin B-(11*R*)-*O*-sulfate

胡桃宁 B-11- 硫酸酯 juglanin B-11-sulfate
胡桃鞣灵▲ A~D glansrin A~D
胡桃鞣宁▲ A, B glansreginin A, B
胡桃酮▲ A, B juglanone A, B
胡桃油酸酯▲ regiaoleate
胡桃棕榈酸酯▲ regiapalmitate
胡颓子苷▲ A~G elaeagnoside A~G
胡颓子果马钱碱▲ strychnocarpine
胡颓子碱 eleagnine
胡颓子素 A, B, C pungen A, B, C
胡颓子亭 A~G elaeagnatin A~G
胡枝子代酚▲ C lespedeol C
胡枝子酚▲ lespeol
胡枝子黄烷酮▲ A~D, F, G, H lespedezaflavanone A~D, F, G, H
胡枝子宁▲ A~D haginin A~D
胡枝子香豆雌烷 lespedezacoumestan
葫芦 -1(10),5,22,24- 四烯 -3α- 醇 cucurbita-1(10),5,22,24-tetraen-3α-ol
葫芦 -5(10),6,23(*E*)- 三烯 -3β,25- 二醇 cucurbita-5(10),6,23(*E*)-triene-3β,25-diol
葫芦 -5,23(*E*)- 二烯 -3β,7β,25- 三醇 cucurbita-5,23(*E*)-diene-3β,7β,25-triol
(23*E*)- 葫芦 -5,23,25- 三烯 -3,7- 二酮 (23*E*)-cucurbita-5,23,25-triene-3,7-dione
(23*E*)- 葫芦 -5,23,25- 三烯 -3β,7β- 二醇 (23*E*)-cucurbita-5,23,25-triene-3β,7β-diol
(23*E*)- 葫芦 -5,23- 二烯 -3β,7β,19,25- 四醇 -7-*O*-β-D- 吡喃葡萄糖苷 (23*E*)-cucurbita-5,23-diene-3β,7β,19,25-tetrol-7-*O*-β-D-glucopyranoside
葫芦 -5,24- 二烯 -3,7,23- 三酮 cucurbita-5,24-diene-3,7,23-trione
10α- 葫芦 -5,24- 二烯 -3β- 醇 10α-cucurbita-5,24-dien-3β-ol
葫芦茶苷 tadehaginoside
(*R*)- 葫芦茶酮 (*R*)-triquetrumone D
葫芦茶酮 A, B, C, E~H triquetrumone A, B, C, E~H
10- 葫芦二烯醇 10-cucurbitadienol
葫芦二烯醇 cucurbitadienol
葫芦树苷▲ A, B, C crescentoside A, B, C
葫芦树素▲ I, II, III, IV, V crescentin I, II, III, IV, V
葫芦素 cucurbitacin
葫芦素 -2-*O*-β- 吡喃葡萄糖苷 cucurbitacin-2-*O*-β-glucopyranoside
葫芦素 II- 葡萄糖苷 cucurbitacin II-glucoside
葫芦素 A-2-*O*-β-D- 吡喃葡萄糖苷 cucurbitacin A-2-*O*-β-D-glucopyranoside
葫芦素 B-2- 硫酸酯 cucurbitacin B-2-sulfate
葫芦素 E-2-*O*-β-D- 葡萄糖苷 cucurbitacin E-2-*O*-β-D-glucoside
葫芦素 F-25-*O*- 乙酸酯 cucurbitacin F-25-*O*-acetate
葫芦素 F-25- 乙酸酯 cucurbitacin F-25-acetate
葫芦素 G-2-*O*-β-D– 吡喃葡萄糖苷 cucurbitacin-G-2-*O*-β-D-glucopyranoside
葫芦素 J-2-*O*-β- 吡喃葡萄糖苷 cucurbitacin J-2-*O*-β-glucopyranoside
葫芦素 K-2-*O*-β- 吡喃葡萄糖苷 cucurbitacin K-2-*O*-β-glucopyranoside
湖北冬凌草素 A, B hubeirubesin A, B
(+)- 湖北马鞍树醇▲ (+)-hupeol
湖北麦冬苷▲ A~D lirioprolioside A~D
湖北旋覆花内酯▲ B, E, M hupehenolide B, E, M
湖贝啶 hupehenidine
湖贝苷 hupehemonoside
湖贝甲素 hupehenine
湖贝甲素苷 hupeheninoside
湖贝甲素乙酸酯 hupeheninate
湖贝嗪 hupehenizine
湖贝杉素 fritillahupehin
湖贝辛 hupehenisine
湖贝乙素 hupehenirine
槲寄生毒素 B_2, B_4, B_5, B_6, B_7, B_8, C_1 viscotoxin B_2, B_4, B_5, B_6, B_7, B_8, C_1
槲寄生酚苷▲ A viscoside A
槲寄生苷 A viscumside A
槲寄生黄素▲ B flavoyadorinin B
槲寄生素▲ viscolin
槲寄生亭▲ viscoloratin
槲寄生酮▲ mistletonone
槲寄生新苷 viscumneoside
槲寄生新苷 I, II, III, IV, V, VI, IX, X viscumneoside I, II, III, IV, V, VI, IX, X
槲蕨醚▲ A drynaether A
槲栎醇 alienol
槲栎鞣素▲ A, B alienanin A, B
槲皮苷 quercitrin; quercitroside
槲皮苷 -2''-*O*- 没食子酸酯 quercitrin-2''-*O*-gallate
槲皮苷 -2'',3''- 二 -*O*- 没食子酸酯 quercitrin-2'',3''-di-*O*-gallate
槲皮苷 -2''-*O*- 咖啡酸酯 quercitrin-2''-*O*-caffeate
槲皮苷 -2''-*O*- 没食子酸酯 quercitrin-2''-*O*-gallate
槲皮苷 -2''- 没食子酸酯 quercitrin-2''-gallate
槲皮苷 -3''-*O*- 没食子酸酯 quercitrin-3''-*O*-gallate
槲皮黄苷 quercimeritrin; quercimeritroside
槲皮黄苷 -3,5,3',4'- 四甲醚 quercimeritrin-3,5,3',4'-tetramethyl ether
槲皮葡萄糖苷素 3- 甲醚葡萄糖苷 quercefin-3-methyl ether glycoside
槲皮素 quercetin
槲皮素 -3-(2,6- 二 -*O*-α- 吡喃鼠李糖基)-β- 吡喃半乳糖苷 quercetin-3-(2,6-di-*O*-α-rhamnopyranosyl)-β-galactopyranoside
槲皮素 -3-(2,6- 二吡喃鼠李糖基吡喃半乳糖苷) quercetin-3-(2,6-di rhamnopyranosylgalactopyranoside)
槲皮素 -3-(2''- 没食子酰基)- 鼠李糖苷 quercetin-3-(2''-galloyl)-rhamnoside
槲皮素 -3-(2- 戊糖基)- 己糖苷 quercetin-3-(2-pentosyl)-hexoside
槲皮素 -3-(2- 戊糖基 -6- 鼠李糖基)- 己糖苷 quercetin-3-(2-pentosyl-6-rhamnosyl)-hexoside
槲皮素 -3-(6-*O*- 没食子酰葡萄糖) quercetin-3-(6-*O*-galloylgalactoside)
槲皮素 -3-(6- 阿魏酰吡喃葡萄糖基)(1→2)- 吡喃半乳糖基 -(1→2)- 吡喃葡萄糖苷 quercetin-3-(6-feruloylglucopyranosyl) (1 → 2)-galactopyranosyl-(1 → 2)-glucopyranoside
槲皮素 -3-(6''- 丙二酰葡萄糖苷) quercetin3-(6''-malonylglucoside)
槲皮素 -3-(6- 鼠李糖基)- 己糖苷 quercetin-3-(6-rhamnosyl)-hexoside
槲皮素 -3,3',4',7-*O*- 四甲醚 quercetin-3,3',4',7-*O*-tetramethyl ether
槲皮素 -3,3',4'- 三甲醚 quercetin-3,3',4'-trimethyl ether
槲皮素 -3,3',4'- 三硫酸酯 quercetin-3,3',4'-trisulfate
槲皮素 -3,3'- 二 -*O*-α-L- 吡喃鼠李糖苷 quercetin-3,3'-di-*O*-α-L-rhamnopyranoside
槲皮素 -3,3'- 二 -*O*-β-D- 吡喃葡萄糖苷 quercetin-3,3'-di-*O*-β-D-glucopyranoside
槲皮素 -3,3'- 二吡喃葡萄糖苷 quercetin-3,3'-diglucopyranoside
槲皮素 -3,3'- 二甲醚 quercetin-3,3'-dimethyl ether
槲皮素 -3,3'- 二甲醚 -4'-*O*-β-D- 吡喃葡萄糖苷 quercetin-3,3'-dimethyl ether-4'-*O*-β-D-glucopyranoside
槲皮素 -3,3'- 二甲氧基 -7-*O*- 葡萄糖苷 quercetin-3,3'-dimethoxy-7-

H

O-glucoside
槲皮素 3,3'- 二甲氧基 -7-O- 芸香糖苷 quercetin-3,3'-dimethoxy-7-O-rutinoside
槲皮素 -3,3'- 二硫酸酯 quercetin-3,3'-disulfate
槲皮素 -3',4',5,7-O- 四甲醚 quercetin-3',4',5,7-O-tetramethyl ether
槲皮素 -3',4',7- 三甲醚 quercetin-3',4',7-trimethyl ether
槲皮素 -3,4'-O-β-D- 二吡喃葡萄糖苷 quercetin-3,4'-O-β-D-diglucopyranoside
槲皮素 -3,4'-O-β- 二吡喃葡萄糖苷 quercetin-3,4'-O-β-diglucopyranoside
槲皮素 -3,4'-O- 二吡喃葡萄糖苷 quercetin-3,4'-O-diglucopyranoside
槲皮素 -3,4'- 二 -O-β-D- 葡萄糖苷 quercetin-3,4'-di-O-β-D-glucoside
槲皮素 -3,4'- 二甲醚 quercetin-3,4'-dimethyl ether
槲皮素 -3',4'- 二甲醚 quercetin-3',4'-dimethyl ether
槲皮素 -3,4'- 二甲醚 -7-O- 芸香糖苷 quercetin-3,4'-dimethyl ether-7-O-rutinoside
槲皮素 -3,4'- 二葡萄糖苷 quercetin-3,4'-diglucoside
槲皮素 -3,7,3',4'- 四甲醚 quercetin-3,7,3',4'-tetramethyl ether
槲皮素 -3,7,3'- 三甲醚 quercetin-3,7,3'-trimethyl ether
槲皮素 -3,7,4'-O-β-D- 三吡喃葡萄糖苷 quercetin-3,7,4'-O-β-D-triglucopyranoside
槲皮素 -3,7,4'-O-β- 三吡喃葡萄糖苷 quercetin-3,7,4'-O-β-triglucopyranoside
槲皮素 -3,7,4'- 三甲醚 quercetin-3,7,4'-trimethyl ether
槲皮素 -3,7-O-α-L- 二吡喃鼠李糖苷 quercetin-3,7-O-α-L-dirhamnopyranoside
槲皮素 -3,7-O-β-D- 二吡喃葡萄糖苷 quercetin-3,7-O-β-D-diglucopyranoside
槲皮素 -3,7-O- 二吡喃葡萄糖苷 quercetin-3,7-O-diglucopyranoside
槲皮素 -3,7-O- 二葡萄糖苷 quercetin-3,7-O-diglucoside
槲皮素 -3,7- 二 -O,O- 葡萄糖苷 quercetin-3,7-di-O,O-glucoside
槲皮素 -3,7- 二 -O-α-L- 吡喃鼠李糖苷 quercetin-3,7-di-O-α-L-rhamnopyranoside
槲皮素 -3,7- 二 -O-α- 吡喃鼠李糖苷 quercetin-3,7-di-O-α-rhamnopyranoside
槲皮素 -3,7- 二 -O-β-D- 吡喃葡萄糖苷 quercetin-3,7-di-O-β-D-glucopyranoside
槲皮素 -3,7- 二吡喃葡萄糖苷 quercetin-3,7-diglucopyranoside
槲皮素 -3,7- 二吡喃鼠李糖苷 quercetin-3,7-dirhamnopyranoside
槲皮素 -3,7- 二葡萄糖苷 quercetin-3,7-diglucoside
槲皮素 -3,7- 葡萄糖基阿拉伯糖苷 quercetin-3,7-glucoarabinoside
槲皮素 -3,7- 三吡喃葡萄糖苷 quercetin-3,7-triglucopyranoside
槲皮素 -3-[6- 阿魏酰基 -β-D- 吡喃葡萄糖基 -(1 → 2)-β-D- 吡喃葡萄糖基 -(1 → 2)-β-D- 吡喃葡萄糖苷] quercetin-3-[6-feruly l-β-D-glucopyranosyl-(1→2)-β-D-glucopyranosyl-(1→2)-β-D-glucopyranoside]
槲皮素 -3-[O-α-L- 吡喃鼠李糖基 -(1 → 2)-O-[β-D- 吡喃葡萄糖基 -(1 → 6)]-β-D- 吡喃半乳糖苷 quercetin-3-[O-α-L-rhamnopyranosyl-(1 → 2)-O-[β-D-glucopyranosyl-(1 → 6)]-β-D-galactopyranoside
槲皮素 -3-2^G- 鼠李糖基芸香糖苷 quercetin-3-2^G-rhamnosylrutinoside
槲皮素 -3-D- 葡萄糖苷 quercetin-3-D-glucoside
槲皮素 -3-L- 阿拉伯糖苷 quercetin-3-L-arabinoside
槲皮素 -3-O-(2''-O-α-L- 鼠李糖基)-β-D- 吡喃葡萄糖醛酸苷 quercetin-3-O-(2''-O-α-L-rhamnopyranosyl)-β-D-glucuronopyranoside
槲皮素 -3-O-(2''-O-α- 吡喃鼠李糖基 -6''-O- 丙二酰基)-β- 吡喃葡萄糖苷 quercetin-3-O-(2''-O-α-rhamnopyranosyl-6''-O-malonyl)-β-glucopyranoside
槲皮素 -3-O-(2''-O-β-D- 吡喃葡萄糖基)-α-L- 呋喃阿拉伯糖苷 quercetin-3-O-(2''-O-β-D-glucopyranosyl)-α-L-arabinfuranoside
槲皮素 -3-O-(2''-O-β-D- 吡喃葡萄糖基)-β-D- 吡喃木糖苷 quercetin-3-O-(2''-O-β-D-glucopyranosyl)-α-L-xylopyranoside
槲皮素 -3-O-(2''-O- 没食子酰基)-β-D- 半乳糖苷 quercetin-3-O-(2''-O-galloyl)-β-D-galactoside
槲皮素 -3-O-(2''-O- 没食子酰基)-β-D- 吡喃葡萄糖苷 quercetin-3-O-(2''-O-galloyl)-β-D-glucopyranoside
槲皮素 -3-O-(2''-O- 没食子酰基)-β-D- 葡萄糖苷 quercetin-3-O-(2''-O-galloyl)-β-D-glucoside
槲皮素 -3'-O-(2''-O- 乙酰基)-β-D- 吡喃葡萄糖苷 quercetin-3'-O-(2''-O-acetyl)-β-D-glucopyranoside
槲皮素 -3-O-(2''-β-D- 吡喃半乳糖基)-β-D- 吡喃葡萄糖苷 quercetin-3-O-(2''-β-D-galactopyranosyl)-β-D-glucopyranoside
槲皮素 -3-O-(2''- 没食子酰基)-α-L- 吡喃鼠李糖苷 quercetin-3-O-(2''-O-galloyl)-α-L-rhamnopyranoside
槲皮素 -3-O-(2''- 没食子酰基)- 鼠李糖苷 quercetin-3-O-(2''-galloyl)-rhamnoside
槲皮素 -3-O-(2,3- 二 -O-(3,4,5- 三羟基苯甲酰基)-β-D- 吡喃葡萄糖苷 quercetin-3-O-(2,3-bis-O-(3,4,5-trihydroxybenzoyl)-β-D-glucopyranoside
槲皮素 -3-O-(2'',3''- 二没食子酰基)-β-D- 吡喃半乳糖苷 quercetin-3-O-(2'',3''-digalloyl)-β-D-galactopyranoside
槲皮素 -3-O-(2,6-α-L- 二吡喃鼠李糖基)-l-β-D- 吡喃葡萄糖苷 quercetin-3-O-(2,6-α-L-dirhamnopyranosyl)-l-β-D-glucopyranoside
槲皮素 -3-O-(2'',6''-α-L- 二吡喃鼠李糖基)-β-D- 葡萄糖苷 quercetin-3-O-(2'',6''-α-L-dirhamnopyranosyl)-β-D-glucoside
槲皮素 -3-O-(2'',6''- 二 -O-α-L- 吡喃鼠李糖基)-β-D- 吡喃半乳糖苷 quercetin-3-O-(2'',6''-di-O-α-L-rhamnopyranosyl)-β-D-galactopyranoside
槲皮素 -3-O-(2'',6''- 二 -O-α-L- 吡喃鼠李糖基)-β-D- 吡喃葡萄糖苷 quercetin-3-O-(2'',6''-di-O-α-L-rhamnopyranosyl)-β-D-glucopyranoside
槲皮素 -3-O-(2,6- 二 -O-α-L- 吡喃鼠李糖基 -β-D- 吡喃半乳糖苷 quercetin-3-O-(2,6-di-O-α-L-rhamnopyranosyl-β-D-galactopyranoside
槲皮素 -3-O-(2,6- 二 -α-L- 吡喃鼠李糖基)-β-D- 吡喃半乳糖苷 quercetin-3-O-(2,6-di-α-L-rhamnopyranosyl)-β-D-galactopyranoside
槲皮素 -3-O-(2,6- 二鼠李糖基葡萄糖苷）quercetin-3-O-(2,6-dirhamnoosylglucoside)
槲皮素 -3-O-(2''- 乙酰基)-β-D- 吡喃半乳糖苷 quercetin-3-O-(2''-acetyl)-β-D-galactopyranoside
槲皮素 -3-O-(2''- 乙酰基)-β-D- 吡喃葡萄糖苷 quercetin-3-O-(2''-acetyl)-β-D-glucopyranoside
槲皮素 -3-O-(2'''-E- 对香豆酰鼠李糖基)(1''' → 6'')-[β-D- 吡喃葡萄糖基 -(1'''' → 2'')-β-D- 吡喃葡萄糖基 -7-O-α-L- 吡喃鼠李糖苷 quercetin-3-O-(2'''-p-E-coumaroylrhamnosyl)(1''' → 6'')-[β-D-glucopyranosyl-(1'''' → 2'')-β-D-glucopyranosyl]-7-O-α-L-rhamnopyranoside
槲皮素 -3-O-(2G-β-D- 吡喃木糖基芸香糖苷）quercetin-3-O-(2G-β-D-xylopyranosylrutinoside)
槲皮素 -3-O-(2G- 对香豆酰基 -3G-O-β-L- 阿拉伯糖基 -3R-O-β-D- 葡萄糖基芸香糖苷 quercetin-3-O-(2G-p-coumaroyl-3G-O-β-L-arabinosyl-3R-O-β-D-glucosylrutinoside
槲皮素 -3-O-(2-O-α-L- 吡喃鼠李糖基)-β-D- 吡喃半乳糖苷 quercetin-3-O-(2-O-α-L-rhanmopyranosyl)-β-D-galactopyranoside
槲皮素 -3-O-(2''-O-α- 吡喃鼠李糖基)-β- 吡喃葡萄糖苷 quercetin-

3-O-(2''-O-α-rhamnopyranosyl)-β-glucopyranoside
槲皮素 -3-O-(2''-O-α- 吡喃鼠李糖基)-β- 吡喃葡萄糖醛酸苷 quercetin-3-O-(2''-O-α-rhamnopyranosyl)-β-glucuronopyranoside
槲皮素 -3-O-(2-O-β-D- 吡喃木糖苷)-β-D- 吡喃半乳糖苷 quercetin-3-O-(2-O-β-D-xylopyranosyl)-β-D-galactopyranoside
槲皮素 -3-O-(2-O-β-D- 吡喃葡萄糖基)-β-D- 吡喃半乳糖苷 quercetin-3-O-(2-O-β-D-glucopyranosyl)-β-D-galactopyranoside
槲皮素 -3-O-(2''-O-β-D- 吡喃葡萄糖基)-β-D- 吡喃葡萄糖苷 quercetin-3-O-(2''-O-β-D-glucopyranosyl)-β-D-glucopyranoside
槲皮素 -3-O-(2''-O-β- 呋喃芹糖基 -6''-O-α- 吡喃鼠李糖基)-β-吡喃葡萄糖苷 quercetin-3-O-(2''-O-β-apiofuranosyl-6''-O-α-rhamnopyranosyl)-β-glucopyranoside
槲皮素 -3-O-(2''-O- 吡喃半乳糖基)- 吡喃葡萄糖苷 quercetin-3-O-(2''-O-galactopyranosyl)-glucopyranoside
槲皮素 3-O-(2''-O- 对羟基香豆酰)-β-D- 吡喃葡萄糖苷 quercetin-3-O-(2''-O-p-hydroxy-coumaroyl)-β-D-glucopyranoside
槲皮素 -3-O-(2''-O- 没食子酰基)-α-L- 吡喃鼠李糖苷 quercetin-3-O-(2''-O-galloyl)-α-L-rhamnopyranoside
槲皮素 -3-O-(2''-O- 没食子酰基)-β-D- 吡喃半乳糖苷 quercetin-3-O-(2''-O-galloyl)-β-D-galactopyranoside
槲皮素 -3-O-(2''-O- 没食子酰基)-β-D- 吡喃葡萄糖苷 quercetin-3-O-(2''-O-galloyl)-β-D-glucopyranoside
槲皮素 -3-O-(2''-O- 没食子酰基)- 芸香糖苷 quercetin-3-O-(2''-O-galloyl)-rutinoside
槲皮素 -3-O-(2''-O- 没食子酰基 -β-D- 吡喃葡萄糖苷 quercetin-3-O-(2''-O-galloyl-β-D-glucopyranoside
槲皮素 -3-O-(2''-O- 没食子酰芸香糖苷) quercetin-3-O-(2''-O-galloylrutinoside)
槲皮素 -3-O-(2'-α-L- 鼠李糖基)- 芸香糖苷 quercetin-3-O-(2'-α-L-rhamnopyranosyl)-rutinoside
槲皮素 -3-O-(2''-β-D- 吡喃木糖基)-β-D- 吡喃半乳糖苷 quercetin-3-O-(2''-β-D-xylopyranosyl)-β-D-galactopyranoside
槲皮素 -3-O-(2''-β-D- 吡喃葡萄糖基)-α-L- 鼠李糖苷 quercetin3-O-(2''-β-D-glucopyranosyl)-α-L-rhamnoside
槲皮素 -3-O-(2''- 没食子酰基)-α-L- 吡喃阿拉伯糖苷 quercetin-3-O-(2''-galloyl)-α-L-arabinopyranoside
槲皮素 -3-O-(2''- 没食子酰基)-β-D- 吡喃半乳糖苷 quercetin-3-O-(2''-galloyl)-β-D-galactopyranoside
槲皮素 -3-O-(2''- 没食子酰基)- 芸香糖苷 quercetin-3-O-(2''-galloyl)-rutinoside
槲皮素 -3-O-(2'- 没食子酰葡萄糖醛酸苷) quercetin-3-O-(2'-galloyl-glucuronide)
槲皮素 -3-O-(2- 乙酰基 -O-α-L- 呋喃阿拉伯糖苷) quercetin-3-O-(2-acetyl-O-α-L-arabinofuranoside)
槲皮素 -3-O-(3''-O- 没食子酰基)-α-L- 吡喃鼠李糖苷 quercetin-3-O-(3''-O-galloyl)-α-L-rhamnopyranoside
槲皮素 -3-O-(3''-O- 没食子酰基)-β-D- 吡喃葡萄糖苷 quercetin-3-O-(3''-O-galloyl)-β-D-glucopyranoside
槲皮素 -3-O-(3''-O- 甲基 -α-L- 吡喃鼠李糖苷) quercetin-3-O-(3''-O-methyl-α-L-rhamnopyranoside)
槲皮素 -3-O-(3''-O- 甲基 -α-L- 吡喃鼠李糖基)-(1 → 5)-O-β-D- 呋喃芹糖苷 quercetin-3-O-(3''-O-methyl-α-L-rhamnopyranosyl)-(1 → 5)-O-β-D-apiofuranoside
槲皮素 -3-O-(3- 戊糖基)- 己糖苷 quercetin-3-O-(3-pentosyl)-hexoside
槲皮素 -3-O-(4''-HMG)-α- 鼠李糖苷 quercetin-3-O-(4''-HMG)-α-rhamnoside
槲皮素 -3-O-(4''-O- 乙酰基)-α-L- 吡喃鼠李糖苷 quercetin-3-O-(4''-O-acetyl)-α-L-rhamnopyranoside
槲皮素 -3-O-(4''- 甲氧基)-α-L- 吡喃鼠李糖苷 quercetin-3-O-(4''-methoxy)-α-L-rhamnopyranoside
槲皮素 -3-O-(4-O- 乙酰基)-α-L- 吡喃鼠李糖苷 quercetin-3-O-(4-O-acetyl)-α-L-rhamnopyranoside
槲皮素 -3-O-(4- 戊糖基)- 己糖苷 quercetin-3-O-(4-pentosyl)-hexoside
槲皮素 -3-O-(6''-E- 对香豆酰基)- 吡喃葡萄糖苷 quercetin-3-O-(6''-E-p-coumaroyl)-glucopyranoside
槲皮素 -3-O-(6''-O- 苯甲酰基)-β-D- 吡喃半乳糖苷 quercetin-3-O-(6''-O-benzoyl)-β-D-galactopyranoside
槲皮素 -3-O-(6''-O- 对香豆酰基)-β-D- 吡喃葡萄糖苷 quercetin-3-O-(6''-O-p-coumaroyl)-β-D-glucopyranoside
槲皮素 -3-O-(6''-O- 反式 - 阿魏酰基)-β-D- 吡喃半乳糖苷 quercetin-3-O-[(6''-O-trans-feruloyl)-β-D-galactopyranoside]
槲皮素 -3-O-(6''-O- 乙酰基)-β-D- 吡喃葡萄糖苷 quercetin-3-O-(6''-O-acetyl)-β-D-glucopyranoside
槲皮素 -3-O-(6''-O- 乙酰基)-β-D- 葡萄糖苷 quercetin-3-O-(6''-O-acetyl)-β-D-glucoside
槲皮素 -3-O-(6''- 阿魏酰基)-β-D- 吡喃半乳糖苷 quercetin-3-O-(6''-feruloyl)-β-D-galactopyranoside
槲皮素 -3-O-(6''- 丙二酰基)-D- 半乳糖苷 quercetin-3-O-(6''-malonyl)-D-galactoside
槲皮素 -3-O-(6''- 没食子酰基)-β-D- 吡喃半乳糖苷 quercetin-3-O-(6''-galloyl)-β-D-galactopyranoside
槲皮素 -3-O-(6''- 没食子酰基)-β-D- 吡喃葡萄糖苷 quercetin-3-O-(6''-galloyl)-β-D-glucopyranoside
槲皮素 -3-O-(6''-O-α-L- 吡喃阿拉伯糖基)-β-D- 吡喃半乳糖苷 quercetin-3-O-(6''-O-α-L-arabinopyranosyl)-β-D-galactopyranoside
槲皮素 -3-O-(6''-O- 巴豆酰)-β-D- 吡喃葡萄糖苷 quercetin-3-O-(6''-O-crotonyl)-β-D-glucopyranoside
槲皮素 -3-O-(6''-O- 丙二酸单酰基)- 吡喃葡萄糖苷 quercetin-3-O-(6''-O-malonyl)-glucopyranoside
槲皮素 -3-O-(6''-O- 丙二酰基)-β-D- 半乳糖苷 quercetin-3-O-(6''-O-malonyl)-β-D-galactoside
槲皮素 -3-O-(6''-O- 丙二酰基)-β-D- 吡喃葡萄糖苷 quercetin-3-O-(6''-O-malonyl)-β-D-glucopyranoside
槲皮素 -3-O-(6''-O- 反式 - 阿魏酰基 -β-D- 吡喃葡萄糖苷 quercetin-3-O-(6''-O-trans-feruloyl)-β-D-glucopyranoside
槲皮素 -3-O-(6''-O- 反式 - 对香豆酰基)-β-D- 吡喃葡萄糖苷 quercetin-3-O-(6''-O-trans-p-coumaroyl)-β-D-glucopyranoside
槲皮素 -3-O-(6''-O- 咖啡酰基)-β-D- 吡喃葡萄糖苷 quercetin-3-O-(6''-O-caffeoyl)-β-D-glucoside
槲皮素 -3-O-(6-O- 咖啡酰基)-β- 半乳糖苷 quercetin-3-O-(6-O-caffeoyl)-β-galactoside
槲皮素 -3-O-(6'-O- 没食子酰基)-β-D- 吡喃半乳糖苷 quercetin-3-O-(6'-O-galloyl)-β-D-galactopyranoside
槲皮素 -3-O-(6''-O- 没食子酰基)-β-D- 吡喃葡萄糖苷 quercetin-3-O-(6''-O-galloyl)-β-D-glucopyranoside
槲皮素 -3-O-(6''-O- 乙酰基)-β-D- 吡喃葡萄糖苷 quercetin-3-O-(6''-O-acetyl)-β-D-glucopyranoside
槲皮素 -3-O-(6''-O- 乙酰基) 新橙皮苷 quercetin-3-O-(6''-O-acetyl) neohesperidoside
槲皮素 -3-O-(6''-α-L- 吡喃鼠李糖基 -2''-β-D- 吡喃木糖基)-β-D-吡喃半乳糖苷 quercetin-3-O-(6''-α-L-rhamnopyranosyl-2''-β-D-xylopyranosyl)-β-D-galactopyranoside
槲皮素 -3-O-(6'''-α-L- 鼠李糖基 -6''-β-D- 葡萄糖基)-β-D- 葡萄糖苷 quercetin-3-O-(6'''-α-L-rhamnosyl-6''-β-D-glucosyl)-β-D-glucoside
槲皮素 -3-O-(6''- 阿魏酰基)-β-D- 吡喃半乳糖苷 quercetin-3-O-(6''-feruloyl)-β-D-galactopyranoside

H

槲皮素 -3-*O*-(6''- 丙二酰基)-D- 半乳糖苷 quercetin-3-*O*-(6''-malonyl)-*D*-galactoside

槲皮素 -3-*O*-(6''- 丙二酰葡萄糖苷) quercetin-3-*O*-(6''-malonylglucoside)

槲皮素 -3-*O*-(6''- 芥子酸)-*β*-D- 吡喃半乳糖苷 quercetin-3-*O*-(6''-ferucoyl)-*β*-D-galactopyranoside

槲皮素 -3-*O*-(6''- 咖啡酰基)-*β*-D- 吡喃半乳糖苷 quercetin-3-*O*-(6''-caffeoyl)-*β*-D-galactopyranoside

槲皮素 -3-*O*-(6''- 没食子酰基)-*β*-D- 吡喃半乳糖苷 quercetin-3-*O*-(6''-galloyl)-*β*-D-galactopyranoside

槲皮素 -3-*O*-(6''- 没食子酰基)-*β*-D- 吡喃葡萄糖苷 quercetin-3-*O*-(6''-galloyl)-*β*-D-glucopyranoside

槲皮素 -3-*O*-(6''- 没食子酰基)-*β*-D- 葡萄糖苷 quercetin-3-*O*-(6''-galloyl)-*β*-D-glucoside

槲皮素 -3-*O*-(6''- 乙酰基)-*β*-D- 吡喃葡萄糖苷 quercetin-3-*O*-(6''-acetyl)-*β*-D-glucopyranoside

槲皮素 -3-*O*-(6''- 乙酰基 -*β*-D- 吡喃半乳糖基)-7-*O*-*α*-L- 吡喃鼠李糖苷 quercetin-3-*O*-(6''-acetyl-*β*-D-galactopyranoside)-7-*O*-*α*-L-rhamnopyranoside

槲皮素 -3-*O*-(*α*-L-2''-*O*- 没食子酰吡喃鼠李糖苷) quercetin-3-*O*-(*α*-L-2''-*O*-galloylrhamnopyranoside)

槲皮素 -3-*O*-(*β*-D-2''-*O*- 没食子酰吡喃葡萄糖苷) quercetin-3-*O*-(*β*-D-2''-*O*-galloylglucopyranoside)

槲皮素 -3-*O*-[(3-*O*- 丁香酰基 -*α*-L- 吡喃鼠李糖基)-(1 → 6)-*β*-D- 吡喃葡萄糖苷] quercetin-3-*O*-[(3-*O*-syringoyl-*α*-L-rhamnopyranosyl)-(1 → 6)-*β*-D-glucopyranoside]

槲皮素 -3-*O*-[(6-*O*-*E*- 芥子酰基)-*β*-D- 吡喃葡萄糖基 -(1 → 2)]-*β*-D-吡喃葡萄糖基 -7-*O*-*α*-L- 吡喃鼠李糖苷 quercetin-3-*O*-[(6-*O*-*E*-sinapoyl)-*β*-D-glucopyranosyl-(1→2)]-*β*-D-glucopyranosyl-7-*O*-*α*-L-rhamnopyranoside

槲皮素 -3-*O*-[(6-*O*- 阿魏酰基)-*β*-D- 吡喃葡萄糖基 -(1 → 2)-*β*-D- 吡喃半乳糖苷] quercetin-3-*O*-[(6-*O*-feruloyl)-*β*-D-glucopyranosyl-(1 → 2)-*β*-D-galactopyranoside]

槲皮素 -3-*O*-[(6-*O*- 反式 - 阿魏酰基)-*β*-D- 吡喃葡萄糖基]-(1 → 2)-*β*-D- 吡喃葡萄糖苷 quercetin-3-*O*-[(6-*O*-*trans*-feruloyl)-*β*-D-glucopyranosyl]-(1 → 2)-*β*-D-glucopyranoside

槲皮素 -3-*O*-[(6-*O*- 反式 - 芥子酰基)-*β*-D- 吡喃葡萄糖基]-(1 → 2)-*β*-D- 吡喃葡萄糖苷 quercetin-3-*O*-[(6-*O*-*trans*-sinapopy)-*β*-D-glucopyranosyl]-(1 → 2)-*β*-D-glucopyranoside

槲皮素 -3-*O*-[(6-*O*- 芥子酰基)-*β*-D- 吡喃葡萄糖基 -(1 → 2)-*β*-D- 吡喃半乳糖苷] quercetin-3-*O*-[(6-*O*-sinapoyl)-*β*-D-glucopyranosyl-(1 → 2)-*β*-D-galactopyranoside]

槲皮素 -3-*O*-[(6'''-*O*- 咖啡酰基)-*α*-L- 吡喃鼠李糖基 -(1 → 2)-*β*-D-吡喃葡萄糖基]-5-*O*-*β*-D- 吡喃葡萄糖苷 quercetin-3-*O*-[(6'''-*O*-caffeoyl)-*α*-L-rhamnopyranosyl-(1→2)-*β*-D-glucopyranosyl]-5-*O*-*β*-D-glucopyranoside

槲皮素 -3-*O*-[2'''-*O*- 乙酰基 -*α*- 吡喃阿拉伯糖基]-(1 → 6)-*β*- 吡喃半乳糖苷 quercetin-3-*O*-[2'''-*O*-acetyl-*α*-arabinopyranosyl]-(1 → 6)-*β*-galactopyranoside

槲皮素 -3-*O*-[2''-(6'''- 对香豆酰基)-*β*-D- 吡喃葡萄糖基]-*α*-L-吡喃鼠李糖基 -7-*O*-*β*-D- 葡萄糖苷 quercetin3-*O*-[2''-(6'''-*p*-coumaroyl)-*β*-D-glucopyranosyl]-*α*-L-rhamnopyranosyl-7-*O*-*β*-D-glucoside

槲皮素 -3-*O*-[2''',6'''-*O*- 二乙酰基 -*β*-D- 吡喃葡萄糖基 -(1 → 6)-*β*-D- 吡喃葡萄糖苷] quercetin-3-*O*-[2''',6'''-*O*-diacetyl-*β*-D-glucopyranosyl-(1 → 6)-*β*-D-glucopyranoside]

槲皮素 -3-*O*-[2-*O*-(6-*O*-*E*- 阿魏酰基)-*β*-D- 吡喃葡萄糖基 -*β*-D-吡喃半乳糖苷 quercetin-3-*O*-[2-*O*-(6-*O*-*E*-feruloyl)-*β*-D-glucopyranosyl]-*β*-D-galactopyranoside

槲皮素 -3-*O*-[2-*O*-(6-*O*-*E*- 阿魏酰基)-*β*-D- 吡喃葡萄糖基 -*β*-D-吡喃葡萄糖苷 quercetin-3-*O*-[2-*O*-(6-*O*-*E*-feruloyl)-*β*-D-glucopyranosyl-*β*-D-glucopyranoside]

槲皮素 -3-*O*-[2''-*O*-(反式 -6'''-*O*- 阿魏酰基)-*β*-D- 吡喃葡萄糖基]-*β*-D- 吡喃半乳糖苷 quercetin-3-*O*-[2''-*O*-(*trans*-6'''-*O*-feruloyl)-*β*-D-glucopyranosyl]-*β*-D-galactopyranoside

槲皮素 -3-*O*-[2'''-*O*- 乙酰基 -*α*-L- 吡喃阿拉伯糖基 -(1 → 6)-*β*-D- 吡喃葡萄糖苷] quercetin-3-*O*-[2'''-*O*-acetyl-*α*-L-arabinopyranosyl-(1 → 6)-*β*-D-glucopyranoside]

槲皮素 -3-*O*-[2'''-*O*- 乙酰基 -*β*-D- 吡喃葡萄糖基 -(1 → 6)-*β*-D- 吡喃葡萄糖苷] quercetin-3-*O*-[2'''-*O*-acetyl-*β*-D-glucopyranosyl-(1 → 6)-*β*-D-glucopyranoside]

槲皮素 -3-*O*-[4'''-*O*- 反式 - 咖啡酰基 -*α*-L- 吡喃鼠李糖基 -(1 → 6)-*β*-D- 吡喃半乳糖苷] quercetin-3-*O*-[4'''-*O*-*trans*-caffeoyl-*α*-L-rhamnopyranosyl-(1 → 6)-*β*-D-galacopyranoside]

槲皮素 -3-*O*-[6''-(3- 羟基 -3- 甲基戊二酰基)- 吡喃葡萄糖苷] quercetin-3-*O*-[6''-(3-hydroxy-3-methylglutaroyl)-glucopyranoside]

槲皮素 -3-*O*-[*α*-L- 吡喃鼠李糖基 -(1 → 2)-*β*-D- 吡喃葡萄糖基]-5-*O*-*β*-D- 吡喃葡萄糖苷 quercetin-3-*O*-[*α*-L-rhamnopyranosyl-(1 → 2)-*β*-D-glucopyranosyl]-5-*O*-*β*-D-glucopyranoside

槲皮素 -3-*O*-[*α*-L- 吡喃鼠李糖基 -(1 → 6)-*O*-*β*-D- 吡喃葡萄糖苷] quercetin-3-*O*-[*α*-L-rhamnopyranosyl-(1 → 6)-*O*-*β*-D-glucopyranoside]

槲皮素 -3-*O*-[*α*-L- 吡喃鼠李糖基 -(1 → 6)-*β*-D- 吡喃葡萄糖苷] quercetin-3-*O*-[*α*-L-rhamnopyranosyl-(1 → 6)-*β*-D-glucopyranoside]

槲皮素 -3-*O*-[*β*-D- 吡喃木糖基 -(1 → 2)]-*α*-D- 吡喃葡萄糖苷 quercetin-3-*O*-[*β*-D-xylopyranosyl-(1 → 2)]-*β*-D-glucopyranoside

槲皮素 -3-*O*-[*β*-D- 吡喃木糖基 -(1 → 2)-*α*-L- 吡喃鼠李糖基 -(1 → 6)]-*β*-D- 吡喃半乳糖苷 quercetin-3-*O*-[*β*-D-xylopyranosyl-(1 → 2)-*α*-L-rhamnopyranosyl-(1 → 6)]-*β*-D-galactopyranoside

槲皮素 -3-O-[*β*-D- 吡喃木糖基 -(1 → 3)]-[*α*-L- 吡喃鼠李糖基 -(1 → 6)]-*β*-D- 吡喃葡糖糖苷 quercetin-3-*O*-[*β*-D-xylopyranosyl-(1 → 3)]-[*α*-L-rhamnopyranosyl-(1 → 6)]-*β*-D-glucopyranoside

槲皮素 -3-*O*-[*β*-D- 吡喃葡萄糖基 -(1 → 2)-*β*-D- 吡喃葡萄糖苷] quercetin-3-*O*-[*β*-D-glucopyranosyl-(1 → 2)-*β*-D-glucopyranoside]

槲皮素 -3-*O*-[*β*-D- 吡喃葡萄糖基 -(1 → 3)-(4-*O*- 反式 - 对香豆酰基)]-*α*-L- 吡喃鼠李糖基 -(1 → 6)-*β*-D- 吡喃半乳糖苷 -7-*O*-*α*-L- 吡喃鼠李糖苷 quercetin-3-*O*-[*β*-D-glucopyranosyl-(1→3)-(4-*O*-*trans*-*p*-coumaroyl)]-*α*-L-rhamnopyranosyl-(1→6)-*β*-D-galactopyranoside-7-*O*-*α*-L-rhamnopyranoside

槲皮素 -3-*O*-[*β*-D- 吡喃葡萄糖基 -(1 → 3)-*O*-*α*-L- 吡喃鼠李糖基 -(1 → 6)-*O*-*β*-D- 吡喃葡萄糖苷 quercetin-3-*O*-[*β*-D-glucopyranosyl-(1 → 3)-*O*-*α*-L-rhamnopyranosyl-(1 → 6)-*O*-*β*-D-glucopyranoside]

槲皮素 -3-*O*-[*β*-D- 吡喃葡萄糖基 -(1 → 4)][*α*-L- 吡喃鼠李糖基 -(1 → 6)]-*β*-D- 吡喃葡萄糖苷 quercetin-3-*O*-[*β*-D-glucopyranosyl-(1 → 4)][*α*-L-rhamnopyranosyl-(1 → 6)]-*β*-D-glucopyranoside

槲皮素 -3-*O*-[*β*- 吡喃木糖基 -(1 → 2)-*O*-*β*-D- 吡喃葡萄糖基 -(1 → 3)]-*O*-*β*-D- 吡喃葡萄糖苷 quercetin-3-*O*-[*β*-xylopyranosyl-(1 → 2)-*O*-*β*-D-glucopyranosyl-(1 → 3)]-*O*-*β*-D-glucopyranoside

槲皮素 -3-*O*-[鼠李糖基 -(1 → 6)(4''- 乳酰葡萄糖)]-4'-*O*- 葡萄糖苷 quercetin-3-*O*-[rhamnosyl-(1 → 6)(4''-lactoylglucoside)]-4'-*O*-glucoside

槲皮素 -3-*O*-2(*E*- 咖啡酰基)-*α*-L- 吡喃阿拉伯糖基 -(1 → 2)-*β*-D-

吡喃葡萄糖苷 -7-*O*-β-D- 吡喃葡萄糖苷 quercetin-3-*O*-2(*E*-caffeoyl)-α-L-arabinopyranosyl-(1→2)-β-D-glucopyranoside-7-*O*-β-D-glucopyranoside
槲皮素 -3-*O*-2^{G}- 鼠李糖芸香糖苷 quercetin-3-*O*-2^{G}-rhamnosylrutinoside
槲皮素 -3-*O*-6''- 丙二酰葡萄糖苷 quercetin-3-*O*-6''-malonylglucoside
槲皮素 -3-*O*-6''-(3- 羟基 -3- 甲戊二酰基)-β-D- 吡喃葡萄糖苷 quercetin-3-*O*-6''-(3-hydroxyl-3-methylglutaryl)-β-D-glucopyranoside
槲皮素 -3-*O*-6''- 乙酰吡喃葡萄糖苷 quercetin-3-*O*-6''-acetylglucopyranoside
槲皮素 -3-*O*-*D*- 吡喃葡萄糖苷 quercetin-3-*O*-D-glucopyranoside
槲皮素 -3-*O*-L- 吡喃鼠李糖苷 quercetin-3-*O*-L-rhamnopyranoside
槲皮素 -3-*O*-L- 鼠李糖苷 quercetin-3-*O*-L-rhamnoside
槲皮素 -3-*O*-α-(2''- 没食子酰基)- 吡喃阿拉伯糖苷 quercetin-3-*O*-α-(2''-galloyl)-arabinopyranoside
槲皮素 -3-*O*-α-(6'''- 对香豆酰葡萄糖基 -β-D- 鼠李糖苷) quercetin-3-*O*-α-(6'''-*p*-coumaroylglucosyl-β-D-rhamnoside)
槲皮素 -3-*O*-α-(6'''- 咖啡酰葡萄糖基 -β-1,2- 鼠李糖苷) quercetin-3-*O*-α-(6'''-caffeoylglucosyl-β-1,2-rhamnoside)
槲皮素 -3-*O*-α-D- 吡喃阿拉伯糖苷 quercetin-3-*O*-α-D-arabinopyranoside
槲皮素 -3-*O*-α-D- 吡喃木糖基 -7-*O*-β-D- 吡喃葡萄糖苷 quercetin-3-*O*-α-D-xylopyranosyl-7-*O*-β-D-glucopyranoside
槲皮素 -3-*O*-α-D- 吡喃葡萄糖苷 quercetin-3-*O*-α-D-glucopyranoside
槲皮素 -3-*O*-α-D- 吡喃葡萄糖醛酸苷 quercetin-3-*O*-α-D-glucuronopyranoside
槲皮素 -3-*O*-α-D- 呋喃阿拉伯糖苷 quercetin-3-*O*-α-D-arabinofuranoside
槲皮素 -3-*O*-α-L-(2,4- 二 -*O*- 乙酰基) 吡喃鼠李糖苷 -7-*O*-α-L- 吡喃鼠李糖苷 quercetin-3-*O*-α-L-(2,4-di-*O*-acetyl) rhamnopyranoside-7-*O*-α-L-rhamnopyranoside
槲皮素 -3-*O*-α-L-(3,4- 二 -*O*- 乙酰基) 吡喃鼠李糖苷 -7-*O*-α-L- 吡喃鼠李糖苷 quercetin-3-*O*-α-L-(3,4-di-*O*-acetyl) rhamnopyranoside-7-*O*-α-L-rhamnopyranoside
槲皮素 -3-*O*-α-L-(4- 咖啡酰吡喃鼠李糖基)-(1→6)-[吡喃鼠李糖基 (1→2)]-β-D- 吡喃乳糖苷 quercetin-3-*O*-α-L-(4-caffeoylrhamnopyranosyl)(1→6)-[α-L-rhamnopyranosyl-(1→2)]-β-D-galactopyranoside
槲皮素 -3-*O*-α-L- 阿拉伯糖苷 quercetin-3-*O*-α-L-arabinoside
槲皮素 -3-*O*-α-L- 吡喃阿拉伯糖苷 quercetin-3-*O*-α-L-arabinopyranoside
槲皮素 -3-*O*-α-L- 吡喃阿拉伯糖基 -(1→2)-β-D- 吡喃半乳糖苷 quercetin-3-*O*-α-L-arabinopyaranosyl-(1→2)-β-D-galactopyranoside
槲皮素 -3-*O*-α-L- 吡喃阿拉伯糖基 -(1→2)-β-D- 吡喃葡萄糖苷 quercetin-3-*O*-α-L-glucopyranosyl-(1→2)-β-D-glucopyranoside
槲皮素 -3-*O*-α-L- 吡喃阿拉伯糖基 -(1→6)-β-D- 吡喃半乳糖苷 quercetin-3-*O*-α-L-arabinopyranosyl-(1→6)-β-D-galactopyranoside
槲皮素 -3-*O*-α-L- 吡喃葡萄糖苷 quercetin-3-*O*-α-L-glucopyranoside
槲皮素 -3'-*O*-α-L- 吡喃鼠李糖苷 quercetin-3'-*O*-α-L-rhamnopyranoside
槲皮素 -3-*O*-α-L- 吡喃鼠李糖苷 quercetin-3-*O*-α-L-rhamnopyranoside
槲皮素 -3-*O*-α-L- 吡喃鼠李糖苷 -2''- 乙酸酯 quercetin-3-*O*-α-L-rhamnopyranosyl-2''-acetate
槲皮素 -3-*O*-α-L- 吡喃鼠李糖苷 -7-*O*-α-L- 吡喃鼠李糖基 (1→2)-β-D- 吡喃葡萄糖苷 quercetin-3-*O*-α-L-rhamnopyranoside-7-*O*-α-L-rhamnopyranosyl-(1→2)-β-D-glucopyranoside
槲皮素 -3-*O*-α-L- 吡喃鼠李糖苷 -7-*O*-β-D- 吡喃葡萄糖苷 quercetin-3-*O*-α-L-rhamnopyranoside-7-*O*-β-D-glucopyranoside
槲皮素 -3-*O*-α-L- 吡喃鼠李糖基 -(1→2)-[α-L- 吡喃鼠李糖基 -(1→6)]-β-D- 吡喃半乳糖苷 -7-*O*-α-L- 吡喃鼠李糖苷 quercetin-3-*O*-α-L-rhamnopyranosyl-(1→2)-[α-L-rhamnopyranosyl-(1→6)]-β-D-galactopyranoside-7-*O*-α-L-rhamnopyranoside
槲皮素 -3-*O*-α-L- 吡喃鼠李糖基 -(1→2)-[β-D- 吡喃葡萄糖基 -(1→3)-α-L-(4-*O*- 反式 - 对香豆酰吡喃鼠李糖基)-(1→6)]-β-D- 吡喃半乳糖苷 -7-*O*-α-L- 吡喃鼠李糖苷 quercetin-3-*O*-α-L-rhamnopyranosyl-(1→2)-[β-D-glucopyranosyl-(1→3)-α-L-(4-*O*-*trans*-*p*-coumaroylrhamnopyranosyl)-(1→6)]-β-D-galactopyranoside-7-*O*-α-L-rhamnopyranoside
槲皮素 -3-*O*-α-L- 吡喃鼠李糖基 -(1→2)-*O*-α-L- 吡喃鼠李糖苷 quercetin-3-*O*-α-L-rhamnopyranosyl-(1→2)-*O*-α-L-rhamnopyranoside
槲皮素 -3-*O*-α-L- 吡喃鼠李糖基 -(1→2)-α-L- 吡喃阿拉伯糖苷 quercetin-3-*O*-α-L-rhamnopyranosyl-(1→2)-α-L-arabinopyranoside
槲皮素 -3-*O*-α-L- 吡喃鼠李糖基 -(1→2)-α-L- 吡喃鼠李糖苷 quercetin-3-*O*-α-L-rhamnopyranosyl-(1→2)-α-L-rhamnopyranoside
槲皮素 -3-*O*-α-L- 吡喃鼠李糖基 -(1→2)-α-L- 吡喃鼠李糖基 -(1→6)-β-D- 吡喃阿拉伯糖苷 quercetin-3-*O*-α-L-rhamnopyranosyl-(1→2)-α-L-rhamnopyranosyl-(1→6)-β-D-galactopyranoside
槲皮素 -3-*O*-α-L- 吡喃鼠李糖基 -(1→2)-α-L- 呋喃阿拉伯糖苷 quercetin-3-*O*-α-L-rhamnopyranosyl-(1→2)-α-L-arabinofuranoside
槲皮素 -3-*O*-α-L- 吡喃鼠李糖基 -(1→2)-β-D- 吡喃半乳糖苷 quercetin-3-*O*-α-L-rhamnopyranosyl-(1→2)-β-D-galactopyranoside
槲皮素 -3-*O*-α-L- 吡喃鼠李糖基 -(1→2)-β-D- 吡喃半乳糖苷 -7-*O*-α-L- 吡喃鼠李糖苷 quercetin-3-*O*-α-L-rhamnopyranosyl-(1→2)-β-D-galactopyranoside-7-*O*-α-L-rhamnopyranoside
槲皮素 -3-*O*-α-L- 吡喃鼠李糖基 -(1→2)-β-D- 吡喃木糖苷 quercetin-3-*O*-α-L-rhamnopyranosyl-(1→2)-β-D-xylopyranoside
槲皮素 -3-*O*-α-L- 吡喃鼠李糖基 -(1→3)-*O*-[α-L- 吡喃鼠李糖基 -(1→6)-β-D- 吡喃葡萄糖苷] quercetin-3-*O*-α-L-rhamnopyranosyl-(1→3)-*O*-[α-L-rhamnopyranosyl-(1→6)-β-D-glucopyranoside]
槲皮素 -3-*O*-α-L- 吡喃鼠李糖基 -(1→4)-α-L- 吡喃鼠李糖基 (1→6)-β- 吡喃葡萄糖苷 quercetin-3-*O*-α-L-rhamnopyransoyl-(1→4)-α-L-rhamnopyranosyl-(1→6)-β-glucopyranoside
槲皮素 -3-*O*-α-L- 吡喃鼠李糖基 -(1→6)-(3-*O*- 反式 - 对香豆酰基)-β-D- 吡喃半乳糖苷 quercetin-3-*O*-α-L-rhamnopyranosyl-(1→6)-(3-*O*-*trans*-*p*-coumaroyl)-β-D-galactopyranoside
槲皮素 -3-*O*-α-L- 吡喃鼠李糖基 -(1→6)-[(4-*O*- 反式 - 对香豆酰基)-α-L- 吡喃鼠李糖基 -(1→2)]-(3-*O*- 反式 - 对香豆酰基)-β-D- 吡喃半乳糖苷 quercetin-3-*O*-α-L-rhamnopyranosyl-(1→6)-[(4-*O*-*trans*-*p*-coumaroyl)-α-L-rhamnopyranosyl-(1→2)]-(3-*O*-*trans*-*p*-coumaroyl)-β-D-galactopyranoside
槲皮素 -3-*O*-α-L- 吡喃鼠李糖基 -(1→6)-[(4-*O*- 反式 - 对香豆酰基)-α-L- 吡喃鼠李糖基 -(1→2)]-(4-*O*- 反式 - 对香豆酰基)-β-D- 吡喃半乳糖苷 quercetin-3-*O*-α-L-rhamnopyranosyl-(1→6)-[(4-*O*-*trans*-*p*-coumaroyl)-α-L-rhamnopyranosyl-(1→2)]-(4-*O*-*trans*-*p*-coumaroyl)-β-D-galactopyranoside
槲皮素 -3-*O*-α-L- 吡喃鼠李糖基 -(1→6)-[(4-*O*- 反式 - 咖啡酰基)-α-L- 吡喃鼠李糖基 -(1→2)]-(3-*O*- 反式 - 对香豆酰基)-β-D- 吡喃半乳糖苷 quercetin-3-*O*-α-L-rhamnopyranosyl-(1→6)-

H

[(4-*O*-*trans*-caffeoyl)-*α*-L-rhamnopyranosyl-(1 → 2)]-(3-*O*-*trans*-*p*-coumaroyl)-*β*-D-galactopyranoside
槲皮素 -3-*O*-*α*-L- 吡喃鼠李糖基 -(1 → 6)-*O*-[*α*-L- 吡喃鼠李糖基 -(1 → 2)]-*O*-*β*-D- 吡喃半乳糖苷 quercetin-3-*O*-*α*-L-rhamnopyranosyl-(1 → 6)-*O*-[*α*-L-rhamnopyranosyl-(1 → 2)]-*O*-*β*-D-galactopyranoside
槲皮素 -3-*O*-*α*-L- 吡喃鼠李糖基 -(1 → 6)-*O*-*β*-D- 吡喃葡萄糖苷 quercetin-3-*O*-*α*-L-rhamnopyranosyl-(1 → 6)-*O*-*β*-D-glucopyranoside
槲皮素 -3-*O*-*α*-L- 吡喃鼠李糖基 -(1 → 6)-*β*-D- 吡喃半乳糖苷 quercetin-3-*O*-*α*-L-rhamnopyranosyl-(1 → 6)-*β*-D-galactopyranoside
槲皮素 -3-*O*-*α*-L- 吡喃鼠李糖基 -(1 → 6)-*β*-D- 吡喃半乳糖苷 -7-*O*-*α*-L- 吡喃鼠李糖苷 quercetin-3-*O*-*α*-L-rhamnopyranosyl-(1 → 6)-*β*-D-glucopyranoside-7-*O*-*α*-L-rhamnopyranoside
槲皮素 -3-*O*-*α*-L- 吡喃鼠李糖基 -(1 → 6)-*β*-D- 吡喃葡萄糖苷 quercetin-3-*O*-*α*-L-rhamnopyranosyl-(1 → 6)-*β*-D-glucopyranoside
槲皮素 -3-*O*-*α*-L- 吡喃鼠李糖基 -(1 → 6)-*β*-D- 吡喃葡萄糖基 -(1 → 2)-*β*-D- 吡喃葡萄糖苷 quercetin-3-*O*-*α*-L-rhamnopyranosyl-(1 → 6)-*β*-D-glucopyranosyl-(1 → 2)-*β*-D-glucopyranoside
槲皮素 -3-*O*-*α*-L- 吡喃鼠李糖基 -(1 → 6)-*β*-D- 吡喃葡萄糖基 -(1 → 3)-*β*-D- 吡喃葡萄糖苷 quercetin-3-*O*-*α*-L-rhamnopyranosyl-(1 → 6)-*β*-D-glucopyranosyl-(1 → 3)-*β*-D-glucopyranoside
槲皮素 -3-*O*-*α*-L- 吡喃鼠李糖基 -(1 → 6)-*β*-D- 吡喃葡萄糖基 -7-*O*-*β*-D- 吡喃葡萄糖苷 quercetin-3-*O*-*α*-L-rhamnopyransyl-(1 → 6)-*β*-D-glucopyranosyl-7-*O*-*β*-D-glucopyranoside
槲皮素 -3-*O*-*α*-L- 吡喃鼠李糖基 -(1 → 6)-*β*- 吡喃葡萄糖基 -(1 → 6)-*β*- 吡喃半乳糖苷 quercetin-3-*O*-*α*-L-rhamnopyranosyl-(1 → 6)-*β*-glucopyranosyl-(1 → 6)-*β*-galactopyranoside
槲皮素 -3-*O*-*α*-L- 吡喃鼠李糖基 -(2 → 1)-*β*-D- 吡喃葡萄糖苷 quercetin-3-*O*-*α*-L-rhamnopyranosyl-(2 → 1)-*β*-D-glucopyranoside
槲皮素 -3-*O*-*α*-L- 吡喃鼠李糖基 -2"-(6"'- 对香豆酰基)-*β*-D- 葡萄糖苷 quercetin-3-*O*-*α*-L-rhamnopyranosyl-2"-(6"'-*p*-coumaroyl)-*β*-D-glucoside
槲皮素 -3-*O*-*α*-L- 吡喃鼠李糖基 -7-*O*-*α*-D- 吡喃葡萄糖苷 quercetin-3-*O*-*α*-L-rhamnopyranoside-7-*O*-*α*-D-glucopyranoside
槲皮素 -3-*O*-*α*-L- 吡喃鼠李糖基 -7-*O*-*α*-L- 吡喃鼠李糖苷 quercetin-3-*O*-*α*-L-rhamnopyranosyl-7-*O*-*α*-L-rhamnopyranoside
槲皮素 -3-*O*-*α*-L- 吡喃鼠李糖基 -7-*O*-*β*-D- 吡喃葡萄糖苷 quercetin-3-*O*-*α*-L-rhamnopyranosyl-7-*O*-*β*-D-glucopyranoside
槲皮素 -3-*O*-*α*-L- 吡喃鼠李糖基 -*β*-D- 吡喃半乳糖苷 quercetin-3-*O*-*α*-L-rhamnopyranosyl-*β*-D-galactopyranoside
槲皮素 -3-*O*-*α*-L- 呋喃阿拉伯糖苷 quercetin-3-*O*-*α*-L-arabinofuranoside
槲皮素 -3-*O*-*α*-L- 呋喃鼠李糖苷 quercetin-3-*O*-*α*-L-rhamnofuranoside
槲皮素 -3-*O*-*α*- 阿拉伯糖苷 -(1"' → 6"')-*β*- 葡萄糖苷 quercetin-3-*O*-*α*-arabinosyl-(1"' → 6"')-*β*-glucoside
槲皮素 -3-*O*-*α*- 吡喃阿拉伯糖苷 quercetin-3-*O*-*α*-arabinopyranoside
槲皮素 -3-*O*-*α*- 吡喃阿拉伯糖基 -(1 → 6)-*β*- 吡喃半乳糖苷 quercetin-3-*O*-*α*-arabinopyranosyl-(1 → 6)-*β*-galactopyranoside
槲皮素 -3-*O*-*α*- 吡喃阿拉伯糖基 -(1"' → 6")-*β*- 吡喃葡萄糖苷 quercetin-3-*O*-*α*-arabinopyranosyl-(1"' → 6")-*β*-glucopyranoside
槲皮素 -3-*O*-*α*- 吡喃阿拉伯糖基 -(1"' → 6")-*β*- 吡喃葡萄糖基 -7-*O*-*β*- 吡喃葡萄糖苷 quercetin-3-*O*-*α*-arabinopyranosyl-(1"' → 6")-*β*-glucopyranosyl-7-*O*-*β*-glucopyranoside
槲皮素 -3-*O*-*α*- 吡喃半乳糖苷 quercetin-3-*O*-*α*-galactopyranoside
槲皮素 -3-*O*-*α*- 吡喃葡萄糖氧基 -(1 → 2)-*β*- 吡喃葡萄糖苷 quercetin-3-*O*-*α*-glucopyranosyl-(1 → 2)-*β*-glucopyranoside
槲皮素 -3-*O*-*α*- 吡喃鼠李糖基 -(1" → 6"')-*β*- 吡喃葡萄糖醛酸苷 quercetin-3-*O*-*α*-rhamnopyranosyl-(1" → 6"')-*β*-glucuronopyranoside
槲皮素 -3-*O*-*α*- 呋喃阿拉伯糖苷 quercetin-3-*O*-*α*-arabinofuranoside
槲皮素 -3-*O*-*α*- 鼠李糖基 -*β*-D- 葡萄糖苷 quercetin-3-*O*-*α*-rhamnosyl-*β*-D-glucoside
槲皮素 -3-*O*-*β*-(2"-*O*- 乙酰基 -*β*-D- 吡喃葡萄糖醛酸苷 quercetin-3-*O*-*β*-(2"-*O*-acetyl-*β*-D-glucuronopyranoside)
槲皮素 -3-*O*-*β*-(3"-*O*- 乙酰基 -*β*-D- 吡喃葡萄糖醛酸苷 quercetin-3-*O*-*β*-(3"-*O*-acetyl-*β*-D-glucuronopyranoside)
槲皮素 -3-*O*-*β*-(6-*O*- 丙二酰基)- 吡喃葡萄糖苷 quercetin-3-*O*-*β*-(6-*O*-malonyl)-glucopyranoside
槲皮素 -3-*O*-*β*-(D- 吡喃葡萄糖基 -6-*β*-D- 吡喃葡萄糖) 苷 quercetin-3-*O*-*β*-(D-glucopyranosyl-6-*β*-D-glucopyranoside)
槲皮素 -3-*O*-*β*-6"- 没食子酰吡喃葡萄糖苷 quercetin-3-*O*-*β*-(6"-galloylglucopyranoside)
槲皮素 -3-*O*-*β*-D-(2",6"- 二 -*O*-*β*-L- 吡喃鼠李糖基)- 吡喃葡萄糖苷 quercetin-3-*O*-*β*-D-(2",6"-di-*O*-*β*-L-rhamnopyranosyl)-glucopyranoside
槲皮素 -3-*O*-*β*-D-(2"- 没食子酰基)- 吡喃葡萄糖苷 quercetin-3-*O*-*β*-D-(2"-galloyl)-glucopyranoside
槲皮素 3-*O*-*β*-D-(2"- 没食子酰基)- 吡喃鼠李糖苷 quercetin-3-*O*-*β*-D-(2"-galloyl)-rhamnopyranoside
槲皮素 -3-*O*-*β*-D-(6"-*O*-*α*-L- 吡喃鼠李糖基) 吡喃葡萄糖苷 quercetin-3-*O*-*β*-D-(6"-*O*-*α*-L-rhamnopyranosyl)glucopyranoside
槲皮素 -3-*O*-*β*-D-(6"-*p*- 香豆酰基)- 吡喃半乳糖苷 quercetin-3-*O*-*β*-D-(6"-*p*-coumaroyl)-galactopyranoside
槲皮素 -3-*O*-*β*-D-(6"- 没食子酰基)- 吡喃半乳糖苷 quercetin-3-*O*-*β*-D-(6"-galloyl)-galactopyranoside
槲皮素 -3-*O*-*β*-D-(6"- 正丁基葡萄糖醛酸苷) quercetin-3-*O*-*β*-D-(6"-*n*-butylglucuropyranonide)
2"*E*- 槲皮素 -3-*O*-*β*-D-(6"'-*O*-[3"(4"'- 羟基苯基)- 丙烯酰基])- 吡喃葡萄糖苷 2"*E*-quercetin-3-*O*-*β*-D-(6"'-*O*-[3"(4"'-hydroxyphenyl)-propylene acyl])-glucopyranoside
槲皮素 -3-*O*-*β*-D-(6"'-*O*-*α*-L- 吡喃鼠李糖基)- 吡喃葡萄糖苷 quercetin-3-*O*-*β*-D-(6"'-*O*-*α*-L-rhamnopyranosyl)-glucopyranoside
槲皮素 -3-*O*-*β*-D-(6"-*O*- 没食子酰基) 吡喃葡萄糖苷 quercetin-3-*O*-*β*-D-(6"-*O*-galloyl)glucopyranoside
槲皮素 -3-*O*-*β*-D-(6"-*O*- 没食子酰基)- 吡喃葡萄糖苷 quercetin-3-*O*-*β*-D-(6"-*O*-galloyl)-glucopyranoside
槲皮素 -3-*O*-*β*-D-(6"-*O*- 乙酰基)- 吡喃半乳糖苷 quercetin-3-*O*-*β*-D-(6"-*O*-acetyl)-galactopyranoside
槲皮素 -3-*O*-*β*-D-(6"- 阿魏酸)- 吡喃半乳糖苷 quercetin-3-*O*-*β*-D-(6"-feruloyl)-galactopyranoside
槲皮素 -3-*O*-*β*-D-(6- 丙二酰吡喃葡萄糖苷) quercetin-3-*O*-*β*-D-(6-malonylglucoside)
槲皮素 -3-*O*-*β*-D-[2^G^-*O*-*β*-D- 吡喃木糖基 -6^G^-*O*-*α*-L- 吡喃鼠李糖基]- 吡喃葡萄糖苷 quercetin-3-*O*-*β*-D-[2^G^-*O*-*β*-D-xylopyranosyl-6^G^-*O*-*α*-L-rhamnopyranosyl]-glucopyranoside
槲皮素 -3-*O*-*β*-D-[2-*O*-(6-*O*-*E*- 芥子酰基)-*β*-D- 吡喃葡萄糖基]- 吡喃葡萄糖苷 quercetin-3-*O*-*β*-D-[2-*O*-(6-*O*-*E*-sinapoyl)-*β*-D-glucopymosyl]-*β*-D-glucopyranoside
槲皮素 -3-*O*-*β*-D-[6"'-*O*- 乙酰吡喃葡萄糖基 -(1 → 3)-*β*-D- 吡喃半乳糖苷 quercetin-3-*O*-*β*-D-[6"'-*O*-acetyl-glucopyranosyl-(1 → 3)-*β*-D-galactopyranoside]
槲皮素 -3-*O*-*β*-D-6"- 乙酰吡喃葡萄糖苷 quercetin-3-*O*-*β*-D-6"-

H

acetylglucopyranoside
槲皮素 -3-O-β-D-6''- 乙酰吡喃葡萄糖苷 quercetin-3-O-β-D-6''-acetylglucopyranoside
槲皮素 -3-O-β-D- 阿洛糖苷 quercetin-3-O-β-D-alloside
槲皮素 -3-O-β-D- 半乳糖基 -(6 → 1)-α-L- 吡喃鼠李糖苷 quercetin-3-O-β-galactosyl-(6 → 1)-α-rhamnopyranoside
槲皮素 -3'-O-β-D- 吡喃阿拉伯糖苷 quercetin-3'-O-β-D-arabinopyranoside
槲皮素 -3-O-β-D- 吡喃阿拉伯糖苷 quercetin-3-O-β-D-arabinopyranoside
槲皮素 -3'-O-β-D- 吡喃半乳糖苷 quercetin-3'-O-β-D-galactopyranoside
槲皮素 -3-O-β-D- 吡喃半乳糖苷 quercetin-3-O-β-D-galactopyranoside
槲皮素 -3-O-β-D- 吡喃半乳糖苷 -4'-O-β-D- 吡喃葡萄糖苷 quercetin-3-O-β-D-galactopyranoside-4'-O-β-D-glucopyranoside
槲皮素 -3-O-β-D- 吡喃半乳糖基 -(1 → 2)-O-β-D- 吡喃葡萄糖苷 quercetin-3-O-β-D-galactopyranosyl-(1 → 2)-O-β-D-glucopyranoside
槲皮素 -3-O-β-D- 吡喃半乳糖基 -(1 → 6)-O-β-D- 吡喃葡萄糖苷 quercetin-3-O-β-D-galactopyranosyl-(1 → 6)-O-β-D-glucopyranoside
槲皮素 -3-O-β-D- 吡喃半乳糖基 (1 → 6)- 吡喃葡萄糖苷 quercetin-3-O-[β-D-galactopyranosyl-(1 → 6)]-glucopyranoside
槲皮素 -3-O-β-D- 吡喃半乳糖基 -(1 → 6)- 吡喃葡萄糖苷 quercetin-3-O-β-D-galactopyranosyl-(1 → 6)-glucopyranoside
槲皮素 -3-O-β-D- 吡喃半乳糖基 -(2 → 1)-O-β-D- 吡喃葡萄糖苷 quercetin-3-O-β-D-galactopyranosyl-(2 → 1)-O-β-D-glucopyranoside
槲皮素 -3-O-β-D- 吡喃半乳糖基 -(2 → 1)-β-D- 芹糖苷 quercetin-3-O-β-D-galactopyranosyl-(2 → 1)-β-D-apioside
槲皮素 -3-O-β-D- 吡喃半乳糖基 -(6 → 1)-α-L- 吡喃鼠李糖苷 quercetin-3-O-β-D-galactopyranosyl-(6 → 1)-α-L-rhamnopyranoside
槲皮素 -3-O-β-D- 吡喃半乳糖基 -7-O-β-D- 吡喃葡萄糖苷 quercetin-3-O-β-D-galactopyranosyl-7-O-β-D-glucopyranoside
槲皮素 -3-O-β-D- 吡喃半乳糖醛酸苷 quercetin-3-O-β-D-galacturonopyranoside
槲皮素 -3-O-β-D- 吡喃甘露糖苷 quercetin-3-O-β-D-mannopyranoside
槲皮素 -3-O-β-D- 吡喃木糖苷 quercetin-3-O-β-D-xylopyranoside
槲皮素 -3-O-β-D- 吡喃木糖基 -(1 → 2)-O-β-D- 吡喃半乳糖苷 quercetin-3-O-β-D-xylopyranosyl-(1 → 2)-O-β-D-galactopyranoside
槲皮素 -3-O-β-D- 吡喃木糖基 (1 → 2)-O-β-D- 吡喃葡萄糖苷 -3'-O-β-D- 吡喃葡萄糖苷 quercetin-3-O-β-D-xylopyranosyl-(1 → 2)-O-β-D-glucopyranoside-3'-O-β-D-glucopyranoside
槲皮素 -3-O-β-D- 吡喃木糖基 -(1 → 2)-O-β-D- 吡喃葡萄葡萄糖苷 -3'-O-(6-O- 烟酰基)-O-β-D- 吡喃葡萄葡萄糖苷 quercetin-3-O-β-D-xylopyranosyl-(1 → 2)-O-β-D-glucopyranoside-3'-O-(6-O-nicotinoyl)-O-β-D-glucopyranoside
槲皮素 -3-O-β-D- 吡喃木糖基 -(1 → 2)-O-β-D- 吡喃葡萄葡萄糖苷 -3'-O-(6-O- 吲哚啉 -2- 酮 -3- 羟基 -3- 乙酰基)-β- 吡喃葡萄葡萄糖苷 quercetin-3-O-β-D-xylopyranosyl-(1 → 2)-O-β-D-glucopyranoside-3'-O-(6-O-indolin-2-one-3-hydroxy-3-acetyl)-β-glucopyranoside
槲皮素 -3-O-β-D- 吡喃木糖基 -(1 → 2)-α-L- 吡喃鼠李糖苷 quercetin-3-O-β-D-xylopyranosyl-(1 → 2)-α-L-rhamnopyranoside
槲皮素 -3-O-β-D- 吡喃木糖基 -(1 → 2)-α-L- 吡喃鼠李糖苷 -4'-O-α-L- 吡喃鼠李糖苷 quercetin-3-O-β-D-xylopyranosyl-(1 → 2)-α-L-rhamnopyranoside-4'-O-α-L-rhamnopyranoside
槲皮素 -3-O-β-D- 吡喃木糖基 -(1 → 2)-α-L- 吡喃鼠李糖基 -(1 → 6)-β-D- 吡喃葡萄糖苷 quercetin-3-O-β-D-xylopyranosyl-(1 → 2)-α-L-rhamnopyranosyl-(1 → 6)-β-D-glucopyranoside
槲皮素 -3-O-β-D- 吡喃木糖基 -(1 → 2)-β-D- 吡喃半乳糖苷 quercetin-3-O-β-D-xylopyranosyl-(1 → 2)-β-D-galactopyranoside
槲皮素 -3-O-β-D- 吡喃木糖基 -(1 → 2)-β-D- 吡喃葡萄糖苷 quercetin-3-O-β-D-xylopyranosyl-(1 → 2)-β-D-glucopyranoside
槲皮素 -3-O-β-D- 吡喃木糖基 -(1 → 2)-β-O-D- 吡喃葡萄糖苷 quercetin-3-O-β-D-xylopyranosyl-(1 → 2)-O-β-D-glucopyranoside
槲皮素 -3-O-β-D- 吡喃木糖基 -(1 → 2)- β-D- 半乳糖苷 quercetin-3-O-β-D-xylopyranosyl-(1 → 2)- β-D-galactopyranoside
槲皮素 -3-O-β-D- 吡喃木糖基 -(1 → 6)-O-β-D 吡喃半乳糖苷 quercetin-3-O-β-D-xylopyranosyl-(1 → 6)-O-β-D-galactopyranoside
槲皮素 -3-O-β-D- 吡喃木糖基 -(1-2)-α-L- 吡喃鼠李糖苷 quercetin-3-O-β-D-xylopyranosyl-(1-2)-α-L-rhamnopyranoside
槲皮素 -3-O-β-D- 吡喃木糖基芸香糖苷 quercetin-3-O-β-D-xylopyranosylrutinoside
槲皮素 -3'-O-β-D- 吡喃葡萄糖苷 quercetin-3'-O-β-D-glucopyranoside
槲皮素 -3-O-β-D- 吡喃葡萄糖苷 quercetin-3-O-β-D-glucopyranoside
槲皮素 -3-O-β-D- 吡喃葡萄糖苷 -(6 → 1)-α-L- 吡喃鼠李糖苷 -7-α-L- 吡喃鼠李糖苷 quercetin-3-O-β-D- glucopyranosyl-(6 → 1)-α-L-rhamnopyranosyl-7-α-L-rhamnopyranoside
槲皮素 -3'-O-β-D- 吡喃葡萄糖苷 -3,5,7,4'- 四甲醚 quercetin-3'-O-β-D-glucopyranoside-3,5,7,4'-tetramethyl ether
槲皮素 -3-O-β-D- 吡喃葡萄糖苷 -4'-O-α-L- 吡喃鼠李糖苷 quercetin-3-O-β-D-glucopyranoside-4'-O-α-L-rhamnopyranoside
槲皮素 -3-O-β-D- 吡喃葡萄糖苷 -6''- 没食子酸酯 quercetin-3-O-β-D-glucopyranoside-6''-gallate
槲皮素 -3-O-β-D- 吡喃葡萄糖苷 -6''- 没食子酸酯 quercetin-3-O-β-D-glucopyranoside-6''-gallate
槲皮素 -3-O-β-D- 吡喃葡萄糖苷 -7-O-α-L- 吡喃阿拉伯糖苷 quercetin-3-O-β-D-glucopyranoside-7-O-α-L-arabinopyranoside
槲皮素 -3-O-β-D- 吡喃葡萄糖苷 -7-O-α-L- 吡喃鼠李糖苷 quercetin-3-O-β-D-glucopyranoside-7-O-α-L-rhamnopyranoside
槲皮素 -3-O-β-D- 吡喃葡萄糖基 -(1 → 2)-[α-L- 吡喃鼠李糖基 -(1 → 6)]-β-D- 吡喃葡萄糖苷 quercetin-3-O-β-D-glucopyranosyl-(1 → 2)-[α-L-rhamnopyranosyl-(1 → 6)]-β-D-glucopyranoside
槲皮素 -3-O-β-D- 吡喃葡萄糖基 -(1 → 2)-[α-L- 吡喃鼠李糖基 -(1 → 6)]-β-D- 吡喃葡萄糖苷 -7-O-α-L- 吡喃鼠李糖苷 quercetin-3-O-β-D-glucopyranosyl-(1 → 2)-[α-L-rhamnopyranosyl-(1 → 6)]-β-D-glucopyranoside-7-O-α-L-rhamnopyranoside
槲皮素 -3-O-β-D- 吡喃葡萄糖基 -(1 → 2)-O-β-D- 吡喃半乳糖苷 quercetin-3-O-β-D-glucopyranosyl-(1□2)-O-β-D-galactopyranoside
槲皮素 -3-O-β-D- 吡喃葡萄糖基 -(1 → 2)-α-D- 吡喃葡萄糖苷 quercetin-3-O-β-D-glucopyranosyl-(1 → 2)-α-D-glucopyranoside
槲皮素 -3-O-β-D- 吡喃葡萄糖基 -(1 → 2)-α-L- 吡喃阿拉伯糖苷 quercetin-3-O-β-D-glucopyranosyl-(1 → 2)-α-L-arabinopyranoside
槲皮素 -3-O-β-D- 吡喃葡萄糖基 -(1 → 2)-α-L- 吡喃甘露糖苷 quercetin-3-O-β-D-glucopyranosyl-(1 → 2)-α-L-mannopyranoside
槲皮素 -3-O-β-D- 吡喃葡萄糖基 -(1 → 2)-β-D- 半乳糖苷 quercetin-3-O-β-D-glucopyranosyl-(1 → 2)-β-D-galactoside
槲皮素 -3-O-β-D- 吡喃葡萄糖基 -(1 → 2)-β-D- 吡喃半乳糖苷 quercetin-3-O-β-D-glucopyranosyl-(1 → 2)-β-D-galactopyranoside
槲皮素 -3-O-β-D- 吡喃葡萄糖基 -(1 → 2)-β-D- 吡喃木糖苷

H

quercetin-3-*O*-*β*-D-glucopyranosyl-(1 → 2)-*β*-D-xylopyranoside
槲皮素 -3-*O*-*β*-D- 吡喃葡萄糖基 -(1 → 2)-*β*-D- 吡喃葡萄糖苷 quercetin-3-*O*-*β*-D-glucopyranosyl-(1 → 2)-*β*-D-glucopyranoside
槲皮素 -3-*O*-*β*-D- 吡喃葡萄糖基 -(1 → 2)-*β*-D- 吡喃葡萄糖基 -7-*O*-*β*-D- 吡喃葡萄糖苷 quercetin-3-*O*-*β*-D-glucopyranosyl-(1 → 2)-*β*-D-glucopyranosyl-7-*O*-*β*-D-glucopyranoside
槲皮素 -3-*O*-*β*-D- 吡喃葡萄糖基 -(1 → 4)-*α*-L- 吡喃鼠李糖苷 quercetin-3-*O*-*β*-D-glucopyranosyl-(1 → 4)-*α*-L-rhamnopyranoside
槲皮素 -3-*O*-*β*-D- 吡喃葡萄糖基 -(1 → 4)-*β*-D- 吡喃半乳糖苷 quercetin-3-*O*-*β*-D-glucopyranosyl-(1 → 4)-*β*-D-galactopyranoside
槲皮素 -3-*O*-*β*-D- 吡喃葡萄糖基 (1 → 4)- *α*-L- 吡喃鼠李糖苷 quercetin-3-*O*-*β*-D-glucopyranosyl-(1 → 4)- *α*-L-rhamnopyranoside
槲皮素 -3-*O*-*β*-D- 吡喃葡萄糖基 -(1 → 6)-*O*-*α*-L- 吡喃鼠李糖苷 quercetin-3-*O*-*β*-D-glucopyranosyl-(1 → 6)-*O*-*α*-L-rhamnopyranoside
槲皮素 -3-*O*-*β*-D- 吡喃葡萄糖基 -(1 → 6)-*O*-*β*-D- 吡喃葡萄糖苷 quercetin-3-*O*-*β*-D-glucopyranosyl-(1 → 6)-*O*-*β*-D-glucopyranoside
槲皮素 -3-*O*-*β*-D- 吡喃葡萄糖基 -(1 → 6)-*β*-D- 吡喃半乳糖苷 quercetin-3-*O*-*β*-D-glucopyranosyl-(1 → 6)-*β*-D-galactopyranoside
槲皮素 -3-*O*-*β*-D- 吡喃葡萄糖基 -(1''' → 6'')-*β*-D- 吡喃葡萄糖苷 quercetin-3-*O*-*β*-D-glucopyranosyl-(1''' → 6'')- *β*-D-glucopyranoside
槲皮素 -3-*O*-*β*-D- 吡喃葡萄糖基 -(6 → 1)-*α*-L- 吡喃鼠李糖苷 quercetin-3-*O*-*β*-D-glucopyranosyl-(6 → 1)-*α*-L-rhamnopyranoside
槲皮素 -3-*O*-*β*-D- 吡喃葡萄糖基 -(6 → 1)-*α*-L- 鼠李糖苷 quercetin-3-*O*-*β*-D-glucopyranosyl-(6 → 1)-*α*-L-rhamnoside
槲皮素 -3-*O*-*β*-D- 吡喃葡萄糖基 -(6 → 1)-*β*-D- 吡喃葡萄糖苷 quercetin-3-*O*-*β*-D-glucopyranosyl-(6 → 1)-*β*-D-glucopyranoside
槲皮素 -3-*O*-*β*-D- 吡喃葡萄糖基 -(6 → 1)-*β*-L- 吡喃鼠李糖基 -(4 → 1)-*β*-D- 吡喃葡萄糖苷) quercetin-3-*O*-*β*-D-glucopyranosyl-(6 → 1)-*β*-L-rhamnopyranosyl-(4 → 1)-*β*-D-glucopyranoside
槲皮素 -3-*O*-*β*-D- 吡喃葡萄糖基 -(6 → 1)- 吡喃葡萄糖苷 quercetin-3-*O*-*β*-D-glucopyranosyl-(6 → 1)-glucopyranoside
槲皮素 -3'-*O*-*β*-D- 吡喃葡萄糖基 -3-*O*- 芸香糖苷 quercetin-3'-*O*-*β*-D-glucopyranosyl-3-*O*-rutinoside
槲皮素 -3-*O*-*β*-D- 吡喃葡萄糖基 -7-*O*-*α*-L- 吡喃鼠李糖苷 quercetin-3-*O*-*β*-D-glucopyranosyl-7-*O*-*α*-L-rhamnopyranoside
槲皮素 -3-*O*-*β*-D- 吡喃葡萄糖基 -7-*O*-*β*- 龙胆二糖苷 quercetin-3-*O*-*β*-D-glucopyranosyl-7-*O*-gentiobioside
槲皮素 -3-*O*-*β*-D- 吡喃葡萄糖基 -7-*O*- 吡喃鼠李糖苷 quercetin-3-*O*-*β*-D-glucopyranosyl-7-*O*-rhamnopyranoside
槲皮素 -3-*O*-*β*-D- 吡喃葡萄糖基 -7-*α*-L- 吡喃鼠李糖苷 quercetin-3-*O*-*β*-D-glucopyranosyl-7-*α*-L-rhamnopyranoside
槲皮素 -3-*O*-*β*-D- 吡喃葡萄糖基 -*O*-*β*-D- 吡喃甘露糖苷 quercetin-3-*O*-*β*-D-glucopyranosyl-*O*-*β*-D-mannopyranoside
槲皮素 -3-*O*-*β*-D- 吡喃葡萄糖基 -*α*-L- 吡喃鼠李糖苷 quercetin-3-*O*-*β*-D-glucopyranosyl-*α*-L-rhamnopyranoside
槲皮素 -3-*O*-*β*-D- 吡喃葡萄糖基 -*β*-D- 吡喃木糖苷 quercetin-3-*O*-*β*-D-glucopyranosyl-*β*-D-xylopyranoside
槲皮素 -3-*O*-*β*-D- 吡喃葡萄糖基半乳糖苷 quercetin-3-*O*-*β*-D-glucopyranosylgalactoside
槲皮素 -3-*O*-*β*-D- 吡喃葡萄糖基芸香糖苷 quercetin-3-*O*-*β*-D-glucopyranosylrutinoside
槲皮素 -3-*O*-*β*-D- 吡喃葡萄糖醛酸 -6''- 甲酯 quercetin-3-*O*-*β*-D-glucuronic acid-6''-methylester
槲皮素 -3-*O*-*β*-D- 吡喃葡萄糖醛酸苷 quercetin-3-*O*-*β*-D-glucuronopyranoside
槲皮素 -3-*O*-*β*-D- 吡喃葡萄糖醛酸苷 -6''- 丁酯 quercetin-3-*O*-*β*-D-glucuronopyranoside-6''-butyl ester
槲皮素 -3-*O*-*β*-D- 吡喃葡萄糖醛酸苷 -6''- 甲酯 quercetin-3-*O*-*β*-D-glucuronopyranoside-6''-methyl ester
槲皮素 -3-*O*-*β*-D- 吡喃葡萄糖醛酸苷乙酯 quercetin-3-*O*-*β*-D-glucuronopyranoside ethyl ester
槲皮素 -3-*O*-*β*-D- 吡喃葡萄糖醛酸甲酯苷 quercetin-3-*O*-*β*-D-glucuronopyranosyl methyl ester
槲皮素 -3-*O*-*β*-D- 吡喃葡萄糖醛酸钠盐 quercetin-3-*O*-*β*-D-glucuronopyranate sodium
槲皮素 -3-*O*-*β*-D- 吡喃葡萄葡糖基 -(1 → 4)-*O*-*α*-L- 吡喃鼠李糖苷 quercetin-3-*O*-*β*-D-glucopyranosyl-(1 → 4)-*O*-*α*-L-rhamnopyranoside
槲皮素 -3-*O*-*β*-D- 吡喃鼠李糖苷 quercetin-3-*O*-*β*-D-rhamnopyranoside
槲皮素 -3-*O*-*β*-D- 刺槐二糖苷 -7-*O*-*β*-D- 吡喃葡萄糖苷 quercetin-3-*O*-*β*-D-robinobioside-7-*O*-*β*-D-glucopyranoside
槲皮素 -3-*O*-*β*-D- 刺槐糖苷 quercetin-3-*O*-*β*-D-robinoside
槲皮素 -3-*O*-*β*-D- 二吡喃葡萄糖苷 quercetin-3-*O*-*β*-D-diglucopyranoside
槲皮素 -3-*O*-*β*-D- 呋喃阿拉伯糖苷 quercetin-3-*O*-*β*-D-arabinfuranoside
槲皮素 -3-*O*-*β*-D- 呋喃木糖苷 quercetin-3-*O*-*β*-D-xylofuranoside
槲皮素 -3-*O*-*β*-D- 呋喃木糖基 -(1 → 2)-*β*-D- 吡喃半乳糖苷 quercetin-3-*O*-*β*-D-xylofuranosyl-(1 → 2)-*β*-D-galactopyranoside
槲皮素 -3-*O*-*β*-D- 呋喃葡萄糖苷 quercetin-3-*O*-*β*-D-glucofuranoside
槲皮素 -3-*O*-*β*-D- 槐糖苷 quercetin-3-*O*-*β*-D-sophoroside
槲皮素 -3-*O*-*β*-D- 接骨木二糖苷 quercetin-3-*O*-*β*-D-sambubioside
槲皮素 -3-*O*-*β*-D- 木糖苷 quercetin-3-*O*-*β*-D-xyloside
槲皮素 -3-*O*-*β*-D- 木糖基 -(1 → 4)-*α*-L- 鼠李糖苷 quercetin-3-*O*-*β*-D-xylosyl-(1 → 4)-*α*-L-rhamnoside
槲皮素 -3-*O*-*β*-D- 葡萄糖苷 quercetin-3-*O*-*β*-D-glucoside
槲皮素 -3-*O*-*β*-D- 葡萄糖苷 -2''- 没食子酸酯 quercetin-3-*O*-*β*-D-glucoside-2''-gallate
槲皮素 -3-*O*-*β*-D- 葡萄糖苷 -6''- 乙酸酯 quercetin-3-*O*-*β*-D-glucoside-6''-acetate
槲皮素 -3-*O*-*β*-D- 葡萄糖醛酸苷 quercetin-3-*O*-*β*-D-glucuronide
槲皮素 -3-*O*-*β*-D- 葡萄糖醛酸苷 -6''- 甲酯 quercetin-3-*O*-*β*-D-glucuronide-6''-methyl ester
槲皮素 -3-*O*-*β*-D- 葡萄糖醛酸苷甲酯 quercetin-3-*O*-*β*-D-glucuronide methyl ester
槲皮素 -3-*O*-*β*-D- 芸香糖苷 quercetin-3-*O*-*β*-D-rutinoside
槲皮素 -3-*O*-*β*-L- 吡喃阿拉伯糖苷 quercetin-3-*O*-*β*-L-arabinopyranoside
槲皮素 -3-*O*-*β*-L- 吡喃鼠李糖苷 quercetin-3-*O*-*β*-L-rhamnopyranoside
槲皮素 -3-*O*-*β*-L- 吡喃鼠李糖基 -(1 → 6)-*β*-D- 吡喃葡萄糖苷 quercetin-3-*O*-*β*-L-rhamnopyranosyl-(1 → 6)-*β*-D-glucopyranoside
槲皮素 -3-*O*-*β*-L- 葡萄糖苷 quercetin-3-*O*-*β*-L-glucoside
槲皮素 -3-*O*-*β*-L- 鼠李糖基 -7-*O*-*β*-D- 葡萄糖苷 quercetin-3-*O*-*β*-L-rhamnosyl-7-*O*-*β*-D-glucoside
槲皮素 -3-*O*-*β*- 吡喃半乳糖苷 quercetin-3-*O*-*β*-galactopyranoside
槲皮素 -3-*O*-*β*- 吡喃木糖基 -(1 → 2)-*O*-*β*-D- 吡喃葡萄糖苷 quercetin-3-*O*-*β*-xylopyranosyl-(1 → 2)-*O*-*β*-D-glucopyranoside
槲皮素 -3-*O*-*β*- 吡喃木糖基 -(1 → 2)-*O*-*β*-D- 吡喃葡萄糖苷 -3'-*O*-*β*-D- 吡喃葡萄糖苷 quercetin-3-*O*-*β*-xylopyranosyl-(1 → 2)-*O*-*β*-D-glucopyranoside-3'-*O*-*β*-D-glucopyranoside
槲皮素 -3-*O*-*β*- 吡喃木糖基 -(1 → 2)-*O*-*β*- 吡喃鼠李糖苷 quercetin-3-*O*-*β*-xylopyranosyl-(1 → 2)-*O*-*β*-rhamnopyranoside
槲皮素 -3'-*O*-*β*- 吡喃葡萄糖苷 quercetin-3'-*O*-*β*-glucopyranoside
槲皮素 -3-*O*-*β*- 吡喃葡萄糖基 -(1 → 6)-*β*- 吡喃半乳糖苷 quercetin-

3-O-β-glucopyranosyl-(1 → 6)-β-galactopyranoside
槲皮素 -3-O-β- 吡喃葡萄糖基 -7-O-α- 吡喃鼠李糖苷 quercetin-3-O-β-glucopyranosyl-7-O-α-rhamnopyranoside
槲皮素 -3-O-β- 吡喃葡萄糖醛酸苷 quercetin-3-O-β-glucuronopyranoside
槲皮素 -3-O-β- 吡喃鼠李糖基 -(1 → 6)-β- 吡喃葡萄糖苷 quercetin-3-O-β-rhamnopyranosyl-(1 → 6)-β-glucopyranoside
槲皮素 -3-O-β- 刺槐二糖苷 quercetin-3-O-β-robinobioside
槲皮素 -3-O-β- 槐糖苷 quercetin-3-O-β-sophoroside
槲皮素 -3-O-β- 龙胆二糖苷 quercetin-3-O-β-gentiobioside
槲皮素 -3-O-β- 鼠李糖苷 quercetin-3-O-β-rhamnoside
槲皮素 -3-O-β- 新橙皮糖苷 quercetin-3-O-β-neohesperidoside
槲皮素 -3-O- 阿拉伯糖苷 quercetin-3-O-arabinoside
槲皮素 -3-O- 阿拉伯糖基葡萄糖苷 quercetin-3-O-arabinosylglucoside
槲皮素 -3-O- 半乳糖苷 quercetin-3-O-galactoside
槲皮素 -3-O- 半乳糖基葡萄糖苷 quercetin-3-O-galactosylglucoside
槲皮素 -3-O- 吡喃阿拉伯糖苷 quercetin-3-O-arabinopyranoside
槲皮素 -3-O- 吡喃阿拉伯糖基半乳糖苷 quercetin-3-O-arabinosylgalactoside
槲皮素 -3-O- 吡喃阿拉伯糖基吡喃葡萄糖苷 quercetin-3-O-arabinopyranosylglucopyranoside
槲皮素 -3-O- 吡喃半乳糖苷 quercetin-3-O-galactopyranoside
槲皮素 -3-O- 吡喃龙胆二糖苷 quercetin-3-O-gentiobiopyranoside
槲皮素 -3-O- 吡喃木糖苷 quercetin-3-O-xylopyranoside
槲皮素 -3-O- 吡喃木糖基 -(1''' → 2'')- 吡喃葡萄糖苷 quercetin-3-O-xylopyranosyl-(1''' → 2'')-glucopyranoside
槲皮素 -3-O- 吡喃葡萄糖苷 -7-O- 吡喃木糖苷 quercetin-3-O-glucopyranoside-7-O-xylopyranoside
槲皮素 -3-O- 吡喃葡萄糖苷 -7-O- 吡喃鼠李糖苷 quercetin-3-O-glucopyranoside-7-O-rhamnopyranoside
槲皮素 -3-O- 吡喃葡萄糖苷 -7-O- 芸香糖苷 quercetin-3-O-glucopyranoside-7-O-rutinoside
槲皮素 -3-O- 吡喃葡萄糖基 -(1''' → 6'')- 吡喃葡萄糖苷 quercetin-3-O-glucopyranosyl-(1''' → 6'')-glucopyranoside
槲皮素 -3-O- 吡喃鼠李糖基吡喃葡萄糖苷 quercetin-3-O-rhamnopyranosylglucopyranoside
槲皮素 -3-O- 吡喃鼠李糖基 - 吡喃葡萄糖苷 quercetin-3-O-rhamnopyranoglucopyranoside
槲皮素 -3-O- 丙二酰葡萄糖苷 quercetin-3-O-malonylglucoside
槲皮素 -3-O- 巢菜糖苷 quercetin-3-O-vicianoside
槲皮素 -3-O- 刺槐二糖苷 quercetin-3-O-robinobioside
槲皮素 -3-O- 刺槐二糖苷 -7-O-β-D- 吡喃葡萄糖苷 quercetin-3-O-robinobioside-7-O-β-D-glucopyranoside
槲皮素 -3-O- 刺槐糖苷 quercetin-3-O-robinoside
槲皮素 -3-O- 二吡喃葡萄糖苷 quercetin-3-O-diglucopyranoside
槲皮素 -3-O- 二葡萄糖苷 quercetin-3-O-diglucoside
槲皮素 -3-O- 呋喃阿拉伯糖苷 quercetin-3-O-arabinofuranoside
槲皮素 -3-O- 槐糖苷 quercetin-3-O-sophoroside
槲皮素 -3-O- 槐糖苷 -7-O-α-L- 吡喃鼠李糖苷 quercetin-3-O-sophoroside-7-O-α-L-rhamnopyranoside
槲皮素 -3-O- 槐糖苷 -7-O-β-D- 吡喃葡萄糖苷 quercetin-3-O-sophoroside-7-O-β-D-glucopyranoside
槲皮素 -3-O- 槐糖苷 -7-O- 吡喃阿拉伯糖苷 quercetin-3-O-sophoroside-7-O-arabinopyranoside
槲皮素 -3-O- 槐糖苷 -7-O- 葡萄糖醛酸苷 quercetin-3-O-sophoroside-7-O-glucuronide
槲皮素 -3-O- 槐糖基 -7-O- 鼠李糖苷 quercetin-3-O-sophoroylsyl-7-O-rhamnoside
槲皮素 -3-O- 己糖苷 quercetin-3-O-hexoside
槲皮素 -3'-O- 甲基 -3-O-β-D- 吡喃葡萄糖苷 quercetin-3'-O-methyl-3-O-β-D-glucopyranoside
槲皮素 -3'-O- 甲醚 quercetin-3'-O-methyl ether
槲皮素 -3-O- 甲醚 quercetin-3-O-methyl ether
槲皮素 -3-O- 接骨木二糖苷 quercetin-3-O-sambubioside
槲皮素 -3-O- 咖啡酰葡萄糖苷 quercetin-3-O-caffeylglucoside
槲皮素 -3-O- 硫酸酯 quercetin-3-O-sulfate
槲皮素 -3-O- 硫酸酯 -7-O-α- 吡喃阿拉伯糖苷 quercetin-3-O-sulfate-7-O-α-arabinopyranoside
槲皮素 -3-O- 龙胆二糖苷 quercetin-3-O-gentiobioside
槲皮素 -3-O- 龙胆二糖基 -7-O- 鼠李糖苷 quercetin-3-O-gentiobiosyl-7-O-rhamnoside
槲皮素 -3-O- 绵枣儿二糖苷 quercetin-3-O-scillabioside
槲皮素 -3-O- 木糖苷 quercetin-3-O-xyloside
槲皮素 -3-O- 木糖基半乳糖苷 quercetin-3-O-xylosylgalactoside
槲皮素 -3-O- 木糖基葡萄糖苷 quercetin-3-O-xylosylglucoside
槲皮素 -3'-O- 葡萄糖苷 quercetin-3'-O-glucoside
槲皮素 -3-O- 葡萄糖基鼠李糖基葡萄糖苷 quercetin-3-O-glucosylrhamnosylglucoside
槲皮素 -3-O- 葡萄糖醛酸苷 quercetin-3-O-glucuronide
槲皮素 -3-O- 芹菜糖基 -(1 → 2)-[鼠李糖基 -(1 → 6)]- 葡萄糖苷 quercetin-3-O -apiosyl-(1 → 2)-[rhamnopyranosyl-(1 → 6)]-glucopyranoside
槲皮素 -3-O- 三葡萄糖基 -7-O- 鼠李糖苷 quercetin-3-O-triglucosyl-7-O-rhamnoside
槲皮素 -3-O- 三糖苷 quercetin-3-O-trisaccharide
槲皮素 -3-O- 鼠李二糖苷 quercetin-3-O-rhamnobioside
槲皮素 -3-O- 鼠李葡萄糖苷 quercetin-3-O-rhamnoglucoside
槲皮素 -3-O- 鼠李糖基 -(1 → 6)- 半乳糖苷 quercetin-3-O-rhamnosyl-(1 → 6)-galactoside
槲皮素 -3-O- 鼠李糖基半乳糖苷 quercetin-3-O-rhamnogalactoside
槲皮素 3-O- 鼠李糖基葡萄糖苷 quecetin-3-O-rhamnoglucoside
槲皮素 -3-O- 戊糖苷 quercetin-3-O-pentoside
槲皮素 -3-O- 戊糖苷 - 葡萄糖苷 quercetin-3-O-pentoside-glucoside
槲皮素 -3-O- 戊糖基己糖苷 quercetin-3-O-pentosylhexoside
槲皮素 -3-O- 新橙皮糖苷 quercetin-3-O-neohesperidoside
槲皮素 -3-O- 乙酰吡喃葡萄糖苷 quercetin-3-O-acetylglucopyranoside
槲皮素 -3-O- 乙酰芸香糖苷 quercetin-3-O-acetylrutinoside
槲皮素 -3-O- 芸香糖苷 -3'-O-β- 吡喃葡萄糖苷 quercetin-3-O-rutinoside-3'-O-β-glucopyranoside
槲皮素 -3-O- 芸香糖苷 -7-O-β-D- 吡喃葡萄糖苷 quercetin-3-O-rutinoside-7-O-β-D-glucopyranoside
槲皮素 -3-O- 芸香糖苷 -7-O- 吡喃葡萄糖苷 quercetin-3-O-rutinoside-7-O-glucopyranoside
槲皮素 -3-O- 芸香糖苷 -7-O- 木糖基葡萄糖苷 quercetin-3-O-rutinoside-7-O-xylosylglucosidic
槲皮素 -3-O- 芸香糖苷 -7-O- 葡萄糖苷 quercetin-3-O-rutinoside-7-O-glucoside
槲皮素 -3-O- 芸香糖基 -7-O- 葡萄糖苷 quercetin-3-O-rutinosyl-7-O-glucoside
槲皮素 -3-α-L- 阿拉伯糖苷 quercetin-3-α-L-arabinoside
槲皮素 -3α-L- 吡喃阿拉伯糖苷 quercetin-3α-L-arabinopyranoside
槲皮素 -3-α-L- 吡喃鼠李糖苷 quercetin-3-α-L-rhamnopyranoside
槲皮素 -3-α-L- 呋喃阿拉伯糖苷 quercetin-3-α-L-arabinofuranoside
槲皮素 -3-α-L- 鼠李糖基 -β-D- 木糖苷 quercetin-3-α-L-rhamnosyl-β-D-xyloside
槲皮素 -3-β-D- 吡喃半乳糖苷 quercetin-3-β-D-galactopyranoside

H

槲皮素 -3-β-D- 吡喃葡萄糖苷 quercetin-3-β-D-glucopyranosyl
槲皮素 -3-β-D- 吡喃葡萄糖基 -(1 → 4)-α-L- 吡喃鼠李糖苷 quercetin-3-β-D-glucopyranosyl-(1 → 4)-α-L-ramnopyranoside
槲皮素 -3-β-D- 吡喃葡萄糖基 -(1 → 6)-β-D- 吡喃葡萄糖基 -(1 → 4)-α-L- 吡喃鼠李糖苷 quercetin-3-β-D-glucopyranosyl-(1 → 6)-β-D-glucopyranosyl-(1 → 4)-α-L-ramnopyranoside
槲皮素 -3-β-D- 吡喃葡萄糖基 -4'-O-α-D- 吡喃葡萄糖苷 quercetin-3-β-D-glucopyranosyl-4'-O-α-D-glucpyranoside
槲皮素 -3-β-D- 芸香糖苷 quercetin-3-β-D-rutinoside
槲皮素 -3β-L- 吡喃阿拉伯糖苷 quercetin-3β-L-arabinopyranoside
槲皮素 -3'-β-L- 吡喃阿拉伯糖苷 quercetin-3'-β-L-arabinopyranoside
槲皮素 -3-β-L- 吡喃阿拉伯糖苷 quercetin-3-β-L-arabinopyranoside
槲皮素 -3-β- 吡喃半乳糖苷 quercetin-3-β-galactopyranoside
槲皮素 -3-β- 吡喃葡萄糖苷 quercetin-3-β-glucopyranoside
槲皮素 -3-β- 槐糖苷 quercetin-3-β-sophoroside
槲皮素 -3-β- 葡萄糖醛酸苷 quercetin-3-β-glucuronide
槲皮素 -3- 阿拉伯糖苷 quercetin-3-arabinoside
槲皮素 -3- 半乳二鼠李糖苷 quercetin-3-galactodirhamnoside
槲皮素 -3- 半乳鼠李糖苷 quercetin-3-galactorhamnoside
槲皮素 -3- 半乳糖苷 quercetin-3-galactoside
槲皮素 -3- 半乳糖基 -7- 葡萄糖苷 quercetin-3-rhamnosyl-7-glucoside
槲皮素 -3- 半乳糖基木糖基葡萄糖苷 quercetin-3-galactoxylosidoglucoside
槲皮素 -3- 半乳糖基葡萄糖苷 quercetin-3-galactoglucoside
槲皮素 -3- 吡喃阿拉伯糖苷 quercetin-3-arabinopyranoside
槲皮素 -3- 吡喃半乳糖苷 quercetin-3-galactopyranoside
槲皮素 -3'- 吡喃葡萄糖苷 quercetin-3'-glucopyranoside
槲皮素 -3- 吡喃葡萄糖苷 -7- 吡喃半乳糖苷 quercetin-3-glucopyranoside-7-galactopyranoside
槲皮素 -3- 吡喃葡萄糖基 -(1 → 2)- 吡喃半乳糖基 -(1 → 2)- 吡喃葡萄糖苷 quercetin-3-glucopyranosyl-(1 → 2)-galactopyranosyl-(1 → 2)-glucopyranoside
槲皮素 -3- 吡喃葡萄糖基 -(1 → 4)- 吡喃半乳糖苷 quercetin-3-glucopyranosyl-(1 → 4)-galactopyranoside
槲皮素 -3- 吡喃鼠李糖苷 -2''- 没食子酸酯 quercetin-3-rhamnopyranoside-2''-gallate
槲皮素 -3- 吡喃鼠李糖基 -(1 → 2)- 吡喃半乳糖苷 quercetin-3-rhamnopyranosyl-(1 → 2)-galactopyranoside
槲皮素 -3- 刺槐二糖苷 quercetin-3-robinobioside
槲皮素 -3- 二 -O-β-D- 吡喃葡萄糖苷 quercetin-3-di-O-β-D-glucopyranoside
槲皮素 -3- 二吡喃半乳糖苷 quercetin-3-digalactopyranoside
槲皮素 -3- 二鼠李糖葡萄糖苷 quercetin-3-dirhamnoglucoside
槲皮素 -3- 槐三糖苷 quercetin-3-sophorotrioside
槲皮素 -3- 槐糖苷 quercetin-3-sophoroside
槲皮素 -3- 槐糖基 -7- 葡萄糖苷 quercetin-3-sophorosyl-7-glucoside
槲皮素 -3- 己糖苷 quercetin-3-hexoside
槲皮素 -3'- 甲醚 quercetin-3'-methyl ether
槲皮素 -3- 甲醚 quercetin-3-methyl ether
槲皮素 -3'- 甲醚 -3-O-α-L- 呋喃阿拉伯糖苷 quercetin-3'-methyl ether-3-O-α-L-arabinofuranoside
槲皮素 -3- 甲醚 -3'-O-β-D- 吡喃木糖苷 quercetin-3-methyl ether-3'-O-β-D-xylopyranoside
槲皮素 -3- 甲醚 -7-O-α-L- 呋喃阿拉伯糖基 -(1 → 6)-β-D- 吡喃葡萄糖苷 quercetin-3-methyl ether-7-O-α-L-arabinofranosyl-(1→6)-β-D-glucopyranoside
槲皮素 -3'- 甲氧基 -3-O-α-L- 呋喃阿拉伯糖苷 quercetin-3'-methoxy-3-O-α-L-arabinofuranoside
槲皮素 -3- 硫酸酯 quercetin-3-sulfate
槲皮素 -3'- 硫酸酯 -3-O-α-L- 吡喃鼠李糖苷 quercetin-3'-sulfate-3-O-α-L-rhamnopyranoside
槲皮素 -3- 没食子酰吡喃葡萄糖苷 quercetin-3-galloylglucopyranoside
槲皮素 -3- 木糖苷 quercetin-3-xyloside
槲皮素 -3'- 葡萄糖苷 quercetin-3'-glucoside
槲皮素 -3- 葡萄糖基 -(1''' → 4'')- 鼠李糖苷 -7- 鼠李糖基 -(1''''' → 6'''')- 葡萄糖苷 quercetin-3-glucosyl-(1''' → 4'')-rhamnoside-7-rhamnosyl-(1''''' → 6'''')-glucoside
槲皮素 -3- 葡萄糖基半乳糖苷 quercetin-3-glucosylgalactoside
槲皮素 -3- 葡萄糖基葡萄糖苷 quercetin-3-glucoglucoside
槲皮素 -3- 葡萄糖基葡萄糖醛酸苷 quercetin-3-glucoglucuronide
槲皮素 -3- 葡萄糖醛酸苷 quercetin-3-glucuronide
槲皮素 -3- 鼠李糖苷 -3'- 葡萄糖苷 quercetin-3-rhamnoside-3'-glucoside
槲皮素 -3- 鼠李糖基 -(1 → 2)- 半乳糖苷 quercetin-3-rhamnosyl-(1 → 2)-galactoside
槲皮素 -3- 鼠李糖基 -(1 → 3)- 半乳糖苷 quercetin-3-rhamnosyl-(1 → 3)-galactoside
槲皮素 -3- 鼠李糖基 -(1 → 6)- 半乳糖苷 quercetin-3-rhamnosyl-(1 → 6)-galactoside
槲皮素 -3- 鼠李糖基二葡萄糖苷 quercetin-3-rhamnosyldiglucoside
槲皮素 -3- 鼠李糖基葡萄糖苷 quercetin-3-rhamnoglucoside
槲皮素 -3- 鼠李糖葡萄糖基 -7- 吡喃葡萄糖苷 quercetin-3-rhamnogluco-7-glucopyranoside
槲皮素 -3- 新橙皮糖苷 quercetin-3-neohesperidoside
槲皮素 -3- 芸香糖苷 -7- 葡萄糖苷 quercetin-3-rutinoside-7-glucoside
槲皮素 -3- 芸香糖苷 -7- 鼠李糖苷 quercetin-3-rutinoside-7-rhamnoside
槲皮素 -3- 芸香糖苷 - 阿魏酰己糖 quercetin-3-rutinoside-feruloyl-hexose
槲皮素 -3- 芸香糖苷 - 对香豆酰己糖 quercetin-3-rutinoside-p-coumaroyl-hexose
槲皮素 -3- 芸香糖苷 - 对香豆酰戊糖 quercetin-3-rutinoside-p-coumaroyl-pentose
槲皮素 -3- 芸香糖基 -7- 吡喃葡萄糖苷 quercetin-3-rutino-7-glucopyranoside
槲皮素 -3- 芸香糖 - 戊糖苷 quercetin-3-rutinoside-pentoside
槲皮素 -4''-O- 甲基 -3-O-β-D- 吡喃葡萄糖苷 quercetin-4''-O-methy-3-O-β-D-glucopyranoside
槲皮素 -4'-O-D- 吡喃半乳糖苷 quercetin-4'-O-D-galactopyranoside
槲皮素 -4'-O-β-D- 吡喃半乳糖苷 quercetin-4'-O-β-D-galactopyranoside
槲皮素 -4'-O-β-D- 吡喃葡萄糖苷 quercetin-4'-O-β-D-glucopyranoside
槲皮素 -4'-O-β-D- 葡萄糖苷 quercetin-4'-O-β-D-glucoside
槲皮素 -4'-O-β- 吡喃半乳糖苷 quercetin-4'-O-β-galactopyranoside
槲皮素 -4'-O-β- 吡喃葡萄糖苷 quercetin-4'-O-β-glucopyranoside
槲皮素 -4-O- 吡喃葡萄糖基 -3-O- 吡喃鼠李糖苷 quercetin-4-O-glucopyranosyl-3-O-rhamnopyranoside
槲皮素 -4'-O- 葡萄糖苷 quercetin-4'-O-glucoside
槲皮素 -4'-O- 芸香糖苷 quercetin-4'-O-rutinoside
槲皮素 -5-O-[α-L- 吡喃鼠李糖基 -(1 → 6)]-β-D- 吡喃葡萄糖苷 quercetin-5-O-[α-L-rhamnopyranosyl-(1 → 6)]-β-D-glucopyranoside
槲皮素 -5-O-β-D- 吡喃葡萄糖苷 quercetin-5-O-β-D-glucopyranoside
槲皮素 -5-O-β-D- 吡喃岩藻糖基 -(1 → 2)-α-L- 吡喃鼠李糖基 quercetin-5-O-β-D-fucopyranosyl-(1 → 2)-α-L-rhamnopyranoside
槲皮素 -5-O-β-D- 葡萄糖苷 quercetin-5-O-β-D-glucoside

槲皮素 -5-O- 葡萄糖苷 quercetin-5-O-glucoside
槲皮素 -5-β-D- 葡萄糖苷 quercetin-5-β-D-glucoside
槲皮素 -6-C- 吡喃葡萄糖苷 quercetin-6-C-glucopyranoside
槲皮素 -6-C- 葡萄糖苷 quercetin-6-C-glucoside
槲皮素 -6-O-α-L- 鼠李糖基 -β-D- 葡萄糖苷 quercetin-6-O-α-L-rhamnosyl-β-D-glucoside
槲皮素 -7,3',4'- 三甲基 -3-O- 芸香糖苷 quercetin-7,3',4'-trimethyl-3-O-rutinoside
槲皮素 -7,3',4'- 三甲醚 quercetin-7,3',4'-trimethyl ether
槲皮素 -7,3'- 二甲醚 quercetin-7,3'-dimethyl ether
槲皮素 -7,4'-O-β-D- 二吡喃葡萄糖苷 quercetin-7,4'-O-β-D-diglucopyranoside
槲皮素 -7,4'- 二 -O-β-D- 吡喃葡萄糖苷 quercetin-7,4'-di-O-β-D-glucopyranoside
槲皮素 -7,4'- 二甲醚 quercetin-7,4'-dimethyl ether
槲皮素 -7-O-(6''-O- 反式 - 阿魏酰基)-β-D- 吡喃葡萄糖苷 quercetin-7-O-(6''-O-trans-caffeoyl)-β-D-glucopyranoside
槲皮素 -7-O-(6''-O- 乙酰基)-β-D- 吡喃葡萄糖苷 quercetin-7-O-(6''-O-acetyl)-β-D-glucopyranoside
槲皮素 -7-O-α-D- 吡喃葡萄糖苷 quercetin-7-O-α-D-glucopyranoside
槲皮素 -7-O-α-L- 吡喃阿拉伯糖基 -3-O-β-D-6''- 乙酰吡喃葡萄糖苷 quercetin-7-O-α-L-arabinopyranosyl-3-O-β-D-6''-acetylglucopyranoside
槲皮素 -7-O-α-L- 吡喃鼠李糖苷 quercetin-7-O-α-L-rhamnopyranoside
槲皮素 -7-O-α-L- 吡喃鼠李糖苷 -3-O-α-L- 吡喃鼠李糖基 -(1 → 2)-β-D- 吡喃葡萄糖苷 quercetin-7-O-α-L-rhamnopyranoside-3-O-α-L-rhamnopyranosyl-(1 → 2)-β-D-glucopyranoside
槲皮素 -7-O-α-L- 呋喃鼠李糖苷 quercetin-7-O-α-L-rhamnofuranoside
槲皮素 -7-O-α-L- 鼠李糖苷 quercetin-7-O-α-L-rhamnoside
槲皮素 -7-O-β-(6''- 没食子酰吡喃葡萄糖苷) quercetin-7-O-β-(6''-galloyl-glucopyranoside)
槲皮素 -7-O-β-D-[6''-O-(反式 - 阿魏酰)]- 吡喃葡萄糖苷 quercetin-7-O-β-D-[6''-O-(trans-feruloyl)]-glucopyranoside
槲皮素 -7-O-β-D- 吡喃阿拉伯糖苷 quercetin-7-O-β-D-arabinopyranoside
槲皮素 -7-O-β-D- 吡喃半乳糖苷 quercetin-7-O-β-D-galactopyranoside
槲皮素 -7-O-β-D- 吡喃葡萄糖苷 quercetin-7-O-β-D-glucopyranoside
槲皮素 -7-O-β-D- 吡喃葡萄糖基 -(1 → 6)-β-D- 吡喃葡萄糖苷 quercetin-7-O-β-D-glucopyranosyl-(1 → 6)-β-D-glucopyranoside
槲皮素 -7-O-β-D- 吡喃葡萄糖基 -β-L- 吡喃鼠李糖苷 quercetin-7-O-β-D-glucopyranosyl-β-L-rhamnopyranoside
槲皮素 -7-O-β-D- 二吡喃葡萄糖苷 quercetin-7-O-β-D-diglucopyranoside
槲皮素 -7-O-β-D- 呋喃芹糖基 -(1 → 2)-β-D- 吡喃木糖苷 quercetin-7-O-β-D-apiofuranosyl-(1 → 2)-β-D-xylopyranoside
槲皮素 -7-O-β-D- 呋喃芹糖基 -(1 → 2)-β-D- 吡喃木糖苷 -3'-O-β-D 吡喃葡萄糖苷 quercetin-7-O-β-D-apiofuranosyl-(1 → 2)-β-D-xylopyranoside-3'-O-β-D-glucopyranoside
槲皮素 -7-O-β-D- 龙胆二糖苷 quercetin-3-O-β-D-gentiobioside
槲皮素 -7-O-β-D- 葡萄糖苷 quercetin-7-O-β-D-glucoside
槲皮素 -7-O-β-D- 葡萄糖苷 -3-O- 槐糖苷 quercetin-7-O-glucoside-3-O-sophoroside
槲皮素 -7-O-β-D- 葡萄糖醛酸苷 quercetin-7-O-β-D-glucuronide
槲皮素 -7-O- 吡喃葡萄糖苷 quercetin-7-O-glucopyranoside
槲皮素 -7-O- 吡喃葡萄糖基 -3-O- 二吡喃糖苷 quercetin-7-O-glucopyranosyl-3-O-diglycopyranoside
槲皮素 -7-O- 吡喃葡萄糖基 -3-O- 芸香糖苷 quercetin-7-O-glucopyranosyl-3-O-rutinoside
槲皮素 -7-O- 吡喃鼠李糖苷 quercetin-7-O-rhamnopyranoside
槲皮素 -7-O- 己糖苷 quercetin-7-O-hexoside
槲皮素 -7-O- 芥子酰基 -3-O- 芸香糖苷 quercetin-7-O-sinapoyl-3-O-rutinoside
槲皮素 -7-O- 龙胆二糖苷 quercetin-7-O-gentiobioside
槲皮素 -7-O- 葡萄糖苷 quercetin-7-O-glucoside
槲皮素 -7-O- 葡萄糖苷 -3-O- 葡萄糖基半乳糖苷 quercetin-7-O-glucoside-3-O-glucogalactoside
槲皮素 -7-O- 葡萄糖苷 -3-O- 葡萄糖基半乳糖苷 - 对香豆酸酯 quercetin-7-O-glucoside-3-O-glucogalactoside-p-coumarate
槲皮素 -7-O- 鼠李糖苷 quercetin-7-O-rhamnoside
槲皮素 -7-O- 鼠李糖基葡萄糖苷 quercetin-7-O-rhamnoglucoside
槲皮素 -7-O- 新橙皮糖苷 quercetin-7-O-neohespridoside
槲皮素 -7-O- 芸香糖苷 quercetin-7-O-rutinoside
槲皮素 -7-α-L- 吡喃鼠李糖苷 quercetin-7-α-L-rhamnopyranoside
槲皮素 -7-β-D- 二葡萄糖基 -3-β-D- 葡萄糖苷 quercetin-7-β-D-diglucose-3-β-D-glucoside
槲皮素 -7-β-D- 葡萄糖苷 quercetin-7-β-D-glucoside
槲皮素 -7- 吡喃葡萄糖苷 quercetin-7-glucopyranoside
槲皮素 -7- 吡喃鼠李糖苷 quercetin-7-rhamnopyranoside
槲皮素 -7- 甲醚 quercetin-7-methyl ether
槲皮素 -7- 葡萄糖苷 quercetin-7-glucoside
槲皮素 -7- 鼠李糖苷 quercetin-7-rhamnoside
3-(槲皮素 -8- 基)-2,3- 环氧黄烷酮 3-(quercetin-8-yl)-2,3-epoxyflavanone
槲皮素 -O-α-L- 吡喃鼠李糖基 -(1 → 6)-(4-O- 反式 - 对香豆酰基)-β-D- 吡喃半乳糖苷 quercetin-O-α-L-rhamnopyranosyl-(1→6)-(4-O-trans-p-coumaroyl)-β-D-galactopyranoside
槲皮素 -O-β-D- 吡喃半乳糖苷 quercetin-O-β-D-galactopyranoside
槲皮素 -O-β-D- 吡喃葡萄糖苷 quercetin-O-β-D-glucopyranoside
槲皮素 -O- 吡喃阿拉伯糖苷 quercetin-O-arabinopyranoside
槲皮素 -O- 吡喃鼠李糖苷 quercetin-O-rhamnopyranoside
槲皮素 -O- 木糖苷 quercetin-O-xyloside
槲皮素 -O- 鼠李半乳糖苷 quercetin-O-rhamnogalactoside
槲皮素 -β-D- 吡喃葡萄糖苷 -3β-L- 呋喃阿拉伯糖苷 quercetin-β-D-glucopyranoside-3β-L-arabinofuranoside
槲皮素 - 阿拉伯糖基葡萄糖苷 quercetin-arabinoglucoside
槲皮素半乳糖苷 quercetin galactoside
槲皮素 - 半乳糖基鼠李糖苷 quercetin-galactosylrhamnoside
槲皮素吡喃葡萄糖苷 quercetin glucopyranoside
槲皮素 - 吡喃葡萄糖基 - 吡喃鼠李糖苷 quercetin-glucopyranosyl-rhamnopyranoside
槲皮素 - 儿茶素 quercetin-catechin
槲皮素 - 二己糖苷 quercetin-dihexoside
槲皮素 - 二己糖 - 去氧己糖 quercetin-dihexose-deoxyhexose
槲皮素 - 二己糖 - 去氧己糖 - 对香豆酸 quercetin-dihexose-deoxyhexose-p-coumaric acid
槲皮素 - 二己糖 - 去氧己糖 - 戊糖 quercetin-dihexose-deoxyhexose-pentose
槲皮素二糖苷 quercetin diglycoside
槲皮素苷 -7-O-β-D- 吡喃葡萄糖苷 quercitrin-7-O-β-D-glucopyranoside
槲皮素己糖苷 quercetin hexoside
槲皮素己糖苷丙二酸酯 quercetin hexoside-malonate
槲皮素己糖基己糖苷 quercetin hexosylhexoside
槲皮素 - 己糖 - 去氧己糖 - 戊糖 quercetin-hexose-deoxyhexose-pentose

槲皮素葡萄糖苷 quercetin glucoside
槲皮素葡萄糖醛酸苷 quercetin glucuronide
槲皮素去氧己糖苷 quercetin deoxyhexoside
槲皮素三糖苷 quercetin triglycoside
槲皮素鼠李葡萄糖苷 quercetin rhamnoglucoside
槲皮素鼠李糖苷 quercetin rhamnoside
槲皮素鼠李糖基己糖苷 quercetin rhamnosylhexoside
槲皮素 - 双 -3-*O*-*β*- 葡萄糖苷 quercetin bis-3-*O*-*β*-glucoside
槲皮素糖苷 quercetin glycoside
槲皮素绣线菊苷 quercetin spiraeoside
槲皮万寿菊苷 quercetagitrin
槲皮万寿菊素 quercetagetin
槲皮万寿菊素 -3,3'- 二甲酯 quercetagetin-3,3'-dimethyl ether
槲皮万寿菊素 -3,6,3',4'- 四甲醚 quercetagetin-3,6,3',4'-tetramethyl ether
槲皮万寿菊素 -3,6,3'- 三甲醚 quercetagetin-3,6,3'-trimethyl ether
槲皮万寿菊素 -3,6,3'- 三甲醚 -7-*O*-*β*- 葡萄糖苷 quercetagetin-3,6,3'-trimethyl ether-7-*O*-*β*-glucoside
槲皮万寿菊素 -3,6,4'- 三甲醚 quercetagetin 3,6,4'-trimethyl ether
槲皮万寿菊素 -3,6,7,3',4'- 五甲醚 quercetagetin-3,6,7,3',4'-pentamethyl ether
槲皮万寿菊素 -3,6,7- 三甲醚 quercetagetin-3,6,7-trimethyl ether
槲皮万寿菊素 -3,6- 二甲醚 quercetagetin-3,6-dimethyl ether
槲皮万寿菊素 -3,6- 二甲醚 -4'-*O*-*β*-D- 吡喃葡萄糖苷 quercetagetin-3,6-dimethyl ether-4'-*O*-*β*-D-pyranoglucoside
槲皮万寿菊素 -3,6- 二甲醚 -7-*O*-*β*-D- 吡喃葡萄糖苷 quercetagetin-3,6-dimethyl ether-7-*O*-*β*-D-pyranoglucoside
槲皮万寿菊素 -3,7,3',4'- 四甲醚 quercetagetin-3,7,3',4'-tetramethyl ether
槲皮万寿菊素 -3,7,3'- 三甲醚 quercetagetin-3,7,3'-trimethyl ether
槲皮万寿菊素 -3,7,3'- 三甲醚 -6-*O*-*β*- 葡萄糖苷 quercetagetin-3,7,3'-trimethyl ether-6-*O*-*β*-glucoside
槲皮万寿菊素 -3,7- 二甲醚 quercetagetin-3,7-dimethyl ether
槲皮万寿菊素 -3-*O*- 葡萄糖苷 quercetagetin-3-*O*-glucoside
槲皮万寿菊素 -5- 甲醚 quercetagetin-5-methyl ether
槲皮万寿菊素 -6,3'- 二甲醚 quercetagetin-6,3'-dimethylether
槲皮万寿菊素 -6,7,3',4'- 四甲基醚 quercetagetin-6,7,3',4'-tetramethyl ether
槲皮万寿菊素 -6,7,4'- 三甲基醚 quercetagetin-6,7,4'-trimethyl ether
槲皮万寿菊素 -7- 甲醚 quercetagetin-7-methylether
槲皮万寿菊素 -7- 甲醚 -6-*O*-*β*-D- 吡喃葡萄糖苷 quercetagetin-7-methylether-6-*O*-*β*-D-glucopyranoside
槲皮万寿菊素六甲醚 quercetagetin hexamethyl ether
蝴蝶草苷▲ A, B torenoside A, B
蝴蝶花素 A, B irisjaponin A, B
虎刺醇 damnacanthol
虎刺醇 -11-*O*-*β*- 樱草糖苷 damnacanthol-11-*O*-*β*-primeveroside
虎刺醇 -3-*O*-*β*-D- 葡萄糖苷 damnacanthol-3-*O*-*β*-D-glucoside
虎刺醇 -3-*O*-*β*-D- 樱草糖苷 damnacanthol-3-*O*-*β*-D-primeveroside
虎刺醇 -*ω*- 乙醚 damnacanthol-*ω*-ethyl ether
虎刺楤木苷▲ armatoside
虎刺尼定 damnidin
虎刺醛 damnacanthal
虎耳草苷 saxifragin
虎皮楠胺▲ daphniphyllamine
虎皮楠定碱▲ A, B daphnoldine A, B
虎皮楠苷▲ oldhamioside
虎皮楠哈明碱▲ A daphnioldhamine A
虎皮楠环定▲ A, B, D, F, H, L daphnicyclidine A, B, D, F, H, L
虎皮楠碱 daphniphylline
虎皮楠林碱▲ A oldhamiphylline A
虎皮楠明胺▲ A oldhamine A
虎皮楠明碱▲ A~D dapholdhamine A~D
虎皮楠宁碱▲ A~K daphnioldhanin A~K
虎皮楠缩醛▲ A daphniacetal A
虎皮楠唑胺▲ B, H, I, K, L, M, R, S, U daphnezomine B, H, I, K, L, M, R, S, U
虎皮楠唑酸▲ daphnezomic acid
虎舌红苷▲ A~H ardisimamilloside A~H
虎尾兰皂苷元 sansevierigenin
虎掌草皂苷 A~D huzhangoside A~D
虎杖苷 polydatin
虎杖苷 -6''-*O*-(*E*)- 香豆酸酯 polydatin-6''-*O*-(*E*)-coumarate
虎杖明▲ cuspidatumin
虎杖素 reynoutrin
虎榛三醇▲ ostryopsitriol
虎榛三烯醇▲ ostryopsitrienol
琥珀酸 amber acid; succinic acid
琥珀酸单丁酯 succinic acid monobutyl ester
琥珀酸单甲酯 succinic acid monomethyl ester
琥珀酸二甲酯 dimethyl succinate
琥珀酸酐 succinic anhydride
琥珀酸乙酯 ethyl succinate
19-*O*- 琥珀酰贝壳杉醇酸 19-*O*-succinyl-agatholic acid
琥珀酰亚胺 succinimide
18- 琥珀酰氧基冷杉 -8,11,13- 三烯 18-succinoyloxyabieta-8,11,13-triene
18- 琥珀酰氧基冷杉 -8,11,13- 三烯甲酯 18-succinoyloxyabieta-8,11,13-triene methyl ester
花茶皂苷 A, B, C floratheasaponin A, B, C
花粉甾烷醇▲ pollinastanol
(+)- 花桂碱▲ (+)-daphnandrine
花椒吡喃酮 zanthopyranone
花椒醇 bungeanool
花椒毒酚 xanthotoxol
花椒毒酚 -8-*O*-*α*-L- 阿拉伯糖苷 xanthotoxol-8-*O*-*α*-L-arabinoside
花椒毒酚 -8-*O*-*β*-D- 吡喃葡萄糖苷 xanthotoxol-8-*O*-*β*-D-glucopyranoside
花椒毒酚 -8-*β*-D- 吡喃葡萄糖苷 xanthotoxol-8-*β*-D-glucopyranoside
花椒毒素 xanthotoxin
花椒杜松碱▲ A, B zanthocadinanine A, B
花椒二醇林碱▲ zanthodioline
花椒二酮▲ zanthodione
(+)- 花椒酚 (+)-xanthoxylol
(+)- 花椒酚▲ (+)-xanthoxyol
花椒酚 -3,3- 二甲基烯丙基醚 xanthoxylol-3,3-dimethylallyl ether
花椒苷▲ zanthoxyloside
花椒内酯 xanthyletin
花椒宁碱▲ zanthobungeanine
花椒欧洲赤松碱▲ zanthomuurolanine
花椒氰 zanthonitrile
花椒双喹诺酮 zanthobisquinolone
花椒素 xanthoxylin
花椒吴萸定▲ evoxoidine
(-)- 花椒吴萸碱▲ (-)-evoxine
花椒吴萸碱▲ evoxine
(-)- 花菱草醇▲ (-)-eschscholtzinol
花菱草定 eschscholtzidine

花菱草碱▲ escholtzine
花菱草尼定▲ californidine
花菱草嗪 eschscholtzine
(-)- 花菱草酮▲ (-)-eschscholtzinone
花锚苷 haleniaside
花锚洛苷▲ corniculoside
花锚色酮▲ A, B, C halenichromone A, B, C
花锚素▲ A, B halenin A, B
花锚酸▲ A, B, C halenic acid A, B, C
花木蓝素 A~H kirilowin A~H
(+)- 花旗松素 (+)-taxifolin
(2R,3R)-(+)- 花旗松素 (2R,3R)-(+)-taxifolin
花旗松素 taxifolin
花旗松素 -3,7- 二 -O-α-L- 鼠李糖苷 taxifolin-3,7-O-α-L-dirhamnoside
(2R,3R)- 花旗松素 -3-O-α-D- 吡喃阿拉伯糖苷 (2R,3R)-taxifolin-3-O-α-D-arabinopyranoside
(2R,3S)- 花旗松素 -3-O-α-D- 吡喃阿拉伯糖苷 (2R,3S)-taxifolin-3-O-α-D-arabinopyranoside
(2S,3R)- 花旗松素 -3-O-α-D- 吡喃阿拉伯糖苷 (2S,3R)-taxifolin-3-O-α-D-arabinopyranoside
(+)- 花旗松素 -3-O-α-L- 吡喃阿拉伯糖苷 (+)-taxifolin-3-O-α-L-arabinopyranoside
(2R,3R)- 花旗松素 -3-O-α-L- 吡喃阿拉伯糖苷 (2R,3R)-taxifolin-3-O-α-L-arabinopyranoside
(2R,3S)- 花旗松素 -3-O-α-L- 吡喃阿拉伯糖苷 (2R,3S)-taxifolin-3-O-α-L-arabinopyranoside
(2S,3R)- 花旗松素 -3-O-α-L- 吡喃阿拉伯糖苷 (2S,3R)-taxifolin-3-O-α-L-arabinopyranoside
花旗松素 -3-O-α-L- 吡喃阿拉伯糖苷 taxifolin-3-O-α-L-arabinopyranoside
(+)- 花旗松素 -3-O-α-L- 吡喃鼠李糖苷 (+)-taxifolin-3-O-α-L-rhamnopyranoside
花旗松素 -3-O-α-L- 吡喃鼠李糖苷 taxifolin-3-O-α-L-rhamnopyranoside
(-)- 花旗松素 -3-O-β-D- 吡喃木糖苷 (-)-taxifolin-3-O-β-D-xylopyranoside
(+)- 花旗松素 -3-O-β-D- 吡喃木糖苷 (+)-taxifolin-3-O-β-D-xylopyranoside
(2R,3R)- 花旗松素 -3-O-β-D- 吡喃木糖苷 (2R,3R)-taxifolin-3-O-β-D-xylopyranoside
(2S,3S)- 花旗松素 -3-O-β-D- 吡喃木糖苷 (2S,3S)-taxifolin-3-O-β-D-xylopyranoside
花旗松素 -3-O-β-D- 吡喃木糖苷 taxifolin-3-O-β-D-xylopyranoside
(2R,3R)- 花旗松素 -3'-O-β-D- 吡喃葡萄糖苷 (2R,3R)-taxifolin-3'-O-β-D-glucopyranoside
花旗松素 -3'-O-β-D- 吡喃葡萄糖苷 taxifolin-3'-O-β-D-glucopyranoside
(2R,3R)-(+)- 花旗松素 -3-O-β-D- 吡喃葡萄糖苷 (2R,3R)-(+)-taxifolin-3-O-β-D-glucopyranoside
(2R,3R)- 花旗松素 -3-O-β-D- 吡喃葡萄糖苷 (2R,3R)-taxifolin-3-O-β-D-glucopyranoside
(2S,3S)-(-)- 花旗松素 -3-O-β-D- 吡喃葡萄糖苷 (2S,3S)-(-)-taxifolin-3-O-β-D-glucopyranoside
(2S,3S)- 花旗松素 -3-O-β-D- 吡喃葡萄糖苷 (2S,3S)-taxifolin-3-O-β-D-glucopyranoside
花旗松素 -3-O-β-D- 吡喃葡萄糖苷 taxifolin-3-O-β-D-glucopyranoside
(2R,3R)- 花旗松素 -3-O- 吡喃阿拉伯糖苷 (2R,3R)-taxifolin-3-O-arabinoside
(2S,3S)- 花旗松素 -3-O- 吡喃阿拉伯糖苷 (2S,3S)-taxifolin-3-O-arabinoside
花旗松素 -3-O- 吡喃木糖苷 taxifolin-3-O-xylopyranoside
花旗松素 -3-O- 葡萄苷 taxifolin-3-O-glucoside
(2R,3S)- 花旗松素 -3-O- 葡萄糖苷 (2R,3S)-taxifolin-3-O-glucoside
花旗松素 -3- 吡喃阿拉伯糖苷 taxifolin-3-arabinopyranoside
花旗松素 -3- 吡喃葡萄糖苷 taxifolin-3-glucopyranoside
花旗松素 -4'-O-β-D- 吡喃葡萄糖苷 taxifolin-4'-O-β-D-glucopyranoside
花旗松素 -4'-O-β- 吡喃葡萄糖苷 taxifolin-4'-O-β-glucopyranoiside
花旗松素 -6-C- 吡喃葡萄糖苷 taxifolin-6-C-glucopyranoside
花旗松素 -6-C- 葡萄糖苷 taxifolin-6-C-glucoside
花旗松素 -7-O-β-D- 吡喃葡萄糖苷 taxifolin-7-O-β-D-glucopyranoside
6-(对羟基苯基)- 花旗松素 -7-O-β-D- 葡萄糖苷 6-(p-hydroxybenzyl)-taxifolin-7-O-β-D-glucoside
花旗松素 -7-O- 吡喃葡萄糖苷 taxifolin-7-O-glucpyranooside
(2R,3R)- 花旗松素 -7- 鼠李糖苷 (2R,3R)-taxifolin-7-rhamnoside
花旗松素 -O- 戊糖苷 taxifolin-O-pentoside
花青苷 cyanin
花青素 anthocyanidin
花青素原 anthocyanogen
花楸酸苷 parasorboside
花荵苷元 A polemoniumgenin A
花荵皂苷▲ B, C polemonioside B, C
花荵皂苷元▲ polemoniogenin
花生四烯酸 arachidonic acid
花生四烯酸乙酯 ethyl arachidonate
花生酸 arachidic acid; icosanoic acid
花生酸甲酯 methyl arachidate
花生酸十八酯 stearyl arachidate
N- 花生酰色胺 N-arachidoyltryptamine
花生油酸 arachic acid
花生油酰二亚油精 arachidodilinolin
花生油酰二油酰甘油酯 arachidiolein
花生油酰油酰亚油精 arachidooleolinolin
花葶乌头碱 scaconitine
花葶乌头宁 scaconine
(9Z)- 花药黄质 (9Z)-antheraxanthin
花药黄质 antheraxanthin
花叶假杜鹃苷▲ lupulinoside
花朱顶红碱▲ vittatine
花朱顶红咔啉▲ vittacarboline
华北白前醇 hancockinol
华北白前苷 A hancoside A
华北白前苷元 B hancogenin B
华北白前羽扇醇▲ hancolupenol
华北白前羽扇醇▲二十八酸酯 hancolupenol octacosanate
华北白前羽扇烯酮▲ hancolupenone
华东菝葜素 A, B sieboldiin A, B
华东菝葜皂苷元 sieboldogenin
华东蓝刺头炔▲ A grijisyne A
华东蓝刺头酮▲ A grijisone A
华东唐松草苷 I, J thaliforoside I, J
华东唐松草碱 thalifortine
华法林 warfarin
华丽蓍醇▲ magnificol
(-)- 华丽舒曼木苷▲ A (-)-schumanniofioside A

H

华南毛蕨辛▲ A, B, C parasiticin A, B, C
华南吴萸苷 A, B austroside A, B
华南远志素▲ chinensin
华南远志碳苷▲ A~D glomeratide A~D
华南远志糖▲ A~G glomeratose A~G
华南云实素▲ A~L taepeenin A~L
华南云实萜素▲ A, B caesalpinista A, B
华西龙头草碱▲ A, B meefarnine A, B
华西龙头草素▲ A~D fargenin A~D
华西龙头草素▲ B-6'',3'''- 甲酯 fargenin B-6'',3'''-dimethyl ester
华中冬青醇 huazhongilexol
华中冬青素 huazhongilexin
(7*S**,8*R**,7'*S**,8'*R**)- 华中冬青素 -9-*O*-(2- 阿魏酰基)-*β*-D- 吡喃木糖苷 (7*S**,8*R**,7'*S**,8'*R**)-huazhongilexin-9-*O*-(2-feruloyl)-*β*-D-xylopyranoside
华中冬青酮 huazhongilexone
华中冬青酮▲ -7-*O*-*β*-D- 吡喃葡萄糖苷 huazhongilexone-7-*O*-*β*-D-glucopyranoside
华中五味子二内酯▲ A, B schisphendilactone A, B
华中五味子二内酯 A~F sphenadilactone A~F
华中五味子木脂素▲ schisphenlignan
华中五味子木脂素▲ A~K schisphenlignan A~K
华中五味子内酯▲ A, B, C schinalactone A, B, C
华中五味子内酯 A~D sphenalactone A~D
华中五味子宁▲ A~D schisansphenin A~D
华中五味子宁醛▲ A schisanspheninal A
华中五味子四氢萘酮▲ A schisphentetralone A
华中五味子素▲ A, C~G schisphenin A, C~G
华中五味子萜素▲ A sphenasin A
华中五味子酮▲ schisphenone
华中五味子烯▲ A schisansphene A
华中五味子辛▲ A, B, C schisphenthin A, B, C
华中五味子酯▲ A sphenanthin A
华中五脂素 sphenanlignan
滑桃树阿宁▲ trewianin
滑桃树定▲ trenudine
滑桃树苷 trewioside
滑桃树灵▲ treflorine
滑桃树宁▲ trewinin
滑桃树辛▲ trewiasine
化香树醇▲ platycarynol
化香树宁▲ strobilanin
化香树鞣宁▲ A~D platycaryanin A~D
化香树鞣质▲ platycariin
华防己碱 sinoacutine
华厚壳桂碱 caryachine
华萝藦苷▲ hemoside
华萝藦苷▲ A~D hemoside A~D
华桑素▲ A, B, C cathayanin A, B, C
华桑酮▲ A~J cathayanon A~J
华山矾苷▲ A~S, X, Y symplocososide A~S, X, Y
华泽兰内酯 A~J eupachinilide A~J
华泽兰新内酯▲ I, II, III, IV, V, VI, VII eupatochinilide I, II, III, IV, V, VI, VII
桦九异戊烯醇▲ betulanonaprenol
桦木酚 betuletol
(-)- 桦木精醇 (-)-betuligenol
桦木精醇 betuligenol
桦木醛 betulinaldehyde
桦木四醇▲ betulatetraol
α- 桦木烯醇 *α*-betulenol
桦叶荚蒾苷 viburnalloside
桦叶葡萄醇 A, B betulifol A, B
桦叶烯二醇酮 betulafolienediolone
桦叶烯三醇 betulafolienetriol
桦叶烯三醇环氧化物 -12- 乙酸酯 betulafolienetriol epoxide-12-monoacetate
桦叶烯三醇氧化物 I betulafolienetriol oxide I
桦叶烯四醇 betulafolienetetraol
桦叶烯五醇 betulafolienpentaol
桦褶孔菌内酯▲ A, B betulactone A, B
桦褶孔菌素▲ A, B, C betulinan A, B, C
怀特大豆酮▲ wighteone
怀特石松醇▲ B wightianol B
(-)- 槐胺 (-)-sophoramine
(+)- 槐胺 (+)-sophoramine
槐胺 sophoramine
(+)- 槐醇 (+)-sophoranol
槐醇 sophoranol
(+)- 槐醇 -*N*- 氧化物 (+)-sophoranol-*N*-oxide
槐醇 -*N*- 氧化物 sophoranol-*N*-oxide
槐芪▲ A sophorastilbene A
(-)- 槐定碱 (-)-sophoridine
槐定碱 sophoridine
(-)- 槐定碱 -*N*- 氧化物 (-)-sophoridine-*N*-oxide
槐定碱 -*N*- 氧化物 sophoridine-*N*-oxide
槐二醇 sophoradiol
槐二酮 sophoradione
槐酚▲ sophorol
槐酚酮▲ sophorophenolone
槐苷 A sophoraside A
(-)- 槐果碱 (-)-sophocarpine
(+)- 槐果碱 (+)-sophocarpine
槐果碱 sophocarpine
(+)- 槐果碱 -*N*- 氧化物 (+)-sophocarpine-*N*-oxide
槐果碱 -*N*- 氧化物 sophocarpine-*N*-oxide
槐花皂苷 I, II, III kaikasaponin I, II, III
槐花皂苷 III 单甲醚 kaikasaponin III monomethyl ether
槐黄酮 B, J sophoraflavone B, J
槐黄酮醇苷 sophoraflavonoloside
槐黄烷酮 A~E, G~L sophoraflavanone A~E, G~L
槐角苷 sophororicoside
槐可苷▲ sophoricoside
槐诺色烷▲ A, B, C sophoranodichromane A, B, C
槐诺色烯▲ sophoranochromene
槐色酮 A sophorachromone A
槐双苷 sophorabioside
α- 槐糖 *α*-sophorose
3-*O*-*β*-D- 槐糖基 - 山柰酚 -7-*O*-{2-*O*-[2(*E*)-2,6- 二甲基 -6- 羟基 -2,7- 辛二烯酰基]}-*α*-L- 吡喃鼠李糖苷 3-*O*-*β*-D-sophorosyl-kaempferol-7-*O*-{2-*O*-[2(*E*)-2,6-dimethyl-6-hydroxy-2,7-octadienoyl]}-*α*-L-rhamnopyranoside
3-*O*-*β*-D- 槐糖基 - 山柰酚 -7-*O*-{3-*O*-[2(*E*)-2,6- 二甲基 -6- 羟基 -2,7- 辛二烯酰基]}-*α*-L- 吡喃鼠李糖苷 3-*O*-*β*-D-sophorosyl-kaempferol-7-*O*-{3-*O*-[2(*E*)-2,6-dimethyl-6-hydroxy-2,7-octadienoyl]}-*α*-L-rhamnopyranoside
槐香豆雌烷 A sophoracoumestan A
槐叶决明醌▲ sengulone

槐叶决明宁▲ sopheranin
槐叶苹苷 natansnin
槐异黄酮 A sophoraisoflavone A
槐异黄烷酮 A sophoraisoflavanone A
槐紫檀烷 A, B sophoracarpan A, B
还亮草定▲ A, B, C anthriscifoldine A, B, C
还亮草碱▲ A~G anthriscifolcine A~G
还亮草明▲ A~J anthriscifolmine A~J
还阳参苷 A, D, E, G, H, I crepiside A, D, E, G, H, I
还阳参烯炔酸▲ crepenynic acid
还原型谷胱甘肽 reduced glutathione
还原型伪枝藻素 reduced scytonemin
环 (苯丙氨酸 - 苯丙氨酸) cyclo(Phe-Phe)
环 (苯丙氨酸 - 丙氨酸) cyclo(Phe-Ala)
环 (苯丙氨酸 - 酪氨酸) cyclo(Phe-Tyr)
环 (苯丙氨酸 - 亮氨酸) cyclo(Phe-Leu)
环 (苯丙氨酸 - 脯氨酸) cyclo(Phe-Pro)
环 (苯丙氨酸 - 丝氨酸) cyclo(Phe-Ser)
环 (苯丙氨酸 - 缬氨酸) cyclo(Phe-Val)
环 (苯丙氨酸 - 异亮氨酸) cyclo(Phe-Ile)
环 (丙氨酸 - 丙氨酸) cyclo(Ala-Ala)
环 (丙氨酸 - 亮氨酸) cyclo(Ala-Leu)
环 (丙氨酸 - 脯氨酸) cyclo(Ala-Pro)
环 (丙氨酸 - 缬氨酸) cyclo(Ala-Val)
环 (丙氨酸 - 异亮氨酸) cyclo(Ala-Ile)
环 (酪氨酸 - 氨基己酸) cyclo(tyrosine-aminocaproic acid)
环 (酪氨酸 - 丙氨酸) cyclo(Tyr-Ala)
环 (酪氨酸 - 酪氨酸) cyclo(Tyr-Tyr)
环 (酪氨酸 - 亮氨酸) cyclo(Tyr-Leu)
环 (亮氨酸 - 丙氨酸) cyclo(Leu-Ala)
环 (亮氨酸 - 酪氨酸) cyclo(Leu-Tyr)
环 (亮氨酸 - 脯氨酸) cyclo(Leu-Pro)
环 (亮氨酸 - 丝氨酸) cyclo(Leu-Ser)
环 (亮氨酸 - 苏氨酸 cyclo(Leu-Thr)
环 (亮氨酸 - 缬氨酸) cyclo(Leu-Val)
环 (亮氨酸 - 异亮氨酸) cyclo(Leu-Ile)
环 (脯氨酸 - 丙氨酸) cyclo(Pro-Ala)
环 (脯氨酸 - 酪氨酸) cyclo(Pro-Tyr)
环 (脯氨酸 - 亮氨酸) cyclo(Pro-Leu)
环 (脯氨酸 - 脯氨酸) cyclo(Pro-Pro)
环 (脯氨酸 - 缬氨酸) cyclo(Pro-Val)
环 (缬氨酸 - 丙氨酸) cyclo(Val-Ala)
环 (缬氨酸 - 酪氨酸) cyclo(Val-Tyr)
环 (缬氨酸 - 脯氨酸) cyclo(Val-Pro)
环 (异亮氨酸 - 丙氨酸) cyclo(Ile-Ala)
环 (异亮氨酸 - 缬氨酸) cyclo(Ile-Val)
16,24- 环 -13,14- 裂环麦角甾 -18,26- 二羧酸 -5,6:14:17,14:27- 三环氧 -13,20,22- 三羟基 -3α- 甲氧基 -1,15- 二氧代 -γ- 内酯 -δ- 内酯 16,24-cyclo-13,14-secoergosta-18,26-dioic acid-5,6:14:17,14:27-triepoxy-13,20,22-trihydroxy-3α-methoxy-1,15-dioxo-γ-la 酸浆素 ctone-δ-lactone
(14α,16β,22α,25S)-16,24- 环 -13,14- 裂环麦角甾 -2,4- 二烯 -18,26- 二羧酸 -14,17:14,27- 二环氧 -6,13,20,22- 四羟基 -1,15- 二氧代 -γ- 内酯 -δ- 内酯 (14α,16β,22α,25S)-16,24-cyclo-13,14-secoergosta-2,4-diene-18,26-dioic acid-14,17:14,27-diepoxy-6,13,20,22-tetrahydroxy-1,15-dioxo-γ-lactone-δ-lactone
16,24- 环 -13,14- 裂环麦角甾 -2- 烯 -18,26- 二羧酸 -14:17,14:27- 二环氧 -11β,13,20,22- 四羟基 -5α- 甲氧基 -1,15- 二氧代 -γ- 内酯 -δ- 内酯 16,24-cyclo-13,14-secoergosta-2-ene-18,26-dioic acid-14:17,14:27-diepoxy-11β,13,20,22-tetrahydroxy-5α-methoxy-1,15-dioxo-γ-lactone-δ-lactone
16,24- 环 -13,14- 裂环麦角甾 -2- 烯 -18,26- 二羧酸 -14:17,14:27- 二环氧 -5α,11β,13,20,22- 五羟基 -1,6,15- 三氧代 -γ- 内酯 -δ- 内酯 16,24-cyclo-13,14-secoergosta-2-ene-18,26-dioic acid-14:17,14:27-diepoxy-5α,11β,13,20,22-pentahydroxy-1,6,15-trioxo-γ-lactone-δ-lactone
16,24- 环 -13,14- 裂环麦角甾 -2- 烯 -18,26- 二羧酸 -14:17,14:27- 二环氧 -5α,13,20,22- 四羟基 -1,15- 二氧代 -γ- 内酯 -δ- 内酯 16,24-cyclo-13,14-secoergost-2-ene-18,26-dioic acid -14:17,14:27-diepoxy-5α,13,20,22-tetrahydroxy-1,15-dioxo-γ-lactone-δ-lactone
16,24- 环 -13,14- 裂环麦角甾 -2- 烯 -18,26- 二羧酸 -14:17,14:27- 二环氧 -5α,6β,11β,13,20,22- 六羟基 -1,15- 二氧代 -γ- 内酯 -δ- 内酯 16,24-cyclo-13,14-secoergost-2-ene-18,26-dioic acid-14:17,14:27-diepoxy-5α,6β,11β,13,20,22-hexahydroxy-1,15-dioxo-γ-lactone-δ-lactone
(S)- 环 -2,3-(4,4',5,5',6,6'- 六羟基 [1,1'- 二苯基]-2,2'- 二羧酸酯)-D- 葡萄糖 (S)-cyclic 2,3-(4,4',5,5',6,6'-hexahydroxy[1,1'-biphenyl]-2,2'-dicarboxylate)-D-glucose
环 4,6-(4,4',5,5',6,6'- 六羟基 [1,1'- 双苯基]-2,2'- 二羧酸酯)-3-[3-(6- 羰基 -2,3,4- 三羟基苯氧基)-4,5- 二羟基苯甲酸酯]-β-D- 吡喃葡萄糖 cyclic 4,6-(4,4',5,5',6,6'-hexahydroxy[1,1'-biphenyl]-2,2'-dicarboxylate)-3-[3-(6-carboxy-2,3,4-trihydroxyphenoxy)-4,5-dihydroxybenzoate]-β-D-glucopyranose
(24R)- 环阿片甾烯醇 (24R)-cyclolaudenol
环阿片甾烯醇 cyclolaudenol
(24R)- 环阿片甾烯醇乙酸酯 (24R)-cyclolaudenol acetate
环阿片甾烯醇乙酸酯 cyclolaudenyl acetate
(24R)- 环阿片甾烯酮 (24R)-cyclolaudenone
环阿片甾烯酮 cyclolaudenone
环桉烷醇▲ cycloeucalanol
环桉烷酮 cycloeucalanone
3β- 环桉烯醇 3β-cycloeucalenol
环桉烯醇 cycloeucalenol
环桉烯醇斑鸠菊酸酯 cycloeucalenol vernolitate
环桉烯醇乙酸酯 cycloeucalenol acetate
环桉烯酮 cycloeucalenone
5α,7α(H)-6,8- 环桉叶 -1β,4β- 二醇 5α,7α(H)-6,8-cycloeudesma-1β,4β-diol
环八硫 octasulphur
环巴胺 cyclopamine
环白黑多孔菌酮▲ cycloleucomelone
环表酒饼簕苦素 cycloepiatalantin
1H- 环丙 [e] 薁 -7- 醇 1H-cycloprop[e]azulen-7-ol
1H- 环丙薁 1H-cyclopropazulene
[1S-(1α,3α,4α)]-1- 环丙基 -4- 甲基 -1,3- 环己烯二醇 [1S-(1α,3α,4α)]-1-cyclopropyl-4-methyl-1,3-cyclohexanediol
(S)-1- 环丙基 -4- 甲基 -3- 环己烯 -1- 醇 (S)-1-cyclopropyl-4-methyl-3-cyclohexen-1-ol
3- 环丙基羰氧基十三烷 3-cyclopropylcarbonyloxytridecane
(-)- 环丙烷柏芳醇▲ (-)-cyclopropanecuparenol
环丙烷丁酸 cyclopropane butyric acid
1- 环丙烯基 -1- 戊醇 1-cyclopropene-1-pentanol
环波罗蜜林素▲ cycloheterophyllin
环波罗蜜品▲ cycloartocarpin
环波罗蜜辛▲ cycloartocarpesin
环补骨脂酚 C cyclobakuchiol C
环长春碱 A, B cyclovinblastine A, B

环长春洛辛▲ cycloleurosine
β-环除虫菊内酯 β-cyclopyrethrosin
环刺苍耳内酯 cyclospinosolide
环楤木洛苷▲A cycloaraloside A
21,25-环达玛-20(22)-烯-3α,24R-二醇 21,25-cyclodammar-20(22)-en-3α,24R-diol
21,24-环大戟-7-烯-3β,16β,21α,25-四醇 21,24-cycloeupha-7-ene-3β,16β,21α,25-tetrol
环大戟烯醇 cycloeuphordenol
环大叶藤黄醇 cycloxanthochymol
环单小叶黄芪苷▲B cyclounifolioside B
环滇西八角内酯▲ cyclomerrillianolide
环东风橘内酯▲ cycloseverinolide
环都丽菊香豆素▲ cycloethuliacoumarin
环短枝菊香豆素▲ cyclobrachycoumarin
环短枝菊香豆素▲-3'-表异构体▲ cyclobrachycoumarin-3'-epimer
环多足蕨烯基乙酸酯 cyclopodmenyl acetate
β-环二氢木香内酯 β-cyclodihydrocostunolide
环二十四烷 cyclotetracosane
环二十烷 cycloeicosane
环二辛酰胺 cyclodicaprylamide
5α,8α-环二氧-(20S,22E,24R)-麦角甾-6,22-二烯-3β-醇 5α,8α-epidioxy-(20S,22E,24R)-ergosta-6,22-dien-3β-ol
5α,8α-环二氧-(22E)-麦角甾-6,22-三烯-3β-醇 5α,6α-epdioxy-(22E)-ergosta-6,22-triene-3β-ol
5α,9α-环二氧-(22E)-麦角甾-7,22-二烯-3β,6β-二醇 5α,9α-epidioxy-(22E)-ergosta-7,22-diene-3β,6β-diol
5α,8α-环二氧-(22E,24R)-23-甲基麦角甾-6,22-二烯-3β-醇 5α,8α-epidioxy-(22E,24R)-23-methylergosta-6,22-dien-3β-ol
5α,8α-环二氧-(22E,24R)-麦角甾-6,22-二烯-3β-醇 5α,8α-epidioxy-(22E,24R)-ergosta-6,22-dien-3β-ol
5α,8β-环二氧-(22E,24R)-麦角甾-6,22-二烯-3β-醇 5α,8β-epidioxy-(22E,24R)-ergosta-6,22-dien-3β-ol
5α,8α-环二氧-(24S)-麦角甾-6-烯-3β-醇 5α,8α-epidioxy-(24S)-ergost-6-en-3β-ol
8,12α-环二氧-13-冷杉烯-18-酸 8,12α-epidioxy-13-abieten-18-oic acid
(2β,3β,4β)-3,25-环二氧-2,23-二羟基-熊果-12,20(30)-二烯-28-酸 (2β,3β,4β)-3,25-epidioxy-2,23-dihydroxy-ursa-12,20(30)-dien-28-oic acid
(2β,3β,4β)-3,25-环二氧-2,23-二羟基-熊果酸 (2β,3β,4β)-3,25-epidioxy-2,23-dihydroxyursolic acid
5α,8α-环二氧-22E-麦角甾-6,22-二烯-3β-醇 5α,8α-epidioxy-22E-ergosta-6,22-dien-3β-ol
5α,8α-环二氧-24(R)-甲基胆甾-6,22-二烯-3β-醇 5α,8α-epidioxy-24(R)-methylcholesta-6,22-dien-3β-ol
5α,8α-环二氧-24(ξ)-甲基胆甾-6,22-二烯-3β-醇 5α,8α-epidioxy-24(ζ)-methylcholesta-6,22-diene-3β-ol
5α,8α-环二氧-24-甲基胆甾-6,22E-二烯-3β-醇 5α,8α-epidioxy-24-methylcholesta-6,22E-dien-3β-ol
(22E,24S)-5α,8α-环二氧-24-甲基胆甾-6,22-二烯-3β-醇 (22E,24S)-5α,8α-epidioxy-24-methylcholesta-6,22-dien-3β-ol
(22E,24R)-5α,8α-环二氧-24-甲基-胆甾-6,22-二烯-3β-醇 (22E,24R)-5α,8α-epidioxy-24-methyl-cholesta-6,22-dien-3β-ol
(22E,24S)-5α,8α-环二氧-24-甲基-胆甾-6,22-二烯-3β-醇 (22E,24S)-5α,8α-epidioxy-24-methyl-cholesta-6,22-dien-3β-ol
(22E,24R)-5α,8α-环二氧-24-甲基-胆甾-6,9(11),22-三烯-3β-醇 (22E,24R)-5α,8α-epidioxy-24-methyl-cholesta-6,9(11),22-trien-3β-ol
5α,8α-环二氧-24-甲基胆甾-6,9,22E-三烯-3β-醇 5α,8α-epidioxy-24-methylcholesta-6,9,22E-trien-3β-ol
(22E,24S)-5α,8α-环二氧-24-甲基胆甾-6,9,22-三烯-3β-醇 (22E,24S)-5α,8α-epidioxy-24-methylcholesta-6,9,22-trien-3β-ol
5α,8α-环二氧-24-乙基胆甾-6,22-二烯-3β-醇 5α,8α-epidioxy-24-ethylcholesta-6,22-dien-3β-ol
5α,9α-环二氧-3β-羟基-(22E,24R)-麦角甾-7,22-二烯-6-酮 5α,9α-epidioxy-3β-hydroxy-(22E,24R)-ergosta-7,22-dien-6-one
5α,9α-环二氧-3β-羟基-(24S)-麦角甾-7-烯-6-酮 5α,9α-epidioxy-3β-hydroxy-(24S)-ergost-7-en-6-one
(22E)-5α,9α-环二氧-3β-羟基-麦角甾-7,22-二烯-6-酮 (22E)-5α,9α-epidioxy-3β-hydroxy-ergosta-7,22-dien-6-one
5,8-环二氧-5α,8α-麦角甾-6,22E-二烯-3β-醇 5,8-epidioxy-5α,8α-ergosta-6,22E-dien-3β-ol
5,8-环二氧-5α,8α-麦角甾-6,9,22E-三烯-3β-醇 5,8-epidioxy-5α,8α-ergosta-6,9,22E-tien-3β-ol
9,13α-环二氧-8(14)-冷杉烯-18-酸 9,13α-epidioxy-8(14)-abieten-18-oic acid
9,13β-环二氧-8(14)-冷杉烯-18-酸 9,13β-epidioxy-8(14)-abieten-18-oic acid
5α,8α-环二氧胆甾-6,22-二烯-3β-醇 5α,8α-epidioxycholesta-6,22-dien-3β-ol
5α,8α-环二氧胆甾-6,9,22-二烯-3β-醇 5α,8α-epidioxycholesta-6,9,22-trien-3β-ol
(20α)-5α,8α-环二氧多花白树-6,9(11)-二烯-3α,29-二醇-3,29-二苯甲酸酯 (20α)-5α,8α-epidioxymultiflora-6,9(11)-diene-3α,29-diol-3,29-dibenzoate
5α,8α-环二氧麦角甾-22-烯-3β-醇 5α,8α-epidioxyergost-22-dien-3β-ol
(22E,24R)-5α,8α-环二氧麦角甾-3,22-二烯-3β-醇 (22E,24R)-5α,8α-epidioxyergosta-3,22-dien-3β-ol
5,8-环二氧麦角甾-6,22-二烯-3-O-β-D-吡喃葡萄糖苷 5,8-epidioxy-6,22-dien-3-O-β-D-glucopyranoside
5α,8β-环二氧麦角甾-6,22二烯-3β-醇 5α,8β-epidioxyergosta-6,22-dien-3β-ol
(22E,20S,24R)-5α,8α-环二氧麦角甾-6,22-二烯-3β-醇 (22E,20S,24R)-5α,8α-epidioxyergosta-6,22-dien-3β-ol
(22E,24R)-5α,8α-环二氧麦角甾-6,22-二烯-3β-醇 (22E,24R)-5α,8α-epidioxyergosta-6,22-dien-3β-ol
5α,8α-环二氧麦角甾-6,22-二烯-3β-醇 5α,8α-epidioxyergosta-6,22-dien-3β-ol
5β,8β-环二氧麦角甾-6,22-二烯-3β-醇 5β,8β-epidioxyergosta-6,22-dien-3β-ol
9α,11α-环二氧麦角甾-6,22-二烯-3β-醇 9α,11α-epidioxyergosta-6,22-dien-3β-ol
环二氧麦角甾-6,22-二烯-3β-醇 epidioxyergosta-6,22-dine-3β-ol
(3β,5α,8α)-5,8-环二氧麦角甾-6,22-二烯-3-醇 (3β,5α,8α)-5,8-epidioxyergosta-6,22-dien-3-ol
(3β,5α,8α,22E)-5,8-环二氧麦角甾-6,22-二烯-3-醇 (3β,5α,8α,22E)-5,8-epidioxy-ergosta-6,22-dien-3-ol
(3β,5α,8α,22E,24R)-5,8-环二氧麦角甾-6,22-二烯-3-醇 (3β,5α,8α,22E,24R)-5,8-epidioxyergosta-6,22-dien-3-ol
5,8-环二氧麦角甾-6,22-二烯-3-醇 5,8-epidioxyergosta-6,22-dien-3-ol
5,8-环二氧-麦角甾-6,22-二烯-3-醇 5,8-epidioxy-ergosta-6,22-dien-3-ol
(22E,24R)-5α,8α-环二氧麦角甾-6,9(11),22-三烯-3β-醇 (22E,24R)-5α,8α-epidioxyergosta-6,9(11),22-trien-3β-ol
5α,8α-环二氧麦角甾-6,9(11),22-三烯-3β-醇 5α,8α-

epidioxyergosta-6,9(11),22-trien-3β-ol
5α,8α- 环二氧麦角甾 -6,9(11),22- 三烯 -3β- 酮 5α,8α-epidioxyergosta-6,9(11),22-trien-3β-one
(3β,5α,8α,22E,24R)-5,8- 环二氧麦角甾 -6,9(11),22- 三烯 -3- 醇 (3β,5α,8α,22E,24R)-5,8-epidioxyergosta-6,9(11),22-trien-3-ol
(24S)-5α,8α- 环二氧麦角甾 -6- 烯 -3β- 醇 (24S)-5α,8α-epidioxyergost-6-en-3β-ol
5α,8α- 环二氧麦角甾醇 5α,8α-epidioxyergosterol
22E-5α,8α- 环二氧麦角甾烷 -6,22- 二烯 -3β- 醇 22E-5α,8α-epidioxyergosta-6,22-dien-3β-ol
环二氧甾醇 epidioxysterol
环甘草香豆酮 cyclolicocoumarone
环橄榄树脂素 -9-O-β-D- 吡喃葡萄糖苷 cyclo-olivil-9-O-β-D-glucopyranoside
(-)- 环橄榄脂素 (-)-cycloolivil
(+)- 环橄榄脂素 (+)-cycloolivil
环橄榄脂素 cycloolivil
(+)- 环橄榄脂素 -4'-O-β-D- 吡喃葡萄糖苷 (+)-cycloolivil-4'-O-β-D-glucopyranoside
(+)- 环橄榄脂素 -6-O-β-D- 吡喃葡萄糖苷 (+)-cycloolivil-6-O-β-D-glucopyranoside
环橄榄脂素 -9-O-β- 吡喃葡萄糖苷 cycloolivil-9-O-β-glucopyranoside
环高芋兰醇▲ cyclohomonervilol
环高芋兰醇▲-(E)- 对羟基桂皮烯 cyclohomonervilol-(E)-p-hydroxycinnamene
1- 环庚基 -1- 甲基乙醇 1-cycloheptyl-1-methylethanol
环栝楼二醇▲ cyclokirilodiol
环癸醇 cyclodecanol
环癸酮肟 oxime cyclodecanone
1- 环癸烯 1-cyclodecen
环海杧果醇 cyclocerberidol
环何帕烷二醇 cyclohopanediol
环何帕烯醇 cyclohopenol
环槐叶决明苷▲ A cyclosophoside A
环黄皮酰胺 cycloclausenamide
环黄芪醇 -3-O- 吡喃木糖苷 cycloastragenol-3-O-xylopyranoside
环黄芪醇 -3-O- 木糖苷 cycloastragenol-3-O-xyloside
环黄芪醇 -3-O- 葡萄糖苷 cycloastragenol-3-O-glucoside
环黄杨嗪▲ cyclobuxoxazine
环黄杨辛碱 D cyclobuxine D
环茴香烯 cyclofenchene
环积雪草烷酸▲ cyclobrahmic acid
环基及树酮▲ cyclomicrophyllone
环基维酮 cyclokievitone
环基维酮水合物 cyclokievitone hydrate
(1,2,5)- 环己 -3- 烯三醇 (1,2,5)-cyclohex-3-enetriol
环己胺 cyclohexylamine
1,4- 环己二烯 1,4-cyclohexadiene
1- 环己基 -6,7- 二甲氧基 -1,4- 二氢萘 1-cyclohexyl-6,7-dimethoxy-1,4-dihydronaphthalene
13- 环己基二十六烷 13-cyclohexylhexoacosane
环己酮 cyclohexanone
8-(2'- 环己酮)-7,8- 二氢白屈菜红碱 8-(2'-cyclohexanone)-7,8-dihydrochelerythrine
1,2,4/3,5- 环己烷基苯 1,2,4/3,5-cyclohexanepentol
27- 环己烷基二十七烷 -7- 醇 27-cyclohexylheptacosan-7-ol
1,3,4/2,5- 环己五醇 1,3,4/2,5-cyclohexanpentaol
环己五醇 cyclohexanepentol
环己烯 cyclohexene
4- 环己烯 -1,2,3- 三醇 4-cyclohexene-1,2,3-triol
α-2- 环己烯 -1- 苯甲醇 α-2-cyclohexen-1-benzenemethanol
(S)-2- 环己烯 -1- 醇 (S)-2-cyclohexen-1-ol
2- 环己烯 -1- 醇 2-cyclohexen-1-ol
3- 环己烯 -1- 醇 3-cyclohexen-1-ol
α-3- 环己烯 -1- 醇 α-3-cyclohexene-1-ol
1- 环己烯 -1- 甲醛 1-cyclohexene-1-carboxaldehyde
2- 环己烯 -1- 亚甲基乙氰 2-cyclohexen-1-ylideneacetonitrile
2- 环己烯 -γ, η ,2,6,6- 五甲基 -1- 壬醇 2-cyclohexene-γ, η ,2,6,6-pentamethyl-1-nonanol
环荚蒾宁 A cyclovibsanin A
环胶黄芪苷▲ A, D, E cyclocanthoside A, D, E
环堇菜辛▲ O_1~O_{25}, VY_1, Y_1~Y_5 cycloviolacin O_1~O_{25}, VY_1, Y_1~Y_5
环堇黄质 cycloviolaxanthin
环锦熟黄杨烯碱▲ A, B cyclovirobuxeine A, B
环锦熟黄杨辛碱▲ cyclovirobuxine
环锦熟黄杨辛碱▲ C cyclovirobuxine C
环巨冷杉内酯▲ cyclograndisolide
环苦参定 cyclokuraridin
环冷杉倍半萜素 A cycloabiesesquine A
环裂松萝酸▲ diffractaic acid
环磷酸腺苷 cyclic adenosine monophosphate
环洛克米仔兰酰胺 cyclorocaglamide
(+)- 环落叶松树脂醇 (+)-cyclolariciresinol
20,24- 环绿玉树 -7(8)- 烯 -16β,21α,25- 三羟基 -3- 酮 20,24-cyclotirucalla-7(8)-en-16β,21α,25-trihydroxy-3-one
环氯素 cyclochlorotine
环马汉九里香碱 cyclomahanimbine
9,19- 环麦角甾 -23- 烯 -3,25- 二醇 9,19-cycloergost-23-en-3,25-diol
3α,5- 环 - 麦角甾 -7,22- 二烯 -6- 酮 3α,5-cyclo-ergosta-7,22-dien-6-one
环毛大丁草酮 cyclopiloselloidone
环面包树酚▲ cyclocommunol
环木菠萝 -16,24- 二烯 -3β- 醇 cycloart-16,24-dien-3β-ol
(17E)- 环木菠萝 -17,26- 二烯 -3β- 醇 (17E)-cycloart-17,26-dien-3β-ol
环木菠萝 -22(23)- 烯 -3β- 醇 cycloart-22(23)-ene-3β-ol
环木菠萝 -22- 烯 -3α-25- 二醇 cycloart-22-ene-3α-25-diol
环木菠萝 -22- 烯 -3β,25- 二醇 cycloart-22-ene-3β,25-diol
环木菠萝 -23E,25- 二烯 -3β- 醇 cycloart-23E,25-dien-3β-ol
环木菠萝 -23E- 烯 -3β,25- 二醇 cycloart-23E-ene-3β,25-diol
环木菠萝 -23Z- 烯 -3β,25- 二醇 cycloart-23Z-ene-3β,25-diol
23(E)- 环木菠萝 -23- 烯 -25- 乙氧基 -3β- 醇 23(E)-cycloart-23-en-25-ethoxy-3β-ol
环木菠萝 -23- 烯 -3β,24- 二醇 cycloart-23-ene-3β,24-diol
环木菠萝 -23- 烯 -3β,25,28- 三醇 cycloart-23-ene-3β,25,28-triol
(23E)- 环木菠萝 -23- 烯 -3β,25- 二醇 (23E)-cycloart-23-en-3β,25-diol
(23Z)-9,19- 环木菠萝 -23- 烯 -3β,25- 二醇 (23Z)-9,19-cycloart-23-ene-3β,25-diol
(23Z)- 环木菠萝 -23- 烯 -3β,25- 二醇 (23Z)-cycloart-23-ene-3β,25-diol
14(23Z)- 环木菠萝 -23- 烯 -3β,25- 二醇 14(23Z)-cycloart-23-ene-3β,25-diol
23(Z)- 环木菠萝 -23- 烯 -3β,25- 二醇 23(Z)-cycloart-23-en-3β,25-diol
9,19-23Z- 环木菠萝 -23- 烯 -3β,25- 二醇 9,19-23Z-cycloart-23-en-3β,25-diol
9,19- 环木菠萝 -23- 烯 -3β,25- 二醇 9,19-cycloart-23-en-3β,25-diol
环木菠萝 -23- 烯 -3β,25- 二醇 cycloart-23-ene-3β,25-diol
环木菠萝 -23- 烯 -3β,25- 二醇 -3- 乙酸酯 cycloart-23-ene-3β,25-diol

H

3-acetate
环木菠萝 -23- 烯 -3*β*,25- 二醇 - 单乙酸酯 cycloart-23-ene-3*β*,25-diol monoacetate
环木菠萝 -24(30)- 烯 -3*β*- 醇 cycloart-24(30)-ene-3*β*-ol
(24*R*)- 环木菠萝 -24,25- 二醇 -3- 酮 (24*R*)-cycloartane-24,25-diol-3-one
环木菠萝 -24,25- 环氧 -3*β*- 醇 cycloart-24,25-epoxy-3*β*-ol
环木菠萝 -24*β*- 甲氧基 -3*β*- 醇 cycloart-24*β*-methoxy-3*β*-ol
环木菠萝 -24- 烯 -3*β*,26- 二醇 cycloart-24-ene-3*β*,26-diol
环木菠萝 -24- 烯 -3*β*- 醇 cycloart-24-ene-3*β*-ol
环木菠萝 -25- 酮 -3*β*,24*α*,27- 三醇三乙酸酯 cycloart-25-on-3*β*,24*α*,27-triol triacetate
环木菠萝 -25- 烯 -3,24- 二醇 cycloart-25-ene-3,24-diol
环木菠萝 -25- 烯 -3*β*,24*R*- 二醇 cycloart-25-ene-3*β*,24*R*-diol
环木菠萝 -25- 烯 -3*β*,24*S*- 二醇 cycloart-25-ene-3*β*,24*S*-diol
环木菠萝 -25- 烯 -3*β*,24*α*,27- 三醇 cycloart-25-ene-3*β*,24*α*,27-triol
环木菠萝 -25- 烯 -3*β*,24*α*,27- 三醇三乙酸酯 cycloart-25-ene-3*β*,24*α*,27-triol triacetate
环木菠萝 -25- 烯 -3*β*,24*α*- 二醇 cycloart-25-ene-3*β*,24*α*-diol
环木菠萝 -25- 烯 -3*β*,24*ζ*- 二醇 cycloart-25-ene-3*β*,24*ζ*-diol
环木菠萝 -25- 烯 -3*β*,24*ξ*- 二醇 cycloart-25-ene-3*β*,24*x*-diol
(23*Z*)-9,19- 环木菠萝 -25- 烯 -3*β*,24- 二醇 (23*Z*)-9,19-cycloart-25-ene-3*β*,24-diol
(24*R*)-9,19- 环木菠萝 -25- 烯 -3*β*,24- 二醇 (24*R*)-9,19-cycloart-25-en-3*β*,24-diol
(24*R*)- 环木菠萝 -25- 烯 -3*β*,24- 二醇 (24*R*)-cycloart-25-en-3*β*,24-diol
(24*RS*)- 环木菠萝 -25- 烯 -3*β*,24- 二醇 (24*RS*)-cycloart-25-ene-3*β*,24-diol
(24*S*)-9,19- 环木菠萝 -25- 烯 -3*β*,24- 二醇 (24*S*)-9,19-cycloart-25-ene-3*β*,24-diol
(24*S*)- 环木菠萝 -25- 烯 -3*β*,24- 二醇 (24*S*)-cycloart-25-en-3*β*,24-diol
9,19- 环木菠萝 -25- 烯 -3*β*,24- 二醇 9,19-cycloart-25-en-3*β*,24-diol
环木菠萝 -25- 烯 -3*β*,24- 二醇 cycloart-25-ene-3*β*,24-diol
(24*S*)-9,19- 环木菠萝 -25- 烯 -3*β*-24- 二醇 (24*S*)-9,19-cycloart-25-en-3*β*-24-diol
环木菠萝 -25- 烯 -3*β*- 醇 -24- 酮 cycloart-25-ene-3*β*-ol-24-one
环木菠萝 -3,24- 二酮 cycloartan-3,24-dione
环木菠萝 -30- 醇 cycloartane-30-ol
(24*R*)- 环木菠萝 -3*α*,24,25- 三醇 (24*R*)-cycloartane-3*α*,24,25-triol
24*R*- 环木菠萝 -3*α*,24*R*,25- 三醇 24*R*-cycloartane-3*α*,24*R*,25-triol
环木菠萝 -3*β*,15*α*,16*β*,24,25- 五醇 -3-*O*-*β*-D- 吡喃木糖苷 cycloartane-3*β*,15*α*,16*β*,24,25-pentol-3-*O*-*β*-D-xylopyranoside
环木菠萝 -3*β*,16*β*,22,24,25- 五醇 -3-*O*-*β*-D- 吡喃木糖苷 cycloartane-3*β*,16*β*,22,24,25-pentol-3-*O*-*β*-D-xylopyranoside
(24*S*)- 环木菠萝 -3*β*,16*β*,24,25,30- 五醇 -3,25- 二 -*β*-D- 吡喃葡萄糖苷 (24*S*)-cycloartane-3*β*,16*β*,24,25,30-pentol-3,25-di-*β*-D-glucopyranoside
24*S*- 环木菠萝 -3*β*,16*β*,24,25,30- 五醇 -3-*O*-(2-*O*-*β*-D- 吡喃木糖基)-*β*-D- 吡喃木糖苷 24*S*-cycloartane-3*β*,16*β*,24,25,30-pentaol-3-*O*-(2-*O*-*β*-D-xylopyranosyl)-*β*-D-xylopyranoside
(24*R*)- 环木菠萝 -3*β*,24,25,28- 四醇 (24*R*)-cycloartane-3*β*,24,25,28-tetrol
(24*R*)- 环木菠萝 -3*β*,24,25- 三醇 (24*R*)-cycloartane-3*β*,24,25-triol
(24*S*)- 环木菠萝 -3*β*,24,25- 三醇 (24*S*)-cycloartan-3*β*,24,25-triol
环木菠萝 -3*β*,24,25- 三醇 cycloartane-3*β*,24,25-triol
环木菠萝 -3*β*,24*R*,25- 三醇 cycloartane-3*β*,24*R*,25-triol
环木菠萝 -3*β*,24*S*,25- 三醇 cycloartane-3*β*,24*S*,25-triol
环木菠萝 -3*β*,24*ξ*,25- 三醇 cycloartane-3*β*,24*ξ*,25-triol
环木菠萝 -3*β*,25- 二醇 cycloartane-3*β*,25-diol
环木菠萝 -3*β*,30- 二醇 cycloartane-3*β*,30-diol
9,19- 环木菠萝 -7*β*,24*R*,25- 三醇 -1- 烯 -3- 酮 9,19-cycloart-7*β*,24*R*,25-triol-1-en-3-one
9,19- 环木菠萝 -7*β*,24*R*,25- 三醇 -1- 烯 -3- 酮 -25-*O*-*β*-D- 吡喃葡萄糖苷 9,19-cycloart-7*β*,24*R*,25-triol-1-en-3-one-25-*O*-*β*-D-glucopynanoside
环木菠萝烷醇 cycloartanol
环木菠萝烷醇乙酸酯 cycloartanol acetate
环木菠萝烷酮 cycloartanone
22,24- 环木菠萝烷烯酮 -3-*α*- 对羟基决明酸 22,24-cycloartenone-3-*α*-*p*-hydroxycassia acid
25- 环木菠萝烯 -3,24- 二酮 25-cycloarten-3,24-dione
23- 环木菠萝烯 -3,25- 二醇 23-cycloarten-3,25-diol
23- 环木菠萝烯 -3*β*,25- 二醇 23-cycloarten-3*β*,25-diol
环木菠萝烯醇 cycloartenol
环木菠萝烯醇乙酸酯 cycloartenol acetate
环木菠萝烯醇硬脂酸酯 cycloartenol stearate
环木菠萝烯醇棕榈酸酯 cycloartenol palmitate
环木菠萝烯酮 cycloartenone
α- 环木香内酯 *α*-cyclocostunolide
β- 环木香内酯 *β*-cyclocostunolide
γ- 环木香内酯 *γ*-cyclocostunolide
β- 环柠檬醛 *β*-cyclocitral
环柠檬醛 cyclocitral
环牛心果碱▲ A, B cycloreticuline A, B
环青冈甾烯醇乙酸酯 cyclobalanyl acetate
环三胡桃醌 cyclotrijuglone
环三尖栝楼苷▲ A, B, C cyclotricuspidoside A, B, C
环桑皮素 cyclomorusin
环桑色烯 cyclomulberrochromene
环桑素 cyclomulberrin
(-)- 环色假林仙烯酮▲ (-)-cyclocolorenone
环山羊豆苷▲ A, B cyclogaleginoside A, B
环十二烯 cyclododecene
环十六烷 cyclohexadecane
1,5- 环十碳二烯 1,5-cyclodecandine
(4*Z*,12*Z*)- 环十五碳 -4,12- 二烯酮 (4*Z*,12*Z*)-cyclopentadeca-4,12-dienone
环石仙桃萜醇 cyclopholidonol
环石仙桃萜酮 cyclopholidone
环水龙骨烯醇 cyclomargenol
环水龙骨烯醇乙酸酯 cyclomargenol acetate
环水龙骨烯酮 cyclomargenone
环四十烷 cyclotetracontane
(+)- 环头状花耳草碱▲ (+)-cyclocapitelline
环托品碱 cyclotropine
环纹海红树素▲ annulatin
环五味子烯醇 cycloschisandrenol
环戊醇 cyclopentanol
1,2- 环戊二酮 1,2-cyclopentanedione
1*H*- 环戊烷 [b] 苯并呋喃 -2- 羧胺 1*H*-cyclopenta[b]benzofuran-2-carboxamide
环戊烷二十一醇 cyclopentaneheneicosanol
1- 环戊烷基 -4- 二十六碳酮 1-cyclopentyl-4-hexacosanone
环戊烷基丙酸 -2- 甲基丙酯 cyclopentanepropanoic acid 2-methylpropyl ester
1- 环戊烷基乙腈 1-cyclopentylacetonitrile
2-(2'- 环戊烯)- 甘氨酸 2-(2'-cyclopentenyl)-glycine
4- 环戊烯 -1,3- 二酮 4-cyclopentene-1,3-dione

2- 环戊烯 -1- 乙基 - 十一酸酯 2-cyclopentene-1-ethyl undecanoate
2- 环戊烯酮 2-cyclopentenone
环西北甘草异黄酮 cycloglycyrrhisoflavone
环西番莲苷 cyclopassifloside I, II, III, IV, V, VI, VII, VIII, IX, X, XI, XII, XIII
环西番莲酸 A~G cyclopassifloic acid A~G
V_1 环烯醚萜 V_1 iridoid
V_2 环烯醚萜 V_2 iridoid
V_3 环烯醚萜 V_3 iridoid
环烯醚萜柳穿鱼苷▲ A, B, C iridolinarin A, B, C
环烯醚萜柳穿鱼酯苷▲ A~D iridolinaroside A~D
环香唐松草苷 A, B cyclofoetoside A, B
环香唐松草苷元 A, B cyclofoetigenin A, B
环小萼苔▲ -1β,5α- 二醇 cyclomyltaylane-1β,5α-diol
环小萼苔▲ -5α- 醇 cyclomyltaylane-5α-ol
环小萼苔▲ -5β- 醇 cyclomyltaylane-5β-ol
环小花茴香内酯▲ cycloparviflorolide
环小花茴香酮▲ cycloparvifloralone
环小麦长蠕孢烃▲ cyclosativene
(-)-(Z)- 环小叶黄杨胺▲ (-)-(Z)-cyclobuxaphylamine
(-)-E- 环小叶黄杨胺▲ (-)-E-cyclobuxaphylamine
(-)- 环小叶黄杨碱▲ K (-)-cyclobuxophylline K
环小叶黄杨碱▲ O cyclobuxophylline O
环小叶黄杨林碱▲ A cyclomicrophylline A
(+)- 环小叶黄杨因碱▲ (+)-cyclomicrobuxeine
环心叶棱子芹二聚素▲ A, B, C cyclorivulobirin A, B, C
环辛硫 cyclooctasulfur
环辛烯 cyclooctene
环新木姜子醇▲ cycloneolitsol
13,27- 环熊果 -3β- 醇乙酸酯 13,27-cycloursan-3β-yl acetate
5β- 环熏衣草基氧化补骨脂素 5β-cyclolavandulyloxypsoralen
环鸦片烯 -3β- 醇 cyclolauden-3β-ol
环鸦片烯醇棕榈酸酯 cyclolaudenyl palmitate
22,26- 环亚胺 -16β,23- 乙氧基 -23α- 乙氧基 -5α,25αH- 胆甾 -22(N)- 烯 -3β,20α- 二醇 22,26-epimino-16β,23-ethoxy-23α-ethoxy-5α,25αH-cholest-22(N)-ene-3β,20α-diol
22,26- 环亚胺 -16β,23- 乙氧基 -5α,22βH,25αH- 胆甾 -3β,20α- 二醇 22,26-epimino-l6β,23-epoxy-5α,22βH,25αH-cholestane-3β,23α-diol
环亚灌木黄杨碱▲ K cyclobuxosuffrine K
环亚油肽 A~I cyclolinopeptides A~I
9,19- 环羊毛脂 -23(Z)- 烯 -3β,25- 二醇 9,19-cyclolanost-23(Z)-en-3β,25-diol
9,19- 环羊毛脂 -24- 烯 -3- 醇 9,19-cyclolanost-24-en-3-ol
9,19- 环羊毛脂 -24- 烯 -3- 酮 9,19-cyclolanost-24-en-3-one
9,19- 环羊毛脂 -25- 烯 -3β,24R- 二醇 9,19-cyclolanost-25-en-3β,24R-diol
9,19- 环羊毛脂 -25- 烯 -3β,24S- 二醇 9,19-cyclolanost-25-en-3β,24S-diol
(24S)-9,19- 环羊毛脂 -25- 烯 -3β,24- 二醇 (24S)-9,19-cyclolanost-25-ene-3β,24-diol
9,19- 环羊毛脂 -25- 烯 -3β,24- 二醇 9,19-cyclolanost-25-en-3β,24-diol
9β,19- 环羊毛脂 -3β- 醇 9β,19-cyclolanostan-3β-ol
24(R)-9,19- 环羊毛脂 -3- 酮 -24,25- 二醇 24(R)-9,19-cyclolanostan-3-one-24,25-diol
24(S)-9,19- 环羊毛脂 -3- 酮 -24,25- 二醇 24(S)-9,19-cyclolanostan-3-one-24,25-diol
9,19- 环羊毛脂烷 -3,16,20,24,25- 五醇 -1H,19H- 环丙烷 [9,10] 环戊烷 [a] 菲 9,19-cyclolanostane-3,16,20,24,25-pentol-1H,19H-cyclopropa[9,10]cyclopenta[a]phenanthrene
9,19- 环羊毛脂烷 -β-D- 吡喃葡萄糖苷 9,19-cyclolanostane-β-D-glucopyranoside
(1R,10R)- 环氧 -(-)-1,10- 二氢姜黄定 (1R,10R)-epoxy-(-)-1,10-dihydrocurdine
5α,6α- 环氧 -(22E,24R)- 麦角甾 -7,22- 二烯 -3β- 醇 5α,6α-epoxy-(22E,24R)-ergosta-7,22-dien-3β-ol
5α,6α- 环氧 -(22E,24R)- 麦角甾 -8(14),22- 二烯 -3β,7α- 二醇 5α,6α-epoxy-(22E,24R)-ergosta-8(14),22-diene-3β,7α-diol
5α,6α- 环氧 -(22E,24R)- 麦角甾 -8(14),22- 二烯 -3β,7β- 二醇 5α,6α-epoxy-(22E,24R)-ergosta-8(14),22-diene-3β,7β-diol
5α,6α- 环氧 -(22E,24R)- 麦角甾 -8,22- 二烯 -3β,7α- 二醇 5α,6α-epoxy-(22E,24R)-ergosta-8,22-diene-3β,7α-diol
5α,6α- 环氧 -(22E,24R)- 麦角甾 -8,22- 二烯 -3β,7β,14α- 三醇 5α,6α-epoxy-(22E,24R)-ergosta-8,22-diene-3β,7β,14α-triol
5α,6α- 环氧 -(22E,24R)- 麦角甾 -8,22- 二烯 -3β,7β- 二醇 5α,6α-epoxy-(22E,24R)-ergosta-8,22-diene-3β,7β-diol
5,6- 环氧 -(3β,5α,6α,7β,22E)- 麦角甾 -8,22- 二烯 -3,7,14- 三醇 5,6-epoxy-(3β,5α,6α,7β,22E)-ergosta-8,22-diene-3,7,14-triol
5,6- 环氧 -(3β,5α,6α,7β,22E)- 麦角甾 -8,22- 二烯 -3,7- 二醇 5,6-epoxy-(3β,5α,6α,7β,22E)-ergosta-8,22-diene-3,7-diol
4α,5α- 环氧 -1(10),7(11)- 二烯大根老鹳草 -8α,12- 内酯 4α,5α-epoxy-1(10),7(11)-dienegermacr-8α,12-olide
4,5- 环氧 -1(10)E,11(13)- 大根老鹤草二烯 -12,6- 内酯 4,5-epoxy-1(10)E,11(13)-germacradien-12,6-olide
1α,2α- 环氧 -10(H)α- 橙花瑞香 -11(12)- 烯 -7α,14- 二醇 1α,2α-epoxy-10(H)α-dauca-11(12)-ene-7α,14-diol
1β,2β- 环氧 -10(H)α- 橙花瑞香 -11(12)- 烯 -7α,14- 二醇 1β,2β-epoxy-10(H)α-dauca-11(12)-ene-7α,14-diol
4α,5α- 环氧 -10α,14-H- 粘性旋覆花内酯 4α,5α-epoxy-10α,14-H-inuviscolide
4α,5α- 环氧 -10α,14- 二氢粘性旋覆花内酯▲ 4α,5α-epoxy-10α,14-dihydroinuviscolide
(2(7)E,6S,10R,11R)-18,19- 环氧 -10- 去氧 -17- 羟基鸢尾醛 (2(7)E,6S,10R,11R)-18,19-epoxy-10-deoxy-17-hydroxyiridal
(6S,10R,11R)-18,19- 环氧 -10- 去氧 -17- 羟基鸢尾醛 (6S,10R,11R)-18,19-epoxy-10-deoxy-17-hydroxyiridal
18,19- 环氧 -10- 去氧鸢尾醛 18,19-epoxy-10-deoxyiridal
12,13- 环氧 -10- 十三碳烯 -2,4,6,8- 四炔 12,13-epoxy-10-tridecene-2,4,6,8-tetrayne
8,9- 环氧 -10- 异丁酰氧基百里香酚异丁酸酯 8,9-epoxy-10-isobutyryloxythymyl isobutyrate
(16R)-12,16- 环氧 -11,14,17- 三羟基 -17(15 → 16)- 移 -8,11,13- 冷杉三烯 -7- 酮 (16R)-12,16-epoxy-11,14,17-trihydroxy-17(15 → 16)-abeo-8,11,13-abietatrien-7-one
12,16- 环氧 -11,14,17- 三羟基 -6- 甲氧基 -17(15 → 16)- 移 - 冷杉 -5,8,11,13- 四烯 -7- 酮 12,16-epoxy-11,14,17-trihydroxy-6-methoxy-17(15 → 16)-abeo-abieta-5,8,11,13-tetraene-7-one
12,16- 环氧 -11,14- 二羟基 -6- 甲氧基 -17(15 → 16)- 移 - 冷杉 -5,8,11,13,15- 五烯 -3,7- 二酮 12,16-epoxy-11,14-dihydroxy-6-methoxy-17(15 → 16)-abeo-abieta-5,8,11,13,15-pentaene-3,7-dione
(10R,16S)-12,16- 环氧 -11,14- 二羟基 -6- 甲氧基 -17(15 → 16)- 移 - 冷杉 -5,8,11,13- 四烯 -3,7- 二酮 (10R,16S)-12,16-epoxy-11,14-dihydroxy-6-methoxy-17(15 → 16)-abeo-abieta-5,8,11,13-tetraene-3,7-dione
(15R)-12,16- 环氧 -11,14- 二羟基 -8,11,13- 冷杉三烯 -7- 酮 (15R)-12,16-epoxy-11,14-dihydroxy-8,11,13-abietatrien-7-one
(1R)-1,4- 环氧 -11α,22α- 二羟基 -3,4- 裂环羽扇豆 -20(30)- 烯 -3,28-

二羧酸 (1R)-1,4-epoxy-11α,22α-dihydroxy-3,4-secolupane-20(30)-ene-3,28-dioic acid

(1R)-1,4- 环氧 -11α- 羟基 -3,4- 裂环羽扇豆 -20(30)- 烯 -3,28- 二羧酸 (1R)-1,4-epoxy-11α-hydroxy-3,4-secolupane-20(30)-ene-3,28-dioic acid

13,28- 环氧 -11- 齐墩果烯 -3- 酮 13,28-epoxy-11-oleanene-3-one

14,15α- 环氧 -11- 羟基柳叶水甘草碱 14,15α-epoxy-11-hydroxytabersonine

1αH,4βH,5αH,7β,10β- 环氧 -11- 羟基愈创木烷 1αH,4βH,5αH,7β,10β-epoxy-11-hydroxyguaiane

15,16- 环氧 -12(R)- 乙酰氧 -8(17),13(16),14- 对映 - 半日花三烯 -19- 酸甲酯 methyl 15,16-epoxy-12(R)-acetoxy-8(17),13(16),14-ent-labdatrien-19-oate

15,16- 环氧 -12(R)- 乙酰氧基 -8(17),13(16),14- 对映 - 半日花三烯 -19- 羧酸 15,16-epoxy-12(R)-acetoxy-8(17),13(16),14-ent-labdatrien-19-oic acid

12,15- 环氧 -12,14- 半日花二烯 -8- 醇 12,15-epoxy-12,14-labdadiene-8-ol

20,25- 环氧 -12β,23S,24R- 三羟基达玛 -3β-(2-O-β-D- 吡喃葡萄糖基 -β-D- 吡喃木糖苷) 20,25-epoxy-12β,23S,24R-trihydroxydammaran-3β-(2-O-β-D-glucopyranosyl-β-D-xylopyranoside)

20,25- 环氧 -12β,23S,24R- 三羟基达玛 -3β-[O-β-D- 吡喃木糖基 -(1 → 2)-O-β-D- 吡喃木糖基 -(1 → 6)-β-D- 吡喃葡萄糖苷] 20,25-epoxy-12β,23S,24R-trihydroxydammaran-3β-[O-β-D-xylopyranosyl-(1 → 2)-O-β-D-xylopyranosyl-(1 → 6)-β-D-glucopyranoside]

20,25- 环氧 -12β,23S,24R- 三羟基达玛 -3β-[O-β-D- 吡喃葡萄糖基 -(1 → 2)-O-β-D- 吡喃木糖基 -(1 → 6)-β-D- 吡喃葡萄糖苷] 20,25-epoxy-12β,23S,24R-trihydroxydammaran-3β-[O-β-D-glucopyranosyl-(1 → 2)-O-β-D-xylopyranosyl-(1 → 6)-β-D-glucopyranoside]

20,25- 环氧 -12β,23S,24R- 三羟基达玛烷 -3β-(2-O-β-D- 吡喃木糖基 -β-D- 吡喃葡萄糖苷) 20,25-epoxy-12β,23S,24R-trihydroxydammaran-3β-(2-O-β-D-xylopyranosyl-β-D-glucopyranoside)

20,24- 环氧 -12β,23S,25S- 三羟基达玛 -3β-(2-O-β-D- 吡喃木糖基 -β-D- 吡喃葡萄糖苷) 20,24-epoxy-12β,23S,25S-trihydroxydammaran-3β-(2-O-β-D-xylopyranosyl-β-D-glucopyranoside)

19,20- 环氧 -12- 甲氧基 -11,14,19- 三羟基 -7- 氧代 -8,11,13- 冷杉三烯 19,20-epoxy-12-methoxy-11,14,19-trihydroxy-7-oxo-8,11,13-abietatriene

15α,16α- 环氧 -12- 齐墩果烯 -3- 酮 15α,16α-epoxy-12-oleanen-3-one

15,16- 环氧 -12- 氧代 -8(17),13(16),14- 半日花三烯 -20,19- 内酯 15,16-epoxy-12-oxo-8(17),13(16),14-labdatrien-20,19-olide

15,16- 环氧 -12- 氧代 -8(17),13(16),14- 对映 - 半日花三烯 -19,20- 内酯 15,16-epoxy-12-oxo-8(17),13(16),14-ent-labdatrien-19,20-olide

15,16- 环氧 -12- 氧代 -8(17),13(16),14- 对映 - 半日花三烯 -20,19- 内酯 15,16-epoxy-12-oxo-8(17),13(16),14-ent-labdatrien-20,19-olide

(1S,4S,6S,7R)-15,16- 环氧 -12- 氧代 - 对映 - 海蔷薇 -5(10),13(16),14- 三烯 -18,2β- 内酯 (1S,4S,6S,7R)-15,16-epoxy-12-oxo-ent-halima-5(10),13(16),14-trien-18,2β-olide

8α,12- 环氧 -13,14,15,16- 四降半日花 -12- 甲醚 8α,12-epoxy-13,14,15,16-tetranorlabdan-12-yl methyl ether

(12R,13E)-8,12- 环氧 -13- 半日花烯 -15- 醇 (12R,13E)-8,12-epoxy-13-labden-15-ol

(12S,13E)-8,12- 环氧 -13- 半日花烯 -15- 醇 (12S,13E)-8,12-epoxy-13-labden-15-ol

13,15- 环氧 -13- 表 - 云南紫杉辛▲ A 13,15-epoxy-13-epi-taxayunnansin A

(5R,8R,14R)-8,14- 环氧 -13- 氧代 -11- 罗汉松烯 -18- 酸 (5R,8R,14R)-8,14-epoxy-13-oxo-11-podocarpen-18-oic acid

(12R,13R)-8,13- 环氧 -14- 半日花烯 -12- 醇 (12R,13R)-8,13-epoxy-14-labden-12-ol

(12R,13S)-8,13- 环氧 -14- 半日花烯 -12- 醇 (12R,13S)-8,13-epoxy-14-labden-12-ol

(12S,13S)-8,13- 环氧 -14- 半日花烯 -12- 醇 (12S,13S)-8,13-epoxy-14-labden-12-ol

(12R,13R)-8,12- 环氧 -14- 半日花烯 -13- 醇 (12R,13R)-8,12-epoxy-14-labden-13-ol

(8R,12R,13R)-8,12- 环氧 -14- 半日花烯 -13- 醇 (8R,12R,13R)-8,12-epoxy-14-labden-13-ol

(8R,12R,13S)-8,12- 环氧 -14- 半日花烯 -13- 醇 (8R,12R,13S)-8,12-epoxy-14-labden-13-ol

(1R,4R,5S,9S)- 环氧 -14- 羟基 -β- 石竹 -8(15)- 烯 (1R,4R,5S,9S)-epoxy-14-hydroxy-β-caryophyll-8(15)-ene

(1R,4S,5R,9S)-4,5- 环氧 -14- 羟基 -β- 石竹 -8(15)- 烯 (1R,4S,5R,9S)-4,5-epoxy-14-hydroxy-β-caryophyll-8(15)-ene

4,5- 环氧 -14- 羟基青藤碱 -N- 氧化物 4,5-epoxy-14-hydroxysinomenine-N-oxide

8,13- 环氧 -15,16- 去二甲基半日花 -12- 烯 8,13-epoxy-15,16-dinorlab-12-ene

8β,(17)- 环氧 -15- 羟基 -12 反式 - 半日花烯 -16- 醛 8β,(17)-epoxy-15-hydroxy-12(E)-labden-16-al

15,16- 环氧 -15- 乙氧基 -6β,13- 二羟基半日花 -8- 烯 -7- 酮 15,16-epoxy-15-ethoxy-6β,13-dihydroxylabd-8-en-7-one

13,28S- 环氧 -16α,28- 二羟基 -22α-(3- 甲基 -1- 氧代丁酰氧基) 齐墩果 -3β-O-β-D- 吡喃木糖基 -(1 → 2)-O-β-D- 吡喃葡萄糖基 -(1 → 4)-O-[β-D- 吡喃葡萄糖基 -(1 → 2)]-α-L- 吡喃阿拉伯糖苷 13,28S-epoxy-16α,28-dihydroxy-22α-(3-methyl-1-oxobutoxy) oleanan-3β-O-β-D-xylopyranosyl-(1 → 2)-O-β-D-glucopyranosyl-(1 → 4)-O-[β-D-glucopyranosyl-(1 → 2)]-α-L-arabinopyranoside

(9R,10S)- 环氧 -16- 环氧十七烯 -4,6- 二炔 -3- 酮 (9R,10S)-epoxy-16-heptadecene-4,6-diyne-3-one

9,13- 环氧 -16- 降半日花 -13E- 烯 -15- 醛 9,13-epoxy-16-norlabda-13E-en-15-al

16(R)-13,17- 环氧 -16- 羟基 - 对映 - 贝壳杉 -9(11)- 烯 -19- 醛 16(R)-13,17-epoxy-16-hydroxy-ent-kaur-9(11)-en-19-al

15,16- 环氧 -17- 羟基 - 对映 - 贝壳杉 -19- 酸 15,16-epoxy-17-hydroxy-ent-kauran-19-oic acid

15α,16α- 环氧 -17- 羟基 - 对映 - 贝壳杉 -19- 酸 15α,16α-epoxy-17-hydroxy-ent-kauran-19-oic acid

15α,16- 环氧 -17- 羟基 - 对映 - 贝壳杉 -19- 酸 (15α)-15,16-epoxy-17-hydroxy-ent-kauran-19-oic acid

(4α,15α)-15,16- 环氧 -17- 氧代 - 贝壳杉 -18- 酸 (4α,15α)-15,16-epoxy-17-oxo-kauran-18-oic acid

(5β,19R)- 环氧 -19,25- 二甲氧基葫芦 -6,23E- 二烯 -3β- 醇 (5β,19R)-epoxy-19,25-dimethoxycucurbita-6,23E-dien-3β-ol

5β,19- 环氧 -19R- 甲氧基葫芦 -6,23E- 二烯 -3β,25- 二醇 5β,19-epoxy-19R-methoxycucurbita-6,23E-diene-3β,25-diol

(19R,23E)-5β,19- 环氧 -19- 甲氧基葫芦 -6,23,25- 三烯 -3β- 醇 (19R,23E)-5β,19-epoxy-19-methoxycucurbita-6,23,25-trien-3β-ol

5β,19R- 环氧 -19- 甲氧基葫芦 -6,23E,25- 三烯 -3β- 醇 5β,19R-epoxy-19-methoxycucurbita-6,23E,25-trien-3β-ol

5β,19R-环氧-19-甲氧基葫芦-6,23E-二烯-3β,25-二醇 5β,19R-epoxy-19-methoxy-cucurbita-6,23E-diene-3β,25-diol
5β,19S-环氧-19-甲氧基葫芦-6,23E-二烯-3β,25-二醇 5β,19S-epoxy-19-methoxycucurbita-6,23E-diene-3β,25-diol
(19R,23E)-5β,19-环氧-19-甲氧基葫芦-6,23-二烯-3β,25-二醇 (19R,23E)-5β,19-epoxy-19-methoxycucurbita-6,23-diene-3β,25-diol
(19S,23E)-5β,19-环氧-19-甲氧基葫芦-6,23-二烯-3β,25-二醇 (19S,23E)-5β,19-epoxy-19-methoxycucurbita-6,23-diene-3β,25-diol
15,16-环氧-19-羟基-1,3,13(16),14-赪桐四烯-18-酸 15,16-epoxy-19-hydroxy-1,3,13(16),14-clerodatetraen-18-oic acid
(19R,23E)-5β,19-环氧-19-乙氧基葫芦-6,23-二烯-3β,25-二醇 (19R,23E)-5β,19-epoxy-19-ethoxycucurbita-6,23-diene-3β,25-diol
6α,7α-环氧-1α,3β,4β,13β-四羟基-24,30-去二甲基齐墩果-20-烯-28,13β-内酯 6α,7α-epoxy-1α,3β,4β,13β-tetrahydroxy-24,30-dinor-olean-20-en-28,13β-olide
8,12-环氧-1α-甲氧基-4αH,5αH-桉叶-7,11-二烯-6,9-二酮 8,12-epoxy-1α-methoxy-4αH,5αH-eudesma-7,11-diene-6,9-dione
8,12-环氧-1α-羟基-4αH,5αH-桉叶-7,11-二烯-6,9-二酮 8,12-epoxy-1α-hydroxy -4αH,5αH-eudesma-7,11-diene-6,9-dione
6α,15α-环氧-1β,4β-二羟基桉叶烷 6α,15α-epoxy-1β,4β-dihydroxyeudesmane
8,12-环氧-1β-羟基桉叶-4(15),7,11-三烯-6-酮 8,12-epoxy-1β-hydroxyeudesma-4(15),7,11-trien-6-one
(3R)-3',4''-环氧-1-对羟基苯基-7-(3-甲氧基苯基)-庚烷-3-醇 (3R)-3',4''-epoxy-1-(4-hydroxyphenyl)-7-(3-methoxyphenyl)-heptan-3-ol
3,4-环氧-2-(2,4-己二炔亚甲基)-1,6-二氧杂螺[4.5]癸烷 3,4-epoxy-2-(2,4-hexadiynylidene)-1,6-dioxaspiro[4.5]decane
3,4-环氧-2-(2,4-己二炔亚甲基)-8-乙酰氧基-1,6-二氧杂螺[4.5]癸烷 3,4-epoxy-2-(2,4-hexadiynylidene)-8-acetoxy-1,6-dioxaspiro[4.5]decane
3,4-环氧-2-(2,4-己二炔亚甲基)-8-异戊酰氧基-1,6-二氧杂螺[4.5]癸烷 3,4-epoxy-2-(2,4-hexadiynylidene)-8-isovaleroyloxy-1,6-dioxaspiro[4.5] decane
12,13-环氧-2,10-十三碳二烯-4,6,8-三炔 12,13-epoxy-2,10-tridecadiene-4,6,8-triyne
(S)-12,13-环氧-2,4,6,8,10-十三碳五炔 (S)-12,13-epoxy-2,4,6,8,10-tridecapentayne
11α,12α-环氧-2,6β,13-三羟基-3-酮基-24-降熊果-1,4-二烯-28-羧酸-γ-内酯 11α,12α-epoxy-2,6β,13-trihydroxy-3-oxo-24-norursa-1,4-dien-28-oic acid-γ-lactone
(1S,2E,4S,6R,7E,10R,11R)-10,11-环氧-2,7,12(20)-瑞士松三烯-4,6-二醇 (1S,2E,4S,6R,7E,10R,11R)-10,11-epoxy-2,7,12(20)-cembratriene-4,6-diol
(1S,2E,4S,6R,7E,10S,11S)-10,11-环氧-2,7,12(20)-瑞士松三烯-4,6-二醇 (1S,2E,4S,6R,7E,10S,11S)-10,11-epoxy-2,7,12(20)-cembratriene-4,6-diol
5,12-环氧-2,7,8-三羟基杜松萘▲-14,15-二醛 5,12-epoxy-2,7,8-trihydroxycadalene-14,15-dial
2H,12H-6,12α-环氧-2,7α-甲醇吲哚并[2,3-a]-喹嗪-14-羧酸 2H,12H-6,12α-epoxy-2,7α-methanoindolo[2,3-a]quinolizine-14-carboxylic acid
(1S,2E,4R,6R,7E,11R,12R)-11,12-环氧-2,7-瑞士松二烯-4,6-二醇 (1S,2E,4R,6R,7E,11R,12R)-11,12-epoxy-2,7-cembradiene-4,6-diol
(1S,2E,4S,6R,7E,11R,12R)-11,12-环氧-2,7-瑞士松二烯-4,6-二醇 (1S,2E,4S,6R,7E,11R,12R)-11,12-epoxy-2,7-cembradiene-4,6-diol
(3β,20ξ)-21,23-环氧-20,21-二羟基达玛-24-烯-3-O-α-L-吡喃鼠李糖基-(1→2)-O-[β-D-吡喃木糖基-(1→3)]-β-D-吡喃葡萄糖苷 (3β,20ξ)-21,23-epoxy-20,21-dihydroxydammar-24-en-3-O-α-L-rhamnopyranosyl-(1→2)-O-[β-D-xylopyranosyl-(1→3)]-β-D-glucopyranoside
(3β,20ξ)-21,23-环氧-20,21-二羟基达玛-24-烯-3-O-α-L-吡喃鼠李糖基-(1→2)-O-[β-D-吡喃木糖基-(1→3)]-β-D-吡喃葡萄糖苷-6-乙酸酯 (3β,20ξ)-21,23-epoxy-20,21-dihydroxydammar-24-en-3-O-α-L-rhamnopyranosyl-(1→2)-O-[β-D-xylo-pyranosyl-(1→3)]-β-D-glucopyranoside-6-acetate
(20R,25S)-12β,25-环氧-20,26-环达玛-2α,3β-二醇 (20R,25S)-12β,25-epoxy-20,26-cyclodammarane-2α,3β-diol
(20R,25S)-12β,25-环氧-20,26-环达玛-3β-醇 (20R,25S)-12β,25-epoxy-20,26-cyclodammaran-3β-ol
21S,23R-环氧-21,24S,25-三羟基-原绿玉树-7-烯-3-酮 21S,23R-epoxy-21,24S,25-trihydroxy-apotirucalla-7-ene-3-one
21,23-环氧-21α,24,25-三羟基绿玉树-7-烯-3-酮 21,23-epoxy-21α,24,25-trihydroxytirucalla-7-en-3-one
21R,23R-环氧-21α-甲氧基-7,24,25-三羟基-14-阿朴绿玉树烯-3-酮 21R,23R-epoxy-21α-methoxy-7,24,25-trihydroxy-14-apotirucallen-3-one
13β,14β-环氧-21α-甲氧基千层塔-3-酮 13β,14β-epoxy-21α-methoxyserratan-3-one
21R,23R-环氧-21α-乙氧基-24S,25-二羟基阿朴绿玉树-7-烯-3-酮 21R,23R-epoxy-21α-ethoxy-24S,25-dihydroxyapotirucalla-7-en-3-one
13,28-环氧-21β,23-二羟基-11-齐墩果烯-3-酮 13,28-epoxy-21β,23-dihydroxy-11-oleanen-3-one
21S,23R-环氧-21β-甲氧基-7,24,25-三羟基-14-阿朴绿玉树烯-3-酮 21S,23R-epoxy-21β-methoxy-7,24,25-trihydroxy-14-apotirucallen-3-one
21,23-环氧-21-甲氧基-17H-羊毛脂-7-烯-3,24,25-三醇 21,23-epoxy-21-methoxy-17H-lanost-7-ene-3,24,25-triol
(3β,20ξ)-21,23-环氧-21-乙氧基-20-羟基达玛-24-烯-3-O-α-L-吡喃鼠李糖基-(1→2)-O-[β-D-吡喃木糖基-(1→3)]-β-D-吡喃葡萄糖苷 (3β,20ξ)-21,23-epoxy-21-ethoxy-20-hydroxydammar-24-en-3-O-α-L-rhamnopyranosyl-(1→2)-O-[β-D-xylopyranosyl-(1→3)]-β-D-glucopyranoside
(13α,14β,17α,20S,21R,23R,24S)-21,23-环氧-21-乙氧基-24,25-二羟基-羊毛脂-7-烯-3-酮 (13α,14β,17α,20S,21R,23R,24S)-21,23-epoxy-21-ethoxy-24,25-dihydroxy-lanost-7-en-3-one
21R,23R-环氧-21-乙氧基-24S,25-二羟基-原绿玉树-7-烯-3-酮 21R,23R-epoxy-21-ethoxy-24S,25-dihydroxy-apotirucalla-7-ene-3-one)
13β,28-环氧-22α,23-二羟基齐墩果-3,16-二酮 13β,28-epoxy-22α,23-dihydroxyolean-3,16-dione
5β,19-环氧-23(R)-甲氧基葫芦-6,24-二烯-3β-醇 5β,19-epoxy-23(R)-methoxycucurbita-6,24-dien-3β-ol
5β,19-环氧-23(S)-甲氧基葫芦-6,24-二烯-3β-醇 5β,19-epoxy-23(S)-methoxycucurbita-6,24-dien-3β-ol
13,28-环氧-23-羟基-11-齐墩果烯-3-酮 13,28-epoxy-23-hydroxy-11-oleanen-3-one
12β,23-环氧-23-羟基-24-亚甲基-23-羊毛脂-8-烯-26-酸 12β,23-epoxy-3α,23-hydroxy-24-methylen-lanost-8-en-26-carboxylic acid
5α,6α-环氧-24(R)-甲基胆甾-7,22-二烯-3β-醇 5α,6α-epoxy-24(R)-methylcholesta-7,22-dien-3β-ol
(24R,S)-3β-24,31-环氧-24-甲基环木菠萝烷 (24R,S)-3β-24,31-epoxy-24-methylcycloartane
(13α,14β,17α,20S,21R,23R,24S)-21,23-环氧-24-羟基-21,25-二

H

甲氧基-羊毛脂-7-烯-3-酮 (13α,14β,17α,20S,21R,23R,24S)-21,23-epoxy-24-hydroxy-21,25-dimethoxy-lanost-7-en-3-one

(13α,14β,17α,20S,21S,23R,24S)-21,23-环氧-24-羟基-21,25-二甲氧基-羊毛脂-7-烯-3-酮 (13α,14β,17α,20S,21S,23R,24S)-21,23-epoxy-24-hydroxy-21,25-dimethoxy-lanost-7-en-3-one

24R,28R-环氧-24-乙基胆甾醇 24R,28R-epoxy-24-ethylcholesterol

24S,28S-环氧-24-乙基胆甾醇 24S,28S-epoxy-24-ethylcholesterol

20R,24R-环氧-25-达玛烯-3-酮 20R,24R-epoxy-25-dammaren-3-one

5β,19-环氧-25-甲氧基葫芦-6,23-二烯-3β,19-二醇 5β,19-epoxy-25-methoxycucurbita-6,23-diene-3β,19-diol

(23E)-5β,19-环氧-25-甲氧基葫芦-6,23-二烯-3β-醇 (23E)-5β,19-epoxy-25-methoxy-cucurbita-6,23-dien-3β-ol

(25S)-22α,25-环氧-26-[(O-β-D-吡喃葡萄糖基]氧基]-3β-羟基呋甾-5-烯-1β-O-α-L-吡喃阿拉伯糖苷 (25S)-22α,25-epoxy-26-[(O-β-D-glucopyranosyl)oxy]-3β-hydroxyfurosta-5-en-1β-O-α-L-arabinopyranoside

4(R),23-环氧-2α,3α,19α-三羟基-24-降熊果-12-烯-28-酸 4(R),23-epoxy-2α,3α,19α-trihydroxy-24-norurs-12-en-28-oic acid

5α,6α-环氧-2α-乙酰氧基-4α-羟基-1β,7α-愈创木-11(13)-烯-12,8α-内酯 5α,6α-epoxy-2α-acetoxy-4α-hydroxy-1β,7α-guaia-11(13)-en-12,8α-olide

1α,11α-环氧-2β,11β,12α,20-四羟基黄树-3,13(21)-二烯-16-酮 1α,11α-epoxy-2β,11β,12α,20-tetrahydroxypicrasa-3,13(21)-dien-16-one

(5β)-22R,25-环氧-2β,3β,14,20-四羟基-胆甾-7-烯-6-酮 (5β)-22R,25-epoxy-2β,3β,14,20-tetrahydroxy-cholest-7-en-6-one; shidasterone

16α,23α-环氧-2β,3β,7β,20β,26-五羟基-10α,23α-葫芦-5,24-(E)-二烯-11-酮 16α,23α-epoxy-2β,3β,7β,20β,26-pentahydroxy-10α,23α-cucurbit-5,24-(E)-dien-11-one

16α,23α-环氧-2β,3β,7β,20β,26-五羟基-10α,23α-葫芦-5,24-(E)-二烯-11-酮-2-O-β-D-吡喃葡萄糖苷 16α,23α-epoxy-2β,3β,7β,20β,26-pentahydroxy-10α,23α-cucurbit-5,24-(E)-dien-11-one-2-O-β-D-glucopyranoside

2,5-环氧-2β-羟基-4α-甲氧基-8α-(2-甲基丙烯酰氧基)-10(14),11(13)-大根香叶二烯-12,6α-内酯 2,5-epoxy-2β-hydroxy-4α-methoxy-8α-(2-methylpropenoyloxy)-10(14),11(13)-germacradien-12,6α-olide

1-环氧-2-甲基-6,7-二甲氧基-1,2-二氢异喹啉 1-oxo-2-methyl-6,7-dimethoxy-1,2-dihydroisoquinoline

3-O-(2,3-环氧-2-甲基丁酰氧基)库欧特酮 3-O-(2,3-expoxy-2-methylbutanoyl)cuauthemone

(2R)-3',4''-环氧-2-羟基-1-对羟基苯基-7-(3-甲氧基苯基)-庚烷-3-酮 (2R)-3',4''-epoxy-2-hydroxy-1-(4-hydroxyphenyl)-7-(3-methoxyphenyl)-heptan-3-one

(2R,5R,6R,8S,9S,10S,12S)-15,16-环氧-2-羟基-6-O-[β-D-吡喃葡萄糖基-(1→6)-α-D-吡喃木糖基]-克罗登-3,13(16),14-三烯-17,12-内酯-18-酸甲酯 (2R,5R,6R,8S,9S,10S,12S)-15,16-epoxy-2-hydroxy-6-O-[β-D-glucopyranosyl-(1→6)-α-D-xylopyranosyl]-cleroda-3,13(16),14-trien-17,12-olid-18-oic acid methyl ester

(2R,5R,6R,8R,9S,10S,12S)-15,16-环氧-2-羟基-6-O-β-D-吡喃葡萄糖基-克罗登-3,13(16),14-三烯-17,12-内酯-18-酸甲酯 (2R,5R,6R,8R,9S,10S,12S)-15,16-epoxy-2-hydroxy-6-O-β-D-glucopyranosylcleroda-3,13(16),14-trien-17,12-olid-18-oic acid methyl ester

(2R,5R,6S,9S,10S,12S)-15,16-环氧-2-羟基-6-O-β-D-吡喃葡萄糖基克罗登-3,7,13(16),14-四烯-17,12-内酯-18-酸甲酯 (2R,5R,6S,9S,10S,12S)-15,16-epoxy-2-hydroxy-6-O-β-D-glucopyranosylcleroda-3,7,13(16),14-tetraen-17,12-olid-18-oic acid methyl ester

(5R,6R,8S,9R,10R,12S)-15,16-环氧-2-氧代-6-O-β-D-吡喃葡萄糖基克罗登-3,13(16),14-三烯-17,12-内酯-18-酸甲酯 (5R,6R,8S,9R,10R,12S)-15,16-epoxy-2-oxo-6-O-β-D-glucopyranosylcleroda-3,13(16),14-trien-17,12-olid-18-oic acid methyl ester

(5R,6R,8S,9R,10S,12S)-15,16-环氧-2-氧代-6-O-β-D-吡喃葡萄糖基克罗登-3,13(16),14-三烯-17,12-内酯-18-酸甲酯 (5R,6R,8S,9R,10S,12S)-15,16-epoxy-2-oxo-6-O-β-D-glucopyranosylcleroda-3,13(16),14-trien-17,12-olid-18-oic acid methyl ester

(5R,6S,9S,10S,12S)-15,16-环氧-2-氧代-6-O-β-D-吡喃葡萄糖基克罗登-3,7,13(16),14-四烯-17,12-内酯-18-酸甲酯 (5R,6S,9S,10S,12S)-15,16-epoxy-2-oxo-6-O-β-D-glucopyranosylcleroda-3,7,13(16),14-tetraen-17,12-olid-18-oic acid methylester

6-(2,3-环氧-2-异丙基-正丙氧基)-半枝莲亭素▲C 6-(2,3-epoxy-2-isopropyl-n-propoxyl)-barbatin C

8,9-环氧-3,10-二异丁酰氧基-对孜然芹烃▲ 8,9-epoxy-3,10-diisobutanoyloxy-p-cymene

8,9-环氧-3,10-二异丁酰氧基麝香草酚 8,9-epoxy-3,10-diisobutyryloxythymol

(2S*,3S*,6S*,7R*,8R*,10R*)-3,10-环氧-3,10-羟基-2-甲氧基-8-(2-甲基丙酰氧基)-大根老鹳草-4,11(13)-二烯-6,12-内酯 (2S*,3S*,6S*,7R*,8R*,10R*)-3,10-epoxy-3,10-hydroxy-2-methoxy-8-(2-methylpropanoyoxy)-germacra-4,11(13)-dien-6,12-olide

(3β,6α,12β,20S)-20,25-环氧-3,12-二羟基达玛-6-O-β-D-吡喃葡萄糖苷 (3β,6α,12β,20S)-20,25-epoxy-3,12-dihydroxy-dammaran-6-O-β-D-glucopyranoside

8α,17β-环氧-3,19-二羟基-11,13-对映-半日花三烯-15,16-内酯 8α,17β-epoxy-3,19-dihydroxy-11,13-ent-labdatrien-15,16-olide

(4α)-13,28-环氧-3,23-[(1-甲基乙亚基)二氧]-齐墩果-11-烯 (4α)-13,28-epoxy-3,23-[(1-methylethylidene)bis(oxy)]-olean-11-ene

13,28-环氧-3,23-齐墩果-16-酮 13,28-epoxy-3,23-oleananediol-16-one

13,28-环氧-3,30-二羟基-16-齐墩果酮 13,28-epoxy-3,30-dihyroxy-16-oleananone

(3β,4β,22S,24S,25R)-5,6-环氧-3,4,20,22,24,25-六羟基-1-氧代-麦角甾-26-酸-δ-内酯 (3β,4β,22S,24S,25R)-5,6-epoxy-3,4,20,22,24,25-hexahydroxy-1-oxo-ergostan-26-oic acid-δ-lactone

(3R,4R,5R,6S,8R,9S,10S,12S)-15,16-环氧-3,4-环氧-6-O-β-D-吡喃葡萄糖基克罗登-3,13(16),14-三烯-17,12-内酯-18-酸甲酯 (3R,4R,5R,6S,8R,9S,10S,12S)-15,16-epoxy-3,4-epoxy-6-O-β-D-glucopyranosylcleroda-3,13(16),14-trien-17,12-olid-18-oic acid methyl ester

4,7'-环氧-3',5,-二甲氧基-4',9,9'-三羟基-3,8'-二木脂-7-烯 4,7'-epoxy-3',5,-dimethoxy-4',9,9'-trihydroxy-3,8'-bilign-7-ene

(3S,16R)-12,16-环氧-3,6,11,14,17-五羟基-17(15→16)-移-5,8,11,13-冷杉四烯-7-酮 (3S,16R)-12,16-epoxy-3,6,11, 14,17-pentahydroxy-17(15→16)-abeo-5,8,11,13-abietatetraen-7-one

11α,12α-环氧-3,6β,13-三羟基-2-酮基-24-降熊果-3-烯-28-羧酸-γ-内酯 11α,12α-epoxy-3,6β,13-trihydroxy-2-oxo-24-norurs-3-en-28-oic acid-γ-lactone

(17S,23S)-17,23-环氧-3,7-二酮-8,24-羊毛脂二烯-26,23-内酯 (17S,23S)-17,23-epoxy-3,7-dioxo-8,24-lanostadien-26,23-olide

(3S,5R,6S,7E,9R)-5,6-环氧-3,9-二羟基-7-大柱香波龙烯 (3S,5R,6S,7E,9R)-5,6-epoxy-3,9-dihydroxy-7-megastigmene

3β,25- 环氧 -3α,21α- 二羟基 -22β- 当归酰氧基齐墩果 -12- 烯 -28- 酸 3β,25-epoxy-3α,21α-dihydroxy-22β-angeloyloxyolean-12-ene-28-oic acid
3β,25- 环氧 -3α,22β,23α- 三羟基 - 齐墩果 -12- 烯 -28- 酸 3β,25-epoxy-3α,22β,23α-trihydroxy-olean-12-en-28-oic acid
3β,20- 环氧 -3α,6α- 二羟基 -18- 降贝叶 -15- 烯 3β,20-epoxy-3α,6α-dihydroxy-18-norbeyer-15-ene
15,16- 环氧 -3α,6β,9α- 三羟基半日花 -13(16),14- 二烯 -7- 酮 15,16-epoxy-3α,6β,9α-trihydroxylabda-13(16),14-dien-7-one
3β,25- 环氧 -3α- 羟基齐墩果 -12- 烯 -28- 酸 3β,25-epoxy-3α-hydroxyolean-12-en-28-oic acid
3β,25- 环氧 -3α- 羟基羽扇豆 -20(29)- 烯 -28- 酸 3β,25-epoxy-3α-hydroxylup-20(29)-en-28-oic acid
(24R)-20,24- 环氧 -3β,12β,25- 三羟基达玛 -6α-O-α-L- 吡喃鼠李糖基 -(1 → 2)-O-β-D-6- 乙酰吡喃葡萄糖苷 (24R)-20,24-epoxy-3β,12β,25-trihydroxydammaran-6α-O-α-L-rhamnopyranosyl-(1 → 2)-O-β-D-6-acetylglucopyranoside
20,24- 环氧 -3β,12β,25- 三羟基达玛 -6α-O-β-D- 吡喃葡萄糖苷 20,24-epoxy-3β,12β,25-trihydroxydammaran-6α-O-β-D-glucopyranoside
(23R,24R,25R)-23,26- 环氧 -3β,14α,21α,22α- 四羟基麦角甾 -7- 烯 -6- 酮 (23R,24R,25R)-23,26-epoxy-3β,14α,21α,22α-tetrahydroxyergost-7-en-6-one
(20S,22R,24R)-16,22- 环氧 -3β,14α,23β,25- 四羟基麦角甾 -7- 烯 -6- 酮 (20S,22R,24R)-16,22-epoxy-3β,14α,23β,25-tetrahydroxyergost-7-en-6-one
13β,28- 环氧 -3β,16β- 二羟基熊果 -11- 烯 13β,28-epoxy-3β,16β-dihydroxyurs-11-ene
16α,23α- 环氧 -3β,20β- 二羟基 -10αH,23βH- 葫芦 -5,24- 二烯 -11- 酮 16α,23α-epoxy-3β,20β-dihydroxy-10αH,23βH-cucurbit-5,24-dien-11-one
13β,28- 环氧 -3β,22α,23- 三羟基齐墩果 -16- 酮 13β,28-epoxy-3β,22α,23-trihydroxyolean-16-one
13,28- 环氧 -3β,23- 二羟基 -11- 齐墩果烯 13,28-epoxy-3β,23-dihydroxy-11-oleanene
11α,12α- 环氧 -3β,23- 二羟基 -30- 去甲基齐墩果 -20(29)- 烯 -28,13β- 内酯 11α,12α-epoxy-3β,23-dihydroxy-30-norolean-20(29)-en-28,13β-olide
5β,19- 环氧 -3β,25- 二羟基葫芦 -6,23E- 二烯 5β,19-epoxy-3β,25-dihydroxycucurbita-6,23E-diene
11α,12α- 环氧 -3β,4β- 二羟基 -24- 去甲基齐墩果 -28- 酸 11α,12α-epoxy-3β,4β-dihydroxy-24-nor-olean-28-oic acid
6α,7α- 环氧 -3β,5α,20β- 三羟基 -1- 氧代睡茄 -24- 烯内酯 6α,7α-epoxy-3β,5α,20β-trihydroxy-1-oxowitha-24-enolide
11,14- 环氧 -3β,5α,7β,8α,9α,15β- 六乙酰氧基 -12- 氧代 -13αH- 麻疯树 -6(17)- 烯 11,14-epoxy-3β,5α,7β,8α,9α,15β-hexaacetoxy-12-oxo-13αH-jatropha-6(17)-ene
(22E,24R)-7β,8β- 环氧 -3β,5α,9α- 三羟基 -22- 烯 -6- 酮 (22E,24R)-7β,8β-epoxy-3β,5α,9α-trihydroxyergosta-22-en-6-one
2α,10α- 环氧 -3β,5β,6β,14β,16β- 五羟基 - 木藜烷 2α,10α-epoxy-3β,5β,6β,14β,16β-hexahydroxygrayanae
5α,6α- 环氧 -3β,8β,14α- 三羟基 -5α- 麦角甾 -22E- 烯 -7- 酮 5α,6α-epoxy-3β,8β,14α-trihydroxy-5α-ergost-22E-en-7-one
11α,12α- 环氧 -3β-[(O-β-D- 吡喃葡萄糖醛酸苷 -6'-O- 甲酯) 氧] 齐墩果 -28,13- 内酯 11α,12α-epoxy-3β-[(O-β-D-glucuronopyranoside-6'-O-methyl ester)oxy]olean-28,13-olide
13β,14β- 环氧 -3β- 甲氧基千层塔 -21β- 醇 13β,14β-epoxy-3β-methoxyserratan-21β-ol
14β,15β- 环氧 -3β- 甲氧基千层塔 -21β- 醇 14β,15β-epoxy-3β-methoxyserratan-21β-ol
14β,15β- 环氧 -3β- 甲氧基千层塔 -21- 酮 14β,15β-epoxy-3β-methoxyserratan-21-one
5α,6α- 环氧 -3β- 羟基 -(22E,24R)- 麦角甾 -8,22- 二烯 -7- 酮 5α,6α-epoxy-3β-hydroxy-(22E,24R)-ergosta-8,22-dien-7-one
11α,12α- 环氧 -3β- 羟基 -24- 去甲齐墩果 -4(23)- 烯 -28,13β- 内酯 11α,12α-epoxy-3β-hydroxy-24-nor-olean-4(23)-en-28,13β-olide
5α,6α- 环氧 -3β- 羟基大柱香波龙 -7- 烯 -9- 酮 5α,6α-epoxy-3β-hydroxymegastigm-7-en-9-one
5α,6α- 环氧 -3β- 羟基麦角甾 -22- 烯 -7- 酮 5α,6α-epoxy-3β-hydroxyergosta-22-ene-7-one
13β,28- 环氧 -3β- 羟基齐墩果 -11- 烯 13β,28-epoxy-3β-hydroxyolean-11-ene
21,22β- 环氧 -3β- 羟基齐墩果 -12- 烯 -28- 酸 21,22β-epoxy-3β-hydroxyolean-12-en-28-oic acid
5,13- 环氧 -3β- 羟基 - 乳菇 -2(9),5,7(13)- 三烯 -4,8- 二酮 5,13-epoxy-3β-hydroxy-lactara-2(9),5,7(13)-trien-4,8-dione
13β,28- 环氧 -3β- 羟基熊果 -11- 烯 13β,28-epoxy-3β-hydroxyurs-11-ene
2-(2',3'- 环氧 -3'- 甲基丁基)-3- 甲基呋喃 2-(2',3'-epoxy-3'-methylbutyl)-3-methylfuran
(7S,8R)-4',7- 环氧 -3- 甲氧基 -3',4,9- 三羟基木脂素 -9'- 甲酯 methyl (7S,8R)-4',7-epoxy-3-methoxy-3',4,9-trihydroxylignan-9'-oate
(7S,8S)-3',7- 环氧 -3- 甲氧基 -8,4'- 氧化新木脂素 -4,9,9'- 三醇 (7S,8S)-3',7-epoxy-3-methoxy-8,4'-oxyneolignane-4,9,9'-triol
(7S,8S)-3',7- 环氧 -3- 甲氧基 -8,4'- 氧化新木脂素 -4,9- 二醇 -9'-O-β-D- 葡萄糖苷 (7S,8S)-3',7-epoxy-3-methoxy-8,4'-oxyneolignane-4,9-diol-9'-O-β-D-glucoside
5,6- 环氧 -3- 羟基 -(22E)- 麦角甾 -8(14),22- 二烯 -7- 酮 5,6-epoxy-3-hydroxy-(22E)-ergosta-8(14),22-dien-7-one
1,5- 环氧 -3- 羟基 -1-(3,4- 二羟基 -5- 甲氧基苯基)-7-(3,4- 二羟苯基)- 庚烷 1,5-epoxy-3-hydroxy-1-(3,4-dihydroxy-5-methoxyphenyl)-7-(3,4-dihydroxyphenyl)-heptane
1,5- 环氧 -3- 羟基 -1-(3,4- 二羟基 -5- 甲氧基苯基)-7-(4- 羟基 -3- 甲氧基苯基)- 庚烷 1,5-epoxy-3-hydroxy-1-(3,4-dihydroxy-5-methoxyphenyl)-7-(4-hydroxy-3-methoxyphenyl)-heptane
1,5- 环氧 -3- 羟基 -1-(4- 羟基 -3,5- 二甲氧基苯基)-7-(4- 羟基 -3- 甲氧基苯基)- 庚烷 1,5-epoxy-3-hydroxy-1-(4-hydroxy-3,5-dimethoxyphenyl)-7-(4-hydroxy-3-methoxyphenyl)-heptane
5-[(2,5)- 环氧 -3- 羟基 -3,7- 二甲基 -6- 辛烯氧基] 补骨脂素 5-[(2,5)-epoxy-3-hydroxy-3,7-dimethyl-6-octenoxy]psoralene
5,6- 环氧 -3- 羟基 -7- 大柱香波龙 -9- 烯 5,6-epoxy-3-hydroxy-7-megastigmen-9-ene
(3S,5R,6S,7E)-5,6- 环氧 -3- 羟基 -7- 大柱香波龙烯 -9- 酮 (3S,5R,6S,7E)-5,6-epoxy-3-hydroxy-7-megastigmen-9-one
5,6- 环氧 -3- 羟基 -7- 大柱香波龙烯 -9- 酮 5,6-epoxy-3-hydroxy-7-megastigmen-9-one
(3R,5R,6S,9ζ)-5,6- 环氧 -3- 羟基 -β- 香堇醇 (3R,5R,6S,9ξ)-5,6-epoxy-3-hydroxy-β-ionol
(1S,3S,5R,6R,7E)-5,11- 环氧 -3- 羟基大柱香波龙 -7- 烯 -9- 酮 -3-O-β-D- 吡喃葡萄糖苷 (1S,3S,5R,6R,7E)-5,11-epoxy-3-hydroxymegastigman-7-en-9-one-3-O-β-D-glucopyranoside
11,13- 环氧 -3- 酮基 - 去氢木香内酯 11,13-epoxy-3-ketodehydrocostus lactone
(17S,23R,25R)-17,23- 环氧 -3- 氧代 -7- 羊毛脂烯 -26,23- 内酯 (17S,23R,25R)-17,23-epoxy-3-oxo-7-lanosten-26,23-olide
(17S,23S,25R)-17,23- 环氧 -3- 氧代 -7- 羊毛脂烯 -26,23- 内酯 (17S,23S,25R)-17,23-epoxy-3-oxo-7-lanosten-26,23-olide
8,9- 环氧 -3- 异丁酰氧基 -10-(2- 甲基丁酰基) 麝香草酚 8,9-epoxy-

H

3-isobutyryloxy-10- (2-methylbutanoyl)thymol

2,3- 环氧 -3- 异戊烯基 -1,4- 萘醌 -2- 甲酯 methyl 2,3-epoxy-3-prenyl-1,4-naphthoquinone-2-carboxylate

(2R,4S,4aS,8aS)-4,4α- 环氧 -4,4α- 二氢鸡蛋果素 (2R,4S,4aS,8aS)-4,4α-epoxy-4,4α-dihydroedulan

4,2'- 环氧 -4',5- 二羟基 -7,5'- 二甲氧基 -3- 苯基香豆素 4,2'-epoxy-4',5-dihydroxy-7,5'-dimethoxy-3-phenylcoumarin

1β,10α- 环氧 -4,8- 二羟基 - 活血丹 -5- 烯 - 内酯 1β,10α-epoxy-4,8-dihydroxy-glechoma-5-en-olide

(1R,4S,5R,8S,9R,10S,12S)-15,16- 环氧 -4-O-β-D- 吡喃葡萄糖基克罗登 -2,13(16),14- 三烯 -17(12),18(1)- 二内酯 (1R,4S,5R,8S,9R,10S,12S)-15,16-epoxy-4-O-β-D-glucopyranosylcleroda-2,13(16), 14-triene-17(12),18(1)-diolide

8β,9β- 环氧 -4α- 羟基 -5αH- 林丹 -7(11)- 烯 -8α,12- 内酯 -15-O-β-D- 吡喃葡萄糖苷 8β,9β-epoxy-4α-hydroxy-5αH-lindan-7(11)-en-8α,12-olide-15-O-β-D-glucopyranoside

4,10- 环氧 -4β,10β- 二甲基 -1α,8β- 二异丁酰基 -5α- 当归酰基 -3α,6α,9β- 三羟基 -7β- 异丙烯基环己烷 4,10-epoxy-4β,10β-dimethyl-1α,8β-diisobutyryl-5α-angeloyl-3α,6α,9β-trihydroxy-7β-isopropenyl cyclohexane

(20S,22R)-5β,6β- 环氧 -4β,14β,15α- 三羟基 -1- 氧代睡茄 -2,24- 二烯内酯 (20S,22R)-5β,6β-epoxy-4β,14β,15α-trihydroxy-1-oxowitha-2,24-dienolide

5β,6β- 环氧 -4β,17α,27- 三羟基 -1- 氧代睡茄 -2,24- 二烯内酯 5β,6β-epoxy-4β,17α,27-trihydroxy-1-oxowitha-2,24-dienolide

(20S,22R)-3α,6α- 环氧 -4β,5β,27- 三羟基 -1- 氧代睡茄 -24- 烯内酯 (20S,22R)-3α,6α-epoxy-4β,5β,27-trihydroxy-1-oxowitha-24-enolide

5β,6β- 环氧 -4β- 羟基 -1- 氧代睡茄 -2,14,24- 三烯内酯 5β,6β-epoxy-4β-hydroxy-1-oxowitha-2,14,24-trienolide

13β,14β- 环氧 -4- 羟基 -19- 降冷杉 -7- 烯 -6- 酮 13β,14β-epoxy-4-hydroxy-19-norabiet-7-en-6-one

19,28- 环氧 -4- 羟基 -3,4- 裂环 -24- 降齐墩果 -3- 酸甲酯 19,28-epoxy-4-hydroxy-3,4-seco-24-noroleanan-3-oic acid methyl ester

1α,10β- 环氧 -4- 羟基 - 活血丹 -5- 烯 - 内酯 1α,10β-epoxy-4-hydroxy-glechoma-5-en-olide

2β,3β- 环氧 -4- 乙酰基 -5α,8,10,- 三异丁酰基 -1,11- 二羟基红没药烯 2β,3β-epoxy-4-acetyl-5α,8,10,-triisobutyryl-1,11-dihydroxybisabolene

2α,5- 环氧 -5,10- 二羟基 -6α- 当归酰氧基 -9β- 异丁酰氧基 - 吉马烷 -8α,12- 内酯 2α,5-epoxy-5,10-dihydroxy-6α-angeloyloxy-9β-isobutyryloxy-germacran-8α,12-olide

2β,5- 环氧 -5,10- 二羟基 -6α- 当归酰氧基 -9β- 异丁酰氧基 - 吉马烷 -8α,12- 内酯 2β,5-epoxy-5,10-dihydroxy-6α-angeloyloxy-9β-isobutyloxy-germacran-8α,12-olide

(5α,6α,7α,22R,25R)-6,7- 环氧 -5,14,20,22- 四羟基 -1- 氧代 - 麦角甾 -2- 烯 -26- 酸 -δ- 内酯 (5α,6α,7α,22R,25R)-6,7-epoxy-5,14,20,22-tetrahydroxy-1-oxo-ergost-2-en-26-oic acid-δ-lactone

2α,3α- 环氧 -5,7,3',4'- 四羟基黄烷 -(4b → 8)- 表儿茶素 2α,3α-epoxy-5,7,3',4'-tetrahydroxyflavan-(4b → 8)-epicatechin

2β,3β- 环氧 -5,7,3',4'- 四羟基黄烷 -(4α-8- 表儿茶素) 2β,3β-epoxy-5,7,3',4'-tetrahydroxyflavan-(4α-8-epicatechin)

2α,3α- 环氧 -5,7,3',4'- 四羟基黄烷 -(4β → 8)- 表儿茶素 2α,3α-epoxy-5,7,3',4'-tetrahydroxyflavan-(4β → 8)-epicatechin

2α,3α- 环氧 -5,7,3',4'- 四羟基黄烷 -(4β-8)- 表儿茶素 2α,3α-epoxy-5,7,3',4'-tetrahydroxyflavan-(4β-8)-epicatechin

2α,3α- 环氧 -5,7,3',4'- 四羟基黄烷 -(4β-8- 儿茶素) 2α,3α-epoxy-5,7,3',4'-tetrahydroxyflavan-(4β-8-catechin)

5,16- 环氧 -5,9- 二表赪桐 -3,13(16),14- 三烯 -20,19- 内酯 5,16-epoxy-5,9-diepicleroda-3,13(16),14-trien-20,19-olide

6α,7α- 环氧 -5α,14α,17α,23β- 四羟基 -1- 氧代 -22R- 睡茄 -2,24- 二烯内酯 6α,7α-epoxy-5α,14α,17α,23β-tetrahydroxy-1-oxo-22R-witha-2,24-dienolide

6α,7α- 环氧 -5α,17α, 二羟基 -1- 氧代 -22R- 睡茄 -2,24- 二烯内酯 6α,7α-epoxy-5α,17α-dihydroxy-1-oxo-22R-witha-2,24-dienolide

6α,7α- 环氧 -5α,20β- 二羟基 -1- 氧代睡茄 -2,24- 二烯内酯 6α,7α-epoxy-5α,20β-dihydroxy-1-oxowitha-2,24-dienolide

12,15- 环氧 -5αH,9βH- 半日花 -8(17),13- 二烯 -19- 酸 12,15-epoxy-5αH,9βH-labda-8(17),13-dien-19-oic acid

24(S),25- 环氧 -5α- 达玛 -20- 烯 -3- 酮 24(S),25-epoxy-5α-dammar-20-en-3-one

(23S)-21,23- 环氧 -5α- 环木菠萝 -24- 烯 -3β- 醇 (23S)-21,23-epoxy-5α-cycloart-24-en-3β-ol

5α,6α- 环氧 -5α- 麦角甾 -8(14),22E- 二烯 -3β,7α- 二醇 5α,6α-epoxy-5α-ergosta-8(14),22E-diene-3β,7α-diol

24(S),25- 环氧 -5α- 原萜 -20,25- 二烯 -3- 酮 24(S),25-epoxy-5α-protost-20,25-dien-3-one

2β,3β- 环氧 -5α- 孕烷 2β,3β-epoxy-5α-pregnane

1β,4β- 环氧 -5β- 羟基 -10αH- 苍耳 -11(13)- 烯 -12,8β- 内酯 1β,4β-epoxy-5β-hydroxy-10αH-xantha-11(13)-en-12,8β-olide

3,4- 环氧 -5- 羟基 -1- 环己烯羧酸 3,4-epoxy-5-hydroxy-1-cyclohexenecarboxylic acid

6,7- 环氧 -5- 羟基蛇麻 -2,9- 二烯 6,7-epoxy-5-hydroxyhumula-2,9-diene

3,4- 环氧 -5- 羟甲基苯甲酸 -2-C-β- 葡萄糖苷 3,4-epoxy-5-hydroxymethylbenzoate-2-C-β-glucoside

5,8- 环氧 -6,7- 二甲基 -2',3',2",3"- 亚甲二氧基 -4',1"- 二甲氧基 -1,2:3,4- 二苯基 -1,3- 环辛二烯 5,8-epoxy-6,7-dimethyl-2',3',2",3"-dimethylenedioxy-4',1"-dimethoxy-1,2:3,4-dibenzo-1,3-cyclooctadiene

5,12- 环氧 -6,9- 二羟基 -7- 大柱香波龙烯 -3- 酮 5,12-epoxy-6,9-dihydroxy-7-megastigmen-3-one

3α,4α- 环氧 -6α-(2'- 甲基丙烯酰基) 氧基 -8α- 甲氧基艽漠木 -7(11)- 烯 -8β,12- 内酯 3α,4α-epoxy-6α-(2'-methylacryloyl)oxy-8α-methoxyeremophil-7(11)-en-8β,12-olide

3α,4α- 环氧 -6α-(2'- 甲基丙烯酰基) 氧基 -8α- 乙氧基艽漠木 -7(11)- 烯 -8β,12- 内酯 3α,4α-epoxy-6α-(2'-methylacryloyl)oxy-8α-ethoxyeremophil-7(11)-en-8β,12-olide

(12S)-1α,19- 环氧 -6α,18- 二乙酰氧基 -4α,12- 二羟基 - 新 - 赪桐 -13- 烯 -15,16- 内酯 (12S)-1α,19-epoxy-6α,18-diacetoxy-4α,12-dihydroxy-neo-clerod-13-en-15,16-olide

5,7α- 环氧 -6α,20α– 二羟基 -1- 氧代睡茄 -2,24- 二烯内酯 5,7α-epoxy-6α,20α–dihydroxy-1-oxowitha-2,24-dienolide

1β,10β- 环氧 -6α- 羟基 -7(10)- 烯 -8- 氧代艽漠木 -12- 甲酯 methyl 1β,10β-epoxy-6α-hydroxy-7(10)-en-8-oxoeremophil-12-oate

7α,8α- 环氧 -6α- 羟基冷杉 -9(11),13- 二烯 -12- 酮 7α,8α-epoxy-6α-hydroxyabieta-9(11),13-dien-12-one

1β,10β- 环氧 -6β-(2'- 半缩醛羟甲基丙烯酰氧基)-8β- 乙氧基艽漠木 -7(11)- 烯 -12,8α- 内酯 1β,10β-epoxy-6β-(2'-semialdehyde-acetal-hydroxymethylacryloyloxy)-8β-ethoxyeremophil-7(11)-en-12,8α-olide

1β,10β- 环氧 -6β-(2'- 甲基丙烯酰基) 氧基 -8β- 甲氧基艽漠木 -7(11)- 烯 -8α,12- 内酯 1β,10β-epoxy-6β-(2'-methylacryloyl)oxy-8β-methoxyeremophil-7(11)-en-8α,12-olide

1β,10β- 环氧 -6β-(2'- 羟甲基丙烯酰氧基)-8β- 羟基艽漠木 -7(11)- 烯 -12,8α- 内酯 1β,10β-epoxy-6β-(2'-hydroxymethylacryloyloxy)-8β-hydroxyeremophila-7(11)-en-12,8α-olide

1β,10β- 环氧 -6β-(2'- 羟甲基丙烯酰氧基)-8β- 乙氧基艽漠木 -7(11)-

en-12,8α- 内酯 1β,10β-epoxy-6β-(2'-hydroxymethylacryloyloxy)-8β-ethoxyeremophila-7(11)-en-12,8α-olide

7α,20- 环氧 -6β,11β- 二羟基 -7β,14β-[(1- 甲基乙亚基)- 二 - 氧基]- 对映 - 贝壳杉 -16- 烯 -15- 酮 7α,20-epoxy-6β,11β-dihydroxy-7β,14β-[(1-methylethylidene)-bis-oxy]-ent-kaur-16-en-15-one

1β,10β- 环氧 -6β,8β- 二羟基荒漠木 -7(11)- 烯 -12,8α- 内酯 1β,10β-epoxy-6β,8β-dihydroxyeremophil-7(11)-en-12,8α-olide

15,16- 环氧 -6β,9α- 二羟基半日花 -13(16),14- 二烯 -3,7- 二酮 15,16-epoxy-6β,9α-dihydroxylabda-13(16),14-dien-3,7-dione

1β,10β- 环氧 -6β- 当归酰基 -9- 氧代呋喃荒漠木烷 1β,10β-epoxy-6β-angeloyloxy-9-oxo-furanoeremophilane

1β,10β- 环氧 -6β- 当归酰氧基 -8β- 甲氧基荒漠木 -7(11)- 烯 -8α,12- 内酯 1β,10β-epoxy-6β-angeloyloxy-8β-methoxyeremophil-7(11)-en-8α,12-olide

1β,10β- 环氧 -6β- 乙酰氧基 -3β- 当归酰氧基 -8β- 羟基荒漠木 -7(11)- 烯 -8,12α- 内酯 1β,10β-epoxy-6β-acetoxy-3β-angeloyloxy-8β-hydroxyeremophil-7(11)-en-8,12α-olide

1,10β- 环氧 -6β- 异丁酰氧基 -9- 氧化呋喃荒漠木烷 1,10β-epoxy-6β-isobutanoyloxy-9-oxofuranoeremophilane

(3S,5R,8S)-5,8- 环氧 -6- 大柱香波龙烯 -3,9- 二醇 (3S,5R,8S)-5,8-epoxy-6-megastigmadien-3,9-diol

(1E,4S,5S,6R,8E)-4,5- 环氧 -6- 羟基 -4,8,11,11- 四甲基 -1,8- 环十一碳二烯 (1E,4S,5S,6R,8E)-4,5-epoxy-6-hydroxy-4,8,11,11-tetramethyl-1,8-cycloundecadiene

(1E,6R,8E)-4,5- 环氧 -6- 羟基 -4,8,11,11- 四甲基环十一碳 -1,8- 二烯 (1E,6R,8E)-4,5-epoxy-6-hydroxy-4,8,11,11-tetramethylcycloundeca-1,8-diene

(1R,4R,5R,9S)- 环氧 -6- 羟基 -β- 石竹 -8(15)- 烯 (1R,4R,5R,9S)-epoxy-6-hydroxy-β-caryophyll-8(15)-ene

(1R,4S,5S,6R,9S)-4,5- 环氧 -6- 羟基 -β- 石竹 -8(15)- 烯 (1R,4S,5S,6R,9S)-4,5-epoxy-6-hydroxy-β-caryophyl1-8(15)-ene

1,10- 环氧 -6- 羟基阔眼菊素▲ 1,10-epoxy-6-hydroxyeuryopsin

1,4- 环氧 -6- 去氧伪莽草素 1,4-epoxy-6-deoxypseudoanisatin

1,8- 环氧 -7(11)- 大根老鹳草烯 -5- 酮 -12,8- 内酯 1,8-epoxy-7(11)-germacren-5-one-12,8-olide

1β,10β- 环氧 -7(11)- 烯 -6α- 羟基 -8- 氧代 - 荒漠木 -12- 酸 1β,10β-epoxy-7(11)-en-6α-hydroxy-8-oxo-eremophil-12-oic acid

22R,24- 环氧 -7α,25- 二羟基 - 麦角甾 -1,4- 二烯 -3- 酮 22R,24-epoxy-7α,25-dihydroxy-ergosta-1,4-dien-3-one

5α,6α- 环氧 -7α- 甲氧基麦角甾 -8(14),22E- 二烯 -3β- 醇 5α,6α-epoxy-7α-methoxyergosta-8(14),22E-dien-3β-ol

24S,25- 环氧 -7α- 羟基 -22R-(3- 甲氧基 -1,3- 二氧代丙氧基)- 麦角甾 -1,4- 二烯 -3- 酮 24S,25-epoxy-7α-hydroxy-22R-(3-methoxy-1,3-dioxopropoxy)-ergosta-1,4-dien-3-one

1β,2β- 环氧 -7β- 羟基 -1α- 甲氧基甲基 -8α- 吡咯里西啶 1β,2β-epoxy-7β-hydroxy-1α-methoxymethyl-8α-pyrrolizidine

1β,10β- 环氧 -7β- 羟基 -8α- 甲氧基荒漠木 -11αH-12,8β- 内酯 1β,10β-epoxy-7β-hydroxy-8α-methoxy-eremophil-11αH-12,8β-olide

5,6β- 环氧 -7β- 羟基 -8β- 甲基 -1β-D- 鼠李糖苷基环烯醚萜 5,6β-epoxy-7β-hydroxy-8β-methyl-1β-D-rhamnosidyl iridoid

4,5- 环氧 -8(14)- 丁香烯 4,5-epoxy-8(14)-caryophyllene

(12S)-15,16- 环氧 -8(17),13(16),14- 半日花三烯 -12- 醇 (12S)-15,16-epoxy-8(17),13(16),14-labdatrien-12-ol

12,15- 环氧 -8(17),13- 半日花二烯 -18- 酸 12,15-epoxy-8(17),13-labdadien-18-oic acid

12,15- 环氧 -8,13-l 半日花二烯 -19- 醇 12,15-epoxy-8,13-labdadien-19-ol

1β,10β- 环氧 -8α- 甲氧基 - 荒漠木 -7(11)- 烯 -10αH-12,8β- 内酯 1β,10β-epoxy-8α-methoxy-eremophil-7(11)-en-10αH-12,8β-olide

1,10α- 环氧 -8α- 羟基蓍素 1,10α-epoxy-8α-hydroxyachillin

3β,4β- 环氧 -8α- 异丁酰氧基 -6βH,7αH,8βH- 愈创木 -1(10),11(13)- 二烯 -12,6α- 内酯 3β,4β-epoxy-8α-isobutyryloxy-6βH,7αH,8βH-guaia-1(10),11(13)-dien-12,6α-olide

1α,11α- 环氧 -8β,2β,11β,12β,20- 四羟基苦树 -3,13(21)- 二烯 -16- 酮 1α,11α-epoxy-8β,2β,11β,12β,20-tetrahydroxypicrasa-3,13(21)-dien-16-one

8,13- 环氧 -8βH- 雪松烷 8,13-epoxy-8βH-cedrane

4α,5β- 环氧 -8β- 羟基 -14- 氧代 - 刺苞菊内酯 4α,5β-epoxy-8β-hydroxy-14-oxoacanthospermolide

6α,15β- 环氧 -8β- 羟基 - 荒漠木 -7(11)- 烯 -8α,12- 内酯 6α,15β-epoxy-8β-hydroxy-7(11)-en-8α,12-olide

1β,10β- 环氧 -8β- 乙氧基 -6β-(2- 甲基烯丙酰氧基)- 荒漠木 -7(11)- 烯 -12,8α- 内酯 1β,10β-epoxy-8β-ethoxy-6β-(2-methylacryloyloxy)eremophil-7(11)-en-12,8α-olide

4α,5β- 环氧 -8β- 异戊酰 -14- 氧代 - 刺苞菊内酯 4α,5β-epoxy-8β-isovaleroyloxy-14-oxoacanthospermolide

6β,7β- 环氧 -8- 表 - 福桂树苷▲ 6β,7β-epoxy-8-epi-splendoside

13,14- 环氧 -9,11,12- 三羟基雷公藤内酯 13,14-epoxide,9,11,12-trihydroxyptolide

7β,11- 环氧 -9α,10α- 环氧 -8- 氧代荒漠木烷 7β,11-epoxy-9α,10α-epoxy-8-oxoeremophilane

(-)-10- 环氧 -9- 羟基 -$\Delta^{6a(10a)}$- 四氢大麻酚 (-)-10-ethoxy-9-hydroxy-$\Delta^{6a(10a)}$-tetrahydrocannabinol

5,12- 环氧 -9- 羟基 -7- 大柱香波龙烯 -3- 酮 5,12-epoxy-9-hydroxy-7-megastigmen-3-one

(3β,11α,12α)-11,12- 环氧 -D- 飞熊果 -14- 烯 -3- 醇 (3β,11α,12α)-11,12-epoxy-D-friedours-14-en-3-ol

13,28- 环氧 -α- 香树脂醇 13,28-epoxy-α-amyrin

5α,6α- 环氧 -β- 香堇酮 -3-O-β-D- 吡喃葡萄糖苷 5α,6α-expoxy-β-ionone-3-O-β-D-glucopyranoside

16,19- 环氧 -Δ^{14}- 蔓长春花醇▲ 16,19-epoxy-Δ^{14}-vincanol

1β,2β- 环氧安贝灵 1β,2β-epoxyambelline

4α,15- 环氧桉烷 -1β,6α- 二醇 4α,15-epoxyeudesmane-1β,6α-diol

14,5α- 环氧桉叶 -11(13)- 烯 -12- 酸 14,5α-epoxyeudesm-11(13)-en-12-oic acid

6β,14- 环氧桉叶 -4(15)- 烯 -1β- 醇 6β,14-epoxyeudesm-4(15)-en-1β-ol

11α,12α- 环氧白花阴生香茶菜素 E 11α,12α-epoxyleukamenin E

6β,10β- 环氧柏芳▲-3- 烯 6β,10β-epoxycupar-3-ene

(E)-8β(17)- 环氧半日花 -12- 烯 -15,16- 二醛 (E)-8β(17)-epoxylabda-12-en-15,16-dial

8β(17)- 环氧半日花 -12- 烯 -15,16- 二醛 8β(17)-epoxylabda-12-en-15,16-dial

15,16- 环氧半日花 -13(16),14- 二烯 -6β,7β,9α- 三醇 15,16-epoxylabda-13(16),14-diene-6β,7β,9α-triol

8,13- 环氧半日花 -14- 烯 -11- 酮 8,13-epoxylabd-14-en-11-one

(E)-15,16- 环氧半日花 -8(17),11,13- 三烯 -16- 醇 (E)-15,16-epoxylabda-8(17),11,13-trien-16-ol

(E)-14ξ,15- 环氧半日花 -8(17),12- 二烯 -16- 醛 (E)-14ξ,15-epoxylabda-8(17),12-dien-16-al

12,13- 环氧半日花 -8(17),14- 二烯 -19- 酸 12,13-epoxylabda-8(17),14-dien-19-oic acid

12,15- 环氧半日花 -8(20),13- 二烯 -18- 酸 12,15-epoxylabda-8(20),13-dien-18-oic acid

(4α,15α)-15,16- 环氧贝壳杉 -18- 酸 (4α,15α)-15,16-epoxykauran-18-oic acid

2',3'- 环氧别欧前胡素 2',3'-epoxide alloimperatorin

H

环氧丙醇 glycidol
8α- 环氧丙烯酰氧基硬毛钩藤内酯 -13-O- 乙酸酯 8α-epoxymethacryloyloxy-hirsutinolide-13-O-acetate
2,3- 环氧补骨脂酚 2,3-epoxybakuchiol
3α,4α- 环氧沉香呋喃 3α,4α-oxidoagarofuran
3β,4β- 环氧沉香呋喃 3β,4β-epoxyagarofuran
(+)- 环氧橙皮油烯 (+)-epoxyauraptene
(±)- 环氧橙皮油烯 (±)-epoxyaurapten
环氧橙皮油烯 epoxyauraptene
20S,24R- 环氧达玛 -11α,25- 二醇 -3- 酮 20S,24R-epoxydammaran-11α,25-diol-3-one
24S,25- 环氧达玛 -20- 烯 -3- 酮 24S,25-epoxydammar-20-en-3-one
12β,23(R)- 环氧达玛 -24- 烯 -3β,6α,20(S)- 三醇 12β,23(R)-epoxydammara-24-ene-3β,6α,20(S)-triol
20S,24S- 环氧达玛 -25- 醇 -3α- 羟基乙酸酯 20S,24S-epoxydammarane-25-ol-3α-acetate
20,24R- 环氧达玛 -3α,11α,25- 三醇 -11- 乙酸酯 20,24R-epoxydammarane-3α,11α,25-triol-11-acetate
20(S),24(R)- 环氧达玛 -3α,17α,25- 三醇 20(S),24(R)-epoxydammarane-3α,17α,25-triol
20,24- 环氧 - 达玛 -3α,24,25- 三醇 20,24-epoxy-dammarane-3α,24,25-triol
20,24S- 环氧 - 达玛 -3α,25- 二醇 3- 丙二酸单酯 20,24S-epoxydammarane-3α,25-diol-3-(hydrogenpropanedioate)
20,24R- 环氧 - 达玛 -3β,11α,25- 三醇 20,24R-epoxy-dammarane-3β,11α,25-triol
20(S),24(R)- 环氧达玛 -3β,11α-25- 三醇 20(S),24(R)-epoxydammmaran-3β,11α-25-triol
20(S),24(R)- 环氧达玛 -3β,11α-25- 三醇 -3-O-β-D- 吡喃葡萄糖苷 20(S),24(R)-epoxydammmaran-3β,11α-25-triol-3-O-β-D-glucopyranoside
20(S),24(R)- 环氧达玛 -3β,11α-25- 三醇 -3-O-β-D- 吡喃葡萄糖苷 -11,2'- 二乙酯 20(S),24(R)-epoxydammmaran-3β,11α-25-triol-3-O-β-D-glucopyranoside-11,2'-diacetate
20(S),24(R)- 环氧达玛 -3β,11α-25- 三醇 -3-O-β-D- 吡喃葡萄糖苷 -2'- 乙酯 20(S),24(R)-epoxydammmaran-3β,11α-25-triol-3-O-β-D-glucopyranoside-2'-acetate
(20S,24R)-20,24- 环氧达玛 -3β,12β,25- 三醇 (20S,24R)-20,24-epoxydammarane-3β,12β,25-triol
(20S,24S)-20,24- 环氧达玛 -3β,12β,25- 三醇 (20S,24S)-20,24-epoxydammarane-3β,12β,25-triol
20,24- 环氧 - 达玛 -3β,25- 二醇 20,24-epoxy-dammarane-3β,25-diol
20,24- 环氧达玛 -3β,6α,25- 三醇 20,24-epoxy-dammarane-3β,6α,25-triol
22,23- 环氧大戟 -7- 烯 -3β,24,25- 三醇 22,23-epoxytirucall-7-en-3β,24,25-triol
9,10- 环氧大麻三醇▲ 9,10-epoxycannabitriol
6β- 环氧当归酰氧基 -3β- 羟基荒漠木 -7(11)- 烯 -12,8α- 内酯 6β-epoxyangeloyloxy-3β-hydroxyeremophil-7(11)-en-12,8α-olide
6β- 环氧当归酰氧基 -3β- 羟基荒漠木 -7(11)- 烯 -12,8β- 内酯 6β-epoxyangeloyloxy-3β-hydroxyeremophil-7(11)-en-12,8β-olide
(2''R,3''R)- 环氧当归酰紫花前胡醇 (2''R,3''R)-epoxyangeloyldecursinol
(2''S,3''S)- 环氧当归酰紫花前胡醇 (2''S,3''S)-epoxyangeloyldecursinol
4α,β- 环氧 - 丁香 -8(14)- 酮 4α,β-epoxy-caryopyll-8(14)-one
环氧丁香烯 epoxycaryophyllene
3α,7α- 环氧 - 豆甾 -(Z)-5,20,22- 三烯 -28- 酸 -3β- 十六酸酯 3α,7α-epoxy-stigmast-(Z)-5,20,22-trien-28-oic acid-3β-hexadecanoate
3α,7α- 环氧 - 豆甾 -5,20- 二烯 -3β- 十六酸酯 3α,7α-epoxy-stigmast-5,20-dien-3β-hexadecanoate
5,6- 环氧豆甾烷醇 -3- 醇 5,6-epoxystigmastan-3-ol
环氧短舌匹菊素▲ epoxysantamarin
环氧对叶百部酮 epoxytuberostemonone
16α,17- 环氧 - 对映 - 贝壳杉烷 16α,17-epoxy-ent-kaurane
环氧芳樟醇 epoxylinalool
环氧芳樟醇氧化物 epoxy-linalool oxide
1β,10β- 环氧呋喃荒漠木 -6β- 醇 1β,10β-epoxyfuranoeremophilan-6β-ol
1β,10β- 环氧呋喃荒漠木 -6β- 基 -2- 羟甲基丙烯 -2- 羧酸酯 1β,10β-epoxyfuranoeremophilan-6β-yl-2-hydroxymethylprop-2-enoate
6α,15- 环氧呋喃荒漠木烷 6α,15-epoxyfuranoeremophilane
9β,10β- 环氧呋喃墨西哥烷 -8- 酮 9β,10β-epoxyfuranomexicanan-8-one
13,14- 环氧覆瓦南洋杉醇酸 13,14-epoxyimbricatolic acid
(Z)-6,7- 环氧藁本内酯 (Z)-6,7-epoxyligustilide
4,5- 环氧广防风二内酯▲ 4,5-epoxyovatodiolide
4,7- 环氧广防风酸▲ 4,7-oxycycloanisomelic acid
环氧海杧果醇 epoxycerberidol
(1R,3E,7R,8R,11S,12R)-7,8- 环氧海兔 -3- 烯 -18- 醇 (1R,3E,7R,8R,11S,12R)-7,8-epoxydolabella-3-en-18-ol
(1R,3S,4S,7E,11S,12R)-3,4- 环氧海兔 -7- 烯 -18- 醇 (1R,3S,4S,7E,11S,12R)-3,4-epoxydolabella-7-en-18-ol
22,28- 环氧何帕 -30- 醇 22,28-epoxyhopan-30-ol
17β,21β- 环氧何帕 -3- 酮 17β,21β-epoxyhopan-3-one
17,21- 环氧何帕烷 17,21-epoxyhopane
17,29- 环氧何帕烷 17,29-epoxyhopane
17β,21β- 环氧何帕烷 17β,21β-epoxyhopane
22,28- 环氧何帕烷 22,28-epoxyhopane
(-)-(1S*,4S*,9S*)-1,9- 环氧红没药 -2,10- 二烯 -4- 醇 (-)-(1S*,4S*,9S*)-1,9-epoxybisabola-2,10-diene-4-ol
(3R,4R,6S)-3,4- 环氧红没药 -7(14),10- 二烯 -2- 酮 (3R,4R,6S)-3,4-epoxy-bisabola-7(14),10-dien-2-one
β- 环氧胡萝卜素 β-carotene epoxide
2,3- 环氧胡麻酮▲ 2,3-epoxysesamone
5β,19β- 环氧葫芦 -6,22,24- 三烯 -3α- 醇 5β,19β-epoxycucurbita-6,22,24-trien-3α-ol
19R-5β,19- 环氧葫芦 -6,23,25- 三烯 -3β,19- 二醇 19R-5β,19-epoxycucurbita-6,23,25-trien-3β,19-diol
19S-5β,19- 环氧葫芦 -6,23,25- 三烯 -3β,19- 二醇 19S-5β,19-epoxycucurbita-6,23,25-trien-3β,19-diol
(23E)-5β,19- 环氧葫芦 -6,23,25- 三烯 -3β- 醇 (23E)-5β,19-epoxycucurbita-6,23,25-triene-3β-ol
5β,19- 环氧葫芦 -6,23,25- 三烯 -3- 醇 -3-O- 吡喃阿洛糖苷 5β,19-epoxycucurbita-6,23,25-trien-3-ol-3-O-allopyranoside
5β,19- 环氧葫芦 -6,23,25- 三烯 -3- 醇 -3-O- 吡喃葡萄糖苷 5β,19-epoxycucurbita-6,23,25-trien-3-ol-3-O-glucopyranoside
5β,19- 环氧葫芦 -6,23E- 二烯 -3β,19,25- 三醇 5β,19-epoxycucurbita-6,23E-diene-3β,19,25-triol
5β,19- 环氧葫芦 -6,23- 二烯 -3β,19,25- 三醇 5β,19-epoxycucurbita-6,23-diene-3β,19,25-triol
(23E)-5β,19- 环氧葫芦 -6,23- 二烯 -3β,25- 二醇 (23E)-5β,19-epoxycucurbita-6,23-diene-3β,25-diol
5β,19- 环氧葫芦 -6,23- 二烯 -3β,25- 二醇 5β,19-epoxycucurbita-6,23-diene-3β,25-diol
1β,10α- 环氧化 -8β- 乙酰氧基 -9β- 羟基 - 泽兰内酯 1β,10α-epoxide-8β-acetoxy-9β-hydroxy-eupatolide
(7S,8S,7'R,8'S)-7,8- 环氧化物 -7-(3,4- 亚甲二氧基苯基)-8- 甲基 -8'- 甲基 -7'-(3',4'- 二甲氧基苯基)- 四氢呋喃 (7S,8S,7'R,8'S)-7,8-epoxide-7-(3,4-methylenedioxyphenyl)-8-methyl-8'-methyl-7'-

(3',4'-dimethoxyphenyl)-tetrahydrofuran
(7S,8S,7'R,8'S)-7,8- 环氧化物 -7-(3,4- 亚甲二氧基苯基)-8- 甲基 -8'- 甲基 -7'-(4'- 羟基 -3'- 甲氧基苯基)- 四氢呋喃 (7S,8S,7'R,8'S)-7,8-epoxide-7-(3,4-methylenedioxyphenyl)-8-methyl-8'-methyl-7'-(4'-hydroxy-3'-methoxyphenyl)-tetrahydrofuran
(24R)-24,25- 环氧环木菠萝烷醇 (24R)-24,25-epoxycycloartanol
(24S)-24,25- 环氧环木菠萝烷醇 (24S)-24,25-epoxycycloartanol
(7α,9α,10α)-9,10- 环氧 - 荒漠木 -11- 醇 (7α,9α,10α)-9,10-epoxy-eremophilan-11-ol
7α,8α- 环氧荒漠木 -12β,8β(14β,6α)- 二内酯 7α,8α-epoxyeremophilan-12β,8β(14β,6α)-diolide
6α,15β- 环氧荒漠木 -7(11)- 烯 -8α,12- 内酯 6α,15β-epoxyeremophila-7(11)-en-8α,12-olide
环氧荒漠木蜂斗菜素醇▲ epoxyeremopetasinorol
8,12- 环氧荒漠木烷 -7,11- 二烯 -14- 酸 8,12-epoxyeremophila-7,11-dien-14-oic acid
2α,3α- 环氧黄烷 -5,7,3',4'- 四醇 -(4β → 8)- 黄烷 -5",7",4'"- 三醇 2α,3α-epoxyflavan-5,7,3',4'-tetraol-(4β → 8)-flavan-5",7",4'"-triol
14α,15α- 环氧急折白坚木宁▲ 14α,15α-epoxyaspidofractinine
14R,15- 环氧荚蒾宁 C 14R,15-epoxyvibsanin C
14S,15- 环氧荚蒾宁 C 14S,15-epoxyvibsanin C
环氧金合欢黄白蓍草酯▲ epoxyfarnachrol
9- 环氧 - 镰叶芹二醇 9-epoxy-falcarindiol
环氧灵芝醇 A, B, C epoxyganoderiol A, B, C
环氧岭南臭椿醇▲ epoxymalabaricol
14β,15β- 环氧柳叶水甘草碱 14β,15β-epoxytabersonine
4α,5β- 环氧卵叶柄花菊素▲ 4α,5β-epoxyovatifolin
2β,3β- 环氧罗汉松内酯 2β,3β-epoxypodolide
环氧罗勒烯 epoxyocimene
环氧罗林果素▲B epoxyrolin B
24,25- 环氧 - 绿玉树 -7,20(E)- 二烯 -3,23- 二酮 24,25-epoxy-tirucall-7,20(E)-diene-3,23-dione
24,25- 环氧绿玉树 -7- 烯 -3,23- 二酮 24,25-epoxytirucallane-7-ene-3,23-dione
(22S,23R)-22,23- 环氧绿玉树 -7- 烯 -3α,24,25- 三醇 (22S,23R)-22,23-epoxytirucall-7-ene-3α,24,25-triol
22S,23R- 环氧 - 绿玉树 -7- 烯 -3α,24,25- 三醇 22S,23R-epoxy-tirucalla-7-ene-3α,24,25-triol
22,23- 环氧绿玉树 -7- 烯 -3β,24,25- 三醇 22,23-epoxytirucall-7-ene-3β,24,25-triol
(1S,6S,7S)-6,7- 环氧葎草 -2(Z)- 烯 -1- 醇 (1S,6S,7S)-6,7-epoxyhumul-2(Z)-en-1-ol
17β,20β- 环氧麦角甾 -5,24(28)- 二烯 -3β,16β,22α- 三醇 17β,20β-epoxyergosta-5,24(28)-diene-3β,16β,22α-triol
5α,8α- 环氧麦角甾 -6,22E- 二烯 -3β- 醇 5α,8α-epoxyergosta-6,22E-dien-3β-ol
5,6- 环氧麦角甾 -7,22- 二烯 -3-O- 醇 5,6-epoxyergosta-7,22-dien-3-O-ol
6,9- 环氧麦角甾 -7,22- 二烯 -3β- 醇 6,9-epoxyergosta-7,22-dien-3-ol
6,9- 环氧 - 麦角甾 -7,22- 二烯 -3- 醇 6,9-epoxy-ergosta-7,22-dien-3-ol
(3β,5α,6α,7α,22E)-5,6- 环氧麦角甾 -8(14),22- 二烯 -3,7- 二醇 (3β,5α,6α,7α,22E)-5,6-epoxyergosta-8(14),22-diene-3,7-diol
22E,24R-5α,6α- 环氧麦角甾 -8(14),22- 二烯 -3β,7α- 二醇 22E,24R-5α,6α-epoxyergosta-8(14),22-diene-3β,7α-diol]
5α,6α- 环氧麦角甾 -8(14),22- 二烯 -3β,7α- 二醇 5α,6α-epoxyergosta-8(14),22-diene-3β,7α-diol
5α,6α- 环氧麦角甾 -8,22- 二烯 -3β,7α- 二醇 5α,6α-epoxyergosta-8,22-diene-3β,7α-diol
22E,24R-5α,6α- 环氧麦角甾 -8,22- 二烯 -3β,7α- 二醇 22E,24R-5α,6α-epoxyergosta-8,22-diene-3β,7α-diol
(22E,24R)-5α,6α- 环氧麦角甾 -8,22- 二烯 -3β,7β- 二醇 (22E,24R)-5α,6α-epoxyergosta-8,22-diene-3β,7β-diol
5,6- 环氧麦角甾醇 5,6-epoxyergosterol
16β,21β- 环氧蔓长春花卡定▲ 16β,21β-epoxyvincadine
3α,4α- 环氧绵马烷 3α,4α-epoxyfilicane
环氧木脂素 epoxylignan
环氧南艾蒿灵▲ epoxyartemorin
9,10- 环氧牛耳枫碱 A 9,10-epoxycalycine A
18,20- 环氧牛角瓜素▲ 18,20-epoxycalotropin
(24R)-24,25- 环氧牛油果醇▲ (24R)-24,25-epoxybutyrospermol
(24S)-24,25- 环氧牛油果醇▲ (24S)-24,25-epoxybutyrospermol
3,10- 环氧欧洲桤木烷 3,10-epoxyglutinane
14,15-β- 环氧攀援山橙碱▲ 14,15-β-epoxyscandine
14,15- 环氧攀援山橙碱▲ 14,15-epoxyscandine
环氧匍匐矢车菊二醇内酯▲ epoxyrepdiolide
11α,12α- 环氧蒲公英赛醇 11α,12α-oxidotaraxerol
11α,12α- 环氧蒲公英赛酮 11α,12α-epoxytaraxerone
11α,12α- 环氧蒲公英赛烷 -3- 酮 11α,12α-oxidotaraxerane-3-one
28,29- 环氧普氏猪胶树酮▲A 28,29-epoxyplukenetione A
13,28- 环氧 - 齐墩果 -11- 烯 -3β- 乙酸酯 13,28-epoxy-olean-11-en-3β-acetate
(3β,16α,22α,28S)-13,28- 环氧 - 齐墩果 -3,16,22,23,28- 五醇 (3β,16α,22α,28S)-13,28-epoxy-oleanane-3,16,22,23,28-pentol
(3β,16α,22α)-13,28- 环氧 - 齐墩果 -3,16,22,23- 四醇 (3β,16α,22α)-13,28-epoxy-oleanane-3,16,22,23-tetrol
(3β,16α,22α,28S)-13,28- 环氧 - 齐墩果 -3,16,22,28- 四醇 (3β,16α,22α,28S)-13,28-epoxy-oleanane-3,16,22,28-tetrol
12,13ξ- 环氧 - 齐墩果 -3β- 醇 12,13ξ-epoxy-oleanan-3β-ol
1β,10β- 环氧去氢白叶蒿定▲ 1β,10β-epoxydehydroleucodin
11,13- 环氧去氢木香内酯 11,13-epoxydehydrocostus lactone
11,13- 环氧去氢异中美菊素 C 11,13-epoxydehydroisozaluzanin C
4α,5β- 环氧去乙酰卵叶柄花菊素▲ 4α,5β-epoxydeacetylovatifolin
14,15β- 环氧热非三唇楝素 14,15β-epoxyprieurianin
14,17- 环氧乳白仔榄树胺▲ 14,17-epoxyeburnamine
9,17- 环氧软紫草醇▲ 9,17-epoxyarnebinol
14α,15α- 环氧蕊木宁 14α,15α-epoxykopsinine
(3β,4α,7α,15α,16β)-4,9- 环氧瑟烷 -3,4,7,14,15,16,20- 七醇 -15-[(2Z)-2- 甲基 -2- 丁烯酸酯]-3-(3,4- 二甲氧基苯甲酸酯) (3β,4α,7α,15α,16β)-4,9-epoxycevane-3,4,7,14,15,16,20-heptol-15-[(2Z)-2-methyl-2-butenoate]-3-(3,4-dimethoxybenzoate)
(3β,4α,7α,15α,16β)-4,9- 环氧瑟烷 -3,4,7,14,15,16,20- 七醇 -15-[(2Z)-2- 甲基 -2- 丁烯酸酯]-3,7- 二乙酸酯 (3β,4α,7α,15α,16β)-4,9-epoxycevane-3,4,7,14,15,16,20-heptol-15-[(2Z)-2-methyl-2-butenoate]-3,7-diacetate
(3β,4α,7α,15α,16β)-4,9- 环氧瑟烷 -3,4,7,14,15,16,20- 七醇 -15-[(2Z)-2- 甲基 -2- 丁烯酸酯]-3- 乙酸酯 (3β,4α,7α,15α,16β)-4,9-epoxycevane-3,4,7,14,15,16,20-heptol-15-[(2Z)-2-methyl-2-butenoate]-3-acetate
(3β,4α,7α,15α,16β)-4,9- 环氧瑟烷 -3,4,7,14,15,16,20- 七醇 -3-(3,4- 二甲氧基苯甲酸酯) (3β,4α,7α,15α,16β)-4,9-epoxy-cevane-3,4,7,14,15,16,20-heptol-3-(3,4-dimethoxybenzoate)
2,3- 环氧山地阿魏烯醇▲ 2,3-epoxyakichenol
8α,9α- 环氧山香酸▲ 8α,9α-epoxysuaveolic acid
9,10- 环氧十八酸 9,10-epoxyoctadecanoic acid
(9R,10S)- 环氧十七碳 -4,6- 二炔 -3- 酮 (9R,10S)-epoxyheptadecan-4,6-diyn-3-one
24,25- 环氧睡茄内酯 D 24,25-epoxywithanolide D
5α,6α- 环氧睡茄酸浆素 A 5α,6α-epoxywithaphysalin A

H

环氧松柏醇 epoxyconiferyl alcohol
环氧粟猪殃殃素 epoxymollugin
5α,6α- 环氧酸浆素 B 5α,6α-epoxyphysalin B
4,(15)-α- 环氧特勒菊素▲ 4, (15)-α-epoxytelekin
5α,6α- 环氧土木香内酯 5α,6α-epoxyalantolactone
5α- 环氧土木香内酯 5α-epoxyalantolactone
1β,2α- 环氧万寿肿柄菊素▲C 1β,2α-epoxytagitinin C
25,26- 环氧无羁萜 -1,3- 二酮 25,26-oxidofriedel-1,3-dione
3β,23- 环氧 - 无羁萜 -28- 酸 3β,23-epoxy-friedelan-28-oic acid
2',3'- 环氧细叶黄皮内酯 2',3'-epoxyanisolactone
环氧酰基甘油二酯 epoxyacyldiacylglycerol
环氧酰基甘油酯 epoxyacylglyceride
6,7- 环氧香柠檬素 6,7-epoxybergamottin
6',7'- 环氧香柠檬素 6',7'-epoxybergamottin
环氧香柠檬素 epoxybergamottin
7β,8β- 环氧香润楠宁▲A 7β,8β-epoxyzuonin A
4α,5α- 环氧向日葵醇 4α,5α-epoxyhelianol
4R,5R- 环氧向日葵醇辛酸酯 4R,5R-epoxyhelianyloctanoate
(E)-(-)-3β,4β- 环氧缬草烯醇乙酸酯 (E)-(-)-3β,4β-epoxyvalerenyl acetate
(E)-(-)-3β,4β- 环氧缬草烯醛 (E)-(-)-3β,4β-epoxyvalerenal
(-)-3β,4β- 环氧缬草烯酸 (-)-3β,4β-epoxyvalerenic acid
(1R,2S)-1,2- 环氧新大八角素 (1R,2S)-1,2-epoxyneomajucin
(1S:2S:3S:4R)-(-)-1,2- 环氧新异薄荷醇乙酸酯 (1S:2S:3S:4R)-(-)-1,2-epoxyneoisomenthyl acetate
13,28- 环氧 - 熊果 -11- 烯 -3β- 醇 13,28-epoxy-urs-11-en-3β-ol
环氧续随子醇 epoxylathyrol
6:20- 环氧续随子醇 -5,10- 二乙酸酯 -3- 苯乙酸酯 6:20-epoxylathyrol-5,10-diacetate 3-phenylacetate
6,20- 环氧续随子醇苯乙酸酯二乙酸酯 6,20-epoxylathyrol phenylacetate diacetate
7,10- 环氧 - 雪香兰素内酯▲ 7,10-epoxy-hedyosminolide
3α,4α- 环氧岩生三裂蒿素▲A 3α,4α-epoxyrupicolin A
(3β,22E)-9,19- 环氧羊毛脂 -22- 烯 -3,25- 二醇 (3β,22E)-9,19-cyclolanost-22-en-3,25-diol
3α,7α- 环氧 - 羊毛脂 -5,25- 二烯 -3β- 醇 3α,7α-epoxy-lanost-5,25-dien-3β-ol
(13α,14β,17α,23Z)-21,23- 环氧羊毛脂 -7,20(22),23,25- 四烯 -3,21- 二酮 (13α,14β,17α,23Z)-21,23-epoxylanosta-7,20(22),23,25-tetraene-3,21-dione
(3β,13α,14β,17α,20S,23R,24R)-21,24- 环氧羊毛脂 -7- 烯 -3,23,25- 三醇 3- 十八酸酯 (3β,13α,14β,17α,20S,23R,24R)-21,24-epoxy-lanost-7-en-3,23,25-triol 3-octadecanoate
(3β,13α,14β,17α,20S,23R,24R)-21,24- 环氧羊毛脂 -7- 烯 -3,23,25- 三醇 -3- 十二酸酯 (3β,13α,14β,17α,20S,23R,24R)-21,24-epoxylanost-7-en-3,23,25-triol 3-dodecanoate
(3β,13α,14β,17α,20S,23R,24R)-21,24- 环氧羊毛脂 -7- 烯 -3,23,25- 三醇 3- 十六酸酯 (3β,13α,14β,17α,20S,23R,24R)-21,24-epoxy-lanost-7-en-3,23,25-triol 3-hexadecanoate
(3β,13α,14β,17α,20S,23R,24R)-21,24- 环氧羊毛脂 -7- 烯 -3,23,25- 三醇 3- 十四酸酯 (3β,13α,14β,17α,20S,23R,24R)-21,24-epoxylanost-7-en-3,23,25-triol 3-tetradecanoate
(20R)-18,20- 环氧洋地黄毒苷元 -α-L- 黄花夹竹桃糖苷 (20R)-18,20-epoxy-digitoxigenin-α-L-thevetoside
(20S)-18,20- 环氧洋地黄毒苷元 -α-L- 黄花夹竹桃糖苷 (20S)-18,20-epoxydigitoxigenin-α-L-thevetoside
(20R)-18,20- 环氧洋地黄毒苷元 -β-D- 葡萄糖基 -(1 → 4)-α-L- 黄花夹竹桃糖苷 (20R)-18,20-epoxy-digitoxigenin-β-D-glucosyl-(1 → 4)-α-L-thevetoside
环氧叶黄素 xanthophyllepoxide
(1S:2S:3R:4R)-(-)-1,2- 环氧异薄荷醇乙酸酯 (1S:2S:3R:4R)-(-)-1,2-epoxyisomenthyl acetate
环氧异菖蒲大根老鹳草酮 epoxy-isoacoragermacrone
8α- 环氧异丁烯酰氧基 -11,13- 二氢银胶菊素 8α-epoxymethacryloxy-11,13-dihydroparthenin
8α- 环氧异丁烯酰氧基豚草素 8α-epoxymethacryloxyambrosin
8α- 环氧异丁烯酰氧基银胶菊素 8α-epoxymethacryloxyparthenin
4,(15)-α- 环氧异特勒菊素▲ 4, (15)-α-epoxyisotelekin
环氧异土木香内酯 epoxyisoalantolactone
11,13- 环氧异中美菊素 C 11,13-epoxyisozaluzanin C
2',3'- 环氧印度黄皮内酯 2',3'-epoxyindicolactone
19,21β- 环氧羽扇豆 -20(29)- 烯 -3β-O- 乙酸酯 19,21β-epoxylup-20(29)-en-3β-O-acetate
环氧羽扇豆醇 epoxylupeol
4α,7α- 环氧愈创木 -10α,11- 二醇 4α,7α-epoxyguaiane-10α,11-diol
10β,11β- 环氧愈创木 -1α,4α,7α- 三醇 10β,11β-epoxyguaiane-1α,4α,7α-triol
10β,11β- 环氧愈创木 -1α,4α- 二醇 10β,11β-epoxyguaiane-1α,4α-diol
7α,10α- 环氧愈创木 -4α,11- 二醇 7α,10α-epoxyguaiane-4α,11-diol
4α,5β- 环氧泽兰内酯 4α,5β-epoxyeupatolide
13,17- 环氧泽泻醇 A 13,17-epoxyalisol A
13β,17β- 环氧泽泻醇 A 13β,17β-epoxyalisol A
13β,17β- 环氧泽泻醇 B 13β,17β-epoxyalisol B
13β,17β- 环氧泽泻醇 B 23- 乙酸酯 13β,17β-epoxyalisol B 23-acetate
(+)- 环氧泽泻烯 (+)-alismoxide
1,10- 环氧指叶苔烯醛▲ 1,10-epoxylepidozenal
2,3- 环氧中亚阿魏二醇▲-5α- 香荚兰酸酯 2,3-epoxyjaeschkeanadiol-5α-vanillate
环氧朱唇素▲ epoxysalviacoccin
5,8- 环氧紫槐穗 -3,7(11)- 二烯 5,8-epoxyamorpha-3,7(11)-diene
环异短枝菊香豆素▲ cycloisobrachycoumarin
环异蒜头素 cycloisosativene
环益母草瑞宁▲ cycloleonurinin
环益母多肽▲A, B, C, E, F cycloleonuripeptide A, B, C, E, F
环银线草醇 A cycloshizukaol A
(-)- 环御藏黄杨宁碱▲ (-)-cyclomikuranine
环原黄杨胺▲ cycloprotobuxinamine
L- 环原黄杨辛碱 D L-cycloprotobuxine D
环原黄杨辛碱 cycloprotobuxine
环原黄杨辛碱 A, C, D cycloprotobuxine A, C, D
(3α,5R,6β,14β,20R)-3,5- 环孕甾 -6,8,14,20- 四醇 (3α,5R,6β,14β,20R)-3,5-cyclopregnane-6,8,14,20-tetraol
环杂色亭 cyclovariegatin
环旱落叶大戟醇▲ cyclocaducinol
荒漠菊素▲ eremanthin
荒漠木 -1(10),11- 二烯 eremophila-1(10),11-diene
荒漠木 -1(10),7(11),8(9)- 三烯 -12,8- 内酯 eremophil-1(10),7(11),8(9)-trien-12,8-olide
荒漠木 -10,11- 二烯 -7-α,13- 二醇 eremophila-10,11-diene-7-α,13-diol
8βH- 荒漠木 -3,7(11)- 二烯 -12,8α(14,6α)- 二内酯 8βH-eremophil-3,7(11)-dien-12,8α(14,6α)-diolide
8βH- 荒漠木 -3,7(11)- 二烯 -12,8α(15,6α)- 二内酯 8βH-eremophil-3,7(11)-dien-12,8α(15,6α)-diolide
荒漠木 -6- 烯 -11- 醇 eremophil-6-en-11-ol
荒漠木 -7(11),8(9)- 二烯 -12,8(14β,6α)- 二内酯 eremophil-7(11),8(9)-dien-12,8(14β,6α)-diolide

荒漠木 -7(11)- 烯 -12,8α;14β,6α- 二内酯 eremophil-7(11)-ene-12,8α;14β,6α-diolide
荒漠木 -7(11)- 烯 -6α,15β- 内酯 eremophil-7(11)-en-6α,15β-olide
荒漠木 -7(8)- 烯 -12,8(14β,6α)- 二内酯 eremophil-7(8)-en-12,8(14β,6α)-diolide
荒漠木 -7(8)- 烯 -12,8(4β,6β)- 二内酯 eremophil-7(8)-ene-12,8(4β,6β)-diolide
荒漠木 -8(9)7,(11)- 二烯 -6α,15;8,12- 二内酯 eremophil-8(9)7,(11)-dien-6α, 15;8,12-diolide
7*R*- 荒漠木 -9,11- 二烯 -8- 酮 7*R*-eremophila-9,11-dien-8-one
7*S*- 荒漠木 -9,11- 二烯 -8- 酮 7*S*-eremophila-9,11-dien-8-one
荒漠木 -9,11- 二烯 -8- 酮 eremophila-9,11-dien-8-one
荒漠木大吴风草素▲ A, D, E eremofarfugin A, D, E
4α,5α,7β-1(10),11- 荒漠木二烯 4α,5α,7β-1(10),11-eremophiladiene
荒漠木蜂斗菜素▲ $A_1, A_2, B_1, B_2, B_3, C_1, C_2, C_3, D_1, D_2, D_3$ eremopetasitenin $A_1, A_2, B_1, B_2, B_3, C_1, C_2, C_3, D_1, D_2, D_3$
荒漠木蜂斗菜素醇▲ eremopetasinorol
荒漠木蜂斗菜素二酮▲ eremopetasidione
荒漠木蜂斗菜素酮▲ A, B eremopetasinorone A, B
荒漠木蜂斗菜素亚砜▲ eremopetasinsulfoxide
荒漠木蜂斗菜酮 eremofukinone
荒漠木内酯▲ eremophilanolide
荒漠木稾吾烯醇▲ eremoligenol
荒漠木烷 eremophilane
荒漠木烷 -9(10),11(13)- 二烯 -12- 酸 eremophila-9(10),11(13)-dien-12-oic acid
荒漠木烯 eremophilene
$\Delta^{11(12)}$- 荒漠木烯 -10β- 醇 $\Delta^{11(12)}$-eremophilen-10β-ol
$\Delta^{9(10)}$- 荒漠木烯 -11- 醇 $\Delta^{9(10)}$-eremophilene-11-ol
7(11)- 荒漠木烯 -8α,12- 内酯 7(11)-eremophilen-8α,12-olide
7(11)- 荒漠木烯 -8- 酮 7(11)-eremophilen-8-one
荒漠木烯内酯▲ eremophilenolide
荒漠木亚砜内酯▲ A, B eremosulfoxinolide A, B
荒芜蒿酮 arteincultone
黄鹌菜醇▲ A youngiajaponicol A
黄鹌菜醇苷▲ A~D youngiajaponicoside A~D
(-)- 黄巴豆亭 (-)-flavinantine
(+)- 黄巴豆亭 (+)-flavinantine
(-)-*O*- 黄巴豆亭▲ (-)-*O*-methylflavinatine
黄白蓬草定 thalflavidine
黄白糖芥苷 helveticoside
黄白糖芥苷醇 helveticosol
黄苞大戟萜▲ A~F sikkimenoid A~F
黄扁柏醇 nootkanol
黄扁柏酮 nootkanone; nootkatone
7α- 黄柏醇 7α-obacunol
7α- 黄柏醇乙酸酯 7α-obacunyl acetate
黄柏内酯 obaculactone
黄柏酸 obacunonic acid
黄柏酸 -17-*O*-β-D- 吡喃葡萄糖苷 obacunoic acid-17-*O*-β-D-glucopyranoside
黄柏酮 obacunone
黄柏酮 -17-β-D- 吡喃葡萄糖苷 obacunone-17-β-D-glucopyranoside
黄柏酮葡萄糖苷 obacunone glucoside
黄檗醇▲ A, D~H phellodenol A, D~H
黄檗酚内酯▲ phellolactone
黄檗苷▲ phellodendroside
黄檗碱▲ phellodendrine
黄檗精▲ phellogine
黄檗灵素▲ phellamurin
黄檗内酯▲ A amurenlactone A
黄檗宁▲ B kihadanin B
黄檗钦宁▲ A phellochinin A
黄檗钦素▲ phellochin
黄檗素▲ amurensin
黄檗酸▲ A phellodendric acid A
黄檗萜内酯▲ A, B kihadalactone A, B
黄檗亭素▲ phellatin
黄檗文素▲ phellavin
黄檗辛素▲ D~G phellodensin D~G
(2*R*)- 黄檗辛素▲ F (2*R*)-phellodensin F
黄檗叶苷▲ phellozide
黄草乌定碱▲ vilmoridine
黄草乌碱 A~D vilmorrianine A~D
黄草乌亭碱▲ vilmoraconitine
黄草乌酮碱 vilmorrianone
黄蝉狄辛▲ allamandicin
黄蝉苷▲ allamandoside
黄蝉花定 allamandin
黄蝉花素 allamdin
黄蝉米辛▲ allamicin
α- 黄蝉西定▲ α-allamcidin
β- 黄蝉西定▲ β-allamcidin
黄蝉辛▲ allamcin
黄当归醇 xanthoangelol
黄豆黄苷 glycitin
黄豆黄素 glycitein
黄豆黄素 -7-*O*-β-(6"-*O*- 琥珀酰基)-D- 吡喃葡萄糖苷 glycitein-7-*O*-β-(6"-*O*-succinyl)-D-glucoside
黄豆黄素 -7-*O*-β-D-(6"-*O*- 乙酰基)- 吡喃葡萄糖苷 glycitein-7-*O*-β-D-(6"-*O*-acetyl)glycopyranoside
黄豆树苷▲ A~D albiziproceroside A~D
黄豆树黄酮▲ albiproflavone
黄豆树皂苷▲ A~D proceraoside A~D
黄独苷▲ D, F, G diosbulbinoside D, F, G
黄独素 B, D~M diosbulbin B, D~M
黄粉末牛肝菌素▲ A, B pulveraven A, B
黄粉末牛肝菌酮▲ ravenelone
黄甘草苷 glycyroside
黄甘草素 A, B eurycarpin A, B
黄甘草皂苷▲ glyeurysaponin
黄根姜黄醇 xanthorrhizol
黄瓜大柱香波龙烷 I cucumegastigmane I
黄瓜灵素▲ A, B cucumerin A, B
黄桧酚▲ xanthoperol
黄果厚壳桂素▲ crykonisine
黄果木素▲ E/BB, E/BD mammea E/BB, E/BD
黄果茄碱▲ solanacarpine
黄果茄灵碱▲ solasurine
黄果茄宁碱▲ solaxanine
黄果茄酮▲ solanocarpone
黄果茄甾醇 carpesterol
黄海棠酮▲ A~H tomoeone A~H
黄海罂粟灵碱 pontevedrine
黄海罂粟宁碱 corunine
黄褐毛忍冬皂苷甲 fulvotomentoside A
黄褐毛忍冬皂苷乙 fulvotomentoside B
黄花败酱皂苷 A~G scabioside A~G

黄花贝母碱▲ verticilline
黄花草灵▲ cleosandrin
黄花草内酯 cleomeolide
黄花草醛酸 cleomaldeic acid
黄花草素▲ A~D cleomiscosin A~D
黄花草素▲ A-4'-*O*-*β*-D- 吡喃葡萄糖苷 cleomiscosin-A-4'-*O*-*β*-D-glucopyranoside
黄花酢浆草苷▲ cernuoside
黄花大花毛地黄苷▲ lugrandoside
黄花倒水莲糖▲ A~E fallaxose A~E
黄花倒水莲皂苷 A fallaxsaponin A
黄花萱醌 hemerocal
黄花海罂粟碱 corunnine; glauvine
黄花海罂粟因碱▲ luguine
黄花胡椒胺 A, B flavifloramide A, B
黄花胡椒苷▲ A flavifloside A
黄花夹竹桃二糖苷▲ thevebioside
黄花夹竹桃弗苷▲ neriifoside
黄花夹竹桃伏苷▲ peruvoside
黄花夹竹桃伏苷▲单乙酸酯 peruvoside monoacetate
黄花夹竹桃苷▲ A~I thevetioside A~I
黄花夹竹桃苷元▲ -3-*O*-*β*-D- 吡喃葡萄糖基 -(1 → 4)-*α*-L- 吡喃鼠李糖苷 thevetiogenin-3-*O*-*β*-D-glucopyranosyl-(1 → 4)-*α*-L-rhamnopyranoside
黄花夹竹桃苷元▲ -3-*O*-*β*- 龙胆二糖基 -(1 → 4)-*α*-L- 吡喃鼠李糖苷 thevetiogenin-3-*O*-*β*-gentiobiosyl-(1 → 4)-*α*-L-rhamnopyranoside
黄花夹竹桃黄酮 thevetiaflavone
(-)-17*β*- 黄花夹竹桃林素▲ (-)-17*β*-neriifolin
17*α*- 黄花夹竹桃林素▲ 17*α*-neriifolin
17*β*- 黄花夹竹桃林素▲ 17*β*-neriifolin
黄花夹竹桃林素▲ neriifolin
黄花夹竹桃林素▲乙酸酯 neriifolin acetate
黄花夹竹桃醚萜苷▲ theviridoside
黄花夹竹桃诺苷▲ I, II, III pervianoside I, II, III
黄花夹竹桃素▲ A, B, C thevetin A, B, C
黄花夹竹桃素▲ B 单乙酸酯 thevetin B monoacetate
黄花夹竹桃酸▲ A, B thevefolic acid A, B
黄花夹竹桃维苷▲ theveside
黄花夹竹桃西亭▲ perusitin
黄花夹竹桃熊果烯醇▲葡萄糖苷 peruvianursenyl glucoside
黄花夹竹桃熊果烯醇▲乙酸酯 A, B, C peruvianursenyl acetate A, B, C
黄花夹竹桃因▲ theveneriin
黄花夹竹桃籽素▲ thevefolin
黄花九轮草皂苷▲ B priverosaponin B
黄花九轮草皂苷▲ B-22- 乙酸酯 priverosaponin B-22-acetate
黄花九轮草皂苷元 B-22- 乙酸酯 -3-*O*-{*β*-D- 吡喃木糖基 -(1 → 2)-*β*-D- 吡喃葡萄糖基 -(1 → 4)-[*β*-D- 吡喃葡萄糖基 -(1 → 2)]-*α*-L- 吡喃阿拉伯糖苷 } priverogenin B-22-acetate-3-*O*-{*β*-D-xylopyranosyl-(1 → 2)-*β*-D-glucopyranosyl-(1 → 4)-[*β*-D-glucopyranosyl-(1 → 2)]-*α*-L-arabinopyranoside}
黄花龙胆三萜酯 gentiatriculin
黄花木碱 piptanthine
黄花三宝木碱▲ A~D trigolute A~D
黄花三宝木素▲ A, B trigolutesin A, B
黄花鼠尾草苷▲ salviaflaside
黄花鼠尾草苷▲甲酯 salviaflaside methyl ester
黄花乌头定▲ acoridine
黄花乌头芬▲ coryphine; corifine
黄花乌头芬定▲ coryphidine
黄花乌头灵▲ acorine
黄花香茶菜苷 sculponiside
黄花香茶菜宁 A~Z sculponin A~Z
黄花香茶菜素 A~M, N ($C_{20}H_{28}O_4$), N ($C_{25}H_{40}O_4$), O ($C_{21}H_{32}O_5$), O ($C_{28}H_{40}O_4$), P~S sculponeatin A~M, N ($C_{20}H_{28}O_4$), N ($C_{25}H_{40}O_4$), O ($C_{21}H_{32}O_5$), O ($C_{28}H_{40}O_4$), P~S
黄花香茶菜酸 sculponeatic acid
黄花香科科素▲ teuflin
黄花远志苷▲ A~F arilloside A~F
黄花远志诺苷▲ A~D arillatanoside A~D
黄花远志素 A~G arillanin A~G
黄鸡蛋花素 fulvoplumierin
黄荚苷 neriperside
黄姜味草酚▲ xanthomicrol
(-)- 黄金树苷 (-)-specioside
黄金树苷 specioside
黄金树宁▲ specionin
黄堇胺▲ spallidamine
黄堇碱 corypalline
(-)- 黄堇宁碱 (-)-kikemanine
黄槿醇▲ A, B tiliacol A, B
黄荆胺▲ A, B vitedoamine A, B
(16*R*)- 黄荆醇▲ (16*R*)-negundol
(16*S*)- 黄荆醇▲ (16*S*)-negundol
黄荆醇▲ negundol
黄荆达苷▲ nishindaside
黄荆定▲ A, B negundin A, B
黄荆呋喃醇▲ negunfurol
黄荆苷▲ negundoside
黄荆木脂素▲ A vitelignin A
黄荆诺苷▲ vitegnoside
黄荆诺灵▲ A, B negundonorin A, B
黄荆醛▲ negundoal
黄荆素▲ A, B vitedoin A, B
黄荆因▲ A~G negundoin A~G
黄荆子素 A~I vitexdoin A~I
黄精佛林 polygonapholine
黄精苷 A, B, B_3, C, C_1, C_2, D polygonatoside A, B, B_3, C, C_1, C_2, D
黄精碱 A, B, C polygonatine A, B, C
黄精醌 A, B polygonaquinone A, B
黄精诺苷 A, B polygonoside A, B
黄精皂苷 sibiricoside
黄精皂苷 A, B sibiricoside A, B
黄决明素 chrysoobtusin
黄决明素 -2-*O*-*β*-D- 吡喃葡萄糖苷 chrysoobtusin-2-*O*-*β*-D-glucopyranoside
黄卡瓦胡椒素 A, B flavokawain A, B
黄盔芹醇▲ xanthogalol
黄盔芹林素▲ xanthalin
黄盔芹素 xanthogalin
黄葵内酯 ambrettolide
黄兰醇 champacol
黄兰碱▲ champacaine
黄连花苷▲ C, D, E, H~O davuricoside C, D, E, H~O
黄连碱 coptisine
黄连木酰胺 pistaciamide
黄链格孢酸▲ I, II xanalteric acid I, II
黄瘤孢定 chrysodin
黄瘤孢素 sepedonin

黄瘤孢肽▲ chrysosporide
黄瘤孢肽氨醇▲ chrysaibol
黄龙胆醇▲ gentioluteol
黄芦木碱 berbamunine
黄芦木宁碱 amurenine
(+)- 黄栌醇▲ (+)-fisetinidol
(-)- 黄栌醇▲ -(4α → 8)- 儿茶素 (-)-fisetinidol-(4α → 8)-catechin
(+)- 黄栌醇▲ -(4β → 8)- 儿茶素 (+)-fisetinidol-(4β → 8)-catechin
(-)- 黄栌醇▲ -4α- 醇 (-)-fisetinidol-4α-ol
(-)- 黄栌醇▲ -4β- 醇 (-)-fisetinidol-4β-ol
(-)- 黄栌素▲ (-)-fustin
(+)- 黄栌素▲ (+)-fustin
黄栌素▲ fustin
(-)- 黄栌素▲ -3-*O*- 没食子酸酯 (-)-fustin-3-*O*-gallate
黄绿青霉蒽甾▲ citreoanthrasteroid
黄麻毒苷 B, C corchoside B, C
黄麻苷 corchoroside
黄麻洛苷▲ coroloside
黄麻如苷▲ A, B corchoruside A, B
黄麻素▲ capsin
黄麻素苷元▲ -25,30-*O*-β-D- 二吡喃葡萄糖苷 capsugenin-25,30-*O*-β-D-diglucopyranoside
黄麻素苷元▲ -30-*O*-β-D- 吡喃葡萄糖苷 capsugenin-30-*O*-β-D-glucopyranoside
黄麻酸▲ corosolic acid
黄麻酸▲甲酯 methyl corosolate
黄麻索苷▲ A~E corchorusoside A~E
黄麻香堇醇▲ A, C corchoionol A, C
黄麻香堇苷▲ A, B, C corchoionoside A, B, C
黄麻香堇苷▲ C 四乙酸酯 corchoionoside C tetraacetate
黄麻辛▲ corosin
黄麻辛▲甲酯 corosin methyl ester
黄麻因 corchorin
黄麻脂肪酸▲ A~F corchorifatty acid A~F
黄毛楤木皂苷 D aradecoside D
黄毛豆腐柴苷▲ premfulvaoside
黄绵马酸 flavaspidic acid
黄绵马酸 AB, BB, PB flavaspidic acid AB, BB, PB
黄没食子酮酸▲ flavogallonic acid
(*S*)- 黄没食子酮酸▲甲酯 methyl (*S*)-flavogallonate
黄木犀草苷▲ luteoside
黄木犀草苷▲ A, B luteoside A, B
黄牛茶𠯤酮▲ A~D cochinxanthone A~D
黄牛茶酮▲ A~G, I~L cochinchinone A~G, I~L
黄牛茶新𠯤酮▲ cochinchinoxanthone
黄牛木𠯤酮▲ cratoxyxanthone
黄牛木酮 cratoxylone
黄牛木新𠯤酮▲ A~D cratoxylumxanthone A~D
黄皮胺 A clausamine A
黄皮苷 A, B clausenoside A, B
黄皮碱 A~L, O, TY, Z clausine A~L, O, TY, Z
黄皮拉胺 A, B claulamine A, B
黄皮兰酰胺 A, B clausenalansamide A, B
黄皮兰辛▲ lansine
黄皮林碱 A clausenaline A
黄皮灵素▲ clausarin
黄皮明碱▲ A clausenamine A
黄皮纳胺▲ A~E mafaicheenamine A~E
黄皮纳灵▲ clausenarin
黄皮内酰胺▲ clausenlactam
黄皮内酯▲ A~T clauslactone A~T
黄皮尼定▲ clausenidin
黄皮尼定▲二甲醚 clausenidin methyl ether
黄皮尼定酸▲ clausenidinaric acid
黄皮宁▲ clausenin
黄皮诺内酯▲ clausenolide
黄皮诺内酯▲ -1- 乙醚 clausenolide-1-ethyl ether
黄皮萨酰胺▲ lansamide
黄皮萨酰胺▲ I lansamide I
黄皮斯莫酰胺▲ A, B, C lansiumamide A, B, C
黄皮斯酰胺▲ 1~4 lansimide 1~4
黄皮素▲ I, B clausenain I, B
黄皮檀香烯▲ clausantalene
黄皮萜醇 lansiol
黄皮亭▲ wampetin
黄皮西明▲ A, B clausenalansimin A, B
ζ- 黄皮酰胺 ζ-clausenamide
黄皮酰胺 clausenamide
黄皮香豆素▲ A, B, C lansiumarin A, B, C
黄皮辛碱▲ A~J claulansine A~J
黄皮新酰胺▲ I, II clausamide I, II
黄皮唑灵▲ A~M clauszoline A~M
黄嘌呤 xanthine
黄嘌呤核苷 xanthosine
黄芪苷 astragaloside
黄芪苷 VIII 甲酯 astragaloside VIII methyl ester
黄芪胶识别素▲ B xenognosin B
黄芪醛▲ astragal
黄芪叶苷 A~F huangqiyenin A~F
黄芪紫檀烷▲ astrapterocarpane
黄杞醇▲ A, B engelhardiol A, B
黄杞苷 engeletin; engelitin
黄杞庚烷氧化物▲ A~D engelheptanoxide A~D
黄杞醌▲ engelharquinone
黄杞醌▲环氧化物 engelharquinone epoxide
黄杞醌醇▲ engelharquinonol
黄杞内酯▲ engelharolide
黄杞酸▲ engelhardic acid
黄杞酮▲ engelhardione
黄芩苷 baicalin
黄芩苷甲酯 baicalin methyl ester
黄芩黄酮 skullcapflavone
黄芩黄酮 I, II skullcapflavone I, II
黄芩黄酮 I-2'- 甲醚 skullcapflavone I-2'-methylether
黄芩黄酮 I-2'- 葡萄糖苷 skullcapflavone I-2'-glucoside
黄芩黄酮醇 scutellariae flavonol
黄芩林素▲ scutebaicalin
黄芩素 baicalein
黄芩素 -6,4'- 二甲醚 baicalein-6,4'-dimethyl ether
黄芩素 -6-*O*-β-D- 吡喃葡萄糖苷 baicalein-6-*O*-β-D-glucopyranoside
黄芩素 -6- 甲醚 baicalein-6-methyl ether
黄芩素 -7-O-α-L- 吡喃鼠李糖苷 baicalein-7-*O*-α-L-rhamnopyranoside
黄芩素 -7-*O*-β-D- 吡喃葡萄糖苷 baicalein-7-*O*-β-D-glucopyranoside
黄芩素 -7-*O*-β-D- 吡喃葡萄糖醛酸基 -(1 → 3)[β-D- 吡喃葡萄糖基 -(1 → 6)]-β-D- 吡喃葡萄糖苷 baicalein-7-*O*-β-D-glucuronopyranosyl-(1 → 3)[β-D-glucopyranosyl-(1 → 6)]-β-D-glucopyranoside

H

黄芩素 -7-*O*-*β*-D- 葡萄糖醛酸苷 baicalein-7-*O*-*β*-D-glucuronide
黄芩素 -7-*O*- 二葡萄糖苷 baicalein-7-*O*-diglucoside
黄芩素 -7-*O*- 咖啡酸酯 baicalein-7-*O*-caffeate
黄芩素 -7-*O*- 葡萄糖醛酸苷 baicalein-7-*O*-glucuronide
黄芩素 -7-*O*- 葡萄糖醛酸苷甲酯 baicalein-7-*O*-glucuronide methyl ester
黄芩酸 scutellaric acid
黄芩萜苷▲II scutellarioside II
黄秦艽苷▲ veratriloside
黄秦艽苷▲A~D veratriloside A~D
黄秦艽苷元▲ veratrilogenin
黄肉苁蓉苷▲ pheliposide
(+)- 黄肉楠碱 (+)-actinodaphnine
(*R*)-(-)- 黄肉楠碱 (*R*)-(-)-actinodaphnine
黄肉楠碱 actinodaphnine
(-)- 黄肉楠碱▲ (-)-actinodaphine
黄瑞香芬▲ daphnegiraldifin
黄瑞香苷 A giraldoid A
黄瑞香精 daphnegiraldigin
黄瑞香林素▲ daphgilin
黄瑞香林素▲-7'-*O*-*β*-D- 吡喃葡萄糖苷 daphgilin-7'-*O*-*β*-D-glucopyranoside
黄瑞香素 daphnogirin
黄瑞香素 A, B daphnogirin A, B
黄瑞香亭▲ daphnogitin
黄三七苷 A~E soulieoside A~E
黄三七亭碱 soulieotin
黄山宁碱 huangshanine
黄山药皂苷 A~E dioscoreside A~E
黄鼠李苷 xanthorhamnin; xanthorhamnoside
黄水枝酸 tiarellic acid
黄苏木素▲ plathymenin
黄苏木酸▲ vinhaticoic acid
黄苏木酸甲酯▲ methyl vinhaticoate
(*R*)- 黄檀苯酚 (*R*)-dalbergiphenol
黄檀吡喃 dalbergylpyran
(*R*)-(+)- 黄檀酚 (*R*)-(+)-dalbergiphenol
R-(+)- 黄檀酚 *R*-(+)-dalbergiphenol
黄檀酚 dalbergiphenol
S- 黄檀醌 *S*-dalbergione
黄檀色烯 dalbergichromene
黄檀素 dalbergin
黄檀酮 dalbergenone
黄唐松草碱 thalflavine
黄藤碱▲ fibrecisine
黄藤内酯 fibralactone
黄体黄质 luteoxanthin
黄体酮 progesterone
黄酮 flavone
黄酮醇 flavonol
黄酮醇 -3-*O*-*β*-D- 吡喃葡萄糖苷 flavonol-3-*O*-*β*-D-glucopyranoside
黄酮醇 -3-*O*- 单糖苷 flavonol-3-*O*-monoglycoside
黄酮醇 -3-*O*- 二糖苷 flavonol-3-*O*- diglycoside
黄酮醇 -3-*O*- 三糖苷 flavonol-3-*O*-triglycoside
黄酮醇苷 K flavonol glycoside K
黄烷 -3- 醇 flavan-3-ol
黄烷酮 flavanone
黄烷酮 -7-*O*- 葡萄糖苷 flavanone-7-*O*-glycosides
黄乌宁 vilmorinine
黄乌生 vilmorisine
黄乌亭 vilmoritine
黄细心酸▲ boerhaavic acid
黄细心酮 A~Q boeravinone A~Q
黄细心烯▲ boerhadiffusene
黄细心羊毛脂烯基苯甲酸酯 boerhavilanostenyl benzoate
黄细心鱼藤素▲ diffusarotenoid
黄细心甾醇▲ boerhavisterol
黄细辛碱 punarnavine
黄小檗碱 obaberine
(-)- 黄心树宁碱 (-)-ushinsunine
黄心树宁碱 ushinsunine
(+)- 黄心树宁碱 -*β*-*N*- 氧化物 (+)-ushinsunine-*β*-*N*-oxide
黄芽木吅酮▲ cochinensoxanthone
黄芽木酮▲E cracochinchinone E
黄眼草素 A, B xyridin A, B
(+)- 黄杨胺 F (+)-buxamine F
黄杨胺 B, E buxamine B, E
(+)- 黄杨胺醇 C (+)-buxaminol C
(+)- 黄杨苯甲酰胺二烯宁碱▲ (+)-buxabenzamidienine
黄杨噁嗪▲C buxozine C
黄杨尔亭 buxaltine
(-)- 黄杨二烯宁碱 (-)-buxadienine
黄杨环胺▲A buxocyclamine A
(+)- 黄杨环氧苯甲酰胺 (+)-buxoxybenzamine
黄杨拉胺▲ buxiramine
(+)- 黄杨马灵碱▲ (+)-buxaquamarine
黄杨品碱▲K buxpiine K
黄杨普辛▲ buxpsiine
黄杨泰烯宁▲M buxithienine M
黄杨陶因碱▲M buxtauine M
(-)-(*E*)- 黄杨烯酮 (-)-(*E*)-buxenone
(-)-(*Z*)- 黄杨烯酮 (-)-(*Z*)-buxenone
(+)- 黄杨酰胺定▲ (+)-buxamidine
(+)- 黄叶槐碱 (+)-mamanine
黄叶槐碱 mamanine
黄缨菊素▲A, B, C xanthopappin A, B, C
黄玉羽扇豆素▲ topazolin
黄樟醚 safrole
黄钟花定 tecostidine
黄钟花苷 tecomoside
黄钟花碱 tecomine
黄钟花宁▲ tecomanine
黄帚橐吾醇▲A~D virgaurol A~D
黄帚橐吾内酯▲ virgauride
黄帚橐吾宁▲ virgauronin
黄帚橐吾素▲A, B, C virgaurin A, B, C
黄珠子草宁▲ virganin
黄珠子草炔▲ virgatyne
黄珠子草素▲ virgatusin
黄紫碱 flavoviolet
黄紫堇碱 ochotensine
黄紫堇明碱 ochotensimine
黄紫堇钦碱 corytenchine
黄紫堇星碱 corytensine
黄紫茜素 xanthopurpurin
黄紫茜素 -3-*O*-*β*-D- 吡喃葡萄糖苷 xanthopurpurin-3-*O*-*β*-D-glucopyranoside
3''-*O*- 磺基 - 紫云英苷 3''-*O*-sulfo-astragalin

7-*O*- 磺酸基 -2,3,8- 三甲氧基鞣花酸 7-*O*-(sulfooxy)-2,3,8-trimethoxyellagic acid
7-*O*- 磺酸基 -2- 羟基 -3,8- 二甲氧基鞣花酸 7-*O*-(sulfooxy)-2-hydroxy-3,8-dimethoxyellagic acid
4-*O*- 磺酸基 -3,3',4'- 三 -*O*- 甲基鞣花酸 4-*O*-sulfooxy-3,3',4'-tri-*O*-methylellagic acid
4-*O*- 磺酸基 -3,3'- 二 -*O*- 甲基鞣花酸 4-*O*-sulfooxy-3,3'-di-*O*-methylellagic acid
3-*O*-(*β*-D-2'-*O*- 磺酰吡喃鸡纳糖基鸡纳酸 -28-*O*-*β*-D- 吡喃葡萄糖酯苷 3-*O*-(*β*-D-2'-*O*-sulfonylquinovopyranosyl)-quinovic acid-28-*O*-(*β*-D-glucopyranosyl) ester
12,15- 磺酰基 -8(17),13- 半日花二烯 -19- 羧酸 12,15-sulfonyl-8(17),13-labdadien-19-oic acid
3*β*- 磺酰氧基 - 齐墩果 -12- 烯 -28- 酸 3*β*-sulfooxy-olean-12-en-28-oic acid
灰褐纹口蘑甾醇▲ portensterol
灰黄霉酚酮▲ A griseophenone A
(+)- 灰黄霉素 (+)-griseofulvin
灰狼礁鞘丝藻内酯▲ A caylobolide A
灰藜苷▲ chenoalbuside
灰藜辛▲ chenoalbicine
灰莉素▲ fagovatin
灰绿曲霉黄素 flavoglaucin
灰绿曲霉酰胺 asperglaucide
灰毛脆枝菊素▲ enceecanescin
灰毛豆吡喃酮 purpurenone
灰毛豆二醇 tepurindiol
灰毛豆黄酮 terpurinflavone
灰毛豆甲基化物 purpureamethide
灰毛豆林素▲ A tephropurpulin A
(+)- 灰毛豆灵▲ (+)-purpurin
灰毛豆宁素▲ A purpuritenin A
(+)- 灰毛豆任▲ A, B (+)-tephrorin A, B
灰毛豆如酮 tephrone
(+)- 灰毛豆素▲ (+)-tephropurpurin
(+)- 灰毛豆酮▲ (+)-tephrosone
灰毛豆酮▲ tephrosone
灰毛浆果楝素 A~G cineracipadesin A~G
灰毛浆果楝萜▲ A~G cipadonoid A~G
灰毛萝芙木碱▲ raunescine
灰毛萝芙木辛碱▲ canescine
灰毛糖芥醇▲ canesceol
灰毛糖芥苷 canescein
灰毛糖芥苷▲ erydiffuside
灰葡萄孢素▲ D botcinin D
灰桤木酮▲ alnincanone
灰青斑鸠菊内酯 E glaucolide E
灰香科科苷▲ poliumoside
灰岩香茶菜素 A, B calcicolin A, B
(±)- 灰叶素 (±)-tephrosin
灰叶素 tephrosin
灰叶小冠花苷元▲ coroglaucigenin
灰叶小冠花苷元▲ -3-*O*-*α*-L- 吡喃鼠李糖苷 coroglaucigenin-3-*O*-*α*-L-rhamnopyranoside
灰叶小冠花苷元▲ -3-*O*-*β*-D- 吡喃葡萄糖基 -(1 → 4)-*α*-L- 吡喃鼠李糖苷 coroglaucigenin-3-*O*-*β*-D-glucopyranosyl-(1 → 4)-*α*-L-rhamnopyranoside
(3*S*,5*S*,8*R*,9*S*,10*R*,13*R*,14*S*,17*R*,20*Z*,2'*R*,2''*S*)-3,19-*O*- 灰叶小冠花苷元▲ 二乳酸酯 (3*S*,5*S*,8*R*,9*S*,10*R*,13*R*,14*S*,17*R*,20*Z*,2'*R*,2''*S*)-3,19-*O*-coroglaucigenin dilactate
灰叶小冠花苷元▲葡萄糖苷 coroglaucigenin glucoside
(3*S*,5*S*,8*R*,9*S*,10*R*,13*R*,14*S*,17*R*,20*Z*,2''*S*)-19-*O*- 灰叶小冠花苷元▲乳酸酯 (3*S*,5*S*,8*R*,9*S*,10*R*,13*R*,14*S*,17*R*,20*Z*,2''*S*)-19-*O*-coroglaucigenin lactate
灰毡毛忍冬苷▲ A, B macranthoside A, B
灰毡毛忍冬花苷▲ II, III lonimacranthoide II, III
灰毡毛忍冬素 F, G macranthoin F, G
灰毡毛忍冬皂苷 A, B macranthoidin A, B
辉片豆碱▲ lamprolobine
α- 茴蒿素 *α*-santonin
茴茴蒜素▲ A ranunchinesin A
茴芹丙酮▲ anisalacetone
茴芹醇▲ anisic alcohol
茴芹醚▲ anisole
茴芹醛▲ anisaldehyde
茴芹素 pimpinellin
茴芹酸▲ anisic acid
茴芹酸▲甲酯 methyl anisate
茴芹酮▲ anisketone
α- 茴香醇 *α*-fenchol
β- 茴香醇 *β*-fenchyl alcohol
茴香醇 fenchol; fenchyl alcohol
α- 茴香醇乙酸酯 *α*-fenchyl acetate
茴香醇乙酸酯 fenchyl acetate
茴香苷 foeniculin
茴香苷 foeniculoside I, II, III, IV, V, VI, VII, VIII, IX, X, XI
茴香基异丁酸酯 anisyl isobutyrate
茴香灵 feniculin
茴香脑 anethol
茴香酮 fenchone
α- 茴香烯 *α*-fenchene
14-*O*- 茴香酰新欧乌林碱▲ 14-*O*-anisoylneoline
蛔蒿倍半萜醇 sesquiartemisol
喙果绞股蓝苷▲ A yixinoside A
喙果绞股蓝素▲ yixingensin
喙荚云实双内酯▲ minaxaesalodilide
喙荚云实素▲ A minaxin A
喙荚云实素▲ A~H caesalmin A~H
喙尖牛奶菜胺▲ rostratamine
喙柱牛奶菜苷 A, B marsdeoreophiside A, B
火把花萜▲ A, B, C colquhounoid A, B, C
火葱皂苷 A_1, A_2, B, C, D ascalonicoside A_1, A_2, B, C, D
(+)- 火地林仙素▲ (+)-fuegin
火棘苷▲ A, B, C pyrafortunoside A, B, C
火棘山楂苷▲ pyracanthoside
火木层孔菌烯▲ A~D igniaren A~D
火热回环菊碱▲ pellitorine
火烧花酮▲ igeumone
火石花素▲ A_1, B_1 gerdelavin A_1, B_1
火索麻林素▲ A, B helisterculin A, B
火索麻灵素▲ helisorin
火索麻素 isorin
火索麻酸▲ isorinic acid
火筒树苷▲ leeaoside
火焰花苷▲ A~F curvifloruside A~F
火焰花内酯 B, C phlogacantholide B, C
火焰花内酯 C 二乙酸酯 phlogacantholide C diacetate
火焰花内酯苷 A, B, C phlogacanthoside A, B, C

火焰树醇▲ spathodol
火焰树苷▲ spathoside
火焰树酸 spathodic acid
火焰树萜苷▲ A, B, C spatheoside A, B, C
火殃勒醇▲ A, B antiquol A, B
火殃勒灵▲ A, B antiquorine A, B
火殃勒素▲ antiquorin
霍夫菊素▲ II hofmeisterin II
霍亚鞘丝藻酰胺▲ hoiamide A
藿香酚 agastol
藿香苷 agastachoside
藿香醌 agastaquinone
藿香诺酚▲ agastanol
藿香素 agastachin
藿香烯酚▲ agastenol

J

芨芨芹苷 apterin
肌氨酸 sarcosine
肌氨酸乙酯 sarcosine ethyl ester
(±)- 肌醇 (±)-inositol
D- 肌醇 D-inositol
肌醇 inositol
L- 肌醇 -1,2,3,5- 四当归酸酯 L-inositol-1,2,3,5-tetraangelate
L- 肌醇 -2,3,5,6- 四当归酸酯 L-inositol-2,3,5,6-tetraangelate
肌醇半乳糖苷 galactinol
肌醇磷酸酯 inositol phosphate
肌醇六磷酸酯 P phytate P
肌苷 inosine
肌酐 creatinine
肌肉肌醇 *myo*-inositol
肌肉肌醇 -1,3,4,6- 四当归酸酯 *myo*-inositol-1,3,4,6-tetraangelate
肌肉肌醇 -2,4,5,6- 四当归酸酯 *myo*-inositol-2,4,5,6-tetraangelate
肌肽 carnosine
鸡肠狼毒素 A~D euphorprolitherin A~D
鸡蛋果苷 passiedulin
鸡蛋果素 I, II edulan I, II
鸡蛋果酸▲ edulilic acid
鸡蛋花 -β- 葡萄糖苷酶 plumeria-β-glucosidase
鸡蛋花定▲ plumieridin
鸡蛋花定▲ A, B plumieridin A, B
1α- 鸡蛋花苷 1α-plumieride
鸡蛋花苷 plumieride
鸡蛋花苷 B plumieride B
鸡蛋花苷 - 对 -(*E*)- 香豆酸酯 plumieride-*p*-(*E*)-coumarate
鸡蛋花苷 - 对 -(*Z*)- 香豆酸酯 plumieride-*p*-(*Z*)-coumarate
鸡蛋花苷香豆酸酯 plumieride coumarate
鸡蛋花苷香豆酸酯葡萄糖苷 plumieride coumarate glucoside
鸡蛋花环烯醚萜 A, B, C plumeridoid A, B, C
鸡蛋花林醇▲ champalinol
鸡蛋花林宁▲ champalinin
鸡蛋花林素▲ A, B champalin A, B
鸡蛋花林酮▲ champalinone
鸡蛋花宁▲ plumerianine
鸡蛋花诺苷▲ plumenoside
鸡蛋花素 plumericin
鸡蛋花西定▲ plumericidine
鸡肝海绵甾醇▲ chondrillasterol
鸡肝海绵甾醇▲ -3-*O*-β-D- 吡喃葡萄糖苷 chondrillasterol-3-*O*-β-D-glucopyranoside
鸡肝海绵甾醇▲吡喃葡萄糖苷 chondrillasterol glucopyranoside
鸡肝海绵甾酮▲ chondrillasterone
鸡骨常山胺酸▲ alstonamic acid
鸡骨常山苷▲ alstonoside
鸡骨常山碱 alstonine
鸡骨常山诺星▲ A~D alstonoxine A~D
鸡骨常山醛▲ alstonal
鸡骨常山三氮碱▲ A alistonitrine A
鸡骨常山酸▲ A, B alstonic acid A, B
鸡骨常山辛碱▲ alstonisine
鸡骨香碱 crassifolein
鸡骨香素 A~G crassifolin A~G
鸡骨香酸 crassifolius acid
鸡骨香酯 crassifolius ester
鸡冠刺桐酚▲ A, B, C erycristanol A, B, C
鸡冠刺桐林素▲ A, B, C erystagallin A, B, C
鸡冠刺桐嘧啶▲ crystamidine
鸡冠刺桐宁碱▲ A, B cristanine A, B
鸡冠刺桐素▲ erycristagallin
鸡冠刺桐亭▲ erycristin
鸡冠刺桐紫檀素▲ cristacarpin
鸡冠花苷 cristatain
鸡冠花黄素▲ cristatein
鸡冠血苋素▲ tlatlancuayin
鸡冠柱烯醇▲ lophenol
鸡冠子苷▲ A semenoside A
鸡脚参醇 A, B, D~Z orthosiphol A, B, D~Z
鸡脚参木脂素 orthosilignin
鸡脚参诺醇▲ orthosiphonol
鸡脚参色烯 A orthochromene A
鸡脚参酮 A~D orthosiphonone A~D
鸡脚参新醇▲ A~E siphonol A~E
鸡纳酸 quinovic acid
鸡纳酸 -3-*O*-α-L- 吡喃鼠李糖苷 quinovic acid-3-*O*-α-L-rhamnopyranoside
鸡纳酸 -3-*O*-β-D- 吡喃鸡纳糖基 -28-*O*-β-D- 吡喃葡萄糖苷 quinovic acid-3-*O*-β-D-quinovopyranosyl-28-*O*-β-D-glucopyranoside
鸡纳酸 -3-*O*-β-D- 吡喃葡萄糖苷 quinovic acid-3-*O*-β-D-glucopyranoside
鸡纳酸 -3-*O*-β-D- 吡喃葡萄糖苷 -(28 → 1)-β-D- 吡喃葡萄糖苷 quinovic acid-3-*O*-β-D-glucopyranoside-(28 → 1)-β-D-glucopyranoside
鸡纳酸 -3-*O*-β-D- 吡喃葡萄糖基 -(1 → 4)-α-L- 吡喃鼠李糖基 -(28 → 1)-β-D- 吡喃葡萄糖基酯 quinovic acid-3-*O*-β-D-glucopyranosyl-(1 → 4)-α-L-rhamnopyranosyl-(28 → 1)-β-D-glucopyranosyl ester
鸡纳酸 -3-*O*-β-D- 吡喃葡萄糖基 -(1 → 4)-β-D- 吡喃岩藻糖基 -(28 → 1)-β-D- 吡喃葡萄糖基酯 quinovic acid-3-*O*-β-D-glucopyranosyl-(1 → 4)-β-D-fucopyranosyl-(28 → 1)-β-D-glucopyranosyl ester
鸡纳酸 -3β-*O*-D- 吡喃葡萄糖苷 quinovic acid-3β-*O*-D-glucopyranoside
鸡纳酸 -3β-*O*-β-D- 吡喃葡萄糖苷 quinovic acid-3β-*O*-β-D-glucopyranoside
鸡纳酸 -3β-*O*-β-D- 吡喃葡萄糖苷 -27-*O*-β-D- 吡喃葡萄糖基酯 quinovic acid-3β-*O*-β-D-glucopyranoisde-27-*O*-β-D-

glucopyranosyl ester
鸡纳酸 -3*β*-*O*-*β*-D- 吡喃葡萄糖基 -(28 → 1)-*β*-D- 吡喃葡萄糖酯苷 quinovic acid-3*β*-*O*-*β*-D-glucopyranosyl-(28 → 1)-*β*-D-glucopyranosyl ester
鸡纳酸 -3-*β*- 吡喃鼠李糖苷 quinovic acid-3-*β*-rhamnopyranoside
鸡纳酸 -*O*-*β*-D- 吡喃葡萄糖苷 -(1 → 3)- 吡喃鼠李糖苷 quinovic acid-3-*O*-*β*-D-glucopyranoside-(1 → 3)-rhamnopyranoside
鸡纳酸糖苷 C quinovic acid glycoside C
鸡肉参碱▲ A, B, C mairine A, B, C
鸡肉参素▲ A, B incarvmarein A, B
鸡桑酚酮▲ A austraone A
鸡桑呋喃▲ A, B, C austrafuran A, B, C
鸡桑素▲ A, B, C australisin A, B, C
鸡桑酮▲ A, B australone A, B
鸡矢藤醇▲ A paederol A
鸡矢藤次苷 scandoside
鸡矢藤次苷 -10-*O*- 乙酸酯 scandoside-10-*O*-acetate
鸡矢藤次苷甲酯 scandoside methyl ester
鸡矢藤多苷▲ paederoscandoside
鸡矢藤噁庚烷▲ A, B paederoxepane A, B
鸡矢藤蒽醌 paederone
鸡矢藤苷 paederoside
鸡矢藤苷 B paederoside B
鸡矢藤苷酸 paederosidic acid
鸡矢藤苷酸二聚物 paederosidic acid dimer
鸡矢藤苷酸甲酯 methyl paederosidate
鸡矢藤苷酸甲酯二聚物 methyl paederosidate dimer
鸡矢藤苷酸乙酯 ethyl paederosidate
鸡矢藤内酯▲ paederia lactone
鸡矢藤素▲ paederinin
鸡头薯醇▲ A~H khonklonginol A~H
鸡头薯苷▲ A, B, C eriosemaside A, B, C
鸡头薯亭▲ eriosematin
鸡头薯亭▲ A~F eriosematin A~F
鸡头薯酮▲ A~D eriosemaone A~D
鸡腿蘑素 comatin
鸡眼藤素▲ A, B morindaparvin A, B
鸡油菌黄质 canthaxanthin
鸡油菌酸▲ cibaric acid
鸡子树洛苷▲ vijaloside
鸡足千里光内酯 D, E tsoongianolide D, E
积雪草二炔醇▲ cadiyenol
积雪草二糖苷 asiaticodiglycoside
积雪草苷 asiaticoside
积雪草苷 A~G asiaticoside A~G
积雪草洛苷▲ A~E centelloside A~E
积雪草莫苷▲ brahmoside
积雪草尼苷▲ thankuniside
积雪草尼酸▲ thankunic acid
积雪草诺苷▲ brahminoside
积雪草素▲ centellin
积雪草酸 asiatic acid
积雪草酸 -28-*O*- 吡喃葡萄糖苷 asiatic acid-28-*O*-glucopyranoside
积雪草酸甲酯 methyl asiatate
积雪草糖 centellose
积雪草替辛▲ asiaticin
积雪草萜酸▲ brahmic acid; madecassic acid
积雪草辛▲ centellicin
积雪草皂醇▲ A centellasapogenol A
积雪草皂苷▲ A~D centellasaponin A~D
姬蕨苷 A, B, C hypoloside A, B, C
姬蕨素 A, B, C hypolepin A, B, C
姬蕨酮 hypacrone
姬松茸素▲ blazein
2-(苯并 [d][1,3] 二氧杂 -6- 基)-2,3- 二氢 -3- 羟甲基 -7- 甲氧基苯并呋喃 -5- 羧酸甲酯 methyl 2-(benzo[d][1,3]dioxol-6-yl)-2,3-dihydro-3-(hydroxymethyl)-7-methoxybenzofuran-5-carboxylate
6-[2-(呋喃 -3- 基)-2- 氧代乙基]-1,5,6- 三甲基 -10- 氧杂三环 [7.2.1.0^{2,7}] 十二 -2(7)- 烯 -11- 酮 6-[2-(furan-3-yl)-2-oxoethyl]-1,5,6-trimethyl-10-oxatricyclo[7.2.1.0^{2,7}]dodec-2(7)-en-11-one
1-(苯并噻唑基 -2- 基)-3,4- 二甲基 - 吡喃 (2,3-c) 吡唑 -6(1*H*)- 酮 1-(benzothiazol-2-yl)-3,4-dimethyl-pyrano(2,3-c)pyrazol-6(1*H*)-one
5-[2-(呋喃 -3- 基) 乙基]-1,5,6- 三甲基 -1,2,3,4,5,6,7,8- 八氢萘 -1-羧酸 5-[2-(furan-3-yl)ethyl]-1,5,6-trimethyl-1,2,3,4,5,6,7,8-octahydronaphthalene-1-carboxylic acid
6-[2-(呋喃 -3- 基) 乙基]-1,5,6- 三甲基 -10- 氧杂三环 [7.2.1.0^{2,7}] 十二 -2(7)- 烯 -11- 酮 6-[2-(furan-3-yl)ethyl]-1,5,6-trimethyl-10-oxatricyclo[7.2.1.0^{2,7}]dodec-2(7)-en-11-one
基及树酮▲ microphyllone
基维酚 kievitol
基维酮 kievitone
基维酮水合物 kievitone hydrate
畸形果鹤虱碱▲ A lappulanocarpine A
激动素 kinetin
激动素核酸 kinetin nucleate
及己半日花烷▲ A~E serralabdane A~E
及己内酯▲ A~D serralactone A~D
及己酮▲ A, B serratustone A, B
吉九里香碱 girinimbine
吉利柘树素 A~E gericudranin A~E
吉林人参醇▲ ginsenjilinol
吉林乌头胺▲ akiramine
吉林乌头拉定▲ akiradine
吉林乌头灵▲ akirine
吉林乌头米定▲ akiramidine
吉林乌头宁▲ A kirinenine A
吉林乌头瑞宁▲ akiranine
吉林乌头烷▲ akirane
吉他洛苷 gitaloxin
吉他洛苷元双洋地黄毒糖苷 gitaloxigenin bisdigitoxoside
吉托苷 gitoroside
吉托林 gitorin
F- 吉托宁 F-gitonin
吉托司廷 gitostin
吉托纤维二糖苷 gitorocellobioside
吉托辛 gitoxin
吉托辛苷元双洋地黄毒糖苷 gitoxigenin bisdigitoxoside
吉托辛纤维二糖苷 gitoxin cellobioside
吉乌定 kiridine
吉乌碱 A, B, C kirinine A, B, C
吉乌明 kirimine
吉乌亭 kiritine
极光锡生藤芬碱▲ eletefine
极尖叶下珠木脂素▲ B acutissimalignan B
急折白坚木宁▲ aspidofractinine
(2,5)- 急折白坚木宁▲ -16- 醇 (2,5)-aspidofractinin-16-ol
(2*β*,5*β*)- 急折白坚木宁▲ -16- 醇 (2*β*,5*β*)-aspidofractinin-16-ol

J

棘刺蓝刺头素▲ echinacin
棘刺毛蕊花苷▲ verbaspinoside
棘刺香科科素▲ teuspinin
棘豆苷 oxytroside
棘豆黄苷▲ A~G oxytroflavoside A~G
棘豆黄烷▲ A, B oxytropisoflavan A, B
棘壳孢酚▲ A pyrenochaetoxy A
棘壳孢内酯▲ B pyrenochaetolide B
棘壳孢酰胺▲ A pyrenochaetamide A
蒺藜醇▲ tribol
蒺藜噁嗪▲ terresoxazine
蒺藜呋苷 B~E, G~J tribufuroside B~E, G~J
蒺藜苷 A tribuluside A
蒺藜宁▲ A, B terrestrinin A, B
蒺藜双酰胺▲ terrestribisamide
蒺藜素 tribulosin
蒺藜酸 terrestric acid
蒺藜酰胺▲ terrestriamide
蒺藜酰胺 A, B, C tribulusamide A, B, C
蒺藜辛▲ A~K terrestrosin A~K
蒺藜新苷▲ A terrestroneoside A
蒺藜甾苷▲ A, A_1, A_2, B, F terrestroside A, A_1, A_2, B, F
蒺藜皂苷 A, B tribulosaponin A, B
蕺菜苷▲ A houttuynoside A
蕺菜黄素▲ A~E houttuynoid A~E
蕺菜酰胺▲ A houttuynamide A
几丁质酶 chitinase
几内亚胡椒碱 guineensine
几内亚胡椒宁碱▲ wisanine
(+)- 几内亚胡椒素▲ (+)-aschantin
几内亚胡椒素▲ aschantin
几内亚鞘丝藻酰胺▲ A~G guineamide A~G
(*E*)- 己 -2- 烯 -1- 醇 -*O*-β-D- 吡喃葡萄糖基 -(1″ → 6′)-β-D- 吡喃葡萄糖苷 (*E*)-hex-2-en-1-ol-*O*-β-D-glucopyranosyl-(1″ → 6′)-β-D-glucopyranoside
己 -3- 烯 -1- 醇 -1-*O*-β-D- 吡喃葡萄糖苷 hex-3-en-1-ol-1-*O*-β-D-glucopyranoside
(*Z*)- 己 -3- 烯 -1- 醇 -*O*-β- 呋喃芹糖基 -(1″ → 6′)-β-D- 吡喃葡萄糖苷 (*Z*)-hex-3-en-1-ol-*O*-β-apiofuranosyl-(1″ → 6′)-β-D-glucopyranoside
(*Z*)- 己 -3- 烯 -1- 醇 -α-L- 呋喃阿拉伯糖基 -(1 → 6)-β-D- 吡喃葡萄糖苷 (*Z*)-hex-3-en-1-ol-α-L-arabinofuranosyl-(1 → 6)-β-D-glucopyranoside
(*Z*)- 己 -3- 烯 -1- 醇 -β-D- 吡喃木糖基 -(1 → 6)-β-D- 吡喃葡萄糖苷 (*Z*)-hex-3-en-1-ol-β-D-xylopyranosyl-(1 → 6)-β-D-glucopyranoside
(*Z*)- 己 -3- 烯醛 (*Z*)-hex-3-enal
1- 己醇 1-hexanol
2- 己醇 2-hexanol
3- 己醇 3-hexanol
己醇 hexanol
己醇 -β-D- 吡喃葡萄糖苷 hexanol-β-D-glucopyranoside
(2*E*)-2-(2,4- 己二炔 -1- 亚甲基)-1,6- 二氧杂螺旋 [4.4] 壬 -3- 烯 (2*E*)-2-(2,4-hexadiyn-1-ylidene)-1,6-dioxaspiro[4.4]non-3-ene
(2*E*)-2-(2,4- 己二炔 -1- 亚甲基)-1,6- 二氧杂螺旋 [4.5] 癸 -3- 烯 (2*E*)-2-(2,4-hexadiyn-1-ylidene)-1,6-dioxaspiro[4.5]dec-3-ene
(*Z*)-2-(2,4- 己二炔亚甲基)-1,6- 二氧杂螺 [4.5] 癸 -3- 三烯 (*Z*)-2-(2,4-hexadiynylidene)-1,6-dioxaspiro[4.5]dec-3-ene
己二酸 hexanedioic acid
己二酸二甲酯 dimethyl hexanedioate
己二酸二辛酯 adipic acid dioctyl ester
己二酸二乙酯 diethyl adipate
己二酸二异辛酯 diisooctyl hexanedioate
(*Z*)-(*E*,*E*)-2,4- 己二烯醛 (*Z*)-(*E*,*E*)-2,4-hexadienal
2,4- 己二烯醛 2,4-hexadienal
(*Z*)-3,5- 己二烯醛丁酸酯 (*Z*)-3,5-hexadienyl butyrate
2- 己基 -1- 癸醇 2-hexyl-1-decanol
4- 己基 -2,5- 二氢 -2,5- 二氧代 -3- 呋喃乙酸 4-hexyl-2,5-dihydro-2,5-dioxo-3-furannacetic acid
己基 -2-*O*-β-D- 吡喃葡萄糖基 -β-D- 吡喃葡萄糖苷 hexyl-2-*O*-β-D-glucopyranosyl-β-D-glucopyranoside
己基 -*O*-β-D- 吡喃葡萄糖苷 hexyl *O*-β-D-glucopyranoside
5- 己基环戊 -1,3- 二酮 5-hexylcyclopenta-1,3-dione
己基木蝴蝶紫檀烷 hexyl oroxylopterocarpan
己基葡萄糖苷 hexyl glucoside
1- 己基乙酸酯 1-hexyl acetate
己内酰胺 caprolactam
γ- 己内酯 γ-hexalactone
2- 己醛 2-caproic aldehyde
己醛 hexanal
1- 己炔 -3- 醇 1-hexyn-3-ol
己酸 hexanoic acid
己酸丙烯酯 allyl hexanoate
己酸二十二酯 docosyl hexylate
己酸甲酯 methyl hexanoate
己酸乙酯 ethyl hexanoate
己酸异丁酯 isobutyl hexanoate
6-*C*- 己糖基 -8-*C*- 鼠李糖基金圣草酚 6-C-hexoyl-8-C-rhamnosylchrysoeriol
己糖基小麦黄素 hexosyltricin
2- 己酮 2-hexanone
3- 己酮 3-hexanone
己烷 -1,5- 二醇 -1-*O*-β-D- 吡喃葡萄糖苷 hexane-1,5-diol-1-*O*-β-D-glucopyranoside
(*E*)-2- 己烯 -1- 醇 (*E*)-2-hexen-1-ol
(*E*)-3- 己烯 -1- 醇 (*E*)-3-hexen-1-ol
(*Z*)-3- 己烯 -1- 醇 (*Z*)-3-hexen-1-ol
2- 己烯 -1- 醇 2-hexen-1-ol
3- 己烯 -1- 醇 3-hexen-1-ol
4- 己烯 -1- 醇 4-hexen-1-ol
己烯 -1- 醇 hexen-1-ol
(3*Z*)-3- 己烯 -1- 醇 -6-*O*-α-L- 吡喃阿拉伯糖基 -β-D- 吡喃葡萄糖苷 (3*Z*)-3-hexen-1-ol-6-*O*-α-L-arabinopyranosyl-β-D-glucopyranoside
3- 己烯 -1- 醇苯甲酸酯 3-hexen-1-ol benzoate
(*Z*)-3- 己烯 -1- 醇乙酸酯 (*Z*)-3-hexen-1-ol acetate
2- 己烯 -1- 醇乙酸酯 2-hexen-1-ol acetate
(*Z*)-3- 己烯 -1- 醇 - 乙酸酯 (*Z*)-3-hexen-1-ol-acetate
(2*E*)-2- 己烯 -2-*O*-β-D- 吡喃葡萄糖基 -β-D- 吡喃葡萄糖苷 (2*E*)-2-hexenyl-2-*O*-β-D-glucopyranosyl-β-D-glucopyranoside
己烯 -2- 醛 hexen-2-al
己烯 -3- 醇 hexen-3-ol
3- 己烯 -*O*-β-D-*Z*- 吡喃葡萄糖苷 3-hexenyl-*O*-β-D-glucopyranoside
(*Z*)-3- 己烯 -*O*-β-D- 吡喃葡萄糖基 -(1″ → 6′)-β-D- 吡喃葡萄糖苷 (*Z*)-3-hexenyl-*O*-β-D-glucopyranosyl-(1″ → 6′)-β-D-glucopyranoside
(*Z*)-3- 己烯 -β-D- 吡喃葡萄糖苷 (*Z*)-3-hexenyl-β-D-glucopyranoside
(*Z*)-3- 己烯 -β- 樱草糖苷 (*Z*)-3-hexenyl-β-primeveroside
(*E*)-2- 己烯醇 (*E*)-2-hexenol
(*Z*)-3- 己烯醇 (*Z*)-3-hexenol

β,γ- 己烯醇 β,γ-hexenol
(E)-2- 己烯基 -1-O-β-D- 吡喃葡萄糖苷 (E)-2-hexenyl-1-O-β-D-glucopyranoside
(E)-2- 己烯基 -6-O-α-L- 吡喃阿拉伯糖基 -β-D- 吡喃葡萄糖苷 (E)-2-hexenyl-6-O-α-L-arabinopyranosyl-β-D-glucopyranoside
(E)-2- 己烯基 -D- 吡喃葡萄糖苷 (E)-2-hexenyl-D-glucopyranoside
(Z)-3- 己烯基 -D- 吡喃葡萄糖苷 (Z)-3-hexenyl-D-glucopyranoside
(E)-2- 己烯基 -β-D- 吡喃葡萄糖苷 (E)-2-hexenyl-β-D-glucopyranoside
3- 己烯基 -β-D- 吡喃葡萄糖苷 3-hexenyl-β-D-glucopyranoside
(E)-2- 己烯基 -β-D- 葡萄糖苷 (E)-2-hexenyl-β-D-glucoside
(Z)-3- 己烯基 -β-D- 葡萄糖苷 (Z)-3-hexenyl-β-D-glucoside
(Z)-3- 己烯基 -β- 吡喃葡萄糖苷 (Z)-3-hexenyl-β-glucopyranoside
(E)-2- 己烯基 -β- 槐糖苷 (E)-2-hexenyl-β-sophoroside
5- 己烯基异硫氰酸酯 5-hexenyl isothiocyanate
(E)-(Z)-3- 己烯醛 (E)-(Z)-3-hexenal
(E)-2- 己烯醛 (E)-2-hexenal
(Z)-2- 己烯醛 (Z)-2-hexenal
(Z)-3- 己烯醛 (Z)-3-hexenal
2- 己烯醛 2-hexenal
3- 己烯酸乙酯 3-hexenoic acid ethyl ester
2- 己酰呋喃 2-hexanoylfuran
己酰日本南五味子素▲A caproylbinankadsurin A
戟叶鹅绒藤苷▲D, E sibiricoside D, E
戟叶鹅绒藤苷元▲ sibirigenin
戟叶金石斛素 A lonchophylloid A
计米大黄蒽酮 germichrysone
芰脱皂苷元 gitogenin
芰脱皂苷元 -3-O-{O-β-D- 吡喃葡萄糖基 -(1→2)-O-[O-β-D- 呋喃芹菜糖基 -(1→4)-β-D- 吡喃葡萄糖基 -(1→3)]-O-β-D- 吡喃葡萄糖基 -(1→4)-β-D- 吡喃半乳糖苷 } gitogenin-3-O-{O-β-D-glucopyranosyl-(1→2)-O-[O-β-D-apiofuranosyl-(1→4)-β-D-glucopyranosyl-(1→3)]-O-β-D-glucopyranosyl-(1→4)-β-D-glactopyranoside}
芰脱皂苷元 -3-O-{O-β-D- 吡喃葡萄糖基 -(1→2)-O-[β-D- 吡喃葡萄糖基 -(1→3)]-O-β-D- 吡喃葡萄糖基 -(1→4)-β-D- 吡喃半乳糖苷 } gitogenin-3-O-{O-β-D-glucopyranosyl-(1→2)-O-[β-D-glucopyranosyl-(1→3)]-O-β-D-glucopyranosyl-(1→4)-β-D-galactopyranoside}
芰脱皂苷元 -3-O-{O-β-D- 吡喃葡萄糖基 -(1→2)-O-β-D- 吡喃木糖基 -(1→3)]-O-β-D- 吡喃葡萄糖基 -(1→4)-β-D- 吡喃半乳糖苷 } gitogenin-3-O-{O-β-D-glucopyranosyl-(1→2)-O-β-D-xylopyranosyl-(1→3)]-O-β-D-glucopyranosyl-(1→4)-β-D-galactopyranoside}
芰脱皂苷元 -3-O-{β-D- 吡喃木糖基 -(1→4)-β-D- 吡喃葡萄糖基 -(1→2)-[β-D- 吡喃木糖基 (1→3)]-O-β-D- 吡喃葡萄糖基 -(1→4)-β-D- 吡喃半乳糖苷 } gitogenin-3-O-{β-D-xylopyranosyl-(1→4)-β-D-glucopyranosyl-(1→2)-[β-D-xylopyranosyl-(1→3)]-O-β-D-glucopyranosyl-(1→4)-β-D-galactopyranoside}
芰脱皂苷元 -3-O-{β-D- 吡喃葡萄糖基 -(1→2)-O-[β-D- 吡喃木糖基 -(1→3)]-O-β-D- 吡喃葡萄糖基 -(1→4)-β-D- 吡喃半乳糖苷 } gitogenin-3-O-{β-D-glucopyranosyl-(1→2)-O-[β-D-xylopyranosyl-(1→3)]-O-β-D-glucoyranosyl-(1→4)-β-D-galactopyranoside}
芰脱皂苷元 -3-O-α-L- 吡喃木糖基 -β- 石蒜四糖苷 gitogenin-3-O-α-L-rhamnopyranosyl-β-lycotetraoside
芰脱皂苷元 -3-O-α-L- 吡喃鼠李糖基 -(1→2)-β-D- 吡喃半乳糖苷 gitogenin-3-O-α-L-rhamnopyranosyl-(1→2)-β-D-galactopyranoside
芰脱皂苷元 -3-O-β-D- 吡喃半乳糖苷 gitogenin-3-O-β-D-galactopyranoside
芰脱皂苷元 -3-O-β-D- 吡喃木糖基 -β- 石蒜四糖苷 gitogenin-3-O-β-D-xylopyranosyl-β-lycotetraoside
芰脱皂苷元 -3-O-β-D- 吡喃葡萄糖基 -(1→2)-O-[α-L- 吡喃鼠李糖基 -(1→4)-β-D- 吡喃木糖基 -(1→3)]-O-β-D- 吡喃葡萄糖基 -(1→4)-β-D- 吡喃半乳糖苷 gitogenin-3-O-{β-D-glucopyranosyl-(1→2)-O-[α-L-rhamnopyranosyl-(1→4)-β-D-xylopyranosyl-(1→3)]-O-β-D-glucopyranosyl-(1→4)-β-D-galactopyranoside}
芰脱皂苷元 -3-O-β-D- 吡喃葡萄糖基 -(1→2)-β-D- 吡喃葡萄糖基 -(1→4)-β-D- 吡喃半乳糖苷 gitogenin-3-O-β-D-glucopyranosyl-(1→2)-β-D-glucopyranosyl-(1→4)-β-D-galactopyranoside
芰脱皂苷元 -3-O-β-D- 吡喃葡萄糖基 -(1→4)-O-[α-L- 吡喃鼠李糖基 (1→2)]-β-D- 吡喃半乳糖苷 gitogenin-3-O-β-D-glucopyranosyl-(1→4)-O-[α-L-rhamnopyranosyl-(1→2)]-β-D-galactopyranoside
芰脱皂苷元 -3-O-β-D- 吡喃葡萄糖基 -(1→4)-β-D- 吡喃半乳糖苷 gitogenin-3-O-β-D-glucopyranosyl-(1→4)-β-D-galactopyranoside
芰脱皂苷元 -3-O- 石蒜四糖 gitogenin-3-O-lycotetroside
荠菜多肽 I, II shepherin I, II
荠苧黄酮 mosloflavone
荠苧烯 orthodene
蓟醛▲ cirsiumaldehyde
蓟炔醇▲A~E, H ciryneol A~E, H
蓟炔酮▲F ciryneone F
蓟烯醇▲G cireneol G
蓟罂粟碱 argemonine
蓟罂粟碱 -N- 氧化物 argemonine-N-oxide
鲫鱼胆皂苷 maesaponin
鲫鱼胆皂苷元 A maesagenin A
冀北翠雀碱▲A~E siwanine A~E
檵木素 A~D loropetalin A~D
加贯叶金丝桃素 adhyperforin
(-)- 加兰他敏 (-)-galanthamine
加兰他敏 galanthamine
加兰他敏 -N- 氧化物 galanthamine-N-oxide
加勒比鞘丝藻宾▲A, B carmabin A, B
加雷决明酚▲E, G cassigarol E, G
加里博鞘丝藻酰胺▲ carriebowmide
加利福尼亚蒿内酯▲ artecalin
加罗林翠雀碱▲ delcaroline
加拿大一枝黄花内酯 solicanolide
加拿大一枝黄花皂苷 canadensissaponin 1~4, I, II, III, IV, V, VI, VII, VIII
加那利毒马草烯醇▲ ribenol
加那利毛地黄苷元▲-3-O-α-L- 吡喃鼠李糖基 -(1→5)-O-β-D- 呋喃木糖苷 canarigenin-3-O-α-L-rhamnopyranosyl-(1→5)-O-β-D-xylofuranoside
加那利矢车菊素 A, B aguerin A, B
加那利鼠尾草醇 salvicanol
加那利鼠尾草酚▲ galdosol
加那利松萝酮▲ canarione
加森菊吡喃▲ jasopyran
加州脆枝菊素▲ encecalin
夹竹桃豆甾醇▲ neristigmol
夹竹桃二烯酮▲A neridienone A
夹竹桃苷▲A~F oleaside A~F
夹竹桃苷元▲ oleagenin

J

夹竹桃苷元▲-L- 黄花夹竹桃糖苷 oleagenin-L-thevetoside
5α- 夹竹桃苷元 -3-α-L- 吡喃鼠李糖苷 5α-oleandrigenin-3-α-L-rhamnopyranoside
5α- 夹竹桃苷元 -3-β-D- 吡喃葡萄糖基 -(1 → 4)-α-L- 吡喃鼠李糖苷 5α-oleandrigenin-3-β-D-glucopyranosyl-(1 → 4)-α-L-rhamnopyranoside
夹竹桃莫苷▲ neriumoside
夹竹桃瑞苷▲ neriaside
夹竹桃它罗苷 neritaloside
夹竹桃香豆酸▲ neriucoumaric acid
β- 夹竹桃熊果酸酯▲ β-neriursate
夹竹桃叶大戟素▲ caudicifolin
夹竹桃叶黄牛木酮▲ A, C neriifolone A, C
佳露果素▲ gaylussacin
痂囊腔菌色素 A elsinochrome A
荚果蕨酚 matteucinol
荚果蕨酚 -7-*O*-β- 吡喃葡萄糖苷 matteucinol-7-*O*-β-glucopyranoside
荚果蕨酚 -7- 吡喃鼠李糖苷 matteucinol-7-rhamnopyranoside
(±)- 荚果蕨森素▲ A~D (±)-matteucen A~D
荚果蕨素 matteucin
荚蒾醇▲ A~K viburnol A~K
荚蒾二烯酮▲ B_1 甲酯 viburnudienone B_1 methyl ester
荚蒾二烯酮▲ B_2 甲酯 viburnudienone B_2 methyl ester
荚蒾二烯酮▲ H_1, H_2 viburnudienone H_1, H_2
荚蒾螺内酯 dilaspirolactone
荚蒾螺甾二酮 A, B viburdilaspirolactone A, B
荚蒾宁 A~I, K, L, M, O vibsanin A~I, K, L, M, O
荚蒾宁碱 viburnine
荚蒾散醇 vibsanol
荚蒾散醇 A, B vibsanol A, B
荚蒾烯酮▲ B_1 甲酯 viburnenone B_1 methyl ester
荚蒾烯酮▲ B_2 甲基酯 viburnenone B_2 methyl ester
荚蒾子苷 A~D jiamizioside A~D
2- 甲氨基苯甲酸 2-methylamino-benzoic acid
2- 甲氨基 - 苯甲酸甲酯 2-methylaminobenzoic acid methyl ester
甲苯 toluene
1-(2- 甲苯基)- 乙酮 1-(2-methylphenyl)-ethanone
3'-(3- 甲丁基 -2- 烯)-3',4',7- 三羟基黄酮 3'-(3-methylbut-2-enyl)-3',4',7-trihydroxyflavane
甲丁酰酸模叶蓼酮▲ melafolone
甲酚 cresol
2- 甲砜基吡啶 2-methanesulfonyl-pyridine
N- 甲磺酸咪唑 *N*-methanesulfonylimidazole
10- 甲磺酰癸基异硫氰酸酯 10-methylsulfonyldecyl isothiocyanate
6- 甲磺酰己基异硫氰酸酯 6-methylsulfonylhexyl isothiocyanate
8- 甲磺酰辛基异硫氰酸酯 8-methylsulfonyloctyl isothiocyanate
9- 甲磺酰辛基异硫氰酸酯 9-methylsulfonylnocnyl isothiocyanate
4- 甲基 -(1,2,3)- 三唑 4-methyl-(1,2,3)-triazole
(2*E*)-2- 甲基 -(1*R*,7α*R*)-2,3,5,7α- 四氢 -7-[(2*S*)-2- 羟基 -2-[(1*S*)-1- 乙基]-3- 甲基 -1- 氧代丁酰氧基] 甲基]-4- 氧化 -1*H*- 吡咯里西 -1- 基 -2- 丁酸酯 (2*E*)-2-methyl-(1*R*,7α*R*)-2,3,5,7α-tetrahydro-7-[(2*S*)-2-hydroxy-2-[(1*S*)-1-yethyl]-3-methyl-1-oxobutoxy]methyl]-4-oxido-1*H*-pyrrolizin-1-yl-2-butenoic acid ester
(2*Z*)-2- 甲基 -(1*R*,7α*R*)-7-{[(2*S*,3*S*)-2,3- 二羟基 -2-(1- 甲基乙基)-1- 氧代丁酰基] 甲基 }-2,3,5,7α- 四氢 -4- 氧化 -1*H*- 吡咯里西 -1- 基 -2- 丁酸酯 (2*Z*)-2-methyl-(1*R*,7α*R*)-7-{[(2*S*,3*S*)-2,3-dihydroxy-2-(1-methylethyl)-1-oxobutoxy]methyl}-2,3,5,7α-tetrahydro-4-oxido-1*H*-pyrrolizin-1-yl-2-butenoic acid ester
2*Z*-2- 甲基 -(1*S*,2*R*,4a*R*,8a*R*)-1-(乙酰氧基)-1,2,3,4,4a,5,6,8a- 八氢 -7-(1- 过氧氢 -1- 甲基乙基)-1,4a- 二甲基 -6- 酮基 -2- 丁烯酸萘酚酯 (2*Z*)-2-methyl-(1*S*,2*R*,4a*R*,8a*R*)-1-acetyloxy-1,2,3,4,4a,5,6,8a-octahydro-7-(1-hydroperoxy-1-methylethyl)-1,4a-dimethyl-6-oxo-2-butenoic acid-naphthalenylester
2*Z*-2- 甲基 -(1*S*,2*R*,4a*R*,8a*R*)-1-(乙酰氧基) 十氢 -1,4a- 二甲基 -7-(1- 甲基亚乙基)-6- 酮基 -2- 丁烯酸萘酚酯 (2*Z*)-2-methyl-(1*S*,2*R*,4a*R*,8a*R*)-1-(acetyloxy)decahydro-1,4a-dimethyl-7-(1-methylethylidene)-6-oxo-2-butenoic acid naphthalenylester
4α- 甲基 -(24*R*)- 乙基胆甾 -7- 烯 -3β- 醇 4α-methyl-(24*R*)-ethylcholest-7-en-3β-ol
甲基 -(4*E*)-6,7,9- 三羟基癸 -4- 烯酸酯 methyl-(4*E*)-6,7,9-trihydroxydec-4-enoate
甲基 -(7*E*,9*E*)-6,11- 二氧代十九碳 -7,9- 二烯酸甲酯 methyl-(7*E*,9*E*)-6,11-dioxononadeca-7,9-dienoate
5-*O*- 甲基 -(*E*)- 白藜芦醇 -3-*O*-β-D- 吡喃葡萄糖苷 5-*O*-methyl-(*E*)-resveratrol-3-*O*-β-D-glucopyranoside
5-*O*- 甲基 -(*E*)- 白藜芦醇 -3-*O*-β-D- 呋喃芹糖基 -(1 → 6)-β-D- 吡喃葡萄糖苷 5-*O*-methyl-(*E*)-resveratrol-3-*O*-β-D-apiofuranosyl-(1 → 6)-β-D-glucopyranoside
4-*O*- 甲基 -(*E*)- 松柏醇 4-*O*-methyl-(*E*)-coniferyl alcohol
3-*O*-(6-*O*- 甲基)-β- 吡喃葡萄糖醛酸基 -3β,15α- 二羟基 - 齐墩果 -12- 烯 -16- 酮 3-*O*-(6-*O*-methyl)-β-glucuronopyranosyl-3β,15α-dihydroxy-olean-12-en-16-one
3-*O*-[β-D-(6- 甲基)- 吡喃葡萄糖醛酸基 -(1 → 2)-β-D- 吡喃葡萄糖醛酸基]-24- 羟基 - 光果甘草内酯 3-*O*-[β-D-(6-methyl)-glucuronopyranosyl-(1 → 2)-D-glucuronopyranosyl]-24-hydroxyglabrolide
2-(13- 甲基)- 十三烷基己酸酯 2-(13-methyl)-tridecane caproate
[2α[1(*Z*),4(*Z*)],3β]-2- 甲基 -[2α(*Z*),3β]-2- 甲基 -2-(3- 甲基环氧乙烷基)-4-(2- 甲基 -1- 氧化丙氧基) 苯基 -2- 丁烯酸酯 [2α[1(*Z*),4(*Z*)],3β]-2-methyl-[2α(*Z*),3β]-2-methyl-2-(3-methyl-oxiranyl)-4-(2-methyl-1-oxopropoxy)phenyl-2-butenoic acid ester
2- 甲基 -[3- 甲氧基 -4-(1- 甲基乙基) 苯基] 甲基丙酸酯 2-methyl-[3-methoxy-4-(1-methylethyl)phenyl]methyl propanoic acid ester
(*R*)-4- 甲基 -1(1- 甲基乙基)-3- 环己烯 -1- 醇 (*R*)-4-methyl-1-(1-methylethyl)-3-cyclohexen-1-ol
4- 甲基 -1-(1- 甲基乙基)-3- 环己烯 -1- 醇 4-methyl-1-(1-methylethyl)-3-cyclohexen-1-ol
4- 甲基 -1-(1- 甲基乙基)-3- 环乙烯 -1- 醇 4-methyl-1-(1-methyl-ethyl)-3-cyclohexene-1-ol
3- 甲基 -1-(7- 甲氧基 -2- 氧代 -2*H*-1- 苯并吡喃 -8- 羰基)-2- 甲基丙基 -2- 丁烯酸酯 3-methyl-1-[(7-methoxy-2-oxo-2*H*-1-benzopyran-8-yl)carbonyl]-2-methylpropyl-2-butenoic acid ester
[1*R*-(1α,4aβ,7α,8aβ)]-1- 甲基 -1-(八氢 -1,8a- 二甲基 -1,7- 环氧萘 -7(1*H*)- 基) 乙基 - 十一酸酯 [1*R*-(1α,4aβ,7α,8aβ)]-1-methyl-1-(octahydro-1,8a-dimethyl-1,7-epoxynaphthalen-7(1*H*)-yl)ethyl-undecanoic acid ester
4- 甲基 -1-(丙 -2- 基)-4- 乙烯基 -3- 环己烯 4-methyl-1-(propan-2-yl)-4-ethenyl-3-cyclohexene
3- 甲基 -1,2,3,4- 四羟丁烷 3-methyl-1,2,3,4-tetrahydro- xybutane
2- 甲基 -1,2,3,4- 四氢 -β- 咔啉 2-methyl-1,2,3,4-trahydro-β-carboline
N- 甲基 -1,2,3,4- 四氢 -β- 咔啉 *N*-methyl-1,2,3,4-tetrahydro-β-carboline
1- 甲基 -1,2,3,4- 四氢 -β- 咔啉 -1- 羧酸 1-methyl-1,2,3,4-tetrahydro-β-carboline-1-carboxylic acid
(1*S*,3*S*)-1- 甲基 -1,2,3,4- 四氢 -β- 咔啉 -3- 甲酸 (1*S*,3*S*)-1-methyl-1,2,3,4-tetrahydro-β-carboline-3-carboxylic acid
1- 甲基 -1,2,3,4- 四氢 -β- 咔啉 -3- 羧酸 1-methyl-1,2,3,4-tetrahydro-β-carboline-3-carboxylic acid

(-)-(1*S*,3*S*)-1- 甲基 -1,2,3,4- 四氢咔啉 -3- 羧酸 (-)-(1*S*,3*S*)-1-methyl-1,2,3,4-tetrahydro-carboline-3-carboxylic acid
5- 甲基 -1,2,4- 三氮杂茂 -3- 硫醇 5-methyl-1,2,4-triazole-3-thiol
3-*O*- 甲基 -1,2:5,6- 双 -*O*-(1- 甲基亚乙基)-*d*- 手性 - 肌醇 3-*O*-methyl-1,2:5,6-bis-*O*-(1-methylethylidene)-*d*-chiro-inositol
4- 甲基 -1,2- 苯二酚 4-methyl-1,2-benzenediol
3- 甲基 -1,2- 丁二醇 3-methyl-1,2-butanediol
2- 甲基 -1,3,6- 三羟基 -9,10- 蒽醌 2-methyl-1,3,6-trihydroxy-9,10-anthraquinone
2- 甲基 -1,3,6- 三羟基 -9,10- 蒽醌 -3-*O*-(6'-*O*- 乙酰基)-α-L- 吡喃鼠李糖基 -(1 → 2)-β-D- 吡喃葡萄糖苷 2-methyl-1,3,6-trihydroxy-9,10-anthraquinone-3-*O*-(6'-*O*-acetyl)-α-L-rhamnopyranosyl-(1→2)-β-D-glucopyranoside
2- 甲基 -1,3,6- 三羟基 -9,10- 蒽醌 -3-*O*-(6'- 羟基)-α-L- 吡喃鼠李糖基 -(1 → 2)-β-D- 吡喃葡萄糖苷 2-methyl-1,3,6-trihydroxy-9,10-anthraquinone-3-*O*-(6'-hydroxy)-α-L-rhamnopyranosyl-(1→2)-β-D-glucopyranoside
2- 甲基 -1,3- 二羟基 -5- 十三烷基苯 2-methyl-1,3-dihydroxy-5-tridecylbenzene
5- 甲基 -1,3- 二羟基苯 5-methyl-1,3-dihydroxybenzene
2- 甲基 -1,3- 二氧杂环已烷 2-methyl-1,3-dioxane
1- 甲基 -1,4- 环已二烯 1-methyl-1,4-cyclohexadiene
4- 甲基 -1,5- 庚二烯 4-methyl-1,5-heptadiene
3- 甲基 -1,6,8- 三羟基蒽醌 -1-*O*-[β-D- 吡喃葡萄糖基 -(1 → 4)-α-L- 吡喃鼠李糖苷] 3-methyl-1,6,8-trihydroxyanthraquinone-1-*O*-[β-D-glucopyranosyl-(1→4)-α-L-rhamnopyranoside]
2- 甲基 -1,6- 二羟基 -9,10- 蒽醌 -3-*O*-(6'- 乙酰基)-α-L- 吡喃鼠李糖基 -(1 → 2)-β-D- 吡喃葡萄糖苷 2-methyl-1,6-dihydroxy-9,10-anthraquinone-3-*O*-(6'-acetyl)-α-L-rhamnopyranosyl-(1 → 2)-β-D-glucopyranoside
10*S*-3- 甲基 -1,8,10- 三羟基 -10-β-D- 吡喃葡萄糖基 -9(10*H*)- 蒽酮 10*S*-3-methyl-1,8,10-trihydroxy-10-β-D-glucopyranosyl-9(10*H*)-anthracenone
(+)-(2*E*,6*E*)- 甲基 -10,11- 二羟基 -3,7,11- 三甲基 -2,6- 十二碳二烯酸酯 (+)-(2*E*,6*E*)-methyl-10,11-dihydroxy-3,7,11-trimethyl-2,6-dodecadienoate
(7*S*,14*S*)-(-)-*N*- 甲基 -10-*O*- 去甲基木瓣树宁碱▲ (7*S*,14*S*)-(-)-*N*-methyl-10-*O*-demethylxylopinine
8- 甲基 -10- 羟基狼毒乌头碱 8-methyl-10-hydroxyllycoctonine
7-*O*- 甲基 -10- 氧化麝香草酚 - 龙胆二糖苷 7-*O*-methyl-10-oxythymol-gentiobioside
N- 甲基 -11- 乙酰氧基石杉碱 B *N*-methyl-11-acetoxyhuperzine B
7a-O- 甲基 -12a- 羟基鱼藤醇 7a-*O*-methyl-12a-hydroxydeguelol
8- 甲基 -13- 苯基十三 -4,6,8,10,12- 五烯 -3- 酮 8-methyl-13-phenyltrideca-4,6,8,10,12-pentaene-3-one
甲基 -16α,17- 二羟基 - 对映 - 贝壳杉 -19- 酸酯 methyl-16α,17-dihydroxy-*ent*-kauran-19-oate
甲基 -16α,17- 二羟基 - 对映 - 贝壳杉烯 -19- 酸酯 methyl-16α,17-dihydroxy-*ent*-9(11)-kauren-19-oate
甲基 -16β,17- 二羟基 -(-)- 贝壳杉 -19- 酸酯 methyl-16β,17-dihydro-(-)-kauran-19-oate
O- 甲基 -16- 表 -Δ^{14}- 蔓长春花醇▲ *O*-methyl-16-*epi*-Δ^{14}-vincanol
甲基 -17- 羟基 -16α-(-)- 贝壳杉 -19- 酸酯 methyl-17-hydroxy-16α-(-)-kauran-19-oate
甲基 -17- 羟基 -16β-(-)- 贝壳杉 -19- 酸酯 methyl-17-hydroxy-16β-(-)-kauran-19-oate
15-*O*- 甲基 -18- 氧代新荚蒾宁 F 15-*O*-methyl-18-oxoneovibsanin F
N^b- 甲基 -19,20- 二氢兰金钩吻定▲ N^b-methyl-19,20-dihydrorankinidine
(3β,8α,9β,10α,13α,14β,17α,20*S*,23*Z*)-9- 甲基 -19- 降羊毛脂 -5,23- 二烯 -3,25- 二醇 (3β,8α,9β,10α,13α,14β,17α,20S,23*Z*)-9-methyl-19-norlanosta-5,23-diene-3,25-diol
1- 甲基 -1*H*- 吡咯 1-methyl-1*H*-pyrrole
12-*O*- 甲基 -1-*O*- 当归酰基 -1-*O*- 去乙酰印楝波力宁▲ B 12-*O*-methy-1-*O*-tigloyl-1-*O*-deacetylnimbolinin B
12-*O*- 甲基 -1-*O*- 去乙酰印楝波力宁▲ B 12-*O*-methyl-1-*O*-deacetylnimbolinin B
25-*O*- 甲基 -1α- 羟基 -24-*O*- 乙酰氢化升麻新醇 -3-*O*-β-D- 吡喃木糖苷 25-*O*-methyl-1α-hydroxy-24-*O*-acetylhydroshengmanol-3-*O*-β-D-xylopyranoside
2- 甲基 -1- 丙烯 -1- 硫醇 2-methyl-1-propene-1-thiol
3-(2- 甲基 -1 丙烯基)- 吡啶 3-(2-methyl-1-propenyl)-pyridine
(*S*)-1- 甲基 -1- 次乙基 -2,4- 二 (1- 甲基乙烯基)- 环已烷 (*S*)-1-methyl-1-ethenyl-2,4-bis(1-methylethenyl)-cyclohexane
2- 甲基 -1- 丁醇乙酸酯 1-butanol-2-methyl acetate
3- 甲基 -1- 丁酸 3-methyl-1-butanoic acid
3-[(1*E*)-2- 甲基 -1- 丁烯 -1- 基]- 吡啶 3-[(1*E*)-2-methyl-1-buten-1-yl]-pyridine
3-[(1*Z*)-2- 甲基 -1- 丁烯 -1- 基]- 吡啶 3-[(1*Z*)-2-methyl-1-buten-1-yl]-pyridine
(*E*)-2- 甲基 -1- 丁烯 -1- 硫醇 (*E*)-2-methyl-1-butene-1-thiol
(*E*)-3- 甲基 -1- 丁烯 -1- 硫醇 (*E*)-3-methyl-1-butene-1-thiol
(*Z*)-2- 甲基 -1- 丁烯 -1- 硫醇 (*Z*)-2-methyl-1-butene-1-thiol
(*Z*)-3- 甲基 -1- 丁烯 -1- 硫醇 (*Z*)-3-methyl-1-butene-1-thiol
3- 甲基 -1- 丁烯 -3- 基 -6-*O*-β- 吡喃木糖基 -β-D- 吡喃葡萄糖苷 3-methyl-1-buten-3-yl-6-*O*-β-xylopyranosyl-β-D-glucopyranoside
6- 甲基 -1- 庚醇 6-methyl-1-heptanol
4- 甲基 -1- 甲基 -2- 喹诺酮 4-methyl-1-methyl-2-quinolone
8- 甲基 -1- 羟基吲哚定 8-methyl-1-hydroxyindolyldine
N- 甲基 -1- 去氧野尻霉素 *N*-methyl-1-deoxynojirimycin
15- 甲基 -1- 十六烯 15-methyl-1-hexadecene
2- 甲基 -1- 戊醇 2-methyl-1-pentanol
4- 甲基 -1- 戊醇 4-methyl-1-pentanol
4a- 甲基 -1- 亚甲基 -7-(1- 亚异丙基)- 去氢萘 4a-methyl-1-methylene-7-(1-methylethylidene)-decahydronaphthalene
(*E*)-7a- 甲基 -1- 亚乙基八氢 -1*H*- 茚 (*E*)-7a-methyl-1-ethylideneoctahydro-1*H*-indene
[4α,15α(*Z*)]-15-(2- 甲基 -1- 氧代 -2- 丁烯基氧基)- 贝壳杉 -16- 烯 -18- 羧酸甲酯 [4α,15α(*Z*)]-15-[(2-methyl-1-oxo-2-butenyl)oxy]-kaur-16-en-18-oic acid methyl ester
(2*E*,8*Z*)-10-[(2*Z*)-2- 甲基 -1- 氧代 -2- 丁烯酰氧基]-2,8- 癸二烯 -4,6- 二炔酸甲酯 (2*E*,8*Z*)-10-[(2*Z*)-2-methyl-1-oxo-2-butenyloxy]-2,8-decadiene-4,6-diynoic acid methyl ester
(2*Z*,8*Z*)-10-[(2*E*)-2- 甲基 -1- 氧代 -2- 丁烯酰氧基]-2,8- 癸二烯 -4,6- 二炔酸甲酯 (2*Z*,8*Z*)-10-[(2*E*)-2-methyl-1-oxo-2-butenyloxy]-2,8-decadiene-4,6-diynoic acid methyl ester
(2*Z*,8*Z*)-10-[(2*Z*)-2- 甲基 -1- 氧代 -2- 丁烯酰氧基]-2,8- 癸二烯 -4,6- 二炔酸甲酯 (2*Z*,8*Z*)-10-[(2*Z*)-2-methyl-1-oxo-2-butenyloxy]-2,8-decadiene-4,6-diynoic acid methyl ester
7- 甲基 -1- 氧代 - 八氢 - 环戊 [c] 吡喃 -4- 羧酸 7-methyl-1-oxo-octahydro-cyclopenta[c]pyran-4-carboxylic acid
3α-(2- 甲基 -1- 氧代二十八烷氧基)- 羽扇豆 -20(29)- 烯 -23,28- 二羧酸 3α-(2-methyl-1-oxooctacosyloxy)-lup-20(29)-en-23,28-dioic acid]
3α-(2- 甲基 -1- 氧代二十二烷氧基)- 羽扇豆 -20(29)- 烯 -23,28- 二羧酸 3α-(2-methyl-1-oxodocosyloxy)-lup-20(29)-en-23,28-dioic acid
3α-(2- 甲基 -1- 氧代二十六烷氧基)- 羽扇豆 -20(29)- 烯 -23,28- 二

羧酸 3α-(2-methyl-1-oxohexacosyloxy)-lup-20(29)-en-23,28-dioic acid

3α-(2- 甲基 -1- 氧代二十四烷氧基)- 羽扇豆 -20(29)- 烯 -23,28- 二羧酸 3α-(2-methyl-1-oxotetracosyloxy)-lup-20(29)-en-23,28-dioic acid

3α-(2- 甲基 -1- 氧代二十烷氧基)- 羽扇豆 -20(29)- 烯 -23,28- 二羧酸 3α-(2-methyl-1-oxoeicosyloxy)-lup-20(29)-en-23,28-dioic acid

3α-(2- 甲基 -1- 氧代二十五烷氧基)- 羽扇豆 -20(29)- 烯 -23,28- 二羧酸 3α-(2-methyl-1-oxopentacosyloxy)-lup-20(29)-en-23,28-dioic acid

3α-(2- 甲基 -1- 氧代十八烷氧基)- 羽扇豆 -20(29)- 烯 -23,28- 二羧酸 3α-(2-methyl-1-oxooctadecyloxy)-lup-20(29)-en-23,28-dioic acid

3α-(2- 甲基 -1- 氧代十六烷氧基)- 羽扇豆 -20(29)- 烯 -23,28- 二羧酸 3α-(2-methyl-1-oxohexadecyloxy)-lup-20(29)-en-23,28-dioic acid

4- 甲基 -1- 异丙基 -3- 环烯 4-methyl-(1-methylethyl)-3-cycloalkene

7- 甲基 -1- 异丙基 -4- 亚甲基 -1,2,3,4,4a,5,6,8a- 八氢 -(1α,4aβ,8aα)-萘 7-methyl-1-isopropyl-4-methylene-1,2,3,4,4a,5,6,8a-octahydro-(1α,4aβ,8aα)-naphthalene

4- 甲基 -1- 异丙基 - 脱氢化衍生物二环 [3.1.0] 己烷 4-methyl-1-isopropyl-dehydroderiv-bicyclo[3.1.0]hexane

4'-*O*- 甲基 -2''- 羟基二氢高山毒豆异黄酮▲ 4'-*O*-methyl-2''-hydroxydihydroalpinumisoflavone

1- 甲基 -2-(1- 甲基乙基)- 苯 1-methyl-2-(1-methylethyl)-benzene

1- 甲基 -2-(2- 丙烯基)- 苯 1-methyl-2-(2-propenyl)-benzene

2-[4- 甲基 -2-(2- 甲基丙氧基) 苯基]-2-[(2- 甲基丙氧基) 甲基]- 环氧乙烷 2-[4-methyl-2-(2-methylpropoxy)phenyl]-2-[(2-methylpropoxy)methyl]-oxirane

(*Z*)-3- 甲基 -2-(2- 戊烯基)-2- 环戊烯 -1- 酮 (*Z*)-3-methyl-2-(2-pentenyl)-2-cyclopenten-1-one

(*E*)- 甲基 -2-(3,4- 亚甲基 - 二氧苯基)-3- 甲氧基丙烯酸酯 (*E*)-methyl-2-(3,4-methylene-dioxyphenyl)-3-methoxypropenoate

1- 甲基 -2-(3'- 甲基 - 丁 -2'- 烯氧基)- 蒽醌 1-methyl-2-(3'-methyl-but-2'-enyloxy)-anthraquinone

2''(*S*)-5,7– 二羟基 -[2''- 甲基 -2''-(4- 甲基 -3- 戊烯基) 吡喃 -5'',6'':3',4'-异黄酮 2''(*S*)-5,7-dihydroxy-[2''-methyl-2''-(4-methyl-3-pentenyl) pyrano]-5'',6'':3',4'-isoflavone

2*R*,3*S*-3- 甲基 -2-(5- 氧代 -2- 异丙烯己基)- 环戊酮 2*R*,3*S*-3-methyl-2-(5-oxo-2-isopropenylhexyl)-cyclopentanone

N- 甲基 -2-(甲基氨)-*N*-(2- 苯乙基)- 苯甲酰胺 *N*-methyl-2-(methylamino)-*N*-(2-phenylethyl)-benzamide

1- 甲基 -2-(顺式 -9- 十六碳烯酰氧基)- 丙基 - 反式 -11- 十八碳烯酰酯 1-methyl-2-(*cis*-9-hexadecenoyloxy)-propyl-*trans*-11-octadecenoate

N^1- 甲基 -2,16- 二氢苦籽木辛碱▲ -N^4- 甲基氯化物 N^1-methyl-2,16-dihydroakuammicine-N^4-methochloride

6- 甲基 -2,2'- 联吡啶 -N- 氧化物 6-methyl-2,2'-dipyridine-*N*-oxide

2- 甲基 -2,3,3a,4,5,8,9,10,11,11a- 十氢化 -6,10- 二羟基甲基 -3- 亚甲基 -2- 氧代环十碳 [b] 呋喃 -4- 基 -2- 丙烯酸酯 2-methyl-2,3,3a,4,5,8,9,10,11,11a-decahydro-6,10-bis(hydroxymethyl)-3-methylene-2-oxocyclodeca[b]furan-4-yl-2-propenoic acid ester

2- 甲基 -2,3,5,7α- 四氢 -7- 羟基甲基 -1*H*- 吡咯里西 -1- 丁酸酯 2-methyl-2,3,5,7α-tetrahydro-7-(hydroxymethyl)-1*H*-pyrrolizin-1-ylbutanoic acid ester

N- 甲基 -2,3,6- 三甲氧基吗啡烷二烯 -7- 酮 *N*-methyl-2,3,6-trimethoxymorphinandien-7-one

2- 甲基 -2,3- 二羟基丙酸乙酯 ethyl 2-methyl-2,3-dihydroxypropionate

2- 甲基 -2,3- 二氢苯并呋喃 2-methyl-2,3-dihydro-benzoforan

1- 甲基 -2,3- 亚甲二氧基 -6- 萘酸甲酯 1-methyl-2,3-methylenedioxy-6-naphthalenecarboxylic acid methyl ester

甲基 -2,4- 二羟基苯甲酸酯 methyl-2,4-dihydroxybenzoate

2-*O*- 甲基 -2,5- 二羟基 -3- 甲基 -6- 十一烷基 -1,4- 苯醌 2-*O*-methylmuketanin

(*E*)-3- 甲基 -2,5- 琥珀酰亚胺 -5- 肟 (*E*)-3-methyl-2,5-pyrrolidinedione-5-oxime

2- 甲基 -2,5- 龙脑二醇 2-methyl-2,5-bornandiol

6α- 甲基 -2,6β- 二羟基甲基双环 [3.1.1]-2- 庚烯 6α-methyl-2,6β-dihydroxymethylbicyclo[3.1.1]-hept-2-ene

6α- 甲基 -2,6β- 二羟基甲基双环 [3.1.1]-2- 庚烯 -2β-*O*- 吡喃葡萄糖苷 6α-methyl-2,6β-dihydroxymethylbicyclo[3.1.1]-hept-2-ene-2β-*O*-glucopyranoside

4- 甲基 -2,6- 二丁基酚 4-methyl-2,6-dibutylphenol

4- 甲基 -2,6- 二羟基苯甲醛 4-mehtyl-2,6-dihydroxybenzaldehyde

4- 甲基 -2,6- 二叔丁基苯酚 4-methyl-2,6-ditertiarybutylphenol

(1*S*,5*R*,7*S*)-7- 甲基 -2,6- 二氧杂双环 [3.3.1] 壬 -3- 酮 (1*S*,5*R*,7*S*)-7-methyl-2,6-dioxabicyclo[3.3.1]nonan-3-one

1- 甲基 -2,8- 二羟基 -3- 羧基 -9,10- 蒽醌 1-methyl-2, 8-dihydroxy-3-carboxy-9,10-anthraquinone

1- 甲基 -2-[(4*Z*,79*Z*)-4,7- 十五二烯基]-4(1*H*)- 喹诺酮 1-methyl-2-[(4*Z*,7*Z*)-4,7-tridecadineyl]-4(1*H*)-quinolone

1- 甲基 -2-[(6*Z*,9*Z*)-6,9- 十三二烯基]-4(1*H*)- 喹诺酮 1-methyl-2-[(6*Z*,9*Z*)-6,9-pentadecadineyl]-4(1*H*)-quinolone

1- 甲基 -2-[(*Z*)-10- 十五烯基]-4(1*H*)- 喹诺酮 1-methyl-2-[*Z*)-10-pentadecenyl]-4(1*H*)-quinolone

1- 甲基 -2-[(*Z*)-6- 十五烯基]-4(1*H*)- 喹诺酮 1-methyl-2-[(*Z*)-6-pentadecenyl]-4(1*H*)-quinolone

1- 甲基 -2-[(*Z*)-6- 十一烯基]-4(1*H*)- 喹诺酮 1-methyl-2-[(*Z*)-6-undecenyl]-4(1*H*)-quinolone

5- 甲基 -2-{2-[(2- 甲基 -1- 氧代丙氧基) 甲基]-2- 环氧乙基 } 苯基 -2-甲基丙酸酯 5-methyl-2-{2-[(2-methyl-1-oxopropoxy)methyl]-2-oxiranyl}phenyl 2-methylpropanoic acid ester

24- 甲基 -22- 去氢羊毛索甾醇▲ 24-methyl-22-dehydrolathosterol

25-*O*- 甲基 -24-*O*- 乙酰氢化升麻新醇 -3-*O*-D- 吡喃木糖苷 25-*O*-methyl-24-*O*-acetylhydroshengmanol-3-*O*-D-xylopyranoside

25-*O*- 甲基 -24-*O*- 乙酰氢化升麻新醇 -3-*O*-β-D- 吡喃木糖苷 25-*O*-methyl-24-*O*-acetylhydroshengmanol-3-*O*-β-D-xylopyranoside

14α- 甲基 -24α- 乙基 -5α- 胆甾 -9(11)- 烯 -3β- 醇 14α-methyl-24α-ethyl-5α-cholest-9(11)-en-3β-ol

4α- 甲基 -24β- 乙基 -5α-14,25- 胆甾二烯醇 4α-methyl-24β-ethyl-5α-cholesta-14,25-dien-3β-ol

14α- 甲基 -24β- 乙基 -5α- 胆甾 -9(11),25- 二烯 -3β- 醇 14α-methyl-24β-ethyl-5α-cholesta-9(11),25-dien-3β-ol

4α- 甲基 -24ζ- 甲基胆甾 -7- 烯 -3β,22ζ- 二醇 4α-methyl-24ζ-methylcholest-7-ene-3β,22ζ-diol

4α- 甲基 -24ξ- 乙基 -5α- 胆甾 -7- 烯 -3β,22ξ- 二醇 4α-methyl-24ξ-ethyl-5α-cholest-7-en-3β,22ξ-diol

14α- 甲基 -24- 亚甲基 -5α- 胆甾 -9,24- 二烯 -3α,7α- 二醇 14α-methyl-24-methylene-5α-cholesta-9,24-dien-3α,7α-diol

(20*S*)-4α- 甲基 -24- 亚甲基胆甾 -7- 烯 -3β- 醇 (20*S*)-4α-methyl-24-methylenecholest-7-en-3β-ol

4α- 甲基 -24- 亚甲基胆甾 -7- 烯 -3β- 醇 4α-methyl-24-methylene-cholest-7-en-3β-ol

4α- 甲基 -24- 乙基 -5α- 胆甾 -3β- 醇 4α-methyl-24-ethyl-5α-cholestan-3β-ol

(24*R*)-14α- 甲基 -24- 乙基 -5α- 胆甾 -9(11)- 烯 -3β- 醇 (24*R*)-14α-

methyl-24-ethyl-5α-cholest-9(11)-en-3β-ol
24β- 甲基 -25- 去氢 - 鸡冠柱烯醇▲ 24β-methyl-25-dehydrolophenol
21α- 甲基 -25- 乙基楝酮二醇 21α-methyl-25-ethylmelianodiol
22-O- 甲基 -26-O-β-D- 吡喃葡萄糖基 -(25R)-5β- 呋甾 -1β,2β,3β,4β,5β,22ζ,26- 七醇 -5-O-β-D- 吡喃半乳糖苷 22-O-methyl-26-O-β-D-glucopyranosyl-(25R)-5β-furostan-1β,2β,3β,4β,5β,22ζ,26-heptol-5-O-β-D-galactopyranosid
22-O- 甲基-26-O-β-D- 吡喃葡萄糖基-(25R)- 呋甾 -5- 烯 -3β,22ζ,26- 三醇 -3-O-{O-α-L- 吡喃鼠李糖基 -(1 → 2)-O-[β-D- 吡喃木糖基 -(1 → 3)]-β-D- 吡喃葡萄糖苷 } 22-O-methyl-26-O-β-D-glucopyranosyl-(25R)-furost-5-en-3β,22ζ,26-triol-3-O-{O-α-L-rhamnopyranosyl-(1 → 2)-O-[β-D-xylopyranosyl-(1 → 3)]-β-D-glucopyranoside}
22-O- 甲基-26-O-β-D- 吡喃葡萄糖基-(25R)- 呋甾 -5- 烯 -3β,22ζ,26- 三醇 -3-O-{O-α-L- 吡喃鼠李糖基 -(1 → 2)-O-[β-D- 吡喃葡萄糖基 -(1 → 4)]-β-D- 吡喃葡萄糖苷 } 22-O-methyl-26-O-β-D-glucopyranosyl-(25R)-furost-5-en-3β,22ζ,26-triol-3-O-{O-α-L-rhamnopyranosyl-(1 → 2)-O-[β-D-gulcopyranosyl-(1 → 4)]-β-D-glucopyranoside}
22-O- 甲基-26-O-β-D- 吡喃葡萄糖基-(25R)- 呋甾 -5- 烯 -3β,22ζ,26- 三醇 -3-O-{O-β-D- 吡喃葡萄糖基 -(l → 2)-O-[β-D- 吡喃木糖基 -(l → 3)]-O-β-D- 吡喃葡萄糖基 -(l → 4)-β-D- 吡喃半乳糖苷 } 22-O-methyl-26-O-β-D-glucopyranosyl-(25R)-furost-5-en-3β,22ζ,26-triol-3-O-{O-β-D-glucopyranosyl-(l → 2)-O-[β-D-xylopyranosyl-(l → 3)]-O-β-D-glucopyranosyl-(l → 4)-β-D-galactopyranoside}
22-O- 甲基-26-O-β-D- 吡喃葡萄糖基-(25R)- 呋甾 -5- 烯 -3β,22ζ,26- 三羟基 -3-O-{O-α-L- 吡喃鼠李糖基 -(1 → 2)-O-[α-L- 吡喃阿拉伯糖基 -(1 → 3)]-β-D- 吡喃葡萄糖苷 } 22-O-methyl-26-O-β-D-glucopyranosyl-(25R)-furost-5-en-3β,22ζ,26-triol-3-O-{O-α-L-rhamnopyranosyl-(1→2)-O-[α-L-arabinopyranosyl-(1→3)]-β-D-glucopyranoside}
(3β,13α,14β)-13- 甲基 -26- 降熊果 -8- 烯 -3- 醇 - 异鲍尔山油柑烯醇▲乙酸酯 (3β,13α,14β)-13-methyl-26-norurs-8-en-3-ol-isobauerenyl acetate
5- 甲基 -27- 氧代 - 三十碳 -4- 烯 -24- 醇 5-methyl-27-oxo-triacont-4-en-24-ol
6α- 甲基 -2α,6β- 二羟基甲基双环 [3.1.1]-2- 庚烷 6α-methyl-2α,6β-dihydroxymethylbicyclo[3.1.1]-heptane
6α- 甲基 -2α,6β- 二羟基甲基双环 [3.1.1]-2- 庚烷 -2α-O- 吡喃葡萄糖苷 6α-methyl-2α,6β-dihydroxymethylbicyclo[3.1.1]-heptane-2α-O-glucopyranoside
1- 甲基 -2- 苯基 -4(1H)- 喹啉酮 1-methyl-2-phenyl-4(1H)-quinolone
1- 甲基 -2- 苯基 -4- 喹诺酮 1-methyl-2-phenyl-4-quinolone
N- 甲基 -2- 苯基 -4- 喹诺酮 N-methyl-2-phenyl-4-quinolone
6- 甲基 -2- 吡啶羧酸 6-methyl-2-pyridinecarboxylic acid
2-[(2R)-1- 甲基 -2- 吡咯烷基]- 苯甲酸 2-[(2R)-1-methyl-2-pyrrolidinyl]-benzoic acid
(+)-8-[1-(乙酰氧基甲基)-2- 甲基 -2- 丙烯基]-7- 甲氧基 - 香豆素 (+)-8-[1-(acetyloxymethyl)-2-methyl-2-propenyl]-7-methoxy-coumarin
2- 甲基 -2- 丙烯基当归酸酯 2-methyl-2-propenyl angelate
2- 甲基 -2- 丙烯酸 -(4R,6R,7S,10R,11E)-2,4,5,6,7,8,9,10- 八氢 -3- 羟基甲基 -7- 甲氧基 -6,10- 二甲基 -2- 氧代 -7,10- 环氧环癸烷 [b] 呋喃 -4- 酯 2-methyl-2-propenoic acid-(4R,6R,7S,10R,11E)-2,4,5,6,7,8,9,10-octahydro-3-hydroxymethyl-7-methoxy-6,10-dimethyl-2-oxo-7,10-epoxycyclodeca[b]furan-4-ylester
3- 甲基 -2- 丁 -2- 烯 -1- 醇 -6-O-α-L- 吡喃阿拉伯糖基 -β-D- 吡喃葡萄糖苷 3-methyl-2-but-2-en-1-ol-6-O-α-L-arabinopyranosyl-β-D-glucopyranoside
3- 甲基 -2- 丁醇 3-methyl-2-butanol
3-(3- 甲基 -2- 丁基) 腺嘌呤 3-(3-methyl-2-butyl)adenine
2- 甲基 -2- 丁酸 -(2Z)-(1S,7R)-2,3,5,7α- 四氢 -7-(羟基甲基)-4- 氧化 -1H- 吡咯里西 -1- 酯 2-methyl-2-butenoic acid-(2Z)-(1S,7R)-2,3,5,7α-tetrahydro-7-(hydroxymethyl)-4-oxo-1H-pyrrolizin-1-yl ester
2- 甲基 -2- 丁酸 -2,3,5,7α- 四氢 -7-[(2- 甲基 -1- 氧代丁酰基) 甲基]-1H- 吡咯里西 -1- 酯 2-methyl-2-butenoic acid-2,3,5,7α-tetrahydro-7-[(2-methyl-1-oxobutoxy)methyl]-1H-pyrrolizin-1-yl ester
2- 甲基 -2- 丁烯 2-methyl-2-butylene
6-(3''- 甲基 -2''- 丁烯)-3'- 甲氧基 -8-C-β-D- 吡喃葡萄糖基 - 山柰酚 -3-O-β-D- 吡喃葡萄糖基 -[1 → 4]-β-D- 吡喃葡萄糖苷 6-(3''-methyl-2''-butene)-3'-methoxyl-8-C-β-D-glucopyranosyl-kaempferol-3-O-β-D-glucopyranosyl-[1 → 4]-β-D-glucopyranoside
(E)-2- 甲基 -2- 丁烯 -1,4- 二醇 (E)-2-methyl-2-butene-1,4-diol
(2E)-2- 甲基 -2- 丁烯 -1,4- 二醇 -4-O-β-D-(6''-O- 咖啡酰基)- 吡喃葡萄糖苷 (2E)-2-methyl-2-butene-1,4-diol-4-O-β-D-(6''-O-caffeoyl)-glucopyranoside
(E)-2- 甲基 -2- 丁烯 -1,4- 二醇 -4-O-β-D- 吡喃葡萄糖苷 (E)-2-methyl-2-butene-1,4-diol-4-O-β-D-glucopyranoside
2- 甲基 -2- 丁烯 -1- 醇 2-methyl-2-buten-1-ol
3- 甲基 -2- 丁烯 -1- 醇 3-methyl-2-buten-1-ol
6-(3- 甲基 -2- 丁烯 -1- 基) 瓶尔小草宁 6-(3-methyl-2-buten-1-yl) ophioglonin
3- 甲基 -2- 丁烯 -1- 醛 3-methyl-2-buten-1-al
4'-(2- 甲基 -2- 丁烯 -4- 基) 氧化白藜芦醇 4'-(2-methyl-2-buten-4-yl) oxyresveratrol
3- 甲基 -2- 丁烯醇 -O-β-D- 呋喃芹糖基 -(1 → 6)-O-β-D- 吡喃葡萄糖苷 3-methyl-2-butenol-O-β-D-apiofuranosyl-(1 → 6)-O-β-D-glucopyranoside
1-(3'- 甲基 -2- 丁烯基)-2- 羟基 -3- 甲酰咔唑 1-(3'-methyl-2-butenyl)-2-hydroxy-3-formylcarbazole
3- 甲基 -2- 丁烯基 -β-D- 呋喃芹糖基 -(1 → 6)-β-D- 吡喃葡萄糖苷 3-methyl-2-butenyl-β-D-apiofuranosyl-(1 → 6)-β-D-glucopyranoside
N^3- 甲基 -2- 丁烯基脲 N^3-methyl-2-butenylurea
3- 甲基 -2- 丁烯醛 3-methyl-2-butenal
(E)-2- 甲基 -2- 丁烯酸 (E)-2-methyl-2-butenoic acid
2- 甲基 -2- 丁烯酸 2-methyl-2-butenoic acid
(2Z)-2- 甲基 2- 丁烯酸 -(4S,4aR,5S,9aR)-2,4,4a,5,6,7,8,9a- 八氢 -9a- 羟基 -3,4a,5- 三甲基 -2,8- 二氧代萘 [2,3-b] 呋喃 -4- 酯 (2Z)-2-methyl-2-butenoic acid-(4S,4aR,5S,9aR)-2,4,4a,5,6,7,8,9a-octahydro-9a-hydroxy-3,4a,5-trimethyl-2,8-dioxonaphtho[2,3-b]furan-4-ylester
(2Z)-2- 甲基 -2- 丁烯酸 -(4S,4aS,5S,8aR)-2,4,4a,5,6,7,8,8a- 八氢 -8a- 羟基 -3,4a,5- 三甲基 -2,8- 二氧代萘 [2,3-b] 呋喃 -4- 酯 (2Z)-2-methyl-2-butenoic acid-(4S,4aS,5S,8aR)-2,4,4a,5,6,7,8,8a-octahydro-8a-hydroxy-3,4a,5-trimethyl-2,8-dioxonaphtho[2,3-b]furan-4-yl ester
2- 甲基 -2- 丁烯酸 -(4S,6R,7S,10R,11E)-2,4,5,6,7,8,9,10- 八氢 -7- 羟基 -3- 羟基甲基 -6,10- 二甲基 -2- 氧代 -7,10- 环氧环癸烷 [b] 呋喃 -4- 酯 2-methyl-2-butenoic acid-(4S,6R,7S,10R,11E)-2,4,5,6,7,8,9,10-octahydro-7-hydroxy-3-hydroxymethyl-6,10-dimethyl-2-oxo-7,10-epoxycyclodeca[b]furan-4-ylester
2- 甲基 -2- 丁烯酸 -3-(4- 乙酰氧基 -3,5- 二甲氧基苯基)-2- 丙烯酯 2-methyl-2-butenoic acid-3-[4-(acetyloxy)-3,5-dimethoxyphenyl]-2-propenyl ester

J

2- 甲基 -2- 丁烯酸 -3-[4-(乙酰氧基)-3- 甲氧基苯基]-2- 丙烯酯 2-methyl-2-butenoic acid-3-[4-(acetyloxy)-3-methoxyphenyl]-2-propenyl ester
3-*O*-(3- 甲基 -2- 丁烯酰基)-8- 甲氧基 -9- 羟基麝香草酚 3-*O*-(3-methyl-2-butenoyl)-8-methoxy-9-hydroxythymol
6'-*E*-(2''- 甲基 -2''- 丁烯酰基)- 熊果苷 6'-*E*-(2''-methyl-2''-butenoyl)-arbutin
3'(*R*)-(3- 甲基 -2- 丁烯酰氧基)-4'(*R*)- 当归酰氧基 -3',4'- 二氢邪蒿素 3'(*R*)-senecioyloxy-4'(*R*)-angeloyloxy-3',4'-dihydroseselin
7-(3- 甲基 -2- 丁烯氧基)-8-(3- 丁烯基 -3- 甲基 -2- 氧代)- 香豆素 7-(3-methyl-2-butenyloxy)-8-(3-butenyl-3-methyl-2-oxo)-coumarin
1-(4- 甲基 -2- 呋喃基)-2-(5- 甲基 -5- 乙烯基 -2- 四氢呋喃基)-丙 -1- 酮 1-(4-methyl-2-furanyl)-2-(5-methyl-5-ethenyl-2-tetrahydrofuranyl)-propan-1-one
2- 甲基 -2- 庚烯 -6- 酮 2-methyl-2-hepten-6-one
(3- 甲基 -2- 环氧乙基)- 甲醇 (3-methyl-oxiran-2-yl)-methanol
5- 甲基 -2- 糠醇 5-methyl-2-furfuryl alcohol
5- 甲基 -2- 糠醛 5-methyl-2-furaldehyde
3- 甲基 -2- 羟基 -1,4- 萘醌 3-methyl-2-hydroxy-1,4-naphthoquinone
2- 甲基 -2- 羟基 -5- 甲氧基苯并 [d] 氢化呋喃 -3- 酮 2-methyl-2-hydroxy-5-methoxyberzo[d]hydrofuran-3-one
1'- 甲基 -2'- 羟基乙基阿魏酸酯 1'-methyl-2'-hydroxyethyl ferulate
5-*O*- 甲基 -2- 去异戊烯基瑞地亚木咄酮▲B 5-*O*-methyl-2-deprenylrheediaxanthone B
1- 甲基 -2- 壬基 -4(1*H*)- 喹诺酮 1-methyl-2-nonyl-4(1*H*)-quinolone
1- 甲基 -2- 壬基 -4- 喹啉酮 1-methyl-2-nonyl-4-quinolinone
1- 甲基 -2- 十五烷基 -4(1*H*)- 喹诺酮 1-methyl-2-pentadecyl-4(1*H*)-quinolone
1- 甲基 -2- 十一酮 -10'-4(1*H*)- 喹诺酮 1-methyl-2-undecanone-10'-4(1*H*)-quinolone
1- 甲基 -2- 十一烷基 -4(1*H*)- 喹诺酮 1-methyl-2-undecyl-4(1*H*)-quinolone
1- 甲基 -2- 羧甲基 -3- 甲氧基 -4,8- 二羟基蒽醌 1-methyl-2-carboxymethyl-3-methoxy-4,8-dihydroxy-anthraquinone
1- 甲基 -2- 戊基喹啉 -4(1*H*)- 酮 1-methyl-2-pentylquinolin-4(1*H*)-one
2- 甲基 -2- 戊烯醛 2-methyl-2-pentenal
(*E*)-4-(3'- 甲基 -2'- 烯氧基) 桂皮酸甲酯 methyl-(*E*)-4-(3'-methyl-2'-enyloxy)cinnamate
(*E*)-3-(3'- 甲基 -2'- 亚丁烯基)-2- 吲哚酮 (*E*)-3-(3'-methyl-2'-butenylidene)-2-indolinone
(*Z*)-3-(3'- 甲基 -2'- 亚丁烯基)-2- 吲哚酮 (*Z*)-3-(3'-methyl-2'-butenylidene)-2-indolinone
1- 甲基 -2- 亚甲基 - 环庚醇 1-methyl-2-methylenecycloheptanol
8-*O*-[(3''- 甲基 -2''- 氧代 -3''- 丁烯 -1''- 基) 氧]- 补骨脂素 8-*O*-(3''-methyl-2''-oxo-3''-buten-1''-yl)-psoralen
6-(3'- 甲基 -2- 氧丁基)-5,7- 二甲氧基香豆素 6-(3'-methyl-2-oxobutyl)-5,7-dimethoxycoumarin
(1*R*,4*S*,6*R*)-1- 甲基 -2- 氧杂双环 [2.2.2] 辛 -6- 基 -*O*-*β*-D- 吡喃葡萄糖基 -(1 → 6)-*β*-D- 吡喃葡萄糖苷 (1*R*,4*S*,6*R*)-1-methyl-2-oxabicyclo[2.2.2]oct-6-yl-*O*-*β*-D-glucopyranosyl-(1 → 6)-*β*-D-glucopyranoside
2- 甲基 -2- 乙烯基 -3- 异丙烯基 -5- 异丙烯亚基环已醇 2-methyl-2-vinyl-3-isopropenyl-5-isopropylidenecyclohexanol
l-L-l-*O*- 甲基 -2- 乙酰基 -3- 对反式 - 香豆酰肌肉肌醇 l-L-l-*O*-methyl-2-acetyl-3-*p*-*trans*-coumaryl-*myo*-inositol
l-L-l-*O*- 甲基 -2- 乙酰基 -3- 对顺式 - 香豆酰肌肉肌醇 l-L-l-*O*-methyl-2-acetyl-3-*p*-*cis*-coumaryl-*myo*-inositol
1- 甲基 -2- 异丙基苯 1-methyl-2-isopropylbenzene
(*E*)-2- 甲基 -2- 正丁基 -*β*-D- 吡喃葡萄糖苷 (*E*)-2-methyl-2-butenyl-*β*-D-glucopyranoside
1- 甲基 -2- 正壬基 -4- 喹诺酮 1-methyl-2-*n*-nonyl-4-quinolone
2- 甲基 -3-(1- 甲基乙基)- 环戊酮 2-methyl-3-(1-methylethyl)-cyclopentanone
1- 甲基 -3-(1- 甲基乙烯基)- 苯 1-methyl-3-(1-methylethenyl)-benzene
2- 甲基 -3-(2- 氧代 -[5*H*]-5- 羟基甲基 -5- 甲基 - 呋喃 -3- 基)- 丙酸 2-methyl-3-(2-oxo-[5*H*]-5-hydroxymethyl-5-methyl-furan-3-yl)-propanoic acid
[2*R*-[2*αβ*(*Z*),3*β*]]2- 甲基 -3-(3- 甲基环氧乙烷基)-4-(2- 甲基 -1- 氧化丙氧基) 苯基 -2- 丁烯酸酯 [2*R*-[2*αβ*(*Z*),3*β*]]2-methyl-3-(3-methyloxiranyl)-4-(2-methyl-1-oxopropoxy)phenyl-2-butenoic acid ester
3- 甲基 -3-(4,8- 二甲基壬 -3,7- 二烯基)-4- 亚甲基 -1,3- 二恶茂烷 -2-酮 3-methyl-3-(4,8-dimethylnona-3,7-dienyl)-4-methylene-1,3-dioxolan-2-one
(*E*)- 甲基 -3-(4- 羟基苯基) 丙烯酸酯 (*E*)-methyl 3-(4-hydroxyphenyl)-acrylate
2'-*O*- 甲基 -3,3',4- 三羟基苏木查耳酮 2'-*O*-methyl-3,3',4-trihydroxysappanchalcone
3'-*O*- 甲基 -3,4-*O*,*O*- 次甲基鞣花酸 3'-*O*-methyl-3,4-*O*,*O*-methylideneellagic acid
6- 甲基 -3,4- 吡啶二甲醇 6-methyl-3,4-pyridinedimethanol
3'-*O*- 甲基 -3,4- 亚甲二氧基鞣花酸 3'-*O*-methyl-3,4-methylenedioxyellagic acid
3'-*O*- 甲基 -3,4- 亚甲二氧基鞣花酸 -4'-*O*-*β*-D- 吡喃葡萄糖苷 3'-*O*-methyl-3,4-methylenedioxyellagic acid-4'-*O*-*β*-D-glucopyranoside
5- 甲基 -3',5'- 二氧 -(对氯苯甲酰基)-2'- 脱氧尿苷 5-methyl-3',5'-di-*O*-(*p*-chlorobenzoyl)-2'-deoxyuridine
(3*E*)-6- 甲基 -3,5- 庚二烯 -2- 酮 (3*E*)-6-methyl-3,5-heptadien-2-one
(*E*)-6- 甲基 -3,5- 庚二烯 -2- 酮 (*E*)-6-methyl-3,5-heptadien-2-one
甲基 -3,6- 脱水 -2- 去氧 -*β*-D- 呋喃糖苷 methyl 3,6-anhydro-2-deoxy-*β*-D-furanoside
(2*E*)-2- 甲基 -3-[(1a*S*,3a*R*,4*R*,7*S*,7a*S*)- 八氢 -1a,4- 二甲基茚并 [1,7a-b] 环氧乙烷 -7- 基]-2- 丙烯醛 (2*E*)-2-methyl-3-[(1a*S*,3a*R*,4*R*,7*S*,7a*S*)-octahydro-1a,4-dimethylindeno[1,7a-b]oxiren-7-yl]-2-propenal
2- 甲基 -3-[(1a*S*,3a*R*,4*R*,7*S*, 7a*S*)- 八氢 -1a,4- 二甲基茚并 [1,7a-b] 环氧乙烷 -7- 基]-2- 丙烯醛 1- 醇 -1- 乙酸酯 2-methyl-3-[(1a*S*,3a*R*,4*R*,7*S*,7a*S*)-octahydro-1a,4-dimethylindeno[1,7a-b]oxiren-7-yl]-2-propen-1-ol-1-acetate
(1*R*,2*E*)-1- 甲基 -3-[(1*S*,2*S*,4*S*)-1,2,4- 三羟基 -2,6,6- 三甲基环已烷]-2- 丙烯基 -6-*O*-(6- 去氧 -*α*-L- 吡喃甘露糖)-*β*-D- 吡喃葡萄糖苷 (1*R*,2*E*)-1-methyl-3-[(1*S*,2*S*,4*S*)-1,2,4-trihydroxy-2,6,6-trimethylcyclohexyl]-2-propenyl-6-*O*-(6-deoxy-*α*-L-mannopyranosyl)-*β*-D-glucopyranoside
(2*S*,3*S*)-2- 甲基 -3-[(3',4',5'- 三甲氧基苯基)(3''- 羟基 -4'',5''- 二甲氧基苯基) 甲基] 丁内酯 (2*S*,3*S*)-2-methyl-3-[(3',4',5'-trimethoxyphenyl)(3''-hydroxy-4'',5''-dimethoxyphenyl)methyl] butyrolactone
2- 甲基 -3-[(3,4,5- 三甲氧基苯基)(3- 羟基 -4,5- 二甲氧基苯基) 甲基] 丁内酯 2-methyl-3-[(3,4,5-trimethoxyphenyl)(3-hydroxy-4,5-dimethoxyphenyl)methyl]butyrolactone
(2*S*,3*S*)-2- 甲基 -3-[(3',4',5'- 三甲氧基苯基)(4''- 羟基 -3'',5''- 二甲氧基苯基) 甲基] 丁内酯 (2*S*,3*S*)-2-methyl-3-[(3',4',5'-trimethoxyphenyl)(4''-hydroxy-3'',5''-dimethoxyphenyl)methyl] butyrolactone
2- 甲基 -3-[(3,4,5- 三甲氧基苯基)-(4- 羟基 -3,5- 二甲氧基苯基)

J

甲基]丁内酯 2-methyl-3-[(3,4,5-trimethoxyphenyl)-(4-hydroxy-3,5-dimethoxyphenyl)methyl]butyrolactone

2-甲基-3-[(3'-羟基-4',5'-二甲氧基苯基)(5''-甲氧基-3'',4''-亚甲二氧基苯基)-甲基]丁内酯 2-methyl-3-[(3'-hydroxyl-4',5'-dimethoxyphenyl)(5''-methoxy-3'',4''-methlenedioxyphenyl)-methyl]butyrolactone

(2*S*,3*S*)-2-甲基-3-[(5'-甲氧基-3',4'-亚甲二氧基苯基)(4''-羟基-3'',5''-二甲氧基苯基)甲基]丁内酯 (2*S*,3*S*)-2-methyl-3-[(5'-methoxy-3',4'-methylenedioxyphenyl)(4''-hydroxy-3'',5''-dimethoxyphenyl)methyl]butyrolactone

2-甲基-3-[(6-*O*-苯甲酰基-*β*-D-吡喃葡萄糖氧基)-吡喃酮 2-methyl-3-(6-*O*-benzoyl-*β*-D-glucopyranosyloxy)-pyranone

2-甲基-3-[2-(1,3-苯并二氧唑-5-基)-7-甲氧基-5-苯并呋喃]丙酸丙酯 2-methyl-3-[2-(1,3-benzodioxol-5-yl)-7-methoxy-5-benzofuranyl]propanoic acid propyl ester

[(*E*)-甲基-3-[4-((*E*)-4-羟基-3-甲基丁-2-烯氧基)-苯基]-丙烯酸甲酯 [(*E*)-methyl-3-[4-((*E*)-4-hydroxy-3-methylbut-2-enyloxy)-phenyl]-acrylate

(-)-2-甲基-3-[二(3',4'-二亚甲二氧基-5'-甲氧基苯基)-甲基]丁内酯 (-)-2-methyl-3-[bis(3',4'-methylenedioxy-5'-methoxyphenyl)-methyl]butyrolactone

(*Z*)-3-[4-((*E*)-4-羟基-3-甲基丁-2-烯氧基)-苯基]丙烯酸甲酯 (*Z*)-methyl 3-[4-((*E*)-4-hydroxy-3-methylbut-2-enyloxy)-phenyl] acrylate

(23*S*)-21*β*-*O*-甲基-3*β*,20*ξ*-二羟基-12-氧代-21,23-环氧达玛-24-烯-3-*O*-[α-L-吡喃鼠李糖基-(1→2)][*β*-D-吡喃葡萄糖基-(1→3)]-α-L-吡喃阿拉伯糖苷 (23*S*)-21*β*-*O*-methyl-3*β*,20*ξ*-dihydroxy-12-oxo-21,23-epoxydammar-24-ene-3-*O*-[*α*-L-rhamnopyranosyl-(1→2)][*β*-D-glucopyranosyl-(1→3)]-*α*-L-arabinopyranoside

4*α*-甲基-3*β*-羟基-无羁萜烷 4*α*-methyl-3*β*-hydroxylfriedelane

1-甲基-3-氨基甲基吲哚 1-methyl-3-aminomethylindole

2-甲基-3-苯丙醛 2-methyl-3-phenyl-propanal

[2*α*(*Z*),3*β*]-*N*-甲基-3-苯基-*N*-(2-苯乙烯基)-氧杂环丙烷酰胺 [2*α*(*Z*),3*β*]-*N*-methyl-3-phenyl-*N*-(2-phenylethenyl)-oxiranecarboxamide

(2*S*,3*R*)-*N*-甲基-3-苯基-*N*-[(1*Z*)-2-苯乙烯基]-氧杂环丙烷酰胺 (2*S*,3*R*)-*N*-methyl-3-phenyl-*N*-[(1*Z*)-2-phenylethenyl]-oxiranecarboxamide

6-甲基-3-吡啶醇 6-methyl-3-pyridinol

1-甲基-3-丙基苯 1-methyl-3-propylbenzene

2-甲基-3-丁烯-2-醇-*β*-D-吡喃葡萄糖苷 2-methyl-3-buten-2-ol-*β*-D-glucopyranoside

2-甲基-3-丁烯-2-醇-*β*-D-呋喃芹糖基-(1→6)-*β*-D-吡喃葡萄糖苷 2-methyl-3-buten-2-ol-*β*-D-apiofuranosyl-(1→6)-*β*-D-glucopyranoside

2-甲基-3-丁烯基-1-醇 2-methyl-3-butene-1-ol

2-甲基-3-丁烯基-β-D-吡喃葡萄糖苷 2-methyl-3-butenyl-*β*-D-glucopyranoside

3-甲基-3-丁烯基-*β*-D-呋喃芹糖基-(1→6)-*β*-D-吡喃葡萄糖苷 3-methyl-3-butenyl-*β*-D-apiofuranosyl-(1→6)-*β*-D-glucopyranoside

1-甲基-3-甲氧基-6,8-二羟基蒽醌-2-羧酸 1-methyl-3-methoxy-6,8-dihydroxyanthraquinone-2-carboxylic acid

1-甲基-3-甲氧基-8-羟基蒽醌-2-羧酸 1-methyl-3-methoxy-8-hydroxyanthraquinone-2-carboxylic acid

2-甲基-3-甲氧基蒽醌 2-methyl-3-methoxylanthraquinone

1-甲基-3-羟基蒽醌 1-methyl-3-hydroxyanthraquinone

2-甲基-3-羟基蒽醌 2-methyl-3-hydroxyanthraquinone

2-甲基-3-羟嘧啶 2-methyl-3-hydroxypyridine

5-甲基-3-十四烷基-5-戊内酯 5-methyl-3-tetradecyl-5-pentandide

(1*S*,3*S*)-(-)-1-甲基-3-羧基-6,7-二羟基-1,2,3,4-四氢异喹啉 (1*S*,3*S*)-(-)-1-methyl-3-carboxy-6,7-dihydroxy-1,2,3,4-tetrahydroisoquinoline

2-甲基-3-羰基-二恶烷并-1-甲氧基-4,5,6-三羟基环己烷 2-methyl-3-carbonyl dioxan-1-methoxy-4,5,6-trihydroxycyclohexane

2*R*,3*R*-6-甲基-3'-香叶基-2,3-反式-5,7,4'-三羟基黄酮醇 2*R*,3*R*-6-methyl-3'-geranyl-2,3-*trans*-5,7,4'-trihydroxyflavonol

4-甲基-3-亚甲基-1,2,5-戊三醇 4-methyl-3-methylenepentane-1,2,5-triol

(6*E*)-7-甲基-3-亚甲基-6-辛烯-1,2,8-三醇 (6*E*)-7-methyl-3-methylene-6-octene-1,2,8-triol

2-甲基-3-亚甲基-环戊烷羧酸甲酯 2-methyl-3-methylehthyl-cyclopenta-carboxylic acid methyl ester

2-甲基-3-亚甲基戊-1,2,5-三醇 2-methyl-3-methylenepentane-1,2,5-triol

4-甲基-3-亚甲基戊-1,2,5-三醇-1-*O*-*β*-D-吡喃葡萄糖苷 4-methyl-3-methylenepentane-1,2,5-triol-1-*O*-*β*-D-glucopyranoside

4-甲基-3-亚甲基戊-1,2,5-三醇-5-*O*-*β*-D-吡喃葡萄糖苷 4-methyl-3-methylenepentane-1,2,5-triol-5-*O*-*β*-D-glucopyranoside

1-甲基-3-异丙基苯 1-methyl-3-isopropylbenzene

1-甲基-4-(1,2,2-三甲基)-苯 1-methyl-4-(1,2,2-trimethyl)-benzene

1-甲基-4-(1,5,9-三甲基-8-亚甲基-4-癸烯-1-基)-2,3-二氧杂双环[2.2.2]辛-5-烯 1-methyl-4-(1,5,9-trimethyl-8-methylene-4-decen-1-yl)-2,3-dioxabicyclo[2.2.2]oct-5-ene

1-甲基-4-(1-甲基乙基)-1,3-环已二烯 1-methyl-4-(1-methylethyl)-1,3-cyclohexadiene

1-甲基-4-(1-甲基乙基)-1,4-环已二烯 1-methyl-4-(1-methylethyl)-1,4-cyclohexadiene

(±)-1-甲基-4-(1-甲基乙基)-3-环已烯 (±)-1-methyl-4-(1-methylethyl)-3-cyclohexen

1-甲基-4-(1-甲基乙基)苯 1-methyl-4-(1-methylethyl)benzene

1-甲基-4-(1-甲基乙基)-苯酚 1-methyl-4-(1-methylethyl)-phenol

1-甲基-4-(1-甲基乙烯)-2,5-环已二烯-1-醇 1-methyl-4-(1-methylethylidene)-2,5-cyclohexadien-1-ol

1-甲基-4-(1-甲基乙烯基)-苯 1-methyl-4-(1-methylethenyl)-benzene

1-甲基-4-(1-甲乙基酮)-环已烯 1-methyl-4-(1-methylethyketone)-cyclohexene

2-甲基-4(3*H*)-喹唑酮 2-methyl-4(3*H*)-quinazolinone

(*S*)-1-甲基-4-(5-甲基-1-亚甲基-4-已烯基)环已烯 (*S*)-1-methyl-4-(5-methyl-1-methylene-4-hexenyl)-cyclohexene

甲基-4,5-*O*-二甲基没食子酸酯-3-*O*-*α*-D-吡喃葡萄糖苷 methyl 4,5-*O*-dimethylgallate-3-*O*-*α*-D-glucopyranoside

2-甲基-4,5-二羟基蒽醌 2-methyl-4,5-dihydroxyanthraquinone

1-*O*-甲基-4,5-二羟基雪叶向日葵[▲]A 1-*O*-methyl-4,5-dihydroniveusin A

(2*R*,3*R*,4*S*,6*R*)-3-甲基-4,6-二(3-甲基-2-丁烯基)-2-(2-甲基-1-氧代丙基)-3-(4-甲基-3-戊烯基)-环已酮 (2*R*,3*R*,4*S*,6*R*)-3-methyl-4,6-di(3-methyl-2-butenyl)-2-(2-methyl-1-oxopropyl)-3-(4-methyl-3-pentenyl)-cyclohexanone

(3*R*,4*R*)-3-甲基-4,8-二羟基-3,4-二氢异香豆素 (3*R*,4*R*)-3-methyl-4,8-dihydroxy-3,4-dihydroisocoumarin

2-甲基-4-吡喃酮-3-*O*-*β*-D-吡喃葡萄糖苷 2-methyl-4-pyrone-3-*O*-*β*-D-glucopyranoside

2-甲基-4-吡喃酮-3-*O*-*β*-D-葡萄糖苷 2-methyl-4-pyrone-3-*O*-*β*-D-glucoside

3- 甲基 -4- 庚酮 3-methyl-4-heptanone
(2Z)-2- 甲基 -4- 甲氧基 -2-(1E)-1- 丙烯基苯基 -2- 丁烯酸酯 (2Z)-2-methyl-4-methoxy-2-(1E)-1-propen-1-yl-phenyl-2-butenoic acid ester
(E)-2- 甲基 -4- 甲氧基 -2-(1- 丙烯基) 苯基丙酸酯 (E)-2-methyl-4-methoxy-2-(1-propenyl)-phenylpropanoic acid ester
N- 甲基 -4- 甲氧基 -2- 喹诺酮 N-methyl-4-methoxy-2-quinolone
1- 甲基 -4- 甲氧基 -8-(O-β-D- 吡喃葡萄糖基)-2(1H)- 喹啉酮 1-methyl-4-methoxy-8-(O-β-D-glucopyranosyloxy)-2(1H)-quinolinone
1- 甲基 -4- 甲氧基 -β- 咔啉 1-methyl-4-methoxy-β-carboline
1- 甲基 -4- 喹诺酮 1-methyl-4-quinolone
3- 甲基 -4- 氯 -5- 甲氧基苯酚 3-methyl-4-chloro-5-methoxyphenol
4-O- 甲基 -4- 葡萄糖醛酸 4-O-methyl-D-glucuronic acid
4-O- 甲基 -4''- 羟基 -3''- 甲氧基 - 芍药苷 4-O-methyl-4''-hydroxy-3''-methoxy-paeoniflorin
3- 甲基 -4- 羟基 -5- 甲基苯甲酸 (4- 羧基 -3- 羟基 -5- 甲基苯基) 酯 4-carboxy-3-hydroxy-5-methylphenyl 3-methoxy-4-hydroxy-5-methylbenzoate
3-O- 甲基 -4- 羟基苯甲酸 3-O-methyl-4-hydroxybenzoic acid
9-O- 甲基 -4- 羟基黄细心酮 B 9-O-methyl-4-hydroxyboeravinone B
(3S,4S)-3- 甲基 -4- 羟基辛酸 -3-O-β-D- 吡喃葡萄糖苷 (3S,4S)-3-methyl-4-hydroxyoctanoic acid-3-O-β-D-glucopyranoside
(3S,4S)-3- 甲基 -4- 羟基辛酸 -3-O-β-D- 吡喃葡萄糖苷 -6'-O- 没食子酸酯 (3S,4S)-3-methyl-4-hydroxyoctanoic acid-3-O-β-D-glucopyranoside-6'-O-gallate
5-O- 甲基 -4'- 去甲氧基荚果蕨酚 5-O-methyl-4'-desmethoxymatteucinol
5'- 甲基 -4- 戊基联苯 -2,2',6- 三醇 5'-methyl-4-pentylbiphenyl-2,2',6-triol
1α,4aα,8aα-7- 甲基 -4- 亚甲基 -1-(1- 甲基乙基)-1,2,3,4,4a,5,6,8a- 八氢萘 1α,4aα,8aα-7-methyl-4-methylene-1-(1-methylethyl)-1,2,3,4,4a,5,6,8a-octahydronaphthalene
[1α,4aβ,8aα]-7- 甲基 -4- 亚甲基 -1-[1- 甲基乙基]-1,2,3,4,4a,5,6,8a- 八氢萘 [1α,4aβ,8aα]-7-methyl-4-methylene-1-[1-methyethyl]-1,2,3,4,4a,5,6,8a-octahydronaphthalene
2- 甲基 -4- 氧代 -7- 羟基 -5- 色烷乙酸 2-methyl-4-oxo-7-hydroxy-5-chromanacetic acid
1- 甲基 -4- 异丙基 -1,4- 环己二烯 1-methyl-4-isopropyl-1,4-cyclohexadiene
3- 甲基 -4- 异丙基苯酚 3-methyl-4-isopropylphenol
1- 甲基 -4- 异戊烯基 -2,5- 环己二烯 -1- 醇 1-methyl-4-isopropenyl-2,5-cyclohexadien-1-ol
3- 甲基 -5-(1,3,3- 三甲基 -7- 氧杂双环 [2.2.1] 庚 -2- 基) 戊 -1- 烯 -3- 醇 3-methyl-5-(1,3,3-trimethyl-7-oxabicyclo-[2.2.1]hept-2-yl)pent-1-en-3-ol
2- 甲基 -5-(1- 甲基乙基)-2- 环己烯 -1- 酮 2-methyl-5-(1-methylethyl)-2-cyclohexen-1-one
2- 甲基 -5-(1- 甲基乙基)- 环己烯 2-methyl-5-(1-methylehthyl)-cyclohexen
(1R,4S,5S)-2- 甲基 -5-(1- 甲基乙基)- 环己烯 -1,4- 二醇 (1R,4S,5S)-2-methyl-5-(1-methylethyl)-cyclohexene-1,4- diol
(S)-2- 甲基 -5-(1- 甲基乙烯基)-2- 环己烯 -1- 酮 (S)-2-methly-5-(1-methylethenly)-2-cyclohexen-1-one
2- 甲基 -5-(1- 甲基乙烯基)-2- 环己烯 -1- 酮 2-methyl-5-(1-methyl-ethenyl)-2-cyclohexen-1-one
3- 甲基 -5-(2,2,4- 三甲基环己醇 -3- 基)- 戊 -1- 烯 -3- 醇 3-methyl-5-(2,2,4-trimethylcyclohexanol-3-yl)-pent-1-en-3-ol
2- 甲基 -5-(2'- 羟基丙基)-7- 羟基色酮 -2'-O-β-D- 吡喃葡萄糖苷 2-methyl-5-(2'-hydroxypropyl)-7-hydroxychromone-2'-O-β-D-glucopyranoside
2- 甲基 -5-(3- 甲基丁 -2- 烯基)-1,4- 苯醌 2-methyl-5-(3-methylbut-2-enyl)-1,4-benzoquinone
5- 甲基 -5-(4,8,12)- 三甲基十三烷基 - 二氢 -2(3H)- 呋喃酮 5-methyl-5-(4,8,12-trimethyltridecyl)-dihydro-2(3H)-furanone
5- 甲基 -5-(4,8,12- 三甲基十三烷基)- 二氢 - 呋喃 -2- 酮 5-methyl-5-(4,8,12-trimethyltridecyl)-dihydro-furan-2-one
2- 甲基 -5-(8'Z- 十七烯基) 树脂苔黑酚▲ 2-methyl-5-(8'Z-heptadecenyl)resorcinol
2- 甲基 -5-(8Z- 十三烯基)- 树脂苔黑酚▲ 2-methyl-5-(8Z-tridecenyl)-resorcinol
2- 甲基 -5-(Z- 十九碳 -14- 烯基) 树脂苔黑酚▲ 2-methyl-5-(Z-nonadec-14-enyl)resorcinol
2- 甲基 -5-(Z- 十七碳 -8- 烯基) 树脂苔黑酚▲ 2-methyl-5-(Z-heptadec-8-enyl)resorcinol
24- 甲基 -5,14,26- 麦角甾三烯 -3β- 醇 24-methyl-5,14,26-ergosta-trien-3β-ol
24- 甲基 -5,22- 胆甾二烯醇 24-methyl-5,22-cholestadienol
24- 甲基 -5,7,22- 胆甾三烯醇 24-methyl-5,7,22-cholestatrienol
8-C- 甲基 -5,7,3',4'- 四羟基黄酮 -3-O-α-L- 吡喃阿拉伯糖苷 8-C-methyl-5,7,3',4'-tetrahydroxyflavone-3-O-α-L-arabinopyranoside
3- 甲基 -5,7,9,11- 十四碳四烯 -2- 丁酸酯 3-methyl-5,7,9,11-tetradecatetraenyl-2-butenoic acid ester
3- 甲基 -5,7,9,11- 十四碳四烯苯丁酸酯 3-methyl-5,7,9,11-tetradecatetraenyl butanoic acid ester
2- 甲基 -5,7- 二羟基色酮 2-methyl-5,7-dihydroxychromone
2- 甲基 -5,7- 二羟基色酮 -7-O-β-D- 吡喃葡萄糖苷 2-methyl-5,7-dihydroxychromone-7-O-β-D-glucopyranoside
2- 甲基 -5,7- 二羟基色酮 -8-C-β-D- 吡喃葡萄糖苷 2-methyl-5,7-dihydroxychromone-8-C-β-D-glucopyranoside
2- 甲基 -5,7- 二羟基色酮 -8-C-β-D- 吡喃葡萄糖苷 -6'-O- 没食子酸酯 2-methyl-5,7-dihydroxychromone-8-C-β-D-glucopyranoside-6'-O-gallate
2- 甲基 -5,7- 二羟基色酮 -O- 没食子酰葡萄糖苷 2-methyl-5,7-dihydroxychromone-O-galloyl-glucoside
2- 甲基 -5-[(3- 甲基 -2- 丁烯 -1- 基) 氧]-1,4- 萘二酮 2-methyl-5-[(3-methyl-2-buten-1-yl)oxy]-1,4-naphthalenedione
2-(5- 甲基 -5-5-. 氧杂环丙烷 -5- 氧杂环丙烷 -2-yl)- 四氢呋喃 -2- 基) 丙烷 -1- 醇) 2-(5-methyl-5-5-coxiran-5-coxiran-2-yl)-tetrahydrofuran-2-yl) propan-1-ol)
16β-(4'- 甲基 -5'-O-β-D- 吡喃葡萄糖基 - 戊烷氧基)-5α- 孕甾 -3β- 醇 -12,20- 二酮 -3-O-β-D- 吡喃葡萄糖基 -(1 → 2)-β-D- 吡喃葡萄糖基 -(1 → 4)-β-D- 吡喃半乳糖苷 16β-(4'-methyl-5'-O-β-D-glucopyranosyl-pentanoxy)-5α-pregnan-3β-ol-12,20-dione-3-O-β-D-glucopyranosyl-(1 → 2)-β-D-glucopyranosyl-(1 → 4)-β-D-galactopyranoside
3'-O- 甲基 -5'-O- 甲基沟酸浆醇▲ 3'-O-methyl-5'-methoxydiplacol
3'-O- 甲基 -5'-O- 甲基沟酸浆酮▲ 3'-O-methyl-5'-O-methyldiplacone
2'-C- 甲基 -5'-O- 没食子酰杨梅素 -3-O-α-L- 吡喃鼠李糖苷 2'-C-methyl-5'-O-galloylmyricetin-3-O-α-L-rhamnopyranoside
3'-O- 甲基 -5'-O- 羟基沟酸浆酮▲ 3'-O-methyl-5'-hydroxydiplacone
(24R)-24- 甲基 -5α,8- 环二氧 - 胆甾 -6,22- 二烯 -3β- 醇 (24R)-24-methyl-5α,8-epidioxy-cholesta-6,22-dien-3β-ol
2- 甲基 -5α- 胆甾 -3β- 醇 2-methylene-5α-cholestan-3β-ol
24α- 甲基 -5α- 胆甾 -3- 酮 24α-methyl-5α-cholestan-3-one
(22E,24R)-24- 甲基 -5α- 胆甾 -7,22- 二烯 -3β,5,6β- 三醇 (22E,24R)-24-methyl-5α-chlolesta-7,22-diene-3β,5,6β-triol

(22E,24R)-24- 甲基 -5α- 胆甾 -7,22- 二烯 -3β,5α,6β- 三醇 (22E,24R)-24-methyl-5α-cholesta-7,22-diene-3β,5α,6β-triol
(22E,24S)-24- 甲基 -5α- 胆甾 -7,22- 二烯 -3β,5α,6β– 三醇 (22E,24S)-24-methyl-5α-cholesta-7,22-diene-3β,5α,6β-triol
(22E,24R)-24- 甲基 -5α- 胆甾 -7,22- 二烯 -3β- 醇 (22E,24R)-24-methyl-5α-cholesta-7,22-dien-3β-ol
24- 甲基 -5α- 胆甾 -7,22- 二烯 -6α- 醇 -3β-O- 吡喃葡萄糖苷 24-methyl-5α-cholesta-7,22-dien-6α-ol-3β-O-glucopyranoside
(22E,24R)-24- 甲基 -5α- 胆甾 -7-22- 二烯 -3β,5,6β- 三醇 (22E,24R)-24-methyl-5α-cholesta-7-22-diene-3β,5,6β-triol
24ξ- 甲基 -5α- 胆甾 -7- 烯 24ξ-methyl-5α-cholesta-7-ene
24α- 甲基 -5α- 胆甾 -8(14)- 烯 -3β- 醇 24α-methyl-5α-cholest-8(14)-en-3β-ol
24β- 甲基 -5α- 胆甾 -8(14)- 烯 -3β- 醇 24β-methyl-5α-cholest-8(14)-en-3β-ol
14- 甲基 -5α- 胆甾 -9(11)- 烯 -3β- 醇 14-methyl-5α-cholest-9(11)-en-3β-ol
14α- 甲基 -5α- 胆甾 -9,24- 二烯 -3β,7α- 二醇 14α-methyl-5α-cholesta-9,24-dien-3β,7α-diol
4α- 甲基 -5α- 胆甾醇 -8- 烯 -3β- 醇 4α-methyl-5α-cholest-8-en-3β-ol
4α- 甲基 -5α- 豆甾 -7- 烯 -3β- 醇 4α-methyl-5α-stigmast-7-en-3β-ol
4α- 甲基 -5α- 麦角甾 -7,24(28)- 二烯 -3β,4β- 二醇 4α-methyl-5α-ergosta-7,24(28)-dien-3β,4β-diol
14α- 甲基 -5α- 麦角甾 -9(11),24(28)- 二烯 -3β- 醇 14α-methyl-5α-ergosta-9(11),24(28)-dien-3β-ol
24R-14α- 甲基 -5α- 麦角甾 -9(11)- 烯 -3β- 醇 24R-14α-methyl-5α-ergost-9(11)-en-3β-ol
24S-14α- 甲基 -5α- 麦角甾 -9(11)- 烯 -3β- 醇 24S-14α-methyl-5α-ergost-9(11)-en-3β-ol
24ζ- 甲基 -5α- 羊毛脂 -25- 酮 24ζ-methyl-5α-lanosta-25-one
24ξ- 甲基 -5α- 羊毛脂 -25- 酮 24ξ-methyl-5α-lanosta-25-one
2- 甲基 -5β- 十九碳 -14- 烯酰树脂苔黑酚▲ 2-methyl-5β-nonadec-14-enylresorcinol
4- 甲基 -5- 氨基乙烯基 -6- 羟基 -2- 羰基 -3- 吡啶甲腈 5-aminomethylene-6-hydroxy-4-methyl-2-oxo-3-pyridinecarbonitrile
N- 甲基 -5- 氨甲酰基 -2- 吡啶酮 N-methyl-5-carboxamide-2-pyridone
18-O- 甲基 -5- 表荚蒾宁 K 18-O-methyl-5-epivibsanin K
3- 甲基 -5- 丙基 -1,2- 二硫烷 3-methyl-5-propyl-1,2-dithiolane
2- 甲基 -5- 丙基 -7,12- 二羟基色酮 -12-O-β-D- 吡喃葡萄糖苷 2-methyl-5-propyl-7,12-dihydroxychromone-12-O-β-D-glucopyranoside
2- 甲基 -5- 丙酮基 -7- 羟基色酮 -O- 没食子酰葡萄糖苷 2-methyl-5-acetonyl-7-hydroxychromone-O-galloyl-glucoside
2- 甲基 -5- 丙烷 - 噻吩 2-methyl-5-propyl-thiophene
24- 甲基 -5- 胆甾烯 -3β- 醇 24-methyl-5-cholestene-3β-ol
24- 甲基 -5- 胆甾烯 -3- 醇 24-methyl-5-cholestene-3-ol
6- 甲基 -5- 庚烯 -2- 酮 6-methyl-5-hepten-2-one
3- 甲基 -5- 癸酰吡啶 3-methyl-5-decanoylpyridine
4-(3- 甲基 -5- 环氧丁烷 -2- 戊烯氧基)-7H- 呋喃 [3,2-g][1] 苯丙吡喃 -7- 酮 4-(3-methyl-5-oxiranyl-2-pentenyloxy)-7H-furo[3,2-g][1]benzopyran-7-one
2- 甲基 -5- 甲基 -2-[2-[(2- 甲基 -1- 氧代丙氧基) 甲基]-2- 环氧乙烷基] 苯基丙酸酯 2-methyl-5-methyl-2-[2-[(2-methyl-1-oxopropoxy)methyl]-2-oxiranyl]phenyl propanoic acid ester
2- 甲基 -5- 甲酸酯基 -7- 羟基色酮 2-methyl-5-carboxymethyl-7-hydroxychromone
2- 甲基 -5- 甲酸酯基 -7- 羟基色酮 - 没食子酰葡萄糖苷 2-methyl-5-carboxymethyl-7-hydroxychromone-galloyl-glucoside
3- 甲基 -5- 甲氧基苯酚 3-methyl-5-methoxyphenol
N- 甲基 -5- 甲氧基 - 吡咯 -2- 酮 N-methyl-5-methoxy-pyrrolidin-2-one
2- 甲基 -5- 羟基 -6-(2- 丁烯基 -3- 羟基甲基)-7-β-D- 吡喃葡萄糖氧基 -4H-1- 苯并吡喃 -4- 酮 2-methyl-5-hydroxy-6-(2-butenyl-3-hydroxymethyl)-7-(β-D-glucopyranosyloxy)-4H-1-benzopyran-4-one
N- 甲基 -5- 羟基东风橘碱▲ N-methyl-5-hydroxyseverifoline
4'- 甲基 -5'- 羟基松脂醇 4'-methyl-5'-hydroxypinoresinol
2- 甲基 -5- 十九烷酰树脂苔黑酚▲ 2-methyl-5-nonylresorcinol
3- 甲基 -5- 戊基 -1,2- 二硫烷 3-methyl-5-pentyl-1,2-dithiolane
6- 甲基 -5- 辛烯 -2- 酮 6-methyl-5-octen-2-one
2- 甲基 -5- 乙基吡嗪 2-methyl-5-ethylpyrazine
4- 甲基 -5- 异丙基 -1,2- 苯二酚 4-methyl-5-isopropyl-1,2-benzenediol
3- 甲基 -6-(1- 甲基亚乙基)- 环己烯 3-methyl-6-(1-methylethylidene)-cyclohexene
3- 甲基 -6-(1- 甲基乙基)-2- 环己烯 -1- 酮 3-methyl-6-(1-methylethyl)-2-cyclohexen-1-one
(1S,2R,6R)-3- 甲基 -6-(1- 甲基乙基)-3- 环己烯 -1,2- 二醇 (1S,2R,6R)-3-methyl-6-(1-methylethyl)-3-cyclohexene-1,2-diol
3- 甲基 -6-(1- 甲基乙基)-7- 氧杂双环 [4.1.0] 庚 -2- 酮 3-methyl-6-(1-methylethyl)-7-oxabicyclo[4.1.0]heptan-2-one
[R-(Z)]-2- 甲基 -6-(4- 甲基 -1,3- 环己二烯 -1- 基)-2- 庚烯 -1- 醇 [R-(Z)]-2-methyl-6-(4-methyl-1,3-cyclohexadien-1-yl)-2-hepten-1-ol
3- 甲基 -6,7,8- 三氢 - 吡咯 [1,2-a] 嘧啶 -2- 酮 3-methyl-6,7,8-trihydropyrrolo[1,2-a]pyrimidin-2-one
N- 甲基 -6,7- 二甲氧基 -1- 异喹诺酮 N-methyl-6,7-dimethoxy-1-isoquinolone
N- 甲基 -6,7- 二甲氧基异喹啉 N-methyl-6,7-dimethoxyisoquinolone
3- 甲基 -6,8,10,12- 十五碳四烯 -2- 丁酸酯 3-methyl-6,8,10,12-pentadecatetraenyl 2-butenoic acid ester
3- 甲基 -6,8,10,12- 十五碳四烯丁酸酯 3-methyl-6,8,10,12-pentadecatetraenyl butanoic acid ester
1-O- 甲基 -6-O- 咖啡酰基 -β-D- 吡喃葡萄糖苷 1-O-methyl-6-O-caffeoyl-β-D-glucopyranose
N- 甲基 -6β-(癸 -1',3',5'- 三烯基)-3β- 甲氧基 -2β- 甲基哌啶 N-methyl-6β-(deca-1',3',5'-trienyl)-3β-methoxy-2β-methylpiperidine
2- 甲基 -6- 苯基 -4H- 吡喃 -4- 酮 2-methyl-6-phenyl-4H-pyran-4-one
2- 甲基 -6- 庚烯 -1- 醇 2-methyl-6-hepten-1-ol
2- 甲基 -6- 甲氧基 -1,2,3,4- 四氢 -β- 咔啉 2-methyl-6-methoxy-1,2,3,4-tetrahydro-β-carboline
3- 甲基 -6- 甲氧基 -1,8- 二羟基蒽醌 3-methyl-6-methoxy-1,8-dihydroxyanthraquinone
3- 甲基 -6- 甲氧基 -3,4- 二氢异香豆素 -8-O-β-D- 吡喃葡萄糖苷 3-methyl-6-methoxy-3,4-dihydroisocoumarin-8-O-β-D-glucospyranoside
3- 甲基 -6- 甲氧基 -8- 羟基二氢异香豆素 3-methyl-6-methoxy-8-hydroxy-3,4-dihydroisocoumarin
4'- 甲基 -6- 甲氧基山柰酚 -7-O-β-D- 吡喃葡萄糖苷 -8-C-β-D- 吡喃葡萄糖苷 4'-methyl-6-methoxykaempferol-7-O-β-D-glucopyranoside-8-C-β-D-glucopyranoside
2- 甲基 -6- 羟基 -1,2,3,4- 四氢 -β- 咔啉 2-methyl-6-hydroxy-1,2,3,4-tetrahydro-β-carboline
3- 甲基 -6- 羟基 -8- 甲氧基 -3,4- 二氢异香豆素 3-methyl-6-hydroxy-8-methoxy-3,4-dihydroisocoumarin
4-O-(3-O- 甲基 -6- 去氧 -β-D- 吡喃阿洛糖基)-β-D- 磁麻糖苷 4-O-(3-O-methyl-6-deoxy-β-D-allopyranosyl)-β-D-cymaroside
2- 甲基 -6- 酮 -2,4- 庚 -2,4- 二烯酸 -O-β- 龙胆二糖基酯 2-methyl-

J

6-oxo-2,4-hepta-2,4-dienoic acid-*O*-*β*-gentibiosyl-ester

2- 甲基 -6- 亚甲基 -2,7- 辛二烯 -1-*O*-*β*-D- 吡喃葡萄糖苷 2-methyl-6-methylene-2,7-octadiene-1-*O*-*β*-D-glucopyranoside

2- 甲基 -6- 亚甲基 -2,7- 辛二烯 -1- 醇 2-methyl-6-methylene-2,7-octadien-1-ol

(*E*)-2- 甲基 -6- 亚甲基 -2,7- 辛二烯醛 (*E*)-2-methyl-6-methylene-2,7-octadienal

3-*O*- 甲基 -6- 氧代染用卫矛醇▲ 3-*O*-methyl-6-oxotingenol

3- 甲基 -6- 乙基 -2- 环己烯 -1- 酮 3-methyl-6-ethyl-2-cyclohexen-1-one

6-[(5- 甲基 -6- 乙基 -4- 羟基 - 吡喃 -3- 基)- 亚甲基] 光果甘草宁 6-[(5-methyl-6-ethyl-4-hydroxy-pyrone-3-yl)-methylene] glabranine

2- 甲基 -6- 异戊二烯基苯 -1,4- 二醇 -1-*O*-*β*-D- 吡喃葡萄糖苷 2-methyl-6-prenylbenzene-1,4-diol-1-*O*-*β*-D-glucopyranoside

4- 甲基 -7-(1- 甲基乙基)- 薁 -1- 甲醛 4-methyl-7-(1-methylethyl)-azulene-1-carbaldehyde

4- 甲基 -7-(1- 甲基乙基)- 薁 -1- 羧酸 4-methyl-7-(1-methylethyl)-azulene-1-carboxylic acid

8- 甲基 -7,2',4'- 三甲氧基黄烷酮 -5-*O*-*α*-L- 吡喃鼠李糖基 -(1 → 4)-*β*-D- 吡喃吡喃葡萄糖基 -(1 → 6)-*β*-D- 葡萄糖苷 8-methyl-7,2',4'-trimethoxyflavanone-5-*O*-*α*-L-rhamnopyranosyl-(1 → 4)-*β*-D-glucopyranosyl-(1 → 6)-*β*-D-glucopyranoside

6-*C*- 甲基 -7,4',4'''- 三 -*O*- 甲基穗花杉黄酮 6-*C*-methyl-7,4',4'''-tri-*O*-methylamentoflavone

N- 甲基 -7,9- 二 -*O*- 当归酰基 -1- 羟基阔叶千里光次碱盐酸盐 *N*-methyl-7,9-di-*O*-angeloyl-1-hydroxyl platynecinium chloride

2- 甲基 -7,9- 十一碳二烯酸庚酯 2-methyl-7,9-undecadienoic acid heptyl ester

2- 甲基 -7-[(2,3- 二甲基 -1- 氧代丁酰基) 甲基]-2,3,5,7*α*- 四氢 -1*H*- 吡咯里西 -1- 基 -2- 丁酸酯 2-methyl-7-[(2,3-dimethyl-1-oxobutoxy)methyl]-2,3,5,7*α*-tetrahydro-1*H*-pyrrolizin-1-yl-2-butenoic acid ester

8-*C*- 甲基 -7-*O*- 异戊烯基瑞士松素 8-*C*-methyl-7-*O*-prenylpinocembrin

25-*O*- 甲基 -7*β*- 羟基 -24-*O*- 乙酰氢化升麻新醇 -3-*O*-*β*-D- 吡喃木糖苷 25-*O*-methyl-7*β*-hydroxy-24-*O*-acetylhydroshengmanol-3-*O*-*β*-D-xylopyranoside

8-*O*- 甲基 -7- 羟基芦荟素 A, B 8-*O*-methyl-7-hydroxyaloin A, B

4- 甲基 -7- 羟基香豆素 4-methyl-7-hydroxycoumarin

24*ξ*- 甲基 -7- 烯胆甾醇 24*ξ*-methyllathosterol

1- 甲基 -7- 亚甲基 -4-(1- 甲基乙基)-1,3- 环癸二烯 1-methyl-7-methylene-4-(1-methylethyl)-1,3-cyclodecadiene

2- 甲基 -7- 氧代 - 三四十碳 -1,5- 二烯 -21- 醇 2-methyl-7-oxo-tritetracont-1,5-dien-21-ol

6- 甲基 -7- 乙酰基 -1,8- 二羟基 -3- 甲氧基萘 -1-*O*-*β*-D- 吡喃葡萄糖苷 6-methyl-7-acetyl-1,8-dihydroxy-3-methoxynaphthalene-1-*O*-*β*-D-glucopyranoside

6- 甲基 -7- 乙酰基 -1,8- 二羟基萘 -1-*O*-*β*-D- 吡喃葡萄糖苷 6-methyl-7-acetyl-1,8-dihydroxynaphthalene-1-*O*-*β*-D-glucopyranoside

1- 甲基 -8- 甲基乙基 - 三环 [4.4.0.0(2,7)] 十碳 -3- 烯 -3- 甲醇 1-methyl-8-(1-methylethyl)-tricyclo[4.4.0.0(2,7)]dec-3-ene-3-methanol

1- 甲基 -8- 羟基 -9,10- 蒽醌 -3-*O*-*β*-D-(6'-*O*- 桂皮酰基)- 吡喃葡萄糖苷 1-methyl-8-hydroxyl-9,10-anthraquinone-3-*O*-*β*-D-(6'-*O*-cinnamoyl)-glucopyranoside

1- 甲基 -8- 羟基 -9,10- 蒽醌 -3-*O*-*β*-D- 吡喃葡萄糖苷 1-methyl-8-hydroxyl-9,10-anthraquinone-3-*O*-*β*-D-glucopyranoside

5- 甲基 -8- 羟基补骨脂素 5-methyl-8-hydroxypsoralen

(*R*)-14- 甲基 -8- 十六烷炔 -1- 醇 (*R*)-14-methyl-8-hexadecyn-1-ol

4'-*O*- 甲基 -8- 异戊烯基山柰酚 -3-*O*-(*α*-L- 吡喃鼠李糖基 -(1 → 6)-*β*-D- 吡喃半乳糖苷)-7-*O*-*β*-D- 吡喃半乳糖苷 4'-*O*-methyl-8-prenylkaempferol-3-*O*-(*α*-L-rhamnopyranosyl-(1 → 6)-*β*-D-galactopyranoside)-7-*O*-*β*-D-galactopyranoside

7-*O*- 甲基 -8- 异戊烯基柚皮苷元 7-*O*-methyl-8-prenylnaringenin

甲基 -9-(呋喃 -3- 基)-2,7,13- 三甲基 -4- 氧代 -10- 氧杂三环 [5.3.3.0^{1,6}] 十三 -5,8- 二烯 -2- 羧酸酯 methyl-9-(furan-3-yl)-2,7,13-trimethyl-4-oxo-10-oxatricyclo[5.3.3.0^{1,6}]trideca-5,8-diene-2-carboxylate

24- 甲基 -9,19- 环羊毛甾 -24- 烯 -3- 醇 24-methyl-9,19-cyclolanost-24-en-3-ol

24- 甲基 -9,19- 环羊毛甾 -25- 烯 -3- 醇 24-methyl-9,19-cyclolanost-25-en-3-ol

24- 甲基 -9,19- 环羊毛脂 -25- 烯 -3*β*- 醇 24-methyl-9,19-cyclolanost-25-en-3*β*-ol

24- 甲基 -9,19- 环羊毛脂 -25- 烯 -3- 酮 24-methyl-9,19-cyclolanost-25-en-3-one

14- 甲基 -9*β*,19- 环 -5*α*- 麦角甾 -24(28)- 烯 -3*β*,4*α*- 二醇 14-methyl-9*β*,19-cyclo-5*α*-ergost-24(28)-en-3*β*,4*α*-diol

(*R*)-(-)-(*Z*)-14- 甲基 -9- 十六烯 -1- 醇 (*R*)-(-)-(*Z*)-14-methyl-9-hexadecen-1-ol

甲基 -*α*-D- 呋喃果糖苷 methyl *α*-D-fructofuranoside

(3*β*,4*β*,17*α*)-17- 甲基 -A'- 新 -28- 降伽马蜡 -13(18)- 烯 -3,23- 二醇 (3*β*,4*β*,17*α*)-17-methyl-A'-neo-28-norgammacer-13(18)-ene-3,23-diol

2- 甲基 -D- 赤藓醇 -4-*O*-*β*-D- 吡喃葡萄糖苷 2-methyl-D-erythritol-4-*O*-*β*-D-glucopyranoside

2-*C*- 甲基 -D- 赤藓糖醇 2-*C*-methyl-D-erythritol

O- 甲基 -D- 肌醇 *O*-methyl-D-inositol

1- 甲基 -D- 沙门糖 1-methyl-D-samentose

2- 甲基 -1,3,6- 三羟基蒽醌 2-methyl-1,3,6-trihydroxyanthraquinone

2- 甲基 -1,3,6- 三羟基蒽醌 -3-*O*-(3'-*O*- 乙酰基)-*α*-L- 吡喃鼠李糖基 -(1 → 2)- 吡喃葡萄糖苷 2-methyl-1,3,6-trihydroxy-anthraquinone-3-*O*-(3'-*O*-acetyl)-*α*-L-rhamnopyranosyl-(1 → 2)-glucopyranoside

2- 甲基 -1,3,6- 三羟基蒽醌 -3-*O*-(6'-*O*- 乙酰基)-*α*-L- 吡喃鼠李糖基 -(1 → 2)- 吡喃葡萄糖苷 2-methyl-1,3,6-trihydroxy-anthraquinone-3-*O*-(6'-*O*-acetyl)-*α*-L-rhamnopyranosyl-(1 → 2)-glucopyranoside

2- 甲基 -1,3,6- 三羟基蒽醌 -3-*O*-*α*-L- 吡喃鼠李糖基 -(1 → 2)- 吡喃葡萄糖苷 2-methyl-1,3,6-trihydroxy-anthraquinone-3-*O*-*α*-L-rhamnopyranosyl-(1 → 2)-glucopyranoside

(+)-*S*- 甲基 -L- 半胱氨酸亚砜 (+)-*S*-methyl-L-cysteine sulfoxide

β- 甲基 -L- 吡喃鼠李糖苷 *β*-methy-L-rhampyranoside

2- 甲基 -*L*- 赤藓糖醇 -1-*O*-(6-*O*- 反式 - 芥子酰基)-*β*-D- 吡喃葡萄糖苷 2-methyl-*L*-erythritol-1-*O*-(6-*O*-*trans*-sinapoyl)-*β*-D-glucopyranoside

2- 甲基 -*L*- 赤藓糖醇 -4-*O*-(6-*O*- 反式 - 芥子酰基)-*β*-D- 吡喃葡萄糖苷 2-methyl-*L*-erythritol-4-*O*-(6-*O*-*trans*-sinapoyl)-*β*-D-glucopyranoside

α- 甲基 -*L*- 二 [*α*- 甲基 -D- 吡喃果糖基 -(1 → 2),(1 → 3)]- 呋喃阿拉伯糖 *α*-methyl-L-bis[*α*-methyl-D-fructopyranosyl-(1 → 2),(1 → 3)]-arabinofuranose

5-(*N*- 甲基 -L- 酪氨酸)-6-(*O*-D- 吡喃葡萄糖基 -3- 羟基 -*N*- 甲基 -L- 酪氨酸)- 布氏茜素▲ 5-(*N*-methyl-L-tyrosine)-6-(*O*-D-

glucopyranosyl-3-hydroxy-*N*-methyl-L-tyrosine)-bouvardin
2-*O*- 甲基 -L- 手性 - 肌醇 2-*O*-methyl-L-*chiro*-inositol
(2*S**,3*R**)-*N*- 甲基 -*N*-(顺式 - 苯乙烯基)-3- 苯基环氧乙烷 -2- 羧酰胺 (2*S**,3*R**)-*N*-methyl-*N*-[(*Z*)-styryl]-3-phenyloxirane-2-carboxamide
(+)-(*E*,2*S*,2'*R*)-2- 甲基 -*N*-[1'-(10- 氧代 -30- 苯基 - 丙 -20- 烯基) 吡咯啶 -2'- 基] 丁酰胺 (+)-(*E*,2*S*,2'*R*)-2-methyl-*N*-[1'-(10-oxo-30-phenyl-prop-20-enyl)pyrrolidin-2'-yl]butanamide
(2*E*)-2- 甲基 -*N*-[3-[[4-[[(2*E*)-2- 甲基 -1- 氧代 -2- 正丁烯基] 氨] 丁基] 氨] 丙基]-2- 丁烯胺 (2*E*)-2-methyl-*N*-[3-[[4-[[(2*E*)-2-methyl-1-oxo-2-buten-1-yl]amino]butyl]amino]propyl]-2-butenamide
N- 甲基 -*N*-[4-*O*-[3-*O*-(4-*O*-α-L- 吡喃鼠李糖基 -β-D- 吡喃葡萄糖基)-α-L- 吡喃鼠李糖基]- 苯乙基]- 乙酰胺 *N*-methyl-*N*-[4-*O*-[3-*O*-(4-*O*-α-L-rhamnopyranosyl-β-D-glucopyranosyl)-α-L-rhamnopyranosyl]-phenethyl]-acetamide
N- 甲基 -*N*-[4-*O*-[3-*O*-(6-*O*- 苄基 -4-*O*-α-L- 吡喃鼠李糖基 -β-D- 吡喃葡萄糖基)-α-L- 吡喃鼠李糖基]- 苯乙基]- 乙酰胺 *N*-methyl-*N*-[4-*O*-[3-*O*-(6-*O*-benzoyl-4-*O*-α-L-rhamnopyranosyl-β-D-glucopyranosyl)-α-L-rhamnopyranosyl]-phenethyl]-acetamide
N- 甲基 -*N*-[4-*O*-[3-*O*-(6-*O*- 苄基 -β-D- 吡喃葡萄糖基)-α-L- 吡喃鼠李糖基]- 苯乙基]- 乙酰胺 *N*-methyl-*N*-[4-*O*-[3-*O*-(6-*O*-benzoyl-β-D-glucopyranosyl)-α-L-rhamnopyranosyl]-phenethyl]-acetamide
N- 甲基 -*N*-[4-*O*-[3-*O*-(6-*O*- 反式桂皮酰基 -4-*O*-α-L- 吡喃鼠李糖基 -β-D- 吡喃葡萄糖基)-α-L- 吡喃鼠李糖基]- 苯乙基]- 乙酰胺 *N*-methyl-*N*-[4-*O*-[3-*O*-(6-*O*-*trans*-cinnamoyl-4-*O*-α-L-rhamnopyranosyl-β-D-glucopyranosyl)-α-L-rhamnopyranosyl]-phenethyl]-acetamide
N^4- 甲基 -N^4,21- 裂环塔氏多果树宁▲ N^4-methyl-N^4,21-secotalpinine
N- 甲基 -*N*- 苯基 - 桂皮酰胺 *N*-methyl-*N*-phenyl-cinnamamide
N- 甲基 -*N*- 苯乙烯基桂皮酰胺 *N*-methyl-*N*-styrylcinnamamide
N- 甲基 -*N*- 苯乙烯基 - 桂皮酰胺 *N*-methyl-*N*-styryl-cinnamamide
N- 甲基 -*N*- 对羟基苯乙基 - 乙酰胺 *N*-methyl-*N*-(4-hydroxyphenethyl)-acetamide
N- 甲基 -*N*- 反式 - 苯乙烯基 - 桂皮酰胺 *N*-methyl-*N*-*trans*-styryl-cinnamamide
4'- 甲基 -*N*- 甲基衡州乌药碱 4'-methyl-*N*-methylcoclaurine
甲基 -*n*- 姜酚 methyl-*n*-gingerol
(-)-*O*- 甲基 -*N*- 降鹅掌楸宁 (-)-*O*-methyl-*N*-norlirinine
6-*O*- 甲基 -*N*- 去乙酰吐根苷酸▲ 6-*O*-methyl-*N*-deacetylipecosidic acid
N- 甲基 -*N*- 顺式 - 苯乙烯基 - 桂皮酰胺单水合物 *N*-methyl-*N*-*cis*-styryl-cinnamamide monohydrate
3- 甲基 -*O*-[α-L- 吡喃阿拉伯糖基 -(1 → 6)-β-D- 吡喃葡萄糖基]-6- 甲基 - 苯并呋喃 3-methyl-*O*-[α-L-arabinopyranosyl-(1 → 6)-β-D-glucopyranosyl]-6-methyl-benzofuran
3'-*O*- 甲基 -α,β- 二氢土大黄苷 3'-*O*-methyl-α,β-dihydrorhaponticin
甲基 -α-D- 吡喃阿洛酮糖苷 methyl α-D-psicopyranoside
甲基 -α-D- 吡喃甘露糖苷 methyl-α-D-mannopyranoside
甲基 -α-D- 吡喃葡萄糖苷 methyl-α-D-glucopyranoside
甲基 -α-D- 呋喃果糖苷 methyl-α-D-fructofuranoside
甲基 -β-D- 吡喃果糖苷 methyl-β-D-fructopyranoside
1- 甲基 -β-D- 吡喃葡萄糖苷 1-methyl-β-D-glucopyranoside
甲基 -β-D- 吡喃葡萄糖苷 methyl-β-D-glucopyranoside
甲基 -β-D- 吡喃葡萄糖苷 -2,3,4,6- 四没食子酸酯 methyl-β-D-glucopyranoside-2,3,4,6-tetragallate
甲基 -β-D- 吡喃葡萄糖苷 -2,3,6- 三没食子酸酯 methyl-β-D-glucopyranoside-2,3,6-trigallate
甲基 -β-D- 吡喃葡萄糖苷 -3,4,6- 三没食子酸酯 methyl-β-D-glucopyranoside-3,4,6-trigallate
甲基 -β-D- 吡喃葡萄糖苷 -4,6- 二没食子酸酯 methyl-β-D-glucopyranoside-4,6-digallate
甲基 -β-D- 吡喃葡萄糖苷 -6- 对二没食子酸酯 methyl-β-D-glucopyranoside-6-*p*-digallate
甲基 -β-D- 吡喃葡萄糖苷 -6- 间二没食子酸酯 methyl-β-D-glucopyranoside-6-*m*-digallate
甲基 -β-D- 吡喃葡萄糖苷 -6- 没食子酸酯 methyl-β-D-glucopyranoside-6-gallate
3-*O*-(6-*O*- 甲基 -β-D- 吡喃葡萄糖醛酸基)- 积雪草酸 -28-*O*-β-D- 吡喃葡萄糖苷 3-*O*-(6-*O*-methyl-β-D-glucuronopyranosyl)-asiatic acid-28-*O*-β-D-glucopyranoside
3-*O*-(6-*O*- 甲基 -β-D- 吡喃葡萄糖醛酸基) 积雪草酸甲酯 3-*O*-(6-*O*-methyl-β-D-glucuronopyranosyl)-methylasiatate
甲基 -β-D- 呋喃果糖苷 methyl-β-D-fructofuranoside
N- 甲基 -β- 苯乙胺 *N*-methyl-β-phenylethylamine
1- 甲基 -β- 咔啉 1-methyl-β-carboline
9- 甲基 -β- 咔啉 9-methyl-β-carboline
1- 甲基 -β- 咔啉 -3- 羧酸 1-methyl-β-carboline-3-carboxylic acid
甲基 -β- 芸香糖苷 methyl-β-rutinoside
α- 甲基 -γ- 丁内酯 α-methylen-γ-butyrolactone
O- 甲基 -Δ^{14}- 表蔓长春花醇▲ *O*-methyl-Δ^{14}-epivincanol
O- 甲基 -Δ^{14}- 蔓长春花醇▲ *O*-methyl-Δ^{14}-vincanol
N^b- 甲基阿吉马蛇根碱▲ N^b-methylajmaline
5-*O*- 甲基阿米芹诺醇▲ 5-*O*-methylvisamminol
O- 甲基阿魏酸 *O*-methylferulic acid
甲基阿魏酸 methylferulic acid
甲基阿魏酰基 -*O*- 没食子酰葡萄糖 methylferuloyl-*O*-galloylglucose
N- 甲基氨茴酸甲酯 methyl *N*-methylanthranilate
2- 甲基氨基苯甲酸甲酯 2-(methylamino)-benzoic acid methyl ester
2- 甲基氨基苯甲酰胺 2-methylaminobenzamide
N-(*N*- 甲基氨甲酰基)-*O*- 甲基 - 球紫堇碱 *N*-(*N*-methylcarbamoyl)-*O*-methyl-bulbocapnine
N- 甲基澳洲茄胺 *N*-methylsolasodine
(-)-(*S*)-*O*- 甲基巴福木季铵碱▲ (-)-(*S*)-*O*-methylbalfourodinium cation
O- 甲基巴福木季胺碱▲ *O*-methylbalfourodinium
13- 甲基巴马亭红碱 13-methylpalmatrubine
3'-*O*- 甲基巴西苏木素 3'-*O*-methylbrazilin
N- 甲基白刺灵碱▲ *N*-methylnitrarine
甲基白花酸藤子素 methylvilangin
(+)-*N*- 甲基白坚木定▲ (+)-*N*-methylaspidosperimidine
N- 甲基白坚木定▲ *N*-methylaspidospermidine
5- 甲基白藜芦醇 -3,4'-*O*-β-D- 二吡喃葡萄糖苷 5-methylresveratrol-3,4'-*O*-β-D-diglucopyranoside
4'- 甲基白藜芦醇 -3-*O*-β-D- 葡萄糖苷 4'-methylresveratrol-3-*O*-β-D-glycoside
(*E*)-3-*O*- 甲基白藜芦醇 -5-*O*-α-L- 吡喃鼠李糖基 -(1 → 6)-β-D-2''-[(*E*)- 咖啡酰基] 吡喃葡萄糖苷 (*E*)-3-*O*-methylresveratrol-5-*O*-α-L-rhamnopyranosyl-(1 → 6)-β-D-2''-[(*E*)-feruloyl]glucopyranoside
(*E*)-3-*O*- 甲基白藜芦醇 -5-*O*-β-D- 呋喃芹糖基 -(1 → 6)-β-D-(2''- 香荚兰酰)- 吡喃葡萄糖苷 (*E*)-3-*O*-methyl-resveratrol-5-*O*-β-D-apiofuranosyl-(1 → 6)-β-D-(2''-vanilloyl)glucopyranoside
N- 甲基白毛茛定▲ *N*-methylcanadine
N- 甲基白毛茛定▲氢氧化物 *N*-methylcanadine hydroxide
(-)-α-*N*- 甲基 - 白毛茛定季铵碱▲碘化物 (-)-α-*N*-methylcanadinium iodide

J

(-)-β-N- 甲基 - 白毛茛定季铵碱▲碘化物 (-)-β-N-methylcanadinium iodide
N- 甲基白木樟桂碱 N-methylocoxylonine
4-O- 甲基白芍苷 4-O-methylalbiflorin
7-O- 甲基白天竺葵素 -3- 单呋喃葡萄糖苷 7-O-methylleucopelargonidin-3-monoglucofuranoside
6- 甲基白杨素 6-methylchrysin
7-O- 甲基白杨素 7-O-methylchrysin
O- 甲基白汁藤内酰胺▲ O-methylleuconolam
9a-O- 甲基百部烯碱▲ 9a-O-methylstemoenonine
7- 甲基半齿泽兰林素▲ 7-methyleupatilin
α-D- 甲基半乳糖苷 α-D-methylgalactoside
甲基北五味子素▲O, R methylgomisin O, R
19-O- 甲基贝壳杉醇酸 19-O-methylagatholic acid
19- 甲基贝壳杉二酸 19-methyl agathic acid
N- 甲基苯丙氨酸 N-methylphenylalanine
7- 甲基苯并呋喃 7-methylbenzofuran
2- 甲基苯酚 2-methylphenol
3- 甲基苯酚 3-methylphenol
4- 甲基苯酚 4-methylphenol
4- 甲基苯酚 -1-O-α-L- 吡喃阿拉伯糖基 -(1 → 6)-β-D- 吡喃葡萄糖苷 4-methylphenol-1-O-α-L-arabinopyranosyl-(1 → 6)-β-D-glucopyranoside
4- 甲基苯酚 -1-O-α-L- 吡喃鼠李糖基 -(1 → 6)-β-D- 吡喃葡萄糖苷 4-methylphenol-1-O-α-L-rhamnopyranosyl-(1 → 6)-β-D-glucopyranoside
2-(4- 甲基苯基)-1,2- 丙二醇 2-(4-methylphenyl)-1,2-propanediol
N-(2- 甲基苯基)- 乙酰胺 N-(2-methylphenyl)-acetamide
2- 甲基苯基 -1-O-β-D- 吡喃葡萄糖苷 2-methylphenyl-1-O-β-D-glucopyranoside
2- 甲基苯基 -O-α-D- 呋喃阿拉伯糖基 -(1 → 6)-O-β-D- 吡喃葡萄糖苷 2-methylphenyl-O-α-D-arabinofuranosyl-(1 → 6)-O-β-D-glucopyranoside
2- 甲基苯基 -O-β-D- 吡喃木糖基 -(1 → 6)-O-β-D- 吡喃葡萄糖苷 2-methylphenyl-O-β-D-xylopyranosyl-(1 → 6)-O-β-D-glucopyranoside
3- 甲基苯基 -O-β- 吡喃木糖基 -(1 → 6)-O-β- 吡喃葡萄糖苷 3-methylphenyl-6-O-β-xylopyranosyl-(1 → 6)-O-β-glucopyranoside
4-(氨基甲基)-α- 甲基 - 苯甲醇 4-(aminomethyl)-α-methyl-benzenemethanol
2- 甲基苯甲醛 2-methylbenzaldehyde
3- 甲基苯甲醛 3-methylbenzaldehyde
4- 甲基苯甲醛 4-methylbenzaldehyde
2- 甲基苯甲酸 2-methylbenzoic acid
4- 甲基苯甲酸 4-methylbenzoic acid
4-O- 甲基苯甲酰芍药苷 4-O-methylbenzoylpaeoniflorin
2- 甲基苯乙酮 2-methylacetophenone
3- 甲基苯乙酮 3-methylacetophenone
1- 甲基芘 -2,7- 二醇 1-methylpyrene-2,7-diol
N- 甲基吡咯 -2- 羧酸 -1-β-D- 吡喃葡萄糖酯 β-D-glucopyranosyl-1-N-methylpyrrole-2-carboxylate
α- 甲基吡咯酮 α-methylpyrrole ketone
2',3-N- 甲基吡咯烷基古豆碱 2',3-N-methylpyrrolidinylhygrine
2',4-N- 甲基吡咯烷基古豆碱 2',4-N-methylpyrrolidinylhygrine
N- 甲基吡咯烷基古豆碱 A, B N-methylpyrrolidinylhygrine A, B
2- 甲基 - 吡喃 -4- 酮 -3-O-β-D- 吡喃葡萄糖苷 2-methyl-pyran-4-one-3-O-β-D-glucopyranoside
1-(4'- 甲基吡嗪 -5'- 基) 丁烷 -1,2,3,4- 四醇 1-(4'-methylpyridazin-5'-yl)butane-1,2,3,4-tetraol
(9R)-9-O- 甲基荜澄茄素 (9R)-9-O-methylcubebin
(9S)-9-O- 甲基荜澄茄素 (9S)-9-O-methylcubebin
α-O- 甲基荜澄茄素 α-O-methylcubebin
β-O- 甲基荜澄茄素 β-O-methylcubebin
O- 甲基蝙蝠葛碱 O-methyldauricine
4- 甲基苄基 -β-D- 吡喃葡萄糖苷 4-methylphenyl-β-D-glucopyranoside
2- 甲基苄基乙酸酯 2-methylbenzyl acetate
4'-O- 甲基表儿茶素 4'-O-methylepicatechin
3'-O- 甲基表儿茶素 -7-O-β-D- 吡喃葡萄糖苷 3'-O-methylepicatechin-7-O-β-D-glucopyranoside
N_a- 甲基表粉蕊黄杨胺 D N_a-methylepipachysamine D
O- 甲基表蔓长春花醇▲ O-methylepivincanol
4-O- 甲基表苏木醇 4-O-methylepisappanol
6-O- 甲基表桃叶珊瑚苷 6-O-methylepiaucubin
3-O- 甲基 - 表西南獐牙菜内酯▲B 3-O-methyl-episwercinctolide B
N- 甲基别景天定 N-methylallosedridine
O- 甲基别嚏木素▲ O-methylalloptaeroxylin
2-(2'- 甲基丙 -2'- 烯基)-2- 甲基 -6,7- 二甲氧基色烷 -4- 酮 2-(2'-methylprop-2'-enyl)-2-methyl-6,7-dimethoxychroman-4-one
N-(2- 甲基丙基)-2E,4E,8Z,10E- 十二碳四烯酰胺 N-(2-methylpropyl)-2E,4E,8Z,10E-dodecatetraenamide
N-(2- 甲基丙基)-2E,7Z- 三癸二烯 -10,12- 二炔酰胺 N-(2-methyl-propyl)-2E,7Z-tridecadiene-10,12-diynamide
3-(2'- 甲基丙基)-2- 甲基 -6,8- 二甲氧基色烯 -4- 酮 3-(2'-methylpropyl)-2-methyl-6,8-dimethoxychrom-4-one
(3S,6R)-3-(2- 甲基丙基)-6- 苄基 -2,5- 哌嗪二酮 (3S,6R)-3-(2-methylpropyl)-6-benzyl-2,5-piperazine diketone
(3S,6R)-3-(2- 甲基丙基)-6- 对羟基苄基 -2,5- 哌嗪二酮 (3S,6R)-3-(2-methylpropyl)-6-(p-hydroxybenzyl)-2,5-piperazine diketone
(E)-4-[(2- 甲基丙基) 氨基]-4- 氧代 -2- 丁烯酸 (E)-4-[(2-methylpropyl)amino]-4-oxo-2-butenoic acid
(2E,4E,8Z,10E)-N-(2- 甲基丙基) 十二碳 -2,4,8,10- 四烯酰胺 (2E,4E,8Z,10E)-N-(2-methylpropyl)dodeca-2,4,8,10-tetraenamide
(E,E)-N-(2- 甲基丙基)- 十二碳 -2,4- 二烯酰胺 (E,E)-N-(2-methylpropyl)-dodeca-2,4-dienamide
(E,E)-N-(2- 甲基丙基)- 十六碳 -2,4- 二烯酰胺 (E,E)-N-(2-methylpropyl)-hexadeca-2,4-dienamide
甲基丙基二硫醚 methyl propyl disulfide
甲基丙基三硫醚 methyl propyl trisulfide
2- 甲基丙酸 2-methylpropanoic acid
2- 甲基丙酸 -4- 甲氧基 -5- 甲基 -2-{2-[(2- 甲基 -1- 氧代丙氧基) 甲基]-2- 环氧乙基 } 苯酯 2-methyl-propanoic acid-4-methoxy-5-methyl-2-{2-[(2-methyl-1-oxopropoxy)methyl]-2-oxiranyl}phenyl ester
2- 甲基丙酸 -5- 甲基 -2-{2-[(2- 甲基 -1- 氧代丙氧基) 甲基]-2- 环氧乙基 } 苯酯 2-methylpropanoic acid-5-methyl-2-{2-[(2-methyl-1-oxopropoxy)methyl]-2-oxiranyl}phenyl ester
(E,Z,E)-N-(2- 甲基丙烷)-2,4,12- 十四癸三烯 -8,10- 二炔酰胺 (E,Z,E)-N-(2-methylpropyl)-2,4,12-tetradecatriene-8,10-diynamide
(E,E)-N-(2- 甲基丙烷)-2,4- 癸二烯酰胺 (E,E)-N-(2-methylpropyl)-2,4-decadienamide
甲基丙烯基二硫醚 methyl propenyl disulfide
甲基丙烯基三硫醚 methyl propenyl trisulfide
甲基丙烯酸甲酯 methylmethacrylate
甲基丙烯酸乙烯酯 vinyl methacrylate
甲基丙烯酸乙酯 ethyl methacrylate
N-(2- 甲基丙烯酰)- 咪唑 N-(2-methylacryloyl)-imidazol

6-*O*- 甲基丙烯酰多梗贝氏菊素▲ 6-*O*-methylacrylylplenolin
2- 甲基丙烯酰基 -3β- 羟基 -4(15),10(14),11(13)- 愈创木三烯 -12,8- 内酯 2-methylpropenoyl-3β-hydroxy-4(15),10(14),11(13)-guaiatrien-12,8-olide
1- 甲基丙烯酰基 -3- 乙酰基 -11- 甲氧基楝卡品宁▲ 1-methacryloyl-3-acetyl-11-methoxymeliacarpinin
8α-[2- 甲基丙烯酰氧基)-1β,4βH- 环氧 -13-*O*- 乙酸酯 -10βH- 大根老鹳草 -5*E*,7(11)- 二烯 -12,6- 内酯 8α-[2-methylacryloyloxy)-1β,4βH-epoxy-13-*O*-acetate-10βH-germacra-5*E*,7(11)-dien-12,6-olide
8α-(2- 甲基丙烯酰氧基)- 硬毛钩藤内酯 8α-(2-methyl-acryloyloxy)-hirsutinolide
8α-(2- 甲基丙烯酰氧基)- 硬毛钩藤内酯 -13-*O*- 乙酸酯 8α-(2-methylacryloyloxy)-hirsutinolide-13-*O*-acetate
1-(2- 甲基丙酰基)-3- 乙酰基 -11- 甲氧基楝卡品宁▲ 1-(2-methylpropanoyl)-3-acetyl-11-methoxymeliacarpinin
6-*O*- 甲基丙酰基 -α-D- 吡喃葡萄糖苷 6-*O*-methylpropanoyl-α-D-glucopyranoside
4'-*O*- 甲基补骨脂查耳酮 4'-*O*-methylbavachalcone
8- 甲基补骨脂素 8-methylpsoralen
6- 甲基草地乌头芬▲ 6-methylumbrofine
O- 甲基蟾毒色胺 *O*-methyl-bufotenine
N^b- 甲基 - 长尾马钱碱▲ N^b-methyl-longicaudatine
(-)-8-*O*- 甲基长圆叶小檗碱▲ (-)-8-*O*-methyloblongine
甲基长柱虎皮楠碱▲B methyllongistylumphylline B
甲基赤豆皂苷 V methylazukisaponin V
4'- 甲基赤松素 4'-methylpinosylvin
甲基赤芝酮 methyllucidone
N- 甲基臭常山定碱 *N*-methylorixidine
N- 甲基臭常山宁碱 *N*-methylorixidinine
甲基雏菊叶龙胆素 methylbellidifolin
21α- 甲基川楝五醇 21α-methyltoosendanpentol
21-*O*- 甲基川楝烯五醇 21-*O*-methyltoosendapentol
4'-*O*- 甲基川西荚蒾苷▲ 4'-*O*-methyldavidioside
8- 甲基穿心莲内酯 8-methylandrographolide
(+)-*O*- 甲基垂木防己灵▲ (+)-*O*-methylcocsoline
O- 甲基垂木防己灵▲ *O*-methylcocsoline
21- 甲基达玛 -18(28),22(29)- 二烯 21-methyldammara-18(28),22(29)-diene
21- 甲基达玛 -22- 烯 -3β,18,27- 三醇 21-methyldammar-22-en-3β,18,27-triol
N- 甲基打碗花碱 B_2, B_5, C_1 *N*-methylcalystegine B_2, B_5, C_1
11- 甲基大丁草醇▲ 11-methylgerberinol
甲基大豆皂苷 methylsoyasaponin
甲基大果咖啡碱 methylliberine
O- 甲基大果山胡椒辛碱▲甲碘化物 *O*-methylpraecoxine methiodide
1-*O*- 甲基大黄酚 1-*O*-methylchrysophanol
8-*O*- 甲基大黄酚 8-*O*-methylchrysophanol
7- 甲基大黄素甲醚 7-methylphyscion
甲基大黄酸 methyl rhein
3-*O*- 甲基大叶兰酚 3-*O*-methylgigantol
5-*O*- 甲基大叶仙茅素 5-*O*-methylcurculigin
甲基大叶芸香灵▲ methylhaploperine
甲基丹参醌 methyltanshinquinone
N- 甲基单叶酒饼簕碱▲ *N*-methylatalaphylline
N- 甲基单叶酒饼簕宁▲ *N*-methylatalaphyllinine
4β- 甲基胆甾 -20- 烯 -12α- 醇 -3β- 内酯 4β-methylcholest-20-en-12α-ol-3β-olide
24- 甲基胆甾 -4,24(28)- 二烯 -3- 酮 24-methylcholesta-4,24(28)-dien-3-one
24β- 甲基胆甾 -4- 烯 -22- 酮 -3α- 醇 24β-methylcholest-4-ene-22-one-3α-ol
24β- 甲基胆甾 -5,7- 二烯 -3β- 醇 24β-methylcholesta-5,7-dien-3β-ol
24- 甲基胆甾 -5- 烯 -3β-*O*- 吡喃葡萄糖苷 24-methylcholest-5-enyl-3β-*O*-pyranoglucoside
(24ζ)-24- 甲基胆甾 -5- 烯 -3β- 醇 (24ζ)-24-methylcholest-5-en-3β-ol
24ζ- 甲基胆甾 -5- 烯 -3β- 醇 24ζ-methylcholest-5-en-3β-ol
24- 甲基胆甾 -5- 烯 -3β- 醇 24-methylcholest-5-en-3β-ol
24- 甲基胆甾 -5- 烯 -3-β- 醇 24-methylcholest-5-en-3-β-ol
(24*R*)-24- 甲基 - 胆甾 -5- 烯 -3β- 醇 (24*R*)-24-methyl-cholest-5-en-3β-ol
24β- 甲基胆甾 -7- 烯 -3β- 醇 24β-methylcholesta-7-en-3β-ol
4- 甲基胆甾 -7- 烯 -3β- 醇 4-methylcholesta-7-ene-3β-ol
4α- 甲基 - 胆甾 -7- 烯 -3-β- 醇 4α-methyl-cholesta-7-ene-3β-ol
4α- 甲基胆甾 -8- 烯醇 4α-methylcholest-8-enol
(24*S*)-24- 甲基胆甾醇 (24*S*)-24-methylcholesterol
24ζ- 甲基胆甾醇 24ζ-methylcholesterol
24ξ- 甲基胆甾醇 24ξ-methylcholesterol
24- 甲基胆甾醇 24-methylcholesterol
6-*O*- 甲基倒捻子宁 6-*O*-methylmangostanin
3-*O*- 甲基倒捻子烯酮▲D 3-*O*-methylmangostenone D
甲基钓樟酮▲ methyllinderone
O- 甲基调料九里香醛▲ *O*-methylmukonal
3- 甲基 - 丁 -2- 烯 -1-*O*-β-D- 吡喃葡萄糖苷 3-methyl-but-2-en-1-*O*-β-D-glucopyranoside
3- 甲基 - 丁 -2- 烯 -1-*O*-β-D- 吡喃葡萄糖基 -(1 → 6)-β-D- 吡喃葡萄糖苷 3-methyl-but-2-en-1-*O*-β-D-glucopyranosyl-(1 → 6)-β-D-glucopyranoside
3-(3- 甲基丁 -2- 烯 -1- 基)- 异鸟嘌呤 3-(3-methylbut-2-en-1-yl)-isoguanine
6-(3- 甲基丁 -2- 烯基)- 芹菜苷元 6-(3-methylbut-2-enyl)-apigenin
3- 甲基丁 -2- 烯基 -4- 羟基苯甲酸酯 3-methylbut-2-enyl-4-hydroxybenzoate
3- 甲基丁 -2- 烯酸 3-methylbut-2-enoic acid
3- 甲基丁 -2- 烯酸 -[2-(4- 甲氧基苯基)- 乙基]- 酰胺 3-methyl-but-2-enoic acid-[2-(4-methoxyphenyl)-ethyl]-amide
3-(3- 甲基丁 -2- 烯氧基)-4-*O*-α-*D*- 呋喃核糖基苯甲酸甲酯 3-(3-methylbut-2-enyloxy)-4-*O*-α-*D*-ribofuranose benzoic acid methyl ester
4-(3- 甲基丁 -2- 烯氧基)- 苯甲酸 4-(3-methylbut-2-enyloxy)-benzoic acid
1-[(3- 甲基丁 -2- 烯氧基]-2- 甲氧基 -4-(1- 丙烯 -3- 醇) 苯 1-(3-methylbut-2-enyloxy)-2-methoxy-4-(prop-1-en-3-ol)benzene
3- 甲基丁 -3- 烯基 -1-*O*-β-D- 吡喃葡萄糖苷 3-methylbut-3-enyl-1-*O*-β-D-glucopyranoside
3- 甲基丁醇 3-methylbutanol
3- 甲基丁醇 -1-*O*-α-L- 吡喃鼠李糖基 -(1 → 6)-β-D- 吡喃葡萄糖苷 3-methylbutanol-1-*O*-α-L-rhamnopyranosyl-(1 → 6)-β-D-glucopyranoside
3- 甲基丁醇 -β-D- 吡喃葡萄糖苷 3-methylbutanol-β-D-glucopyranoside
2- 甲基丁二酸 2-methylbutanedioic acid
10-*O*-(4"-*O*- 甲基丁二酰) 京尼平苷 10-*O*-(4"-*O*-methylsuccinoyl) geniposide
N-(2- 甲基丁基)-2*E*,4*E*- 癸二烯酰胺 *N*-(2-methylbutyl)-2*E*,4*E*-decadienamide
5-(3"- 甲基丁基)-8- 甲氧基呋喃香豆素 5-(3"-methylbutyl)-8-methoxyfurocoumarin

J

5-(3''- 甲基丁基)-8- 甲氧基呋喃香豆素 5-(3''-methylbutyl)-8-methoxyfuranocoumarin
2-(2- 甲基丁基)- 四氢吡喃 2-(2-methylbutyl)-tetrahydropyran
3- 甲基 - 丁基 -2- 烯 -1-*β*-D- 吡喃葡萄糖基 -(1 → 6)-*β*-D- 吡喃葡萄糖苷 3-methyl-but-2-en-1-yl-*β*-D-glucopyranosyl-(1 → 6)-*β*-D-glucopyranoside
2-(3- 甲基丁基 -2- 烯基)-1,3,5,6- 四羟基𠮿酮 2-(3-methylbut-2-enyl)-1,3,5,6-tetrahydroxyxanthone
2-(3- 甲基丁基 -2- 烯基)-1,3,5- 三羟基𠮿酮 2-(3-methylbut-2-enyl)-1,3,5-trihydroxyxanthone
4-(3'- 甲基丁基 -2'- 烯氧基)-*N*- 苯甲酰苯乙胺 4-(3'-methylbut-2'-eneoxy)-*N*-benzoylphenethylamine
2- 甲基丁基 -3- 烯 - 醇 2-methylbut-3-en-ol
2- 甲基丁基当归酸酯 2-methylbutyl angelate
7-(3- 甲基丁基氧) 闭花木 -13,15- 二烯 -18- 酸 7-(3-methylbutyroxy) cleistanth-13,15-dien-18-oic acid
2- 甲基丁醛 2-methylbutanal
3- 甲基丁醛 3-methylbutanal
(2*S*)-2- 甲基丁酸 (2*S*)-2-methyl butyric acid
2- 甲基丁酸 2-methylbutanoic acid; 2-methylbutyric acid
3- 甲基丁酸 3-methylbutanoic acid
2- 甲基丁酸 -(2*S*)-1-[(8*S*)-8,9- 二氢 -2- 氧代 -2*H*- 呋喃 [2,3-h]-1- 苯并吡喃 -8- 基]-1- 甲基乙基酯 2-methylbutanoic acid-(2*S*)-1-[(8*S*)-8,9-dihydro-2-oxo-2*H*-furo[2,3-h]-1-benzopyran-8-yl]-1-methylethyl ester
3- 甲基丁酸 -7- 羟基 -7- 羟基甲基 -4-(3- 甲基 - 丁酰氧甲基)-6- 氧代 -1,6,7,7a- 四氢环戊烷 [c] 吡喃 -1- 酯 3-methylbutyric acid-7-hydroxy-7-hydroxymethyl-4-(3-methyl-butyryloxymethyl)-6-oxo-1,6,7,7a-tetra -hydrocyclopenta[c]pyran-1-yl ester
2- 甲基丁酸酐 2-methylbutanoic anhydride
2- 甲基丁酸甲酯 methyl 2-methylbutanoate
3- 甲基丁酸甲酯 methyl 3-methylbutanoate
2- 甲基丁酸乙酯 ethyl 2-methylbutyrate
3- 甲基丁酸乙酯 ethyl 3-methylbutyrate
2- 甲基丁酸酯 2-methylbutyrate
(2*S*,3*R*)-2- 甲基丁烷 -1,2,3,4- 四醇 (2*S*,3*R*)-2-methylbutane-1,2,3,4-tetrol
(2*E*)-2- 甲基丁烷 -1,4- 二醇 -1-*O*-*β*-D- 吡喃葡萄糖苷 (2*E*)-2-methylbutane-1,4-diol-1-*O*-*β*-D-glucopyranoside
3- 甲基丁烷 -2- 烯 -4- 甲氧基苯甲酸酯 3-methylbut-2-enyl-4-methoxybenzoate
1*R*-[1*α*,2*β*(*E*),7*α*,8a*α*]-2-(2- 甲基 - 丁烯酸)-1,2,3,4,6,7,8,8a- 八氢 -1,8a- 二甲基 -7-(1- 甲基 - 丁烯酸)-6- 氧代 -2- 萘酯 1*R*-[1*α*,2*β*(*E*),7*α*,8a*α*]-2-(2-methyl-butenoic acid)-1,2,3,4,6,7,8,8a-octahydro-1,8a-dimethyl-7-(1-methyl-ethenyl)-6-oxo-2-naphthalenyl ester
{1*R*-[1*R*,2*R*(*Z*),4*R*,6*R*,8*R*(*Z*),9*S*,10*S*(*Z*),11*S*]}-2-(2- 甲基丁烯酸)-1,6- 二甲基 -9-(1- 甲基乙烯基)-7- 氧代 -5,12- 二氧杂三环 [9.1.0.04,6] 十二烷 -2,8,10- 三酯 1*R*-[1*R*,2*R*(*Z*),4*R*,6*R*,8*R*(*Z*),9*S*,10*S*(*Z*),11*S*]-2-(2-methylbutenoic acid)-1,6-dimethyl-9-(1-methylethenyl)-7-oxo-5,12-dioxatricyclo[9.1.0.04,6]dodecane-2,8,10-triyl ester
1*S*-[1*R*,2*R*(Z),4*R*,5*S*,7*S*(*Z*),8*S*,10*R*]-2-(2- 甲基丁烯酸)-4- 羟基 -5- 甲氧基 -1,5- 二甲基 -8-(1- 甲基乙烯基)-6- 氧代 -11- 氧杂双环 [8.1.0] 十一烷 -2,7- 二酯 1*S*-[1*R*,2*R*(*Z*),4*R*,5*S*,7*S*(*Z*),8*S*,10*R*]-2-(2-methylbutenoic acid)-4-hydroxy-5-methoxy-1,5-dimethyl-8-(1-methylethenyl)-6-oxo-11-oxabicyclo[8.1.0]undecane-2,7-diyl ester
3- 甲基 - 丁烯酸甲酯 ethyl 3-butenoate
2- 甲基丁烯酸乙酯 ethyl 2-methyl-2-butenoate
12-*O*-(2- 甲基丁酰)- 佛波醇 -13- 巴豆酸酯 12-*O*-(2-methylbutyryl)-phorbol-13-tiglate
12-*O*-(2- 甲基丁酰)- 佛波醇 -13- 丁酸酯 12-*O*-(2-methylbutyroyl) phorbol-13-dodecanoate
12-*O*-(2- 甲基丁酰)- 佛波醇 -13- 十四酸酯 12-*O*-(2-methylbutyryl)-phorbol-13-dodecanoate
12-*O*-(2- 甲基丁酰)- 佛波醇 -13- 异丁酸酯 12-*O*-(2-methylbutyryl)-phorbol-13-isobutyrate
2'*R*- 甲基丁酰高大苦油楝内酯▲ 2'*R*-methylbutanoylproceranolide
2'*S*- 甲基丁酰高大苦油楝内酯▲ 2'*S*-methylbutanoylproceranolide
15-*O*-(2- 甲基丁酰基)-3-*O*- 藜芦酰原藜芦因 15-*O*-(2-methylbutanoyl)-3-*O*-veratroylprotoverine
9-(3- 甲基丁酰基)-8,10- 去氢麝香草酚 9-(3-methylbutanoyl)-8,10-dehydrothymol
3,15-*O*,*O*'-(2- 甲基丁酰基) 白藜芦胺▲ 3,15-*O*,*O*'-(2-methylbutyroyl) germine
2-*O*-[1-(3- 甲基丁酰基) 根皮酚]-*β*-D- 吡喃葡萄糖苷 2-*O*-[1-(3-methylbutanoyl)phloroglucinol]-*β*-D-glucopyranoside
2-(2- 甲基丁酰基)- 根皮酚 -1-*O*-(6''-*O*-*β*-D- 呋喃芹糖基)-*β*-D- 吡喃葡萄糖苷 2-(2-methylbutyryl)-phloroglucinol-1-*O*-(6''-*O*-*β*-D-apiofuranosyl)-*β*-D-glucopyranoside
2-(2- 甲基丁酰基) 根皮酚 -1-*O*-*β*- 吡喃葡萄糖苷 2-(2-methylbutyryl)phloroglucinol-1-*O*-*β*-glucopyranoside
2''-*O*-(2'''- 甲基丁酰基)- 荭草素 2''-*O*-(2'''-methylbutyryl)-orientin
2-(2- 甲基丁酰基)- 间苯三酚 -1-*O*-*β*-D- 吡喃葡萄糖苷 2-(2-methylbutyryl)-phloroglucinol-1-*O*-*β*-D-glucopyranoside
2''-*O*-(2'''- 甲基丁酰基)- 牡荆素 2''-*O*-(2'''-methylbutyryl)-vitexin
2''-*O*-(2''- 甲基丁酰基)- 牡荆素 2''-*O*-(2''-methylbutyryl)-viterxin
2''-*O*-(2'''- 甲基丁酰基)- 牡荆素 2''-*O*-(2'''-methylbutyryl)-vitexin
21-(2- 甲基丁酰基)- 山茶皂苷元 E 21-(2-methylbutyryl)-camelliagenin E
2''-*O*-(2'''- 甲基丁酰基) 异獐牙菜素 2''-*O*-(2'''-methylbutyryl) isoswertisin
3''-*O*-(2'''- 甲基丁酰基) 异獐牙菜素 3''-*O*-(2'''-methylbutyryl) isoswertisin
6''-*O*-(2'''- 甲基丁酰基) 异獐牙菜素 6''-*O*-(2'''-methylbutyryl) isoswertisin
3'-*O*-[(2*S*)-2- 甲基丁酰基] 鄂西香茶菜苷 3'-*O*-[(2*S*)-2-methylbutanoyl]henryoside
11*α*-*O*-2- 甲基丁酰基 -12*β*-*O*- 巴豆酰通光藤苷元 B 11*α*-*O*-2-methylbutyryl-12*β*-*O*-tigloyltenacigenin B
11*α*-*O*-2- 甲基丁酰基 -12*β*-*O*- 苯甲酰通光藤苷元 B 11*α*-*O*-2-methylbutyryl-12*β*-*O*-benzoyltenacigenin B
11*α*-*O*-2- 甲基丁酰基 -12*β*-*O*- 乙酰通光藤苷元 B 11*α*-*O*-2-methylbutyryl-12*β*-*O*-acetyltenacigenin B
12-*α*- 甲基丁酰基 -14- 乙酰基 -2*E*,8*E*,10*E*- 白术三醇 12-*α*-methylbutyryl-14-acetyl-2*E*,8*E*,10*E*-atractylentriol
12-*α*- 甲基丁酰基 -14- 乙酰基 -2*E*,8*Z*,10*E*- 白术三醇 12-*α*-methylbutyryl-14-acetyl-2*E*,8*Z*,10*E*-atractylentriol
14-*α*- 甲基丁酰基 -2*E*,8*E*,10*E*- 白术三醇 14-*α*-methyl-butyryl-2*E*,8*E*,10*E*-atractylentriol
14-*α*- 甲基丁酰基 -2*E*,8*Z*,10*E*- 白术三醇 14-*α*-methylbutyryl-2*E*,8*Z*,10*E*-atractylentriol
3''-*O*-2- 甲基丁酰牡荆素 3''-*O*-2-methylbutyrylvitexin
2- 甲基丁酰棋盘花碱 2-methylbutyrylzygadenine
6*β*-(2'- 甲基丁酰氧基)-10*β*- 羟基 -8*α*- 甲氧基荒漠木 -7(11)- 烯 -12,8*β*- 内酯 6*β*-(2'-methylbutanoyloxy)-10*β*-hydroxy-8*α*-methoxyeremo-phil-7(11)-en-12,8*β*-olide
6*β*-(2'- 甲基丁酰氧基)-10*β*- 羟基 -8*β*- 甲氧基荒漠木 -7(11)- 烯 -12,8*α*- 内酯 6*β*-(2'-methylbutanoyloxy)-10*β*-hydroxy-8*β*-

methoxyeremophil-7(11)-en-12,8α-olide

6β-(2'- 甲基丁酰氧基)-10β- 乙酰氧基 -3β,8β- 二羟基荒漠木 -7(11)- 烯 -8,12- 内酯 6β-(2'-methylbutanoyloxy)-10β-acetoxy-3β,8β-dihydroxyeremophil-7(11)-en-8,12-olide

3β-(3- 甲基丁酰氧基)-11- 降氧代荒漠木 -6(7),9(10)- 二烯 -8,11- 二酮 3β-(3-methylbutanoyloxy)-11-noroxoeremophila-6(7),9(10)-diene-8,11-dione

8β-(2- 甲基丁酰氧基)-14- 氧代 -11β,13- 二氢刺苞菊内酯 8β-(2-methylbutyryloxy)-14-oxo-11β,13-idhydroacanthospermolide

29-(2- 甲基丁酰氧基)-2α- 羟基崖摩抑酮▲ 29-(2-methyl butanoyloxy)-2α-hydroxyamoorastatone

1β-(2- 甲基丁酰氧基)-2β,6α,15- 三乙酰氧基 -9α- 苯甲酰氧基 -4α- 羟基 - 二氢 -β- 沉香呋喃 1β-(2-methylbutyryloxy)-2β,6α,15-triacetoxy-9α-benzoyloxy-4α-hydroxy-dihydro-β-agarofuran

1β-(α- 甲基丁酰氧基)-2β,9α- 二 (β- 呋喃酰氧基)-4α- 羟基 -6α,13- 二乙酰氧基 -β- 二氢沉香呋喃 1β-(α-methylbutyroyloxyl)-2β,9α-di(β-furoyloxy)-4α-hydroxy-6α,13-diacetoxy-β-dihydroagarofuran

8-(2- 甲基丁酰氧基)-3,10- 环氧 -3,8- 二羟基 -4,11(13)- 大根老鹳草二烯 -12,6- 内酯 8-(2-methylbutanoyl)-3,10-epoxy-3,8-dihydroxyl-4,11(13)-germacradien-12,6-olide

6β-(2'- 甲基丁酰氧基)-3β- 乙酰氧基 -10β- 羟基 -8α- 甲氧基荒漠木 -7(11)- 烯 -8β,12- 内酯 6β-(2'-methylbutanoyloxy)-3β-acetoxy-10β-hydroxy-8α-methoxyeremophil-7(11)-en-8β,12-olide

6β-(2'- 甲基丁酰氧基)-3β- 乙酰氧基 -10β- 羟基荒漠木 -7(11)- 烯 -8β,12- 内酯 6β-(2'-methylbutanoyloxy)-3β-acetoxy-10β-hydroxyeremophil-7(11)-en-8β,12-olide

3β-(2'- 甲基丁酰氧基)-8βH- 荒漠木 -7(11)- 烯 -12,8α(14,6α)- 二内酯 3β-(2'-methylbutanoyloxy)-8βH-eremophil-7(11)-en-12,8α(14,6α)-diolide

8β-(2- 甲基丁酰氧基)-9β- 羟基 -14- 氧代刺苞菊内酯 8β-(2-methylbutyryloxy)-9β-hydroxy-14-oxo-acanthospermolide

4E,10E-3-(2- 甲基丁酰氧基)- 大根老鹳草 -4,10(1)- 二烯 -12,6α- 内酯 4E,10E-3-(2-methylbutyroyloxy)-germacra-4,10(1)-dien-12,6α-olide

12α-(2- 甲基丁酰氧基)- 哈威豆酸▲ 12α-(2-methylbutyryloxy)-hardwickiic acid

6β-(2 ξ - 甲基丁酰氧基) 荒漠木 -3,7(11),8- 三烯 -8,12- 内酯 -15- 羧酸甲酯 6β-(2 ξ -methylbutyryloxy)eremophil-3,7(11),8-trien-8,12-olide-15-oic acid methyl ester

4S,5R,7S-12-(3'- 甲基丁酰氧基) 荒漠木 -9,11(13)- 二烯 -8- 酮 4S,5R,7S-12-(3'-methylbutyryloxy)eremophila-9,11(13)-dien-8-one

12α-(2- 甲基丁酰氧基)- 劲直白酒草酸▲ 12α-2-(methylbutyryloxy)-strictic acid

2-(2- 甲基丁酰氧基)- 十四酸乙酯 2-(2-methylbutanoyloxy)ethyl tetradecanoate

3α-(2- 甲基丁酰氧基) 托品烷 3α-(2-methylbutyroxy)tropane

3-[(S)-2- 甲基丁酰氧基]- 木香 -1(10),4(5)- 二烯 -12,6α- 内酯 3-[(S)-2-methylbutyryloxy]-costu-1(10),4(5)-dien-12,6α-olide

(2'S,7'S)-O-2- 甲基丁酰氧基二氢欧山芹素 (2'S,7'S)-O-2-methylbutanoylcolumbianetin

3- 甲基丁酰氧基托品烷 3-methylbutyryloxytropane

3''-O-2- 甲基丁酰异日本当药素 3''-O-2-methylbutyrylisoswertiajaponin

2''-O-2- 甲基丁酰异獐牙菜素 2''-O-2-methylbutyrylisoswertisin

3''-O-2- 甲基丁酰异獐牙菜素 3''-O-2-methylbutyrylisoswertisin

(S)-α- 甲基丁酰紫朱草素 (S)-α-methylbutyryl alkannin

α- 甲基丁酰紫朱草素 α-methybutyrylalkannin

8- 甲基丁香酚 8-methyl eugenitol

甲基丁香酚 methyleugenol

甲基丁香苷 methylsyringin

(E)- 甲基丁香油烯 (E)-methyeugenol

10-(2- 甲基丁氧基)-8,9- 环氧麝香草酚异丁酸酯 10-(2-methyl-butyloxy)-8,9-epoxy-thymolisobutyrate

N- 甲基东风橘碱▲ N-methylseverifoline

甲基东莨菪碱 methylscopolamine

O- 甲基冬崖椒酰胺▲ O-methyltembamide

14- 甲基 - 豆甾 -7,24(28) 二烯 -3β- 醇 14-methyl-stignmsta-7,24(28)-en-3β-ol

4- 甲基豆甾 -7,24- 二烯 -3β- 醇 4- methylstigmasta-7,24-dien-3β-ol

4- 甲基豆甾 -7,25- 二烯 -3- 醇乙酸酯 4-methyl-stigmasta-7,25-dien-3-ol acetate

4- 甲基 - 豆甾 -7- 烯 -3- 醇 4-methylstigmast-7-en-3-ol

N- 甲基毒参碱▲ N-methylconiine

O- 甲基独活醇 O-methylheraclenol

(-)-7'-O- 甲基短梗烟堇宁▲ (-)-7'-O-methylegenine

N- 甲基缎木定▲B N-methylswietenidine B

8-(O- 甲基 - 对香豆酰基)- 钩果草吉苷▲ 8-(O-methyl-p-coumaroyl)-harpagide

O- 甲基对叶延胡索碱 O-methylcorledine

N- 甲基对叶元胡任碱 N-methyllederine

4'-O- 甲基萼翅藤素▲ 4'-O-methylcalycopterin

(-)-4'-O- 甲基恩施五味子辛 (-)-4'-O-methylenshicine

2- 甲基蒽 2-methylanthracene

2- 甲基蒽醌 2-methylanthraquinone

4- 甲基儿茶酚 4-methylcatechol

7-O- 甲基儿茶素 -5-O-β-D- 吡喃葡萄糖苷 7-O-methylcatechin-5-O-β-D-glucopyranoside7-O-methylcatechin-5-O-β-D-glucopyranoside

3'-O- 甲基儿茶素 -7-O-β-D- 吡喃葡萄糖苷 3'-O-methylcatechin-7-O-β-D-glucopyranoside

3- 甲基二环 [4.1.0] 庚烷 3-methyl-bicyclo[4.1.0]heptane

6- 甲基二氢白屈菜红碱 6-methyldihydrochelerythrine

甲基二氢草木犀苷 methyl dihydromelilotoside

7-O- 甲基二氢汉黄芩素 7-O-methyldihydrowogonin

(2R,3R)-(+)-4'-O- 甲基二氢槲皮素 (2R,3R)-(+)-4'-O-methyldihydroquercetin

4'-O- 甲基二氢槲皮素 4'-O-methyldihydroquercetin

7-O- 甲基二氢山柰酚 7-O-methyldihydrokaempferol

N- 甲基二氢小檗碱 N-methyldihydroberberine

6- 甲基二氢植酰质体醌 6-methyl dihydrophytylplastoquinone

28- 甲基二十九碳 -27- 烯 -1- 酸 28-methylnonacos-27-en-1-oic acid

3- 甲基二十九烷 -1- 醇 3-methylnonacosan-1-ol

2- 甲基二十三烷 2-methyltricosane

10- 甲基二十烷 10-methylicosane

2- 甲基二十烷 2-methyleicosane

3- 甲基二十烷 -11- 酮 3-methyleicosan-11-one

甲基 - 二叔丁基苯酚 methyl-di-tert-butylphenol

甲基反丁烯二酸 mesaconic acid

3-O- 甲基 - 反式 - 白藜芦醇 -5-O-α-L- 吡喃鼠李糖基 -(1 → 6)-β-D-(2''- 反式 - 阿魏酰基)- 吡喃葡萄糖苷 3-O-methyl-(E)-resveratrol-5-O-α-L-rhamnopyranosyl-(1→6)-β-D-[2''-(E)-feruloyl]-glucopyranoside

3-O- 甲基 - 反式 - 白藜芦醇 -5-O-β-D- 呋喃芹糖基 -(1 → 6)-β-D-[2''- 反式 - 桂皮酰基]- 吡喃葡萄糖苷 3-O-methyl-(E)-resveratrol-5-O-β-D-apiofuranosyl-(1→6)-β-D-[2''-(E)-cinnamoyl]-glucopyranoside

3-O- 甲基 - 反式 - 白藜芦醇 -5-O-β-D- 呋喃芹糖基 -(1 → 6)-β-D-[2''- 香荚兰酰基]- 吡喃葡萄糖苷 3-O-methyl-(E)-resveratrol-5-O-β-

J

D-apiofuranosyl-(1 → 6)-*β*-D-[2''-vanilloyl]-glucopyranoside
(+)-2-*N*- 甲基防己诺林碱 (+)-2-*N*-methylfangchinoline
甲基飞龙掌血酰胺▲ methyltoddaliamide
13- 甲基非洲防己碱 13-methyl-columbamine
(+)-2-*N*- 甲基粉防己碱 (+)-2-*N*-methyltetrandrine
2'-*N*- 甲基粉防己碱氯化物 2'-*N*-methyltetrandrinium chloride
N- 甲基粉蕊黄杨胺 A *N*-methypachysamine A
4*α*- 甲基粪甾醇 4*α*-methylfecosterol
7-*O*- 甲基凤梨百合醇▲ 7-*O*-methyleucomol
3-*O*- 甲基呋喃荚蒾宁 A 3-*O*-methylfuranovibsanin A
N_1- 甲基伏康树菲宁▲ N_1-methylvoafinine
1- 甲基伏康树叶碱▲ 1-methylvoaphylline
2'-*O*- 甲基 - 甘草二酮 2'-*O*-methyl-licodione
3-*O*- 甲基甘草酚 3-*O*-methylglycyrol
5-*O*- 甲基甘草酚 A 5-*O*-methylglycyol
4'-*O*- 甲基甘草苷元 -7-*O*-*α*-L- 吡喃鼠李糖苷
4'-*O*-methylliquiritigenin-7-*O*-*α*-L-rhamnopyranoside
4-*O*- 甲基橄榄斑叶酸▲ 4-*O*-methylolivetoric acid
4'-*O*- 甲基高黄芩苷 -6-*O*- 芹糖基吡喃半乳糖苷
4'-*O*-methylscutellarin-6-*O*-apiosylgalactopyranoside
7-*O*- 甲基高黄芩素 7-*O*-methylscutellarein
6-*O*- 甲基高粱苦苷 6-*O*-methyldhurrin
4'-*O*- 甲基高山毒豆异黄酮▲ 4'-*O*-methylalpinumisoflavone
4'- 甲基高山毒豆异黄酮▲ 4'-methylalpinumisoflavone
6- 甲基高圣草酚 6-methylhomoeriodictyol
甲基根皮酚 -*O*- 没食子酰葡萄糖 methylphloroglucinol-*O*-galloyl-glucose
4-*O*- 甲基根皮酚乙酮 4-*O*-methylphloracetophenone
4'-*O*- 甲基根皮苷 4'-*O*-methoxyphlorizin
4'-*O*- 甲基根皮素 4'-*O*-methoxyphloretin
6'-*O*- 甲基根皮素 6'-*O*-methoxyphloretin
6- 甲基 - 庚 -5- 烯 -2- 酮 6-methyl-hept-5-en-2-one
6- 甲基庚基 -3'- 羟基 -2'- 甲基丙酯 6-methylheptyl-3'-hydroxy-2'-methylpropanoate
2- 甲基庚基异烟酸酯 2-methylheptylisonicotinate
6- 甲基庚醛 6-methylheptanal
2- 甲基庚烷 2-methylheptane
3- 甲基庚烷 3-methylheptane
甲基庚烯酮 methyl heptenone
3'-*O*- 甲基沟酸浆醇▲ 3'-*O*-methyldiplacol
3'-*O*- 甲基沟酸浆酮▲ 3'-*O*-methyldiplacone
17- 甲基沟斜菊素▲ 17-methylbothrioclinin
N^b- 甲基钩吻二内酰胺▲ N^b-methylgelsedilam
γ- 甲基谷氨酸 *γ*-methylglutamic acid
甲基骨碎补内酯 methyldavallialactone
N- 甲基瓜馥木定碱▲ *N*-methylfissoldine
4'-*O*- 甲基光果甘草定 4'-*O*-methylglabridin
7-*O*- 甲基光果甘草宁 7-*O*-methylglabranin
8- 甲基癸醛 8-methyldecanal
α- 甲基桂皮醛 *α*-methylcinnamaldehyde
N- 甲基桂皮酰胺 *N*-methylcinnamamide
O- 甲基哈氏芸香酚▲ *O*-methylhalfordinol
7-*O*- 甲基海牙替定碱 7-*O*-methylhayatidine
7-*O*- 甲基汉黄芩素 7-*O*-methylwogonin
7-*O*- 甲基汉黄芩素 -5- 葡萄糖苷 7-*O*-methylwogonin-5-glucoside
21- 甲基旱地菊 -12,22(29)- 二烯 21-methylbacchara-12,22(29)-diene
1-*O*- 甲基合蕊木讪酮▲ 1-*O*-methylsymphoxanthone
4-*O*- 甲基和厚朴酚 4-*O*-methylhonokiol
(±)-*N*- 甲基和乌胺 (±)-*N*-methylhigenamine
(-)-*N*- 甲基和乌胺 -*N*- 氧化物 (-)-*N*-methylhigenamine-*N*-oxide
甲基河岸泽兰色烯▲ A methylripariochromene A
甲基河岸泽兰色烯 A methylripariochromene A
7-*O*- 甲基荷茗草酮▲ 7-*O*-methylhorminone
N- 甲基黑麦草碱 *N*-methylloline
(-)-1(*R*)-*N*- 甲基衡州乌药碱 (-)-1(*R*)-*N*-methylcoclaurine
(-)-*N*- 甲基衡州乌药碱 (-)-*N*-methylcoclaurine
(±)-*N*- 甲基衡州乌药碱 (±)-*N*-methylcoclaurine
D- 甲基衡州乌药碱 D-methylcoclaurine
N- 甲基衡州乌药碱 *N*-methylcoclaurine
甲基红金鸡纳碱 methylsuccirubin
3-*O*- 甲基厚朴酚 3-*O*-methylmagnolol
甲基胡椒酚 methyl chavicol
N- 甲基胡椒果钓樟碱▲ *N*-methyllindcarpine
7- 甲基胡桃醌 7-methyljuglone
3,7,3'- 甲基槲皮素 3,7,3'-trimethylquercetin
3'-*O*- 甲基槲皮素 3'-*O*-methylquercetin
3-*O*- 甲基槲皮素 3-*O*-methylquercetin
3- 甲基槲皮素 3-methylquercetin
4'-*O*- 甲基槲皮素 4'-*O*-methylquercetin
6- 甲基槲皮素 6-methylquercetin
8-*C*- 甲基槲皮素 -3-*O*-*β*-D- 吡喃木糖苷 8-*C*-methylquercetin-3-*O*-*β*-D-xylopyranoside
4'- 甲基槲皮素 -3-*O*-*β*- 吡喃葡萄糖苷 4'-methylquercetin-3-*O*-*β*-glucopyranoside
3'-*O*- 甲基槲皮素 -3- 葡萄糖苷 3'-*O*-methyl-quercetin-3-glucoside
3'-*O*- 甲基槲皮素 -3- 芸香糖苷 3'-*O*-methylquercetin-3-rutinoside
3-*O*- 甲基槲皮素 -4',7- 二 -*O*-*β*-D- 吡喃葡萄糖苷
3-*O*-methylquercetin-4',7-di-*O*-*β*-D-glucopyranoside
3-*O*- 甲基槲皮素 -4'-*O*-*β*-D- 吡喃葡萄糖苷 3-*O*-methylquercetin-4'-*O*-*β*-D-glucopyranoside
6- 甲基槲皮素 -4'-*O*-*β*-D- 吡喃葡萄糖苷 6-methylquercetin-4'-*O*-*β*-D-glucopyranoside
3-*O*- 甲基槲皮素 -4'-*O*-*β*-D- 吡喃葡萄糖苷 -7-[*O*-*β*-D- 吡喃葡萄糖基 -(1 → 2)-*β*-D- 吡喃葡萄糖苷 3-*O*-methylquercetin-4'-*O*-*β*-D-glucopyranoside-7-[*O*-*β*-D-glucopyranosyl-(1 → 2)-*β*-D-glucopyranoside
3-*O*- 甲基槲皮素 -7-[*O*-*β*-D- 吡喃葡萄糖基 -(1 → 2)-*β*-D- 吡喃葡萄糖苷] 3-*O*-methylquercetin-7-[*O*-*β*-D-glucopyranosyl-(1 → 2)-*β*-D-glucopyranoside]
3-*O*- 甲基 - 槲皮素 -7-*O*-[*α*-L- 吡喃鼠李糖基 -(1 → 2)- 吡喃葡萄糖苷] 3-*O*-methylquercetin-7-*O*-[*α*-L-rhamnopyranosyl-(1 → 2)-glucopyranoside]
3-*O*- 甲基槲皮素 -7-*O*-*β*-D- 吡喃葡萄糖苷 3-*O*-methylquercetin-7-*O*-*β*-D-glucopyranoside
3- 甲基槲皮素 -7-*O*-*β*-D- 吡喃葡萄糖苷 3-methylquercetin-7-*O*-*β*-D-glucopyranoside
3- 甲基槲皮素 -7-*O*-*β*-D- 吡喃葡萄糖苷 -6''-*O*- 丙二酸酯
3-methylquercetin-7-*O*-*β*-D-glucopyranoside-6''-*O*-malonate
3-*O*- 甲基槲皮素 -7-*O*- 二 - 葡萄糖 -4'-*O*- 葡萄糖苷
3-*O*-methylquercetin-7-*O*-di-glucoside-4'-*O*-glucoside
甲基槲皮素 - 戊糖轭合物 methyl quercetin-pentose conjugate
3- 甲基槲皮酮 -3'' -*β*- 吡喃木糖苷 3-methylquercetin-3'-*β*-xylopyranoside
甲基琥珀酸 methylsuccinic acid
24- 甲基花粉甾烷醇▲ 24-methylpollinastanol
24- 甲基花粉甾烷酮▲ 24-methylpollinastanone
甲基花椒酚 methylxanthoxylol
甲基花椒吴萸碱▲ methylevoxine

J

O- 甲基华厚壳桂碱 *O*-methylcaryachine
3- 甲基桦木酚 3-methylbetuletol
22-*O*- 甲基槐二醇 22-*O*-methylsophoradiol
O- 甲基环阿片甾烯醇 *O*-methylcyclolaudenol
4- 甲基环己 -1,3- 二烯 -1- 甲基酮 4-methylcyclohexa-1,3-dien-1-methylketone
2-(4- 甲基环己 -3- 烯基) 丙醇十二酸酯 2-(4-methylcyclohex-3-enyl) propyl dodecanoate
甲基环己烷 methylcyclohexane
1- 甲基环己烷 -1,2,4- 三醇 1-methylcyclohexane-1,2,4-triol
15-*O*- 甲基环荚蒾宁 A, B 15-*O*-methylcyclovibsanin A, B
(23*E*)-25- 甲基环木菠萝 -23- 烯 -3*β*- 醇 (23*E*)-25-methylcycloart-23-en-3*β*-ol
24- 甲基环木菠萝醇阿魏酸酯 24-methylenecycloartanyl ferulate
24- 甲基环木菠萝烯醇 24-methylcycloartenol
(3*R*,5*S*)-3- 甲基 - 环戊 [1,2-c] 吡啶 -5- 醇 (3*R*,5*S*)-3-methyl-cyclopentyl[1,2-c]pyridine-5-ol
2- 甲基环戊酮 2-methylcyclopentanone
甲基环戊烷 methylcyclopentane
2-(3- 甲基环氧乙烷基)-1,4- 苯基 -2- 丁烯酸酯 2-(3-methyloxiranyl)-1,4-phenylene-2-butenoic acid ester
甲基环原黄杨辛碱 methylcycloprotobuxine
(+)-*O*- 甲基黄巴豆亭 (+)-*O*-methylflavinantine
O- 甲基黄巴豆亭 *O*-methylflavinantine
7-*O*- 甲基黄柏烯醇 B 7-*O*-methylphellodenol B
(7'*S*,8'*S*)-4-*O*- 甲基黄花草素▲ D (7'*S*,8'*S*)-4'-*O*-methylcleomiscosin D
(+)-1- 甲基黄堇碱 (+)-1-methylcorypalline
N- 甲基黄堇碱 *N*-methylcorypalline
甲基黄堇碱▲ methylcorypalline
O- 甲基黄皮诺内酯▲ *O*-methylclausenolide
(+)-*N*- 甲基黄肉楠碱 (+)-*N*-methylactinodaphnine
N- 甲基黄肉楠碱 *N*-methylactinodaphnine
O- 甲基黄檀素 *O*-methyldalbergin
甲基黄檀素 methyldalbergin
甲基黄紫堇钦碱 corytenchirine
(*Z*,*E*)-2-(5- 甲基磺酰基 -4- 戊烯 -2- 炔亚基)-1,6- 二氧螺环 [4.5] 癸烷 -3- 烯 (*Z*,*E*)-2-(5-methylsulfonyl-4-penten-2-ynylidene)-(1,6)-dioxaspiro [4.5]dec-3-ene
(*Z*,*Z*)-2-(5- 甲基磺酰基 -4- 戊烯 -2- 炔亚基)-1,6- 二氧螺环 [4.5] 癸烷 -3- 烯 (*Z*,*Z*)-2-(5-methyl-sulfonyl-4-penten-2-ynylidene)-(1,6)-dioxaspiro[4.5]dec-3-ene
(+)-5- 甲基灰毛豆灵▲ (+)-5-methoxypurpurin
5-*O*- 甲基霍氏木素▲ 5-*O*-methylhoslundin
1-*O*- 甲基肌醇 1-*O*-methylinositol
2-*O*- 甲基肌醇 2-*O*-methylinositol
D-1-*O*- 甲基肌醇 D-1-*O*-methylinositol
D-3-*O*- 甲基肌醇 D-3-*O*-methylinositol
L-(-)-2-*O*- 甲基肌醇 L-(-)-2-*O*-methyl-inositol
L-2-*O*- 甲基肌醇 L-2-*O*-methylinositol
1-*O*- 甲基 - 肌醇 1-*O*-methyl-inositol
DL-3-*O*- 甲基 - 肌醇 DL-3-*O*-methyl-inositol
1-*O*- 甲基 - 肌肉肌醇 1-*O*-methyl-*myo*-inositol
D-1-*O*- 甲基 - 肌肉肌醇 D-1-*O*-methyl-*myo*-inositol
24- 甲基鸡冠柱烯醇▲ 24-methyllophenol
24*R*- 甲基 - 鸡冠柱烯醇▲ 24*R*-methyllophenol
6-*O*- 甲基鸡矢藤次苷甲酯 6-*O*-methylscandoside methyl ester
2- 甲基己烷 2-methylhexane
N- 甲基季氨碱氯化物 *N*-methylpalaudinium chloride
18-*O*- 甲基荚蒾宁 G 18-*O*-methylvibsanin G
18-*O*- 甲基荚蒾宁 K 18-*O*-methylvibsanin K
9'-*O*- 甲基荚蒾散醇 9'-*O*-methylvibsanol
2- 甲基甲酰蒽醌 2-methylcarboxyanthraquinone
N- 甲基假木贼碱 *N*-methylanabasine
(+)-4''-*O*- 甲基箭毒碱 (+)-4''-*O*-methylcurine
2-*N*- 甲基江南地不容碱▲ 2-*N*-methylexcentricine
(-)-*O*- 甲基疆罂粟定▲ (-)-*O*-methylroemeridine
6- 甲基降白屈菜红碱 6-methylnorchelerythrine
3-*O*- 甲基降倒捻子素 3-*O*-methylnormangostin
2-*O*- 甲基降柔扁枝衣酸 2-*O*-methylnordivaricatic acid
N^{b}- 甲基降四叶萝芙木辛碱▲ N^{b}-methylnortetraphyllicine
4*α*- 甲基酵母甾醇 4*α*-methylzymosterol
甲基芥子油苷 methylglucosinolate
甲基芥子酯 methyl sinapate
(-)-*N*- 甲基金雀儿碱 (-)-*N*-methylcytisine
N- 甲基金雀儿碱 *N*-methylcytisine
甲基金雀儿碱 methylcytisine
(-)-*β*-*N*- 甲基金罂粟季铵碱碘化物 (-)-*β*-*N*-methylstylopinium iodide
(-)-*α*-*N*- 甲基金罂粟季铵碱氢氧化物 (-)-*α*-*N*-methylstylopinium hydroxide
(3*R*)-3'-*O*- 甲基堇紫黄檀酮▲ (3*R*)-3'-*O*-methylviolanone
甲基肼 methylhydrazine
N- 甲基景天定 *N*-methylsedridine
O- 甲基九里香胺 A *O*-methylmurrayamine A
4'-*O*- 甲基酒饼簕黄酮▲ 4'-*O*-methylatalantoflavone
4'-*O*- 甲基酒花黄酚▲ 4'-*O*-methylxanthohumol
6-*O*- 甲基酒酵母甾醇 6-*O*-methylcerevisterol
N- 甲基巨盘木碱 *N*-methylflindersine
3- 甲基咔唑 3-methylcarbazole
1- 甲基咖啡酸 1-methylcaffeic acid
12- 甲基开环红花蕊木酸▲ 12-methoxychanofruticosinic acid
5- 甲基糠醛 5-methylfurfural
17- 甲基柯桠树 -8(14),9(11)- 二烯 17-methylvouacapane-8(14),9(11)-diene
甲基榼藤子三酮 methylentagentrione
6-*O*- 甲基克里特鸦葱苷▲ I 6-*O*-methylscorzocreticoside I
N- 甲基苦豆子碱 *N*-methylaloperine
25-*O*- 甲基苦瓜洛苷元▲ D 25-*O*-methylkaravilagenin D
(23*R**)-23-*O*- 甲基苦瓜素 IV (23*R**)-23-*O*-methylmomordicin IV
甲基苦木酮 methylnigakinone
甲基苦树苷▲ A, B methylpicraquassioside A, B
2- 甲基醌茜素 2-methylquinizarin
N- 甲基阔果芸香季铵碱▲ *N*-methylplatydesminium
N- 甲基阔果芸香碱 *N*-methylplatydesmine
(*R*)-5-*O*- 甲基阔叶黄檀素 (*R*)-5-*O*-methylatifolin
7-*O*- 甲基阔翼蜡菊苯酞▲ 7-*O*-methyl-platypterophthalide
(-)- 甲基辣薄荷醇 (-)-methylpiperitol
(±)- 甲基辣薄荷醇 (±)-methylpiperitol
甲基辣薄荷醇 methyl piperitol
8- 甲基狼毒乌头碱 8-methyllycoctonine
甲基狼毒乌头亭▲ methyllycaconitine
N- 甲基劳丹季铵碱 *N*-methyllaudanidinium
(+)-*N*- 甲基劳丹尼定氢氧化物 (+)-*N*-methyllaudanidinium hydroxide
N- 甲基酪胺 *N*-methyltyramine
N- 甲基酪胺 -*O*-*α*-L- 吡喃鼠李糖苷 *N*-methyltyramine-*O*-*α*-L-rhamnopyranoside
3- 甲基酪胺 - 甜菜黄素 3-methoxytyramine-betaxanthin
14-*O*- 甲基丽乌辛▲ 14-*O*-methylforesticine

J

(+)-*N*- 甲基莲叶桐碱 (+)-*N*-methylnandigerine
N- 甲基莲叶桐碱 *N*-methylhernangerine
(+)-*N*- 甲基莲叶桐任碱▲ (+)-*N*-methylovigerine
N- 甲基莲叶桐任碱▲ *N*-methylovigerine
(+)-*N*- 甲基莲叶桐文碱▲ (+)-*N*-methylhernovine
10-*O*- 甲基莲叶桐文碱▲ 10-*O*-methylhernovine
24- 甲基链甾醇 24-methyldesmosterol
[21α- 甲基楝醇 -(21*R*,23*R*) 环氧 -24- 羟基 -21α- 甲氧基]- 绿玉树 -7,25- 二烯 -3- 酮 [21α-methylmelianol-(21*R*,23*R*)epoxy-24-hydroxy-21α-methoxyl]-triucalla-7,25-dien-3-one
21α- 甲基楝醇 (21*R*,23*R*) 环氧 -24- 羟基 -21α- 甲氧基绿玉树 -7,25- 二烯 -3- 酮 21α-methylmelianol(21*R*,23*R*)epoxy-24-hydroxy-21α-methoxyl-triucalla-7,25-dien-3-one
21α- 甲基楝酮二醇 21α-methylmelianodiol
21β- 甲基楝酮二醇 21β-methylmelianodiol
(5*R*)-*O*- 甲基辽东桤木酮醇▲ (5*R*)-*O*-methylhirsutanonol
(5*S*)-*O*- 甲基辽东桤木酮醇▲ (5*S*)-*O*-methylhirsutanonol
N- 甲基 - 裂环 - 伪 -β- 蛇形马钱碱▲ *N*-methyl-*sec*-pseudo-β-colubrine
O- 甲基裂环谢氏百合辛碱▲ *O*-methylsecoschelhammericine
甲基裂叶蒿酚▲ methyllacarol
N- 甲基邻氨基苯甲酸甲酯 *N*-methylanthranilic acid methyl ester
1-*O*- 甲基凌霄醇▲ 1-*O*-methylcachinol
3'''-*O*- 甲基凌霄新苷 I 3'''-*O*-methylcampneoside I
3- 甲基硫代吲哚 3-methylthioindole
1- 甲基硫己烷 1-(methylthio)hexane
甲基硫氰酸酯 methyl thiocyanate
5'-*S*- 甲基硫腺苷 5'-*S*-methylthioadenosine
10- 甲基龙船花萜苷▲ 10-methylixoside
11- 甲基龙船花萜苷▲ 11-methylixoside
7-*O*- 甲基芦丁 7-*O*-methylrutin
甲基露蕊乌头碱▲ methylgymnaconitine
O- 甲基罗氏唐松草碱 *O*-methylthalibrine
24- 甲基绿玉树 -5,24- 二烯 -3β- 醇 24-methyltirucalla-5,24-dien-3β-ol
(1*R*,2*S*)-*N*- 甲基麻黄碱 (1*R*,2*S*)-*N*-methylephedrine
甲基麻黄碱 methylephedrine
O- 甲基马汉九里香宁碱 *O*-methylmahanine
甲基马钱苷 methylloganin
5-*O*- 甲基马氏哥纳香碱▲D 5-*O*-methylmarcanine D
(+)-*O*- 甲基马尾黄连碱 (+)-*O*-methylthalicberine
O- 甲基马尾黄连碱 *O*-methylthalicberine
N- 甲基吗啉 *N*-methylmorpholine
2- 甲基迈康酸 -3-*O*-β-D- 吡喃葡萄糖苷 -6'-(*O*-4''- 羟基苯甲酸酯) 2-methylpyromeconic acid-3-*O*-β-D-glucopyranoside-6'-(*O*-4''-hydroxybenzoate)
甲基麦冬黄烷酮 B methylophiopogonanone B
(22*E*,24*R*)-23- 甲基麦角甾 -7,22- 二烯 -3β,5α,6β,9α- 四醇 (22*E*,24*R*)-23-methylergosta-7,22-diene-3β,5α,6β,9α-tetrol
(22*E*,24*R*)-23- 甲基麦角甾 -7,22- 二烯 -3β,5α,6β- 三醇 (22*E*,24*R*)-23-methylergosta-7,22-diene-3β,5α,6β-triol
(22*E*,24*R*)-23- 甲基麦角甾 -7,22- 二烯 -3β,5α,9α- 三醇 (22*E*,24*R*)-23-methylergosta-7,22-diene-3β,5α,9α-triol
(3*S*,4*R*,20*R*)-4- 甲基麦角甾 -7,24(28)- 二烯 -3,4- 二醇 (3*S*,4*R*,20*R*)-4-methylergost-7,24(28)-dien-3,4-diol
(5α)-4α- 甲基 - 麦角甾 -7,25- 二烯 -3β- 醇 (5α)-4α-methyl-ergosta-7,25-dien-3β-ol
4- 甲基麦角甾 -7,25- 二烯 -3- 醇乙酸酯 4-methyl-ergosta-7,25-dien-3-ol acetate
(3*S*,4*R*,20*R*)-4- 甲基麦角甾 -8,14,24(28)- 三烯 -3,4- 二醇 (3*S*,4*R*,20*R*)-4-methylergost-8,14,24(28)-trien-3,4-diol
(3*S*,4*R*,20*R*)-4- 甲基麦角甾 -8,24(28)- 二烯 -3,4- 二醇 (3*S*,4*R*,20*R*)-4-methylergost-8,24(28)-dien-3,4-diol
O- 甲基蔓长春花醇▲ *O*-methylvincanol
2'-*O*- 甲基芒柄花素 2'-*O*-methylformononetin
O- 甲基芒籽碱 *O*-methylmoschatoline
O- 甲基芒籽林碱 *O*-methylatheroline
N- 甲基芒籽宁季铵碱▲ *N*-methylatherosperminium
7-*O*- 甲基杧果苷 7-*O*-methylmangiferin
3-*O*- 甲基莽吉柿素▲ 3-*O*-methylgartanin
3-*O*-(D-2-*O*- 甲基毛地黄糖基)-14- 羟基 -5β- 强心甾 -16,20(22)- 二烯内酯 3-*O*-(D-2-*O*-methyldigitalosyl)-14-hydroxy-5β-carda-16,20(22)-dienolide
7a-*O*- 甲基毛鱼藤醇 7a-*O*-methylelliptonol
7a-*O*- 甲基毛鱼藤酮 7a-*O*-methylelliptonone
9'-*O*- 甲基美商陆醇 A 9'-*O*-methylamericanol A
9'- 甲基美商陆酚 A 9'-methylamericanol A
14β- 甲基米团花二倍半萜酮▲ 14β-methylleucosesterterpenone
O- 甲基秘鲁水仙碱▲ *O*-methylismine
4-*O*- 甲基蜜环菌定▲ 4-*O*-methylarmillaridin
5'-*O*- 甲基蜜环菌醛▲ 5'-*O*-methylmelledonal
4-*O*- 甲基蜜环菌酯▲ 4-*O*-methylmelleolide
4'-*O*- 甲基没食子儿茶素 4'-*O*-methylgallocatechin
3-*O*- 甲基没食子酸 3-*O*-methylgallic acid
4-*O*- 甲基没食子酸 4-*O*-methylgallic acid
4- 甲基没食子酸 4-methylgallic acid
3-*O*- 甲基没食子酸 -4'-(5''- 乙基)-α-L- 呋喃阿拉伯糖苷 3-*O*-methylgallic acid-4'-(5''-ethyl)-α-L-arabinofuranoside
3-*O*- 甲基没食子酸 -4'-*O*-α-L- 吡喃鼠李糖苷 3-*O*-methylgallic acid-4'-*O*-α-L-rhamnopyranoside
3-*O*- 甲基没食子酸甲酯 methyl 3-*O*-methylgallate
3-*O*-(3- 甲基没食子酰基) 儿茶素 3-*O*-(3-methylgalloyl)catechin
3-*O*-(3- 甲基没食子酰基) 没食子儿茶素 3-*O*-(3-methylgalloyl) gallocatechin
11-*O*-(3'-*O*- 甲基没食子酰基)- 岩白菜素 11-*O*-(3'-*O*-methylgalloyl)-bergenin
11-*O*-(4-*O*- 甲基没食子酰基)- 岩白菜素 11-*O*-(4-*O*-methylgalloyl)-bergenin
4-*O*- 甲基没食子酰芍药苷 4-*O*-methylgalloylpaeoniflorin
(7α)-7-*O*- 甲基莫罗忍冬苷 (7α)-7-*O*-methylmorroniside
7*R*-*O*- 甲基莫罗忍冬苷 7*R*-*O*-methylmorroniside
7*S*-*O*- 甲基莫罗忍冬苷 7*S*-*O*-methylmorroniside
甲基莫罗忍冬苷 methylmorroniside
3-*O*- 甲基牡丹醛▲ 3-*O*-methylpaeonisuffral
4-*O*- 甲基牡丹芍药苷▲B 4-*O*-methylsuffrupaeoniflorin B
2'-*O*- 甲基木豆酮 2'-*O*-methylcajanone
甲基木蝴蝶紫檀烷 methyl oroxylopterocarpan
N- 甲基木姜子辛 *N*-methyllitsericine
2-*O*- 甲基木橘碱 2-*O*-methylaegeline
O- 甲基木橘碱 *O*-methylaegeline
7'-*O*- 甲基木橘素 7'-*O*-methylmarmin
6- 甲基木犀草素 6-methylluteolin
8- 甲基木犀草素 8-methylluteolin
4-*O*-11- 甲基木犀榄苷▲- 对羟基苯基 -(6'-11- 甲基木犀榄苷▲)-β-D- 吡喃葡萄糖苷 4-*O*-11-methyloleoside-p-hydroxyphenyl-(6'-11-methyloleoside)-β-D-glucopyranoside
N- 甲基那碎米辛 *N*-methylnarceimicine
1- 甲基萘 1-methylnaphthalene
2- 甲基萘 2-methylnaphthalene

1- 甲基 - 萘并 [2,3-d][1,3] 间二氧杂环戊烯 -6- 羧酸甲酯 1-methylnaphtho[2,3-d][1,3]dioxole-6-carboxylic acid methyl ester
2- 甲基萘茜 2-methylnaphthazarin
2- 甲基萘茜 -5-*O*-*β*- 吡喃葡萄糖苷 2-methylnaphthazarin-5-*O*-*β*-glucopyranoside
O- 甲基南天竹碱 *O*-methyldomesticine
(+)-*N*- 甲基南天竹宁 (+)-*N*-methylnantenine
甲基尼泊尔鸢尾异黄酮 methyl irisolidone
甲基尼氏山黧豆素▲ methylnissolin
甲基尼氏山黧豆素▲-3-*O*- 吡喃葡萄糖苷 methylnissolin-3-*O*-glucopyranoside
(-)-(*R*)-4'-*O*- 甲基尼亚金梅草酚▲ (-)-(*R*)-4'-*O*-methylnyasol
(-)-4'-*O*- 甲基尼亚小金梅草酚▲ (-)-4'-*O*-methyl-nyasol
(+)-4'-*O*- 甲基尼亚小金梅草酚▲ (+)-4'-*O*-methylnyasol
4'-*O*- 甲基尼亚小金梅草酚▲ 4'-*O*-methylnyasol
(1*R*,2*R*)-1-*O*- 甲基尼亚小金梅草苷▲ (1*R*,2*R*)-1-*O*-methylnyasicoside
(1*S*,2*R*)-1-*O*- 甲基尼亚小金梅草苷▲ (1*S*,2*R*)-1-*O*-methylnyasicoside
(1*S*,2*R*)-*O*- 甲基尼亚小金梅草苷▲ (1*S*,2*R*)-*O*-methylnyasicoside
1-*O*- 甲基尼亚小金梅草苷▲ 1-*O*-methylnyasicoside
O- 甲基拟洋椿素▲ *O*-methylcedrelopsin
5- 甲基尿嘧啶 5-methyluracil
4- 甲基尿唑 4-methylurazole
2- 甲基柠檬酸酯 2-methyl citrate
6- 甲基柠檬酸酯 6-methyl citrate
甲基牛蒡子苷元 methylarctigenin
3'-*O*- 甲基牛角瓜素▲ 3'-*O*-methylcalotropin
19-*O*- 甲基牛眼马钱林碱▲ 19-*O*-methylangustoline
2- 甲基哌啶 2-methylpiperidine
O- 甲基旁遮普小檗碱▲ *O*-methylpunjabine
β- 甲基苹果酸 *β*-methylmalic acid
1- 甲基苹果酸酯 1-methylmalate
β- 甲基葡萄糖苷 *β*-methylglucoside
4'- 甲基葡萄糖基甘草苷元 4'-methylglucoliquiritigenin
甲基葡萄糖木犀榄苷▲ methyl glucooleoside
13*β*- 甲基 - 蒲公英赛 -14- 烯 -3- 酮 13*β*-methyl-taraxer-14-en-3-one
甲基七叶树苷 methylesculin
7- 甲基七叶树内酯 7-methylesculetin
3-*O*-*α*- 甲基 - 齐墩果 -12- 烯 3-*O*-*α*-methyl-olean-12-ene
N- 甲基千金藤富林碱▲ *N*-methylstephuline
N- 甲基千金藤异阿魏碱▲ *N*-methylstephisoferuline
7*β*-(4- 甲基千里光酰氧基)- 日本刺参 -3(14)*Z*,8(10)- 二烯 -2- 酮 7*β*-(4-methylsenecioyloxy)-oplopa-3(14)*Z*,8(10)-dien-2-one
(*S*)-7-*O*- 甲基前胡醇 -3'-*O*-*β*-D- 吡喃葡萄糖苷 (*S*)-7-*O*-methylpeucedanol-3'-*O*-*β*-D-glucopyranoside
(*S*)-7-*O*- 甲基前胡醇 -3'-*O*-*β*-D- 呋喃芹糖基 -(1 → 6)-*β*-D- 吡喃葡萄糖苷 (*S*)-7-*O*-methyl-peucedanol-3'-*O*-*β*-D- apiofuranosyl-(1 → 6)-*β*-D-glucopyranoside
6- 甲基茜素 6-methylalizarin
O- 甲基羌活醇 *O*-methylnotopterol
O- 甲基羟基榆橘季铵碱▲ *O*-methylhydroxyptelefolonium
O-4- 甲基羟基月芸香季铵碱▲盐酸盐 *O*-4-methylhydroxyluninium chloride
3'-*O*- 甲基鞘亮蛇床醇▲ 3'-*O*-methylvaginol
12- 甲基鞘蕊花酮▲U 12-methylcoleon U
甲基茄烯醇▲ methyl solanesol
7- 甲基芹菜苷元 7-methylapigenin
7-*O*- 甲基芹菜苷元 -5-*O*- 吡喃木糖基吡喃葡萄糖苷 7-*O*-methylapigenin-5-*O*-xylopyranosylglucopyranoside
7- 甲基芹菜苷元 -6-*C*-*β*- 吡喃葡萄糖基 -2''-*O*-*β*-D- 吡喃木糖苷 7-methylapigenin-6-*C*-*β*-glucopyranosyl-2''-*O*-*β*-D-xylopyranoside
5-*O*- 甲基芹菜苷元 -7-*O*-*β*-D- 吡喃葡萄糖苷 5-*O*-methylapigenin-7-*O*-*β*-D-glucopyranoside
甲基芹菜苷元 -7-*O*-*β*-D- 吡喃葡萄糖醛酸苷 methylapigenin-7-*O*-*β*-D-glucuronopyranoside
5-*O*- 甲基芹菜素 5-*O*-methylapigenin
N- 甲基青花椒碱 *N*-methylschinifoline
甲基青花椒烯醇 methylschinilenol
7- 甲基氢化胡桃醌 7-methylhydrojuglone
O- 甲基球紫堇碱 *O*-methylbulbocapnine
4- 甲基巯基 -2- 庚烷硫醇 4-methylthio-2-heptanethiol
4-*O*- 甲基去苯甲酰芍药苷 4-*O*-methyldebenzoylpaeoniflorin
(3a*R*,4*S*,5*R*,7*R*,8a*S*)-2- 甲基 - 去氢 -3a,4- 二羟基 -4- 甲基 -1- 亚甲基 -7-(1- 甲基乙基)-8- 氧代 -5- 薁基 -2- 丁烯酸酯 (3a*R*,4*S*,5*R*,7*R*,8a*S*)-2-methyl-decahydro-3a,4-dihydroxy-4-methyl-1-methylene-7-(1-methylethyl)-8-oxo-5-azulenyl-2-butenoic acid ester
甲基去氢银桦酚烷▲ methyldehydrograviphane
13- 甲基去氢紫堇达明碱 13-methyl-dehydrocorydalmine
甲基去乙酰车叶草苷 methyl deacetylasperuloside
6-*O*- 甲基去乙酰车叶草苷酸甲酯 6-*O*-methyldeacetylasperulosidic acid methyl ester
5-*O*- 甲基染料木素 5-*O*-methylgenistein
6- 甲基染料木素 6-methylgenistein
5-*O*- 甲基染料木素 -7-*O*-*β*-D- 吡喃葡萄糖苷 5-*O*-methylgenistein-7-*O*-*β*-D-glucopyranoside
4'-*O*- 甲基染料木素 -7-*O*-*β*-D- 芸香糖苷 4'-*O*-methylgenistein-7-*O*-*β*-D-rutinoside
23-*O*- 甲基人参皂苷 Rg_{11} 23-*O*-methylginsenoside-Rg_{11}
8- 甲基壬基酞酸丁酯 butyl 8-methylnonyl phthalate
8- 甲基壬醛 8-methylnonanal
3'-*O*- 甲基忍冬黄酮▲ 3'-*O*-methylloniflavone
1- 甲基榕叶新劳塔豆酚▲ 1-methoxyficifolinol
(-)-*N*- 甲基柔毛等瓣木碱▲ (-)-*N*-methylisopiline
O- 甲基柔毛等瓣木碱▲ *O*-methylisopiline
3'-*O*- 甲基鞣花酸 3'-*O*-methylellagic acid
3-*O*- 甲基鞣花酸 3-*O*-methylellagic acid
4-*O*- 甲基鞣花酸 3'-(4''-*O*- 乙酰基)-*α*-L- 鼠李糖苷 4-*O*-methylellagic acid-3'-(4''-*O*-acetyl)-*α*-L-rhamnoside
3-*O*- 甲基鞣花酸 -3'-*O*-*α*-2''-*O*- 乙酰吡喃鼠李糖苷 3-*O*-methylellagic acid-3'-*O*-*α*-2''-*O*-acetylrhamnopyranoside
3-*O*- 甲基鞣花酸 -3'-*O*-*α*-3''-*O*- 乙酰吡喃鼠李糖苷 3-*O*-methylellagic acid-3'-*O*-*α*-3''-*O*-acetylrhamnopyranoside
3-*O*- 甲基鞣花酸 -3'-*O*-*α*-4''-*O*- 乙酰吡喃鼠李糖苷 3-*O*-methylellagic acid-3'-*O*-*α*-4''-*O*-acetylrhamnopyranoside
3-*O*- 甲基鞣花酸 -3'-*O*-*α*-L- 吡喃鼠李糖苷 3-*O*-methylellagic acid-3'-*O*-*α*-L-rhamnopyranoside
3-*O*- 甲基鞣花酸 -3'-*O*-*α*-L- 鼠李糖苷 3-*O*-methylellagic acid-3'-*O*-*α*-L-rhamnoside
3-*O*- 甲基鞣花酸 -3'-*O*-*α*- 吡喃鼠李糖苷 3-*O*-methylellagic acid-3'-*O*-*α*-rhamnopyranoside
3- 甲基鞣花酸 -3'-*O*-*β*-D- 吡喃木糖苷 3-methylellagic acid-3'-*O*-*β*-D-xylopyranoside
4-*O*- 甲基鞣花酸 -3'-*α*- 吡喃鼠李糖苷 4-*O*-methylellagic acid-3'-*α*-rhamnopyranoside
3-*O*- 甲基鞣花酸 -4'-*O*-(2''-*O*- 乙酰基)-*α*-L- 吡喃鼠李糖苷 3-*O*-methylellagic acid-4'-*O*-(2''-*O*-acetyl)-*α*-L-rhamnopyranoside
3-*O*- 甲基鞣花酸 -4'-*O*-*α*-L- 吡喃鼠李糖苷 3-*O*-methylellagic acid-4'-*O*-*α*-L-rhamnopyranoside

J

3-*O*- 甲基鞣花酸 -4-*O*-*α*-L- 吡喃鼠李糖苷 3-*O*-methylellagic acid-4-*O*-*α*-L-rhamnopyranoside
3-*O*- 甲基鞣花酸 -4'-*O*-*β*-D- 吡喃木糖苷 3-*O*-methylellagic acid-4'-*O*-*β*-D-xylopyranoside
3'-*O*- 甲基鞣花酸 -4-*O*-*β*-D- 吡喃木糖苷 3'-*O*-methylellagic acid-4-*O*-*β*-D-xylopyranoside
4'-*O*- 甲基鞣花酸 -4-*O*-*β*-D- 吡喃葡萄糖苷 4'-*O*-methylellagic acid-4-*O*-*β*-D-glucopyranoside
3'-*O*- 甲基鞣花酸 4-*O*- 木糖苷 3'-*O*-methylellagic acid-4-*O*-xyloside
3-*O*- 甲基鞣花酸 -4'-*α*-L- 吡喃鼠李糖苷 3-*O*-methylellagic acid-4'-*α*-L-rhamnopyranoside
甲基鞣花酸戊糖轭合物 methylellagic acid-pentose conjugate
12- 甲基 - 肉豆蔻酸 12-methyl-myristic acid
4-*O*- 甲基肉桂醇 4-*O*-methylcinnamyl alcohol
4-*O*- 甲基肉桂醇甲醚 4-*O*-methylcinnamyl methyl ether
4-*O*- 甲基肉桂醇乙酸酯 4-*O*-methylcinnamyl acetate
12-*O*- 甲基肉质鼠尾草酚▲ 12-*O*-methylcarnosol
12-*O*- 甲基肉质鼠尾草酸▲ 12-*O*-methylcarnosic acid
N_a- 甲基乳白仔榄树酯胺▲ N_a-methylburnamine
3-*O*- 甲基乳菇内酯 3-*O*-methyllactarolide
N(4)- 甲基蕊木酸酯▲ *N*(4)-methylkopsininate
甲基瑞士五针松三烯▲ methyl cembratriene
(2*S*)-8- 甲基瑞士五针松素▲ (2*S*)-8-methylpinocembrin
8- 甲基瑞士五针松素▲ 8-methylpinocembrin
甲基瑞士五针松烯▲ methyl cembrenene
(+)-(7*S*)-7-*O*- 甲基赛氏曲霉酸▲ (+)-(7*S*)-7-*O*-methylsydonic acid
4-*O*- 甲基三白草新醇▲H 4-*O*-methylsaurucinol H
甲基三尖杉定碱▲ methyltaxodine
甲基三角叶薯蓣皂苷 methyldeltoside
N- 甲基三裂泡泡碱▲ *N*-methylasimilobine
N- 甲基三裂泡泡碱▲-2-*O*-*β*-*D*- 吡喃葡萄糖苷 *N*-methylasimilobine-2-*O*-*β*-D-glucopyranoside
6- 甲基三十二烷 6-methy-dotracontane
4- 甲基三十七烷 -1- 烯 -10- 醇 4-methylheptatriacont-1-en-10-ol
3- 甲基三十三烷 3-methyltritriacontane
6- 甲基三十三烷 6-methyltrhriacontane
29- 甲基三十三烷 -1- 醇 29-methyltriacontan-1-ol
6- 甲基三十三烷 -5- 酮 -28- 醇 6-methyl tritriacontan-5-on-28-ol
32- 甲基三十四烷 -8- 醇 32-methyltetratriacontan-8-ol
3- 甲基三十烷 3-methyltriacontane
8- 甲基三十一碳 -3- 烯 8-methylhentriacont-3-ene
甲基三椏苦醇 A, B methylleptol A, B
10-*O*- 甲基桑橙呫吨▲ 10-*O*-methylmacluraxanthone
N- 甲基色氨酸 *N*-methyltryptophan
N- 甲基色胺 *N*-methyltryptamine
3-*O*- 甲基山柰酚 3-*O*-methylkaempferol
3- 甲基山柰酚 3-methylkaempferol
5- 甲基山柰酚 5-methylkaempferol
7- 甲基 - 山柰酚 7-methylkaempferol
7-*O*- 甲基山柰酚 -3-*O*-*β*- 吡喃鼠李糖苷 7-*O*-methylkaempferol-3-*O*-*β*-rhamnoside
14-*O*- 甲基山香酸▲ 14-*O*-methylsuaveolic acid
O- 甲基山小橘酮▲ *O*-methylglycosolone
(+)-*O*- 甲基山延胡索宁碱▲ (+)-*O*-methylbulbocapnine
N- 甲基山延胡索宁碱▲ *N*-methylbulbocapnine
3'-*O*- 甲基山药素 III 3'-*O*-methylbatatasin III
5-*O*- 甲基山药素 III 5-*O*-methylbatatasin III
3'-*O*- 甲基山药素 III-3-*O*- 葡萄糖苷 3'-*O*-methylbatatasin III-3-*O*-glucoside
O- 甲基珊瑚樱碱▲ *O*-methylsolanocapsine
5-*O*- 甲基呫吨 V_1 5-*O*-methylxanthone V_1
3-*O*- 甲基芍药苷 3-*O*-methylpaeoniflorin
4-*O*- 甲基芍药苷 4-*O*-methylpaeoniflorin
甲基蛇床苷 A methylcnidioside A
4-*O*- 甲基蛇菰宁 4-*O*-methylbalanophonin
甲基蛇足石杉明碱▲T methyllycoposerramine T
15-*O*- 甲基升麻醇 15-*O*-methylcimigenol
25-*O*- 甲基升麻醇 25-*O*-methylcimigenol
25-*O*- 甲基升麻醇 -3-*O*-*β*-D- 吡喃木糖苷 25-*O*-methyl-cimigenol-3-*O*-*β*-D-xylopyranoside
25-*O*- 甲基升麻醇吡喃木糖苷 25-*O*-methylcimigenolxylopyranoside
25-*O*- 甲基升麻醇苷▲ 25-*O*-methylcimigenoside
7- 甲基圣草酚 7-methyleriodictyol
2- 甲基十二烷 2-methyldodecane
14- 甲基十六酸 14-methyl hexadecanoic acid
2- 甲基 - 十六酸 2-methyl-hexadecanoic acid
2- 甲基十六酸甲酯 2-methylmethahexadecanoate
15- 甲基十六酸酯 15-methylhexadecanoate
16- 甲基十七酸 16-methyl heptadecanoic acid
4- 甲基十七酸 4-methylheptadecanoic acid
16- 甲基 - 十七酸 16-methylheptadecanoic acid
10- 甲基十七酸甲酯 methyl 10-methyl heptadecanoate
4- 甲基 - 十七碳 -6- 烯酸乙酯 4-methyl-heptadec-6-enoic acid ethylester
3- 甲基十七烷 3-methylheptadecane
12- 甲基十三酸 12-methyl tridecanoic acid
11- 甲基十三酸十四酯 tetradecyl-11-methyltridecanoate
1- 甲基十三烷基辛酸酯 1-methyl-tridecyl octanoic acid ester
14- 甲基十五酸 14-methylpentadecanoic acid
14- 甲基十五酸甲酯 14-methyl-pentadecanoic acid-methyl ester
14- 甲基 - 十五酸甲酯 14-methyl-pentadecanoic acid methyl ester
13- 甲基十五酸十四酯 tetradecyl-13-methylpentadecanoate
3- 甲基十五烷 3-methylpentadecane
6'-*O*-(14- 甲基十五烷酰 -*β*-D- 葡萄糖基穿贝海绵甾醇 6'-*O*-(14-methylpentadecanoyl)-*β*-D-glucosylclionasterol
9- 甲基十烯 9-methyl-undecene
5- 甲基十一烷 5-methylundecane
N- 甲基石斛萜碘化物 *N*-methyldendrobinium iodide
N- 甲基石榴碱 *N*-methylpelletierine
N- 甲基石杉碱 B *N*-methylhuperzine B
15*α*- 甲基 - 石松 -5*β*,6*α*- 二醇 15*α*-methyl-lycopodane-5*β*,6*α*-diol
N- 甲基石松定碱 *N*-methyllycodine
O- 甲基石蒜宁碱 *O*-methyllycorenine
O- 甲基石蒜宁碱 -*N*- 氧化物 *O*-methyllycorenine-*N*-oxide
5- 甲基鼠尾草苷元 5-methylsalvigenin
甲基薯蓣皂苷 methyl dioscin
5- 甲基树脂苔黑酚▲ 5-methylresorcinol
6- 甲基双环 [3,2,0]- 庚 -6- 烯 -2- 酮 6-methyl-bicyclo[3,2,0]-hepten-2-one
3-*O*- 甲基双苔黑酚 3-*O*-methyldiorcinol
O- 甲基水黄皮二酮 *O*-methylpongamol
8-*O*- 甲基水晶兰苷甲酯 8-*O*-methylmonotropein methyl ester
7-*O*- 甲基水杨苷 7-*O*-methylsalicin
甲基水杨酸 methylsalicylic acid
5-*O*- 甲基睡茄酸浆素 R 5-*O*-methylwithaphysalin R
甲基 - 顺式 - 对甲氧基桂皮酰氧基熊果酸酯 methyl-*cis*-*p*-methoxycinnamoyloxyursolate
N- 甲基 - 四氢 -*β*- 咔啉 *N*-methyl-tetrahydro-*β*-carboline

N- 甲基四氢巴马汀 N-methyltetrahydropalmatine
N- 甲基四氢苯基异喹啉 N-methyltetrahydrobenzylisoquinoline
7''-O- 甲基四氢扁柏黄酮 7''-O-methyltetrahydrohinokiflavone
1-N-β- 甲基四氢防己碱 1-N-β-methyltetrahydropalmatine
3- 甲基四氢呋喃 3-methyl-tetrahydrafuran
2- 甲基四氢呋喃 -3- 酮 2-methyltetrahydrofuran-3-one
N- 甲基 - 四氢骆驼蓬酚 N-methyltetrahydroharmol
N_b- 甲基四氢骆驼蓬满碱▲ N_b-methyltetrahydroharman
9- 甲基松柏苷 9-methylconiferin
甲基松柏苷 methylconiferin
(S)-(+)-N- 甲基苏氨酸甲酯 (S)-(+)-N-methyltryptophan methyl ester
4-O- 甲基苏木醇 4-O-methylsappanol
3-O- 甲基酸浆素 X 3-O-methylphysalin X
N- 甲基碎叶紫堇碱盐 N-methylcheilanthifolinium
7''-O- 甲基穗花杉黄酮 7''-O-methylamentoflavone
7-O- 甲基穗花杉黄酮 7-O-methylamentoflavone
3- 甲基羧甲基 - 吲哚 -1-N-β-D- 吡喃葡萄糖苷 3-methylcarboxymethyl-indole-1-N-β-D-glucopyranoside
14-O- 甲基缩醛 -15-O-[6'-(对 - 羟基苯乙酰基)]-β-D- 吡喃葡萄糖基尾稼苣醛▲A 14-O-methylacetal-15-O-[6'-(p-hydroxyphenylacetyl)]-β-D-glucopyranosylurospermal A
(-)-O- 甲基泰加连蕊藤碱▲ (-)-O-methylthaicanine
(-)-O- 甲基唐松草明碱 (-)-O-methylthalmine
(-)-O- 甲基唐松草异帕文碱▲ (-)-O-methylthalisopavine
N^b- 甲基糖胶树辛碱▲ N^b-methylscholaricine
N- 甲基糖精 N-methylsaccharin
6-O- 甲基桃叶珊瑚苷 6-O-methylaucubin
7-O- 甲基藤黄新酮▲ 7-O-methylgarcinone
7-O- 甲基藤黄新酮▲E 7-O-methylgarcinone E
N- 甲基天芥菜胺▲ N-methylheliamine
8-O- 甲基天目金粟兰醇▲ 8-O-methyltianmushanol
7-O- 甲基天竺葵素 -3-O-[6-O-(α- 吡喃鼠李糖基)-β- 吡喃半乳糖苷] 7-O-methylpelargonidin-3-O-[6-O-(α-rhamnopyranosyl)-β-galactopyranoside]
7-O- 甲基天竺葵素 -3-O-β- 吡喃半乳糖苷 7-O-methylpelargonidin-3-O-β-galactopyranoside
5-O- 甲基甜橙碱 I 5-O-methylcitrusinine I
3- 甲基铁屎米 -2,6- 二酮 3-methylcanthin-2,6-dione
3- 甲基铁屎米 -5,6- 二酮 3-methylcanthin-5,6-dione
17- 甲基同心结尼定▲ 17-methyl parsonsianidine
17- 甲基同心结尼定▲-N- 氧化物 17-methylparsonsianidine-N-oxide
甲基桐叶千金藤碱 methylhernandine
5- 甲基托沃木屾酮▲ 5-methyltovoxanthone
甲基脱镁叶绿素 b methyl pheophorbide b
甲基脱水白花酸藤子素 methylanhydrovilangin
O- 甲基娃儿藤定碱 O-methyltylophorinidine
甲基弯蕊苷 B, D, K, L, M methyl wattoside B, D, K, L, M
8-O- 甲基微凹黄檀素▲ 8-O-methylretusin
8-O- 甲基微凹黄檀素▲-7-O-β-D- 吡喃葡萄糖苷 8-O-methylretusin-7-O-β-D-glucopyranoside
8-O- 甲基微凹黄檀素▲-7-O-β- 吡喃葡萄糖基葡萄糖苷 8-O-methylretusin-7-O-β-glucopyranosylglucoside
N- 甲基伪毒参羟碱▲ N-methylpseudoconhydrine
(1S,2S)-N- 甲基伪麻黄碱 (1S,2S)-N-methylpseudoephedrine
甲基伪麻黄碱 methylpseudoephedrine
7-O- 甲基伪赝靛苷元 7-O-methylpseudobaptigenin
3-O- 甲基 - 尾叶牛皮消素▲ 3-O-methyl-caudatin
3'-O- 甲基卫矛单糖苷 3'-O-methylevomonoside
11-O- 甲基文殊兰胺 11-O-methylcrinamine
4'-O- 甲基问荆吡喃酮▲ 4'-O-methylequisetumpyrone
4'-O- 甲基问荆吡喃酮▲-[3,4- 羟基 -6-(3'- 羟基 -4'- 甲氧基 -E- 苯乙烯基)-2- 吡喃酮 -3-O-β-D- 葡萄糖吡喃糖苷] 4'-O-methylequisetumpyrone-[3,4-hydroxy-6-(3'-hydroxy-4'-methoxy-E-styryl)-2-pyrone-3-O-β-D-glucopyranoside]
12-O- 甲基沃氏藤黄辛 12-O-methylvolkensin
N- 甲基无瓣瑞香楠碱▲ N-methylapateline
N- 甲基无根藤碱 N-methylcassythine
O- 甲基无根藤碱 O-methylcassythine
甲基吴茱萸酮酚 methylevodionol
甲基五味子酯 F methylschisantherin F
[2-(E)-4- 甲基戊 -1,3- 二烯 -1- 基] 蒽醌 2-[(E)-4-methylpenta-1,3-dien-1-yl]anthraquinone
2-[(Z)-4- 甲基戊 -1,3- 二烯 -1- 基] 蒽醌 2-[(Z)-4-methylpenta-1,3-dien-1-yl]anthraquinone
(2E)-2-(4- 甲基戊 -3- 烯基)-6- 氧代庚 -2- 烯酸 (2E)-2-(4-methylpent-3-enyl)-6-oxohept-2-enoic acid
(2Z)-2-(4- 甲基戊 -3- 烯基)-6- 氧代庚 -2- 烯酸 (2Z)-2-(4-methylpent-3-enyl)-6-oxohept-2-enoic acid
2-(4- 甲基戊 -3- 烯基)- 蒽醌 2-(4-methylpenta-3-enyl)-anthraquinone
3- 甲基戊基当归酸酯 3-methylamyl angelate
甲基戊基二硫醚 methyl pentyl disulfide
甲基戊基芥子油苷 methylpentyl glucosinolate
4- 甲基戊基异硫氰酸酯 4-methylpentyl isothiocyanate
3- 甲基 - 戊酸 pentanoic acid-3-methylate
(31R)-31-O- 甲基西番连碱 (31R)-31-O-methylpassiflorine
(31S)-31-O- 甲基西番连碱 (31S)-31-O-methylpassiflorine
5-O- 甲基西里伯黄牛木屾酮▲ 5-O-methylcelebixanthone
甲基烯丙基二硫醚 methyl allyl disulfide
甲基烯丙基硫醚 methyl allyl sulfide
甲基烯丙基三硫醚 methyl allyl trisulfide
3β-(2- 甲基烯丙酰氧基)-8- 氧代 -12- 降荒漠木 -6- 烯 -11- 酮 3β-(2-methylacryloyloxy)-8-oxo-12-noreremophil-6-en-11-one
甲基稀子蕨素 A methyl monachosorin A
15-O- 甲基细花线纹香茶菜素 F 15-O-methylgraciliflorin F
1-O- 甲基仙茅素 1-O-methylcurculigine
5'-O- 甲基腺苷 5'-O-methyladenosine
6-N- 甲基腺苷 6-N-methyladenosine
12-O- 甲基香豆雌酚 12-O-methylcoumestrol
4'-O- 甲基香豆雌酚 4'-O-methylcoumestrol
5- 甲基香豆素 5-methylcoumarin
5- 甲基香豆素葡萄糖苷 5-methylcoumarin glucoside
甲基香荚兰素 methylvanillin
6- 甲基香树素 6-methylaromadendrin
7-O- 甲基香树素 7-O-methylaromadendrin
7- 甲基香树素 7-methylaromadendrin
7- 甲基香树素 -4'-O-(6''- 反式 - 对香豆酰)-β-D- 吡喃葡萄糖苷 7-methylaromadendrin-4'-O-(6''-trans-p-coumaroyl)-β-D-glucopyranoside
7- 甲基 - 香树素 -4'-O-(6''- 反式 - 对香豆酰基)-β-D- 吡喃葡萄糖苷 7-methyl-aromadendrin-4'-O-(6''-trans-p-coumaroyl)-β-D-glucopyranoside
O- 甲基香水仙灵 O-methyloduline
3'-O- 甲基香豌豆酚▲ 3'-O-methylorobol
7-O- 甲基香豌豆酚▲ 7-O-methylorobol
3'-O- 甲基香豌豆酚▲-7-O-β-D- 吡喃葡萄糖苷 3'-O-methylorobol-7-O-β-D-glucopyranoside
3- 甲基香豌豆酚▲-7-O-β-D- 吡喃葡萄糖苷 -6''-O- 丙二酸酯 3-methylorobol-7-O-β-D-glucopyranoside-6''-O-malonate

J

3'-*O*- 甲基香豌豆酚▲-7-*O*-*β*-D- 葡萄糖苷 3'-*O*-methylorobol-7-*O*-*β*-D-glucoside
3'-*O*- 甲基香豌豆酚▲-7-*O*- 吡喃葡萄糖苷 3'-*O*-methylorobol-7-*O*-glucopyranoside
甲基小花盾叶薯蓣苷 methylparvifloside
3-*O*- 甲基小花山小橘春碱▲II 3-*O*-methylglycocitrine II
3'-*O*- 甲基小麦黄素 -7-*O*-*β*-D- 吡喃葡萄糖醛酸苷 3'-*O*-methyltricin-7-*O*-*β*-D-glucuronopyranoside
甲基小蔓长春花辛▲ methoxyminovincine
1-*O*- 甲基小球合蕊木呫酮▲ 1-*O*-methylglobuxanthone
3- 甲基缬草酸 3-methylvaleric acid
β- 甲基缬草酸 *β*-methylvaleric acid
6- 甲基辛醛 6-methyloctanal
15-*O*- 甲基新荚蒾宁 F 15-*O*-methylneovibsanin F
2-*O*- 甲基新荚蒾宁 H 2-*O*-methylneovibsanin H
2-*O*- 甲基新荚蒾宁 I 2-*O*-methylneovibsanin I
O- 甲基新疆甘草紫檀素 *O*-methylshinpterocarpin
5-*O*- 甲基信筒子醌 5-*O*-methylembelin
甲基熊果醇 methyl uvaol
甲基熊果苷 methylarbutin
2*α*,3*β*-7-*O*- 甲基雪松脂素▲ 2*α*,3*β*-7-*O*-methylcedrusin
4-*O*- 甲基雪松脂素▲ 4-*O*-methylcedrusin
3-*O*- 甲基雪叶向日葵素▲A 3-*O*-methylniveusin A
6-*O*- 甲基鸦片尼索林碱▲-1-*O*- 葡萄糖苷 6-*O*-methyllaudanosoline-1-*O*-glucoside
甲基芽子碱 methylecgonine
(2*E*,4*E*)-*N*-[2-(甲基亚硫酰基) 乙基]-2,4- 癸二烯酰胺 (2*E*,4*E*)-*N*-[2-(methylsulfinyl)ethyl]-2,4-decadienamide
(+)-*O*- 甲基亚美尼亚罂粟碱 (+)-*O*-methylarmepavine
O- 甲基亚欧唐松草美辛▲ *O*-methylthalmethine
4-(1- 甲基亚乙基)-17,18,19- 三降贝壳杉烷 4-(1-methylethylidene)-17,18,19-trinorkaurane
7-(1- 甲基亚乙基) 双环 [4.1.0] 庚烷 7-(1-methylethylidene) bicyclo[4.1.0]heptane
24- 甲基羊毛索甾醇▲ 24-methyllathosterol
24- 甲基羊毛脂 -8,24(28)- 二烯 -3*β*,22*ξ*- 二醇 24-methyllanosta-8,24(28)-diene-3*β*,22*ξ*-diol
(22*S*,24*R*)-24- 甲基羊毛脂 -8- 烯 -22,28- 环氧 -3*β*,28*α*- 二醇 (22*S*,24*R*)-24-methyllanosta-8-ene-22,28-epoxy3*β*,22*ξ*-diol
(22*S*,24S)-24- 甲基羊毛脂 -8- 烯 -22,28- 环氧 -3*β*,28*α*- 二醇 (22*S*,24*S*)-24-methyllanosta-8-ene-22,28-epoxy3*β*,22*ξ*-diol
24- 甲基羊毛脂 -9(11),25- 二烯 -3- 酮 24-methyllanosta-9(11),25-dien-3-one
3'- 甲基杨梅素 3'-methyl-myricetin
4'-*O*- 甲基杨梅素 -3-*O*-(6-*O*-*α*-L- 吡喃鼠李糖基)-*β*-D- 吡喃葡萄糖苷 4'-*O*-methylmyricetin-3-*O*-(6-*O*-*α*-L-rhamnopyranoside)-*β*-D-glucopyranoside
4'-*O*- 甲基杨梅素 -3-*O*-[4''-*O*-*β*-D- 吡喃半乳糖基]-*β*-D- 吡喃半乳糖苷 4'-*O*-methylmyricetin-3-*O*-[4''-*O*-*β*-D-galactopyranosyl]-*β*-D-galactopyranoside
7-*O*- 甲基杨梅素 -3-*O*-*α*-L- 呋喃阿拉伯糖苷 7-*O*-methylmyricetin-3-*O*-*α*-L-arabinofuranoside
3-*O*- 甲基杨梅素 -3'-*O*-*β*-D- 吡喃木糖苷 3-*O*-methylmyricetin-3'-*O*-*β*-D-xylopyranoside
4-*O*- 甲基氧化芍药苷 4-*O*-methyloxypaeoniflorin
N- 甲基氧邻氨基苯甲酰胺 *N*-methylanthranylamide
13- 甲基 - 氧杂环十四烷 -2,11- 二酮 13-methyl-xacyclotetradecane-2,11-dione
2- 甲基腰果酚 2-methylcardol
4-(1- 甲基乙基)-1- 环己烯 -1- 甲醛 4-(1-methylethyl)-1-cyclohexene-1-carboxaldehyde
4-(1- 甲基乙基)-2- 环己烯 -1- 酮 4-(1-methylethyl)-2-cyclohexen-1-one
2-(2'- 甲基乙基)-5,6- 二甲氧基苯并呋喃 2-(2'-methylethyl)-5,6-dimethoxybenzofuran
4-(1- 甲基乙基) 苯甲醛 4-(1-methylethyl)-benzaldehyde
4-(1- 甲基乙基)- 环己醇 4-(1-methylethyl)-cyclohexanol
1- 甲基乙基乙酸酯 1-methylethyl acetic acid ester
5- 甲基乙内酰脲 5-methylhydantoin
3-[3-(1- 甲基乙醛酸 -2,4,6- 三羟基苄基)-2,3- 环氧黄烷酮 3-[3-(1-methylglyoxylate-2,4,6-trihydroxyphenyl)-2,3-epoxyflavanone
3*α*,18-[(1- 甲基乙烷 -1,1- 二基) 二氧]- 对映 - 冷杉 -7,15(17)- 二烯 -14*β*,16- 二醇 3*α*,18-[(1-methylethane-1,1-diyl)dioxy]-*ent*-abieta-7,15(17)-diene-14*β*,16-diol
17-(1- 甲基乙烯基)-24,28- 二降熊果 -4(23),12- 二烯 -3*β*- 醇 17-(1-methylethenyl)-24,28-dinorursa-4(23),12-dien-3*β*-ol
2-(1'- 甲基乙烯基)-5- 羟基萘并 [2,3-b] 呋喃 -4,9- 二酮 2-(1'-methylethenyl)-5-hydroxynaphtho[2,3-b]furan-4,9-dione
(*Z*)-2- 甲基乙烯基 -3- 甲基琥珀酸 (*Z*)-2-ethylidene-3-methylsuccinic acid
N^b- 甲基异阿吉马蛇根碱▲ N^b-methylisoajmaline
8- 甲基 - 异白蜡树亭 -6-*O*-*β*-D- 葡萄糖醛酸 8-methyl-isofraxetin-6-*O*-*β*-D-glucouronic acid
2-*O*- 甲基异半棉酸内酯 2-*O*-methylisohemigossylic acid lactone
甲基异北五味子素▲O methylisogomisin O
O- 甲基异波尔定 *O*-methylisoboldine
5-*O*- 甲基异大叶仙茅素 5-*O*-methylisocurculigin
3-(2- 甲基 - 异丁烯酰基)-2-(1-1- 乙酰氧基异丙烯基)-5- 乙酰基 -3,6- 二羟基 -2,3- 二氢苯并呋喃酯 3-(2-methyl-but-2-enoic acid)-2-(1-1-acetoxyisopropenyl)-5-acetyl-3,6-dihydroxy-2,3-dihydro-benzofuranyl ester)
(*E*)- 甲基异丁香酚 (*E*)-methylisoeugenol
甲基异丁香酚 methyl isoeugenol
3-*O*- 甲基异短舌匹菊内酯▲ 3-*O*-methylisotanapartholide
2'-*O*- 甲基异甘草苷元 2'-*O*-methylisoliquiritigenin
4- 甲基异甘草苷元 4-methylisoliquiritigenin
4'-*O*- 甲基异高黄芩素 -7-*O*-(6'''-*O*- 乙酰基 -*β*-D- 吡喃阿洛糖基)-(1'''→2'')-*β*-D- 吡喃葡萄糖苷 4'-*O*-methylisoscutellarein-7-*O*-(6'''-*O*-acetyl-*β*-D-allopyranosyl)-(1''' → 2'')-*β*-D-glucopyranoside
4'- 甲基异高黄芩素 -8-*O*-*β*-D- 葡萄糖醛酸苷 4'-methylisoscutellarein-8-*O*-*β*-D-glucuronide
4'- 甲基异高黄芩素 -8-*O*-*β*-D- 葡萄糖醛酸苷 -2''- 磺酸钠 4'-methylisoscutellarein-8-*O*-*β*-D-glucuronide-2''-sodium sulfate
4'- 甲基异高黄芩素 -8-*O*-*β*-D- 葡萄糖醛酸苷 -6''- 甲醚 4'-methylisoscutellarein-8-*O*-*β*-D-glucuronide-6''-methyl ester
N- 甲基异衡州乌药碱 *N*-methylisococlaurine
3*α*,4*β*,9*βH*-10*α*- 甲基异胡萝卜 -5- 烯 -11- 醛 3*α*,4*β*,9*βH*-10*α*-methylisodauc-5-en-11-al
7-*O*- 甲基异尖叶军刀豆酚▲ 7-*O*-methylisomucronulatol
甲基异阔果芸香碱 methylisoplatydesmine
9'- 甲基异美商陆酚 A 9'-methylisoamericanol A
7'-*O*- 甲基异羌活醇▲ 7'-*O*-methylnotoptol
7'- 甲基异软骨藻酸 A, B 7'-methylisodomoic acid A, B
(±)- 甲基异石榴碱 (±)-methylisopelletierine
甲基异石榴碱 methylisopelletierine
1-*O*- 甲基异仙茅素 1-*O*-methylisocurculigine
25-*O*- 甲基异兴安升麻醇 25-*O*-methylisodahurinol

(*Z*)-3'''-*O*- 甲基异圆齿列当苷 (*Z*)-3'''-*O*-methylisocrenatoside
N- 甲基异猪毛菜碱 *N*-methylisosalsoline
O- 甲基异紫堇定 *O*-methylisocorydine
O- 甲基异紫堇定甲碘化物 *O*-methylisocorydine methiodide
(-)-*β*-*N*- 甲基异紫堇帕明氢氧化物 (-)-*β*-*N*-methyliso corypalminium hydroxide
6-*O*- 甲基意大利鼠李素▲ 6-*O*-methylalaternin
7-*O*- 甲基茵陈色原酮 7-*O*-methylcapillarisin
甲基银桦酚烷▲ methylgraviphane
1- 甲基吲哚 -3- 甲醛 1-methylindole-3-carboxaldehyde
甲基印度黄皮精▲ methylmadugin
12-*O*- 甲基印楝波力宁▲A 12-*O*-methylnimbolinin A
12-*O*- 甲基印楝波力宁▲B 12-*O*-methylnimbolinin B
2-*O*- 甲基印楝波力宁▲B 2-*O*-methylnimbolinin B
7-*O*- 甲基鹰嘴豆芽素 A 7-*O*-methylbiochanin A
6'-*O*- 甲基油橄榄苦苷 6'-*O*-methyloleuropein
4'-*O*- 甲基柚皮苷 4'-*O*-methylnaringin
5-*O*- 甲基柚皮苷元 5-*O*-methylnaringenin
6-*C*- 甲基柚皮苷元 6-*C*-methylnaringenin
7- 甲基柚皮苷元 7-methylnaringenin
7a-*O*- 甲基鱼藤醇 7a-*O*-methyldeguelol
O- 甲基榆橘季铵碱▲ *O*-methylptelefolonium
O-4- 甲基榆橘季铵碱▲盐酸盐 *O*-4-methylptelefolinium chloride
7-*O*- 甲基羽扇豆异黄酮 7-*O*-methylluteone
7- 甲基羽扇豆异黄酮 7-methylluteone
(1*R*,2*S*,5*R*,6*R*)-5'-*O*- 甲基雨花椒酚▲ (1*R*,2*S*,5*R*,6*R*)-5'-*O*-methylpluviatilol
甲基雨花椒内酯▲ methylpluviatolide
甲基玉山双蝴蝶素▲ methyllanceolin
10-*O*- 甲基玉簪碱 10-*O*-methylhostasine
17*α*-*O*- 甲基育亨宾碱 17*α*-*O*-methylyohimbine
4- 甲基愈创木酚 4-methylguaiacol
(10*R*,20*R*)-4-*O*- 甲基愈创木基甘油 (10*R*,20*R*)-4-*O*-methylguaiacylglycerol
1-*O*- 甲基 - 愈创木基甘油 1-*O*-methyl-guaiacylglycerol
7- 甲基鸢尾黄素 7-methyltectorigenin
7- 甲基鸢尾黄素 -4'-*O*-*α*-L- 吡喃鼠李糖基 -(1 → 6)-*β*-D- 吡喃葡萄糖苷 7-methyltectorigenin-4'-*O*-*α*-L-rhamnopyranosyl-(1 → 6)-*β*-D-glucopyranoside
7- 甲基鸢尾黄素 -4'-*O*-*β*-D- 呋喃芹糖基 -(1 → 6)-*β*-D- 吡喃葡萄糖苷 7-methyltectorigenin-4'-*O*-*β*-D-apiofuranosyl-(1 → 6)-*β*-D-glucopyranoside
甲基原比奥皂苷 methyl protobioside
甲基原非洲刺葵皂苷▲ methyl protoreclinatoside
甲基原蒺藜亭▲ methylprototribestin
甲基原蒟蒻薯苷▲ methyl prototaccaoside
甲基原三角叶薯蓣苷 methyl proto-deltonin
22- 甲基原薯蓣皂苷 22-methylprotodioscin
甲基原薯蓣皂苷 methylprotodioscin
22- 甲基原纤细薯蓣皂苷 22-methyl protogracillin
甲基原纤细薯蓣皂苷 methyl protogracillin
甲基原新薯蓣皂苷 methyl protoneodioscin
甲基原新纤细薯蓣皂苷 methyl protoneogracillin
甲基原皂苷 Pb methyl proto-Pb
甲基原蜘蛛抱蛋苷 methyl protoaspidistrin
甲基原棕竹皂苷 methyl protorhapissaponin
3'''-*O*- 甲基圆齿列当苷 3'''-*O*-methylcrenatoside
3-*O*- 甲基圆齿列当苷 3-*O*-methylcrenatoside
O- 甲基月桂茵芋洛醇▲ *O*-methyllaureolol
O- 甲基月芸香季铵碱▲ *O*-methylluninium
5-*O*- 甲基越南黄牛木屾酮▲C 5-*O*-methylformoxanthone C
2-*O*- 甲基云南石梓醇▲ 2-*O*-methylarboreol
4'-*O*- 甲基云杉新苷 4'-*O*-methylpiceid
6-*O*- 甲基云实酮▲ 6-*O*-methylcaesalpinianone
3-*O*- 甲基云树屾酮▲ 3-*O*-methylcowaxanthone
21-*O*- 甲基 - 孕甾 -5- 烯 -3*β*,14*β*,17*β*,21- 四醇 -20- 酮 21-*O*-methyl-pregn-5-ene-3*β*,14*β*,17*β*,21-tetraol-20-one
10-*O*- 甲基泽泻薁醇氧化物 10-*O*-methylalismoxide
25-*O*- 甲基泽泻醇 A 25-*O*-methylalisol A
甲基獐牙菜宁▲ methylswertianin
(+)-*N*- 甲基樟苍碱 (+)-*N*-methyllaurotetanine
N- 甲基樟苍碱 *N*-methyllaurotetanine
3-*O*- 甲基 - 柘树三屾酮▲G 3-*O*-methyl-cudratrixanthone G
2- 甲基正丁醇 2-methylbutan-1-ol
2- 甲基正丁酰紫草素 2-methyl-*n*-butyrylshikonin
α- 甲基 - 正丁酰紫草素 *α*-methyl-*n*-butyrylshikonin
甲基正壬酮 methyl-*n*-nonylketone
O- 甲基肿柄菊素▲ *O*-methyldiversifolin
甲基珠节决明胚芽酮▲ methylgermitorosone
6-*O*- 甲基梓醇 6-*O*-methylcatalpol
甲基梓醇 methylcatalpol
(-)-*O*- 甲基紫花疆罂粟定▲ (-)-*O*-methylroehybridine
N- 甲基紫堇达定▲ *N*-methylcorydaldine
N- 甲基紫堇达明碱 *N*-methylcorydalmine
(*S*)-(+)-*N*- 甲基紫堇定 (*S*)-(+)-*N*-methylcorydine
N- 甲基紫堇碱 *N*-methylcorydaline
(+)-*β*-*N*- 甲基紫堇杷明碱 (+)-*β*-*N*-methylcorypalmine
N- 甲基紫杉醇 C *N*-methyltaxol C
甲壳黄质 crustaxanthin
L- 甲硫氨酸 L-methionine
甲硫氨酸 methionine
3- 甲硫丙基硫苷 3-methylthiopropylthioglycoside
甲硫醇 methanethiol
甲硫醇亚磺酸 -*S*- 甲酯 *S*-methyl methanthiosulfinate
7- 甲硫庚腈 7-methylthioheptanenitrile
2-(甲硫基)-4-[2-(2- 苯基乙烯基) 环丙基]- 噻吩 2-(methylthio)-4-[2-(2-phenylethenyl)cyclopropyl]-thiophene
(*Z*,*E*)-2-[5-(甲硫基)-4- 戊烯 -2- 炔亚基]-1,6- 二氧螺环 [4.4] 九碳 -3,7- 二烯 (*Z*,*E*)-2-[5-(methylthio)-4-penten-2-ynylidene]-(1,6)-dioxaspiro [4.4]nona-3,7-diene
(*Z*,*E*)-2-(5- 甲硫基 -4- 戊烯 -2- 炔亚基)-1,6- 二氧螺环 [4.5] 癸烷 -3- 烯 (*Z*,*E*)-2-(5-methylthio-4-penten-2-ynylidene)-(1,6)-dioxaspiro[4.5]dec-3-ene
(*Z*,*Z*)-2-(5- 甲硫基 -4- 戊烯 -2- 炔亚基)-1,6- 二氧螺环 [4.5] 癸烷 -3- 烯 (*Z*,*Z*)-2-(5-methylthio-4-penten-2-ynylidene)-(1,6)-dioxaspiro[4.5]dec-3-ene
甲硫基丙醛 methional
3- 甲硫基丙酸乙酯 3-methylthiopropionic acid ethyl ester
5- 甲硫基戊腈 5-methylthiopentanenitrile
甲硫基乙酸乙酯 methylthioacetic acid ethyl ester
6- 甲硫己基异硫氰酸酯 6-methylthiohexyl isothiocyanate
5- 甲硫戊基异硫氰酸酯 5-methylthiopentyl isothiocyanate
5'- 甲硫腺苷 5'-methylthioadenosine
(-)-7- 甲醚二苯基丁烷木脂素 (-)-7-methyl ether dibenzylbutane lignan
甲羟戊酸 mevalonic acid
(*R*)-(-)- 甲羟戊酸内酯 (*R*)-(-)-mevalonolactone
4- 甲巯基 -3- 丁烯基异硫氰酸酯 4-methylthio-3-butenyl

J

isothiocyanate
2- 甲巯基 -4- 庚硫醇 2-methylthio-4-heptanethiol
4- 甲醛苯基 -*O*-β-D- 吡喃葡萄糖苷 4-formylphenyl-*O*-β-D-glucopyranoside
15β- 甲醛醚 -6- 氧代 - 呋喃荒漠木烷 15β-formic ether-6-oxo-furanoeremophilane
甲酸 formic acid
甲酸铵 ammonium formate
甲酸己酯 hexyl formate
2- 甲酸甲酯 -25- 羰基 - 绯红南五味子酸 A 2-methylformate-25-carboxy-kadsuracoccinic acid A
甲酸龙脑酯 bornyl formate
甲酸香叶酯 geranyl formate
甲酸辛酯 octyl formate
甲酸乙烯酯 formic acid ethenyl ester
(+)-21-(甲酸乙酰氧基)- 羊毛脂 -7,9(11),24- 三烯 -3- 酮 (+)-21-(carboxyacetoxy)-lanosta-7,9(11),24-trien-3-one
甲酸乙酯 ethyl formate
6- 甲酸乙酯 -5- 羟基苯并呋喃 -5-*O*-β-D- 吡喃葡萄糖苷 6-carboxyethyl-5-hydroxybenzofuran-5-*O*-β-D-glucopyranoside
6- 甲酸乙酯 -7- 甲氧基 -5- 羟基苯并呋喃 -5-*O*-β-D- 吡喃葡萄糖苷 6-carboxyethyl-7-methoxy-5-hydroxybenzofuran-5-*O*-β-D-glucopyranoside
甲酸异丙酯 isopropyl formate
(+)-*N*- 甲酸酯 -*N*- 降海罂粟碱 (+)-*N*-(methoxylcarbonyl)-*N*-norglaucine
(+)-*N*- 甲酸酯 -*N*- 降荷包牡丹碱 (+)-*N*-(methoxylcarbonyl)-*N*-nordicentrine
(+)-*N*- 甲酸酯 -*N*- 降前荷包牡丹碱 (+)-*N*-(methoxylcarbonyl)-*N*-norpredicentrine
N- 甲酸酯 -*N*- 降山延胡索二酮▲ *N*-(methoxylcarbonyl)-*N*-norbulbodione
N- 甲酸酯 -*N*- 降异紫堇二酮 *N*-(methoxylcarbonyl)-*N*-norisocorydione
1,4- 甲烷并 -3- 恶庚英 -2(1*H*)- 酮 1,4-methano-3-benzoxepin-2(1*H*)-one
24- 甲烯基环木菠萝烷醇棕榈酸酯 24-methylenecycloartanol palmitate
2- 甲酰 -1- 羟基蒽醌 2-formyl-1-hydroxyanthraquinone
16- 甲酰半日花 -8(17),12- 二烯 -15,11- 内酯 16-formyllabda-8(17),12-dien-15,11-olide
(1*R*)-(3- 甲酰苯基)-1,2- 乙二醇 (1*R*)-(3-formylphenyl)-1,2-ethanediol
N- 甲酰苯甲酰胺 *N*-formylbenzamide
甲酰丹参酮 formyltanshinone
2- 甲酰蒽醌 2-formylanthraquinone
N^{14}- 甲酰二氢吴茱萸次碱 N^{14}-formyldihydrorutaecarpine
甲酰二氢吴茱萸次碱 formyldihydorutaecarpine
(-)-*N*- 甲酰番荔枝碱 (-)-*N*-formylanonaine
N- 甲酰番荔枝碱 *N*-formylanonaine
3-(4'- 甲酰酚氧基)-4- 甲氧基苯甲醛 3-(4'-formylphenoxy)-4-methoxybenzaldehyde
(5- 甲酰呋喃 -2- 基)- 甲基 -4- 羟基 -2- 亚甲基丁酸酯 (5-formylfuran-2-yl)-methyl-4-hydroxy-2-methylenebutanoate
5- 甲酰呋喃 -2- 羧酸 5-formyl-furan-2-carboxylic acid
1-[5-(2- 甲酰呋喃基) 甲基] 二氢 -2- 羟基丙烷 -1,2,3- 三羧酸酯 -2,3-二乙酯 1-[5-(2-formlfuryl)methyl]dihydrogen-2-hydroxypropane-1,2,3-tricarboxylate-2,3-diethyl ester
5'- 甲酰光果甘草定 5'-formylglabridin
3β- 甲酰光果甘草内酯 3β-formylglabrolide
N- 甲酰黑麦草碱 *N*-formylloline
2- 甲酰红大戟定▲ 2-formylknoxiavaledin
5- 甲酰花椒毒素 5-formylxanthotoxol
N-20- 甲酰黄杨胺醇 E *N*-20-formylbuxaminol E
2- 甲酰基 -1,1,5- 三甲基环六烷 -2,4- 二烯 -6- 醇 2-formyl-1,1,5-trimethylcyclohexa-2,4-dien-6-ol
2- 甲酰基 -1,3,8- 三羟基蒽醌 2-formyl-1,3,8-trihydroxyanthraquinone
(1α,4α,4β,10β)-10- 甲酰基 -1,4α- 二甲基 -8- 亚甲基赤霉素 -1- 酸 (1α,4α,4β,10β)-10-formyl-1,4α-dimethyl-8-methylene-gibbane-1-carboxylic acid
3- 甲酰基 -1,6- 二甲氧基咔唑 3-formyl-1,6-dimethoxycarbazole
3- 甲酰基 -1,8- 二甲氧基咔唑 3-formyl-1,8-dimethoxycarbazole
3β- 甲酰基 -13α- 甲基 -27- 降齐墩果 -14- 烯 -28- 甲酯 3β-formyl-13α-methyl-27-norolean-14-en-28-oic acid methyl ester
2- 甲酰基 -1*H*- 吡咯 -1- 丁酸 2-formyl-1*H*-pyrrole-1-butanoic acid
3- 甲酰基 -1- 羟基 -8- 甲氧基蒽醌 3-formyl-1-hydroxy-8-methoxyanthraquinone
5'- 甲酰基 -2',4- 二羟基 -4'- 甲氧基查耳酮 5'-formyl-2',4-dihydroxy-4'-methoxychalcone
6- 甲酰基 -2,5,7- 三羟基 -8- 甲基黄烷酮 6-formyl-2,5,7,-trihydroxy-8-methylflavanone
3- 甲酰基 -2,7- 二甲氧基咔唑 3-formyl-2,7-dimethoxycarbazole
8-(2- 甲酰基 -2- 甲基丙基)-7- 甲氧基香豆素 8-(2-formyl-2-methylpropyl)-7-methoxycoumarin
3- 甲酰基 -2- 甲氧基 -9*H*- 咔唑 3-formyl-2-methoxy-9*H*-carbazole
1- 甲酰基 -2- 羟基 -5- 甲氧基 -6- 甲基二氢吲哚 1-formyl-2-hydroxy-5-methoxy-6-methylindoline
8- 甲酰基 -3',4',5'- 三羟基 -6,7- 二甲氧基黄酮 8-formyl-3',4',5'-trihydroxy-6,7-dimethoxyflavonoid
2- 甲酰基 -3β,19- 二羟基熊果酸 2-formyl-3β,19-dihydroxy-ursolic acid
9- 甲酰基 -3- 甲基咔唑 9-formyl-3-methylcarbazole
1- 甲酰基 -3- 甲氧基 -6- 甲基咔唑 1-formyl-3-methoxy-6-methylcarbazole
2- 甲酰基 -3- 羟基苯基丙醇 2-formyl-3-hydroxyphenylpropanol
3- 甲酰基 -4,5- 二甲基 -8- 酮 -5*H*-6,7- 二氢萘 [2,3- 呋喃 3-formyl-4,5-dimethyl-8-oxo-5*H*-6,7-dihydronaphtho[2,3-b]furan
2- 甲酰基 -4,5- 二甲氧基蒽醌 2-formyl-4,5-dimethoxyanthraquinone
1- 甲酰基 -4- 甲氧基 -β- 咔啉 1-formyl-4-methoxy-β-carboline
2- 甲酰基 -5-(3',4'- 二甲氧基苯甲酰氧基)-3- 甲基 -2- 环戊烯 -1-乙醛 2-formyl-5-(3',4'-dimethoxybenzoyloxy)-3-methyl-2-cyclopentene-1-acetaldehyde
2- 甲酰基 -5-(4'- 甲氧基苯甲酰氧基)-3- 甲基 -2- 环戊烯 -1- 乙醛 2-formyl-5-(4'-methoxybenzoyloxy)-3-methyl-2-cyclopentene-1-acetaldehyde
2- 甲酰基 -5-(甲氧基甲基)-1*H*- 吡咯 -1- 丁酸甲酯 2-formyl-5-(methoxymethyl)-1*H*-pyrrole-1-butanoic acid methyl ester
4-[甲酰基 -5-(甲氧基甲基)-1*H*- 吡咯 -1- 基] 丁酸 4-[formyl-5-(methoxymethyl)-1*H*-pyrrol-1-yl]butanoic acid
4-[甲酰基 -5-(甲氧基甲基)-1*H*- 吡咯 -1- 基] 丁酸甲酯 4-[formyl-5-(methoxymethyl)-1*H*-pyrrol-1-yl]butanoic acid methyl ester
4-[甲酰基 -5-(羟基甲基)-1*H*- 吡咯 -1- 基] 丁酸 4-[formyl-5-(hydroxymethyl)-1*H*-pyrrol-1-yl]butanoic acid
(*E*)-16- 甲酰基 -5α- 甲氧基直立拉齐木胺▲ (*E*)-16-formyl-5α-methoxystrictamine
(*Z*)-16- 甲酰基 -5α- 甲氧基直立拉齐木胺▲ (*Z*)-16-formyl-5α-methoxystrictamine
1- 甲酰基 -5- 甲氧基 -6- 甲基 - 二氢吲哚 1-formyl-5-methoxy-6-

methyl-indoline
2- 甲酰基 -5- 甲氧基呋喃 2-formyl-5-methoxyfuran
2- 甲酰基 -5- 甲氧基甲基 -1*H*- 吡咯 -1- 丁酸 2-formyl-5-(methoxymethyl)-1*H*-pyrrole-1-butanoic acid
2-(2- 甲酰基 -5- 甲氧基甲基 -1*H*- 吡咯 -1- 基) 丙酸甲酯 methyl 2-[2-formyl-5-(methoxymethyl)-1*H*-pyrrole-1-yl]propanoate
2-[2- 甲酰基 -5- 甲氧基甲基 -1*H*- 吡咯 -1- 基]-3-(4- 羟基苯基) 丙酸甲酯 methyl 2-[2-formyl-5-(methoxymethyl)-1*H*-pyrrol-1-yl]-3-(4-hydroxyphenyl)propanoate
2-(2- 甲酰基 -5- 甲氧基甲基吡咯 -1- 基)-3- 苯基丙酸甲酯 2-(2-formyl-5-methoxymethylpyrrol-1-yl)-3-phenylpropionic acid methyl ester
4-(2- 甲酰基 -5- 甲氧基甲基吡咯 -1- 基) 丁酸甲酯 4-(2-formyl-5-methoxymethyl-pyrrol-1-yl)butyric acid methyl ester
(2*S*)-8- 甲酰基 -5- 羟基 -7- 甲氧基 -6- 甲基黄烷酮 (2*S*)-8-formyl-5-hydroxy-7-methoxy-6-methylflavanone
2- 甲酰基 -5- 羟基甲基 -1*H*- 吡咯 -1- 丁酸 2-formyl-5-(hydroxymethyl)-1*H*-pyrrole-1-butanoic acid
4-(甲酰基 -5-(羟基甲基)-1*H*- 吡咯 -1- 基) 丁酸甲酯 4-[formyl-5-(hydroxymethyl)-1*H*-pyrrol-1-yl]butanoic acid methyl ester
4-[甲酰基 -5- 羟基甲基 -1*H*- 吡咯基] 丁酸 4-(formyl-5-hydroxymethyl-1*H*-pyrrol-1-yl)butanoic acid
4-[甲酰基 -5- 羟基甲基 -1*H*- 吡咯基] 丁酸甲酯 4-(formyl-5-hydroxymethyl-1*H*-pyrrol-1-yl)butanoic acid methyl ester
2-(2- 甲酰基 -5- 羟基甲基 -1- 吡咯基)-3- 甲基戊酸内酯 2-[2-formyl-5-(hydroxymethyl)-1-pyrrolyl]-3-methylpentanoic acid lactone
4-(2- 甲酰基 -5- 羟基甲基吡咯 -1- 基) 丁酸 4-(2-formyl-5-hydroxymethylpyrrol-1-yl)butyric acid
2- 甲酰基 -5- 羟基甲基呋喃 2-formyl-5-hydroxymethylfuran
2- 甲酰基 -5- 戊烷基噻吩 2-formyl-5-pentylthiophene
5- 甲酰基 -6,7- 二甲氧基香豆素 5-formyl-6,7-dimethoxycoumarin
(22*R*)-5*β*- 甲酰基 -6*β*,27- 二羟基 -1- 氧代 -4- 降睡茄 -24- 烯内酯 (22*R*)-5*β*-formyl-6*β*,27-dihydroxy-1-oxo-4-norwith-24-enolide
3- 甲酰基 -6- 甲氧基 -*β*- 咔啉 3-formyl-6-methoxy-*β*-carboline
3- 甲酰基 -6- 甲氧基咔唑 3-formyl-6-methoxycarbazole
3- 甲酰基 -6- 羟基 -2,4,4- 三甲基 -2,5- 环己二烯 -1- 酮 3-formyl-6-hydroxy-2,4,4-trimethyl-2,5-cyclohexadien-1-one
3- 甲酰基 -7- 二甲氧基咔唑 3-formyl-7-dimethoxycarbazole
6- 甲酰基 -7- 甲氧基香豆素 6-formyl-7-methoxycoumarin
8- 甲酰基 -7- 羟基 -5- 异丙基 -2- 甲氧基 -3- 甲基 -1,4- 蒽醌 8-formyl-7-hydroxy-5-isopropyl-2-methoxy-3-methyl-1,4-naphthaquinone
8- 甲酰基 -7- 羟基 -5- 异丙基 -2- 甲氧基 -3- 甲基 -1,4- 萘醌 8-formyl-7-hydroxy-5-isopropyl-2-methoxy-3-methyl-1,4-naphthoquinone
3- 甲酰基 -7- 羟基 -9*H*- 咔唑 3-formyl-7-hydroxy-9*H*-carbazole
(2*S*)-6- 甲酰基 -8- 甲基 -7-*O*- 甲基瑞士五针松素▲ (2*S*)-6-formyl-8-methyl-7-*O*-methylpinocembrin
3- 甲酰基 -9*H*- 咔唑 3-formyl-9*H*-carbazole
N- 甲酰基 -*N*- 去乙酰秋水仙碱 *N*-formyl-*N*-deacetylcolchicine
1- 甲酰基 -*β*- 咔啉 1-formyl-*β*-carboline
3- 甲酰基 -*β*- 咔啉 3-formyl-*β*-carboline
N- 甲酰基 - 对羟基苯甲酰胺 *N*-formyl-*p*-hydroxybenzamide
19- 甲酰基 - 对映 - 贝壳杉 -17- 酸 19-formyl-*ent*-kauran-17-oic acid
2- 甲酰基蒽 2-formylanthracene
N- 甲酰降荷叶碱 *N*-formylnornuciferine
(+)-*N*- 甲酰降南天竹宁 (+)-*N*-formylnornantenine
(-)-*N*- 甲酰金雀儿碱 (-)-*N*-formylcytisine
N- 甲酰金雀儿碱 *N*-formylcytisine
3- 甲酰咔唑 3-formylcarbazole
(+)-*N*- 甲酰莲叶桐碱 (+)-*N*-formylhernangerine
(+)-*N*- 甲酰莲叶桐任碱▲ (+)-*N*-formylovigerine
N- 甲酰亮氨酸甲酯 methyl *N*-formylleucine ester
6'-*O*- 甲酰龙胆苦苷 6'-*O*-formylgentiopicroside
N- 甲酰鹿角藤碱 *N*-formylchonemorphine
N^9- 甲酰骆驼蓬满碱▲ N^9-formylharman
6'-*O*- 甲酰马钱苷 6'-*O*-formylloganin
7-*O*- 甲酰马钱苷 7-*O*-formylloganin
N- 甲酰密脉木宁▲ *N*-formyl-myrionine
6- 甲酰柠檬油素 6-formyllimettin
8- 甲酰柠檬油素 8-formyllimettin
N- 甲酰去氢番荔枝碱 *N*-formyldehydroanonaine
(-)-*N*- 甲酰去氢番荔枝碱▲ (-)-*N*-formyldehydroanonaine
N- 甲酰去氢莲叶桐任碱▲ *N*-formyldehydroovigerine
N^2- 甲酰去乙酰秋水仙碱 N^2-formyldeacetylcolchicine
3'- 甲酰染料木素 3'-formylgenistein
N- 甲酰三裂泡泡碱▲ *N*-formylasimilobine
N- 甲酰三裂泡泡碱▲-2-*O*-*β*-D- 吡喃葡萄糖苷 *N*-formylasimilobine-2-*O*-*β*-D-glucopyranoside
6- 甲酰伞形酮 6-formylumbelliferone
2- 甲酰十六烷 2-formylhexadecane
N- 甲酰糖胶树灵碱▲ *N*-formylscholarine
3*β*- 甲酰熊果酸 3*β*-formylursolic acid
9-*O*- 甲酰雪松脂素▲ 9-*O*-formacylcedrusin
28- 甲酰氧基 -3- 羟基 - 熊果 -12- 烯 28-formyloxy-3-hydroxy-urs-12-ene
28- 甲酰氧基 -3- 乙酰氧基 - 熊果 -12- 烯 28-formyloxy-3-acetoxy-urs-12-ene
2*β*- 甲酰氧基 - 克罗 -3- 烯 -15- 酸 2*β*-formyloxyclerod-3-en-15-oic acid
3*β*- 甲酰氧基 - 熊果 -12- 烯 -28- 酸 3*β*-(formyloxy)-urs-12-en-28-oic acid
N- 甲酰异亮氨酸甲酯 methyl *N*-formylisoleucine ester
3- 甲酰吲哚 3-formylindole
O- 甲酰硬柄小皮伞酮▲ *O*-formyloreadone
4- 甲酰羽扇豆酮 4-formyl lupenone
6'-*O*- 甲酰獐牙菜苷 6'-*O*-formylsweroside
4- 甲氧 -4',6'- 二羟基查尔酮 4-methoxy-4',6'-dihydroxychalcone
[2*S*-[2*α*,3*β*,4*β*(*E*)]]-4-[2-[[3-[4-(过氧乙酰基)-3- 甲氧苯基]-1- 氧代 -2- 丙烷基] 氧基] 乙基]-3- 乙基 -3,4- 二氢 -2-[(2,3,4,6- 四 -*O*- 乙酰基 -*β*-D- 葡萄糖基) 氧基]-2*H*- 吡喃 -5- 羧酸甲酯 [2*S*-[2*α*,3*β*,4*β*(*E*)]]-4-[2-[[3-[4-(acetyloxy)-3-methoxyphenyl]-1-oxo-2-propenyl]oxy]ethyl]-3-ethenyl-3,4-dihydro-2-[(2,3,4,6-tetra-*O*-acetyl-*β*-D-glucopyranosyl)oxy]-2*H*-pyran-5-carboxylic acid methyl ester
3- 甲氧地奥替皂苷元 -4- 乙酸酯 3-methoxalyldiotigenin-4-acetate
(-)- 甲氧呋豆素 (-)-xanthoxin
11- 甲氧基 -(19*R*)- 羟基柳叶水甘草碱 11-methoxy-(19*R*)-hydroxytabersonine
3'- 甲氧基 -(2'',3'':7,8)- 呋喃黄酮 3'-methoxy-(2'',3'':7,8)-furanoflavone
5*α*- 甲氧基 -(22*E*)- 麦角甾 -7,9,22- 三烯 -3*β*- 醇 -*β*-D- 吡喃葡萄糖苷 5*α*-methoxy-(22*E*)-ergosta-7,9,22-trien-3*β*-ol-*β*-D-glucopyranoside
6*β*- 甲氧基 -(22*E*)- 麦角甾 -7,9,22- 烯 -3*β*- 醇 -*β*-D- 吡喃葡萄糖苷 6*β*-methoxy-(22*E*)-ergosta-7,9,22-trien-3*β*-ol-*β*-D-glucopyranoside
22- 甲氧基 -(25*R*)-5*β*- 呋甾 -1*β*,2*β*,3*β*,4*β*,5*β*,26- 六羟基 -26-*O*-*β*-D- 吡喃葡萄糖苷 22-methoxy-(25*R*)-5*β*-furost-1*β*,2*β*,3*β*,4*β*,5*β*,26-

hexahydroxy-26-*O*-*β*-D-glucopyranoside
22- 甲氧基 -(25*R*)-5*β*- 呋甾 -1*β*,3*β*,4*β*,5*β*,26- 五羟基 -26-*O*-*β*-D-吡喃葡萄糖苷 22-methoxy-(25*R*)-5*β*-furost-1*β*,3*β*,4*β*,5*β*,26-pentahydroxy-26-*O*-*β*-D-glucopyranoside
5- 甲氧基 -(3",4"- 二氢 -3",4"- 二乙酰氧基)-2",2"- 二甲基吡喃并 -(7,8:5",6")- 黄酮 5-methoxy-(3",4"-dihydro-3",4"-diacetoxy)-2",2"-dimethylpyrano-(7,8:5",6")-flavone
3- 甲氧基 -(3",4"- 二氢 -3"- 羟基 -4"- 乙酰氧基)-2",2"- 二甲基吡喃 -(7,8:5",6")- 黄酮 3-methoxy-(3",4"-dihydro-3"-hydroxy-4"-acetoxy)-2",2"-dimethylpyrano-(7,8:5",6")flavone
3- 甲氧基 -(3",4"- 二氢 -4"- 羟基 -3"- 乙酰氧基)-2",2"- 二甲基吡喃 -(7,8:5",6")- 黄酮 3-methoxy-(3",4"-dihydro-4"-hydroxy-3"-acetoxy)-2",2"-dimethylpyrano-(7,8:5",6")flavone
3- 甲氧基 -(7,8,2",3") 呋喃并黄酮 3-methoxy-(7,8,2",3") furanoflavone
1- 甲氧基 -(9*R*,10*S*)- 环氧十七烷 -4,6- 二炔 -3- 酮 1-methoxy-(9*R*,10*S*)-epoxyheptadecan-4,6-diyn-3-one
(-)-(7'*R*,8'*S*)-5'- 甲氧基 -(二聚松柏醇乙酸酯) (-)-(7'*R*,8'*S*)-5'-methoxyl(dimeric coniferyl acetate)
3-[4'-(1"- 甲氧基)- 丙基氧代]- 苯基 -5,7- 二羟基异黄酮 3-[4'-(1"-methoxy)-propoxy]-phenyl-5,7-dihydroxy-isoflavone
2- 甲氧基 -1-(1- 甲基乙基 -4-[(2- 甲基丙氧基) 甲基]- 苯 2-methoxy-1-(1-methylethyl)-4-[(2-methylpropoxy)methyl]-benzene
5- 甲氧基 -1(3*H*)- 苯并呋喃酮 -7-*O*-*β*-D- 吡喃葡萄糖苷 5-methoxyl-1(3*H*)-benzofuranone-7-*O*-*β*-D-glucopyranoside
5'- 甲氧基 -1'-(5- 丙 -1- 炔 -1- 基 -2- 噻吩基)- 己 -2',4'- 二炔 -6'- 乙酸酯 5'-methoxy-1'-(5-prop-1-yn-1-yl-2-thienyl)-hexa-2',4'-diyn-6'-yl acetate
3- 甲氧基 -1,2- 丙二醇 3-methoxy-1,2-propanediol
2- 甲氧基 -1,2- 二氢吲哚 -3- 酮 2-methoxy-1,2-dihydroindol-3-one
4- 甲氧基 -1,3,5- 三羟基蒽醌 4-methoxy-1,3,5-trihydroxyanthraquinone
5- 甲氧基 -1,3,7- 三羟基吡酮 5-methoxy-1,3,7-trihydroxyxanthone
5- 甲氧基 -1,3- 苯二酚 -1-*O*-*β*-D- 吡喃葡萄糖苷 5-methoxy-1,3-benzenediol-1-*O*-*β*-D-glucopyranoside
3- 甲氧基 -1,4,5- 三羟基 -10- 甲基吖啶酮 3-methoxy-1,4,5-trihydroxy-10-methylacridone
2- 甲氧基 -1,4- 苯二酚 -1-*O*-*β*-D- 吡喃葡萄糖苷 2-methoxyl-1,4-benzenediol-1-*O*-*β*-D-glucopyranoside
2- 甲氧基 -1,4- 苯二酚 -4-*O*-*β*-D- 吡喃葡萄糖苷 2-methoxyl-1,4-benzenediol-4-*O*-*β*-D-glucopyranoside
2- 甲氧基 -1,4- 二苯酚 -1-*O*-[6-*O*-(3- 甲氧基 -4- 羟基苯甲酰基)]-*β*-D- 吡喃葡萄糖苷 2-methoxy-1,4-biphenol-1-*O*-[6-*O*-(3-methoxy-4-hydroxybenzoyl)]-*β*-D-glucopyranoside
2- 甲氧基 -1,4- 萘醌 2-methoxy-1,4-naphthoquinone
5- 甲氧基 -1,4- 萘醌 5-methoxy-1,4-naphthoquinone
7- 甲氧基 -1,5,6- 三羟基吡酮 7-methoxy-1,5,6-trihydroxyxanthone
2- 甲氧基 -1,5- 二羟基吡酮 2-methoxy-1,5-dihydroxyxanthone
5- 甲氧基 -1,7- 二苯基 -3- 庚酮 5-methoxy-1,7-diphenyl-3-heptanone
(3*S*)- 甲氧基 -1,7- 二对羟基苯基 -6*E*- 庚烯 -5- 酮 (3*S*)-methoxy-1,7-bis(4-hydroxyphenyl)-6*E*-hepten-5-one
6- 甲氧基 -10- 羟基芦荟素 A, B 6-methoxyl-10-hydroxyaloin A, B
13- 甲氧基 -11,13- 二氢豚草素 13-methoxy-11,13-dihydroambrosin
13- 甲氧基 -11,13- 二氢银胶菊素 13-methoxy-11,13-dihydroparthenin
7- 甲氧基 -11,16- 二酮阿片 -8,14- 二烯 -22,6- 内酯 7-methoxy-11,16-diketoapiana-8,14-dien-22,6-olide
2-(1- 甲氧基 -11- 十二烯基)-2,4- 戊二烯 -4- 内酯 2-(1-methoxy-11-dodecenyl)-penta-2,4-dien-4-olide
11- 甲氧基 -12,14- 二羟基 -13-(2- 羟基丙基)-3,5,8,11,13- 冷杉五烯 -7- 酮 11-methoxyl-12,14-dihydroxy-13-(2-hydroxypropyl)-3,5,8,11,13-abietapentaen-7-one
6- 甲氧基 -12- 羟基 -3- 甲氧基羰基 -*β*- 咔啉 6-methoxy-12-hydroxy-3-methoxycarbonyl-*β*-carboline
10*R*- 甲氧基 -12- 酮 -9(13),16*E*- 植醇二烯酸甲酯 methyl 10*R*-methoxy-12-oxo-9(13),16E-phytodienoate
(1*S*,9*R*,11*S*)-14- 甲氧基 -12- 乙酰氧基丁香 -2(15),5*E*- 二烯 -7- 酮 (1*S*,9*R*,11*S*)-14-methoxy-12-acetoxycaryophylla- 2(15),5*E*-dien-7-one
(1*S*,9*R*,11*S*)-14- 甲氧基 -12- 乙酰氧基丁香 -2(15),5*Z*- 二烯 -7- 酮 (1*S*,9*R*,11*S*)-14-methoxy-12-acetoxycaryophylla-2(15),5*Z*-dien-7-one
(1*S*,5*R*,9*R*)-5- 甲氧基 -12- 乙酰氧基丁香 -2(15),6(14)- 二烯 -7- 酮 (1*S*,5*R*,9*R*)-5-methoxy-12-acetoxycaryophylla-2(15),6(14)-dien-7-one
(1*S*,5*S*,9*R*)-5- 甲氧基 -12- 乙酰氧基丁香 -2(15),6(14)- 二烯 -7- 酮 (1*S*,5*S*,9*R*)-5-methoxy-12-acetoxy-caryophylla-2(15),6(14)-dien-7-one
(-)-4- 甲氧基 -13,14- 二羟基巴马汀 (-)-4-methoxy-13,14-dihydroxypalmatine
15*α*- 甲氧基 -14,15- 二氢叶下珠黄碱▲ 15*α*-methoxy-14,15-dihydrophyllochrysine
15*β*- 甲氧基 -14,15- 二氢缘毛籽宁▲ 15*β*-methoxy-14,15-dihydroandranginine
11- 甲氧基 -14,15- 去氢 -16- 表蔓长春花胺▲ 11-methoxy-14,15-dehydro-16-epivincamine
8- 甲氧基 -14- 苯甲酰乌头原碱 8-methoxyl-14-benzoylaconine
8*α*- 甲氧基 -14- 去氧 -17*β*- 羟基穿心莲内酯 8*α*-methoxy-14-deoxy-17*β*-hydroxyandrographolide
14- 甲氧基 -15,16- 去二甲基 -5*α*H,9*α*H- 半日花 -13(*E*),8(17)- 二烯 -12- 酮 14-methoxy-15,16-dinor-5*α*H,9*α*H-labda-13(*E*),8(17)-dien-12-one
10- 甲氧基 -16- 去 (甲氧基羰基) 蜡被狗牙花碱▲ 10-methoxy-16-de(methoxycarbonyl)pagicerine
15- 甲氧基 -16- 酮基 -15,16*H*- 哈威豆酸▲ 15-methoxy-16-oxo-15,16*H*-hardwickiic acid
15- 甲氧基 -16- 酮基 -15,16*H*- 劲直白酒草酸▲ 15-methoxy-16-oxo-15,16*H*-strictic acid
15- 甲氧基 -16- 酮基 - 巢菊酸▲ 15-methoxy-16-oxo-nidoresedic acid
15- 甲氧基 -17-*O*- 甲基 -7- 氧代槭苷元 E 15-methoxy-17-*O*-methyl-7-oxoacerogenin E
16*α*- 甲氧基 -17- 羟基 - 对映 - 贝壳杉 -19- 酸 16*α*-methoxy-17-hydroxy-*ent*-kauran-19-oic acid
16*β*- 甲氧基 -17- 羟基 - 对映 - 贝壳杉烷 16*β*-methoxy-17-hydroxyl-*ent*-kaurane
(17*R*)-12*α*- 甲氧基 -19(18 → 17)- 迁 -28- 降齐墩果 -13(18)- 烯 -2*α*,3*α*,23,24,29- 五醇 (17*R*)-12*α*-methoxy-19(18 → 17)-*abeo*-28-norolean-13(18)-ene-2*α*,3*α*,23,24,29-pentol
(17*R*)-12*α*- 甲氧基 -19(18 → 17)- 迁 -28- 降齐墩果 -13(18)- 烯 -2*α*,3*α*,23,24- 四醇 (17*R*)-12*α*-methoxy-19(18 → 17)-*abeo*-28-norolean-13(18)-ene-2*α*,3*α*,23,24-tetrol
11- 甲氧基 -19-(*R*)- 羟基钩吻精碱 11-methoxy-19-(*R*)-hydroxygelselegine
N[1]- 甲氧基 -19,20- 去氢狗牙花碱 *N*[1]-methoxy-19,20-dehydroervatamine
11'- 甲氧基 -19*S*- 海涅狗牙花碱▲ 11'-methoxyl-19*S*-heyneanine
3- 甲氧基 -1*H*- 吡咯 3-methoxy-1*H*-pyrrole
(*E*)-3-(6- 甲氧基 -1- 甲基 -1*H*- 吲哚 -3- 基) 丙烯醛 (*E*)-3-(6-methoxy-1-methyl-1*H*-indol-3-yl)acrylaldehyde

J

4- 甲氧基 -1- 甲基 -2(1*H*)- 喹诺酮 4-methoxy-1-methyl-2(1*H*)-quinolnone
4- 甲氧基 -1- 甲基 -2- 喹啉 4-methoxy-1-methyl-2-quinoline
4- 甲氧基 -1- 甲基 -2- 喹诺酮 4-methoxy-1-methyl-2-quinolone
4- 甲氧基 -1- 甲基 -3-(2'*S*- 羟基 -3'- 羟基丁基)-2- 喹诺酮 4-methoxy-1-methyl-3-(2'*S*-hydroxy-3'-en-butyl)-2-quinolone
4- 甲氧基 -1- 甲基 -3-(2'*S*- 乙酰氧基 -3'- 羟基丁基)-2- 喹诺酮 4-methoxy-1-methyl-3-(2'*S*-acetoxy-3'-hydroxybutyl)-2-quinolone
4- 甲氧基 -1- 甲基 -3-(2'*S*- 乙酰氧基 -3'- 烯丁基)-2- 喹诺酮 4-methoxy-1-methyl-3-(2'*S*-acetoxy-3'-enebutyl)-2-quinolone
3-(2- 甲氧基 -1- 甲基乙氧基) 丙腈 3-(2-methoxy-1-methylethoxy) propanenitrile
5- 甲氧基 -1- 萘醇 5-methoxy-1-naphthalenol
(+)-4-(3- 甲氧基 -1- 氧代丁基)-3,5,5- 三甲基 -2- 环己烯 -1- 酮 (+)-4-(3-methoxy-1-oxobutyl)-3,5,5-trimethyl-2-cyclohexen-1-one
4- 甲氧基 -1- 乙烯基 -β- 咔啉 4-methoxy-1-vinyl-β-carboline
4'- 甲氧基 -2''-*O*-(2'''- 甲基丁酰基)- 荭草素 4'-methoxyl-2''-*O*-(2'''-methylbutyryl)-orientin
4'- 甲氧基 -2''-*O*-(2'''- 甲基丁酰基)- 牡荆素 4'-methoxyl-2''-*O*-(2'''-methylbutyryl)-vitexin
6- 甲氧基 -2-(2- 苯乙基) 色酮 6-methoxy-2-(2-phenylethyl) chromone
(*E*)-4- 甲氧基 -2-(3,4- 二羟基苯乙烯基)-4- 氧代丁酸 (*E*)-4-methoxy-2-(3,4-dihydroxybenzylidene)-4-oxobutanoic acid
3-[7- 甲氧基 -2-(3',4'- 亚甲二氧苯基)-5- 苯并呋喃基]- 丙酸酯 3-[7-methoxy-2-(3',4'-methylenedioxyphenyl)-5-benzofuranyl]-propionate
4- 甲氧基 -2-(3- 甲基 -2- 丙烯 -1- 基) 苯基十八酸酯 4-methoxy-2-(3-methyl-2-buten-1-yl)phenyl octadecanoate
1- 甲氧基 -2-(3- 戊烯基)-3,7- 二甲基苯并呋喃 1-methoxy-2-(3-pentenyl)-3,7-dimethylbenzofuran
(+)-4- 甲氧基 -2-(*E*-3- 甲基环氧乙烷基) 苯酚当归酸酯 (+)-4-methoxy-2-(*E*-3-methyloxiranyl)phenol angelate
(+)-4- 甲氧基 -2-(*E*-3- 甲基环氧乙烷基) 苯酚异丁酸酯 (+)-4-methoxy-2-(*E*-3-methyloxiranyl)phenol-isobutyrate
5- 甲氧基 -2-(或 -3-) 甲基 -1,4,6- 三羟基蒽醌 5-methoxy-2-(or -3-) methyl-1,4,6-trihydroxyanthraquinone
(*E*)-1-(5- 甲氧基 -2,2- 二甲基 -2*H*- 色烯 -6- 基)-3-(3- 甲氧基苯基) 丙烯酮 (*E*)-1-(5-methoxy-2,2-dimethyl-2*H*-chromen-6-yl)-3-(3-methoxyphenyl)propenone
5- 甲氧基 -2'',2''- 二甲基吡喃 [5'',6'':7,8] 黄酮 5-methoxy-2'',2''-dimethyl-pyrane-[5'',6'':7,8]flavone
6- 甲氧基 -2'',2''- 二甲基吡喃 [5'',6'':7,8] 黄酮 6-methoxy-2'',2''-dimethyl-pyrano-[5'',6'':7,8]flavone
3- 甲氧基 -2'',2''- 二甲基吡喃 [5'',6'':8,7] 黄酮 3-methoxy-2'',2''-dimethylpyrano[5'',6'':8,7]flavone
6- 甲氧基 -2,2- 二甲基色烯 6-methoxy-2,2-dimethylchromene
5- 甲氧基 -2,2'- 双噻吩 5-methoxy-2,2'-dithiophene
(3*R*)-4'- 甲氧基 -2',3,7- 三羟基异黄烷酮 (3*R*)-4'-methoxy-2',3,7-trihydroxyisoflavanone
1- 甲氧基 -2,3- 丙二醇 1-methoxy-2,3-propanediol
3α- 甲氧基 -2,3- 二氢 -4,7- 二去氢酸浆素 B 3α-methoxy-2,3-dihydro-4,7-didehydrophysalin B
3β- 甲氧基 -2,3- 二氢 -4,7- 二去氢酸浆素 B 3β-methoxy-2,3-dihydro-4,7-didehydrophysalin B
3β- 甲氧基 -2,3- 二氢催眠睡茄素 A 3β-methoxy-2,3-dihydrowithaferin A
3- 甲氧基 -2,3- 二氢催眠睡茄素 A 3-methoxy-2,3-dihydrowithaferin A
1- 甲氧基 -2,3- 亚甲二氧基叫酮 1-methoxy-2,3-methylenedioxyxanthone
7- 甲氧基 -2',4'- 二羟基异黄酮 7-methoxy-2',4'-dihydroxyisoflavone
1- 甲氧基 -2,5,7- 三羟基叫酮 1-methoxy-2,5,7-trihydroxyxanthone
α- 甲氧基 -2,5- 呋喃二甲醇 α-methoxy-2,5-furandimethanol
6- 甲氧基 -2,9- 二甲基 -1,2,3,4- 四氢 -β- 咔啉 6-methoxy-2,9-dimethyl-1,2,3,4-tetrahydro-β-carboline
3- 甲氧基 -2-[(2*R*)-1- 甲基 -2- 吡咯烷基]- 苯甲酸 3-methoxy-2-[(2*R*)-1-methyl-2-pyrrolidinyl]-benzoic acid
6- 甲氧基 -2-[2-(3'- 甲氧基 -4'- 羟基苯乙基)] 色酮 6-methoxy-2-[2-(3'-methoxy-4'-hydroxylphenylethyl)]-chromone
6- 甲氧基 -2-[2-(3'- 甲氧基苯基) 乙基] 色酮 6-methoxy-2-[2-(3'-methoxyphenyl)ethyl]chromone
6- 甲氧基 -2-[2-(4'- 甲氧基苯基) 乙基] 色酮 6-methoxy-2-[2-(4'-methoxybenzene)ethyl]chromone
2*E*-*N*-[2- 甲氧基 -2-[4-(3- 甲基 -2- 丁烯酰氧基) 苯乙基]-3- 苯基 -2- 丙烯酰胺 (2*E*)-*N*-[2-methoxy-2-[4-(3-methyl-2-butenyloxy) phenyl]ethyl]-3-phenyl-2-propenamide
6- 甲氧基 -2-[4- 羟基苯亚甲基] 香豆满 -3- 酮 6-methoxy-2-[4-hydroxybenzylidene]coumaran-3-one
7β- 甲氧基 -20- 去氧代 - 迷迭香酚 7β-methoxy-20-deoxo-rosmanol
21α- 甲氧基 -21,23- 环氧 -24α- 羟基绿玉树 -7- 烯 -3- 酮 21α-methoxy-21,23-epoxy-24α-hydroxytirucall-7-en-3-one
(13α,14β,17α,23*Z*)-25- 甲氧基 -21,23- 环氧羊毛脂 -7,20(22),23- 三烯 -3,21- 二酮 (13α,14β,17α,23*Z*)-25-methoxy-21,23-epoxylanosta-7,20(22),23-triene-3,21-dione
3β- 甲氧基 -23*S*- 乙基 -24- 甲基 - 环木菠萝 -24(24)- 烯 -3β- 醇 3β-methoxy-(23*S*)-23-ethyl-24-methyl-cycloart-24(24)-en-3β-ol
25- 甲氧基 -24-*O*- 乙酰异兴安升麻醇 25-methoxy-24-*O*-acetylisodahurinol
4-(24'- 甲氧基 -24'- 甲基 -1'- 氧代 -5'- 正丙基二十四烷)- 苯酚 4-(24'-methoxy-24'-methyl-1'-oxo-5'-*n*-propyltetracosanyl)-phenol
(3β,24ξ)-3- 甲氧基 -24- 甲基 -9,19- 环羊毛脂 -25- 醇 (3β,24ξ)-3-methoxy-24-methyl-9,19-cyclolanostan-25-ol
3β- 甲氧基 -24- 亚甲基 -9,19- 环羊毛脂烷 3β-methoxy-24-methylene-9,19-cyclolanostane
(3β,23*R*)-3- 甲氧基 -24- 亚甲基羊毛脂 -8- 烯 -23- 醇 (3β,23*R*)-3-methoxy-24-methylenelanost-8-en-23-ol
(23*S*)-23- 甲氧基 -24- 亚甲基羊毛脂 -8- 烯 -3- 酮 (23*S*)-23-methoxy-24-methylenelanost-8-en-3-one
6- 甲氧基 -2*E*,9*E*- 葎草二烯 -8- 酮 6-methoxy-2*E*,9*E*-humuladien-8-one
7- 甲氧基 -2*H*-1,4- 苯并恶嗪 -3(2*H*)- 酮 -2-*O*-β-D- 吡喃葡萄糖苷 7-methoxy-2*H*-1,4-benzoxazin-3(2*H*)-one-2-*O*-β-D-glucopyranoside
(2*R*)-7- 甲氧基 -2*H*-1,4- 苯并恶嗪 -3(4*H*)- 酮 -2-*O*-β-D- 吡喃半乳糖苷 (2*R*)-7-methoxy-2*H*-1,4-benzoxazin-3(4*H*)-one-2-*O*-β-D-galactopyranoside
6- 甲氧基 -2*H*-1- 苯并吡喃 -4- 酮 6-methoxy-2*H*-1-benzopyran-4-one
7- 甲氧基 -2*H*- 色烯 7-methoxy-2*H*-chromene
7- 甲氧基 -2''-*O*-(2''- 甲基丁酰基)- 牡荆素 7-methoxy-2''-*O*-(2'''-methylbutyryl)-vitexin
7- 甲氧基 -2''-*O*-(2'''- 甲基丁酰基)- 异獐牙菜素 7-methoxy-2''-*O*-(2'''-methylbutyryl)-isoswertisin
7- 甲氧基 -2''-*O*-(2'''- 甲基丁酰氧基)- 荭草素 7-methoxyl-2''-*O*-(2'''-methylbutyryl)-orientin
7- 甲氧基 -2''-*O*-(2''- 甲基丁酰氧基 -6'''- 乙酰基)- 荭草素 7-methoxyl-2''-*O*-(2'''-methylbutyryl-6'''-acetyl)-orientin
N- 甲氧基 -2-*O*-β-D- 吡喃葡萄糖基 -7- 甲氧基 -1,4(2*H*)- 苯并噁嗪 -3- 酮 *N*-methoxy-2-*O*-β-D-glucopyranosyl-7-methoxy-1,4(2*H*)-

J

benzoxazin-3-one
3- 甲氧基 -2- 氨基苯甲醛 3-methoxy-2-aminobenzaldehyde
5- 甲氧基 -2- 苯基 -8-(3,7,10- 三甲氧基 -6- 苯基 -5,6- 二氢 -4*H*- 菲那并 [2,1-*b*] 呋喃 -9- 基)-1- 萘甲酸甲酯 methyl 5-methoxy-2-phenyl-8-(3,7,10-trimethoxy-6-phenyl-5,6-dihydro-4*H*-phenaleno[2,1-*b*]furan-9-yl)-1-naphthoate
2''- 甲氧基 -2- 表瑞香多灵▲C 2''-methoxy-2-*epi*-daphnodorin C
4- 甲氧基 -2- 丙烯苯酚 -2- 甲基丁酸酯 4-methoxy-2-propenylphenyl-2-methylbutanoate
1-(5- 甲氧基 -2- 呋喃基)- 乙酮 1-(5-methoxy-2-furanyl)-ethanone
6- 甲氧基 -2- 甲基 -1,2,3,4- 四氢 -*β*- 咔啉 6-methoxy-2-methyl-1,2,3,4-tetrahydro-*β*-carboline
1- 甲氧基 -2- 甲基 -3,6- 二羟基蒽醌 - 糖苷 1-methoxy-2-methyl-3,6-dihydroxyanthraquinone-glycoside
8- 甲氧基 -2- 甲基 -4*H*-1- 苯并吡喃 -4- 酮 8-methoxy-2-methyl-4*H*-1-benzopyran-4-one
6- 甲氧基 -2- 甲基 -*β*- 咔啉阳离子 6-methoxy-2-methyl-*β*-carbolinium cation
1- 甲氧基 -2- 甲基蒽醌 1-methoxy-2-methylanthraquinone
5- 甲氧基 -2- 甲基色原 -4- 酮 5-methoxy-2-methylchromen-4-one
5- 甲氧基 -2- 甲基色原酮 5-methoxy-2-methylchromone
7- 甲氧基 -2- 甲基异黄酮 7-methoxy-2-methylisoflavone
1- 甲氧基 -2- 甲氧甲基 -3- 羟基蒽醌 1-methoxy-2-methoxymethyl-3-hydroxyanthraquinone
4- 甲氧基 -2- 喹诺酮 4-methoxy-2-quinolone
1- 甲氧基 -2- 羟基 -4-[5-(4- 甲氧苯氧基)-3- 戊烯 -1- 炔基]- 苯酚 1-methoxy-2-hydroxy-4-[5-(4-methoxyphenoxy)-3-penten-1-ynyl]-phenol
7- 甲氧基 -2'- 羟基 -5,6- 亚甲二氧基异黄酮 7-methoxy-2'-hydroxy-5,6-methylenedioxyisoflavone
1- 甲氧基 -2- 羟基蒽醌 1-methoxy-2-hydroxyanthraquinone
1- 甲氧基 -2- 羟基呫酮 1-methoxy-2-hydroxyxanthone
2*β*- 甲氧基 -2- 去乙氧基 -8-*O*- 去酰基白花地胆草林素▲-8-*O*- 巴豆酸酯 2*β*-methoxy-2-deethoxy-8-*O*-deacylphantomolin-8-*O*-tiglinate
5- 甲氧基 -2- 氧代 - 二氢吲哚 -3- 乙酸甲酯 5-methoxy-2-oxo-indolin-3-acetic acid methyl ester
6- 甲氧基 -2- 乙酰基 -3- 甲基 -1,4- 萘醌 -8-*O*-*β*-D- 吡喃葡萄糖苷 6-methoxy-2-acetyl-3-methyl-1,4-naphthoquinone-8-*O*-*β*-D-glucopyranoside
7- 甲氧基 -2- 乙酰基 -3- 甲基 -1,4- 萘醌 -8-*O*-*β*-D- 吡喃葡萄糖苷 7-methoxy-2-acetyl-3-methyl-1,4-naphthoquinone-8-*O*-*β*-D-glucopyranoside
1- 甲氧基 -2- 樱草糖氧基 - 甲基蒽醌 -3- 酯 1-methoxy-2-primeverosyloxy-methylanthraquinone-3-olate
6- 甲氧基 -3-(1,2- 二羟基乙基)-*β*- 咔啉 6-methoxy-3-(1,2-dihydroxylethyl)-*β*-carboline
5- 甲氧基 -3-(2- 苯基 -*E*- 乙烯基)-2,4- 二对羟基苄基苯酚 5-methoxy-3-(2-phenyl-*E*-ethenyl)-2,4-bis(4-hydroxybenzyl) phenol
2- 甲氧基 -3-(2- 丙烯基)- 苯酚 2-methoxy-3-(2-propenyl)-phenol
6- 甲氧基 -3-(2- 羟基 -1- 乙氧基乙基)-*β*- 咔啉 6-methoxy-3-(2-hydroxyl-1-ethoxylethyl)-*β*-carboline
6- 甲氧基 -3-(2- 羟基乙基)-*β*- 咔啉 6-methoxy-3-(2-hydroxylethyl)-*β*-carboline
(*E*)-7- 甲氧基 -3-(4'- 甲氧基苯基亚甲基)- 色烷 -4- 酮 (*E*)-7-methoxy-3-(4'-methoxybenzylidene)-chroman-4-one
5- 甲氧基 -3-(4- 羟基)-6,7- 亚甲二氧基黄酮 5-methoxy-3-(4-hydroxy)-6,7-methylenedioxyflavone
7- 甲氧基 -3,3',4',6- 四羟基黄酮 7-methoxy-3,3',4',6-tetrahydroxyflavone
3'- 甲氧基 -3,4',5,7- 四羟基黄酮 3'-methoxy-3,4',5,7-tetrahydroxyflavone
3- 甲氧基 -3',4',5,7- 四羟基黄酮 3-methoxy-3',4',5,7-tetrahydroxyflavone
6- 甲氧基 -3,4- 二氢 -*β*- 生育酚 6-methoxy-3,4-dehydro-*β*-tocopherol
(7*S*,8*S*,1'*R*)$\Delta^{8'}$-1'- 甲氧基 -3,4- 亚甲二氧基 -1',6'- 二氢 -6'- 氧代 -7-*O*-4',8.3'- 新木脂素 (7*S*,8*S*,1'*R*)-$\Delta^{8'}$-1'-methoxy-3,4-methylenedioxy-1',6'-dihydro-6'-oxo-7-*O*-4',8.3'-neolignan
(7*R*,8*R*,1'*R*,3'*R*)-$\Delta^{5',8'}$-5'- 甲氧基 -3,4- 亚甲二氧基 -2',4'- 二酮 -8.1',7.3'- 新木脂素 (7*R*,8*R*,1'*R*,3'*R*)-$\Delta^{5',8'}$-5'-methoxy-3,4-methylenedioxy-2',4'-dioxo-8.1',7.3'-neolignan
3- 甲氧基 -3',4'- 亚甲二氧基 -7-*O*-*β*-D- 吡喃葡萄糖基黄酮 3-methoxy-3',4'-methylenedioxy-7-*O*-*β*-D-glucopyranosylflavone
3- 甲氧基 -3',4'- 亚甲二氧基 -9,9'- 环氧木脂素 -4,7'- 二醇 3-methoxy-3',4'-(methylenedioxy)-9,9'-epoxylignan-4,7'-diol
(2*R*)-3-(5- 甲氧基 -3,4- 亚甲二氧基苯基)-1,2- 丙二醇 (2*R*)-3-(5-methoxy-3,4-methylenedioxyphenyl)-1,2-propanediol
7-(5- 甲氧基 -3,4- 亚甲二氧基苯基)-7'-(4- 羟基 -3,5- 二甲氧基苯基)-8,8'- 二乙酰氧基甲基四氢呋喃 7-(5-methoxy-3,4-methylenedioxyphenyl)-7'-(4-hydroxy-3,5-dimethoxyphenyl)-8,8'-diacetoxymethyltetrahydrofuran
7-(5- 甲氧基 -3,4- 亚甲二氧基苯基)-7'-(4- 羟基 -3,5- 二甲氧基苯基)-8- 乙酰氧基甲基 -8'- 羟基甲基四氢呋喃 7-(5-methoxy-3,4-methylenedioxyphenyl)-7'-(4-hydroxy-3,5-dimethoxyphenyl)-8-acetoxymethyl-8'-hydroxymethyltetrahydrofuran
2- 甲氧基 -3,4- 亚甲二氧基苯甲醛 2-methoxy-3,4-methylenedioxybenzaldehyde
2- 甲氧基 -3,4- 亚甲二氧基苯甲酮 2-methoxy-3,4-methylenedioxybenzophenone
(*S*)-2- 甲氧基 -3,4- 亚甲二氧基二苯乙醇 (*S*)-2-methoxy-3,4-methylenedioxybenzhydryl alcohol.
5- 甲氧基 -3',4'- 亚甲二氧基呋喃 -(2'',3'':7,8)- 黄酮 5-methoxy-3',4'-methylenedioxyfurano-(2'',3'':7,8)-flavone
3- 甲氧基 -3',4'- 亚甲二氧基呋喃并 [8,7:4'',5''] 黄酮 3-methoxy-3',4'-methylenedioxyfuro[8,7:4'',5'']flavone
3'- 甲氧基 -3,4- 亚甲二氧基鞣花酸 3'-methoxy-3,4-methyl enedioxyellagic acid
4'- 甲氧基 -3,5,7,3',5'- 五羟基异黄酮 4'-methoxy-3,5,7,3',5'-pentahydroxyisoflavone
4'- 甲氧基 -3',5,7- 三羟基 -8-(3,3- 二甲基烯丙基)- 黄酮醇 -3-*O*-*α*-L- 吡喃鼠李糖基 -(1→2)-*α*-L- 吡喃鼠李糖苷 4'-methoxy-3',5,7-trihydroxy-8-(3,3-dimethylallyl)-flavonol-3-*O*-*α*-L-rhamnopyranosyl-(1→2)-*α*-L-rhamnopyranoside
4'- 甲氧基 -3',5,7- 三羟基 -8-[1''-(3''',4''',5'''- 三羟基苯基) 乙基]- 黄酮 4'-methoxy-3',5,7-trihydroxy-8-[1''-(3''',4''',5'''-trihydroxyphenyl)ethyl]-flavone
4'- 甲氧基 -3',5- 二 -2- 丙烯 -1- 基 -[1,1'- 联苯基]-2- 醇 4'-methoxy-3',5-di-2-propen-1-yl-[1,1'-biphenyl]-2-ol
4- 甲氧基 -3,5- 二羟基苯甲酸 4-methoxy-3,5-dihydroxybenzoic acid
1- 甲氧基 -3,5- 二羟基呫酮 1-methoxy-3,5-dihydroxyxanthone
1- 甲氧基 -3,6- 二羟基 -2- 羟基甲基蒽醌 1-methoxy-3,6-dihydroxy-2-hydroxymethylanthraquinone
(-)-15- 甲氧基 -3,6- 过氧柏芳 -1- 烯 (-)-15-methoxy-3,6-peroxocupar-1-ene
1- 甲氧基 -3,7,8- 三羟基呫酮 1-methoxy-3,7,8-trihydroxyxanthone
7-[(2'*E*,5'*E*)-7'- 甲氧基 -3',7'- 二甲基辛 -2',5'- 二烯氧基]- 香豆素 7-[(2'*E*,5'*E*)-7'-methoxy-3',7'-dimethylocta-2',5'-dienyloxy]-

coumarin

3- 甲氧基 -3,7- 二甲氧基槲皮素 3-methoxy-3,7-dimethoxyquercetin

4'- 甲氧基 -3',7'- 二羟基黄酮 4'-methoxy-3',7'-dihydroxyflavone

1- 甲氧基 -3,7- 二羟基咄酮 1-methoxy-3,7-dihydroxyxanthone

(7S,8S)-3- 甲氧基 -3',7- 环氧 -8,4'- 氧代新木脂素 -4,9,9'- 三醇 (7S,8S-3-methoxy-3',7-epoxy-8,4'-oxyneoligna-4,9,9'-triol

(7S,8S)-3- 甲氧基 -3',7- 环氧 -8,4'- 氧化新木脂 -4,9,9'- 三醇 (7S,8S)-3-methoxy-3',7-epoxy-8,4'-oxyneoligna-4,9,9'-triol

1β- 甲氧基 -3α- 羟基 -3,10β-4,5α- 二环氧 -8β- 异丁酰氧基 - 大根老鹳草 -11(13)- 烯 -6α,12- 内酯 1β-methoxy-3α-hydroxy-3,10β-4,5α-diepoxy-8β-isobutyroyloxygermacra-11(13)-en-6α,12-olide

25- 甲氧基 -3β,7β- 二羟基葫芦 -5,23(E) 二烯 -19- 醛 25-methoxy-3β,7β-dihydroxycucurbita-5,23(E)-dien-19-al

21- 甲氧基 -3β-[(O-α-L- 吡喃鼠李糖基 -(1 → 2)-O-[α-L- 吡喃鼠李糖基 -(1 → 4)]-β-D- 吡喃葡萄糖基) 氧基]- 孕甾 -5,16- 烯 -20- 酮 21-methoxy-3β-[(O-α-L-rhamnopyranosyl-(1 → 2)-O-[α-L-rhamnopyranosyl-(1 →4)]-β-D-glucopyranosyl)oxy]-pregn-5,16-en-20-one

16α- 甲氧基 -3β-[(O-α-L- 吡喃鼠李糖基 -(1 → 2)-O-[α-L- 吡喃鼠李糖基 -(1 → 4)]-β-D- 吡喃葡萄糖基) 氧基]- 孕甾 -5- 烯 -20- 酮 16α-methoxy-3β-[(O-α-L-rhamnopyranosyl-(1 → 2)-O-[α-L-rhamnopyranosyl-(1 → 4)]-β-D-glucopyranosyl)oxy]-pregn-5-en-20-one

6- 甲氧基 -3- 丙烯基 -2- 嘧啶酸 6-methoxy-3-propenyl-2-pyridine carboxylic acid

2- 甲氧基 -3- 甲基 -1,4- 萘醌 2-methoxy-3-methyl-1,4-naphthoquinone

7- 甲氧基 -3- 甲基 -2,5- 二羟基 -9,10- 二氢菲 7-methoxy-3-methyl-2,5-dihydroxy-9,10-dihydrophenanthrene

2,9- 甲氧基 -3- 甲基 -3- 氮杂 - 双环 [3.3.1] 壬烷 2,9-methoxy-3-methyl-3-aza bicyclo[3.3.1]nonane

6- 甲氧基 -3- 甲基 -β- 咔啉 6-methoxy-3-methyl-β-carboline

2- 甲氧基 -3- 甲基咔唑 2-methoxy-3-methylcarbazole

N- 甲氧基 -3- 甲酰咔唑 N-methoxy-3-formylcarbazole

7- 甲氧基 -3''- 羟基 -3''- 甲基 -8-(1''- 丁烯基)- 黄酮 7-methoxy-3''-hydroxy-3''-methyl-8-(1''-butenyl)-flavone

1- 甲氧基 -3- 羟基蒽醌 1-methoxy-3-hydroxyanthraquinone

2- 甲氧基 -3- 羟基咄酮 2-methoxy-3-hydroxyxanthone

N- 甲氧基 -3- 羟甲基 -9H- 咔唑 N-methoxy-3-hydroxymethyl-9H-carbazole

5- 甲氧基 -3- 十一烷基苯酚 5-methoxy-3-undecylphenol

6- 甲氧基 -3- 乙基 -β- 咔啉 6-methoxyl-3-ethyl-β-carboline

6- 甲氧基 -3- 乙烯基 -β- 咔啉 6-methoxy-3-vinyl-β-carboline

7- 甲氧基 -3'- 乙酰氧基 -5'- 羟基 -6- 亚甲基 -(十氢 -3''- 羟基 -2'',6'',6'',7'',10''- 五甲基萘)- 黄酮 7-methoxy-3'-acetoxy-5'-hydroxy-6-methene-(decahydro-3''-hydroxy-2'',6'',6'',7'',10''-pentmethylnaphthalene)-flavone

2- 甲氧基 -3- 异丙基吡嗪 2-methoxy-3-isopropylpyrazine

2- 甲氧基 -3- 异丙基 - 胡椒嗪 2-methoxy-3-(1-methylethyl)-pyrazine

2- 甲氧基 -3- 异丁基吡嗪 2-methoxy-3-isobutylpyrazine

4- 甲氧基 -3- 吲哚甲基芥子油苷 4-methoxy-3-indolylmethyl glucosinolate

6- 甲氧基 -3- 吲哚羧酸甲酯 methyl 6-methoxy-3-indolecarbonate

1- 甲氧基 -3- 吲哚乙腈 1-methoxy-3-indoleacetonitrile

4'-(2- 甲氧基 -4-(1,2,3- 三羟基丙基) 苯氧基)- 木犀草素 4'-(2-methoxy-4-(1,2,3-trihydroxypropyl)phenoxy)-luteolin

7β- 甲氧基 -4(14)- 对凹顶藻烯 -1β- 醇 7β-methoxy-4(14)-oppositen-1β-ol

1- 甲氧基 -4-(1- 丙烯基) 苯 1-methoxy-4-(1-propenyl)benzene

(Z)-2- 甲氧基 -4-(1- 丙烯基)- 苯酚 (Z)-2-methoxy-4-(1-propenyl)-phenol

2- 甲氧基 -4-(1- 丙酰基) 苯基 -β-D- 吡喃葡萄糖苷 2-methoxy-4-(1-propionyl)phenyl-β-D-glucopyranoside

(-)-2- 甲氧基 -4-(1- 丙酰基)- 苯基 -β-D- 吡喃葡萄糖苷 (-)-2-methoxy4-(1-propionyl)-phenyl-β-D-glucopyranoside

2- 甲氧基 -4-(2,3- 二羟基 - 丙酰基)- 苯基 -1-O-(6'-O- 没食子酰基)-β-D- 吡喃葡萄糖苷 2-methoxy-4-(2,3-dihydroxypropionyl)-phenyl-1-O-(6'-O-galloyl)-β-D-glucopyranoside

2- 甲氧基 -4-(2- 丙烯 -1- 基)- 苯基 -6-[(2E)-2- 丁烯酸酯]-β-D- 吡喃葡萄糖苷 2-methoxy-4-(2-propen-1-yl)-phenyl-6-[(2E)-2-butenoate]-β-D-glucopyranoside

2- 甲氧基 -4-(2- 丙烯 -1- 基)- 苯基 -6- 乙酸酯 -β-D- 吡喃葡萄糖苷 2-methoxy-4-(2-propen-1-yl)-phenyl-6-acetate-β-D-glucopyranoside

2- 甲氧基 -4-(2- 丙烯 -1- 基)- 苯基 -β-D- 吡喃葡萄糖苷 2-methoxy-4-(2-propen-1-yl)-phenyl-β-D-glucopyranoside

1- 甲氧基 -4-(2- 丙烯基)- 苯 1-methoxy-4-(2-propenyl)-benzene

2- 甲氧基 -4-(2- 丙烯基) 苯基 -β-D- 吡喃葡萄糖苷 2-metboxy-4-(2-propenyl)phenyl-β-D-glucopyranoside

2- 甲氧基 -4-(2- 丙烯基) 苯基 -β-D- 葡萄糖苷 2-methoxy-4-(2-propenyl)phenyl-β-D-glucoside

2- 甲氧基 -4-(2'- 羟基乙基)- 苯酚 -1-O-β-D- 吡喃葡萄糖苷 2-methoxy-4-(2'-hydroxyethyl)-phenol-1-O-β-D-glucopyranoside

2- 甲氧基 -4-(2'- 羟基乙基)- 苯基 -1-O-β-D- 吡喃葡萄糖苷 2-methoxy-4-(2'-hydroxyethyl)-phenyl-1-O-β-D-glucopyranoside

2- 甲氧基 -4-(3- 甲氧基 -1- 丙烯基 - 苯酚 2-methoxy-4-(3-methoxy-1-propenyl)-phenol

2- 甲氧基 -4-(3- 甲氧基 -l- 丙烯基)- 苯酚 2-methoxy-4-(3-methoxy-l-propenyl)-phenol

2- 甲氧基 -4-(3'- 羟基 - 丙烯基)- 苯酚 -1-O-β-D- 吡喃葡萄糖苷 2-methoxy-4-(3'-hydroxy-propenyl)-phenol-1-O-β-D-glucopyranoside

(Z)-3- 甲氧基 -4-(二十 -13- 烯酰氧基)- 苯甲醛 (Z)-3-methoxy-4-(docos-13-enoyloxy)-benzaldehyde

1,1'-[(1E,4R,5R)-5- 甲氧基 -4-(甲氧基甲基) 戊 -1- 烯 -1,5- 二基] 二 (3,4- 二甲氧基苯) 1,1'-[(1E,4R,5R)-5-methoxy-4-(methoxymethyl)pent-1-ene-1,5-diyl]bis(3,4-dimethoxybenzene)

[1S-(1R*,4E,9R*,10S*)]-9- 甲氧基 -4,11,11- 三甲基 -8- 亚甲基 - 双环 [8.1.0]- 十一碳 -4- 烯 [1S-(1R*,4E,9R*,10S*)]-9-methoxy-4,11,11-trimethyl-8-methylene-bicyclo[8.1.0]undec-4-ene

3- 甲氧基 -4,2',3'- 三羟基查耳酮 -4'-O-β-D- 葡萄糖苷 3-methoxy-4,2',3'-trihydroxychalcone-4'-O-β-D-glucoside

5- 甲氧基 -4,4- 二 -O- 甲基裂环落叶松树脂醇 5-methoxy-4,4-di-O-methylsecolariciresinol

5- 甲氧基 -4,4'- 二 -O- 甲基裂环落叶松树脂醇二甲醚二乙酸酯 5-methoxy-4,4'-di-O-methyl secolariciresinoldimethyl ether diacetate

5- 甲氧基 -4,4- 二 -O- 甲基裂环落叶松树脂醇二乙酯 5-methoxy-4,4-di-O-methylsecolariciresinol diacetate

1-[5-(2- 甲氧基 -4,4'- 二羟基二氢查耳酮基)]-1-(4- 羟基苯基)-3-(2- 甲氧基 -4- 羟基苯基) 丙烷 1-[5-(2-methoxy-4,4'-dihydroxydihydrochalconyl)]-1-(4-hydroxyphenyl)-3-(2-methoxy-4-hydroxyphenyl)propane

3'- 甲氧基 -4',5,7- 三羟基黄酮 -3-O-β-D- 吡喃葡萄糖苷 3'-methoxy-4',5,7-trihydroxyflavone-3-O-β-D-glucopyranoside

3'- 甲氧基 -4',5,7- 三羟基异黄酮 3'-methoxy-4',5,7-trihydroxyisoflavone

3'- 甲氧基 -4',5- 二羟基 -6,7- 亚甲二氧基异黄酮 3'-methoxy-4',5-

J

dihydroxy-6,7-methylenedioxyisoflavone
(*E*)-3- 甲氧基 -4,5- 亚基二氧基桂皮醇 (*E*)-3-methoxy-4,5-methylenedioxycinnamic alchol
1-(3'- 甲氧基 -4',5'- 亚甲二氧基)- 苯丙醇 1-hydroxy-1-(3'-methoxy-4',5'-methylenedioxy)-phenylpropanol
2- 甲氧基 -4,5- 亚甲二氧基苯丙酮 2-methoxy-4,5-methylenedioxypropiophenone
1-(3'- 甲氧基 -4',5'- 亚甲二氧基苯基)-1ξ- 甲氧基 -2- 丙烯 1-(3'-methoxy-4',5'-methylenedioxyphenyl)-1ξ-methoxy-2-propene
(2*E*)-3'- 甲氧基 -4',5'- 亚甲二氧基苯基 -2- 丙烯酸甲酯 methyl (2*E*)-3'-methoxy-4',5'-methylenedioxyphenyl-prop-2-enoate
3- 甲氧基 -4,5- 亚甲二氧基苯甲酸 3-methoxy-4,5-methylenedioxybenzoic acid
3'- 甲氧基 -4',5'- 亚甲二氧基黄酮 3'-methoxy-4',5'-methylenedioxyflavone
3- 甲氧基 -4,5- 亚甲二氧基 - 乙酰苯 3-methoxy-4,5-methylenedioxy-acetophenone
3- 甲氧基 -4,5- 亚甲基二氧化桂皮醛 3-methoxy-4,5-methylenedioxycinnamaldehyde
(*E*)-3- 甲氧基 -4,5- 亚甲基二氧化桂皮酸 (*E*)-3-methoxy-4,5-methylenedioxycinnamic acid
(2*S*)-7- 甲氧基 -4',6- 二羟基 - 黄烷酮 (2*S*)-7-methoxy-4',6-dihydroxyflavanone
1- 甲氧基 -4,7,8- 三羟基𠮿酮 1-methoxy-4,7,8-trihydroxyxanthone
1- 甲氧基 -4,7- 二羟基𠮿酮 1-methoxy-4,7-dihydroxyxanthone
3- 甲氧基 -4,9- 二羟基紫檀烷 3-methoxy-4,9-dihydroxypterocarpan
1- 甲氧基 -4[(*E*)-2- 甲氧基乙烯基] 苯 1-methoxy-4[(*E*)-2-methoxyvinyl]benzene
2- 甲氧基 -4-[1,2,3,4- 四氢 -7- 羟基 -2,3- 二羟基甲基 -6- 甲氧基 -1- 萘基]- 苯基 -*β*-D- 吡喃葡萄糖苷 2-methoxy-4-[1,2,3,4-tetrahydro-7-hydroxy-2,3-bis(hydroxymethyl)-6-methoxy-1-naphthalenyl]-phenyl-*β*-D-glucopyranoside
2- 甲氧基 -4-[3'-(3",4",5"- 三甲氧基苯基) 丙烯氧甲基] 苯酚 2-methoxy-4-[3'-(3",4",5"-trimethoxyphenyl)allyloxymethyl]phenol
6,7- 二甲氧基 -4*H*-1- 苯并吡喃 -7- 醇 6,7-dimethoxy-4*H*-1-benzopyran-7-ol
6- 甲氧基 -4*H*-1- 苯并吡喃 -7- 醇 6-methoxy-4*H*-1-benzopyran-7-ol
5"- 甲氧基 -4"-*O*-(8- 愈创木基甘油) 醉鱼草醇 A 5"-methoxy-4"-*O*-(8-guaiacylglycerol)buddlenol A
3- 甲氧基 -4-*O*-*β*-D- 吡喃葡萄糖基苯甲酸 3-methoxy-4-*O*-*β*-D-glucopyranosylbenzoic acid
3- 甲氧基 -4-*O*-*β*-D- 吡喃葡萄糖基 - 苯甲酸甲酯 3-methoxyl-4-*O*-*β*-D-glucopyranosyloxy-benzoic acid methyl ester
3- 甲氧基 -4-*O*-*β*-D- 呋喃芹糖基 -(1 → 2)-*β*-D- 吡喃葡萄糖基苯丙酮 3-methoxy-4-*O*-*β*-D-apiofuranosyl-(1 → 2)-*β*-D-glucopyranosylpropiophenone
3- 甲氧基 -4-*O*-*β*-D- 呋喃芹糖基 -(1 → 6)-*β*-D- 吡喃葡萄糖基苯丙酮 3-methoxy-4-*O*-*β*-D-apiofuranosyl-(1 → 6)-*β*-D-glucopyranosylpropiophenone
5*β*- 甲氧基 -4*α*- 羟基 -3- 亚甲基 -*α*- 吡咯烷酮 5*β*-methoxy-4*α*-hydroxy-3-methylene-*α*-pyrrolidinone
5*β*- 甲氧基 -4*β*- 羟基 -3- 亚甲基 -*α*- 吡咯烷酮 5*β*-methoxy-4*β*-hydroxy-3-methylene-*α*-pyrrolidinone
1- 甲氧基 -4- 苯乙基苯 1-methoxy-4-phenethylbenzene
3- 甲氧基 -4- 吡喃酮 3-methoxy-pyran-4-one
1*α*- 甲氧基 -4- 表 - 玉叶金花宁▲A 1*α*-methoxyl-4-*epi*-mussaenin A
1*β*- 甲氧基 -4- 表 - 玉叶金花宁▲A 1*β*-methoxyl-4-*epi*-mussaenin A
1*β*- 甲氧基 -4- 表栀子二醇 1*β*-methoxyl-4-epigardendiol
2- 甲氧基 -4- 丙基苯酚 2-methoxy-4-propyl-phenol
2- 甲氧基 -4- 丙烯基苯酚 2-methoxy-4-propenylphenol
2- 甲氧基 -4- 丙酰苯酚 2-methoxy-4-propionylphenol
1- 甲氧基 -4- 杜松烯 1-methoxy-4-cadinene
2- 甲氧基 -4- 反式 - 丙烯苯酚 -*α*-L- 吡喃鼠李糖基 -(1 → 6)-*β*-D- 吡喃葡萄糖苷 2-methoxy-4-*trans*-propenylphenol-*α*-L-rhamnopyranosyl-(1 → 6)-*β*-D-glucopyranoside
1-(3- 甲氧基 -4- 酚)-2-(4- 烯丙基 -2,6- 二甲氧基苯基) 丙醇 1-(3-methoxy-4-phenol)-2-(4-allyl-2,6-dimethoxy-phenyl)propanol
2-(2- 甲氧基 -4- 甲苯基) 甘 -1- 异丁酸酯 -3- 乙酸酯 2-(2-methoxy-4-tolyl)glyceryl-1-isobutyrate-3-acetate
2-(2- 甲氧基 -4- 甲苯基) 甘油 -1,3- 二异丁酸酯 2-(2-methoxy-4-tolyl)glyceryl-1,3-diisobutyrate
2- 甲氧基 -4- 甲基苯基 -*O*-*β*-D- 呋喃芹糖基 -(1 → 6)-*β*-D- 吡喃葡萄糖苷 2-methoxy-4-methylphenyl-*O*-*β*-D-apiofuranosyl-(1 → 6)-*β*-D-glucopyranoside
3- 甲氧基 -4- 甲基苯甲醛 3-methoxy-4-methylbenzaldehyde
7- 甲氧基 -4- 甲基苯酞 7-methoxy-4-methylphthalide
6- 甲氧基 -4- 甲基 - 喹啉 6-methoxy-4-methyl-quinoline
5- 甲氧基 -4- 甲基香豆素 5-methoxy-4-methylcoumarin
2-(2'- 甲氧基 -4'- 羟基)- 芳基 -3- 甲基 -6- 羟基 - 苯并呋喃 2-(2'-methoxy-4'-hydroxy)-aryl-3-methy-6-hydroxy-benzofuran
3- 甲氧基 -4- 羟基 -3',4'- 亚甲二氧基木脂素 3-methoxy-4-hydroxy-3',4'-methylenedioxylignan
(7*R*,8*S*)-3- 甲氧基 -4- 羟基 -4',7- 环氧 -8,3'- 新木脂素 -7'[*E*]- 烯 (7*R*,8*S*)-3-methoxy-4-hydroxy-4',7-epoxy-8,3'-neolignan-7'[*E*]-ene
(2*S*)-7- 甲氧基 -4'- 羟基 -5,8- 醌黄烷 (2*S*)-7-methoxy-4'-hydroxy-5,8-quinoflavan
3- 甲氧基 -4- 羟基 -5-[(8'*S*)-3- 甲氧基 -4- 羟苯丙基醇]-*E*- 桂皮醇 -4-*O*-*β*-D- 吡喃葡萄糖苷 3-methoxy-4-hydroxy-5-[(8'*S*)-3-methoxy-4-hydroxy-phenylpropyl alcohol]-*E*-cinnamic alcohol-4-*O*-*β*-D-glucopyranoside
5- 甲氧基 -4'- 羟基 -6,7- 亚甲二氧基异黄酮 5-methoxy-4'-hydroxy-6,7-methylenedioxyisoflavone
2- 甲氧基 -4- 羟基 -6- 十三烷基 - 苯基乙酸酯 2-methoxy-4-hydroxy-6-tridecyl-phenyl acetate
3(*S*),4(*S*)-3'- 甲氧基 -4'- 羟基 -7,8- 亚甲二氧基紫檀烷 3(*S*),4(*S*)-3'-methoxy-4'-hydroxy-7,8-methylenedioxylpterocarpan
3- 甲氧基 -4- 羟基 - 苯丙醇 -*O*-*β*-D- 吡喃葡萄糖苷 3-methoxyl-4-hydroxy-phenpropanol-*O*-*β*-D-glucopyranoside
3- 甲氧基 -4- 羟基苯丙基咖啡酸酯 3-methoxy-4-hydroxyphenylpropyl caffeate
3- 甲氧基 -4- 羟基 - 苯丙烯酸十八酯 octadecyl 3-methoxy-4-hydroxy-benzeneacrylate
3- 甲氧基 -4- 羟基苯丙烯酸十六酯 hexadecyl 3-methoxy-4-hydroxybenzeneacrylate
3- 甲氧基 -4- 羟基苯酚 -1-*O*-*β*-D-(6'-*O*- 没食子酰基)- 吡喃葡萄糖苷 3-methoxy-4-hydroxyphenol-1-*O*-*β*-D-(6'-*O*-galloyl)-glucopyranoside
3- 甲氧基 -4- 羟基 - 苯酚 -1-*O*-*β*-D- 吡喃葡萄糖苷 3-methoxy-4-hydroxyphenol-1-*O*-*β*-D-glucopyranoside
2- 甲氧基 -4- 羟基苯酚 -1-*O*-*β*-D- 呋喃芹菜糖基 -(1 → 6)-*O*-*β*-D- 吡喃葡萄糖苷 2-methoxy-4-hydroxyphenol-1-*O*-*β*-D-apiofuranosyl-(1 → 6)-*O*-*β*-D-glucopyranoside
3-(3- 甲氧基 -4- 羟基苯基)-1- 丙醇 3-(3-methoxy4-hydroxyphenyl)-1-propanol
1-(2- 甲氧基 -4- 羟基苯基)-3-(3- 羟基 -4- 甲氧基苯基)- 丙烷 1-(2-methoxy-4-hydroxyphenyl)-3-(3-hydroxy-4-methoxyphenyl)-propane
(-)-2-(3'- 甲氧基 -4'- 羟基 - 苯基)-3,4- 二羟基 -4-(3"- 甲氧基 -4"-

羟基苄基)-3- 四氢呋喃甲醇 (-)-2-(3'-methoxy-4'-hydroxyphenyl)-3,4-dihydroxy-4-(3''-methoxy-4''-hydroxybenzyl)-3-hydrofuranmethanol
2-(3- 甲氧基 -4- 羟基苯基)-5-(3- 羟基丙基)-7- 甲氧基 - 苯并呋喃 -3- 甲醛 2-(3-methoxy-4-hydroxyphenyl)-5-(3-hydroxypropyl)-7-methoxy-benzofuran-3-carbaldehyde
(+)-2-(3- 甲氧基 -4- 羟基苯基)-6-(3,4- 亚甲二氧基) 苯基 -3,7- 二氧杂双环 [3.3.0] 辛烷 (+)-2-(3-methoxy-4-hydroxyphenyl)-6-(3,4-methylenedioxy)phenyl-3,7-dioxabicyclo[3.3.0]octane
3-(3- 甲氧基 -4- 羟基苯基)- 丙基四十六酸酯 3-(3-methoxy-4-hydroxyphenyl)-propanylhexatetracontanoate
2-(3- 甲氧基 -4- 羟基苯基)- 丙烷 -1,3- 二醇 2-(3-methoxy-4-hydroxyl-phenol)-propane-1,3-diol
3-(3- 甲氧基 -4- 羟基苯基)- 丙烯酸 3-(3-Methoxy-4-hydroxyphenyl)-acrylic acid
1-*O*-(3- 甲氧基 -4- 羟基苯基) 乙基 -*O*-*β*-D- 吡喃葡萄糖基 -(1 → 2)-*α*-L- 吡喃鼠李糖基 -(1 → 3)-4-*O*- 咖啡酰基 -*β*-D- 吡喃葡萄糖苷 1-*O*-(3-methoxy-4-hydroxyphenyl)ethyl-*O*-*β*-D-glucopyranosyl-(1→2)-*α* -L-rhamnopyranosyl-(1→3)-4-*O*-feruloyl-*β*-D-glucopyranoside
1-(3- 甲氧基 -4- 羟基苯基)- 乙酮 1-(4-hydroxy-3-methoxyphenyl)-ethanone
1-*O*-[2'- 甲氧基 -4'- 羟基苯基]-6-*O*- 丁香基 -*β*-D- 吡喃葡萄糖苷 1-*O*-[2'-methoxy-4'-hydroxyphenyl]-6-*O*-syringyl-*β*-D-glucopyranoside
3- 甲氧基 -4- 羟基苯基 -1-*O*-*β*-D-(6-*O*- 没食子酰基)- 吡喃葡萄糖苷 3-methoxy-4-hydroxyphenyl-1-*O*-*β*-D-(6-*O*-galloyl)-glucopyranoside
3- 甲氧基 -4- 羟基苯甲醛 3-methoxy-4-hydroxybenzaldehyde
3- 甲氧基 -4- 羟基苯甲酸 3-methoxy-4-hydroxybenzoic acid
3- 甲氧基 -4- 羟基苯甲酸乙酯 ethyl 3-methoxy-4-hydroxybenzoate
5*α*-(3- 甲氧基 -4- 羟基苯甲酰基) 中亚阿魏二醇▲ 5*α*-(3-methoxy-4-hydroxybenzoyl)jaeschkeanadiol
5*α*-3'- 甲氧基 -4'- 羟基苯甲酰中亚阿魏烯醇▲ 5*α*-3'-methoxy-4'-hydroxybenzoylferujaesenol
3- 甲氧基 -4- 羟基苯乙醇 3-methoxy-4-hydroxyphenylethanol
N-(3- 甲氧基 -4- 羟基苯乙基)- 十四烷酰胺 *N*-(3-methoxy-4-hydroxyphenethyl)-tetracosanamide
3'- 甲氧基 -4'- 羟基苯乙酮 3'-methoxy-4'-hydroxyacetophenone
4'- 甲氧基 -4- 羟基查耳酮 4'-methoxy-4-hydroxychalcone
3- 甲氧基 -4- 羟基 - 反式苯丙烯酸正十八酯 *n*-octadecanyl 3-methoxy-4-hydroxy-*trans*-benzeneacrylate
3'- 甲氧基 -4'- 羟基 - 反式 - 桂皮醛 3'-methoxy-4'-hydroxy-*trans*-cinnamaldehyde
3- 甲氧基 -4- 羟基 - 反式 - 桂皮醛 3-methoxy-4-hydroxy-*trans*-cinnamaldehyde
3- 甲氧基 -4- 羟基 - 反式 - 桂皮酸 3-methoxy-4-hydroxy-*trans*-cinnamic acid
2- 甲氧基 -4- 羟基桂皮醛 2-methoxyl-4-hydroxycinnamyl aldehyde
3- 甲氧基 -4- 羟基桂皮醛 3-methoxy-4-hydroxycinnamaldehyde
3- 甲氧基 -4- 羟基桂皮酸 3-methoxy-4-hydroxycinnamic acid
3- 甲氧基 -4- 羟基桂皮酸甲酯 methyl 3-methoxy-4-hydroxycinnamate
2- 甲氧基 -4- 羟基桂皮酸龙脑酯 bornyl 2-methoxy-4-hydroxycinnamate
7- 甲氧基 -4'- 羟基黄酮 7-methoxy-4'-hydroxyflavone
7- 甲氧基 -4'- 羟基黄酮醇 7-methoxy-4'-hydroxyflavonol
3- 甲氧基 -4- 羟基甲基苯甲酸甲酯 3-methoxy-4-hydroxymethylbenzoate
7- 甲氧基 -4'- 羟基异黄酮 7-methoxy-4'-hydroxyisoflavone
6- 甲氧基 -4- 色原酮 6-methoxy-4-chromanone
2- 甲氧基 -4- 烯丙基苯 1,2-dimethoxy-4-allylbenzene
2- 甲氧基 -4- 烯丙基苯基 -1-*O*-*β*-D- 呋喃芹糖基 -(1 → 6)-*β*-D- 吡喃葡萄糖苷 2-methoxy-4-allylphenyl-1-*O*-*β*-D-apiofuranosyl-(1 → 6)-*β*-D-glucopyranoside
3- 甲氧基 -4- 亚油酰氧基苯甲醛 3-methoxy-4-linoleoyloxybenzaldehyde
9- 甲氧基 -4- 氧代 -*α*- 风铃木醌▲ 9-methoxy-4-oxo-*α*-lapachone
3- 甲氧基 4 —羟基苯甲酸 -4-*β*-D- 葡萄糖 3-methoxy-4-hydroxy-benzoic acid-4-*β*-D-glucoside
2- 甲氧基 -4- 乙烯基苯酚 2-methoxy-4-vinylphenol
2- 甲氧基 -4- 乙烯基 - 苯酚 2-methoxy-4-vinyl-phenol
2- 甲氧基 -4- 乙酰苯酚 2-methoxy-4-acetylphenol
2- 甲氧基 -4- 乙酰苯基 -1-*O*-*β*-D- 呋喃芹糖基 -(1''' → 6')-*β*-D- 吡喃葡萄糖苷 2-methoxy-4-acetylphenyl-1-*O*-*β*-D-apiofuranosyl-(1''' → 6')-*β*-D-glucopyranoside
3- 甲氧基 -4- 乙酰氧基 -5- 十三烷基苯酚 3-methoxy-4-acetoxy-6-tridecyl-phenol
2- 甲氧基 -4- 乙氧基苯甲酸 2-methoxy-4-ethoxybenzoic acid
3- 甲氧基 -4- 异丙基苯乙醇 3-methoxy-4-isopropylbenzyl alcohol
3- 甲氧基 -4- 樱草糖基苯乙酮 3-methoxy-4-primeverosyl acetophenone
3- 甲氧基 -4- 棕榈酰氧基苯甲醛 3-methoxy-4-palmitoyloxybenzaldehyde
1-[3- 甲氧基 -5-(1- 丙炔 -1- 基)-2- 噻吩基]- 乙酮 1-[3-methoxy-5-(1-propyn-1-yl)-2-thienyl]-ethanone
5- 甲氧基 -5'-(1- 丙炔基)-2,2'- 双噻吩 5-methoxy-5'-(1-propinyl)-2,2'-dithiophene
2- 甲氧基 -5-(1- 丙烯基)- 苯酚 2-methoxy-5-(1-propenyl)-phenol
3- 甲氧基 -5-(1'- 甲氧基)-2'- 羟基丙基) 苯酚 3-methoxy-5-(1'-ethoxy-2'-hydroxypropyl)phenol
4- 甲氧基 -5-(2- 氧代己基)-2(5*H*)- 呋喃酮 4-methoxy-5-(2-oxohexyl)-2(5*H*)-furanone
2- 甲氧基 -5-(*E*)- 丙烯基 - 酚 -*β*- 巢菜糖苷 2-methoxy-5-(*E*)-propenyl-phenol-*β*-vicianoside
4'- 甲氧基 -5-(甲硫基)-4- 戊烯 -2- 炔苯甲酮 4'-methoxy-5-(methylthio)-4-penten-2-ylnophenone
3'- 甲氧基 -5,4'- 二羟基 -7-*O*- 葡萄糖基黄酮 3'-methoxy-5,4'-dihydroxy-7-*O*-glucosylflavone
3'- 甲氧基 -5, 4'- 二羟基黄酮 -7-*O*-*β*-D- 吡喃葡萄糖苷 3'-methoxy-5,4'-dihydroflavonol-7-*O*-*β*-D-glucopyranoside
7- 甲氧基 -5,4'- 二羟基黄烷酮醇 7-methoxy-5,4'-dihydroxyflavanonol
4'- 甲氧基 -5,6- 二羟基异黄酮 -7-*O*-*β*-D- 吡喃葡萄糖苷 4'-methoxy-5,6-dihydroxyisoflavone-7-*O*-*β*-D-glucopyranoside
6- 甲氧基 -5,6- 二氢白屈菜红碱 6-methoxy-5,6-dihydrochelerythrine
6- 甲氧基 -5,6- 二氢花椒定 6-methoxy-5,6-dihydrofagaridine
3- 甲氧基 -5,6- 亚甲二氧基苯甲醛 3-methoxy-5,6-methylenedioxybenzaldehyde
3(*R*)-2'- 甲氧基 -5,7,4'- 三羟基 -6-(3- 甲基丁 -2- 烯基)- 异黄烷酮 3(*R*)-2'-methoxyl-5,7,4'-trihydroxy-6-(3-methylbut-2-enyl)-isoflavanone
6- 甲氧基 -5,7,4'- 三羟基黄酮 6-methoxy-5,7,4'-trihydroxyflavone
6- 甲氧基 -5,7,4'- 三羟基异黄酮 6-methoxy-5,7,4'-trihydroxyisoflavone
(1*αS*,3*αS*,5*S*,9*αR*)-5- 甲氧基 -5,7,7- 三甲基八氢 -1*αH*- 薁骈 [5,6-*c*] 环氧乙烯骈 [2,3-6] 呋喃 -3(3*αH*)- 酮 (1*αS*,3*αS*,5*S*,9*αR*)-5-methoxy-5,7,7-trimethyloctahydro-1*αH*-azuleno[5,6-*c*]

J

oxireno[2,3-6]furan-3(3αH)-one]
6- 甲氧基 -5,7,8,4'- 四羟基异黄酮 6-methoxy-5,7,8,4'-tetrahydroxyisoflavone
4'- 甲氧基 -5,7- 二羟基黄酮 -7-O-β-D- 吡喃葡萄糖基 -(6 → 1)-吡喃鼠李糖苷 4'-methoxy-5,7-dihydroxyl-flavone-7-O-β-D-glucopyranosyl-(6 → 1)-rhamnopyranoside
8- 甲氧基 -5,7- 二羟基黄酮醇 8-methoxy-5,7-dihydroxyflavonol
6- 甲氧基 -5,7- 二氢白屈菜红碱 6-methoxy-5,7-dihydrochelerythrine
(1S,2S,4S,5S)-2- 甲氧基 -5-[(1R)-1- 苯基 -2- 丙烯基)]-1,4- 环已烷二醇 (1S,2S,4S,5S)-2-methoxy-5-[(1R)-1-phenyl-2-propenyl)]-1,4-cyclohexanediol
25- 甲氧基 -5α- 达玛 -20- 烯 -3β,24- 二醇 25-methoxy-5α-dammar-20-en-3β,24-diol
22- 甲氧基 -5β- 呋甾 -1β,3β,4β,5β,26- 五醇 -26-O-β-D- 吡喃葡萄糖苷 22-methoxy-5β-furostan-1β,3β,4β,5β,26-pentanol-26-O-β-D-glucopyranoside
7- 甲氧基 -5- 苯并呋喃丙醇 -4'-O-β-D- 吡喃葡萄糖苷 7-methoxy-5-benzofuranpropanol-4'-O-β-D-glucopyranoside
1-(4- 甲氧基 -5- 苯并呋喃基)-3-(3',4'- 亚甲二氧基 - 苯基)-1,3-丙二酮 1-(4-methoxy-5-benzofuranyl)-3-(3',4'-methylenedioxy-phenyl)-1,3-propanedione
1-(4- 甲氧基 -5- 苯并呋喃基)-3- 苯基 -1,3- 丙二酮 1-(4-methoxy-5-benzofuranyl)-3-phenyl-1,3-propanedione
4- 甲氧基 -5- 甲基 -6,7- 亚甲二氧基香豆素 4-methoxyl-5-methyl-6,7-methlenedioxy-coumarin
4'- 甲氧基 -5- 甲基磺酰基 -2- 戊炔苯甲酮 4'-methoxy-5-(methylsulfonyl)-2-pentynophenone
4'- 甲氧基 -5- 甲基磺酰基 -4- 戊烯 -2- 炔苯甲酮 4'-methoxy-5-(methylsulfonyl)-4-penten-2-ynophenone
4- 甲氧基 -5- 甲基香豆素 4-methoxy-5-methylcoumarin
4'- 甲氧基 -5- 羟基 -8-(3,3- 二甲基烯丙基)- 黄酮 -3- 吡喃木糖基 -(1 → 2)- 吡喃鼠李糖苷 -7- 吡喃葡萄糖苷 4'-methoxy-5-hydroxy-8-(3,3-dimethylallyl)-flavone-3-xylopyranosyl-(1 → 2)-rhamnopyranoside-7-glucopyranoside
4'- 甲氧基 -5- 羟基 -8-(3,3- 二甲基烯丙基)- 黄酮 -3- 吡喃葡萄糖基 -(1 → 2)- 吡喃鼠李糖苷 -7- 吡喃葡萄糖苷 4'-methoxy-5-hydroxy-8-(3,3-dimethylallyl)-flavone-3-glycopyranosyl-(1 → 2)-rhamnopyranoside-7-glucopyranoside
4'- 甲氧基 -5- 羟基 -8-(3,3- 二甲基烯丙基)- 黄酮 -3- 吡喃鼠李糖基 -(1 → 2)- 吡喃鼠李糖苷 -7- 吡喃葡萄糖苷 4'-methoxy-5-hydroxy-8-(3,3-dimethylallyl)-flavone-3-rhamnopyranosyl-(1 → 2)-rhamnopyranoside-7-glucopyranoside
4'- 甲氧基 -5- 羟基 -8-(3- 甲基 -4- 羟基 - 丁 -2- 二烯基)- 黄酮醇 -3-O-[α-L- 吡喃鼠李糖基 -(1 → 2)-α-L- 吡喃鼠李糖苷]-7-O-β-D- 吡喃葡萄糖苷 4'-methoxy-5-hydroxy-8-(3-methyl-4-hydroxy-but-2-enyl)-flavonol-3-O-[α-L-rhamnopyranosyl-(1 → 2)-α-L-rhamnopyranoside]-7-O-β-D-glucopyranoside
4- 甲氧基 -5- 羟基 -α- 四氢萘酮 4-methoxy-5-hydroxy-α-tetralone
8- 甲氧基 -5- 羟基补骨脂素 8-methoxy-5-hydroxypsoralen
(E)-3- 甲氧基 -5- 羟基芪 (E)-3-methoxy-5-hydroxystilbene
(Z)-3- 甲氧基 -5- 羟基芪 (Z)-3-methoxy-5-hydroxystilbene
2- 甲氧基 -5- 羟基桂皮酸甲酯 methyl 2-methoxy-5-hydroxycinnamate
7- 甲氧基 -5- 羟基黄酮醇 7-methoxy-5-hydroxyflavonol
4'- 甲氧基 -5- 羟基黄酮醇 -3-O-[α-L- 吡喃鼠李糖基 -(1 → 2)-α-L- 吡喃鼠李糖苷]-7-O-β-D- 吡喃葡萄糖苷 4'-methoxy-5-hydroxyflavonol-3-O-[α-L-rhamnopyranosyl-(1 → 2)-α-L-rhamnopyranoside]-7-O-β-D-glucopyranoside
(2- 甲氧基 -5- 羟基甲基 - 苯基)-1-O-β-D-(6-O- 没食子酰基)- 吡喃葡萄糖苷 (2-methoxy-5-hydroxymethyl-phenyl)-1-O-β-D-(6-O-galloyl)-glucopyranoside
4- 甲氧基 -5- 羟基 - 铁屎米 -6- 酮 4-methoxy-5-hydroxycanthin-6-one
3'- 甲氧基 -5'- 羟基异黄酮 -7-O-β-D- 吡喃葡萄糖苷 3'-methoxy-5'-hydroxyisoflavone-7-O-β-D-glucopyranoside
3- 甲氧基 -5'- 去甲氧基密花卡瑞藤黄素▲G 3-methoxy-5'-demethoxycadensin G
3- 甲氧基 -5- 戊烷基苯酚 3-methoxy-5-pentylphenol
7- 甲氧基 -5- 异戊烯氧基香豆素 7-methoxy-5-prenyloxycoumarin
4- 甲氧基 -6-(2',4'- 二羟基 -6'- 甲基苯基)- 吡喃 -2- 酮 4-methoxy-6-(2',4'-dihydroxy-6'-methylphenyl)-pyran-2-one
7- 甲氧基 -6-(2'R- 甲氧基 -3'- 羟基 -3'- 甲基丁基) 香豆素 7-methoxy-6-(2'R-methoxy-3'-hydroxy-3'-methylbutyl)coumarin
(+)-7- 甲氧基 -6-(2'R- 甲氧基 -3'- 羟基 -3'- 甲基丁基)- 香豆素 (+)-7-methoxy-6-(2'R-methoxy-3'-hydroxy-3'-methylbutyl)-coumarin
2- 甲氧基 -6-(2- 苯基 - 乙烯基) 吡喃 -4- 酮 2-methoxy-6-(2-phenyl-ethenyl)pyran-4-one
4- 甲氧基 -6-(2- 丙烯基)-1,3- 苯并二恶茂 4-methoxy-6-(2-propenyl)-1,3-benzodioxole
2- 甲氧基 -6-(2- 烯丙基) 苯酚 2-methoxy-6-(2-propenyl)phenol
7- 甲氧基 -6-(2'- 氧代 -3'- 甲基丁基)- 香豆素 7-methoxy-6-(2'-oxo-3'-methylbutyl)-coumarin
(R)-7- 甲氧基 -6-(3'- 羟基 -2'R- 甲氧基 -3'- 甲基丁基)- 香豆素 (R)-7-methoxy-6-(3'-hydroxy-2'R-methoxy-3'-methylbutyl)-coumarin
(Z)-4- 甲氧基 -6,4'- 二羟基橙酮 (Z)-4-methoxy-6,4'-dihydroxyaurone
7- 甲氧基 -6,4'- 二羟基高异黄烷 7-methoxy-6,4'-dihydroxyhomoisoflavan
4- 甲氧基 -6",6"- 二甲基吡喃 (2",3":7,8) 查耳酮 4-methoxy-6",6"-dimethylpyrano(2",3":7,8)chalcone
5- 甲氧基 -6,7- 二甲基苯并呋喃 5-methoxy-6,7-dimethylbenzofuran
11- 甲氧基 -6,7- 环氧 -8- 氧代 - 异形蔓长春花胺 11-methoxy-6,7-epoxy-8-oxo-vincadifformine
5,4'- 甲氧基 -6,7- 亚甲二氧基 -3'-O-β-D- 葡萄糖苷 5,4'-methoxy-6,7-methylenedioxyisoflavone-3'-O-β-D-glucoside
5- 甲氧基 -6,7- 亚甲二氧基黄酮 5-methoxy-6,7-methylenedioxyflavone
8- 甲氧基 -6,7- 亚甲二氧基香豆素 8-methoxy-6,7-methylenedioxycoumarin
(R)-7- 甲氧基 -6,8- 二羟基 -α- 邓恩扭果花酮▲ (R)-7-methoxy-6,8-dihydroxy-α-dunnione
2- 甲氧基 -6-[2-(4- 甲氧基苯基) 乙烯基] 吡喃 -4- 酮 2-methoxy-6-[2-(4-methoxyphenyl)ethenyl]pyran-4-one
7- 甲氧基 -6-[2'- 氧代 -3'- 甲基丁基]- 香豆素 7-methoxy-6-[2'-oxo-3'-methylbutyl]-coumarin
3'- 甲氧基 -6"-O-D- 吡喃木糖基葛根素 3'-methoxy-6"-O-D-xylopyranosylpuerarin
3- 甲氧基 -6-O-β-D- 吡喃葡萄糖基 -[2",3:7,8] 呋喃黄酮 3-methoxy-6-O-β-D-glucopyranosyl-[2",3:7,8] furanoflavone
4- 甲氧基 -6- 苯乙烯基吡喃 -2- 酮 4-methoxy-6-styryl-pyran-2-one
5- 甲氧基 -6- 甲基 -2- 苯基 -7H- 色烯 -7- 酮 5-methoxy-6-methyl-2-phenyl-7H-chromen-7-one
3- 甲氧基 -6- 羟基 -17- 甲基吗啡烷 3-methoxy-6-hydroxy-17-methylmorphinane
(5R,3E)-5- 甲氧基 -6- 羟基 -6- 甲基 -3- 戊烯 -2- 酮 (5R,3E)-5-methoxy-6-hydroxy-6-methyl-3-hepten-2-one
5- 甲氧基 -6- 羟基黄酮 5-methoxy-6-hydroxyflavone
5- 甲氧基 -6- 羟基黄酮 -6-O-β-D- 葡萄糖苷 5-methoxy-6-hydroxyflavone-6-O-β-D-glucoside

2- 甲氧基 -6- 十三烷基 -1,4- 苯醌 2-methoxy-6-tridecyl-1,4-benzoquinone
2- 甲氧基 -6- 十五烷基 -1,4- 苯醌 2-methoxy-6-pentadecyl-1,4-benzoquinone
8- 甲氧基 -6- 碳 - 甲基 -5,7- 二羟基黄酮醇 8-methoxy-6-*C*-methyl-5,7-dihydroxyflavonol
(1*E*,4*Z*)-8- 甲氧基 -6- 氧代大根老鹳草 -1(10),4,7(11)- 三烯 -12,8- 内酯 (1*E*,4*Z*)-8-methoxy-6-oxogermacra-1(10),4,7(11)-trien-12,8-lactone
2- 甲氧基 -6- 乙酰基 -7- 甲基胡桃醌 2-methoxy-6-acetyl-7-methyljuglone
4- 甲氧基 -6- 乙氧基 -2-[(8'Z,11'Z)-8',11',14'- 十五三烯] 雷琐酚 4-methoxy-6-ethoxy-2-[(8'*Z*,11'*Z*)-8',11',14'-pentadecatriene] resorcinol
5- 甲氧基 -7-(3,3- 二甲基烯丙氧基)- 香豆素 5-methoxy-7-(3,3-dimethylallyl-oxy)coumarin
(7*S*,8*S*,7'*R*,8'*S*)-7- 甲氧基 -7-(3,4,5- 三甲氧基苯基)-8- 甲基 -8'- 甲基 -7'-(3',4'- 亚甲二氧基苯基)- 四氢呋喃 (7*S*,8*S*,7'*R*,8'*S*)-7-methoxyl-7-(3,4,5-trimethoxyphenyl)-8-methyl-8'-methyl-7'-(3',4'-methylenedioxyphenyl)-tetrahydrofuran
(7*S*,8*S*,7'*R*,8'*S*)-7- 甲氧基 -7-(3,4- 亚甲二氧基苯基)-8- 羟基 -7'-(5'- 羟基 -3'- 甲氧基苯基)-8'- 甲基 - 四氢呋喃 (7*S*,8*S*,7'*R*,8'*S*)-7-methoxyl-7-(3,4-methylenedioxyphenyl)-8-hydroxyl-7'-(5'-hydroxy-3'-methoxyphenyl)-8'-methyl-tetrahydrofuran
(7*S*,8*S*,7'*R*,8'*S*)-7- 甲氧基 -7-(3,4- 亚甲二氧基苯基)-8- 羟基 -8'- 甲基 -7'-(3',4',5'- 三甲氧基苯基)- 四氢呋喃 (7*S*,8*S*,7'*R*,8'*S*)-7-methoxyl-7-(3,4-methylenedioxyphenyl)-8-hydroxyl-8'-methyl-7'-(3',4',5'-trimethoxyphenyl)-tetrahydrofuran
7*S*,8*S*,7'*R*,8'*S*)-7- 甲氧基 -7-(3,4- 亚甲二氧基苯基)-8- 羟基 -8'- 甲基 -7'-(3',4'- 亚甲二氧基苯基)- 四氢呋喃 7*S*,8*S*,7'*R*,8'*S*)-7-methoxyl-7-(3,4-methylenedioxyphenyl)-8-hydroxyl-8'-methyl-7'-(3',4'-methylenedioxyphenyl)-tetrahydrofuran
5- 甲氧基 -7(4''- 羟基苯基)-1- 苯基 -3- 庚酮 5-methoxy-7-(4''-hydroxyphenyl)-1-phenyl-3-heptanone
5- 甲氧基 -7,2',4'- 三羟基 -8-[3,3- 二甲基烯丙基]- 黄烷酮 5-methoxy-7,2',4'-trihydroxy-8-[3,3-dimethylallyl]-flavanone
6- 甲氧基 -7,8,4'- 三羟基异黄酮 6-methoxy-7,8,4'-trihydroxyisoflavone
5- 甲氧基 -7,8- 亚甲二氧基香豆素 5-methoxy-7,8-methylendioxycoumarin
6- 甲氧基 -7,8- 亚甲二氧基香豆素 6-methoxy-7,8-methylenedioxycoumarin
6- 甲氧基 -7-[(2'*E*,5'*E*)-7'- 甲氧基 -3',7'- 二甲基辛 -2',5'- 二烯氧基]- 香豆素 6-methoxy-7-[(2'*E*,5'*E*)-7'-methoxy-3',7'-dimethylocta-2',5'-dienyloxy]-coumarin
12- 甲氧基 -7α,11- 二羟基去氢冷杉烷 12-methoxy-7α,11-dihydroxy-dehydroabietane
4'- 甲氧基 -7-α-L- 吡喃鼠李糖基 -(1 → 6)-β-D- 吡喃葡萄糖基异黄酮 4'-methoxy-7-α-L-rhamnopyranosyl-(1 → 6)-β-D-glucopyranosylisoflavone
5- 甲氧基 -7-β-D- 吡喃葡萄糖基 -(-)- 缅茄儿茶素▲ 5-methoxy-7-β-D-glucopyranosyl-(-)-afzelechin
6- 甲氧基 -7- 甲基 -8- 羟基二苯 [b,f] 氧杂草 6-methoxy-7-methyl-8-hydroxydibenz[b,f]oxepin
2- 甲氧基 -7- 甲基胡桃醌 2-methoxy-7-methyljuglone
3- 甲氧基 -7- 甲基胡桃醌 3-methoxy-7-methyljuglone
3- 甲氧基 -7- 甲酰基 -1- 苯并氧杂草 -5(2*H*)- 酮 3-methoxycarbonyl-7-formyl-1-benzoxepin-5(2*H*)-one
N- 甲氧基 -7- 甲氧基 -2*H*-1,4- 苯并恶嗪 -3(2*H*)- 酮 -2-*O*-β-D- 吡喃葡萄糖苷 *N*-methoxy-7-methoxy-2*H*-1,4-benzoxazin-3(2*H*)-one-2-*O*-β-D-glucopyranoside
5- 甲氧基 -7- 羟基苯酞 5-methoxy-7-hydroxyphthalide
4'- 甲氧基 -7- 羟基黄酮 4'-methoxy-7-hydroxyflavone
5- 甲氧基 -7- 羟基黄酮醇 5-methoxy-7-hydroxyflavonol
5- 甲氧基 -7- 羟基黄烷酮 5-methoxy-7-hydroxyflavanone
5- 甲氧基 -7- 羟基甲基香豆素 5-methoxy-7-hydroxymethylcoumarin
6- 甲氧基 -7- 羟基香豆素 6-methoxy-7-hydroxycoumarin
6- 甲氧基 -7- 香叶氧基香豆素 6-methoxy-7-geranyloxycoumarin
5'- 甲氧基 -7'- 氧代穗罗汉松树脂酚 5'-methoxy-7'-oxomatairesinol
7- 甲氧基 -8-(1,4- 二羟基 -3- 甲基 -2- 丁烯基) 香豆素 7-methoxy-8-(1,4-dihydroxy-3-methyl-2-butenyl)coumarin
7- 甲氧基 -8-(1'- 甲氧基 -2'- 羟基 -3'- 甲基 -$\Delta^{3'}$- 丁烯基) 香豆素 7-methoxy-8-(1'-methoxy-2'-hydroxy-3'-methyl-$\Delta^{3'}$-butenyl) coumarin
7- 甲氧基 -8-(1- 羟基 -2-*O*-β-D- 吡喃葡萄糖基 -3- 甲基 -4- 丁烯 -1- 基)- 香豆素 7-methoxy-8-(1-hydroxy-2-*O*-β-D-glucopyranosyl-3-methyl-4-butene-1-yl)-coumarin
7- 甲氧基 -8-(1'- 乙氧基 -2'- 羟基 -3'- 甲基 -3'- 丁烯基) 香豆素 7-methoxy-8-(1'-ethoxy-2'-hydroxy-3'-methyl-3'-butenyl)-coumarin
7- 甲氧基 -8-(2',3'- 二羟基 -3'- 甲基丁基) 香豆素 7-methoxy-8-(2',3'-dihydroxy-3'-methylbutyl)coumarin
7- 甲氧基 -8-(2'- 甲氧基 -3'- 羟基 -3'- 甲基丁基) 香豆素 7-methoxy-8-(2'-methoxy-3'-hydroxy-3'-methylbutyl)coumarin
5- 甲氧基 -8-(2' 羟基 -3'- 丁氧基 -3'- 甲基丁氧基) 补骨脂素 5-methoxy-8-(2'hydroxy-3'-butoxy-3'-methylbutyrloxy)psoralen
7- 甲氧基 -8-(2- 羟基甲基 -1-*O*- 异戊酰基 -4- 丁烯基)- 香豆素 7-methoxy-8-(2-hydroxymethyl-1-*O*-isovaleryl-4-butenyl)-coumarin
7- 甲氧基 -8-(2'- 异戊酰氧基 -3- 丁烯基 -3- 甲基)- 香豆素 7-methoxy-8-(2'-isovaleryloxy-3-butenyl-3-methyl)-coumarin
7- 甲氧基 -8-(3- 丁烯基 -3- 甲基 -2- 氧代)- 香豆素 7-methoxy-8-(3-butenyl-3-methyl-2-oxo)-coumarin
7- 甲氧基 -8-(3- 甲基 - 2,3- 环氧 -1- 氧代丁基) 色烯 -2- 酮 7-methoxy-8-(3-methyl- 2,3-epoxy-1-oxobutyl)chromen-2-one
7- 甲氧基 -8-(3- 甲基 -2- 丁烯酰氧基)- 香豆素 7-methoxy-8-(3-methyl-2-butenyloxy)-coumarin
(2*S*)-7- 甲氧基 -8-(3- 甲氧基 -3- 甲基丁 -1- 烯基) 黄烷酮 (2*S*)-7-methoxy-8-(3-methoxy-3-methylbut-1-enyl)flavanone
7- 甲氧基 -8-(3''- 羟基 -3''- 甲基 -1''- 丁烯基)- 黄酮 7-methoxyl-8-(3''-hydroxy-3''-methyl-1''-butenyl)-flavone
4- 甲氧基 -8-(*O*-β-D- 吡喃葡萄糖基)-2(1*H*)- 喹啉酮 4-methoxy-8-(*O*-β-D-glucopyranosyloxy)-2(1*H*)-quinolinone
7- 甲氧基 -8-(丁烯基 -3'- 甲基)- 香豆素 7-methoxy-8-(butenyl-3'-methyl)-coumarin
1α- 甲氧基 -8,12- 环氧桉叶 -4,7,11- 三烯 -6- 酮 1α-methoxy-8,12-epoxyeudesma-4,7,11-trien-6-one
3- 甲氧基 -8,4'- 氧代新木脂素 -3',4,7,9,9'- 五醇 3-methoxy-8,4'-oxyneoligna-3',4,7,9,9'-pentol
7- 甲氧基 -8-*O*-β-D- 吡喃葡萄糖基香豆素 7-methoxy-8-*O*-β-D-glucopyranosylcoumarin
5- 甲氧基 -8-*O*-β-D- 吡喃葡萄糖氧基补骨脂素 5-methoxy-8-*O*-β-D-glucopyranosyloxypsoralen
5- 甲氧基 -8-*O*-β-D- 葡糖氧基补骨脂素 5-methoxy-8-*O*-β-D-glucosyloxypsoralen
5- 甲氧基 -8-*O*-β-D- 葡萄糖氧基补骨脂素 5-methoxy-8-*O*-β-D-glucosyloxypsoralene
6β- 甲氧基 -8β- 羟基荒漠木 -7(11)- 烯 -12,8α- 内酯 6β-methoxy-8β-hydroxyeremophil-7(11)-en-12,8α-olide

J

6β- 甲氧基 -8β- 羟基 - 荒漠木 -7(11)- 烯 -12,8α- 内酯 6β-methoxy-8β-hydroxy-eremophil-7(11)-en-12,8α-olide
2- 甲氧基 -8- 甲基 -1,4- 萘二酮 2-methoxy-8-methyl-1,4-naphthalenedione
7- 甲氧基 -8- 甲基芘 -2- 醇 7-methoxy-8-methylpyren-2-ol
7- 甲氧基 -8- 甲酰香豆素 7-methoxy-8-formylcoumarin
1-[(3- 甲氧基 -8- 羟基 -1-O-β-D- 吡喃葡萄糖基萘)-6-基] 丙烷 -2- 酮 1-[(3-methoxyl-8-hydroxyl-1-O-β-D-glucopyranoylnaphthalen)-6-yl]propan-2-one
6- 甲氧基 -8- 羟基 - 苯丙酸丁酯 -5-O-β-D- 吡喃葡萄糖苷 6-methoxy-8-hydroxy-benzoic acid butylester-5-O-β-D-glucopyranoside
5- 甲氧基 -8- 羟基补骨脂素 5-methoxy-8-hydroxypsoralen
7- 甲氧基 -8- 羟基香豆素 7-methoxy-8-hydroxycoumarin
(±)-7- 甲氧基 -8- 羟基乙基 -2',4'- 二羟基黄烷 (±)-7-methoxy-8-hydroxyethyl-2',4'-dihydroxyflavane
5- 甲氧基 -8- 香叶氧基补骨脂素 5-methoxy-8-geranyloxypsoralen
(-)-4- 甲氧基 -8'- 乙酰橄榄脂素 (-)-4-methoxy-8'-acetylolivil
(-)-4- 甲氧基 -8'- 乙酰橄榄脂素 -4-O-α- 吡喃阿拉伯糖基 -(1→6)-β- 吡喃葡萄糖苷 (-)-4-methoxy-8'-acetylolivil-4-O-α-arabinopyronosyl-(1→6)-β-glucopyranoside
7- 甲氧基 -8- 异戊烯基黄烷酮 7-methoxy-8-prenylflavanone
2- 甲氧基 -9-(4'- 羟基苯基)- 非那烯 -1- 酮 2-methoxy-9-(4'-hydroxyphenyl)-phenalen-1-one
4- 甲氧基 -9,10 二氢菲 -1,2,7- 三醇 4-methoxy-9,10-dihydrophenanthrene-1,2,7-triol
7- 甲氧基 -9,10- 二氢菲 -2,4,5- 三醇 7-methoxy-9,10-dihydrophenanthrene-2,4,5-triol
2- 甲氧基 -9,10- 二氢菲 -2,7- 二醇 2-methoxy-9,10-dihydrophenanthrene-2,7-diol
4- 甲氧基 -9,10- 二氢菲 -2,7- 二醇 4-methoxy-9,10-dihydrophenanthrene-2,7-diol
2- 甲氧基 -9,10- 二氢菲 -4,5- 二醇 2-methoxy-9,10-dihydrophenanthrene-4,5-diol
2- 甲氧基 -9,10- 二氢菲 -4,7- 二醇 2-methoxy-9,10-dihydrophenanthrene-4,7-diol
19(E)-11- 甲氧基 -9,18- 二去甲氧基蓬莱葛胺 19(E)-11-methoxy-9,18-didemethoxygardneramine
(3β,24R)-24- 甲氧基 -9,19- 羊毛脂 -3β- 醇 (3β,24R)-24-methoxy-9,19-cyclolanostan-3-ol
8- 甲氧基 -9-O-(2- 甲基丁酰氧基) 麝香草酚 8-methoxy-9-O-(2-methylbutyryloxy)thymol
(7R,8R)-3- 甲氧基 -9-O-β-D- 吡喃木糖基 -4':7,5':8- 二环氧新木脂素 -4,9'- 二醇 (7R,8R)-3-methoxyl-9-O-β-D-xylopyranosyl-4':7,5':8-diepoxyneolignan-4,9'-diol
8- 甲氧基 -9-O- 当归酰基麝香草酚 8-methoxy-9-O-angeloylthymol
8- 甲氧基 -9-O- 异丁酰基麝香草酚 8-methoxy-9-O-isobutyrylthymol
3β- 甲氧基 -9β,19- 环羊毛甾烷 -23(E)- 烯 -25,26- 二醇 3β-methoxy-9β,19-cyclolanost-23(E)-en-25,26-diol
5- 甲氧基 -9-β-D- 吡喃木糖基 - 异落叶松树脂醇 5-methoxy-9-β-D-xylopyranosyl-isolariciresinol
5- 甲氧基 -9β- 吡喃木糖基 -(-)- 异落叶松树脂醇 5-methoxy-9β-xylopyranosyl-(-)-isolariciresinol
5- 甲氧基 -9-β- 吡喃木糖基 -(-)- 异落叶松树脂醇 5-methoxy-9-β-xylopyranosyl-(-)-isolariciresinol
5- 甲氧基 -9β- 吡喃木糖基 -(+)- 异落叶松树脂醇 5-methoxy-9β-xylopyranosyl-(+)-isolariciresinol
2- 甲氧基 -9- 苯基非那烯 -1- 酮 2-methoxy-9-phenylphenalen-1-one
6- 甲氧基 -9- 表京尼平苷酸 6-methoxy-9-epigeniposidic acid
2- 甲氧基 -9- 甲基 -3- 氧杂双环 [4.3.0] 壬烷 -7,9- 二醇 2-methoxy-9-methyl-3-oxabicyclo[4.3.0]nonane-7,9-diol
7- 甲氧基 -9- 甲基十六 -4.8- 二烯酸 7-methoxy-9-methylhexadeca-4,8-dienoic acid
8- 甲氧基 -9- 羟基麝香草酚 8-methoxy-9-hydroxythymol
8- 甲氧基 -9- 羟基麝香草酚 -3-O- 巴豆酸酯 8-methoxy-9-hydroxythymol-3-O-tiglate
8- 甲氧基 -9- 羟基麝香草酚 -3-O- 当归酸酯 8-methoxy-9-hydroxythymol-3-O-angelate
3- 甲氧基 -9- 羟基紫檀烷 3-methoxy-9-hydroxypterocarpan
1- 甲氧基 -9- 石竹醇 1-methoxy-9-caryolanol
(9R)-4- 甲氧基 -9- 芴 -2,5,9- 三醇 (9R)-4-methoxy-9-fluorene-2,5,9-triol
(7α,7'α,8α,8'α)-3'- 甲氧基 -9- 氧代 -7,9',7',9- 二环氧木脂素 -3,4,4'- 三醇 (7α,7'α,8α,8'α)-3'-methoxy-9-oxo-7,9',7',9-diepoxylignan-3,4,4'-triol
3- 甲氧基 -D- 甘露糖酸 -1,4- 内酯 3-methoxy-D-mannono-1,4-lactone
1- 甲氧基 -E-4- 二十碳烯 -3- 酮 1-methoxy-E-4-eicosen-3-one
4- 甲氧基 -l- 甲基 -2- 喹诺酮 4-methoxy-l-methyl-2-quinolone
5- 甲氧基 -N,N- 二甲基色胺 5-methoxy-N,N-dimethyltryptamine
5- 甲氧基 -N,N- 二甲基色胺 -N_b- 氧化物 5-methoxy-N,N-dimethyltryptamine-N_b-oxide
10- 甲氧基 -N^1- 甲基乳白仔榄树酯胺▲ -17-O- 藜芦酸酯 10-methoxy-N^1-methylburnamine-17-O-veratrate
4- 甲氧基 -N- 甲基 -2- 喹诺酮 4-methoxy-N-methyl-2-quinolone
8- 甲氧基 -N- 甲基巨盘木碱 8-methoxy-N-methylflindersine
5- 甲氧基 -N- 甲基色胺 5-methoxy-N-methyltryptamine
9- 甲氧基 -α- 风铃木醌▲ 9-methoxy-α-lapachone
7a- 甲氧基 -α- 生育酚 7a-methoxy-α-tocopherol
4- 甲氧基 -α- 四氢萘酮 -5-O-α- 吡喃葡萄糖苷 4-methoxy-α-tetralone-5-O-α-glucopyranoside
3- 甲氧基 -β- 倒捻子素 3-methoxy-β-mangostin
17- 甲氧基 -β- 谷甾醇 17-methoxy-β-sitosterol
7α- 甲氧基 -β- 谷甾醇 7α-methoxy-β-sitosterol
1- 甲氧基 -β- 咔啉 1-methoxy-β-carboline
3- 甲氧基 -β- 咔啉 3-methoxy-β-carboline
2'- 甲氧基 -β- 羟基 -(2",3":4',3')- 呋喃查耳酮 2'-methoxy-β-hydroxy-(2",3":4',3')-furanochalcone
(E)-6- 甲氧基 -β- 羟基 - 苯并吡喃 [2",3":4',5'] 查耳酮 (E)-6-methoxy-β-hydroxybenzopyranyl[2",3":4',5']chalcone
1- 甲氧基阿比西尼亚刺桐素 II 1-methoxyerythrabyssin II
5- 甲氧基阿拉伯糖 5-methoxylarabinose
6-(4- 甲氧基阿魏酰基)- 苦槛蓝苷▲ 6-(4-methoxyferuloyl)-mioporoside
7- 甲氧基矮紫玉盘素 7-methoxychamanetin
6α- 甲氧基桉叶 -4(15)- 烯 -1β- 醇 6α-methoxyeudesm-4(15)-en-1β-ol
(3β,10α)-3- 甲氧基桉叶 -4,11(13)- 二烯 -12- 酸 (3β,10α)-3-methoxyleudesma-4,11(13)-dien-12-oic acid
6- 甲氧基八仙花酚 6-methoxyhydrangenol
(-)-4- 甲氧基巴马汀 (-)-4-methoxypalmatine
5'- 甲氧基白果素 5'-methoxybilobetin
5β- 甲氧基白坚木菲林碱▲ 5β-methoxyaspidophylline
11- 甲氧基白屈菜红碱 11-methoxychelerythrine
6- 甲氧基白屈菜红碱 6-methoxychelerythrine
8- 甲氧基白屈菜红碱 8-methoxychelerythrine
5- 甲氧基白鲜碱 5-methoxydictamnine
6- 甲氧基白鲜碱 6-methoxydictamnine
8- 甲氧基白藓碱 -7-β-D- 甘露糖苷 8-methoxydictamnine-7-β-D-mannopyranoside

2'- 甲氧基白杨素 2'-methyoxychrysin
7- 甲氧基白杨素 7-methoxychrysin
甲氧基百部叶碱 methoxystemofoline
4- 甲氧基苯 -1-*O*-*N*,*N*- 偶氮甲酰胺 4-methoxybenzene-1-*O*-*N*,*N*-azoxyformamide
4- 甲氧基苯 -1-*ONN*- 氧化偶氮甲酰胺 4-methoxybenzene-1-*ONN*-azoxyformamide
4- 甲氧基苯 -1- 偶氮甲酰胺 4-methoxybenzene-1-azoformamide
4 - 甲氧基苯丙酸 4-methoxybenzenepropanoic acid
4'- 甲氧基苯丙酮 4'-methoxy-propiophenone
6- 甲氧基 - 苯并噁嗪 -2- 酮 6-methoxy-benzoxazolin-2-one
6- 甲氧基 - 苯并恶嗪 -2(3*H*)- 酮 6-methoxy-benzoxazolin-2(3*H*)-one
6- 甲氧基苯并恶唑啉酮 6-methoxybenzoxazolinene
5- 甲氧基苯并呋喃 -2(3*H*)- 酮 5-methoxybenzofuran-2(3*H*)-one
2- 甲氧基苯酚 2-methoxyphenol
3- 甲氧基苯酚 3-methoxyphenol
4- 甲氧基苯酚 4-methoxyphenol
1-(4'- 甲氧基苯基)-(1*R*,2*R*)- 丙二醇 1-(4'-methoxyphenyl)-(1*R*,2*R*)-propanediol
1-(4'- 甲氧基苯基)-(1*R*,2*R*)- 丙醛 -1- 醇 -2-*O*-β-D- 吡喃葡萄糖苷 1-(4'-methoxyphenyl)-(1*R*,2*R*)-propan-1-ol-2-*O*-β-D-glucopyranoside
1-(4'- 甲氧基苯基)-(1*R*,2*S*)- 丙二醇 1-(4'-methoxyphenyl)-(1*R*,2*S*)-propanediol
1-(4'- 甲氧基苯基)-(1*R*,2*S*)- 丙醛 -1- 醇 -2-*O*-β-D- 吡喃葡萄糖苷 1-(4'-methoxyphenyl)-(1*R*,2*S*)-propan-1-ol-2-*O*-β-D-glucopyranoside
1-(4'- 甲氧基苯基)-(1*S*,2*R*)- 丙二醇 1-(4'-methoxyphenyl)-(1*S*,2*R*)-propanediol
1-(4'- 甲氧基苯基)-(1*S*,2*R*)- 丙醛 -1- 醇 -2-*O*-β-D- 吡喃葡萄糖苷 1-(4'-methoxyphenyl)-(1*S*,2*R*)-propan-1-ol-2-*O*-β-D-glucopyranoside
1-(4'- 甲氧基苯基)-(1*S*,2*S*)- 丙二醇 1-(4'-methoxyphenyl)-(1*S*,2*S*)-propanediol
1-(4'- 甲氧基苯基)-(1*S*,2*S*)- 丙醛 -1- 醇 -2-*O*-β-D- 吡喃葡萄糖苷 1-(4'-methoxyphenyl)-(1*S*,2*S*)-propan-1-ol-2-*O*-β-D-glucopyranoside
1-(4- 甲氧基苯基)-1,2- 丙二醇 1-(4-methoxyphenyl)-1,2-propanediol
2-(4- 甲氧基苯基)-1,8- 萘羧酸 -1,8- 二甲酯 2-(4-methoxyphenyl)-1,8-naphthalenedicarboxylic acid-1,8-dimethyl ester
1-(4- 甲氧基苯基)-1- 甲氧基丙烷 1-(4-methoxyphenyl)-1-methoxypropane
3-(4- 甲氧基苯基)-2- 丙烯酸 -2- 乙基己酯 3-(4-methoxyphenyl)-2-propenoic acid-2-ethylhexyl ester
1-(4- 甲氧基苯基)-2- 甲基 -6- 羟基 -5,7- 二甲氧基 - 异喹啉 1-(4-methoxybenzyl)-2-methyl-6-hydroxy-5,7-dimethoxy-isoquinoline
4-(4- 甲氧基苯基)-3- 丁烯 -2- 酮 4-(4-methoxybenzyl)-3-buten-2-one
(+)-1-(4- 甲氧基苯基)-3- 羟基 -5- 苯基 -1- 戊酮 (+)-1-(4-methoxyphenyl)-3-hydroxy-5-phenyl-1-pentanone
3-(4- 甲氧基苯基)-3- 氧代丙酰十六酸酯 3-(4-methoxyphenyl)-3-oxopropionylhexadecanoate
3-(4- 甲氧基苯基)-5,7- 二甲氧基苯酞 3-(4-methoxybenzyl)-5,7-dimethoxyphthalide
4-(4- 甲氧基苯基)-6- 甲基 -2,2'- 联吡啶 4-(4-methoxyphenyl)-6-methyl-2,2'-bipyridine
β-(4- 甲氧基苯基)-γ- 氧代 -2- 呋喃丁酸甲酯 β-(4-methoxyphenyl)-γ-oxo-2-furanbutanoic acid methyl ester
β-(4- 甲氧基苯基)-γ- 氧代 -2- 呋喃丁酸乙酯 β-(4-methoxyphenyl)-γ-oxo-2-furanbutanoic acid ethyl ester
3-(4- 甲氧基苯基)- 丙酸 3-(4-methoxyphenyl)-propionic acid
N-[3-(4'- 甲氧基苯基)- 丙酰基]- 吡咯 *N*-[3-(4'-methoxyphenyl)-propanoyl]-pyrrole
4-(4- 甲氧基苯基)- 丁烷 -2-*O*-β-D- 吡喃葡萄糖苷 4-(4-methoxyphenyl)-butane-2-*O*-β-D-glucopyranoside
4-(4- 甲氧基苯基)- 丁烷 -2- 醇 4-(4-methoxyphenyl)-butane-2-ol
5-(3'- 甲氧基苯基)- 戊酸 5-(3'-methoxypheny1)-pentanoic acid
1-(4- 甲氧基苯基)- 乙醇 1-(4-methoxy-phenyl)-ethanol
2-[2-(4- 甲氧基苯基) 乙基] 色酮 2-[2-(4-methoxyphenyl)ethyl] chromone
N-(4- 甲氧基苯基)- 乙酰胺 *N*-(4-methoxyphenyl)-acetamide
2- 甲氧基苯基 -*O*-β-D- 吡喃葡萄糖苷 2-methoxyphenyl-*O*-β-D-glucopyranoside
2- 甲氧基苯基 -β-D- 吡喃葡萄糖苷 2-methoxyphenyl-β-D-glucopyranoside
4- 甲氧基苯基丙酮 4-methoxyphenylacetone
甲氧基苯基肟 methoxy-phenyl-oxime
4- 甲氧基苯基乙酸酯 4-methoxyphenyl acetate
3- 甲氧基苯甲醛 3-methoxybenzaldehyde
4- 甲氧基苯甲醛 4-methoxybenzaldehyde
2- 甲氧基苯甲酸 2-methoxybenzoic acid
3- 甲氧基苯甲酸 3-methoxybenzoic acid
4- 甲氧基苯甲酸 4-methoxybenzoic acid
4- 甲氧基苯甲酸 -2-(4- 羟基苯基) 乙基酯 4-methoxybenzoic acid 2-(4-hydroxyphenyl)ethyl ester
4- 甲氧基苯甲酸 -2-(4- 羟基苯基) 乙酯 4-methoxy-benzoic acid-2-(4-hydroxyphenyl)ethyl ester
2- 甲氧基苯甲酸苄酯 benzyl 2-methoxybenzoate
4- 甲氧基苯甲酸甲酯 4-methoxyl methyl benzoate
2- 甲氧基苯甲酸辛酯 2-methoxylbenzoic acid octyl ester
4-(甲氧基苯甲酰基)-*O*-β-D- 吡喃葡萄糖苷 4-(methoxybenzyl)-*O*-β-D-glucopyranoside
1-*O*-4'- 甲氧基苯甲酰基 -β-D- 吡喃葡萄糖 1-*O*-4'-methoxybenzoyl-β-D-glucopyranose
1-*O*-4'- 甲氧基苯甲酰基 -β-D- 葡萄糖酸 1-*O*-4'-methoxybenzoyl-β-D-gluconic acid
2- 甲氧基苯硫酚 2-methoxybenzenethiol
5- 甲氧基苯酞 -7-β-D- 吡喃木糖基 -(1 → 6)-β-D- 吡喃葡萄糖苷 5-methoxyphthalide-7-β-D-xylopyranosyl-(1 → 6)-β-D-glucopyranoside
3-(2- 甲氧基苯氧基) 苯甲酸 3-(2-methoxyphenoxy)benzoic acid
3- 甲氧基苯乙醇 -4-*O*-β-D- 吡喃葡萄糖苷 3-methoxyphenethyl alcohol-4-*O*-β-D-glucopyranoside
(*E*)-*N*-(4- 甲氧基苯乙基)-2- 甲基丁 -2- 烯胺 (*E*)-*N*-(4-methoxyphenethyl)-2-methylbut-2-enamide
N-(4- 甲氧基苯乙基)-*N*- 甲基苯酰胺 *N*-(4-methoxyphenethyl)-*N*-methylbenzamide
4'- 甲氧基苯乙基香荚兰酸酯 4'-methoxyphenethylvanillate
4- 甲氧基苯乙酸 4-methoxyphenylacetic acid
4- 甲氧基苯乙酮 4-methoxyacetophenone
2- 甲氧基吡咯 2-methoxypyrrole
5α- 甲氧基吡咯 -2- 酮 5α-methoxypyrrolidin-2-one
5ξ- 甲氧基吡咯 -2- 酮 5ξ-methoxypyrrolidin-2-one
8-(4'- 甲氧基苄基)- 木瓣树宁碱▲ 8-(4'-methoxybenzyl)-xylopinine
4- 甲氧基苄基 -β-D- 吡喃葡萄糖苷 4-methoxybenzyl-β-D-glucopyranoside
4- 甲氧基苄基 -β-D- 葡萄糖苷 4-methoxybenzyl-β-D-glucoside
2- 甲氧基苄基苯甲酸酯 2-methoxybenzylbenzoate

J

3'- 甲氧基 - 表没食子儿茶素 -(4β → 8,2β → O-7)- 表儿茶素 3'-methoxy-epigallocatechin-(4β → 8,2β → O-7)-epicatechin
3- 甲氧基表梓素▲ 3-methoxyepicatalpin
(E)-2-(3- 甲氧基丙基)- 十六碳 -14- 烯酸甲酯 (E)-methyl-2-(3-methoxypropyl)-hexadec-14-enoate
5- 甲氧基补骨脂素 5-methoxypsoralen
8- 甲氧基补骨脂素 8-methoxypsoralen
1- 甲氧基菜豆定 1-methoxyphaseollidin
1- 甲氧基菜豆素 1-methoxyphaseolin
3- 甲氧基草棉素 3-methoxyherbacetin
4'- 甲氧基草棉素 4'-methoxyl herbacetin
2- 甲氧基茶痂衣酸 2-methoxypsoromic acid
10- 甲氧基长叶长春花碱▲ 10-methoxycathafoline
2(S)-10- 甲氧基长叶长春花碱▲ 2(S)-10-methoxycathafoline
5'- 甲氧基橙皮油烯 5'-methoxyauraptene
6- 甲氧基橙皮油烯 6-methoxyauraptene
(6S,12S,13R)-1- 甲氧基橙桑青素▲ (6S,12S,13R)-1-methoxycyanomaclurin
5'- 甲氧基川陈皮素 5'-methoxynobiletin
8- 甲氧基刺果苏木林素▲ 8-methoxybonducellin
6- 甲氧基刺槐素 -7-O-β-D- 吡喃葡萄糖苷 6-methoxyacacetin-7-O-β-D-glucopyranoside
8- 甲氧基刺槐素 -7-O-β-D- 吡喃葡萄糖苷 8-methoxyacacetin-7-O-β-D-glucopyranoside
11- 甲氧基刺桐阿亭碱 11-methoxyerythratine
11β- 甲氧基刺桐灵碱 -N- 氧化物 11β-methoxyerythraline-N-oxide
4'- 甲氧基粗贝壳杉黄酮 4'-methoxyrobustaflavone
2- 甲氧基粗雄花酮▲ 2-methoxystypandrone
14- 甲氧基 - 翠雀叶乌头碱▲ 14-methoxydelphinifoline
3'- 甲氧基大豆苷 3'-methoxydaidzin
3'- 甲氧基大豆苷元 3'-methoxydaidzein
5- 甲氧基大豆苷元 5-methoxydaidzein
5''- 甲氧基大风子素 5''-methoxyhydnocarpin
甲氧基大风子素 D methoxyhydnocarpin D
8- 甲氧基大黄酚 8-methoxychrysophanol
2- 甲氧基大黄酚 -8-O-β-D- 吡喃葡萄糖苷 2-methoxychrysophanol-8-O-β-D-glucopyranoside
5- 甲氧基大黄素甲醚 -4-O- 吡喃葡萄糖苷 5-methoxyphyscion-4-O-glucopyranoside
7- 甲氧基大麻螺酮 7-methoxycannabispirone
5'- 甲氧基大麻香叶酚酸▲ 5'-methoxycannabigerolic acid
11- 甲氧基地中海荚蒾醛▲ 11-methoxyviburtinal
7- 甲氧基迪氏乌檀苷▲ 7-methoxydiderroside
4- 甲氧基芪 4-methoxystilbene
4- 甲氧基丁酸甲酯 4-methoxybutanoic acid methyl ester
2''-O-(2'''- 甲氧基丁酰基)- 荭草素 2''-O-(2'''-methoxybenzoyl)-orientin
2''-O-(2'''- 甲氧基丁酰基)- 牡荆素 2''-O-(2'''-methoxybenzoyl)-vitexin
(1S,9R)-14- 甲氧基丁香 -2(15),5Z- 二烯 -7- 酮 (1S,9R)-14-methoxycaryophylla-2(15),5Z-dien-7-one
(1S,5R,9R)-5- 甲氧基丁香 -2(15),6(14)- 二烯 -7- 酮 (1S,5R,9R)-5-methoxycaryophylla-2(15),6(14)-dien-7-one
(1S,5S,9R)-5- 甲氧基丁香 -2(15),6(14)- 二烯 -7- 酮 (1S,5S,9R)-5-methoxy-caryophylla-2(15),6(14)-dien-7-one
1β- 甲氧基丁香 -9- 酮 1β-methoxycaryol-9-one
甲氧基丁香酚 methoxyeugenol
2β- 甲氧基丁子香 -9α- 醇 2β-methoxyclovan-9α-ol
2- 甲氧基丁子香烷醇 2-methoxyclovanol
7β- 甲氧基豆甾 -5- 烯 -3β- 醇 7β-methoxystigmast-5-en-3β-ol
11- 甲氧基毒鸡骨常山血平定▲ 11-methoxyechitoserpidine
甲氧基毒马钱辛碱▲B O-methylmacusine B
7- 甲氧基杜鹃醇 7-methoxyrhododendrol
11- 甲氧基对凹顶藻 -4(15)- 烯 -1β- 醇 11-methoxyopposit-4(15)-en-1β-ol
3- 甲氧基 - 对羟基苯甲醛 3-methoxyl-p-hydroxybenzaldehyde
3- 甲氧基对羟基苯甲酸 3-methyl-p-hydroxybenzoic acid
3- 甲氧基 - 对羟基桂皮醛 3-methoxy-4-hydroxycinnamic aldehyde
甲氧基 - 对映 -8(14)- 海松烯 -15- 酮 methoxy-ent-8(14)-pimaren-15-one
16α- 甲氧基 - 对映 - 贝壳杉 -19- 酸 16α-methoxy-ent-kauran-19-oic acid
2- 甲氧基钝叶决明素 2-methoxyobtusifolin
12- 甲氧基多果树碱 12-methoxypleiocarpine
7α- 甲氧基多花白树 -8- 烯 -3α,29- 二醇 -3,29- 二苯甲酸酯 7α-methoxymultiflor-8-ene-3α,29-diol-3,29-dibenzoate
7β- 甲氧基多花白树 -8- 烯 -3α,29- 二醇 -3,29- 二苯甲酸酯 7β-methoxymultiflor-8-ene-3α,29-diol-3,29-dibenzoate
7α- 甲氧基多花白树 -8- 烯 -3α,29- 二醇 -3- 乙酸酯 -29- 苯甲酸酯 7α-methoxymultiflor-8-ene-3α,29-diol-3-acetate-29-benzoate
3'- 甲氧基萼翅藤素▲ 3'-methoxycalycopterin
2- 甲氧基蒽醌 2-methoxyanthraquinone
5''- 甲氧基耳草脂醇▲A 5''-methoxyhedyotisol A
7- 甲氧基二聚矮紫玉盘素 7-methoxydichamanetin
5- 甲氧基二聚松柏醇 5-methoxydehydrodiconiferyl alcohol
6- 甲氧基二氢白屈菜红碱 6-methoxydihydrochelerythrine
8- 甲氧基二氢白屈菜红碱 8-methoxydihydrochelerythrine
10- 甲氧基二氢常绿钩吻碱 10-methoxydihydrosempervirine
17- 甲氧基二氢川藏香茶菜萜素▲C 17-methoxydihydropseurata C
2- 甲氧基二氢堆心菊素 2-methoxydihydrohelenalin
13- 甲氧基二氢冠裸穗豚草素 13-methoxydihydrocoronopilin
5- 甲氧基二氢去氢二松柏醇 5-methoxydihydrodehydrodiconiferyl alcohol
(-)-(7S,8R)-5- 甲氧基二氢去氢二松柏醇 -4-O-β-D- 吡喃葡萄糖苷 (-)-(7S,8R)-5-methoxydihydrodehydrodiconiferyl alcohol-4-O-β-D-glucopyranoside
(7S,8R)-5- 甲氧基二氢去氢二松柏醇 -4-O-β-D- 吡喃葡萄糖苷 (7S,8R)-5-methoxydihydrodehydrodiconiferyl alcohol-4-O-β-D-glucopyranoside
12- 甲氧基二氢去氢木香内酯 12-methoxydihydrodehydrocostus lactone
(±)-7R*,8S*-5- 甲氧基二氢去氢松伯醇 (±)-7R*,8S*-5-methoxydihydrodehydroconiferyl alcohol
4'- 甲氧基二氢山柰酚 -7-O- 吡喃鼠李糖苷 4'-methoxydihydrokaemferol-7-O-rhamnopyranoside
8- 甲氧基二氢小果博落回碱▲ 8-methoxydihydromacarpine
(±)-8- 甲氧基二氢血根碱 (±)-8-methoxydihydrosanguinarine
6- 甲氧基二氢血根碱 6-methoxydihydrosanguinarine
8- 甲氧基二氢血根碱 8-methoxydihydrosanguinarine
5'- 甲氧基反华远志素 5'-methoxyretrochinensin
4- 甲氧基 - 反式 - 桂皮酸甲酯 4-methoxy-trans-cinnamic acid methyl ester
5- 甲氧基非洲红豆素▲ 5-methoxyafrormosin
4- 甲氧基菲 -2,7-O-β-D- 二葡萄糖苷 4-methoxyphenanthrene-2,7-O-β-D-diglucoside
4- 甲氧基菲 -2,7- 二醇 4-methoxyphenanthrene-2,7-diol
3- 甲氧基枫杨内酯 3-methoxypterolactone
6- 甲氧基蜂蜜曲霉素 6-methoxymellein
5- 甲氧基呋喃 -(2'',3'':7,8)- 黄酮 5-methoxyfurano-(2'',3'':7,8)-flavone

2'- 甲氧基呋喃 [2",3":4',3'] 二氢查耳酮 2'-methoxy-furan-[2",3":4',3'] dihydrochalcone
2'- 甲氧基呋喃 [2",3":7,8] 黄酮 2'-methoxy-furan-[2",3":7,8]flavone
2'- 甲氧基呋喃 [2",3"-7,8] 黄酮 2'-methoxyfuran[2",3"-7,8]flavone
5- 甲氧基呋喃 -2- 甲醛 5-methoxyfuran-2-carbaldehyde
3'- 甲氧基呋喃并 [8,7:4",5"] 黄酮 3'-methoxyfuro[8,7:4",5"]flavone
3- 甲氧基呋喃并 [8,7:4",5"] 黄酮 3-methoxyfuro[8,7:4",5"]flavone
5- 甲氧基呋喃并 [8,7:4",5"] 黄酮 5-methoxyfuro[8,7:4",5"]flavone
6'- 甲氧基呋喃并 [8,7:4",5"] 黄酮 6'-methoxyfuro[8,7:4",5"]flavone
甲氧基呋喃醇 methoxyfuranalcohol
4*αH*-9- 甲氧基呋喃荒漠木烷 4*αH*-9-methoxyfuranoeremophilane
12- 甲氧基伏康树叶碱▲ 12-methoxyvoaphylline
25- 甲氧基刚毛鹧鸪花醇▲ A 25-methoxyhispidol A
6- 甲氧基高黄芩苷 6-methoxyl-scutellarin
4'- 甲氧基高黄芩素 4'-methoxyscutellarein
4'- 甲氧基高黄芩素 -7-*O*-*β*-D- 吡喃葡萄糖苷 4'-methyoxyscutellarein-7-*O*-*β*-D-glucopyranoside
2- 甲氧基高丽槐素 2-methoxymaackiain
3- 甲氧基高丽槐素 3-methoxymaackiain
4- 甲氧基高丽槐素 4-methoxymaackiain
甲氧基高丽槐素 methoxymaackiain
3- 甲氧基高良姜素 3-methoxygalangin
(6*S*,6a*S*,11a*R*)-6*α*- 甲氧基高紫檀素 (6*S*,6a*S*,11a*R*)-6*α*-methoxyhomopterocarpin
3'- 甲氧基葛根素 3'-methoxypuerarin
4'- 甲氧基葛根素 4'-methoxypuerarin
5- 甲氧基葛缕子酚 -2-*O*-*α*-L- 吡喃鼠李糖基 -(1 → 6)-*β*-D- 吡喃葡萄糖苷 5-methoxycarvacrol-2-*O*-*α*-L-rhamnopyranosyl-(1 → 6)-*β*-D-glucopyranoside
11- 甲氧基钩吻巴豆定▲ 11-methoxygelsecrotonidine
11- 甲氧基钩吻精碱 11-methoxygelselegine
11- 甲氧基钩吻酰胺 11-methoxygelsemamide
19(*R*)- 甲氧基管花多果树文碱▲ 19(*R*)-methoxytubotaiwine
19(*S*)- 甲氧基管花多果树文碱▲ 19(*S*)-methoxytubotaiwine
19*S*- 甲氧基管花多果树文碱▲-N^4- 氧化物 19*S*-methoxytubotaiwine-N^4-oxide
6- 甲氧基光亮臭叶木素▲- 乙酯 6-methoxylucidin-ethyl ether
N- 甲氧基光千金藤碱 *N*-methyloxystepharine
5- 甲氧基鬼臼毒素 5-methoxypodophyllotoxin
6- 甲氧基鬼臼毒素 -7-*O*- 己酸酯 6-methoxypodophyllotoxin-7-*O*-hexanoate
(-)-5'- 甲氧基鬼臼根醇 (-)-5'-methoxypodorhizol
4- 甲氧基桂皮基 -(6'-*O*-*α*- 吡喃阿拉伯糖基)-*O*-*β*- 吡喃葡萄糖苷 4-methoxylcinnamyl-(6'-*O*-*α*-arabinopyranoside)-*O*-*β*-glucopyranoside
4- 甲氧基桂皮基 -*O*-*β*-D- 吡喃葡萄糖苷 4-methoxylcinnamyl-*O*-*β*-D-glucopyranoside
2- 甲氧基桂皮醛 2-methoxycinnamaldehyde
4- 甲氧基桂皮醛 4-trimethoxycinnamaldehyde
(*E*)-4- 甲氧基桂皮酸 (*E*)-4-methoxycinnamic acid
2- 甲氧基桂皮酸 2-methoxycinnamic acid
4'- 甲氧基桂皮酸 4'-methoxycinnamic acid
4- 甲氧基桂皮酸 4-methoxycinnamic acid
6-*O*-[(2*E*)-2- 甲氧基桂皮酰]-*β*-D- 吡喃葡萄糖基 -(1 → 6)-[*β*-D- 吡喃木糖基 -(1 → 2)]-*β*-D- 半乳糖基 -(1 → 3)-*O*- 矢车菊素 6-*O*-[(2*E*)-2-methoxycinnamyl]-*β*-D-glucopyranosyl-(1 → 6)-[*β*-D-xylopyranosyl-(1 → 2)]-*β*-D-galactopyranosyl-(1 → 3)-*O*-cyanidin
4-*O*-(4- 甲氧基桂皮酰基)-*α*-L- 吡喃鼠李糖 4-*O*-(4-methoxycinnamoy)-*α*-L-rhamnopyranose
6-*O*-*α*-L-(2"-*O*- 甲氧基桂皮酰基)- 吡喃鼠李糖基梓醇 6-*O*-*α*-L-(2"-*O*-methoxycinnamoyl)-rhamnopyranosylcatalpol
2'-*O*-(4"- 甲氧基桂皮酰基)- 玉叶金花苷酸 2'-*O*-(4"-methoxycinnamoyl)-mussaenosidic acid
2'-*O*-(4- 甲氧基桂皮酰基)- 玉叶金花苷酸 2'-*O*-(4-methoxycinnamoyl)-mussaenosidic acid
4- 甲氧基桂皮酰乙烯二胺 4-methoxycinnamoylethylenediamine
12- 甲氧基海棠果素 D 12-methoxyinophyllum D
6- 甲氧基汉黄芩素 6-methoxywogonin
4- 甲氧基和厚朴酚 4-methoxyhonokiol
11- 甲氧基亨氏马钱胺▲ 11-methoxyhenningsamine
甲氧基红花袋鼠爪酮▲ methoxyanigorufone
4- 甲氧基红盘衣素▲ 4-methoxyhaemoventosin
4- 甲氧基胡椒酚 4-methoxychavicol
11- 甲氧基胡蔓藤明▲ 11-methoxyhumantenmine
11- 甲氧基胡蔓藤宁▲ 11-methoxyhumantenine
2- 甲氧基胡桃醌 2-methoxyjuglone
3- 甲氧基胡桃醌 3-methoxyjuglone
(23*E*)-25- 甲氧基葫芦 -23- 烯 -3*β*,7*β*- 二醇 (23*E*)-25-methoxycucurbit-23-ene-3*β*,7*β*-diol
25- 甲氧基葫芦 -5(6),23*E*- 二烯 -19- 醇 -3-*O*-*β*-D- 吡喃阿洛糖苷 25-methoxycucurbita-5(6),23*E*-dien-19-ol-3-*O*-*β*-D-allopyranoside
25- 甲氧基葫芦 -5,23(*E*)- 二烯 -3*β*,19- 二醇 25-methoxycucurbita-5,23(*E*)-diene-3*β*,19-diol
(23*E*)-7*β*- 甲氧基葫芦 -5,23,25- 三烯 -3*β*- 醇 (23*E*)-7*β*-methoxycucurbita-5,23,25-trien-3*β*-ol
(23*E*)-25- 甲氧基葫芦 -5,23- 二烯 -3*β*,7*β*,19- 三醇 -7-*O*-*β*-D- 吡喃葡萄糖苷 (23*E*)-25-methoxycucurbita-5,23-diene-3*β*,7*β*,19-triol-7-*O*-*β*-D-glucopyranoside
3- 甲氧基槲皮素 3-methoxyquercetin
8- 甲氧基槲皮素 8-methoxyquercetin
3'- 甲氧基 - 槲皮素 -3-*O*-*α*-L- 吡喃鼠李糖苷 3'-methoxy-quercetin-3-*O*-*α*-L-rhamnopyranoside
3'- 甲氧基槲皮素 -3-*O*-*β*-D- 吡喃葡萄糖苷 3'-methoxyquercetin-3-*O*-*β*-D-glucopyranoside
3'- 甲氧基槲皮素 -3-*O*-*β*-D- 龙胆二糖苷 3'-methoxyquercetin-3-*O*-*β*-D-gentiobioside
4'- 甲氧基 - 槲皮素 -7-(4"-*O*- 乙酰基)-*α*-L- 吡喃鼠李糖基 -3-*O*-*β*-D- 吡喃葡萄糖苷 4'-methoxyl-quercetin-7-(4"-*O*-acetyl)-*α*-L-rhamnopyranosyl-3-*O*-*β*-D-glucopyranoside
4'- 甲氧基 - 槲皮素 -7-(4"-*O*- 乙酰基)- *α*-L- 吡喃鼠李糖基 -3-*O*- 芸香糖苷 4'-methoxyl-quercetin-7-(4"-*O*-acetyl)-*α*-L-rhamnopyranosyl-3-*O*-rutinoside
3- 甲氧基槲皮素 -7-*O*-*β*-D- 吡喃葡萄糖苷 3-methoxyquercetin-7-*O*-*β*-D-glucopyranoside
4'- 甲氧基槲皮素 -7-*O*- 葡萄糖苷 4'-methoxyquercetin-7-*O*-glucoside
甲氧基琥珀酸 -4- 甲酯 methoxybutanedioic acid-4-methyl ester
8- 甲氧基花椒毒素 -5-*β*-D- 吡喃葡萄糖苷 8-methoxyxanthotoxol-5-*β*-D-glucopyranoside
5- 甲氧基花椒毒素 -8-*β*-D- 吡喃葡萄糖苷 5-methoxy-xanthotoxol-8-*β*-D-glucopyranoside
3- 甲氧基花椒内酯 3-methoxyxanthyletin
23- 甲氧基环巴胺 23-methoxycyclopamine
25- 甲氧基环木菠萝 -23*E* - 烯 -3*β*- 醇 25-methoxycycloart-23*E*-en-3*β*-ol
25- 甲氧基 - 环木菠萝 -23*E*- 烯 -3*β*- 醇 25-methoxy-cycloart-23*E*-en-3*β*-ol
(23*E*)-25- 甲氧基环木菠萝 -23- 烯 -3*β*- 醇 (23*E*)-25-methoxycycloart-23-en-3*β*-ol

J

8β-甲氧基荒漠木-3,7(11)-二烯-8α,12(6α,15)-二内酯 8β-methoxyeremophil-3,7(11)-dien-8α,12(6α,15)-diolide
8β-甲氧基荒漠木-7(11)-烯-12,8α(4β,6α)-二内酯 8β-methoxyeremophil-7(11)-en-12,8α(4β,6α)-diolide
8β-甲氧基荒漠木-7(11)-烯-6α,l5;8α,12-二内酯 8β-methoxyeremophil-7(11)-en-6α,l5;8α,12-diolide
6β-甲氧基荒漠木-7(11)-烯-8β,12-内酯 6β-methoxyeremophil-7(11)-en-8β,12-olide
7-甲氧基黄芩素 7-methoxybaicalein
(R)-(+)-4-甲氧基黄檀醌 (R)-(+)-4-methoxydalbergione
(S)-4-甲氧基黄檀醌 (S)-4-methoxydalbergione
4-甲氧基黄檀醌 4-methoxydalbergione
R-(+)-4-甲氧基黄檀醌 R-(+)-4-methoxydalbergione
(S)-4-甲氧基黄檀氢醌▲ (S)-4-methoxydalbergiquinol
2'-甲氧基黄酮 2'-methoxyflavone
3'-甲氧基黄酮 3'-methoxyflavone
6-甲氧基黄酮 6-methoxyflavone
7-甲氧基黄酮 7-methoxyflavone
4'a-甲氧基-黄酮基(7a-b)黄酮 4'a-methoxy-flavonyl(7a-b)flavone
(-)-5-甲氧基黄烷-7-醇 (-)-5-methoxyflavan-7-ol
(2S)-7-甲氧基黄烷酮 (2S)-7-methoxyflavanone
7-甲氧基黄烷酮 7-methoxyflavanone
(2S,3S)-7-甲氧基黄烷酮醇 (2S,3S)-7-methoxyflavanonol
4-甲氧基茴香酸 4-anisic acid
D-3-甲氧基肌醇 D-3-methoxyinositol
6-甲氧基鸡矢藤次苷甲酯 6-methoxy scandoside methyl ester
15-甲氧基基伪原薯蓣皂苷 15-methoxypseudoprotodioscin
甲氧基荚果蕨素 methoxymatteucin
4-甲氧基甲苯 4-methoxy-1-methylbenzene
5-(甲氧基甲基)-1H-吡咯-2-甲醛 5-(methoxymethyl)-1H-pyrrole-2-carbaldehyde
5-(甲氧基甲基)间苯二酚 5-(methoxymethyl)resorcinol
1-甲氧基甲基-1,2-去氢-8,2-吡咯里西啶 1-methoxymethyl-1,2-dehydro-8,2-pyrrolizidine
5-甲氧基甲基-2-糠醛 5-methoxymethyl-2-furaldehyde
5-甲氧基甲基-7,8-二甲基母育酚 5-methoxymethyl-7,8-dimethyltocol
2-甲氧基甲基苯胺 2-methoxymethylaniline
1-甲氧基甲基蒽醌 1-methoxymethylanthraquinone
5-甲氧基甲基呋喃-2-甲醛 5-methoxymethylfuran-2-carboxaldehyde
3-甲氧基甲基咔唑 3-methoxymethylcarbazole
7-甲氧基假番荔枝醛▲ 7-O-methylunonal
5'-甲氧基姜黄素 5'-methoxycurcumin
8-甲氧基降白屈菜红碱 8-methoxynorchelerythrine
(+)-11-甲氧基降波尔定碱 (+)-11-methoxynorboldine
10-甲氧基降毒马钱辛碱▲B 10-methoxynormacusine B
(+)-11-甲氧基降降新木姜子碱 (+)-11-methoxynorneolitsine
5-甲氧基降山油柑碱 5-methoxynoracronycine
(+)-11-甲氧基降无根藤辛 (+)-11-methoxynorcassythicine
甲氧基角蒿酯碱▲ methoxyincarvillateine
6-甲氧基金凤花明素▲ 6-methoxypulcherrimin
10-甲氧基金鸡纳胺▲ 10-methoxycinchonamine
3-甲氧基金圣草酚-4'-O-β-D-吡喃葡萄糖苷 3-methoxychrysoeriol-4'-O-β-D-glucopyranoside
6α-甲氧基京尼平苷 6α-methoxygeniposide
6-α-甲氧基京尼平苷 6-α-methoxygeniposide
6α-甲氧基京尼平苷酸 6α-methoxygeniposidic acid
6-甲氧基京尼平苷酸 6-methoxygeniposidic acid
N-甲氧基九节叶狗牙花碱▲ N-methoxytaberpsychin
8-甲氧基巨盘木碱 8-methoxyflindersine
2-甲氧基咔唑-3-羧酸甲酯 methyl 2-methoxycarbazole-3-carboxylate
6-甲氧基咔唑-3-羧酸甲酯 methyl-6-methoxycarbazole-3-carboxylate
2''-O-(3'''-甲氧基咖啡酰基)-牡荆素 2''-O-(3'''-methoxylcaffeoyl)-vitexin
10-甲氧基卡菲尔萝芙木林碱▲ 10-methoxyraucaffrinoline
12-甲氧基开环红花蕊木酸▲甲酯 methyl 12-methoxychanofruticosinate
4-甲氧基糠醛 4-methoxy furancarboxaldehyde
5-甲氧基糠醛 5-methoxyfurfural
3-甲氧基柯嗪 3-methoxychrysazin
2α-甲氧基克罗-3-烯-15-酸 2α-methoxy-clerod-3-en-15-oic acid
4'-甲氧基孔雀草素▲-3-O-β-D-吡喃葡萄糖基-(1'''→2'')-β-D-吡喃葡萄糖基-[6''''-(E)-咖啡酰基]-7-O-β-D-吡喃葡萄糖苷 4'-methoxypatuletin-3-O-β-D-glucopyranosyl-(1'''→2'')-β-D-glucopyranosyl-[6''''-(E)-caffeoyl]-7-O-β-D-glucopyranoside
2'-甲氧基苦参酮 2'-methoxykurarinone
11-甲氧基苦籽木辛碱▲ 11-methoxyakuammicine
11-甲氧基喹啉 11-methoxyquinoline
4-甲氧基喹啉-2-酮 4-methoxyquinolin-2-one
7-甲氧基狼毒素 7-methoxychamaejasmin
3-甲氧基酪胺 3-methoxytyramine
3-甲氧基酪胺-BX 3-methoxytyramine-BX
26-甲氧基-类叶升麻醇-12(18)-烯 26-methoxy-acteol-12(18)-en
26(R)-甲氧基类叶升麻素▲ 26(R)-methoxyactein
(5R,10S)-12-甲氧基冷杉-6,8,11,13-四烯 (5R,10S)-12-methoxyabieta-6,8,11,13-tetraene
15-甲氧基冷杉酸 15-methoxyabietic acid
5-甲氧基联苄-3,3'-二-O-β-D-吡喃葡萄糖苷 5-methoxybibenzyl-3,3'-di-O-β-D-glucopyranoside
8-甲氧基两面针碱 8-methoxynitidine
3-甲氧基裂环异落叶松树脂醇 3-methoxysecoisolariciresinol
(1S)-1-甲氧基裂叶榆萜 C (1S)-1-methoxylacinilene C
11-甲氧基柳叶水甘草碱 11-methoxytabersonine
11-甲氧基-柳叶水甘草碱 11-methoxy-tabersonine
4-甲氧基芦丁 4-methoxyrutin
25-甲氧基罗汉果醇 25-methoxymogrol
(+)-13-甲氧基罗汉松-8,11,13-三烯-19-酸 (+)-13-methoxypodocarpa-8,11,13-trien-19-oic acid
(3α,5β,10α)-13-甲氧基罗汉松-8,11,13-三烯-3,12-二醇 (3α,5β,10α)-13-methoxypodocarpa-8,11,13-trien-3,12-diol
8-甲氧基罗素丽钵花苷▲ 8-methoxyeustomorusside
(25R,26R)-26-甲氧基螺甾-5-烯-3β-O-[O-α-L-吡喃鼠李糖基-(1→2)-β-D-吡喃葡萄糖苷] (25R,26R)-26-methoxyspirost-5-en-3β-ol-3-O-[O-α-L-rhamnopyranosyl-(1→2)-β-D-glucopyranoside]
(25R,26R)-26-甲氧基螺甾-5-烯-3β-O-α-L-吡喃鼠李糖基-(1→2)-[β-D-吡喃葡萄糖基-(1→6)]-β-D-吡喃葡萄糖苷 (25R,26R)-26-methoxyspirost-5-en-3β-O-α-L-rhamnopyranosyl-(1→2)-[β-D-glucopyranosyl-(1→6)]-β-D-glucopyranoside
(25R,26R)-26-甲氧基螺甾-5-烯-3β-醇-3-O-{O-α-L-吡喃鼠李糖基-(1→2)-O-[6-O-乙酰基-β-D-吡喃葡萄糖基-(1→4)]-β-D-吡喃葡萄糖苷} (25R,26R)-26-methoxyspirost-5-en-3β-ol-3-O-{O-α-L-rhamnopyranosyl-(1→2)-O-[6-O-acetyl-β-D-glucopyranosyl-(1→4)]-β-D-glucopyranoside}
(25R,26R)-26-O-甲氧基螺甾-5-烯-3β-醇-3-O-{O-α-L-吡喃鼠李糖基-(1→2)-O-[β-D-吡喃葡萄糖基-(1→4)]-β-D-吡喃葡萄糖苷} (25R,26R)-26-O-methoxyspirost-5-en-3β-ol-3-O-{O-

α-L-rhamnopyranosyl-(1→2)-O-[β-D-glucopyranosyl-(1→4)]-β-D-glucopyranoside}
(25R,26R)-26- 甲氧基螺甾 -5- 烯 -3β- 醇 -3-O-{O-α-L- 吡喃鼠李糖基 -(1→2)-O-[β-D- 吡喃葡萄糖基 -(1→4)]-β-D- 吡喃葡萄糖苷 } (25R,26R)-26-methoxyspirost-5-en-3β-ol-3-O-{O-α-L-rhamnopyranosyl-(1→2)-O-[β-D-glucopyranosyl-(1→4)]-β-D-glucopyranoside}
(25R,26R)-26- 甲氧基螺甾 -5- 烯 -3β- 醇 -3-O-α-L- 吡喃鼠李糖基 -(1→2)-O-[β-D- 吡喃葡萄糖基 -(1→4)]-β-D- 吡喃葡萄糖苷 (25R,26R)-26-methoxyspirost-5-en-3β-ol-3-O-α-L-rhamnopyranosyl-(1→2)-O-[β-D-glucopyranosyl-(1→4)]-β-D-glucopyranoside
(25R,26R)-26- 甲氧基螺甾 -5- 烯 -3β- 醇 -3-O-α-L- 吡喃鼠李糖基 -(1→2)-β-D- 吡喃葡萄糖苷 (25R,26R)-26-methoxyspirost-5-en-3β-ol-3-O-α-L-rhamnopyranosyl-(1→2)-β-D-glucopyranoside
3'- 甲氧基洛克米仔兰醇 3'-methoxylrocaglaol
3'- 甲氧基洛克米仔兰酰胺 3'-methoxyrocaglamide
5- 甲氧基络石苷 5-methoxytracheloside
5- 甲氧基络石苷元 5-methoxytrachelogenin
(+)-5'- 甲氧基落叶松树脂醇 (+)-5'-methoxylariciresinol
(+)-7'- 甲氧基落叶松树脂醇 (+)-7'-methoxylariciresinol
5'- 甲氧基落叶松树脂醇 5'-methoxylariciresinol
5- 甲氧基落叶松树脂醇 5-methoxylariciresinol
7- 甲氧基落叶松树脂醇 7-methoxylariciresinol
7S,8R,8'R-(-)-5- 甲氧基落叶松树脂醇 -4,4'- 双 -O-β-D- 吡喃葡萄糖苷 7S,8R,8'R-(-)-5-methoxylariciresinol-4,4'-bis-O-β-D-glucopyranoside
5- 甲氧基落叶松树脂醇 -4-O-β-D- 吡喃葡萄糖苷 5-methoxylariciresinol-4-O-β-D-glucopyranoside
(8R,7'S,8'R)-5'- 甲氧基落叶松树脂醇 -9'-O-β-D-(6-O-E-4- 羟基 -3- 甲氧基桂皮酰基)- 吡喃葡萄糖苷 (8R,7'S,8'R)-5'-methoxylariciresinol-9'-O-β-D-(6-O-E-4-hydroxy-3-methoxycinnamoyl)-glucopyranoside
(8R,7'S,8'R)-5'- 甲氧基落叶松树脂醇 -9'-O-β-D-(6-O-Z-4- 羟基 -3- 甲氧基桂皮酰基)- 吡喃葡萄糖苷 (8R,7'S,8'R)-5'-methoxylariciresinol-9'-O-β-D-(6-O-Z-4-hydroxy-3-methoxycinnamoyl)-glucopyranoside
4- 甲氧基绿原酸 4-methoxychlorogenic acid
1- 甲氧基氯化小檗碱 1-methoxylberberium chloride
9- 甲氧基马比木碱 -20-O-β-D- 吡喃葡萄糖苷 9-methoxymappicine-20-O-β-D-glucopyranoside
8α- 甲氧基马兜铃 -9- 烯 8α-methoxyaristol-9-ene
8β- 甲氧基马兜铃 -9- 烯 8β-methoxyaristol-9-ene
6- 甲氧基马兜铃次酸 6-methoxyaristolic acid
6- 甲氧基马兜铃次酸甲酯 6-methoxyaristolic acid methyl ester
6- 甲氧基马兜铃内酰胺 6-methoxyaristolactam
7- 甲氧基 - 马兜铃内酰胺 7-methoxy-aristolactam
5- 甲氧基马兜铃内酰胺 I 5-methoxyaristolactam I
9- 甲氧基马兜铃内酰胺 I 9-methoxyaristolactam I
6- 甲氧基马兜铃内酰胺 I-N-β- 葡萄糖苷 6-methoxyl aristolactam I-N-β-glucoside
7- 甲氧基马兜铃内酰胺 IV 7-methoxyaristolactam IV
9- 甲氧基马兜铃内酰胺 IV 9-methoxyaristolactam IV
7- 甲氧基马兜铃酸 A 7-methoxyaristolochic acid A
6- 甲氧基马兜铃酸甲酯 6-methoxyaristolochic acid methyl ester
5'- 甲氧基马蹄果辛素 5'-methoxypropacin
(22E,24R)-6- 甲氧基麦角甾 -7,22- 二烯 -3,5- 二醇 (22E,24R)-6-methoxy-ergosta-7,22-dien-3,5-diol
11- 甲氧基蔓长春花考灵▲ 11-methoxyvincorine
10- 甲氧基蔓长春花米定▲ 10-methoxyvincamidine
8- 甲氧基芒柄花苷 8-methoxyononin
2'- 甲氧基芒柄花素 2'-methoxyformononetin
6- 甲氧基毛蔓豆异黄酮▲ A 6-methoxycalopogonium isoflavone A
4- 甲氧基矛果豆素▲ 4-methoxylonchocarpin
(-)-10- 甲氧基美迪紫檀素 (-)-10-methoxymedicarpin
(±)-10- 甲氧基美迪紫檀素 (±)-10-methoxymedicarpin
10- 甲氧基美迪紫檀素 10-methoxymedicarpin
4- 甲氧基美迪紫檀素 4-methoxymedicarpin
5- 甲氧基美洲花椒素 5-methoxyxanthyletin
7α- 甲氧基迷迭香酚 7α-methoxyrosmanol
7β- 甲氧基迷迭香酚 7β-methoxyrosmanol
7- 甲氧基迷迭香酚 7-methoxyrosmanol
5'- 甲氧基蜜环菌拉辛▲ 5'-methoxyarmillasin
(-)-6- 甲氧基棉酚 (-)-6-methoxygossypol
(+)-6- 甲氧基棉酚 (+)-6-methoxygossypol
5-O- 甲氧基缅茄儿茶素▲ 5-O-methylafzelechin
11- 甲氧基魔鬼马钱碱▲ 11-methoxydiaboline
3- 甲氧基没食子酸 3-methoxygallic acid
4- 甲氧基没食子酸甲酯 4-methoxygallic acid methyl ester
11-O-(4'- 甲氧基没食子酰基)- 岩白菜素 11-O-(4'-O-methylgalloyl)-bergenin
5- 甲氧基木橘辛素▲ 5-methoxymarmesin
4'- 甲氧基木兰二醛▲ 4'-methoxymagndialdehyde
4- 甲氧基木兰醛▲ B 4-methoxymagnaldehyde B
3'- 甲氧基木犀草素 3'-methoxyluteolin
3- 甲氧基木犀草素 3-methoxyluteolin
5- 甲氧基木犀草素 5-methoxyluteolin
6- 甲氧基木犀草素 6-methoxyluteolin
7- 甲氧基木犀草素 7-methoxyluteolin
3'- 甲氧基 - 木犀草素 -4'-O-β-D- 葡萄糖苷 3'-methoxy-luteolin-4'-O-β-D-glucoside
6- 甲氧基木犀草素 -7,3',4'- 三甲醚 6-methoxy-luteolin-7,3',4'-trimethylether
4'- 甲氧基木犀草素 -7-O-(6''-O- 乙酰基)-β-D- 吡喃葡萄糖苷 4'-methoxyluteolin-7-O-(6''-O-acetyl)-β-D-glucopyranoside
3'- 甲氧基木犀草素 -7-O-β-D- 吡喃葡萄糖苷 3'-methoxyluteolin-7-O-β-D-glucopyranoside
4'- 甲氧基木犀草素 -7-O-β-D- 吡喃葡萄糖苷 4'-methoxyluteolin-7-O-β-D-glucopyranoside
5- 甲氧基木犀草素 -7-O-β-D- 吡喃葡萄糖苷 5-methoxyluteolin-7-O-β-D-glucopyranoside
6- 甲氧基木犀草素 -7-O-β-D- 吡喃葡萄糖苷 6-methoxyluteolin-7-O-β-D-glucopyranoside
甲氧基木犀草素 -7-O-β-D- 吡喃葡萄糖苷 methoxyluteolin-7-O-β-D-glucopyranoside
3'- 甲氧基木犀草素 -7-O- 吡喃葡萄糖苷 3'-methoxyluteolin-7-O-glucopyranoside
3'- 甲氧基木犀草素 -7-O- 葡萄糖苷 3'-methoxyluteolin-7-O-glucoside
1- 甲氧基萘 1-methoxynaphthalene
3'- 甲氧基尼亚卡雅楝素▲ 3'-methoxynyasin
3''- 甲氧基尼亚小金梅草酚▲ 3''-methoxynyasol
8- 甲氧基拟雌内酯 8-methoxycoumestrol
10- 甲氧基拟佩西木碱▲ 10-methoxyaffinisine
10- 甲氧基拟佩西木碱▲ -N^4- 氧化物 10-methoxyaffinisine-N^4-oxide
4- 甲氧基黏奥德蘑素▲ 4-methoxymucidin
5'- 甲氧基尿苷 5'-methoxyuridine
3- 甲氧基牛蒡 -4''-O-β-D- 吡喃木糖苷 3-methoxyarctiin-4''-O-β-D-

J

xylopyranoside
4'- 甲氧基女贞泽兰素▲ -3-*O*- 葡萄糖苷 4'-methoxyeupatolitin-3-*O*-glucoside
2'- 甲氧基欧花楸素 2'-methoxyaucuparin
4'- 甲氧基欧花楸素 4'-methoxyaucuparin
6- 甲氧基哌啶 2- 酮 6-methoxypiperidin-2-one
10- 甲氧基攀援山橙碱▲ 10-methoxyscandine
10- 甲氧基霹雳萝芙木碱 10-methoxyperakine
4- 甲氧基葡萄糖芸苔素 4-methoxyglucobrassicin
4'- 甲氧基葡萄小麦黄素 4'-methoxyglucotricin
6- 甲氧基七叶黄皮碱 6-methoxyheptaphylline
7- 甲氧基七叶黄皮碱 7-methoxyheptaphylline
3*β*- 甲氧基齐敦果 -11- 酮 -18- 烯 3*β*-methoxyolean-11-one-18-ene
3*α*- 甲氧基 - 齐敦果 -11- 酮 -18- 烯 3*β*-methoxy-olean-11-oxo-18-ene
3*β*- 甲氧基齐墩果 -11- 酮 -18- 烯 3-methoxyolean-11-oxo-18-ene
(4*α*)-11*α*- 甲氧基 - 齐墩果 -12- 烯 -3*β*,23,28- 三醇 (4*α*)-11*α*-methoxy-olean-12-ene-3*β*,23,28-triol
21*α*- 甲氧基千层塔 -13- 烯 -3,15- 二酮 21*α*-methoxyserrat-13-ene-3,15-dione
21*α*- 甲氧基千层塔 -13- 烯 -3- 酮 21*α*-methoxyserrat-13-en-3-one
3*β*- 甲氧基千层塔 -14- 烯 -21*α*- 醇 3*β*-methoxyserrat-14-en-21*α*-ol
3*β*- 甲氧基千层塔 -14- 烯 -21- 酮 3*β*-methoxyserrat-14-en-21-one
21*α*- 甲氧基千层塔 -14- 烯 -3- 酮 21*α*-methoxyserrat-14-en-3-one
21*β*- 甲氧基千层塔 -14- 烯 -3- 酮 21*β*-methoxyserrat-14-en-3-one
6- 甲氧基 - 羟基香豆素 6-methoxyl-hydroxylcoumarin
6- 甲氧基羟基月芸香定▲ 6-methoxyhydroxylunidine
6- 甲氧基羟基月芸香季铵碱▲ 6-methoxyhydroxyluninium
4'- 甲氧基芹菜苷元 4'-methoxyapigenin
7- 甲氧基芹菜苷元 7-methoxyapigenin
3'- 甲氧基 - 芹菜苷元 3'-methoxy-apigenin
6- 甲氧基芹菜苷元 -7-*O*- 吡喃葡萄糖苷 6-methoxyapigenin-7-*O*-glucopyranoside
6- 甲氧基芹菜苷元 -7-*O*- 葡萄糖苷 6-methoxyapigenin-7-*O*-glucoside
6- 甲氧基芹菜苷元 -7-*O*- 鼠李葡萄糖苷 6-methoxyapigenin-7-*O*-rhamnoglucoside
3- 甲氧基芹菜素 3-methoxyapigenin
6- 甲氧基芹菜素 6-methoxyapigenin
6- 甲氧基氢化香豆素 6-methoxy-hydrocoumarin
2- 甲氧基氢醌 2-methoxyhydroquinone
2- 甲氧基氢醌 -4-*O*-[6-*O*-(4-*O*-*α*-L- 吡喃鼠李糖基)- 丁香酰基]-*β*-D- 吡喃葡萄糖苷 2-methoxyhydroquinone-4-*O*-[6-*O*-(4-*O*-*α*-L-rhamnopyranosyl)-syringoyl]-*β*-D-glucopyranoside
甲氧基氢醌 -4-*O*-*β*-D- 吡喃葡萄糖苷 methoxyhydroquinone-4-*O*-*β*-D-glucopyranoside
甲氧基氢醌 -4-*β*-D- 吡喃葡萄糖苷 methoxyhydroquinone-4-*β*-D-glucopyranoside
5'- 甲氧基丘生巨盘木素 5'-methoxycollinin
(7*S*,8*R*)-5- 甲氧基去氢二松柏醇 -4-*O*-*β*-D- 吡喃葡萄糖苷 (7*S*,8*R*)-5-methoxydehydrodiconiferyl alcohol-4-*O*-*β*-D-glucopyranoside
5'- 甲氧基去氢二异丁香酚 5'-methoxydehydrodiisoeugenol
5- 甲氧基去氢二异丁香酚 5-methoxy-dehydrodiisoeugenol
4*β*- 甲氧基去氢木香内酯 4*β*-methoxydehydrocostus lactone
(2*R*)-5- 甲氧基去氢 - 异 -*α*- 风铃木醌▲ (2*R*)-5-methoxydehydro-iso-*α*-lapachone
8- 甲氧基去氢 - 异 -*α*- 风铃木醌▲ 8-methoxydehydro-iso-*α*-lapachone
7*α*- 甲氧基去氧日本柳杉酚▲ 7*α*-methoxydeoxycryptojaponol
6- 甲氧基犬尿酸 6-methoxykynurenic acid
5- 甲氧基髯毛灰毛豆酮▲ 5-methoxybarbigerone
6- 甲氧基髯毛灰毛豆酮▲ 6-methoxybarbigerone
20(*S*)-3- 甲氧基 - 人参二醇 20(*S*)-3-methoxyl panaxadiol
9- 甲氧基日本厚朴酚▲ 9-methoxyobovatol
6- 甲氧基日本鼠李苷▲ 6-methoxysorinin
6- 甲氧基日本鼠李苷元▲ 6-methoxysorigenin
6- 甲氧基日本鼠李苷元▲ -8-*O*-*β*-D- 吡喃葡萄糖苷 6-methoxysorigenin-8-*O*-*β*-D-glucopyranoside
23- 甲氧基日楝宁内酯▲ A 23-methoxyohchininolide A
23- 甲氧基日楝宁内酯▲ B 23-methoxyohchininolide B
(3*R*)-5- 甲氧基绒叶军刀豆酚▲ (3*R*)-5-methoxyvestitol
6- 甲氧基柔毛香科科素▲ C 6-methoxyvillosin C
3- 甲氧基鞣花酸 -3'-*O*-*α*-L- 吡喃鼠李糖苷 3-methoxyellagic acid-3'-*O*-*α*-L-rhamnopyranoside
3- 甲氧基鞣花酸 -3'-*O*-*β*-D- 吡喃葡萄糖苷 3-methoxyellagic acid-3'-*O*-*β*-D-glucopyranoside
3'- 甲氧基鞣花酸 -4-*O*-*α*-D- 吡喃鼠李糖苷 3'-methoxyellagic acid-4-*O*-*α*-D-rhamnopyranoside
3'- 甲氧基鞣花酸 -4- 吡喃鼠李糖苷 3'-methoxy-ellagic acid-4-rhamnopyranoside
3- 甲氧基鞣花酸 -4'- 硫酸酯 3-methoxyellagic acid-4'-sulfate
7*β*- 甲氧基肉珊瑚素▲ 7*β*-methoxysarcostin
12- 甲氧基 - 肉质鼠尾草酸▲ 12-methoxy-carnosic acid
7- 甲氧基瑞士松素 -7-*O*-*β*-D- 葡萄糖苷 7-methoxy-pinocembrin-7-*O*-*β*-D-glucopyranoside
4'- 甲氧基瑞香多灵▲ D_1, D_2, E 4'-methoxydaphnodorin D_1, D_2, E
2''- 甲氧基瑞香多灵▲ C 2''-methoxy-daphnodorin C
3- 甲氧基瑞香多灵▲ H 3-methoxyldaphnodorin H
5- 甲氧基桑辛素 M 5-methoxymoracin M
6- 甲氧基色酮 -7-*O*-*β*-D- 吡喃葡萄糖苷 6-methoxychromone-7-*O*-*β*-D-glucopyranoside
甲氧基山刺番荔枝碱▲ methoxyannomontine
3- 甲氧基山柰酚 3-methoxykaempferol
4'- 甲氧基山柰酚 4'-methoxykaemferol
6- 甲氧基山柰酚 6-methoxykaempferol
7- 甲氧基山柰酚 7-methoxykaempferol
8- 甲氧基山柰酚 8-methoxykaempferol
7- 甲氧基 - 山柰酚 -3-*O*-*α*-L- 吡喃鼠李糖苷 7-methoxykaempferol-3-*O*-*α*-L-rhamnopyranoside
8- 甲氧基山柰酚 -3-*O*-*α*-L- 吡喃鼠李糖苷 -7-*O*-*β*-D- 吡喃葡萄糖苷 8-methoxykaempferol-3-*O*-*α*-L-rhamnopyranoside-7-*O*-*β*-D-glucopyranoside
4'- 甲氧基山柰酚 -3-*O*-*β*-D- 吡喃葡萄糖苷 4'-methoxykaempferol-3-*O*-*β*-D-glucopyranoside
8- 甲氧基山柰酚 -3-*O*-*β*-D- 吡喃葡萄糖苷 8-methoxykaempferol-3-*O*-*β*-D-glucopyranoside
6- 甲氧基山柰酚 -3-*O*-*β*-D- 吡喃葡萄糖基 -(1''' → 2'')-*β*-D- 吡喃葡萄糖基 -[6''''-(*E*)- 咖啡酰基]-7-*O*-*β*-D- 吡喃葡萄糖苷 6-methoxykaempferol-3-*O*-*β*-D-glucopyranosyl-(1''' → 2'')-*β*-D-glucopyranosyl-[6''''-(*E*)-caffeoyl]-7-*O*-*β*-D-glucopyranoside
6- 甲氧基山柰酚 -3-*O*-*β*-D- 葡萄糖苷 6-methoxykaempferol-3-*O*-*β*-D-glucoside
3- 甲氧基山柰酚 -7-*O*-*β*-D- 葡萄糖苷 3-methoxykaempferol-7-*O*-*β*-D-glucoside
4'- 甲氧基山柰酚 -7-*O*-*β*- 芸香糖苷 4'-methoxy-kaempferol-7-*O*-*β*-rutinoside
6- 甲氧基山柰素 6-methoxykaempferide
2- 甲氧基呫酮 2-methoxyxanthone
2- 甲氧基鳝藤酸 2-methoxyanofinic acid

6- 甲氧基芍药苷元酮 6-methoxypaeoniflorigenone
(+)-5- 甲氧基蛇菰宁 (+)-5-methoxybalanophonin
25- 甲氧基升麻醇 -3-*O*-*β*-D- 吡喃半乳糖苷 25-methoxycimigenol-3-*O*-*β*-D-galactopyranoside
6- 甲氧基圣草酚 6-methoxyeriodictyol
1- 甲氧基十八烷 1-methoxyoctadecane
1- 甲氧基十八烷 -1- 醇 1-methoxyoctadecan-1-ol
11*β*- 甲氧基石杉碱 B 11*β*-methoxyhuperzine B
甲氧基石竹酰胺▲ methoxydianthramide
4- 甲氧基石竹酰胺▲B 4-methoxydianthramide B
甲氧基石竹酰胺▲R methoxydianthramide R
D-3-*O*- 甲氧基 - 手性肌醇 D-3-*O*-methoxy-*chiro*-inositol
甲氧基树脂苔黑酸▲ methoxy resorcylic acid
5- 甲氧基栓质花椒酮 5-methoxysuberenone
5'- 甲氧基水黄皮品素▲ 5'-methoxypongapin
4- 甲氧基水杨醛 4-methoxysalicylaldehyde
4- 甲氧基水杨酸 4-methoxysalicylic acid
6- 甲氧基水杨酸苄酯 benzyl-6-methoxysalicylate
6-(2- 甲氧基 - 顺式 - 乙烯基)-7- 甲基 - 吡喃骈香豆素 6-(2-methoxy-*Z*-vinyl)-7-methyl-pyranocoumarin
10- 甲氧基四氢鸡骨常山碱 10-methoxytetrahydroalstonine
7- 甲氧基松脂酚 7-methoxypinoresinol
9'- 甲氧基緣瓣芸香苷酯 9'-methoxylrutarensin
(甲氧基羧甲基) 苯基 -4-*O*-*β*-D- 吡喃葡萄糖苷 (methoxycarbonylmethyl)phenyl-4-*O*-*β*-D-glucopyranoside
(+)-*N*-(甲氧基羰基)-*N*- 降波尔定碱 (+)-*N*-(methoxycarbonyl)-*N*-norboldine
(+)-*N*-(甲氧基羰基)-*N*- 降海罂粟碱 (+)-*N*-(methoxycarbonyl)-*N*-norglaucine
(+)-*N*-(甲氧基羰基)-*N*- 降樟花菱草碱▲ (+)-*N*-(methoxycarbonyl)-*N*-norlauroscholtzine
20,22-*O*-(*R*-3- 甲氧基羰基)- 亚丙基 -20- 羟基蜕皮素 20,22-*O*-(*R*-3-methoxycarbonyl)-propylidene-20-hydroxyecdysone
3- 甲氧基羰基 -1,5- 二羟基蒽醌 3-methoxycarbonyl-1,5-dihydroxyanthraquinone
1- 甲氧基羰基 -4,8- 二甲氧基 -*β*- 咔啉 1-methoxycarbonyl-4,8-dimethoxy-*β*-carboline
1- 甲氧基羰基 -4- 羟基 -*β*- 咔啉 1-methoxycarbonyl-4-hydroxyl-*β*-carboline
1- 甲氧基羰基 -*β*- 咔啉 1-methoxycarbonyl-*β*-carboline
3- 甲氧基羰基 -*β*- 咔啉 3-methxoycarbonyl-*β*-carboline
5-(3'- 甲氧基羰基丁酰基) 氨甲基 - 反式 - 喹诺里西啶 -*N*- 氧化物 5-(3'-methoxycarbonbutyroyl)aminomethyl-*trans*-quinolizidine-*N*-oxide
3- 甲氧基羰基咔唑 3-methoxycarbonylcarbazole
(4*S*)-11- 甲氧基羰基 - 愈创木 -1(10),5(6),7(11),8(9)- 四烯 -6,12- 内酯 (4*S*)-11-methoxycarbonyl-guaiane-1(10),5(6),7(11),8(9)-tetraen-6,12-olide
12- 甲氧基糖胶树定▲ 12-methoxyechitamidine
3''- 甲氧基天门冬烯炔二酚▲ 3''-methoxyasparenydiol
3- 甲氧基铁屎米 -5,6- 二酮 3-methoxycanthin-5,6-dione
1- 甲氧基铁屎米 -6- 酮 1-methoxycanthin-6-one
4- 甲氧基铁屎米 -6- 酮 4-methoxycanthin-6-one
5- 甲氧基铁屎米 -6- 酮 5-methoxycanthin-6-one
9- 甲氧基铁屎米 -6- 酮 9-methoxycanthin-6-one
甲氧基铁线蕨叶唐松草碱▲ methoxyadiantifoline
13*α*- 甲氧基豚草素 13*α*-methoxyambrosin
3-(3'- 甲氧基托品酰氧基)- 托品烷 3-(3'-methoxytropoyloxy)-tropane
9*β*- 甲氧基橐吾环氧素 9*β*-methoxyliguloxide
10- 甲氧基维氏叠籽木胺▲ 10-methoxyvellosimine
17- 甲氧基伪苦籽木精碱▲ 17-methoxypseudoakuammigine
28- 甲氧基委陵菜酸 28-methoxytormentic acid
29- 甲氧基无羁萜 -3- 酮 29-methoxyfriedelan-3-one
18- 甲氧基五蕊翠雀碱▲ 18-methoxygadesine
甲氧基五爪金龙酯▲ methoxycairicate
6- 甲氧基锡兰紫玉盘烯醇▲ 6-methoxyzeylenol
10- 甲氧基喜树碱 10-methoxycamptothecine
9- 甲氧基喜树碱 9-methoxycamptothecine
8- 甲氧基细叶黄皮香豆素▲H 8-methoxyanisocoumarin H
8- 甲氧基纤细米仔兰灵▲ 8-methoxymarikarin
3'- 甲氧基香豆雌酚 3'-methoxycoumestrol
9-*O*- 甲氧基香豆雌酚 9-*O*-methoxycoumestrol
6- 甲氧基香豆素 6-methoxycoumarin
7- 甲氧基香豆素 7-methoxycoumarin
8- 甲氧基香豆素 8-methoxycoumarin
甲氧基香豆素 methoxycoumarin
6- 甲氧基香豆素 -7-*O*-*β*-D- 葡萄糖苷 6-methoxycoumarin-7-*O*-*β*-D-pyranglycoside
6- 甲氧基香豆素 -7-*O*-*β*- 吡喃葡萄糖苷 6-methoxycoumarin-7-*O*-*β*-glucopyranoside
6- 甲氧基小花小芸木宁▲ 6-methoxymicrominutinin
甲氧基小花小芸木宁▲ methoxymicrominutinin
4'- 甲氧基小麦黄素 4'-methoxy-tricin
6- 甲氧基小麦黄素 6-methoxytricin
10- 甲氧基小蔓长春花碱▲ 10-methoxyvinorine
11- 甲氧基小蔓长春花辛宁▲ 11-methoxyminovincinine
甲氧基小升麻醇 *O*-methoxylcimiacerol
5- 甲氧基邪蒿素 5-methoxyseselin
5- 甲氧基斜蕊樟素▲A 5-methoxylicarin A
3'- 甲氧基斜蕊樟素▲B 3'-methoxylicarin B
7- 甲氧基新狼毒素 A 7-methoxyneochamaejasmin A
7- 甲氧基新狼毒素 B 7-methoxyneochamaejasmin B
8- 甲氧基血根碱 8-methoxysanguinarine
DL-4- 甲氧基鸭嘴花碱 DL-4-methoxyvasicine
3- 甲氧基鸭嘴花酮碱 3-methoxyvasicinone
5- 甲氧基鸭嘴花酮碱 5-methoxyvasicinone
7- 甲氧基鸭嘴花酮碱 7-methoxyvasicinone
7- 甲氧基岩白菜素 7-methoxybergenin
甲氧基岩白菜素 methoxybergenin
(3*β*,13*α*,14*β*,17*α*,21*S*,23*R*,24*S*)-25- 甲氧基 - 羊毛脂 -7- 烯 -3,23,24-三醇 (3*β*,13*α*,14*β*,17*α*,21*S*,23*R*,24*S*)-25-methoxy-lanost-7-en-3,23,24-triol
11-*O*- 甲氧基杨梅醇 11-*O*-methoxymyricanol
7- 甲氧基杨梅苷 7-methoxymyricitrin
7- 甲氧基杨梅素 -3-*O*-(2''-*O*- 没食子酰基)-*α*- 吡喃鼠李糖苷 7-methoxymyricetin-3-*O*-(2''-*O*-galloyl)-*α*-rhamnopyranoside
7- 甲氧基杨梅素 -3-*O*-(3''-*O*- 没食子酰基)-*α*- 吡喃鼠李糖苷 7-methoxymyricetin-3-*O*-(3''-*O*-galloyl)-*α*-rhamnopyranoside
5- 甲氧基杨梅素 -3-*O*-*β*-D- 吡喃葡萄糖苷 5-methoxymyricetin-3-*O*-*β*-D-glucopyranoside
5- 甲氧基杨梅素 -7-*O*-*β*-D- 吡喃葡萄糖苷 5-methoxymyricetin-7-*O*-*β*-D-glucopyranoside
(-)-12- 甲氧基药用蕊木碱▲ (-)-12-methoxykopsinaline
12- 甲氧基药用蕊木碱▲ 12-methoxykopsinaline
3- 甲氧基伊卡马钱碱▲ 3-methoxyicajine
4-(2- 甲氧基乙基)-*N*,*N*- 二甲基苯胺 4-(2-methoxyethyl)-*N*,*N*-dimethylbenzenamine
4-(1- 甲氧基乙基)- 苯酚 4-(1-methoxyethyl)-phenol

J

甲氧基乙酸 -3- 十三烷基酯 methoxyacetic acid-3-tridecyl ester
11α- 甲氧基乙酰熊果酸甲酯 11α-methoxyacetylursolic acid methyl ester
1- 甲氧基乙酰紫草素 1-methoxyacetylshikonin
3- 甲氧基异阿魏酸 3-methoxyisoferulic acid
7- 甲氧基异矮紫玉盘素 7-methoxyisochamanetin
8- 甲氧基异刺果苏木林素▲ 8-methoxyisobonducellin
8- 甲氧基异得卡瑞花椒碱 8-methoxyisodecarine
9- 甲氧基异丁香酚 9-methoxyisoeugenol
3'- 甲氧基异丁香酚甲醚 3'-methoxy-isoeugenol methyl ether
8- 甲氧基异高黄芩素 8-methoxyisoscutellarein
7- 甲氧基异荭草素 -2"-O- 吡喃鼠李糖苷 7-methoxylisoorientin-2"-O-rhamnopyranside
15- 甲氧基异胡萝卜 -3- 烯 -1β,5α- 二醇 15-methoxyisodauc-3-ene-1β,5α-diol
7- 甲氧基异黄酮 7-methoxyisoflavone
4'- 甲氧基异黄酮 -7-O-[α-L- 吡喃鼠李糖基 -(1 → 6)]-β-D- 吡喃葡萄糖苷 4'-methoxyisoflavone-7-O-[α-L-rhamnopyranosyl-(1→6)]-β-D-glucopyranoside
4'- 甲氧基异黄酮 -7-O-β-D- 吡喃木糖基 -(1 → 6)-β-D- 吡喃葡萄糖苷 4'-methoxyisoflavone-7-O-β-D-xylopyranosyl-(1 → 6)-β-D-glucopyranoside
4'- 甲氧基异黄酮 -7-O-β-D- 吡喃葡萄糖苷 4'-methoxyisoflavone-7-O-β-D-glucopyranoside
4'- 甲氧基异黄酮 -7-O-β-D- 吡喃芹糖基 -(1 → 6)-β-D- 吡喃葡萄糖苷 4'-methoxyisoflavone-7-O-β-D-apiofuranosyl-(1 → 6)-β-D-glucopyranoside
4'- 甲氧基异黄酮 -7-β-D- 吡喃葡萄糖苷 4'-methoxyisoflavone-7-β-D-glucopyranoside
(-)-5'- 甲氧基异落叶松树脂醇 (-)-5'-methoxyisolariciresinol
(+)-8- 甲氧基异落叶松树脂醇 (+)-8-methoxyisolariciresinol
5'- 甲氧基异落叶松树脂醇 5'-methoxyisolariciresinol
5- 甲氧基异落叶松树脂醇 5-methoxy-isolariciresinol
(-)-5'- 甲氧基异落叶松树脂醇 -2α-O-β-D- 吡喃木糖苷 (-)-5'-methoxyisolariciresinol-2α-O-β-D-xylopyranoside
(+)-5'- 甲氧基异落叶松树脂醇 -2α-O-β-D- 吡喃木糖苷 (+)-5'-methoxyisolariciresinol-2α-O-β-D-xylopyranoside
(-)-5'- 甲氧基异落叶松树脂醇 -3α-O-β-D- 吡喃葡萄糖苷 (-)-5'-methoxyisolariciresinol-3α-O-β-D-glucopyranoside
(+)-5'- 甲氧基异落叶松树脂醇 -3α-O-β-D- 吡喃葡萄糖苷 (+)-5'-methoxyisolariciresinol-3α-O-β-D-glucopyranoside
(+)-5- 甲氧基异落叶松树脂醇 -9'-O-β-D- 吡喃木糖苷 (+)-5-methoxyisolariciresinol-9'-O-β-D-xylopyranoside
5'- 甲氧基异落叶松树脂醇 -9'-O-β-D- 吡喃木糖苷 5'-methoxy-isolariciresinol-9'-O-β-D-xylopyranoside
(+)-5'- 甲氧基异落叶松树脂醇 -9-O-β-D- 吡喃木糖苷 (+)-5'-methoxyisolariciresinol-9-O-β-D-xylopyranoside
(-)-5'- 甲氧基异落叶松树脂醇 -9'-O-β-D- 吡喃葡萄糖苷 (-)-5'-methoxyisolariciresinol-9'-O-β-D-glucopyranoside
(+)-5'- 甲氧基异落叶松树脂醇 -9'-O-β-D- 吡喃葡萄糖苷 (+)-5'-methoxyisolariciresinol-9'-O-β-D-glucopyranoside
(+)-5'- 甲氧基异落叶松树脂醇 -9'-β-D- 吡喃木糖苷 (+)-5'-methoxyisolariciresinol-9'-β-D-xylopyranoside
5- 甲氧基异矛果豆素▲ 5-methoxyisolonchocarpin
6- 甲氧基异山柰素 6-methoxyisokaempferide
3- 甲氧基异鼠李素 3-methoxylisorhamnetin
16- 甲氧基异形蔓长春花胺 16-methoxyvincadifformine
11- 甲氧基异形蔓长春花碱 11-methoxyvincadifformine
(+)-8- 甲氧基异月桂碱 -N- 氧化物 (+)-8-methoxyisolaurenine-N-oxide
13α- 甲氧基银胶菊素 13α-methoxyparthenin
1- 甲氧基 - 吲哚 -3- 甲醛 1-methoxy-indole-3-carboxaldehyde
1- 甲氧基吲哚 -3- 羧酸甲酯 methyl 1-methoxyindole-3-carboxylate
7- 甲氧基吲哚 -3- 羧酸甲酯 7-methoxyindole-3-carboxylic acid methyl ester
(2"R)-2"- 甲氧基油橄榄苦苷 (2"R)-2"-methoxyoleuropein
(2"S)-2"- 甲氧基油橄榄苦苷 (2"S)-2"-methoxyoleuropein
6- 甲氧基柚皮苷元 6-methoxynaringenin
6- 甲氧基柚皮苷元 -7-O-β-D- 吡喃葡萄糖苷 6-methoxynaringenin-7-O-β-D-glucopyranoside
(-)-6α- 甲氧基羽扇豆碱 (-)-6α-methoxylupanine
3"- 甲氧基羽扇豆叶灰毛豆素▲ 3"-methoxylupinifolin
3'- 甲氧基玉米黄酮苷 3'-methoxymaysin
1β- 甲氧基玉叶金花宁▲ A 1β-methoxylmussaenin A
3- 甲氧基原儿茶酸 3-methoxyprotocatechuic acid
22- 甲氧基原薯蓣皂苷 22-methoxyl protodioscin
22- 甲氧基原纤细薯蓣皂苷 22-methoxyl protogracillin
22- 甲氧基原新薯蓣皂苷 22-methoxyl protoneodioscin
22- 甲氧基原新纤细薯蓣皂苷 22-methoxyl protoneogracillin
15- 甲氧基 - 圆瓣姜花素 D 15-methoxy-hedyforrestin D
4- 甲氧基圆盘豆素▲ -4'-O-(6"-O- 对香豆酰基 -β-D- 吡喃葡萄糖苷) 4-O-methylokanin-4'-O-(6"-O-p-coumaroyl-β-D-glucopyranoside)
4- 甲氧基圆盘豆素▲ -4'-O-(6'-O- 乙酰基 -2"-O- 咖啡酰基 -β-D- 吡喃葡萄糖苷) 4-O-methylokanin-4'-O-(6'-O-acetyl-2"-O-caffeoyl-β-D-glucopyranoside)
4- 甲氧基圆盘豆素▲ -4'-O- 乙酰基 -β-D- 吡喃葡萄糖苷) 4-O-methylokanin-4'-O-acetyl-β-D-glucopyranoside)
6- 甲氧基月芸香宁▲ 6-methoxylunine
6- 甲氧基月芸香酮碱 6-methoxylunidonine
8- 甲氧基芸香芸香内酯酚内酯 8-methoxygravelliferone
6- 甲氧基泽兰素 6-methoxyeuparin
16β- 甲氧基泽泻醇 B 单乙酸酯 16β-methoxyalisol B monoacetate
16β- 甲氧基泽泻醇 B 乙酸酯 16β-methoxyalisol B acetate
7α- 甲氧基獐牙菜苷 7α-methoxysweroside
7β- 甲氧基獐牙菜苷 7β-methoxysweroside
7- 甲氧基獐牙菜苷 7-methoxysweroside
5- 甲氧基芝麻素 5-methoxysesamin
1β- 甲氧基栀子二醇 1β-methoxylgardendiol
2- 甲氧基脂肪酸 2-methoxyfatty acids
11- 甲氧基直立拉齐木胺▲ 11-methoxystrictamine
5- 甲氧基直立拉齐木胺▲ 5-methoxystrictamine
2- 甲氧基中华卷柏醇▲ B 2-methoxysinensiol B
1β- 甲氧基肿柄菊素▲ 1β-methoxydiversifolin
1β- 甲氧基肿柄菊素▲ -3-O- 甲醚 1β-methoxydiversifolin-3-O-methyl ether
3- 甲氧基梓素▲ 3-methoxycatalpin
(-)-5'- 甲氧基紫苜蓿烷▲ (-)-5'-methoxysativan
(6S,6aS,11aR)-6α- 甲氧基紫檀素 (6S,6aS,11aR)-6α-methoxypterocarpin
5- 甲氧甲基 -1H- 吡咯 -2- 甲醛 5-methoxymethyl-1H-pyrrole-2-carbaldehyde
1- 甲氧甲酰咔啉 1-carbomethoxy-carboline
(25R,26R)-26- 甲氧螺甾 -5- 烯 -3β- 醇 -3-O-α-L- 吡喃鼠李糖基 -(1 → 2)-O-[α-L- 吡喃阿拉伯糖基 -(1 → 3)]-β-D- 吡喃葡萄糖苷 (25R,26R)-26-methoxyspirost-5-en-3β-ol-3-O-α-L-rhamnopyranosyl-(1 → 2)-O-[α-L-arabinopyranosyl-(1 → 3)]-β-D-glucopyranoside
2- 甲氧羰基 -1,4- 二羟基 -3- 异戊烯基萘 -1,4-O-β-D- 吡喃葡萄糖苷 2-carbomethoxy-1,4-dihydroxy-3-prenylnaphthalene-1,4-O-β-D-glucopyranoside

N- 甲氧羰基 -11,12- 二甲氧基药用蕊木碱▲ N-methoxycarbonyl-11,12-dimethoxykopsinaline
(-)-N- 甲氧羰基 -11,12- 亚甲二氧基药用蕊木碱▲ (-)-N-methoxycarbonyl-11,12-methylenedioxykopsinaline
N- 甲氧羰基 -11,12- 亚甲二氧基药用蕊木碱▲ N-methoxycarbonyl-11,12-methylenedioxykopsinaline
N- 甲氧羰基 -11- 甲氧基 -12- 羟基药用蕊木碱▲ N-carbomethoxy-11-methoxy-12-hydroxykopsinaline
N- 甲氧羰基 -11- 羟基 -12- 甲氧基药用蕊木碱▲ N-carbomethoxy-11-hydroxy-12-methoxykopsinaline
(-)-N- 甲氧羰基 -12- 甲氧基药用蕊木碱▲ (-)-N-methoxycarbonyl-12-methoxykopsinaline
N- 甲氧羰基 -12- 甲氧基药用蕊木碱▲ N-methoxycarbonyl-12-methoxykopsinaline
2- 甲氧羰基 -2,3- 环氧 -3- 异戊烯基 -1,4- 萘醌 2-carbomethoxy-2,3-epoxy-3-prenyl-1,4-naphthaquinone
4'- 甲氧羰基 -2'- 羟基苯基阿魏酸酯 4'-carbomethoxy-2'-hydroxyphenylferulate
2- 甲氧羰基 -3-(3'- 羟基) 异戊烯基 -1,4- 萘氢醌 -4-O-β- 吡喃葡萄糖苷 2-carbomethoxy-3-(3'-hydroxy)isopentyl-1,4-naphthohydroquinone-4-O-β-glucopyranoside
4- 甲氧羰基 -3- 甲基苯基 -6'-O- 反式 -4''- 甲氧基芥子酰基 -α-D-吡喃葡萄糖苷 4-methoxycarbonyl-3-methylphenyl-6'-O-trans-4''-methoxy-sinapoly-α-D-glucopyranoside
2- 甲氧羰基 -3- 羟基 -1,4- 萘醌 2-carbomethoxy-3-hydroxy-1,4-naphthoquinone
2- 甲氧羰基 -3- 异戊烯基 -1,4- 萘氢醌 -1,4- 二 -O-β-D- 吡喃葡萄糖苷 2-carbomethoxy-3-prenyl-1,4-naphthohydroquinone-1,4-di-O-β-D-glucopyranoside
2- 甲氧羰基 -3- 异戊烯基 -1,4- 萘氢醌 - 二 -β-D- 吡喃葡萄糖苷 2-carbomethoxy-3-prenyl-1,4-naphthohydroquinone-di-β-D-glucopyranoside
4- 甲氧羰基 -7β,8α- 二羟基 -8β- 甲基 -1β-D- 吡喃葡萄糖苷基环烯醚萜 4-carbomethoxy-7β,8α-dihydroxy-8β-methyl-1β-D-glucopyranosidyl iridoid
2- 甲氧羰基 -9,10- 蒽醌 2-carbomethoxy-9,10-anthraquinone
2- 甲氧羰基呋喃粟猪殃殃素 2-carbomethoxyfuromollugin
6-(1- 甲氧乙基)-7- 甲氧基 -2,2- 二甲基色烯 6-(1-methoxyethyl)-7-methoxy-2,2-dimethylchromene
3-O-(6'- 甲酯)-β-D- 吡喃葡萄糖醛酸基 -(1 → 2)-β-D- 吡喃葡萄糖基齐墩果酸 -28-O-β-D- 吡喃葡萄糖苷 3-O-(6'-methyl ester)-β-D-glucuronopyranosyl-(1→2)-β-D-glucopyranoside-oleanolic acid-28-O-β-D-glucopyranoside
3-O-(6'- 甲酯)-β-D- 吡喃葡萄糖醛酸基齐墩果酸 -28-O-α-L- 吡喃阿拉伯糖苷 3-O-(6'-methyl ester)-β-D-glucuronopyranosyloleanolic acid-28-O-α-L-arabinopyranoside
3-O-(6'- 甲酯)-β-D- 吡喃葡萄糖醛酸基齐墩果酸 -28-O-β-D- 吡喃甘露糖苷 3-O-(6'-methyl ester)-β-D-glucuronopyranosyloleanolic acid-28-O-β-D-mannopyranoside
3-O-(6'- 甲酯)-β-D- 吡喃葡萄糖醛酸基齐墩果酸 -28-O-β-D- 吡喃葡萄糖苷 3-O-(6'-methyl ester)-β-D-glucuronopyranosyloleanolic acid-28-O-β-D-glucopyranoside
3-O-(6'- 甲酯)-β-D- 吡喃葡萄糖醛酸基齐墩果酸 -28-O-β-D- 吡喃葡萄糖基 -(1 → 6)-β-D- 吡喃葡萄糖苷 3-O-(6'-methyl ester)-β-D-glucuronopyranosyloleanolic acid-28-O-β-D-glucopyranosyl-(1 → 6)-β-D-glucopyranoside
1'- 甲酯丙二酸单酰阿魏酸酯 1'-methyl ester maloyl ferulate
4'- 甲酯丙二酸单酰阿魏酸酯 4'-methyl ester maloyl ferulate
2- 甲酯基 -3- 异戊二烯基 -1,4- 萘醌 2-methoxycarbonyl-3-prenyl-1,4-naphthoquinone
1- 甲酯基 -β- 咔啉 1-carbomethoxy-β-carboline
4- 甲酯甲基苯基 -6'-O- 芥子酰基 -β-D- 吡喃葡萄糖苷 4-methoxycarbonymethylphenyl-6'-O-sinapoyl-β-D-glucanopyranoside
假荜茇苷▲ piperoside
假荜茇酰胺 A~D retrofractamide A~D
假单胞菌烷▲ VII, IX pseudane VII, IX
假地枫内酯▲ A jiadifenlactone A
假地枫皮醇内酯▲ jiadifenolide
假地枫皮醇酮▲ jiadifenone
假地枫皮醚烷▲ A, B jiadifenoxolane A, B
假地枫皮宁素▲ jiadifenin
假地枫皮酸▲ A~P jiadifenoic acid A~P
假杜鹃苷▲ barlerinoside
假杜鹃醌▲ I barleriaquinone I
假杜鹃素 barlerin
假杜鹃素 -6''- 羟基 -2'',6''- 二甲基辛 -2'',7''- 二烯酯 barlerin-6''-hydroxy-2'',6''-dimethylocta-2'',7''-dienate ester
假番荔枝醛▲ unonal
假番荔枝醛▲ -7- 甲醚 unonal-7-methyl ether
假防己宁▲ kidjoranin; kidjolanin
假防己宁▲ -3-O-α-L- 吡喃磁麻糖基 -(1 → 4)-β-D- 吡喃磁麻糖基 -(1 → 4)-α-L- 吡喃洋地黄糖基 -(1 → 4)-β-D- 吡喃磁麻糖苷 kidjoranin-3-O-α-L-cymaropyranosyl-(1 → 4)-β-D-cymaropyranosyl-(1 → 4)-α-L-diginopyranosyl-(1 → 4)-β-D-cymaropyranoside
假防己宁▲ -3-O-α- 吡喃洋地黄糖基 -(1 → 4)-β- 吡喃磁麻糖苷 kidjoranin-3-O-α-diginopyranosyl-(1 → 4)-β-cymaropyranoside
假防己宁▲ -3-O-β-D- 吡喃磁麻糖苷 kidjoranin-3-O-β-D-cymaropyranoside
假防己宁▲ -3-O-β-D- 吡喃夹竹桃糖基 -(1 → 4)-β-D- 吡喃磁麻糖基 -(1 → 4)-β-D- 吡喃磁麻糖苷 kidjoranin-3-O-β-D-oleandropyranosyl-(1 → 4)-β-D-cymaropyranosyl-(1 → 4)-β-D-cymaropyranoside
假防己宁▲ -3-O-β- 吡喃洋地黄毒糖苷 kidjoranin-3-O-β-digitoxopyranoside
假防己亭▲ tomentin
假厚藤素▲ stoloniferin I, II, III, IV, V, VI, VII, VIII, IX, X, XI, XII
(-)- 假虎刺醇▲ (-)-carissanol
假虎刺烯酮▲ carenone
假虎刺酮 carissone
假还阳参苷 A, B crepidiaside A, B
假黄皮单萜▲ excamonoterpene
假黄皮咔唑香豆素▲ A carbazomarin A
假黄皮卡明碱▲ sansoakamine
假黄皮喹诺酮碱▲ A clausenaquinone A
假黄皮灵素▲ A excavarin A
假黄皮双香豆素▲ A, B cladimarin A, B
假黄皮素▲ A~M excavatin A~M
假黄皮亭碱▲ A, B, C excavatine A, B, C
假黄皮亭纳亭碱▲ A clausenatine A
假黄皮亭素▲ A, B clauexcavatin A, B
假黄皮瓦亭碱▲ D~G clausevatine D~G
假黄皮瓦亭素▲ A, B claucavatin A, B
假黄皮文▲ clausenaexcavin
假黄皮香豆素▲ A~I excavacoumarin A~I
假黄杨苷▲ C putranoside C
假蒟吡咯酮▲ A, B chaplupyrrolidone A, B

J

假蒟酚▲ A~F sarmentosumol A~F
假蒟碱 sarmentosine
假蒟米辛▲ sarmentomicine
假蒟素▲ A~D sarmentosumin A~D
假蒟亭碱 sarmentine
假蒟酰胺▲ A, B, C sarmentamide A, B, C
假连翘奥苷▲ I, II durantioside I, II
假连翘奥苷▲ I 四乙酸酯 durantioside I tetraacetate
假连翘奥苷▲ I 五乙酸酯 durantioside I pentaacetate
假连翘奥苷▲ II 四乙酸酯 durantioside II tetraacetate
假连翘奥苷▲ IV 四乙酸酯 durantioside IV tetraacetate
假连翘苷▲ I, II, III, IV, V durantoside I, II, III, IV, V
假连翘宁▲ I, II, III, IV, V durantanin I, II, III, IV, V
假连翘诺苷▲ repenoside
假连翘素▲ A~D repenin A~D
假连翘亭▲ A, B, C durantin A, B, C
假楼斗菜苷▲ A, B paraquinoside A, B
假楼斗菜宁▲ A, B, C paraquinin A, B, C
假楼斗菜素 paraquilgin
假马齿苋苷▲ bacopaside I, II, III, IV, V, IX, X, A, B, C, N_1, N_2
假马齿苋柯苷▲ A, A_1, A_2, A_3, B bacoside A, A_1, A_2, A_3, B
假马齿苋柯苷元▲ A_1, A_2, A_3 bacogenin A_1, A_2, A_3
假马齿苋拉苷▲ I, II, III monnieraside I, II, III
假马齿苋素▲ bacosine
假马齿苋甾醇▲ bacosterol
假马齿苋甾醇▲ -3-*O*-*β*-D- 葡萄糖苷▲ bacosterol-3-*O*-*β*-D-glucopyranoside
假马齿苋皂苷 A~G bacopasaponin A~G
假马齿苋皂宁▲ hersaponin
假蜜蜂花单苷▲ monomelittoside
假蜜蜂花苷▲ melittoside
假蜜蜂花苷▲十乙酸酯 melittoside decaacetate
假木贼胺 anabasamine
dl- 假木贼碱 *dl*-anabasine
假木贼碱 anabasine
假木贼碱硫酸盐 anabasine sulfate
假木贼烟草碱▲ anatabine
假苜蓿定碱 cromedine
假苜蓿素▲ munchiwarin
假排草苷▲ 1 lysikokianoside 1
20(*R*)- 假人参皂苷 F_{11} 20(*R*)-pseudoginsenoside F_{11}
24(*R*)- 假人参皂苷 F_{11}, RT_5 (24*R*)-pseudoginsenoside F_{11}, RT_5
24(*S*)- 假人参皂苷 F_{11} 24(*S*)-pseudoginsenoside F_{11}
假人参皂苷 F_8, F_{11}, G_1, G_2, RC_1, RP_1, RS_1, RT_1, RT_2, RT_3, RT_4, RT_5 pseudoginsenoside F_8, F_{11}, G_1, G_2, RC_1, RP_1, RS_1, RT_1, RT_2, RT_3, RT_4, RT_5
假人参皂苷 RP_1 甲酯 pseudoginsenoside RP_1 methyl ester
假人参皂苷 RT_1 丁酯 pseudoginsenoside RT_1 butyl ester
假人参皂苷 RT_1 甲酯 pseudoginsenoside RT_1 methyl ester
假人参皂苷元 R_1, RT_6 pseudoginsengenin R_1, RT_6
(7′*S*)- 假山胡椒内酯▲ (7′*S*)-parabenzlactone
假山毛榉素▲ nothofagin
假石榴碱 pseudopelletierine
假酸浆内酯 nic-1-lactone
假酸浆素▲ nicandrin
假酸浆素▲ B nicandrin B
假酸浆烯酮 nicandrenone
假酸浆烯酮 nicandrenone -1, -2, -3, -7, -10, -11, -12, -17
26*S*- 假酸浆烯酮甲醚 26*S*-nicandrenone methyl ether
假酸浆烯酮甲醚 nicandrenone methyl ether
假酸浆甾素 A~E nicaphysalin A~E
假绣球素▲ furcatin
假烟叶树酮▲ A, B solanerianone A, B
25*S*- 假叶树皂苷元▲ 25*S*-ruscogenin
假叶树皂苷元▲ ruscogenin
(25*S*)- 假叶树皂苷元▲ -1-*O*-[(2-*O*- 乙酰基)-*α*-L- 吡喃鼠李糖基 -(1 → 2)][*β*-D- 吡喃木糖基 -(1 → 3)]-*β*-D- 吡喃岩藻糖苷 (25*S*)-ruscogenin-1-*O*-[(2-*O*-acetyl)-*α*-L-rhamnopyranosyl-(1 → 2)][*β*-D-xylopyranosyl-(1 → 3)]-*β*-D-fucopyranoside
(25*S*)- 假叶树皂苷元▲ -1-*O*-[(3-*O*- 乙酰基)-*α*-L- 吡喃鼠李糖基 -(1 → 2)][*β*-D- 吡喃木糖基 -(1 → 3)]-*β*-D- 吡喃岩藻糖苷 (25*S*)-ruscogenin-1-*O*-[(3-*O*-acetyl)-*α*-L-rhamnopyranosyl-(1 → 2)][*β*-D-xylopyranosyl-(1 → 3)]-*β*-D-fucopyranoside
假叶树皂苷元▲ 1-*O*-[*α*-L- 吡喃阿拉伯糖基 -(1 → 2)]-*β*-D- 吡喃葡萄糖苷 ruscogenin-1-*O*-[*α*-L-arabinopyranosyl-(1 → 2)]-*β*-D-glucopyranoside
(25*S*)- 假叶树皂苷元▲ -1-*O*-[*α*-L- 吡喃鼠李糖基 -(1 → 2)][*β*-D- 吡喃木糖基 -(1 → 3)]-*β*-D- 吡喃岩藻糖苷 (25*S*)-ruscogenin-1-*O*-[*α*-L-rhamnopyranosyl-(1 → 2)][*β*-D-xylopyranosyl-(1 → 3)]-*β*-D-fucopyranoside
25(*S*)- 假叶树皂苷元▲ -1-*O*-[*α*-L- 吡喃鼠李糖基 -(1 → 2)][*β*-D- 吡喃木糖基 -(1 → 3)]-*β*-D- 吡喃岩藻糖苷 25(*S*)-ruscogenin-1-*O*-[*α*-L-rhamnopyranosyl-(1 → 2)][*β*-D-xylopyranosyl-(1 → 3)]-*β*-D-fucopyranoside
(25*R*)- 假叶树皂苷元▲ -1-*O*-*α*-L- 吡喃鼠李糖基 -(1 → 2)-*α*-L- 吡喃阿拉伯糖苷 (25*R*)-ruscogenin-1-*O*-*α*-L-rhamnopyranosyl-(1 → 2)-*α*-L-arabinopyranoside
(25*S*)- 假叶树皂苷元▲ -1-*O*-*α*-L- 吡喃鼠李糖基 -(1 → 2)-*α*-L- 吡喃阿拉伯糖苷 (25*S*)-ruscogenin-1-*O*-*α*-L-rhamnopyranosyl-(1 → 2)-*α*-L-arabinopyranoside
假叶树皂苷元▲ -1-*O*-*α*-L- 吡喃鼠李糖基 -(1 → 2)-*β*-D-6- 乙酰吡喃葡萄糖苷 ruscogenin-1-*O*-*α*-L-rhamnopyranosyl-(1 → 2)-*β*-D-6-acetylglucopyranoside
(25*R*)- 假叶树皂苷元▲ -1-*O*-*α*-L- 吡喃鼠李糖基 -(1 → 2)-*β*-D- 吡喃半乳糖苷 (25*R*)-ruscogenin-1-*O*-*α*-L-rhamnopyranosyl-(1 → 2)-*β*-D-galactopyranoside
(25*S*)- 假叶树皂苷元▲ -1-*O*-*α*-L- 吡喃鼠李糖基 -(1 → 2)-*β*-D- 吡喃半乳糖苷 (25*S*)-ruscogenin-1-*O*-*α*-L-rhamnopyranosyl-(1 → 2)-*β*-D-galactopyranoside
(25*S*)- 假叶树皂苷元▲ -1-*O*-*α*-L- 吡喃鼠李糖基 -(1 → 2)-*β*-D- 吡喃木糖苷 (25*S*)-ruscogenin-1-*O*-*α*-L-rhamnopyranosyl(1 → 2)-*β*-D-xylopyranoside
25(*S*)- 假叶树皂苷元▲ -1-*O*-*α*-L- 吡喃鼠李糖基 -(1 → 2)-*β*-D- 吡喃木糖苷 25(*S*)-ruscogenin-1-*O*-*α*-L-rhamnopyranosyl-(1 → 2)-*β*-D-xylopyranoside
25(*S*)- 假叶树皂苷元▲ -1-*O*-*α*-L- 吡喃鼠李糖基 -(1 → 2)-*β*-D- 吡喃岩藻糖苷 25(*S*)-ruscogenin-1-*O*-*α*-L-rhamnopyranosyl-(1 → 2)-*β*-D-fucopyranoside
(25*S*)- 假叶树皂苷元▲ -1-*O*-*β*-D- 吡喃木糖苷 -3-*O*-*α*-L- 吡喃鼠李糖苷 (25*S*)-ruscogenin-1-*O*-*β*-D-xylopyranoside-3-*O*-*α*-L-rhamnopyranoside
25(*S*)- 假叶树皂苷元▲ -1-*O*-*β*-D- 吡喃岩藻糖苷 -3-*O*-*α*-L- 吡喃鼠李糖苷 25(*S*)-ruscogenin-1-*O*-*β*-D-fucopyranoside-3-*O*-*α*-L-rhamnopyranoside
(25*S*)- 假叶树皂苷元▲ -1-*O*-*β*-D- 吡喃岩藻糖基 -3-*O*-*α*-L- 吡喃鼠李糖苷 (25*S*)-ruscogenin-1-*O*-*β*-D-fucopyranoside-3-*O*-*α*-L-rhamnopyranoside
假叶树皂苷元▲ -1- 硫酸酯 -3-*O*-*α*-L- 鼠李糖苷 ruscogenin-1-

sulfate-3-*O*-*α*-L-rhamnopyranoside
假叶树皂苷元▲-3-*O*-*α*-L- 吡喃鼠李糖苷 ruscogenin-3-*O*-*α*-L-rhamnopyranoside
假叶树皂苷元▲-3-*O*-*β*-D- 吡喃葡萄糖基 -(1 → 3)-*α*-L- 吡喃鼠李糖苷 ruscogenin-3-*O*-*β*-D-glucopyranosyl-(1 → 3)-*α*-L-rhamnopyranoside
(25*R*)- 假叶树皂苷元 -1-*O*-[2-*O*- 乙酰基 -*α*-L- 鼠李吡喃糖基 -(1 → 2)]-[*β*-D- 吡喃木糖基 -(1 → 3)]-*β*-D- 吡喃岩藻糖苷 (25*R*)-ruscogenin-1-*O*-[2-*O*-(acetyl)-*α*-L-rhamnopyranosyl-(1 → 2)]-[*β*-D-xylopyranosyl-(1 → 3)]-*β*-D-fucopyranoside
(25*R*)- 假叶树皂苷元 -1-*O*-[3-*O*- 乙酰基 -*α*-L- 吡喃鼠李糖基 -(1 → 2)]-[*β*-D- 吡喃木糖糖基 -(1 → 3)]-*β*-D- 吡喃岩藻糖苷 (25*R*)-ruscogenin-1-*O*-[3-*O*-*α*-L-rhamnopyranosyl-(1 → 2)]-[*β*-D-xylopyranosyl-(1 → 3)]-*β*-D-fucopyranoside
(25*S*)- 假叶树皂苷元 -1-*O*-*β*-D- 吡喃木糖基 -3-*O*-*α*-L- 吡喃鼠李糖苷 (25*S*)-ruscogenin-1-*O*-*β*-D-xylopyranosyl-3-*O*-*α*-L-rhamnopyranoside
(25*S*)- 假叶树皂苷元 -1- 硫酸酯 -3-*O*-*α*-L- 吡喃鼠李糖苷 (25*S*)-ruscogenin-1-sulfate-3-*O*-*α*-L-rhamnopyranoside
假鹰爪醇醛▲ desmal
假鹰爪二氢查耳酮 chinendihydrochalcone
假鹰爪黄酮 desmosflavone
假鹰爪碱▲ desmosine
假鹰爪醛 desmosal
假鹰爪素 A cochinin A
假鹰爪酮▲ A~D saiyutone A~D
假泽兰内酯▲ cordatolide
假茱萸苷▲ aralidioside
尖瓣海莲苷 A~D rhyncoside A~D
尖瓣瑞香素 A~G acutilobin A~G
尖瓣瑞香萜▲ A daphnelnoid A
尖被藜芦碱▲ verapatuline
加那利毒马草烯酮▲ ribenone
尖槐藤苷▲ oxystelmoside
尖槐藤林素▲ oxylin
尖槐藤素▲ oxystelmin
尖槐藤亭▲ esculentin
尖槐藤辛▲ oxysin
尖山橙碱▲ I melofusine I
尖头瓶尔小草苷▲ A~G pedunculosumoside A~G
尖尾枫苷▲ A, B longissimoside A, B
尖尾枫素▲ A~D callilongisin A~D
尖药木苷▲ opposide
尖叶饱食桑素▲ G brosimacutin G
尖叶饱食桑脂素▲ A mururin A
尖叶长柄山蚂蝗查耳酮▲ C oxyphyllumchalcone C
尖叶花椒碱▲ zanthoxyphylline
尖叶花椒林碱▲ zanoxyline
尖叶假龙胆苷▲ A, B acutoside A, B
(-)- 尖叶军刀豆酚▲ (-)-mucronulatol
(*R*)- 尖叶军刀豆酚▲ (*R*)-mucronulatol
尖叶军刀豆酚▲ mucronulatol
3S-(-)- 尖叶军刀豆酚▲ -7-D- 吡喃葡萄糖苷 3*S*-(-)-mucronulatol-7-D-glucopyranoside
(+)-(7*S*,8*R*,8'*R*)- 尖叶蜡菊内酯▲ (+)-(7*S*,8*R*,8'*R*)-acuminatolide
尖叶美登木宁碱▲ E-I aquifoliunine E-I
尖叶木酚▲ urophyllumol
(-)- 尖叶木兰素▲ (-)-acuminatin
尖叶木兰素▲ acuminatin
尖叶山蚂蝗素 desmoxyphyllin
尖叶山蚂蝗素 A, B desmoxyphyllin A, B
尖叶山蚂蝗素 A-7-*O*-*β*-D- 吡喃葡萄糖苷 desmoxyphyllin A-7-*O*-*β*-D-glucopyranoside
尖叶山蚂蝗素 B-7-*O*-*β*-D- 吡喃葡萄糖苷 desmoxyphyllin B-7-*O*-*β*-D-glucopyranoside
尖叶石松醇 acrifolinol
尖叶石松碱 acrifoline
尖叶唐松草阿原碱 acutiaporberine
尖叶唐松草定碱 acutifolidine
尖叶铁扫帚酚▲ lesjunceol
尖叶铁扫帚苷▲ A, B meoside A, B
尖叶铁扫帚罗酚▲ lesjuncerol
尖叶新木姜子酮▲ B neolitacumone B
尖叶新木姜子酮 A neolitamone A
尖叶芸香碱▲ A~F haplacutine A~F
尖叶芸香亭▲ acutine
尖叶锥糅素▲ cuspinin
坚龙胆苷 A gentiorigenoside A
坚龙胆吉苷▲ A~E gentirigeoside A~E
坚龙胆内酯 A rigenolide A
坚龙胆酸▲ gentirigenic acid
坚硬糙苏苷 B, C phlorigidoside B, C
坚硬女娄菜苷▲ A melandrioside A
坚硬女娄菜苷元▲ melandrigenin
坚硬女娄菜林素▲ A~D melrubiellin A~D
间百里香酚 *m*-thymol
间苯二酚 resoreinol
间二甲基苯 *m*-dimethylbenzene
间二没食子酸 *m*-digallic acid
间二没食子酸甲酯 methyl *m*-digallate
间二没食子酸乙酯 ethyl *m*-digallate
间甲酚 *m*-methylphenol
3*β*-(间甲氧基苯甲酰氧基)- 熊果酸 3*β*-(*m*-methoxybenzoyloxy)-urs-12-en-28-oic acid
间甲氧基对羟基苯甲酸 *m*-methoxy-*p*-*hydroxybenzoic acid*
间甲氧基桂皮酸 *m*-methoxycinnamic acid
间千金藤碱 metaphanine
间羟基苯甲酸 *m*-hydroxybenzoic acid
间羟基苯甲酸甲酯 *m*-hydroxybenzoic acid methyl ester
2'-*O*- 间羟基苯甲酰獐牙菜苦素 2'-*O*-*m*-hydroxybenzoylswertiamarin
间羟基扁桃酸 *m*-hydroxymandelic acid
间羟基苄醇 *m*-hydroxybenzyl alcohol
间羟基苄基 -*β*-D- 吡喃葡萄糖苷 *m*-hydroxybenzyl-*β*-D-glucopyranoside
间去氢二没食子酸 *m*-dehydrodigallic acid
间醛基苯甲酸 isophthalaldehydic acid
间树脂苔黑酸▲ *m*-resorcylic acid
间羧基苯丙氨酸 *m*-carboxyphenylalanine
2-(间羧基苯基)-3-(间羧基苯基) 琥珀酸 2-(*m*-carboxylphenyl)-3-(*m*-carboxylbenzyl)succinic acid
间香豆酸 *m*-coumaric acid
7-*O*- 间香豆酰氧基乌干达赪桐苷▲ 7-*O*-*m*-coumaroyloxyugandoside
间乙酰苯酚 *m*-acetylphenol
间乙酰茴香醚 *m*-acetanisole
间孜然芹酚▲ *m*-cumenol
间孜然芹烃▲ *m*-cymene
间孜然芹烃▲ -8- 醇 *m*-cymen-8-ol

J

间孜然芹烯▲ *m*-cymenene
犍陀罗小檗明碱▲ gandharamine
柬埔寨龙血树醇▲ cambodianol
柬埔寨龙血树皂苷▲ A dracagenin A
柬埔寨藤黄醇▲ camboginol
柬埔寨藤黄素▲ cambogin
简尼泽兰醇▲ jhanol
碱性蓖麻毒素 basic ricin
见血封喉阿洛糖苷 antialloside
见血封喉毒苷▲ A~G antiaritoxioside A~G
见血封喉毒宁▲ A, B antiarotoxinin A, B
见血封喉酚▲ antiarol
见血封喉酚▲芸香糖苷 antiarol rutinoside
α- 见血封喉苷 *α*-antioside
见血封喉苷 antioside
见血封喉苷元 antiarigenin
见血封喉苷元 -3-*O*-*β*-D-6- 去氧阿洛糖苷 antiarigenin-3-*O*-*β*-D-6-deoxyalloside
见血封喉勾苷▲ antiogoside
见血封喉灵▲ A, B, F, I, K, L anticarin A, B, F, I, K, L
见血封喉洛苷▲ A~Z, ZA, ZB, ZC antiaroside A~Z, ZA, ZB, ZC
α- 见血封喉素▲ *α*-antiarin
β- 见血封喉素▲ *β*-antiarin
见血封喉酮▲ A~K antiarone A~K
见血封喉辛▲ A, B antiarisin A, B
见血封喉爪哇糖苷 antiarojavoside
建始冬凌草素 A~I jianshirubesin A~I
剑刺仙人掌尼酸▲ machaerinic acid
剑刺仙人掌尼酸内酯▲ machaerinic acid lactone
剑刺仙人掌酸▲ machaeric acid
剑麻东皂苷 A~E dongnoside A~E
剑麻皂苷 A~G sisalanin A~G
剑麻皂苷元 sisalagenin
剑叶长春花辛碱▲ horhammericine
剑叶红铁木苷▲ A lanceoloside A
剑叶鸡骨常山精▲ lanceomigine
剑叶金鸡菊苷▲ lanceolin
剑叶龙血芪 A~D cochinchinenene A~D
剑叶龙血素 B, C cochinchinenin B, C
剑叶龙血酮 cochinchinenone
剑叶龙血新木脂素 cochinchin
剑叶朱蕉皂苷元 strictagenin
β- 涧边草酸▲ *β*-peltoboykinolic acid
箭毒碱 curine
箭毒素 I curarine I
箭根薯甾苷▲ A, B, C taccasteroside A, B, C
箭头唐松草胺▲ thalisamine
箭头唐松草碱 thalsimine
(+)- 箭头唐松草米定碱 (+)-thalicsimidine
箭头唐松草米定碱 thalicsimidine
(+)- 箭头唐松草米定碱 -*N*- 氧化物 (+)-thalicsimidine-*N*-oxide
(-)- 箭头唐松草莫宁▲ (-)-thalimonine
箭头唐松草莫宁▲ -*N*- 氧化物 A thalimonine-*N*-oxide A
箭头唐松草莫宁▲ -*N*- 氧化物 B thalimonine-*N*-oxide B
箭头唐松草辛碱▲ thalictricine; thalictrisine
箭叶橙素▲ hystrixarin
箭叶橙酮▲ hystrolinone
箭叶橙烯▲ hystroxene I
箭叶橐吾内酯 sagittolactone
箭叶橐吾素▲ A~E ligulasagitin A~E
箭叶淫羊藿苷 A, B, C sagittatoside A, B, C
箭叶淫羊藿素▲ A, B, C sagittasine A, B, C
江南地不容碱▲ excentricine
江南卷柏苷▲ A moellenoside A
江西白英素 A~I solajiangxin A~I
江油乌头碱 jiangyouaconitine
姜醇 zingiberol
6- 姜二醇 6-gingerdiol
n- 姜酚 *n*-gingerol
姜花醇▲ A hedychiol A
姜花醇▲ B-8,9- 二乙酸酯 hedychiol B-8,9-diacetate
姜花二烯▲ coronadiene
姜花内酯▲ A~D hedychilactone A~D
姜花内酯苷▲ I, II coronalactoside I, II
姜花素 A~F coronarin A~F
姜花素 D 甲醚 coronarin D methyl ether
姜花素 D 乙基醚 coronarin D ethyl ether
姜花烯酮 hedychenone
姜黄奥二醇 curcumadiol
姜黄奥二酮 curcumadione
姜黄醇酮 curcolone
姜黄二醇▲ curcudiol
姜黄酚 curcuphenol
姜黄鹤虱醇 A, B curcarabranol A, B
姜黄诺醇▲ curcolonol
姜黄素 curcumin
姜黄素 L curcumin L
(*R*)-(-)- 姜黄酮 (*R*)-(-)-turmerone
α- 姜黄酮 *α*-turmerone
β- 姜黄酮 *β*-turmerone
莪术大根老鹳草二醇▲ phagermadiol
姜黄酮 turmerone
姜黄酮酚 A, B turmeronol A, B
α- 姜黄烯 *α*-curcumene
β- 姜黄烯 *β*-curcumene
γ- 姜黄烯 *γ*-curcumene
姜黄烯 curcumene
β-(*Z*)- 姜黄烯 -12- 醇 *β*-(*Z*)-curcumen-12-ol
6- 姜辣磺酸 6-gingesulfonic acid
姜三七醌 stahlianthusone
姜糖脂 A, B, C gingerglycolipid A, B, C
姜酮 zingerone
姜酮 -4'-*O*-*β*-D- 吡喃葡萄糖苷 zingerone 4'-*O*-*β*-D-glucopyranoside
姜酮 -*O*-*β*-D- 吡喃葡萄糖苷 zingerone-*O*-*β*-D-glucopyranoside
姜酮 -*β*-D- 吡喃葡萄糖苷 zingerone-*β*-D-glucopyranoside
姜味草酸▲ micromeric acid
(-)- 姜烯 (-)-zingiberene
α- 姜烯 *α*-zingiberene
姜烯 zingiberene
姜烯醇 zingiberenol
姜烯酚 shogaol
姜烯酮 A, B, C gingerenone A, B, C
姜状三七苷 R_1 zingibroside R_1
姜状三七苷 R_1-6'- 丁酯 zingibroside R_1-6'-butyl ester
姜状三七苷 R_1-6'- 甲酯 zingibroside R_1-6'-methyl ester
姜状三七苷 R_1 二甲酯 zingibroside R_1 dimethyl ester
豇豆矢车菊素 vignacyanidin
豇豆甾醇 A vignasterol A

(-)-浆果瓣蕊花素▲ (-)-galbacin
(+)-浆果瓣蕊花素▲ (+)-galbacin
浆果瓣蕊花素▲ galbacin
(-)-浆果瓣蕊花亭▲ (-)-galcatin
浆果老虎楝素▲A~F cipatrijugin A~F
浆果楝内酯▲ cipadessalide
2'S-浆果楝素 2'S-cipadesin
2'R-浆果楝素 A 2'R-cipadesin A
2'S-浆果楝素 A 2'S-cipadesin A
浆果楝素 A~Q cipadesin A~Q
浆果楝烯▲A~D cipaferen A~D
浆果乌桕碱▲ bukittinggine
浆果乌桕素▲ baccatin
浆果紫杉素 I, III, IV, V, VI, VIII, IX, X baccatin I, III, IV, V, VI, VIII, IX, X
浆果紫杉亭▲III taxabaccatin III
(-)-疆罂粟定▲ (-)-roemeridine
疆罂粟哈尔明▲ roeharmine
(-)-疆罂粟碱▲ (-)-roemerine
(+)-疆罂粟碱▲ (+)-roemerine
(R)-疆罂粟碱▲ (R)-roemerine
l-疆罂粟碱▲ l-roemerine
疆罂粟碱▲ roemerine; remerine
疆罂粟碱▲-N-氧化物 roemerine-N-oxide
(-)-疆罂粟咔啉▲ (-)-roecarboline
(+)-疆罂粟卡任▲ (+)-roemecarine
(-)-疆罂粟酮▲ (-)-roemerialinone
19-降-10β-羟基马利筋素▲ 19-nor-10β-hydroxyasclepin
19-降-10-氢牛角瓜亭酸▲甲酯 19-nor-10-hydrocalactinic acid methyl ester
15-降-14-氧代-8(17),12-半日花二烯-18-醇 15-nor-14-oxo-8(17),12-labdadien-18-ol
15-降-14-氧代-8(17),12-半日花二烯-18-酯 15-nor-14-oxo-8(17),12-labdadien-18-oate
(+)-降-16a-乙酰氧基黄杨苯二烯宁碱 (+)-nor-16a-acetoxybuxabenidienine
19-降-16α-乙酰氧基-10β-羟基马利筋素▲ 19-nor-16α-acetoxy-10β-hydroxyasclepin
28-降-17αH-何帕烷 28-nor-17α(H)-hopane
28-降-19βH,20αH-熊果-12,17-二烯-3-醇 28-nor-19βH,20αH-ursa-12,17-dien-3-ol
N-降-2,3,6-三甲氧基吗啡烷二烯-7-酮 N-nor-2,3,6-trimethoxymorphinandien-7-one
29-降-21-αH-何帕-3,22-二酮 29-nor-21αH-hopane-3,22-dione
30-降-21β-何帕-22-酮 30-nor-21β-hopan-22-one
29-降-22-何帕醇 29-norhopan-22-ol
31-降-24β-甲基-9,19-环羊毛脂-25-烯-3α-醇 31-nor-24β-methyl-9,19-cyclolanost-25-en-3α-ol
21-降-3,19-异次丙基-14-去氧-对映-半日花-8(17),13-二烯-16,15-内酯 21-nor-3,19-isopropylidine-14-deoxy-ent-labda-8(17),13-dien-16,15-olide
24-降-3β,5-二羟基熊果-4(23),18-二烯-28-酸 24-nor-3β,5-dihydroxyursa-4(23),18-dien-28-oic acid
3-降-4-氧代金线吊乌龟碱▲ 3-nor-4-oxocepharanthine
18-降-5α,20ε-去氧胆酸-3β-20-二羟基-4,4,8,14-四甲基-γ-内酯-乙酸酯 18-nor-5α,20ε-cholanic acid-3β-20-dihydroxy-4,4,8,14-tetramethyl-γ-lactone-acetate
23-降-6-氧代去甲基扁蒴藤醇 23-nor-6-oxo-demethylpristimerol
15-降-8(17),12-半日花二烯-14,18-二羧酸 15-nor-8(17),12-labdandien-14,18-dioic acid
26-降-8β-羟基-α-芒柄花灵▲ 26-nor-8β-hydroxy-α-onocerin
15-降-8-半日花烷醇 15-nor-8-labdanol
15-降-8-羟基-12E-半日花烯-14-醛 15-nor-8-hydroxy-12E-labden-14-al
26-降-8-氧代-α-芒柄花灵▲ 26-nor-8-oxo-α-onocerin
降-α-檀香烯酮 nor-α-santalenone
降-ψ-托品碱 nor-ψ-tropine
降阿吉马蛇根碱▲ norajmaline
降阿米芹醇▲ norkhellol
N-降阿尼卡宁碱 N-noranicanine
降阿托品 noratropine
降安替比林 norantipyrine
降八碳达玛-1,11,13(17)-三烯-17-醇-3,16-二酮 octanordammar-1,11,13(17)-trien-17-ol-3,16-dione
N-降白屈菜红碱 N-norchelerythrine
降白屈菜红碱 norchelerythrine
(+)-降白屈菜碱 (+)-norchelidonine
(+)-γ-降柏芳醇▲ (+)-γ-norcuparenol
降半边莲碱 norlelobanidine
15-降半日花-8(20),12E-二烯-14-醛-19-酸 15-norlabda-8(20),12E-diene-14-carboxaldehyde-19-oic acid
降杯苋甾酮 norcyasterone
(+)-降北美鹅掌楸灵▲ (+)-norliriofenine
降北美鹅掌楸灵▲ norliriofenine
降变肾上腺素 normetanephrine
(-)-降波尔定碱 (-)-norboldine
(+)-降波尔定碱 (+)-norboldine
降波尔定碱 norboldine
(+)-降波尔定碱乙酸酯 (+)-norboldine acetate
降波罗蜜品▲ norartocarpin
降波罗蜜亭▲ norartocarpetin
降波罗蜜辛▲ norartocarpesin
降布雷巨盘木素▲ norbraylin
降齿叶黄皮素 nordentatin
降臭常山碱 nororixine
降雏菊叶龙胆素 norbellidifolin
(-)-降大分丸碱▲ (-)-normacromerine
降大卵叶虎刺醛▲ norjuzunal
降大枣碱 noryuziphine
降大柱香波龙烷葡萄糖苷 normegastigmane glycoside
降丹参酮 nortanshinone
24-降-胆甾-5,22(E)-二烯-3β-醇 24-nor-cholesta-5,22(E)-dien-3β-ol
降倒捻子素 normangostin
降地中海荚蒾醛▲ norviburtinal
(-)-降丁氏千金藤碱▲ (-)-norstephalagine
(+)-降丁氏千金藤碱▲ (+)-norstephalagine
降丁氏千金藤碱▲ norstephalagine
降丁香宁 noreugenin
降丁香宁-7-O-β-D-吡喃葡萄糖苷 noreugenin-7-O-β-D-glucopyranoside
(+)-N-降东方罂粟灵 (+)-N-nororientaline
N-降东方罂粟灵 N-nororientaline
(S)-降东莨菪碱 (S)-norscopolamine
降东莨菪碱 norscopolamine
降东亚唐松草碱 northalicthuberine
降毒马钱辛碱▲B normacusine B
降毒马钱辛碱▲B-N-氧化物 normacusine B-N-oxide

J

降短枝菊香豆素▲ norbrachycoumarin
19- 降 - 对映 - 贝壳杉 -4α,16,17- 三醇 19-nor-*ent*-kaurane-4α,16,17-triol
19- 降 - 对映 - 贝壳杉 -4α- 醇 -17- 酸 19-nor-*ent*-kauran-4α-ol-17-oic acid
19- 降 - 对映 - 贝壳杉 -4- 醇 -17- 酸 19-nor-*ent*-kauran-4-ol-17-oic acid
降二氢辣椒素 nordihydrocapsaicin
降二氢辣椒素酯 nordihydrocapsiate
降附子酮 norcyperone
降橄榄灵碱 noroliveroline
17- 降 - 高大白坚木碱▲ 17-nor-excelsinidine
降古豆碱 norhygrine
降哈威豆酸▲ norhardwickiic acid
18- 降海松 -8(14),15- 二烯 -4α- 醇 18-norpimara-8(14),15-dien-4α-ol
18- 降海松 -8(14),15- 二烯 -4- 醇 18-norpimara-8(14),15-dien-4-ol
(-)- 降海罂粟碱 (-)-norglaucine
降海罂粟碱 norglaucine
降汉黄芩苷 norwogonoside
降汉黄芩素 norwogonin
降汉黄芩素 -7-*O*-β-D- 吡喃葡萄糖醛酸苷 norwogonin-7-*O*-β-D-glucuronopyranoside
降汉黄芩素 -7-*O*-β-D- 葡萄糖醛酸苷 norwogonin-7-*O*-β-D-glucuronide
降汉黄芩素 -7-*O*- 葡萄糖醛酸苷 norwogonin-7-*O*-glucuronide
降汉黄芩素 -8-*O*-β-D- 吡喃葡萄糖苷 norwogonin-8-*O*-β-D-glucopyranoside
降汉黄芩素 -8-*O*- 葡萄糖醛酸苷 norwogonin-8-*O*-glucuronide
(-)- 降荷叶碱 (-)-nornuciferine
(+)- 降荷叶碱 (+)-nornuciferine
d- 降荷叶碱 *d*-nornuciferine
N- 降荷叶碱 *N*-nornuciferine
O- 降荷叶碱 *O*-nornuciferine
降荷叶碱 nornuciferine
(-)- 降黑水罂粟碱 (-)-noramurine
降红根草内酯▲ sapriolactone
(-)- 降红花疆罂粟定▲ (-)-norreframidine
降红镰孢素 -6-*O*-β-D-(6'-*O*- 乙酰基)- 吡喃葡萄糖苷 norrubrofusarin-6-*O*-β-D-(6'-*O*-acetyl)-glucopyranoside
降红镰孢素龙胆二糖苷 norrubrofusarin gentiobioside
降红毛阿布藤碱▲ norrufescine
降红木素 norbixin
(-)-2- 降厚果唐松草次碱 (-)-2-northalidasine
降厚果唐松草次碱 northalidasine
降虎刺醛 nordamnacanthal
降华南云实素▲ A, B nortaepeenin A, B
降滑桃树辛▲ nortrewiasine
31- 降环阿片甾烯醇 31-norcyclolaudenol
29- 降环木菠萝烷醇 29-norcycloartanol
31- 降环木菠萝烷醇 31-norcycloartanol
31- 降环木菠萝烷醇乙酸酯 31-norcycloartanol acetate
29- 降环木菠萝烷酮 29-norcycloartanone
31- 降环木菠萝烷酮 31-norcycloartanone
31- 降环木菠萝烯醇 31-norcycloartenol
降黄果茄甾醇 norcarpesterol
降黄绵马酸 norflavaspidic acid
(-)- 降黄心树宁碱 (-)-norushinsunine
(*R*)-(-)- 降黄心树宁碱 (*R*)-(-)-norushinsunine
降黄心树宁碱 norushinsunine
降黄紫堇明碱 norochotensimine
降鸡脚参内酯 A nororthosiphonolide A
(1α,3α,4β,5α,7α,12α,13α,14β,15β,17α)-24- 降基胆甾 -20,22- 二烯 -4- 醛 -14,15:21,23- 二环氧 -1,3,7,12,19- 五羟基 -4,8- 二甲基 -11- 氧代 - 环 -4,19- 半缩醛 (1α,3α,4β,5α,7α,12α,13α,14β,15β,17α)-24-norchola-20,22-diene-4-carboraldehyde-14,15:21,23-diepoxy-1,3,7,12,19-pentachydroxy-4,8-dimethyl-11-oxo-cyclic-4,19-hemiacetal
降基蟛蜞菊酸 norwedelic acid
降加兰他敏 norgalanthamine
N- 降甲基多花藤碱▲ *N*-normethylskytanthine
降尖叶暗罗灵碱▲ norannuradhapurine
(+)- 降疆罂粟咔啉▲ (+)-norroecarboline
21- 降绞股蓝苷 A, B 21-norgypenoside A, B
降截尾海兔抑素▲ G nordolastatin G
降金线吊乌龟二酮碱 norcepharadione
降金线吊乌龟二酮碱 B norcepharadione B
降劲直白酒草酸▲ norstrictic acid
降倔海绵宁▲ nordysidenin
降苦参醇 norkurarinol
降苦参酮 norkurarinone
降蜡菊吡喃酮▲ norhelipyrone
降辣椒素 norcapsaicin
降莨菪碱 norhycscyamine
降姥鲛 -2- 酮 nor-prist-2-one
19- 降冷杉 -7,13- 二烯 -4- 醇 19-norabieta-7,13-dien-4-ol
18- 降冷杉 -8,11,13- 三烯 -4- 醇 18-norabieta-8,11,13-trien-4-ol
19- 降冷杉 -8,11,13- 三烯 -4- 醇 19-norabieta-8,11,13-trien-4-ol
18- 降冷杉 -8,11,13- 三烯 -4- 氢过氧化物 18-norabieta-8,11,13-trien-4-hydroperoxide
19- 降冷杉 -8,11,13- 三烯 -4- 氢过氧化物 19-norabieta-8,11,13-trien-4-hydroperoxide
(-)-2'- 降丽麻藤碱▲ (-)-2'-norlimacine
降栗甾酮 norcastasterone
N- 降两面针碱 *N*-nornitidine
降卢氏爵床碱▲ norruspoline
(-)- 降轮环藤宁碱 (-)-norcycleanine
(-)- 降络石苷 (-)-nortracheloside
降络石苷 nortracheloside
(-)- 降络石苷元 (-)-nortrachelogenin
(+)- 降络石苷元 (+)-nortrachelogenin
降络石苷元 nortrachelogenin
5-*O*-(4''- 降络石苷元)- 降络石苷元 5-*O*-(4''-nortrachelogenin)-nortrachelogenin
降络石苷元 -4,4'- 二 -*O*-β-D- 吡喃葡萄糖苷 nortrachelogenin-4,4'-di-*O*-β-D-glucopyranoside
降络石苷元 -5'-*C*-β-D- 吡喃葡萄糖苷 nortrachelogenin-5'-*C*-β-D-glucopyranoside
降络石苷元 -8'-*O*-β-D- 吡喃葡萄糖苷 nortrachelogenin-8'-*O*-β-D-glucopyranoside
降络石糖苷 nortrache- loside
降骆驼蓬满碱▲ norharman
(-)- 降麻黄碱 (-)-norephedrine
(1*R*,2*S*)- 降麻黄碱 (1*R*,2*S*)-norephedrine
降麻黄碱 norephedrine
降马兜铃二酮▲ noraristolodione
(-)-1- 降蔓长春花考灵▲ (-)-1-norvincorine
N- 降芒籽宁 *N*-noratherosperminine

降梅林马钱碱▲B normelinonine B
4- 降猕猴桃碱 4-noractinidine
降米团花萜▲A, B, C norleucosceptroid A, B, C
降木防己碱 nortrilobine
降南欧鸢尾素▲ noririsflorentin
(+)- 降南天竹碱 (+)-nordomesticine
(+)- 降南天竹宁 (+)-nornantenine
N- 降南天竹宁 *N*-nornantenine
降牛皮叶酸▲ norstictic acid
(+)-2'- 降欧洲小檗碱▲ (+)-2'-noroxyacanthine
28- 降齐墩果 -12- 烯 -3*β*,17*β*- 二醇 28-norolean-12-ene-3*β*,17*β*-diol
27- 降齐墩果 -13- 烯 -28- 酸 -3-*O*-*β*-D- 吡喃鸡纳糖苷 27-norolean-13-en-28-oic acid-3-*O*-*β*-D-quinovopyranoside
28- 降齐墩果 -17- 烯 -3- 醇 28-norolean-17-en-3-ol
24- 降齐墩果 -3,12- 二烯 24-noroleana-3,12-diene
24- 降齐墩果 -3,9(11),12- 三烯 24-noroleana-3,9(11),12-triene
28- 降齐墩果烷 28-noroleanane
降齐墩果烯醇 veracruzol
29- 降羟基杯苋甾酮 29-norsengosterone
降鞘丝藻抑素▲2 norlyngbyastatin 2
N- 降青风藤碱 *N*-norsinoacutine
降软骨藻酸 nordomoic acid
降塞舌尔广藿香烷酮▲ norseychelanone
降山梗菜醇碱 norlobelanidine
降山梗菜酮碱 norlobelanine
降山油柑碱 noracronycine
降芍药内酯 norpaeonilactone
降肾茶醇▲A, B, C norstaminol A, B, C
降肾茶内酯▲A norstaminolactone A
降肾茶酮▲A norstaminone A
降肾上腺素 noradrenaline; norepinephrine
降升麻素 norcimifugin
降鼠尾草醚 norsalvioxide
降四叶萝芙木辛碱▲ nortetraphyllicine
(-)-2- 降唐松草明碱 (-)-2-northalmine
降蹄盖蕨酚▲ norathyriol
降铁线蕨叶唐松草林碱▲ northalifoline
降托品 -3- 酮 nortropan-3-one
降脱水淫羊藿素 noranhydroicaritin
(1*S*,2*S*)- 降伪麻黄碱 (1*S*,2*S*)-norpseudoephedrine
降伪麻黄碱 norpseudoephedrine
降五加宁▲A noracanthopanin A
18- 降五月茶酮 18-nor-antidesmone
(-)- 降香附烯 (-)-norrotundene
降香黄烯 odoriflavene
降香双异黄酮 dalodoriferabiisoflavonoid I, II, III, IV, V, DO-18~DO-21
降香唐松草碱 northalfoetidine
(-)- 降香紫檀烷 (-)-odoricarpan
(+)-2'- 降小叶唐松草碱▲ (+)-2'-northaliphylline
30- 降熊果 -11- 烯 -3- 醇 30-norurs-11-en-3-ol
28- 降熊果 -12- 烯 -3*β*,17- 二醇 28-norurs-12-ene-3*β*,17-diol
28- 降熊果 -12- 烯 -3*β*,17- 二醇 -17- 甲酸酯 28-norurs-12-ene-3*β*,17-diol-17-formate
24- 降熊果 -3,12- 二烯 24-norursa-3,12-diene
24- 降熊果 -3,12- 二烯 -11- 酮 24-norursa-3,12-dien-11-one
24- 降熊果 -3,9(11),12- 三烯 24-norursa-3,9(11),12-triene
24- 降熊果 -4(23),12- 二烯 -3*β*-*O*- 乙酸酯 24-norursa-4(23),12-dien-3*β*-*O*-acetate]
降血根碱 norsanguinarine
降血红石蒜碱▲ norsanguinine
降血竭红素 nordracorubin
降血竭素 nordracorhodin
降亚马逊安尼樟碱▲ norcanelilline
dl-*N*- 降亚美尼亚罂粟碱 *dl*-*N*-norarmepavine
L-(-)-*N*- 降亚美尼亚罂粟碱 L-(-)-*N*-norarmepavine
N- 降亚美尼亚罂粟碱 *N*-norarmepavine
降烟碱 nornicotine
降岩白菜素 norbergenin
24- 降羊齿 -4(23),9(11)- 二烯 24-norferna-4(23),9(11)-diene
19- 降羊毛脂 -5,24- 二烯 -11- 酮 19-norlanosta-5,24-dien-11-one
19- 降羊毛脂 -5- 烯 -3*β*- 醇 19-norlanost-5-en-3*β*-ol
31- 降羊毛脂 -8- 烯 -3*β*- 醇 31-norlanost-8-en-3*β*-ol
31- 降羊毛脂 -8- 烯醇 31-norlanost-8-enol
31- 降羊毛脂 -9(11)- 烯醇 31-norlanost-9(11)-enol
31- 降羊毛脂醇 31-norlanosterol
降羊毛脂醇 norlanosterol
23- 降 - 氧代扁蒴藤醇▲ 23-nor-oxopristimerol
降氧化白毛茛宁碱 noroxyhydrastinine
降氧化北美黄莲次碱 noroxyhydrastineine
降一叶萩碱 norsecurinine
降一叶萩碱酸 norsecurinic acid
(+)-*N*- 降异波尔定碱 (+)-*N*-norisoboldine
降异波尔定碱 norisoboldine
18- 降异海松 -4(19),7,15- 三烯 18-norisopimara-4(19),7,15-triene
18- 降异海松 -8(14),15- 二烯 -4*β*- 醇 18-norisopimara-8(14),15-dien-4*β*-ol
(+)- 降异南天竹碱 (+)-norisodomesticine
降异戊二烯 norisoprenoid
(+)- 降异紫堇定 (+)-norisocorydine
降异紫堇定 norisocorydine
降淫羊藿次苷 noricariside
降荧光箭毒碱 norfluorocurarine
降荧光箭毒碱 -*N*- 氧化物 norfluorocurarine-*N*-oxide
28- 降羽扇豆 -20(29)- 烯 -3*β*,17- 二醇 28-norlup-20(29)-en-3*β*,17-diol
30- 降羽扇豆 -28- 酸 30-norlupan-28-oic acid
29- 降羽扇豆 -3,20- 二酮 29-norlupan-3,20-dione
(20*R*)-30- 降羽扇豆 -3*α*,20- 二醇 (20*R*)-30-norlupane-3*α*,20-diol
30- 降羽扇豆 -3*β*- 醇 -20- 酮 30-norlupan-3*β*-ol-20-one
10- 降雨石蒜碱 10-norpluviine
9- 降雨石蒜碱 9-norpluviine
降雨石蒜碱 norpluviine
降雨石蒜碱二乙酸酯 norpluviine diacetate
降元宝草酮 A~D norsampsone A~D
降原阿比西尼亚千金藤碱▲ norprostephabyssine
N- 降原青藤碱 *N*-norprotosinomenine
降云实宁▲A~F, MA, MB, MC, MD norcaesalpinin A~F, MA, MB, MC, MD
降云实素 A, D, J, K, L, L_1, M, N norcaesalpin A, D, J, K, L, L_1, M, N
降云树宁▲ norcowanin
19- 降孕甾 -4- 烯 -3,20- 二酮 19-norpregn-4-en-3,20-dione
降獐牙菜酚素▲ norswertianolin
降獐牙菜宁▲ norswertianin
降獐牙菜宁▲-1-*O*-*β*-D- 吡喃葡萄糖苷 norswertianin-1-*O*-*β*-D-glucopyranoside
降獐牙菜葡萄糖苷▲ norswertiaglucoside
(+)- 降樟灵碱▲ (+)-norcinnamolaurine

J

降止泻木查酰胺▲ norkurchamide
降止泻木二烯▲ norholadiene
降止泻木奈辛▲ norconessine
降皱叶唐松草定碱▲ northalrugosidine
降准噶尔乌头碱 norsongorine
(-)- 降紫花疆罂粟定▲ (-)-norroehybridine
降紫花唐松草林碱▲ northalibroline
(+)- 降紫堇定 (+)-norcorydine
降紫堇定 norcorydine
31- 降紫薇醇▲乙酸酯 31-norlargerenol acetate
交让木胺 yuzurimine; macrodaphnidine
交让木胺 A, B, C, E yuzurimine A, B, C, E
交让木胺酸▲ B yuzurimic acid B
交让木定 daphmacropodine
交让木定碱▲ A~D daphnimacropodine A~D
交让木苷 daphylloside
交让木碱 codaphniphylline
交让木拉明 macrodaphniphyllamine
交让木里定 macrodaphniphyllidine
交让木灵▲ daphmacrine
交让木明▲ A~O daphmacromine A~O
交让木明胺▲ A~L macropodumine A~L
交让木明碱▲ A, B, C macrodumine A, B, C
交让木内酯 A, B daphnilactone A, B
交让木内酯 B 甲酯 daphnilactone B methyl ester
交让木宁 macrodaphnine
交让木品碱▲ daphnimacropine
交让木任▲ yuzurine
交让木酸▲ yuzuric acid
交让木西定▲ A, B daphmacropodosidine A, B
交叶獐牙菜素▲ decussatin
茭白素▲ A~D makomotine A~D
茭白吲哚▲ makomotindoline
胶州卫矛素▲ kiautschovin
胶皱孔菌二醇▲ tremediol
胶皱孔菌三醇▲ tremetriol
焦安哥拉紫檀内酯▲ pyroangolensolide
焦倍酚 pyrogallol
焦粗茎乌头碱 A pyrocrassicauline A
焦地黄呋喃 jiofuran
焦地黄呋喃醛二甲基乙缩醛 jiofuraldehyde dimethyl acetal
焦地黄苷 A, A_1, A_2, B, B_1, B_2, C~F jioglutoside A, A_1, A_2, B, B_1, B_2, C~F
焦地黄内酯 jioglutolide
焦地黄诺苷▲ jionoside
焦地黄诺苷▲ A, A_1, B_1, C, D jionoside A, A_1, B_1, C, D
焦地黄素 A~F jioglutin A~F
焦莪术酮 pyrocurzerenone
焦儿茶酚 pyrocatechol
焦儿茶酚 -1-*O*-β-D- 吡喃木糖基 -(1''→6')-β-D- 吡喃葡萄糖苷 pyrocatechol-1-*O*-β-D-xylopyranosyl-(1''→6')-β-D-glucopyranoside
焦儿茶酚 -1-*O*-β-D- 吡喃木糖基 -(1→6)-β-D- 吡喃葡萄糖苷 pyrocatechol-1-*O*-β-D-xylopyranosyl-(1→6)-β-D-glucopyranoside
焦儿茶酚 -1-*O*-β-D- 吡喃葡萄糖苷 pyrocatechol-1-*O*-β-D-glucopyranoside
焦儿茶酚 -1-*O*-β-D- 呋喃芹糖基 -(1''→6')-β-D- 吡喃葡萄糖苷 pyrocatechol-1-*O*-β-D-apiofuranosyl-(1''→6')-β-D-glucopyranoside
焦儿茶酚 -β-D- 吡喃葡萄糖苷 pyrocatechol-β-D-glucopyranoside
(-)- 焦儿茶酸 (-)-pyrocatechuic acid
(-)- 焦儿茶酸 -(4→6)- 焦儿茶酸 (-)-pyrocatechuic acid-(4→6)-pyrocatechuic acid
L- 焦谷氨酸 L-pyroglutamic acid
焦谷氨酸 pyroglutamic acid
L- 焦谷氨酸甲酯 methyl L-pyroglutamate
焦谷氨酸甲酯 methyl pyroglutamate
焦谷氨酸乙酯 pyroglutamic acid ethyl ester; ethyl pyroglutamate
焦谷氨酸异丁酯 isobutyl pyroglutamate
焦谷氨酸正丁酯 *n*-butyl pyroglutamate
焦金鸡纳酸 pyrocincholic acid
焦金鸡纳酸 -3β-*O*-α-L- 吡喃鼠李糖苷 pyrocincholic acid-3β-*O*-α-L-rhamnopyranoside
焦金鸡纳酸 -3β-*O*-α-L- 吡喃鼠李糖基 -(28→1)-β-D- 吡喃葡萄糖基酯 pyrocincholic acid-3β-*O*-α-L-rhamnopyranosyl-(28→1)-β-D-glucopyranosyl ester
焦金鸡纳酸 -3β-*O*-α-L- 吡喃鼠李糖基 -28-*O*-β-D- 吡喃葡萄糖基 -(1→6)-β-D- 吡喃葡萄糖基酯 pyrocincholic acid-3β-*O*-α-L-rhamnopyranosy1-28-*O*-β-D-glucopyranosyl-(1→6)-β-D-glucopyranosyl ester
焦金鸡纳酸 -3β-*O*-α-L- 吡喃鼠李糖基 -28-*O*-β-D- 吡喃葡萄糖基酯 pyrocincholic acid-3β-*O*-α-L-rhamnopyranosy1-28-*O*-β-D-glucopyranosyl ester
焦金鸡纳酸 -3β-*O*-β-D- 吡喃鸡纳糖氧基 -28-*O*-β-D- 吡喃葡萄糖苷 pyrocincholic acid-3β-*O*-β-D-quinovopyranosyl-28-*O*-β-D-glucopyranoside
焦金鸡纳酸 -3β-*O*-β-D- 吡喃葡萄糖基 -(1→2)-β-D- 吡喃葡萄糖基 -(28→1)-β-D- 吡喃葡萄糖基 -(1→6)-β-D- 吡喃葡萄糖基酯 pyrocincholic acid-3β-*O*-β-D-glucopyranosyl-(1→2)-β-D-glucopyranosyl-(28→1)-β-D-glucopyranosyl-(1→6)-β-D-glucopyranosyl ester
焦金鸡纳酸 -3β-*O*-β-D- 吡喃葡萄糖基 -(1→2)-β-D- 吡喃岩藻糖基 -(28→1)-β-D- 吡喃葡萄糖基 -(1→6)-β-D- 吡喃葡萄糖基酯 pyrocincholic acid-3β-*O*-β-D-glucopyranosyl-(1→2)-β-D-fucopyranosyl-(28→1)-β-D-glucopyranosyl-(1→6)-β-D-glucopyranosyl ester
焦金鸡纳酸乙酯 pyrocincholic acid ethyl ester
焦袂康酸 pyromeconic acid
焦袂康酸 -3-*O*-[6'-*O*-(4- 羟基苯甲酰基)]-β-D- 吡喃葡萄糖苷 pyromeconic acid-3-*O*-[6'-*O*-(4-hydroxylbenzoyl)]-β-D-glucopyranoside
焦没食子酸 pyrogallic acid
焦粘酸 pyromucic acid
焦曲霉囊胞素▲ F austocystin F
焦脱镁叶绿素 a pyropheophytin a
焦脱镁叶绿酸 a 甲酯 methyl pyrophaeophorbide a
焦脱镁叶绿酸 a 乙酯 ethyl pyrophaeophorbide a
焦展花乌头碱 pyrochasmaconitine
ι- 角叉菜胶 ι-carrageenan
κ- 角叉菜胶 κ-carrageenan
角叉菜胶 carrageenan
角果木辛▲ A~J, L~U tagalsin A~J, L~U
角蒿醇▲ incarvilleaol
角蒿二酮▲ incarviditone
角蒿芬碱▲ A~F incarvine A~F
角蒿芬碱▲ A-*N*- 氧化物 incarvine A-*N*-oxide
角蒿苷▲ A~D incarvilloside A~D
角蒿碱 incarvilline

J

角蒿隆酮▲A incarvilone A
角蒿醛▲ incarvillaldehyde
角蒿酸▲ incarvillic acid
(-)- 角蒿萜▲A (-)-incarvoid A
(+)- 角蒿萜▲B (+)-incarvoid B
角蒿萜▲C incarvoid C
角蒿萜酮▲A incarviatone A
(-)- 角蒿酮▲ (-)-incarvilleatone
(+)- 角蒿酮▲ (+)-incarvilleatone
角蒿辛▲A, A', B, B', C, C' incasine A, A', B, B', C, C'
角蒿酯碱▲ incarvillateine
角蒿酯碱▲C, D, E incarvillateine C, D, E
角蒿酯碱▲-*N*- 氧化物 incarvillateine-*N*-oxide
(*E*,*Z*)- 角胡麻苷 (*E*,*Z*)-martynoside
角胡麻苷 martynoside
角胡麻异苷▲ martinoside
角茴香碱 hypecorine
角茴香酮碱 hypecorinine
角堇苷▲ violutoside
角鲨烯 squalene
绞股蓝达玛苷▲A~D, L, LI damulin A~D, L, LI
绞股蓝二糖苷 A, B gypenbioside A, B
绞股蓝番诺苷▲ phanoside
绞股蓝苷 gypenoside I, II, III, IV, V, VN_1~VN_7, VI, VII, VIII, IX, X, XI, XIII, XIV, XV, XVI, XVII, XVIII, XIX, XX, XXI, XXII, XXIII, XXIV, XXV, XXVI, XXVII, XXVIII, XXIX, XXX, XXXI, XXXII, XXXIII, XXXIV, XXXV, XXXVI, XXXVII, XXXVIII, XXXIX, XL, XLI, XLII, XLIII, XLIV, XLV, XLV_4-Ed, XLVI, XLVII, XLVIII, XLIX, L, LI, LIII, LIV, LV, LVI, LVII, LVIII, LIX, LX, LXI, LXII, LXIII, LXIV, LXV, LXVI, LXVII, LXVIII, LXIX, LXX, LXXI, LXXII, LXXIII, LXXIV, LXXV, LXXVI, LXXVII, LXXVIII, LXXIX, GC_1~GC_7, GD_1~GD_5, M, η, ιβ
绞股蓝苷元 II gynogenin II
绞股蓝莫苷▲A~E gynostemoside A~E
绞股蓝诺苷▲A~E gynoside A~E
绞股蓝皂苷 gynosaponin I, II, III, IV, O, TN-1, TN-2, TR_1, V, VI
绞股蓝皂苷元 A~L gypensapogenin A~L
酵母氨酸 saccharopine
酵母甾醇 zymosterol
藠头皂苷 I, II, III, IV, V chinenoside I, II, III, IV, V
接骨木醇▲A, B sambucunol A, B
接骨木灵▲A sambuculin A
节果决明苷 nodososide
节果决明素▲ nodosin
杰拉尔顿三叶草酚▲ geraldol
桔梗醇苷▲ grandoside
桔梗苷▲C, E, G_1 platycodoside C, E, G_1
桔梗苷酸 A platyconic acid A
桔梗苷酸 A 内酯 platyconic acid A lactone
桔梗色素 platyconin
桔梗酸 A, B, C platycogenic acid A, B, C
桔梗糖苷 platycoside A~F, G_1, G_2, G_3, H~L, M_1, M_2, M_3
桔梗皂苷 A, C, D, D_2, D_3, V platycodin A, C, D, D_2, D_3, V
桔梗皂苷元 platycodigenin
洁小菇醌酸▲ puraquinonic acid
结香苷 A, B, C edgeworoside A, B, C
结香灵▲A~D edgechrin A~D
结香素▲ edgeworthin
结香酸 edgeworic acid
结香沃灵▲ edgeworin
结香甾苷 chrysanthoside
睫毛向日葵酸 ciliaric acid
截尾海兔素▲ dolabellin
截尾海兔抑素▲12, 16, 3, G dolastatin 12, 16, 3, G
解毒萝藦苷▲ antoside
解乌头尼酸▲ itaconic acid
解乌头尼酸▲-4- 甲酯 itaconic acid-4-methyl ester
芥子醇 sinapic alcohol; sinapyl alcohol
芥子醇 -1,3'- 二 -*O*-*β*-D- 吡喃葡萄糖苷 sinapyl alcohol-1,3'-di-*O*-*β*-D-glucopyranoside
芥子醇 -9-*O*-*β*-*O*- 吡喃葡萄糖苷 sinapyl-9-*O*-*β*-*O*-glucopyranoside
芥子醇二当归酸酯 sinapyl diangelate
芥子苷 sinigrin
芥子碱碘化物 sinapine iodide
芥子碱硫酸氢盐 sinapine bisulfate
芥子醛 sinapaldehyde; sinapic aldehyde; sinapyl aldehyde
芥子醛 -4-*O*-*β*-D- 吡喃葡萄糖苷 sinapylaldehyde-4-*O*-*β*-D-glucopyranoside
(*E*)- 芥子醛 -*O*-*β*-D- 吡喃葡萄糖苷 (*E*)-sinapaldehyde-*O*-*β*-D-glucopyranoside
芥子醛吡喃葡萄糖苷 sinapaldehyde glucopyranoside
芥子醛葡萄糖苷 sinapaldehyde glucoside
芥子酸 sinapic acid; sinapinic acid
芥子酸 -4-*O*-*β*-D-(6'- 芥子酰基) 吡喃葡萄糖苷 sinapic acid-4-*O*-*β*-D-(6'-sinapoyl)glucopyranoside
芥子酸 -4-*O*-*β*-D- 吡喃葡萄糖苷 sinapyl acid-4-*O*-*β*-D-glucopyranoside
(*E*)- 芥子酸甲酯 (*E*)-sinapic acid methyl ester
芥子酸甲酯 sinapic acid methyl ester
芥子酸十六酯 hexadecyl sinapate
芥子酸乙酯 sinapic acid ethyl ester
1- 芥子酰吡喃葡萄糖苷 1-sinapoylglucopyranoside
S- 芥子酰谷胱甘肽 *S*-sinapylglutathione
6-*β*-*O*- 芥子酰鸡矢藤次苷甲酯 6-*β*-*O*-sinapoylscandoside methyl ester
6-*O*-[*E*]- 芥子酰基 -(*α*,*β*)-D- 吡喃葡萄糖苷 6-*O*-[*E*]-sinapoyl-(*α*,*β*)-D-glucopyranoside
β-D-(3-*O*- 芥子酰基)- 呋喃果糖基 -*α*-D-(6-*O*- 芥子酰基)- 吡喃葡萄糖苷 *β*-D-(3-*O*-sinapoyl)-fructofuranosyl-*α*-D-(6-*O*-sinapoyl)-glucopyranoside
芥子酰基 -4-*O*-*β*-D- 吡喃葡萄糖苷 sinapoyl-4-*O*-*β*-D-glucopyranoside
4-*O*- 芥子酰基 -5-*O*- 咖啡酰奎宁酸 4-*O*-sinapoyl-5-*O*-caffeoylquinic acid
1'-*O*- 芥子酰基 -6'-*O*- 没食子酰基 -*β*-D- 吡喃葡萄糖 1'-*O*-sinapoyl-6'-*O*-galloyl-*β*-D-glucopyranose
3'- 芥子酰基 -6- 阿魏酰蔗糖 3'-sinapoyl-6-feruloylsucrose
3'- 芥子酰基 -6- 苯甲酰蔗糖 3'-sinapoyl-6-benzoylsucrose
6-*O*-[*E*]- 芥子酰基 -D- 吡喃葡萄糖苷 6-*O*-[*E*]-sinapoyl-D-glucopyranoside
S- 芥子酰基 -L- 半胱氨酸 *S*-sinapyl-L-cysteine
芥子酰基 -*β*-D- 半乳糖基 -6-*C*- 阿拉伯糖芹菜素 sinapoyl-*β*-D-galactosyl-6-*C*-arabinosylapigenin
1- 芥子酰基 -*β*-D- 吡喃葡萄糖苷 1-sinapoyl-*β*-D-glucopyranoside
7-*O*-(2-*O*- 芥子酰基 -*β*-D- 吡喃葡萄糖基)-6- 甲氧基香豆素 7-*O*-(2-*O*-sinapoyl-*β*-D-glucopyranosyl)-6-methoxycoumarin
7-*O*-(3-*O*- 芥子酰基 -*β*-D- 吡喃葡萄糖基)-6- 甲氧基香豆素 7-*O*-(3-*O*-sinapoyl-*β*-D-glucopyranosyl)-6-methoxycoumarin

7-*O*-(6-*O*- 芥子酰基 -*β*-D- 吡喃葡萄糖基)-6- 甲氧基香豆素 7-*O*-(6-*O*-sinapoyl-*β*-D-glucopyranosyl)-6-methoxycoumarin
1-*O*- 芥子酰基 -*β*-D- 葡萄糖 1-*O*-sinapoyl-*β*-D-glucose
6'-*O*- 芥子酰基 - 去甲基八角枫苷 6'-*O*-sinapoyl-demethylalangiside
6'-*O*- 芥子酰京尼平苷 6'-*O*-sinapoylgeniposide
5- 芥子酰奎宁酸 5-sinapoylquinic acid
6'''-*O*- 芥子酰兰香草苷 D 6'''-*O*-sinapoylincanoside D
芥子酰苹果酸 sinapoyl malic acid
芥子酰苹果酸酯 sinapoylmalate
1- 芥子酰葡萄糖 1-sinapoylglucose
1-*O*- 芥子酰葡萄糖醇 1-*O*-sinapoylglucitol
6'-*O*- 芥子酰七叶树苷 6'-*O*-sinapinoyl esculin
6'-*O*- 芥子酰去葡萄糖基波叶刚毛果苷▲ 6'-*O*-sinapoyldesglucouzarin
6'''- 芥子酰酸枣素▲ 6'''-sinapoylspinosin
6- 芥子酰酸枣素▲ 6-sinapoylspinosin
芥子酰糖芥苷 sinapoylerysimoside
6''-*O*- 芥子酰蔗糖八乙酸酯 6''-*O*-sinapoylsucrose octaacetate
6'-*O*- 芥子酰栀子诺苷▲ A 6'-*O*-sinapoyljasminoside A
6'-*O*- 芥子酰栀子诺苷▲ C 6'-*O*-sinapoyljasminoside C
芥子油苷 glucosinolate
J
金不换萘酚 chinensinaphthol
金不换萘酚甲醚 chinensinaphthol methyl ester
金钗石斛酚▲ A~E nobilin A~E
金钗石斛苷▲ A~E dendronobiloside A~E
金钗石斛碱▲ A dendronobiline A
金钗石斛素 A~N dendronobilin A~N
金钗石斛酮▲ nobilone
金疮小草苷▲ A~D decumbeside A~D
金疮小草明素▲ A~D ajudecumin A~D
金疮小草宁素▲ A, B ajugadecumbenin A, B
金疮小草素 A~H, J ajugacumbin A~H, J
金疮小草新素▲ kiransin
金疮小草甾酮 A decumbesterone A
金发藓宁▲ A, B communin A, B
金粉蕨醇▲ B, C onychiol B, C
金粉蕨苷 A onitioside A
(2*S*)- 金粉蕨林素▲ (2*S*)-onysilin
金粉蕨林素▲ onysilin
金粉蕨素 onychin
金粉蕨亭▲ onitin
金粉蕨亭▲-15-*O*-*β*-D- 吡喃葡萄糖苷 onitin-15-*O*-*β*-D-glucopyranoside
金粉蕨亭▲-2'-*O*-*β*-D- 阿洛糖苷 onitin-2'-*O*-*β*-D-alloside
金粉蕨亭▲-2'-*O*-*β*-D- 葡萄糖苷 onitin-2'-*O*-*β*-D-glucoside
金粉蕨辛 onitisin
金粉蕨辛 -2'-*O*-*β*-D- 葡萄糖苷 onitisin-2'-*O*-*β*-D-glycoside
金凤花明素▲ pulcherrimin
金凤花明素▲ A, E, F pulcherrimin A, E, F
金凤花品素▲ pulcherralpin
金佛山雪胆苷 A~K jinfushanoside A~K
金佛山雪胆素 A, B jinfushanencin A, B
金刚大定 croomionidine
金刚大碱 croomine
金刚菩提碱▲ rudrakine
金刚烷胺 amantadine
金刚纂醇▲ nerifoliol
金刚纂蛋白酶▲ S neriifolin S
金刚纂素▲ A~G euphonerin A~G
金刚纂酮▲ neriifolione
金刚纂酮烯▲ neriifolene
金刚纂烯▲ nerifoliene
金灌菊醇▲ chrysothol
金光菊酮 rudbeckianone
金果榄苷 tinoside
金合欢 -5,15- 内酯 farnes-5,15-olide
金合欢 -7(14)- 烯 -9,12- 二醇 farnes-7(14)-en-9,12-diol
(2*E*,6*E*)- 金合欢醇 (2*E*,6*E*)-farnesol
(*E*)- 金合欢醇 (*E*)-farnesol
(*E*,*E*)- 金合欢醇 (*E*,*E*)-farnesol
(*E*,*Z*)- 金合欢醇 (*E*,*Z*)-farnesol
(*Z*,*E*)- 金合欢醇 (*Z*,*E*)-farnesol
(*Z*,*Z*)- 金合欢醇 (*Z*,*Z*)-farnesol
金合欢醇 farnesol
(*E*,*E*)- 金合欢醇乙酸酯 (*E*,*E*)-farnesyl acetate
(*Z*,*E*)- 金合欢醇乙酸酯 (*Z*,*E*)-farnesyl acetate
金合欢醇乙酸酯 farnesyl acetate
金合欢苷元 B acacigenin B
2- 金合欢基 -5- 甲基苯醌 2-farnesyl-5-methylbenzoquinone
2- 金合欢基 -6- 甲基苯醌 2-farnesyl-6-methylbenzoquinone
金合欢基阿魏醇▲ A, B, C farnesiferol A, B, C
(5*Z*,9*E*)- 金合欢基丙酮 (5*Z*,9*E*)-farnesyl acetone
(*E*,*E*)- 金合欢基丙酮 (*E*,*E*)-farnesyl acetone
金合欢基丙酮 farnesyl acetone
金合欢宁▲ A~E acacinin A~E
金合欢酸 acacic acid
(2*E*,6*E*)- 金合欢酸甲酯 methyl (2*E*,6*E*)-farnesate
(2*Z*,6*E*)- 金合欢酸甲酯 methyl (2*Z*,6*E*)-farnesate
金合欢酸甲酯 acacic acid methylester
金合欢酸内酯 acacic acid lactone
金合欢萜▲ A, B acasiane A, B
(*E*)-*β*- 金合欢烯 (*E*)-*β*-farnesene
(*E*,*E*)-*α*- 金合欢烯 (*E*,*E*)-*α*-farnesene
(*E*,*Z*)-*α*- 金合欢烯 (*E*,*Z*)-*α*-farnesene
(*Z*)-*α*- 金合欢烯 (*Z*)-*α*-farnesene
(*Z*)-*β*- 金合欢烯 (*Z*)-*β*-farnesene
(*Z*,*E*)-*α*- 金合欢烯 (*Z*,*E*)-*α*-farnesene
(*Z*,*Z*)-*α*- 金合欢烯 (*Z*,*Z*)-*α*-farnesene
α- 金合欢烯 *α*-farnesene
β- 金合欢烯 *β*-farnesene
金合欢烯 farnesene
(*E*)- 金合欢烯环氧化物 (*E*)-farnesene epoxide
金合欢辛素▲ farnisin
7- 金合欢氧基香豆素 7-farnesyloxycoumarin
金花忍冬素 chrysathain
金黄糙苏苷▲ phlomuroside
(-)- 金黄菌寄生素▲ (-)-ternatin
金鸡菊苷 coreopsin
金鸡纳胺▲ cinchonamine
金鸡纳胺酮 cinchonaminone
金鸡纳定 cinchonidine
金鸡纳定酮 cinchonidinone
金鸡纳毒素 cinchotoxine
金鸡纳碱▲ cinchonine
金鸡纳宁▲ A~G cinchonanine A~G
金鸡纳树宁碱 A, B cincholenine A, B
金鸡纳素 cinchonain Ia, Ib, Ib, Ic, Id, IIa, IIb, A-2, B-2, B-5, C-1
金鸡纳酸 -28-*O*-*β*-D- 吡喃葡萄糖基酯 cincholic acid-28-*O*-*β*-D-

glucopyranosyl ester
金鸡纳酸 -3-*O*-*β*-D- 吡喃葡萄糖苷 cincholic acid-3-*O*-*β*-D-glucopyranoside
金鸡纳酸 -3-*O*-*β*-D- 吡喃葡萄糖苷 -28-*O*-*β*-D- 吡喃葡萄糖基酯 cincholic acid-3-*O*-*β*-D-glucopyranoside-28-*O*-*β*-D-glucopyranosyl ester
金鸡纳酸 -3*β*-*O*-*β*-D- 吡喃葡萄糖苷 -27-*O*-*β*-D- 吡喃葡萄糖基酯 cincholic acid-3*β*-*O*-*β*-D-glucopyranoside-27-*O*-*β*-D-glucopyranosyl ester
金鸡纳糖苷 C cinchonaglycoside C
金鸡纳酮▲ cinchoninone
金鸡纳西醇 cinchonicinol
金鸡纳叶胺▲ cinchophyllamine
3*α*,17*β*- 金鸡纳叶碱▲ 3*α*,17*β*-cinchophylline
3*β*,17*α*- 金鸡纳叶碱▲ 3*β*,17*α*-cinchophylline
金鸡纳叶碱▲ cinchophylline
金剑草素▲ A, B rubialatin A, B
金锦香酸 osbeckic acid
金橘苷▲ fortunellin
金连木黄酮 ochnaflavone
金连木黄酮 -4'-*O*- 甲醚 ochnaflavone-4'-*O*-methylether
金连木黄酮 -7''-*O*-*β*-D- 吡喃葡萄糖苷 ochnaflavone-7''-*O*-*β*-D-glucopyranoside
金连木黄酮 -7-*O*-*β*-D- 吡喃葡萄糖苷 ochnaflavone-7-*O*-*β*-D-glucopyranoside
金莲花苷 trollioside
金莲花黄素 trollixanthin
金莲花碱▲ trolline
金莲花色酚▲ A trolliusol A
金莲花新苷▲ I, II trollisin I, II
金莲酸 globeflowery acid
金毛耳草蒽醌 hydyotanthraquinone
金毛耳草碱 chrysotricine
金毛狗甘油▲ cibotiglycerol
金毛狗苷▲ A, B, D~I cibotiumbaroside A, B, D~I
金毛狗诺苷▲ cibotinoside
金纽扣酰胺 spilanthol
金钱松苷 A, B, C pseudolaroside A, B, C
金钱松内酯 A~F, H~L, O~S pseudolarolide A~F, H~L, O~S
金钱松酸 A, A_2, B, B_2, B_3, C, C_1, C_2, D~H pseudolaric acid A, A_2, B, B_2, B_3, C, C_1, C_2, D~H
金钱松酸 A_2 甲酯 methyl pseudolarate A_2
金钱松酸 A-*O*-*β*-D- 吡喃葡萄糖苷 pseudolaric acid A-*O*-*β*-D-glucopyranoside
金钱松酸 A 甲酯 methyl pseudolarate A
金钱松酸 B-*O*-*β*-D- 吡喃葡萄糖苷 pseudolaric acid B-*O*-*β*-D-glucopyranoside
金钱松酸 B 甲酯 methyl pseudolarate B
金钱松酸 C_2-*O*-*β*-D- 吡喃葡萄糖苷 pseudolaric acid C_2-*O*-*β*-D-glucopyranoside
金钱松酸 C-*O*-*β*-D- 吡喃葡萄糖苷 pseudolaric acid C-*O*-*β*-D-glucopyranoside
金钱松酮醇 A, B amaronol A, B
金枪鱼黄素▲ tunaxanthin
金荞麦苷▲ A diboside A
金荞麦素▲ shakurichin
金雀儿苷 cytisoside
(-)- 金雀儿碱 (-)-cytisine
金雀儿碱 cytisine
(-)-5*α*-(12- 金雀儿碱基甲基)-6*α*- 羟基羽扇豆碱 (-)-5*α*-(12-cytisinylmethyl)-6*α*-hydroxylupanine
(-)-12- 金雀儿碱乙酸 (-)-12-cytisineacetic acid
金雀花素 scoparin
金雀花素 -2''-*O*- 木糖苷 scoparin-2''-*O*-xyloside
金雀花素 -2''-*O*- 葡萄糖苷 scoparin-2''-*O*-glucoside
金沙翠雀花辛 majusine
金山五味子环酸▲ schiglaucyclozic acid
金山五味子素▲ A, B schiglaucin A, B
金山五味子酸▲ schiglauzic acid
金山五味子酮▲ A schiglautone A
金山五味子辛▲ A~O schiglausin A~O
金圣草酚 chrysoeriol
金圣草酚 -(6''-*O*- 乙酰基)-4'-*β*-D- 葡萄糖苷 chrysoeriol-(6''-*O*-acetyl)-4'-*β*-D-glucoside
金圣草酚 -4'-*O*-*β*-D- 吡喃葡萄糖苷 chrysoeriol-4'-*O*-*β*-D-glucopyranoside
金圣草酚 -4'-*O*- 吡喃葡萄糖苷 chrysoeriol-4'-*O*-glucopyranoside
金圣草酚 -4'-*O*- 葡萄糖苷 chrysoeriol-4'-*O*-glucoside
金圣草酚 -6-*C*-*β*- 吡喃波依文糖苷 chrysoeriol-6-*C*-*β*-boivinopyranoside
金圣草酚 -6-*C*-*β*- 吡喃波依文糖基 -7-*O*-*β*- 葡萄糖苷 chrysoeriol-6-*C*-*β*-boivinopyranosyl-7-*O*-*β*-glucopyranoside
金圣草酚 -7-*O*-(2''-*O*-*β*-D- 吡喃甘露糖基)-*β*-D- 吡喃阿洛糖苷 chrysoeriol-7-*O*-(2''-*O*-*β*-D-mannopyranosyl)-*β*-D-allopyranoside
金圣草酚 -7-*O*-(2''-*O*-*β*-D- 吡喃葡萄糖基 -6'''-*O*- 乙酰基 -*β*-D- 吡喃葡萄糖苷) chrysoeriol-7-*O*-(2''-*O*-*β*-D-glucopyranosyl-6'''-*O*-acetyl-*β*-D-glucopyranoside)
金圣草酚 -7-*O*-(6''-*O*- 对香豆酰基)-*β*-*D*- 吡喃葡萄糖苷 chrysoeriol-7-*O*-(6''-*O*-p-coumaroyl)-*β*-D-glucopyranoside
金圣草酚 -7-*O*-(6-*O*-*α*-L- 呋喃阿拉伯糖基)-*β*-D- 吡喃葡萄糖苷 chrysocriol-7-*O*-(6-*O*-*α*-L-arabinofuranosyl)-*β*-D-glucopyranoside
金圣草酚 -7-*O*-[2''-*O*-(5'''-*O*- 阿魏酰基)-*β*-D- 呋喃芹糖基]-*β*-D- 吡喃葡萄糖苷 chrysoeriol-7-*O*-[2''-*O*-(5'''-*O*-feruloyl)-*β*-D-apiofuranosyl]-*β*-D-glucopyranoside
金圣草酚 -7-*O*-[2''-*O*-(5'''-*O*- 咖啡酰基)-*β*-D- 呋喃芹糖基]-*β*-D- 吡喃葡萄糖苷 chrysoeriol-7-*O*-[2''-*O*-(5'''-*O*-caffeoyl)-*β*-D-apiofuranosyl]-*β*-D-glucopyranoside
金圣草酚 -7-*O*-[2'-*O*- 阿魏酰基 -*β*-*D*- 吡喃葡萄糖醛酸基 -(1 → 2)-*O*-*β*-D- 吡喃葡萄糖醛酸苷] chrysoeriol-7-*O*-[2'-*O*-feruloyl-*β*-D-glucuronopyranosyl-(1 → 2)-*O*-*β*-D-glucuronopyranoside]
金圣草酚 -7-*O*-{2'-*O*- 阿魏酰基 -[*β*-D- 吡喃葡萄糖醛酸基 -(1 → 3)]-*O*-*β*-D- 吡喃葡萄糖醛酸基 -(1 → 2)-*O*-*β*-D- 吡喃葡萄糖醛酸苷 } chrysoeriol-7-*O*-{2'-*O*-feruloyl-[*β*-D-glucuronopyranosyl-(1 → 3)]-*O*-*β*-D-glucuronopyranosyl-(1 → 2)-*O*-*β*-D-glucuronopyranoside}
金圣草酚 -7-*O*-*α*-L- 吡喃鼠李糖基 -(1 → 2)-*β*-D- 吡喃葡萄糖苷 chrysoeriol-7-*O*-*α*-L-rhamnopyranosyl-(1 → 2)-*β*-D-glucopyranoside
金圣草酚 -7-*O*-*β*-D- 吡喃葡萄糖苷 chrysoeriol-7-*O*-*β*-D-glucopyranoside
金圣草酚 -7-*O*-*β*-D- 吡喃葡萄糖醛酸苷 chrysoeriol-7-*O*-*β*-D-glucuronopyranoside
金圣草酚 -7-*O*-*β*-D- 吡喃葡萄糖醛酸苷 -6''- 乙酸酯 chrysoeriol-7-*O*-*β*-D-glucuronopyranoside-6''-acetate
金圣草酚 -7-*O*-*β*-*D*- 吡喃葡萄糖醛酸基 -4'-*O*-*β*-*D*- 吡喃葡萄糖醛酸苷 chrysoeriol-7-*O*-*β*-D-glucuronopyranosyl-4'-*O*-*β*-D-glucuronopyranoside
金圣草酚 -7-*O*-*β*-D- 葡萄糖苷 chrysoeriol-7-*O*-*β*-D-glucoside
金圣草酚 -7-*O*-*β*-D- 葡萄糖醛酸苷 chrysoeriol-7-*O*-*β*-D-glucuronide

金圣草酚 -7-*O*-*β*-D- 新橙皮糖苷 chrysoeriol-7-*O*-*β*-D-neohesperidoside
金圣草酚 -7-*O*-*β*- 吡喃葡萄糖苷 chrysoeriol-7-*O*-*β*-glucopyranoside
金圣草酚 -7-*O*- 吡喃葡萄糖苷 chrysoeriol-7-*O*-glucopyranoside
金圣草酚 -7-*O*- 葡萄糖苷 chrysoeriol-7-*O*-glucoside
金圣草酚 -7-*O*- 葡萄糖醛酸苷 chrysoeriol-7-*O*-glucuronide
金圣草酚 -7-*O*- 新橙皮糖苷 chrysoeriol-7-*O*-neohesperidoside
金圣草酚 -7-*O*- 芸香糖苷 chrysoeriol-7-*O*-rutinoside
金圣草酚 -7-*β*-D- 吡喃葡萄糖苷 chrysoeriol-7-*β*-D-glucopyranoside
金圣草酚 -7- 槐糖苷 chrysoeriol-7-sophoroside
金圣草酚 -7- 葡糖糖苷 chrysoeriol-7-glucoside
金圣草酚 -7- 葡萄糖醛酸苷 chrysoeriol-7-glucuronide
金圣草酚 -7- 芸香糖苷 chrysoeriol-7-rutinoside
金圣草素 -7-*O*-*β*-L- 呋喃阿拉伯糖基 -(1 → 2)-*β*-D- 呋喃芹糖苷 chrysoeriol-7-*O*-*β*-L-arabinofuranosyl-(1 → 2)-*β*-D-apiofuranoside
金圣草素 - 己糖基硫酸酯 chrysoeriol-hexosylsulfate
金圣草素 - 鼠李糖基二己糖苷 chrysoeriol-rhamnosyldihexoside
金圣草素 - 鼠李糖基己糖苷 chrysoeriol-rhamnosylhexoside
金石斛酚▲ C ephemeranthol C
金石斛醌▲ ephemeranthoquinone
金丝海棠精▲ A, B biyouyanagin A, B
金丝海棠内酯▲ A~E biyoulactone A~E
金丝海棠呫酮▲ A~D biyouxanthone A~D
金丝海棠素▲ A~D chipericumin A~D
金丝李橙酮▲ A pauciaurone A
金丝李素▲ A~G paucinervin A~G
金丝李酮素▲ A~D paucinone A~D
金丝李异黄酮▲ A pauciisoflavone A
金丝梅酚▲ paglucinol
金丝梅苷 A, B patuloside A, B
金丝梅呫酮▲ paxanthone
金丝梅呫酮宁▲ paxanthonin
金丝梅酮 patulone
金丝梅新呫酮▲ padiaxanthone
金丝刷素▲ cladonioidesin
金丝酸▲ A, B lethaclado acid A, B
金丝桃二聚呫酮▲ hyperidixanthone
6''-*O*-(对羟基苯甲酰基)- 金丝桃苷 6''-*O*-(4-hydroxybenzoyl)-hyperoside
金丝桃苷 hyperin; hyperoside
金丝桃苷 -2''-*O*- 没食子酸酯 hyperin-2''-*O*-gallate
金丝桃苷 -2''- 没食子酸酯 hyperin-2''-gallate
金丝桃苷 -6''- 没食子酸酯 hyperin-6''-gallate
金丝桃苷 -6''- 没食子酸酯 hyperin-6''-gallate
金丝桃螺醇▲ biyouyanagiol
金丝桃毛鱼藤酮▲ HD hyperielliptone HD
金丝桃绵马酚▲ A, B hyperaspidinol A, B
金丝桃内酯▲ A~D hyperolactone A~D
金丝桃色酮▲ A, B hyperimone A, B
金丝桃呫酮▲ hyperxanthone
金丝桃呫酮▲ A~F hyperxanthone A~F
金丝桃素 hypericin
金丝桃萜素▲ I, II chinesin I, II
金丝桃酮▲ A, B hyperione A, B
金丝桃新呫酮▲ A chinexanthone A
金松 -4(20),7,11- 三烯 verticilla-4(20),7,11-triene
金松醇▲ verticillol; verticiol
金松素 sciadopitysin
金粟兰桉内酯▲ chloraeudolide
金粟兰倍半萜▲ A~E chlospicate A~E
金粟兰冷杉醇▲ A, B, C chlorabietol A, B, C
金粟兰内酯 A~E, G chloranthalactone A~E, G
金粟兰内酯 E-8-*O*-*β*-D- 吡喃葡萄糖苷 chloranthalactone *E*-8-*O*-*β*-D-glucopyranoside
金粟兰诺苷▲ A chloranoside A
金粟兰素▲ A~J spicachlorantin A~J
金粟兰酸▲ chloranthalic acid
金粟兰酮▲ chloranthatone
金粟兰烯 A~G chlorantene A~G
金粟兰香豆素▲ chloracoumarin
金酸 auric acid
金铁锁环素▲ A~G tunicyclin A~G
金铁锁碱▲ A~G tunicoidine A~G
金铁锁素▲ A, B psammosilenin A, B
金挖耳芬 A~D cardivin A~D
金挖耳素▲ A, B, C divaricin A, B, C
(-)- 金纹染料木碱 (-)-lusitanine
金线吊乌龟胺▲ cepharamine
金线吊乌龟二酮碱 A, B cepharadione A, B
(+)- 金线吊乌龟碱▲ (+)-cepharanthine
金线吊乌龟碱▲ cepharanthine
金线吊乌龟碱▲ -2*α*-*N*- 氧化物 cepharanthine-2*α*-*N*-oxide
金线吊乌龟碱▲ -2'*α*-*N*- 氧化物 cepharanthine-2'*α*-*N*-oxide
金线吊乌龟碱▲ -2*β*-*N*- 氧化物 cepharanthine-2*β*-*N*-oxide
金线吊乌龟碱▲ -2'*β*-*N*- 氧化物 cepharanthine-2'*β*-*N*-oxide
金线吊乌龟卡辛碱▲ cephakicine
金线吊乌龟吗啡宁碱▲ cephamorphinanine
金线吊乌龟莫宁碱▲ cephamonine
金线吊乌龟木林碱▲ cephamuline
金线吊乌龟诺林碱▲ cepharanoline
金线吊乌龟萨胺▲ cephasamine
金线吊乌龟苏精▲ cephasugine
金线吊乌龟亭碱▲ A~D cepharatine A~D
金线吊乌龟酮碱 A~D cepharanone A~D
金线吊乌龟酮碱 A-*N*-*β*-D- 吡喃葡萄糖苷 cepharanone A-*N*-*β*-D-glucopyranoside
金线吊乌龟酮宁碱▲ cephatonine
金线吊乌龟酮宁碱▲ -2-*O*-*β*-D- 吡喃葡萄糖苷 cephatonine-2-*O*-*β*-D-glucopyranoside
金线莲苷▲ kinsenoside
金阳乌头碱▲ jynosine
金腰酚 B, D chrysosplenol B, D
金腰苷 D chrysosplenoside D
金腰箭苷 A nodifloside A
金腰素 chrysosplenetin
金腰素 B chrysosplenetin B
金叶子毒素 I, II, III, IV, V, VI, VII, VIII, IX craibiotoxin I, II, III, IV, V, VI, VII, VIII, IX
金叶子苷 A, B craiobioside A, B
金叶子素▲ A craibiodendronin A
金翼黄芪苷 A astrachrysoside A
(-)- 金罂粟碱 (-)-stylopine
金罂粟碱 stylopine
(-)- 金罂粟碱 -*α*- 甲羟化物 (-)-stylopine-*α*-methohydroxide
金罂粟碱 *α*- 羟甲基化物 stylopine *α*-hydroxymethylate
(-)- 金罂粟碱 -*β*- 甲羟化物 (-)-stylopine *β*-methohydroxide
金罂粟碱甲基氯化物 stylopine methochloride
(-)-*α*- 金罂粟碱甲羟化物 (-)-*α*-stylopine methohydroxide

(-)-β- 金罂粟碱甲羟化物 (-)-β-stylopine methohydroxide
金罂粟碱羟甲基化物 stylopine hydroxymethylate
金樱子素 A~G laevigatin A~G
金樱子皂苷 A laevigatanoside A
金樱子脂素▲ A, B rosalaevin A, B
金鱼草苷 aureusin
金鱼草诺苷▲ antirrhinoside
金鱼草素 aureusidin
金鱼草素 -3-O- 葡萄糖苷 aureusidin-3-O-glucoside
金鱼草素 -4-O-β-D- 吡喃葡萄糖苷 aureusidin-4-O-β-D-glucopyranoside
金鱼草素 -6-O- 葡萄糖苷 aureusidin-6-O-glucoside
金鱼草萜苷▲ antirrhide
金鱼花宾碱▲ B minalobine B
金盏花二醇 calenduladiol
金盏花二醇 -3-O- 肉豆蔻酸酯 calenduladiol-3-O-myristate
金盏花二醇 -3-O- 月桂酸酯 calenduladiol-3-O-laurate
金盏花二醇 -3-O- 棕榈酸酯 calenduladiol-3-O-palmitate
金盏花苷 A~H calenduloside A~H
金盏花苷 E-6'- 甲酯 calenduloside E-6'-methyl ester
金盏花苷 E 甲酯 calenduloside E methyl ester
金盏花苷 F-6'-O- 正丁酯 calenduloside F-6'-O-n-butyl ester
金盏花苷 F 乙酸单甲基酯 calenduloside F acetate monomethyl ester
金盏花苷 G-6'-O- 甲酯 calenduloside G-6'-O-methyl ester
金盏花黄酮二苷 calendoflavobioside
金盏花黄酮苷 calendoflaside
金盏花诺苷▲ A~D officinoside A~D
金盏花素 calendin
金盏花糖苷▲ A, B, C calendulaglycoside A, B, C
金盏花糖苷 A-6'-O- 甲酯 calendulaglycoside A-6'-O-methyl ester
金盏花糖苷 A-6'-O- 正丁酯 calendulaglycoside A-6'-O-n-butyl ester
金盏花糖苷 B-6'-O- 正丁酯 calendulaglycoside B-6'-O-n-butyl ester
金盏花糖苷 C-6'-O- 甲酯 calendulaglycoside C-6'-O-methyl ester
金盏花糖苷 C-6'-O- 正丁酯 calendulaglycoside C-6'-O-n-butyl ester
金盏花萜二醇▲ coflodiol
金盏花皂醇苷▲ A~D, F saponoside A~D, F
金盏花皂苷▲ A~D calendasaponin A~D
金盏菊黄酮苷 calendoflavoside
金针菇定▲ A~D enokipodin A~D
金针菇毒素 flammutoxin
金针菇灵▲ velin
金针菇明▲ flammin
金针菇素▲ flammulin
金紫堇定▲ capauridine
(-)- 金紫堇碱▲ (-)-capaurine
l- 金紫堇碱▲ l-capaurine
金紫堇碱▲ capaurine
金紫堇碱▲甲醚 capaurine methyl ether
金紫堇明碱▲ capaurimine
金足草醇▲ goldfussinol
金足草素▲ A, B goldfussin A, B
筋骨草醇 ajugol
筋骨草酚烷▲ ajuganane
筋骨草苷 ajugoside
筋骨草灵▲ I, II ajugarin I, II
筋骨草马灵▲ ajugamarin
筋骨草马灵▲ A_1, A_2, B_1, B_2, B_3, C_1, D_1, F_4, G_1, H_1, L_2 ajugamarin A_1, A_2, B_1, B_2, B_3, C_1, D_1, F_4, G_1, H_1, L_2
筋骨草马灵▲ A_1 氯化物 ajugamarin A_1 chlorhydrin
筋骨草马灵▲氯化物 ajugamarin chlorohydrin
筋骨草马灵▲氯化物 A, A_1, A_2 ajugamarin chlorohydrin A, A_1, A_2
筋骨草内酯 ajugalactone
筋骨草素▲ A~J ajugaciliatin A~J
筋骨草缩醛甾酮 A, B ajugacetalsterone A, B
筋骨草塔卡素▲ A, B ajugatakasin A, B
筋骨草糖 ajugose
筋骨草新苷▲ A ajugaside A
筋骨草新内酯▲ B, C, D ajugalide B, C, D
11α- 筋骨草甾酮 11α-ajugasterone
5β- 筋骨草甾酮 5β-ajugasterone
筋骨草甾酮 A~D ajugasterone A~D
筋骨草甾酮 C-2,3;20,22- 双丙酮化物 ajugasterone C-2,3;20,22-diacetonide
筋骨草甾酮 C-20,22- 丙酮化物 ajugasterone C-20,22-acetonide
筋骨草甾酮 C-20,22- 单丙酮化物 ajugasterone C-20,22-monoacetonide
筋骨草甾酮 C 单丙酮化物 ajugasterone C monoacetonide
堇菜苷 violutin; violutoside
堇菜宁▲ violanin
堇菜辛▲ A violacin A
堇菜甾醇▲ A violasterol A
(13Z)- 堇黄质 (13Z)-violaxanthin
(9Z)- 堇黄质 (9Z)-violaxanthin
9Z,13Z- 堇黄质 9Z,13Z-violaxanthin
9Z,13'Z- 堇黄质 9Z,13'Z-violaxanthin
9Z,15Z- 堇黄质 9Z,15Z-violaxanthin
9Z,9'Z- 堇黄质 9Z,9'Z-violaxanthin
堇黄质 violaxanthin
(3S,5R,8R)- 堇金黄素▲ (3S,5R,8R)-auroxanthin
堇金黄质▲ auroxanthin
堇紫黄檀酮▲ violanone
锦鸡儿苯酚▲ A caraganaphenol A
锦鸡儿橙酮▲ carasinaurone
锦鸡儿酚▲ A, B, C caraphenol A, B, C
锦鸡儿苷 A~D caraganoside A~D
锦鸡儿宁▲ A, B caragasinin A, B
锦鸡儿素 A, B caraganin A, B
锦鸡儿西酚▲ A~D carasinol A~D
锦鸡儿新酚▲ A~D carasiphenol A~D
锦葵素 malvidin
锦葵素 -3-(6''-O- 顺式 - 对香豆酰基)-β-D- 葡萄糖苷 malvidin-3-(6''-O-cis-p-coumaroyl)-β-D-glucoside
锦葵素 -3-(咖啡酰芸香糖苷)-5- 葡萄糖苷 malvidin-3-(caffeoyl-rutinoside)-5-glucoside
锦葵素 -3-(香豆酰芸香糖苷)-5- 葡萄糖糖苷 malvidin-3-(coumaroyl-rutinoside)-5-glucoside
锦葵素 -3,5-O- 二葡萄糖苷 malvidin-3,5-O-diglucoside
锦葵素 -3,5- 二 -O-β-D- 吡喃葡萄糖苷 malvidin-3,5-di-O-β-D-glucopyranoside
锦葵素 -3,5- 二 -O- 吡喃葡萄糖苷 malvidin-3,5-di-O-glucopyranoside
锦葵素 -3,5- 二吡喃葡萄糖苷 malvidin-3,5-diglucopyranoside
锦葵素 -3,5- 二葡萄糖苷 malvidin-3,5-diglucoside
锦葵素 -3-O-(4- 对反式香豆酰基 -α-L- 吡喃鼠李糖基)-(1 → 6)-O-β-D- 吡喃葡萄糖苷 -5-O-β-D- 葡萄糖苷 malvidin-3-O-(4-p-trans-coumaroyl-α-L-rhamnopyranosyl)-(1 → 6)-O-β-D-glucopyranoside-5-O-β-D-glucopyranoside
锦葵素 -3-O-(6-O- 对香豆酰)- 吡喃葡萄糖苷 malvidin-3-O-(6-O-p-

J

coumaryl)-glucopyranoside
锦葵素 -3-*O*-(6-*O*- 对香豆酰基 -3-*O*- 乙酰基)-5-*O*- 二吡喃葡萄糖苷 malvidin-3-*O*-(6-*O*-*p*-coumaryl-3-*O*-acetyl)-5-*O*-diglucopyranoside
锦葵素 -3-*O*-(6-*O*- 乙酰基)- 吡喃葡萄糖苷 -4- 乙烯基苯酚 malvidin-3-*O*-(6-*O*-acetyl)-glucopyranoside-4-vinylphenol
锦葵素 -3-*O*-[(4'''-*O*- 对香豆酰基)-*α*-L- 吡喃鼠李糖基)-(1'''→6'')-*β*-D- 吡喃葡萄糖基]-5-*O*-*β*-D- 吡喃葡萄糖苷 malvidin-3-*O*-[(4'''-*O*-*p*-coumaroyl)-*α*-L-rhamnopyranosyl)-(1'''→6'')-*β*-D-glucopyranoside]-5-*O*-*β*-D-glucopyranoside
锦葵素 -3-*O*-[6-*O*-(3- 羟基 -3- 甲基戊二基)-*β*-D- 吡喃葡萄糖苷] malvidin-3-*O*-[6-*O*-(3-hydroxy-3-methylglutaryl)-*β*-D-glucopyranoside]
锦葵素 -3-*O*-[6-*O*-(4-*O*-(4-*O*-(6-*O*-*E*- 对香豆酰基 -*β*-D- 吡喃葡萄糖基)-*E*- 对香豆酰基)-*α*- 鼠李糖基)- *β*-D- 吡喃葡萄糖苷)-5-*β*-D- 吡喃葡萄糖苷 malvidin-3-*O*-(6-*O*-(4-*O*-(4-*O*-(6-*O*-*E*-*p*-coumaroyl-*β*-D-glucopyranosyl)-*E*-*p*-coumaroyl)-*α*-rhamnosyl)-*β*-D-glucopyranoside)-5-*β*-D-glucopyranoside
锦葵素 -3-*O*-[6-*O*-(4-*O*-(4-*O*-(6-*O*- 阿魏酰基 -*β*-D- 吡喃葡萄糖基)-*E*- 对香豆酰基)-*α*-L- 鼠李糖基)-*β*-D- 吡喃葡萄糖苷)-5-*β*-D- 吡喃葡萄糖苷 malvidin-3-*O*-(6-*O*-(4-*O*-(4-*O*-(6-*O*-feruloyl-*β*-D-glucopyranosyl)-*E*-*p*-coumaroyl)-*α*-rhamnosyl)-*β*-D-glucopyranoside)-5-*β*-D-glucopyranoside
锦葵素 -3-*O*-[6-*O*-(4-*O*-(4-*O*-(6-*O*- 咖啡酰基 -*β*-D- 吡喃葡萄糖基)- 咖啡酰基)-*α*-L- 鼠李糖基)-*β*-D- 吡喃葡萄糖苷)-5-*O*-*β*-D- 吡喃葡萄糖苷 malvidin-3-*O*-(6-*O*-(4-*O*-(4-*O*-(6-*O*-caffeoyl-*β*-D-glucopyranosyl)-caffeoyl)-*α*-L-rhamnosyl)-*β*-D-glucopyranoside)-5-*O*-*β*-D-glucopyranoside
锦葵素 -3-*O*-[6-*O*-(4-*O*-(6-*O*- 咖啡酰基 -*β*-D- 吡喃葡萄糖基)- 对香豆酰基)-*α*-L- 鼠李糖基)-*β*-D- 吡喃葡萄糖苷)-5-*β*-D- 吡喃葡萄糖苷 malvidin-3-*O*-(6-*O*-(4-*O*-(4-*O*-(6-*O*-caffeoyl-*β*-D-glucopyranosyl)-*p*-coumaroyl)-*α*-L-rhamnosyl)-*β*-D-glucopyranoside)-5-*O*-*β*-D-glucopyranoside
锦葵素 -3-*O*-[6-*O*-(4-*O*-*E*- 咖啡酰基 -*α*-L- 吡喃鼠李糖基)-*β*-D- 吡喃葡萄糖苷]-5-*O*-*β*-D- 吡喃葡萄糖苷 malvidin-3-*O*-[6-*O*-(4-*O*-*E*-cafferoyl-*α*-L-rhamnopyranosyl)-*β*-D-glucopyranoside]-5-*O*-*β*-D-glucopyranoside
锦葵素 -3-*O*-[6-*O*-(4-*O*- 对香豆酰基)-*α*-L- 鼠李糖基)-*β*-D- 吡喃葡萄糖苷)-5-*β*-D- 吡喃葡萄糖苷 malvidin-3-*O*-(6-*O*-(4-*O*-*p*-coumaroyl)-*α*-L-rhamnosyl)-*β*-D-glucopyranoside)-5-*O*-*β*-D-glucopyranoside
锦葵素 -3-*O*-[6-*O*-(4-*O*- 咖啡酰基 -*α*-L- 鼠李糖基)-*β*-D- 吡喃葡萄糖苷]-5-*O*-*β*- 吡喃葡萄糖苷 malvidin-3-*O*-(6-*O*-(4-*O*-caffeoyl-*α*-L-rhamnosyl)-*β*-D-glucopyranoside)-5-*O*-*β*-D-giucopyranoside
锦葵素 -3-*O*-[6-*O*-(4-*O*- 顺式 - 对香豆酰基 -*α*-L- 吡喃鼠李糖基)-*β*-D- 吡喃葡萄糖苷]-5-*O*-*β*-D- 吡喃葡萄糖苷 malvidin-3-*O*-[6-*O*-(4-*O*-*Z*-cafferoyl-*α*-L-rhamnopyranosyl)-*β*-D-glucopyranoside]-5-*O*-*β*-D-glucopyranoside
锦葵素 -3-*O*-*α*-L- 吡喃阿拉伯糖苷 malvidin-3-*O*-*α*-L-arabinopyranoside
锦葵素 -3-*O*-*β*-D- 吡喃阿拉伯糖苷 -5-*O*-*β*-D- 吡喃葡萄糖苷 malvidin-3-*O*-*β*-D-arabinopyranoside-5-*O*-*β*-D-glucopyranoside
锦葵素 -3-*O*-*β*-D- 吡喃半乳糖苷 malvidin-3-*O*-*β*-D-galactopyranoside
锦葵素 -3-*O*-*β*-D- 吡喃葡萄糖苷 malvidin-3-*O*-*β*-D-glucopyranoside
锦葵素 -3-*O*-*β*-D- 吡喃葡萄糖苷 -4- 丙酮酸 malvidin-3-*O*-*β*-D-glucopyranoside-4-pyruvic acid
锦葵素 -3-*O*-*β*-D- 吡喃葡萄糖苷 -4- 乙醛 malvidin-3-*O*-*β*-D-glucopyranoside-4-acetaldehyde
锦葵素 -3-*O*- 阿魏酰己糖苷 -5-*O*- 己糖苷 malvidin-3-*O*-feruoyl-hexoside-5-*O*-hexoside
锦葵素 -3-*O*- 吡喃葡萄糖苷 malvidin-3-*O*-glucopyranoside
锦葵素 -3-*O*- 吡喃葡萄糖苷 -4- 乙烯基苯酚 malvidin-3-*O*-glucopyranoside-4-vinylphenol
锦葵素 -3-*O*- 单葡萄糖苷 malvidin-3-*O*-monoglucoside
锦葵素 -3-*O*- 单葡萄糖苷 - 乙醛 malvidin-3-*O*-monoglucoside-acetaldehyde
锦葵素 -3-*O*- 对香豆酰己糖苷 -5-*O*- 己糖苷 malvidin-3-*O*-*p*-coumaroyl-hexoside-5-*O*-hexoside
锦葵素 -3-*O*- 反式 - 香豆酰葡萄糖苷 -5-*O*- 葡萄糖苷 malvidin-3-*O*-*trans*-coumaroylglucoside-5-*O*-glucoside
锦葵素 -3-*O*- 咖啡酰吡喃葡萄糖基 - 对香豆酰芸香糖苷 -5- 吡喃葡萄糖苷 malvidin-3-*O*-caffeoylglucopyranosyl-*p*-coumaroylrutinoside-5-glucopyranoside
锦葵素 -3-*O*- 咖啡酰葡萄糖苷 malvidin-3-*O*-caffeoylglucoside
锦葵素 -3-*O*- 咖啡酰葡萄糖苷 -5-*O*- 葡萄糖苷 malvidin-3-*O*-caffeoylglucoside-5-*O*-glucoside
锦葵素 -3-*O*- 顺式 - 香豆酰葡萄糖苷 -5-*O*- 葡萄糖苷 malvidin-3-*O*-*cis*-coumaroylglucoside-5-*O*-glucoside
锦葵素 -3-*O*- 香豆酰葡萄糖苷 malvidin-3-*O*-coumaroylglucoside
锦葵素 -3-*O*- 乙酰吡喃葡萄糖苷 malvidin-3-*O*-acetylglucopyranoside
锦葵素 -3-*O*- 乙酰葡萄糖苷 -5-*O*- 葡萄糖苷 malvidin-3-*O*-acetylglucoside-5-*O*-glucoside
锦葵素 -3-*O*- 芸香糖苷 -(顺式 - 对香豆酰基)-5-*O*- 吡喃葡萄糖苷 malvidin-3-*O*-rutinoside-(*cis*-*p*-coumaroyl)-5-*O*-glucopyranoside
锦葵素 -3- 吡喃阿拉伯糖苷 malvidin-3-arabinopyranoside
锦葵素 -3- 吡喃葡萄糖苷 malvidin-3-glucopyranoside
锦葵素 -3- 单吡喃葡萄糖苷 malvidin-3-monoglucopyranoside
锦葵素 -3- 对香豆酰芸香糖苷 -5- 葡萄糖苷 malvidin-3-(*p*-coumaroyl)-rutinosido-5-glucoside
锦葵素 -3- 槐糖苷 -5- 单吡喃葡萄糖苷 malvidin-3-sophorosido-5-monoglucopyranoside
锦葵素 -3- 葡萄糖苷 malvidin-3-glucoside
锦葵素 -3- 芸香糖苷 malvidin-3-rutinoside
锦葵素 -3- 芸香糖苷 -5- 葡萄糖糖苷 malvidin-3-rutinoside-5-glucoside
锦葵素吡喃葡萄糖苷 malvidin glucopyranoside
锦葵素芳酰吡喃葡萄糖苷 malvidin aroylglucopyranoside
锦葵酸 malvalic acid
锦葵酸甲酯 methyl malvalate
(+)- 锦熟黄杨胺醇▲ (+)-semperviraminol
(+)- 锦熟黄杨胺定碱▲ (+)-semperviramidine
(+)- 锦熟黄杨胺酮▲ (+)-semperviraminone
(-)- 锦熟黄杨噁唑定碱▲ (-)-semperviroxazolidine
(+)- 锦熟黄杨碱 (+)-sempervirine
锦叶藓素▲ dicranolomin
堇花亭 violantin
近耳草肽▲ B_1, S kalata B_1, S
近葎草酮 adhumulone
近树苢苷▲ paradrymonoside
劲直白酒草酸▲ strictic acid
荩草素 arthraxin
茎点霉内酯 phomalactone
茎点霉素▲ phomarin
茎点霉素▲-6- 甲醚 phomarin-6-methyl ether
京大戟醛 pekinenal
京大戟素 A~F pekinenin A~F

京大戟辛▲ euphpekinensin
(+)- 京尼平 (+)-genipin
京尼平 genipin
京尼平 -1,10- 二 -*O*-*β*-D- 吡喃葡萄糖苷 genipin-1,10-di-*O*-*β*-D-glucopyranoside
京尼平 -1-*O*-*α*-D- 吡喃木糖基 -(1 → 6)-*β*-D- 吡喃葡萄糖苷 genipin-1-*O*-*α*-D-xylopyranosyl-(1 → 6)-*β*-D-glucopyranoside
京尼平 -1-*O*-*α*-L- 吡喃鼠李糖苷 -(1 → 6)-*β*-D- 吡喃葡萄糖苷 genipin-1-*O*-*α*-L-rhamnopyranosyl-(1 → 6)-*β*-D-glucopyranoside
京尼平 -1-*O*-*β*-D- 呋喃芹糖基 -(1 → 6)-*β*-D- 吡喃葡萄糖苷 genipin-1-*O*-*β*-D-apiofuranosyl-(1 → 6)-*β*-D-glucopyranoside
京尼平 -1-*O*-*β*-D- 龙胆二糖苷 genipin-1-*O*-*β*-D-gentiobioside
京尼平 -1-*O*-*β*-D- 异麦芽糖苷 genipin-1-*O*-*β*-D-isomaltoside
京尼平苷 geniposide
京尼平苷酸 geniposidic acid
京尼平龙胆二糖苷 genipin gentiobioside
荆豆酮▲ A, B ulexone A, B
荆芥定▲ nepetidin
荆芥呋喃 nepetaefurane
荆芥苷▲ nepitrin; nepetrin
荆芥酐 nepetalic anhydride
荆芥内酯 nepetalactone
荆芥内酯苷 nepetaside
荆芥素▲ nepetin
荆芥素▲ -3',4'- 二硫酸酯 nepetin-3',4'-disulfate
荆芥素▲ -7-*O*-*β*-D- 吡喃葡萄糖苷 nepetin-7-*O*-*β*-D-glucopyranoside
荆芥素▲ -7-*O*- 葡萄糖苷 nepetin-7-*O*-glucoside
荆芥素▲ -7-*O*- 葡萄糖醛酸苷 nepetin-7-*O*-glucuronide
荆芥素▲ -7- 硫酸酯 nepetin-7-sulfate
荆芥酸 nepetalic acid
荆芥酸苷 nepetariaside
荆芥替辛▲ nepeticin
荆芥酮酸甲酯 methyl nepetonate
4*αS*,7*S*,7*αR*- 荆芥酰胺 4*α*S,7*S*,7*αR*-nepetalactam
荆芥亚科素 A, B nepetoidin A, B
旌节花鞣辛▲ A praecoxin A
旌节花素 stachyurin
旌节花酸▲ stachlic acid
旌节花酸▲ A, B, C stachlic acid A, B, C
旌节花甾醇 stachsterol
旌节花甾酮 A~D stachysterone A~D
(3*S*)- 腈基冠狗牙花定 (3*S*)-cyanocoronaridine
(3*S*)- 腈基异冠狗牙花定 (3*S*)-cyanoisocoronaridine
L- 精氨酸 L-arginine
精氨酸 arginine
精氨酸双糖苷 argininyl-fructosyl-glucose
精氨酸乙酸酯 arginine acetate
精胺 spermine
鲸蜡烷 cetane
鲸蜡烯 cetylene
井栏边草苷 C multifidoside C
颈花胺 -*N*- 氧化物 trachelanthamine-*N*-oxide
颈花米定▲ trachelanthamidine
景东厚唇兰素▲ defuscin
(±)- 景天胺 (±)-sedamine
景天定 sedridine
景天苷▲ A_1, A_2, A_3, B, C, D, F_1 sedumoside A_1, A_2, A_3, B, C, D, F_1
景天庚糖 sedoheptose
景天庚酮聚糖 sedoheptulosan
(-)- 景天宁 (-)-sedinine
九华香茶菜素 A jiuhuanin A
九节菖蒲酮▲ A psycacoraone A
九节灵▲ A psyrubrin A
九节龙苷▲ I, II, III, IV, V ardipusilloside I, II, III, IV, V
九节素 psychorubrin
九节辛碱▲ psychotriasine
九节叶狗牙花碱▲ taberpsychin
九里香阿酮▲ murrayanone
九里香胺 A~F, I, J, K, M~P murrayamine A~F, I, J, K, M~P
九里香橙皮内酯▲ murrmeranzin
(*E*)- 九里香醇 (*E*)-murraol
Z- 九里香醇 *Z*-murraol
九里香醇 murraol
九里香毒素 murracetoxin
九里香二聚素▲ A murradimerin A
九里香酚▲ murrayanol
九里香碱 murrayanine
九里香咔唑醇▲ murrayazolinol
九里香咔唑碱 murrayazoline
九里香咔唑宁碱▲ murrayazolinine
(-)- 九里香卡品▲ (-)-murracarpin
(±)- 九里香卡品▲ (±)-murracarpin
九里香卡品▲ murracarpin
九里香卡任碱 murrayacarine
九里香醌▲ A~E murrayaquinone A~E
九里香林碱▲ A~D murrayaline A~D
九里香马灵▲ A, B murramarin A, B
九里香尼宾碱▲ murranimbine
九里香宁▲ murraxonin
九里香素 murragatin
九里香替辛▲ exoticin
九里香亭 murrayatin
九里香酮 murrayone
九里香香豆素▲ C murrayacoumarin C
九里香辛▲ murraxocin
九里香辛碱 murrayacine
九里香辛宁▲ murrayacinine
九里香亚卡品▲ A murrayacarpin A
九里香唑林碱▲ exozoline
九味一枝蒿宁▲ A bracteonin A
九味一枝蒿素▲ A~E ajubractin A~E
九味一枝蒿酸▲ bractic acid
九味一枝蒿亭▲ A, B bractin A, B
九味一枝蒿辛▲ A, B, C bracteosin A, B, C
九子参苷 C rubicunoside C
韭菜苷 A~U tuberoside A~U
韭菜神经酰胺 tuber-ceramide
韭莲鳞碱 zephgrabetaine
韭叶柴胡皂苷 BK_1, BK_2, BK_3 Bupleurum kunmingense saponin BK_1, BK_2, BK_3
韭子碱 A, B tuberosine A, B
酒饼簕定▲ buxifoliadine
酒饼簕定▲ A~H buxifoliadine A~H
酒饼簕黄酮▲ atalantoflavone
酒饼簕碱▲ atalafoline
酒饼簕碱▲ B atalafoline B
酒饼簕苦素 atalantin
酒饼簕内酯▲ atalantolide

J

酒花黄酚▲ xanthohumol
酒花黄酚▲ B~E, G, H, I, M xanthohumol B~E, G, H, I, M
(22*Z*,24*S*)- 酒酵母甾醇 (22*Z*,24*S*)-cerevisterol
酒酵母甾醇 cerevisterol
酒粕黄嗪▲ flazin; flazine
酒石酸 tartaric acid
酒石酸镁 magnesium tartrate
桔皮素 tangeretin
菊醇 chrysanthenol
菊二醇 chrysandiol
菊二酸 chrysanthemum dicarboxylic acid
菊苷▲ A, B dendranthemoside A, B
菊蒿醇 A, B tanacetol A, B
菊蒿明素▲ A, B chrysartemin A, B
菊蒿素 tanacetin
菊蒿萜▲ tanacetene
菊蒿酮▲ A, B vulgarone A, B
菊黄质 chrysanthemaxanthin
菊苣波苷▲ cichotyboside
菊苣二醇▲ cichoridiol
菊苣苷 cichoriin
菊苣苷 -6'- 对 - 羟基苯基乙酸酯 cichoriin-6'-*p*-hydroxyphenyl acetate
菊苣抗毒素▲ cichoralexin
菊苣内酯▲ A intybulide A
菊苣内酯 A, B, C cichoriolide A, B, C
菊苣素▲ intybin
(+)- 菊苣酸 (+)-chicoric acid
L- 菊苣酸 L-chicoric acid
菊苣酸 cichoric acid; chicoric acid
菊苣萜▲ intybusoloid
菊苣萜苷 B, C cichorioside B, C
菊苣甾醇▲ cichosterol
菊宁▲ chrysanin
菊炔烯醇▲ dendranthemenol
菊三七苷▲ gynuraoside
(-)- 菊三七酮▲ (-)-gynuraone
菊三七烯醇▲ gynurenol
菊三七酰胺▲ I, II, III, IV gynuramide I, II, III, IV
菊色素 chrysanthemin
菊酸 chrysanthemic acid
菊糖 inulin
菊酮 chrysanthenone
菊酮内酯▲ chrysanolide
菊状千里光内酯▲ chrysanthemolide
橘草醚▲ A ogarukaya A
橘霉素 citrinin
橘霉素 H_2 citrinin H_2
蒟蒻薯苷▲ taccaoside
蒟蒻薯内酯▲ A, B chantriolide A, B
榉树醇▲ keyakinol
榉树宁▲ keyakinin
榉树酮▲ zelkoserratone
巨大戟醇▲ ingol
巨大戟醇▲ -12- 乙酸酯 ingol-12-acetate
巨大戟醇▲ -3,7,8,12- 四乙酸酯 ingol-3,7,8,12-tetraacetate
巨大戟烯醇▲ ingenol
巨大戟烯醇▲ -20- 肉豆蔻酸酯 ingenol-20-myristinate
巨大戟烯醇▲ -20- 棕榈酸酯 ingenol-20-palmitate
巨大戟烯醇▲ -20- 棕榈酰酯 ingenol-3,4,5-trihydroxy-20-hexadecanoate
巨大戟烯醇▲ -3,20- 二苯甲酸酯 ingenol-3,20-dibenzoate
巨大戟烯醇▲ -3,5,20- 三乙酸酯 ingenol-3,5,20-triacetate
巨大戟烯醇▲ -3- 苯甲酸酯 ingenol-3-benzoate
巨大戟烯醇▲ -3- 当归酸酯 ingenol-3-angelate
巨大戟烯醇▲ -3- 当归酰基 -5,20- 二乙酸酯 ingenol-3-angelate-5,20-diacetate
巨大戟烯醇▲ -3- 肉豆蔻酸酯 ingenol-3-myristinate
巨大戟烯醇▲ -3- 棕榈酸酯 ingenol-3-palmitate
巨大戟烯醇▲ -5- 当归酸酯 ingenol-5-angelate
巨大戟烯醇▲ -6,7- 环氧 -3- 十四烷酸酯 ingenol-6,7-epoxy-3-tetradecanoate
巨大戟烯醇▲ -6- 十二酸酯 ingenol-6-dodecanoate
巨大戟烯醇▲ -6- 十四烷 -2,4,6,8,10- 五烯酸酯 ingenol-6-tetradeca-2,4,6,8,10-pentenoate
巨大戟烯醇▲三乙酸酯 ingenol triacetate
巨大鞘丝藻加酰胺▲ 3, 4, A~W malyngamide 3, 4, A~W
巨大鞘丝藻内酯▲ malyngolide
巨大鞘丝藻内酯▲二聚体 malyngolide dimer
巨大鞘丝藻酰胺 A~D majusculamide A~D
巨花雪胆苷▲ A, B hemsgiganoside A, B
巨楠定▲ A, B, C grandine A, B, C
巨楠碱▲ B phoebegrandine B
巨盘木碱 flindersine
巨盘木色酮▲ flidersiachromone; flindersiachromone
巨人柱碱▲ carnegine
巨乌头碱 gigactonine
苣苔香茶菜素▲ gesneroidin
具柄冬青苷 pedunculoside
具脉千金藤碱 ayuthianine
距花山姜素 A~E, G, H calcaratarin A~E, G, H
锯齿泽兰内酯 eupaserrin
聚 [氧代 -1- 羧基 -2-(3,4- 二羟基苯基) 乙烯] poly[oxy-1-carboxy-2-(3,4-dihydroxyphenyl)ethylene]
聚 -*β*- 羟基丁酸 poly-*β*-hydroxybutyric acid
α- 聚岛衣酸▲ *α*-collatilic acid
聚番茄烯 polycopene
聚果榕醇▲乙酸酯 gluanol acetate
聚果榕酸▲ racemosic acid
聚合草碱▲ symphytine
聚叶花葶乌头定▲ vaginadine
聚叶花葶乌头碱▲ vaginatine
聚叶花葶乌头灵▲ vaginaline
聚乙炔人参皂苷 Ro polyacetyleneginsenoside Ro
枸橼苷 citronin
枸橼酸钙 calcium citrate
卷柏苷 selaginoside
卷柏石松碱 selagine
卷柏素 selaginellin
卷柏素 A, B selaginellin A, B
卷柏糖 selaginose
卷柏新苷▲ A, B, C tamariscinoside A, B, C
卷柏酯 A tamariscina ester A
卷瓣兰菲素▲ cirrhopetalanthrin
卷边网褶菌素▲ involutin
卷边网褶菌酮▲ involutone
(+)- 卷翅栓翅芹醇▲ (+)-ulopterol
卷翅栓翅芹醇▲ ulopterol

卷丹皂苷 A lililancifoloside A
卷耳素▲ cerarvensin
卷耳素▲-6-*C*- 木糖 -7-*O*- 吡喃葡萄糖苷 cerarvensin-7-*O*-glucopyranoside
卷耳素▲-7-*O*- 葡萄糖苷 cerarvensin-7-*O*-glucoside
绢毛榄仁苷 sericoside
绢毛榄仁酸▲ sericic acid
绢毛向日葵素 A, B argophyllin A, B
决明芦荟素 cassialoin
决明内酯 toralactone
决明内酯 -9-*O*-*β*-D- 吡喃葡萄糖苷 toralactone-9-*O*-*β*-D-glucopyranoside
决明内酯 -9-*O*-*β*-D- 龙胆二糖苷 toralactone-9-*O*-*β*-D-gentiobioside
决明酮 torachrysone
决明酮 -8-*O*-*β*-D-(6'-*O*- 丙二酰基)- 吡喃葡萄糖苷 torachrysone-8-*O*-*β*-D-(6'-*O*-malonyl)-glucopyranoside
决明酮 -8-*O*-*β*-D-(6'-*O*- 没食子基)- 吡喃葡萄糖苷 torachrysone-8-*O*-*β*-D-(6'-*O*-galloyl)-glucopyranoside
决明酮 -8-*O*-*β*-D-(6'-*O*- 乙酰基)- 吡喃葡萄糖苷 torachrysone-8-*O*-*β*-D-(6'-*O*-acetyl)-glucopyranoside
决明酮 -8-*O*-*β*-D-[6'-*O*-(3''- 甲氧基丙二酰基)- 吡喃葡萄糖苷 torachrysone-8-*O*-*β*-D-[6'-*O*-(3''-methoxylmalonyl)]-glucopyranoside
决明酮 -8-*O*-*β*-D- 吡喃葡萄糖苷 torachrysone-8-*O*-*β*-D-glucopyranoside
决明酮 B torachrysone B
决明酮龙胆二糖苷 torachrysone gentiobioside
决明酮芹糖葡萄糖苷 torachrysone apioglucoside
决明酮四葡萄糖苷 torachrysone-tetraglucoside
决明子苷 cassiaside
倔海绵酰胺▲ dysidenamide
蕨 -14- 烯 pteron-14-ene
蕨 -14- 烯 -7*α*- 醇 pteron-14-en-7*α*-ol
蕨 -14- 烯 -7- 醇 pteron-14-en-7-ol
蕨 -3- 烯 pteron-3-ene
蕨 -7,9(11)- 二烯 pteron-7,9(11)-diene
蕨 -7- 烯 pteron-7-ene
蕨 -9(11)- 烯 pteron-9(11)-ene
蕨 -9(11)- 烯 -12- 醇 pteron-9(11)-en-12-ol
蕨 -9(11)- 烯 -12- 酮 pteron-9(11)-en-12-one
蕨苷 A~D, K, M, P, S, T, U, W, X, Z pteroside A~D, K, M, P, S, T, U, W, X, Z
3*S*- 蕨苷 D 3*S*-pteroside D
蕨麻苷 anserinoside
蕨内酰胺 pterolactam
蕨素 A~O, Q, R, S, V~Z pterosin A~O, Q, R, S, V~Z
2*R*- 蕨素 B, F, O 2*R*-pterosin B, F, O
2*S*,3*S*- 蕨素 C 2*S*,3*S*-pterosin C
2*S*,3*S*- 蕨素 C-3-*O*-*β*-L- 吡喃葡萄糖苷 2*S*,3*S*-pterosin C-3-*O*-*β*-L-glucopyranoside
3*R*- 蕨素 D 3*R*-pterosin D
3*S*- 蕨素 D 3*S*-pterosin D
2*R*,3*R*- 蕨素 L 2*R*,3*R*-pterosin L
2*R*,3*R*- 蕨素 -L-2'-*O*-*β*-D- 葡萄糖苷 2*R*,3*R*-pterosin-L-2'-*O*-*β*-D-glucoside
2*S*,3*R*- 蕨素 -L-2'-*O*-*β*-D- 葡萄糖苷 2*S*,3*R*-pterosin-L-2'-*O*-*β*-D-glucoside
2*S*- 蕨素 P 2*S*-pterosin P
蕨素 S-3-*O*-*β*-D- 葡萄糖 pterosin S-3-*O*-*β*-D-glucose
蕨素 S-*O*-*β*-D-(4'- 咖啡酰基)- 葡萄糖 pterosin S-*O*-*β*-D-(4'-caffeoyl) glucose
蕨托苷▲ A, B, C ptelatoside A, B, C
蕨甾酮 pterosterone
蕨甾酮 -3-*O*-*β*-D- 吡喃葡萄糖苷 pterosterone-3-*O*-*β*-D-glucopyranoside
蕨藻碱▲ caulerpine
蕨藻酸▲ caulerpinic acid
爵床定 A~F justicidin A~F
爵床定苷 B, C justicidinoside B, C
爵床苷 A~F, H, J procumbenoside A~F, H, J
爵床环肽 A justicianene A
爵床林素▲ A rostellulin A
爵床萘内酯▲ A procumphthalide A
爵床树脂醇▲ justiciresinol
爵床亭▲ A, B, C justin A, B, C
爵床烯▲ procumbiene
均苯三甲酸 trimesic acid
均戊胺 homopentamine
均已胺 homohexamine
君迁子醌 mamegakinone
君子兰阿林碱▲ cliviaaline
君子兰阿亭碱▲ miniatine
君子兰哈克碱▲ cliviahaksine
君子兰碱 clividine
君子兰玛亭▲ cliviamartine
君子兰明 clivimine
君子兰尼定▲ clivonidine
君子兰宁 clivonine
君子兰瑟亭 clivacetine
君子兰亭 clivatine
君子兰西定▲ cliviasindhine
君子兰西亚碱▲ clivisyaline
君子兰辛▲ cliviasine; cliviasin
菌根素 A mycorrhizin A
菌寄生菌素 A hypomycin A

K

β- 咔啉 *β*-carboline
β- 咔啉 -1-(4,8- 二甲氧基 -*β*- 咔啉)-1- 乙基甲酮 *β*-carbolin-1-(4,8-dimethoxy-*β*-carbolin)-1-ethylketone
β- 咔啉 -1-[3-(4,8- 二甲氧基 -*β*- 咔啉)]-1- 甲氧基丙基甲酮 *β*-carbolin-1-[3-(4,8-dimethoxy-*β*-carbolin)]-1-methoxypropylketone
β- 咔啉 -1- 丙酸 *β*-carboline-1-propionic acid
4-(9H-*β*- 咔啉 -1- 基)-4- 氧代丁酸 4-(9H-*β*-carbolin-1-yl)-4-oxo-butyric acid
β- 咔啉 -1- 甲酸乙酯 ethyl *β*-carboline-1-carboxylate
β- 咔啉 -3- 丙酸 *β*-carboline-3-propionic acid
咔唑 carbazole
咔唑 -3- 羧酸 carbazole-3-carboxylic acid
咔唑 -3- 羧酸甲酯 carbazole-3-carboxylic acid methyl ester; methyl carbazole-3-carboxylate
咖啡醇 caffeyl alcohol
咖啡醇 -3-*O*-*β*-D- 吡喃葡萄糖苷 caffeyl alcohol-3-*O*-*β*-D-glucopyranoside
10-*O*- 咖啡鸡矢藤次苷甲酯 10-*O*-caffeoyl scandoside methyl ester
10-*O*- 咖啡交让木苷 10-*O*-caffeoyl daphylloside

咖啡素▲B caffeicin B
(*E*)- 咖啡酸 (*E*)-caffeic acid
咖啡酸 caffeic acid
咖啡酸 -3,4- 二葡萄糖苷 caffeic acid-3,4-diglucoside
咖啡酸 -3,4- 二羟基 - 苯乙基酯 caffeic acid-3,4-dihydroxy-phenethyl ester
咖啡酸 -3-*O*-*β*-D- 吡喃葡萄糖苷 caffeic acid-3-*O*-*β*-D-glucopyranoside
咖啡酸 -4-*O*-*β*-D- 吡喃葡萄糖苷 caffeic acid-4-*O*-*β*-D-glucopyranoside
咖啡酸 -4-*O*-*β*-D- 葡萄糖苷 caffeic acid-4-*O*-*β*-D-glucoside
咖啡酸丁酯 caffeic acid butyl ester
咖啡酸二甲醚 caffeic acid dimethyl ether
咖啡酸二十二酯 docosyl caffeate
咖啡酸二十四酯 caffeic acid tetracosyl ester; tetracosyl caffeate
咖啡酸二十酯 eicosyl caffeate
咖啡酸酐 caffeic anhydride
咖啡酸癸酯 caffeic acid decyl ester
(*E*)- 咖啡酸甲酯 methyl (*E*)-caffeate
咖啡酸甲酯 caffeic acid methyl ester; methyl caffeate
咖啡酸葡萄糖苷 glucocaffeic acid
咖啡酸葡萄糖基酯 caffeic acid glucosyl ester
咖啡酸山梨醇酯 caffeic acid glucitol ester
咖啡酸十八醇酯 caffeic acid octadecyl ester
(*Z*)- 咖啡酸十八烷基酯 (*Z*)-octadecyl caffeate
咖啡酸十八酯 octadecyl caffeate
咖啡酸十二酯 dodecyl caffeate
咖啡酸十九酯 nonadecyl caffeate
咖啡酸十六醇酯 caffeic acid *n*-hexadecyl ester
咖啡酸十五酯 pentadecyl caffeate
咖啡酸四聚体 caffeic acid tetramer
咖啡酸糖酯 A, B caffeic acid sugar ester A, B
咖啡酸乙烯酯 caffeic acid ethenyl ester; vinyl caffeate
咖啡酸乙酯 caffeic acid ethyl ester; ethyl caffeate
咖啡酸乙酯 -3-*O*-*α*- 吡喃葡萄糖基 -(1 → 3)-*α*-D- 吡喃葡萄糖苷 ethyl caffeate-3-*O*-*α*-glucopyranosyl-(1 → 3)-*α*-D-glucopyranoside
咖啡酸芸香糖苷 caffeoyl acid-rutinoside
咖啡酸正丁酯 *n*-butylcaffeate
咖啡酸正二十烷基酯 caffeic acid *n*-dueicosanyl ester
咖啡酸正十八酯 caffeic acid *n*-octadecyl ester
咖啡萜醇 cafestol; cafesterol
咖啡酰 -*β*-D- 葡萄糖酯苷 caffic acid-*β*-D-glucoside
3-*O*-(*E*)- 咖啡酰白桦脂醇 3-*O*-(*E*)-caffeoylbetulin
3-*O*- 咖啡酰白桦脂醇 3-*O*-caffeoylbetulin
3*β*-*O*- 咖啡酰白桦脂酸 3*β*-*O*-caffeoylbetulinic acid
1- 咖啡酰半乳糖 -6- 硫酸酯 1-caffeoylglactose-6-sulphate
1-*O*- 咖啡酰吡喃葡萄糖苷 1-*O*-caffeoyl glycopyranoside
咖啡酰丙醇二酸 caffeoyltartronic acid
N- 咖啡酰多巴 *N*-caffeoyl dopa
2- 咖啡酰番石榴酸 2-caffeoylpiscidic acid
3'-*O*- 咖啡酰飞蓬苷 3'-*O*-caffeylerigeroside
咖啡酰腐胺 caffeoylputrescine
(*S*,*R*)-1-*O*- 咖啡酰甘油 (*S*,*R*)-1-*O*-caffeoylglycerol
1-*O*- 咖啡酰甘油 1-*O*-caffeoylglycerol
1-*O*- 咖啡酰甘油酯 1-*O*-caffeoyl glycerol
6''-*O*- 咖啡酰钩果草吉苷▲ 6''-*O*-caffeoylharpagide
13-*O*- 咖啡酰鸡蛋花苷 13-*O*-caffeoylplumieride
1-*O*- 咖啡酰基 -(2*E*)-2- 甲基 -2- 丁烯 -1,4- 二醇 -4-*O*-*β*-D- 吡喃葡萄糖苷 1-*O*-caffeoyl-(2*E*)-2-methyl-2-butene-1,4-diol-4-*O*-*β*-D-glucopyranoside
1-*O*- 咖啡酰基 -(4-*O*- 没食子酰基)-*β*-D- 吡喃葡萄糖 1-*O*-caffeoyl-(4-*O*-galloyl)-*β*-D-glucopyranose
4(*S*)-*O*-(6-*O*- 咖啡酰基)-*β*-D- 吡喃葡萄糖基)-2- 戊酮 4(*S*)-*O*-(6-*O*-caffeoyl)-*β*-D-glucopyranosyl)-2-pentanone
6-*O*-[α-L-(4''- 咖啡酰基)- 吡喃鼠李糖基]- 梓醇 6-*O*-[α-L-(4''-caffeoyl)-rhamnopyranosyl]-catalpol
3'-*O*-(8''-*Z*- 咖啡酰基)- 迷迭香酸 3'-*O*-(8''-*Z*-caffeoyl)-rosmarinic acid
3'-*O*-(8''-*Z*- 咖啡酰基)- 迷迭香酸甲酯 3'-*O*-(8''-*Z*-caffeoyl)-rosmarinic acid methyl ester
10-*O*-[(*E*)- 咖啡酰基]- 京尼平苷酸 10-*O*-[(*E*)-caffeoyl]-geniposidic acid
6'-*O*-[(*E*)- 咖啡酰基] 连翘醇苷 B 6'-*O*-[(*E*)-caffeoyl]rengyoside B
6-[(*E*)- 咖啡酰基] 马钱酸 6-[(*E*)-caffeoyl]loganic acid
10-*O*-[(*E*)- 咖啡酰基]- 玉叶金花苷酸 2'-*O*-[(*E*)-cinnamoyl]-mussaenosidic acid
4'-*O*-[(*E*)- 咖啡酰基] 獐牙菜苦素 4'-*O*-[(*E*)-caffeoyl]swertiamarin
12-*O*- 咖啡酰基 -12- 羟基十二酸 12-*O*-caffeoyl-12-hydroxyldodecanoic acid
16-*O*- 咖啡酰基 -16- 羟基十六酸 16-*O*-caffeoyl-16-hydroxylhexadecanoic acid
2-*O*- 咖啡酰基 -2-*C*- 甲基 -D- 赤酮酸 2-*O*-caffeoyl-2-*C*-methyl-D-erythronic acid
3-*O*- 咖啡酰基 -2-*C*- 甲基 -D- 赤酮酸 -1,4- 内酯 3-*O*-caffeoyl-2-*C*-methyl-D-erythrono-1,4-lactone
2-*O*- 咖啡酰基 -2-*C*- 甲基 -D- 赤酮酸甲酯 methyl 2-*O*-caffeoyl-2-*C*-methyl-D-erythronic acid
3-*O*- 咖啡酰基 -2-*C*- 甲基 -D- 赤酮酸甲酯 methyl 3-*O*-caffeoyl-2-*C*-methyl-D-erythronic acid
4-*O*- 咖啡酰基 -3-*O*- 丁香酰奎宁酸甲酯 4-*O*-caffeoyl-3-*O*-syringoylquinic acid methyl ester
5-*O*- 咖啡酰基 -3-*O*- 芥子酰奎宁酸 5-*O*-caffeoyl-3-*O*-sinapoylquinic acid
4-*O*- 咖啡酰基 -3-*O*- 芥子酰奎宁酸甲酯 4-*O*-caffeoyl-3-*O*-sinapoylquinic acid methyl ester
5-*O*- 咖啡酰基 -3-*O*- 芥子酰奎宁酸甲酯 methyl 5-*O*-caffeoyl-3-*O*-sinapoylquinate
1-*O*- 咖啡酰基 -3-*O*- 没食子酰基 -*β*-D- 吡喃葡萄糖 1-*O*-caffeoyl-3-*O*-galloyl-*β*-D-glucopyranose
4-*O*- 咖啡酰基 -3-*O*- 香荚兰酰奎宁酸 4-*O*-caffeoyl-3-*O*-vanilloylquinic acid
5-*O*- 咖啡酰基 -3-*O*- 香荚兰酰奎宁酸 5-*O*-caffeoyl-3-*O*-vanilloylquinic acid
4-*O*- 咖啡酰基 -3-*O*- 香荚兰酰奎宁酸甲酯 4-*O*-caffeoyl-3-*O*-vanilloylquinic acid methyl ester
5-*O*- 咖啡酰基 -3-*O*- 香荚兰酰奎宁酸甲酯 5-*O*-caffeoyl-3-*O*-vanilloylquinic acid methyl ester
3-*O*- 咖啡酰基 -4-*O*- 阿魏酰奎宁酸 3-*O*-caffeoyl-4-*O*-feruloyquinic acid
5-*O*- 咖啡酰基 -4-*O*- 丁香酰奎宁酸甲酯 5-*O*-caffeoyl-4-*O*-syringoylquinic acid methyl ester
3-*O*- 咖啡酰基 -4-*O*- 甲基奎宁酸 3-*O*-caffeoyl-4-*O*-methylquinic acid
3-*O*- 咖啡酰基 -4-*O*- 芥子酰奎宁酸 3-caffeoyl-4-sinapoylquinic acid
5-*O*- 咖啡酰基 -4-*O*- 芥子酰奎宁酸甲酯 methyl 5-*O*-caffeoyl-4-*O*-sinapoylquinate

K

5-*O*- 咖啡酰基 -4-*O*- 香荚兰酰奎宁酸 5-*O*-caffeoyl-4-*O*-vanilloylquinic acid
5-*O*- 咖啡酰基 -4- 甲氧基奎宁酸 5-*O*-caffeoyl-4-methoxylquinic acid
4- 咖啡酰基 -5- 阿魏酰奎宁酸 4-caffeoyl-5-feruloylquinic acid
1-*O*-(*E*)- 咖啡酰基 -6-*O*- 没食子酰基 -*β*-D- 吡喃葡萄糖苷 1-*O*-(*E*)-caffeoyl-6-*O*-galloyl-*β*-D-glucopyranose
2'- 咖啡酰基 -6'- 蓝花楹酮 -D- 吡喃葡萄糖苷 2'-caffeoyl-6'-jacaranone-D-glucopyranoside
6'-*O*- 咖啡酰基 -8-*O*- 乙酰钩果草吉苷▲ 6'-*O*-caffeoyl-8-*O*-acetylharpagide
2'-*O*-*E*- 咖啡酰基 -8*α*- 羟基 -11*α*,13- 葡萄糖中美菊素 C 2'-*O*-*E*-caffeoyl-8*α*-hydroxy-11*α*,13-dihydro- 3*β*-*O*-*β*-D-glucozaluzanin C
3-*O*- 咖啡酰基 -D- 吡喃葡萄糖 3-*O*-caffeoyl-D-glucopyranose
6-*O*- 咖啡酰基 -D- 吡喃葡萄糖苷 6-*O*-caffeoyl-D-glucopyranoside
4-*O*- 咖啡酰基 -D- 奎宁酸 4-*O*-caffeoyl-D-quinic acid
6-*O*- 咖啡酰基 -D- 葡萄糖 6-*O*-caffeoyl-D-glucose
2'-*O*- 咖啡酰基 -D- 葡萄糖酯苷 2'-*O*-caffeoyl-D-glucopyranoside ester
(+)-(*E*)- 咖啡酰基 -L- 苹果酸 (+)-(*E*)-caffeoyl-L-malic acid
4-*O*- 咖啡酰基 -L- 苏阿糖酸 4-*O*-caffeoyl-L-threonic acid
N^1- 咖啡酰基 -N^3- 二氢咖啡酰亚精胺 N^1-caffeoyl-N^3-dihydrocaffeoylspermidine
咖啡酰基 -*O*-*β*-D- 吡喃葡萄糖苷 caffoyl-*O*-*β*-D-glucopyranoside
4-*O*- 咖啡酰基 -*α*-D- 吡喃葡萄糖 4-*O*-caffeoyl-*α*-D-glucopyranose
1-*O*- 咖啡酰基 -*α*-D- 吡喃葡萄糖苷 1-*O*-caffeoyl-*α*-D-glucopyranoside
3-*O*-[2-*O*-(反式 - 咖啡酰基 -*α*-L- 吡喃阿拉伯糖基)-(1 → 2)-*β*-D- 吡喃半乳糖基]-7-*O*-*β*-D- 吡喃葡萄糖基山柰酚 3-*O*-[(2-*O*-*trans*-caffeoyl-*α*-L-arabinopyranosyl)-(1 → 2)-*β*-D-galactopyranosyl]-7-*O*-*β*-D-glucopyranosyl-kaempferol
1-*O*- 咖啡酰基 -*β*-D- 吡喃葡萄糖 1-*O*-caffeoyl-*β*-D-glucopyranose
3-*O*- 咖啡酰基 -*β*-D- 吡喃葡萄糖 3-*O*-caffeoyl-*β*-D-glucopyranose
4-*O*- 咖啡酰基 -*β*-D- 吡喃葡萄糖 4-*O*-caffeoyl-*β*-D-glucopyranose
咖啡酰基 -*β*-D- 吡喃葡萄糖 caffeoyl-*β*-D-glucopyranose
(*E*)-1-*O*- 咖啡酰基 -*β*-D- 吡喃葡萄糖苷 (*E*)-1-*O*-caffeoyl-*β*-D-glucopyranoside
1-*O*-(*E*)- 咖啡酰基 -*β*-D- 吡喃葡萄糖苷 1-*O*-(*E*)-caffeoyl-*β*-D-glucopyranoside
1-*O*- 咖啡酰基 -*β*-D- 吡喃葡萄糖苷 1-*O*-caffeoyl-*β*-D-glucopyranoside
咖啡酰基 -*β*-D- 吡喃葡萄糖苷 caffeoyl-*β*-D-glucopyranoside
4-(6-*O*- 咖啡酰基 -*β*-D- 吡喃葡萄糖氧基)-5- 羟基异戊烯基咖啡酸酯 4-(6-*O*-caffeoyl-*β*-D-glucopyranosyloxy)-5-hydroxyprenyl caffeate
6-*O*- 咖啡酰基 -*β*-D- 呋喃果糖基 -(2 → 1)-*α*-D- 吡喃葡萄糖苷 6-*O*-caffeoyl-*β*-D-fructofuranosyl-(2 → 1)-*α*-D-glucopyranoside
1-*O*- 咖啡酰基 -*β*-D- 呋喃芹糖基 -(1 → 6)-*β*-D- 吡喃葡萄糖苷 1-*O*-caffeoyl-*β*-D-apiofuranosyl-(1 → 6)-*β*-D-glucopyranoside
1-*O*-*E*- 咖啡酰基 -*β*-D- 龙胆二糖苷 1-*O*-(*E*)-cafeoyl-*β*-D-gentiobioside
1-*O*- 咖啡酰基 -*β*-D- 葡萄糖 1-*O*-caffeoyl-*β*-D-glucose
6'-*O*- 咖啡酰基 - 对羟基苯乙酮 -4-*O*-*β*-D- 吡喃葡萄糖苷 6'-*O*-caffeoyl-*p*-hydroxyacetophenone-4-*O*-*β*-D-glucopyranoside
6'-*O*- 咖啡酰基飞蓬苷 6'-*O*-caffeylerigeroside
(-)-5-*O*- 咖啡酰基奎宁酸 (-)-5-*O*-caffeoylquinic acid
4'- 咖啡酰基 - 木犀草素 -6- 葡萄糖苷 4'-caffeoyl-luteolin-6-glucopyranoside
10-*O*- 咖啡酰基 - 脱乙酰基交让木苷 10-*O*-caffeoyl-deacetyldaphylloside
咖啡酰酒石酸 caftaric acid
咖啡酰酒石酸单甲酯 caftaric acid monomethyl ester
咖啡酰酒石酸二甲酯 dimethyl caffeoyltartaric acid ester
5-*O*- 咖啡酰奎尼酸甲酯 methyl 5-*O*-caffeyolquinate
1-*O*- 咖啡酰奎宁酸 1-*O*-caffeoylquinic acid
1- 咖啡酰奎宁酸 1-caffeoylquinic acid
3,5- 咖啡酰奎宁酸 3,5-caffeoylquinic acid
3-*O*- 咖啡酰奎宁酸 3-*O*-caffeoylquinic acid
3- 咖啡酰奎宁酸 3-caffeoylquinic acid
4-*O*- 咖啡酰奎宁酸 4-*O*-caffeoylquinic acid
4- 咖啡酰奎宁酸 4-caffeoylquinic acid
5-*O*- 咖啡酰奎宁酸 5-*O*-caffeoylquinic acid
5- 咖啡酰奎宁酸 5-caffeoylquinic acid
咖啡酰奎宁酸 caffeoylquinic acid
3-*O*- 咖啡酰奎宁酸丁酯 3-*O*-caffeoylquinic acid butyl ester
5-*O*- 咖啡酰奎宁酸丁酯 5-*O*-caffeoylquinic acid butyl ester
3-*O*- 咖啡酰奎宁酸甲酯 3-*O*-caffeoylquinic acid methyl ester; methyl 3-*O*-caffeoylquinate
3- 咖啡酰奎宁酸甲酯 3-caffeoylquinic acid methyl ester
4-*O*- 咖啡酰奎宁酸甲酯 4-*O*-caffeoylquinic acid methyl ester; methyl 4-*O*-caffeoylquinate
5-*O*- 咖啡酰奎宁酸甲酯 5-*O*-caffeoylquinic acid methyl ester; methyl 5-*O*-caffeoylquinate
3-*O*- 咖啡酰奎宁酸乙酯 3-*O*-caffeoylquinic acid ethyl ester
4-*O*- 咖啡酰奎宁酸乙酯 4-*O*-caffeoylquinic acid ethyl ester; ethyl 4-*O*-caffeoylquinate
5-*O*- 咖啡酰奎宁酸乙酯 5-*O*-caffeoylquinic acid ethyl ester; ethyl 5-*O*-caffeoylquinate
咖啡酰鹿梨苷 caffeoylcalleryanin
2'-*O*- 咖啡酰马钱酸 2'-*O*-caffeoylloganic acid
2-*O*- 咖啡酰麦珠子酸 2-*O*-caffeoylalphitolic acid
2-*O*- 咖啡酰麦珠子酸甲酯 methyl 2-*O*-caffeoylalphitolate
3-*O*- 咖啡酰莽草酸 3-*O*-caffeoylshikimic acid
4-*O*- 咖啡酰莽草酸 4-*O*-caffeoylshikimic acid
5-*O*- 咖啡酰莽草酸 5-*O*-caffeoylshikimic acid
5- 咖啡酰莽草酸 5-caffeoylshikimic acid
O-(3)- 咖啡酰莽草酸 *O*-(3)-caffeoylshikimic acid
咖啡酰莽草酸 caffeoylshikimic acid
3-*O*- 咖啡酰迷迭香酸 3-*O*-caffeoyl-rosmarinic acid
3-*O*- 咖啡酰迷迭香酸 -9''- 甲酯 3-*O*-caffeoyl-rosmarinic acid-9''-methyl ester
(-)-(*E*)- 咖啡酰苹果酸 (-)-(*E*)-caffeoylmalic acid
2-*O*- 咖啡酰苹果酸 2-*O*-caffeoylmalic acid
咖啡酰苹果酸 caffeoylmalic acid
咖啡酰苹果酸酯 caffeoyl malate
6-*O*- 咖啡酰葡萄糖 6-*O*-caffeoylglucose
咖啡酰葡萄糖 caffeoylglucose
3*α*-*E*- 咖啡酰蒲公英赛醇 3*α*-*E*-caffeoyltaraxerol
3-*O*- 咖啡酰齐墩果酸 3-*O*-caffeoyloleanolic acid
咖啡酰羟基丙二酸二甲酯 dimethyl caffeoyltartronic acid ester
咖啡酰羟基丙二酸甲酯 monomethyl caffeoyltartronic acid ester
7-*O*- 咖啡酰羟基麦芽酚 -3-*O*-*β*-D- 吡喃葡萄糖苷 7-*O*-caffeoylhydroxymaltol-3-*O*-*β*-D-glucopyranoside
8-*O*- 咖啡酰山栀苷甲酯 8-*O*-caffeoylshanzhiside methyl ester
6-*O*- 咖啡酰线叶糙苏苷▲A 6-*O*-caffeoylphlinoside A
2'-*O*- 咖啡酰熊果苷 2'-*O*-caffeoylarbutin

2-*O*- 咖啡酰熊果苷 2-*O*-caffeoylarbutin
6'-*O*- 咖啡酰熊果苷 6'-*O*-caffeoylarbutin
咖啡酰熊果苷 caffeoylarbutin
3-*O*- 咖啡酰熊果酸 3-*O*-caffeoylursolic acid
11-*O*- 咖啡酰岩白菜素 11-*O*-caffeoylbergenin
6'-*O*- 咖啡酰洋丁香酚苷 6'-*O*-caffeoylacteoside
2- 咖啡酰氧基 -3- 羟基 -3-(3,4- 二羟基苯基) 丙醇 2-caffeoyloxy-3-hydroxy-3-(3,4-dihydroxyphenyl)propyl alcohol
N- 咖啡酰氧基腐胺 *N*-caffeoylputrescine
2- 咖啡酰氧基甲基 -3- 羟基 -1- 丁烯 -4-*O*-*β*-D- 吡喃葡萄糖苷 2-caffeoyloxymethyl-3-hydroxyl-1-butene-4-*O*-*β*-D-glucopyranoside
29- 咖啡酰氧基无羁萜 29-caffeoyloxyfriedelin
2- 咖啡酰氧甲基 -3- 羟基 -1- 丁烯 -4-*O*-*β*-D- 吡喃葡萄糖苷 2-(caffeoyloxy)-methyl-3-hydroxy-1-butene-4-*O*-*β*-D-glucopyranoside
9- 咖啡酰氧十六醇 9-caffeoyloxyhexadecanol
咖啡酰乙醇酸 caffeoylglycolic acid
咖啡酰乙醇酸甲酯 caffeoylglycolic acid methyl ester
8-*O*- 咖啡酰莸苷▲ A 8-*O*-caffeoylcaryoptoside A
3-*O*-(*E*)- 咖啡酰羽扇豆醇 3-*O*-(*E*)-caffeoyllupeol
3-*O*- 咖啡酰羽扇豆醇 3-*O*-caffeoyllupeol
咖啡酰羽扇豆醇 caffeoxylupeol
8-*O*- 咖啡酰玉叶金花苷 8-*O*-cafeoylmassenoside
8-*O*-(*E*)- 咖啡酰玉叶金花苷酸 8-*O*-(*E*)-caffeoylmussaenosidic acid
4- 咖啡酰芸香糖 4-caffeoylrutinose
3'-*O*- 咖啡酰獐牙菜苷 3'-*O*-caffeoylsweroside
咖啡因 caffeine
咖啡甾醇 coffeasterol
咖诺定 capnoidine
喀西茄苷▲ A, B aculeatiside A, B
喀西茄碱▲ khasianine
喀西茄宁▲ solakhasianin
卡波皂苷元 crabbogenin
卡布木叶碱▲ cabufiline
卡达 -1(10),3,8- 三烯 cadala-1(10),3,8-triene
卡达巴碱▲ cadabicine
(-)- 卡达烷 -1,4,9- 三烯 (-)-cadala-1,4,9-triene
卡尔基鞘丝藻吡喃酮▲ kalkipyrone
卡尔基鞘丝藻毒素▲ kalkitoxin
卡菲尔萝芙木林碱▲ raucaffrinoline
卡菲尔萝芙木林碱▲ -N^4- 氧化物 raucaffrinoline-N^4-oxide
卡菲尔萝芙木辛碱▲ raucaffricine
卡枯醇 kakuol
10'*R*- 卡拉阿魏醇▲ 10'*R*-karatavicinol
卡拉阿魏醇▲ A karatavicinol A
卡拉巴红厚壳吅酮▲ calabaxanthone
卡拉帕白坚木碱▲ carapanaubine
β- 卡琳 -1- 羧酸甲酯 methyl *β*-carboline-1-carboxylate
卡鲁斯蒿素▲ ludartin
卡米森豚草素▲ chamissarin
卡山 -13(14),15- 二烯 -3,12- 二酮 cassa-13(14),15-dien-3,12-dione
(-)- 卡氏豆定碱▲ (-)-camoensidine
卡氏豆碱▲ camoensine
卡斯苦木内酯▲ chaparrolide
卡斯苦木素▲ chaparrin
(-)- 卡斯苦木酮▲ (-)-chaparrinone
卡斯苦木酮▲ chaparrinone
卡瓦胡椒黄素▲ B flavokawin B
卡瓦胡椒内酯 kavalactone
卡乌头原碱 cammaconine
卡西波红树胺▲ A cassipoureamide A
卡西波红树醇▲ cassipourol
开唇兰碱▲ anoectochine
开环红厚壳内酯 ponnalide
开环红花蕊木酸▲ chanofruticosinic acid
开环红花蕊木酸▲甲酯 methyl chanofruticosinate
开环红花蕊木酸▲甲酯 -N^4- 氧化物 methyl chanofruticosinate-N^4-oxide
开环麦角碱▲ chanoclavine
开口箭赤苷 A tupichinin A
开口箭醇▲ A~F tupichinol A~F
开口箭苷▲ G tupstroside G
开口箭苷元▲ A~F tupichigenin A~F
开口箭洛苷▲ H tupiloside H
开口箭木脂素 A tupichilignan A
开口箭斯苷元▲ tupisgenin
开口箭素 tupistrin
开口箭孕烯醇酮 tupipregnenolone
凯提皂苷元 kitigenin
凯提皂苷元 -5-*O*-*β*-D- 吡喃葡萄糖苷 kitigenin-5-*O*-*β*-D-glucopyranoside
(+)-2- 蒈烯 (+)-2-carene
(+)-3- 蒈烯 (+)-3-carene
(+)-4- 蒈烯 (+)-4-carene
Δ^3- 蒈烯 Δ^3-carene
Δ^4- 蒈烯 Δ^4-carene
2- 蒈烯 2-carene
3- 蒈烯 3-carene
4- 蒈烯 4-carene
α- 蒈烯 *α*-carene
β-3- 蒈烯 *β*-3-carene
γ- 蒈烯 *γ*-carene
Δ^3- 蒈烯 Δ^3-carene
δ-3- 蒈烯 *δ*-3-carene
δ-4- 蒈烯 *δ*-4-carene
δ- 蒈烯 *δ*-carene
蒈烯 carene
2- 蒈烯 -10- 醛 2-caren-10-al
(±)-3- 蒈烯 -2,5- 二酮 (±)-car-3-ene-2,5-dione
蒈烯 -4 carene-4
坎氏木碱▲ cantleyine
(1*R*,2*R*,4*S*,6*R*)- 莰烷 -2,6- 二醇 -2-*O*-*β*-D- 吡喃葡萄糖苷 (1*R*,2*R*,4*S*,6*R*)-bornane-2,6-diol-2-*O*-*β*-D-glucopyranoside
(1*S*,2*S*,4*R*,6*S*)- 莰烷 -2,6- 二醇 -2-*O*-*β*-D- 吡喃葡萄糖苷 (1*S*,2*S*,4*R*,6*S*)-bornane-2,6-diol-2-*O*-*β*-D-glucopyranoside
康定翠雀定 tatsidine
康定翠雀碱▲ tatsiensine
康定翠雀宁▲ tatsinine
康定翠雀任 tatsirine
康定翠雀辛▲ deltatsine
康定翠雀因▲ A, B, C tatsienenseine A, B, C
康定玉竹苷 A, B, C, D_1, E_1, F_1 pratioside A, B, C, D_1, E_1, F_1
(25*R*,*S*)- 康定玉竹苷 D_1 (25*R*,*S*)-pratioside D_1
康藏荆芥醇▲ prattol
糠醇 furfurol

2- 糠醇 -(5'-11)-1,3- 环戊二烯 [5,4-c]-1*H*- 邻二氮杂萘 2-furylcarbinol-(5'-11)-1,3-cyclopentadiene[5,4-c]-1*H*-cinnoline
2- 糠基 -5- 甲基呋喃 2-furfuryl-5-methylfuran
N- 糠基吡咯 *N*-furfurylpyrrole
2- 糠醛 2-furfural; 2-furfuraldehyde
糠醛 furfural
2- 糠酸 2-furoic acid; 2-furancarboxylic acid
3- 糠酸 3-furoic acid
β- 糠酸 *β*-furancarboxylic acid
2- 糠酸甲酯 methyl 2-furoate
抗冻蛋白 AFP
抗坏血丙氨酸 ascorbalamic acid
l- 抗坏血酸 *l*-ascorbic acid
抗坏血酸 ascorbic acid
1-(+)- 抗坏血酸 -2,6- 二 - 十六酸酯 1-(+)-L-ascorbic acid-2, 6-dihexadecanoate
抗菌肽 defensin
抗痢鸦胆子苷 A bruceantinoside A
抗痢鸦胆子灵▲ bruceantarin
抗痢鸦胆子酸▲ E, F bruceanic acid E, F
抗痢鸦胆子酸▲ E 甲酯 bruceanic acid E methyl ester
考茨酸浆内酯▲ B physacoztolide B
考氏飞蓬内酯▲ ergolide
柯基聚鳞木宁▲ kirkinine
柯库木醇▲ kokoonol
柯伦氏泪柏酮 colensanone
柯伦氏泪柏烯酮 colensenone
柯楠碱 corynanthine
柯楠诺辛碱▲ corynoxine
柯楠诺辛碱▲ B corynoxine B
柯楠赛因碱▲ corynoxeine
(4*S*)- 柯楠赛因碱▲ -*N*- 氧化物 (4*S*)-corynoxeine-*N*-oxide
柯楠西定碱▲ corynantheidine
柯氏白刺定碱▲ komaroidine
柯氏九里香宾碱 koenimbine
柯氏九里香定碱 koenidine
柯氏九里香碱 koenigine
柯氏九里香碱苯醌 A, B koenigine-quinone A, B
柯氏九里香林碱 koenoline
柯氏九里香宁碱 koenine
柯氏九里香辛碱 koenigicine
(5α,6β,8β)- 柯桠树 -6- 醇▲ (5α,6β,8β)-vouacapan-6-ol
(5α)- 柯桠树 -8(14),-9(11)- 二烯▲ (5α)-vouacapa-8(14),9(11)-diene
(+)- 柯桠树酸▲ (+)-vouacapenic acid
(5α,8β)- 柯桠树烷▲ (5α,8β)-vouacapane
柯桠树烯▲ -5α- 醇 vouacapen-5α-ol
柯桠素 chrysarobin
科尔基斯常春藤苷▲ A, E, F hederacolchiside A, E, F
科罗尔鞘丝藻酰胺▲ kororamide
科罗曼德黄檀素▲ coromandelin
科佩特阿魏酮▲ fekolone
科兹玄参苷▲ A, B scrokoelziside A, B
榼藤酸 entagenic acid
榼藤酸甲酯 methyl entagenic acid ester
榼藤酰胺 A, B, C entadamide A, B, C
榼藤酰胺 A-*β*-D- 葡萄糖苷 entadamide A-*β*-D-glucopyranoside
榼藤皂苷 II, III, IV entada saponin II, III, IV
榼藤子苷 phaseoloidin
壳囊孢酮 C, J~N cytosporone C, J~N
α- 可巴烯 α-copaene
β- 可巴烯 *β*-copaene
可巴烯 copaene
β- 可巴烯 -4α- 醇 *β*-copaene-4α-ol
α- 可巴烯醇 α-copaene alcohol
可待因 codeine
可盖皂苷元 kogagenin
可可碱 theobromine
可可鞘丝藻酰胺▲ A, B cocosamide A, B
可食新劳塔豆二酚▲ edudiol
可替宁 cotinine
克拉顿芹素▲ colladonin
克里木常春藤苷▲ C, D, E, G_3, H_1, H_2 tauroside C, D, E, G_3, H_1, H_2
克里特鸦葱苷▲ I scorzocreticoside I
克罗 -3- 烯 -15- 酸 clerod-3-en-15-oic acid
克罗 -3- 烯 -15- 酸乙酯 ethyl clerod-3-en-15-oate
克罗 -4(18)- 烯 -15- 酸 clerod-4(18)-en-15-oic acid
克罗 -4(18)- 烯 -15- 酸乙酯 ethyl clerod-4(18)-en-15-oate
克什米尔鸢尾素▲ iriskashmirianin
克氏胡椒脂素▲ clusin
(3*R*)- 克氏环裂豆醌▲ (3*R*)-claussequinone
克氏千里光碱 senkirkine
刻叶紫堇胺 corydamine
刻叶紫堇胺盐酸盐 corydamine hydrochoride
刻叶紫堇碱▲ coryincine
刻叶紫堇明碱 corysamine
肯普苷 A kenposide A
空心莲子草素 alternanthin
空心莲子草素 B alternanthin B
空心泡醇▲ rosifoliol
孔乔斯银胶菊素▲ A conchasin A
孔雀草苷▲ patulitrin
孔雀草素▲ patuletin
孔雀草素▲ -3-*O*-[2-*O*-*E*- 阿魏酰基 -*β*-D- 吡喃葡萄糖基 -(1 → 6)-*β*-D- 吡喃葡萄糖苷] patuletin-3-*O*-[2-*O*-*E*-feruloyl-*β*-D-glucopyranosyl-(1 → 6)-*β*-D-glucopyranoside]
孔雀草素▲ -3-*O*-[5'''-*O*- 阿魏酸基 -*β*-D- 呋喃芹糖基 -(1''' → 2'')-*β*-D- 吡喃葡萄糖苷] patuletin-3-*O*-[5'''-*O*-feruloyl-*β*-D-apiofuranosyl-(1''' → 2'')-*β*-D-glucopyranoside]
孔雀草素▲ -3-*O*-*β*-D-(2''- 阿魏酸吡喃葡萄糖基)-(1 → 6)-[*β*-D- 呋喃芹糖基 (1 → 2)]-*β*-D- 吡喃葡萄糖苷 patuletin-3-*O*-*β*-D-(2''-feruloylglucopyranosyl)-(1 → 6)-[*β*-D-apiofuranosyl-(1 → 2)]-*β*-D-glucopyranoside
孔雀草素▲ -3-*O*-*β*-D-6''- 对香豆酰基葡萄糖苷 patuletin-3-*O*-*β*-D-6''-(*p*-coumaroyl)glucoside
孔雀草素▲ -3-*O*-*β*-D- 吡喃葡萄糖苷 patuletin-3-*O*-*β*-D-glucopyranoside
孔雀草素▲ -3-*O*-*β*-D- 龙胆二糖苷 patuletin-3-*O*-*β*-D-gentiobioside
孔雀草素▲ -3-*O*-*β*-D- 芸香糖苷 patuletin-3-*O*-*β*-D-rutinoside
孔雀草素▲ -3-*O*-*β*- 龙胆二糖苷 patuletin-3-*O*-*β*-gentiobioside
孔雀草素▲ -3-*O*- 芸香糖苷 patuletin-3-*O*-rutinoside
孔雀草素▲ -3- 葡萄糖苷 patuletin-3-glucoside
孔雀草素▲ -3- 葡萄糖基 -(1 → 6)-[芹糖基 -(1 → 2)]- 葡萄糖苷 patuletin-3-glucosyl-(1 → 6)-[apiosyl-(1 → 2)]-glucoside
孔雀草素▲ -3- 鼠李糖基葡萄糖苷 patuletin-3-rhamnoglucoside
孔雀草素▲ -7-*O*-(6''- 丁酰基) 葡萄糖苷 patuletin-7-*O*-(6''-isobutyryl) glucoside

孔雀草素▲-7-*O*-(6''- 异戊酰基) 葡萄糖苷 patuletin-7-*O*-(6''-isovaleryl)glucoside
孔雀草素▲-7-*O*-[6''-(2- 甲基丁酰基)] 葡萄糖苷 patuletin-7-*O*-[6''-(2-methylbutyryl)]glucoside
孔雀草素▲葡萄糖苷 patuletin-3-*O*-glycoside
枯里珍五月茶酚▲A barbatumol A
(-)- 枯梢菌素▲ (-)-sclerodin
枯烯 cumene
苦艾宾▲ artabin
苦艾内酯 artabsin
苦艾素 absinthin
苦艾萜二醇▲ absindiol
苦艾萜内酯▲ artanolide
苦白蹄酸 officinalic acid
苦橙苷 aurantiamarin
苦橙花醇 peruviol
苦丁茶奥苷▲A~G ilekudinchoside A~G
苦丁茶冬青醇 A, B, C ilekudinol A, B, C
苦丁茶冬青苷 A~V ilekudinoside A~V
苦丁茶苷 A~D cornutaside A~D
苦丁茶苷元 kudinchagenin
苦丁茶苷元 I kudinchagenin I
苦丁茶内酯▲A kudinchalactone A
苦丁茶糖脂 A, B cornuta glycolipid A, B
苦丁醇酸▲ kudinolic acid
苦丁苷 A~L, LZ_2, M, N, O, P kudinoside A~L, LZ_2, M, N, O, P
苦丁勾苷▲A, B kudingoside A, B
α- 苦丁内酯 *α*-kudinlactone
β- 苦丁内酯 *β*-kudinlactone
苦豆子定▲ vexibidin
苦豆子酚▲ vexibinol
苦豆子碱 aloperine
苦豆子酮▲A~G alopecurone A~G
苦堆心菊素 picrohelenin
苦番红花酸▲ picrocrocinic acid
苦葛二醇 peduncularisadiol
苦葛辛碱 peduncin
苦葛皂苷 A, B, C pedunsaponin A, B, C
苦瓜 -2- 脑苷 momor-2-cerebroside
苦瓜奥苷▲A~D kuguaoside A~D
苦瓜醇▲ momordol
苦瓜定▲I, Ia, Ib, Ib, Ic, Id, Ie, II, IIa, IIb, IIc, IId, IIe, III momordin I, Ia, Ib, Ib, Ic, Id, Ie, II, IIa, IIb, IIc, IId, IIe, III
苦瓜定▲Ic-6'- 甲基酯 momordin Ic-6'-methyl ester
苦瓜二醇 A charantadiol A
苦瓜酚苷 A monordicophenoide A
苦瓜苷 A, B, C, F_1, F_2, G, I, K~W momordicoside A, B, C, F_1, F_2, G, I, K~W
苦瓜林素▲ momordicilin
α- 苦瓜灵▲ *α*-momorcharin
β- 苦瓜灵▲ *β*-momorcharin
γ- 苦瓜灵▲ *γ*-momorcharin
苦瓜洛苷▲ karaviloside I, II, III, IV, V, VI, VII, VIII, IX, X, XI, XII, XIII
苦瓜洛苷元▲A~F karavilagenin A~F
苦瓜脑苷 momor-cerebroside
苦瓜内酯 momordicolide
苦瓜宁▲ momordicinin
苦瓜醛 charantal
苦瓜素 momordicin
苦瓜素 I, II, III, IV, V, VI, VII, VIII momordicin I, II, III, IV, V, VI, VII, VIII
苦瓜肽定▲I, II momordin I, II
苦瓜糖苷 A~H kuguaglycoside A~H
苦瓜亭 charantin
苦瓜亭 A, B charantin A, B
苦瓜烯醇▲ momordenol
苦瓜辛▲A~S kuguacin A~S
苦瓜熊果烯醇▲ momodicaursenol
苦瓜皂苷▲A~H kuguasaponin A~H
苦瓜子苷 A, B momorcharaside A, B
苦鬼臼毒素 picropodophyllotoxin
苦鬼臼毒素 -4-*O*-*β*-D- 吡喃葡萄糖苷 picropodophyllotoxin-4-*O*-*β*-D-glucopyranoside
苦鬼臼毒素 -4-*O*-*β*-D- 吡喃葡萄糖基 -(1 → 6)-*β*-D- 吡喃葡萄糖苷 picropodophyllotoxin-4-*O*-*β*-D-glucopyranosyl-(1 → 6)-*β*-D-glucopyranoside
苦鬼臼毒素乙酸酯 picropodophyllotoxin acetate
苦蒿素 blinin
苦苣菜苷 A~I sonchuside A~I
苦苣菜黄酮苷 sonchoside
苦苣菜香堇酮苷▲A, B, C sonchuionoside A, B, C
苦苣苔苷 conandroside
苦槛蓝氯素▲ myopochlorin
苦槛蓝萜苷▲A~D myobontioside A~D
苦槛蓝酮 myoporone
苦郎树苷▲A, B, C sammangaoside A, B, C
苦郎树诺苷▲A, A_1, B, C, D inerminoside A, A_1, B, C, D
苦郎树素▲A, B inermes A, B
苦郎树酸▲ clerodermic acid
苦郎树酸▲甲酯 clerodermic acid methyl ester
苦枥木苷▲ insularoside
苦枥木苷▲-3'-*O*-*β*-D- 吡喃葡萄糖苷 insularoside-3'-*O*-*β*-D-glucopyranoside
苦枥木苷▲-6'''-*O*-*β*-D- 吡喃葡萄糖苷 insularoside-6'''-*O*-*β*-D-glucopyranoside
苦枥木苷▲-6'''-*O*-*β*-D- 吡喃葡萄糖苷 -(1 → 3')-*β*-D- 吡喃葡萄糖苷 insularoside-6'''-*O*-*β*-D-glucopyranoside-(1 → 3')-*β*-D-glucopyranoside
苦枥木洛苷▲ insuloside
苦楝醇内酯 kulolactone
苦楝降内酯▲ azedararide
苦楝苦酸▲ azedarachic acid
苦楝内酯 kulactone
苦楝皮酮 kulinone
苦楝素 A, B, C azedarachin A, B, C
苦楝酸 kulonic acid
苦楝萜酸甲酯 methyl kulonate
苦楝甾醇 azedarachol
苦龙胆素▲ amarogentin
苦龙胆素▲B amarogentin B
苦马豆苷 SA, SB, SC, SD sphaerophyside SA, SB, SC, SD
苦马豆碱 swainsonine
苦马豆洛辛▲S_1, S_2, S_3 sphaerosin S_1, S_2, S_3
苦马豆素▲A sphaerophysin A
苦马豆酮 A~D sphaerophysone A~D

苦马豆辛▲ spherosin
苦马豆辛碱 spherophysine
苦马豆辛碱碳酸酯 spherophysine carbonate
苦马豆辛宁▲ spherosinin
苦荬菜醇▲ A, B ixerol A, B
苦荬菜苷 A, D ixerisoside A, D
苦荬菜内酯 B, C, D, F, G, H, M, N, U, V, W ixerin B, C, D, F, G, H, M, N, U, V, W
苦荬菜内酯 N-6'-*O*- 乙酸酯 ixerin N-6'-*O*-acetate
苦莓苷 niga-ichigoside
苦莓苷 F_1, F_2 niga-ichigoside F_1, F_2
苦木碱亭▲ kumujantine
苦木碱辛▲ kumujansine
苦木内酯 B, C, E, F, H, L nigakilactone B, C, E, F, H, L
苦木内酯 C simalikalactone C
苦木素 quassin
苦木酮 nigakinone
苦牛至星粟草苷▲ A dictamnoside A
苦皮藤胺▲ angulatamine
苦皮藤倍半萜▲ A~H angulatueoid A~H
苦皮藤林素▲ celangulin I, II, III, IV, V, VI, VII, VIII, IX, X, XI, XII, XIII, XIV, XV, XVI, XVII, XVIII, XIX
苦皮藤素 A~H, J~N, P, X angulatin A~H, J~N, P, X
苦皮藤萜▲ VI angulatinoid VI
苦皮藤亭 II, III, IV, A~I celangulatin II, III, IV, A~I
苦皮藤辛▲ A angulatusine A
苦皮藤酯 1, 2, 3, 4, A, B, C kupitengester 1, 2, 3, 4, A, B, C
苦皮桐素▲ A picrodendrin A
苦荞麦苷▲ A~G tatariside A~G
苦山柰萜醇 marginatol
苦参胺 kuraramine
苦参醇 kurarinol
苦参定 kuraridin
苦参酚 A~X kushenol A~X
(+)- 苦参碱 (+)-matrine
α- 苦参碱 *α*-matrine
苦参碱 matrine
(+)- 苦参碱 -*N*- 氧化物 (+)-matrine-*N*-oxide
苦参碱 -*N*- 氧化物 matrine-*N*-oxide
苦参醌 A kushequinoine A
苦参莫醇▲ A kosamol A
苦参诺醇▲ sophoflavescenol
苦参色满▲ A, B, C flavenochromane A, B, C
苦参素 kushenin
苦参酮 kurarinone
苦参皂苷 I, II, III, IV sophoraflavoside I, II, III, IV
苦参紫檀素 A, B, C kushecarpin A, B, C
苦绳苷 I dresioside I
苦绳苷元 dresgenin
苦绳苷元 A, B dresigenin A, B
苦绳三糖苷 dresitrioside
苦绳双糖苷 dresibioside
苦绳四糖苷 dresitetraoside
苦树醇 A, B, C picrasinol A, B, C
苦树定碱 A, C, E~S, U, W, X, Y picrasidine A, C, E~S, U, W, X, Y
(±)- 苦树定碱 T (±)-picrasidine T
苦树定碱 T 盐酸盐 picrasidine-T-HCl
苦树苷▲ A~D picraquassioside A~D
苦树木脂素▲ A picrasmalignan A
苦树内酯 kusulactone
苦树素 A~G picrasin A~G
苦树素苷 A~H picrasinoside A~H
苦树萜内酯▲ A~E picraqualide A~E
苦树西定碱▲ A~H quassidine A~H
苦天茄苷▲ solakhasoside
苦味酸樟叶木防己碱 laurifoline picrate
(*R*)- 苦杏仁苷 (*R*)-amygdalin
苦杏仁苷 amygdalin
苦玄参奥苷▲ A, B, C picfeoside A, B, C
苦玄参苷 picfeltarraenin IA, IB, II, IV, V, VI, VIII, IX, X, XI
苦玄参苷元 I, II, III, IV, VI, VII picfeltarraegenin I, II, III, IV, VI, VII
苦玄参酮 picfeltarraenone
苦玄参酮 II picfeltarraenone II
苦獐牙菜素▲ amaroswerin
苦蘵利定▲ A, B, C physangulidine A, B, C
苦蘵内酯 physangulide
苦蘵素 A~Q physagulin A~Q
苦蘵素 D(1 → 6)-*β*-D- 吡喃葡萄糖基 -(1 → 4)-*β*-D- 吡喃葡萄糖苷 physagulin D(1 → 6)-*β*-D-glucopyranosyl-(1 → 4)-*β*-D-glucopyranoside
苦蘵瓦莫内酯▲ vamonolide
苦槠宁▲ A, B sclerophynin A, B
苦竹苷 A, B, C pleioside A, B, C
19-(*Z*)- 苦籽木定碱▲ 19-(*Z*)-akuammidine
苦籽木定碱▲ akuammidine
苦籽木定碱▲ -N^4- 氧化物 akuammidine-N^4-oxide
苦籽木定碱▲ -*N*- 氧化物 akuammidine-*N*-oxide
苦籽木碱▲ picraline
ψ- 苦籽木精碱▲ *ψ*-akuammigine
苦籽木精碱▲ akuammigine
苦籽木精酮碱▲ akuammiginone
苦籽木林碱▲ akuammiline
苦籽木米宁▲ akuaminine
苦籽木米辛▲ picramicine
苦籽木明碱▲ akuammine
苦籽木宁▲ picrinine
苦籽木醛▲ picralinal
(-)- 苦籽木辛碱▲ (-)-akuammicine
苦籽木辛碱▲ akuammicine
苦籽木辛碱▲ -*N*- 氧化物 akuammicine-*N*-oxide
苦籽木辛碱▲甲氯化物 akuammicine methochloride
库拉索链霉素▲ A~D curacin A~D
库拉索芦荟苷▲ A aloveroside A
(-)- 库兰花椒胺▲ (-)-culantraramine
(-)- 库兰花椒胺▲ -*N*- 氧化物 (-)-culantraramine-*N*-oxide
(-)- 库兰花椒胺醇▲ (-)-culantraraminol
(-)- 库兰花椒胺醇▲ -*N*- 氧化物 (-)-culantraraminol-*N*-oxide
库洛胡黄连苷▲ pikuroside
库曼豚草素▲ paulitin
库门鸢尾素甲基醚 iriskumaonin methyl ether
库森木苷▲ B cussonoside B
库松木皂苷▲ C cussosaponin C
库页红景天醇▲ A, B, C sachalinol A, B, C
库页红景天苷▲ A, B sachalinoside A, B
块根芍药灵▲ paeobrin

K

块根芍药素▲ paeonihybridin
(-)- 块茎葛素 (-)-tuberosin
块茎苦苣菜素▲ tubiferin
(-)- 块茎紫堇定▲ (-)-cavidine
(+)- 块茎紫堇定▲ (+)-cavidine
d- 块茎紫堇定▲ *d*-cavidine
L- 块茎紫堇定▲ L-cavidine
块茎紫堇定▲ cavidine
块菌苷▲ tuberoside
宽乌定 sczukidine
宽乌宁 sczukinine
宽乌亭 sczukitine
宽叶阿魏定▲ cauferidin; kauferidin
宽叶阿魏宁▲ cauferinin
宽叶阿魏素▲ cauferin; kauferin
宽叶阿魏素▲-4'-*O*-*β*-D- 吡喃葡萄糖基 -(1 → 6)-*O*-*β*-D- 吡喃葡萄糖苷 cauferin-4'-*O*-*β*-D-glucopyranosyl-(1 → 6)-*O*-*β*-D-glucopyranoside
宽叶波苏茜素▲ latifonin
宽叶葱苷▲ A karatavioside A
宽叶金粟兰半日花烷▲ A, B, C henrilabdane A, B, C
宽叶金粟兰醇▲ A~D henriol A~D
宽叶十万错苷▲ asysgangoside
宽叶缬草醛▲ D volvalerenal D
宽叶缬草烷▲ kessane
宽叶缬草烷醇▲乙酸酯 kessanyl acetate
款冬二醇 faradiol
款冬二醇 -3-*O*- 月桂酸酯 faradiol-3-*O*-laurate
款冬二醇 -3- 肉豆蔻酸酯 faradiol-3-myristic acid ester
款冬二醇 -3- 棕榈酸酯 faradiol-3-palmitic acid ester
款冬二醇脂肪酸酯 faradiol fatty acid ester
款冬二酮 faradion
款冬花素 farfaratin
款冬碱 tussilagine
款冬灵▲ A~F tussfararin A~F
款冬酮 tussilagonone
盔瓣耳叶苔酮▲ muscicolone
盔状黄芩苷▲ galeroside
盔状黄芩林素▲ galericulin
盔状黄芩灵▲ A, B scutegalerin A, B
盔状黄芩素 A~D scutegalin A~D
奎胺 quinamine
奎尼丁 quinidine
奎尼丁 -*N*⁴- 氧化物 quinidine-*N*⁴-oxide
奎尼定酮 quinidinone
奎尼内酯 quinide
奎宁 quinine
奎宁 -*N*⁴- 氧化物 quinine-*N*⁴-oxide
(-)- 奎宁酸 (-)-quinic acid
D-(-)- 奎宁酸 D-(-)-quinic acid
奎宁酸 quinic acid
奎宁酸 -5-*O*- 对羟基苯甲酸酯 quinic acid-5-*O*-*p*-hydroxybenzoate
奎宁酸 -5-*O*- 对顺式 - 香豆酸酯 quinic acid-5-*O*-*p*-*Z*-coumarate
奎宁酮 quininone
葵二烯酸 decadienoic acid
2- 葵基十六烷基去氢茚并 [2,1-a] 茚 2-decylhexadecahydro-indeno[2,1-a]indene
3- 喹啉甲酰胺 3-quinoline carboxamide
(1*H*)- 喹啉酮 (1*H*)-quinolinone
2-(正十一烷基)-4- 喹啉酮 2-(*n*-undecyl)-4-quinolinone
4(1*H*)- 喹啉酮 4(1*H*)-quinolinone
喹啉酮 quindolinone
4- 喹诺酮 -2- 羧酸 4-quinolone-2-carboxilic acid
2,4(1*H*,3*H*) 喹唑啉二酮 2,4(1*H*,3*H*)-quinazolinedione
4(3*H*)- 喹唑啉酮 4(3*H*)-quinazolinone
4- 喹唑啉酮 4-quinazolinone
魁蒿内酯 yomogin
魁蒿醛▲乙酸酯 sajabalal acetate
昆布酚 eckol
昆明山海棠醇▲ A, B, C triptohypol A, B, C
昆明山海棠二醇▲ hypodiol
昆明山海棠二萜内酯▲ A hypodiolide A
昆明山海棠苷▲ A hypoglaside A
昆明山海棠碱▲ A, C, E, F hypoglaunine A, C, E, F
昆明山海棠劳内酯▲ hypoglaulide
昆明山海棠内酯▲ hypolide; triptophenolide
昆明山海棠内酯▲甲醚 hypolide methyl ether
昆明山海棠宁▲ A~F hyponine A~F
昆明山海棠酸▲ hypoglic acid
昆明山海棠萜酸▲ hypoglauterpenic acid
昆明山海棠亭碱▲ forrestine
昆明香茶菜素 C, D rabdokunmin C, D
醌 21 quinone 21
醌茜素 quinizarin
(*S*)-(+)- 醌茜素 -6-*O*-*α*-L- 呋喃阿拉伯糖苷 (*S*)-(+)-skyrin-6-*O*-*α*-L-arabinofuranoside
(*R*)-(-)- 醌茜素 -6-*O*-*β*-D- 吡喃木糖苷 (*R*)-(-)-skyrin-6-*O*-*β*-D-xylopyranoside
(*S*)-(+)- 醌茜素 -6-*O*-*β*-D- 吡喃木糖苷 (*S*)-(+)-skyrin-6-*O*-*β*-D-xylopyranoside
(*R*)-(-)- 醌茜素 -6-*O*-*β*-D- 吡喃葡萄糖苷 (*R*)-(-)-skyrin-6-*O*-*β*-D-glucopyranoside
(*S*)-(-)- 醌茜素 -6-*O*-*β*-D- 吡喃葡萄糖苷 (*S*)-(-)-skyrin-6-*O*-*β*-D-glucopyranoside
(*S*)-(+)- 醌茜素 -6-*O*-*β*-D- 吡喃葡萄糖苷 (*S*)-(+)-skyrin-6-*O*-*β*-D-glucopyranoside
扩展青霉酚 A~F expansol A~F
阔苞菊醇▲ pleuchiol
阔苞菊醇 A, B plucheol A, B
阔苞菊苷 A, B, C, D_1, D_2, D_3, E plucheoside A, B, C, D_1, D_2, D_3, E
阔苞菊酸▲ pluchoic acid
(+)- 阔果芸香碱 (+)-platydesmine
阔果芸香碱 platydesmine
阔果芸香碱盐酸盐 platydesminium chloride
阔荚合欢苷▲ D lebbekanin D
阔叶合欢萜酸 albigenic acid
阔叶黄檀醇▲ dalbinol
(-)- 阔叶黄檀素 (-)-latifolin
阔叶黄檀素 latifolin
阔叶破布木宁素▲ C latifolicinin C
阔叶千里光碱 platyphylline
(*E*)- 阔叶千里光灵碱▲ (*E*)-seneciphylline
阔叶千里光灵碱▲ seneciphylline
阔叶千里光灵碱▲-*N*- 氧化物 seneciphylline-*N*-oxide
阔叶千里光内酯 platyphyllide
阔叶千里光宁碱▲ seneciphyllinine
阔叶乌檀碱▲ nauclefoline
阔翼蜡菊苯酞▲ platypterophthalide

K

L

拉巴多酸模苷▲ labadoside
拉拉藤苷▲ galioside
拉拉藤辛▲ galiosin
拉普乌头定 lappaconidine
拉普乌头碱 lappaconitine
拉普乌头原碱 lappaconine
拉齐木醇▲ rhazimol
拉齐木定▲ rhazidine
拉齐木那林▲ rhazinaline
拉齐木内酰胺▲ rhazinilam
拉齐木诺林▲ rhazinoline
拉萨翠雀碱 A, B gyalanine A, B
(+)- 拉瑟芹素▲ *d*-laserpitin
拉瑟芹素▲ laserpitin
拉肖皂苷元 laxogenin
拉肖皂苷元 -3-*O*-[α-L- 吡喃阿拉伯糖基 -(1 → 6)]-*β*-D- 吡喃葡萄糖苷 laxogenin-3-*O*-[α-L-arabinopyranosyl-(1 → 6)]-*β*-D-glucopyranoside
拉肖皂苷元 -3-*O*-[*β*-D- 吡喃葡萄糖基 -(1 → 4)]-[α-L- 吡喃阿拉伯糖基 -(1 → 6)]-*β*-D- 吡喃葡萄糖苷 laxogenin-3-*O*-[*β*-D-glucopyranosyl-(1 → 4)]-[α-L-arabinopyranosyl-(1 → 6)]-*β*-D-glucopyranoside
拉肖皂苷元 -3-*O*-{*O*-(2-*O*- 乙酰基 -*α*-L- 吡喃阿拉伯糖基)-(1 → 6)-*β*-D- 吡喃葡萄糖苷 } laxogenin-3-*O*-{*O*-(2-*O*-acetyl-*α*-L-arabinopyranosyl)-(1 → 6)-*β*-D-glucopyranoside}
拉肖皂苷元 -3-*O*-{*O*-*α*-L- 吡喃阿拉伯糖基 -(1 → 6)-*β*-D- 吡喃葡萄糖苷 } laxogenin-3-*O*-{*O*-*α*-L-arabinopyranosyl-(1 → 6)-*β*-D-glucopyranoside}
拉肖皂苷元 -3-*O*-{*O*-*β*-D- 吡喃木糖基 -(1 → 4)-*O*-[*α*-L- 吡喃阿拉伯糖基 -(1 → 6)]-*β*-D- 吡喃葡萄糖苷 } laxogenin-3-*O*-{*O*-*β*-D-xylopyranosyl-(1 →4)-*O*-[*α*-L-arabinopyranosyl-(1 →6)]-*β*-D-glucopyranoside}
拉肖皂苷元 -3-*O*-*α*-L- 吡喃阿拉伯糖基 -(1 → 6)-*β*-D- 吡喃葡萄糖苷 laxogenin-3-*O*-*α*-L-arabinopyranosyl-(1 → 6)-*β*-D-glucopyranoside
拉肖皂苷元 -3-*O*-*α*-L- 吡喃阿拉伯糖基 -(l → 6)-*β*-D- 吡喃葡萄糖苷 laxogenin-3-*O*-*α*-L-arabinopyranosyl-(l → 6)-*β*-D-glucopyranoside
拉肖皂苷元 -3-*O*-*α*-L- 吡喃鼠李糖基 -(1 → 2)-[*β*-D- 吡喃葡萄糖基 -(1 → 4)]-*β*-D- 吡喃葡萄糖苷 laxogenin-3-*O*-*α*-L-rhamnopyranosyl-(1 → 2)-[*β*-D-glucopyranosyl-(1 → 4)]-*β*-D-glucopyranoside
拉肖皂苷元 -3-*O*-*α*-L- 吡喃鼠李糖基 -(1 → 2)-*β*-D- 吡喃葡萄糖苷 laxogenin-3-*O*-*α*-L-rhamnopyranosyl-(1 → 2)-*β*-D-glucopyranoside
拉肖皂苷元 -3-*O*-*β*-D- 吡喃木糖基 -(1 → 4)-[*α*-L- 吡喃阿拉伯糖基 (1 → 6)]-*β*-D- 吡喃葡萄糖苷 laxogenin-3-*O*-*β*-D-xylopyranosyl-(1 → 4)-[*α*-L-arabinopyranosyl(1 → 6)]-*β*-D-glucopyranoside
拉肖皂苷元 -3-*O*-*β*-D- 吡喃葡萄糖基 l-(1 → 4)-*O*-[*α*-L- 吡喃阿拉伯糖基 -(1 → 6)]-*β*-D- 吡喃葡萄糖苷 laxogenin-3-*O*-*β*-D-glucopyranosyl-(1 → 4)-*O*-[*α*-L-arabinopyranosyl-(1 → 6)]-*β*-D-glucopyranoside
(-)- 喇叭茶醇 (-)-palustrol
喇叭茶醇 palustrol
蜡醇 ceryl alcohol
蜡醇蜡酸酯 ceryl cerotinate
蜡醇硬脂酸酯 ceryl stearate
蜡果杨梅醇▲ myricerol
蜡果杨梅酸 A, B, C myriceric acid A, B, C
蜡菊吡喃酮▲ helipyrone
蜡菊苷 helichrysoside
蜡菊色烷查耳酮▲ helichromanochalcone
(2*R*)- 蜡菊素▲ (2*R*)-helichrysin
(2*S*)- 蜡菊素▲ (2*S*)-helichrysin
(2*R*)- 蜡菊素▲A (2*R*)-helichrysin A
(2*S*)- 蜡菊素▲A (2*S*)-helichrysin A
蜡菊素▲B helichrysin B
蜡菊亭▲ helichrysetin
(-)- 蜡梅定 (-)-chimonanthidine
蜡梅定 chimonanthidine
蜡梅苷 meratin
蜡梅碱 chimonanthine
蜡梅米定▲ chimonamidine
蜡蘑二酮▲A, B laccaridione A, B
蜡酸 cerotic acid
N- 蜡酰色胺 *N*-cerotoyltryptamine
蜡烛果素 aegicerin
(+)- 辣薄荷醇 (+)-piperitol
辣薄荷醇 piperitol
辣薄荷醇 -3,3- 二甲基烯丙基醚 piperitol-3,3-dimethylallyl ether
辣薄荷醇 -*γ*,*γ*- 二甲基烯丙基醚 piperitol-*γ*,*γ*-dimethylallylethe
辣薄荷基和厚朴酚 piperitylhonokiol
(-)- 辣薄荷基厚朴酚 (-)-piperitylmagnolol
辣薄荷基厚朴酚 piperitylmagnolol
辣薄荷酮 piperitone
辣薄荷酮氧化物 piperitone oxide
辣薄荷烯酮 piperitenone
辣薄荷烯酮氧化物 piperitenone oxide
辣椒倍半萜醇▲A~J canusesnol A~J
辣椒二醇 capsidiol
辣椒苷 V 甲酯 capsicoside V methyl ester
辣椒苷 capsicoside A, A_1, A_2, A_3, B, B_1, B_2, B_3, C, C_1, C_2, C_3, D, D_1, E_1
(3*R*,3'*S*,5'*R*)- 辣椒红 (3*R*,3'*S*,5'*R*)-capsanthin
辣椒红素 capsanthin
辣椒红素 -3,6- 环氧化物 capsanthin-3,6-epoxide
辣椒红素 -5,6- 环氧化物 capsanthin-5,6-epoxide
辣椒红素 - 二棕榈酸酯 capsanthin-dipalmitate
辣椒红素 - 肉豆蔻酸酯 capsanthin-myristate
辣椒红素 - 肉豆蔻酸酯 - 棕榈酸酯 capsanthin-myristate-palmitate
辣椒红素 - 双月桂酸酯 capsanthin-dilaurate
辣椒红素 - 月桂酸酯 capsanthin-laurate
辣椒红素 - 月桂酸酯 - 肉豆蔻酸酯 capsanthin-laurate-myristate
辣椒红素 - 月桂酸酯 - 棕榈酸酯 capsanthin-laurate-palmitate
辣椒红素 - 棕榈酸酯 capsanthin-palmitate
辣椒红素 - 棕榈酸酯 - 肉豆蔻酸酯 capsanthin-palmitate-myristate
辣椒黄酮苷 A capsicuoside A
辣椒素 capsaicin
辣椒素 -*β*-D- 吡喃葡萄糖苷 capsaicin-*β*-D-glucopyranoside
辣椒萜苷 capsianoside I, II, III, IV, V, VI, VIII, IX, X, XI, XIII, XIV, XV, XVI, XVII, A, B, C, D, E, F, G, H, L
辣椒萜苷 I 甲酯 capsianoside I methyl ester
辣椒酮 capsanthone
辣椒酮 -3,6- 环氧化物 capsanthone-3,6-epoxide
(3*S*,5*R*,3'*S*,5'*R*)- 辣椒玉红素 (3*S*,5*R*,3'*S*,5'*R*)-capsorubin
辣椒玉红素 capsorubin
辣椒玉红素 - 二肉豆蔻酸酯 capsorubin-dimyristate
辣椒玉红素 - 肉豆蔻酸酯 capsorubin-myristate

L

辣椒玉红素 - 肉豆蔻酸酯 - 棕榈酸酯 capsorubin-myristate-palmitate
辣椒玉红素 - 月桂酸盐 - 肉豆蔻酸酯 capsorubin-laurate-myristate
辣椒玉红素 - 月桂酸酯 capsorubin-laurate
辣蓼铁线莲皂苷▲ A~E mandshunoside A~E
辣味乳菇醇▲ A~E lactapiperanol A~E
辣味乳菇二醛▲ piperdial
辣味乳菇醛醇▲ piperalol
来江藤苷 brandioside
莱菔酚 B raphanusol B
莱可菊内酯▲ B, F lecocarpinolide B, F
(+)- 莱曼沙枝豆碱▲ (+)-lehmannine
莱曼沙枝豆碱▲ lehmannine
莱氏翠雀碱▲ -14-*O*- 乙酰化物 leroyine-14-*O*-acetate
莱氏微花木苷▲ lyaloside
莱氏微花木苷酸▲ lyalosidic acid
莱氏五层龙芪酚▲ D lehmbachol D
莱斯顿木二糖苷▲ A_1 lethedioside A_1
莱斯顿木苷▲ A lethedoside A
L- 赖氨酸 L-lysine
赖氨酸 lysine
(-)- 兰伯罗汉松酸▲ (-)-lambertic acid
兰伯罗汉松酸▲ lambertic acid
兰定▲ A cymbinodin A
兰碱▲ A cymbidine A
兰金钩吻定▲ rankinidine
兰卡假蒟酰胺▲ langkamide
兰莫皂苷元 A~D, J ranmogenin A~D, J
兰萨罗特阿魏醇▲ -5*α*- 对羟基苯甲酸酯 lancerotol-5*α*-(4-hydroxybenzoate)
兰石草苷 lantibeside
兰石草苷 B, C, D lantibeside B, C, D
兰石草素 lantibetin
兰香草醇苷▲ A caryocanoside A
兰香草苷 incanoside
兰香草苷 A~E incanoside A~E
兰香草内酯▲ caryocanolide
兰香草酮▲ incanone
兰香草酯苷▲ A, B incanide A, B
兰屿福木联苯 C garcibiphenyl C
兰屿红厚壳酸▲ blancoic acid
兰屿花椒二醇▲ integrifoliodiol
兰屿花椒喹啉 integriquinoline
兰屿花椒喹诺酮▲ integriquinolone
兰屿花椒素▲ integrifoliolin
兰屿花椒酰胺 integriamide
兰屿椒内酯▲ lanyulactone
兰屿椒酰胺▲ III lanyuamide III
兰屿鱼藤酚 oblonginol
兰屿鱼藤素 oblongin
(-)- 蓝桉醇 (-)-globulol
(+)- 蓝桉醇 (+)-globulol
蓝桉醇 globulol
蓝桉醛 euglobal
蓝桉素 eucaglobulin
蓝刺头胺 echinoramine
蓝刺头定碱 echinopsidine
蓝刺头黄素▲ echitin
蓝刺头碱 echinopsine
蓝刺头醚碱 echinorine
蓝刺头木脂素 A echinolignan A
蓝刺头宁碱 echinine
蓝刺头炔噻吩▲ A echinoynethiophene A
蓝刺头噻吩烯醇▲ echinothiophenegenol
蓝翠雀灵▲ caeruline
蓝翠雀内酰胺 delphinium caeruleum lactam
蓝翠雀素▲ caeruine
蓝萼香茶菜苷 glaucocalyxoside
蓝萼香茶菜内酯 glaucocalactone
蓝萼香茶菜素 A~J, X glaucocalyxin A~J, X
蓝耳草甾酮▲ B cyanosterone B
蓝果忍冬苷▲ A, B, C caeruleoside A, B, C
蓝果树苷▲ nyssoside
蓝喉豚草素 cumanin
蓝花参酚苷▲ wahlenbergioside
蓝花参诺苷▲ A, B, C wahlenoside A, B, C
蓝花赝靛素 texasin
蓝花赝靛素 -7-*O*-*β*-D- 吡喃葡萄糖苷 -6''-*O*- 丙二酸酯 texasin-7-*O*-*β*-D-glucopyranoside-6''-*O*-malonate
蓝花楹醇 jacarandol
蓝花楹苷▲ jacaranoside
蓝花楹酮 jacaranone
蓝花楹酮 -7-*O*-2'- 葡萄糖酯苷 jacaranone-7-*O*-2'-glucopyranosyl ester
蓝花楹酮甲酯 jacaranone methyl ester
蓝花楹酮乙酯 jacaranone ethyl ester
蓝花楹酮乙酯 -4-*O*- 葡萄糖苷 jacaranone ethyl ester-4-*O*-glucoside
蓝花楹香豆酸▲ jacoumaric acid
蓝蓟定 echimidine
蓝蓟定 -*N*- 氧化物 echimidine-*N*-oxide
蓝蓟碱▲ echivulgarine
蓝蓟碱▲ -*N*- 氧化物 echivulgarine-*N*-oxide
蓝蓟灵▲ vulgarine
蓝蓟灵▲ -*N*- 氧化物 vulgarine-*N*-oxide
蓝堇草碱▲ leptopyrine
蓝堇辛 fumaricine
蓝盆花皂苷▲ A~K scabiosaponin A~K
蓝丝菊素▲ cardopatine
蓝雪花苷▲ A ceratoside A
蓝叶藤胺▲ tinctoramine
蓝叶藤苷▲ A, B, C tinctoroside A, B, C
蓝叶藤内酯▲ tinctoralactone
榄仁树鞣精▲ tergallagin
榄仁树鞣质▲ tercatain
α- 榄香醇 *α*-elemol
β- 榄香醇 *β*-elemol
γ- 榄香醇 *γ*-elemol
δ- 榄香醇 *δ*-elemol
榄香醇 elemol
榄香醇乙酸酯 elemol acetate
榄香内酯 elemanolide
榄香树脂醇 brein
榄香素 elemicin
(-)-*β*- 榄香烯 (-)-*β*-elemene
(+)-*β*- 榄香烯 (+)-*β*-elemene
Δ- 榄香烯 *Δ*-elemene
α- 榄香烯 *α*-elemene
β- 榄香烯 *β*-elemene

γ- 榄香烯 γ-elemene
δ- 榄香烯 δ-elemene
τ - 榄香烯 τ -elemene
榄香烯 elemene
7- 榄香烯醇 7-elemenol
β- 榄香烯酮 β-elemenone
榄叶菊素▲ olearin
狼毒大戟苷▲ A, B, C fischeroside A, B, C
狼毒大戟降二萜内酯▲ A fischeria A
狼毒大戟萜内酯▲ A, B fischeriana A, B
狼毒酚 stelleranol
狼毒黄酮 A chamaeflavone A
狼毒灵▲ stellerarin
狼毒莫森酮▲ mohsenone
狼毒木脂素 stelleralignan
狼毒内酯 A, B, C stelleralide A, B, C
(-)- 狼毒宁 B (-)-chamaejasmenin B
(+)- 狼毒宁 C (+)-chamaejasmenin C
狼毒宁 A~D chamaejasmenin A~D
狼毒色酮 chamaechromone
狼毒双香豆素 bicoumastechamin
(+)- 狼毒素 (+)-chamaejasmin
狼毒素 chamaejasmin; chamaejasmine
狼毒酮 A~D chamaejasmone A~D
狼毒乌头碱 lycoctonine
狼毒乌头酸单甲酯 lycaconitic acid monomethyl ester
狼毒乌头亭▲ lycaconitine
狼毒辛▲ A~E stelleracin A~E
狼毒新素▲ neostellerin
狼毒因▲ A~D, F langduin A~D, F
狼毒脂素 A stellerachama A
狼尾草麦角碱 penniclavine
狼尾麦角碱▲ setoclavine
狼紫琴颈草胺▲ lycopsamine
劳丹林碱 -3',4'- 二甲酯 laudanosoline-3',4'-dimethyl ether
劳丹鼬瓣花素▲ ladanein
劳丹鼬瓣花亭▲ ladanetin
劳丹鼬瓣花亭▲ -6-*O*-β-(6''-*O*- 乙酰基)- 吡喃葡萄糖苷 ladanetin-6-*O*-β-(6''-*O*-acetyl)-glucopyranoside
劳丹鼬瓣花亭▲ -6-*O*-β-D- 吡喃葡萄糖苷 ladanetin-6-*O*-β-D-glucopyranoside
劳丹鼬瓣花亭▲ -6-*O*-β-D- 葡萄糖苷 ladanetin-6-*O*-β-D-glucoside
劳氏假番荔枝醛▲ lawinal
老瓜头苷▲ C, I~L komaroside C, I~L
老鹳草鞣质 geraniin
老鹳草鞣质 a, b geraniin a, b
老虎楝素▲ A~H trijugin A~H
老虎楝素▲ B 乙酸酯 trijugin B acetate
老牛筋苷▲ A~D junceoside A~D
老鼠瓜苷 A, B cappariloside A, B
老鼠瓜辛▲ capparidisine
老鼠簕胺苷 acanthaminoside
老鼠簕苷▲ A, B ilicifolioside A, B
老鼠簕碱 acanthicifoline
老鼠簕新苷▲ acancifoliuside
姥鲛烷 pristane
L- 酪氨酸 L-tyrosine
酪氨酸 tyrosine
酪氨酸 - 甜菜黄素 tyrosine-betaxanthin
L- 酪氨酰 -L- 丙氨酸酐 L-tyrosyl-L-alanineanhydride
L- 酪氨酰 -L- 亮氨酸酐 L-tyrosyl-L-leucine anhydride
L- 酪氨酰 -L- 缬氨酸酐 L-tyrosyl-L-valine anhydride
酪胺 tyramine
酪胺 - 甜菜黄素 tyramine-betaxanthin
酪醇 tyrosol
酪醇甲醚 tyrosol methyl ether
酪醇乙酸酯 tyrosyl acetate
酪醇油酸酯 tyrosol oleate
乐园树醇 glaucarubol
$\Delta^{13,18}$- 乐园树醇酮▲ $\Delta^{13,18}$-glaucarubolone
乐园树醇酮▲ glaucarubolone
乐园树素 glaucarubin
乐园树酮 glaucarubinone
簕欓花椒胺▲ avicennamine
簕欓花椒醇▲ avicennol
簕欓花椒醇▲甲酯 avicennol methyl ether
簕欓花椒碱▲ avicine
簕欓花椒碱▲三氯甲烷加合物 avicine $CHCl_3$ adduct
簕欓花椒素▲ avicennin
了哥王酮 indicanone
了哥王香豆素 wikstrocoumarin
雷波乌头定▲ lepedine
雷波乌头碱 lepenine
雷波乌头碱 -*N*- 氧化物 lepenine-*N*-oxide
雷波乌头亭▲ lepetine
雷公二醇内酯 tripdiolide
雷公藤胺 A~W tripterygiumine A~W
雷公藤苯 A~N, P~S, Y triptobenzene A~N, P~S, Y
雷公藤春碱 wilfortrine
雷公藤醇▲ A~F wilforol A~F
雷公藤醇内酯▲ tripterolide
雷公藤定碱 wilfordine
雷公藤定宁 A~J wilfordinine A~J
雷公藤二醇 triptonodiol
雷公藤二醇酮内酯 tripdioltonide
雷公藤二羟酸甲酯 triptodihydroxy acid methyl ester
雷公藤二萜酸 B triptoditerpenic acid B
雷公藤酚二萜酸 triptonoditerpenic acid
雷公藤酚内酯 triptophenolide
雷公藤酚内酯甲醚 triptophenolide methyl ether
雷公藤酚萜 triptonoterpene
雷公藤酚萜醇 triptonoterpenol
雷公藤酚萜甲醚 triptonoterpene methyl ether
雷公藤酚酮内酯 triptonolide
雷公藤弗定 A, C tripfordine A, C
雷公藤晋碱 wilforgine
雷公藤精碱 wilforjine
雷公藤康碱 wilfordconine
雷公藤醌 A~H triptoquinone A~H
雷公藤醌醇 triptoquinonol
雷公藤醌二醇 triptoquinondiol
雷公藤醌醛 triptoquinonal
雷公藤醌酸 A, B triptoquinonoic acid A, B
雷公藤立弗定▲ tripterifordin
雷公藤灵碱 wilforine
雷公藤氯内酯 tripchlorolide
雷公藤毛状根酸▲ triptohairic acid
雷公藤明碱▲ wilformine

雷公藤内酯 triptolide
雷公藤内酯 A, B wilforlide A, B
雷公藤宁▲ A, B triptinin A, B
雷公藤宁碱 wilfornine
雷公藤宁碱 A~H wilfornine A~H
雷公藤嗪碱 wilforzine
雷公藤任▲ tripterine
雷公藤三醇内酯 triptriolide
雷公藤三萜内酯 A triptotriterpenoidal lactone A
雷公藤三萜酸 A, B, C triptotriterpenic acid A, B, C
雷公藤三萜酸 B Triptotriterpenic acid B
雷公藤四醇内酯 triptotetraolide
雷公藤素 wilforonide
雷公藤酸 A, B, C wilforic acid A, B, C
雷公藤特弗定▲ A, B, C_1, C_2, D_1, D_2, E, F_1~F_4 triptofordin A, B, C_1, C_2, D_1, D_2, E, F_1~F_4
雷公藤亭 A~H, J triptotin A~H, J
雷公藤酮▲ wilforone
雷公藤酮内酯 triptonide
雷公藤托宁▲ A, B triptonine A, B
雷公藤无羁萜酮 A, B tripterfrielanone A, B
雷公藤西定 wilforcidine
雷公藤西宁▲ A~H wilforsinine A~H
雷公藤烯内酯 triptolidenol
雷公藤辛碱▲ wilfordsine
雷公藤辛宁▲ A~L triptersinine A~L
雷公藤愈伤醇▲ triptocallol
雷公藤愈伤素▲ A triptocallin A
雷公藤愈伤酸▲ A~D triptocallic acid A~D
雷公藤脂醇▲ tripterygiol
雷蒙德氏烟草醇 raimonol
雷蒙德氏烟草醇异构体 raimonol isomer
雷纳千里光碱 renardine; senkirkine
雷丸多糖 -2 OL-2
雷亚呫酮▲ leiaxanthone
肋麦角碱 costaclavine
肋柱花苷▲ A~D carinoside A~D
肋柱花萜苷▲ A, B lomacarinoside A, B
泪柏醇 manool
泪柏醚 manoyl oxide
类饱食桑酮▲ H, I brosimone H, I
类杜茎鼠李素▲ maesopsin
类杜茎鼠李素▲ -4-*O*-*β*-D- 吡喃葡萄糖苷 maesopsin-4-*O*-*β*-D-glucopyranoside
类杜茎鼠李素▲ -6-*O*-*β*-D- 吡喃葡萄糖苷 maesopsin-6-*O*-*β*-D-glucopyranoside
类杜茎鼠李素▲ -6-*O*- 吡喃葡萄糖苷 maesopsin-6-*O*-glucopyranoside
类二十酸 eicosanoid
类钩叶藤胺▲ -12- 甲基 -5-*O*-*β*-D- 吡喃葡萄糖苷 -*N*- 氧化物 plectocomine-12-methyl-5-*O*-*β*-D-glucopyranoside-*N*-oxide
类胡萝卜素 carotenoid
类黄檀素▲ dalbergioidin
类叶牡丹苷 A, B, C leiyemudanoside A, B, C
类叶升麻醇▲ acteol
类叶升麻素▲ actein
类叶升麻素醇▲ acteinol
棱果榕胺▲ A, B, C ficuseptamine A, B, C
棱果榕碱▲ ficuseptine
棱果榕碱▲ A~N ficuseptine A~N
(-)- 棱果榕辛碱▲ (-)-septicine
(*S*)-(+)- 棱果榕辛碱▲ (*S*)-(+)-septicine
(*R*)-(-)- 棱籽厚壳桂碱▲ (*R*)-(-)-cryptopleurine
冷饭藤林素▲ A~D kadsufolin A~D
冷饭藤素▲ A~D kadoblongifolin A~D
冷蒿苷▲ A, B friginoside A, B
冷蒿素▲ A, B, C frigin A, B, C
冷蒿萜苷▲ A, B artemofriginoside A, B
冷杉 -7,13(14)- 二烯 -18- 酸 abieta-7,13(14)-diene-18-oic acid
冷杉 -7,13- 二烯 -12*α*- 甲氧基 -18- 酸 abieta-7,13-diene-12*α*-methoxy-18-oic acid
冷杉 -7,13- 二烯 -3- 酮 abieta-7,13-dien-3-one
13*β*- 冷杉 -7,9(11)- 二烯 -18- 酸酯 13*β*-abieta-7,9(11)-dien-18-oat
冷杉 -8,11,13,15- 四烯 -18- 酸 abieta-8,11,13,15-tetraen-18-oic acid
冷杉 -8,11,13- 三烯 -14,19- 二醇 abieta-8,11,13-triene-14,19-diol
冷杉 -8,11,13- 三烯 -15- 羟基 -18- 酸 abiet-8,11,13-trien-15-hydroxy-18-oic acid
冷杉 -8,11,13- 三烯 -7- 酮 abieta-8,11,13-trien-7-one
冷杉醇 abienol
冷杉定▲ D, I, N, X, Y abiesadine D, I, N, X, Y
7,13- 冷杉二烯 7,13-abietadiene
8,13- 冷杉二烯 8,13-abietadiene
冷杉二烯 abietadiene
8,12- 冷杉二烯 -11,14- 二酮 -19- 羧酸 8,12-abietadien-11,14-dione-19-acid
8,12- 冷杉二烯酸 8,12-abietadienoic acid
冷杉螺酮▲ A~H abiespirone A~H
冷杉内酯酸▲ abiesolidoic acid
冷杉三萜素▲ D, E, Q abiesatrine D, E, Q
8,11,15- 冷杉三烯 8,11,15-abietatriene
冷杉三烯 abietatriene
冷杉三烯 -18- 酸 abietatrien-18-oic acid
冷杉三烯 -3*β*- 醇 abietatrien-3*β*-ol
7,13,15- 冷杉三烯酸 7,13,15-abietatrienoic acid
冷杉四萜烷▲ A, B, D, E abiestetrane A, B, D, E
8,11,13,15- 冷杉四烯 -19- 酸 8,11,13,15-abietatetraen-19-oic acid
6,8,11,13- 冷杉四烯酸 6,8,11,13-abietatetraenoic acid
冷杉酸 abietic acid
冷杉酸甲酯 methyl abietate
冷杉亭▲ abietin
离 -10'- 玉米黄质醛 apo-10'-zeaxanthinal
离 -11- 玉米黄质醛 apo-11-zeaxanthinal
离 -12'- 辣椒玉红素醛 apo-12'-capsorubinal
离 -12'- 玉米黄质醛 apo-12'-zeaxanthinal
离 -13- 玉米黄质酮 apo-13-zeaxanthinone
离 -14'- 玉米黄质醛 apo-14'-zeaxanthinal
离 -15- 玉米黄质醛 apo-15-zeaxanthinal
β- 离 -8- 胡萝卜醛 *β*-apo-8-carotenal
离 -8'- 辣椒玉红素醛 apo-8'capsorubinal
离 -8'- 玉米黄质醛 apo-8'-zeaxanthinal
离 -9- 玉米黄质酮 apo-9-zeaxanthinone
10'- 离 -*β*- 胡萝卜素 -10'- 醛 10'-apo-*β*-caroten-10'-al
离阿托品▲ apoatropine
离贝母碱 apoverticine
离东莨菪碱▲ aposcopolamine
离格氏绿心樟碱▲ apoglaziovine
离花苷▲ lisianthioside
离降东莨菪碱▲ aponorscopolamine

离块茎紫堇定▲ apocavidine
离马桑素▲ apotutin
离蔓长春花胺▲ apovincamine
离舌橐吾苷▲B liguveitoside B
离天仙子碱▲ apohyoscine
3- 离托品酰氧基 -6,7- 环氧托品烷 3-apotropoyloxy-6,7-epoxytropane
3α- 离托品酰氧基托品烷 3α-apotropoyloxytropane
3β- 离托品酰氧基托品烷 3β-apotropoyloxytropane
离褶伞聚糖▲A lyophyllan A
梨叶托沃木素▲ tovopyrifolin C
黎豆胺 stizolamine
黎芦明灵 -3-O-β-D- 吡喃葡萄糖苷 veramiline-3-O-β-D-glucopyranoside
α- 藜二醇▲ α-chenopodiol
β- 藜二醇▲ β-chenopodiol
α- 藜二醇▲单乙酸酯 α-chenopodiol monoacetate
藜二烯醇酮▲ chenopodienolone
藜苷▲A, B chenopodoside A, B
(20R,22S,25S)- 藜芦 -5,13- 二烯 -3β- 醇 (20R,22S,25S)-veratra-5,13-dien-3β-ol
藜芦胺 veratramine
藜芦胺 -3-O- 葡萄糖苷 veratramine-3-O-glucoside
22S,25S,5α- 藜芦胺 -7(8),12(14)- 二烯 -3β,13β,23β- 三醇 -6- 酮 22S,25S,5α-veratramine-7(8),12(14)-diene-3β,13β,23β-triol-6-one
藜芦苯甲胺 verabenzoamine
藜芦醇 veratryl alcohol
藜芦醇胺▲ veralkamine
藜芦独眼畸形素▲ cycloposine
藜芦酚 veraphenol
藜芦黄化碱▲ etioline
藜芦碱 veratrine; veratridine
(-)- 藜芦灵▲ (-)-veranigrine
藜芦马林碱 veramarine
藜芦醚 veratrol; veratrole
藜芦明▲ veramine
(20R)- 藜芦嗪 (20R)-verazine
(20S)- 藜芦嗪 (20S)-verazine
藜芦嗪 verazine
藜芦嗪宁 verazinine
藜芦醛 veratraldehyde
藜芦酸 veratric acid
藜芦酰胺▲ veratroylamide
15-O- 藜芦酰白藜芦胺▲ 15-O-veratroylgermine
15- 藜芦酰白藜芦胺▲ 15-veratroylgermine
3- 藜芦酰白藜芦胺▲ 3-veratroylgermine
C- 藜芦酰甘醇 C-veratroylglycol
12β- 藜芦酰棋盘花碱 12β-hydroxylveratroylzygadenine
3- 藜芦酰棋盘花碱 3-veratroylzygadenine
藜芦酰棋盘花碱 veratroylzygadenine
10-O- 藜芦酰喜花草苷▲ 10-O-veratroyleranthemoside
14-O- 藜芦酰新欧乌林碱▲ 14-O-veratroylneoline
11-O- 藜芦酰岩白菜素 11-O-veratroylbergenin
2''-O- 藜芦酰异獐牙菜素 2''-O-veratroylisoswertisin
6-O- 藜芦酰梓醇 6-O-veratroylcatalpol
6-O- 藜芦酰梓醇酯 6-O-veratroyl catalpol ester
6-O- 藜芦酰梓苷 6-O-veratroylcatalposide
藜芦辛▲ veratrosine
藜芦辛亭▲ veracintine
藜芦芽醇▲ dormantinol
藜芦烟腙 veratrylidenehydrazide
藜麦皂苷▲-3, A, B quinoasaponin -3, A, B
藜三醇▲ chenopotriol
藜四醇▲ chenopotetraol
藜烷酮▲ chenopanone
李叶绣线菊苷▲A prunioside A
里白醇 diplopterol
里白烯 diploptene
里德巴福木定▲ ribalinidine
里德巴福木季铵碱▲ ribalinium
里德巴福木季铵碱▲高氯酸盐 ribalinium perchlorate
(-)- 里德巴福木宁▲ (-)-ribalinine
(+)-(S)-ψ- 里德巴福木宁▲ (+)-(S)-ψ-ribalinine
(±)- 里德巴福木宁▲ (±)-ribalinine
(R)-(+)- 里德巴福木宁▲ (R)-(+)-ribalinine
里德巴福木宁▲ ribalinine
里德巴福木异戊烯▲ ribaliprenylene
里海旋覆花内酯 incaspin
鳢肠醛 ecliptal
鳢肠皂苷 B, C ecliptasaponin B, C
丽钵花苷▲ eustomoside
丽春花定碱 rhoeadine
丽春花宁碱 rhoeagenine
丽春花青苷 mecocyanin
丽江乌头碱 foresaconitine
丽江乌头宁▲ acoforestinine
丽江乌头任碱 acoforine
丽江乌头亭▲ acoforestine
丽江乌头辛碱 acoforesticine
(-)- 丽麻藤碱▲ (-)-limacine
丽日碱 A liconosine A
丽乌碱 liwaconitine
丽乌亭▲ forestine
丽乌辛▲ foresticine
丽芸木内酯▲ calodendrolide
利皮珀菊二醇▲ lipidiol
利奇槐酚▲C, F, G leachianol C, F, G
利奇槐酮▲A, G leachianone A, G
利血胺 rescinnamine
利血平 reserpine
利血平灵 reserpiline
3R,4S- 利血平灵 -N- 氧化物 3R,4S-reserpiline-N-oxide
利血平宁 reserpinine
利血平宁氧化吲哚 reserpinine oxindole
利血平酸甲酯 methyl reserpate
荔枝草呋喃▲ plebeiafuran
荔枝草苷▲ salviaplebeiaside
荔枝草内酯▲A, B, C plebeiolide A, B, C
荔枝醇 A, B litchiol A, B
荔枝苷 C, D litchioside C, D
荔枝鞣质 A_1, A_2 litchitannin A_1, A_2
1- 栎醇 1-quercitol
d- 栎醇 d-quercitol
栎醇 quercitol
栎焦油酸 queretaroic acid
栎皮鞣酐 phlobaphene
栎皮鞣质 phlobatannin
栎叶鼠李素▲ prinoidin

L

栎叶鼠李素▲- 大黄素二蒽酮 A~D prinoidin-emodin bianthrone A~D
栎叶鼠李素▲二蒽酮 A, B prinoidin bianthrone A, B
栗柄金粉蕨醇▲ lucidol
栗豆树苷元▲ bayogenin
栗豆树苷元▲-28-*O*-*α*-L- 吡喃鼠李糖基 -(1 → 4)-*β*-D- 吡喃葡萄糖基 -(1 → 6)-*β*-D- 吡喃葡萄糖基酯苷 bayogenin-28-*O*-*α*-L-rhamnopyranosyl-(1 → 4)-*β*-D-glucopyranosyl-(1 → 6)-*β*-D-glucopyranosylester
栗豆树苷元▲-28-*O*-*α*-L- 吡喃鼠李糖基 -(1 → 4)-*β*-D- 吡喃葡萄糖基 -(1 → 6)-*β*-D- 吡喃葡萄糖基酯苷 bayogenin-28-*O*-*α*-L-rhamnopyranosyl-(1 → 4)-*β*-D-glucopyranosyl-(1 → 6)-*β*-D-glucopyranosyl ester
栗豆树苷元▲-3-*O*-[*β*-*D*- 吡喃半乳糖基 -(1 → 2)-*β*-D- 吡喃葡萄糖醛酸基]-28-*O*-*β*-D- 吡喃葡萄糖苷 bayogenin-3-*O*-[*β*-*D*-galactopyranosyl-(1 → 2)-*β*-D-glucuronopyranosyl]-28-*O*-*β*-D-glucopyranoside
栗豆树苷元▲-3-*O*-*α*-L- 吡喃阿拉伯糖苷 bayogenin-3-*O*-*α*-L-arabinopyranoside
栗豆树苷元▲-3-*O*-*β*-D- 吡喃葡萄糖苷 bayogenin-3-*O*-*β*-D-glucopyranoside
栗豆树苷元▲3- 葡萄糖苷 bayogenin 3-glucoside
栗豆树素▲ bayin
栗苷 castanoside
栗苷 A, B castanoside A, B
栗木鞣质 castanin
栗木脂苷 chestnutlignansoide
栗鞣精▲ castalagin
栗色鼠尾草醇▲ A, B, C castanol A, B, C
栗色鼠尾草内酯▲ castanolide
栗色鼠尾草素▲ A~H castanin A~H
栗酰胺▲ chestnutamide
栗瘿鞣亭 chesnatin
栗瘿鞣质 chestanin
栗甾酮 castasterone
痢止蒿素 A, B ajuforrestin A, B
连钱草酚 A, B, C glechomol A, B, C
连钱草酮 glecholone
连翘醇 rengyol
连翘醇苷 A, B, C rengyoside A, B, C
(+)- 连翘醇酮 (+)-rengyolone
连翘醇酮 rengyolone
连翘醇氧化物 rengyoxide
连翘酚 forsythol
连翘苷▲ suspensaside
连翘苷▲ A, B, C suspensaside A, B, C
连翘苷▲甲酯 suspensaside methyl ether
连翘苷元 forsythigenin
连翘碱 A suspensine A
连翘兰苷▲ A~D forsythialanside A~D
连翘素 forsythin
连翘酸 rengynic acid
连翘酸 -1'-*O*-*β*-D- 吡喃葡萄糖苷 rengynic acid-1'-*O*-*β*-D-glucopyranoside
连翘烯苷 A, B, F~L forsythenside A, B, F~L
连翘烯酸 suspenolic acid
连翘新苷 A, B lianqiaoxinoside A, B
连翘扬苷▲ A, B forsythiayanoside A, B
连翘酯苷 A forsythoside A; forsythiaside
连翘酯苷 B~J forsythoside B~J
连香树定▲ cercidin
连香树宁▲ A, B cercidinin A, B
连柱金丝桃酮▲ A hypercohone A
莲苷 nelumboside
莲桂林碱▲ dehassiline
莲茎胺▲ nelumstemine
莲可宁碱 lienkonine
莲蕊苷▲ nuciferoside
莲心碱 liensinine
莲叶桐胺 heliamine
莲叶桐醇▲ hernanol
(+)- 莲叶桐达灵▲ (+)-nymphaedaline
莲叶桐芬碱 hernanymphine
莲叶桐酚▲ A, B, C nymphaeol A, B, C
(+)- 莲叶桐碱 (+)-nandigerine
莲叶桐碱 hernangerine; nandigerine
莲叶桐精 hernagine
(+)- 莲叶桐林碱▲ (+)-hernandaline
莲叶桐灵碱▲ ovihernangerine
莲叶桐宁碱▲ hernandonine
莲叶桐任碱▲ ovigerine
(-)- 莲叶桐酮 (-)-hernone
(+)- 莲叶桐文碱▲ (+)-hernovine
莲叶桐文碱▲ hernovine
莲叶桐异紫堇定▲ oviisocorydine
(-)- 莲叶桐脂酮▲ (-)-nymphone
莲叶橐吾醇▲ A~D nelumol A~D
莲因碱▲ lotusine
莲座革菌素▲ A, B vialinin A, B
1,1'- 联苯 1,1'-biphenyl
(*R*- 联苯)-12- 苯甲酰氧基 -6,7,8,9- 四氢 -1,2,3,13,14- 五甲氧基 -7,8- 二甲基 -7- 联苯 [a,c] 环辛烯醇 (*R*-biar)-12-benzoyloxy-6,7,8,9-tetrahydro-1,2,3,13,14-pentamethoxy-7,8-dimethyl-7-dibenzo[a,c] cyclooctenol
(*R*- 联苯)-12- 当归酰氧基 -6,7,8,9- 四氢 -1,2,3,13,14- 五甲氧基 -7,8- 二甲基 -7- 联苯 [a,c] 环辛烯醇 (*R*-biar)-12-angeloyloxy-6,7,8,9-tetrahydro-1,2,3,13,14-pentamethoxy-7,8-dimethyl-7-dibenzo[a,c] cyclooctenol
2,4- 联苯 -4- 甲基 -2(*E*)- 戊烯 2,4-diphenyl-4-methyl-2(*E*)-pentene
1,3- 联苯基异苯并呋喃 1,3-diphenylisobenzofuran
2,4'- 联吡啶 2,4'-dipyridyl
4,4'- 联吡啶 4,4'-dipyridyl
镰扁豆苷▲ A doliroside A
镰扁豆内酯▲ dolicholide
镰形棘豆素▲ A~F oxytrofalcatin A~F
镰形棘豆素 A, B falcatin A, B
镰叶车前苷▲ crassoside
(3*R*)-(-)- 镰叶芹醇 (3*R*)-(-)-falcarinol
镰叶芹醇 falcarinol
镰叶芹醇酮 falcarinolone
(+)- 镰叶芹二醇 (+)-falcarindiol
(3*R*,8*S*)- 镰叶芹二醇 (3*R*,8*S*)-falcarindiol
3(*R*),8(*S*),9(*Z*)- 镰叶芹二醇 3(*R*),8(*S*),9(*Z*)-falcarindiol
镰叶芹二醇 falcarindiol
镰叶芹二醇 -8- 阿魏酸酯 falcarindiol-8-ferulate
镰叶芹二醇 -8- 乙酸酯 falcarindiol-8-acetate
链格孢苝醇▲ alterperylenol
链格孢毒素 I altertoxin I

L

链格孢酚 alternariol
链格孢酚 -9- 甲醚 alternariol-9-methyl ether
链格孢酚单甲酯 alternariol monomethyl ether
链格孢酸▲ alternarian acid
链格孢烯酮酸▲ alternarienonic acid
链荚木素▲ ormocarpin
链蠕孢素 catenarin
2- 链异凝集素 LtuLI, LtuLII 2-chain isolectin LtuLI, LtuLII
链珠藤内酯▲ alyxialactone
楝巴卡亚内酯▲ bakayanolide
楝醇 melianol
楝毒素 A_1, A_2, B_1, B_2 meliatoxin A_1, A_2, B_1, B_2
楝二醇▲ cinamodiol
楝二醇酸▲ A, B melidianolic acid A, B
楝卡品宁▲ A~E meliacarpinin A~E
楝木素 B melianin B
楝内酯 A melazolide A
楝钦素▲ A~K meliarachin A~K
楝三醇 meliantriol
楝瑟宁▲ A~X meliasenin A~X
楝屾酮▲ melianxanthone
楝四醇烯酮▲ meliatetraolenone
楝素 sendanin
楝特宁▲ meliartenin
楝萜内酯▲ sendanolactone
楝萜辛素 1, 2, 3, 4 azecin 1, 2, 3, 4
楝酮 melianone
楝酮二醇 melianodiol
楝香堇苷▲ A, B meliaionoside A, B
楝辛▲ meliacine
楝新醇 melianoninol
楝叶吴萸素▲ evomeliaefolin
楝叶吴萸素 A, B, C evofolin A, B, C
(-)- 楝叶吴萸素 B (-)-evofolin B
(±)- 楝叶吴萸素 B (±)-evofolin B
楝抑素▲ 2, 3, 5 meliastatin 2, 3, 5
凉粉草多糖 MCPS
凉山乌头碱▲ A, B, C liangshansine A, B, C
凉山乌头宁碱▲ liangshanine
凉山乌头亭▲ liangshantine
凉薯酮 erosone
梁王茶苷▲ I, II liangwanoside I, II
梁王茶素 A liangwanin A
两耳草苷 paspaloside
两面刺苷 cirsiumoside
两面针哈宁▲ terihanine
两面针碱 nitidine
两面针碱氯化物 nitidine chloride
两面针碱三氯甲烷加合物 nitidine $CHCl_3$ adduct
两面针碱硝酸盐 nitidine nitrate
(7*S*,8*S*)- 两面针宁▲ (7*S*,8*S*)-nitidanin
两面针宁▲ nitidanin
两面针酸▲甲酯 methyl nitinoate
两面针酮 A, B nitidumtone A, B
两栖枣碱▲ B, D, E, F, H amphibine B, D, E, F, H
(+)- 两歧五加苷 (+)-divaroside
(+)- 两头毛单萜素 A (+)-argutoid A
两头毛碱▲ A, B argutine A, B
两头毛内酯▲ argutalactone
两头毛素▲ A~D argutosin A~D
两头毛萜碱▲ A, B argutane A, B
两头毛亭▲ A, B incargutine A, B
两头毛酮▲ argutone
两头毛辛碱▲ C, D incargutosine C, D
两性离子生物碱 I zwitterionic I
L- 亮氨酸 L-leucine
亮氨酸 leucine
亮氨酸 - 甜菜黄素 leucine-betaxanthin
L- 亮氨酰 -L- 酪氨酸 L-leucyl-L-tyrosine
亮白蒿内酯▲ lucentolide
亮绿蒿素▲ arglabin
(-)- 亮蛇床定 (-)-selinidin
(±)- 亮蛇床定 (±)-selinidin
亮蛇床定 selinidin
亮叶巴戟天素▲ oruwacin
亮叶鲍迪豆烷▲ E sucutinirane E
亮叶猴耳环苷▲ A, B, C pithelucoside A, B, C
(+)- 亮叶木姜子宁▲ (+)-laetanine
亮叶石冬青宁碱▲ lucidinine
亮叶石杉定碱▲ B lucidine B
量天尺苷▲ A, B, C undatuside A, B, C
辽东楤木苷▲ A~F elatoside A~F
辽东楤木苷▲ K 甲酯 elatoside K methyl ester
辽东桤木苷▲ hirsutoside
辽东桤木酮▲ hirsutanone
辽东桤木酮醇▲ hirsutanonol
辽东桤木酮醇▲ -5-*O*-(6-*O*- 没食子酰基)-*β*-D- 吡喃葡萄糖苷 hirsutanonol-5-*O*-(6-*O*-galloyl)-*β*-D-glucopyranoside
辽东桤木酮醇▲ -5-*O*-*β*-D- 吡喃葡萄糖苷 hirsutanonol-5-*O*-*β*-D-glucopyranoside
辽东桤木烯酮▲ hirsutenone
蓼查耳酮▲ polygochalcone
蓼二醛▲ polygodial
蓼二醛▲缩二甲醇 polygodial methylacetal
蓼苷▲ A~D polygonumoside A~D
蓼黄烷醇▲ A polygonflavanol A
蓼黄烷芪▲ A polyflavanostilbene A
蓼萘芪▲ A, B polynapstilbene A, B
蓼内酯▲ polygonolide
蓼宁▲ A, B polygonin A, B
蓼醛▲ polygonal
蓼素▲ A, B polygonumin A, B
(-)- 蓼酸 (-)-polygonic acid
(+)- 蓼酮▲ (+)-polygonone
蓼酯 polygonumate
列当苷 orobanchoside
列瓦巴豆素▲ levatin
列瓦巴豆亭▲ crovatin
劣乳菇醇▲ deterrol
烈味脚骨脆醇▲ casegravol
烈香杜鹃环酸▲ anthopogocyclolic acid
烈香杜鹃色烷▲ anthopogochromane
烈香杜鹃色烯▲ A, B, C anthopogochromene A, B, C
烈香杜鹃素 I, II liexiangdujuanine I, II
烈香杜鹃烯酸▲ anthopogochromenic acid
烈香旋覆花内酯▲ graveolide
3,4- 裂 -12*R*,13*S*- 二羟基 -4(18),8(17),14(15)- 半日花三烯 -3- 酸 3,4-seco-12*R*,13*S*-dihydroxy-4(18),8(17),14(15)-labdatrien-3-oic

acid
4,6- 裂 -19,20- 环氧狭裂鸡骨常山碱▲B 4,6-*seco*-19,20-epoxyangustilobine B
裂奥氏栀子烯醇▲ secaubryenol
裂钩藤利酸▲ secouncarilic acid
裂冠藤苷▲B sinomarinoside B
裂果草苷▲ schismoside
裂果薯皂苷 A, B leiguonin A, B
3,4- 裂环 -(24*Z*)- 环木菠萝 -4(28),24- 二烯 -3,26- 二酸 -3- 甲酯 3,4-seco-(24*Z*)-cycloart-4(28),24-diene-3,26-dioic acid-3-methyl ester
2,3- 裂环 -22(29)- 何帕烯 -2- 羧基 -3- 醛 2,3-seco-22(29)-hopene-2-carboxyl-3-aldehyde
15,16- 裂环 -22*αH*,25*βH*- 茄次碱 -5,14- 二烯 -3*β*- 醇 -*O*-*β*-D- 吡喃葡萄糖基 -(1 → 4)-*β*-D- 吡喃果糖苷 15,16-seco-22*αH*,25*βH*-solanida-5,14-dien-3*β*-ol-*O*-*β*-D-glucopyranosyl-(1 → 4)-*β*-D-xylopyranoside
18,19- 裂环 -2*α*,3*α*- 二羟基 -19- 氧代 - 熊果 -11,13(18)- 二烯 -28- 酸 18,19-seco-2*α*,3*α*-dihydroxy-19-oxo-urs-11,13(18)-dien-28-oic acid
裂环 -3,4- 无羁萜 seco-3,4-friedelin
18,19- 裂环 -3*β*- 羟基 - 熊果 -12- 烯 -18- 酮 18,19-seco-3*β*-hydroxy-urs-12-en-18-one
3,4- 裂环 -4(23),20(30)- 蒲公英萜二烯 -3- 酸 3,4-seco-4(23),20(30)-taraxastadien-3-oic acid
2,3- 裂环 -4(23),22(29)- 何帕烯 -2- 羧基 -3- 醛 2,3-seco-4(23),22(29)-hopene-2-carboxyl-3-aldehyde
3,4- 裂环 -4(28),6,8(14),22*Z*,24- 马氏冷杉五烯 -26,23- 内酯 -3- 酸 3,4-seco-4(28),6,8(14),22*Z*,24-mariesapentaen-26,23-olide-3-oic acid
9,10- 裂环 -8,11,13- 冷杉三烯 -18- 半琥珀酸酯 9,10-seco-8,11,13-abietatrien-18-yl-hemisuccinate
3,4- 裂环 -8*βH*- 羊齿 -4(23),9(11)- 二烯 -3- 酸 3,4-seco-8*βH*-ferna-4(23),9(11)-dien-3-oic acid
(-)-13a*α*- 裂环安托芬 (-)-13a*α*-secoantofine
裂环安托芬 secoantofine
1,9a- 裂环 - 百部烯碱▲ 1,9a-*seco*-stemoenonine
裂环扁柏醇 secohinokiol
3,4- 裂环 - 达玛 -4(29),20(21),24(25)- 三烯 -3- 酸 3,4-seco-dammara-4(29),20(21),24(25)-trien-3-oic acid
13,14- 裂环胆甾 -5- 烯 -3*β*,27- 二醇 -27- 甲酯 -3*β*- 十六碳 -11',13',15'- 三烯 -1'- 羧酸酯 13,14-secocholest-5-en-3*β*,27-diol-27-methanoate-3*β*-hexadeca-11',13',15'-trien-1'-oate
13,14- 裂环胆甾 -7- 烯 -3,6*α*,27- 三醇 -3,27- 二辛 -5,7- 二烯酸酯 13,14-secocholest-7-en-3,6*α*,27-triol 3,27-diocta-5,7- dienoate
裂环滇乌碱 secoyunaconitine
裂环短舌匹菊内酯▲A, B secotanapartholide A, B
7,8- 裂环 - 对锈色罗汉松酮 7,8-seco-para-ferruginone
裂环多根乌头亭▲ secokaraconitine
2,3- 裂环 - 二羰基孕甾 -17- 烯 -16- 酮 2,3-seco-dicarboxylpregn-17-en-16-one
裂环黑老虎酸 A~K seco-coccinic acid A~K
(24*E*)-3,4- 裂环葫芦 -4,24- 二烯 -3,26,29- 三酸 (24*E*)-3,4-secocucurbita-4,24-diene-3,26,29-trioic acid
(24*E*)-3,4- 裂环葫芦 -4,24- 二烯 -3,26- 二酸 (24*E*)-3,4-secocucurbita-4,24-diene-3,26-dioic acid
裂环虎皮楠碱 secodaphniphylline
(24*Z*)-3,4- 裂环 - 环木菠萝 -4(28),24- 二烯 -3,26- 二酸 -26- 甲酯 3,4-*seco*-(24*Z*)-cycloart-4(28),24-diene-3,26-dioic acid-26-methyl ester
裂环荒漠木蜂斗菜内酯▲A, B secoeremopetasitolide A, B
裂环黄皮酰胺 secoclausenamide
裂环鸡脚参醇 A, B, C secoorthosiphol A, B, C
裂环疆罂粟碱▲ secoroemerine
裂环金线吊乌龟碱▲ secocepharanthine
裂环拉拉藤苷▲ secogalioside
2,3- 裂环绿玉树 -2,3;2,29- 二环氧 -7- 烯 -3,23- 二酮 2,3-secotirucalla-2,3;2,29-diepoxy-7-ene-3,23-dione
裂环马钱醇▲ secologanol
裂环马钱苷 secologanin
裂环马钱苷二丁基乙缩醛 secologanin dibutyl acetal
裂环马钱苷二甲基乙缩醛 secologanin dimethyl acetal
裂环马钱诺苷▲ secologanoside
裂环马钱诺苷▲-7- 甲酯 secologanoside-7-methyl ester
裂环马钱诺苷▲二甲酯 secologanosidedimethyl ester
裂环马钱素 secostrychnosin
裂环马钱酸 secologanic acid
裂环马醉木毒素▲A, B secopieristoxin A, B
3,4- 裂环齐墩果 -12- 烯 -4- 醇 -3,28- 二酸 3,4-secoolean-12-en-4-ol-3,28-dioic acid
3,4- 裂环齐墩果 -4(23),18(19)- 二烯 -3- 酸 3,4-secoolean-4(23),18(19)-dien-3-oic acid
裂环 - 去氢二松柏醇 -4-*O*-*β*-D- 吡喃葡萄糖苷 *seco*-dehydrodiconiferyl alcohol-4-*O*-*β*-D-glucopyranoside
7,8- 裂环全柱花酮▲B 7,8-secoholostylone B
15,16- 裂环 - 升麻萜 A, B 15,16-seco-cimiterpene A, B
15,16- 裂环 - 升麻新醇 C 15,16-seco-shengmanol C
裂环睡茄白曼陀罗素▲ secowithametelin
1,10- 裂环睡茄白曼陀罗素▲B 1,10-secowithametelin B
1,10- 裂环睡茄灯笼果素 C 1,10-secowithaperuvin C
6,7- 裂环 - 田麦角碱 6,7-seco-argroclavine
裂环乌头碱 secoaconitine
裂环乌药叶内酯▲A secoaggregatalactone A
2,3- 裂环无羁萜 -2,3- 二酸 2,3-secofriedelane-2,3-dioic acid
3,4- 裂环无羁萜 -3,28- 二羧酸 3,4-secofriedelan-3,28-dioic acid
3,4- 裂环无羁萜 -3- 酸 3,4-secofriedelan-3-oic acid
(+)-6,7- 裂环狭裂鸡骨常山碱▲B (+)-6,7-secoangustilobine B
6,7- 裂环狭裂鸡骨常山碱▲B 6,7-seco-angustilobine B
裂环香桂内酯▲ secosubamolide
裂环香桂内酯▲A secosubamolide A
裂环香叶树内酯▲A, B secolincomolide A, B
3,4- 裂环 - 熊果 -20(30)- 烯 -3- 酸 3,4-seco-urs-20(30)-en-3-oic acid
6,7- 裂环锈色罗汉松酚▲-6,7- 二醛 6,7-secoferruginol-6,7-dial
3,4- 裂环 - 羊毛脂 -4(28),7,9(11),24(31)- 四烯 -3,21- 二酸 3,4-seco-lanosta-4(28),7,9(11),24(31)-tetraen-3,21-dioic acid
(+)-3,4- 裂环羊毛脂 -4(28),8,24- 三烯 -3,21- 二酸 (+)-3,4-secolanosta-4(28),8,24-trien-3,21-dioic acid
裂环羊踯躅内酯▲A~H secorhodomollolide A~H
裂环氧化马钱苷 secoxyloganin
裂环氧化马钱苷 -3,4- 二羟基苯乙基酯 secoxyloganin-3,4-dihydroxyphenethyl ester
裂环 - 异鲍威文珠兰氨酮 seco-isopowellaminone
裂环异朝鲜木姜子内酯▲ secoisolancifolide
(-)- 裂环异落叶松树脂醇 (-)-secoisolariciresinol
(+)- 裂环异落叶松树脂醇 (+)-secoisolariciresinol
(±)- 裂环异落叶松树脂醇 (±)-secoisolariciresinol
(2*R*,3*R*)- 裂环异落叶松树脂醇 (2*R*,3*R*)-secoisolariciresinol
裂环异落叶松树脂醇 secoisolariciresinol

(-)- 裂环异落叶松树脂醇 -4-*O*-*β*-D- 吡喃葡萄糖苷 (-)-secoisolariciresinol-4-*O*-*β*-D-glucopyranoside
裂环异落叶松树脂醇 -4-*O*-*β*-D- 吡喃葡萄糖苷 secoisolariciresinol-4-*O*-*β*-D-glucopyranoside
8*R*,8'*R*- 裂环异落叶松树脂醇 -9,9'- 二 -*O*-*β*-D- 吡喃葡萄糖苷 8*R*,8'*R*-secoisolariciresinol-9,9'-di-*O*-*β*-D-glucopyranoside
(-)- 裂环异落叶松树脂醇 -9-*O*-*β*-D- 吡喃木糖苷 (-)-secoisolariciresinol-9-*O*-*β*-D-xylopyranoside
(+)- 裂环异落叶松树脂醇 -9-*O*-*β*-D- 吡喃木糖苷 (+)-secoisolariciresinol-9-*O*-*β*-D-xylopyranoside
(-)- 裂环异落叶松树脂醇 -9'-*O*-*β*-D- 吡喃葡萄糖苷 (-)-secoisolariciresinol-9'-*O*-*β*-D-glucopyranoside
(+)- 裂环异落叶松树脂醇 -9'-*O*-*β*-D- 吡喃葡萄糖苷 (+)-secoisolariciresinol -9'-*O*-*β*-D-glucopyranoside
裂环异落叶松树脂醇 -9'-*O*-*β*-D- 吡喃葡萄糖苷 secoisolariciresinol-9'-*O*-*β*-D-glucopyranoside
(-)- 裂环异落叶松树脂醇 -9-*O*-*β*-D- 吡喃葡萄糖苷 (-)-secoisolariciresinol-9-*O*-*β*-D-glucopyranoside
裂环异落叶松树脂醇 -9-*O*-*β*-D- 吡喃葡萄糖苷 secoisolariciresinol-9-*O*-*β*-D-glucopyranoside
(-)- 裂环异落叶松树脂醇 -*O*-*α*-L- 吡喃鼠李糖苷 (-)-secoisolariciresinol-*O*-*α*-L-rhamnopyranoside
裂环异落叶松树脂醇 -*O*-*α*-L- 吡喃鼠李糖苷 secoisolariciresinol-*O*-*α*-L-rhamnopyranoside
裂环异落叶松树脂醇 -*β*-D- 吡喃葡萄糖苷 secoisolariciresinol-*β*-D-glucopyranoside
裂环异落叶松树脂醇二甲醚 secoisolariciresinol dimethyl ether
裂环异落叶松树脂醇二甲醚二乙酸酯 secoisolariciresinol dimethyl ether diacetate
(-)- 裂环异落叶松树脂醇双糖苷 (-)-secoisolariciresinol diglucoside
(+)- 裂环异落叶松树脂醇双糖苷 (+)-secoisolariciresinol diglucoside
裂环异落叶松树脂醇双糖苷 secoisolariciresinol diglucoside
3,4- 裂环 - 羽扇豆 -20(29)- 烯 -3,28- 二羧酸 3,4-seco-lupan-20(29)-en-3,28-dioic acid
3,4- 裂环 - 羽扇豆 -20(29)- 烯 -3- 酸甲酯 3,4-seco-lup-20(29)-en-3-oic acid methyl ester
3,4- 裂环羽扇豆 -20(30)- 烯 -3,28- 二羧酸 3,4-seco-lupan-20(30)-ene-3,28-dioic acid
3,4- 裂环羽扇豆 -4(23),20(29)- 二烯 -24- 羟基 -3- 酸 3,4-seco-lupa-4(23),20(29)-dien-24-hydroxy-3-oic acid
3,4- 裂环羽扇豆 -4,20- 二羟基 -3,28- 二酸 -3- 酸甲酯 3,4-secolup-4,20-dihydroxy-3,28-dioic acid-3-oic acid methyl ester
(7*S*,1(10)*Z*)-4,5- 裂环愈创木 -1(10),11- 二烯 -4,5- 二酮 (7*S*,1(10)*Z*)-4,5-secoguaia-1(10),11-diene-4,5-dione
裂榄木脂素▲ burselignan
裂榄脂素 bursehernin
裂柳穿鱼奥苷▲ secolinarioside
6-*O*- 裂 - 羟基野菰酰筋骨草醇 6-*O*-*sec*-hydroxyaeginetoylajugol
裂蹄木层孔菌醇▲ A, B meshimakobnol A, B
裂叶蒿酚▲ lacarol
裂叶蒿素▲ lacinartin
裂叶荆芥醇▲ schizonol
裂叶荆芥二醇▲ schizonodiol
裂叶荆芥苷▲ A~E schizonepetoside A~E
裂叶荆芥素▲ A schizotenuin A
(+)- 裂叶牵牛酸甲酯 methyl (+)-nilate
14*β*-*O*-(2*S*,3*S*- 裂叶牵牛酰)-2*α*,3*β*,5*β*,6*β*,16*α*- 五羟基木藜芦 -10(20)- 烯 14*β*-*O*-(2*S*,3*S*-nilyl)-2*α*,3*β*,5*β*,6*β*,16*α*-pentahydroxygrayan-10(20)-ene
14*β*-*O*-(2*S*,3*S*- 裂叶牵牛酰)-2*α*,3*β*,5*β*,6*β*,16*α*- 五羟基木藜芦烷 14*β*-*O*-(2*S*,3*S*-nilyl)-2*α*,3*β*,5*β*,6*β*,16*α*-pentahydroxygrayanane
14*β*-*O*-2*S*,3*R*- 裂叶牵牛酰日本杜鹃素 III 14*β*-*O*-(2*S*,3*R*-nilyl)-rhodojaponin III
14*β*-*O*-2*S*,3*R*- 裂叶牵牛酰羊踯躅素 I, XVIII 14*β*-*O*-(2*S*,3*R*-nilyl)-rhodomollein I, XVIII
裂叶忍冬黄质▲ webbiaxanthin
裂叶铁线莲苷▲ A parvilobaside A
裂叶翼首花皂苷 A, B bretschnoside A, B
(*R*)- 裂叶罂粟碱 (*R*)-roemeroline
裂叶榆烯▲ A, B, C lacinilene A, B, C
裂褶菌多糖 schizophyllan
裂褶菌黄素▲ schizoflavine
邻 , 对 - 二甲氧基苯甲酸 *o*,*p*-dimethoxybenzoic acid
2'-(邻 , 间 - 二羟苯甲酰) 獐牙菜苷 2'-(*o*,*m*-dihydroxybenzoyl) sweroside
2-(邻 , 间 - 二羟基苯基) 獐牙菜苷 2-(*o*,*m*-dihydroxybenzyl) sweroside
2'-(邻 , 间 - 二羟基苯甲酰基)- 樟牙菜苷 2'-(*o*,*m*-dihydoxybenzyl) sweroside
邻氨基苯甲酸 -1,5- 二甲基 -1- 乙烯基 -4- 己烯酯 anthranilic acid-1,5-dimethyl-1-vinyl-4-hexenyl ester
邻苯二甲醛 ophthaldialdehyde
酞酸二 (2- 甲基庚基) 酯 phthalic acid bis(2-methylheptyl)ester
酞酸异丁辛酯 phthalic acid isobutyl octyl ester
邻苯基苯酚 *o*-phenylphenol
邻苯甲酸正丁异丁酯 phthalic acid butyl isobutyl ester
邻二甲苯 *o*-xylene
邻二羟基苯酚 benzene-1,2-diol
邻茴芹酸▲ *o*-anisic acid
邻甲酚 *o*-cresol
邻甲基苯酚 *o*-methylphenol
邻甲基苯甲醛 *o*-tolualdehyde
邻甲基苯乙醚 *o*-methylphenetole
邻甲基氢醌 toluhydroquinone
邻甲氧基苯酚 *o*-methoxyphenol
邻甲氧基香豆素 *o*-methoxycoumarin
(11)7,14- 邻内酯 -1*α*- 羟基佛罗里达八角内酯▲ (11)7,14-ortholactone-1*α*-hydroxyfloridanolide
7,14- 邻内酯 -3- 羟基佛罗里达八角内酯▲ 7,14-ortholactone-3-hydroxyfloridanolide
邻羟基 -*N*- 苄基 -16- 甲基 -11,14- 二烯 - 十八烷基酰胺 *o*-hydroxy-*N*-benzyl-16-methyl-11,14-diene-octadecamide
邻羟基苯酚 *O*-hydroxyphenol
邻羟基苯甲酸 *o*-hydroxybenzoic acid
邻羟基苯乙酸 *o*-hydroxyphenylacetic acid
邻羟基苯乙酮 *o*-hydroxyacetophenone
邻羟基桂皮酸 *o*-hydroxycinnamic acid
邻羟基桂皮酸内酯 *o*-hydroxycinnamic acid lactone
邻羟基肉桂酰基 -*β*-D- 吡喃葡萄糖苷 *o*-hydroxycinnamoyl-*β*-D-glucopyranoside
邻香豆酸 *o*-coumaric acid
邻乙基酚 phlorol
邻愈创木酚 *o*-guaiacol
邻仲丁基苯酚 *o*-*sec*-butylphenol
邻孜然芹烃▲ *o*-cymene
林地雏菊皂苷▲ C_{12} besysaponin C_{12}
林地鼠麹草苷▲ sylviside
[1*R*-(1*α*,3*aα*,6*α*,8*aα*)]- 林克阿魏醇 [1*R*-(1*α*,3*aα*,6*α*,8*aα*)]-felikiol

L

林生钓钟柳苷 I nemoroside I
林生乌头碱 nemorine
林生续断苷▲ I, II, III sylvestroside I, II, III
林石蚕醛▲ teuscorodal
林石蚕素 teuscorodonin
林氏莲花掌素 lindleyin
林仙蒿醇▲ B drimartol B
林仙内酯▲ futronolide
(+)- 林仙素▲ (+)-winterin
林仙烷▲ drimane
林仙烯▲ drimene
7- 林仙烯 -3*β*,11- 二醇 -3-*O*-*β*-D- 吡喃葡萄糖苷 7-drimen-3*β*,11-diol-3-*O*-*β*-D-glucopyranoside
林仙烯醇▲ drimenol
林仙烯二醇▲ drimendiol
林仙烯宁▲ drimenin
林荫银莲宁 flaccidinin
林荫银莲素 flaccidin
林泽兰内酯 B, K, L, M eupalinilide B, K, L, M
林泽兰宁 A~D eupalinin A~D
临泉半枝莲碱▲ A~D scutelinquanine A~D
磷酸二己糖 -*N*-(2- 羟基二十二酰基)-4- 羟基 -C18- 鞘氨烷醇 phosphodihexose-*N*-(2-hydroxydocosanoyl)-4-hydroxy-C18-sphinganine
磷酸二己糖 -*N*-(2- 羟基二十四酰基)-4- 羟基 -C18- 鞘氨烷醇 phosphodihexose-*N*-(2-hydroxytetracosanoyl)-4-hydroxy-C18-sphinganine
磷酸二己糖 -*N*-(2- 羟基十八酰基)-4- 羟基 -C18- 鞘氨烷醇 phosphodihexose-*N*-(2-hydroxyoctadecanoyl)-4-hydroxy-C18-sphinganine
磷酸二己糖 -*N*-(2- 羟基十六酰基)-4- 羟基 -C18- 鞘氨烷醇 phosphodihexose-*N*-(2-hydroxyhexadecanoyl)-4-hydroxy-C18-sphinganine
磷脂复合物 phospholipid complex
磷脂酸 phosphatidic acid
磷脂酰胆碱 phosphatidylcholine
磷脂酰甘油 phosphatidylglycerol
磷脂酰肌醇 phosphatidylinositol
磷脂酰丝氨酸 phosphatidylserine
磷脂酰乙醇胺 phosphatidylethanolamine
鳞盖蕨苷 microlepin
鳞毛蕨苷 dryopteroside
鳞毛蕨素▲ dryopterin
鳞毛蕨酸▲ A, B dryopteric acid A, B
鳞片衣酸 squamatic acid
鳞桑酸▲ trilepisiumic acid
鳞始蕨贝壳杉烯苷▲ C lindokaurenoside C
鳞叶甘草素 A glepidotin A
鳞叶马尾杉碱▲ A sieboldine A
鳞鹧鸪花醇▲ voleneol
灵香草苷▲ A~E foenumoside A~E
灵香草黄酮▲ A lysiflavonoide A
灵芝孢子内酯 A, B ganosporelactone A, B
灵芝孢子酸 A ganosporeric acid A
灵芝醇 A~I ganoderiol A~I
灵芝醇 A 三乙酸酯 ganoderiol A triacetate
灵芝二醇 ganodermadiol
灵芝洛醇▲ A, B ganoderol A, B
灵芝内酯 ganolactone B
灵芝醛 ganoderma aldehyde
灵芝醛 TR ganoderic aldehyde TR
灵芝三醇 ganodermatriol
灵芝酸 A, AM$_1$, AP$_2$, AP$_3$, B, B$_8$, B$_9$, C, C$_1$, C$_2$, C$_5$, C$_6$, D, D$_2$, DM, E, F, G, GS-1, GS-2, GS-3, H, I, J, Ja, Jb, K, L, LM$_2$, M$_1$, M$_2$, M$_3$, Ma, Mb, Mc, Md, Me, Mf, Mg, Mh, Mi, Mj, Mk, Ml, N, O, P, P$_2$, Q, R, S, Sz, T, T-Q, TR, TR$_1$, U, V, V$_1$, W, X, Y, Z, α, β, γ, *δ*, ε, ζ, η, θ ganoderic acid A, AM$_1$, AP$_2$, AP$_3$, B, B$_8$, B$_9$, C, C$_1$, C$_2$, C$_5$, C$_6$, D, D$_2$, DM, E, F, G, GS-1, GS-2, GS-3, H, I, J, Ja, Jb, K, L, LM$_2$, M$_1$, M$_2$, M$_3$, Ma, Mb, Mc, Md, Me, Mf, Mg, Mh, Mi, Mj, Mk, Ml, N, O, P, P$_2$, Q, R, S, Sz, T, T-Q, TR, TR$_1$, U, V, V$_1$, W, X, Y, Z, α, β, γ, *δ*, ε, ζ, η, θ
灵芝酸 AP 甲酯 methyl ganoderate AP
灵芝酸 A 甲酯 methyl ganoderate A
灵芝酸 B 甲酯 methyl ganoderate B
灵芝酸 D 甲酯 methyl ganoderate D
灵芝酸 E 甲酯 methyl ganoderate E
灵芝酸 F 甲酯 methyl ganoderate F
灵芝酸 F 乙酯 ethyl ganoderate F
灵芝酸 G 甲酯 methyl ganoderate G
灵芝酸 H 甲酯 methyl ganoderate H
灵芝酸 I 甲酯 methyl ganoderate I
灵芝酸 J 甲酯 methyl ganoderate J
灵芝酸 J 乙酯 ethyl ganoderate J
灵芝酸 K 甲酯 methyl ganoderate K
灵芝酸丁酯 A, B butyl ganoderate A, B
灵芝酮▲ ganodone
灵芝酮二醇 ganodermanondiol
灵芝酮三醇 ganodermanontriol
灵芝烯酸 A~H, K ganoderenic acid A~H, K
灵芝烯酸 H 甲酯 methyl ganoderenate H
灵芝烯酸 I 甲酯 methyl ganoderenate I
苓菊内酯 jurineolide
柃木苷▲ euryanoside
铃兰毒醇 convallatoxol
铃兰毒醇苷 convallatoxoloside
铃兰毒苷 convallatoxin
铃兰毒醛 convallatoxal
铃兰苷 convalloside
铃兰黄酮苷 keioside
铃兰苦苷 convallamaroside
铃兰洛苷▲ majaloside
铃兰洛亭 convallotin
铃兰甾毒苷▲ vallarotoxin
铃兰皂苷元 convallagenin
铃兰皂苷元 B convallagenin B
铃兰皂苷元 B-5*β*-*O*-*β*-D- 吡喃葡萄糖苷 convallagenin B-5*β*-*O*-*β*-D-glucopyranoside
凌霄醇▲ cachinol
凌霄苷 I, III, IV, V cachineside I, III, IV, V
凌霄诺苷▲ campenoside
凌霄缩酮素▲ campsiketalin
凌霄酮▲ campsione
凌霄西醇▲ campsinol
凌霄西苷▲ campsiside
凌霄新苷 campneoside
陵水暗罗胺锌▲ Zn polyanemine
陵水暗罗碱▲ A~D polynemoraline A~D
陵水暗罗素 nemoralisin

L

陵水暗罗素 A~H, K nemoralisin A~H, K
菱鞣宁▲ A, B trapanin A, B
菱鞣素▲ trapain
菱鞣质▲ traparin
菱叶常春藤皂苷▲ kizuta saponin K_3~K_7, K_7a, K_7b, K_7c, K_8~K_{12}
(-)- 菱叶野决明碱 (-)-rhombifoline
菱叶野决明碱 rhombifoline
岭南臭椿醇▲ malabaricol
岭南臭椿二醇▲ malabaricanediol
13*αH*- 岭南臭椿三烯 13*αH*-malabaricatriene
13*βH*- 岭南臭椿三烯 13*βH*-malabaricatriene
岭南臭椿素▲ malanthin
岭南臭椿酮▲ malabanone
岭南楝树酮▲ B dubione B
岭南山竹子碱▲ A~D oblongifoliagarcinine A~D
岭南山竹子叫酮▲ A, B, C oblongixanthone A, B, C
岭南山竹子双叫酮▲ garciobioxanthone
岭南山竹子素▲ A~U oblongifolin A~U
岭南山竹子酮▲ A garciniagifolone A
岭南山竹子新叫酮▲ A oblongifolixanthone A
刘寄奴醚萜▲ artanoiridoid
刘寄奴内酯 artanomaloide
留兰香苷▲ A, B spicatoside A, B
留兰香木脂素▲ A, B spicatolignan A, B
流苏金石斛酚▲ A, B fimbriol A, B
流苏藜芦林碱▲ germanitrine
流苏石斛苷元▲ denfigenin
流苏石斛酮 fimbriatone
流苏子内酯▲ thysanolactone
琉璃草乳酸酯定▲ lactodine
琉璃飞燕草碱▲ delcosine
琉璃飞燕草林碱▲ delsoline
琉球络石醇▲ tanegool
琉球络石苷▲ A tanegoside A
琉球虾脊兰苷▲ calaliukiuenoside
(+)- 琉桑醇▲ (+)-dorsteniol
硫胺素 thiamine
硫代鸡纳糖基二酰甘油 sulfoquinovosyl diacylglycerol
硫代木香内酯 A sulfocostunolide A
硫代乙酸酐 thioacetic anhydride
硫代乙酸甲酯 methyl thioacetate
硫堆心菊素 sulferalin
硫 - 蜂斗菜宁▲ *S*-japonin
硫化氢 hydrogen sulfide
硫黄菊苷 sulfurein
硫黄菊素 sulfuretin
硫黄菊素 -6-*O*-*β*-D- 葡萄糖苷 sulfuretin-6-*O*-*β*-D-glucoside
硫黄菌素▲ A~H sulphureuine A~H
硫基羟基吡啶 -*N*- 氧化物 -2-*S*-*β*-D- 吡喃葡萄糖苷 thiohydroxypyridin-*N*-oxide-2-*S*-*β*-D-glucopyranoside
2- 硫尿嘧啶 2-thiouracil
硫氰酸异丁酯 isobutyl thiocyanate
硫氰酸酯 thiocyanate
硫色多孔菌酸 sulfurenic acid; sulphurenic acid
硫酸苄酯 benzyl sulfate
硫酸长春派洛辛▲ perosine sulfate
硫酸长春文西定▲ cavincidine sulfate
硫酸长春文辛▲ cavincine sulfate
硫酸长春西文▲ leurosivine sulfate
硫酸长春因定 cathindine sulfate
硫酸化多糖 sulfated polysaccharide
13- 硫酸基 - 二氢短舌匹菊素 13-sulfo-dihydrosantamarine
13- 硫酸基 - 二氢密花豚草素▲ 13-sulfodihydroreynosin
硫酸牛膝苷▲ B, D sulfachyranthoside B, D
硫酸鼠李聚糖 rhamnan sulfate
3-*O*-[3-*O*- 硫酸酯]-*β*-D- 吡喃葡萄糖醛酸基齐墩果酸 -28-*O*-4-*O*- 乙酰基 -*α*-L- 吡喃鼠李糖基 -(1 → 4)-*β*-D- 吡喃葡萄糖基 -(1 → 6)-*β*-D- 吡喃葡萄糖基酯苷单钠盐 3-*O*-[3-*O*-sulfonato]-*β*-D-glucuronopyranosyloleanolic acid 28-*O*-4-*O*-acety-*α*-L-rhamnopyranosyl-(1 → 4)-*β*-D-glucopyranosyl-(1 → 6)-*β*-D-glucopyranosylester monosodium salt
3-*O*-[3-*O*- 硫酸酯]-*β*-D- 吡喃葡萄糖醛酸基齐墩果酸 -28-*O*-*α*-L- 吡喃鼠李糖基 -(1 → 4)-*β*-D- 吡喃葡萄糖基 -(1 → 6)-*β*-D- 吡喃葡萄糖基酯苷单钠盐 3-*O*-[3-*O*-sulfonato]-*β*-D-glucuronopyranosyloleanolic acid 28-*O*-*α*-L-rhamnopyranosyl-(1 → 4)-*β*-D-glucopyranosyl-(1 → 6)-*β*-D-glucopyranosylester monosodium salt
3-*O*-[3-*O*- 硫酸酯]-*β*-D- 吡喃葡萄糖醛酸基齐墩果酸 -28-*O*-*β*-D- 吡喃葡萄糖基 -(1 → 3)-*α*-L- 吡喃鼠李糖基 -(1 → 4)-*β*-D- 吡喃葡萄糖基 -(1 → 6)-*β*-D- 吡喃葡萄糖基酯苷单钠盐 3-*O*-[3-*O*-sulfonato]-*β*-D-glucuronopyranosyloleanolic acid-28-*O*-*β*-D-glucopyranosyl-(1 → 3)-*α*-L-rhamnopyranosyl-(1 → 4)-*β*-D-glucopyranosyl-(1 → 6)-*β*-D-glucopyranosyl ester monosodium salt
3-*O*-(2-*O*- 硫酸酯基 -*β*-D- 吡喃葡萄糖基)- 刺囊酸 3-*O*-(2-*O*-sulfuryl-*β*-D-glucopyranosyl)-echinocystic acid
3*β*-*O*- 硫酸酯基 - 石头花苷元▲ 3*β*-*O*-sulfate-gypsogenin
3*β*-*O*- 硫酸酯基 - 石头花苷元▲ -28-*O*-*β*-D- 吡喃葡萄糖酯苷 3*β*-*O*-sulfate-gypsogenin-28-*O*-*β*-D-glucopyranosyl ester
3*β*-*O*- 硫酸酯基 - 皂皮树酸 3*β*-*O*-sulfate-quillaic acid
硫酰败酱苷▲ I, II sulfapatrinoside I, II
硫辛酸 lipoic acid
瘤毛獐牙菜酚素▲ pseudonolin
瘤突胡椒定▲ piperdardine
瘤状单叶芸香素 tuberculatin
瘤足蕨素 A plagiogyrin A
柳穿鱼奥苷▲ linarioside
柳穿鱼醇苷▲ linarioloside
柳穿鱼二醛 LJ-1, LJ-2 linaridial LJ-1, LJ-2
柳穿鱼苷 linarin
柳穿鱼苷单乙酸酯 linarin monoacetate
柳穿鱼瑞苷▲ linaride
柳穿鱼素 linearin
柳穿鱼烯酮▲ linarienone
柳穿鱼香堇苷▲ A, B, C linarionoside A, B, C
柳穿鱼因苷▲ linariin
柳兰酸▲ chamaeneric acid
柳皮苷 salicortin
柳皮苷 -6'- 苯甲酸酯 salicortin-6'-benzoate
柳皮苷醇 salicortinol
柳杉二醇 cryptomeridiol
柳杉二醇 -11-*α*-L- 鼠李糖苷 cryptomeridiol-11-*α*-L-rhamnoside
(+)- 柳杉酚 (+)-sugiol
柳杉酚 sugiol
柳杉醌▲ cryptoquinone
柳杉宁▲ A~U fortunin A~U
柳杉石松醇▲ lycocryptol
柳杉素 A, B cryptomerin A, B
柳杉酮 cryptomerone

柳杉烯酮 cryptomerione

柳杉酯▲A fortunate A

(1β,4β,6α)-柳珊瑚烷▲-1,4,11-三醇 (1β,4β,6α)-gorgonane-1,4,11-triol

(1β,4β,6β)-柳珊瑚烷▲-1,4,11-三醇 (1β,4β,6β)-gorgonane-1,4,11-triol

柳叶白前苷▲A~T, UA_1, UA_2, UA_3 stauntoside A~T, UA_1, UA_2, UA_3

柳叶白前苷元▲-3-*O*-α-L-吡喃夹竹桃糖基-(1→4)-*O*-β-D-吡喃洋地黄毒糖基-(1→4)-*O*-β-D-吡喃夹竹桃糖苷 stauntogenin-3-*O*-α-L-oleandropyranosyl-(1→4)-*O*-β-D-digitoxopyranosyl-(1→4)-*O*-β-D-oleandropyranoside

柳叶白前苷元▲-3-*O*-α-吡喃夹竹桃糖基-(1→4)-β-吡喃洋地黄毒糖基-(1→4)-β-吡喃夹竹桃糖苷 stauntogenin-3-*O*-α-oleandropyranosyl-(1→4)-β-digitoxopyranosyl-(1→4)-β-oleandropyranoside

柳叶白前素▲ stauntonine

柳叶白前皂苷▲A, B stauntosaponin A, B

柳叶菜酰胺▲A epilobamide A

柳叶柴胡醇▲ busaliol

(-)-柳叶柴胡酚▲ (-)-salicifoliol

柳叶柴胡酚▲ salicifoliol

(+)-柳叶柴胡洛酚▲ (+)-guayarol

柳叶大戟内酯 salicinolide

柳叶大戟素▲ euphosalicin

柳叶鬼针草酚▲ cernuole

(*E*)-柳叶罗汉松酮▲ (*E*)-salignone

(*Z*)-柳叶罗汉松酮▲ (*Z*)-salignone

柳叶罗汉松酮▲M salignone M

柳叶萝芙木因宁▲甲氯化物 raucubainine methochloride

柳叶木兰碱 salicifoline

(-)-柳叶水甘草碱 (-)-tabersonine

柳叶水甘草碱 tabersonine

柳叶水甘草碱-N^4-氧化物 tabersonine-N^4-oxide

柳叶水甘草碱-*N*-氧化物 tabersonine-*N*-oxide

(-)-柳叶水甘草碱盐酸盐 (-)-tabersonine hydrochloride

柳叶野扇花灵碱 D salignarine D

柳叶野扇花宁碱▲B salonine B

柳叶野扇花酰胺 A saligenamide A

柳叶玉兰脂素 magnosalin

六-*O*-没食子酰吡喃葡萄糖 hexa-*O*-galloylglucopyranose

六环尾孢素▲ hexascosporin

2,6,10,15,19,23-六甲基-1,6,10,14,18,22-二十四碳六烯-3-醇 2,6,10,15,19,23-hexamethyl-1,6,10,14,18,22-tetracosahexaen-3-ol

(2*E*,6*E*,10*E*,14*E*,18*E*)-2,6,10,15,19,23-六甲基-2,6,10,14,18,22-二十四碳六烯-1-醇 (2*E*,6*E*,10*E*,14*E*,18*E*)-2,6,10,15,19,23-hexamethyl-2,6,10,14,18,22-tetracosahexaen-1-ol

8-(2',6',10',14',18',22'-六甲基-22-甲氧基亚甲基-二十四碳-1',3',5',7',11'-五烯-9'β-醇-13'β-甲氧基-14'-氧基)-香豆素 8-(2',6',10',14',18',22'-hexamethyl-22-methoxymethylene-tetracos-1',3',5',7',11'-pentaene-9'β-ol-13'β-methoxy-14'-oxy)-coumarin

2,6,10,15,19,23-六甲基-2*E*,6*E*,10*E*,14*E*,18*E*-22-二十四碳六烯 2,6,10,15,19,23-hexamethyl-2*E*,6*E*,10*E*,14*E*,18*E*-22-tetracoshexaene

(3*E*,6*E*,10*E*,14*E*,18*E*)-2,6,10,15,19,23-六甲基-3,6,10,14,18,22-二十四碳六烯-2-醇 (3*E*,6*E*,10*E*,14*E*,18*E*)-2,6,10,15,19,23-hexamethyl-3,6,10,14,18,22-tetracosahexaen-2-ol

8-(2',6',10',14',18',22-六甲基二十四碳-1',13',17',21'-四烯-10'-氧基)-香豆素 8-(2',6',10',14',18',22-hexamethyltetracos-1',13',17',21'-tetraene-10'-oxy)-coumarin

N,*N*,2,2,6,6-六甲基哌啶酮氯化物 *N*,*N*,2,2,6,6-hexamethylpiperidone chloride

4,4",8,8",9,9"-六甲氧基-1,1"-二苯基-2,2",3,3"-四氢-7,7"-双(1*H*-菲那烯) 4,4",8,8",9,9"-hexamethoxy-1,1"-diphenyl-2,2",3,3"-tetrahydro-7,7"-bi(1*H*-phenalene)

3,4,3',4',5',6'-六甲氧基-2'-羟基查耳酮 3,4,3',4',5',6'-hexamethoxy-2'-hydroxychalcone

2,3,4,5,2',6'-六甲氧基-4',5'-亚甲二氧基查耳酮 2,3,4,5,2',6'-hexamethoxy-4',5'-methylenedioxychalcone

5,6,7,8,3',5'-六甲氧基-4'-羟基黄酮 5,6,7,8,3',5'-hexamethoxy-4'-hydroxyflavone

5,6,7,3',4',5'-六甲氧基-8-羟基-黄酮 5,6,7,3',4',5'-hexamethoxy-8-hydroxyflavone

5,6,7,3',4',5'-六甲氧基-8-羟基黄酮-8-*O*-α-鼠李糖苷 5,6,7,3',4',5'-hexamethoxy-8-hydroxyflavone-8-*O*-α-rhamnoside

(2*S*)-5,6,7,3',4',5'-六甲氧基二氢黄酮 (2*S*)-5,6,7,3',4',5'-hexamethoxydihydroflavone

六甲氧基槲皮万寿菊素 hexamethoxyquercetagetin

3',4',5,5',7,8-六甲氧基黄酮 3',4',5,5',7,8-hexamethoxyflavone

3,5,6,7,3',4'-六甲氧基黄酮 3,5,6,7,3',4'-hexamethoxyflavone

3,5,6,8,3',4'-六甲氧基黄酮 3,5,6,8,3',4'-hexamethoxyflavone

3,5,7,3',4',5'-六甲氧基黄酮 3,5,7,3',4',5'-hexamethoxyflavone

3,5,7,8,3',4'-六甲氧基黄酮 3,5,7,8,3',4'-hexamethoxyflavone

5,6,7,3',4',5'-六甲氧基黄酮 5,6,7,3',4',5'-hexamethoxyflavone

5,6,7,8,3',4'-六甲氧基黄酮 5,6,7,8,3',4'-hexamethoxyflavone

5,6,8,3',4',5'-六甲氧基黄酮 5,6,8,3',4',5'-hexamethoxyflavone

5,7,8,3',4',5'-六甲氧基黄酮 5,7,8,3',4',5'-hexamethoxyflavone

5,6,7,8,3',4'-六甲氧基黄酮醇 5,6,7,8,3',4'-hexamethoxyflavonol

(2*R*,4*S*)-4,5,6,7,8,4'-六甲氧基黄烷酮 (2*R*,4*S*)-4,5,6,7,8,4'-hexamethoxylflavanone

六降葫芦素 D, F, I hexanorcucurbitacin D, F, I

六降葫芦素 D-2-*O*-β-D-吡喃葡萄糖苷 hexanorcucurbitacin D-2-*O*-β-D-glucopyranoside

六棱景天素▲ sexangularetin

六棱菊苷 A~E alatoside A~E

1,1,1,7,7,7-六氯-2,6-二羟基-4-庚酮 1,1,1,7,7,7-hexachloro-2,6-dihydroxy-4-heptanone

六没食子酰葡萄糖 hexagalloylglucose

5-[(1*S*)-4,4',5,5',6,6'-六羟基(1,1'-二苯基)-2,2'-二羰基]环-3,6-脱水-D-甘露糖 5-[(1*S*)-4,4',5,5',6,6'-hexahydroxy(1,1'-biphenyl)-2,2'-dicarboxylate]cyclic-3,6-anhydro-D-mannose

2,4,5,6,7,8-六羟基-1,4,9,9-四甲基-3*H*-3a,7-桥亚甲基薁 2,4,5,6,7,8-hexahydro-1,4,9,9-tetramethyl-3*H*-3a,7-methano azulene

4',4''',5,5",7,7"-六羟基-3,3"-双黄酮 4',4''',5,5",7,7"-hexahydroxy-3,3"-biflavone

2,4,7,8,9,10-六羟基-3-甲氧基蒽-6-*O*-α-L-吡喃鼠李糖苷 2,4,7,8,9,10-hexahydroxy-3-methoxyanthracene-6-*O*-α-L-rhamnopyranoside

2β,3α,16α,20(*R*),24(*S*),25-六羟基-9-甲基-19-降羊毛脂-5-烯-11,22-酮 2β,3α,16α,20(*R*),24(*S*),25-hexahydroxy-9-methyl-19-norlanost-5-en-11,22-dione

六羟基胆甾-7-烯-6-酮 hexahydroxycholest-7-en-6-one

4',6'-*O*-(*S*)-六羟基二苯基水杨苷 4',6'-*O*-(*S*)-hexahydroxy diphenylsalicin

2,3-*O*-4,4',5,5',6,6'-六羟基二苯甲酰基-(α/β)-D-葡萄糖 2,3-*O*-4,4',5,5',6,6'-HHDP-(α/β)-D-glucose

六羟基二苯甲酰基没食子酰吡喃葡萄糖苷 HHDP-galloylglucopyranoside

L

六羟基二苯氧基-1-(O-2-O-没食子酰基-β-D-吡喃葡萄糖苷)-1-(O-β-D-吡喃木糖苷)二酯 hexahydroxydiphenoyl-1-(O-2-O-galloyl-β-D-glucopyranoside)-1-(O-β-D-xylopyranoside)diester

六羟基二苯氧基-1-(O-β-D-吡喃葡萄糖苷)-2-(O-4-O-没食子酰基-β-D-吡喃葡萄糖苷)二酯 hexahydroxydiphenoyl-1-(O-β-D-glucopyranoside)-2-(O-4-O-galloyl-β-D-glucopyranoside)diester

2,3-[(S)-4,4',5,5',6,6'-六羟基二酚]-D-葡萄糖 2,3-[(S)-4,4',5,5',6,6'-hexahydroxydiphenoyl]-D-glucose

4,4',5,5',6,6'-六羟基二酚酸二内酯 4,4',5,5',6,6'-hexahydroxydiphenic acid dilactone

2',3,4',5,5',7-六羟基黄酮 2',3,4',5,5',7-hexahydroxyflavone

3',4',5',5,6,7-六羟基黄酮 3',4',5',5,6,7-hexahydroxyflavone

3,5,8,3',4',5'-六羟基黄酮 3,5,8,3',4',5'-hexahydroxyflavone

3,3',4',5,5',7-六羟基黄酮-3-O-β-D-吡喃葡萄糖醛酸苷 3,3',4',5,5',7-hexahydroxyflavone-3-O-β-D-glucuronopyranoside

3',4',5',5,7,8-六羟基黄酮-7-O-β-D-吡喃葡萄糖糖醛酸苷 3',4',5',5,7,8-hexahydroxyflavone-7-O-β-D-glucopyranosiduronic acid

3',4',5',6,7,8-六羟基黄酮-8-β-D-吡喃葡萄糖苷 3',4',5',6,7,8-hexahydroxyflavone-8-β-D-glucopyranoside

(+)-3,3',4,4',5',7-黄烷六醇 (+)-3,3',4,4',5',7-flavanhexol

3,3',4,4',5,7-六羟基黄烷 3,3',4,4',5,7-hexahydroxyflavan

4,6-(六羟基联苯二甲酰基)葡萄糖 4,6-(hexahydroxydiphenoyl) glucose

4,6-(S)-六羟基联苯二甲酰基-2,3-二-O-没食子酰葡萄糖 4,6-(S)-HHDP-2,3-di-O-galloylglucose

2,3-六羟基联苯二甲酰基-4,6-橡椀酰葡萄糖 2,3-HHDP-4,6-valoneoylglucose

2,3-六羟基联苯二甲酰基-4-O-没食子酰葡萄糖 2,3-HHDP-4-O-galloylglucose

2,3-(S)-六羟基联苯二甲酰基-D-葡萄糖 2,3-(S)-HHDP-D-glucose

4,6-(S)-六羟基联苯二甲酰基-D-葡萄糖 4,6-(S)-HHDP-D-glucose

4',6'-O-(R)-六羟基联苯二酰水杨苷 4',6'-O-(R)-hexahydroxydiphenoylsalicin

4',6'-O-(S)-六羟基联苯二酰水杨苷 4',6'-O-(S)-hexahydroxydiphenoyl-salicin

2,3-六羟基联苯甲酰葡萄糖 2,3-hexahydroxydiphenoylglucose

3,6-六羟基联苯甲酰葡萄糖 3,6-hexahydroxydiphenoyl-glucose

六羟基联二苯甲酰基二没食子酰葡萄糖 HHDP-digalloyl-glucose

六羟基联二苯甲酰基没食子酰葡萄糖 HHDP-galloyl-glucose

六羟基联二苯甲酰基三没食子酰葡萄糖 HHDP-trigalloyl-glucose

1β,2β,3β,4β,5β,7α-六羟基螺甾-25(27)-烯-6-酮 1β,2β,3β,4β,5β,7α-hexahydroxyspirost-25(27)-en-6-one

1,2,3,16,19,20-六羟基齐墩果-12-烯-28-酸 1,2,3,16,19,20-hexahydroxyolean-12-en-28-oic acid

六羟基穗花杉双黄酮 hexahydroxyamentoflavone

2α,3β,6β,20β,23,30-六羟基熊果-12-烯-28-酸 2α,3β,6β,20β,23,30-hexahydroxyurs-12-en-28-oic acid

2β,3α,6α,20,23,30-六羟基熊果-12-烯-28-酸 2β,3α,6α,20,23,30-hexahydroxyurs-12-en-28-oic acid

2β,3α,20,23,24,30-六羟基熊果-12-烯-28-酸-O-β-D-吡喃葡萄糖基酯苷 2β,3α,20,23,24,30-hexahydroxyurs-12-en-28-oic acid-O-β-D-glucopyranosyl ester

[1S-(1α,4aβ,5β,7β,7aβ)]-1,4a,5,6,7,7a-六氢-1,5-二羟基-7-甲基-环戊并[c]吡喃-4-羧酸酸甲酯 [1S-(1α,4aβ,5β,7β,7aβ)]-1,4a,5,6,7,7a-hexahydro-1,5-dihydroxy-7-methyl-cyclopenta[c]pyran-4-carboxylic acid methyl ester

[6R-(6α,6aα,11bα)]-1,2,3,6,6a,11b-六氢-11b-羟基-9,11-二甲氧基-6a-(4-甲氧基苯基)-6-苯基-5H-苯并呋喃[2',3':4,5]环戊[1,2-d]吡咯[1,2-a]嘧啶-5-酮 [6R-(6α,6aα,11bα)]-1,2,3,6,6a,11b-hexahydro-11b-hydroxy-9,11-dimethoxy-6a-(4-methoxyphenyl)-6-phenyl-5H-benzofuro[2',3':4,5]cyclopenta[1,2-d]pyrrolo[1,2-a]pyrimidin-5-one

[12β(E),22E,24E,26E]-22,23,24,25,26,27-六氢-12-[(1-氧代-3-苯基-2-丙烯基)氧基]-单茎稻花素▲ [12β(E),22E,24E,26E]-22,23,24,25,26,27-hexadehydro-12-[(1-oxo-3-phenyl-2-propenyl)oxy]-simplexin

(1S,2S)-1,2,3,4,7,8-六氢-1-甲基-2-(1-甲基乙烯基)-6-(1-甲基乙基)-1-萘丙酸甲酯 (1S,2S)-1,2,3,4,7,8-hexahydro-1-methyl-2-(1-methylethenyl)-6-(1-methylethyl)-1-naphthalenepropanoic acid methyl ester

[1R-(1α,3aS,4aβ,6aα,7α,9aβ,9bα)]-5,6,6a,7,9a,9b-六氢-1-氢过氧-1,4a,7-三甲基-1H-环氧乙烷[8,8a]薁[4,5-b]呋喃-8(4aH)-酮 [1R-(1α,3aS,4aβ,6aα,7α,9aβ,9bα)]-5,6,6a,7,9a,9b-hexahydro-1-hydroperoxy-1,4a,7-trimethyl-1H-oxireno[8,8a]azuleno[4,5-b]furan-8(4aH)-one

(2R*,3aR*,5S*,9bR*)-2,3,3a,4,5,9b-六氢-2-(1-羟基-1-甲基乙基)-5-萘并[1,2-b]呋喃醇 (2R*,3aR*,5S*,9bR*)-2,3,3a,4,5,9b-hexahydro-2-(1-hydroxy-1-methylethyl)-5-naphtho[1,2-b]furanol

2,5,6,6a,7,9a-六氢-2-羟基-1,4a,7-三甲基-3H-环氧乙烷[8,8a]薁[4,5-b]呋喃-8(4aH)-酮 2,5,6,6a,7,9a-hexahydro-2-hydroxy-1,4a,7-trimethyl-3H-oxireno[8,8a]azuleno[4,5-b]furan-8(4aH)-one

2,5,6,6a,7,9a-六氢-2-氢过氧-1,4a,7-三甲基-3H-环氧乙烷[8,8a]薁[4,5-b]呋喃-8(4aH)-酮 2,5,6,6a,7,9a-hexahydro-2-hydroperoxy-1,4a,7-trimethyl-3H-oxireno[8,8a]azuleno[4,5-b]furan-8(4aH)-one

(5S)-5,6,7,7a,7b,12b-六氢-3,4,5,11,12b-五甲基-10-[(3E)-戊-3-烯-1-基-呋喃[3",2": 6',7']萘[1',8': 4,5,6]吡喃[3,2-b]苯并呋喃-9-醇 (5S)-5,6,7,7a,7b,12b-hexahydro-3,4,5,11,12b-pentamethyl-10-[(3E)-pent-3-en-1-yl-furo[3",2": 6',7']naphtho[1',8': 4,5,6] pyrano[3,2-b]benzofuran-9-ol

2,4a,5,6,7,8-六氢-3,5,5,9-四甲基-苯并环庚三烯 2,4a,5,6,7,8-hexahydro-3,5,5,9-tetramethylbenzepine

[3S-(3α,3aα,5aβ,9bα)]-3a,5a,6,7,8,9b-六氢-3,5a,9-三甲基-萘[1,2-b]呋喃-2,5(3H,4H)-二酮 [3S-(3α,3aα,5aβ,9bα)]-3a,5a,6,7,8,9b-hexahydro-3,5a,9-trimethyl-naphtho[1,2-b]furan-2,5(3H,4H)-dione

2,3,4,7,8,8a-六氢-3,6,8,8-1H-3a,7-亚甲基薁 2,3,4,7,8,8a-hexahydro-3,6,8,8-1H-3a,7-methanoazulene

[3R-(3α,3aβ,7β,8β,8aα)]-2,3,4,7,8,8a-六氢-3,6,8-三甲基-1H-3a,7-甲基薁-8-醛 [3R-(3α,3aβ,7β,8β,8aα)]-2,3,4,7,8,8a-hexahydro-3,6,8-trimethyl-1H-3a,7-methanoazulene-8-carboxaldehyde

1-[(3aR,4S,7aR)-3a,4,5,6,7a-六氢-3a,4-二甲基-1H-茚-2-基]乙酮 1-[(3aR,4S,7aR)-3a,4,5,6,7a-hexahydro-3a,4-dimethyl-1H-inden-2-yl] ethanone

(3aR,6R,7aS)-rel-六氢-3a,6(4H)-苯并呋喃二醇 (3aR,6R,7aS)-rel-hexahydro-3a,6(4H)-benzofurandiol

(3aR,6S,7aS)-rel-六氢-3a,6(4H)-苯并呋喃二醇 (3aR,6S,7aS)-rel-hexahydro-3a,6(4H)-benzofurandiol

(3aR,9S,9aR,9bS)-3a,7,8,9,9a,9b-六氢-3a-羟基-3,9,9a-三甲基-萘[1,2-b]呋喃-4,6-二酮 (3aR,9S,9aR,9bS)-3a,7,8,9,9a,9b-hexahydro-3a-hydroxy-3,9,9a-trimethyl-naphtho[1,2-b]furan-4,6-dione

(3aR,7aS)-rel-六氢-3a-羟基-6(2H)-苯并呋喃酮 (3aR,7aS)-rel-hexahydro-3a-hydroxy-6(2H)-benzofuranone

6aS-[4(E),6aα,9β,10aα]}-1-[6a,7,8,9,10,10a-六氢-3-羟基-6,6,9-三甲基-2-(3-甲基-2-丁烯基)-1,9-环氧-6H-二苯并[b,d]吡喃-4-基]-3-苯基-2-丙烯-1-酮 6aS-[4(E),6aα,9β,10aα]}-1-[6a,7,8,9,10,10a-hexahydro-3-hydroxy-6,6,9-trimethyl-2-(3-methyl-2-butenyl)-1,9-epoxy-6H-dibenzo[b,d]pyran-4-yl]-3-

L

phenyl-2-propen-1-one

(5S,8aR,9aR)-6,7,8,8a,9,9a-六氢-3-羟基甲基-5,8a-二甲基-萘[2,3-b]呋喃-2(5H)-酮 (5S,8aR,9aR)-6,7,8,8a,9,9a-hexahydro-3-hydroxylmethyl-5,8a-dimethyl-naphtho[2,3-b]furan-2(5H)-one

(5S,11bS)-2,3,5,6,11,11b-六氢-3-氧代-1H-氮茚并[8,7-b]吲哚-5-羧酸 (5S,11bS)-2,3,5,6,11,11b-hexahydro-3-oxo-1H-indolizino-[8,7-b]indole-5-carboxylic acid

1aR-[1aα,4β,4aβ,5β(Z),9aS*]-1a,2,4,4a,5,9-六氢-4,4a,6-三甲基-9-氧代-3H-环氧乙烷[8,8a]萘[2,3-b]呋喃-5-基-2-(2-甲基丁烯酸)酯 1aR-[1aα,4β,4aβ,5β(Z),9aS*]-1a,2,4,4a,5,9-hexahydro-4,4a,6-trimethyl-9-oxo-3H-oxireno[8,8a]naphtho[2,3-b]furan-5-yl-2-(2-methyl butenoic acid)ester

1,2,3,5,6,8a-六氢-4,7-二甲基-1-(1-甲基乙基)-(1S-顺式)-萘 1,2,3,5,6,8a-hexahydro-4,7-dimethyl-1-(1-methylethyl)-(1S-cis)-naphthalene

1,2,3,5,6,8,α-六氢-4,7-二甲基-1-(1-甲基乙基)-萘 1,2,3,5,6,8,α-hexahydro-4,7-dimethyl-1-(1-methylethyl)-naphthalene

1,2,3,5,6,8a-六氢-4,7-二甲基-1-(1-甲乙基)-萘 1,2,3,5,6,8a-hexahydro-4,7-dimethyl-1-(1-methylethyl)-naphthalene

(1E,4α,4aα,8aα)-2-[3,4,4a,5,6,8a-六氢-4,7-二甲基-1(2H)-萘亚甲基]-丙醛 (1E,4α,4aα,8aα)-2-[3,4,4a,5,6,8a-hexahydro-4,7-dimethyl-1(2H)-naphthalenylidene]-propanal

3,5,6,7,8,8a-六氢-4,8a-二甲基-6-[1-甲乙烯基]-2(1H)萘酮 3,5,6,7,8,8a-hexahydro-4,8a-dimethyl-6-(1-methylethenyl)-(1H) naphthalenone

[3S-(3α,4aβ,5β)]-4,4a,5,6,7,8-六氢-4a,5-二甲基-3-(1-甲基乙烯基)-2(3H)-萘酮 [3S-(3α,4aβ,5β)]-4,4a,5,6,7,8-hexahydro-4a,5-dimethyl-3-(1-methylethenyl)-2(3H)-naphthalenone

(2R,4aS)-1,2,3,4,4a,7-六氢-4a,8-二甲基-α-亚甲基-7-氧代-2-萘乙酸 (2R,4aS)-1,2,3,4,4a,7-hexahydro-4a,8-dimethyl-α-methylene-7-oxo-2-naphthaleneacetic acid

4,4α,5,6,7,8-六氢-4α,5-二甲基-3-(1-甲基乙烯基)-2(3H)-萘酮 4,4α,5,6,7,8,-hexahydro-4α,5-dimethyl-3-(1-methyl-ethylene)-2(3H)-naphthalenone

4,4aβ,5β,6,7α,7a-六氢-4-甲氧基-7aβ-甲基-8-亚甲基-2α,5-亚甲基环戊烷-间-二噁英-7-醇 4,4aβ,5β,6,7α,7a-hexahydro-4-methoxy-7aβ-methyl-8-methylene-2α,5-methanocyclopenta-m-dioxin-7-ol

[4aR-(4aα,5α,6β,8aβ)]-4a,5,6,7,8,8a-六氢-5-羟基-6-(1-羟基-1-甲基乙烯基)-4,8a-二甲基-2(1H)-萘酮 [4aR-(4aα,5α,6β,8aβ)]-4a,5,6,7,8,8a-hexahydro-5-hydroxy-6-(1-hydroxy-1-methylethyl)-4,8a-dimethyl-2(1H)-naphthalenone

3a,5,8,10,11,11a-六氢-6,10-二甲基-3-亚甲基-环癸烷[b]呋喃-2,9(3H,4H)-二酮 3a,5,8,10,11,11a-hexahydro-6,10-dimethyl-3-methylene-cyclodeca[b]furan-2,9(3H,4H)-dione

2,3,4,4a,10,10a-六氢-6,8-二羟基-7-(1-羟基-1-甲基乙基)-5-甲氧基-2,4a-二甲基-1-亚甲基-9(1H)-菲酮 2,3,4,4a,10,10a-hexahydro-6,8-dihydroxy-7-(1-hydroxy-1-methylethyl)-5-methoxy-2,4a-dimethyl-1-methylene-9(1H)-phenanthrenone

(1S,4aS,6S,7S,7aS)-1,4a,5,6,7,7a-六氢-6-羟基-1-[[2-O-(4-羟基苯甲酰基)-β-D-吡喃葡萄糖]氧基]-7-甲基-环戊[c]吡喃-4-羧酸 (1S,4aS,6S,7S,7aS)-1,4a,5,6,7,7a-hexahydro-6-hydroxy-1-[[2-O-(4-hydroxybenzoyl)-β-D-glucopyranosyl]oxy]-7-methyl-cyclopenta[c]pyran-4-carboxylic acid

(1S,4aS,6S,7R,7aS)-1,4a,5,6,7,7a-六氢-6-羟基-1-[[2-O-[(2E)-3-(4-羟基苯基)-1-氧代-2-丙烯-1-基]-β-D-吡喃葡萄糖]氧基]-7-甲基-环戊[c]吡喃-4-羧酸 (1S,4aS,6S,7R,7aS)-1,4a,5,6,7,7a-hexahydro-6-hydroxy-1-[[2-O-[(2E)-3-(4-hydroxyphenyl)-1-oxo-2-propen-1-yl]-β-D-glucopyranosyl]oxy]-7-methyl-cyclopenta[c]pyran-4-carboxylic acid

(2S,4E,6S,9S)-2,3,6,7,8,9-六氢-6-羟基-4-(4-羟基苯酰氧基)-9-甲氧基-2-氧杂九元环-β-D-吡喃葡萄糖苷 (2S,4E,6S,9S)-2,3,6,7,8,9-hexahydro-6-hydroxy-4-[(4-hydroxybenzoyl)oxy]-9-methoxy-2-oxoninyl-β-D-glucopyranoside

[4R-(4α,4aα,6β,7α,7aα)]-六氢-6-羟基-4,7-二甲基-环戊[c]吡喃-1(3H)-酮 [4R-(4α,4aα,6β,7α,7aα)]-hexahydro-6-hydroxy-4,7-dimethyl-cyclopenta[c]pyran-1(3H)-one

(3R,4aR,5R,6R)-3,4,4a,5,6,7-六氢-6-羟基-4a,5-二甲基-3-(1-甲基乙烯基)-1(2H)-萘酮 (3R,4aR,5R,6R)-3,4,4a,5,6,7-hexahydro-6-hydroxy-4a,5-dimethyl-3-(1-methylethenyl)-1(2H)-naphthalenone

2R-2α,4aβ,5α,7β,7aβ,8S*-六氢-7a,8-二甲基-2,5-亚甲基环戊烷-1,3-二噁英-7-醇 2R-2α,4aβ,5α,7β,7aβ,8S*-hexahydro-7a,8-dimethyl-2,5-methanocyclopenta-1,3-dioxin-7-ol

2S-2α,4aβ,5α,7β,7aβ,8R*-六氢-7a,8-二甲基-2,5-亚甲基环戊烷-1,3-二噁英-7-醇 2S-2α,4aβ,5α,7α,7aβ,8R*-hexahydro-7a,8-dimethyl-2,5-methanocyclopenta-1,3-dioxin-7-ol

(1S,4aS,7S,7aS)-1,4a,5,6,7,7a-六氢-7-羟基-1-[[6-O-(4-羟基苯甲酰基)-β-D-吡喃葡萄糖]氧基]-7-甲基-环戊[c]吡喃-4-羧酸 (1S,4aS,7S,7aS)-1,4a,5,6,7,7a-hexahydro-7-hydroxy-1-[[6-O-(4-hydroxybenzoyl)-β-D-glucopyranosyl]oxy]-7-methyl-cyclopenta[c]pyran-4-carboxylic acid

(1S,4aR,5R,7S,7aS)-1,4a,5,6,7,7a-六氢-7-羟基-5-[[(2E)-3-[4-[(1S,2R)-2-羟基-2-(4-羟基-3-甲氧基苯基)-1-(羟基甲基)乙氧基]-3-甲氧基苯基]-1-氧代-2-丙烯基]氧基]-7-7-甲基环戊并[c]吡喃-1-O-β-D-吡喃葡萄糖苷 (1S,4aR,5R,7S,7aS)-1,4a,5,6,7,7a-hexahydro-7-hydroxy-5-[[(2E)-3-[4-[(1S,2R)-2-hydroxy-2-(4-hydroxy-3-methoxyphenyl)-1-(hydroxymethyl) ethoxy]-3-methoxyphenyl]-1-oxo-2-propenyl]oxy]-7-methylcyclopenta[c]pyran-1-O-β-D-glucopyranoside

[1S-[1α,4aα,5α[E(1S*,2R*)],7α,7aα]]-1,4a,5,6,7,7a-六氢-7-羟基-5-[[3-[4-[2-羟基-2-(4-羟基-3-甲氧基苯基)-1-(羟基甲基)乙氧基]-3-甲氧基苯基]-1-氧代-2-丙烯基]氧基]-7-甲基环戊并[c]吡喃-1-O-β-D-吡喃葡萄糖苷 [1S-[1α,4aα,5α[E(1S*,2R*)],7α,7aα]]-1,4a,5,6,7,7a-hexahydro-7-hydroxy-5-[[3-[4-[2-hydroxy-2-(4-hydroxy-3-methoxyphenyl)-1-(hydroxymethyl)ethoxy]-3-methoxyphenyl]-1-oxo-2-propenyl]oxy]-7-methylcyclopenta[c]pyran-1-O-β-D-glucopyranoside

1,4a,5,6,7,7a-六氢-7-羟基-5-[[3-[4-[2-羟基-2-(4-羟基-3-甲氧基苯基)-1-(羟基甲基)乙氧基]-3-甲氧基苯基]-1-氧代-2-丙烯基]氧基]-7-甲基环戊并[c]吡喃-1-O-β-D-吡喃葡萄糖苷 1,4a,5,6,7,7a-hexahydro-7-hydroxy-5-[[3-[4-[2-hydroxy-2-(4-hydroxy-3-methoxyphenyl)-1-(hydroxymethyl)ethoxy]-3-methoxyphenyl]-1-oxo-2-propenyl]oxy]-7-methylcyclopenta[c]pyran-1-O-β-D-glucopyranoside

(1S,2S,8aS)-1,2,3,7,8,8a-六氢-8α-羟基-1-甲基-2-(1-甲基乙烯基)-6-(1-甲基乙基)-1-萘丙酸 (1S,2S,8aS)-1,2,3,7,8,8a-hexahydro-8α-hydroxy-1-methyl-2-(1-methylethenyl)-6-(1-methylethyl)-1-naphthalenepropanoic acid

[3,4,4a,9,10,10a-六氢-8-羟基-l-羟基甲基-l,4a-二甲基-7-(1-甲基乙基)-2(1H)-菲 [3,4,4a,9,10,10a-hexahydro-8-hydroxy-l-(hydroxymethyl)-l,4a-dimethyl-7-(1-methylethyl)-2(1H)-phenanthrene

1,2,3,4,5,6-六氢白杨烯 1,2,3,4,5,6-hexahydrochrysene

六氢单紫杉烯 hexahydroaplotaxene

六氢菲啶酮 hexahydrophenznthridinone

六氢假香堇酮 hexahydropseudoionone

L

六氢姜黄素 hexahydrocurcumin
六氢金合欢醇 hexahydrofarnesol
六氢金合欢基丙酮 hexahydrofarnesyl acetone
1,2,3,4,4a,8a- 六氢萘 1,2,3,4,4a,8a-hexahydronaphthalene
(6R,10S,11S,14S,26R)-15,16,17,18,19,20- 六去氢 -14,15,18,19- 四氢 -26,28- 二羟基 -26,14- 环鸢尾醛 (6R,10S,11S,14S,26R)-15,16,17,18,19,20-hexadehydro-14,15,18,19-tetrahydro-26,28-dihydroxy-26,14-cycloiridal
六去乙酰卫矛碱 hexadesacetyleuonynine
(Z,Z,Z,Z,Z,Z,Z,Z,Z,E,E)-2,6,10,14,18,22,26,30,34,38,42,46- 六十碳十二烯 -1- 醇 (Z,Z,Z,Z,Z,Z,Z,Z,Z,E,E)-2,6,10,14,18,22,26,30,34,38,42,46-octatetracontadodecaen-1-ol
2-(六碳 -2,4- 二炔 -1- 亚甲基)-1,6- 二氧杂螺 [4.5] 癸 -3- 烯 2-(hexa-2,4-diyn-1-ylidene)-1,6-dioxaspiro[4.5]dec-3-ene
(Z)- 六碳 -3- 烯 -1- 醇 β-D- 吡喃木糖基 -(1 → 6)-β-D- 吡喃葡萄糖苷 (Z)-hex-3-en-1-ol β-D-xylopyranosyl-(1 → 6)-β-D-glucopyranoside
4-(2,4- 六碳二炔亚甲基) 四氢 - 螺旋 [3,6- 二氧杂双环 [3.1.0] 己烷 -2,2'-[2H] 吡喃] 4-(2,4-hexadiynylidene)tetrahydro-spiro[3,6-dioxabicyclo[3.1.0]hexane-2,2'-[2H]pyran]
六雄范氏小檗苷▲ E, F hexandraside E, F
六亚甲基四胺 methenamine
1α,7,8β,9β,14α,15β- 六乙酰氧基 -3β- 苯甲酰氧基 -5β- 羟基麻疯树 -6(7),12- 二烯 1α,7,8β,9β,14α,15β-hexaacetoxy-3β-benzoyloxy-5β-hydroxyjatropha-6(7),12-dien
1α,7,8β,9β,14α,15β- 六乙酰氧基 -3β- 烟酰氧基 -5,13β,11,12β- 双环氧麻疯树 -6(7)- 烯 1α,7,8β,9β,14α,15β-hexaacetoxy-3β-nicotinoyloxy-5,13β,11,12β-diepoxyjatropha-6(7)-ene
(2R*,3R*,4S*,5R*,7S*,8S*,9S*,13S*,14S*,15R*)-2,5,7,8,9,14- 六乙酰氧基 -3- 苯甲酰氧基 -15- 羟基麻疯树 -6(17),11E- 烯 (2R*,3R*,4S*,5R*,7S*,8S*,9S*,13S*,14S*,15R*)-2,5,7,8,9,14-hexaacetoxy-3-benzoyloxy-15-hydroxyjatropha-6(17),11E-diene
1β,2β,3α,6α,9β,15- 六乙酰氧基 -8β- 苯甲酰氧基 -β- 二氢沉香呋喃 1β,2β,3α,6α,9β,15-hexacetoxy-8β-benzoyloxy-β-dihydroagarofuran
龙船花苷 ixoroside
龙船花酸 ixoric acid
龙船花萜苷▲ ixoside
龙船花脂酸 ixoraliphatic acid
(R)- 龙胆醇▲ (R)-gentianol
龙胆醇▲ gentianol
β-D- 龙胆二糖基 -(1 → 4)-α-L- 弗氏尖药木苷▲ β-D-gentiobiosyl-(1 → 4)-α-L-acofrioside
3'-O-β- 龙胆二糖基 -16α- 羟基牛角瓜素▲ 3'-O-β-gentiobiosyl-16α-hydroxycalotropin
1-O- 龙胆二糖基 -3,7- 二甲氧基 -8- 羟基𠮿酮 1-O-gentiobiosyl-3,7-dimethoxy-8-hydroxyxanthone
1-O-β- 龙胆二糖基 -6-O-β-D- 吡喃葡萄糖基 -D- 甘露醇 1-O-β-gentiobiosyl-6-O-β-D-glucopyranosyl-D-mannitol
3β-O-(4-O- 龙胆二糖基 -D-2- 去氧毛地黄糖基)-14α- 羟基 -8- 氧代 -8,14- 裂环 -5β- 强心甾 -20(22)- 烯内酯 3β-O-(4-O-gentiobiosyl-D-diginosyl)-14α-hydroxy-8-oxo-8,14-seco-5β-card-20(22)-enolide
3β-O-(4-O- 龙胆二糖基 -D-2- 去氧毛地黄糖基)-14- 羟基 -5β,14β- 强心甾 -20(22)- 烯内酯 3β-O-(4-O-gentiobiosyl-D-diginosyl)-14-hydroxy-5β,14β-card-20(22)-enolide
3β-O-(4-O- 龙胆二糖基 -D-2- 去氧毛地黄糖基)-14- 氧代 -15 (15 → 8)- 移 - 强心甾 -20(22)- 烯内酯 3β-O-(4-O-gentiobiosyl-D-diginosyl)-14-oxo-15(15 → 8)abeo-card-20(22)-enolide
3β-O-(4-O- 龙胆二糖基 -D-2- 去氧毛地黄糖基)-16β- 乙酰氧基 -14- 羟基 -5β,14β- 强心甾 -20(22)- 烯内酯 3β-O-(4-O-gentiobiosyl-D-diginosyl)-16β-acetoxy-14-hydroxy-5β,14β-card-20(22)-enolide
3β-O-(4-O- 龙胆二糖基 -D-2- 去氧毛地黄糖基)-8,14- 环氧 -5β,14β- 强心甾 -16,20(22)- 二烯内酯 3β-O-(4-O-gentiobiosyl-D-diginosyl)-8,14-epoxy-5β,14β-card-16,20(22)-dienolide
3β-O-(4-O- 龙胆二糖基 -D-2- 去氧毛地黄糖基)-8,14- 环氧 -5β,14β- 强心甾 -20(22)- 烯内酯 3β-O-(4-O-gentiobiosyl-D-diginosyl)-8,14-epoxy-5β,14β-card-20(22)-enolide
3β-O-(4-O- 龙胆二糖基 -D-2- 去氧毛地黄糖基)-8β,14- 二羟基 -5β,14β- 强心甾 -20(22)- 烯内酯 3β-O-(4-O-gentiobiosyl-D-diginosyl)-8β,14-dihydroxy-5β,14β-card-20(22)-enolide
1-O-β- 龙胆二糖基 -D- 甘露醇 1-O-β-gentiobiosyl-D-mannitol
3β-O-(4-O- 龙胆二糖基 -D- 毛地黄糖基)-14- 羟基 -5α,14β- 强心甾 -20(22)- 烯内酯 3β-O-(4-O-gentiobiosyl-D-digitalosyl)-14-hydroxy-5α,14β-card-20(22)-enolide
3β-O-(4-O- 龙胆二糖基 -D- 毛地黄糖基)-14- 羟基 -5β,14β- 强心甾 -20(22)- 烯内酯 3β-O-(4-O-gentiobiosyl-D-digitalosyl)-14-hydroxy-5β,14β-card-20(22)-enolide
3β-O-(4-O- 龙胆二糖基 -D- 毛地黄糖基)-16β- 乙酰氧基 -14- 羟基 -5β,14β- 强心甾 -20(22)- 烯内酯 3β-O-(4-O-gentiobiosyl-D-digitalosyl)-16β-acetoxy-14-hydroxy-5β,14β-card-20(22)-enolide
3β-O-(4-O- 龙胆二糖基 -D- 毛地黄糖基)-8,14- 环氧 -5β,14β- 强心甾 -16,20(22)- 二烯内酯 3β-O-(4-O-gentiobiosyl-D-digitalosyl)-8,14-epoxy-5β,14β-card-16,20(22)-dienolide
3β-O-(4-O- 龙胆二糖基 -D- 毛地黄糖基)-8,14- 环氧 -5β,14β- 强心甾 -20(22)- 烯内酯 3β-O-(4-O-gentiobiosyl-D-digitalosyl)-8,14-epoxy-5β,14β-card-20(22)-enolide
3β-O-(4-O- 龙胆二糖基 -L- 夹竹桃糖基)-14,16β- 二羟基 -5β,14β- 强心甾 -20(22)- 烯内酯 3β-O-(4-O-gentiobiosyl-L-oleandrosyl)-14,16β-dihydroxy-5β,14β-card-20(22)-enolide
3β-O-(4-O- 龙胆二糖基 -L- 夹竹桃糖基)-16β- 乙酰氧基 -14- 羟基 -5β,14β- 强心甾 -20(22)- 烯内酯 3β-O-(4-O-gentiobiosyl-L-oleandrosyl)-16β-acetoxy-14-hydroxy-5β,14β-card-20(22)-enolide
龙胆二糖基葡萄糖基番红花酸 gentiobiosyl glucosyl crocetin
β- 龙胆二糖基芍药苷 β-gentiobiosylpaeoniflorin
龙胆二糖甾醇苷 gentiobiosylsterol
龙胆酚醛 gentisaldehyde
龙胆苷 gentianaside
龙胆苷▲ gentioside
龙胆苷元醛▲ gentiogenal
龙胆黄碱 gentioflavine
龙胆碱 gentianine
龙胆苦苷 gentiopicroside; gentiopicrin
龙胆苦苷▲四乙酸酯 gentiopicroside tetraacetate
龙胆那宁 gentiananine
(-)- 龙胆内酯 (-)-gentiolactone
(±)- 龙胆内酯 (±)-gentiolactone
(R)-(-)- 龙胆内酯 (R)-(-)-gentiolactone
(R)- 龙胆内酯 (R)-gentiolactone
(S)-(+)- 龙胆内酯 (S)-(+)-gentiolactone
龙胆内酯 gentiolactone
龙胆尼定▲ gentianidine
龙胆诺苷▲ A~D gentiananoside A~D
龙胆醛 gentianal
1-O-β-D- 龙胆三糖基 -D- 甘露醇 1-O-β-D-gentiotriosyl-D-mannitol
龙胆三糖甾醇苷 gentiotriosylsterol
龙胆双糖基黄花夹竹桃糖苷 gentiobiosyl thevetoside
龙胆四糖甾醇苷 gentiotetraosylsterol
龙胆素 gentisin

龙胆酸 gentisic acid
龙胆酸 -3-*O*-*β*-D-(6'-*O*- 没食子酰基)- 吡喃葡萄糖苷 gentisic acid-3-*O*-*β*-D-(6'-*O*-galloyl)-glucopyranoside
龙胆酸 -5-*O*-*β*-D-(6'-*O*- 没食子酰基)- 吡喃葡萄糖苷 gentisic acid-5-*O*-*β*-D-(6'-*O*-galloyl)-glucopyranoside
龙胆酸 -5-*O*-*β*-D-(6'- 水杨酰基)- 吡喃葡萄糖苷 gentisic acid-5-*O*-*β*-D-(6'-salicylyl)-glucopyranoside
龙胆酸 -5-*O*-*β*-D- 吡喃葡萄糖苷 gentisic acid-5-*O*-*β*-D-glucopyranoside
龙胆酸甲酯 methyl gentisate
龙胆糖 gentianose
6'- 龙胆糖基 -8- 表莫罗忍冬吉苷▲ 6'-gentisoyl-8-epikingiside
2'- 龙胆糖基寒原龙胆苷▲ 2'-gentisoyl-gelidoside
龙胆替苷▲ A~K gentiside A~K
龙胆氧杂草 gentioxepine
龙骨石松碱▲ B carinatumin B
龙蒿二醇▲ artemidiol
龙蒿苷▲ estragonoside
龙蒿林素▲ dracunculin
龙蒿脑 estragole
龙蒿脑 -3-*O*-*β*-D- 吡喃葡萄糖苷 estragole-3-*O*-*β*-D-glucopyranoside
龙蒿素▲ artemidin
龙江柳苷▲ sachaliside
龙口湾鞘丝藻宾▲ dragomabin
龙口湾鞘丝藻酰胺▲ A, B, E dragonamide A, B, E
龙葵苷▲ A~X solanigroside A~X
龙葵洛苷 A, B uttronin A, B
龙葵莫苷▲ A nigrumoside A
龙葵宁▲ I, II nigrumnin I, II
龙葵羊毛脂烯酮 nigralanostenone
龙葵皂苷 A, B uttroside A, B
(-)- 龙脑 (-)-borneol
L- 龙脑 L-borneol
α- 龙脑 *α*-borneol
龙脑 borneol
龙脑 -5- 羟基 -2-*O*-*β*-D- 吡喃葡萄糖苷 bornane-5-hydroxy-2-*O*-*β*-D-glucopyranoside
龙脑 -6-*O*-*β*-D- 吡喃木糖基 -*β*-D- 吡喃葡萄糖苷 bornyl-6-*O*-*β*-D-xylopyranosyl-*β*-D-glucopyranoside
2- 龙脑醇 2-bornanol
龙脑基厚朴酚 bornylmagnolol
2- 龙脑烯 2-bornene
龙脑烯 bornylene
龙脑香醇 dipterocarpol
龙脑香二醇酮 dryobalanone
龙脑香内酯 dryobalanolide
(-)-*α*- 龙脑香烯▲ (-)-*α*-gurjunene
(+)-*γ*- 龙脑香烯▲ (+)-*γ*-gurjunene
α- 龙脑香烯▲ *α*-gurjunene
β- 龙脑香烯▲ *β*-gurjunene
γ- 龙脑香烯▲ *γ*-gurjunene
τ- 龙脑香烯▲ *τ*-gurjunene
龙脑香烯▲ gurjunene
τ- 龙脑香烯▲环氧化物 -(1) *τ*-gurjunenepoxide-(1)
龙脑乙酸酯 borneol acetate
龙舌草酮▲ A, B ottelione A, B
龙舌兰苷 A, B agavoside A, B
龙舌兰诺苷▲ C~J agamenoside C~J
龙舌兰皂苷 E, H agavasaponin E, H
龙舌兰皂苷元 A, B, D agavegenin A, B, D
龙胜香茶菜素 A~G lungshengenin A~G
龙头草苷▲ A~E meehanioside A~E
龙头草碱▲ A~P, R~W meehanine A~P, R~W
龙涎香内酯 ambreinolide
龙涎香素 ambrein
龙血树苷▲ A~R dracaenoside A~R
龙血树苷元 A, B dracaenogenin A, B
龙血树宁 A, B, C draconin A, B, C
龙血素 A, C loureirin A, C
龙牙楤木苷▲ A, B, C durupcoside A, B, C
龙牙楤木皂苷 I, II, III, IV, V, VI, VII tarasaponin I, II, III, IV, V, VI, VII
龙牙楤木皂苷 II 二甲酯 tarasaponin II dimethyl ester
龙牙楤木皂苷 IV 甲酯 tarasaponin IV methyl ester
龙芽草醇▲ A, B, C, N pilosanol A, B, C, N
龙眼脑苷 I, II longan cerebroside I, II
龙眼三萜烷 A longan triterpane A
龙珠醇内酯▲ A~F anomanolide A~F
龙珠苷▲ A, B tubocaposide A, B
龙珠内酯▲ A~H tubocapsanolide A~H
龙珠诺苷▲ A, B tuboanoside A, B
龙珠诺内酯▲ A tubonolide A
龙珠烯内酯▲ A~G tubocapsenolide A~G
隆萼当归素▲ A, B oncosepalin A, B
隆纹黑蛋巢菌素▲ A, B, C striatin A, B, C
隆纹黑蛋巢菌酸▲ striatic acid
蒌蒿素▲ artselenin
蒌蒿萜▲ artselenoid
蒌叶酚 chavibetol
蒌叶酚乙酸酯 chavibetol acetate
耧斗菜定▲ aquiledine
(+)- 耧斗菜内酯▲ (+)-aquilegiolide
耧斗菜内酯▲ aquilegiolide
漏芦醇 rhaponticol
漏芦素甲 rhaponticum
漏芦糖苷 A~H rhaponticoside A~H
漏芦酮 unifloristerone
漏芦甾酮 rhapontisterone
漏芦甾酮 B rhapontisterone B
卢氏冬凌草素 A~J ludongnin A~J
卢斯兰菲素▲ lusianthridin
芦丁 rutin
芦荟大黄素 aloe-emodin
芦荟大黄素 -1-*O*-*β*-D- 吡喃葡萄糖苷 aloe-emodin-1-*O*-*β*-D-glucopyranoside
芦荟大黄素 -3- 羟甲基 -*O*-*β*-D- 吡喃葡萄糖苷 aloe-emodin-3-(hydroxymethyl)-*O*-*β*-D-glucopyranoside
芦荟大黄素 -8-*O*-*β*-D- 吡喃葡萄糖苷 aloe-emodin-8-*O*-*β*-D-glucopyranoside
芦荟大黄素 -8-*O*-*β*-D- 吡喃葡萄糖基 -(1 → 6)- 吡喃葡萄糖苷 aloe-emodin-8-*O*-*β*-D-glucopyranosyl-(1 → 6)-glucopyranoside
芦荟大黄素 -*O*-*β*-D- 没食子酰吡喃葡萄糖苷 aloe-emodin-*O*-*β*-D-galloylglucopyranoside
芦荟大黄素 -*ω*-*O*-*β*-D- 吡喃葡萄糖苷 aleo-emodin-*ω*-*O*-*β*-D-glucopyranoside
芦荟大黄素蒽酮 aloe emodin anthrone
芦荟大黄素乙酸酯 aloe-emodin acetate
芦荟多糖 aloeride

芦荟苷 aloin; barbaloin
芦荟苷 A, B aloin A, B
芦荟苦素 aloesin; aloeresin
芦荟苦素 B~G aloeresin B~G
芦荟宁 aloenin
芦荟宁 B aloenin B
芦荟皂醇▲ III-8- 甲醚 aloesaponol III-8-methyl ether
芦笋皂苷 A asparagoside A
芦乌碱 ludaconitine
芦竹胺 arundamine
芦竹达啡 arundaphine
芦竹达吩 arundafine
芦竹达宁 arundanine
芦竹达嗪 arundacine
芦竹达素 arundavine
芦竹啶 arundine
芦竹啶宁 arundinine
芦竹碱 donaxine
芦竹灵 donaxarine
芦竹宁▲ donine
芦竹瑞定▲ donaxaridine
芦竹赛宁▲ donaxanine
芦竹素 arundoin
芦竹辛 donasine
庐山香科科素 A~D teupernin A~D
卤代丙烯酸 halogenated acrylic acid
卤代乙酸 halogenated acetic acid
鲁阿楝宁▲ A, B ruageanin A, B
鲁山冬凌草宁▲ A~D rubluanin A~D
鲁山冬凌草素 A~J lushanrubescensin A~J
鲁维皂苷元 luvigenin
鲁文千里光碱▲ ruwenine
陆得威蒿内酯 B ludovicin B
陆地棉苷 hirsutrin
鹿草甾酮 rapisterone
鹿草甾酮▲ carthamosterone
鹿草甾酮▲ A, B carthamosterone A, B
鹿草甾酮 B, C, D rhapisterone B, C, D
鹿葱碱 squamigerine
鹿葱精▲ squamigine
鹿角草素▲ glossogin
(+)- 鹿角杜鹃醇▲ (+)-rhodolatouchol
鹿角杜鹃苷▲ rhodolatouside
鹿角杜鹃苷▲ A, B rhodolatouside A, B
鹿角石蕊酸▲ rangiformic acid
鹿角藤碱 chonemorphine
鹿梨苷 calleryanin
鹿石蕊酚▲ A, B hanagokenol A, B
鹿蹄草苷▲ A, B pyrolaside A, B
鹿蹄草素 pyrolin
鹿蹄草亭 pirolatin
鹿蹄草酮▲ A, B pyrolone A, B
鹿蹄橐吾醛▲ liguhodgsonal
鹿药苷▲ A~D smilacinoside A~D
鹿药甾苷 A, B, C japonicoside A, B, C
路边青苷▲ gein; geoside
路边青素▲ A, D, G gemin A, D, G
路路通内酯 liquidambaric lactone
路路通酸 liquidambaric acid
鹭鸶草苷 A, B, C diuranthoside A, B, C
露蕊乌头碱▲ gymnaconitine
露珠香茶菜素 A irroratin A
峦大八角宁▲ tashironin
峦大八角宁▲ A, B, C tashironin A, B, C
栾川冬凌草素▲ A, B luanchunin A, B
栾树黄酮 A, B paniculatonoid A, B
栾树酸酐 paniculatic anhydride
栾树萜▲ paniculoid
栾树皂苷 A, B koelreuteria saponin A, B
栾树皂宁 C paniculata saponin C
卵孢白僵菌素 tenellin
卵孢霉素 oosporein
ψ- 卵萼羊角拗苷▲ ψ-caudoside
卵萼羊角拗苷▲ caudoside
卵磷脂 lecithin
卵形胡椒碱 piperovatine
卵叶巴豆醇▲ crocaudatol
卵叶巴豆定▲ crotocaudin
卵叶巴豆素▲ crotoncaudatin
卵叶柄花菊素▲ ovatifolin
卵叶长春花碱▲ cathovaline
卵叶长春花宁碱▲ cathovalinine
卵叶灰毛豆查耳酮▲ obovatachalcone
卵叶灰毛豆素▲ obovatin
卵叶蓬莱葛碱▲ gardovatine
卵叶崖豆藤黄烷酮▲ A ovaliflavanone A
卵叶崖豆藤色烯▲ B ovalichromene B
卵叶崖豆藤酮 ovalitenone
卵叶银莲花苷 A~D begoniifolide A~D
25*S*- 卵叶蜘蛛抱蛋 A 25*S*-typaspidoside A
卵叶蜘蛛抱蛋 A typaspidoside A
轮环藤定碱▲ A, B, C racemosidine A, B, C
α- 轮环藤酚碱 α-cyclanoline
β- 轮环藤酚碱 β-cyclanoline
轮环藤酚碱 cyclanoline
轮环藤浩明 cycleahomine
轮环藤宁碱 cycleanine
(+)- 轮环藤诺灵▲ (+)-cycleanorine
轮环藤诺灵▲ cycleanorine
轮环藤辛宁▲ A, B, C racemosinine A, B, C
(-)- 轮环藤新碱 (-)-cycleaneonine
轮环藤新碱 cycleaneonine
轮叶党参苷▲ codonolaside
轮叶马先蒿苷▲ A, B verticillatoside A, B
轮叶木姜子醇▲ verticillatol
轮叶木姜子洛醇▲ A~H litseaverticillol A~H
罗必明 lubimin
罗必明醇 lubiminol
罗布麻醇▲ apocynol
罗布麻苷 I, II apocynoside I, II
罗布麻宁 apocynin
罗布麻宁 A~D apocynin A~D
罗汉柏 -2α- 醇 thujopsan-2α-ol
(-)- 罗汉柏二烯 (-)-thujopsadiene
罗汉柏二烯 dolabradiene
(-)- 罗汉柏烯 (-)-thujopsene
罗汉柏烯 thujopsene
3(15)- 罗汉柏烯 -10α- 醇 3(15)-thujopsen-10α-ol

L

罗汉柏烯 -12- 醇 thujopsen-12-ol
罗汉果醇 -3,24- 二 *O*-*β*- 吡喃葡萄糖苷 mogrol-3,24-di-*O*-*β*-glucopyranoside
罗汉果苷 IA_1, IIA_1, IIB, IIE, III, $IIIA_1$, $IIIA_2$, IIIE, IV, IVA, IVE, V, VI mogroside IA_1, IIA_1, IIB, IIE, III, $IIIA_1$, $IIIA_2$, IIIE, IV, IVA, IVE, V, VI
罗汉果莫苷▲ I grosmomoside I
罗汉果素 grosvenorin; grosvenorine
罗汉果酸 IIA, IIB, IIC, A~F siraitic acid IIA, IIB, IIC, A~F
罗汉果酯▲ mogroester
罗汉杉内酯▲ A~R makilactone A~R
罗汉松 -8(14)- 烯 -15- 酸 -13*β*- 甲基 -13- 乙烯 - 醚 podocarp-8(14)-en-15-oic acid-13*β*-methyl-13-vinyl-ester
罗汉松 -8,11,13- 三烯 podocarpa-8,11,13-triene
罗汉松 -8,11,13- 三烯 -3*α*,13- 二醇 podocarpa-8,11,13-triene-3*α*,13-diol
罗汉松黄酮 A, B podocarpusflavone A, B
罗汉松泼甾酮▲ posterone; poststerone
罗汉松酸▲ macrophyllic acid
罗汉松蜕皮素 A, C podecdysone A, C
8(14)- 罗汉松烯 -13- 酮 -18- 酸 8(14)-podocarpen-13-on-18-oic acid
8(14)- 罗汉松烯 -7,13- 二酮 -18- 酸 8(14)-podocarpen-7,13-dion-18-oic acid
8(14)- 罗汉松烯 -7,13- 二烯 -18- 酸 8(14)-podocarpen-7,13-dien-18-oic acid
罗汉松甾酮 A~D makisterone A~D
罗卡鹧鸪花萜 B Tr-B
罗勒醇▲ ocimol
罗勒苷▲ basilimoside
罗勒洛醇▲ basilol
罗勒脑苷▲ A, B ocimumoside A, B
罗勒素 ocimin
(*E*)-*β*- 罗勒烯 (*E*)-*β*-ocimene
(*E*)- 罗勒烯 (*E*)-ocimene
(*Z*)-*β*- 罗勒烯 (*Z*)-*β*-ocimene
(*Z*)- 罗勒烯 (*Z*)-ocimene
Z- 罗勒烯 *Z*-ocimene
α- 罗勒烯 *α*-ocimene
β- 罗勒烯 *β*-ocimene
罗勒烯 ocimene
β- 罗勒烯 -Y *β*-ocimene-Y
(*E*)- 罗勒烯酮 (*E*)-ocimenone
罗勒烯酮 ocimenone
罗勒香豆素▲ ocimarin
罗林果抑素▲-1 rolliniastatin-1
罗林果抑素▲-2 rolliniastatin-2
罗氏核果木酮▲ roxburgholone
罗氏小米草苷▲ eukovoside
罗氏小米草托苷▲ eurostoside
罗氏旋覆花酮▲ royleanone
罗氏旋覆花酮酸▲ royleanonic acid
罗素丽钵花苷▲ eustomorusside
萝卜硫苷 glucoraphanin
萝卜烯硫苷 glucoraphenin
萝卜子素 sulphoraphene
萝芙木碱▲ A, B, C rauvovertine A, B, C
萝芙木亭碱 verticillatine
萝芙木亭碱 A~G verticillatine A~G
萝藦胺▲ gagamine
萝藦胺▲ -3-*O*-*β*-D- 吡喃夹竹桃糖基 -(1 → 4)-*β*-D- 吡喃磁麻糖基 -(1 → 4)-*β*-D- 吡喃磁麻糖苷 gagamine-3-*O*-*β*-D-oleandropyranosyl-(1 → 4)-*β*-D-cymaropyranosyl-(1 → 4)-*β*-D-cymaropyranoside
萝藦醇 -7- 甲酯 gagaimol-7-mether
萝藦苷元 metaplexigenin
萝藦米宁 gagaminine
萝藦米宁 -3-*O*-*α*-L- 吡喃磁麻糖基 -(1 → 4)-*β*-D- 吡喃磁麻糖基 -(1 → 4)-*α*-L- 吡喃洋地黄糖基 -(1 → 4)-*β*-D- 吡喃磁麻糖苷 gagaminine-3-*O*-*α*-L-cymaropyranosyl-(1 → 4)-*β*-D-cymaropyranosyl-(1 → 4)-*α*-L-diginopyranosyl-(1 → 4)-*β*-D-cymaropyranoside
萝藦米宁 -3-*O*-*α*-L- 吡喃磁麻糖基 -(1 → 4)-*β*-D- 吡喃夹竹桃糖基 -(1 → 4)-*β*-D- 吡喃洋地黄毒糖苷 gagaminine-3-*O*-*α*-L-cymaropyranosyl-(1 → 4)-*β*-D-oleandropyranosyl-(1 → 4)-*β*-D-digitoxopyranoside
萝藦米宁 -3-*O*-*β*-L- 吡喃磁麻糖基 -(1 → 4)-*β*-D- 吡喃磁麻糖基 -(1 → 4)-*α*-L- 吡喃洋地黄糖基 -(1 → 4)-*β*-D- 吡喃磁麻糖苷 gagaminine-3-*O*-*β*-L-cymaropyranosyl-(1 → 4)-*β*-D-cymaropyranosyl-(1 → 4)-*α*-L-diginopyranosyl-(1 → 4)-*β*-D-cymaropyranoside
萝藦米宁 -3-*O*-*β*-L- 吡喃磁麻糖基 -(1 → 4)-*β*-D- 吡喃磁麻糖基 -(1 → 4)-*α*-L- 吡喃洋地黄糖基 -(1 → 4)-*β*-D- 吡喃洋地黄毒糖苷 gagaminine-3-*O*-*β*-L-cymaropyranosyl-(1 → 4)-*β*-D-cymaropyranosyl-(1 → 4)-*α*-L-diginopyranosyl-(1 → 4)-*β*-D-digitoxopyranoside
萝藦坡苷元▲ A, B, C metajapogenin A, B, C
萝藦素▲ pergularin
萝藦素▲ -3-*O*-*β*-D- 黄花夹竹桃糖苷 pergularin-3-*O*-*β*-D-oleandropyranoside
萝藦酮▲ ramanone
螺粉蕊黄杨碱 spiropachysine
螺粉蕊黄杨碱 -20- 酮 spiropachysine-20-one
螺粉蕊黄杨碱 A, B spiropachysine A, B
螺粉蕊黄杨碱葡萄糖苷 spiropachysine glucopyranoside
螺环 [(1a*S*,2*R*,7a*S*)-2,3- 二羟基 -1a,2,7,7a- 四氢 - 萘并 [2,3-b] 环氧乙烯 -7,2'- 萘并 [1,8-de]-1',3'- 二氧杂苣] spiro[(1a*S*,2*R*,7a*S*)-2,3-dihydroxy-1a,2,7,7a-tetrahydro-naphtho[2,3-b]oxirene-7,2'-naphtho[1,8-*de*]-1',3'-dioxin]
螺环 [呋喃 -3(2*H*),1'(2'*H*)- 萘]-5'- 羧酸 spiro[furan-3(2*H*),1'(2'*H*)-naphthalene]-5'-carboxylic acid
螺环 -13- 高 -13- 氧代毛鱼藤酮 spiro-13-homo-13-oxoelliptone
螺环桦褐孔菌萜二醇 spiroinonotsuoxodiol
螺环荚蒾宁 A spirovibsanin A
螺环冷杉羊毛脂烷 A, A', B, B' spiroabieslanostane A, A', B, B'
螺环麻疯树酮 spirocurcasone
螺环少药八角酮▲ A, B spirooliganone A, B
螺环韦氏冷杉内酯▲ spiroveitchionolide
螺卷丝囊霉素▲ A cochliophilin A
螺康唑 A spiroconazole A
螺水茄苷 spirotorvoside
螺穗木烯醇▲ stachenol
螺穗木烯酮▲ stachenone
螺团花碱▲ spirocadambine
螺旋大果大戟酮 spirowallichiione
螺旋楝素 spirosendan
螺鸢尾醛 spiroiridal
(25*S*)- 螺甾 -1,4- 二烯 -3- 酮 (25*S*)-spirost-1,4-dien-3-one
(25*R*,*S*)-5*α*- 螺甾 -12- 酮 -3*β*-*O*-*β*- 吡喃木糖基 -(1 → 2)-*β*- 吡喃

木糖基 -(1 → 3)-β- 吡喃葡萄糖基 -(1 → 4)-α- 吡喃鼠李糖基 -(1 → 2))-β- 吡喃半乳糖苷 (25R,S)-5α-spirost-12-one-3β-O-β-xylopyranosyl-(1→2)-β-xylopyranosyl-(1→3)-β-glucopyranosyl-(1 → 4)-α-rhamnopyranosyl-(1 → 2)-β-galactopyranoside
25(R)- 螺甾 -14α- 羟基 -4- 烯 -3- 酮 25(R)-spirost-14α-hydroxy-4-en-3-one
5β,25L- 螺甾 -1β,2β,3α,4β- 四醇 -1-O-α-L- 吡喃阿拉伯糖苷 5β,25L-spirostan-1β,2β,3α,4β-tetrol-1-O-α-L-arabinopyranoside
(25R)-5β- 螺甾 -1β,2β,3β,4β,5β,6β- 六醇 (25R)-5β-spirostan-1β,2β,3β,4β,5β,6β-hexol
螺甾 -1β,2β,3β,4β,5β,6β- 六醇 spirostane-1β,2β,3β,4β,5β,6β-hexaol
(25R)-5β- 螺甾 -1β,2β,3β,4β,5β- 五醇 -1-O-β-D- 吡喃木糖苷 (25R)-5β-spirostan-1β,2β,3β,4β,5β-pentol-1-O-β-D-xylopyranoside
(25R)-5α- 螺甾 -1β,3α,25- 三醇 -3-O-β-D- 吡喃葡萄糖苷 (25R)-5α-spirostan-1β,3α,25-triol-3-O-β-D-glucopyranoside
(25S)-5α- 螺甾 -1β,3α- 二醇 -1-O-{O-α-L- 吡喃鼠李糖基 -(1 → 2)-O-[β-D- 吡喃木糖基 -(1 → 3)]-β-D- 吡喃木糖苷 } (25S)-5α-spirostan-1β,3α-diol-1-O-{O-α-L-rhamnopyranosyl-(1→2)-O-[β-D-xylopyranosyl-(1 → 3)]-β-D-xylopyranoside}
(25S)-5α- 螺甾 -1β,3α- 二醇 -3-O-β-D- 吡喃葡萄糖苷 (25S)-5α-spirostan-1β,3α-diol-3-O-β-D-glucopyranoside
(25S)- 螺甾 -1β,3β,5β- 三醇 -3-O-β-D- 吡喃葡萄糖苷 (25S)-spirostan-1β,3β,5β-triol-3-O-β-D-glucopyranoside
(25S)-5α- 螺甾 -20- 烯 -1β,3α- 二醇 3-O-β-D- 吡喃葡萄糖苷 (25S)-5α-spirost-20-en-1β,3α-diol-3-O-β-D-glucopyranoside
25R- 螺甾 -24β- 醇 -4- 烯 -3,12- 酮 25R-spirost-24β-ol-4-en-3,12-dione
(23S,25S)-5α- 螺甾 -24- 酮 -3β,23- 二醇 -3-O-{α-L- 吡喃鼠李糖基 -(1 → 2)-O-[β-D- 吡喃葡萄糖基 -(1 → 4)]-β-D- 吡喃半乳糖苷 } (23S,25S)-5α-spirost-24-one-3β,23-diol-3-O-{α-L-rhamnopyranosyl-(1 → 2)-O-[β-D-glucopyranosyl-(1 → 4)]-β-D-galactopyranoside
螺甾 -25(27)- 烯 -1β,2β,3β,4β,5β,6β,7α- 七醇 spirost-25(27)-en-1β,2β,3β,4β,5β,6β,7α-heptol
(20S,22R)- 螺甾 -25(27)- 烯 -1β,2β,3β,4β,5β,7α- 六醇 -6- 酮 (20S,22R)-spirost-25(27)-en-1β,2β,3β,4β,5β,7α-hexaol-6-one
5α- 螺甾 -25(27)- 烯 -1β,3α- 二醇 -1-O-{O-α-L- 吡喃鼠李糖基 -(1 → 2)-O-[β-D- 吡喃木糖基 -(1 → 3)]-β-D- 吡喃木糖苷 } 5α-spirost-25(27)-en-1β,3α-diol-1-O-{O-α-L-rhamnopyranosyl-(1 → 2)-O-[β-D-xylopyranosyl-(1 → 3)]-β-D-xylopyranoside}
5α- 螺甾 -25(27)- 烯 -1β,3α- 二醇 -1-O-{O-α-L- 吡喃鼠李糖基 -(1 → 2)-O-[β-D- 吡喃木糖基 -(1 → 3)]-β-D- 吡喃岩藻糖苷 } 5α-spirost-25(27)-en-1β,3α-diol-1-O-{O-α-L-rhamnopyranosyl-(1 → 2)-O-[β-D-xylopyranosyl-(1 → 3)]-β-D-fucopyranoside}
5α- 螺甾 -25(27)- 烯 -1β,3α- 二醇 -3-O-β-D- 吡喃葡萄糖苷 5α-spirost-25(27)-en-1β,3α-diol-3-O-β-D-glucopyranoside
(25R,S)-5α- 螺甾 -2α,3β- 二醇 -3-O-{O-β-D- 吡喃葡萄糖基 -(1→2)-O-[β-D- 吡喃葡萄糖基 -(1→3)]-O-β-D- 吡喃葡萄糖基 -(1→4)-β-D- 吡喃半乳糖苷 } (25R,S)-5α-spirostan-2α,3β-diol-3-O-{O-β-D-glucopyranosyl-(1→2)-O-[β-D-glucopyranosyl-(1→3)]-O-β-D-glucopyranosyl-(1 → 4)-β-D-galactopyranoside}
(25R,S)-5α- 螺甾 -2α,3β- 二醇 -3-O-{O-β-D- 吡喃葡萄糖基 -(1→2)-O-β-D- 吡喃葡萄糖基 -(1 → 4)-β-D- 吡喃半乳糖苷 } (25R,S)-5α-spirostan-2α,3β-diol-3-O-{O-β-D-glucopyranosyl-(1→2)-O-β-D-glucopyranosyl-(1 → 4)-β-D-galactopyranoside}
(24S,25S)-5β- 螺甾 -2β,3β,24- 三醇 -3-O-α-L- 吡喃鼠李糖基 -(1→2)-O-[α-L- 吡喃鼠李糖基 -(1 → 4)]-β-D- 吡喃葡萄糖苷 (24S,25S)-5β-spirostan-2β,3β,24-triol-3-O-α-L-rhamnopyranoyl-(1→2)-O-[α-L-rhamnopyranosyl-(1 → 4)]-β-D-glucopyranoside
25D,5β- 螺甾 -2- 烯 25D,5β-spirost-2-ene
25D- 螺甾 -3,5- 二烯 25D-spirost-3,5-diene
螺甾 -3,5- 二烯 spirosta-3,5-diene
25R- 螺甾 -3,5- 二烯 -12- 酮 25R-spirost-3,5-dien-12-one
(5α,25R)- 螺甾 -3,6,12- 三酮 (5α,25R)-spirost-3,6,12-trione
(3β,5α,25R)- 螺甾 -3-O-α-L- 吡喃鼠李糖基 -(1 → 2)-O-β-D- 吡喃木糖基 -(1 → 2)-O-β-D- 吡喃木糖基 -(1 → 3)-β-D- 吡喃葡萄糖基 -(1 → 4)-β-D- 吡喃半乳糖苷 (3β,5α,25R)-spirost-3-O-α-L-rhamnopyranosyl-(1 → 2)-O-β-D-xylopyranosyl-(1 → 2)-O-β-D-xylopyranosyl-(1 → 3)-β-D-glucopyranosyl-(1 → 4)-β-D-galactopyranoside
(25R)-5β- 螺甾 -3β,12β- 二醇 -3-O-β-D- 吡喃葡萄糖基 -(1 → 2)-β-D- 吡喃半乳糖苷 (25R)-5β-spirostane-3β,12β-diol-3-O-β-D-glucopyranosyl-(1 → 2)-β-D-galactopyranoside
(25D)- 螺甾 -3β,17α,27- 三羟基 -3-O-β-D- 吡喃葡萄糖基 -(1 → 4)-O-[α-L- 吡喃阿拉伯糖基 -(1 → 6)]-β-D- 吡喃葡萄糖苷 (25D)-spirost-3β,17α,27-trihydroxy-3-O-β-D-glucopyranosyl-(1→4)-O-[α-L-arabinopyranosyl-(1 → 6)]-β-D-glucopyranoside
(25S)-5β- 螺甾 -3β,17α- 二醇 (25S)-5β-spirostan-3β,17α-diol
(23S,24R,25R)-5α- 螺甾 -3β,23,24- 三醇 -3-O-{α-L- 吡喃鼠李糖基 -(1 → 2)-[β-D- 吡喃葡萄糖基 -(1 → 4)]-β-D- 吡喃半乳糖苷 } (23S,24R,25R)-5α-spirost-3β,23,24-triol-3-O-{α-L-rhamnopyranosyl-(1 → 2)-[β-D-glucopyranosyl-(1 → 4)]-β-D-galactopyranoside}
(23S,24R,25S)-5α- 螺甾 -3β,23,24- 三醇 -3-O-{α-L- 吡喃鼠李糖基 -(1 → 2)-[β-D- 吡喃葡萄糖基 -(1 → 4)]-β-D- 吡喃半乳糖苷 } (23S,24R,25S)-5α-spirost-3β,23,24-triol-3-O-{α-L-rhamnopyranosyl-(1 → 2)-[β-D-glucopyranosyl-(1 → 4)]-β-D-galactopyranoside}
(24S,25S)-5α- 螺甾 -3β,24- 二醇 -3-O-{α-L- 吡喃鼠李糖基 -(1 → 2)-O-[β-D- 吡喃葡萄糖基 -(1 → 4)]-β-D- 吡喃半乳糖苷 } (24S,25S)-5α-spirost-3β,24-diol-3-O-{α-L-rhamnopyranosyl-(1 → 2)-O-[β-D-glucopyranosyl-(1 → 4)]-β-D-galactopyranoside}
(25S)- 螺甾 -3β,5β,6α- 三醇 -3-O-α-L- 鼠李糖基 -(1 → 4)-β-D- 吡喃葡萄糖苷 (25S)-spirostan-3β,5β,6α-triol-3-O-α-L-rhamnopyranosyl-(1 → 4)-β-D-glucopyranoside
(25R)-5α- 螺甾 -3β,6α,23α- 三醇 (25R)-5α-spirostan-3β,6α,23α-triol
(25R)-25α- 螺甾 -3β,6α,23α- 三醇 3,6- 二 -O-β-D- 吡喃葡萄糖苷 (25R)-25α-spirost-3β,6α,23α-triol-3,6-di-O-β-D-glucopyranoside
(23S,25R)-5α- 螺甾 -3β,6α,23- 三醇 -3-O-α-L- 吡喃鼠李糖基 -(1 → 3)-β-D- 吡喃葡萄糖基 -(1 → 2)-[β-D- 吡喃木糖基 -(1 → 3)]-β-D- 吡喃葡萄糖基 -(1 → 4)-β-D- 吡喃半乳糖苷 (23S,25R)-5α-spirostan-3β,6α,23-triol-3-O-α-L-rhamnopyranosyl-(1→3)-β-D-glucopyranosyl-(1→2)-[β-D-xylopyranosyl-(1→3)]-β-D-glucopyranosyl-(1 → 4)-β-D-galactopyranoside
(25S)-5β- 螺甾 -3β,6α- 二醇 -3-O-α-L- 吡喃鼠李糖基 -(1 → 4)-β-D- 吡喃葡萄糖苷 (25S)-5β-spirostan-3β,6α-diol-3-O-α-L-rhamnopyranosyl-(1 → 4)-β-D-glucopyranoside
(25R)-5α- 螺甾 -3β,6α- 二醇 -3-O-β-D- 吡喃葡萄糖基 -(1 → 2)-[β-D- 吡喃木糖基 -(1 → 3)]-β-D- 吡喃葡糖基 -(1 → 4)-β-D- 吡喃半乳糖苷 25R)-5α-spirostan-3β,6α-diol-3-O-β-D-glucopyranosyl-(1→2)-[β-D-xylopyranosyl-(1→3)]-β-D-glucopyranosyl-(1→4)-β-D-galactopyranoside
(25R,S)-5α- 螺甾 -3β-ol-3-O-{β-D- 吡喃葡萄糖基 -(1 → 2)-[β-D- 吡喃葡萄糖基 -(1 → 3)]-(6- 乙酰基 -β-D- 吡喃葡萄糖基)-(1 → 4)-β-D- 吡喃半乳糖苷 } (25R,S)-5α-spirostan-3β-ol-3-O-{β-D-glucopyranosyl-(1→2)-[β-D-glucopyranosyl-(1→3)]-(6-acetyl-β-D-glucopyranosyl)-(1 → 4)-β-D-galactopyranoside}
(25R)-5α- 螺甾 -3β-O-α-L- 吡喃鼠李糖基 -(1 → 2)-β-D- 吡喃葡萄

L

糖苷 (25R)-5α-spirostan-3β-O-α-L-rhamnopyranosyl-(1→2)-β-D-glucopyranoside
(25R)-5α- 螺甾 -3β-O-β-D- 吡喃葡萄糖基 -(1→3)-[β-D- 吡喃葡萄糖基 -(1→2)]-β-D- 吡喃半乳糖苷 (25R)-5α-spirostan-3β-O-β-D-glucopyranosyl-(1→3)-[β-D-glucopyranosyl-(1→2)]-β-D-galactopyranoside
(25R)-5α- 螺甾 -3β-O-β-D- 吡喃葡萄糖基 -(1→3)-β-D- 吡喃半乳糖苷 (25R)-5α-spirostan-3β-O-β-D-glucopyranosyl-(1→3)-β-D-galactopyranoside
25D-5α- 螺甾 -3β- 醇 -12- 酮 25D-5α-spirostan-3β-ol-12-one
(25R,S)-5α- 螺甾 -3β- 醇 -3-O-{O-β-D- 吡喃葡萄糖基 -(1→2)-O-[β-D- 吡喃葡萄糖基 -(1→3)]-O-β-D- 吡喃葡萄糖基 -(1→4)-β-D- 吡喃半乳糖苷 } (25R,S)-5α-spirostan-3β-ol-3-O-{O-β-D-glucopyranosyl-(1→2)-O-[β-D-glucopyranosyl-(1→3)]-O-β-D-glucopyranosyl-(1→4)-β-D-galactopyranoside}
(25S)-5β- 螺甾 -3β- 醇 -3-O-α-L- 吡喃鼠李糖基 -(1→2)-[α-L- 吡喃鼠李糖基 -(1→4)]-β-D- 吡喃葡萄糖苷 (25S)-5β-spirostan-3β-ol-3-O-α-l-rhamnopyranosyl-(1→2)-[α-L-rhamnopyranosyl-(1→4)]-β-D-glucopyranoside
(25R)-5β- 螺甾 -3β- 醇 -3-O-β-D- 吡喃葡萄糖苷 (25R)-5β-spirostan-3β-ol-3-O-β-D-glucopyranoside
(25S)-5β- 螺甾 -3β- 醇 -3-O-β-D- 吡喃葡萄糖基 -(1→2)-[β-D- 吡喃木糖基 -(1→4)]-β-D- 吡喃葡萄糖苷 (25S)-5β-spirostan-3β-ol-3-O-β-D-glucopyranosyl-(1→2)-[β-D-xylopyranosyl-(1→4)]-β-D-glucopyranoside
(25S)-5β- 螺甾 -3β- 醇 -3-O-β-D- 吡喃葡萄糖基 -(1→2)-β-D- 吡喃葡萄糖苷 (25S)-5β-spirostan-3β-ol-3-O-β-D-glucopyranosyl-(1→2)-β-D-glucopyranoside
(25S)-5α- 螺甾 -3β- 醇 -6α-O-[β-D- 吡喃木糖基 -(1→3)-β-D- 吡喃鸡纳糖苷] (25S)-5α-spirostan-3β-ol-6α-O-[β-D-xylopyranosyl-(1→3)-β-D-quinovopyranoside]
(25R)-5α- 螺甾 -3β- 醇 -6- 酮 -3-O-[α-L- 吡喃阿拉伯糖基 -(1→4)]-β-D- 吡喃葡萄糖苷 (25R)-5α-spirostan-3β-ol-6-one-3-O-[α-L-arabinopyranosyl-(1→4)]-β-D-glucopyranoside
(25R)- 螺甾 -3β- 醇 -6- 酮 -3-O-[α-L- 吡喃阿拉伯糖基 -(1→4)]-β-D- 吡喃葡萄糖苷 (25R)-spirostan-3β-ol-6-one-3-O-[α-L-arabinopyranosyl-(1→4)]-β-D-glucopyranoside
(25R)- 螺甾 -3β- 醇 -6- 酮 -3-O-[α-L- 吡喃阿拉伯糖基 -(1→6)]-β-D- 吡喃葡萄糖苷 (25R)-spirostan-3β-ol-6-one-3-O-[α-L-arabinopyranosyl-(1→6)]-β-D-glucopyranoside
(25R)- 螺甾 -3β- 醇 -6- 酮 -3-O-[β-D- 吡喃葡萄糖基 -(1→4)][α-L- 吡喃阿拉伯糖基 (1→6)]-β- 吡喃葡萄糖苷 (25R)-spirostan-3β-ol-6-one-3-O-[β-D-glucopyranosyl-(1→4)][α-L-arabinopyranosyl(1→6)]-β-glucopyranoside
25R- 螺甾 -4- 烯 -2β,3α- 二醇 -12- 酮 25R-spirost-2β,3α-diol-4-en-12-one
25(R)- 螺甾 -4- 烯 -3,12- 二酮 25(R)-spirost-4-en-3,12-dione
25R- 螺甾 -4- 烯 -3,12- 二酮 25R-spirost-4-ene-3,12-dione
25R- 螺甾 -4- 烯 -3,6,12- 三酮 25R-spirost-4-en-3,6,12-trione
螺甾 -5,25(27)- 二烯 -1,3- 二醇 -1-O-α-L- 吡喃阿拉伯糖苷 spirost-5,25(27)-dien-1,3-diol-1-O-α-L-arabinopyranoside
(23S,24S)- 螺甾 -5,25(27)- 二烯 -1β,3β,21,23,24- 五醇 -1-O-β-D- 呋喃芹糖基 -(1→3)-α-L- 吡喃鼠李糖基 -(1→2)-[β-D- 吡喃木糖基 -(1→3)]-β-D- 吡喃葡萄糖苷 -21-O-β-D- 呋喃芹糖苷 -24-O-β-D- 吡喃呋糖苷 (23S,24S)-spirosta-5,25(27)-diene-1β,3β,21,23,24-pentol-1-O-β-D-apiofuranosyl-(1→3)-α-L-rhamnopyranosyl-(1→2)-[β-D-xylopyranosyl-(1→3)]-β-D-glucopyranoside-21-O-β-D-apiofuranoside-24-O-β-D-fucopyranoside
(23S,24S)- 螺甾 -5,25(27)- 二烯 -1β,3β,23,24- 四醇 -1-O-[2,3,4-三 -O- 乙酰基 -α-L- 吡喃鼠李糖基 -(1→2)-α-L- 阿拉伯吡喃糖苷]-24-O-β-D- 吡喃岩藻糖苷 (23S,24S)-spirost-5,25(27)-dien-1β,3β,23,24-tetrol-1-O-[2,3,4-tri-O-acetyl-α-L-rhamnopyranosyl-(1→2)-α-L-arabinopyranoside]-24-O-β-D-fucopyranoside
(23S,24S)- 螺甾 -5,25(27)- 二烯 -1β,3β,23,24- 四醇 -1-O-[O-(2,3,4-三 -O- 乙酰基 -α-L- 吡喃鼠李糖基)-(1→2)-α-L- 吡喃阿拉伯糖基]24-O-β-D- 吡喃岩藻糖苷 (23S,24S)-spirosta-5,25(27)-dien-1β,3β,23,24-tetrol-1-O-[O-(2,3,4-tri-O-acetyl-α-L-rhamnopyranosyl)-(1→2)-α-L-arabinopyranosyl]-24-O-β-D-fucopyranoside
(23S,24S)- 螺甾 -5,25(27)- 二烯 -1β,3β,23,24- 四醇 -1-O-[O-(4-O-乙酰基 -α-L- 吡喃鼠李糖基 -(1→2)-α-L- 吡喃阿拉伯糖苷] (23S,24S)-spirosta-5,25(27)-dien-1β,3β,23,24-tetrol-1-O-[O-(4-O-acetyl-α-L-rhamnopyranosyl)-(1→2)-α-L-arabinopyranoside]
(23S,24S)- 螺甾 -5,25(27)- 二烯 -1β,3β,23,24- 四醇 -1-O-[O-α-L- 吡喃鼠李糖基 -(1→2)-α-L- 吡喃阿拉伯糖苷] (23S,24S)-spirosta-5,25(27)-dien-1β,3β,23,24-tetrol-1-O-[O-α-L-rhamnopyranosyl-(1→2)-α-L-arabinopyranoside]
(23S,24S)- 螺甾 -5,25(27)- 二烯 -1β,3β,23,24- 四醇 -1-O-[α-L- 吡喃鼠李糖基 -(1→2)]-α-L- 吡喃阿拉伯糖苷 (23S,24S)-spirost-5,25(27)-dien-1β,3β,23,24-tetrol-1-O-[α-L-rhamnopyranosyl-(1→2)]-α-L-arabinopyranoside
(23S,24S)- 螺甾 -5,25(27)- 二烯 -1β,3β,23,24- 四醇 -1-O-{[2,3,4-三 -O- 乙酰基 -α-L- 吡喃鼠李糖基 -(1→2)]-[β-D- 吡喃木糖基 -(1→3)]}-α-L- 吡喃阿拉伯糖苷 (23S,24S)-spirost-5,25(27)-dien-1β,3β,23,24-tetrol-1-O-{[2,3,4-tri-O-acetyl-α-L-rhamnopyranosyl-(1→2)]-[β-D-xylopyranosyl-(1→3)]}-α-L-arabinopyranoside
(23S,24S)- 螺甾 -5,25(27)- 二烯 -1β,3β,23,24- 四醇 -1-O-{[2,3,4-三 -O- 乙酰基 -α-L- 吡喃鼠李糖基 -(1→2)]-[β-D- 吡喃木糖基 -(1→3)]-α-L- 吡喃阿拉伯糖苷 }-24-O-β-D- 吡喃岩藻糖苷 (23S,24S)-spirost-5,25(27)-dien-1β,3β,23,24-tetrol-1-O-{[2,3,4-tri-O-acetyl-α-L-rhamnopyranosyl-(1→2)]-[β-D-xylopyranosyl-(1→3)]-α-L-arabinopyranoside}-24-O-β-D-fucopyranoside
(23S,24S)- 螺甾 -5,25(27)- 二烯 -1β,3β,23,24- 四醇 -1-O-{O-(2,3,4-O-三乙酰基 -α-L- 吡喃鼠李糖基)-(1→2)-O-[β-D- 吡喃木糖基 -(1→3)]-α-L- 阿拉伯吡喃糖基 }-24-O-β-D- 吡喃葡萄糖苷 (23S,24S)-spirost-5,25(27)-dien-1β,3β,23,24-tetrol-1-O-{O-(2,3,4-O-triacetyl-α-L-rhamnopyranosyl)-(1→2)-O-[β-D-xylopyranosyl-(1→3)]-α-L-arabinopyranoside}-24-O-β-D-glucopyranoside
(23S,24S)- 螺甾 -5,25(27)- 二烯 -1β,3β,23,24- 四醇 -1-O-{O-(2,3,4-O- 三乙酰基 -α-L- 吡喃鼠李糖基)-(1→2)-O-[β-D- 吡喃木糖基 -(1→3)]-α-L- 吡喃阿拉伯糖苷 } (23S,24S)-spirost-5,25(27)-dien-1β,3β,23,24-tetrol-1-O-{O-(2,3,4-O-triacetyl-α-L-rhamnopyranosyl)-(1→2)-O-[β-D-xylopyranosyl-(1→3)]-α-L-arabinopyranoside}
(23S,24S)- 螺甾 -5,25(27)- 二烯 -1β,3β,23,24- 四醇 -1-O-{O-(2,3,4-O-三乙酰基 -α-L- 吡喃鼠李糖基)-(1→2)-O-[β-D- 吡喃木糖基 -(1→3)]-α-L- 吡喃阿拉伯糖苷 }-24-O-α-L- 吡喃鼠李糖苷 (23S,24S)-spirost-5,25(27)-dien-1β,3β,23,24-tetrol-1-O-{O-(2,3,4-O-triacetyl-α-L-rhamnopyranosyl)-(1→2)-O-[β-D-xylopyranosyl-(1→3)]-α-L-arabinopyranoside}-24-O-α-L-rhamnopyranoside
(23S,24S)- 螺甾 -5,25(27)- 二烯 -1β,3β,23,24- 四醇 -1-O-{O-(4-O-乙酰基 -α-L- 吡喃鼠李糖基)-(1→2)-O-[β-D- 吡喃木糖基 -(1→3)]-α-L- 吡喃阿拉伯糖苷 }-24-O-β-D- 吡喃岩藻糖苷 (23S,24S)-spirost-5,25(27)-dien-1β,3β,23,24-tetrol-1-O-{O-(4-O-acetyl-α-L-rhamnopyranosyl)-(1→2)-O-[β-D-xylopyranosyl-(1→3)]-α-L-arabinopyranoside}-24-O-β-D-fucopyranoside
(23S,24S)- 螺甾 -5,25(27)- 二烯 -1β,3β,23,24- 四醇 -1-O-{O-α-L-

L

吡喃鼠李糖基 -(1 → 2)-O-[β-D- 吡喃木糖基 -(1 → 3)]-α-L- 吡喃阿拉伯糖苷 } (23S,24S)-spirost-5,25(27)-dien-1β,3β,23,24-tetrol-1-O-{O-α-L-rhamnopyranosyl-(1→2)-O-[β-D-xylopyranosyl-(1 → 3)]-α-L-arabinopyranoside}

(23S,24S)- 螺甾 -5,25(27)- 二烯 -1β,3β,23,24- 四醇 -24-O-β-D- 吡喃岩藻糖苷 -1-O-{O-(2,3,4-O- 三乙酰基 -α-L- 吡喃鼠李糖基)-(1 → 2)-O-[β-D- 吡喃木糖基 -(1 → 3)]-α-L- 吡喃阿拉伯糖苷 } (23S,24S)-spirost-5,25(27)-dien-1β,3β,23,24-tetrol-24-O-β-D-fucopyranoside-1-O-{O-(2,3,4-O-triacetyl-α-L-rhamnopyranosyl)-(1 → 2)-O-[β-D-xylopyranosyl-(1 → 3)]-α-L-arabinopyranoside}

(23S)- 螺甾 -5,25(27)- 二烯 -1β,3β,23- 三醇 -1-O-[O-(4-O- 乙酰基 -α-L- 吡喃鼠李糖基)-(1 → 2)-α-L- 吡喃阿拉伯糖苷] (23S)-spirosta-5,25(27)-dien-1β,3β,23-triol-1-O-[O-(4-O-acetyl-α-L-rhamnopyranosyl)-(1 → 2)-α-L-arabinopyranoside]

(23S)- 螺甾 -5,25(27)- 二烯 -1β,3β,23- 三醇 -1-O-[O-α-L- 吡喃鼠李糖基)-(1 → 2)-α-L- 吡喃阿拉伯糖苷] (23S)-spirosta-5,25(27)-dien-1β,3β,23-triol-1-O-[O-α-L-rhamnopyranosyl-(1 → 2)-α-L-arabinopyranoside]

(23S)- 螺甾 -5,25(27)- 二烯 -1β,3β,23- 三醇 -1-O-{O-α-L- 吡喃鼠李糖基 -(1 → 2)-O-[β-D- 吡喃木糖基 -(1 → 3)]-α-L- 吡喃阿拉伯糖苷 } (23S)-spirost-5,25(27)-dien-1β,3β,23-triol-1-O-{O-α-L-rhamnopyranosyl-(1→2)-O-[β-D-xylopyranosyl-(1→3)]-α-L-arabinopyranoside}

(23S)- 螺甾 -5,25(27)- 二烯 -1β,3β,23- 三醇 -1-O-{O-α-L- 吡喃鼠李糖基)-(1 → 2)-O-[β-D- 吡喃木糖基 -(1 → 3)]-α-L- 吡喃阿拉伯糖苷 } (23S)-spirosta-5,25(27)-dien-1β,3β,23-triol-1-O-{O-α-L-rhamnopyranosyl-(1→2)-O-[β-D-xylopyranosyl-(1→3)]-α-L-arabinopyranoside}

螺甾 -5,25(27)- 二烯 -1β,3β- 二醇 1-O-[O-α-L- 吡喃鼠李糖基)-(1→2)-α-L- 吡喃阿拉伯糖苷] spirosta-5,25(27)-dien-1β,3β-diol-1-O-[O-α-L-rhamnopyranosyl-(1 → 2)-α-L-arabinopyranoside]

螺甾 -5,25(27)- 二烯 -1β,3β- 二醇 -1-O-[α-L- 吡喃鼠李糖基 -(1 → 2)]-α-L- 吡喃阿拉伯糖苷 spirost-5,25(27)-dien-1β,3β-diol-1-O-[α-L-rhamnopyranosyl-(1 → 2)]-α-L-arabinopyranoside

螺甾 -5,25(27)- 二烯 -1β,3β- 二醇 -1-O-α-L- 吡喃阿拉伯糖苷 spirost-5,25(27)-dien-1β,3β-diol-1-O-α-L-arabinopyranoside

螺甾 -5,25(27)- 二烯 -1β,3β- 二醇 -1- 磺酸酯 spirost-5,25(27)-dien-1β,3β-diol-1-sulfonate

(23S)- 螺甾 -5,25(27)- 二烯 -lβ,3β,23- 三醇 -1-O-{O-(2,3-O- 二乙酰基 -α-L- 吡喃鼠李糖基)-(1 → 2)-O-[β-D- 吡喃木糖基 -(1 → 3)]-α-L- 吡喃阿拉伯糖苷 } (23S)-spirost-5,25(27)-dien-lβ,3β,23-triol-1-O-{O-(2,3-O-diacetyl-α-L-rhamnopyranosyl)-(1→2)-O-[β-D-xylopyranosyl-(1 → 3)]-α-L-arabinopyranoside}

(23S)- 螺甾 -5,25(27)- 二烯 -lβ,3β,23- 三醇 -1-O-{O-(4-O- 乙酰基 -α-L- 吡喃鼠李糖基)-(1 → 2)-O-[β-D- 吡喃木糖基 -(1 → 3)]-α-L- 吡喃阿拉伯糖苷 } (23S)-spirost-5,25(27)-dien-lβ,3β,23-triol-1-O-{O-(4-O-acetyl-α-L-rhamnopyranosyl)-(1 → 2)-O-[β-D-xylopyranosyl-(1 → 3)]-α-L-arabinopyranoside}

(1β,3β,14α,20R,22S,25R)- 螺甾 -5- 烯 -1,3,14- 三醇 (1β,3β,14α,20R,22S,25R)-spirost-5-en-1,3,14-triol

25S- 螺甾 -5- 烯 -23β,14α- 二醇 25S-spirost-5-ene-23β,14α-diol

(25R)- 螺甾 -5- 烯 -2α,3β,15β- 三醇 (25R)-spirost-5-ene-2α,3β,15β-triol

(25S)- 螺甾 -5- 烯 -2α,3β- 二醇 -3-O-α-L- 吡喃鼠李糖基 -(1 → 4)-[α-L- 吡喃鼠李糖基 -(1 → 2)]-β-D- 吡喃葡萄糖苷 (25S)-spirost-5-en-2α,3β-diol-3-O-α-L-rhamnopyranosyl-(1 → 4)-[α-L-rhamnopyranosyl-(1 → 2)]-β-D-glucopyranoside

(25R)- 螺甾 -5- 烯 -3-O-α-L- 吡喃鼠李糖基 -(1 → 2)-[α-L- 吡喃鼠李糖基 -(1 → 4)-α-L- 吡喃鼠李糖基 -(1 → 4)]-O-β-D- 吡喃葡萄糖苷 (25R)-spirost-5-en-3-O-α-L-rhamnopyranosyl-(1 → 2)-[α-L-rhamnopyranosyl-(1→4)-α-L-rhamnopyranosyl-(1→4)]-O-β-D-glucopyranoside

螺甾 -5- 烯 -3-O-β-D- 吡喃葡萄糖基 -(1 → 2)-O-[β-D- 吡喃木糖基 -(1 → 3)]-O-β-D- 吡喃葡萄糖基 -(1 → 4)-β-D- 吡喃半乳糖苷 spirost-5-en-3-O-β-D-glucopyranosyl-(1 → 2)-O-[β-D-xylopyranosyl-(1 → 3)]-O-β-D-glucopyranosyl-(1 → 4)-β-D-galactopyranoside

(25R)- 螺甾 -5- 烯 -3β,12α- 二醇 -3-O-α-L- 吡喃鼠李糖基 -(1 → 4)-α-L- 吡喃鼠李糖基 -(1 → 4)-[α-L- 吡喃鼠李糖基 -(1 → 2)]-β-D- 吡喃葡萄糖苷 (25R)-spirost-5-en-3β,12α-diol-3-O-α-L-rhamnopyranosyl-(1 → 4)-α-L-rhamnopyranosyl-(1 → 4)-[α-L-rhamnopyranosyl-(1 → 2)]-β-D-glucopyranoside

(20S,25S)- 螺甾 -5- 烯 -3β,12β,21- 三醇 -3-O-α-L- 吡喃鼠李糖基 -(1 → 2)-β-D- 吡喃葡萄糖苷 (20S,25S)-spirost-5-en-3β,12β,21-triol-3-O-α-L-rhamnopyranosyl-(1 → 2)-β-D-glucopyranoside

螺甾 -5- 烯 -3β,12β- 二醇 spirost-5-ene-3β,12β-diol

(25R,S)- 螺甾 -5- 烯 -3β,14α- 二醇 (25R,S)-spirost-5-en-3β,14α-diol

25(R)- 螺甾 -5- 烯 -3β,14α- 二醇 25(R)-spirost-5-en-3β,14α-diol

25(R)- 螺甾 -5- 烯 -3β,14α- 二醇 -3-O-α-L- 吡喃鼠李糖基 -(1 → 4)-β-D- 吡喃葡萄糖苷 25(R)-spirost-5-en-3β,14α-diol-3-O-α-L-rhamnopyranosyl-(1 → 4)-β-D-glucopyranoside

25(R)- 螺甾 -5- 烯 -3β,14α- 二醇 -3-O-β-D- 吡喃葡萄糖苷 25(R)-spirost-5-en-3β,14α-diol-3-O-β-D-glucopyranoside

25(R)- 螺甾 -5- 烯 -3β,14α- 二醇 -3-O-β-D- 吡喃葡萄糖基 -(1 → 2)-[β-D- 吡喃木糖基 -(1 → 3)]-β-D- 吡喃葡萄糖基 -(1 → 4)-β-D- 吡喃半乳糖苷 25(R)-spirost-5-en-3β,14α-diol-3-O-β-D-glucopyranosyl-(1→2)-[β-D-xylopyranosyl-(1→3)]-β-D-glucopyranosyl-(1 → 4)-β-D-galactopyranoside

25(R,S)- 螺甾 -5- 烯 -3β,14α- 二醇 -3-O-β-D- 吡喃葡萄糖基 -(1 → 2)-[β-D- 吡喃木糖基 -(1 → 3)]-β-D- 吡喃葡萄糖基 -(1 → 4)-β- 吡喃半乳糖苷 25(R,S)-spirost-5-en-3β,14α-diol-3-O-β-D-glucopyranosyl-(1→2)-[β-D-xylopyranosyl-(1→3)]-β-D-glucopyranosyl-(1 → 4)-β-galactopyranoside

(25S)- 螺甾 -5- 烯 -3β,17α,27- 三醇 (25S)-spirost-5-en-3β,17α,27-triol

(25S)- 螺甾 -5- 烯 -3β,17α,27- 三醇 -3-O-[α-L- 吡喃阿拉伯糖基 -(1 → 6)]-β-D- 吡喃葡萄糖苷 (25S)-spirost-5-en-3β,17α,27-triol-3-O-[α-L-arabinopyranosyl-(1 → 6)]-β-D-glucopyranoside

(25S)- 螺甾 -5- 烯 -3β,17α,27- 三醇 -3-O-[α-L- 鼠李糖基 -(1 → 4)]-β-D- 吡喃葡萄糖苷 (25S)-spirost-5-en-3β,17α,27-triol-3-O-[α-L-rhamnopyranosyl-(1 → 4)]-β-D-glucopyranoside

(25S)- 螺甾 -5- 烯 -3β,17α,27- 三醇 -3-O-[β-D- 吡喃葡萄糖苷 -(1 → 4)][α-L- 吡喃阿拉伯糖基 -(1 → 6)]-β-D- 吡喃葡萄糖苷 (25S)-spirost-5-en-3β,17α,27-triol-3-O-[β-D-glucopyranoside-(1 → 4)][α-L-arabinopyranosyl-(1 → 6)]-β-D-glucopyranoside

(25S)- 螺甾 -5- 烯 -3β,17α,27- 三醇 -3-O-[β-D- 吡喃葡萄糖基 -(1 → 4)][α-L- 吡喃阿拉伯糖基 -(1 → 6)]-β-D- 吡喃葡萄糖苷 (25S)-spirost-5-en-3β,17α,27-triol-3-O-[β-D-glucopyranosyl-(1 → 4)][α-L-arabinopyranosyl-(1 → 6)]-β-D-glucopyranoside

(25D)- 螺甾 -5- 烯 -3β,17α,27- 三醇 -3-O-[β-L- 吡喃鼠李糖基 -(1 → 2)][α-L- 吡喃鼠李糖基 -(1 → 4)]-α-D- 吡喃葡萄糖苷 (25D)-spirost-5-en-3β,17α,27-triol-3-O-[β-L-rhamnopyranosyl-(1 → 2)][α-L-rhamnopyranosyl-(1 → 4)]-α-D-glucopyranoside

(25S)- 螺甾 -5- 烯 -3β,17α,27- 三醇 -3-O-β-D- 吡喃半乳糖苷 (25S)-spirost-5-en-3β,17α,27-triol-3-O-β-D-galactopyranoside

(25*S*)- 螺甾 -5- 烯 -3*β*,17*α*,27- 三羟基 -3-*O*-[*α*-L- 吡喃阿拉伯糖基 -(1 → 4)]-*β*-D- 葡萄糖苷 (25*S*)-spirost-5-en-3*β*,17*α*,27-triol-3-*O*-[*α*-L-arabinopyranosyl-(1 → 4)]-*β*-D-glucopyranoside

(25D)- 螺甾 -5- 烯 -3*β*,17*α*,27- 三羟基 -3-*O*-*β*-D- 吡喃葡萄糖基 -(1 → 4)-*O*-[*α*-L- 吡喃阿拉伯糖基 -(1 → 6)]-*β*-D- 吡喃葡萄糖苷 (25D)-spirost-5-en-3*β*,17*α*,27-trihydroxy-3-*O*-*β*-D-glucopyranosyl-(1 → 4)-*O*-[*α*-L-arabinopyranosyl-(1 → 6)]-*β*-D-glucopyranoside

(25*S*)- 螺甾 -5- 烯 -3*β*,17*α*-27- 三醇 -3-*O*-[*α*-L- 吡喃鼠李糖基 -(1 → 2)][*α*-L- 吡喃鼠李糖基 -(1 → 4)]-*β*-D- 吡喃葡萄糖苷 (25*S*)-spirost-5-en-3*β*,17*α*-27-triol-3-*O*-[*α*-L-rhamnopyranosyl-(1 → 2)][*α*-L-rhamnopyranosyl-(1 → 4)]-*β*-D-glucopyranoside

(25*S*)- 螺甾 -5- 烯 -3*β*,27- 二醇 -30-[*α*-L- 吡喃鼠李糖基 -(1 → 2)-*β*-D- 吡喃葡萄糖基 -(1 → 3)]-*β*-D- 吡喃葡萄糖苷 (25*S*)-spirost-5-en-3*β*,27-diol-30-[*α*-L-rhamnopyranosyl-(1 → 2)-*β*-D-glucopyranosyl-(1 → 3)]-*β*-D-glucopyranoside

(25*R*)- 螺甾 -5- 烯 -3*β*,27- 二醇 -3-*O*-[*α*-L- 吡喃阿拉伯糖基 -(1 → 6)]-*β*-D- 吡喃葡萄糖苷 (25*R*)-spirost-5-en-3*β*,27-diol-3-*O*-[*α*-L-arabinopyranosyl-(1 → 6)]-*β*-D-glucopyranoside

(25S)- 螺甾 -5- 烯 -3*β*,27- 二醇 -3-*O*-[*α*-L- 吡喃阿拉伯糖基 -(1 → 6)]-*β*-D- 吡喃葡萄糖苷 (25*S*)-spirost-5-en-3*β*,27-diol-3-*O*-[*α*-L-arabinopyranosyl-(1 → 6)]-*β*-D-glucopyranoside

(25*S*)- 螺甾 -5- 烯 -3*β*,27- 二醇 -3-*O*-{*O*-*α*-L- 吡喃鼠李糖基 -(1 → 2)-*O*-[*α*-L- 吡喃阿拉伯糖基 -(1 → 3)]-*β*-D- 吡喃葡萄糖苷 } (25*S*)-spirost-5-en-3*β*,27-diol-3-*O*-{*O*-*α*-L-rhamnopyranosyl-(1 → 2)-*O*-[*α*-L-arabinopyranosyl-(1 → 3)]-*β*-D-glucopyranoside}

(25*S*)- 螺甾 -5- 烯 -3*β*,27- 二醇 -3-*O*-{*O*-*α*-L- 吡喃鼠李糖基 -(1 → 2)-*O*-[*β*-D- 吡喃葡萄糖基 -(1 → 4)]-*β*-D- 吡喃葡萄糖苷 } (25*S*)-spirost-5-en-3*β*,27-diol-3-*O*-{*O*-*α*-L-rhamnopyranosyl-(1 → 2)-*O*-[*β*-D-glucopyranosyl-(1 → 4)]-*β*-D-glucopyranoside}

(25*R*)- 螺甾 -5- 烯 -3*β*,7*α*- 二醇 -3-*O*-*α*-L- 呋喃阿拉伯糖基 -(1 → 4)-[*α*-L- 吡喃鼠李糖基 -(1 → 2)]-*β*-D- 吡喃葡萄糖苷 (25*R*)-spirost-5-en-3*β*,7*α*-diol-3-*O*-*α*-L-arabinofuranosyl-(1 → 4)-[*α*-L-rhamnopyranosyl-(1 → 2)]-*β*-D-glucopyranoside

(25*R*)- 螺甾 -5- 烯 -3*β*,7*β*- 二醇 -3-*O*-*α*-L- 呋喃阿拉伯糖基 -(1 → 4)-[*α*-L- 吡喃鼠李糖基 -(1 → 2)]-*β*-D- 吡喃葡萄糖苷 (25*R*)-spirost-5-en-3*β*,7*β*-diol-3-*O*-*α*-L-arabinofuranosyl-(1 → 4)-[*α*-L-rhamnopyranosyl-(1 → 2)]-*β*-D-glucopyranoside

(25*R*)- 螺甾 -5- 烯 -3*β*-*O*-*α*-L- 吡喃鼠李糖基 -(1 → 2)-[*β*-D- 吡喃葡萄糖基 -(1 → 6)]-*β*-D- 吡喃葡萄糖苷 (25*R*)-spirost-5-en-3*β*-*O*-*α*-L-rhamnopyranosyl-(1→2)-[*β*-D-glucopyranosyl-(1→6)]-*β*-D-glucopyranoside

(25*S*)- 螺甾 -5- 烯 -3*β*-*O*-*α*-L- 吡喃鼠李糖基 -(1 → 2)-*O*-[*O*-*β*-D- 吡喃葡糖基 -(1 → 4)-*α*-L- 吡喃鼠李糖基 -(1 → 3)]-*β*-D- 吡喃葡萄糖苷 (25*S*)-spirost-5-en-3*β*-*O*-*α*-L-rhamnopyranosyl-(1 → 2)-*O*-[*O*-*β*-D-glucopyranosyl-(1→4)-*α*-L-rhamnopyranosyl-(1→3)]-*β*-D-glucopyranoside

(25*S*)- 螺甾 -5- 烯 -3*β*-*O*-*α*-L- 吡喃鼠李糖基 -(1 → 2)-*O*-[*α*-L- 吡喃鼠李糖基 -(1 → 3)]-*β*-D- 吡喃葡萄糖苷 (25*S*)-spirost-5-en-3*β*-*O*-*α*-L-rhamnopyranosyl-(1→2)-*O*-[*α*-L-rhamnopyranosyl-(1→3)]-*β*-D-glucopyranoside

(25*R*)- 螺甾 -5- 烯 -3*β*-*O*-*α*-L- 吡喃鼠李糖基 -(1 → 2)-*O*-[*α*-L- 吡喃鼠李糖基 -(1 → 4)]-*β*-D- 吡喃葡萄糖苷 (25*R*)-spirost-5-en-3*β*-*O*-*α*-L-rhamnopyranosyl-(1→2)-*O*-[*α*-L-rhamnopyranosyl-(1→4)]-*β*-D-glucopyranoside

(25*S*)- 螺甾 -5- 烯 -3*β*-*O*-*β*-D- 吡喃葡糖基 -(1 → 4)-*O*-*α*-L- 吡喃鼠李糖基 -(1 → 3)-*β*-D- 吡喃葡萄糖苷 (25*S*)-spirost-5-en-3*β*-*O*-*β*-D-glucopyranosyl-(1→4)-*O*-*α*-L-rhamnopyranosyl-(1→3)-*β*-D-glucopyranoside

(25*R*,*S*)- 螺甾 -5- 烯 -3*β*-*O*-*β*-D- 吡喃葡萄糖基 -(1 → 2)-[*β*-D- 吡喃木糖基 -(1 → 3)]-*β*-D- 吡喃葡萄糖基 -(1 → 4)-*β*- 吡喃半乳糖苷 (25*R*,*S*)-spirost-5-en-3*β*-*O*-*β*-D-glucopyranosyl-(1→2)-[*β*-D-xylopyranosyl-(1→3)]-*β*-D-glucopyranosyl-(1→4)-*β*-galactopyranoside

(25*R*)- 螺甾 -5- 烯 -3*β*-*O*-*β*-D- 吡喃葡萄糖基 -(1 → 3)-*O*-[*α*-L- 吡喃鼠李糖基 -(1 → 2)]-*β*-D- 吡喃葡萄糖苷 (25*R*)-spirost-5-en-3*β*-*O*-*β*-D-glucopyranosyl-(1→3)-*O*-[*α*-L-rhamnopyranosyl-(1→2)]-*β*-D-glucopyranoside

(25*R*)- 螺甾 -5- 烯 -3*β*-*O*-*β*-D- 吡喃葡萄糖基 -(1 → 6)-*O*-[*α*-L- 吡喃鼠李糖基 -(1 → 2)]-*β*-D- 吡喃葡萄糖苷 (25*R*)-spirost-5-en-3*β*-*O*-*β*-D-glucopyranosyl-(1→6)-*O*-[*α*-L-rhamnopyranosyl-(1→2)]-*β*-D-glucopyranoside

25(*R*)- 螺甾 -5- 烯 -3*β*- 醇 25(*R*)-spirost-5-en-3*β*-ol

(25*R*)- 螺甾 -5- 烯 -3*β*- 醇 -3-*O*-[*O*-*α*-L- 吡喃鼠李糖 -(1 → 2)-*β*-D- 吡喃葡萄糖苷] (25*R*)-spirosta-5-en-3*β*-ol-3-*O*-[*O*-*α*-L-rhamnopyranosyl-(1 → 2)-*β*-D-glucopyranoside]

(25*S*)- 螺甾 -5- 烯 -3*β*- 醇 -3-*O*-{*O*-*α*-L- 吡喃鼠李糖基 -(1 → 2)-*O*-[*α*-L- 吡喃阿拉伯糖基 -(1 → 3)]-*β*-D- 吡喃葡萄糖苷 } (25*S*)-spirost-5-en-3*β*-ol-3-*O*-{*O*-*α*-L-rhamnopyranosyl-(1 → 2)-*O*-[*α*-L-arabinopyranosyl-(1 → 3)]-*β*-D-glucopyranoside}

(25*R*)- 螺甾 -5- 烯 -3*β*- 醇 -3-*O*-*α*-L- 吡喃鼠李糖基 -(1 → 2)-[*α*-L- 吡喃鼠李糖基 -(1 → 4)]-*β*-D- 吡喃葡萄糖苷 (25*R*)-spirost-5-en-3*β*-ol-3-*O*-*α*-L-rhamnopyranosyl-(1→2)-[*α*-L-rhamnopyranosyl-(1 → 4)]-*β*-D-glucopyranoside

(25*S*)- 螺甾 -5- 烯 -3*β*- 醇 -3-*O*-*α*-L- 吡喃鼠李糖基 -(1 → 2)-[*α*-L- 吡喃鼠李糖基 -(1 → 4)]-*β*-D- 吡喃葡萄糖苷 (25*S*)-spirostan-5-en-3*β*-ol-3-*O*-*α*-L-rhamnopyranosyl-(1→2)-[*α*-L-rhamnopyranosyl-(1 → 4)]-*β*-D-glucopyranoside

(25*R*)- 螺甾 -5- 烯 -3*β*- 醇 -3-*O*-*α*-L- 吡喃鼠李糖基 -(1 → 4)-*β*-D- 吡喃葡萄糖苷 (25*R*)-spirost-5-en-3*β*-ol-3-*O*-*α*-L-rhamnopyranosyl-(1 → 4)-*β*-D-glucopyranoside

25(*R*,*S*)- 螺甾 -5- 烯 -3*β*- 醇 -3-*O*-*β*-D- 吡喃葡萄糖基 -(1 → 2)-[*β*-D- 吡喃葡萄糖基 -(1 → 3)]-*β*-D- 吡喃葡萄糖基 (1 → 4)-*β*- 吡喃半乳糖苷 25(*R*,*S*)-spirost-5-en-3*β*-*O*-*β*-D-glucopyranosyl-(1→2)-[*β*-D-glucopyranosyl-(1→3)]-*β*-D-glucopyranosyl-(1→4)-*β*-galactopyranoside

25(*R*,*S*)- 螺甾 -5- 烯 -3- 醇 -3-*O*-*α*-L- 吡喃鼠李糖基 -(1 → 2)-[*α*-L- 吡喃鼠李糖基 -(1 → 4)]-*β*-D- 吡喃葡萄糖苷 25(*R*,*S*)-spirost-5-en-3-ol-3-*O*-*α*-L-rhamnopyranosyl-(1 → 2)-[*α*-L-rhamnopyranosyl-(1 → 4)]-*β*-D-glucopyranoside

25(*R*,*S*)- 螺甾 -5- 烯 -3- 醇 -3-*O*-*α*-L- 吡喃鼠李糖基 -(1 → 2)-[*β*-D- 吡喃葡萄糖基 -(1 → 3)]-*β*-D- 吡喃葡萄糖苷 25(*R*,*S*)-spirost-5-en-3-ol-3-*O*-*α*-L-rhamnopyranosyl-(1 → 2)-[*β*-D-glucopyranosyl-(1 → 3)]-*β*-D-glucopyranoside

螺甾 -5- 烯 -3- 基 -*β*-D- 吡喃葡萄糖基 -(1 → 3)-*β*-D- 吡喃葡萄糖基 -(1 → 4)-[*α*-L- 吡喃鼠李糖基 -(1 → 2)]-*β*-D- 吡喃葡萄糖苷 spirost-5-en-3-yl-*β*-D-glucopyranosyl-(1 → 3)-*β*-D-glucopyranosyl-(1 → 4)-[*α*-L-rhamnopyranosyl-(1 → 2)]-*β*-D-glucopyranoside

(22*R*,25*R*)-16*β*H-22*α*-*N*- 螺甾醇 -3*β*- 醇 -5- 烯 -3-*O*-*α*-L- 吡喃鼠李糖基 -(1 → 2)-[*α*-L- 吡喃鼠李糖基 -(1 → 4)]-*β*-D- 吡喃葡萄糖苷 (22*R*,25*R*)-16*β*H-22*α*-*N*-spirosol-3*β*-ol-5-ene-3-*O*-*α*-L-rhamnopyranosyl-(1 → 2)-[*α*-L-rhamnopyranosyl-(1 → 4)]-*β*-D-glucopyranoside

25*R*,5*α*- 螺甾烷 -2*α*,3*β*- 二醇 -3-*O*-*β*-D- 吡喃葡萄糖基 -(1 → 2)-*β*-D- 吡喃葡萄糖基 -(1 → 4)-*β*-D- 吡喃半乳糖苷 25*R*,5*α*-spirostane-2*α*,3*β*-diol-3-*O*-*β*-D-glucopyranosyl-(1 → 2)-*β*-D-glucopyranosyl-(1 → 4)-*β*-D-galactopyranoside

(25*R*)-5*α*- 螺甾烷 -3*β*,11*α*- 二醇 -3-*O*-*β*-D- 吡喃葡萄糖基 -(1 → 3)-

L

[β-D- 吡喃葡萄糖基 -(1 → 4)]-β-D- 吡喃半乳糖苷 (25R)-5α-spirostan-3β,11α-diol-3-O-β-D-glucopyranosyl-(1 → 3)-[β-D-glucopyranosyl-(1 → 4)]-β-D-galactopyranoside
裸柄吊钟花苷▲ koaburaside
裸柄吊钟花苷▲单甲醚 koaburaside monomethyl ether
(-)- 裸柄吊钟花脂苷▲ (-)-nudiposide
(7'R,8S,8'R)- 裸柄吊钟花脂苷▲ (7'R,8S,8'R)-nudiposide
裸柄吊钟花脂苷▲ nudiposide
裸翠雀亭 denudatine
裸盖菇素 psilocybin
裸果胡椒酮▲ nudibaccatumone
裸茎翠雀胺▲ nudicaulamine
裸伞素 A_9, A_{10}, B_{11}, K gymnopilin A_9, A_{10}, B_{11}, K
裸伞烯▲ gymnopilene
裸伞异戊烯醇▲ A, A_9, B, D gymnoprenol A, A_9, B, D
裸蒴酚 A gymnothol A
裸蒴降木脂素▲ A, B gymnothedelignan A, B
裸蒴木脂素▲ A~W, X_1, X_2, Y_1, Y_2 gymnothelignan A~W, X_1, X_2, Y_1, Y_2
裸穗豚草素▲ C psilostachyin C
洛柯皂苷元 rockogenin
洛克米仔兰醇 rocaglaol
洛克米仔兰酸甲酯 methylrocaglate
洛克米仔兰酰胺 rocaglamide
洛克米仔兰酰胺 -3'- 羧酸甲酯 rocaglamide-3'-carboxylic acid methyl ester
洛孔羊角拗苷▲ lokundjoside
β- 络石苷 β-tracheloside
络石苷 tracheloside
络石苷▲ trachelinoside
(+)- 络石苷元 (+)-trachelogenin
络石苷元 trachelogenin
络石苷元 -4'-O-β- 龙胆二糖苷 trachelogenin-4'-O-β-gentiobioside
络石苷元 -β- 龙胆二糖苷 trachelogenin-β-gentiobioside
络石苷元酰胺 trachelogenin amide
络石洛苷▲ trachelosperoside
络石洛苷▲ trachelosperoside A-1, B-1, B-2, C-1, C-2, D-1, D-2, E-1, F, F-2
络石洛苷元▲ A, B, C trachelosperogenin A, B, C
骆驼刺碱 A alhagifoline A
骆驼蒿碱 I, II nigellastrine I, II
骆驼蒿宁碱▲ A~F luotonine A~F
骆驼蓬胺 pegamine
骆驼蓬胺 -β-D- 吡喃葡萄糖苷 pegamine-β-D-glucopyranoside
骆驼蓬定碱 peganidine
骆驼蓬酚 harmol
骆驼蓬苷 peganetin
骆驼蓬碱 harmaline
骆驼蓬洛酚▲ harmalol
骆驼蓬满碱▲ harman; harmane
γ- 骆驼蓬明碱▲ γ-harmine
骆驼蓬明碱▲ harmine
(±)- 骆驼蓬宁碱▲ (±)-peganine
L- 骆驼蓬宁碱▲ L-peganine
骆驼蓬宁碱▲ peganine
骆驼蓬西定碱 harmalicidine
落苞菊素▲ D piptocarphin D
落地豆素▲ rothindin
落地生根醇 bryophynol
落地生根素 A, B, C bryophyllin A, B, C
落地生根酮 bryophyllone
落地生根烯酮 bryophyllenone
落地生根甾醇 bryophyllol
落萼叶下珠萜▲ A, B, C phyllanflexoid A, B, C
落葵薯苷▲ A_1, A_2 boussingoside A_1, A_2
落新妇苷 astilbin
落新妇三萜酸 astilbotriterpenic acid
落新妇酸 astilbic acid
落叶松醇乙酸酯 larixol acetate
落叶松萘酮 larixnaphthaone
(+)- 落叶松树脂醇 -4-β-D- 吡喃葡萄糖苷 (+)-lariciresinol-4-β-D-glucopyranoside
(-)- 落叶松树脂醇 (-)-lariciresinol
(+)- 落叶松树脂醇 (+)-lariciresinol
落叶松树脂醇 lariciresinol
(-)- 落叶松树脂醇 -4-(6'''-O- 桂皮酰基 -β-D- 吡喃葡萄糖苷) (-)-lariciresinol-4-(6'''-O-cinnamyl-β-D-glucopyranoside)
落叶松树脂醇 -4,4'-O-β-D- 二吡喃葡萄糖苷 lariciresinol-4,4'-O-β-D-diglucopyranoside
(+)- 落叶松树脂醇 -4,4'-O- 二 -β-D- 吡喃葡萄糖苷 (+)-lariciresinol-4,4'-O-bis-β-D-glucopyranoside
(+)- 落叶松树脂醇 -4,4'- 二 -O-β-D- 吡喃葡萄糖苷 (+)-lariciresinol-4,4'-bis-O-β-D-glucopyranoside
(+)- 落叶松树脂醇 -4'-O-β-D- 吡喃葡萄糖苷 (+)-lariciresinol-4'-O-β-D-glucopyranoside
落叶松树脂醇 -4'-O-β-D- 吡喃葡萄糖苷 lariciresinol-4'-O-β-D-glucopyranoside
(-)- 落叶松树脂醇 -4-O-β-D- 吡喃葡萄糖苷 (-)-lariciresinol-4-O-β-D-glucopyranoside
(+)- 落叶松树脂醇 -4-O-β-D- 吡喃葡萄糖苷 (+)-lariciresinol-4-O-β-D-glucopyranoside
落叶松树脂醇 -4-O-β-D- 吡喃葡萄糖苷 lariciresinol-4-O-β-D-glucopyranoside
(+)- 落叶松树脂醇 -4'-O-β-D- 吡喃葡萄糖基 -(1 → 3)-β-D- 吡喃葡萄糖苷 (+)-lariciresinol-4'-O-β-D-glucopyranosyl-(1 → 3)-β-D-glucopyranoside
落叶松树脂醇 -4-O-β- 吡喃葡萄糖苷 lariciresinol-4-O-β-glucopyranoside
(+)- 落叶松树脂醇 -9-O-β-D- 吡喃葡萄糖苷 (+)-lariciresinol-9-O-β-D-glucopyranoside
(7S,8R,8'R)-(+)- 落叶松树脂醇 -9-O-β-D- 吡喃葡萄糖苷 (7S,8R,8'R)-(+)-lariciresinol-9-O-β-D-glucopyranoside
落叶松树脂醇 -9-O-β-D- 吡喃葡萄糖苷 lariciresinol-9-O-β-D-glucopyranoside
(+)- 落叶松树脂醇 -O-β-D- 吡喃葡萄糖苷 (+)-lariciresinol-O-β-D-glucopyranoside
落叶松树脂醇二甲醚 lariciresinol dimethyl ether
落叶松树脂醇乙酸酯 lariciresinol acetate
落叶松素▲ laricitrin
落叶松素▲ -3,5',7-O-β-D- 三吡喃葡萄糖苷 laricitrin-3,5',7-O-β-D-triglucopyranoside
落叶松素▲ -3,5'-O-β-D- 二吡喃葡萄糖苷 laricitrin-3,5'-O-β-Ddiglucopyranoside
落叶松素▲ -3-O- 葡萄糖苷 laricitrin-3-O-glucoside
落叶松素▲ -5'-O-β-D- 吡喃葡萄糖苷 laricitrin-5'-O-β-D-glucopyranoside
落叶松素▲吡喃阿拉伯糖苷 laricitrin arabinopyranoside
落叶松素▲吡喃半乳糖苷 laricitrin galactopyranoside
落叶松素▲吡喃葡萄糖醛酸苷 laricitrin glucuropyranonide

L

落叶松素▲葡萄糖苷 laricitrin glucopyranoside
落叶松脂酸 laricinolic acid
落羽杉二酮 taxodione
落羽杉苷 distichin
落羽杉醌▲ taxoquinone
驴食草呋喃▲ sainfuran
驴蹄草苷 D calcoside D
驴蹄草黄素▲ calthaxanthin
驴蹄草内酯 caltholide
驴豚草定▲ burrodin
吕宋果内酯 strychnolactone
吕宋荚蒾二醛▲ A, B luzonidial A, B
吕宋荚蒾苷▲ A~D luzonoside A~D
吕宋荚蒾醛▲ A, B luzonial A, B
吕宋荚蒾萜▲ A~G luzonoid A~G
绿白黄藤素 fibleucin
绿翠雀宁碱▲ virescenine
绿豆酚▲ aureol
绿核菌素▲ A~J ustilaginoidin A~J
绿核菌辛▲ A~F ustiloxin A~F
(-)- 绿花白千层醇 (-)-viridiflorol
绿花白千层醇 viridiflorol
绿花白千层烯 viridiflorene
绿花琉璃草碱▲ viridiflorine
绿花琉璃草碱▲ -*N*- 氧化物 viridiflorine-*N*-oxide
绿花琉璃草那亭▲ viridinatine
绿花琉璃草酸▲ viridifloric acid
绿藜芦布定▲ germbudine
绿藜芦定▲ germidine
绿藜芦林碱▲ germitrine
绿莲酮 chlorogenone
绿莲皂苷元 chlorogenin
绿莲皂苷元 -3-*O*-*β*-D- 吡喃木糖基 -(1 → 3)-*β*-D- 吡喃葡萄糖基 -(1 → 2)-[*β*-D- 吡喃木糖基 -(1 → 3)]-*β*-D- 吡喃葡萄糖基 -(1 → 4)-*β*-D- 吡喃半乳糖苷 chlorogenin-3-*O*-*β*-D-xylopyranosyl-(1 → 3)-*β*-D-glucopyranosyl-(1 → 2)-[*β*-D-xyloyranosyl-(1 → 3)]-*β*-D-glucopyranosyl-(1 → 4)-*β*-D-galactopyranoside
绿卵孢霉醇▲ B virescenol B
绿毛菌烃 viridine
绿升麻醇▲ foetidinol
绿升麻醇▲ -3-*O*-*β*-D- 吡喃木糖苷 foetidinol-3-*O*-*β*-D-xylopyranoside
绿升麻醇▲ -3-*O*-*β*-D- 吡喃木糖基 (1 → 3)-*β*-D- 吡喃木糖苷 foetidinol-3-*O*-*β*-D-xylopyranosyl-(1 → 3)-*β*-D-xylopyranoside
绿升麻苷▲ A~E foetidinoside A~E
绿树发酸 virensic acid
(+)- 绿心樟碱▲ (+)-ocoteine
绿心樟碱▲ ocoteine
绿心樟隐亭碱▲ ocokryptine
绿叶地锦酚▲ A~G laetevirenol A~G
绿叶甘橿苷▲ A, B linderofruticoside A, B
绿茵礁鞘丝藻肽内酯▲ F, G grassypeptolide F, G
绿玉树 -5,24- 二烯 -3*β*- 醇 tirucalla-5,24-dien-3*β*-ol
绿玉树 -5,7,24- 三烯 -3*β*- 醇 tirucalla-5,7,24-trien-3*β*-ol
(24*Z*)- 绿玉树 -7,24- 二烯 -3*β*,11*β*,26- 三醇 (24*Z*)-tirucalla-7,24-diene-3*β*,11*β*,26-triol
绿玉树 -7,24- 二烯 -3*β*,21,23- 三醇 tirucalla-7,24-dien-3*β*,21,23-triol
绿玉树 -7,24- 二烯 -3*β*- 醇 tirucalla-7,24-dien-3*β*-ol
绿玉树 -7,24- 二烯 -3*β*- 醇乙酸酯 tirucalla-7,24-dien-3*β*-yl acetate
绿玉树 -7,24- 二烯 -3- 醇 tirucalla-7,24-dien-3-ol
绿玉树 -7,25(26)- 二烯 -3,24- 二酮 -21,16- 内酯 tirucalla-7,25(26)-diene-3,24-dion-21,16-olide
(-)-(24*R*)- 绿玉树 -7,9(11),25- 三烯 -3*β*,24- 二醇 (-)-(24*R*)-tirucalla-7,9(11),25-trien-3*β*,24-diol
(-)-(23*E*)- 绿玉树 -8,23- 二烯 -3*β*,25- 二醇 -7- 酮 (-)-(23*E*)-tirucalla-8,23-dien-3*β*,25-diol-7-one
5*α*- 绿玉树 -8,23- 二烯 -3*β*- 醇 5*α*-tirucalla-8,23-dien-3*β*-ol
(-)-(24*R*)- 绿玉树 -8,25- 二烯 -3*β*,24- 二醇 (-)-(24*R*)-tirucalla-8,25-diene-3*β*,24-diol
绿玉树 -8,25- 二烯 -3*β*,24- 二醇 tirucalla-8,25-diene-3*β*,24-diol
Δ^7- 绿玉树醇▲ Δ^7-tirucallol
绿玉树醇▲ tirucallol
7,24- 绿玉树二烯 -3*β*,27- 二醇 7,24-tirucalladien-3*β*,27-diol
绿玉树二烯醇▲ tirucalladienol
绿玉树素▲ A, B tirucallin A, B
绿玉树酮▲ tirucallone
绿玉树辛▲ tirucalicine
绿原酸 chlorogenic acid
绿原酸丁酯 chlorogenic acid butyl ester
绿原酸甲酯 chlorogenic acid methyl ester; methyl chlorogenate
绿原酸乙酯 chlorogenic acid ethyl ester
绿籽山小橘素▲ penangin
葎草 -1,6- 二烯 -3- 醇 humulane-1,6-dien-3-ol
葎草醇▲ humulol
葎草二烯酮▲ humuladienone
葎草酚▲ humulusol
葎草林酮 humulinone
3(12),7(13),9(*E*)- 葎草三烯 -2,6- 二醇 3(12),7(13),9(*E*)-humula-trien-2,6-diol
2,6(12),10- 葎草三烯 -7*β*- 醇 -1- 酮 2,6(12),10-humulatrien-7*β*-ol-1-one
葎草酮 humulone
3(12),7(13),9(*E*)- 葎草烷三烯 -2,6- 二醇 3(12),7(13),9(*E*)-humulatriene-2,6-diol
α- 葎草烯 *α*-humulene
β- 葎草烯 *β*-humulene
γ- 葎草烯 *γ*-humulene
葎草烯 humulene
(9*E*)- 葎草烯 -2,3;6,7- 二环氧化物 (9*E*)-humulene-2,3;6,7-diepoxide
葎草烯 -6,7- 环氧化物 humulene-6,7-epoxide
葎草烯环氧化物 humulene epoxide
葎草烯环氧化物 I, II humulene epoxide I, II
α- 葎草烯环氧化物 II *α*-humulene epoxide II
葎草烯酮▲ II humulenone II
葎草烯氧化物 humulene oxide
4'- 氯 -1'-(5- 戊烷 -1,3- 二炔 -1- 基 -2- 噻吩基)- 丁 -2'- 炔 -3'- 醇 4'-chloro-1'-(5-penta-1,3-diyn-1-yl-2-thienyl)-but-2'-yn-3'-ol
3'- 氯 -1'-(5- 戊烷 -1,3- 二炔 -1- 基 -2- 噻吩基)- 丁 -2'- 炔 -4'- 醇 3'-chloro-1'-(5-penta-1,3-diyn-1-yl-2-thienyl)-but-2'-yn-4'-ol
7- 氯 -1,1',6,8,8'- 五羟基 -3,3'- 二甲基 [2,2'- 双蒽]-9,9',10,10'- 四酮 7-chloro-1,1',6,8,8'-pentahydroxy-3,3'-dimethyl[2,2'-bianthracene]-9,9',10,10'-tetraone
3- 氯 -1,2- 丙二醇 3-chloro-1,2-propanediol
1-(4- 氯 -1,3- 二氢 -1,3- 二氧代 -2*H*- 异吲哚 -2- 基)- 环己烷羧酰胺 1-(4-chloro-1,3-dihydro-1,3-dioxo-2*H*-isoindol-2-yl)-cyclohexanecarboxamide
2- 氯 -1,3- 十三碳二烯 -5,7,9,11- 四炔 2-chloro-1,3-tridecadiene-5,7,9,11-tetrayne

17- 氯 -13,16β- 二羟基 - 对映 - 贝壳杉 -19- 醛 17-chloro-13,16β-dihydroxy-ent-kauran-19-al
3- 氯 -1- 丁炔 3-chloro-1-butyne
5- 氯 -2-(2,4,6- 亚辛三炔基)-5,6- 二氢 -2H- 吡喃 5-chloro-2-(octa-2,4,6-triynylidene)-5,6-dihydro-2H-pyran
8- 氯 -2-(2- 苯乙基)-5,6,7- 三羟基 -5,6,7,8- 四氢色酮 8-chloro-2-(2-phenylethyl)-5,6,7-trihydroxy-5,6,7,8-tetrahydrochromone
6β-(3'- 氯 -2'- 羟基 -2'- 甲基丁酰氧基)-3β,8β- 二羟基荒漠木 -7-(11)- 烯 -12,8α- 内酯 6β-(3'-chloro-2'-hydroxy-2'-methyl-butyryloxy)-3β,8β-dihydroxyeremophil-7-(11)-en-12,8α-olide
6β-(3'- 氯 -2'- 羟基 -2'- 甲基丁酰氧基)-3β- 羟基荒漠木 -7-(11)- 烯 -12,8β- 内酯 6β-(3'-chloro-2'-hydroxy-2'-methylbutyloyloxy)-3β-hydroxyeremophil-7(11)-en-12,8β-olide
(+)-6-(3- 氯 -2- 羟基 -3- 甲基丁基)-5,7- 二甲氧基香豆素 (+)-6-(3-chloro-2-hydroxy-3-methylbutyl)-5,7-dimethoxycoumarin
6-(3- 氯 -2- 羟基 -3- 甲基丁基)-5,7- 二甲氧基香豆素 6-(3-chloro-2-hydroxy-3-methylbutyl)-5,7-dimethoxycoumarin
8-(3- 氯 -2- 羟基 -3- 甲基丁酰基)- 补骨脂素 8-(3-chloro-2-hydroxy-3-methylbutoxy)-psoralen
8-(3- 氯 -2- 羟基 -3- 甲基丁氧基)- 补骨脂素 8-(3-chloro-2-hydroxy-3-methylbutyloxy)psoralen
2- 氯 -3,11- 十三碳二烯 -5,7,9- 三炔 -1- 醇 2-chloro-3,11-tridecadiene-5,7,9-triyn-1-ol
2- 氯 -3,11- 十三碳二烯 -5,7,9- 三炔 -1- 醇 - 乙酸酯 2-chloro-3,11-tridecadiene-5,7,9-triyn-1-ol acetate
1- 氯 -3- 苯基己 -5- 烯 -3- 醇 1-chloro-3-phenylhex-5-en-3-ol
2- 氯 -3- 十三碳烯 -5,7,9,11- 四炔 -1- 醇 2-chloro-3-tridecene-5,7,9,11-tetrayn-1-ol
2- 氯 -3- 十三碳烯 -5,7,9,11- 四炔 -1- 醇乙酸酯 2-chloro-3-tridecene-5,7,9,11-tetrayn-1-ol acetate
1- 氯 -3- 十三碳烯 -5,7,9,11- 四炔 -2- 醇 1-chloro-3-tridecene-5,7,9,11-tetrayn-2-ol
1- 氯 -3- 十三碳烯 -5,7,9,11- 四炔 -2- 醇 - 乙酸酯 1-chloro-3-tridecene-5,7,9,11-tetrayn-2-ol acetate
6- 氯 -4-(6- 辛烯 -2,4- 二炔 -1- 亚基)-3- 氧杂双环 [3.1.0] 己烷 6-chloro-4-(6-octene-2,4-diyn-1-ylidene)-3-oxabicyclo[3.1.0]hexane
3β- 氯 -4α- 羟基 -2-(2,4- 己二炔亚甲基)-1,6- 二氧杂螺 [4.5] 癸烷 3β-chloro-4α-hydroxy-2-(2,4- hexadiynylidene)-1,6-dioxaspiro[4.5]decane
3α- 氯 -4β- 羟基 -2-(2,4- 己二炔亚甲基)-8- 异戊酰氧基 -1,6- 二氧杂螺 [4.5] 癸烷 3α-chloro-4β-hydroxy-2-(2,4-hexadiynylidene)-8-isovaleroyloxy-1,6-dioxaspiro[4.5]decane
1-(3'- 氯 -4'- 甲氧基苯基)-3- 羟基 -1- 丙酮 1-(3'-chloro-4'-methoxyphenyl)-3-hydroxy-1-propanone
3- 氯 -4- 羟基 -2- 哌啶 3-chloro-4-hydroxy-2-piperidone
8- 氯 -5,6,7- 三羟基 -2-(3- 羟基 -4- 甲氧基苯乙基)-5,6,7,8- 四氢色酮 8-chloro-5,6,7-trihydroxy-2-(3-hydroxy-4-methoxyphenethyl)-5,6,7,8-tetrahydrochromone
1α- 氯 -6β- 当归酰氧基 -9- 氧代 -10β- 羟基呋喃荒漠木烷 1α-chloro-6β-angeloyloxy-9-oxo-10β-hydroxyfuranoeremophilane
1α- 氯 -6β- 异丁氧基 -9- 氧代 -10β- 羟基呋喃荒漠木 1α-chloro-6β-isobutyryloxy-9-oxo-10β-hydroxyfuranoeremophilane
8- 氯 -6- 羟基 -2-(2- 苯乙基)- 色酮 8-chloro-6-hydroxy-2-(2-phenylethyl)chromone
8- 氯 -6- 羟基 -2-[2-(4- 甲氧基苯乙基] 色酮 8-chloro-6-hydroxy-2-[2-(4-methoxyphenyl)ethyl]chromone
7- 氯 -6- 去甲基金线吊乌龟二酮碱 B 7-chloro-6-demethylcepharadione B
5- 氯 -α- 三噻吩 5-chloro-α-terthioph-ene
2- 氯苯基异硫氰酸酯 2-chlorophenyl isothiocyanate
4- 氯苯甲酸 4-chlorobenzoic acid
4- 氯苯甲酸戊 -2- 烯 -4- 炔酯 4-chlorobenzoic acid pent-2-en-4-ynyl ester
(-)-6- 氯表儿茶素 (-)-6-chloroepicatechin
12α- 氯代 -2α,3,13,23- 四羟基齐墩果 -28- 酸 -13- 内酯 12α-chloro-2α,3,13,23-tetrahydroxyolean-28-oic acid-13-lactone
6α- 氯代 -4β,5β,20αF- 三羟基 -1- 氧代 -22R- 睡茄 -2,24- 二烯内酯 6α-chloro-4β,5β,20αF-trihydroxy-1-oxo-22R-witha-2,24-dienolide
(16β,22α)-6α- 氯代 -4β,5β- 二羟基 -17β,24Z- 二甲基 -1- 氧代 -18- 降呋甾 -2,13,24- 三烯 -26- 酸甲酯 (16β,22α)-6α-chloro-4β,5β-dihydroxy-17β,24Z-dimethyl-1-oxo-18-norfurosta-2,13,24-trien-26-oic acid methyl ester
6α- 氯代 -5β,14,17α,20,22R- 五羟基 -1- 氧代 - 麦角甾 -2,24- 二烯 -26- 酸 -δ- 内酯 6α-chloro-5β,14,17α,20,22R-pentahydroxy-1-oxo-ergosta-2,24-dien-26-oic acid-δ-lactone
6α- 氯代 -5β,17α- 二羟基催眠睡茄素 A 6α-chloro-5β,17α-dihydroxywithaferin A
6α- 氯代 -5β- 羟基催眠睡茄素 A 6α-chloro-5β-hydroxywithaferin A
(+)-3- 氯代 -N- 甲酰降南天竹宁 (+)-3-chloro-N-formylnornantenine
6- 氯代儿茶素 6-chlorocatechin
氯代黑茶渍素 chloroatranorin
氯代线叶矢车菊素 A, C chlorohyssopifolin A, C
(3β,5α)-5- 氯豆甾 -3- 醇乙酸酯 (3β,5α)-5-chorostigmastan-3-ol acetate
5- 氯豆甾 -3- 乙酸酯 5-chlorostigmastan-3-yl acetate
3- 氯对茴芹醛▲ 3-chloro-p-anisaldehyde
N-[3- 氯对羟基苯基] 乙酰胺 N-[3-chloro-4-hydroxylphenyl] acetamide
氯仿巴马汀 palmatine chloroform
14- 氯化 -15- 羟基异形蔓长春花胺 14-chloro-15-hydroxyvincadifformine
19(R)- 氯化 -3- 氧代柳叶水甘草碱 19(R)-chloro-3-oxotabersonine
19(S)- 氯化 -3- 氧代柳叶水甘草碱 19(S)-chloro-3-oxotabersonine
(1S,2S,2aR,3aR,4R,6aS,9aS,9bS)- 2- 氯化八氢 -1,4- 二羟基 -1,4- 二甲基 -7- 亚甲基 -1H- 环氧乙烯 [1,8a] 薁 [4,5-b] 呋喃 -8(4H)- 酮 (1S,2S,2aR,3aR,4R,6aS,9aS,9bS)- 2-chlorooctahydro-1,4-dihydroxy-1,4-dimethyl-7-methylene-1H-oxireno[1,8a]azuleno[4,5-b]furan-8(4H)-one
[1S-(1α,2β,2aβ,3aS*,4β,6aα,9aβ,9bα)]- 2- 氯化八氢 -1,4- 二羟基 -1,4- 二甲基 -7- 亚甲基 -1H- 环氧乙烯 [1,8a] 薁 [4,5-b] 呋喃 -8(4H)- 酮 [1S-(1α,2β,2aβ,3aS*,4β,6aα,9aβ,9bα)]-2-chlorooctahydro-1,4-dihydroxy-1,4-dimethyl-7-methylene-1H-oxireno[1,8a]azuleno[4,5-b]furan-8(4H)-one
氯化白莲蒿亭 chlorosacroratin
氯化白毛茛分碱 hydrastinine chloride
氯化苄乙氧铵 benzethonium chloride
氯化长柄唐松草里定▲ przewalidine chloride
氯化胆碱 choline chloride
氯化荷花玉兰碱 magnoflorine chloride
氯化胡麻酮▲ chlorosesamone
氯化甲基波尔定 boldine methochloride
2'-N- 氯化甲基粉防己碱 2'-N-chloromethyltetrandrine
N- 氯化甲基塔斯品碱 N-(chloromethyl)taspine
氯化甲基五味子酯 B chloromethylschisantherin B
氯化九里香内酯醇 chloticol
氯化块根糙苏苷 chlorotuberoside
19(R)- 氯化柳叶水甘草碱 19(R)-chlorotabersonine

19(*S*)- 氯化柳叶水甘草碱 19(*S*)-chlorotabersonine
氯化轮环藤酚碱 cyclanoline chloride
氯化木橘素 chloromarmin
7- 氯化牛蒡酮 7-chloroarctinone
氯化匍匐矢车菊二醇内酯▲ chlororepdiolide
22*α*- 氯化齐墩果 -13(18)- 烯 -3*β*,24- 二醇 22*α*-chloroolean-13(18)-en-3*β*,24-diol
氯化千里香醇▲ chloculol
氯化去氢紫堇碱 dehydrocorydaline chloride
25- 氯化去氧升麻醇 -3-*O*-*β*-D- 吡喃木糖苷 25-chlorodeoxycimigenol-3-*O*-*β*-D-xylopyranoside
氯化三乙基苯胺 triethylphenylamium chloride
氯化矢车菊苷 cyanin chloride
氯化矢车菊苷乙酸酯 cyanin chloride monoacetate
氯化唐松草芬宁 thalphenine chloride
氯化天竺葵苷 pelargonin chloride
氯化天竺葵苷单乙酸酯 pelargonin chloride monoacetate
氯化硝基四唑蓝 nitrotetrazolium chloride blue
氯化小檗碱 berberinium chloride
氯化缬草三酯 chlorovaltrate
氯化异芸香吖啶酮 isogravacridonechlorine
氯化芸香吖啶酮 gravacridonechlorine
氯化芸香吖啶酮醇 gravacridonolchlorine
氯化樟叶木防己碱 laurifoline chloride
24- 氯环木菠萝 -25- 烯 -3*β*- 醇 24-chlorocycloart-25-en-3*β*-ol
3-(氯甲基)- 八氢 -3- 羟基 -9- 甲基 -6- 亚甲基 - 薁 [4,5-b] 呋喃 -2,8(3*H*,4*H*)- 二酮 3-(chloromethyl)-octahydro-3-hydroxy-9-methyl-6-methylene-azuleno[4,5-b]furan-2,8(3*H*,4*H*)-dione
氯菊素 chlorochrymorin
氯菌根醇 A chloromycorrhizinol A
氯菌根素 A chloromycorrhizin A
氯喹 chloroquine
6'- 氯蜜环菌酯▲ F 6'-chloromelleolide F
6- 氯芹菜苷元 6-chloroapigenin
3*β*- 氯去氢木香内酯 3*β*-chlorodehydrocostuslactone
1- 氯十八烷 1-chlorooctadecane
(3*R*,9*R*,10*R*)-10- 氯 - 十七碳 -1- 烯 -4,6- 二炔 -3,9- 二醇 (3*R*,9*R*,10*R*)-10-chloro-1-heptadecene-4,6-diyne-3,9-diol
4- 氯吲哚 -3- 乙酸 4-chloroindole-3-acetic acid
4- 氯吲哚 -3- 乙酸甲酯 4-chloroindole-3-acetic acid methyl ester
4- 氯吲哚乙酸甲酯 4-chloroindoleacetic acid methyl ester
略水苏素▲ negletein
略水苏素▲ -6-*O*-*β*-D- 吡喃葡萄糖苷 negletein-6-*O*-*β*-D-glucopyranoside

M

麻风树毒蛋白 curcin
麻风树木脂素 A~D curcasinlignan A~D
麻疯树桉叶烯 A, B, C jatrophaeudesmene A, B, C
麻疯树醇 jatrophol
麻疯树醇二酮▲ A jatrophodione A
麻疯树二酮▲ jatrophadiketone
麻疯树酚酮 A~E jatropholone A~E
麻疯树环肽 A, B curcacyline A, B
麻疯树裂酮 A~E curcusecon A~E
麻疯树隆酮▲ jatrophalone
麻疯树内酯 jatrophalactone
麻疯树醛 jatrophaldehyde
麻疯树素 jatrophin
麻疯树萜酮▲ A~J curcusone A~J
5,11- 麻疯树烷二烯 -3- 苯甲酰氧基 -7,9,14- 三乙酰氧基 -15- 醇 5,11-jatrophadiene-3-benzoyloxy-7,9,14-triacetyloxy-15-ol
麻疯树辛▲ A, C, D jatrophasin A, C, D
麻花艽苷▲ A, B gentistraminoside A, B
麻黄噁唑酮 ephedroxane
麻黄根碱 A~D ephedradine A~D
麻黄根素 A, B, D_1, D_2, D_3, D_4, D_5, D_6, D_7, Te_1, Te_2, Te_3, Te_4, Te_5, Tr_1, Tr_2 ephedrannin A, B, D_1, D_2, D_3, D_4, D_5, D_6, D_7, Te_1, Te_2, Te_3, Te_4, Te_5, Tr_1, Tr_2
(1*R*,2*S*)- 麻黄碱 (1*R*,2*S*)-ephedrine
L- 麻黄碱 L-ephedrine
ψ- 麻黄碱 *ψ*-ephedrine
麻黄碱 ephedrine
麻黄宁 A~E mahuannin A~E
麻辣仔藤苷▲ A~I obtusifoside A~I
麻辣仔藤宁▲ A~F erycibenin A~F
麻栎苷▲ II dotorioside II
麻栎鞣素▲ A, B acutissimin A, B
麻楝伯灵▲ A~K chuktabrin A~K
麻楝呋喃素 A~D chukfuransin A~D
麻楝拉灵▲ A~X chuktabularin A~X
麻楝拉辛▲ A~F chukrasin A~F
麻楝林素▲ tabulalin
麻楝林素▲ A~J tabulalin A~J
麻楝灵▲ tabularin
麻楝灵▲ C, H, Q, R tabularin C, H, Q, R
麻楝内酯▲ A~O tabulalide A~O
麻楝素▲ A~R chubularisin A~R
麻楝素酮▲ A, B chukrasone A, B
麻楝辛▲ A~P tabularisin A~P
麻叶千里光苷 B~E cannabiside B~E
麻叶千里光碱▲ seneciannabine
麻叶千里光碱 B cannabiloid B
麻叶千里光内酯 A cannabilactone A
麻叶绣球苷▲ A~F kodemarioside A~F
马鞍树苯酮▲ maackiaphenone
马鞍树黄酮醇 maackiaflavonol
马鞍树黄烷酮 maackiaflavanone
马鞍树黄烷酮 A, B maackiaflavanone A, B
马鞍树灵▲ maackoline
马鞍树宁▲ maackinin
马鞍树色酮 maackiachromone
(*E*)- 马鞍树素▲ (*E*)-maackin
马鞍树素▲ maackin
马鞍树素▲ A maackin A
马鞍树戊酮 maackiapentone
马鞍树新素 maackiasin
马鞍树异黄酮苷 maackiaisoflavonoside
马鞍树紫檀烷 A, B maackiapterocarpan A, B
马比木碱 -20-*O*-*β*-D- 吡喃葡萄糖苷 mappicine-20-*O*-*β*-D-glucopyranoside
马鞭草苷▲ A verbenaside A
马鞭草林素▲ I verbeofflin I
马鞭草诺苷▲ A, B verbenoside A, B
马鞭草素▲ verbenalin
(*S*)-(-)- 马鞭草烷酮 (*S*)-(-)-verbanone
马鞭草烯 verbenene

马鞭草烯醇 verbenol
(*S*)-(-)- 马鞭草烯酮 (*S*)-(-)-verbenone
(*S*)- 马鞭草烯酮 (*S*)-verbenone
马鞭草烯酮 verbenone
马鞭草烯酮 -5-*O*-*β*-D- 吡喃葡萄糖苷 verbenone-5-*O*-*β*-D-glucopyranoside
马槟榔甜蛋白 I, II mabinlin I, II
马齿苋苷▲ A, B portuloside A, B
马齿苋黄素 II, III portulacaxanthin II, III
马齿苋卡醛▲ portulacaldehyde
马齿苋内酯 portulic lactone
马齿苋醛 portual
马齿苋素▲ A~I, K, L, N~S oleracein A~I, K, L, N~S
马齿苋酸 portulic acid
马齿苋萜内酯▲ portulide
马齿苋烯▲ portulene
马齿苋烯醇▲ portulenol
马齿苋烯缩醛▲ portulene acetal
马齿苋烯酮▲ portulenone
马达积雪草苷 madecassoside
马达积雪草酸 madasiatic acid
马达加斯加哈伦木素▲ madagascin
马黛茶糖苷▲ D mateglycoside D
马蛋果多内酯▲ odolide
马蛋果内酯▲ odolactone
(+)- 马德拉香树素▲ (+)-hopeyhopin
马德拉香树素▲ hopeyhopin
8- 马丁香茅醇基补骨脂素 8-geranoxypsoralen
马兜铃苯酚酮▲ A aristophenone A
马兜铃吡啶酮▲ A aristopyridinone A
马兜铃醇 aristolol
马兜铃次酸 aristolic acid
马兜铃次酸甲酯 aristolic acid methyl ester
马兜铃二酮▲ aristolodione
1(10),8- 马兜铃二烯 1(10),8-aristoladiene
马兜铃菲内酯▲ aristololide
马兜铃苷 aristoloside
马兜铃林碱▲ aristoline
马兜铃内酰胺 I aristolactam I; aristololactam I
马兜铃内酰胺 Ia aristolactam Ia; aristololactam Ia
马兜铃内酰胺 Ia-8-*β*-D- 吡喃葡萄糖苷 aristolactam Ia-8-*β*-D-glucopyranoside
马兜铃内酰胺 Ia-*N*-*β*-D- 吡喃葡萄糖苷 aristolactam Ia-*N*-*β*-D-glucopyanoside
马兜铃内酰胺 I-*β*-D- 葡萄糖苷 aristolactam I-*β*-D-glucoside
马兜铃内酰胺 II aristolactam II; aristololactam II
马兜铃内酰胺 IIIa aristolactam IIIa; aristololactam IIIa
马兜铃内酰胺 IV aristolactam IV; aristololactam IV
马兜铃内酰胺 IVa aristolactam IVa; aristololactam IVa
马兜铃内酰胺 VII aristolactam VII; aristololactam VII
马兜铃内酰胺 A aristolactam A; aristololactam A
马兜铃内酰胺 AIa, BIa, GI, GII aristololactam AIa, BIa, GI, GII
马兜铃内酰胺 AII aristolactam AII; aristololactam AII
马兜铃内酰胺 AIII aristolactam AIII; aristololactam AIII
马兜铃内酰胺 AIIIa aristolactam AIIIa; aristololactam AIIIa
马兜铃内酰胺 B aristolactam B; aristololactam B
马兜铃内酰胺 BI aristolactam BI; aristololactam BI
马兜铃内酰胺 BII aristolactam BII; aristololactam BII
马兜铃内酰胺 BIII aristolactam BIII; aristololactam BIII
马兜铃内酰胺 C-*N*-(*β*-D- 葡萄糖苷) aristolactam C-*N*-(*β*-D-glucoside)
马兜铃内酰胺 C-*N*-*β*-D- 吡喃葡萄糖苷 aristolactam C-*N*-*β*-D-glucopyranoside
马兜铃内酰胺 C-*N*-*β*-D- 葡萄糖苷 aristolactam C-*N*-*β*-D-glucoside
马兜铃内酰胺 FI aristolactam FI; aristololactam FI
马兜铃内酰胺 FII aristolactam FII; aristololactam FII
马兜铃内酰胺 -*N*-(6'- 反式 - 对香豆酰基)-*β*-D- 吡喃葡萄糖苷 aristolactam-*N*-(6'-*trans*-*p*-coumaroyl)-*β*-D-glucopyranoside
马兜铃内酰胺 -*N*-*β*-D- 吡喃葡萄糖苷 aristolactam-*N*-*β*-D-glucopyranoside
马兜铃内酰胺 -*N*-*β*-D- 葡萄糖苷 aristolactam-*N*-*β*-D-glucoside
马兜铃内酰胺 -*β*-D- 吡喃葡萄糖苷 aristolactam-*β*-D-glucopyranoside
马兜铃内酯 aristolactone
马兜铃内酯 A, B aristolide A, B
马兜铃素 A~F, H, K, M, O~Z madolin A~F, H, K, M, O~Z
马兜铃酸 aristolochic acid
马兜铃酸 Ia 甲酯 aristolochic acid Ia methyl ester
马兜铃酸 I 甲酯 aristolochic acid I methyl ester
马兜铃酸 II 甲酯 aristolochic acid II methyl ester
马兜铃酸 III 甲酯 aristolochic acid III methyl ester
马兜铃酸 IVa 甲酯 aristolochic acid IVa methyl ester
马兜铃酸 IV 甲酯 aristolochic acid IV methyl ester
马兜铃酸 VII 甲酯 aristolochic acid VII methyl ester
马兜铃酸 AII 甲酯 aristolochic acid AII methyl ester
马兜铃酸 BII 甲酯 aristolochic acid BII methyl ester
马兜铃酸甲酯 aristolochic acid methyl ester
马兜铃酸钠 I, II, III, IIIa, IVa sodium aristolochate I, II, III, IIIa, IVa
马兜铃酸内酰胺 AII aristolochic acid lactam AII
马兜铃酸萜酯 I, III aristoloterpenate I, III
(+)- 马兜铃酮 (+)-aristolone
马兜铃酮 aristolone
$\Delta^{1,10}$- 马兜铃烷 $\Delta^{1,10}$-aristolane
Δ^{9}- 马兜铃烷 Δ^{9}-aristolane
$\Delta^{9,10}$- 马兜铃烯 $\Delta^{9,10}$-aristolene
马兜铃烯 aristolene
1(10)- 马兜铃烯 -2- 酮 1(10)-aristolen-2-one
$\Delta^{1,10}$- 马兜铃烯 -2- 酮 $\Delta^{1,10}$-aristolen-2-one
马兜铃烯环氧化物 aristolene epoxide
马兜铃酰胺▲ aristolamide
马兜铃叶绿素 C aristophyll C
马耳山五味子酚▲ A~J, M~S marphenol A~J, M~S
马耳山五味子木脂素▲ A~O marlignan A~O
马疯木素▲ A hippomanin A
马格达莱纳维洛花酸▲ magdalenic acid
马汉九里香比宁碱 A mahabinine A
马汉九里香波林碱▲ mahanimboline
马汉九里香定碱▲ mahanimbidine
马汉九里香酚▲ mahanimbilol; mahanimbinol
马汉九里香酚▲甲醚 mahanimbilol methyl ether
马汉九里香酚▲乙酸酯 mahanimbilyl acetate
马汉九里香碱 mahanimbine
(+)- 马汉九里香宁碱 (+)-mahanine
马汉九里香宁碱 mahanine
马汉九里香星碱 mahanimbicine
马甲子碱▲ A, B, C ramosine A, B, C
马克毛地黄苷▲ maxoside
马拉巴肉豆蔻酮▲ A, B, C malabaricone A, B, C

马拉蒂亚拟芸香胺▲乙酯 malatyamine ethyl ester
马来见血封喉苷▲ malayoside
马来鱼藤酚 malaccol
马蓝苷▲ strobilanthin
(+)- 马勒库拉莲叶桐碱▲ (+)-malekulatine
(-)- 马里巴特坡垒酚▲A (-)-malibatol A
马里莫氏木内酯▲ marliolide
马利筋定▲ asclepiadin
17α- 马利筋苷▲ 17α-ascleposide
马利筋苷▲ ascleposide
马利筋苷元 ascurogenin
马利筋勒坡苷元▲ asclepogenin
马利筋坡苷元▲ clepogenin
马利筋素▲ asclepin
马利筋沃苷▲A~F curassavoside A~F
马利筋沃苷元▲ cuarassavogenin
马利筋甾醇▲ asclepiasterol
马栗树皮苷 aesculin
马蔺苷 A, B irislactin A, B
马铃薯酮酸▲ -O-β-D- 吡喃葡萄糖苷 tuberonic acid-O-β-D-glucopyranoside
马铃薯酮酸▲ -β-D- 葡萄糖苷 tuberonic acid-β-D-glucoside
马铃薯酮酸▲甲酯 -O-β-D- 吡喃葡萄糖苷 tuberonic acid-O-β-D-glucopyranoside methyl ester
(-)- 马铃薯香根草酮▲ (-)-solavetivone
马铃薯香根草酮▲ solavetivone
马尼拉榄香脂二醇 maniladiol
马尼拉榄香脂二醇 -3-O- 月桂酸酯 maniladiol-3-O-laurate
马尼拉榄香脂二醇 -3-O- 棕榈酸酯 maniladiol-3-O-palmitate
马尼拉榄香脂二醇 -3β-O- 肉豆蔻酸酯 maniladiol-3β-O-myristate
马尼拉榄香脂二醇 -3β-O- 棕榈酸酯 maniladiol-3β-O-palmitate
马尼拉榄香脂二醇 -3- 棕榈酸酯 mánaliadiol-3-palmitate
马尼拉糖胶树胺▲ manilamine
马其顿甘草苷▲A, B, C macedonoside A, B, C
马其顿甘草酸 macedonic acid
马其顿甘草酸甲酯 macedonic acid methyl ester
马钱橙碱▲ strychnochrysine
马钱醇▲ loganol; loganetin
马钱苷 loganin; loganoside
马钱苷元 loganetin; loganigenin
马钱黄碱▲ strychnoflavine
马钱酸 loganic acid
马钱酸 -11-O-β-D- 吡喃葡萄糖基酯 loganic acid-11-O-β-D-glucopyranosyl ester
马钱酸 -11-O-β- 吡喃葡萄糖基酯 loganic acid-11-O-β-glucopyranosyl-ester
马钱酸 -6'-O-β-D- 葡萄糖苷 loganic acid-6'-O-β-D-glucoside
马钱酸 A, B, C loganic acid A, B, C
马钱酸乙酯 loganic acid ethyl ester
马钱子碱 brucine
马钱子碱 -N- 氧化物 brucine-N-oxide
马钱子林碱▲A, B strynuxline A, B
马钱子洛苷▲ cuchiloside
马钱子米亭▲ stryvomitine
马钱子米辛▲ stryvomicine
马钱子米辛▲A stryvomicine A
马钱子新碱 novacine
马桑安内酯▲ corianlactone
马桑安酮▲ coriantone
马桑醇 corianol
马桑灵素 A, B corialin A, B
马桑内酯▲A~D corialactone A~D
马桑宁 corianin
马桑鞣灵▲F coriariin F
β- 马桑素▲ β-tutin
马桑素▲ tutin
(-)- 马桑酸 (-)-coriolic acid
马桑亭 coriatin
马桑酮 coriatone
马氏哥纳香碱▲A marcanine A
7,14,24- 马氏冷杉三烯 -26,23- 内酯 -3α,23- 二醇 7,14,24-mariesatrien-26,23-olide-3α,23-diol
马斯卡洛咖啡苷▲ mascaroside
马松子碱 melochicorine
马松子林碱▲ melofoline
马松子素▲ melochorin
马索厚壳桂内酯▲ massoia lactone
马蹄参苷▲A, B stachyanthuside A, B
马尾黄连碱 thalicberine
马尾杉醇 A~F phllegmanol A~F
马尾杉碱 A, B, C, M phlegmariurine A, B, C, M
马尾杉酸 phlegmaric acid
马尾树醇▲ rhoiptelol
马尾树醇▲A, B, C rhoiptelol A, B, C
马尾树苷▲A~E rhoipteleside A~E
马尾树宁▲A~J rhoipteleanin A~J
马尾树素▲A~F chilianthin A~F
马尾树酸▲ rhoiptelic acid
马尾树烯醇▲ rhoiptelenol
马尾树皂苷▲A~L chilianoside A~L
马尾松苷▲A~D massonianoside A~D
(-)- 马尾松树脂醇 (-)-massoniresinol
(-)- 马尾松树脂醇 -3α-O-β-D- 吡喃葡萄糖苷 (-)-massoniresinol-3α-O-β-D-glucopyranoside
(-)- 马尾松树脂醇 -4''-O-β-D- 吡喃葡萄糖苷 (-)-massoniresinol-4''-O-β-D-glucopyranoside
马尾藻酚▲ sargaol
马先蒿苷 pedicularioside
马先蒿苷 A, E, F, G, H, I, N pedicularioside A, E, F, G, H, I, N
马先蒿内酯 pedicularis lactone
马先蒿内酯 -1-O-β-D- 吡喃葡萄糖苷 pedicularis lactone-1-O-β-D-glucopyranoside
马缨丹醇酸▲ lantanolic acid
马缨丹当归酸▲ camangeloyl acid
马缨丹二烯酮 lantigdienone
马缨丹苷▲ camaroside
马缨丹黄酮苷 camaraside
马缨丹醚酸▲ camaryolic acid
马缨丹尼酸▲ camarinic acid
马缨丹尼酸▲甲酯 methyl camarinate
马缨丹宁▲ camarinin
马缨丹酸▲ camaric acid
马缨丹糖 A, B lantanose A, B
马缨丹替酸▲ lantic acid
马缨丹托酸▲ lantoic acid
马缨丹烯 A, B, C lantadene A, B, C
马缨丹熊果酸 lantaiursolic acid
马缨丹酯酸▲ lantanilic acid

马醉木毒素 A, B, C, F~K pieristoxin A, B, C, F~K
马醉木苷 asebotin; asebotoside
马醉木苷元 asebogenin
马醉木苷元 -2'-*O*-*β*-D- 吡喃核糖 -3- 唔落糖苷 asebogenin-2'-*O*-*β*-D-ribo-hexo-3-ulopyranoside
马醉木槲皮素 aseboquercitrin
马醉木洛苷▲ A, B pieroside A, B
马醉木素 asebotin
马醉木萜▲ A, B pierisoid A, B
马醉木亭▲ A, B pierotin A, B
玛拉瓜苷元▲ maragenin
玛拉瓜苷元▲ II maragenin II
玛拉瓜苷元▲ II-3-*O*-(*β*-D- 吡喃半乳糖基 -(1 → 2)[*β*-D- 吡喃木糖基 -(1 → 2)-*β*-D- 吡喃半乳糖基 -(1 → 3)]-6'- 甲氧基 -*β*-D- 吡喃葡萄糖醛酸苷 maragenin II-3-*O*-(*β*-D-galactopyranosyl-(1 → 2)[*β*-D-xylopyranosyl-(1 → 2)-*β*-D-galactopyranosyl-(1 → 3)]-6'-methoxy-*β*-D-glucuronopyranoside
玛美巴豆素▲ marmelerin
蚂蝗七苷 mahuangchiside
吗啡 morphine
买麻藤醇 gnetol
买麻藤宁▲ A~D gnetumontanin A~D
(+)- 买麻藤素▲ A, H (+)-gnetin A, H
买麻藤素▲ C, D, H gnetin C, D, H
迈九里香素 mexoticin
麦冬黄烷酮 B ophiopogonanone B
麦冬皂苷 A, B, C', D, D' ophiopogonin A, B, C', D, D'
麦秆菊素▲ bracteatin
麦秆菊素▲ -6-*O*- 葡萄糖苷▲ bracteatin-6-*O*-glucoside
麦胶蛋白 gliadin
麦角胺 ergotamine
麦角巴辛 ergobasine
麦角宾碱 ergobine
麦角醇 lysergol
麦角丁碱▲ ergobutine
麦角丁灵▲ ergobutyrine
7,24(28)- 麦角二烯甾醇 7,24(28)-ergostadienol
麦角黑麦宁碱▲ ergosecalinine
麦角红素▲ clavorubin
麦角黄素 A, B ergochrysin A, B
麦角黄辛▲ clavoxanthin
麦角黄质 ergoxanthin
麦角晶亭▲ ergocristine
麦角精▲ lysergine
麦角考宁 ergocornine
麦角拉宁碱▲ ergoladinine
麦角灵 ergoline
麦角硫因 ergothioneine
麦角宁碱 ergonine
麦角坡亭碱 ergoptine
麦角色素 AA, AB, AC, AD, BB, BC, BD, CC, CD, DD ergochrome AA, AB, AC, AD, BB, BC, BD, CC, CD, DD
麦角斯亭 ergostine
麦角酸 lysergic acid
麦角酮 ergone
麦角烯▲ lysergene
麦角缬碱 ergovaline
麦角辛 ergosine
麦角新碱 ergometrine
麦角异胺 ergotaminine
麦角异晶亭▲ ergocristinine
麦角异考宁 ergocorninine
麦角异斯亭 ergostinine
麦角异辛 ergosinine
麦角异新碱 ergometrinine
麦角异隐亭 ergocryptinine; *α*-ergocryptinine
麦角隐亭 ergocryptine; *α*-ergocryptine
α- 麦角隐亭碱 *α*-ergocryptine
β- 麦角隐亭碱 *β*-ergocryptine
5*β*- 麦角甾 -22,23- 烯 -3*α*- 醇 5*β*-ergost-22,23-ene-3*α*-ol
麦角甾 -22- 甲基 -23- 酮 ergostane-22-methyl-23-one
麦角甾 -23- 酮 ergostane-23-one
麦角甾 -24- 甲基 -23- 酮 ergostane-24-methyl-23-one
麦角甾 -28- 醇 ergostane-28-ol
(24*S*)- 麦角甾 -3*β*,5*α*,6*β*- 三醇 (24*S*)-ergostane-3*β*,5*α*,6*β*-triol
(24*R*)-5*α*- 麦角甾 -3- 酮 (24*R*)-5*α*-ergostan-3-one
麦角甾 -3- 酮 ergostan-3-one
麦角甾 -4,24(28)- 二烯 -3- 酮 ergosta-4,24(28)-diene-3-one
麦角甾 -4,6,22- 三烯 -3*α*- 醇 ergosta-4,6,22-trien-3*α*-ol
麦角甾 -4,6,22- 三烯 -3*β*- 醇 ergosta-4,6,22-trien-3*β*-ol
(22*E*,24*R*)- 麦角甾 -4,6,8(14),22- 四烯 -3*β*- 酮 (22*E*,24*R*)-ergosta-4,6,8(14),22-tetraen-3*β*-one
(24*S*)- 麦角甾 -4,6,8(14),22- 四烯 -3- 酮 (24*S*)-ergosta-4,6,8(14),22-tetraen-3-one
麦角甾 -4,6,8(14),22- 四烯 -3- 酮 ergosta-4,6,8(14),22-tetraen-3-one
(22*E*)- 麦角甾 -4,6,8,22- 四烯 -3- 酮 (22*E*)-ergosta-4,6,8,22-tetraen-3-one
麦角甾 -4,6- 二烯 -3- 酮 ergosta-4,6-dien-3-one
麦角甾 -4,7,22- 三烯 -3,6- 二酮 ergosta-4,7,22-triene-3,6-dione
麦角甾 -4- 烯 -3,6- 二酮 ergosta-4-ene-3,6-dione
麦角甾 -4- 烯 -3- 酮 ergosta-4-en-3-one
麦角甾 -5,14,25- 三烯 -3*β*- 醇 ergosta-5,14,25-trien-3*β*-ol
麦角甾 -5,22(*E*)- 二烯 -3*β*- 醇 ergosta-5,22(*E*)-dien-3*β*-ol
(22*E*,24*R*)- 麦角甾 -5,22- 二烯 -3*β*- 醇 (22*E*,24*R*)-ergosta-5,22-dien-3*β*-ol
24*ζ*- 麦角甾 -5,22- 二烯 -3*β*- 醇 24*ζ*-ergosta-5,22-dien-3*β*-ol
(3*β*,22*E*)- 麦角甾 -5,22- 二烯 -3- 醇乙酸酯 (3*β*,22*E*)-ergosta-5,22-dien-3-ol acetic ester
麦角甾 -5,22- 双烯 -3*β*,7*β*- 二醇 ergosta-5,22-dien-3*β*,7*β*-diol
麦角甾 -5,24(28)- 二烯 -3*β*,23*S*- 二醇 ergosta-5,24(28)-diene-3*β*,23*S*-diol
麦角甾 -5,24(28)- 二烯 -3*β*- 醇 ergosta-5,24(28)-diene-3*β*-ol
麦角甾 -5,24(28)- 二烯 -3- 醇 ergosta-5,24(28)-dien-3-ol
麦角甾 -5,24- 二烯 -3*α*- 醇 ergosta-5,24-dien-3*α*-ol
麦角甾 -5,25(26)- 二烯 -3*β*,24*ξ*- 二醇 ergosta-5,25(26)-diene-3,24*ζ*-diol
麦角甾 -5,25- 二烯 -3*β*,24*ξ*- 二醇 ergosta-5,25-diene-3*β*,24*ξ*-diol
麦角甾 -5,7,22- 三烯 -3*β*-*O*-*β*-D- 吡喃葡萄糖苷 ergosta-5,7,22-trien-3*β*-*O*-*β*-D-glucopyranoside
(22*E*,24*R*)- 麦角甾 -5,7,22- 三烯 -3*β*- 醇 (22*E*,24*R*)-ergosta-5,7,22-triene-3*β*-ol
麦角甾 -5,7,22- 三烯 -3*β*- 醇 ergosta-5,7,22-trien-3*β*-ol
(3*β*,22*E*)- 麦角甾 -5,7,22- 三烯 -3- 醇 (3*β*,22*E*)-ergosta-5,7,22-triene-3-ol
(22*E*,24*R*)- 麦角甾 -5,7,9(11),22- 四烯 -3*β*- 醇 (22*E*,24*R*)-ergosta-5,7,9(11),22-tetraen-3*β*-ol)
(24*S*)- 麦角甾 -5,7,9(11),22- 四烯 -3*β*- 醇 (24*S*)-ergosta-5,7,9(11),22-tetraen-3*β*-ol

M

(24*S*)- 麦角甾 -5,7- 二烯 -3*β*- 醇 (24*S*)-ergosta-5,7-dien-3*β*-ol
麦角甾 -5,7- 二烯 -3*β*- 醇 ergosta-5,7-dien-3*β*-ol
(3*β*,22*E*)- 麦角甾 -5,8(14),22- 三烯 -7- 酮 (3*β*,22*E*)-ergosta-5,8(14),22-triene-7-one
麦角甾 -5,8,22E- 三烯 -3- 醇 ergosta-5,8,22E-trien-3*β*-ol
麦角甾 -5,8,22- 三烯 -3*β*,15- 二醇 ergosta-5,8,22-dien-3*β*,15-diol
(22*E*,24*R*)- 麦角甾 -5,8,22- 三烯 -3*β*- 醇 (22*E*,24*R*)-ergosta-5,8,22-trien-3*β*-ol
麦角甾 -5,8,22- 三烯 -3*β*- 醇 ergosta-5,8,22-trien-3*β*-ol
麦角甾 -5*α*,8*α*- 环二氧 -6,22- 二烯 -3*β*- 醇 ergosta-5*α*,8*α*-epidioxy-6,22-dien-3*β*-ol
麦角甾 -5*α*,8*α*- 环二氧 -6,9(11),22- 三烯 -3*β*- 醇 ergosta-5*α*,8*α*-epidioxy-6,9(11),22-trien-3*β*-ol
麦角甾 -5- 烯 -3*β*- 醇 ergosta-5-en-3*β*-ol
麦角甾 -5- 稀 -3- 醇 ergosta-5-en-3-ol
麦角甾 -6,22*E*- 二烯 -3*β*,5*β*,8*β*- 三醇 ergosta-6,22*E*-dien-3*β*,5*β*,8*β*-triol
麦角甾 -6,22- 二烯 -3,5,8- 三醇 ergotsteroid-6,22-diene-3,5,8-tri-ethanol
麦角甾 -6,22- 二烯 -3*β*,5*α*,8*α*- 三醇 ergosta-6,22-dien-3*β*,5*α*,8*α*-triol
麦角甾 -6,22- 二烯 -5,8- 环二氧 -3*β*- 醇 ergosta-6,22-dien-5,8-epidioxy-3*β*-ol
麦角甾 -6,22- 二烯 -5*α*,8*α*- 环二氧 -3*β*- 醇 ergosta-6,22-dien-5*α*,8*α*-epidioxy-3*β*-ol
(3*β*,5*α*,22*E*)- 麦角甾 -6,8(14),22- 三烯 -3,5- 二醇 (3*β*,5*α*,22*E*)-ergosta-6,8(14),22-triene-3,5-diol
(22*E*)- 麦角甾 -6,9,22- 三烯 -3*β*,5*α*,8*α*- 三醇 (22*E*)-ergosta-6,9,22-triene-3*β*,5*α*,8*α*-triol
麦角甾 -7,22*E*- 二烯 -3*β*,5*α*,6*β*- 三醇 ergosta-7,22*E*-dien-3*β*,5*α*,6*β*-triol
麦角甾 -7,22*E*- 二烯 -3*β*- 醇 ergosta-7,22*E*-dien-3*β*-ol
5*α*- 麦角甾 -7,22*E*- 二烯 -3- 醇 5*α*-ergosta-7,22E-dien-3*β*-ol
麦角甾 -7,22- 二烯 -2*β*,3*α*,9*α*- 三醇 ergosta-7,22-dien-2*β*,3*α*,9*α*-triol
麦角甾 -7,22- 二烯 -2*β*,4*α*- 二醇 ergosta-7,22-dien-2*β*,4*α*-diol
(3*β*,5*α*,6*β*,22*E*)- 麦角甾 -7,22- 二烯 -3,5,6,9- 四醇 (3*β*,5*α*,6*β*,22*E*)-ergosta-7,22-diene-3,5,6,9-tetrol
(3*β*,5*α*,6*β*,22*E*)- 麦角甾 -7,22- 二烯 -3,5,6- 三醇 (3*β*,5*α*,6*β*,22*E*)-ergosta-7,22-diene-3,5,6-triol
麦角甾 -7,22- 二烯 -3,5,6- 三醇 ergosta-7,22-dien-3,5,6-triol
(3*β*,5*α*,6*α*,22*E*)- 麦角甾 -7,22- 二烯 -3,5,6- 三醇 -6- 亚油酸酯 (3*β*,5*α*,6*α*,22*E*)-ergosta-7,22-diene-3,5,6-triol 6-linoleate
(3*β*,5*α*,6*α*,22*E*)- 麦角甾 -7,22- 二烯 -3,5,6- 三醇 -6- 油酸酯 (3*β*,5*α*,6*α*,22*E*)-ergosta-7,22-diene-3,5,6-triol-6-oleate
(3*β*,5*α*,6*α*,22*E*)- 麦角甾 -7,22- 二烯 -3,5,6- 三醇 -6- 棕榈酸酯 (3*β*,5*α*,6*α*,22*E*)-ergosta-7,22-diene-3,5,6-triol-6-palmitate
麦角甾 -7,22- 二烯 -3,6- 二酮 ergosta-7,22-diene-3,6-dione
麦角甾 -7,22- 二烯 -3-*O*-*β*-D- 吡喃葡萄糖苷 ergosta-7,22-diene-3-*O*-*β*-D-glucopyranoside
麦角甾 -7,22- 二烯 -3*α*,3*β*,6*α*- 三醇 ergosta-7,22-dien-3*α*,3*β*,6*α*-triol
麦角甾 -7,22- 二烯 -3*β*,5*α*,3*β*- 三醇 ergosta-7,22-diene-3*β*,5*α*,3*β*-triol
(22*E*)- 麦角甾 -7,22- 二烯 -3*β*,5*α*,6*α*,9*α*- 四醇 (22*E*)-ergosta-7,22-diene-3*β*,5*α*,6*α*,9*α*-tetrol
(22*E*,24*R*)- 麦角甾 -7,22- 二烯 -3*β*,5*α*,6*α*,9*α*- 四醇 (22*E*,24*R*)-ergosta-7,22-diene-3*β*,5*α*,6*α*,9*α*-tetrol
(22*E*,24*R*)- 麦角甾 -7,22- 二烯 -3*β*,5*α*,6*α*- 三醇 (22*E*,24*R*)-ergosta-7,22-dien-3*β*,5*α*,6*α*-triol
麦角甾 -7,22- 二烯 -3*β*,5*α*,6*α*- 三醇 ergosta-7,22-diene-3*β*,5*α*,6*α*-triol
(22E)- 麦角甾 -7,22- 二烯 -3*β*,5*α*, 6*β*,9*α*- 四醇 (22*E*)-ergosta-7,22-diene-3*β*,5*α*,6*β*,9*α*-tetrol
(22*E*,24*R*)- 麦角甾 -7,22- 二烯 -3*β*,5*α*,6*β*,9*α*- 四醇 (22*E*,24*R*)-ergosta-7,22-diene-3*β*,5*α*,6*β*,9*α*-tetrol
22*E*,24*R*)- 麦角甾 -7,22- 二烯 -3*β*,5*α*,6*β*,9*α*- 四醇 (22*E*,24*R*)-ergosta-7,22-diene-3*β*,5*α*,6*β*,9*α*-tetraol
22*E*,24*R*- 麦角甾 -7,22- 二烯 -3*β*,5*α*,6*β*,9*α*- 四醇 22*E*,24*R*-ergosta-7,22-diene-3*β*,5*α*,6*β*,9*α*-tetraol
麦角甾 -7,22- 二烯 -3*β*,5*α*,6*β*,9*α*- 四醇 ergosta-7,22-diene-3*β*,5*α*,6*β*,9*α*-tetraol
(22*E*)- 麦角甾 -7,22- 二烯 -3*β*,5*α*,6*β*- 三醇 (22*E*)-ergosta-7,22-diene-3*β*,5*α*,6*β*-triol
(22*E*,24*R*)- 麦角甾 -7,22- 二烯 -3*β*,5*α*,6*β*- 三醇 (22*E*,24*R*)-ergosta-7,22-dien-3*β*,5*α*,6*β*-triol
22*E*,24*R*- 麦角甾 -7,22- 二烯 -3*β*,5*α*,6*β*- 三醇 22*E*,24*R*-ergosta-7,22-dien-3*β*,5*α*,6*β*-triol
麦角甾 -7,22- 二烯 -3*β*,5*α*,6*β*- 三醇 ergosta-7,22-diene-3*β*,5*α*,6*β*-triol
麦角甾 -7,22- 二烯 -3*β*-*O*-*β*- 吡喃葡萄糖苷 ergosta-7,22-dien-3*β*-*O*-*β*-glucopyranoside
(22*E*,24*R*)- 麦角甾 -7,22- 二烯 -3*β*- 醇 (22*E*,24*R*)-ergosta-7,22-dien-3*β*-ol
(22*E*,24*S*)-5*α*- 麦角甾 -7,22- 二烯 -3*β*- 醇 (22*E*,24*S*)-5*α*-ergosta-7,22-dien-3*β*-ol
麦角甾 -7,22- 二烯 -3*β*- 醇 ergosta-7,22-dien-3*β*-ol
麦角甾 -7,22- 二烯 -3*β*- 基 - 棕榈酸酯 ergosta-7,22-dien-3*β*-yl palmitate
麦角甾 -7,22- 二烯 -3- 醇 ergosta-7,22-dien-3-ol
(22*E*,24*R*)- 麦角甾 -7,22- 二烯 -3 酮 (22*E*,24*R*)-ergosta-7,22-dien-3-one
5*α*- 麦角甾 -7,22- 二烯 -3- 酮 5*α*-ergosta-7,22-dien-3-one
麦角甾 -7,22- 二烯 -3- 酮 ergosta-7,22-dien-3-one
麦角甾 -7,22- 二烯 -3- 棕榈酸酯 ergosta-7,22-dien-3-palmitate
(22*E*,24*R*)- 麦角甾 -7,22- 二烯 -6- 酮 -3*β*,5*α*,9*α*- 三醇 (22*E*,24*R*)-ergosta-7,22-diene-6-one-3*β*,5*α*,9*α*-triol
麦角甾 -7,22- 二烯醇 ergosta-7,22-dienol
(3*β*,5*α*,6*β*,22*E*)- 麦角甾 -7,22- 三烯 -3- 醇 (3*β*,5*α*,6*β*,22*E*)-ergosta-7,22-triene-3,5,6-triol
麦角甾 -7,24(28)- 二烯 -3*β*,5*α*,6*β*- 三醇 ergosta-7,24(28)-diene-3*β*,5*α*,6*β*-triol
麦角甾 -7,24(28)- 二烯 -3- 醇 ergosta-7,24(28)-dien-3-ol
麦角甾 -7,5- 二烯醇 ergosta-7,5-dienol
(22*E*,24*R*)- 麦角甾 -7,9(11),22- 三烯 -3*β*,5*α*,6*β*- 三醇 (22*E*,24*R*)-ergosta-7,9(11),22-trien-3*β*,5*α*,6*β*-triol
(22*E*,24*R*)- 麦角甾 -7,9(11),22– 三烯 -3*β*,5*α*,6*β*- 三醇 (22*E*,24*R*)-ergosta-7,9(11),22-triene-3*β*,5*α*,6*β*-triol
22*E*-5*α*- 麦角甾 -7,9(11),22- 三烯 -3*β*- 醇 22*E*-5*α*-ergost-7,9(11),22-trien-3*β*-ol
(22*E*)- 麦角甾 -7,9,22- 三烯 -3*β*-ol-*β*-D- 吡喃葡萄糖苷 (22*E*)-ergosta-7,9,22-trien-3*β*-ol-*β*-D-glucopyranoside
(24S)- 麦角甾 -7- 烯 -3*β*,5*α*,6*β*- 三醇 (24*S*)-ergosta-7-ene-3*β*,5*α*,6*β*-triol
麦角甾 -7- 烯 -3*β*,5*α*,6*β*- 三醇 ergosta-7-ene-3*β*,5*α*,6*β*-triol
(24*S*)- 麦角甾 -7- 烯 -3*β*- 醇 (24*S*)-ergost-7-en-3*β*-ol
(5*α*)- 麦角甾 -7- 烯 -3*β*- 醇 (5*α*)-ergost-7-en-3*β*-ol
麦角甾 -7- 烯 -3*β*- 醇 ergosta-7-en-3*β*-ol
麦角甾 -7- 烯 -3- 醇 ergosta-7-en-3-ol
(3*β*,7*α*,22*E*)- 麦角甾 -8(14),22- 二烯 -3,7- 二醇 (3*β*,7*α*,22*E*)-ergosta-8(14),22-diene-3,7-diol
β- 麦角甾醇 *β*-ergosterol
Δ^5- 麦角甾醇 Δ^5-ergostenol

M

麦角甾醇 ergosterol
麦角甾醇-3-*O*-β-D-吡喃葡萄糖苷 ergosteryl-3-*O*-β-D-glucopyranoside
麦角甾醇-5α,8α-过氧化物 ergosterol-5α,8α-peroxide
麦角甾醇-5β,8β-过氧化物 ergosterol-5β,8β-peroxide
麦角甾醇过氧化物 ergosterol peroxide
麦角甾醇硬脂酸酯 ergosteryl stearate
麦角甾醇棕榈酸酯 ergosteryl palmitate
麦角甾二烯-3β,5α,6β-三醇 ergostadien-3β,5α,6β-triol
(20*S*)-5,24(28)-麦角甾二烯-3β,7α,16β,20-四醇 (20*S*)-5,24(28)-ergostadiene-3β,7α,16β,20-tetrol
$\Delta^{5,24(28)}$-麦角甾二烯-3β-醇 $\Delta^{5,24(28)}$-ergostadien-3β-ol
麦角甾二烯醇乙酸酯 ergostadienol acetate
5α-麦角甾烷 5α-ergostane
麦角甾烷 ergostane
麦角甾烷醇 ergostanol
(20*S*)-5-麦角甾烯-3β,7α,16β,20-四醇 (20*S*)-5-ergostene-3β,7α,16β,20-tetrol
γ-麦角甾烯醇 γ-ergostenol
Δ^{7}-麦角甾烯醇葡萄糖苷 Δ^{7}-ergostenol glucoside
麦蓝菜苷▲ A~E vaccariside A~E
麦蓝菜勾苷▲ A~D vaccegoside A~D
麦蓝菜林素▲ I segelin I
麦蓝菜灵▲ vaccarin
麦蓝菜洛苷▲ A~H vaccaroside A~H
麦蓝菜素▲ A~H segetalin A~H
麦蓝菜酸▲-28-*O*-α-L-吡喃阿拉伯糖基-(1→4)-α-L-吡喃阿拉伯糖基-(1→3)-β-D-吡喃木糖基-(1→4)-α-L-吡喃鼠李糖基-(1→2)-β-D-吡喃岩藻糖基基酯 segetalic acid-28-*O*-α-L-arabinopyranosyl-(1→4)-α-L-arabinopyranosyl-(1→3)-β-D-xylopyranosyl-(1→4)-α-L-rhamnopyranosyl-(1→2)-β-D-fucopyranosyl ester
麦蓝菜托苷▲ A~I, K, L segetoside A~I, K, L
麦瓶草烯▲ conoidene
麦氏刺桐素▲ A, B, C erybraedin A, B, C
麦斯明 myosmine
麦仙翁苷 githagoside
麦仙翁莫苷▲ A agrostemmoside A
麦芽酚 maltol
麦芽酚-(6-*O*-乙酰基)-β-D-吡喃葡萄糖苷 maltol-(6-*O*-acetyl)-β-D-glucopyranoside
麦芽酚-3-*O*-(6-*O*-二氢阿魏酰基)-β-D-吡喃葡萄糖苷 maltol-3-*O*-(6-*O*-dihydroferuloyl)-β-D-glucopyranoside
麦芽酚-3-*O*-[6'-*O*-(4''-羟基-反式-桂皮酰基)]-β-D-吡喃葡萄糖苷 maltol-3-*O*-[6'-*O*-(4''-hydroxyl-transcinnamyl)]-β-D-glucopyranoside
麦芽酚-3-*O*-[6'-*O*-(4''-羟基-反式-桂皮酰基)]-β-D-吡喃葡萄糖苷 maltol-3-*O*-[6'-*O*-(4''-hydroxyl-*trans*-cinnamyl)]-β-D-glucopyranoside
麦芽酚-3-*O*-β-D-吡喃葡萄糖苷 maltol-3-*O*-β-D-glucopyranoside
麦芽酚-3-*O*-β-D-葡萄糖苷 maltol-3-*O*-β-D-glucoside
麦芽酚-6'-*O*-(5-*O*-对香豆酰基)-β-D-呋喃芹糖基-β-D-吡喃葡萄糖苷 maltol-6'-*O*-(5-*O*-*p*-coumaroyl)-β-D-apiofuranosyl-β-D-glucopyranoside
麦芽酚-6'-*O*-β-D-呋喃芹糖基-β-D-吡喃葡萄糖苷 maltol-6'-*O*-β-D-apiofuranosyl-β-D-glucopyranoside
麦芽酚-6-*O*-顺式-对香豆酰基-β-D-吡喃葡萄糖苷 maltol-6-*O*-*cis*-*p*-coumaroyl-β-D-glucopyranoside
麦芽酚-6'-β-D-呋喃芹糖基-β-D-吡喃葡萄糖苷 maltol-6'-β-D-apiofuranosyl-β-D-glucopyranoside
麦芽酚-β-D-吡喃葡萄糖苷 maltol-β-D-glucopyranoside
麦芽酚-*O*-葡萄糖苷 maltol-*O*-glucoside
麦芽酚葡萄糖苷 maltol glucoside
麦芽三糖 maltotriose
麦芽糖 maltose
麦珠子醇 alphitol
麦珠子素▲ alphitonin
麦珠子素▲-4-*O*-β-D-吡喃葡萄糖苷 alphitonin-4-*O*-β-D-glucopyranoside
麦珠子酸 alphitolic acid
脉纹羊耳兰碱 nervosine
脉叶虎皮楠定碱▲ A, B paxdaphnidine A, B
脉叶虎皮楠碱▲ A, B paxdaphnine A, B
脉叶虎皮楠林碱▲ A~E paxiphylline A~E
脉叶虎皮楠宁碱▲ A~D daphnipaxianine A~D
脉叶虎皮楠宁素▲ daphnipaxinin
满树星苷 I aculeoside I
满五味子酸 manwuweizic acid
曼密苹果精 mammeigin
曼密苹果素 mammeisin
曼尼琉桑素▲ I dorsmanin I
曼诺皂苷元 manogenin
曼诺皂苷元-3-*O*-α-L-吡喃鼠李糖基-β-石蒜四糖苷 manogenin-3-*O*-α-L-rhamnopyranosyl-β-lycotetraoside
曼诺皂苷元-3-*O*-β-石蒜四糖苷 manogenin-3-*O*-β-lycotetraoside
曼森梧桐素▲ mansonin
曼森梧桐酮▲ C~I, M, S mansonone C~I, M, S
曼森梧桐酮▲ G 甲醚 mansonone-G methyl ether
曼森梧桐酮▲ H 甲酯 mansonone H methyl ester
曼陀罗醇酮 daturaolone
曼陀罗二醇 daturadiol
曼陀罗苷▲ A, B daturataturin A, B
曼陀罗碱 meteloidine
曼陀罗冷杉三烯 daturabietatriene
曼陀罗利辛▲ daturalicin
曼陀罗灵 daturilin
曼陀罗灵醇 daturilinol
曼陀罗内酯 daturalactone
曼陀罗内酯-2 daturalactone-2
曼陀罗内酯-4 daturalactone-4
曼陀罗辛▲ daturacin
Δ^{14}-蔓长春花胺▲ Δ^{14}-vincamine
蔓长春花胺▲ vincamine
(-)-蔓长春花吡啶▲ A, B, C (-)-vinmajpyridine A, B, C
Δ^{14}-蔓长春花醇▲ Δ^{14}-vincanol
蔓长春花定▲ majdine
蔓长春花苷▲ vinmajoroside
蔓长春花红碱▲ vincarubine
蔓长春花吉定▲ majidine
蔓长春花碱▲ A, B vincamajorine A, B
蔓长春花交灵▲ C, D, E vinmajorine C, D, E
蔓长春花精碱▲ A~I vinmajine A~I
蔓长春花精宁▲ vincamajinine
蔓长春花卡定▲ vincadine
蔓长春花考灵▲ vincorine; vincovine
蔓长春花考灵▲-N^4-氧化物 vincorine-N^4-oxide
蔓长春花灵碱▲ majorine
蔓长春花马精▲ vincamajine

M

蔓长春花马精▲-17-*O*-3',4',5'- 三甲氧基苯甲酸酯 vincamajine-17-*O*-3',4',5'-trimethoxybenzoate
蔓长春花马精▲-17-*O*- 藜芦酸酯 vincamajine-17-*O*-veratrate
蔓长春花马精▲-17-*O*- 藜芦酸酯 -N^4- 氧化物 vincamajine-17-*O*-veratrate-N^4-oxide
蔓长春花马精▲-N^4- 氧化物 vincamajine-N^4-oxide
蔓长春花美定▲ vincamedine
蔓长春花米定▲ vincamidine
蔓长春花诺文▲ vincanovine
蔓长春花诺辛▲ vinoxine
蔓长春花任碱▲ vincarine
蔓长春花瑞定▲ majoridine
蔓长春花瑞宁▲ majorinine
蔓长春花瑞因▲ vincareine
蔓长春花素▲ A, B vincanin A, B
蔓长春花亭▲ vincatine
蔓长春花酮▲ vincamone
蔓长春花瓦精▲ vincawajine
蔓长春花维宁▲ majvinine
蔓长春花文碱▲ majovine
Δ^{14}- 蔓长春花烯宁▲ Δ^{14}-vincamenine
Δ^{14}- 蔓长春花烯宁▲ -N^4- 氧化物 Δ^{14}-vincamenine-N^4-oxide
蔓长春花辛▲ vincasine
蔓长春花辛宁▲ vincinine
蔓长春花因碱▲ vincamajoreine
蔓剪草苷 A~E chekiangensoside A~E
蔓剪草苷 A 异构体 chekiangensoside A isomer
蔓荆醇▲ A vitrifol A
蔓荆林素▲ A vitrifolin A
蔓荆素▲ A~G vitextrifolin A~G
蔓荆辛▲ vitricine
蔓荆子黄素 vitexicarpin
蔓生百部碱 stemonamine
蔓性千斤拔苷 flemiphilippininside
蔓性千斤拔素 A~G flemiphilippinin A~G
芒柄花 -7,13- 二烯 onocera-7,13-diene
芒柄花 -7,14(27)- 二烯 onocera-7,14(27)-diene
芒柄花 -7,14- 二烯 onocera-7,14-diene
芒柄花 -8,14(27)- 二烯 onocera-8,14(27)-diene
(+)- 芒柄花醇 (+)-ononitol
α- 芒柄花二烯 *α*-onoceradiene
β- 芒柄花二烯 *β*-onoceradiene
α- 芒柄花二烯二酮 *α*-onoceradienedione
芒柄花苷 ononin; ononoside
α- 芒柄花灵▲ *α*-onocerin
芒柄花素 formononetin
芒柄花素 -7-(2''- 对羟基苯甲酰基)-*O*-*β*-D- 吡喃葡萄糖苷 formononetin-7-(2''-*p*-hydroxybenzoyl)-*O*-*β*-D-glucopyranoside
芒柄花素 -7-*O*-(6''- 丙二酰吡喃葡萄糖苷) formononetin-7-*O*-(6''-malonyl-glucopyranoside)
芒柄花素 -7-*O*-*β*-D-(2'',6''-*O*- 二乙酰基)- 吡喃葡萄糖苷 formononetin-7-*O*-*β*-D-(2'',6''-*O*-diacetyl)glucopyranoside
芒柄花素 -7-*O*-*β*-D- 吡喃半乳糖苷 formononetin-7-*O*-*β*-D-galactopyranoside
芒柄花素 -7-*O*-*β*-D- 吡喃葡萄糖苷 formononetin-7-*O*-*β*-D-glucopyranoside
芒柄花素 -7-*O*-*β*-D- 吡喃葡萄糖苷 -6''-*O*- 丙二酸酯 formononetin-7-*O*-*β*-D-glucopyranoside-6''-*O*-malonate
芒柄花素 -7-*O*-*β*-D- 吡喃葡萄糖苷 -6''-*O*- 乙酸酯 formononetin-7-*O*-*β*-D-glucopyranoside-6''-*O*-acetate
芒柄花素 -7-*O*-*β*-D- 呋喃芹糖基 -(1→6)-*β*-D- 吡喃葡萄糖苷 formononetin-7-*O*-*β*-D-apiofuranosyl-(1→6)-*β*-D-glucopyranoside
芒柄花素 -7-*O*-*β*-D- 葡萄糖苷 formononetin-7-*O*-*β*-D-glucoside
芒柄花素 -7-*O*-*β*-D- 葡萄糖醛酸苷 formononetin-7-*O*-*β*-D-glucuronide
芒柄花素 -7-*O*-*β*- 吡喃葡萄糖基吡喃葡萄糖苷 formononetin-7-*O*-*β*-glucopyranosylglucopyranoside
芒柄花素 -7-*O*- 吡喃葡萄糖苷 formononetin-7-*O*-glucopyranoside
芒柄花素 -7-*O*- 吡喃葡萄糖苷 -6''-*O*- 丙二酸酯 formononetin-7-*O*-glucopyranoside-6''-*O*-malonate
芒柄花素 -7-*O*- 芸香糖苷 formononetin-7-*O*-rutinoside
芒柄花素 -8-*C*-[*β*-D- 吡喃木糖基 -(1→6)]-*β*-D- 吡喃葡萄糖苷 formononetin-8-C-[*β*-D-xylopyranosyl-(1→6)]-*β*-D-glucopyranoside
芒柄花素 -8-*C*-[*β*-D- 呋喃芹糖基 -(1→6)]-*β*-D- 吡喃葡萄糖苷 formononetin-8-C-[*β*-D-apiofuranosyl-(1→6)]-*β*-D-glucopyranoside
芒柄花素钠 formononetin sodium
芒花苷 miscanthoside
芒毛苣苔苷 A~D aeschynanthoside A~D
芒籽定 atherospermidine
芒籽林碱 atheroline
芒籽宁 atherosperminine
芒籽宁 -*N*- 氧化物 atherosperminine-*N*-oxide
杧果桉叶烯酮 mangeudesmenone
杧果醇酸 mangiferolic acid
杧果醇酸甲酯 mangiferolic acid methyl ester
杧果豆烷▲ A, C cordylane A, C
杧果二醇▲ mangiferadiol
杧果苷 mangiferin
杧果苷 -6'-*O*- 没食子酸酯 mangiferin-6'-*O*-gallate
杧果何帕醛▲ manghopanal
杧果金合欢酸▲ mangfarnasoic acid
杧果克苷▲ A, B indicoside A, B
杧果齐墩果酮▲ mangoleanone
杧果酮酸 mangiferonic acid
杧果酮酸甲酯 mangiferonic acid methyl ester
杧果香豆素 mangcoumarin
杧果羽扇豆烯酮 manglupenone
杧果甾醇 mangdesisterol
杧果甾烯▲ mangsterol
5- 牻牛儿基 -2- 甲基 -1,4- 苯醌 5-geranyl-2-methyl-1,4-benzoquinone
牻牛儿苗酚▲ erodiol
莽草内酯 A, B anislactone A, B
莽草素 anisatin
(-)- 莽草酸 (-)-shikimic acid
莽草酸 shikimic acid
(-)- 莽草酸 -4-*O*- 没食子酸酯 (-)-shikimic acid-4-*O*-gallate
(-)- 莽草酸 -5-*O*- 没食子酸酯 (-)-shikimic acid-5-*O*-gallate
莽草酸丁酯 butyl shikimate
(-)- 莽草酸甲酯 (-)-methyl shikimate
莽草酸甲酯 shikimic acid methyl ester; methyl shikimate
莽草酸乙酯 ethyl shikimate
莽吉柿苯甲酮▲ mangaphenone
莽吉柿酚▲ garcimangostanol
莽吉柿吨酮▲ mangoxanthone
莽吉柿素▲ gartanin
莽吉柿酮▲ A~D garcimangosone A~D

M

莽吉柿新屾酮▲I, II mangostanaxanthone I, II
猫儿屎苷▲A~F decaisoside A~F
猫尾木苷▲A~F markhamioside A~F
猫须草苷▲A, B clerspide A, B
猫须草素▲A~I orthoarisin A~I
猫须草酸▲A~D orthosiphoic acid A~D
猫眼草素 maoyancaosu
猫爪草苷▲A~D ternatoside A~D
猫爪草碱▲A ternatusine A
猫爪草内酯 ternatolide
猫爪草素▲A ternatin A
毛白前苷▲A~P mooreanoside A~P
毛瓣无患子苷▲A raraoside A
毛瓣无患子皂苷▲I, II, III, IV, V, VI rarasaponin I, II, III, IV, V, VI
毛叉苔素 apometzgerin
毛茶碱 antirhine
(3*S*,4*R*,15*S*,20*R*)- 毛茶碱 -N_4- 氧化物 (3*S*,4*R*,15*S*,20*R*)-antirhine-N_4-oxide
(3*S*,4*S*,15*S*,20*R*)- 毛茶碱 -N_4- 氧化物 (3*S*,4*S*,15*S*,20*R*)-antirhine-N_4-oxide
毛车藤苷▲A~D amaloside A~D
毛车藤苷元▲A, B amalogenin A, B
毛重楼甾苷 A maireioside A
毛唇芋兰素▲A~E nervilifordin A~E
毛刺锦鸡儿醇▲ tibeticanol
毛翠雀花碱▲A~F trichodelphinine A~F
毛大丁草醛 piloselloidal
毛大丁草酮 piloselloidone
毛当归醇 anpubesol
毛地黄毒苷元 -3-*O*-*β*-D- 吡喃葡萄糖苷 digitoxigenin-3-*O*-*β*-D-glucopyranoside
毛地黄鼠尾草苷 A salviadigitoside A
毛地黄鼠尾草碱 A salviadiginine A
毛地黄鼠尾草素 A salviatalin A
毛地黄鼠尾草素 A-19-*O*-*β*-D- 吡喃葡萄糖苷 salviatalin A-19-*O*-*β*-D-glucopyranoside
3*β*-*O*-(D- 毛地黄糖基)-14*β*- 羟基 -16*β*- 乙酰氧基 -5*β*- 强心甾 -20(22)- 烯内酯 3*β*-*O*-(D-digitalosyl)-14*β*-hydroxy-16*β*-acetoxy-5*β*-card-20(22)-enolide
3*β*-*O*-(D- 毛地黄糖基)-14*β*- 羟基 -5*β*- 强心甾 -20(22)- 烯内酯 3*β*-*O*-(D-digitalosyl)-14*β*-hydroxy-5*β*-card-20(22)-enolide
毛冬青苷 A, B ilexpubside A, B
毛冬青诺苷▲A~D pubescenoside A~D
毛冬青素 A~R ilexpublesnin A~R
毛冬青酸 pubescenic acid
毛杜楝甾醇▲ villosterol
毛萼晶 A~G, I~Z maoecrystal A~G, I~Z
毛萼鞘蕊花素 A~D esquirolin A~D
毛萼香茶菜苷 A eriocaside A
毛萼香茶菜素▲A~E eriocalyxin A~E
毛萼香茶菜替辛▲A eriocatisin A
毛萼香茶菜辛▲B~E eriocasin B~E
毛萼辛素 A~F maoesin A~F
毛茛苷 ranunculin
(9'*Z*)- 毛茛黄素 (9'*Z*)-flavoxanthin
毛茛黄质 flavoxanthin
毛茛宁▲ ranunculinin
毛茛叶乌头碱 ranaconitine
毛茛叶乌头原碱▲ ranaconine
毛钩藤苷▲A, D hirsutaside A, D
毛钩藤宁▲A, B, C hirsutanine A, B, C
毛果甘青乌头定▲ trichocarpidine
毛果甘青乌头碱▲A, B trichocarpine A, B
毛果甘青乌头宁▲ trichocarpinine
毛果甘青乌头宁▲A, B, C trichocarpinine A, B, C
毛果南烛苷 A lyohebecarpin A
毛果南烛苷元 A lyohebecarpiin A
毛果槭醇▲ acernikol
毛果槭苷▲ nikoenoside
毛果算盘子苷▲A~F glochierioside A~F
毛果天芥菜碱 lasiocarpine
毛果香茶菜贝壳杉素 trichokaurin
毛果香茶菜拉宁▲ trichoranin
毛果香茶菜宁▲ trichodonin
毛果香茶菜醛 A, B, C, G, H trichorabdal A, B, C, G, H
毛果香茶菜素▲ isodocarpin
毛果香茶菜辛▲ isodotricin
毛果延命草奥宁▲ carpalasionin
毛果延命草贝壳杉醇▲ lasiokaurinol
毛果延命草贝壳杉宁▲ lasiokaurinin
毛果延命草贝壳杉素▲ lasiokaurin
毛果延命草定▲ lasiodin
毛果延命草宁▲ lasiodonin
毛果延命草宁▲丙酮化物 lasiodonin acetonide
毛果延命草醛▲ rabdolasional
毛果延命草素▲ lasiocarpanin
毛果杨苷 trichocarpin
毛果一枝黄花皂苷 1, 2, D, E virgaureasaponin 1, 2, D, E
毛果一枝黄花皂苷元 A~H virgaureagenin A~H
毛果翼核果屾酮▲ calyxanthone
毛果鱼藤素▲A, B, C eriocarpin A, B, C
毛果芸香碱 pilocarpine
毛果枳椇苷▲A~H hovetrichoside A~H
毛秔子梢素▲A~J hirtellanine A~J
毛喉鞘蕊花二萜苷▲A~E forskoditerpenoside A~E
毛喉鞘蕊花醛▲ cariocal
毛喉鞘蕊花素▲ forskolin
毛喉鞘蕊花素▲A~L forskolin A~L
毛花菊二醇▲对甲氧基苯甲酸酯 lasidiol *p*-methoxybenzoate
毛花毛地黄多苷▲ lanadoxin
毛花毛地黄亭▲ dinatin
毛花毛地黄叶苷▲ lanafolein
毛花猕猴桃酸 A, B eriantic acid A, B
毛姜花素 villosin
毛胶薯蓣多糖胶 DSP
毛金鸡纳辛碱▲ aricine
毛蒟明碱▲ puberullumine
毛蒟脂素▲A, B, C piperulin A, B, C
毛蕨素▲B interruptin B
毛兰菲 confusarin
毛兰菲定▲ erianthridin
毛兰素 erianin
毛榄仁树酸甲酯 tomentosic acid methyl ester
毛里求斯山小橘酚▲ glycomaurrol
毛里求斯山小橘素▲ ritigalin
毛连菜苷 A, B, C picriside A, B, C
毛连菜烯醇 pichierenol
毛连菜烯醇乙酸酯 pichierenyl acetate

M

毛连菜烯酮 pichierenone
毛莲蒿烯酮▲ vestitenone
毛裂蜂斗菜醇▲ A, B petatrichol A, B
毛麻楝灵▲ A~J velutabularin A~J
毛麻楝内酯▲ A~H chukvelutilide A~H
毛麻楝素▲ A~F chukvelutin A~F
毛麻楝萜内酯 A, B velutinalide A, B
毛麻楝亭 A, B tabulvelutin A, B
毛马齿苋醇▲ A, B, C pilosanol A, B, C
毛马齿苋酮▲ A, B, C pilosanone A, B, C
毛脉荚蒾酚苷 phlebotrichin
毛脉蓼吡喃酮▲ A pleuropyrone A
毛脉五味子萜 A pubinernoid A
毛蔓长春花碱▲ pubescine
毛蔓豆黄酮▲ xambioona
毛蔓豆异黄酮 B calopogoniumisoflavone B
毛帽蕊木碱▲ hirsutine
毛帽蕊木烯碱▲ hirsuteine
毛帽蕊木烯碱▲-*N*- 氧化物 hirsuteine-*N*-oxide
毛茉莉苷▲ jasmultiside
毛木防己宁▲ orbiculatinine
毛泡桐苷▲ tomentoside
毛泡桐沟酸浆醇▲ tomentodiplacol
毛泡桐沟酸浆酮▲ tomentodiplacone
毛泡桐沟酸浆酮▲ B tomentodiplacone B
毛葡萄酚▲ A heyneanol A
毛茄碱 solavilline
毛韧革菌醇▲ sterehirsutinol
(-)- 毛韧革菌诺醇▲ A, C (-)-hirsutanol A, C
毛韧革菌醛▲ sterehirsutinal
毛韧革菌素▲ A~L sterhirsutin A~L
毛韧革菌酸▲ hirsutic acid
毛韧革菌酸▲ D, E hirsutic acid D, E
毛韧革菌烯醇▲ A~F hirsutenol A~F
毛蕊花苷 verbascoside
毛蕊花苷 A verbascoside A
毛蕊花洛辛▲ verballocine
毛蕊花四糖 verbascotetraose
毛蕊花索苷▲ verbasoside
毛蕊花糖 verbascose
毛蕊花辛▲ A verbathasin A
毛蕊花皂苷元 A, B celsiogenin A, B
毛蕊花皂苷元 B-3-*O*-*α*-L- 甘露糖苷 celsiogenin B-3-*O*-*α*-L-mannopyranoside
(*R*)-(+)- 毛色二孢菌素▲ (*R*)-(+)-lasiodiploidin
(*R*)-(+)- 毛色二孢素 (*R*)-(+)-lasiodiplodin
(*R*)- 毛色二孢素 (*R*)-lasiodiplodin
(*S*)- 毛色二孢素 (*S*)-lasiodiplodin
毛色二孢素 lasiodiplodin
毛山黧豆苷▲ I, II, III palustroside I, II, III
毛束草碱 trichodesmine
毛酸浆内酯▲ A~D philadelphicalactone A~D
毛酸浆素▲ A~D physapubescin A~D
毛酸浆烯内酯▲ pubesenolide
毛酸浆甾醇▲ A, B alkesterol A, B
毛穗胡椒碱 trichostachine
毛穗胡椒因▲ tricholein
毛穗藜芦碱 maackinine
毛桃木素▲ meiocarpin
毛土连翘素▲ hymexelsin
毛仙茅定▲ pilosidine
毛腺木酸▲ A trichadenic acid A
毛腺木酮酸▲ tricadenic acid
毛杨梅苷▲ myresculoside
毛叶番荔枝环肽 B cherimolacyclopeptide B
毛叶番荔枝林素▲ motrilin
毛叶番荔枝素 -2 cherimolin-2
毛叶腹水草苷▲ A, B villoside A, B
毛叶含笑碱 lanuginosine
毛叶合欢苷▲ A, B molliside A, B
毛叶假鹰爪亭▲ A~D desmosdumotin A~D
毛叶晶 A~L maoyecrystal A~L
毛叶晶 F 丙酮化物 maoyecrystal F acetonide
毛叶菊醇▲ lachnophyllol
毛叶菊酸▲ lachnophyllic acid
毛叶菊酯 lachnophyllum ester
(+)- 毛叶轮环藤碱▲ (+)-cycleabarbatine
毛叶山油柑酮▲ acrovestone
毛叶山油柑烯醇▲ acrovestenol
毛叶香茶菜宁▲ sodoponin
毛叶香茶菜素 maoyerabdosin
毛叶香茶菜辛▲ odonicin
毛叶香茶菜新素▲ A~I hikiokoshin A~I
毛叶向日葵素▲ A, B mollisorin A, B
毛伊萝芙木碱▲ mauiensine
毛樱桃宁▲ tomenin
毛樱桃烷 B tomentosanan B
(-)- 毛鱼藤苯并吡喃酸 (-)-deguoic acid
(-)- 毛鱼藤苯并呋喃酸 (-)-rotoic acid
毛鱼藤醇 elliptinol
毛鱼藤酸 elliptoic acid
毛鱼藤酮 elliptone
毛枝蕨酚▲ leptorumol
毛止泻木胺▲ pubescimine
毛止泻木碱▲ pubescine
毛止泻木三醇▲ pubatriol
毛止泻木酮▲ pubadysone
毛止泻木酰胺▲ pubamide
毛子草苷 amphicoside
毛子草苷 I amphicoside I
矛毒藤碱▲ telitoxine
矛毒藤亭碱▲ A, B telisatine A, B
矛果豆酚▲ A lonchocarpol A
矛叶马鞭草苷▲ hastatoside
茅膏菜酮 droserone
茅膏菜酮▲ A peltatone A
茅膏菜酮 -5-*O*-*β*-D- 吡喃葡萄糖苷 droserone-5-*O*-*β*-D-glucopyranoside
茅膏菜酮 -5-*O*- 吡喃葡萄糖苷 droserone-5-*O*-glucopyranoside
卯花醇 scabrosidol
卯花苷 scabroside
卯花苷元 scabrogenin
茂藿苷 A, B maohuoside A, B
帽花木脂素▲-6 eupomatenoid-6
帽柱豆素▲ piliostigmin
玫瑰红景天醇▲ rosiridol
玫瑰红景天醇苷▲ A, B, C rosiridoside A, B, C
玫瑰红景天定▲ rosiridin

M

玫瑰红景天林素▲ rosarin
玫瑰红景天素▲ rosin
玫瑰红景天维素▲ rosavin; rosavidin
玫瑰菌素 rosenonolactone
玫瑰蜡 oleopten
玫瑰木素▲ rubranin
玫瑰鞣质 A~G rugosin A~G
玫瑰鞣质 C 甲酯 rugosin C methyl ester
玫瑰石斛素 crepidatin
玫红酸 rosolic acid
梅笠草素 chimaphilin
梅鲁巧茶碱▲ merucathine
梅桑草木犀酸▲G messagenic acid G
梅森尼润花碱▲ masonine
梅氏哈宗藤碱▲ methuenine
梅酰糖▲I, II, III prunose I, II, III
梅叶冬青醇▲A, B, C asprellol A, B, C
梅叶冬青苷▲A~E asprellanoside A~E
梅叶冬青诺苷▲A~F, H ilexasprellanoside A~F, H
梅叶冬青酸 A, B, C asprellic acid A, B, C
梅叶冬青索苷▲A~H ilexasoside A~H
媒介蓝 mordant blue
美登木素 maytansine
美登木酸 maytenoic acid
美登木酮酸 maytenonic acid
美登木因▲ mayteine
(-)- 美迪紫檀素 (-)-medicarpin
(+)- 美迪紫檀素 (+)-medicarpin
(6a*S*,11a*S*)- 美迪紫檀素 (6a*S*,11a*S*)-medicarpin
1- 美迪紫檀素 1-medicarpin
6a*R*,11a*R*- 美迪紫檀素 6a*R*,11a*R*-medicarpin
美迪紫檀素 medicarpin
美迪紫檀素 -3-*O*-*β*-D- 吡喃葡萄糖苷 medicarpin-3-*O*-*β*-D-glucopyranoside
美迪紫檀素 -3-*O*-*β*-D- 葡萄糖苷 medicarpin-3-*O*-*β*-D-glucoside
美迪紫檀素 -3-*O*-*β*- 吡喃葡萄糖糖苷 medicarpin-3-*O*-*β*-glucopyranoside
美迪紫檀素 -3-*O*- 吡喃葡萄糖苷 medicarpin-3-*O*-glucopyranoside
美迪紫檀素 -3-*O*- 葡萄糖苷 -6'-*O*- 丙二酸酯 medicarpin-3-*O*-glucoside-6'-*O*-malonate
美冠兰酚▲ eulophiol
美国薄荷苷▲ didymin
美国薄荷素▲ monardaein
美国茶叶花素▲ androsin
美国鹅掌楸内酯 lipiferolide
美国蜡梅叶碱▲ folicanthine
美国梓苷▲ bignonoside
美好甘蜜树素▲B mirandin B
美花风毛菊胺▲A~G pulchellamine A~G
美花鹿蹄草苷▲A, B pyrocallianthaside A, B
美花鹿蹄草萜苷▲A callianthaside A
美花鹿蹄草酮▲A, B callianthone A, B
美克索皂苷元 -3-*O*-*β*-D- 吡喃葡萄糖基 -(1 → 2)-*β*-D- 吡喃半乳糖苷 mexogenin-3-*O*-*β*-D-glucopyranosyl-(1 → 2)-*β*-D-galactopyranoside
美丽胡枝子宁▲ miyaginin
美丽马鞭草苷▲I pulchelloside I
美丽马醉木毒素 A~G pierisformotoxin A~G
美丽马醉木苷▲A~I pierisformoside A~I
美丽马醉木素▲A, B, C, E~H, L pierisformosin A, B, C, E~H, L
美丽帽蕊木叶碱▲D speciophylline D
美丽相思子素▲PI, PII, PIII, PIV pulchellin PI, PII, PIII, PIV
美丽崖豆藤苷 A~D millettiaspecoside A~D
美丽羊角拗苷▲ strospeside
美丽猪屎豆碱 spectabiline
美人蕉二氢菲▲ cannabidihydrophenanthrene
美商陆醇 A americanol A
美商陆苷 A~D, D_2, E~I, O phytolaccoside A~D, D_2, E~I, O
美商陆苷元 phytolaccagenin
美商陆苷元酸 phytolaccagenic acid
美商陆浆果苷元▲ pokeberrygenin
美商陆脑苷 poke-weed cerebroside
美商陆素 americanin
美商陆素 A, B, D americanin A, B, D
美商陆酸▲甲酯 americanoic acid methyl ester
美商陆酸 A americanoic acid A
美味红菇醇酮▲A, B, C plorantinone A, B, C
美味牛肝菌素▲A, B, C boledulin A, B, C
(*Z*)- 美远志苷 II (*Z*)-senegin II
美远志苷 II, III senegin II, III
美远志苷元 senegenin
美远志糖▲G senegose G
(*E*)- 美远志皂苷▲A (*E*)-senegasaponin A
(*E*/*Z*)- 美远志皂苷 C (*E*/*Z*)-senegasaponin C
美洲茶醇酸▲ ceanothanolic acid
美洲茶三酸▲ ceanothetric acid
美洲茶酸 ceanothic acid
美洲茶酸 -28*β*- 葡萄糖基酯 ceanothic acid-28*β*-glucosyl ester
美洲茶烯酸 ceanothenic acid
美洲花椒内酯 xanthoxyletin
美洲京尼帕木苷▲B, C, D genameside B, C, D
美洲无根藤定▲ cassamedine
美洲无根藤碱▲ cassameridine
蒙巴萨杜楝醇▲ mombasol
蒙大拿灌丛芸香素▲ thamnosmonin
蒙古蒿素▲ mongolenin
蒙古黄芪苷 I, II mongholicoside I, II
蒙古蒲公英素 A, B mongolicumin A, B
蒙蒿子碱▲ anaxagoreine
蒙红景天苷▲ mongrhoside
蒙花苷 buddleoside
蒙桑素▲A~G mongolicin A~G
蒙氏鼠尾草酚▲ montbretol
1*H*- 咪唑 1*H*-imidazole
1*H*- 咪唑 -4- 羧酸丁酯 butyl-1*H*-imidazole-4-carboxylate
迷迭香二酚 rosmaridiphenol
迷迭香二醛 rosmadial
迷迭香酚 rosmanol
迷迭香碱 rosmaricine
迷迭香醌▲ rosmaquinone
迷迭香醌▲A, B rosmaquinone A, B
迷迭香瑞醌▲ rosmariquinone
(-)- 迷迭香酸 (-)-rosmarinic acid
迷迭香酸 rosmarinic acid
迷迭香酸 -3-*O*-*β*-D- 吡喃葡萄糖苷 rosmarinic acid-3-*O*-*β*-D-glucopyranoside
迷迭香酸 -4-*O*-*β*-D- 吡喃葡萄糖苷 rosmarinic acid-4-*O*-*β*-D-glucopyranoside

M

R-(*Z*)- 迷迭香酸 B *R*-(*Z*)-rosmarinic acid B
迷迭香酸单甲酯 rosmarinic acid monomethyl ester
(+)-(*R*)- 迷迭香酸丁酯 (+)-(*R*)-butyl rosmarinate
(*R*,*S*)- 迷迭香酸丁酯 (*R*,*S*)-butylrosmarinate
迷迭香酸丁酯 butyl rosmarinate
迷迭香酸甲酯 rosmarinic acid methyl ester; methyl rosmarinate
迷迭香酸乙酯 rosmarinic acid ethyl ester; ethyl rosmarinate
迷迭香萜苷 A_1, A_2, B, C, D officinoterpenoside A_1, A_2, B, C, D
迷迭香酮▲ rofficerone
迷果芹苷▲ A sphalleroside A
迷果芹醌▲ A, B gracillisquinone A, B
猕猴桃醇 kiwiionol
猕猴桃苷▲ E, F actinoside E, F
(-)- 猕猴桃碱 (-)-actinidine
猕猴桃碱 actinidine
猕猴桃内酯 actinidialactone
猕猴桃素 A actinidin A
猕猴桃酸 actinidic acid
猕猴桃酸酯苷▲ actinidicoside
猕猴桃藤山柳二酮▲ actinidione
猕猴桃酰胺 actinidiamide
猕猴桃香堇苷▲ actinidioionoside
猕猴桃香堇苷 -6'-*O*- 没食子酸酯 actinidioionoside-6'-*O*-gallate
米魁氏白珠树素▲ miquelianin
米念芭素▲ A~G ovoideal A~G
米团花二倍半萜内酯▲ leucosesterlactone
米团花二倍半萜酮▲ leucosesterterpenone
米团花苷 A, B leucosceptoside A, B
米团花过氧萜▲ leucoperoxyterpene
米团花素▲ leucosceptrine
米团花酸▲ leucoic acid
米团花萜▲ A~O leucosceptroid A~O
米团花烯酸▲ leucoenoic acid
米团花酯▲ leucoester
米仔兰醇 aglaiol
(+)- 米仔兰碱 (+)-odorine
(±)- 米仔兰碱 (±)-odorine
米仔兰碱 odorine
(+)- 米仔兰碱醇 (+)-odorinol
(±)- 米仔兰碱醇 (±)-odorinol
米仔兰碱醇 odorinol
米仔兰酮▲ A odoratanone A
秘鲁矛毒藤碱▲ peruvianine
秘鲁水仙碱▲ ismine
密花翠雀宁▲ delphidenine
密花豆素 suberectin
密花葛黄素 A alopecuroide A
密花柽木醇▲ D dysodensiol D
密花卡瑞藤黄素▲ A, G cadensin A, G
密花美登木醇 confertiflorol
密花茄碱 solafloridine
密花石斛倍半萜醇 dendrodensiflorol
密花石斛酚▲ A, B densiflorol A, B
密花石斛苷 densifloroside
密花石斛素▲ dendroflorin
密花树酚苷▲ A~K seguinoside A~K
密花树苷▲ A~E myrseguinoside A~E
密花树醌▲ rapanone
密花树香堇苷▲ A~E myrsinionoside A~E
密花藤碱▲ pycnarrhine
密花豚草品素▲ B 乙酸酯 tamaulipin B acetate
密花豚草素 confertin
密花豚草素▲ reynosin
密花娃儿藤碱 tylocrebrine
10*R*,13a*R*- 密花娃儿藤碱 -*N*- 氧化物 10*R*,13a*R*-tylocrebrine-*N*-oxide
10*S*,13a*R*- 密花娃儿藤碱 -*N*- 氧化物 10*S*,13a*R*-tylocrebrine-*N*-oxide
密花远志苷 A~F tricornoside A~F
密花远志糖▲ A~L tricornose A~L
密脉白坚木碱▲ compactinervine
密脉木宾碱▲ myrifabine
密脉木醇▲ myrioneurinol
密脉木定▲ myrionidine
密脉木碱▲ A myriberine A
密脉木宁▲ myrionine
密脉木嗪▲ A, B myrioxazine A, B
(±)-*α*- 密脉木醛▲ A, B (±)-*α*-myrifabral A, B
(±)-*β*- 密脉木醛▲ A, B (±)-*β*-myrifabral A, B
密脉木亭醇▲ myrobotinol
密脉木酰胺▲ myrionamide
密蒙花苷 A~I mimengoside A~I
密苏里鸢尾酮▲ A, B irisone A, B
密穗马先蒿苷▲ densispicoside
密叶决明苷▲ cassiglucin
密叶林仙素▲ confertifolin
密叶马钱胺 condensamine
密叶拟芸香定▲ foliosidine
密叶拟芸香芬▲ folifine
密叶拟芸香明▲ folimine
嘧啶 pyrimidine
嘧啶 -2,4(1*H*,3*H*)- 二酮 pyrimidine-2,4(1*H*, 3*H*)-dione
嘧啶 -2,4- 二酮 pyrimidine-2,4-dione
2,4(1*H*,3*H*)- 嘧啶二酮 2,4(1*H*,3*H*)-pyrimidinedione
蜜巢花环肽▲ 8 Mram 8
蜜蜂花三酸▲ A, B melitric acid A, B
蜜蜂花三酸▲ A 甲酯 methyl melitrate A
蜜环基扁枝衣尼酸酯▲ armillyl everninate
蜜环菌宾▲ armillaribin
蜜环菌醇▲ melledonol
蜜环菌定▲ armillaridin
蜜环菌金▲ armillarizin
蜜环菌精▲ armillarigin
蜜环菌肯▲ armillarikin
蜜环菌拉亭▲ armillatin
蜜环菌拉辛▲ armillasin
蜜环菌灵▲ armillarilin
蜜环菌米醇▲ arnamiol
蜜环菌宁▲ armillarinin
蜜环菌品▲ armillaripin
蜜环菌钦▲ armillaricin
蜜环菌醛▲ A, B, C melledonal A, B, C
蜜环菌素 armillarin
蜜环菌酸 armillaric acid
蜜环菌亭▲ armillaritin
蜜环菌烷▲ armillane
蜜环菌文▲ armillarivin
蜜环菌酰胺▲ armillaramide
蜜环菌辛▲ armillarisin
蜜环菌酯▲ melleolide

蜜环菌酯▲ B~H, K~N, Q, R melleolide B~H, K~N, Q, R
蜜黄烟曲霉酸▲ helvolic acid
蜜藏花素▲ eucryphin
蜜茱萸定 melicopidine
绵萆薢苷 A, B spongioside A, B
绵萆薢素 A, B, C diospongin A, B, C
绵萆薢孕甾醇苷▲ A~D spongipregnoloside A~D
绵腹衣酸 anziaic acid
绵腹衣酸甲酯 anziaic acid methyl ester
绵马 -3,18,20- 三烯 filic-3,18,20-triene
绵马 -3,18- 二烯 filic-3,18-diene
绵马 -3- 烯 filic-3-ene
绵马 -3- 烯 -19*α*- 醇 filic-3-en-19*α*-ol
绵马次酸▲ filicic acid
绵马酚 aspidinol
绵马酚 B, C, D aspidinol B, C, D
绵马素 aspidin
绵马素 AB, BB aspidin AB, BB
绵马酸 filixic acid
绵马酸 ABA, ABB, ABP, BBB, PBB, PBP filixic acid ABA, ABB, ABP, BBB, PBB, PBP
绵马烯 filicene
绵马烯醇 A, B filicenol A, B
绵马烯醛 filicenal
绵马烯酸 filicenoic acid
绵毛红厚壳内酯▲ E_2 calanolide E_2
绵毛黄芪苷 VI, X, XV astrasieversianin VI, X, XV
绵毛鹿茸草苷▲ A~E savaside A~E
绵毛马兜铃内酯 mollislactone
绵毛水苏香堇苷▲ B byzantionoside B
绵参苷▲ A~G wallichiiside A~G
绵参碱苷▲ eriophytonoide
绵穗苏苷▲ B comanthoside B
绵头雪兔子苷▲ A, B lanicepside A, B
绵枣儿芪 A scillabene A
绵枣儿苷 L-1, L-2 scillanoside L-1, L-2
绵枣儿素 scillascillin
绵枣儿糖苷 D-1, E-1, E-2, E-3, E-4, E-5, G-1 scillascilloside D-1, E-1, E-2, E-3, E-4, E-5, G-1
绵枣儿酮 A, B scillavone A, B
绵枣儿皂苷 A, B, C scillasaponin A, B, C
棉豆酮▲ lunatone
(-)- 棉酚 (-)-gossypol
(+)- 棉酚 (+)-gossypol
棉酚 gossypol
棉花苷 gossypitrin
棉花皮苷 gossypin
棉花素 gossypetin
棉花素 -3',7- 二 -*O*-*β*-D- 吡喃葡萄糖苷 gossypetin-3',7-di-*O*-*β*-D-glucopyranoside
棉花素 -3-*O*-*β*-D- 吡喃半乳糖苷 gossypetin-3-*O*-*β*-D-galacoside
棉花素 -3-*O*-*β*-D- 吡喃葡萄糖苷 gossypetin-3-*O*-*β*-D-glucopyranoside
棉花素 -3-*O*-*β*- 半乳糖苷 gossypetin-3-*O*-*β*-galactoside
棉花素 -3'-*O*-*β*- 吡喃葡萄糖苷 gossypetin-3'-*O*-*β*-glucopyranoside
棉花素 -3-*O*-*β*- 吡喃葡萄糖苷 -8-*O*-*β*- 吡喃葡萄糖醛酸苷 gossypetin-3-*O*-*β*-glucopyranoside-8-*O*-*β*-glucuronopyranoside
棉花素 -3- 葡萄糖苷酸 -8- 葡萄糖苷 gossypetin-3-glucuronide-8-glucoside
棉花素 -6- 吡喃半乳糖苷 gossypetin-6-galactopyranoside
棉花素 -7,4'- 二甲醚 gossypetin-7,4'-dimethyl ether
棉花素 -7,8,3'- 三甲醚 gossypetin-7,8,3'-trimethyl ether
棉花素 -7-*O*-*β*-D- 吡喃葡萄糖苷 gossypetin-7-*O*-*β*-D-glucopyranoside
棉花素 -8,3'- 二甲醚 -3-*O*-*β*-D- 吡喃半乳糖苷 gossypetin-8,3'-dimethylether-3-*O*-*β*-D-galactopyranoside
棉花素 -8-*O*-*α*-D- 吡喃来苏糖苷 gossypetin-8-*O*-*α*-D-lyxopyranoside
棉花素 -8-*O*-*α*-L- 吡喃鼠李糖苷 gossypetin-8-*O*-*α*-L-rhamnopyranoside
棉花素 -8-*O*-*β*-D- 吡喃葡萄糖苷 gossypetin-8-*O*-*β*-D-glucopyranoside
棉花素 -8-*O*-*β*-D- 吡喃葡萄糖醛酸苷 gossypetin-8-*O*-*β*-D-glucuronopyranoside
棉花素 - 二 -*O*- 葡萄糖苷 gossypetin-di-*O*-glucoside
棉花素五甲醚 grossypetin pentamethylether
棉轮枝孢素▲ gossyvertin
棉团铁线莲苷▲ A, B clemahexapetoside A, B
棉叶麻疯树因▲ gadain
D-(+)- 棉子糖 D-(+)-raffinose
棉子糖 melitose; raffinose
缅甸金合欢苷▲ A, B, C kinmoonoside A, B, C
(-)- 缅茄儿茶素▲ (-)-afzelechin
(+)-(2*R*,3*S*)- 缅茄儿茶素▲ (+)-(2*R*,3*S*)-afzelechin
(+)- 缅茄儿茶素▲ (+)-afzelechin
(±)- 缅茄儿茶素▲ (±)-afzelechin
缅茄儿茶素▲ afzelechin
(+)- 缅茄儿茶素▲ -(4*α* → 8)-(+)- 缅茄儿茶素▲ (+)-afzelechin-(4*α* → 8)-(+)-afzelechin
(-)-(2*R*,3*S*)- 缅茄儿茶素▲ -(4*α*-8)-(2*R*,3*R*)- 表缅茄儿茶素▲ (-)-(2*R*,3*S*)-afzelechin-(4*α*-8)-(2*R*,3*R*)-epiafzelechin
(-)-(2*R*,3*S*)- 缅茄儿茶素▲ -(4*α*-8)-(2*R*,3*S*)- 缅茄儿茶素▲ (-)-(2*R*,3*S*)-afzelechin-(4*α*-8)-(2*R*,3*S*)-afzelechin
缅茄儿茶素▲ -(4*α*-8)- 儿茶素 afzelechin-(4*α*-8)-catechin
缅茄儿茶素▲ -3-*O*-L-*α*- 吡喃鼠李糖苷 afzelechin-3-*O*-L-*α*-rhamnopyranoside
(+)- 缅茄儿茶素▲ -3-*O*-*α*-L- 吡喃鼠李糖苷 (+)-afzelechin-3-*O*-*α*-L-rhamnopyranoside
缅茄儿茶素▲ -3-*O*-*α*-L- 吡喃鼠李糖苷 afzelechin-3-*O*-*α*-L-rhamnopyranoside
缅茄儿茶素▲ -4'-*O*-*β*-D- 吡喃葡萄糖苷 afzelechin-4'-*O*-*β*-D-glucopyranoside
(+)- 缅茄儿茶素▲ -5-*O*-*β*-D- 吡喃葡萄糖苷 (+)-afzelechin-5-*O*-*β*-D-glucopyranoside
(-)- 缅茄儿茶素▲ -7-*O*-*β*-D- 吡喃葡萄糖苷 (-)-afzelechin-7-*O*-*β*-D-glucopyranoside
缅茄儿茶素▲ -7-*O*-*β*-D- 吡喃葡萄糖苷 afzelechin-7-*O*-*β*-D-glucopyranoside
缅茄苷▲ afzelin; afzeloside
缅茄苷▲ -2''-*O*- 没食子酸酯 afzelin-2''-*O*-gallate
缅茄苷▲ -3''-*O*- 没食子酸酯 afzelin-3''-*O*-gallate
岷江百合苷 A~D, H regaloside A~D, H
(1*S*)- 闽皖八角酮 (1*S*)-minwanenone
明党参炔 changyne
明非马钱碱▲ -N^4- 氧化物 minfiensine-N^4-oxide
冥河蚁巢海绵酮▲ B styxone B
膜被灰毛豆查耳酮▲ tunicatachalcone
膜荚黄芪苷▲ A, B astramembranoside A, B
膜荚黄芪素 I, II astramembrannin I, II
膜蕨苷▲ A~J, L~X hymenoside A~J, L~X
摩拉豆酸▲ morolic acid
摩拉豆酸乙酯▲ morolic acid acetate
摩拉豆酮酸▲ moronic acid

摩洛哥冷杉倍半脂醇▲ B sesquimarocanol B
蘑菇氨酸 agaritine
蘑菇醛▲ agaritinal
蘑菇酸 agaricinic acid
魔鬼马钱碱▲ diaboline
魔王牛肝菌素▲ bolesatin
魔芋葡甘聚糖 konjac glucomannan
魔芋葡甘聚糖 aKGM, rKGM konjac glucomannan aKGM, rKGM
3-*O*- 没食子酰表儿茶素 3-*O*-galloylepicatechin
没食子蒽醌 -2,3- 二甲醚 anthragallol-2,3-dimethyl ether
(+)- 没食子儿茶酚 (+)-gallocatechol
(-)- 没食子儿茶素 (-)-gallocatechin
(+)- 没食子儿茶素 (+)-gallocatechin
(±)- 没食子儿茶素 (±)-gallocatechin
7-*O*- 没食子儿茶素 7-*O*-gallocatechin
没食子儿茶素 gallocatechin
(+)- 没食子儿茶素 -(4*α*,8)- 儿茶素 (+)-gallocatechin-(4*α*,8)-catechin
(+)- 没食子儿茶素 -(4*α*→6)-(+)- 儿茶素 (+)-gallocatechin-(4*α*→6)-(+)-catechin
没食子儿茶素 -(4*α*→8)- 儿茶素 gallocatechin-(4*α*→8)-catechin
没食子儿茶素 -(4*α*→8)- 没食子儿茶素 gallocatechin-(4*α*→8)-gallocatechin
(-)- 没食子儿茶素 -3-*O*- 没食子酸酯 (-)-gallocatechin-3-*O*-gallate
没食子儿茶素 -3-*O*- 没食子酸酯 gallocatechin-3-*O*-gallate
没食子儿茶素 -3- 没食子酸酯 gallocatechin-3-gallate
(-)- 没食子儿茶素没食子酸酯 (-)-gallocatechin gallate
没食子儿茶素没食子酸酯 gallocatechin gallate
没食子苷 A, B, C gallicoside A, B, C
6-*O*-(4-*O*- 没食子没食子酰)-1,2,3- 三 -*O*- 没食子酰 -*β*-D- 葡萄糖 6-*O*-(4-*O*-galloylgalloyl)-1,2,3-tri-*O*-galloyl-*β*-D-glucose
没食子葡萄糖苷 gallic glucoside
没食子醛 gallaldehyde; gallic aldehyde
没食子鞣质 gallotannin
没食子鞣质 8 gallotannin 8
没食子酸 gallic acid
没食子酸 -3-*O*-(6'-*O*- 没食子酰基)-*β*-D- 葡萄糖 gallic acid-3-*O*-(6'-*O*-galloyl)-*β*-D-glucose
没食子酸 -3-*O*-*β*-D-(6'-*O*- 没食子酰基)- 吡喃葡萄糖苷 gallic acid-3-*O*-*β*-D-(6'-*O*-galloyl)-glucopyranoside
没食子酸 -3-*β*- 吡喃葡萄糖苷 gallic acid-3-*β*-glucopyranoside
没食子酸 -3- 甲酯 gallic acid-3-monomethyl ether
没食子酸 -4-*O*-(6'-*O*- 没食子酰基)-*β*-D- 葡萄糖 gallic acid-4-*O*-(6'-*O*-galloyl)-*β*-D-glucose
没食子酸 -4-*O*-*β*-D-(6'-*O*- 没食子酰基)- 吡喃葡萄糖苷 gallic acid-4-*O*-*β*-D-(6'-*O*-galloyl)-glucopyranoside
没食子酸 -4-*O*-*β*-D- 吡喃葡萄糖苷 gallic acid-4-*O*-*β*-D-glucopyranoside
没食子酸 -4-*β*- 吡喃葡萄糖苷 gallic acid-4-*β*-glucopyranoside
没食子酸 -4- 甲酯 gallic acid-4-methyl ester
没食子酸丙酯 propyl gallate
没食子酸丁酯 gallic acid butyl ester
没食子酸甲酯 gallic acid methyl ester; methyl gallate
没食子酸甲酯 -3-*O*-*β*-D-(6'-*O*- 没食子酰基)- 吡喃葡萄糖苷 methyl gallate-3-*O*-[-D-(6'-*O*-galloyl)-glucopyranosyl]
没食子酸甲酯 -3-*O*-*β*-D-(6'-*O*- 没食子酰基)- 葡萄糖 gallic acid methyl ester-3-*O*-*β*-D-(6'-*O*-galloyl)-glucose
没食子酸甲酯 -3-*O*-*β*-D- 吡喃葡萄糖苷 methyl gallate-3-*O*-*β*-D-glucopyranoside
没食子酸甲酯 -3- 甲醚 methyl gallate-3-methyl ether
没食子酸甲酯 -4-*O*-*β*-D- 吡喃葡萄糖苷 gallic acid methyl ester-4-*O*-*β*-D-glucopyranoside
没食子酸戊酯 pentyl gallate
没食子酸辛酯 octyl gallate
没食子酸乙酯 ethyl gallate
4-*O*- 没食子酰白芍苷 4-*O*-galloylalbiflorin
6'-*O*- 没食子酰白芍苷 6'-*O*-galloylalbiflorin
没食子酰白芍苷 galloylalbiflorin
6-*O*- 没食子酰吡喃葡萄糖 6-*O*-galloylglucopyranose
6-*β*-*C*-(2'- 没食子酰吡喃葡萄糖基)-5,7- 二羟基 -2- 甲基色酮 6-*β*-*C*-(2'-galloylglucopyranosyl)-5,7-dihydroxy-2-methylchromone
8-*β*-*C*-(2'- 没食子酰吡喃葡萄糖基)-5,7- 二羟基 -2- 甲基色酮 8-*β*-*C*-(2'-galloylglucopyranosyl)-5,7-dihydroxy-2-methylchromone
6-*β*-*C*-(2'- 没食子酰吡喃葡萄糖基)-5,7- 二羟基 -2- 异丙基色酮 6-*β*-*C*-(2'-galloylglucopyranosyl)-5,7-dihydroxy-2-isopropylchromone
8-*β*-*C*-(2'- 没食子酰吡喃葡萄糖基)-5,7- 二羟基 -2- 异丙基色酮 8-*β*-*C*-(2'-galloylglucopyranosyl)-5,7-dihydroxy-2-isopropylchromone
3''-*O*- 没食子酰苄基 -*O*-*α*-L- 吡喃鼠李糖基 -(1→6)-*β*-D- 吡喃葡萄糖苷 3''-*O*-galloylbenzyl-*O*-*α*-L-rhamnopyranosyl-(1→6)-*β*-D-glucopyranoside
没食子酰表儿茶素 galloylepicatechin
3-*O*- 没食子酰表没食子儿茶素 -(4*β*→8)- 表没食子儿茶素 -3-*O*- 没食子酸酯 3-*O*- zgalloylepigallocatechin-(4*β*→8)-epigallocatechin-3-*O*-gallate
3-*O*- 没食子酰表没食子儿茶素 -(4*β*→8)- 儿茶素 3-*O*-galloylepigallocatechin-(4*β*→8)-catechin
7-*O*- 没食子酰儿茶素 7-*O*-galloylcatechin
没食子酰儿茶素 galloylcatechin
1-*O*- 没食子酰甘油 1-*O*-galloylglycerol
6'-*O*- 没食子酰高熊果苷 6'-*O*-galloylhomoarbutin
6-*O*- 没食子酰高熊果苷 6-*O*-galloylhomoarbutin
6''-*O*- 没食子酰红景天苷 6''-*O*-galloylsalidroside
6''-*O*- 没食子酰红景天苷 6''-*O*-galloylsalidroside
6-*O*- 没食子酰红景天苷 6-*O*-galloylsalidroside
2''-*O*- 没食子酰槲皮苷 2''-*O*-galloylquercitrin
3'- 没食子酰槲皮素 3'-galloylquercitrin
3-*O*- 没食子酰基 -(-)- 表儿茶素 3-*O*-galloyl-(-)-epicatechin
3-*O*- 没食子酰基 -(-)- 莽草酸 3-*O*-galloyl-(-)-shikimic acid
5-*O*- 没食子酰基 -(-)- 莽草酸 5-*O*-galloyl-(-)-shikimic acid
7-*O*- 没食子酰基 -(+)- 儿茶素 7-*O*-galloyl-(+)-catechin
4-*O*-*β*-D-[(2'-*O*- 没食子酰基)-(6'-*O*- 反式 - 对香豆酰基)- 吡喃葡萄糖基]-2- 丁酮 4-*O*-*β*-D-[(2'-*O*-galloyl)-(6'-*O*-*trans*-*p*-coumaroyl)]-glucopyranosyl-2-butanone
7-*O*-(6'- 没食子酰基)-*β*-D- 吡喃葡萄糖基 -5- 羟基色酮 7-*O*-(6'-galloyl)-*β*-D-glucopyranosyl-5-hydroxychromone
5-*O*-(6'-*O*- 没食子酰基)-*β*-D- 吡喃葡萄糖基龙胆酸 5-*O*-(6'-*O*-galloyl)-*β*-D-glucopyranosylgentisic acid
1-*O*-*β*-D-(6'-*O*- 没食子酰基)- 吡喃葡萄糖基 -3- 甲氧基 -5- 羟基苯 1-*O*-*β*-D-(6'-*O*-galloyl)-glucopyranosyl-3-methoxy-5-hydroxybenzene
6-*C*-*β*-D-(6'-*O*- 没食子酰基)- 吡喃葡萄糖基降丁香宁 6-*C*-*β*-D-(6'-*O*-galloyl)-glucopyranosylnoreugenin
1-*O*-*β*-D-(6'-*O*- 没食子酰基)- 吡喃葡萄糖醛酸基 -3- 甲氧基 -5- 苯酚 1-*O*-*β*-D-(6'-*O*-galloyl)-glucuronopyranosyl-3-methoxy-5-phenol
6-*O*- 没食子酰基 -2,3-(*S*)- 六羟基联苯二甲酰基 -D- 葡萄糖 6-*O*-galloyl-2,3-(*S*)-HHDP-D-glucose
1-*O*- 没食子酰基 -2,3;4,6- 双 -(*S*)-4,4',5,5',6,6'- 六羟基联苯二甲

M

酰基 -β-D- 葡萄糖 1-O-galloyl-2,3;4,6-bis-(S)-4,4',5,5',6,6'-hexahydroxydiphenoyl-β-D-glucose
1-O- 没食子酰基 -2,3- 六羟基联苯二甲酰基 -α-D- 吡喃葡萄糖 1-O-galloyl-2,3-HHDP-α-D-glucose
1-O- 没食子酰基 -2-O- 桂皮酰基 -β-D- 吡喃葡萄糖 1-O-galloyl-2-O-cinnamoyl-β-D-glucopyranose
1-O- 没食子酰基 -2-O- 桂皮酰基 - 葡萄糖 1-O-galloyl-2-O-cinnamoyl-glucose
1-O- 没食子酰基 -3,6- 六羟基二苯氧基 -D-B-1,4- 吡喃葡萄糖 1-O-galloyl-3,6-hexahydroxydiphenoyl-D-B-1,4-glucopyranose
1-O- 没食子酰基 -3,6- 六羟基二苯氧基 -β-D- 吡喃葡萄糖苷 1-O-galloyl-3,6-hexahydroxydiphenoyl-β-D-glucopyranoside
1-O- 没食子酰基 -3,6- 橡宛酰基 -D-B-1,4- 吡喃葡萄糖 1-O-galloyl-3,6-valoneoyl-D-B-1,4-glucopyranose
2-O- 没食子酰基 -3-O-(1- 去氢二没食子酰基)-4,6- 六羟基二苯甲酰吡喃葡萄糖 2-O-galloyl-3-O-(1-dehydrodigalloyl)-4,6-hexahydroxydiphenoylglucopyranose
1-O- 没食子酰基 -3-O- 短叶苏木羧基 -β-D- 吡喃葡萄糖 1-O-galloyl-3-O-brevifolincarboxyl-β-D-glucopyranose
2-O- 没食子酰基 -3-O- 橡碗酰基二内酯 -(α/β)-$^4C_1$- 吡喃葡萄糖 2-O-galloyl-3-O-valoneoyl dilactone-(α/β)-$^4C_1$-glucopyranose
1-O- 没食子酰基 -4,6-(S)- 六羟基联苯二甲酰基 -β-D- 吡喃葡萄糖 1-O-galloyl-4,6-(S)-hexahydroxydiphenoyl-β-D-glucopyranose
3-O- 没食子酰基 -4,6-(S)- 六羟基联苯二甲酰基 -β-D- 吡喃葡萄糖 3-O-galloyl-4,6-(S)-hexahydroxydiphenoyl-β-D-glucopyranose
2-O- 没食子酰基 -4,6-O-(S)- 橡腕酰基 -D- 葡萄糖 2-O-galloyl-4,6-O-(S)-valoneoyl-D-glucose
1-O- 没食子酰基 -4,6- 六羟基联苯甲酰基 -β-D- 吡喃葡萄糖 1-O-galloyl-4,6-hexahydroxybiphenylformyl-β-D-glucopyranose
3''-O- 没食子酰基 -4'-O- 没食子酰基 -4-O- 没食子酰没食子酸 3''-O-galloyl-4'-O-galloyl-4-O-galloylgallic acid
4'-O-β-D-(2-O- 没食子酰基 -6-O- 苯乙烯基)- 吡喃葡萄糖苷 4'-O-β-D-(2-O-galloyl-6-O-cinnamoyl)-glucopyranoside
4'-O-β-D-(2''-O- 没食子酰基 -6''-O- 对香豆酰基 - 吡喃葡萄糖基)- 苯基 -2- 丁酮 4'-O-β-D-(2''-O-galloyl-6''-O-p-coumaroyl-glucopyranosyl)-phenyl-2-butanone
4'-O-β-D-(2''-O- 没食子酰基 -6''-O- 反式 - 对羟基桂皮酰吡喃葡萄糖基)- 苯基 -2- 丁酮 4'-O-β-D-(2''-O-galloyl-6''-O-trans-p-hydroxycinnamoylglucopyranosyl)-phenyl-2-butanone
4'-O-β-D-(2''-O- 没食子酰基 -6''-O- 反式 - 桂皮酰吡喃葡萄糖基)- 苯基 -2- 丁酮 4'-O-β-D-(2''-O-galloyl-6''-O-trans-cinnamoylglucopyranosyl)-phenyl-2-butanone
1-O- 没食子酰基 -6-O- 桂皮酰基 - 葡萄糖 1-O-galloyl-6-O-cinnamoyl-glucose
1-O- 没食子酰基 -6'-O- 香草酰基 -β- 吡喃葡萄糖苷 1-O-galloyl-6'-O-vanilloyl-β-glucopyranoside
1-β-O- 没食子酰基 -D- 吡喃葡萄糖 1-β-O-galloyl-D-glucopyranose
7-O- 没食子酰基 -D- 景天庚酮糖 7-O-galloyl-D-sedoheptulose
1- 没食子酰基 -β- 葡萄糖 1-galloyl-β-glucose
3-O- 没食子酰基 -D- 葡萄糖 3-O-galloyl-D-glucose
6-O- 没食子酰基 -D- 葡萄糖 6-O-galloyl-D-glucose
1-O- 没食子酰基 -β-D- 吡喃葡萄糖 1-O-galloyl-β-D-glucopyranose
2-O- 没食子酰基 -β-D- 吡喃葡萄糖 2-O-galloyl-β-D-glucopyranose
3-O- 没食子酰基 -β-D- 吡喃葡萄糖 3-O-galloyl-β-D-glucopyranose
6-O- 没食子酰基 -β-D- 吡喃葡萄糖 6-O-galloyl-β-D-glucopyranose
1-O-没食子酰基-β-D-吡喃葡萄糖苷 1-O-galloyl-β-D-glucopyranoside
没食子酰基 -β-D- 吡喃葡萄糖苷 galloyl-β-D-glucopyranoside
1-O- 没食子酰基 -β-D- 没食子酰吡喃葡萄糖 1-O-galloyl-β-D-galloylglucopyranose
1-O- 没食子酰基 -β-D- 葡萄糖 1-O-galloyl-β-D-glucose
4-O-β-D-(6'-O- 没食子酰基 - 吡喃葡萄糖基)-3,5- 二羟基苯甲酸 4-O-β-D-(6'-O-galloyl-glucopyranosyl)-3,5-dihydroxybenzoic acid
3-O-β-D-(2'-O- 没食子酰基 - 吡喃葡萄糖基)-4,5- 二羟基苯甲酸 3-O-β-D-(2'-O-galloyl-glucopyranosyl)-4,5-dihydroxybenzoic acid
4''-O- 没食子酰基 - 苄基 -O-α-L- 吡喃鼠李糖基 -(1 → 6)-β-D- 吡喃葡萄糖苷 4''-O-galloyl-benzyl-O-α-L-rhamnopyranosyl-(1→6)-β-D-glucopyranoside
3-O- 没食子酰基 - 表儿茶素 -(4β-8)-(3-O- 没食子酰基)- 表儿茶素 3-O-galloyl-(-)-epicatechin-(4β-8)-(3-O-galloyl)-epicatechin
3-O- 没食子酰基 - 表没食子儿茶素 - 表没食子儿茶素 -3-O- 没食子酸酯 3-O-galloyl-epigallocatechin-epigallocatechin-3-O-gallate
4''-O- 没食子酰基 - 堇菜苷 4''-O-galloyl-violutoside
没食子酰基六羟基联苯甲酰吡喃葡萄糖 galloyl-HHDP-glucopyranose
2'-O- 没食子酰基 - 云杉新苷 2'-O-galloyl-piceid
6'-O- 没食子酰基 - 云杉新苷 6'-O-galloyl-piceid
11-O- 没食子酰降岩白菜素 11-O-galloylnorbergenin
4-O- 没食子酰降岩白菜素 4-O-galloylnorbergenin
2''-O- 没食子酰金丝桃苷 2''-O-galloylhyperin
2''-O- 没食子酰金丝桃苷 2''-O-galloylhyperoside
3-O- 没食子酰奎宁酸 3-O-galloylquinic acid
4-O- 没食子酰奎宁酸 4-O-galloylquinic acid
3-O- 没食子酰奎宁酸丁酯 3-O-galloylquinic acid butyl ester
没食子酰老鹳草鞣质 galloylgeraniin
4''-O- 没食子酰栗瘿鞣质 4''-O-galloylchestanin
2''-O- 没食子酰芦丁 2''-O-galloylrutin
2''-O- 没食子酰陆地棉苷 2''-O-galloylhirsutrin
4-O- 没食子酰绿原酸 4-O-galloylchlorogenic acid
4-O- 没食子酰绿原酸甲酯 methyl 4-O-galloylchlorogenate
3-O- 没食子酰莽草酸 3-O-galloylshikimic acid
5-O- 没食子酰莽草酸 5-O-galloylshikimic acid
3-O- 没食子酰没食子儿茶素 3-O-galloylgallocatechin
3- 没食子酰没食子酸 3-galloylgallic acid
4- 没食子酰没食子酸 4-galloylgallic acid
1-O- 没食子酰葡萄糖 1-O-galloylglucose
1β-O- 没食子酰葡萄糖 1β-O-galloylglucose
1- 没食子酰葡萄糖 1-galloylglucose
3-O- 没食子酰葡萄糖 3-O-galloylglucose
3- 没食子酰葡萄糖 3-galloylglucose
4-O- 没食子酰葡萄糖 4-O-galloylglucose
6-O- 没食子酰葡萄糖 6-O-galloylglucose
6- 没食子酰葡萄糖 6-galloylglucose
没食子酰葡萄糖 galloylglucose
6'-O- 没食子酰去苯甲酰白芍苷 6'-O-galloyldesbenzoylalbiflorin
6'-O- 没食子酰去苯甲酰芍药苷 6'-O-galloyldesbenzoylpaeoniflorin
8-O- 没食子酰去苯甲酰芍药苷 8-O-galloyldesbenzoylpaeoniflorin
4'-O- 没食子酰芍药苷 4'-O-galloylpaeoniflorin
没食子酰芍药苷 galloylpaeoniflorin
没食子酰石榴叶素▲ galloylpunicafolin
6'-O- 没食子酰水杨苷 6'-O-galloylsalicin
1(β)-O- 没食子酰夏栎鞣精▲ 1(β)-O-galloylpedunculagin
1β-O- 没食子酰夏栎鞣精▲ 1β-O-galloylpedunculagin
7-O- 没食子酰小麦黄烷▲ 7-O-galloyltricetifavan
6'-O- 没食子酰熊果苷 6'-O-galloylarbutin
6-O- 没食子酰熊果苷 6-O-galloylarbutin
11-O- 没食子酰岩白菜素 11-O-galloylbergenin
4-O- 没食子酰岩白菜素 4-O-galloylbergenin
2''- 没食子酰杨梅苷 2''-galloylmyricitrin

M

6''- 没食子酰杨梅素 -3-*O*-*β*-D- 吡喃半乳糖苷 6''-galloylmyricetin-3-*O*-*β*-D-galactopyranoside
没食子酰氧化芍药苷 galloyloxypaeoniflorin
3'-*O*- 没食子酰原飞燕草素 B_2 3'-*O*-galloylprodelphinidin B_2
3-*O*- 没食子酰原矢车菊素 B_1 3-*O*-galloylprocyanidin B_1
6'-*O*- 没食子酰圆形枸子素▲ 6'-*O*-galloylorbicularin
1'-*O*- 没食子酰蔗糖 1'-*O*-galloylsucrose
6'-*O*- 没食子酰蔗糖 6'-*O*-galloylsucrose
6-*O*- 没食子酰蔗糖 6-*O*-galloylsucrose
没药豆碱 smirnovine
没药芹二醇▲ smyrindiol
没药芹二醇苷▲ smyrindioloside
没药酸甲酯 B, E methyl commate B, E
茉莉苷▲ A, E, F sambacoside A, E, F
茉莉花苷▲ A~E molihuaside A~E
茉莉花木脂苷 sambacolignoside
茉莉花素▲ sambacin
茉莉菊酯 I, II jasmolin I, II
茉莉内酯 jasmin lactone
茉莉酸 jasmonic acid
茉莉酸甲酯 methyl jasmonate
(+)- 茉莉酮 (+)-jasmololone
(*Z*)- 茉莉酮 (*Z*)-jasmone
茉莉酮 jasmone
(+)- 茉莉酮葡萄糖苷 (+)-jasmololone-glucoside
N-[(3*R*,7*R*)-(-)- 茉莉酰基]-(*S*)- 多巴 *N*-[(3*R*,7*R*)-(-)-jasmonoyl]-(*S*)-dopa
N-[(3*R*,7*R*)-(-)- 茉莉酰基]-(*S*)- 酪氨酸 *N*-[(3*R*,7*R*)-(-)-jasmonoyl]-(*S*)-tyrosine
N-[(3*R*,7*R*)-(-)- 茉莉酰基]- 多巴胺 *N*-[(3*R*,7*R*)-(-)-jasmonoyl]-dopamine
N-[(±)- 茉莉酰基] 酪胺 *N*-[(±)-jasmonoyl]tyramine
莫顿湾无花果烯醇▲ moretenol
莫顿湾无花果烯酮▲ moretenone
莫顿无花果烯醇▲十七酸酯 moretenyl margarate
莫顿无花果烯醇▲棕榈酸酯 moretenyl palmitate
莫非扎番荔枝素▲ molvizarin
莫哈韦丝兰皂苷元▲ A schidigeragenin A
莫雷裂榄素▲ morelensin
7*α*- 莫罗忍冬苷 7*α*-morroniside
7*β*- 莫罗忍冬苷 7*β*-morroniside
莫罗忍冬苷 morroniside
莫罗忍冬吉苷▲ kingiside
(+)- 莫潘可乐豆酚▲ (+)-mopanol
莫桑比克咖啡苷▲ mozambioside
墨旱莲皂苷 eclalbasaponin I, II, III, IV, V, VI, VII, VIII, IX, X, XI, XII, XIII
墨吉藤黄酮▲ merguenone
墨江千斤拔素▲ flemichapparin
墨江千斤拔素▲ A, B, C flemichapparin A, B, C
墨角藻多糖 fucoidan; fucoidin
墨角藻黄醇▲ fucoxanthinol
墨角藻黄质▲ fucoxanthin
L- 墨角藻糖 L-fucose
β- 墨角藻甾醇 *β*-fucosterol
墨角藻甾醇 fucosterol
墨角藻甾醇 -3-*O*-*β*-D- 吡喃葡萄糖苷 fucosterol-3-*O*-*β*-D-glucopyranoside
墨西哥白蜡树苷▲ fraxuhdoside
墨西哥堆心菊素 I mexicanin I
墨西哥番薯素▲ IV, V, VI, XVII murucoidin IV, V, VI, XVII
墨西哥蒿素 estafiatin
墨西哥蒿素 -8-*O*- 当归酸酯 estafiatin-8-*O*-angelate
墨西哥蒿酮▲ estafiatone
墨西哥棉铃象醇▲ grandisol
墨西哥桃花心木内酯▲ E humilinolide E
墨西哥仙人掌苷元 chichipegenin
墨西拿草木犀苷元酸▲ G massagenic acid G
缪萨链霉菌素▲ D musacin D
母菊薁 chamazulene
母菊薁羧酸 chamazulene carboxylic acid
母菊醇 matricarianol
母菊灵▲甲酯 matricarine methyl ester
母菊内酯 gerniarin
4*E*,8*Z*- 母菊炔▲ -*γ*- 内酯 4*E*,8*Z*-matricaria-*γ*-lactone
4*Z*,8*Z*- 母菊炔▲ -*γ*- 内酯 4*Z*,8*Z*-matricaria-*γ*-lactone
(2*Z*,8*Z*)- 母菊炔酸甲酯 (2*Z*,8*Z*)-matricaria acid methyl ester
2*E*,8*Z*- 母菊炔酯 2*E*,8*Z*-matricaria ester
母菊素 matricarin
母菊辛 matricin
牡丹吡咯苷▲ paesuffrioside
牡丹草苷 A, B, D leontoside A, B, D
牡丹草素▲ A~H leonticin A~H
牡丹茋酚▲ A, B, C suffruticosol A, B, C
牡丹酚苷 peonoside
牡丹苷 A~E suffruticoside A~E
牡丹皮苷 A~J mudanpioside A~J
牡丹皮酸 A mudanpinoic acid A
牡丹醛▲ paeonisuffral
牡丹芍药苷▲ A, B suffrupaeoniflorin A, B
牡丹萜苷▲ A~F suffrupaeonidanin A~F
牡丹酮 paeonisuffrone
牡丹酮 C paeonisuffrone C
牡丹新苷▲ A, B mudanoside A, B
牡荆酚苷▲ vitexoside
牡荆苷 vitecin
牡荆木脂素▲ A, B viterolignan A, B
(-)- 牡荆内酰胺 A (-)-vitexlactam A
牡荆内酰胺 A vitexlactam A
牡荆内酯 vitexilactone
牡荆内酯 B, C vitexilactone B, C
牡荆素 vitexin
牡荆素 -2''-*O*-*α*-D- 吡喃木糖苷 vitexin-2''-*O*-*α*-D-xylopyranoside
牡荆素 -2''-*O*-*β*-D- 葡萄糖苷 vitexin-2''-*O*-*β*-D-glucoside
牡荆素 -2''-*α*-L- 吡喃鼠李糖苷 vitexin-2''-*α*-L-rhamnopyranoside
牡荆素 -2''-*O*-*α*-L- 吡喃鼠李糖苷 vitexin-2''-*O*-*α*-L-rhamnopyranoside
牡荆素 -2''-*O*-*β*-D- 吡喃木糖苷 vitexin-2''-*O*-*β*-D-pyranxyloside
牡荆素 -2''-*O*-*β*-D- 吡喃葡萄糖苷 vitexin-2''-*O*-*β*-D-glucopyranoside
牡荆素 -2''-*O*- 吡喃葡萄糖苷 vitexin-2''-*O*-glucopyranoside
牡荆素 -2''-*O*- 吡喃鼠李糖苷 vitexin-2''-*O*-rhamnopyranoside
牡荆素 -2''-*O*- 对 - 反式 - 香豆酸酯 vitexin-2''-*O*-*p*-*trans*-coumarate
牡荆素 -2''-*O*- 木糖苷 vitexin-2''-*O*-xyloside
牡荆素 -2''-*O*- 葡萄糖苷 vitexin-2''-*O*-glucoside
牡荆素 -2''-*O*- 鼠李糖苷 vitexin-2''-*O*-rhamnoside
牡荆素 -2''- 吡喃木糖苷 vitexin-2''-xylopyranoside
牡荆素 -4'-*O*- 吡喃半乳糖苷 vitexin-4'-*O*-galactoside
牡荆素 -4''-*O*- 葡萄糖苷 vitexin-4''-*O*-glucoside
牡荆素 -4'- 吡喃鼠李糖苷 vitexin-4'-rhamnopyranoside

M

牡荆素 -4'- 木糖苷 vitexin-4'-xyloside
牡荆素 -4'- 鼠李糖苷 vitexin-4'-rhamnoside
牡荆素 -7- 葡萄糖苷 vitexin-7-glucoside
牡荆素 B-1 vitexin B-1
牡荆素 -*O*-(2 → 1)-*α*-L- 吡喃鼠李糖苷 vitexin-*O*-(2 → 1)-*α*-L-rhamnopyranoside
牡荆素 -*O*- 吡喃葡萄糖苷 vitexin-*O*-glucopyranoside
牡荆素 -X''-*O*-(*E*)- 阿魏酰基 -2''-*O*- 木糖苷 vitexin-X''-*O*-(*E*)-feruly l-2''-*O*-xyloside
牡荆素 -X''-*O*-(*E*)- 阿魏酰基 -2''-*O*- 葡萄糖苷 vitexin-X''-*O*-(*E*)-feruly l-2''-*O*-glucoside
牡荆素 -X''-*O*-(*E*)- 芥子酰基 -2''-*O*- 木糖苷 vitexin-X''-*O*-(*E*)-sinapyl-2''-*O*-xyloside
牡荆素吡喃半乳糖苷 vitexin galactopyranoside
牡荆素咖啡酸酯 vitexin caffeate
牡荆萜▲ vitexoid
牡荆新苷▲ A viteoside A
牡荆新素▲ A viteosin A
牡荆杨梅素▲ vitecetin
牡荆叶素▲ A~G cannabifolin A~G
牡荆甾酮▲ E viticosterone E
牡荆子苷▲ A, B vitecannaside A, B
牡蛎甾醇 ostreasterol
木半乳聚糖 xylogalactan
(-)- 木瓣树碱▲ (-)-xylopine
木瓣树碱▲ xylopine
(+)- 木瓣树尼定▲ (+)-xylopinidine
l- 木瓣树宁碱▲ *l*-xylopinine
木瓣树宁碱▲ xylopinine
木瓣树酸▲ xylopic acid
木鳖子蛋白▲ B cochinin B
木鳖子酸 momordic acid
木鳖子皂苷 I, II momordica saponin I, II
木层孔菌呋喃▲ A, B phellinusfuran A, B
木层孔菌呋喃吡喃酮▲ A phellifuropyranone A
木齿菌西定▲ A echinocidin A
木豆芪酸▲ cajaninstilbene acid
木豆酚 cajanol
木豆黄烷酮 cajaflavanone
木豆内酯 A cajanolactone A
木豆素 cajanin
木豆酮 cajanone
木防己胺 trilobamine
木防己宾碱▲ coclobine
木防己春碱▲ coccutrine
木防己碱 trilobine
木防己里定▲ cocculolidine
木防己灵▲ coculine
木防己宁碱 cocsulinine
(+)- 木防己亭▲ A (+)-coccuorbiculatine A
木芙蓉洛苷▲ mutabiloside
木芙蓉萜素▲ A hibtherin A
木瓜蛋白酶 papain
木瓜凝乳蛋白酶 A, B, C chymopapain A, B, C
木果楝宁碱▲ xylogranatinine
木蝴蝶定 oroxindin
木蝴蝶苷 A, B oroxin A, B
木蝴蝶洛苷▲ oroxyloside
木蝴蝶素 A oroxylin A
木蝴蝶素 A-7-*O*-*β*-D- 葡萄糖醛酸苷 oroxylin A-7-*O*-*β*-D-glucuronide
木蝴蝶素 A-7-*O*- 葡萄糖醛酸苷甲酯 oroxylin A-7-*O*-glucuronide methyl ester
木患子苷▲ A~J sapimukoside A~J
木患子皂苷▲ A~D, F~R sapinmusaponin A~D, F~R
木姜子大根老鹳草烷▲ litseagermacrane
木姜子丁烯内酯 litseabutenolide
木姜子光泽兰烷▲ A, B litseachromolaevane A, B
木姜子葎草烷▲ A, B litseahumulane A, B
木姜子内酯▲ C, D, G litsealactone C, D, G
木姜子酮▲ A, B litseaone A, B
木姜子烯醇内酯▲ A_1, A_2, B_1, B_2 litsenolide A_1, A_2, B_1, B_2
木姜子辛 litsericine
木焦油酚 creosol
木槿苷 hibiscitrin
木槿环肽▲ A, B hibispeptin A, B
木槿黄素 hibiscetin
木槿黄素 -3-*O*-*β*-D- 吡喃葡萄糖苷 hibiscetin-3-*O*-*β*-D-glucopyranoside
木槿醌 B hibiscoquinone B
木槿内酯▲ A, B, C hibicuslide A, B, C
木槿内酯 A hibiscolactone A
木槿素 hibicusin
木槿酸二乙酯 hibiscus acid diethyl ester
木槿亭七甲醚 hibiscetin heptamethyl ether
木槿酮 A~D hibiscone A~D
木槿酰胺▲ hibiscusamide
木槿辛▲ A, B, C syriacusin A, B, C
木橘醇 aegelinol
木橘定碱▲ shahidine
(-)- 木橘苷▲ (-)-marmesinin
(+)- 木橘苷▲ (+)-marmesinin
木橘苷▲ marmesinin
木橘碱 aegeline
木橘林碱▲ marmeline
木橘林素▲ marmelin
木橘灵 aeglin
木橘内酯 marmelide
木橘宁▲ marmelonin
木橘宁碱 aegelenine
木橘醛 marminal
木橘素 marmin
木橘素丙酮化物 marmin acetonide
木橘西林碱▲ marmesiline
木橘烯醇 marmenol
木橘酰胺▲ A, B marmamide A, B
木橘辛▲ marmelosin
木橘辛碱▲ aeglemarmelosine
(-)- 木橘辛素▲ (-)-marmesin
(+)-(*S*)- 木橘辛素▲ (+)-(*S*)-marmesin
(+)- 木橘辛素▲ (+)-marmesin
木橘辛素▲ marmesin
木橘辛素▲ -11-*O*-*β*-D- 吡喃葡萄糖基 -(1 → 6)-*β*-D- 吡喃葡萄糖苷 marmesin-11-*O*-*β*-D-glucopyranosyl-(1 → 6)-*β*-D-glucopyranoside
木橘辛素▲ -1''-*O*- 芸香糖苷 marmesin-1''-*O*-rutinoside
木橘辛素▲ -1''-*α*-L- 吡喃鼠李糖苷 marmesin-1''-*α*-L-rhamnopyranoside
木橘辛素▲ -4'-*O*-*α*-L- 吡喃阿拉伯糖苷 marmesin-4'-*O*-*α*-L-arabinopyranoside
木橘辛素▲ -4'-*O*-*β*-D- 呋喃芹糖基 -(1 → 6)-*β*-D- 吡喃葡萄糖苷

marmesin-4'-*O*-*β*-D-apiofuranosyl-(1→6)-*β*-D-glucopyranoside
木橘辛素▲-8-*O*-*β*-D-吡喃葡萄糖苷 marmesin-8-*O*-*β*-D-glucopyranoside
木聚糖 xylan
木蜡树香堇苷▲A rhusonoside A
木蜡酸 lignoceric acid
木蜡酸甲酯 lignoceric acid methyl ester
木兰阿朴菲▲ magnoporphine
木兰胺 magnolamine
木兰醇酮▲ magnolone
(+)-木兰二醇▲ (+)-magnoliadiol
木兰酚苷▲ magnolioside
木兰苷 A~E magnoloside A~E
木兰碱 magnoline
(-)-木兰箭毒碱 (-)-magnocurarine
(*R*)-木兰箭毒碱 (*R*)-magnocurarine
D-(-)-木兰箭毒碱 D-(-)-magnocurarine
D-木兰箭毒碱 D-magnocurarine
木兰箭毒碱 magnocurarine
木兰醌 magnoquinone
木兰木脂素▲A~I magnolignan A~I
木兰木脂素▲A-2-*O*-*β*-D-吡喃葡萄糖苷 magnolignan A-2-*O*-*β*-D-glucopyranoside
木兰内酯 magnolialide
木兰宁▲ magnolianin
木兰醛▲ magnaldehyde
木兰醛▲A~E magnaldehyde A~E
木兰三酚▲B magnatriol B
(+)-木兰素▲ (+)-magnolin
(-)-木兰藤木脂素▲ (-)-austrobailignan
木兰藤木脂素▲ austrobailignan
木兰藤木脂素▲-5 austrobailignan-5
木兰藤木脂素▲-7 austrobailignan-7
木兰酮▲ magnolianone
木兰酰胺▲ magnolamide
木兰脂宁▲C magnolenin C
木兰脂素 magnolin
木兰脂酮▲A, B magnone A, B
木榄醇 brugierol
木榄酚 A~D bruguierol A~D
木榄环硫醇▲ gymnorrhizol
木榄碱 brugine
木榄硫醇▲ bruguiesulfurol
木榄素▲A, B, C bruguierin A, B, C
木榄酮▲ gramrione
木榄脂宁▲ brugnanin
木榄脂素▲A brugunin A
木藜芦醇▲A leucothol A
木藜芦毒素 grayanotoxin I, II, III, IV, VII, VIII, IX, X, XVIII, XIX, XXI, XXII
木藜芦苷 grayanoside
木藜芦苷 B, C grayanoside B, C
木里木香辛▲A, B vladimuliecin A, B
木立车前酸▲ arborescosidic acid
木莲苷▲D manglieside D
木麻黄鞣宁 casuarinin
木麻黄鞣亭 casuarictin
木麻黄鞣质 casuariin
木麻黄酮二醇▲ casuarinondiol
木莓酸▲ swinhoeic acid
木棉苷▲ bombaside
木棉醌▲B bombaxquinone B
木棉林素▲ bombalin
木棉林素▲-4-*O*-*β*-D-吡喃葡萄糖苷 bombalin-4-*O*-*β*-D-glucopyranoside
木棉马苷▲ bombamaloside
木棉马酮▲A~D bombamalone A~D
木棉酮▲ bombaxone
木棉辛▲ bombasin
木葡聚糖 xyloglucan
木薯酸▲A, B esculentoic acid A, B
木薯应激素▲B_9, P_{12} yucalexin B_9, P_{12}
D-木糖 D-xylose
木糖 xylose
木糖醇 xylitol
7*β*-木糖基-10-去乙酰基紫杉醇 7*β*-xylosyl-10-deacetyltaxol
7-木糖基-10-去乙酰基紫杉醇 7-xylosyl-10-deacetyltaxol
7-木糖基-10-去乙酰基紫杉醇 A 7-xylosyl-10-deacetyltaxol A
7-木糖基-10-去乙酰基紫杉醇 C 7-xylosyl-10-deacetyltaxol C
6''-*O*-木糖基黄豆黄苷 6''-*O*-xylosylglycitin
2''-*O*-木糖基牡荆素 2''-*O*-xylosylvitexin
木糖基牡荆素 xylosylvitexin
6''-*β*-D-木糖基染料木苷 6''-*β*-D-xylose-genistin
6-*O*-*β*-木糖基桃叶珊瑚苷 6-*O*-*β*-xyloxylaucubin
6''-*O*-木糖基鸢尾黄酮苷 6''-*O*-xylosyltectoridin
7-木糖基紫杉醇 7-xylosyltaxol
7*β*-木糖基-紫杉醇 D 7*β*-xylosyl-taxol D
木蹄层孔菌醇▲ fomentariol
木蹄层孔菌酸▲ fomentaric acid
木蹄层孔菌甾醇▲A~D fomentarol A~D
木蹄素 fomentarinin
木天蓼醚 matatabiether
木天蓼内酯▲ matatabilactone
木通苷 E, La, Lb, Stb, Stc, Std, Ste, Stf, Sth, Stj, Stk akeboside E, La, Lb, Stb, Stc, Std, Ste, Stf, Sth, Stj, Stk
木通果皮皂苷 PA, PB, PC, PD, PE, PF, PG, PJ_2, PJ_3, PK pericarp saponin of Akebia quinata PA, PB, PC, PD, PE, PF, PG, PJ_2, PJ_3, PK
木通马兜铃苷 aristomanoside
木通马兜铃内酯▲ manshurolide
木通马兜铃宁素▲A, B manshurienine A, B
木通马兜铃酰胺 IIIa aristolatam IIIa
木通酸 quinatic acid
木通萜苷▲A~D quinatoside A~D
3*α*-木通萜酸 3*α*-akebonoic acid
3*β*-木通萜酸 3*β*-akebonoic acid
木通萜酸 akebonic acid; akebonoic acid;
木通托苷▲A~D akequintoside A~D
木通皂苷 X, XII, B~F, PA, PD, PE akebia saponin X, XII, B~F, PA, PD, PE
木茼蒿素▲ frutescin
木犀草苷 luteoloside; glucoluteolin
木犀草苷-3'-*O*-*β*-D-吡喃葡萄糖苷 luteoloside-3'-*O*-*β*-D-glucopyranose
木犀草苷-4'-*O*-*β*-D-吡喃葡萄糖苷 luteoloside-4'-*O*-*β*-D-glucopyranose
木犀草黄醇▲ luteoforol
木犀草素 luteolin

M

木犀草素 -3',4',7- 三甲醚 luteolin-3',4',7-trimethyl ether
木犀草素 -3',4'- 二甲基醚 -7-*O*-*β*-D- 吡喃葡萄糖苷 luteolin-3',4'-dimethyl ether-7-*O*-*β*-D-glucopyranoside
木犀草素 -3',4'- 二甲醚 luteolin-3',4'-dimethyl ether
木犀草素 -3',4'- 二甲醚 -7-*O*-*β*-D- 葡萄糖醛酸甲酯苷 luteolin-3',4'-dimethyl ether-7-*O*-*β*-D-methyl glucuronide
木犀草素 -3',7- 二甲醚 -5-*O*-*β*-D- 吡喃葡萄糖苷 luteolin-3',7-dimethyl ether-5-*O*-*β*-D-glucopyranoside
木犀草素 -3'-*O*-(3''-*O*- 乙酰基)-*β*-D- 葡萄糖醛酸苷 luteolin-3'-*O*-(3''-*O*-acetyl)-*β*-D-glucuronide
木犀草素 -3'-*O*-(6''- 反式 - 咖啡酰基)-*β*-D- 吡喃葡萄糖苷 luteolin-3'-*O*-(6''-E-caffeoyl)-*β*-D-glucopyranoside
木犀草素 -3'-*O*-*D*- 吡喃葡萄糖苷 luteolin-3'-*O*-D-glucopyranoside
木犀草素 -3'-*O*-*β*-D- 吡喃葡萄糖苷 luteolin-3'-*O*-*β*-D-glucopyranoside
木犀草素 -3'-*O*-*β*-D- 葡萄糖醛酸苷 luteolin-3'-*O*-*β*-D-glucuronide
木犀草素 -3'-*O*-*β*-D- 葡萄糖醛酸苷 -6''- 甲酯 luteolin 3'-*O*-*β*-D-glucuronide-6''-methyl ester
木犀草素 -3'-*O*-*β*- 葡萄糖醛酸苷 luteolin-3'-*O*-*β*-glucuronide
木犀草素 -3'-*O*- 葡萄糖苷 luteolin-3'-*O*-glucoside
木犀草素 -3'-*O*- 葡萄糖醛酸苷 luteolin-3'-*O*-glucuronide
木犀草素 -3'- 半乳糖苷 luteolin-3'-galactoside
木犀草素 -3'- 吡喃木糖苷 luteolin-3'-xylopyranoside
木犀草素 -3'- 甲醚 luteolin-3'-methyl ether
木犀草素 -3'- 甲醚 -7-*O*-*β*-D- 吡喃葡萄糖醛酸苷 luteolin-3'-methyl ether-7-*O*-*β*-D-glucopyranside
木犀草素 -3'- 甲氧基 -4'-*O*-*β*- 吡喃葡萄糖苷 luteolin-3'-methoxy-4'-*O*-*β*-D-glucopyranoside
木犀草素 -3'- 葡萄糖苷 luteolin-3'-glucoside
木犀草素 -3'- 葡萄糖醛酸甲酯 luteolin-3'-glucuronyl acid methyl ester
木犀草素 -4',7- 二甲醚 luteolin-4',7-dimethyl ether
木犀草素 -4',7- 二葡萄糖苷 luteolin-4',7-diglucoside
木犀草素 -4'-*O*-(6''- 反式 - 咖啡酰基)-*β*-D- 吡喃葡萄糖苷 luteolin-4'-*O*-(6''-*E*-caffeoyl)-*β*-D-glucopyranoside
木犀草素 -4'-*O*-*D*- 吡喃葡萄糖苷 luteolin-4'-*O*-D-glucopyranoside
木犀草素 -4'-*O*-*α*-L- 吡喃鼠李糖基 -(1 → 6)-*β*-D- 吡喃葡萄糖基 -(1 → 3)-*β*-D- 吡喃葡萄糖苷 luteolin-4'-*O*-*α*-L-rhamnopyranosyl-(1 → 6)-*β*-D-glucopyranosyl-(1 → 3)-*β*-D-glucopyranoside
木犀草素 -4'-*O*-*β*-D-(4-*O*-*β*-D- 吡喃葡萄糖基)- 吡喃葡萄糖苷 luteolin-4'-*O*-*β*-D-(4-*O*-*β*-D-glucopyranosyl)-glucopyranoside
木犀草素 -4-*O*-*β*-D-6''- 乙酰吡喃葡萄糖苷 luteolin-4-*O*-*β*-D-6''-acetylglucopyranoside
木犀草素 -4'-*O*-*β*-D- 吡喃半乳糖苷 luteolin-4'-*O*-*β*-D-galactopyranoside
木犀草素 -4'-*O*-*β*-D- 吡喃葡萄糖苷 luteolin-4'-*O*-*β*-D-glucopyranoside
木犀草素 -4'-*O*-*β*-D- 吡喃葡萄糖醛酸苷 luteolin-4'-*O*-*β*-D-glucuronopyranoside
木犀草素 -4'-*O*-*β*-D- 葡萄糖苷 luteolin-4'-*O*-*β*-D-glucoside
木犀草素 -4'-*O*-*β*-D- 芸香糖苷 luteolin-4'-*O*-*β*-D-rutinoside
木犀草素 -4'-*O*-*β*- 葡萄糖苷 luteolin-4'-*O*-*β*-glucoside
木犀草素 -4'-*O*- 吡喃葡萄糖苷 luteolin-4'-*O*-glucopyranoside
木犀草素 -4'-*O*- 葡萄糖苷 luteolin-4'-*O*-glucoside
木犀草素 -4'-*O*- 新橙皮苷 luteolin-4'-*O*-neohesperiodoside
木犀草素 -4'-*O*- 芸香糖苷 luteolin-4'-*O*-rutinoside
木犀草素 -4'- 吡喃葡萄糖苷 luteolin-4'-glucopyranoside
木犀草素 -4'- 甲醚 luteolin-4'-methyl ether
木犀草素 -4'- 甲醚 -3'- 吡喃葡萄糖苷 luteolin-4'-methyl ether-3'-glucopyranoside
木犀草素 -5,3'- 二甲醚 luteolin-5,3'-dimethyl ether
木犀草素 -5-*O*-*α*-L- 吡喃鼠李糖基 -(1 → 3)-[*β*-D- 吡喃葡萄糖基 -(1 → 6)]-*β*-D- 吡喃葡萄糖苷 luteolin-5-*O*-*α*-L-rhamnopyranosyl-(1 → 3)-[*β*-D-glucuronopyranosyl-(1 → 6)]-*β*-D-glucopyranoside
木犀草素 -5-*O*-*α*- 吡喃鼠李糖基 -(1 → 2)-*β*- 吡喃葡萄糖苷 luteolin-5-*O*-*α*-rhamnopyranosyl-(1 → 2)-*β*-glucopyranoside
木犀草素 -5-*O*-*β*-D- 吡喃葡萄糖苷 luteolin-5-*O*-*β*-D-glucopyranoside
木犀草素 -5-*O*-*β*-L- 吡喃半乳糖苷 Luteolin-5-*O*-*β*-L-galactopyranoside
木犀草素 -5-*O*-*β*- 吡喃葡萄糖苷 luteolin-5-*O*-*β*-glucopyranoside
木犀草素 -5-*O*- 葡萄糖苷 luteolin-5-*O*-glucoside
木犀草素 -5-*β*-D- 吡喃葡萄糖苷 luteolin-5-*β*-D-glucopyranoside
木犀草素 -5- 葡萄糖苷 luteolin-5-glucoside
木犀草素 -6,8-*C*- 二葡萄糖苷 luteolin-6,8-*C*-diglucoside
木犀草素 -6-*C*-(2''-*O*-*α*-D- 甘露糖基 -*β*-D- 葡萄糖苷) luteolin-6-*C*-(2''-*O*-*α*-D-mannosyl-*β*-D-glucoside)
木犀草素 -6-*C*-(2''-*O*- 反式 - 咖啡酰吡喃葡萄糖苷) luteolin-6-*C*-(2''-*O*-*trans*-caffeoylglucopyranoside)
木犀草素 -6-*C*-(2''-*O*- 反式 - 咖啡酰基)-*β*-D- 吡喃葡萄糖苷 luteolin-6-*C*-(2''-*O*-*trans*-caffeoyl)-*β*-D-glucopyranoside
木犀草素 -6-*C*-(4''- 甲基 -6''-*O*- 反式 - 咖啡酰吡喃葡萄糖苷) luteolin-6-*C*-(4''-methyl-6''-*O*-*trans*-caffeoylglucopyranoside)
木犀草素 -6-*C*-(6''-*O*- 反式 - 咖啡酰吡喃葡萄糖苷) luteolin-6-*C*-(6''-*O*-*trans*-caffeoylglucopyranoside)
木犀草素 -6-*C*-(6''-*O*- 反式 - 咖啡酰基)-*β*-D- 吡喃葡萄糖苷 luteolin-6-*C*-(6''-*O*-*trans*-caffeoyl)-*β*-D-glucopyranoside
木犀草素 -6-*C*-(6''-*O*- 反式 - 咖啡酰葡萄糖苷) luteolin-6-*C*-(6''-*O*-*trans*-caffeoylglucoside)
木犀草素 -6-*C*-*β*-D- 吡喃葡萄糖苷 luteolin-6-*C*-*β*-D-glucopyranoside
木犀草素 -6-*C*-*β*-D- 吡喃葡萄糖苷 -8-*C*-*α*-L- 吡喃阿拉伯糖苷 luteolin-6-*C*-*β*-D-glucopyranoside-8-*C*-*α*-L-arabinopyranoside
木犀草素 -6-*C*-*β*-D- 洋地黄毒糖苷 luteolin-6-*C*-*β*-D-digitoxoside
木犀草素 -6-C-*β*- 吡喃波依文糖苷 luteolin-6-C-*β*-boivinopyranoside
木犀草素 -6-*C*-*β*- 吡喃葡萄糖苷 luteolin-6-*C*-*β*-glucopyranoside
木犀草素 -6-*C*-*β*- 吡喃岩藻糖苷 luteolin-6-*C*-*β*-fucopyranoside
木犀草素 -6-C- 奎诺糖 luteolin-6-*C*-chinovoside
木犀草素 -6-*C*- 葡萄糖苷 luteolin-6-*C*-glucoside
木犀草素 -6-*C*- 岩藻糖 luteolin-6-*C*-fucoside
木犀草素 -6'-*β*-D- 吡喃葡萄糖苷 luteolin-6'-*β*-D-glucopyranoside
木犀草素 -7,3',4'- 三甲醚 luteolin-7,3',4'-trimethyl ether
木犀草素 -7,3'- 二 -*O*-*β*-D- 吡喃葡萄糖苷 luteolin-7,3'-di-*O*-*β*-D-glucopyranoside
木犀草素 -7,3'- 二甲醚 luteolin-7,3'-dimethyl ether
木犀草素 -7,4'-*O*-*β*- 二吡喃葡萄糖苷 luteolin-7,4'-*O*-*β*-diglucoside
木犀草素 -7,4'- 二 -*O*-*β*-D- 吡喃葡萄糖苷 luteolin-7,4'-di-*O*-*β*-D-glucopyranoside
木犀草素 -7,4'- 二 -*O*- 吡喃葡萄糖苷 luteolin-7,4'-di-*O*-glucopyranoside
木犀草素 -7,4'- 二甲醚 luteolin-7,4'-dimethyl ether
木犀草素 -7-*O*-(2''-*O*- 对香豆酰基)-*β*-D- 吡喃葡萄糖苷 luteolin-7-*O*-(2''-*O*-*p*-coumaroyl)-*β*-D-glycopyranoside
木犀草素 -7-*O*-(2-*β*-D- 呋喃芹糖基 -4-*β*-D- 吡喃葡萄糖基 -6- 丙二酰基)-*β*-D- 吡喃葡萄糖苷 luteolin-7-*O*-(2-*β*-D-apiofuranosyl-4-*β*-D-glucopyranosyl-6-malonyl)-*β*-D-glucopyranoside

木犀草素 -7-*O*-(4",6"- 二 -*O*-*α*-L- 吡喃鼠李糖基)-*β*-D- 吡喃葡萄糖苷 luteolin-7-*O*-(4",6"-di-*O*-*α*-L-rhamnopyranosyl)-*β*-D-glucopyranoside
木犀草素 -7-*O*-(6"- 对香豆酰基)-*β*-D- 吡喃葡萄糖苷 luteolin-7-*O*-(6"-*p*-coumaroyl)-*β*-D-glucopyranoside
木犀草素 -7-*O*-(6"-*O*-*E*- 对香豆酰基)-*β*-D- 吡喃葡萄糖苷 luteolin-7-*O*-(6"-*O*-*E*-*p*-coumaroyl)-*β*-D-glucopyranoside
木犀草素 -7-*O*-(6"-*O*-*E*- 咖啡酰基)-*β*-D- 吡喃葡萄糖苷 luteolin-7-*O*-(6"-*O*-*E*-caffeoyl)-*β*-D-glucopyranoside
木犀草素 -7-*O*-(6"-*O*- 对羟基苯甲酰基)-*β*-D- 吡喃葡萄糖苷 luteolin-7-*O*-(6"-*O*-p-hydroxybenzoyl)-*β*-D-glucopyranoside
木犀草素 -7-*O*-(6"-*O*- 反式阿魏酰基)-*β*-D- 吡喃葡萄糖苷 luteolin-7-*O*-(6"-*O*-*trans*-feruloyl)-*β*-D-glucopyranoside
木犀草素 -7-*O*-(6-*O*- 甲基 -*β*-D- 吡喃葡萄糖醛酸苷) luteolin-7-*O*-(6-*O*-methyl-*β*-D-glucuronopyranoside)
木犀草素 -7-*O*-(6-*O*- 咖啡酰基)-*β*-D- 吡喃葡萄糖苷 luteolin-7-*O*-(6-*O*-caffeoyl)-*β*-D-glucopyranoside
木犀草素 -7-*O*-(6"-*O*- 香豆酰基)-*β*-D- 吡喃葡萄糖苷 luteolin-7-*O*-(6"-*O*-coumaroyl)-*β*-D-glucopyranoside
木犀草素 -7-*O*-(6"-*O*- 乙酰基)-*β*-D- 吡喃葡萄糖苷 luteolin-7-*O*-(6"-*O*-acetyl)-*β*-D-glucopyranoside
木犀草素 -7-*O*-(6"-*O*- 乙酰基)-*β*-D- 葡萄糖苷 luteolin-7-*O*-(6"-*O*-acetyl)-*β*-D-glucoside
木犀草素 -7-*O*-(6"- 阿魏酰基)-*β*-D- 吡喃葡萄糖苷 luteolin-7-*O*-(6"-feruloyl)-*β*-D-glucopyranoside
木犀草素 -7-*O*-(6"- 对苯甲酰吡喃葡萄糖苷) luteolin-7-*O*-(6"-*p*-benzoylglucopyranoside)
木犀草素 -7-*O*-(6"- 对香豆酰基)-*β*-D- 吡喃葡萄糖苷 luteolin-7-*O*-(6"-*p*-coumaryl)-*β*-D-glucopyranoside
木犀草素 -7-*O*-(6"- 反式 - 阿魏酰基)-*β*-D- 吡喃葡萄糖苷 luteolin-7-*O*-(6"-*trans*-feruloyl)-*β*-D-glucopyranoside
木犀草素 -7-*O*-(6"- 反式 - 咖啡酰基)-*β*-D- 吡喃葡萄糖苷 luteolin-7-*O*-(6"-*trans*-caffeoyl)-*β*-D-glucopyranoside
木犀草素 -7-*O*-[2-(*β*-D- 呋喃芹糖基)-*β*-D- 吡喃葡萄糖苷] luteolin-7-*O*-[2-(*β*-D-apiofuranosyl)-*β*-D-glucopyranoside
木犀草素 -7-*O*-[2"-*O*-(5'''-*O*- 阿魏酰基)-*β*-D- 呋喃芹糖基]-*β*-D- 吡喃葡萄糖苷 luteolin-7-*O*-[2"-*O*-(5'''-*O*-feruloyl)-*β*-D-apiofuranosyl]-*β*-D-glucopyranoside
木犀草素 -7-*O*-[2-*O*- 阿魏酰基 -*β*-D- 吡喃葡萄糖醛酸基 -(1 → 2)-*O*-*β*-D- 吡喃葡萄糖醛酸]-4'-*O*-*β*-D- 吡喃葡萄糖醛酸苷 luteolin-7-*O*-[2-*O*-feruloyl-*β*-D-glucuronopyranosyl-(1→2)-*O*-*β*-D-glucuronopyranosyl]-4'-*O*-*β*-D-glucuronopyranoside
木犀草素 -7-*O*-[6"-(3'''- 羟基 -4'''- 甲氧基桂皮酰基)]-*β*-D- 吡喃葡萄糖苷 luteolin-7-*O*-[6"-(3'''-hydroxy-4'''-methoxycinnamoyl)]-*β*-D-glucopyranoside
木犀草素 -7-*O*-[*β*-D- 呋喃芹糖基 -(1 → 6)]-*β*-D- 吡喃葡萄糖苷 luteolin-7-*O*-[*β*-D-apiofuranosyl-(1 → 6)]-*β*-D-glucopyranoside
木犀草素 -7-*O*-2- 鼠李糖基葡萄糖苷 luteolin-7-*O*-2-rhamnosylglucoside
木犀草素 -7-*O*-6"- 丙二酰葡萄糖苷 luteolin-7-*O*-6"-malonylglucoside
木犀草素 -7-*O*-*D*- 吡喃葡萄糖苷 luteolin-7-*O*-*D*-glucopyranoside
木犀草素 -7-*O*-*α*-D- 吡喃葡萄糖苷 luteolin-7-*O*-*α*-D-glucopyranoside
木犀草素 -7-*O*-*α*-L- 吡喃阿拉伯糖基 -(1 → 6)-*β*-D- 吡喃葡萄糖苷 luteolin-7-*O*-*α*-L-arabinopyranosyl-(1 → 6)-*β*-D-glucopyranoside
木犀草素 -7-*O*-*α*-L- 吡喃鼠李糖苷 luteolin-7-*O*-*α*-L-rhamnopyranoside
木犀草素 -7-*O*-*α*-L- 吡喃鼠李糖苷 -4'-*O*-*β*-D- 吡喃葡萄糖苷 luteolin-7-*O*-*α*-L-rhamnopyranoside-4'-*O*-*β*-D-glucopyranoside
木犀草素 -7-*O*-*α*-L- 吡喃鼠李糖基 -(1 → 2)-*β*-D- 吡喃葡萄糖苷 luteolin-7-*O*-*α*-L-rhamnopyranosyl-(1 → 2)-*β*-D-glucopyranoside
木犀草素 -7-*O*-*α*-L- 吡喃鼠李糖基 -(1 → 6)-*β*-D- 吡喃葡萄糖苷 luteolin-7-*O*-*α*-L-rhamnopyranosyl-(1 → 6)-*β*-D-glucopyranoside
木犀草素 -7-*O*-*α*-L- 鼠李糖基 -(1 → 2)-*β*-D- 吡喃葡萄糖苷 luteolin-7-*O*-*α*-L-rhamnosyl-(1 → 2)-*β*-D-glucopyranoside
木犀草素 -7-*O*-*α*-L- 鼠李糖基 -(1 → 6)-*β*-D- 葡萄糖苷 luteolin-7-*O*-*α*-L-rhmnosyl-(1 → 6)-*β*-D-glucoside
木犀草素 -7-*O*-*α*- 吡喃鼠李糖基 -(1 → 2)-*β*- 吡喃葡萄糖苷 luteolin-7-*O*-*α*-rhamnopyranosyl-(1 → 2)-*β*-glucopyranoside
木犀草素 -7-*O*-*β*-D-(6-*O*- 丙二酰基)- 吡喃葡萄糖苷 luteolin-7-*O*-*β*-D-(6-*O*-malonyl)-glucopyranoside
木犀草素 -7-*O*-*β*-D-(6"- 阿魏酰基) 吡喃葡萄糖苷 luteolin-7-*O*-*β*-D-(6"-feruloyl)glucopyranoside
木犀草素 -7-*O*-*β*-D- 半乳糖苷 luteolin-7-*O*-*β*-D-galactoside
木犀草素 -7-*O*-*β*-D- 吡喃半乳糖苷 luteolin-7-*O*-*β*-D-galactopyranoside
木犀草素 -7-*O*-*β*-D- 吡喃半乳糖基 -(1 → 4)-*O*-*α*-L- 吡喃阿拉伯糖苷 luteolin-7-*O*-*β*-D-galactopyranosyl-(1 → 4)-*O*-*α*-L-arabinopyranoside
木犀草素 -7-*O*-*β*-D- 吡喃葡萄糖苷 luteolin-7-*O*-*β*-D-glucopyranoside
木犀草素 -7-*O*-*β*-D- 吡喃葡萄糖苷 -6"- 甲酯 luteolin-7-*O*-*β*-D-glucopyranoside-6"-methyl ester
木犀草素 -7-*O*-*β*-D- 吡喃葡萄糖基 -(1 → 2)-*β*-D- 吡喃葡萄糖苷 luteolin-7-*O*-*β*-D-glucopyranosyl-(1 → 2)-*β*-D-glucopyranoside
木犀草素 -7-*O*-*β*-D- 吡喃葡萄糖基 -(1-4)-*O*-*α*-L- 吡喃阿拉伯糖苷 luteolin-7-*O*-*β*-D-glucopyranosyl-(1-4)-*O*-*α*-L-arabinopyranoside
木犀草素 -7-*O*-*β*-D- 吡喃葡萄糖醛酸苷 luteolin-7-*O*-*β*-D-glucuronopyranoside
木犀草素 -7-*O*-*β*-D- 吡喃葡萄糖醛酸苷 -6"- 甲酯 luteolin-7-*O*-*β*-D-glucuronopyranoside-6"-methyl ester
木犀草素 -7-*O*-*β*-D- 吡喃葡萄糖醛酸苷甲酯 luteolin-7-*O*-*β*-D-glucuronopyranoside methyl ester
木犀草素 -7-*O*-*β*-D- 吡喃葡萄糖醛酸苷乙酯 luteolin-7-*O*-*β*-D-glucopyranuronide ethyl ester
木犀草素 -7-*O*-*β*-D- 吡喃葡萄糖醛酸基 -(1 → 2)[*α*-L- 吡喃鼠李糖基 -(1 → 6)]-*β*-D- 吡喃葡萄糖醛酸苷 luteolin-7-*O*-*β*-D-glucuronopyranosyl-(1 → 2)[*α*-L-rhamnopyranosyl-(1 → 6)]-*β*-D-glucopyranoside
木犀草素 -7-*O*-*β*-D- 葡萄鼠李糖苷 luteolin-7-*O*-*β*-D-glucorhamnoside
木犀草素 -7-*O*-*β*-D- 葡萄糖苷 -6'- 丙二酰酯 luteolin-7-*O*-*β*-D-glucoside-6"-malonyl ester
木犀草素 -7-*O*-*β*-D- 葡萄糖醛酸苷 luteolin-7-*O*-*β*-D-glucuronide
木犀草素 -7-*O*-*β*-D- 葡萄糖醛酸苷丁酯 luteolin-7-*O*-*β*-D-glucuronide butyl ester
木犀草素 -7-*O*-*β*-D- 葡萄糖醛酸苷甲酯 luteolin-7-*O*-*β*-D-glucuronide methyl ester
木犀草素 -7-*O*-*β*-D- 葡萄糖醛酸苷乙酯 luteolin-7-*O*-*β*-D-glucuronide ethyl ester
木犀草素 -7-*O*-*β*-D- 新橙皮糖苷 luteolin-7-*O*-*β*-D-neohesperidoside
木犀草素 -7-*O*-*β*-D- 芸香糖苷 luteolin-7-*O*-*β*-D-rutinoside
木犀草素 -7-*O*-*β*- 半乳糖醛酸苷 luteolin-7-*O*-*β*-galacturonide
木犀草素 -7-*O*-*β*- 龙胆二糖苷 luteolin-7-*O*-*β*-gentiobioside
木犀草素 -7-*O*-*β*- 葡萄糖醛酸苷 luteolin-7-*O*-*β*-glucuronide
木犀草素 -7-*O*- 半乳糖苷 luteolin-7-*O*-galactoside
木犀草素 -7-*O*- 吡喃葡萄糖苷 luteolin-7-*O*-glucopyranoside
木犀草素 -7-*O*– 吡喃葡萄糖苷 luteolin-7-*O*–glucopyranoside
木犀草素 -7-*O*- 丙二酰葡萄糖苷 luteolin-7-*O*-malonylglucoside
木犀草素 -7-*O*- 二吡喃葡萄糖苷 luteolin-7-*O*-di glucopyranoside

M

木犀草素 -7-*O*- 二葡萄糖醛酸苷 luteolin-7-*O*-diglucuronide
木犀草素 -7-*O*- 二鼠李糖苷 luteolin-7-*O*-dirhamnoside
木犀草素 -7-*O*- 槐糖苷 luteolin-7-*O*-sophoroside
木犀草素 -7-*O*- 龙胆二糖苷 luteolin-7-*O*-gentiobioside
木犀草素 -7-*O*- 葡萄糖苷 luteolin-7-*O*-glucoside
木犀草素 -7-*O*- 葡萄糖醛酸苷 luteolin-7-*O*-glucuronide
木犀草素 -7-*O*- 葡萄糖醛酸苷 -3'-*O*- 鼠李糖苷 luteolin-7-*O*-glucuronide-3'-*O*-rhamnoside
木犀草素 -7-*O*- 葡萄糖醛酸苷乙酯 luteolin-7-*O*-glucuronide ethyl ester
木犀草素 -7-*O*- 葡萄糖醛酸基 -(1 → 6)- 葡萄糖苷 luteolin-7-*O*-glucurono-(1 → 6)-glucoside
木犀草素 -7-*O*- 芹糖基葡萄糖苷 luteolin-7-*O*-apiosylglucoside
木犀草素 -7-*O*- 鼠李糖苷 luteolin-7-*O*-*α*-L-rhamnoside
木犀草素 -7-*O*- 鼠李糖基二己糖苷 luteolin-7-*O*-rhamnosyldihexoside
木犀草素 -7-*O*- 新橙皮糖苷 luteolin-7-*O*-neohesperidoside
木犀草素 -7-*O*- 芸香糖苷 luteolin-7-*O*-rutinoside
木犀草素 -7-*β*-*O*- 新橙皮糖苷 luteolin-7-*β*-*O*-neohesperidoside
木犀草素 -7- 半乳糖苷 luteolin-7-galactoside
木犀草素 -7- 吡喃葡萄糖苷 luteolin-7-glucopyranoside
木犀草素 -7- 吡喃鼠李葡糖苷 luteolin-7-rhamnoglucopyranoside
木犀草素 -7- 单葡萄糖苷 luteolin-7-monoglucoside
木犀草素 -7- 二 -*O*-*β*-D- 吡喃葡萄糖苷 luteolin-7-di-*O*-*β*-D-glucopyranoside
木犀草素 -7- 二葡萄糖苷 luteolin-7-diglucoside
木犀草素 -7- 二葡萄糖醛酸苷 luteolin-7-diglucuronide
木犀草素 -7- 甲醚 luteolin-7-methyl ether
木犀草素 -7- 甲醚 -3'-*O*-*β*-D- 吡喃半乳糖苷 luteolin-7-methyl ether-3'-*O*-*β*-D-galactopyranoside
木犀草素 -7- 甲醚 -3'-*O*-*β*-D- 吡喃葡萄糖苷 luteolin-7-methyl ether-3'-*O*-*β*-D-glucopyranoside
木犀草素 -7- 甲醚 -3'-*O*- 葡萄糖苷 luteolin-7-methylether-3'-*O*-glucoside
木犀草素 -7- 甲醚 -5-*O*-*β*-D- 吡喃葡萄糖苷 luteolin-7-methyl ether-5-*O*-*β*-D-glucopyranoside
木犀草素 -7- 甲氧基 -3'-*O*-(3''-*O*- 乙酰基)-*β*-D- 吡喃葡萄糖醛酸 -6''- 甲酯 luteolin-7-methoxy-3'-*O*-(3''-*O*-acetyl)-*β*-D-glucopyranuronic acid-6''-methyl ester
木犀草素 -7- 龙胆二糖苷 luteolin-7-gentiobioside
木犀草素 -7- 葡萄鼠李糖苷 luteolol-7-glucorhamnoside
木犀草素 -7- 葡萄糖苷 luteolin-7-glucoside
木犀草素 -7- 葡萄糖醛酸苷 luteolin-7-glucuronide
木犀草素 -7- 葡萄糖醛酸苷甲酯 luteolin-7-glucuronide methyl ester
木犀草素 -7- 葡萄糖醛酸苷乙酯 luteolin-7-glucuronide ethyl ester
木犀草素 -7- 鼠李葡萄糖苷 luteolin-7-rhamnoglucoside
木犀草素 -7- 糖苷 luteolin-7-glycoside
木犀草素 -7- 乙醚 luteolin-7-ethylether
木犀草素 -7- 芸香糖苷 luteolin-7-rutinoside
木犀草素 -8-*C*-(2''-*O*- 反式对香豆酰基 -*β*-D- 吡喃葡萄糖苷 luteolin-8-*C*-(2''-*O*-*trans*-*p*-coumaroyl-*β*-D-glucopyranoside)
木犀草素 -8-*C*-*β*-D- 吡喃葡萄糖苷 luteolin-8-*C*-*β*-D-glucopyranoside
木犀草素 -8-*C*-*β*- 吡喃波伊文糖苷 luteolin-8-*C*-*β*-boivinopyranoside
木犀草素 -8-*C*-*β*-吡喃洋地黄毒糖苷 luteolin-8-*C*-*β*-digitoxopyranoside
木犀草素 -8-*C*-*β*- 吡喃洋地黄毒糖基 -4'-*O*-*β*-D- 吡喃葡萄糖苷 luteolin-8-*C*-*β*-digitoxopyranosyl-4'-*O*-*β*-D-glucopyranoside
木犀草素 -8-*C*- 吡喃葡萄糖苷 luteolin-8-*C*-glucopyranoside
木犀草素 -8-*C*- 葡萄糖苷 luteolin-8-*C*-glycoside
木犀草素 -8-*O*-*β*-D- 呋喃果糖 luteolin-8-*O*-*β*-D-glucopyranoside
木犀草素 -8- 葡萄糖苷 luteolin-8-glycoside
木犀草素半乳糖苷 luteolin galactoside
木犀草素二己糖基硫酸酯 luteolin dihexosylsulfate
木犀草素 - 己糖基硫酸酯 luteolin hexosylsulfate
木犀草素葡萄糖苷 luteolin glucoside
木犀草素鼠李糖基己糖苷 luteolin rhamnosylhexoside
木犀草素糖苷 luteolin glycoside
木犀多花素馨苷▲ A, B oleopolyanthoside A, B
木犀苷▲ A, B, B_6, D, E, F, H osmanthuside A, B, B_6, D, E, F, H
木犀黄定 -5- 葡萄糖苷 luteolinidin-5-glucoside
木犀榄苷▲ oleoside
木犀榄苷▲ -11- 甲酯 oleoside-11-methyl ester
木犀榄苷▲ -7,11- 二甲酯 oleoside-7,11-dimethyl ester
木犀榄苷▲ -7- 甲酯 oleoside-7-methyl ester
木犀榄苷▲二甲酯 oleoside dimethyl ester
木犀榄苦苷酸▲ oleuropeinic acid
木犀榄洛苷▲ oleuroside
木犀榄内酯▲ elenolide
木犀榄瑞香醛▲ oleodaphnal
木犀榄瑞香酮▲ oleodapnone
木犀榄瑞辛▲ A, B oleuricine A, B
木犀榄酸▲ elenolic acid
(1*S*)- 木犀榄酸▲甲酯 (1*S*)-methyl elenolate
(-)- 木犀榄烯酸▲ (-)-oleuropeic acid
木犀榄烯酸▲ oleuropeic acid
(-)- 木犀榄烯酸▲ -1'-*O*-*β*-D- 吡喃葡萄糖酯苷 (-)-oleuropeic acid-1'-*O*-*β*-D-glucopyranosyl ester
(-)- 木犀榄烯酸▲ -6'-*O*-*α*-D- 吡喃葡萄糖酯苷 (-)-oleuropeic acid-6'-*O*-*α*-D-glucopyranosyl ester
(-)- 木犀榄烯酸▲ -6'-*O*-*β*-D- 吡喃葡萄糖酯苷 (-)-oleuropeic acid-6'-*O*-*β*-D-glucopyranosyl ester
(-)- 木犀榄烯酸▲ -8-*O*-*β*- 吡喃葡萄糖苷 (-)-oleuropeic acid-8-*O*-*β*-D-glucopyranoside
木犀女贞子苷▲ oleonuezhenide
木犀洋丁香酚苷▲ oleoacteoside
木犀叶栓果菊素▲ C resedin C
木犀鸢尾宁▲ luteoayamenin
木犀皂草素▲ lutonaretin
木樨草素 -4'- 葡萄糖苷 luteolin-4'-glucoside
(+)-*β*- 木香醇 (+)-*β*-costol
α- 木香醇 *α*-costol
木香醇 costol
(+)- 木香内酯 (+)-costunolide
木香内酯 costunolide; costus lactone
木香内酯 -15-*β*-D- 吡喃葡萄糖苷 costunolide-15-*β*-D-glucopyranoside
木香薷素 I, II, III muxiangrine I, II, III
β- 木香酸 *β*-costic acid
木香酸 costic acid
木香酸甲酯 costic acid methyl ester
木香萜醛 saussureal
木香烯 costene
木质素 lignin
木质纤维素 lignocellulose
木竹子色素▲ A, B garcinianin A, B
木竹子双苯 A multiflorabiphenyl A
木竹子酮▲ A~G garcimultiflorone A~G
苜蓿酚 medicagol
苜蓿苷▲ G medicoside G
苜蓿素 muxusu

苜蓿酸 medicagenic acid
苜蓿酸 -3,28- 二 -*O*-*β*-D- 吡喃葡萄糖苷 medicagenic acid-3,28-di-*O*-*β*-D-glucopyranoside
苜蓿酸 -3-*O*-*β*-D- 吡喃葡萄糖苷 medicagenic acid-3-*O*-*β*-D-glucopyranoside
苜蓿皂苷 P_1, P_2 medicagosaponin P_1, P_2
牧草栓翅芹酮 pabularinone
牧草栓翅芹烯醇▲ pabulenol
牧羊草苷▲ caprarioside
穆坪马兜铃酰胺 moupinamide
穆氏鸡骨常山碱▲ alstonerine
穆氏鸡骨常山醛▲ alstonerinal
穆图豆包菌醇▲ mutumol

N

那哈苷元 nahagenin
(7'*S*,8'*S*)- 那可莫醛▲ (7'*S*,8'*S*)-nocomtal
那可汀 narcotine; noscapine
那鲁紫玉盘辛▲ I, II narumicin I, II
那碎酮 narceinone
那碎因 narceine
纳西姆玉蕊素▲ A, B nasimalun A, B
奶桑素▲ A, B, D macrourin A, B, D
奶桑酮▲ C macrourone C
奶桑辛▲ A, B andalasin A, B
奶子藤碱▲ A~F mekongenine A~F
耐斯糖 nystose
萘 naphthalene
1- 萘丙醇 1-naphthalenepropanol
萘并治疝草素▲ naphthoherniarin
1,5- 萘二醇 1,5-naphthalenediol
α- 萘酚 *α*-naphthol
N- 萘基 -2- 苯胺 *N*-naphthyl-2-aniline
2- 萘甲醇 2-naphthalenemethanol
萘甲基酮 naphthyridyl methylketone
1,4- 萘醌 1,4-naphthoquinone
萘氢醌二聚体 naphthohydroquinone dimer
1- 萘乙酸 1-naphthaleneacetic acid
萘异恶唑 A naphthisoxazol A
南艾蒿灵▲ artemorin
南艾蒿素▲ verlotorin
南大戟醇 A~D jolkinol A~D
南大戟内酯 A~F jolkinolide A~F
南大戟宁▲ jolkianin
南大戟素▲ jolkinin
南大戟酯▲ A jolkinoate A
南方红厚壳素 calaustralin
南方荚蒾苷▲ fordioside
南方菟丝子苷 A, B australiside A, B
南方紫杉醇 A~O, R, U~Z taxumairol A~O, R, U~Z
南方紫杉醇 E 二乙酸酯 taxumairol E diacetate
南方紫杉素▲ A~H taxamairin A~H
南方紫杉酮 A taxumairone A
南非柏醇▲ widdrol
南瓜苷▲ A~M cucurbitoside A~M
南瓜黄质▲ cucurbitaxanthin
南瓜黄质▲ A, B cucurbitaxanthin A, B
南瓜色素▲ cucurbitachrome
南瓜烯 cucurbitene
南瓜子氨酸 cucurbitine
南芥素▲ arabin
南岭山矾苷▲ confusoside
南岭柞木苷 A~G xylocoside A~G
南美楝二醇 -3- 乙酸酯 cabraleadiol-3-acetate
南美楝内酯▲ cabralealactone
南美楝羟基内酯 cabraleahydroxylactone
南美楝羟内酯▲ -3*α*- 乙酸酯 cabraleahydroxylactone-3*α*-acetate
南美楝酮▲ cabraleone
南美牛奶藤醇▲ conduritol
南美牛奶藤醇▲ A, F conduritol A, F
南美牛奶藤苷▲ Do_1 condurangoside Do_1
南美牛奶藤酯▲ F condurango ester F
南美羽扇豆素▲ mutabilein
南苜蓿素▲ hispidacin
南欧大戟醇▲ peplusol
南欧大戟素▲ A euphopeplin A
南欧鸢尾苯酮▲ iriflophenone
南欧鸢尾苯酮▲ -2-*O*-*α*-L- 吡喃鼠李糖苷 iriflophenone-2-*O*-*α*-L-rhamnopyranoside
南欧鸢尾苯酮▲ -3,5-*C*-*β*-D- 二吡喃葡萄糖苷 iriflophenone-3,5-*C*-*β*-D-diglucopyranoside
南欧鸢尾苯酮▲ -3-*C*-*β*-D- 葡萄糖苷 iriflophenone-3-*C*-*β*-D-glucoside
南欧鸢尾苷▲ irifloside
南欧鸢尾苷元▲ iriflogenin
南欧鸢尾醛▲ iriflorental
南欧鸢尾素▲ irisflorentin
南山藤醇▲ dregealol
南山藤伏苷▲ A~D drevoside A~D
南山藤伏苷元▲ I, II, A, D, P, Q drevogenin I, II, A, D, P, Q
南山藤苷▲ dregeoside
南山藤苷▲ A, A_{11}, Aal, Ao_1, Ap_1, B, C, C_{11}, D, Da_1, Dp_1, E, Ga_1, Gp_1, H, Ka_1, Kp_1 dregeoside A, A_{11}, Aal, Ao_1, Ap_1, B, C, C_{11}, D, Da_1, Dp_1, E, Ga_1, Gp_1, H, Ka_1, Kp_1
南山藤苷元酮▲ volubilogenone
南山藤勾苷▲ A dregoside A
南山藤洛醇▲ volubilol
南山藤洛苷▲ A, B, C volubiloside A, B, C
南山藤宁▲ dregeanin
南蛇藤别桂皮酰胺碱 celallocinnine
南蛇藤醇▲ celastrol
南蛇藤醇素▲ Aα, Aβ, Bα, Bβ celastroline Aα, Aβ, Bα, Bβ
南蛇藤定▲ A, B, C celasdin A, B, C
南蛇藤柯醇酯▲ celorbicol ester
南蛇藤林素▲ A~G orbiculin A~G
南蛇藤内酯▲ celastolide
南蛇藤素 A celastrin A; celastrine A
南蛇藤素 B celastrin B; celastrine B
南酸枣苷 choerospondin
南天竹苷 A, B nantenoside A, B
(-)- 南天竹碱 (-)-domesticine
南天竹碱 domesticine
(+)- 南天竹宁 (+)-nantenine
南天竹宁 nantenine
南天竹任 nandazurine
南天竹素▲ nandinin
南天竹甾胺▲ nandsterine
南乌碱 A, B austroconitine A, B

N

南五味子长梗内酯▲ A~F kadlongilactone A~F
南五味子二内酯 kadsudilactone
南五味子根木脂素▲ A~L kadsuralignan A~L
南五味子灵 kadsurarin
南五味子灵 II kadsurarin II
南五味子木脂素 A~I, K~P kadsulignan A~I, K~P
南五味子内酯 kadsulactone
南五味子内酯 A kadsulactone A
南五味子内酯酸 kadsulactone acid
南五味子尼酸▲ A kadsuranic acid A
南五味子宁▲ kadsuranin
南五味子素 kadsurin
南五味子酸 kadsuric acid
南五味子酸 -3- 甲酯 kadsuric acid-3-methyl ester
南五味子烯▲ A kadsurene A
南五味子烯▲ A 甲酯 kadsurene A methyl ester
南五味子烯醇▲ kadsuraenol
南五味子异形内酯▲ A, B kadheterilactone A, B
南五味子因▲ A, B, C kadsurain A, B, C
南五味子酯▲ kadsutherin
南五味子酯▲ A~D kadsutherin A~D
南香春▲ gniditrin
南香大环素▲ gnidimacrin
南香定▲ gnididin
南香辛▲ gnidicin
南亚新木姜子定▲ zeylanidine
南亚新木姜子碱▲ zeylanicine
南亚新木姜子宁▲ zeylanine
南玉带素 A, B aspaoligonin A, B
南泽兰素▲ austroinulin
南烛醇 A~D lyoniol A~D
(+)- 南烛木树脂醇 -9'-*O*-*β*- 葡萄糖苷 (+)-lyoniresinol-9'-*O*-*β*-glucoside
(-)- 南烛树脂醇 (-)-lyoniresinol
(+)-(7*R*,8*R*,7'*R*)- 南烛树脂醇 (+)-(7*R*,8*R*,7'*R*)-lyoniresinol
(+)- 南烛树脂醇 (+)-lyoniresinol
(±)- 南烛树脂醇 (±)-lyoniresinol
(7*R*,8*R*,7'*R*)-(+)- 南烛树脂醇 (7*R*,8*R*,7'*R*)-(+)-lyoniresinol
(7'*S*,8*R*,8'*R*)- 南烛树脂醇 (7'*S*,8*R*,8'*R*)-lyoniresinol
(7'*S*,8*R*,8'*S*)- 南烛树脂醇 (7'*S*,8*R*,8'*S*)-lyoniresinol
南烛树脂醇 lyoniresinol
南烛树脂醇 -2*α*-*O*-*α*-L- 吡喃鼠李糖苷 lyoniresinol-2*α*-*O*-*α*-L-rhamnopyranoside
南烛树脂醇 -2*α*-*O*-*α*-L- 鼠李糖苷 lyoniresinol-2*α*-*O*-*α*-L-rhamnoside
(+)- 南烛树脂醇 -2*α*-*O*-*β*-D- 吡喃木糖基 (+)-lyoniresinol-2*α*-*O*-*β*-D-xylopyranoside
(-)- 南烛树脂醇 -2*α*-*O*-*β*-D- 吡喃葡萄糖苷 (-)-lyoniresinol-2*α*-*O*-*β*-D-glucopyranoside
(+)- 南烛树脂醇 -2*α*-*O*-*β*-D- 吡喃葡萄糖苷 (+)-lyoniresinol-2*α*-*O*-*β*-D-glucopyranoside
南烛树脂醇 -2*α*-*O*-*β*-D- 吡喃葡萄糖苷 lyoniresinol-2*α*-*O*-*β*-D-glucopyranoside
(+)- 南烛树脂醇 -2*α*-*O*-*β*-L- 吡喃阿拉伯糖苷 (+)-lyoniresinol-2*α*-*O*-*β*-L-arabinopyranoside
(-)- 南烛树脂醇 -3-*O*-D- 吡喃葡萄糖苷 (-)-lyoniresinol-3-*O*-D-glucopyranoside
(+)- 南烛树脂醇 -3-*O*-D- 吡喃葡萄糖苷 (+)-lyoniresinol-3-*O*-D-glucopyranoside
(-)- 南烛树脂醇 -3-*O*-*β*-D- 吡喃葡萄糖苷 (-)-lyoniresinol-3-*O*-*β*-D-glucopyranoside
(+)- 南烛树脂醇 -3-*O*-*β*-D- 吡喃葡萄糖苷 (+)-lyoniresinol-3-*O*-*β*-D-glucopyranoside
(+)- 南烛树脂醇 -3*α*-*O*-(6''-3,5- 二甲氧基 -4- 羟基 - 苯甲酰基)-*β*-D- 吡喃葡萄糖苷 (+)-lyoniresinol-3*α*-*O*-(6''-3,5-dimethoxy-4-hydroxybenzoyl)-*β*-D-glucopyranoside
(+)- 南烛树脂醇 -3*α*-*O*-*α*-L- 吡喃鼠李糖苷 (+)-lyoniresinol-3*α*-*O*-*α*-L-rhamnopyranoside
(-)- 南烛树脂醇 -3*α*-*O*-*β*-D- 吡喃木糖苷 (-)-lyoniresinol-3*α*-*O*-*β*-D-xylopyranoside
(+)- 南烛树脂醇 -3*α*-*O*-*β*-D- 吡喃木糖苷 (+)-lyoniresinol-3*α*-*O*-*β*-D-xylopyranoside
(-)- 南烛树脂醇 -3*α*-*O*-*β*-D- 吡喃葡萄糖苷 (-)-lyoniresinol-3*α*-*O*-*β*-D-glucopyranoside
(+)- 南烛树脂醇 -3*α*-*O*-*β*-D- 吡喃葡萄糖苷 (+)-lyoniresinol-3*α*-*O*-*β*-D-glucopyranoside
(2*R*,3*R*,4*S*)- 南烛树脂醇 -3*α*-*O*-*β*-D- 吡喃葡萄糖苷 (2*R*,3*R*,4*S*)-lyoniresinol-3*α*-*O*-*β*-D-glucopyranoside
(2*R*,3*S*,4*R*)- 南烛树脂醇 -3*α*-*O*-*β*-D- 吡喃葡萄糖苷 (2*R*,3*S*,4*R*)-lyoniresinol-3*α*-*O*-*β*-D-glucopyranoside
(2*S*,3*R*,4*S*)- 南烛树脂醇 -3*α*-*O*-*β*-D- 吡喃葡萄糖苷 (2*S*,3*R*,4*S*)-lyoniresinol-3*α*-*O*-*β*-D-glucopyranoside
(2*S*,3*S*,4*R*)- 南烛树脂醇 -3*α*-*O*-*β*-D- 吡喃葡萄糖苷 (2*S*,3*S*,4*R*)-lyoniresinol-3*α*-*O*-*β*-D-glucopyranoside
南烛树脂醇 -3*α*-*O*-*β*-D- 吡喃葡萄糖苷 lyoniresinol-3*α*-*O*-*β*-D-glucopyranoside
(-)- 南烛树脂醇 -3-*α*-*O*-*β*-D- 吡喃葡萄糖苷 (-)-lyoniresinol-3-*α*-*O*-*β*-D-glucopyranoside
(+)- 南烛树脂醇 -3*α*-*O*-*β*-D- 呋喃芹糖基 -(1 → 2)-*β*-D- 吡喃葡萄糖苷 (+)-lyoniresinol-3*α*-*O*-*β*-D-apiofuranosyl-(1 → 2)-*β*-D-glucopyranoside
(+)- 南烛树脂醇 -3*α*-*O*-*β*-D- 葡萄糖苷 (+)-lyoniresinol-3a-*O*-*β*-D-glucopyranoside
南烛树脂醇 -3*α*-*O*-*β*- 吡喃阿拉伯糖苷 lyoniresinol-3*α*-*O*-*β*-arabinopyranoside
(-)- 南烛树脂醇 -3*α*-*O*-*β*- 吡喃葡萄糖苷 (-)-lyoniresinol-3*α*-*O*-*β*-glucopyranoside
(+)- 南烛树脂醇 -3*α*-*O*-*β*- 吡喃葡萄糖苷 (+)-lyoniresinol-3*α*-*O*-*β*-glucopyranoside
南烛树脂醇 -3*α*-*O*-*β*- 吡喃鼠李糖苷 lyoniresinol-3*α*-*O*-*β*-rhamnopyranoside
(+)- 南烛树脂醇 -3-*β*-*O*-(6''-3,5- 二甲氧基 -4- 羟基苯甲酰基)-*β*-D- 吡喃葡萄糖苷 (+)-lyoniresinol-3-*β*-*O*-(6''-3,5-dimethoxy-4-hydroxybenzoyl)-*β*-D-glucopyranoside
(-)- 南烛树脂醇 -4,9'- 二 -*O*-*β*-D- 吡喃葡萄糖苷 (-)-lyoniresinol-4,9'-di-*O*-*β*-D-glucopyranoside
(+)- 南烛树脂醇 -4-*O*-*β*-D- 吡喃葡萄糖苷 (+)-lyoniresinol-4-*O*-*β*-D-glucopyranoside
南烛树脂醇 -4'-*O*-*β*- 吡喃葡萄糖苷 lyoniresinol-4'-*O*-*β*-glucopyranoside
(7'*S*,8'*R*,8*R*)- 南烛树脂醇 -9,9'- 二 -*O*- 反式 - 阿魏酸酯 (7'*S*,8'*R*,8*R*)-lyoniresinol-9,9'-di-*O*-*trans*-feruloyl ester
(+)-(7*S*,8*R*,8'*R*)- 南烛树脂醇 -9-*O*-*β*-D-(6''-*O*- 反式 - 芥子酰基)- 吡喃葡萄糖苷 (+)-(7*S*,8*R*,8'*R*)-lyoniresinol-9-*O*-*β*-D-(6''-*O*-*trans*-sinapoyl)-glucopyranoside
南烛树脂醇 -9'-*O*-*β*-D- 吡喃木糖苷 lyoniresinol-9'-*O*-*β*-D-xylopyranoside
(-)- 南烛树脂醇 -9'-*O*-*β*-D- 吡喃葡萄糖苷 (-)-lyoniresinol-9'-*O*-*β*-D-glucopyranoside

(+)- 南烛树脂醇 -9'-*O*-*β*-D- 吡喃葡萄糖苷 (+)-lyoniresinol-9'-*O*-*β*-D-glucopyranoside
南烛树脂醇 -9'-*O*-*β*-D- 吡喃葡萄糖苷 lyoniresinol-9'-*O*-*β*-D-glucopyranoside
(-)- 南烛树脂醇 -9-*O*-*β*-D- 吡喃葡萄糖苷 (-)-lyoniresinol-9-*O*-*β*-D-glucopyranoside
(+)- 南烛树脂醇 -9-*O*-*β*-D- 吡喃葡萄糖苷 (+)-lyoniresinol-9-*O*-*β*-D-glucopyranoside
南烛树脂醇 -9-*O*-*β*-D- 吡喃葡萄糖苷 lyoniresinol-9-*O*-*β*-D-glucopyranoside
(7'*S*,8'*R*,8*R*)- 南烛树脂醇 -9-*O*- 反式 - 阿魏酸酯 (7'*S*,8'*R*,8*R*)-lyoniresinol-9-*O*-*trans*-feruloyl ester
南烛树脂醇 -9-*O*- 鼠李糖苷 lyoniresinol-9-*O*-rhamnoside
南烛树脂醇 -9'-*β*-D- 吡喃葡萄糖苷 lyoniresinol-9'-*β*-D-glucopyranoside
南烛素▲ A lyonin A
(+)- 南烛脂苷▲ (+)-lyoniside
南烛脂苷▲ lyoniside
南紫薇宾碱▲ A sarusubine A
南紫薇碱▲ I, II lasubine I, II
南紫薇辛碱▲ I, II subcosine I, II
3-*O*-[*α*-L- 喃阿拉伯糖基 -(1 → 4)-[2-*O*- 乙酰基]-*β*-D- 吡喃葡萄糖醛酸基 -28-*O*-[*β*-D- 吡喃葡萄糖基]- 齐墩果酸 3-*O*-[*α*-L-arabinopyranosyl-(1→4)-[2-*O*-acetyl]-*β*-D-glucuronopyranosyl-28-*O*-[*β*-D-glucopyranosyl]-oleanolic acid
囊萼番薯素▲ VII operculin VII
囊萼番薯酸▲ A, B operculinic acid A, B
囊管草瑞香素▲ vesiculosin
囊距翠雀醇▲ delbruninol
囊距翠雀碱 brunonine
囊距翠雀灵 delbruline
囊距翠雀宁 delbrunine
囊距翠雀星 delbrusine
囊状毛蕊花苷▲ saccatoside
脑苷 cerebroside
脑苷 A, AS-1-1~AS-1-5, B, C, D cerebroside A, AS-1-1~AS-1-5, B, C, D
脑磷脂 cephalin
内布罗迪麻黄苷▲ A nebrodenside A
10*α*,11- 内过氧 -1(2)-en-7*α*- 羟基荒漠木 10*α*,11-endopero-xide-1(2)-en-7*α*-hydroeremophilane
内过氧化物 G_3 endoperoxide G_3
内华达依瓦菊素▲ nevadensin
内华达依瓦菊素▲ -5-*O*-*β*-D- 吡喃葡萄糖苷 nevadensin-5-*O*-*β*-D-glucopyranoside
内华达依瓦菊素▲ -5-*O*-*β*-D- 吡喃葡萄糖基 -(1 → 6)-*β*-D- 吡喃葡萄糖苷 nevadensin-5-*O*-*β*-D-glucopyranosyl-(1 → 6)-*β*-D-glucopyranoside
内华达依瓦菊素▲ -7-*O*-[*β*-L- 吡喃鼠李糖基 -(1 → 6)]-*β*-D- 吡喃葡萄糖苷 nevadensin-7-*O*-[*β*-L-rhamnopyranosyl-(1 → 6)]-*β*-D-glucopyranoside
内华达依瓦菊素▲ -7-*O*-*β*-D- 吡喃葡萄糖苷 nevadensin-7-*O*-*β*-D-glucopyranoside
内华达依瓦菊素▲ -7-*O*-*β*- 吡喃葡萄糖苷 nevadensin-7-*O*-*β*-glucopyranoside
内黄肾岛衣素▲ endocrocin
内南五味子素 interiorin
内南五味子素 B, C, D interiorin B, C, D
内南五味子酯 A~D interiotherin A~D
内向 -1,3,3- 三甲基 -2- 降龙脑醇乙酸酯 *endo*-1,3,3-trimethyl-2-norbornanol acetate
内向 -2, 内向 -3- 二甲基降龙脑 - 外向 -2- 醇 *endo*-2,*endo*-3-dimethylnorbornan-exo-2-ol
内向 - 茴香醇乙酸酯 *endo*-fenchyl acetate
内向 - 龙脑 *endo*-borneol
(+)-5- 内向 - 羟基樟脑 (+)-5-*endo*-hydroxycamphor
(1*S*,4*R*,6*R*)-(+)-6- 内向 - 羟基樟脑 (1*S*,4*R*,6*R*)-(+)-6-*endo*-hydroxycamphor
(1*R*,4*R*,5*S*)-5- 内向 - 羟基樟脑 -5-*O*-*β*-D- 吡喃葡萄糖苷 (1*R*,4*R*,5*S*)-5-*endo*-hydroxycamphor-5-*O*-*β*-D-glucopyranoside
内向 - 香叶天竺葵烷醇▲ *endo*-bourbonanol
内向 - 乙酸龙脑酯 *endo*-bornyl acetate
内消旋 -2,3- 二 -(3,4,5- 三甲氧基苯甲酰基) 丁烷 *meso*-2,3-bis-(3,4,5-trimethoxybenzoyl)butane
内消旋 -3,5- 二乙酰氧基 -1,7- 二 (4- 羟基 -3- 甲氧基苯基)- 庚烷 *meso*-3,5-diacetoxy-1,7-bis (4-hydroxy-3-methoxyphengyl)-heptane
内消旋 - 单甲基二氢愈创木酸 *meso*-monomethyl-dihydroguaiaretic acid
内消旋 - 丁烷 -2,3- 二醇 -2-*O*-*β*-D- 吡喃葡萄糖苷 *meso*-butane-2,3-diol-2-*O*-*β*-D-glucopyranoside
内消旋 - 二氢愈创木酸 *meso*-dihydroguaiaretic acid
内消旋 - 肌醇 *meso*-inositol
内消旋 - 蜡梅碱 *meso*-chimonanthine
内消旋 - 裂环异落叶松树脂醇 *meso*-secoisolariciresinol
内消旋 - 日本楤木醇▲ *meso*-hannokinol
内消旋 - 三羟基哌啶 *meso*-trihydroxypiperidine
内消旋 - 四甲氧基 -4,4'-(2,3- 二甲基四亚甲基) 二 -1,2- 二羟基苯 *meso*-tetramethoxy-4,4'-(2,3-dimethyltetramethylene) dipyrocatechol
内消旋 - 四氢刻叶紫堇明碱 *meso*-tetrahydrocorysamine
内雄楝林素▲ phragmalin
内雄楝林素▲ -3,30- 二异丁酸酯 phragmalin-3,30-diisobutyrate
内雄楝林素▲单乙酰物 phragmalin monoacetate
内折香茶菜醇 inflexinol
内折香茶菜苷 A, B inflexuside A, B
内折香茶菜宁 A~K inflexarabdonin A~K
内折香茶菜赛宁▲ A~D inflexanin A~D
内折香茶菜素 inflexusin
内折香茶菜素 B inflexusin B
内折香茶菜萜素▲ A, B rabdoinflexin A, B
内折香茶菜辛▲ inflexin
尼奥木素▲ -NP36 cneorin-NP36
尼罗河柽柳亭▲ nilocitin
尼罗河杜楝素▲ niloticin
尼罗河杜楝素▲乙酸酯 niloticin acetate
尼泊尔常春藤素 -3 nepalin-3
尼泊尔常春藤皂苷 F, H HN saponin F, H
尼泊尔黄堇碱▲ henderine
尼泊尔鼠李素▲ A, B, C rhamnepalin A, B, C
尼泊尔嵩草酚▲ B napalensinol B
尼泊尔酸模酚苷▲ A, B rumexneposide A, B
尼泊尔酸模苷▲ A, B nepalenside A, B
尼泊尔酸模素 nepodin; musizin
尼泊尔酸模素 -1-*O*-*β*-D- 吡喃葡萄糖苷 musizin-1-*O*-*β*-D-glucopyranoside
尼泊尔酸模素 -8-*O*-*β*-D- 吡喃葡萄糖苷 nepodin-8-*O*-*β*-D-glucopyranoside
尼泊尔天名精内酯▲ A~D nepalolide A~D

N

尼泊尔鸢尾黄酮 irisoridon
尼泊尔鸢尾异黄酮 irisolidone
尼泊尔鸢尾异黄酮 -7-*O*-*α*-D- 葡萄糖苷 irisolidone-7-*O*-*α*-D-glucoside
尼泊尔鸢尾异黄酮 -7-*O*- 葡萄糖苷 irisolidone 7-*O*-glucoside
尼泊尔鸢尾异黄酮 -7- 吡喃木糖基葡萄糖苷 irisolidone-7-xylosylglucoside
尼泊金 M nipagin M
尼泊金酸 -4-*O*- 新橙皮糖苷 nipagin acid-4-*O*-neohesperidoside
尼润花碱▲ nerinine
尼斯爵床苷▲B neesiinoside B
(-)-(*R*)- 尼亚金梅草酚▲ (-)-(*R*)-nyasol
(+)- 尼亚小金梅草酚▲ (+)-nyasol
尼亚小金梅草酚▲ nyasol
尼亚小金梅草苷▲ nyasicoside
尼鸢尾黄素 nigricin
尼鸢尾黄素甲醚 irisolone methyl ether
泥胡菜木烯苷 hemislienoside
泥胡菜三萜醚 hemistriterpene ether
泥胡菜素▲ hemistepsin
泥胡菜素▲A, B hemistepsin A, B
泥湖菜神经酰胺▲ hemisceramide
泥炭藓酸 sphagnum acid
泥炭藓玉红素 sphagnorubin
拟爱神木素▲ jaboticabin
拟蓖麻酮▲ heudelotinone
拟柄羽鳞毛蕨素▲BB aemulin BB
拟层孔菌苷▲A~J fomitoside A~J
拟层孔菌内酯▲A, B, C fomlactone A, B, C
拟层孔菌素▲A, C fomitopsin A, C
拟层孔菌酸▲A, B fomitopinic acid A, B
拟黄花乌头碱 anthoroidine
拟九节苷▲ gaertneroside
拟南大戟内酯▲A, B pseudojolkinolide A, B
拟欧蟹甲草内酯▲ adenostylide
拟欧蟹甲草素▲A, B adenostin A, B
拟盘多毛孢碱▲A pestalotiopsoid A
拟盘多毛孢素▲A~E pestalasin A~E
拟盘多毛孢酮▲A~F pestalotiopsone A~F
19,20-(*Z*)- 拟佩西木碱▲ 19,20-(*Z*)-affinisine
拟缺香茶菜素 excisoidesin
拟缺香茶菜酮 excisoidone
拟石黄衣醇▲ fallacinol
拟石黄衣素▲ fallacinal
拟唢呐草苷▲ tellimoside
拟唢呐草素▲ tellimagrandin
拟唢呐草素▲I, II tellimagrandin I, II
拟洋椿素▲ cedrelopsin
拟樱桃素▲环氧化物 osmaronin epoxide
拟芸香胺▲ haplamine
拟芸香定碱▲ haplosidine
拟芸香苷▲A~F haploside A~F
拟芸香宁碱▲ haplosinine
拟芸香品碱 haplopine
拟芸香萨明▲ haplosamine
逆熊耳草碱▲ retrohoustine
逆异千里光碱▲ retroisosenine
粘萼蝇子草醇苷▲A, B visciduloside A, B
粘萼蝇子草苷▲D, F silenoviscoside D, F
粘毛黄芩素 I, II, III viscidulin I, II, III
粘毛黄芩素 II-2'-*O*-*β*-D- 吡喃葡萄糖苷 viscidulin II-2'-*O*-*β*-D-glucopyranoside
粘毛黄芩素 III-2'-*O*-*β*-D- 吡喃葡萄糖苷 viscidulin III-2'-*O*-*β*-D-glueopyranoside
粘毛蓼薁松酮▲ viscoazusone
粘毛蓼薁酮▲ viscoazulone
粘毛蓼薁烯酸▲ viscozulenic acid
粘毛蓼薁烯酸▲甲酯 viscozulenic acid methyl ester
粘毛蓼薁辛▲ viscoazucin
粘毛蓼薁辛酸▲ viscoazucinic acid
粘毛蓼酸▲ viscosumic acid
粘性旋覆花内酯 inuviscolide
粘叶莸酸 glutinic acid
黏奥德蘑素▲ mucidin
黏多糖 mucopolysaccharide
黏果酸浆醇内酯▲ ixocarpanolide
黏果酸浆内酯▲A, B ixocarpalactone A, B
黏康酸 muconic acid
黏乳菇素▲ blennin
黏乳菇素▲A, D blennin A, D
黏酸浆内酯▲B viscosalactone B
黏酸浆诺内酯▲ visconolide
黏液酸 mucic acid
黏液酸 -1,4- 内酯 -2-*O*- 没食子酸酯 mucic acid-1,4-lactone-2-*O*-gallate
黏液酸 -1,4- 内酯 -3,5- 二 -*O*- 没食子酸酯 mucic acid-1,4-lactone-3,5-di-*O*-gallate
黏液酸 -1,4- 内酯 -3-*O*- 没食子酸酯 mucic acid-1,4-lactone-3-*O*-gallate
黏液酸 -1,4- 内酯 -5-*O*- 没食子酸酯 mucic acid-1,4-lactone-5-*O*-gallate
黏液酸 -1,4- 内酯甲酯 -2-*O*- 没食子酸酯 mucic acid-1,4-lactone methyl ester-2-*O*-gallate
黏液酸 -1,4- 内酯甲酯 -5-*O*- 没食子酸酯 mucic acid-1,4-lactone methyl ester-5-*O*-gallate
黏液酸 -1- 甲酯 -2-*O*- 没食子酸酯 mucic acid-1-methyl ester-2-*O*-gallate
黏液酸 -1- 甲酯 -6- 乙酯 mucic acid-1-methyl ester-6-ethyl ester
黏液酸 -2-*O*- 没食子酸酯 mucic acid-2-*O*-gallate
黏液酸 -6- 甲酯 -2-*O*- 没食子酸酯 mucic acid-6-methyl ester-2-*O*-gallate
黏液酸二甲酯 mucic acid dimethyl ester
黏液酸二甲酯 -2-*O*- 没食子酸酯 mucic acid dimethyl ester-2-*O*-gallate
黏质罗林果碱▲ romucosine
念珠囊褐藻酮▲C moniliferanone C
念珠藻香堇酮▲ nostocionone
鸟苷 guanosine
鸟嘌呤 guanine
茑萝酸▲A quamoclinic acid A
尿苷 uridine
尿苷三乙酸酯 uridine triacetate
尿嘧啶 uracil
尿嘧啶 -5-*β*-D- 呋喃果糖基 -1'- 单磷酸酯 uracil-5-*β*-D-fructofuranosyl-1'-monophosphate
尿嘧啶 -5-*β*-D- 呋喃核糖基 -2',3'- 环单磷酸酯 uracil-5-*β*-D-ribofuranosyl-2',3'-cyclic monophosphate
尿嘧啶葡萄糖苷 uracil glucoside
尿囊素 allantoin
尿石素 A, B urolithin A, B

N

尿萜醇▲ uroterpenol
脲基甲酸乙酯 ethyl allophanate
柠康酸酐 citraconic anhydride
柠檬桉灵▲ citriodorin
柠檬叉丙二酸内酯 citrylidenemalonic acid
柠檬酚 citrusinol
柠檬黄酚 limocitrol
柠檬黄素 limocitrin
柠檬黄酮内酯 A, B limonflavonyl lactone A, B
柠檬苦素 limonin
柠檬苦素 -17-*β*-D- 吡喃葡萄糖苷 limonin-17-*β*-D-glucopyranoside
柠檬苦素地奥酚 limonin diosphenol
柠檬苦素葡萄糖苷 limonin glucoside
柠檬林素▲ nomilin
柠檬林素▲-17-*β*-D- 吡喃葡萄糖苷 nomilin-17-*β*-D-glucopyranoside
柠檬林素▲葡萄糖苷 nomilin glucoside
柠檬林酸▲ nomilinic acid
柠檬林酸▲-17-*β*-D- 吡喃葡萄糖苷 nomilinic acid-17-*β*-D-glucopyranoside
柠檬林酸▲-4-*β*- 吡喃葡萄糖苷 nomilinic acid 4-*β*-glucopyranoside
柠檬林酸▲葡萄糖苷 nomilinic acid glucoside
柠檬柰酸▲ limonexic acid
柠檬宁素 limonianin
柠檬诺酸▲ limonoic acid
(*E*)- 柠檬醛 (*E*)-citral
(*Z*)- 柠檬醛 (*Z*)-citral
柠檬醛 citral
柠檬素 limocutrin
柠檬素 -3,7- 二葡萄糖苷 limocitrin-3,7-diglucoside
柠檬素 -3- 葡萄糖苷 limocitrin-3-glucoside
柠檬酸 citric acid
1,5- 柠檬酸二甲酯 1,5-dimethylcitrate
柠檬酸二甲酯 dimethyl citrate
柠檬酸甲酯 methyl citrate
柠檬酸三甲酯 trimethyl citrate
柠檬酸三甲酯 -*β*-D- 半乳糖苷 trimethylcitryl-*β*-D-galactopyranoside
柠檬酸三乙酯 tri-ethyl citrate
(-)- 柠檬烯 (-)-limonene
(+)- 柠檬烯 (+)-limonene
Δ- 柠檬烯 *Δ*-limonene
D- 柠檬烯 D-limonene
l- 柠檬烯 *l*-limonene
α- 柠檬烯 *α*-limonene
γ- 柠檬烯 *γ*-limonene
柠檬烯 limonene
柠檬烯 -1,2- 二醇 limonene-1,2-diol
柠檬烯 -4- 醇 limonen-4-ol
柠檬烯氧化物 limonene oxide
柠檬辛 limonexin
柠檬叶牡荆苷▲ limoniside
柠檬油素 limettin
柠檬甾二烯醇 citrostadienol
柠条醇 A carainterol A
凝集素 agglutinin; lectin
凝毛杜鹃素 phaeochrysin
凝血素 Q coagulin Q
牛白藤蒽醌苷▲ A~E hedanthroside A~E
牛白藤醚萜苷▲ A, B hediridoside A, B
牛蒡醇▲ A~F, H lappaol A~F, H
牛蒡醇 a, b arctinol a, b
(-)- 牛蒡苷 (-)-arctiin
牛蒡苷 arctiin
(-)- 牛蒡苷元 (-)-arctigenin
(+)- 牛蒡苷元 (+)-arctigenin
牛蒡苷元 arctigenin
牛蒡苷元 -4-*O*-(2''-*O*- 乙酰基 -*β*-D- 葡萄糖苷）arctigenin-4-*O*-(2''-*O*-acetyl-*β*-D-glucoside)
牛蒡苷元 -4-*O*-(3''-*O*- 乙酰基 -*β*-D- 葡萄糖苷 arctigenin-4-*O*-(3''-*O*-acetyl-*β*-D-glucoside)
牛蒡苷元 -4-*O*-(6''-*O*- 乙酰基 -*β*-D- 葡萄糖苷 arctigenin-4-*O*-(6''-*O*-acetyl-*β*-D-glucoside
牛蒡苷元 -4'-*O*-*β*- 龙胆二糖苷 arctigenin-4'-*O*-*β*-gentiobioside
牛蒡苷元 -4'- 龙胆二糖苷 arctigenin-4'-gentiobioside
(-)- 牛蒡苷元 -4'- 葡萄糖苷 (-)-arctigenin-4'-glucoside
牛蒡苷元甲醚 arctigenin methyl ether
牛蒡苷元酸▲ arctigenic acid
牛蒡苦素 arctiopicrin
牛蒡木脂素▲ AL-D, AL-F, F, G, H arctignan AL-D, AL-F, F, G, H
牛蒡醛 arctinal
牛蒡噻吩 a, b lappaphen a, b
牛蒡酸 arctic acid
牛蒡酸 b, c arctic acid b, c
牛蒡酸 b 甲酯 acrctate b methyl ester
牛蒡酮 arctinone
牛蒡酮 a, b arctinone a, b
牛蒡酮 a 乙酸酯 arctinone a acetate
牛蒡烯醇▲ arctiol
牛蒡子苷 actiin
牛鼻栓苷 fortunearoside
牛鼻栓苷 A~E, G~L fortuneanoside A~E, G~L
牛扁定碱 puberanidine
牛扁灵碱▲ A~F puberuline A~F
牛扁明碱▲ A~D puberumine A~D
牛扁宁碱 puberanine
牛扁替定碱 puberaconitidine
牛扁亭碱 puberaconitine
牛扁亭碱铵▲ ammonium puberaconitine
牛叠肚苷▲ crataegioside
牛耳枫胺▲ daphnicamine
牛耳枫定碱▲ A~R caldaphnidine A~R
牛耳枫苷碱▲ A, B, C, F daphcalycinosidine A, B, C, F
牛耳枫碱 A calycinine A
牛耳枫卡定碱▲ daphnicadine
牛耳枫卡林碱▲ daphnicaline
牛耳枫林碱▲ A, B, D~P calyciphylline A, B, D~P
牛耳枫明碱▲ A, B calycinumine A, B
牛耳枫内酯 A calycilactone A
牛耳枫钦碱▲ calycine
牛耳枫酸▲ daphcalycic acid
牛耳枫酮▲ calydaphninone
牛耳枫辛碱▲ daphcalycine
牛防风素 sphondin
牛肝菌酚▲ boletol
牛肝菌内酯▲ pulverolide
牛蒿灵▲ taurin
牛蒿素 tauremisin
牛磺酸 taurine
牛角瓜毒素▲ calotoxin

N

牛角瓜苷▲ A~G calotroposide A~G
牛角瓜苷元 calotropagenin
牛角瓜素▲ calotropin
牛角瓜亭▲ calactin
牛角瓜亭内酯▲ calactinolactone
牛角瓜亭酸▲ calactinic acid
牛角瓜亭酸▲甲酯 calactinic acid methyl ester
牛角瓜亭酸▲乙酯 calactinic acid ethyl ester
牛角瓜酮▲ calotropone
牛角瓜辛▲ giganticine
牛角瓜熊果烯醇▲乙酸酯 B, C, D calotropursenyl acetate B, C, D
牛角瓜羽扇豆醇▲乙酸酯 A calotroplupenyl acetate A
牛筋果醇 A harrisonol A
牛筋果醇酮▲ perforatinolone
牛筋果福灵▲ A, B_1, B_3, C_2, D~G haperforine A, B_1, B_3, C_2, D~G
牛筋果苦木素▲ A, B, C perforaquassin A, B, C
牛筋果利亭 foritin
牛筋果灵 A perforin A
牛筋果灵 C_2 harperforin C_2
牛筋果内酯▲ harperfolide
牛筋果宁 harrisonin
牛筋果色酮▲ harperamone
牛筋果色酮 A~D perforamone A~D
牛筋果素▲ perforatin
牛筋果素▲ A~G perforatin A~G
牛筋果酸 perforatic acid
牛筋果酸甲酯 perforatic acid methyl ester
牛筋果萜▲ B, C harrpernoid B, C
牛筋果亭▲ harperforatin
牛筋果酮 A~E harrisotone A~E
牛奶菜苷▲ A~M marsdenoside A~M
17β- 牛奶菜宁 17β-marsdenin
牛奶菜酮 marsdenone
牛皮消苷▲ I, II, III, IV, A, B auriculoside I, II, III, IV, A, B
牛皮叶 -3β,22α- 二醇 stictan-3β,22α-diol
牛皮叶酸▲ stictic acid
牛七碱 szechenyine
牛舌草苷 2~5, 7, 8, 9, 11 anchusoside 2~5, 7, 8, 9, 11
牛蹄豆苷▲ A~K pitheduloside A~K
牛蹄豆素▲ dulcin
牛尾菜苷▲ A, B riparoside A, B
牛尾草林素▲ ternifolin
牛尾草内酯 A, B, C ternifolide A, B, C
牛尾草宁▲ A~H rabdoternin A~H
牛尾草素 A, B isodoternifolin A, B
牛尾蒿酮 subdigitatone
牛膝多糖 AbPS
牛膝苷▲ I, II, C, D achyranthoside I, II, C, D
牛膝苷▲ A 三甲酯 achyranthoside A trimethyl ester
牛膝苷▲ C 丁基二甲酯 achyranthoside C butyl dimethyl ester
牛膝苷▲ C 二甲酯 achyranthoside C dimethyl ester
牛膝苷▲ D 三甲酯 achyranthoside D trimethyl ester
牛膝苷▲ E 丁基二甲酯 achyranthoside E butyl methyl ester
牛膝苷▲ E 二甲酯 achyranthoside E dimethyl ester
牛膝苷▲ E 三甲酯 achyranthoside E trimethyl ester
牛膝菊苷▲ A, B galinsoside A, B
牛膝托苷▲ I, II bidentatoside I, II
牛膝新甾酮 A, B, C niuxixinsterone A, B, C
25R- 牛膝甾酮 25R-inokosterone
25S- 牛膝甾酮 25S-inokosterone
牛膝甾酮 inokosterone
25S- 牛膝甾酮 -20,22- 丙酮化物 (25S)-inokosterone-20,22-acetonide
牛膝甾酮 -20,22- 丙酮化物 inokosterone-20,22-acetonide
牛膝皂苷▲ A, B achyranthes saponin A, B
(+)- 牛心果碱 (+)-reticuline
(S)- 牛心果碱 (S)-reticuline
牛心果碱 reticuline
(+)-1S,2S- 牛心果碱 -$N_α$- 氧化物 (+)-1S,2S-reticuline-$N_α$-oxide
(+)-1S,2R- 牛心果碱 -$N_β$- 氧化物 (+)-1S,2R-reticuline-$N_β$-oxide
牛心果素▲ -2, -1 reticulatain -2, -1
牛心果替辛▲ annonareticin
牛心果亭▲ A annonaretin A
牛心果酮▲ reticulacinone
牛心果辛▲ reticulatacin
牛心果因▲ annoreticuin
牛心果因▲ -9- 酮 annoreticuin-9-one
牛眼马钱定 angustidine
牛眼马钱林碱▲ angustoline
牛眼马钱亭 angustine
牛眼赛菊芋素▲ heliobuphthalmin
牛油果醇▲ butyrospermol
牛油果醇▲乙酸酯 butyrospermol acetate
牛油果烯醇▲ parkeol
牛脂烯酸▲ vaccenic acid
牛至酚▲ A, B origanol A, B
牛至酚苷▲ origanoside
牛至宁▲ A, B, C origanine A, B, C
扭肚藤苷▲ A, B, C jasamplexoside A, B, C
扭茎西风芹苷▲ tortuoside
扭旋马先蒿苷▲ A~F tortoside A~F
扭叶贝母碱▲ tortifoline
扭叶贝母辛▲ tortifolisine
25S- 纽阿替皂苷元 -3-O-α-L- 吡喃鼠李糖基 -(1 → 2)[α-L- 吡喃鼠李糖基 -(1 → 4)-β-D- 吡喃葡萄糖苷 25S-isonuatigenin-3-O-α-L-rhamnopyranosyl-(1 → 2)[α-L-rhamnopyranosyl-(1 → 4)-β-D-glucopyransoide
纽子果酚▲ A~E virenol A~E
纽子花苷▲ solanoside
纽子花洛苷▲ vallaroside
纽子花诺苷▲ vallarosolanoside
纽子花索苷▲ vallarisoside
农杆菌黄芪苷▲ I, II, III, IV, V agroastragaloside I, II, III, IV, V
努特卡扁柏醇▲ nootkatinol
努特卡扁柏素▲ nootkatin
努特卡扁柏酮▲ nootkatone
努特卡扁柏烯▲ nootkatene
怒江山茶素▲ saluenin
诺卜醇 nopol
诺卜醇乙酸酯 nopol acetate
(+)- 诺蒎酮 D-nopinone
诺蒎酮 nopinone
糯米香草苷 nuomioside
糯米香草苷 A nuomioside A
(8Z)- 女贞苷 (8Z)-ligstroside
女贞苷 ligstroside; ligustroside
女贞苷酸 ligustrosidic acid
女贞苷元甲基半缩醛 methyl acetal of ligstroside aglycone
女贞苦苷 nuezhengalaside

N

女贞洛苷▲ A, B ligustaloside A, B
女贞洛苷▲ B 二甲基乙缩醛 ligustaloside B dimethyl acetal
女贞莫苷▲ A, B, C lucidumoside A, B, C
女贞诺苷▲ nuezhenoside
女贞醛 ligustral
女贞酸 nuezhenidic acid
女贞泽兰素▲ eupatolitin
女贞泽兰亭▲ -3-*O*-*β*-D- 吡喃半乳糖苷 eupalitin-3-*O*-*β*-D-galactopyranoside
女贞泽兰亭▲ -3-*O*-*β*-D- 吡喃半乳糖基 -(1" → 2")-*O*-*β*-D- 吡喃半乳糖苷 eupalitin-3-*O*-*β*-D-galactopyranosyl-(1" → 2")-*O*-*β*-D-galactopyranoside
女贞泽兰亭▲ -3-*O*-*β*-D- 葡萄糖苷 eupalitin-3-*O*-*β*-D-glucoside
女贞泽兰亭▲ -3-*O*- 硫酸酯 eupalitin-3-*O*-sulfate
(8*E*)- 女贞子苷 (8*E*)-nuezhenide
女贞子苷 nuezhenide
(8*Z*)- 女贞子苷 A (8*Z*)-nuezhenide A

O

欧白英定▲ soladulcidine
欧白英定▲ -3-*O*-*β*-D- 吡喃葡萄糖基 -(1 → 2)-[*β*-D- 吡喃木糖基 -(1 → 3)-*β*-D- 吡喃葡萄糖基 (1 → 5)-*β*-D- 吡喃半乳糖苷 soladulcidine-3-*O*-*β*-D-glucopyranosyl-(1 → 2)-[*β*-D-xylopyranosyl-(1 → 3)-*β*-D-glucopyranosyl-(1 → 4)-*β*-D-galactopyranoside
欧白英定▲ -3-*O*-*β*- 石蒜四糖苷 soladulcidine-3-*O*-*β*-lycotetraoside
α- 欧白英碱▲ *α*-solamarine
β- 欧白英碱▲ *β*-solamarine
欧白英碱▲ solamarine
α- 欧白英辛▲ *α*-soladulcine
β- 欧白英辛▲ *β*-soladulcine
γ- 欧白英辛▲ *γ*-soladulcine
欧白英辛▲ A, B soladulcine A, B
欧丹参醇▲ sclareol
欧丹参醇▲ -18-*β*-D- 吡喃葡萄糖苷 sclareol-18-*β*-D-glucopyranoside
欧丹参内酯▲ sclareolide
欧丹参烯▲ sclarene
欧当归内酯 A, B levistolide A, B
欧地笋冷杉醇▲ euroabienol
欧丁香醇▲ lilac alcohol
欧丁香醇▲ A~D lilac alcohol A~D
欧丁香醇▲环氧化物 lilac alcohol epoxide
欧丁香苷▲ lilacoside
欧丁香醛▲ lilac aldehyde
欧丁香醛▲ A~D lilac aldehyde A~D
欧甘草素 A, B hispaglabridin A, B
欧桧醛▲ junicedral
欧活血丹碱▲ A, B hederacine A, B
欧夹竹桃醇▲ oleanderol
欧夹竹桃地高苷▲ oleandigoside
欧夹竹桃二酮▲ kanerodione
欧夹竹桃苷 oleandrin
欧夹竹桃苷元 oleandrigenin
欧夹竹桃灵▲ kanerin
(+)- 欧夹竹桃洛苷▲ (+)-kaneroside
欧夹竹桃洛苷▲ kaneroside
欧夹竹桃醚酸▲ oleanderoic acid
欧夹竹桃内酯▲ oleanderolide
欧夹竹桃任苷 adynerin
欧夹竹桃任苷元 adynerigenin
欧夹竹桃酸▲ kaneric acid
欧夹竹桃烯▲ oleanderene
欧夹竹桃辛▲ kanerocin
欧夹竹桃酯酸▲ oleanderocioic acid
欧菊内酯 crispolide
欧龙胆碱 gentialutine
欧马桑亭▲ coriamyrtin
欧木樨榄醛▲ -8-*O*-*β*-D- 吡喃葡萄糖苷 oleuropeic aldehyde-8-*O*-*β*-D-glucopyranoside
(+)- 欧女贞苷▲ (+)-phillyrin
欧女贞苷▲ phillyrin
(-)- 欧女贞苷元▲ (-)-phillygenin
(+)- 欧女贞苷元▲ (+)-phillygenin
欧女贞苷元▲ phillygenin
欧女贞苷元酚▲ phillygenol
欧杞柳苷▲ caesioside
欧前胡醇 ostruthol
欧前胡酚▲ osthenol
欧前胡酚▲ -7-*O*-*β*-D- 龙胆二糖苷 osthenol-7-*O*-*β*-D-gentiobioside
欧前胡酚▲ -7-*O*-*β*- 龙胆二糖苷 osthenol-7-*O*-*β*-gentiobioside
欧前胡醚▲ osthol; osthole
欧前胡素 imperatorin
(*E*)- 欧前胡烯酮▲ (*E*)-osthenone
欧前胡烯酮▲ osthenone
欧前胡辛▲ ostruthin
欧芹苷▲ petroside
欧芹酸 petroselinic acid
欧芹酮▲ crispanone
欧芹烷▲ crispane
欧芍药苷▲ paeonidanin
欧芍药苷▲ A~E paeonidanin A~E
欧芍药苷元▲ paeonidangenin
欧鼠李苷 frangulin
欧鼠李苷 A, B frangulin A, B
欧鼠李苷 A 过乙酸酯 frangulin A peracetate
欧鼠李碱 franganine
欧鼠李宁碱▲ frangulanine
欧鼠李叶碱 frangufoline
欧鼠素大黄素▲ frangulaemodin
欧天芥菜碱 europine
欧乌头碱 napelline
欧乌头碱 -*N*- 氧化物 napelline-*N*-oxide
欧细辛脑 euasarone
欧夏至草醇 marrubenol; marrubiol
欧夏至草苷 marruboside
欧夏至草洛醇▲ vulgarol
欧夏至草素 marrubiin
欧夏至草酸 marrubic acid
欧亚活血丹内酯 glechomanolide
欧亚萍蓬草碱▲ nupharolutine
欧亚水龙骨甜素 osladine
欧亚旋覆花灵 A~D britanlin A~D
欧亚旋覆花内酯 britannilactone
欧亚旋覆花素 britanin
欧洲赤松 -3- 烯 -9*β*- 醇 -2- 酮 muurolan-3-en-9*β*-ol-2-one
欧洲赤松 -4,10(14)- 二烯 -1*β*- 醇 muurola-4,10(14)-dien-1*β*-ol
(-)-*τ*- 欧洲赤松醇▲ (-)-*τ*-muurolol

α- 欧洲赤松醇▲ α-muurolol
τ- 欧洲赤松醇▲ τ-muurolol
欧洲赤松皮醇▲ pinobatol
欧洲赤松素▲ pinosylvin
(*E*)- 欧洲赤松素▲-3-*O*-β-D- 吡喃葡萄糖苷 (*E*)-pinosylvin-3-*O*-β-D-glucopyranoside
欧洲赤松素▲-3-*O*-β-D- 吡喃葡萄糖苷 pinosylvin-3-*O*-β-D-glucopyranoside
欧洲赤松素▲单甲醚 pinosylvin monomethyl ether
β,β'- 欧洲赤松素▲- 二葡萄糖苷 β,β'-pinosylvin-diglucoside
(-)-γ- 欧洲赤松烯▲ (-)-γ-muurolene
Δ- 欧洲赤松烯▲ Δ-muurolene
α- 欧洲赤松烯▲ α-muurolene
γ- 欧洲赤松烯▲ γ-muurolene
τ- 欧洲赤松烯▲ τ-muurolene
欧洲赤松烯▲ muurolene
4- 欧洲赤松烯 -3,10- 二醇 4-muurolene-3,10-diol
(+)- 欧洲刺柏酸▲ (+)-communic acid
欧洲刺柏酸▲ communic acid
(+)- 欧洲刺柏酸▲甲酯 methyl (+)-communate
欧洲花楸素 aucuparin
欧洲蕨苷▲ ptaquiloside
欧洲七叶树苷▲ hippocaesculin
欧洲七叶树聚戊烯醇▲-12 castaprenol-12
2β,15α,21β- 欧洲桤木 -11- 烯 -2,15,21- 三醇 2β,15α,21β-glutin-11-en-2,15,21-triol
欧洲桤木 -5(10)- 烯 -1- 酮 glut-5(10)-en-1-one
欧洲桤木 -5(6)- 烯 -3β- 乙酸酯 glut-5(6)-en-3β-acetate
19α- 欧洲桤木 -5- 烯 -19- 醇 19α-glutin-5-ene-19-ol
欧洲桤木 -5- 烯 -3β,28- 二醇 glut-5-en-3β,28-diol
欧洲桤木 -5- 烯 -3β- 醇 glut-5-en-3β-ol
欧洲桤木 -5- 烯 -3β- 醇乙酸酯 glut-5-en-3β-yl acetate
欧洲桤木 -5- 烯 -3- 醇 glutin-5-en-3-ol
欧洲桤木 -5- 烯 -3- 酮 glut-5-en-3-one
2β,19α- 欧洲桤木 -7,21- 二烯 -2,19- 二醇 2β,19α-glutin-7,21-dien-2,19-diol
β- 欧洲桤木醇▲ β-glutinol
欧洲桤木醇▲ glutinol
欧洲桤木醇▲乙酸酯 glutinol acetate
欧洲桤木酮▲ glutinone
3β- 欧洲桤木烷醇▲ 3β-glutinanol
5- 欧洲桤木烯 -3β- 醇乙酸酯 5-gluten-3β-yl acetate
欧洲山杨辛▲ tremulacin
欧洲山杨辛醇▲ tremulacinol
欧洲卫矛碱▲ evoeuropine
欧洲小檗碱▲ oxyacanthine
偶氮 -2,2'- 双 [*Z*-(2,3- 二羟基 -4- 甲基 -5- 甲氧基) 苯基乙烯] azo-2,2'-bis [*Z*-(2,3-dihydroxy-4-methyl-5-methoxy)-phenylethylene]

P

爬树龙醇▲ A, B rhaphidecursinol A, B
爬树龙过氧素▲ rhaphidecurperoxin
爬树龙碱▲ decursivine
爬岩红苷 A, B, C axillaside A, B, C
爬岩红内酯 A, B axillactone A, B
爬岩红缩醛 A, B axillacetal A, B
帕尔古拉海兔醇▲ parguerol
帕尔古拉海兔醇▲-16,19- 乙酸酯 parguerol-16,19-diacetate
帕尔古拉海兔醇▲-16- 乙酸酯 parguerol-16-acetate
帕尔古拉海兔醇▲-7,16,19- 乙酸酯 parguerol-7,16,19-triacetate
帕尔古拉海兔醇▲-7,16- 乙酸酯 parguerol-7,16-diacetate
帕拉饱食桑素▲ brosiparin
帕里纳里木酸▲ parinaric acid
帕米尔黄堇定碱▲ pancoridine
帕米尔黄堇碱▲ pancorine
帕氏万代兰素 A~E parishin A~E
(-)- 帕氏紫堇碱▲ (-)-corpaine
排钱树苯乙烯 A~D pulchelstyrene A~D
哌啶 piperidine
1- 哌啶 -1- 丙烷 -2- 乙酸酯 1-piperidin-1-ylpropan-2-yl acetate
L-2- 哌啶酸 L-2-piperidine carboxylic acid
哌啶酸 pipecolinic acid; piperolinic acid
哌嗪二酮二聚体 WIN64821 WIN64821
3- 蒎酮 3-pinanone
蒎酮酸 pinonic acid
蒎烷 pinane
2α- 蒎烷 -3- 酮 -2-*O*-β- 吡喃葡萄糖苷 2α-pinan-3-one-2-*O*-β-glucopyranoside
5α- 蒎烷 -3- 酮 -5-*O*-β- 吡喃葡萄糖苷 5α-pinan-3-one-5-*O*-β-glucopyranoside
(1*S*,2*S*,3*R*)-2,3- 蒎烷二醇 (1*S*,2*S*,3*R*)-2,3-pinanediol
(-)-β- 蒎烯 (-)-β-pinene
(+)-α- 蒎烯 (+)-α-pinene
(1*S*)-β- 蒎烯 (1*S*)-β-pinene
1*R*-α- 蒎烯 1*R*-α-pinene
1*S*-α- 蒎烯 1*S*-α-pinene
1-β- 蒎烯 1-β-pinene
2β- 蒎烯 2β-pinene
2-β- 蒎烯 2-β-pinene
d-α- 蒎烯 *d*-α-pinene
d-β- 蒎烯 *d*-β-pinene
L-β- 蒎烯 L-β-pinene
α- 蒎烯 α-pinene
β- 蒎烯 β-pinene
蒎烯 pinene
β- 蒎烯 -3- 醇 β-pinene-3-ol
α- 蒎烯 -7β-*O*-β-D-2,6- 二乙酰基吡喃葡萄糖苷 α-pinene-7β-*O*-β-D-2,6-diacetylglucopyranoside
β- 蒎烯氧化物 β-pinene oxide
潘当归素 pangelin
攀援假泽兰内酯▲ scandenolide
攀援山橙碱▲ scandine
攀援山橙碱▲-N_b 氧化物 scandine-N_b-oxide
攀援山橙林碱▲ scandomeline
攀援山橙宁碱▲ scandomelonine
攀援山橙酮碱▲ meloscandonine
攀援山橙辛碱▲ meloscine
攀援山橙辛碱▲-*N*- 氧化物 meloscine-*N*-oxide
攀援鱼藤酮 warangalone; scandenone
攀援鱼藤酮 -4'- 甲醚 warangalone-4'-methylether
盘果菊苷▲ A prenantheside A
盘龙参二聚菲酚 spiranthesol
盘龙参酚 A, B, C spiranthol A, B, C
盘龙参醌 spiranthoquinone
盘龙参新酚 A, B spirasineol A, B
螃蟹甲苷▲ phloyoside
螃蟹甲苷▲ I, II, III phloyoside I, II, III

胖大海素 A sterculin A
泡番荔枝诺辛▲ bullatanocin
泡番荔枝三醇▲ bullatantriol
泡番荔枝烯辛▲ bullatencin
泡番荔枝辛 bullatacin
泡番荔枝辛酮 bullatacinone
泡泡辛▲ asimicin
泡桐苷 paulownioside
(+)- 泡桐素 (+)-paulownin
泡桐素 paulownin
泡桐素乙酸酯 paulownin acetate
泡叶阿布藤素▲ saulatine
炮仗竹苷▲A russelianoside A
佩里塔萨木碱▲A peritassine A
喷瓜木脂酚▲ ligballinol
喷瓜木脂酮▲ ligballinone
$\Delta^{25(27)}$- 喷托皂苷元 $\Delta^{25(27)}$-pentrogenin
盆架树碱▲A~F alstrostine A~F
盆架树酸 winchic acid
彭黑定▲ jiufengdine
彭黑碱 jiufengsine
彭黑亭▲ jiufengtine
彭县雪胆苷 A hemslepenside A
彭州乌头碱▲B pengshenine B
蓬莪术环氧酮 zederone
蓬莪术环氧酮环氧化物 zederone epoxide
(+)- 蓬莪术内酯▲A (+)-zedoalactone A
蓬莪术内酯▲A, B, C zedoalactone A, B, C
(1*R*,4*S*,5*R*,8*S*,10*S*)- 蓬莪术内酯 A (1*R*,4*S*,5*R*,8*S*,10*S*)-zedoalactone A
(-)- 蓬莪术素▲A~D (-)-phaeocaulin A~D
(+)- 蓬莪术素▲A~D (+)-phaeocaulin A~D
蓬莱葛胺 gardneramine
蓬莱葛胺 -N^4- 氧化物 gardneramine-N^4-oxide
蓬莱葛酚苷▲ mutiflinoside
蓬莱葛明碱▲A gardmultimine A
蓬莱葛宁碱▲ chitosenine
蓬莱葛亭碱▲A~F gardmutine A~F
蟛蜞菊内酯 wedelolactone
披碱草麦角碱▲ elymoclavine
披针新月蕨酚▲A, B penangianol A, B
披针叶灰毛豆素 A, B, C lanceolatin A, B, C
(*Z*)- 披针叶檀香醇▲ (*Z*)-lanceol
披针叶五味子二内酯▲A, B, F, G, V, W schilancidilactone A, B, F, G, V, W
披针叶五味子木脂素▲A~E schilancifolignan A~E
披针叶五味子三内酯▲A, B, C schilancitrilactone A, B, C
霹雳萝芙木碱 perakine
霹雳萝芙木碱 -N^4- 氧化物 perakine-N^4-oxide
霹雳萝芙木灵碱▲ pelirine
霹雳萝芙木辛碱 peraksine
皮罗醇 pygmol
皮洛瑞香素▲ pilloin
皮洛瑞香素▲-6-*C*-*β*-D- 吡喃葡萄糖苷 pilloin-6-*C*-*β*-D-glucopyranoside
皮哨子苷 Ib, IIb, IIIa, IVa, IVb pyishiauoside Ib, IIb, IIIa, IVa, IVb
皮哨子皂苷 A, Ee hishoushi saponin A, Ee
皮提鞘丝藻脯酰胺▲ pitiprolamide
皮提鞘丝藻肽内酯▲A~F pitipeptolide A~F
皮提鞘丝藻酰胺▲A pitiamide A
皮脂酸 sebacic acid
枇杷呋喃 eriobofuran
枇杷苷 A, B eriojaposide A, B
枇杷叶紫珠酸▲A, B kochianic acid A, B
毗黎勒苷▲A, B bellericaside A, B
毗黎勒苷元▲A, B bellericagenin A, B
毗黎勒木脂素▲ thannilignan
毗黎勒酸 belleric acid
毗黎勒酯苷▲ bellericoside
啤酒花酸 hulupinic acid
偏顶蛤内酯▲A modiolide A
偏诺皂苷元 pennogenin
偏诺皂苷元 -3-*O*-[*β*-D- 吡喃木糖基 -(1 → 5)-*α*-L- 呋喃阿拉伯糖基 -(1 → 4)]-[*α*-L- 吡喃鼠李糖基 -(1 → 2)]-*β*-D- 吡喃葡萄糖苷 pennogenin-3-*O*-[*β*-D-xylopyranosyl-(1 → 5)-*α*-L-arabinofuranosyl-(1 → 4)]-[*α*-L-rhamnopyranosyl-(1 → 2)]-*β*-D-glucopyranoside
偏诺皂苷元 3-*O*-{*O*-*α*-L- 吡喃鼠李糖基 -(1 → 2)-*O*-[*O*-*β*- 吡喃木糖基 -(1 → 5)-*α*-L- 呋喃阿拉伯糖基 -(1 → 4)]-*β*-D- 吡喃葡萄糖苷 } pennogenin3-*O*-{*O*-*α*-L-rhamnopyranosyl-(1 → 2)-*O*-[*O*-*β*-xylopyranosyl-(1 → 5)-*α*-L-arabinofuranosyl-(1 → 4)]-*β*-D-glucopyranoside
偏诺皂苷元 -3-*O*-{*O*-*α*-L- 吡喃鼠李糖基 -(1 → 4)-*O*-*α*-L- 吡喃鼠李糖基 -(1 → 4)-*β*-D- 吡喃葡萄糖苷 } pennogenin-3-*O*-{*O*-*α*-L-rhamnopyranosyl-(1 → 4)-*O*-*α*-L-rhamnopyranosyl-(1 → 4)-*β*-D-glucopyranoside}
偏诺皂苷元 -3-*O*-*α*-L- 吡喃葡萄糖苷 pennogenin-3-*O*-*α*-L-glucopyranoside
偏诺皂苷元 -3-*O*-*α*-L- 吡喃鼠李糖基 -(1 → 2)-[*O*-*α*-L- 吡喃鼠李糖基 -(1 → 4)]-*O*-*β*-D- 吡喃葡萄糖苷 pennogenin-3-*O*-*α*-L-rhamnopyranosyl-(1→2)-[*O*-*α*-L-rhamnopyranosyl-(1→4)]-*O*-*β*-D-glucopyranoside
偏诺皂苷元 -3-*O*-*α*-L- 吡喃鼠李糖基 -(1 → 2)-[*α*-L- 吡喃鼠李糖基 -(1 → 4)]-*β*-D- 吡喃葡萄糖苷 pennogenin-3-*O*-*α*-L-rhamnopyranosyl-(1 → 2)-[*α*-L-rhamnopyranosyl-(1 → 4)]-*β*-D-glucopyranoside
偏诺皂苷元 -3-*O*-*α*-L- 吡喃鼠李糖基 -(1 → 2)-[*α*-L- 呋喃阿拉伯糖基 -(1 → 4)]-*β*-D- 吡喃葡萄糖苷 pennogenin-3-*O*-*α*-L-rhamnopyranosyl-(1 → 2)-[*α*-L-arabinofuranosyl-(1 → 4)]-*β*-D-glucopyranoside
偏诺皂苷元 -3-*O*-*α*-L- 吡喃鼠李糖基 -(1 → 2)-[*β*-D- 吡喃葡萄糖基 -(1 → 3)]-*β*-D- 吡喃葡萄糖苷 pennogenin 3-*O*-*α*-L-rhamnopyranosyl-(1 → 2)-[*β*-D-glucopyranosyl-(1 → 3)]-*β*-D-glucopyranoside
偏诺皂苷元 -3-*O*-*α*-L- 吡喃鼠李糖基 -(1 → 2)-*O*-*β*-D- 吡喃葡萄糖苷 pennogenin-3-*O*-*α*-L-rhamnopyranosyl-(1 → 2)-*O*-*β*-D-glucopyranoside
偏诺皂苷元 -3-*O*-*α*-L- 吡喃鼠李糖基 -(1 → 4)-[*α*-L- 吡喃鼠李糖基 -(1 → 2)]-*β*-D- 吡喃葡萄糖苷 pennogenin-3-*O*-*α*-L-rhamnopyranosyl-(1 → 4)-[*α*-L-rhamnopyranosyl-(1 → 2)]-*β*-D-glucopyranoside
偏诺皂苷元 -3-*O*-*α*-L- 吡喃鼠李糖基 -(1 → 4)-*O*-*α*-L- 吡喃鼠李糖基 -(1 → 4)-[*O*-*α*-L- 吡喃鼠李糖基 -(1 → 2)]-*O*-*β*-D- 吡喃葡萄糖苷 pennogenin-3-*O*-*α*-L-rhamnopyranosyl-(1 → 4)-*O*-*α*-L-rhamnopyranosyl-(1→4)-[*O*-*α*-L-rhamnopyranosyl-(1→2)]-*O*-*β*-D-glucopyranoside
偏诺皂苷元 -3-*O*-*α*-L- 吡喃鼠李糖基 -(1 → 4)-*α*-L- 吡喃鼠李糖基 -(1 → 4)-[*α*-L- 吡喃鼠李糖基 -(1 → 2)]-*β*-D- 吡喃葡萄糖苷 pennogenin-3-*O*-*α*-L-rhamnopyranosyl-(1 → 4)-*α*-L-arabinofuranosyl-(1 → 4)-[*α*-L-arabinofuranosyl-(1 → 2)]-*β*-D-

glycopyranoside
偏诺皂苷元 -3-*O*-α-L- 吡喃鼠李糖基 -(1 → 4)-β-D- 吡喃葡萄糖苷 pennogenin-3-*O*-α-L-rhamnopyranosyl-(1 → 4)-β-D-glucopyranoside
偏诺皂苷元 -3-*O*-α-L- 呋喃阿拉伯糖基 -(1 → 4)-[α-L- 吡喃鼠李糖基 -(1 → 2)]-β-D- 吡喃葡萄糖苷 pennogenin-3-*O*-α-L-arabinofuranosyl-(1 → 4)-[α-L-rhamnopyranosyl-(1 → 2)]-β-D-glucopyranoside
偏诺皂苷元 -3-*O*-α-L- 呋喃阿拉伯糖基 -(1 → 4)-β-D- 吡喃葡萄糖苷 pennogenin-3-*O*-α-L-arabinofuranosyl-(1 → 4)-β-D-glucopyranoside
偏诺皂苷元 -3-*O*-α-L- 呋喃阿拉伯糖基 -(1 → 4)-β-D- 葡萄糖苷 pennogenin-3-*O*-α-L-arabinofuranosyl-(1 → 4)-β-D-glucoside
偏诺皂苷元 -3-*O*-α- 吡喃阿拉伯糖基 -(1 → 4)-β-D- 吡喃葡萄糖苷 pennogenin-3-*O*-α-arabinopyranosyl-(1 → 4)-β-D-glucopyranoside
偏诺皂苷元 -3-*O*-β-D- 吡喃葡萄糖苷 pennogenin-3-*O*-β-D-glucopyranoside
偏诺皂苷元 -3-*O*-β-D- 吡喃葡萄糖基 -(1 → 6)-[*O*-α-L- 吡喃鼠李糖基 -(1 → 2)]-*O*-β-D- 吡喃葡萄糖苷 pennogenin-3-*O*-β-D-glucopyranosyl-(1 → 6)-[*O*-α-L-rhamnopyranosyl-(1 → 2)]-*O*-β-D-glucopyranoside
偏诺皂苷元 -3-*O*-β- 马铃薯三糖苷 pennogenin-3-*O*-β-chacotrioside
偏诺皂苷元二葡萄糖苷 pennogenin diglycoside
偏诺皂苷元四葡萄糖苷 pennogenin tetraglycoside
片叶苔素 C, D riccardin C, D
嘌呤 purine
平贝啶苷 pingbeidinoside
平贝碱 pingpeimine
平贝碱 A, B, C pingpeimine A, B, C
平贝碱苷 petilinine glucoside
平贝宁 pingbeinine
平贝宁苷 pingbeininoside
平贝酮 pingbeinone
平贝皂苷 pingpeisaponin
平滑钩藤酮▲ A laevigatone A
平卧稻花素▲ prostratin
平卧稻花素▲ B, Q prostratin B, Q
平卧钩果草别苷▲ procumbide
平卧钩果草苷▲ procumboside
平卧钩果草苷▲ A procumboside A
平卧天芥菜碱 supinine
平卧天芥菜品碱▲ heliosupine
平卧天芥菜品碱▲ -*N*- 氧化物 heliosupine-*N*-oxide
平卧槐酚▲ prostratol
平原龙胆苷▲ campestroside
dl- 苹果酸 *dl*-malic acid
L- 苹果酸 L-malic acid
苹果酸 malic acid
(*S*)- 苹果酸 -1-*O*-α-D- 吡喃葡萄糖苷 (*S*)-malic acid-1-*O*-α-D-glucopyranoside
(*S*)- 苹果酸 -1-*O*-β-D- 吡喃葡萄糖苷 (*S*)-malic acid-1-*O*-β-D-glucopyranoside
苹果酸 -1- 甲基 -4- 乙酯 malic acid-1-methyl-4-ethyl ester
L- 苹果酸 -2-*O*- 没食子酸酯 L-malic acid-2-*O*-gallate
L- 苹果酸二甲酯 L-malic acid dimethyl ester
苹果酸二乙酯 diethyl malate
苹果酸甲酯 -β- 羟基酪醇酯 β-hydroxytyrosyl ester of methyl malate
苹婆苷 sterculoside
苹婆宁碱▲ I, II sterculinine I, II
(+)- 苹婆素 A (+)-sterculin A
苹婆酸 sterculic acid
屏边三七醇▲ stipuol
屏边三七二醇▲ stipudiol
屏边三七苷 R_1, R_2 stipuleanoside R_1, R_2
屏边三七苷 R_1 甲酯 stipuleanoside R_1 methyl ester
屏边三七苷 R_2 甲酯 stipuleanoside R_2 methyl ester
屏东花椒醛▲ wutaiensal
屏东木姜子内酯▲ A akolactone A
瓶草千里光碱 sarracine
瓶尔小草酚 ophioglonol
瓶尔小草酚 -4'-*O*-α-D- 吡喃葡萄糖苷 ophioglonol-4'-*O*-α-D-glucopyranoside
瓶尔小草酚 -4'-*O*-β-D- 吡喃葡萄糖苷 ophioglonol-4'-*O*-β-D-glucopyranoside
瓶尔小草酚异戊烯基醚 ophioglonol prenyl ether
瓶尔小草宁 ophioglonin
瓶尔小草宁 -4'-*O*-β-D- 吡喃葡萄糖苷 ophioglonin-4'-*O*-β-D-glucopyranoside
瓶尔小草宁 -7-*O*-β-D- 吡喃葡萄糖苷 ophioglonin-7-*O*-β-D-glucopyranoside
瓶子草素 sarracenin
6β- 瓶子草酰氧基 -1β,10β- 环氧 - 呋喃荒漠木烷 6β-sarracinoyloxy-1β,10β-epoxy-furanoeremophilane
萍蓬草胺▲ A~D nupharpumilamine A~D
萍蓬草定碱 nupharidine
(+)- 萍蓬草碱 (+)-nupharopumiline
(+)- 坡垒酚▲ (+)-hopeaphenol
坡垒酚▲ hopeaphenol
坡垒呋喃▲ hopeafuran
泼姆皂苷元 pompeygenin
L-(+)- 婆罗胶肌醇▲ L-(+)-bornesitol
L- 婆罗胶肌醇▲ L-bornesitol
婆罗胶肌醇▲ bornesitol
婆罗门参醇▲ tragoponol
婆罗门参苷▲ A~I tragopogonoside A~I
婆罗门参酸▲ tragopogonic acid
婆罗门参皂苷▲ A~R tragopogonsaponin A~R
婆婆纳苷 veronicoside
婆婆纳苷 A veronicoside A
婆婆纳果聚糖 veronicin
婆婆纳柯苷▲ minecoside
(-)- 婆婆纳诺苷▲ (-)-verminoside
婆婆纳诺苷▲ verminoside
婆婆纳普苷▲ verproside
婆婆纳托苷▲ politoside
婆婆纳叶布式菊素▲ veronicafolin
破布木灵▲ B cordialin B
破布叶胺 A, B microcosamine A, B
破布叶碱▲ A, B, C microgrewiapine A, B, C
破布叶哌啶碱▲ A~D micropiperidine A~D
破坏草素▲ eupalestin
匍柄霉苝醇▲ stemphyperylenol
匍匐大戟鞣素▲ A euprostin A
匍匐大戟素▲ A, A, B, C prostratin A, A, B, C
匍匐筋骨草苷 reptoside
匍匐柳苷 salireposide
匍匐柳素 salirepin
匍匐矢车菊二醇内酯▲ repdiolide

P

匍匐矢车菊素▲ centaurepensin
匍匐茵芋素▲ A, C skimmiarepin A, C
菩提树素▲ B, C religiosin B, C
L- 脯氨酸 L-proline
脯氨酸 proline
脯氨酸 - 甜菜黄素 proline-betaxanthin
L- 脯氨酰 -L- 丙氨酸酐 L-prolyl-L-alanineanhydride
L- 脯氨酰 -L- 脯氨酸 L-prolyl-L-proline
L- 脯氨酰 -L- 脯氨酸酐 L-prolyl-L-proline anhydride
L- 脯氨酰 -L- 缬氨酸 L-prolyl-L-valine
L- 脯氨酰 -L- 缬氨酸酐 L-prolyl-L-valine anhydride
L- 脯氨酰胺 L-prolinamide
葡甘露聚糖 glucomannan
(1 → 3)-*β*-D- 葡聚糖 (1 → 3)-*β*-D-glucan
α-D- 葡聚糖 *α*-D-glucan
葡聚糖 polyglucosan
葡萄苯酚 A viniphenol A
葡萄芪酚▲ vitisinol
葡萄芪酚▲ C vitisinol C
(+)- 葡萄酚▲ A, C (+)-viniferol A, C
葡萄酚呋喃 viniferifuran
(-)- 葡萄呋喃 B (-)-vitisifuran B
(+)- 葡萄呋喃 A (+)-vitisifuran A
葡萄铃兰毒醇苷 glucoconvallatoxoloside
葡萄铃兰苷 glucoconvalloside
(-)- 葡萄醛 (-)-viniferal
葡萄醛 viniferal
(-)-*ε*- 葡萄素 (-)-*ε*-viniferin
(+)-*E*-*ε*- 葡萄素 (+)-*E*-*ε*-viniferin
(+)-*α*- 葡萄素 (+)-*α*-viniferin
(+)-*ε*- 葡萄素 (+)-*ε*-viniferin
(*E*)-*ε*- 葡萄素 (*E*)-*ε*-viniferin
(*E*)-*ω*- 葡萄素 (*E*)-*ω*-viniferin
α- 葡萄素 *α*-viniferin
γ-2- 葡萄素 *γ*-2-viniferin
ε- 葡萄素 *ε*-viniferin
ω- 葡萄素 *ω*-viniferin
(+)-*E*-*ε*- 葡萄素 - 吡喃葡萄糖苷 (+)-*E*-*ε*-viniferin-glucopyranoside
3,6-(*S*)- 六羟基联苯二甲酰基 -D- 葡萄糖 3,6-(*S*)-HHDP-D-glucose
D- 葡萄糖 D-glucose
α-D- 葡萄糖 *α*-D-glucose
α- 葡萄糖 *α*-glucose
β-D- 葡萄糖 *β*-D-glucose
β- 葡萄糖 *β*-glucose
葡萄糖 dextrose; glucose
葡萄糖 -6'- 苯乙酸酯 glucose-6'-phenylacetic acid ester
6-*C*-*β*-D- 葡萄糖 -8-*C*-*β*-D- 半乳糖芹菜苷元 6-*C*-*β*-D-glu-8-*C*-*β*-D-gal-apigenin
葡萄糖阿魏酸 glucoferulic acid
葡萄糖胺 glucosamine
葡萄糖暗紫卫茅单糖苷 glucoevatromonoside
葡萄糖白楸苷▲ glucopanoside
葡萄糖毕平多古洛甲基糖苷 glucobipindogulomethyloside
葡萄糖长蒴黄麻苷 gluco-olitoriside
葡萄糖大黄素 glucoemodin
葡萄糖大黄酸 glucorhein
葡萄糖丁香酸 glucosyringic acid
葡萄糖甘蓝型油菜素▲ gluconapoleiferin
1-*O*-*β*-D- 葡萄糖苷 -(2*S*,3*R*,4*E*,8*E*)-2-*N*-(2'- 羟基 - 二十一酰基)- 十八鞘氨醇 -4,8- 二烯 1-*O*-*β*-D-glucoside-(-(2*S*,3*R*,4*E*,8*E*)-2-*N*-(2'-hydroxy-heneicosylcarbonyl)-sphingosine-4,8-diene
7-*O*- 葡萄糖苷 -1,6- 二甲基 -2- 羟基 -5- 乙烯基 -9,10- 二氢菲 7-*O*-glucoside-1,6-dimethyl-2-hydroxy-5-vinyl-9,10-dihydrophenanthrene
2-*O*- 葡萄糖苷 -1,6- 二甲基 -7- 羟基 -5- 乙烯基 -9,10- 二氢菲 2-*O*-glucoside-1,6-dimethyl-7-hydroxy-5-vinyl-9,10-dihydrophenanthrene
3-*O*-*β*-D- 葡萄糖基 -(1 → 3)-*β*-D- 葡萄糖基山柰酚 3-*O*-*β*-D-glucosyl-(1 → 3)-*β*-D-glucosylkaempferol
β-D- 葡萄糖基 -(1 → 4)-*α*-L- 黄花夹竹桃糖苷 *β*-D-glucosyl-(1 → 4)-*α*-L-thevetoside
3-*O*-*β*-D- 葡萄糖基 -(1 → 4)-*β*-D- 葡萄糖醛酸基 - 常春藤苷元 -28-*O*-*β*-D- 葡萄糖基酯苷 3-*O*-*β*-D-glucopyranosyl-(1 → 4)-*β*-D-glucuronopyranosyl-hederagenin-28-*O*-*β*-D-glucopyranosyl ester
3-*O*-*β*-D- 葡萄糖基 -(1 → 6)-*β*-D- 葡萄糖基 -7-*O*-*α*-L- 鼠李糖基山柰酚 3-*O*-*β*-D-glucosyl-(1 → 6)-*β*-D-glucosyl-7-*O*-*α*-L-rhamnosylkaempferol
3-*O*-*β*-D- 葡萄糖基 -(1 → 6)-*β*-D- 葡萄糖基山柰酚 3-*O*-*β*-D-glucosyl-(1 → 6)-*β*-D-glucosylkaempferol
葡萄糖基 -(1 → 6)- 长蒴黄麻苷 gluco-(1 → 6)-olitoriside
β-D- 葡萄糖基 -(2 → 1)-*β*-D- 葡萄糖苷 *β*-D-glucose-(2 → 1)-*β*-D-glucoside
1-*O*-*β*-D- 葡萄糖基 -(2*S*,3*R*,4*E*,8*Z*)-2[(2(*R*)- 羟基十六酰基) 氨基]-4,8- 十八碳二烯 -1,3- 二醇 1-*O*-*β*-D-glucopyranosyl-(2*S*,3*R*,4*E*,8*Z*)-2[(2(*R*)-hydroxyhexadecanoyl)amido]-4,8-octadecadiene-1,3-diol}
1-*O*-*β*-D- 葡萄糖基 -(2*S*,3*R*,4*E*,8*Z*)-2-*N*-(2'- 羟基二十二碳酰)- 二十碳鞘氨醇 -4,8- 二烯 1-*O*-*β*-D-glucosyl-(2*S*,3*R*,4*E*,8*Z*)-2-*N*-(2'-hydroxy-docosacarbonyl)-cosacarbonsphingosine-4,8-diene
1-*O*-*β*-D- 葡萄糖基 -(2*S*,3*S*,4*R*,8*E*)-2-[(2'*R*)-2'- 羟基 - 十五碳酰胺基]- 十九碳 -1,3,4- 三羟基 -8- 烯 1-*O*-*β*-D-glucopyranosyl-(2*S*,3*S*,4*R*,8*E*)-2-[(2'*R*)-2'-hydroxy-pentadecanoylamino]-nonadecane-1,3,4-triol-8-ene
(2*S*,3*S*,4*R*,10*E*)-1-(*β*-D- 葡萄糖基)-2-[(2'*R*)-2- 羟基二十四碳酰氨基]-10- 十八烯 -1,3,4- 三醇 (2*S*,3*S*,4*R*,10*E*)-1-(*β*-D-glucopyranosyl)-2-[(2'*R*)-2-hydroxytetracosanoylamino]-10-octadecene-1,3,4-triol
(11*R*)-6-*O*-*β*-D- 葡萄糖基 -11,13- 二氢三齿蒿定▲ B (11*R*)-6-*O*-*β*-D-glucosyl-11,13-dihydrotatridin B
3-*β*-D- 葡萄糖基 -1- 羟基 -6-(*E*)- 四烯 -8,10,12- 三炔 3-*β*-D-glucopyranosyl-1-hydroxy-6-(*E*)-tetradecen-8,10,12-triyne
葡萄糖基 -1- 獐牙菜宁▲ glucosyl-1-swertianin
21-*O*-*β*-D- 葡萄糖基 -2*α*,3*β*,21*β*,23- 四羟基齐墩果 -12- 烯 -28- 酸 21-*O*-*β*-D-glucosyl-2*α*,3*β*,21*β*,23-tetrahydroxyolean-12-en-28-oic acid
3-*O*-*β*-D- 葡萄糖基 -2- 氧代 - 齐墩果 -12- 烯 -23,28- 二酸 -28-*O*-*β*-D- 吡喃木糖基 -(1 → 4)-*O*-*β*-D- 呋喃芹糖基 -(1 → 3)-*O*-*α*-L- 吡喃鼠李糖基 -(1 → 2)-*O*-*β*-D- 吡喃葡萄糖酯苷 3-*O*-*β*-D-glucopyranosyl-2-oxo-olean-12-en-23,28-dioic acid-28-*O*-*β*-D-xylopyranosyl-(1 → 4)-*O*-*β*-D-apiofuranosyl-(1 → 3)]-*O*-*α*-L-rhamnopyranosyl-(1 → 2)-*O*-*β*-D-glucopyranosyl ester
4'-*O*-*β*-D- 葡萄糖基 -5-*O*- 甲基阿米芹诺醇▲ 4'-*O*-*β*-D-glucosyl-5-*O*-methylvisamminol
(*Z*)-7-*O*-*β*-D- 葡萄糖基 -6,7,3',4'- 四羟基橙酮 (*Z*)-7-*O*-*β*-D-glucopyranosyl-6,7,3',4'-tetrahydroxyaurone
2-*O*-*β*-D- 葡萄糖基 -7-*O*-*α*-D- 葡萄糖基 -2,7- 二羟基 -1,6- 二甲基 -9,10,12,13- 四氢芘 2-*O*-*β*-D-glucopyranosyl-7-*O*-*α*-D-glucopyranosyl-2,7-dihydroxy-1,6-dimethyl-9,10,12,13-

P

tetrahydropyrene
3-*O*-*β*-D- 葡萄糖基 -7-*O*-*α*-L- 鼠李糖基山柰酚 3-*O*-*β*-D-glucosyl-7-*O*-*α*-L-rhamnosylkaempferol
8-*C*- 葡萄糖基 -7-*O*- 甲基 -*S*- 芦荟醇 8-*C*-glucosyl-7-*O*-methyl-*S*-aloesol
8-*C*- 葡萄糖基 -7-*O*- 甲基芦荟二醇 8-*C*-glucosyl-7-*O*-methylaloediol
6'-*O*-*β*-D- 葡萄糖基 -7'- 羟基佛手柑素 6'-*O*-*β*-D-glucosyl-7'-hydroxybergamottin
3-*β*-D- 葡萄糖基 -7- 鼠李糖基槲皮素 3-*β*-D-glucosyl-7-rhamnosylquercetin
葡萄糖基 -8- 羟基 -2,6- 二甲基 -(2*E*,6*E*)- 辛二烯酸酯 glucosyl-8-hydroxy-2,6- dimethyl-(2*E*,6*E*)-octadienoate
葡萄糖基阿魏醛 glucoferulic aldehyde
6''-*O*-*β*-D- 葡萄糖基巴东荚蒾苷▲ 6''-*O*-*β*-D-glucosylhenryoside
C- 葡萄糖基苯甲酮 *C*-glucosyl-benzophenone
3-*O*-*β*-D- 葡萄糖基菠菜甾醇 3-*O*-*β*-D-glucopyranosylspinasterol
葡萄糖基橙黄决明素 glucoaurantioobtusin
4-*O*-*β*-D- 葡萄糖基丁香酸 4-*O*-*β*-D-glucopyranosylsyringic acid
4-*O*-*β*-D- 葡萄糖基丁香酸甲酯 4-*O*-*β*-D-glucopyranosylsyringic acid methylester
葡萄糖基钉头果伏苷▲ glucosylgofruside
葡萄糖基钉头果勾苷▲ glucofrugoside
3-*O*-*β*-D- 葡萄糖基豆甾 -5,25(27)- 二烯 3-*O*-*β*-D-glucosylstigmasta-5,25(27)-diene
葡萄糖基钝叶决明素 glucoobtusifolin
(25*R*)-26-*O*-*β*-D- 葡萄糖基呋甾 -5- 烯 -3*β*,26- 二醇 -22- 甲氧基 -3-*O*-{*α*-L- 鼠李糖基 -(1 → 4)-[*β*-D- 葡萄糖基 -(1 → 3)-*β*-D- 葡萄糖基 -(1 → 2)]-*β*-D- 葡萄糖苷 } (25*R*)-26-*O*-*β*-D-glucosylfurost-5-en-3*β*,26-diol-22-methoxy-3-*O*-{*α*-L-rhamnosyl-(1 → 4)-[*β*-D-glucosyl-(1 → 3)-*β*-D-glucosyl-(1 → 2)]-*β*-D-glucoside}
β-D- 葡萄糖基谷甾醇 *β*-D-glucositosterol
2-*O*- 葡萄糖基葫芦素 J 2-*O*-glucocucurbitacin J
葡萄糖基黄花夹竹桃糖苷 glucosylthevetoside
7-*β*-D- 葡萄糖基金圣草酚 7-*β*-D-glucopyranosylchrysoeriol
5- 葡萄糖基金鱼草诺苷▲ 5-glucosyl-antirrhinoside
6-(3- 葡萄糖基咖啡酰基) 七叶树内酯 6-(3-glucosylcaffeoyl) aesculetin
3-*O*- 葡萄糖基 - 奎诺酸 3-*O*-glucosyl-quinovic acid
6'-*O*-*β*-D- 葡萄糖基龙胆苦苷 6'-*O*-*β*-D-glucosylgentiopicroside
7-*O*- 葡萄糖基芒果苷 7-*O*-glucopyranosylmangiferin
4-*O*-*β*-D- 葡萄糖基迷迭香酸 4-*O*-*β*-D-glucopyranosyl-rosmarinic acid
3-*O*-*β*-D- 葡萄糖基没食子酸甲酯 methyl 3-*O*-*β*-D-glucopyranosyl-gallate
1-*O*-*β*-D- 葡萄糖基牡丹酮 1-*O*-*β*-D-glucosylpaeonisuffrone
2''-*O*-*β*-D- 葡萄糖基牡荆素 2''-*O*-*β*-D-glucosylvitexin
β- 葡萄糖基齐墩果酸酯 *β*-glucosyl oleanolate
8-*C*- 葡萄糖基芹菜苷元 8-*C*-glucosylapigenin
葡萄糖基芹糖甘草苷 glucoliquiritin apioside
葡萄糖基芹糖异甘草苷 glucoisoliquiritin apioside
20-*O*- 葡萄糖基人参皂苷 Rf 20-*O*-glucoginsenoside Rf
20- 葡萄糖基人参皂苷 Rf 20-glucoginsenoside Rf
12-*O*- 葡萄糖基人参皂苷 Rh_4 12-*O*-glucoginsenoside Rh_4
2-*O*-*β*-D- 葡萄糖基十三烷 -11*E*- 烯 -3,5,7,9- 四炔 -1,2- 二醇 2-*O*-*β*-D-glucosyltrideca-11*E*-en-3,5,7,9-tetrayn-1,2-diol
8-*C*- 葡萄糖基矢车菊素 -3- 丙二酰葡萄糖苷 8-*C*-glucosylcyanidin-3-malonylglucoside
6'-*O*-*β*- 葡萄糖基桃叶珊瑚苷 6'-*O*-*β*-glucosylaucubin
葡萄糖基委陵菜酸酯 glucosyltormentate
6-*C*-*β*-D- 葡萄糖基香叶木素 6-*C*-*β*-D-glucopyranosyldiosmetin
葡萄糖基芫花素 glucogenkwanin
葡萄糖基羊角拗苷 glucosyldivaricoside
4-*β*-D- 葡萄糖基氧化阿魏酸甲醚 4-*β*-D-glucosyloxyferulic acid methyl ester
葡萄糖基乙酰丁香酮 glucoacetosyringone
C- 葡萄糖基异甘草苷元 *C*-glucosylisoliquiritigenin
葡萄糖基异鼠李素 glucosylisorhamnetin
2-*O*- 葡萄糖基异獐牙菜素 2-*O*-glucopyranosylisoswertisin
8-*C*- 葡萄糖基樱黄素 8-*C*-glucosylprunetin
6-*C*- 葡萄糖基柚苷元 6-*C*-glucosylnaringenin
4-*β*-D- 葡萄糖基原儿茶酸钾 potassium-(4-*β*-D-glucosyl) protocatechuate
6'-*O*-*β*-D- 葡萄糖基圆锥黄檀醇 6'-*O*-*β*-D-glucopyranosyldalpanol
葡萄糖吉他洛苷 glucogitaloxin
葡萄糖吉托苷 glucogitoroside
葡萄糖吉托岩藻糖苷 glucogitofucoside
葡萄糖藜芦辛亭▲ glucoveracintine
葡萄糖洛孔羊角拗苷▲ glucolokundjoside
β-D- 葡萄糖没食子苷 *β*-D-glucogallin
β- 葡萄糖没食子苷 *β*-glucogallin
葡萄糖没食子苷 glucogallin
葡萄糖南芥素▲ glucoarabin
葡萄糖拟芸香品碱 glycohaplopine
葡萄糖欧鼠李苷 A, B glucofrangulin A, B
葡萄糖欧洲油菜素▲ glucobrassicanapin
葡萄糖屈曲花素 glucoiberin
D- 葡萄糖醛酸 D-glucuronic acid
7-*O*-(2''-*O*- 葡萄糖醛酸基) 葡萄糖醛酸基小麦黄素 7-*O*-(2''-*O*-glucuronosyl)-glucuronosyltricin
7-(2-*O*-*β*-D- 葡萄糖醛酸基 -*β*-D- 葡萄糖醛酸氧基)-5,3',4'- 三羟基黄酮 7-(2-*O*-*β*-D-glucuronyl-*β*-D-glucuronyloxy)-5,3',4'-trihydroxyflavone
6-*O*-*β*-D- 葡萄糖醛酸基木犀草素 6-*O*-*β*-D-glucuronyllluteolin
8-*O*-*β*-D- 葡萄糖醛酸基颖苞草亭▲-4'- 甲醚 8-*O*-*β*-D-glucuronylhypolaetin-4'-methyl ether
葡萄糖酸 gluconic acid
葡萄糖糖芥苷 glucoerysimoside
葡萄糖糖芥素 glucoerysolin
葡萄糖庭荠素 glucoalyssin
葡萄糖蚊母树素 glucodistylin
(2*R*,3*R*)-(+)- 葡萄糖蚊母树素▲ (2*R*,3*R*)-(+)-glucodistylin
葡萄糖渥洛多苷 glucoverodoxin
葡萄糖小麦黄素 glucotricin
葡萄糖羊角拗阿洛糖苷▲ glucostrophalloside
葡萄糖羊角拗定▲ glucostrophanthidin
葡萄糖洋地黄宁苷▲ glucodiginin
葡萄糖洋地黄叶苷▲ glucodigifolein
N-[2-(5-(*β*-D- 葡萄糖氧基)-1*H*- 吲哚 -3- 基) 乙基] 阿魏酰胺 *N*-[2-(5-(*β*-D-glucosyloxy)-1*H*-indol-3-yl)ethyl]ferulamide
N-[2-(5-(*β*-D- 葡萄糖氧基)-1*H*- 吲哚 -3- 基) 乙基]- 对香豆酰胺 *N*-[2-(5-(*β*-D-glucosyloxy) -1*H*-indol-3-yl)ethyl]-*p*-coumaramide
3*β*-28-(*β*-D- 葡萄糖氧基)-28- 氧代齐墩果 -12- 烯 -3-*O*-*β*-D- 吡喃半乳糖基 -(1 → 3)-*O*-*β*-D- 吡喃葡萄糖基 -(1 → 4)-*β*-D- 吡喃葡萄糖醛酸苷 3*β*-28-(*β*-D-glucopyranosyloxy)-28-oxoolean-12-en-3-*O*-*β*-D-galactopyranosyl-(1 → 3)-*O*-*β*-D-glucopyranosyl-(1 → 4)-*β*-D-glucopyranosiduronic acid
[4a*R*-(4a*α*,5*α*,6*β*)]-6-(*β*-D- 葡萄糖氧基)-4,4a,5,6,7,8- 六氢 -4a,5- 二甲基 -3-(1- 甲基乙烯基)-2(3*H*)- 萘酮 [4a*R*-(4a*α*,5*α*,6*β*)]-6-(*β*-

P

D-glucopyranosyloxy)-4,4a,5,6,7,8-hexahydro-4a,5-dimethyl-3-(1-methylethenyl)-2(3*H*)-naphthalenone

(*Z*)-6α-(β-D- 葡萄糖氧基)-4α,5α- 二羟基 -2- 环己烯 -Δ^1-α- 乙腈 (*Z*)-6α-(β-D-glucosyloxy)-4α,5α-dihydroxy-2-cyclohexene-Δ^1-α-acetonitrile

(*Z*)-6α-(β-D- 葡萄糖氧基)-4α- 羟基 -2- 环己烯 -Δ^1-α- 乙腈 (*Z*)-6α-(β-D-glucosyloxy)-4α-hydroxy-2-cyclohexene-Δ^1-α-acetonitrile

2-β-D- 葡萄糖氧基 -1,4- 萘醌 2-(β-D-glucopyranosyloxy)-1,4-naphthoquinone

3-β-D- 葡萄糖氧基 -16- 羟基齐墩果 -12- 烯 -28- 羧酸甲酯 3-β-D-glucopyranosyloxy-16-hydroxyolean-12-en-28-oic acid methyl ester

1-β-D- 葡萄糖氧基 -2-(3- 甲氧基 -4- 羟基苯基) 丙烷 -1,3- 二醇 1-β-D-glucosyloxy-2-(3-methoxy-4-hydroxyphenyl)propane-1,3-diol

(2β,3β,4α)-3-β-D- 葡萄糖氧基 -2,23- 二羟基齐墩果 -12- 烯 -28- 羧酸甲酯 (2β,3β,4α)-3-β-D-glucopyranosyloxy-2,23-dihydroxyolean-12-en-28-oic acid methyl ester

1- 葡萄糖氧基 -2-[2- 羟基 -4-(3- 羟基丙基)- 苯氧基 -1-(4- 羟基 -3- 甲氧基苯基)- 丙烷 -3- 醇 1-glucosyloxy-2-[2-hydroxy-4-(3-hydroxy-propyl)-phenoxyl-1-(4-hydroxy-3-methoxyphenyl)-propan-3-ol

8-(3-β-D- 葡萄糖氧基 -2- 羟基 -3- 甲基丁基)-7- 甲氧基香豆素 8-(3-β-D-glucopyranosyloxy-2-hydroxy-3-methylbutyl)-7-methoxycoumarin

2β- 葡萄糖氧基 -3,16,20,22- 四羟基 -9- 甲基 -19- 降羊毛脂 -5,24- 二烯 2β-glucosyloxy-3,16,20,22-tetrahydroxy-9-methyl-19-norlanosta-5,24-diene

2β- 葡萄糖氧基 -3,16,20,25- 四羟基 -9- 甲基 -19- 降羊毛脂 -5,23- 二烯 -22- 酮 2-β-glucosyloxy-3,16,20,25-tetrahydroxy-9-methyl-19-norlanosta-5,23,diene-22-one

19- 葡萄糖氧基 -3β,5,14- 三羟基 -5β- 强心 -20(22)- 烯内酯 19-glucosyloxy-3β,5,14-trihydroxy-5β-card-20(22)-enolide

4-β-D- 葡萄糖氧基 -3- 甲氧基 - 苯甲酸 4-β-D-glucosyloxy-3-methoxy-benzoic acid

1-(2-β-D- 葡萄糖氧基 -4- 甲氧基 -6- 羟基苯基)-3- 羟基 -1- 丙酮 1-(2-β-D-glucopyranoxyl-4-methoxy-6-hydroxyphenyl)-3-hydroxy-1-propanone

4-β-D- 葡萄糖氧基阿魏酸 4-β-D-glucosyloxyferulic acid

4- 葡萄糖氧基苯甲酸 4-glucosyloxybenzoic acid

2-(β-D- 葡萄糖氧甲基)-5- 羟基甲基呋喃 2-(β-D-glucopyranosyloxymethyl)-5-hydroxymethylfuran

α- 葡萄糖乙苷 α-ethylglucoside

葡萄糖乙苷 ethyl glucoside

葡萄糖银柴胡胺 B glucodichotomine B

葡萄糖硬毛南芥素▲ glucohirsutin

葡萄糖油菜素▲ gluconapin

葡萄糖芸苔素 glucobrassicin

葡萄糖中美菊素 C glucozaluzanin C

葡萄糖醉蝶花素 glucocleomin

葡萄瓮素▲A, B cyphostemmin A, B

(-)- 葡萄辛▲B (-)-vitisin B

(+)- 葡萄辛▲A, C (+)-vitisin A, C

(*E*)- 葡萄辛▲B (*E*)-vitisin B

葡萄辛▲A, B, C vitisin A, B, C

葡萄叶木槿素▲ hibifolin

葡萄柚定碱▲ marshdine

葡萄柚明碱▲ marshmine

葡萄柚品碱▲A, B margrapine A, B

葡萄柚双碱▲A~F citbismine A~F

葡萄柚双香豆素▲ marshdimerin

葡萄柚素▲ marshrin

蒲包花苷 calceolarioside

蒲包花苷 A~F calceolarioside A~F

蒲包花苷 A-2'-α-L- 吡喃鼠李糖苷 calceolarioside A-2'-α-L-rhamnopyranoside

蒲贝啶碱 puqiedine

蒲公英 -14- 烯 taraxer-14-ene

蒲公英 -14- 烯 -7α- 醇 taraxer-14-en-7α-ol

蒲公英 -20(30)- 烯 -3β,12β- 二醇 taraxast-20(30)-ene-3β,12β-diol

蒲公英 -20(30)- 烯 -3β,16β,21α- 三醇 taraxast-20(30)-en-3β,16β,21α-triol

蒲公英 -20(30)- 烯 -3β,21α- 二醇 taraxast-20(30)ene-3β,21α-diol

蒲公英 -20β,28β- 环氧 -28- 羟基 -3β,11α- 二醇 -11- 对羟基苯甲酸酯 taraxastane-20β,28β-epoxy-28-hydroxy-3β,11α-diol-11-*p*-hydroxylbenzoate

蒲公英 -20- 烯 -3β,16β,22α- 三醇 tarax-20-ene-3β,16β,22α-triol

蒲公英 -20- 烯 -3β,16β,30- 三醇 tarax-20-ene-3β,16β,30-triol

蒲公英 -20- 烯 -3β,30- 二醇 taraxast-20-en-3β,30-diol

蒲公英 -3β,20α- 二醇 taraxastane-3β,20α-diol

(20*R*)- 蒲公英 -3β,20- 二醇 (20*R*)-taraxastane-3β,20-diol

蒲公英醇 taraxol

蒲公英酚素▲ taraxafolin

(+)- 蒲公英酚素▲B (+)-taraxafolin B

蒲公英黄质 taraxanthin

蒲公英碱▲A, B taraxacine A, B

蒲公英苦素 taraxacin

蒲公英苦素 B taraxacin B

蒲公英赛 -14- 烯 -1α,3β- 二醇 taraxer-14-ene-1α,3β-diol

蒲公英赛 -14- 烯 -3- 醇 taraxer-14-en-3-ol

ψ- 蒲公英赛 -3,20- 二醇 ψ-taraxastane-3,20-diol

19a(*H*)- 蒲公英赛 -3β,20α- 二醇 19a(*H*)-taraxastane-3β,20α-diol

ψ- 蒲公英赛 -3β,20- 二醇 ψ-taraxastane-3β,20-diol

蒲公英赛 -3β- 基二十八酸酯 taraxer-3β-yl octacosanoate

14α- 蒲公英赛 -3- 酮 14α-taraxeran-3-one

14- 蒲公英赛 -3- 酮 14-taraxeren-3-one

蒲公英赛 -3- 酮 taraxer-3-one

蒲公英赛 -9,12,17- 三烯 -3β,23- 二醇 taraxer-9,12,17-triene-3β,23-diol

3α- 蒲公英赛醇 3α-taraxerol

3β- 蒲公英赛醇 3β-taraxerol

α- 蒲公英赛醇 α-taraxerol

蒲公英赛醇 taraxerol; β-taraxerol

蒲公英赛醇 -3β-*O*- 十三烷基醚 taraxerol-3β-*O*-tridecyl ether

蒲公英赛醇 -3β- 乙酸酯 taraxerol-3β-acetate

蒲公英赛醇二十八酸酯 taraxeryl octacosanoic acetate

蒲公英赛醇 - 反式 - 对羟基桂皮酸酯 taraxeryl-*trans*-*p*-hydroxycinnamate

蒲公英赛醇 - 顺式 - 对羟基桂皮酸酯 taraxeryl-*cis*-*p*-hydroxycinnamate

γ- 蒲公英赛醇乙酸酯 γ-taraxasteryl acetate

蒲公英赛醇乙酸酯 taraxerol acetate

蒲公英赛醇棕榈酸酯 taraxerol palmitate

蒲公英赛酸 taraxeric acid

蒲公英赛酮 taraxerone

14- 蒲公英赛烯 -3β- 醇 14-taraxerene-3β-ol

蒲公英萜 -1,20(30)- 二烯 -3- 酮 taraxast-1,20(30)-dien-3-one

4- 蒲公英萜醇▲ 4-taraxasterol

P

φ- 蒲公英萜醇▲ φ-taraxasterol
ψ- 蒲公英萜醇▲ ψ-taraxasterol
蒲公英萜醇▲ taraxasterol
蒲公英萜醇▲3-O- 乙酸酯 taraxasterol 3-O-acetate
ψ- 蒲公英萜醇▲乙酸酯 ψ-taraxasterol acetate
蒲公英萜醇▲乙酸酯 taraxasterol acetate
蒲公英萜醇▲月桂酸酯 taraxasterol laurate
蒲公英萜醇▲棕榈酸酯 taraxasteryl palmitate
蒲公英萜酸▲ -1'-O-β-D- 吡喃葡萄糖苷 taraxinic acid-1'-O-β-D-glucopyranoside
蒲公英萜酸▲ -β-D- 葡萄糖苷 taraxinic acid-β-D-glucoside
ψ- 蒲公英萜酮▲ ψ-taraxasterone
蒲公英萜酮▲ taraxasterone
20- 蒲公英萜烯 -3β,12β,16β- 三醇 20-taraxastene-3β,12β,16β-triol
蒲公英酮内酯▲ taraxafolide
20 ζ - 蒲公英烷醇 20 ζ -taraxastanonol
ψ- 蒲公英烯 ψ-taraxastene
蒲公英烯 taraxerene
20(30)- 蒲公英烯 -3β,21α- 二醇 20(30)-taraxastene-3β,21α-diol
蒲公英羽扇豆烯醇 tarolupenol
蒲公英羽扇豆烯醇乙酸酯 tarolupenyl acetate
蒲桃宁 A, B syzyginin A, B
(+)- 普尔乔基野扇花酰胺▲ A (+)-phulchowkiamide A
普洱茶烯▲ assamene
普洱茶皂苷▲ A~D, F, I assamsaponin A~D, F, I
普拉雄酮 prasterone
普洛原薯蓣皂苷元▲ II protoprogenin II
普氏猪胶树酮▲ B, C plukenetione B, C
普特美登木碱▲ B putterine B

Q

七 -O- 没食子酰吡喃葡萄糖 hepta-O-galloylglucopyranose
3,3',4',5,5',6,7- 七甲氧基黄酮 3,3',4',5,5',6,7-heptamethoxyflavone
3,3',4',5,6,7,8- 七甲氧基黄酮 3,3',4',5,6,7,8-heptamethoxyflavone
3,5,6,7,3',4',5'- 七甲氧基黄酮 3,5,6,7,3',4',5'-heptamethoxyflavone
3,5,6,7,8,3',4'- 七甲氧基黄酮 3,5,6,7,8,3',4'-heptamethoxyflavone
3,5,6,8,3',4',5'- 七甲氧基黄酮 3,5,6,8,3',4',5'-heptamethoxyflavone
3,5,7,8,3',4',5'- 七甲氧基黄酮 3,5,7,8,3',4',5'-heptamethoxyflavone
5,6,7,8,3',4',5'- 七甲氧基黄酮 5,6,7,8,3',4',5'-heptamethoxyflavone
3,5,6,7,8,3',4'- 七甲氧基黄酮醇 3,5,6,7,8,3',4'-heptamethoxyflavonol
5,6,7,2',3',4',5'- 七甲氧基黄烷酮 5,6,7,2',3',4',5'- heptamethoxyflavanone
七筋菇苷▲ A, B, C clintonioside A, B, C
七裂薯蓣苷▲ A~H dioseptemloside A~H
七没食子酰葡萄糖 heptagalloylglucose
5,7,4',5",7",4'''- 七羟基 -(3,8")- 双二氢黄酮 5,7,4',5",7",4'''-hexahydroxy-(3,8")-biflavanone
5,7,4',3",5",7",4'''- 七羟基 -(3-8")- 双二氢黄酮 5,7,4',3",5",7",4'''-heptahydroxy-(3-8")-biflavanone
1α,2α,4β,6β,8α,9β,13- 七羟基 -β- 二氢沉香呋喃 1α,2α,4β,6β,8α,9β,13-heptahydroxy-β-dihydroagarofuran
1α,2α,4β,6β,8β,9α,13- 七羟基 -β- 二氢沉香呋喃 1α,2α,4β,6β,8β,9α,13-heptahydroxy-β-dihydroagarofuran
七星草乌碱 conaconitine
七叶黄皮碱 heptaphylline
七叶黄皮唑碱▲ heptazoline
七叶树奥苷▲ A~H aesculioside A~H
七叶树苷 esculin
七叶树苷 -6'-O- 没食子酸酯 esculin-6'-O-gallate
七叶树黄酮苷 aescuflavoside
七叶树洛苷▲ A aesculuside A
七叶树内酯 aesculetin; esculetin
七叶树内酯 -6-O-(6'-O- 没食子酰基)-β-D- 吡喃半乳糖苷 aesculetin-6-O-(6'-O-galloyl)-β-D-galactopyranoside
七叶树内酯 -6-O-β-D- 呋喃芹菜糖基 -(1 → 6)-O-β-D- 吡喃葡萄糖苷 aesculetin-6-O-β-D-apiofuranosyl-(1 → 6)-O-β-D-glucopyranoside
七叶树内酯 -6-O-β- 葡萄糖苷 esculetin-6-O-β-glucoside
七叶树内酯二甲醚 aesculetin dimethyl ether; esculetin dimethyl ether
七叶树鞣质 A~G aesculitannin A~G
七叶树皂苷 escin Ia, Ib, IIa, IIb, IIIa, IIIb, IV, IVc, IVd, IVe, IVf, IVg, IVh, V, VI, VIb
七叶一枝花素 A, B pariphyllin A, B
七叶一枝花皂苷 A, E, F, G parispolyside A, E, F, G
七爪龙药喇叭素▲ I digitatajalapin I
桤木醇▲ alnusonol
桤木二醇▲ alnusdiol
桤木苷▲ A~D alnuside A~D
桤木庚烷▲ A alnuheptanoid A
桤木庚烯酮▲ alusenone
桤木林素▲ alnulin
桤木宁▲ A alunusnin A
桤木鞣宁▲ A, B alnusnin A, B
桤木鞣素 alnusiin
桤木酮▲ alnusone
桤木烯醇▲ alnusenol
桤木烯酮▲ alnusenon
桤木氧化物▲ alnusoxide
漆姑草素▲ C, D sajaponicin C, D
漆黄素 fisetin
漆黄素 -3-(6"- 乙酰基)-O-β-D- 吡喃葡萄糖苷 fisetin-3-(6"-acetyl)-O-β-D-glucopyranoside
漆黄素 -3-O-β-D- 吡喃葡萄糖苷 fisetin-3-O-β-D-glucopyranoside
漆烷▲ A, B, C toxicodenane A, B, C
漆叶苷 rhoifolin; rhoifoloside
漆叶花椒碱▲ A, B rhoifoline A, B
(E)- 漆叶酸二甲酯 (E)-rhoifolinic acid dimethyl ester
(Z)- 漆叶酸二甲酯 (Z)-rhoifolinic acid dimethyl ester
齐敦果酸 oleamolic acid
齐敦果酸 -3-O-α-L- 吡喃鼠李糖基 -(1 → 2)-[β-D- 吡喃葡萄糖基 -(1 → 4)]-α-L- 吡喃阿拉伯糖苷 oleanolic acid-3-O-α-L-rhamnopyranosyl-(1 → 2)-[β-D-glucopyranosyl-(1 → 4)]-α-L-arabinopyranoside
齐墩果 -11,13(18)- 二烯 oleana-11,13(18)-diene
齐墩果 -11,13(18)- 二烯 -3β,24- 二醇 olean-11,13(18)-dien-3β,24-diol
齐墩果 -11,13(18)- 二烯 -3β,30- 二醇 olean-11,13(18)-dien-3β,30-diol
齐墩果 -11,13(18)- 二烯 -3β- 醇乙酸酯 olean-11,13(18)-dien-3β-ol acetate
齐墩果 -11,13(18)- 二烯 -3- 酮 olean-11,13(18)-dien-3-one
(1α,3β,6β)- 齐墩果 -12- 烯 -1,3,6- 三醇 (1α,3β,6β)-olean-12-en-1,3,6-triol
齐墩果 -12- 烯 -11α- 甲氧基 -3β- 乙酸酯 olean-12-ene-11α-methoxy-3β-acetate
齐墩果 -12- 烯 -2,3,22- 三醇 olean-12-en-2,3,22-triol
齐墩果 -12- 烯 -2,3,23,28- 四醇 olean-12-ene-2,3,23,28- tetrol
2,3- 齐墩果 -12- 烯 -2,3- 二醇 2,3-olean-12-en-2,3-diol

(2β,3β,4α,6β)- 齐墩果 -12- 烯 -28- 酸 -3-*O*-[(*O*-α-L- 吡喃阿拉伯糖基 -(1 → 2)-*O*-[β-D- 吡喃葡萄糖基 -(1 → 6)]-β-D- 吡喃葡萄糖基) 氧基]-2,6,23- 三羟基 -β-D- 吡喃葡萄糖基酯 (2β,3β,4α,6β)-olean-12-en-28-oic acid-3-[(*O*-α-L-arabinopyranosyl-(1 → 2)-*O*-[β-D-glucopyranosyl-(1 → 6)]-β-D-glucopyranosyl)oxy]-2,6,23-trihydroxy-β-D-glucopyranosyl ester

齐墩果 -12- 烯 -2β,3β,22α- 三醇 olean-12-en-2β,3β,22α-triol

齐墩果 -12- 烯 -2β,3β,28- 三醇 olean-12-en-2β,3β,28-triol

齐墩果 -12- 烯 -2β,3β- 二羟基 -3- 乙酸酯 olean-12-ene-2β,3β-diol-3-acetate

齐墩果 -12- 烯 -3,11- 二酮 olean-12-ene-3,11-dione

齐墩果 -12- 烯 -3,24- 二醇 olean-12-en-3,24-diol

齐墩果 -12- 烯 -3β,11α,16β- 三醇 -3- 十六酸酯 olean-12-en-3β,11α,16β-triol-3-hexadecanoate

齐墩果 -12- 烯 -3β,15α,24- 三醇 olean-12-en-3β,15α,24-triol

齐墩果 -12- 烯 -3β,15α- 二醇 olean-12-en-3β,15α-diol

齐墩果 -12- 烯 -3β,16α- 二醇 -22-*O*-(2- 甲基丁酰基)-28- 醛 olean-12-en-3β,16α-diol-22-*O*-(2-methylbutyryl)-28-al

齐墩果 -12- 烯 -3β,16α- 二醇 -22-*O*- 己烯酰基 -28- 醛 olean-12-en-3β,16α-diol-22-*O*-hexanoyl-28-al

齐墩果 -12- 烯 -3β,16β,21β,22α,23,28- 六醇 olean-12-ene-3β,16β,21β,22α,23,28-hexol

齐墩果 -12- 烯 -3β,16β,23,28- 四醇 olean-12-ene-3β,16β,23,28-tetrol

齐墩果 -12- 烯 -3β,16β,23,28- 四乙酸酯 olean-12-ene-3β,16β,23,28-tetrayltetraacetate

齐墩果 -12- 烯 -3β,16β,28- 三醇 olean-12-en-3β,16β,28-triol

齐墩果 -12- 烯 -3β,22β,24- 三醇 olean-12-en-3β,22β,24-triol

齐墩果 -12- 烯 -3β,22β- 二醇 olean-12-en-3β,22β-diol

18α- 齐墩果 -12- 烯 -3β,23,28- 三醇 18α-olean-12-ene-3β,23,28-triol

齐墩果 -12- 烯 -3β,23,28- 三醇 olean-12-ene-3β,23,28-triol

齐墩果 -12- 烯 -3β,23- 二醇 olean-12-en-3β,23-diol

齐墩果 -12- 烯 -3β,24- 二醇 olean-12-en-3β,24-diol

齐墩果 -12- 烯 -3β,27- 二醇 olean-12-en-3β,27-diol

齐墩果 -12- 烯 -3β,28,29- 三醇 olean-12-en-3β,28,29-triol

齐墩果 -12- 烯 -3β,28- 二醇 olean-12-ene-3β,28-diol

齐墩果 -12- 烯 -3β,28- 二醇 -3β- 棕榈酸酯 olean-12-ene-3β,28-diol-3β-palmitate

齐墩果 -12- 烯 -3β,29- 二醇 olean-12-ene-3β,29-diol

齐墩果 -12- 烯 -3β,30- 二醇 olean-12-en-3β,30-diol

齐墩果 -12- 烯 -3β- 醇 olean-12-ene-3β-ol

齐墩果 -12- 烯 -3β- 乙酰基 -11- 酮 olean-12-en-3β-acetyl-11-one

齐墩果 -12- 烯 -3β- 乙酰基 -29- 酸 olean-12-en-3β-yl acetate-29-oic acid

齐墩果 -12- 烯 -3- 醇 olean-12-en-3-ol

齐墩果 -12- 烯 -3- 酮 olean-12-en-3-one

(2β,3β)- 齐墩果 -12- 烯 -28- 酸 -3-*O*-β-D- 吡喃葡萄糖 -2- 羟基 - β -D- 吡喃葡萄糖基酯 (2β,3β)-olean-12-en-28-oic acid-3-*O*-β-D-glucopyranosyl-2-hydroxy-β-D-glucopyranosyl ester

(2β,3β,4α,6β)- 齐墩果 -12- 烯 -28- 酸 -3-[(6-*O*-β-D- 吡喃葡萄糖基 - β -D- 吡喃葡萄糖基) 氧基]-2,6,23- 三羟基 -β-D- 吡喃葡萄糖基酯 (2β,3β,4α,6β)-olean-12-en-28-oic acid-3-[(6-*O*-β-D-glucopyranosyl-β-D-glucopyranosyl)oxy]-2,6,23-trihydroxy-β-D-glucopyranosyl ester

齐墩果 -13(18)- 烯 -11- 酮 olean-13(18)-ene-11-one

齐墩果 -13(18)- 烯 -2α,3β,11α- 三醇 olean-13(18)-ene-2α,3β,11α-triol

齐墩果 -13(18)- 烯 -3- 乙酸酯 olean-13(18)-en-3-acetate

齐墩果 -18- 烯 olean-18-ene

齐墩果 -18- 烯 -1β,2α,3α- 三醇 olean-18-ene-1β,2α,3α-triol

齐墩果 -18- 烯 -3β-*O*-*E*- 香豆酸酯 olean-18-en-3β-*O*-*E*-coumaroyl ester

齐墩果 -18- 烯 -3β-*O*-*Z*- 香豆酸酯 olean-18-en-3β-*O*-*Z*-coumaroyl ester

齐墩果 -18- 烯 -3- 醇 olean-18-en-3-ol

齐墩果 -18- 烯 -3- 酮 olean-18-en-3-one

齐墩果 -20(29)- 烯 -3- 酮 olean-20(29)-en-3-tone

齐墩果 -3β- 醇 oleanan-3β-ol

齐墩果 -5- 烯 -3α- 醇 olean-5-en-3α-ol

齐墩果 -9(11),12- 二烯 -3-*O*- 棕榈酸酯 olean-9(11),12-dien-3-*O*-palmitate

齐墩果 -9(11),12- 二烯 -3β- 醇 olean-9(11),12-dien-3β-ol

齐墩果 -β-D- 葡萄糖苷糖醛酸衍生物 oleanane-β-D-glucopyranosiduronic acid deriv

9(11),12- 齐墩果二烯 -3β- 醇 9(11),12-oleanadien-3β-ol

9(11),12- 齐墩果二烯 -3β- 咖啡酸酯 9(11),12-oleanadien-3β-caffeate

9(11),12- 齐墩果二烯 -3- 酮 9(11),12-oleanedien-3-one

齐墩果内酯 oleanolic lactone

齐墩果醛 oleanolic aldehyde

齐墩果醛乙酸酯 oleanolic aldehyde acetate

齐墩果酸 oleanolic acid

齐墩果酸 -11,13(18)- 二烯 -3-*O*-β-D- 吡喃葡萄糖醛酸苷 oleanolic acid-11,13(18)-dien-3-*O*-β-D-glucuronopyranoside

齐墩果酸 -11,13(18)- 二烯 -3-*O*-β-D- 葡萄糖醛酸甲酯 oleanolic acid-11,13(18)-dien-3-*O*-β-D-glucuronopyranosyl methyl ester

齐墩果酸 -28-*O*-α-D- 吡喃葡萄糖苷 oleanolic acid-28-*O*-α-D-glucopyranoside

齐墩果酸 -28-*O*-α-L- 吡喃鼠李糖基 -(1 → 2)-[β-D- 吡喃木糖基 -(1 → 6)]-β-D- 吡喃葡萄糖基乙酯 oleanolic acid-28-*O*-α-L-rhamnopyranosyl-(1 → 2)-[β-D-xylopyranosyl-(1 → 6)]-β-D-glucopyranosyl ester

齐墩果酸 -28-*O*-α-L- 吡喃鼠李糖基 -(1 → 4)-β-D- 吡喃葡萄糖基 -(1 → 6)-β-D- 吡喃葡萄糖苷 oleanolic acid-28-*O*-α-L-rhamnopyranosyl-(1 → 4)-β-D-glucopyranosyl-(1 → 6)-β-D-glucopyranoside

齐墩果酸 -28-*O*-β-D- 吡喃木糖基 -[β-D- 吡喃木糖基 -(1→4)]-(1→3)-α-L- 吡喃鼠李糖基 -(1 → 2)-α-L- 吡喃阿拉伯糖苷 oleanolic acid-28-*O*-β-D-xylopyranosyl-[β-D-xylopyranosyl-(1→4)]-(1→3)-α-L-rhamnopyranosyl-(1 → 2)-α-L-arabinopyranoside

齐墩果酸 -28-*O*-β-D- 吡喃葡萄糖苷 oleanolic acid-28-*O*-β-D-glucopyranoside

齐墩果酸 -28-*O*-β-D- 吡喃葡萄糖基 -(1 → 3)-α-L- 吡喃鼠李糖基 -(1 → 4)-β-D- 吡喃葡萄糖基 -(1 → 6)-β-D- 吡喃葡萄糖基酯苷 oleanolic acid-28-*O*-β-D-glucopyranosyl-(1 → 3)-α-L-rhamnopyranosyl-(1 → 4)-β-D-glucopyranosyl-(1 → 6)-β-D-glucopyranosyl ester

齐墩果酸 -28-*O*-β-D- 吡喃葡萄糖基 -(1 → 3)-β-D- 吡喃木糖基 -[β-D- 吡喃木糖基 -(1 → 4)]-(1 → 3)-α-L- 吡喃鼠李糖基 -(1 → 2)-α-L- 吡喃阿拉伯糖苷 oleanolic acid-28-*O*-β-D-glucopyranosyl-(1→3)-β-D-xylopyranosyl-[β-D-xylopyranosyl-(1→4)]-(1→3)-α-L-rhamnopyranosyl-(1 → 2)-α-L-arabinopyranoside

齐墩果酸 -28-*O*-β-D- 吡喃葡萄糖基 -(1 → 6)-*O*-β-D- 吡喃葡萄糖基酯苷 oleanolic acid-28-*O*-β-D-glucopyranosyl-(1 → 6)-*O*-β-D-glycopyranosyl ester

齐墩果酸 -28-*O*-β-D- 吡喃葡萄糖基 -(1 → 6)-β-D- 吡喃葡萄糖苷 oleanolic acid-28-*O*-β-D-glucopyranosyl-(1 → 6)-β-D-glucopyranoside

齐墩果酸 -28-*O*-β-D- 吡喃葡萄糖基酯 oleanolic acid-28-*O*-β-D-glucopyranosyl ester

Q

齐墩果酸 -3-(6'- 甲酯)-β-D- 吡喃葡萄糖醛酸基 -(1 → 3)-α-L-吡喃阿拉伯糖苷 oleanolic acid-3-(6'-methyl ester)-β-D-glucopyranosyl-(1 → 3)-α-L-arabinopyranoside

齐墩果酸 -3-O-(α-L- 吡喃鼠李糖基 -(1 → 3)-β-D- 吡喃葡萄糖醛酸基 -28-O-β-D- 吡喃葡萄糖酯苷 oleanolic acid-3-O-α-L-rhamnopyranosyl-(1 → 3)-β-D-glucuronopyranosyl-28-O-β-D-glucopyranosyl ester

齐墩果酸 -3-O-(β-D- 吡喃葡萄糖醛酸苷 -6'-O- 丁酯)-28-O-β-D- 吡喃葡萄糖苷 oleanolic acid-3-O-(β-D-glucuronopyranoside-6'-O-butyl ester)-28-O-β-D-glucopyranoside

齐墩果酸 -3-O-(β-D- 吡喃葡萄糖醛酸苷 -6'-O- 甲酯)-28-O-β-D- 吡喃葡萄糖苷 oleanolic acid-3-O-(β-D-glucuronopyranoside-6'-O-methyl ester)-28-O-β-D-glucopyranoside

齐墩果酸 -3-O-(β-D- 吡喃葡萄糖醛酸苷 -6'-O- 乙酯)-28-O-β-D- 吡喃葡萄糖苷 oleanolic acid-3-O-(β-D-glucuronopyranoside-6'-O-ethyl ester)-28-O-β-D-glucopyranoside

齐墩果酸 -3-O-[α-L- 吡喃鼠李糖基 -(1 → 2)-β-D- 吡喃葡萄糖基 -(1 → 3)-α-L- 吡喃阿拉伯糖苷 oleanolic acid-3-O-[α-L-rhamnopyranosyl-(1 → 2)-β-D-glucopyranosyl-(1 → 3)-α-L-arabinopyranoside

齐墩果酸 -3-O-[α-L- 呋喃阿拉伯糖基 -(1 → 4)-β-D- 吡喃葡萄糖醛酸苷] oleanolic acid-3-O-[α-L-arabinofuranosyl-(1 → 4)-β-D-glucuronopyranoside]

齐墩果酸 -3-O-[β-D- 吡喃葡萄糖基 -(1 → 2)-β-D- 吡喃葡萄糖醛酸基 -6'-O- 丁酯] oleanolic acid-3-O-[β-D-glucopyranosyl-(1 → 2)-β-D-glucuronopyranosyl-6'-O-butyl ester]

齐墩果酸 -3-O-[β-D- 吡喃葡萄糖基 -(1 → 3)-α-L- 吡喃阿拉伯糖苷] oleanolic acid-3-O-[β-D-glucopyranosyl-(1 → 3)-α-L-arabinopyranoside]

齐墩果酸 -3-O-[β-D- 吡喃葡萄糖基 -(1 → 3)-α-L- 吡喃阿拉伯糖苷]-28-O-β-D- 吡喃葡萄糖基酯苷 oleanolic acid-3-O-[β-D-glucopyranosyl-(1 → 3)-α-L-arabinopyranoside]-28-O-β-D-glucopyranoside

齐墩果酸 -3-O-6'-O- 甲基 -β-D- 吡喃葡萄糖醛酸苷 oleanolic acid-3-O-6'-O-methyl-β-D-glucuronopyranoside

齐墩果酸 -3-O-L- 吡喃鼠李糖基 -(1 → 2)-α-L- 吡喃阿拉伯糖苷 oleanolic acid-3-O-L-rhamnopyranosyl-(1 → 2)-α-L-arabinopyranoside

齐墩果酸 -3-O-α-L- 吡喃阿拉伯糖苷 oleanolic acid-3-O-α-L-arabinopyranoside

齐墩果酸 -3-O-α-L- 吡喃阿拉伯糖苷 -28-O-β-D- 吡喃葡萄糖苷 oleanolic acid-3-O-α-L-arabinopyranoside-28-O-β-D-glucopyranoside

齐墩果酸 -3-O-α-L- 吡喃阿拉伯糖基 -(1 → 3)-O-β-D- 吡喃葡萄糖苷 -28-O-β-D- 吡喃葡萄糖苷 oleanolic acid-3-O-α-L-arabinopyranosyl-(1 → 3)-O-β-D-glucopyranoside-28-O-β-D-glucopyranoside

齐墩果酸 -3-O-α-L- 吡喃阿拉伯糖基 -28-O-α-L- 吡喃鼠李糖基 -(1 → 4)-β-D- 吡喃葡萄糖基 -(1 → 6)-β-D- 吡喃葡萄糖基酯苷 oleanolic acid-3-O-α-L-arabinopyranosyl-28-O-α-L-rhamnopyranosyl-(1 → 4)-β-D-glucopyranosyl-(1 → 6)-β-D-glucopyranosyl ester

齐墩果酸 -3-O-α-L- 吡喃鼠李糖基 -(1 → 2)-O-[β-D- 吡喃葡萄糖基 -(1 → 4)]-α-L- 吡喃阿拉伯糖苷 oleanolic acid-3-O-α-L-rhamnopyranosyl-(1 → 2)-O-[β-D-glucopyranosyl-(1 → 4)]-α-L-arabinopyranoside

齐墩果酸 -3-O-α-L- 吡喃鼠李糖基 -(1 → 2)-α-L- 吡喃阿拉伯糖苷 oleanolic acid-3-O-α-L-rhamnopyranosyl-(1 → 2)-α-L-arabinopyranoside

齐墩果酸 -3-O-α-L- 吡喃鼠李糖基 -(1 → 2)-α-L- 吡喃阿拉伯糖基 -28-O-β-D- 吡喃葡萄糖基酯苷 oleanolic acid-3-O-α-L-rhamnopyranosyl-(1 → 2)-α-L-arabinopyranosyl-28-O-β-D-glucopyranosyl ester

齐墩果酸 -3-O-α-L- 吡喃鼠李糖基 -(1 → 2)-β-D- 吡喃葡萄糖基 -(1 → 4)-α-L- 吡喃阿拉伯糖苷 oleanolic acid-3-O-α-L-rhamnopyranosyl-(1 → 2)-β-D-glucopyranosyl-(1 → 4)-α-L-arabopyranoside

齐墩果酸 -3-O-α-L- 吡喃鼠李糖基 -(1 → 3)-β-D- 吡喃葡萄糖醛酸苷 oleanolic acid-3-O-α-L-rhamnopyranosyl-(1 → 3)-β-D-glucuronopyranoside

齐墩果酸 -3-O-α-L- 吡喃鼠李糖基 -(1 → 4)-O-β-D- 吡喃葡萄糖醛酸苷 oleanolic acid-3-O-α-L-rhamnopyranosyl-(1 → 4)-O-β-D-glucuronopyranoside

齐墩果酸 -3-O-α-L- 吡喃鼠李糖基 -(1 → 4)-β-D- 吡喃葡萄糖苷 oleanolic acid-3-O-α-L-rhamnopyranosyl-(1 → 4)-β-D-glucopyranoside

齐墩果酸 -3-O-α-L- 吡喃鼠李糖基 -(1 → 4)-β-D- 吡喃葡萄糖醛酸苷 oleanolic acid-3-O-α-L-rhamnopyranosyl-(1 → 4)-β-D-glucuronopyranoside

齐墩果酸 -3-O-α-L- 呋喃阿拉伯糖基 -(1 → 4)-β-D- 吡喃葡萄糖醛酸苷 oleanolic acid-3-O-α-L-arabinofuranosyl-(1 → 4)-β-D-glucopyranosiduronic acid

齐墩果酸 -3-O-α-L- 呋喃阿拉伯糖基 -(1 → 4)-β-L- 吡喃葡萄糖醛酸苷 oleanolic acid-3-O-α-L-arabinofuranosyl-(1 → 4)-β-L-glucuronopyranoside

齐墩果酸 -3-O-α-L- 鼠李糖基 -(1 → 4)-β-D- 葡萄糖基 -(1 → 6)-β-D- 葡萄糖苷 oleanolic acid-3-O-α-L-rhamnosyl-(1 → 4)-β-D-glucosyl-(1 → 6)-β-D-glucoside

齐墩果酸 -3-O-β-D- 吡喃半乳糖基 -(1 → 2)-β-D- 吡喃果糖苷 oleanolic acid-3-O-β-D-galactopyranosyl-(1 → 2)-β-D-fucopyranoside

齐墩果酸 -3-O-β-D- 吡喃半乳糖基 -(1 → 3)-β-D- 吡喃葡萄糖苷 oleanolic acid-3-O-β-D-galactopyranosyl-(1 → 3)-β-D-glucopyranoside

齐墩果酸 -3-O-β-D- 吡喃核糖基 -(1 → 3)-α-L- 吡喃鼠李糖基 -(1 → 2)-α-L- 吡喃阿拉伯糖苷 oleanolic acid-3-O-β-D-ribopyranosyl-(1 → 3)-α-L-rhamnopyranosyl-(1 → 2)-α-L-arabinopyranoside

齐墩果酸 -3-O-β-D- 吡喃核糖基 -(1 → 3)-α-L- 吡喃鼠李糖基 -(1 → 2)-β-D- 吡喃木糖苷 oleanolic acid-3-O-β-D-ribopyranosyl-(1 → 3)-α-L-rhamnopyranosyl-(1 → 2)-β-D-xylopyranoside

齐墩果酸 -3-O-β-D- 吡喃木糖基 -(1 → 2)-O-β-D- 吡喃葡萄糖醛酸苷 -28-O-β-D- 吡喃葡萄糖苷 oleanolic acid 3-O-β-D-xylopyranosyl-(1 → 2)-O-β-D-glucuronopyranoside-28-O-β-D-glucopyranoside

齐墩果酸 -3-O-β-D- 吡喃木糖基 -(1 → 3)-α-L- 吡喃鼠李糖基 -(1 → 2)-α-L- 吡喃阿拉伯糖苷 oleanolic acid-3-O-β-D-xylopyranosyl-(1 → 3)-α-L-rhamnopyranosyl-(1 → 2)-α-L-arabopyranoside

齐墩果酸 -3-O-β-D- 吡喃木糖基 -(1 → 3)-α-L- 吡喃鼠李糖基 -(1 → 2)-β-D- 吡喃葡萄糖基 -(1 → 4)-α-L- 吡喃阿拉伯糖苷 oleanolic acid-3-O-β-D-xylopyranosyl-(1 → 3)-α-L-rhamnopyranosyl-(1 → 2)-β-D-glucopyranosyl-(1 → 4)-α-L-arabopyranoside

齐墩果酸 -3-O-β-D- 吡喃木糖基 -(1 → 6)-β-D- 吡喃葡萄糖基 -(1 → 6)-β-D- 吡喃葡萄糖苷 oleanolic acid-3-O-β-D-xylopyranosyl-(1 → 6)-β-D-glucopyranosyl-(1 → 6)-β-D-glucopyranoside

Q

齐墩果酸 -3-*O*-*β*-D- 吡喃葡萄醛酸正丁酯苷 oleanolic acid-3-*O*-6'-buthyl-*β*-D-glucuronopyranoside
齐墩果酸 -3-*O*-*β*-D- 吡喃葡萄糖苷 oleanolic acid-3-*O*-*β*-D-glucopyranoside
齐墩果酸 -3-*O*-*β*-D- 吡喃葡萄糖苷甲酯 oleanolic acid-3-*O*-*β*-D-glucopyranoside methyl ester
齐墩果酸 -3-*O*-*β*-D- 吡喃葡萄糖基 -(1 → 2)-*O*-*α*-L- 吡喃阿拉伯糖苷 -28-*O*-*α*-L- 吡喃鼠李糖基 -(1 → 4)-*O*-*β*-D- 吡喃葡萄糖基 -(1 → 6)-*O*-*β*-D- 吡喃葡萄糖基酯 oleanolic acid-3-*O*-*β*-D-glucopyranosyl-(1 → 2)-*O*-*α*-L-arabinopyranoside-28-*O*-*α*-L-rhamnopyranosyl-(1→4)-*O*-*β*-D-glucopyranosyl-(1→6)-*O*-*β*-D-glucopyranosyl ester
齐墩果酸 -3-*O*-*β*-D- 吡喃葡萄糖基 -(1 → 2)-*α*-L- 吡喃阿拉伯糖苷 oleanolic acid-3-*O*-*β*-D-glucopyranosyl-(1 → 2)-*α*-L-arabinopyranoside
齐墩果酸 -3-*O*-*β*-D- 吡喃葡萄糖基 -(1→2)-*β*-D- 吡喃葡萄糖苷 -28-*O*-*β*-D- 吡喃葡萄糖酯苷 oleanolic acid-3-*O*-*β*-D-glucopyranosyl-(1 → 2)-*β*-D-glucopyranosyl-28-*O*-*β*-D-glucopyranosyl ester
齐墩果酸 -3-*O*-*β*-D- 吡喃葡萄糖基 -(1 → 2)- 吡喃葡萄糖苷 oleanolic acid-3-*O*-*β*-D-glucopyranosyl-(1 → 2)-*β*-D-glucopyranoside
齐墩果酸 -3-*O*-*β*-D- 吡喃葡萄糖基 -(1 → 3)-*O*-*α*-L- 吡喃鼠李糖基 -(1 → 2)-*α*-L- 吡喃阿拉伯糖苷 oleanolic acid-3-*O*-*β*-D-glucopyranosyl-(1 → 3)-*O*-*α*-L-rhamnopyranosyl-(1 → 2)-*α*-L-arabinopyranoside
齐墩果酸 -3-*O*-*β*-D- 吡喃葡萄糖基 -(1 → 3)-*α*-L-D- 吡喃鼠李糖基 -(1 → 2)-*α*-L- 吡喃阿拉伯糖苷 oleanolic acid-3-*O*-*β*-D-glucopyranosyl-(1 → 3)-*α*-L-rhamnopyranosyl-(1 → 2)-*α*-L-arabinopyranoside
齐墩果酸 -3-*O*-*β*-D- 吡喃葡萄糖基 -(1 → 3)-*α*-L- 吡喃阿拉伯糖苷 oleanolic acid-3-*O*-*β*-D-glucopyranosyl-(1 → 3)-*α*-L-arabinopyranoside
齐墩果酸 -3-*O*-*β*-D- 吡喃葡萄糖基 -(1 → 3)-*α*-L- 吡喃鼠李糖基 -(1 → 2)[*α*-L- 吡喃鼠李糖基 -(1 → 6)-*β*-D- 吡喃葡萄糖基 -(1 → 4)]-*α*-L- 吡喃阿拉伯糖苷 oleanolic acid-3-*O*-*β*-D- glucopyranosyl-(1 → 3)-*α*-L-rhamnopyranosyl-(1 → 2)[*α*-L-rhamnopyranosyl-(1 → 6)-*β*-D-glucopyranosyl-(1 → 4)]-*α*-L-arabinopyranoside
齐墩果酸 -3-*O*-*β*-D- 吡喃葡萄糖基 -(1 → 3)-*α*-L- 吡喃鼠李糖基 -(1 → 2)[*α*-L- 吡喃鼠李糖基 -(1 → 6)-*β*-D- 吡喃葡萄糖基 -(1 → 4)]-*α*-L- 吡喃阿拉伯糖基 -28-*O*-*α*-L- 吡喃鼠李糖基 -(1 → 4)-*β*-D- 吡喃葡萄糖基 -(1 → 6)-*β*-D- 吡喃葡萄糖基酯苷 oleanolic acid-3-*O*-*β*-D-glucopyranosyl-(1 → 3)-*α*-L-rhamnopyranosyl-(1 → 2)[*α*-L-rhamnopyranosyl-(1 → 6)-*β*-D-glucopyranosyl-(1 → 4)]-*α*-L-arabinopyranosyl-28-*O*-*α*-L-rhamnopyranosyl-(1 → 4)-*β*-D-glucopyranosyl-(1 → 6)-*β*-D-glucopyranosyl ester
齐墩果酸 -3-*O*-*β*-D- 吡喃葡萄糖基 -(1 → 3)-*α*-L- 吡喃鼠李糖基 -(1 → 2)[*β*-D- 吡喃葡萄糖基 -(1 → 4)]-*α*-L- 吡喃阿拉伯糖苷 oleanolic acid-3-*O*-*β*-D-glucopyranosyl-(1 → 3)-*α*-L-rhamnopyranosyl-(1 → 2)[*β*-D-glucopyranosyl-(1 → 4)]-*α*-L-arabinopyranoside
齐墩果酸 -3-*O*-*β*-D- 吡喃葡萄糖基 -(1 → 3)-*α*-L- 吡喃鼠李糖基 (1 → 2)-*α*-L- 吡喃阿拉伯糖苷 oleanolic acid-3-*O*-*β*-D-glucopyranosyl-(1 → 3)-*α*-L-rhamnopyranosyl(1 → 2)-*α*-L-arabinopyranoside
齐墩果酸 -3-*O*-*β*-D- 吡喃葡萄糖基 -(1 → 3)-*α*-L- 吡喃鼠李糖基 -(1 → 2)-*β*-D- 吡喃木糖苷 oleanolic acid-3-*O*-*β*-D-glucopyranosyl-(1 → 3)-*α*-L-rhamnopyranosyl-(1 → 2)-*β*-D-xylopyranoside
齐墩果酸 -3-*O*-*β*-D- 吡喃葡萄糖基 -(1 → 3)-*β*-D- 吡喃葡萄糖基 -28-*O*-*β*-D- 吡喃葡萄糖酯苷 oleanolic acid-3-*O*-*β*-D-glucopyranosyl-(1 → 3)-*β*-D-glucopyranosyl-28-*O*-*β*-D-glucopyranosyl ester
齐墩果酸 -3-*O*-*β*-D- 吡喃葡萄糖基 -(1 → 3)- 吡喃葡萄糖苷 oleanolic acid-3-*O*-*β*-D-glucopyranosyl-(1 → 3)-*β*-D-glucopyranoside
齐墩果酸 -3-*O*-*β*-D- 吡喃葡萄糖基 -(1 → 4)-*O*-*α*-L- 吡喃阿拉伯糖苷 oleanolic acid-3-*O*-*β*-D-glucopyranosyl-(1 → 4)-*O*-*α*-L-arabinopyranoside
齐墩果酸 -3-*O*-*β*-D- 吡喃葡萄糖基 -(1 → 4)-*O*-*β*-D- 吡喃葡萄糖基 -(1 → 3)-*O*-*α*-L- 吡喃鼠李糖基 -(1 → 2)-*O*-[*β*-D- 吡喃葡萄糖基 -(1 → 4)]-*α*-L- 吡喃阿拉伯糖苷 oleanolic acid-3-*O*-*β*-D-glucopyranosyl-(1→4)-*O*-*β*-D-glucopyranosyl-(1→3)-*O*-*α*-L-rhamnopyranosyl-(1 → 2)-*O*-[*β*-D-glucopyranosyl-(1 → 4)]-*α*-L-arabinopyranoside
齐墩果酸 -3-*O*-*β*-D- 吡喃葡萄糖基 -(1 → 4)-*O*-*β*-D- 吡喃葡萄糖基 -(1 → 3)-*O*-*α*-L- 吡喃鼠李糖基 -(1 → 2)-*α*-L- 吡喃阿拉伯糖苷 oleanolic acid-3-*O*-*β*-D-glucopyranosyl-(1 → 4)-*O*-*β*-D-glucopyranosyl-(1 → 3)-*O*-*α*-L-rhamnopyranosyl-(1 → 2)-*α*-L-arabinopyranoside
齐墩果酸 -3-*O*-*β*-D- 吡喃葡萄糖基 -(1 → 4)-*α*-L- 吡喃阿拉伯糖苷 oleanolic acid-3-*O*-*β*-D-glucopyranosyl-(1 → 4)-*α*-L-arabinopyranoside
齐墩果酸 -3-*O*-*β*-D- 吡喃葡萄糖基 -(1 → 4)-*β*-D- 吡喃木糖基 -(1 → 3)-*α*-L- 吡喃鼠李糖基 -(1 → 2)-*α*-L- 吡喃阿拉伯糖苷 oleanolic acid-3-*O*-*β*-D-glucopyranosyl-(1→4)-*β*-D-xylopyranosyl-(1 → 3)-*α*-L-rhamnopyranosyl-(1 → 2)-*α*-L-arabinopyranoside
齐墩果酸 -3-*O*-*β*-D- 吡喃葡萄糖基 -(1 → 4)-*β*-D- 吡喃葡萄糖基 -(1 → 3)-*α*-L- 吡喃鼠李糖基 -(1 → 2)[*β*-D- 吡喃葡萄糖基 -(1 → 4)]-*α*-L- 吡喃阿拉伯糖基 -28-*O*-*α*-L- 吡喃鼠李糖基 -(1 → 4)-*β*-D- 吡喃葡萄糖基 -(1 → 6)-*β*-D- 吡喃葡萄糖基酯苷 oleanolic acid-3-*O*-*β*-D-glucopyranosyl-(1 → 4)-*β*-D-glucopyranosyl-(1 → 3)-*α*-L-rhamnopyranosyl-(1 → 2)[*β*- D-glucopyranosyl-(1 → 4)]-*α*-L-arabinopyranosyl-28-*O*-*α*-L-rhamnopyranosyl-(1 → 4)-*β*-D-glucopyranosyl-(1 → 6)-*β*-D-glucopyranosyl ester
齐墩果酸 -3-*O*-*β*-D- 吡喃葡萄糖基 -(1 → 4)-*β*-D- 吡喃葡萄糖基 -(1 → 4)-*β*-D- 吡喃木糖基 -(1 → 3)-*α*-L- 吡喃鼠李糖基 -(1 → 2)-*α*-L- 吡喃阿拉伯糖苷 oleanolic acid-3-*O*-*β*-D-glucopyranosyl-(1→4)-*β*-D-glucopyranosyl-(1→4)-*β*-D-xylopyranosyl-(1 → 3)-*α*-L-xylopyranosyl-(1 → 2)-*α*-L-arabinopyranoside
齐墩果酸 -3-*O*-*β*-D- 吡喃葡萄糖基 -(1 → 6)-*β*-D- 吡喃葡萄糖苷 oleanolic acid-3-*O*-*β*-D-glucopyranosyl-(1 → 6)-*β*-D-glucopyranoside
齐墩果酸 -3-*O*-*β*-D- 吡喃葡萄糖醛酸苷 oleanolic acid-3-*O*-*β*-D-glucuronopyranoside
齐墩果酸 -3-*O*-*β*-D- 吡喃葡萄糖醛酸苷 -6'-*O*- 丁酯 oleanolic acid-3-*O*-*β*-D-glucuronopyranoside-6'-*O*-buthyl ester
齐墩果酸 -3-*O*-*β*-D- 吡喃葡萄糖醛酸苷 -6'-*O*- 甲酯 oleanolic acid-3-*O*-*β*-D-glucuronopyranoside-6'-*O*-methyl ester
齐墩果酸 -3-*O*-*β*-D- 吡喃葡萄糖醛酸苷 -6-*O*- 甲酯 oleanolic acid-3-*O*-*β*-D-glucuronopyranoside-6-*O*-methyl ester
齐墩果酸 -3-*O*-*β*-D- 吡喃葡萄糖醛酸苷甲酯 oleanolic acid-3-*O*-*β*-D-glucuronopyranoside methyl ester
齐墩果酸 -3-*O*-*β*-D- 吡喃葡萄糖醛酸甲酯 oleanolic acid-3-*O*-*β*-D-glucuronypyranose methyl ester
齐墩果酸 -3-*O*-*β*-D- 吡喃葡萄糖醛酸甲酯 -28-*O*-*α*-L- 吡喃鼠李糖基 -(1 → 4)-*β*-D- 吡喃葡萄糖基 -(1 → 6)-*β*-D- 吡喃葡萄糖

苷 oleanolic acid-3-*O*-β-D-glucuronypyranosyl-methyl ester-28-*O*-α-L-rhamnopyranosyl-(1→4)-β-D-glucopyranosyl-(1→6)-β-D-glucopyranoside
齐墩果酸 -3-*O*-β-D- 吡喃葡萄糖氧基 -(1→3)-α-L- 吡喃鼠李糖基 -(1→2)-α-L- 吡喃阿拉伯糖苷 oleanolic acid-3-*O*-β-D-glucopyranoxyl-(1→3)-α-L-rhamnopyranosyl-(1→2)-α-L-arabinopyranoside
齐墩果酸 -3-*O*-β-D- 葡萄糖醛酸苷 -6-*O*- 丁酯 oleanolic acid-3-*O*-β-D-glucuronopyranoside-6-*O*-butyl ester
齐墩果酸 -3-*O*-β- 吡喃葡萄糖醛酸苷 oleanolic acid-3-*O*-β-glucuronopyranoside
齐墩果酸 -3-*O*-β- 槐糖苷 oleanolic acid-3-*O*-β-sophoroside
齐墩果酸 -3-*O*-β- 槐糖苷 -28-*O*-β- 龙胆二糖基酯 oleanolic acid-3-*O*-β-sophoroside-28-*O*-β-gentiobiosyl ester
齐墩果酸 -3-*O*- 乙酸酯 oleanolic acid-3-*O*-acetate
齐墩果酸 -3-α-L- 吡喃阿拉伯糖苷 oleanolic acid-3-α-L-arabinopyranoside
齐墩果酸 -3β-*O*-(β-D- 吡喃葡萄糖醛酸甲酯) oleanolic acid-3β-*O*-(β-D-glucopyranosiduronic acid methyl ester)
齐墩果酸 -3β-*O*-[α-L- 吡喃阿拉伯糖基 -(1→2)-β-D- 吡喃葡萄糖醛酸苷 -6-*O*- 丁酯]-28-*O*-β-D- 吡喃葡萄糖基酯 oleanolic acid-3β-*O*-[α-L-arabinopyranosyl-(1→2)-β-D-glucuronopyranoside-6-*O*-butyl ester]-28-*O*-β-D-glucopyranoside
齐墩果酸 -3β-*O*-α-L- 吡喃阿拉伯糖基 -(1→2)-β-D- 吡喃葡萄糖醛酸苷 -6-*O*- 丁酯 oleanolic acid-3β-*O*-α-L-arabinopyranosyl-(1→2)-β-D-glucuronopyranoside-6-*O*-butyl ester
齐墩果酸 -3β-*O*-β-D-(6'-*O*- 甲基)- 吡喃葡萄糖醛酸苷 oleanolic acid-3β-*O*-(6'-*O*-methyl)-β-D-glucuronopyranoside
齐墩果酸 -3β-*O*- 葡萄糖苷 oleanolic acid-3β-*O*-glucoside
齐墩果酸 -3- 葡萄糖苷 oleanolic acid-3-glucoside
齐墩果酸 -3- 葡萄糖基 -28- 二葡萄糖苷 oleanolic acid-3-glucosyl-28-diglucoside
齐墩果酸 -3- 乙酸酯 oleanolic acid-3-acetate
齐墩果酸丙二酸半酯 malonyloleanolic acid hemiester
齐墩果酸甲酯 oleanolic acid methyl ester; methyl oleanolate
齐墩果酸甲酯 -3-*O*-[α-L- 呋喃阿拉伯糖基 -(1→4)-[β-D- 吡喃半乳糖基 -(1→2)]- 甲基 -(β-D- 吡喃葡萄糖基) 醛酸酯 methyl oleanate-3-*O*-[α-L-arabinofuranosyl-(1→4)-[β-D-galactopyranosyl-(1→2)]-methyl-(β-D-glucopyranosid)uronate
齐墩果酸咖啡酸酯 oleanolic acid caffeate
齐墩果酸葡萄糖苷 oleanolic glucoside
齐墩果酸葡萄糖醛酸苷 oleanolic acid glucuronide
齐墩果酸乙酸酯 oleanolic acid acetate
齐墩果酮醛 oleanonic aldehyde
齐墩果酮酸 oleanonic acid
18α- 齐墩果烷 18α-oleanane
齐墩果烷 oleanane
齐墩果烷 -3- 酮 olean-3-one
齐墩果烷 -9(11),12- 二烯 -1β,3β- 二醇 -3- 棕榈酸酯 olean-9(11),12-dien-1β,3β-diol-3-palmitate
齐墩果烯 oleanolic alkene
12- 齐墩果烯 -2α,3α,24- 三醇 12-oleanene-2α,3α,24-triol
12- 齐墩果烯 -3,11- 二酮 12-oleanen-3,11-dione
12- 齐墩果烯 -3,22- 二醇 12-oleanene-3,22-diol
12- 齐墩果烯 -3β,21β- 二醇 12-oleanene-3β,21β-diol
12- 齐墩果烯 -3β,6α- 二醇 12-oleanene-3β,6α-diol
12- 齐墩果烯 -3β- 咖啡酸酯 12-oleanene-3β-caffeate
18- 齐墩果烯 -3- 醇 18-oleanen-3-ol
18- 齐墩果烯 -3- 酮 18-oleanen-3-one
奇果菌素▲ grifolin
奇蒿黄酮 arteanoflavone
奇蒿内酯 arteanomalactone
奇里卡那矛果豆素▲ A chiricanin A
奇楠沉香酮▲ A~E, G qinanone A~E, G
脐果九里香卡品▲ omphalocarpin
棋盘花碱 zygadenine
棋盘花酸内酯 zygadenilic acid lactone
棋盘花辛碱 zygacine
(-)- 杞柳苷 (-)-salipurposide
(+)- 杞柳苷 (+)-salipurposide
(±)- 杞柳苷 (±)-salipurposide
槭苷 aceroside
槭苷元 acerogenin
槭苷元 -2- 甲醚 acerogenin 2-methyl ether
槭苷元 A, B, D~M acerogenin A, B, D~M
(*R*)- 槭苷元 B (*R*)-acerogenin B
槭酮苷 aceroketoside
槭叶草酸▲ A acериphyllic acid A
千层塔 -14- 烯 -3β,21α- 二醇 serrat-14-en-3β,21α-diol
千层塔 -14- 烯 -3β,21β,24- 三醇 serrat-14-en-3β,21β,24-triol
千层塔 -14- 烯 -3β,21β- 二醇 serrat-14-en-3β,21β-diol
千层塔 -3α,14α,15α,20β,21β,24,29- 七醇 serratane-3α,14α,15α,20β,21β,24,29-heptol
千层塔 -3- 酮 serrat-3-one
千层塔碱 serratine
千层塔尼定碱 serratinidine
千层塔宁碱 serratinine
千层塔三醇 serratriol
千层塔它尼定碱 serratanidine
千层塔它宁碱 serratanine
千层塔替定 serratidine
14β,15β- 千层塔烷 14β,15β-serratane
千层塔烯 serratene
千层塔烯醇乙酸酯 serratenol acetate
千层塔烯二醇 serratenediol
千层塔烯二醇 -21- 乙酸酯 serratenediol-21-acetate
千层塔烯二醇 -3- 乙酸酯 serratenediol-3-acetate
千层塔烯二酮 serratenedione
千层纸苷 tetuin
千根草酯▲ A, B thymofolinoate A, B
千花碱 chlidanthine
千解草精▲ bharangin
千解草精▲ -γ- 内酯 bharangi-γ-lactone
千解草精▲ -δ- 内酯 bharangi-δ-lactone
千解草精宁▲ bharanginin
千解草醌▲ bharangi quinone
千解草灵▲ pygmaeoherin
千解草素 A, B, C, E pygmaeocin A, B, C, E
千解草酮 pygmacone
千斤拔查耳酮▲ flemingichalcone
千斤拔苷 flemingoside
千斤拔精▲ X, Y, Z flemingin X, Y, Z
千斤拔宁▲ fleminginin
千斤拔色酮▲ flemingichromone
千斤拔素 A~E flemichin A~E
千斤拔酮▲ A flemiphilippinone A
千斤拔香豆雌烷 A flemicoumestan A
千斤拔香豆素 A flemicoumarin A

Q

千斤拔辛素 flemingsin
千金藤宾碱▲ stephabine
千金藤波林碱 stephaboline
千金藤檗宁碱 stephabenine
千金藤二胺▲ stephadiamine
千金藤二酮▲ stephadione
千金藤富林碱▲ stephuline
千金藤黄酮▲ A, B stephaflavone A, B
(-)- 千金藤碱 (-)-stephanine
千金藤碱 stephanine
千金藤默星碱 stephamiersine
千金藤宁碱 stepharanine
千金藤诺宁▲ stepinonine
千金藤坡宁▲ steponine
千金藤朴啡碱▲ steporphine
千金藤双亚胺 stebisimine
(+)- 千金藤松宾碱 (+)-stephasubine
千金藤苏诺林碱 stephasunoline
千金藤氧杂环辛定▲ stephaoxocanidine
千金藤氧杂环辛宁▲ stephaoxocanine
千里光碱 senecionine
千里光碱 -*N*- 氧化物 senecionine-*N*-oxide
千里光酸 senecioic acid
7- 千里光酰 -9- 瓶草酰倒千里光裂碱 7-senecioyl-9-sarracinoyl-retronecine
9- 千里光酰倒千里光裂碱 9-senecioylretronecine
7*β*- 千里光酰基 -3- 表白桦脂酸 7*β*-senecioyl-3-epibetulinic acid
3'(*R*),4'(*R*)-3'- 千里光酰基 -4'- 当归酰基 -3',4'- 氢邪蒿素 3'(*R*),4'(*R*)-3'-senecioyl-4'-angeloyl-3',4'-dihydroseselin
22*β*-*O*- 千里光酰齐墩果酸 22*β*-*O*-senecioyloleanolic acid
2'- 千里光酰氧基 -1',2'- 二氢美洲花椒素 2'-senecioyloxy-1',2'-dihydroxanthyletin
3- 千里光酰氧基 - 呋喃荒漠木烷 3-senecioyloxy-furanoeremophilane
7*β*- 千里光酰氧基日本刺参 -3(14)*Z*,8(10)- 二烯 -2- 酮 7*β*-senecioyloxyoplopa-3(14)*Z*,8(10)-dien-2-one
千里光因 senecine
千里香醇▲ murpaniculol
千里香定▲ murpanidin
千里香碱醇▲ paniculol
千里香库醛▲ panicula1
千里香拉亭▲ muraculatin
千里香利定碱▲ A, B, C paniculidine A, B, C
千里香林素▲ paniculin
千里香灵▲ coumurrin
千里香宁碱▲ tamynine
千里香醛▲ panial
千里香素▲ coumurrayin
千里香亭碱▲ murrayaculatine
千里香亭素▲ paniculatin
千里香酮醇▲异缬草酸酯 paniculonol isovalerate
千里香辛▲ murpanicin
千里香辛素▲ paniculacin
千年健醇 homalomenol
千年健醇 A, C, E, F homalomenol A, C, E, F
千屈菜碱 A~D lythrine A~D
千日红苷▲ gomphrenoside
千日红素 I, II, III gomphrenin I, II, III
千日红甾醇 -*β*-D- 葡萄糖苷▲ gomphsterol-*β*-D-glucoside

千叶菊蒿素 tanachin
牵牛苷▲ A~H pharboside A~H
牵牛抗菌肽 1 Pn-AMP1
牵牛抗菌肽 2 Pn-AMP2
牵牛木脂素▲ A~D pharbilignan A~D
牵牛尼酸▲ pharbinilic acid
(2*R*,3*R*)- 牵牛酸▲ (2*R*,3*R*)-nilic acid
牵牛托苷▲ A, B pharbitoside A, B
前白花牛角瓜灵▲ voruscharin
前半月苔酸 prelunularic acid
前杯苋甾酮 precyasterone
前北五味子素▲ pregomisin
前臭常山碱 preorixine
前多花水仙碱 pretazettine
前荷包牡丹碱 predicentrine
前黑牛角椒黄质▲ prenigroxanthin
前红花苷 precarthamin
(-)- 前胡醇 (-)-peucedanol
(+)- 前胡醇 (+)-peucedanol
(*R*)- 前胡醇 (*R*)-peucedanol
前胡醇 peucedanol
(*R*)- 前胡醇 -3'-*O*-*β*-D- 吡喃葡萄糖苷 (*R*)-peucedanol-3'-*O*-*β*-D-glucopyranoside
(*S*)- 前胡醇 -3'-*O*-*β*-D- 吡喃葡萄糖苷 (*S*)-peucedanol-3'-*O*-*β*-D-glucopyranoside
(*S*)- 前胡醇 -3'-*O*-*β*-D- 呋喃芹糖基 -(1 → 6)-*β*-D- 吡喃葡萄糖苷 (*S*)-peucedanol-3'-*O*-*β*-D-apiofuranosyl-(1 → 6)-*β*-D-glucopyranoside
(*R*)- 前胡醇 -7-*O*-*β*-D- 吡喃葡萄糖苷 (*R*)-peucedanol-7-*O*-*β*-D-glucopyranoside
(*S*)- 前胡醇 -7-*O*-*β*-D- 吡喃葡萄糖苷 (*S*)-peucedanol-7-*O*-*β*-D-glucopyranoside
前胡醇 -7-*O*-*β*-D- 吡喃葡萄糖苷 peucedanol-7-*O*-*β*-D-glucopyranoside
(+)- 前胡醇甲醚 (+)-peucedanol methyl ether
前胡定 peucendin
(-)- 前胡萝卜树脂素▲ (-)-prestegane B
前胡萝卜树脂素▲ B prestegane B
前胡宁 peucenin
前胡宁▲ -7-*O*- 甲醚 peucenin-7-*O*-methyl ether
前胡宁 -7- 甲醚 peucenin-7-methyl ether
前胡素 peucedanin
前胡酮▲ peucedanone
前胡香豆素 I, II, III, A~H, J peucedanocoumarin I, II, III, A~H, J
(+)- 前胡香豆素 III (+)-peucedanocoumarin III
前槐叶决明醌▲ presengulone
前角鲨烯醇 presqualene alcohol
前列腺素 $F_2\alpha$ prostaglandin $F_2\alpha$
(+)- 前绿心樟碱▲ (+)-preocoteine
前绿心樟碱▲ preocoteine
前绿心樟碱▲ -*N*- 氧化物 preocoteine-*N*-oxide
前美远志苷元 presenegenin
前牡荆内酯 previtexilactone
前欧夏至草素 I, II premarrubiin I, II
前帕尔古拉海兔烯▲ preparguene
前齐墩果四烯 preoleanatetraene
前甜菜苷 prebetanin
前铁仔酚▲ -3- 丙酸酯 -5- 苯甲酸酯 -7,13,17- 三乙酸酯 premyrsinol-3-propanoate-5-benzoate-7,13,17-triacetate

Q

前五味子木菠萝宁▲ preschisanartanin
前五味子木菠萝宁▲ A~N preschisanartanin A~N
前五味子素 preschisandrin
前西班牙巴洛草醇酮▲ prehispanolone
前细叶益母草酮 A, B preleosibirone A, B
前耶伊木烯▲ pregeijerene
前耶伊木烯▲ B pregeijerene B
前异菖蒲烯二醇 preisocalamendiol
前益母草灵素▲ preleoheterin
前茵芋碱 preskimmianine
前印度黄皮胺▲ prebalamide
前植物烯乙醇 prephytoene alcohol
荨麻醇▲ urticol
荨麻苷▲ A, B urticaside A, B
荨麻烯▲ urticene
荨麻叶龙头草酸▲ A~D rashomonic acid A~D
浅裂翠雀定▲ delvestidine
浅绿红景天苷▲ viridoside
芡实脑苷 A, B ferocerebroside A, B
芡实生育酚二聚体 A ferotocodimer A
芡实生育酚三聚体 C, D, E ferotocotrimer C, D, E
芡实素 A, B, C euryalin A, B, C
茜草定▲ rubiadin
茜草定▲-1- 甲醚 rubiadin-1-methyl ether
茜草定▲-1- 甲醚 -11-*O*-*β*- 樱草糖苷 rubiadin-1-methyl ether-11-*O*-*β*-primeveroside
茜草定▲-1- 甲醚糖苷 rubiadin-1-methylether-glycoside
茜草定▲糖苷 rubiadin glycoside
茜草定▲樱草糖苷 rubiadin-primviroside
茜草林素▲ rubicordifolin
茜草萘素▲ A~D rubinaphthin A~D
茜草萘素▲ A 甲酯 rubinaphthin A methyl ester
茜草宁▲ rubianin
茜草诺醇▲ a~e, g rubianol a~e, g
茜草诺醇▲ e-3-*O*-(6'-*O*- 乙酰基)-*β*-D- 吡喃葡萄糖苷 rubianol e-3-*O*-(6'-*O*-acetyl)-*β*-D-glucopyranoside
茜草诺苷▲ I, II, III, IV, A rubianoside I, II, III, IV, A
茜草乔木醇 A~G, K, L rubiarbonol A~G, K, L
茜草乔木醇 A-3-*O*-*β*-D- 吡喃葡萄糖基 -(1 → 2)-*β*-D- 吡喃葡萄糖苷 rubiarbonol A-3-*O*-*β*-D-glucopyranosyl-(1 → 2)-*β*-D-glucopyranoside
茜草乔木醇 A-7- 乙酸酯 rubiarbonol A-7-acetate
茜草乔木苷▲ A, C, F, G rubiarboside A, C, F, G
茜草乔木苷▲ G-28- 醛 rubiarboside G-28-al
茜草乔木苷▲ G-28- 乙酸酯 rubiarboside G-28-acetate
茜草乔木酮 A~F rubiarbonone A~F
茜草乔木酮 E-19- 乙酸酯 rubiarbonone E-19-acetate
茜草三醇▲ rubiatriol
茜草萜酸 rubifolic acid
茜草酮▲ A rubiacordone A
茜草辛▲ A, B rubiasin A, B
茜蒽醌 rubianthraquinone
茜红酸▲ ruberythric acid
茜素 alizarin
茜素 -1- 甲醚 alizarin-1-methyl ether
茜素 -2-*O*- 吡喃葡萄糖苷 alizarin-2-*O*-glucopyranoside
茜素 -2- 甲醚 alizarin-2-methylether
茜素 B alizarin B
茜素二甲醚 alizarin di-methyl ether
茜素黄 alizarin yellow
羌活醇 notopterol
羌活醇 -(18-*O*-20')- 异羌活醇▲ notopterol-(18-*O*-20')-notopol
羌活二醇▲ A, B incisumdiol A, B
羌活苷 forbesoside
羌活醚▲ A~H notoether A~H
羌活内酯▲ notoptolide
羌活炔醇 A, B, C notoincisol A, B, C
枪刀药素▲ A~D hypopurin A~D
强心甾 -20(22)- 烯内酯 card-20(22)-enolide
强心甾烯内酯 B-1, B-2, B-3 cardenolide B-1, B-2, B-3
墙黄衣素▲ parietin
蔷薇呋喃 rosefuran
蔷薇呋喃环氧化物 rosefuran epoxide
1-(2- 羟苯氨基)-6-*O*- 丙二酰基 -1- 脱氧 -*β*- 葡萄糖苷 -1, 2- 氨基甲酸酯 1-(2-hydroxyphenylamino)-6-*O*-malonyl-1-deoxy-*β*-glucoside-1, 2-carbamate
3-(3- 羟苯基) 丙酸甲酯 methyl 3-(3-hydroxyphenyl)propanoate
N^6-4- 羟苯基腺嘌呤核苷 N^6-(4-hydroxyphenyl)adenine riboside
5-(4- 羟苯氧基甲基)- 呋喃 -2- 醛 5-(4-hydroxybenzyloxymethyl)-furan-2-carbaldehyde
4'- 羟苯乙酸 4'-hydroxyphenylacetic acid
4-(4'- 羟苄氧基) 苄基甲醚 4-(4'-hydroxybenzyloxy)-benzyl methyl ether
2-*O*-[4'-(3''- 羟丙基)-2',5'- 二甲氧基苯基]-1-*O*-*β*-D- 吡喃葡萄糖基甘油 2-*O*-[4'-(3''-hydroxypropyl)-2',5'-dimethoxyphenyl]-1-*O*-*β*-D-glucopyranosylglycerol
羟丙基石松定碱 hydroxypropyllycodine
4- 羟过氧基 -13- 羟基 -19- 降半日花 -8(17),14- 二烯 4-hydroxyperoxide-13-hydroxy-19-norlabda-8(17),14-diene
16*α*- 羟基 -(-)- 贝壳杉 -19- 酸 16*α*-hydroxy-(-)-kauran-19-oic acid
16*β*- 羟基 -(-)- 贝壳杉 -19- 酸 16*β*-hydroxy-(-)-kauran-19-oic acid
6- 羟基 -(-)- 哈威豆酸▲ -2'-*β*-D- 吡喃葡萄糖基苄基酯 6-hydroxy-(-)-hardwickiic acid-2'-*β*-D-glucopyranosylbenzyl ester
18- 羟基 -(-)- 泪柏醇 18-hydroxy-(-)-manool
19- 羟基 -(-)- 乳白仔榄树宁▲ 19-hydroxy-(-)-eburnamonine
9- 羟基 -(10*E*)- 十八碳烯酸 9-hydroxy-(10*E*)-octadecenoic acid
9- 羟基 -(10*E*,12*E*)- 十八碳二烯酸 9-hydroxy-(10*E*,12*E*)-octadecadienoic acid
9- 羟基 -(10*E*,12*Z*)- 十八碳二烯酸 9-hydroxy-(10*E*,12*Z*)-octadecadienoic acid
9- 羟基 -(10*E*,12*Z*)- 十八碳二烯酸甲酯 9-hydroxy-(10*E*,12*Z*)-octadecadienoic acid methyl ester
9- 羟基 -(10*Z*,12*E*)- 十八碳二烯酸 9-hydroxy-(10*Z*,12*E*)-octadecadienoic acid
13^2- 羟基 -(13^2-*R*)- 脱镁叶绿素 a 13^2-hydroxy-(13^2-*R*)-phaeophytin a
13^2- 羟基 -(13^2-*R*)- 脱镁叶绿素 b 13^2-hydroxy-(13^2-*R*)-phaeophytin b
13^2- 羟基 -(13^2-*R*)- 脱镁叶绿酸 b 甲酯 13^2-hydroxyl-(13^2-*R*)-pheophorbide b methyl ester
13^2- 羟基 -(13^2-*S*)- 脱镁叶绿素 a 13^2-hydroxy-(13^2-*S*)-phaeophytin a
13^2- 羟基 -(13^2-*S*)- 脱镁叶绿素 b 13^2-hydroxy-(13^2-*S*)-phaeophytin b
13^2- 羟基 -(13^2-*S*)- 脱镁叶绿酸 a 甲酯 13^2-hydroxyl-(13^2-*S*)-pheophorbide a methyl ester
(6*R*,10*S*,11*R*)-26 ζ - 羟基 -(13*R*)- 氧杂螺鸢尾醛 -16- 烯醛 (6*R*,10*S*,11*R*)-26 ζ -hydroxy-(13*R*)-oxaspiroirid-16-enal
(6*R*)- 羟基 -(1*E*,4*E*,8*E*)-4,8,11,11- 四甲基环十一碳 -1,4,8- 三烯 (6*R*)-hydroxy-(1*E*,4*E*,8*E*)-4,8,11,11-tetramethylcycloundeca-1,4,8-triene
11- 羟基 -(20*S*)- 喜树碱 11-hydroxy-(20*S*)-camptothecine

Q

3β- 羟基 -(22*E*,24*R*)- 麦角甾 -5,8,22- 三烯 -7- 酮 3β-hydroxy-(22*E*,24*R*)-ergosta-5,8,22-trien-7-one

20- 羟基 -(25- 乙酰基)- 蜕皮素 -3-*O*-β-D- 吡喃葡萄糖苷 20-hydroxy-(25-acetyl)-ecdysone-3-*O*-β-D-glucopyranoside

2- 羟基 -(2'*E*)- 苯甲酰异戊烯酯 -2,4'- 二 -*O*-β-D- 吡喃葡萄糖苷 2-hydroxy-(2'*E*)-prenylbenzoate-2,4'-di-*O*-β-D-glucopyranoside

2- 羟基 -(2'*E*)- 苯甲酰异戊烯酯 -2-*O*-α-L- 吡喃阿拉伯糖基 -(1 → 6)-β-D- 吡喃葡萄糖苷 2-hydroxy-(2'*E*)-prenylbenzoate-2-*O*-α-L-arabinopyranosyl-(1 → 6)-β-D-glucopyranoside

4- 羟基 -(2- 反式 -3',7'- 二甲基 - 八 -2',6'- 二烯基)-6- 甲氧基苯乙酮 4-hydroxy-(2-*trans*-3',7'-dimethyl-octa-2',6'-dienyl)-6-methoxyacetophenone

3β- 羟基 -(3 → 1)- 葡萄糖基 -(2 → 1)- 葡萄糖基 - 齐墩果酸 3β-hydroxy-(3 → 1)-glucosyl-(2 → 1)-glucosyl-oleanolic acid

3β- 羟基 -(3 → 1)- 葡萄糖基 -(4 → 1)- 葡萄糖基 -(28 → 1)- 阿拉伯糖基 -(2 → 1)- 阿拉伯糖基 - 齐墩果酸 3β-hydroxy-(3 → 1)-glucosyl-(4 → 1)-glucosyl-(28 → 1)-arabinosyl-(2 → 1)-arabinosyl-oleanolic acid

3β- 羟基 -(3 → 1)- 葡萄糖基 -(4 → 1)- 葡萄糖基 -(4 → 1)- 葡萄糖基齐墩果烷 3β-hydroxy-(3→1)-glucosyl-(4→1)-glucosyl-(4→1)-glucosyloleanane

α- 羟基 -(4- 羟基苯基) 乙腈 α-hydroxy-(4-hydroxyphenyl) acetonitrile

10- 羟基 -(8*E*)- 十八碳烯酸 10-hydroxy-(8*E*)-octadecenoic acid

8- 羟基 -(9*E*)- 十八碳烯酸 8-hydroxy-(9*E*)-octadecenoic acid

11- 羟基 -(9*Z*)- 十八碳烯酸 11-hydroxy-(9*Z*)-octadecenoic acid

7β- 羟基 -(*E*)- 半日花 -8(17),12- 二烯 -15,16- 二醛 7β-hydroxy-(*E*)-labda-8(17),12-diene-15,16-dial

N-(4'- 羟基 -(*E*)- 桂皮酰基)-5- 羟基邻氨基苯甲酸 *N*-[4'-hydroxy-(*E*)-cinnamoyl]-5-hydroxyanthranilic acid

(-)-*N*-[4'- 羟基 -(*E*)- 桂皮酰基]-3- 羟基 -L- 天冬氨酸 (-)-*N*-[4'-hydroxy-(*E*)-cinnamoyl]-3-hydroxy-L-tyrosine

(-)-*N*-[4'- 羟基 -(*E*)- 桂皮酰基]-L- 谷氨酸 (-)-*N*-[4'-hydroxy-(*E*)-cinnamoyl]-L-glutamic acid

(+)-*N*-[4'- 羟基 -(*E*)- 桂皮酰基]-L- 天冬氨酸 (+)-*N*-[4'-hydroxy-(*E*)-cinnamoyl]-L-aspartic acid

N-[2- 羟基 (十九酰基 - 二十三酰基)]-4- 羟基 - 反式 -8- 神经鞘氨醇 *N*-[2-hydroxy-(nonadecanoyl-tricosanoyl)]-4-hydroxy-*trans*-8-sphingenine

3-(3- 羟基)- 苯氧基 -2- 丙烯醛 3-(3-hydroxy)-phenoxy-2-propenal

4- 羟基 -1-(2- 硝基乙基)- 苯 -4-*O*-(6'-*O*-β-D- 吡喃木糖基)-β-D- 吡喃葡萄糖苷 4-hydroxy-1-(2-nitroethyl)-benzene-4-*O*-(6'-*O*-β-D-xylopyranosyl)-β-D-glucopyranoside

7- 羟基 -1-(3,4- 二羟基)-N^2,N^3- 二 (4- 羟基苯乙基)-6,8- 二甲氧基 -1,2- 二氢萘 -2,3- 二羧酰胺 7-hydroxy-1-(3,4-dihydroxy)-N^2,N^3-bis(4-hydroxyphenethyl)-6,8-dimethoxy-1,2-dihydronaphthalene-2,3-dicarboxamide

5- 羟基 -1-(3,4- 二羟基 -5- 甲氧基苯基)-7-(4- 羟基 -3- 甲氧基苯基)- 庚烷 -3- 酮 5-hydroxy-1-(3,4-dihydroxy-5-methoxyphenyl)-7-(4-hydroxy-3-methoxyphenyl)-heptan-3-one

(5*S*)- 羟基 -1-(3,4- 二羟基苯基)-7-(4- 羟基苯基)- 庚 -1*E*- 烯 -3- 酮 (5*S*)-hydroxy-1-(3,4-dihydroxyphenyl)-7-(4-hydroxyphenyl)-hepta-1*E*-en-3-one

3- 羟基 -1-(3,5- 二甲氧基 -4- 羟基苯基) 丙烷 -1- 酮 3-hydroxy-1-(3,5-dimethoxy-4-hydroxyphenyl)propan-1-one

3- 羟基 -1-(3- 甲氧基 -4- 羟基苯基) 丙烷 -1- 酮 3-hydroxy-1-(3-methoxy-4-hydroxyphenyl)propan-1-one

1- 羟基 -1-(3- 甲氧基 -4- 羟基苯基) 乙烷 1-hydroxy-1-(3-methoxy-4-hydroxyphenyl) ethane

3- 羟基 -1-(4-*O*-β-D- 吡喃葡萄糖基 -3- 甲氧基苯基) 丙烷 -1- 酮 3-hydroxy-1-(4-*O*-β-D-glucopyranosyl-3-methoxyphenyl)propan-1-one

3- 羟基 -1-(4- 羟基 -3,5- 二甲氧基苯基)-1- 丙酮 3-hydroxy-1-(4-hydroxy-3,5-dimethoxyphenyl)-1-propanone

5- 羟基 -1-(4- 羟基 -3,5- 二甲氧基苯基)-7-(4- 羟基 -3- 甲氧基苯基)-3- 庚酮 5-hydroxy-1-(4-hydroxy-3,5-dimethoxyphenyl)-7-(4-hydroxy-3-methoxyphenyl)-3-heptanone

(-)-3- 羟基 -1-(4- 羟基 -3- 甲氧基苯基)-1- 丙酮 -3-*O*-β-D- 吡喃葡萄糖苷 (-)-3-hydroxy-1-(4-hydroxy-3-methoxyphenyl)-1-propanone-3-*O*-β-D-glucopyranoside

3- 羟基 -1-(4- 羟基 -3- 甲氧基苯基)-2-[3-(3- 羟基 -1- 丙烯基)-5- 甲氧基苯氧基]- 丙基 -β-D- 吡喃葡萄糖苷 3-hydroxy-1-(4-hydroxy-3-methoxyphenyl)-2-[3-(3-hydroxy-1-propenyl)-5-methoxyphenoxy]-propyl-β-D-glucopyranoside

3- 羟基 -1-(4- 羟基 -3- 甲氧基苯基)-2-[4-(3- 羟基 -1-(*E*)- 丙烯基)-2- 甲氧基苯氧基] 丙基 -β-D- 吡喃葡萄糖苷 3-hydroxy-1-(4-hydroxy-3-methoxyphenyl)-2-[4-(3-hydroxy-1-(E)-propenyl)-2-methoxyphenoxy]propyl-β-D-glucopyranoside

3- 羟基 -1-(4- 羟基 -3- 甲氧基苯基)-2-[4-(3- 羟基 -1-(*E*)- 丙烯基)-2- 甲氧基苯氧基丙基 -β-D- 吡喃葡萄糖苷 3-hydroxy-1-(4-hydroxy-3-methoxyphenyl)-2-[4-(3-hydroxy-1-(*E*)-propenyl)-2-methoxyphenoxylpropyl-β-D-glucopyranoside

3- 羟基 -1-(4- 羟基 -3- 甲氧基苯基)-2-[4-(3- 羟基丙基)-2- 甲氧基苯氧基] 丙烷 -β-D- 吡喃葡萄糖苷 3-hydroxy-1-(4-hydroxy-3-methoxyphenyl)-2-[4-(3-hydroxypropyl)-2-methoxyphenoxy] propyl-β-D-glucopyranoside

5- 羟基 -1-(4- 羟基 -3- 甲氧基苯基)-7-(3,4- 二羟基 -5- 甲氧基苯基)- 庚烷 -3- 酮 5-hydroxy-1-(4-hydroxy-3-methoxyphenyl)-7-(3,4-dihydroxy-5-methoxyphenyl)-heptan-3-one

(5*R*)-5- 羟基 -1-(4- 羟基 -3- 甲氧基苯基)-7-(4,5- 二羟基 -3- 甲氧基苯基)-3- 庚酮 (5*R*)-5-hydroxy-1-(4-hydroxy-3-methoxyphenyl)-7-(4,5-dihydroxy-3-methoxyphenyl)-3-heptanone

(*R*)-2- 羟基 -1-(4- 羟基 -3- 甲氧基苯基)- 丙 -1- 酮 (*R*)-2-hydroxy-1-(4-hydroxy-3-methoxyphenyl)-propan-1-one

2- 羟基 -1-(4- 羟基 -3- 甲氧基苯基)- 丙 -1- 酮 2-hydroxy-1-(4-hydroxy-3-methoxyphenyl)-propan-1-one

3- 羟基 -1-(4- 羟基 -3- 甲氧基苯基) 丙酮 3-hydroxy-1-(4-hydroxy-3-methoxyphenyl)acetone

(*R*)-2- 羟基 -1(4- 羟基 -3- 甲氧基苯基) 丙烷 -1- 酮 (*R*)-2-hydroxy-1(4-hydroxy-3-methoxypheny)propan-1-one

3- 羟基 -1-(4- 羟基 -3- 甲氧基苯基) 丙烷 -1- 酮 3-hydroxy-1-(4-hydroxy-3-methoxyphenyl)propan-1-one

3- 羟基 -1-(4- 羟基 -3- 甲氧基苯基) 丙烷 -l- 酮 3-hydroxy-1-(4-hydroxy-3-methoxyphenyl)propan-l-one

1- 羟基 -1-(4- 羟基苯基)-2- 丙酮 1-hydroxy-1-(4-hydroxyphenyl)-2-propanone

3- 羟基 -1-(4- 羟基苯基)-2- 丙酮 3-hydroxy-1-(4-hydroxyphenyl)-2-propanone

(5*S*)-5- 羟基 -1-(4- 羟基苯基)-7-(3,4- 二羟基苯基)-3- 庚酮 (5*S*)-5-hydroxy-1-(4-hydroxyphenyl)-7-(3,4-dihydroxyphenyl)-3-heptanone

5- 羟基 -1-(4'- 羟基苯基)-7- 苯基 - 庚 -6- 烯 -3- 酮 5-hydroxy-1-(4'-hydroxyphenyl)-7-phenyl-hepta-6-en-3-one

3- 羟基 -1-(4- 羟基苯基) 丙烷 -1- 酮 3-hydroxy-1-(4-hydroxyphenyl) propan-1-one

1- 羟基 -1-(4- 羟基苯基 -3- 甲氧基苯基)-2- 丙酮 1-hydroxy-1-(4-hydroxyphenyl-3-methoxyphenyl)-2-propanone

2- 羟基 -1-(5- 羟基 -1- 戊烯基)-7- 壬烯 -3,5- 二炔 -β-D- 吡喃葡萄

Q

糖苷 2-hydroxy-1-(5-hydroxy-1-pentenyl)-7-nonene-3,5-diynyl-β-D-glucopyranoside
2- 羟基 -1-(羟基甲基)-9,12- 十八碳二烯酸 2-hydroxy-1-(hydroxymethyl)-9,12-octadecadienoic acid
4- 羟基 -1,1,5- 三甲基 -2- 甲酰基 - 环己二烯 -(2,5)-[α- 乙酰氧基甲基 - 顺式 - 巴豆酸酯] 4-hydroxy-1,1,5-trimethyl-2-formyl-cyclohexadien-(2,5)-[α-acetoxymethyl-cis-crotonate]
(6R)- 羟基 -1,1,5- 三甲基环己 -4- 烯酮 (6R)-hydroxy-1,1,5-trimethylcyclohex-4-enone
12β- 羟基 -1,10- 裂环睡茄白曼陀罗素▲B 12β-hydroxy-1,10-secowithametelin B
7α- 羟基 -1,16- 二酮基 - 阿派 -8,14(15)- 二烯 -(20,6)- 内酯 7α-hydroxy-1,16-diketo-apian-8,14(15)-dien-(20,6)-olide
4- 羟基 -1,2,3,7- 四甲氧基𠮿酮 4-hydroxy-1,2,3,7-tetramethoxyxanthone
7- 羟基 -1,2,3,8- 四甲氧基𠮿酮 7-hydroxy-1,2,3,8-tetramethoxyxanthone
2- 羟基 -1,2,3- 丙三羧酸 -1,3- 二丁酯 2-hydroxy-1,2,3-propanetricarboxylic acid-1,3-dibutyl ester
7- 羟基 -1,2,3- 三甲氧基𠮿酮 7-hydroxy-1,2,3-trimethoxyxanthone
8- 羟基 -1,2,3- 三甲氧基𠮿酮 8-hydroxy-1,2,3-trimethoxyxanthone
8- 羟基 -1,2,4,6- 四甲氧基𠮿酮 8-hydroxy-1,2,4,6-tetramethoxyxanthone
3- 羟基 -1,2,5,6,7- 五甲氧基𠮿酮 3-hydroxy-1,2,5,6,7-pentamethoxyxanthone
3- 羟基 -1,2,5,8- 四甲氧基𠮿酮 3-hydroxy-1,2,5,8-tetramethoxyxanthone
8- 羟基 -1,2,6- 三甲氧基𠮿酮 8-hydroxy-1,2,6-trimethoxyxanthone
3- 羟基 -1,2,7- 三甲氧基𠮿酮 3-hydroxy-1,2,7-trimethoxyxanthone
7- 羟基 -1,2,8- 三甲氧基 -3- 甲基蒽醌 7-hydroxy-1,2,8-trimethoxy-3-methylanthraquinone
3- 羟基 -1,2- 二甲氧基蒽醌 3-hydroxy-1,2-dimethoxyanthraquinone
3- 羟基 -1,2- 二甲氧基𠮿酮 3-hydroxy-1,2-dimethoxyxanthone
5- 羟基 -1,2- 二甲氧基𠮿酮 5-hydroxy-1,2-dimethoxyxanthone
7- 羟基 -1,2- 二甲氧基𠮿酮 7-hydroxy-1,2-dimethoxyxanthone
4- 羟基 -1,2- 二硫戊环 4-hydroxy-1,2-dithiolane
1β- 羟基 -1,2- 二氢 -α- 山道年 1β-hydroxy-1,2-dihydro-α-santonin
5α- 羟基 -1,2- 去氢 -5,10- 二氢普林茨菊酸▲甲酯 5α-hydroxy-1,2-dehydro-5,10-dihydroprintzianic acid methyl ester
20S- 羟基 -1,2- 去氢伪白坚木定▲ 20S-hydroxy-1,2-dehydropseudoaspidospermidine
5- 羟基 -1,2- 亚甲二氧基蒽醌 5-hydroxy-1,2-methylenedioxyanthraquinone
2- 羟基 -1,3,4- 三甲氧基蒽醌 2-hydroxy-1,3,4-trimethoxyanthraquinone
(+)-1- 羟基 -1,3,5- 红没药三烯 -10- 酮 (+)-1-hydroxy-1,3,5-bisabolatrien-10-one
8- 羟基 -1,3,5- 三甲氧基𠮿酮 8-hydroxy-1,3,5-trimethoxyxanthone
5- 羟基 -1,3,6,7- 四甲氧基𠮿酮 5-hydroxy-1,3,6,7-tetramethoxyxanthone
5- 羟基 -1,3- 苯二羧酸 5-hydroxy-1,3-benzenodicarboxylic acid
2- 羟基 -1,3- 丙二基十八酸酯 2-hydroxy-1,3-propanediyl octadecanoic acid ester
(E)-{(1R,3R,5S,6S,8S)-6- 羟基 -1,3- 二甲氧基 -2- 氧杂螺环 [4.5]- 癸烷 -8- 甲醇基 } 咖啡酸酯 (E)-{(1R,3R,5S,6S,8S)-6-hydroxy-1,3-dimethoxy-2-oxaspiro[4.5]-decan-8-ylmethyl} caffeate
2- 羟基 -1,3- 二甲氧基蒽醌 2-hydroxy-1,3-dimethoxyanthraquinone
5- 羟基 -1,3- 二甲氧基𠮿酮 5-hydroxy-1,3-dimethoxyxanthone
7- 羟基 -1,3- 二甲氧基𠮿酮 7-hydroxy-1,3-dimethoxyxanthone
7- 羟基 -1,4a- 二甲基 -1,2,3,4,4a,9,10,10a- 八氢 - 菲 -1- 羧酸 7-hydroxy-1,4a-dimethyl-1,2,3,4,4a,9,10,10a-octahydro-phenanthrene-1-carboxylic acid
2- 羟基 -1,4- 二甲氧基蒽醌 2-hydroxy-1,4-dimethoxyanthraquinone
7- 羟基 -1,4- 二甲氧基𠮿酮 7-hydroxy-1,4-dimethoxyxanthone
2- 羟基 -1,4- 萘醌 2-hydroxy-1,4-naphthoquinone
5- 羟基 -1,4- 萘醌 5-hydroxy-1,4-naphthoquinone
8- 羟基 -1,4- 萘醌 8-hydroxy-1,4-naphthoquinone
3- 羟基 -1,5,6- 三甲氧基 -2- 甲基蒽醌 3-hydroxy-1,5,6-trimethoxy-2-methylanthraquinone
10α- 羟基 -1,5αH- 愈创木 -3,7(11)- 二烯 -8α,12- 内酯 10α-hydroxy-1,5αH-guaia-3,7(11)-dien-8α,12-olide
(+)-3- 羟基 -1,5- 二苯基 -1- 戊酮 (+)-3-hydroxy-1,5-diphenyl-1-pentanone
(S)-(+)-3- 羟基 -1,5- 二苯基 -1- 戊酮 (S)-(+)-3-hydroxy-1,5-diphenyl-1-pentanone
[1R-[1a,5a,8S*(2Z,4E)]]-1-[5-(8- 羟基 -1,5- 二甲基 -3- 氧代 -6- 氧杂双环 [3.2.1] 辛 -8- 基)-3- 甲基 -2,4- 戊二烯酸酯]-β-D- 吡喃葡萄糖苷 [1R-[1a,5a,8S*(2Z,4E)]]-1-[5-(8-hydroxy-1,5-dimethyl-3-oxo-6-oxabicyclo[3.2.1]oct-8-yl)-3-methyl-2,4-pentadienoate]-β-D-glucopyranoside
6- 羟基 -1,5- 二甲氧基 - 𠮿酮 6-hydroxy-1,5-dimethoxy-xanthone
2- 羟基 -1,6,7- 三甲氧基 -9- 甲基 - 二苯并呋喃 2-hydroxy-1,6,7-trimethoxy-9-methyl-dibenzofuran
2- 羟基 -1,6,7- 三甲氧基𠮿酮 2-hydroxy-1,6,7-trimethoxyxanthone
8- 羟基 -1,6- 二甲基 -2- 甲氧基 -5- 乙烯基 -9,10- 二氢菲 8-hydroxy-1,6-dimethyl-2-methoxy-5-vinyl-9,10-dihydrophenanthrene
7- 羟基 -1,7,8- 三羟基 -3- 甲氧基𠮿酮 -7-O-[α-L- 吡喃鼠李糖基 -(1→2)-β-D- 吡喃木糖苷 7-O-[α-L-rhamnopyranosyl-(1→2)-β-D-xylopyranosyl]-1,7,8-trihydroxy-3-methoxyxanthone
7- 羟基 -1,7,8- 三羟基 -3- 甲氧基𠮿酮 -7-O-[β-D- 吡喃木糖基 -(1→2)-β-D- 吡喃木糖苷 7-O-[β-D-xylopyranosyl-(1→2)-β-D-xylopyranosyl]-1,7,8-trihydroxy-3-methoxyxanthone
(1ξ)-1- 羟基 -1,7- 二 (4- 羟基 -3- 甲氧基苯基)-1- 庚烯 -3,5- 二酮 (1ξ)-1-hydroxy-1,7-bis(4-hydroxy-3-methoxyphenyl)-1-heptene-3,5-dione
5- 羟基 -1,7- 二苯基 -3- 庚酮 5-hydroxy-1,7-diphenyl-3-heptanone
(4Z,6E)-5- 羟基 -1,7- 二苯基 -4,6- 庚二烯 -3- 酮 (4Z,6E)-5-hydroxy-1,7-diphenyl-4,6-heptadien-3-one
2- 羟基 -1,7- 二甲基 -9,10- 二氢菲并 -[5,6-b]-4',5'- 二氢 -4',5'- 二羟基呋喃 2-hydroxy-1,7-dimethyl-9,10-dihydrophenanthro-[5,6-b]-4',5'-dihydro-4',5'-dihydroxyfuran
2- 羟基 -1,7- 二甲氧基 -5,8- 二菲醌 2-hydroxy-1,7-dimethoxy-5,8-diphenanthrenequinone
2- 羟基 -1,7- 二甲氧基𠮿酮 2-hydroxy-1,7-dimethoxyxanthone
5- 羟基 -1,7- 双 (4- 羟基苯基)-3- 庚酮 5-hydroxy-1,7-bis(4-hydroxyphenyl)-3-heptanone
(5S)-5- 羟基 -1,7- 双 (4- 羟基苯基)-3- 庚酮 -5-O-β-D- 呋喃芹糖基 -(1→6)-β-D- 吡喃葡萄糖苷 (5S)-5-hydroxy-1,7-bis(4-hydroxyphenyl)-3-heptanone-5-O-β-D-apiofuranosyl-(1→6)-β-D-glucopyranoside
2- 羟基 -1,7- 双 (4- 羟基苯基)-3- 庚烯 -5- 酮 2-hydroxy-1,7-bis(4-hydroxyphenyl)-3-hepten-5-one
(1S,2S,4R)-2- 羟基 -1,8- 桉树脑 -O-β-D- 吡喃葡萄糖苷 (1S,2S,4R)-2-hydroxy-1,8-cineole-O-β-D-glucopyranoside
(1S,2S,4R)-2- 羟基 -1,8- 桉树脑 -α-L- 吡喃鼠李糖基 -(1→6)-β-D- 吡喃葡萄糖苷 (1S,2S,4R)-2-hydroxy-1,8-cineole-α-L-rhamnopyranosyl-(1→6)-β-D-glucopyranoside
(1S,2R,4S)-2- 羟基 -1,8- 桉树脑 -β-D- 呋喃芹菜糖基 -(1→6)-

Q

β-D- 吡喃葡萄糖苷 (1S,2R,4S)-2-hydroxy-1,8-cineole-β-D-apiofuranosyl-(1 → 6)-β-D-glucopyranoside

(1S,2S,4R)-2- 羟基 -1,8- 桉树脑 -β-D- 呋喃芹糖基 -(1 → 6)-β-D- 吡喃葡萄糖苷 (1S,2S,4R)-2-hydroxy-1,8-cineole-β-D-apiofuranosyl-(1 → 6)-β-D-glucopyranoside

(1R,2R,4S)-2- 羟基 -1,8- 桉叶素 -β-D- 吡喃葡萄糖苷 (1R,2R,4S)-2-hydroxy-1,8-cineole-β-D-glucopyranoside

(1S,2S,4R)-2- 羟基 -1,8- 桉叶素 -β-D- 吡喃葡萄糖苷 (1S,2S,4R)-2-hydroxy-1,8-cineole-β-D-glucopyranoside

2- 羟基 -1,8- 二甲氧基 - 呫酮 2-hydroxy-1,8-dimethoxyxanthone

9S- 羟基 -10(E),12(Z),15(Z)- 十八碳三烯酸 9S-hydroxy-10(E),12(Z),15(Z)-octadecatrienoic acid

11- 羟基 -10,11- 二氢泽兰素 11-hydroxy-10,11-dihydroeuparin

(10E,12Z,15Z)-9- 羟基 -10,12,15- 十八碳三烯酸甲酯 (10E,12Z,15Z)-9-hydroxy-10,12,15-octadecatrienoic acid methyl ester

10α- 羟基 -10,14- 二氢 - 去酰菜蓟苦素 10α-hydroxy-10,14-dihydro-desacylcynaropicrin

5- 羟基 -10-O- 当归酰基 -3- 氧代胡萝卜 -8- 烯 5-hydroxy-10-O-angeloyl-3-oxodauc-8-ene

5- 羟基 -10-O- 桂皮酰氧基乌口树苷▲ 5-hydroxy-10-O-cinnamoyloxytarennoside

6α- 羟基 -10β- 甲氧基 -7α,8α- 环氧 -5- 氧代蓖麻子 -20,10- 内酯 6α-hydroxy-10β-methoxy-7α,8α-epoxy-5-oxocasbane-20,10-olide

1- 羟基 -10- 甲基吖啶酮 1-hydroxy-10-methylacridone

19- 羟基 -10- 甲氧基 -19,20- 二氢小蔓长春花碱▲ 19-hydroxy-10-methoxy-19,20-dihydrovinorine

11- 羟基 -10- 甲氧基 -2,3- 亚甲二氧基四氢原小檗碱 11-hydroxy-10-methoxy-2,3-methylenedioxytetrahydroprotoberberine

8- 羟基 -10- 氢獐牙菜苷 8-hydroxy-10-hydrosweroside

8α- 羟基 -10- 去氧环滇西八角内酯▲ 8α-hydroxy-10-deoxycyclomerrillianolide

14β- 羟基 -10- 去乙酰基浆果紫杉素 III 14β-hydroxy-10-deacetylbaccatin III

1- 羟基 -10- 氧代 - 青藤碱 1-hydroxy-10-oxo-sinomenine

4α- 羟基 -11(13)- 桉叶 -12- 羧酸甲酯 methyl 4α-hydroxy-11(13)-eudesmen-12-oate

4β- 羟基 -11(13)- 桉叶烷 -12- 醛 4β-hydroxy-11(13)-eudesmene-12-al

1β- 羟基 -11(R,S)-8- 氧代荒漠木 -6,9- 二烯 -12- 醛 1β-hydroxy-11(R,S)-8-oxoeremophil-6,9-dien-12-al

3β- 羟基 -11,12-O- 异丙基林仙烯 3β-hydroxy-11,12-O-isopropyldrimene

2- 羟基 -11,12- 菖蒲烃▲ 2-hydroxy-11,12-dehydrocalamenene

3β- 羟基 -11,12- 去氢熊果 -28,13β- 内酯 3β-hydroxy-11,12-dehydroursolic acid-28,13β-lactone

11- 羟基 -11,13- 二氢木香醇 11-hydroxy-11,13-dihydrocostol

3- 羟基 -11,13- 二氢异土木香内酯 3-hydroxy-11,13-dihydroisoalantolactone

2- 羟基 -11,13- 二乙酰核替生 2-hydroxy-11,13-diacetyl-hetisine

9α- 羟基 -11,13- 去氢白叶蒿定▲ 9α-hydroxy-11,13-dehydroleucodin

3β- 羟基 -11,14- 氧代 - 冷杉 -8,12- 二烯 3β-hydroxy-11,14-oxo-abieta-8,12-diene

11b- 羟基 -11b,1- 二氢高丽槐素 11b-hydroxy-11b,1-dihydromaackiain

11b- 羟基 -11b,1- 二氢美迪紫檀素 11b-hydroxy-11b,1-dihydromedicarpin

8α- 羟基 -11E,13Z- 半日花二烯 -15- 醛 8α-hydroxy-11E,13Z-labdadien-15-al

7- 羟基 -11H-11,13- 二氢去氢木香内酯 7-hydroxy-11H-11,13-dihydrodehydrocostus lactone

(1R,7R,10S)-7- 羟基 -11-O-β-D- 吡喃葡萄糖基 -4- 愈创木烯 -3- 酮 (1R,7R,10S)-7-hydroxy-11-O-β-D-glucopyranosyl-4-guaien-3-one

3β- 羟基 -11α,12α- 环氧 -13β,28- 熊果内酯 3β-hydroxy-11α,12α-epoxy-13β,28-ursolide

3β- 羟基 -11α,12α- 环氧蒲公英赛烷 3β-hydroxy-11α,12α-oxidotaraxerane

3β- 羟基 -11α,12α- 环氧蒲公英赛烷 -28- 醛 3β-hydroxy-11α,12α-oxidotaraxerane-28-al

28- 羟基 -11α,12α- 环氧蒲公英赛烷 -3- 酮 28-hydroxy-11α,12α-oxidotaraxerane-3-one

3β- 羟基 -11α,12α- 环氧熊果 -13β,28- 内酯 3β-hydroxy-11α,12α-epoxyurs-13β,28-olide

3β- 羟基 -11α,13- 二氢木香内酯 3β-hydroxy-11α,13-dihydrocostunolide

8α- 羟基 -11α,13- 二氢葡萄糖中美菊素 C 8α-hydroxy-11α,13-dihydroglucozaluzanin C

8α- 羟基 -11α,13- 二氢中美菊素 C 8α-hydroxy-11α,13-dihydro-zaluzanin C

3α- 羟基 -11αH- 愈创木 -4(15),10(14)- 二烯 -12,6α- 内酯 3α-hydroxy-11αH-guaia-4(15),10(14)-diene-12,6α-olide

3β- 羟基 -11αH- 愈创木 -4(15),10(14)- 二烯 -12,6α- 内酯 3β-hydroxy-11αH-guaia-4(15),10(14)-dien-12,6α-olide

3β- 羟基 -11α- 过氧氢 -12- 熊果烯 3β-hydroxy-11α-hydroperoxy-12-ursene

3β- 羟基 -11α- 甲氧基 - 齐墩果 -12- 烯 3β-hydroxy-11α-methoxy-olean-12-ene

3β- 羟基 -11α- 甲氧基齐墩果 -12- 烯 -28- 酸 3β-hydroxy-11α-methoxyolean-l2-ene-28-oic acid

3β- 羟基 -11α- 甲氧基熊果 -12- 烯 3β-hydroxy-11α-methoxyurs-12-ene

3β- 羟基 -11α- 甲氧基 - 熊果 -12- 烯 3β-hydroxy-11α-methoxy-urs-12-ene

3β- 羟基 -11α- 甲氧基熊果 -l2- 烯 3β-hydroxy-11α-methoxyurs-l2-ene

8β- 羟基 -11α- 乙酰氧基石松碱 8β-hydroxy-11α-acetoxylycopodine

3β- 羟基 -11α- 乙氧基熊果 -l2- 烯 3β-hydroxy-11α-ethoxyurs-l2-ene

3α- 羟基 -11β,13- 二氢 -8α-O-β-D- 葡萄糖中美菊素 C 3α-hydroxy-11β,13-dihydro-8α-O-β- D-glucozaluzanin C

3β- 羟基 -11β,13- 二氢 -8α-O-β-D- 葡萄糖中美菊素 C 3β-hydroxy-11β,13-dihydro-8α-O-β-D-glucozaluzanin C

4- 羟基 -11β,13- 二氢去氢木香内酯 4-hydroxyl-11β,13-dihydrodehydrocostunloide

8β- 羟基 -11β,13- 二氢中美菊素 C 8β-hydroxy-11β,13-dihydrozaluzanin C

8α- 羟基 -11βH-11,13- 二氢去氢木香内酯 8α-hydroxyl-11βH-11,13-dihydrodehydrocostus lactone

8β- 羟基 -11βH-11,13- 二氢去氢木香内酯 8β-hydroxyl-11βH-11,13-dihydrodehydrocostus lactone

3α- 羟基 -11βH-11,13- 二氢去氢木香内酯 -8-O-β-D- 葡萄糖苷 3α-hydroxy-11βH-11,13-dihydrodehydrocostus lactone-8-O-β-D-glucoside

15- 羟基 -11βH- 桉叶 -4- 烯 -8β,12- 内酯 15-hydroxy-11βH-eudesm-4-en-8β,12-olide

3α- 羟基 -11βH- 桉叶 -5- 烯 -8β,12- 内酯 3α-hydroxy-11βH-eudesm-5-en-8β,12-olide

3α- 羟基 -11βH- 愈创木 -4(15),10(14)- 二烯 -12,6α- 内酯 3α-hydroxy-11βH-guaia-4(15),10(14)-dien-12,6α-olide

10α- 羟基 -11βH- 愈创木 -4(15)- 烯 -12,6- 内酯 10α-hydroxy-11βH-

Q

guaia-4(15)-en-12,6-lactone
15- 羟基 -11ξ,14ξ- 过氧半日花 -8(17),12- 二烯 -16- 醛 15-hydroxy-11ξ,14ξ-peroxylabda-8(17),12-dien-16-al
3α- 羟基 -11- 过氧基 - 荒漠木 -6,9- 二烯 -8- 酮 3α-hydroxy-11-peroxyl-eremophila-6,9-dien-8-one
1- 羟基 -11- 甲氧基铁屎米 -6- 酮 1-hydroxy-11-methoxycanthin-6-one
3β- 羟基 -11- 降荒漠木 -6(7),9(10)- 二烯 -8,11- 二酮 3β-hydroxy-11-noreremophila-6(7),9(10)-diene-8,11-dione
24- 羟基 -11- 去氧光果甘草内酯 24-hydroxy-11-deoxoglabrolide
(20β)-29- 羟基 -11- 酮基齐墩果 -12- 烯 -3β-O-β-D- 吡喃葡萄糖醛酸基 -(2 → 1)-β-D- 吡喃葡萄糖醛酸 (20β)-29-hydroxy-11-oxoolean-12-en-3β-O-β-D-glucopyranuronosyl-(2 → 1)-β-D-glucopyranosiduronic acid
3- 羟基 -11- 烯 -11,12- 去氢 -28,13- 熊果酸内酯 3-hydroxy-11-en-28,13-olide-11,12-dehydroursolic acid lactone
(1R,2S,4S,5R,6R,9S)-2- 羟基 -11- 氧代别 - 雪松 -13- 酸 -13-O-β-D- 吡喃葡萄糖基酯 (1R,2S,4S,5R,6R,9S)-2-hydroxy-11-oxoallo-cedra-13-oic acid-13-O-β-D-glucopyranosyl ester
17- 羟基 -11- 氧代 - 降 -β- 香树脂酮 17-hydroxy-11-oxo-nor-β-amyrone
20- 羟基 11- 氧代罗汉果苷 IA_1 20-hydroxy-11-oxomogroside IA_1
3α- 羟基 -11- 氧代齐墩果 -12- 烯 -28- 酸 3α-hydroxy-11-oxoolean-12-en-28-oic acid
3β- 羟基 -11- 氧代 - 齐墩果 -12- 烯 -28- 酸 3β-hydroxy-11-oxo-olean-12-en-28-oic acid
3β- 羟基 -11- 氧代齐墩果 -12- 烯 -3- 棕榈酸酯 3β-hydroxy-11-oxo-olean-12-enyl-3-palmitate
3β- 羟基 -11- 氧代齐墩果 -12- 烯 - 棕榈酸酯 3β-hydroxy-11-oxo-olean-12-enyl palmitate
3β- 羟基 -11- 氧代熊果 -12- 烯 3β-hydroxy-11-oxours-12-ene
3β- 羟基 -11- 氧代熊果 -12- 烯 -28- 酸 3β-hydroxy-11-oxours-12-en-28-oic acid
(12E,14E,17E)-11- 羟基 -12,14,17- 二十碳三烯酸 (12E,14E,17E)-11-hydroxy-12,14,17-eicosatrienoic acid
3- 羟基 -12,14- 二烯 -27- 降齐墩果 -28- 酸 3-hydroxy-12,14-diene-27-nor-oleane-28-oic acid
3- 羟基 -12,17- 二烯 -28- 降齐墩果 -23- 醛 3-hydroxy-12,17-diene-28-norolean-23-al
3β- 羟基 -12-O-β-D- 吡喃葡萄糖基 -8,11,13- 冷杉三烯 -7- 酮 3β-hydroxy-12-O-β-D-glucopyranosyl-8,11,13-abietatrien-7-one
7α- 羟基 -12-O- 苯甲酰去乙酰萝藦苷元 7α-hydroxy-12-O-benzoyldeacetylmetaplexigenin
24- 羟基 -12β- 乙酰氧基 -25,26,27- 三降环木菠萝 -16,23- 二酮 -3β-O-α-L- 吡喃阿拉伯糖苷 24-hydroxy-12β-acetoxy-25,26,27-trinorcycloartan-16,23-dinone-3β-O-α-L-arabinopyranoside
11β- 羟基 -12- 表石松灵碱 11β-hydroxy-12-epilycodoline
(5β,10α)-13- 羟基 -12- 甲氧基罗汉松 -8,11,13- 三烯 -3- 酮 (5β,10α)-13-hydroxy-12-methoxypodocarpa-8,11,13-trien-3-one
(1E)-4- 羟基 -12- 甲氧基 - 三环 [13.2.2.13,7] 二十碳 -4,9,11,15,17,18- 六烯 -6- 酮 (1E)-4-hydroxy-12-methoxy-tricyclo[13.2.2.13,7] eicosa-4,9,11,15,17,18-hexaen-6-one
3- 羟基 -12- 齐墩果 -3-O-β-D- 吡喃葡萄糖苷 3-hydroxy-12-oleanane-3-O-β-D-glucopyranoside
3β,28- 羟基 -12- 齐墩果烯 -11- 酮 3β,28-dihydroxy-12-oleanene-11-one
3β,28- 羟基 -12- 齐墩果烯 -1- 酮 3β,28-dihydroxy-12-oleanene-1-one
29- 羟基 -12- 齐墩果烯 -3,22- 二酮 29-hydroxy-12-oleanen-3,22-dione
22β- 羟基 -12- 齐墩果烯 -3- 酮 22β-hydroxy-12-oleanen-3-one
6α- 羟基 -12- 齐墩果烯 -3- 酮 6α-hydroxy-12-oleanen-3-one
(1S,9R,11S)-14- 羟基 -12- 羟基丁香 -2(15),5Z- 二烯 -7- 酮 (1S,9R,11S)-14-hydroxy-12-hydroxycaryophylla-2(15),5Z-dien-7-one
(4α)-8- 羟基 -12- 去甲杜松 -6,8,10- 三烯 -11- 酮 (4α)-8-hydroxy-12-norcardina-6,8,10-trien-11-one
6- 羟基 -12- 羧基布卢竹柏醇 A-β-D- 吡喃葡萄糖苷 6-hydroxy-12-carboxy-blumenol A-β-D-glucopyranoside
3β- 羟基 -12- 酮基 - 熊果 -9(11)- 烯 -28,13β- 内酯 3β-hydroxy-12-keto-9(11)-ursen-28,13β-olide
3- 羟基 -12- 熊果烯 3-hydroxy-12-ursen
3β- 羟基 -12- 氧代 -13Hα- 齐墩果 -28,19β- 内酯 3β-hydroxy-12-oxo-13Hα-olean-28,19β-olide
11- 羟基 -12- 氧代 -7,9,13- 冷杉三烯 11-hydroxy-12-oxo-7,9,13-abietatriene
15- 羟基 -12- 氧代半日花 -8(17),13E- 二烯 -19- 酸 15-hydroxy-12-oxolabda-8(17),13E-dien-19-oic acid
5- 羟基 -12- 氧代法尼醇 5-hydroxy-12- oxofarnesol
(1S,9R,11S)-14- 羟基 -12- 乙酰氧基丁香 -2(15),5E- 二烯 -7- 醇 (1S,9R,11S)-14-hydroxy-12-acetoxycaryophylla-2(15),5E-dien-7-ol
(1S,9R,11S)-14- 羟基 -12- 乙酰氧基丁香 -2(15),5Z- 二烯 -7- 酮 (1S,9R,11S)-14-hydroxy-12-acetoxycaryophylla-2(15),5Z-dien-7-one
3- 羟基 -12- 乙酰氧基黑老虎酸 3-hydroxy-12-acetoxycoccinic acid
9- 羟基 -13(14)- 半日花烯 -15,16- 内酯 9-hydroxy-13(14)-labden-15,16-olide
9α- 羟基 -13(14)- 半日花烯 -16,15- 酰胺 9α-hydroxy-13(14)-labden-16,15-amide
8α- 羟基 -13(16),14- 半日花二烯 -19- 醛 8α-hydroxy-13(16),14-labdadien-19-al
11- 羟基 -13(17),25(27)- 去氢 - 原萜 -3,24- 二酮 11-hydroxy-13(17),25(27)-dehydro-protostane-3,24-dione
3- 羟基 -13(18)- 烯 -28- 齐墩果酸 3-hydroxy-13(18)-ene-28-oleanolic acid
N- 羟基 -13,14- 去氢槐定碱 N-hydroxy-13,14-dehydrosophoridine
3β- 羟基 -13α- 甲基 - 去甲基熊果 -7- 烯 -28- 酸 3β-hydroxy-13α-methyl-norurs-7-en-28-oic acid
3α- 羟基 -13α- 熊果 -28,12β- 内酯 α-hydroxy-13α-ursan-28,12β-olide
3β- 羟基 -13α- 熊果 -28,12β- 内酯 3β-hydroxy-13α-ursan-28,12β-olide
3α- 羟基 -13α- 熊果 -28,12β- 内酯 -3- 苯甲酸酯 3α-hydroxy-13α-ursan-28,12β-olide-3-benzoate
3α- 羟基 -13α- 熊果 -28- 酸 3α-hydroxy-13α-ursan-28-oic acid
3α- 羟基 -13β- 呋喃 -11- 酮基 - 蜜蜂鼠尾草▲ -8- 烯 -(20,6)- 内酯 3α-hydroxy-13β-furan-11-keto-apian-8-en-(20,6)-olide
(3R,6R,7E,9E,11E)-3- 羟基 -13- 阿朴 -α- 胡萝卜素 -13- 酮 (3R,6R,7E,9E,11E)-3-hydroxy-13-apo-α-caroten-13-one
(5α,9α,10β)-2- 羟基 -13- 甲基 -17- 降贝壳杉 -1,15- 二烯 -3,12- 二酮 (5α,9α,10β)-2-hydroxy-13-methyl-17-norkaura-1,15-diene-3,12-dione
2- 羟基 -13- 甲基 -17- 降贝壳杉 -1,15- 二烯 -3,12- 二酮 2-hydroxy-13-methyl-17-norkaura-1,15-dien-3,12-dione
12- 羟基 -13- 甲基罗汉松 -8,11,13- 三烯 -3- 酮 12-hydroxy-13-methylpodocarpa-8,11,13-trien-3-one
(5β,10α)-12- 羟基 -13- 甲氧基罗汉松 -8,11,13- 三烯 -3- 酮 (5β,10α)-12-hydroxy-13-methoxypodocarpa-8,11,13-trien-3-one
11β- 羟基 -13- 氯化薇甘菊内酯 11β-hydroxy-13-chloromikanolide
11- 羟基 -14,15a- 环氧柳叶水甘草碱 11-hydroxy-14,15a-epoxytabersonine
18- 羟基 -14,15- 二羟基 -7- 酮基 - 对映 - 阿替 -16- 烯 18-hydroxy-

14,15-dihydroxy-7-oxo-*ent*-atis-16-ene

15(*S*)- 羟基 -14,15- 二氢长春里宁 15(*S*)-hydroxy-14,15-dihydrovindolinine

17- 羟基 -14,15- 二氢柳叶水甘草碱 17-hydroxy-14,15-dihydrotabersonine

15β- 羟基 -14,15- 二氢攀援山橙碱▲ 15β-hydroxy-14,15-dihydroscandine

17β- 羟基 -14,20- 环氧 -1- 氧代 -(22*R*)-3β-(*O*-β-D- 吡喃葡萄糖酰基)- 睡茄 -5,24- 二烯内酯 17β-hydroxy-14,20-epoxy-1-oxo-(22*R*)-3β-(*O*-β-D-glucopyranosyl)-witha-5,24-dienolide

17β- 羟基 -14,20- 环氧 -1- 氧代 -(22*R*)- 睡茄 -3,5,24- 三烯内酯 17β-hydroxy-14,20-epoxy-1-oxo-(22*R*)-witha-3,5,24-trienolide

8β- 羟基 -14β- 甲基 -7- 氧代罗汉松 -5- 烯 -13-(19α- 羟基 -19,22,22- 三甲基庚烷基)-22-*O*-β-D- 吡喃葡萄糖基 -(4 → 1)-β-D- 吡喃葡萄糖苷 8β-hydroxy-14β-methyl-7-oxopodocarp-5-en-13-(19α-hydroxy-19,22,22-trimethylheptyl)-22-*O*-(β-D-glucopyranosyl)-(4 → 1)-β-D-glucopyranoside

11- 羟基 -14- 甲氧基 -8,11,13- 冷杉三烯 -19- 酸 11-hydroxy-14-methoxy-8,11,13-abietatrien-19-acid

11- 羟基 -14- 甲氧基 - 冷杉 -8,11,13- 三烯 -3- 酮 11-hydroxy-14-methoxy-abietyl-8,11,13-triene-3-one

28- 羟基 -14- 蒲公英烯 -3- 酮 28-hydroxy-14-taraxeren-3-one

8β- 羟基 -14- 氧代 -11β,13- 二氢刺苞菊内酯 8β-hydroxy-14-oxo-11β,13-dihydroacanthospermolide

2β- 羟基 -15,16- 环氧 -5β,8β,9β,10α- 赪桐 -3,13(16),14- 三烯 -18- 酸 2β-hydroxy-15,16-epoxy-5β,8β,9β,10α-cleroda-3,13(16),14-trien-18-oic acid

6β- 羟基 -15,16- 环氧 -5β,8β,9β,10α- 赪桐 -3,13(16),14- 三烯 -18- 酸 6β-hydroxy-15,16-epoxy-5β,8β,9β,10α-cleroda-3,13(16),14-trien-18-oic acid

12(*S*)- 羟基 -15,16- 环氧 -8(17),13(16),14- 对映 - 半日花三烯 -20,19- 内酯 12(*S*)-hydroxy-15,16-epoxy-8(17),13(16),14-*ent*-labdatrien-20,19-olide

(+)-6β- 羟基 -15,16- 环氧半日花 -8,13(16),14- 三烯 -7- 酮 (+)-6β-hydroxy-15,16-epoxylabda-8,13(16),14-trien-7-one

6β- 羟基 -15,16- 环氧半日花 -8,13(16),14- 三烯 -7- 酮 6β-hydroxy-15,16-epoxylabda-8,13(16),14-trien-7-one

6- 羟基 -15,16 南烛树脂醇 - 环氧半日花 -5,8,13(16),14- 四烯 -7- 酮 6-hydroxy-15,16-epoxylabda-5,8,13(16),14-tetraen-7-one

3- 羟基 -15-*O*- 甲基环荚蒾宁 A 3-hydroxy-15-*O*-methylcyclovibsanin A

6- 羟基 -15β- 乙酰氧基 -3α,20- 环氧 -16β,17- 环氧 -5(6)- 烯 - 对映 - 贝壳杉 -1,7- 二酮 6-hydroxy-15β-acetoxy-3α,20-epoxy-16β,17-epoxy-5(6)-ene-*ent*-kaur-1,7-dione

(12*S**,13*E*)-12- 羟基 -15- 甲氧基半日花 -8(17),13- 二烯 -18- 酸 (12*S**,13*E*)-12-hydroxy-15-methoxylabda-8(17),13-dien-18-oic acid

3β- 羟基 -15- 去甲基 -14- 氧代 -8(17),12- 半日花二烯 -14- 醛 3β-hydroxy-15-nor-14-oxo-8(17),12-labdadien-14-al

30- 羟基 -15- 去氧凤梨百合甾醇▲ 30-hydroxy-15-deoxoeucosterol

12β- 羟基 -15- 去氧升麻醇 12β-hydroxy-15-deoxycimigenol

(6*R*,10*S*,11*S*,14*S*,26*R*)-26- 羟基 -15- 亚甲基 - 螺鸢尾醛 -16- 烯醛 (6*R*,10*S*,11*S*,14*S*,26*R*)-26-hydroxy-15-methylidene-spiroirid-16-enal

10α- 羟基 -15- 氧代 -α- 杜松醇 10α-hydroxy-15-oxo-α-cadinol

10- 羟基 -15- 氧代 -α- 杜松醇 10-hydroxyl-15-oxo-α-cadinol

(4α)-11β- 羟基 -15- 氧代 - 贝壳杉 -18- 酸 -β-D- 吡喃葡萄糖酯苷 (4α)-11β-hydroxy-15-oxo-kauran-18-oic acid-β-D-glucopyranosyl ester

11β- 羟基 -15- 氧代 - 对映 - 贝壳杉 -16- 烯 -19- 酸 11β-hydroxy-15-oxo-*ent*-kaur-16-en-19-oic acid

12β- 羟基 -15- 氧代 - 对映 - 贝壳杉 -16- 烯 -19- 酸 -β-D- 吡喃葡萄糖甲酯 12β-hydroxy-15-oxo-*ent*-kaur-16-en-19-oic acid-β-D-glucopyranosyl ester

16*S*- 羟基 -16,22- 二氢 -(+)- 白坚木瑞辛▲ 16*S*-hydroxy-16,22-dihydro-(+)-apparicine

(-)-17- 羟基 -16*R*- 贝壳杉 -19- 酸 (-)-17-hydroxy-16*R*-kauran-19-oic acid

17- 羟基 -16α*H*- 贝壳杉 -19- 酸 17-hydroxy-16α*H*-kauran-19-oic acid

17- 羟基 -16α- 对映 - 贝壳杉 -19- 酸 17-hydroxy-16α-*ent*-kauran-19-oic acid

17- 羟基 -16β- 对映 - 贝壳杉 -19- 醛 17-hydroxy-16β-*ent*-kauran-19-al

17- 羟基 -16β- 对映 - 贝壳杉 -19- 酸 17-hydroxy-16β-*ent*-kauran-19-oic acid

30- 羟基 -16- 表 - 柴胡皂苷元 C-3-*O*-β-D- 吡喃葡萄糖基 -(1 → 6)-[α-L- 吡喃鼠李糖基 -(1 → 4)]-β-D- 吡喃葡萄糖苷 30-hydroxy-16-*epi*-saikogenin C-3-*O*-β-D-glucopyranosyl-(1 → 6)-[α-L-rhamnopyranosyl-(1 → 4)]-β-D-glucopyranoside

30- 羟基 -16- 表 - 柴胡皂苷元 C-3-*O*-β-D- 吡喃葡萄糖基 -(1 → 6)-α-L- 吡喃鼠李糖基 -(1 → 4)-β-D- 吡喃葡萄糖苷 30-hydroxy-16-*epi*-saikogenin C-3-*O*-β-D-glucopyranosyl-(1 → 6)-α-L-rhamnopyranosyl-(1 → 4)-β-D-glucopyranoside

19*S*- 羟基 -16- 表 - 狗牙花明▲ 19*S*-hydroxy-16-*epi*-tacamine

10- 羟基 -16- 表拟佩西木宁碱▲ 10-hydroxy-16-epiaffinine

13- 羟基 -16- 对映 - 贝壳杉烯 -19- 醛 13-hydroxy-16-*ent*-kauren-19-al

(5*S**,8*S**,9*S**,10*R**,13*S**)-3- 羟基 -16- 降 -2- 氧代斧松 -3- 烯 -15- 酸 (5*S**,8*S**,9*S**,10*R**,13*S**)-3-hydroxy-16-nor-2-oxodolabr-3-en-15-oic acid

(5*S**,8*S**,9*S**,10*R**,13*S**)-2- 羟基 -16- 降 -3- 氧代斧松 -1,4(18)- 二烯 -15- 酸 (5*S**,8*S**,9*S**,10*R**,13*S**)-2-hydroxy-16-nor-3-oxodolabr-1,4(18)-dien-15-oic acid

15-α- 羟基 -16- 去羟基 -16(24)- 烯 - 绿升麻醇▲ -3-*O*-β-D- 吡喃木糖苷 15α-hydroxy-16-dehydroxy-16(24)-en-foetidinol-3-*O*-β-D-xylopyranoside

15- 羟基 -16- 氧代 -15,16*H*- 哈威豆酸▲ 15-hydroxy-16-oxo-15,16*H*-hardwickiic acid

15- 羟基 -16- 氧代 -15,16*H*- 哈威豆酸▲甲酯 15-hydroxy-16-oxo-15,16*H*-hardwickiic acid methyl ester

(4β)-24- 羟基 -16- 氧代 -28- 降齐墩果 -12- 烯 -3β-*O*-β-D- 吡喃木糖基 -(1 → 4)-β-D- 吡喃葡萄糖醛酸 (4β)-24-hydroxy-16-oxo-28-norolean-12-en-3β-*O*-β-D-xylopyranosyl-(1 → 4)-β-D-glucopyranosiduronic acid

3β- 羟基 -16- 氧代 - 齐墩果 -11,13(18)- 二烯 -30- 酸 3β-hydroxy-16-oxo-olean-11,13(18)-dien-30-oic acid

(-)-3β- 羟基 -16- 氧代羊毛脂 -7,9(11),24- 三烯 -21- 酸 (-)-3β-hydroxy-16-oxolanosta-7,9(11),24-trien-21-oic acid

(4α)-16- 羟基 -17-(3- 甲基 -1- 氧代丁氧基)- 贝壳杉 -18- 酸 (4α)-16-hydroxy-17-(3-methyl-1-oxobutoxy)-kauran-18-oic acid

3β- 羟基 -17β- 达玛烷酸 3β-hydroxy-17β-dammaranic acid

17α- 羟基 -17β- 氰基 - 孕甾 -4- 烯 -3- 酮 17α-hydroxy-17β-cyano-preg-4-en-3-one

8β- 羟基 -17β- 洋地黄毒苷元 -L- 黄花夹竹桃糖苷 8β-hydroxy-17β-digitoxigenin-L-thevetoside

4- 羟基 -17- 甲氧基 -2- 氧杂三环 [13.2.2.13,7] 二十碳 -1(17),3(20),4,6,15,18- 六烯 -9- 酮 4-hydroxy-17-methoxy-2-oxatricyclo[13.2.2.13,7]icosa-1(17),3(20),4,6,15,18-hexaene-9-one

Q

3β- 羟基 -17- 羧基 -28- 降齐墩果 -12- 烯 -3-*O*-β-D- 吡喃半乳糖基 -(1 → 3)-*O*-β-D- 吡喃葡萄糖基 -(1 → 4)-β-D- 吡喃葡萄糖醛酸苷 3β-hydroxy-17-carboxy-28-norolean-12-en-3-*O*-β-D-galactopyranosyl-(1 → 3)-*O*-β-D-glucopyranosyl-(1 → 4)-β-D-glucopyranosiduronic acid
16β- 羟基 -17- 乙酰氧基 -(-)- 贝壳杉 -19- 酸 -β-D- 吡喃葡萄糖基酯苷 16β-hydroxy-17-acetoxy-(-)-kauran-19-oic acid-β-D-glucopyranosylester
16α- 羟基 -17- 乙酰氧基 -3- 氧代扁枝杉烷 16-hydroxy-17-acetoxy-3-oxophyllocladane
16- 羟基 -17- 乙酰氧基 -3- 氧代扁枝杉烷 16-hydroxy-17-acetoxy-3-oxophyllocladan
16β- 羟基 -17- 乙酰氧基贝壳杉 -18- 酸 16β-hydroxy-17-acetoxykauran-18-oic acid
16β- 羟基 -17- 乙酰氧基贝壳杉 -18- 酸 -18-*O*-D- 吡喃葡萄糖苷 16β-hydroxy-17-acetoxykauran-18-oic acid 18-*O*-D-glucopyranoside
16β- 羟基 -17- 乙酰氧基 - 对映 - 贝壳杉 -19- 醛 16β-hydroxyl-17-acetoxy-*ent*-kauran-19-al
16α- 羟基 -17- 乙酰氧基 - 对映 - 贝壳杉 -19- 酸 16α-hydroxy-17-acetoxy-*ent*-kauran-19-oic acid
16β- 羟基 -17- 乙酰氧基 - 对映 - 贝壳杉 -19- 酸 16β-hydroxy-17-acetoxy-*ent*-kauran-19-oic acid
16β- 羟基 -17- 乙酰氧基 - 左旋 - 贝壳杉 -19- 酸 16β-hydroxy-17-acetoxy-(-)-kaurane-19-oic acid
16α- 羟基 -17- 异戊酰氧基 - 对映 - 贝壳杉 -19- 酸 16α-hydroxy-17-isovaleryloxy-*ent*-kauran-19-oic acid
16α- 羟基 -17- 异亚丙基 -3- 氧代 - 扁枝杉烷 16α-hydroxy-17-isopropylidino-3-oxo-phyllocladane
3β- 羟基 -18(19)- 烯 - 齐墩果 -28- 甲酸 3β-hydroxy-18(19)-en-oleanane-28-formic acid
3β- 羟基 -18(19)- 烯 - 齐墩果 -28- 酸 3β-hydroxyl-18(19)-en-olean-28-oic acid
16β- 羟基 -18β*H*- 齐墩果酸 16β-hydroxy-18β*H*-oleanoic acid
16β- 羟基 -18β*H*- 齐墩果酸 -28-*O*-β-D- 吡喃葡萄糖苷 16β-hydroxy-18β*H*-oleanoic acid-28-*O*-β-D-glucopyranoside
3β- 羟基 -18- 甲基 - 远志 -13(14)- 烯 -28- 酸 -28-*O*-[α-L- 吡喃鼠李糖基 -(1 → 4)-*O*-β-D- 吡喃葡萄糖基 -(1 → 6)]-β-D- 吡喃葡萄糖苷 3β-hydroxy-18-methyl-polygalic-13(14)-en-28-acid-28-*O*-[α-L-rhamnopyranosyl-(1 →4)-*O*-β-D-glucopyranosyl-(1 →6)]-β-D-glucopyranoside
4- 羟基 -18- 降冷杉 -8,11,13- 三烯 -7- 酮 4-hydroxy-18-norabieta-8,11,13-trien-7-one
(-)-(1*S*)-15- 羟基 -18- 羧基瑞士松烯 (-)-(1*S*)-15-hydroxy-18-carboxycembrene
10- 羟基 -19,20- 二氢异长春钦碱▲ 10-hydroxy-19,20-dihydroisositsirikine
16- 羟基 -19*R*- 长春里宁 16-hydroxy-19*R*-vindolinine
16- 羟基 -19*S*- 长春里宁 16-hydroxy-19*S*-vindolinine
16- 羟基 -19*S*- 长春里宁 -*N*- 氧化合物 16-hydroxy-19*S*-vindollinine-*N*-oxide
16- 羟基 -19*S*- 异形蔓长春花胺 16-hydroxy-19*S*-vincadifformine
21α- 羟基 -19α- 氢化蒲公英萜醇▲ -20(30)- 烯 21α-hydroxy-19α-hydrogentaraxasterol-20(30)-ene
4- 羟基 -19- 甲基 -16,19- 裂环 -12,24- 裂环 - 马钱碱 -10,16- 二酮 4-hydroxy-19-methyl-16,19-seco-12,24-seco-strychnidine-10,16-dione
(13*S*)-13- 羟基 -19- 甲氧基 -5α*H*-8(17),14- 半日花二烯 (13*S*)-13-hydroxy-19-methoxy-5α*H*-8(17),14-labdadien
4α- 羟基 -19- 降 - 对映 - 贝壳杉 -17- 酸 4α-hydroxy-19-nor-*ent*-kauran-17-oic acid
7α- 羟基 -19- 降冷杉 -8,11,13- 三烯 -4- 氢过氧化物 7α-hydroxy-19-norabieta-8,11,13-trien-4-hydroperoxide
4- 羟基 -19- 降冷杉 -8,11,13- 三烯 -7- 酮 4-hydroxy-19-norabieta-8,11,13-trien-7-one
16- 羟基 -19- 氧代泪柏醚 16-hydroxy-19-oxomanoyloxide
(2*E*)-*N*-[2-(5- 羟基 -1*H*- 吲哚 -3- 基) 乙基]-3-(4- 甲氧基苯基)-2- 丙烯酰胺 (2*E*)-*N*-[2-(5-hydroxy-1*H*-indol-3-yl)ethyl]-3-(4-methoxyphenyl)-2-propenamide
N-[2-(5- 羟基 -1*H*- 吲哚 -3- 基) 乙基] 阿魏酰胺 *N*-[2-(5-hydroxy-1*H*-indol-3-yl)ethyl]ferulamide
N-[2-(5- 羟基 -1*H*- 吲哚 -3- 基) 乙基]- 对香豆酰胺 *N*-[2-(5-hydroxy-1*H*-indol-3-yl)ethyl]-*p*-coumaramide
3- 羟基 -1-*O*-β-D- 吡喃葡萄糖基 -4,5- 二甲氧基呫酮 3-hydroxy-1-*O*-β-D-glucopyranosyl-4,5-dimethoxyxanthone
[4-(3- 羟基 -1-*Z*- 丙烯基)-2,6-2,6- 二甲氧基苯基]-6-*O*-β-D- 吡喃葡萄糖基 -β-D- 吡喃葡萄糖苷 [4-(3-hydroxy-1-*Z*-propenyl)-2,6-dimethoxyphenyl]-6-*O*-β-D-glucopyranosyl-β-D-glucopyranoside
4α- 羟基 -1β,5α,11α-*H*- 愈创木 -9- 烯 -12,8α- 内酯 4α-hydroxy-1β,5α,11α-*H*-guai-9-en-12,8α-olide
2α- 羟基 -1β*H*,7α*H*,10α*H*- 愈创木 -4,11(12)- 二烯 -3- 酮 2α-hydroxy-1β*H*,7α*H*,10α*H*-guai-4,11(12)-dien-3-one
11- 羟基 -1β- 甲氧基 -8- 氧代荒漠木 -6,9- 二烯 -12- 羧酸甲酯 11-hydroxy-1β-methoxy-8-oxoeremophila-6,9-dien-12-oic acid methyl ester
9β- 羟基 -1β- 甲氧基丁香烷醇 9β-hydroxy-1β-methoxycaryolanol
2- 羟基 -1- 苯基 -1,4- 戊二酮 2-hydroxy-1-phenyl-1,4-pentanedione
(*S*)-*N*-[(1*R*,2*S*)-1- 羟基 -1- 苯基丙烷 -2- 基]-5- 氧代吡咯 -2- 甲酰胺 (*S*)-*N*-[(1*R*,2*S*)-1-hydroxy-1-phenylpropan-2-yl]-5-oxopyrrolidine-2-carboxamide
6*E*-8-{4-[(1*E*-3- 羟基 -1- 丙烯 -1- 基)-2,6- 二甲氧基苯氧基 }-2,6- 二甲基 -2,6- 辛二烯 -4- 酮 6*E*-8-{4-[(1*E*-3-hydroxy-1-propen-1-yl)-2,6-dimethoxyphenoxy}-2,6-dimethyl-2,6-octadien-4-one
6*E*-8-[4-(1*E*-3- 羟基 -1- 丙烯 -1- 基)-2- 甲氧基苯氧基]-2,6- 二甲基 -1,6- 辛二烯 -3- 醇 6*E*-8-[4-(1*E*-3-hydroxy-1-propen-1-yl)-2-methoxyphenoxy]-2,6-dimethyl-1,6-octadien-3-ol
3*E*,6*E*-8-{4-[(1*E*-3- 羟基 -1- 丙烯 -1- 基)-2- 甲氧基苯氧基 }-2,6- 二甲基 -3,6- 辛二烯 -2- 醇 3*E*,6*E*-8-{4-[(1*E*-3-hydroxy-1-propen-1-yl)-2-methoxyphenoxy}-2,6-dimethyl-3,6-octadien-2-ol
4-(3- 羟基 -1- 丙烯基)-2,6- 二甲氧基苯基 -β-D- 吡喃葡萄糖苷 4-(3-hydroxy-1-propenyl)-2,6-dimethoxyphenyl β-D-glucopyranoside
4-[(1*E*)-3- 羟基 -1- 丙烯基]-2- 甲氧基苯酚 4-[(1*E*)-3-hydroxy-1-propenyl]-2-methoxyphenol
2-[4-(3- 羟基 -1- 丙烯基)-2- 甲氧基苯氧基]-1,3- 丙二醇 2-[4-(3-hydroxy-1-propenyl)-2-methoxyphenoxy]-1,3-propanediol
3- 羟基 -1-(4- 羟基苯基)-1- 丙酮 3-hydroxy-1-(4-hydroxyphenyl)-1-propanone
(5*R*)-5- 羟基 -1- 对羟基苯基 -7-(4- 羟基 -3- 甲氧基苯基)-3- 庚酮 (5*R*)-5-hydroxy-1-(4-hydroxyphenyl)-7-(4-hydroxy-3-methoxyphenyl)-3-heptanone
5- 羟基 -1- 对羟基苯基 -7- 苯基庚烷 -3- 酮 5-hydroxy-1-(4-hydroxyphenyl)-7-phenylheptan-3-one
3- 羟基 -1- 对羟基苯基 - 丙 -1- 酮 3-hydroxy-1-(4-hydroxyphenyl)-propan-1-one
11α- 羟基 -1- 桂皮酰基 -3- 阿魏酰楝卡品素▲ 11α-hydroxy-1-cinnamoyl-3-feruloylmeliacarpin
2- 羟基 -1- 甲丙基 -β-D- 吡喃葡萄糖苷 2-hydroxy-1-methylpropyl-

Q

β-D-glucopyranoside
6- 羟基 -1- 甲基 -1,2,3,4- 四氢 -*β*- 咔啉 6-hydroxy-1-methyl-1,2,3,4-tetrahydro-*β*-carboline
2-(3- 羟基 -1- 甲基 -2,4- 二氧代 -1,2,3,4- 四氢喹啉 -3- 乙酸甲酯 methyl 2-(3-hydroxy-1-methyl-2,4-dioxo-1,2,3,4-tetrahydroquinolin-3-yl)acetate
(3*R*)-3- 羟基 -1- 甲基 -2- 吡咯烷酮 (3*R*)-3-hydroxy-1-methyl-2-pyrrolidinone
4- 羟基 -1- 甲基 -3-(2'- 氧 -3'- 甲基丁基)-2- 喹诺酮 4-hydroxy-1-methyl-3-(2'-oxo-3'-methylbutyl)-2-quinolone
3- 羟基 -1- 甲基 -3-(2- 氧代丙基) 喹啉 -2,4(1*H*,3*H*)- 二酮 3-hydroxy-1-methyl-3-(2-oxo-propyl)quinoline-2,4(1*H*,3*H*)-dione
4-（ 1- 羟基 -1- 甲基乙基）-1- 甲基 -(1,2)- 环已二醇 4-(1-hydroxy-1-methylethyl)-1-methyl-(1,2)-cyclohexanediol
(2*R**,3a*R**,9b*R**)-2-(1- 羟基 -1- 甲基乙基)-2,3,3a,9b- 四氢 -4*H*- 萘并 [1,2-b] 呋喃 -5- 酮 (2*R**,3a*R**,9b*R**)-2-(1-hydroxy-1-methylethyl)-2,3,3a,9b-tetrahydro-4*H*-naphtho[1,2-b]furan-5-one
N-(1- 羟基 -1- 甲基乙基)-2*E*,4*E*,8*E*,10*E*,12*E*- 十四碳五烯酰胺 *N*-(1-hydroxy-1-methylethyl)-2*E*,4*E*,8*E*,10*E*,12*E*-tetradecapentaenamide
7-(1- 羟基 -1- 甲基乙基)-4- 甲基薁 -1- 甲醛 7-(1-hydroxy-1-methylethyl)-4-methylazulene-1-carbaldehyde
2-{[2'-(1- 羟基 -1- 甲基乙基)-7'-(3- 甲基 -2- 丁烯基)-2',3'- 二氢苯并呋喃]-5'- 基 }-7- 羟基 -8-(3- 甲基 -2- 丁烯基) 色烷 -4- 酮 2-{[2'-(1-hydroxy-1-methylethyl)-7'-(3-methyl-2-butenyl)-2',3'-dihydrobenzofuran]-5'-yl}-7-hydroxy-8-(3-methyl-2-butenyl) chroman-4-one
2-(1- 羟基 -1- 甲基乙基)-9- 甲氧基 -1,8- 二氧杂 - 双环戊 [b,g] 萘 -4,10- 二酮 2-(1-hydroxy-1-methyl-ethyl)-9-methoxy-1,8-dioxa-dicyclopenta[b,g]naphthalene-4,10-dione
4-(1- 羟基 -1- 甲基乙基) 苯甲酸 4-(1-hydroxy-1-methylethyl) benzoic acid
8- 羟基 -1- 甲氧基 -(*Z*)-9- 十七烯 -4,6- 二炔 -3- 酮 8-hydroxy-1-methoxy-(*Z*)-9-heptadecene-4,6-diyn-3-one
1-(2- 羟基 -1- 甲氧基) 乙基 -4- 甲氧基 -*β*- 咔啉 1-(2-hydroxy-1-methoxy)ethyl-4-methoxy-*β*-carboline
6- 羟基 -1- 甲氧基 -2,3- 亚甲二氧基呫酮 6-hydroxy-1-methoxy-2,3-methylenedioxyxanthone
7- 羟基 -1- 甲氧基 -2,3- 亚甲二氧基呫酮 7-hydroxy-1-methoxy-2,3-methylenedioxyxanthone
3- 羟基 -1- 甲氧基 -2- 甲基蒽醌 3-hydroxy-1-methoxy-2-methylanthraquinone
6- 羟基 -1- 甲氧基 -2- 甲基蒽醌 6-hydroxy-1-methoxy-2-methylanthraquinone
8-(2- 羟基 -1- 甲氧基 -3- 甲基 -3- 丁烯基)-7- 甲氧基 - 香豆素 8-(2-hydroxy-1-methoxy-3-methyl-3-butenyl)-7-methoxycoumarin
6- 羟基 -1- 甲氧基 -3- 甲基蒽二酮 6-hydroxy-1-methoxy-3-methyl-9,10-anthracenedione
2- 羟基 -1- 甲氧基 -4,5- 二酮 -6a,7- 去氢阿朴啡 2-hydroxy-1-methoxy-4,5-dioxo-6a,7-dehydroaporphine
2- 羟基 -1- 甲氧基 -4,5- 二氧代阿朴啡 2-hydroxy-1-methoxy-4,5-dioxoaprophine
2- 羟基 -1- 甲氧基 -4*H*- 二苯并 [de,g] 喹啉 -4,5-(6*H*)- 二酮 2-hydroxy-1-methoxy-4*H*-dibenzo[de,g]quinoline-4,5-(6*H*)-dione
2- 羟基 -1- 甲氧基 -6- 甲基 -6,7- 去氢阿朴啡 2-hydroxy-l-methoxy-6-methyl-6,7-dehydroaporphine
8- 羟基 -1- 甲氧基 -9- 十七烯 -4,6- 二炔 -3- 酮 8-hydroxy-1-methoxy-9-heptadecene-4,6-diyn-3-one
2- 羟基 -1- 甲氧基阿朴啡 2-hydroxy-l-methoxyaporphine
4,4'-((1*R*,2*R*)-3- 羟基 -1- 甲氧基丙烷 -1,2- 二基) 二 (2- 甲氧基苯酚) 4,4'-((1*R*,2*R*)-3-hydroxy-1-methoxypropane-1,2-diyl)bis(2-methoxyphenol)
2- 羟基 -1- 甲氧基蒽醌 2-hydroxy-1-methoxyanthraquinone
2- 羟基 -1- 甲氧基 - 蒽醌 2-hydroxy-1-methoxyl-anthraquinone
7- 羟基 -1- 甲氧基甲基 -1,2- 去氢吡咯里西啶 7-hydroxy-1-methoxymethyl-1,2-dehydropyrrolizidine
2- 羟基 -1- 甲氧基呫酮 2-hydroxy-1-methoxyxanthone
5- 羟基 -1- 甲氧基呫酮 5-hydroxy-1-methoxyxanthone
7- 羟基 -1- 甲氧基呫酮 7-hydroxy-1-methoxyxanthone
2- 羟基 -1- 甲氧基 - 呫酮 2-hydroxy-1-methoxy-xanthone
2- 羟基 -1- 甲氧基呫烯 -9- 酮 2-hydroxy-1-methoxyxanthen-9-one
11- 羟基 -1- 甲氧基铁屎米 -6- 酮 11-hydroxy-1-methoxycanthin-6-one
4-(2- 羟基 -1- 甲氧乙基)- 苯酚 4-(2-hydroxy-1-methoxyethyl)-phenol
N-[3*E*-2- 羟基 -1- 羟甲基 -3- 十六烯]- 己酰胺 *N*-[3*E*-2-hydroxy-1-hydroxymethyl-3-hexadecen-1-yl]-hexanamide
1-[4-*O*-(2- 羟基 -1- 羟甲基乙基)-3,5- 二甲氧基苯基)]-2-[4-(1- 丙醇)-3- 甲氧基苯基]- 丙烷 -1,3- 二醇 1-[4-*O*-(2-hydroxy-1-hydroxymethylethyl)-3,5-dimethoxyphenyl)]-2-[4-(1-propanol)-3-methoxyphenyl]-propane-1,3-diol
1-[4-*O*-(2- 羟基 -1- 羟甲基乙基)-3- 甲氧基苯基)]-2-[4-(1- 丙醇)-3- 甲氧基苯基]- 丙烷 -1,3- 二醇 1-[4-*O*-(2-hydroxy-1-hydroxymethylethyl)-3-methoxyphenyl)]-2-[4-(1-propanol)-3-methoxyphenyl]-propane-1,3-diol
4-*O*-(2- 羟基 -1- 羟甲基乙基) 二氢松柏醇香兰酰吡喃葡萄糖苷 4-*O*-(2-hydroxy-1-hydroxymethylethyl)dihydroconiferyl alcohol vanilloyl-glucopy-ranoside
4-*O*-[2'- 羟基 -1'- 羟甲基乙基]- 二氢二松柏醇 -6''- 对羟基苯甲酰基 -*β*-D- 吡喃葡萄糖苷 4-*O*-[2'-hydroxy-1'-(hydroxymethyl)ethyl]dihydroconiferyl alcohol-6''-(*p*-hydroxybenzoyl)-*β*-D-glucopyranoside
4-*O*-[2'- 羟基 -1'- 羟甲基乙基 - 二氢二松柏醇 - 香荚兰酰基 - 吡喃葡萄糖苷 4-*O*-[2'-hydroxy-1'-(hydroxymethyl)ethyl] dihydroconiferyl alcohol-vanilloyl-glucopyranoside
3*α*- 羟基 -1- 去氧青蒿素 3*α*-hydroxy-1-deoxyartemisinin
(-)-4- 羟基 -1- 四氢萘酮 (-)-4-hydroxy-1-tetralone
(+)-4- 羟基 -1- 四氢萘酮 (+)-4-hydroxy-1-tetralone
(4*S*)-4- 羟基 -1- 四氢萘酮 (4*S*)-4-hydroxy-1-tetralone
4- 羟基 -1- 四氢萘酮 4-hydroxy-1-tetralone
2- 羟基 -1- 亚麻酰丙醇酯 2-hydroxy-1-linolenic acid-propaneyl ester
2- 羟基 -1- 亚油酰丙醇酯 2-hydroxy-1-linoleic acid-propaneyl ester
8*β*- 羟基 -1- 氧代 -(14*α*,15*α*)- 荒漠木 -7(11),9(10)- 二烯 -12,8*α*- 内酯 8*β*-hydroxy-1-oxo-(14*α*,15*α*)-eremophil-7(11),9(10)-dien-12,8*α*-olide
20*β*- 羟基 -1- 氧代 -(22*R*)- 睡茄 -2,5,24- 三烯内酯 20*β*-hydroxy-1-oxo-(22*R*)-witha-2,5,24-trienolide
(4*β*,16*β*)-16- 羟基 -1- 氧代 -24- 降齐墩果 -12- 烯 -28- 酸 (4*β*,16*β*)-16-hydroxy-1-oxo-24-norolean-12-en-28-oic acid
19- 羟基 -1- 氧代 -2- 降 -2,3- 裂环熊果 -12- 烯 -3,28- 二酸 19-hydroxy-1-oxo-2-nor-2,3-secours-12-ene-3,28-dioic acid
4-(24'- 羟基 -1'- 氧代 -5'- 正丙基二十四烷基)- 苯酚 4-(24'-hydroxy-1'-oxo-5'-n-propyltetracosanyl)-phenol
10*α*- 羟基 -1- 氧代荒漠木 -7(11),8(9)- 二烯 -12,8- 内酯 10*α*-hydroxy-1-oxoeremophil-7(11),8(9)-dien-12,8-olide
(10*α*)-10- 羟基 -1- 氧代荒漠木 -7(11),8(9)- 二烯 -8(12)- 内酯 (10*α*)-10-hydroxy-1-oxoeremophila-7(11),8(9)-dieno-8(12)-lactone
10*α*- 羟基 -1- 氧代荒漠木 -7(11),8(9)- 二烯 -8,12- 内酯 10*α*-hydroxy-1-oxoeremophila-7(11),8(9)-diene-8,12-olide

Q

10α- 羟基 -1- 氧代荒漠木 -7(11),8- 二烯 -12,8β- 内酯 10α-hydroxy-1-oxoeremophil-7(11),8-dien-12,8β-olide
8α- 羟基 -1- 氧代荒漠木 -7(11)- 烯 -10αH-12,8β- 内酯 8α-hydroxy-1-oxoeremophil-7(11)-en-10αH-12,8β-olide
15- 羟基 -1- 氧代蒙氏鼠尾草醇▲ 15-hydroxy-1-oxosalvibretol
1-3β- 羟基 -1- 氧代 - 齐墩果 -12- 烯 -28- 酸甲酯 methyl-1-3β-hydroxy-1-oxo-olean-12-en-28-oate
3α- 羟基 -1- 氧代无羁萜烷 3α-hydroxy-1-oxofriedelan
4- 羟基 -1- 乙烯羧基 -7-(3,4- 二羟基苯基) 苯并 [b] 呋喃 4-hydroxy-1-vinylcarboxy-7-(3,4-dihydroxyphenyl)benzo[b]furan
4-(2- 羟基 -1- 乙氧乙基)- 苯酚 4-(2-hydroxy-1-ethoxyethyl)-phenol
11- 羟基 -1- 异倒捻子素 11-hydroxy-1-isomangostin
(2R,3aS,9S,9aR)-9- 羟基 -2-(1- 甲基乙烯基)-2,3,9,9a- 四氢 -3aH-萘并 [2,3-b] 呋喃 -4- 酮 (2R,3aS,9S,9aR)-9-hydroxy-2-(1-methylethenyl)-2,3,9,9a-tetrahydro-3aH-naphtho[2,3-b]furan-4-one
1-[5- 羟基 -2-(1- 甲基乙烯基)-4- 苯并呋喃]- 乙酮 1-[5-hydroxy-2-(1-methylethenyl)-4-benzofuranyl]-ethanone
1-[5- 羟基 -2-(1- 甲基乙烯基)-6- 苯并呋喃]- 乙酮 1-[5-hydroxy-2-(1-methyl-ethenyl)-6-benzofuranyl]-ethanone
5(或 8)- 羟基 -2-(1- 羟基甲基)- 萘并 [2,3-b] 呋喃 -4,9- 二酮 5 (or 8)-hydroxy-2-(1-hydroxymethyl)-naphtho-[2,3-b]-furan-4,9-dione
1-[6- 羟基 -2-(1- 羟基甲基乙烯基)-5- 苯并呋喃]- 乙酮 1-[6-hydroxy-2-[1-(hydroxymethyl)ethenyl]-5-benzofuranyl]-ethanone
2- 羟基 -2-(1- 羟基乙基)-3- 甲基 -(1- 乙酰氧基 -2,3,5,7α- 四氢 -1H-吡咯里西 -7- 基) 甲基戊酸酯 2-hydroxy-2-(1-hydroxyethyl)-3-methyl-[1-(acetyloxy)-2,3,5,7α-tetrahydro-1H-pyrrolizin-7-yl] methyl pentanoic acid ester
2- 羟基 -2-(1- 羟基乙基)-3- 甲基 -(2,3,5,7α- 四氢 -1- 羟基 -1H-吡咯里西 -7- 基) 甲基戊酸酯 2-hydroxy-2-(1-hydroxyethyl)-3-methyl-(2,3,5,7α-tetrahydro-1-hydroxy-1H-pyrrolizin-7-yl) methylpentanoic acid ester
2- 羟基 -2-(1- 羟基乙基)-3- 甲基 -(六氢 -7- 羟基 -1H- 吡咯里西 -1- 基) 甲基戊酸酯 2-hydroxy-2-(1-hydroxyethyl)-3-methyl-(hexahydro-7-hydroxy-1H-pyrrolizin-1-yl)methyl pentanoic acid ster
5- 羟基 -2-(1- 羟基乙基) 萘并 [2,3-b] 呋喃 -4,9- 二酮 5-hydroxy-2-(1-hydroxyethyl)naphtha[2,3-b]furan-4,9-dione
5- 羟基 -2-(1- 羟基乙基)- 萘并 -[2,3-b] 呋喃 -4,9- 二酮 5-hydroxy-2-(1-hydroxyethyl)-naphtho-[2,3-b]furan-4,9-dione
2- 羟基 -2-(1'- 羟乙基)- 戊酸甲酯 -1'-O-β-D- 吡喃葡萄糖苷 methyl 2-hydroxy-2-(1'-hydroxyethyl)-pentanoate-1'-O-β-D-glucopyranoside
6- 羟基 -2-(2,3,4,6- 四 -O- 乙酰基 -β-D- 吡喃葡萄糖氧基) 苯甲酸 6-hydroxy-2-[(2,3,4,6-tetra-O-acetyl-β-D-glucopyranosyl)oxy] benzoic acid
5- 羟基 -2-(2- 苯乙基) 色酮 5-hydroxy-2-(2-phenylethyl)chromone
6- 羟基 -2-(2- 苯乙基) 色酮 6-hydroxy-2-(2-phenylethyl)chromone
8- 羟基 -2-(2- 苯乙基) 色酮 8-hydroxy-2-(2-phenylethyl)chromone
2- 羟基 -2-(2- 甲氧基 -4- 甲基苯基)-1,3- 丙二基 -2- 甲基 - 丙酸酯 2-hydroxy-2-(2-methoxy-4-methylphenyl)-1,3-propanediyl-2-methyl-propanoic acid ester
(-)-1-[6- 羟基 -2-(2- 羟基 -1- 甲氧基 -1- 甲基乙基)-5- 苯并呋喃]-乙酮 (-)-1-[6-hydroxy-2-(2-hydroxy-1-methoxy-1-methylethyl)-5-benzofuranyl]-ethanone
6- 羟基 -2-(2- 羟基 -2- 苯乙基) 色酮 6-hydroxy-2-(2-hydroxy-2-phenylethyl)chromone
1- 羟基 -2-(2- 羟基 -3- 甲基丁 -3- 烯基)-3,6,7- 三甲氧基 -8- 异戊烯基 - 呫酮 1-hydroxy-2-(2-hydroxy-3-methylbut-3-enyl)-3,6,7-trimethoxy-8-prenyl-xanthone
5- 羟基 -2-(2- 羟基苯甲酰基)-4- 羟基甲基苯甲酸 -2- 羟基乙基酯 5-hydroxy-2-(2-hydroxybenzoyl)-4-(hydroxymethyl)benzoic acid-2-hydroxyethyl ester
7- 羟基 -2-(2'- 羟基丙基)-5- 甲基色酮 7-hydroxy-2-(2'-hydroxypropyl)-5-methylchromone
7- 羟基 -2-(2- 羟基丙基)-5- 甲基色酮 7-hydroxy-2-(2-hydroxypropyl)-5-methylchromone
(±)-7- 羟基 -2-(2- 羟基丙基)-5- 甲基 - 色酮 (±)-7-hydroxy-2-(2-hydroxypropyl)-5-methyl-chromone
2- 羟基 -2-(2- 羟基乙基)- 环己酮 2-hydroxy-2-(2-hydroxyethyl)-cyclohexanone
(4Z)-5- 羟基 -2-(3,4- 二羟基苯基)-5-(4- 羟基苯基)-2,4,- 戊二烯 -1,4- 内酯 (4Z)-5-hydroxy-2-(3,4-dihydroxyphenyl)-5-(4-hydroxyphenyl)-2,4-pentadien-1,4-olide
(1R,2S,5R,6R)-1- 羟基 -2-(3,4- 二羟基苯基)-6-(3,4- 亚甲二氧基苯基)-3,7- 二氧杂双环 [3.3.0] 辛烷 (1R,2S,5R,6R)-1-hydroxy-2-(3,4-dihydroxyphenyl)-6-(3,4-methylenedioxyphenyl)-3,7-dioxabicyclo[3.3.0]octane
(1R,2R,5R,6R)-1- 羟基 -2-(3,4- 亚甲二氧基苯基)-6-(3,4- 二羟基苯基)-3,7- 二氧杂双环 [3.3.0] 辛烷 (1R,2R,5R,6R)-1-hydroxy-2-(3,4-methylenedioxyphenyl)-6-(3,4-dihydroxyphenyl)-3,7-dioxabicyclo[3.3.0]octane
(1R,2S,5R,6R)-1- 羟基 -2-(3,4- 亚甲二氧基苯基)-6-(3,4- 二羟基苯基)-3,7- 二氧杂双环 [3.3.0] 辛烷 (1R,2S,5R,6R)-1-hydroxy-2-(3,4-methylenedioxyphenyl)-6-(3,4-dihydroxyphenyl)-3,7-dioxabicyclo[3.3.0]octane
1- 羟基 -2-(3- 戊烯基)-3,7- 二甲基苯并呋喃 1-hydroxy-2-(3-pentenyl)-3,7-dimethylbenzofuran
2-[2- 羟基 -2-(4- 甲氧基苯基) 乙基] 色酮 2-[2-hydroxy-2-(4-methoxyphenyl)ethyl]chromone
6- 羟基 -2-(4'- 羟基 -3',5'- 二甲氧基苯基)-3,7- 二氧杂 - 双环 -[3.3.0]-辛烷 6-hydroxy-2-(4'-hydroxy-3',5'-dimethoxyphenyl)-3,7-dioxa-bicyclo-[3.3.0]-octane
6- 羟基 -2-(4- 羟基 -3,5- 二甲氧基苯基)-3,7- 二氧杂双环 -[3.3.0]-辛烷 6-hydroxy-2-(4-hydroxy-3,5-dimethoxyphenyl)-3,7-dioxabicyclo-[3.3.0]-octane
3-[4- [(1R,2R)-2- 羟基 -2-(4- 羟基 -3- 甲氧基苯基)-1-(羟基甲基) 乙氧基]-3- 甲氧基苯基] 丙烷 -β-D- 吡喃葡萄糖苷 3-[4-[(1R,2R)-2-hydroxy-2-(4-hydroxy-3-methoxyphenyl)-1-hydroxymethyl-ethoxy]-3-methoxyphenyl]propyl-β-D-glucopyranoside
6- 羟基 -2-(4'- 羟基 -3'- 甲氧基苯乙烯基) 色酮 6-hydroxy-2-(4'-hydroxy-3'-methoxyphenylethenyl)chromone
5- 羟基 -2-(4- 羟基苯基)-2',2'- 二甲基 -2,3- 二氢黄酮 5-hydroxy-2-(4-hydroxyphenyl)-2',2'-dimethyl-2,3-dihydroflavone
(2S,E)-N-[2- 羟基 -2-(4- 羟基苯基) 乙基]- 阿魏酰胺 (2S,E)-N-[2-hydroxy-2-(4-hydroxyphenyl)ethyl]-ferulamide
2-[2- 羟基 -2-(4- 羟基苯基) 乙基] 色酮 2-[2-hydroxy-2-(4-hydroxyphenyl)ethyl]chromone
2- 羟基 -2-(5- 羧基 -2- 糠基)- 乙酸 2-hydroxy-2-(5-carboxyl-2-furyl)-acetic acid
4- 羟基 -2(E)- 壬烯酸 4-hydroxy-2(E)-nonenoic acid
4- 羟基 -2-(E-4- 羟基 -3- 甲基 -2- 丁烯基)-5- 甲基苯酚 -β-D- 吡喃葡萄糖苷 4-hydroxy-2-[(E)-4-hydroxy-3-methyl-2-butenyl]-5-methylphenyl-β-D-glucopyranoside
3-[1β- 羟基 -2-(β-D- 吡喃葡萄糖基)- 乙基]-4- 甲氧基 -2(1H)- 喹啉酮 3-[1β-hydroxy-2-(β-D-glucopyranosyloxy)-ethyl]-4-methoxy-2(1H)-quinolinone
(1S,2R,5S)-2- 羟基 -2-(羟基甲基)-6,6- 二甲基 - 双环并 [3.1.1] 庚

Q

烷 -3- 酮 (1*S*,2*R*,5*S*)-2-hydroxy-2-(hydroxymethyl)-6,6-dimethyl-bicyclo[3.1.1]heptan-3-one

4- 羟基 -2',2',3- 三甲基 -6,7- 二甲氧基吡喃咔唑 4-hydroxy-2',2',3-trimethyl-6,7-dimethoxypyranocarbazole

3- 羟基 -2,2,5,8- 四甲基 -2*H*- 萘并 [1,8-bc] 呋喃 -6,7- 二酮 3-hydroxy-2,2,5,8-tetramethyl-2*H*-naphtho[1,8-bc]furan-6,7-dione

3- 羟基 -2,2,6- 三甲基 -3,4,5,6- 四氢 -2*H*- 吡喃 [3,2-c] 喹啉 -5- 酮 3-hydroxy-2,2,6-trimethyl-3,4,5,6-tetrahydro-2*H*-pyrano[3,2-c]quinoline-5-one

[1*S*-[1*α*(*E*),4*β*,6*α*]]-4-(4- 羟基 -2,2,6- 三甲基 -7- 氧杂双环 [4.1.0] 庚 -1- 基)-3- 丁烯 -2- 酮 [1*S*-[1*α*(*E*),4*β*,6*α*]]-4-(4-hydroxy-2,2,6-trimethyl-7-oxabicyclo[4.1.0]hept-1-yl)-3-buten-2-one

2-(4- 羟基 -2,2,6- 三甲基环己基) 乙酸 2-(4-hydroxy-2,2,6-trimethylcyclohexyl)acetic acid

3- 羟基 -2,24- 二氧代 -3- 无羁萜烯 -29- 酸 3-hydroxy-2,24-dioxo-3-friedelen-29-oic acid

1-(5- 羟基 -2,2- 二甲基 -2*H*- 色烯 -6- 基)-3-(4- 羟基苯基) 丙酮 1-(5-hydroxy-2,2-dimethyl-2*H*-chromen-6-yl)-3-(4-hydroxyphenyl)propanone

2-[{3'- 羟基 -2',2'- 二甲基 -8'-(3- 甲基 -2- 丁烯基)} 色烷 -6'- 基]-7- 羟基 -8-(3- 甲基 -2- 丁烯基) 色烷 -4- 酮 2-[{3'-hydroxy-2',2'-dimethyl-8'-(3-methyl-2-butenyl)}chroman-6'-yl]-7-hydroxy-8-(3-methyl-2-butenyl)chroman-4-one

5- 羟基 -2,2- 二甲基 - 苯并二氢吡喃 -6- 醛 5-hydroxy-2,2-dimethyl-2*H*-chromene-6-carbaldehyde

6- 羟基 -2",2"- 二甲基吡喃 [5",6":7,8] 黄酮 6-hydroxy-2",2"-dimethyl-pyrano-[5",6":7,8]flavone

3- 羟基 -2',2'- 二甲基吡喃 [5,6:9,10] 紫檀烷 3-hydroxy-2',2'-dimethylpyrano[5,6:9,10]pterocarpan

9- 羟基 -2',2'- 二甲基吡喃并 [5',6':2,3]- 香豆烷 9-hydroxy-2',2'-dimethylpyrano[5',6':2,3]-coumestan

4-(1- 羟基 -2,2- 二甲基环丙酮)-2,3- 二氢催眠睡茄素 A 4-(1-hydroxy-2,2-dimethylcyclopropanone)-2,3-dihydrowithaferin A

8- 羟基 -2,2'- 二甲基 - 色烷 -4- 酮 -6- 甲酸 8-hydroxy-2,2'-dimethyl-6-carboxychroman-4-one

8- 羟基 -2,2'- 二甲基 - 色烷 -4- 酮 -6- 甲酸甲酯 8-hydroxy-2,2'-dimethyl-6-carboxychroman-4-one methyl ester

6'- 羟基 -2',3',4,4'- 四甲氧基查耳酮 6'-hydroxy-2',3',4,4'-tetramethoxychalcone

2'- 羟基 -2,3,4,5,4',5',6'- 七甲氧基查耳酮 2'-hydroxy-2,3,4,5,4',5',6'-heptamethoxychalcone

2'- 羟基 -2,3,4,5,6'- 五甲氧基 -4',5'- 亚甲二氧基查耳酮 2'-hydroxy-2,3,4,5,6'-pentametthoxy-4',5'-methylenedioxychalcone

1- 羟基 -2,3,4,5,7- 五甲氧基吡酮 1-hydroxy-2,3,4,5,7-pentamethoxyxanthone

7- 羟基 -2,3,4,5- 四甲氧基 -1-*O*- 龙胆二糖氧基吡酮 7-hydroxy-2,3,4,5-tetramethoxy-1-*O*-gentiobisyloxyxanthone

7- 羟基 -2,3,4,5- 四甲氧基 -1-*O*- 樱草糖氧基吡酮 7-hydroxy-2,3,4,5-tetramethoxy-1-*O*-primeverosyloxy-xanthone

1- 羟基 -2,3,4,5- 四甲氧基吡酮 1-hydroxy-2,3,4,5-tetramethoxyxanthone

14- 羟基 -2,3,4,6,7- 五甲氧基菲吲哚里西啶 14-hydroxy-2,3,4,6,7-pentamethoxyphenanthroindolizidine

2'- 羟基 -2,3,4',6'- 四甲氧基查耳酮 2'-hydroxy-2,3,4',6'-tetramethoxychalcone

1- 羟基 -2,3,4,6- 四甲氧基吡酮 1-hydroxy-2,3,4,6-tetramethoxyxanthone

1- 羟基 -2,3,4,7- 四甲氧基吡酮 1-hydroxy-2,3,4,7-tetramethoxyxanthone

1- 羟基 -2,3,4,8- 四甲氧基吡酮 1-hydroxy-2,3,4,8-tetramethoxyxanthone

7- 羟基 -2,3,4- 三甲氧基 -9,10- 二氢菲 7-hydroxy-2,3,4-trimethoxy-9,10-dihydrophenanthrene

2'- 羟基 -2,3',4'- 三甲氧基苯乙酮 2'-hydroxy-2,3',4'-trimethoxy-acetophenone

6- 羟基 -2,3,4- 三甲氧基吡酮 6-hydroxy-2,3,4-trimethoxyxanthone

7- 羟基 -2',3',4'- 三甲氧基异黄烷 7-hydroxy-2',3',4'-trimethoxyisoflavane

7- 羟基 -2,3,5,6- 四氢 -3,6,9- 三甲基萘并 [1,8-b,c] 吡喃 -4,8- 二酮 7-hydroxy-2,3,5,6-tetrahydro-3,6,9-trimethylnaphtho[1,8-b,c]pyran-4,8-dione

1- 羟基 -2,3,5,7- 四甲氧基吡酮 1-hydroxy-2,3,5,7-tetramethoxyxanthone

4- 羟基 -2,3,5,7- 四甲氧基吡酮 4-hydroxy-2,3,5,7-tetramethoxyxanthone

1- 羟基 -2,3,5- 三甲氧基吡酮 1-hydroxy-2,3,5-trimethoxyxanthone

1- 羟基 -2,3,5- 三甲氧基吡酮 -1-*O*-[*β*-D- 吡喃木糖基 -(1 → 6)-*β*-D- 吡喃葡萄糖苷 1-*O*-[*β*-D-xylopyranosyl-(1 → 6)-*β*-D-glucopyranosyl]-1-hydroxy-2,3,5-trimethoxyxanthone

4'- 羟基 -2',3',6',3"- 四甲氧基 -1,3- 二苯基丙烷)-4"-*O*-*β*-D- 吡喃葡萄糖苷 4'-hydroxy-2',3',6',3"-tetramethoxy-1,3-diphenylpropane)-4"-*O*-*β*-D-glucopyranoside

5- 羟基 -2',3,7,8- 四甲氧基黄酮 5-hydroxy-2',3,7,8-tetramethoxyflavone

5- 羟基 -2',3',7,8- 四甲氧基黄酮 5-hydroxy-2',3',7,8-tetramethoxyflavone

1- 羟基 -2,3,7- 三甲氧基吡酮 1-hydroxy-2,3,7-trimethoxyxanthone

1- 羟基 -2,3,9- 三羟基 -7*H*- 苯并二喹啉 -7- 酮 1-hydroxy-2,3,9-trimethoxy-7*H*-dibenzoquinoline-7-one

4- 羟基 -2,3- 二甲基 -2- 壬烯 -4- 内酯 4-hydroxy-2,3-dimethyl-2-nonen-4-olide

1- 羟基 -2,3- 二甲基蒽醌 1-hydroxy-2,3-dimethylanthraquinone

7- 羟基 -2,3- 二甲基色酮 7-hydroxy-2,3-dimethylchromone

(*Z*)-1-(4- 羟基 -2,3- 二甲氧苯基)-3-(4- 羟基苯) 丙烯 (*Z*)-1-(4-hydroxy-2,3-dimethoxyphenyl)-3-(4-hydroxyphenyl)propene

1- 羟基 -2,3- 二甲氧基 -6- 甲酰基 -6a,7- 去氢阿朴啡 1-hydroxy-2,3-dimethoxy-6-formyl-6a,7-dehydroaporphine

1- 羟基 -2,3- 二甲氧基 -7- 甲基蒽醌 1-hydroxy-2,3-dimethoxy-7-methylanthraquinone

4-羟基-2,3- 二甲氧基苯甲醛 4-hydroxy-2,3-dimethoxybenzaldehyde

4- 羟基 -2,3- 二甲氧基苯甲酮 4-hydroxy-2,3-dimethoxybenzophenone

6- 羟基 -2,3- 二甲氧基 - 菲骈吲哚哩西啶 6-hydroxy-2,3-dimethoxyl phenanthroindolizidine

1- 羟基 -2,3- 二甲氧基吡酮 1-hydroxy-2,3-dimethoxyxanthone

4- 羟基 -2,3- 二甲氧基吡酮 4-hydroxy-2,3-dimethoxyxanthone

6- 羟基 -2,3- 二甲氧基 - 吡酮 6-hydroxy-2,3-dimethoxy-xanthone

4-[(6- 羟基 -2,3- 二氢 -1- 苯并呋喃 -3- 基) 甲基]-5- 甲氧基苯 -1,3- 二醇 4-[(6-hydroxy-2,3-dihydro-1-benzofuran-3-yl)methyl]-5-methoxybenzene-1,3-diol

4'- 羟基 -2,3- 二氢桂皮酸二十四醇酯 4'-hydroxy-2,3-dihydrocinnamic acid tetracosyl ester

(2*S*)-4'- 羟基 -2,3- 二氢黄酮 -7-*O*-*β*-D- 吡喃葡萄糖苷 (2*S*)-4'-hydroxy-2,3-dihydroflavonone-7-*O*-*β*-D-glucopyranoside

19- 羟基 -2,3- 裂环熊果 -12- 烯 -2,3,28- 三酸 -3- 甲酯 19-hydroxy-2,3-secours-12-ene-2,3,28-trioic acid-3-methyl ester)

30- 羟基 -2,3- 裂环 - 羽扇豆 -20(29)- 烯 -2,3- 二酸 30-hydroxy-2,3-seco-lup-20(29)-en-2,3-dioic acid

Q

16β- 羟基 -2,3- 裂环 - 羽扇豆 -20(29)- 烯 -2,3- 二羧酸 16β-hydroxy-2,3-seco-lup-20(29)-en-2,3-dioic acid
1- 羟基 -2,3- 亚甲二氧基叫酮 1-hydroxy-2,3-methylenedioxyxanthone
3'- 羟基 -2,4,5- 三甲氧基黄檀氢醌▲ 3'-hydroxy-2,4,5-trimethoxydalbergiquinol
6- 羟基 -2',4',5'- 三甲氧基黄酮 6-hydroxy-2',4',5'-trimethoxyflavone
7- 羟基 -2',4',5'- 三甲氧基异黄烷 7-hydroxy-2',4',5'-trimethoxyisoflavane
4'- 羟基 -2,4,6- 三甲氧基二氢查耳酮 4'-hydroxy-2,4,6-trimethoxydihydrochalcone
3- 羟基 -2,4,6- 三硝基酚 3-hydroxy-2,4,6-trinitrophenol
3- 羟基 -2,4,7- 三甲氧基 -9,10- 二氢菲 3-hydroxy-2,4,7-trimethoxy-9,10-dihydrophenanthrene
2E-4- 羟基 -2,4- 二苯基 -2- 丁烯醛 2E-4-hydroxy-2,4-diphenyl-2-butenal
(Z)-1-(3- 羟基 -2,4- 二甲氧苯基)-3-(4- 羟基 -3- 甲氧基苯基) 丙烯 (Z)-1-(3-hydroxy-2,4-dimethoxyphenyl)-3-(4-hydroxy-3-methoxyphenol)propene
3- 羟基 -2,4- 二甲氧基 -10- 甲基 -9- 吖啶酮 3-hydroxy-2,4-dimethoxy-10-methyl-9-acridanone
4- 羟基 -2',4'- 二甲氧基查尔酮 4-hydroxy-2',4'-dimethoxychalcone
4'- 羟基 -2,4- 二甲氧基二氢查耳酮 4'-hydroxy-2,4-dimethoxydihydrochalcone
7- 羟基 -2,4- 二甲氧基菲 -3-O-β-D- 葡萄糖苷 7-hydroxy-2,4-dimethoxyphenanthrene-3-O-β-D-glucoside
1- 羟基 -2,4- 二甲氧基叫酮 1-hydroxy-2,4-dimethoxyxanthone
3- 羟基 -2,4- 二甲氧基叫酮 3-hydroxy-2,4-dimethoxyxanthone
7- 羟基 -2',4'- 二甲氧基异黄烷 7-hydroxy-2',4'-dimethoxyisoflavan
(S)-3'- 羟基 -2',4'- 二甲氧基异黄烷 -7-O-β-D- 吡喃葡萄糖苷 (S)-3'-hydroxy-2',4'-dimethoxyisoflavane-7-O-β-D-glucopyranoside
7- 羟基 -2',4'- 甲氧基异黄酮 7-hydroxy-2',4'-methoxyisoflavone
6'- 羟基 -2',5,6,7,8- 五甲氧基黄酮 6'-hydroxy-2',5,6,7,8-pentamethoxyflavone
6- 羟基 -2,5,7,8- 四甲基色原烷 -2- 羧酸 6-hydroxy-2,5,7,8-tetramethylchromane-2-carboxylic acid
5- 羟基 -2',5',7,8- 四甲氧基黄酮 5-hydroxy-2',5',7,8-tetramethoxyflavone
1- 羟基 -2,5,8- 三甲基 -9- 芴酮 1-hydroxy-2,5,8-trimethyl-9-fluorenone
7- 羟基 -2,5- 二甲基 -4H- 色酮 7-hydroxyl-2,5-dimethyl-4H-chromone
7- 羟基 -2,5- 二甲基黄酮 7-hydroxy-2,5-dimethylflavone
7- 羟基 -2,5- 二甲基色酮 7-hydroxy-2,5-dimethylchromone
(-)-4- 羟基 -2,5- 二甲氧基 -4-[(2E)-3- 苯基 -2- 丙烯 -1- 基]-2,5- 环己二烯 -1- 酮 (-)-4-hydroxy-2,5-dimethoxy-4-[(2E)-3-phenyl-2-propen-1-yl]-2,5-cyclohexadien-1-one
1- 羟基 -2,5- 二甲氧基 -9,10- 蒽醌 1-hydroxy-2,5-dimethoxy-9,10-anthraquinone
3-(4- 羟基 -2,5- 二甲氧基苯基)-3- 氧代丙醇乙酸酯 3-(4-hydroxy-2,5-dimethoxyphenyl)-3-oxopropyl acetate
4- 羟基 -2,5- 环己二烯 -1- 酮 -4- 乙醇 4-hydroxy-2,5-cyclohexadien-1-one-4-ethyl alcohol
3- 羟基 -2,5- 己二酮 3-hydroxy-2,5-hexanedione
(2S,5S)-2- 羟基 -2,6,10,10- 四甲基 -1- 氧杂螺环 [4.5] 十碳 -6- 烯 -8- 酮 (2S,5S)-2-hydroxy-2,6,10,10-tetramethyl-1-oxaspiro[4.5]dec-6-en-8-one
(R)-4-(4- 羟基 -2,6,6- 三甲基 -1- 环己烯 -1- 基)-2- 丁酮 (R)-4-(4-hydroxy-2,6,6-trimethyl-1-cyclohexen-1-yl)-2-butanone
[R-(E)]-4-(3- 羟基 -2,6,6- 三甲基 -1- 环己烯 -1- 基)-3- 丁烯 -2- 酮 [R-(E)]-4-(3-hydroxy-2,6,6- trimethyl-1-cyclohexen-1-yl)-3-buten-2-one
1R-[1α(反式),4β-4-(4- 羟基 -2,6,6- 三甲基 -2- 环己烯 -1 基)-3-丁烯 -2- 酮 1R-[1α(E),4β-4-(4-hydroxy-2,6,6-trimethyl-2-cyclohexen-1-yl)-3-buten-2-one
4- 羟基 -2,6,6- 三甲基 -3- 氧代环己 -1,4- 二烯醛 4-hydroxy-2,6,6-trimethyl-3-oxocyclohexa-1,4-diencarbaldehyde
(4R)-4- 羟基 -2,6,6- 三甲基环己 -1- 烯醛 -O-β-D- 龙胆二糖苷 (4R)-4-hydroxy-2,6,6-trimethylcyclohex-1-enecarbaldehyde-O-β-D-gentiobioside
(4R)-4- 羟基 -2,6,6- 三甲基环己 -1- 烯酸 -O-β-D- 吡喃葡萄糖苷 (4R)-4-hydroxy-2,6,6-trimethylcyclohex-1-enecarboxylic acid-O-β-D-glucopyranoside
5- 羟基 -2',6,7- 三甲氧基黄酮 5-hydroxy-2',6,7-trimethoxyflavone
4- 羟基 -2,6,8- 三甲基 -6-(3,7- 二甲基 -2,6- 辛二烯基)-2H-1- 苯并吡喃 -5,7(3H,6H)- 二酮 4-hydroxy-2,6,8-trimethyl-6-(3,7-dimethyl-2,6-octadienyl)-2H-1-benzopyran-5,7(3H,6H)-dione
8- 羟基 -2,6- 二甲基 -(2E,6E)- 辛二烯酸 8-hydroxy-2,6-dimethyl-(2E,6E)-octadienoic acid
1-(7- 羟基 -2,6- 二甲基 -1- 萘基)-4- 甲基 -3- 戊酮 1-(7-hydroxy-2,6-dimethyl-1-naphthyl)-4-methyl-3-pentanone
(2E,4E)-6- 羟基 -2,6- 二甲基 -2,4- 庚二烯醛 2E,4E)-6-hydroxy-2,6-dimethyl hepta-2,4-dienal
(2E,6E)-8- 羟基 -2,6- 二甲基 -2,6- 辛二烯 -1-O-β-D- 吡喃葡萄糖苷 (2E,6E)-8-hydroxy-2,6-dimethyl-2,6-octadienyl-1-O-β-D-glucopyranoside
4- 羟基 -2,6- 二甲基 -6-(3,7- 二甲基 -2,6- 辛二烯基)-8-(3- 甲基 -2-丁烯基)-2H-1- 苯并吡喃 -5,7(3H,6H)- 二酮 4-hydroxy-2,6-dimethyl-6-(3,7-dimethyl-2,6-octadienyl)-8-(3-methyl-2-butenyl)-2H-1-benzopyran-5,7(3H,6H)-dione
2- 羟基 -2,6- 二甲基苯并呋喃 -3(2H)- 酮 2-hydroxy-2,6-dimethylbenzofuran-3(2H)-one
(E)-6- 羟基 -2,6- 二甲基辛 -2,7- 二烯酸 (E)-6-hydroxy-2,6-dimethylocta-2,7-dienoic acid
(E)-6- 羟基 -2,6- 二甲基 - 辛 -2,7- 二烯酸 (E)-6-hydroxy-2,6-dimethyl-octa-2,7-dienoic acid
4'- 羟基 -2',6'- 二甲氧基苯酚 -1-O-β-D-(6-O- 丁香酰基)- 吡喃葡萄糖苷 4'-hydroxy-2',6'-dimethoxyphenol-1-O-β-D-(6-O-syringoyl)-glucopyranoside
4- 羟基 -2,6- 二甲氧基苯酚 -1-O-β-D- 吡喃葡萄糖苷 4-hydroxy-2,6-dimethoxyphenol-1-O-β-D-glucopyranoside
4- 羟基 -2,6- 二甲氧基苯酚 -1-O-β-D- 葡萄糖苷 4-hydroxy-2,6-dimethoxyphenol-1-O-β-D-glucoside
1-(4- 羟基 -2,6- 二甲氧基苯基)-3-(4- 羟基苯基)-2- 丙烯 -1- 酮 1-(4-hydroxy-2,6-dimethoxyphenyl)-3-(4-hydroxyphenyl)-2-propen-1-one
4- 羟基 -2,6- 二甲氧基苯基 -1-O-α-L- 吡喃鼠李糖基 -(1 → 6)-β-D- 吡喃葡萄糖苷 4-hydroxy-2,6-dimethoxyphenyl-1-O-α-L-rhamnopyranosyl-(1 → 6)-β-D-glucopyranoside
4- 羟基 -2,6- 二甲氧基苯基 -1-O-β-D- 吡喃葡萄糖苷 4-hydroxy-2,6-dimethoxyphenyl-1-O-β-D-glucopyranoside
4- 羟基 -2,6- 二甲氧基苯基 -β-D- 吡喃葡萄糖苷 4-hydroxy-2,6-dimethoxyphenyl-β-D-glucopyranoside
4- 羟基 -2,6- 二甲氧基苯甲酸 4-hydroxy-2,6-dimethoxybenzoic acid
4- 羟基 -2,6- 二甲氧基苯甲酮 4-hydroxy-2,6-dimethoxybenzophenone
4'- 羟基 -2,6- 二甲氧基二氢查耳酮 4'-hydroxy-2,6-dimethoxydihydrochalcone

(2*E*,4*E*)-8- 羟基 -2,7- 二甲基 -2,4- 癸二烯 -1,10- 二羧酸 -1-*O*-*β*-D- 吡喃葡萄糖酯苷 (2*E*,4*E*)-8-hydroxy-2,7-dimethyl-2,4-decadiene-1,10-dioic acid-1-*O*-*β*-D-glucopyranosyl ester

(4*E*,6*E*)-8- 羟基 -2,7- 二甲基 -4,6- 辛二烯酸 -1-*O*-*β*-D- 吡喃葡萄糖苷 (4*E*,6*E*)-8-hydroxy-2,7-dimethyl-4,6-octadienoic acid-1-*O*-*β*-D-glucopyranoside

4- 羟基 -2,7- 二甲基萘基 -1-*O*-*β*-D- 吡喃葡萄糖苷 4-hydroxy-2,7-dimethyl-1-naphthalenyl-l-*O*-*β*-D-glucopyranoside

1- 羟基 -2,7- 二甲氧基 -3-*β*-D- 吡喃葡萄糖基呫酮 1-hydroxy-2,7-dimethoxy-3-*O*-*β*-D-glucopyranosylxanthone

5- 羟基 -2,8,6- 三甲基 -8-(3,7- 二甲基 -2,6- 辛二烯基)-2*H*-1- 苯并吡喃 -4,7(3*H*,8*H*)- 二酮 5-hydroxy-2,8,6-trimethyl-8-(3,7-dimethyl-2,6-octadienyl)-2*H*-1-benzopyran-4,7(3*H*,8*H*)-dione

5- 羟基 -2,8- 二甲基 -6-(3- 甲基 -2- 丁烯基)-8-(3,7- 二甲基 -2,6- 辛二烯基)-2*H*-1- 苯并吡喃 -4,7(3*H*,8*H*)- 二酮 5-hydroxy-2,8-dimethyl-6-(3-methyl-2-butenyl)-8-(3,7-dimethyl-2,6-octadienyl)-2*H*-1-benzopyran-4,7(3*H*,8*H*)-dione

10- 羟基 -2,8- 十碳二烯 -4,6- 二炔酸 10-hydroxy-2,8-decadiene-4,6-diynoic acid

3- 羟基 -2,9,11- 三甲氧基 -5,6- 二氢异喹诺 [3,2-a] 异喹啉盐 3-hydroxy-2,9,11-trimethoxy-5,6-dihydroisoquino[3,2-a]isoquinolinylium

4- 羟基 -2-[(2*E*,6*Z*)-8-*β*-D- 吡喃葡萄糖氧基 -3,7- 二甲基 -2,6- 辛二烯 -1- 基]-5- 甲基苯酚 -*β*-D- 吡喃葡萄糖苷 4-hydroxy-2-[(2*E*,6*Z*)-8-*β*-D-glucopyranosyloxy-3,7-dimethylocta-2,6-dien-1-yl]-5-methylphenyl-*β*-D-glucopyranoside

4- 羟基 -2-[(*E*)-4- 羟基 -3- 甲基 -2- 丁烯基]-5- 甲基 - 苯基 -*β*-D- 吡喃葡萄糖苷 4-hydroxy-2-[(*E*)-4-hydroxy-3-methyl-2-butenyl]-5-methyl-phenyl-*β*-D-glucopyranoside

8-[1- 羟基 -2-[[5- 羟基 -3,6,8- 三甲氧基 -2-(4- 甲氧基苯基)-4- 氧代 -4*H*-1- 苯并吡喃 -7- 基] 氧基]-3- 甲基 -3- 丁烯基]-7- 甲氧基 - 香豆素 8-[1-hydroxy-2-[[5-hydroxy-3,6,8-trimethoxy-2-(4-methoxyphenyl)-4-oxo-4*H*-1-benzopyran-7-yl]oxy]-3-methyl-3-butenyl]-7-methoxy-coumarin

8-[1- 羟基 -2-[[5- 羟基 -3,6,8- 三甲氧基 -4- 氧代 -2-(3,4,5- 三甲氧基苯基)-4*H*-1- 苯并吡喃 -7- 基] 氧基]-3- 甲基 -3- 丁烯基]-7- 甲氧基 - 香豆素 8-[1-hydroxy-2-[[5-hydroxy-3,6,8-trimethoxy-4-oxo-2-(3,4,5-trimethoxyphenyl)-4*H*-1-benzopyran-7-yl]oxy]-3-methyl-3-butenyl]-7-methoxy-coumarin

1-[5- 羟基 -2-[1- 羟基甲基乙烯基]-6- 苯并呋喃]- 乙酮 1-[5-hydroxy-2-(1-hydroxymethyl ethenyl)-6-benzofuranyl]-ethanone

5- 羟基 -2-[2-(2- 羟基苯基) 乙基] 色酮 5-hydroxy-2-[2-(2-hydroxyphenyl) ethyl]chromone

6- 羟基 -2-[2-(2- 羟基苯基) 乙基] 色酮 6-hydroxy-2-[2-(2-hydroxyphenyl)ethyl]chromone

6- 羟基 -2-[2-(3'- 甲氧基 -4'- 羟基苯乙基)] 色酮 6-hydroxy-2-[2-(3'-methoxy-4'-hydroxyphenylethyl)]chromone

6- 羟基 -2-[2-(3- 羟基 -4- 甲氧基苯基) 乙基] 色酮 6-hydroxy-2-[2-(3-hydroxy-4-methoxyphenyl)ethyl]chromone

6- 羟基 -2-[2-(4'- 甲氧基苯基) 乙基] 色酮 6-hydroxy-2-[2-(4'-methoxylphenyl)ethyl]chromone

6- 羟基 -2-[2-(4- 甲氧基苯基) 乙基] 色酮 6-hydroxy-2-[2-(4-methoxyphenyl)ethyl]chromone

15- 羟基 -2-[2-*O*-(3- 甲基 -1- 氧代丁基)-*β*-D- 吡喃葡萄糖氧基]-(2*β*,15*α*)- 贝壳杉 -16- 烯 -18,19- 二羧酸 15-hydroxy-2-[2-*O*-(3-methyl-1-oxobutyl)-*β*-D-glucopyranosyl]oxy]-(2*β*,15*α*)-kaur-16-ene-18,19-dioic acid

(2*R*)-3- 羟基 -2-[2- 甲氧基 -4-[(1*E*)-3- 甲氧基 -1- 丙烯基] 苯氧基] 丙基 -*β*-D- 吡喃葡萄糖苷 (2*R*)-3-hydroxy-2-[2-methoxy-4-[(1*E*)-3-methoxy-1-propenyl]phenoxy]propyl-*β*-D-glucopyranoside

(2*S*)-3- 羟基 -2-[2- 甲氧基 -4-[(1*E*)-3- 甲氧基 -1- 丙烯基] 苯氧基] 丙基 -*β*-D- 吡喃葡萄糖苷 (2*S*)-3-hydroxy-2-[2-methoxy-4-[(1*E*)-3-methoxy-1-propenyl]phenoxy]propyl-*β*-D-glucopyranoside

3- 羟基 -2-[2- 羟基 -4-(3- 羟基丙基) 苯氧基]-1-(4- 羟基 -3- 甲氧基苯基) 丙基 -*β*-D- 吡喃葡萄糖苷 3-hydroxy-2-[2-hydroxy-4-(3-hydroxypropyl)phenoxy]-1-(4-hydroxy-3-methoxyphenyl)propyl-*β*-D-glucopyranoside

4- 羟基 -2-[3- 羟基 -3- 甲基丁基]-5- 甲基苯基 -*β*-D- 吡喃葡萄糖苷 4-hydroxy-2-[3-hydroxy-3-methylbutyl]-5-methylphenyl-*β*-D-glucopyranoside

3*β*- 羟基 -20(29)- 羽扇豆烯 -24- 酸 3*β*-hydroxy-20(29)-lupen-24-oic acid

28- 羟基 -20(29)- 羽扇豆烯 -3,7- 二酮 28-hydroxy-20(29)-lupen-3,7-dione

6- 羟基 -20(29)- 羽扇豆烯 -3- 酮 6-hydroxy-20(29)-lupen-3-one

3*β*- 羟基 -20(30)- 蒲公英萜烯 3*β*-hydroxy-20(30)-taraxastene

3- 羟基 -20(30)- 羽扇豆烯 -29- 醛 3-hydroxy-20(30)-lupen-29-al

3*β*- 羟基 -20,24- 二烯达玛烷 3*β*-hydroxy-20,24-diendammarane

28- 羟基 -20*α*- 熊果 -12,18(19)- 二烯 -3*β*- 乙酸酯 28-hydroxy-20*α*-urs-12,18(19)-dien-3*β*-yl acetate

7*β*- 羟基 -20- 去氧代 - 迷迭香醌▲ 7*β*-hydroxy-20-deoxo-rosmaquinone

15- 羟基 -20- 去氧肉质鼠尾草酚▲ 15-hydroxy-20-deoxocarnosol

3*α*- 羟基 -20- 脱甲异木油树 -14(15)- 烯 -28,30- 二酸 3*α*-hydroxyl-20-demethyl-isoaleuritolic-14(15)-ene-28,30-dioic acid

3*β*- 羟基 -20- 氧代 -30- 降羽扇豆烷 3*β*-hydroxy-20-oxo-30-norlupane

15*α*- 羟基 -20- 氧代 -6,7- 裂环 - 对映 - 贝壳杉 -16- 烯 -1,7*α*(6,11*α*)- 二内酯 15*α*-hydroxy-20-oxo-6,7-seco-*ent*-kaur-16-en-1,7*α*(6,11*α*)-diolide

3*β*- 羟基 -21(22)- 何帕烯 -30- 酸 3*β*-hydroxy-21(22)-hopen-30-oic acid

3*β*- 羟基 -21*αH*- 何帕 -22(29)- 烯 -30- 醇 3*β*-hydroxy-21*αH*-hop-22(29)-en-30-ol

3*α*- 羟基 -21*α*- 甲氧基 -24,25,26,27- 四降绿玉树 -7- 烯 -23(21)- 内酯 3*α*-hydroxyl-21*α*-methoxy-24,25,26,27-tetranortirucall-7-ene-23(21)-lactone

3*β*- 羟基 -21*α*- 乙酰氧基 -14- 千层塔烯 3*β*-hydroxy-21*α*-acetoxy-14-serraten

3*α*- 羟基 -21*β*- 甲氧基 -24,25,26,27- 四降绿玉树 -7- 烯 -23(21)- 内酯 3*α*-hydroxy-21*β*-methoxy-24,25,26,27-tetranortirucall-7-ene-23(21)-lactone

3- 羟基 -21- 甲氧基 -16- 氧代 -(3*β*,4*α*,17*α*,21*β*)-28- 降齐墩果 -12- 烯 -23- 醛 3-hydroxy-21-methoxy-16-oxo-(3*β*,4*α*,17*α*,21*β*)-28-norolean-12-en-23-al

2'*α*- 羟基 -21- 去氢毒鼠子素▲Q 2'*α*-hydroxy-21-dehydrodichapetalin Q

3*β*- 羟基 -21- 氧代 -11,13(18)- 齐墩果二烯 -28- 酸甲酯 3*β*-hydroxy-21-oxo-11,13(18)-oleanadien-28-oic acid methyl ester

3- 羟基 -22(29)- 羽扇豆烯 -23- 酸 3-hydroxy-22(29)-hopen-23-oic acid

(17*R*)-3*β*- 羟基六降达玛 -20- 酮 (17*R*)-3*β*-hydroxyhexanordammaran-20-one

(4*β*)-23- 羟基 -22- 氧代齐墩果 -12- 烯 -3*β*-*O*-*α*-L- 吡喃鼠李糖基 -(1 → 2)-*O*-*β*-D- 吡喃葡萄糖基 -(1 → 4)-*β*-D- 吡喃葡萄糖醛酸 (4*β*)-23-hydroxy-22-oxoolean-12-en-3*β*-*O*-*α*-L-rhamnopyranosyl-(1 → 2)-*O*-*β*-D-glucopyranosyl-(1 → 4)-*β*-D-glucopyranosiduronic acid

2*β*- 羟基 -23-(2- 异丙醇氧基)- 齐墩果酸 2*β*-hydroxy-23-(2-isopropanoloxy)-oleanolic acid

Q

3*β*-羟基-23(*R*)-甲氧基葫芦-6,24-二烯-5*β*,19-内酯 3*β*-hydroxy-23(*R*)-methoxycucurbita-6,24-dien-5*β*,19-olide
22-羟基-23,24,25,26,27-五降葫芦-5-烯-3-酮 22-hydroxy-23,24,25,26,27-pentanorcucurbit-5-en-3-one
7-羟基-23,24-二氢葫芦素F-25-*O*-乙酸酯 7-hydroxy-23,24-dihydrocucurbitacin F-25-*O*-acetate
7*β*-羟基-23-*O*-乙酰升麻新醇-3-*O*-*β*-D-吡喃木糖苷 7*β*-hydroxy-23-*O*-acetylshengmanol-3-*O*-*β*-D-xylopyranoside
7*β*-羟基-23-表-类叶升麻醇-3-*O*-*α*-L-吡喃阿拉伯糖苷 7*β*-hydroxy-23-*epi*-acteol-3-*O*-*α*-L-arabinopyranoside
7*β*-羟基-23-表-类叶升麻醇-3-*O*-*β*-D-吡喃木糖苷 7*β*-hydroxy-23-*epi*-acteol-3-*O*-*β*-D-xylopyranoside
3*α*-羟基-23-氧代-羽扇豆-20(29)-烯-28-酸 3*α*-hydroxy-23-oxo-lup-20(29)-en-28-oic acid
(20*R*)-3*β*-羟基-24,25,26,27-四降-5*α*-环木菠萝-23,21-内酯 (20*R*)-3*β*-hydroxy-24,25,26,27-tetranor-5*α*-cycloart-23,21-olide
3*α*-羟基-24,25,26,27-四降绿玉树-7-烯-23(21)-内酯 3*α*-hydroxy-24,25,26,27-tetranortirucall-7-ene-23(21)-lactone
4*β*-羟基-24,30-二去甲基齐墩果-12,20(29)-二烯-28-酸-3*β*,23-丙酮化物 3*β*,23-acetonide-4*β*-hydroxy-24,30-dinorolean-12,20(29)-dien-28-oic acid
17-羟基-24-*O*-[*α*-L-呋喃阿拉伯糖基-(1→2)]-[*β*-D-吡喃葡萄糖基-(1→6)]-*β*-D-吡喃葡萄糖基-何帕-28,22-内酯 17-hydroxy-24-*O*-[*α*-L-arabinofuranosyl-(1→2)]-[*β*-D-glucopranosyl-(1→6)]-*β*-D-glucopyranosyl-hopan-28,22-olide
17-羟基-24-*O*-[*α*-L-呋喃阿拉伯糖基-(1→2)]-*β*-D-吡喃葡萄糖基-何帕-28,22-内酯 17-hydroxy-24-*O*-[*α*-L-arabinofuranosyl-(1→2)]-*β*-D-glucopranosyl-hopan-28,22-olide
17-羟基-24-*O*-*β*-D-吡喃葡萄糖基-何帕-28,22-内酯 17-hydroxy-24-*O*-*β*-D-glucopranosyl-hopan-28,22-olide
(22*R*)-22-羟基-24-*O*-乙酰氢化升麻新醇-3-*O*-*β*-D-吡喃木糖苷 (22*R*)-22-hydroxy-24-*O*-acetylhydroshengmanol-3-*O*-*β*-D-xylopyranoside
11*α*-羟基-24*S*-乙基-5*α*-胆甾-22-烯-3,6-二酮 11*α*-hydroxy-24*S*-ethyl-5*α*-cholest-22-en-3,6-dione
3*β*-羟基-24-降-熊果-4,12,28-三烯 3*β*-hydroxy-24-nor-urs-4,12,28-triene
3*α*-羟基-24-亚甲基-23-氧代羊毛脂-8-烯-26-酸 3*α*-hydroxy-24-methylene-23-oxolanost-8-en-26-carboxylic acid
16*α*-羟基-24-亚甲基-3-*O*-5*α*-羊毛脂烷-7,9(11)-二烯-30-酸 16*α*-hydroxy-24-methylene-3-*O*-5*α*-lanosta-7,9(11)-dien-30-oic acid
16*α*-羟基-24-亚甲基-3-氧代-5*α*-羊毛脂-8-烯-21-酸 16*α*-hydroxy-24-methylene-3-oxo-5*α*-lanost-8-en-21-oic acid
3*β*-羟基-24-亚甲基羊毛脂-8-烯-7,11-二酮 3*β*-hydroxy-24-methylenelanost-8-en-7,11-dione
6*β*-羟基-24-乙基胆甾-4,22-二烯-3-酮 6*β*-hydroxy-24-ethylcholest-4,22-dien-3-one
(24*R*)-6*β*-羟基-24-乙基胆甾-4-烯-3-酮 (24*R*)-6*β*-hydroxy-24-ethylcholest-4-en-3-one
(24*R*)-6-羟基-24-乙基-胆甾-4-烯-3-酮 (24*R*)-6-hydroxy-24-ethyl-cholest-4-en-3-one
3*β*-羟基-24-乙基胆甾-5-烯 3*β*-hydroxy-24-ethylcholest-5-ene
(24*R*)-3*β*-羟基-24-乙基胆甾-5-烯-7-酮 (24*R*)-3*β*-hydroxy-24-ethylcholest-5-en-7-one
(24*S*)-3*β*-羟基-24-乙基胆甾-5-烯-7-酮 (24*S*)-3*β*-hydroxy-24-ethylcholest-5-en-7-one
24-羟基-24-乙烯基胆甾醇 24-hydroxyl-24-vinylcholesterol
22-羟基-25(*R*,*S*)-呋甾-5-烯-12-酮-3*β*,22,26-三羟基-26-*O*-*β*-D-吡喃葡萄糖苷 22-hydroxy-25(*R*,*S*)-furost-5-en-12-one-3*β*,22,26-triol-26-*O*-*β*-D-glucopyranoside
(20*S*)-3*β*-羟基-25,26,27-去三甲基达玛-24,20-内酯 (20*S*)-3*β*-hydroxy-25,26,27-trisnordammaran-24,20-olide
3*β*-羟基-25,26,27-三降环木菠萝-24-酸 3*β*-hydroxy-25,26,27-trisnorcycloart-24-oic acid
5*α*-羟基-25,27-二去氢-4,7-二去氢-7-去氧新酸浆素A 5*α*-hydroxy-25,27-dihydro-4,7-didehydro-7-deoxyneophysalin A
24*ξ*-羟基-25-环木菠萝烯-3-酮 24*ξ*-hydroxy-25-cycloarten-3-one
20-羟基-25-甲氧基-21-*β*-D-吡喃木糖氧基达玛-23*E*-烯-3*β*-[*O*-*α*-L-吡喃鼠李糖基-(1→2)-*O*-*β*-D-吡喃木糖基-(1→3)-*β*-D-吡喃葡萄糖苷 20-hydroxy-25-methoxy-21-*β*-D-xylopyranosyloxy-dammar-23*E*-en-3*β*-[*O*-*α*-L-rhamnopyranosyl-(1→2)-*O*-*β*-D-xylopyranosyl-(1→3)-*β*-D-glucopyranoside]
(20*S*)-羟基-25-甲氧基-达玛-23-烯-3-酮 (20*S*)-hydroxy-25-methoxy-dammar-23-en-3-one
3*β*-羟基-25-甲氧基葫芦-6,23(*E*)-二烯-19,5*β*-内酯 3*β*-hydroxy-25-methoxycucurbita-6,23(*E*)-dien-19,5*β*-olide
12*β*-羟基-25-脱水升麻醇 12*β*-hydroxy-25-anhydrocimigenol
16-羟基-26-甲基二十七烷-2-酮 16-hydroxy-26-methylheptacosan-2-one
(25*R*,26*R*)-17*α*-羟基-26-甲氧基螺甾-5-烯-3*β*-*O*-*α*-L-吡喃鼠李糖基-(1→2)-[*β*-D-吡喃葡萄糖基-(1→6)]-*β*-D-吡喃葡萄糖苷 (25*R*,26*R*)-17*α*-hydroxy-26-methoxyspirost-5-en-3*β*-*O*-*α*-L-rhamnopyranosyl-(1→2)-[*β*-D-glucopyranosyl-(1→6)]-*β*-D-glucopyranoside
12*β*-羟基-26-降澳洲茄胺-26-羧酸 12*β*-hydroxy-26-norsolasodine-26-carboxylic acid
3*β*-羟基-26-去甲基-9,19-环羊毛脂-23-烯-25-酮 3*β*-hydroxy-26-nor-9,19-cyclolanost-23-en-25-one
3*β*-羟基-27-苯甲酰氧基羽扇豆-20(29)-烯-28-酸 3*β*-hydroxy-27-benzoyloxylup-20(29)-en-28-oic acid
3*β*-羟基-27-苯甲酰氧基羽扇豆-20(29)-烯-28-酸甲酯 3*β*-hydroxy-27-benzoyloxylup-20(29)-en-28-oic acid methyl ester
3*β*-羟基-27-对-(*E*)-香豆酰氧基-氧化齐墩果-12-烯-28-酸 3*β*-hydroxy-27-*p*-(*E*)-coumaroyl-oxyolean-12-en-28-oic acid
3*β*-羟基-27-对-(*R*)-香豆酰氧基齐墩果-12-烯-28-酸 3*β*-hydroxy-27-*p*-(*R*)-coumaroyloxyolean-12-en-28-oic acid
3*β*-羟基-27-对-(*E*)-香豆酰氧基齐墩果-12-烯-28-酸 3*β*-hydroxy-27-*p*-(*E*)-coumaroyloxyursan-12-en-28-oic acid
3*β*-羟基-27-对-(*Z*)-香豆酰氧基齐墩果-12-烯-28-酸 3*β*-hydroxy-27-*p*-(*Z*)-coumaroyloxyolean-12-en-28-oic acid
3*β*-羟基-27-对-(*Z*)-香豆酰氧基熊果-12-烯-28-酸 3*β*-hydroxy-27-*p*-(*Z*)-coumaroyloxyursan-12-en-28-oic acid
3*α*-羟基-27-反式-咖啡酰氧基羽扇豆-20(29)-烯-28-酸甲酯 3*α*-hydroxy-27-*trans*-caffeoyloxylup-20(29)-en-28-oic acid methyl ester
3*β*-羟基-27-反式-咖啡酰氧基羽扇豆-20(29)-烯-28-酸甲酯 3*β*-hydroxy-27-*trans*-caffeoyloxylup-20(29)-en-28-oic acid methyl ester
3*β*-羟基-27-(*E*)-香豆酰基-齐墩果-12-12-烯-28-酸 3*β*-hydroxy-27-(*E*)-coumaroyl-oleanen-12-en-28-oic acid
3*β*-羟基-27-(*E*)-香豆酰基-熊果-12-烯-28-酸 3*β*-hydroxy-27-(*E*)-coumaroyl-urs-12-en-28-oic acid
3*β*-羟基-27-降齐墩果-13(28)-内酯 3*β*-hydroxy-27-noroleano-13(28)-lactone
17-羟基-27-去氧催眠睡茄素A 17-hydroxy-27-deoxywithaferin A
3*β*-羟基-27-*Z*-阿魏酰氧基-熊果-12-烯-28-酸 3*β*-hydroxy-27-*Z*-feruloyloxy-urs-12-en-28-oic acid

3β- 羟基 -27- 顺式 - 对香豆酰氧基基齐墩果 -12- 烯 -28- 酸 3β-hydroxy-27-*p*-*cis*-coumaroyloxyolean-12-en-28-oic acid

3β- 羟基 -28-(β-D- 吡喃葡萄糖氧基)-28- 氧代齐墩果 -12- 烯 -3-*O*-β-D- 吡喃半乳糖基 -(1→3)-*O*-β-D- 吡喃葡萄糖基 -(1→4)-β-D- 吡喃葡萄糖醛酸苷 3β-hydroxy-28-(β-D-glucopyranosyloxy)-28-oxoolean-12-en-3-*O*-β-D-galactopyranosyl-(1→3)-*O*-β-D-glucopyranosyl-(1→4)-β-D-glucopyranosiduronic acid

3α- 羟基 -28β- 甲氧基 -13α- 熊果 -28,12β- 环氧 -3- 苯甲酸酯 3α-hydroxy-28β-methoxy-13α-ursan-28,12β-epoxide 3-benzoate

3β- 羟基 -28- 对羟基苯氧基 -12- 齐墩果烯 3β-hydroxy-28-*p*-hydroxyphenoyl-12-oleanene

3β- 羟基 -28*E*-[(3,4- 二羟基苯基)-1- 氧代 -2- 丙烯氧基]- 羽扇豆 -20(29)- 烯 -27- 酸 3β-hydroxy-28*E*-[(3,4-dihydroxyphenyl)-1-oxo-2-propenyloxy]-lup-20(29)-en-27-oic acid

17β- 羟基 -28- 降熊果 -18α*H*-12,20(30)- 二烯 -3β- 乙酸酯 17β-hydroxy-28-norurs-18α*H*-12,20(30)-dien-3β-ylacetate

3β- 羟基 -28- 去甲基齐墩果 -17- 烯 -16- 酮 -12,13- 环氧化物 3β-hydroxy-28-norolean-17-en-16-on-12,13-epoxide

3α- 羟基 -28- 去甲齐墩果 -11,13(18),17(22)- 三烯 -21- 酮 3α-hydroxy-28-norolean-11,13(18),17(22)-trien-21-one

19- 羟基 -28- 氧代熊果 -12- 烯 -3β-*O*-β-D- 吡喃葡萄糖醛酸基丁酯 19-hydroxy-28-oxours-12-en-3β-*O*-β-D-glucopyranosiduronic acid butyl ester

3α- 羟基 -28- 乙酰氧基 -30- 降羽扇豆 -20- 酮 3α-hydroxy-28-acetoxy-30-norlupan-20-one

3β- 羟基 -28- 羽扇豆酸 3β-hydroxy-28-lupanic acid

(4β,20α)-23- 羟基 -29- 甲氧基 -29- 氧代齐墩果 -12- 烯 -3β-*O*-β-D- 吡喃葡萄糖基 -(1→2)-*O*-β-D- 吡喃葡萄糖醛酸 (4β,20α)-23-hydroxy-29-methoxy-29-oxoolean-12-en-3β-*O*-β-D-glucopyranosyl-(1→2)-*O*-β-D-glucopyranosiduronic acid

3β- 羟基 -29- 醛 -12- 烯 -28- 齐墩果酸 3β-hydroxy-29-al-12-en-28-oleanolic acid

3β- 羟基 -29- 醛 - 齐墩果 -12- 烯 -28- 酸 3β-hydroxy-29-al-olean-12-en-28-oic acid

2- 羟基 -2*H*-1,4- 苯并恶嗪 -3- 酮 2-hydroxy-2*H*-1,4-benzoxazin-3-one

3- 羟基 -2-*O*-3- 无羁萜烯 -29- 酸 3-hydroxy-2-*O*-3-friedelen-29-oic acid

1- 羟基 -2-*O*-β-D-6'- 乙酰基 - 吡喃葡萄糖基 -4- 烯丙基苯 1-hydroxyl-2-*O*-β-D-6'-acetyl-glucopyranosyl-4-allylbenzene

5- 羟基 -2-*O*-β-D- 吡喃葡萄糖苷基苄基 -2',6'- 二甲氧基苯甲酸酯 5-hydroxy-2-*O*-β-D-glucopyranosylbenzyl-2',6'-dimethoxybenzoate

1- 羟基 -2-*O*-β-D- 吡喃葡萄糖基 -4- 苯丙烯 1-hydroxy-2-*O*-β-D-glucopyranosyl-4-allylbenzene

1- 羟基 -2-*O*-β-D- 吡喃葡萄糖基 -4- 烯丙基苯 1-hydroxyl-2-*O*-β-D-glucopyranosyl-4-allylbenzene

N- 羟基 -2-*O*-β-D- 吡喃葡萄糖基 -7- 甲氧基 -1,4(2*H*)- 苯并噁嗪 -3- 酮 *N*-hydroxy-2-*O*-β-D-glucopyranosyl-7-methoxy-1,4(2*H*)-benzoxazin-3-one

3α- 羟基 -2α- 甲氧基 - 熊果 -12- 烯 -28- 酸 3α-hydroxy-2α-methoxy-urs-12-en-28-oic acid

3β- 羟基 -2α- 甲氧基 - 熊果 -12- 烯 -28- 酸 3β-hydroxy-2α-methoxy-urs-12-en-28-oic acid

2β- 羟基 -2α- 羟基甲基 -6,6- 二甲氧基双环 [3.1.1] 庚烷 2β-hydroxy-2αhydroxymethyl-6,6-dimethylbicyclo[3.1.1]heptane

2β- 羟基 -2α- 羟基甲基 -6,6- 二甲氧基双环 [3.1.1] 庚烷 -2α-*O*- 吡喃葡萄糖苷 2β-hydroxy-2αhydroxymethyl-6,6-dimethylbicyclo[3.1.1]heptane-2α-*O*-glucopyranoside

1α- 羟基 -2α- 乙酰氧基 -9β- 桂皮酰氧基 -β- 二氢沉香呋喃 1α-hydroxy-2α-acetoxy-9β-cinnamoyloxy-β-dihydroagarofuran

1β- 羟基 -2β,6α,12- 三乙酰氧基 -8β-(β- 烟酰氧基)-9β- 苯甲酰氧基 -β- 二氢沉香呋喃 1β-hydroxy-2β,6α,12-triacetoxy-8β-(β-nicotinoyloxy)-9β-(benzoyloxy)-β-dihydroagarofuran

1β- 羟基 -2β,6α,9β,12- 四乙酰氧基 -8β- 苯甲酰氧基 -β- 二氢沉香呋喃 1β-hydroxy-2β,6α,9β,12-tetraacetoxy-8β-benzoyloxy-β-dihydroagarofuran

1β- 羟基 -2β,6α,9β,15- 四乙酰氧基 -8β- 苯甲酰氧基 -β- 二氢沉香呋喃 1β-hydroxy-2β,6α,9β,15-tetraacetoxy-8β-benzoyloxy-β-dihydroagarofuran

4- 羟基 -2-β-D- 吡喃葡糖氧基苯乙腈 4-hydroxy-2-β-D-glucopyranosyloxy phenylacetonitrile

3α- 羟基 -2β- 甲氧基熊果 -12- 烯 -28- 酸 3α-hydroxy-2β-methoxyurs-12-en-28-oic acid

1β- 羟基 -2β- 乙酰氧基 -5α,6β,7α*H*- 桉叶 -4(15),11(13)- 二烯 -12,6- 内酯 1β-hydroxy-2β-acetoxy-5α,6β,7α*H*-eudesma-4(15),11(13)-dien-12,6-olide

3- 羟基 -2- 苯胺酰基 -4- 偶氮基苯基萘 3-hydroxy-2-anilino-4-azo-phenyl-naphthalene

6- 羟基 -2- 苯并噁唑酮 6-hydroxy-2-benzoxazolinone

4- 羟基 -2- 苯噁唑啉酮 4-hydroxy-2-benzoxazolone

5- 羟基 -2- 苯甲酰胺 - 苯甲酸甲酯 5-hydroxy-2-benzamidobenzoic acid methyl ester

N-(2- 羟基 -2- 苯乙基)-3- 苯基 -2- 丙酰胺 *N*-(2-hydroxy-2-phenylethyl)-3-phenyl-2-propenamide

N-(2- 羟基 -2- 苯乙基) 桂皮酰胺 *N*-(2-hydroxy-2-phenylethyl) cinnamamide

N-[(2*S*)-2- 羟基 -2- 苯乙基]-3- 苯基 -2- 丙烯酰胺 *N*-[(2*S*)-2-hydroxy-2-phenylethyl]-3-phenyl-2-propenamide

(2*E*)-*N*-[(2*R*)-2- 羟基 -2- 苯乙基]-*N*- 甲基 -3- 苯基 -2- 丙烯胺 (2*E*)-*N*-[(2*R*)-2-hydroxy-2-phenylethyl]-*N*-methyl-3-phenyl-2-propenamide

N-[(2*S*)-2- 羟基 -2- 苯乙基] 苯甲酰胺 *N*-[(2*S*)-2-hydroxy-2-phenylethyl]benzamide

5- 羟基 -2- 苯乙烯色酮 5-hydroxy-2-styrylchromone

5- 羟基 -2- 吡啶甲醇 5-hydroxy-2-pyridinemethanol

5- 羟基 -2- 吡啶羧酸 5-hydroxy-2-pyridinecarboxylic acid

5- 羟基 -2- 吡啶羧酸甲酯 methyl-5-hydroxy-2-pyridinecarboxylate

(3*R*)-3- 羟基 -2- 吡咯烷酮 (3*R*)-3-hydroxy-2-pyrrolidinone

[*S*-[*R**,*R**-(*Z*,*Z*)]]-2-(1'- 羟基 -2'- 丙酮基)-2,13- 十四碳二烯酸 -[4''-(11'''- 十二碳亚乙基)- 四氢 -2''- 亚甲基 -5''- 氧代 -3''- 呋喃] 酯 [*S*-[*R**,*R**-(*Z*,*Z*)]]-2-(1'-hydroxy-2'-oxopropyl)-2,13-tetradecadienoic acid-[4''-(11'''-dodecenylidene)-tetrahydro-2''-methylene-5''-oxo-3''-furanyl]ester

4-[(2*Z*)-3- 羟基 -2- 丙烯基]-2,6- 二甲氧基苯基 -4-*O*-β-D- 吡喃葡萄糖基 -β-D- 吡喃葡萄糖苷 4-[(2*Z*)-3-hydroxy-2-propenyl]-2,6-dimethoxyphenyl-4-*O*-β-D-glucopyranosyl-β-D-glucopyranoside

N-2- 羟基 -2- 对羟基苯乙基 - 对香豆酰胺 *N*-2-hydroxy-2-(*p*-hydroxyphenylethyl)-*p*-coumaramide

6- 羟基 -2- 对羟基苯乙基色酮 6-hydroxy-2-[2-(4-hydroxyphenyl)ethyl]chromone

5- 羟基 -2- 癸烯酸 Δ- 内酯 5-hydroxy-2-decenoic acid Δ-lactone

5- 羟基 -2- 癸烯酸 -δ- 内酯 5-hydroxy-2-decenoic acid-δ-lactone

4- 羟基 -2- 环已烯 -1- 酮 4-hydroxy-2-cyclohexen-1-one

(4*R*,5*S*)5- 羟基 -2- 己烯 -4- 内酯 (4*R*,5*S*)-5-hydroxy-2-hexen-4-olide

1-(4- 羟基 -2- 甲基 -2- 丁烯 -1- 基)-6-(3,4,5- 三羟基苯甲酰基)-β-D- 吡喃葡萄糖苷 1-(4-hydroxy-2-methyl-2-buten-1-yl)-6-(3,4,5-trihydroxybenzoyl)-β-D-glucopyranoside

4- 羟基 -2- 甲基 -2- 丁烯内酯 4-hydroxy-2-methylbut-2-enolide

Q

8- 羟基 -2- 甲基 -4*H*-1- 苯并吡喃 -4- 酮 8-hydroxy-2-methyl-4*H*-1-benzopyran-4-one
3- 羟基 -2- 甲基 -4*H*- 吡喃 -4- 酮 -3-*O*-(6-*O*- 阿魏酰基)-*β*-D- 吡喃葡萄糖苷 3-hydroxyl-2-methyl-4*H*-pyran-4-one-3-*O*-(6-*O*-feruloyl)-*β*-D-glucopyranoside
3- 羟基 -2- 甲基 -4- 吡喃酮 3-hydroxy-2-methyl-4-pyrone
5- 羟基 -2- 甲基 -4- 二氢色原酮 5-hydroxy-2-methyl-4-chromanone
6- 羟基 -2- 甲基 -4- 色烷酮 6-hydroxy-2-methyl-4-chromanone
(4*R*,5*S*)-4- 羟基 -2- 甲基 -5-(1- 甲基乙基)-2- 环己烯 -1- 酮 (4*R*,5*S*)-4-hydroxy-2-methyl-5-(1-methylethyl)-2-cyclohexen-1-one
(4*S*,5*S*)- 4- 羟基 -2- 甲基 -5-(1- 甲基乙基)-2- 环己烯 -1- 酮 (4*S*,5*S*)-4-hydroxy-2-methyl-5-(1-methylethyl)-2-cyclohexen-1-one
1- 羟基 -2- 甲基 -6- 甲氧基蒽醌 1-hydroxy-2-methyl-6-methoxyanthraquinone
1- 羟基 -2- 甲基 -7- 甲氧基蒽醌 1-hydroxy-2-methyl-7-methoxyanthraquinone
1- 羟基 -2- 甲基 -9,10- 蒽醌 1-hydroxy-2-methyl-9,10-anthraquinone
5- 羟基 -2- 甲基苯甲酸 5-hydroxy-2-methylbenzoic acid
4'- 羟基 -2'- 甲基苯乙酮 4'-hydroxy-2'-methylacetophenone
3- 羟基 -2- 甲基吡啶 3-hydroxy-2-methylpyridine
3- 羟基 -2- 甲基 - 吡喃 -4- 酮 3-hydroxy-2-methyl-pyran-4-one
(2*E*,6*E*,8*E*)-*N*-(2- 羟基 -2- 甲基丙基)-10- 氧代 -2,6,8- 十碳三烯酰胺 (2*E*,6*E*,8*E*)-*N*-(2-hydroxy-2-methylpropyl)-10-oxo-2,6,8-decatrienamide
(2*E*,7*E*,9*E*)-*N*-(2- 羟基 -2- 甲基丙基)-6,11- 氧代 -2,7,9- 十二碳三烯酰胺 (2*E*,7*E*,9*E*)-*N*-(2-hydroxy-2-methylpropyl)-6,11-dioxo-2,7,9-dodecatrienamide
(2*R*)-2- 羟基 -2- 甲基 - 丁二酸 (2*R*)-2-hydroxy-2-methyl-butanedioic acid
(2*R*)-2- 羟基 -2- 甲基 - 丁二酸 -1- 甲酯 (2*R*)-2-hydroxy-2-methyl-butanedioic acid-1-methyl ester
(2*R*)-2- 羟基 -2- 甲基 - 丁二酸 -4- 甲酯 (2*R*)-2-hydroxy-2-methyl-butanedioic acid-4-methyl ester
2*β*- 羟基 -2- 甲基丁酰基 -3*α*- 白苞筋骨草素▲ 2*β*-hydroxy-2-methylbutanoyl-3*α*-lupulin
3*α*-(羟基 -2- 甲基丁酰氧基) 托品烷 3*α*-(hydroxy-2-methylbutyroxy)tropane
3*β*-(羟基 -2- 甲基丁酰氧基) 托品烷 3*β*-(hydroxy-2-methylbutyroxy)tropane
1- 羟基 -2- 甲基蒽醌 1-hydroxy-2-methylanthraquinone
3- 羟基 -2- 甲基蒽醌 3-hydroxy-2-methylanthraquinone
5- 羟基 -2- 甲基蒽醌 5-hydroxy-2-methylanthraquinone
6- 羟基 -2- 甲基蒽醌 6-hydroxy-2-methylanthraquinone
5- 羟基 -2- 甲基 - 色酮 -7-*O*-*β*-D- 吡喃木糖基 -(1 → 6)-*β*-D- 吡喃葡萄糖苷 5-hydroxy-2-methyl-chromone-7-*O*-*β*-D-xylopyranosyl-(1 → 6)-*β*-D-glucopyranoside
5- 羟基 -2- 甲基色酮 -7-*O*-*β*-D- 呋喃芹糖基 -(1 → 6)-D-*β*-D- 吡喃葡萄糖苷 5-hydroxy-2-methylchromone-7-*O*-*β*-D-apiofuranosyl-(1 → 6)-D-*β*-D-glucopyranoside
8- 羟基 -2- 甲基色原酮 8-hydroxy-2-methylchromone
7- 羟基 -2- 甲基异黄酮 7-hydroxy-2-methylisoflavone
(*E*)-3-(4- 羟基 -2- 甲氧基)- 苯丙烯酸 -4- 羟基 -3- 甲氧基苯酯 (*E*)-3-(4-hydroxy-2-methoxyphenyl)-propenoic acid 4-hydroxy-3-methoxyphenyl ester
7- 羟基 -2- 甲氧基 -1,4- 菲醌 7-hydroxy-2-methoxy-1,4-phenanthrenequinone
5- 羟基 -2- 甲氧基 -1,4- 萘醌 5-hydroxy-2-methoxy-1,4-naphthoquinone
4- 羟基 -2- 甲氧基 -3,6- 二甲基苯甲酸 4-hydroxy-2-methoxy-3,6-dimethylbenzoic acid
8-(3- 羟基 -2- 甲氧基 -3- 甲基丁基)-7- 甲氧基香豆素 8-(3-hydroxy-2-methoxy-3-methylbutyl)-7-methoxycoumarin
9- 羟基 -2- 甲氧基 -4- 甲基 -3,10- 蒽烯二酮 9-hydroxy-2-methoxy-4-methyl-3,10-anthracenedione
(1*S*,2*R*,5*R*,6*S*,7*S*,8*S*,10*R*)-6- 羟基 -2- 甲氧基 -4- 氧代伪愈创木 -11(13)- 烯 -12,8- 内酯 (1*S*,2*R*,5*R*,6*S*,7*S*,8*S*,10*R*)-6-hydroxy-2-methoxy-4-oxopseudoguai-11(13)-en-12,8-olide
(2*S*,4*R*,6*S*)-4- 羟基 -2- 甲氧基 -6-(1- 苯基 -2- 丙烯基) 环己酮 (2*S*,4*R*,6*S*)-4-hydroxy-2-methoxy-6-(1-phenyl-2-propenyl) cyclohexa-none
4- 羟基 -2- 甲氧基 -6-[(8*Z*)- 十五碳 -8- 烯 -1- 基] 苯基乙酸酯 4-hydroxy-2-methoxy-6-[(8*Z*)-pentadec-8-en-1-yl]phenyl acetate
3- 羟基 -2- 甲氧基 -6- 羟基甲基蒽醌 3-hydroxy-2-methoxy-6-hydroxymethylanthraquinone
4- 羟基 -2- 甲氧基 -6- 十五烷基苯基乙酸酯 4-hydroxy-2-methoxy-6-pentadecylphenyl acetate
1- 羟基 -2- 甲氧基 -7- 甲基蒽醌 1-hydroxy-2-methoxy-7-methylanthraquinone
4- 羟基 -2- 甲氧基苯酚 -1-*O*-*β*-D-(6'-*O*- 对羟基苯甲酰基)- 吡喃葡萄糖苷 4-hydroxy-2-methoxyphenol-1-*O*-*β*-D-(6'-*O*-*p*-hydroxylbenzoyl)-glucopyranoside
4- 羟基 -2- 甲氧基苯酚 -1-*O*-*β*-D-(6'-*O*- 没食子酰基) 吡喃葡萄糖苷 4-hydroxy-2-methoxyphenol-1-*O*-*β*-D-(6'-*O*-galloyl)-glucopyranoside
4- 羟基 -2- 甲氧基苯酚 -1-*O*-*β*-D- 吡喃葡萄糖苷 4-hydroxy-2-methoxyphenol-1-*O*-*β*-D-glucopyranoside
4-(3- 羟基 -2- 甲氧基苯基)-2- 丁酮 4-(3-hydroxy-2-methoxyphenyl)-2-butanone
4- 羟基 -2- 甲氧基苯基 -6-*O*- 丁香基 -*β*-D- 吡喃葡萄糖苷 4-hydroxy-2-methoxyphenyl-6-*O*-syringyl-*β*-D-glucopyranoside
4- 羟基 -2- 甲氧基苯基 -6-*O*- 丁香酰基 -*β*-D- 吡喃葡萄糖苷 4-hydroxy-2-methoxyphenyl-6-*O*-syringoyl-*β*-D-glucopyranoside
4- 羟基 -2- 甲氧基苯基 -*β*-D- 吡喃葡萄糖苷 4-hydroxy-2-methoxyphenyl-*β*-D-glucopyranoside
4- 羟基 -2- 甲氧基苯甲醛 4-hydroxy-2-methoxybenzaldehyde
3- 羟基 -2- 甲氧基苯甲酸 3-hydroxy-2-methoxybenzoic acid
4- 羟基 -2- 甲氧基苯甲酸 4-hydroxy-2-methoxybenzoic acid
5- 羟基 -2- 甲氧基苯甲酸 5-hydroxy-2-methoxybenzoic acid
4- 羟基 -2- 甲氧基苯甲酸甲酯 methyl 4-hydroxy-2-methoxybenzoate
2- 羟基 -2- 甲氧基丙酸 2-hydroxy-2-methoxypropanoic acid
4'- 羟基 -2'- 甲氧基查耳酮 4'-hydroxy-2'-methoxychalcone
1- 羟基 -2- 甲氧基蒽醌 1-hydroxy-2-methoxyanthraquinone
7- 羟基 -2- 甲氧基菲 -1,4- 二酮 7-hydroxy-2-methoxyphenanthrene-1,4-dione
4'- 羟基 -2'- 甲氧基桂皮醛 4'-hydroxy-2'-methoxycinnamaldehyde
4- 羟基 -2- 甲氧基桂皮醛 4-hydroxy-2-methoxycinnamaldehyde
5- 羟基 -2'- 甲氧基黄酮 5-hydroxy-2'-methoxyflavone
6- 羟基 -2- 甲氧基甲基蒽醌 6-hydroxy-2-methoxymethylanthraquinone
1- 羟基 -2- 甲氧基𠮿酮 1-hydroxy-2-methoxyxanthone
3- 羟基 -2- 甲氧基𠮿酮 3-hydroxy-2-methoxyxanthone
5- 羟基 -2- 甲氧基𠮿酮 5-hydroxy-2-methoxyxanthone
(2*S*,4*R*)-4- 羟基 -2- 哌啶羧酸 (2*S*,4*R*)-4-hydroxy-2-piperidine-carboxylic acid
5- 羟基 -2- 羟基甲基 -1,4- 萘醌 5-hydroxy-2-hydroxymethyl-1,4-naphthoquinone
1- 羟基 -2- 羟基甲基 -3- 甲氧基蒽醌 1-hydroxy-2-hydroxymethyl-3-methoxyanthraquinone

Q

3- 羟基 -2- 羟基甲基 -4*H*- 吡喃 -4- 酮 3-hydroxy-2-hydroxymethyl-4*H*-pyran-4-one
5- 羟基 -2- 羟基甲基 -4*H*- 吡喃 -4- 酮 5-hydroxy-2-hydroxymethyl-4*H*-pyran-4-one
(6*R*)-(2*E*)-6- 羟基 -2- 羟基甲基 -6- 甲基 -2,7- 辛二烯酸 -6-*O*-*β*-D- 鸡纳糖苷 (6*R*)-(2*E*)-6-hydroxy-2-hydroxymethyl-6-methyl-2,7-octadienoic acid-6-*O*-*β*-D-quinovoside
(6*S*)-(2*E*)-6- 羟基 -2- 羟基甲基 -6- 甲基 -2,7- 辛二烯酸 -6-*O*-*β*-D- 鸡纳糖苷 (6*S*)-(2*E*)-6-hydroxy-2-hydroxymethyl-6-methyl-2,7-octadienoic acid-6-*O*-*β*-D-quinovoside
5- 羟基 -2- 羟基甲基 -7- 甲氧基色酮 5-hydroxy-2-hydroxymethyl-7-methoxychromone
3- 羟基 -2- 羟基甲基 -9,10- 蒽醌 3-hydroxy-2-hydroxymethyl-9,10-anthraquinone
4- 羟基 -2- 羟基甲基苯甲酸甲酯 methyl 4-hydroxy-2-hydroxymethylbenzoate
5- 羟基 -2- 羟基甲基吡啶 5-hydroxy-2-hydroxymethylpyridine
1- 羟基 -2- 羟基甲基蒽醌 1-hydroxy-2-hydroxymethylanthraquinone
3- 羟基 -2- 羟基甲基蒽醌 3-hydroxy-2-hydroxymethylanthraquinone
1- 羟基 -2- 羟基甲基蒽醌 -3- 葡萄糖苷 1-hydroxy-2-hydroxy-methylanthraquinone-3-glucoside
(1*R*,2*S*,3*S*,4*S*)-3- 羟基 -2- 羟基甲基樟烷 (1*R*,2*S*,3*S*,4*S*)-3-hydroxy-2-hydroxymethylcamphane
(1*R*,2*S*,3*S*,4*S*)-3- 羟基 -2- 羟基甲基樟烷 -10-*O*-*β*-D- 吡喃葡萄糖苷 (1*R*,2*S*,3*S*,4*S*)-3-hydroxy-2-hydroxymethylcamphane-10-*O*-*β*-D-glucopyranoside
4-*O*-[(2*E*)-6- 羟基 -2- 羟甲基 -6- 甲基 -2,7- 辛二烯酰基]-D- 吡喃鸡纳糖 4-*O*-[(2*E*)-6-hydroxyl-2-hydroxymethyl-6-methyl-2,7-octadienoyl]-D-quinovopyranose
8*β*- 羟基 -2- 去羟基鹿蹄橐吾醛▲ 8*β*-hydroxy-2-dehydroxyliguhodgsonal
1- 羟基 -2- 去乙酰氧基紫杉宁 J 1-hydroxy-2-deacetoxytaxinine J
1- 羟基 -2- 羧基 -3- 甲氧基蒽醌 1-hydroxy-2-carboxy-3-methoxyanthraquinone
4- 羟基 -2- 羧基蒽醌 4-hydroxy-2-carboxyanthraquinone
5- 羟基 -2- 戊基哌啶 5-hydroxy-2-pentylpiperidine
6-*O*-(4'- 羟基 -2'- 亚甲基丁酰基)-1-*O*- 反式桂皮酰基 -*β*-D- 吡喃葡萄糖苷 6-*O*-(4'-hydroxy-2'-methylene-butyroyl)-1-*O*-*trans*-cinnamoyl-*β*-D-glucopyranoside
6-*O*-(4'- 羟基 -2'- 亚甲基丁酰基)-1-*O*- 顺式 - 桂皮酰基 -*β*-D- 吡喃葡萄糖苷 6-*O*-(4'-hydroxy-2'-methylene-butyroyl)-1-*O*-*cis*-cinnamoyl-*β*-D-glucopyranoside
1- 羟基 -2- 氧代 -(14*α*,15*α*)- 荒漠木 -1(10),7(11),8(9)- 三烯 -12,8- 内酯 1-hydroxy-2-oxo-(14*α*,15*α*)-eremophil-1(10),7(11),8(9)-trien-12,8-olide
3- 羟基 -2- 氧代 -3- 无羁萜烯 -20*α*- 羧酸 3-hydroxy-2-oxo-3-fridelen-20*α*-carboxylic acid
(*E*)-15- 羟基 -2- 氧代 -6*βH*,11*αH*-13- 降愈创木 -3- 烯 -11,6- 羰酰内酯 (*E*)-15-hydroxy-2-oxo-6*βH*,11*αH*-13-norguaia-3-en-11,6-carbolactone
(*E*)-15- 羟基 -2- 氧代 -6*βH*,11*βH*-13- 降愈创木 -3- 烯 -11,6- 羰酰内酯 (*E*)-15-hydroxy-2-oxo-6*βH*,11*βH*-13-norguaia-3-en-11,6-carbolactone
3- 羟基 -2- 氧代 -D:A- 飞齐墩果 -3- 烯 -29- 酸 3-hydroxy-2-oxo-D:A-friedoolean-3-en-29-oic acid
2-(1'- 羟基 -2'- 氧代丙基)-5- 甲基苯酚 2-(1'-hydroxy-2'-oxopropyl)-5-methylphenol
1*β*- 羟基 -2- 氧代果渣酸▲ 1*β*-hydroxy-2-oxopomolic acid
3*β*- 羟基 -2- 氧代齐墩果 -12- 烯 -22,29- 内酯 3*β*-hydroxy-2-oxoolean-12-ene-22,29-lactone
3- 羟基 -2- 氧代石斛碱 3-hydroxy-2-oxodendrobine
3*β*- 羟基 -2- 氧代无羁萜 -29*α*- 羧酸 3*β*-hydroxy-2-oxofriedelan-29*α*-carboxylic acid
6*β*- 羟基 -2- 氧杂双环 [4.3.0]$\Delta^{8,9}$- 壬烯 -1- 酮 6*β*-hydroxy-2-oxabicyclo[4.3.0]$\Delta^{8,9}$-nonen-1-one
1- 羟基 -2- 乙酰基 -3,8- 二甲氧基萘 -6-*O*-*β*-D- 呋喃芹糖基 -(1 → 2)-*β*-D- 吡喃葡萄糖苷 1-hydroxy-2-acetyl-3,8-dimethoxynaphthalene-6-*O*-*β*-D-apiofuranosyl-(1 → 2)-*β*-D-glucopyranoside
(1*S*,2*R*,5*R*,6*S*,7*S*,8*S*,10*R*)-6- 羟基 -2- 乙氧基 -4- 氧代伪愈创木 -11(13)- 烯 -12,8- 内酯 (1*S*,2*R*,5*R*,6*S*,7*S*,8*S*,10*R*)-6-hydroxy-2-ethoxy-4-oxopseudoguai-11(13)-en-12,8-olide
4- 羟基 -2- 异丙基 -5- 甲基苯 -1-*O*-*β*-D- 吡喃葡萄糖苷 4-hydroxy-2-isopropyl-5-methylphenyl-1-*O*-*β*-D-glucopyranoside
(2*S*)-8-(5- 羟基 -2- 异丙烯基 -5- 甲基己基)-7- 甲氧基 -5,2',4'- 三羟基黄烷酮 (2*S*)-8-(5-hydroxy-2-isopropenyl-5-methylhexyl)-7-methoxy-5,2',4'-trihydroxyflavanone
3- 羟基 -2- 异丙烯基二羟苯并呋喃 -5- 酸甲酯 3-hydroxy-2-isopropenyl-dihydrobenzofuran-5-carboxylic acid methyl ester
9- 羟基 -2- 异戊烯基 -1,8- 二氧杂 - 双环戊 [b,g] 萘 -4,10- 二酮 9-hydroxy-2-isopropenyl-1,8-dioxa-dicyclopenta[b,g]naphthalene-4,10-dione
5- 羟基 -2- 吲哚酮 5-hydroxy-2-indolinone
2-(3- 羟基 -2- 吲哚酮 -3- 基) 乙酸 2-(3-hydroxy-2-oxoindolin-3-yl) acetic acid
4-{[6'-*O*-(4"- 羟基 -3",5"- 二甲氧基苯甲酰基)-*β*-D- 吡喃葡萄糖] 氧基 }-3- 甲氧基苯甲酸 4-{[6'-*O*-(4"-hydroxy-3",5"-dimethoxybenzoyl)-*β*-D-glucopyranosyl]oxy}-3-methoxybenzoic acid
5-(4"- 羟基 -3"- 甲基 -2"- 丁烯氧基)-6,7- 呋喃并香豆素 5-(4"-hydroxy-3"-methyl-2"-butenyloxy)-6,7-furocoumarin
4"- 羟基 -3"- 甲氧基白花芍药苷 4"-hydroxy-3"-methoxyalbiflorin
5- 羟基 -3-(1,2- 二羟基丙 -1- 烯基)-1- 甲基喹啉 -4- 酮 5-hydroxy-3-(1,2-dihydroxyprop-1-enyl)-1-methylquinolin-4-one
(*E*)-7- 羟基 -3-(2',4'- 二甲氧基苯基亚甲基)- 色烷 -4- 酮 (*E*)-7-hydroxy-3-(2',4'-dimethoxybenzylidene)-chroman-4-one
4*E*,10*E*-9*β*- 羟基 -3-(2- 甲基丁酰氧基)- 大根老鹳草 -4,10(1)- 二烯 -12,6*α*- 内酯 4*E*,10*E*-9*β*-hydroxy-3-(2-methylbutyroyloxy)-germacra- 4,10(1)-dien-12,6*α*-olide
1*α*- 羟基 -3-(2- 甲基丁酰氧基)- 羽状堆心菊素 1*α*-hydroxy-3-(2-methylbutanoyloxy)-pinnatifidin
(*R*)-6- 羟基 -3-(2- 羟基丙烷 -2- 基)-6- 甲基环己 -2- 烯酮 (*R*)-6-hydroxy-3-(2-hydroxypropan-2-yl)-6-methylcyclohex-2-enone
(*E*)-7- 羟基 -3-(3',4',5'- 三甲氧基苯基亚甲基)- 色烷 -4- 酮 (*E*)-7-hydroxy-3-(3',4',5'-trimethoxybenzylidene)-chroman-4-one
4- 羟基 -3-(3- 甲基 -2- 丁烯基) 苯甲酸 4-hydroxy-3-(3-methyl-2-butenyl)benzoic acid
7- 羟基 -3-(4'- 对甲基苯)- 色烷 -4- 酮 7-hydroxy-3-(4'-hydroxybenzylidene)-chroman-4-one
5- 羟基 -3-(4- 甲氧基)-6,7- 亚基二氧基黄酮 5-hydroxy-3-(4-methoxy)-6,7-methylenedioxyflavone
5- 羟基 -3-(4- 羟基)-6,7- 亚甲二氧基黄酮 5-hydroxy-3-(4-hydroxy)-6,7-methylenedioxyflavone
4- 羟基 -3-(4- 羟基 -3- 甲氧苄基)-5- 甲氧基苯甲醛 4-hydroxy-3-(4-hydroxy-3-methoxybenzyl)-5-methoxybenzaldehyde
7- 羟基 -3-(4- 羟基苄基)-8- 甲氧基色原烷 7-hydroxy-3-(4-hydroxybenzyl)-8-methoxychromane
7- 羟基 -3-(4- 羟基苄基) 色原烷 7-hydroxy-3-(4-hydroxybenzyl)

chroman

(3S,5S)-5- 羟基 -3-(β-D- 吡喃葡萄糖氧基) 己酸甲酯 methyl(3S,5S)-5-hydroxy-3-(β-D-glucopyranosyloxy)hexanoate

6- 羟基 -3-(羟基甲基)-2,4,4- 三甲基 -2,5- 环己二烯 -1- 酮 -6-O-β-D- 葡萄糖苷 6-hydroxy-3-(hydroxymethyl)-2,4,4-trimethyl-2,5-cyclohexadien-1-one-6-O-β-D-glucoside

(7S,8R,1'S,2'R)-$\Delta^{8'}$-4- 羟基 -3,1',2'- 三甲氧基 -1',2',3',4'- 四氢 -4'- 酮 -7.O.2',8.1'- 新木脂素 (7S,8R,1'S,2'R)-$\Delta^{8'}$-4-hydroxy-3,1',2'-trimethoxy-1',2',3',4'-tetrahydro-4'-oxo-7.O.2',8.1'-neolignan

13- 羟基 -3,11-(7αH,10βH)- 菖蒲二烯 -3- 酮 13-hydroxy-3,11-(7αH,10βH)-acordien-3-one

7β- 羟基 -3,11,15,23- 四氧羊毛脂 -8,20E(22)- 二烯 -26- 酸甲酯 7β-hydroxy-3,11,15,23-tetraoxolanosta-8,20E(22)-dien-26-oic acid) methyl ester

17β- 羟基 -3,11,16- 三氧代 -28- 降齐墩果 -12- 烯 17β-hydroxy-3,11,16-trioxo-28-norolean-12-ene

27- 羟基 -3,11- 二氧代 - 齐墩果 -12- 烯 -28- 酸 27-hydroxy-3,11-dioxo-olean-12-en-28-oic acid

16α- 羟基 -3,13- 赪桐二烯 -15,16- 内酯 16α-hydroxy-3,13-clerodadien-15,16-olide

13β- 羟基 -3,15- 二氧代阿替 -16- 烯 13β-hydroxy-3,15-dioxoatis-16-ene

17β- 羟基 -3,16- 二酮 -28- 降齐墩果 -12- 烯 17β-hydroxy-3,16-dioxo-28-norolean-12-ene

6β- 羟基 -3,20- 二氧代 -30- 降羽扇 -28- 酸 6β-hydroxy-3,20-dioxo-30-norlupane-28-oic acid

2- 羟基 -3,2'- 二 - 甲氧基 -4'-(2,3- 环氧 -1- 羟基丙基)-5-(3- 羟基 -1- 丙烯基) 联苯 2-hydroxy-3,2'-dimethoxy-4'-(2,3-epoxy-1-hydroxypropyl)-5-(3-hydroxy-1-propenyl)biphenyl

2'- 羟基 -3,3',4,4',5',6'- 六甲氧基查耳酮 2'-hydroxy-3,3',4,4',5',6'-hexamethoxychalcone

2'- 羟基 -3,3',4,4'- 四甲氧基查耳酮 2'-hydroxy-3,3',4,4'-tetramethoxychalcone

8- 羟基 -3,3',4',5,6,7- 六甲氧基黄酮 8-hydroxy-3,3',4',5,6,7-hexamethoxyflavone

5- 羟基 -3,3',4',5',7- 五甲氧基黄酮 5-hydroxy-3,3',4',5',7-pentamethoxyflavone

4- 羟基 -3,3',4',5,α- 五甲氧基联苄 4-hydroxy-3,3',4',5,α-pentamethoxybibenzyl

5- 羟基 -3,3',4,7- 四甲氧基黄酮 5-hydroxy-3,3',4,7-tetramethoxyflavone

5- 羟基 -3,3',4',7- 四甲氧基黄酮 5-hydroxy-3,3',4',7-tetramethoxyflavone

(-)-(7S,8R)-4- 羟基 -3,3',5'- 三甲氧基 -8',9'- 二降 -8,4'- 氧代新木脂素 -7,9- 二醇 -7'- 醛 (-)-(7S,8R)-4-hydroxy-3,3',5'-trimethoxy-8',9'-dinor-8,4'-oxyneoligna-7,9-diol-7'-aldehyde

(+)-(7R,8R)-4- 羟基 -3,3',5'- 三甲氧基 -8',9'- 二降 -8,4'- 氧代新木脂素 -7,9- 二醇 -7'- 醛 (+)-(7R,8R)-4-hydroxy-3,3',5'-trimethoxy-8',9'-dinor-8,4'- oxyneoligna-7,9-diol-7'-aldehyde

(-)-(8R)-$\Delta^{8'}$-4- 羟基 -3,3',5'- 三甲氧基 -8-O-4'- 新木脂素 (-)-(8R)-$\Delta^{8'}$-4-hydroxy-3,3',5'-trimethoxy-8-O-4'-neolignan

7- 羟基 -3,3'- 二甲氧基 -7',8- 二杜松萘醚 7-hydroxy-3,3'-dimethoxy-7',8-bicadalenyl ether

6'- 羟基 -3,4-(1''- 羟基环氧丙烷)-2',3'-(1β- 羟基 -2- 羰基环丁烷)-1,1'- 联苯 6'-hydroxy-3,4-(1''-hydroxypropylene oxide)-2',3'-(1β-hydroxy-2-carbonylcyclobutane)-1,1'-biphenyl

7- 羟基 -3',4'-(亚甲二氧基) 黄烷 7-hydroxy-3',4'-(methylenedioxy) flavan

5- 羟基 -3,4-(异丙基亚甲基二氧)-1- 环己烯 -1- 羧酸 5-hydroxy-3,4-(isopropylidenedioxy)-1-cyclohexene-1-carboxylic acid

2'- 羟基 -3,4,3',4',6'- 五甲氧基查耳酮 2'-hydroxy-3,4,3',4',6'-pentamethoxychalcone

5'- 羟基 -3',4',3,6,7- 五甲氧基黄酮 5'-hydroxy-3',4',3,6,7-pentamethoxyflavone

2'- 羟基 -3,4,4',5',6'- 五甲氧基查耳酮 2'-hydroxy-3,4,4',5',6'-pentamethoxychalcone

2'- 羟基 -3,4,4'- 三甲氧基查耳酮 2'-hydroxy-3,4,4'-trimethoxychalcone

2'- 羟基 -3,4,5,4',6'- 五甲氧基查耳酮 2'-hydroxy-3,4,5,4',6'-pentamethoxychalcone

8- 羟基 -3,4',5,6,7- 五甲氧基黄酮 8-hydroxy-3,4',5,6,7-pentamethoxyflavone

7- 羟基 -3',4',5,6- 四甲氧基黄酮 7-hydroxy-3',4',5,6-tetramethoxyflavone

7- 羟基 -3',4',5,6- 四甲氧基黄酮 -7-O-β -D-(1 → 4)- 二葡萄糖苷 7-hydroxy-3',4',5,6-tetramethoxyflavone-7-O-β-D-(1 → 4)-diglucoside

1- 羟基 -3,4,5,8- 四甲氧基屾酮 1-hydroxy-3,4,5,8-tetramethoxyxanthone

1- 羟基 -3,4,5- 三甲氧基苯 -1-O-α-L- 吡喃芹菜糖基 -(1 → 6)-O-β-D- 吡喃葡萄糖苷 1-hydroxy-3,4,5-trimethoxybenzene-1-O-α-L-apiopyranosyl-(1 → 6)-O-β-D-glucopyranoside

6- 羟基 -3',4',5'- 三甲氧基黄酮 6-hydroxy-3',4',5'-trimethoxyflavone

5- 羟基 -3',4',6,7,8- 五甲氧基黄酮 5-hydroxy-3',4',6,7,8-pentamethoxyflavone

2- 羟基 -3,4,6,7- 四甲氧基 -9,10- 二氢菲 2-hydroxy-3,4,6,7-tetramethoxy-9,10-dihydrophenanthrene

14- 羟基 -3,4,6,7- 四甲氧基菲吲哚里西啶 14-hydroxy-3,4,6,7-tetra methoxyphenanthroindolizidine

5- 羟基 -3,4',6,7- 四甲氧基黄酮 5-hydroxy-3,4',6,7-tetramethoxyflavone

5- 羟基 -3',4',6,7- 四甲氧基黄酮 5-hydroxy-3',4',6,7-tetramethoxyflavone

5- 羟基 -3',4',6,7- 四甲氧基黄酮醇 5-hydroxy-3',4',6,7-tetramethoxyflavonol

2'- 羟基 -3',4',6'- 三甲氧基 -α'- 甲氧基查耳烷 2'-hydroxy-3',4',6'-trimethoxy-α'-methoxychalcane

2'- 羟基 -3',4',6'- 三甲氧基 -β'- 甲氧基查耳烷 2'-hydroxy-3',4',6'-trimethoxy-β'-methoxychalcane

2- 羟基 -3,4,6- 三甲氧基查耳酮 2-hydroxy-3,4,6-trimethoxychalcone

2- 羟基 -3,4,6- 三甲氧基查耳烯酮 2-hydroxy-3,4,6-trimethoxychalcene

2- 羟基 -3,4,6- 三甲氧基二氢查耳酮 2-hydroxy-3,4,6-trimethoxydihydrochalcone

2'- 羟基 -3',4',6'- 三甲氧基二氢查耳酮 2'-hydroxy-3',4',6'-trimethoxydihydrochalcone

3- 羟基 -3',4',7,8- 四甲氧基黄酮 3-hydroxy-3',4',7,8-tetramethoxyflavone

5- 羟基 -3',4',7,8- 四甲氧基黄酮 5-hydroxy-3',4',7,8-tetramethoxyflavone

1- 羟基 -3,4,7,8- 四甲氧基屾酮 1-hydroxy-3,4,7,8-tetramethoxyxanthone

5- 羟基 -3,4',7- 三甲氧基黄酮 5-hydroxy-3,4',7-trimethoxyflavone

5- 羟基 -3',4',7- 三甲氧基黄酮 5-hydroxy-3',4',7-trimethoxyflavone

5- 羟基 -3',4',7- 三甲氧基黄酮醇 -3-O-β-D- 芸香糖苷 5-hydroxy-3',4',7-trimethoxyflavonol-3-O-β-D-rutinoside

5- 羟基 -3',4',7- 三甲氧基黄烷酮 5-hydroxy-3',4',7-trimethoxyflavanone

Q

7- 羟基 -3,4,8- 三甲氧基𠮿酮 -1-O-β-D- 吡喃葡萄糖苷 7-hydroxy-3,4,8-trimethoxyxanthone-1-O-β-D-glucopyranoside
5- 羟基 -3',4'-7- 三甲氧基黄酮 5-hydroxy-3',4'-7-trimethoxyflavone
5- 羟基 -3,4- 二甲基 -5- 戊基 -2(5H)- 呋喃酮 5-hydroxy-3,4-dimethyl-5-pentyl-2(5H)-furanone
8- 羟基 -3,4- 二甲基异香豆素 8-hydroxy-3,4-dimethylisocoumarin
1- 羟基 -3,4- 二甲氧基 -10- 甲基吖啶 -9- 酮 1-hydroxy-3,4-dimethoxy-10-methylacridan-9-one
(8R,8'R)-8- 羟基 -3,4- 二甲氧基 -3',4'- 亚甲二氧基 -7- 氧代木脂素 (8R,8'R)-8-hydroxy-3,4-dimethoxy-3',4'-methylenedioxy-7-oxolignan
(3R,4R)-3-(2- 羟基 -3,4- 二甲氧基苯基) 色烷 -4,7- 二醇 -7-O-β-D-吡喃葡萄糖苷 (3R,4R)-3-(2-hydroxy-3,4-dimethoxyphenyl) chroman-4,7-diol-7-O-β-D-glucopyranoside
2-羟基-3,4-二甲氧基苯甲醛 2-hydroxy-3,4-dimethoxybenzaldehyde
2- 羟基 -3,4- 二甲氧基苯甲酸甲酯 methyl 2-hydroxy-3,4-dimethoxybenzoate
3- 羟基 -3',4'- 二甲氧基查耳酮 3-hydroxy-3',4'-dimethoxychalcone
5- 羟基 -3,4- 二甲氧基桂皮酸 5-hydroxy-3,4-dimethoxycinnamic acid
5- 羟基 -3',4'- 二甲氧基黄酮 -7-O-β-D- 葡萄糖醛酸苷 5-hydroxy-3',4'-dimethoxyflavone-7-O-β-D-glucuronide
5- 羟基 -3',4'- 二甲氧基黄酮 -7-O-β- 吡喃葡萄糖苷 5-hydroxy-3',4'-dimethoxyflavone-7-O-β-glucopyranoside
2- 羟基 -3,4- 二甲氧基𠮿酮 2-hydroxy-3,4-dimethoxyxanthone
1- 羟基 -3,4- 二甲氧基𠮿酮 -7-O-β-D- 吡喃葡萄糖苷 1-hydroxy-3,4-dimethoxyxanthone-7-O-β-D-glucopyranoside
(3R)-2'- 羟基 -3',4'- 二甲氧基异黄烷 -7-O-β-D- 吡喃葡萄糖苷 (3R)-2'-hydroxy-3',4'-dimethoxyisoflavan-7-O-β-D-glucopyranoside
2'- 羟基 -3',4'- 二甲氧基异黄烷 -7-O-β-D- 吡喃葡萄糖苷 2'-hydroxy-3',4'-dimethoxyisoflavan-7-O-β-D-glucopyranoside
2'- 羟基 -3',4'- 二甲氧基异黄烷 -O-β-D- 吡喃葡萄糖苷 2'-hydroxy-3',4'-dimethoxyisoflavan-O-β-D-glucopyranoside
2- 羟基 -3',4'- 二羟基苯乙酮 2-hydroxy-3',4'-dihydroxyacetophenone
6- 羟基 -3,4- 二氢 -1- 氧代 -β- 咔啉 6-hydroxy-3,4-dihydro-1-oxo-β-carboline
3'- 羟基 -3',4'- 二氢花椒内酯 3'-hydroxy-3',4'-dihydroxanthyletin
2β- 羟基 -3,4- 环氧中亚阿魏二醇▲ 2β-hydroxy-3,4-epoxy-jaeschkeanadiol
(20S)- 羟基 -3,4- 裂环 -4(28)- 达玛二烯 -3- 酸 (20S)-hydroxy-3,4-seco-4(28)-dammardien-3-oic acid
3- 羟基 -3,4- 裂环冠狗牙花定 3-hydroxy-3,4-secocoronaridine
(19R)- 羟基 -3,4- 裂环 - 蒲公英萜 -4(24)- 烯 -3- 酸 (19R)-hydroxy-3,4-seco-taraxasta-4(24)-ene-3-oic acid
2- 羟基 -3,4- 裂环 - 无羁萜 -3- 酸乙酯 2-hydroxyl-3,4-seco-friedelan-3-oic acid ethyl ester
2β- 羟基 -3,4- 裂环 - 无羁萜内酯 -27- 酸 2β-hydroxy-3,4-seco-friedelolactone-27-oic acid
16α- 羟基 -3,4- 裂环 - 羊毛脂 -4(28),7,9(11),24(31)- 四烯 -3,21- 二酸 3- 甲酯 16α-hydroxy-3,4-seco-lanosta-4(28),7,9(11),24(31)-tetraen-3,21-dioic acid 3-methyl ester
15α- 羟基 -3,4- 裂环 - 羊毛脂 -4(28),8,24- 三烯 -3,21- 二酸 15α-hydroxy-3,4-seco-lanosta-4(28),8,24-triene-3,21-dioic acid
5α- 羟基 -3,4- 裂环 - 羊毛脂 -4(28),8,24- 三烯 -3,21- 二酸 -3- 甲酯 5α-hydroxy-3,4-seco-lanosta-4(28),8,24-triene-3,21-dioic acid-3-methyl ester
(2R)- 羟基 -3,4- 去羟基新大八角素 (2R)-hydroxy-3,4-dehydroxyneomajucin
(2R*)- 羟基 -3,4- 去羟基新大八角素 (2R*)-hydroxy-3,4-dehydroxyneomajucin
(2R)- 羟基 -3,4- 去氢新大八角素 (2R)-hydroxy-3,4-dehydroneomajucin
(2S)- 羟基 -3,4- 去氢新大八角素 (2S)-hydroxy-3,4-dehydroneomajucin
9,9'- 羟基 -3,4- 亚甲二氧基 -3'- 甲氧基 [7-O-4',8-,8-5'5'] 新木脂素 9,9'-hydroxy-3,4-methylenedioxy-3'-methoxy[7-O-4',8-,8-5'5'] neolignan
9,9'- 羟基 -3,4- 亚甲二氧基 -3'- 甲氧基 -[7-O-4',8-5']- 新木脂素 9,9'-hydroxy-3,4-methylenedioxy-3'-methoxy-[7-O-4',8-5']-neolignan
2'-(2- 羟基 -3,4- 亚甲二氧基苯基)- 甲基乙酸酯 2'-(2-hydroxy-3,4-dioxymethylenephenyl)-methylacetate
4'-(2- 羟基 -3,4- 亚甲二氧基苯基)- 正丁酸甲酯 4'-(2-hydroxy-3,4-dioxymethylenephenyl)-methyl-n-butyrate
7- 羟基 -3',4'- 亚甲二氧基黄烷 7-hydroxy-3',4'-methylenedioxyflavan
7- 羟基 -3',4'- 亚甲二氧基异黄酮 7-hydroxy-3',4'-methylenedioxyisoflavone
2- 羟基 -3,5,5- 三甲基环己 -2- 烯 -1,4- 二酮 2-hydroxy-3,5,5-trimethylcyclohex-2-en-1,4-dione
4- 羟基 -3,5,5- 三甲基环己 -2- 烯酮 4-hydroxy-3,5,5-trimethylcyclohex-2-enone
(-)-(7R,8S,7'E)-4- 羟基 -3,5,5'- 三甲氧基 -7,4'- 环氧 -8,3'- 新木脂素 -7'- 烯 -9,9'- 二醇 -9'- 乙醚 (-)-(7R,8S,7'E)-4-hydroxy-3,5,5'-trimethoxy-7,4'-epoxy-8,3'-neolign-7'-ene-9,9'-diol-9'-ethyl ether
4'- 羟基 -3',5,5'- 三甲氧基黄酮 -7-O-β-D- 吡喃葡萄糖基 -(1 → 4)-α-L- 吡喃鼠李糖苷 4'-hydroxy-3',5,5'-trimethoxyflavone-7-O-β-D-glucopyranosyl-(1 → 4)-α-L-rhamnopyranoside
4'- 羟基 -3,5,6,7,3',5'- 六甲氧基黄酮 4'-hydroxy-3,5,6,7,3',5'-hexamethoxyflavone
4- 羟基 -3,5,6,7,3',5'- 六甲氧基黄酮 4-hydroxy-3,5,6,7,3',5'-hexamethoxyflavone
1- 羟基 -3,5,6- 三甲氧基𠮿酮 1-hydroxy-3,5,6-trimethoxyxanthone
8- 羟基 -3,5,7,3',4',5'- 六甲氧基黄酮 8-hydroxy-3,5,7,3',4',5'-hexamethoxyflavone
4'- 羟基 -3,5,7- 三甲氧黄酮 4'-hydroxy-3,5,7-trimethoxyflavone
1- 羟基 -3,5,8- 甲氧基𠮿酮 1-hydroxy-3,5,8-trimethoxyxanthone
4- 羟基 -3,5- 二 (3'- 甲基 -2- 丁烯基)- 苯甲酸 -O-β-D- 吡喃葡萄糖苷 4-hydroxy-3,5-bis(3'-methyl-2-butenyl)-benzoic acid-O-β-D-glucopyranoside
3-(4- 羟基 -3,5- 二甲氧基)- 苯基 -2E- 丙烯醇 -1β-D- 吡喃葡萄糖苷 3-(4-hydroxy-3,5-dimethoxy)-phenyl-2E-proprenyl-1β-D-glucopyranoside
3'-(4''- 羟基 -3'',5''- 二甲氧基)- 丙基苯甲酸酯 3'-(4''-hydroxy-3'',5''-dimethoxyphenyl)-propylbenzoate
(-)-(7R,8S,7'E)-4- 羟基 -3,5'- 二甲氧基 -7,4'- 环氧 -8,3'- 新木脂素 -7'- 烯 -9,9'- 二醇 -9'- 乙醚 (-)-(7R,8S,7'E)-4-hydroxy-3,5'-dimethoxy-7,4'-epoxy-8,3'-neolign-7'-ene-9,9'-diol-9'-ethyl ether
(7'R,8'S)-4'- 羟基 -3',5- 二甲氧基 -7',8'- 二氢苯并呋喃 -1- 丙醇新木脂素 -9'-O-β-D- 吡喃木糖苷 (7'R,8'S)-4'-hydroxy-3',5-dimethoxy-7',8'-dihydro-benzofuran-1-propanolneolignan-9'-O-β-D-xylopyranoside
4- 羟基 -3,5- 二甲氧基苯酚 4-hydroxy-3,5-dimethoxyphenol
(7S,8S)-1-(4- 羟基 -3,5- 二甲氧基苯基)-1,2,3- 丙三醇 (7S,8S)-1-(4-hydroxy-3,5-dimethoxyphenyl)-1,2,3-propanetriol
(7S,8S)-1-(4- 羟基 -3,5- 二甲氧基苯基)-1,2,3- 丙三醇 -2-O-β-D- 吡喃葡萄糖苷 (7S,8S)-1-(4-hydroxy-3,5-dimethoxyphenyl)-1,2,3-propanetriol-2-O-β-D-glucopyranoside
3-(4- 羟基 -3,5- 二甲氧基苯基)-1,2- 丙二醇 3-(4-hydroxy-3,5-

Q

dimethoxyphenyl)-1,2-propanediol

1-(4- 羟基 -3,5- 二甲氧基苯基)-1,2- 丙二酮 1-(4-hydroxy-3,5-dimethoxyphenyl)-1,2-propanedione

2-(4'- 羟基 -3',5'- 二甲氧基苯基)-1,3- 丙二醇 2-(4'-hydroxy-3',5'-dimethoxyphenyl)-1,3-propanediol

1-(4- 羟基 -3,5- 二甲氧基苯基)-2-(4- 烯丙基 -2,6- 二甲氧基苯氧基) 丙醇 1-(4-hydroxy-3,5-dimethoxyphenyl)-2-(4-allyl-2,6-dimethoxyphenoxy)propanol

3-(4- 羟基 -3,5- 二甲氧基苯基)-2*E*- 丙烯基 -1*β*-D- 吡喃葡萄糖苷 3-(4-hydroxy-3,5-dimethoxyphenyl)-2*E*-propenyl-1*β*-D-glucopyranoside

1-(4- 羟基 -3,5- 二甲氧基苯基)-7-(4- 羟基 -3- 甲氧基苯基)-(1 反式 ,6 反式)-1,6- 庚二烯 -3,4- 二酮 1-(4-hydroxy-3,5-dimethoxyphenyl)-7-(4-hydroxy-3-methoxyphenyl)-(1*E*,6*E*)-1,6-heptadiene-3,4-dione

4*E*-5-{6-*O*-[2*E*-3-(4- 羟基 -3,5- 二甲氧基苯基)- 丙 -2- 烯酰基]-*β*-吡喃葡萄糖基硫 }- 戊 -4- 烯腈 4*E*-5-[(6-*O*-(2*E*-3-(4-hydroxy-3,5-dimethoxyphenyl)-prop-2-enoyl)-*β*-glucopyranosylsulfanyl]-pent-4-enenitrile

4*Z*-5-{6-*O*-[2*E*-3-(4- 羟基 -3,5- 二甲氧基苯基)- 丙 -2- 烯酰基]-*β*-吡喃葡萄糖基硫 }- 戊 -4- 烯腈 4*Z*-5-[6-*O*-(2*E*-3-(4-hydroxy-3,5-dimethoxyphenyl)-prop-2-enoyl)-*β*-glucopyranosylsulfanyl]-pent-4-enenitrile

3-(4- 羟基 -3,5- 二甲氧基苯基) 丙基甲酸酯 3-(4-hydroxy-3,5-dimethoxyphenyl)propyl formate

3-(4- 羟基 -3,5- 二甲氧基苯基) 丙烷 -1,2- 二醇 3-(4-hydroxy-3,5-dimethoxyphenyl)propane-1,2-diol

1-(4- 羟基 -3,5- 二甲氧基苯基) 丙烷 -1- 酮 1-(4-hydroxy-3,5-dimethoxyphenyl)propan-1-one

3-(4- 羟基 -3,5- 二甲氧基苯基) 丙酰吡咯 3-(4-hydroxy-3,5-dimethoxyphenyl)propanoylpyrrole

2-[(4- 羟基 -3,5- 二甲氧基苯基) 甲基]-3-[(4- 羟基 -3- 甲氧基苯基) 甲基]-1,4- 丁二醇 2-[(4-hydroxy-3,5-dimethoxyphenyl)methyl]-3-[(4-hydroxy-3-methoxyphenyl)methyl]-1,4-butanediol

1-(4- 羟基 -3,5- 二甲氧基苯基) 六氢 -1*H*- 环戊呋喃 -4- 醇 1-(4-hydroxy-3,5-dimethoxyphenyl)hexahydro-1*H*-cyclopentafuran-4-ol

1-(4- 羟基 -3,5- 二甲氧基苯基)- 乙酮 1-(4-hydroxy-3,5-dimethoxyphenyl)-ethanone

4- 羟基 -3,5- 二甲氧基苯甲醇 4-hydroxy-3,5-dimethoxybenzenemethanol

4- 羟基 -3,5- 二甲氧基苯甲醛 4-hydroxy-3,5-dimethoxybenzaldehyde

4- 羟基 -3,5- 二甲氧基苯甲酸 4-hydroxy-3,5-dimethoxybenzoic acid

4- 羟基 -3,5- 二甲氧基苯甲酸甲酯 methyl 4-hydroxy-3,5-dimethoxybenzoate

4- 羟基 -3,5- 二甲氧基 - 苯甲酸乙酯 ethyl 4-hydroxy-3,5-dimethoxy-benzoate

6-(4- 羟基 -3,5- 二甲氧基苯甲酸酯)-2-(3,4- 二羟基苯基)- 乙基 -*O*-*β*-D- 吡喃葡萄糖苷 6-(4-hydroxy-3,5-dimethoxybenzoate)-2-(3,4-dihydroxyphenyl)ethyl-*O*-*β*-D-glucopyranoside

6-(4- 羟基 -3,5- 二甲氧基苯甲酸酯)-2-(4- 羟基苯基)- 乙基 -*O*-*β*-D- 吡喃葡萄糖苷 6-(4-hydroxy-3,5-dimethoxybenzoate)-2-(4-hydroxyphenyl)ethyl-*O*-*β*-D-glucopyranoside

6-(4- 羟基 -3,5- 二甲氧基苯甲酸酯)-2- 羟基 -4-(2- 羟基乙基) 苯基 -*O*-*β*-D- 吡喃葡萄糖苷 6-(4-hydroxy-3,5-dimethoxybenzoate)-2-hydroxy-4-(2-hydroxyethyl)phenyl-*O*-*β*-D-glucopyranoside

6-(4- 羟基 -3,5- 二甲氧基苯甲酸酯)-4-(2- 羟基乙基) 苯基 -*O*-*β*-D- 吡喃葡萄糖苷 6-(4-hydroxy-3,5-dimethoxybenzoate)-4-(2-hydroxyethyl)phenyl-*O*-*β*-D-glucopyranoside

4-[6-*O*-(4- 羟基 -3,5- 二甲氧基苯甲酰基)-*β*-D- 吡喃葡糖基氧基]-3-甲氧基苯甲酸 4-[6-*O*-(4-hydroxy-3,5-dimethoxybenzoyl)-*β*-D-glucopyranosyloxy]-3-methoxybenzoic acid

6-*O*-(4'- 羟基 -3',5'- 二甲氧基苯甲酰基)-*β*-D- 吡喃葡萄糖 6-*O*-(4'-hydroxy-3',5'-dimethoxybenzoyl)-*β*-D-glucopyranose

3-*O*-(4''- 羟基 -3'',5''- 二甲氧基苯甲酰基)- 绿原酸甲酯 methyl 3-*O*-(4''-hydroxy-3'',5''-dimethoxybenzoyl)-chlorogenate

(*E*)-3-(4'- 羟基 -3',5'- 二甲氧基苯亚甲基)- 吲哚酮 (*E*)-3-(4'-hydroxy-3',5'-dimethoxybenzylidene)-2-indolinone

4- 羟基 -3,5- 二甲氧基 - 苯乙酮 4-hydroxy-3,5-dimethoxyacetophenone

4- 羟基 -3,5- 二甲氧基苄醇 -4-*O*-*β*-D- 吡喃葡萄糖苷 4-hydroxy-3,5-dimethoxybenzyl alcohol-4-*O*-*β*-D-glucopyranoside

4'- 羟基 -3,5- 二甲氧基芪 4'-hydroxy-3,5-dimethoxystilbene

4'- 羟基 -3,5- 二甲氧基对苯乙烯 4'-hydroxy-3,5-dimethoxy-*p*-styrene

6-*O*-[(2*E*)-4- 羟基 -3,5- 二甲氧基桂皮酰]-*β*-D- 吡喃葡萄糖基 -(1→6)-[*β*-D- 吡喃木糖基 -(1→2)]-*β*-D- 半乳糖基 -(1→3)-*O*-矢车菊素 6-*O*-[(2*E*)-4-hydroxy-3,5-dimethoxycinnamyl]-*β*-D-glucopyranosyl-(1 → 6)-[*β*-D-xylopyranosyl-(1 → 2)]-*β*-D-galactopyranosyl-(1 → 3)-*O*-cyanidin

4- 羟基 -3,5- 二甲氧基 - 桂皮酰基 -*β*-D- 吡喃葡萄糖基酯 4-hydroxy-3,5-dimethoxy-cinnamyl-*β*-D-glucopyranosyl ester

1- 羟基 -3,5- 二甲氧基𠮿酮 1-hydroxy-3,5-dimethoxyxanthone

1- 羟基 -3,5- 二甲氧基𠮿酮 -1-*O*-[*β*-D- 吡喃木糖基 -(1 → 6)-*β*-D- 吡喃葡萄糖苷 1-*O*-[*β*-D-xylopyranosyl-(1 → 6)-*β*-D-glucopyranosyl]-1-hydroxy-3,5-dimethoxyxanthone

6- 羟基 -3,5- 二甲氧基𠮿酮 -1-*O*-*β*-D- 吡喃葡萄糖苷 6-hydroxy-3,5-dimethoxyxanthone-1-*O*-*β*-D-glucopyranoside

3*α*- 羟基 -3,5- 二氢红曲可林 L 3*α*-hydroxy-3,5-dihydromonacolin L

3*β*- 羟基 -3,5- 二氢红曲可林 L 3*β*-hydroxy-3,5-dihydromonacolin L

2- 羟基 -3,5- 二硝基苯甲酸 2-hydroxy-3,5-dinitrobenzoic acid

1- 羟基 -3,5- 二乙氧基苯 1-hydroxy-3,5-diethoxybenzene

4- 羟基 -3,5- 二异戊烯基苯甲醛 4-hydroxy-3,5-diprenylbenzaldehyde

7- 羟基 -3,6,3',4'- 四甲氧基黄酮 7-hydroxy-3,6,3',4'-tetramethoxyflavone

6- 羟基 -3,6,4'- 三甲氧基山柰酚 6-hydroxy-3,6,4'-trimethoxykaempferol

5- 羟基 -3,6,7,3',4',5'- 六甲氧基黄酮 5-hydroxy-3,6,7,3',4',5'-hexamethoxyflavone

5- 羟基 -3,6,7,3',4'- 五甲氧基黄酮 5-hydroxy-3,6,7,3',4'-pentamethoxyflavone

5- 羟基 -3,6,7,4'- 四甲氧基黄酮 5-hydroxy-3,6,7,4'-tetramethoxyflavone

5- 羟基 -3,6,7,8,3',4'- 六甲氧基黄酮 5-hydroxy-3,6,7,8,3',4'-hexamethoxyflavone

1- 羟基 -3,6,7,8- 四甲氧基 -2- 甲基蒽酮 -1-*O*-*α*- 吡喃鼠李糖基 -(1 → 6)-*β*- 吡喃葡萄糖基 -(1 → 6)-*β*- 吡喃半乳糖苷 1-hydroxy-3,6,7,8-tetramethoxy-2-methylanthraquinone-1-*O*-*α*-rhamnopyranosyl-(1 → 6)-*β*-glucopyranosyl-(1 → 6)-*β*-galactopyranoside

1- 羟基 -3,6,7,8- 四甲氧基 -2- 异丙基蒽醌 1-hydroxy-3,6,7,8-tetramethoxy-2-isopropylanthraquinone

5- 羟基 -3,6,7,8- 四甲氧基黄酮 5-hydroxy-3,6,7,8-tetramethoxyflavone

1- 羟基 -3,6,7- 三甲氧基𠮿酮 1-hydroxy-3,6,7-trimethoxyxanthone

8- 羟基 -3,6,9- 三甲基 -7*H*- 苯并 [de] 喹啉 -7- 酮 8-hydroxy-3,6,9-trimethyl-7*H*-benzo[de]quinolin-7-one

7- 羟基 -3,6- 二巴豆酰氧基托品烷 7-hydroxy-3,6-ditigloyloxytropane

Q

4'- 羟基 -3,6- 二甲氧基 -6'',6''- 二甲基色烯 (7,8,2'',3'') 黄酮 4'-hydroxy-3,6-dimethoxy-6'',6''-dimethylchromeno(7,8,2'',3'') flavone
19*α*- 羟基 -3,6- 二氧代 -24- 降齐墩果 -12- 烯 -28- 酸 19*α*-hydroxy-3,6-dioxo-24-norolean-12-en-28-oic acid
19*α*- 羟基 -3,6- 二氧代 - 齐墩果 -12- 烯 -28- 酸 19*α*-hydroxy-3,6-dioxo-olean-12-en-28-oic acid
19*α*- 羟基 -3,6- 二氧代 - 熊果 -1(2),12- 二烯 -28- 酸 19*α*-hydroxy-3,6-dioxo-urs-1(2),12-dien-28-oic acid
19*α*- 羟基 -3,6- 二氧代 - 熊果 -12- 烯 -28- 酸 19*α*-hydroxy-3,6-dioxo-urs-12-en-28-oic acid
7- 羟基 -3,6- 双巴豆酰氧基托品烷 7-hydroxy-3,6-bis(tigloyloxy) tropane
(2*E*,6*E*,9*E*)-11- 羟基 -3,7,11- 三甲基 -2,6,9- 十二碳三烯酸甲酯 methyl (2*E*,6*E*,9*E*)-11-hydroxy-3,7,11-trimethyl-2,6,9,-dodecatrienoate
(2*E*,6*E*,9*Z*)-11- 羟基 -3,7,11- 三甲基 -2,6,9- 十二碳三烯酸甲酯 methyl (2*E*,6*E*,9*Z*)-11-hydroxy-3,7,11-trimethyl-2,6,9-dodecatrienoate
5- 羟基 -3,7,3',4'- 四甲氧基黄酮 5-hydroxy-3,7,3',4'-tetramethoxyflavone
5- 羟基 -3,7,3'- 三甲氧基黄酮 -4'-*O*-*β*-D- 吡喃葡萄糖苷 5-hydroxy-3,7,3'-trimethoxyflavone-4'-*O*-*β*-D-glucopyranoside
5- 羟基 -3,7,4'- 三甲氧基黄酮 5-hydroxy-3,7,4'-trimethoxyflavone
5- 羟基 -3',7,4'- 三甲氧基黄烷酮 5-hydroxy-7,3',4'-trimethoxyflavanone
5- 羟基 -3,7,8,3',4',5'- 六甲氧基黄酮 5-hydroxy-3,7,8,3',4',5'-hexamethoxyflavone
5- 羟基 -3,7,8,3',4'- 五甲氧基黄酮 5-hydroxy-3,7,8,3',4'-pentamethoxyflavone
5- 羟基 -3,7,8,5'- 四甲氧基 -3',4'- 亚甲二氧基黄酮 5-hydroxy-3,7,8,5'-tetramethoxy-3',4'-methylenedioxyflavone
1- 羟基 -3,7,8- 三甲氧基咄酮 1-hydroxy-3,7,8-trimethoxyxanthone
1- 羟基 -3,7,8- 三甲氧基咄酮 -1-*O*-*β*-D- 吡喃葡萄糖苷 1-*O*-*β*-D-glucopyranosyl-1-hydroxy-3,7,8-trimethoxyxanthone
5-[(2*E*,5*Z*)-7- 羟基 -3,7- 二甲基 -2,5- 辛二烯氧基] 补骨脂素 5-[(2*E*,5*Z*)-7-hydroxy-3,7-dimethyl-2,5-octadienoxy]psoralene
(3*S*,4*R*)-4- 羟基 -3,7- 二甲基 -3,4- 二氢萘烯 -1(2*H*)- 酮 (3*S*,4*R*)-4-hydroxy-3,7-dimethyl-3,4-dihydronaphthalen-1(2*H*)-one
(*E*)-8- 羟基 -3,7- 二甲基 -6- 辛烯酸 (*E*)-8-hydroxy-3,7-dimethyl-6-octenoic acid
8-[(2*E*,5*E*)-7- 羟基 -3,7- 二甲基八碳 -2,5- 二烯氧基] 补骨脂素 8-[(2*E*,5*E*)-7-hydroxy-3,7-dimethylocta-2,5-dienyloxy]psoralen
(*E*,*E*)-8-(7- 羟基 -3,7- 二甲基辛 -2,5- 二烯氧基)- 补骨脂素 (*E*,*E*)-8-(7-hydroxy-3,7-dimethylocta-2,5-dienyloxy)-psoralen
7-[(2'*E*,5'*E*)-7'- 羟基 -3',7'- 二甲基辛 -2',5'- 二烯氧基]- 香豆素 7-[(2'*E*,5'*E*)-7'-hydroxy-3',7'-dimethylocta-2',5'-dienyloxy]-coumarin
7-[(*E*)-7'- 羟基 -3',7'- 二甲基辛 -2',5'- 二烯氧基]- 香豆素 7-[(*E*)-7'-hydroxy-3',7'-dimethylocta-2',5'-dienyloxy]-coumarin
(7*S*,8*R*)-4- 羟基 -3,7- 二甲氧基 -1',2',3',4',5',6',7'- 七去甲基木脂素 -8'- 酮 (7*S*,8*R*)-4-hydroxy-3,7-dimethoxy-1',2',3',4',5',6',7'-heptanorlign-8'-one
5- 羟基 -3,7- 二甲氧基 -1,4- 菲醌 5-hydroxy-3,7-dimethoxy-1,4-phenanthrenequinone
5- 羟基 -3,7- 二甲氧基 -3',4'- 亚甲二氧基黄酮 5-hydroxy-3,7-dimethoxy-3',4'-methylenedioxyflavone
6- 羟基 -3,7- 二甲氧基 -8-(2- 氧代 -3- 甲基丁 -3- 烯基)-6',6'- 二甲基 -5'- 羟基 -4',5'- 二氢吡喃并 (2',3':1,2) 咄酮 6-hydroxy-3,7-dimethoxy-8-(2-oxo-3-methylbut-3-enyl)-6',6'-dimethyl-5'-hydroxy-4',5'-dihydropyrano(2',3':1,2)xanthone
6- 羟基 -3,7- 二甲氧基 -8-(3- 甲基丁 -2- 烯基)-6',6'- 二甲基 -5'- 羟基 -4',5'- 二氢吡喃并 (2',3':1,2) 咄酮 6-hydroxy-3,7-dimethoxy-8-(3-methylbut-2-enyl)-6',6'-dimethyl-5'-hydroxy-4',5'-dihydropyrano(2',3':1,2)xanthone
2- 羟基 -3,7- 二甲氧基菲 2-hydroxy-3,7-dimethoxyphenanthrene
5- 羟基 -3,7- 二甲氧基黄酮 5-hydroxy-3,7-dimethoxyflavone
4'- 羟基 -3',7- 二甲氧基黄烷 -5-*O*-*β*-D- 吡喃葡萄糖苷 4'-hydroxy-7,3'-dimethoxyflavan-5-*O*-*β*-D-glucopyranoside
1- 羟基 -3,7- 二甲氧基咄酮 1-hydroxy-3,7-dimethoxyxanthone
4- 羟基 -3,7- 二甲氧基咄酮 4-hydroxy-3,7-dimethoxyxanthone
8- 羟基 -3,7- 二甲氧基咄酮 -1-*O*-*β*-D- 吡喃葡萄糖苷 8-hydroxy-3,7-dimethoxyxanthone-1-*O*-*β*-D-glucopyranoside
7- 羟基 -3,8- 二甲氧基咄酮 -1-*O*-[*β*-D- 吡喃木糖基 -(1 → 6)]-*β*-D- 吡喃葡萄糖苷 7-hydroxy-3,8-dimethoxyxanthone-1-*O*-[*β*-D-xylopyranosyl-(1 → 6)]-*β*-D-glucopyranoside
7- 羟基 -3,8- 二甲氧基咄酮 -1-*O*-*β*-D- 吡喃葡萄糖苷 7-hydroxy-3,8-dimethoxyxanthone-1-*O*-*β*-D-glucopyranoside
(6a*R*,11a*R*)-10- 羟基 -3,9- 二甲氧基紫檀素 (6a*R*,11a*R*)-10-hydroxy-3,9-dimethoxypterocarpan
2- 羟基 -3,9- 二甲氧基紫檀素 2-hydroxy-3,9-dimethoxypterocarpin
(6a*R*,11a*R*)-10- 羟基 -3,9- 二甲氧基紫檀烷 (6a*R*,11a*R*)-10-hydroxy-9,10-dimethoxypterocarpan
4- 羟基 -3.5 二甲氧基苯基 -*β*-D- 吡喃葡萄糖苷 4-hydroxy-3,5-dimethoxyphenyl-*β*-D-glucopyranoside
4-[(2*R*,3*R*)-4- 羟基 -3-[(4- 羟基 -3- 甲氧基苯基) 甲基]-2-(羟基甲基) 丁基]-2- 甲氧基苯基 -*O*-*α*-L- 吡喃鼠李糖苷 4-[(2*R*,3*R*)-4-hydroxy-3-[(4-hydroxy-3-methoxyphenyl) methyl]-2-(hydroxymethyl)butyl]-2-methoxyphenyl-*O*-*α*-L-rhamnopyranoside
3*β*- 羟基 -30- 甲氧基 -6- 氧代 - 熊果 -12,19(20)- 二烯 -28- 酸 3*β*-hydroxy-30-methoxy-6-oxo-urs-12,19(20)-dien-28-oic acid
3- 羟基 -30- 降 -20- 氧代 -28- 羽扇豆酸 3-hydroxy-30-nor-20-oxo-28-lupanoic acid
22*β*- 羟基 -30- 降伽马蜡 -21- 酮 22*β*-hydroxy-30-norgammaceran-21-one
21- 羟基 -30- 降何帕 -22- 酮 21-hydroxy-30-norhopan-22-one
3*β*- 羟基 -30- 降基齐墩果 -12,20(29)- 二烯 -28- 酸 -3-*O*-(*β*-D- 吡喃葡萄糖醛酸甲酯) 3*β*-hydroxy-30-noroleana-12,20(29)-dien-28-oic acid-3-*O*-(*β*-D-glucopyranosiduronic acid methyl ester)
3*β*- 羟基 -30- 降齐墩果 -12,18- 二烯 -29- 乙酯 ethyl 3*β*-hydroxy-30-noroleana-12,18-dien-29-oate
3*β*- 羟基 -30- 降齐墩果 -12,20(29)- 二烯 -28- 酸 3*β*-hydroxy-30-norolean-12,20(29)-dien-28-oic acid
3*α*- 羟基 -30- 降羽扇豆 -18(19)- 烯 -20,21- 二酮 3*α*-hydroxy-30-norlupan-18(19)-ene-20,21-dione
3*β*- 羟基 -30- 降羽扇豆 -20- 酮 3*β*-hydroxy-30-norlupan-20-one
3*β*- 羟基 -30- 醛 - 齐墩果 -12- 烯 -28- 酸 3*β*-hydroxy-30-al-olean-12-en-28-oic acid
25- 羟基 -33- 甲基三十五烷 -6- 酮 25-hydroxy-33-methylpentatricontan-6-one
2'- 羟基 -3'-4'-(2'',3''- 二氢呋喃)- 查耳酮 2'-hydroxy-3'-4'-(2'',3''-dihydrofurano)-chalcone
2- 羟基 -3-*O*-*β*-D- 吡喃葡萄糖基苯甲酸 2-hydroxy-3-*O*-*β*-D-glucopyranosylbenzoic acid
6'-*O*-(2- 羟基 -3-*O*-*β*-D- 吡喃葡萄糖基 - 苯甲酰基) 獐牙菜苷 6'-*O*-(2-hydroxy-3-*O*-*β*-D-glucopyranosyl-benzoyl)sweroside
8*β*- 羟基 -3-*O*-*β*-D- 吡喃葡萄糖基 - 对映 - 半日花 -13- 烯 -15,16-

Q

二醇 8β-hydroxy-3-O-β-D-glucopyranosyl-ent-labda-13-en-15,16-diol
18- 羟基 -3-O-β-D- 吡喃葡萄糖基泽漆内酯 A 18-hydroxy-3-O-β-D-glucopyranosylhelioscopinolide A
2- 羟基 -3-O-β-D- 葡萄糖氧基苯甲酸甲酯 2-hydroxy-3-O-β-D-glucosyloxybenzoic acid methyl ester
2- 羟基 -3-O- 巴豆酰基 -6-O- 乙酰桃花心木内酯 2-hydroxy-3-O-tigloyl-6-O-acetylswietenolide
11- 羟基 -3-O- 甲基 -1- 异倒捻子素 11-hydroxy-3-O-methyl-1-isomangostin
19α- 羟基 -3-O- 乙酰熊果酸 19α-hydroxy-3-O-acetylursolic acid
5- 羟基 -3S- 羟基甲基 -6- 甲基 -2,3- 二氢苯并呋喃 5-hydroxy-3S-hydroxymethyl-6-methyl-2,3-dihydrobenzofuran
1α- 羟基 -3α-(2- 甲基丁酰氧基)- 异土木香内酯 1α-hydroxy-3α-(2-methylbutanoyloxy)-isoalantolactone
(25S,3'S)-(+)-12α- 羟基 -3α-(3'- 羟基 -3'- 甲基戊二酰氧)-24- 甲基羊毛脂 -8,24(31)- 二烯 -26- 酸 (25S,3'S)-(+)-12α-hydroxy-3α-(3'-hydroxy-3'-methylglutaryloxy)-24-methyllanosta-8,24(31)-dien-26-oic acid
(25S,3'S))-(+)-12α- 羟基 -3α-(3'- 羟基 -4'- 甲氧基甲酰基 -3'- 甲基丁酰氧)-24- 甲基羊毛脂 -8,24(31)- 二烯 -26- 酸 (25S,3'S)-(+)-12α-hydroxy-3α-(3'-hydroxy-4'-methoxycarbonyl-3'-methylbutyryloxy)-24-methyllanosta-8,24(31)-dien-26-oic acid
3- 羟基 -3α-(O- 硫酸酯 - 氧基)- 齐墩果 -12- 烯 -28- 酸 -28-O-α-L-吡喃鼠李糖基 -(1''' → 4'')-O-β-D- 吡喃葡萄糖基 -(1'' → 6')-O-β-D- 吡喃葡萄糖基酯 3-hydroxy-3α-(O-sulfate-oxy)-olean-12-en-28-oic acid-28-O-α-L-rhamnopyranosyl-(1''' → 4'')-O-β-D-glucopyranosyl-(1'' → 6')-O-β-D-glucopyranoside ester
6- 羟基 -3α,20- 环氧 -5(6)- 烯 - 对映 - 贝壳杉 -1,7,15- 三酮 6-hydroxy-3α,20-epoxy-5(6)-ene-ent-kaur-1,7,15-trione
4β- 羟基 -3α,7α- 环氧 - 豆甾 -(Z)-5,22- 二烯 -3β- 十四酸酯 4β-hydroxy-3α,7α-epoxy-stigmast-(Z)-5,22-dien-3β-tetradecanoate
12β- 羟基 -3α,7α- 环氧 - 羊毛脂 -(Z)-5,20,22- 三烯 -26- 酸 -3β-十四酸酯 12β-hydroxy-3α,7α-epoxy-lanost-(Z)-5,20,22-trien-26-oic acid-3β-tetradecanoate
23- 羟基 -3α-O-α-L- 吡喃鼠李糖基 -(1''' → 4'')-O-[β-D-(E-6'''-O-咖啡酰基)- 吡喃葡萄糖苷]-O- 齐墩果 -12- 烯 -28- 酸 23-hydroxy-3α-O-α-L-rhamnopyranosyl-(1''' → 4'')-O-[β-D-(E-6'''-O-caffeoyl)-glucopyranoside]-oxy-olean-12-en-28-oic acid
(25S)-(+)-12α- 羟基 -3α- 丙二酰氧 -24- 甲基羊毛脂 -8,24(31)- 二烯 -26- 酸 (25S)-(+)-12α-hydroxy-3α-malonyloxy-24-methyllanosta-8,24(31)-dien-26-oic acid
(+)-12α- 羟基 -3α- 甲基羧基酯 -24- 甲基羊毛脂 -8,24(31)- 二烯 -26- 酸 (+)-12α-hydroxy-3α-methylcarboxyacetate-24-methyllanosta-8,24(31)-diene-26-oic acid
15β- 羟基 -3α- 甲氧基 -23- 环木菠萝烯 -26- 酸 15β-hydroxy-3α-methoxy-23-cycloarten-26-oic acid
6- 羟基 -3α- 甲氧基白蛇根草震颤酮▲ 6-hydroxy-3α-methoxytremetone
21β- 羟基 -3α- 甲氧基鱼鳞云杉 -15β- 醛 21β-hydroxy-3α-methoxyjezan-15β-al
3β- 羟基 -3α- 千里光酰氧基 - 异土木香内酯 3β-hydroxy-3α-senecioyloxyisoalantolactone
1α- 羟基 -3α- 异丁酰氧基异土木香内酯 1α-hydroxy-3α-isobutyryloxyisoalantolactone
(-)-14- 羟基 -3β-(3-O- 甲基 -6- 去氧 -α-L- 吡喃葡萄糖基)-11α,12α-环氧 -(5β,14β,17βH)- 强心甾 -20(22)- 烯内酯 (-)-14-hydroxy-3β-(3-O-methyl-6-deoxy-α-L-glucopyranosyl)-11α,12α-epoxy-(5β,14β,17βH)-card-20(22)-enolide
(-)-14- 羟基 -3β-(3-O- 甲基 -6- 去氧 -α-L- 吡喃鼠李糖基)-11α,12α-环氧 -(5β,14β,17βH)- 强心甾 -20(22)- 烯内酯 (-)-14-hydroxy-3β-(3-O-methyl-6-deoxy-α-L-rhamnopyranosyl)-11α,12α-epoxy-(5β,14β,17βH)-card-20(22)-enolide
2α- 羟基 -3β-(4- 羟基苯甲酰基) 蒲公英萜 -14- 烯 -28- 酸 2α-hydroxy-3β-[(4-hydroxy-benzoyl)oxy]taraxer-14-en-28-oic acid
2α- 羟基 -3β-(4- 羟基苯甲酰氧基) 蒲公英萜 -14- 烯 -28- 酸甲酯 methyl 2α-hydroxy-3β-[(4-hydroxybenzoyl)oxy]taraxer-14-en-28-oate
2- 羟基 -3β,19α- 二羟基熊果 -28- 酸 -28-O-β-D- 葡萄糖酯苷 2-hydroxy-3β,19α-dihydroxyurs-28-O-β-D-glucoside
23- 羟基 -3β-[(O-α-L- 吡喃阿拉伯糖基) 氧基] 羽扇豆 -20(29)-烯 -28- 酸 -28-O-β-D- 吡喃葡萄糖基酯苷 23-hydroxy-3β-[(O-α-L-arabinopyranosyl)oxy]lup-20(29)-en-28-oic acid-28-O-β-D-glucopyranosyl ester
23- 羟基 -3β-[(O-α-L- 吡喃鼠李糖基 -(1 → 2)-[β-D- 吡喃葡萄糖基 -(1 → 4)]-α-L- 吡喃阿拉伯糖基)]- 羽扇豆 -20(29)-烯 -28- 酸 -28-O-β-D- 吡喃葡萄糖基 -(1 → 6)-β-D- 吡喃葡萄糖基酯苷 23-hydroxy-3β-[(O-α-L-rhamnopyranosyl-(1 → 2)-[β-D-glucopyranosyl-(1 → 4)]-α-L-arabinopyranosyl)]-lup-20(29)-en-28-oic acid-28-O-β-D-glucopyranosyl-(1 → 6)-β-D-glucopyranosylester
23- 羟基 -3β-[(O-α-L- 吡喃鼠李糖基 -(1 → 2)-O-[O-β-D- 吡喃葡萄糖基 -(1 → 4)]-α-L- 吡喃阿拉伯糖基) 氧基] 羽扇豆 -20(29)-烯 -28- 酸 23-hydroxy-3β-[(O-α-L-rhamnopyranosyl-(1 → 2)-O-[O-β-D-glucopyranosyl-(1 → 4)]-α-L-arabinopyranosyl)oxy]lup-20(29)-en-28-oic acid
23- 羟基 -3β-[(O-α-L- 吡喃鼠李糖基 -(1 → 2)-O-[O-β-D- 吡喃葡萄糖基 -(1 → 4)]-α-L- 吡喃阿拉伯糖基) 氧基] 羽扇豆 -20(29)-烯 -28- 酸 -28-O-α-L- 吡喃鼠李糖基 -(1 → 4)-O-β-D- 吡喃葡萄糖基 -(1 → 6)-β-D- 吡喃葡萄糖基酯苷 23-hydroxy-3β-[(O-α-L-rhamnopyranosyl-(1 → 2)-O-[O-β-D-glucopyranosyl-(1 → 4)]-α-L-arabinopyranosyl)oxy]-lup-20(29)-en-oic acid-28-O-α-L-rhamnopyranosyl-(1 → 4)-O-β-D-glucopyranosyl-(1 → 6)-β-D-glucopyranosylester
23- 羟基 -3β-[(O-α-L- 吡喃鼠李糖基 -(1 → 2)-O-[O-β-D- 吡喃葡萄糖基 -(1 → 4)]-α-L- 吡喃阿拉伯糖基) 氧基] 羽扇豆 -20(29)-烯 - 酸 -28-O-α-L- 吡喃鼠李糖基 -(1 → 4)-O-β-D- 吡喃葡萄糖基 -(1 → 6)-β-D- 吡喃葡萄糖基酯苷 23-hydroxy-3β-[(O-α-L- rhamnopyranosyl-(1 → 2)-O-[O-β-D-glucopyranosyl-(1 → 4)]-α-L-arabinopyranosyl)oxy]-lup-20(29)-en-oic acid-28-O-α-L-rhamnopyranosyl-(1 → 4)-O-β-D-glucopyranosyl-(1 → 6)-β-D-glucopyranosyl ester
23- 羟基 -3β-[(O-α-L- 吡喃鼠李糖基 -(1 → 2)-O-[O-β-D- 吡喃葡萄糖基 -(1 → 4)-O-β-D- 吡喃葡萄糖基 -(1 → 4)]-O-α-L- 吡喃阿拉伯糖基) 氧基] 羽扇豆 -20(29)- 烯 -28- 酸 -28-O-α-L- 吡喃鼠李糖基 -(1 → 4)-O-β-D- 吡喃葡萄糖基 -(1 → 6)-O-β-D- 吡喃葡萄糖基酯苷 23-hydroxy-3β-[(O-α-L-rhamnopyranosyl-(1 → 2)-O-[O-β-D-glucopyranosyl-(1 →4)-O-β-D-glucopyranosyl-(1 →4)]-O-α-L-arabinopyranosyl)oxy]lup-20(29)-en-28-oic acid-28-O-α-L-rhamnopyranosyl-(1 →4)-O-β-D-glucopyranosyl-(1 →6)-O-β-D-glucopyranosyl ester
23- 羟基 -3β-[(O-α-L- 吡喃鼠李糖基 -(1 → 2)-O-[O-β-D- 吡喃葡萄糖基 -(1 → 4)-β-D- 吡喃葡萄糖基 -(1 → 4)]-α-L- 吡喃阿拉伯糖基) 氧基] 羽扇豆 -20(29)- 烯 -28- 酸 -28-O-α-L- 吡喃鼠李糖基 -(1 → 4)-O-β-D- 吡喃葡萄糖基 -(1 → 6)-β-D- 吡喃葡萄糖基酯苷 23-hydroxy-3β-[(O-α-L-rhamnopyranosyl-(1 → 2)-O-[O-β-D-glucopyranosyl-(1 → 4)-β-D-glucopyranosyl-(1 → 4)]-α-L-arabinopyranosyl)oxy]lup-20(29)-en-28-oic acid-28-O-α-

Q

L-rhamnopyranosyl-(1 → 4)-*O*-*β*-D-glucopyranosyl-(1 → 6)-*β*-D-glucopyranosylester

23- 羟基 -3*β*-[(*O*-*α*-L- 吡喃鼠李糖基 -(1 → 2)-*O*-[*β*-D- 吡喃葡萄糖基 -(1 → 4)]-*α*-L- 吡喃阿拉伯糖基)]- 羽扇豆 -20(29)- 烯 -28- 酸 23-hydroxy-3*β*-[(*O*-*α*-L-rhamnopyranosyl-(1 → 2)-*O*-[*β*-D-glucopyranosyl-(1 → 4)]-*α*-L-arabinopyranosyl)]-lup-20(29)-en-28-oic acid

23- 羟基 -3*β*-[(*O*-*α*-L- 吡喃鼠李糖基 -(1 → 2)-*O*-*α*-L- 吡喃阿拉伯糖基) 氧基] 羽扇豆 -20(29)- 烯 - 酸 23-hydroxy-3*β*-[(*O*-*α*-L-rhamnopyranosyl-(1→2)-*O*-*α*-L-arabinopyranosyl)oxy]lup-20(29)-en-oic acid

23- 羟基 -3*β*-[(*O*-*α*-L- 吡喃鼠李糖基 -(1 → 2)-*α*-L- 吡喃阿拉伯糖基) 氧基] 羽扇豆 -20(29)- 烯 -28- 酸 -28-*O*-*α*-L- 吡喃鼠李糖基 -(1 → 4)-*O*-*β*-D- 吡喃葡萄糖基 -(1 → 6)-*β*-D- 吡喃葡萄糖基酯苷 23-hydroxy-3*β*-[(*O*-*α*-L-rhamnopyranosyl-(1 → 2)-*α*-L-arabinopyranosyl)oxy]lup-20(29)-en-28-oic acid-28-*O*-*α*-L-rhamnopyranosyl-(1 → 4)-*O*-*β*-D-glucopyranosyl-(1 → 6)-*β*-D-glucopyranosylester

23- 羟基 -3*β*-[(*O*-*α*-L- 吡喃鼠李糖基 -(1 → 2)-*α*-L- 吡喃阿拉伯糖基) 氧基] 羽扇豆 -20(29)- 烯 -28- 酸 -28-*O*-*β*-D- 吡喃葡萄糖基酯苷 23-hydroxy-3*β*-[(*O*-*α*-L-rhamnopyranosyl-(1 → 2)-*α*-L-arabinopyranosyl)oxy]lup-20(29)-en-28-oic acid-28-*O*-*β*-D-glucopyranosyl ester

23- 羟基 -3*β*-[(*O*-*β*-D- 吡喃核糖基 -(1 → 3)-*O*-*α*-L- 吡喃鼠李糖基 -(1 → 2)-*α*-L- 吡喃阿拉伯糖氧基]- 齐墩果酸 23-hydroxy-3*β*-[(*O*-*β*-D-ribopyranosyl-(1→3)-*O*-*α*-L-rhamnopyranosyl-(1→2)-*α*-L-arabinopyranosyloxy]-oleanolic acid

23- 羟基 -3*β*-[(*O*-*β*-D- 吡喃葡萄糖基 -(1 → 3)-*O*-*α*-L- 吡喃鼠李糖基 -(1 → 2)-*α*-L- 吡喃阿拉伯糖基) 氧基] 羽扇豆 -20(29)- 烯 -28- 酸 23-hydroxy-3*β*-[(*O*-*β*-D-glucopyranosyl-(1→3)-*O*-*α*-L-rhamnopyranosyl-(1→2)-*α*-L-arabinopyranosyl)oxy]lup-20(29)-en-28-oic acid

23- 羟基 -3*β*-[(*O*-*β*-D- 吡喃葡萄糖基 -(1 → 4)-*α*-L- 吡喃阿拉伯糖基)]- 羽扇豆 -20(29)- 烯 -28- 酸 -28-*O*-*β*-D- 吡喃葡萄糖基 -(1 → 6)-*β*-D- 吡喃葡萄糖基酯苷 23-hydroxy-3*β*-[(*O*-*β*-D-glucopyranosyl-(1 → 4)-*α*-L-arabinopyranosyl)]-lup-20(29)-en-28-oic acid-28-*O*-*β*-D-glucopyranosyl-(1 → 6)-*β*-D-glucopyranosylester

23- 羟基 -3*β*-[(*O*-*β*-D- 吡喃葡萄糖基 -(1 → 4)-*α*-L- 吡喃阿拉伯糖基) 氧基] 羽扇豆 -20(29)- 烯 -28- 酸 23-hydroxy-3*β*-[(*O*-*β*-D-glucopyranosyl-(1 → 4)-*α*-L-arabinopyranosyl)oxy]lup-20(29)-en-28-oic acid

14*β*- 羟基 -3*β*-[*β*-D- 吡喃葡萄糖基 -(1 → 6)-(*β*-D- 吡喃葡萄糖基) 氧基]-5*α*- 蟾蜍甾 -20,22- 二烯酯 14*β*-hydroxy-3*β*-[*β*-D-glucopyranosyl-(1 → 6)-(*β*-D-glucopyranosyl)oxy]-5*α*-bufa-20,22-dienolide

2*β*- 羟基 -3-*β*-D- 吡喃葡萄糖醛酸基 -28-*O*-[*α*-L- 吡喃鼠李糖基 -(1 → 2)-*α*-L- 吡喃阿拉伯糖苷]-Δ^{12}- 齐墩果 -23- 酸 2*β*-hydroxy-3-*β*-D-glucuronopyranosyl-28-*O*-[*α*-L-rhamnopyranosyl-(1 → 2)-*α*-L-arabinopyranoside]-Δ^{12}-olean-23-oic acid

2*β*- 羟基 -3*β*-*O*-(*β*-D- 吡喃葡萄糖基)-Δ^{12}- 齐墩果烯 -23,28- 二酸 2*β*-hydroxy-3*β*-*O*-(*β*-D-glucopyranosyl)-Δ^{12}-oleanene-23,28-dioic acid

(20*β*)-19- 羟基 -3*β*-*O*-*β*-D- 吡喃木糖基 - 熊果 -12- 烯 -28- 酸 (20*β*)-19-hydroxy-3*β*-*O*-*β*-D-xylopyranosyl-urs-12-en-28-oic acid

2- 羟基 -3-*β*- 巴豆酰氧基 -1- 氧代楝 -8(30)- 烯酸甲酯 methyl-2-hydroxy-3-*β*-tigloyloxy-1-oxomeliac-8(30)-enate

2*α*- 羟基 -3*β*- 当归酰合瓣樟▲内酯 2*α*-hydroxyl-3*β*-angeloylcinnamolide

2*α*- 羟基 -3*β*- 二甲氨基 -5*α*- 孕烷 2*α*-hydroxy-3*β*-dimethylamino-5*α*-pregnane

2*α*- 羟基 -3*β*- 反式 - 对香豆酰氧基 - 熊果 -12- 烯 -28- 酸 2*α*-hydroxy-3*β*-(trans-*p*-coumaroyloxy)-urs-12-en-28-oic acid

2*α*- 羟基 -3*β*- 甲氧基 -6- 氧代 -13*α*,14*β*,17*α*- 羊毛脂 -7,24- 二萜 -21,16*β*- 内酯 2*α*-hydroxy-3*β*-methoxy-6-oxo-13*α*,14*β*,17*α*-lanosta-7,24-dien-21,16*β*-olide

21*α*- 羟基 -3*β*- 甲氧基千层塔 -14- 烯 -30- 醛 21*α*-hydroxy-3*β*-methoxyserrat-14-en-30-al

2*β*- 羟基 -3*β*- 甲氧基熊果 -12- 烯 -28- 酸 2*β*-hydroxy-3*β*-methoxyurs-12-en-28-oic acid

2*α*- 羟基 -3*β*- 甲氧基 - 熊果 -12- 烯 -28- 酸 2*α*-hydroxy-3*β*-methoxy-urs-12-en-28-oic acid

21*β*- 羟基 -3*β*- 甲氧基鱼鳞云杉 -15*β*- 醛 21*β*-hydroxy-3*β*-methoxyjezan-15*β*-al

(5*S*)-5- 羟基 -3- 白桦酮▲ (5*S*)-5-hydroxy-3-platyphyllone

2- 羟基 -3- 苯胺羰基 -1- 偶氮苯基萘 2-hydroxy-3-(phenyl-aminocarbonyl)naphthalene-1-azobenzene

2- 羟基 -3- 苯基丙酸 2-hydroxy-3-phenylpropionic acid

2- 羟基 -3- 苯基丙酸甲酯 methyl 2-hydroxy-3-phenylpropanoate

3- 羟基 -3- 苯基丙酰胺 3-hydroxy-3-phenyl-propanamide

6- 羟基 -3- 吡啶羧酸 6-hydroxy-3-pyridinecarboxylic acid

18*β*- 羟基 -3- 表 -*α*- 育亨宾碱 18*β*-hydroxy-3-*epi*-*α*-yohimbine

4*β*- 羟基 3- 表金挖耳素▲B 4*β*-hydroxy-3-epidivaricin B

6*α*- 羟基 -3- 表 - 齐墩果酸 6*α*-hydroxy-3-*epi*-oleanolic acid

25- 羟基 -3- 表 - 去氢丘陵多孔菌酸▲ 25-hydroxy-3-*epi*-dehydrotumulosic acid

6*β*- 羟基 -3- 表 - 日本当药苷▲A 6*β*-hydroxy-3-*epi*-swertiajaposide A

(*E*)-3-(4- 羟基 -3- 丙氧基苯基)- 丙烯酸 (*E*)-3-(4-hydroxy-3-propoxyphenyl)-acrylic acid

4- 羟基 -3- 丁基 - 苯酞 4-hydroxy-3-butyl-phthalide

2- 羟基 -3- 丁烯基硫氰酸酯 2-hydroxy-3-butenylthiocyanate

5- 羟基 -3- 对羟基苯基吡喃 [3,2-g] 色烯 -4(8*H*)- 酮 5-hydroxy-3-(4-hydroxylphenyl)pyrano[3,2-g]chromene-4(8*H*)-one

2- 羟基 -3- 对羟基苯基丙酸 2-hydroxy-3-(4-hydroxyphenyl) propanoic acid

7- 羟基 -3- 对羟基苄基 - 色原酮 7-hydroxy-3-(4-hydroxybenzyl)-chromone

(4*S*,1'*E*,3'*E*)-4-(5'- 羟基 -3'- 甲基 -1',3'- 戊二烯)-3,5,5- 三甲基 -2- 环己烯 -1- 酮 -*β*-D- 吡喃葡萄糖苷 (4*S*,1'*E*,3'*E*)-4-(5'-hydroxy-3'-methyl-1',3'-pentadienyl)-3,5,5-trimethyl-2-cyclohexen-l-one-*β*-D-glucopyranoside

2- 羟基 -3- 甲基 -1- 甲氧基蒽醌 2-hydroxy-3-methyl-1-methoxyanthraquinon

4*R*- 羟基 -3- 甲基 -2-(2*Z*- 戊烯基)- 环戊烷 -2- 烯酮 -4-*O*-*β*-D- 吡喃葡萄糖苷 4*R*-hydroxy-3-methyl-2-(2*Z*-pentenyl)-cyclopent-2-enone-4-*O*-*β*-D-glucopyranoside

2- 羟基 -3- 甲基 -21- 氧代 -12,24- 二降 -D:B- 飞齐墩果 -1,3,5(10),7- 四烯 -29- 酸 2-hydroxy-3-methyl-21-oxo-12,24-dinor-D:B-friedooleana-1,3,5(10),7-tetraen-29-oic acid

3- 羟基 -3- 甲基 -2- 丁醇 3-hydroxy-3-methyl-2-butanol

(*E*)-2-(4- 羟基 -3- 甲基 -2- 丁烯基)- 氢醌 (*E*)-2-(4-hydroxy-3-methyl-2-butenyl)-hydroquinone

3-(3- 羟基 -3- 甲基 -2- 氧代丁基)-4,7- 二甲氧基 -1- 甲基 -2(1*H*)- 喹诺酮 3-(3-hydroxy-3-methyl-2-oxobutyl)-4,7-dimethoxy-1-methyl-2(1*H*)-quinolinone

3-(2'- 羟基 -3'- 甲基 -3'- 丁烯基) 乙酰苯 4-*O*-[*α*-L- 吡喃阿拉伯糖基 -(1 → 3)]-*O*-*β*-D- 吡喃半乳糖苷 3-(2'-hydroxy-3'-methyl-3'-butenyl)acetylphenyl-4-*O*-[*α*-L-arabinopyranosyl-(1 → 3)]-*O*-*β*-D-

Q

galactopyranoside
2- 羟基 -3- 甲基 -4H- 吡喃 -4- 酮 2-hydroxy-3-methyl-4H-pyran-4-one
5- 羟基 -3- 甲基 -4- 丙基巯基 -5H- 呋喃 -2- 酮 5-hydroxy-3-methyl-4-propylsulfanyl-5H-furan-2-one
(2E,6E,10E)-(+)-4β- 羟基 -3- 甲基 -5β-(3,7,11,15- 四甲基十六烷 -2,6,10,14- 四烯基) 环己 -2- 烯 -1- 酮 (2E,6E,10E)-(+)-4β-hydroxy-3-methyl-5β-(3,7,11,15-tetramethylhexadeca-2,6,10,14-tetraenyl)cyclohex-2-en-1-one
2- 羟基 -3- 甲基 -6-(1- 甲基乙基)-2- 环己烯 -1- 酮 2-hydroxy-3-methyl-6-(1-methylethyl)-2-cylcohexen-1-one
1- 羟基 -3- 甲基 -6- 甲氧基蒽醌 -8-O-β-D- 吡喃木糖苷 1-hydroxy-3-methyl-6-methoxyanthraquinone-8-O-β-D-xylopyranoside
8- 羟基 -3- 甲基 -6- 甲氧基呫酮 -1-O-α-L- 吡喃鼠李糖基 -(1 → 6)-β-D- 吡喃葡萄糖苷 8-hydroxy-3-methyl-6-methoxyxanthone-1-O-α-L-rhamnopyranosyl-(1 → 6)-β-D-glucopyranoside
8- 羟基 -3- 甲基 -6- 甲氧基呫酮 -1-O-β-D- 吡喃葡萄糖基 -(1 → 6)-β-D- 吡喃葡萄糖苷 8-hydroxy-3-methyl-6-methoxyxanthone-1-O-β-D-glucopyranosyl-(1 → 6)-β-D-glucopyranoside
1- 羟基 -3- 甲基 -8-[6-O- 羧基乙酰基 -β-D- 吡喃葡萄糖氧基]- 蒽醌 1-hydroxy-3-methyl-8-[6-O-(carboxyacetyl)-β-D-glucopyranosyloxy]-anthraquinone
3-(4- 羟基 -3- 甲基苯基)-1- 丙醇 -1-O-β-D- 吡喃葡萄糖苷 3-(4-hydroxy-3-methylphenyl)-1-propanol-1-O-β-D-glucopyranoside
(3R,4S)-4-(4- 羟基 -3- 甲基苯基)-4- 甲氧基 -3- 甲基丁烷 -2-酮 (3R,4S)-4-(4-hydroxy-3-methoxyphenyl)-4-methoxy-3-methylbutan-2-one
4-(4'- 羟基 -3'- 甲基苯基醚)-2- 丁醇 4-(4'-hydroxy-3'-methylphenyl ether)-2-butanol
4- 羟基 -3- 甲基苯乙酮 4-hydroxy-3-methylacetophenone
6-(4- 羟基 -3- 甲基丁 -2- 烯基)-1,5- 二羟基呫酮 6-(4-hydroxy-3-methylbut-2-enyl)-1,5-dihydroxyxanthone
(E)-4-(4- 羟基 -3- 甲基丁 -2- 烯氧基)- 苯甲醛 (E)-4-(4-hydroxy-3-methylbut-2-enyloxy)-benzaldehyde
(+)-4-(2'- 羟基 -3'- 甲基丁 -3'- 烯氧基)-8H-[1,3]- 二氧杂环戊 [4,5-h] 色烯 -8- 酮 (+)-4-(2'-hydroxy-3'-methylbut-3'-enyloxy)-8H-[1,3]-dioxolo[4,5-h]chromen-8-one
4-(4- 羟基 -3- 甲基丁醇)-3- 苯基丙醇 4-(4-hydroxy-3-methylbutyloxy)-3-phenyl propanol
2-(3- 羟基 -3- 甲基丁基)-1,3,5,6- 四羟基呫酮 2-(3-hydroxy-3-methylbutyl)-1,3,5,6-tetrahydroxyxanthone
2-(3'- 羟基 -3- 甲基丁基)-4- 羟基 -3,6- 二甲氧基苯酚 -1-O-β-D-吡喃葡萄糖苷 2-(3'-hydroxy-3-methylbutyl)-4-hydroxy-3,6-dimeboxyphenol-1-O-β-D-glucopyranoside
2-(3'- 羟基 -3'- 甲基丁基)-4- 羟基 -5- 甲氧基苯酚 -1-O-β-D-吡喃葡萄糖苷 2-(3'-hydroxy-3'-methylbutyl)-4-hydroxy-5-methoxyphenol-1-O-β-D-glucopyranosie
5-(3''- 羟基 -3''- 甲基丁基)-8- 甲氧基呋喃香豆素 5-(3''-hydroxy-3''-methylbutyl)-8-methoxyfuranocoumarin
5-(3''- 羟基 -3''- 甲基丁基)-8- 羟基呋喃香豆素 5-(3''-hydroxy-3''-methylbutyl)-8-hydroxyfuranocoumarin
8α-O-(3'- 羟基 -3'- 甲基丁酰)- 去酰菜蓟苦素 8α-O-(3'-hydroxy-3'-methylbutyryl)-deacylcynaropicrin
8-(4- 羟基 -3- 甲基丁酰氧基)-7- 甲氧基 -5-(3- 甲基 -2- 丁烯酰氧基)-香豆素 8-(4-hydroxy-3-methylbutoxy)-7-methoxy-5-[(3-methyl-2-butenyl)oxy]-coumarin
4-(4'- 羟基 -3'- 甲基丁氧基) 苯甲醛 4-(4'-hydroxy-3'-methylbutoxy) benzaldehyde
2- 羟基 -3- 甲基蒽醌 2-hydroxy-3-methylanthraquinone
8- 羟基 -3- 甲基蒽醌 -1-O-(4-O-β-D- 吡喃半乳糖基)-β-L- 吡喃鼠李糖苷 8-hydroxy-3-methylanthraquinone-1-O-(4-O-β-D-galactopyranosyl)-β-L-rhamnopyranoside
8- 羟基 -3- 甲基蒽醌 -1-β- 龙胆二糖苷 8-hydroxy-3-methylanthraquinone-1-β-gentiobioside
5- 羟基 -3- 甲基二十五酸 5-hydroxy-3-methylpentacosanoic acid
1- 羟基 -3- 甲基咔唑 1-hydroxy-3-methylcarbazole
2- 羟基 -3- 甲基咔唑 2-hydroxy-3-methylcarbazole
7'- 羟基 -3'- 甲基穆坪马兜铃酰胺 7'-hydroxy-3'-methyl-moupinamide
[(3- 羟基 -3- 甲基戊二酰基) 甲基]- 苯基 -4-O-β-D- 吡喃葡萄糖苷 [(3-hydroxy-3-methylglutaryl)methyl]-phenyl-4-O-β-D-glucopyranoside
(25R)-27-{O-[(S)-3- 羟基 -3- 甲基戊二酰基]-s 螺甾 -5- 烯 -3β,27-二醇 -3-O-{O-α-L- 吡喃鼠李糖基 -(1 → 2)-O-[β-D- 吡喃葡萄糖基 -(1 → 4)]-β-D- 吡喃葡萄糖苷 } (25R)-27-{O-[(S)-3-hydroxy-3-methylglutaryl]-spirost-5-en-3β,27-diol-3-O-{O-α-L-rhamnopyranosyl-(1 → 2)-O-[β-D-glucopyranosyl-(1 → 4)]-β-D-glucopyranoside}
(25R)-27-O-[(S)-3- 羟基 -3- 甲基戊二酰基]- 螺甾 -5- 烯 -3β,27- 二醇 -3-O-[O-β-L- 吡喃鼠李糖基 -(1 → 2)-β-D- 吡喃葡萄糖苷] (25R)-27-O-[(S)-3-hydroxy-3-methylglutaryl]-spirost-5-en-3β,27-diol-3-O-[O-β-L-rhamnopyranosyl-(1 → 2)-β-D-glucopyranoside]
(25R)-27-O-[(S)-3- 羟基 -3- 甲基戊二酰基]- 螺甾 -5- 烯 -3β,27-二醇 -3-O-{O-α-L- 吡喃鼠李糖基 -(1 → 2)-O-[α-L- 吡喃阿拉伯糖基 -(1 → 3)]-β-D- 吡喃葡萄糖苷 } (25R)-27-O-[(S)-3-hydroxy-3-methylglutaryl]-spirost-5-en-3β,27-diol-3-O-{O-α-L-rhamnopyranosyl-(1 → 2)-O-[α-L-arabinopyranosyl-(1 → 3)]-β-D-glucopyranoside}
(25R)-27-O-[(S)-3- 羟基 -3- 甲基戊二酰基]- 螺甾 -5- 烯 -3β,27-二醇 -3-O-{O-α-L- 吡喃鼠李糖基 -(1 → 2)-O-[β-D- 吡喃葡萄糖基 -(1 → 4)]-β-D- 吡喃葡萄糖苷 } (25R)-27-O-[(S)-3-hydroxy-3-methylglutaryl]-spirost-5-en-3β,27-diol-3-O-{O-α-L-rhamnopyranosyl-(1 → 2)-O-[β-D-glucopyranosyl-(1 → 4)]-β-D-glucopyranoside}
4''-O-3- 羟基 -3- 甲基戊二酰牡荆素 4''-O-3-hydroxy-3-methylglutarylvitexin
2- 羟基 -3- 甲基戊酸 2-hydroxy-3-methylpentanoic acid
8- 羟基 -3- 甲基异香豆精 8-hydroxy-3-methylisocoumarin
6''-O-3- 羟基 -3- 甲戊二酰荭草素 6''-O-3-hydroxy-3-methylglutarylorientin
2- 羟基 -3- 甲酰基 -7- 甲氧基咔唑 2-hydroxy-3-formyl-7-methoxycarbazole
2- 羟基 -3- 甲酰咔唑 2-hydroxy-3-formylcarbazole
N-(4'- 羟基 -3'- 甲氧基 -(E)- 桂皮酰基)-5- 羟基邻氨基苯甲酸 N-[4'-hydroxy-3'-methoxy-(E)-cinnamoyl]-5-hydroxyanthranilic acid
(+)-N-[4'- 羟基 -3'- 甲氧基 -(E)- 桂皮酰基]-L- 天冬氨酸 (+)-N-[4'-hydroxy-3'-methoxy-(E)-cinnamoyl]-L-aspartic acid
5- 羟基 -3- 甲氧基 -1,4- 萘醌 5-hydroxy-3-methoxy-1,4-naphthoquinone
1- 羟基 -3- 甲氧基 -10- 甲基吖啶 -9- 酮 1-hydroxy-3-methoxy-10-methylacridan-9-one
4- 羟基 -3- 甲氧基 -1- 甲基 -2(1H)- 喹啉酮 4-hydroxy-3-methoxy-1-methyl-2(1H)-quinolinone
5- 羟基 -3- 甲氧基 -2- 癸烯酸 5-hydroxy-3-methoxy-2-decenoic acid
(+)-6-(2- 羟基 -3- 甲氧基 -3- 甲基丁基)-5,6- 二甲氧基香豆素 (+)-6-(2-hydroxy-3-methoxy-3-methylbutyl)-5,6-dimethoxycoumarin
6-(2- 羟基 -3- 甲氧基 -3- 甲基丁基)-5,6- 二甲氧基香豆素 6-(2-hydroxy-3-methoxy-3-methylbutyl)-5,6-dimethoxycoumarin

Q

6-(2'- 羟基 -3'- 甲氧基 -3'- 甲基丁基)-5,7- 二甲氧基香豆素 6-(2'-hydroxy-3'-methoxy-3'-methylbutyl)-5,7-dimethoxycoumarin
(+)-6-(2- 羟基 -3- 甲氧基 -3- 甲基丁基)-5,7- 二甲氧基香豆素 (+)-6-(2-hydroxy-3-methoxy-3-methylbutyl)-5,7-dimethoxycoumarin
5-(2- 羟基 -3- 甲氧基 -3- 甲基丁氧基)- 补骨脂素 5-(2-hydroxy-3-methoxy-3-methylbutoxy)-psoralen
9-(2- 羟基 -3- 甲氧基 -3- 甲基丁氧基)- 香柠檬烯 9-(2-hydroxy-3-methoxy-3-methylbutoxy)-bergapten
5-[2- 羟基 -3- 甲氧基 -3- 甲基丁氧基]-8-[2,3- 二羟基 -3- 甲基丁氧基]- 补骨脂素 5-[2-hydroxy-3-methoxy-3-methylbutoxy]-8-[2,3-dihydroxy-3-methylbutoxy]-psoralen
4- 羟基 -3- 甲氧基 -4-(3- 苯基 -2- 丙烯基)-2- 环己烯 -1- 酮 4-hydroxy-3-methoxy-4-(3-phenyl-2-propenyl)-2-cyclohexen-1-one
7- 羟基 -3'- 甲氧基 -4'- 丁氧基黄酮 7-hydroxy-3'-methoxy-4'-butoxyflavone
2- 羟基 -3- 甲氧基 -4- 甲氧羰酰基吡咯 2-hydroxy-3-methoxy-4-methoxycarbonylpyrrole
2- 羟基 -3- 甲氧基 -5-(2- 丙烯基)- 苯酚 2-hydroxy-3-methoxy-5-(2-propenyl)-phenol
4- 羟基 -3- 甲氧基 -5-(3- 甲基 -2-*Z*- 丁烯基)- 苯甲酸 4-hydroxy-3-methoxy-5-(3-methyl-2-*Z*-butenyl)-benzoic acid
1-[4- 羟基 -3- 甲氧基 -5-(3- 甲基 -3- 丁烯 -1- 炔 -1- 基) 苯基]-乙酮 1-[4-hydroxy-3-methoxy-5-(3-methyl-3-buten-1-yn-1-yl) phenyl]-ethanone
(4*S*,6*S*)-4- 羟基 -3- 甲氧基 -6-(1- 苯基 -2- 丙烯基)-2- 环己烯 -1-酮 (4*S*,6*S*)-4-hydroxy-3-methoxy-6-(1-phenyl-2-propenyl)-2-cyclohexen-1-one
2- 羟基 -3- 甲氧基 -6- 甲基 -9,10- 蒽醌 2-hydroxy-3-methoxy-6-methyl-9,10-anthraquinone
4-(7- 羟基 -3- 甲氧基 -6- 甲基 -9*H*- 咔唑 -4- 基)- 丁 -3- 烯 -2- 酮 4-(7-hydroxy-3-methoxy-6-methyl-9*H*-carbazol-4-yl)-but-3-en-2-one
(7*S*,8*S*)-4- 羟基 -3- 甲氧基 -7,8-(2',1'-*O*-*β*-D- 吡喃葡萄糖基)-苯基丙三醇 (7*S*,8*S*)-4-hydroxy-3-methoxy-7,8-(2',1'-*O*-*β*-D-glucopyranosyl)-phenylpropanetriol
2- 羟基 -3- 甲氧基 -7- 甲基 -9,10- 蒽醌 2-hydroxy-3-methoxy-7-methyl-9,10-anthraquinone
6- 羟基 -3- 甲氧基 -8,8- 二甲基 -2- 苯基 -4*H*,8*H*- 苯 [1,2-b:3,4-b'] 二吡喃 -4- 酮 6-hydroxy-3-methoxy-8,8-dimethyl-2-phenyl-4*H*,8*H*-benzo[1,2-b:3,4-b']dipyran-4-one
(+)-4- 羟基 -3- 甲氧基 -8,9- 亚甲二氧基紫檀烷 (+)-4-hydroxy-3-methoxy-8,9-methylenedioxypterocarpan
4- 羟基 -3- 甲氧基 -8,9- 亚甲二氧基紫檀烷 4-hydroxy-3-methoxy-8,9-methylenedioxypterocarpan
(8*α*,14*β*,20*β*)-2- 羟基 -3- 甲氧基 -9*β*,13*α*- 二甲基 -19,26,30- 三降齐墩果 -1,3,5(10),6- 四烯 -21- 酮 (8*α*,14*β*,20*β*)-2-hydroxy-3-methoxy-9*β*,13*α*-dimethyl-19,26,30-trinoroleana-1,3,5(10),6-tetraen-21-one
1- 羟基 -3- 甲氧基 -*N*- 甲基吖啶酮 1-hydroxy-3-methoxy-*N*-methylacridone
4- 羟基 -3- 甲氧基 -*N*- 甲基 - 裂环 - 伪番木鳖碱 4-hydroxy-3-methoxy-*N*-methyl-sec-pseudostrychnine
4- 羟基 -3- 甲氧基 -*α*- 氧代 - 苯乙酰胺 4-hydroxy-3-methoxy-*α*-oxo-benzeneacetamide
4- 羟基 -3- 甲氧基苯丙酸 4-hydroxy-3-methoxybenzopropanyl acid
4- 羟基 -3- 甲氧基 - 苯丙酸 4-hydroxy-3-methoxybenzenepropanoic acid
4- 羟基 -3- 甲氧基苯丙酮 4-hydroxy-3-methoxypropiophenone
(4- 羟基 -3- 甲氧基苯酚)- 甲基 -1-*O*-*β*-D- 吡喃葡萄糖苷 (4-hydroxy-3-methoxyphenol)-methyl-1-*O*-*β*-D-glucopyranoside
4- 羟基 -3- 甲氧基苯酚 -1-*O*-*β*-D-(6'-*O*- 没食子酰基)- 吡喃葡萄糖苷 4-hydroxy-3-methoxyphenol-1-*O*-*β*-D-(6'-*O*-galloyl)-glucopyranoside
4- 羟基 -3- 甲氧基苯酚 -1-*O*-*β*-D- 呋喃芹糖基 -(1''→6')-*O*-*β*-D- 吡喃葡萄糖苷 4-hydroxy-3-methoxyphenol-1-*O*-*β*-D-apiofuranosyl-(1''→6')-*O*-*β*-D-glucopyranoside
4- 羟基 -3- 甲氧基苯酚 -1-*O*-*β*-D- 葡萄糖苷 4-hydroxy-3-methoxyphenol-1-*O*-*β*-D-glucoside
4'- 羟基 -3'- 甲氧基 - 苯酚 -*β*-D-[6-*O*-(4''- 羟基 -3'',5''- 二甲氧基 - 苄醚)]- 吡喃葡萄糖苷 4'-hydroxy-3'-methoxy-phenol-*β*-D-[6-*O*-(4''-hydroxy-3'',5''-dimethoxy-benzoate)]-glucopyranoside
4- 羟基 -3- 甲氧基苯酚 -*β*-D- 吡喃葡萄糖苷 4-hydroxy-3-methoxyphenol-*β*-D-glucopyranoside
4- 羟基 -3- 甲氧基苯酚 -*β*-D- 吡喃芹糖基 (1→6)-*β*-D- 吡喃葡萄糖苷 4-hydroxy-3-methoxyphenol-*β*-D-apiopyranosyl(1→6)-*β*-D-glucopyranoside
(1*R*,5*R*,6*R*)-6-{4-*O*-[2-(1-(4- 羟基 -3- 甲氧基苯基)) 甘油]-3,5- 二甲氧基苯基 }-3,7- 二氧杂双环 [3.3.0] 辛烷 -2- 酮 (1*R*,5*R*,6*R*)-6-{4-*O*-[2-(1-(4-hydroxy-3-methoxyphenyl))glycerol]-3,5-dimethoxyphenyl}-3,7-dioxybicyclo[3.3.0]octan-2-one
(4*E*,6*E*)-7-(4- 羟基 -3- 甲氧基苯基)-1-(4- 羟基苯基)-4,6- 庚二烯 -3-酮 (4*E*,6*E*)-7-(4-hydroxy-3-methoxyphenyl)-1-(4-hydroxyphenyl)-4,6-heptadien-3-one
7-(4''- 羟基 -3''- 甲氧基苯基)-1-(4'- 羟基苯基)-4 反式 - 庚烯 -3-酮 7-(4''-hydroxy-3''-methoxyphenyl)-1-(4'-hydroxyphenyl)-4*E*-hepten-3-one
(5*S*)-7-(4''- 羟基 -3''- 甲氧基苯基)-1-(4'- 羟基苯基)-5- 甲氧基 -3- 庚酮 (5*S*)-7-(4''-hydroxy-3''-methoxyphenyl)-1-(4'-hydroxyphenyl)-5-methoxy-3-heptanone
(1*R*,2*R*)-1-(4- 羟基 -3- 甲氧基苯基)-1,2,3- 丙三醇 (1*R*,2*R*)-1-(4-hydroxy-3-methoxyphenyl)-1,2,3-propanetriol
(1*R*,2*S*)-1-(4- 羟基 -3- 甲氧基苯基)-1,2,3- 丙三醇 (1*R*,2*S*)-1-(4-hydroxy-3-methoxyphenyl)-1,2,3-propanetriol
(1*S*,2*S*)-1-(4- 羟基 -3- 甲氧基苯基)-1,2,3- 丙三醇 (1*S*,2*S*)-1-(4-hydroxy-3-methoxyphenyl)-1,2,3-propanetriol
3-(4- 羟基 -3- 甲氧基苯基)-1,2,3- 丙三醇 3-(4-hydroxy-3-methoxyphenyl)-1,2,3-propantriol
(1*R*,2*R*)-1-(4- 羟基 -3- 甲氧基苯基)-1,2- 丙二醇 (1*R*,2*R*)-1-(4-hydroxy-3-methoxyphenyl)-1,2-propanediol
3-(4- 羟基 -3- 甲氧基苯基)-1,2- 丙二醇 3-(4-hydroxy-3-methoxyphenyl)-1,2-propandiol
3-(4- 羟基 -3- 甲氧基苯基)-1,2- 丙烷二醇三乙酸酯 3-(4-hydroxy-3-methoxyphenyl)-1,2-propanediol triacetate
9-(4'- 羟基 -3'- 甲氧基苯基)-10-(羟基甲基)-11- 甲氧基 -5,6,9,10- 四氢菲并 [2,3-b] 呋喃 -3- 醇 9-(4'-hydroxy-3'-methoxyphenyl)-10-(hydroxymethyl)-11-methoxy-5,6,9,10-tetrahydrophenanthro[2,3-b]furan-3-ol
7-(4'- 羟基 -3''- 甲氧基苯基)-1- 苯基 -3,5- 庚二醇 7-(4'-hydroxy-3''-methoxyphenyl)-1-phenyl-3,5-heptanediol
7-(4''- 羟基 -3''- 甲氧基苯基)-1- 苯基 -4 反式 - 庚烯 -3- 酮 7-(4''-hydroxy-3''-methoxyphenyl)-1-phenyl-4*E*-hepten-3-one
7-(4''- 羟基 -3''- 甲氧基苯基)-1- 苯基庚 -4- 烯 -3- 酮 7-(4''-hydroxy-3''-methoxyphenyl)-1-phenylhept-4-en-3-one
(7*S*,8*S*)-7-(4- 羟基 -3- 甲氧基苯基)-1'- 甲酰基 -3'- 甲氧基 -8- 甲基二氢苯并呋喃 (7*S*,8*S*)-7-(4-hydroxy-3-methoxyphenyl)-1'-formyl-3'-methoxy-8-methyldihydrobenzofuran

Q

24-[(2*E*)-3-(4- 羟基 -3- 甲氧基苯基)-1- 氧代 -2- 丙烯氧基]-二十四碳酸 24-[(2*E*)-3-(4-hydroxy-3-methoxyphenyl)-1-oxo-2-propenyloxy]-tetracosanoic acid

(1*R*,2*S*,5*R*,6*S*)-6-(4- 羟基 -3- 甲氧基苯基)-2-(3,4- 二羟基苯基)-3,7- 二氧杂双环 [3.3.0] 辛烷 (1*R*,2*S*,5*R*,6*S*)-6-(4-hydroxy-3-methoxyphenyl)-2-(3,4-dihydroxyphenyl)-3,7-dioxabicyclo[3.3.0]octane

(-)-1-(4'- 羟基 -3'- 甲氧基苯基)-2-(4''- 羟基 -3''- 甲氧基苯基) 丙烷 -3- 醇 (-)-1-(4'-hydroxy-3'-methoxyphenyl)-2-(4''-hydroxy-3''-methoxyphenyl)propan-3-ol

1-(4- 羟基 -3- 甲氧基苯基)-2-(4-[2- 甲酰基 -*E*- 乙烯基]-2- 甲氧基苯氧基)- 丙烷 -1,3- 二醇 1-(4-hydroxy-3-methoxyphenyl)-2-(4-[2-formyl-(*E*)-vinyl]-2-methoxyphenoxy)-propane-1,3-diol

1-(4- 羟基 -3- 甲氧基苯基)-2-(4- 烯丙基 -2,6- 二甲氧基苯氧基) 丙醇 1-(4-hydroxy-3-methoxyphenyl)-2-(4-allyl-2,6-dimethoxyphenoxy)propanol

1-(4- 羟基 -3- 甲氧基苯基)-2-[2- 甲氧基 -4-(3- 羟基丙基) 苯氧基] 丙 -3- 醇 1-(4-hydroxy-3-methoxyphenyl)-2-[2-methoxy-4-(3-hydroxypropyl)phenoxy]propan-3-ol

1-(4'- 羟基 -3'- 甲氧基苯基)-2-[4''-(3- 羟基丙基)-2'',6''- 二甲氧基苯氧基]- 丙烷 -1,3- 二醇 1-(4'-hydroxy-3'-methoxyphenyl)-2-[4''-(3-hydroxypropyl)-2'',6''-dimethoxyphenoxy]-propane-1,3-diol

1-(4- 羟基 -3- 甲氧基苯基)-2-[4-(1,2,3- 三羟基丙基)-2- 甲氧基苯氧基]-1,3- 丙二醇 1-(4-hydroxy-3-methoxyphenyl)-2-[4-(1,2,3-trihydroxypropyl)-2-methoxyphenoxy]-1,3-propandiol

(1*R*,2*S*)-1-(4- 羟基 -3- 甲氧基苯基)-2-[4-(1*E*-3- 羟基 -1- 丙烯 -1- 基)-2- 甲氧基苯氧基]-1,3- 丙二醇 (1*R*,2*S*)-1-(4-hydroxy-3-methoxy-phenyl)-2-[4-[(1*E*)-3-hydroxy-1-propen-1-yl]-2-methoxyphenoxy]-1,3-propanediol

(1*R*,2*R*)-1-(4- 羟基 -3- 甲氧基苯基)-2-[4-(1*E*-3- 羟基 -1- 丙烯基]-2- 甲氧基苯氧基)-1,3- 丙二醇 (1*R*,2*R*)-1-(4-hydroxy-3-methoxyphenyl)-2-[4-[(1*E*)-3-hydroxy-1-propenyl]-2-methoxyphenoxy]-1,3-propanediol

1-(4- 羟基 -3- 甲氧基苯基)-2-[4-(2,3- 二羟基丙基)-2- 甲氧基]- 苯氧基 -1,3- 丙二醇 1-(4-hydroxy-3-methoxy)-phenyl-2-[4-(2,3-dihydroxypropyl)-2-methoxy]-phenoxy-1,3-propandiol

1-(4-羟基-3-甲氧基苯基)-2-[4(3-羟基丙基)-2-甲氧基苯氧基]-1,3-丙二醇 1-(4-hydroxy-3-methoxyphenyl)-2-[4(3-hydroxypropyl)-2-methoxyphenoxy]-1,3-propanediol

(*R**,*S**)-1-(4- 羟基 -3- 甲氧基苯基)-2-[4-(3- 羟基丙基)-2- 甲氧基苯氧基]-1,3- 丙二醇 (*R**,*S**)-1-(4-hydroxy-3-methoxyphenyl)-2-[4-(3-hydroxypropyl)-2-methoxyphenoxy]-1,3-propanediol

[*R*-(*R**,*S**)]-1-(4- 羟基 -3- 甲氧基苯基)-2-[4-(3- 羟基丙基)-2- 甲氧基苯氧基]-1,3- 丙二醇 [*R*-(*R**,*S**)]-1-(4-hydroxy-3-methoxyphenyl)-2-[4-(3-hydroxypropyl)-2-methoxyphenoxy]-1,3-propanediol

1-(4- 羟基 -3- 甲氧基苯基)-2-[4-(3- 羟基丙基)-2- 甲氧基苯氧基]-1,3- 丙二醇 1-(4-hydroxy-3-methoxyphenyl)-2-[4-(3-hydroxypropyl)-2-methoxyphenoxy]-1,3-propanediol

(1*S*,2*R*)-1-(4- 羟基 -3- 甲氧基苯基)-2-[4-(3- 羟基丙基) 苯氧基]-1,3- 丙二醇 (1*S*,2*R*)-1-(4-hydroxy-3-methoxyphenyl)-2-[4-(3-hydroxypropyl)phenoxy]-1,3-propanediol

1-(4'- 羟基 -3'- 甲氧基苯基)-2-[4''-(3- 羟基丙烷)-2'',6''- 二甲氧基苯基] 丙烷 -1,3- 二醇 1-(4'-hydroxy-3'-methoxyphenyl)-2-[4''-(3-hydroxypropyl)-2'',6''-dimethoxyphenoxy]propane-1,3-diol

1-(4- 羟基 -3- 甲氧基苯基)-2-[-4-(*ω*- 羟基丙基 -2- 甲氧基)- 酚基]- 丙烷 -1,3- 二醇 1-(4-hydroxy-3-methoxyphenyl)-2-[-4-(*ω*-hydroxypropyl-2-methoxy)-phenoxyl]-propane-1,3-diol

(1*R*,2*S*)-1-(4- 羟基 -3- 甲氧基苯基)-2-[4-[(1*E*)-3- 羟基 -1- 丙烯基]-2- 甲氧基苯氧基]-1,3- 丙二醇 (1*R*,2*S*)-1-(4-hydroxy-3-methoxyphenyl)-2-[4-[(1*E*)-3-hydroxy-1-propenyl]-2-methoxyphenoxy]-1,3-propanediol

(1*S*,2*S*)-1-(4- 羟基 -3- 甲氧基苯基)-2-[4-[(1*E*)-3- 羟基 -1- 丙烯基]-2- 甲氧基苯氧基]-1,3- 丙二醇 (1*S*,2*S*)-1-(4-hydroxy-3-methoxyphenyl)-2-[4-[(1*E*)-3-hydroxy-1-propenyl]-2-methoxyphenoxy]-1,3-propanediol

1-(4- 羟基 -3- 甲氧基苯基)-2-{2- 甲氧基 -4-[1-(E)- 丙烯 -3- 醇]- 苯氧基 }- 丙烷 -1,3- 二醇 1-(4-hydroxy-3-methoxyphenyl)-2-{2-methoxy-4-[1-(*E*)-propen-3-ol]-phenoxy}-propan-1,3-diol

3-(4- 羟基 -3- 甲氧基苯基)-2*E*- 丙烯基 -1*β*-D- 吡喃葡萄糖苷 3-(4-hydroxy-3-methoxyphenyl)-2*E*-propenyl-1*β*-D-glucopyranoside

N-5-(4- 羟基 -3- 甲氧基苯基)-2*E*- 戊烯酰哌啶 *N*-5-(4-hydroxy-3-methoxyphenyl)-2*E*-pentenoylpiperidine

(7*S*,8*S*)-1-(4- 羟基 -3- 甲氧基苯基)-2-*O*-(6- 羟基 -2- 甲氧基 -4-*ω*- 羟基丙基苯基) 丙烷 -1,3- 二醇 (7*S*,8*S*)-1-(4-hydroxy-3-methoxyphenyl)-2-*O*-(6-hydroxy-2-methoxy-4-omega-hydroxypropylphenyl)propane-1,3-diol

3-(4- 羟基 -3- 甲氧基苯基)-2- 丙烯 -1- 醇 3-(4-hydroxy-3-methoxyphenyl)-2-propen-1-ol

3-(4'- 羟基 -3'- 甲氧基苯基)-2- 丙烯醇 3-(4'-hydroxy-3'-methoxyphenyl)-2-propenol

3-(4- 羟基 -3- 甲氧基苯基)-2- 丙烯酸 3-(4-hydroxy-3-methoxyphenyl)-2-propenoic acid

1-[3-(4- 羟基 -3- 甲氧基苯基)-2- 丙烯酸酯]-*β*-D- 吡喃葡萄糖苷 1-[3-(4-hydroxy-3-methoxyphenyl)-2-propenoate]-*β*-D-glucopyranoside

(*E*)-3-(4- 羟基 -3- 甲氧基苯基)-2- 丙烯酰胺 (*E*)-3-(4-hydroxy-3-methoxyphenyl)-2-propenamide

3-(4- 羟基 -3- 甲氧基苯基)-2- 氧代丙基苯甲酸酯 3-(4-hydroxy-3-methoxyphenyl)-2-oxopropylbenzoate

2-(4'- 羟基 -3'- 甲氧基苯基)-2- 氧代乙酰胺 2-(4'-hydroxy-3'-methoxyphenyl)-2-oxoacetamide

2-(4- 羟基 -3- 甲氧基苯基)-3-(2- 羟基 -5- 甲氧基苯基)-3- 氧代 -1- 丙醇 2-(4-hydroxy-3-methoxyphenyl)-3-(2-hydroxy-5-methoxyphenyl)-3-oxo-1-propanol

(+)-6-(4- 羟基 -3- 甲氧基苯基)-3,7- 二氧杂双环 [3.3.0] 辛烷 -2- 酮 (+)-6-(4-hydroxy-3-methoxyphenyl)-3,7-dioxabicyclo[3.3.0]octan-2-one

(+)-1-(4- 羟基 -3- 甲氧基苯基)-3- 羟基 -5- 苯基 -1- 戊酮 (+)-1-(4-hydroxy-3-methoxyphenyl)-3-hydroxy-5-phenyl-1-pentanone

3-[2-(4- 羟基 -3- 甲氧基苯基)-3- 羟基甲基 -7- 甲氧基 -2,3- 二氢 -1- 苯并呋喃 -5- 基] 丙烷 -1- 醇 3-[2-(4-hydroxy-3-methoxyphenyl)-3-hydroxymethyl-7-methoxy-2,3-dihydro-1-benzofuran-5-yl]propan-1-ol

2-(4- 羟基 -3- 甲氧基苯基)-4-[(4- 羟基 -3- 甲氧基苯基)- 甲基]-3- 羟基甲基 - 四氢呋喃 2-(4-hydroxy-3-methoxyphenyl)-4-[(4-hydroxy-3-methoxyphenyl)-methyl]-3-hydroxymethyl-tetrahydrofuran

(5*R*)-7-(4''- 羟基 -3''- 甲氧基苯基)-5- 甲氧基 -1- 苯基 -3- 庚酮 (5*R*)-7-(4''-hydroxy-3''-methoxyphenyl)-5-methoxy-1-phenyl-3-heptanone

(1*R*,2*R*,5*S*,6*R*)-2-(4'- 羟基 -3'- 甲氧基苯基)-6-(3'',4''- 二甲氧基苯基)-3,7- 二氧杂双环 [3.3.0] 辛烷 -4'-*O*-*β*-D- 吡喃葡萄糖苷 (1*R*,2*R*,5*S*,6*R*)-2-(4'-hydroxy-3'-methoxyphenyl)-6-(3'',4''-dimethoxyphenyl)-3,7-dioxabicyclo[3.3.0]octane-4'-*O*-*β*-D-glucopyranoside

Q

(8*R*,8'*S*)-7-(4- 羟基 -3- 甲氧基苯基)-7'-(3',4'- 二羟基苯基)-8,8'- 木脂素 (8*R*,8'*S*)-7-(4-hydroxy-3-methoxyphenyl)-7'-(3',4'-dihydroxyphenyl)-8,8'-lignan

7-(4- 羟基 -3- 甲氧基苯基)-7'-(3',4'- 亚甲二氧基苯基)-8,8'- 木脂素 -7- 甲醚 7-(4-hydroxy-3-methoxyphenyl)-7'-(3',4'-methylenedioxyphenyl)-8,8'-lignan-7-methyl ether

(1*R*,5*R*)-1-(4- 羟基 -3- 甲氧基苯基)-7-(4- 羟基苯基)-1,5- 庚二醇 (1*R*,5*R*)-1-(4-hydroxy-3-methoxyphenyl)-7-(4-hydroxy-phenyl)-1,5-heptanediol

1-(4- 羟基 -3- 甲氧基苯基)-7- 对羟基苯基庚烷 -3,5- 二醇 1-(4-hydroxy-3-methoxyphenyl)-7-(4-hydroxyphenyl)heptane-3,5-diol

(*E*)-7-(4- 羟基 -3- 甲氧基苯基)-7- 甲基丁 -8- 烯 -9- 酮 (*E*)-7-(4-hydroxy-3-methoxyphenyl)-7-methylbut-8-en-9-one

[(7*S*)-8'-(4'- 羟基 -3'- 甲氧基苯基)-7- 羟基丙基] 苯 -2,4- 二酚 [(7*S*)-8'-(4'-hydroxy-3'-methoxyphenyl)-7-hydroxypropyl]benzene-2,4-diol

[(8*R*,8'*S*)-7-(4- 羟基 -3- 甲氧基苯基)-8'- 甲基丁烷 -8- 基]-3'- 甲氧基苯 -4',5'- 二酚 [(8*R*,8'*S*)-7-(4-hydroxy-3-methoxyphenyl)-8'-methylbutan-8-yl]-3'-methoxybenzene-4',5'-diol

7'-(4'- 羟基 -3'- 甲氧基苯基)-*N*-[(4- 丁基苯基) 乙基] 丙烯酰胺 7'-(4'-hydroxy-3'-methoxyphenyl)-*N*-[(4-butylphenyl)ethyl] propenamide

3-(4- 羟基 -3- 甲氧基苯基)-*N*-[2-(1*H*- 咪唑 -5- 基) 乙基]-2- 丙烯酰胺 3-(4-hydroxy-3-methoxyphenyl)-*N*-[2-(1*H*-imidazol-5-yl) ethyl]-2-propenamide

(*R*)-3-(4- 羟基 -3- 甲氧基苯基)-*N*-[2-(4- 羟基苯基)-2- 甲氧基乙基] 丙烯酰胺 (*R*)-3-(4-hydroxy-3-methoxyphenyl)-*N*-[2-(4-hydroxyphenyl)-2-methoxyethyl]acrylamide

3-(4- 羟基 -3- 甲氧基苯基)-*N*-[2-(4- 羟基苯基)-2- 甲氧基乙基] 丙烯酰胺 3-(4-hydroxy-3-methoxyphenyl)-*N*-[2-(4-hydroxyphenyl)-2-methoxyethyl]acrylamide

(*R*)-3-(4- 羟基 -3- 甲氧基苯基)-*N*-[2-(4- 羟基苯基)-2- 甲氧基乙基]- 丙烯酰胺 (*R*)-3-(4-hydroxy-3-methoxyphenyl)-*N*-[2-(4-hydroxyphenyl)-2-methoxyethyl]-acrylamide

3-(4- 羟基 -3- 甲氧基苯基)-*N*-[2- 对羟基苯基 -2- 甲氧基乙基]- 丙烯酰胺 3-(4-hydroxy-3-methoxyphenyl)-*N*-[2-(4-hydroxyphenyl)-2-methoxyethyl]-acrylamide

4*E*-5-{6-*O*-[2*E*-3-(4- 羟基 -3- 甲氧基苯基)- 丙 -2- 烯酰基]-*β*- 吡喃葡萄糖基硫 }- 戊 -4- 烯腈 4*E*-5-[6-*O*-(2*E*-3-(4-hydroxy-3-methoxyphenyl)-prop-2-enoyl)-*β*-glucopyranosylsulfanyl]-pent-4-enenitrile

3-(4- 羟基 -3- 甲氧基苯基)- 丙基 -*β*-D- 吡喃葡萄糖苷 3-(4-hydroxy-3-methoxyphenyl)propyl-*β*-D-glucopyranoside

3-(4- 羟基 -3- 甲氧基苯基)- 丙酸甲酯 methyl 3-(4-hydroxy-3-methoxyphenyl)-propanoate

3-(4- 羟基 -3- 甲氧基 - 苯基) 丙酸甲酯 3-(4-hydroxy-3-methoxy-phenyl)propionic acid methyl ester

(2*S*)-3-(4- 羟基 -3- 甲氧基苯基)- 丙烷 -1,2- 二醇 (2*S*)-3-(4-hydroxy-3-methoxyphenyl)-propane-1,2-diol

2-(4- 羟基 -3- 甲氧基苯基) 丙烷 -1,3- 二醇 2-(4-hydroxy-3-methoxyphenyl)propane-1,3-diol

1-(4- 羟基 -3- 甲氧基苯基) 丙烷 -1,2- 二醇 1-(4-hydroxy-3-methoxyphenyl)propan-1,2-diol

3-(4- 羟基 -3- 甲氧基苯基)- 丙烯醛 3-(4-hydroxy-3-methoxyphenyl) propenal

4-(4- 羟基 -3- 甲氧基苯基) 丁 -2- 醇 4-(4-hydroxy-3-methoxyphenyl) butan-2-ol

3-(4- 羟基 -3- 甲氧基苯基)- 反式 - 丙烯酸二十六醇酯 3-(4-hydroxy-3-methoxy phenyl)-trans-acryliceylenate

10-(4- 羟基 -3- 甲氧基苯基) 呋喃 [3',4':6,7] 萘并 [1,2-d]-1,3- 间二氧杂环戊烯 -9(7*H*)- 酮 10-(4-hydroxy-3-methoxyphenyl) furo[3',4':6,7]naphtho[1,2-d]-1,3-dioxol-9(7*H*)-one

5-(4- 羟基 -3- 甲氧基苯基) 呋喃 [3',4':6,7] 萘并 [2,3-d]-1,3- 间二氧杂环戊烯 -6(8*H*)- 酮 5-(4-hydroxy-3-methoxyphenyl) furo[3',4':6,7]naphtho[2,3-d]-1,3-dioxol-6(8*H*)-one

1-(4'- 羟基 -3'- 甲氧基苯基)- 甘油 1-(4'-hydroxyl-3'-methoxyphenyl) glycerol

{(3*S*,4*R*)-4-[二 (4- 羟基 -3- 甲氧基苯基) 甲基]-2- 氧化四氢呋喃 -3- 基 } 甲基 -*β*-D- 吡喃葡萄糖苷 {(3*S*,4*R*)-4-[bis(4-hydroxy-3-methoxyphenyl)methyl]-2-oxotetrahydrofuran-3-yl} methyl-*β*-D-glucopyranoside

{(3*S*,4*S*)-4-[二 (4- 羟基 -3- 甲氧基苯基) 甲基]-2- 氧化四氢呋喃 -3- 基 } 甲基 -*β*-D- 吡喃葡萄糖苷 {(3*S*,4*S*)-4-[bis(4-hydroxy-3-methoxyphenyl)methyl]-2-oxotetrahydrofuran-3-yl} methyl-*β*-D-glucopyranoside

3-(4- 羟基 -3- 甲氧基苯基)- 三十醇 -(*Z*)- 丙烯酸酯 3-(4-hydroxy-3-methoxyphenyl)-triacontyl-(*Z*)-propenoate

2-(6-*O*-[(4- 羟基 -3- 甲氧基苯基) 羰基]-*β*-D- 吡喃葡萄糖氧基)-2- 甲基丁酸 2-(6-*O*-[(4-hydroxy-3-methoxyphenyl)carbonyl]-*β*-D-glucopyranosyloxy)-2-methylbutanoic acid

2-(4- 羟基 -3- 甲氧基苯基) 乙醇 2-(4-hydroxy-3-methoxy-phenyl) ethanol

2-(4- 羟基 -3- 甲氧基苯基)- 乙醇 -1-*O*-*β*-D- 吡喃葡萄糖苷 2-(4-hydroxy-3-methoxyphenyl)-ethanol-1-*O*-*β*-D-glucopyranoside

(2*E*,4*E*)-*N*-[(4- 羟基 -3- 甲氧基苯基) 乙基]-2,4- 癸二烯酰胺 (2*E*,4*E*)-*N*-[(4-hydroxy-3-methoxyphenyl)ethyl]-2,4-decadienamide

2-(4- 羟基 -3- 甲氧基苯基) 乙基 -3-(4- 羟基 -3- 甲氧基苯基) 丙烯酸酯 2-(4-hydroxy-3-methoxyphenyl)ethyl-3-(4-hydroxy-3-methoxyphenyl)acrylate

2-(4- 羟基 -3- 甲氧基苯基)- 乙基 -*O*-*β*-D- 吡喃葡萄糖苷 2-(4-hydroxy-3-methoxyphenyl)-ethyl-*O*-*β*-D-glucopyranoside

1-(4- 羟基 -3- 甲氧基苯基)- 乙酮 1-(4-hydroxy-3-methoxyphenyl) ethanone

4- 羟基 -3- 甲氧基 - 苯基 -1-*O*-(6'-*O*- 没食子酰基)-*β*-D- 吡喃葡萄糖苷 4-hydroxy-3-methoxy-phenyl-1-*O*-(6'-*O*-galloyl)-*β*-D-glucopyranoside

(±)-3-(4'- 羟基 -3'- 甲氧基苯基 l)-3- 硫酸酯基丙酸甲酯 methyl (±)-3-(4'-hydroxy-3'-methoxyphenyl)-3-sulfopropionate

4'- 羟基 -3'- 甲氧基苯基 -*β*-D-[6-*O*-(4''- 羟基 -3'',5''- 二甲氧基苯甲酸酯)]- 吡喃葡萄糖苷 4'-hydroxy-3'-methoxyphenol-*β*-D-[6-*O*-(4''-hydroxy-3'',5''-dimethoxybenzoate)]glucopyranoside

(-)-4'- 羟基 -3'- 甲氧基苯基 -*β*-D-[6-*O*-(4''- 羟基 -3'',5''- 二甲氧基苯甲酰基)]- 吡喃葡萄糖苷 (-)-4'-hydroxy-3'-methoxyphenyl-*β*-D-[6-*O*-(4''-hydroxy-3'',5''-dimethoxybenzoyl)]-glucopyranoside

4- 羟基 -3- 甲氧基苯基 -*β*-D- 吡喃木糖基 -(1 → 6)-*β*-D- 吡喃葡萄糖苷 4-hydroxy-3-methoxyphenyl-*β*-D-xylopyranosyl-(1 → 6)-*β*-D-glucopyranoside

4- 羟基 -3- 甲氧基苯基 -*β*-D- 吡喃葡萄糖苷 4-hydroxy-3-methoxyphenyl-*β*-D-glucopyranoside

4- 羟基 -3- 甲氧基苯基 -*β*-D- 呋喃芹糖基 -(1 → 6)-*β*-D- 吡喃葡萄糖苷 4-hydroxy-3-methoxyphenyl-*β*-D-apiofuranosyl-(1→6)-*β*-D-glucopyranoside

4- 羟基 -3- 甲氧基苯基阿魏酸酯 4-hydroxy-3-methoxyphenylferulate

4- 羟基 -3- 甲氧基苯基乙酸 4-hydroxy-3-methoxyphenylacetic acid

4- 羟基 -3- 甲氧基苯甲醛 4-hydroxy-3-methoxybenzaldehyde

5- 羟基 -3- 甲氧基苯甲醛 5-hydroxy-3-methoxybenzaldehyde

4- 羟基 -3- 甲氧基 - 苯甲醛 4-hydroxy-3-methoxy-benzaldehyde
2- 羟基 -3- 甲氧基苯甲酸 2-hydroxy-3-methoxybenzoic acid
4- 羟基 -3- 甲氧基苯甲酸 4-hydroxy-3-methoxybenzoic acid
2- 羟基 -3- 甲氧基苯甲酸 - 吡喃葡萄糖基酯苷 2-hydroxy-3-methoxybenzoic acid-glucopyranosyl ester
4- 羟基 -3- 甲氧基苯甲酰胺 4-hydroxy-3-methoxybenzamide
(+)-(*R*)-2-*O*-(4'- 羟基 -3'- 甲氧基苯甲酰基) 苹果酸 -1- 丁酯 -4- 甲酯 1-butyl-4-methyl-(+)-(*R*)-2-*O*-(4'-hydroxy-3'-methoxybenzoyl) malate
(+)-(*R*)-2-*O*-(4'- 羟基 -3'- 甲氧基苯甲酰基) 苹果酸 -1- 甲酯 -4- 丁酯 4-butyl-1-methyl-(+)-(*R*)-2-*O*-(4'-hydroxy-3'-methoxybenzoyl) malate
(+)-(*R*)-2-*O*-(4'- 羟基 -3'- 甲氧基苯甲酰基) 苹果酸二甲酯 dimethyl (+)-(*R*)-2-*O*-(4'-hydroxy-3'-methoxybenzoyl)malate
6-*O*-4''- 羟基 -3''- 甲氧基苯甲酰筋骨草醇 6-*O*-4''-hydroxy-3''-methoxybenzoylajugol
4- 羟基 -3- 甲氧基苯乙醇 4-hydroxy-3-methoxybenzeneethanol
4- 羟基 -3- 甲氧基苯乙酸 4-hydroxy-3-methoxybenzeneacetic acid
4- 羟基 -3- 甲氧基苯乙酮 4-hydroxy-3-methoxyacetophenone
5- 羟基 -3- 甲氧基苄醇 5-hydroxy-3-methoxybenzyl alcohol
(2*R*,3*S*,4*S*)-4-(4- 羟基 -3- 甲氧基苄基)-2-(5- 羟基 -3- 甲氧基苯基)-3- 羟基甲基 - 四氢呋喃 -3- 醇 (2*R*,3*S*,4*S*)-4-(4-hydroxy-3-methoxybenzyl)-2-(5-hydroxy-3-methoxyphenyl)-3-hydroxymethyl-tetrahydrofuran-3-ol
(2*R*,3*R*)-2*β*-(4''- 羟基 -3''- 甲氧基苄基)-3*α*-(4'- 羟基 -3'- 甲氧基苄基)-*γ*- 丁内酯 -2-*O*-*β*-D- 吡喃葡萄糖苷 (2*R*,3*R*)-2*β*-(4''-hydroxy-3''-methoxybenzyl)-3*α*-(4'-hydroxy-3'-methoxybenzyl)-*γ*-butyrolactone-2-*O*-*β*-D-glucopyranoside
4- 羟基 -3- 甲氧基苄基 -*β*-D- 吡喃葡萄糖苷 4-hydroxy-3-methoxybenzyl-*β*-D-glucopyranoside
7- 羟基 -3- 甲氧基 - 杜松萘▲ 7-hydroxy-3-methoxy-cadalene
1- 羟基 -3- 甲氧基蒽醌 1-hydroxy-3-methoxyanthraquinone
2- 羟基 -3- 甲氧基蒽醌 2-hydroxy-3-methoxyanthraquinone
4- 羟基 -3- 甲氧基番木鳖碱 4-hydroxy-3-methoxystrychnine
4- 羟基 -3- 甲氧基 - 反式 - 桂皮醛 4-hydroxy-3-methoxy-*trans*-cinnamaldehyde
4- 羟基 -3- 甲氧基桂皮醛 4-hydroxy-3-methoxycinnamaldehyde
4- 羟基 -3- 甲氧基桂皮酸 4-hydroxy-3-methoxycinnamic acid
4- 羟基 -3- 甲氧基桂皮酸二十六酯 hexacosyl 4-hydroxy-3-methoxycinnamate
4- 羟基 -3- 甲氧基桂皮酸甲酯 4-hydroxy-3-methoxycinnamic acid methyl ester
4'- 羟基 -3'- 甲氧基桂皮酰基 -*β*-D- 吡喃葡萄糖 4'-hydroxy-3'-methoxycinnamoyl-*β*-D-glucopyranose
4- 羟基 -3- 甲氧基桂皮酰基 -*β*-D- 吡喃葡萄糖苷 4-hydroxy-3-methoxycinnamyl-*β*-D-glucopyranoside
4- 羟基 -3- 甲氧基桂皮酰乙酯 ethyl 4-hydroxy-3-methoxycinnamate
5- 羟基 -3'- 甲氧基黄烷酮 -7-*O*- 芸香糖苷 5-hydroxy-3'-methoxyflavanone-7-*O*-rutinoside
19- 羟基 -3'- 甲氧基米仔兰因 C 19-hydroxy-3'-methoxyaglain C
2- 羟基 -3- 甲氧基屾酮 2-hydroxy-3-methoxyxanthone
4- 羟基 -3- 甲氧基屾酮 4-hydroxy-3-methoxyxanthone
4- 羟基 -3- 甲氧基苏合香烯 4-hydroxy-3-methoxystyrene
6- 羟基 -3- 甲氧基羰基 -*β*- 咔啉 6-hydroxy-3-methoxycarbonyl-*β*-carboline
3- 羟基 -3- 甲氧基羰基戊二酸 3-hydroxy-3-methoxycarbonyl-pentanedioic acid
2- 羟基 -3- 甲氧基异番木鳖碱 2-hydroxy-3-methoxyisostrychnine
7,4'- 羟基 -3'- 甲氧基异黄酮 7,4'-hydroxy-3'-methoxyisoflavone
5'- 羟基 -3'- 甲氧基异黄酮 -7-*O*-*β*-D- 葡萄糖苷 5'-hydroxy-3'-methoxyisoflavone-7-*O*-*β*-D-glucoside
2-(4- 羟基 -3- 甲氧基正丁炔 -1- 基)-5-(1,3- 戊二炔 -1- 基) 噻吩 2-(4-hydroxy-3-methoxybut-1-yn-1-yl)-5-(penta-1,3-diyn-1-yl) thiophene
2- 羟基 -3- 甲氧甲基 -4- 甲氧羰酰基吡咯 2-hydroxy-3-methoxymethyl-4-methoxycarbonylpyrrole
6-(2- 羟基 -3- 羟基甲基 -3- 丁烯基)-7- 羟基香豆素 6-(2-hydroxy-3-hydroxymethyl-3-butenyl)-7-hydroxycoumarin
2- 羟基 -3- 羟基甲基蒽醌 2-hydroxy-3-hydroxymethylanthraquinone
9- 羟基 -3- 羟基甲基呋喃并 [3,2-b] 萘并 [2,3-d] 呋喃 -5,10- 二酮 9-hydroxy-3-hydroxymethylfuro[3,2-b]naphthao[2,3-d]furan-5,10-dione
2- 羟基 -3- 去羟基大齿麻疯树烷▲ 2-hydroxy-3-dehydroxycaniojane
2'- 羟基 -3'- 去羟基山蚂蝗酚 2'-hydroxy-3'-dehydroxydesmodol
15- 羟基 -3- 去氢去氧灌木肿柄菊素 15-hydroxy-3-dehydrodesoxytifruticin
3*β*- 羟基 -3- 去氧摩拉豆酮酸▲ 3*β*-hydroxy-3-deoxymoronic acid
1*α*- 羟基 -3- 去氧伪莽草素 1*α*-hydroxy-3-deoxypseudoanisatin
1- 羟基 -3- 去氧伪莽草素 1-hydroxy-3-deoxypseudoanisatin
2*α*- 羟基 -3- 去氧乌头碱 2*α*-hydroxy-3-deoxyaconitine
9*α*- 羟基 -3- 去氧愈创内酯 C 9*α*-hydroxy-3-deoxyzaluzanin C
2,5- 羟基 -3- 十五烷基 -1,4- 苯醌 2,5-dihydroxyl-3-pentadecyl-1,4-benzoquinone
羟基 -3- 水苏碱 hydroxy-3-stachydrine
6*β*- 羟基 -3- 羰基 - 齐墩果 -12- 烯 -28- 酸 6*β*-hydroxy-3-oxo-olean-12-en-28-oic acid
(6*S*,9*S*)-6- 羟基 -3- 酮 -*α*- 香堇醇 -9-*O*-*β*-D- 葡糖苷 (6*S*,9*S*)-6-hydroxy-3-oxo-*α*-ionol-9-*O*-*β*-D-glucopyranoside
12*β*- 羟基 -3- 酮基 -24*α*- 甲氧基 -25,26,27- 三降达玛 -20,24- 环氧 12*β*-hydroxy-3-oxo-24*α*-methoxy-25,26,27-trinordammara-20,24-epoxy
29- 羟基 -3- 无羁萜酮 29-hydroxy-3-friedelanone
2-(4- 羟基 -3- 硝基苯基)- 乙基硬脂酸酯 2-(4-hydroxy-3-nitrophenyl) ethyl stearate
7- 羟基 -3- 亚丁基苯酞 7-hydroxy-3-butylidenephthalide
24- 羟基 -3- 氧代 -11,13(18)- 齐墩果二烯 -28- 酸 24-hydroxy-3-oxo-11,13(18)-oleandien-28-oic acid
6*β*- 羟基 -3- 氧代 -11*α*,12*α*- 环氧齐墩果 -28,13*β*- 内酯 6*β*-hydroxy-3-oxo-11*α*,12*α*-epoxyolean-28,13*β*-olide
24- 羟基 -3- 氧代 -12- 齐墩果烯 -28- 酸 24-hydroxy-3-oxo-12-oleanen-28-oic acid
11- 羟基 -3- 氧代 -12- 熊果烯 -28- 酸 11-hydroxy-3-oxo-12-ursen-28-oic acid
6*β*- 羟基 -3- 氧代 -13*α*,14*β*,17*α*- 羊毛脂 -7,24- 二烯 -21,16*β*- 内酯 6*β*-hydroxy-3-oxo-13*α*,14*β*,17*α*-lanosta-7,24-dien-21,16*β*-olide
19*α*- 羟基 -3- 氧代 -24- 降齐墩果 -12- 烯 -28- 酸 19*α*-hydroxy-3-oxo-24-norolean-12-en-28-oic acid
(4*α*,11*α*)-11- 羟基 -3- 氧代 -24- 降羽扇豆 -20(29)- 烯 -28- 酸 (4*α*,11*α*)-11-hydroxy-3-oxo-24-norlup-20(29)-en-28-oic acid
28- 羟基 -3- 氧代 -30- 羽扇豆酸 28-hydroxy-3-oxo-30-lupanoic acid
(11*S*)-10*α*- 羟基 -3- 氧代 -4*βH*- 愈创木 -12,6*α*- 内酯 (11*S*)-10*α*-hydroxy-3-oxo-4*βH*-guaiano-12,6*α*-lactone
(24*Z*)-27- 羟基 -3- 氧代 -7,24- 绿玉树二烯 -21- 甲酯 methyl (24*Z*)-27-hydroxy-3-oxo-7,24-tirucalladien-21-oate
(24*Z*)-27- 羟基 -3- 氧代 -7,24- 绿玉树二烯 -21- 醛 (24*Z*)-27-hydroxy-3-oxo-7,24-tirucalladien-21-al
29- 羟基 -3- 氧代 -D:A- 飞齐墩果 -28- 酸 29-hydroxy-3-oxo-D:A-friedooleanan-28-oic acid

(6*S*,9*R*)-6- 羟基 -3- 氧代 -*α*- 香堇醇 -9-*O*-*β*-D- 吡喃葡萄糖苷 (6*S*,9*R*)-6-hydroxy-3-oxo-*α*-ionol-9-*O*-*β*-D-glucopyranoside

22*β*- 羟基 -3- 氧代 -Δ^{12}- 齐墩果烯 -29- 酸 22*β*-hydroxy-3-oxo-Δ^{12}-oleanen-29-oic acid

8*β*- 羟基 -3- 氧代荒漠木 -7(11)- 烯 -12,8*α*- 内酯 8*β*-hydroxy-3-oxoeremophil-7(11)-en-12,8*α*-olide

23- 羟基 -3- 氧代齐墩果 -12- 烯 -28- 酸 23-hydroxy-3-oxoolean-12-en-28-oic acid

6*β*- 羟基 -3- 氧代齐墩果 -12- 烯 -28- 酸 6*β*-hydroxy-3-oxoolean-12-en-28-oic acid

6- 羟基 -3- 氧代齐墩果 -12- 烯 -28- 酸 6-hydroxy-3-oxoolean-12-en-28-oic acid

19*α*- 羟基 -3- 氧代 - 齐墩果 -12- 烯 -28- 酸 19*α*-hydroxy-3-oxo-olean-12-en-28-oic acid

21*β*- 羟基 -3- 氧代 - 齐墩果 -12- 烯 -28- 酸 21*β*-hydroxy-3-oxo-olean-12-en-28-oic acid

3*β*- 羟基 -3- 氧代 - 齐墩果 -12- 烯 -28- 酸 1*β*-hydroxy-3-keto-olean-12-en-28-oic acid

22*α*- 羟基 -3- 氧代齐墩果 -12- 烯 -29- 酸 22*α*-hydroxy-3-oxoolean-12-en-29-oic acid

27- 羟基 -3- 氧代 - 睡茄 -1,4,24- 三双烯内酯 27-hydroxy-3-oxo-witha-1,4,24-trienolide

22*α*- 羟基 -3- 氧代熊果 -12- 烯 -27,28- 二酸 22*α*-hydroxy-3-oxours-12-ene-27,28-dioic acid

11*α*- 羟基 -3- 氧代 - 熊果 -12- 烯 -28- 酸 11*α*-hydroxy-3-oxo-urs-12-en-28-oic acid

16*α*- 羟基 -3- 氧代羊毛脂 -7,9(11),24- 三烯 -21- 酸 16*α*-hydroxy-3-oxolanosta-7,9(11),24-trien-21-oic acid

23- 羟基 -3- 氧代羊毛脂 -8,24- 二烯 -26,23- 内酯 23-hydroxy-3-oxolanosta-8,24-dien-26,23-olide

6*β*- 羟基 -3- 氧代羽扇豆 -20(29)- 烯 6*β*-hydroxy-3-oxolup-20(29)-ene

6*β*- 羟基 -3- 氧代羽扇豆 -20(29)- 烯 -28- 酸 6*β*-hydroxy-3-oxolup-20(29)-en-28-oic acid]

28- 羟基 -3- 氧代羽扇豆 -20(29)- 烯 -30- 醛 28-hydroxy-3-oxolup-20(29)-en-30-al

(11*S*)-10*α*- 羟基 -3- 氧代愈创木 -4- 烯 -12,6*α*- 内酯 (11*S*)-10*α*-hydroxy-3-oxoguaia-4-en-12,6*α*-lactone

19*α*- 羟基 -3- 乙酰熊果酸 19*α*-hydroxy-3-acetylursolic acid

1- 羟基 -3- 乙酰氧基 -7- 甲氧基 -2'- 甲基 -5'- 羧基 -(3- 羧基丁 -2-烯基)- 呋喃并 (3',4':5,6)- 呫酮 1-hydroxy-3acetoxy-7-methoxy-2'-methyl-5'-carboxy-(3-carboxybut-2-enyl)-furano(3',4':5,6)-xanthone

11*α*- 羟基 -3- 已酰基 -*β*- 乳香酸 11*α*-hydroxy-3-acetoxy-*β*-boswellic acid

4- 羟基 -3- 异戊烯基苯甲酸 4-hydroxy-3-prenylbenzoic acid

5- 羟基 -3- 异戊烯基黄酮 5-hydroxy-3-isoprenylflavone

2- 羟基 -3- 愈创木基丙酸 2-hydroxy-3-guaiacylpropanoic acid

3*β*- 羟基 -4(15),10(14),11(13)- 愈创木三烯 -12,6- 内酯 -8*α*-*O*-*β*-D-吡喃葡萄糖苷 3*β*-hydroxy-4(15),10(14),11(13)- guaiatrien-12,6-olide-8*α*-*O*-*β*-D-glucopyranoside

8*α*- 羟基 -4(15),11- 桉叶二烯 8*α*-hydroxy-4(15),11-eudesmadiene

3- 羟基 -4(1*H*)- 吡啶酮 3-hydroxy-4(1*H*)-pyridone

7- 羟基 -4(1*H*)- 异喹啉酮 7-hydroxy-4(1*H*)-quinolinone

(*S*)-1- 羟基 -4-(1- 羟基 -3- 氧代丁基)-3,8- 二甲氧基 - 9*H*- 呫酮 -9-酮 (*S*)-1-hydroxy-4-(1-hydroxy-3-oxobutyl)-3,8-dimethoxy-9*H*-xanthen-9-one

(*E*)-3'- 羟基 -4'-(1''- 羟基乙基)- 苯基 -4- 甲氧基桂皮酸酯 (*E*)-3'-hydroxy-4'-(1''-hydroxyethyl)-phenyl-4-methoxycinnamate

2- 羟基 -4-(2- 丙烯基) 苯基 -*O*-*β*-D- 吡喃葡萄糖苷 2-hydroxy-4-(2-propenyl)phenyl-*O*-*β*-D-glucopyranoside

1- 羟基 -4-(2- 羟基乙基)-3,8- 二甲氧基 - 9*H*- 呫酮 -9- 酮 1-hydroxy-4-(2-hydroxyethyl)-3,8-dimethoxy-9*H*-xanthen-9-one

4- 羟基 -4-(2- 羟基乙基)- 环已酮 4-hydroxy-4-(2-hydroxyethyl)-cyclohexanone

(*R*)-4- 羟基 -4-(3- 羟基苯基)- 丁酸 -4-*O*-*β*-D- 吡喃葡萄糖苷 (*R*)-4-hydroxy-4-(3-hydroxyphenyl)butyric acid 4-*O*-*β*-D-glucopyranoside

4- 羟基 -4-(3- 氧代 -1- 丁烯基)-3,5,5- 三甲基环已 -2- 烯 -1- 酮 4-hydroxy-4-(3-oxo-1-butenyl)-3,5,5-trimethylcyclohex-2-en-1-one

4- 羟基 -4-(3- 氧代 -l- 丁烯基)-3,5,5- 三甲基 - 环已 -2- 烯 -l- 酮 4-hydroxy-4-(3-oxo-l-butenyl)-3,5,5-trimethylcyclohex-2-en-l-one

3- 羟基 -4-(4-(2- 羟基乙基)- 苯氧基) 苯甲醛 3-hydroxy-4-(4-(2-hydroxyethyl)-phenoxy)benzaldehyde

6- 羟基 -4-(4- 羟基 -3- 甲氧基苯基)-3- 羟基甲基 -7- 甲氧基 -3,4-二氢 -2- 萘醛 6-hydroxy-4-(4-hydroxy-3-methoxyphenyl)-3-hydroxymethyl-7-methoxy-3,4-dihydro-2-naphthaldehyde

6- 羟基 -4-(4- 羟基 -3- 甲氧基苯基)-7- 甲氧基萘并 [2,3-*c*] 呋喃 -1,3- 二酮 6-hydroxy-4-(4-hydroxy-3-methoxyphenyl)-7-methoxynaphtho[2,3-*c*]furan-1,3-dione

7- 羟基 -4-(5'- 羟基甲基呋喃 -2'- 基)-2- 喹诺酮 7-hydroxy-4-(5'-hydroxymethylfuran-2'-yl)-2-quinolone

4*R*- 羟基 -4-(9*S*- 羟基 -12- 甲基已烷 -6- 基)-3- 甲基环戊 -2-烯酮 4*R*-hydroxy-4-(9*S*-hydroxy-12-methylhexan-6-yl)-3-methylcyclopent-2-enone

3- 羟基 -4,10- 去氢佛波醇 3-hydroxyl-4,10-dehydrophorbol

(1*E*)-12- 羟基 -4,11- 二甲氧基 - 三环 [13.2.2.13,7] 二十碳 -4,9,11,15,17,18- 六烯 -6- 酮 (1*E*)-12-hydroxy-4,11-dimethoxy- tricyclo[13.2.2.13,7]eicosa-4,9,11,15,17,18-hexaen-6-one

3*β*- 羟基 -4,14- 二甲基麦角甾 -8,24(28)- 二烯 -7,11- 二酮 3*β*-hydroxy-4,14-dimethyl-ergosta-8,24(28)-dien-7,11-dione

3*β*- 羟基 -4,14- 二甲基麦角甾 -8,24(28)- 二烯 -7- 酮 3*β*-hydroxy-4,14-dimethyl-ergosta-8,24(28)-dien-7-one

6*β*- 羟基 -4,22- 豆甾二烯 -3- 酮 6*β*-hydroxy-4,22-stigmastadien-3-one

7*β*- 羟基 -4,22- 豆甾二烯 -3- 酮 7*β*-hydroxy-4,22-stigmastadien-3-one

7- 羟基 -4,22- 豆甾二烯 -3- 酮 7-hydroxy-4,22-stigmastadien-3-one

4'- 羟基 -4,2'- 二甲氧基二氢查耳酮 4'-hydroxy-4,2'-dimethoxydihydrochalcone

2'- 羟基 -4,3',4',6'- 四甲氧基查耳酮 2'-hydroxy-4,3',4',6'-tetramethoxychalcone

(8*R*,7'*R*,8'*R*)-5- 羟基 -4,3',4'- 三甲氧基 -2,7'- 环木脂素 (8*R*,7'*R*,8'*R*)-5-hydroxy-4,3',4'-trimethoxy-2,7'-cyclolignan

5- 羟基 -4',3,6,7- 四甲氧基黄酮 5-hydroxy-4',3,6,7-tetramethoxyflavone

3*α*- 羟基 -4,4,14*α*- 三甲基 -5*α*- 孕甾 -8- 烯 -20- 酮 3*α*-hydroxy-4,4,14*α*-trimethyl-5*α*-preg-8-en-20-one

3*α*- 羟基 -4,4,14*α*- 三甲基 -Δ^2-5*α*- 孕甾烯 -20- 酮 3*α*-hydroxy-4,4,14*α*-trimethyl-Δ^2-5*α*-pregnen-20-one

2'- 羟基 -4,4',5',6'- 四甲氧基查耳酮 2'-hydroxy-4,4',5',6'-tetramethoxychalcone

2'- 羟基 -4,4',6'- 三甲氧基查耳酮 2'-hydroxy-4,4',6'-trimethoxychalcone

(6*S*,9*R*)-6- 羟基 -4,4,7a- 三甲基 -5,6,7,7a- 四氢 -1- 苯并呋喃 -2(4*H*)-酮 (6*S*,9*R*)-6-hydroxy-4,4,7a-trimethyl-5,6,7,7a-tetrahydro-1-benzofuran-2(4*H*)-one

(5*α*,7*α*,13*α*,17*α*)-7- 羟基 -4,4,8- 三甲基 -3- 氧代 - 强心甾 -1,14- 二

Q

烯内酯 (5α,7α,13α,17α)-7-hydroxy-4,4,8-trimethyl-3-oxo-carda-1,14-dienolide
(5α,7α,13α,17α)-7- 羟基 -4,4,8- 三甲基 -3- 氧代 - 腰果 -1,4- 二烯内酯 (5α,7α,13α,17α)-7-hydroxy-4,4,8-trimethyl-3-oxo-carda-1,4-dienolide
6'- 羟基 -4,4'- 二甲氧基查耳酮 6'-hydroxy-4,4'-dimethoxychalcone
3- 羟基 -4,5(R)- 二甲基 -2(5H)- 呋喃酮 3-hydroxy-4,5(R)-dimethy1-2(5H)-furanone
3'- 羟基 -4',5,6,7,8- 五甲氧基黄酮 3'-hydroxy-4',5,6,7,8-pentamethoxyflavone
3- 羟基 -4',5,6,7- 四甲氧基黄酮 3-hydroxy-4',5,6,7-tetramethoxyflavone
3- 羟基 -4,5,6,7- 四氢 -6,7- 二羟基 -3- 丁基 - 苯酞 3-hydroxy-4,5,6,7-tetrahydro-6,7-dihydroxy-3-butyl-phthalide
3'- 羟基 -4',5,7- 三甲氧基黄酮 3'-hydroxy-4',5,7-trimethoxyflavone
3- 羟基 -4,5- 二甲氧基苯酚 -1-O-α-l- 吡喃鼠李糖基 -(1 → 6)-β-D- 吡喃葡萄糖苷 3-hydroxy-4,5-dimethoxyphenol-1-O-α-L-rhamnopyranosyl-(1 → 6)-β-D-glucopyranoside
(1S,2S)-1-(3- 羟基 -4,5- 二甲氧基苯基)-2-[4-(3- 羟基丙基)-2- 甲氧基苯氧基]-1,3- 丙二醇 (1S,2S)-1-(3-hydroxy-4,5-dimethoxyphenyl)-2-[4-(3-hydroxypropyl)-2-methoxyphenoxy]-1,3-propanediol
3- 羟基 -4,5- 二甲氧基苯基 -β-D- 吡喃葡萄糖苷 3-hydroxy-4,5-dimethoxyphenyl-β-D-glucopyranoside
2- 羟基 -4,5- 二甲氧基苯甲酸甲酯 methyl 2-hydroxy-4,5-dimethoxybenzoate
3''- 羟基 -4'',5''- 二甲氧基呋喃黄酮 3''-hydroxy-4'',5''-dimethoxyfuranoflavone
2- 羟基 -4,5- 二甲氧基桂皮酸 -2-O-β-D- 葡萄糖苷 2-hydroxy-4,5-dimethoxycinnamic acid-2-O-β-D-glucoside
5- 羟基 -4,5- 二羟基丁香烯 -3- 酮 5-hydroxy-4,5-dihydroxycaryophyllen-3-one
3'- 羟基 -4',5'- 甲氧基黄酮 3'-hydroxy-4',5'-dimethoxyflavone
2- 羟基 -4,5- 亚甲二氧基苯丙酮 2-hydroxy-4,5-methylenedioxypropiophenone
2- 羟基 -4,5- 亚甲二氧基苯酚 -1-O-α-l- 吡喃鼠李糖基 -(1 →)-β-D- 吡喃葡萄糖苷 2-hydroxy-4,5-methy-lenedioxyphenol-1-O-α-L-rhamnopyranosyl-(1 →)-β-D-glucopyranoside
3- 羟基 -4,5- 亚甲二氧基烯丙基苯 3-hydroxy-4,5-methylenedioxyallyl-benzene
7- 羟基 -4',5'- 亚甲二氧基紫檀烷 7-hydroxy-4',5'-methylenedioxy-pterocarpan
5- 羟基 -4,6,4'- 三甲氧基橙酮 5-hydroxy-4,6,4'-trimethoxyaurone
5- 羟基 -4',6,7,8- 四甲氧基黄酮 5-hydroxy-4',6,7,8-tetramethoxyflavone
5- 羟基 -4',6,7- 三甲氧基黄酮 5-hydroxy-4',6,7-trimethoxyflavone
1- 羟基 -4,6,8- 三甲氧基叫酮 1-hydroxy-4,6,8-trimethoxyxanthone
(6E,9S)-9- 羟基 -4,6- 大柱香波龙二烯 -3- 酮 (6E,9S)-9-hydroxy-4,6-megastigmadien-3-one
(6Z,9S)-9- 羟基 -4,6- 大柱香波龙二烯 -3- 酮 (6Z,9S)-9-hydroxy-4,6-megastigmadien-3-one
2'- 羟基 -4',6'- 二 -O-β-D- 吡喃葡萄糖基 - 丁酰基酚酮 2'-hydroxy-4',6'-di-O-β-D-glucopyranosyl-butyrrophenone
4- 羟基 -4,6- 二甲基 -1- 四氢萘酮 4-hydroxy-4,6-dimethyl-1-tetralone
1-[2- 羟基 -4,6- 二甲氧基 -3-(3- 甲基 -2- 丁烯基) 苯基]-3-(4- 羟基苯基)-2- 丙烯 -1- 酮 1-[2-hydroxy-4,6-dimethoxy-3-(3-methyl-2-butenyl)phenyl]-3-(4-hydroxyphenyl)-2-propen-1-one
2'- 羟基 -4',6'- 二甲氧基 -3,4- 亚甲二氧基查耳酮 2'-hydroxy-4',6'-dimethoxy-3,4-methylenedioxychalcone
2'- 羟基 -4',6'- 二甲氧基 -3'- 甲基查耳酮 2'-hydroxy-4',6'-dimethoxy-3'-methylchalcone
1-(2- 羟基 -4,6- 二甲氧基苯基) 丁 -2- 烯 -1- 酮 1-(2-hydroxy-4,6-dimethoxyphenyl)but-2-en-1-one
1-(2- 羟基 -4,6- 二甲氧基苯基)- 乙酮 1-(2-hydroxy-4,6-dimethoxyphenyl)-ethanone
2'- 羟基 -4',6'- 二甲氧基苯甲酰基天名精素▲ 2'-hydroxy-4',6'-dimethoxybenzoylcarpesiolin
2- 羟基 -4,6- 二甲氧基苯乙酮 2-hydroxy-4,6-dimethoxyacetophenone
2- 羟基 -4,6- 二甲氧基查耳酮 2-hydroxy-4,6-dimethoxychalcone
2'- 羟基 -4',6'- 二甲氧基查耳酮 2'-hydroxy-4',6'-dimethoxychalcone
3- 羟基 -4,6- 二甲氧基叫酮 3-hydroxy-4,6-dimethoxyxanthone
10- 羟基 -4,6- 二炔 -8- 烯 - 癸烯酸 10-hydroxy-4,6-diyne-8-en-decenoic acid
7- 羟基 -4',6- 甲氧基异黄酮 -7-O-β-D- 呋喃芹糖基 -(1 → 6)-β-D- 吡喃葡萄糖苷 7-hydroxy-4',6-dimethoxyisoflavone-7-O-β-D-apiofuranosyl-(1 → 6)-β-D-glucopyranoside
2- 羟基 -4,6- 戊基苯甲酸 2-hydroxy-4,6-pentylbenzoic acid
5- 羟基 -4',7,8- 三甲氧基黄酮 5-hydroxy-4',7,8-trimethoxyflavone
7E-9- 羟基 -4,7- 大柱香波龙 -3- 酮 -10-O-β-D- 吡喃葡萄糖苷 7E-9-hydroxy-4,7-megastigmane-3-one-10-O-β-D-glucopyranoside
(6S,7E)-6- 羟基 -4,7- 大柱香波龙二烯 -3,9- 二酮 (6S,7E)-6-hydroxy-4,7-megastigmadien-3,9-dione
6- 羟基 -4,7- 大柱香波龙二烯 -3,9- 二酮 6-hydroxy-4,7-megastigmadiene-3,9-dione
(6R,7E)-9- 羟基 -4,7- 大柱香波龙二烯 -3- 酮 (6R,7E)-9-hydroxy-4,7-megastigmadien-3-one
(6R,7E,9R)-9- 羟基 -4,7- 大柱香波龙二烯 -3- 酮 (6R,7E,9R)-9-hydroxy-4,7-megastigmadien-3-one
(7E,6R,9S)-9- 羟基 -4,7- 大柱香波龙二烯 -3- 酮 (7E,6R,9S)-9-hydroxy-4,7-megastigmadien-3-one
9- 羟基 -4,7- 大柱香波龙二烯 -3- 酮 9-hydroxy-4,7-megastigmadien-3-one
(6R,7E,9R)-9- 羟基 -4,7- 大柱香波龙二烯 -3- 酮 -9-O-[α-L- 吡喃阿拉伯糖基 -(1 → 6)-β-D- 吡喃葡萄糖苷] (6R,7E,9R)-9-hydroxy-4,7-megastigmadien-3-one-9-O-[α-L-arabinopyranosyl-(1 → 6)-β-D-glucopyranoside]
(6R,7E,9R)-9- 羟基 -4,7- 大柱香波龙二烯 -3- 酮 -9-O-α-L- 吡喃阿拉伯糖基 -(1 → 6)-β-D- 吡喃葡萄糖苷 (6R,7E,9R)-9-hydroxy-4,7-megastigmadien-3-one-9-O-α-L-arabinopyranosyl-(1 → 6)-β-D-glucopyranoside
(6R,7E,9R)-9- 羟基 -4,7- 大柱香波龙二烯 -3- 酮 -9-O-β-D- 呋喃芹糖基 -(1 → 6)-β-D- 吡喃葡萄糖苷 (6R,7E,9R)-9-hydroxy-4,7-megastigmadien-3-one-9-O-β-D-apiofuranosyl-(1 → 6)-β-D-glucopyranoside
(3R,6R,7E)-3- 羟基 -4,7- 大柱香波龙二烯 -9- 酮 (3R,6R,7E)-3-hydroxy-4,7-megastigmadien-9-one
(3R,6R,7E)-3- 羟基 -4,7- 大柱香波龙 - 二烯 -9- 酮 (3R,6R,7E)-3-hydroxy-4,7-megastigma-dien-9-one
4- 羟基 -4,7- 二甲基 -1- 四氢萘酮 4-hydroxy-4,7-dimethyl-1-tetralone
(±)-4- 羟基 -4,7- 二甲基 -α- 四氢萘酮 (±)-4-hydroxy-4,7-dimethyl-α-tetralone
1- 羟基 -4,7- 二甲氧基 -1-(2- 丙酮基)-1H- 菲 -2- 酮 1-hydroxy-4,7-dimethoxy-1-(2-oxopropyl)-1H-phenanthren-2-one
5- 羟基 -4',7- 二甲氧基 -6- 甲基黄酮 5-hydroxy-4',7-dimethoxy-6-methylflavone
1- 羟基 -4,7- 二甲氧基 -8-(3- 甲基 -2- 丁烯基)-6-O-α-L- 吡喃鼠李糖基 -(1 → 6)-[β-D- 吡喃葡萄糖基 -(1 → 6)]-β-D- 吡喃葡萄糖基叫酮 1-hydroxy-4,7-dimethoxy-8-(3-methyl-2-butenyl)-6-

O-*α*-L-rhamnopyranosyl-(1→6)-[*β*-D-glucopyranosyl-(1→6)]-*β*-D-glucopyranosylxanthone
2- 羟基 -4,7- 二甲氧基 -9,10- 二氢菲 2-hydroxy-4,7-dimethoxy-9,10-dihydrophenanthrene
5- 羟基 -4',7- 二甲氧基二氢黄酮 5-hydroxy-4',7-dimethoxydihydroflavone
2- 羟基 -4,7- 二甲氧基菲 2-hydroxy-4,7-dimethoxyphenanthrene
5- 羟基 -4',7- 二甲氧基黄酮 5-hydroxy-4',7-dimethoxyflavone
5- 羟基 -4',7- 二甲氧基黄烷酮 5-hydroxy-4',7-dimethoxyflavanone
5- 羟基 -4',7- 二甲氧基异黄酮 5-hydroxy-4',7-dimethoxyisoflavone
8*α*-4- 羟基 -4,8,8- 三甲基 -9- 氧代 - 二环 [4.2.1] 辛 -1- 烯 -3- 酮 8*α*-4-hydroxy-4,8,8-trimethyl-9-oxo-bicyclo[4.2.1]non-1-en-3-one
8*β*-4- 羟基 -4,8,8- 三甲基 -9- 氧代 - 二环 [4.2.1] 辛 -1- 烯 -3- 酮 8*β*-4-hydroxy-4,8,8-trimethyl-9-oxo-bicyclo[4.2.1]non-1-en-3-one
5- 羟基 -4,8- 二甲氧基呋喃喹啉 5-hydroxy-4,8-dimethoxyfuroquinoline
5- 羟基 -4,8- 二甲氧基 - 呋喃喹啉 5-hydroxy-4,8-dimethoxy-furoquinoline
7- 羟基 -4',8- 二甲氧基异黄酮 7-hydroxy-4',8-dimethoxyisoflavone
7- 羟基 -4',8- 甲氧基异黄酮 -7-*O*-*β*-D- 呋喃芹糖基 -(1→6)-*β*-D- 吡喃葡萄糖苷 7-hydroxy-4',8-dimethoxyisoflavone-7-*O*-*β*-D-apiofuranosyl-(1→6)-*β*-D-glucopyranoside
(-)-2- 羟基 -4,9- 二甲氧基紫檀烷 (-)-2-hydroxy-4,9-dimethoxypterocarpan
(6a*R*,11a*R*)-3- 羟基 -4,9- 二甲氧基紫檀烷 (6a*R*,11a*R*)-4,9-dimethoxy-3-hydroxypterocarpan
3- 羟基 -4,9- 二甲氧基紫檀烷 4,9-dimethoxy-3-hydroxypterocarpan
2- 羟基 -4-[(1*E*)-3- 羟基 -1- 丙烯 -1- 基]-6- 甲氧基苯基 -*β*-D- 吡喃葡萄糖苷 2-hydroxy-4-[(1*E*)-3-hydroxy-1-propen-1-yl]-6-methoxyphenyl-*β*-D-glucopyranoside
(4*S*,1'*E*,3'*E*)-4- 羟基 -4-[5'- 羟基 -3'- 甲基 -1',3'- 戊二烯]-3,5,5- 三甲基 -2- 环己烯 -1- 酮 -*β*-D- 吡喃葡萄糖苷 (4*S*,1'*E*,3'*E*)-4-hydroxy-4-[5'-hydroxy-3'-methyl-1',3'-pentadienyl]-3,5,5-trimethyl-2-cyclohexen-1-one-*β*-D-glucopyranoside
(2*E*,4*R**)-4- 羟基 -4-{(1*R**,2*S**)-2-[(1*E*,6*S**)-6- 羟基庚 -1- 烯 -1- 基]-4- 氧代环戊基 }- 丁 -2- 烯酸 (2*E*,4*R**)-4-hydroxy-4-{(1*R**,2*S**)-2-[(1*E*,6*S**)-6-hydroxyhept-1-en-1-yl]-4-oxocyclopentyl}-but-2-enoic acid
(2*E*,4*R**)-4- 羟基 -4-{(1*R**,2*S**)-4- 氧代 -2-[(1*E*)-6- 氧代庚 -1- 烯 -1- 基] 环戊基 }- 丁 -2- 烯酸 (2*E*,4*R**)-4-hydroxy-4-{(1*R**,2*S**)-4-oxo-2-[(1*E*)-6-oxohept-1-en-1-yl]cyclopentyl}-but-2-enoic acid
7- 羟基 -4'-*O*-*β*-D-(6''-*O*-*α*- 羟基丙酰)- 吡喃葡萄糖基二氢黄酮 7-hydroxyl-4'-*O*-*β*-D-(6''-*O*-*α*-hydroxylpropionyl)-glucopyranosyldihydroflavone
2- 羟基 -4-*O*-*β*-D- 吡喃葡萄糖基苯乙酸 2-hydroxy-4-*O*-*β*-D-glucopyranosylphenylacetic acid
2- 羟基 -4-*O*-*β*-D- 吡喃葡萄糖基苯乙酸甲酯 2-hydroxy-4-*O*-*β*-D-glucopyranosylphenylacetic acid methylate
3'- 羟基 -4'-*O*-*β*-D- 吡喃葡萄糖基葛根素 3'-hydroxy-4'-*O*-*β*-D-glucosylpuerarin
3'- 羟基 -4'-*O*- 甲基光果甘草定 3'-hydroxy-4'-*O*-methylglabridin
3'- 羟基 -4'-*O*- 甲基异高黄芩素 -7-*O*-(6'''-*O*- 乙酰基 -*β*-D- 吡喃阿洛糖基)-(1'''→2'')-*β*-D- 吡喃葡萄糖苷 3'-hydroxy-4'-*O*-methylisoscutellarein-7-*O*-(6'''-*O*-acetyl-*β*-D-allopyranosyl)-(1'''→2'')-*β*-D-glucopyranoside
1*β*- 羟基 -4*α*,11*αH*- 桉叶 -5- 烯 -12,8*β*- 内酯 1*β*-hydroxy-4*α*,11*αH*-eudesma-5-en-12,8*β*-olide
3*β*- 羟基 -4*α*,14*α*- 二甲基 -5*α*- 麦角甾 -8,24(28)- 二烯 -7- 酮 3*β*-hydroxy-4*α*,14*α*-dimethyl-5*α*-ergosta-8,24(28)-dien-7-one
5*α*- 羟基 -4*α*,14- 二氢木香酸 5*α*-hydroxy-4*α*,14-dihydrocostic acid
1*β*- 羟基 -4*α*- 甲氧基 -5*α*,6*β*,7*αH*- 桉叶 -11(13)- 烯 -12,6- 内酯 1*β*-hydroxy-4*α*-methoxy-5*α*,6*β*,7*αH*-eudesma-11(13)-en-12,6-olide
3*α*- 羟基 -4*α*- 甲氧基绵马烷 3*α*-hydroxy-4*α*-methoxyfilicane
1*α*- 羟基 -4*α*- 氢过氧 - 比梢菊内酯▲ 1*α*-hydroxy-4*α*-hydroperoxy-bishopsolicepolide
8*β*- 羟基 -4*β*,15- 二氢愈创内酯 C 8*β*-hydroxy-4*β*,15-dihydrozaluzanin C
1*α*- 羟基 -4*β*-*O*- 乙酰基拟愈创木烷 -6*β*,12- 内酯 1*α*-hydroxy-4*β*-*O*-acetylpseudoguaian-6*β*,12-olide
4*α*- 羟基 -4*β*- 甲基二氢木香醇 4*α*-hydroxy-4*β*-methyldihydrocostol
3- 羟基 -4- 苯基 -2- 丁酮 3-hydroxy-4-phenyl-2-butanone
5*α*- 羟基 -4- 表冬青叶豚草酸甲酯 5*α*-hydroxyl-4-epiilicic acid methyl ester
6*α*- 羟基 -4- 表 - 七脉花叶芋内酯 6*α*-hydroxy-4-*epi*-septuplinolide
1*β*- 羟基 -4- 表栀子二醇 1*β*-hydroxy-4-epigardendiol
(6*R*,9*R*)-9- 羟基 -4- 大柱香波龙烯 -3- 酮 (6*R*,9*R*)-9-hydroxy-4-megastigmen-3-one
9- 羟基 -4- 大柱香波龙烯 -3- 酮 9-hydroxy-4-megastigmen-3-one
(6*R*,9*R*)-9- 羟基 -4- 大柱香波龙烯 -3- 酮 -9-*O*-*β*-D- 吡喃葡萄糖基 -(1→6)-*β*-D- 吡喃葡萄糖苷 (6*R*,9*R*)-9-hydroxy-4-megastigmen-3-one-9-*O*-*β*-D-glucopyranosyl-(1→6)-*β*-D-glucopyranoside
6*β*- 羟基 -4- 豆甾烯 -3- 酮 6*β*-hydroxy-4-stigmasten-3-one
5- 羟基 -4- 对羟基苄基 -3',3- 二甲氧基联苄 5-hydroxy-4-(*p*-hydroxybenzyl)-3',3-dimethoxybibenzyl
24- 羟基 -4- 二十八烷酮 24-hydroxy-4-octacosanone
4- 羟基 -4- 甲基 -2- 环己烯 -1- 酮 4-hydroxy-4-methyl-2-cyclohexen-1-one
(1*R*,5*S*)-5- 羟基 -4- 甲基 -*β*- 亚甲基 -3- 环己烯 -1- 乙醇 (1*R*,5*S*)-5-hydroxy-4-methyl-*β*-methylene-3-cyclohexene-1-ethanol
1-(2- 羟基 -4- 甲基苯基) 丙烷 -1,2- 二酮 1-(2-hydroxy-4-methylphenyl)propan-1,2-dione
2- 羟基 -4- 甲基苯乙酮 2-hydroxy-4-methylacetophenone
2-{(2*S*,5*R*)-5-[(1*E*)-4- 羟基 -4- 甲基己烷 -1,5- 二烯 -1- 基]-5- 甲基四氢呋喃 -2- 基 } 丙烷 -2- 基 -*β*-D- 吡喃葡萄糖苷 2-{(2*S*,5*R*)-5-[(1*E*)-4-hydroxy-4-methylhexa-1,5-dien-1-yl]-5-methyltetrahydrofuran-2-yl}propan-2-yl-*β*-D-glucopyranoside
3- 羟基 -4- 甲基戊酸乙基酯 3-hydroxy-4-methyl pentanoic acid ethyl ester
7- 羟基 -4- 甲基香豆素 7-hydroxy-4-methylcoumarin
1-(2- 羟基 -4- 甲氧苯氨基)-1- 脱氧 -*β*- 葡萄糖苷 -1,2- 氨基甲酸酯 1-(2-hydroxy-4-methoxyphenylamino)-1-deoxy-*β*-glucoside-1,2-carbamate]
(2*E*,2'*E*)-3,3'-(6'- 羟基 -4- 甲氧基 -[1,1'- 联苯基]-3,3'- 二基)- 双 -2- 丙烯醛 (2*E*,2'*E*)-3,3'-(6'-hydroxy-4-methoxy-[1,1'-biphenyl]-3,3'-diyl)-bis-2-propenal
(-)-5- 羟基 -4- 甲氧基 -1- 四氢萘酮 (-)-5-hydroxy-4-methoxy-1-tetralone
(2*E*)-3-[6- 羟基 -4'- 甲氧基 -3'-(2- 丙烯 -1- 基)[1,1'- 联苯基]-3- 基]-2- 丙烯醛 (2*E*)-3-[6-hydroxy-4'-methoxy-3'-(2-propen-1-yl)[1,1'-biphenyl]-3-yl]-2-propenal
6- 羟基 -4'- 甲氧基 -3'-(2- 丙烯 -1- 基)-[1,1'- 联苯基]-3- 甲醛 6-hydroxy-4'-methoxy-3'-(2-propen-1-yl)-[1,1'-biphenyl]-3-carboxaldehyde
2- 羟基 -4- 甲氧基 -3,6- 二甲基苯甲酸 2-hydroxy-4-methoxy-3,6-dimethylbenzoic acid
7- 羟基 -4'- 甲氧基 -4- 苯基香豆素 7-hydroxy-4'-methoxy-4-phenylcoumarin

Q

3'- 羟基 -4'- 甲氧基 -4'- 去羟基尼亚小金梅草酚▲ 3'-hydroxy-4'-methoxy-4'-dehydroxynyasol

7- 羟基 -4- 甲氧基 -5- 甲基香豆素 7-hydroxy-4-methoxy-5-methylcoumarin

5- 羟基 -4'- 甲氧基 -6'',6''- 二甲基吡喃 (2'',3'':7,8) 异黄酮 5-hydroxy-4'-methoxy-6'',6''-dimethylpyrano(2'',3'':7,8)isoflavone

2- 羟基 -4- 甲氧基 -6- 丙基苯甲酸 2-hydroxy-4-methoxy-6-propylbenzoic acid

2- 羟基 -4- 甲氧基 -6 甲基苯甲酸 2-hydroxy-4-methoxy-6-methylbenzoic acid

2- 羟基 -4- 甲氧基 -6- 戊基苯甲酸 2-hydroxy-4-methoxy-6-pentylbenzoic acid

2- 羟基 -4- 甲氧基 -6- 戊基苯甲酸甲酯 2-hydroxy-4-methoxy-6-pentylbenzoic acid methyl ester

2- 羟基 -4- 甲氧基 -6- 戊基苯甲酸乙酯 2-hydroxy-4-methoxy-6-pentylbenzoic acid ethyl ester

5- 羟基 -4'- 甲氧基 -6- 戊烯基 -1''',2'''- 过氧 -3''',3'''- 二甲基二氢吡喃 [5,6:8,7] 异黄酮 5-hydroxy-4'-methoxy-6-prenyl-1''',2'''-peroxyl-3''',3'''-dimethyldihydropyrano[5,6:8,7]isoflavone

5- 羟基 -4'- 甲氧基 -6- 戊烯基 -2'''- 羟基异丙基二氢呋喃 [4,5:8,7] 异黄酮 5-hydroxy-4'-methoxy-6-prenyl-2'''-hydroxyisopropyl-dihydrofurano[4,5:8,7]isoflavone

5- 羟基 -4'- 甲氧基 -7-[(3- 甲基 -2- 丁烯基) 氧]- 异黄酮 5-hydroxy-4'-methoxy-7-[(3-methyl-2-buthenyl)oxy]-isoflavone

5- 羟基 -4'- 甲氧基 -7-α-L- 吡喃鼠李糖基 -(1 → 4)-β-D- 吡喃葡萄糖异黄酮 5-hydroxyl-4'-methoxy-7-α-L-rhamnopyranosyl-(1→4)-β-D-glucopyranosylisoflavone

(-)-3'- 羟基 -4'- 甲氧基 -7- 羟基 -8- 甲基黄烷 (-)-3'-hydroxy-4'-methoxy-7-hydroxy-8-methylflavan

5- 羟基 -4'- 甲氧基 -7- 戊烯基呋喃 [3,2-g] 异黄酮 5-hydroxy-4'-methoxy-7-prenylfurano[2,3-h]isoflavone

(-)-3- 羟基 -4- 甲氧基 -8,9- 亚甲二氧基紫檀烷 (-)-3-hydroxy-4-methoxy-8,9-methylenedioxypterocarpan

5- 羟基 -4'- 甲氧基 -8- 戊烯基 -1'',2''- 过氧 -3'',3''- 二甲基二氢吡喃 [5,6:6,7] 异黄酮 5-hydroxy-4'-methoxy-8-prenyl-1'',2''-peroxyl-3'',3''-dimethyldihydropyrano[5,6:6,7]isoflavone

5- 羟基 -4'- 甲氧基 -8- 戊烯基 -2''- 羟基异丙基二氢呋喃 [4,5:6,7] 异黄酮 5-hydroxy-4'-methoxy-8-prenyl-2''-hydroxy-isopropyldihydrofurano[4,5:6,7]isoflavone

5- 羟基 -4'- 甲氧基 -9- 戊烯基呋喃 [3,2-g] 异黄酮 5-hydroxy-4'-methoxy-9-prenylfurano[3,2-g]isoflavone

5- 羟基 -4- 甲氧基 -α- 四氢萘酮 5-hydroxy-4-methoxy-α-tetralone

3- 羟基 -4- 甲氧基 -β- 苯基乙氧基 -O-[2,3- 二乙酰基 -α-L- 吡喃鼠李糖基 -(1 → 3)]-4-O- 顺式 - 阿魏酰基 -[β-D- 呋喃芹糖基 -(1 → 6)]-β-D- 吡喃葡萄糖苷 3-hydroxy-4-methoxy-β-phenylethoxy-O-[2,3-diacetyl-α-L-rhamnopyranosyl-(1→3)]-4-O-cis-feruloyl-[β-D-apiofuranosyl-(1 → 6)]-β-D-glucopyranoside

3- 羟基 -4- 甲氧基 -β- 苯基乙氧基 -O-α-L- 吡喃阿拉伯糖基 -(1'''' → 6'')-α-L- 吡喃鼠李糖基 -(1''' → 3'')-4''-O- 咖啡酰基 -β-D- 吡喃葡萄糖苷 3-hydroxy-4-methoxy-β-phenylethoxy-O-α-L-arabinopyranosyl-(1''''→6'')-α-L-rhamnopyranosyl-(1'''→3'')-4''-O-caffeoyl-β-D-glucopyranoside

3-[2-(3- 羟基 -4- 甲氧基苯) 乙基]-5- 甲氧基苯酚 3-[2-(3-hydroxy-4-methoxyphenyl)ethyl]-5-methoxyphenol

3-(6- 羟基 -4- 甲氧基苯并呋喃 -5- 基) 丙酸甲酯 methyl 3-(6-hydroxy-4-methoxybenzofuran-5-yl)propanoate

2- 羟基 -4- 甲氧基苯酚 2-hydroxy-4-methoxy-phenol

3- 羟基 -4- 甲氧基苯酚 -1-O-β-D- 呋喃芹糖基 -(1'' → 6')-O-β-D- 吡喃葡萄糖苷 3-hydroxy-4-methoxyphenol-1-O-β-D-apiofuranosyl-(1'' → 6')-O-β-D-glucopyranoside

1-(3- 羟基 -4- 甲氧基苯基)-1',2'- 乙二醇 1-(3-hydroxy-4-methoxyphenyl)-1',2'-ethanediol

1-(5- 羟基 -4- 甲氧基苯基)-2-[2,6- 二甲氧基 -4-(2,3- 环氧 -1- 羟基丙基)- 苯基]- 氧杂环丁烷 1-(5-hydroxy-4-methoxyphenyl)-2-[2,6-dimethoxy-4-(2,3-epoxy-1-hydroxypropyl)-phenyl]-oxetane

1-[3-(3- 羟基 -4- 甲氧基苯基)-2- 丙烯酸酯]-β-D- 吡喃葡萄糖苷 1-[3-(3-hydroxy-4-methoxyphenyl)-2-propenoate]-β-D-glucopyranoside

2-(2'- 羟基 -4'- 甲氧基苯基)-5,6- 亚甲二氧基苯丙呋喃 2-(2'-hydroxy-4'-methoxyphenyl)-5,6-methylenedioxybenzofuran

2-(2- 羟基 -4- 甲氧基苯基)-5,8- 二甲氧基 -3- 丙基 -4(1H)- 喹啉酮 2-(2-hydroxy-4-methoxyphenyl)-5,8-dimethoxy-3-propyl-4(1H)-quinolinone

(E)-3-(3- 羟基 -4- 甲氧基苯基) 丙烯酸羧甲酯 (E)-3-(3-hydroxy-4-methoxyphenyl)acrylic acid carboxymethyl ester

2-(3- 羟基 -4- 甲氧基苯基)- 乙醇 2-(3-hydroxy-4-methoxyphenyl) ethanol

2-(3- 羟基 -4- 甲氧基苯基)- 乙醇 -1-O-[α-L- 吡喃鼠李糖基 -(1 → 2)-β-D- 吡喃葡萄糖苷] 2-(3-hydroxy-4-methoxyphenyl)ethanol-1-O-[α-L-rhamnopyranosyl-(1 → 2)-β-D-glucopyranoside]

2-O-[(3- 羟基 -4- 甲氧基苯基)- 乙基]-4-O-(E)-[3-(4- 羟基苯基)-2- 丙烯酸酯]-3-O-α-L- 吡喃鼠李糖基 -(1 → 3)-β-D- 吡喃葡萄糖苷 2-O-[(3-hydroxy-4-methoxyphenyl)ethyl]-4-O-(E)-[3-(4-hydroxyphenyl)-2-propenoate]-3-O-α-L-rhamnopyranosyl-(1→3)-β-D-glucopyranoside

2-(3- 羟基 -4- 甲氧基苯基)- 乙基 -1-O-α-L- 吡喃鼠李糖基 -(1 → 3)-β-D-(4- 阿魏酰基)- 吡喃葡萄糖苷 2-(3-hydroxy-4-methoxyphenyl)ethyl-1-O-α-L-rhamnopyranosyl-(1 → 3)-β-D-(4-feruloyl)-glucopyranoside

2-(3- 羟基 -4- 甲氧基苯基)- 乙基 -2-O-β-D- 吡喃葡萄糖基 (1 → 3)-β-D- 吡喃葡萄糖苷 2-(3-hydroxy-4-methoxyphenyl)-ethyl-2-O-β-D-glucopyranosyl-(1 → 3)-β-D-glucopyranoside

2-(3- 羟基 -4- 甲氧基苯基)- 乙基 -6-O-α-L- 吡喃阿拉伯糖基 -β-D- 吡喃葡萄糖苷 2-(3-hydroxy-4-methoxyphenyl)ethyl-6-O-α-L-arabinopyranosyl-β-D-glucopyranoside

2-(3- 羟基 -4- 甲氧基苯基)- 乙基 -O-(α-L- 吡喃鼠李糖基)-(1 → 3)-O-(α-L- 吡喃鼠李糖基)-(1 → 6)-4-O-E- 阿魏酰基 -β-D- 吡喃葡萄糖苷 2-(3-hydroxy-4-methoxyphenyl)-ethyl-O-(α-L-rhamnopyranosyl)-(1→3)-O-(α-L-rhamnopyranosyl)-(1→6)-4-O-E-feruloyl-β-D-glucopyranoside

O-2-(3- 羟基 -4- 甲氧基苯基)- 乙基 -O-2,3- 二 -O- 乙酰基 -α-L- 吡喃鼠李糖基 -(1 → 3)-(4-O- 顺式 - 阿魏酰)-β-D- 吡喃葡萄糖苷 O-2-(3-hydroxy-4-methoxyphenyl)-ethyl-O-2,3-di-O-acetyl-α-L-rhamnopyranosyl-(1 → 3)-(4-O-cis-feruloyl)-β-D-glucopyranoside

2-(3- 羟基 -4- 甲氧基苯基)- 乙基 -O-α-L- 吡喃阿拉伯糖基 -(1 → 6)-O-α-L- 吡喃鼠李糖基 -l-(1 → 3)-O-β-D- 吡喃葡萄糖苷 2-(3-hydroxy-4-methoxyphenyl)-ethyl-O-α-L-arabinopyranosyl-(1→6)-O-α-L-rhamnopyranosyl-(1 → 3)-O-β-D-glucopyranoside

2-(3- 羟基 -4- 甲氧基苯基)- 乙基 -O-α-L- 吡喃阿拉伯糖基 -(1 → 6)-β-D- 吡喃葡萄糖苷 2-(3-hydroxy-4-methoxyphenyl)ethyl-O-α-L-arabinopyranosyl-(1 → 6)-β-D-glucopyranoside

2-(3- 羟基 -4- 甲氧基苯基)- 乙基 -O-α-L- 吡喃鼠李糖基 -(1 → 3)-(4-O- 顺式 - 阿魏酰基)-β-D- 吡喃葡萄糖苷 2-(3-hydroxy-4-methoxyphenyl)ethyl O-α-L-rhamnopyranosyl-(1 → 3)-(4-O-cis-feruloyl)-β-D-glucopyranoside

2-(3- 羟基 -4- 甲氧基苯基)- 乙基 -O-α- 吡喃阿拉伯糖基 -(1 → 6)-O-[α- 吡喃鼠李糖基 -(1 → 3)]-O-β- 吡喃葡萄糖苷 2-(3-hydroxy-4-methoxyphenyl)ethyl-O-α-arabinopyranosyl-(1 → 6)-O-[α-

Q

rhamnopyranosyl-(1 → 3)]-*O*-*β*-glucopyranoside
2-(3- 羟基 -4- 甲氧基苯基)- 乙基 -*O*-*β*-D- 吡喃葡萄糖苷 2-(3-hydroxy-4-methoxyphenyl)-ethyl-*O*-*β*-D-glucopyranoside
1-*O*-(3- 羟基 -4- 甲氧基苯基) 乙基 -*O*-*β*-D- 吡喃葡萄糖基 -(1 → 2)-*α*-L- 吡喃鼠李糖基 -(1 → 3)-4-*O*- 咖啡酰基 -*β*-D- 吡喃葡萄糖苷 1-*O*-(3-hydroxy-4-methoxyphenyl)ethyl-*O*-*β*-D-glucopyranosyl-(1→2)-*α*-L-rhamnopyranosyl-(1→3)-4-*O*-feruloyl-*β*-D-glucopyranoside
1'-*O*-*β*-D-(3- 羟基 -4- 甲氧基 - 苯基)- 乙基 -*α*-L- 吡喃鼠李糖基 -(1 → 3')-4- 反式 - 阿魏酰基 - 吡喃葡萄糖苷 1'-*O*-*β*-D-(3-hydroxy-4-methoxy-phenyl)-ethyl-*α*-L-rhamnopyranosyl-(1→3')-4-*trans*-feruloyl-glucopyranoside
1'-*O*-*β*-D-(3- 羟基 -4- 甲氧基 - 苯基)- 乙基 -*β*-D- 芹糖基 -1-(1 → 3')-*α*-L- 吡喃鼠李糖基 -(1 → 6')-4'- 反式 - 阿魏酰基 - 吡喃葡萄糖苷 1'-*O*-*β*-D-(3-hydroxy-4-methoxy-phenyl)-ethyl-*β*-D-apiosyl-1-(1 → 3')-*α*-L-rhamnopyranosyl-(1 → 6')-4'-*trans*-feruloyl-glucopyranoside
(-)-(1'*R*)-1'-(3- 羟基 -4- 甲氧基苯基)- 乙烷 -1',2'- 二醇 -3-*O*-*β*-D- 吡喃葡萄糖苷 (-)-(1'*R*)-1'-(3-hydroxy-4-methoxyphenyl)-ethane-1',2'-diol-3-*O*-*β*-D-glucopyranoside
2-(2- 羟基 -4- 甲氧基苯基) 乙烯基乙酸酯 2-(2-hydroxy-4-methoxyphenyl)vinyl acetate
2- 羟基 -4- 甲氧基苯基 -6-*O*- 紫丁香基 -*β*-D- 吡喃葡萄糖苷 2-hydroxy-4-methoxyphenyl-6-*O*-syringoyl-*β*-D-glucopyranoside
3- 羟基 -4- 甲氧基苯甲醇 -*O*-*β*-D- 吡喃葡萄糖苷 3-hydroxy-4-methoxy-phenylmethol-*O*-*β*-D-glucopyranoside
2- 羟基 -4- 甲氧基苯甲醛 2-hydroxy-4-methoxybenzaldehyde
3- 羟基 -4- 甲氧基苯甲醛 3-hydroxy-4-methoxybenzaldehyde
2- 羟基 -4- 甲氧基苯甲酸 2-hydroxy-4-methoxybenzoic acid
3- 羟基 -4- 甲氧基苯甲酸 3-hydroxy-4-methoxybenzoic acid
3- 羟基 -4- 甲氧基苯甲酸 -3-*O*-*β*-D- 吡喃葡萄糖苷 3-hydroxy-4-methoxybenzoic acid-3-*O*-*β*-D-glucopyranoside
3- 羟基 -4- 甲氧基苯甲酸甲酯 methyl-3-hydroxy-4-methoxy-benzoate
3-(2- 羟基 -4- 甲氧基苯甲酰基)-4*S**,5*R**- 二甲基 -5-[4,8- 二甲基 -3(*E*),7(*E*)- 壬二烯 -1- 基]- 四氢 -2- 呋喃酮 3-(2-hydroxyl-4-methoxybenzoyl)-4*S**,5*R**-dimethyl-5-[4,8-dimethyl-3(*E*),7(*E*)-nonadien-1-yl]-tetrahydro-2-furanone
1-*O*-(3- 羟基 -4- 甲氧基苯甲酰基)-*β*-D- 吡喃葡萄糖 1-*O*-(3-hydroxy-4-methoxybenzoyl)-*β*-D-glucopyranose
3- 羟基 -4- 甲氧基苯乙醇 3-hydroxy-4-methoxyphenylethanol
2'- 羟基 -4'- 甲氧基苯乙酮 2'-hydroxy-4'-methoxyacetophenone
3- 羟基 -4- 甲氧基苯乙酮 3-hydroxy-4-methoxyacetophenone
3- 羟基 -4- 甲氧基苄醇 -*O*-*β*-D- 葡萄吡喃糖基 -(1 → 6)-*β*-D- 吡喃葡萄糖苷 3-hydroxy-4-methoxy-phenylmethol-*O*-*β*-D-glucopyranosyl-(1 → 6)-*β*-D-glucopyranoside
(-)-1-(3- 羟基 -4- 甲氧基苄基)-2- 甲基 -6- 甲氧基 -7- 羟基 -1,2,3,4- 四氢异喹啉 (-)-1-(3-hydroxy-4-methoxybenzyl)-2-methyl-6-methoxy-7-hydroxy-1,2,3,4-tetrahydroisoquinoline
9- 羟基 -4- 甲氧基补骨脂素 9-hydroxy-4-methoxypsoralen
2'- 羟基 -4'- 甲氧基查耳酮 2'-hydroxy-4'-methoxychalcone
(2',4'- 羟基 -4- 甲氧基查耳酮)-4'-*β*-D- 葡萄糖苷 (2',4'-dihydroxy-4-methoxychalcone)-4'-*β*-D-glucoside
7- 羟基 -4- 甲氧基菲 -2-*O*-*β*-D- 葡萄糖苷 7-hydroxy-4-methoxyphenanthrene-2-*O*-*β*-D-glucoside
3- 羟基 -4- 甲氧基桂皮醛 3-hydroxy-4-methoxycinnamaladehyde
2- 羟基 -4- 甲氧基桂皮酸 2-hydroxy-4-methoxycinnamic acid
3- 羟基 -4- 甲氧基桂皮酸 3-hydroxy-4-methoxycinnamic acid
(*S*)-4'- 羟基 -4- 甲氧基黄檀醌 (*S*)-4'-hydroxy-4-methoxydalbergione
4'- 羟基 -4- 甲氧基黄檀醌 4'-hydroxy-4-methoxydalbergione
5- 羟基 -4'- 甲氧基黄酮 5-hydroxy-4'-methoxyflavone
7- 羟基 -4'- 甲氧基黄酮 7-hydroxy-4'-methoxyflavone
7- 羟基 -4'- 甲氧基黄酮 -5-*O*- 吡喃葡萄糖苷 7-hydroxyl-4'-methoxyflavone-5-*O*-glucopyranoside
5- 羟基 -4'- 甲氧基黄酮 -7-*O*-(6-*O*-*α*-*L*- 吡喃鼠李糖基)-*β*-D- 吡喃葡萄糖苷 5-hydroxy-4'-methoxyflavone-7-*O*-(6-*O*-*α*-L-rhamnopyranosyl)-*β*-D-glucopyranoside
5- 羟基 -4'- 甲氧基黄酮 -7-*O*-*α*-L- 吡喃鼠李糖基 -(1 → 6)-*β*-D- 吡喃葡萄糖苷 5-hydroxy-4'-methoxyflavone-7-*O*-*α*-L-rhamnopyranosyl-(1 → 6)-*β*-D-glucopyranoside
5- 羟基 -4'- 甲氧基黄酮 -7-*O*-*β*-D- 吡喃葡萄糖苷 5-hydroxy-4'-methoxyflavone-7-*O*-*β*-D-glucopyranoside
5- 羟基 -4- 甲氧基黄酮 -7-*O*-*β*-D- 芸香糖苷 5-hydroxy-4-methoxy-flavone-7-*O*-*β*-D-rutinoside
5- 羟基 -4'- 甲氧基黄酮 -7-*O*- 芸香糖苷 5-hydroxy-4'-methoxyflavone-7-*O*-rutinoside
(-)-7- 羟基 -4'- 甲氧基黄烷 (-)-7-hydroxy-4'-methoxyflavan
7- 羟基 -4'- 甲氧基黄烷 7-hydroxy-4'-methoxyflavan
7- 羟基 -4'- 甲氧基黄烷酮 7-hydroxy-4'-methoxyflavanone
(2*R*)-5- 羟基 -4'- 甲氧基黄烷酮 -7-*O*-(*β*- 吡喃葡萄糖基 -(1 → 2)-*β*- 吡喃葡萄糖苷 (2*R*)-5-hydroxy-4'-methoxyflavanone-7-*O*-(*β*-glucopyranosyl-(1 → 2)-*β*-glucopyranoside)
3- 羟基 -4'- 甲氧基联苄 3-hydroxy-4'-methoxybibenzyl
3- 羟基 -4- 甲氧基矛果豆素▲ 3-hydroxy-4-methoxylonchocarpin
1- 羟基 -4- 甲氧基萘 -1-*O*-*β*-D- 吡喃葡萄糖基 -(1 → 6)-*α*-L- 吡喃鼠李糖苷 1-hydroxy-4-methoxy-naphthalene-1-*O*-*β*-D-glucopyranosyl-(1 → 6)-*α*-L-rhamnopyranoside
5'*α*- 羟基 -4'- 甲氧基 - 三白草酮 5'*α*-hydroxy-4'-methoxy-sauchinone
5'*β*- 羟基 -4'- 甲氧基 - 三白草酮 5'*β*-hydroxy-4'-methoxy-sauchinone
3- 羟基 -4- 甲氧基𠮿酮 3-hydroxy-4-methoxyxanthone
5- 羟基 -4- 甲氧基四氢萘酮 5-hydroxy-4-methoxytetralone
5- 羟基 -4- 甲氧基铁屎米 -6- 酮 5-hydroxy-4-methoxycanthin-6-one
7- 羟基 -4'- 甲氧基异黄酮 7-hydroxy-4'-methoxyisoflavone
3'- 羟基 -4'- 甲氧基异黄酮 -7-*O*-*β*-D-[6-*O*-(2- 丁烯基)]- 吡喃半乳糖苷 3'-hydroxy-4'-methoxyisoflavone-7-*O*-*β*-D-[6-*O*-(2-butenyl)]-galactopyranoside
3'- 羟基 -4'- 甲氧基异黄酮 -7-*O*-*β*-D- 吡喃葡萄糖苷 3'-hydroxy-4'-methoxyisoflavone-7-*O*-*β*-D-glucopyranoside
5- 羟基 -4'- 甲氧基异黄酮 -7-*O*-*β*-D- 吡喃葡萄糖基 -(1 → 6)-*β*-D- 吡喃葡萄糖苷 5-hydroxy-4'-methoxyisoflavone-7-*O*-*β*-D-glucopyranosyl-(1 → 6)-*β*-D-glucopyranoside
3'- 羟基 -4'- 甲氧基异黄酮 -7-*O*- 葡萄糖苷 3'-hydroxy-4'-methoxyisoflavone-7-*O*-glucoside
1-(2- 羟基 -4- 羟基甲基)- 苯基 -6-*O*- 咖啡酰基 -*β*-D- 吡喃葡萄糖苷 1-(2-hydroxy-4-hydroxymethyl)-phenyl-6-*O*-caffeoyl-*β*-D-glucopyranoside
1-(2- 羟基 -4- 羟基甲基苯基) 乙烷 -1- 酮 1-(2-hydroxy-4-hydroxymethylphenyl)ethan-1-one
3*α*- 羟基 -4- 去氧 -5- 去氢姜黄诺醇▲ 3*α*-hydroxy-4-deoxy-5-dehydrocurcolonol
6- 羟基 -4- 去氧番荔枝塔辛▲ 6-hydroxy-4-deoxysquamotacin
3- 羟基 -4- 香叶基 -5- 甲氧基 - 联苯 3-hydroxy-4-geranyl-5-methoxy-biphenyl
2-(1- 羟基 -4- 氧代环己 -2,5- 二烯基) 乙酸乙酯 ethyl 2-(1-hydroxy-4-oxocyclohexa-2,5-dienyl) acetate
(+)-2-(1- 羟基 -4- 氧代环己基) 乙基咖啡酸酯 (+)-2-(1-hydroxy-4-oxocyclohexyl)ethyl caffeate
2-(1- 羟基 -4- 氧代环己基) 乙酸甲酯 methyl 2-(1-hydroxy-4-

Q

oxocyclohexyl) acetate
2-(1- 羟基 -4- 氧代环己基) 乙酸乙酯 ethyl 2-(1-hydroxy-4-oxocyclohexyl)acetate
(1*S*,5*R*,6*S*,7*S*,8*S*,10*R*,11*R*)-6- 羟基 -4- 氧代伪愈创木 -12,8- 内酯 (1*S*,5*R*,6*S*,7*S*,8*S*,10*R*,11*R*)-6-hydroxy-4-oxopseudoguai-12,8-olide
(1*R*,5*R*,6*S*,7*R*,8*S*,10*R*)-8- 羟基 -4- 氧代伪愈创木 -2(3),11(13)- 二烯 -12,6- 内酯 (1*R*,5*R*,6*S*,7*R*,8*S*,10*R*)-8-hydroxy-4-oxopseudoguai-2(3),11(13)-dien-12,6-olide
(1*R*,5*R*,6*S*,7*S*,8*S*,10*R*,11*S*)-6- 羟基 -4- 氧代伪愈创木 -2(3)- 烯 -12,8- 内酯 (1*R*,5*R*,6*S*,7*S*,8*S*,10*R*,11*S*)-6-hydroxy-4-oxopseudoguai-2(3)-en-12,8-olide
5- 羟基 -4- 氧代戊酸 5-hydroxy-4-oxo-pentanoic acid
5- 羟基 -4- 氧代 - 戊酸 -2-(3,4- 二羟基苯基)- 乙醚 5-hydroxy-4-oxo-pentanoic acid-2-(3,4-dihydroxyphenyl)-ethyl ester
5- 羟基 -4- 氧代戊酸 -3,4- 二羟基苯乙酯 3,4-dihydroxyphenethyl-5-hydroxy-4-oxopentanoate
3-(2*S*- 羟基 -4- 氧戊基)-6,8- 二羟基异香豆素 3-(2*S*-hydroxy-4-oxopentyl)-6,8-dihydroxyisocoumarin
5-(3- 羟基 -4- 乙酰氧基丁烷 -1 炔基)-2,2'- 联噻吩 5-(3-hydroxy-4-acetoxybut-1-ynyl)-2,2'-bithiophene
3- 羟基 -4- 乙氧基 -5,7- 二甲氧基 -6- 乙酰基 -2,2- 二甲基色烷 3-hydroxy-4-ethoxy-5,7-dimethoxy-6-acetyl-2,2-dimethylchroman
3- 羟基 -4- 异丙基苯甲酸 3-hydroxy-4-isopropylbenzoic acid
7- 羟基 -4- 异戊烯基 -3- 甲氧基 -6- 甲基香豆素 7-hydroxy-4-isopropyl-3-methoxy-6-methylcoumarin
7- 羟基 -4- 异戊烯基 -6- 甲基香豆素 7-hydroxy-4-isopropyl-6-methylcoumarin
5-(3- 羟基 -4- 异戊酰氧基丁烷 -1 炔基)-2,2'- 联噻吩 5-(3-hydroxy-4-isovaleroyloxybut-1-ynyl)-2,2'-bithiophene
2'''- 羟基 -5''- 苄基异紫玉盘酚 B 2'''-hydroxy-5''-benzylisouvarinol B
13- 羟基 -5(10),14- 拟半日花二烯▲ -6- 酮 13-hydroxy-5(10),14-halimadien-6-one
2- 羟基 -5-(1- 羟基 -1- 甲基乙基)-2- 甲基环己酮 -2- 乙酸酯 2-hydroxy-5-(1-hydroxy-1-methylethyl)-2-methyl-cyclohexanone-2-acetate
7- 羟基 -5-(2'- 羟基 -4',5'- 二甲氧基苯基)-2- 甲氧基 -6- 甲基 -1,4- 萘醌 7-hydroxy-5-(2'-hydroxy-4',5'-dimethoxyphenyl)-2-methoxy-6-methyl-1,4-naphthoquinone
2- 羟基 -5-(2- 羟基乙基) 苯 -β- 吡喃葡萄糖苷 2-hydroxy-5-(2-hydroxyethyl)phenyl-β-glucopyranoside
2- 羟基 -5-(2- 羟基乙基) 苯基 -β-D- 吡喃葡萄糖苷 2-hydroxy-5-(2-hydroxyethyl)phenyl-β-D-glucopyranoside
(-)-2- 羟基 -5-(2- 羟基乙基)- 苯基 -β-D- 吡喃葡萄糖苷 (-)-2-hydroxy-5-(2-hydroxyethyl)-phenyl-β-D-glucopyranoside
3- 羟基 -5-(对羟基苯基) 戊酸 3-hydroxy-5-(*p*-hydroxyphenyl) pentanoic acid
3- 羟基 -5-(甲基磺酰基) 戊基硫苷 3-hydroxyl-5-(methylsulfonyl) pentylthioglycoside
3- 羟基 -5-(甲基亚硫酰基) 戊基硫苷 3-hydroxyl-5-(methylsulfinyl) pentylthioglycoside
2-(2- 羟基 -5-(甲氧羰基) 苯氧基) 苯甲酸 2-(2-hydroxyl-5-(methoxycarbonyl)phenoxy)benzoic acid
7- 羟基 -5,3',4'- 三甲氧基黄酮 7-hydroxy-5,3',4'-trimethoxyflavone
3'- 羟基 -5,4'- 二甲氧基 -6,7- 二氧亚甲基黄酮 -3-*O*-[β-D- 吡喃木糖基 -(1 → 6)]-β-D- 吡喃葡萄糖苷 3'-hydroxy-5,4'-dimethoxy-6,7-methylenedioxyflavone-3-*O*-[β-D-xylopyranosyl-(1 → 6)]-β-D-glucopyranoside
7- 羟基 -5,4'- 二甲氧基黄酮 7-hyroxy-5,4'-dimethoxyflovone
7- 羟基 -5,6,3',4'- 四甲氧基黄酮 7-hydroxy-5,6,3',4'-tetramethoxyflavone
7- 羟基 -5,6,4'- 三甲氧基黄酮 7-hydroxy-5,6,4'-trimethoxyflavone
3- 羟基 -5,6,7,3',4'- 五甲氧基黄酮 3-hydroxy-5,6,7,3',4'-pentamethoxyflavone
3'- 羟基 -5,6,7,4'- 四甲氧基黄酮 3'-hydroxy-5,6,7,4'-tetramethoxyflavone
3- 羟基 -5,6,7,4'- 四甲氧基黄酮 3-hydroxy-5,6,7,4'-tetramethoxyflavone
3'- 羟基 -5,6,7,8,4'- 五甲氧基黄酮 3'-hydroxy-5,6,7,8,4'-pentamethoxyflavone
3- 羟基 -5,6,7,8- 四甲氧基 -2-(4- 甲氧基苯基)- 黄酮 3-hydroxy-5,6,7,8-tetramethoxy-2-(4-methoxyphenyl)-flavone
4'- 羟基 -5,6,7- 三甲氧基黄酮 4'-hydroxy-5,6,7-trimethoxyflavone
4'- 羟基 -5,6,7- 三甲氧基黄烷酮 4'-hydroxy-5,6,7-trimethoxyflavanone
1- 羟基 -5,6,7- 三甲氧基𠮿酮 1-hydroxy-5,6,7-trimethoxyxanthone
8- 羟基 -5,6,7- 三甲氧基香豆素 8-hydroxy-5,6,7-trimethoxycoumarin
2'- 羟基 -5,6,7- 三甲氧基异黄酮 2'-hydroxy-5,6,7-trimethoxyisoflavonoid
7- 羟基 -5,6,8,3',4'- 五甲氧基黄酮 7-hydroxy-5,6,8,3',4'-pentamethoxyflavone
4-*O*-[7- 羟基 -5,6*E*- 去氢 -6,7- 二氢香叶基]- 芥子醇 4-*O*-[7-hydroxy-5,6*E*-dehydro-6,7-dihydrogeranyl]-sinapyl alcohol
4-*O*-[7- 羟基 -5,6*E*- 去氢 -6,7- 二氢香叶基]- 松柏醇 4-*O*-[7-hydroxy-5,6*E*-dehydro-6,7-dihydrogeranyl]-coniferyl alcohol
1-(3- 羟基 -5,6- 二甲基 -2- 吡啶基)- 乙酮 1-(3-hydroxy-5,6-dimethyl-2-pyridinyl)-ethanone
7- 羟基 -5,6- 二甲氧基 -1,4- 菲醌 7-hydroxy-5,6-dimethoxy-1,4-phenanthrenequinone
1- 羟基 -5,6- 二甲氧基 -2- 甲基 -7- 樱草糖氧基蒽醌 1-hydroxy-5,6-dimethoxy-2-methyl-7-primeverosyloxyanthraquinone
4- 羟基 -5,6- 二甲氧基 -2- 萘醛 4-hydroxy-5,6-dimethoxy-2-naphthaldehyde
7- 羟基 -5,6- 二甲氧基黄烷酮 7-hydroxy-5,6-dimethoxyflavanone
(2*S*,3*S*)-3- 羟基 -5,6- 二甲氧基去氢 - 异 -α- 风铃木醌▲ (2*S*,3*S*)-3-hydroxy-5,6-dimethoxydehydro-iso-α-lapachone
1- 羟基 -5,6- 二甲氧基𠮿酮 1-hydroxy-5,6-dimethoxyxanthone
3α- 羟基 -5,6- 环氧 -7- 大柱香波龙烯 -9- 酮 3α-hydroxy-5,6-epoxy-7-megastigmen-9-one
3- 羟基 -5,6- 环氧 -7- 大柱香波龙烯 -9- 酮 3-hydroxy-5,6-epoxy-7-megastigmen-9-one
(3*S*,5*S*,6*R*,9*R*)-3- 羟基 -5,6- 环氧 -β- 香堇醇 (3*S*,5*S*,6*R*,9*R*)-3-hydroxy-5,6-epoxy-β-ionol
3- 羟基 -5,6- 环氧 -β- 香堇醇 3-hydroxy-5,6-epoxy-β-ionol
(2*R*,3*R*,5*R*,6*S*,9*R*)-3- 羟基 -5,6- 环氧 -β- 香堇醇 -2-*O*-β-D- 吡喃葡萄糖苷 (2*R*,3*R*,5*R*,6*S*,9*R*)-3-hydroxy-5,6-epoxy-β-ionol-2-*O*-β-D-glucopyranoside
(3*S*,5*R*,6*S*)-3- 羟基 -5,6- 环氧 -β- 香堇酮 (3*S*,5*R*,6*S*)-3-hydroxy-5,6-epoxy-β-ionone
3- 羟基 -5,6- 环氧 -β- 香堇酮 3-hydroxy-5,6-epoxy-β-ionone
(3*S*,5*R*,6*S*,7*E*,9*R*)-3- 羟基 -5,6- 环氧 -β- 香堇酮 -3-*O*-β-D- 吡喃葡萄糖苷 (3*S*,5*R*,6*S*,7*E*,9*R*)-3-hydroxy-5,6-epoxy-β-ionyl-3-*O*-β-D-glucopyranoside
3- 羟基 -5,6- 环氧 -β- 紫萝醇 -3-*O*-β- 呋喃芹菜糖基 -(1 → 6)-β- 吡喃葡萄糖苷 3-hydroxy-5,6-epoxy-β-ionol-3-*O*-β-apiofuranosyl-(1 → 6)-β-glucopyranoside
3- 羟基 -5,6- 环氧 - 香堇醇 -3-*O*-β-D- 吡喃葡萄糖苷 3-hydroxy-5,6-epoxy-bionol-3-*O*-β-D-glucopyranoside
(2*R*,3*R*,5*R*,6*S*,9*R*)-3- 羟基 -5,6- 环氧 - 乙酰 -β- 香堇醇 -2-*O*-β-D- 吡

Q

喃葡萄糖苷 (2*R*,3*R*,5*R*,6*S*,9*R*)-3-hydroxyl-5,6-epoxy-acetyl-*β*-ionol-2-*O*-*β*-D-glucopyranoside
4'- 羟基 -5,6- 去氢卡瓦胡椒素 4'-hydroxy-5,6-dehydrokawain
6- 羟基 -5,6- 去氢柳杉酚 6-hydroxy-5,6-dehydrosugiol
8- 羟基 -5,6- 辛二烯酸甲酯 methyl 8-hydroxy-5,6-octadienoate
3- 羟基 -5,7,3',4',5'- 五甲氧基黄酮 3-hydroxy-5,7,3',4',5'-pentamethoxyflavone
3- 羟基 -5,7,3',4'- 四甲氧基黄酮 3-hydroxy-5,7,3',4'-tetramethoxyflavone
(2*R*,3*R*)-4'- 羟基 -5,7,3'- 三甲氧基黄烷 -3- 醇 (2*R*,3*R*)-4'-hydroxy-5,7,3'-trimethoxyflavan-3-ol
3'- 羟基 -5,7,4',5'- 四甲氧基黄酮 3'-hydroxy-5,7,4',5'-tetramethoxyflavone
3- 羟基 -5,7,4'- 三甲氧基黄酮 3-hydroxy-5,7,4'-trimethoxyflavone
6- 羟基 -5,7,4'- 三甲氧基黄酮 6-hydroxy-5,7,4'-trimethoxyflavone
3'- 羟基 -5,7,8,4'- 四甲氧基黄酮 3'-hydroxy-5,7,8,4'-tetramethoxyflavone
2'- 羟基 -5,7,8- 三甲氧基黄酮 2'-hydroxy-5,7,8-trimethoxyflavone
6- 羟基 -5,7,8- 三甲氧基香豆素 6-hydroxy-5,7,8-trimethoxycoumarin
11- 羟基 -5,7,9,13- 冷杉四烯 -2,12- 二酮 11-hydroxy-5,7,9,13-abietatetraene-2,12-dione
9- 羟基 -5,7- 大柱香波龙二烯 -4- 酮 9-hydroxy-5,7-megastigmadien-4-one
(3*S*,7*E*)-3- 羟基 -5,7- 大柱香波龙二烯 -9- 酮 (3*S*,7*E*) -3-hydroxy-5,7-megastigmadien-9-one
(2*R*,3*R*)-3- 羟基 -5,7- 二甲氧基黄烷 -4',5'- 亚甲二氧基 - 黄烷 (2*R*,3*R*)-3-hydroxy-5,7-dimethoxy-4',5'-methylenedioxy-flavan
(2*S*)-3'- 羟基 -5',7- 二甲氧基黄烷酮 (2*S*)-3'-hydroxy-5',7-dimethoxyflavanone
6- 羟基 -5,7- 二甲氧基香豆素 6-hydroxy-5,7-dimethoxycoumarin
(-)-(5*S**,6*S**,7*S**,9*R**,10*S**)-7- 羟基 -5,7- 环二氧杜松 -3- 烯 -2- 酮 (-)-(5*S**,6*S**,7*S**,9*R**,10*S**)-7-hydroxy-5,7-epidioxycadinan-3-ene-2-one
7- 羟基 -5,8,2'- 三甲氧基黄酮 7-hydroxy-5,8,2'-trimethoxyflavone
7- 羟基 -5,8,2'- 三甲氧基黄烷酮 7-hydroxy-5,8,2'-trimethoxyflavanone
4- 羟基 -5,8- 二甲氧基 -2- 萘醛 4-hydroxy-5,8-dimethoxy-2-naphthaldehyde
7- 羟基 -5,8- 二甲氧基黄酮 7-hydroxy-5,8-dimethoxyflavone
7- 羟基 -5,8- 二甲氧基黄烷酮 7-hydroxy-5,8-dimethoxyflavanone
3*β*- 羟基 -5,8- 环氧麦角甾 -6,22- 二烯 3*β*-hydroxy-5,8-epidioxy-ergosta-6,22-diene
(3*β*,4*β*,5*β*,8*α*,9*β*,10*α*,13*α*,14*β*)-3- 羟基 -5,9,13- 三甲基 -24,25,26- 去三甲基齐墩果 -28- 酸 (3*β*,4*β*,5*β*,8*α*,9*β*,10*α*,13*α*,14*β*)-3-hydroxy-5,9,13-trimethyl-24,25,26-trinoroleanan-28-oic acid
(3*R*,4*S*,5*S*)-3- 羟基 -5-[(*R*)- 羟基苯甲基]-1- 甲基 -4- 苯基 -2- 吡咯烷酮 (3*R*,4*S*,5*S*)-3-hydroxy-5-[(*R*)-hydroxyphenyl-methyl]-1-methyl-4-phenyl-2-pyrrolidinone
8- 羟基 -5-*O*-*β*-D- 吡喃葡萄糖基补骨脂素 8-hydroxy-5-*O*-*β*-D-glucopyranosylpsoralen
15- 羟基 -5'-*O*- 甲基蜜环菌醛▲ 15-hydroxy-5'-*O*-methylmelledonal
4*α*- 羟基 -5*α*(*H*)-8*β*- 甲氧基桉叶 -7(11)- 烯 -8,12- 内酯 4*α*-hydroxy-5*α*(*H*)-8*β*-methoxyeudesm-7(11)-en-8,12-olide
3*β*- 羟基 -5*α*,6*α*- 环氧 -7- 大柱香波龙烯 -9- 酮 3*β*-hydroxy-5*α*,6*α*-epoxy-7-megastigmen-9-one
3- 羟基 -5*α*,6*α*- 环氧 -*β*- 香堇酮 3-hydroxy-5*α*,6*α*-epoxy-*β*-ionone
3*β*- 羟基 -5*α*,6*α*- 环氧 -*β*- 香堇酮 -2*α*-*O*-*β*-D- 吡喃葡萄糖苷 3*β*-hydroxy-5*α*,6*α*-epoxy-*β*-ionone-2*α*-*O*-*β*-D-glucopyranoside
4*α*- 羟基 -5*α*,8*α*(*H*)- 桉叶 -7(11)- 烯 -8,12- 内酯 4*α*-hydroxy-5*α*,8*α*(*H*)-eudesm-7(11)-en-8,12-olide
(-)-6*α*- 羟基 -5*α*,8*α*,9*α*,10*α*- 赪桐 -3,13- 二烯 -16,15- 内酯 -18- 酸 (-)-6*α*-hydroxy-5*α*,8*α*,9*α*,10*α*-cleroda-3,13-dien-16,15-olide-18-oic acid
3*β*- 羟基 -5*α*,8*α*- 环二氧 -24*ξ*- 甲基胆甾 -6- 烯 3*β*-hydroxy-5*α*,8*α*-epidioxy-24*ξ*-methylcholesta-6-ene
3*β*- 羟基 -5*α*,8*α*- 环二氧麦角甾 -6,22- 二烯 3*β*-hydroxy-5*α*,8*α*-epidioxyergosta-6,22-diene
3*β*- 羟基 -5*α*,8*α*- 环二氧麦角甾 -6,9,22- 三烯 3*β*-hydroxy-5*α*,8*α*-epidioxyergosta-6,9,22-triene
3*β*- 羟基 -5*α*,8*α*- 环二氧麦角甾 -6- 烯 3*β*-hydroxy-5*α*,8*α*-epidioxyergosta-6-ene
3*β*- 羟基 -5*α*,8*α*- 桥二氧麦角甾 -6,22- 二烯 3*β*-hydroxy-5*α*,8*α*-epidioxyergost-6,22-diene
4*α*- 羟基 -5*α*,8*β*(*H*)- 桉叶 -7(11)- 烯 -8,12- 内酯 4*α*-hydroxy-5*α*,8*β*(*H*)-eudesm-7(11)-en-8,12-olide
4*β*- 羟基 -5*α*,8*β*(*H*)- 桉叶 -7(11)- 烯 -8,12- 内酯 4*β*-hydroxy-5*α*,8*β*(*H*)-eudesm-7(11)-en-8,12-olide
4*α*- 羟基 -5*α*,8*βH*- 桉叶 -7(11)- 烯 -8*α*,12- 内酯 -15-*O*-*β*-D- 吡喃葡萄糖苷 4*α*-hydroxy-5*α*,8*βH*-eudesman-7(11)-en-8*α*,12-olide-15-*O*-*β*-D-glucopyranoside
4*α*- 羟基 -5*α*,8*βH*- 林丹 -7(11)- 烯 -8*α*,12- 内酯 -15-*O*-*β*-D- 吡喃葡萄糖苷 4*α*-hydroxy-5*α*,8*βH*-lindan-7(11)-en-8*α*,12-olide-15-*O*-*β*-D-glucopyranoside
4*α*- 羟基 -5*αH*- 林丹 -8(9)- 烯 -8,12- 内酯 4*α*-hydroxy-5*αH*-lindan-8(9)-en-8,12-olide
3*β*- 羟基 -5*α*- 达玛 -20- 烯 -24,25- 丙酮化物 3*β*-hydroxy-5*α*-dammar-20-en-24,25-acetonide
11*α*- 羟基 -5*α*- 胆甾 -3,6- 二酮 11*α*-hydroxy-5*α*-cholestane-3,6-dione
(25*R*)-6*α*- 羟基 -5*α*- 螺甾 -3*β*-*O*-*β*-D- 吡喃木糖基 -(1 → 3)-*O*-*β*-D- 吡喃葡萄糖基 -(1 → 2)-*O*-[*β*-D- 吡喃木糖基 -(1 → 3)]-*O*-*β*-D- 吡喃葡萄糖基 -(1 → 4)-*β*-D- 吡喃半乳糖苷 (25*R*)-6*α*-hydroxy-5*α*-spirostan-3*β*-*O*-*β*-D-xylopyranosyl-(1→3)-*O*-*β*-D-glucopyranosyl-(1→2)-*O*-[*β*-D-xylopyranosyl-(1→3)]-*O*-*β*-D-glucopyranosyl-(1→4)-*β*-D-galactopyranoside
(25*S*)-6*α*- 羟基 -5*α*- 螺甾 -3- 酮 -6-*O*-[*α*-L- 吡喃鼠李糖基 -(1 → 3)-*β*-D- 吡喃鸡纳糖苷] (25*S*)-6*α*-hydroxy-5*α*-spirostan-3-one-6-*O*-[*α*-L-rhamnopyranosyl-(1 → 3)-*β*-D-quinovopyranoside]
(25*S*)-6*α*- 羟基 -5*α*- 螺甾 -3- 酮 -6-*O*-[*α*-L- 吡喃鼠李糖基 -(1 → 3)-*β*-D- 吡喃金鸡纳糖苷 (25*S*)-6*α*-hydroxy-5*α*-spirostan-3-one-6-*O*-[*α*-L-rhamnopyranosyl-(1 → 3)-*β*-D-quinovopyranoside
(25*S*)-3*β*- 羟基 -5*α*- 螺甾 -6*α*-*O*-*β*-D- 吡喃木糖苷 (25*S*)-3*β*-hydroxy-5*α*-spirostan-6*α*-yl-*O*-*β*-D-xylopyranoside
(25*S*)-3*β*- 羟基 -5*α*- 螺甾 -6*α*-*O*-*β*-D- 吡喃葡萄糖苷 (25*S*)-3*β*-hydroxy-5*α*-spirostan-6*α*-yl-*O*-*β*-D-glucopyranoside
(25*R*)-3*β*- 羟基 -5*α*- 螺甾 -6- 酮 -3-*O*-*α*-L- 吡喃鼠李糖基 -(1 → 2)-*β*-D- 吡喃葡萄糖苷 (25*R*)-3*β*-hydroxyl-5*α*-spirostan-6-one-3-*O*-*α*-L-rhamnopyranosyl-(1 → 2)-*β*-D-glucopyranoside
1*β*- 羟基 -5*α*- 去乙酰基浆果紫杉素 I 1*β*-hydroxy-5*α*-deacetylbaccatin I
3*β*- 羟基 -5*α*- 雄甾 -17- 酮 3*β*-hydroxy-5*α*-androstan-17-one
3*β*- 羟基 -5*α*- 羊毛脂 -8,24- 二烯 -21- 酸 3*β*-hydroxy-5*α*-lanosta-8,24-dien-21-oic acid
12*β*- 羟基 -5*α*- 孕甾 -14,16- 二烯 -3,20- 二酮 12*β*-hydroxy-5*α*-pregnane-14,16-dien-3,20-dione
3*β*- 羟基 -5*α*- 孕甾 -16- 酮 3*β*-hydroxy-5*α*-pregnan-16-one
12*β*- 羟基 -5*α*- 孕甾 -16- 烯 -3,20- 二酮 12*β*-hydroxy-5*α*-pregnane-16-en-3,20-dione
3*β*- 羟基 -5*α*- 孕甾 -7,20- 二烯 -6- 酮 3*β*-hydroxy-5*α*-pregn-7,20-

Q

dien-6-one
25-羟基-5β,19-环氧葫芦-6,23-二烯-19-酮-3β-醇-3-O-β-D-吡喃葡萄糖苷 25-hydroxy-5β,19-epoxycucurbita-6,23-dien-19-one-3β-ol-3-O-β-D-glucopyranoside
(-)-6β-羟基-5β,8β,9β,10α-赪桐-3,13-二烯-16,15-内酯-18-酸 (-)-6β-hydroxy-5β,8β,9β,10α-cleroda-3,13-dien-16,15-olid-18-oic acid
2-羟基-5-氨基鱼藤酮 2-hydroxy-5-aminorotenonone
3(R)-羟基-5-苯基-4(E)-戊烯酸 3(R)-hydroxy-5-phenyl-4(E)-pentenoic acid
1-(3-羟基-5-丙炔基-2-噻吩基)-乙酮 1-(3-hydroxy-5-propyl-2-thienyl)-ethanone
2-羟基-5-丁氧基苯乙酸 2-hydroxy-5-butoxyphenylacetic acid
1-(3-羟基-5-甲基-2-吡啶基)-乙酮 1-(3-hydroxy-5-methyl-2-pyridinyl)-ethanone
6-羟基-5-甲基-3',4',5'-三甲氧基橙酮-4-O-α-L-吡喃鼠李糖苷 6-hydroxy-5-methyl-3',4',5'-trimethoxyaurone-4-O-α-L-rhamnopyranoside
3-羟基-5-甲基-4-O-β-D-吡喃葡萄糖基苯乙酮 3-hydroxy-5-methyl-4-O-β-D-glucopyranosylacetophenone
3-羟基-5-甲基苯酚-1-O-[β-D-吡喃葡萄糖基-(1→6)-β-D-吡喃葡萄糖苷 3-hydroxy-5-methyl-phenol-1-O-[β-D-glucopyranosyl-(1→6)-β-D-glucopyranoside]
3-羟基-5-甲基苯酚-1-O-[β-D-吡喃葡萄糖基-(1→6)-β-D-吡喃葡萄糖基苷 3-hydroxy-5-methylphenol-1-O-[β-D-glucopyranosyl-(1→6)-β-D-glycopyranoside
3-3-羟基-5-甲基苯酚-1-O-β-D-(6'-O-没食子酰基)-吡喃葡萄糖苷 3-hydroxy-5-methylphenol-1-O-β-D-(6'-O-galloyl)-glucopyranoside
3-羟基-5-甲基苯酚-1-O-β-D-吡喃葡萄糖苷 3-hydroxy-5-methylphenol-1-O-β-D-glucopyranoside
3-羟基-5-甲基苯基-1-O-β-D-葡萄糖苷 3-hydroxy-5-methylphenyl-1-O-β-D-glucoside
2-羟基-5-甲基苯甲醛 2-hydroxy-5-methylenezaldehyde
4-羟基-5-甲基-香豆素-4-O-β-D-吡喃葡萄糖苷 4-hydroxy-5-methyl-coumarin-4-O-β-D-glucopyranoside
(3S,5R)-3-羟基-5-甲氧基-1-对羟基苯基-7-苯基-6E-庚烯 (3S,5R)-3-hydroxy-5-methoxy-1-(4-hydroxyphenyl)-7-phenyl-6E-heptene
(3S,5S)-3-羟基-5-甲氧基-1-对羟基苯基-7-苯基-6E-庚烯 (3S,5S)-3-hydroxy-5-methoxy-1-(4-hydroxyphenyl)-7-phenyl-6E-heptene
11-羟基-5-甲氧基-2,2,9-三甲基-2H-蒽-[1,2-b]吡喃-7,12-二酮 11-hydroxy-5-methoxy-2,2,9-trimethyl-2H-anthra-[1,2-b]pyran-7,12- dione
1-羟基-5-甲氧基-2,3-亚甲二氧基屾酮 1-hydroxy-5-methoxy-2,3-methylenedioxyxanthone
(2S,4R,5S)-4-羟基-5-甲氧基-2-[(1S)-1-苯基-2-丙烯基)]环己酮 (2S,4R,5S)-4-hydroxy-5-methoxy-2-[(1S)-1-phenyl-2-propenyl)]cyclohexanone
3-羟基-5-甲氧基-2-甲基苯甲酸 3-hydroxy-5-methoxy-2-methylbenzoic acid
4-羟基-5-甲氧基-2-萘醛 4-hydroxy-5-methoxy-2-naphthaldehyde
4-羟基-5-甲氧基-3,4-(环氧乙基)-环己酮 4-hydroxy-5-methoxy-3,4-(epoxyethano)-cyclohexanone
7-羟基-5'-甲氧基-3',4'-亚甲二氧基黄酮醇-7-O-β-D-吡喃葡萄糖苷 7-hydroxy-5'-methoxy-3',4'-methylenedioxyflavonol-7-O-β-D-glucopyranoside
2-羟基-5-甲氧基-6-(3-甲基丁-3-烯-1-炔基)苯甲醇 2-hydroxy-5-methoxy-6-(3-methylbut-3-en-1-ynyl) benzylalcohol
4'-羟基-5-甲氧基-6,7-亚甲二氧基异黄酮 4'-hydroxy-5-methoxy-6,7-methylenedioxyisoflavone
7-羟基-5-甲氧基-6,8-二甲基黄酮 7-hydroxy-5-methoxy-6,8-dimethylflavone
(2S)-7-羟基-5-甲氧基-6,8-二甲基黄烷酮 (2S)-7-hydroxy-5-methoxy-6,8-dimenthylflavanone
7-羟基-5-甲氧基-6,8-二甲基黄烷酮 7-hydroxy-5-methoxy-6,8-dimethylflavanone
7-羟基-5-甲氧基-6,8-二甲基异黄酮 7-hydroxy-5-methoxy-6,8-dimethylisoflavone
(2S)-7-羟基-5-甲氧基-8-甲基黄烷酮 (2S)-7-hydroxy-5-methoxy-8-methylflavanone
6-羟基-5-甲氧基-N-甲基酞亚胺 6-hydroxy-5-methoxy-N-methylphthalimide
4-羟基-5-甲氧基-苯丙醇 4-hydroxyl-5-methoxyl-phenylpropanol
4-羟基-5-甲氧基-苯丙醇-3-O-β-D-吡喃葡萄糖基苷 4-hydroxyl-5-methoxyl-phenylpropanol-3-O-β-D-glucopyranoside
1-(2-羟基-5-甲氧基苯基)-1,2-丙二醇 1-(2-hydroxy-5-methoxyphenyl)-1,2-propanediol
(E)-1'-(2-羟基-5-甲氧基苯基)丙烷-β-D-吡喃葡萄糖苷 (E)-1'-(2-hydroxy-5-methoxyphenyl)propane-β-D-glucopyranoside
1-(3-羟基5-甲氧基苯基)戊-1-酮 1-(3-hydroxy-5-methoxyphenyl) pentan-1-one
(2'S)-3-羟基-5-甲氧基苯基-2'-十三醇 (2'S)-3-hydroxy-5-methoxyphenyl-2'-tridecanol
(2'S)-3-羟基-5-甲氧基苯基-2'-十五醇 (2'S)-3-hydroxy-5-methoxyphenyl-2'-pentadecanol
2-羟基-5-甲氧基苯甲醛 2-hydroxy-5-methoxybenzaldehyde
2-羟基-5-甲氧基苯甲酸 2-hydroxy-5-methoxybenzoic acid
2-羟基-5-甲氧基苯甲酸苄酯 benzyl 2-hydroxy-5-methoxybenzoate
7-羟基-5-甲氧基苯酞 7-hydroxy-5-methoxyphthalide
3-羟基-5-甲氧基苄醇 3-hydroxy-5-methoxybenzyl alcohol
8-羟基-5-甲氧基补骨脂素 8-hydroxy-5-methoxypsoralen
(E)-3-羟基-5-甲氧基芪 (E)-3-hydroxy-5-methoxystilbene
3-羟基-5-甲氧基芪 3-hydroxy-5-methoxy-stilbene
3-羟基-5-甲氧基芪-2-羧酸 3-hydroxy-5-methoxystilbene-2-carboxylic acid
2-羟基-5-甲氧基-反式-桂皮酸 2-hydroxy-5-methoxy-*trans*-cinnamic acid
2-羟基-5-甲氧基桂皮醛 2-hydroxy-5-methxoycinnamaldehyde
7-羟基-5-甲氧基黄烷酮 7-hydroxy-5-methoxyflavanone
3-羟基-5-甲氧基联苯 3-hydroxy-5-methoxybiphenyl
3-羟基-5-甲氧基联苄 3-hydroxy-5-methoxybibenzyl
3'-羟基-5-甲氧基联苄-3-O-β-D-吡喃葡萄糖苷 3'-hydroxy-5-methoxybibenzyl-3-O-β-D-glucopyranoside
7-羟基-5-甲氧基-色原酮 7-hydroxy-5-methoxy-chromone
2-羟基-5-甲氧基屾酮 2-hydroxy-5-methoxyxanthone
1-羟基-5-甲氧基屾酮-6-O-β-D-吡喃葡萄糖苷 1-hydroxy-5-methoxyxanthone-6-O-β-D-glucopyranoside
1-羟基-5-甲氧基屾烯-9-酮 1-hydroxy-5-methoxyxanthen-9-one
7-羟基-5-甲氧基香豆素 7-hydroxy-5-methoxycoumarin
8-羟基-5-甲氧基-香豆素 8-hydroxy-5-methoxy-coumarin
3-羟基-5-甲氧基亚苄基乙酰苯 3-hydroxy-5-methoxybenzalacetophenone
2'-羟基-5'-甲氧基鹰嘴豆芽素A 2'-hydroxy-5'-methoxybiochanin A
2-羟基-5-甲氧基鹰嘴豆芽素A 2-hydroxy-5-methoxybiochanin A
2-羟基-5-羟基甲基-1,7-二甲基-9,10-二氢菲 2-hydroxy-5-

Q

hydroxymethyl-1,7-dimethyl-9,10-dihydrophenanthrene
3- 羟基 -5- 羟基甲基 -4-(4'- 羟基苯基) 吡咯 -2- 酮) 3-hydroxy-5-(hydroxymethyl)-4-(4'-hydroxyphenoxy)pyrrolidin-2-one
5'- 羟基 -5- 羟基甲基 -4",5"- 亚甲二氧基 -1,2,3,4- 二苯并 -1,3,5- 环庚三烯 5'-hydroxy-5-hydroxymethyl-4",5"-methylenedioxy-1,2,3,4-dibenzo-1,3,5-cycloheptatriene
2- 羟基 -5- 羟基甲基 -7- 甲氧基 -1,8- 二甲基 -9,10- 二氢菲 2-hydroxy-5-hydroxymethyl-7-methoxy-1,8-dimethyl-9,10-dihydrophenanthrene
(4*S*,5*R*)-4- 羟基 -5- 羟基甲基呋喃 -2- 酮 (4*S*,5*R*)-4-hydroxy-5-hydroxymethylfuran-2-one
3- 羟基 -5- 十三烷基 - 苯甲醚 3-hydroxy-5-tridecyl-methylphenyl ether
4*α*- 羟基 -5- 烯 - 广防风二内酯▲ 4*α*-hydroxy-5-en-ovatodiolide
4*β*- 羟基 -5- 烯 - 广防风二内酯▲ 4*β*-hydroxy-5-en-ovatodiolide
4- 羟基 -5- 亚甲基 -3- 十一碳环亚乙烯基二氢呋喃 -2(3*H*)- 酮 4-hydroxy-5-methylene-3-undecyclidenedihydrofuran-2(3*H*)-one
1- 羟基 -5- 氧二环 [6.4.0] 十二烷 1-hydroxy-5-oxobicyclo[6.4.0]dodecane
2'- 羟基 -5'- 乙酰氧基黄酮 2'-hydroxy-5'-acetyloxyflavone
(3*S*,5*R*)- 羟基 -5- 乙氧基 -1- 对羟基苯基 -7- 苯基 -6*E*- 庚烯 (3*S*,5*R*)-3-hydroxy-5-ethoxy-1-(4-hydroxyphenyl)-7-phenyl-6*E*-heptene
(3*S*,5*S*)-3- 羟基 -5- 乙氧基 -1- 对羟基苯基 -7- 苯基 -6*E*- 庚烯 (3*S*,5*S*)-3-hydroxy-5-ethoxy-1-(4-hydroxyphenyl)-7-phenyl-6*E*-heptene
7- 羟基 -5- 异丙基 -2- 甲氧基 -3- 甲基 -1,4- 萘醌 7-hydroxy-5-isopropyl-2-methoxy-3-methyl-1,4-naphthoquinone
2- 羟基 -6-(12- 苯基 - 十二烷基) 苯甲酸 2-hydroxy-6-(12-phenyldodecyl)benzoic acid
(4*R*,6*S*)-4- 羟基 -6-(1- 苯基 -2- 丙烯基)-2- 环己烯 -1- 酮 (4*R*,6*S*)-4-hydroxy-6-(1-phenyl-2-propenyl)-2-cyclohexen-1-one
5- 羟基 -6-(1- 羟基 -1- 甲基乙基)-2- 甲基 -1,4- 萘二酮 5-hydroxy-6-(1-hydroxy-1-methylethyl)-2-methyl-1,4-naphthalenedione
7- 羟基 -6-(2-(*R*)- 羟基 -3- 甲基丁基 -3- 烯基) 香豆素 7-hydroxy-6-[2-(*R*)-hydroxy-3-methyl-but-3-enyl]coumarin
7- 羟基 -6-(2*R*- 羟基 -3- 甲基丁烷 -3- 烯) 香豆素 7-hydroxy-6-(2*R*-hydroxy-3-methylbut-3-enyl)coumarin
3- 羟基 -6-(2'- 甲基丁酰氧基) 托品烷 3-hydroxy-6-(2'-methylbutyryloxy)tropane
5- 羟基 -6-(2- 羟基 -3- 甲基 -3- 丁烯基)-7- 甲氧基香豆素 5-hydroxy-6-(2-hydroxy-3-methyl-3-butenyl)-7-methoxycoumarin
7- 羟基 -6-(3- 甲基 -2- 丁烯氧基)- 香豆素 7-hydroxy-6-[(3-methyl-2-butenyl)oxy]-coumarin
(*E*)-7- 羟基 -6-(3- 羟基 -3- 甲基 -1- 丁烯基)- 香豆素 (*E*)-7-hydroxy-6-(3-hydroxy-3-methyl-1-butenyl)-coumarin
(*Z*)-7- 羟基 -6-(3- 羟基 -3- 甲基 -1- 丁烯基)- 香豆素 (*Z*)-7-hydroxy-6-(3-hydroxy-3-methyl-1-butenyl)-coumarin
(2*E*,6*E*,10*E*)-12- 羟基 -6,10- 二甲基 -2-(4- 甲基 -3- 戊烯 -1- 基)-2,6,10- 十二碳三烯酸 (2*E*,6*E*,10*E*)-12-hydroxy-6,10-dimethyl-2-(4-methyl-3-penten-1-yl)-2,6,10-dodecatrienoic acid
4'- 羟基 -6,3',5'- 三戊烯基异黄烷酮 4'-hydroxy-6,3',5'-tripentenylisoflavanone
4'- 羟基 -6,3',5'- 三异戊烯基异黄烷酮 4'-hydroxy-6,3',5'-triprenylisoflavanone
6- 羟基 -6",6"- 二甲基吡喃并 -(2",3":4',3')- 异黄酮 6-hydroxy-6",6"-dimethylpyrano-(2",3":4',3')isoflavone
(2- 羟基 -6,6- 二甲基双环 [3.1.1] 庚 -2- 基)- 甲基 -*O*-*β*-D- 呋喃芹糖基 -(1 → 6)-*β*-D- 吡喃葡萄糖苷 (2-hydroxy-6,6-dimethylbicyclo[3.1.1]hept-2-yl)-methyl-*O*-*β*-D-apiofuranosyl-(1 → 6)-*β*-D-glucopyranoside
5- 羟基 -6,7,2',6'- 四甲氧基黄烷酮 5-hydroxy-6,7,2',6'-tetramethoxyflavanone
5- 羟基 -6,7,3',4',5'- 五甲氧基黄酮 5-hydroxy-6,7,3',4',5'-pentamethoxyflavone
5- 羟基 -6,7,3',4'- 四甲氧基黄酮 5-hydroxy-6,7,3',4'-tetramethoxyflavone
5- 羟基 -6,7,3',4'- 四甲氧基黄烷酮 5-hydroxy-6,7,3',4'-tetramethoxyflavanone
5- 羟基 -6,7,3',4'- 四甲氧基芹菜苷元 5-hydroxy-6,7,3',4'-tetramethoxyapigenin
5- 羟基 -6,7,4'- 三甲氧基黄酮 5-hydroxy-6,7,4'-trimethoxyflavone
5- 羟基 -6,7,4'- 三甲氧基黄酮 -8-*O*-*β*-D- 吡喃葡萄糖苷 5-hydroxy-6,7,4'-trimethoxylflavone-8-*O*-*β*-D-glucopyranoside
5- 羟基 -6,7,4'- 三甲氧基黄烷酮 5-hydroxy-6,7,4'-trimethoxyflavanone
8- 羟基 -6,7,4'- 三甲氧基黄烷酮 8-hydroxy-6,7,4'-trimethoxyflavanone
5- 羟基 -6,7,4'- 三甲氧基异黄酮 5-hydroxy-6,7,4'-trimethoxyisoflavone
5- 羟基 -6,7,8,3',4'- 五甲氧基黄酮 5-hydroxy-6,7,8,3',4'-pentamethoxyflavone
5- 羟基 -6,7,8,3',4'- 五甲氧基黄烷酮 5-hydroxy-6,7,8,3',4'-pentamethoxyflavanone
5- 羟基 -6,7,8,4'- 四甲氧基黄酮 5-hydroxy-6,7,8,4'-tetramethoxyflavone
3'- 羟基 -6,7,8,4'- 四甲氧基黄烷酮 3'-hydroxy-6,7,8,4'-tetramethoxyflavanone
(1*Z*)-1-[(5*R*,8*S*,8a*R*)-5- 羟基 -6,7,8,8a- 四氢 -8,8a- 二甲基 -3- 氧代萘 -2(1*H*)- 亚乙烯基] 乙醇 (1*Z*)-1-[(5*R*,8*S*,8a*R*)-5-hydroxy-6,7,8,8a-tetrahydro-8,8a-dimethyl-3-oxonaphthalen-2(1*H*)-ylidene] ethyl alchohol
1- 羟基 -6,7,8- 三甲氧基 -3- 甲基蒽醌 1-hydroxy-6,7,8-trimethoxy-3-methylanthraquinone
5- 羟基 -6,7- 二甲氧基 -2',4'- 亚甲二氧基黄酮 5-hydroxy-6,7-dimethoxy-2',4'-methylenedioxyflavone
9- 羟基 -6,7- 二甲氧基黄檀氢醌▲ 9-hydroxy-6,7-dimethoxydalbergiquinol
5- 羟基 -6,7- 二甲氧基黄酮 5-hydroxy-6,7-dimethoxyflavone
5- 羟基 -6,7- 二甲氧基黄烷酮 5-hydroxy-6,7-dimethoxyflavanone
1- 羟基 -6,7- 二甲氧基𠮿酮 1-hydroxy-6,7-dimethoxyxanthone
5- 羟基 -6,7- 二甲氧基香豆素 5-hydroxy-6,7-dimethoxycoumarin
8- 羟基 -6,7- 二甲氧基香豆素 8-hydroxy-6,7-dimethoxycoumarin
4'- 羟基 -6,7- 二甲氧基异黄酮 4'-hydroxy-6,7-dimethoxyisoflavone
5- 羟基 -6,7- 二甲氧基异黄酮 -4'-*O*-*β*-D- 呋喃芹糖基 -(1 → 6)-*β*-D- 吡喃葡萄糖苷 5-hydroxy-6,7-dimethoxyisoflavone-4'-*O*-*β*-D-apiofuranosyl-(1 → 6)-*β*-D-glucopyranoside
8- 羟基 -6,7- 二氢沉香醇 -8-*O*- 吡喃葡萄糖苷 8-hydroxy-6,7-dihydrolinalool-8-*O*-glucopyranoside
11- 羟基 -6,7- 环氧 -8- 氧代 - 异形蔓长春花胺 11-hydroxy-6,7-epoxy-8-oxo-vincadifformine
15*α*- 羟基 -6,7- 裂环 -1*α*,7:11*α*,6- 二内酯 -20- 醛 - 对映 - 贝壳杉 -16- 烯 15*α*-hydroxy-6,7-seco-1*α*,7:11*α*,6-diolide-20-al-ent-kaur-16-ene
15*α*- 羟基 -6,7- 裂环 -1*α*,7:11*α*,6- 二内酯 - 对映 - 贝壳杉 -16- 烯 15*α*-hydroxy-6,7-seco-1*α*,7:11*α*,6-diolide-*ent*-kaur-16-ene
15*β*- 羟基 -6,7- 裂环 -6,11*β*:6,20- 二环氧 -l*α*,7- 内酯 - 对映 - 贝壳杉 -16- 烯 15*β*-hydroxy-6,7-seco-6,11*β*:6,20-diepoxy-l*α*,7-olide-

Q

ent-kaur-16-ene
11β- 羟基 -6,7- 裂环 -6,19:6,20- 二环氧 -1α,7- 内酯 - 对映 - 贝壳杉 -15- 酮 11β-hydroxy-6,7-seco-6,19:6,20-diepoxy-1α,7-olide-ent-kaur-15-one
12- 羟基 -6,7- 裂环 -8,11,3- 冷杉三烯 -6,7- 二醛 12-hydroxy-6,7-seco-8,11,3-abietatriene-6,7-dial
12- 羟基 -6,7- 裂环冷杉 -8,11,13- 三烯 -6,7- 二醛 12-hydroxy-6,7-secoabieta-8,11,13-triene-6,7-dial
12- 羟基 -6,7- 裂环 - 冷杉 -8,11,13- 三烯 -6,7- 二醛 12-hydroxy-6,7-seco-abieta-8,11,13-triene-6,7-dial
6- 羟基 -6,7- 去氢 -8- 去氧 -13- 去氢千层塔宁碱 6-hydroxyl-6,7-dehydro-8-deoxy-13-dehydroserratinine
6- 羟基 -6,7- 去氢曲石松碱▲ 6-hydroxyl-6,7-dehydrolycoflexine
7- 羟基 -6,8,4'- 三甲氧基 -4- 苯基香豆素 7-hydroxy-6,8,4'-trimethoxy-4-phenylcoumarin
7- 羟基 -6,8,4'- 三甲氧基 -5-O-[-β-D- 吡喃葡萄糖基 -(1 → 6)]-β-D- 吡喃葡萄糖基黄酮 7-hydroxy-6,8,4'-trimethoxyl-5-O-[β-D-glucopyranosyl-(1 → 6)]-β-D-glucopyranosylflavone
7- 羟基 -6,8,4'- 三甲氧基 -5-O-β-D- 吡喃葡萄糖基黄酮 7-hydroxy-6,8,4'-trimethoxyl-5-O-β-D-glucopyranosylflavone
5- 羟基 -6,8,4'- 三甲氧基黄酮 -7-O-β-D- 吡喃葡萄糖苷 5-hydroxy-6,8,4'-trimethoxyflavone-7-O-β-D-glycopyranoside
3- 羟基 -6,8- 二甲氧基 -2- 甲基蒽醌 -1-O-α-L- 吡喃鼠李糖基 -(1 → 6)-β-D- 吡喃葡萄糖苷 3-hydroxy-6,8-dimethoxy-2-methylanthraquinone-1-O-α-L-rhamnopyranosyl-(1 → 6)-β-D-glucopyranoside
3- 羟基 -6,8- 二甲氧基 -2- 甲基蒽醌 -1-O-β-D- 吡喃葡萄糖苷 3-hydroxy-6,8-dimethoxy-2-methylanthraquinone-1-O-β-D-glucopyranoside
3- 羟基 -6,8- 二甲氧基 -2- 甲基蒽醌 -1-O- 芸香糖苷 3-hydroxy-6,8-dimethoxy-2-methylanthraquinone-1-O-rutinoside
1- 羟基 -6,8- 二甲氧基 -2- 甲基蒽醌 -3-O- 芸香糖苷 1-hydroxy-6,8-dimethoxy-2-methylanthraquinone-3-O-rutinoside
7- 羟基 -6,8- 二甲氧基 -3-(4'- 羟基 -3'- 甲氧基苯基)- 香豆素 7-hydroxy-6,8-dimethoxy-3-(4'-hydroxy-3'-methoxyphenyl)-coumarin
5- 羟基 -6,8- 二甲氧基 -3',4'- 亚甲二氧基黄酮 5-hydroxy-6,8-dimethoxy-3',4'-methylenedioxyflavone
1- 羟基 -6,8- 二甲氧基 -3- 甲基蒽醌 1-hydroxy-6,8-dimethoxy-3-methylanthraquinone
7- 羟基 -6,8- 二甲氧基 -4'- 甲氧基黄酮 7-hydroxy-6,8-dimethoxy-4'-methoxy-flavone
1- 羟基 -6,8- 二甲氧基 -7- 甲基苯 [b,f] 氧杂草 1-hydroxy-6,8-dimethoxy-7-methyldibenz[b,f]oxepin
5- 羟基 -6,8- 二甲氧基香豆素 5-hydroxy-6,8-dimethoxycoumarin
7- 羟基 -6,8- 二甲氧基香豆素 7-hydroxy-6,8-dimethoxy coumarin
1β- 羟基 -6,9- 二烯 -8- 氧化荒漠木 -11- 降 -11- 酮 1β-hydroxy-6,9-dien-8-oxyeremophi-11-nor-11-ketone
7- 羟基 -6-[(2R)- 羟基 -3- 甲基丁基 -3- 烯基]- 香豆素 7-hydroxy-6-[(2R)-hydroxy-3-methyl-but-3-enyl]-coumarin
6- 羟基 -6a,12a- 羟基鱼藤酮 6-hydroxy-6a,12a-hydroxyrotenone
(-)-6- 羟基 -6a,12a- 去氢 -α- 毒灰毛豆酚 (-)-6-hydroxy-6a,12a-dehydro-α-toxicarol
(-)-6- 羟基 -6a,12a- 去氢毒灰毛豆酚 (-)-6-hydroxy-6a,12a-dehydrotoxicarol
6- 羟基 -6a,12a- 去氢鱼藤素 6-hydroxy-6a,12a-dehydrodeguelin
7'- 羟基 -6a,12a- 去氢鱼藤素 7'-hydroxy-6a,12a-dehydrodeguelin
6'- 羟基 -6a,12a- 去氢鱼藤酮 6'-hydroxy-6a,12a-dehydrorotenone
3- 羟基 -6H- 苯并 [b,d] 吡喃 -6- 酮 3-hydroxy-6H-benzo[b,d]pyran-6-one
15- 羟基 -6α,12- 环氧 -7β,10αH,11βH- 螺艾克 -4- 烯 15-hydroxy-6α,12-epoxy-7β,10αH,11βH-spiroax-4-ene
3β- 羟基 -6α- 甲氧基荒漠木 -7(11)- 烯 -12,8β- 内酯 3β-hydroxy-6α-methoxy-eremophil-7(11)-en-12,8β-olide
5β- 羟基 -6α- 氯代 -5,6- 二氢酸浆素 B 5β-hydroxy-6α-chloro-5,6-dihydrophysalin B
1β- 羟基 -6α- 异丁氧基 -9- 降荒漠木 -7(11),8(10)- 二烯 -8(12)- 内酯 1β-hydroxy-6α-isobutyryloxy-9-noreremophil-7(11),8(10)-dien-8(12)-olide
3β- 羟基 -6β,8α- 二甲氧基荒漠木 -7(11)- 烯 -12,8β- 内酯 3β-hydroxy- 6β,8α-dimethoxyeremophil-7(11)-en-12,8β-olide
3β- 羟基 -6β- 巴豆酰氧基 - 荒漠木 -7(11)- 烯 -12,8β- 内酯 3β-hydroxy-6β-tigloyloxy-eremophil-7(11)-en-12,8β-olide
3α- 羟基 -6β- 巴豆酰氧基托品烷 3α-hydroxy-6β-tigloyloxytropane
3β- 羟基 -6β- 巴豆酰氧基托品烷 3β-hydroxy-6β-tigloyloxytropane
10α- 羟基 -6β- 丙烯酰氧基 -1- 氧代荒漠木 -7(11),8- 二烯 -12,8- 内酯 10α-hydroxy-6β-propionyloxy-1-oxoeremophila-7(11),8-dieno-12,8-lactone
8β- 羟基 -6β- 当归酰氧基荒漠木 -7(11)- 烯 -8α,12- 内酯 -15- 酸 8β-hydroxy-6β-angeloyloxyeremophil-7(11)-en-8α,12-olide-15-oic acid
10β- 羟基 -6β- 甲氧基呋喃荒漠木 10β-hydroxy-6β-methoxy-furanoeremophilane
3β- 羟基 -6β- 甲氧基荒漠木 -7(11)- 烯 -12,8β- 内酯 3β-hydroxy-6β-methoxyeremophil-7(11)-en-12,8β-olide
10α- 羟基 -6β- 异丁酰氧基 -1- 氧代荒漠木 -7(11),8- 二烯 -12,8- 内酯 10α-hydroxy-6β-isobutanoyloxy-1-oxoeremophila-7(11),8-dieno-12,8-lactone
8α- 羟基 -6β- 异丁酰氧基 -1- 氧代荒漠木 -7(11),9- 二烯 -12,8β- 内酯 8α-hydroxy-6β-isobutanoyloxy-1-oxoeremophila-7(11),9-dieno-12,8β-lactone
(+)-1- 羟基 -6- 表松脂酚 (+)-1-hydroxy-6-epipinoresinol
5- 羟基 -6- 丙酰基 -2,2,8- 三甲基 -8-(3''- 甲基 - 丁 -2''- 烯基)-2,8- 二氢 -1- 苯并吡喃 -7- 酮 5-hydroxy-6-propionyl-2,2,8-trimethyl-8-(3''-methylbut-2''-enyl)-2,8-dihydro-1-benzopyran-7-one
(1E,4Z)-8- 羟基 -6- 环氧大根老鹳草 -1(10),4,7(11)- 三烯 -12,8- 内酯 (1E,4Z)-8-hydroxy-6-oxogermacra-1(10),4,7(11)-trien-12,8-lactone
1-(3- 羟基 -6- 甲基 -2- 吡啶基)- 乙酮 1-(3-hydroxy-6-methyl-2-pyridinyl)-ethanone
5- 羟基 -6- 甲基 -3-(10- 十一烯)-5,6- 二氢吡喃 -2- 酮 5-hydroxy-6-methyl-3-(undec-10-enyl)-5,6-dihydropyran-2-one
2- 羟基 -6- 甲基 -9,10- 蒽醌 2-hydroxy-6-methyl-9,10-anthraquinone
2- 羟基 -6- 甲基苯甲酸甲酯 -4-O-β-D- 吡喃葡萄糖苷 methyl 2-hydroxy-6-methylbenzoate-4-O-β-D-glucopyranoside
3- 羟基 -6- 甲基丁酰氧基托品烷 3-hydroxy-6-methylbutyryloxytropane
2- 羟基 -6- 甲基蒽醌 2-hydroxy-6-methylanthraquinone
6- 羟基 -6- 甲基环己 -2- 烯 -1- 酮 6-hydroxy-6-methylcyclohex-2-en-1-one
5- 羟基 -6- 甲基黄烷酮 -7-O-α-D- 吡喃半乳糖苷 5-hydroxy-6-methylflavanone-7-O-α-D-galactopyranoside
5- 羟基 -6- 甲基黄烷酮 -7-O-β-D- 半乳吡喃糖苷 5-hydroxy-6-methylflavanone-7-O-β-D-galacopyranoside
3- 羟基 -6- 甲基十七酸 3-hydroxy-6-methylheptadecanoic acid
7- 羟基 -6- 甲氧基 -1(2H)- 异喹啉 7-hydroxy-6-methoxy-1(2H)-isoquinolinone
5- 羟基 -6- 甲氧基 -2-(2- 苯乙基) 色酮 5-hydroxy-6-methoxy-2-(2-

Q

phenylethyl)chromone
7- 羟基 -6- 甲氧基 -2-(3'- 羟基 -4'- 甲氧基苯乙基) 色酮 7-hydroxy-6-methoxy-2-(3'-hydroxy-4'-methoxyphenethyl)chromone
3- 羟基 -6- 甲氧基 -2,9- 二甲基二苯并呋喃 -7-*O*-*β*-D- 吡喃葡萄糖苷 3-hydroxy-6-methoxy-2,9-dimethyl-dibenzofuran-7-*O*-*β*-D-glucopyranoside
7- 羟基 -6- 甲氧基 -2*H*-1- 苯并吡喃 -2- 酮 7-hydroxy-6-methoxy-2*H*-1-benzopyran-2-one
1- 羟基 -6- 甲氧基 -2- 苯并恶唑啉酮 1-hydroxy-6-methoxy-2-benzoxazolinone
7- 羟基 -6- 甲氧基 -3-(3- 甲基 -2- 丁烯基) 香豆素 7-hydroxy-6-methoxy-3-(3-methyl-2-butenyl)-coumarin
7- 羟基 -6- 甲氧基 -3,8- 二 (3- 甲基 -2- 丁烯基)- 香豆素 7-hydroxy-6-methoxy-3,8-bis(3-methyl-2-butenyl)-coumarin
7- 羟基 -6- 甲氧基 -3-[(2- 氧代 -2*H*-1- 苯并吡喃 -7- 氧基]-2*H*-1- 苯并吡喃 -2- 酮 7-hydroxy-6-methoxy-3-[(2-oxo-2*H*-1-benzopyran-7-yl)oxy]-2*H*-1-benzopyran-2-one
8- 羟基 -6- 甲氧基 -3- 甲基蒽醌 -1-*O*-*α*-L- 吡喃鼠李糖基 -(1 → 2)-*β*-D- 吡喃葡萄糖苷 8-hydroxy-6-methoxy-3-methylanthraquinone-1-*O*-*α*-L-rhamnopyranosyl-(1 → 2)-*β*-D-glucopyranoside
8- 羟基 -6- 甲氧基 -3- 甲基蒽醌 -1-*O*-*α*-L- 吡喃鼠李糖基 -(1 → 6)-*β*-D- 吡喃葡萄糖苷 8-hydroxy-6-methoxy-3-methylanthraquinone 1-*O*-*α*-L-rhamnopyranosyl-(1 → 6)-*β*-D-glucopyranoside
8- 羟基 -6- 甲氧基 -3- 戊烯基 -1*H*- 异色烯 -1- 酮 8-hydroxy-6-methoxy-3-pentyl-1*H*-isochromen-1-one
8- 羟基 -6- 甲氧基 -3- 正戊基异香豆素 8-hydroxy-6-methoxy-3-n-pentylisocoumarin
(1*R*,6*S*)-1- 羟基 -6- 甲氧基 -4- 氧代 -2- 环己烯 -1- 乙酸甲酯 (1*R*,6*S*)-1-hydroxy-6-methoxy-4-oxo-2-cyclohexene-1-acetic acid methyl ester
3- 羟基 -6- 甲氧基 -5- 磺甲基香豆素 3-hydroxy-6-methoxy-5-sulfomethylcoumarin
3- 羟基 -6- 甲氧基 -5'- 异丙基 -4',5'- 二氢呋喃并 [2',3':7,8]-6",6"- 二甲基 -4",5"- 二氢吡喃并 [2",3":1,2] 呫酮 3-hydroxy-6-methoxy-5'-isopropyl-4',5'-dihydrofuro[2',3':7,8]-6",6"-dimethyl-4",5"-dihydropyrano[2",3":1,2]xanthone
3- 羟基 -6- 甲氧基 -7,7'- 双香豆素醚 3-hydroxy-6-methoxy-7,7'-dicoumarinyl ether
5-羟基-6-甲氧基-7-*O*-*β*-D-葡萄糖基香豆素 5-hydroxy-6-methoxy-7-*O*-*β*-D-glucosylcoumarin
2- 羟基 -6- 甲氧基苯甲酸 2-hydroxy-6-methoxybenzoic acid
2- 羟基 -6- 甲氧基苯甲酸苄酯 benzyl 2-hydroxy-6-methoxybenzoate
4-*O*-2- 羟基 -6- 甲氧基苯乙酮苷 4-*O*-2-hydroxy-6-methoxyacetophenone glycosides
2- 羟基 -6- 甲氧基蒽醌 2-hydroxy-6-methoxyanthraquinone
7- 羟基 -6- 甲氧基桂皮酸乙酯 7-hydroxy-6-methoxycinnamic acid ethyl ester
5- 羟基 -6- 甲氧基黄酮 5-hydroxy-6-methoxyflavone
7- 羟基 -6- 甲氧基黄酮 7-hydroxy-6-methoxyflavone
5- 羟基 -6- 甲氧基 - 黄酮 -7-*O*-*α*-D- 葡萄糖醛酸 5-hydroxy-6-methoxy-flavone-7-*O*-*α*-D-glucuronic acid
5- 羟基 -6- 甲氧基 - 黄酮 -7-*O*-*α*-D- 葡萄糖醛酸甲酯 5-hydroxy-6-methoxy-flavone-7-*O*-*α*-D-glucuronyl methyl ester
2*S*-7- 羟基 -6- 甲氧基黄烷酮 2*S*-7-hydroxy-6-methoxyflavanone
3- 羟基 -6- 甲氧基去氢 - 异 -*α*- 风铃木醌▲ 3-hydroxy-6-methoxydehydro-iso-*α*-lapachone
18- 羟基 -6- 甲氧基柔毛香科科素▲C 18-hydroxy-6-methoxyvillosin C
7- 羟基 -6- 甲氧基色酮 7-hydroxy-6-methoxychromone
8- 羟基 -6- 甲氧基 - 戊基异香豆素 8-hydroxy-6-methoxy-pentylisocoumarin
7- 羟基 -6- 甲氧基香豆素 7-hydroxy-6-methoxycoumarin
2- 羟基 -6- 羟基甲基 -1- 甲基 -5- 乙烯基 -9,10- 二氢菲 (2- 羟基甲基 -1- 甲基 -5- 乙烯基 -9,10- 二氢菲 2-hydroxy-6-hydroxymethyl-1-methyl-5-vinyl-9,10-dihydrophenanthrene
3- 羟基 -6- 羟基甲基 -2,5,7- 三甲基 - 茚满 -1- 酮 3-hydroxy-6-hydroxymethyl-2,5,7-trimethylindan-1-one
7- 羟基 -6- 羟基甲基 -4- 异丙基 -1- 甲基萘 7-hydroxy-6-hydroxymethyl-4-isopropyl-1-methylnaphthalene
1- 羟基 -6- 羟基甲基蒽醌 1-hydroxy-6-hydroxymethylanthraquinone
3- 羟基 -6'- 去甲大叶唐松草拉明碱 3-hydroxy-6'-desmethylthalifaboramine
3- 羟基 -6'- 去甲基 -9-*O*- 甲基大叶唐松草拉明碱 3-hydroxy-6'-desmethyl-9-*O*-methylthalifaboramine
$\Delta^{8,14}$-2- 羟基 -6- 去氧桃花心木苦素 $\Delta^{8,14}$-2-hydroxy-6-deoxyswietenine
(6*E*)-4- 羟基 -6- 十七烯酸乙酯 (6*E*)-4-hydroxy-6-heptadecenoic acid ethyl ester
(6*Z*)-4- 羟基 -6- 十七烯酸乙酯 (6*Z*)-4-hydroxy-6-heptadecenoic acid ethyl ester
1- 羟基 -6- 氧代环己 -2- 烯酸甲酯 1-hydroxy-6-oxocyclohex-2-enoic acid methyl ester
1- 羟基 -6- 氧代环己 -2- 烯羧酸甲酯 1-hydroxy-6-oxocyclohex-2-enecarboxylic acid methyl ester
5- 羟基 -6- 乙酰基 -2-(1'- 甲基 -2'-(2"- 甲基 - 丁酰基)- 乙基)- 苯并呋喃 5-hydroxy-6-acetyl-2-(1'-methyl-2'-(2"-methyl-butanoyl)-ethyl)- benzofuran
3- 羟基 -6- 乙酰氧基托品烷 3-hydroxy-6-acetoxytropane
4- 羟基 -6- 乙氧基 -2-[(10'*Z*,13'*Z*)-10',13',16'- 十七三烯] 雷琐酚 4-hydroxy-6-ethoxy-2-[(10'*Z*,13'*Z*)-10',13',16'-heptadecatriene] resorcinol
5- 羟基 -6- 异丁酰基 -2,2,8- 三甲基 -8-(3"- 甲基 - 丁 -2"- 烯基)-2,8- 二氢 -1- 苯并吡喃 -7- 酮 5-hydroxy-6-isobutyryl-2,2,8-trimethyl-8-(3'-methylbut-2"-enyl)-2,8-dihydro-1-benzopyran-7-one
3- 羟基 -6- 异丁酰氧基托品烷 3-hydroxy-6-isobutyryloxytropane
6*β*- 羟基 -7(11)- 荒漠木烯 -12,8*α*- 内酯 6*β*-hydroxy-7(11)-eremophilen-12,8*α*-olide
8*α*- 羟基 -7(11)- 荒漠木烯 -12,8*β*- 内酯 8*α*-hydroxy-7(11)-eremophilen-12,8*β*-olide
10*β*- 羟基 -7(11)- 荒漠木烯 -12,8- 内酯 10*β*-hydroxy-7(11)-eremophilen-12,8-olide
6*β*- 羟基 -7(11)- 荒漠木烯 -8*α*,12- 内酯 6*β*-hydroxyl-7(11)-eremophilen-8*α*,12-olide
8*β*- 羟基 -7(11)- 荒漠木烯 -8*α*,12- 内酯 8*β*-hydroxyl-7(11)-eremophilen-8*α*,12-olide
5- 羟基 -7-(2'- 羟基丙基)-2- 甲基 - 色酮 5-hydroxy-7-(2'-hydroxypropyl)-2-methyl-chromone
5- 羟基 -7-(2- 羟基异丙基)-4'- 甲氧基 -9- 戊烯基呋喃 [3,2-g] 异黄酮 5-hydroxy-7-(2-hydroxyisopropyl)-4'-methoxy-9-prenylfurano[3,2-g]isoflavone
(5*S*)-5- 羟基 -7-(3,4- 二羟基苯基)-1-(4- 羟基苯基)-3- 庚酮 -5-*O*-*β*-D- 吡喃木糖苷 (5*S*)-5-hydroxy-7-(3,4-dihydroxyphenyl)-1-(4-hydroxyphenyl)-3-heptanone-5-*O*-*β*-D-xylopyranoside
(5*S*)-5- 羟基 -7-(3,4- 二羟基苯基)-1- 苯基 -3- 庚酮 (5*S*)-5-hydroxy-7-(3,4-dihydroxyphenyl)-1-phenyl-3-heptanone
(5*R*)-5- 羟基 -7-(3- 甲氧基 -4,5- 二羟基苯基)-1- 苯基 -3- 庚酮 (5*R*)-5-hydroxy-7-(3-methoxy-4,5-dihydroxyphenyl)-1-phenyl-3-heptanone
5- 羟基 -7-(3- 羟基 -4- 甲氧基苯基)-2,2- 二甲基 -2H,6H- 苯

Q

并 [1,2-*b*:5,4-*b*'] 二吡喃 -6- 酮 5-hydroxy-7-(3-hydroxy-4-methoxyphenyl)-2,2-dimethyl-2*H*,6*H*-benzo[1,2-*b*:5,4-*b*']dipyran-6-one
5- 羟基 -7-(3- 羟基 -4- 甲氧基苯基)-3- 甲氧基 -2,4,6- 庚三烯酸 -*δ*- 内酯 5-hydroxy-7-(3-hydroxy-4-methoxyphenyl)-3-methoxy-2,4,6-heptatrienoic acid-*δ*-lactone
5- 羟基 -7-(4- 羟基 -3,5- 二甲氧基苯基)-1-(4- 羟基 -3- 甲氧基苯基)-3- 庚酮 5-hydroxy-7-(4-hydroxy-3,5-dimethoxyphenyl)-1-(4-hydroxy-3-methoxyphenyl)-3-heptanone
5- 羟基 -7-(4- 羟基 -3- 甲氧苯基)-1-(4- 羟基苯基)-3- 庚酮 5-hydroxy-7-(4-hydroxy-3-methoxyphenyl)-1-(4-hydroxyphenyl)-3-heptanone
(5*S*)-5- 羟基 -7-(4''- 羟基 -3''- 甲氧基苯基)-1-(4'- 羟基苯基)-3- 庚酮 (5*S*)-5-hydroxy-7-(4''-hydroxy-3''-methoxyphenyl)-1-(4'-hydroxyphenyl)-3-heptanone
(5*R*)-5- 羟基 -7-(4''- 羟基 -3''- 甲氧基苯基)-1- 苯基 -3- 庚酮 (5*R*)-5-hydroxy-7-(4''-hydroxy-3''-methoxyphenyl)-1-phenyl-3-heptanone
5- 羟基 -7-(4''- 羟基 -3''- 甲氧基苯基)-1- 苯基 -3- 庚酮 5-hydroxy-7-(4''-hydroxy-3''-methoxyphenyl)-1-phenyl-3-heptanone
(7*S*,8*R*,8'*R*)-7- 羟基 -7-(4- 羟基 -3- 甲氧基苯基)-7'-(3',4'- 亚甲二氧基苯基)-8,8'- 木脂素 (7*S*,8*R*,8'*R*)-7-hydroxy-7-(4-hydroxy-3-methoxyphenyl)-7'-(3',4'-methylenedioxyphenyl)-8,8'-lignan
(5*S*)-5- 羟基 -7-(4''- 羟基苯基)-1- 苯基 -3- 庚酮 (5*S*)-5-hydroxy-7-(4''-hydroxyphenyl)-1-phenyl-3-heptanone
(*R*)-4-(5- 羟基 -7-(4- 羟基苯基) 庚基)-2- 甲氧基苯酚 (*R*)-4-(5-hydroxy-7-(4-hydroxyphenyl)heptyl)-2-methoxyphenol
4-*O*-[6- 羟基 -7(9)- 去氢 -6,7- 二氢香叶基]- 芥子醇 4-*O*-[6-hydroxy-7(9)-dehydro-6,7-dihydrogeranyl]-sinapyl alcohol
4-*O*-[6- 羟基 -7(9)- 去氢 -6,7- 二氢香叶基]- 松柏醇 4-*O*-[6-hydroxy-7(9)-dehydro-6,7-dihydrogeranyl]-coniferyl alcohol
6- 羟基 -7-(羟基甲基)-4- 亚甲基六氢环戊 [c] 吡喃 -1(3*H*)- 酮 6-hydroxy-7-(hydroxymethyl)-4-methylenehexahydrocyclopenta[c]pyran-1(3*H*)-one
7- 羟基 -7,12- 环二氧杜松 -3,6(11)- 烯 -2- 酮 7-hydroxy-7,12-epidioxycadinan-3,6(11)-dien-2-one
(4*β*,6*β*,7*β*,16*α*)-6- 羟基 -7,16,17- 三 [(2*S*)-3,3,3- 三氟 -2- 甲氧基 -1- 氧代 -2- 苯丙氧基 - 贝壳杉 -18- 酸 -*γ*- 内酯 (4*β*,6*β*,7*β*,16*α*)-6-hydroxy-7,16,17-tri[(2*S*)-3,3,3-trifluoro-2-methoxy-1-oxo-2-phenylpropoxy]-kauran-18-oic acid-*γ*-lactone
5*α*- 羟基 -7,17- 脱氢异羽扇豆碱 5*α*-hydroxyl-7,17-dehydroisolupanine
5- 羟基 -7,2',3'- 三甲氧基黄酮 5-hydroxy-7,2',3'-trimethoxyflavone
5- 羟基 -7,2',4',5'- 四甲氧基黄酮 5-hydroxy-7,2',4',5'-tetramethoxyflavone
5- 羟基 -7,2',4'- 三甲氧基黄酮 5-hydroxy-7,2',4'-trimethoxyflavone
(24*Z*)-27- 羟基 -7,24- 绿玉树二烯 -3- 酮 (24*Z*)-27-hydroxy-7,24-tirucalladien-3-one
5- 羟基 -7,2'- 二甲氧基黄酮 5-hydroxy-7,2'-dimethoxyflavone
5- 羟基 -7,3',4',5'- 四甲氧基黄酮 5-hydroxy-7,3',4',5'-tetramethoxyflavone
5- 羟基 -7,3',4',5'- 四甲氧基黄酮 -5-*O*-*β*-D- 吡喃木糖基 -(1 → 2)-*α*-L- 吡喃鼠李糖苷 5-hydroxy-7,3',4',5'-tetramethoxyflavone-5-*O*-*β*-D-xylopyranosyl-(1 → 2)-*α*-L-rhamnopyranoside
5- 羟基 -7,3',4'- 三甲氧基黄酮 5-hydroxy-7,3',4'-trimethoxyflavone
5- 羟基 -7,3',4'- 三甲氧基黄酮 -5-*O*-*α*-L- 吡喃鼠李糖基 -(1 → 2)-*O*-*α*-L- 吡喃阿拉伯糖苷 5-hydroxy-7,3',4'-trimethoxy-5-*O*-*α*-L-rhamnopyranosyl-(1 → 2)-*O*-*α*-L-arabinopyranoside
5- 羟基 -7,3',4'- 三甲氧基黄酮醇 5-hydroxy-7,3',4'-trimethoxyflavonol
(2*S*)-5- 羟基 -7,3',4'- 三甲氧基黄烷 (2*S*)-5-hydroxy-7,3',4'-trimethoxyflavan
5- 羟基 -7,3',4'- 三甲氧基黄烷酮 5-hydroxy-7,3',4'-trimenthoxyflavanone
5- 羟基 -7,3',4'- 三甲氧基异黄酮 5-hydroxy-7,3',4'-trimethoxyisoflavone
(3*R*)-2'- 羟基 -7,3',4'- 三甲氧基异黄烷 (3*R*)-2'-hydroxy-7,3',4'-trimethoxyisoflavan
5- 羟基 -7,4',5'- 三甲氧基异黄酮 -3'-*O*-*β*-D- 吡喃葡萄糖苷 5-hydroxy-7,4',5'-trimethoxyisoflavone-3'-*O*-*β*-D-glucopyranoside
5- 羟基 -7,4'- 二甲氧基 -6- 甲基黄酮 5-hydroxyl-5,4'-dimethoxy-6-methylflavone
(*S*)-5- 羟基 -7,4'- 二甲氧基黄酮 (*S*)-5-hydroxy-7,4'-dimethoxyflavanone
5- 羟基 -7,4'- 二甲氧基黄酮 5-hydroxy-7,4'-dimethoxyflavone
6- 羟基 -7,4'- 二甲氧基黄酮 6-hydroxy-7,4'-dimethoxyflavone
5- 羟基 -7,4'- 二甲氧基黄酮 -3-*O*-*β*-D- 吡喃葡萄糖苷 5-hydroxy-7,4'-dimethoxyflavone-3-*O*-*β*-D-glucopyranoside
3'- 羟基 -7,4'- 二甲氧基黄酮 -5-*O*-*α*-L- 呋喃阿拉伯糖基 -(1 → 6)-*β*-D- 吡喃葡萄糖苷 3'-hydroxy-7,4'-dimethoxyflavone-5-*O*-*α*-L-arabinofuranosyl-(1 → 6)-*β*-D-glucopyranoside
5- 羟基 -7,4'- 二甲氧基黄酮醇 5-hydroxy-7,4'-dimethoxyflavonol
5- 羟基 -7,4'- 二甲氧基黄烷酮 5-hydroxy-7,4'-dimethoxyflavanone
3'- 羟基 -7,4'- 二甲氧基异黄酮 3'-hydroxy-7,4'-dimethoxyisoflavone
5- 羟基 -7,4'- 二甲氧基异黄酮 5-hydroxy-7,4'-dimethoxyisoflavone
5- 羟基 -7,4'- 甲氧基异黄酮 5-hydroxy-7,4'-methoxyisoflavone
5- 羟基 -7,5'- 二甲氧基 -6,8- 二甲基 -3',4'- 亚甲二氧基黄酮 5-hydroxy-7,5'-dimethoxy-6,8-dimethyl-3',4'-methylenedioxyflavone
6- 羟基 -7,7a- 二氢 -2-(6*H*)- 苯并呋喃酮 6-hydroxy-7,7a-dihydro-2-(6*H*)-benzofuranone
5- 羟基 -7,7- 二甲基 -4,5,6,7- 四氢 -3*H*- 异苯并呋喃 -5-*O*-*β*-D- 龙胆二糖苷 5-hydroxy-7,7-dimethyl-4,5,6,7-tetrahydro-3*H*-isobenzofuranone-5-*O*-*β*-D-gentibioside
5- 羟基 -7,8,2',3',4'- 五甲氧基黄酮 5-hydroxy-7,8,2',3',4'-pentamethoxyflavone
5- 羟基 -7,8,2',3'- 四甲氧基黄酮 5-hydroxy-7,8,2',3'-tetramethoxyflavone
5- 羟基 -7,8,2',4'- 四甲氧基黄酮 5-hydroxy-7,8,2',4'-tetramethoxyflavone
5- 羟基 -7,8,2',5'- 四甲氧基黄酮 5-hydroxy-7,8,2',5'-tetramethoxyflavone
5- 羟基 -7,8,2',6'- 四甲氧基黄酮 5-hydroxy-7,8,2',6'-tetramethoxyflavone
5- 羟基 -7,8,2',6'- 四甲氧基黄烷酮 5-hydroxy-7,8,2',6'-tetramethoxyflavanone
5- 羟基 -7,8,2'- 三甲氧基黄酮 5-hydroxy-7,8,2'-trimethoxyflavone
5- 羟基 -7,8,3',4'- 四甲氧基黄酮 5-hydroxy-7,8,3',4'-tetramethoxyflavone
5- 羟基 -7,8,4'- 三甲氧基黄酮 5-hydroxy-7,8,4'-trimethoxyflavone
5- 羟基 -7,8,6'- 三甲氧基黄烷酮 -2'-*O*- 葡萄糖醛酸丁酯 5-hydroxy-7,8,6'-trimethoxyflavanone-2'-*O*-glucurotride buester
2-(2- 羟基 -7,8- 二甲氧基 -2*H*-1,4- 苯并噁嗪 -3[4*H*]- 酮)-*β*-D- 葡萄糖苷 2-(2-hydroxy-7,8-dimethoxy-2*H*-1,4-benzoxazin-3[4*H*]-one)-*β*-D-glucopyranoside
1- 羟基 -7,8- 二甲氧基 -2- 甲基蒽二酮 1-hydroxy-7,8-dimethoxy-2-methyl-9,10-anthracenedione
5- 羟基 -7,8- 二甲氧基黄酮 5-hydroxy-7,8-dimethoxyflavone
5- 羟基 -7,8- 二甲氧基黄酮 -5-*O*-*α*-L- 吡喃鼠李糖苷 5-hydroxy-

Q

7,8-dimethoxyflavanone-5-*O*-*α*-L-rhamnopyranoside
5- 羟基 -7,8- 二甲氧基黄烷酮 5-hydroxy-7,8-dimethoxyflavanone
(2*R*)-5- 羟基 -7,8- 二甲氧基黄烷酮 -5-*O*-*β*-D- 吡喃葡萄糖苷 (2*R*)-5-hydroxy-7,8-dimethoxyflavanone-5-*O*-*β*-D-glucopyranoside
3*β*- 羟基 -7,8- 二氢 -*β*- 香堇醇 3*β*-hydroxy-7,8-dihydro-*β*-ionol
3- 羟基 -7,8- 二氢 -*β*- 香堇醇 3-hydroxy-7,8-dihydro-*β*-ionol
4- 羟基 -7,8- 二氢 -*β*- 香堇醇 4-hydroxy-7,8-dihydro-*β*-ionol
(3*S*)-3- 羟基 -7,8- 二氢 -*β*- 香堇酮 (3*S*)-3-hydroxy-7,8-dihydro-*β*-ionone
3*β*- 羟基 -7,8- 二氢 -*β*- 香堇酮 3*β*-hydroxy-7,8-dihydro-*β*-ionone
4- 羟基 -7,8- 二氢 -*β*- 香堇酮 4-hydroxy-7,8-dihydro-*β*-ionone
24-*O*- 羟基 -7,8- 二去氢氢化升麻新醇 -3-*O*-*β*-D- 吡喃半乳糖苷 24-*O*-hydroxy-7,8-didehydrohydroshengmanol-3-*O*-*β*-D-galactopyranoside
(+)-3- 羟基 -7,8- 去氢 -*β*- 香堇酮 (+)-3-hydroxy-7,8-dehydro-*β*-ionone
3- 羟基 -7,8- 去氢 -*β*- 香堇酮 3-hydroxy-7,8-dehydro-*β*-ionone
6'- 羟基 -7-*O*-7'- 双香豆素 6'-hydroxy-7-*O*-7'-dicoumarin
2- 羟基 -7-*O*- 甲基绵枣儿素 2-hydroxy-7-*O*-methylscillascillin
1*α*- 羟基 -7*α*,11*α*,14*β*- 三乙酰氧基 -$\Delta^{8(9),15}$- 海松酸甲酯 1*α*-hydroxy-7*α*,11*α*,14*β*-triacetoxy-$\Delta^{8(9),15}$-pimaric acid methyl ester
(22*R*)-27- 羟基 -7*α*- 甲氧基 -1- 氧代睡茄 -3,5,24- 三烯内酯 -27-*O*-*β*-D- 吡喃葡萄糖苷 (22*R*)-27-hydroxy-7*α*-methoxy-1-oxowitha-3,5,24-trienolide-27-*O*-*β*-D-glucopyranoside
3*β*- 羟基 -7*α*- 甲氧基 -24*β*- 乙基 - 胆甾 -5- 烯 3*β*-hydroxy-7*α*-methoxy-24*β*-ethyl-cholest-5-ene
14*α*- 羟基 -7*α*- 乙氧基 -11,16- 二酮基 - 阿派 -8- 烯 -(20,6)- 内酯 14*α*-hydroxy-7*α*-ethoxy-11,16-diketo-apian-8-en-(20,6)-olide
6*β*- 羟基 -7*α*- 乙氧基 -16- 乙酰氧基罗氏旋覆花酮▲ 6*β*-hydroxy-7*α*-ethoxy-16-acetoxyroyleanone
1*α*- 羟基 -7*β*-(4- 甲基千里光酰氧基)- 日本刺参 -3(14)*Z*,8(10)- 二 -2- 酮 1*α*-hydroxy-7*β*-(4-methylsenecioyloxy)-oplopa-3(14)*Z*,8(10)-dien-2-one
(23*S**)-3*β*- 羟基 -7*β*,23- 二甲氧基葫芦 -5,24- 二烯 -19- 醛 (23*S**)-3*β*-hydroxy-7*β*,23-dimethoxycucurbita-5,24-dien-19-al
3*β*- 羟基 -7*β*,25- 二甲氧基葫芦 -5,23(*E*)- 二烯 3*β*-hydroxy-7*β*,25-dimethoxycucurbita-5,23(*E*)-diene
3*β*- 羟基 -7*β*,25- 二甲氧基葫芦 -5,23*E*- 二烯 3*β*-hydroxy-7*β*,25-dimethoxycucurbita-5,23*E*-diene
3*β*- 羟基 -7*β*,25- 二甲氧基葫芦 -5,23*E*- 二烯 -19- 醛 3*β*-hydroxy-7*β*,25-dimethoxycucurbita-5,23*E*-dien-19-al
(23*E*)-3*β*- 羟基 -7*β*,25- 二甲氧基葫芦 -5,23- 二烯 -19- 醛 (23E)-3*β*-hydroxy-7*β*,25-dimethoxycucurbita-5,23-dien-19-al
5*α*- 羟基 -7*β*,9*α*,10*β*,13*α*- 四乙酰氧基 -4(20),11- 紫杉二烯 5*α*-hydroxy-7*β*,9*α*,10*β*,13*α*-tetraacetoxy-4(20),11-taxadiene
3*β*- 羟基 -7*β*- 甲氧基葫芦 -5,23*E*,25- 三烯 -19- 醛 3*β*-hydroxy-7*β*-methoxycucurbita-5,23*E*,25-trien-19-al
(14*R*)- 羟基 -7*β*- 异戊酰氧基日本刺参 -8(10)- 烯 -2- 酮 (14*R*)-hydroxy-7*β*-isovaleroyloxyoplop-8(10)-en-2-one
1- 羟基 -7- 苯基庚烷 -2- 烯 -4,6- 二炔 1-hydroxy-7-phenylhept-2-en-4,6-diyne
4- 羟基 -7- 表 - 抖背美登木宁碱▲ E-V 4-hydroxy-7-*epi*-chuchuhuanine E-V
19- 羟基 -7- 表浆果紫杉素 III 19-hydroxy-7-epibaccatin III
5- 羟基 -7- 对羟基苯基 -1-(4- 羟基 -3- 甲氧基苯基)-3- 庚酮 5-hydroxy-7-(4-hydroxyphenyl)-1-(4-hydroxy-3-methoxyphenyl)-3-heptanone
5- 羟基 -7- 对羟基苯基 -1- 苯基 (1 反式)-1- 庚烯 5-hydroxy-7-(4-hydroxyphenyl)-1-phenyl(1*E*)-1-heptene
5- 羟基 -7- 对羟基苯基 -3- 酮基 -4*Z*,6*E*- 庚二烯酸甲酯 methyl 5-hydroxy-7-*p*-hydroxyphenyl-3-keto-4*Z*,6*E*-heptadienoate
2- 羟基 -7- 甲基 -3- 甲氧基蒽醌 2-hydroxy-7-methyl-3-methoxyanthraquinone
(1*R*,4*S*,7*S*,8*S*)-8- 羟基 -7- 甲基 -4-(1- 甲基乙烯基)- 双环 [5.3.1]-2- 十一酮 (1*R*,4*S*,7*S*,8*S*)-8-hydroxy-7-methyl-4-(1-methylethenyl)-bicyclo-[5.3.1]undecan-2-one
2- 羟基 -7- 甲基 -9,10- 蒽醌 2-hydroxy-7-methyl-9,10-anthraquinone
2- 羟基 -7 甲基 -9*H*- 咔唑 2-hydroxy-7-methyl-9*H*-carbazole
6- 羟基 -7- 甲基六氢环戊烷 [c] 吡喃 -3- 酮 6-hydroxy-7-methylhexahydrocyclopenta[c]pyran-3-one
4- 羟基 -7- 甲基茚 -1- 酮 4-hydroxy-7-methylindan-1-one
2-(2- 羟基 -7- 甲氧 -1,4- 苯并噁嗪 -3- 酮)-*β*-D- 葡萄糖苷 2-(2-hydroxy-7-methoxy-1,4-benzoxazin-3-one)-*β*-D-glucoside
2- 羟基 -7- 甲氧基 -(2*H*)-1,4- 苯并噁嗪 -3(4*H*)- 酮 2-hydroxy-7-methoxy-(2*H*)-1,4-benzoxazin-3(4*H*)-one
2- 羟基 -7- 甲氧基 -1,4(2*H*)- 苯并噁嗪 -3- 酮 2-hydroxy-7-methoxy-1,4(2*H*)-benzoxazin-3-one
2- 羟基 -7- 甲氧基 -1,4- 苯并噁嗪 -3- 酮 2-hydroxy-7-methoxy-1,4-benzoxazin-3-one
6- 羟基 -7- 甲氧基 -2-(3'- 羟基 -4'- 甲氧基苯乙基) 色酮 6-hydroxy-7-methoxy-2-(3'-hydroxy-4'-methoxyphenethyl)chromone
6- 羟基 -7- 甲氧基 -2-(4'- 羟基苯乙基) 色酮 6-hydroxy-7-methoxy-2-(4'-hydroxyphenethyl)chromone
5- 羟基 -7- 甲氧基 -2,6,8- 三甲基 -4*H*- 色烯 -4- 酮 5-hydroxy-7-methoxy-2,6,8-trimethyl-4*H*-chromen-4-one
5- 羟基 -7- 甲氧基 -2- 甲基 -4- 二氢色原酮 5-hydroxy-7-methoxy-2-methyl-4-chromanone
5- 羟基 -7- 甲氧基 -2- 甲基色酮 5-hydroxy-7-methoxy-2-methylchromone
6- 羟基 -7- 甲氧基 -2- 甲氧基甲基蒽醌 6-hydroxy-7-methoxy-2-methoxymethylanthraquinone
5- 羟基 -7- 甲氧基 -2- 三十三基黄酮 5-hydroxy-7-methoxy-2-tritriacontylflavone
6- 羟基 -7- 甲氧基 -3-(4'- 羟基苄基) 色原烷 6-hydroxy-7-methoxy-3-(4'-hydroxybenzyl)chromane
5- 羟基 -7- 甲氧基 -3',4'- 亚甲二氧基异黄酮 5-hydroxy-7-methoxy-3',4'-methylenedioxyisoflavone
1- 羟基 -7- 甲氧基 -3- 甲基蒽醌 1-hydroxy-7-methoxy-3-methylanthraquinone
(2*S*)-5- 羟基 -7- 甲氧基 -6,8- 二甲基黄烷酮 (2*S*)-5-hydroxy-7-methoxy-6,8-dimethylflavanone
7'- 羟基 -7- 甲氧基 -6,8'- 双香豆素 7'-hydroxy-7-methoxy-6,8'-bicoumarin
5- 羟基 -7- 甲氧基 -6-*C*- 葡萄糖基黄酮 5-hydroxy-7-methoxy-6-*C*-glycosylflavone
5- 羟基 -7- 甲氧基 -6-*O*-[*α*-L- 吡喃鼠李糖 (1→2)-*β*-D- 吡喃岩藻糖] 黄酮苷 5-hydroxy-7-methoxy-6-*O*-[*α*-L-rhanmopyranosyl(1→2)-D-fucopyranosyl] flavone glycoside
5- 羟基 -7- 甲氧基 -8- 甲基 -3',4'- 亚甲二氧基 -5'-(3- 甲基 -2- 丁基) 黄酮 5-hydroxy-7-methoxy-8-methyl-3',4'-methylenedioxy-5'-(3-methyl-2-butyl)flavone
(2*R*)-4'- 羟基 -7- 甲氧基 -8- 甲基黄烷 (2*R*)-4'-hydroxy-7-methoxy-8-methylflavan
5- 羟基 -7- 甲氧基 -8- 甲酰基 -3- 苯甲酰基 -2,6- 二甲基 -2*S*,3*R*- 二氢色酮 5-hydroxy-7-methoxy-8-formyl-3-benzoyl-2,6-dimethyl-2*S*,3*R*-dihydrochromone
5- 羟基 -7- 甲氧基 -9,10- 二氢菲 -1,4- 二酮 5-hydroxy-7-methoxy-9,10-dihydrophenanthrene-1,4-dione
1- 羟基 -7- 甲氧基吖啶酮 1-hydroxy-7-methoxyacridone

4'- 羟基 -7- 甲氧基长叶千斤拔素▲F 4'-hydroxy-7-methoxyflemistrictin F
(*Z*)-6- 羟基 -7- 甲氧基二氢藁本内酯 (*Z*)-6-hydroxy-7-methoxy-dihydroligustilide
5- 羟基 -7- 甲氧基二氢黄酮 5-hydroxy-7-methoxydihydroflavone
5- 羟基 -7- 甲氧基黄酮 5-hydroxy-7-methoxyflavone
5- 羟基 -7- 甲氧基 - 黄酮 -6-*O*-*β*-D- 葡萄糖醛酸苷甲酯 5-hydroxy-7-methoxy-flavone-6-*O*-*β*-D-methylglucuronide
(2*S*)-4'- 羟基 -7- 甲氧基黄烷 (2*S*)-4'-hydroxy-7-methoxyflavan
4'- 羟基 -7- 甲氧基黄烷 4'-hydroxy-7-methoxyflavan
4- 羟基 -7- 甲氧基黄烷 4-hydroxy-7-methoxyflavan
(2*S*)-4'- 羟基 -7- 甲氧基黄烷酮 (2*S*)-4'-hydroxy-7-methoxyflavanone
4'- 羟基 -7- 甲氧基黄烷酮 4'-hydroxy-7-methoxyflavanone
5- 羟基 -7- 甲氧基黄烷酮 5-hydroxy-7-methoxyflavanone
(2*S*)-5- 羟基 -7- 甲氧基 - 黄烷酮 (2*S*)-5-hydroxy-7-methoxyflavanone
5- 羟基 -7- 甲氧基色酮 5-hydroxy-7-methoxychromone
1- 羟基 -7- 甲氧基咄酮 1-hydroxy-7-methoxyxanthone
5- 羟基 -7- 甲氧基香豆素 5-hydroxy-7-methoxycoumarin
6- 羟基 -7- 甲氧基香豆素 6-hydroxy-7-methoxycoumarin
8- 羟基 -7- 甲氧基香豆素 8-hydroxy-7-methoxycoumarin
(*R*)-(+)-6'- 羟基 -7'- 甲氧基香柠檬素 (*R*)-(+)-6'-hydroxy-7'-methoxybergamottin
4'- 羟基 -7- 甲氧基异黄酮 4'-hydroxy-7-methoxyisoflavone
5- 羟基 -7- 甲氧基异黄酮 -4'-*O*-*β*-D- 吡喃葡萄糖苷 5-hydroxy-7-methoxyisoflavone-4'-*O*-*β*-D-glucopyranoside
1- 羟基 -7- 羟基甲基 -1,4a,5,7a- 四氢化环戊二烯骈吡喃 -4- 醛 1-hydroxy-7-hydroxymethyl-1,4a,5,7a-tetrahydrocyclopenta[c]pyran-4-carbaldehyde
2- 羟基 -7- 羟基甲基 -3- 甲氧基蒽醌 2-hydroxy-7-hydroxymethyl-3-methoxyanthraquinone
1- 羟基 -7- 羟基甲基 -6- 甲氧基咄酮 1-hydroxy-7-hydroxymethyl-6-methoxyxanthone
1- 羟基 -7- 羟基甲基蒽醌 1-hydroxy-7-hydroxymethylanthraquinone
11- 羟基 -7- 酮基山达海松 -8(14),15- 二烯 -11,12,16- 三羟基冷杉 -5,8,11,13- 四烯 -7- 酮 11-hydroxy-7-ketosandaracopimar-8(14),15-dien-11,12,16-trihydroxyabieta-5,8,11,13-tetraen-7-one
12- 羟基 -7- 氧代 -5,8,11,13- 四烯 -18,6- 冷杉内酯 12-hydroxy-7-oxo-5,8,11,13-tetranen-18,6-abietanolide
15- 羟基 -7- 氧代 -8,11,13- 冷杉三烯 -18- 酸 15-hydroxy-7-oxo-8,11,13-abietatrien-18-oic acid
13- 羟基 -7- 氧代 -8,11,13- 罗汉松三烯 13-hydroxy-7-oxo-8,11,13-podocarpatriene
15- 羟基 -7- 氧代 - 去氢冷杉酸 15-hydroxy-7-oxo-dehydroabietic acid
6*α*- 羟基 -7- 氧代锈色罗汉松酚▲ 6*α*-hydroxy-7-oxoferruginol
3*α*- 羟基 -7- 氧代羊毛脂 -8,24- 二烯 -26,23*R*- 内酯 3*α*-hydroxy-7-oxolanosta-8,24-dien-26,23*R*-olide
3- 羟基 -7- 氧代 - 羊毛脂 -8,24- 二烯 -26- 酸 3-hydroxy-7-oxo-lanosta-8,24-dien-26-oic acid
7- 羟基 -7- 乙烯基十六碳 -(4Z)- 烯酸 7-hydroxy-7-vinylhexadec-(4*Z*)-enoic acid
6- 羟基 -7- 乙酰氧基柠檬苦素 6-hydroxy-7-acetoxylimonin
12- 羟基 -8(14),15- 海松二烯 -19- 酸 12-hydroxy-8(14),15-pimaradien-19-oic acid
(13*R*)-13- 羟基 -8(17),11*E*,14- 半日花三烯 -18- 酸 (13*R*)-13-hydroxy-8(17),11*E*,14-labdatrien-18-oic acid
14*β*- 羟基 -8(17),12- 半日花二烯 -(15 → 16)- 内酯 -19- 酸 14*β*-hydroxy-8(17),12-labdadien-(15 → 16)-lactone-19-oic acid
15- 羟基 -8(17),13(*E*)- 半日花二烯 15-hydroxyl-8(17),13(*E*)-labdadiene
16- 羟基 -8(17),13- 对映 - 半日花二烯 -15,16- 内酯 -19- 羧酸 16-hydroxy-8(17),13-*ent*-labdadien-15,16-olid-19-oic acid
13*S*- 羟基 -8(17),14- 半日花二烯 -18- 酸 13*S*-hydroxy-8(17),14-labdandien-18-oic acid
1*α*- 羟基 -8(17)-3*β*,7*β*,11*β*,15*β*- 四乙酰氧基 - 对映 - 贝壳杉 -16- 烯 -15- 酮 1*α*-hydroxy-8(17)-3*β*,7*β*,11*β*,15*β*-tetraacetoxy-*ent*-kaur-16-en-15-one
7- 羟基 -8-(2',3'- 二羟基 -3'- 甲基丁基) 香豆素 7-hydroxy-8-(2',3'-dihydroxy-3'-methylbutyl)coumarin
羟基 -8-(2',3'- 二羟基 -3'- 甲基丁基)- 香豆素 hydroxy-8-(2',3'-dihydroxy-3'-methylbutyl)-coumarin
(1*R*,9*S*,10*S*)-10- 羟基 -8(2',4'- 六碳二炔亚甲基)-9- 异戊酰氧基 -2,7- 二氧杂螺 [5,4] 癸烷 (1*R*,9*S*,10*S*)-10-hydroxyl-8(2',4'-diynehexylidene)-9-isovaleryloxy-2,7-dioxa-spiro[5,4]decane
7- 羟基 -8-(2'- 羟基 -3'- 甲基 -3'- 丁烯基) 香豆素 7-hydroxy-8-(2'-hydroxy-3'-methyl-3'-butenyl)coumarin
1- 羟基 -8-(2- 羟基 -3- 甲基丁 -3- 烯基)-3,6,7- 三甲氧基 -2- 异戊烯基 - 咄酮 1-hydroxy-8-(2-hydroxy-3-methylbut-3-enyl)-3,6,7-trimethoxy-2-prenyl-xanthone
2- 羟基 -8-(3,4- 二羟基苯基)- 菲那烯 -1- 酮 2-hydroxy-8-(3,4-dihydroxyphenyl)-phenalen-1-one
5- 羟基 -8-(3'- 甲基 -2'- 丁烯基)- 呋喃香豆素 5-hydroxy-8-(3'-methyl-2'-butenyl)-furocoumarin
(16*E*)-1- 羟基 -8-(3- 羟基 -3- 甲基丁 -1- 烯基)-3,6,7- 三甲氧基 -2- 异戊烯基 - 咄酮 (16*E*)-1-hydroxy-8-(3-hydroxy-3-methylbut-1-enyl)-3,6,7-trimethoxy-2-prenyl-xanthone
2- 羟基 -8-(4- 羟基苯基)- 菲那烯 -1- 酮 2-hydroxy-8-(4-hydroxyphenyl)-phenalen-1-one
9- 羟基 -8,10- 环氧麝香草酚 -3-*O*- 巴豆酸酯 9-hydroxy-8,10-epoxythymol-3-*O*-tiglate
9- 羟基 -8,10- 去氢麝香草酚 9-hydroxy-8,10-dehydrothymol
11- 羟基 -8,11,13- 冷杉三烯 -12-*O*-*β*- 吡喃木糖苷 11-hydroxy-8,11,13-abietatrien-12-*O*-*β*-xylopyranoside
12- 羟基 -8,11,13- 冷杉三烯 -19- 醛 12-hydroxy-8,11,13-abietatrien-19-al
13- 羟基 -8,11,13- 罗汉松三烯 -18- 酸 13-hydroxy-8,11,13-podocarpatrien-18-oic acid
13- 羟基 -8,11,13- 罗汉松三烯 -19- 酸 13-hydroxy-8,11,13-podocarptrien-19-oic acid
(8*E*,12*Z*15*Z*)-10- 羟基 -8,12,15- 十八三烯 -4,6- 二炔酸 (8*E*,12*Z*15*Z*)-10-hydroxy-8,12,15-octadecatrien-4-6,-diynoic acid
1*α*- 羟基 -8,12- 环氧桉叶 -4,7,11- 三烯 -3,6- 二酮 1*α*-hydroxy-8,12-epoxyeudesma-4,7,11-triene-3,6-dione
1*α*- 羟基 -8,12- 环氧桉叶 -4,7,11- 三烯 -6,9- 二酮 1*α*-hydroxy-8,12-epoxyeudesma-4,7,11-triene-6,9-dione
4*β*- 羟基 -8,12- 环氧桉叶 -7,11- 二烯 -1,6- 二酮 4*β*-hydroxy-8,12-epoxyeudesma-7,11-diene-1,6-dione
2- 羟基 -8,13*E*- 半日花二烯 -15- 酸 2-hydroxy-8,13*E*-labdadien-15-oic acid
6*β*- 羟基 -8,13- 环氧半日花 -14- 烯 -11- 酮 6*β*-hydroxy-8,13-epoxylabd-14-en-11-one
7*β*- 羟基 -8,13- 冷杉二烯 -11,12- 二酮 7*β*-hydroxy-8,13-abietadiene-11,12-dione
3*β*- 羟基 -8,14- 环氧 -5*β*- 强心甾 -16,20(22)- 二烯内酯 3*β*-hydroxy-8,14-epoxy-5*β*-carda-16,20(22)-dienolide
11*β*- 羟基 -8,14- 环氧 - 对映 - 冷杉 -13(15)- 烯 -16,12- 内酯 11*β*-hydroxy-8,14-epoxy-*ent*-abieta-13(15)-en-16,12-olide
(8*E*,10*R*,14*Z*)-10- 羟基 -8,14- 十八碳二烯 -12- 炔酸 (8*E*,10*R*,14*Z*)-

Q

10-hydroxy-8,14-octadecadien-12-ynoic acid

5- 羟基 -8,2'- 二甲氧基黄酮 -7-*O*-*β*-D- 吡喃葡萄糖苷 5-hydroxy-8,2'-dimethoxyflavone-7-*O*-*β*-D-glucopyranoside

8*α*- 羟基 -8,30- 二氢安哥拉内雄楝酸▲甲酯 methyl-8*α*-hydroxy-8,30-dihydroangolensate

4'- 羟基 -8,3'- 二甲氧基 -6- 丙烯醛基黄烷 -3,4- 二醇 4'-hydroxy-8,3'-dimethoxy-6-acroleinylflavan-3,4-diol

3- 羟基 -8,9- 二甲氧基紫檀烷 3-hydroxy-8,9-dimethoxypterocarpan

5*α*- 羟基 -8,9- 二氢葛缕子酮 5*α*-hydroxy-8,9-dihydrocarvone

10- 羟基 -8,9- 二氢麝香草酚 10-hydroxy-8,9-dihydrothymol

10- 羟基 -8,9- 二氧异亚丙基麝香草酚 10-hydroxy-8,9-dioxyisopropylidenethymol

8- 羟基 -8,9- 裂环乳菇 -1,6- 二烯 -5,13- 内酯 8-hydroxy-8,9-secolactara-1,6-dien-5,13-olide

13- 羟基 -8,9- 去氢银线草内酯 13-hydroxy-8,9-dehydroshizukanolide

3- 羟基 -8,9- 亚甲二氧基紫檀 -6a- 烯 3-hydroxy-8,9-methylenedioxypterocarp-6a-ene

(+)-3- 羟基 -8,9- 亚甲二氧基紫檀烷 (+)-3-hydroxy-8,9-methylenedioxypterocarpan

3- 羟基 -8,9- 亚甲基紫檀素 3-hydroxy-8,9-methylenepterocarpin

3- 羟基 -8-*C*- 异戊烯基柚皮素 3-hydroxy-8-*C*-prenylnaringenin

5- 羟基 -8-*O*-*β*-D- 吡喃葡萄糖基苯并吡喃酮 5-hydroxy-8-*O*-*β*-D-glucopyranosyl-benzopyranone

6*α*- 羟基 -8*αH*- 裂环桉叶烷内酯 6*α*-hydroxy-8*αH*-secoeudesmanolide

6*β*- 羟基 -8*α*- 甲氧基 - 荒漠木 -7(11)- 烯 -12,8*α*- 内酯 6*β*-hydroxy-8*α*-methoxy-eremophil-7(11)-en-12,8*α*-olide

6*β*- 羟基 -8*α*- 甲氧基荒漠木 -7(11)- 烯 -12,8*β*- 内酯 6*β*-hydroxy-8*α*-methoxy-eremophil-7(11)-en-12,8*β*-olide

6*β*- 羟基 -8*α*- 甲氧基 - 荒漠木 -7(11)- 烯 -12,8*β*- 内酯 6*β*-hydroxy-8*α*-methoxyeremophil-7(11)-en-12,8*β*-olide

10*β*- 羟基 -8*β*,9*β*- 环氧荒漠木 -7(1l)- 烯 -6*α*,l5;8*α*,12- 二内酯 10*β*-hydroxy-8*β*,9*β*-epoxyeremophil-7(1l)-en-6*α*,l5;8*α*,12-diolide

1- 羟基 -8-*β*-D- 吡喃葡萄糖氧基 -3,5- 二甲氧基咄酮 1-hydroxy-8-*β*-D-glucopyranosyloxy-3,5-dimethoxyxanthone

9*β*- 羟基 -8*β*- 甲基丙烯酰氧基木香内酯 9*β*-hydroxy-8*β*-methacryloyloxycostunolide

1*β*- 羟基 -8*β*- 乙酰氧基木香酸▲甲酯 1*β*-hydroxy-8*β*-acetoxycostic acid methyl ester

1*β*- 羟基 -8*β*- 乙酰氧基异木香酸▲甲酯 1*β*-hydroxy-8*β*-acetoxyisocostic acid methyl ester

15- 羟基 -8*β*- 异丁酰氧 -14- 氧代黑足菊内酯▲ 15-hydroxy-8*β*-isobutyryloxy-14-oxo-melampolide

14- 羟基 -8*β*- 异丁酰氧 -1*β*,10*α*- 环氧木香内酯 14-hydroxy-8*β*-isobutyryloxy-1*β*,10*α*-epoxycostunolide

9*β*- 羟基 -8*β*- 异丁酰氧基 -1*β*,10*α*- 环氧木香内酯 9*β*-hydroxy-8*β*-isobutyryloxy-1*β*,10*α*-epoxycostunolide

14- 羟基 -8*β*- 异丁酰氧基木香内酯 14-hydroxy-8*β*-isobutyryloxycostunolide

9*β*- 羟基 -8*β*- 异丁酰氧基木香内酯 9*β*-hydroxy-8*β*-isobutyryloxycostunolide

5- 羟基 -8-*γ*,*γ*- 异戊烯基 -6",6"- 二甲基 - 吡喃 (6,7:3",2") 色酮 5-hydroxy-8-*γ*,*γ*-isopentenyl-6",6"-dimenthyl-pyran(6,7:3",2") chromone

7*β*- 羟基 -8- 表 - 臭蚁二醛葡萄糖苷 7*β*-hydroxy-8-*epi*-iridodial glucoside

5- 羟基 -8- 表马钱苷 5-hydroxy-8-epiloganin

5- 羟基 -8- 甲氧基 -2- 甲基 -4*H*-1- 苯并吡喃 -4- 酮 5-hydroxy-8-methoxy-2-methyl-4*H*-1-benzopyran-4-one

1- 羟基 -8- 甲氧基 -3- 甲基 -6-*O*-*β*-D- 吡喃葡萄糖基 - 蒽醌 1-hydroxy-8-methoxy-3-methyl-6-*O*-*β*-D-glucopyranosyl-anthraquinone

5- 羟基 -8- 甲氧基补骨脂素 5-hydroxy-8-methoxypsoralen

7- 羟基 -8- 甲氧基马兜铃酸钠 sodium 7-hydroxyl-8-methoxyaristolate

1- 羟基 -8- 甲氧基咄酮 1-hydroxy-8-methoxyxanthone

6- 羟基 -8- 甲氧基香豆素 6-hydroxy-8-methoxycoumarin

7- 羟基 -8- 甲氧基香豆素 7-hydroxy-8-methoxycoumarin

5- 羟基 -8- 甲氧基 - 香豆素 5-hydroxy-8-methoxy-coumarin

7- 羟基 -8- 甲氧基 - 香豆素 7-hydroxy-8-methoxy-coumarin

6- 羟基 -8- 去甲氧基马兜铃内酰胺 -*N*-*β*-D- 吡喃葡萄糖苷 6-hydroxy-8-desmethoxy-aristolactam-*N*-*β*-D-glucopyranoside

10*α*- 羟基 -8- 去氧 -10,14- 二氢去酰湾卷毛连菜内酯 10*α*-hydroxy-8-deoxy-10,14-dihydrodeacylcinaropicrin

(8*E*)-10- 羟基 -8- 十烯酸 (8*E*)-10-hydroxy-8-decenoic acid

9*β*- 羟基 -8- 氧代 -12- 降荒漠木 -6- 烯 -11- 酮 9*β*-hydroxy-8-oxo-12-noreremophil-6-en-11-one

3*β*- 羟基 -8- 氧代荒漠木 -6- 烯 -12- 羧酸甲酯 3*β*-hydroxy-8-oxoeremophil-6-en-12-oic acid methyl ester

7*α*- 羟基 -9(10)- 烯 -1,8- 二氧代 -6,7- 二氢呋喃荒漠木 7*α*-hydroxy-9(10)-en-1,8-dioxo-6,7-dihydrofuranoeremophilane

3*β*- 羟基 -9(11),12- 齐墩果二烯 -28- 酸 3*β*-hydroxy-9(11),12-oleanadien-28-oic acid

8*β*- 羟基 -9(11),13- 冷杉二烯 -12- 酮 8*β*-hydroxy-9(11),13-abietadien-12-one

(3*R*,23*R*)-3- 羟基 -9(11),24- 羊毛脂二烯 -26,23- 内酯 (3*R*,23*R*)-3-hydroxy-9(11),24-lanostadien-26,23-olide

3*β*- 羟基 -9(11)- 羊齿烯 -23- 酸 3*β*-hydroxy-9(11)-fernen-23-oic acid

[3- 羟基 -9-(4'- 羟基 -3'- 甲氧基苯基)-11- 甲氧基 -5,6,9,10- 四氢菲 [2,3-b] 呋喃 -10- 基] 甲基乙酸酯 [3-hydroxy-9-(4'-hydroxy-3'-methoxyphenyl)-11-methoxy-5,6,9,10-tetrahydrophenanthro[2,3-b]furan-10-yl]methyl acetate

2- 羟基 -9-(4'- 羟基苯基)- 非那烯 -1- 酮 2-hydroxy-9-(4'-hydroxyphenyl)-phenalen-1-one

13*S*- 羟基 -9(*Z*),11(*E*)- 十八碳二烯酸 13*S*-hydroxy-9(*Z*),11(*E*)-octadecadienoic acid

2- 羟基 -9,10- 蒽醌 2-hydroxy-9,10-anthraquinone

(6a*R*,11a*R*)-3- 羟基 -9,10- 二甲氧基紫檀烷 (6a*R*,11a*R*)-3-hydroxy-9,10-dimethoxypterocarpan

10- 羟基 -9,10- 二氧异亚丙基麝香草酚 10-hydroxy-9,10-dioxyisopropylidenethymol

8- 羟基 -9,10- 二氧异亚丙基 - 麝香草酚 8-hydroxy-9,10-dioxyisopropylidene-thymol

8- 羟基 -9,10- 二异丁酰氧基麝香草酚 8-hydroxy-9,10-diisobutyryloxy-thymol

12- 羟基 -9,13,15- 十八碳三烯酸 12-hydroxy-9,13,15-octadecatrienoic acid

4- 羟基 -9*H*- 吡啶 [3,4-b] 吲哚 -1- 羧酸甲酯 4-hydroxy-9*H*-pyrido[3,4-b]indole-1-carboxylic acid methyl ester

3- 羟基 -9*H*- 咔唑 -3- 甲醛 3-hydroxy-9*H*-carbazole-3-carboxaldehyde

8- 羟基 -9-*O*- 当归酰基 -10-*O*- 乙酰基麝香草酚 8-hydroxy-9-*O*-angeloyl-10-*O*-acetylthymol

13- 羟基 -9*Z*,11*E*,15*E*- 十八碳三烯酸 13-hydroxy-9*Z*,11*E*,15*E*-octadecatrienoic acid

3-*O*-(13- 羟基 -9*Z*,11*E*,15*E*- 十八碳三烯酰)- 环桉烯醇 3-*O*-(13-hydroxy-9*Z*,11*E*,15*E*-octadecatrienoyl)cycloeucalenol

13*S*- 羟基 -9*Z*,11*E*- 十八碳二烯酸 13*S*-hydroxy-9*Z*,11*E*-

octadecadienoic acid
15- 羟基 -9α- 乙酰氧基 -8β- 异丁酰氧 -14- 氧代黒足菊内酯▲ 15-hydroxy-9α-acetoxy-8β- isobutyryloxy-14-oxomelampolide
8β- 羟基 -9β-(2- 甲基丁酰氧基)-14- 氧代刺苞菊内酯 8β-hydroxy-9β-(2-methylbutyryloxy)-14-oxo-acanthospermolide
7- 羟基 -9'-β- 吡喃葡萄糖氧基 - 裂环异落叶松树脂醇 7-hydroxy-9'-β-glucopyranosyloxyl-secoisolariciresinol
3α- 羟基 -9β- 羊毛脂 -7,24- 二烯 -26,23R- 内酯 3α-hydroxy-9β-lanosta-7,24-dien-26,23R-olide
(23R)-3α- 羟基 -9β- 羊毛脂 -7,24- 二烯 -26,23- 内酯 (23R)-3α-hydroxy-9β-lanosta-7,24-dien-26,23-olide
2- 羟基 -9- 苯基非那烯 -1- 酮 2-hydroxy-9-phenylphenalen-1-one
(4S,5S,6R,8R,9S,10S)-8- 羟基 -9- 当归酰氧基荒漠木 -7(11)-烯 -6,15;8,12- 二内酯 (4S,5S,6R,8R,9S,10S)-8-hydroxy-9-(angeloyloxy)eremophil-7(11)-en-6,15;8,12-diolide
1- 羟基 -9- 甲氧基 -4,4,8,10,10- 五甲基 -2,3- 二氧杂双环并 [4.4.0] 十碳 -5,8- 二烯 -7- 酮 1-hydroxy-9-methoxy-4,4,8,10,10-pentamethyl-2,3-dioxabicyclo[4.4.0]dec-5,8-diene-7-one
3- 羟基 -9- 甲氧基香豆雌烷 3-hydroxy-9-methoxycoumestan
3- 羟基 -9- 甲氧基紫檀 -6a- 烯 3-hydroxy-9-methoxypterocarp-6a-ene
3- 羟基 -9- 甲氧基紫檀素 3-hydroxy-9-methoxypterocarpin
3- 羟基 -9- 甲氧基紫檀烷 3-hydroxy-9-methoxypterocarpan
1α- 羟基 -9- 去氧蟹甲草酚 1α-hydroxy-9-deoxycacalol
8- 羟基 -9- 异丁酰基 -10-(2- 甲基丁酰基) 麝香草酚 8-hydroxy-9-(isobutyryloxy)-10-(2-methylbutanoyl)thymol
11β- 羟基 -D:A- 飞齐墩果 -1- 烯 -3- 酮 11β-hydroxy-D:A-friedoolean-1-en-3-one
3β- 羟基 -D:A- 飞齐墩果 -27,16α- 内酯 3β-hydroxy-D:A-friedo-oleanan-27,16α-lactone
11β- 羟基 -D:A- 飞齐墩果 -27- 酸 11β-hydroxy-D:A-friedooleanan-27-oic acid
3α- 羟基 -D:A- 飞齐墩果 -2- 酮 3α-hydroxy-D:A-friedooleanan-2-one
12β- 羟基 -D:A- 飞齐墩果 -3- 酮 12β-hydroxy-D:A-friedooleanan-3-one
2β- 羟基 -D:A- 飞齐墩果 -3- 酮 2β-hydroxy-D:A-friedooleanan-3-one
3- 羟基 -D:A- 飞齐墩果 -3- 烯 -2- 酮 3-hydroxy-D:A-friedoolean-3-en-2-one
3- 羟基 -D:A- 飞齐墩果 -3- 烯 -2- 酮 -29- 酸 3-hydroxy-D:A-friedoolean-3-en-2-on-29-oic acid
3β- 羟基 -D:C- 飞齐墩果 -8- 烯 -29- 酸 3β-hydroxy-D:C-friedoolean-8-en-29-oic acid
3β- 羟基 -D- 飞齐墩果 -14- 烯 -28- 醛 3β-hydroxy-D-friedoolean-14-en-28-al
3α- 羟基 -D- 飞齐墩果 -5- 烯 3α-hydroxy-D-friedoolean-5-ene
4''- 羟基 -E- 球花宁▲ 4''-hdroxy-E-globularinin
6- 羟基 -1,2,3,7- 四甲氧基叫酮 6-hydroxy-1,2,3,7-tetramethoxyxanthone
3β- 羟基 -12,14- 二甲氧基冷杉 -8,11,13- 三烯 3β-hydroxy-12,14-dimethoxyabieta-8,11,13-triene
(5R,20R)-23- 羟基 1-8(14 → 13R)- 移 -17,13- 飞 -3- 氧代羊毛脂 -8,14(30),24- 三烯 -26,23- 内酯 (5R,20R)-23-hydroxyl-8(14 → 13R)-abeo-17,13-friedo-3-oxolanosta-8,14(30),24-triene-26,23-olide
2- 羟基 -1- 亚油酸丙酯 2-hydroxy-l-linoleic acid-propaneyl ester
4- 羟基 -N-(4- 羟基苯乙基) 苯甲酰胺 4-hydroxy-N-(4-hydroxyphenethyl)benzamide
5- 羟基 -N,N- 二甲基色胺 5-hydroxy-N,N-dimethyltryptamine
3- 羟基 -N-[[(1R,2R)-3- 氧代 -2-(2Z)-2- 戊烯基环戊基] 乙酰基]-L- 酪氨酸 3-hydroxy-N-[[(1R,2R)-3-oxo-2-(2Z)-2-pentenylcyclopentyl]acetyl]-L-tyrosine
3- 羟基 -N-[2-(4- 羟基苯基) 乙基]-α-[4-(2-N-[2-(4- 羟基苯基) 乙基] 氨基甲酰乙烯基)-3- 甲氧基苯氧基]-4- 甲氧基桂皮酰胺 -4,8''-醚 3-hydroxy-N-[2-(4-hydroxyphenyl)ethyl]-α-[4-(2-N-[2-(4-hydroxyphenyl)ethyl]carbamoyl ethenyl)-3-methoxyphenoxy]-4-methoxycinnamamide-4,8''-ether
16- 羟基 -N^4- 去甲基大叶糖胶树碱▲氧化吲哚 16-hydroxy-N^4-demethylalstophylline oxindole
16- 羟基 -N^4- 去甲基大叶糖胶树醛▲氧化吲哚 16-hydroxy-N^4-demethylalstophyllal oxindole
(+)-16α- 羟基 -N_a- 苯甲酰黄杨定碱▲ (+)-16α-hydroxy-N_a-benzoylbuxadine
15- 羟基 -N_b- 甲基钩吻二内酰胺▲ 15-hydroxy-N_b-methylgelsedilam
β- 羟基 -N- 甲基 -DL- 降缬氨酸 A β-hydroxy-N-methyl-DL-norvaline A
1- 羟基 -N- 甲基吖啶酮 1-hydroxy-N-methylacridone
5- 羟基 -N- 甲基东风橘碱▲ 5-hydroxy-N-methylseverifoline
3- 羟基 -N- 甲基脯氨酸 3-hydroxy-N-methylproline
4- 羟基 -N- 甲基脯氨酸 4-hydroxy-N-methylproline
(2R)-2- 羟基 -N- 羟基苄基假木贼碱 (2R)-2-hydroxy-N-hydroxybenzylanabasine
(2S)-2- 羟基 -N- 羟基苄基假木贼碱 (2S)-2-hydroxy-N-hydroxybenzylanabasine
(2E,4E,14Z)-6- 羟基 -N- 异丁基二十碳 -2,4,14- 三烯胺 (2E,4E,14Z)-6-hydroxyl-N-isobutyleicosa-2,4,14-trienamide
7β- 羟基 -O- 甲基珊瑚樱碱▲ 7β-hydroxy-O-methylsolanocapsine
(4R)-4- 羟基 -α,2,6,6- 四甲基 -1- 环己烯 -1- 丙醇 (4R)-4-hydroxy-α,2,6,6-tetramethyl-1-cyclohexene-1-propanol
(-)-8- 羟基 -α- 邓恩扭果花酮▲ (-)-8-hydroxy-α-dunnione
(R)-7- 羟基 -α- 邓恩扭果花酮▲ (R)-7-hydroxy-α-dunnione
(R)-8- 羟基 -α- 邓恩扭果花酮▲ (R)-8-hydroxy-α-dunnione
6- 羟基 -α- 邓恩扭果花酮▲ 6-hydroxy-α-dunnione
7- 羟基 -α- 邓恩扭果花酮▲ 7-hydroxy-α-dunnione
12a- 羟基 -α- 毒灰毛豆酚 12a-hydroxy-α-toxicarol
15- 羟基 -α- 杜松醇 15-hydroxy-α-cadinol
2β- 羟基 -α- 杜松醇 2β-hydroxy-α-cadinol
3β- 羟基 -α- 杜松醇 3β-hydroxy-α-cadinol
4- 羟基 -α- 风铃木醌▲ 4-hydroxy-α-lapachone
9- 羟基 -α- 风铃木醌▲ 9-hydroxy-α-lapachone
1- 羟基 -α- 姜黄烯 1-hydroxy-α-curcumene
(6R)- 羟基 -α- 葎草烯 (6R)-hydroxy-α-humulene
14- 羟基 -α- 葎草烯 14-hydroxy-α-humulene
14- 羟基 -α- 葎草烯 - 反式 - 对香豆酸酯 14-hydroxy-α-humulene-*trans-p*-cumaric acid ester
14- 羟基 -α- 葎草烯 - 顺式 - 对香豆酸酯 14-hydroxy-α-humulene-*cis-p*-cumaric acid ester
8α- 羟基 -α- 麦角隐亭碱 8α-hydroxy-α-ergokryptine
羟基 -α- 山椒素 hydroxy-α-sanshool
(4S)-4- 羟基 -α- 四氢萘酮 (4S)-4-hydroxy-α-tetralone
4- 羟基 -α- 四氢萘酮 4-hydroxy-α-tetralone
(4S)-4- 羟基 -α- 四氢萘酮 -4-O-β-D- 吡喃葡萄糖苷 (4S)-4-hydroxy-α-tetralone-4-O-β-D-glucopyranoside
(9E)-11- 羟基 -α- 檀香醇 (9E)-11-hydroxy-α-santalol
(9R,10E)-9- 羟基 -α- 檀香醛 (9R,10E)-9-hydroxy-α-santalal
(10E)-12- 羟基 -α- 檀香酸 (10E)-12-hydroxy-α-santalic acid
3β- 羟基 -α- 香堇醇 -9-O-β-D- 呋喃芹糖基 -(1 → 6)-β-D- 吡喃葡萄糖苷 3β-hydroxy-α-ionol-9-O-β-D-apiofuranosyl-(1 → 6)-β-D-glucopyranoside

4- 羟基 -α- 香堇酮 4-hydroxy-α-ionone
11α- 羟基 -α- 香树脂醇 11α-hydroxy-α-amyrin
27- 羟基 -α- 香树脂醇 27-hydroxy-α-amyrin
28- 羟基 -α- 香树脂醇 28-hydroxy-α-amyrin
11β- 羟基 -α- 香树脂醇乙酸酯 11β-hydroxy-α-amyrin acetate
8- 羟基 -α- 愈创木烯 8-hydroxy-α-guaiene
(3R,5R)-5- 羟基 -(O-β-D- 吡喃葡萄糖基)- 己酸甲酯 methyl (3R,5R)-5-hydroxy-(O-β-D-glucopyranosyl)-hexanoate
4- 羟基 -β- 苯乙基 -β-D- 吡喃葡萄糖苷 4-hydroxy-β-phenylethyl-β-D-glucopyranoside
4- 羟基 -β- 布藜烯 4-hydroxy-β-bulnesene
1α- 羟基 -β- 沉香呋喃 1α-hydroxy-β-dihydroagarofuran
(6R)- 羟基 -β- 丁香烯 (6R)-hydroxy-β-caryophyllenlle
14- 羟基 -β- 丁香烯 14-hydroxy-β-carryophyllene
(6R)- 羟基 -β- 丁香烯 - 反式 - 对香豆酸酯 (6R)-hydroxy-β-caryophyllenlle-trans-p-cumaric acid ester
14- 羟基 -β- 丁香烯 - 反式 - 对香豆酸酯 14-hydroxy-β-caryophyllene-trans-p-cumaric acid ester
(6R)- 羟基 -β- 丁香烯 - 顺式 - 对香豆酸酯 (6R)-hydroxy-β-caryophyllenlle-cis-p-cumaric acid ester
14- 羟基 -β- 丁香烯 - 顺式 - 对香豆酸酯 14-hydroxy-β-caryophyllene-cis-p-cumaric acid ester
7α- 羟基 - β- 谷甾醇 7α-hydroxy- β-sitosterol
7α- 羟基 -β- 谷甾醇 7α-hydroxy-β-sitosterol
7β- 羟基 -β- 谷甾醇 7β-hydroxy-β-sitosterol
6α- 羟基 -β- 谷甾烯酮 6α-hydroxy-β-sitostenone
6β- 羟基 -β- 谷甾烯酮 6β-hydroxyβsitostenone
α- 羟基 -β- 甲基缬草酸 α-hydroxy-β-methylvaleric acid
β- 羟基 -β- 甲基缬草酸 β-hydroxy-β-methylvaleric acid
3- 羟基 -β- 咔啉 3-hydroxy-β-carboline
7- 羟基 -β- 咔啉 -l- 丙酸 7-hydroxy-β-carboline-l-propionic acid
5α- 羟基 -β- 木香酸 5α-hydroxyl-β-costic acid
羟基 -β- 山椒素 hydroxy-β-sanshool
(9E)-11- 羟基 -β- 檀香醇 (9E)-11-hydroxy-β-santalol
3- 羟基 -β- 突厥蔷薇酮▲ 3-hydroxy-β-damascone
3- 羟基 -β- 突厥蔷薇烯酮▲ 3-hydroxy-β-damascenone
3- 羟基 -β- 香堇醇 -β-D- 吡喃葡萄糖苷 3-hydroxy-β-inoyl-β-D-glucopyranoside
(+)-3- 羟基 -β- 香堇酮 (+)-3-hydroxy-β-ionone
3- 羟基 -β- 香堇酮 3-hydroxy-β-ionone
4- 羟基 -β- 香堇酮 4-hydroxy-β-ionone
(4S)-4- 羟基 -β- 香堇酮 -4-O-α-L- 呋喃阿拉伯糖基 -(1 → 6)-β-D- 吡喃葡萄糖苷 (4S)-4-hydroxy-β-ionone-4-O-α-L-arabinofuranosyl-(1 → 6)-β-D-glucopyranoside
(3R)-3- 羟基 -β- 香堇酮 -β-D- 吡喃葡萄糖苷 (3R)-3-hydroxy-β-ionone-β-D-glucopyranoside
(3R)-3- 羟基 -β- 香堇酮 -β-D- 龙胆二糖苷 (3R)-3-hydroxy-β-ionone-β-D-gentiobioside
羟基 -β- 香堇酮葡萄糖苷 hydroxy-β-ionone glucoside
11α- 羟基 -β- 香树脂醇 11α-hydroxy-β-amyrin
24- 羟基 -β- 香树脂醇 24-hydroxy-β-amyrin
28- 羟基 -β- 香树脂醇 28-hydroxy-β-amyrin
28- 羟基 -β- 香树脂酮 28-hydroxy-β-amyrone
28- 羟基 -β- 香树脂酮 -2- 古柯二醇 28-hydroxy-β-amyrone-2-erythrodiol
28- 羟基 -β- 香树脂酮 -3- 古柯二醇 28-hydroxy-β-amyrone-3-erythrodiol
4- 羟基 -γ,3,5- 三甲氧基苯丙醇 4-hydroxy-γ,3,5-trimethoxybenzenepropanol
羟基 -γ- 山椒素 hydroxy-γ-sanshool
羟基 -γ- 异山椒素 hydroxy-γ-isosanshool
3β- 羟基 -$Δ^{5,16}$- 孕甾二烯 -20- 酮 3β-hydroxy-$Δ^{5,16}$-pregndien-20-one
1β- 羟基 -$Δ^6$,$Δ^9$-8- 氧代 -11- 降 -11- 羟基 - 荒漠木二烯▲ 1β-hydroxy-$Δ^6$, $Δ^9$-8-oxo-11-nor-11-hydroxy-eremophiladiene
1β- 羟基 -$Δ^6$,$Δ^9$-8- 氧代 - 荒漠木烷 -(12)- 酸 1β-hydroxy-$Δ^6$, $Δ^9$-8-oxo-eremophil-(12)-oic-acid
9- 羟基 -δ- 多花藤碱▲ 9-hydroxy-δ-skytanthine
12α- 羟基 -δ- 内酯 12α-hydroxy-δ-lactone
3α- 羟基 -τ- 欧洲赤松烯 3α-hydroxy-τ-muurolol
1- 羟基吖啶酮 1-hydroxyacridone
2β- 羟基阿里山五味子内酯▲ C 2β-hydroxyarisanlactone C
3β- 羟基阿替 -16- 烯 -2,14- 二酮 3β-hydroxy-atis-16-ene-2,14-dione
(5β,8α,9β,10α,12α)-16- 羟基 - 阿替 -3- 酮 (5β,8α,9β,10α,12α)-16-hydroxyatisan-3-one
5- 羟基阿魏酸 5-hydroxyferulic acid
羟基阿魏酰苹果酸酯 hydroxyferuloyl malate
羟基阿亚黄素 B oxyayanin B
1β- 羟基矮艾素 1β-hydroxyarbusculin
1β- 羟基矮艾素 A 1β-hydroxyarbusculin A
(-)-14β- 羟基安托芬 (-)-14β-hydroxyantofine
(13R,14R)-14- 羟基安托芬 (13R,14R)-14-hydroxyantofine
(13R,14R)-14- 羟基安托芬 -N- 氧化物 (13R,14R)-14-hydroxyantofine-N-oxide
8β- 羟基桉叶 -4(14),7(11)- 二烯 -12,8- 内酯 8β-hydroxyeudesma-4(14),7(11)-dien-12,8-olide
6- 羟基 - 桉叶 -4(14)- 烯 6-hydroxy-eudesm-4(14)-ene
2α- 羟基 - 桉叶 -4(15),11(13)- 二烯 -12,8β- 内酯 2α-hydroxy-eudesman-4(15),11(13)-dien-12,8β-olide
6α- 羟基桉叶 -4(15),7(11),8(9)- 三烯 -12,8- 内酯 6α-hydroxyeudesma-4(15),7(11),8(9)-triene-12,8-olide
(5S,6R,8S,10R)-6- 羟基桉叶 -4(15),7(11)- 二烯 -12,8- 内酯 (5S,6R,8S,10R)-6-hydroxyeudesma-4(15),7(11)-diene-12,8-olide
2α- 羟基 - 桉叶 -4(15)- 烯 -12,8β- 内酯 2α-hydroxy-eudesman-4(15)-en-12,8β-olide
9β- 羟基桉叶 -4,11(13)- 二烯 -12- 酸 9β-hydroxyeudesma-4,11(13)-dien-12-oic acid
1β- 羟基桉叶 -4,11- 二烯 -3- 酮 1β-hydroxyeudesma-4,11-dien-3-one
7α- 羟基桉叶 -4- 烯 -6- 酮 7α-hydroxyeudesm-4-en-6-one
7- 羟基桉叶内酯 7-hydroxyeudesmanolide
(+)-7- 羟基氨基 - 硬脂酸甲酯 (+)-7-hydroxyamino-octadecanoic acid methyl ester
(2'S,3'R)-8- 羟基奥氏芹二醇 (2'S,3'R)-8-hydroxysmyrindiol
羟基奥托肉豆蔻素 hydroxyotobain
12β- 羟基澳洲茄胺 12β-hydroxysolasodine
15α- 羟基澳洲茄胺 15α-hydroxysolasodine
3α- 羟基 - 八降达玛 -12- 烯 -17- 酮 3α-hydroxy-octanordammar-12-en-17-one
3- 羟基八角呋酮▲ B 3-hydroxyillifunone B
3- 羟基八碳 -1,5E- 二烯 -7- 酮 3-hydroxyocta-1,5E-dien-7-one
6- 羟基巴东荚蒾苷▲ 6-hydroxyhenryoside
8α-(4- 羟基巴豆酰氧基)-10α- 羟基硬毛钩藤内酯 -13-O- 乙酸酯 8α-(4-hydroxytigloyloxy)-10α-hydroxy-hirsutinolide-13-O-acetate
8β-(4'- 羟基巴豆酰氧基)-2β- 羟基 -1αH,5αH,6βH,7αH- 愈创木 -3,10(14),11(13)- 三烯 -6,12- 内酯 8β-(4'-hydroxy-tiglyloxy)-2β-hydroxy-1αH,5αH,6βH,7αH-guai-3,10(14),11(13)-trien-6,12-olide
3-(2'- 羟基巴豆酰氧基)- 托品烷 3-(2'-hydroxytropoyloxy)-tropane

Q

8α-(4- 羟基巴豆酰氧基) 硬毛钩藤内酯 -13-O- 乙酸酯 8α-(4-hydroxytigloyloxy)hirsutinolide-13-O-acetate
8α-[4- 羟基巴豆酰氧基] 硬毛钩藤内酯 -13-O- 乙酸酯 8α-[4-hydroxytigloyloxy]hirsutinolide-13-O-acetate
4''- 羟基巴豆酰紫花前胡醇 4''-hydroxytigloyldecursinol
3- 羟基巴戟酮▲ 3-hydroxymorindone
11- 羟基巴马汀 11-hydroxypalmatine
N- 羟基白刺拉胺 N-hydroxynitraramine
6- 羟基白花丹素 6-hydroxyplumbagin
15β- 羟基白花牛角瓜灵▲ 15β-hydroxyuscharin
16α- 羟基白花牛角瓜灵▲ 16α-hydroxyuscharin
11α- 羟基白花阴生香茶菜素 E 11α-hydroxyleukamenin E
11β- 羟基白花阴生香茶菜素 E 11β-hydroxyleukamenin E
23- 羟基白桦酮酸 23-hydroxybetulonic acid
27- 羟基白桦酮酸 27-hydroxybetulonic acid
30- 羟基白桦脂醇 30-hydroxybetulin
23- 羟基白桦脂酸 23-hydroxybetulinic acid
2α- 羟基白桦脂酸 2α-hydroxybetulinic acid
23- 羟基白桦脂酸 -28-O-β-D- 吡喃葡萄糖基 -(1 → 6)-O-β-D- 吡喃葡萄糖苷 23-hydroxybetulinic acid-28-O-β-D-glucopyranosyl-(1 → 6)-O-β-D-glucopyranoside
2β- 羟基白桦脂酸 -3β- 辛酸酯 2β-hydroxybetulinic acid-3β-caprylate
7β- 羟基白桦脂酸甲酯 7β-hydroxy-methyl betulinate
羟基白藜芦醇 hydroxyresveratrol
2'- 羟基白藜芦醇 -2'-(β-D- 吡喃葡萄糖苷) 2'-hydroxyresveratrol-2'-(β-D-glucopyranoside)
12α- 羟基白曼陀罗素 B 12α-hydroxydaturametelin B
羟基白屈菜碱 hydroxychelidonine
4''- 羟基白芍苷 4''-hydroxyalbiflorin
(R)-(-)- 羟基白蛇根草震颤酮▲ (R)-(-)-hydroxytremetone
6- 羟基白蛇根草震颤酮▲ 6-hydroxytremetone
羟基白蛇根草震颤酮▲ hydroxytremetone
6'- 羟基白头树素 V 6'-hydroxygaruganin V
30- 羟基白鲜酮▲ 30-hydroxyfraxinellone
6β- 羟基白鲜酮▲ 6β-hydroxyfraxinellone
9α- 羟基白鲜酮▲ 9α-hydroxyfraxinellone
9β- 羟基白鲜酮▲ 9β-hydroxyfraxinellone
9α- 羟基白鲜酮▲ -9-O-β-D- 葡萄糖苷 9α-hydroxyfraxinellone-9-O-β-D-glucoside
2'- 羟基白杨素 -7-O- 葡萄糖醛酸苷 2'-hydroxychrysin-7-O-glucuronide
2'- 羟基白杨素 -7- 葡萄糖醛酸苷 2'-hydroxychrysin-7-glucuronide
9α- 羟基白叶蒿定▲ 9α-hydroxyleucodin
(3R)-3- 羟基白术烯内酯▲ III (3R)-3-hydroxyatractylenolide III
16- 羟基百部叶碱 16-hydroxystemofoline
6β- 羟基百部叶碱 6β-hydroxystemofoline
6- 羟基百里香酚 -3-O-β-D- 吡喃葡萄糖苷 6-hydroxy-thymol-3-O-β-D-glucopyranoside
6- 羟基百里香酚 -6-O-β-D- 葡萄糖苷 6-hydroxythymol-6-O-β-D-glucopyranoside
(13 反式)-8β- 羟基半日花 -13- 烯 -15- 酸 (13E)-8β-hydroxylabd-13-en-15-oic acid
2- 羟基半日花 -7,13(E)- 二烯 -15- 酸 2-hydroxylabda-7,13(E)-dien-15-oic acid
(E)-15- 羟基半日花 -8(17),11,13- 三烯 -15,16- 内酯 (E)-15-hydroxylabda-8(17),11,13-trien-15,16-olide
16- 羟基半日花 -8(17),11,13- 三烯 -15,16- 内酯 16-hydroxylabda-8(17),11,13-trien-15,16-olide
(E)-15- 羟基半日花 -8(17),11,13- 三烯 -16,15- 内酯 (E)-15-hydroxylabda-8(17),11,13-trien-16,15-olide
(E,E)-15- 羟基半日花 -8(17),11,13- 三烯 -16- 醛 (E,E)-15-hydroxylabda-8(17),11,13-trien-16-al
3β- 羟基 - 半日花 -8(17),13(14)- 二烯 -12(15)- 内酯 3β-hydroxy-labda-8(17),13(14)-dien-12(15)-olide
3β- 羟基 - 半日花 -8(17),13E- 二烯 -15- 酸 3β-hydroxy-labda-8(17),13E-dien-15-oic acid
(E)-6β- 羟基半日花 -8(17),13- 二烯 -15- 酸 (E)-6β-hydroxylabda-8(17),13-dien-15-oic acid
13- 羟基半日花 -8(17),14- 二烯 -18- 酸 13-hydroxylabda-8(17),14-dien-18-oic acid
13β- 羟基半日花 -8(17),14- 二烯 -18- 酸甲酯 13β-hydroxylabda-8(17),14-dien-18-oic acid methyl ester
13- 羟基半日花 -8(17),14- 二烯 -19- 醛 13-hydroxylabda-8(17),14-diene-19-ald
(13S)-15- 羟基半日花 -8(17)- 烯 -18- 酸 (13S)-15-hydroxylabd-8(17)-en-18-oic acid
15- 羟基半日花 -8(17)- 烯 -19- 酸 15-hydroxylabd-8(17)-en-19-oic acid
8β- 羟基半日花烯 -15- 酸 8β-hydroxylabden-15-oic acid
2- 羟基伴绿树发酸 2-hydroxyconvirensic acid
(+)-9'- 羟基瓣蕊花素▲ (+)-9'-hydroxygalbelgin
14- 羟基薄果菊素▲ 14-hydroxyleptocarpin
4- 羟基薄荷 -1- 烯 -7- 酸 4-hydroxymenth-1-en-7-oic acid
6- 羟基鲍威文珠兰碱 6-hydroxypowelline
24- 羟基杯苋甾酮 24-hydroxycyasterone
(4α,13α)-15- 羟基贝壳杉 -15- 烯 -18- 酸 (4α,13α)-15-hydroxykaur-15-en-18-oic acid
(4β)-18- 羟基 - 贝壳杉 -16- 烯 -15- 酮 (4β)-18-hydroxy-kaur-16-en-15-one
(7α)-7- 羟基 - 贝壳杉 -16- 烯 -15- 酮 (7α)-7-hydroxy-kaur-16-en-15-one
(4α,7α)-7- 羟基贝壳杉 -16- 烯 -18- 酸 (4α,7α)-7-hydroxy-kaur-16-en-18-oic acid
(4α,7β)-7- 羟基贝壳杉 -16- 烯 -18- 酸 (4α,7β)-7-hydroxy-kaur-16-en-18-oic acid
18- 羟基 - 贝壳杉 -16- 烯 -19- 酸 18-hydroxykauran-16-en-19-oic acid
(-)-20- 羟基贝壳杉 -16- 烯 -19- 酸内酯 (-)-20-hydroxykaur-16-en-19-oic acid lactone
(4β)-16- 羟基贝壳杉 -18- 酸 (4β)-16-hydroxykauran-18-oic acid
(4β,16β)-16- 羟基贝壳杉 -18- 酸 (4β,16β)-16-hydroxykauran-18-oic acid
(5β,8α,9β,10α,16β)-16- 羟基贝壳杉 -18- 酸 (5β,8α,9β,10α,16β)-16-hydroxykaurane-18-oic acid
17- 羟基贝壳杉 -18- 酸 17-hydroxy-kauran-18-oic acid
(-)-16R- 羟基贝壳杉 -19- 酸 (-)-16R-hydroxykauran-19-oic acid
16- 羟基 - 贝壳杉 -3- 酮 16-hydroxy-kauran-3-one
16-α- 羟基贝壳杉烷酸 16-α-hydroxykauranoic acid
4- 羟基苯 -1-O-β-D- 吡喃葡萄糖苷 4-hydroxy-benzene-1-O-β-D-glucopyranoside
3-β-O-(6'-O- 羟基苯 -β-D- 吡喃葡萄糖苷) 3-β-O-(6'-O-hydroxybenzene-β-D-glucopyranoside)
2- 羟基苯丙醇 2-hydroxyphenylpropanol
(S)-2- 羟基苯丙酸 (S)-2-hydroxyphenylpropionic acid
(R)-α- 羟基 - 苯丙酸单钠盐 (R)-α-hydroxybenzene propanoic acid monosodium salt
4- 羟基苯丙酸甲酯 4-hydroxybenzenepropanoic acid methyl ester

Q

4- 羟基苯丙酸十三酯 tridecyl 4-hydroxybenzenepropanoate
4- 羟基苯丙酮 4-hydroxyphenylacetone
4'- 羟基苯丙酮 4'-hydroxypropiophenone
4- 羟基 - 苯丙烯基 -*α*-L- 吡喃鼠李糖基 -(1→3)-4-*O*- 阿魏酰基 -*β*-D- 吡喃葡萄糖苷 4-hydroxy-phenylpropenyl-*α*-L-rhamnopyranosyl-(1→3)-4-*O*-feruloyl-*β*-D-glucopyranoside
5- 羟基苯并呋喃 -2(3*H*)- 酮 5-hydroxybenzofuran-2(3*H*)-one
(*E*)-5-(6- 羟基苯并呋喃 -2- 基)-4-(3- 甲基丁烯基) 苯 -1,3- 二醇 (*E*)-5-(6-hydroxybenzofuran-2-yl)-4-(3-methylbut-1-enyl)benzene-1,3-diol
2- 羟基苯并噻唑酮 2-benzothiazolone
2- 羟基苯酚 -1-*O*-*β*-D- 吡喃葡萄糖基 -(6→1)-*α*-L- 吡喃鼠李糖苷 2-hydroxyphenol-1-*O*-*β*-D-glucopyranosyl-(6→1)-*α*-L-rhamnopyranoside
4'- 羟基 - 苯酚 -*β*-D-[6-*O*-(4''- 羟基 -3'',5''- 二甲氧基 - 苄醚)]- 吡喃葡萄糖苷 4'-hydroxy-phenol-*β*-D-[6-*O*-(4''-hydroxy-3'',5''-dimethoxy-benzoate)]-glucopyranoside
1-(4- 羟基苯基)-1,2- 丙二醇 1-(4-hydroxyphenyl)-1,2-propanediol
3-(4- 羟基 - 苯基)-1,2- 丙二醇 3-(4-hydroxyphenyl)-1,2-propandiol
1-(4- 羟基苯基)-1,2- 乙二醇 1-(4-hydroxyphenyl)-1,2-ethanediol
(*R*)-5-(4- 羟基苯基)-1-[2-(4- 羟基苯基) 乙基]- 戊基 -*O*-*β*-D- 呋喃芹糖基 -(1→2)-*O*-[*β*-D- 呋喃芹糖基 -(1→6)]-*β*-D- 吡喃葡萄糖苷 (*R*)-5-(4-hydroxyphenyl)-1-[2-(4-hydroxyphenyl)ethyl] pentyl-*O*-*β*-D-apiofuranosyl-(1→2)-*O*-[*β*-D-apiofuranosyl-(1→6)]-*β*-D-glucopyranoside
5-(4- 羟基苯基)-1-[2-(4- 羟基苯基)- 乙基]- 戊基 -*O*-*β*-D- 呋喃芹糖基 -(1→2)-*β*-D- 吡喃葡萄糖苷 5-(4-hydroxyphenyl)-1-[2-(4-hydroxyphenyl)ethyl]-pentyl-*O*-*β*-D-apiofuranosyl-(1→2)-*β*-D-glucopyranoside
7-(4''- 羟基苯基)-1- 苯基 -4 反式 - 庚烯 -3- 酮 7-(4''-hydroxyphenyl)-1-phenyl-4*E*-hepten-3-one
7-(4''- 羟基苯基)-1- 苯基 -4- 庚烯 -3- 酮 7-(4''-hydroxyphenyl)-1-phenyl-4-hepten-3-one
1-(4'- 羟基苯基)-1- 丙酮 1-(4'-hydroxy-phenyl)-1-propanone
(1*R*)-3-(4- 羟基苯基)-1- 甲基丙醇 -*β*-D- 吡喃葡萄糖苷 -6-[4-(*β*-D- 吡喃葡萄糖氧基)-3- 甲氧基苯甲酸酯] (1*R*)-3-(4-hydroxyphenyl)-1-methylpropyl-*β*-D-glucopyranoside-6-[4-(*β*-D-glucopyranosyloxy)-3-methoxybenzoate]
4-[2-(3- 羟基苯基)-1- 甲氧乙基]-2,6- 二甲氧基苯酚 4-[2-(3-hydroxyphenyl)-1-methoxyethyl]-2,6-dimethoxyphenol
1-(4- 羟基苯基)-2-(4- 羟基 -3- 甲氧基苯基)-1,3- 丙二醇 1-(4-hydroxyphenyl)-2-(4-hydroxybenzyl-3-methoxyphenyl)-1,3-propanediol
(2*E*,4*E*)-5-(4- 羟基苯基)-2,4- 戊二烯酸甲酯 (2*E*,4*E*)-5-(4-hydroxyphenyl)-2,4-pentadienoic acid methyl ester
1-(3- 羟基苯基)-2,5- 已二醇 1-(3-hydroxyphenyl)-2,5-hexanediol
N-5-(4- 羟基苯基)-2*E*,4*E*- 戊二烯酰哌啶 *N*-5-(4-hydroxyphenyl)-2*E*,4*E*-pentadienoylpiperidine
3-(4'- 羟基苯基)-2- 丙烯醇 3-(4'-hydroxy-phenyl)-2-propenol
3-(2- 羟基苯基)-2- 丙烯酸 3-(2-hydroxyphenyl)-2-propenoic acid
3-(4'- 羟基苯基)-2- 丙烯酸 -(4''- 苯甲酰)- 苯酚酯 3-(4'-hydroxyphenyl)-2-propenoic acid-(4''-carboxyl)-phenyl ester
3-(4- 羟基苯基)-2- 丙烯酸 -4- 羟基苯酚酯 3-(4-hydroxyphenyl)-2-propenoic acid-4-hydroxyphenyl ester
(2*R*)-4-(4- 羟基苯基)-2- 丁醇 -2-*O*-*α*-L- 呋喃阿拉伯糖基 -(1→6)-*β*-D- 吡喃葡萄糖苷 (2*R*)-4-(4-hydroxyphenyl)-2-butanol-2-*O*-*α*-L-arabinofuranosyl-(1→6)-*β*-D-glucopyranoside
4-(4- 羟基苯基)-2- 丁醇 -2-*O*-*β*-D- 呋喃芹菜糖基 -(1→6)-*β*-D- 吡喃葡萄糖苷 4-(4-hydroxyphenyl)-2-butanol-2-*O*-*β*-D-apiofuranosyl-(1→6)-*β*-D-glucopyranoside
(2*R*)-4-(4- 羟基苯基)-2- 丁醇 -2-*O*-*β*-D- 呋喃芹糖基 -(1→6)-*β*-D- 吡喃葡萄糖苷 (2*R*)-4-(4-hydroxyphenyl)-2-butanol-2-*O*-*β*-D-apiofuranosyl-(1→6)-*β*-D-glucopyranoside
4-(4'- 羟基苯基)-2- 丁酮 4-(4'-hydroxyphenyl)-2-butanone
4-(4- 羟基苯基)-2- 丁酮 4-(4-hydroxyphenyl)-2-butanone
4-(4'- 羟基苯基)-2- 丁酮 -4'-*O*-*β*-D-(2''-*O*- 没食子酰基 -6''-*O*- 对香豆酰基)- 吡喃葡萄糖苷 4-(4-hydroxyphenyl)-2-butanone-4'-*O*-*β*-D-(2''-galloyl-6''-*O*-*p*-coumaroyl)-glucopyranoside
4-(4'- 羟基苯基)-2- 丁酮 -4'-*O*-*β*-D-(6''-*O*- 对香豆酰基)- 吡喃葡萄糖苷 4-(4-hydroxyphenyl)-2-butanone-4'-*O*-*β*-D-(6''-*O*-*p*-coumaroyl)-glucopyranoside
4-(4'- 羟基苯基)-2- 丁酮 -4'-*O*-*β*-D-(6''-*O*- 反式 - 对香豆酰基)- 吡喃葡萄糖苷 4-(4'-hydroxyphenyl)-2-butanone-4'-*O*-*β*-D-(6''-*O*-*trans*-*p*-coumaroyl)-glucopyranoside
4-(4'- 羟基苯基)-2- 丁酮 -4'-*O*-*β*-D-(6''-*O*- 桂皮酰基)- 吡喃葡萄糖苷 4-(4'-hydroxyphenyl)-2-butanone-4'-*O*-*β*-D-(6''-*O*-cinnamoyl)-glucopyranoside
4-(4'- 羟基苯基)-2- 丁酮 -4'-*O*-*β*-D- 吡喃葡萄糖苷 4-(4'-hydroxyphenyl)-2-butanone-4'-*O*-*β*-D-glucopyranoside
4-(4'- 羟基苯基)-2- 丁酮 -4'-*O*- 吡喃葡萄糖苷 4-(4'-hydroxylphenyl)-2-butanone-4'-*O*-glucopyranoside
3-(4'- 羟基苯基)-2- 甲氧基丙酸 3-(4'-hydroxyphenyl)-2-methoxypropanoid acid
2-(4- 羟基苯基)-2- 甲氧基乙醇 2-(4-hydroxyphenyl)-2-methoxyethanol
4-(4- 羟基苯基)-3- 丁烯 -2- 酮 4-(4-hydroxyphenyl)-3-buten-2-one
(*R*)-(-)-1-(4'- 羟基苯基)-3- 羟基 -5- 苯基 -1,5- 戊烷二酮 (*R*)-(-)-1-(4'-hydroxyphenyl)-3-hydroxy-5-phenyl-1,5-pentandione
3-(2'- 羟基苯基)-4(3*H*)- 喹唑啉酮 3-(2'-hydroxyphenyl)-4(3*H*)-quinazolinone
3-(4- 羟基苯基)-4-(3- 甲氧基 -4- 羟基苯基)-3,4- 脱氢喹诺里西啶 3-(4-hydroxyphenyl)-4-(3-methoxy-4-hydroxyphenyl)-3,4-dehydroquinolizidine
2-(4- 羟基苯基)-4*H*- 色烯 -7- 醇 2-(4-hydroxyphenyl)-4*H*-chromen-7-ol
4-(2- 羟基苯基)-4- 氧代丁酸 4-(2-hydroxyphenyl)-4-oxobutyric acid
(5*S*)-7-(4''- 羟基苯基)-5- 甲氧基 -1- 苯基 -3- 庚酮 (5*S*)-7-(4''-hydroxyphenyl)-5-methoxy-1-phenyl-3-heptanone
(2*R*)-2-(4- 羟基苯基)-6-[1-(4- 羟基苯基)-3-(4- 羟基 -2- 甲氧苯基) 丙基]-8- 甲基色原烷 -7- 醇 (2*R*)-2-(4-hydroxyphenyl)-6-[1-(4-hydroxyphenyl)-3-(4-hydroxy-2-methoxyphenyl)propyl]-8-methylchroman-7-ol
(*S*)-2-(4- 羟基苯基)-6- 甲基 -2,3- 二氢 -4*H*- 吡喃 -4- 酮 (*S*)-2-(4-hydroxyphenyl)-6-methyl-2,3-dihydro-4*H*-pyran-4-one
1-(4'- 羟基苯基)-7-(3''- 甲氧基 -4''- 羟基苯基)-4- 烯 -3- 庚酮 1-(4'-hydroxyphenyl)-7-(3''-methoxy-4''-hydroxyphenyl)-heptene-4-en-3-one
1-(4- 羟基苯基)-7-(4- 羟基 -3- 甲氧基苯基)-4- 庚烯 -3- 酮 1-(4-hydroxyphenyl)-7-(4-hydroxy-3-methoxyphenyl)-4-hepten-3-one
7'-(4'- 羟基苯基)-*N*-[(4- 甲氧基苯基)- 乙基] 丙烯酰胺 7'-(4'-hydroxyphenyl)-*N*-[(4-methoxyphenyl)ethyl]propenamide
3-(4- 羟基苯基)-*N*-[2-(4- 羟基苯基)-2- 甲氧基乙基] 丙烯酰胺 3-(4-hydroxyphenyl)-*N*-[2-(4-hydroxyphenyl)-2-methoxyethyl]-acrylamide
(*E*)-4-[3-(4- 羟基苯基)-*N*- 甲基丙烯酰胺基]- 丁酸甲酯 (*E*)-methyl 4-[3-(4-hydroxyphenyl)-*N*-methylacrylamido]-butanoate
β-(4- 羟基苯基)-*γ*- 氧代 -2- 呋喃丁酸 *β*-(4-hydroxyphenyl)-*γ*-oxo-

Q

2-furanbutanoic acid
3-(2- 羟基苯基) 丙酸 3-(2-hydroxyphenyl)propanoic acid
3-(2- 羟基苯基) 丙酸 -*O*- 葡萄糖苷 3-(2-hydroxyphenyl)propanoic acid-*O*-glucoside
3-(4- 羟基苯基) 丙酸甲酯 methyl 3-(4-hydroxyphenyl)propanoate
1-(4'- 羟基苯基)- 丙烷 -1,2- 二酮 1-(4'-hydroxyphenyl)-propan-1,2-dione
1'-(4- 羟基苯基) 丙烷 -2',3'- 二醇 -4-*O*-*β*-D- 吡喃葡萄糖苷 1'-(4-hydroxyphenyl)propane-2',3'-diol-4-*O*-*β*-D-glucopyranoside
(*Z*)-3-(4'- 羟基苯基) 丙烯酸 (*Z*)-3-(4'-hydroxyphenyl)acrylic acid
(*E*)-3-(4'- 羟基苯基)- 丙烯酰乙酯 (*E*)-3-(4-hydroxyphenyl)-acrylic acid ethyl ester
(*E*)-1-(4'- 羟基苯基)- 丁 -1- 烯 -3- 酮 (*E*)-1-(4'-hydroxyphenyl)-but-1-en-3-one
7-{3*R*-[(4- 羟基苯基) 丁基]- 吡喃葡萄糖苷 -*O*-6- 基 }-4-*O*-*β*-吡喃葡萄糖基香荚兰素 7-{3*R*-[(4-hydroxyphenyl)butyl]-glucopyranoside-*O*-6-yl}-4-*O*-*β*-glucopyranosylvanillin
4-(4- 羟基苯基)- 丁烷 -2- 酮 4-(4-hydroxyphenyl)-butan-2-one
2-(4'- 羟基苯基)- 甘醇单 - 反式 - 阿魏酸酯 2-(4'-hydroxyphenol)-glycol mono-*trans*-ferulate
(4- 羟基苯基) 甲醇 -4-[*β*-D- 呋喃芹糖基 -(1 → 2)-*O*-*β*-D- 吡喃葡萄糖苷] (4-hydroxyphenyl)methanol-4-[*β*-D-apiofuranosyl-(1 → 2)-*O*-*β*-D-glucopyranoside]
4-[(4- 羟基苯基) 甲氧基]- 苯甲醇 4-[(4-hydroxyphenyl)methoxy] benzenemethanol
2-(4- 羟基苯基) 萘酐 2-(4-hydroxyphenyl)naphthalic anhydride
3-(4- 羟基苯基)- 三十醇 -(*Z*)- 丙烯酸酯 3-(4-hyroxyphenyl)-triacontyl-(*Z*)-propenoate
5-(3'- 羟基苯基)- 戊酸 5-(3'-hydroxypheny1)-pentanoic acid
2-(4- 羟基苯基) 乙醇 2-(4-hydroxyphenyl)ethanol
β-(4- 羟基苯基) 乙醇 *β*-(4-hydroxyphenyl)ethanol
2-(4- 羟基苯基) 乙基 -(6-*O*- 阿魏酰基)-*β*-D- 吡喃葡萄糖苷 2-(4-hydroxyphenyl)ethyl-(6-*O*-feruloyl)-*β*-D-glucopyranoside
2-(4- 羟基苯基)- 乙基 -(6-*O*- 咖啡酰基)-*β*-D- 吡喃葡萄糖苷 2-(4-hydroxyphenyl)-ethyl-(6-*O*-caffeoyl)-*β*-D-glucopyranoside
2-[2-(2- 羟基苯基) 乙基] 色酮 2-[2-(2-hydroxyphenyl)ethyl] chromone
2-(4- 羟基苯基)- 乙基 -1- 十二烷基硬脂酸酯 2-(4-hydroxyphenyl)-ethyl-1-dodecyloctadecanoate
β-(4- 羟基苯基) 乙基 -3-*O*-*E*- 咖啡酰基 -*O*-[*β*-D- 呋喃芹糖基 -(1 → 2)]-*β*-D- 吡喃葡萄糖苷 *β*-(4-hydroxyphenyl)ethyl-3-*O*-*E*-caffeoyl-*O*-[*β*-D-apiofuranosyl-(1 → 2)]-*β*-D-glucopyranoside
β-(4- 羟基苯基) 乙基 -4-*O*-*E*- 咖啡酰基 -*O*-[*β*-D- 呋喃芹糖基 -(1 → 2)]-*β*-D- 吡喃葡萄糖苷 *β*-(4-hydroxyphenyl)ethyl-4-*O*-*E*-caffeoyl-*O*-[*β*-D-apiofuranosyl-(1 → 2)]-*β*-D-glucopyranoside
2-(4- 羟基苯基)- 乙基 -6'-*O*- 芥子酰基 -*β*-D- 吡喃葡萄糖苷 2-(4-hydroxyphenyl)ethyl-6'-*O*-sinapoyl-*β*-D-glucopyranoside
2-(4- 羟基苯基)- 乙基 -*O*-*β*-D- 吡喃葡萄糖苷 2-(4-hydroxyphenyl)-ethyl-*O*-*β*-D-glucopyranoside
2-(4- 羟基苯基) 乙基 -*β*-D- 葡萄糖苷 2-(4-hydroxyphenyl)ethyl-*β*-D-glucopyranoside
2-(4- 羟基苯基) 乙基 -*β*-D- 葡萄糖苷 -6- 乙酸酯 2-(4-hydroxyphenyl)ethyl-*β*-D-glucopyranoside-6-acetate
2-(4- 羟基苯基)- 乙基二十二酸酯 2-(4-hytroxyphenyl) ethyldocosanoate
2-(4'- 羟基苯基)- 乙基二十九酸酯 2-(4'-hydroxyphenyl) ethylnonacosanoate
2-(4- 羟基苯基)- 乙基二十六酸酯 2-(4-hydroxyphenyl)ethyl hexacosanoate
2-(4- 羟基苯基) 乙基十一酸酯 2-(4-hydroxyphenyl)ethyl undecanoate
2-(4'- 羟基苯基)- 乙基十一酸酯 2-(4'-hydroxyphenyl) ethylundecanoate
2-(4- 羟基苯基) 乙基乙酸酯 2-(4-hydroxyphenyl)ethyl acetate
2-(4- 羟基苯基) 乙酸 2-(4-hydroxyphenyl)acetic acid
1-(4- 羟基苯基)- 乙酮 1-(4-hydroxyphenyl)-ethanone
1-(4- 羟基苯基) 乙烷 -1,2- 二醇 1-(4-hydroxyphenyl)ethane-1,2-diol
6- 羟基苯基 -1-*O*-*β*-D- 吡喃葡萄糖苷 6-hydroxyphenyl-1-*O*-*β*-D-glucopyranoside
4- 羟基苯基 -1- 偶氮甲酰胺 4-hydroxybenzene-1-azoformamide
4- 羟基苯基 -2- 丙烯酸 4-hydroxyphenyl-2-propenoic acid
4-3- 羟基苯基 -2- 丁酮 4-(3-hydroxyphenyl)-2-butanone
4'- 羟基苯基 -2- 丁酮 4'-hydroxyphenyl-2-butanone
1-*O*-(4- 羟基苯基 -3- 甲氧基苯基)-2-*O*-[3- 甲氧基 -5-(3- 羟基 -2-丙烯基)- 苯基]- 甘油 -1-*O*- 葡萄糖苷 1-*O*-(4-hydroxybenzyl-3-medroxyphenyl)-2-*O*-[3-methoxy-5-(3-hydroxy-2-propenyl)-phenyl]-glycerol-1-*O*-glucoside
1-4'- 羟基苯基 -5- 苯基 -2(*E*)- 烯 -1- 戊酮 1-4'-hydroxyphenyl-5-phenyl-2(*E*)-en-1-pentanone
1-(4- 羟基苯基)-7-(4- 羟基 -3- 甲氧基苯基)- 庚烷 -3,5- 二醇 1-(4-hydroxyphenyl)-7-(4-hydroxy-3-methoxyphenyl)-heptane-3,5-diol
2- 羟基苯基 -*O*-*β*-D- 吡喃葡萄糖苷 2-hydroxyphenzyl-*O*-*β*-D-glucopyranoside
4- 羟基苯基 -*α*-L- 吡喃鼠李糖苷 4-hydroxyphenyl-*α*-L-rhamnopyranoside
4- 羟基苯基 -*β*-D- 葡萄糖苷 4-hydroxybenzyl-*β*-D-glucoside
4- 羟基苯基 -*β*- 龙胆二糖苷 4-hydroxyphenyl-*β*-gentiobioside
4- 羟基苯基苄基 -*β*-D- 葡萄糖苷 4-hydroxyphenylbenzyl-*β*-D-glucopyranoside
4- 羟基苯基丙基 -*β*-D- 吡喃葡萄糖苷 4-hydroxyphenylpropyl-*β*-D-glucopyranoside
3- 羟基苯基丙酸 3-hydroxyphenylpropionic acid
1-(4- 羟基苯基) 丙烷 -1- 酮 1-(4-hydroxyphenyl)propan-1-one
羟基苯基甲酮 hydroxyphenyl methyl ketone
4- 羟基苯基乳酸 4-hydroxyphenyllactic acid
4- 羟基苯基乙基 -6-*O*- 反式 - 咖啡酰基 -*β*-D- 吡喃葡萄糖苷 (4-hydroxyphenyl)-ethyl-6-*O*-*trans*-caffeoyl-*β*-D-glucopyranoside
2,4- 羟基苯基乙酸甲酯 (2,4-hydroxyphenyl)acetic acid methyl ester
4- 羟基苯甲醇 4-hydroxybenzyl alcohol
4- 羟基苯甲醇 -*O*-*β*-D- 葡萄吡喃糖基 -(1 → 6)-*β*-D- 吡喃葡萄糖苷 4-hydroxy-phenylmethol-*O*-*β*-D-glucopyranosyl-(1 → 6)-*β*-D-glucopyranoside
2- 羟基苯甲基 -5-*O*- 苯甲酰基 -*β*-D- 呋喃芹糖基 -(1 → 2)-*β*-D-吡喃葡萄糖苷 2-hydroxyphenylcarbinyl-5-*O*-benzoyl-*β*-D-apiofuranosyl-(1 → 2)-*β*-D-glucopyranoside
2- 羟基苯甲醛 2-hydroxybenzaldehyde
3- 羟基苯甲醛 3-hydroxybenzaldehyde
2- 羟基苯甲酸 2-hydroxybenzoic acid
3- 羟基苯甲酸 3-hydroxybenzoic acid
羟基苯甲酸 hydroxybenzoic acid
4-*O*-(3- 羟基苯甲酸)-*β*-D- 吡喃葡萄糖苷 -6'- 硫酸酯 4-*O*-(3-hydroxybenzoic acid)-*β*-D-glucopyranoside-6'-sulfate
4- 羟基苯甲酸 -4-*O*-*β*- 吡喃葡萄糖苷 4-hydroxybenzoic acid-4-*O*-*β*-glucopyranoside
4- 羟基苯甲酸 -*β*-D- 吡喃葡萄糖基酯 4-hydroxybenzoic acid-*β*-D-glucopyranosyl ester
4- 羟基苯甲酸吡喃葡萄糖基酯 4-hydroxybenzoyl-glucopyranosyl

Q

ester
2- 羟基苯甲酸苄酯 benzyl 2-hydroxybenzoate
3- 羟基苯甲酸苄酯 benzyl 3-hydroxybenzoate
羟基苯甲酸己糖 hydroxybenzoic acid hexose
2- 羟基苯甲酸甲酯 2-hydroxybenzoic acid methyl ester
4- 羟基苯甲酸甲酯 methyl 4-hydroxybenzoate
4- 羟基苯甲酸十五酯 4-hydroxybenzoic acid pentadecane ester
4- 羟基苯甲酸乙酯 4-hydroxybenzoic ethyl ester; ethyl 4-hydroxybenzoate
1-*O*-(4- 羟基苯甲酰)-*β*-D- 吡喃葡萄糖 1-*O*-(4-hydroxybenzoyl)-*β*-D-glucopyranose
4- 羟基苯甲酰胺 4-hydroxybenzamide
2'-*O*-(3''- 羟基苯甲酰基)-8- 表莫罗忍冬吉苷▲ 2'-*O*-(3''-hydroxybenzoyl)-8-epikingiside
6'-*O*-(3''- 羟基苯甲酰基)-8- 表莫罗忍冬吉苷▲ 6'-*O*-(3''-hydroxybenzoyl)-8-epikingiside
6'-*O*-(4''- 羟基苯甲酰基)-8- 表莫罗忍冬吉苷▲ 6'-*O*-(4''-hydroxybenzoyl)-8-epikingiside
4'-(羟基苯甲酰基)-*β*-D- 吡喃葡萄糖苷 4'-(hydroxylphenacyl)-*β*-D-glucopyranoside
1-*O*-*β*-D-(4- 羟基苯甲酰基)- 吡喃葡萄糖苷 1-*O*-*β*-D-(4-hydroxybenzoyl)-glucopyranoside
20-*O*-(4- 羟基苯甲酰基)- 假防己宁▲ 20-*O*-(4-hydroxybenzoyl)-kidjoranin
2'-*O*-(3''- 羟基苯甲酰基)- 莫罗忍冬吉苷▲ 2'-*O*-(3''-hydroxybenzoyl)-kingiside
2''-*O*-(4'''- 羟基苯甲酰基)- 牡荆素 2''-*O*-(4'''-hydroxybenzoyl)-vitexin
(+)-(*R*)-2-*O*-(4'- 羟基苯甲酰基) 苹果酸二甲酯 dimethyl (+)-(*R*)-2-*O*-(4'-hydroxybenzoyl)malate
1-(4- 羟基苯甲酰基) 葡萄糖 1-(4-hydroxybenzoyl)glucose
1-*O*-(4- 羟基苯甲酰基)- 葡萄糖 1-*O*-(4-hydroxybenzoyl)-glucose
1-*O*-*β*-D-(4- 羟基苯甲酰基)- 葡萄糖 1-*O*-*β*-D-(4-hydroxybenzoyl)-glucose
11-*O*-(4- 羟基苯甲酰基)- 岩白菜素 11-*O*-(4-hydroxybenzoyl)-bergenin
2'-*O*-(3- 羟基苯甲酰基) 獐牙菜苷 3'-*O*-(3-hydroxybenzoyl) sweroside
3'-*O*-(3- 羟基苯甲酰基) 獐牙菜苦素 3'-*O*-(3-hydroxybenzoyl) swertiamarin
3- 羟基苯甲酰基 -2- 羟基苄酯 2-hydroxy-benzyl-3-hydroxy-benzoate
2''-*O*-4- 羟基苯甲酰金丝桃苷 2''-*O*-4-hydroxybenzoylhyperin
6'-*p*- 羟基苯甲酰玉叶金花苷酸 6'-p-hydroxybenzoylmussaenosidic acid
5*α*-4'- 羟基苯甲酰中亚阿魏烯醇▲ 5*α*-4'-hydroxybenzoylferujaesenol
4- 羟基苯硫酚 4-hydroxythiophenol
4- 羟基苯酞 4-hydroxyphthalide
7- 羟基苯酞 7-hydroxyphthalide
7- 羟基苯酞 -*O*-*β*-D- 吡喃葡萄糖苷 7-hydroxyphthalide-*O*-*β*-D-glucopyranoside
1-(4'- 羟基苯氧基)- 反式 -4- 二十碳烯 -3- 酮 1-(4'-hydroxyphenoxy)-*E*-4-eicosen-3-one
4- 羟基苯氧基 -8-*O*-*β*-D-[6-*O*-(4-*O*-*β*-D- 吡喃葡萄糖基)- 阿魏酰基]- 吡喃葡萄糖苷 4-hydroxyphenethoxy-8-*O*-*β*-D-[6-*O*-(4-*O*-*β*-D-glucopyranosyl)-feruloyl]-glucopyranoside
4- 羟基苯氧基 -8-*O*-*β*-D-[6-*O*-(4-*O*-*β*-D- 吡喃葡萄糖基)- 芥子酰基]- 吡喃葡萄糖苷 4-hydroxyphenethoxy-8-*O*-*β*-D-[6-*O*-(4-*O*-*β*-D-glucopyranosyl)-sinapoyl]-glucopyranoside
3-(4'- 羟基苯乙胺)-1,4- 二氢 -1,4- 二氧代萘 -2- 羧酸酯 3-(4'-hydroxyphenethylamino)-1,4-dihydro-1,4-dioxonaphthalene-2-carboxylate
3- 羟基苯乙醇 3-hydroxybenzeneethanol
4- 羟基苯乙醇 4-hydroxyphenethyl alcohol; 4-hydroxyphenylethanol
3- 羟基苯乙醇 -4-*O*-(6'-*O*-*β*- 呋喃芹糖基)-*β*-D- 吡喃葡萄糖苷 3-hydroxyphenylethyl-4-*O*-(6'-*O*-*β*-apiofuranosyl)-*β*-D-glucopyranoside
4- 羟基苯乙醇 -*O*-*β*-D- 吡喃葡萄糖苷 4-hydroxyphenethyl alcohol-*O*-*β*-D-glucopyranoside
2-(4- 羟基苯乙基)-6'-*O*- 乙酰基 -*β*-D- 吡喃葡萄糖苷 2-(4-hydroxyphenethyl)-6'-*O*-acetyl-*β*-D-glucopyranoside
1'-*O*-*β*-(4- 羟基苯乙基)-*β*-D- 呋喃芹糖基 -(1 → 2')- 吡喃葡萄糖苷 1'-*O*-*β*-(4-hydroxyphenethyl)-*β*-D-apiofuranosyl-(1 → 2')-glucopyranoside
N-(4- 羟基苯乙基) 苯胺 *N*-(4-hydroxyphenylethyl)benzamide
3-(3'- 羟基苯乙基) 呋喃 -2(5*H*)- 酮 3-(3'-hydroxyphenethyl)furan-2(5*H*)-one
4- 羟基苯乙基 -2-(4- 羟基苯基) 乙酸酯 4-hydroxyphenethyl-2-(4-hydroxyphenyl)-acetate
2- 羟基苯乙酸 2-hydroxyphenylacetic acid
4- 羟基苯乙酸 4-hydroxybenzeneacetic acid
α- 羟基苯乙酸 *α*-hydroxyphenylacetic acid
4- 羟基苯乙酸 -4-*O*-*β*-D- 吡喃葡萄糖苷 4-hydroxyphenylacetic acid-4-*O*-*β*-D-glucopyranoside
4- 羟基苯乙酸乙酯 ethyl 4-hydroxyphenylacetate
2',4'- 羟基苯乙酮 2',4'-dihydroxy acetophenone
3'- 羟基苯乙酮 3'-hydroxyacetophenone
3- 羟基苯乙酮 3-hydroxyacetophenone
4- 羟基苯乙酮 4-hydroxyphenylethanone; 4'-hydroxyacetophenone
羟基苯乙酮 hydroxyacetophenone
9- 羟基苯乙酮 -2-*β*-D- 吡喃木糖基 -(1 → 6)-*β*-D- 吡喃葡萄糖基 - 七乙酸酯 9-hydroxyphenone-2-*β*-D-xylopyranosyl-(1 → 6)-*β*-D-glucopyranose-heptaacetate
4- 羟基苯乙酮 -4-*O*-(6'-*O*-*β*-D- 呋喃芹糖基)-*β*-D- 吡喃葡萄糖苷 4-hydroxyacetophenone-4-*O*-(6'-*O*-*β*-D-apiofuranosyl)-*β*-D-glucopyranoside
4- 羟基苯乙酮 -4-*O*-[5-*O*-(3,5- 二甲氧基 -4- 羟基苯甲酰基)-*β*-D- 呋喃芹糖基]-(1 → 2)-*β*-D- 吡喃葡萄糖苷 4-hydroxyacetophenone-4-*O*-[5-*O*-(3,5-dimethoxy-4-hydroxybenzoyl)-*β*-D-apiofuranosyl]-(1 → 2)-*β*-D-glucopyranoside
4- 羟基苯乙酮 -4-*O*-*β*-D- 呋喃芹糖基 -(1 → 6)-*O*-*β*-D- 吡喃葡萄糖苷 4-hydroxyacetophenone-4-*O*-*β*-D-apiofuranosyl-(1 → 6)-*O*-*β*-D-glucopyranoside
15-*O*-[6'-(对 - 羟基苯乙酰基)]-*β*-D- 吡喃葡萄糖基尾喙苣醛▲ A 15-*O*-[6'-(*p*-hydroxyphenylacetyl)]-*β*-D-glucopyranosylurospermal A
2- 羟基吡啶 2-hydroxypyridine
5- 羟基吡啶 -2- 甲醇 5-hydroxypyridine-2-methanol
5- 羟基吡啶 -2- 甲酸甲酯 methyl 5-hydroxy-2-pyridinecarboxylate
4- 羟基吡啶 -3- 酸 -4-*O*- 吡喃葡萄糖苷 4-hydroxypyridin-3-carboxylic acid-4-*O*-glucopyranoside
5*ξ*- 羟基吡咯 -2- 酮 5*ξ*-hyroxypyrrolidin-2-one
5- 羟基吡咯 -2- 酮 5-hydroxypyrrolidin-2-one
3- 羟基吡喃 -4- 酮 3-hydroxypyran-4-one
7- 羟基闭花木 -13,15- 二烯 -18- 酸 7-hydroxycleistanth-13,15-dien-18-oic acid
(3*E*,7*Z*,11*E*)-19- 羟基蓖麻子 -3,7,11- 三烯 -5- 酮 (3*E*,7*Z*,11*E*)-19-hydroxycasba-3,7,11-trien-5-one
17*β*- 羟基碧冬茄甾酮 A 17*β*-hydroxypetuniasterone A
30- 羟基碧冬茄甾酮 A 30-hydroxyhydroxypetuniasterone A
17*β*- 羟基碧冬茄甾酮 A-7- 乙酸酯 17*β*-hydroxypetuniasterone A-7-

Q

acetate
6α- 羟基扁柏定▲ 6α-hydroxychamaecydin
6β- 羟基扁柏定▲ 6β-hydroxychamaecydin
6- 羟基扁柏脂素 6-hydroxyhinokinin
7- 羟基扁柏脂素 7-hydroxyhinokinin
6- 羟基扁柏脂素 -6-O-β-D- 吡喃葡萄糖苷 6-hydroxyhinokinin-6-O-β-D-glucopyranoside
6-(O- 羟基苄氨)-1- 甲硫基 -9-β-D- 呋喃葡萄糖基嘌呤 6-(O-hydroxybenzyl amino)-1-methylthio-9-β-D-glucofuranosylpurine
6-(O- 羟基苄氨)-2- 甲硫基 -9-β-D- 呋喃葡萄糖基嘌呤 6-(O-hydroxybenzylamino)-2-methylthio-9-β-D-glucofuranosylpurine
4- 羟基苄胺 4-hydroxybenzylamine
2- 羟基苄醇 2-hydroxybenzyl alcohol
3- 羟基苄醇 3-hydroxybenzoic alcohol
1-(4- 羟基苄基)-2- 甲氧基 -9,10- 二氢菲 -4,7- 二醇 1-(4-hydroxybenzyl)-2-methoxy-9,10-dihydrophenanthrene-4,7-diol
2-(4''- 羟基苄基)-3-(3'- 羟基苯乙基)-5- 甲氧基环己 -2,5- 二烯 -1,4- 二酮 2-(4''-hydroxybenzyl)-3-(3'-hydroxyphenethyl)-5-methoxycyclohexa-2,5-dien-1,4-dione
4-(4''- 羟基苄基)-3-(3'- 羟基苯乙基) 呋喃 -2(5H)- 酮 4-(4''-hydroxybenzyl)-3-(3'-hydroxyphenethyl)furan-2(5H)-one
1-(4- 羟基苄基)-4,7- 二甲氧基 -9,10- 二氢菲 -2- 醇 1-(4-hydroxybenzyl)-4,7-dimethoxy-9,10-dihydrophenanthrene-2-ol
1-(4- 羟基苄基)-4,8- 二甲氧基菲 -2,7- 二醇 1-(4-hydroxybenzyl)-4,8-dimethoxyphenanthrene-2,7-diol
1-(4- 羟基苄基)-4- 甲氧基 -9,10- 二氢菲 -2,7- 二醇 1-(4-hydroxybenzyl)-4-methoxy-9,10-dihydrophenanthrene-2,7-diol
1-(4- 羟基苄基)-4- 甲氧基菲 -2,7- 二醇 1-(4-hydroxybenzyl)-4-methoxyphenanthrene-2,7-diol
3-(4'- 羟基苄基)-5,7- 二羟基 -6,8- 二甲基 - 色烷 -4- 酮 3-(4'-hydroxy-benzyl)-5,7-dihydroxy-6,8-dimethyl-chroman-4-one
3-(4'-4'- 羟基苄基)-5,7- 二羟基 -6- 甲基 -8- 甲氧基 - 色原烷 -4- 酮 3-(4'-hydroxy-benzyl)-5,7-dihydroxy-6-methyl-8-methoxy-chroman-4-one
3-(4'- 羟基苄基)-5,7- 二羟基 -6- 甲基 - 色原烷 -4- 酮 3-(4'-hydroxy-benzyl)-5,7-dihydroxy-6-methyl-chroman-4-one
1-(4- 羟基苄基)-7- 羟基 -6- 甲氧基 - 异喹啉 1-(4-hydroxybenzoyl)-7-hydroxy-6-methoxy-isoquinoline
5-(4- 羟基苄基)- 苯 -1,3- 二醇 5-(4-hydroxybenzyl)-benzene-1,3-diol
4-(4'- 羟基苄基) 苯酚 4-(4'-hydroxybenzyl)phenol
2-(4- 羟基苄基) 酒石酸单丁酯 monobutyl-2-(4-hydroxybenzyl)-tartrate
2-(4- 羟基苄基) 苹果酸 2-(4-hydroxybenzyl)malic acid
5''-(2'''- 羟基苄基) 紫玉盘酚 5''-(2'''-hydroxybenzyl)uvarinol
4- 羟基苄基 -O-β-D- 吡喃葡萄糖苷 4-hydroxybenzyl-O-β-D-glucopyranoside
2- 羟基苄基 -β-D- 吡喃葡萄糖苷 2-hydroxybenzyl-β-D-glucopyranoside
4- 羟基苄基 -β-D- 吡喃葡萄糖苷 4-hydroxybenzyl-β-D-glucopyranoside
4- 羟基苄基丙酮 4-hydroxybenzyl acetone
4- 羟基苄基甲醚 4-hydroxybenzyl methyl ether
(2R)-N- 羟基苄基假木贼碱 (2R)-N-hydroxybenzylanabasine
(2S)-N- 羟基苄基假木贼碱 (2S)-N-hydroxybenzylanabasine
4-[4'-(4''- 羟基苄基氧)- 苯甲氧基] 苄基甲基醚 4-[4'-(4''-hydroxybenzyloxy)benzyloxy]benzyl methyl ether
4- 羟基苄基乙醚 4-hydroxybenzylethyl ether
18- 羟基表别育亨宾碱 18-hydroxyepialloyohimbine
1- 羟基表菖蒲螺酮 1-hydroxyepiacorone
1- 羟基表菖蒲螺酮烯 1-hydroxyacoronene
11- 羟基表刺桐替定碱 11-hydroxy-epierythratidine
11- 羟基表粉蕊黄杨胺 E 11-hydroxyepipachysamine E
9- 羟基表攀援山橙辛碱▲ 9-hydroxyepimeloscine
(+)-8- 羟基表松脂酚 -4-O-β-D- 吡喃葡萄糖苷 (+)-8-hydroxyepipinoresinol-4-O-β-D-glucopyranoside
8- 羟基滨蓟素 8-hydroxycirsimaritin
3- 羟基滨藜叶珍珠菊内酯▲巴豆酸酯 3-hydroxyatriplicolide tiglate
4-[(E)-3- 羟基丙 -1- 烯基] 苯基乙酸酯 4-[(E)-3-hydroxyprop-1-enyl] phenyl acetate
(5Z)-6-[5-(2- 羟基丙 -2- 基)-2- 甲基四氢呋喃 -2- 基]-3- 甲基己 -1,5- 二烯 -3-O-β-D- 吡喃葡萄糖苷 (5Z)-6-[5-(2-hydroxypropan-2-yl)-2-methyltetrahydrofuran-2-yl]-3-methylhexa-1,5-dien-3-O-β-D-glucopyranoside
4-(3'- 羟基丙基)-2,6- 二甲氧基苯酚 -3'-O-β-D- 葡萄糖苷 4-(3'-hydroxypropyl)-2,6-dimethoxyphenol-3'-O-β-D-glucoside
4-(3- 羟基丙基)-2,6- 二甲氧基苯基 -β-D- 吡喃葡萄糖苷 4-(3-hydroxypropyl)-2,6-dimethoxyphenyl-β-D-glucopyranose
4-(3- 羟基丙基)-2- 甲氧基苯酚 4-(3-hydroxypropyl)-2-methoxyphenol
2-O-[4'-(3- 羟基丙基)-2'- 甲氧基苯基]-1-O-β-D- 吡喃葡萄糖基甘油 2-O-[4'-(3-hydroxypropyl)-2'-methoxyphenyl]-1-O-β-D-glucopyranosylglycerol
2-[4-(3- 羟基丙基)-2- 甲氧基苯氧基]-1,3- 丙二醇 2-[4-(3-hydroxypropyl)-2-methoxyphenoxy]-1,3-propanediol
2-[4-(3- 羟基丙基)-2- 甲氧基苯氧基]-1,3- 丙二醇 -1-O- 葡萄糖苷 2-[4-(3-hydroxypropyl)-2-methoxyphenoxy]-1,3-propanediol-1-O-glucoside
2-(2'- 羟基丙基)-5- 甲基 -7- 羟基色酮 2-(2'-hydroxypropyl)-5-methyl-7-hydroxychromone
(S)-2-(2'- 羟基丙基)-5- 甲基 -7- 羟基色酮 -7-O-α-L- 吡喃岩藻糖基 -(1 → 2)-β-D- 吡喃葡萄糖苷 (S)-2-(2'-hydroxypropyl)-5-methyl-7-hydroxychromone-7-O-α-L-fucopyranosyl-(1 → 2)-β-D-glucopyranoside
2-(2'- 羟基丙基)-5- 甲基 -7- 羟基色酮 -7-O-β-D- 吡喃葡萄糖苷 2-(2'-hydroxypropyl)-5-methyl-7-hydroxychromone-7-O-β-D-glucopyranoside
2-(2'- 羟基丙基)-5- 甲基 -7- 羟基色酮 -7-O- 葡萄糖苷 2-(2'-hydroxypropyl)-5-methyl-7-hydroxychromone-7-O-glucoside
(E)-2-(2- 羟基丙基)-6-(4- 羟基苯乙烯基)-4H- 吡喃 -4- 酮 (E)-2-(2-hydroxypropyl)-6-(4-hydroxystyryl)-4H-pyran-4-one
5-(3- 羟基丙基)-7- 甲氧基苯并呋喃 5-(3-hydroxypropyl)-7-methoxybenzofuran
(E)-4-[4-(3- 羟基丙基) 苯氧基]-2- 甲基 -2- 丁烯酸甲酯 (E)-4-[4-(3-hydroxypropyl)phenoxy]-2-methyl-2-butenoic acid methyl ester
5-(2- 羟基丙基)- 古豆醇碱 5-(2-hydroxypropyl)-hygroline
5-(2- 羟基丙基)- 古豆碱 5-(2-hydroxypropyl)-hygrine
β- 羟基丙基丁香酮 β-hydroxypropiosyringone
β- 羟基丙基香荚兰酮 β-hydroxypropiovanillon
2- 羟基丙酸 2-hydroxypropionic acid
α- 羟基丙酮葡萄糖苷 α-hydroxyacetone glucoside
(6E,6'E)-2- 羟基丙烷 -1,3- 二基二 (十八碳 -6- 烯酯) (6E,6'E)-2-hydroxypropane-1,3-diylbis(octadec-6-enoate)
2-[4-(3- 羟基 - 丙烯基)-3,5- 二甲氧基 - 苯基]- 丙烷 -1,3- 二醇 2-[4-(3-hydroxy-propenyl)-3,5-dimethoxy-phenyl]-propane-1,3-diol
3- 羟基丙烯酸 3-hydroxyacrylic acid

Q

10- 羟基波希鼠李苷▲ C, D 10-hydroxycascaroside C, D
6α- 羟基波叶尼润花碱▲ 6α-hydroxyundulatine
$\Delta^{1,3}$- 羟基补骨脂酚 $\Delta^{1,3}$-hydroxybakuchiol
$\Delta^{3,2}$- 羟基补骨脂酚 $\Delta^{3,2}$-hydroxybakuchiol
8- 羟基补骨脂素 8-hydroxypsoralen
6β- 羟基菜油甾 -4- 烯 -3- 酮 6β-hydroxycampest-4-en-3-one
羟基苍术酮 hydroxyatractylon
(3S)-3- 羟基苍术烯内酯▲ III-3-O-β-D- 吡喃葡萄糖苷 (3S)-3-hydroxyatractylenolide III-3-O-β-D-glucopyranoside
6β- 羟基草苁蓉醛苷▲ 6β-hydroxyboschnaloside
7- 羟基草苁蓉醛苷▲ 7-hydroxyboschnaloside
6- 羟基草蔻素 F 6-hydroxycalyxin F
21β- 羟基柴胡皂苷 b_2 21β-hydroxysaikosaponin b_2
(-)-15- 羟基菖蒲烃▲ (-)-15-hydroxycalamenene
(1S,4R)-7- 羟基菖蒲烃▲ (1S,4R)-7-hydroxycalamenene
3- 羟基菖蒲烃▲ 3-hydroxycalamenene
5- 羟基菖蒲烃▲ 5-hydroxycalamenene
7- 羟基菖蒲烃▲ 7-hydroxycalamenene
10- 羟基菖蒲酮烯▲ 10-hydroxyacoronene
2- 羟基 - 菖蒲烯酮 2-hydroxyacorenone
2'- 羟基长春碱 2'-hydroxyvincaleukoblastine
15'R- 羟基长春米定 15'R-hydroxyvinamidine
10- 羟基长叶长春花碱▲ 10-hydroxycathafoline
2(R)-3- 羟基长叶长春花碱▲ 2(R)-3-hydroxycathafoline
10- 羟基长叶长春花碱▲-10-O-α-L- 吡喃阿拉伯糖苷 10-hydroxycathafoline-10-O-α-L-arabinopyranoside
2α- 羟基常春藤酸 2α-hydroxyhederagenic acid
21β- 羟基常春藤皂苷元 21β-hydroxyhederagenin
2α- 羟基常春藤皂苷元 2α-hydroxyhederagenin
9- 羟基常绿钩吻苷▲ 9-hydroxysemperoside
12α- 羟基车桑子酸 -19- 内酯 12α-hydroxy-hautriwaic acid-19-lactone
1- 羟基沉香基 -6-O-β-D- 吡喃葡萄糖苷 1-hydroxylinaloyl-6-O-β-D-glucopyranoside
5'- 羟基橙皮油烯 5'-hydroxyauraptene
3'- 羟基橙桑素 3'-hydroxyosajin
15- 羟基匙叶桉油烯醇 15-hydroxyspathulenol
16α- 羟基齿孔酸 16α-hydroxyeburicoic acid
8α- 羟基齿叶橐吾酚 8α-hydroxyligudentatol
20- 羟基赤芝酸 A, N 20-hydroxylucidenic acid A, N
1β- 羟基臭灵丹酸 1β-hydroxypterodontic acid
2α- 羟基臭灵丹酸 2α-hydroxypterodontic acid
3β- 羟基臭灵丹酸 3β-hydroxypterodontic acid
10- 羟基臭蚁二醛葡萄糖苷 10-hydroxyiridodial glucoside
6- 羟基刺柏香堇醇苷▲ 6-hydroxyjunipeionoloside
8- 羟基刺槐素 -8-O-β-D- 吡喃葡萄糖苷 8-hydroxyacacetin-8-O-β-D-glucopyranoside
10α- 羟基刺参 -4- 酮 10α-hydroxy-oplopan-4-one
11- 羟基刺桐特灵碱 11-hydroxyerysotrine
10- 羟基丛粒藻烯▲ 10-hydroxybotryococcene
羟基粗榧碱 hydroxyharringtonine
10- 羟基粗榧内酯 10-hydroxyharringtonolide
(4α,15α)-15- 羟基 - 粗裂豆▲-18- 酸 (4α,15α)-15-hydroxy-trachyloban-18-oic acid
17- 羟基催眠睡茄素 A 17-hydroxywithaferin A
16β- 羟基 - 达玛 -20(22),25- 二烯 -3- 酮 16β-hydroxy-dammara-20(22),25-dien-3-one
(23S)-3β- 羟基达玛 -20,24- 二烯 -21- 酸 -21,23- 内酯 (23S)-3β-hydroxydammar-20,24-dien-21-oic acid-21,23-lactone
26- 羟基 - 达玛 -20,24- 二烯 -3- 酮 26-hydroxy-dammara-20,24-dien-3-one
24- 羟基达玛 -20,25- 二烯 -3- 酮 24-hydroxydammara-20,25-dien-3-one
(18S)-18- 羟基达玛 -21- 烯 (18S)-18-hydroxydammar-21-ene
20β- 羟基 - 达玛 -23(24)- 烯 -3- 酮 20β-hydroxydammara-23-en-3-one
12β- 羟基达玛 -24- 烯 -3-O-β-D- 吡喃葡萄糖苷 -20-O-α-L- 吡喃阿拉伯糖基 -(1 → 2)-O-β-D- 吡喃葡萄糖苷 12β-hydroxydammar-24-ene-3-O-β-D-glucopyranoside-20-O-α-L-arabinopyranosyl-(1 → 2)-O-β-D-glucopyranoside
20R- 羟基达玛 -24- 烯 -3- 酮 20R-hydroxydammara-24-en-3-one
20- 羟基达玛 -24- 烯 -3- 酮 20-hydroxydammar-24-en-3-one
羟基达玛烯酮 I hydroxydammarenone I
(2R)-2- 羟基大八角素 (2R)-2-hydroxymajucin
10- 羟基大车前洛苷▲ 10-hydroxymajoroside
2- 羟基大齿麻疯树二酮 2-hydroxyisojatrogrossidione
2'- 羟基大豆苷元 2'-hydroxydaidzein
3'- 羟基大豆苷元 3'-hydroxydaidzein
3- 羟基大渡乌头碱 3-hydroxyfranchetine
1(10)E-5- 羟基大根老鹳草 -1(10),4(15),11- 三烯 -8,12- 内酯 1(10)E-5-hydroxy-germacra-1(10),4(15),11-trien-8β,12-olide
4β- 羟基大根老鹳草 -1(10),5- 二烯 4β-hydroxygermacra-1(10),5-diene
2- 羟基大黄酚 2-hydroxychrysophanol
2- 羟基大黄素 2-hydroxyemodin
ω- 羟基大黄素 ω-hydroxyemodin
羟基大黄素 hydroxyemodin
2- 羟基大黄素 -1- 甲醚 2-hydroxyemodin-1-methyl ether
2- 羟基大叶虎皮楠碱 D 2-hydroxyyunnandaphnine D
3- 羟基大叶唐松草胺▲ 3-hydroxythalifaboramine
5'- 羟基大叶唐松草胺▲ 5'-hydroxythalifaboramine
(7E)-9- 羟基大柱香波龙 -4,7- 二烯 -3- 酮 -9-O-β-D- 吡喃葡萄糖苷 (7E)-9-hydroxymegastigma-4,7-dien-3-on-9-O-β-D-glucopyranoside
(6R,7E,9R)-9- 羟基 - 大柱香波龙 -4,7- 二烯 -3- 酮 -9-O-β-D- 吡喃葡萄糖苷 (6R,7E,9R)-9-hydroxy-megastigma-4,7-dien-3-one-9-O-β-D-glucopyranoside
9- 羟基 - 大柱香波龙 -4,7- 二烯 -3- 酮 -9-O-β-D- 吡喃葡萄糖苷 9-hydroxy-megastigma-4,7-dien-3-one-9-O-β-D-glucopyranoside
(6R,7E,9R)-9- 羟基大柱香波龙 -4,7- 二烯 -3- 酮 -9-O-β-D- 葡萄糖苷 (6R,7E,9R)-9-hydroxymegastigma-4,7-dien-3-one-9-O-β-D-glucoside
(3R,6R,7E)-3- 羟基大柱香波龙 -4,7- 二烯 -9- 酮 (3R,6R,7E)-3-hydroxymegstigma-4,7-dien-9-one
3β- 羟基大柱香波龙 -5,7- 二烯 -9- 酮 3β-hydroxymegastigma-5,7-dien-9-one
3- 羟基大柱香波龙 -5,7- 二烯 -9- 酮 -3-O-β-D- 吡喃葡萄糖苷 3-hydroxymegastigmasta-5,7-dien-9-one-3-O-β-D-glucopyranoside
(E)-3- 羟基大柱香波龙 -7- 烯 -9- 酮 (E)-3-hydroxymegastigm-7-en-9-one
(+)-15- 羟基丹参酚酮 (+)-15-hydroxysalvinolone
羟基丹参酮 hydroxytanshinone
3α- 羟基丹参酮 IIA 3α-hydroxytanshinone IIA
羟基丹参酮 IIA hydroxytanshinone IIA
22- 羟基 - 胆甾 -2,6,23- 三烯 -26- 酸 -δ- 内酯 22-hydroxy-cholesta-2,6,23-trien-26-oic acid-δ-lactone
6- 羟基 - 胆甾 -4- 烯 -3- 酮 6-hydroxycholest-4-ene-3-one
3β- 羟基胆甾 -5,22- 二烯醇 3β-hydroxycholest-5,22-dienol

Q

3- 羟基胆甾 -5- 烯 -24- 酮 3-hydroxycholest-5-en-24-one
17- 羟基当归酰北五味子素▲Q 17-hydroxyangeloylgomisin Q
6'- 羟基当归因▲ 6'-hydroxyangelicain
3β- 羟基地中海柏木酚 3β-hydroxysempervirol
4- 羟基芪 4-hydroxystilbene
10- 羟基叠籽木裂醇▲ 10-hydroxygeissoschizol
2- 羟基 - 丁二酸 -1- 甲酯 2-hydroxy-butanedioic acid-1-methyl ester
(2S)- 羟基 - 丁二酸单钾盐 (2S)-hydroxy-butanedioic acid monopotassium salt
3- 羟基丁二酸甲酯 methyl 3-hydroxylbutanedioic ester
2-(4- 羟基丁基)-4(3H)- 喹唑啉酮 2-(4-hydroxybutyl)-4(3H)-quinazolinone
3-[(3S)-3- 羟基丁基]-2,4,4- 三甲基 -2- 环己烯 -1- 酮 3-[(3S)-3-hydroxybutyl]-2,4,4-trimethyl-2-cyclohexen-1-one
(1R,2R)-4-[(3R)-3- 羟基丁基]-3,3,5- 三甲基环己 -4- 烯 -1,2- 二醇 (1R,2R)-4-[(3R)-3-hydroxybutyl]-3,3,5-trimethylcyclohex-4-ene-1,2-diol
(1S,4S,5R)-4-[(3R)-3- 羟基丁基]-3,3,5- 三甲基环己基 -6-O-α-L- 呋喃阿拉伯糖基 -O-β-D- 吡喃葡萄糖苷 (1S,4S,5R)-4-[(3R)-3-hydroxybutyl]-3,3,5-trimethylcyclohexyl-6-O-α-L-arabinofuranosyl-O-β-D-glucopyranoside
(3R)-3- 羟基丁酸丁酯 -3-O-α-L- 吡喃阿拉伯糖基 -(1 → 6)-β-D-吡喃葡萄糖苷 (3R)-butyl 3-hydroxybutanoate-3-O-α-L-arabinopyranosyl-(1 → 6)-β-D-glucopyranoside
(3S)-3- 羟基丁酸丁酯 -3-O-α-L- 吡喃阿拉伯糖基 -(1 → 6)-β-D-吡喃葡萄糖苷 (3S)-butyl 3-hydroxybutanoate-3-O-α-L-arabinopyranosyl-(1 → 6)-β-D-glucopyranoside
2- 羟基丁酸甲酯 methyl-2-hydroxybutanoate
3- 羟基丁酸甲酯 methyl 3-hydroxybutanoate
3- 羟基丁酸乙酯 ethyl 3-hydroxybutanoate
5-(4- 羟基丁烷 -1- 炔基)-2,2'- 联噻吩 5-(4-hydroxybut-1-ynyl)-2,2'-bithiophene
5-(4- 羟基丁烷 -1- 酮)-2,2'- 联噻吩 5-(4-hydroxybut-1-one)-2,2'-bithiophene
3β-(3- 羟基丁酰氧基)-16β- 羟基 -5β,17β- 胆甾 -21- 羧酸 3β-(3-hydroxybutyroxy)-16β-hydroxy-5β,17β-cholestan-21-carboxylic acid
(1S,6R,9R)-14- 羟基丁香 -2(15)- 烯 -7- 酮 (1S,6R,9R)-14-hydroxycaryophyll-2(15)-en-7-one
α- 羟基丁香丙酮 α-hydroxypropiosyringone
(+)-1- 羟基丁香树脂酚 (+)-1-hydroxysyringaresinol
1- 羟基丁香树脂酚 1-hydroxysyringaresinol
14- 羟基丁香烯氧化物 14-hydroxycaryophyllene oxide
12β- 羟基钉头果勾苷▲ 12β-hydroxyfrugoside
1β- 羟基冬青叶豚草酸 1β-hydroxyilicic acid
2β- 羟基冬青叶豚草酸 2β-hydroxyilicic acid
3α- 羟基冬青叶豚草酸 3α-hydroxyilicic acid
5β- 羟基冬青叶豚草酸 5β-hydroxyilicic acid
12a- 羟基豆薯酮 12a-hydroxypachyrrhizone
(20R,22E,24R)-6β- 羟基 - 豆甾 -4,22,25- 三烯 -3- 酮 (20R,22E,24R)-6β-hydroxy-stigmasta-4,22,25-trien-3-one
(6β,22E)-6- 羟基豆甾 -4,22- 二烯 -3- 酮 (6β,22E)-6-hydroxystigmasta-4,22-dien-3-one
6α- 羟基豆甾 -4,22- 二烯 -3- 酮 6α-hydroxystigmasta-4,22-dien-3-one
6β- 羟基豆甾 -4,22- 二烯 -3- 酮 6β-hydroxystigmasta-4,22-dien-3-one
6- 羟基豆甾 -4,22- 二烯 -3- 酮 6-hydroxystigmasta-4,22-dien-3-one
(22E,24R)-6β- 羟基 - 豆甾 -4,22- 二烯 -3- 酮 (22E,24R)-6β-hydroxy-stigmast-4,22-dien-3-one
3- 羟基豆甾 -4,22- 二烯 -7- 酮 3-hydroxystigmasta-4,22-dien-7-one
(24S)-24- 羟基豆甾 -4- 烯 -3- 酮 (24S)-24-hydroxystigmast-4-en-3-one
12α- 羟基豆甾 -4- 烯 -3- 酮 12α-hydroxystigmast-4-en-3-one
6α- 羟基豆甾 -4- 烯 -3- 酮 6α-hydroxystigmast-4-en-3-one
6β- 羟基豆甾 -4- 烯 -3- 酮 6β-hydroxystigmast-4-en-3-one
6- 羟基豆甾 -4- 烯 -3- 酮 6-hydroxystigmast-4-en-3-one
7- 羟基豆甾 -4- 烯 -3- 酮 7-hydroxystigmast-4-en-3-one
(24R)-6β- 羟基 - 豆甾 -4- 烯 -3- 酮 (24R)-6β-hydroxy-stigmast-4-en-3-one
3β- 羟基豆甾 -4- 烯 -6- 酮 3β-hydroxystigmast-4-en-6-one
(20R,22E,24R)-3β- 羟基 - 豆甾 -5,22,25- 三烯 -7- 酮 (20R,22E,24R)-3β-hydroxy-stigmasta-5,22,25-trien-7-one
3β- 羟基豆甾 -5,22- 二烯 -7- 酮 3β-hydroxystigmast-5,22-dien-7-one
3- 羟基豆甾 -5,22- 二烯 -7- 酮 3-hydroxy-stigmasta-5,22-dien-7-one
29- 羟基豆甾 -5- 烯 -3β-O-β-D- 吡喃葡萄糖苷 29-hydroxystigmast-5-en-3β-O-β-D-glucopyranoside
3β- 羟基豆甾 -5- 烯 -7- 酮 3β-hydroxystigmast-5-en-7-one
3- 羟基豆甾 -5- 烯 -7- 酮 3-hydroxystigmast-5-en-7-one
3- 羟基 - 豆甾 -5- 烯 -7- 酮 3-hydroxy-stigmast-5-en-7-one
(5α,24S)-3β- 羟基 - 豆甾 -7- 烯 -11- 酮 (5α,24S)-3β-hydroxystigmast-7-en-11-one
6- 羟基豆甾醇 6-hydroxystigmasterol
7α- 羟基豆甾醇 7α-hydroxystigmasterol
7β- 羟基豆甾醇 7β-hydroxystigmasterol
17α- 羟基毒鸡骨常山碱▲ 17α-hydroxyvenalstonine
6α- 羟基毒鼠子素▲V 6α-hydroxydichapetalin V
10α- 羟基杜松 -4- 烯 -15- 醛 10α-hydroxycadin-4-en-15-al
10-α- 羟基杜松 -4- 烯 -15- 醛 10-α-hydroxycadin-4-en-15-al
7- 羟基杜松萘▲ 7-hydroxycadalene
7- 羟基杜松萘醛▲ 7-hydroxycadalenal
7- 羟基杜松萘酸▲ 7-hydroxycadalenic acid
9α- 羟基杜仲树脂酚 9α-hydroxymedioresinol
(3S,4S)-3- 羟基 - 对薄荷 -1- 烯 -6- 酮 (3S,4S)-3-hydroxy-p-menth-1-ene-6-one
6- 羟基 - 对 - 薄荷 -4(5)- 烯 -3- 酮 6-hydroxy-p-menth-4(5)-en-3-one
3- 羟基对茴芹醛▲ 3-hydroxy-p-anisaldehyde
8- 羟基对异丙基甲苯 8-hydroxy-p-isopropyltoluene
3α- 羟基 - 对映 - 阿替 -16- 烯 -14- 酮 3α-hydroxy-ent-atis-16-en-14-one
17- 羟基 - 对映 - 阿替 -19- 酸 17-hydroxy-ent-atisan-19-oic acid
(16α)-17- 羟基 - 对映 - 阿替 -19- 酸甲酯 (16α)-17-hydroxy-ent-atisan-19-oic acid methyl ester
17- 羟基 - 对映 - 阿替 -19- 酸甲酯 17-hydroxy-ent-atisan-19-oic acid methyl ester
16β- 羟基 - 对映 - 阿替 -3- 酮 16β-hydroxy-ent-atisan-3-one
17- 羟基 - 对映 - 贝壳杉 -15- 烯 -19- 醛 17-hydroxy-ent-kaur-15-en-19-al
17- 羟基 - 对映 - 贝壳杉 -15- 烯 -19- 酸 17-hydroxy-ent-kaur-15-en-19-oic acid
11- 羟基 - 对映 - 贝壳杉 -16- 烯 -15- 酮 11-hydroxy-ent-kaur-16-en-15-one
6α- 羟基 - 对映 - 贝壳杉 -16- 烯 -15- 酮 6α-hydroxy-ent-kaur-16-en-15-one
15α- 羟基 - 对映 - 贝壳杉 -16- 烯 -19- 酸 15α-hydroxy-ent-kaur-16-en-19-oic acid
9β- 羟基 - 对映 - 贝壳杉 -16- 烯 - 酸 9β-hydroxy-ent-kaur-16-en-oic acid
16αH-17- 羟基 - 对映 - 贝壳杉 -19- 酸 16αH-17-hydroxy-ent-

Q

kauran-19-oic acid
16α- 羟基 - 对映 - 贝壳杉 -19- 酸 16α-hydroxy-ent-kauran-19-oic acid
16- 羟基 - 对映 - 贝壳杉 -19- 酸 16-hydroxy-ent-kauran-19-oic acid
3α- 羟基 - 对映 - 糙荚烷 3α-hydroxy-ent-trachylobane
(3α)-3- 羟基 - 对映 - 海松 -8(14),15- 二烯 -12- 酮 (3α)-3-hydroxy-ent-pimara-8(14),15-dien-12-one
7α- 羟基 - 对映 - 海松 -8(14),15- 二烯 -19- 酸 7α-hydroxy-ent-pimara-8(14),15-dien-19-oic acid
7β- 羟基 - 对映 - 海松 -8(14),15- 二烯 -19- 酸 7β-hydroxy-ent-pimara-8(14),15-diene-19-oic acid
19- 羟基 - 对映 - 冷杉 -7,13- 二烯 19-hydroxy-ent-abieta-7,13-diene
13β- 羟基 - 对映 - 冷杉 -8(14)- 烯 -7- 酮 13β-hydroxy-ent-abiet-8(14)-en-7-one
(3R,5S,9R,10S)-3- 羟基 - 对映 - 罗汉松 -8(14)- 烯 -13- 酮 (3R,5S,9R,10S)-3-hydroxy-ent-podocarpa-8(14)-ene-13-one
5α- 羟基 - 对映 - 玫瑰 -15- 烯 -18- 羧酸 5α-hydroxy-ent-rosa-15-en-18-oic acid
5α- 羟基 - 对映 - 玫瑰 -15- 烯 -19- 羧酸 5α-hydroxy-ent-rosa-15-en-19-oic acid
3α- 羟基 - 对映 - 托塔拉罗汉松 -8- 烯 -7,13- 二酮 3α-hydroxy-ent-torara-8-en-7,13-dione
羟基钝叶黄檀苏合香烯 hydroxyobtustyrene
3β- 羟基多花白树 -8- 烯 -17- 酸 3β-hydroxymultiflora-8-en-17-oic acid
7α- 羟基多花白树 -8- 烯 -3α,29- 二醇 -3- 乙酸酯 -29- 苯甲酸酯 7α-hydroxymultiflor-8-ene-3α,29-diol-3-acetate-29-benzoate
5- 羟基多花藤碱▲ 5-hydroxyskytanthine
5- 羟基 - 多花藤碱▲盐酸盐 5-hydroxyskytanthine hydrochloride
11- 羟基多脉白坚木定▲ 11-hydroxypolyneuridine
8α- 羟基多足蕨 -13,17,21- 三烯 8α-hydroxypolypoda-13,17,21-triene
6- 羟基 - 蒽棓酚 -1,3- 二甲醚 6-hydroxy-anthragallol-1,3-dimethyl ether
1- 羟基蒽醌 1-hydroxyanthraquinone
羟基蒽醌 hydroxyanthraquinone
3- 羟基蒽醌 -2- 醛 3-hydroxyanthraquinone-2-carbaldehyde
2- 羟基蒽醌 -3- 甲醛 2-hydroxyanthraquinone-3-aldehyde
7α- 羟基耳叶苔内酯 7α-hydroxyfrullanolide
5- 羟基 - 二萘酚基 [1,2-2',3'] 呋喃 -7,12- 二酮 -6- 羧酸甲酯 methyl 5-hydroxy-dinaphtho[1,2-2',3']furan-7, 12-dione-6-carboxylate
19-(R)- 羟基二氢 -1- 甲氧基常绿钩吻灵▲ 19-(R)-hydroxydihydro-1-methoxygelsevirine
8- 羟基二氢白屈菜红碱 8-hydroxydihydrochelerythrine
18R- 羟基二氢别原地衣硬脂酸 18R-hydroxydihydroalloprotolichesterinic acid
6- 羟基 - 二氢菜豆酸 6-hydroxy-dihydrophaseic acid
19-(R)- 羟基二氢常绿钩吻灵▲ 19-(R)-hydroxydihydrogelsevirine
4α- 羟基二氢沉香呋喃 4α-hydroxydihydroagarofuran
4- 羟基二氢二甲基苯基苯并二吡喃酮 4-hydroxyisolonchocarpin
(4S)-4- 羟基二氢呋喃 -2-one-O-β-D- 四乙酰吡喃葡萄糖苷 (4S)-4-hydroxydihydrofuran-2-one-O-β-D-tetraacetateglucopyranoside
(4R)-4- 羟基二氢呋喃 -2- 酮 -O-β-D- 四乙酰吡喃葡萄糖苷 (4R)-4-hydroxydihydrofuran-2-one-O-β-D-tetraacetateglucopyranoside
19-(R)- 羟基二氢钩吻碱 19-(R)-hydroxydihydrogelsemine
4'- 羟基二氢黄酮 -7-O-β-D- 吡喃葡萄糖苷 4'-hydroxy-2,3-dihydroflavone-7-O-β-D-glucopyranoside
α- 羟基二氢咖啡酸 α-hydroxydihydrocaffeic acid
20- 羟基二氢兰金钩吻定▲ 20-hydroxydihydrorankinidine
13- 羟基二氢蜜环菌酯▲ 13-hydroxydihydromelleolide
(-)- 羟基二氢牛油内酯▲ (-)-hydroxydihydrobovolide
羟基二氢牛油内酯▲ hydroxydihydrobovolide
10- 羟基二氢霹雳萝芙木辛碱 10-hydroxydihydroperaksine
3- 羟基二氢豚草素 3-hydroxydamsin
2α- 羟基二氢小白菊内酯 2α-hydroxydihydroparthenolide
3- 羟基二氢邪蒿素 -β- 甲基巴豆酸酯 3-hydroxydihydroseselin-β-methylcrotonate
3- 羟基二氢邪蒿素异缬草酸酯 3-hydroxydihydroseseline isovalerate
5- 羟基二氢缬草三酯 5-hydroxydidrovaltrate
(+)- 羟基二氢新葛缕子醇 (+)-hydroxydihydroneocarveol
8- 羟基二氢血根碱 8-hydroxydihydrosanguinarine
3'- 羟基二去甲洛克米仔兰酰胺 3'-hydroxydidemethylrocaglamide
1-(28- 羟基二十八酰) 甘油 1-(28-hydroxyoctacosanoyl)glycerol
1-O-(6- 羟基二十醇)-β-D- 吡喃木糖 1-O-(6-hydroxyeicosanoyl)-β-D-xylopyranose
20'- 羟基二十醇亚麻酸酯 20'-hydroxyeicosanyl linolenate
(2S,3S,4R,8E)-2-[(2'R)-2'- 羟基二十二碳酰氨基]- 十八烷 -1,3,4- 三醇 (2S,3S,4R,8E)-2-[(2'R)-2'-hydroxydocosanosylamino]-octadecane-1,3,4-triol
(2S,3S,4R,8E)-2-[(2'R)-2'- 羟基二十二碳酰胺]-8(E)- 十八烯 -1,3,4- 三醇 (2S,3S,4R,8E)-2-[(2'R)-2'-hydroxydocosanosylamino]-8(E)-octadecene-1,3,4-triol
(2S,3S,4R,8E)-2-[(2'R)-2'- 羟基二十二碳酰胺]-8(E)- 十七烯 -1,3,4- 三醇 (2S,3S,4R,8E)-2-[(2'R)-2'-hydroxydocosanosylamino]-8(E)-heptadecene-1,3,4-triol
(2S,3S,4R,8E)-2-[(2'R)-2'- 羟基 - 二十二碳酰胺基]- 二十碳 -1,3,4- 三羟基 -8- 烯 (2S,3S,4R,8E)-2-[(2'R)-2'-hydroxy-docosanoylamino]-eicosane-1,3,4-triol-8-ene
(2S,3S,4R,8E)-2-[(2'R)-2'- 羟基二十二烷酰氨基]-8(E)- 十八烷 -1,3,4- 三醇 (2S,3S,4R,8E)-2-[(2'R)-2'-hydroxydocosanosylamino]-8(E)-octadecane-1,3,4-triol
(2S,3S,4R,8E)-2-[(2'R)-2'- 羟基二十二烷酰胺]- 十八烯 -1,3,4- 三醇 (2S,3S,4R,8E)-2-[(2'R)-2'-hydroxydocosanosylamino]-octadecene-1,3,4-triol
(2'R)-2'- 羟基二十二烷酰胺基 -(2S,3S,4R,8E)-8,9- 二去氢植物鞘氨醇 (2'R)-2'-hydroxydocosanosylamino-(2S,3S,4R,8E)-8,9-didehydrosphingosine
2-(2'- 羟基二十二酰氨基)-12- 二十烯 -1,3,4- 三醇 2-(2'-hydroxydocosanoylamino)-12-eicosene-1,3,4-triol
(2S,3S,4R,12E,2'R)-2-(2'- 羟基 - 二十二酰胺基)- 二十碳 -1,3,4- 三羟基 -12- 烯 (2S,3S,4R,12E,2'R)-2-(2'-hydroxydocosanoylamino)-eicosane-1,3,4-trihydroxy-12-en-e
1-(22- 羟基二十二酰基)- 甘油 1-(22-hydroxydocosanoyl)-glycerol
N-(2'- 羟基二十九酰基)-D- 赤式 -1,3,4- 三羟基 -2- 氨基 - 十八烷 N-(2'-hydroxynonacosanoyl)-D-erythro-1,3,4-trihydroxy-2-amino-octadecane
1-(29- 羟基二十九酰基)- 甘油 1-(29-hydroxynonacosanoyl)-glycerol
2- 羟基二十六酸 2-hydroxyhexacosanoic acid
2- 羟基二十六酸乙酯 2-hydroxy hexacosanoic acid ethyl ester
(3S,4S,5R)-3-[(2R)-2- 羟基二十六碳酰胺]-4- 羟基 -5-[(4E)- 十二烷 -4- 烯]-2,3,4,5- 四氢呋喃 (3S,4S,5R)-3-[(2R)-2-hydroxyhexacosanoylamino]-4-hydroxy-5-[(4E)-dodecane-4-ene]-2,3,4,5-tetrahydrofuran
6- 羟基二十六烷 - 反式 -8- 烯 -3- 酮 6-hydroxyhexacosane-trans-8-en-3-one
(2S,3S,4R,8E)-2-[(2'R)-2'- 羟基二十六烷酰胺]- 十八烯 -1,3,4- 三醇 (2S,3S,4R,8E)-2-[(2'R)-2'-hydroxyhexacosanosylamino]-octadecene-1,3,4-triol
1-(26- 羟基二十六酰基)- 甘油 1-(26-hydroxyhexacosanoyl)-glycerol

(2S,3S,4R,8E)-2N-[(2'R)-2'- 羟基二十六酰基]-1,3,4- 三羟基 -8- 十八烯 (2S,3S,4R,8E)-2N-[(2'R)-2'-hydroxyhexacosanoyl]-1,3,4-trihydroxy-8-octadecene
(2S,3S,4R,8E)-2-[(2'R)-2'- 羟基 - 二十三碳酰胺基]- 十九碳 -1,3,4- 三羟基 -8- 烯 (2S,3S,4R,8E)-2-[(2'R)-2'-hydroxy-tricosanoylamino]-nonadecane-1,3,4-triol-8-ene
(2S,3S,4R,8E)-2-[(2'R)-2'- 羟基二十三烷酰胺]- 十八烯 -1,3,4- 三醇 (2S,3S,4R,8E)-2-[(2'R)-2'-hydroxytricosanosylamino]-octadecene-1,3,4-triol
2-(2- 羟基二十三酰氨基)-1,3,4- 十六烷三醇 2-(2-hydroxytricosanoylamino)-1,3,4-hexadecanetriol
(2S,3S,4R,2'R)-2-N-(2'- 羟基二十三酰基)- 十八烷 -1,3,4- 三醇 (2S,3S,4R,2'R)-2-N-(2'-hydroxytricosanoyl)-octadecan-1,3,4-triol
2- 羟基 - 二十四酸 -(2,3- 二羟基 -1- 羟基甲基 - 十七碳 -7- 烯)- 胺 2-hydroxy-tetracosanoicacid-(2,3-dihydroxy-1-hydroxymethyl-heptadec-7-enyl)-amide
1-(24- 羟基二十四碳酰) 甘油 1-(24-hydroxytetracosanoyl)glycerol
(2S,3S,4R,10E)-2-[(2'R)-2'- 羟基二十四碳酰氨基]-10- 十八烯 -1,3,4- 三醇 (2S,3S,4R,10E)-2-[(2'R)-2'-hydroxylignoceroylamino]-10-octadecene-1,3,4-triol
(2S,3S,4R,10E)-2-[(2'R)-2- 羟基二十四碳酰氨基]-10- 十八烯 -1,3,4- 三醇 (2S,3S,4R,10E)-2-[(2'R)-2-hydroxytetracosanoyl amino]-10-octadecene-1,3,4-triol
(2S,3S,4R,10E)-2-[(2R)-2- 羟基二十四碳酰氨基]-10- 十八烯 -1,3,4- 三醇 (2S,3S,4R,10E)-2-[(2R)-2-hydroxytetracosanoylamino]-10-octadecene-1,3,4-triol
(2S,3S,4R,8E)-2-[(2'R)-2'- 羟基二十四碳酰氨基]-8- 十八 (碳) 烯 -1,3,4- 三醇 (2S,3S,4R,8E)-2-[(2'R)-2'-hydroxyltetracosanoyl]-8-octadecene-1,3,4-triol
(2S,3S,4R)-2-[(2'R)-2'- 羟基二十四碳酰胺]-1,3,4- 十八碳三醇 (2S,3S,4R)-2-[(2'R)-2'-hydroxytetracosanoyl-amino]-1,3,4-octadecanetriol
(2S,3S,4R,8E)-2-[(2'R)-2'- 羟基 - 二十四碳酰胺基]- 十八碳 -1,3,4- 三羟基 -8- 烯 (2S,3S,4R,8E)-2-[(2'R)-2'-hydroxy-lignocera-noylamino]-octadecane-1,3,4-tri-ol-8-ene
(2S,3S,4R,8E)-2-[(2'R)-2'- 羟基二十四烷氨基]-8(E)- 十八烯 -1,3,4- 三醇 (2S,3S,4R,8E)-2-[(2'R)-2'-hydroxylignoceroylamino]-8(E)-octadecene-1,3,4-triol
N-(2'- 羟基二十四烷基)-1,3,4- 三羟基 -2- 氨基 - 十八烷 N-(2'-hydroxytetracosyl)-1,3,4-trihydroxy-2-amino-octadecane
24'- 羟基二十四烷基阿魏酸酯 24'-hydroxytetracosyl ferulate
8[E]-N-(2'- 羟基 - 二十四烷酰)-1-O-β-D- 吡喃葡萄糖基 -8- 烯 - 十八烷鞘氨醇 8[E]-N-(2'-hydroxy-tetracosancosoyl)-1-O-β-D-glucopyranosyl-8-en-octadecasphingenine
(2S,3S,4R,11E)-2-[(2R)-2- 羟基二十四烷酰氨基]-11- 十八烯 -1,3,4- 三醇 (2S,3S,4R,11E)-2-[(2R)-2-hydroxytetracosanoylamino]-11-octadecene-1,3,4-triol
(2S,3S,4R,8E)-2-N-[(2'R)-2'- 羟基二十四烷酰氨基]-8- 二十碳烯 -1,3,4- 三醇 (2S,3S,4R,8E)-2-N-[(2'R)-2'-hydroxytetracosanoylamino]-8-eicosylene-1,3,4-triol
(2S,3S,4R,8E)-2-[(2'R)-2'- 羟基二十四烷酰胺]- 十八烯 -1,3,4- 三醇 (2S,3S,4R,8E)-2-[(2'R)-2'-hydroxytetracosanosylamino]-octadecene-1,3,4-triol
(2S,3R,4E)-2-N-(2'- 羟基二十四酰) 十七鞘氨 -4- 烯 (2S,3R,4E)-2-N-(2'-hydroxytetracosanoyl)heptadecasphinga-4-ene
(2S,3S,4R,8E)-2-N-(2'- 羟基二十四酰) 十七鞘氨 -8- 烯 (2S,3S,4R,8E)-2-N-(2'-hydroxytetracosanoyl)heptadecasphinga-8-ene
(2S,3S,4R)-2-[(2'R)-2'- 羟基二十四酰胺]-1,3,4- 十八烷三醇 (2S,3S,4R)-2-[(2'R)-2'-hydroxytetracosanoylamino]-1,3,4-octadecanetriol
(2S,3S,4R,10E)-2-[(2'R)-2'- 羟基二十四酰胺]-10- 十八烷烯 -1,3,4- 三醇 (2S,3S,4R,10E)-2-[(2'R)-2'-hydroxyltetracosanoylamino]-10-octadecene-1,3,4-triol
(2S,3S,4R,2'R)-2-(2'- 羟基二十四酰胺基)- 十八烷 -1,3,4- 三醇 (2S,3S,4R,2'R)-2-(2'-hydroxytetracosnoylamino)-octadecane-1,3,4-triol
N-(2'- 羟基 - 二十四酰基)-2- 氨基 -1,3,4- 三羟基 - 十八 -8E- 烯 N-(2'-hydroxy-tetracosanoyl)-2-amino-1,3,4-trihydroxyoctadec-8E-ene
(2S,3S,4R)-N-(2'- 羟基二十四酰基)- 十八碳 - 神经鞘氨醇 (2S,3S,4R)-N-(2'-hydroxytetracosanoyl)-octadecasphingenine
(2S,3S,4R)-N-[(R)-2'- 羟基二十四酰基]-1,3,4- 三羟基 -2- 氨基 - 十八 -6- 烯 (2S,3S,4R)-N-[(R)-2'-hydroxytetracosanoyl]-1,3,4-trihydroxy-2-amino-octadeca-6-ene
10- 羟基二十烷 10-hydroxyeicosadecane
α- 羟基二十五酸 α-hydroxypentacosanoic acid
(2S,3S,4R,8E)-2-[(2'R)-2'- 羟基二十五碳酰氨基]-8- 十八碳烯 -1,3,4- 三醇 (2S,3S,4R,8E)-2-[(2'R)-2'-hydroxypentracosanoylamino]-8-octadecene-1,3,4-triol
18- 羟基二十五烷 -21- 烯 -1- 酸 18-hydroxypentacos-21-en-1-oic acid
(2S,3S,4R)-2-N-[(2'R)-2'- 羟基二十五烷酰氨基]- 二十九烷 -1,3,4- 三醇 (2S,3S,4R)-2-N-[(2'R)-2'-hydroxypentacosanoylamino]-nonacosane-1,3,4-triol
(2S,3S,4R,8E)-2-[(2'R)-2'- 羟基二十五烷酰胺]- 十八烯 -1,3,4- 三醇 (2S,3S,4R,8E)-2-[(2'R)-2'-hydroxypentacosanosylamino]-octadecene-1,3,4-triol
(2S,3S,4R,8E)-2-[(2'R)-2'- 羟基二十酰二十六酰氨基]-1,3,4- 十八碳三醇 -8- 烯 (2S,3S,4R,8E)-2-[(2'R)-2'-hydroxyeicosanoylhexacosanoyl amino]-1,3,4-octadecanetriol-8-ene
N-2'- 羟基 - 二十酰基 -(二十一酰基 - 二十六酰基)-4- 羟基 - 反式 -8- 鞘氨醇 N-2'-hydroxy-eicosanoyl-(henicosanoyl-hexacosanoyl)-4-hydroxy-trans-8-sphingenine
14- 羟基二十一酸 14-hydroxyheneicosanoic acid
(2S,3S,4R,8E)-2-[(2'R)-2'- 羟基 - 二十一碳酰胺基]- 二十一碳 -1,3,4- 三羟基 -8- 烯 (2S,3S,4R,8E)-2-[(2'R)-2'-hydroxy-heneicosanoylamino]-heneicosane-1,3,4-triol-8-ene
7'- 羟基二香荚兰基四氢呋喃 7'-hydroxydivanillyltetrahydrofuran
5- 羟基番木鳖次碱 5-hydroxyvomicine
10- 羟基番木鳖碱 10-hydroxystrychnine
15- 羟基番木鳖碱 15-hydroxystrychnine
4- 羟基番木鳖碱 4-hydroxystrychnine
15α- 羟基番茄定 15α-hydroxytomatidine
15α- 羟基番茄定烯醇▲ 15α-hydroxytomatidenol
4- 羟基 - 反式 - 桂皮酸 4-hydroxy-trans-cinnamic acid
4- 羟基 - 反式 - 桂皮酸烷基酯 4-hydroxy-trans-cinnamic acid alkyl ester
6- 羟基 - 反式 - 桂皮酰基 -6β- 马钱苷 6-hydroxy-trans-cinnamoyl-6β-loganin
6- 羟基 - 反式 - 桂皮酰基 -7-O- 乙酰基 -6β- 马钱苷 6-hydroxy-trans-cinnamoyl-7-O-acetyl-6β-loganin
2α- 羟基 - 反式 - 欧洲刺柏酸▲ 2α-hydroxy-trans-communic acid
(3R)-8- 羟基芳樟醇 (3R)-8-hydroxylinalool
8- 羟基芳樟醇 8-hydroxylinalool
9- 羟基芳樟醇 9-hydroxylinalool
(3R,6E)-8- 羟基芳樟醇 -1-O-β-D- 吡喃葡萄糖苷 (3R,6E)-8-hydroxylinalool-1-O-β-D-glucopyranoside
(3R)-8- 羟基芳樟醇 -3,8- 二 -O-β-D-(6'-O-E- 芥子酰) 吡喃葡萄糖苷 (3R)-8-hydroxylinalool-3,8-di-O-β-D-(6'-O-E-sinapoyl) glucopyranoside

9- 羟基芳樟醇 -3-*O*-*β*-D- 吡喃木糖基 -(l → 6)-*β*-D- 葡萄糖基 - 七乙酸酯 9-hydroxylinalool-3-*O*-*β*-D-xylopyranosyl-(l → 6)-*β*-D-glucopyranosideheptaacetate
(6*E*)-8- 羟基芳樟醇 -3-*O*-*β*-D- 吡喃葡萄糖苷 (6*E*)-8-hydroxylinalool-3-*O*-*β*-D-glucopyranoside
9- 羟基芳樟醇葡萄糖苷 9-hydroxylinaloylglucoside
9- 羟基芳樟酰 -3-*O*-(4-*O*- 香豆酰基)-*β*-D- 吡喃葡萄糖酯苷 9-hydroxy-linaloyl-3-*O*-(4-*O*-coumaroyl)-*β*-D-glucopyranoside
9- 羟基芳樟酰葡萄糖酯苷 9-hydroxylinaloyl glucoside
3- 羟基 - 飞齐墩果 -28- 酸甲酯 3-hydroxy-friedoolean-28-oic acid methyl ester
6- 羟基非洲防己素▲ 6-hydroxycolumbin
6*α*- 羟基非洲箭毒草灵▲ 6*α*-hydroxybuphanidrine
2- 羟基菲甲酸 2-hydroxyphenanthrenecarboxylic acid
15- 羟基榧树醇 -10-*O*-*β*-D- 呋喃芹糖基 -(1 → 6)-*β*-D- 吡喃葡萄糖苷 15-hydroxytorreyol-10-*O*-*β*-D-apiofuranosyl-(1 → 6)-*β*-D-glucopyranoside
4- 羟基酚 -1-*O*-*β*-D-(6-*O*- 对羟基苯甲酰基)- 吡喃葡萄糖苷 4-hydroxyphenol-1-*O*-*β*-D-(6-*O*-*p*-hydroxybenzoyl)-glucopyranoside
5- 羟基风铃木醇▲ 5-hydroxylapachol
(1*R*,4*S*,6*R*)-6- 羟基葑烷 -2- 酮 -6-*O*-*β*-D- 吡喃葡萄糖苷 (1*R*,4*S*,6*R*)-6-hydroxyfenchan-2-one-6-*O*-*β*-D-glucopyranoside
(-)-(3*R*,4*S*)-4- 羟基蜂蜜曲霉素 (-)-(3*R*,4*S*)-4-hydroxymellein
(3*S*,4*R*)- 羟基蜂蜜曲霉素▲ (3*S*,4*R*)-hydroxymellein
5- 羟基呋喃并 [7,6:4",5"] 黄酮 5-hydroxyfurano[7,6:4",5"]flavone
3'- 羟基呋喃并 [8,7:4",5"] 黄酮 3'-hydroxyfuro[8,7:4",5"]flavone
5'- 羟基呋喃并 [8,7:4",5"] 黄酮 5'-hydroxyfuro[8,7:4",5"]flavone
10*β*- 羟基呋喃苪漠木 -6*β*-yl-2' ζ - 甲基丁酸酯 10*β*-hydroxyfuranoeremophilan-6*β*-yl-2' ζ -methylbutanoate
6*β*- 羟基呋喃苪漠木烷 6*β*-hydroxyfuranoeremophilane
6*β*- 羟基呋喃苪漠木烯内酯▲ 6*β*-hydroxyeremophilenolide
8- 羟基呋喃香豆素 8-hydroxyfurocoumarin
22- 羟基呋喃甾醇 -3,26-*O*- 双葡萄糖苷 22-hydroxyfurostanol-3,26-*O*-bisglycoside
(16*R*)-17- 羟基 - 伏康树 -3- 酮 (16*R*)-17-hydroxyvobasan-3-one
3'-*R*/*S*- 羟基伏康树胺▲ 3'-*R*/*S*-hydroxyvoacamine
25- 羟基茯苓酸 25-hydroxypachymic acid
28- 羟基甘草次酸 28-hydroxyglycyrrhetic acid
24- 羟基甘草酸 24-hydroxyglycyrrhizin
18*α*- 羟基甘草酸盐 18*α*-hydroxyglycyrrhetate
24- 羟基甘草皂苷 A_3 24-hydroxylicoricesaponin A_3
24- 羟基甘草皂苷 E_2 24-hydroxyl-licorice saponin E_2
7*β*- 羟基杠柳苷元 7*β*-hydroxyperiplogenin
8*β*- 羟基杠柳苷元 8*β*-hydroxyperiplogenin
8- 羟基杠柳苷元 8-hydroxyperiplogenin
7- 羟基高虎皮楠碱甲酯 methyl 7-hydroxyhomodaphniphyllate
17- 羟基高虎皮楠酸▲ 17-hydroxyhomodaphniphyllic acid
4'- 羟基高黄芩苷 4'-hydroxyscutellarin
6- 羟基高良姜素 6-hydroxygalangin
羟基高山毒豆异黄酮▲ hydroxyalpinumisoflavone
4'- 羟基哥伦比亚狭缝芹亭▲ 4'-hydroxycolumbianetin
3'- 羟基葛根素 3'-hydroxypuerarin
3'- 羟基葛根素 -4'-*O*- 去氧己糖苷 3'-hydroxypuerarin-4'-*O*-deoxyhexoside
6- 羟基葛缕子艾菊酮 6-hydroxycarvotanacetone
4- 羟基葛缕子艾菊酮 -7-*O*- 当归酸酯 4-hydroxycarvotanacetone-7-*O*-angelate
3 α - 羟基葛缕子塔吉烯酮 3*α*-hydroxycarvotagenone
3 β - 羟基葛缕子塔吉烯酮 3*β*-hydroxycarvotagenone
10- 羟基葛缕子酮 10-hydroxycarvone
3- 羟基根皮苷 3-hydroxyphloridzin
3- 羟基根皮素 3-hydroxyphloretin
3- 羟基根皮素 -4'-(6"-*O*- 没食子酰基 -*β*-D- 吡喃葡萄糖苷) 3-hydroxyphloretin-4'-(6"-*O*-galloyl-*β*-D-glucopyranoside)
3- 羟基根皮素 -4'-[3"-*O*- 没食子酰基 -4",6"- 二 -*O*-(*S*)- 六羟基联苯二甲酰基 -*β*-D- 吡喃葡萄糖苷] 3-hydroxyphloretin-4'-[3"-*O*-galloyl-4",6"-di-*O*-(*S*)-HHDP-*β*-D-glucopyranoside]
3- 羟基根皮素 -4'-[4",6"- 二 -*O*-(*S*)- 六羟基联苯二甲酰基 -*β*-D- 吡喃葡萄糖苷] 3-hydroxyphloretin-4'-[4",6"-di-*O*-(*S*)-HHDP-*β*-D-glucopyranoside]
3- 羟基根皮素 -4'-*O*-[3"-*O*- 没食子酰基 -4",6"-*O*-(*S*)- 六羟基联苯二甲酰基]-*β*-D- 吡喃葡萄糖苷 3-hydroxyphloretin-4'-*O*-[3"-*O*-galloyl-4",6"-*O*-(*S*)-HHDP]-*β*-D-glucopyranoside
3- 羟基根皮素 -4'-*O*-[4",6"-*O*-(*S*)- 六羟基联苯二甲酰基]-*β*-D- 吡喃葡萄糖苷 3-hydroxyphloretin 4'-*O*-[4",6"-*O*-(*S*)-HHDP]-*β*-D-glucopyranoside
3- 羟基根皮素 -4'-*O*-[6"-*O*- 没食子酰基]-*β*-D- 吡喃葡萄糖苷 3-hydroxyphloretin-4'-*O*-[6"-*O*-galloyl]-*β*-D-glucopyranoside
3- 羟基根皮素 -4'-*O*-*β*-D- 吡喃葡萄糖苷 3-hydroxyphloretin-4'-*O*-*β*-D-glucopyranoside
3- 羟基根皮素 -6'-*O*- 己糖苷 3-hydroxyphloretin-6'-*O*-hexoside
3- 羟基根皮素 -6-*O*- 己糖苷 3-hydroxyphloretin-6-*O*-hexoside
14- 羟基钩吻巴豆定▲ 14-hydroxygelsecrotonidine
14- 羟基钩吻定碱 14-hydroxygelsedine
14- 羟基钩吻二内酰胺▲ 14-hydroxygelsedilam
14- 羟基钩吻精碱 14-hydroxygelselegine
14- 羟基钩吻麦定 14-hydroxygelsamydine
19*α*- 羟基钩吻麦定 19*α*-hydroxygelsamydine
14- 羟基钩吻尼辛▲ 14-hydroxygelsenicine
14- 羟基钩吻萨胺▲ 14-hydroxyelegansamine
(19'*R*)- 羟基狗牙花胺▲ (19'*R*)-hydroxytabernamine
(19'*S*)- 羟基狗牙花胺▲ (19'*S*)-hydroxytabernamine
19*S*- 羟基狗牙花明▲ 19*S*-hydroxytacamine
13- 羟基古山龙碱 A 13-hydroxygusanlung A
7*α*- 羟基谷甾醇 7*α*-hydroxysitosterol
7*β*- 羟基谷甾醇 7*β*-hydroxysitosterol
7- 羟基谷甾醇 7-hydroxysitosterol
7*α*- 羟基谷甾醇 -3-*O*-*β*-D- 吡喃葡萄糖苷 7*α*-hydroxysitosterol-3-*O*-*β*-D-glucopyranoside
7*β*- 羟基谷甾醇 -3-*O*-*β*-D- 吡喃葡萄糖苷 7*β*-hydroxysitosterol-3-*O*-*β*-D-glucopyranoside
7*α*- 羟基谷甾醇 -*β*-D- 吡喃葡萄糖苷 7*α*-hydroxysitosterol-*β*-D-glucopyranoside
7*β*- 羟基谷甾醇 -*β*-D- 吡喃葡萄糖苷 7*β*-hydroxysitosterol-*β*-D-glucopyranoside
4- 羟基瓜木叶苷▲ 4-hydroxyalangifolioside
10- 羟基冠狗牙花定 10-hydroxycoronaridine
3- 羟基冠狗牙花定 3-hydroxycoronaridine
2*β*- 羟基冠裸穗豚草素 2*β*-hydroxycoronopilin
8*β*- 羟基冠裸穗豚草素 8*β*-hydroxycoronopilin
19*R*- 羟基管花多果树文碱▲ 19*R*-hydroxytubotaiwine
19*S*- 羟基管花多果树文碱▲ 19*S*-hydroxytubotaiwine
20- 羟基 - 管花多果树文碱▲ 20-hydroxy-tubotaiwine
(3*R*)-4"- 羟基光果甘草定 (3*R*)-4"-hydroxyglabridin
3- 羟基光果甘草酚 3-hydroxyglabrol
24- 羟基光果甘草内酯 24-hydroxyglabrolide
羟基光蜡树苷▲ A, B hydroxyframoside A, B

Q

6- 羟基光叶绣线菊碱▲ 6-hydroxylspiraqine
2- 羟基桂皮醛 2-hydroxycinnamaldehyde
4- 羟基桂皮醛 4-hydroxycinnamic aldehyde
3- 羟基桂皮酸 3-hydroxycinnamic acid
4- 羟基桂皮酸 4-hydroxycinnamic acid
羟基桂皮酸 hydroxycinnamic acid
4- 羟基桂皮酸甲酯 4-hydroxycinnamic acid methyl ester
4- 羟基桂皮酸乙酯 4-hydroxycinnamic acid ethyl ester
7- 羟基桂皮酸乙酯 7-hydroxycinnamic acid ethyl ester
4- 羟基桂皮酸正十八烷酯 *n*-octadecyl-4-hydroxy-cinnamate
8-*O*-(2- 羟基桂皮酰基)- 钩果草吉苷▲ 8-*O*-(2-hydroxycinnamoyl)-harpagide
8-*O*-(4- 羟基桂皮酰基)- 钩果草吉苷▲ 8-*O*-(4-hydroxycinnamoyl)-harpagide
6'-*O*-(*E*-4- 羟基桂皮酰基) 去葡萄糖基波叶刚毛果苷▲ 6'-*O*-(*E*-4-hydroxycinnamoyl)desglucouzarin
2'-*O*-(4''- 羟基桂皮酰基)- 玉叶金花苷酸 2'-*O*-(4''-hydroxycinnamoyl)-mussaenosidic acid
27-*E*-4- 羟基桂皮酰氧基白桦脂酸 27-*E*-4-hydroxycinnamoyloxybetulinic acid
8- 羟基果胶柳穿鱼苷元▲ 8-hydroxypectolinarigenin
2α- 羟基果渣酸▲ 2α-hydroxypomolic acid
α- 羟基过氧二乙醚 α-hydroperoxydiethylether
5α- 羟基过氧木香酸 5α-hydroperoxycostic acid
4'- 羟基海螺碱 4'-hydroxylittorine
19*S*- 羟基海南狗牙花碱 A 19*S*-hydroxyervahanine A
25- 羟基海南陆均松甾酮 25-hydroxydacryhainansterone
10- 羟基海涅狗牙花碱▲ 10-hydroxyheyneanine
(3β,13α)-3- 羟基海松 -7,15- 二烯 -2,12- 二酮 (3β,13α)-3-hydroxypimara-7,15-dien-2,12-dione
(12α,13α)-12- 羟基海松 -7,15- 二烯 -3- 酮 (12α,13α)-12-hydroxypimara-7,15-dien-3-one
(5*S*,6*R*,9*S*,10*S*,13*R*)-6- 羟基海松 -8(14),15- 二烯 -1- 酮 (5*S*,6*R*,9*S*,10*S*,13*R*)-6-hydroxypimara-8(14),15-dien-1-one
(2β,5β,10α,13α)-2- 羟基海松酸 -9(11),15- 二烯 -12- 酮 (2β,5β,10α,13α)-2-hydroxyl-pimara-9(11),15-dien-12-one
(1*R*,3*E*,7*E*,11*S*,12*R*)-18- 羟基海兔 -3,7- 二烯 (1*R*,3*E*,7*E*,11*S*,12*R*)-18-hydroxydolabella-3,7-diene
(1*R*,7*E*,11*S*,12*R*)-18- 羟基海兔 -4(16),7- 二烯 -3- 酮 (1*R*,7*E*,11*S*,12*R*)-18-hydroxydolabella-4(16),7-dien-3-one
3- 羟基汉黄芩素 3-hydroxywogonin
4'- 羟基汉黄芩素 4'-hydroxywogonin
4'- 羟基汉黄芩素 -7-*O*-β-D- 葡萄糖醛酸葡萄糖苷 4'-hydroxywogonin-7-*O*-β-D-glucuronic acid glycoside
22- 羟基旱莲木碱 22-hydroxyacuminatine
3α- 羟基何帕 -22(29)- 烯 3α-hydroxyhop-22(29)-ene
3β- 羟基何帕 -22(29)- 烯 3β-hydroxyhop-22(29)-ene
22- 羟基何帕 -3- 酮 22-hydroxyhopan-3-one
22- 羟基何帕酮 22-hydroxyhopanone
羟基何帕酮 hydroxyhopanone
22- 羟基何帕烷 22-hydroxyhopane
羟基何帕烷 hydroxyhopane
2- 羟基和厚朴醛▲ 2-hydroxyobovaaldehyde
16- 羟基荷茗草酮▲ 16-hydroxyhorminone
3'- 羟基黑黄檀亭▲ 3'-hydroxymelanettin
12α- 羟基黑老虎酸 12α-hydroxycoccinic acid
12β- 羟基黑老虎酸 12β-hydroxycoccinic acid
6β- 羟基黑五味子酸▲ 6β-hydroxynigranoic acid
23- 羟基红椿希内酯▲ 23-hydroxytoonacilide
4- 羟基红根草对醌 4-hydroxysapriparaquinone
4- 羟基红根草邻醌 4-hydroxysaprorthoquinone
(2)-(*R*)- 羟基红果酸 (2)-(*R*)-hydroxyeucomic acid
羟基红果酸 hydroxyeucomic acid
(-)-(*R*)- 羟基红果酸 -4- 丁酯 4-butyl-(-)-(*R*)-hydroxyeucomate
(-)-(*R*)- 羟基红果酸 -4- 甲酯 4-methyl (-)-(*R*)-hydroxyeucomate
羟基红花袋鼠爪酮▲ hydroxyanigorufone
羟基红花黄色素 A hydroxysafflor yellow A
4- 羟基红盘衣素▲ 4-hydroxyhaemoventosin
10β- 羟基红乳菇素 A 10β-hydroxylactarorufin A
3- 羟基猴头菌烯酮▲ F 3-hydroxyhericenone F
(-)-5- 羟基厚果唐松草次碱 (-)-5-hydroxythalidasine
(-)-5- 羟基厚果唐松草次碱 -2-α-*N*- 氧化物 (-)-5-hydroxythalidasine-2-α-*N*-oxide
羟基胡椒酚 hydroxychavicol
2-(γ'- 羟基胡椒酚)- 羟基胡椒酚 2-(γ'-hydroxychavicol)-hydroxychavicol
羟基胡麻酮▲ hydroxysesamone
11- 羟基胡蔓藤宁▲ 11-hydroxyhumantenine
15- 羟基胡蔓藤宁▲ 15-hydroxyhumantenine
15- 羟基胡蔓藤氧杂宁▲ 15-hydroxyhumantenoxenine
(23*E*)-25- 羟基葫芦 -5,23- 二烯 -3,7- 二酮 (23*E*)-25-hydroxycucurbita-5,23-diene-3,7-dione
3- 羟基葫芦 -5,24- 二烯 -19- 醛 -7,23- 二 -*O*-β- 吡喃葡萄糖苷 3-hydroxycucurbita-5,24-dien-19-al-7,23-di-*O*-β-glucopyranoside
(24*E*)-3β- 羟基葫芦 -5,24- 二烯 -26- 酸 (24*E*)-3β-hydroxycucurbita-5,24-diene-26-oic acid
7β- 羟基葫芦素 B 7β-hydroxycucurbitacin B
7β- 羟基葫芦素 F-25-*O*- 乙酸酯 7β-hydroxycucurbitacin F-25-*O*-acetate
8- 羟基槲皮素 8-hydroxyquercetin
8- 羟基槲皮万寿菊素 8-hydroxyquercetagetin
2- 羟基琥珀酸丁酯 butyl 2-hydroxysuccinate
2- 羟基琥珀酸二丁酯 dibutyl-2-hydroxysuccinate
3'- 羟基花椒内酯 3'-hydroxyxanthyletin
3- 羟基花椒内酯 3-hydroxyxanthyletin
8- 羟基花椒内酯 8-hydroxyxanthyletin
11- 羟基花朱顶红碱▲ 11-hydroxyvittatine
(-)-9α- 羟基槐胺 (-)-9α-hydroxysophoramine
7α- 羟基槐胺 α-hydroxysophoramine
3α- 羟基槐定碱 3α-hydroxysophoridine
N- 羟基槐定碱 *N*-hydroxysophoridine
(-)-9α- 羟基槐果碱 (-)-9α-hydroxysophocarpine
(+)-12α- 羟基槐果碱 (+)-12α-hydroxysophocarpine
12β- 羟基槐果碱 12β-hydroxysophocarpine
4''- 羟基环波罗蜜辛▲ 4''-hydroxycycloartocarpesin
21- 羟基环长春任碱▲ 21-hydroxycyclolochnerine
2- 羟基环己基 -6'-*O*- 对香豆酰基 -β-D- 吡喃葡萄糖苷 2-hydroxycyclohexyl-6'-*O*-*p*-coumaroyl-β-D-glucopyranoside
3- 羟基环己酸 3-hydroxy-cyclohexanecarboxylic acid
3α- 羟基环裂松萝酸▲ 3α-hydroxydiffractaic acid
3β- 羟基环木菠萝 -23- 烯 -25- 甲醚 3β-hydroxycycloart-23-ene-25-methyl ether
3β- 羟基环木菠萝 -24- 酮 3β-hydroxycycloart-24-one
3β- 羟基 - 环木菠萝 -24- 酮 3β-hydroxy-cycloartan-24-one
3β- 羟基环木菠萝 -24- 烯 -26- 醛 3β-hydroxycycloart-24-en-26-al
3β- 羟基环木菠萝 -25- 烯 -24- 酮 3β-hydroxycycloart-25-en-24-one
3β- 羟基 - 环木菠萝 -25- 烯 -24- 酮 3β-hydroxy-cycloart-25-en-24-one

2α- 羟基环小花茴香酮▲ 2α-hydroxycycloparvifloralone
(+)-30- 羟基环小叶黄杨烯碱▲ (+)-30-hydroxycyclomicrobuxene
11- 羟基 - 荒漠木 -1(10)- 烯 -2,9- 二酮 11-hydroxy-eremophil-1(10)-en-2,9-dione
8β- 羟基荒漠木 -3,7(11)- 二烯 -8α,12(6α,15)- 二内酯 8β-hydroxyeremophil-3,7(11)-dien-8α,12(6α,15)-diolide
(4S,5S,6R,10R)-10- 羟基荒漠木 -7(11),8(9)- 二烯 -6,15;8,12- 二内酯 (4S,5S,6R,10R)-10-hydroxyeremophil-7(11),8(9)-diene-6,15;8,12-diolide
8β- 羟基荒漠木 -7(11),9(10)- 二烯 -12,8α- 内酯 8β-hydroxyeremophil-7(11),9(10)-dien-12,8α-olide
1β- 羟基 - 荒漠木 -7(11),9- 二烯 -10αH-12,8β- 内酯 1β-hydroxy-eremophil-7(11),9-dien-10αH-12,8β-olide
8β- 羟基荒漠木 -7(11)- 烯 -12,8α(4β,6α)- 二内酯 8β-hydroxyeremophil-7(11)-en-12,8α(4β,6α)-diolide
6β- 羟基荒漠木 -7(11)- 烯 -12,8α 内酯 6β-hydroxyeremophil-7(11)-en-12,8α-olide
(8S)-8- 羟基荒漠木 -7(11)- 烯 -12,8α- 内酯 (8S)-8-hydroxyeremophil-7(11)-en-12,8-olide
10- 羟基荒漠木 -7(11)- 烯 -12,8α- 内酯 10-hydroxyeremophil-7(11)-en-12,8α-olide
8β- 羟基 - 荒漠木 -7(11)- 烯 -12,8α- 内酯 8β-hydroxy-eremophil-7(11)-en-12,8α-olide
8α- 羟基荒漠木 -7(11)- 烯 -12,8β(14β,6α)- 二内酯 8α-hydroxyeremophil-7(11)-en-12,8β(14β,6α)-diolide
3β- 羟基荒漠木 -7(11)- 烯 -12,8β- 内酯 3β-hydroxy-eremophil-7(11)-en-12,8β-olide
6β- 羟基 - 荒漠木 7(11)- 烯 -12,8β- 内酯 6β-hydroxyeremophil-7(11)-en-12,8β-olide
8β- 羟基荒漠木 -7(11)- 烯 -6α,15;8α,12- 二内酯 8β-hydroxyeremophil-7(11)-ene-6α,15;8α,12-diolide
8β- 羟基荒漠木 -7(11)- 烯 -8α,12(6α,14β)- 二内酯 8β-hydroxyeremophil-7(11)-en-8α,12(6α,14β)-diolide
8β- 羟基荒漠木 -7(11)- 烯 -8α,12- 内酯 8β-hydroxyeremophil-7(11)-en-8α,12-olide
11β- 羟基荒漠木 -8(9)7,(1l)- 二烯 -6α,15;8,12- 二内酯 11β-hydroxyeremophil-8(9)7, (1l)-dien-6α,15;8,12-diolide
8β- 羟基荒漠木烷 -7(11)- 烯 -15,6α: 12,8- 二内酯 8β-hydroxyeremophil-7(11)-ene-15,6α: 12,8-diolide
12α- 羟基黄柏内酯 12α-hydroxyobaculactone
23- 羟基黄花九轮草皂苷元 B-22- 乙酸酯 -3-O-{β-D- 吡喃木糖基 -(1 → 2)-β-D- 吡喃葡萄糖基 -(1 → 4)[β-D- 吡喃葡萄糖基 -(1 → 2)]-α-L- 吡喃阿拉伯糖苷} 23-hydroxypriverogenin B-22-acetate-3-O-{β-D-xylopyranosyl-(1→2)-β-D-glucopyranosyl-(1→4)[β-D-glucopyranosyl-(1 → 2)]-α-L-arabinopyranoside}
3- 羟基黄牛茶酮▲ C 3-hydroxycochinchinone C
2'- 羟基黄酮 2'-hydroxyflavone
4'- 羟基黄酮 4'-hydroxyflavone
5- 羟基黄酮 5-hydroxyflavone
7- 羟基黄酮 7-hydroxyflavone
4'- 羟基黄酮 -3-O-(6-O- 反式 - 对香豆酰基)-β-D- 吡喃葡萄糖苷 4'-hydroxyflavone-3-O-(6-O-trans-p-coumaryl)-β-D-glucopyranoside
3'- 羟基黄酮 -4'-O-β-D- 吡喃葡萄糖苷 3'-hydroxyflavone-4'-O-β-D-glucopyranoside
(2S)-7- 羟基黄烷酮 (2S)-7-hydroxyflavanone
(S)-5- 羟基黄烷酮 (S)-5-hydroxyflavanone
2S-7- 羟基黄烷酮 2S-7-hydroxyflavanone
7- 羟基黄烷酮 7-hydroxyflavanone
(2S)-5- 羟基黄烷酮 -7-O-β-D-(5- 反式 - 桂皮酰呋喃芹糖基)-(1→2)-O-β-D- 吡喃葡萄糖苷 (2S)-5-hydroxyflavanone-7-O-β-D-(5-trans-cinnamyloylapiofuranosyl)-(1 → 2)-O-β-D-glucopyranoside
4'- 羟基黄烷酮 -7-O-β-D- 吡喃葡萄糖苷 4'-hydroxyflavanone-7-O-β-D-glucopyranoside
(2S)-5- 羟基黄烷酮 -7-O-β-D- 吡喃葡萄糖醛酸 (2S)-5-hydroxyflavanone-7-O-β-D-glucopyranosiduronic acid
(2S)-5- 羟基黄烷酮 -7-O-β-D- 呋喃芹糖基 -(1 → 2)-O-β-D- 吡喃葡萄糖苷 (2S)-5-hydroxyflavanone-7-O-β-D-apiofuranosyl-(1 → 2)-O-β-D-glucopyranoside
(2S)-5- 羟基黄烷酮 -7-O-β-D- 呋喃芹糖基 -(1 → 5)-O-β-D- 呋喃芹糖基 -(1 → 2)-O-β-D- 吡喃葡萄糖苷 (2S)-5-hydroxyflavanone-7-O-β-D-apiofuranosyl-(1→5)-O-β-D-apiofuranosyl-(1→2)-O-β-D-glucopyranoside
(-)-16α- 羟基黄杨胺酮▲ (-)-16α-hydroxybuxaminone
(+)-13β- 羟基黄叶槐碱 (+)-13β-hydroxymamanine
2- 羟基黄樟醚 -2-O-[α-L- 吡喃阿拉伯糖基 -(1 → 6)]-β-D- 吡喃葡萄糖苷 2-hydroxysafrole-2-O-[α-L-arabinofuranosyl-(1→6)]-β-D-glucopyranoside
2- 羟基黄樟醚 -2-O-[α-L- 吡喃芹糖基 -(1 → 6)]-β-D- 吡喃葡萄糖苷 2-hydroxysafrole-2-O-[β-D-apiofuranosyl-(1 → 6)]-β-D-glucopyranoside
2- 羟基黄樟醚 -2-O-[α-L- 吡喃鼠李糖基 -(1 → 6)]-β-D- 吡喃葡萄糖苷 2-hydroxysafrole-2-O-[α-L-rhamnopyranosyl-(1 → 6)]-β-D-glucopyranoside
2- 羟基黄樟醚 -2-O-α-L- 吡喃鼠李糖基 -(1 → 6)-β-D- 吡喃葡萄糖苷 2-hydroxysafrole-2-O-α-L-rhamnopyranosyl-(1 → 6)-β-D-glucopyranoside
4- 羟基黄钟花宁▲ 4-hydroxytecomanine
19- 羟基灰青斑鸠菊内酯 19-hydroxyglaucolide
11- 羟基灰叶素 11-hydroxytephrosin
12β- 羟基灰叶小冠花苷元▲ 12β-hydroxycoroglaucigenin
2- 羟基茴芹酸▲ 2-hydroxy-p-anisic acid
19- 羟基火焰花内酯 19-hydroxyphlogacantholide
(2R,3S,8αS)-3- 羟基鸡蛋果素 (2R,3S,8αS)-3-hydroxyedulan
16- 羟基鸡骨常山醛▲ 16-hydroxyalstonal
16- 羟基鸡骨常山辛碱▲ 16-hydroxyalstonisine
羟基鸡冠刺桐紫檀酮▲ hydroxycristacarpone
6- 羟基鸡脚参醇 B 6-hydroxyorthosiphol B
5- 羟基鸡眼藤素▲A 5-hydroxymorindaparvin A
羟基积雪草苷 hydroxyasiaticoside
11α- 羟基积雪草酸 11α-hydroxyasiatic acid
19α- 羟基积雪草酸 19α-hydroxyasiatic acid
羟基基及树酮▲ hydroxymicrophyllone
5- 羟基己基 -2- 羟基丙酸酯 5-hydroxyhexyl-2-hydroxypropanoate
6- 羟基己酸 6-hydroxyhexanoic acid
5- 羟基 - 己酸 4- 甲基 -3- 二十七碳烯 -1- 酯 5-hydroxy-hexanoic acid-4-methyl-3-heptacosen-1-yl ester
(4R,5S)-5- 羟基己烷 -4- 内酯 (4R,5S)-5-hydroxyhexan-4-olide
(3S,5S)-3- 羟基己烷 -5- 内酯 (3S,5S)-3-hydroxyhexan-5-olide
2'- 羟基荚果蕨酚 2'-hydroxymatteucinol
3- 羟基荚蒾宁 E 3-hydroxyvibsanin E
14- 羟基荚蒾宁 F 14-hydroxyvibsanin F
α- 羟基甲苯 α-hydroxytoluene
5- 羟基甲基 -(2,2':5',2'')- 三联噻吩基巴豆酸酯 5-hydroxymethyl-(2,2':5',2'')-terthienyltiglate
5- 羟基甲基 -(2,2':5',2'')- 三联噻吩基当归酸酯 5-hydroxymethyl-(2,2':5',2'')-terthienyl angelate
5- 羟基甲基 -(2,2':5',2'')- 三联噻吩基乙酸酯 5-hydroxymethyl-(2,2':5',2'')-terthienyl acetate

3'-[γ- 羟基甲基 -(E)-γ- 甲基烯丙基]-2,4,2',4'- 四羟基查耳酮 -1'-O- 香豆酸酯 3'-[γ-hydroxymethyl-(E)-γ-methylallyl]-2,4,2',4'-tetrahydroxychalcone-1'-O-coumarate

3'-[γ- 羟基甲基 -(Z)-γ- 甲基烯丙基]-4,2',4'- 三羟基查耳酮 3'-[γ-hydroxymethyl-(Z)-γ-methylallyl]-4,2',4'-trihydroxychalcone

5-(羟基甲基)-2- 呋喃甲醛 5-(hydroxymethyl)-2-furaldehyde

6β-[2-(羟基甲基) 丙 -2- 二烯氧基] 呋喃荒漠木 -1(10)- 烯 6β-[2-(hydroxymethyl)prop-2-enoyloxy]furanoeremophil-1(10)-ene

3-(5- 羟基甲基) 呋喃 -2- 基 -2- 苯基丙烯醛 3-(5-hydroxymethyl) furan-2-yl-2-phenylacrylaldehyde

4-[3'-(2'- 羟基甲基) 环氧乙烷基]-2,6- 二甲氧基苯酚 4-[3'-(hydroxymethyl)oxiran-2'-yl]-2,6-dimethoxyphenol

5'- 羟基甲基 -1'-(1,2,3,9- 四氢吡咯 [2,1-b] 喹唑啉 -1- 基)- 庚 -1- 酮 5'-hydroxymethyl-1'-(1,2,3,9-tetrahydropyrrolo[2,1-b]quinazolin-1-yl)-heptan-1-one

1- 羟基甲基 -1,2- 乙二基十六酸酯 1-(hydroxymethyl)-1,2-ethanediyl hexadecanoic acid ester

2- 羟基甲基 -10- 羟基 -1,4- 蒽醌 2-hydroxymethyl-10-hydroxy-1,4-anthraquinone

5- 羟基甲基 -1H- 吡咯 -2- 甲醛 5-(hydroxymethyl)-1H-pyrrole-2-carboxaldehyde

1-[2-(5- 羟基甲基 -1H- 吡咯 -2- 醛基 -1- 基) 乙基]-1H- 吡唑 1-[2-(5-hydroxymethyl-1H-pyrrole-2-carbaldehyde-1-yl)ethyl]-1H-pyrazole

5- 羟基甲基 -1- 甲基菲 -2,7- 二醇 5-hydroxymethyl-1-methylphenanthrene-2,7-diol

2- 羟基甲基 -1- 甲氧基蒽醌 2-hydroxymethyl-1-methoxyanthraquinone

6'-[(E)-(2''- 羟基甲基 -2''- 丁烯酰基]- 熊果苷 6'-[(E)-2''-hydroxymethyl-2''-butenoyl]-arbutin

2''- 羟基甲基 -2''- 甲基吡喃 -(5'',6'':7,8)-5,4'-(2R,3R)- 二羟基二氢黄酮醇 2''-hydroxymethyl-2''-methylpyran-(5'',6'':7,8)-5,4'-(2R,3R)-dihydroxydihydroflavonol

5- 羟基甲基 -2-(E)- 庚 -5- 烯 -1,3- 二炔噻吩 5-hydroxymethyl-2-(E)-hept-5-ene-1,3-diynylthiophene

1- 羟基甲基 -2,4,6,8,10- 十二碳五炔 -β-D- 吡喃葡萄糖苷 1-(hydroxymethyl)-2,4,6,8,10-dodecapentaynyl-β-D-glucopyranoside

2-(5- 羟基甲基 -2',5'- 二氧代 -2',3',4',5'- 四氢 -1'H-1,3'- 二吡咯) 甲醛 2-(5-hydroxymethyl-2',5'-dioxo-2',3',4',5'-tetrahydro-1'H-1,3'-bipyrrole)carbaldehyde

2-(5- 羟基甲基 -2',5'- 二氧代 -2',3',4',5'- 四氢 -1'H-1,3'- 双吡咯)- 甲醛 2-(5-hydroxymethyl-2',5'-dioxo-2',3',4',5'-tetrahydro-1'H-1,3'-bipyrrole)-carbaldehyde

4- 羟基甲基 -2,6- 二甲氧基苯基 -1-O-β-D- 吡喃葡萄糖苷 4-hydroxymethyl-2,6-dimethoxyphenyl-1-O-β-D-glucopyranoside

4- 羟基甲基 -2,6- 二甲氧基苯基 -O-β-D- 吡喃葡萄糖苷 4-hydroxymethyl-2,6-dimethoxyphenyl-O-β-D-glucopyranoside

(23S,24S)-21- 羟基甲基 -24-{[O-β-D- 吡喃葡萄糖基 -(1 → 4)-β-D- 吡喃岩藻糖基] 氧基 }-3β,23- 二羟基螺甾 -5,25(27)- 二烯 -1β-O-β-D- 呋喃芹糖基 -(1 → 3)-O-(4-O- 乙酰基 -α-L- 吡喃鼠李糖基)-(1 → 2)-O-[β-D- 吡喃木糖基 -(1 → 3)]-α-L- 吡喃阿拉伯糖苷 (23S,24S)-21-hydroxymethyl-24-{[O-β-D-glucopyranosyl-(1 → 4)-β-D-fucopyranosyl]oxy}-3β,23-dihydroxyspirosta-5,25(27)-dien-1β-O-β-D-apiofuranosyl-(1 → 3)-O-(4-O-acetyl-α-L-rhamnopyranosyl)-(1 → 2)-O-[β-D-xylopyranosyl-(1 → 3)]-α-L-arabinopyranoside

(2S)-6-[(E)-3- 羟基甲基 -2- 丁烯基]-3',4',5,7- 四羟基 - 二氢黄烷酮 (2S)-6-[(E)-3-hydroxymethyl-2-butenyl]-3',4',5,7-tetrahydroxy-dihydroflavanone

2- 羟基甲基 -2- 丁烯酸 -(4S,6R,7S,10R)-3-[(乙酰氧基) 甲基]-2,4,5,6,7,8,9,10- 八氢 -6,7- 二羟基 -6,10- 二甲基 -2- 氧代 -7,10- 环氧 (11E)- 环癸烷 [b] 呋喃 -4- 酯 2-hydroxymethyl-2-butenoic acid-(4S,6R,7S,10R)-3-[(acetyloxy)methyl]-2,4,5,6,7,8,9,10-octahydro-6,7-dihydroxy-6,10-dimethyl-2-oxo-7,10-epoxy(11E)-cyclodeca[b]furan-4-ylester

4-(5- 羟基甲基 -2- 呋喃基)-3- 丁烯 -2- 二酮 4-[5-(hydroxymethyl)-2-furanyl]-3-buten-2-one

5- 羟基甲基 -2- 呋喃甲醛 5-hydroxymethyl-2-furancarboxaldehyde

5- 羟基甲基 -2- 甲酰吡咯 5-hydroxymethyl-2-formyl-pyrrole

2-(5'- 羟基甲基 -2'- 甲酰基吡咯 -1'- 基)-3-(4- 羟基苯基)- 丙酸内酯 2-(5'-hydroxymethyl-2'-formylpyrrol-1'-yl)-3-(4-hydroxyphenyl)-propionic acid lactone

2-(5'- 羟基甲基 -2'- 甲酰基吡咯 -1'- 基)-3- 苯基 - 丙酸内酯 2-(5'-hydroxymethyl-2'-formylpyrrol-1'-yl)-3-phenyl-propionic acid lactone

2-(5- 羟基甲基 -2- 甲酰基吡咯 -1- 基) 丙酸内酯 2-(5-hydroxymethyl-2-formylpyrrole-1-yl)propionic acid lactone

2-(5- 羟基甲基 -2- 甲酰基吡咯 -1- 基) 异戊酸内酯 2-(5-hydroxymethyl-2-formylpyrrol-1-yl)isovaleric acid lactone

2-(5- 羟基甲基 -2- 甲酰基吡咯 -1- 基) 异羊油酸内酯 2-(5-hydroxymethyl-2-formylpyrrole-1-yl)isocaproic acid lactone

4- 羟基甲基 -2- 甲氧基苯酚 4-(hydroxymethyl)-2-methoxyphenol

4- 羟基甲基 -2- 甲氧基苯基 -6-O- 紫丁香基 -β-D- 吡喃葡萄糖苷 4-hydroxymethyl-2-methoxyphenyl-6-O-syringoyl-β-D-glucopyranoside

5- 羟基甲基 -2- 糠醛 5-hydroxymethyl-2-furfural; 5-hydroxymethyl-2-furaldehyde

5- 羟基甲基 -2- 糠酸 5-hydroxymethyl-2-furoic acid

6- 羟基甲基 -2- 羟基苯基 -O-β-D- 吡喃葡萄糖基 -(1 → 6)-β-D- 吡喃葡萄糖苷 6-(hydroxymethyl)-2-hydroxyphenyl-O-β-D-glucopyranosyl-(1 → 6)-β-D-glucopyranoside

(E)-1- 羟基甲基 -2- 十二烯 -4,6,8,10- 四炔 -β-D- 吡喃葡萄糖苷 (E)-1-(hydroxymethyl)-2-dodecene-4,6,8,10-tetraynyl-β-D-glucopyranoside

3- 羟基甲基 -2- 亚甲基戊烷 -1,4- 二醇 3-hydroxymethyl-2-methylenepentane-1,4-diol

(2R,3R,4R)-2- 羟基甲基 -3,4- 二羟基吡咯 -N- 丙胺 (2R,3R,4R)-2-hydroxymethyl-3,4-dihydroxypyrrolidine-N-propionamide

4- 羟基甲基 -3,5,5- 三甲基环己 -3- 烯醇 4-hydroxymethyl-3,5,5-trimethylcyclohex-3-enol

4- 羟基甲基 -3,5,5- 三甲基环己烯 -2- 酮 -4-O-β-D- 龙胆二糖苷 4-hydroxymethyl-3,5,5-trimethylcyclohexen-2-one-4-O-β-D-gentibioside

1- 羟基甲基 -3,6- 二甲氧基 -2,8- 二羟基蒽醌 1-hydroxymethyl-3,6-dimethoxy-2,8-dihydroxyanthraquinone

6- 羟基甲基 -3- 吡啶醇 6-hydroxymethyl-3-pyridinol

2- 羟基甲基 -3- 甲基 - 丁酸苯基酯 2-(hydroxymethyl)-3-methyl-butanoic acid phenyl ester

2-[(1S,2R,3S)-2- 羟基甲基 -3- 甲基环戊烯基]- 丙 -2- 烯 -1- 醇 2-[(1S,2R,3S)-2-hydroxymethyl-3-methylcyclopentyl]-prop-2-en-1-ol

2- 羟基甲基 -3- 咖啡酰氧基 -1- 丁烯 -4-O-β-D- 吡喃葡萄糖苷 2-hydroxymethyl-3-caffeoyloxyl-1-butene-4-O-β-D-glucopyranoside

5-(3- 羟基甲基 -3- 异戊酰氧基丙烷 -1 炔基)-2,2'- 联噻吩 5-(3-hydroxymethyl-3-isovaleroyloxyprop-1-ynyl)-2,2'-bithiophene

5- 羟基甲基 -4-(甲氧基甲基)-2- 甲基 -3- 吡啶 -β-D- 吡喃葡萄糖苷 5-hydroxymethyl-4-(methoxymethyl)-2-methyl-3-pyridinyl-β-D-glucopyranoside

2-[1- 羟基甲基 -4- 羟基 -3,5- 二甲氧基 - 苯基]- 丙烷 -1,3- 二醇 2-[1-(hydroxymethyl)-4-hydroxy-3,5-dimethoxy-phenyl]-propan-1,3-diol

4(E)-1- 羟基甲基 -4- 十二烯 -6,8,10- 三炔 -β-D- 吡喃葡萄糖苷 4(E)-1-(hydroxymethyl)-4-dodecene-6,8,10-triynyl-β-D-glucopyranoside
2- 羟基甲基 -5- 甲氧基苯基 -O-β-D- 吡喃葡萄糖苷 2-hydroxymethyl-5-methoxyphenyl-O-β-D-glucopyranoisde
2- 羟基甲基 -5- 甲氧基苯基 -β-D- 吡喃葡萄糖苷 2-(hydroxymethyl)-5-methoxyphenyl-β-D-glucopyranoside
2- 羟基甲基 -5- 羟基 -γ- 吡喃酮 2-hydroxymethyl-5-hydroxy-γ-pyranone
1- 羟基甲基 -5- 羟基苯基 -2-O-β-D- 吡喃葡萄糖苷 1-hydroxymethyl-5-hydroxyphenyl-2-O-β-D-glucopyranoside
2- 羟基甲基 -5- 羟基吡啶 2-methanol-5-hydroxypyridine
3- 羟基甲基 -6,8- 二甲氧基香豆素 3-hydroxymethyl-6,8-dimethoxycoumarin
3- 羟基甲基 -6- 甲氧基 -2,3- 二氢 -1H- 吲哚 -2- 醇 3-hydroxymethyl-6-methoxy-2,3-dihydro-1H-indol-2-ol
5- 羟基甲基 -6- 内向 -3'- 甲氧基 -4'- 羟基苯基 -8- 氧杂 - 双环 [3,2,1]- 八碳 -3- 烯 -2- 酮 5-hydroxymethyl-6-endo-3'-methoxy-4'-hydroxyphenyl-8-oxa-bicyclo[3,2,1]-oct-3-en-2-one
8- 羟基甲基 -8- 甲基 -3,4- 二氢 -2H,8H- 吡喃 [2,3-f]- 色酮 -3- 醇 8-hydroxymethyl-8-methyl-3,4-dihydro-2H,8H-pyrano[2,3-f]-chromon-3-ol
2- 羟基甲基 -9,10- 蒽醌 2-hydroxymethyl-9,10-anthraquinone
3- 羟基甲基 -9H- 咔唑 3-hydroxymethyl-9H-carbazole
(2S,3R)-3- 羟基甲基 -N-(2'- 羟基二十九酰基)- 十三碳 -9E- 神经鞘氨醇 (2S,3R)-3-hydroxymethyl-N-(2'-hydroxynonacosanoyl)-trideca-9E-sphingenine
1- 羟基甲基 -β- 咔啉 1-hydroxymethyl-β-carboline
3- 羟基甲基 -β- 咔啉 3-hydroxymethyl-β-carboline
4- 羟基甲基 -γ- 丁内酯 4-hydroxymethyl-γ-butyrolactone
2- 羟基甲基苯酚 2-hydroxymethylphenol
4- 羟基甲基苯酚 4-hydroxymethylphenol
3-(3- 羟基甲基苯基)-L- 丙氨酸 3-(3-hydroxymethylphenyl)-L-alanine
2- 羟基甲基苯基 -2-O-β-D- 吡喃葡萄糖基 -β-D- 吡喃葡萄糖苷 2-(hydroxymethyl)phenyl-2-O-β-D-glucopyranosyl-β-D-glucopyranoside
2- 羟基甲基苯基 -O-β-D- 吡喃葡萄糖基 -(1→2)-O-[β-D- 吡喃木糖基 -(1→6)]-β-D- 吡喃葡萄糖苷 2-(hydroxymethyl)phenyl-O-β-D-glucopyranosyl-(1→2)-O-[β-D-xylopyranosyl-(1→6)]-β-D-glucopyranoside
5- 羟基甲基 - 吡咯 -2- 甲醛 5-hydroxymethyl-pyrrole-2-carbaldehyde
8α-(4- 羟基甲基丙烯酰氧基)-10α- 羟基硬毛钩藤内酯 -13-O- 乙酸酯 8α-(4-hydroxymethacryloyloxy)-10α-hydroxyhirsutinolide-13-O-acetate
8α-(4- 羟基甲基丙烯酰氧基)- 硬毛钩藤内酯 -13-O- 乙酸酯 8α-(4-hydroxymethacryloyloxy)-hirsutinolide-13-O-acetate
(4R)-4- 羟基甲基草苁蓉内酯 (4R)-4-hydroxymethylboschnialactone
6- 羟基甲基蝶呤 6-hydroxymethylpterin
(3R)-2- 羟基甲基丁烷 (3R)-2-hydroxymethybutane
(3R)-2- 羟基甲基丁烷 -1,2,3,4- 四醇 (3R)-2-hydroxymethylbutane-1,2,3,4-tetrol
16- 羟基甲基多果树胺▲ 16-hydroxymethylpleiocarpamine
2- 羟基甲基蒽醌 2-hydroxymethylanthraquinone
2- 羟基甲基蒽醌 -3- 葡萄糖苷 2-hydroxymethylanthraquinone-3-glucoside
3- 羟基甲基呋喃 -β-D- 吡喃葡萄糖苷 3-furanmethanol-β-D-glucopyranoside
3- 羟基甲基呋喃并 [3,2-b] 萘并 [2,3-d] 呋喃 -5,10- 二酮 3-hydroxymethylfuro[3,2-b]naphtho[2,3-d]furan-5,10-dione
2α- 羟基甲基哈威豆酸酯▲ 2α-hydoxymethyl hardwickate
2- 羟基甲基红大戟定▲ 2-hydroxymethylknoxiavaledin
3- 羟基甲基糠醛 3-hydroxymethylfuraldehyde
5- 羟基甲基糠醛 5-hydroxymethylfurfural; 5-hydroxymethylfuraldehyde
5- 羟基甲基糠酸 5-hydroxymethylfuroic acid
4- 羟基甲基喹啉 4-hydroxymethylquinoline
4-N- 羟基甲基马钱碱 -17- 乙酸 4-N-hydroxymethylstrychnidin-17-acetic acid
23- 羟基甲基麦角甾烷 23-hydroxymethylergostane
2- 羟基甲基壬 -3- 烯酸 -2-[2,2']- 联硫酚 -5- 乙酯 2-hydroxymethylnon-3-ynoic acid-2-[2,2']-bithiophenyl-5-ethyl ester
α- 羟基甲基丝氨酸 α-hydroxymethylserine
5- 羟基甲基铁屎米 -6- 酮 5-hydroxymethylcanthin-6-one
29- 羟基甲基无羁萜 29-hydroxymethyl-friedelin
2-(1- 羟基甲基乙基)-4H,9H- 萘并 [2,3-b] 呋喃 -4,9- 二酮 2-(1-hydroxymethylethyl)-4H,9H-naphtho[2,3-b]furan-4,9-dione
1S-(2R- 羟基甲基乙酰氧基)-4R,8S- 二甲基螺环 [4.5]dec-7- 酮 1S-(2R-hydroxymethylacetoxy)-4R,8S-dimethylspiro[4.5]dec-7-one
(16S,19E)-N^{1}- 羟基甲基异长春钦碱▲ (16S,19E)-N^{1}-hydroxymethylisositsirikine
7'- 羟基甲基异软骨藻酸 A, B 7'-hydroxymethylisodomoic acid A, B
6- 羟基甲基治疝草素▲ 6-hydroxymethylherniarin
(E)-4-[5-(羟基甲氧基)-2- 呋喃基]-3- 丁烯 -2- 酮 (E)-4-[5-(hydroxymethyl)furan-2-yl]but-3-en-2-one
6α- 羟基假泽兰内酯▲ 6α-hydroxycordatolide
2- 羟基江西白英素 E 2-hydroxysolajiangxin E
7- 羟基江西白英素 I 7-hydroxysolajiangxin I
7- 羟基姜花醛▲ 7-hydroxyhedichinal
7β- 羟基姜花素 B 7β-hydroxycoronarin B
7- 羟基姜花烯酮 7-hydroxyhedychenone
9- 羟基姜花烯酮 9-hydroxyhedychenone
9α- 羟基姜黄诺醇▲ 9α-hydroxycurcolonol
1β- 羟基浆果紫杉素 I 1β-hydroxybaccatin I
19- 羟基浆果紫杉素 III 19-hydroxybaccatin III
N- 羟基 - 降东亚唐松草碱 N-hydroxy-northalicthuberine
(-)-3- 羟基降荷叶碱 (-)-3-hydroxynornuciferine
(R)-(-)-3- 羟基降荷叶碱 (R)-(-)-3-hydroxynornuciferine
3- 羟基降荷叶碱 3-hydroxynornuciferine
(S)-(+)-3- 羟基降南天竹宁 (S)-(+)-3-hydroxynornantenine
11- 羟基降山油柑碱 11-hydroxynoracronycine
5- 羟基降山油柑碱 5-hydroxynoracronycine
7- 羟基降山油柑碱 7-hydroxynoracronycine
9- 羟基降山油柑碱 9-hydroxynoracronycine
5- 羟基降山油柑碱乙醇 5-hydroxynoracronycine alcohol
(2S,4R)-(-)-γ- 羟基降缬氨酸 (2S,4R)-(-)-γ-hydroxynorvaline
(2S,4S)-(±)-γ- 羟基降缬氨酸 (2S,4S)-(±)-γ-hydroxynorvaline
(2R)- 羟基降新大八角素 (2R)-hydroxynorneomajucin
γ- 羟基焦谷氨酸甲酯 methyl γ-hydroxypyroglutamate
羟基角蒿碱 hydroxyincarvilline
4- 羟基金钗碱 4-hydroxydendroxine
6- 羟基金石槲碱 6-hydroxynobiline
4- 羟基金丝桃内酯▲ D 4-hydroxyhyperolactone D
(-)-13β- 羟基金罂粟碱 (-)-13β-hydroxystylopine
13β- 羟基金罂粟碱 13β-hydroxystylopine
6- 羟基金鱼草诺苷▲ 6-hydroxyantirrhinoside
6β- 羟基金鱼草萜苷▲ 6β-hydroxyantirrhide

6β- 羟基京尼平 6β-hydroxygenipin
6α- 羟基京尼平苷 6α-hydroxygeniposide
6β- 羟基京尼平苷 6β-hydroxygeniposide
6- 羟基京尼平苷 6-hydroxygeniposide
15- 羟基旌节花甾酮 A 15-hydroxystachysterone A
7- 羟基九里香咔唑宁碱▲ 7-hydroxymurrayazolinine
15- 羟基九味一枝蒿素▲C 15-hydroxyajubractin C
9- 羟基酒酵母甾醇 9-hydroxycerevisterol
19- 羟基巨大戟醇▲ 19-hydroxyingol
16- 羟基巨大戟烯醇▲ 16-hydroxyingenol
28- 羟基蕨 -9(11)- 烯 28-hydroxypteron-9(11)-ene
4- 羟基蕨素 A 4-hydroxypterosin A
6'- 羟基爵床定 A, B, C 6'-hydroxyjusticidin A, B, C
羟基咖啡酸 hydroxycaffeic acid
1β- 羟基卡波皂苷元 1β-hydroxycrabbogenin
9- 羟基卡拉巴红厚壳吨酮▲ 9-hydroxycalabaxanthone
(1S,4R,6S)-6- 羟基莰烷 -2- 酮 -6-O-β-D- 吡喃葡萄糖苷 (1S,4R,6S)-6-hydroxybornan-2-one-6-O-β-D-glucopyranoside
2- 羟基苛性酸 2-hydroxycaustic acid
4α- 羟基克罗 -15- 酸 4α-hydroxyclerodan-15-oic acid
4β- 羟基克罗 -15- 酸 4β-hydroxyclerodan-15-oic acid
3β- 羟基克罗 -4(18)- 烯 -15- 酸 3β-hydroxy-clerod-4(18)-en-15-oic acid
(25ξ)-26- 羟基苦瓜苷 L (25ξ)-26-hydroxymomordicoside L
12β- 羟基苦楝内酯 12β-hydroxykulactone
(-)-14β- 羟基苦参碱 (-)-14β-hydroxymatrine
(+)-14α- 羟基苦参碱 (+)-14α-hydroxymatrine
(+)-9α- 羟基苦参碱 (+)-9α-hydroxymatrine
13α- 羟基苦参碱 13α-hydroxymatrine
14β- 羟基苦参碱 14β-hydroxymatrine
5α- 羟基苦参碱 5α-hydroxymatrine
5- 羟基苦参碱 5-hydroxymatrine
12- 羟基 - 苦籽木 -17- 酸甲酯 12-hydroxy-akuammilan-17-oic acid methyl ester
2- 羟基喹啉 -4- 羟酸 2-hydroxyquinoline-4-carboxylic acid
1- 羟基阔叶千里光内酯 1-hydroxyplatyphyllide
2- 羟基阔叶千里光内酯▲ 2-hydroxyplatyphyllide
2- 羟基拉伯酚 B 2-hydroxyllappanol B
11- 羟基拉齐木定▲ 11-hydroxyrhazidine
4- 羟基辣薄荷酮 4-hydroxypiperitone
13- 羟基辣椒二醇 13-hydroxycapsidiol
ω- 羟基辣椒素 ω-hydroxycapsaicin
10- 羟基莱氏微花木苷酸▲ 10-hydroxylyalosidic acid
羟基赖氨酸 hydroxylysine
7α- 羟基兰伯松脂酸 7α-hydroxylambertianic acid
11- 羟基兰金钩吻定▲ 11-hydroxyrankinidine
羟基兰屿椒酰胺▲I, II hydroxylanyuamide I, II
8- 羟基榄香醇 - 扁柏酸 8-hydroxyelemol-hinokic acid
3- 羟基酪醇 3-hydroxytyrosol
羟基酪醇 hydroxytyrosol
羟基酪醇 -4- 吡喃葡萄糖苷 hydroxytyrosol-4-glucopyranoside
羟基酪醇乙酸酯 hydroxytyrosol acetate
11α- 羟基雷波乌头碱 11α-hydroxylepenine
16- 羟基雷公藤苯 H 16-hydroxytriptobenzene H
16- 羟基雷公藤内酯 16-hydroxytriptolide
6α- 羟基雷公藤愈伤素▲ 6α-hydroxytriptocalline
3α- 羟基泪柏醇 3α-hydroxymanool
3β- 羟基 - 泪柏醚 3β-hydroxy-manoyl oxide
6- 羟基类杜茎鼠李木素▲葡萄糖苷 6-hydroxymusizin glucoside
7α- 羟基 - 冷杉 -8(14)- 烯 -18- 醇 9α,13α- 内过氧化物 7α-hydroxy-abieta-8(14)-en-18-ol-9α,13α-endoperoxide
14- 羟基 - 冷杉 -8,11,13- 三烯 -3- 酮 14-hydroxy-abietyl-8,11,13-triene-3-one
3β- 羟基 - 冷杉 -8,11,13- 三烯 -7- 酮 3β-hydroxy-abieta-8,11,13-trien-7-one
12β- 羟基冷杉酸 12β-hydroxyabietic acid
12- 羟基冷杉酸 12-hydroxyabietic acid
15- 羟基冷杉酸 15-hydroxyabietic acid
6- 羟基离阿托品▲ 6-hydroxyapoatropine
2- 羟基藜芦酸 2-hydroxyveratric acid
2- 羟基藜芦酸甲酯 2-hydroxyveratric acid methyl ester
2- 羟基里白醇 2-hydroxydiplopterol
(+)-N- 羟基莲叶桐碱 (+)-N-hydroxyhernangerine
(+)-N- 羟基莲叶桐任碱▲ (+)-N-hydroxyovigerine
(7S,8S)-5- 羟基两面针宁▲ (7S,8S)-5-hydroxynitidanin
(-)-(7S,8R,8'R)-7- 羟基裂环异落叶松树脂醇 (-)-(7S,8R,8'R)-7-hydroxysecoisolariciresinol
羟基裂环异落叶松树脂醇 hydroxysecoisolariciresinol
11- 羟基林仙 -8,12- 烯 -14- 酸 11-hydroxydrim-8,12-en-14-oic acid
3β- 羟基林仙烯醇▲-11- 乙酸酯 3β-hydroxydrimenol 11-acetate
5- 羟基凌霄诺苷▲ 5-hydroxycampenoside
5- 羟基凌霄西苷▲ 5-hydroxycampsiside
6'- 羟基硫欧亚萍蓬草亭▲B 6'-hydroxythionuphlutine B
6- 羟基硫欧亚萍蓬草亭▲B 6-hydroxythionuphlutine B
6- 羟基硫双萍蓬草定碱 6-hydroxythiobinupharidine
5'- 羟基硫酰氧基茉莉酸 5'-(hydroxysulphonyloxy)-jasmonic acid
11- 羟基柳杉酚 11-hydroxysugiol
6α- 羟基柳杉酚 6α-hydroxysugiol
6α- 羟基柳杉酚甲醚 6α-hydroxysuginyl methyl ether
10'α- 羟基柳杉醌▲ 10'α-hydroxycryptoquinone
10'β- 羟基柳杉醌▲ 10'β-hydroxycryptoquinone
(19R)- 羟基柳叶水甘草碱 (19R)-hydroxytabersonine
11- 羟基柳叶水甘草碱 11-hydroxytabersonine
19- 羟基柳叶水甘草碱 19-hydroxytabersonine
20- 羟基柳叶水甘草碱 20-hydroxytabersonine
3β- 羟基 - 六降达玛 -20- 酮 3β-hydroxy-hexanordammaran-20-one
3- 羟基龙蒿脑 -β-D- 吡喃葡萄糖苷 3-hydroxyestragole-β-D-glucopyranoside
7- 羟基龙蒿素▲ 7-hydroxyartemidin
(1R,2S,4S,5R)-5- 羟基龙脑 -2-O-β-D- 吡喃葡萄糖苷 (1R,2S,4S,5R)-angelicoidenol-2-O-β-D-glucopyranoside
5- 羟基龙脑 -2-O-β-D- 吡喃葡萄糖苷 5-hydroxy bornyl-2-O-β-D-glucopyranoside
20- 羟基龙珠内酯▲ 20-hydroxytubocapsanolide G
20- 羟基龙珠内酯▲A 20-hydroxytubocapsanolide A
23- 羟基龙珠内酯▲A 23-hydroxytubocapsanolide A
10- 羟基芦荟素 A, B 10-hydroxyaloin A, B
2α- 羟基峦大八角宁▲ 2α-hydroxytashironin
2α- 羟基峦大八角宁▲A 2α-hydroxytashironin A
9β- 羟基卵叶柄花菊素▲-8-O-(2- 甲基丁酸酯) 9β-hydroxyovatifolin-8-O-(2-methylbutyrate)
7α- 羟基罗汉松 -8(14)- 烯 -13- 酮 -18- 酸 7α-hydroxypodocarpen-8(14)-en-13-on-18-oic acid
16- 羟基罗汉松内酯 16-hydroxypodolide
(25R)-3β- 羟基螺甾 -12- 酮 (25R)-3β-hydroxyspirostan-12-one
(25S)-3β- 羟基 - 螺甾 -5- 烯 -3-O-β-D- 吡喃葡萄糖基 -(1 → 2)-[β-D- 吡喃木糖基 -(1 → 3)]-β-D- 吡喃葡萄糖基 -(1 → 4)-β-D- 吡喃半乳糖苷 (25S)-3β-hydroxy-spirost-5-ene-3-O-β-D-glucopyranosyl-

Q

(1→2)-[β-D-xylopyranosyl-(1→3)]-β-D-glucopyranosyl-(1→4)-β-D-galactopyranoside

14- 羟基螺甾 -5- 烯 -3-O-β-D- 吡喃葡萄糖基 -(1 → 2)-O-[β-D- 吡喃木糖基 -(1 → 3)]-O-β-D- 吡喃葡萄糖基 -(1 → 4)-β-D- 吡喃半乳糖苷 14-hydroxyspirost-5-en-3-O-β-D-glucopyranosyl-(1→2)-O-[β-D-xylopyranosyl-(1→3)]-O-β-D-glucopyranosyl-(1→4)-β-D-galactopyranoside

(25R)-2α- 羟基螺甾 -5- 烯 -3β-O-α-L- 吡喃鼠李糖基 -(1 → 2)-O-[O-α-L- 吡喃鼠李糖基 -(1 → 4)-α-L- 吡喃鼠李糖基 -(1 → 4)]-β-D- 吡喃葡萄糖苷 (25R)-2α-hydroxyspirost-5-en-3β-O-α-L-rhamnopyranosyl-(1→2)-O-[O-α-L-rhamnopyranosyl-(1→4)-α-L-rhamnopyranosyl-(1→4)]-β-D-glucopyranoside

(24S,25R)-24- 羟基螺甾 -5- 烯 -3β-O-α-L- 吡喃鼠李糖基 -(1 → 2)-O-[O-β-D- 吡喃葡糖基 -(1 → 4)-α-L- 吡喃鼠李糖基 -(1 → 3)]-β-D- 吡喃葡萄糖苷 (24S,25R)-24-hydroxyspirost-5-en-3β-O-α-L-rhamnopyranosyl-(1→2)-O-[O-β-D-glucopyranosyl-(1→4)-α-L-rhamnopyranosyl-(1→3)]-β-D-glucopyranoside

(24S,25R)-24- 羟基螺甾 -5- 烯 -3β-O-α-L- 吡喃鼠李糖基 -(1→2)-O-[α-L- 吡喃鼠李糖基 -(1 → 3)]-β-D- 吡喃葡萄糖苷 (24S,25R)-24-hydroxyspirost-5-en-3β-O-α-L-rhamnopyranosyl-(1→2)-O-[α-L-rhamnopyranosyl-(1→3)]-β-D-glucopyranoside

(25R)-12α- 羟基螺甾 -5- 烯 -3β-O-α-L- 吡喃鼠李糖基 -(1 → 2)-O-[α-L- 吡喃鼠李糖基 -(1 → 4)]-β-D- 吡喃葡萄糖苷 (25R)-12α-hydroxyspirost-5-en-3β-O-α-L-rhamnopyranosyl-(1→2)-O-[α-L-rhamnopyranosyl-(1→4)]-β-D-glucopyranoside

(25R)-1α- 羟基螺甾 -5- 烯 -3β-O-α-L- 吡喃鼠李糖基 -(1 → 2)-O-[α-L- 吡喃鼠李糖基 -(1 → 4)]-β-D- 吡喃葡萄糖苷 (25R)-1α-hydroxyspirost-5-en-3β-O-α-L-rhamnopyranosyl-(1→2)-O-[α-L-rhamnopyranosyl-(1→4)]-β-D-glucopyranoside

(25R)-12α- 羟基螺甾 -5- 烯 -3β-O-β-D- 吡喃葡萄糖基 -(1 → 3)-O-[α-L- 吡喃鼠李糖基 -(1 → 2)]-β-D- 吡喃葡萄糖苷 (25R)-12α-hydroxyspirost-5-en-3β-O-β-D-glucopyranosyl-(1→3)-O-[α-L-rhamnopyranosyl-(1→2)]-β-D-glucopyranoside

(3β,5α,14β,20β,22β,25R)-3- 羟基 - 螺甾 -8- 烯 -11- 酮 (3β,5α,14β,20β,22β,25R)-3-hydroxy-spirost-8-en-11-one

3'- 羟基洛克米仔兰素 3'-hydroxyrocaglafolin

3'- 羟基洛克米仔兰酸甲酯 3'-hydroxymethylrocaglate

3'- 羟基洛克米仔兰酰胺 3'-hydroxyrocaglamide

5- 羟基络石苷元 5-hydroxytrachelogenin

6- 羟基骆驼蓬满碱▲ 6-hydroxyharman

羟基骆驼蓬宁碱▲ hydroxypeganine

2- 羟基吕宋凹顶藻呋喃酮▲ 2-hydroxyluzofuranone

2- 羟基吕宋凹顶藻呋喃酮▲ B 2-hydroxyluzofuranone B

15α- 羟基绿升麻醇▲ -3-O-β-D- 吡喃木糖苷 15α-hydroxyfoetidinol-3-O-β-D-xylopyranoside

28- 羟基 - 绿升麻醇▲ -3-O-β-D- 吡喃木糖苷 28-hydroxy-foetidinol-3-O-β-D-xylopyranoside

2- 羟基绿树发酸 2-hydroxyvirensic acid

(23E)-2α- 羟基绿玉树 -7,23,25- 三烯 -3- 酮 (23E)-2α-hydroxytirucalla-7,23,25-triene-3-one

(23Z)-25- 羟基 - 绿玉树 -7,23- 二烯 -3- 酮 (23Z)-25-hydroxy-tirucalla-7,23-diene-3-one

3β,16β- 羟基绿玉树 -7,24(25)- 二烯 -21,23- 内酯 3β,16β-hydroxytirucalla-7,24(25)-dien-21,23-olide

16β- 羟基绿玉树 -7,24(25)- 二烯 -3- 氧代 -21,23- 内酯 16β-hydroxytirucalla-7,24(25)-diene-3-oxo-21,23-olide

3β,16β- 羟基绿玉树 -7,24(25)- 二烯 -6- 酮 -21,23- 内酯 3β,16β-hydroxytirucalla-7,24(25)-dien-6-oxo-21,23-olide

3α- 羟基绿玉树 -7,24(25)- 二烯 -6- 氧代 -21,16- 内酯 3α-hydroxytirucalla-7,24(25)-dien-6-oxo-21,16-olide

22α- 羟基 - 绿玉树 -7,24- 二烯 -3,23- 二酮 22α-hydroxy-tirucallane-7,24-diene-3,23-dione

3α- 羟基绿玉树 -7- 烯 -20- 酮 3α-hydroxytirucall-7-ene-20-one

26- 羟基绿玉树酮▲ 26-hydroxytirucallone

19- 羟基马比木碱 19-hydroxymappicine

5- 羟基马鞭草素▲ 5-hydroxyverbenalin

10- 羟基马鞭草烯酮 10-hydroxyverbenone

3- 羟基马齿苋醇醚▲ 3-hydroxyportulol ether

5- 羟基马齿苋醛 5-hydroxyportulal

5- 羟基马齿苋酸 5-hydroxyportulic acid

羟基马蛋果多内酯▲ hydroxyodolide

7- 羟基马兜铃内酰胺 I 7-hydroxyaristolactam I

9- 羟基马兜铃内酰胺 I 9-hydroxyaristolactam I

7- 羟基马兜铃酸 I 7 hydroxyaristolochic acid I

9- 羟基马兜铃酸 I 9-hydroxyaristolochic acid I

7- 羟基马兜铃酸 A 7-hydroxyaristolochic acid A

7- 羟基马兜铃酸钠 sodium 7-hydroxylaristolochate

16α- 羟基马利筋素▲ 16α-hydroxyasclepin

10- 羟基马钱苷 10-hydroxyloganin

6β- 羟基马钱苷 6β-hydroxyloganin

14- 羟基马钱子新碱 14-hydroxynovacine

羟基马桑亭 hydroxycoriatin

3- 羟基马醉木苷 3-hydroxyasebotin

8β- 羟基麦角甾 -4,6,22- 三烯 -3- 酮 8β-hydroxyergosta-4,6,22-trien-3-one

14α- 羟基麦角甾 -4,7,9,22- 四烯 -3,6- 二酮 14α-hydroxyergosta-4,7,9,22-tetraen-3,6-dione

(22E,24R)-3β- 羟基麦角甾 -5,22- 二烯 (22E,24R)-3β-hydroxyergosta-5,22-diene

3β- 羟基麦角甾 -5,7,22- 三烯 3β-hydroxyergosta-5,7,22-triene

3β- 羟基麦角甾 -5,8,22- 三烯 -7- 酮 3β-hydroxyergosta-5,8,22-trien-7-one

(24R,25S)-3β- 羟基麦角甾 -5- 烯 -26-O-β-D- 吡喃葡糖基 -(1→4)-O-β-D- 吡喃葡糖基 -(1 → 2)-O-[O-β-D- 吡喃葡糖基 -(1 → 4)-β-D- 吡喃葡糖基 -(1 → 6)]-β-D- 吡喃葡萄糖苷 (24R,25S)-3β-hydroxyergost-5-en-26-O-β-D-glucopyranosyl-(1→4)-O-β-D-glucopyranosyl-(1→2)-O-[O-β-D-glucopyranosyl-(1→4)-β-D-glucopyranosyl-(1→6)]-β-D-glucopyranoside

(22E,24R)-3β- 羟基麦角甾 -7,22- 二烯 -6- 酮 (22E,24R)-3β-hydroxyergosta-7,22-diene-6-one

5- 羟基麦芽酚 5-hydroxymaltol

5- 羟基芒柄花苷 5-hydroxyononin

3'- 羟基芒柄花素 3'-hydroxyformononetin

2'- 羟基芒柄花素 -7-O- 吡喃葡萄糖苷 2'-hydroxyformononetin-7-O-glucopyranoside

羟基杧果醇酸 hydroxymangiferolic acid

羟基杧果酮酸 hydroxymangiferonic acid

羟基毛大丁草酮 hydroxypiloselloidone

10β- 羟基毛茛叶乌头碱 10β-hydroxyranaconitine

3- 羟基毛喉鞘蕊花素▲ 3-hydroxyforskolin

7- 羟基毛泡桐苷▲ 7-hydroxytomentoside

β- 羟基毛蕊花苷 β-hydroxyverbascoside

(-)-(7S)-7- 羟基毛色二孢素 (-)-(7S)-7-hydroxylasiodiplodin

(+)-(7R)-7- 羟基毛色二孢素 (+)-(7R)-7-hydroxylasiodiplodin

(3R,6S)-6- 羟基毛色二孢素 (3R,6S)-6-hydroxylasiodiplodin

12- 羟基毛伊萝芙木碱▲ 12-hydroxymauiensine

12a- 羟基毛鱼藤酮 12a-hydroxyelliptone

6aα,12aα-12a- 羟基毛鱼藤酮 6aα,12aα-12a-hydroxyelliptone

4- 羟基矛果豆素▲ 4-hydroxylonchocarpin
羟基茅膏菜酮 hydroxydroserone
7'- 羟基梅笠草素 7'-hydroxychimaphilin
2α- 羟基美登木酮酸 2α-hydroxymaytenonic acid
4- 羟基美迪紫檀素 4-hydroxymedicarpin
7α- 羟基美丽柏酸▲ 7α-hydroxycallitrisic acid
24- 羟基美洲茶酸 24-hydroxyceanothic acid
27- 羟基美洲茶酸 27-hydroxyceanothic acid
17- 羟基米团花素▲ 17-hydroxyleucosceptrine
3'- 羟基米仔兰因 C 3'-hydroxyaglain C
4- 羟基秘鲁古柯酸▲ 4-hydroxytruxillic acid
3α- 羟基密花豚草素▲ 3α-hydroxyreynosin
14*R*- 羟基密花娃儿藤碱 -*N*- 氧化物 14*R*-hydroxyisotylocrebrine-*N*-oxide
10α- 羟基蜜环菌素 10α-hydroxyarmillarin
5'- 羟基蜜环菌文▲ 5-hydroxylarmillarivin
10α- 羟基蜜环菌酯▲ 10α-hydroxymelleolide
13- 羟基蜜环菌酯▲K 13-hydroxymelleolide K
4α- 羟基绵马 -3- 酮 4α-hydroxyfilican-3-one
19α- 羟基绵马 -3- 烯 19α-hydroxyfilic-3-ene
2- 羟基绵枣儿素 2-hydroxyscillascillin
8- 羟基茉莉酸 8-hydroxyjasmonic acid
11(*RS*)- 羟基茉莉酸 - 吡喃葡萄糖苷 11(*RS*)-hydroxyjasmonic acid-glucopyranoside
(-)- 羟基茉莉酮酸 (-)-hydroxyjasmonic acid
10- 羟基莫罗忍冬苷 10-hydroxymorroniside
7α- 羟基莫罗忍冬苷 7α-hydroxymorroniside
7β- 羟基莫罗忍冬苷 7β-hydroxymorroniside
6*R*- 羟基墨西哥洋椿宁内酯 6*R*-hydroxymexicanolide
羟基木槿酮 A hydroxyhibiscone A
3'- 羟基木橘苷▲ 3'-hydroxymarmesinin
(3'*R*)- 羟基木橘苷▲-4'-*O*-β-D- 吡喃葡萄糖苷 (3'*R*)-hydroxymarmesinin-4'-*O*-β-D-glucopyranoside
(+)-(2'*S*,3'*R*)-3- 羟基木橘辛素▲ (+)-(2'*S*,3'*R*)-3-hydroxymarmesin
(+)-3'- 羟基木橘辛素▲ (+)-3'-hydroxymarmesin
(3'*R*)- 羟基木橘辛素▲-4'-*O*-β-D- 吡喃葡萄糖苷 (3'*R*)-hydroxymarmesin-4'-*O*-β-D-glucopyranoside
2- 羟基木蜡酸甲酯 2-hydroxylignoceric acid methyl ester
6- 羟基木犀草素 6-hydroxyluteolin
8- 羟基木犀草素 8-hydroxyluteolin
6- 羟基木犀草素 -6,3'- 二甲醚 6-hydroxy-luteolin-6,3'-dimethyl ether
6- 羟基木犀草素 -6,3'- 二甲醚 6-hydroxyluteolin-6,3'-dimethyl ether
6- 羟基木犀草素 -6,7- 二硫酸酯 6-hydroxyluteolin-6,7-disulfate
6- 羟基木犀草素 -6- 硫酸酯 6-hydroxyluteolin-6-sulfate
6- 羟基木犀草素 -7,3'- 二甲醚 6-hydroxyluteolin-7,3'-dimethylether
6- 羟基木犀草素 -7-*O*-(6''-*O*- 反式 - 咖啡酰基)-β-D- 吡喃葡萄糖苷 6-hydroxyluteolin-7-*O*-(6''-*O*-*trans*-caffeoyl)-β-D-glucopyranoside
6- 羟基木犀草素 -7-*O*-D- 吡喃葡萄糖苷 6-hydroxyluteolin-7-*O*-D-glucopyranoside
6- 羟基木犀草素 -7-*O*-β-D- 吡喃葡萄糖苷 6-hydroxyluteolin-7-*O*-β-D-glucopyranoside
8- 羟基木犀草素 -7-*O*-β-D- 吡喃葡萄糖苷 8-hydroxyluteolin-7-*O*-β-D-glucopyranoside
6- 羟基木犀草素 -7-*O*-β-D- 吡喃葡萄糖苷 3'- 甲醚 6-hydroxyluteolin-7-*O*-β-D-glucopyranoside-3'-methyl ether
6- 羟基木犀草素 -7-*O*-β-D- 葡萄糖苷 6-hydroxyluteolin-7-*O*-β-D-glucoside
6- 羟基木犀草素 -7-*O*-β-D- 葡萄糖苷 -6'- 丙二酰酯 6-hydroxyluteolin-7-*O*-β-D-glucoside-6''-malonyl ester
6- 羟基木犀草素 -7-*O*-β-D- 葡萄糖醛酸苷 6-hydroxyluteolin-7-*O*-β-D-glucuronide
6- 羟基木犀草素 -7-*O*- 吡喃葡萄糖苷 6-hydroxyluteolin-7-*O*-glucopyranoside
6- 羟基木犀草素 -7-*O*- 二吡喃葡萄糖苷 6-hydroxyluteolin-7-*O*-diglucopyranoside
6- 羟基 - 木犀草素 -7-*O*- 龙胆二糖苷 6-hydroxyluteolin-7-*O*-gentiobioside
6- 羟基木犀草素 -7-*O*- 芹糖苷 6-hydroxyluteolin-7-*O*-apioside
6- 羟基木犀草素 -7-*O*- 芸香糖苷 6-hydroxyluteolin-7-*O*-rutenoside
6- 羟基 - 木犀草素 -7-*O*- 芸香糖苷 6-hydroxy-luteolin-7-*O*-rutinoside
6- 羟基木犀草素 -7- 二 -*O*-β-D- 吡喃葡萄糖苷 6-hydroxyluteolin-7-di-*O*-β-D-glucopyranoside
6- 羟基木犀草素 -7- 硫酸酯 6-hydroxyluteolin-7-sulfate
6- 羟基木犀草素 -7- 葡萄糖苷 6-hydroxyluteolin-7-glucoside
6- 羟基木犀草素 -7- 葡萄糖醛酸苷 6-hydroxyluteolin-7-glucuronide
6- 羟基木犀草素单葡萄糖苷 6-hydroxyluteolin-mono-glucoside
10- 羟基木犀榄苷▲二甲酯 10-hydroxyoleoside dimethyl ester
3β- 羟基木香内酯 3β-hydroycostunolide
1β- 羟基木香酸 1β-hydroxycostic acid
5α- 羟基木香酸 5α-hydroxycostic acid
5β- 羟基木香酸 5β-hydroxycostic acid
6α- 羟基木香酸 -6-β-D- 吡喃葡萄糖苷 6α-hydroxycostic acid-6-β-D-glucopyranoside
13- 羟基木竹子酮▲B 13-hydroxygarcimultiflorone B
18- 羟基木竹子酮▲D 18-hydroxygarcimultiflorone D
7'- 羟基穆坪马兜铃酰胺 7'-hydroxymoupinamide
1- 羟基萘 1-hydroxynaphthalene
5- 羟基萘 -1,4- 二 -*O*-β-D- 吡喃葡萄糖苷 5-hydroxynaphthalene-1,4-di-*O*-β-D-glucopyranoside
5- 羟基 - 萘并 (1,2-b) 呋喃 -4- 羧酸甲酯 5-hydroxy-naphtho(1,2-b)furan-4-carboxylic acid methyl ester
17- 羟基南大戟内酯 A, B 17-hydroxyjolkinolide A, B
3α- 羟基南大戟内酯 A 3α-hydroxyjolkinolide A
19- 羟基南大戟内酯 E 19-hydroxyjolkinolide E
8- 羟基南山藤伏苷元▲A 8-hydroxydrevogenin A
6- 羟基尼泊尔酸模素 -8-*O*-β-D-(6'-*O*- 丙二酰基)- 吡喃葡萄糖苷 6-hydroxymusizin-8-*O*-β-D-(6'-*O*-malonyl)-glucopyranoside
6- 羟基尼泊尔酸模素 -8-*O*-β-D- 吡喃葡萄糖苷 6-hydroxymusizin-8-*O*-β-D-glucopyranoside
16- 羟基拟南大戟内酯▲B 16-hydroxypseudojolkinolide B
14α- 羟基黏果酸浆醇内酯▲ 14α-hydroxyixocarpanolide
2'- 羟基柠檬酚 2'-hydroxycitrusinol
12α- 羟基柠檬苦素 12α-hydroxylimonin
(-)- 羟基柠檬酸 (-)-hydroxycitric acid
3- 羟基牛蒡苷 3-hydroxyarctiin
16α- 羟基牛角瓜苷元 16α-hydroxycalotropagenin
(2*R*,3*R*,5*S*,8*R*,9*S*,10*R*,13*R*,14*S*,17*R*,20*Z*,1'*S*,2'*S*,3'*S*,5'*R*)-19β- 羟基牛角瓜素▲ (2*R*,3*R*,5*S*,8*R*,9*S*,10*R*,13*R*,14*S*,17*R*,20*Z*,1'*S*,2'*S*,3'*S*,5'*R*)-19β-hydroxycalotropin
12β- 羟基牛角瓜素▲ 12β-hydroxycalotropin
15β- 羟基牛角瓜素▲ 15β-hydroxycalotropin
15- 羟基牛角瓜素▲ 15-hydroxycalotropin
16α- 羟基牛角瓜素▲ 16α-hydroxycalotropin
15β- 羟基牛角瓜亭▲ 15β-hydroxycalactin
16α- 羟基牛角瓜亭▲ 16α-hydroxycalactin
17α- 羟基牛角瓜亭▲ 17α-hydroxycalactin
15β- 羟基牛角瓜亭酸▲ 15β-hydroxycalactinic acid
15β- 羟基牛角瓜亭酸▲甲酯 15β-hydroxycalactinic acid methyl ester

Q

16α- 羟基牛角瓜亭酸▲甲酯 16α-hydroxycalactinic acid methyl ester
15β- 羟基牛角瓜亭酸▲乙酯 15β-hydroxycalactinic acid ethyl ester
9- 羟基诺山阳乌头碱 9-hydroxynominine
10- 羟基女贞苷 10-hydroxyligustroside
15α- 羟基欧白英定▲ 15α-hydroxysoladulcidine
2α- 羟基欧白英定▲ 2α-hydroxysoladulcidine
18- 羟基欧丹参醇▲ 18-hydroxysclareol
羟基欧前胡醚▲环氧化物 hydroxyosthole epoxide
4"- 羟基欧前胡素 -4"-*O*-*β*-D- 吡喃葡萄糖苷 4"-hydroxyimperatorin-4"-*O*-*β*-D-glucopyranoside
5"- 羟基欧前胡素 -5"-*O*-*β*-D- 吡喃葡萄糖苷 5"-hydroxyimperatorin-5"-*O*-*β*-D-glucopyranoside
3β- 羟基欧洲桤木 -5- 烯 3β-hydroxyglutin-5-ene
4- 羟基欧洲山杨辛▲ 4-hydroxytremulacin
4- 羟基哌啶酸 4-hydroxypipecolic acid
10- 羟基攀援山橙碱▲ 10-hydroxyscandine
15α- 羟基攀援山橙酮碱▲ 15α-hydroxymeloscandonine
27- 羟基泡番荔枝辛 27-hydroxybullatacin
18- 羟基蓬莱葛宁碱▲ 18-hydroxychitosenine
24β- 羟基偏诺皂苷元 24β-hydroxypennogenin
27- 羟基偏诺皂苷元 27-hydroxypennogenin
(25*R*)-27- 羟基偏诺皂苷元 -3-*O*-*α*-L- 吡喃鼠李糖基 -(1 → 2)-*O*-*β*-D- 吡喃葡萄糖苷 (25*R*)-27-hydroxypennogenin-3-*O*-*α*-L-rhamnopyranosyl-(1 → 2)-*O*-*β*-D-glucopyranoside
(25*S*)-27- 羟基偏诺皂苷元 -3-*O*-*α*-L- 吡喃鼠李糖基 -(1 → 2)-*O*-*β*-D- 吡喃葡萄糖苷 (25*S*)-27-hydroxypennogenin-3-*O*-*α*-L-rhamnopyranosyl-(1 → 2)-*O*-*β*-D-glucopyranoside
10- 羟基平胆素 10-hydroxydepressin
2- 羟基苹婆酸甲酯▲ methyl 2-hydroxysterculate
4- 羟基脯氨酸 4-hydroxyproline
4- 羟基葡萄糖芸苔素 4-hydroxyglucobrassicin
5- 羟基葡萄糖芸苔素 5-hydroxy glucobrassicin
22-22- 羟基蒲公英赛醇 - 顺式 - 对香豆酸酯 22-hydroxytaraxeryl-*cis*-*p*-coumarate
22- 羟基蒲公英赛醇乙酸酯 22-hydroxytaraxeryl acetate
28- 羟基蒲公英赛酮 28-hydroxytaraxerone
3β- 羟基蒲公英萜 -14- 烯 -1- 酮 3β-hydroxytaraxer-14-ene-1-one
3α- 羟基蒲公英萜 -14- 烯 -28- 酸 3α-hydroxytaraxer-14-en-28-oic acid
24- 羟基蒲公英萜烷 -14- 烯 24-hydroxytaraxer-14-ene
2β- 羟基齐敦果 -12- 烯 -23,28- 二酸 -3-*O*-*β*-D- 吡喃葡萄糖苷 -28-*O*-*β*-D- 呋喃芹糖基 -(1 → 3)-*O*-*β*-D- 吡喃木糖基 -(1 → 4)-*O*-*α*-L- 吡喃鼠李糖基 -(1 → 2)-*β*-D- 吡喃葡萄酯苷 2β-hydroxyolean-12-en-23,28-dioic acid-3-*O*-*β*-D-glucopyranoside-28-*O*-*β*-D-apiofuranosyl-(1 → 3)-*O*-*β*-D-xylopyranosyl-(1 → 4)-*O*-*α*-L-rhamnopyranosyl-(1 → 2)-*β*-D-glucopyranosyl ester
28- 羟基齐敦果 -12- 烯 -3,11- 二酮 28-hydroxyolean-12-ene-3,11-dione
28- 羟基 - 齐敦果 -12- 烯 -3,11- 二酮 28-hydroxy-olean-12-en-3,11-dione
3β- 羟基齐墩果 -1,13(18)- 二烯 -30- 酸 3β-hydroxyoleana-1,13(18)-dien-30-oic acid
3β- 羟基齐墩果 -10,12- 二烯 3β-hydroxyolean-10,12-diene
3β- 羟基齐墩果 -11,13(18)- 二烯 3β-hydroxyolean-11,13(18)-diene
3β- 羟基齐墩果 -11,13(18)- 二烯 -28- 酸 3β-hydroxyolean-11,13(18)-dien-28-oic acid
3β- 羟基齐墩果 -12(13)- 烯 -28- 酸 3β-hydroxyolean-12(13)-en-28-oic acid
3β- 羟基齐墩果 -12- 烯 3β-hydroxyolean-12-ene
3- 羟基 - 齐墩果 -12- 烯 3-hydroxy-olean-12-ene
3β- 羟基齐墩果 -12- 烯 -11- 酮 3β-hydroxyolean-12-en-11-one
3- 羟基齐墩果 -12- 烯 -22,29-*γ*- 内酯 3-hydroxyolean-12-en-22,29-*γ*-lactone
3β- 羟基齐墩果 -12- 烯 -27- 苯甲酰氧基 -28- 羧羧甲酯 methyl 3β-hydroxyolean-12-en-27-benzoyloxy-28-oate
3β- 羟基齐墩果 -12- 烯 -27- 酸 3β-hydroxyolean-12-en-27-oic acid
3β- 羟基齐墩果 -12- 烯 -27- 羧酸乙酯 3β-hydroxyolean-12-en-27-oic acid ethyl ester
3β- 羟基齐墩果 -12- 烯 -28-*O*-*β*-D- 吡喃葡萄糖苷 3β-hydroxyolean-12-en-28-*O*-*β*-D-glucopyranoside
3β- 羟基齐墩果 -12- 烯 -28- 醛 3β-hydroxyolean-12-en-28-al
3- 羟基齐墩果 -12- 烯 -28- 醛 3-hydroxyolean-12-en-28-aldehyde
3α- 羟基齐墩果 -12- 烯 -28- 酸 3α-hydroxyolea-12-en-28-oic acid
3- 羟基齐墩果 -12- 烯 -28- 酸 3-hydroxyolean-12-en-28-oic acid
3α- 羟基齐墩果 -12- 烯 -28- 酸甲酯 methyl 3α-hydroxylolean-12-en-28-oate
3β- 羟基齐墩果 -12- 烯 -28- 羧酸 3β-hydroxyolean-12-en-28-oic acid
3β- 羟基齐墩果 -12- 烯 -29- 酸 3β-hydroxyolean-12-en-29-oic acid
3α- 羟基齐墩果 -12- 烯 -29- 酸酸 3-hydroxyolean-12-en-29-oic acid
28- 羟基齐墩果 -12- 烯 -3,11- 二酮 28-hydroxyolean-12-en-3,11-dione
30- 羟基齐墩果 -12- 烯 -3,11- 二酮 30-hydroxyolean-12-en-3,11-dione
24- 羟基齐墩果 -12- 烯 -3- 酮 24-hydroxyolean-12-en-3-one
3β- 羟基齐墩果 -30- 对 -(*E*)- 羟基桂皮酰 -12- 烯 -28- 酸 3β-hydroxyolean-30-*p*-(*E*)-hydroxycinnamoyl-12-en-28-oic acid
3β- 羟基齐墩果 -5,12- 二烯 -28- 酸 3β-hydroxyolean-5,12-dien-28-oic acid
3β- 羟基齐墩果 -9(11),12- 二烯 3β-hydroxyolean-9(11),12-diene
1β- 羟基齐墩果 -9(11),12- 二烯 -3β- 棕榈酸酯 1β-hydroxyolean-9(11),12-dien-3β-yl palmitate
10- 羟基齐墩果苷 -11- 甲酯 10-hydroxyoleoside-11-methyl ester
21α- 羟基齐墩果酸 21α-hydroxyoleanolic acid
21β- 羟基齐墩果酸 21β-hydroxyoleanolic acid
22α- 羟基齐墩果酸 22α-hydroxyoleanolic acid
22β- 羟基齐墩果酸 22β-hydroxyoleanolic acid
23- 羟基齐墩果酸 23-hydroxyoleanolic acid
24- 羟基齐墩果酸 24-hydroxyl-oleanolic acid
29α- 羟基齐墩果酸 29α-hydroxyoleanolic acid
2α- 羟基齐墩果酸 2α-hydroxyoleanolic acid
2β- 羟基齐墩果酸 2β-hydroxyoleanolic acid
α- 羟基齐墩果酸 α-hydroxyoleanolic acid
羟基齐墩果酸 hydroxyoleanolic acid
3β- 羟基齐墩果酸 -23- 硫酸酯 3β-hydroxyoleanolic acid-23-sulfate
6β- 羟基齐墩果酸 -3-*O*-[*β*-D- 吡喃甘露糖基 -(1 → 4),(2-*O*-3)]-*β*-D- 葡萄糖醛酸苷甲酯 6β-hydroxy-oleanolic acid-3-*O*-[*β*-D-mannopyranosyl-(1 → 4),(2-*O*-3)]-*β*-D-glucuronate methyl ester
16α- 羟基齐墩果酸 -3-*O*-*α*-L- 吡喃阿拉伯糖苷 16α-hydroxy-oleanolic acid-3-*O*-*α*-L-arabinopyranoside
27- 羟基齐墩果酸 -3-*O*-*α*-L- 吡喃阿拉伯糖基 -(1 → 3)-*α*-L- 吡喃鼠李糖基 -(1 → 2)-*α*-L- 吡喃阿拉伯糖苷 -28-*O*-[*α*-L- 吡喃鼠李糖基 -(1 → 4)-*β*-D- 吡喃葡萄糖基 -(1 → 6)]-*β*-D- 吡喃葡萄糖基酯苷 27-hydroxyoleanolic acid-3-*O*-*α*-L-arabinopyranoyl-(1 → 3)-*α*-L-rhamnopyranosyl-(1 → 2)-*α*-L-arabinopyranoside-28-*O*-[*α*-L-rhamnopyranosyl-(1 → 4)-*β*-D-glucopyranosyl-(1 → 6)]-*β*-D-glucopyranosyl ester
27- 羟基 - 齐墩果酸 -3-*O*-*β*-D- 吡喃葡萄糖基 -(1 → 2)-*α*-L- 吡喃

Q

阿拉伯糖苷 27-hydroxy-oleanolic acid-3-*O*-*β*-D-glucopyranosyl-(1 → 2)-*α*-L-arabinopyranoside
19*α*- 羟基齐墩果酸 -3*β*-*O*-(*β*-D- 吡喃葡萄糖醛酸苷 -6-*O*- 甲酯) 19*α*-hydroxyoleanolic acid-3*β*-*O*-(*β*-D-glucuronopyranoside-6-*O*-methyl ester
29- 羟基齐墩果酸 -3*β*-*O*-*α*-L- 吡喃阿拉伯糖基 -28-*O*-*β*-D- 吡喃葡萄糖苷 29-hydroxyoleanolic acid-3*β*-*O*-*α*-L-arabinopyranosyl-28-*O*-*β*-D-glucopyranoside
3*β*- 羟基齐墩果酸甲酯 3*β*-hydroxyoleanolic acid methyl ester
3*β*- 羟基齐墩果烷 3*β*-hydroxyoleanane
3*β*- 羟基千层塔 -14- 烯 -21*β*- 基 - 甲酸酯 3*β*-hydroxyserrat-14-en-21*β*-yl-formate
21*α*- 羟基 - 千层塔 -14- 烯 -3*β*-yl- 二氢咖啡酸酯 21*α*-hydroxy-serrat-14-en-3*β*-yl-dihydrocaffeate
21*β*- 羟基千层塔 -14- 烯 -3*β*- 基 - 甲酸酯 21*β*-hydroxyserrat-14-en-3*β*-yl-formate
21*β*- 羟基千层塔 -14- 烯 -3*β*- 基 - 乙酸酯 21*β*-hydroxyserrat-14-en-3*β*-yl-acetate
8*α*-(4'- 羟基千里光酰氧基)- 去氢中美菊素 C 8*α*-(4'-hydroxysenecioyloxy)dehydrozaluzanin C
(+)- 羟基前胡素 (+)-hydroxypeucedanin
6- 羟基茜草定▲ 6-hydroxyrubiadin
2- 羟基茜草乔木酮 E 2-hydroxyrubiarbonone E
5- 羟基茜素 -1- 甲醚 5-hydroxyalizarin-1-methyl ether
(6*R*,7*E*,9*R*)-9- 羟基羟基 -4,7- 大柱香波龙二烯 -3- 酮 -9-*O*-*β*-D- 吡喃木糖基 -(1 → 6)-*β*-D- 吡喃葡萄糖苷 (6*R*,7*E*,9*R*)-9-hydroxy-4,7-megastigmadien-3-one-9-*O*-*β*-D-xylopyranosyl-(1 → 6)-*β*-D-glucopyranoside
5- 羟基乔木山小橘瑞宁▲ 5-hydroxyarborinine
1*α*- 羟基窃衣素 1*α*-hydroxytorilin
1*β*- 羟基窃衣素 1*β*-hydroxytorilin
1- 羟基窃衣素 1-hydroxytorilin
1- 羟基窃衣素 A 1-hydroxytorilin A
6- 羟基芹菜苷元 6-hydroxyapigenin
8- 羟基芹菜苷元 -7-*O*-*β*-D- 吡喃葡萄糖苷 8-hydroxyapigenin-7-*O*-*β*-D-glucopyranoside
6- 羟基芹菜苷元 -7-*O*- 鼠李葡萄糖苷 6-hydroxyapigenin-7-*O*-rhamnoglucoside
6- 羟基芹菜素 -7-*O*-*β*-D- 吡喃葡萄糖苷 6-hydroxyapigenin-7-*O*-*β*-D-glucopyranoside
羟基氢醌 hydroxyhydroquinone
7- 羟基球花醉鱼草酮▲ 7-hydroxybuddledone
3- 羟基曲酸 3-hydroxykojic acid
12b- 羟基 - 去 -D- 杰氏藤黄素▲ A 12b-hydroxy-des-D-garcigerrin A
(3*R*,4*R*)-4- 羟基 - 去 -*O*- 甲基毛色二孢素 (3*R*,4*R*)-4-hydroxy-de-*O*-methyllasiodiplodin
3- 羟基 - 去 -*O*- 甲基总状花羊蹄甲酚▲ 3-hydroxy-des-*O*-methylracemosol
6*α*- 羟基去甲基日本柳杉酚▲ 6*α*-hydroxydemethylcryptojaponol
3'- 羟基去甲洛克米仔兰酰胺 3'-hydroxydemethylrocaglamide
10- 羟基去甲酰二氢伪苦籽木精碱▲ 10-*O*-*α*-L- 吡喃阿拉伯糖苷 10-hydroxydeformodihydropseudoakuammigine-10-*O*-*α*-L-arabinopyranoside
5- 羟基去氢 -*α*- 异风铃木醌▲ 5-hydroxydehydro-*α*-isolapachone
5*α*- 羟基去氢白叶蒿定▲ 5*α*-hydroxydehydroleucodin
10- 羟基 - 去氢钓钟柳苷 10-hydroxy-dehydropenstemoside
(2*R*,3*R*)-3- 羟基 - 去氢豆薯酮 (2*R*,3*R*)-3-hydroxy-dehydropachyrrhizone
(2*S*,3*S*)-3- 羟基 - 去氢豆薯酮 (2*S*,3*S*)-3-hydroxydehydropachyrrhizone
7- 羟基去氢多花藤碱▲ 7-hydroxydehydroskytanthine
12- 羟基去氢冷杉酸 12-hydroxydehydroabietic acid
15- 羟基去氢冷杉酸 15-hydroxydehydroabietic acid
7*α*- 羟基去氢冷杉酸 7*α*-hydroxydehydroabietic acid
7*β*- 羟基去氢冷杉酸 7*β*-hydroxydehydroabietic acid
羟基去氢冷杉酸 hydroxydehydroabietic acid
15- 羟基去氢冷杉酸甲酯 methyl 15-hydroxydehydroabietate
6- 羟基去氢冷杉亭醇 6-hydroxydehydroabietinol
7- 羟基去氢矛叶马鞭草苷▲ 7-hydroxydehydrohastatoside
15*α*- 羟基去氢丘陵多孔菌酸▲ 15*α*-hydroxydehydrotumulosic acid
3- 羟基去氢 - 异 -*α*- 风铃木醌▲ 3-hydroxydehydro-iso-*α*-lapachone
5- 羟基去氢 - 异 -*α*- 风铃木醌▲ 5-hydroxydehydro-iso-*α*-lapachone
5- 羟基去氢圆齿爱舍苦木亭▲ 5-hydroxydehydrocrenatine
8- 羟基去氢圆齿爱舍苦木亭▲ 8-hydroxydehydrocrenatine
8*β*- 羟基去氢中美菊素 8*β*-hydroxydehydrozaluzanin
4'- 羟基去氢醉椒素 4'-hydroxydehydrokawain
7*β*- 羟基去氧日本柳杉酚▲ 7*β*-hydroxydeoxycryptojaponol
3*β*- 羟基去氧薇甘菊内酯 3*β*-hydroxydeoxymikanolide
2- 羟基去氧乌头碱 2-hydroxydeoxyaconitine
10- 羟基去氧喜树碱 10-hydroxydeoxycamptothecine
3'- 羟基 - 去氧异风铃木醇▲ 3'-hydroxy-deoxyisolapachol
14*β*- 羟基去乙酰基浆果紫杉素 III 14*β*-hydroxydeacetylbaccatin III
6- 羟基去乙酰紫玉盘辛▲ 6-hydroxydesacetyluvaricin
2'- 羟基染料木素 2'-hydroxygenistein
6- 羟基染料木素 6-hydroxygenistein
6- 羟基染料木素 -6,7- 二 -*O*-*β*-D- 吡喃葡萄糖苷 6-hydroxygenistein-6,7-di-*O*-*β*-D-glucopyranoside
6- 羟基染料木素 -7-*O*-*β*-D- 吡喃葡萄糖苷 6-hydroxygenistein-7-*O*-*β*-D-glucopyranoside
2'- 羟基染料木素 -8-*C*- 葡萄糖苷 2'-hydroxygenistein-8-*C*-glucoside
20- 羟基染用卫矛酮▲ 20-hydroxytingenone
22*β*- 羟基染用卫矛酮▲ 22*β*-hydroxytingenone
24- 羟基人参二醇 24-hydroxypanaxdiol
2*α*- 羟基人参二醇 2*α*-hydroxypanaxadiol
25- 羟基人参皂苷 Rg_2 25-hydroxy-ginsenoside-Rg_2
(20*R*/*S*)-25- 羟基人参皂苷 Rh_1 (20*R*/*S*)-25-hydroxyginsenoside Rh_1
20(*R*)-25- 羟基人参皂苷 Rh_1 20(*R*)-25-hydroxyginsenoside Rh_1
25- 羟基人参皂苷 Rk_3 25-hydroxyginsenoside Rk_3
10*α*- 羟基日本刺参 -4- 酮 10*α*-hydroxyoplopan-4-one
6*β*- 羟基日本当药苷▲ A 6*β*-hydroxyswertiajaposide A
8*α*- 羟基日本石松定碱▲ A 8*α*-hydroxylycojapodine A
8*α*- 羟基日本橐吾酮 8*α*-hydroxyligujapone
23- 羟基日楝宁内酯▲ 23-hydroxyohchininolide
6*β*- 羟基绒毛银胶菊素▲ 6*β*-hydroxytomentosin
6*α*- 羟基 - 绒毛银胶菊素▲ 6*α*-hydroxy-tomentosin
(±)-3- 羟基绒叶军刀豆酮▲ (±)-3-hydroxyvestitone
5- 羟基柔枝槐酮 5-hydroxysophoranone
(+)-(19*R*)- 羟基乳白仔榄树胺▲ (+)-(19*R*)-hydroxyeburnamine
13- 羟基 - 乳菇 -2,6,8- 三烯 -5- 酸 -*γ*- 内酯 13-hydroxy-lactara-2,6,8-trien-5-oic acid-*γ*-lactone
5- 羟基 - 乳菇 -6,8- 二烯 -13- 酸 -*γ*- 内酯 5-hydroxy-lactara-6,8-dien-13-oic acid-*γ*-lactone
14- 羟基乳菇内酯▲ A 14-hydroxylactarolide A
15*α*- 羟基蕊木宁 15*α*-hydroxykopsinine
15- 羟基蕊木宁 15-hydroxykopsinine
6- 羟基瑞士松烯 -5,10- 二酮 6-hydroxycembrene-5,10-dione
10- 羟基瑞士松烯 -5- 酮 10-hydroxycembrene-5-one
12- 羟基瑞香毒素 12-hydroxydaphnetoxin

Q

7- 羟基三白草酮 7-hydroxysauchinone
2*E*,8*E*-7- 羟基 - 三癸二烯 -10,12- 二炔酸异丁酰胺 2*E*,8*E*-7-hydroxy-tridecadien-10,12-diynoic acid-isobutylamide
11- 羟基三尖杉碱 11-hydroxycephalotaxine
4- 羟基三尖杉碱 4-hydroxycephalotaxine
羟基三尖杉碱 hydroxycephalotaxine
11-*β*- 羟基三尖杉碱 -*β*-*N*- 氧化物 11-*β*-hydroxycephalotaxine-*β*-*N*-oxide
7- 羟基三十二烷 -2- 酮 7-hydroxydotriacontan-2-one
32- 羟基三十二烷基阿魏酸酯 32-hydroxydotriacontylferulate
5- 羟基三十三烷 -12,14- 二酮 5-hydroxytritriacontane-12,14-dione
1- 羟基三十四烷 -4- 酮 1-hydroxytetratriacontan-4-one
5- 羟基三十四烷 -9- 酮 5-hydroxytetratriacontan-9-one
12- 羟基 - 三十四烷 -9- 酮 12-hydroxy-tetratriacontan-9-one
8- 羟基三十烷 -25- 酮 8-hydroxytriacontan-25-one
23- 羟基三十烷 -2- 酮 23-hydroxytriacontan-2-one
12- 羟基三十烷 -4,7- 二酮 12-hydroxytriacontan-4,7-dione
7- 羟基三十烷 -5- 酮 7-hydroxytriacontan-5-one
27- 羟基三十烷 -6- 酮 27-hydroxytriacontan-6-one
25- 羟基三十五烷 25-hydroxyhentriacontane
28- 羟基三十五烷 -7- 酮 28-hydroxypentatriacontan-7-one
N-(2'- 羟基三十酰基)-D- 赤式 -1,3,4- 三羟基 -2- 氨基 - 十八烷 *N*-(2'-hydroxytriacontanoyl)-Derythro-1,3,4-trihydroxy-2-amino-octadecane
12- 羟基三十一烷 12-hydroxy-hentriacontane
8- 羟基三十一烷 -5- 酮 8-hydroxyhentriacontan-5-one
羟基桑皮素 hydroxymorusin
5- 羟基色胺 5-hydroxytriptamine
7- 羟基色酮 7-hydroxychromone
5- 羟基色酮 -7-*O*-*β*-D- 吡喃葡萄糖苷 5-hydroxychromone-7-*O*-*β*-D-glucopyranoside
19- 羟基沙门苷元 -3-*O*-*α*-L- 鼠李糖苷 19-hydroxysarmentogenin-3-*O*-*α*-L-rhamnoside
19- 羟基山橙碱▲ K 19-hydroxy-melodinine K
3*β*- 羟基山达海松酸 3*β*-hydroxysandaracopimaric acid
7*α*- 羟基山达海松酸 7*α*-hydroxysandaracopimaric acid
6- 羟基山姜内酯 6-hydroxyalpinolide
9- 羟基山姜内酯 9-hydroxyalpinolide
羟基山椒素 hydroxysanshool
6- 羟基山柰酚 -3,4'- 二甲醚 6-hydroxykaempferol-3,4'-dimethyl ether
6- 羟基山柰酚 -3,6,7- 三甲醚 6-hydroxykaempferol-3,6,7-trimethyl ether
6- 羟基山柰酚 -3,6- 二甲醚 6-hydroxykaempferol-3,6-dimethyl ether
6- 羟基山柰酚 -3,7,4'- 三甲醚 6-hydroxykaempferol-3,7,4'-trimethyl ether
6- 羟基山柰酚 -3,7- 二甲醚 6-hydroxykaempferol-3,7-dimethyl ether
6- 羟基山柰酚 -3- 甲醚 -6 葡萄糖苷 6-hydroxykaempferol-3-methyl ether-6-glucoside
6- 羟基山柰酚 -3- 硫酸酯 6-hydroxykaempferol-3-sulphate
6- 羟基山柰酚 -7-*O*-*β*-D- 阿洛糖苷 6-hydroxykaempferol-7-*O*-*β*-D-alloside
6- 羟基山柰酚 -7-*O*-*β*-D- 葡萄糖苷 6-hydroxykaempferol-7-*O*-*β*-D-glucoside
6- 羟基山柰酚 -7- 葡萄糖基 -(1 → 6)- 鼠李糖苷 6-hydroxykaempferol-7-glucosyl-(1 → 6)-rhamnoside
1*α*- 羟基山楂定 1*α*-hydroxypinnatifidin
6*β*- 羟基山楂酸 6*β*-hydroxymaslinic acid
1- 羟基叫酮 1-hydroxyxanthone
2- 羟基叫酮 2-hydroxyxanthone
4- 羟基叫酮 4-hydroxyxanthone
2,6,8- 羟基叫酮 -7-*C*-*β*-D- 吡喃葡萄糖苷 2,6,8-trihydroxyxanthone-7-*C*-*β*-D-glucopyranoside
16*β*- 羟基鳝藤苷 A 16*β*-hydroxyaffinoside A
9- 羟基芍药内酯 A 9-hydroxypaeonilactone A
羟基蛇床酮醇苷▲ A hydroxycnidimoside A
3- 羟基蛇根精 3-hydroxysarpagine
2*β*- 羟基蛇葡萄素 F 2*β*-hydroxyampelopsin F
8*β*- 羟基蛇足石杉明碱▲ K 8*β*-hydroxylycoposerramine K
7- 羟基麝香草酚 7-hydroxythymol
9- 羟基麝香草酚 9-hydroxythymol
7- 羟基麝香草酚 -3-*O*-*β*-D- 吡喃葡萄糖苷 7-hydroxythymol-3-*O*-*β*-D-glucoside
9- 羟基麝香草酚 -3-*O*- 当归酸酯 9-hydroxythymol-3-*O*-angelate
羟基肾叶鹿蹄草苷 hydroxylrenifolin
(22*R*)-22- 羟基升麻醇 (22*R*)-22-hydroxycimigenol
12*β*- 羟基升麻醇 12*β*-hydroxycimigenol
12-*β*- 羟基升麻醇 -1- 烯 -3- 酮 12-*β*-hydrocimigenol-1-en-3-one
1*α*- 羟基升麻醇 -3-*O*-*α*-L- 阿拉伯糖苷 1*α*-hydroxycimigenol-3-*O*-*α*-L-arabinopyranoside
(23*R*,24*S*)-12*β*- 羟基升麻醇 -3-*O*-*α*-L- 吡喃阿拉伯糖苷 (23*R*,24*S*)-12*β*-hydroxycimigenol-3-*O*-*α*-L-arabinopyranoside
12*β*- 羟基升麻醇 -3-*O*-*α*-L- 吡喃阿拉伯糖苷 12*β*-hydroxycimigenol-3-*O*-*α*-L-arabinopyranoside
1*α*- 羟基升麻醇 -3-*O*-*β*-D- 吡喃半乳糖苷 1*α*-hydroxycimigenol-3-*O*-*β*-D-galactopyranoside
(23*R*,24*S*)-12*β*- 羟基升麻醇 -3-*O*-*β*-D- 吡喃木糖苷 (23*R*,24*S*)-12*β*-hydroxycimigenol-3-*O*-*β*-D-xylopyranoside
12-*β*- 羟基升麻醇 -3-*O*-*β*-D- 吡喃木糖苷 12-*β*-hydrocimigenol-3-*O*-*β*-D-xylopyranoside
12*β*- 羟基升麻醇 -3-*O*-*β*-D- 吡喃木糖苷 12*β*-hydroxycimigenol-3-*O*-*β*-D-xylopyranoside
7*β*- 羟基升麻醇 -3-*O*-*β*-D- 吡喃木糖苷 7*β*-hydroxycimigenol-3-*O*-*β*-D-xylopyranoside
1*α*- 羟基 - 升麻醇 -3-*O*-*β*-D- 吡喃木糖苷 1*α*-hydroxycimigenol-3-*O*-*β*-D-xylopyranoside
12*β*- 羟基升麻醇 -3-*O*-*β*-D- 吡喃木糖基 -(1 → 3)-*β*-D- 吡喃木糖苷 12*β*-hydroxycimigenol-3-*O*-*β*-D-xylopyranosyl-(1 → 3)-*β*-D-xylopyranoside
12-*β*- 羟基升麻醇 -3- 酮 12-*β*-hydrocimigenol-3-one
12*β*- 羟基升麻醇 -3- 酮 12*β*-hydroxycimigenol-3-one
7*β*- 羟基升麻醇吡喃木糖苷 7*β*-hydrocimigenol-xylopyranoside
22- 羟基升麻醇木糖苷 22-hydroxycimigenolxyloside
15*α*- 羟基升麻二醇 -3-*O*-*β*-D- 吡喃木糖苷 15*α*-droxycimicidol-3-*O*-*β*-D-xylopyranoside
7*β*- 羟基升麻新醇 7*β*-hydroxycimigenol
6*α*- 羟基蓍 -9,13,17,21- 四烯 6*α*-hydroxyachilla-9,13,17,21-tetraene
8*α*- 羟基蓍素 8*α*-hydroxyachillin
10- 羟基十八酸 10-hydroxyoctadecanoic acid
2- 羟基十八酸 2-hydroxyoctadecanoic acid
3*R*- 羟基十八酸 3*R*-hydroxyoctadecanoic acid
3- 羟基十八酸 3-hydroxyoctadecanoic acid
(2*E*,4*E*,9*Z*)-1- 羟基 - 十八碳三烯 -6- 炔 -18- 乙酸酯 (2*E*,4*E*,9*Z*)-1-hydroxy octadeca trien-6-yn-18-yl acetate
(2*S*,3*S*,4*R*,8*E*)-2-[(2'*R*)-2'- 羟基 - 十八碳酰胺基]- 二十四碳 -1,3,4- 三羟基 -8- 烯 (2*S*,3*S*,4*R*,8*E*)-2-[(2'*R*)-2'-hydroxy-octadecanoylamino]-lignocerane-1,3,4-triol-8-ene
(2*S*,2'*R*,3*R*,4*E*,8*E*)-*N*-2'- 羟基十八酰基 -2- 氨基 -9- 甲基 -4,8- 十七二

烯 -1,3- 二醇 (2*S*,2'*R*,3*R*,4*E*,8*E*)-*N*-2'-hydroxyoctadecanoyl-2-amino-9-methyl-4,8-heptadecadiene-1,3-diol
4- 羟基十二 -2- 烯二酸 4-hydroxydodec-2-enedioic acid
9- 羟基 - 十二酸 9-hydroxy-dodecanoic acid
(*E*)-4- 羟基 - 十二碳 -2- 烯醇酸 -12-*O*- 甲酯 (*E*)-4-hydroxy-dodec-2-enedioic acid-12-*O*-methyl ester
6- 羟基十九碳 -(4*Z*)- 烯酸 6-hydroxynonadec-(4*Z*)-enoic acid
8'- 羟基十九烷基正癸酸酯 8'-hydroxynonadecanyl-*n*-decanoate
9- 羟基十六酸 9-hydroxyhexadecanoic acid
ω- 羟基十六酸 ω-hydroxyhexacosanoic acid
(4*E*,8*E*)-*N*-2- 羟基十六酰基 -1-*O*-β- 吡喃葡萄糖基 -9- 甲基 -C18- 鞘氨烷 -4,8- 二烯 (4*E*,8*E*)-*N*-2-hydroxyhexadecanoyl-1-*O*-β-glucopyranosyl-9-methyl-C18-sphinga-4,8-dienine
8- 羟基 - 十七酸癸酯 decyl-8-hydroxy-heptadecanoate
(2*Z*,8*E*,10*E*)-14*S*- 羟基十七碳三烯 -4,6- 二炔 -1- 乙酸酯 (2*Z*,8*E*,10*E*)-14*S*-hydroxyheptadecatri-ene-4,6-diyn-1-yl acetate
(+)-15- 羟基十氢番茄红素 (+)-15-hydroxylycopersene
9- 羟基十三基二十二酸酯 9-hydroxytridecyldocosanoate
9- 羟基十四酸 9-hydroxytetradecanoic acid
9- 羟基十五酸 9-hydroxypentadecanoic acid
8- 羟基十五碳 -(4*Z*)- 烯酸 8-hydroxypentadec-(4*Z*)-enoic acid
(2*S*,3*S*,4*R*,8*E*)-2-[(2'*R*)-2'- 羟基 - 十五碳酰胺基]- 二十七碳 -1,3,4- 三羟基 -8- 烯 (2*S*,3*S*,4*R*,8*E*)-2-[(2'*R*)-2'-hydroxy-pentadecanoylamino]-heptacosane-1,3,4-triol-8-ene
5-(2- 羟基十五烷基)-1,3- 间苯二酚 5-(2-hydroxypentadecyl)-1,3-m-benzenediol
2- 羟基 - 十一碳酸 -4- 氧代辛酯 2-hydroxy-undecanoic acid-4-oxooctyl ester
6- 羟基十字孢链霉酮▲ 6-hydroxystaurosporinone
2- 羟基石刁柏素 2-hydroxyasparenyn
3'*S*- 羟基石防风素 3'*S*-hydroxydeltoin
2α- 羟基石栗萜酸▲ -3- 对羟基苯甲酸酯 2α-hydroxy-aleuritolic acid-3-*p*-hydroxybenzoate
6β- 羟基石杉碱 A 6β-hydroxyhuperzine A
16- 羟基石杉碱 B 16-hydroxyhuperzine B
8β- 羟基石杉碱 E 8β-hydroxyhuperzine E
4α- 羟基石松碱 4α-hydroxylycopodine
6α- 羟基石松碱 6α-hydroxylycopodine
6β- 羟基石松碱 6β-hydroxylycopodine
8β- 羟基石松灵碱 8β-hydroxylycodoline
2α- 羟基石头花苷元▲ -3-*O*-β-D- 吡喃葡萄糖苷 3-*O*-β-D-glucopyranosyl-2α-hydroxygypsogenin
(*E*)-3- 羟基莳萝脑 -β-D- 吡喃葡萄糖苷 (*E*)-3-hydroxyanethole-β-D-glucopyranoside
6- 羟基矢车菊素 -3-*O*-β- 吡喃葡萄糖苷 6-hydroxycyanidin-3-*O*-β-glucopyranoside
8- 羟基鼠尾草苷元 8-hydroxysalvigenin
3- 羟基鼠尾草烯酮▲ 3-hydroxysalvilenone
2α- 羟基树蒿素▲ 2α-hydroxyarborescin
2β- 羟基树蒿素▲ 2β-hydroxyarborescin
8α- 羟基树蒿素▲ 8α-hydroxyarborescin
15α- 羟基栓菌烯醇酸▲ 15α-hydroxytrametenolic acid
18- 羟基睡茄内酯 18-hydroxywithanolide D
27- 羟基睡茄内酯 A, B, D 27-hydroxywithanolide A, B, D
14α- 羟基睡茄内酯 D 14α-hydroxywithanolide D
17α- 羟基睡茄内酯 D 17α-hydroxywithanolide D
28- 羟基睡茄内酯 E 28-hydroxywithanolide E
4β- 羟基睡茄内酯 E 4β-hydroxywithanolide E
27- 羟基睡茄酮▲ 27-hydroxywithanone
9- 羟基 - 顺式 -12- 十八碳烯酸 9-hydroxy-*cis*-12-octadecenoic acid
12- 羟基 - 顺式 -9- 十八碳烯酸 12-hydroxy-*cis*-9-octadecenoic acid
4'- 羟基 - 顺式 - 桂皮酸正二十八酯 *n*-octacosyl 4'-hydroxy-*cis*-cinnamate
2α- 羟基 - 顺式 - 欧洲刺柏酸▲ 2α-hydroxy-*cis*-communic acid
N-α- 羟基 - 顺式 - 十八碳烯酰基 -1-*O*-β- 吡喃葡萄糖基鞘氨醇 *N*-α-hydroxyl-*cis*-octadecaenoyl-1-*O*-β-glucopyranosylsphingosine
19- 羟基斯氏库努大戟醇▲ -19-*O*-β-D- 吡喃葡萄糖苷 19-hydroxyspruceanol-19-*O*-β-D-glucopyranoside
羟基四甲氧基𠮿酮 hydroxytetramethoxyxanthone
37- 羟基四十六碳 -19- 酮 37-hydroxyhexatetracontan-19-one
37- 羟基四十六碳 -1- 烯 -15- 酮 37-hydroxyhexatetracont-1-en-15-one
21- 羟基四十烷 -20- 酮 21-hydroxytetracontan-20-one
3'- 羟基松叶蕨苷 3'-hydroxypsilotin
8α- 羟基松脂醇 -4α-*O*-β-(6- 对甲氧基苯基乙酰基)- 吡喃葡萄糖苷 8α-hydroxypinoresinol-4α-*O*-β-(6-*p*-methoxyphenylacetyl)-glucopyranoside
8α- 羟基松脂醇 -4α-*O*-β-(6- 对羟基苯基乙酰基)- 吡喃葡萄糖苷 8α-hydroxypinoresinol-4α-*O*-β-(6-*p*-hydroxyphenylacetyl)-glucopyranoside
(+)-1- 羟基松脂酚 (+)-1-hydroxypinoresinol
(+)-5'- 羟基松脂酚 (+)-5'-hydroxypinoresinol
(+)-8α- 羟基松脂酚 (+)-8α-hydroxypinoresinol
(+)-8- 羟基松脂酚 (+)-8-hydroxypinoresinol
1- 羟基松脂酚 1-hydroxypinoresinol
8α- 羟基松脂酚 8α-hydroxypinoresinol
8- 羟基松脂酚 8-hydroxypinoresinol
9α- 羟基松脂酚 9α-hydroxypinoresinol
羟基松脂酚 hydroxypinoresinol
(+)-1- 羟基松脂酚 -1-*O*-β-D- 吡喃葡萄糖苷 (+)-1-hydroxypinoresinol-1-*O*-β-D-glucopyranoside
1- 羟基松脂酚 -1-*O*-β-D- 吡喃葡萄糖苷 1-hydroxypinoresinol-1-*O*-β-D-glucopyranoside
1- 羟基松脂酚 -1-*O*-β- 吡喃葡萄糖苷 1-hydroxypinoresinol-1-*O*-β-glucopyranoside
(+)-1- 羟基松脂酚 -1-α-D- 吡喃葡萄糖苷 (+)-1-hydroxypinoresinol-1-α-D-glucopyranoside
1- 羟基松脂酚 -1-β-D- 吡喃葡萄糖苷 1-hydroxypinoresinol-1-β-D-glucopyranoside
(+)-1- 羟基松脂酚 -4''-*O*-β-D- 吡喃葡萄糖苷 (+)-1-hydroxypinoresinol-4''-*O*-β-D-glucopyranoside
(+)-1- 羟基松脂酚 -4''-*O*-β-D- 吡喃葡萄糖苷 (+)-1-hydroxypinoresinol-4''-*O*-β-D-glucopyranoside
(+)-1- 羟基松脂酚 -4'-*O*-β-D- 吡喃葡萄糖苷 (+)-1-hydroxypinoresinol-4'-*O*-β-D-glucopyranoside
8- 羟基松脂酚 -4'-*O*-β-D- 吡喃葡萄糖苷 8-hydroxypinoresiol-4'-*O*-β-D-glucopyranoside
(+)-8- 羟基松脂酚 -4-*O*-β-D- 吡喃葡萄糖苷 (+)-8-hydroxypinoresinol-4-*O*-β-Dglucopyranoside
8- 羟基松脂酚 -4-*O*-β-D- 吡喃葡萄糖苷 8-hydroxypinoresiol-4-*O*-β-D-glucopyranoside
8- 羟基松脂酚 -4-*O*-β-D- 葡萄糖苷 8-hydroxypinoresinol-4-*O*-β-D-glucoside
(+)-1- 羟基松脂酚 -4''-β-D- 吡喃葡萄糖苷 (+)-1-hydroxyl-pinoresinol-4''-β-D-glucopyranoside
(+)-1- 羟基松脂酚 -4'-β-D- 吡喃葡萄糖苷 (+)-1-hydroxypinoresinol-4'-β-D-glucopyranoside
(+)-8α- 羟基松脂酚 -8-*O*-[6''-*O*-(4'''- 羟基苯甲酰基)]-β-D- 吡

Q

喃葡萄糖苷 (+)-8α-hydroxypinoresinol-8-*O*-[6''-*O*-(4'''-hydroxybenzoyl)]-β-D-glucopyranoside
(+)-8α- 羟基松脂酚 -8-*O*-β-D- 吡喃葡萄糖苷 (+)-8α-hydroxypinoresinol-8-*O*-β-D-glucopyranoside
(+)- 羟基松脂酚 -8-*O*-β-D- 吡喃葡萄糖苷 (+)-hydroxypinoresinol-8-*O*-β-D-glucopyranoside
(+)-1- 羟基松脂酚 - 二 -*O*-β-D- 吡喃葡萄糖苷 (+)-1-hydroxypinoresinol-4',4''-di-*O*-β-D-glucopyranoside
2''- 羟基素馨素▲ 2''-hydroxyjasminin
4''- 羟基素馨素▲ 4''-hydroxyisojasminin
5- 羟基酸橙素 5-hydroxyauranetin
23- 羟基酸浆内酯 23-hydroxyphysalolactone
5- 羟基酸模素 5-hydroxydianellin
6α- 羟基蒜味香科科素▲ 6α-hydroxyteuscordin
6β- 羟基蒜味香科科素▲ 6β-hydroxyteuscordin
2β- 羟基蒜味香科科酮 2β-hydroxyteuscordinone
5'- 羟基穗花杉黄酮 5'-hydroxyamentoflavone
3''- 羟基穗花双黄酮 3''-hydroxyamentoflavone
3''- 羟基穗花双黄酮 -7-*O*- 甲醚 3''-hydroxyamentoflavone-7-*O*-methyl ether
(-)-7'(*S*)-5- 羟基穗罗汉松树脂酚 (-)-7'(*S*)-5-hydroxymatairesinol
(-)-7- 羟基穗罗汉松树脂酚 (-)-7-hydroxymatairesinol
羟基穗罗汉松树脂酚 hydroxymatairesinol
3- 羟基塔拉乌头胺 3-hydroxytalatizamine
(-)-5- 羟基唐松草明碱 (-)-5-hydroxythalmine
4- 羟基桃金娘烯醛 4-hydroxymyrtenal
16β- 羟基嚏根草苷元 -3-*O*-α-D- 吡喃鼠李糖苷 16β-hydroxyhellebrigenin-3-*O*-α-D-rhamnopyranoside
16β- 羟基嚏根草苷元 -3-*O*-β-D- 吡喃葡萄糖苷 16β-hydroxyhellebrigenin-3-*O*-β-D-glucopyranoside
6α- 羟基 - 天名精内酯酮 6α-hydroxy-carabrone
6- 羟基天仙子胺 6-hydroxyhyoscyamine
7- 羟基天仙子胺 7-hydroxyhyoscyamine
11- 羟基铁屎米 -6- 酮 11-hydroxycanthin-6-one
1- 羟基铁屎米 -6- 酮 1-hydroxycanthin-6-one
8- 羟基铁屎米 -6- 酮 8-hydroxycanthin-6-one
11- 羟基铁屎米 -6- 酮 -*N*- 氧化物 11-hydroxycanthin-6-one-*N*-oxide
19α- 羟基铁线蕨酮 19α-hydroxyadiantone
21- 羟基铁线蕨酮 21-hydroxyadiantone
羟基铁线蕨酮 hydroxyadiantone
4- 羟基头序千金藤宁▲ 4-hydroxycrebanine
1β- 羟基土木香内酯 1β-hydroxyalantolactone
2α- 羟基土木香内酯 2α-hydroxyalantolactone
羟基土木香内酯 hydroxyalantolactone
20β- 羟基蜕皮素 20β-hydroxyecdysone
20- 羟基蜕皮素 20-hydroxyecdysone
20- 羟基蜕皮素 -2,3,20,22- 双丙酮化物 20-hydroxyecdysone-2,3,20,22-diacetonide
20- 羟基蜕皮素 -2,3- 丙酮化物 20-hydroxyecdysone-2,3-acetonide
20- 羟基蜕皮素 -20,22- 丙酮化物 20-hydroxyecdysone-20,22-acetonide
20- 羟基蜕皮素 -20,22- 单丙酮化物 20-hydroxyecdysone-20,22-monoacetonide
20- 羟基蜕皮素 -20,22- 缩丁醛 20-hydroxyecdysone-20,22-butylidene acetal
20- 羟基蜕皮素 -22- 乙酸酯 20-hydroxyecdysone-22-acetate
20- 羟基蜕皮素 -3-*O*-β-D- 吡喃葡萄糖苷 20-hydroxyecdysone-3-*O*-β-D-glucopyranoside
5β- 羟基蜕皮甾酮 5β-hydroxyecdysterone
5- 羟基蜕皮甾酮 5-hydroxyecdysterone
羟基蜕皮甾酮 hydroxyecdysterone
20- 羟基蜕皮甾酮 -2,3:20,22- 二丙酮化物 20-hydroxyecdysterone-2,3:20,22-diacetonide
1- 羟基托品古柯碱 1-hydroxytropacocaine
羟基脱辅基类胡萝卜素 hydroxylated apocarotenoid
7'- 羟基脱落酸 7'-hydroxyabscisic acid
(1'*S*,6'*R*)-8'- 羟基脱落酸 -*O*-β-D- 吡喃葡萄糖苷 (1'*S*,6'*R*)-8'-hydroxyabscisic acid-*O*-β-D-glucopyranoside
(1'*S*,6'*R*)-8'- 羟基脱落酸 -β-D- 吡喃葡萄糖苷 (1'*S*,6'*R*)-8'-hydroxyabscisic acid-β-D-glucopyranoside
8'- 羟基脱落酸 - 吡喃葡萄糖苷 8'-hydroxyabscisic acid-glucopyranoside
(10*S*)- 羟基脱镁叶绿素 a (10*S*)-hydroxypheophytin a
(13^2R)- 羟基脱镁叶绿素 a (13^2*R*)-hydroperoxypheophytin a
(13^2*S*)- 羟基脱镁叶绿素 a (13^2*S*)-hydroxypheophytin a
10*R*- 羟基脱镁叶绿素 a 10*R*-hydroxypheophytin a
10*S*- 羟基脱镁叶绿素 a 10*S*-hydroxypheophytin a
13^2(*R*)- 羟基脱镁叶绿素 a 13^2(*R*)-hydroxypheophytin a
13^2(*S*)- 羟基脱镁叶绿素 a 13^2(*S*)-hydroxypheophytin a
13^2*R*- 羟基脱镁叶绿素 a 13^2*R*-hydroxypheophytin a
13^2*S*- 羟基脱镁叶绿素 a 13^2*S*-hydroxypheophytin a
(13^2R)- 羟基脱镁叶绿素 b (13^2*R*)-hydroxypheophytin b
(13^2*S*)- 羟基脱镁叶绿素 b (13^2*S*)-hydroxypheophytin b
13^2R- 羟基脱镁叶绿素 b 13^2*R*-hydroxypheophytin b
13^2S- 羟基脱镁叶绿素 b 13^2*S*-hydroxypheophytin b
13^2- 羟基脱镁叶绿素 b 13^2-hydroxyphaeophytin b
13^2(*R*)- 羟基脱镁叶绿素酮 a 13^2(*R*)-hydroxypheophyton a
13^2(*S*)- 羟基脱镁叶绿素酮 a 13^2(*S*)-hydroxypheophyton a
(10*S*)- 羟基脱镁叶绿酸 a (10*S*)-hydroxypheophorbide a
(13^2*S*)- 羟基 - 脱镁叶绿酸 a (13^2*S*)-hydroxy-pheophorbide a
(10*S*)- 羟基脱镁叶绿酸 a 甲酯 (10*S*)-hydroxypheophorbide a methyl ester
(*R*)-21- 羟基脱镁叶绿酸甲酯 a methyl (*R*)-21-hydroxypheophorbide a
(*R*)-21- 羟基脱镁叶绿酸甲酯 a, b methyl (*R*)-21-hydroxypheophorbide a, b
(13^2*S*)- 羟基 - 脱镁叶绿酸 - 内酯 a (13^2*S*)-hydroxy-pheophorbide-lactone a
4α- 羟基脱水石松灵碱 4α-hydroxyanhydrolycodoline
8β- 羟基脱水银胶菊素 8β-hydroxyanhydroparthenin
8- 羟基伪黄连碱氯化物 8-hydroxypseudocoptisine chloride
17- 羟基 - 伪苦籽木精碱▲ 17-hydroxypseudoakuammigine
16β- 羟基伪蒲公英萜醇▲ -3β-*O*- 棕榈酸酯 16β-hydroxypseudotaraxasterol-3β-*O*-palmitate
羟基伪吲哚 hydroxyindolenine
15- 羟基伪原薯蓣皂苷 15-hydroxypseudoprotodioscin
23- 羟基委陵菜酸 23-hydroxytormentic acid
24- 羟基委陵菜酸 24-hydroxytormentic acid
2α,3β,19α,23β- 羟基委陵菜酸 2α,3β,19α,23β-hydroxytormentic acid
6β- 羟基委陵菜酸 6β-hydroxytormentic acid
17- 羟基文森特香科科 -5(6)- 烯酮 G 17-hydroxyteuvincen-5(6)-enone G
19- 羟基文森特香科科酮▲ F 19-hydroxyteuvincenone F
17- 羟基文森特香科科酮▲ G 17-hydroxyteuvincenone G
6- 羟基文殊兰米定 6-hydroxycrinamidine
10- 羟基乌头碱 10-hydroxyaconitine
(-)- 羟基乌药烯内酯▲ (-)-hydroxylindestrenolide
羟基乌药烯内酯▲ hydroxylindestrenolide

Q

28- 羟基无羁萜 28-hydroxyfriedelin
29- 羟基无羁萜 29-hydroxyfriedelin
30- 羟基无羁萜 30-hydroxyfriedelin
26- 羟基无羁萜 -1,3- 二酮 26-hydroxyfriedelane-1,3-dione
3α- 羟基无羁萜 -2- 酮 3α-hydroxyfriedelan-2-one
12α- 羟基无羁萜 -3- 酮 12α-hydroxy-friedelane-3-one
15α- 羟基无羁萜 -3- 酮 15α-hydroxyfriedelan-3-one
21α- 羟基无羁萜 -3- 酮 21α-hydroxyfriedelan-3-one
28- 羟基无羁萜 -3- 酮 28-hydroxyfriedelane-3-one
29- 羟基无羁萜 -3- 酮 29-hydroxyfriedelan-3-one
2α- 羟基无羁萜 -3- 酮 2α-hydroxyfriedelan-3-one
30- 羟基无羁萜 -3- 酮 30-hydroxyfriedelan-3-one
28- 羟基无羁萜 -3- 酮 -29- 酸 28-hydroxyfriedelan-3-one-29-oic acid
3- 羟基无羁萜 -3- 烯 -2- 酮 3-hydroxyfriedel-3-en-2-one
21α- 羟基无羁萜 -4(23)- 烯 -3- 酮 21α-hydroxyfriedel-4(23)-en-3-one
3β- 羟基无羁萜 -7- 烯 3β-hydroxyfriedel-7-ene
7- 羟基无水西藏鬼臼脂醇 7-hydroxy-anhydropodorhizol
12α- 羟基吴茱萸醇 12α-hydroxyevodol
12- 羟基吴茱萸醇 12-hydroxyevodol
10- 羟基吴茱萸次碱 10-hydroxyrutaecarpine
1- 羟基吴茱萸次碱 1-hydroxyrutaecarpine
7β- 羟基吴茱萸次碱 7β-hydroxyrutaecarpine
7- 羟基吴茱萸次碱 7-hydroxyrutaecarpine
羟基吴茱萸碱 hydroxyevodiamine
6α- 羟基五福花苷 6α-hydroxyadoxoside
6β- 羟基五味子素 A 6β-hydroxyschisandrin A
7α- 羟基五味子酮醇 7α-hydroxyschizandronol
(2*S*,4*R*)-4- 羟基 - 戊烷 -2-(2*E*)- 对香豆酸酯 (2*S*,4*R*)-4-hydroxy-pentan-2-yl-(2*E*)-*p*-coumarate
(1*R*,3*E*,7*Z*,12*R*)-20- 羟基西松 -3,7,15- 三烯 -19- 酸 (1*R*,3*E*,7*Z*,12*R*)-20-hydroxycembra-3,7,15-trien-19-oic acid
羟基烯酮 hydroxyenone
28- 羟基锡兰柯库木醇▲ 28-hydroxyzeylanol
12- 羟基豨莶草醇 12-hydroxykirenol
7β- 羟基豨莶精醇 7β-hydroxydarutigenol
9β- 羟基豨莶精醇 9β-hydroxydarutigenol
10- 羟基喜树碱 10-hydroxycamptothecine
11- 羟基喜树碱 11-hydroxycamptothecine
17- 羟基喜树碱 17-hydroxycamptothecine
18- 羟基喜树碱 18-hydroxycamptothecine
羟基喜树碱 hydroxycamptothecine
4β- 羟基细辛脂素 -1-*O*-β-D- 吡喃葡萄糖苷 4β-hydroxyasarinin-1-*O*-β-D-glucopyranoside
2'- 羟基细辛脂素 -2'-*O*-β-D- 吡喃葡萄糖基 -(1 → 6)-β-D- 吡喃葡萄糖苷 2'-hydroxyasarinin-2'-*O*-β-D-glucopyranosyl-(1 → 6)-β-D-glucopyranoside
羟基纤细虎皮楠林碱▲ hydroxydaphgraciline
N-(2- 羟基酰基)-4- 羟基 -8-(*E*)- 烯 - 鞘氨醇 *N*-(2-hydroxy-acyl)-4-hydroxy-8(*E*)-en-sphingenine
羟基酰基甘油酯 hydroxyacylglyceride
ω- 羟基香草丙酮 ω-hydroxypropiovanillone
3- 羟基香豆素 3-hydroxycoumarin
4- 羟基香豆素 4-hydroxycoumarin
5- 羟基香豆素 5-hydroxycoumarin
6- 羟基香豆素 6-hydroxycoumarin
7- 羟基香豆素 7-hydroxycoumarin
8- 羟基香豆素 8-hydroxycoumarin
8- 羟基香豆素 -7-*O*-β-D- 吡喃葡萄糖苷 8-hydroxycoumarin-7-*O*-β-D-glucopyranoside
7- 羟基香豆素 -8-*O*-β-D- 吡喃葡萄糖苷 7-hydroxycoumarin-8-*O*-β-D-glucopyranoside
α- 羟基香荚兰丙酮 α-hydroxypropiovanillone
β- 羟基香荚兰丙酮 β-hydroxypropiovanillone
3- 羟基香荚兰酸 3-hydroxyvanilic acid
8- 羟基香柠檬烯 8-hydroxybergapten
8- 羟基香叶醇 8-hydroxygeraniol
8- 羟基香叶醇 -1-*O*-β-D- 吡喃葡萄糖苷 8-hydroxygeraniol-1-*O*-β-D-glucopyranoside
8- 羟基香叶醇 -*O*-β-D- 吡喃葡萄糖苷 8-hydroxygeraniol-*O*-β-D-glucopyranoside
10- 羟基香叶醇二吡喃葡萄糖苷 10-hydroxygeraniol diglucopyranoside
(6*E*,10*E*,14*Z*)-20- 羟基香叶基芳樟醇 -3-*O*-[α-L- 吡喃鼠李糖基 -(1 → 4)]-β-D- 吡喃葡萄糖苷 -20-*O*-[α-L- 吡喃鼠李糖基 - (1 → 4)]-[α-L- 吡喃鼠李糖基 -(1 → 6)]-β-D- 吡喃葡萄糖苷 (6*E*,10*E*,14*Z*)-20-hydroxygeranyllinalyl-3-*O*-[α-L-rhamnopyranosyl-(1 → 4)]-β-D-glucopyranoside-20-*O*-[α-L-rhamnopyranosyl-(1 → 4)]-[α-L-rhamnopyranosyl-(1 → 6)]-β-D-glucopyranoside
(6*E*,10*E*,14*Z*)-20- 羟基香叶基芳樟醇 -3-*O*-[α-L- 吡喃鼠李糖基 -(1 → 4)]-β-D- 吡喃葡萄糖苷 -20-*O*-[β-D- 吡喃葡萄糖基)-(1 → 2)]-[α-L- 吡喃鼠李糖基 -(1 → 6)]-β-D- 吡喃葡萄糖苷 (6*E*,10*E*,14*Z*)-20-hydroxygeranyllinalyl-3-*O*-[α-L-rhamnopyranosyl-(1 → 4)]-β-D-glucopyranoside-20-*O*-[β-D-glucopyranosyl)-(1 → 2)]-[α-L-rhamnopyranosyl-(1 → 6)]-β-D-glucopyranoside
(*S*)-12- 羟基香叶基香叶醇 (*S*)-12-hydroxygeranylgeraniol
8- 羟基香叶木素 -8-*O*-β-D- 吡喃葡萄糖苷 8-hydroxydiosmetin-8-*O*-β-D-glucopyranoside
11β- 羟基小冠花毒苷元▲ 11β-hydroxycorotoxigenin
2β- 羟基小花五味子二内酯▲ C 2β-hydroxymicrandilactone C
13- 羟基 - 小皮伞 -7(8)- 烯 -5- 甲氧基 -γ- 缩醛 13-hydroxy-marasm-7(8)-en-5-methoxy-γ-acetal
13- 羟基 - 小皮伞 -7(8)- 烯 -5- 酸 -γ- 内酯 13-dihydroxy-marasm-7(8)-en-5-oic acid-γ-lactone
13- 羟基小皮伞烯▲ 13-hydroxymarasmene
14- 羟基小皮伞烯▲ 14-hydroxymarasmene
3β- 羟基小皮伞烯▲ 3β-hydroxymarasmene
15- 羟基小皮伞烯 -3- 酮 15-hydroxymarasmen-3-one
羟基蝎尾勿忘草碱▲ hydroxymyoscorpine
5- 羟基邪蒿素 5-hydroxyseselin
5- 羟基斜形牛筋果内酯 5-hydroxyobliquin
8- 羟基斜形牛筋果内酯 8-hydroxyobliquin
羟基缬草烯酸 hydroxyvalerenic acid
16β- 羟基心瓣翠雀碱 16β-hydroxycardiopetaline
(*Z*)-8- 羟基辛 -5- 烯酸 -*O*-β-D- 吡喃葡萄糖苷 (*Z*)-8-hydroxyoct-5-enoic acid-*O*-β-D-glucopyranoside
3- 羟基辛酸乙酯 -3-*O*-β-D- 吡喃葡萄糖基 -(1 → 6)-β-D- 吡喃葡萄糖苷 ethyl 3-hydroxyoctanoate-3-*O*-β-D-glucopyranosyl-(1 → 6)-β-D-glucopyranoside
7α- 羟基新白菖蒲酮 7α-hydroxyneoacolamone
(2*R*)-2- 羟基新大八角素 (2*R*)-2-hydroxyneomajucin
(2*S*)-2- 羟基新大八角素 (2*S*)-2-hydroxyneomajucin
(2*S*)- 羟基新大八角素 (2*S*)-hydroxyneomajucin
(2*S**)-2- 羟基新大八角素 (2*S**)-hydroxyneomajucin
2'- 羟基新黄柏亭▲ 2'-hydroxyneophellamuretin
1- 羟基新莽草素 1-hydroxyneoanisatin
2- 羟基新莽草素 2-hydroxyneoanisatin
3- 羟基新南五味子尼酸▲ A 3-hydroxyneokadsuranic acid A

Q

15α- 羟基新欧乌林碱▲ 15α-hydroxyneoline

15α- 羟基新欧乌宁碱▲ 15α-hydroxyneolinine

19- 羟基新西兰罗汉松酚▲ 19-hydroxytotarol

2- 羟基雄烷 -1,4- 二烯 -3,16- 二酮 2-hydroxyandrostane-1,4-dien-3,16-dione

(12β)- 羟基 - 雄甾 -1,4,6- 三烯 -3,17- 二酮 (12β)-hydroxy-androsta-1,4,6-trien-3,17-dione

14- 羟基雄甾 -4,6,15- 三烯 -3,17- 二酮 14-hydroxyandrosta-4,6,15-triene-3,17-dione

17β- 羟基雄甾 -4,6,15- 三烯 -3- 酮 17β-hydroxy-androsta-4,6,15-trien-3-one

12β- 羟基雄甾 -4,6,8(9),13(14)- 四烯 -3,11,16- 三酮 12β-hydroxyandrost-4,6,8(9),13(14)-tetraene-3,11,16-trione

14β- 羟基雄甾 -4,6- 二烯 -3,17- 二酮 14β-hydroxyandrosta-4,6-dien-3,17-dione

3β- 羟基熊果 -11α,12α- 环氧 -13β,28- 内酯 3β-hydroxyurs-11α,12α-epoxy-13β,28-olide

3β- 羟基熊果 -11- 烯 -13(28)- 内酯 3β-hydroxyurs-11-en-13(28)-lactone

3β- 羟基熊果 -11- 烯 -13β(28)- 内酯 3β-hydroxyurs-11-en-13β(28)-olide

3β- 羟基熊果 -11- 烯 -13β,28- 内酯 3β-hydroxyurs-11-en-13β,28-olide

3β- 羟基熊果 -11- 烯 -28,13β- 内酯 3β-hydroxyurs-11-en-28,13β-olide

3- 羟基熊果 -11- 烯 -28- 酸 3-hydroxyurs-11-en-28-oic acid

3β- 羟基熊果 -11- 烯 -28- 酸甲酯 methyl-3β-hydroxy-urs-11-en-28-oate

3β- 羟基熊果 -12,18- 二烯 -28- 酸 3β-hydroxyurs-12,18-dien-28-oic acid

3β- 羟基熊果 -12,18- 二烯 -28- 酸 -3-O-[β-D- 吡喃葡萄糖基 -(1→4)-α-L- 吡喃阿拉伯糖苷 3β-hydroxyurs-12,18-dien-28-oic acid-3-O-[β-D-glucopyranosyl-(1→4)-α-L-arabinopyranoside

3α- 羟基熊果 -12,20(30)- 二烯 -28- 酸 3α-hydroxyurs-12,30(30)-dien-28-oic acid

(18α,19α)-3β- 羟基 - 熊果 -12,20- 二烯 -22- 酮 (18α,19α)-3β-hydroxy-ursa-12,20-dien-22-one

3β- 羟基熊果 -12- 酮 -13β,28- 内酯 3β-hydroxyurs-12-one-13β,28-olide

3β- 羟基熊果 -12- 烯 3β-hydroxyurs-12-ene

3β- 羟基熊果 -12- 烯 -11- 酮 3β-hydroxyurs-12-en-11-one

3- 羟基 - 熊果 -12- 烯 -11- 酮 3-hydroxy-urs-12-ene-11-ketone

3α- 羟基熊果 -12- 烯 -23,28- 二羧酸 3α-hydroxyurs-12-en-23,28-dioic acid

19α- 羟基熊果 -12- 烯 -24,28- 二酸二甲酯 -3-O-β-D- 吡喃木糖苷 19α-hydroxyurs-12-en-24,28-dioate-3-O-β-D-xylopyranoside

3β- 羟基熊果 -12- 烯 -27,28- 二酸 3β-hydroxyurs-12-en-27,28-dioic acid

3β- 羟基熊果 -12- 烯 -27- 酸 3β-hydroxyurs-12-en-27-oic acid

3β- 羟基熊果 -12- 烯 -28- 醛 3β-hydroxyurs-12-ene-28-aldehyde

19α- 羟基熊果 -12- 烯 -28- 酸 19α-hydroxyurs-12-en-28-oic acid

23- 羟基熊果 -12- 烯 -28- 酸 23-hydroxyursan-12-en-28-oic acid

24- 羟基熊果 -12- 烯 -28- 酸 24-hydroxyurs-12-en-28-oic acid

3α- 羟基熊果 -12- 烯 -28- 酸 3α-hydroxyurs-12-en-28-oic acid

3β- 羟基熊果 -12- 烯 -28- 酸 3β-hydroxyurs-12-en-28-oic acid

19α- 羟基熊果 -12- 烯 -28- 酸 -3-O-α-L- 吡喃阿拉伯糖苷 19α-hydroxyurs-12-en-28-oic acid-3-O-α-L-arabinopyranoside

19α- 羟基熊果 -12- 烯 -28- 酸 -3β-O-α-L- 吡喃阿拉伯糖基 -(1→2)-(β-D- 吡喃葡萄糖醛酸苷 -6-O- 甲酯) 19α-hydroxyurs-12-en-28-oic acid-3β-O-α-L-arabinopyranosyl-(1→2)-(β-D-glucuronopyranoside-6-O-methyl ester)

19α- 羟基熊果 -12- 烯 -28- 酸 -3β-O-α-L- 吡喃阿拉伯糖基 -(1→2)-β-D- 吡喃葡萄糖醛酸苷 -6-O- 甲酯 19α-hydroxyurs-12-en-28-oic acid-3β-O-α-L-arabinopyranosyl-(1→2)-β-D-glucuronopyranoside-6-O-methyl ester

2α- 羟基熊果 -12- 烯 -28- 酸 -3β- 反式 - 异阿魏酸酯 2α-hydroxyurs-12-en-28-oic acid-3β-trans-isoferulate

3α- 羟基熊果 -12- 烯 -28- 酸甲酯 3α-hydroxyurs-12-en-28-oic acid methyl ester

11α- 羟基熊果 -12- 烯 -3- 酮 11α-hydroxyurs-12-en-3-one

3β- 羟基熊果 -20(30)- 烯 -3- 醇 - 乙酸酯 3β-hydroxyurs-20(30)-en-3-ol acetate

3β- 羟基熊果 -20- 烯 -12- 酮 3β-hydroxyurs-20-en-12-one

12β- 羟基 - 熊果 -20- 烯 -3- 酮 12β-hydroxy-urs-20-en-3-one

3β- 羟基熊果 -28- 酸 3β-hydroxyursa-28-oic acid

3β- 羟基熊果 -30- 对 -Z- 羟基桂皮酰 -12- 烯 -28- 酸 3β-hydroxyurs-30-p-Z-hydroxycinnamoyl-12-en-28-oic acid

3β- 羟基熊果 -30-E- 对羟基桂皮酰氧基 -12- 烯 -28- 酸 3β-hydroxyurs-30-p-E-hydroxycinnamoyloxy-12-en-28-oic acid

3β- 羟基熊果 -30-Z- 对羟基桂皮酰氧基 -12- 烯 -28- 酸 3β-hydroxyurs-30-p-Z-hydroxycinnamoyloxy-12-en-28-oic acid

1β- 羟基熊果 -9(11),12- 二烯 -3β- 棕榈酸酯 1β-hydroxyursa-9(11),12-dien-3β-yl palmitate

3α- 羟基熊果 -9,12- 二烯 -24- 酸 3α-hydroxyurs-9,12-diene-24-oic acid

3β- 羟基熊果 -l2,20(30)- 二烯 -17- 酸 3β-hydroxyurs-12,20(30)-dien-17-oic acid

18- 羟基熊果酸 18-hydroxyursolic acid

19α- 羟基熊果酸 19α-hydroxyursolic acid

19- 羟基熊果酸 19-hydroxyursolic acid

20- 羟基熊果酸 20-hydroxyursolic acid

21α- 羟基熊果酸 21α-hydroxyursolic acid

22α- 羟基熊果酸 22α-hydroxyursolic acid

23- 羟基熊果酸 23-hydroxyursolic acid

24- 羟基熊果酸 24-hydroxyursolic acid

2α,23- 羟基熊果酸 2α,23-hydroxyursolic acid

2α,3α- 羟基熊果酸 2α,3α-hydroxyursolic acid

2α- 羟基熊果酸 2α-hydroxyursolic acid

2β- 羟基熊果酸 2β-hydroxyursolic acid

2- 羟基熊果酸 2-hydroxyursolic acid

3α- 羟基熊果酸 3α-hydroxyursolic acid

3β- 羟基熊果酸 3β-hydroxylursolic acid

6β- 羟基熊果酸 6β-hydroxyursolic acid

9- 羟基熊果酸 9-hydroxyursolic acid

羟基熊果酸 hydroxyursolic acid

3β- 羟基熊果酸 -23- 硫酸酯 3β-hydroxyursolic acid-23-sulfate

23- 羟基熊果酸 -3-O-α-L- 吡喃阿拉伯糖基 -(1→2)-β-D- 吡喃葡萄糖醛酸基 -28-O-β-D- 吡喃葡萄糖苷 23-hydroxy-ursolic acid-3-O-α-L-arabinopyranosyl-(1→2)-β-D-glucuronopyranosyl-28-O-β-D-glucopyranoside

2α- 羟基熊果酸 -3-O- 顺式 - 对香豆酸酯 3-O-cis-p-coumaroyl-2α-hydroxyursolic acid

27- 羟基熊果酸 -3β-O-[β-L- 吡喃鼠李糖基 -(1→2)-β-D- 吡喃葡萄糖基 -(1→2)-β-D- 吡喃葡萄糖醛酸苷 -6-O- 甲酯]-28-O-β-D- 吡喃葡萄糖苷 27-hydroxyursolic acid-3β-O-[β-L-rhamnopyranosyl-(1→2)-β-D-glucopyranosyl-(1→2)-β-D-glucuronopyranoside-6-O-methyl ester]-28-O-β-D-glucopyranoside

23- 羟基熊果酸甲酯 23-hydroxyl-methylursolate

2α- 羟基熊果烷 2α-hydroxyursane
18- 羟基锈色罗汉松酚▲ 18-hydroxyferruginol
19- 羟基锈色罗汉松酚▲ 19-hydroxyferruginol
3- 羟基锈色罗汉松酚▲ 3-hydroxyferruginol
6α- 羟基锈色罗汉松酚▲ 6α-hydroxyferruginol
6β- 羟基锈色罗汉松酚▲ 6β-hydroxyferruginol
7β- 羟基续随子醇 7β-hydroxylathyrol
7- 羟基续随子醇 7-hydroxylathyrol
7- 羟基续随子醇 - 二乙酸酯二苯甲酸酯 7-hydroxylathyrol-diacetate dibenzoate
4- 羟基悬铃木酮▲ 4-hydroxygrenoblone
3β- 羟基雪松醇 3β-hydroxycedrol
羟基血根碱 hydroxysanguinarine
12α- 羟基崖摩抑素▲ 12α-hydroxyamoorastatin
12- 羟基崖摩抑素▲ 12-hydroxyamoorastatin
12α- 羟基崖摩抑酮▲ 12α-hydroxyamoorastatone
12- 羟基崖摩抑酮▲ 12-hydroxyamoorastatone
2- 羟基亚胺 - 乙酸 2-(hydroxyimino)-acetic acid
3-(4- 羟基亚苄基)-5,7- 二羟基色原烷 -4- 酮 3-(4-hydroxybenzylidene)-5,7-dihydroxychroman-4-one
2,7- 羟基亚丁基苯酞 2,7-hydroxybutylidenephthalide
羟基亚甲基丹参醌 hydroxymethylenetanshinquinone
(-)-6- 羟基亚泰香松素 (-)-6-hydroxyyatein
7- 羟基亚泰香松素 7-hydroxyyatein
3β-(18- 羟基亚油酰基)-28- 羟基熊果 -12- 烯 3β-(18-hydroxylinoleoyl)-28-hydroxyurs-12-ene
7β- 羟基延龄草烯苷元 -1-*O*-β-D- 呋喃芹菜糖基 -(1 → 3)-α-L- 吡喃鼠李糖基 -(1 → 2)-[β-D- 吡喃木糖基 -(1 → 3)]-α-L- 吡喃阿拉伯糖苷 7β-hydroxytrillenogenin-1-*O*-β-D-apiofuranosyl-(1 → 3)-α-L-rhamnopyranosyl-(1 → 2)-[β-D-xylopyranosyl-(1 → 3)]-α-L-arabinopyranoside
3'- 羟基芫花素 3'-hydroxygenkwanin
羟基芫花素 hydroxygenkwanin
羟基芫荽内酯 hydroxy coriander lactone
1β- 羟基岩生三裂蒿亭▲ 1β-hydroxycolartin
19- 羟基扬诺皂苷元 19-hydroxyyonogenin
8α- 羟基羊齿 -25,7β- 内酯 8α-hydroxyfernan-25,7β-olide
19α- 羟基羊齿 -7,9(11)- 二烯 19α-hydroxyferna-7,9(11)-diene
19α- 羟基羊齿 -7- 烯 19α-hydroxyfern-7-ene
19α- 羟基羊齿 -9(11)- 烯 19α-hydroxyfern-9(11)-ene
28- 羟基羊齿 -9(11)- 烯 28-hydroxyfern-9(11)-ene
19α- 羟基羊齿烯 19α-hydroxyfernene
3- 羟基羊齿烯 23-hydroxyfernene
(3β,20*R*)-20- 羟基羊毛甾 -25- 烯 -3- 棕榈酸酯 (3β,20*R*)-20-hydroxylanost-25-en-3-yl palmitate
3α- 羟基羊毛甾 -8,24- 二烯 -21- 羧酸 3α-hydroxylanosta-8,24-dien-21-oic acid
3β- 羟基羊毛甾 -8,24- 二烯 -21- 羧酸 3β-hydroxylanosta-8,24-dien-21-oic acid
21- 羟基羊毛脂 -7,9(11),24- 二烯 -3- 酮 21-hydroxylanosta-7,9(11),24-diene-3-one
3β- 羟基羊毛脂 -7,9(11),24- 三烯 -21- 酸 3β-hydroxylanosta-7,9(11),24-trien-21-oic acid
(3α,13α,14β,17α,20*S*)-3- 羟基羊毛脂 -7- 烯 -26- 酸甲酯 (3α,13α,14β,17α,20*S*)-3-hydroxylanost-7-en-26-oic acid methyl ester
21- 羟基羊毛脂 -8,24- 二烯 -3- 酮 21-hydroxylanosta-8,24-diene-3-one
3β- 羟基 - 羊毛脂 -8,24- 二烯 -7,11- 二酮 3β-hydroxy-lanosta-8,24-dien-7,11-dione
3- 羟基羊毛脂 -9(11),24(25)- 二烯 -26- 酸 3-hydroxy-lanost-9(11),24(25)-dien-26-oic acid
3β- 羟基 - 羊毛脂 -9(11),24- 二烯 -26- 酸 3β-hydroxy-lanost-9(11),24-dien-26-oic acid
12- 羟基杨梅酮 12-hydroxymyricanone
2- 羟基杨叶普伦木酸▲ 2-hydroxypolpunonic acid
21- 羟基洋椿酮内酯▲ 21-hydroxycedrelonelide
23- 羟基洋椿酮内酯▲ 23-hydroxycedrelonelide
5α- 羟基洋地黄毒苷元 -3-α-L- 鼠李糖苷 5α-gitoxigenin-3-α-L-rhamnopyranoside
4- 羟基洋地黄黄素 4-hydroxydigitolutein
β- 羟基洋丁香酚苷 β-hydroxyacteoside
(-)-14β- 羟基氧化苦参碱 (-)-14β-hydroxyoxymatrine
7α- 羟基野甘草二醇▲ 7α-hydroxyscopadiol
13β- 羟基野决明碱 13β-hydroxylthermopsine
1β- 羟基野鸦椿酸 1β-hydroxyeuscaphic acid
9''- 羟基野迎春苷▲ 9''-hydroxyjasmesoside
9''- 羟基野迎春苷酸▲ 9''-hydroxyjasmesosidic acid
6β- 羟基野芝麻新苷 6β-hydroxyipolamiide
2α- 羟基一枝黄花内酯 II, III 2α-hydoxysolidagolactone II, III
2β- 羟基一枝黄花内酯 V 2β-hydoxysolidagolactone V
19*S*- 羟基伊波花胺▲ 19*S*-hydroxyibogamine
20*S*- 羟基伊波花胺▲ 20*S*-hydroxyibogamine
10- 羟基伊卡马钱碱▲ 10-hydroxyicajine
11- 羟基伊卡马钱碱▲ 11-hydroxyicajine
14- 羟基伊卡马钱碱▲ 14-hydroxyicajine
(24*R*)-24-(2- 羟基乙基)-20- 羟基蜕皮素 (24*R*)-24-(2-hydroxyethyl)-20-hydroxyecdysone
4-(2- 羟基乙基)-2- 甲氧基苯 -1-*O*-β-D- 吡喃葡萄糖苷 4-(2-hydroxyethyl)-2-methoxyphenyl-1-*O*-β-D-glucopyranoside
4-(1- 羟基乙基)-2- 甲氧基苯酚 4-(1-hydroxyethyl)-2-methoxyphenol
1-(2'- 羟基乙基)-4- 甲氧基 -β- 咔啉 1-(2'-hydroxyethyl)-4-methoxy-β-carboline
3-(2- 羟基乙基)-5-(1-*O*-β- 葡萄糖氧基)- 吲哚 3-(2-hydroxyethyl)-5-(1-*O*-β-glucopyranosyloxy)-indole
1-(2- 羟基乙基)-5-(甲氧基甲基)-1*H*- 吡咯 -2- 羧甲醛 1-(2-hydroxyethyl)-5-(methoxymethyl)-1*H*-pyrrole-2-carboxaldehyde
8-(1'- 羟基乙基)-7,8- 二氢白屈菜红碱 8-(1'-hydroxyethyl)-7,8-dihydrochelerythrine
6-(1- 羟基乙基)-7- 甲氧基 -2,2- 二甲基色烯 6-(1-hydroxyethyl)-7-methoxy-2,2-dimethylchromene
3ζ-(1ζ- 羟基乙基)-7- 羟基 -1- 异苯并呋喃酮 3ζ-(1ζ-hydroxyethyl)-7-hydroxy-1-isobenzofuranone
2-(1'- 羟基乙基)-8- 羟基呋喃 -1,4- 萘醌 2-(1'-hydroxyethyl)-8-hydroxyfurano-1,4-naphthoquinone
1-(2'- 羟基乙基)-β- 咔啉 1-(2'-hydroxyethyl)-β-carboline
4-(2- 羟基乙基) 苯 -1,2- 酚 4-(2-hydroxyethyl)benzene-1,2-diol
4-(2- 羟基乙基) 苯酚 4-(2-hydroxyethyl)phenol
4-(1- 羟基乙基)- 酚 -1-*O*-β-D- 吡喃葡萄糖苷 4-(1-hydroxyethyl)-phenol-1-*O*-β-D-glucopyranoside
2-(1- 羟基乙基) 萘并 [2,3-b] 呋喃 -4,9- 二酮 2-(1-hydroxyethyl) naphtha[2,3-b]furan-4,9-dione
2-(1- 羟基乙基)- 萘并 [2,3-b] 呋喃 -4,9- 二酮 2-(1-hydroxyethyl)-naphtho-[2,3-b]-furan-4,9-dione
(*R*)-8-[(*R*)-1- 羟基乙基] 二氢白屈菜红碱 (*R*)-8-[(*R*)-1-hydroxyethyl] dihydrochelerythrine
2'- 羟基乙基 -4- 羟基苯甲酸酯 2'-hydroxyethyl-4-hydroxybenzoate
5- 羟基乙基 -6- 羟基 -3- 甲基苯并呋喃 5-hydroxyethyl-6-hydroxyl-3-methyl benzofuran

8- 羟基乙基 -7,2',4'- 三羟基黄酮 8-hydroxyethyl-7,2',4'-trihydroxyflavone
2*R**,4*R**-8- 羟基乙基 -7,4'- 二羟基 -4,2'- 环氧黄烷 2*R**,4*R**-8-hydroxyethyl-7,4'-dihydroxy-4,2'-epoxyflavan
1*S*- 羟基乙基苯 -1-*O*-*β*-D- 吡喃葡萄糖苷 1*S*-hydroxyethylbenzene-1-*O*-*β*-D-glucopyranoside
3*β*- 羟基乙基冠狗牙花定 3*β*-hydroxyethyl-coronaridine
2- 羟基乙基芥子油苷 2-hydroxyethylglucosinolate
2- 羟基乙基肼 2-hydroxyethylhydrazine
2- 羟基乙基亚麻酸酯 2-hydroxyethyl linolenate
2- 羟基乙基栀子酰胺 A 2-hydroxyethylgardenamide A
羟基乙醛 hydroxy-acetaldehyde
11*α*- 羟基乙酰法氏石松碱 11*α*-hydroxyacetylfawcettiine
12*β*- 羟基 - 乙酰法氏石松碱 -*N*- 氧化物 12*β*-hydroxy-acetylfawcettiine-*N*-oxide
13(14)- 羟基乙酰氧基二十二酸甲酯 methyl 13(14)-hydroxyacetoxydocosanoate
3- 羟基乙酰氧基托品烷 3-hydroxyacetoxytropane
3- 羟基乙酰吲哚 3-(hydroxyacetyl)indole
3-{4-[6-(1- 羟基乙氧基)-3,7- 二甲基 -2,7- 辛二烯 -1- 氧基]-3,5- 二甲氧基苯基 -8-{4-(3- 羟基 -1- 丙烯 -1- 基)-2,6- 二甲氧基苯氧基 }-2,6- 二甲基 -3,6- 辛二烯 -2- 醇 3-{4-[6-(1-hydroxyethoxy)-3,7-dimethyl-2,7-octadien-1-yl]oxy}-3,5-dimethoxyphenyl-8-{4-(3-hydroxy-1-propen-1-yl)-2,6-dimethoxyphenoxy}-2,6-dimethyl-3,6-octadien-2-ol
2'- 羟基异白羽扇豆苷元▲ 2'-hydroxyisolupalbigenin
6*α*- 羟基异别土木香内酯 6*α*-hydroxyisoalloalantolactone
(2*S*)-8-[2-(3- 羟基异丙基)-5- 甲基 -4- 己烯基]-2'- 甲氧基 -5,7,4'- 三羟基黄烷酮 (2*S*)-8-[2-(3-hydroxyisopropyl)-5-methyl-4-hexenyl]-2'-methoxy-5,7,4'-trihydroxyflavanone
(2*S*)-6[2(3- 羟基异丙基)-5- 甲基 -4- 己烯基]-5- 甲氧基 -7,2',4'- 三羟基黄烷酮 (2*S*)-6[2(3-hydroxyisopropyl)-5-methyl-4-hexenyl]-5-methoxy-7,2',4'-trihydroxyflavanone
5''-(2''- 羟基异丙基)- 二氢呋喃 -[2'',3''-b]-4,4'- 二羟基 -6'- 甲氧基查耳酮 5''-(2''-hydroxyisopropyl)-dihydrofurano-[2'',3''-b]-4,4'-dihydroxy-6'-methoxy-chalcone
5-(羟基异丙基)- 环己烯甲酸 5-(hydroxy-isopropyl)-cyclohexenecarboxylic acid
12- 羟基异补骨脂酚 12-hydroxyisobakuchiol
13- 羟基异补骨脂酚 13-hydroxyisobakuchiol
5- 羟基异橙皮内酯 5-hydroxyisomeranzin
5*α*- 羟基 - 异翅柄钩藤酮 5*α*-hydroxy-isopterocarpolone
3- 羟基异唇爵床碱▲ 3-hydroxyanisotine
4'- 羟基异粗糠柴毒素 4'-hydroxyisorottlerin
羟基异大齿麻疯树二酮 hydroxyisojatrogrossidione
8- 羟基异大根老鹳草呋烯内酯▲ 8-hydroxyisogermafurenolide
羟基异大根老鹳草呋烯内酯▲ hydroxyisogermafurenolide
24- 羟基异甘草次酸 24-hydroxyliquiritic acid
11*β*- 羟基异海松 -8,15- 二烯 -3- 酮 11*β*-hydroxyisopimara-8,15-diene-3-one
8*β*- 羟基异海松烯 8*β*-hydroxyisopimarene
3*α*- 羟基异何帕 -22(29)- 烯 -24- 酸 3*α*-hydroxyisohop-22(29)-en-24-oic acid
2'- 羟基异荭草素 2'-hydroxyisoorientin
10*β*- 羟基异胡萝卜 -6- 烯 -14- 醛 10*β*-hydroxyisodauc-6-en-14-al
7- 羟基异黄酮 7-hydroxyisoflavone
4'- 羟基异黄酮 -7-*O*-[*α*-L- 吡喃阿拉伯糖基 -(1 → 6)-*β*-D- 吡喃葡萄糖苷 4'-hydroxyisoflavone-7-*O*-[*α*-L-arabinopyranosyl-(1 → 6)-*β*-D-glucopyranoside]
α- 羟基异己酸 *α*-hydroxyisocaproic acid
β- 羟基异己酸 *β*-hydroxyisocaproic acid
5'- 羟基 - 异尖叶军刀豆酚▲ -2',5'- 二 -*O*- 吡喃葡萄糖苷 5'-hydroxyisomucronulatol-2',5'-di-*O*-glucopyranoside
1- 羟基异科马菊烯 1-hydroxyisocomene
7- 羟基异喹啉 7-isoquinolinol
4- 羟基异亮氨酸 4-hydroxyisoleucine
(+)-3- 羟基异林仙烯宁▲ (+)-3-hydroxy-isodrimenin
6*β*- 羟基异林仙烯宁▲ 6*β*-hydroxyisodrimenin
羟基异毛大丁草酮 hydroxyisopiloselloidone
3- 羟基异毛喉鞘蕊花素▲ 3-hydroxyisoforskolin
(+)-10- 羟基异木防己碱 (+)-10-hydroxyisotrilobine
7'- 羟基异牛蒡酚 A 7'-hydroxyisolappaol A
21- 羟基异日楝宁内酯▲ 21-hydroxyisoohchininolide
8- 羟基异柿素 8-hydroxyisodiospyrin
6*α*- 羟基 - 异土木香内酯 6*α*-hydroxy-isoalantolactone
2''*E*-3'-(4''- 羟基异戊烯基)-2,4,2',4'- 四羟基查耳酮 2''*E*-3'-(4''-hydroxyisopentenyl)-2,4,2',4'-tetrahydroxychalcone
α- 羟基异缬草酸 *α*-hydroxyisovaleric acid
β- 羟基异缬草酰紫草素 *β*-hydroxyisovalerylshikonin
β- 羟基异缬草酰紫朱草素 *β*-hydroxyisovalerylalkannin
17- 羟基 - 异续随子醇 -5,15,17- 三乙酸酯 3- 苯甲酸酯 17-hydroxy-isolathyrol-5,15,17-triacetate 3-benzoate
3*β*- 羟基 - 异远志 -13(14)- 烯 -28- 酸 -28-*O*-[*α*-L- 吡喃鼠李糖基 -(1 → 4)-*O*-*β*-D- 吡喃葡萄糖基 -(1 → 6)-]-*β*-D- 吡喃葡萄糖苷 3*β*-hydroxy-isopolygalic-13(14)-en-28-acid-28-*O*-[*α*-L-rhamnopyranosyl-(1 → 4)-*O*-*β*-D-glucopyranosyl-(1 → 6)]-*β*-D-glucopyranoside
3*β*- 羟基 - 异远志 -13(14)- 烯 -28- 酸 -28-*O*-*β*-D- 吡喃葡萄糖基 -(1 → 6)-*β*-D- 吡喃葡萄糖苷 3*β*-hydroxy-isopolygalic-13(14)-en-28-acid-28-*O*-*β*-D-glucopyranosyl-(1 → 6)-*β*-D-glucopyranoside
11- 羟基异樟 -9- 烯 11-hydroxyisocampheren-9-ene
4- 羟基异植醇 4-hydroxyisophytol
9- 羟基异质柳珊瑚内酯▲ 9-hydroxyheterogorgiolide
3*α*- 羟基益母草酮 A 3*α*-hydroxyleoheteronone A
8- 羟基茵陈素 8-hydroxycapillarin
6- 羟基吲哚 6-hydroxyindol
N-(6- 羟基吲哚 -3- 基乙酰)- 苯氨基丙酸 *N*-(6-hydroxyindol-3-ylacetyl)-phenylalanine
N-(6- 羟基吲哚 -3- 基乙酰)- 缬氨酸 *N*-(6-hydroxyindol-3-ylacetyl)-valine
5- 羟基吲哚 -3- 醛 5-hydroxyindole-3-aldehyde
6- 羟基吲哚 -3- 酸 -6-*O*-*β*-D- 吡喃葡萄糖苷 6-hydroxyindole-3-carboxylic acid-6-*O*-*β*-D-glucopyranoside
羟基印蒿酮 hydroxydavanone
6- 羟基茚 -1- 酮 6-hydroxyindan-1-one
3*α*- 羟基鹰爪豆碱 3*α*-hydroxysparteine
3*β*- 羟基鹰爪豆碱 3*β*-hydroxysparteine
3'- 羟基鹰嘴豆素 A 3'-hydroxybiochanin A
6- 羟基鹰嘴豆素 A 6-hydroxybiochanin A
2'- 羟基鹰嘴豆芽素 A 2'-hydroxybiochanin A
3*α*- 羟基硬柄小皮伞酮▲ 3*α*-hydroxyoreadone
4- 羟基硬脂胺 4-hydroxystyryolamine
18- 羟基硬脂酸 18-hydroxystearic acid
19'(*R*)- 羟基硬锥喉花胺▲ 19'(*R*)-hydroxyconoduramine
19*S*- 羟基硬锥喉花胺▲ 19*S*-hydroxyconoduramine
19'(*R*)- 羟基硬锥喉花碱▲ 19'(*R*)-hydroxyconodurine
19*S*- 羟基硬锥喉花碱▲ 19*S*-hydroxyconodurine
7*α*- 羟基油菜甾醇 7*α*-hydroxycampesterol
(*R*)-*β*- 羟基油橄榄苦苷 (*R*)-*β*-hydroxyoleuropein

10- 羟基油橄榄苦苷 10-hydroxyoleuropein
2''- 羟基油橄榄苦苷 2''-hydroxyoleuropein
7- 羟基柚木醌▲ 7-hydroxytectoquinone
(R)-2- 羟基柚皮苷元 (R)-2-hydroxynaringenin
2'- 羟基柚皮苷元 2'-hydroxynaringenin
2- 羟基柚皮苷元 2-hydroxynaringenin
3- 羟基柚皮苷元 3-hydroxynaringenin
2- 羟基柚皮苷元 -4'-O-β-D- 吡喃葡萄糖苷 2-hydroxynaringenin-4'-O-β-D-glucopyranoside
2- 羟基柚皮苷元 -5-O-β-D- 吡喃葡萄糖苷 2-hydroxynaringenin-5-O-β-D-glucopyranoside
2- 羟基柚皮苷元 -7-O-β-D- 葡萄糖苷 2-hydroxynaringenin-7-O-β-D-glucoside
2- 羟基柚皮苷元 -7-O-β- 葡萄糖苷 2-hydroxynaringenin-7-O-β-glucoside
4'- 羟基余甘子素 B 4'-hydroxyphyllaemblicin B
12αβ- 羟基鱼藤 -2'- 烯酸 12αβ-hydroxyrot-2'-enonic acid
4- 羟基鱼藤素 4-hydroxy derricin
12a- 羟基鱼藤酮 12a-hydroxyrotenone
21- 羟基羽扇豆 -1,12- 二烯 -3- 酮 21-hydroxylupa-1,12-dien-3-one
16β- 羟基羽扇豆 -1,20(29)- 二烯 -3- 酮 16β-hydroxylupane-1,20(29)-dien-3-one
3β- 羟基羽扇豆 -12- 烯 -28- 酸 3β-hydroxylup-12-en-28-oic acid
3β- 羟基羽扇豆 -20(29)- 烯 -23,27,28- 三羧酸 3β-hydroxylup-20(29)-en-23,27,28-trioic acid
3α- 羟基 - 羽扇豆 -20(29)- 烯 -23,28- 二羟基 -28-O-α-L- 吡喃鼠李糖基 -(1 → 4)-β-D- 吡喃葡萄糖基 -(1 → 6)-β-D- 吡喃葡萄糖基酯 3α-hydroxy-lup-20(29)-ene-23,28-dihydroxy-28-O-α-L-rhamnopyranosyl-(1 → 4)-β-D-glucopyranosyl-(1 → 6)-β-D-glucopyranosyl ester
3α- 羟基 - 羽扇豆 -20(29)- 烯 -23,28- 二酸 3α-hydroxy-lup-20(29)-en-23,28-dioic acid
3β- 羟基羽扇豆 -20(29)- 烯 -23,28- 二羧酰二甲酯 3β-hydroxylup-20(29)-en-23,28-dioic acid dimethyl ester
3β- 羟基羽扇豆 -20(29)- 烯 -23- 醛 3β-hydroxylup-20(29)-en-23-al
3- 羟基羽扇豆 -20(29)- 烯 -24- 醛 3-hydroxylup-20(29)-en-24-al
3β- 羟基羽扇豆 -20(29)- 烯 -24- 羧酸甲酯 3β-hydroxylup-20(29)-en-24-carboxylic acid methyl ester
3β- 羟基羽扇豆 -20(29)- 烯 -27- 酸 3β-hydroxylup-20(29)-en-27-oic acid
3α- 羟基羽扇豆 -20(29)- 烯 -28- 酸 3α-hydroxy-lup-20(29)-ene-28-oic acid
3β- 羟基羽扇豆 -20(29)- 烯 -28- 酸 3β-hydroxylup-20(29)-en-28-oic acid
3- 羟基羽扇豆 -20(29)- 烯 -28- 酸 3-hydroxylup-20(29)-en-28-oic acid
3β- 羟基羽扇豆 -20(29)- 烯 -28- 酸 3- 咖啡酸酯 3β-hydroxylup-20(29)-en-28-oic acid 3-caffeate
3α- 羟基羽扇豆 -20(29)- 烯 -30- 醛 3α-hydroxylup-20(29)-en-30-al
3β- 羟基羽扇豆 -20(29)- 烯 -30- 醛 3β-hydroxylup-20(29)-en-30-al
15α- 羟基羽扇豆 -20(29)- 烯 -3- 酮 15α-hydroxylup-20(29)-en-3-one
16-β- 羟基羽扇豆 -20(29)- 烯 -3- 酮 16-β-hydroxylupane-20(29)-en-3-one
28- 羟基羽扇豆 -20(29)- 烯 -3- 酮 28-hydroxylup-20(29)-en-3-one
30- 羟基羽扇豆 -20(29)- 烯 -3- 酮 30-hydroxylup-20(29)-en-3-one
16β- 羟基 - 羽扇豆 -20(29)- 烯 -3- 酮 16β-hydroxy-lup-20(29)-en-3-one
6α- 羟基羽扇豆 -20(29)- 烯 -3- 酮 -28- 酸 6α-hydroxylup-20(29)-en-3-one-28-oic acid
6β- 羟基羽扇豆 -20(29)- 烯 -3- 酮 -28- 酸 6β-hydroxylup-20(29)-en-3-one-28-oic acid
6- 羟基羽扇豆 -20(29) 烯 -3- 酮基 -28- 酸 6-hydroxylup-20(29)-en-3-one-28-oic acid
3β- 羟基 - 羽扇豆 -20(30)- 烯 -29- 醛 -3- 乙酸酯 3β-hydroxylup-20(30)-en-29-al-3-acetate
(20R)-3α- 羟基羽扇豆 -29- 酸 (20R)-3α-hydroxylupan-29-oic acid
(20S)-3α- 羟基羽扇豆 -29- 酸 (20S)-3α-hydroxylupan-29-oic acid
16β- 羟基羽扇豆醇 16β-hydroxylupeol
1β- 羟基羽扇豆醇 1β-hydroxylupeol
23- 羟基羽扇豆醇 23-hydroxylupeol
24- 羟基羽扇豆醇 24-hydroxylupeol
28- 羟基羽扇豆醇 28-hydroxylupeol
29- 羟基羽扇豆醇 29-hydroxylupeol
2α- 羟基羽扇豆醇 2α-hydroxylupeol
2- 羟基羽扇豆醇 2-hydroxylupeol
30- 羟基羽扇豆醇 30-hydroxylupeol
11β- 羟基 - 羽扇豆醇 11β-hydroxy-lupeol
16β- 羟基羽扇豆醇 3-O- 十四酸酯 16β-hydroxylupeol-3-O-tetradecanoate
(-)-6α- 羟基羽扇豆碱 (-)-6α-hydroxylupanine
(+)-3α- 羟基羽扇豆碱 (+)-3α-hydroxylupanine
(±)-3β- 羟基羽扇豆碱 (±)-3β-hydroxylupanine
28- 羟基羽扇豆酮 28-hydroxyllupenone
3β- 羟基羽扇豆烷 3β-hydroxylupane
3β- 羟基羽扇豆烷 -13β,28- 内酯 3β-hydroxylupane-13β,28-lactone
6α- 羟基羽扇豆烷 -20(29)- 烯 -3- 酮基 -27,28- 二酸 6α-hydroxy-lup-20(29)-en-3-oxo-27,28-dioic acid
6α- 羟基羽扇豆烷 -20(29)- 烯 -3- 酮基 -28- 酸 6α-hydroxylup-20(29)-en-3-oxo-28-oic acid
6β- 羟基羽扇豆烷 -20(29)- 烯 -3- 氧合 -27,28- 二酸 6β-hydroxylup-20(29)-en-3-oxo-27,28-dioic acid
24- 羟基羽扇豆烯酮 24-hydroxylupenone
2'- 羟基玉克柑橘酚▲ 2'-hydroxyyukovanol
2'- 羟基玉克柑橘酚▲ -4'- 甲醚 2'-hydroxyyukovanol-4'-methyl ether
4''- 羟基玉米黄酮苷 4''-hydroxymaysin
4α- 羟基愈创木 -10(14),11(13)- 二氢 -12,6α- 内酯 4α-hydroxyguaia-10(14),11(13)-dien-12,6α-olide
10α- 羟基愈创木 -12,6- 内酯 -3- 酮 10α-hydroxyguaia-12,6-lactone-3-ketone
4α- 羟基愈创木 -2,10(14),11(13)- 三烯 -12,6α- 内酯 4α-hydroxyguaia-2,10(14),11(13)-trien-12,6α-olide
2β- 羟基愈创木 -3,10(14),11(13)- 三烯 -12,6α- 内酯 2β-hydroxyguaia-3,10(14),11(13)-trien-12,6α-olide
(1R,7R,10S)-11- 羟基愈创木 -4- 烯 -3,8- 二酮 -β-D- 吡喃葡萄糖苷 (1R,7R,10S)-11-hydroxygual-4-ene-3,8-dione-β-D-glucopyranoside
4β- 羟基愈创木 -9,11(13)- 二烯 -12,8β- 内酯 4β-hydroxyguaia-9,11(13)-dien-12,8β-olide
ω- 羟基愈创木丙酮 ω-hydroxypropioguaiacone
2'- 羟基愈创木酸 2'-hydroxydihydroguaiaretic acid
16- 羟基鸢尾醛 16-hydroxyiridal
17- 羟基鸢尾醛 17-hydroxyiridal
6α- 羟基原雾冰藜酸▲ 6α-hydroxyprotobassic acid
5- 羟基圆齿爱舍苦木亭▲ 5-hydroxycrenatine
8- 羟基圆齿爱舍苦木亭▲ 8-hydroxycrenatine
2α- 羟基圆齿火棘酸 2α-hydroxypyracrenic acid
2α- 羟基圆叶肿柄菊素 2α-hydroxytirotundin
1α- 羟基圆叶肿柄菊素 -3-O- 甲醚 1α-hydroxytirotundin-3-O-methyl ether

Q

12aβ- 羟基圆锥黄檀醇 12aβ-hydroxydalpanol
12a- 羟基圆锥黄檀醇 12a-hydroxydalpanol
12- 羟基月桂酸 12-hydroxylauric acid
羟基月芸香定▲ hydroxylunidine
羟基月芸香季铵碱▲盐酸盐 hydroxyluninium chloride
(+)- 羟基月芸香宁▲ (+)-hydroxylunine
羟基月芸香宁▲ hydroxylunine
羟基月芸香酮碱 hydroxylunidonine
14β- 羟基云南山橙碱▲ 14β-hydroxymeloyunine
14β- 羟基云杉烷 -3,13,21- 三酮 14β-hydroxypicane-3,13,21-trione
羟基芸香吖啶酮环氧化物 hydroxyrutacridone epoxide
12β- 羟基孕甾 -4,16- 二烯 -3,20- 二酮 12β-hydroxypregna-4,16-diene-3,20-dione
12β- 羟基孕甾 -4,6,16- 三烯 -3,20- 二酮 12β-hydroxypregna-4,6,16-triene-3,20-dione
3-β- 羟基孕甾 -5,16- 二烯 -20- 酮 3-β-hydroxypregna-5,16-dien-20-one
3β- 羟基孕甾 -5,16- 二烯 -20- 酮 -1β- 硫酸酯 3β-hydroxypregna-5,16-diene-20-one-1β-sulfate
3β- 羟基孕甾 -5,17(20)- 二烯 -16- 酮 3β-hydroxypregn-5,17(20)-dien-16-one
3β- 羟基 - 孕甾 -5,17(20)- 二烯 -16- 酮 3β-hydroxy-pregn-5,17(20)-dien-16-one
(3β,20R)-3- 羟基孕甾 -5- 烯 -20-α-D- 吡喃葡萄糖苷 (3β,20R)-3-hydroxypregn-5-en-20-α-D-glucopyranoside
2α- 羟基泽兰内酯 2α-hydroxyeupatolide
9β- 羟基 - 泽兰内酯 9β-hydroxy-eupatolide
13- 羟基泽兰色烯 13-hydroxy-eupatorochromene
18- 羟基泽漆内酯 A 18-hydroxyhelioscopinolide A
16β- 羟基泽泻醇 B 23- 乙酸酯 16β-hydroxyalisol B 23-acetate
16β- 羟基泽泻醇 B 单乙酸酯 16β-hydroxyalisol B-monoacetate
16β- 羟基泽泻醇 B 乙酸酯 16β-hydroxyalisol B acetate
4- 羟基栅状凹顶藻素▲C 4-hydroxypalisadin C
6'-O-(7α-O- 羟基獐牙菜基马钱苷 6'-O-(7α-O-hydroxyswerosyl)-loganin
(1R,4S,6S)-6- 羟基樟脑 -β-D- 吡喃葡萄糖苷 (1R,4S,6S)-6-hydroxycamphor-β-D-glucopyranoside
(1S,4R,6S)-6- 羟基樟脑 -β-D- 吡喃葡萄糖苷 (1S,4R,6S)-6-hydroxycamphor-β-D-glucopyranoside
(1S,2R,3S,4R)-3- 羟基樟烷 -2- 羧酸 (1S,2R,3S,4R)-3-hydroxycamphane-2-carboxylic acid
8- 羟基柘屾酮▲G 8-hydroxycudraxanthone G
28- 羟基 - 正二十八酸 -3'- 甘油单酯 28-hydroxyoctacosanic acid-3'-glycerin monoester
18'- 羟基 - 正二十六醇 - 正癸酸酯 18'-hydroxy-n-hexacosanyl-n-decanoate
26- 羟基 - 正二十六酸 -3'- 甘油单酯 26-hydroxyhexacosanic acid-3'-glycerin-monoester
7'- 羟基 - 正十八醇 - 正癸酸酯 7'-hydroxy-n-octadecyl-n-decanoate
4- 羟基芝麻素 4-hydroxysesamin
9- 羟基芝麻素 9-hydroxysesamin
10- 羟基直立拉齐木胺▲ 10-hydroxystrictamine
18- 羟基直立拉齐木胺▲ 18-hydroxystrictamine
10- 羟基直立拉齐木酰胺▲ 10-hydroxystrictosamide
7α- 羟基止泻木奈辛▲ 7α-hydroxyconessine
6- 羟基治疝草素▲ 6-hydroxyherniarin
22α- 羟基智异山五加苷▲ 22α-hydroxychiisanoside
22α- 羟基智异山五加苷元▲ 22α-hydroxychiisanogenin
8- 羟基中美菊素 C 8-hydroxyzaluzanin C
10- 羟基中乌头碱 10-hydroxymesaconitine
1α- 羟基肿柄菊素▲-3-O- 甲醚 1α-hydroxydiversifolin-3-O-methyl ether
16- 羟基竹柏内酯 E 16-hydroxynagilactone E
2α- 羟基竹柏内酯 F 2α-hydroxynagilactone F
3β- 羟基竹柏内酯 F 3β-hydroxynagilactone F
19S- 羟基锥喉花碱▲ 19S-hydroxyconopharyngine
20- 羟基锥喉花碱▲ 20-hydroxyconopharyngine
4''- 羟基紫花前胡素 4''-hydroxydecursin
(+)-N- 羟基紫堇定 (+)-N-hydroxycorydine
12- 羟基紫堇灵 12-hydroxycorynoline
12- 羟基紫堇洛星碱 12-hydroxycorynoloxine
9β- 羟基紫茎泽兰酮▲ 9β-hydroxyageraphorone
1β- 羟基紫杉宁 1β-hydroxytaxinine
14β- 羟基紫杉素 14β-hydroxytaxusin
12aβ- 羟基紫穗槐苷元 12aβ-hydroxyamorphigenin
12a- 羟基紫穗槐苷元 12a-hydroxyamorphigenin
1aR,6aS,12aR-11- 羟基紫穗槐螺酮 1aR,6aS,12aR-11-hydroxyamorphispironone
9α- 羟基紫菀内酯▲ 9α-hydroxyasterolide
(±)-8- 羟基棕榈酸 (±)-8-hydroxypalmitic acid
(2S,3S,4R,8E)-2-[(2R)-2- 羟基棕榈酰氨]-8- 十八碳烯 -1,3,4- 三醇 (2S,3S,4R,8E)-2-[(2R)-2-hydroxypalmitoylamino]-8-octadecene-1,3,4-triol
(2S,3S,4R,8E)-2-[(2'R)-2'- 羟基棕榈酰胺]-8- 十八烯 -1,3,4- 三醇 (2S,3S,4R,8E)-2-[(2'R)-2'-hydroxypalmitoylamino]-8-octadecene-1,3,4-triol
1,3-O-[5-(羟甲基)- 呋喃 -2- 基] 次甲基 -2- 正丁基 -α- 呋喃果糖苷 1,3-O-[5-(hydroxymethyl)-furan-2-yl]methenyl-2-n-butyl-α-fructofuranoside
(7S)-6- 羟甲基 -1,1,5- 三甲基环己 -3- 烯酮 (7S)-6-(hydroxymethyl)-1,1,5-trimethylcyclohex-3-enone
5R-5- 羟甲基 -2(3H)- 呋喃酮 5R-dihydro-5-hydroxymethyl-2(3H)-furanone
N-(1- 羟甲基 -2- 苯乙基) 苯胺 N-(1-hydroxymethyl-2-phenylethyl) benzamide
(1S,4aR,5R,7aR)-7- 羟甲基 -5- 甲氧基 -1-β-D- 吡喃葡萄糖氧基 -1,4a,5,7a- 四氢环戊 [c] 吡喃 -4- 羧酸钠 sodium (1S,4aR,5R,7aR)-7-hydroxymethyl-5-methoxy-1-β-D-glucopyranosyloxy-1,4a,5,7a-tetrahydrocyclopenta[c]pyran-4-carboxylate
7- 羟甲基巴豆酰 -9- 绿花倒提壶倒千里光裂碱 7-tiglylhydrox-9-viridiflorylretronecine
1-O-(4- 羟甲基苯基)-α-L- 吡喃鼠李糖苷 1-O-(4-hydroxymethylphenyl)-α-L-rhamnopyranoside
N- 羟甲基丙基石松定碱 N-methylhydroxypropyllycodine
S- 羟甲基高半胱氨酸 S-hydroxymethyl homocysteine
羟甲基糠醛 hydroxymethylfurfural
4-O-(2- 羟甲基乙基)- 二氢松柏醇 -6-(4'- 羟基 -3'- 甲氧基苯基)- 吡喃葡萄糖苷 4-O-(2-hydroxymethylethyl)-dihydroconigeryl alcohol-6-(4'-hydroxy-3'-methoxyphenyl)-glucopyranoside
3- 羟甲烯基 - 二氢 -2H- 吡喃 -2,4(3H)- 二酮 3-(hydroxymethylene)-dihydro-2H-pyran-2,4(3H)-dione
8- 羟葡萄糖基骆驼蓬明碱▲ 8-hydroxyglucosylharmine
3- 羟千层塔烯 -21- 酮 3-hydroxyserraten-21-one
5- 羟色胺 serotonin
N-(2- 羟乙基) 金雀儿碱 N-(2-hydroxyethyl)cytisine
N-(2- 羟乙基) 酰胺 N-(2-hydroxyethyl)amide
DL-5-(2- 羟乙基) 乙内酰脲 DL-5-(2-hydroxyethyl)hydantoin

Q

N- 羟乙基 -2- 乙酰吡咯 N-hydroxyethyl-2-acetylpyrrole
N-2- 羟乙基十二烷基酰胺 N-(2-hydroxyethyl)dodecanamide
2- 羟乙酰呋喃 2-hydroxyacetyl-furan
2-(羟乙酰基) 呋喃 2-(hydroxyacetyl)furan
3- 羟乙酰基吲哚 3-(hydroxyl-acetyl)-1H-indole
乔德黄芩素▲A, B, T jodrellin A, B, T
乔利锥喉花碱▲ jollyanine
3β- 乔木山小橘醇▲ 3β-arborinol
乔木山小橘醇▲ arborinol
乔木山小橘醇▲甲醚 arborinol methyl ether
乔木山小橘碱▲ glycoborine
乔木山小橘灵▲ arborine
乔木山小橘宁碱▲ glycoborinine
乔木山小橘瑞宁▲ arborinine
乔木山小橘酮▲ arborinone; arborenone
乔木杨梅素▲A myricarborin A
荞麦碱 fagomine
5α,8α- 桥二氧麦角甾 -6,22- 双烯 -3- 醇 5α,8α-epidioxyergosta-6,22-dien-3-ol
(+)- 巧茶碱 (+)-cathine
(-)- 巧茶酮 (-)-cathinone
(S)- 巧茶酮▲ (S)-cathinone
巧玲花苷▲A pubescenside A
(2S,3S,4R)- 鞘氨醇 -(2'R)-$\Delta^{5',6'(E)}$-2'- 羟基正二十四酰胺 (2S,3S,4R)-sphinganine-(2'R)-$\Delta^{5',6'(E)}$-2'-hydroxytetracosanoylamino
(2R,3S,2'S,4E,8E)-$\Delta^{4(5)}$, $\Delta^{8(9)}$- 鞘氨醇 -2'- 羟基十六碳酰胺 (2R,3S,2'S,4E,8E)-$\Delta^{4(5)}$, $\Delta^{8(9)}$-sphingosine-2'-hydroxyhexadecanoylamide
鞘柄木碱▲ torricelline
鞘柄木内酯▲ torrilliolide
鞘柄木酯▲ torricellate
鞘亮蛇床醇▲ vaginol
鞘亮蛇床定▲ vaginidin
鞘亮蛇床素▲ vaginatin
鞘磷脂 sphingomyelin
鞘蕊花醇▲ coleol
鞘蕊花苷 coleoside
鞘蕊花诺醇▲ coleonol
鞘蕊花诺醇▲B~F coleonol B~F
鞘蕊花诺酮▲ coleonone
鞘蕊花酸 coleonolic acid
鞘蕊花索醇▲ coleosol
鞘蕊花酮▲C, O, S, T, U coleon C, O, S, T, U
鞘丝藻毒素 A, B, C lyngbyatoxin A, B, C
鞘丝藻海兔素▲A, B, E~I lyngbyabellin A, B, E~I
鞘丝藻酸▲ lyngbic acid
鞘丝藻肽素▲A lyngbyapeptin A
鞘丝藻碳酸酯▲ lyngbyacarbonate
鞘丝藻抑素▲1, 2, 3 lyngbyastatin 1, 2, 3
鞘糖脂 glycosphingolipid
鞘脂 spingolipid
茄胺 solamine
(22S,25S)- 茄次碱 -5,20(21)- 二烯 -3β- 醇 (22S,25S)-solanid-5,20(21)-dien-3β-ol
(22S,25S)- 茄次碱 -5- 烯 -3β- 醇 (22S,25S)-solanid-5-en-3β-ol
茄啶 solanidine
茄啶 -3-O-α-L- 吡喃鼠李糖基 -(1 → 2)-[β-D- 吡喃葡萄糖基 -(1 → 4)]-β-D- 吡喃葡萄糖苷 solanidine-3-O-α-L-rhamnopyranosyl-(1 → 2)-[β-D-glucopyranosyl-(1 → 4)]-β-D-glucopyranoside
茄啶 -3-O-α-L- 吡喃鼠李糖基 -(1 → 2)-β-D- 吡喃葡萄糖苷 solanidine-3-O-α-L-rhamnopyranosyl-β-D-glucopyranoside
茄啶 -3-O-α-L- 吡喃鼠李糖基 l-(1 → 2)-[β-D- 吡喃葡萄糖基 -(1 → 4)-]-β-D- 吡喃葡萄糖苷 solanidine-3-O-α-L-rhamnopyranosyl-(1 → 2)-[β-D-glucopyranosyl-(1 → 4)-]-β-D-glucopyranoside
茄啶 -3-O-β-D- 吡喃葡萄糖苷 solanidine-3-O-β-D-glucopyranoside
(22R,25S)- 茄啶 -3β- 醇 (22R,25S)-solanidane-3β-ol
茄二烯 solanidiene; solanthrene
茄呋喃酮▲ solafuranone
茄苷▲A, B solanoside A, B
茄苷元 -6-O-[β-D- 吡喃木糖基 -(1 → 3)-O-β-D- 吡喃金鸡纳糖苷] solagenin-6-O-[β-D-xylopyranosyl-(1 → 3)-O-β-D-quinovopyranoside]
茄苷元 -6-O-α-L- 吡喃鼠李糖基 -(1 → 3)-β-D- 吡喃鸡纳糖苷 solagenin-6-O-α-L-rhamnopyranosyl-(1 → 3)-β-D-quinovopyranoside
茄苷元 -6-O-β-D- 吡喃鸡纳糖苷 solagenin-6-O-β-D-quinovopyranoside
茄根碱▲ solaradixine
茄根宁▲ solaradinine
茄己酰碱▲ solacaproine
α- 茄碱 α-solanine
茄碱 solanine
茄内酯 solanolide
茄色苷 nasunin
茄色烯 solanachromene
茄莎巴宁▲ solashabanine
茄烯醇▲ solanesol
茄酰胺▲A~D melongenamide A~D
茄亚莫皂苷▲A~F solayamocidoside A~F
(25ξ)- 茄甾 -3β,23β- 二醇 -3-O-β-D- 吡喃葡萄糖基 -(1 → 2)-[β-D-吡喃木糖基 -(1 → 3)]-O-β-D- 吡喃葡萄糖基 -(1 → 4)-β-D- 吡喃半乳糖苷] (25ξ)-solanidan-3β,23β-diol-3-O-β-D-glucopyranosyl-(1→2)-[β-D-xylopyranosyl-(1→3)]-O-β-D-glucopyranosyl-(1→4)-β-D-galactopyranoside]
(25ξ)- 茄甾 -3β,23β- 二醇 -3-O-β-D- 吡喃葡萄糖基 -(1 → 2)-O-β-D-吡喃葡萄糖基 -(1 → 4)-β-D- 吡喃半乳糖苷 (25ξ)-solanidan-3β,23β-diol-3-O-β-D-glucopyranosyl-(1→2)-O-β-D-glucopyranosyl-(1 → 4)-β-D-galactopyranoside
茄甾苷 A, B, E~H melongoside A, B, E~H
窃衣醇酮 torilolone
窃衣醇酮 -11-O-β-D- 吡喃葡萄糖苷 torilolone-11-O-β-D-glucopyranoside
窃衣内酯 torilolide
窃衣素 torilin
窃衣萜醇▲ caucalol
窃衣萜醇▲二乙酸酯 caucalol diacetate
芹菜定 -5-O- 吡喃葡萄糖苷 apigenidin-5-O-glucopyranoside
芹菜苷 apiin
芹菜苷内酯▲A, B, C apigenosylide A, B, C
芹菜苷元 apigenin
芹菜苷元 -3-O-α-L- 吡喃鼠李糖苷 apigenin-3-O-α-L-rhamnopyranoside
芹菜苷元 -3'-O- 乙基 -7-O- 吡喃葡萄糖苷 apigenin-3'-O-ethyl-7-O-glucopyranoside
芹菜苷元 -4',7- 二甲醚 apigenin-4',7-dimethyl ether
芹菜苷元 -4'-O-(2'',6''- 二 -O- 对香豆酰基)-β-D- 吡喃葡萄糖苷

Q

apigenin-4'-O-(2",6"-di-O-p-coumaroyl)-β-D-glucopyranoside
芹菜苷元 -4'-O-(2"-O- 对香豆酰基)-β-D- 吡喃葡萄糖苷 apigenin-4'-O-(2"-O-p-coumaroyl)-β-D-glucopyranoside
芹菜苷元 -4'-O-(6-O- 丙二酰基 -β-D- 葡萄糖苷)-7-O-β-D- 葡萄糖醛酸苷 apigenin-4'-O-(6-O-malonyl-β-D-glucoside)-7-O-β-D-glucuronide
芹菜苷元 -4'-O-α-L- 吡喃鼠李糖苷 apigenin-4'-O-α-L-rhamnopyranoside
芹菜苷元 -4'-O-α- 吡喃葡萄糖苷 apigenin-4'-O-α-glucopyranoside
芹菜苷元 -4'-O-α- 吡喃鼠李糖苷 apigenin-4'-O-α-rhamnopyranoside
芹菜苷元 -4'-O-β-D- 吡喃葡萄糖苷 apigenin-4'-O-β-D-glucopyranoside
芹菜苷元 -4'-O-β-D- 吡喃葡萄糖醛酸苷 apigenin-4'-O-β-D-glucuronopyranoside
芹菜苷元 -4'-O-β-D- 葡萄糖苷 apigenin-4'-O-β-D-glucoside
芹菜苷元 -4'-O-β-D- 葡萄糖苷 -7-O-β-D- 葡萄糖苷酸 apigenin-4'-O-β-D-glucoside-7-O-β-D-glucosiduronate
芹菜苷元 -4'-O- 葡萄糖醛酸苷 apigenin-4'-O-glucuronide
芹菜苷元 -4'-α-L- 鼠李糖苷 -7-β-D- 葡萄糖苷 apigenin-4'-α-L-rhamnoside-7-β-D-glucoside
芹菜苷元 -4'- 葡萄糖醛酸苷 apigenin-4'-glucuronide
芹菜苷元 -5-O-[α-L- 吡喃鼠李糖基 -(1 → 2)-β-D-3,6- 二 -O- 乙酰吡喃葡萄糖苷] apigenin-5-O-[α-L-rhamnopyranosyl-(1→2)-β-D-3,6-di-O-acetylglucopyranoside]
芹菜苷元 -5-O-α-L- 吡喃鼠李糖基 -(1 → 3)-β-D- 吡喃葡萄糖苷 apigenin-5-O-α-L-rhamnopyranosyl-(1 → 3)-β-D-glucopyranoside
芹菜苷元 -5-O-α- 吡喃鼠李糖基 -(1 → 2)-β- 吡喃葡萄糖苷 apigenin-5-O-α-rhamnopyranosyl-(1 → 2)-β-glucopyranoside
芹菜苷元 -5-O-β-D- 吡喃半乳糖苷 apigenin-5-O-β-D-galactopyranoside
芹菜苷元 -5-O-β-D- 吡喃葡萄糖苷 apigenin-5-O-β-D-glucopyranoside
芹菜苷元 -5-O-β-D- 葡萄糖苷 apigenin-5-O-β-D-glucoside
芹菜苷元 -5-O-β- 吡喃葡萄糖苷 apigenin-5-O-β-glucopyranoside
芹菜苷元 -5-O- 葡萄糖苷 apigenin-5-O-glucoside
芹菜苷元 -5-O- 鼠李糖苷 apigenin-5-O-rhamnoside
芹菜苷元 -5-O- 新橙皮糖苷 apigenin-5-O-neohesperidoside
芹菜苷元 -5-β-D- 吡喃葡萄糖苷 apigenin-5-β-D-glucopyranoside
芹菜苷元 -5- 甲酯 apigenin-5-methyl ether
芹菜苷元 -5- 葡萄糖苷 apigenin-5-glucoside
芹菜苷元 -6,8-C- 二 -β-D- 吡喃半乳糖苷 apigenin-6,8-C-di-β-D-galactopyranoside
芹菜苷元 -6,8- 二 -3-C-β-D- 吡喃葡萄糖苷 apigenin-6,8-di-3-C-β-D-glucopyranoside
芹菜苷元 -6,8- 二 -C-α-L- 吡喃阿拉伯糖苷 apigenin-6,8-di-C-α-L-arabinopyranoside
芹菜苷元 -6,8- 二 -C-β-D- 半乳糖苷 apigenin-6,8-di-C-β-D-galactoside
芹菜苷元 -6,8- 二 -C-β-D- 吡喃葡萄糖苷 apigenin-6,8-di-C-β-D-glucopyranoside
芹菜苷元 -6,8- 二 -C-β- 吡喃葡萄糖苷 apigenin-6,8-di-C-β-glucopyranoside
芹菜苷元 -6,8- 二 -C- 阿拉伯糖苷 apigenin-6,8-di-C-arabinoside
芹菜苷元 -6,8- 二 -C- 阿魏酰吡喃葡萄糖苷 apigenin-6,8-di-C-feruloylglycopyranoside
芹菜苷元 -6,8- 二 -C- 吡喃半乳糖苷 apigenin-6,8-di-C-galactopyranoside
芹菜苷元 -6,8- 二 -C- 吡喃葡萄糖苷 apigenin-6,8-di-C-glucopyranoside
芹菜苷元 -6,8- 二 -C- 吡喃葡萄糖基吡喃葡萄糖苷 apigenin-6,8-di-C-glucopyranosylglucopyranoside
芹菜苷元 -6,8- 二 -C- 芥子酰吡喃葡萄糖苷 apigenin-6,8-di-C-sinapoylglycopyranoside
芹菜苷元 -6,8- 二 -C- 葡萄糖苷 apigenin-6,8-di-C-glycoside
芹菜苷元 -6,8- 二 -O- 己糖苷 apigenin-6,8-di-O-hexoside
芹菜苷元 -6-C-(2"-O-α-L- 吡喃鼠李糖基)-β-D- 吡喃葡萄糖苷 apigenin-6-C-(2"-O-α-L-rhamnopyranosyl)-β-D-glucopyranoside
芹菜苷元 -6-C-(2"-O-α-L- 吡喃鼠李糖基)-β-L- 吡喃海藻糖苷 apigenin-6-C-(2"-O-α-L-rhamnopyranosyl)-β-L-fucopyranoside
芹菜苷元 -6-C-(2"-O- 没食子酰基)-β-D- 吡喃葡萄糖苷 apigenin-6-C-(2"-O-galloyl)-β-D-glucopyranoside
芹菜苷元 -6-C-[β-D- 吡喃木糖基 -(1''' → 2")-β-D- 吡喃半乳糖苷]-7-O-β-D-(6''''-O- 对香豆酰吡喃葡萄糖苷) apigenin-6-C-[β-D-xylopyranosyl-(1''' → 2")-β-D-galactopyranoside]-7-O-β-D-(6''''-O-p-coumarylglucopyranoside)
芹菜苷元 -6-C-[β-D- 吡喃木糖基 -(1''' → 2")-β-D- 吡喃半乳糖苷]-7-O-β-D- 吡喃葡萄糖苷 apigenin-6-C-[β-D-xylopyranosyl-(1''' → 2")-β-D-galactopyranoside]-7-O-β-D-glucopyranoside
芹菜苷元 -6-C-D- 吡喃葡萄糖苷 apigenin-6-C-D-glucopyranoside
芹菜苷元 -6-C-α-L- 阿拉伯糖基 -8-C-β-D- 吡喃葡萄糖苷 apigenin-6-C-α-L-arabinosyl-8-C-β-D-glucopyranoside
芹菜苷元 -6-C-α-L- 吡喃阿拉伯糖苷 apigenin-6-C-α-L-arabinopyranoside
芹菜苷元 -6-C-α-L- 吡喃阿拉伯糖基 -8-C-β-D- 吡喃木糖苷 apigenin-6-C-α-L-arabinopyranosyl-8-C-β-D-xylopyranoside
芹菜苷元 -6-C-α-L- 吡喃阿拉伯糖基 -8-C-β-D- 吡喃葡萄糖苷 apigenin-6-C-α-L-arabinopyranosyl-8-C-β-D-glucopyranoside
芹菜苷元 -6-C-α-L- 吡喃阿拉伯糖基 -8-C-β-L- 吡喃阿拉伯糖苷 apigenin-6-C-α-L-arabinopyranosyl-8-C-β-L-arabinopyranoside
芹菜苷元 -6-C-α-L- 吡喃鼠李糖苷 -8-C-[6'''-(3- 甲基戊二酰)-β-D- 吡喃葡萄糖苷] apigenin-6-C-α-L-rhamnopyranoside-8-C-[6'''-(3-methylglutaroyl)-β-D-glucopyranoside]
芹菜苷元 -6-C-α-L- 吡喃鼠李糖基 -(1 → 2)-β-D- 吡喃葡萄糖苷 apigenin-6-C-α-L-rhamnopyranosyl-(1 → 2)-β-D-glucopyranoside
芹菜苷元 -6-C-β-D- 吡喃阿拉伯糖基 -8-C-β-D- 吡喃半乳糖苷 apigenin-6-C-β-D-arabinopyranosyl-8-C-β-D-galactopyranoside
芹菜苷元 -6-C-β-D- 吡喃半乳糖苷 -8-C-α-L- 吡喃阿拉伯糖苷 apigenin-6-C-β-D-galactopyranoside-8-C-α-L-arabinopyranoside
芹菜苷元 -6-C-β-D- 吡喃半乳糖基 -8-C-α-L- 阿拉伯糖苷 apigenin-6-C-β-D-galactopyranosyl-8-C-α-L-arabinoside
芹菜苷元 -6-C-β-D- 吡喃半乳糖基 -8-C-β-D- 吡喃葡萄糖苷 apigenin-6-C-β-D-galactopyranosyl-8-C-β-D-glucopyranoside
芹菜苷元 -6-C-β-D- 吡喃半乳糖基 -8-C-β-L- 阿拉伯糖苷 apigenin-6-C-β-D-galactopyranosyl-8-C-β-L-arabinoside
芹菜苷元 -6-C-β-D- 吡喃奎诺糖基 -8-C-β-D- 吡喃半乳糖苷 apigenin-6-C-β-D-chinovopyranosyl-8-C-β-D-galactopyranoside
芹菜苷元 -6-C-β-D- 吡喃木糖基 -8-C-[6'''-O-(3- 羟基 -3- 甲基戊二酰基)-β-D- 吡喃葡萄糖苷] apigenin-6-C-β-D-xylopyranosyl-8-C-[6'''-O-(3-hydroxy-3-methylglutaroyl)-β-D-glucopyranoside]
芹菜苷元 -6-C-β-D- 吡喃木糖基 -8-C-α-L- 吡喃阿拉伯糖苷 apigenin-6-C-β-D-xylopyranosyl-8-C-α-L-arabinopyranoside
芹菜苷元 -6-C-β-D- 吡喃木糖基 -8-C-β-D- 吡喃半乳糖苷 apigenin-6-C-β-D-xylopyranosyl-8-C-β-D-galactopyranoside
芹菜苷元 -6-C-β-D- 吡喃葡萄糖苷 apigenin-6-C-β-D-glucopyranoside
芹菜苷元 -6-C-β-D- 吡喃葡萄糖苷 -8-C-α-L- 阿拉伯糖苷 apigenin-6-C-β-D-glucopyranoside-8-C-α-L-arabinopyranoside
芹菜苷元 -6-C-β-D- 吡喃葡萄糖苷 -8-C-β-D- 吡喃半乳糖苷

Q

apigenin-6-C-β-D-glucopyranoside-8-C-β-D-galactopyranoside

芹菜苷元 -6-C-β-D- 吡喃葡萄糖基 -8-C-α-L- 阿拉伯糖苷 apigenin-6-C-β-D-glucopyranosyl-8-C-α-L-arabinoside

芹菜苷元 -6-C-β-D- 吡喃葡萄糖基 -8-C-α-L- 吡喃阿拉伯糖苷 apigenin-6-C-β-D-glucopyranosyl-8-C-α-L-arabinopyranoside

芹菜苷元 -6-C-β-D- 吡喃葡萄糖基 -8-C-β-D- 吡喃半乳糖苷 apigenin-6-C-β-D-glucopyranosyl-8-C-β-D-galactopyranoside

芹菜苷元 -6-C-β-D- 吡喃葡萄糖基 -8-C-β-D- 吡喃木糖苷 apigenin-6-C-β-D-glucopyranosyl-8-C-β-D-xylopyranoside

芹菜苷元 -6-C-β-D- 吡喃葡萄糖基 -8-C-β-D- 呋喃芹糖苷 apigenin-6-C-β-D-glucopyranosyl-8-C-β-D-apiofuranoside

芹菜苷元 -6-C-β-D- 吡喃葡萄糖基 -8-C-β-L- 吡喃阿拉伯糖苷 apigenin-6-C-β-D-glucopyranosyl-8-C-β-L-arabinopyranoside

芹菜苷元 -6-C-β-L- 吡喃海藻糖苷 apigenin-6-C-β-L-fucopyranoside

芹菜苷元 -6-C-β-L- 吡喃鼠李糖苷 apigenin-6-C-β-L-rhamnopyranoside

芹菜苷元 -6-C-β- 波依文糖基 -7-O-β- 葡萄糖苷 apigenin-6-C-β-boivinosyl-7-O-β-glucoside

芹菜苷元 -6-C- 阿拉伯糖基 -8-C- 半乳糖苷 apigenin-6-C-arabinosyl-8-C-galactoside

芹菜苷元 -6-C- 阿拉伯糖基葡萄糖苷 apigenin-6-C-arabinosylglucoside

芹菜苷元 -6-C- 半乳糖基 -8-C- 阿拉伯糖苷 apigenin-6-C-galactosyl-8-C-arabinoside

芹菜苷元 -6-C- 吡喃阿拉伯糖苷 -8-C- 吡喃葡萄糖苷 apigenin-6-C-arabinopyranoside-8-C-glucopyranoside

芹菜苷元 -6-C- 吡喃阿拉伯糖基 -8-C- 吡喃葡萄糖苷 apigenin-6-C-arabinopyranosyl-8-C-glucopyranoside

芹菜苷元 -6-C- 吡喃葡萄糖苷 apigenin-6-C-glucopyranoside

芹菜苷元 -6-C- 吡喃葡萄糖基 -8-C- 吡喃木糖苷 apigenin-6-C-glucopyranosyl-8-C-xylopyranoside

芹菜苷元 -6-C- 甲基 -7-O-β-D- 吡喃葡萄糖苷 apigenin-6-C-methyl-7-O-β-D-glucopyranoside

芹菜苷元 -6-C- 葡萄糖基葡萄糖苷 apigenin-6-C-glucosylglucoside

芹菜苷元 -6-C- 糖苷 apigenin-6-C-glycoside

芹菜苷元 -6- 新橙皮糖苷 apigenin-6-neohesperidose

芹菜苷元 -7-(6''- 乙酰基 - 吡喃葡萄糖苷）apigenin-7-(6''-acetyl-glucopyranoside)

芹菜苷元 -7-(6''- 对香豆酰基)- 吡喃葡萄糖苷 apigenin-7-(6''-p-coumaroyl)-glucopyranoside

芹菜苷元 -7-(O- 甲基葡萄糖醛酸苷）apigenin-7-(O-methylglucuronide)

芹菜苷元 -7,4'- 二 -O-β-D- 吡喃葡萄糖苷 apigenin-7,4'-di-O-β-D-glucopyranoside

芹菜苷元 -7,4'- 二 -O- 甲醚 apigenin-7,4'-di-O-methyl ether

芹菜苷元 -7,4'- 二吡喃葡萄糖基 -6-C- 吡喃葡萄糖苷 apigenin-7,4'-diglucopyranosyl-6-C-glucopyranoside

芹菜苷元 -7,4'- 二甲醚 apigenin-7,4'-dimethyl ether

芹菜苷元 -7-[6''-O-(对香豆酰基)-β-D- 吡喃葡萄糖苷] apigenin-7-[6''-O-(p-coumaroyl)-β-D-glucopyranside]

芹菜苷元 -7-O-(2''- 羟基戊酰基)-β-D- 吡喃葡萄糖醛酸苷甲酯 apigenin-7-O-(2''-hydroxypentanoyl)-β-D-glucuronopyranoside methyl ester

芹菜苷元 -7-O-(3,4- 二 -O- 乙酰基)-α-L- 吡喃鼠李糖基 -(1 → 6)-β-D- 吡喃葡萄糖苷 apigenin-7-O-(3,4-di-O-acetyl)-α-L-rhamnopyranosyl-(1 → 6)-β-D-glucopyranoside

芹菜苷元 -7-O-(3'',6''- 二 -E- 对香豆酰基)-β-D- 吡喃半乳糖苷 apigenin-7-O-(3'',6''-di-(E)-p-coumaroyl)-β-D-galactopyranoside

芹菜苷元 -7-O-(3''-O- 反式 - 对香豆酰基)-β-D- 吡喃葡萄糖苷 apigenin-7-O-(3''-O-E-p-coumaroyl)-β-D-glucopyranoside

芹菜苷元 -7-O-(3''-O- 乙酰基 -6''-O- 对香豆酰基 -β-D- 吡喃葡萄糖苷）apigenin-7-O-[3''-O-acetyl-6''-O-(p-coumaroyl)-β-D-glucopyranside)]

芹菜苷元 -7-O-(6''-E- 对香豆酰基)-β-D- 吡喃半乳糖苷 apigenin-7-O-(6''-(E)-p-coumaroyl)-β-D-galactopyranoside

芹菜苷元 -7-O-(6''-O-p- 羟基肉桂酰)-β-D- 吡喃葡萄糖苷 apigenin-7-O-(6''-O-p-coumaroyl)-β-D-glucopyranoside

芹菜苷元 -7-O-(6''-O- 对羟基苯基)-β-D- 葡萄糖苷 apigenin-7-O-(6''-O-p-hydroxybenzyl)-β-D-glucoside

芹菜苷元 -7-O-(6''-E- 对香豆酰基)-β-D- 吡喃半乳糖苷 apigenin-7-O-(6''-(E)-p-coumaroyl)-β-D-galactopyranoside

芹菜苷元 -7-O-(6''-E- 咖啡酰基)-β-D- 葡萄糖苷 apigenin-7-O-(6''-E-caffeoyl)-β-D-glucoside

芹菜苷元 -7-O-(6''-O- 对香豆酰)-β-D- 吡喃葡萄糖苷 apigenin-7-O-(6''-O-p-coumaroyl)-β-D-glucopyranoside

芹菜苷元 -7-O-(6''-O- 对香豆酰基)- 吡喃葡萄糖苷 apigenin-7-O-(6''-O-p-coumaroyl)-glucopyranoside

芹菜苷元 -7-O-(6'-O- 对香豆酰基 -β-D- 吡喃葡萄糖苷）apigenin-7-O-[6'-O-(p-coumaroyl)-β-D-glucopyranoside]

芹菜苷元 -7-O-(6''-O- 没食子酰)-β-D- 吡喃葡萄糖苷 apigenin-7-O-(6''-O-galloyl)-β-D-glucopyranoside

芹菜苷元 -7-O-(6''-O- 乙酰基)-β-D- 葡萄糖苷 apigenin-7-O-(6''-O-acetyl)-β-D-glucoside

芹菜苷元 -7-O-(6''- 丁酰基)-β-D- 吡喃葡萄糖苷 apigenin-7-O-(6''-butyryl)-β-D-glucopyranoside

芹菜苷元 -7-O-(6''- 反式 - 对香豆酰基)-β-D- 吡喃半乳糖苷 apigenin-7-O-(6''-trans-p-coumaroyl)-β-D-galactopyranoside

芹菜苷元 -7-O-(咖啡酰二葡萄糖醛酸苷）apigenin-7-O-(caffeoyldiglucuronide)

芹菜苷元 -7-O-[2''-O-(5'''-O- 阿魏酰基)-β-D- 呋喃芹糖基]-β-D- 吡喃葡萄糖苷 apigenin-7-O-[2''-O-(5'''-O-feruloyl)-β-D-apiofuranosyl]-β-D-glucopyranoside

芹菜苷元 -7-O-[2-O- 阿魏酰基 -β-D- 吡喃葡萄糖醛酸基 -(1 → 2)-O-β-D- 吡喃葡萄糖醛酸]-4'-O-β-D- 吡喃葡萄糖醛酸苷 apigenin-7-O-[2-O-feruloyl-β-D-glucuronopyranosyl-(1 → 2)-O-β-D-glucuronopyranosyl]-4'-O-β-D-glucuronopyranoside

芹菜苷元 -7-O-[6'''-O- 乙酰基 -β-D- 吡喃半乳糖基 -(1 → 3)]-β-D- 吡喃木糖苷 apigenin-7-O-[6'''-O-acetyl-β-D-galactopyranosyl-(1 → 3)]-β-D-xylopyranoside

芹菜苷元 -7-O-[β-D- 吡喃葡萄糖醛酸基 -(1 → 2)-O-β-D- 吡喃葡萄糖醛酸]-4'-O-β-D- 吡喃葡萄糖醛酸苷 apigenin-7-O-[β-D-glucuronopyranosyl-(1 → 2)-O-β-D-glucuronopyranosyl]-4'-O-β-D-glucuronopyranoside

芹菜苷元 -7-O-[β-D- 吡喃葡萄糖醛酸基 -(1 → 2)-O-β-D- 吡喃葡萄糖醛酸苷] apigenin-7-O-[β-D-glucuronopyranosyl-(1 → 2)-O-β-D-glucuronopyranoside]

芹菜苷元 -7-O-{2-O-p- 香豆酰基 -[β-D- 吡喃葡萄糖醛酸基 -(1 → 3)]-O-β-D- 吡喃葡萄糖醛酸基 -(1 → 2)]-O-β-D- 吡喃葡萄糖醛酸苷 } apigenin-7-O-{2-O-p-coumaroyl-[β-D-glucuronopyranosyl-(1 → 3)]-O-β-D-glucuronopyranosyl-(1 → 2)]-O-β-D-glucuronopyranoside}

芹菜苷元 -7-O-{2-O- 阿魏酰基 -[β-D- 吡喃葡萄糖醛酸基 -(1 → 3)]-O-β-D- 吡喃葡萄糖醛酸基 -(1 → 2)]-O-β-D- 吡喃葡萄糖醛酸苷 } apigenin-7-O-{2-O-feruloyl-[β-D-glucuronopyranosyl-(1 → 3)]-O-β-D-glucuronopyranosyl-(1 → 2)]-O-β-D-glucuronopyranoside}

芹菜苷元 -7-O-D- 芹糖基 -(1 → 2)- 吡喃葡萄糖苷 apigenin-7-O-D-apiosyl-(1 → 2)-glucopyranoside

芹菜苷元 -7-O-L- 阿拉伯糖苷 apigenin-7-O-L-arabinoside

Q

芹菜苷元 -7-O-α-L-2,3- 二 -O- 乙酰吡喃鼠李糖基 -(1 → 6)-β-D- 吡喃葡萄糖苷 apigenin 7-O-α-L-2,3-di-O-acetylrhamnopyranosyl-(1 → 6)-β-D-glucopyranoside

芹菜苷元 -7-O-α-L-3-O- 乙酰吡喃鼠李糖基 -(1 → 6)-β-D- 吡喃葡萄糖苷 apigenin-7-O-α-L-3-O-acetylrhamnopyranosyl-(1 → 6)-β-D-glucopyranoside

芹菜苷元 -7-O-α-L- 吡喃鼠李糖苷 apigenin-7-O-α-L-rhamnopyranoside

芹菜苷元 -7-O-α-L- 吡喃鼠李糖基 -(1 → 2)-β-D- 葡萄糖醛酸苷 apigenin-7-O-α-L-rhamnopyranosyl-(1 → 2)-β-D-glucuronide

芹菜苷元 -7-O-α-L- 吡喃鼠李糖基 -(1 → 4)-O-α-L- 吡喃鼠李糖苷 apigenin-7-O-α-L-rhamnopyranosyl-(1 → 4)-O-α-L-rhamnopyranoside

芹菜苷元 -7-O-α-L- 吡喃鼠李糖基 -(1 → 4)-O-α-L- 吡喃鼠李糖苷 -4'-O-α-L- 吡喃鼠李糖苷 apigenin-7-O-α-L-rhamnopyranosyl-(1 → 4)-O-α-L-rhamnopyranoside-4'-O-α-L-rhamnopyranoside

芹菜苷元 -7-O-α-L- 吡喃鼠李糖基 -(1 → 6)-β-D- 吡喃葡萄糖苷 apigenin-7-O-α-L-rhamnopyranosyl-(1 → 6)-β-D-glucopyranoside

芹菜苷元 -7-O-α-L- 鼠李糖苷 -4'-O-α-L- 葡萄糖基鼠李糖苷 apigenin-7-O-α-L-rhamnoside-4'-O-α-L-glucosylrhamnoside

芹菜苷元 -7-O-α-L- 鼠李糖基 -(1 → 2)-β-D- 吡喃葡萄糖苷 apigenin-7-O-α-L-rhamnopyranosyl-(1 → 2)-β-D-glucopyranoside

芹菜苷元 -7-O-α-L- 鼠李糖基 -(1 → 2)-β-D- 吡喃葡萄糖糖苷 apigenin-7-O-α-L-rhamnosyl-(1 → 2)-β-D-glucopyranoside

芹菜苷元 -7-O-α-L- 鼠李糖基 -(1 → 3)-O-α-L- 鼠李糖苷 apigenin-7-O-α-L-rhamnosyl-(1 → 3)-O-α-L-rhamnoside

芹菜苷元 -7-O-α-L- 鼠李糖基 -(1 → 4)-6''-O- 乙酰基 -β-D- 葡萄糖苷 apigenin-7-O-α-L-rhamnosyl-(1 → 4)-6''-O-acetyl-β-D-glucoside

芹菜苷元 -7-O-α-L- 鼠李糖基 -(1 → 6)-β-D- 葡萄糖苷 apigenin-7-O-α-L-rhmnosyl-(1 → 6)-β-D-glucoside

芹菜苷元 -7-O-α- 吡喃鼠李糖苷 apigenin-7-O-α-rhamnopyranoside

芹菜苷元 -7-O-α- 鼠李糖 -(1 → 2)-β- 吡喃葡萄糖苷 apigenin-7-O-α-rhamnosyl-(1 → 2)-β-gluopyranoside

芹菜苷元 -7-O-β-(2''-O-α- 吡喃鼠李糖基) 吡喃葡萄糖醛酸苷 apigenin-7-O-β-(2''-O-α-rhamnopyranosyl)-glucuronide

芹菜苷元 -7-O-β-D-(2'',6''- 二 -α-L- 吡喃鼠李糖基)- 吡喃葡萄糖苷 apigenin-7-O-β-D-(2'',6''-di-α-L-rhamnopyranosyl)-glucopyranoside

芹菜苷元 -7-O-β-D-(3''- 反式 - 对羟基桂皮酰氧基)- 吡喃葡萄糖苷 apigenin-7-O-(3''-p-coumaryl)-glucopyranoside

芹菜苷元 -7-O-β-D-(4'- 咖啡酰基)- 葡萄糖醛酸苷 apigenin-7-O-β-D-(4'-caffeoyl)-glucuronide

芹菜苷元 -7-O-β-D-(6''- 对香豆酰基)- 吡喃葡萄糖苷 apigenin-7-O-β-D-(6''-p-coumaroyl)-glucopyranoside

芹菜苷元 -7-O-β-D-(6''- 顺式 - 对香豆酰基)- 吡喃葡萄糖苷 apigenin-7-O-β-D-(6''-cis-p-coumaroyl)-glucopyranoside

芹菜苷元 -7-O-β-D-(6''- 对香豆酰基)- 葡萄糖苷 apigenin-7-O-β-D-(6''-p-coumaryl)-glucoside

芹菜苷元 -7-O-β-D-(6-O- 丙二酰基)- 吡喃葡萄糖苷 apigenin-7-O-β-D-(6-O-malonyl)-glucopyranoside

芹菜苷元 -7-O-β-D-(6''-O- 乙酰基)- 吡喃葡萄糖苷 apigenin-7-O-β-D-(6''-O-acetyl)-glucopyranoside

芹菜苷元 -7-O-β-D-(6'- 对羟基桂皮酸基)- 甘露糖苷 apigenin-7-O-β-D-(6'-p-hydoxycinnamoyloxy)-mannoside

芹菜苷元 -7-O-β-D-(6''- 对香豆酰) 吡喃葡萄糖苷 apigenin-7-O-β-D-(6''-p-coumaroyl)glucopyranoside

芹菜苷元 -7-O-β-D-(6''- 反式对香豆酰基)- 吡喃葡萄糖苷 apigenin-7-O-β-D-(6''-trans-p-coumaroyl)-glucopyranoside

芹菜苷元 -7-O-β-D- 半乳糖醛酸苷 apigenin-7-O-β-D-galacturonide

芹菜苷元 -7-O-β-D- 吡喃阿洛糖苷 apigenin-7-O-β-D-allopyranoside

芹菜苷元 -7-O-β-D- 吡喃半乳糖苷 apigenin-7-O-β-D-galactopyranoside

芹菜苷元 -7-O-β-D- 吡喃半乳糖基 -(1 → 4)-O-β-D- 吡喃甘露糖苷 apigenin-7-O-β-D-galactopyranosyl-(1 → 4)-O-β-D-mannopyranoside

芹菜苷元 -7-O-β-D- 吡喃半乳糖醛酸苷 apigenin-7-O-β-D-galacturonopyranoside

芹菜苷元 -7-O-β-D- 吡喃葡萄糖基 -(1 → 2)-β-D- 吡喃葡萄糖基 -(1 → 2)-[α-L- 吡喃鼠李糖基 -(1 → 6)]-β-D- 吡喃葡萄糖苷 apigenin-7-O-β-D-glucopyranosyl-(1 → 2)-β-D-glucopyranosyl-(1 → 2)-[α-L-rhamnopyranosyl-(1 → 6)]-β-D-glucopyranoside

芹菜苷元 -7-O-β-D- 吡喃葡萄糖基 -(1 → 6)-β-D- 吡喃葡萄糖苷 apigenin-7-O-β-D-glucopyranosyl-(1 → 6)-β-D-glucopyranoside

芹菜苷元 -7-O-β-D- 吡喃葡萄糖基 (3' → 6'') 木犀草素 -7''-O-β-D- 吡喃葡萄糖苷 apigenin-7-O-β-D-glucopyranosyl(3' → 6'') luteolin-7''-O-β-D-glucopyranoside

芹菜苷元 -7-O-β-D- 吡喃葡萄糖基 -4'-O-α-L- 吡喃鼠李糖苷 apigenin-7-O-β-D-glucopyranosyl-4'-O-α-L-rhamnopyranoside

芹菜苷元 -7-O-β-D- 吡喃葡萄糖基 -6-C-β-D-(6''- 乙酰基)- 吡喃葡萄糖苷 apigenin-7-O-β-D-glucopyranosyl-6-C-β-D-6''-acetyl-glucopyranoside

芹菜苷元 -7-O-β-D- 吡喃葡萄糖醛酸苷 apigenin-7-O-β-D-glucuronopyranoside

芹菜苷元 -7-O-β-D- 吡喃葡萄糖醛酸苷 -6''- 甲酯 apigenin-7-O-β-D-glucuronopyranoside-6''-methyl ester

芹菜苷元 -7-O-β-D- 吡喃葡萄糖醛酸苷 -6''- 乙酸酯 apigenin-7-O-β-D-glucuronopyranoside-6''-acetate

芹菜苷元 -7-O-β-D- 吡喃葡萄糖醛酸苷丁酯 apigenin-7-O-β-D-glucuronopyranoside butyl ester

芹菜苷元 -7-O-β-D- 吡喃葡萄糖醛酸苷甲酯 apigenin-7-O-β-D-glucuronopyranoside methyl ester

芹菜苷元 -7-O-β-D- 吡喃葡萄糖醛酸基 -(1 → 2)[α-L- 吡喃鼠李糖基 -(1 → 6)]-β-D- 吡喃葡萄糖醛酸苷 apigenin-7-O-β-D-glucuronopyranosyl-(1 → 2)[α-L-rhamnopyranosyl-(1 → 6)]-β-D-glucopyranoside

芹菜苷元 -7-O-β-D- 吡喃葡萄糖醛酸基 -(1 → 2)-β-D- 吡喃葡萄糖醛酸苷 apigenin-7-O-β-D-glucuronosyl-(1 → 2)-β-D-glucuronide

芹菜苷元 -7-O-β-D- 丁酰葡萄糖醛酸苷 apigenin-7-O-β-D-butyl-glucuronide

芹菜苷元 -7-O-β-D- 呋喃芹糖基 -(1 → 2)-β-D- 吡喃葡萄糖苷 apigenin-7-O-β-D-apiofuranosyl-(1 → 2)-β-D-glucopyranoside

芹菜苷元 -7-O-β-D- 呋喃芹糖基 -(1 → 6)-β-D- 吡喃葡萄糖苷 apigenin-7-O-β-D-apiofuranosyl-(1 → 6)-β-D-glucopyranoside

芹菜苷元 -7-O-β-D- 甲基葡萄糖醛酸苷 apigenin-7-O-β-D-methylglucuronide

芹菜苷元 -7-O-β-D- 葡萄糖苷 -6''-O- 丙二酸酯 apigenin-7-O-β-D-glucoside-6''-O-malonate

芹菜苷元 -7-O-β-D- 葡萄糖醛酸苷 apigenin-7-O-β-D-glucuronide

芹菜苷元 -7-O-β-D- 葡萄糖醛酸苷丁酯 apigenin-7-O-β-D-glucuronide butyl ester

芹菜苷元 -7-O-β-D- 葡萄糖醛酸苷甲酯 apigenin-7-O-β-D-glucuronide methyl ester

芹菜苷元 -7-O-β-D- 葡萄糖醛酸苷乙酯 apigenin-7-O-β-D-glucuronide ethyl ester

芹菜苷元 -7-O-β-D- 葡萄糖醛酸甲酯 apigenin-7-O-β-D-glucuronate methyl ester

芹菜苷元 -7-O-β-D- 葡萄糖鼠李糖苷 apigenin-7-O-β-D-

Q

glucorhamnoside
芹菜苷元 -7-*O*-*β*-D- 新橙皮糖苷 apigenin-7-*O*-*β*-D-neohesperidoside
芹菜苷元 -7-*O*-*β*-D- 芸香糖苷 apigenin-7-*O*-*β*-D-rutinoside
芹菜苷元 -7-*O*-*β*- 半乳糖醛酸苷 apigenin-7-*O*-*β*-galacturonide
芹菜苷元 -7-*O*-*β*- 吡喃葡萄糖苷 apigenin-7-*O*-*β*-glucopyranoside
芹菜苷元 -7-*O*-*β*- 葡萄糖醛酸苷 apigenin-7-*O*-*β*-glucuronide
芹菜苷元 -7-*O*-*β*- 新橙皮糖苷 apigenin-7-*O*-*β*-neohesperidoside
芹菜苷元 -7-*O*- 半乳糖苷 apigenin-7-*O*-galactoside
芹菜苷元 -7-*O*- 半乳糖醛酸苷 apigenin-7-*O*-galacturonide
芹菜苷元 -7-*O*- 吡喃葡萄糖基 -(1 → 3)- 吡喃葡萄糖基 -(1 → 3)- 吡喃葡萄糖苷 apigenin-7-*O*-glucopyranosyl-(1 → 3)-glucopyranosyl-(1 → 3)-glucopyranoside
芹菜苷元 -7-*O*- 吡喃葡萄糖基 -6-*C*- 吡喃葡萄糖苷 apigenin-7-*O*-glucopyranosyl-6-*C*-glucopyranoside
芹菜苷元 -7-*O*- 吡喃芹糖基 -(1 → 2)- 吡喃葡萄糖苷 apigenin-7-*O*-apiopyranosyl-(1 → 2)-glucopyranoside
芹菜苷元 -7-*O*- 丙二酰葡萄糖苷 apigenin-7-*O*-malonylglucoside
芹菜苷元 -7-*O*- 二葡萄糖醛酸苷 apigenin-7-*O*-diglucuronide
芹菜苷元 -7-*O*- 甲基葡萄糖醛酸苷 apigenin-7-*O*-methylglucuronide
芹菜苷元 -7-*O*- 龙胆二糖苷 apigenin-7-*O*-gentiobioside
芹菜苷元 -7-*O*- 葡萄糖醛酸 apigenin-7-*O*-glucuronic acid
芹菜苷元 -7-*O*- 葡萄糖醛酸苷 apigenin-7-*O*-glucuronide
芹菜苷元 -7-*O*- 葡萄糖醛酸乙酯 ethyl apigenin-7-*O*-glucuronate
芹菜苷元 -7-*O*- 鼠李葡萄糖苷 apigenin-7-*O*-rhamnoglucoside
芹菜苷元 -7-*O*- 糖苷 apigenin-7-*O*-glycoside
芹菜苷元 -7-*O*- 新陈皮糖苷 apigenin-7-*O*-neohesperidose
芹菜苷元 -7-*O*- 新橙皮苷 apigenin-7-*O*-neohesperidin
芹菜苷元 -7-*O*- 新橙皮糖苷 apigenin-7-*O*-neohesperidoside
芹菜苷元 -7-*O*- 芸香糖苷 apigenin-7-*O*-rutinoside
芹菜苷元 -7-*β*-D- 吡喃葡萄糖苷 apigenin-7-*β*-D-glucopyranoside
芹菜苷元 -7-*β*-D- 葡萄糖醛酸苷 apigenin-7-*β*-D-glucuronide
芹菜苷元 -7-*β*- 葡萄糖酸 -6''- 丁基酯 apigenin-7-*β*-glucoronic acid-6''-buthyl ester
芹菜苷元 -7*β*- 芸香糖苷 apigenin-7*β*-rutinoside
芹菜苷元 -7- 半乳糖醛酸苷 apigenin-7-galacturonide
芹菜苷元 -7- 半乳糖醛酸甲酯 apigenin-7-galacturonic acid methyl ester
芹菜苷元 -7- 吡喃葡萄糖苷 apigenin-7-glucopyranoside
芹菜苷元 -7- 二 -*O*-*β*-D- 吡喃葡萄糖苷 apigenin-7-di-*O*-*β*-D-glucopyranoside
芹菜苷元 -7- 二吡喃葡萄糖苷 apigenin-7-*O*-diglucopyranoside
芹菜苷元 -7- 二葡萄糖醛酸苷 apigenin-7-diglucuronide
芹菜苷元 -7- 甲醚 apigenin-7-methyl ether
芹菜苷元 -7- 葡萄糖基葡萄糖醛酸苷 apigenin-7-glucosylglucuronide
芹菜苷元 -7- 葡萄糖醛酸苷 apigenin-7-glucuronide
芹菜苷元 -7- 葡萄糖醛酸苷甲酯 apigenin-7-glucuronopyranoside methyl ester
芹菜苷元 -7- 葡萄糖醛酸苷乙酯 apigenin-7-glucuronide ethyl ester
芹菜苷元 -7- 鼠李葡萄糖苷 apigenin-7-rhamnoglucoside
芹菜苷元 -7- 芸香糖苷 apigenin-7-rutinoside
芹菜苷元 -8-*C*-(2''-*O*- 没食子酰基)-*β*-D- 吡喃葡萄糖苷 apigenin-8-*C*-(2''-*O*-galloyl)-*β*-D-glucopyranoside
芹菜苷元 -8-*C*-(2''-*O*- 反式对香豆酰基 -*β*-D- 吡喃葡萄糖苷 apigenin-8-*C*-(2''-*O*-*trans*-*p*-coumaroyl-*β*-D-glucopyranoside)
芹菜苷元 -8-*C*-(4''-*O*-*α*-L- 吡喃鼠李糖基)-*β*-D- 吡喃葡萄糖苷 apigenin-8-*C*-(4''-*O*-*α*-L-rhamnopyranosyl)-*β*-D-glucopyranoside
芹菜苷元 -8-*C*-*α*-L- 吡喃阿拉伯糖苷 apigenin-8-*C*-*α*-L-arabinopyranoside
芹菜苷元 -8-*C*-*β*-D-(2''-*O*-*α*-L- 鼠李糖基)- 吡喃葡萄糖苷 apigenin-8-*C*-*β*-D-(2''-*O*-*α*-L-rhamnosyl)-glucopyranoside
芹菜苷元 -8-*C*-*β*-D-(2''-*O*- 乙酰) 呋喃葡萄糖苷 apigenin-8-*C*-*β*-D-(2''-*O*-acetyl)glucofuranoside
芹菜苷元 -8-*C*-*β*-D- 半乳糖苷 apigenin-8-*C*-*β*-D-galactoside
芹菜苷元 -8-*C*-*β*-D- 吡喃半乳糖苷 apigenin-8-*C*-*β*-D-galactopyranoside
芹菜苷元 -8-*C*-*β*-D- 吡喃葡萄糖苷 apigenin-8-*C*-*β*-D-glucopyranoside
芹菜苷元 -8-*C*-*β*- 吡喃波伊文糖苷 apigenin-8-*C*-*β*-boivinopyranoside
芹菜苷元 -8-*C*-*β*- 吡喃洋地黄毒糖苷 apigenin-8-*C*-*β*-digitoxopyranoside
芹菜苷元 -8-*C*- 吡喃葡萄糖苷 apigenin-8-*C*-glucopyranoside
芹菜苷元 -8-*C*- 吡喃葡萄糖基 -(2 → 1)- 吡喃鼠李糖苷 apigenin-8-*C*-glucopyranosyl-(2 → 1)-rhamnopyranoside
芹菜苷元 -8-*C*- 二吡喃葡萄糖苷 apigenin-8-*C*-diglucopyranoside
芹菜苷元 -8-*C*- 二葡萄糖苷 apigenin-8-*C*-diglucoside
芹菜苷元 -8-*C*- 新橙皮糖苷 apigenin-8-*C*-neohesperidoside
芹菜苷元 -*O*- 吡喃葡萄糖苷 apigenin-*O*-glucopyranoside
芹菜苷元 -*O*- 葡萄糖醛酸苷 apigenin-*O*-glucuronide
芹菜苷元吡喃葡萄糖苷 apigenin-glucopyranoside
芹菜苷元 - 二 -*C*- 己糖苷 - 戊糖苷 apigenin-di-*C*-hexoside-pentoside
芹菜苷元葡萄糖醛酸苷 apigenin-glucuronide
芹菜脑 apiole; apiol
芹菜内酯▲ sedanolide
芹菜双糖苷 graveobioside
芹菜素 -6-*C*-[(6-*O*- 对羟基苯甲酰基)-*β*-D- 吡喃葡萄糖基 -(1 → 2)]-*β*-D- 吡喃葡萄糖苷 apigenin-6-*C*-[(6-*O*-p-hydroxybenzoyl)-*β*-D-glucopyranosyl-(1 → 2)]-*β*-D-glucopyranoside
芹菜素 -7-*O*-*β*-D- 芦丁糖苷 apigenin-7-*O*-*β*-D-lutinoside
芹菜亭▲ apiumetin
芹菜酮酸▲ sedanoic acid; sedanonic acid
芹菜烯内酯▲ sedanenolide; senkyunolide
芹菜玉米黄酮苷 apimaysin
芹黄春 apigetrin
芹灵素▲ celerin
芹莫苷▲ apiumoside
D- 芹糖 D-apiose
芹糖甘草苷 liquiritin apioside
芹糖基表杜鹃素 apiosylepirhododendrin
芹糖基丹皮苷▲ apiopaeonoside
芹糖基杜鹃素 apiosylrhododendrin
芹糖基甘草酸 apioglycyrrhizin
2''-*O*- 芹糖基毛蕊花苷 2''-*O*-apiosylverbascoside
芹糖基茵芋苷 apiosylskimmin
7-*O*- 芹糖葡萄糖基 -7,4'- 二羟基黄酮 7-*O*-apioglucosyl-7,4'-dihydroxyflavone
芹糖新甘草苷 neoliquiritin apioside
4-(D- 芹糖氧基)-1- 羟基 -3-(3- 甲基 -2- 丁烯基)-2- 萘烯甲酯 4-(D-apiofuranosyloxy)-1-hydroxy-3-(3-methyl-2-butenyl)-2-naphthalenecarboxylic acid methyl ester
芹糖异甘草苷 isoliquiritin apioside
芹子 -11- 烯 -4*α*- 醇 selin-11-en-4*α*-ol
芹子 -3,11- 二烯 selina-3,11-diene
芹子 -3,7(11)- 二烯 selina-3,7(11)-diene
芹子 -3,7(11)- 二烯 -8- 酮 selina-3,7(11)-dien-8-one
芹子 -4(14),7(11)- 二烯 selina-4(14),7(11)-diene
芹子 -4(14),7(11)- 二烯 -8- 酮 selina-4(14),7(11)-dien-8-one

Q

(7*R*,10*S*)- 芹子 -4,11(13)- 二烯 -3- 酮 -12- 酸 (7*R*,10*S*)-selina-4,11(13)-dien-3-on-12-oic acid
芹子 -4,11- 二烯 selina-4,11-diene
芹子 -4,7(11)- 二烯 selina-4,7(11)-diene
芹子 -4,7(11)- 二烯 -8- 酮 selina-4,7(11)-dien-8-one
10*β*- 芹子 -4*β*,11- 二醇 10*β*-selinan-4*β*,11-diol
芹子 -6- 烯 -4- 醇 selina-6-en-4-ol
(-)-*α*- 芹子烯 (-)-*α*-selinene
α- 芹子烯 *α*-selinene
β- 芹子烯 *β*-selinene
γ- 芹子烯 *γ*-selinene
δ- 芹子烯 *δ*-selinene
芹子烯 selinene
11- 芹子烯 -4*α*,7*β*- 二醇 11-selinen-4*α*,7*β*-ol
α- 芹子烯醇 *α*-selinenol
β- 芹子烯醇 *β*-selinenol
芹子烯醇 selinenol
秦艽苷 A qinjiaoside A
秦艽酰胺 qinjiaoamide
秦椒酰胺▲ A, C, D, E ZP-amide A, C, D, E
秦岭翠雀碱▲ A~I giraldine A~I
秦岭藤苷▲ A~G biondianoside A~G
青城细辛酰胺▲ A, B chingchengenamide A, B
青刺果酮▲ utililactone
青黛酮 qingdainone
青竿竹木脂素▲ A bambulignan A
青冈醇 cyclobalanol
青冈酮▲ cyclobalanone
青蒿醇 artemisia alcohol
青蒿醇乙酸酯 artemisia alcohol acetate
青蒿甲素 arteannuin A
青蒿米宁▲ arteminin
青蒿木脂素▲ caruilignan
7*β*- 青蒿木脂素▲ C 7*β*-caruilignan C
青蒿木脂素▲ C, D caruilignan C, D
青蒿内酯 artemisia lactone
青蒿素 arteannuin; artemisinin; qinghaosu
青蒿素 B arteannuin B
青蒿酸 artemisinic acid
青蒿辛素▲ apicin
青花椒二醇 schinindiol
青花椒碱 schinifoline
青花椒内酯 schinifolin
青花椒萨亭▲ A schinifolisatin A
青花椒烯醇 schinilenol
青姬木毒素▲ andromedotoxin
青姬木苷▲ andromedoside
青江藤丙烷▲ A, B, C hindsiipropane A, B, C
青江藤碱▲ A celahinine A
青江藤醌黄烷▲ B hindsiiquinoflavan B
青江藤内酯▲ A hindsiilactone A
青江藤素▲ A~D celahin A~D
青兰苷▲ dracocephaloside
2*R*,5''*R*- 青兰素▲ A~D 2*R*,5''*R*-dracocephin A~D
2*R*,5''*S*- 青兰素▲ A~D 2*R*,5''*S*-dracocephin A~D
2*S*,5''*R*- 青兰素▲ A~D 2*S*,5''*R*-dracocephin A~D
2*S*,5''*S*- 青兰素▲ A~D 2*S*,5''*S*-dracocephin A~D
青龙衣亭 A qinglongyitin A
青霉赛灵▲ pinselin
青木香酸 debilic acid
青木香酮 debilon
青牛胆酚苷▲ A, B tinosposide A, B
青牛胆苷▲ A~E tinospinoside A~E
青牛胆素▲ E tinospin E
青牛胆替苷▲ A sagitiside A
青牛胆萜酮▲ sagitone
青牛胆酮▲ A, B tinosagittone A, B
青皮木明▲ A~H schoepfiajasmin A~H
青皮木素▲ A, B, C schoepfin A, B, C
青钱柳苷 I, II, III, A~K cyclocarioside I, II, III, A~K
青钱柳螺内酯▲ cyclospirolide
青钱柳诺苷▲ A cyclonoside A
青钱柳素 A cyclocarin A
青钱柳酸 A, B cyclocaric acid A, B
青蛇藤辛▲ calocin
青蛇藤辛宁▲ calocinin
青藤定碱 sinomendine
青藤碱 kokuline; sinomenine
青藤碱 -*N*- 氧化物 sinomenine-*N*-oxide
青藤仔苷▲ A~H jasnervoside A~H
青葙苷 I, II, A~J, C1, D1 celosin I, II, A~J, C1, D1
青葙亭▲ A~H, J, K celogentin A~H, J, K
青葙酰胺▲ A celogenamide A
青羊参苷 A~W otophylloside A~W
青羊参苷元 qingyangshengenin
青羊参苷元 -3-*O*-*α*-L- 吡喃磁麻糖基 -(1 → 4)-*β*-D- 吡喃夹竹桃糖基 -(1 → 4)-*β*-D- 吡喃磁麻糖基 -(1 → 4)-*β*-D 吡喃洋地黄毒糖苷 qingyangshengenin-3-*O*-*α*-L-cymaropyranosyl-(1 → 4)-*β*-D-oleandropyranosyl-(1→4)-*β*-D-cymaropyranosyl-(1→4)-*β*-D-digitoxopyranoside
青羊参苷元 -3-*O*-*β*-D- 吡喃磁麻糖基 -(1 → 4)-*β*-D- 吡喃洋地黄毒糖苷 qingyangshengenin-3-*O*-*β*-D-cymaropyranosyl-(1 → 4)-*β*-D-digitoxopyranoside
青羊参苷元 -3-*O*-*β*-D- 吡喃夹竹桃糖基 -(1 → 4)-*β*-D- 吡喃磁麻糖苷 qingyangshengenin-3-*O*-*β*-D-oleandropyranosyl-(1 → 4)-*β*-D-cymaropyranoside
青羊参苷元 -3-*O*-*β*-D- 吡喃夹竹桃糖基 -(1 → 4)-*β*-D- 吡喃磁麻糖基 -(1 → 4)-*β*-D- 吡喃洋地黄毒糖苷 qingyangshengenin-3-*O*-*β*-D-oleandropyranosyl-(1→4)-*β*-D-cymaropyranosyl-(1→4)-*β*-D-digitoxopyranoside
青羊参苷元 -3-*O*-*β*-D- 吡喃夹竹桃糖基 -(1 → 4)-*β*-D- 吡喃夹竹桃糖基 -(1 → 4)-*β*-D- 吡喃磁麻糖苷 qingyangshengenin-3-*O*-*β*-D-oleandropyranosyl-(1→4)-*β*-D-oleandropyranosyl-(1→4)-*β*-D-cymaropyranoside
青羊参洛苷▲ A~D cynanotophylloside A~D
青杨梅二聚素▲ A, B, C adenodimerin A, B, C
青杨梅素▲ A, B myricadenin A, B
青叶胆苷▲ mileenside
青叶胆苷元▲ A~K swerimilegenin A~K
青叶胆素▲ swermirin
青藏大戟素▲ A~D altotibetin A~D
轻木卡罗木脂素▲ A, B carolignan A, B
2,3- 氢 -1,4,5- 三甲氧基 -9- 苯基 -1*H*- 菲那烯 2,3-dihydro-1,4,5-trimethoxy-9-phenyl-1*H*-phenalene
14- 氢 -15*α*- 羟基赪桐定 14-hydro-15*α*-hydroxyclerodin
14- 氢 -15- 羟基地松筋骨草素▲ 14-hydro-15-hydroxyajugapitin
16*α*- 氢 -17- 羟基 - 对映 - 贝壳杉 -19- 醛 16*α*-hydro-17-hydroxy-*ent*-kauran-19-al

Q

16β- 氢 -17- 羟基 - 对映 - 贝壳杉 -19- 醛 16β-hydro-17-hydroxy-ent-kauran-19-al
16α- 氢 -17- 乙酰氧基 - 对映 - 贝壳杉 -19- 醛 16α-hydro-17-acetoxy-ent-kauran-19-al
16α- 氢 -19- 醇 - 对映 - 贝壳杉 -17- 酸 16α-hydro-19-ol-ent-kauran-17-oic acid
16α- 氢 -19- 醛 - 对映 - 贝壳杉 -17- 甲酯 16α-hydro-19-al-ent-kauran-17-methyl ester
16α- 氢 -19- 醛 - 对映 - 贝壳杉 -17- 酸 16α-hydro-19-al-ent-kauran-17-oic acid
(15R)-14- 氢 -2,15- 二羟基 -3β- 异丁酰氧基赪桐定 (15R)-14-hydro-2,15-dihydroxy-3β-isobutyryloxyclerodin
(15S)-14- 氢 -2,15- 二羟基 -3β- 异丁酰氧基赪桐定 (15S)-14-hydro-2,15-dihydroxy-3β-isobutyryloxyclerodin
2,3- 氢 -4,9- 二羟基 -8- 甲氧基 -1- 苯基菲那烯 2,3-dihydro-4,9-dihydroxy-8-methoxy-1-phenylphenalene
5- 氢 -N- 甲基紫堇里定▲ 5-hydro-N-methylcorydalidine
氢 -Q9- 色烯 hydro-Q9-chromene
16α- 氢 - 对映 - 贝壳杉 -17,19- 二甲酯 16α-hydro-ent-kauran-17,19-dimethyl ester
16α- 氢 - 对映 - 贝壳杉 -17,19- 二酸 16α-hydro-ent-kauran-17,19-dioic acid
16β- 氢 - 对映 - 贝壳杉 -17,19- 二酸 16β-hydro-ent-kauran-17,19-dioic acid
16α- 氢 - 对映 - 贝壳杉 -17- 酸 16α-hydro-ent-kauran-17-oic acid
16β- 氢 - 对映 - 贝壳杉 -17- 酸 16β-hydro-ent-kauran-17-oic acid
25- 氢过氧 -12β- 羟基 -20-[(6-O-β-D- 吡喃木糖基 -β-D- 吡喃葡萄糖氧基)- 达玛 -23E- 烯 -3β-(2-O-β-D- 吡喃葡萄糖基 -β-D- 吡喃葡萄糖苷) 25-hydroperoxy-12β-hydroxy-20-(6-O-β-D-xylopyranosyl-β-D-glucopyranosyloxy)-dammar-23E-en-3β-(2-O-β-D-glucopyranosyl-β-D-glu-copyranoside)
(23E)-25- 氢过氧 -12β- 羟基 - 达玛 -23- 烯 -3β-O-β-D- 吡喃葡萄糖基 -(1 → 2)-O-β-D- 吡喃葡萄糖苷 -20-O-β-D- 吡喃木糖基 -(1 → 6)-O-β-D- 吡喃葡萄糖苷 (23E)-25-hydroperoxy-12β-hydroxy-dammar-23-en-3β-O-β-D-glucopyranosyl-(1 → 2)-O-β-D-glucopyranoside-20-O-β-D-xylopyranosyl-(1 → 6)-O-β-D-glucopyranoside
2E-3-[4-(2E,5E-7- 氢过氧 -3,7- 二甲基 -2,5- 辛二烯 -1- 氧基)-3- 甲氧基苯基]-2- 丙烯 -1- 醇 2E-3-{[4-(2E,5E-7-hydroperoxy-3,7-dimethyl-2,5-octadien-1-yl)oxy]-3-methoxyphenyl}-2-propen-1-ol
2E-3-[4-(2E-6- 氢过氧 -3,7- 二甲基 -2,7- 辛二烯 -1- 氧基)-3- 甲氧基苯基]-2- 丙烯 -1- 醇 2E-3-{4-[(2E-6-hydroperoxy-3,7-dimethyl-2,7-octadien-1-yl)]oxy}-3-methoxyphenyl]-2-propen-1-ol
(E,E)-4-(7- 氢过氧 -3,7- 二甲基辛 -2,5- 二烯酰氧基)- 丁香苷元 (E,E)-4-(7-hydroperoxy-3,7-dimethylocta-2,5-dienyloxy)-syringenin
(E)-4-(6- 氢过氧 -3,7- 二甲基辛 -2,7- 二烯酰氧基)- 丁香苷元 (E)-4-(6-hydroperoxy-3,7-dimethylocta-2,7-dienyloxy)-syringenin
4E-1β- 氢过氧 -3β,11β- 二羟基大根老鹳草 -4(5),10(14)- 二烯 -12,6α- 内酯 4E-1β-hydroperoxy-3β,11β-dihydroxygermacra-4(5),10(14)-dien-12,6α-olide
1α- 氢过氧 -4α- 羟基比梢菊内酯▲ 1α-hydroperoxy-4α-hydroxybishopsolicepolide
1α- 氢过氧 -4β- 羟基 -8α- 乙酰氧基 - 愈创木 -2,9,11(13)- 三烯 -6α,12- 内酯 1α-hydroperoxy-4β-hydroxy-8α-acetoxy-guaia-2,9,11(13)-triene-6α,12-olide
4-O-[7- 氢过氧 -5,6E- 去氢 -6,7- 二氢香叶基]- 芥子醇 4-O-[7-hydroperoxy-5,6E-dehydro-6,7-dihydrogeranyl]-sinapyl alcohol
4-O-[7- 氢过氧 -5,6E- 去氢 -6,7- 二氢香叶基]- 松柏醇 4-O-[7-hydroperoxy-5,6E-dehydro-6,7-dihydrogeranyl]-coniferyl alcohol
4α- 氢过氧 -5- 烯 - 广防风二内酯▲ 4α-hydroperoxy-5-en-ovatodiolide
1β- 氢过氧 -6α- 羟基 - 桉叶 -4(15)- 烯 1β-hydroperoxy-6α-hydroxy-eudesm-4(15)-ene
4-O-[6- 氢过氧 -7(9)- 去氢 -6,7- 二氢香叶基]- 芥子醇 4-O-[6-hydroperoxy-7(9)-dehydro-6,7-dihydrogeranyl]-sinapyl alcohol
4-O-[6- 氢过氧 -7(9)- 去氢 -6,7- 二氢香叶基]- 松柏醇 4-O-[6-hydroperoxy-7(9)-dehydro-6,7-dihydrogeranyl]-coniferyl alcohol
(1R,3S,7E,11S,12R)-3- 氢过氧海兔 -4(16),7- 二烯 -18- 醇 (1R,3S,7E,11S,12R)-3-hydroperoxydolabella-4(16),7-dien-18-ol
氢过氧化木兰内酯 hydroperoxide-magnolialide
24- 氢过氧环木菠萝 -25- 烯 -3β- 醇 24-hydroperoxycycloart-25-en-3β-ol
4- 氢过氧基 -19- 降冷杉 -8,11,13- 三烯 -7- 酮 4-hydroperoxy-19-norabieta-8,11,13-trien-7-one
24- 氢过氧基 -24- 乙烯基胆甾醇 24-hydroperoxy-24-vinylcholesterol
29- 氢过氧基豆甾 -5,24(28)- 二烯 -3β- 醇 29-hydroperoxystigmasta-5,24(28)-dien-3β-ol
21α- 氢过氧 - 蒲公英萜醇▲ 21α-hydroperoxy-taraxasterol
1α- 氢过氧 - 岩生三裂蒿素▲ A 乙酸酯 1α-hydroperoxy-rupicolin A acetate
氢化阿魏酸 hydroferulic acid
氢化白毛茛宁碱 hydrohydrastinine
氢化对香豆酰基 -O- 没食子酰基 - 葡萄糖 hydro-p-coumaroyl-O-galloyl-glucose
氢化对香豆酰基 - 二 -O- 没食子酰葡萄糖 hydro-p-coumaroyl-di-O-galloyl-glucose
氢化桂皮酸 hydrocinnamic acid
氢化桂皮酸甲酯 hydrocinnamic acid methyl ester
α,β- 氢化红曲可林 Q α,β-hydromonacolin Q
氢化胡椒苷 hydropiperoside
氢化胡椒苷 A, B hydropiperoside A, B
α- 氢化胡桃醌 -4- 吡喃葡萄糖苷 α-hydrojuglone-4-glucopyranoside
氢化咖啡酸 hydrocaffeic acid
1- 氢化可的松 1-hydrocortisone
氢化去氢二松柏醇 hydrodehydrodiconiferyl alcohol
12β- 氢化升麻醇 12β-hydrocimigenol
12β- 氢化升麻醇 -7(8)-3- 酮 12β-hydrocimigenol-7(8)-3-one
12β- 氢化升麻醇 -7(8)- 烯 12β-hydrocimigenol-7(8)-en
12β- 氢化升麻内酯 12β-hydrocimilactone
氢化银杏酚 hydroginkgol
氢化银杏尼酸▲ hydroginkgolinic acid
氢化银杏酸 hydroginkgolic acid
氢化原阿片碱 hydroprotopine
8β- 氢荒漠木 -7(11)- 烯 -8α,12β(6α,14β)- 二内酯 8β-hydroeremophil-7(11)-en-8α,12β(6α,14β)-diolide
氢醌 hydroquinone
氢醌 -1-O-β-D- 吡喃葡萄糖苷 hydroquinone-1-O-β-D-glucopyranoside
氢醌 -O-[6-(3- 羟基异丁酰基)]-β-D- 吡喃半乳糖苷 hydroquinone-O-[6-(3-hydroxyisobutanoyl)]-β-D-galactopyranoside
氢醌二甲醚 hydroquinone dimethyl ether
19- 氢蔓长春花醇▲ 19-hydrovincanol
氢氰酸 hydrocyanic acid
2- 氢肉桂酰 -6- 羟基 -5- 氨基 -3- 甲氧基 -1,4- 苯醌 2-hydrocinnamoyl-6-hydroxy-5-amino-3-methoxy-1,4-benzoquinone
清风藤酚▲ A, B sabphenol A, B
清风藤酚苷▲ A~D sabphenoside A~D
清风藤黄素 sabian

Q

清风藤内酯 sabialactone
清风藤酮 sabianone
清明花胺▲ beaumontamine
清明花苷 beaumontoside
清明花瓦氏苷▲ wallichoside
清香桂碱 A, A_1, B, D sarcorucinine A, A_1, B, D
清香木姜子苷▲ A, B euosmoside A, B
清香木素▲ A, B pistafolin A, B
清香藤苷▲ A~E jaslanceoside A~E
清香藤苷 B jaslanceoside B
氰 -*β*- 芸香糖苷 cyanogenic-*β*-rutinoside
氰胺 cyanamide
氰二醇 cyanodiol
1- 氰基 -2,3- 表硫化丙烷 1-cyano-2,3-epithiopropane
3- 氰基 -2-[(1- 氧代 -9- 十八烯氧基) 甲基]-2- 丙烯醇 -(*Z,Z*)-11-二十烯酸酯 3-cyano-2-[(1-oxo-9-octadecenyloxy)methyl]-2-propenyl-(*Z,Z*)-11-eicosenoic acid ester
3- 氰基 -2-[(1- 氧代 -9- 十八烯氧基) 甲基]-2- 丙烯基 -(*Z*)- 二十酸酯 3-cyano-2-[(1-oxo-9-octadecenyloxy)methyl]-2-propenyl-(*Z*)-eicosanoic acid ester
1- 氰基 -2- 羟甲基丙 -1- 烯 -3- 醇 1-cyano-2-hydroxymethylprop-1-ene-3-ol
1- 氰基 -2- 羟甲基丙 -2- 烯 -1- 醇 1-cyano-2-hydroxymethylprop-2-ene-1-ol
3- 氰基 -4- 甲氧基吡啶 3-cyano-4-methoxypyridine
β- 氰基 -L- 丙氨酸 *β*-cyano-L-alanine
4- 氰基苯基 -*β*-D- 吡喃木糖基 -(1 → 6)-*β*-D- 吡喃葡萄糖苷 4-cyanophenyl-*β*-D-xylopyranosyl-(1 → 6)-*β*-D-glucopyranoside
4- 氰基苯甲醛 4-cyanobenzaldehyde
α- 氰基对羟基苯甲醇吡喃葡萄糖苷 *α*-cyano-*p*-hydroxybenzyl glucopyranoside
(*S*)-*α*- 氰基 - 对羟基苄基吡喃葡萄糖苷 (*S*)-*α*-cyano-*p*-hydroxybenzylglucopyranoside
N- 氰基 - 裂环 - 伪番木鳖碱 *N*-cyano-sec-pesudostrychnine
N- 氰基 - 裂环 - 伪马钱子碱 *N*-cyano-sec-pseudobrucine
2- 氰基亚甲基 -1,3- 丙二醇 -(*Z*)-9- 十八烯酸酯 2-cyanomethylene-1,3-propanediyl-(*Z*)-9-octadecenoic acid ester
(+)-(*R*)-3- 氰甲基 -3- 羟基氧代吲哚 (+)-(*R*)-3-cyanomethyl-3-hydroxyoxoindole
苘麻素▲ A abutilin A
琼榄苷▲ A gonocaryoside A
琼崖海棠酸▲ inophyllic acid
琼崖海棠酮酸▲ inophylloidic acid
琼脂 agar
琼脂胶 agaropectin
琼脂糖 agarose
丘陵多孔菌酸▲ tumulosic acid
丘生巨盘木素 collinin
丘疹石耳聚糖▲ pustulan
秋分草苷▲ A, B rhynchospermoside A, B
秋分草素▲ A, B, C rhynchosperin A, B, C
秋枫素▲ bischofanin
秋水仙苷 colchicoside
秋水仙碱 colchicine
秋唐松草替定碱 thalmelatidine
球桉木脂素▲ A globoidnan A
球果伞素 O, P strobilurin O, P
球花报春素▲ denticulatin
球花报春辛▲ denticin
球花苷▲ globularin
球花明苷▲ globularimin
球花牛奶菜苷元 A, B marsglogenin A, B
球花牛奶菜素▲ marsglobiferin
球花辛苷▲ globularicisin
球花醉鱼草酮▲ B buddledone B
球茎石豆兰素▲ tristin
球兰苷▲ A~T hoyacarnoside A~T
球序卷耳苷▲ A~N glomeraside A~N
球子草苷 A, B, C peliosanthoside A, B, C
4- 巯丁基芥子油苷 4-mercaptobutyl glucosinolate
4- 巯基 -2- 庚醇 4-mercapto-2-heptanol
4- 巯基 -2- 庚酮 4-mercapto-2-heptanone
4- 巯基 -2- 壬醇 4-mercapto-2-nonanol
4- 巯基 -3- 己酮 4-mercapto-3-hexanone
2- 巯基 -4- 庚醇 2-mercapto-4-heptanol
2- 巯基 -4- 庚酮 2-mercapto-4-heptanone
巯基糖苷乙酯 ethylthioglycolate
β- 巯基乙醇 *β*-mercaptoethanol
区域止泻木碱▲ A~F regholarrhenine A~F
曲唇羊耳蒜碱▲ kumokirine
曲刺茄苷▲ anguivioside
曲莲二糖▲ amabiose
曲莲宁▲ B hemsamabilinin B
曲霉苯氨酯 asperphenamate
曲石松碱▲ lycoflexine
曲石松碱 -*N*- 氧化物 lycoflexine-*N*-oxide
曲酸 kojic acid
曲折斑鸠菊苷 vernoflexuoside
曲轴石斛宁▲ dengibsinin
曲轴石斛素▲ dengibsin
驱蛔脑 ascaridole
6- 去 -(3- 乙酰基 -2,4,6- 三羟基 -5- 甲基苯基)- 粗糠柴毒素 6-de-(3-acetyl-2,4,6-trihydroxy-5-methylphenyl)-rottlerin
11,12- 去 (亚甲二氧基) 毛轴蕊木叶碱▲ 11,12-de(methylenedioxy) danuphylline
去 -4'-*O*- 甲基桉脂素 de-4'-*O*-methyleudesmin
(±)- 去 -4'-*O*- 甲基扬甘比胡椒素▲ (±)-de-4'-*O*-methylyangambin
去 -4'-*O*- 甲基扬甘比胡椒素▲ de-4'-*O*-methylyangambin
去 -*N*- 甲基 -*α*- 玉柏碱 des-*N*-methyl-*α*-obscurine
去 -*N*- 甲基 -*β*- 玉柏碱 des-*N*-mefhyl-*β*-obscurine
去 -*N*- 甲基白屈菜红碱 des-*N*-methylchelerythrine
去 -*N*- 甲基降山油柑碱 des-*N*-methylnoracronycine
去 -*N*- 甲基山油柑碱 des-*N*-methylacronycine
(+)-(*R*)- 去 -*O*- 甲基毛色二孢素 (+)-(*R*)-de-*O*-methyllasiodiplodin
(*R*)- 去 -*O*- 甲基毛色二孢素 (*R*)-de-*O*-methyllasiodiplodin
去 -*O*- 甲基毛色二孢素 des-*O*-methyllasiodiplodin
(3*R*)- 去 -*O*- 甲基毛双孢素▲ (3*R*)-des-*O*-methyllasiodiplodin
(+)- 去 -*O*- 甲基木兰脂素 (+)-de-*O*-methylmagnolin
去 -*O*- 甲基脱水淫羊藿素 des-*O*-methylanhydroicaritin
去 -*O*- 甲基总状花羊蹄甲酚▲ des-*O*-methylracemosol
去 -*O*- 乙基红根草素 de-*O*-ethylsalvonitin
25- 去 -*O*- 乙酰毒鼠子素▲ M 25-de-*O*-acetyldichapetalin M
25- 去 -*O*- 乙酰毒鼠子素▲ P 25-de-*O*-acetyldichapetalin P
3- 去 -*O*- 乙酰基 -3-*O*-[(*E*)-2- 甲基丁 -2- 烯酰基]- 印楝沙兰宁 3-de-*O*-acetyl-3-*O*-[(*E*)-2-methylbut-2-enoyl]-salannin
去阿拉伯糖基肺花龙胆苷▲ dearabinosyl pneumonanthoside
去氨甲酰膝沟藻毒素 2, 3 decarbamoylgonyautoxin 2, 3
1-*O*- 去巴豆酰基 -1-*O*- 苯甲酰日楝醇醛▲ 1-*O*-detigloyl-1-*O*-

Q

benzoylohchinolal
1-*O*- 去巴豆酰基 -1-*O*- 桂皮酰日楝醇醛▲ 1-*O*-detigloyl-1-*O*-cinnamoylohchinolal
去半乳糖基替告皂苷 degalactotigonin
去半乳糖替告皂苷 desgalactotigonin
去苯甲酰白芍苷 debenzoylalbiflorin
14- 去苯甲酰大渡乌头碱 14-debenzoylfranchetine
3-*O*- 去苯甲酰大花紫玉盘酮▲ 3-*O*-debenzoylgrandiflorone
19- 去苯甲酰基 -19- 乙酰紫杉宁 M 19-debenzoyl-19-acetyltaxinine M
2- 去苯甲酰基 -2- 烟酰雷公藤灵碱 2-debenzoyl-2-nicotinoylwilforine
11-*O*- 去苯甲酰峦大八角宁▲ 11-*O*-debenzoyltashironin
8- 去苯甲酰欧芍药苷▲ 8-debenzoylpaeonidanin
8- 去苯甲酰芍药苷 8-debenzoylpaeoniflorin
去苯甲酰芍药苷 desbenzoylpaeoniflorin
3-*O*- 去苯甲酰锡兰紫玉盘烯酮▲ 3-*O*-debenzoylzeylenone
N- 去苯乙基异猴头菌素▲ *N*-dephenylethylisohericerin
去次甲基伞花翠雀碱▲ demethylenedelcorine
去当归酰五味子酯 F deangeloylschisantherin F
去当归酰氧基窃衣素 deangeloyloxytorilin
去对羟基苯甲酰基 -3- 去氧梓素▲ des-*p*-hydroxybenzoyl-3-deoxycatalpin
去对羟基苯甲酰梓实烯醇▲ B des-*p*-hydroxybenzoyl kisasagenol B
14,15- 去二甲基 -13- 氧代半日花 -8(17),11*E*- 二烯 -18- 酸 14,15-dinor-13-oxolabda-8(17),11*E*-dien-18-oic acid
1,9- 去二乙酰基 -9- 巴豆酰基三裂蟛蜞菊内酯 A 1,9-dediacetyl-9-tigloylwedeliatrilolactone A
1,9- 去二乙酰基 -9- 当归酰基三裂蟛蜞菊内酯 A 1,9-dediacetyl-9-angeloylwedeliatrilolactone A
17- 去呋喃 -17- 氧代日楝宁▲ 17-defurano-17-oxoohchinin
1-*O*- 去桂皮酰基 -1-*O*- 苯甲酰基 -23- 羟基日楝宁内酯▲ 1-*O*-decinnamoyl-1-*O*-benzoyl-23-hydroxyohchininolide
1-*O*- 去桂皮酰基 -1-*O*- 苯甲酰基 -28- 氧代日楝宁▲ 1-*O*-decinnamoyl-1-*O*-benzoyl-28-oxoohchinin
1-*O*- 去桂皮酰基 -1-*O*- 苯甲酰日楝宁▲乙酸酯 1-*O*-decinnamoyl-1-*O*-benzoylohchinin acetate
1-*O*- 去桂皮酰基 -1-*O*- 苯甲酰日楝宁内酯▲ 1-*O*-decinnamoyl-1-*O*-benzoylohchininolide
去桂皮酰基紫杉吉芬 decinnamoyltaxagifine
去桂皮酰基紫杉吉芬乙酸酯 decinnamoyltaxagifine acetate
去桂皮酰基紫杉宁 E, J decinnamoyltaxinine E, J
5*α*- 去桂皮酰紫杉吉芬 5*α*-decinnamoyltaxagifine
5- 去桂皮酰紫杉宁 J 5-decinnamoyltaxinine J
5,6- 去环氧 -5- 烯 -7- 酮 -17- 羟基催眠睡茄素 A 5,6-de-epoxy-5-en-7-one-17-hydroxywithaferin A
24- 去甲 -11*α*- 羟基 -3- 氧代 - 羽扇豆 -20(29)- 烯 -28- 酸 24-nor-11*α*-hydroxy-3-oxo-lup-20(29)-en-28-oic acid
24- 去甲 -3*α*,11*α*- 二羟基 - 羽扇豆 -20(29)- 烯 -28- 酸 24-nor-3*α*,11*α*-dihydroxy-lup-20(29)-en-28-oic acid
8-*O*- 去甲白屈菜红碱 8-*O*-demethylchelerythrine
4'- 去甲半齿泽兰林素▲ 4'-demethyleupatilin
5-*O*- 去甲长柱唐松草碱 5-*O*-demethylthalistyline
5-*O*- 去甲川陈皮素 5-*O*-desmethylnobiletin
6'- 去甲大叶唐松草胺▲ 6'-desmethylthalifaboramine
(*R*)- 去甲衡州乌药碱 (*R*)-demethylcoclaurine
(-)-*N*- 去甲厚果唐松草次碱 (-)-*N*-demethylthalidasine
27- 去甲基 -(*E*,*E*)-20(22),23- 二烯 -3*β*,6*α*,12*β*- 三羟基达玛 -25- 酮 27-demethyl-(*E*,*E*)-20(22),23-dien-3*β*,6*α*,12*β*-trihydroxydammar-25-one
15- 去甲基 -14- 氧代半日花 -8(17),12*E*- 二烯 -18- 酸 15-nor-14-oxolabda-8(17),12*E*-dien-18-oic acid
15- 去甲基 -14- 氧代半日花 -8(17),12*E*- 二烯 -19- 醇 15-nor-14-oxolabda-8(17),12*E*-dien-19-ol
15- 去甲基 -14- 氧代半日花 -8(17),12*E*- 二烯 -19- 酸 15-nor-14-oxolabda-8(17),12E-dien-19-oic acid
(12*E*)-15- 去甲基 -14- 氧代半日花 -8(17),12- 二烯 -18- 酸 (12*E*)-15-nor-14-oxolabda-8(17),12-diene-18-oic acid
22-*O*- 去甲基 -22-*O*-*β*-D- 吡喃葡萄糖基异柯楠赛因碱▲ 22-*O*-demethyl-22-*O*-*β*-D-glucopyranosylisocorynoxeine
3-*O*- 去甲基 -2-*O*- 甲基八角枫苷 3-*O*-demethyl-2-*O*-methylalangiside
去甲基 -2''- 表美国白蜡苷▲ demethyl-2''-epifraxamoside
(7'*S*,8'*S*)-5-*O*- 去甲基 -4'-*O*- 甲基二片扁担杆素 (7'*S*,8'*S*)-5-*O*-demethyl-4'-*O*-methylbilagrewin
(*E*)-4'- 去甲基 -6- 甲基凤梨百合素▲ (*E*)-4'-demethyl-6-methyleucomin
7- 去甲基 -6- 甲氧基 -5,6- 二氢白屈菜红碱 7-demethyl-6-methoxy-5,6-dihydrochelerythrine
9-*O*- 去甲基 -7-*O*- 甲基石蒜宁碱 9-*O*-demethyl-7-*O*-methyllycorenine
N^1- 去甲基 -7- 甲氧基伞花仔榄树季铵碱▲ A N^1-demethyl-7-methoxyikirydinium A
8- 去甲基 -7- 氧代马钱苷 8-demethyl-7-ketologanin
7- 去甲基 -7- 异戊烯基异刺飞龙掌血素▲ 7-demethyl-7-isopentenylisoaculeatin
N- 去甲基 -9,10- 二氢氧化血根碱 *N*-demethyl-9,10-dihydrooxysanguinarine
3'- 去甲基 -9- 氧代 - 松脂酚 3'-demethyl-9-oxo-pinoresinol
N- 去甲基 -*N*- 甲酰基 - 去氢荷叶碱 *N*-demethyl-*N*-formyl-dehydronuciferine
N- 去甲基 -*N*- 甲酰去氢降荷叶碱 *N*-demethyl-*N*-formyl-dehydronornuciferine
(±)-*N*- 去甲基 -*α*- 玉柏碱 (±)-*N*-demethyl-*α*-obscurine
N- 去甲基 -*α*- 玉柏碱 *N*-demethyl-*α*-obscurine
N- 去甲基 -*β*- 玉柏碱 *N*-demethyl-*β*-obscurine
7- 去甲基阿勒颇芸香素▲ 7-demethylrutarensin
6-*O*- 去甲基安托芬 6-*O*-demethylantofine
8- 去甲基桉树酚 8-desmethyl-eucalyptin
去甲基八角枫苷 demethylalangiside
N- 去甲基白屈菜红碱 *N*-desmethylchelerythrine
9'- 去甲基白头树素 I 9'-desmethylgaruganin I
15- 去甲基半日花 -8(20),12*E*- 二烯 -14- 醛 -19- 酸 15-norlabda-8(20),12*E*-diene-14-carboxalde-19-oic acid
16- 去甲基薄叶山橙辛碱▲ 16-demethyltenuicausine
6-*O*- 去甲基北豆根朴啡碱▲ 6-*O*-demethyldauriporphine
N- 去甲基蓖麻碱 *N*-demethylricinine
9-*O*- 去甲基蝙蝠葛宁 9-*O*-demethylbianfugenine
6-*O*- 去甲基蝙蝠葛朴啡碱▲ 6-*O*-demethylmenisporphine
4- 去甲基表鬼臼毒素 -7'-*O*-*β*-D- 吡喃葡萄糖苷 4-demethylepipodophyllotoxin-7'-*O*-*β*-D-glucopyranoside
3'-*O*- 去甲基表松脂酚 3'-*O*-demethylepipinoresinol
3'-*O*- 去甲基 - 表松脂酚 3'-*O*-demethyl-epipinoresinol
(+)-8- 去甲基滨海全能花定▲ (+)-8-demethylmaritidine
去甲基布氏蜜茱萸素▲ demethylmelibentin
2'-*O*- 去甲基茶痂衣酸 2'-*O*-demethylpsoromic acid
(7*R*,8*R*)-5-*O*- 去甲基长叶扁担杆素▲ (7*R*,8*R*)-5-*O*-demethylbilagrewin
30- 去甲基常春藤皂苷元 30-norhederagenin

Q

5'-去甲基沉香木脂素 5'-demethylaquillochin
1-去甲基橙黄决明素 1-desmethylaurantioobtusin
1-去甲基橙黄决明素-2-O-β-D-吡喃葡萄糖苷 1-desmethylaurantioobtusin-2-O-β-D-glucopyranoside
去甲基雏菊叶龙胆素 demethylbellidifolin
5-O-去甲基川陈皮素 5-O-demethylnobiletin
5-去甲基川陈皮素 5-demethylnobiletin
去甲基川陈皮素 demethylnobiletin
1-去甲基次乌头碱 1-demethylhypaconitine
17-O-去甲基刺果苏木素▲C 17-O-demethylbonducellpin C
6-去甲基翠雀亭 6-demethyldelphatine
去甲基大孢霉素▲I demethylmacrosporin I
N^1-去甲基大叶糖胶树碱▲ N^1-demethylalstophylline
N_b-去甲基大叶糖胶树碱▲氧化吲哚 N_b-demethylalstophylline oxindole
N^1-去甲基大叶糖胶树醛▲ N^1-demethylalstophyllal
N_b-去甲基大叶糖胶树醛▲氧化吲哚 N_b-demethylalstophyllal oxindole
去甲基大云实灵▲C demethylcaesaldekarin C
去甲基地不容碱 demethyldelavaine
8-去甲基丁香杜鹃酚▲ 8-demethylfarrerol
去甲基丁香苷 demethylsyringin
去甲基东北雷公藤素▲ demethylregelin
18-去甲基-对映-贝壳杉-16-烯-4β-醇 18-nor-*ent*-kaur-16-ene-4β-ol
18-去甲基-对映-海松-8(14),15-二烯-4β-醇 18-nor-*ent*-pimara-8(14),15-diene-4β-ol
1-去甲基钝叶决明辛▲ 1-desmethylobtusin
9'-去甲基多花白头树素▲I 9'-desmethylgarugamblin I
18-去甲基多花蓬莱葛胺 18-demethylgardfloramine
14-O-去甲基多子南五味子木脂素▲ 14-O-demethylpolysperlignan D
4-去甲基萼翅藤酮▲ 4-demethylcalycopterone
N^a-去甲基二氢紫堇明-17-乙酰化物 N^a-demethyldihydrocorymine-17-acetate
2-O-去甲基风龙明碱▲ 2-O-demethylacutumine
去甲基呋喃羽叶芸香素 demethylfuropinnarin
去甲基甘草酚 demethylglycyrol
(+)-8-O-去甲基高石蒜碱 (+)-8-O-demethylhomolycorine
O-去甲基高石蒜碱 O-demethylhomolycorine
2-O-去甲基革叶基尔藤黄素▲ 2-O-demethylkielcorin
去甲基瓜叶马兜铃素▲C, E demethylaristofolin C, E
去甲基龟叶香茶菜缩醛▲A demethylkamebacetal A
4'-去甲基鬼臼毒素 4'-demethylpodophyllotoxin
4'-去甲基鬼臼毒素-4-O-β-D-吡喃葡萄糖苷 4'-demethylpodophyllotoxin-4-O-β-D-glucopyranoside
4-去甲基鬼臼毒素-7'-O-β-D-吡喃葡萄糖苷 4-demethylpodophyllotoxin-7'-O-β-D-glucopyranoside
4'-去甲基鬼臼毒酮 4'-demethylpodophyllotoxone
7-去甲基蒿黄素 7-desmethylartemetin
1-去甲基荷包牡丹酮 1-demethyldicentrinone
(-)-1(S)-去甲基衡州乌药碱 (-)-1(S)-demethylnorcoclaurine
(±)-去甲基衡州乌药碱 (±)-demethylcoclaurine
(S)-去甲基衡州乌药碱 (S)-demethylcoclaurine
dl-去甲基衡州乌药碱 *dl*-demethylcoclaurine
N-去甲基厚果唐松草次碱 N-desmethylthalidasine
去甲基滑桃树辛▲ demethyltrewiasine
(-)-N_b-去甲基环御藏黄杨宁碱▲ (-)-N_b-demethylcyclomikuranine
1-去甲基黄决明素 1-desmethylchrysoobtusin
1-去甲基黄决明素-2-O-吡喃葡萄糖苷 1-desmethylchrysoobtusin-2-O-glucopyranoside
去甲基黄曲霉酮龙胆二糖苷 demethylflavasperone gentiobioside
10-O-去甲基黄细心酮C 10-O-demethylboeravinone C
6-O-去甲基黄细心酮H 6-O-demethylboeravinone H
15-去甲基鸡蛋花苷 15-demethylplumieride
去甲基鸡蛋花素 desmethylplumericin
N-去甲基加兰他敏 N-demethylgalanthamine
O-去甲基加兰他敏 O-demethylgalanthamine
(-)-2-去甲基箭头唐松草莫宁▲ (-)-2-demethylthalimonine
(-)-9-去甲基箭头唐松草莫宁▲ (-)-9-demethylthalimonine
6-去甲基豇豆呋喃 6-demethylvignafuran
N-去甲基降荷叶碱 N-demethylnornuciferine
4'-去甲基金不换萘酚甲醚 4'-demethylchinensinaphthol methyl ether
去甲基金丝梅屾酮宁▲ demethylpaxanthonin
(+)-2-去甲基金线吊乌龟碱▲ (+)-2-norcepharanthine
(+)-N_a-去甲基锦熟黄杨胺酮▲ (+)-N_a-demethylsemperviraminone
N^a-去甲基近缘狗牙花碱▲ N^a-demethylaccedine
N^4-去甲基九节叶狗牙花碱▲ N^4-demethyltaberpsychine
O-去甲基九里香碱 O-demethylmurrayanine
去甲基酒花黄酚▲ desmethylxanthohumol
去甲基酒花黄酚▲B, J desmethylxanthohumol B, J
5-O-去甲基桔皮素 5-O-demethyltangeretin
去甲基卡拉巴红厚壳屾酮▲ demethylcalabaxanthone
4'-去甲基苦鬼臼毒素 4'-demethylpicropodophyllotoxin
12-去甲基苦木素 12-norquassin
去甲基辣薄荷醇-4-O-β-D-吡喃葡萄糖苷 demethylpiperitol-4-O-β-D-glucopyranoside
3'-去甲基连翘苷 3'-demethylphillyrin
去甲基莲叶桐二酮 demethylsonodione
N-去甲基两面针碱 N-desmethylnitidine
(7R,8R)-5-O-去甲基两面针宁▲ (7R,8R)-5-O-demethylnitidanin
(7S,8S)-5-去甲基两面针宁▲ (7S,8S)-5-demethylnitidanin
N-去甲基裂环黄皮酰胺 N-demethylsecoclausenamide
去甲基裂环异落叶松树脂醇 demethoxy-secoisolariciresinol
6-O-去甲基琉璃飞燕草林碱▲ 6-O-demethyldelsoline
N-去甲基轮环藤宁碱 N-demethylcycleanine
去甲基洛克米仔兰酰胺-3'-羧酸甲酯 demethylrocaglamide-3'-carboxylic acid methyl ester
3-O-去甲基毛果槭苷▲ 3-O-demethylnikoenoside
去甲基毛叶山油柑酮▲ demethylacrovestone
N-去甲基梅森尼润花碱▲ N-demethylmasonine
去甲基美商陆苷元 demethylphytolaccagenin
O-去甲基木橘碱 O-demethylaegeline
18-去甲基蓬莱葛胺 18-demethylgardneramine
去甲基蟛蜞菊内酯 demethylwedelolactone
N-去甲基蒲贝酮碱 N-demethylpuqietinone
11-去甲基漆叶花椒碱▲B 11-demethylrhoifoline B
7'-O-去甲基千金藤双亚胺 7'-O-demethylstebisimine
N-去甲基青藤碱 N-demethylsinomenine
(7S,8S)-去甲基轻木卡罗木脂素▲E (7S,8S)-demethylcarolignan E
3-去甲基秋水仙碱 3-demethylcolchicine
3-O-去甲基秋水仙碱-3-O-α-D-吡喃葡萄糖苷 3-O-demethylcolchicine-3-O-α-D-glucopyranoside
4'-去甲基去氢鬼臼毒素 4'-demethyldehydropodophyllotoxin
4'-去甲基去氧鬼臼毒素 4'-demethyldeoxypodophyllotoxin
去甲基绒叶军刀豆酚▲ demethylvestitol
去甲基三出蜜茱萸宁▲ demethylmeliternin
去甲基三尖杉碱 demethylcephalotaxine

Q

去甲基三尖杉酮碱 demethylcephalotaxinone
N- 去甲基石杉宁碱▲ N-demethylhuperzinine
O- 去甲基石蒜胺 O-demethyllycoramine
去甲基栓质花椒素▲ demethylsuberosin
5-O- 去甲基四季橘素▲ 5-O-demethylcitromitin
N- 去甲基唐松草芬宁 N-demethylthalphenine
N- 去甲基唐松草碱 N-demethylthalistyline
N^4- 去甲基糖胶树胺▲ N^4-demethylechitamine
8- 去甲基铁木桉素▲ 8-demethylsideroxylin
去甲基脱水淫羊藿素 desmethylanhydroicaritin
13a(S)-(+)-6- 去甲基娃儿藤碱 13a(S)-(+)-6-desmethyltylophorine
O- 去甲基网球花胺 O-demethylhaemanthamine
12- 去甲基五味木脂素 1 12-demethylwuweilignan 1
(-)-10-O- 去甲基稀疏木瓣树亭▲ (-)-10-O-demethyldiscretine
去甲基锡兰柯库木萜醛▲ demethylzeylasteral
4''-O- 去甲基蜥尾草亭▲A 4''-O-demethylmanassantin A
4-O- 去甲基蜥尾草亭▲A, B 4-O-demethylmanassantin A, B
3''-O- 去甲基蜥尾草亭▲B 3''-O-demethylmanassantin B
N^b- 去甲基狭叶鸡骨常山亭▲ N^b-demethylalstogustine
N^b- 去甲基狭叶鸡骨常山亭▲-N- 氧化物 N^b-demethylalstogustine-N-oxide
4-O- 去甲基相思子黄酮 -7-O-α-L- 吡喃鼠李糖基 -3'-O-β-D- 吡喃木糖苷 4-O-demethylabrectorin-7-O-α-L-rhamnopyranosyl-3'-O-β-D-xylopyranoside
去甲基新核果三尖杉碱▲ demethylneodrupacine
6-O- 去甲基新欧乌林碱▲ 6-O-demethylneoline
28- 去甲基熊果 -12- 烯 -3β- 醇 28-nor-urs-12-en-3β-ol
30- 去甲基熊果 -3- 酮 -20- 醇 30-desmethylurs-3-on-20-ol
4-O- 去甲基须松萝酸▲ 4-O-demethylbarbatic acid
4-O- 去甲基须松萝酸▲甲酯 4-O-demethylbarbatic acid methyl ester
2- 去甲基 - 氧化巴马汀 2-demethyl-oxypalmatine
15- 去甲基异鸡蛋花苷 15-demethylisoplumieride
13a(S)-(+)-3- 去甲基 - 异密花娃儿藤碱▲ 13a(S)-(+)-3-demethyl-isotylocrebrine
去甲基淫羊藿素 desmethylicaritin
5'- 去甲基樱花树脂醇 5'-demethylsakuraresinol
去甲基油橄榄苦苷 demethyloleuropein
去甲基玉叶金花诺苷▲ demethylmussaenoside
N- 去甲基月芸香酮碱▲ N-demethyllunidonine
去甲基獐牙菜酚▲ demethylswertianol
去甲基直立拉齐木西定▲ demethylstrictosidine
N- 去甲基皱叶唐松草定碱▲ N-desmethylthalrugosidine
去甲基珠节决明黄酮▲C, D demethyltorosaflavone C, D
3-O- 去甲基紫红獐牙菜酚苷▲ 3-O-demethylswertipunicoside
(-)-4'- 去甲基紫花络石苷元 (-)-4'-demethyltraxillagenin
4- 去甲基紫花络石苷元 4-demethyltraxillagenin
3-O- 去甲基紫穗槐苷元 3-O-demethylamorphigenin
去甲洛克米仔兰酰胺 desmethylrocaglamide
5'-O- 去甲那可汀 5'-O-demethylnarcotine
28- 去甲齐墩果 -11,13(18),17(22)- 三烯 -3,21- 二酮 28-norolean-11,13(18),17(22)-trien-3,21-dione
30- 去甲齐墩果 -12,20(29)- 二烯 -23,28- 二酸 -2,3- 二羟基 -28-β-D- 吡喃葡萄糖基酯 30-noroleana-12,20(29)-diene-23,28-dioic acid-2,3-dihydroxy-28-β-D-glucopyranosyl ester
30- 去甲齐墩果 -12,20(29)- 二烯 -23,28- 二酸 -3-O-β-D- 吡喃葡萄糖基 -2- 羟基 -28-β-D- 吡喃葡萄糖基酯 30-noroleana-12,20(29)-diene-23,28-dioic acid-3-O-β-D-glucopyranosyl-2-hydroxy-28-β-D-glucopyranosyl ester
8- 去甲氧基 -10-O- 甲基玉簪碱 8-demethoxy-10-O-methylhostasine
5- 去甲氧基 -10- 去羟甲基 -5- 乙酰氧基 -10- 甲基 - 腺梗豨莶素▲ 5-demethoxy-10-dehydroxymethyl-5-acetyloxy-10-methyl-pubetalin
11- 去甲氧基 -11- 乙氧基交让木苷 11-demethoxy-11-ethoxydaphylloside
9- 去甲氧基 -18- 去甲基蓬莱葛胺 9-demethoxy-18-demethylgardneramine
6- 去甲氧基 -4'-O- 甲基茵陈色原酮 -7-O-β-D- 吡喃葡萄糖苷 6-demethoxy-4'-O-methylcapillarisin-7-O-β-D-glucopyranoside
4''- 去甲氧基 -7- 二氢毒鼠子素▲W 4''-demethoxy-7-dihydrodichapetalin W
6- 去甲氧基 -7- 甲基茵陈色原酮 6-demethoxy-7-methylcapillarisin
去甲氧基荜茇酰二聚物 desmethoxypiplartine dime
(+)-5- 去甲氧基表高大胡椒素▲ (+)-5-demethoxyepiexcelsin
5'- 去甲氧基表高大胡椒素▲ 5'-demethoxyepiexcelsin
6- 去甲氧基川陈皮素 6-demethoxynobiletin
3- 去甲氧基刺桐替定酮 demethoxyerythratidinone
15- 去甲氧基多齿黄芩素▲I 15-demethoxyscupolin I
18- 去甲氧基多花蓬莱葛胺 18-demethoxygardfloramine
19(E)-18- 去甲氧基多花蓬莱葛胺 19(E)-18-demethoxygardfloramine
19(E)-18- 去甲氧基多花蓬莱葛胺 -N^4- 氧化物 19(E)-18-demethoxygardfloramine-N^4-oxide
去甲氧基多花蓬莱葛亭碱 demethoxygardmultine
(7'S,8'S)-5- 去甲氧基二片扁担杆素 (7'S,8'S)-5-demethoxybilagrewin
6- 去甲氧基福橘素 6-demethoxytangeretin
去甲氧基圭亚那马钱碱▲ demethoxyguiaflavine
N- 去甲氧基胡蔓藤宁▲ N-demethoxyhumantenine
2- 去甲氧基花锚苷 2-demethoxyhaleniaside
去甲氧基花锚苷 demethoxyhaleniaside
3'- 去甲氧基环姜黄素 3'-demethoxycyclocurcumin
去甲氧基几内亚胡椒素▲ demethoxyaschantin
去甲氧基加州脆枝菊素▲ desmethoxyencecalin
去甲氧基荚果蕨酚 demethoxymatteucinol; desmethoxymatteucinol
去甲氧基荚果蕨酚 -7- 甲醚 desmethoxymatteucinol-7-methyl ether
去甲氧基姜黄素 demethoxycurcumin
10- 去甲氧基降蔓长春花考灵▲ 10-demethoxynorvincorine
8- 去甲氧基金线吊乌龟酮宁碱▲ 8-demethoxycephatonine
去甲氧基巨大鞘丝藻酰胺 C desmethoxymajusculamide C
17- 去甲氧基柯楠诺辛碱▲B 17-demethoxycorynoxine B
N- 去甲氧基兰金钩吻定▲ N-demethoxyrankinidine
2,3- 去甲氧基裂环异木脂四氢萘乙酸酯 2,3-demethoxysecoisolintetralin acetate
8- 去甲氧基马兜铃内酰胺 -N-β-D- 吡喃葡萄糖苷 8-desmethoxyaristolactam-N-β-D-glucopyranoside
8- 去甲氧基 - 马兜铃内酰胺 -N-β-D- 吡喃葡萄糖苷 8-desmethoxy-aristolactam-N-β-Dglucopyranoside
4- 去甲氧基马兜铃酸 BII 4-demethoxyaristolochic acid BII
10- 去甲氧基蔓长春花考灵▲ 10-demethoxyvincorine
10- 去甲氧基蔓长春花考灵▲-N^4- 氧化物 10-demethoxyvincorine-N^4-oxide
5'- 去甲氧基密花卡瑞藤黄素▲G 5'-demethoxycadensin G
18- 去甲氧基蓬莱葛胺 18-demethoxygardneramine
19(E)-18- 去甲氧基蓬莱葛胺 19(E)-18-demethoxygardneramine
17- 去甲氧基氢化柯楠诺辛碱▲B 17-demethoxyhydrocorynoxine B
17- 去甲氧基氢化异钩藤碱 17-demethoxyhydroisorhynchophylline
17- 去甲氧基氢化异钩藤碱 -N- 氧化物 17-demethoxyhydroisorhynchophylline-N-oxide
去甲氧基去乙酰金钱松酸 B demethoxydeacetoxy-pseudolaric acid B

Q

8- 去甲氧基汝兰宁碱 8-demethoxyrunanine
5''- 去甲氧基瑞香辛 5''-demethoxydaphneticin
5'- 去甲氧基瑞香辛 5'-demethoxydaphneticin
去甲氧基瑞香辛 demethoxydaphneticin
去甲氧基矢车菊定 desmethoxycentaureidin
去甲氧基矢车菊定 -7-*O*-*β*-D- 吡喃葡萄糖苷 desmethoxycentaureidin-7-*O*-*β*-D-glucopyranosid
去甲氧基水黄皮精素▲ demethoxykanugin
11- 去甲氧基四数鸡骨常山碱▲ 11-demethoxyquaternine
2'- 去甲氧基透骨草醇乙酸酯 2'-demethoxyl leptostachyol acetate
7- 去甲氧基娃儿藤碱 7-demethoxytylophorine
7- 去甲氧基娃儿藤碱 -*N*- 氧化物 7-demethoxytylophorine-*N*-oxide
去甲氧基文殊兰胺 demethoxycrinamine
去甲氧基无柄异唇爵床碱▲ desmethoxyaniflorine
6''- 去甲氧基新萼翅藤酮▲ 6''-demethoxyneocalycopterone
去甲氧基野茉莉醇 demethoxyegonol
去甲氧基野茉莉醇 -2- 丁酸甲酯 demethoxyegonol-2-methylbutanoate
5- 去甲氧基异白芷双香豆素▲A 5'-demethoxyisodahuribirin A
去甲氧基异瑞香辛 demethoxyisodaphneticin
6- 去甲氧基茵陈蒿素 6-demethoxycapilarisin
6- 去甲氧基茵陈色原酮 6-demethoxycapillarisin
8- 去甲氧基玉簪碱 8-demethoxyhostasine
5- 去甲氧基珠子草素 5-demethoxyniranthin
去甲氧基酢橘亭▲ demethoxysudachitin
N_a- 去甲氧羰基 -12- 蕊木碱▲ N_a-demethoxycarbonyl-12-methoxykopsine
16'- 去甲氧羰基 -19,20- 二氢 -20- 表伏康树胺▲ 16'-demethoxycarbonyl-19,20-dihydro-20-epivoacamine
16'- 去甲氧羰基 -19,20- 二氢硬锥喉花胺▲ 16'-decarbo-methoxy-19,20-dihydroconoduramine
16- 去甲氧羰基长春普辛 16-decarbomethoxyvincapusine
16- 去甲氧羰基伏康树胺▲ 16-decarbomethoxyvoacamine
16'- 去甲氧羰基伏康树胺▲ 16'-demethoxycarbonylvoacamine
N^1- 去甲氧羰基开环红花蕊木酸▲ N^1-decarbomethoxychanofruticosinic acid
N^1- 去甲氧羰基开环红花蕊木酸▲甲酯 methyl N^1-decarbomethoxychanofruticosinate
去甲氧羰基开环红花蕊木酸▲甲酯 methyl demethoxycarbonylchanofruticosinate
N^1- 去甲氧羰基开环红花蕊木酸▲甲酯 -N^4- 氧化物 methyl N^1-decarbomethoxy chanofruticosinate-N^4-oxide
N- 去甲氧羰基蕊木胺 *N*-decarbomethoxykopsamine
去甲氧羰基蕊木碱▲ decarbomethoxykopsine
去甲氧羰基异蕊木碱▲ decarbomethoxyisokopsine
去甲乙酰香草色烯 demethylacetovanillochromene
6- 去甲茵陈色原酮 6-demethylcapillarisin
去咖啡酰毛蕊花苷 decaffeoylverbascoside
去咖啡酰洋丁香酚苷 decaffeoylacteoside
去咖啡酰圆齿列当苷 descaffeoylcrenatoside
4'- 去硫酸基苍术苷 4'-desulphatedatractyloside
4'- 去硫酸基 - 羰基苍术苷 4'-desulphated-carboxyatractyloside
去氯风龙米定碱▲ dechloroacutumidine
去氯风龙明碱▲ dechloroacutumine
1- 去没食子酰丁香鞣质 1-desgalloyleugeniin
l- 去没食子酰丁香鞣质 *l*-desgalloyleugeniin
5- 去没食子酰旌节花素 5-desgalloylstachyurin
去没食子酰旌节花素 desgalloylstachyurin
1- 去没食子酰玫瑰鞣质 F 1-degalloylrugosin F
去没食子酰玫瑰鞣质 F degalloylrugosin F
去没食子酰石榴皮素▲A degalloyl-punicacortein A
去木糖基土贝母苷 III dexylosyltubeimoside III
去葡萄糖桂竹香毒醇 deglucocheirotoxol
去葡萄糖桂竹香毒苷 desglucocheirotoxin
去葡萄糖桂竹香毒素 deglucocheirotoxin
去葡萄糖基波叶刚毛果苷▲ deglucouzarin; deglucozarin; deglucouzarine
去葡萄糖基糙龙胆苷▲ deglucoscabraside
去葡萄糖基楤木洛苷▲A deglucosylaraloside A
去葡萄糖基海绿苷 A, B desglucoanagalloside A, B
去葡萄糖基寒原龙胆苷▲ deglucogelidoside
(1*S*,5*R*,9*R*)- 去葡萄糖基三花龙胆苷 (1*S*,5*R*,9*R*)-deglucosyltrifloroside
去葡萄糖基三花龙胆苷 deglucosyltrifloroside
去葡萄糖基糖芥心苷 deglucoerycordin
去葡萄糖基团花碱▲ deglycocadambine
去葡萄糖基仙客来苷 deglucocyclamin
28- 去葡萄糖基竹节参皂苷 IV 28-desglucosylchikusetsusaponin IV
28- 去葡萄糖基竹节参皂苷 IVa 28-desglucosylchikusetsusaponin IVa
去葡萄糖铁筷子素▲ deglucohellebrin
去葡萄糖洋地黄皂苷 desglucodigitonin
去羟基 -15-*O*- 甲基升麻醇 dehydroxy-15-*O*-methylcimigenol
2- 去羟基 -15- 羟基布氏鼠尾草醇▲ 2-dehydroxy-15-hydroxyiguestol
6- 去羟基 -1- 羟基新莽草素 6-dehydroxy-1-hydroxyneoanisatin
3- 去羟基 -2- 表 - 大齿麻疯树烷▲ 3-dehydroxy-2-*epi*-caniojane
2'''- 去羟基 -3,3''- 双草原大戟苷元▲ 2'''-dehydroxy-3,3''-bisteppogenin
2'''- 去羟基 -3,3''- 双草原大戟苷元▲ -7-*O*-*β*-D- 吡喃葡萄糖苷 2'''-dehydroxy-3,3''-bisteppogenin-7-*O*-*β*-D-glucopyranoside
2- 去羟基 -5-*O*- 甲基信筒子醌 2-dehydroxy-5-*O*-methylembelin
去羟基荜澄茄素 dehydroxycubebin
9'- 去羟基 - 川木香醇 F 9'-dehydroxy-vladinol F
8- 去羟基大黄烯酚 8-dehydroxychrysophenol
7- 去羟基大云实灵▲I 7-dehydroxycaesaldekarin I
10- 去羟基伏毛铁棒锤碱 10-dehydroxyflavaconitine
14- 去羟基钩吻呋喃定▲ 14-dehydroxygelsefuranidine
去羟基狗牙花醇 dehydroxyervataminol
1- 去羟基浆果紫杉素 III 1-dehydroxylbaccatin III
1- 去羟基浆果紫杉素 IV 1-dehydroxybaccatin IV
去羟基交让木明胺▲A dehydroxymacropodumine A
11- 去羟基罗汉果苷 III 11-dehydroxymogroside III
3'- 去羟基 - 迷迭香酸 -3-*O*-*β*-D- 吡喃葡萄糖苷 3'-dehydroxy-rosmarinic acid-3-*O*-*β*-D-glucopyranoside
6- 去羟基迷迭香酸甲酯 methyl 6-dehydroxyrosmarinate
7- 去羟基南非夜香花苷 7-dehydroxyzaluzioside
3''- 去羟基尼亚小金梅草苷▲ 3''-dehydroxynyasicoside
2''- 去羟基三花龙胆苷 2''-dehydroxytrifloroside
1- 去羟基山栀苷元甲酯 1-dehydroxyshanzhigenin methyl ester
去羟基兴安升麻醇 dehydroxydahurinol
14- 去羟基野胡萝卜醇 14-dehydroxyldaucucarotol
去羟基异菖蒲烯二醇 dehydroxy isocalamendiol
去芹糖基桔梗苷酸 A 内酯 deapioplatyconic acid A lactone
去芹糖基桔梗皂苷 D, D_3 deapioplatycodin D, D_3
(3*S*,7*R*)-5,6- 去氢 -1,7- 二对羟苯基 -4''- 去氧甲基心裂宾 (3*S*,7*R*)-5,6-dehydro-1,7-bis(4-hydroxyphenyl)-4''-de-*O*-methylcentrolobine
(3*S*,7*S*)-5,6- 去氢 -1,7- 二对羟苯基 -4''- 去氧甲基心裂宾 (3*S*,7*S*)-5,6-dehydro-1,7-bis(4-hydroxyphenyl)-4''-de-*O*-methylcentrolobine

去氢 -1,8- 桉树脑 dehydro-1,8-cineole
7,8- 去氢 -10-*O*- 乙基大麻三醇▲ 7,8-dehydro-10-*O*-ethylcannabitriol
4,5- 去氢 -12- 氧代鳝藤苷 E 4,5-dehydro-12-oxo-affinoside E
3- 去氢 -15- 去氧凤梨百合甾醇▲ 3-dehydro-15-deoxoeucosterol
14,15- 去氢 -16- 表蔓长春花胺▲ 14,15-dehydro-16-epivincamine
15- 去氢 -17- 羟基大青酮▲ A 15-dehydro-17-hydroxycyrtophyllone A
12- 去氢 -29- 外向 - 新苦楝素 D 12-dehydro-29-exo-neoazedarachin D
20(29)- 去氢 -30- 阿江榄仁酸 20(29)-dehydro-30-norarjunolic acid
17,4'- 去氢 -3α- 金鸡纳叶碱▲ 17,4'-dehydro-3α-cinchophylline
25- 去氢 -3β,24ζ- 二羟基环木菠萝烷 25-dehydro-3β,24ζ-dihydroxycycloartane
23- 去氢 -3β,25- 二羟基环木菠萝烷 23-dehydro-3β,25-dihydroxycycloartane
6,7- 去氢 -3- 巴豆酰氧基托品烷 6,7-dehydro-3-tigloyloxytropane
2- 去氢 -3- 去氧绚孔菌酸▲ A 2-dehydro-3-deoxylaetiporic acid A
6,7- 去氢 -3- 原托品酰氧基托品烷 6,7-dehydro-3-apotropoyloxytropane
去氢 -4- 表冷杉酸 dehydro-4-*epi*-abietic acid
5,6- 去氢 -4''- 去氧甲基心裂宾 5,6-dehydro-4''-de-*O*-methylcentrolobin
2,3- 去氢 -4- 氧代 -β- 香堇酮 2,3-dehydro-4-oxo-β-ionone
(2,11,12,19)-6,7- 去氢 -8,21- 二氧 -11,21 环白坚木定▲ -2- 羧酸酯 (2,11,12,19)-6,7-didehydro-8,21-dioxo-11,21-cycloaspidospermidine-2-carboxylate
7,8- 去氢 -8α- 羟基 - 异长叶烯 7,8-dehydro-8α-hydroxy-isolongifolene
5- 去氢 -8- 表 - 五福花苷酸 5-dehydro-8-*epi*-adoxosidic acid
5- 去氢 -8- 表 - 玉叶金花诺苷▲ 5-dehydro-8-*epi*-mussaenoside
8,10- 去氢 -9- 羟基麝香草酚 8,10-dehydro-9-hydroxythymol
2,3- 去氢 -*O*-(2- 吡咯基羧酸) 灌豆碱 2,3-dehydro-*O*-(2-pyrrolylcarbonyl)virgiline
12a- 去氢 -α- 毒灰毛豆酚 12a-dehydro-α-toxicarol
6a,12a- 去氢 -α- 毒灰毛豆酚 6a,12a-dehydro-α-toxicarol
去氢 -α- 风铃木醌▲ dehydro-α-lapachone
(-)-1,2- 去氢 -α- 莎草酮 (-)-1,2-dehydro-α-cyperone
去氢 -α- 异邓恩扭果花酮▲ dehydro-α-isodunnione
6a,12a- 去氢 -α- 异灰叶素 6a,12a-dehydro-α-isotephrosin
6a,12a- 去氢 -β- 毒灰毛豆酚 6a,12a-dehydro-β-toxicarol
去氢阿朴啡 dehydroaporphine
8-*O*-4/8-*O*-4- 去氢阿魏酸三聚体 8-*O*-4/8-*O*-4-dehydrotriferulic acid
2,3- 去氢八角呋酮▲ C 2,3-dehydroillifunone C
去氢白刺胺▲ dehydronitraramine
(+)-1,2- 去氢白坚木定▲ (+)-1,2-dehydroaspidospermidine
去氢白木香醇 dehydrobaimuxinol
去氢白叶蒿定▲ dehydroleucodin
22- 去氢杯苋甾酮 22-dehydrocyasterone
22- 去氢杯苋甾酮 -2-*O*-β-D- 吡喃葡萄糖苷 22-dehydrocyasterone-2-*O*-β-D-glucopyranoside
11,13- 去氢北卡堆心菊素▲ 11,13-dehydrocarolenalin
7,8- 去氢比氏穴果木碱▲ 7,8-dehydrocoelobillardierine
1,2- 去氢吡咯里西啶 1,2-dehydropyrrolizidine
去氢荜茇纳灵▲ dehydropipernonaline
去氢扁豆酮 dehydrodolineone
14,15- 去氢表蔓长春花卡定▲ 14,15-dehydroepivincadine
4- 去氢表松香醇 4-dehydroepiabietol
5,6- 去氢波叶刚毛果苷元▲ 5,6-dehydrouzarigenin
14- 去氢布朗翠雀碱▲ 14-dehydrobrowniine
去氢布朗翠雀碱▲ dehydrobrowniine
7- 去氢布雷青霉菌素▲ A 7-dehydrobrefeldin A
去氢菜蓟苦素 dehydrocynaropicrin
7- 去氢菜油甾烷醇 7-dehydrocampestanol
7,8- 去氢草苁蓉内酯 7,8-dehydroboschnialactone
去氢蟾毒色胺 dehydrobufotenine
14,15- 去氢长春辛 14,15-dehydrovincine
22- 去氢赪桐甾醇 22-dehydroclerosterol
去氢赪桐甾醇 dehydroclerosterol
22- 去氢赪桐甾醇 -3-*O*-β-D- 吡喃葡萄糖苷 22-dehydroclerosterol-3-*O*-β-D-glucopyranoside
22- 去氢赪桐甾醇 -3β-*O*-β-D-(6'-*O*- 十七烷酰)- 吡喃葡萄糖苷 22-dehydroclerosterol-3β-*O*-β-D-(6'-*O*-margaroyl)-glucopyranoside
22- 去氢赪桐甾醇乙酸酯 22-dehydroclerosteryl acetate
去氢齿孔酸 dehydroeburicoic acid
去氢齿孔酮酸 dehydroeburiconic acid
20(21)- 去氢赤芝酸 A, N 20(21)-dehydrolucidenic acid A, N
去氢穿心莲内酯 dehydroandrographolide
去氢粗毛甘草素 C, D dehydroglyasperin C, D
2,3- 去氢催眠睡茄辛▲ 2,3-dehydrosomnifericin
(*S*)- 去氢催吐萝芙木叶醇 (*S*)-dehydrovomifoliol
dl- 去氢催吐萝芙木醇 *dl*-dehydrovomifoliol
(-)- 去氢催吐萝芙木叶醇 (-)-dehydrovomifoliol
(+)-(*S*)- 去氢催吐萝芙木叶醇 (+)-(*S*)-dehydrovomifoliol
(+)- 去氢催吐萝芙木叶醇 (+)-dehydrovomifoliol
(6*S*)- 去氢催吐萝芙木叶醇 (6*S*)-dehydrovomifoliol
(*S*)-(+)- 去氢催吐萝芙木叶醇 (*S*)-(+)-dehydrovomifoliol
去氢催吐萝芙木叶醇 dehydrovomifoliol
(*R*)-(-)- 去氢催吐萝芙木叶醇▲ (*R*)-(-)-dehydrovomifoliol
去氢大白刺碱▲ dehydroschoberine
去氢大豆皂苷 I dehydrosoyasaponin I
去氢大麻呋喃 dehydrocannabifuran
去氢大麻螺烷▲ dehydrocannabispiran
15- 去氢大青酮▲ A 15-dehydrocyrtophyllone A
去氢大叶唐松草碱▲ dehydrothalifaberine
1- 去氢丹参酮 IIA 1-dehydrotanshinone IIA
去氢丹参新醇 A dehydrodanshenol A
1- 去氢丹参新酮 1-dehydromiltirone
去氢丹参新酮 dehydromiltirone
(22*E*)- 去氢胆甾醇 (22*E*)-dehydrocholesterol
22- 去氢胆甾醇 22-dehydrocholesterol
去氢灯心草菲酚 dehydroeffusol
去氢灯芯草醛 dehydroeffusal
去氢钓钟柳苷 dehydropenstemoside
去氢豆薯酮 dehydropachyrrhizone
25,26- 去氢豆甾醇 25,26-dehydrostigmasterol
7- 去氢豆甾醇乙酸酯 7-dehydrostigmasteryl acetate
7- 去氢毒鼠子素▲ E 7-dehydrodichapetalin E
7- 去氢毒鼠子素▲ G 7-dehydrodichapetalin G
21- 去氢毒鼠子素▲ Q 21-dehyrodichapetalin Q
去氢杜香醇 dehydroledol
去氢 - 对 - 马醉木苷 dehydro-*p*-asebotin
Δ^5- 去氢多花藤碱▲ Δ^5-dehydroskytanthine
25(27)- 去氢多孔甾醇 25(27)-dehydroporiferasterol
25- 去氢多孔甾醇 25-dehydroporiferasterol
7- 去氢多孔甾醇 7-dehydroporiferasterol
去氢莪术二酮 dehydrocurdione
去氢蒽胡麻酮▲ A, B dehydroanthrasesamone A, B
8-*O*-4- 去氢二阿魏酸 8-*O*-4-dehydrodiferulic acid
去氢二表儿茶素 A dehydrodiepicatechin A

Q

去氢二丁香酚 dehydrodieugenol
去氢二丁香酚 B dehydrodieugenol B
4,5- 去氢二藁本内酯 4,5-dehydrodiligustilide
去氢二聚儿茶素 A dehydrodicatechin A
3,3'- 去氢二咖啡酸 3,3'-dehydrodicaffeic acid
去氢二没食子酸 dehydrodigallic acid
Δ^{16}- 去氢二羟基洋地黄毒苷元吡喃葡萄糖苷 Δ^{16}-dehydrodigitoxigenin glucopyranoside
α,β- 去氢二氢红曲可林 K α,β-dehydrodihydromonacolin K
(-)-7*R*,8*S*- 去氢二松柏醇 (-)-7*R*,8*S*-dehydrodiconiferyl alcohol
(-)- 去氢二松柏醇 (-)-dehydrodiconiferyl alcohol
(+)- 去氢二松柏醇 (+)-dehydrodiconiferyl alcohol
(7*R*,8*S*)- 去氢二松柏醇 (7*R*,8*S*)-dehydrodiconiferyl alcohol
去氢二松柏醇 dehydrodiconiferyl alcohol
(+)- 去氢二松柏醇 -4,9-*β*-D- 吡喃葡萄糖苷 (+)-dehydrodiconiferyl alcohol-4,9-*β*-D-glucopyranoside
(7*R*,8*S*)- 去氢二松柏醇 -4,9'- 二 -*O*-*β*-D- 吡喃葡萄糖苷 (7*R*,8*S*)-dehydrodiconiferyl alcohol-4,9'-di-*O*-*β*-D-glucopyranoside
去氢二松柏醇 -4,9'- 二 -*O*-*β*-D- 吡喃葡萄糖苷 dehydrodiconiferyl alcohol-4,9'-di-*O*-*β*-D-glucopyranoside
(7*R*,8*S*)- 去氢二松柏醇 -4,9- 二 -*O*-*β*-D- 葡萄糖苷 (7*R*,8*S*)-dehydrodiconiferyl alcohol-4,9-di-*O*-*β*-D-glucoside
去氢二松柏醇 -4, γ '- 二 -*O*-*β*-D- 吡喃二松柏醇葡萄糖苷 dehydrodiconiferyl alcohol-4,*γ*'-di-*O*-*β*-D-glucopyranoside
(+)- 去氢二松柏醇 -4-*O*-*β*-D- 吡喃葡萄糖苷 (+)-dehydrodiconiferyl alcohol-4-*O*-*β*-D-glucopyranoside
(7*S*,8*R*)- 去氢二松柏醇 -4-*O*-*β*-D- 吡喃葡萄糖苷 (7*S*,8*R*)-dehydrodiconiferyl alcohol-4-*O*-*β*-D-glucopyranoside
去氢二松柏醇 -4-*O*-*β*-D- 吡喃葡萄糖苷 dehydrodiconiferyl alcohol-4-*O*-*β*-D-glucopyranoside
(7*S*,8*R*)- 去氢二松柏醇 -4-*O*-*β*- 吡喃葡萄糖苷 (7*S*,8*R*)-dehydrodiconiferyl alcohol-4-*O*-*β*-glucopyranoside
去氢二松柏醇 -4-*β*-D- 葡萄糖苷 dehydrodiconiferyl alcohol-4-*β*-D-glucoside
去氢二松柏醇 -4-*β*- 吡喃葡萄糖苷 dehydrodiconiferyl alcohol-4-*β*-glucopyranoside
(7*S*,8*R*)- 去氢二松柏醇 -9'-*O*-*β*-D- 吡喃葡萄糖苷 (7*S*,8*R*)-dehydrodiconiferyl alcohol-9'-*O*-*β*-D-glucopyranoside
去氢二松柏醇 -9'-*O*-*β*-D- 吡喃葡萄糖苷 dehydrodiconiferyl alcohol-9'-*O*-*β*-D-glucopyranoside
去氢二松柏醇 -9-*O*-*β*-D- 吡喃葡萄糖苷 dehydrodiconiferyl-9-*O*-*β*-D-glucopyranoside
(7*S*,8*R*)- 去氢二松柏醇 -9-*O*-*β*- 吡喃葡萄糖苷 (7*S*,8*R*)-dehydrodiconiferyl alcohol-9-*O*-*β*-glucopyranoside
(7*S*,8*R*)- 去氢二松柏醇 -9'-*β*-D- 吡喃葡萄糖苷 (7*S*,8*R*)-dehydrodiconiferyl alcohol-9'-*β*-D-glucopyranoside
(7*S*,8*R*)- 去氢二松柏醇 -9'-*β*- 吡喃葡萄糖苷 (7*S*,8*R*)-dehydrodiconiferyl alcohol-9'-*β*-glucopyranoside
(7*S*,8*R*)- 去氢二松柏醇 -9'- 吡喃葡萄糖苷 (7*S*,8*R*)dehydrodiconiferyl alcohol-9'-glucopyranoside
去氢二松柏醇 -*β*-D- 葡萄糖苷六乙酸酯 dehydrodiconiferyl alcohol-4-*β*-D-glucoside hexaacetate
去氢二松柏醇 -*γ*'-*O*-*β*-D- 吡喃葡萄糖苷 dehydrodiconiferyl alcohol-*γ*'-*O*-*β*-D-glucopyranoside
去氢二松柏醇 -*γ*-*O*-*β*-D- 吡喃葡萄糖苷 dehydrodiconiferyl alcohol-*γ*-*O*-*β*-D-glucopyranoside
去氢二松柏醛 dehydrodiconiferyl aldehyde
去氢二香荚兰素 dehydrodivanillin
(+)- 去氢二异丁香酚 (+)-dehydrodiisoeugenol
去氢二异丁香酚 dehydrodiisoeugenol
6*α*,7- 去氢番荔枝碱 6*α*,7-dehydroanonaine
去氢番荔枝碱 dehydroanonaine
去氢番茄碱 dehydrotomatine
3,4- 去氢番茄烯 -16- 醛 3,4-dehydrolycopen-16-al
去氢番茄皂苷 dehydrotomatoside
去氢飞廉碱 acanthoine
去氢蜂斗菜酮 dehydrofukinone
去氢茯苓酸 dehydropachymic acid
去氢高翠雀里定▲ dehydroeldelidine
13,18- 去氢高大臭椿素▲ 13,18-dehydroexcelsin
5,6- 去氢高丽槐碱 5,6-dehydromaackiamine
1- 去氢睾酮 1-dehydrotestosterone
去氢钩吻米定▲ dehydrokoumidine
19,20- 去氢狗牙花碱 19,20-dehydroervatamine
5- 去氢栝楼二醇 5-dehydrokarounidiol
去氢光泽乌头碱 dehydrolucidusculine
去氢鬼臼毒素 dehydropodophyllotoxin
去氢鬼针草炔苷▲ B dehydrobidensyneoside B
9- 去氢海柯皂苷元 9-dehydrohecogenin
去氢海柯皂苷元 dehydrohecogenin
9,11- 去氢海柯皂苷元 -3-*O*- 葡萄糖基 - 木糖基 - 半乳糖苷 9,11-dehydrohecogenin-3-*O*-glucose-xylose-galactoside
7,8- 去氢海杧果素▲ 7,8-dehydrocerberin
去氢海罂粟碱 dehydroglaucine
去氢诃子酸三甲酯 dehydrochebulic acid trimethyl ester
去氢荷包牡丹碱 dehydrodicentrine
去氢荷叶碱 dehydronuciferine
(-)- 去氢黑麦草内酯 (-)-dehydroloIiolide
(+)- 去氢黑麦草内酯 (+)-dehydroloIiolide
去氢黑麦草内酯 dehydroloIiolide
去氢红花黄色素 B anhydrosafflor yellow B
去氢红曲可林 K, L dehydromonacolin K, L
去氢虹臭蚁二醇▲ dehydroiridodiol
去氢虹臭蚁二醛▲ dehydroiridodial
去氢虹臭蚁二醛▲-*β*-D- 龙胆二糖苷 dehydroiridodialo-*β*-D-gentiobioside
去氢虹臭蚁素▲ dehydroiridomyrmecin
去氢滑桃树辛▲ dehydrotrewiasine
13,14- 去氢槐醇 13,14-dehydrosophoranol
(-)-13,14- 去氢槐定碱 (-)-13,14-dehydrosophoridine
13,14- 去氢槐定碱 13,14-dehydrosophoridine
14,15- 去氢还阳参烯炔酸▲ 14,15-dehydrocrepenynic acid
去氢还阳参烯炔酸▲ dehydrocrepenynic acid
去氢还阳参烯炔酸▲乙酯 ethyl dehydrocrepenynate
去氢环巴西红厚壳定▲ dehydrocycloguanandin
去氢环酒花黄酚▲ dehydrocycloxanthohumol
去氢黄堇碱 dehydrocorypalline
去氢黄堇碱盐酸盐 dehydrocorypalline chloride
去氢黄山宁碱 dehydrohuangshanine
去氢黄紫堇钦碱 dehydrocorytenchine
11,13- 去氢蛔蒿素 11,13-dehydrosantonin
14(17)- 去氢喙荚云实素▲ F 14(17)-dehydrocaesalmin F
去氢藿香酚 dehydroagastol
25(27)- 去氢鸡肝海绵甾醇▲ 25(27)-dehydrochondrillasterol
去氢基及树酮▲ dehydromicrophyllone
2,3- 去氢基维酚 2,3-dehydrokievitol
2,3- 去氢基维酮 2,3-dehydrokievitone
去氢吉枝木素 dehydrogeijerin

去氢甲氧基拟九节苷▲ dehydromethoxygaertneroside
6α,7- 去氢甲氧基铁线蕨叶唐松草碱▲ 6α,7-dehydromethoxyadiantifoline
去氢假荜茇酰胺 C dehydroretrofractamide C
去氢假防己素▲ dehydrotomentosin
去氢假虎刺酮 dehydrocarissone
去氢箭头唐松草米定碱 dehydrothaliesimidine
1- 去氢姜辣二酮 1-dehydrogingerdione
6- 去氢姜辣二酮 6-dehydrogingerdione
12,13- 去氢姜味草酸▲ 12,13-dehydromicromeric acid
10- 去氢姜烯酚 10-dehydroshogaol
6- 去氢姜烯酚 6-dehydroshogaol
8- 去氢姜烯酚 8-dehydroshogaol
去氢疆罂粟碱▲ dehydroroemerine
(-)-1,3,4- 去氢金线吊乌龟碱▲ (-)-1,3,4-dehydrocepharanthine
(+)-1,3,4- 去氢金线吊乌龟碱▲ -2'β-*N*- 氧化物 (+)-1,3,4-dehydrocepharanthine-2'β-*N*-oxide
去氢金紫堇宁▲ dehydrocapaurinine
10- 去氢京尼平苷 10-dehydrogeniposide
5,9- 去氢荆芥内酯 5,9-dehydronepetalactone
去氢酒饼簕苦素 dehydroatalantin
5,6- 去氢卡瓦胡椒素 5,6-dehydrokawain
去氢抗坏血酸 dehydroascorbic acid
18,19- 去氢柯楠诺辛碱酸▲ 18,19-dehydrocorynoxinic acid
18,19- 去氢柯楠诺辛碱酸▲ B 18,19-dehydrocorynoxinic acid B
11- 去氢苦豆子碱 11-dehydroaloperine
(+)-7,11- 去氢苦参碱 (+)-7,11-dehydromatrine
(+)-5,17- 去氢苦参碱 -*N*- 氧化物 (+)-5,17-dehydromatrine-*N*-oxide
去氢块茎紫堇定▲ dehydrocavidine
去氢老鹳草鞣质 dehydrogeraniin
18- 去氢乐园树酮 18-dehydroglaucarubinone
$\Delta^{13(18)}$- 去氢乐园树酮 $\Delta^{13(18)}$-dehydroglaucarubinone
去氢冷杉 -18- 醇 dehydroabietan-18-ol
去氢冷杉 -7- 酮 dehydroabietan-7-one
去氢冷杉醇 dehydroabietol
去氢冷杉醛 dehydroabietal; dehydroabietic aldehyde
去氢冷杉酸 dehydroabietic acid
去氢冷杉酸甲酯 dehydroabietic acid methyl ester; methyl dehydroabietate
去氢冷杉亭醇 dehydroabietinol
8,11,13- 去氢冷杉烷 8,11,13-dehydroabietane
7- 去氢冷杉烷酮 7-dehydroabietanone
去氢离块茎紫堇定▲ dehydroapocavidine
(3*R*)- 去氢镰叶芹醇 (3*R*)-dehydrofalcarinol
11,12- 去氢镰叶芹醇 11,12-dehydrofalcarinol
(3*R*)- 去氢镰叶芹二醇 (3*R*)-dehydrofalcarindiol
去氢镰叶芹二醇 dehydrofalcarindiol
去氢镰叶芹二醇 -8- 乙酸酯 dehydrofalcarindiol-8-acetate
14- 去氢琉璃飞燕草碱▲ 14-dehydrodelcosine
去氢硫色多孔菌酸 dehydrosulphurenic acid
Δ^5- 去氢柳杉酚 Δ^5-dehydrosugiol
5,6- 去氢柳杉酚 5,6-dehydrosugiol
2,3- 去氢柳叶野扇花酮▲ 2,3-dehydrosarsalignone
3,4- 去氢轮环藤宁碱 3,4-dehydrocycleanine
24(28)- 去氢罗汉松甾酮 A 24(28)-dehydromakisterone A
24(28)- 去氢罗汉松甾酮 A, B 24(28)-dehydromakisterone A, B
6,7- 去氢罗氏旋覆花酮▲ 6,7-dehydroroyleanone
α,β- 去氢洛伐他汀 α,β-dehydrolovastatin
去氢绿心樟碱▲ dehydroocoteine
7- 去氢马钱苷 7-dehydrologanin
去氢马钱苷 dehydrologanin
22- 去氢麦角甾醇 22-dehydroergosterol
9(11)- 去氢麦角甾醇过氧化物 9(11)-dehydroergosterol peroxide
9,11- 去氢麦角甾醇过氧化物 9,11-dehydroergosterol peroxide
14,15- 去氢蔓长春花胺▲ 14,15-dehydrovincamine
去氢毛蕊花苷 dehydroverbascoside
8,10- 去氢美丽马鞭草苷 8,10-dehydropulchelloside
11(13)- 去氢绵叶菊林素▲ 11(13)-dehydrocriolin
去氢莫罗忍冬苷 dehydromorroniside
去氢母菊醇 dehydromatricarianol
去氢母菊炔内酯 dehydromatricaria lactone
去氢母菊素 dehydromatricarin
去氢木橘林碱▲ dehydromarmeline
2',3'- 去氢木橘辛素▲ 2',3'-dehydromarmesin
2'- 去氢木橘辛素▲ 2'-dehydromarmesin
(*R*)-3,4- 去氢木兰箭毒碱 (*R*)-3,4-dehydromagnocurarine
去氢木蹄层孔菌醇▲ dehydrofomentariol
去氢木香内酯 dehydrocostus lactone
去氢南天竹宁碱 dehydronantenine
去氢欧夹竹桃左苷 dehydroadynerizoside
去氢欧乌头碱 dehydronapelline
去氢千金藤碱 dehydrostephanine
(+)-1- 去氢千金藤碱 -2'β-*N*- 氧化物 (+)-1-dehydrocepharanthine-2'β-*N*-oxide
去氢丘陵多孔菌酸▲ dehydrotumulosic acid
14,15- 去氢曲石松碱▲ 14,15-dehydrolycoflexine
5,6- 去氢去环氧牛筋果灵 C_2 5,6-dehydrodesepoxyharperforin C_2
11,13- 去氢去乙酰母菊素 11,13-dehydrodesacetylmatricarin
11,13- 去氢绒叶含笑内酯▲ 11,13-dehydrolanuginolide
去氢绒叶含笑内酯▲ dehydrolanuginolide
1,2- 去氢乳菇内酯▲ A 1,2-dehydrolactarolide A
去氢萨彦乌头宁▲ dehydroacosanine
(*S*)-(+)-11- 去氢赛氏曲霉酸▲ (*S*)-(+)-11-dehydrosydonic acid
6- 去氢伞花翠雀碱▲ 6-dehydrodelcorine
6a,12a- 去氢色蒙酮 6a,12a-dehydrosermundone
5,6- 去氢沙门苷元 -3-*O*-β-D- 吡喃葡萄糖基 -(1→6)-*O*-β-D- 吡喃半乳糖苷 5,6-dehydrosarmentogenin-3-*O*-β-D-glucopyranosyl-(1→6)-*O*-β-D-galactopyranoside
去氢山茱萸苷元 dihydrocornin aglycon
8,9- 去氢麝香草酚 8,9-dehydrothymol
8,9- 去氢麝香草酚 -3-*O*-(2- 甲基丙酸酯) 8,9-dehydrothymol-3-*O*-(2-methylpropionate)
8,9- 去氢麝香草酚 -3-*O*- 巴豆酸酯 8,9-dehydrothymol-3-*O*-tiglate
8,9- 去氢麝香草酚异丁酸酯 8,9-dehydrothymol isobutyrate
6,7- 去氢石栗酸▲ 6,7-dehydromoluccanic acid
去氢石生黄堇林碱▲ dehydrothalictrifoline
去氢双银桦洛酚▲ dehydrobisgravillol
2,3- 去氢水飞蓟宾 2,3-dehydrosilybin
去氢水飞蓟宾 dehydrosilybin
2,3- 去氢水飞蓟亭 2,3-dehydrosilychristin
14,15- 去氢思茅山橙宁▲ B 14,15-dehydromelohenine B
去氢松柏醇 dehydroconiferyl alcohol
(7*R*,8*S*)- 去氢松柏醇 -8,5'- 去氢松柏醛 -9-*O*-β-D- 吡喃葡萄糖苷 (7*R*,8*S*)-dehydroconiferyl alcohol-8,5'-dehydroconiferyl aldehyde-9-*O*-β-D-glucopyranoside
25,27- 去氢酸浆素 L 25,27-dehydro-physalin L
去氢碎叶紫堇碱 dehydrocheilanthifoline
去氢碎叶紫堇碱盐酸盐 dehydrocheilanthifoline chloride

Q

去氢台湾千金藤碱▲ dehydrostesakine
去氢台湾千金藤宁碱▲ dehydrophanostenine
去氢唐松草卡文碱 dehydrothalictricavine
6,7- 去氢天仙子胺 6,7-dehydrohyoscyamine
去氢头序千金藤宁▲ dehydrocrebanine
去氢土味菌素▲ dehydrogeosmin
6,7- 去氢托品碱 6,7-dehydrotropine
去氢娃儿藤碱 dehydrotylophorine
去氢乌药烯内酯▲ dehydrolindestrenolide
(+)-1,2- 去氢无瓣瑞香楠碱▲ (+)-1,2-dehydroapateline
去氢吴茱萸碱 dehydrdehydroevodiamine
去氢稀疏木瓣树胺▲ dehydrodiscretamine
去氢纤细虎皮楠灵碱▲ dehydrodaphnigraciline
1,2- 去氢香附酮 1,2-dehydrocyperone
2,3- 去氢香科科灵▲E 2,3-dehydroteucrin E
β- 去氢香薷酮 β-dehydroelsholtzione
去氢香薷酮 dehydroelsholtzione; dehydroelsholtzia ketone
去氢香树烯 dehydroaromadendrene
去氢泻根苷▲ dehydrobryogenin glycoside
1,2- 去氢新大八角素 1,2-dehydroneomajucin
2,3- 去氢新大八角素 2,3-dehydroneomajucin
12- 去氢新苦楝素 D 12-dehydroneoazedarachin D
去氢新劳塔豆酮▲ dehydroneotenone
去氢新冷杉酸 dehydro-neoabietic acid
去氢熊果醇 dehydrouvaol
19- 去氢熊果酸 19-dehydroursolic acid
11,12- 去氢熊果酸内酯 11,12-dehydroursolic acid lactone
6,7- 去氢锈色罗汉松酚▲ 6,7-dehydroferruginol
(-)-6,7- 去氢锈色罗汉松酚▲甲醚 (-)-6,7-dehydroferruginyl methyl ether
去氢鸦胆子苦醇 dehydrobrusatol
去氢鸦胆子素 A, B, B dehydrobruceine A, B, B
去氢鸦胆子亭 dehydrobruceantin
去氢鸦胆子亭醇 dehydrobruceantinol
去氢亚欧唐松草碱▲ dehydrothalicmine
1- 去氢延龄草烯苷元▲ 1-dehydrotrillenogenin
去氢氧代墨西哥菊酮 dehydrooxoperezinone
去氢氧代墨西哥菊酮 -6- 甲醚 dehydrooxoperezinone-6-methyl ether
去氢野灯芯草素 A, B, C dehydrojuncuenin A, B, C
11(13)- 去氢腋生依瓦菊素 11(13)-dehydroivaxillin
10- 去氢伊犁翠雀碱▲ 10-dehydroiliensine
14- 去氢伊犁翠雀碱▲ 14-dehydroiliensine
去氢 - 异 -α- 风铃木醌▲ dehydro-iso-α-lapachone
4'',5''- 去氢异补骨脂定 4'',5''-dehydroisopsoralidin
去氢异法氏石松碱 dehydroisofawcettiine
去氢异法氏石松碱 -N- 氧化物 dehydroisofawcettiine-N-oxide
去氢异离块茎紫堇定▲ dehydroisoapocavidine
去氢异前胡宁 dehydroisopeucenin
去氢异叶乌头碱 dehydroheteratisine
去氢异鱼藤钦素▲ dehydroisoderricin
去氢异月桂碱 dehydroisolaureline
去氢异紫堇杷明碱 dehydroisocorypalmine
去氢银桦酚烷▲ dehydrograviphane
去氢银桦环▲ dehydrogravicycle
去氢银桦醚酚▲A, B dehydrorobustol A, B
8,9- 去氢银线草内酯 8,9-dehydroshizukanolide
去氢银线草内酯 dehydroshizukanolide
1,2- 去氢隐丹参酮 1,2-dehydrocryptotanshinone
去氢硬柄小皮伞酮▲ dehydrooreadone
去氢柚木酚▲ dehydrotectol
6a,12a- 去氢鱼藤素 6a,12a-dehydrodeguelin
去氢鱼藤素 dehydrodeguelin
5'R-6a,12a- 去氢鱼藤酮 5'R-6a,12a-dehydrorotenone
6a,12a- 去氢鱼藤酮 6a,12a-dehydrorotenone
去氢鱼藤酮 dehydrorotenone
去氢榆二醇▲ dehydroulmudiol
17,18- 去氢羽裂维氏菊内酯▲ 17,18-dehydroviguiepinin
(+)-5,6- 去氢羽扇豆碱 (+)-5,6-dehydrolupanine
5,6- 去氢羽扇豆碱 5,6-dehydrolupanine
去氢羽扇豆叶灰毛豆醇▲ dehydrolupinifolinol
去氢原人参三醇 II dehydroprotopanaxatriol II
11- 去氢原通脱木皂苷元 A_2 11-dehydropropapyriogenin A_2
去氢圆齿爱舍苦木定▲ dehydrocrenatidine
去氢圆齿爱舍苦木亭▲ dehydrocrenatine
去氢云木香内酯▲ dehydrosaussurea lactone
14(17)- 去氢云实素 F 14(17)-dehydrocaesalpin F
16- 去氢孕烯醇酮 16-dehydropregnenolone
16- 去氢孕烯醇酮 -3-O-α-L- 吡喃鼠李糖基 -(1 → 2)-β-D- 吡喃葡萄糖醛酸苷 16-dehydropregnenolone-3-O-α-L-rhamnopyranosyl-(1 → 2)-β-D-glucopyranosiduronic acid
25(27)- 去氢真菌甾醇 25(27)-dehydrofungisterol
去氢芝麻菜苷 glucodehydroerucin
去氢紫堇达明碱 dehydrocorydalmine
去氢紫堇定 dehydrocorydine
(±)- 去氢紫堇碱 (±)-dehydrocorydaline
去氢紫堇碱 dehydrocorydaline
去氢紫堇鳞茎碱 dehydrocorybulbine
去氢紫苏氧杂辛▲ dehydroperilloxin
12a- 去氢紫穗槐苷元 12a-dehydroamorphigenin
去氢紫穗槐苷元 dehydroamorphigenin
24(28)- 去氢紫苋甾酮 B 24(28)-dehydroamarasterone B
去鼠李糖基毛蕊花苷 desrhamnosylverbascoside
去鼠李糖基洋丁香酚苷 desrhamnosyllacteoside
去四氢铁杉脂素 detetrahydroconidendrin
去羧基地茶酸 decarboxythamnolic acid
去羧基鞣花酸 decarboxyellagic acid
去酰百金花苦素▲B decentapicrin B
去酰菜蓟苦素 desacylcynaropicrin
去酰基菜蓟苦素 deacylcynaropicrin
去酰基拉色芹素▲ deacyllaserin
去酰角胡麻苷 deacylmartynoside
去酰马醉木毒素 B deacylpieristoxin B
去酰美远志皂苷▲B, C desacylsenegasaponin B, C
去酰七叶树皂苷 I desacylescin I
去酰野百合苷▲ deacylbrownioside
去酰异角胡麻苷 deacylisomartynoside
去酰异角胡麻苷 B deacylisomartynoside B
去香豆酰东亚女贞内酯▲ decoumaroylibotanolide
去溴格林纳达鞘丝藻二烯▲ debromogrenadadiene
去溴海兔毒素 debromoaplysiatoxin
去亚甲基小檗碱 demethylene berberine
1- 去氧 -1-(2'- 氧代 -1'- 吡咯烷基)-2- 正丁基 -α- 呋喃果糖苷 1-deoxy-1-(2'-oxo-1'-pyrrolidinyl)-2-n-butyl-α-fructofuranoside
3- 去氧 -1,2- 二氢 -3- 羟基 -(2β,3β)- 瑞香毒素 3-deoxo-1,2-dihydro-3-hydroxy-(2β,3β)-daphnetoxin
14- 去氧 -11,12- 二去氢穿心莲苷▲ 14-deoxy-11,12-didehydroandrographiside
14- 去氧 -11,12- 二去氢穿心莲内酯 14-deoxy-11,12-

Q

didehydroandrographolide
8- 去氧 -11,13- 二羟基大海米菊素 8-deoxy-11,13-dihydroxygrossheimin
25- 去氧 -11,20- 二羟基蜕皮素 25-deoxy-11,20-dihydroxyecdysone
8- 去氧 -11- 羟基 -13- 氯代大海米菊素 8-deoxy-11-hydroxy-13-chlorogrossheimin
14- 去氧 -11- 羟基穿心莲内酯 14-deoxy-11-hydroxyandrographolide
14- 去氧 -11- 氧代 - 穿心莲内酯 4-deoxy-11-oxo-andrographolide
14- 去氧 -12(*R*)- 磺酰穿心莲内酯 14-deoxy-12(*R*)-sulfoandrographolide
12- 去氧 -12a- 乙酰氧基 - 毛鱼藤酮 12-deoxo-12a-acetoxyelliptone
12- 去氧 -12*α*- 乙酰氧基毛鱼藤酮 12-deoxo-12*α*-acetoxyelliptone
14- 去氧 -12- 甲氧基穿心莲内酯 14-deoxy-12-methoxyandrographolide
14- 去氧 -12- 羟基穿心莲内酯 14-deoxy-12-hydroxyandrographolide
11- 去氧 -13*β*,17*β*- 环氧泽泻醇 A 11-deoxy-13*β*,17*β*-epoxyalisol A
11- 去氧 -13*β*,17*β*- 环氧泽泻醇 B 23- 乙酸酯 11-deoxy-13*β*,17*β*-epoxyalisol B 23-acetate
8- 去氧 -13- 去氢千层塔宁碱 8-deoxy-13-dehydroserratinine
14- 去氧 -14,15- 去氢穿心莲内酯 14-deoxy-14,15-dehydroandrographolide
14- 去氧 -14-*O*- 乙酰鸡脚参醇 Y 14-deoxo-14-*O*-acetylorthosipho1 Y
14- 去氧 -15- 异亚丙基 -11,12- 二去氢穿心莲内酯 14-deoxy-15-isopropylidene-11,12-didehydroandrographolide
12- 去氧 -16- 羟基佛波醇 -13- 棕榈酸酯 12-deoxy-16-hydroxyphorbol-13-palmitate
(2(7)*E*,6*S*,10*R*,11*R*)-10- 去氧 -17- 羟基鸢尾醛 (2(7)*E*,6*S*,10*R*,11*R*)-10-deoxy-17-hydroxyiridal
10- 去氧 -17- 羟基鸢尾醛 10-deoxy-17-hydroxyiridal
3- 去氧 -1*β*,20- 二羟基 - 蜕皮素 3-deoxy-1*β*,20-dihydroxyecdysone
6- 去氧 -1- 表 - 木藜芦毒素 XVII 6-deoxy-1-*epi*-grayanotoxin XVII
6- 去氧 -1- 羟基新莽草素 6-deoxy-1-hydroxyneoanisatin
1- 去氧 -1- 苏糖醇 1-deoxy-l-erythritol
1- 去氧 -1- 苏糖醇 -3-*O*-*β*-D- 吡喃葡萄糖苷 1-deoxy-l-erythritol-3-*O*-*β*-D-glucopyranoside
1- 去氧 -2,3- 二氢竹柏内酯 A 1-deoxy-2,3-dehydronagilactone A
22- 去氧 -20- 羟基蜕皮素 22-deoxy-20-hydroxyecdysone
2- 去氧 -20- 羟基蜕皮素 2-deoxy-20-hydroxyecdysone
2- 去氧 -20- 羟基蜕皮素 -3-*O*-*β*-D- 吡喃葡萄糖苷 2-deoxy-20-hydroxyecdysone3-*O*-*β*-D-glucopyranoside
27- 去氧 -24,25- 二氢催眠睡茄素 A 27-desoxy-24,25-dihydrowithaferin A
1- 去氧 -2*α*- 羟基竹柏内酯 A 1-deoxy-2*α*-hydroxynagilactone A
3- 去氧 -2*α*- 羟基竹柏内酯 E 3-deoxy-2*α*-hydroxynagilactone E
1- 去氧 -2*β*,3*β*- 环氧竹柏内酯 A 1-deoxy-2*β*,3*β*-epoxynagilactone A
2- 去氧 -2*β*- 甲氧基特萨菊酸▲ 2-deoxo-2*β*-methoxytessaric acid
2- 去氧 -2- 吡喃核糖内酯 2-deoxy-2-ribopyranolactone
2- 去氧 -2- 乙酰氧基 -9- 氧代紫茎泽兰酮▲ 2-deoxo-2-acetyloxy-9-oxoageraphorone
3,4- 去氧 -3,4- 二氢多枝炭角菌内酯▲ A 3,4-deoxy-3,4-didehydromultiplolide A
1- 去氧 -3-*C*-(2- 羟乙基)-2-*C*- 甲基戊糖醇 1-deoxy-3-*C*-(2-hydroxyethyl)-2-*C*-methylpentitol
14- 去氧 -3-*O*- 丙酰基 -5,15- 二 -*O*- 乙酰基 -7-*O*- 苯甲酰铁仔酚▲ -14*β*- 烟酸酯 14-deoxo-3-*O*-propionyl-5,15-di-*O*-acetyl-7-*O*-benzoylmyrsinol-14*β*-nicotinoate
14- 去氧 -3-*O*- 丙酰基 -5,15- 二 -*O*- 乙酰基 -7-*O*- 烟酰铁仔酚▲ -14*β*- 烟酸酯 14-deoxo-3-*O*-propionyl-5,15-di-*O*-acetyl-7-*O*-nicotinoylmyrsinol-14*β*-nicotinoate
14- 去氧 -3-*O*- 丙酰基 -5,15- 二 -*O*- 乙酰基 -7-*O*- 烟酰铁仔酚▲ -14*β*- 乙酸酯 14-desoxo-3-*O*-propionyl-5,15-di-*O*-acetyl-7-*O*-nicotinoylmyrsinol-14*β*-acetate
3-*O*-6- 去氧 -3-*O*- 甲基 -*β*-D- 吡喃阿洛糖基 -(1 → 4)-*β*-D- 吡喃磁麻糖基 -11*α*-*O*- 巴豆酰基 -12*β*-*O*-2- 甲基丁酰通光藤苷元 B 3-*O*-6-deoxy-3-*O*-methyl-*β*-D-allopyranosyl-(1 → 4)-*β*-D-cymmanopyranosyl-11*α*-*O*-tigloyl-12*β*-*O*-2-methylbutyryl tenacigenin B
3-*O*-6- 去氧 -3-*O*- 甲基 -*β*-D- 吡喃阿洛糖基 -(1 → 4)-*β*-D- 吡喃夹竹桃糖基 -11*α*-*O*- 乙酰基 -12*β*-*O*-2- 甲基丁酰通光藤苷元 B 3-*O*-6-deoxy-3-*O*-methyl-*β*-D-allopyranosyl-(1 → 4)-*β*-D-oleandropyranosyl-11*α*-*O*-acetyl-12*β*-*O*-2-methylbutyryl tenacigenin B
3-*O*-6- 去氧 -3-*O*- 甲基 -*β*-D- 吡喃阿洛糖基 -(1 → 4)-*β*-D- 吡喃夹竹桃糖基 -11*α*-*O*- 乙酰基 -12*β*-*O*- 苯甲酰通光藤苷元 B 3-*O*-6-deoxy-3-*O*-methyl-*β*-D-allopyranosyl-(1 → 4)-*β*-D-olenadropyranosyl-11*α*-*O*-acetyl-12*β*-*O*-benzoyltenacigenin B
3-*O*-[6- 去氧 -3-*O*- 甲基 -*β*- 吡喃阿洛糖基 -(1 → 4)-*β*- 吡喃洋地黄毒糖苷]-11*α*,12*β*- 二 -*O*- 苯甲酰基 -17*α*- 牛奶菜宁 3-*O*-[6-deoxy-3-*O*-methyl-*β*-allopyanosyl-(1 → 4)-*β*-digitoxopyranoside]-11*α*,12*β*-di-*O*-benzoyl-17*α*-marsdenin
3-*O*-[6- 去氧 -3-*O*- 甲基 -*β*- 吡喃阿洛糖基 -(1 → 4)-*β*- 吡喃洋地黄毒糖苷]-11*α*,12*β*- 二 -*O*- 苯甲酰基 -17*β*- 牛奶菜宁 -5,6- 二氢 3-*O*-[6-deoxy-3-*O*-methyl-*β*-allopyanosyl-(1 → 4)-*β*-digitoxopyranoside]-11*α*,12*β*-di-*O*-benzoyl-17*β*-marsdenin-5,6-dihydrogen
3-*O*-[6- 去氧 -3-*O*- 甲基 -*β*- 吡喃阿洛糖基 -(1 → 4)-*β*- 吡喃洋地黄毒糖苷]-11*α*-*O*- 苯甲酰基 -12*β*-*O*- 巴豆酰基 -17*α*- 牛奶菜宁 3-*O*-[6-deoxy-3-*O*-methyl-*β*-allopyanosyl-(1 → 4)-*β*-digitoxopyranoside]-11*α*-*O*-benzoyl-12*β*-*O*-tigloyl-17*α*-marsdenin
3-*O*-[6- 去氧 -3-*O*- 甲基 -*β*- 吡喃阿洛糖基 -(1 → 4)-*β*- 吡喃洋地黄毒糖苷]-11*α*-*O*- 苯甲酰基 -12*β*-*O*- 巴豆酰基 -17*β*- 牛奶菜宁 3-*O*-[6-deoxy-3-*O*-methyl-*β*-allopyanosyl-(1 → 4)-*β*-digitoxopyranoside]-11*α*-*O*-benzoyl-12*β*-*O*-tigloyl-17*β*-marsdenin
1- 去氧 -3- 巴豆酰基 -11- 甲氧基楝卡品宁▲ 1-deoxy-3-tigloyl-11-methoxymeliacarpinin
1- 去氧 -3- 甲基丙烯酰基 -11- 甲氧基楝卡品宁▲ 1-deoxy-3-methacrylyl-11-methoxymeliacarpinin
1D-3- 去氧 -3- 羟甲基 - 肌肉肌醇 1D-3-deoxy-3-hydroxymethyl-myo-inositol
3- 去氧 -3- 烯 - 薯蓣皂苷元 3-deoxy-3-en-diosgenin
22- 去氧 -4''- 甲氧基毒鼠子素▲ V 22-deoxy-4''-methoxydichapetalin V
3'- 去氧 -4-*O* 甲基表苏木醇 3'-deoxy-4-*O*-methylepisappanol
3'- 去氧 -4-*O*- 甲基苏木醇 3'-deoxy-4-*O*-methylsappanol
12- 去氧 -4*β*- 羟基佛波醇 -13- 苯乙酸酯 -20- 乙酸酯 12-deoxy-4*β*-hydroxyphorbol-13-phenylacetate-20-acetate
12- 去氧 -4*β*- 羟基佛波醇 -13- 十八酸酯 -20- 乙酸酯 12-deoxy-4*β*-hydroxyphorbol-13-octadecanoate-20-acetate
12- 去氧 -4*β*- 羟基佛波醇 -13- 十二酸酯 -20- 乙酸酯 12-deoxy-4*β*-hydroxyphorbol-13-dodecanoate-20-acetate
2- 去氧 -4- 表 - 天人菊素▲ 2-desoxy-4-*epi*-pulchellin
2- 去氧 -5*β*,20- 二羟基 - 蜕皮素 2-deoxy-5*β*,20-dihydroxyecdysone
12- 去氧 -5*β*- 羟基佛波醇 -13- 肉豆蔻酸酯 12-deoxy-5*β*-hydroxyphorbol-13-myristate
5'- 去氧 -5'- 甲基亚磺酰腺苷 5'-deoxy-5'-methylsulphinyladenosine
5- 去氧 -5- 氢过氧 - 特勒菊素▲ 5-deoxy-5-hydroperoxy-telekin
6- 去氧 -6*α*- 乙酰氧基酒饼簕苦素乙酸酯 6-deoxy-6*α*-acetoxyatalantin acetate
1'- 去氧 -6'-*O*(1- 羟甲基 -2- 羟基 -1- 甲氧基)- 乙基吡喃葡萄

Q

糖苷 1'-deoxy-6'-*O*-(1-hydroxymethyl-2-hydroxy-1-methoxy) ethylglucopyranoside
11- 去氧 -6- 氧代 -5α,6- 二氢白藜芦碱 11-deoxo-6-oxo-5α,6-dihydrojervine
3- 去氧 -7α- 氢过氧 -12β- 甲基 - 异特勒菊素▲ 3-deoxy-7α-perhydroxy-12β-methyl-isotelekin
6- 去氧 -7- 去甲基倒捻子宁 6-deoxy-7-demethylmangostanin
7- 去氧 -8- 表马钱酸 7-deoxy-8-epiloganic acid
3- 去氧 -8- 去乙酰滇乌碱 3-deoxy-8-deacetyl-yunaconitine
6- 去氧 -8- 乙酰钩果草吉苷▲ 6-deoxy-8-acetylharpagide
6- 去氧 -8- 异阿魏酰钩果草吉苷▲ 6-deoxy-8-isoferuloylharpagide
25- 去氧 -9(11)- 去氢 -20- 羟基蜕皮素 -20,22- 单丙酮化物 25-deoxy-9(11)-dehydro-20-hydroxyecdysone-20,22-monoacetonide
6- 去氧 -D- 甘露 -1,4- 内酯 6-deoxy-D-mannono-1,4-lactone
2- 去氧 -D- 核糖基 -γ- 内酯 2-deoxy-D-ribono-γ-lactone
2- 去氧 -D- 核糖酸 -1,4- 内酯 2-deoxy-D-ribono-1,4-lactone
1- 去氧 -D- 来苏醇 1-deoxy-D-lyxitol
6- 去氧 -D- 山梨醇 6-deoxy-D-glucitol
1-(2'- 去氧 -α-D- 吡喃核糖基)-β- 咔啉 1-(2'-deoxy-α-D-ribopyranosyl)-β-carboline
α- 去氧 -β- 蜕皮素 α-deoxy-β-ecdysone
6- 去氧 -γ- 倒捻子素 6-deoxy-γ-mangostin
14- 去氧 -ε- 云实素 14-deoxy-ε-caesalpin
6- 去氧巴西红厚壳素 6-deoxyjacareubin
3- 去氧白桦酮酸 3-deoxybetulonic acid
6- 去氧保利毒马草醛▲ 6-deoxyandalusal
8-*O*- 去氧滨海全能花定▲ 8-*O*-demethylmaritidine
去氧布氏茜素▲ deoxybouvardin
16- 去氧柴胡皂苷元 F 16-deoxysaikogenin F
20'- 去氧长春碱 - 氧化物 20'-deoxyvinblastine oxide
2'- 去氧橙皮内酯水合物 2'-deoxymeranzin hydrate
去氧虫胶红素 deoxyerythrolaccin
23- 去氧川赤芍烯内酯▲ A 23-deoxypaeonenolide A
14- 去氧穿心莲苷▲ 14-deoxyandrographiside
去氧穿心莲苷▲ deoxyandrographiside
14- 去氧穿心莲内酯 14-deoxyandrographolide
13- 去氧次乌头碱 13-deoxyhypaconitine
去氧粗榧碱 deoxyharringtonine
去氧粗榧酸 deoxyharringtonic acid
27- 去氧催眠睡茄素 A 27-deoxywithaferin A
5,6- 去氧催眠睡茄素 A 5,6-deoxywithaferin A
去氧大戟因子 L_1 deoxyeuphorbia factor L_1
去氧大云实灵▲ C deoxycaesaldekarin C
9- 去氧代 -9α- 羟基紫杉醇 A 9-deoxo-9α-hydroxytaxol A
12- 去氧丹参新醌 B 12-deoxydanshenxinkun B
去氧地胆草素 deoxyelephantopin
22- 去氧毒鼠子素▲ P 22-deoxydichapetalin P
10- 去氧杜仲醇 10-deoxyeucommiol
1- 去氧杜仲醇 1-deoxyeucommiol
1,10- 去氧杜仲醇苷 II 1,10-deoxyeucommioside II
3(*R*),3(*S*)- 去氧短小蛇根草苷▲ 3(*R*),3(*S*)-deoxypumiloside
5- 去氧番薯甾酮▲ 5-deoxykaladasterone
7- 去氧 - 反式 - 二氢水仙环素 7-deoxy-*trans*-dihydronarciclasine
2- 去氧粉花香科科醚▲ 2-deoxychamaedroxide
去氧风铃木醇▲ deoxylapachol
15- 去氧凤梨百合甾醇▲ 15-deoxoeucosterol
4- 去氧佛波醇 -12-(2,4,6- 癸三烯酸酯)-13- 异丁酸酯 4-deoxyphorbol-12-(2,4,6-decatrienoate)-13-isobutyrate
4- 去氧佛波醇 -12-(2,4- 癸二烯酸酯)-13- 异丁酸酯 4-deoxyphorbol-12-(2,4-decadienoate)-13-isobutyrate
12- 去氧佛波醇 -13-(3*E*,5*E*- 癸二烯酸酯) 12-deoxyphorbol-13-(3*E*,5*E*-decadienoate)
12- 去氧佛波醇 -13-(9*Z*)- 十八烷酸酯 -20- 乙酸酯 12-deoxyphorbol-13-(9*Z*)-octadecanoate-20-acetate
12- 去氧佛波醇 -13,20- 二乙酸酯 12-deoxyphorbol-13,20-diacetate
12- 去氧佛波醇 -13-*O*- 苯乙酸酯 -16-*O*-α- 甲基丁酸酯 -2- 乙酸酯 12-deoxyphorbol-13-*O*-phenylacetate-16-*O*-α-methylbutyrate-2-acetate
12- 去氧佛波醇 -13- 十六酸酯 12-deoxyphorbol-13-hexadecanoate
12- 去氧佛波醇 -13- 异丁酸酯 -20- 乙酸酯 12-deoxyphorbol-13-isobutyrate-20-acetate
12- 去氧佛波醇 -13- 棕榈酸酯 12-deoxyphorbol-13-palmitate
12- 去氧佛波醇二乙酸酯 12-deoxyphorbol-diacetate
12- 去氧佛波醛 -13- 十六烷酸酯 12-deoxyphorbaldehyde-13-hexadecanoate
12- 去氧佛波醛 -13- 乙酸酯 12-deoxyphorbaldehyde-13-acetate
16- 去氧茯苓新酸 B 16-deoxyporicoic acid B
3- 去氧福桂树醇▲ 3-deoxyocotillol
11- 去氧甘草次酸 11-deoxyglycyrrhetic acid
(+)- 去氧格架藤宁碱▲ (+)-deoxypergularinine
7- 去氧钩吻酰胺 7-deoxygelsemide
9- 去氧钩吻酰胺 9-deoxygelsemide
(-)- 去氧鬼臼毒素 (-)-deoxypodophyllotoxin
去氧鬼臼毒素 deoxypodophyllotoxin
去氧鬼臼根茎酮▲ deoxypodorhizone
去氧鬼臼苦素 deoxypicropodophyllin
14,15- 去氧哈湾鹧鸪花素▲ -1,7- 二乙酸酯 14,15-deoxyhavanensin-1,7-diacetate
12- 去氧海南巴豆内酯▲ H 12-deoxycrotonolide H
去氧合甘松香醇 A desoxonarchinol A
5- 去氧赫卡尼亚香科科苷▲ 5-deoxyteuhircoside
去氧红车轴草酰胺 deoxyclovamide
6- 去氧红花八角素 6-deoxydunnianin
(-)-1,6- 去氧胡椒环氧化物▲ (-)-1,6-desoxypipoxide
22- 去氧葫芦素 D 22-deoxocucurbitacin D
3'- 去氧肌苷 3'-deoxyinosine
13- 去氧鸡蛋花苷 13-deoxyplumieride
5- 去氧基维酮 5-deoxykievitone
7- 去氧吉氏巴豆素 7-deoxogeayine
2- 去氧甲壳蜕皮素 2-deoxycrustecdysone
去氧甲壳甾酮 deoxycrustecdysone
去氧交让木胺 deoxyyuzurimine
5- 去氧金鱼草诺苷▲ 5-deoxyantirrhinoside
10- 去氧京尼平苷酸 10-deoxygeniposidic acid
20- 去氧巨大戟烯醇▲ -3- 当归酸酯 20-deoxyingenol-3-angelate
去氧巨大鞘丝藻加酰胺▲ C deoxymalyngamide C
去氧巨大鞘丝藻酰胺 D deoxymajusculamide D
24- 去氧绢毛榄仁苷 24-deoxysericoside
去氧苦鬼臼毒素 deoxypicropodophyllotoxin
9- 去氧拉普乌头碱 9-deoxylappaconitine
3'- 去氧辣椒红素 3'-deoxycapsanthin
26- 去氧类叶升麻素▲ 26-deoxyactein
27- 去氧类叶升麻素▲ 27-deoxyactein
26- 去氧类叶升麻素醇▲ 26-deoxyacteinol
3- 去氧辽东桤木酮醇▲ 3-deoxohirsutanonol
5-*O*- 去氧辽东桤木酮醇▲ 5-*O*-deoxohirsutanonol
3- 去氧辽东桤木酮醇▲ -5-*O*-(6-*O*-β-D- 芹糖基)-β-D- 吡喃葡萄糖苷

3-deoxohirsutanonol-5-*O*-(6-*O*-*β*-D-apiosyl)-*β*-D-glucopyranoside
3- 去氧辽东桤木酮醇▲ -5-*O*-*β*-D- 吡喃葡萄糖苷 3-deoxohirsutanonol-5-*O*-*β*-D-glucopyranoside
去氧裂叶蒿酚▲ desoxylacarol
去氧琉璃飞燕草林碱▲ deoxydelsoline
11- 去氧罗汉果苷 III, V, VI 11-deoxymogroside III, V, VI
去氧骆驼蓬定碱 deoxypeganidine
去氧骆驼蓬宁碱▲ deoxypeganine
2- 去氧骆驼蓬乙酸 2-deoxypeganylacetic acid
去氧马兜铃酮 deoxoaristolone
去氧马钱苷 deoxyloganin
7- 去氧马钱酸 7-deoxyloganic acid
1- 去氧曼野尻霉素 1-deoxymannojirimycin
8- 去氧莽吉柿素▲ 8-deoxygartanin
去氧莽吉柿素▲ deoxygartanin
3*β*-*O*-(*β*-D-2- 去氧毛地黄糖基)-14,16*β*- 二羟基 -5*β*,14*β*- 强心甾 -20(22)- 烯内酯 3*β*-*O*-(*β*-D-diginosyl)-14,16*β*-dihydroxy-5*β*,14*β*-card-20(22)-enolide
3*β*-*O*-(*β*-D-2- 去氧毛地黄糖基)-14- 羟基 -5*α*,14*β*- 强心甾 -20(22)- 烯内酯 3*β*-*O*-(*β*-D-digitalosyl)-14-hydroxy-5*α*,14*β*-card-20(22)-enolide
3*β*-*O*-(*β*-D-2-去氧毛地黄糖基)-14-羟基-5*β*,14*β*-强心甾-16,20(22)-二烯内酯 3*β*-*O*-(*β*-D-diginosyl)-14-hydroxy-5*β*,14*β*-card-16,20(22)-dienolide
3*β*-*O*-(*β*-D-2- 去氧毛地黄糖基)-8,14- 环氧 -5*β*,14*β*- 强心甾 -16,20(22)- 二烯内酯 3*β*-*O*-(*β*-D-digitalosyl)-8,14-epoxy-5*β*,14*β*-card-16,20(22)-dienolide
1- 去氧毛喉鞘蕊花素▲ 1-deoxyforskolin
3- 去氧美登木醇 3-deoxymaytol
5- 去氧美丽马鞭草苷 I 5-deoxypulchelloside I
14- 去氧木藜芦毒素 VIII 14-deoxygrayanotoxin VIII
6- 去氧木藜芦毒素 XVII 6-deoxygrayanotoxin XVII
N-(1'-D- 去氧木糖醇基)-6,7- 二甲基 -1,4- 二氢 -2,3- 喹喔啉二酮 *N*-(1'-D-deoxyxylitolyl)-6,7-dimethyl-1,4-dihydro-2,3-quinoxalinedione
去氧鸟苷 deoxyguanosine
2- 去氧尿苷 2-deoxoyuridine
2'- 去氧尿苷 2'-deoxyuridine
去氧尿苷 deoxyuridine
去氧柠檬苦素 deoxylimonin
去氧牛耳枫林碱▲ B deoxycalyciphylline B
去氧帕尔古拉海兔醇▲ deoxyparguerol
去氧帕尔古拉海兔醇▲ -16- 乙酸酯 deoxyparguerol-16-acetate
4- 去氧泡泡辛▲ 4-deoxyasimicin
去氧萍蓬草定碱 deoxynupharidine
3*β*-D- 去氧葡萄糖氧基 -14*β*,11*β*- 二羟基 -7*α*,8*α*- 环氧 -12- 氧代 -5*β*-强心甾 -20(22)- 烯内酯 3*β*-D-deoxyglucosyloxy-14*β*,11*β*-dihydroxy-7*α*,8*α*-epoxy-12-oxo-5*β*-card-20(22)-enolide
去氧齐墩果酸 deoxyoleanolic acid
8- 去氧千层塔尼定碱 8-deoxyserratinidine
8- 去氧千层塔宁碱 8-deoxyserratinine
6- 去氧荞麦碱 6-deoxyfagomine
14- 去氧鞘蕊花酮▲ U 14-deoxycoleon U
去氧去氢环毛大丁草酮 deoxodehydrocyclopiloselloidone
5- 去氧乳菇内酯▲ B 5-desoxylactarolide B
7- 去氧三尖杉因碱▲ 7-deoxycephalofortuneine
5- 去氧山柰酚 5-deoxykaempferol
8- 去氧山栀苷 8-deoxyshanzhiside
26- 去氧升麻苷 26-deoxycimicifugoside
26- 去氧升麻苷元 26-deoxycimicifugenin
25- 去氧升麻新醇 -3-*O*-*β*-D- 吡喃木糖苷 25-deoxyshengmanol-3-*O*-*β*-D-xylopyranoside
12- 去氧石杉碱 O 12-deoxyhuperzine O
去氧食用大黄苷 deoxyrhaponticin; desoxyrhaponticin
去氧食用大黄苷元 deoxyrhapontigenin; desoxyrhapontigenin
去氧食用大黄苷元 -(6'-*O*- 没食子酰基)- 葡萄糖苷 deoxyrhapontigenin-(6'-*O*-galloyl)-glucoside
去氧食用大黄苷元 -3-*β*-D- 吡喃葡萄糖苷 desoxyrhapontigenin-3-*β*-D-glucopyranoside
7- 去氧水仙环素 7-deoxynarciclasine
12- 去氧睡茄曼陀罗内酯▲ 12-deoxywithastramonolide
1- 去氧苏里南维罗蔻木酮▲ 1-deoxycarinatone
3- 去氧苏木查耳酮 3-deoxysappanchalcone
3'- 去氧苏木酮 3'-deoxysappanone
3'- 去氧苏木酮 B 3'-deoxysappanone B
3- 去氧苏木酮 B 3-deoxysappanone B
1- 去氧苏糖醇 1-deoxythreitol
9'- 去氧素馨苷元▲ 9'-deoxyjasminigenin
4- 去氧酸浆内酯 4-deoxyphysalolactone
α-3,5- 去氧替告皂苷元 *α*-3,5-deoxytigogenin
$\Delta^{3,5}$- 去氧替告皂苷元 $\Delta^{3,5}$-deoxytigogenin
去氧土大黄苷 deoxyrhaponticin
2- 去氧蜕皮素 2-deoxyecdysone
2- 去氧蜕皮素 -3-*O*-*β*-D- 吡喃葡萄糖苷 2-deoxyecdysone-3-*O*-*β*-D-glucopyranoside
(*S*)-(+)- 去氧娃儿藤定碱 (*S*)-(+)-deoxytylophorinidine
去氧薇甘菊内酯 deoxymikanolide
6- 去氧伪莽草素 6-deoxypseudoanisatin
3'- 去氧问荆吡喃酮▲ -(3,4- 羟基 -6-(4'- 羟基 -D- 苯乙烯基)-2-吡喃酮 -3-*O*-*β*-D- 吡喃葡萄糖苷) 3'-deoxyequisetumpyrone-[3,4-hydroxy-6-(4'-hydroxy-D-styryl)-2-pyrone-3-*O*-*β*-D-glucopyranoside]
14- 去氧莴苣素 14-deoxylactucin
8- 去氧莴苣素 8-deoxylactucin
8- 去氧莴苣素 -15- 草酸酯 8-deoxylactucin-15-oxalate
15- 去氧莴苣素 -8- 硫酸酯 15-deoxylactucin-8-sulfate
3- 去氧乌头碱 3-deoxyaconitine
去氧乌头碱 deoxyaconitine
3- 去氧乌头原碱 -8- 亚油酸酯 3-deoxyaconine-8-linoleate
(+)- 去氧五味子素 (+)-deoxyschisandrin
去氧五味子素 deoxyschisandrin; deoxyschizandrin
8- 去氧五月茶酮 8-deoxoantidesmone
(-)- 去氧西藏鬼臼脂酮 (-)-deoxypodorhizone
(*S*)-20- 去氧喜树碱 (*S*)-20-deoxycamptothecine
去氧喜树碱 deoxycamptothecine
1- 去氧狭叶依瓦菊素 1-deoxyivangustin
2'- 去氧腺苷 2'-deoxyadenosine
3'- 去氧腺苷 3'-deoxyadenosine
去氧香根鸢尾醛▲ desoxyiripallidal
去氧心叶水团花碱▲ desoxycordifoline
6- 去氧新大八角素 6-deoxyneomajucin
$\Delta^{3,5}$- 去氧新替告皂苷元 $\Delta^{3,5}$-deoxyneotigogenin
去氧新隐丹参酮 deoxyneocryptotanshinone
2'- 去氧胸苷 2'-deoxythymidine
去氧鸭嘴花碱 deoxyvasicine
去氧鸭嘴花酮碱 deoxyvasicinone
去氧延龄草烯苷▲ A, B deoxytrillenoside A, B
5- 去氧杨梅酮 5-deoxymyricanone

6- 去氧洋椿酮 6-deoxycedrelone
1- 去氧野尻霉素 1-deoxynojirimycin
5- 去氧野芝麻醇▲ 5-deoxylamiol
8- 去氧野芝麻醇▲ 8-deoxylamiol
5- 去氧野芝麻苷 5-deoxylamioside
6- 去氧野芝麻苷 6-deoxylamioside
13- 去氧伊桐醇▲ A 13-deoxyitol A
26- 去氧乙酰类叶升麻醇▲ 26-desoxyacetylacteol
27- 去氧乙酰类叶升麻醇▲ 27-deoxyacetylacteol
6- 去氧异巴西红厚壳素 6-deoxyisojacareubin
4'- 去氧异长春碱 4'-deoxyleurosidine
4'- 去氧异长春碱 -N^{b}- 氧化物 4'-deoxyleurosidine-N^{b}-oxide
去氧异番木鳖碱氯代甲氯化物 deoxyisostrychnine chloromethochloride
22- 去氧异葫芦素 D 22-deoxoisocucurbitacin D
11- 去氧异罗汉果苷 V 11-deoxyisomogroside V
去氧异牛耳枫林碱▲ B deoxyisocalyciphylline B
11- 去氧异智异山五加苷▲ 11-deoxyisochiisanoside
(+)-7- 去氧印楝二酚▲ (+)-7-deoxynimbidiol
2- 去氧芸苔素内酯 2-deoxybrassinolide
11- 去氧泽泻醇 A 11-deoxyalisol A
11- 去氧泽泻醇 B 11-deoxyalisol B
11- 去氧泽泻醇 B 23- 乙酸酯 11-deoxyalisol B 23-acetate
11- 去氧泽泻醇 C 11-deoxyalisol C
11- 去氧泽泻醇 C 23- 乙酸酯 11-deoxyalisol C 23-acetate
5- 去氧芝麻苷 5-desoxysesamoside
7- 去氧栀子新苷 7-deoxygardoside
7- 去氧栀子新苷甲酯 7-deoxygardoside methyl ester
5- 去氧直立黄钟花苷▲ 5-deoxystansioside
12- 去氧中间香茶菜素▲ 12-deoxyisodomedin
12- 去氧中间香茶菜素▲丙酮化物 12-deoxyisodomedin acetonide
1- 去氧竹柏内酯 A 1-deoxynagilactone A
6- 去氧梓醇 6-deoxycatalpol
去氧紫草素 deoxyshikonin
去氧紫朱草素 deoxyalkannin
N- 去乙基 -3- 乙酰乌头碱 *N*-deethyl-3-acetylaconitine
N- 去乙基 -*N*-19- 二去氢萨柯乌头碱 *N*-deethyl-*N*-19-didehydrosachaconitine
N- 去乙基 -*N*- 甲基 -12- 二氢萨柯乌头碱 *N*-deethyl-*N*-methyl-12-epinapelline
N- 去乙基去氧乌头碱 *N*-deethyldeoxyaconitine
N- 去乙基塔拉乌头胺 *N*-deethyltalatisamine
N- 去乙基乌头碱 *N*-deethylaconitine
N- 去乙基展花乌头宁 *N*-deethylchasmanine
去乙酰白草蒿内酯▲ A deacetylherbolide A
去乙酰百金花苦素▲ deacetylcentapicrin
6- 去乙酰比利牛斯香科科定 6-deacetylteupyreinidin
去乙酰表粉蕊黄杨胺 A desacylepipachysamine A
去乙酰长春多灵 deacetylvindoline
去乙酰长春碱 deacetylvincaleukoblastine
去乙酰车叶草苷 deacetylasperuloside
10- 去乙酰车叶草苷酸 10-deacetylasperulosidic acid
去乙酰车叶草苷酸 deacetylasperulosidic acid
去乙酰车叶草苷酸甲酯 deacetylasperulosidic acid methyl ester
去乙酰车叶草苷酸钠盐 deacetylasperulosidic acid sodium salt
去乙酰车叶草苷酸乙酯 deacetylasperulosidic acid ethyl ester
10-*O*- 去乙酰车叶草酸甲酯 10-*O*-deacetylasperulosidic acid methyl ester
去乙酰车轴草酸甲酯 methyl deacetylasperulosidate
去乙酰除虫菊内酯 deacetylpyretrosin
12- 去乙酰川楝素 12-deacetyltoosendanin
8- 去乙酰滇乌碱 8-deacetylyunaconitine
去乙酰鹅绒藤苷元▲ deacetylcynanchogenin
去乙酰二氢醉鱼草定 A deacetyldihydrobuddledin A
去乙酰法氏石松碱 deacetylfawcettiine
去乙酰法氏石松辛碱 deacetyllycofawcine
14- 去乙酰飞燕草因碱▲ 14-deacetylambiguine
去乙酰飞燕草因碱▲ deacetylambiguine
O- 去乙酰粉蕊黄杨碱 B *O*-deacetylpachysandrine B
N- 去乙酰赣皖乌头碱▲ *N*-deacetylfinaconitine
去乙酰葛杜宁 deacetylgedunin
O- 去乙酰谷甾醇 *O*-acetylsitosterol
17α- 去乙酰海杧果宁▲ 17α-deacetyltanghinin
17β- 去乙酰海杧果宁▲ 17β-deacetyltanghinin
去乙酰海杧果宁▲ deacetyltanghinin
去乙酰赫克托鞘丝氯素▲ deacetylhectochlorin
去乙酰胡克车前苷▲ desacetylhookerioside
25- 去乙酰葫芦素 A 25-deacetylcucurbitacin A
N- 去乙酰花葶乌头碱 *N*-deacetylscaconitine
(+)-5''- 去乙酰灰毛豆灵▲ (+)-5''-deacetylpurpurin
3- 去乙酰灰毛浆果楝萜▲ D 3-deacetylcipadonoid D
1- 去乙酰喙荚云实素▲ C 1-deacetylcaesalmin C
7-*O*- 去乙酰鸡脚参醇 B 7-*O*-deacetylorthosiphol B
3-*O*- 去乙酰鸡脚参醇 I 3-*O*-deacetylorthosiphol I
2-*O*- 去乙酰鸡脚参醇 J 2-*O*-deacetylorthosiphol J
10- 去乙酰基 -10- 氧代 -7- 表紫杉醇 10-deacetyl10-oxo-7-epitaxol
10- 去乙酰基 -10- 氧代浆果紫杉素 V 10-deacetyl-10-oxobaccatin V
2- 去乙酰基 -11β,13- 二羟基苍耳素 2-deacetyl-11β,13-dihydroxyxanthinin
去乙酰基 -11β,13- 二氢卵叶柄花菊素▲ desacetyl-11β,13-dihydroovatifolin
去乙酰基 -11β,13- 二氢卵叶柄花菊素▲-8-*O*- 巴豆酸酯 desacetyl-11β,13-dihydroovatifolin-8-*O*-tiglate
去乙酰基 -11β,13- 二氢卵叶柄花菊素▲-8- 酮 desacetyl-11β,13-dihydroovatifolin-8-one
3- 去乙酰基 -11- 氧代白花阴生香茶菜素 E 3-deacetyl-11-oxoleukamenin E
6-*O*- 去乙酰基 -14- 氢 -15- 羟基赪桐定 6-*O*-deacetyl-14-hydro-15-hydroxyclerodin
5-*O*- 去乙酰基 -15-*O*- 甲基印楝波力定▲ A 5-*O*-deacetyl-15-*O*-methylnimbolidin A
15-*O*- 去乙酰基 -15-*O*- 甲基印楝波力定▲ B 15-*O*-deacetyl-15-*O*-methylnimbolidin B
16- 去乙酰基 -16- 脱水希氏尖药木苷▲ P 16-deacetyl-16-anhydroacoschimperoside P
1-*O*- 去乙酰基 -1-*O*- 巴豆酰日楝内酯▲ A, B 1-*O*-deacetyl-1-*O*-tigloylohchinolide A, B
1-*O*- 去乙酰基 -1-*O*- 苯甲酰日楝内酯▲ B 1-*O*-deacetyl-1-*O*-benzoylohchinolide B
7- 去乙酰基 -21α- 甲氧基二氢鸦胆子宁▲ B 7-deacetyl-21α-methoxydihydrobruceajavanin B
4,21- 去乙酰基 -23- 去甲基 - 去氧交让木胺 4,21-deacetyl-23-demethyl-deoxyyuzurimine
3-*O*- 去乙酰基 -3-*O*- 巴豆酰印楝沙兰宁 3-*O*-deacetyl-3-*O*-tigloylsalannin
18- 去乙酰基 -4- 表 - 鄂西香茶菜素 A 18-deacetyl-4-*epi*-henryin A
17-*O*- 去乙酰基 -5β,11- 二甲氧基苦籽木林碱▲ 17-*O*-deacetyl-5β,11-dimethoxyakuammiline

(12β)-O-20- 去乙酰基 -5- 去乙酰氧基 -8,9- 二去氢 -2- 去氧 -8,12- 二氢 -9,22- 裂环交让木胺 -23- 酸 (12β)-O-20-deacetyl-5-deacetyloxy-8,9-didehydro-2-deoxy-8,12-dihydro-9,22-secoyuzurimin-23-oic acid
去乙酰基 -6- 乙氧基车叶草苷酸甲酯 deacetyl-6-ethoxyasperulosidic acid methyl ester
10- 去乙酰基 -7- 表紫杉醇 10-deacetyl-7-epitaxol
10- 去乙酰基 -7- 表紫杉醇 A 10-deacetyl-7-epitaxol A
10- 去乙酰基 -7- 木糖基紫杉醇 10-deacetyl-7-xylosyltaxol
10- 去乙酰基 -7- 木糖基紫杉醇 C 10-deacetyl-7-xylosyltaxol C
10- 去乙酰基 -7- 去苯甲酰氧基短叶紫杉醇▲ 10-deacetyl-7-(debenzoyloxy)brevifoliol
2- 去乙酰基 -8- 表 - 苍耳醇 -4-O-β-D- 吡喃半乳糖苷 2-desacetyl-8-*epi*-xanthumanol-4-O-β-D-galactopyranoside
去乙酰基 -1α,4β- 二羟基 - 比梢菊内酯▲ desacetyl-1α,4β-dihydroxy-bishopsolicepolide
去乙酰基 - γ - 环表郁金香酯 deacetyl-γ-cycloepitulipinolide
19- 去乙酰基白酒草内酯▲ 19-deacetylconyzalactone
去乙酰基苍耳明 deacetylxanthumin
5- 去乙酰基浆果紫杉素 I 5-deacetylbaccatin I
10- 去乙酰基浆果紫杉素 III 10-deacetylbaccatin III
4- 去乙酰基浆果紫杉素 III 4-deacetylbaccatin III
10- 去乙酰基浆果紫杉素 V 10-deacetylbaccatin V
13- 去乙酰基浆果紫杉素 VI 13-deacetylbaccatin VI
3- 去乙酰基林泽兰宁 A 3-deacetyleupalinin A
去乙酰基母菊素 desacetylmatricarin
13-O- 去乙酰基南方紫杉醇 Z 13-O-deacetyltaxumairol Z
4,21- 去乙酰基 - 去氧交让木胺 4,21-deacetyl-deoxyyuzurimine
2- 去乙酰基去氧帕尔古拉海兔醇▲ 2-deacetoxydeoxyparguerol
去乙酰基狭裂金眼菊素▲ deacetylviguiestenin
7,9,13- 去乙酰基移浆果紫杉素▲IV 7,9,13-deacetylabeobaccatin IV
10- 去乙酰基印度三尖杉碱▲ 10-deacetylcephalomannine
10- 去乙酰基云南紫杉素 10-deacetyltaxuyunnanine
14- 去乙酰基云南紫杉素 C 14-deacetyltaxuyunnanine C
10- 去乙酰基紫杉醇 A, C 10-deacetyltaxol A, C
10- 去乙酰基紫杉宁 10-deacetyltaxinine
2- 去乙酰基紫杉宁 2-deacetyltaxinine
9,10- 去乙酰基紫杉宁 9,10-deacetyl taxinine
9- 去乙酰基紫杉宁 9-deacetyltaxinine
9- 去乙酰基紫杉宁 A 9-deacetyltaxinine A
10- 去乙酰基紫杉宁 B 10-deacetyltaxinine B
9- 去乙酰基紫杉宁 E 9-deacetyltaxinine E
去乙酰假蒟酰胺▲B deacetylsarmentamide B
去乙酰交让木苷 deacetyldaphylloside
去乙酰角胡麻苷 deacetylmartynoside
11S- 去乙酰金钱松酸 A 11S-deacetylpseudolaric acid A
去乙酰金钱松酸 A, C_2 deacetylpseudolaric acid A, C_2
去乙酰金钱松酸 A-2,3- 二羟基丙酯 deacetylpseudolaric acid A-2,3-dihydroxypropyl ester
去乙酰金钱松酸 A-O-β-D- 吡喃葡萄糖苷 deacetylpseudolaric acid A-O-β-D-glucopyranoside
去乙酰金钱松酸 B-2,3- 二羟基丙酯 deacetylpseudolaric acid B-2,3-dihydroxypropyl ester
去乙酰金粟兰内酯 C deacetylchloranthalactone C
6- 去乙酰筋骨草灵▲ 6-deacetylajugarin
6-O- 去乙酰筋骨草马灵▲ 6-O-deacetylajugamarin
去乙酰锯齿泽兰内酯 desacetyleupaserrin
O- 去乙酰苦籽木碱▲ O-deacetylpicraline
去乙酰苦籽木碱▲ deacetylpicraline
去乙酰苦籽木碱▲-3,4,5- 三甲氧基苯甲酸酯 deacetylpicraline-3,4,5-trimethoxybenzoate
去乙酰苦籽木林碱▲ deacetylakuammiline
N- 去乙酰拉普乌头碱 N-deacetyllappaconitine
1- 去乙酰雷公藤春碱 1-desacetylwilfortrine
1- 去乙酰雷公藤定碱 1-desacetylwilfordine
1- 去乙酰雷公藤晋碱 1-desacetylwilforgine
29- 去乙酰楝素 29-deacetylsendanin
去乙酰卵叶柄花菊素▲ deacetylovatifolin
去乙酰萝藦苷元 deacetylmetaplexigenin
去乙酰骆驼蓬苷 deacetylpeganetin
3-O- 去乙酰毛萼晶 J 3-O-deacetylmaoecrystal J
N- 去乙酰毛莨叶乌头碱 N-deacetylranaconitine
去乙酰毛喉鞘蕊花素▲ deacetyl-forskolin
去乙酰毛蕊花苷 decaffeoylverbasoside
8- 去乙酰母菊素 8-desacetylmatricarin
去乙酰母菊素 deacetylmatricarin; desacetylmatricarin
去乙酰母菊素 -β- 吡喃葡萄糖苷 deacetylmatricarin-β-glucopyranoside
去乙酰牡荆内酯 deacetylvitexilactone
去乙酰柠檬林素▲ deacetylnomilin
去乙酰柠檬林素▲-17-β-D- 吡喃葡萄糖苷 deacetylnomilin-17-β-D-glucopyranoside
去乙酰柠檬林素▲-1-O- 没食子酸酯 deacetylnomilin-1-O-gallate
去乙酰柠檬林素▲葡萄糖苷 deacetylnomilin glucoside
去乙酰柠檬林酸▲ deacetylnomilinic acid
去乙酰柠檬林酸▲-17-β-D- 吡喃葡萄糖苷 deacetylnomilinic acid-17-β-D-glucopyranoside
去乙酰柠檬林酸▲葡萄糖苷 deacetylnomilinic acid glucoside
去乙酰柠檬林酸甲酯 methyl deacetylnomilinate
19-O- 去乙酰乔德黄芩素▲A 19-O-deacetyljodrellin A
去乙酰球花母菊素 deacetylglobicin
去乙酰去甲酰苦籽木碱▲ deacetyldeformopicraline
1-O- 去乙酰日楝内酯▲A, B 1-O-deacetylohchinolide A, B
2,3- 去乙酰三花龙胆苷 2,3-deacetyltrifloroside
2- 去乙酰三花龙胆苷 2-deacetyltrifloroside
3- 去乙酰三花龙胆苷 3-deacetyltrifloroside
4- 去乙酰蛇形菌素 4-desacetylanguidin
28- 去乙酰射干醛 28-deacetylbelamcandal
去乙酰鼠尾草酮酚▲ deacetylsalvianonol
去乙酰四脉银胶菊素▲A deacetyltetraneurin A
去乙酰台湾牛奶菜苷 deacetylmarsformoside
2-O- 去乙酰卫矛宁碱▲ 2-O-deacetyleuonine
2- 去乙酰卫矛羰碱 2-desacetylevonin
7- 去乙酰鸦胆子宁▲B 7-deacetylbruceajavanin B
14- 去乙酰洋翠雀定 14-deacetylajadine
12- 去乙酰氧基 -15α- 羟基 -23- 表 -26- 去氧类叶升麻素▲ 12-deacetyloxy-15α-hydroxy-23-*epi*-26-deoxyactein
1- 去乙酰氧基 -1- 氧代喙荚云实素▲C 1-deacetoxy-1-oxocaesalmin C
12- 去乙酰氧基 -23- 表 -26- 去氧类叶升麻素▲ 12-deacetyloxy-23-*epi*-26-deoxyactein
2- 去乙酰氧基 -5- 去桂皮酰基紫杉宁 J 2-deacetoxy-5-decinnamoyltaxinine J
3- 去乙酰氧基 -6- 乙酰氧基大云实灵▲e 3-deacetoxyl-6-acetoxycaesaldekarin e
2- 去乙酰氧基 -7,9- 二去乙酰基紫杉宁 J 2-deacetoxy-7,9-dideacetyltaxinine J
6- 去乙酰氧基 -7- 去乙酰溪桫酮 6-deacetyloxy-7-deacetylchisochetone

Q

2'- 去乙酰氧基澳紫杉碱▲ 2'-deacetoxyaustrospicatine
17- 去乙酰氧基长春碱 17-desacetoxyvinblastine
4- 去乙酰氧基长春碱 4-desacetoxyvinblastine
17- 去乙酰氧基长春碱氧化物 17-desacetoxyvinblastine oxide
17- 去乙酰氧基长春米定 17-deacetoxyvinamidine
2- 去乙酰氧基东北紫杉素▲ C 2-deacetoxytaxuspine C
12- 去乙酰氧基红椿林素▲ 12-deacetoxytoonacilin
17- 去乙酰氧基环长春碱 17-deacetoxycyclovinblastine
4- 去乙酰氧基环长春碱 4-deacetoxycyclovinblastine
17- 去乙酰氧基环氧长春洛辛▲ 17-desacetoxyleurosine
16- 去乙酰氧基 - 里海黄杨胺▲ 16-deacetoxy-hyrcamine
去乙酰氧基母菊素 deacetoxymatricarin; desacetoxymatricarin
2- 去乙酰氧基去桂皮酰基紫杉宁 J 2-deacetoxydecinnamoyltaxinine J
2- 去乙酰氧基紫杉宁 B 2-deacetoxytaxinine B
2α- 去乙酰氧基紫杉宁 J 2α-deacetoxytaxinine J
2- 去乙酰氧基紫杉宁 J 2-deacetoxytaxinine J
去乙酰野茉莉皂苷 desacyl jegosaponin
14- 去乙酰野罂粟碱 14-deacetylnudicauline
去乙酰异角胡麻苷 deacetylisomartynoside
去乙酰异鸦胆子素 deacetylated isobruceine
去乙酰异叶乌头定 deacetylheterophylloidine
15-*O*- 去乙酰印楝波力定▲ B 15-*O*-deacetylnimbolidin B
1- 去乙酰印楝波力宁▲ 1-deacetylnimbolinin
1- 去乙酰印楝波力宁▲ A, B 1-deacetylnimbolinin A, B
3-*O*- 去乙酰印楝沙兰宁 3-*O*-deacetylsalannin
去乙酰印楝沙兰宁 deacetylsalannin
去乙酰原藜芦碱 A deacetylprotoveratrine A
去乙酰月桂烯内酯 deacetyl laurenobiolide
24- 去乙酰泽泻醇 O 24-deacetylalisol O
12-*O*- 去乙酰鹧鸪花素▲ H 12-*O*-deacetyltrichilin H
1- 去乙酰中华青牛胆苷▲ A 1-deacetyltinosineside A
去乙酰紫玉盘辛▲ desacetyluvaricin
2- 去乙氧基 -2- 甲氧基白花地胆草林素▲ 2-deethoxy-2-methoxyphantomolin
2- 去乙氧基 -2- 羟基白花地胆草林素▲ 2-deethoxy-2-hydroxyphantomolin
3- 去异丙烯基盐肤木内酯 A 3-deisopropenyl rhuscholide A
2- 去异戊烯基瑞地亚木屾酮▲ B 2-deprenylrheediaxanthone B
5- 去异戊烯基蛇麻酮 C 5-deprenyllupulone C
全萼苔▲ -8(12)- 烯 -4- 酮 gymnomitr-8(12)-en-4-one
(+)- 全萼苔▲ -8(12)- 烯 -9α- 醇 (+)-gymnomitr-8(12)-en-9α-ol
全萼苔醇▲ gymnomitrol
全反式 -10- 羟基 -4,6- 二炔 -2, 8- 二烯 - 癸酸 *all-trans*-10-hydroxy-4,6-diyne-2,8-dien-deceanoic acid
全反式 -β- 胡萝卜素 *all-trans-β*-carotene
全反式 -β- 隐黄质 *all-trans-β*-cryptoxanthin
全反式 - 番红花酸 - 单 (β-D- 葡萄糖基)- 酯 *all-trans*-crocetin-mono(*β*-D-glucosyl)-ester
全反式 - 花药黄质 *all-trans*-antheraxanthin
全反式 - 角鲨烯 *all-trans*-squalene
全反式 - 新黄质 (*all-trans*)-neoxanthin
全反式 - 叶黄素 *all-trans*-lutein
全反式 - 叶黄素环氧化物 *all-trans*-lutein epoxide
全反式 - 玉米黄质 *all-trans*-zeaxanthin
全能花素▲ biflorin
全顺式 -5,11,14- 二十碳三烯酸 *all-cis*-5,11,14-eicosatrienoic acid
全顺式 -5,8,11,14- 花生四烯酸 *all-cis*-5,8,11,14-eicosatetraenoic acid
全外消旋 - 异植醇 (*all-rac*)-isophytol
全缘金粟兰内酯▲ A~F chlorahololide A~F
β- 全缘漏芦甾酮 A *β*-integristerone A
全缘千里光碱 integerrimine
全缘叶安菊素▲ integrifolin
全缘叶漏芦甾酮▲ integristerone
全缘叶漏芦甾酮▲ A integristerone A
(-)- 全柱花木脂酮▲ (-)-holostyligone
拳距瓜叶乌头碱▲ A~G circinasine A~G
3- 醛 -2 甲氧基 -2,5- 二甲基苯甲酸 3-aldehyde-2-methoxy-2,5-dimethylbenzoic acid
5- 醛基 -2,3- 二氢异香豆素 5-formyl-2,3-dihydroisocoumarin
醛基次乌头碱 aldohypaconitine
2- 醛基蒽醌 anthraquinone-2-aldehyde
23- 醛基果渣酸▲ 23-aldehydepomolic acid
28- 醛基蒲公英烯酮 28-aldehyde-taraxerenone
7- 醛基去氢海罂粟碱 7-aldehyde dehydroglaucine
α- 醛基三聚噻吩 *α*-formyl-terthienyl
3- 醛基吲哚 3-alylindole
29- 醛基羽扇豆醇 29-oxo-lupeol
30- 醛基羽扇豆醇 30-oxo-lupeol
醛荚蒾宁 A, B, C aldovibsanin A, B, C
(*E*)- 醛缩裂环马钱苷 (*E*)-aldosecologanin
(*Z*)- 醛缩裂环马钱苷 (*Z*)-aldosecologanin
犬尿氨酸 kynurenine
犬问荆定▲ palustridine
犬问荆碱▲ palustrine
2- 炔基 -1- 十五醇 2-pentadecyn-1-ol
炔己蚁胺 valamin
雀斑党参苷▲ I ussurienoside I
雀舌黄杨碱 A~E buxbodine A~E
鹊肾树醇▲ C, D, E streblusol C, D, E
鹊肾树醇苷▲ strebloside
鹊肾树苷▲ sioraside
鹊肾树醌▲ streblusquinone
鹊肾树洛苷▲ asperoside
鹊肾树木脂醇▲ strebluslignanol
鹊肾树木脂醇▲ F strebluslignanol F

R

髯花杜鹃素 A~D ranhuadujuanine A~D
髯毛灰毛豆酮▲ barbigerone
染料木苷 genistin
染料木苷 -6''-*O*- 丙二酸酯 genistin-6''-*O*-malonate
2'- 染料木素 2'-genistein
染料木素 genistein
染料木素 -4',7- 二 -*O*-β-D- 吡喃葡萄糖苷 genistein-4',7-di-*O*-*β*-D-glucopyranoside
染料木素 -4'-*O*-(6'''-*O*-α-L- 吡喃鼠李糖基)-β- 槐糖苷 genistein-4'-*O*-(6'''-*O*-*α*-L-rhamnopyranosyl)-*β*-sophoroside
染料木素 -4'-*O*-(6''-*O*-α-L- 吡喃鼠李糖基)-β- 槐糖苷 genistein-4'-*O*-(6''-*O*-*α*-L-rhamnopyranosyl)-*β*-sophoroside
染料木素 -4'-*O*-α-L- 吡喃鼠李糖苷 genistein-4'-*O*-*α*-L-rhamnopyranoside
染料木素 -4'-*O*-β-D- 吡喃葡萄糖苷 genistein-4'-*O*-*β*-D-glucopyranoside
染料木素 -4'-*O*-β- 吡喃葡萄糖苷 genistein-4'-*O*-*β*-glucopyranoside
染料木素 -4'-*O*- 吡喃葡萄糖苷 genistein-4'-*O*-glucopyranoside
染料木素 -4'-β-D- 吡喃葡萄糖苷 genistein-4'-*β*-D-glucopyranoside

染料木素 -5-*O*-β-D- 吡喃葡萄糖苷 genistein-5-*O*-β-D-glucopyranoside
染料木素 -5- 甲醚 -7-*O*-α- 吡喃鼠李糖基 -(1 → 6)-*O*-β-D- 吡喃葡萄糖苷 genistein-5-methylether-7-*O*-α-rhamnopyranosyl-(1 → 6)-*O*-β-D-glucopyranoside
染料木素 -7-(2''- 对香豆酰葡萄糖苷) genistein-7-(2''-*p*-coumaroylglucoside)
染料木素 -7,4'- 二 -*O*-β-D- 葡萄糖苷 genistein-7,4'-di-*O*-β-D-glucopyranoside
染料木素 -7,4'- 二葡萄糖苷 genistein-7,4'-di-*O*-β-D-glucoside
染料木素 -7-*O*-α-L- 吡喃鼠李糖苷 -4'-*O*-[(α-L- 吡喃鼠李糖基)-(1 → 2)-β-D- 吡喃葡萄糖苷] genistein-7-*O*-α-L-rhamnopyranoside-4'-*O*-[(α-L-rhamnopyranosyl)-(1 → 2)-β-D-glucopyranoside]
染料木素 -7-*O*-α-L- 吡喃鼠李糖苷 -4'-*O*-[(β-D- 吡喃葡萄糖基)-(1 → 2)-β-D- 吡喃葡萄糖苷] genistein-7-*O*-α-L-rhamnopyranoside-4'-*O*-[(β-D-glucopyranosyl)-(1 → 2)-β-D-glucopyranoside]
染料木素 -7-*O*-α-L- 吡喃鼠李糖基 -4'-*O*-(6'''-*O*-α-L- 吡喃鼠李糖基 -β- 槐糖苷 genistein-7-*O*-α-L-rhamnopyranoside-4'-*O*-(6'''-*O*-α-L-rhamnopyranosyl)-β-sophoroside
染料木素 -7-*O*-β-(6''-*O*- 琥珀酰基)-D- 葡萄糖苷 genistein-7-*O*-β-(6''-*O*-succinyl)-D-glucoside
染料木素 -7-*O*-β-D-(6''-*O*- 乙酰吡喃葡萄糖苷) genistein-7-*O*-β-D-(6''-*O*-acetylglucopyranoside)
染料木素 -7-*O*-β-D- 吡喃半乳糖苷 genistein-7-*O*-β-D-galactopyranoside
染料木素 -7-*O*-β-D- 吡喃葡萄糖苷 genistein-7-*O*-β-D-glucopyranoside
染料木素 -7-*O*-β-D- 吡喃葡萄糖苷 -4'-*O*-(6'''-*O*-α-L- 吡喃鼠李糖基)-β- 槐糖苷 genistein-7-*O*-β-D-glucopyranoside-4'-*O*-(6'''-*O*-α-L-rhamnopyranosyl)-β-sophoroside
染料木素 -7-*O*-β-D- 吡喃葡萄糖苷 -4'-*O*-[(α-L- 吡喃鼠李糖基)-(1 → 2)-β-D- 吡喃葡萄糖苷 genistein-7-*O*-β-D-glucopyranoside-4'-*O*-[(α-L-rhamnopyranosyl)-(1 → 2)-β-D-glucopyranoside]
染料木素 -7-*O*-β-D- 吡喃葡萄糖苷 -4'-*O*-[(β-D- 吡喃葡萄糖基)-(1 → 2)-β-D- 吡喃葡萄糖苷] genistein-7-*O*-β-D-glucopyranoside-4'-*O*-[(β-D-glucopyranosyl)-(1 → 2)-β-D-glucopyranoside]
染料木素 -7-*O*-β-D- 吡喃葡萄糖苷 -4'-*O*-β-D- 吡喃葡萄糖苷 genistein-7-*O*-β-D-glucopyranoside-4'-*O*-β-D-glucopyranoside
染料木素 -7-*O*-β-D- 呋喃芹糖基 -(1 → 6)-*O*-β-D- 吡喃葡萄糖苷 genistein-7-*O*-β-D-apiofuranosyl-(1 → 6)-*O*-β-D-glucopyranoside
染料木素 -7-*O*-β-D- 葡萄糖苷 -4'-*O*-α-L- 鼠李糖基 -(1 → 2)-β-D- 葡萄糖苷 genistein-7-*O*-β-D-glucoside-4'-*O*-α-L-rhamnosyl-(1 → 2)-β-D-glucoside
染料木素 -7-*O*-β-D- 葡萄糖苷 -4'-*O*-β-D- 葡萄糖苷 genistein-7-*O*-β-D-glucoside-4'-*O*-β-D-glucoside
染料木素 -7-*O*- 吡喃葡萄糖苷 genistein-7-*O*-glucopyranoside
染料木素 -7-*O*- 葡萄糖苷 -6''-*O*- 丙二酸酯 genistein-7-*O*-glucoside-6''-*O*-malonate
染料木素 -8-*C*-β-D- 吡喃葡萄糖苷 genistein-8-*C*-β-D-glucopyranoside
染料木素 -8-*C*- 吡喃葡萄糖苷 genistein-8-*C*-glucopyranoside
染料木素 -8-*C*- 吡喃芹糖基 -(1 → 6)- 吡喃葡萄糖苷 genistein-8-C-apiofuranosyl-(1 → 6)-glucopyranoside
染料木素 -8-*C*- 呋喃芹糖基 -(1 → 6)-*O*-β- 吡喃葡萄糖苷 genistein-8-*C*-β-apiofuranosyl-(1 → 6)-*O*-β-glucopyranoside
染木树苷▲ E saprosmoside E
染用卫矛素 B tingenin B
染用卫矛酮▲ tingenone
蘘荷二醛▲ miogadial
蘘荷三醛▲ miogatrial
蘘荷萜醛▲ mioganal
(-)- 荛花醇 (-)-wikstromol
(+)- 荛花醇 (+)-wikstromol
荛花醇 wikstromol
荛花酚▲ A, B wikstrol A, B
荛花内酯 E, F, J, M, Q wikstroelide E, F, J, M, Q
荛花烯醇▲ wikstroemol
荛花香茶菜素 A, B, C wikstroemioidin A, B, C
荛花因子 C_1, C_2, M_1 wikstroemia factor C_1, C_2, M_1
惹烯 retene
热精胺 thermospermine
人参多糖 A~U panaxan A~U
20(*S*)- 人参二醇 20(*S*)-panaxadiol
人参二醇 panaxadiol
人参二酮▲ panaxadione
人参二烯▲ panaxene
人参呋喃炔 A, B panaxfurayne A, B
人参花皂苷▲ A~K, Ka, Kb, Kc, La, Lb, M~P, Ta, Tb, Tc, Td floralginsenoside A~K, Ka, Kb, Kc, La, Lb, M~P, Ta, Tb, Tc, Td
人参环氧炔醇 panaxydol
人参环氧炔醇氯代醇 panaxydol chlorohydrin
人参环氧炔醇亚油酸酯 panaxydol linoleate
人参黄酮苷 panasenoside
人参精▲ panaxagin
人参精烯▲ panaginsene
人参聚糖 PA, PB ginsenan PA, PB
人参宁碱 ginsenine
人参炔 panaxyne
人参炔 A, E, G ginsenoyne A, E, G
人参炔 A 亚油酸酯 ginsenoyne A linoleate
人参炔 B~K panaxyne B~K
(-)- 人参炔醇 (-)-panaxynol
人参炔醇 panaxynol
人参炔醇亚油酸酯 panaxynol linoleate
(3*S*,10*S*)- 人参炔二醇 (3*S*,10*S*)-panaxydiol
人参炔环氧化物 panaxyne epoxide
(3*R*,9*R*,10*R*)- 人参炔三醇 (3*R*,9*R*,10*R*)-panaxytriol
(3*S*,9*R*,10*R*)- 人参炔三醇 (3*S*,9*R*,10*R*)-panaxytriol
人参炔三醇 panaxytriol
人参炔酮 panaxynone
人参糖蛋白 F-2, LRC ginseng glycoprotein F-2, LRC
人参萜醇 A, B panasinsanol A, B
人参萜烯▲ ginsinsene
(-)-α- 人参烯 (-)-α-panasinsen
α- 人参烯 α-panasinsene
β- 人参烯 β-panasinsene
人参新萜醇 ginsenol
20*R*- 人参皂苷 Rg_2, Rh_1 20*R*-ginsenoside Rg_2, Rh_1
20*S*- 人参皂苷 Rg_2, Rh_1 20*S*-ginsenoside Rg_2, Rh_1
人参皂苷 ginsenoside I, Ia, Ib, II, III, IV, A_1, B_2, C-K, F, F_1~F_6, Fc, Ki, Km, La, M_7cd, Mc, R_0, R_{10}, Ra_0, Ra_1~Ra_6, Ra_7, Ra_8, Ra_9, Rb_1, Rb_2, Rb_3, Rc, Rd, Rd_2, Re, Re_1~Re_6, Rf, Rg_1~Rg_8, Rg_{10}, Rh_1~Rh_9, Rh_{11}~Rh_{20}, Ri, Rk_1, Rk_2, Rk_3, Ro, Rs_1~Rs_5, RS_9, V, Y
(20*E*)- 人参皂苷 F_4 (20*E*)-ginsenoside F_4
20(22)*E*- 人参皂苷 F_4 20(22)*E*-ginsenoside F_4
20(*E*)- 人参皂苷 F_4 20(*E*)-ginsenoside F_4

R

20(*S*)- 人参皂苷 Mc 20(*S*)-ginsenoside Mc
20(*R*)- 人参皂苷 Rf 20(*R*)-ginsenoside Rf
20(*S*)- 人参皂苷 Rf-1a 20(*S*)-ginsenoside Rf-1a
20(*R*)- 人参皂苷 Rg_1 20(*R*)-ginsenoside Rg_1
(20*R*)- 人参皂苷 Rg_2 (20*R*)-ginsenoside Rg_2
20(*R*)- 人参皂苷 Rg_2 20(*R*)-ginsenoside Rg_2
20(*S*)- 人参皂苷 Rg_2 20(*S*)-ginsenoside Rg_2
(20*R*)- 人参皂苷 Rg_3 (20*R*)-ginsenoside Rg_3
(20*S*)- 人参皂苷 Rg_3 (20*S*)-ginsenoside Rg_3
20(*R*)- 人参皂苷 Rg_3 20(*R*)-ginsenoside Rg_3
20(*R*/*S*)- 人参皂苷 Rg_3 20(*R*/*S*)-ginsenoside Rg_3
20(*S*)- 人参皂苷 Rg_3 20(*S*)-ginsenoside Rg_3
(20*Z*)- 人参皂苷 Rg_9 (20*Z*)-ginsenoside Rg_9
20(22)*E*- 人参皂苷 Rg_9 20(22)*E*-ginsenoside Rg_9
(20*R*)- 人参皂苷 Rh_1 (20*R*)-ginsenoside Rh_1
20(*R*)- 人参皂苷 Rh_1 20(*R*)-ginsenoside Rh_1
20(*S*)- 人参皂苷 Rh_1 20(*S*)-ginsenoside Rh_1
20(*R*)- 人参皂苷 Rh_2 20(*R*)-ginsenoside Rh_2
20(*S*)- 人参皂苷 Rh_2 20(*S*)-ginsenoside Rh_2
20(22)*Z*- 人参皂苷 Rh_4 20(22)*Z*-ginsenoside Rh_4
人参皂苷 Ro-6'- 丁酯 ginsenoside Ro-6'-butyl ester
人参皂苷 Ro 甲酯 ginsenoside Ro methyle ester
人参皂苷 Ro- 甲酯 ginsenoside Ro methyl ester
20(*R*)- 人参皂苷 Rs_3 20(*R*)-ginsenoside Rs_3
20(*R*/*S*)- 人参皂苷 Rs_3 20(*R*/*S*)-ginsenoside Rs_3
20(*S*)- 人参皂苷 Rs_3 20(*S*)-ginsenoside Rs_3
20(22)*Z*- 人参皂苷 Rs_4 20(22)*Z*-ginsenoside Rs_4
人心果苷▲ manilkoraside
(*E*)- 壬 -6- 烯醛 (*E*)-non-6-enal
1- 壬醇 1-nonanol
2- 壬醇 2-nonanol
壬醇 nonanol
1,8- 壬二炔 1,8-nonadiyne
1,9- 壬二酸 1,9-nonanedioic acid
壬二酸 nonanedioic acid; azelaic acid; azelic acid; anchoic acid
壬二酸甲酯 nonanedioic acid methyl ester
3,8- 壬二烯 -2- 酮 3,8-nonadiene-2-one
(2*E*,5*E*)-2,5- 壬二烯 -4- 酮 (2*E*,5*E*)-2,5-nonadien-4-one
(2*E*,4*E*)- 壬二烯醛 (2*E*,4*E*)-nonadienal
(*E*,*E*)-2,4- 壬二烯醛 (*E*,*E*)-2,4-nonadienal
(*E*,*Z*)-2,6- 壬二烯醛 (*E*,*Z*)-2,6-nonadienal
2,4- 壬二烯醛 2,4-nonadienal
2- 壬基 -5- 癸酰吡啶 2-nonyl-5-decanoyl-pyridine
10- 壬基 - 二十一烷 10-nonaneyl heneicosane
2- 壬硫醇 2-nonanethiol
γ- 壬内酯 γ-nonalactone
壬醛 nonanal
壬酸 nonanoic acid
壬酸十五酯 pentadecane pelargonate
壬酸乙酯 ethyl nonanoate
壬酸异戊酯 isoamyl nonanoate
壬糖 nonaose
2- 壬酮 2-nonanone
壬烷 nonane
2,4- 壬烷 - 二硫醇 2,4-nonane-dithiol
1,2-*O*-(1- 壬烷基 -5- 氧代 -1,5- 戊烷二基)-*β*-D- 吡喃木糖 1,2-*O*-(1-nonyl-5-oxo-1,5-pentanediyl)-*β*-D-xylopyranose
4- 壬烷硫醇 4-nonanethiol
1- 壬烯 1-nonene
(*E*)-4- 壬烯 -2- 硫醇 (*E*)-4-nonene-2-thiol
(*Z*)-4- 壬烯 -2- 硫醇 (*Z*)-4-nonene-2-thiol
1- 壬烯 -3- 醇 1-nonen-3-ol
(*E*)-2- 壬烯 -4- 硫醇 (*E*)-2-nonene-4-thiol
1- 壬烯 -4- 硫醇 1-nonene-4-thiol
(*Z*)-6- 壬烯 -4- 内酯 (*Z*)-6-nonen-4-olide
(2*E*)-2- 壬烯 -4- 酮 (2*E*)-2-nonen-4-one
1- 壬烯 -4- 酮 1-nonen-4-one
(2*E*)- 壬烯醛 (2*E*)-nonenal
(*E*)-2- 壬烯醛 (*E*)-2-nonenal
2- 壬烯醛 2-nonenal
壬烯醛 nonenal
10- 壬酰环己 -12- 烯 -11- 葡萄糖苷 10-nonylcyclohex-12-en-11-glucoside
仁昌南五味子内酯▲ A renchanglactone A
忍冬苷 lonicerin
忍冬黄酮▲ loniflavone
忍冬黄质▲ loniceraxanthin
忍冬碱苷▲ A, B, C lonijaposide A, B, C
忍冬苦苷 loniceroside
忍冬苦苷 A~E loniceroside A~E
忍冬缩醛苷▲ A, B loniceracetalide A, B
忍冬皂苷 9 lonicera japonica saponin 9
忍冬脂醇▲ lonicerinol
任氏马尾藻甾醇▲ saringosterol
任氏马尾藻甾醇▲葡萄糖苷 saringosteryl glucosdie
韧革菌灵▲ A, B, C sterin A, B, C
韧革菌宁▲ A~M sterenin A~M
韧黄芩素 I, II tenaxin I, II
日本扁柏氨基甲酸酯▲ A, B obtucarbamate A, B
日本扁柏酸酐▲ obtuanhydride
日本常山碱▲ japonine
日本稠李苷▲ ssioriside
日本刺参二醇▲ oplodiol
日本刺参二醇▲ -1-*O*-*β*-D- 吡喃葡萄糖苷▲ oplodiol-1-*O*-*β*-D-glucopyranoside
(-)- 日本刺参萜酮 (-)-oplopanone
(+)- 日本刺参萜酮 (+)-oplopanone
日本刺参萜酮 oplopanone
日本刺参萜酮 -10-*O*-*β*-D- 吡喃葡萄糖苷 oplopanone-10-*O*-*β*-D-glucopyranoside
日本刺参萜酮 B oplopanone B
β- 日本刺参烯酮 *β*-oplopenone
日本刺参烯酮▲ oplopenone
(-)- 日本当归醇▲ (-)-hamaudol
(+)- 日本当归醇▲ (±)-hamaudol
3'(*R*)-(+)- 日本当归醇▲ 3'(*R*)-(+)-hamaudol
3'(*S*)-(-)- 日本当归醇▲ 3'(*S*)-(-)-hamaudol
3'*R*-(+)- 日本当归醇▲ 3'*R*-(+)-hamaudol
3'*S*-(-)- 日本当归醇▲ 3'*S*-(-)-hamaudol
日本当归醇▲ hamaudol
日本当归醇▲ -7- 乙酸酯 hamaudol-7-acetate
日本当药苷▲ A swertiajaposide A
日本当药瑞苷▲ III, IV senburiside III, IV
日本杜鹃素 I, II, III, VI rhodojaponin I, II, III, VI
日本杜鹃素 III-6- 乙酸酯 rhodojaponin III-6-acetate
日本榧树醇 torreferol
日本榧树醇▲ nuciferol
日本榧树二醇▲ kayadiol

日本黑鳗藤苷元▲ sitakisogenin
日本黑蔓藤苷▲I, II, VI, VII sitakisoside I, II, VI, VII
日本厚朴醇▲ magnobovatol
日本厚朴酚▲ obovatol
日本厚朴宁▲ obovanine
日本厚朴醛▲ obovatal
日本花柏宁▲ sawaranin
(-)- 日本黄连苷▲XI (-)-woorenoside XI
深裂日本黄连苷▲XI woorenoside XI
日本黄连宁▲ worenine
日本金粟兰醇▲ chlorajaponol
日本金粟兰苷▲ chlorajaposide
日本金粟兰内酯▲A~I chlorajapolide A~I
日本金粟兰尼内酯▲A~E chlorajaponilide A~E
日本金粟兰新内酯▲A~E chlojaponilactone A~E
日本苦瓜糖苷▲a~h goyaglycoside a~h
日本苦瓜皂苷▲I, II, III goyasaponin I, II, III
日本栗鞣质▲ cretanin
日本连香树素▲ katuranin
日本柳杉酚▲ cryptojaponol
日本柳杉黑心醇▲A, B sugikurojinol A, B
日本柳杉黑心素▲A~J sugikurojin A~J
日本柳杉树脂酚 sugiresinol
日本落叶松醇▲A~D leptolepisol A~D
日本落叶松醇▲C-4-*O*-*β*-D- 吡喃葡萄糖苷 leptolepisol C-4-*O*-*β*-D-glucopyranoside
日本马醉木毒素▲I, II, III, IV, V, VI, VII, IX, VIII asebotoxin I, II, III, IV, V, VI, VII, IX, VIII
日本南五味子灵▲ kadsumarin
日本南五味子灵▲A kadsumarin A
日本南五味子素▲A binankadsurin A
(+)- 日本桤木醇▲ (+)-hannokinol
日本桤木醇▲ hannokinol
日本桤木宁▲A, B alnusjaponin A, B
日本桤木素▲ hannokinin
日本桤木辛▲A~F japonalnusin A~F
日本漆姑草素▲A, B japonicin A, B
日本漆姑草酮▲ japonicone
日本千金藤碱▲ hasubanonine
日本珊瑚树醇▲ awabukinol
日本蛇菰素▲A~E balajaponin A~E
日本石松醇▲A~F lycojaponicuminol A~F
日本石松定碱▲A lycojapodine A
日本石松碱▲A~E lycojaponicumin A~E
日本石松素▲A~D japonicumin A~D
日本石竹皂苷▲A~F dianthosaponin A~F
日本鼠李苷▲ sorinin
日本水龙骨二烯▲ aonenadiene
日本粟苷 crenatin
日本乌毛蕨甾酮▲ shidasterone
日本五加苷▲B, D nipponoside B, D
日本五加皂苷 G acanjaposide G
日本香茶菜宁▲A~E isodojaponin A~E
日本香茶菜素▲A, B, C isojaponin A, B, C
日本香附酮▲ kobusone
日本香简草苷▲C shimobashiraside C
(-)- 日本辛夷素▲ (-)-kobusin
(+)- 日本辛夷素▲ (+)-kobusin
日本辛夷素▲ kobusin
日本续断皂苷 E_1, E_2 japondipsaponin E_1, E_2
日本云实素▲ caesaljapin
日本云实素▲B, C caesaljapin B, C
日当药黄素 swertiajaponin
日当药黄素 -3'-*O*- 龙胆双糖苷 swertiajaponin-3'-*O*-gentiobioside
日当药黄素 -3'-*O*- 葡萄糖苷 swertiajaponin-3'-*O*-glucoside
日当药黄素 -4'-X-*O*- 二吡喃葡萄糖苷 swertiajaponin-4'-X-*O*-diglucopyranoside
日光花素▲II lampranthin II
日楝醇醛▲ ohchinolal
日楝内酯▲A, B, C ohchinolide A, B, C
日楝宁▲ ohchinin
日楝宁▲乙酸酯 ohchinin acetate
日楝宁内酯▲ ohchininolide
日楝醛▲ ohchinal
(+)- 日罗汉柏烯 (+)-hibaene
日向当归苷▲IIIa, IIIb hyuganoside IIIa, IIIb
(+)- 日向当归素▲A (+)-hyuganin A
日向当归素▲C hyuganin C
日缬草酮 faurinone
日印鹿角藤碱▲ japindine
日中花仙人棒精酸▲ mesembryanthemoidigenic acid
茸果鹧鸪花内酯▲A~T trichinenlide A~T
绒白乳菇醇 vellerol
绒白乳菇二醇 vellerdiol
绒白乳菇醛 velleral
绒白乳菇四醇▲ velleratretraol
绒盖牛肝菌红素▲ xerocomorubin
绒盖牛肝菌酸▲ xerocomic acid
绒茎闪毛菊内酯▲-8-*O*- 巴豆酸酯 stilpnotomentolide-8-*O*-tiglate
绒毛哥纳香内酰胺▲ velutinam
绒毛诃子酸▲ tomentosic acid
绒毛槐醇▲ sophoronol
绒毛槐酚▲A~E tomentosanol A~E
绒毛欧夏至草苷▲III velutinoside III
绒毛香杨梅苷元▲ myricatomentogenin
4*H*- 绒毛银胶菊素▲ 4*H*-tomentosin
绒毛银胶菊素▲ tomentosin
绒叶含笑内酯▲ lanuginolide
(-)- 绒叶军刀豆酚▲ (-)-vestitol
(±)- 绒叶军刀豆酚▲ (±)-vestitol
(3*R*)- 绒叶军刀豆酚▲ (3*R*)-vestitol
(3*S*)- 绒叶军刀豆酚▲ (3*S*)-vestitol
绒叶军刀豆酚▲ vestitol
绒叶军刀豆酚▲AH, C vestitol AH, C
(+)- 绒叶军刀豆紫檀烷▲ (+)-vesticarpan
(6a*R*,11a*R*)- 绒叶军刀豆紫檀烷▲ (6a*R*,11a*R*)-vesticarpan
绒叶仙茅苷 A~H crassifoside A~H
绒叶仙茅素 A, B, C crassifogenin A, B, C
(1*R*,2*R*)- 绒叶仙茅素 D (1*R*,2*R*)-crassifogenin D
(1*S*,2*R*)- 绒叶仙茅素 D (1*S*,2*R*)-crassifogenin D
溶血磷脂酰胆碱 lysophosphatidylcholine
溶血磷脂酰乙醇胺 lysophosphatidylethanolamine
榕倍半木脂素 A, B ficusesquilignan A, B
榕醇▲ ficusol
榕大柱香波龙苷▲ ficumegasoside
榕苷▲ ficusoside
榕黄酮苷▲ ficuflavoside
榕螺内酯▲ ficuspirolide

R

榕绿素▲A~D ficuschlorin A~D
榕内酯▲ ficusolide
榕内酯▲二乙酸酯 ficusolide diacetate
(7*R*,8*S*)- 榕醛 (7*R*,8*S*)-ficusal
榕醛 ficusal
榕三醇▲ ficustriol
榕树苷▲A, B ficuscarpanoside A, B
榕树绿素▲A, B, C ficusmicrochlorin A, B, C
榕树神经酰胺▲A microcarpaceramide A
榕素▲A, B ficusin A, B
榕酸 ficusic acid
榕酮▲ ficusone
榕酰胺▲ ficusamide
榕辛素▲A, B, C ficusine A, B, C
榕叶新劳塔豆酚▲ folitenol
榕异黄酮 ficuisoflavone
柔扁枝衣尼酸▲ divaricatinic acid
柔扁枝衣瑞酸▲ divaric acid
柔扁枝衣酸 divaricatic acid
柔扁枝衣酸乙酯 ethyl divaricatinate
柔藿苷 rouhuoside
柔毛布枯素▲ puberulin
(-)- 柔毛等瓣木碱▲ (-)-isopiline
柔毛青霉酸▲ puberulic acid
(-)- 柔毛润楠二醇 (-)-machicendiol
柔毛委陵菜苷▲A potengriffioside A
柔毛香科科素▲A, C villosin A, C
柔毛鸦胆子醇▲A, B, C brumollisol A, B, C
柔毛鸦胆子碱▲A~O bruceolline A~O
柔荑巴豆碱 julocrotine
(-)- 柔枝槐酮 (-)-sophoranone
柔枝槐酮 sophoranone
鞣花酸 ellagic acid
鞣花酸 -3,3',4- 甲氧基 -4'-*O*-*α*-L- 吡喃鼠李糖苷 ellagic acid-3,3',4-trimethoxy 4'-*O*-*α*-L-rhamnopyranoside
鞣花酸 -3,3',4- 三甲基 -4'-*O*-*β*- 吡喃葡萄糖苷 ellagic acid-3,3',4-trimethyl ether-4'-*O*-*β*-glucopyranoside
鞣花酸 -3,3',4'- 三甲醚 ellagic acid-3,3',4'-trimethyl ether
鞣花酸 -3,3',4- 三甲醚 ellagic acid-3,3',4-trimethyl ether
鞣花酸 3,3'- 二甲醚 ellagic acid 3,3'-dimethyl ether
鞣花酸 -3,3'- 二甲醚 ellagic acid-3,3'-dimethyl ether
鞣花酸 -3,3'- 二甲醚 -4-*O*-*β*-D- 吡喃木糖苷 ellagic acid-3,3'-dimethyl ether-4-*O*-*β*-D-xylopranoside
鞣花酸 -3,3'- 二甲醚 -4-*O*-*β*-D- 吡喃葡萄糖苷 ellagic acid-3,3'-dimethyl ether-4-*O*-*β*-D-glucopranoside
鞣花酸 -3- 甲醚 ellagic acid-3-methyl ether
鞣花酸 -3- 甲醚 -7-*α*-D- 吡喃鼠李糖苷 ellagic acid-3-methyl ether-7-*α*-D-rhamnopyranoside
鞣花酸 -3- 甲氧基 -4'-*O*-*α*- 吡喃鼠李糖苷 ellagic acid-3-methyl ether-4'-*O*-*α*-rhamnopyranoside
鞣花酸 -4,4'- 二甲醚 ellagic acid-4,4'-dimethyl ether
鞣花酸 -4-*O*-*α*-L-2''- 乙酰吡喃鼠李糖苷 ellagic acid-4-*O*-*α*-L-2''-acetylrhamnopyranoside
鞣花酸 -4-*O*-*β*-D- 吡喃木糖苷 ellagic acid-4-*O*-*β*-D-xylopyraoside
鞣花酸 -4-*O*-*β*-D- 吡喃木糖苷 -3,3'- 二甲醚 ellagic acid-4-*O*-*β*-D-xylopyranoside-3,3'-dimethyl ether
鞣花酸 -4-*O*-*β*-D- 吡喃葡萄糖苷 ellagic acid-4-*O*-*β*-D-glucopyranoside
鞣花酸 -4-*O*- 吡喃木糖苷 ellagic acid-4-*O*-xylopyranoside
鞣花酸 -4-*O*- 木糖苷 ellagic acid-4-*O*-xyloside
鞣花酸 -4- 乙酰阿拉伯糖苷 ellagic acid-4-acetylarabinoside
鞣花酸 -4- 乙酰木糖苷 ellagic acid-4-acetylxyloside
3,3- 鞣花酸二甲醚 3,3-ellagic acid dimethyl ether
鞣花酸鞣质 ellagitannin
3,4,3'- 鞣花酸三甲醚 3,4,3'-ellagic acid trimethyl ether
鞣花酸鼠李糖苷 ellagic acid rhamnoside
鞣花酸四甲醚 ellagic acid tetramethyl ether
鞣花酸戊糖轭合物 ellagic acid pentose conjugate
鞣花酸戊糖结合物 ellagic acid-pentose conjugate
鞣花酸乙酰阿拉伯糖苷 ellagic acid acetylarabinoside
鞣皮云实鞣精▲ corilagin
鞣酸 tannic acid
鞣酸 -3,3',4- 三甲醚 tannic acid-3,3',4-trimethyl ether
鞣酸 -3,3'- 二甲醚 tannic acid-3,3'-dimethyl ether
鞣酸 -3,3'- 二甲醚 -4-*O*-*β*-D- 木糖苷 tannic acid-3,3'-dimethyl ether-4-*O*-*β*-D-xyloside
肉苁蓉苷 cistanoside
肉苁蓉苷 A~N cistanoside A~N
肉苁蓉氯素 cistachlorine
肉苁蓉素 cistanin
肉豆蔻醇 A, B myristicanol A, B
肉豆蔻酚 A~D fragransol A~D
肉豆蔻醚 myristicin
肉豆蔻醚醛 myristicin aldehyde
肉豆蔻醚酸 myristicic acid
肉豆蔻木脂素 myrislignan
肉豆蔻木脂素代谢素▲E myrislignanometin E
肉豆蔻素 A_1, A_2, B_1, B_2, B_3, C_1, C_2, C_3a, C_3b, D_1, D_2, D_3, E_1 fragransin A_1, A_2, B_1, B_2, B_3, C_1, C_2, C_3a, C_3b, D_1, D_2, D_3, E_1
肉豆蔻酸 myristic acid
肉豆蔻酸丙酯 propyl myristate
肉豆蔻酸甲酯 methyl myristate
肉豆蔻酸肉豆蔻酯 myristyl myristate
肉豆蔻酸十八酯 myristic acid octadecyl ester
肉豆蔻酸乙酯 ethyl myristate
肉豆蔻酸植醇酯 phytyl myristate
肉豆蔻烯酸 myristoleic acid
13-*O*- 肉豆蔻酰基 -20-*O*- 乙酰基 -12- 去氧佛波醇 13-*O*-myristyl-20-*O*-acetyl-12-deoxyphorbol
1-*O*- 肉豆蔻酰基 -3-*O*-(6'- 硫代 -*α*-*D*- 吡喃鸡纳糖基) 甘油 1-*O*-myristoyl-3-*O*-(6'sulfo-*α*D-quinovopyranosyl)glycerol
3*β*- 肉豆蔻酰氧基熊果 -12- 烯 -19,28- 内酯 3*β*-myristoxyurs-12-en-19,28-olide
6-*O*- 肉豆蔻酰蔗糖 6-*O*-myristoylsucrose
(+)- 肉豆蔻辛 (+)-myrisfragransin
肉豆蔻新木脂素▲A~E myrifralignan A~E
肉豆蔻衣木脂素 macelignan
肉豆蔻衣新木脂素▲A~H maceneolignan A~H
肉豆蔻脂醛▲A, B myrisfrageal A, B
肉桂酚醛▲ cassiferaldehyde
肉桂苷 cassioside
肉桂卡醇▲ cinnacasol
肉桂卡苷▲ cinnacaside
肉桂卡斯醇▲ cinnacassiol
肉桂卡斯苷▲A~E cinnacasside A~E
肉桂内酯▲ cinnamomumolide
肉桂诺醇▲ cinnamonol
肉桂鞣质▲A cassiatannin A

R

4*α*- 肉桂酰氧基 -2,3- 去氢胡萝卜醇 4*α*-cinnamoyloxy-2,3-dehydrocarotol
4*α*- 肉桂酰氧基胡萝卜醇 4*α*-cinnamoyloxycarotol
肉桂新醇 A, B, C_1, C_2, C_3, D_1, D_2, D_3, D_4, E cinncassiol A, B, C_1, C_2, C_3, D_1, D_2, D_3, D_4, E
肉桂新醇 A-19-*O*-*β*-D- 吡喃葡萄糖苷 cinncassiol A-19-*O*-*β*-D-glucopyranoside
肉桂新醇 B-19-*O*-*β*-D- 吡喃葡萄糖苷 cinncassiol B-19-*O*-*β*-D-glucopyranoside
肉桂新醇 C_1-19-*O*-*β*-D- 吡喃葡萄糖苷 cinncassiol C_1-19-*O*-*β*-D-glucopyranoside
肉桂新醇 D_1-19-*O*-*β*-D- 吡喃葡萄糖苷 cinncassiol D_1-19-*O*-*β*-D-glucopyranoside
肉桂新醇 D_2-19-*O*-*β*-D- 吡喃葡萄糖苷 cinncassiol D_2-19-*O*-*β*-D-glucopyranoside
肉桂新醇 D_4-19-*O*-*β*-D- 吡喃葡萄糖苷 cinncassiol D_4-19-*O*-*β*-D-glucopyranoside
肉果草苷▲A tibeticoside A
肉花雪胆苷▲I, II, III, IV, V, VI carnosifloside I, II, III, IV, V, VI
肉花雪胆苷元▲A, B, C carnosiflogenin A, B, C
肉色香蘑酮▲ lepistirone
肉珊瑚醇▲ sarcidumitol
肉珊瑚酚▲A, B sacidumol A, B
肉珊瑚木脂素▲A~D sacidumlignan A~D
肉珊瑚素▲ sarcostin
肉叶车前苷▲ crassifolioside
肉叶多荚草苷▲B succulentoside B
肉叶千里光二醇▲ senecrassidiol
肉叶千里光碱▲ isoline
肉质鼠尾草酚▲ carnosol
肉质鼠尾草酸▲ carnosic acid
汝兰宁碱 runanine
(+)- 乳白仔榄树胺▲ (+)-eburnamine
Δ^{14}- 乳白仔榄树胺▲ Δ^{14}-eburnamine
乳白仔榄树胺▲ eburnamine
乳白仔榄树碱▲ eburenine
(+)- 乳白仔榄树宁▲ (+)-eburnamonine
(±)- 乳白仔榄树宁▲ (±)-eburnamonine
乳白仔榄树烯宁▲ eburnamenine
乳白仔榄树酯胺▲ burnamine
乳白仔榄树酯胺▲-17-*O*-3',4',5'- 三甲氧基苯甲酸酯 burnamine-17-*O*-3',4',5'-trimethoxybenzoate
乳菇黄素 lactarofulvene
乳菇菌薁 lactarazulene
乳菇内酯▲A lactarolide A
乳菇瑞内酯▲ lactariolide
乳菇素▲A, B lactarioline A, B
乳菇酰胺▲A, B lactariamides A, B
乳菇紫素 lactaroviolin
乳浆大戟亭▲A~M esulatin A~M
乳浆大戟酮▲A, B esulone A, B
乳橘酮▲ hiravanone
乳橘香豆素▲ kinocoumarin
乳牛肝菌醌▲-3 boviquinone-3
乳牛肝菌醌▲-4 boviquinone-4
乳牛肝菌灵▲ suillin
乳牛肝菌素▲ suillusin
乳牛肝菌酸▲甲酯 methyl bovinate
乳牛肝菌烯酮▲ amitenone
L- 乳酸 *L*-lactic acid
乳酸 Lactic acid
乳酸镁 Mg lactate
乳酸乙酯 ethyl lactate
乳突果苷▲A~F gracilloside A~F
乳突果苷元 gracigenin
(+)- 乳突黄杨胺▲ (+)-papilamine
乳突黄杨达胺▲ moenjodaramine
(+)- 乳突黄杨宁碱▲ (+)-buxapapillinine
7- 乳酰木犀草素 7-lactoylluteolin
7- 乳酰芹菜苷元 -2''-*O*-*β*-D- 吡喃葡萄糖苷 7-lactoylapigenin-2''-*O*-*β*-D-glucopyranoside
7- 乳酰芹菜苷元 -2''-*O*-*β*-D- 葡萄糖醛酸苷 7-lactoylapigenin-2''-*O*-*β*-D-glucuronide
2-*O*- 乳酰小瘤青牛胆苷▲B 2-*O*-lactoylborapetoside B
6'-*O*- 乳酰小瘤青牛胆苷▲B 6'-*O*-lactoylborapetoside B
乳香醇▲A~N olibanumol A~N
乳香二烯二醇 masticadienediol
乳香二烯酮酸甲酯 methyl masticadienolate
乳香树脂醇▲ incensole
乳香树脂醇▲氧化物 incensole oxide
乳香树脂醇▲氧化物乙酸酯 incensole oxide acetate
乳香树脂醇▲乙酸酯 incensole acetate
α- 乳香酸 *α*-boswellic acid
β- 乳香酸 *β*-boswellic acid
乳香脂二烯酸▲ masticadienic acid
入地蜈蚣芪 A, B, C ugonstilbene A, B, C
入地蜈蚣素 A~T ugonin A~T
软骨藻内酯 A, B domoilactone A, B
软骨藻酸 domoic acid
软黄钟花苷 tocomoloside
软木酸 suberic acid
软条七蔷薇鞣素▲A~E roshenin A~E
软紫草醇▲ arnebinol
软紫草醇▲A~D arnebinol A~D
软紫草二醌▲ arnebiabinone
软紫草呋喃醌▲ arnebifuranone
软紫草醌酚▲A, B, C euchroquinol A, B, C
软紫草酮▲ arnebinone
软紫草酮▲B arnebinone B
蕊木胺 kopsamine
蕊木胺 -*N*- 氧化物 kopsamine-*N*-oxide
蕊木菲林碱 arbophylline
蕊木芬碱 kopsifine
蕊木碱▲ kopsine
蕊木精宁▲ phutdonginin
蕊木灵▲ koparin
蕊木洛辛▲I kopsiloscine I
蕊木米定▲A, B kopsamidine A, B
蕊木那灵▲ kopsinarine
蕊木尼定▲A~E kopsinidine A~E
蕊木宁 kopsinine
蕊木宁 B, F kopsinine B, F
蕊木宁 -N^4- 氧化物 kopsinine-N^4-oxide
蕊木宁甲氯化物 kopsinine methochloride
蕊木宁内酰胺▲ kopsinilam
蕊木宁酸▲ kopsininic acid
蕊木宁酯 kopsininate
蕊木诺林▲ kopsinoline

R

蕊木瑞宁▲ kopsorinine
蕊木酮 kopsanone
蕊木叶碱▲ A~G kopsifoline A~G
蕊木叶林碱▲ A~F prunifoline A~F
芮木泪柏烯 rimuene
锐叶花椒碱▲ acutifoline
瑞宝甜菊苷▲ A~F rebaudioside A~F
瑞宝甜菊苷▲ F 酸 rebaudioside F acid
瑞地亚木色烯叫酮▲ rheediachromenoxanthone
瑞地亚木叫酮▲ A rheediaxanthone A
瑞尼远志苷▲ B~F reinioside B~F
瑞尼远志糖▲ D, F, G reiniose D, F, G
(1S,2E,4S,6E,8S,11S)-2,6,12(20)- 瑞士松三烯 -4,8,11- 三醇 (1S,2E,4S,6E,8S,11S)-2,6,12(20)-cembratriene-4,8,11-triol
(1S,2E,4R,6E,8S,10E,12R)-2,6,12- 瑞士松三烯 -4,8,12- 三醇 (1S,2E,4R,6E,8S,10E,12R)-2,6,10-cembratriene-4,8,12-triol
(1S,2E,4R,6E,8S,10E,12S)-2,6,12- 瑞士松三烯 -4,8,12- 三醇 (1S,2E,4R,6E,8S,10E,12S)-2,6,10-cembratriene-4,8,12-triol
(1S,2E,4S,6E,8S,10E,12R)-2,6,12- 瑞士松三烯 -4,8,12- 三醇 (1S,2E,4S,6E,8S,10E,12R)-2,6,10-cembratriene-4,8,12-triol
(1S,2E,4S,6E,8S,10E,12S)-2,6,12- 瑞士松三烯 -4,8,12- 三醇 (1S,2E,4S,6E,8S,10E,12S)-2,6,10-cembratriene-4,8,12-triol
瑞士松烯 cembrene
瑞士松烯 A, C cembrene A, C
瑞士五针松苷▲ pinocembroside
(+)- 瑞士五针松素 (+)-pinocoembrin
(±)- 瑞士五针松素▲ (±)-pinocembrin
(2S)- 瑞士五针松素▲ (2S)-pinocembrin
(S)- 瑞士五针松素▲ (S)-pinocembrin
2S- 瑞士五针松素▲ 2S-pinocembrin
瑞士五针松素▲ pinocembrin
(-)- 瑞士五针松素▲-4-O-β-D- 吡喃葡萄糖苷 (-)-pinocembrin-4-O-β-D-glucopyranoside
瑞士五针松素▲-7-O-(3''-O- 没食子酰基 -4'',6''- 六羟基二苯酚基)-β- 葡萄糖 pinocembrin-7-O-(3''-O-galloyl-4'',6''-hexahydroxydiphenoyl)-β-glucose
(2S)- 瑞士五针松素▲-7-O-(6''-O-α-L- 吡喃阿拉伯糖基 -β-D- 吡喃葡萄糖苷) (2S)-pinocembrin-7-O-(6''-O-α-L-arabinopyranosyl-β-D-glucopyranoside)
(2S)- 瑞士五针松素▲-7-O-(6-O-α-L- 吡喃鼠李糖基 -β-D- 吡喃葡萄糖苷) (2S)-pinocembrin-7-O-(6-O-α-L-rhamnopyranosyl-β-D-glucopyranoside)
瑞士五针松素▲-7-O-[(2'',6''- 二 -O-α-L- 吡喃鼠李糖基)-β-D- 吡喃葡萄糖苷] pinocembrin-7-O-[(2'',6''-di-O-α-L-rhamnopyranosyl)-β-D-glucopyranoside]
瑞士五针松素▲-7-O-[(6''-O-β-D- 吡喃葡萄糖基)-β-D- 吡喃葡萄糖苷] pinocembrin-7-O-[(6''-O-β-D-glucopyranosyl)-β-D-glucopyranoside]
(2S)- 瑞士五针松素▲-7-O-[β-D- 吡喃芹糖基 -(1 → 2)]-β-D- 吡喃葡萄糖苷 (2S)-pinocembrin-7-O-[β-D-apiofuranosyl-(1→2)]-β-D-glucopyranoside
(2S)- 瑞士五针松素▲-7-O-[桂皮酰基 -(1 → 5)-β-D- 呋喃芹糖基 -(1 → 2)]-β-D- 吡喃葡萄糖苷 (2S)-pinocembrin-7-O-[cinnamoyl-(1→5)-β-D-apiofuranosyl-(1→2)]-β-D-glucopyranoside
(2S)- 瑞士五针松素▲-7-O-β-D- 吡喃葡萄糖苷 (2S)-pinocembrin-7-O-β-D-glucopyranoside
瑞士五针松素▲-7-O-β-D- 吡喃葡萄糖苷 pinocembrin-7-O-β-D-glucopyranoside
(2S)- 瑞士五针松素▲-7-O-β-D- 呋喃芹糖基 -(1 → 2)-β-D- 吡喃葡萄糖苷 (2S)-pinocembrin-7-O-β-D-apiofuranosyl-(1 → 2)-β-D-glucopyranoside
瑞士五针松素▲-7-O-β-D- 葡萄糖醛酸苷 pinocembrin-7-O-β-D-glucuronide
瑞士五针松素▲-7-O- 吡喃葡萄糖苷 pinocembrin-7-O-glucopyranoside
(-)- 瑞士五针松素▲-7- 新橙皮糖苷 (-)-pinocembrin-7-neohesperidoside
(-)- 瑞士五针松素▲-7- 芸香糖苷 (-)-pinocembrin-7-rutinoside
瑞士五针松素▲-7- 芸香糖苷 pinocembrin-7-rutinoside
瑞士五针松素▲查耳酮 pinocembrin chalcone
瑞士五针松素 - 己糖苷 - 去氧己糖苷 pinocembrin-hexoside-deoxyhexoside
瑞特花椒宁碱▲ rhetsinine
瑞香春 odoratrin
瑞香醇酮 daphneolone
(S)-(+)- 瑞香醇酮 -4'-O-β-D- 吡喃葡萄糖苷 (S)-(+)-daphneolone-4'-O-β-D-glucopyranoside
瑞香毒素 daphnetoxin
瑞香多灵▲ A, B, C, C', D, D_1, D_2, E~K, K', L, M, N daphnodorin A, B, C, C', D, D_1, D_2, E~K, K', L, M, N
瑞香多灵▲ G-3''- 甲醚 daphnodorin G-3''-methyl ether
瑞香多灵▲ H-3''- 甲醚 daphnodorin H-3''-methyl ether
瑞香多灵▲ H-3- 甲醚 daphnodorin H-3-methyl ether
瑞香二萜▲ A daphnediterp A
瑞香苷 daphnin
瑞香黄烷 B, C daphneflavan B, C
瑞香狼毒苷▲ chamaejasmoside
瑞香狼毒素 A, B ruixianglangdusu A, B
瑞香林苷▲ daphnolin
瑞香米林▲ daphjamilin
瑞香木脂素 A, B, C daphnelignan A, B, C
瑞香木脂因▲ daphneligin
瑞香乃辛 daphnecin
瑞香宁▲ daphnenin
瑞香诺苷▲ daphnoside
瑞香诺灵▲ daphnorin
瑞香诺酮▲ daphnolon
瑞香石松碱▲ gnidioidine
瑞香树脂醇▲ daphneresinol
瑞香树脂关▲ A, B daphneresiniferin A, B
瑞香素 daphnetin
瑞香素 -7 甲醚 daphnetin 7-methyl ether
瑞香素 -7- 甲醚 daphnetin-7-methyl ether
瑞香素 -8-O-β-D- 吡喃葡萄糖苷 daphnetin-8-O-β-D-glucopyranoside
瑞香素 -8-O-β-D- 吡喃葡萄糖基 -(1 → 6)-O-β-D- 吡喃葡萄糖苷 daphnetin-8-O-β-D-glucopyranosyl-(1 → 6)-O-β-D-glucopyranoside
瑞香素 -8-O- 葡萄糖苷 daphnetin-8-O-glucoside
瑞香素 -8-β-D- 吡喃葡萄糖苷 daphnetin-8-β-D-glucopyranoside
瑞香素 -8- 甲醚 daphnetin-8-methyl ether
瑞香亭▲ A, B daphnotin A, B
瑞香酮▲ daphnetone
瑞香烷型二萜酯 -7 daphnane-type diterpene ester-7
瑞香烯酮 daphnenone
瑞香烯酮 -2 daphnenone-2
瑞香辛 daphneticin
瑞香辛 -4''-O-β-D- 吡喃葡萄糖苷 daphneticin-4''-O-β-D-

glucopyranoside
瑞香辛 -4'-O-β-D- 吡喃葡萄糖苷 daphneticin-4'-O-β-D-glucopyranoside
瑞香辛 -7-O-β-D- 吡喃葡萄糖苷 odoracin-7-O-β-D-glucopyranoside
瑞香新苷▲ daphneside
瑞兹马宁碱 rhazimanine
润楠林素▲A machilolin A
润楠素▲A~I machilin A~I
(-)-(7R,8R)- 润楠素▲D (-)-(7R,8R)-machilin D
(±)- 润楠素▲D (±)-machilin D
润楠香豆素▲ machilusmarin
(-)- 润楠辛▲ (-)-machilusin

S

撒尔维亚内酯▲ safficinolide
撒尔维亚酮▲ sageone
撒马尔罕阿魏素▲乙酸酯 samarkandin acetate
萨阿米芹定▲ samidin
萨柯乌头碱 sachaconitine
萨曼鸡蛋花酸▲ zamanic acid
β- 萨摩亚橄榄烯▲ β-maaliene
萨摩亚橄榄烯▲ maaliene
萨莫兰皂苷元▲-3-O-β-D- 吡喃葡萄糖基 -(1 → 2)-β-D- 半乳糖苷 samogenin-3-O-β-D-glucopyranosyl-(1 → 2)-β-D-galactopyranoside
萨莫斯糙苏苷▲ samioside
萨南木苷▲ sanangoside
萨氏金合欢素▲ sutherlandin
萨氏金合欢素▲-5- 反式 - 对香豆酸酯 sutherlandin-5-trans-p-coumarate
塞拉芬▲C theraphin C
塞林拟香桃木醇▲ myrsellinol
塞内加尔刺桐素▲ senegalensein
塞内加尔刺桐素▲E erysenegalensein E
塞内加尔刺桐辛▲ senegalensin
塞舌尔广藿香烷▲ seychellane
塞舌尔广藿香烯▲ seychellene
塞氏贝母碱▲ korsevine
塞氏罗汉松素 B sellowin B
塞战藤酸▲ serjanic acid
噻苯咪唑 thiabendazole
2,2',5',2''- 噻吩 2,2',5',2''-terthienyl
噻吩 thiophene
1-(2- 噻吩基)-2- 戊烷硫醇 1-(2-thienyl)-2-pentanethiol
2- 噻吩甲醛 2-thenyl methanal
赛菊芋黄质 helioxanthin
赛帽花碱▲ aequaline
(S)-(+)- 赛氏曲霉酸▲ (S)-(+)-sydonic acid
赛州黄檀素▲ cearoin
1,2,6- 三 (3,4,5- 三羟基苯甲酰基)-α-D- 吡喃葡萄糖 1,2,6-tris(trihydroxybenzoate)-α-D-glucopyranose
2,3',6'- 三 -(3- 甲基丁酰基)-1'-(2- 甲基丁酰基) 蔗糖 2,3',6'-tris-(3-methylbutanoyl)-1'-(2-methylbutanoyl)sucrose
3',4',6'- 三 -(3- 甲基丁酰基)-1'-(2- 甲基丁酰基) 蔗糖 3',4',6'-tris-(3-methylbutanoyl)-1'-(2-methylbutanoyl)sucrose
1β,2β,9α- 三 (β- 呋喃酰氧基)-4α- 羟基 -6α,13- 二乙酰氧基 -β-二氢沉香呋喃 1β,2β,9α-tri(β-furoyloxy)-4α-hydroxy-6α,13-diacetoxy-β-dihydroagarofuran
N^1,N^4,N^{12}- 三 (二氢咖啡酰基) 精胺 N^1,N^4,N^{12}-tris(dihydrocaffeoyl) spermine
N^1,N^4,N^8- 三 (二氢咖啡酰基) 亚精胺 N^1,N^4,N^8-tris (dihydrocaffeoyl) spermidine
三 (甲氨甲酰基) 胺 tris(methylcarbamyl)amine
3R,3aS,4R,6aR-3,4,6- 三 (羟甲基)-3,3a,4,6a- 四氢 -2H- 环戊 [b] 呋喃 -2- 酮 3R,3aS,4R,6aR-3,4,6-tris(hydroxymethyl)-3,3a,4,6a-tetrahydro-2H-cyclopenta[b]furan-2-one
1α,2α,6β- 三 (乙酰氧基)-9β-(苯甲酰氧基)-4β- 羟基 -8α-(异丁酰氧基)-12-[(2- 甲基丁酰基) 氧基] 二氢 -β- 沉香呋喃 1α,2α,6β-tris(acetyloxy)-9β-(benzoyloxy)-4β-hydroxy-8α-(isobutyryloxy)-12-[(2-methylbutanoyl)oxy]dihydro-β-agarofuran
1α,2α,6β- 三 (乙酰氧基)-9β-(苯甲酰氧基)-4β- 羟基 -8α,12- 二 (异丁酰氧基) 二氢 -β- 沉香呋喃 1α,2α,6β-tris(acetyloxy)-9β-(benzoyloxy)-4β-hydroxy-8α,12-bis(isobutyryloxy)dihydro-β-agarofuran
1,2,3- 三 -O-(2E- 十一烯酸)- 甘油酯 1,2,3-tri-O-(2E)-undecenoic acid glycerol ester
1,2,3- 三 -O- 己酰基 -α- 吡喃葡萄糖 1,2,3-tri-O-hexanoyl-α-glucopyranose
5,7,3'- 三 -O- 甲基 -(-)- 表儿茶素 5,7,3'-tri-O-methyl-(-)-epicatechin
(2R)-3-(3,4,5- 三甲氧基)-1,2- 丙二醇 (2R)-3-(3,4,5-trimethoxyphenyl)-1,2-propanediol
3-{[2,4,6- 三 -O- 甲基 -3-O-(2,3,4- 三 -O- 甲基 -β-D- 吡喃木糖基)-β-D- 吡喃半乳糖基) 氧基 }- 羽扇豆 -12- 烯 -28-酸 3-{[2,4,6-tri-O-methyl-3-O-(2,3,4-tri-O-methyl-β-D-xylopyranosyl)-β-D-galactopyranosyl]oxy}-lup-12-en-28-oic acid
3-[2,4,6- 三 -O- 甲基 -3-O-(2,3,4- 三 -O- 甲基 -β-D- 吡喃木糖基)-β-D-吡喃半乳糖氧基]- 羽扇豆 -12- 烯 -28- 酸 -(2,3,4- 三 -O- 甲基)-α-L- 吡喃鼠李糖基酯苷 3-[2,4,6-tri-O-methyl-3-O-(2,3,4-tri-O-methyl-β-D-xylopyranosyl)-β-D-galactopyranosyloxy]-lup-12-en-28-oic acid-(2,3,4-tri-O-methyl)-α-L-rhamnopyranosyl ester
3,3',4- 三 -O- 甲基 -4'-O- 芸香糖基鞣花酸 3,3',4-tri-O-methyl-4'-O-rutinosylellagic acid
3-(2,4,6- 三 -O- 甲基 -β-D- 吡喃半乳糖氧基)- 羽扇豆 -12- 烯 -28-酸 3-(2,4,6-tri-O-methyl-β-D-galactopyranosyloxy)-lup-12-en-28-oic acid
1,5,15- 三 -O- 甲基巴戟酚▲ 1,5,15-tri-O-methylmorindol
7,4',7- 三 -O- 甲基粗贝壳杉黄酮 7,4',7-tri-O-methylrobustaflavone
3,4,3'- 三 -O- 甲基黄素鞣花酸 3,4,3'-tri-O-methylflavellagic acid
3,3',4- 三 -O- 甲基黄素鞣花酸二甲醚 3,3',4-tri-O-methylflavellagic acid dimethyl ether
三 -O- 甲基木兰宁▲ tri-O-methylmagnolianin
7,3',4'- 三 -O- 甲基木犀草素 7,3',4'-tri-O-methylluteolin
三 -O- 甲基去甲基岩白菜素 tri-O-methylnorbergenin
2,3,7- 三 -O- 甲基鞣花酸 2,3,7-tri-O-methylellagic acid
2,3,8- 三 -O- 甲基鞣花酸 2,3,8-tri-O-methylellagic acid
3,3',4'- 三 -O- 甲基鞣花酸 3,3',4'-tri-O-methylellagic acid
3,3',4- 三 -O- 甲基鞣花酸 3,3',4-tri-O-methylellagic acid
3,4,3'- 三 -O- 甲基鞣花酸 3,4,3'-tri-O-methylellagic acid
3,4,4'- 三 -O- 甲基鞣花酸 3,4,4'-tri-O-methylellagic acid
3,4',4- 三 -O- 甲基鞣花酸 3,4',4-tri-O-methylellagic acid
3,3',4'- 三 -O- 甲基鞣花酸 -4-O-α-D- 吡喃葡萄糖苷 3,3',4'-tri-O-methylellagic acid-4-O-α-D-glucopyranoside
3,3',4'- 三 -O- 甲基鞣花酸 -4-O-β-D-(2''- 乙酰基)- 吡喃葡萄糖苷 3,3',4'-tri-O-methylellagic acid-4-O-β-D-(2''-acetyl)-glucopyranoside
3,3',4'- 三 -O- 甲基鞣花酸 -4'-O-β-D- 吡喃葡萄糖苷 3,3',4'-tri-O-methylellagic acid-4'-O-β-D-glucopyranoside

3,3',4- 三 -*O*- 甲基鞣花酸 -4'-*O*-*β*-D- 吡喃葡萄糖苷 3,3',4-tri-*O*-methylellagic acid-4'-*O*-*β*-D-glucopyranoside
3,3',4'- 三 -*O*- 甲基鞣花酸 -4-*O*-*β*-D- 吡喃葡萄糖苷 3,3',4'-tri-*O*-methylellagic acid-4-*O*-*β*-D-glucopyranoside
3,3',4'- 三 -*O*- 甲基鞣花酸 -4-*O*-*β*-D- 木糖苷 3,3',4'-tri-*O*-methylellagic acid-4-*O*-*β*-D-xyloside
3,7,4'- 三 -*O*- 甲基山柰酚 3,7,4'-tri-*O*-methylkaempferol
4',5,7- 三 -*O*- 甲基山柰酚 4',5,7-tri-*O*-methylkaempferol
7,3',4'- 三 -*O*- 甲基圣草酚 7,3',4'-tri-*O*-methyleriodictyol
7,4',7"- 三 -*O*- 甲基穗花杉黄酮 7,4',7"-tri-*O*-methylamentoflavone
三 -*O*- 甲基穗花杉黄酮 tri-*O*-methylamentoflavone
1,3,5- 三 -*O*- 咖啡酰奎宁酸 1,3,5-tri-*O*-caffeoylquinic acid
3,4,5- 三 -*O*- 咖啡酰奎宁酸 3,4,5-tri-*O*-caffeoylquinic acid
3,4,5- 三 -*O*- 咖啡酰奎宁酸甲酯 3,4,5-tri-*O*-caffeoylquinic acid methyl ester; methyl 3,4,5-tri-*O*-caffeoylquinate
2,4,6- 三 -*O*- 没食子酰基 -1,5- 酐 -D- 山梨糖醇 2,4,6-tri-*O*-galloyl-1,5-anhydro-D-glucitol
β-1,2,3- 三 -*O*- 没食子酰基 -4,6-(*S*)- 六羟基二苯酰基 -D- 葡萄糖 *β*-1,2,3-tri-*O*-galloyl-4,6-(*S*)-hexahydroxydiphenoyl-D-glucose
1,2,3- 三 -*O*- 没食子酰基 -D- 吡喃葡萄糖 1,2,3-tri-*O*-galloyl-D-glucopyranose
2,4,6- 三 -*O*- 没食子酰基 -D- 葡萄糖 2,4,6-tri-*O*-galloyl-D-glucose
3,4,6- 三 -*O*- 没食子酰基 -D- 葡萄糖 3,4,6-tri-*O*-galloyl-D-glucose
1,3,6- 三 -*O*- 没食子酰基 -l-D- 葡萄糖 1,3,6-tri-*O*-galloy-l-D-glucose
3,4,6- 三 -*O*- 没食子酰基 -*α*/*β*- 葡萄糖 3,4,6-tri-*O*-galloyl-*α*/*β*-D-glucose
1,2,6- 三 -*O*- 没食子酰基 -*α*-D- 葡萄糖 1,2,6-tri-*O*-galloyl-*α*-D-glucose
1,2,6- 三 -*O*- 没食子酰基 -*β*-D- 吡喃阿洛糖 1,2,6-tri-*O*-galloyl-*β*-D-allopyranose
1,3,6- 三 -*O*- 没食子酰基 -*β*-D- 吡喃阿洛糖 1,3,6-tri-*O*-galloyl-*β*-D-allopyranose
1,2,3- 三 -*O*- 没食子酰基 -*β*-D- 吡喃葡萄糖 1,2,3-tri-*O*-galloyl-*β*-D-glucopyranose
1,2,6- 三 -*O*- 没食子酰基 -*β*-D- 吡喃葡萄糖 1,2,6-tri-*O*-galloyl-*β*-D-glucopyranose
1,3,4- 三 -*O*- 没食子酰基 -*β*-D- 吡喃葡萄糖 1,3,4-tri-*O*-galloyl-*β*-D-glucopyranose
1,3,6- 三 -*O*- 没食子酰基 -*β*-D- 吡喃葡萄糖 1,3,6-tri-*O*-galloyl-*β*-D-glucopyranose
1,4,6- 三 -*O*- 没食子酰基 -*β*-D- 吡喃葡萄糖 1,4,6-tri-*O*-galloyl-*β*-D-glucopyranose
3,4,6- 三 -*O*- 没食子酰基 -*β*-D- 吡喃葡萄糖 3,4,6-tri-*O*-galloyl-*β*-D-glucopyranose
1,2,6- 三 -*O*- 没食子酰基 -*β*-D- 吡喃葡萄糖苷 1,2,6-tri-*O*-galloyl-*β*-D-glucopyranoside
三 -*O*- 没食子酰基 -*β*-D- 吡喃葡萄糖苷 tri-*O*-galloyl-*β*-D-glucopyranoside
1,2,3- 三 -*O*- 没食子酰基 -*β*-D- 葡萄糖 1,2,3-tri-*O*-galloyl-*β*-D-glucose
1,2,6- 三 -*O*- 没食子酰基 -*β*-D- 葡萄糖 1,2,6-tri-*O*-galloyl-*β*-D-glucose
1,3,6- 三 -*O*- 没食子酰基 -*β*-D- 葡萄糖 1,3,6-tri-*O*-galloyl-*β*-D-glucose
1,4,6- 三 -*O*- 没食子酰基 -*β*-D- 葡萄糖 1,4,6-tri-*O*-galloyl-*β*-D-glucose
2,4,6- 三 -*O*- 没食子酰基 -*β*-D- 葡萄糖 2,4,6-tri-*O*-galloyl-*β*-D-glucose
3,4,6- 三 -*O*- 没食子酰基 -*β*-D- 葡萄糖 3,4,6-tri-*O*-galloyl-*β*-D-glucose
1,2,6- 三 -*O*- 没食子酰葡萄糖 1,2,6-tri-*O*-galloylglucose
2,4,6- 三 -*O*- 没食子酰葡萄糖 2,4,6-tri-*O*-galloylglucose
3,4,11- 三 -*O*- 没食子酰岩白菜素 3,4,11-tri-*O*-galloylbergenin
2',3',6'- 三 -*O*- 乙酰巴东荚蒾苷▲ 2',3',6'-tri-*O*-acetylhenryoside
3-[2,4,6- 三 -*O*- 乙酰基 -3-*O*-(2,3,4- 三 -*O*- 乙酰基 -*β*-D- 吡喃木糖基)-*β*-D- 吡喃半乳糖氧基]- 羽扇豆 -12- 烯 -28- 酸 -(2,3,4- 三 -*O*- 乙酰基)-*α*-L- 吡喃鼠李糖基酯苷 3-[2,4,6-tri-*O*-acetyl-3-*O*-(2,3,4-tri-*O*-acetyl-*β*-D-xylopyranosyl)-*β*-D-galactopyranosyloxy]-lup-12-en-28-oic acid-(2,3,4-tri-*O*-acetyl)-*α*-L-rhamnopyranosyl ester
2',3',6'- 三 -*O*- 乙酰基 -4'-*O*- 反式 -*p*-(*O*-*β*-D- 吡喃葡萄糖基) 香豆酰基 -7- 氧代马钱苷 2',3',6'-tri-*O*-acetyl-4'-*O*-*trans*-*p*-(*O*-*β*-D-glucopyranosyl)coumaroyl-7-ketologanin
3,7,12- 三 -*O*- 乙酰基 -8- 异戊酰巨大戟醇▲ 3,7,12-tri-*O*-acetyl-8-isovaleryl-ingol
1-*O*-[2,3,4- 三 -*O*- 乙酰基 -*α*-L- 吡喃鼠李糖基 -(1 → 2)-4-*O*- 乙酰基 -*α*-L- 吡喃阿拉伯糖基]-21-*O*- 乙酰基 - 表延龄草烯苷元▲ 1-*O*-[2,3,4-tri-*O*-acetyl-*α*-L-rhamnopyranosyl-(1→2)-4-*O*-acetyl-*α*-L-arabinopyranosyl]-21-*O*-acetyl-epitrillenogenin
1-*O*-[2",3",4"- 三 -*O*- 乙酰基 -*α*-L- 吡喃鼠李糖基 -(1 → 2)-*α*-L- 吡喃阿拉伯糖基] 表延龄草烯苷元▲ 1-*O*-[2",3",4"-tri-*O*-acetyl-*α*-L-rhamno-pyranosyl-(1→2)-*α*-L-arabinopyranosyl]epitrillenogenin
1-*O*-[2",3",4"- 三 -*O*- 乙酰基 -*α*-L- 吡喃鼠李糖基 -(1 → 2)-*α*-L- 吡喃阿拉伯糖基] 表延龄草烯苷元▲-24-*O*- 乙酸酯 1-*O*-[2",3",4"-tri-*O*-acetyl-*α*-L-rhamnopyranosyl-(1 → 2)-*α*-L-arabinopyranosyl] epitrillenogenin-24-*O*-acetate
3,15,28- 三 -*O*- 乙酰异玉蕊醇▲ A 3,15,28-tri-*O*-acetylisoracemosol A
(-)- 三白草醇▲ (-)-saucerneol
7"*R*,8"*S*- 三白草醇▲ 7"*R*,8"*S*-saucerneol
三白草醇▲ A~K saucerneol A~K
(-)-(7"*R*,8"*R*)- 三白草醇▲ J (-)-(7"*R*,8"*R*)-saucerneol J
(-)- 三白草醇▲甲醚 (-)-saucerneol methyl ether
三白草呋灵▲ A~D saurufurin A~D
三白草呋喃 saurufuran
三白草呋喃 A, B saurufuran A, B
(+)- 三白草灵酮▲ (+)-saururinone
三白草马兜铃内酰胺▲ sauristolactam
三白草木脂素▲ A~E saurulignan A~E
三白草纳灵▲ saurunarin
三白草内酰胺▲ saurolactam
三白草宁▲ saururenin
三白草素▲ A, B saururin A, B
(+)- 三白草亭▲ (+)-saucernetin
三白草亭▲ saucernetin
三白草亭▲ -7 saucernetin-7
三白草亭▲ -8 saucernetin-8
三白草亭▲ A saucernetin A
三白草亭二醇▲ saucernetin diol
三白草酮 sauchinone
三白草酮 A~D sauchinone A~D
三白草新醇▲ A~K saurucinol A~K
2,4,6- 三苯基己 -1- 烯 2,4,6-triphenylhex-1-ene
p, *p*, *p*- 三苯基 - 亚胺磷 *p*, *p*, *p*-triphenylphosphine imide
1*β*,2*β*,9*β*- 三苯甲酰氧基 -4*α*- 羟基 -6*α*,15- 二乙酰氧基 -*β*- 二氢沉香呋喃 1*β*,2*β*,9*β*-tribenzoyloxy-4*α*-hydroxy-6*α*,15-diacetoxy-*β*-dihydroagarofuran
三齿蒿定▲ A, B tatridin A, B
三齿蒿林素▲ artelin
三齿蒿素 ridentin

S

三出翠雀灵▲ delbiterine
1α,2α,4β- 三醇 -1,2,3,4- 四氢萘 1α,2α,4β-triol-1,2,3,4-tetrahydronaphthalene
3β,6α,12β- 三醇 -22,23,24,25,26,27- 六降达玛 -20- 酮 3β,6α,12β-triol-22,23,24,25,26,27-hexanordammaran-20-one
三刺皂荚碱 triacanthine
(1α,2α,3β,5α,6β)-2,5,8- 三当归酰氧基 -10,11- 环氧 -1,3- 二羟基红没药 -7(14)- 烯 -4- 酮 (1α,2α,3β,5α,6β)-2,5,8-trisangeloyloxy-10,11-epoxy-1,3-dihydroxybisabol-7(14)-en-4-one
(1α,2α,3β,5α,6β)-1,5,8- 三当归酰氧基 -10,11- 环氧 -2,3- 二羟基红没药 -7(14)- 烯 -4- 酮 (1α,2α,3β,5α,6β)-1,5,8-trisangeloyloxy)-10,11-epoxy-2,3-dihydroxybisabol-7(14)-en-4-one
3α,6α,9- 三当归酰氧基 -2α,4β,7,11- 四羟基红没药 -10(15)- 烯 -5- 酮 3α,6α,9-trisangeloyloxy-2α,4β,7,11-tetrahydroxybisabol-10(15)-en-5-one
3α,6α,7- 三当归酰氧基 -2α,4β,9,11- 四羟基红没药 -10(15)- 烯 -5- 酮 3α,6α,7-trisangeloyloxy-2α,4β,9,11-tetrahydroxybisabol-10(15)-en-5-one
3α,6α,9- 三当归酰氧基 -2α,4β- 二羟基 -7,11- 环氧红没药 -10(15)- 烯 -5- 酮 3α,6α,9-trisangeloyloxy-2α,4β-dihydroxy-7,11-epoxybisabol-10(15)-en-5-one
1β,5α,8- 三当归酰氧基 -3β,4β,10,11- 二环氧红没药 -7(14)- 烯 -2β- 醇 1β,5α,8-trisangeloyloxy-3β,4β,10,11-bisepoxybisabol-7(14)-en-2β-ol
(1α,2β,3β,4R*,5α,6α)-3,6,9- 三当归酰氧基红没药 -10(15)- 烯 -2,4,5,7,11- 五醇 (1α,2β,3β,4R*,5α,6α)-3,6,9-tris(angeloyloxy) bisabol-10(15)-en-2,4,5,7,11-pentol
(1α,2β,3β,4R*,5α,6α)-3,6,7- 三当归酰氧基红没药 -10(15)- 烯 -2,4,5,9,11- 五醇 (1α,2β,3β,4R*,5α,6α)-3,6,7-tris(angeloyloxy) bisabol-10(15)-en-2,4,5,9,11-pentol
三丁基柠檬酸酯 tributylcitrate
三丁烯四胺 tricrotonyltetramine
三对节苷▲ A, B serratoside A, B
三对节洛苷▲ A, B cleroserroside A, B
三对节莫苷▲ A serratumoside A
三对节素▲ A serratumin A
三对节萜酸 serratagenic acid
三对节萜酸 -3-O-α-(2'-O- 乙酰基)-L- 吡喃阿拉伯糖基 -28-O-α-L- 吡喃鼠李糖基 -(1 → 4)-β-D- 吡喃葡萄糖基 -(1 → 6)-β-D- 吡喃葡萄糖基酯 serratagenic acid-3-O-α-(2'-O-acetyl)-L-arabinopyranosyl-28-O-[-α-L-rhamnopyranosyl-(1 → 4)-β-D-glucopyranosyl-(1 → 6)-β-D-glucopyranosyl]ester
三对节萜酸 -3-O-α-(4'-O- 乙酰基)-L- 吡喃阿拉伯糖基 -28-O-α-L- 吡喃鼠李糖基 -(1 → 4)-β-D- 吡喃葡萄糖基 -(1 → 6)-β-D- 吡喃葡萄糖基酯 serratagenic acid-3-O-α-(4'-O-acetyl)-L-arabino pyranosyl-28-O-[-α-L-rhamnopyranosyl-(1 → 4)-β-D-glucopyranosyl-(1 → 6)-β-D-glucopyranosyl]ester
三对节萜酸 -3-O-α-L- 吡喃阿拉伯糖 -28-O-α-L- 吡喃鼠李糖基 -(1 → 4)-β-D- 吡喃葡萄糖基 -(1 → 6)-β-D- 吡喃葡萄糖基酯 serratagenic acid-3-O-α-L-arabinopyranosyl-28-O-[α-L-rhamnopyranosyl-(1 → 4)-β-D-glucopyranosyl-(1 → 6)-β-D-glucopyranosyl]ester
三对节萜酸 -3-O-α-L- 吡喃阿拉伯糖苷 serratagenic acid-3-O-α-L-arabinopyranoside
三对节萜酸 -3-O-α-L- 吡喃阿拉伯糖基 -28-O-β-D- 吡喃葡萄糖基酯 serratagenic acid-3-O-α-L-arabinopyranosyl-28-O-β-D-glucopyranosyl ester
三对节萜酸 -3-O-β-(2',4'-O- 二乙酰基)-D- 吡喃木糖基 -28-O-α-L- 吡喃鼠李糖基 -(1 → 4)-β-D- 吡喃葡萄糖基 -(1 → 6)-β-D- 吡喃葡萄糖基酯 serratagenic acid-3-O-β-(2', 4'-O-diacetyl)-D-xylopyranosyl-28-O-[α-L-rhamnopyranosyl-(1 → 4)-β-D-glucopyranosyl-(1 → 6)-β-D-glucopyranosyl]ester
三对节萜酸 -3-O-β-(3'-O- 乙酰基)-D- 吡喃木糖苷 serratagenic acid-3-O-β-(3'-O-acetyl)-D-xylopyranoside
三对节萜酸 -3-O-β-D- 吡喃木糖苷 serratagenic acid-3-O-β-D-xylopyranoside
三对节萜酸 -3-O-β-D- 吡喃木糖基 -28-O-α-L- 吡喃鼠李糖基 -(1 → 4)-β-D- 吡喃葡萄糖基 -(1 → 6)-β-D- 吡喃葡萄糖基酯 serratagenic acid-3-O-β-D-xylopyranosyl-28-O-[-α-L-rhamnopyranosyl-(1 → 4)-β-D-glucopyranosyl-(1 → 6)-β-D-glucopyranosyl]ester
三对节皂苷▲ A se-saponin A
1,3,6- 三对羟苄基 -4- 甲氧基二氢菲 -2,7- 二醇 1,3,6-tri(4-hydroxybenzyl)-4-methoxydihydrophenanthrene-2,7-diol
1,3,6- 三 - 对香豆酰基 -6'- 二阿魏酰蔗糖 1,3,6-tri-p-coumaroyl-6'-feruloylsucroses
N^1,N^5,N^{10}-E- 三对香豆酰亚精胺 N^1, N^5, N^{10}-E-tri-p-coumaroylspermidine
N^1,N^5,N^{10}-Z- 三对香豆酰亚精胺 N^1, N^5, N^{10}-Z-tri-p-coumaroylspermidine
N^1,N^5,N^{10}- 三对香豆酰亚精胺 N^1, N^5, N^{10}-tri-p-coumaroylspermidine
N^1,N^5-Z-N^{10}-E- 三对香豆酰亚精胺 N^1, N^5-Z-N^{10}-E-tri-p-coumaroylspermidine
1,3,5- 三癸酰苯 1,3,5-tridecanoylbenzene
三花龙胆苷 trifloroside
三花龙胆洛苷 gentiotrifloroside
三环 [2.2.1.02.6] 庚烷 tricyclo[2.2.1.02.6]heptane
三环 [4.1.1.0(2,5)] 辛烷 tricycle[4.1.1.0(2,5)]octane
三环低绵马素 trisdesaspidin
三环低绵马素 BBB trisdesaspidin BBB
三环黄绵马酸 trisflavaspidic acid
三环黄绵马酸 ABB trisflavaspidic acid ABB
三环葎草二醇▲ tricyclohumuladiol
三环绵马素 trisaspidin
三环萜 tricyclene
(3β,8β,9α,16α,17α)-14,16β:15,20α:18,20β- 三环氧 -16α,17α- 二羟基 -14- 氧代 -13,14:14,15- 二裂环孕甾 -5,13(18)- 二烯 -3-α- 吡喃磁麻糖基 -(1 → 4)-α- 洋地黄毒糖基 -(1 → 4)-α- 吡喃夹竹桃糖苷 (3β,8β,9α,16α,17α)-14,16β:15,20α:18,20β-triepoxy-16α,17α-dihydroxy-14-oxo-13,14:14,15-disecopregna-5,13(18)-dien-3-yl-α-cymaropyranosyl-(1 →4)-α-digitoxopyranosyl-(1 →4)-α-oleandropyranoside
(3β,8β,9α,16α,17α)-14,16β:15,20α:18,20β- 三环氧 -16β,17α- 二羟基 -14- 氧代 -13,14:14,15- 二裂环孕甾 -5,13(18)- 二烯 -3-α- 吡喃夹竹桃糖基 -(1 → 4)-α- 洋地黄毒糖基 -(1 → 4)-α- 吡喃夹竹桃糖苷 (3β,8β,9α,16α,17α)-14,16β:15,20α:18,20β-triepoxy-16β,17α-dihydroxy-14-carbonyl-13,14:14,15-disecopregna-5,13(18)-dien-3-yl-α-oleandropyranosyl-(1 → 4)-α-digitoxopyranosyl-(1 → 4)-α-oleandropyranoside
(3β,8β,9α.16α,17α)-14,16β:15,20α:18.20β- 三环氧 -16β:17α- 二羟基 -14- 氧代 -13,14:14,15- 二裂环孕甾 -5,13(18)- 二烯 -3-O-α-D- 吡喃夹竹桃糖基 -(1 → 4)-α-D- 吡喃洋地黄毒糖基 -(1 → 4)-α-D- 吡喃夹竹桃糖苷 (3β,8β,9α.16α,17α)-14,16β:15,20α:18.20β-triepoxy-16β:17α-dihydroxy-14-oxo-13,14:14,15-disecopregna-5,13(18)-dien-3-O-α-D-oleandropyranosyl-(1 → 4)-α-D-digitoxopyranosyl-(1 → 4)-α-D-oleandropyranoside
(3β,8β,9α.16α,17α)-14,16β:15,20α:18.20β- 三环氧 -16β:17α- 二羟基 -14- 氧代 -13,14:14,15- 二裂环孕甾 -5,13(18)- 二烯 -3-O-

S

α-D- 吡喃夹竹桃糖基 -(1→4)-α-D- 吡喃洋地黄毒糖基 -(1→4)-α-L- 吡喃磁麻糖苷 (3β,8β,9α.16α,17α)-14,16β:15,20α:18.20β-triepoxy-16β:17α-dihydroxy-14-oxo-13,14:14,15-disecopregna-5,13(18)-dian-3-O-α-D-oleandropyranosyl-(1 → 4)-α-D-digitoxopyranosyl-(1 → 4)-α-L-cymaropyranoside

(3β,8β,9α.16α,17α)-14,16β:15,20α:18.20β- 三环氧 -16β:17α- 二羟基 -14- 氧代 -13,14:14,15- 二裂环孕甾 -5,13(18)- 二烯 -3-O-α-吡喃磁麻糖基 -(1 → 4)-β- 吡喃洋地黄毒糖基 -(1 → 4)-β- 吡喃夹竹桃糖苷 (3β,8β,9α.16α,17α)-14,16β:15,20α:18.20β-triepoxy-16β:17α-dihydroxy-14-oxo-13,14:14,15-disecopregna-5,13(18)-dien-3-O-α-cymaropyranosyl-(1→4)-β-digitoxopyransyl-(1→4)-β-oleandropyranoside

(22R)-5β,6β:14α,17:14β,26- 三环氧 -2α- 乙氧基 -13,20,22- 三羟基 -1,15- 二氧代 -16α,24- 环 -13,14- 裂环麦角甾 -18,27- 二羧酸 -18 → 20,27 → 22- 二内酯 (22R)-5β,6β:14α,17:14β,26-triepoxy-2α-ethoxy-13,20,22-trihydroxy-1,15-dioxo-16α,24-cyclo-13,14-secoergosta-18,27-dioic acid-18 → 20,27 → 22-dilactone

三环氧牛心果宁▲ trieporeticanin

三环准檀香醛 tricycloekasantalal

三甲胺 trimethylamine

三甲胺氧化物 trimetlylamine oxide

3,7,7- 三甲基 -[1S] 环 [4,1,0] 庚 -3- 烯 3,7,7-trimethul-[1S] cyclo[4,1,0]hepta-3-ene

2,6,6- 三甲基 -[3,1,0] 二环 -2- 庚烯 2,6,6-trimethyl-[3,1,0]bicyclo-2-heptene

3,4,5- 三甲基 -1,2- 苯二醇 3,4,5-trimethyl-1,2-benzenediol

1,1,6- 三甲基 -1,2- 二氢化萘 1,1,6-trirnethyl-1,2-dihydro-naphthalene

3,7,11- 三甲基 -1,3,6,10- 十二碳四烯 3,7,11-trimethyl-1,3,6,10-dodecatetraene

2,5,6- 三甲基 -1,3,6- 庚三烯 2,5,6-trymethyl-1,3,6-heptatriene

3,3,6- 三甲基 -1,4- 庚二烯 -6- 醇 3,3,6-trimethyl-1,4-heptadien-6-ol

2,6,6- 三甲基 -1,4- 环己二烯 -1- 醛 2,6,6-trimethyl-1,4-cyclohexadien-1-carboxaldehyde

2,3,3- 三甲基 -1,4- 戊二烯 2,3,3-trimethyl-1,4-pentadiene

3,3,6- 三甲基 -1,5- 庚二烯 -4- 醇 3,3,6-trimethyl-1,5-heptadien-4-ol

3,3,6- 三甲基 -1,5- 庚二烯 -4- 酮 3,3,6-trimethyl-1,5-heptadien-4-one

(E)-3,7,11- 三甲基 -1,6,10- 十二碳三烯 -3- 醇 (E)-3,7,11-trimethyl-1,6,10-dodecatrien-3-ol

(S)-(Z)-3,7,11- 三甲基 -1,6,10- 十二碳三烯 -3- 醇 (S)-(Z)-3,7,11-trimethyl-1,6,10-dodecatrien-3-ol

3,7,11- 三甲基 -1,6,10- 十二碳三烯 -3- 醇 3,7,11-trimethyl-1,6,10-dodecatrien-3-ol

3,7- 三甲基 -1,6,10- 十二碳三烯 -3- 醇 3,7-trimethyl-1,6,10-dodecatrien-3-ol

(E,E,E)-3,7,11- 三甲基 -11- 羟基 -2,6,9- 十二碳三烯酸甲酯 methyl (E,E,E)-3,7,11-trimethyl-11-hydroxy-2,6,9-dodecatrienoate

3,7,11- 三甲基 -11- 羟基 -2 反式 ,6 反式 ,9 反式 - 十二碳三烯酸甲酯 methyl 3,7,11-trimethyl-11-hydroxy-trans-2,trans-6,trans-9-dodecatrienoate

2,6,6- 三甲基 -1- 环己烯 2,6,6-trimethyl-1-cyclohexene

4-(2,6,6- 三甲基 -1- 环己烯 -1- 基)-(E)-3- 丁烯 -2- 酮 4-(2,6,6-trimethyl-1-cyclohexen-1-yl)-(E)-3-buten-2-one

4-(2,6,6- 三甲基 -1- 环己烯 -1- 基)-3- 丁烯 -2- 酮 4-(2,6,6-trimethyl-1-cyclohexen-1-yl)-3-buten-2-one

2,6,6- 三甲基 -1- 环己烯 -1- 羧醛 2,6,6-trimethyl-1-cyclohexene-1-carboxaldehyde

2,6,6- 三甲基 -1- 环己烯 -1- 羧酸甲酯 2,6,6-trimethyl-1-cyclohexene-1-carboxylic acid methyl ester

2,6,6- 三甲基 -1- 环己烯 -1- 乙醇 2,6,6-trimethyl-1-cyclohexen-1-ethanol

2,3,3- 三甲基 -1- 己烯 2,3,3-trimethyl-1-hexene

(E)- 三甲基 -1- 羟基 -3-[3-(4- 羟基 -3- 甲氧基苯基) 丙烯酰氧基] 戊烷 -1,3,5- 三羧酸酯 (E)-trimethyl-1-hydroxy-3-[3-(4-hydroxy-3-methoxyphenyl) acryloyloxy]pentane-1,3,5-tricarboxylate

2,4,6- 三甲基 -1- 壬烯 2,4,6-trimethyl-1-nonene

2,2,3- 三甲基 -3- 环戊烯 -1- 乙醛 2,2,3-trimethyl-3-cyclopentene-1-acetaldehyde

5,6,7- 三甲基 -2(4H)- 苯并呋喃酮 5,6,7,-trimethyl-2(4H)-benzofuranone

2,4,7- 三甲基 -2,4,6,8- 四烯二醛 2,4,7-trimethyl-2,4,6,8-tetraene-dialdehyde

3,7,11- 三甲基 -2,6,10- 十二碳三烯 3,7,11-trimethyl-2,6,10-dodecatrienal

3,7,11- 三甲基 -2,6,10- 十二碳三烯 -1- 醇 3,7,11-trimethyl-2,6,10-dodecatrien-1-ol

3,7,11- 三甲基 -2,6,10- 十二碳三烯酸 3,7,11-trimethyl-2,6,10-dodecatrienoic acid

(2E,6E,10E)-3,7,11- 三甲基 -2,6,10- 十二碳三烯酸二甲酯 dimethyl (2E,6E,10E)-3,7,11-trimethyl-2,6,10-dodecatrienedioate

3,7,11- 三甲基 -2,6,10- 十二烯 -1- 醇 3,7,11-trimethyl-2,6,10-dodecen-1-ol

(2E,6E,9E)-3,7,11- 三甲基 -2,6,9,11- 十二碳四烯酸甲酯 methyl (2E,6E,9E)-3,7,11-trimethyl-2,6,9,11-dodecatetraenoate

(2E,6E,9Z)-3,7,11- 三甲基 -2,6,9,11- 十二碳四烯酸甲酯 methyl (2E,6E,9Z)-3,7,11-trimethyl-2,6,9,11-dodecatetraenoate

3,7,11- 三甲基 -2 反式 ,6 反式 ,10- 十二碳三烯酸甲酯 methyl 3,7,11-trimethyl-trans-2,trans-6,10-dodecatrienoate

3,7,11- 三甲基 -2 反式 ,6 反式 ,9- 反式 ,11- 十二碳四烯酸甲酯 methyl 3,7,11-trimethyl-trans-2,trans-6,trans-9,11-dodecatetraenoate

3,7,11- 三甲基 -2 反式 ,6- 反式 ,9- 顺式 ,11- 十二碳四烯酸甲酯 methyl 3,7,11-trimethyl-trans-2,trans-6,cis-9,11-dodecatetraenoate

2,6,6- 三甲基 -2- 环己烯 -1,4- 二酮 2,6,6-trimethyl-2-cyclohexen-1,4-dione

3,5,5- 三甲基 -2- 环己烯 -1,4- 二酮 3,5,5-trimethyl-cyclohex-1,4-dione

4-(2,6,6- 三甲基 -2- 环己烯 -1- 基)-2- 丁酮 4-(2,6,6-trimethyl-2-cyclohexen-1-yl)-2-butanone

6,10,14- 三甲基 -2- 十五酮 6,10,14-trimethyl-2-pentadecanone

6,10,14- 三甲基 -2- 亚甲基十五醛 6,10,14-trimethyl-2-methylenepentadecanal

[1S-(1α,4α,6α)]-1,3,3- 三甲基 -2- 氧杂双环 [2.2.2] 辛 -6- 基 O-β-D-吡喃葡萄糖基 -(1 → 6)-β-D- 吡喃葡萄糖苷 [1S-(1α,4α,6α)]-1,3,3-trimethyl-2-oxabicyclo[2.2.2]oct-6-yl-O-β-D-glucopyranosyl-(1 → 6)-β-D-glucopyranoside

(3S,6R,7R)-3,7,11- 三甲基 -3,6- 环氧 -1,10- 十二碳二烯 -7- 醇 (3S,6R,7R)-3,7,11-trimethyl-3,6-epoxy-1,10-dodecadien-7-ol

(3S,6S,7R)-3,7,11- 三甲基 -3,6- 环氧 -1,10- 十二碳二烯 -7- 醇 (3S,6S,7R)-3,7,11-trimethyl-3,6-epoxy-1,10-dodecadien-7-ol

α,α,4- 三甲基 -3- 环己烯 -1- 甲醇 α,α,4-trimethyl-3-cyclohexene-1-methanol

3,4,5- 三甲基 -3- 环己烯 -1- 甲醛 3,4,5-trimethyl-3-cyclohexen-1-carboxaldehyde

3,5,5- 三甲基 -3- 环己烯 -1- 酮 3,5,5-trimethyl-3-cyclohexen-1-one

2,4,4- 三甲基 -3- 甲酰基 -6- 羟基 -2,5- 环己二烯 -1- 酮 2,4,4-trimethyl-3-formyl-6-hydroxy-2,5-cyclohexadien-1-one

1,5,5- 三甲基 -3- 亚甲基环己烯 1,5,5-trimethyl-3-methylenecyclohexene

7,11,15- 三甲基 -3- 亚甲基十六烷 -1,2- 二醇 7,11,15-trimethyl-3-methylidenehexadecane-1,2-diol

4,4,14- 三甲基 -3- 氧代 -24- 降 -5α,13α,14β,17α- 胆甾 -7- 烯 -23- 酸 4,4,14-trimethyl-3-oxo-24-nor-5α,13α,14β,17α-chol-7-en-23-oic acid

7,11,15- 三甲基 -3- 异亚丙基 - 十六烷 -1,2- 二醇 7,11,15-trimethyl-3-methylidene-hexadecane-1,2-diol

3,5,5- 三甲基 -4-(2-β-D- 吡喃葡萄糖氧基)- 乙基 - 环己 -2- 烯 -1- 酮 3,5,5-trimethyl-4-(2-β-D-glucopyranosyloxy)-ethyl-cyclohexa-2-en-1-one

1α,6,16- 三甲基 -4,7,8,9,14α- 五羟基 -N- 乙酰乌头烷 1α,6,16-trimethyl-4,7,8,9,14α-pentahyroxyl-N-actylaconitane

5,9,13- 三甲基 -4,8,12- 十四碳三烯醛 5,9,13-trimethyl-4,8,12-tetradecatrienal

(+)-3,5,5- 三甲基 -4-[(2E)-1- 氧代 -2- 丁烯基]-2- 环己烯 -1- 酮 (+)-3,5,5-trimethyl-4-[(2E)-1-oxo-2-butenyl]-2-cyclohexen-1-one

3,4,8α- 三甲基 -4α,7,8,8α- 四氢 -4α- 萘 [2,3-β] 呋喃 -9- 酮 3,4,8α-trimethyl-4α,7,8,8α-tetrahydro-4α-naphtho[2,3-β]furan-9-one

2,6,6- 三甲基 -4- 羟基 -1- 环己烯 -1- 醛 2,6,6-trimethyl-4-hydroxy-1-cyclo-hexene-1-carboxaldehyde

1,5,5- 三甲基 -4- 乙烯基 - 环戊烯 1,5,5-trimethyl-4-ethenyl-cyclopentene

(S)-4,6,9- 三甲基 -5,6,7,8- 四氢菲 -1,2- 二醇 (S)-4,6,9-trimethyl-5,6,7,8-tetrahydrophenanthrene-1,2-diol

(E,E)-6,10,14- 三甲基 -5,9,13- 十五碳三烯 -2- 酮 (E,E)-6,10,14-trimethyl-5,9,13-pentadecatrien-2-one

(E,E)-6,10,14- 三甲基 -5,9,13- 十五烷三烯 -2- 酮 (E,E)-6,10,14-trimethyl-5,9,13-pentadecatrie-2-one

(24R)-4α,14α,24- 三甲基 -5α- 胆甾 -8,25(27)- 二烯 -3β- 醇 (24R)-4α,14α,24-trimethyl-5α-cholesta-8,25(27)-dien-3β-ol

3,7,11- 三甲基 -6,10- 十二碳二烯 -1- 炔 -3- 醇 3,7,11-trimethyl-6,10-dodecadien-1-yn-3-ol

γ,3,5- 三甲基 -6- 苯并呋喃丁醛 γ,3,5-trimethyl-6-benzofuranbutanal

2',2',3- 三甲基 -6- 甲氧基吡喃咔唑 2',2',3-trimethyl-6-methoxypyranocarbazole

2',2',3- 三甲基 -6- 羟基吡喃咔唑 2',2',3-trimethyl-6-hydroxypyranocarbazole

(6R,9S)-4,11,11- 三甲基 -8- 亚甲基 -1,4- 环十一碳二烯 -6,9- 二醇 (6R,9S)-4,11,11-trimethyl-8-methylene-1,4-cycloundecadien-6,9-diol

4,11,11- 三甲基 -8- 亚甲基二环 [7,2,0] 十一烷 -4- 烯 4,11,11-trimethyl-8-methylene-bicyclo[7,2,0]undec-4-ene

[1R-(1R*,4Z,9S*)]-4,11,11- 三甲基 -8- 亚甲基 - 二环 [7.2.0]-4- 十一烯 1R-(1R*,4Z,9S*)]-4,11,11-trimethyl-8-methylene-bicyclo[7.2.0]-undec-4-ene

1R-(1R*,4Z,9S*)-4,11,11- 三甲基 -8- 亚甲基 - 二环 [7.2.0]-4- 十一烯 1R-(1R*,4Z,9S*)-4,11,11-trimethyl-8-methylene-bicyclo[7.2.0]-undec-4-ene

4,4,11,11- 三甲基 -8- 亚甲基 - 二环 [7.2.0] 十一 -4- 烯 11,11-trimethyl-8-methylenebicyclo[7.2.0]undec-4-ene

4,11,11- 三甲基 -8- 亚甲基 - 二环 [7.2.0]- 十一 -4- 烯 4,11,11-trimethyl-8-methylene-bicyclo[7.2.0]undec-4-ene

(1R,4R,6R,10S)-4,12,12- 三甲基 -9- 亚甲基 -5- 氧杂三环 [8.2.0.0(4,6)]- 十二烷 (1R,4R,6R,10S)-4,12,12-trimethyl-9-methylene-5-oxatricyclo[8.2.0.0(4,6)]-dodecane

2- 三甲基胺基 -3-(3- 吲哚基) 丙酸酯 2-trimethylammonio-3-(3-indolyl)propionate

1,5,15- 三甲基巴戟酚▲ 1,5,15-trimethylmorindol

1,2,4- 三甲基苯 1,2,4-trimethylbenzene

1,3,5- 三甲基苯 1,3,5-trimethylbenzene

2-N,N,N- 三甲基苯丙氨酸 2-N,N,N-trimethylphenylalanine

2,4,5- 三甲基苯酚 2,4,5-trimethylphenol

1-(2,4,6- 三甲基苯基)-1,3- 丁二烯 1-(2,4,6-trimethylphenyl)-buta-1,3-diene

1-(2,4,6- 三甲基苯基) 丁 -1,3- 二烯 1-(2,4,6-trimethylphenyl)buta-1,3-diene

2,3,4- 三甲基苯甲醛 2,3,4-trimethylbenzaldehyde

2,3,6- 三甲基苯甲醛 2,3,6-trimethylbenzaldehyde

2,4,5- 三甲基苯甲醛 2,4,5-trimethylbenzaldehyde

α,α,4- 三甲基苯乙醇 α,α,4-trimethylbenzyl alcohol

3,6,9- 三甲基吡喃并 [2,3,4-de] 色原烯 -2- 酮 3,6,9-trimethyl-pyrano[2,3,4-de]chromen-2-one

三甲基补骨脂素 trioxsalen

N,N,N- 三甲基多巴胺 N,N,N-trimethyldopamine

1,7,7- 三甲基 - 二环 [2,2,1]-2- 庚烯 1,7,7-trimethyl-bicyclo[2.2.1]hept-2-ene

1,3,3- 三甲基二环 -[2,2,1] 庚 -2- 醇 1,3,3-trlmethyl-bicyclo[2,2,1]heptam-2-ol

1,7,7- 三甲基二环 [2,2,1]- 庚 -2 基乙酸酯 1,7,7-trimethylbicyclo[2.2.1]hept-2-yl acetate

2,2,6- 三甲基二环 [2,2,1]- 庚 -3- 酮 2,2,6-trimethyl bicyclo[2,2,1]heptan-3-one

1,7,7- 三甲基二环 [2,2,1] 已烷 -2,3- 二酮 1,7,7-trimethyl-bicyclo[2,2,1]-2,3-hexanedione

1S-2,6,6- 三甲基二环 [3,1,1]-2- 庚烯 1S-2,6,6-trimethylbicyclo[3,1,1]-2-heptene

(1S)-4,6,6- 三甲基二环 -[3,1,1] 庚 -3- 烯 -2- 酮 (1S)-4,6,6-trimethyl-bicyclo[3,1,1]hept-3-en-2-one

(1α,2β,5α)-2,6,6- 三甲基二环 [3.1.1] 庚烷 (1α,2β,5α)-2,6,6-trimethyl-bicyclo[3.1.1]heptane

3,7,7- 三甲基二环 [4,1,0] 己 -2- 烯 3,7,7-trimethylbicyclic[4,1,0]hexa-2-alkene

3,7,7- 三甲基二环 [4.1.0] 庚 -2- 烯 3,7,7-trimethylbicyclo[4.1.0]hepta-2-ene

3,7,7- 三甲基二环 [4.1.0] 庚 -3- 烯 3,7,7-trimethylbicyclo[4.1.0]hepta-3-ene

三甲基甘氨酸 trimethylglycine

2,5,5- 三甲基庚二烯 2,5,5-trimethyl-heptadiene

2,4,6- 三甲基癸烷 2,4,6-trimethyldecane

3,3',7- 三甲基槲皮素 3,3',7-trimethylquercetin

3,7,4'-O- 三甲基槲皮素 3,7,4'-O-trimethylquercetin

4',5,7- 三甲基槲皮素 4',5,7-trimethylquercetin

7,3',4'- 三甲基槲皮素 7,3',4'-trimethylquercetin

3,6,7- 三甲基槲皮万寿菊素 3,6,7-trimethylquercetagetin

(1R)-3,5,5- 三甲基环己 -3- 烯醇 -O-β-D- 吡喃葡萄糖苷 (1R)-3,5,5-trimethylcyclohex-3-enol-O-β-D-glucopyranoside

2,2,3- 三甲基环戊 -3- 烯基乙醛 2,2,3-trimethylcyclopent-3-enylacetaldehyde

1,3,7- 三甲基黄嘌呤 1,3,7-trimethylxanthine

1,3,5- 三甲基金刚烷 1,3,5-trimethyladamantane

三甲基没食子酸山荷叶素酯 trimethylgallic acid diphyllin ester

三聚没食子酸甲酯 tri-methyl gallate

1,4,5- 三甲基萘 1,4,5-trimethylnaphthalene

1,4,6- 三甲基萘 1,4,6-trimethylnaphthalene

1,6,7- 三甲基萘 1,6,7-trimethylnaphthalene

2,3,6- 三甲基萘 2,3,6-trimethylnaphthalene

2,4,6- 三甲基萘 2,4,6-trimethylnaphthalene

2,2,5- 三甲基萘并 [1,8-de]-1,3- 二噁英 -6- 醇 2,2,5-trimethyl-naphtho[1,8-de]-1,3-dioxin-6-ol
O-(2),1,9- 三甲基尿酸 O-(2),1,9-trimethyluric acid
1,2,6- 三甲基哌啶 1,2,6-trimethylpiperidine
2,7,8- 三甲基鞣花酸 2,7,8-trimethylellagic acid
3,4,3'-O- 三甲基鞣花酸 3,4,3'-O-trimethylellagic acid
4,5,4'- 三甲基鞣花酸 4,5,4'-trimethylellagic acid
3,4,3'-O- 三甲基鞣花酸 -4'-O-β-D- 吡喃葡萄糖苷 3,3',4-O-trimethylellagic acid-4'-O-β-D-glucopyranoside
1,3,3- 三甲基三环 [2.2.1.0(2,6)] 庚烷 1,3,3-trimethyl-tricyclo[2.2.1.0(2,6)]heptane
1,7,7- 三甲基 - 三环 [2.2.1.0(2,6)] 庚烷 1,7,7-trimethyl-tricyclo [2.2.1.0 (2,6)]heptane
2,10,10- 三甲基三环 [7.1.1.0(2,7)]-7- 烯 -6- 酮 2,10,10-trimethyltricyclo[7.1.1.0(2,7)]undec-7-en-one
2,3,4- 三甲基三十烷 2,3,4-trimethyltriacontane
α,α,α'- 三甲基三亚甲基乙二醇 α,α,α'-trimethyltrimethylene glycol
N,O,O- 三甲基散花巴豆碱 N,O,O-trimethylsparsiflorine
N,N,N- 三甲基色氨酸 N,N,N-trimethyltryptophan
N,N,N- 三甲基色胺 N,N,N-trimethyltryptamine
5,7,4'- 三甲基山萘酚 5,7,4'-trimethoxypelargidenon
2,6,10- 三甲基十二烷 2,6,10-trimethyldodecane
2,6,11- 三甲基十二烷 2,6,11-trimethyldodecane
3,7,11- 三甲基十二烷 -1,6,9- 三烯 -3,11- 二醇 3,7,11-trimethyldodeca-1,6,9-triene-3,11-diol
6,10,14- 三甲基十五酮 6,10,14-trimethylpentadecanone
6,10,14- 三甲基十五烷 -2- 酮 6,10,14-trimethylpentadecan-2-one
1,7,7- 三甲基双环 [2.2.1] 庚 -5- 烯 -2- 酮 1,7,7-trimethylbicyclo[2.2.1]hept-5-en-2-one
(1R,2S,4R)-1,7,7- 三甲基双环 [2.2.1]- 庚烷 -2-(6-O-β-D- 呋喃芹糖基 -β-D- 吡喃葡萄糖苷) (1R,2S,4R)-1,7,7-trimethylbicyclo[2.2.1]-hept-2-(6-O-β-D-apiofuranosyl-β-D-glucopyranoside)
2,6,6- 三甲基 - 双环 [3,1,1] 庚 -2- 烯 2,6,6-trimethyl-bicyclo[3,1,1]hept-2-ene
2,6,6- 三甲基 - 双环 [3.1.1] 庚 -2- 烯 -4- 醇乙酸酯 2,6,6-trimethyl-bicyclo[3.1.1]hept-2-en-4-ol acetate
[1S-(1R*,4E,8Z,10S*)]-8-(甲氧基甲基)-4,11,11- 三甲基 - 双环 [8.1.0]- 十一碳 -4,8- 二烯 [1S-(1R*,4E,8Z,10S*)]-8-(methoxymethyl)-4,11,11-trimethyl-bicyclo[8.1.0]undeca-4,8-diene
1,5,7- 三甲基四氢萘 1,5,7-trimethyltetralin
三甲基四氢萘 trimethyl tetrahydronaphthalene
7,3',5'-O- 三甲基小麦亭▲ 7,3',5'-O-trimethyltricetin
2,4,6- 三甲基辛烷 2,4,6-trimethyl-octane
2,5,6- 三甲基 - 辛烷 2,5,6-trimethyl-octane
2,2,4- 三甲基辛烷 -3- 酮 2,2,4-trimethyloctan-3-one
1-(N,N,N- 三甲基 - 乙基 - 氨基 - 磷酰基)-2,3- 二亚油酸甘油酯离子 1-(N,N,N-trimethyl-ethyl-amino-phosphoryl)-2,3-dilinolein ion
三甲萘 trimethylnaphthalene
5,7,3'- 三甲氧基 -(-)- 表儿茶素 5,7,3'-trimethoxyl-(-)-epicatechin
1-[(2,4,5- 三甲氧基)- 苯基]-1- 丙酮 1-[(2,4,5-trimethoxy)-phenyl]-1-propanone
6'''-(3''',4''',5'''- 三甲氧基)-(E)- 桂皮酰酸枣素▲ 6'''-(3''',4''',5'''-trimethoxyl)-(E)-cinnamoylspinosin
(1S)-4,8,9- 三甲氧基 -1-(4- 甲氧基苯基)-2,3- 二氢 -1H- 菲那烯 (1S)-4,8,9-trimethoxy-1-(4-methoxyphenyl)-2,3-dihydro-1H-phenalene
3,9,11- 三甲氧基 -1,2- 亚甲二氧基氧化阿朴菲 3,9,11-trimethoxy-1,2-methylenedioxyl oxoaporphine
7S,8S,1'R-$\Delta^{8'}$-3,4,5'- 三甲氧基 -1',4'- 二氢 -4'- 氧代 -7.0.2',8.1'- 新木脂素 7S,8S,1'R-$\Delta^{8'}$-3,4,5'-trimethoxy-1',4'-dihydro-4'-oxo-7.0.2',8.1'-neolignan
7S,8S,1'S-$\Delta^{8'}$-3,4,1'- 三甲氧基 -1',6'- 二氢 -6'- 氧代 -7.0.4',8.3'- 新木脂素 7S,8S,1'S-$\Delta^{8'}$-3,4,1'-trimethoxy-1',6'-dihydro-6'-oxo-7.0.4',8.3'-neolignan
2,4,6- 三甲氧基 -1-O-β-D- 吡喃葡萄糖苷 2,4,6-trimethoxy-1-O-β-D-glucopyranoside
2,3,5- 三甲氧基 -1-O- 樱草糖氧基叫酮 2,3,5-trimethoxy-1-O-primeverosyloxyxanthone
2,3,7- 三甲氧基 -1-O- 樱草糖氧基叫酮 2,3,7-trimethoxy-1-O-primeverosyloxyxanthone
(1S)-4,8,9- 三甲氧基 -1- 苯基 -2,3- 二氢 -1H- 菲那烯 (1S)-4,8,9-trimethoxy-1-phenyl-2,3-dihydro-1H-phenalene
(S)-5,5',6- 三甲氧基 -2',2'- 二甲基 -8-(3- 甲基 -2- 丁烯基)-[2,7'- 二 -2H-1- 苯并吡喃]-4(3H)- 酮 (S)-5,5',6-trimethoxy-2',2'-dimethyl-8-(3-methyl-2-butenyl)-[2,7'-bi-2H-1-benzopyran]-4(3H)-one
2',4',5'- 三甲氧基 -2'',2''- 二甲基吡喃 [5'',6'':6,7] 异黄酮 2',4',5'-trimethoxy-2'',2''-dimethylpyrano[5'',6'':6,7]isoflavone
6,7,8- 三甲氧基 -2,3- 亚甲二氧基苯菲里啶 6,7,8-trimethoxy-2,3-methylendioxybenzophenantridine
4,5,8- 三甲氧基 -2-O-β-D- 吡喃葡萄糖基 -(1 → 2)-O-β-D- 吡喃半乳糖苷 4,5,8-trimethoxy-2-O-β-D-glucopyranosyl-(1 → 2)-O-β-D-galactopyranoside
1,3,4- 三甲氧基 -2- 羟基蒽醌 1,3,4-trimethoxyl-2-hydroxyanthraquinone
4,6,8- 三甲氧基 -3-(3,3- 二甲基烯丙基)-N- 甲基喹啉 -2- 醇 4,6,8-trimethoxy-3-(3,3-dimethylallyl)-N-methylquinolin-2-ol
5,6,7- 三甲氧基 -3',4'- 亚甲二氧基黄酮 5,6,7-trimethoxy-3',4'-methylenedioxyflavone
5,6,6'- 三甲氧基 -3',4'- 亚甲二氧基异黄酮 -7-O-β-D-(2''-O- 对香豆酰吡喃葡萄糖苷 5,6,6'-trimethoxy-3',4'-methylenedioxyisoflavone-7-O-β-D-(2''-O-p-coumaroylglucopyranoside
6,7,3'- 三甲氧基 -3,5,4'- 三羟基黄酮 6,7,3'-trimethoxy-3,5,4'-trihydroxyflavone
3',4',7- 三甲氧基 -3,5- 二羟基黄酮 3',4',7-trimethoxy-3,5-dihydroxyflavone
5,6,8- 三甲氧基 -3- 甲基 -1- 萘醇 5,6,8-trimethoxy-3-methyl-1-naphthol
5,7,4'- 三甲氧基 -3'- 羟基 - 橙酮 5,7,4'-trimethoxy-3'-hydroxy-aurone
5,6,8- 三甲氧基 -4-(2,4,5- 三甲氧基苯)-3,4- 二氢 -1(2H)- 萘酮 5,6,8-trimethoxy-4-(2,4,5-trimethoxyphenyl)-3,4-dihydro-1(2H)-naphthalenone
5,7,3'- 三甲氧基 -4',5'- 亚甲二氧基黄酮 5,7,3'-trimethoxy-4',5'-methylenedioxyflavone
2',6,7- 三甲氧基 -4',5'- 亚甲二氧基异黄酮 2',6,7-trimethoxy-4',5'-methylenedioxyisoflavone
(7S,8R)-3,5,5'- 三甲氧基 -4',7- 环氧 -8,3'- 新木脂素 -9,9'- 二醇 -4-O-β-D- 吡喃木糖苷 (7S,8R)-3,5,5'-trimethoxy-4',7-epoxy-8,3'-neolignan-9,9'-diol-4-O-β-D-xylopyranoside
(7S,8R)-3,3',5- 三甲氧基 -4,9,9'- 三羟基 -4',7- 环氧 -5',8- 木脂素 -4-O-β-D- 吡喃葡萄糖苷 (7S,8R)-3,3',5-trimethoxy-4,9,9'-trihydroxy-4',7-epoxy-5',8-lignan-4-O-β-D-glucopyranoside
2-(3'- 三甲氧基 -4'- 羟基)- 苯基 -3- 羟甲基 -6- 甲氧基 -5- 苯并呋喃甲酸 2-(3'-trimethoxy-4'-hydroxy)-phenyl-3-hydroxymethyl-6-methoxy-5-benzofuranformic acid
2,4,6- 三甲氧基 -4'- 羟基二氢查耳酮 2,4,6-trimethoxy-4'-hydroxydihydrochalcone

6,7,3'- 三甲氧基 -4'- 羟基黄烷 6,7,3'-trimethoxy-4'-hydroxyflavan
(*E*)-2,3,4- 三甲氧基 -5-(1- 丙烯基) 苯酚 (*E*)-2,3,4-trimethoxy-5-(1-propenyl)phenol
1,2,3- 三甲氧基 -5-(2- 丙烯基) 苯 1,2,3-trimethoxy-5-(2-propenyl)-benzene
3,6,4'- 三甲氧基 -5,7- 二羟基黄酮 3,6,4'-trimethoxy-5,7-dihydroxyflavone
(2*R*)-7,3',4'- 三甲氧基 -5,8- 醌黄烷 (2*R*)-7,3',4'-trimethoxy-5,8-quinoflavan
1,2,3- 三甲氧基 -5- 甲基苯 1,2,3-trimethoxy-5-methylbenzene
2,3,6- 三甲氧基 -5- 甲基苯酚 2,3,6-trimethoxy-5-methylphenol
4,6,7- 三甲氧基 -5- 甲基香豆素 4,6,7-trimethoxy-5-methylcoumarin
4,7,8- 三甲氧基 -5- 甲基香豆素 4,7,8-trimethoxy-5-methylcoumarin
1,2,3- 三甲氧基 -5- 羟基苯酚 -1-*O*-*β*-D- 吡喃葡萄糖苷 1,2,3-trimethoxy-5-hydroxyphenol-1-*O*-*β*-D-glucopyranoside)
2,3,4- 三甲氧基 -5- 羟基菲 2,3,4-trimethoxy-5-hydroxyphenanthrene
1,2,3- 三甲氧基 -5- 烯丙基苯 1,2,3-trimethoxy-5-allylbenzene
(*E*)-1,2,3- 三甲氧基 -5- 正丙烯基苯 (*E*)-1,2,3-trimethoxy-5-(prop-1-enyl)-benzene
5,3',4'- 三甲氧基 -6,7- 亚甲二氧基异黄酮 5,3',4'-trimethoxy-6,7-methylenedioxyisoflavone
2',2,5- 三甲氧基 -6,7- 亚甲二氧基异黄烷酮 2',2,5-trimethoxy-6,7-methylenedioxyisoflavanone
1,2,8- 三甲氧基 -6- 羟基叫酮 1,2,8-trimethoxy-6-hydroxyxanthone
4',5,7- 三甲氧基 -6- 异氧黄酮 4',5,7-trimethoxy-6-methoxyflavone
(7*α*,8*α*,2'*α*)-3,4,5- 三甲氧基 -7,3',1',9'- 二环氧木脂素 (7*α*,8*α*,2'*α*)-3,4,5-trimethoxy-7,3',1',9'-diepoxylignan
6,3',4'- 三甲氧基 -7,8,5'- 三羟基异黄酮 6,3',4'-trimethoxy-7,8,5'-trihydroxyisoflavone
(7*S*,8*R*)-$\Delta^{7'}$-3,4,3'- 三甲氧基 -7.*O*.2',8.1'- 新木脂素 (7*S*,8*R*)-$\Delta^{7'}$-3,4,3'-trimethoxy-7.*O*.2',8.1'-neolignan
(3*S*)-2',4',5'- 三甲氧基 -7- 羟基异黄烷酮 (3*S*)-2',4',5'-trimethoxy-7-hydroxyisoflavanone
1,2,6- 三甲氧基 -8- 羟基叫酮 1,2,6-trimethoxy-8-hydroxyxanthone
2,4,7- 三甲氧基 -9,10- 二氢菲 2,4,7-trimethoxy-9,10-dihydrophenanthrene
1,2,3- 三甲氧基苯 1,2,3-trimethoxybenzene
1,2,4- 三甲氧基苯 1,2,4-trimethoxybenzene
1,3,5- 三甲氧基苯 1,3,5-trimethoxybenzene
3,4,5- 三甲氧基苯 -1-*O*-*β*-D- 吡喃葡萄糖苷 3,4,5-trimethoxybenzene-1-*O*-*β*-D-glucopyranoside
3,4,5- 三甲氧基苯 -*O*-*β*-D- 吡喃葡萄糖苷 3,4,5-trimethoxybenzene-*O*-*β*-D-glucopyranoside
2,4,6- 三甲氧基苯胺 2,4,6-trimethoxyaniline
3,4,5- 三甲氧基苯丙醇乙酸酯 3,4,5-trimethoxybenzenepropanol acetate
2,4,6- 三甲氧基苯酚 2,4,6-trimethoxyphenol
3,4,5- 三甲氧基苯酚 3,4,5-trimethoxyphenol
3,4,5- 三甲氧基苯酚 -1-*O*-[*β*-D- 呋喃芹糖基 -(1 → 6)]-*β*-D- 吡喃葡萄糖苷 3,4,5-trimethoxyphenol-1-*O*-[*β*-D-apiofuranosyl-(1 → 6)]-*β*-D-glucopyranoside
3,4,5- 三甲氧基苯酚 -1-*O*-*β*-D-(6'-*O*- 没食子酰基)- 吡喃葡萄糖苷 3,4,5-trimethoxyphenol-1-*O*-*β*-D-(6'-*O*-galloyl)-glucopyranoside
2,4,6- 三甲氧基苯酚 -1-*O*-*β*-D-(6'-*O*- 没食子酰基)- 葡萄糖苷 2,4,6-trimethoxyphenol-1-*O*-*β*-D-(6'-*O*-galloyl)-glucoside
3,4,5- 三甲氧基苯酚 -1-*O*-*β*-D-(6- 没食子酰基)- 吡喃葡萄糖苷 3,4,5-trimethoxyphenol-1-*O*-*β*-D-(6-galloyl)-glucopyranoside
3,4,5- 三甲氧基苯酚 -1-*O*-*β*-D- 吡喃木糖基 -(1'' → 6')-*β*-D- 吡喃葡萄糖苷 3,4,5-trimethoxyphenol-1-*O*-*β*-D-xylopyranosyl-(1'' → 6')-*β*-D-glucopyranoside
3,4,5- 三甲氧基苯酚 -1-*O*-*β*-D- 吡喃木糖基 -(1 → 6)-*β*-D- 吡喃葡萄糖苷 3,4,5-trimethoxyphenol-1-*O*-*β*-D-xylopyranosyl-(1 → 6)-*β*-D-glucopyranoside
2,4,6- 三甲氧基苯酚 -1-*O*-*β*-D- 吡喃葡萄糖苷 2,4,6-trimethoxyphenol-1-*O*-*β*-D-glucopyranoside
3,4,5- 三甲氧基苯酚 -1-*O*-*β*-D- 吡喃葡萄糖苷 3,4,5-trimethoxyphenol-1-*O*-*β*-D-glucopyranoside
三甲氧基苯酚 -1-*O*-*β*-D- 吡喃葡萄糖苷 trimethoxyphenol-1-*O*-*β*-D-glucopyranoside
3,4,5- 三甲氧基苯酚 -1-*O*-*β*-D- 呋喃芹糖基 -(1'' → 6')-*β*-D- 吡喃葡萄糖苷 3,4,5-trimethoxyphenol-1-*O*-*β*-D-apiofuranolyl-(1''→6')-*β*-D-glucopyranoside
2,4,6- 三甲氧基苯酚 -1-*O*-*β*-D- 呋喃芹糖基 -(1 → 6)-*β*-D- 吡喃葡萄糖苷 2,4,6-trimethoxyphenol-1-*O*-*β*-D-apiofuranosyl-(1 → 6)-*β*-D-glucopyranoside
3,4,5- 三甲氧基苯酚 -1-*O*-*β*-D- 呋喃芹糖基 -(1 → 6)-*β*-D- 吡喃葡萄糖苷 3,4,5-trimethoxyphenol-1-*O*-*β*-D-apiofuranosyl-(1 → 6)-*β*-D-glucopyranoside
3,4,5- 三甲氧基苯酚 -1-*O*-*β*-D- 葡萄糖苷 3,4,5-trimethoxyphenyl-1-*O*-*β*-D-glucoside
3,4,5- 三甲氧基苯酚 -1-*O*-*β*-D- 芹糖 -(1 → 6)-*β*-D- 吡喃葡萄糖苷 3,4,5-trimethoxyphenol-1-*O*-*β*-D-apiosyl-(1 → 6)-*β*-D-glucopyranoside
3,4,5- 三甲氧基苯酚 -*O*-*β*-D- 吡喃葡萄糖苷 3,4,5-trimethoxyphenol-*O*-*β*-D-glucopyranoside
3,4,5- 三甲氧基苯酚 -*α*-L- 吡喃鼠李糖基 -(1 → 6)-*β*-D- 吡喃葡萄糖苷 3,4,5-trimethoxyphenol-*α*-L-rhamnopyranosyl-(1 → 6)-*β*-D-glucopyranoside
3,4,5- 三甲氧基苯酚 -*β*-D-5-*O*- 咖啡酰呋喃芹糖基 -(1 → 6)-*β*-D- 吡喃葡萄糖苷 3,4,5-trimethoxyphenol-*β*-D-5-*O*-caffeoyl-apiofuranosyl-(1 → 6)-*β*-D-glucopyranoside
3,4,5- 三甲氧基苯酚 -*β*-D- 吡喃葡萄糖苷 3,4,5-trimethoxyphenol-*β*-D-glucopyranoside
3,4,5- 三甲氧基苯酚 -*β*-D- 呋喃芹糖基 -(1 → 6)-*β*-D- 吡喃葡萄糖苷 3,4,5-trimethoxyphenol-*β*-D-apiofuranosyl-(1 → 6)-*β*-D-glucopyranoside
3,4,5- 三甲氧基苯基 -(6'-*O*- 没食子酰基)-*O*-*β*-D- 吡喃葡萄糖苷 3,4,5-trimethoxyphenyl-(6'-*O*-galloyl)-*O*-*β*-D-glucopyranoside
1-(3,4,5- 三甲氧基苯基)-1',2'- 乙二醇 1-(3,4,5-trimethoxyphenyl)-1',2'-ethanediol
1-(2,4,5- 三甲氧基苯基)-1- 甲氧基丙烷 -2- 醇 1-(2,4,5-trimethoxyphenyl)-1-methoxypropan-2-ol
(*S*)-1-(3,4,5- 三甲氧基苯基)-2-(3- 甲氧基 -5-(丙基 -1- 基) 苯基)-丙烷 -1- 醇 (*S*)-1-(3,4,5-trimethoxyphenyl)-2-(3-methoxy-5-(prop-1-yl)phenyl)-propan-1-ol
1-(3,4,5- 三甲氧基苯基)-2-(4- 烯丙基 -2,6- 二甲氧基苯氧基)-1- 丙醇 1-(3,4,5-trimethoxyphenyl)-2-(4-allyl-2,6-dimethoxyphenoxy)propan-1-ol
1-(3,4,5- 三甲氧基苯基)-2-(4- 烯丙基 -2,6- 二甲氧基苯氧基) 丙烷 1-(3,4,5-trimethoxyphenyl)-2-(4-allyl-2,6-dimethoxyphenoxy)propane
3-(3,4,5- 三甲氧基苯基)-2- 丙烯 -1- 醇 3-(3,4,5-trimethoxyphenyl)-2-propen-1-ol
3-(2,4,5- 三甲氧基苯基)-2- 丙烯醛 3-(2,4,5-trimethoxyphenyl)-2-propenal
4-(2,4,5- 三甲氧基苯基)-3- 烯 - 丁酮 4-(2,4,5-trimethoxyphenyl)-3-en-butylone
3-(3',4',5'- 三甲氧基苯基)- 丙酸 3-(3',4',5'-trimethoxyphenyl)-

S

propanoic acid
1-(2,4,5- 三甲氧基苯基)- 丙烷 -1,2- 二酮 1-(2,4,5-trimethoxyphenyl)-propane-1,2-dione
(*Z*)-3-(2,3,4- 三甲氧基苯基) 丙烯酸 (*Z*)-3-(2,3,4-trimethoxyphenyl) acrylic acid
3-(3,4,5- 三甲氧基苯基) 丙酰吡咯 3-(3,4,5-timethoxyphenyl) propanoylpyrrole
5-[5-(3,4,5- 三甲氧基苯基)- 六氢 - 呋喃 [3,2-b] 呋喃 -2- 基]- 苯并 [1,3] 二氧 5-[5-(3,4,5-trimethoxy-phenyl)-hexahydro-furo[3,2-b] furan-2-yl]-benzo[1,3]dioxole
3,4,5- 三甲氧基苯基 -1-*O*-[*β*-D- 呋喃芹糖基 -(1 → 6)]-*β*-D- 吡喃葡萄糖苷 3,4,5-trimethoxyphenyl-1-*O*-[*β*-D-apiofuranosyl-(1 → 6)]-*β*-D-glucopyranoside
3,4,5- 三甲氧基苯基 -1-*O*-*β*-D-(5-*O*- 丁香酰基)- 呋喃芹糖基 -(1 → 6)-*β*-D- 吡喃葡萄糖苷 3,4,5-trimethoxyphenyl-1-*O*-*β*-D-(5-*O*-syringoyl)-apiofuranosyl-(1 → 6)-*β*-D-glucopyranoside
3,4,5- 三甲氧基苯基 -1-*O*-*β*-D- 吡喃木糖基 -(1 → 6)-*β*-D- 吡喃葡萄糖苷 3,4,5-trimethoxyphenyl-1-*O*-*β*-D-xylopyranosyl-(1→6)-*β*-D-glucopyranoside
3,4,5- 三甲氧基苯基 -1-*O*-*β*-D- 吡喃葡萄糖苷 3,4,5-trimethoxyphenyl-1-*O*-*β*-D-glucopyranoside
3,4,5- 三甲氧基苯基 -1-*O*-*β*-D- 呋喃芹糖基 -(1'' → 6')-*β*-D- 吡喃葡萄糖苷 3,4,5-trimethoxyphenyl-1-*O*-*β*-D-apiofuranosyl-(1'' → 6')-*β*-D-glucopyranoside
3,4,5- 三甲氧基苯基 -1-*O*-*β*-D- 呋喃芹糖基 -(1 → 6)-*O*-*β*-D- 吡喃葡萄糖苷 3,4,5-trimethoxyphenyl-1-*O*-*β*-D-apiofuranosyl-(1→6)-*O*-*β*-D-glucopyranoside
3,4,5- 三甲氧基苯基 -1-*O*-*β*-D- 呋喃芹糖基 -(1'' → 6')-*β*-D- 吡喃葡萄糖苷 3,4,5-trimethoxyphenyl-1-*O*-*β*-D-apiofuranosyl-(1'' → 6')-*β*-D-glucopyranoside
3,4,5- 三甲氧基苯基 -1-*O*-*β*- 呋喃芹糖基 -(1'' → 6')-*β*-D- 吡喃葡萄糖苷 3,4,5-trimethoxyphenyl-1-*O*-*β*-apiofuranosyl-(1'' → 6')-*β*-D-glucopyranoside
3,4,5- 三甲氧基苯基 -1-*O*- 吡喃葡萄糖苷 3,4,5-trimethoxyphenyl-1-*O*-glucopyranoside
2-(3',4',5')- 三甲氧基苯基 -2- 羟乙基乙酸酯 2-(3',4',5')-trimethoxyphenyl-2-hydroxyethyl acetate
3,4,5- 三甲氧基苯基 -*O*-*β*-D- 吡喃葡萄糖苷 3,4,5-trimethoxyphenyl-*O*-*β*-D-glucopyranoside
3,4,5- 三甲氧基苯基 -*O*- 吡喃葡萄糖苷 3,4,5-trimethoxyphenyl-*O*-glucopyranoside
3,4,5- 三甲氧基苯基 -*β*-D- 吡喃葡萄糖苷 3,4,5-trimethoxyphenyl-*β*-D-glucopyranoside
3,4,5- 三甲氧基苯基 -*β*-D- 呋喃芹糖基 -(1 → 6)-*β*-D- 吡喃葡萄糖苷 3,4,5-trimethoxyphenyl-*β*-D-apiofuranosyl-(1 → 6)-*β*-D-glucopyranoside
3,4,5- 三甲氧基苯基 -*β*-D- 呋喃芹糖基 -(1'' → 6')-*β*-D- 吡喃葡萄糖苷 3,4,5-trimethoxyphenyl-*β*-D-apifuranosyl-(1'' → 6')-*β*-D-glucopyranoside
N-3,4,5- 三甲氧基苯基甲酰胺 *N*-3,4,5-trimethoxyphenylformamide
2,4,5- 三甲氧基苯甲醛 2,4,5-trimethoxybenzaldehyde
2,4,5- 三甲氧基苯甲酸 2,4,5-trimethoxybenzoic acid
2,4,6- 三甲氧基苯甲酸 2,4,6-trimethoxybenzoic acid
3,4,5- 三甲氧基苯甲酸 3,4,5-trimethoxybenzoic acid
三甲氧基苯甲酸 trimethoxybenzoic acid
2,3,6- 三甲氧基苯甲酸 -2- 甲氧基苯基甲酯 2,3,6-trimethoxybenzoic acid-(2-methoxyphenyl)methyl ester
3,4,5- 三甲氧基苯甲酸甲酯 3,4,5-trimethoxy-benzoic acid methyl ester
3,4,5- 三甲氧基苯甲酸乙酯 ethyl 3,4,5-trimethoxybenzoate
6'-*O*-(3,4,5- 三甲氧基苯甲酰基) 华南远志糖▲ A 6'-*O*-(3,4,5-trimethoxybenzoyl)glomeratose A
3,4,5- 三甲氧基苯乙酮 3,4,5-trimethoxyacetophenone
2,3,4- 三甲氧基苄醇 2,3,4-trimethoxybenzyl alcohol
3,4,5- 三甲氧基苄醇 3,4,5-trimethoxybenzyl alcohol
1,2,3- 三甲氧基蒽醌 1,2,3-trimethoxyanthraquinone
3,4,5- 三甲氧基二氢桂皮酸 3,4,5-trimethoxydihydrocinnamic acid
2(*S*)-5,7,8- 三甲氧基二氢黄酮 2(*S*)-5,7,8-trimethoxydihydroflavone
(2*R*,3*R*)-(+)-4',5,7- 三甲氧基二氢黄酮醇 (2*R*,3*R*)-(+)-4',5,7-trimethoxydihydroflavonol
4',5,7- 三甲氧基二氢黄酮醇 4',5,7-trimethoxydihydroflavonol
3,4,5- 三甲氧基 - 反式 - 桂皮酸 3,4,5-trimethoxy-*trans*-cinnamic acid
2,4,7- 三甲氧基菲 2,4,7-trimethoxyphenanthrene
4,6,7- 三甲氧基 - 呋喃 [2,3-b] 喹啉水合物 4,6,7-trimethoxy-furo[2,3-b]quinoline hydrate
β,2',5'- 三甲氧基呋喃 [4'',5'':3',4']- 查耳酮 *β*,2',5'-trimethoxyfurano [4'',5'':3',4']-chalcone
3'',4'',5''- 三甲氧基呋喃黄酮 3'',4'',5''-trimethoxyfuranoflavone
3,4,5- 三甲氧基桂皮醛 3,4,5-trimethoxycinnamaldehyde
2,3,4- 三甲氧基桂皮酸 2,3,4-trimethoxycinnamic acid
3,4,5- 三甲氧基桂皮酸 3,4,5-trimethoxycinnamic acid
三甲氧基桂皮酸 trimethoxycinnamic acid
2,3,4- 三甲氧基桂皮酸甲酯 methyl 2,3,4-trimethoxycinnamate
3,4,5- 三甲氧基桂皮酸甲酯 methyl 3,4,5-trimethoxycinnamate
3,4,5- 三甲氧基桂皮酸乙酯 ethyl 3,4,5-trimethoxycinnamate
3',4',5'- 三甲氧基桂皮酰吡咯烷 3',4',5'-trimethoxycinnamoylpyrrolidine
3-*O*-[(*E*)-3,4,5- 三甲氧基桂皮酰基)-*β*-D- 呋喃果糖基 -(2 → 1)-*α*-D-6-*O*- 苯甲酰吡喃葡萄糖苷 3-*O*-[(*E*)-3,4,5-trimethoxycinnamoyl]-*β*-D-fructofuranosyl-(2 → 1)-*α*-D-6-*O*-benzoylglucopyranoside
3',4',7- 三甲氧基槲皮素 3',4',7-trimethoxyquercetin
3,5,3'- 三甲氧基槲皮素 3,5,3'-trimethoxyquercetin
3,7,4'- 三甲氧基槲皮素 3,7,4'-trimethoxyquercetin
7,3,3'- 三甲氧基槲皮素 7,3,3'-trimethoxyquercetin
7,3,4'- 三甲氧基槲皮素 7,3,4'-trimethoxyquercetin
7,3',4- 三甲氧基槲皮素 7,3',4-trimethoxyquercetin
7,3',4'- 三甲氧基槲皮素 -3-*O*-*α*-L- 吡喃鼠李糖基 -(1 → 2)-*β*-D- 吡喃葡萄糖苷 7,3',4'-trimethoxyquercetin-3-*O*-*α*-L-rhamnopyranosyl-(1 → 2)-*β*-D-glucopyranoside
3,6,4'- 三甲氧基槲皮素 -7-*O*-*β*-D- 吡喃葡萄糖苷 3,6,4'-trimethoxyquercetin-7-*O*-*β*-D-lucopyranoside
2',5,6- 三甲氧基黄酮 2',5,6-trimethoxyflavone
3',4',5'- 三甲氧基黄酮 3',4',5'-trimethoxyflavone
3',5,6- 三甲氧基黄酮 3',5,6-trimethoxyflavone
3,5,7- 三甲氧基黄酮 3,5,7-trimethoxyflavone
4',5,7- 三甲氧基黄酮 4',5,7-trimethoxyflavone
5,6,7- 三甲氧基黄酮 5,6,7-trimethoxyflavone
5,7,3'- 三甲氧基黄酮 5,7,3'-trimethoxyflavone
5,7,4'- 三甲氧基黄酮 5,7,4'-trimethoxyflavone
7,2',4'- 三甲氧基黄酮 7,2',4'-trimethoxyflavone
5,6,4'- 三甲氧基黄酮 -7-*O*-*β*-D- 吡喃葡萄糖苷 5,6,4'-trihydroxyflavon-7-*O*-*β*-D-glucopyranoside
4',5,7- 三甲氧基黄酮醇 4',5,7-trimethoxyflavonol
5,7,4'- 三甲氧基黄烷 5,7,4'-trimethoxyflavan
4',5,7- 三甲氧基黄烷 -3,4- 二醇 4',5,7-trimethoxyflavan-3,4-diol
5,7,4'- 三甲氧基黄烷 -3- 醇 5,7,4'-trimethoxyflavan-3-ol
5,7,8- 三甲氧基黄烷 -3- 烯 5,7,8-trimethoxyflav-3-ene

S

5,7,8- 三甲氧基黄烷酮 5,7,8-trimethoxyflavanone
3,3',5- 三甲氧基联苄 3,3',5-trimethoxybibenzyl
4,6,7- 三甲氧基芦荟大黄素 -8-*O*-*β*-D- 吡喃葡萄糖苷 4,6,7-trimethoxyaloeemodin-8-*O*-*β*-D-glucopyranoside
7,3',4'- 三甲氧基木犀草素 7,3',4'-trimethoxyluteolin
2,3,7- 三甲氧基鞣花酸 2,3,7-trimethoxyellagic acid
2,3,8- 三甲氧基鞣花酸 2,3,8-trimethoxyellagic acid
3,3',4'- 三甲氧基鞣花酸 3,3',4'-trimethoxyellagic acid
3,3',4- 三甲氧基鞣花酸 3,3',4-trimethoxyellagic acid
3,4,3'- 三甲氧基鞣花酸 3,4,3'-trimethoxyellagic acid
3,3',4- 三甲氧基鞣花酸 -4'-*O*-*β*-D- 吡喃葡萄糖苷 3,3',4-trimethoxyellagic acid-4'-*O*-*β*-D-glucopyranoside
3,3',4'- 三甲氧基鞣花酸 -4-*O*-*β*-D- 吡喃葡萄糖苷 3,3',4'-trimethoxyellagic acid-4-*O*-*β*-D-glucopyranoside
3,4,3'- 三甲氧基鞣花酸 -4'- 芸香糖苷 3,4,3'-trimethoxyellagic acid-4'-rutinoside
3,7,4'- 三甲氧基山柰酚 3,7,4'-trimethoxykaempferol
5,7,4'- 三甲氧基山柰酚 5,7,4'-trimethoxykaempferol
1,2,3- 三甲氧基𠮿酮 1,2,3-trimethoxyxanthone
1,2,8- 三甲氧基𠮿酮 1,2,8-trimethoxyxanthone
3,7,8- 三甲氧基𠮿酮 -1-*O*-[*β*-D- 吡喃木糖基 -(1 → 6)]-*β*-D- 吡喃葡萄糖苷 3,7,8-trimethoxyxanthone-1-*O*-[*β*-D-xylopyranosyl-(1 → 6)]-*β*-D-glucopyranoside
3,7,8- 三甲氧基𠮿酮 -1-*O*-*β*-D- 吡喃葡萄糖苷 3,7,8-trimethoxyxanthone-1-*O*-*β*-D-glucopyranoside
2,3,5- 三甲氧基𠮿酮 -1-*O*-*β*-D- 葡萄糖苷 2,3,5-trimethoxyxanthone-1-*O*-*β*-D-glucoside
2,3,7- 三甲氧基𠮿酮 -1-*O*-*β*-D- 葡萄糖苷 2,3,7-trimethoxyxanthone-1-*O*-*β*-D-glucoside
3,7,8- 三甲氧基𠮿酮 -1-*O*- 吡喃葡萄糖苷 3,7,8-trimethoxyxanthone-1-*O*-glucopyranoside
2,3,7- 三甲氧基𠮿酮 -1-*O*- 龙胆二糖 2,3,7-trimethoxy-1-*O*-gentiobiosyloxy-xanthone
2,3,5- 三甲氧基𠮿酮 -1-*O*- 龙胆二糖苷 2,3,5-trimethoxyxanthone-1-*O*-gentiobioside
2,3,5- 三甲氧基𠮿酮 -1-*O*- 龙胆糖苷 2,3,5-trimethoxy-1-*O*-gentiobiosyloxyxanthone
3,7,8- 三甲氧基𠮿酮 -1-*O*- 茜黄樱草糖苷 3,7,8-trimethoxyxanthone-1-*O*-primeveroside
2,3,5- 三甲氧基𠮿酮 -1-*O*- 樱草糖苷 2,3,5-trimethoxyxanthone-1-*O*-primeveroside
2,3,7- 三甲氧基𠮿酮 -1-*O*- 樱草糖苷 2,3,7-trimethoxyxanthone-1-*O*-primeveroside
N-(3',4',5'- 三甲氧基 - 顺式 - 桂皮酰基)- 吡咯烷烷 *N*-(3',4',5'-trimethoxy-*cis*-cinnamoyl)-pyrrolidine
4',5,7- 三甲氧基天竺葵素 -6-*C*- 吡喃葡萄糖基 -3-*O*-*α*-L- 鼠李糖苷 4',5,7-trimethoxypelargonidin-6-*C*-glucopyranosyl-3-*O*-*α*-L-rhamnoside
1,3,9- 三甲氧基香豆雌烷 1,3,9-trimethoxycoumestan
3,4,5- 三甲氧基香豆素 3,4,5-trimethoxycoumarin
5,6,7- 三甲氧基香豆素 5,6,7-trimethoxycoumarin
5,7,8- 三甲氧基香豆素 5,7,8-trimethoxycoumarin
6,7,8,- 三甲氧基香豆素 6,7,8,-trimethoxycoumarin
6,7,8- 三甲氧基香豆素 6,7,8-trimethoxycoumarin
3,7,4'- 三甲氧基杨梅素 3,7,4'-trimethylmyricetin
3',4',7- 三甲氧基异黄酮 3',4',7-trimethoxyisoflavone
3'- 三甲氧基原矢车菊素 E 3'-trimethoxyprocyanidin E
(6a*R*,11a*R*)-3,9,10- 三甲氧基紫檀烷 (6a*R*,11a*R*)-3,9,10-trimethoxypterocarpane
三尖栝楼苷▲ A~N khekadaengoside A~N
三尖栝楼素▲ tricuspidatin
三尖杉定碱▲ taxodine
三尖杉二酮碱▲ cephalofortunone
三尖杉碱 cephalotaxine
三尖杉碱 -*α*-*N*- 氧化物 cephalotaxine-*α*-*N*-oxide
三尖杉碱 -*β*-*N*- 氧化物 cephalotaxine-*β*-*N*-oxide
三尖杉内酯▲ A, B fortunolide A, B
三尖杉宁▲ A~D cephalotanin A~D
三尖杉宁碱▲ fortunine
三尖杉亭碱▲ A~E cephalotine A~E
三尖杉酮碱 cephalotaxinone
三尖杉烯碱▲ fortuneine
三尖杉酰胺 cephalotaxinamide
三尖杉因碱▲ cephalofortuneine
三尖叶猪屎豆碱▲ anacrotine
21- 三降 -17*α*- 何帕 -21- 酮 21,29,30-trisnor-17*α*-hapan-21-one
25,26,27- 三降 -3*β*,24- 二羟基环木菠萝烷 25,26,27-trinor-3*β*,24-dihydroxycycloartane
三降 -*γ*- 内酯 trisnor-*γ*-lactone
7- 三降桉叶 -4(15),8- 二烯 -1*β*- 醇 -7- 酮 7-trinoreudesma-4(15),8-dien-1*β*-ol-7-one
14,15,16- 三降半日花 -8,11-(*E*)- 二烯 -13- 羧酸 14,15,16-trinorlabda-8,11-(*E*)-dien-13-carboxylic acid
14,15,16- 三降半日花 -9(17),11-(*E*) 二烯 -13- 醛 14,15,16-trinorlabda-9(17),11-(*E*)-dien-13-al
三降何帕 -21- 酮 trinorhopan-21-one
17*αH*- 三降何帕酮 17*αH*-trisnorhopanone
三降何帕烷 trisnorhopane
25,26,27- 三降葫芦 -5- 烯 -3,7,23- 三酮 25,26,27-trinorcucurbit-5-ene-3,7,23-trione
4*S*,5*R*- 三降荒漠木 -9- 烯 -8- 酮 4*S*,5*R*-trinoreremophil-9-en-8-one
11,12,13- 三降愈创木 -6- 烯 -4*β*,10*β*- 二醇 11,12,13-trinorguai-6-en-4*β*,10*β*-diol
三角瓣花素▲ prismatomerin
三角叶薯蓣苷 deltonin
三角叶薯蓣皂苷 deltoside
1,2,2'- 三芥子酰龙胆二糖 1,2,2'-trisinapoylgentiobiose
三聚氰胺 melamine
三聚伞形酮苷 triumbellin
三聚伞形酮亭 triumbelletin
三聚银线草醇 A trishizukaol A
1,3,5-*O*- 三咖啡酰基 -4-*O*- 琥珀酰奎宁酸 1,3,5-*O*-tricaffeoyl-4-*O*-succinylquinic acid
3,4,5- 三咖啡酰奎宁酸 3,4,5-tricaffeoylquinic acid
N^1, N^5, N^{10}- 三咖啡酰亚精胺 N^1, N^5, N^{10}-tricaffeoylspermidine
三棱二苯乙炔 sanleng diphenylacetylene
三棱双苯内酯 sanleng diphenyllactone
三棱酸甲酯 sanleng acid methylester
α- 三联噻吩 *α*-terthiophene
三裂瓜木苷▲ alangiplatanoside
三裂海棠素▲ trilobatin
(-)- 三裂泡泡碱▲ (-)-asimilobine
(*R*)-(-)- 三裂泡泡碱▲ (*R*)-(-)-asimilobine
(*R*)- 三裂泡泡碱▲ (*R*)-asimilobine
三裂泡泡碱▲ asimilobine
三裂蟛蜞菊内酯 A wedeliatrilolactone A
三裂悬钩子苷▲ F_1, F_2 kaji-ichigoside F_1, F_2
3*α*-(4,4,4- 三氯代 -2- 苯基丁酰基)- 托品烷 3*α*-(4',4,'4'-trichloro-2-

S

phenylbutyroyl)-tropane

N-[2,3,5- 三氯对羟基苯基] 乙酰胺 *N*-(2,3,5-trichloro-4-hydroxyphenyl)acetamide

8- 三氯甲基 -7,8- 二氢黄连碱 8-trichloromethyl-7,8-dihydrocoptisine

10*β*-(N- 三氯乙酰氨甲酸酯)-13- 羟基 - 小皮伞 -7- 烯 -5- 酸 -*γ*- 内酯 10*β*-[N-trichloroacetyl-carbamate]-13-hydroxy-marasm-7-en-5-oic acid-*γ*-lactone

三脉泽兰素 ayapin

三脉紫菀降皂苷▲ A asteratoidesoside A

三脉紫菀皂苷▲ A astergeratoidesoside A

三没食子酸 trigallic acid

1,2,6- 三没食子酰基 -*β*-D- 吡喃葡萄糖 1,2,6-trigalloyl-*β*-D-glucopyranose

1,2,3-*O*- 三没食子酰基 -*β*-D- 葡萄糖 1,2,3-*O*-trigalloyl-*β*-D-glucose

1,2,6- 三没食子酰基 -*β*-D- 葡萄糖 1,2,6-trigalloyl-*β*-D-glucose

1,2,3- 三没食子酰基 -*β*- 葡萄糖苷 1,2,3-trigalloyl-*β*-glucoside

1,2,6- 三没食子酰基 -*β*- 葡萄糖苷 1,2,6-trigalloyl-*β*-glucoside

三没食子酰没食子酸 trigalloylgallic acid

1,2,6- 三没食子酰葡萄糖 1,2,6-trigalloylglucose

三没食子酰葡萄糖 trigalloylglucose

三七苷 B_1, T_2 sanchinoside B_1, T_2

20(*S*)- 三七根苷▲ A_1, A_2, A_3, A_4, A_5, A_6 20(*S*)-sanchirhinoside A_1, A_2, A_3, A_4, A_5, A_6

三七根苷▲ B, D sanchirhinoside B, D

三七花皂苷▲ A~D floranotoginsenoside A~D

三七人参苷 A notopanaxoside A

三七酸▲ -*β*- 槐糖苷 notoginsenic acid-*β*-sophoroside

三七皂苷 A~E, Fa, Fc, Fd, Fe, FP_2, Ft_1, FZ, G~L, LX, LY, M~Q, R_1~R_9, Rt, Rw_1, Rw_2, S, SFt_1, SFt_2, SFt_3, SFt_4, SP-1~SP-18, Spt_1, ST-1~ST-5, T, T_1~T_5 notoginsenoside A~E, Fa, Fc, Fd, Fe, FP_2, Ft_1, FZ, G~L, LX, LY, M~Q, R_1~R_9, Rt, Rw_1, Rw_2, S, SFt_1, SFt_2, SFt_3, SFt_4, SP-1~SP-18, Spt_1, ST-1~ST-5, T, T_1~T_5

20(*R*/*S*)- 三七皂苷 Ft_1 20(*R*/*S*)-notoginsenoside Ft_1

20(*R*)- 三七皂苷 R_2 20(*R*)-notoginsenoside R_2

3,4,5- 三羟苯基丙烯酸 3,4,5-trihydroxyphenylacrylic acid

2*β*,6*β*,15*α*- 三羟基 -(-)- 贝壳杉 -16- 烯 2*β*,6*β*,15*α*-trihydroxy-(-)-kaur-16-ene

3*β*,5*α*,9*α*- 三羟基 -(22*E*)- 麦角甾 -7- 烯 -6- 酮 3*β*,5*α*,9*α*-trihydroxy-(22*E*)-ergosta-7-ene-6-one

3*β*,5*α*,9*α*- 三羟基 -(22*E*,24*R*)-23- 甲基麦角甾 -7,22- 二烯 -6- 酮 3*β*,5*α*,9*α*-trihydroxy-(22*E*,24*R*)-23-methylergosta-7,22-dien-6-one

3*β*,5*α*,9*α*- 三羟基 -(22*E*,24*R*)- 麦角甾 -7,22- 二烯 -6- 酮 3*β*,5*α*,9*α*-trihydroxy-(22*E*,24*R*)-ergosta-7,22-dien-6-one

3*β*,5*α*,9*α*- 三羟基 -(24*S*)- 麦角甾 -7- 烯 -6- 酮 3*β*,5*α*,9*α*-trihydroxy-(24*S*)-ergost-7-en-6-one

1*β*,3*β*,5*β*- 三羟基 -(25*R*)-5*β*- 螺甾 -4*β*- 基硫酸钠 sodium 1*β*,3*β*,5*β*-trihydroxy-(25*R*)-5*β*-spirostan-4*β*-yl sulfate

9,10,13,- 三羟基 -(*E*)-11- 十八烯酸 9,10,13-trihydroxy-(*E*)-11-octadecenoic acid

2,8,11- 三羟基 -1(10)- 瓦伦西亚橘烯 valenc-1(10)-ene-2,8,11-triol

4,4',5- 三羟基 -1,1'- 双 -2- 丙烯基联苯 4,4',5-trihydroxy-1,1'-di-2-propenylbiphenyl

3,10,11- 三羟基 -1,2- 亚甲二氧基去氧阿扑菲 3,10,11-trihydroxy-1,2-methylene-dioxynoraporphine

2,4,6- 三羟基 -1,3- 二甲氧基蒽醌 2,4,6-trihydroxy-1,3-dimethoxyanthraquinone

7,9,11- 三羟基 -1,3- 亚甲二氧基吨酮 7,9,11-trihydroxy-1,3-methylenedioxyxanthone

2,4,7- 三羟基 -1,5- 二甲氧基 -9- 芴酮 2,4,7-trihydroxy-1,5-dimethoxy-9-fluorenone

2,6,8- 三羟基 -1,5- 二甲氧基吨酮 2,6,8-trihydroxy-1,5-dimethoxyxanthone

9,12,13- 三羟基 -10(*E*)- 十八烯酸 9,12,13-trihydroxy-10(*E*)-octadecenoic acid

9*S*,12*S*,13*S*- 三羟基 -10*E*- 十八烯酸 9*S*,12*S*,13*S*-trihydroxy-10*E*-octadecenoic acid

1,3,5- 三羟基 -10- 甲基吖啶酮 1,3,5-trihydroxy-10-methyl-acridone

(10*E*,9*S*,12*S*,13*S*)- 三羟基 -10- 十八碳烯酸甲酯 methyl (10*E*,9*S*,12*S*,13*S*)-trihydroxy-10-octadecenoate

3*α*,21*β*,22*α*- 三羟基 -11,13(18)- 齐墩果二烯 -28- 酸 3*α*,21*β*,22*α*-trihydroxy-11,13(18)-oleanadien-28-oic acid

2*α*,3*α*,24- 三羟基 -11,20(30)- 二烯 - 熊果 -28,13*β*- 内酯 2*α*,3*α*,24-trihydroxy-11,20(30)-dien-urs-28,13*β*-olide

2*α*,3*α*,24- 三羟基 -11*α*,12*α*- 环氧 - 熊果 -20(30)- 烯 -28,13*β*- 内酯 2*α*,3*α*,24-trihydroxy-11*α*,12*α*-epoxy-urs-20(30)-en-28,13*β*-olide

2*α*,3*β*,24- 三羟基 -11*α*,12*α*- 环氧 - 熊果 -28,13*β*- 内酯 2*α*,3*β*,24-trihydroxy-11*α*,12*α*-epoxy-urs-28,13*β*-olide

Δ^5-3*β*,8*β*,14*β*- 三羟基 -11*α*,12*β*-*O*- 二巴豆酰基 - 孕甾烷 Δ^5-3*β*,8*β*,14*β*-trihydroxy-11*α*,12*β*-*O*-ditigloyl-pregnane

Δ^5-3*β*,8*β*,14*β*- 三羟基 -11*α*,12*β*-*O*- 二苯甲酰基 - 孕甾烷 Δ^5-3*β*,8*β*,14*β*-trihydroxy-11*α*,12*β*-*O*-dibenzoyl-pregnane

3*β*,16*β*,28- 三羟基 -11-*α*- 甲氧基 - 齐墩果 -12- 烯 -3-*O*-*β*-D- 吡喃葡萄糖基 -(1 → 3)-*β*-D- 墨角藻糖苷 3*β*,16*β*,28-trihydroxy-1-*α*-methoxy-olean-12-ene-3-*O*-*β*-D-glucopyranosyl-(1 → 3)-*β*-D-fucoside

6*β*,12,23- 三羟基 -11*α*- 甲氧基熊果 -12- 烯 -3- 酮 6*β*,12,23-trihydroxy-11*α*-methoxyurs-12-en-3-one

3*α*,4*α*,10*β*- 三羟基 -11*βH*- 愈创木烷 -1- 烯 -12,6*α*- 内酯 3*α*,4*α*,10*β*-trihydroxy-11*βH*-guai-1-en-12,6*α*-olide

1*α*,3*β*,10- 三羟基 -11- 甲氧基 -2*α*,5*α*,8- 三当归酰氧基红没药 -7(14)- 烯 -4- 酮 1*α*,3*β*,10-trihydroxy-11-methoxy-2*α*,5*α*,8-triangeloyloxybisabola-7(14)-en-4-one

2*α*,3*α*,19*α*- 三羟基 -11- 氧代 - 熊果 -12- 烯 -28- 酸 2*α*,3*α*,19*α*-trihydroxy-11-oxo-urs-12-en-28-oic acid

2*β*,3*β*,28- 三羟基 -12(13)- 羽扇豆烯 2*β*,3*β*,28-trihydroxyolean-12(13)-ene

(12*R*,13*S*)-2*α*,3*α*,24- 三羟基 -12,13- 环蒲公英 -14- 烯 -28- 酸 (12*R*,13*S*)-2*α*,3*α*,24-trihydroxy-12,13-cyclotaraxer-14-en-28-oic acid

2*α*,3*α*,24- 三羟基 -12,20(30)- 熊果二烯 -28- 酸 2*α*,3*α*,24-trihydroxy-12,20(30)-ursadien-28-oic acid

3,6,20(*S*)- 三羟基 -12,23- 环氧达玛 -24- 烯 -6,20- 二 -*O*-*β*-D- 吡喃葡萄糖苷 3,6,20(*S*)-trihydroxy-12,23-epoxy-dammar-24-ene-6,20-di-*O*-*β*-D-glucopyranoside

2*α*,3*β*,21*α*- 三羟基 -12*β*,13*β*- 环氧齐墩果 -30,22*β*- 内酯 2*α*,3*β*,21*α*-trihydroxy-12*β*,13*β*-oxidooleanan-30,22*β*-olide

3*β*,6*α*,20*S*- 三羟基 -12*β*,23*R*- 环氧达玛 -24- 烯 -6-*O*-[*α*-L- 吡喃鼠李糖基 -(1 → 2)-*β*-D- 吡喃葡萄糖基]-20-*O*-*β*-D- 吡喃葡萄糖苷 3*β*,6*α*,20*S*-trihydroxy-12*β*,23*R*-epoxydammar-24-ene-6-*O*-[*α*-L-rhamnopyranosyl-(1 → 2)-*β*-D-glucopyranosyl]-20-*O*-*β*-D-glucopyranoside

3*β*,6*β*,19*α*- 三羟基 -12- 齐墩果 -28- 酸 3*β*,6*β*,19*α*-trihydroxy-12-oleanen-28-oic acid

3*β*,23,28- 三羟基 -12- 齐墩果烯 -23- 咖啡酸酯 3*β*,23,28-trihydroxy-12-oleanen-23-caffeate

1*α*,3*β*,23- 三羟基 -12- 齐墩果烯 -28- 酸 1*α*,3*β*,23-trihydroxy-12-oleanen-28-oic acid

2*α*,3*α*,24- 三羟基 -12- 齐墩果烯 -28- 酸 2*α*,3*α*,24-trihydroxy-12-

oleanen-28-oic acid
2α,3β,23- 三羟基 -12- 齐墩果烯 -28- 酸 -β-D- 吡喃葡萄糖基酯苷 2α,3β,23-trihydroxy-12-oleanen-28-oic acid-β-D-glucopyranosyl ester
1β,3β,11β- 三羟基 -12- 齐墩果烯 -3-O- 棕榈酸酯 1β,3β,11β-trihydroxy-12-oleane-3-O-palmitate
3β,23,28- 三羟基 -12- 齐墩果烯 -3β- 咖啡酸酯 3β,23,28-trihydroxy-12-oleanen-3β-caffeate
3,23,28- 三羟基 -12- 齐墩果烯 -3- 咖啡酸酯 3,23,28-trihydroxy-12-oleanene-3-caffeate
3β,23,28- 三羟基 -12- 齐墩果烯丙酮化物 3β,23,28-trihydroxy-12-oleanene acetonide
(Z)-9,10,11- 三羟基 -12- 十八烯酸 (Z)-9,10,11-trihydroxy-12-octadecenoic acid
2β,3β,16α- 三羟基 -12- 烯 -23α- 醛基 - 降齐墩果烷 2β,3β,16α-trihydroxy-12-en-23α-al-nor-olean
2α,3β,23- 三羟基 -12- 烯 -28- 齐墩果酸 2α,3β,23-trihydroxy-12-ene-28-oleanolic acid
2α,3α,19α- 三羟基 -12- 烯 -28- 齐墩果酸 -28-O-β-D- 吡喃葡萄糖苷 2α,3α,19α-trihydroxyolean-12-en-28-oic acid-28-O-β-D-glucopyranoside
2α,3α,24- 三羟基 -12- 烯 -28- 熊果酸 2α,3α,24-trihydroxy-12-en-28-ursolic acid
3,16,21- 三羟基 -12- 熊果烯 3,16,21-trihydroxy-12-ursaene
2α,3α,24- 三羟基 -12- 熊果烯 -23- 醛 -28- 酸 2α,3α,24-trihydroxy-12-ursen-23-al-28-oic acid
2α,3β,23- 三羟基 -12- 熊果烯 -28- 酸 2α,3β,23-trihydroxy-12-ursen-28-oic acid
2α,3β,24- 三羟基 -12- 熊果烯 -28- 酸 2α,3β,24-trihydroxy-12-ursen-28-oic acid
1,3,5- 三羟基 -13,13- 二甲基 -2H- 吡喃并 [7,6-b] 𠮿酮 1,3,5-trihydroxy-13,13-dimethyl-2H-pyran[7,6-b]xanthone
(13S,14R)-2α,3α,24- 三羟基 -13,14- 环 - 齐墩果 -11- 烯 -28- 酸 (13S,14R)-2α,3α,24-trihydroxy-13,14-cyclo-olean-11-en-28-oic acid
2α,3β,16α- 三羟基 -13β,28- 环氧齐墩果 -30,22β- 内酯 2α,3β,16α-trihydroxy-13β,28-epoxyoleanan-30,22β-olide
8α,15,16- 三羟基 -13- 烯半日花烯 8α,15,16-trihydroxy-13-labdene
4α,6α,10- 三羟基 -13- 乙酰氧基愈创 -11- 烯 4α,6α,10-trihydroxy-13-acetoxyguaia-11-ene
3β,12α,15β- 三羟基 -14β- 乙酰氧基 - 对映 - 贝壳杉 -16- 烯 3β,12α,15β-trihydroxy-14β-acetoxy-ent-kaur-16-ene
3β,7β,15β- 三羟基 -14- 氧代续随子 -5E,12E- 二烯 -16-O-β-D- 吡喃葡萄糖苷 3β,7β,15β-trihydroxy-14-oxolathyra-5E,12E-dienyl-16-O-β-D-glucopyranoside
3β,5α,20- 三羟基 -15β- 桂皮酰氧基 -14- 氧代续随子 -6Z,12E- 二烯 3β,5α,20-trihydroxy-15β-cinnamoyloxy-14-oxolathyra-6Z,12E-diene
5,11β,12β- 三羟基 -15- 氧代 - 对映 - 贝壳杉 -16- 烯 -19- 酸 5,11β,12β-trihydroxy-15-oxo-ent-kuar-16-en-19-oic acid
6β,13α,15β- 三羟基 -16- 烯 -3α,20- 环氧 - 对映 - 贝壳杉 -1,7- 二酮 6β,13α,15β-trihydroxy-16-ene-3α,20-epoxy-ent-kaur-1,7-dione
3α,20β,21β- 三羟基 -16- 氧代千层塔 -14- 烯 -24- 酸 3α,20β,21β-trihydroxy-16-oxoserrat-14-en-24-oic acid
3α,21β,29- 三羟基 -16- 氧代千层塔 -14- 烯 -24- 酸 3α,21β,29-trihydroxy-16-oxoserrat-14-en-24-oic acid
3β,21β,29- 三羟基 -16- 氧代千层塔 -14- 烯 -24- 酸 3β,21β,29-trihydroxy-16-oxoserrat-14-en-24-oic acid
(16β,22α)-4β,5β,6α- 三羟基 -17β,24Z- 二甲基 -1- 氧代 -18- 降呋甾 -2,13,24- 三烯 -26- 酸甲酯 (16β,22α)-4β,5β,6α-trihydroxy-17β,24Z-dimethyl-1-oxo-18-norfurosta-2,13,24-trien-26-oic acid methyl ester
3β,15α,16α- 三羟基 -18β- 齐墩果 -12- 烯 -28- 酸 3β,15α,16α-trihydroxy-18β-olean-12-en-28-oic acid
3β,5,14- 三羟基 -19- 氧代 -5β- 强心甾 -20(22)- 内酯 3β,5,14-trihydroxy-19-oxo-5β-card-20(22)-enolide
23(S)-3β,20ξ,21ξ- 三羟基 -19- 氧代 -21,23- 环氧达玛 -24- 烯 -3-O-α-L- 吡喃鼠李糖基 -(1 → 2)-[β-D- 吡喃木糖基 -(1 → 3)]-β-D- 吡喃阿拉伯糖苷 23(S)-3β,20ξ,21ξ-trihydroxy-19-oxo-21,23-epoxydammar-24-ene-3-O-α-L-rhamnopyranosyl-(1 → 2)-[β-D-xylopyranosyl-(1 → 3)]-β-D-arabinopyranoside
8,10- 三羟基 -1-O-β-D- 吡喃葡萄糖基 -3- 甲基 -10-C(S)-β-D- 吡喃葡萄糖基 -9- 蒽酮 8,10-trihydroxy-1-O-β-D-glucopyranosyl-3-methyl-10-C(S)-β-D-glucopyranosyl-9-anthrone
4β,9β,10α- 三羟基 -1α,5α-H- 愈创木 -6- 烯 4β,9β,10α-trihydroxy-1α,5α-H-guaia-6-en
3,4,5- 三羟基 -1- 环己烯 -1- 羧酸 3,4,5-trihydroxy-1-cyclohexene-1-carboxylic acid
(3S,4S,5R)-3,4,5- 三羟基 -1- 环己烯羧酸 (3S,4S,5R)-3,4,5-trihydroxy-1-cyclohexenecarboxylic acid
3,6,8- 三羟基 -1- 甲基蒽醌 -2- 羧酸 3,6,8-trihydroxy-1-methylanthraquinone-2-carboxylic acid
3,6,8- 三羟基 -1- 甲基蒽醌 -2- 羧酸甲酯 3,6,8-trihydroxy-1-methylanthraquinone-2-carboxylate
3,7,8- 三羟基 -1- 甲基蒽醌 -2- 羧酸甲酯 3,7,8-trihydroxy-1-methylanthraquinone-2-carboxylate
3,6,8- 三羟基 -1- 甲基𠮿酮 3,6,8-trihydroxy-1-methylxanthone
2,6,8- 三羟基 -1- 甲氧基𠮿酮 2,6,8-trihydroxy-1-methoxyxanthone
3,5,6- 三羟基 -1- 甲氧基𠮿酮 3,5,6-trihydroxy-1-methoxyxanthone
3,6,7- 三羟基 -1- 甲氧基𠮿酮 3,6,7-trihydroxy-1-methoxyxanthone
4β,7β,20R- 三羟基 -1- 氧代睡茄 -2,5- 二烯 -22,26- 内酯 4β,7β,20R-trihydroxy-1-oxowitha-2,5-dien-22,26-olide
(20R,22R)-14α,20,27- 三羟基 -1- 氧代睡茄 -5,24- 二烯内酯 -3β-(O-β-D- 吡喃葡萄糖苷) (20R,22R)-14α,20,27-trihydroxy-1-oxowitha-5,24-dienolide-3β-(O-β-D-glucopyranoside)
(3αR,4αR,8R)-2,4α,8- 三羟基 -1- 异丙基 -3α- 甲基 -5- 亚甲基 -2,3,3α,4,4α,5,6,7,8,8α,9,10- 十二氢化苯并 [f] 薁 -10- 乙酸酯 (3αR,4αR,8R)-2,4α,8-trihydroxy-1-isopropyl-3α-methyl-5-methylene-2,3,3α,4,4α,5,6,7,8,8α,9,10-dodecahydrobenzo[f]azulen-10-yl acetate
5,3',4'- 三羟基 -2",2"- 二甲基吡喃并 (5",6":7,8) 异黄酮 5,3',4'-trihydroxy-2",2"-dimethylpyrano(5",6":7,8)isoflavone
1,6,7- 三羟基 -2-(1,1- 二甲基 -2- 丙烯基)-3- 甲氧基𠮿酮 1,6,7-trihydroxy-2-(1,1-dimethyl-2-propenyl)-3-methoxyxanthone
1,3,7- 三羟基 -2-(2- 羟基 -3- 甲基 -3- 丁烯基)- 𠮿酮 1,3,7-trihydroxy-2-(2-hydroxy-3-methyl-3-butenyl)-xanthone
1,3,7- 三羟基 -2-(2- 羟基 -3- 甲基丁 -3- 烯基)-4-(3- 甲基丁 -2- 烯基) 𠮿酮 1,3,7-trihydroxy-2-(2-hydroxy-3-methylbut-3-enyl)-4-(3-methylbut-2-enyl)xanthone
3,5,7- 三羟基 -2-(3,4,5- 三羟基苯基)-1- 苯并吡喃 3,5,7-trihydroxy-2-(3,4,5-trihydroxyphenyl)-1-benzopyrylium
1,3,8- 三羟基 -2-(3- 甲基 -2- 丁烯基)-4-(3- 羟基 -3- 甲基丁酰基)- 𠮿酮 1,3,8-trihydroxy-2-(3-methyl-2-butenyl)-4-(3-hydroxy-3-methylbutanoyl)-xanthone
1,3,7- 三羟基 -2-(3- 甲基 -2- 丁烯基)-8-(3- 羟基 -3- 甲基丁基)- 𠮿酮 1,3,7-trihydroxy-2-(3-methyl-2-butenyl)-8-(3-hydroxy-3-methylbutyl)-xanthone
1,3,6- 三羟基 -2-(3- 甲基 -2- 丁烯基) 𠮿酮 1,3,6-trihydroxy-2-(3-

S

methyl-2-butenyl)xanthone

1,3,7- 三羟基 -2-(3- 甲基丁 -2- 烯)- 呫酮 1,3,7-trihydroxy-2-(3-methylbut-2-enyl)-xanthone

1,3,7- 三羟基 -2-(3- 甲基丁 -2- 烯 -1- 基)- 呫酮 1,3,7-trihydroxy-2-(3-methylbut-2-en-1-yl)-xanthone

5,7,3'- 三羟基 -2'-(3- 甲基丁 -2- 烯基)-4',5'-(3,3- 二甲基吡喃)-异黄酮 5,7,3'-trihydroxy-2'-(3-methylbut-2-enyl)-4',5'-(3,3-dimethylpyrano)-isoflavone

1,3,5- 三羟基 -2-(3- 甲基丁 -2- 烯基) 呫酮 1,3,5-trihydroxy-2-(3-methylbut-2-enyl)xanthone

1,3,6- 三羟基 -2-(3- 羟基 -3- 甲基丁基)-7- 甲氧基 -8-(3,3- 二甲基烯丙基)- 呫酮 1,3,6-trihydroxy-2-(3-hydroxy-3-methylbutyl)-7-methoxy-8-(3,3-dimethylallyl)-xanthone

(5*S*,6*R*,7*R*)-5,6,7- 三羟基 -2-(3- 羟基 -4- 甲氧基苯乙基)-5,6,7,8-四氢色酮 (5*S*,6*R*,7*R*)-5,6,7-trihydroxy-2-(3'-hydroxy-4'-methoxyphenethyl)-5,6,7,8-tetrahydrochromone

(5*S*,6*R*,7*S*)-5,6,7- 三羟基 -2-(3- 羟基 -4- 甲氧基苯乙基)-5,6,7,8-四氢色酮 (5*S*,6*R*,7*S*)-5,6,7-trihydroxy-2-(3'-hydroxy-4'-methoxyphenethyl)-5,6,7,8-tetrahydrochromone

3,5,7- 三羟基 -2-(4- 羟基 -3,5- 二甲氧苯基)-1- 苯并吡喃 3,5,7-trihydroxy-2-(4-hydroxy-3,5-dimethoxyphenyl)-1-benzopyrylium

3,5,7- 三羟基 -2-(4- 羟基 -3- 甲氧苯基)-1- 苯并吡喃 3,5,7-trihydroxy-2-(4-hydroxy-3-methoxyphenyl)-1-benzopyrylium

3,5,7- 三羟基 -2-(4- 羟基 -3- 羟基苯基)-1- 苯并吡喃 3,5,7-trihydroxy-2-(4-hydroxy-3-hydroxyphenyl)-1-benzopyrylium

3,5,7- 三羟基 -2,2,6- 三甲基 -8-(3- 苯基 -1- 氧代丙基)-3,4- 二氢苯并吡喃 3,5,7-trihydroxy-2,2,6-trimethyl-8-(3-phenyl-1-oxo-propyl)-3,4-dihydrobenzopyran

4,5,7- 三羟基 -2,2,6- 三甲基 -8-(3- 苯基 -1- 氧代丙基)-3,4- 二氢苯并吡喃 4,5,7-trihydroxy-2,2,6-trimethyl-8-(3-phenyl-1-oxo-propyl)-3,4-dihydrobenzopyran

7,9,12- 三羟基 -2,2- 二甲基 -2*H*,6*H*- 吡喃并 [3,2-b] 呫烯 -6- 酮 7,9,12-trihydroxy-2,2-dimethyl-2*H*,6*H*-pyrano[3,2-b]xanthen-6-one

(2*S*)-5,2',6'- 三羟基 -2",2"- 二甲基吡喃 -[5",6": 6,7] 黄烷酮 (2*S*)-5,2',6'-trihydroxy-2",2"-dimethylpyrano-[5",6": 6,7]-flavanone

4,6,4'- 三羟基 -2,3'- 二甲氧基 -3- 异戊烯基苯酚酮 4,6,4'-trihydroxy-2,3'-dimethoxy-3-prenylbenzophenone

5,5',7- 三羟基 -2',3- 二甲氧基黄酮 -4'-*O*-*β*-D- 吡喃葡萄糖苷 5,5',7-trihydroxy-2',3-dimethoxy-flavone-4'-*O*-*β*-D-glucopyranoside

1,6,7- 三羟基 -2,3- 二甲氧基呫酮 1,6,7-trihydroxy-2,3-dimethoxyxanthone

1,6,8- 三羟基 -2,3- 亚甲二氧基呫酮 1,6,8-trihydroxy-2,3-methylenedioxyxanthone

1,3,7- 三羟基 -2,4- 二 (3- 甲基 -2- 丁烯基) 呫酮 1,3,7-trihydroxy-2,4-bis(3-methyl-2-butenyl)xanthone

1,3,7- 三羟基 -2,4- 二 (3- 甲基丁 -2- 烯基) 呫酮 1,3,7-trihydroxy-2,4-di(3-methylbut-2-enyl)xanthone

3',4',6- 三羟基 -2,4- 二甲氧基 -3-(3",4"- 二羟苄基) 查耳酮 3',4',6-trihydroxy-2,4-dimethoxy-3-(3",4"-dihydroxybenzyl) chalcone

1,3,7- 三羟基 -2,4- 二异戊烯基呫酮 1,3,7-trihydroxy-2,4-diisoprenylxanthone

3,4',5- 三羟基 -2',5',6,7- 四甲氧基黄酮 3,4',5-trihydroxy-2',5',6,7-tetramethoxyflavone

1,3,6- 三羟基 -2,5,7- 三甲氧基呫酮 1,3,6-trihydroxy-2,5,7-trimethoxyxanthone

1,3,6- 三羟基 -2,5- 二异戊烯基 -6',6'- 二甲基 -4',5'- 二氢吡喃并 [2',3':7,8] 呫酮 1,3,6-trihydroxy-2,5-bisprenyl-6',6'-dimethyl-4',5'-dihydropyrano[2',3':7,8]xanthone

(*E*)-4-(r-1',t-2',c-4'- 三羟基 -2',6',6'- 三甲基环己基) 丁 -3- 烯 -2- 酮 (*E*)-4-(r-1',t-2',c-4'-trihydroxy-2',6',6'-trimethylcyclohexyl)but-3-en-2-one

3',4,4'- 三羟基 -2,6- 二甲氧基查耳酮 3',4,4'-trihydroxy-2,6-dimethoxychalcone

4,3',4'- 三羟基 -2,6- 二甲氧基查耳酮 4,3',4'-trihydroxy-2,6-dimethoxychalcone

4',5,5'- 三羟基 -2',6- 二甲氧基黄酮 4',5,5'-trihydroxy-2',6-dimethoxyflavone

1,3,8- 三羟基 -2,6- 二甲氧基呫酮 1,3,8-trihydroxy-2,6-dimethoxyxanthone

1,3,6- 三羟基 -2,7,8- 三甲氧基呫酮 1,3,6-trihydroxy-2,7,8-trimethoxyxanthone

1,3,6- 三羟基 -2,7- 二甲氧基呫酮 1,3,6-trihydroxy-2,7-dimethoxyxanthone

1,3,7- 三羟基 -2,8- 二异戊烯基 - 呫酮 1,3,7-trihydroxy-2,8-diprenyl-xanthone

1,3,11- 三羟基 -2,9- 二甲氧基 -6,6- 二甲基阿朴菲季铵碱 1,3,11-trihydroxy-2,9-dimethoxy-6,6-dimethylaporphinium

(2*S*,3*S*,4*R*,9*E*)-1,3,4- 三羟基 -2-[(2'*R*)-2'- 羟基二十四酰胺基]-9- 十八烯 (2*S*,3*S*,4*R*,9*E*)-1,3,4-trihydroxy-2-[(2'*R*)-2'-hydroxytetracosanoylamino]-9-octadecene

2*α*,3*α*,15*β*- 三羟基 -20(*S*)- 巴豆酰孕甾烷 2*α*,3*α*,15*β*-trihydroxy-20(*S*)-tigloylpregnane

3*α*,11*α*,25- 三羟基 -20*S*,24*R*- 环氧达玛烷 3*α*,11*α*,25-trihydroxy-20*S*,24*R*-epoxydammarane

7*β*,20,26- 三羟基 -20*S*- 达玛 -24*E*- 烯 -3-*O*-*α*-L-(3- 乙酰吡喃阿拉伯糖基)-(1 → 2)-*β*-D- 吡喃葡萄糖苷 7*β*,20,26-trihydroxy-20*S*-dammar-24*E*-en-3-*O*-*α*-L-(3-acetylarabinopyranosyl)-(1 → 2)-*β*-D-glucopyranoside

7*β*,20,26- 三羟基 -20*S*- 达玛 -24*E*- 烯 -3-*O*-*α*-L-(4- 乙酰吡喃阿拉伯糖基)-(1 → 2)-*β*-D- 吡喃葡萄糖苷 7*β*,20,26-trihydroxy-20*S*-dammar-24*E*-en-3-*O*-*α*-L-(4-acetylarabinopyranosyl)-(1 → 2)-*β*-D-glucopyranoside

7*β*,20,26- 三羟基 -20*S*- 达玛 -24*E*- 烯 -3-*O*-*α*-L- 吡喃阿拉伯糖基 -(1 → 2)-*β*-D- 吡喃葡萄糖苷 7*β*,20,26-trihydroxy-20*S*-dammar-24*E*-en-3-*O*-*α*-L-arabinopyranosyl-(1 → 2)-*β*-D-glucopyranoside

3*β*,19*α*,23- 三羟基 -20*αH*- 熊果 -12- 烯 -28- 酸 -3*β*-*O*-*α*-L- 吡喃阿拉伯糖苷 3*β*,19*α*,23-trihydroxy-20*αH*-urs-12-en-28-oic acid-3*β*-*O*-*α*-L-arabinopyranoside

3,3',5- 三羟基 -20- 甲氧基二苯乙烷 3,3',5-trihydroxy-20-methoxybibenzyl

3*α*,24*β*,25- 三羟基 -21,21- 二甲氧基 -23- 氧代 - 绿玉树 -7- 烯 3*α*,24*β*,25-trihydroxy-21,21-dimethoxy-23-oxo-tirucall-7-ene

3*β*,14*β*,17*α*- 三羟基 -21- 甲氧基孕甾 -5- 烯 -20- 酮 3*β*,14*β*,17*α*-trihydroxy-21-methoxypregn-5-en-20-one

3*β*,14*β*,17*β*- 三羟基 -21- 甲氧基孕甾 -5- 烯 -20- 酮 3*β*,14*β*,17*β*-trihydroxy-21-methoxypregn-5-en-20-one

(3*β*,14*β*,17*α*)- 三羟基 -21- 甲氧基 - 孕甾 -5- 烯 -20- 酮 (3*β*,14*β*,17*α*)-trihydroxy-21-methoxy-pregn-5-en-20-one

3*β*,14*β*,17*α*- 三羟基 -21- 甲氧基孕甾 -5- 烯 -20- 酮 -3-[*O*-*β*- 吡喃夹竹桃糖基 -(1 → 4)-*O*-*β*- 吡喃磁麻糖基 -(1 → 4)-*β*- 吡喃磁麻糖苷] 3*β*,14*β*,17*α*-trihydroxy-21-methoxypregn-5-en-20-one-3-[*O*-*β*-oleandropyranosyl-(1→4)-*O*-*β*-cymaropyranosyl-(1→4)-*β*-cymaropyranoside]

3*β*,6*β*,19*α*- 三羟基 -23- 甲酯基 - 熊果 -12- 烯 -28- 酸 3*β*,6*β*,19*α*-

S

trihydroxy-23-methoxycarbonyl-urs-12-en-28-oic acid
3*β*,19*α*,24- 三羟基 -23- 降熊果 -12- 烯 -28- 酸 3*β*,19*α*,24-trihydroxy-23-norurs-12-en-28-oic acid
3*β*,6*β*,19*α*- 三羟基 -23- 氧代 - 熊果 -12- 烯 -28- 酸 3*β*,6*β*,19*α*-trihydroxy-23-oxo-urs-12-en-28-oic acid
3*β*,4*β*,23- 三羟基 -24,30- 二降齐墩果 -12,20(29)- 二烯 -28- 酸 3*β*,4*β*,23-trihydroxy-24,30-dinorolean-12,20(29)-dien-28-oic acid
1*α*,3*β*,4*β*- 三羟基 -24,30- 去二甲基齐墩果 -6- 烯 -28- 酸 1*α*,3*β*,4*β*-trihydroxy-24,30-dinor-olean-6-en-28-oic acid
3,5,8- 三羟基 -24- 甲基胆甾 -6,22- 二烯 3,5,8-trihydroxy-24-methylcholest-6,22-diene
2*α*,3*β*,19*α*- 三羟基 -24- 降齐墩果 -12- 烯 -28- 酸 2*α*,3*β*,19*α*-trihydroxy-24-norolean-12-en-28-oic acid
3*β*,4*β*,23- 三羟基 -24- 降齐墩果 -12- 烯 -28- 酸 3*β*,4*β*,23-trihydroxy-24-norolean-12-en-28-oic acid
2*α*,3*α*,19*α*- 三羟基 -24- 降熊果 -4(23),12- 二烯 -28- 酸 2*α*,3*α*,19*α*-trihydroxy-24-norurs-4(23),12-dien-28-oic acid
3*β*,12,20*S*- 三羟基 -25- 氢过氧基达玛 -23- 烯 -3-*O*-[*β*-D- 吡喃葡萄糖基 -(1 → 2)-*β*-D- 吡喃葡萄糖基]-20-*O*-*β*-D- 吡喃木糖基 -(1 → 6)-*β*-D- 吡喃葡萄糖苷 3*β*,12,20(*S*)-trihydroxy-25-hydroperoxydammar-23-ene-3-*O*-[*β*-D-glucopyranosyl-(1 → 2)-*β*-D-glucopyranosyl]-20-*O*-[*β*-D-xylopyranosyl-(1 → 6)]-*β*-D-glucopyranoside
2*α*,3*α*,19*α*- 三羟基 -28- 降熊果 -12- 烯 2*α*,3*α*,19*α*-trihydroxy-28-norurs-12-ene
2*α*,3*β*,19*α*- 三羟基 -28- 降熊果 -12- 烯 2*α*,3*β*,19*α*-trihydroxy-28-norurs-12-ene
5*α*,6*β*,8*α*- 三羟基 -28- 降异香椿叶素▲ 5*α*,6*β*,8*α*-trihydroxy-28-norisotoonafolin
3*β*,20*α*,24- 三羟基 -29- 去甲基齐墩果酸 -24-*O*-*β*-D- 吡喃葡萄糖苷 3*β*,20*α*,24-trihydroxy-29-norolean-12-en-28-oic acid-24-*O*-*β*-D-glucopyranoside
1*α*,30,10- 三羟基 -2*α*,5*α*,8- 三当归酰氧基红没药 -7(14),11(12)- 二烯 -4- 酮 1*α*,30,10-trihydroxy-2*α*,5*α*,8-triangeloyloxybisabola-7(14),11(12)-dien-4-one
(1*E*,4,5,6)-4,5,6- 三羟基 -2- 环己烯 -1- 亚基乙腈 (1*E*,4,5,6)-4,5,6-trihydroxy-2-cyclohexen-1-ylidene acetonitrile
1,3,5- 三羟基 -2- 甲基 -6- 甲氧基蒽醌 1,3,5-trihydroxy-2-methyl-6-methoxyanthraguinone
1,3,6- 三羟基 -2- 甲基 -9,10- 蒽醌 1,3,6-trihydroxy-2-methyl-9,10-anthraquinone
1,3,7- 三羟基 -2- 甲基 -9,10- 蒽醌 1,3,7-trihydroxy-2-methyl-9,10-anthraquinone
1,3,6- 三羟基 -2- 甲基 -9,10- 蒽醌 -3-*O*-(3'-*O*- 乙酰基)-*α*-L- 吡喃鼠李糖基 -(1 → 2)-*β*-D- 吡喃葡萄糖苷 1,3,6-trihydroxy-2-methyl-9,10-anthraquinone-3-*O*-(3'-*O*-acetyl)-*α*-L-rhamnopyranosyl-(1 → 2)-*β*-D-glucopyranoside
1,3,6- 三羟基 -2- 甲基 -9,10- 蒽醌 -3-*O*-(6'-*O*- 乙酰基)-*β*-D- 吡喃木糖基 -(1 → 2)-*β*-D- 吡喃葡萄糖苷 1,3,6-trihydroxy-2-methyl-9,10-anthraquinone-3-*O*-(6'-*O*-acetyl)-*β*-D-xylopyranosyl-(1 → 2)-*β*-D-glucopyranoside
1,3,6- 三羟基 -2- 甲基 -9,10- 蒽醌 -3-*O*-(6'-*O*- 乙酰基)-*β*-D- 吡喃葡萄糖苷 1,3,6-trihydroxy-2-methyl-9,10-anthraquinone-3-*O*-(6'-*O*-acetyl)-*β*-D-glucopyranoside
1,3,6- 三羟基 -2- 甲基 -9,10- 蒽醌 -3-*O*-[*α*-L- 吡喃鼠李糖基 -(1 → 2)-*β*-D-(6'-*O*- 乙酰基)- 吡喃葡萄糖苷] 1,3,6-trihydroxy-2-methyl-9,10-anthraquinone-3-*O*-[*α*-L-rhamnopyranosyl-(1 → 2)-*β*-D-(6'-*O*-acetyl)-glucopyranoside]
1,3,6- 三羟基 -2- 甲基 -9,10- 蒽醌 -3-*O*-*α*-L- 吡喃鼠李糖基 -(1 → 2)-*β*-D-(3',6'-*O*- 二乙酰基)- 吡喃葡萄糖苷 1,3,6-trihydroxy-2-methyl-9,10-anthraquinone-3-*O*-*α*-L-rhamnopyranosyl-(1 → 2)-*β*-D-(3',6'-*O*-diacetyl)-glucopyranoside
1,3,6- 三羟基 -2- 甲基 -9,10- 蒽醌 -3-*O*-*α*-L- 吡喃鼠李糖基 -(1 → 2)-*β*-D-(3'-*O*- 乙酰基)- 吡喃葡萄糖苷 1,3,6-trihydroxy-2-methyl-9,10-anthraquinone-3-*O*-*α*-L-rhamnopyranosyl-(1 → 2)-*β*-D-(3'-*O*-acetyl)-glucopyranoside
1,3,6- 三羟基 -2- 甲基 -9,10- 蒽醌 -3-*O*-*α*-L- 吡喃鼠李糖基 -(1 → 2)-*β*-D-(4',6'-*O*- 二乙酰基)- 吡喃葡萄糖苷 1,3,6-trihydroxy-2-methyl-9,10-anthraquinone-3-*O*-*α*-L-rhamnopyranosyl-(1 → 2)-*β*-D-(4',6'-*O*-diacetyl)-glucopyranoside
1,3,6- 三羟基 -2- 甲基 -9,10- 蒽醌 -3-*O*-*α*-L- 吡喃鼠李糖基 -(1 → 2)-*β*-D-(6'-*O*- 乙酰基)- 吡喃葡萄糖苷 1,3,6-trihydroxy-2-methyl-9,10-anthraquinone-3-*O*-*α*-L-rhamnopyranosyl-(1 → 2)-*β*-D-(6'-*O*-acetyl)-glucopyranoside
1,3,6- 三羟基 -2- 甲基 -9,10- 蒽醌 -3-*O*-*α*-L- 吡喃鼠李糖基 -(1 → 2)-*β*-D- 吡喃葡萄糖苷 1,3,6-trihydroxy-2-methyl-9,10-anthraquinone-3-*O*-*α*-L-rhamnopyranosyl-(1 → 2)-*β*-D-glucopyranoside
1,3,6- 三羟基 -2- 甲基 -9,10- 蒽醌 -3-*O*-*α*- 鼠李糖基 -(1 → 2)-*β*-D-(6'-*O*- 乙酰基)- 葡萄糖苷 2-methyl-1,3,6-trihydroxy-9,10-anthraquinone-3-*O*-(6'-*O*-acetyl)-*α*-rhamnosyl-(1 → 2)-*β*-D-glucoside
1,3,6- 三羟基 -2- 甲基 -9,10- 蒽醌 -3-*O*-*α*- 鼠李糖基 -(1 → 2)-*β*-D- 葡萄糖苷 2-methyl-1,3,6-trihydroxy-9,10-anthraquinone-3-*O*-*α*-rhamnosyl-(1 → 2)-*β*-D-glucoside
1,3,6- 三羟基 -2- 甲基 -9,10- 蒽醌 -3-*O*-*β*-D- 吡喃葡萄糖苷 1,3,6-trihydroxy-2-methyl-9,10-anthraquinone-3-*O*-*β*-D-glucopyranoside
1,3,6- 三羟基 -2- 甲基 -9,10- 蒽醌 -3-*O*- 新橙皮糖苷 1,3,6-trihydroxy-2-methyl-9,10-anthraquinone-3-*O*-*α*-rhamnopyranosyl(1 → 2)-*β*-D-glucopyranoside
4'-*O*-2,3,4- 三羟基 -2- 甲基丁基 - 反式 - 咖啡酰基 -2,3,4- 三羟基 -3-甲基丁基酯 4'-*O*-2,3,4-trihydroxy-2-methylbutyl-*trans*-caffeoyl-2,3,4-trihydroxy-3-methylbutyl ester
(2*R*,3*R*)-2,3,4- 三羟基 -2- 甲基丁酸钾 potassium (2*R*,3*R*)-2,3,4-trihydroxy-2-methylbutanoate
1,3,6- 三羟基 -2- 甲基蒽醌 1,3,6-trihydroxy-2-methylanthraquinone
1,3,8- 三羟基 -2- 甲基蒽醌 1,3,8-trihydroxy-2-methylanthraquinone
1,4,5- 三羟基 -2- 甲基蒽醌 1,4,5-rrihydroxy-2-methylanthraquinone
1,4,5- 三羟基 -2- 甲基 - 蒽醌 1,4,5-trihydroxy-2-methyl-9,10-anthracenedione
1,3,6- 三羟基 -2- 甲基蒽醌 -3-*O*-(3',6'-*O*- 二乙酰基)-*α*- 吡喃鼠李糖基 -(1 → 2)-*β*-D- 吡喃葡萄糖苷 1,3,6-trihydroxy-2-methyl-9,10-anthraquinone-3-*O*-(3',6'-*O*-diacetyl)-*α*-rhamnopyranosyl-(1 → 2)-*β*-D-glucopyranoside
1,3,6- 三羟基 -2- 甲基蒽醌 -3-*O*-(4',6'-*O*- 二乙酰基)-*α*- 吡喃鼠李糖基 -(1 → 2)-*β*-D- 吡喃葡萄糖苷 1,3,6-trihydroxy-2-methyl-9,10-anthraquinone-3-*O*-(4',6'-*O*-diacetyl)-*α*-rhamnopyranosyl-(1 → 2)-*β*-D-glucopyranoside
1,3,6- 三羟基 -2- 甲基蒽醌 -3-*O*-(6'-*O*- 乙酰基)-*α*-L- 鼠李糖基 -(1 → 2)-*β*-D- 葡萄糖苷 1,3,6-trihydroxy-2-methylanthraquinone-3-*O*-(6'-*O*-acetyl)-*α*-L-rhamnosyl-(1 → 2)-*β*-D-glucoside
1,3,6- 三羟基 -2- 甲基蒽醌 -3-*O*-(6'- 乙酰基) 新橙皮糖苷 1,3,6-trihydroxy-2-methyl-9,10-anthraquinone-3-*O*-(-6'-*O*-acetyl)-*α*-rhamnopyranosyl(1 → 2)-*β*-D-glucopyranoside
1,3,6- 三羟基 -2- 甲基蒽醌 -3-*O*-*α*-L- 鼠李糖基 -(1 → 2)-*β*-D- 葡萄糖苷 1,3,6-trihydroxy-2-methylanthraquinone-3-*O*-*α*-L-

S

rhamnosyl-(1 → 2)-*β*-D-glucoside

1,5,8- 三羟基 -2- 甲基蒽醌 -3-*O*-*β*-D- 吡喃半乳糖苷 1,5,8-trihydroxy-2-methylanthraquinone-3-*O*-*β*-D-galactopyranoside

(11*R*)-3,11,17- 三羟基 -2- 甲氧基 -1,16- 联氧 -7,13- 二苯基 -11- 庚醇 (11*R*)-3,11,17-trihydroxy-2-methoxy-1,16-oxo-7,13-diphenyl-11-heptanol

5,7,4'- 三羟基 -2'- 甲氧基 -2',3'- 二甲氧基异黄烷酮 -7-*O*-*β*- 吡喃葡萄糖苷 5,7,4'-trihydroxy-2'-methoxy-2',3'-dimethoxyisoflavanone-7-*O*-*β*-glucopyranoside

5,7,4'- 三羟基 -2'- 甲氧基 -6,3'- 二异戊烯基异黄酮 5,7,4'-trihydroxy-2'-methoxy-6,3'-diprenylisoflavone

1,9,10- 三羟基 -2- 甲氧基 -6,6- 二甲基阿朴菲季铵碱 1,9,10-trihydroxy-2-methoxy-6,6-dimethylaporphinium

3,4',5- 三羟基 -2'- 甲氧基 -6''- 二甲基吡喃 [6,7:2'',3'']- 黄酮醇 3,4',5-trihydroxy-2'-methoxy-6''-dimethylpyrano[6,7:2'',3'']-flavanol

1,4,7- 三羟基 -2- 甲氧基 -6- 甲基蒽醌 1,4,7-trihydroxy-2-methoxy-6-methylanthraquinone

2,4,5- 三羟基 -2- 甲氧基查耳酮 2,4,5-trihydroxy-2-methoxychalcone

1,3,8- 三羟基 -2- 甲氧基蒽醌 1,3,8-trihydroxy-2-methoxyanthraquinone

4,4',6- 三羟基 -2- 甲氧基二氢查耳酮 4,4',6-trihydroxy-2-methoxydihydrochalcone

1,3,5- 三羟基 -2- 甲氧基𠮿酮 1,3,5-trihydroxy-2-methoxyxanthone

1,3,7- 三羟基 -2- 甲氧基𠮿酮 1,3,7-trihydroxy-2-methoxyxanthone

1,3,8- 三羟基 -2- 甲氧基𠮿酮 1,3,8-trihydroxy-2-methoxyxanthone

1,6,8- 三羟基 -2- 甲氧基𠮿酮 1,6,8-trihydroxy-2-methoxyxanthone

5,7,4'- 三羟基 -2'- 甲氧基异黄酮 5,7,4'-trihydroxy-2'-methoxyisoflavone

5,7,4'- 三羟基 -2'- 甲氧基 - 异黄酮 5,7,4'-trihydroxy-2'-methoxy-isoflavone

1,3,6- 三羟基 -2- 甲氧甲基蒽醌 1,3,6-trihydroxy-2-methoxymethylanthraquinone

1,3,5- 三羟基 -2- 羟甲基 -6- 甲氧基 -9,10- 蒽醌 -3- 羟基 -2- 羟甲基 - 丙酮化物 1,3,5-trihydroxy-2-hydroxymethyl-6-methoxy-9,10-anthraquinone-3-hydroxy-2-hydroxymethyl-acetonide

1,3,6- 三羟基 -2- 羟甲基 -9,10- 蒽醌 -3-*O*-(6'-*O*- 乙酰基)-*β*-D- 吡喃葡萄糖苷 1,3,6-trihydroxy-2-hydroxymethyl-9,10-anthraquinone-3-*O*-(6'-*O*-acetyl)-*β*-D-glucopyranoside

1,3,6- 三羟基 -2- 羟甲基 -9,10- 蒽醌 -3- 羟基 -2- 羟甲基 - 丙酮化物 1,3,6-trihydroxy-2-hydroxymethyl-9,10-anthraquinone-3-hydroxy-2-hydroxymethyl-acetonide

1,5,7- 三羟基 -2- 羟甲基蒽醌 1,5,7-trihydroxy-2-hydroxymethylanthraquinone

3,5,6- 三羟基 -2- 羟甲基蒽醌 3,5,6-trihydroxy-2-hydroxymethylanthraquinone

1,3,6- 三羟基 -2- 羟甲基蒽醌 -3-*O*-*α*-L- 吡喃鼠李糖基 -(1 → 2)-*β*-D-(6'-*O*- 乙酰基)- 吡喃葡萄糖苷 1,3,6-trihydroxy-2-hydroxymethylanthraquinone-3-*O*-*α*-L-rhamnopyranosyl-(1→2)-*β*-D-(6'-*O*-acetyl)-glucopyranoside

11,12,16- 三羟基 -2- 氧代 -5- 甲基 -10- 去甲基 - 冷杉 -1[10],6,8,11,13- 五烯 11,12,16-trihydroxy-2-oxo-5-methyl-10-demethyl-abieta-1[10],6,8,11,13-pentene

15,16,18- 三羟基 -2- 氧代 - 对映 - 海松 -8(14)- 烯 15,16,18-trihydroxy-2-oxo-*ent*-pimar-8(14)-ene

1,3,5- 三羟基 -2- 乙氧甲基 -6- 甲氧基蒽醌 1,3,5-trihydroxy-2-ethoxymethyl-6-methoxyanthraquinone

2,3,4- 三羟基 -2- 异戊酸 2,3,4-trihydroxy-2-isovaleric acid

1,3,7- 三羟基 -2- 异戊烯基𠮿酮 1,3,7-trihydroxy-2-prenylxanthone

1,3,7- 三羟基 -2- 异戊烯基 - 𠮿酮 1,3,7-trihydroxy-2-prenyl-xanthone

5,7,4'- 三羟基 -3'-(2- 羟基 -3- 甲基丁 -4- 烯基)- 黄酮 5,7,4'-trihydroxy-3'-(2-hydroxy-3-methylbut-4-enyl)-flavone

3,4,7- 三羟基 -3-(4'- 对甲基苯)- 色烷 -4- 酮 3,4,7-trihydroxy-3-(4'-hydroxybenzyl)-chroman-4-one

5,7,4'- 三羟基 -3'-(4- 羟基 -3- 甲基丁基)-5'-(3- 甲基 -2- 丁烯 -1- 基)-3,6- 二甲氧基黄酮 5,7,4'-trihydroxy-3'-(4-hydroxy-3-methylbutyl)-5'-(3-methyl-2-buten-1-yl)-3,6-dimethyoxyflavone

5,7,4'- 三羟基 -3'-(4- 羟基 -3- 甲基丁基)-5'-(3- 甲基丁基 -2- 烯基)-3,6- 二甲氧基黄酮 5,7,4'-trihydroxy-3'-(4-hydroxy-3-methylbutyl)-5'-(3-methylbut-2-enyl)-3,6-dimethoxyflavone

3,7,4'- 三羟基 -3'-(4- 羟基 -3- 甲基丁基)-5,6- 二甲氧基黄酮 3,7,4'-trihydroxy-3'-(4-hydroxy-3-methylbutyl)-5,6-dimethoxyflavone

5,7,4'- 三羟基 -3'-(7- 羟基 -3,7- 二 - 甲基 -2*E*- 辛烯基)- 异黄酮) 5,7,4'-trihydroxy-3'-[7-hydroxy-3,7-dimethyl-2(*E*)-octenyl]isoflavone

3,7,4'- 三羟基 -3'-(8''- 乙酰氧基 -7''- 甲基辛基)-5,6- 二甲氧黄酮 3,7,4'-trihydroxy-3'-(8''-acetoxy-7''-methyloctyl)-5,6-dimethoxyflavone

(7''*S*,8''*R*)-4'',5,5'- 三羟基 -3,3',3'',4- 四甲氧基 -4',8''- 氧 -8,8'- 倍半新木脂素 -7''- 醇 (7''*S*,8''*R*)-4'',5,5'-trihydroxy-3,3',3'',4-tetramethoxy-4',8''-oxy-8,8'-sesquineolignan-7''-ol

4,7,7'- 三羟基 -3,3',4'- 三甲氧基木脂素 -9,9'- 内酯 4,7,7'-trihydroxy-3,3',4'-trimethoxylignan-9,9'-olide

(7'*S**,8'*R**)-4,4',9'- 三羟基 -3,3',5,5'- 四甲氧基 -7,8- 去氢 -9-al-2,7'- 环木脂素 (7'*S**,8'*R**)-4,4',9'-trihydroxy-3,3',5,5'-tetramethoxy-7,8-dehydro-9-al-2,7'-cyclolignan

(+)-(7'*S*,8*R*,8'*S*)-4,4',9- 三羟基 -3,3',5- 三甲氧基 -2,7'- 木脂素 -9-*O*-*β*-D- 吡喃葡萄糖 (+)-(7'*S*,8*R*,8'*S*)-4,4',9-trihydroxy-3,3',5-trimethoxy-2,7'-lignan-9-*O*-*β*-D-glucopyranoside

7,9,9'- 三羟基 -3,3',5'- 三甲氧基 -8-*O*-4'- 新木脂素 -4-*O*-*β*-D- 吡喃葡萄糖苷 7,9,9'-trihydroxy-3,3',5'-trimethoxy-8-*O*-4'-neolignan-4-*O*-*β*-D-glucopyranoside

(7'*S*,8*R*,8'*S*)-4,4',9- 三羟基 -3,3',5- 三甲氧基 -9'-*O*-*β*-D- 吡喃木糖基 -2,7'- 环木脂素 (7'*S*,8*R*,8'*S*)-4,4',9-trihydroxy-3,3',5-trimethoxy-9'-*O*-*β*-D-xylopyranosyl-2,7'-cyclo-lignan

(7'*S*,8*R*,8'*S*)-4,4',9- 三羟基 -3,3',5- 三甲氧基 -9'-*O*-*β*-D- 吡楠木糖基 -2,7'- 环木脂素 (7'*S*,8*R*,8'*S*)-4,4',9-trihydroxy-3,3',5-trimethoxy-9'-*O*-*β*-D-xylopyranosyl-2,7'-cyclolignan

(7*R*,8*S*)-4,9,9'- 三羟基 -3,3'- 二甲氧基 -7,8- 二氢苯并呋喃 -1'- 丙基新木脂素 (7*R*,8*S*)-4,9,9'-trihydroxy-3,3'-dimethoxyl-7,8-dihydrobenzofuran-1'-propylneolignan

(7*S*,8*R*)-4,9,9'- 三羟基 -3,3'- 二甲氧基 -7,8- 二氢苯骈呋喃 -1'- 丙基新木脂素 (7*S*,8*R*)-4,9,9'-trihydroxy-3,3'-dimethoxy-7,8-dihydrobenzofuran-1'-propylneolignan

7*R*,8*R*-4,9,9'- 三羟基 -3,3'- 二甲氧基 -8-*O*-4'- 新木脂素 7*R*,8*R*-4,9,9'-trihydroxy-3,3'-dimethoxy-8-*O*-4'-neolignan

7*S*,8*S*-4,9,9'- 三羟基 -3,3'- 二甲氧基 -8-*O*-4'- 新木脂素 7*S*,8*S*-4,9,9'-trihydroxy-3,3'-dimethoxy-8-*O*-4'-neolignan

7,9,9'- 三羟基 -3,3'- 二甲氧基 -8-*O*-4'- 新木脂素 -4-*O*-*β*-D- 吡喃葡萄糖苷 7,9,9'-trihydroxy-3,3'-dimethoxy-8-*O*-4'-neolignan-4-*O*-*β*-D-glucopyranoside

4,7,9- 三羟基 -3,3'- 二甲氧基 -8-*O*-4'- 新木脂素 -9-*O*-*α*-L- 吡喃鼠李糖苷 4,7,9-trihydroxy-3,3'-dimethoxy-8-*O*-4'-neolignan-9-*O*-*α*-L-rhamnopyranoside

8,4',9'- 三羟基 -3,3'- 二甲氧基 -9,7'- 环氧木脂素 -4-*O*-*β*-D- 吡喃葡萄糖苷 8,4',9'-trihydroxy-3,3'-dimethoxy-9,7'-epoxylignan-4-*O*-*β*-D-glucopyranoside

(8R,8'R,9R)-4,4',9- 三羟基 -3,3'- 二甲氧基 -9,9'- 环氧木脂素 (8R,8'R,9R)-4,4',9-trihydroxy-3,3'-dimethoxy-9,9'-epoxylignan
(8R,8'R,9S)-4,4',9- 三羟基 -3,3'- 二甲氧基 -9,9'- 环氧木脂素 (8R,8'R,9S)-4,4',9-trihydroxy-3,3'-dimethoxy-9,9'-epoxylignan
4,4',7- 三羟基 -3,3'- 二甲氧基 -9,9'- 环氧木脂素 4,4',7-trihydroxy-3,3'-dimethoxy-9,9'-epoxylignan
5,7,4'- 三羟基 -3,3'- 二甲氧基黄酮 5,7,4'-trihydroxy-3,3'-dimethoxyflavone
7,9,9'- 三羟基 -3,4,3'- 三甲氧基 -7'- 烯 -8,4'- 氧代新木脂素 7,9,9'-trihydroxy-3,4,3'-trimethoxy-7'-ene-8,4'-oxyneolignan
3,5,6- 三羟基 -3',4',7- 三甲氧基黄酮 3,5,6-trihydroxy-3',4',7-trimethoxyflavone
1,5,8- 三羟基 -3,4- 二甲氧基 -9H- 呫烯 -9- 酮 1,5,8-trihydroxy-3,4-dimethoxy-9H-xanthen-9-one
3,5,7- 三羟基 -3',4'- 二甲氧基黄酮 3,5,7-trihydroxy-3',4'-dimethoxyflavone
5,7,8- 三羟基 -3',4'- 二甲氧基黄酮 5,7,8-trihydroxy-3',4'-dimethoxyflavone
5,5',7- 三羟基 -3,4'- 二甲氧基黄酮 -2'-O-β-D- 吡喃葡萄糖苷 5,5',7-trihydroxy-3,4'-dimethoxyflavone-2'-O-β-D-glucopyranoside
1,5,8- 三羟基 -3,4- 二甲氧基呫酮 1,5,8-trihydroxy-3,4-dimethoxyxanthone
1,5,8- 三羟基 -3,4- 二甲氧基呫酮 1,5,8-trihydroxy-3,4-dimehoxyxanthone
1,7,8- 三羟基 -3,4- 二甲氧基呫酮 1,7,8-trihydroxy-3,4-dimehoxyxanthone
(7S,8R,7'S)-9,7',9'- 三羟基 -3,4- 亚甲二氧基 -3'- 甲氧基 [7-O-4',8-5'] 新木脂素 (7S,8R,7'S)-9,7',9'-trihydroxy-3,4-methylenedioxy-3'-methoxy[7-O-4',8-5']neolignan
5,6',7- 三羟基 -3',4'- 亚甲二氧基异黄酮 -6'-O-β-D- 葡萄糖苷 5,6',7-trihydroxy-3',4'-methylenedioxyisoflavone-6'-O-β-D-glycoside
(7R,8S)-4,7,9- 三羟基 -3,5,3',5'- 四甲氧基 -8-O-4'- 新木脂素 -8'- 烯 (7R,8S)-4,7,9-trihydroxy-3,5,3',5'-tetramethoxy-8-O-4'-neolignan-8'-ene
4,4',9'- 三羟基 -3,5,3'- 三甲氧基 -7- 苯基四氢木脂素 -9-O-β-D- 吡喃木糖苷 4,4',9'-trihydroxyl-3,5,3'-trimethoxyl-7-phenyltetrahydrolignanoid-9-O-β-D-xylopyranoside
5,7,4'- 三羟基 -3',5'- 二 (3- 甲基 -2- 丁烯 -1- 基)-3,6- 二甲氧基黄酮 5,7,4'-trihydroxy-3',5'-bis(3-methyl-2-buten-1-yl)-3,6-dimethoxyflavone
5,7,4'- 三羟基 -3',5'- 二 (3- 甲基 -2- 丁烯 -1- 基)-3- 甲氧基黄酮 5,7,4'-trihydroxy-3',5'-bis(3-methyl-2-buten-1-yl)-3-methoxyflavone
5,7,4'- 三羟基 -3',5'- 二 (3- 甲基丁 -2- 烯基)-3,6- 二甲氧基黄酮 5,7,4'-trihydroxy-3',5'-di(3-methylbut-2-enyl)-3,6-dimethoxyflavone
(7'S,8R,8'R)-4,4',9- 三羟基 -3',5- 二甲基 -9'-O-β-D- 吡楠木糖基 -2,7'- 环木脂素 (7'S,8R,8'R)-4,4',9-trihydroxy-3', 5-dimethyl-9'-O-β-D-xylopyranosyl-2,7'-cyclolignan
7,3',4'- 三羟基 -3,5- 二甲氧基黄酮 7,3',4'-trihydroxy-3,5-dimethoxyflavone
3,5,7- 三羟基 -3',5'- 二甲氧基黄酮 3,5,7-trihydroxy-3',5'-dimethoxyflavone
4',5,7- 三羟基 -3',5'- 二甲氧基黄酮 4',5,7-trihydroxy-3',5'-dimethoxyflavone
4',5',7- 三羟基 -3',5'- 二甲氧基黄酮 4',5',7-trihydroxy-3',5'-dimethoxyflavone
4',6,7- 三羟基 -3',5'- 二甲氧基黄酮 4',6,7-trihydroxy-3',5'-dimethoxyflavone
5,7,4'- 三羟基 -3',5'- 二甲氧基黄酮 5,7,4'-trihydroxy-3',5'-dimethoxyflavone
5,7,4'- 三羟基 -3',5'- 二甲氧基黄烷酮 5,7,4'-trihydroxy-3',5'-dimethoxyflavanone
2,4',7- 三羟基 -3',5- 二甲氧基异黄酮 2,4',7-trihydroxy-3',5-dimethoxyisoflavone
5,7,4'- 三羟基 -3,6,3'- 三甲氧基黄酮 -7-O-(2''- 吡喃鼠李糖基吡喃葡萄糖苷) 5,7,4'-trihydroxy-3,6,3'-trimethoxyflavone-7-O-(2''-rhamnopyranosylglucopyranoside)
2',3',5- 三羟基 -3,6,7- 三甲氧基黄酮 2',3',5-trihydroxy-3,6,7-trimethoxyflavone
5,3',4'- 三羟基 -3,6,7- 三甲氧基黄酮 5,3',4'-trihydroxy-3,6,7-trimethoxyflavone
5,7,4'- 三羟基 -3,6- 二甲氧基 -3'- 异戊烯基 - 黄酮 5,7,4'-trihydroxy-3,6-dimethoxy-3'-isoprenyl-flavone
4',5,7- 三羟基 -3,6- 二甲氧基黄酮 4',5,7-trihydroxy-3,6-dimethoxyflavone
4',5,7- 三羟基 -3',6- 二甲氧基黄酮 4',5,7-trihydroxy-3',6-dimethoxyflavone
4',5,7- 三羟基 -3',6- 二甲氧基黄酮 -3-O-[6-O-[2-O-(1- 氧代 -3- 苯基 -2- 丙烯基)-β-D- 吡喃葡萄糖基]-β-D- 吡喃葡萄糖苷 4',5,7-trihydroxy-3',6-dimethoxyflavone-3-O-[6-O-[2-O-(1-oxo-3-phenyl-2-propenyl)-β-D-glucopyranosyl]-β-D-glucopyranoside
4',5,7- 三羟基 -3',6- 二甲氧基黄酮 -3-O-β-D- 呋喃芹糖基 -(1 → 2)-O-[2-O-(1- 氧代 -3- 苯基 -2- 丙烯基)-β-D- 吡喃葡萄糖基 -(1 → 6)]-β-D- 吡喃葡萄糖苷 4',5,7-trihydroxy-3',6-dimethoxyflavone-3-O-β-D-apiofuranosyl-(1 → 2)-O-[2-O-(1-oxo-3-phenyl-2-propenyl)-β-D-glucopyranosyl-(1 → 6)]-β-D-glucopyranoside
4',5,7- 三羟基 -3',6- 二甲氧基黄酮 -3-O-β-D- 呋喃芹糖基 -(1 → 2)-O-[β-D- 吡喃葡萄糖 -(1 → 6)]-β-D- 吡喃葡萄糖苷 4',5,7-trihydroxy-3',6-dimethoxyflavone-3-O-β-D-apiofuranosyl-(1 → 2)-O-[β-D-glucopyranosyl-(1 → 6)]-β-D-glucopyranoside
3',4',5- 三羟基 -3,6- 二甲氧基黄酮 -7-O-β-D- 吡喃葡萄糖苷 3',4',5-trihydroxy-3,6-dimethoxyflavone-7-O-β-D-glucopyranoside
4',5,7- 三羟基 -3,6- 二甲氧基黄酮 -7-O-β-D- 吡喃葡萄糖苷 4',5,7-trihydroxy-3,6-dimethoxyflavone-7-O-β-D-glucopyranoside
4',5,7- 三羟基 -3',6- 二甲氧基黄酮 -7-O-β-D- 吡喃葡萄糖苷 4',5,7-trihydroxy-3',6-dimethoxyflavone-7-O-β-D-glucopyranoside
4',5,7- 三羟基 -3',6- 二甲氧基异黄酮 4',5,7-trihydroxy-3',6-dimethoxyisoflavone
5,6,4'- 三羟基 -3,7,3'- 三甲氧基 - 黄酮 -6-O-β-D- 吡喃葡萄糖苷 5,6,4'-trihydroxy-3,7,3'-trimethoxyflavone-6-O-β-D-glucopyranoside
5,2',5'- 三羟基 -3,7,4'- 三甲氧基黄酮 5,2',5'-trihydroxy-3,7,4'-trimethoxyflavone
5,2',4'- 三羟基 -3,7,5'- 三甲氧基黄酮醇 -2'-O-β-D- 吡喃乳糖基 -(1 → 4)-O-β-D- 吡喃葡萄糖苷 5,2',4'-trihydroxy-3,7,5'-trimethoxyflavonol-2'-O-β-D-galactopyranosyl-(1 → 4)-O-β-D-glucopyranoside
3',4',5,- 三羟基 -3,7- 二甲氧基黄酮 3',4',5-trihydroxy-3,7-dimethoxyflavone
5,3',4'- 三羟基 -3,7- 二甲氧基黄酮 5,3',4'-trihydroxy-3,7-dimethoxyflavone
5,6,4'- 三羟基 -3,7- 二甲氧基黄酮 5,6,4'-trihydroxy-3,7-dimethoxyflavone
1,4,8- 三羟基 -3,7- 二甲氧基呫酮 1,4,8-trihydroxy-3,7-dimethoxyxanthone
1,5,6- 三羟基 -3,7- 二甲氧基呫酮 1,5,6-trihydroxy-3,7-

S

dimethoxyxanthone

1,5,6- 三羟基 -3,7- 二甲氧基 - 呫酮 1,5,6-trihydroxy-3,7-dimethoxy-xanthone

3',4',5- 三羟基 -3,7- 甲氧基 - 黄酮 3',4',5-trihydroxy-3,7-methoxy-flavone

6,7,9α- 三羟基 -3,8,11α- 三甲基环己 -[d,e]- 香豆素 6,7,9α-trihydroxy-3,8,11α-trimethylcyclohexo-[d,e]-coumarin

3',4',7- 三羟基 -3,8- 二甲氧基黄酮 3',4',7-trihydroxy-3,8-dimethoxyflavone

5,7,4'- 三羟基 -3,8- 二甲氧基黄酮 5,7,4'-trihydroxy-3,8-dimethoxyflavone

3β,21β,24- 三羟基 -30- 去甲基齐墩果 -12,20(29)- 二烯 -28- 酸 3β,21β,24-trihydroxy-30-noroleana-12,20(29)-dien-28-oic acid

2α,3β,20α- 三羟基 -30- 去甲齐墩果 -12- 烯 -28- 酸 2α,3β,20α-trihydroxy-30-norolean-12-en-28-oic acid

4,2',4'- 三羟基 -3'-*C*-β-D- 吡喃葡萄糖基查耳酮 4,2',4'-trihydroxy-3'-*C*-β-D-glucopyranosylchalcone

2',4,4'- 三羟基 -3'-*C*-β- 吡喃葡萄糖基查耳酮 2',4,4'-trihydroxy-3'-*C*-β-glucopyranosylchalcone

5,7,4'- 三羟基 -3*C*- 甲基黄酮 -5-*O*-α-L- 吡喃鼠李糖基 -(1 → 4)-*O*-β-D- 吡喃半乳糖苷 5,7,4'-trihydroxy-3*C*-methylflavone-5-*O*-α-L-rhamnopyranosyl-(1 → 4)-*O*-β-D-galactopyranoside

2α,4α,8α- 三羟基 -3α- 乙酰氧基 -11β*H*- 愈创木 -1(10)- 烯 -12,6α- 内酯 2α,4α,8α-trihydroxy-3α-acetoxy-11β*H*-guai-1(10)-en-12,6α-olide

7α,14β,15β- 三羟基 -3β,19- 二乙酰氧基 - 对映 - 贝壳杉 -16- 烯 -12- 酮 7α,14β,15β-trihydroxy-3β,19-diacetoxy-*ent*-kaur-16-en-12-one

2α,7β,20α- 三羟基 -3β,21- 二甲氧基 -5- 孕甾烯 2α,7β,20α-trihydroxy-3β,21-dimethoxy-5-pregnene

1α,13β,14α- 三羟基 -3β,7β- 二苯甲酰氧基 -9β,15β- 二乙酰麻疯树 -5,11*E*- 二烯 1α,13β,14α-trihydroxy-3β,7β-dibenzoyloxy-9β,15β-diacetoxyjatropha-5,11*E*-diene

1α,7β,13β,14α- 三羟基 -3β- 苯甲酰氧基 -9β,15β- 二乙酰麻疯树 -5,11*E*- 二烯 1α,7β,13β,14α-tetrahydroxy-3β-benzoyloxy-9β,15β-diacetoxyjatropha-5,11*E*-diene

7α,21*S*,25- 三羟基 -3β- 乙酰氧基 -21*S*,23*R*- 环氧 -9(11)- 烯 - 达玛烷 7α,21*S*,25-trihydroxy-3β-acetoxy-21*S*,23*R*-epoxy-9(11)-en-dammarane

7α,12α,14β- 三羟基 -3β- 乙酰氧基 - 对映 - 贝壳杉 -16- 烯 -15- 氧代 -19- 醛 7α,12α,14β-trihydroxy-3β-acetoxy-*ent*-kaur-16-en-15-oxo-19-al

2β,13β,15α- 三羟基 -3β- 乙酰氧基齐墩果 -12- 酮 2β,13β,15α-trihydroxy-3β-acetoxyoleanan-12-one

2',3,4'- 三羟基 -3'-γ,γ- 二甲基烯丙基 -6",6"- 二甲基吡喃 [2",3":4,5] 查耳酮 2',3,4'-trihydroxy-3'-γ,γ-dimethylallyl-6",6"-dimethylpyrano[2",3":4,5]chalcone

1-*O*-(2,3,4- 三羟基 -3- 甲基)- 丁基 -6-*O*- 阿魏酰基 -β-D- 吡喃葡萄糖苷 1-*O*-(2,3,4-trihydroxy-3-methyl)-butyl-6-*O*-feruloyl-β-D-glucopyranoside

1,6,7- 三羟基 -3- 甲基 -4-(1,1,3- 三甲基 -2- 丁烯基)- 呫酮 1,6,7-trihydroxy-3-methyl-4-(1,1,3-trimethyl-2-butenyl)-xanthone

1,2,5- 三羟基 -3- 甲基蒽醌 1,2,5-trihydroxy-3-methylanthraquinone

1,5,8- 三羟基 -3- 甲基蒽醌 1,5,8-trihydroxy-3-methyl-anthraquinone

5,7,4'- 三羟基 -3'- 甲基黄烷 -4- 醇 5,7,4'-trihydroxy-3'-methylflavan-4-ol

(7'*E*)-2',4,8- 三羟基 -3- 甲氧基 -2,4'- 环氧 -8,5"- 新木脂素 -7'- 烯 -7- 酮 (7'*E*)-2',4,8-trihydroxy-3-methoxy-2,4'-epoxy-8,5"-neolign-7'-en-7-one

1,5,8- 三羟基 -3- 甲氧基 -2- 异戊烯基 - 呫酮 1,5,8-trihydroxy-3-methoxy-2-prenyl)-xanthone

1,5,6- 三羟基 -3- 甲氧基 -4-(3- 羟基 -3- 甲基丁基) 呫酮 1,5,6-trihydroxy-3-methoxy-4-(3-hydroxyl-3-methylbutyl)xanthone

(7*R*,8*S*)-3',9,9'- 三羟基 -3- 甲氧基 -4-*O*- 甘油 -7,8- 二氢苯并呋喃 -1'- 丙醇新木脂素 (7*R*,8*S*)-3',9,9'-trihydroxyl-3-methoxyl-4-*O*-glycerol-7,8-dihydrobenzofuran-1'-propanolneoligan

3',4,5- 三羟基 -3- 甲氧基 -6,7- 亚甲二氧基黄酮 3',4,5-trihyhdroxy-3-methoxy-6,7-methylenedioxyflavone

3',4',5- 三羟基 -3- 甲氧基 -6,7- 亚甲二氧基黄酮 -4'- 葡萄糖醛酸苷 3',4',5-trihydroxy-3-methoxy-6,7-methylenedioxyflavone-4'-glucuronide

4',5,7- 三羟基 -3'- 甲氧基 -6,8- 二 (3- 甲基 -2- 丁烯基)- 黄酮 4',5,7-trihydroxy-3'-methoxy-6,8-bis(3-methyl-2-butenyl)-flavone

5,7,4'- 三羟基 -3'- 甲氧基 -6,8- 二异戊烯基异黄酮 5,7,4'-trihydroxy-3'-methoxy-6,8-diprenylisoflavone

1,4,5- 三羟基 -3- 甲氧基 -6- 甲基 -9,10- 蒽醌 1,4,5-trihydroxy-3-methoxy-6-methyl-9,10-anthraquinone

(7*S*,8*R*)-9,3',9'- 三羟基 -3- 甲氧基 -7,8- 二氢苯并呋喃 -1'- 丙醇基新木脂素 -4-*O*-α-L- 吡喃鼠李糖苷 (7*S*,8*R*)-9,3',9'-trihydroxy-3-methoxy-7,8-dihydrobenzofuran-1'-propanolneolignan-4-*O*-α-L-rhamnopyranoside

(7*R*,8*S*)-4,9,9'- 三羟基 -3- 甲氧基 -7,8- 二氢苯并呋喃 -1'- 丙基新木脂素 -3'-*O*-β-D- 吡喃葡萄糖苷 (7*R*,8*S*)-4,9,9'-trihydroxy-3-methoxyl-7,8-dihydrobenzofuran-1'-propylneolignan-3'-*O*-β-D-glucopyranoside

(7*R*,8*S*)-9,3',9'- 三羟基 -3- 甲氧基 -7,8- 二氢苯并呋喃 -1'- 丙基新木脂素 -4-*O*-β-D- 吡喃葡萄糖苷 (7*R*,8*S*)-9,3',9'-trihydroxy-3-methoxyl-7,8-dihydrobenzofuran-1'-propylneolignan-4-*O*-β-D-glucopyranoside

2',4',4- 三羟基 -3- 甲氧基查耳酮 2',4',4-trihydroxy-3-methoxychalcone

1,6,7- 三羟基 -3- 甲氧基蒽醌 1,6,7-trihydroxy-3-methoxyanthraquinone

4',5,7- 三羟基 -3'- 甲氧基黄酮 4',5,7-trihydroxy-3'-methoxyflavone

5,7,4'- 三羟基 -3'- 甲氧基黄酮 5,7,4'-trihydroxy-3'-methoxyflavone

5,7,8- 三羟基 -3'- 甲氧基黄酮 5,7,8-trihydroxy-3'-methoxyflavone

4',5,7- 三羟基 -3- 甲氧基黄酮 4',5,7-trihydroxy-3-methoxyflavone

7,3',4'- 三羟基 -3- 甲氧基黄酮 7,3',4'-trihydroxy-3-methoxyflavone

5,7,4'- 三羟基 -3'- 甲氧基黄酮 -3-*O*-α-L- 吡喃鼠李糖基 -β-D- 吡喃葡萄糖苷 5,7,4'-trihydroxy-3'-methoxyflavone-3-*O*-α-L-rhamnopyranosyl-β-D-glucopyranoside

5,7,4'- 三羟基 -3- 甲氧基 - 黄酮 -3'-*O*-β-D- 吡喃木糖苷 5,7,4'-trihydroxy-3-methoxy-flavone-3'-*O*-β-D-xylopyranoside

5,7,4'- 三羟基 -3'- 甲氧基 - 黄酮 -7-*O*-α-L- 吡喃鼠李糖基 -(1 → 6)-β-D- 吡喃葡萄糖苷 5,7,4'-trihydroxy-3'-methoxy-flavanone-7-*O*-α-L-rhamnopyranosyl-(1 → 6)-β-D-glucopyranoside

4',5,7- 三羟基 -3- 甲氧基黄酮 -7-*O*-α-L- 呋喃阿拉伯糖基 -(1 → 6)-β-D- 吡喃葡萄糖苷 4',5,7-trihydroxy-3-methoxyflavone-7-*O*-α-L-arabinofuranosyl-(1 → 6)-β-D-glucopyranoside

5,7,4'- 三羟基 -3'- 甲氧基黄酮 -7-*O*-β-D- 吡喃葡萄糖苷 5,7,4'-trihydroxy-3'-methoxyflavone-7-*O*-β-D-glucopyranoside

4',5,7- 三羟基 -3- 甲氧基黄酮 -7-*O*-β-D- 吡喃葡萄糖苷 4',5,7-trihydroxy-3-methoxyflavone-7-*O*-β-D-glucopyranoside

4',5,7- 三羟基 -3- 甲氧基黄酮 -7-*O*- 芸香糖苷 4',5,7-trihydroxy-3-methoxyflavone-7-*O*-rutinoside

5,7,4'- 三羟基 -3'- 甲氧基黄酮醇 -3-*O*-{6-*O*-[(2*E*)-3-(4- 羟基 -3,5- 二甲氧基苯基)-1- 氧代 -2- 丙烯基]-β-D- 吡喃葡萄糖基 }-(1 → 2)-β-D- 吡喃葡萄糖苷 5,7,4'-trihydroxy-3'-methoxyflavonol-3-*O*-{6-*O*-[(2*E*)-3-(4-hydroxy-3,5-dimethoxyphenyl)-1-oxo-2-propenyl]-β-

S

D-glucopyranosyl]}-(1 → 2)-β-D-glucopyranoside
3,7,4'- 三羟基 -3'- 甲氧基黄烷酮 -5-O-β-D- 葡萄糖苷 3,7,4'-trihydroxy-3'-methoxyflavanone-5-O-β-D-glucoside
3,4',5- 三羟基 -3'- 甲氧基联苄 3,4',5-trihydroxy-3'-methoxybibenzyl
3,4,5- 三羟基 -3- 甲氧基联苄 3,4,5-trihydroxy-3-methoxybibenzyl
1,2,7- 三羟基 -3- 甲氧基𠮿酮 1,2,7-trihydroxy-3-methoxyxanthone
1,4,7- 三羟基 -3- 甲氧基𠮿酮 1,4,7-trihydroxy-3-methoxyxanthone
1,5,6- 三羟基 -3- 甲氧基𠮿酮 1,5,6-trihydroxy-3-methoxyxanthone
1,5,7- 三羟基 -3- 甲氧基𠮿酮 1,5,7-trihydroxy-3-methoxyxanthone
1,5,8- 三羟基 -3- 甲氧基𠮿酮 1,5,8-trihydroxy-3-methoxyxanthone
1,7,8- 三羟基 -3- 甲氧基𠮿酮 1,7,8-trihydroxy-3-methoxyxanthone
1,5,8- 三羟基 -3- 甲氧基𠮿酮 1,5,8-trihydroxy-3-mehoxy-xanthone
1,7,8- 三羟基 -3- 甲氧基𠮿酮 1,7,8-trihydroxy-3-mehoxyxanthone
1,5,8- 三羟基 -3- 甲氧基𠮿酮 -8-O-β-D- 吡喃葡萄糖苷 1,5,8-trihydroxy-3-methoxyxanthone-8-O-β-D-glucopyranoside
2,9,10- 三羟基 -3- 甲氧基四氢原小檗碱 2,9,10-trihydroxy-3-methoxytetrahydroprotoberberine
5,7,4'- 三羟基 -3'- 甲氧基异黄酮 5,7,4'-trihydroxy-3'-methoxyisoflavone
5,7,4'- 三羟基 -3'- 甲氧基异黄酮 -6-O-α-L- 吡喃鼠李糖苷 5,7,4'-trihydroxy-3'-methoxyisoflavone-6-O-α-L-rhamnopyranoside
1,2,19- 三羟基 -3- 氧代 -12- 熊果烯 -28- 酸 1,2,19-trihydroxy-3-oxo-12-ursen-28-oic acid
16β,17,19- 三羟基 -3- 氧代 - 阿替烷 16β,17,19-trihydroxy-3-oxo-atisane
6β,8β,10β- 三羟基 -3- 氧代荒漠木烯内酯▲ 6β,8β,10β-trihydroxy-3-oxoeremophilenolide
2,6,2'- 三羟基 -3- 乙酰基 -4'-(2'',6''- 二羟基 -3''- 乙酰基) 苯基 -6'- 甲基 - 苯甲酮) 2,6,2'-trihydroxy-3-acetyl-4'-(2'',6''-dihydroxy-3''-acetyl)phenyl-6'-methyl-benzophenone)
(2S,3''S) -5,2',6'- 三羟基 -3''- 异戊烯基 -2'',2''- 二甲基 -3'',4''- 二氢吡喃 -[5'',6'': 6,7] 黄烷酮 (2S,3''S)-5,2',6'-trihydroxy-3''-γ,γ-dimethylallyl-2'',2''-dimethyl-3'',4''-dihydropyrano-[5'',6'':6,7]-flavanone
3,4',5- 三羟基 -3'- 异戊烯基芪 3,4',5-trihydroxy-3'-prenylstilbene
(2R,3R)-3,4',7- 三羟基 -3'- 异戊烯基黄烷酮 (2R,3R)-3,4',7-trihydroxy-3'-prenylflavanone
1,3,7- 三羟基 -4-(1,1- 二甲基 -2- 丙烯基)-5,6-(2,2- 二甲基色烯)- 𠮿酮 1,3,7-trihydroxy-4-(1,1-dimethyl-2-propenyl)-5,6-(2,2-dimethylchromeno)-xanthone
1,6,7- 三羟基 -4-(1,1- 二甲基烯丙基)-3- 甲氧基𠮿酮 1,6,7-trihydroxy-4-(1,1-dimethylallyl)-3-methoxyxanthone
1,2,7- 三羟基 -4-(1,1- 二甲基烯丙基) 𠮿酮 1,2,7-trihydroxy-4-(1,1-dimethylallyl)xanthone
1,3,5- 三羟基 -4-(3'- 羟基 -3'- 甲基丁基) 𠮿酮 1,3,5-trihydroxy-4-(3'-hydroxy-3'-methylbutyl)xanthone
1,3,5- 三羟基 -4-(3- 羟基 -3- 甲基丁基) 𠮿酮 1,3,5-trihydroxy-4-(3-hydroxy-3-methylbutyl)xanthone
2,7,2'- 三羟基 -4,4',7'- 三甲氧基 -1,1'- 联菲 2,7,2'-trihydroxy-4,4',7'-trimethoxy-1,1'-biphenanthrene
2',5,7- 三羟基 -4',5'-(2,2- 二甲基苯并吡喃)-8-(3- 羟基 -3- 甲基丁基)- 黄烷酮 2',5,7-trihydroxy-4',5'-(2,2-dimethylchromeno)-8-(3-hydroxy-3-methylbutyl)flavanone
2,3,5- 三羟基 -4,6- 二甲氧基二氢查耳酮 2,3,5-trihydroxy-4,6-dimethoxydihydrochalcone
3',5,7- 三羟基 -4',6- 二甲氧基黄酮 3',5,7-trihydroxy-4',6-dimethoxyflavone
(6S,7E,9S)-6,9,10- 三羟基 -4,7- 大柱香波龙二烯 -3- 酮 (6S,7E,9S)-6,9,10-trihydroxy-4,7-megastigmadien-3-one
(6S,7E,9S)-6,9,10- 三羟基 -4,7- 大柱香波龙二烯 -3- 酮 -9-O-β-D- 吡喃葡萄糖苷 (6S,7E,9S)-6,9,10-trihydroxy-4,7-megastigmadien-3-one-9-O-β-D-glucopyranoside
3,5,6- 三羟基 -4',7- 二甲氧基黄酮 3,5,6-trihydroxy-4',7-dimethoxyflavone
1,3,7- 三羟基 -4,8- 二甲氧基𠮿酮 1,3,7-trihydroxy-4,8-dimethoxyxanthone
2,3,5- 三羟基 -4,9- 二甲氧基菲 2,3,5-trihydroxy-4,9-dimethoxyphenanthrene
3,6,9- 三羟基 -4- 大柱香波龙烯 3,6,9-trihydroxy-4-megastigmene
(1R,6R,9R)-6,9,11- 三羟基 -4- 大柱香波龙烯 -3- 酮 (1R,6R,9R)-6,9,11-trihydroxy-4-megastigmen-3-one
3,5,2'- 三羟基 -4- 甲基二苯乙烷 3,5,2'-trihydroxy-4-methylbibenzyl
2',4,6'- 三羟基 -4'- 甲氧基 -3'- 甲基二氢查耳酮 2',4,6'-trihydroxy-4'-methoxy-3'-methylchalcone
5,7,3'- 三羟基 -4'- 甲氧基 -6,8- 二异戊烯基异黄酮 5,7,3'-trihydroxy-4'-methoxy-6,8-diprenylisoflavone
2',3',6'- 三羟基 -4'- 甲氧基 -7-O- 新橙皮糖苷 2',3',6'-trihydroxy-4'-methoxy-7-O-neohesperidoside
3,5,7- 三羟基 -4'- 甲氧基 -8- 异戊烯基黄酮 -3-O-α-L- 吡喃鼠李糖基 -(1 → 2)-α-L- 吡喃鼠李糖苷 3,5,7-trihydroxy-4'-methoxy-8-prenylflavone-3-O-α-L-rhamnopyranosyl-(1 → 2)-α-L-rhamnopyranoside
2,2',5- 三羟基 -4- 甲氧基苯甲酮 2,2',5-trihydroxy-4-methoxybenzophenone
4,2',5'- 三羟基 -4'- 甲氧基查耳酮 4,2',5'-trihydroxy-4'-methoxychalcone
3,2',4'- 三羟基 -4- 甲氧基查耳酮 3,2',4'-trihydroxy-4-methoxy-chalcone
3',5,7- 三羟基 -4- 甲氧基芪 3',5,7-trihydroxy-4-methoxystilbene
2,4',6- 三羟基 -4- 甲氧基二苯甲酮 2,4',6-trihydroxy-4-methoxybenzophenone
2,6,4'- 三羟基 -4- 甲氧基二苯酮 2,6,4'-trihydroxy-4-methoxybenzophenone
3,3',4'- 三羟基 -4- 甲氧基二苄醚 3,3',4'-trihydroxy-4-methoxydibenzylether
3',4,5'- 三羟基 -4'- 甲氧基二氢查耳酮 -3',5'- 二 -O-β-D- 吡喃葡萄糖苷 3',4,5'-trihydroxy-4'-methoxydihydrochalcone-3',5'-di-O-β-D-glucopyranoside
3,3',7- 三羟基 -4'- 甲氧基黄酮 3,3',7-trihydroxy-4'-methoxyflavone
3,7,3'- 三羟基 -4'- 甲氧基黄酮 3,7,3'-trihydroxy-4'-methoxyflavone
5,6,7- 三羟基 -4'- 甲氧基黄酮 5,6,7-trihydroxy-4'-methoxyflavone
5,7,3'- 三羟基 -4'- 甲氧基黄酮 5,7,3'-trihydroxy-4'-methoxyflavone
5,7,3'- 三羟基 -4- 甲氧基黄酮 5,7,3'-trihydroxy-4-methoxyflavone
5,7,3'- 三羟基 -4'- 甲氧基黄酮 -3-O-α-L- 鼠李糖苷 5,7,3'-trihydroxy-4'-methoxyflavone-3-O-α-L-rhamnoside
3,5,7- 三羟基 -4'- 甲氧基 - 黄酮 -3'-O-α-β-D- 吡喃半乳糖苷 3,5,7-trihydroxy-4'-methoxy-flavone-3'-O-α-β-D-galactopyranoside
3,5,7- 三羟基 -4'- 甲氧基黄酮 -3-O-β-D- 吡喃半乳糖苷 3,5,7-trihydroxy-4'-methoxyflavone-3-O-β-D-galactopyranoside
5,7,3'- 三羟基 -4'- 甲氧基黄酮 -7-O-α-L- 吡喃鼠李糖基 -(1 → 3)-O-β-D- 吡喃葡萄糖基 -(1 → 4)-O-β-D- 吡喃木糖苷 5,7,3'-trihydroxy-4'-methoxyflavone-7-O-α-L-rhamnopyranosyl-(1 → 3)-O-β-D-glucopyranosyl-(1 → 4)-O-β-D-xylopyranoside
3,3',5,7- 三羟基 -4'- 甲氧基黄酮 -7-O-β-D- 吡喃葡萄糖苷 3,3',5,7-trihydroxy-4'-methoxyflavone-7-O-β-D-glucopyranoside
5,6,7- 三羟基 -4'- 甲氧基黄酮 -7-O-β-D- 吡喃葡萄糖苷 5,6,7,-trihydroxy-4'-methoxyflavone-7-O-β-D-glucopyranoside
5,7,8- 三羟基 -4'- 甲氧基黄酮 -7-O-β-D- 吡喃葡萄糖苷

S

5,7,8-trihydroxy-4'-methoxyflavone-7-*O*-*β*-D-glucopyranoside

3,5,6- 三羟基 -4'- 甲氧基黄酮 7-*β*-D- 半乳糖苷 3,5,6-trihydroxy-4'-methoxyflavone-7-*β*-D-galactoside

3,5,6- 三羟基 -4'- 甲氧基黄酮 -7-*β*-D- 葡萄糖苷 3,5,6-trihydroxy-4'-methoxyflavone-7-*β*-D-glucoside

5,7,8- 三羟基 -4'- 甲氧基黄酮 -8-*O*-*β*-D- 吡喃葡萄糖苷 5,7,8-trihydroxy-4'-methoxyflavone-8-*O*-*β*-D-glucopyranoside

3,3',5- 三羟基 -4'- 甲氧基黄酮醇 -7-*O*-*β*-D- 吡喃葡萄糖苷 3,3',5-trihydroxy-4'-methoxyflavanol-7-*O*-*β*-D-glucopyranoside

2',5,7- 三羟基 -4'- 甲氧基黄烷酮 2',5,7-trihydroxy-4'-methoxyflavanone

3,5,7- 三羟基 -4'- 甲氧基黄烷酮 3,5,7-trihydroxy-4'-methoxyflavanone

3',5'7- 三羟基 -4'- 甲氧基黄烷酮 3',5'7-trihydroxy-4'-methoxyflavanone

5,6,7- 三羟基 -4'- 甲氧基黄烷酮 5,6,7-trihydroxy-4'-methoxyflavanone

5,7,3'- 三羟基 -4'- 甲氧基黄烷酮 -7-*O*-(2''-*O*-*β*-D- 吡喃葡萄糖)-*α*-L- 吡喃鼠李糖苷 5,7,3'-trihydroxy-4'-methoxyflavanone-7-*O*-(2''-*O*-*β*-D-glucopyranosyl)-*α*-L-rhamnopyranoside

1,3,7- 三羟基 -4- 甲氧基𠮿酮 1,3,7-trihydroxy-4-methoxyxanthone

1,3,8- 三羟基 -4- 甲氧基𠮿酮 1,3,8-trihydroxy-4-methoxyxanthone

5,7,2'- 三羟基 -4'- 甲氧基异黄酮 5,7,2'-trihydroxy-4'-methoxyisoflavone

5,7,3'- 三羟基 -4'- 甲氧基异黄酮 5,7,3'-trihydroxy-4'-methoxyisoflavone

(3*R*)-2',3',7- 三羟基 -4'- 甲氧基异黄烷 (3*R*)-2',3',7-trihydroxy-4'-methoxyisoflavan

(3*R*)-7,2',3'- 三羟基 -4'- 甲氧基异黄烷 (3*R*)-7,2',3'-trihydroxy-4'-methoxyisoflavan

2',3',7- 三羟基 -4'- 甲氧基异黄烷 2',3',7-trihydroxy-4'-methoxyisoflavan

2',4,7- 三羟基 -4'- 甲氧基异黄烷 2',4,7-trihydroxy-4'-methoxyisoflavan

4,7,2'- 三羟基 -4'- 甲氧基异黄烷 4,7,2'-trihydroxy-4'-methoxyisoflavan

1,3,5- 三羟基 -4- 香叶基𠮿酮▲ 1,3,5-trihydroxy-4-geranylxanthone

1,3,5- 三羟基 -4- 异戊烯基𠮿酮 1,3,5-trihydroxy-4-prenylxanthone

1,3,6- 三羟基 -4- 异戊烯基𠮿酮 1,3,6-trihydroxy-4-prenylxanthone

1,3,7- 三羟基 -4- 异戊烯基𠮿酮 1,3,7-trihydroxy-4-prenylxanthone

2,3,7- 三羟基 -5-(3,4- 二羟基 - 反式 - 苯乙烯基)-6,7,8,9- 四氢 -5*H*- 苯并环已烯 2,3,7-trihydroxy-5-(3,4-dihydroxy-*E*-styryl)-6,7,8,9-tetrahydro-5*H*-benzocycloheptene

7*α*,8*β*,13- 三羟基 -5,13- 小皮伞内酯 7*α*,8*β*,13-trihydroxy-5,13-marasmanolide

7,8,3'- 三羟基 -5,3'- 二甲氧基黄酮醇 7,8,3'-trihydroxy-5,3'-dimethoxyflavonol

7,8,3'- 三羟基 -5,3'- 二甲氧基黄酮醇 -7-*O*-*α*-D- 葡萄糖苷 7,8,3'-trihydroxy-5,3'-dimethoxyflavonol 7-*O*-*α*-D-glucoside

1,2,8- 三羟基 -5,6- 二甲氧基𠮿酮 1,2,8-trihydroxy-5,6-dimethoxyxanthone

1,3,7- 三羟基 -5,6- 二甲氧基𠮿酮 1,3,7-trihydroxy-5,6-dimethoxyxanthone

(3*S*,4*S*,5*R*,6*R*)-3,4,6- 三羟基 -5,6- 二氢 -*β*- 香堇醇 (3*S*,4*S*,5*R*,6*R*)-3,4,6-trihydroxy-5,6-dihydro-*β*-ionol

1,3,6- 三羟基 -5,7- 二甲氧基𠮿酮 1,3,6-trihydroxy-5,7-dimethoxyxanthone

6,12,15- 三羟基 -5,8,11,13- 冷杉四烯 -7- 酮 6,12,15-trihydroxy-5,8,11,13-abietatetraen-7-one

1,3,4- 三羟基 -5-[3-(3- 羟基苯基)-1- 氧代 -2- 丙烯氧基]-(1*α*,3*α*,4*α*,5*βE*) 环已烷羧酸 1,3,4-trihydroxy-5-[[3-(3-hydroxyphenyl)-1-oxo-2-propenyl]oxy]-[1*α*,3*α*,4*α*,5*β*(*E*)] cyclohexanecarboxylic acid)

(1*S*,3*R*,4*R*,5*R*)-1,3,4- 三羟基 -5-{[(2 反式)-3 三羟基 -(4- 羟基 -3- 甲氧基苯基)-1- 氧 -2- 丙烯基] 氧 }- 环已烷羧酸 (1*S*,3*R*,4*R*,5*R*)-1,3,4-trihydroxy-5-[[(2*E*)-3-(4-hydroxy-3-methoxyphenyl)-1-oxo-2-propenyl]oxy]-cyclohexanecarboxylic acid

1*β*,2*β*,6*α*- 三羟基 -5*α*,7*αH*- 桉叶 -4(15),11(13)- 二烯 -12- 甲酯 methyl-1*β*,2*β*,6*α*-trihydroxy-5*α*,7*αH*-eudesma-4(15),11(13)-dien-12-oate

4*α*,8*β*,9*α*- 三羟基 -5*αH*-7(11)- 桉叶 -12,8*α*- 内酯 4*α*,8*β*,9*α*-trihydroxy-5*αH*-7(11)-eudesmen-12,8*α*-olide

3*β*,14*β*,16*β*- 三羟基 -5*α*- 蟾蜍甾 -20,22- 二烯酯 3*β*,14*β*,16*β*-trihydroxy-5*α*-bufa-20,22-dienolide

(25*R*)-2*α*,3*β*,12*β*- 三羟基 -5*α*- 螺甾 -3-*O*-[*O*-*α*-L- 吡喃鼠李糖基 -(1 → 2)-*β*-D- 吡喃半乳糖苷] (25*R*)-2*α*,3*β*,12*β*-trihydroxy-5*α*-spirostane-3-*O*-[*O*-*α*-L-rhamnopyranosyl-(1 → 2)-*β*-D-galactopyranoside]

(22*R*,23*R*,25*S*)-3*β*,6*α*,23- 三羟基 -5*α*- 螺甾 -6-*O*-*β*-D- 吡喃木糖基 -(1 → 3)-*O*-*β*-D- 吡喃金鸡纳糖苷 (22*R*,23*R*,25*S*)-3*β*,6*α*,23-trihydroxy-5*α*-spirostane-6-*O*-*β*-D-xylopyranosyl-(1 → 3)-*O*-*β*-D-quinovopyranoside

(22*R*,23*S*,25*S*)-3*β*,6*α*,23- 三羟基 -5*α*- 螺甾 -6-*O*-*β*-D- 吡喃木糖基 -(1 → 3)-*O*-*β*-D- 吡喃金鸡纳糖苷 (22*R*,23*S*,25*S*)-3*β*,6*α*,23-trihydroxy-5*α*-spirostane-6-*O*-*β*-D-xylopyranosyl-(1 → 3)-*O*-*β*-D-quinovopyranoside

(22*R*,23*S*,25*R*)-3*β*,6*α*,23- 三羟基 -5*α*- 螺甾 -6-*O*-*β*-D- 吡喃木糖基 -(1 → 3)-*β*-D- 吡喃金鸡纳糖苷 (22*R*,23*S*,25*R*)-3*β*,6*α*,23-trihydroxy-5*α*-spirostane-6-*O*-*β*-D-xylopyranosyl-(1 → 3)-*β*-D-quinovopyranoside

2*β*,3*α*,9*α*- 三羟基 -5*α*- 麦角甾 -7,22- 二烯 2*β*,3*α*,9*α*-trihydroxy-5*α*-ergosta-7,22-dien

2*α*,3*α*,20*R*- 三羟基 -5*α*- 孕甾 -16*β*- 丙烯酸甲酯 2*α*,3*α*,20*R*-trihydroxy-5*α*-pregnane-16*β*-methacrylate

1*β*,2*β*,3*β*- 三羟基 -5*β*- 螺甾 -25(27)- 烯 -5-*β*-D- 吡喃半乳糖苷 1*β*,2*β*,3*β*-trihydroxy-5*β*-spirost-25(27)-en-5-*β*-D-galactopyranoside

(25*S*)-1*β*,2*β*,3*β*- 三羟基 -5*β*- 螺甾 -5-*β*-D- 吡喃半乳糖苷 (25*S*)-1*β*,2*β*,3*β*-trihydroxy-5*β*-spirostan-5-*β*-D-galactopyranoside

3*β*,5,14- 三羟基 -5*β*- 强心甾 -20(22)- 内酯 3*β*,5,14-trihydroxy-5*β*-card-20(22)-enolide

3*β*,14,16*β*- 三羟基 -5*β*- 强心甾 -20(22)- 烯内酯 -16- 乙酰化物 3*β*,14,16*β*-trihydroxy-5*β*-card-20(22)-enolide-16-acetate

2*β*,3*α*,4*β*- 三羟基 -5*β*- 孕甾 -16- 烯 -20- 酮 2*β*,3*α*,4*β*-trihydroxy-5*β*-pregn-16-en-20-one

7,3',4'- 三羟基 -5- 甲氧黄酮醇 7,3',4'-trihydroxy-5-methoxyflavonol

7,2',4'- 三羟基 -5- 甲氧基 -3- 芳基香豆素 7,2',4'-trihydroxy-5-methoxy-3-arylcoumarin

1,4,6- 三羟基 -5- 甲氧基 -7- 异戊烯基𠮿酮 1,4,6-trihydroxy-5-methoxy-7-prenylxanthone

1,2,6- 三羟基 -5- 甲氧基 -7- 异戊烯基 - 𠮿酮 1,2,6-trihydroxy-5-methoxy-7-prenyl-xanthone

1,4,6- 三羟基 -5- 甲氧基 -7- 异戊烯基 - 𠮿酮 1,4,6-trihydroxy-5-methoxy-7-prenyl-xanthone

2,4,7- 三羟基 -5- 甲氧基 -9- 芴酮 2,4,7-trihydroxy-5-methoxy-9-fluorenone

2,3,4- 三羟基 -5- 甲氧基苯甲酸 2,3,4-trihydroxy-5-methoxybenzoic acid

2,4,6- 三羟基 -5- 甲氧基苯乙酮 2,4,6-trihydroxy-5-

S

methoxyactophenone
3',4',7- 三羟基 -5- 甲氧基黄酮 3',4',7-trihydroxy-5-methoxyflavanone
3,7,4'- 三羟基 -5- 甲氧基黄酮 3,7,4'-trihydroxy-5-methoxyflavone
7,3',4'- 三羟基 -5- 甲氧基黄酮 7,3',4'-trihydroxy-5-methoxyflavone
5,8,2'- 三羟基 -5'- 甲氧基黄烷酮 5,8,2'-trihydroxy-5'-methoxyflavanone
5,8,2- 三羟基 -5'- 甲氧基黄烷酮 5,8,2-trihydroxy-5-methoxyflavaone
(2*S*)-2',6',7- 三羟基 -5- 甲氧基黄烷酮 (2*S*)-2',6',7-trihydroxy-5-methoxyflavanone
1,2,3- 三羟基 -5- 甲氧基𠮿酮 1,2,3-trihydroxy-5-methoxyxanthone
1,3,6- 三羟基 -5- 甲氧基𠮿酮 1,3,6-trihydroxy-5-methoxyxanthone
1,3,7- 三羟基 -5- 甲氧基𠮿酮 1,3,7-trihydroxy-5-methoxyxanthone
1,3,8- 三羟基 -5- 甲氧基𠮿酮 1,3,8-trihydroxy-5-methoxyxanthone
1,4,6- 三羟基 -5- 甲氧基𠮿酮 1,4,6-trihydroxy-5-methoxyxanthone
1,4,7- 三羟基 -5- 甲氧基芴酮 1,4,7-trihydroxy-5-methoxyfluorenone
5,7,3'- 三羟基 -5'- 甲氧基异黄酮 5,7,3'-trihydroxy-5'-methoxylisoflavone
5,7,4'- 三羟基 -5'- 甲氧基异黄酮 -3'-*O*-*β*-D- 吡喃葡萄糖苷 5,7,4'-trihydroxy-5'-methoxyisofalvone-3'-*O*-*β*-D-glucopyranoside
1,3,6- 三羟基 -5- 乙氧甲基蒽醌 1,3,6-trihydroxy-5-ethoxylmethylanthraguinone
2*α*,3*α*,4*β*- 三羟基 -5- 孕甾 -16- 酮 2*α*,3*α*,4*β*-trihydroxy-5-pregnan-16-one
5,3',4'- 三羟基 -6",6"- 二甲基吡喃 -[2",3";7,6] 异黄酮 5,3',4'-trihydroxy-6",6"-dimethylpyrano-[2",3";7,6]isoflavone
5,7,4'- 三羟基 -6-(3,3- 二甲基烯丙基环氧乙烷甲基)- 异黄酮 5,7,4'-trihydroxy-6-(3,3-dimethylallyloxiranylmethyl)isoflavone
4',5,7- 三羟基 -6-(3",4"- 二羟苄基) 查耳酮 4',5,7-trihydroxy-6-(3",4"-dihydroxybenzyl)flavone
(2*S*)-2',5,7- 三羟基 -6-(3- 羟基 -3- 甲基丁基)-6",6"- 二甲基吡喃 [2",3":4',5'] 黄烷酮 (2*S*)-2',5,7-trihydroxy-6-(3-hydroxy-3-methylbutyl)-6",6"-dimethylpyrano[2",3":4',5']flavanone
7,3',4'- 三羟基 -6-(6"- 乙酰氧基 -*β*-D- 吡喃葡萄糖基)- 橙酮 7,3,4'-trihydroxy-6-*O*-(6"-acetyl-*β*-D-glucopyranosyl)-aurone
5,3',4'- 三羟基 -6-(*γ*,*γ*- 二甲基烯丙基)-6",6"- 二甲基吡喃 -(2",3":7,8)- 黄烷酮 5,3',4'-trihydroxy-6-(*γ*,*γ*-dimethylallyl)-6",6"-dimethylpyrano-(2",3":7,8)-flavanone
5,7,4'- 三羟基 -6,3',5'- 三甲氧基黄酮 5,7,4'-trihydroxy-6,3',5'-trimethoxyflavone
5,7,4'- 三羟基 -6,3'- 二甲氧基黄酮 5,7,4'-trihydroxy-6,3'-dimethoxyflavone
5,7,4'- 三羟基 -6,3'- 二甲氧基黄酮 -7-*O*-*α*-L- 吡喃阿拉伯糖基 -(1 → 6)-*O*-*β*-D- 吡喃半乳糖苷 5,7,4'-trihydroxy-6,3'-dimethoxyflavone-7-*O*-*α*-L-arabinopyranosyl-(1 → 6)-*O*-*β*-D-galactopyranoside
5,4',6'- 三羟基 -6,3'- 二甲氧基黄酮 -7-*O*- 吡喃葡萄糖苷 5,4',6'-trihydroxy-6,3'-dimethoxyflavone-7-*O*-glucosylpyranoside
5,7,4'- 三羟基 -6,3'- 二异戊烯基异黄酮 5,7,4'-trihydroxy-6,3'-diprenylisoflavone
5,7,3'- 三羟基 -6,4',5'- 三甲氧基黄酮 5,7,3'-trihydroxy-6,4',5'-trimethoxyflavone
5,7,3'- 三羟基 -6,4',5'- 三甲氧基异黄酮 5,7,3'-trihydroxy-6,4',5'-trimethoxyisoflavone
3,5,7- 三羟基 -6,4'- 二甲氧基黄酮 3,5,7-trihydroxy-6,4'-dimethoxyflavone
5,7,3'- 三羟基 -6,4'- 二甲氧基黄酮 5,7,3'-trihydroxy-6,4'-dimethoxyflavone
1,3,5- 三羟基 -6',6'- 二甲基 -2*H*- 吡喃并 (2',3':6,7) 𠮿酮 1,3,5-trihydroxy-6',6'-dimethyl-2*H*-pyrano(2',3':6,7)xanthone
3,5,4'- 三羟基 -6,7,3'- 三甲氧基黄酮 3,5,4'-trihydroxy-6,7,3'-trimethoxyflavone
5,8,4'- 三羟基 -6,7,3'- 三甲氧基黄酮 5,8,4'-trihydroxy-6,7,3'-trimethoxylflavone
5,3',5'- 三羟基 -6,7,4'- 三甲氧基黄酮 5,3',5'-trihydroxy-6,7,4'-trimethoxyflavone
5,8,3'- 三羟基 -6,7,4'- 三甲氧基黄酮 -8-*O*-*β*-D- 吡喃葡萄糖苷 5,8,3'-trihydroxy-6,7,4'-trimethoxyflavone-8-*O*-*β*-D-glucopyranoside
5,3',4'- 三羟基 -6,7,5'- 三甲氧基黄酮 5,3',4'-trihydroxy-6,7,5'-trimethoxyflavone
5,2',6'- 三羟基 -6,7,8- 三甲氧基黄酮 5,2',6'-trihydroxy-6,7,8-trimethoxyflavone
5,2',6'- 三羟基 -6,7,8- 三甲氧基黄酮 -2'-*O*-*β*-D- 吡喃葡萄糖苷 5,2',6'-trihydroxy-6,7,8-trimethoxyflavone-2'-*O*-*β*-D-glucopyranoside
5,2',6'- 三羟基 -6,7,8- 三甲氧基黄酮 -2'- 吡喃葡萄糖苷 5,2',6'-trihydroxy-6,7,8-trimethoxyflavone-2'-glucopyranoside
5,2',6'- 三羟基 -6,7,8- 三甲氧基黄烷酮 5,2',6'-trihydroxy-6,7,8-trimethoxyflavanone
5,2',6'- 三羟基 -6,7,8- 三甲氧基黄烷酮 -2'-*O*-*β*-D- 吡喃葡萄糖苷 5,2',6'-trihydroxy-6,7,8-trimethoxyflavanone-2'-*O*-*β*-D-glucopyranoside
1,3,5- 三羟基 -6,7-[2'-(1- 甲基乙烯基)- 二氢呋喃]- 𠮿酮 1,3,5-trihydroxy-6,7-[2'-(1-methylethenyl)-dihydrofurano]-xanthone
1,3,5- 三羟基 -6,7-[2'-(1- 羟基 -1- 甲基乙烯基)- 二氢呋喃]- 𠮿酮 1,3,5-trihydroxy-6,7-[2'-(1-hydroxy-1-methylethyl)-dihydrofurano]-xanthone
5,3',4'- 三羟基 -6,7- 二甲氧基 -8-*C*-[*β*-D- 吡喃木糖基 -(1 → 2)]-*β*-D-吡喃葡萄糖基黄酮 5,3',4'-trihydroxy-6,7-dimethoxyl-8-*C*-[*β*-D-xylocopyranosyl-(1 → 2)]-*β*-D-glucopyranosylflavone
5,3',4'- 三羟基 -6,7- 二甲氧基 -8-*C*-[*β*-D- 吡喃木糖基 -(1 → 2)]-*β*-D-吡喃葡萄糖基黄酮苷 5,3',4'-trihydroxy-6,7-dimethoxy-8-*C*-[*β*-D-xylopyranosyl-(1 → 2)]-*β*-D-glucopyranosylflavone
5,3',4'- 三羟基 -6,7- 二甲氧基 -8-*C*-[*β*-D- 呋喃芹糖基 -(1 → 2)]-*β*-D-吡喃葡萄糖基黄酮苷 5,3',4'-trihydroxy-6,7-dimethoxy-8-*C*-[*β*-D-apiofuranosyl-(1 → 2)]-*β*-D-glucopyranosylflavone
1,2,8- 三羟基 -6,7- 二甲氧基蒽醌 1,2,7-trihydroxy-6,7-dimethoxyanthraquinone
2',5,8- 三羟基 -6,7- 二甲氧基黄酮 2',5,8-trihydroxy-6,7-dimethoxyflavone
3,4',5- 三羟基 -6,7- 二甲氧基黄酮 3,4',5-trihydroxy-6,7-dimethoxyflavone
3',4',5- 三羟基 -6,7- 二甲氧基黄酮 3',4',5-trihydroxy-6,7-dimethoxyflavone
5,3',4'- 三羟基 -6,7- 二甲氧基黄酮 5,3',4'-trihydroxy-6,7-dimethoxyflavone
5,2',6'- 三羟基 -6,7- 二甲氧基黄酮 -2'-*O*-*β*-D- 吡喃葡萄糖苷 5,2',6'-trihydroxy-6,7-dimethoxyflavone-2'-*O*-*β*-D-glucopyranoside
1,3,5- 三羟基 -6,7- 二甲氧基𠮿酮 1,3,5-trihydroxy-6,7-dimethoxyxanthone
6*β*,11*α*,15*α*- 三羟基 -6,7- 裂环 -6,20- 环氧 -1*α*,7- 内酯 - 对映 - 贝壳杉 -16- 烯 6*β*,11*α*,15*α*-trihydroxy-6,7-seco-6,20-epoxy-1*α*,7-olide-*ent*-kaur-16-ene
6*Hα*-11,12,16- 三羟基 -6,7- 裂环冷杉 -8,11,13- 三烯 -6,7- 二醛 -11,6-半缩醛 6*Hα*-11,12,16-trihydroxy-6,7-secoabieta-8,11,13-triene-6,7-dial-11,6-hemiacetal
6*Hβ*-11,12,16- 三羟基 -6,7- 裂环冷杉 -8,11,13- 三烯 -6,7- 二醛 -11,6-

S

半缩醛 6Hβ-11,12,16-trihydroxy-6,7-secoabieta-8,11,13-trien-6,7-dial-11,6-hemiacetal

3,5,4'- 三羟基 -6,7- 亚甲二氧基 -3-O-β-D- 吡喃葡萄糖苷 3,5,4'-trihydroxy-6,7-methylenedioxy-3-O-β-D-glucopyranoside

3,5,4'- 三羟基 -6,7- 亚甲二氧基黄酮 3,5,4'-trihydroxy-6,7-methylenedioxyflavone

3,5,4'- 三羟基 -6,7- 亚甲二氧基黄酮 -3-(2- 戊糖基)- 己糖苷 3,5,4'-trihydroxy-6,7-methylenedioxyflavone-3-(2-pentosyl)-hexoside

3,5,4'- 三羟基 -6,7- 亚甲二氧基黄酮 -3-(2- 戊糖基 -6- 乙酰基)- 己糖苷 3,5,4'-trihydroxy-6,7-methylenedioxyflavone-3-(2-pentosyl-6-acetyl)-hexoside

3,5,4'- 三羟基 -6,7- 亚甲二氧基黄酮 -3-(6- 鼠李糖基)- 己糖苷 3,5,4'-trihydroxy-6,7-methylenedioxyflavone-3-(6-rhamnosyl)-hexoside

3,5,4'- 三羟基 -6,7- 亚甲二氧基黄酮 -3-(6- 乙酰基)- 己糖苷 3,5,4'-trihydroxy-6,7-methylenedioxyflavone-3-O-(6-acetyl)-hexoside

3,5,4'- 三羟基 -6,7- 亚甲二氧基黄酮 -3- 己糖苷 3,5,4'-trihydroxy-6,7-methylenedioxyflavone-3-hexoside

5,2',3'- 三羟基 -6,7- 亚甲二氧基黄烷酮 5,2',3'-trihydroxy-6,7-methylenedioxyflavanone

5,7,4'- 三羟基 -6,8,3',6'- 四甲氧基 -2,3- 二氢黄酮醇 5,7,4'-trihydroxy-6,8,3',6'-tetramethoxy-2,3-dihydroflavonol

4',5,7- 三羟基 -6,8- 二 -(2- 羟基 -3- 甲基丁 -3- 烯基)- 黄烷酮 4',5,7-trihydroxy-6,8-di-(2-hydroxy-3-methylbut-3-enyl)-flavanone

5,7,4'- 三羟基 -6,8- 二 (3,3- 二甲基烯丙基) 异黄酮 5,7,4'-trihydroxy-6,8-di(3,3-dimethylallyl)isoflavone

2',4',7- 三羟基 -6,8- 二 (3- 甲基 -2- 丁烯基) 黄烷酮 2',4',7-trihydroxy-6,8-bis(3-methyl-2-butenyl)flavanone

5,7,4'- 三羟基 -6,8- 二对羟苄基黄烷酮 5,7,4'-trihydroxy-6,8-di-p-hydroxybenzylflavanone

4',5,7- 三羟基 -6,8- 二甲基高异黄烷酮 4',5,7-trihydroxy-6,8-dimethylhomoisoflavanone

1,2,7- 三羟基 -6,8- 二甲氧基 -3- 甲基蒽醌 1,2,7-trihydroxy-6,8-dimethoxy-3-methylanthraquinone

1,2,5- 三羟基 -6,8- 二甲氧基呫酮 1,2,5-trihydroxy-6,8-dimethoxyxanthone

5,7,4'- 三羟基 -6,8- 二异戊烯基异黄酮 5,7,4'-trihydroxy-6,8-diprenylisoflavone

11,4',5'- 三羟基 -6a,12a- 去氢鱼藤素 11,4',5'-trihydroxy-6a,12a-dehydrodeguelin

5,7,4'- 三羟基 -6-C-[α-L- 吡喃鼠李糖基 -(1 → 2)]-β-D- 吡喃葡萄糖基黄酮 5,7,4'-trihydroxyl-6-C-[α-L-rhamnopyranosyl-(1 → 2)]-β-D-glucopyranosylflavone

5,7,4'- 三羟基 -6-C-β-D- 吡喃葡萄糖基黄酮苷 5,7,4'-trihydroxy-6-C-β-D-glucopyranosylflavonoside

3,8,9- 三羟基 -6H- 苯并 [c] 色烯 -6- 酮 3,8,9-trihydroxy-6H-benzo[c]chromen-6-one

5,7,3'- 三羟基 -6-O-β-D- 吡喃葡萄糖基黄酮 5,7,3'-trihydroxy-6-O-β-D-glucopyranosylflavone

1,3,5- 三羟基 -6-O- 异戊二烯基 - 呫酮 1,3,5-trihydroxy-6-O-prenyl-xanthone

1α,8β,10β- 三羟基 -6β-(2- 甲基丙烯酰基) 氧化荒漠木 -7(11)- 烯 -8α,12- 内酯 1α,8β,10β-trihydroxy-6β-(2-methylacryloyl)oxyeremophil-7(11)-en-8α,12-olide

5,7,4'- 三羟基 -6- 对羟苄基黄烷酮 5,7,4'-trihydroxy-6-p-hydroxybenzylflavanone

1,4,8- 三羟基 -6- 甲基 -3- 甲氧基 -9,10- 蒽醌 1,4,8-trihydroxy-6-methyl-3-methoxy-9,10-anthraquinone

3,5,7- 三羟基 -6- 甲基 -4'- 甲氧基黄烷酮 3,5,7-trihydroxy-6-methyl-4'-methoxydihydroflavanone

4',5,7- 三羟基 -6- 甲基 -8- 甲氧基高异黄烷酮 4',5,7-trihydroxy-6-methyl-8-methoxyhomoisoflavanone

1,3,8- 三羟基 -6- 甲基蒽醌 1,3,8-trihydroxy-6-methylanthraquinone

(3R)-4',5,7- 三羟基 -6- 甲基 - 二氢异黄酮 (3R)-4',5,7-trihydroxy-6-methyl-isoflavanone

4',5,7- 三羟基 -6- 甲基高异黄烷酮 4',5,7-trihydroxy-6-methylhomoisoflavanone

5,7,4'- 三羟基 -6- 甲基黄酮 5,7,4'-trihydroxy-6-methylflavone

1,3,8- 三羟基 -6- 甲氧基 -2- 甲基蒽醌 1,3,8-trihydroxy-6-methoxy-2-methylanthraquinone

1,5,7- 三羟基 -6- 甲氧基 -2- 甲氧基甲基蒽醌 1,5,7-trihydroxy-6-methoxy-2-methoxymethylanthraquinone

1,3,5- 三羟基 -6- 甲氧基 -2- 甲氧甲基蒽醌 1,3,5-trihydroxy-6-methoxy-2-methoxymethylanthraquinone

2,4,4'- 三羟基 -6- 甲氧基 -3-(3''- 羟基 -2''- 甲氧基 -3''- 甲基丁基)- 查耳酮 2,4,4'-trihydroxy-6-methoxy-3-(3''-hydroxy-2''-methoxy-3''-methylbutyl)-chalcone

(E)-4,2',4'- 三羟基 -6'- 甲氧基 -3',5'- 二甲基查耳酮 (E)-4,2',4'-trihydroxy-6'-methoxy-3',5'-dimethylchalcone

2,2',4'- 三羟基 -6'- 甲氧基 -3',5'- 二甲基查耳酮 2,2',4'-trihydroxy-6'-methoxy-3',5'-dimethylchalcone

(3R,5S,6S,7E,9R)-3,5,9- 三羟基 -6- 甲氧基 -7- 大柱香波龙烯 -9-O-β-D- 吡喃葡萄糖苷 (3R,5S,6S,7E,9R)-3,5,9-trihydroxy-6-methoxy-7-megastigmene-9-O-β-D-glucopyranoside

3R,5S,6R,7E,9S-3,5,9- 三羟基 -6- 甲氧基 -7- 甲基环己烯 3R,5S,6S,7E,9S-3,5,9-trihydroxy-6-methoxy-7-megastigmane

5,7,4'- 三羟基 -6- 甲氧基 -8-C-[β-D- 吡喃木糖基 -(1 → 2)]-β-D- 吡喃葡萄糖基黄酮苷 5,7,4'-trihydroxy-6-methoxy-8-C-[β-D-xylopyranosyl-(1 → 2)]-β-D-glucopyranosylflavone

5,7,4'- 三羟基 -6- 甲氧基 -8-C-β-D- 吡喃葡萄糖基黄酮苷 5,7,4'-trihydroxy-6-methoxy-8-C-β-D-glucopyranosylflavone

2,3,4- 三羟基 -6- 甲氧基苯乙酮 -3-β-D- 吡喃葡萄糖苷 2,3,4-trihydroxy-6-methoxyacetopenone-3-β-D-glucopyranoside

2,2',4'- 三羟基 -6'- 甲氧基查耳酮 2,2',4'-trihydroxy-6'-methoxychalcone

2',5,7- 三羟基 -6'- 甲氧基黄酮 2',5,7-trihydroxy-6'-methoxyflavone

5,7,2'- 三羟基 -6'- 甲氧基黄酮 5,7,2'-trihydroxy-6'-methoxyflavone

3,4,7- 三羟基 -6- 甲氧基黄酮 3,4,7-trihydroxy-6-methoxyflavone

4',5,7- 三羟基 -6- 甲氧基黄酮 4',5,7-trihydroxy-6-methoxyflavone

5,7,2'- 三羟基 -6- 甲氧基黄酮 5,7,2'-trihydroxy-6-methoxyflavone

5,7,4'- 三羟基 -6- 甲氧基黄酮 5,7,4'-trihydroxy-6-methoxyflavone

4',5,7- 三羟基 -6- 甲氧基黄酮 -3-O-β-D- 呋喃芹糖基 -(1 → 2)-O-[2-O-(1- 氧代 -3- 苯基 -2- 丙烯基)-β-D- 吡喃葡萄糖基 -(1 → 6)]-β-D- 吡喃葡萄糖苷 4',5,7-trihydroxy-6-methoxy-flavone-3-O-β-D-apiofuranosyl-(1 →2)-O-[2-O-(1-oxo-3-phenyl-2-propenyl)-β-D-glucopyranosyl-(1 → 6)]-β-D-glucopyranoside

4',5,7- 三羟基 -6- 甲氧基黄酮 -3-O-β-D- 芸香糖苷 4',5,7-trihydroxy-6-methoxyflavone-3-O-β- D-rutinoside

5,7,4'- 三羟基 -6- 甲氧基黄酮 -7-O-α-L- 吡喃鼠李糖基 -(1 → 2)-β-D- 吡喃葡萄糖苷 5,7,4'-trihydroxy-6-methoxyflavone-7-O-α-L-rhamnopyranosyl-(1 → 2)-β-D-glucopyranoside

5,7,2'- 三羟基 -6- 甲氧基黄酮 -7-O-β-D- 吡喃葡萄糖苷 5,7,2'-trihydroxy-6-methoxyflavone-7-O-β-D-glucopyranoside

5,7,4'- 三羟基 -6- 甲氧基黄酮 -7-O-β-D- 吡喃葡萄糖苷 5,7,4'-trihydroxy-6-methoxyflavone-7-O-β-D-glucopyranoside

5,7,2'- 三羟基 -6- 甲氧基黄酮 -7-O-β-D- 吡喃葡萄糖醛酸苷甲酯

5,7,2'-trihydroxy-6-methoxlflavone-7-*O*-*β*-D-glucuronopyrdnoside methyl ester

4',5,7- 三羟基 -6- 甲氧基黄烷酮 4',5,7-trihydroxy-6-methoxyflavanone

(2*S*)-5,7,4'- 三羟基 -6- 甲氧基黄烷酮 -7-*O*-*β*-D- 吡喃葡萄糖苷 (2*S*)-5,7,4'-trihydroxy-6-methoxyflavanone-7-*O*-*β*-D-glucopyranoside

1,2,5- 三羟基 -6- 甲氧基𠮿酮 1,2,5-trihydroxy-6-methoxyxanthone

1,3,5- 三羟基 -6- 甲氧基𠮿酮 1,3,5-trihydroxy-6-methoxyxanthone

4',5,7- 三羟基 -6- 甲氧基异黄酮 -7-*O*-*β*-D- 吡喃木糖基 -(1→6)-*β*-D- 吡喃葡萄糖苷 4',5,7-trihydroxy-6-methoxyisoflavone-7-*O*-*β*-D-xylopyranosyl-(1 → 6)-*β*-D-glucopyranoside

5,7,2'- 三羟基 -6- 甲氧基异黄酮 -7-*O*-*β*-D- 吡喃葡萄糖苷 -6''-*O*- 丙二酸酯 5,7,2'-trihydroxy-6-methoxyisoflavone-7-*O*-*β*-D-glucopyranoside-6''-*O*-malonate

5,7,3'- 三羟基 -6- 甲氧香豆色酮 5,7,3'-trihydroxy-6-methoxycoumaronochromone

13-(3,4,5- 三羟基 -6- 羟甲基四氢吡喃 -2- 氧甲基)-14- 氧杂 -12- 氮杂双环 [8.3.1] 十四碳 -5- 烯 -11- 酮 13-(3,4,5-trihydroxy-6-hydroxymethyltetrahydropyran-2-yloxymethyl)-14-oxa-12-azabicyclo[8.3.1]tetradec-5-en-11-one

2,3,7- 三羟基 -6- 氧代 -1,3,5(10),7- 四烯 -24- 降无羁萜 -29- 酸甲酯 2,3,7-trihydroxy-6-oxo-1,3,5(10),7-tetraene-24-norfriedelane-29-oic acid methyl ester

3*β*,19*α*,23- 三羟基 -6- 氧代 - 齐墩果 -12- 烯 -28- 酸 3*β*,19*α*,23-trihydroxy-6-oxo-olean-12-en-28-oic acid

2,3,5- 三羟基 -6- 乙氧基 -4- 甲氧基二氢查耳酮 2,3,5-trihydroxy-6-ethoxy-4-methoxydihydrochalcone

5,7,4'- 三羟基 -6- 异戊烯基黄烷酮 5,7,4'-trihysdroxy-6-prenylisoflavanone

5,7,4'- 三羟基 -6- 异戊烯基异黄酮 5,7,4'-trihydroxy-6-prenylisoflavone

(25*R*)-3*β*,5*α*,6*β*- 三羟基 -7(8)- 烯 - 螺甾醇 -3-*O*-*β*-D- 吡喃葡萄糖基 -(1 → 3)-[*α*-L- 吡喃鼠李糖基 -(1 → 2)]-*β*-D- 吡喃葡萄糖苷 (25*R*)-3*β*,5*α*,6*β*-trihydroxy-7(8)-en-spirostanol-3-*O*-*β*-D-glucopyranosyl-(1 → 3)-[*α*-L-rhamnopyranosyl-(1 → 2)]-*β*-D-glucopyranoside

2,11,12- 三羟基 -7,20- 环氧 -8,11,13- 冷杉三烯 2,11,12-trihydroxy-7,20-epoxy-8,11,13-abietatriene

3,5,3'- 三羟基 -7,2'- 二甲氧基黄烷酮 3,5,3'-trihydroxy-7,2'-dimethoxyflavanone

5,6,4'- 三羟基 -7,3',5'- 三甲氧基黄酮 5,6,4'-trihydroxy-7,3',5'-trimethoxyflavone

3,5,4'- 三羟基 -7,3'- 二甲氧基黄酮 3,5,4'-trihydroxy-7,3'-dimethoxyflavone

5,6,4'- 三羟基 -7,3'- 二甲氧基黄酮 5,6,4'-trihydroxy7,3'-dimethoxyflavone

5,8,4'- 三羟基 -7,3'- 二甲氧基黄酮 5,8,4'-trihydroxy-7,3'-dimethoxyflavone

5,4',5'- 三羟基 -7,3'- 二甲氧基黄酮醇 5,4',5'-trihydroxy-7,3'-dimethoxyflavonol

3,5,4'- 三羟基 -7,3'- 二甲氧基黄烷酮 3,5,4'-trihydroxy-7,3'-dimethoxyflavanone

3,5,3'- 三羟基 -7,4'- 二甲氧基黄酮 3,5,3'-trihydroxy-7,4'-dimethoxyflavone

3,5,6- 三羟基 -7,4'- 二甲氧基黄酮 3,5,6-trihydroxy-7,4'-dimethoxyflavone

5,6,3'- 三羟基 -7,4'- 二甲氧基黄酮 5,6,3'-trihydroxy-7,4'-dimethoxyflavone

3,5,3'- 三羟基 -7,4'- 二甲氧基黄酮 -3-*O*-*β*-D- 吡喃半乳糖苷 3,5,3'-trihydoxy-7,4'-dimethoxyflavone-3-*O*-*β*-D-galactopyranoside

3,5,3'- 三羟基 -7,4'- 二甲氧基黄烷酮 3,5,3'-trihydroxy-7,4'-dimethoxyflavonone

5,3,3'- 三羟基 -7,4'- 二甲氧基黄烷酮 5,3,3'-trihydroxy-7,4'-dimethoxyflavanone

5,6,4'- 三羟基 -7,8,3'- 三甲氧基黄酮 5,6,4'-trihydroxy-7,8,3'-trimethoxyflavone

5,6,3'- 三羟基 -7,8,4'- 三甲氧基黄酮 5,6,3'-trihydroxy-7,8,4'-trimethoxyflavone

5,6,2'- 三羟基 -7,8,6'- 三甲氧基黄酮 5,6,2'-trihydroxy-7,8,6'-trimethoxyflavone

1,2,6- 三羟基 -7,8- 二甲氧基 -3- 甲基蒽醌 1,2,6-trihydroxy-7,8-dimethoxy-3-methylanthraquinone

5,3',4'- 三羟基 -7,8- 二甲氧基 -6-*C*-[*β*-D- 吡喃木糖基 -(1 → 2)]-*β*-D- 吡喃葡萄糖基黄酮苷 5,3',4'-trihydroxy-7,8-dimethoxy-6-*C*-[*β*-D-xylopyranosyl-(1 → 2)]-*β*-D-glucopyranosylflavone

2',5,6'- 三羟基 -7,8- 二甲氧基黄酮 2',5,6'-trihydroxy-7,8-dimethoxyflavone

2',5,6- 三羟基 -7,8- 二甲氧基黄酮 2',5,6-trihydroxy-7,8-dimethoxyflavone

3,5,4'- 三羟基 -7,8- 二甲氧基黄酮 3,5,4'-trihydroxy-7,8-dimethoxyflavone

4',5,6- 三羟基 -7,8- 二甲氧基黄酮 4',5,6-trihydroxy-7,8-dihydroxyflavone

4',5,7- 三羟基 -7,8- 二甲氧基黄酮 4',5,7-trihydroxy-7,8-dihydroxyflavone

5,2',4'- 三羟基 -7,8- 二甲氧基黄酮 5,2',4'-trihydroxy-7,8-dimethoxyflavone

5,2',6'- 三羟基 -7,8- 二甲氧基黄酮 5,2',6'-trihydroxy-7,8-dimethoxyflavone

5,6,4'- 三羟基 -7,8- 二甲氧基黄酮 5,6,4'-trihydroxy-7,8-dimethoxyflavone

5,2',6'- 三羟基 -7,8- 二甲氧基黄酮 -2'-*O*-*β*-D- 吡喃葡萄糖苷 5,2',6'-trihydroxy-7,8-dimethoxyflavone-2'-*O*-*β*-D-glucopyranoside

(2*S*)-5,2',5'- 三羟基 -7,8- 二甲氧基黄烷酮 (2*S*)-5,2',5'-trihydroxy-7,8-dimethoxyflavanone

5,2',6'- 三羟基 -7,8- 二甲氧基黄烷酮 5,2',6'-trihydroxy-7,8-dimethoxyflavanone

5,2',6'- 三羟基 -7,8- 二甲氧基黄烷酮 -2'-*O*-*β*-D- 吡喃葡萄糖苷 5,2',6'-trihydroxy-7,8-dimethoxyflavanone-2'-*O*-*β*-D-glucopyranoside

1,5,6- 三羟基 -7,8- 二异戊烯基 -6',6'- 二甲基吡喃并 (2',3':3,4)- 𠮿酮 1,5,6-trihydroxy-7,8-diprenyl-6',6'-dimethylpyrano(2',3':3,4)-xanthone

(7*R*,8*S*,8'*R*)-4,4',9- 三羟基 -7,9'- 环氧 -8,8'- 木脂素 (7*R*,8*S*,8'*R*)-4,4',9-trihydroxy-7,9'-epoxy-8,8'-lignan

5,6,2'- 三羟基 -7-*O*- 葡萄糖醛酸基黄酮 5,6,2'-trihydroxy-7-*O*-glucuronylflavone

(3*R*,5*R*,6*R*,7*E*)3,5,6- 三羟基 -7- 大柱香波龙烯 -9- 酮 (3*R*,5*R*,6*R*,7*E*)3,5,6-trihydroxy-7-megastigmen-9-one

(3*R*,5*R*,6*R*,7*E*)-3,5,6- 三羟基 -7- 大柱香波龙烯 -9- 酮 (3*R*,5*R*,6*R*,7*E*)-3,5,6-trihydroxy-7-megastigmen-9-one

(3*S*,5*R*,6*S*,7*E*)-3,5,6- 三羟基 -7- 大柱香波龙烯 -9- 酮 (3*S*,5*R*,6*S*,7*E*)-3,5,6-trihydroxy-7-megastigmen-9-one

(2*S*)-2,6,7- 三羟基 -7- 甲基 -3- 亚甲基辛烷基 -*β*-D- 吡喃葡萄糖苷 (2*S*)-2,6,7-trihydroxy-7-methyl-3-methyleneoctyl-*β*-D-glucopyranoside

1,3,5- 三羟基 -7- 甲基 -9,10- 蒽二酮 1,3,5-trihydroxy-7-methyl-9,10-anthracenedione

S

1,3,5- 三羟基 -7- 甲基蒽醌 1,3,5-trihydroxy-7-methylanthraquinone
1,3,5- 三羟基 -7- 甲基 - 蒽醌 1,3,5-trihydroxy-7-methyl-anthraquinone
1,3,5- 三羟基 -7- 甲基蒽醌 -2,2'- 二聚物 1,3,5-trihydroxy-7-methylanthraquinone-2,2'-dimer
3'4',5- 三羟基 -7- 甲氧 -6-*C*-*β*-D- 葡萄糖黄酮苷 3',4',5-trihydroxy-7-methoxy-6-*C*-*β*-D-glucopyranoside
2,3,8- 三羟基 -7- 甲氧基 -[1] 苯并吡喃 [5,4,3-cde][1] 苯并吡喃 -5,10- 二酮 2,3,8-trihydroxy-7-methoxy-[1]benzopyrano[5,4,3-cde][1]benzopyran-5,10-dione
3,6,8- 三羟基 -7- 甲氧基 -1- 甲基蒽醌 -2- 羧酸甲酯 3,6,8-trihydroxy-7-methoxy-1-methylanthraquinone-2-carboxylate
1,6,8- 三羟基 -7- 甲氧基 -2,3- 亚甲二氧基𠮿酮 1,6,8-trihydroxy-7-methoxy-2,3-methylenedioxyxanthone
1,3,6- 三羟基 -7- 甲氧基 -2,5- 二 (3- 甲基 -2- 丁烯基) 𠮿酮 1,3,6-trihydroxy-7-methoxy-2,5-bis(3-methyl-2-butenyl)xanthone
1,3,6- 三羟基 -7- 甲氧基 -2,8- 二 (3- 甲基 - 丁 -2- 烯基)- 𠮿酮 1,3,6-trihydroxy-7-methoxy-2,8-di(3-methyl-but-2-enyl)-xanthone
1,3,6- 三羟基 -7- 甲氧基 -2,8- 二异戊烯基 - 𠮿酮 1,3,6-trihydroxy-7-methoxy-2,8-diprenyl-xanthone
3',4',5- 三羟基 -7- 甲氧基 -6-*C*-*β*-D- 吡喃葡萄糖基黄酮 3',4',5-trihydroxy-7-methoxy-6-*C*-*β*-D-glucopyranosyl-flavone
1,3,6- 三羟基 -7- 甲氧基 -8-(3,7- 二甲基 -2,6- 辛二烯) 𠮿酮 1,3,6-trihydroxy-7-methoxy-8-(3,7-dimethyl-2,6-octadienyl)xanthone
1,4,5- 三羟基 -7- 甲氧基 -9*H*- 芴 -9- 酮 1,4,5-trihydroxy-7-methoxy-9*H*-fluoren-9-one
2',5,8- 三羟基 -7- 甲氧基黄酮 2',5,8-trihydroxy-7-methoxyflavone
3,3',5- 三羟基 -7- 甲氧基黄酮 3,3',5-trihydroxy-7-methoxyflavone
3',4',5- 三羟基 -7- 甲氧基黄酮 3',4',5-trihydroxy-7-methoxyflavone
3,5,4'- 三羟基 -7- 甲氧基黄酮 3,5,4'-trihydroxy-7-methoxyflavone
5,2',4'- 三羟基 -7- 甲氧基黄酮 5,2',4'-trihydroxy-7-methoxyflavone
5,2',6'- 三羟基 -7- 甲氧基黄酮 5,2',6'-trihydroxy-7-methoxyflavone
5,3',4'- 三羟基 -7- 甲氧基黄酮 5,3',4'-trihydroxy-7-methoxyflavone
5,6,4'- 三羟基 -7- 甲氧基黄酮 5,6,4'-trihydroxy-7-methoxyflavone
5,6,8- 三羟基 -7- 甲氧基黄酮 5,6,8-trihydroxy-7-methoxyflavone
5,2',6'- 三羟基 -7- 甲氧基黄酮 -2'-*O*-*β*-D- 吡喃葡萄糖苷 5,2',6'-trihydroxy-7-methoxyflavone-2'-*O*-*β*-D-glucopyranoside
3,7,4'- 三羟基 -7- 甲氧基黄酮 -5-*O*-*β*-D- 吡喃木糖基 -(1→4)-*O*-*β*-D- 吡喃葡萄糖基 -(1→4)-*O*-*α*-L- 吡喃鼠李糖苷 3,7,4'-trihydroxy-7-methoxyflavone-5-*O*-*β*-D-xylopyranosyl-(1→4)-*O*-*β*-D-glucopyranosyl-(1→4)-*O*-*α*-L-rhamnopyranoside
(2*S*)-5,3',4'- 三羟基 -7- 甲氧基黄烷 (2*S*)-5,3',4'-trihydroxy-7-methoxyflavan
2*R*,3*S*-3,5,4'- 三羟基 -7- 甲氧基黄烷酮 2*R*,3*S*-3,5,4'-trihydroxy-7-methoxyflavanone
3,5,4'- 三羟基 -7- 甲氧基黄烷酮 3,5,4'-trihydroxy-7-methoxyflavanone
3,5,8- 三羟基 -7- 甲氧基黄烷酮 3,5,8-trihydroxy-7-methoxyflavanone
5,2',3'- 三羟基 -7- 甲氧基黄烷酮 5,2',3'-trihydroxy-7-methoxyflavanone
5,3',4'- 三羟基 -7- 甲氧基黄烷酮 5,3',4'-trihydroxy-7-methoxyflavanone
5,3',5'- 三羟基 -7- 甲氧基黄烷酮 5,3',5'-trihydroxy-7-methoxylflavanone
1,3,6- 三羟基 -7- 甲氧基𠮿酮 1,3,6-trihydroxy-7-methoxyxanthone
1,3,8- 三羟基 -7- 甲氧基𠮿酮 1,3,8-trihydroxy-7-methoxyxanthone
1,3,8- 三羟基 -7- 甲氧基 - 𠮿酮 1,3,8-trihydroxy-7-methoxy-xanthone
1,3,6- 三羟基 -7- 甲氧基𠮿酮 -4-*O*-*β*-D- 呋喃芹糖基 -(1→6)-*β*-D- 吡喃葡萄糖苷 1,3,6-trihydroxy-7-methoxyxanthone-4-*O*-*β*-D-apiofuranosyl-(1→6)-*β*-D-glucopyranoside
2',4',5- 三羟基 -7- 甲氧基异黄酮 2',4',5-trihydroxy-7-methoxyisoflavone
1,5,6- 三羟基 -7- 异戊烯基 -8-(3- 羟基 -3- 甲基丁基)-5'-(1- 羟基 -1- 甲基乙基)-4',5'- 二氢呋喃并 (2',3':3,4) 𠮿酮 1,5,6-trihydroxy-7-prenyl-8-(3-hydroxy-3-methylbutyl)-5'-(1-hydroxy-1-methyl-ethyl)-4',5'-dihydrofurano(2',3':3,4)xanthone
1,5,6- 三羟基 -7- 异戊烯基 -8-(3- 羟基 -3- 甲基丁基)-6',6'- 二甲基吡喃并 (2',3':3,4) 𠮿酮 1,5,6-trihydroxy-7-prenyl-8-(3-hydroxy-3-methylbutyl)-6',6'-dimethylpyrano(2',3':3,4)xanthone
1,5,6- 三羟基 -7- 异戊烯基 -8-(3- 羟基 -3- 甲基丁基)- 呋喃并 (2',3':3,4) 𠮿酮 1,5,6-trihydroxy-7-prenyl-8-(3-hydroxy-3-methylbutyl)-furano(2',3':3,4)xanthone
5,2',4'- 三羟基 -8-(3,3- 二甲基烯丙基)-2",2"- 二甲基吡喃 [5,6:6,7] 异黄酮 5,2',4'-trihydroxy-8-(3,3-dimethylally)-2",2"-dimethylpyrano[5,6:6,7]isoflavone
4',5,7- 三羟基 -8-(3,3- 二甲基烯丙基)- 黄酮醇 -3-*O*-*β*-D- 吡喃木糖基 -(1→3)-4-*O*- 乙酰基 -*α*-L- 吡喃鼠李糖苷 4',5,7-trihydroxy-8-(3,3-dimethylallyl)-flavonol-3-*O*-*β*-D-xylopyranosyl-(1→3)-4-*O*-acetyl-*α*-L-rhamnopyranoside
3,7,19- 三羟基 -8,11,13- 对映 - 半日花三烯 -15,16- 内酯 3,7,19-trihydroxy-8,11,13-ent-labdatrien-15,16-olide
3,7,9- 三羟基 -8,11,13- 对映 - 半日花三烯 -15,16- 内酯 3,7,9-trihydroxy-8,11,13-*ent*-labdtrien-15,16-olide
6,11,12- 三羟基 -8,11,13- 冷杉三烯 -7- 酮 6,11,12-trihydroxy-8,11,13-abietrien-7-one
6*β*,7*β*,9*α*- 三羟基 -8,13- 环氧半日花 -14- 烯 -11- 酮 6*β*,7*β*,9*α*-trihydroxy-8,13-epoxylabd-14-en-11-one
5,7,4'- 三羟基 -8,2',5'- 三 (3- 甲基丁 -2- 烯)- 异黄酮 5,7,4'-trihydroxy-8,2',5'-tri(3-methylbut-2-enyl)-isoflavone
(2*S*)5,7,4'- 三羟基 -8,3',5'- 三异戊烯基黄烷酮 (2*S*)5,7,4'-trihydroxy-8,3',5'-triprenylflavanone
5,7,4'- 三羟基 -8,3'- 二异戊烯基黄酮 5,7,4'-trihydroxy-8,3'-diprenylflavone
5,7,4'- 三羟基 -8,3'- 二异戊烯基黄烷酮 5,7,4'-trihydroxy-8,3'-diprenylflavanone
5,7,3'- 三羟基 -8,4',5'- 三甲氧基黄酮 5,7,3'-trihydroxy-8,4',5'-trimethoxyflavone
3,5,7- 三羟基 -8,4'- 二甲氧基黄酮 3,5,7-trihydroxy-8,4'-dimethoxyflavone
5,7,2'- 三羟基 -8,6'- 二甲氧基黄酮 5,7,2'-trihydroxy-8,6'-dimethoxyflavone
5,7,4'- 三羟基 -8-*C*-[*α*-L- 吡喃鼠李糖基 -(1→2)]-*β*-D- 吡喃葡萄糖基黄酮 5,7,4'-trihydroxyl-8-*C*-[*α*-L-rhamnopyranosyl-(1→2)]-*β*-D-glucopyranosylflavone
5,7,4'- 三羟基 -8-*C*-*β*-D- 吡喃葡萄糖基黄酮 5,7,4'-trihydroxy-8-*C*-*β*-D-glucopyranosylflavone
5,7,4'- 三羟基 -8-*C*- 对羟基苄基黄酮 5,7,4'-trihydroxy-8-*C*-*p*-hydroxybenzylflavone
3*α*,4*α*,10*β*- 三羟基 -8*α*- 乙酰氧基 -11*βH*- 愈创木 -1- 烯 -12,6*α*- 内酯 3*α*,4*α*,10*β*-trihydroxy-8*α*-acetoxy-11*βH*-guai-1-en-12,6*α*-olide
4*β*,6*α*,15- 三羟基 -8*β*-(异丁酰氧基)-14- 氧代愈创木 -9,11(13)- 二烯 -12- 酸 -12,6- 内酯 4*β*,6*α*,15-trihydroxy-8*β*-(isobutyryloxy)-14-oxoguaia-9,11(13)-dien-12-oic acid 12,6-lactone
(4*β*,10*E*)-6*α*,14,15- 三羟基 -8*β*-(异丁酰氧基) 大根老鹳草 -10,11(13)- 二烯 -12- 酸 -12,6- 内酯 (4*β*,10*E*)-6*α*,14,15-trihydroxy-8*β*-(isobutyryloxy)germacra-10,11(13)-dien-12-oic acid-12,6-lactone
5,7,4'- 三羟基 -8- 对羟基苯甲基二氢黄酮醇 5,7,4'-trihydroxy-8-*p*-

S

hydroxybenzyldihydroflavonol
(3*R*)-2',5,7- 三羟基 -8- 甲基 -4'- 甲氧基高异黄烷酮 (3*R*)-2',5,7-trihydroxy-8-methyl-4'-methoxyhomoisoflavanone
1,3,6- 三羟基 -8- 甲基蒽醌 1,3,6-trihydroxy-8-methylanthraquinone
5,7,4'- 三羟基 -8- 甲基黄酮 5,7,4'-trihydroxy-8-methylflavone
(2*S*)-4',5,7- 三羟基 -8- 甲基黄烷酮 (2*S*)-4',5,7-trihydroxy-8-methylflavanone
4',5,7- 三羟基 -8- 甲基黄烷酮 4',5,7-trihydroxy-8-methylflavanone
1,3,6- 三羟基 -8- 甲基𠮿酮 1,3,6-trihydroxy-8-methylxanthone
7*β*,20,26- 三羟基 -8- 甲酰基 -20*S*- 达玛 -24*E*- 烯 -3-*O*-*α*-L-(3- 乙酰吡喃阿拉伯糖基)-(1 → 2)-*β*-D- 吡喃葡萄糖苷 7*β*,20,26-trihydroxy-8-formyl-20*S*-dammar-24*E*-en-3-*O*-*α*-L-(3-acetylarabinopyranosyl)-(1 → 2)-*β*-D-glucopyranoside
7*β*,20,26- 三羟基 -8- 甲酰基 -20*S*- 达玛 -24*E*- 烯 -3-*O*-*α*-L-(4- 乙酰吡喃阿拉伯糖基)-(1 → 2)-*β*-D- 吡喃葡萄糖苷 7*β*,20,26-trihydroxy-8-formyl-20*S*-dammar-24*E*-en-3-*O*-*α*-L-(4-acetyl-arabinopyranosyl)-(1 → 2)-*β*-D-glucopyranoside
1,5,7- 三羟基 -8- 甲氧基 -3- 甲基蒽醌 1,5,7-trihydroxy-8-methoxy-3-methylanthraquinone
5,7,4'- 三羟基 -8- 甲氧基 -6-*C*-[*β*-D- 吡喃木糖基 -(1 → 2)]-*β*-D- 吡喃葡萄糖基黄酮苷 5,7,4'-trihydroxy-8-methoxy-6-*C*-[*β*-D-xylopyranosyl-(1 → 2)]-*β*-D-glucopyranosylflavone
2',5,7 - 三羟基 -8- 甲氧基黄酮 2',5,7-trihydroxy-8-methoxyflavone
4',5,7- 三羟基 -8- 甲氧基黄酮 4',5,7-trihydroxy-8-methoxyflavone
5,7,2'- 三羟基 -8- 甲氧基黄酮 5,7,2'-trihydroxy-8-methoxyflavone
5,7,4'- 三羟基 -8- 甲氧基黄酮 5,7,4'-trihydroxy-8-methoxyflavone
5,7,4'- 三羟基 -8- 甲氧基黄酮 -3-*O*- 吡喃葡萄糖苷 5,7,4'-trihydroxy-8-methoxyflavone-3-*O*-glucopyranoside
3,4',5- 三羟基 -8- 甲氧基 - 黄酮 -7-*O*-*α*-L- 吡喃鼠李糖苷 3,4',5-trihydroxy-8-methoxy-flavone-7-*O*-*α*-L-rhamnopyranoside
(±)-4',5,7- 三羟基 -8- 甲氧基黄烷酮 (±)-4',5,7-trihydroxy-8-methoxyflavanone
(2*S*)-5,7,2'- 三羟基 -8- 甲氧基黄烷酮 (2*S*)-5,7,2'-trihydroxy-8-methoxyflavanone
(2*S*)-5,7,4'- 三羟基 -8- 甲氧基黄烷酮 (2*S*)-5,7,4'-trihydroxy-8-methoxyflavanone
1,3,5- 三羟基 -8- 甲氧基𠮿酮 1,3,5-trihydroxy-8-methoxyxanthone
1,3,7- 三羟基 -8- 甲氧基𠮿酮 1,3,7-trihydroxy-8-methoxyxanthone
1,4,7- 三羟基 -8- 甲氧基𠮿酮 1,4,7-trihydroxy-8-methoxyxanthone
6,7,10- 三羟基 -8- 十八烯酸 6,7,10-trihydroxy-8-octadecenoic acid
5,7,4'- 三羟基 -8- 乙氧羰基黄烷 5,7,4'-trihydroxy-8-ethoxycarbonylflavan
4',5,7- 三羟基 -8- 异戊烯基黄酮 -4'-*O*-*α*-L- 吡喃鼠李糖基 -(1 → 6)-*β*-D- 吡喃葡萄糖苷 4',5,7-trihydroxy-8-prenylflavone-4'-*O*-*α*-L-rhamnopyranosyl-(1 → 6)-*β*-D-glucopyranoside
3,4,5- 三羟基 -8- 异戊烯基黄酮 -7-*O*-[*β*-D- 吡喃葡萄糖基 -(1 → 2)-*β*-D- 吡喃葡萄糖苷 3,4,5-trihydroxy-8-prenylflavone-7-*O*-[*β*-D-glucopyranosyl-(1 → 2)-*β*-D-glucopyranoside
1,4,5- 三羟基 -9,10- 蒽醌 1,4,5-trihydroxy-9,10-anthraquinone
2,4,7- 三羟基 -9,10- 二氢菲 2,4,7-trihydroxy-9,10-dihydrophenanthrene
(*E*)-8,11,12- 三羟基 -9- 十八碳烯酸甘油单酯 glycerol mono-(*E*)-8,11,12-trihydroxy-9-octadecenoate
12,13,15- 三羟基 -9- 十八烯酸 12,13,15-trihydroxy-9-octadecenoic acid
6*β*,7*β*,13*α*- 三羟基 -l*α*- 乙酰氧基 -7*α*,20- 环氧 - 对映 - 贝壳杉 -16- 烯 -15- 酮 6*β*,7*β*,13*α*-trihydroxy-l*α*-acetoxy-7*α*,20-epoxy-*ent*-kaur-16-en-15-one
(4*α*)-3*β*,6*β*,23- 三羟基 -*O*-6-*α*-L- 吡喃鼠李糖基 -(1 → 4)-*O*-*β*-D- 吡喃葡萄糖基 -(1 → 6)-*β*-D- 吡喃葡萄糖基 - 熊果 -12- 烯 -28- 酸 (4*α*)-3*β*,6*β*,23-trihydroxy-*O*-*α*-L-rhamnopyranosyl-(1 → 4)-*O*-*β*-D-glucopyranosyl-(1 → 6)-*β*-D-glucopyranosyl-urs-12-en-28-oic acid
2*α*,3*β*,6*β*- 三羟基 -*O*-*α*-L- 吡喃鼠李糖基 -(1 → 4)-*O*-*β*-D- 吡喃葡萄糖基 -(1 → 6) -*β*-D- 吡喃葡萄糖基 - 齐墩果 -12- 烯 -28- 酸 2*α*,3*β*,6*β*-trihydroxy-*O*-*α*-L-rhamnopyranosyl-(1 → 4)-*O*-*β*-D-glucopyranosyl-(1 → 6)-*β*-D-glucopyranosyl-olean-12-en-28-oic acid
4,5,8- 三羟基 -*α*- 四氢萘醌 -5-*O*-*β*-D-[6'-*O*-(3'',5''- 二甲氧基 -4''- 羟基苯甲酰基)]- 葡萄糖苷 4,5,8-trihydroxy-*α*-tetralone-5-*O*-*β*-D-[6'-*O*-(4''-hydroxy-3'',5''-dimethoxybenzoyl)]-glucoside
(4*S*)-4,5,8- 三羟基 -*α*- 四氢萘酮 (4*S*)-4,5,8-trihydroxy-*α*-tetralone
4,5,8- 三羟基 -*α*- 四氢萘酮 4,5,8-trihydroxy-*α*-tetralone
(4*S*)-4,5,8- 三羟基 -*α*- 四氢萘酮 -4-*O*-*β*-D- 吡喃葡萄糖苷 (4*S*)-4,5,8-trihydroxy-*α*-tetralone-4-*O*-*β*-D-glucopyranoside
(4*S*)-4,5,8- 三羟基 -*α*- 四氢萘酮 -5-*O*-*β*-D- 吡喃葡萄糖苷 (4*S*)-4,5,8-trihydroxy-*α*-tetralone-5-*O*-*β*-D-glucopyranoside
4,5,8- 三羟基 -*α*- 四氢萘酮 -5-*O*-*β*-D- 吡喃葡萄糖苷 4,5,8-trihydroxy-*α*-tetralone-5-*O*-*β*-D-glucopyranoside
1*β*,2*β*,9*α*- 三羟基 -*β*- 二氢沉香呋喃 1*β*,2*β*,9*α*-trihydroxy-*β*-dihydroagarofuran
(3*S*,5*R*,6*R*,7*E*,9*R*)-3,5,6- 三羟基 -*β*- 香堇酮 -3-*O*-*β*-D- 吡喃葡萄糖苷 (3*S*,5*R*,6*R*,7*E*,9*R*)-3,5,6-trihydroxy-*β*-ionyl-3-*O*-*β*-D-glucopyranoside
1,2,3- 三羟基吖啶酮 1,2,3-trihydroxyacridone
1*α*,8*α*,9*α*- 三羟基桉叶 -3(4),7(11)- 二烯 -8*β*,12- 内酯 1*α*,8*α*,9*α*-trihydroxyeudesman-3(4),7(11)-dien-8*β*,12-olide
1*β*,6*α*-1,6,14- 三羟基桉叶 -3,11(13)- 二烯 -12- 酸 -*γ*- 内酯 1*β*,6*α*-1,6,14-trihydroxyeudesma-3,11(13)-dien-12-oic acid-*γ*-lactone
1*β*,6*α*-1,6,14- 三羟基桉叶 -3- 烯 -12- 酸 -*γ*- 内酯 1*β*,6*α*-1,6,14-trihydroxyeudesm-3-en-12-oic acid-*γ*-lactone
11,12,13- 三羟基桉叶 -4(15),8- 二烯 -9- 酮 11,12,13-trihydroxyeudesma-4(15),8-dien-9-one
(-)-1,4,6- 三羟基桉叶烷 (-)-1,4,6-trihydroxyeudesmane
1,4,7- 三羟基桉叶烷 1,4,7-trihydroxyeudesmane
1*α*,4*α*,6*β*- 三羟基桉叶烷 1*α*,4*α*,6*β*-trihydroxyeudesmane
1*α*,4*β*,6*β*- 三羟基桉叶烷 1*α*,4*β*,6*β*-trihydroxyeudesmane
1*β*,4*β*,7*α*- 三羟基桉叶烷 1*β*,4*β*,7*α*-trihydroxyeudesmane
1*β*,4*α*,13- 三羟基桉叶烷 -11(12)- 烯 1*β*,4*α*,13-trihydroxyeudesm-11(12)-ene
1*R*,2*R*,4*R*- 三羟基薄荷烷 1*R*,2*R*,4*R*-trihydroxy-menthane
9,16,17- 三羟基 - 贝壳杉 -18- 酸 9,16,17-trihydroxy-kauran-18-oic acid
2,4,6- 三羟基本甲酮 -4-*O*- 香叶醇醚 2,4,6-trihydroxybenzophenone-4-*O*-geranylether
1,2,3- 三羟基苯 1,2,3-trihydroxybenzene
1,2,4- 三羟基苯 1,2,4-trihydroxybenzene
1,3,5- 三羟基苯 1,3,5-trihydroxybenzene
1-(2,4,6- 三羟基苯)-9- 酚壬烷 -1- 酮 1-(2,4,6-trihydroxyphenyl)-9-phenylnonan-1-one
3,4,5- 三羟基苯 -1-*O*-*β*-D- 吡喃葡萄糖苷 3,4,5-trihydroxyphenyl-1-*O*-*β*-D-glucopyranoside
α,3,4,- 三羟基苯丙酸 *α*,3,4-trihydroxy-benzenepropanoic acid
3,4,*α*- 三羟基苯丙酸丁酯 3,4,*α*-trihydroxybutyl phenylpropionate
3,4,*α*- 三羟基 - 苯丙酸甲酯 3,4,*α*-trihydroxy-methyl phenylpropionate
2,4,6- 三羟基苯并酚酮 2,4,6-trihydroxybenzophenone
2,4,6- 三羟基苯并酚酮 -4-*O*- 香叶醇醚 2,4,6-trihydroxybenzophenone-4-*O*-geranyl ether

S

2,4,6- 三羟基苯丁酮 -2-*O*-*β*-D- 吡喃葡萄糖苷 2,4,6-trihydroxybutyrophenone-2-*O*-*β*-D-glucopyranoside
3,4,5- 三羟基苯酚 3,4,5-trihydroxyphenol
2-*O*-(2,4,6- 三羟基苯基)-6,6'- 二昆布酚 2-*O*-(2,4,6-trihydroxyphenyl)-6,6'-bieckol
1-(2,4,6- 三羟基苯基)- 二十二烷 -1- 酮 1-(2,4,6-trihydroxyphenyl)-docosan-1-one
1-(2,4,6- 三羟基苯基)- 二十六烷 -1- 酮 1-(2,4,6-trihydroxyphenyl)-hexacosan-1-one
1-(2,4,6- 三羟基苯基)- 二十四烷 -1- 酮 1-(2,4,6-trihydroxyphenyl)-tetracosan-1-one
1-(2,4,6- 三羟基苯基)- 二十烷 -1- 酮 1-(2,4,6-trihydroxyphenyl)-icosan-1-one
1-(2,3,4- 三羟基苯基)- 乙基 -3-*O*- 吡喃鼠李糖基 -4-[(2*E*)-3-(3,4- 二羟基苯基)-2- 丙烯酸酯]-6-[(2*E*)-3-(3,4- 二羟基苯基)-2- 丙烯酸酯]- 吡喃葡萄糖苷 1-(2,3,4-trihydroxyphenyl) ethyl-3-*O*-rhamnopyranosyl-4-[(2*E*)-3-(3,4-dihydroxyphenyl)-2-propenoate]-6-[(2*E*)-3-(3,4-dihydroxyphenyl)-2-propenoate]-glucopyranoside
1-(2,3,4- 三羟基苯基)- 乙基 -3-*O*- 吡喃鼠李糖基 -4-[(2*E*)-3-(3,4- 二羟基苯基)-2- 丙烯酸酯]- 吡喃葡萄糖苷 1-(2,3,4-trihydroxyphenyl)-ethyl-3-*O*-rhamnopyranosyl-4-[(2*E*)-3-(3,4-dihydroxyphenyl)-2-propenoate]-glucopyranoside
2,4,6- 三羟基苯基乙醛酸甲酯 methyl 2,4,6-trihydroxyphenylglyoxylate
三羟基苯基乙醛酸酯 trihydroxyphenyl glyoxylate
2,4,5- 三羟基苯甲醛 2,4,5-trihydroxybenzaldehyde
3,4,5- 三羟基苯甲醛 3,4,5-trihydoxybenzoic dehyde
2,3,4- 三羟基苯甲酸 2,3,4-trihydroxybenzoic acid
2,4,6- 三羟基苯甲酸 2,4,6-trihydroxybenzoic acid
3,4,5- 三羟基苯甲酸 3,4,5-trihydroxybenzoic acid
2,4,6- 三羟基苯甲酸 -4-*O*-*β*-D- 吡喃阿洛糖苷 2,4,6-trihydroxybenzoic acid-4-*O*-*β*-D-allopyranoside
3,4,5- 三羟基苯甲酸二聚体 3,4,5-trihydroxybenzoic acid dimmer
2,4,6- 三羟基苯甲酸甲酯 methyl 2,4,6-trihydroxybenzoate
3,4,5- 三羟基苯甲酸甲酯 3,4,5-trihydroxybenzoic acid methyl ester; methyl 3,4,5-trihydroxybenzoate
2,4,6- 三羟基苯甲酸乙酯 ethyl 2,4,6-trihydroxybenzoate
3,4,5- 三羟基苯甲酸乙酯 3,4,5-trihydoxybenzoic acid ethyl ester
6-(3,4,5- 三羟基苯甲酸酯)-2- 甲氧基 -4-(2- 丙烯基) 苯基 -*β*-D- 吡喃葡萄糖苷 6-(3,4,5-trihydroxybenzoate)-2-methoxy-4-(2-propenyl)phenyl-*β*-D-glucopyranoside
6-(3,4,5- 三羟基苯甲酸酯)-4- 羟基 -3- 甲氧基苯基 -*β*-D- 吡喃葡萄糖苷 6-(3,4,5-trihydroxybenzoate)-4-hydroxy-3-methoxyphenyl-*β*-D-glucopyranoside
3',4,6- 三羟基苯甲酮 -2-*O*-*β*-D- 吡喃葡萄糖苷 3',4,6-trihydroxybenzophenone-2-*O*-*β*-D-glucopyranoside
2,4,6- 三羟基苯甲酮 -3-*C*- 香叶醇醚 2,4,6-trihydroxybenzophenone-3-*C*-geranyl ether
3,4,5- 三羟基苯甲酯 methyl 3,4,5-trihydroxybezoate
2,4,6- 三羟基苯乙酮 -2,4- 二 -*O*-*β*-D- 吡喃葡萄糖苷 2,4,6-trihydroxyacetophenone-2,4-di-*O*-*β*-D-glucopyranoside
2,4,6- 三羟基苯乙酮 -2-*O*-*β*-D- 吡喃葡萄糖苷 2,4,6-trihydroxyacetophenone-2-*O*-*β*-D-glucopyranoside
2,4,6- 三羟基苯乙酮 -3,5- 二 -*C*-*β*-D- 吡喃葡萄糖苷 2,4,6-trihydroxyacetophenone-3,5-di-C-*β*-D-glucopyranoside
2,4,6- 三羟基苯乙酮 -3-*C*-*β*-D- 吡喃葡萄糖苷 2,4,6-trihydroxyacetophenone-3-*C*-*β*-D-glucopyranoside
2,4,6- 三羟基苯乙酮 -3-*C*-*β*-D- 吡喃葡萄糖苷 -2',3',4',6'- 四氧没食子酸酯 2,4,6-trihydroxyacetophenone-3-*C*-*β*-D-glucopyranoside-2',3',4',6'-tetra-*O*-gallate
2,4,6- 三羟基苯乙酮 -3-*C*-*β*-D- 吡喃葡萄糖苷 -2',3',6'- 三氧没食子酸酯 2,4,6-trihydroxyacetophenone-3-*C*-*β*-D-glucopyranoside-2',3',6'-tri-*O*-gallate
2,4,6- 三羟基苯乙酮 -3-*C*-*β*-D- 吡喃葡萄糖苷 -2',3'- 二氧没食子酸酯 2,4,6-trihydroxyacetophenone-3-*C*-*β*-D-glucopyranoside-2',3'-di-*O*-gallate
2,4,6- 三羟基苯乙酮 -3-*C*-*β*-D- 吡喃葡萄糖苷 -2',6'- 二氧没食子酸酯 2,4,6-trihydroxyacetophenone-3-*C*-*β*-D-glucopyranoside-2',6'-di-*O*-gallate
2,4,6- 三羟基苯乙酮 -3-*C*-*β*-D- 吡喃葡萄糖苷 -2'-*O*- 没食子酸酯 2,4,6-trihydroxyacetophenone-3-*C*-*β*-D-glucopyranoside-2'-*O*-gallate
2,4,6- 三羟基苯乙酮 -3-*C*-*β*-D- 吡喃葡萄糖苷 -6'-*O*- 没食子酸酯 2,4,6-trihydroxyacetophenone-3-*C*-*β*-D-glucopyranoside-6'-*O*-gallate
2,4,6- 三羟基苯乙酮 -4-*O*-*β*-D- 吡喃葡萄糖苷 2,4,6-trihydroxyacetophenone-4-*O*-*β*-D-glucopyranoside
2,4,6- 三羟基苯乙酮 -6-*O*-*β*-D- 吡喃葡萄糖苷 2,4,6-trihydroxy-acetophenone-6-*O*-*β*-D-glucopyranoside
10*β*,13,14- 三羟基 - 别香木兰烷 10*β*,13,14-trihydroxy-allo-aromadendrane
4-(1,2,3- 三羟基丙基)-2,6- 二甲氧基苯基 -1-*O*-*β*-D- 吡喃葡萄糖苷 4-(1,2,3-trihydroxypropyl)-2,6-dimethoxyphenyl-1-*O*-*β*-D-glucopyranoside
三羟基丙烷 trihydroxypropane
2,2',4- 三羟基查尔酮 2,2',4-trihydroxychalcone
4,4',6'- 三羟基查尔酮 4,4',6'-trihydroxychalcone
2,2',4'- 三羟基查耳酮 2,2',4'-trihydroxychalcone
2,4,4'- 三羟基查耳酮 2,4,4'-trihydroxychalcone
2',4,4'- 三羟基查耳酮 2',4,4'-trihydroxychalcone
2',4',4- 三羟基查耳酮 2',4',4-trihydroxychalcone
3',4',6- 三羟基查耳酮 3',4',6-trihydroxychalcone
4,2',4'- 三羟基查耳酮 4,2',4'-trihydroxychalcone
3,4,2'- 三羟基查耳酮 -4'-*O*-*β*-D- 葡萄糖苷 3,4,2'-trihydroxychalcone-4'-*O*-*β*-D-glucoside
3',4',6- 三羟基橙酮 3',4',6-trihydroxyaurone
6,3',4'- 三羟基橙酮 6,3',4'-trihydroxyaurone
4,6,4'- 三羟基 - 橙酮 -4,6- 二 -*O*-*β*-D- 吡喃葡萄糖苷 4,6,4'-trihydroxy-aurone-4,6-di-*O*-*β*-D-glucopyranoside
3*β*,12*β*,23*β*- 三羟基达玛 -20- 烯 -3-*O*-*β*-D- 吡喃葡萄糖苷 3*β*,12*β*,23*β*-triol-dammar-20-ene-3-*O*-*β*-D-glucopyranoside
3*β*,20(*S*),25- 三羟基达玛 -23(Z)- 烯 -3- 咖啡酸酯 3*β*,20(*S*),25-trihydroxydammar-23(*Z*)-ene-3-caffeate
(20*S*)-3*β*,20,21- 三羟基达玛 -23,25- 二烯 -3-*O*-[*α*-L- 吡喃鼠李糖基 -(1 → 2)][*β*-D- 吡喃木糖基 -(1 → 3)]-*β*-D- 吡喃葡萄糖基 -21-*O*-*β*-D- 吡喃葡萄糖苷 (20*S*)-3*β*,20,21-trihydroxydammara-23,25-diene-3-*O*-[*α*-L-rhamnopyranosyl-(1 → 2)][*β*-D-xylopyranosyl-(1 → 3)]-*β*-D-glucopyranosyl-21-*O*-*β*-D-glucopyranoside
3*β*,20*S*,25- 三羟基达玛 -23- 烯 -21,28- 二酸 -3-*O*-[*α*-L- 吡喃鼠李糖基 (1 → 2)-*α*-L- 吡喃鼠李糖基 -(1 → 6)-*β*-D- 吡喃葡萄糖基 -(1 → 3)-*α*-L- 吡喃阿拉伯糖基]-21-*O*-*β*-D- 吡喃葡萄糖苷 3*β*,20*S*,25-trihydroxydammar-23-en-21,28-dioic acid-3-*O*-[*α*-L-rhamnopyranosyl-(1 → 2)-*α*-L-rhamnopyranosyl-(1→6)-*β*-D-glucopyranosyl-(1→3)-*α*-L-arabinopyranosyl]-21-*O*-*β*-D-glucopyranoside
3*β*,20*S*,25- 三羟基达玛 -23- 烯 -21,29- 二酸 -3-*O*-[*α*-L- 吡喃鼠李糖基 -(1 → 6)-*β*-D- 吡喃葡萄糖基 -(1 → 3)-*α*-L- 吡喃阿拉伯糖基]-21-*O*-*β*-D- 吡喃葡萄糖苷 3*β*,20*S*,25-trihydroxydammar-

S

23-en-21,29-dioic acid-3-*O*-[α-L-rhamnopyranosyl-(1 → 6)-β-D-glucopyranosyl-(1 → 3)-α-L-arabinopyranosyl]-21-*O*-β-D-glucopyranoside

12β,20,25- 三羟基 - 达玛 -23- 烯 -3- 酮 12β,20,25-trihydroxy-dammar-23-en-3-one

20*R*-3β,20,23ξ- 三羟基达玛 -24- 烯 -21- 酸 -21,23- 内酯 -3-*O*[β-D-吡喃葡萄糖基 -(1 → 2)-α-L- 吡喃阿拉伯糖基]-20-*O*-β- 吡喃鼠李糖苷 20*R*-3β,20,23ξ-trihydroxydammar-24-en-21-oic acid-21,23-lactone-3-*O*-[β-D-glucopyranosyl-(1 → 2)-α-L-arabinopyranosyl]-20-*O*-β-rhamnopyranoside

20*S*-3β,20,23ξ- 三羟基达玛 -24- 烯 -21- 酸 -21,23- 内酯 -3-*O*[β-D-吡喃葡萄糖基 -(1 → 2)-α-L- 吡喃阿拉伯糖基]-20-*O*-β- 吡喃鼠李糖苷 20*S*-3β,20,23ξ-trihydroxydammar-24-en-21-oic acid-21,23-lactone-3-*O*-[β-D-glucopyranosyl-(1 → 2)-α-L-arabinopyranosyl-20-*O*-β-rhamnopyranoside

3β,20*S*,29- 三羟基达玛 -24- 烯 -21- 羧酸 -3-*O*-{[α-L- 吡喃鼠李糖基 -(1 → 2)]-[α-L- 吡喃鼠李糖基 -(1 → 3)]-β-D- 吡喃葡萄糖基 }-21-*O*-[β-D- 吡喃葡萄糖基 -(1 → 2)]-[α-L- 吡喃鼠李糖基 -(1 → 6)]-β-D- 吡喃葡萄糖苷 3β,20*S*,29-trihydroxydammar-24-en-21-carboxylic acid-3-*O*-{[α-L-rhamnopyranosyl-(1 → 2)]-[α-L-rhamnopyranosyl-(1 → 3)]-β-D-glucopyranosyl}-21-*O*-[β-D-glucopyranosyl-(1 → 2)]-[α-L-rhamnopyranosyl-(1 → 6)]-β-D-glucopyranoside

3β,20*S*,29- 三羟基达玛 -24- 烯 -21- 羧酸 -3-*O*-{[α-L- 吡喃鼠李糖基 -(1 → 2)]-[α-L- 吡喃鼠李糖基 -(1 → 3)]-β-D- 吡喃葡萄糖基 }-21-*O*-[β-D- 吡喃葡萄糖基 -(1 → 2)]-β-D- 吡喃葡萄糖苷 3β,20*S*,29-trihydroxydammar-24-en-21-carboxylic acid-3-*O*-{[α-L-rhamnopyranosyl-(1 → 2)]-[α-L-rhamnopyranosyl-(1 → 3)]-β-D-glucopyranosyl}-21-*O*-[β-D-glucopyranosyl-(1 → 2)]-β-D-glucopyranoside

3β,20*S*,29- 三羟基达玛 -24- 烯 -21- 羧酸 -3-*O*-{[α-L- 吡喃鼠李糖基 -(1 → 2)]-[β-D- 吡喃木糖基 -(1 → 3)]-β-D- 吡喃葡萄糖基 }-21-*O*-[β-D- 吡喃葡萄糖基 -(1 → 2)]-[α-L- 吡喃鼠李糖基 -(1 → 6)]-β-D- 吡喃葡萄糖苷 3β,20*S*,29-trihydroxydammar-24-en-21-carboxylic acid-3-*O*-{[α-L-rhamnopyranosyl-(1 → 2)]-[β-D-xylopyranosyl-(1 → 3)]-β-D-glucopyranosyl}-21-*O*-[β-D-glucopyranosyl-(1 → 2)]-[α-L-rhamnopyranosyl-(1 → 6)]-β-D-glucopyranoside

3β,20*S*,29- 三羟基达玛 -24- 烯 -21- 羧酸 -3-*O*-[α-L- 吡喃鼠李糖基 -(1 → 2)-α-L- 吡喃鼠李糖基 -(1 → 6)-β-D- 吡喃葡萄糖基 -(1 → 3)-α-L- 吡喃阿拉伯糖基]-21-*O*-β-D- 吡喃葡萄糖苷 3β,20*S*,29-trihydroxydammar-24-en-21-carboxylic acid-3- *O*-[α-L-rhamnopyranosyl-(1 → 2)-α-L-rhamnopyranosyl-(1 → 6)-β- D-glucopyranosyl-(1 → 3)-α-L-arabinopyranosyl]-21-*O*-β-D-glucopyranoside

3β,20*S*,29- 三羟基达玛 -24- 烯 -21- 羧酸 -3-*O*-[α-L- 吡喃鼠李糖基 -(1 → 2)-β-D- 吡喃葡萄糖基 (1 → 2)-α-L- 吡喃鼠李糖基 -(1 → 6)-β-D- 吡喃葡萄糖基 -(1 → 3)-β-D- 吡喃葡萄糖基]-21-*O*-β-D-吡喃葡萄糖苷 3β,20*S*,29-trihydroxydammar-24-en-21-carboxylic acid-3-*O*-[α-L-rhamnopyranosyl-(1 → 2)-β-D-glucopyranosyl-(1 → 2)-α-L-rhamnopyranosyl-(1 → 6)-β-D-glucopyranosyl-(1 → 3)-β-D-glucopyranosyl]-21-*O*-β-D-glucopyranoside

3β,20*S*,21- 三羟基达玛 -24- 烯 -3-*O*-{[α-L- 吡喃鼠李糖基 -(1 → 2)][β-D- 吡喃木糖基 -(1 → 3)]-β-D- 吡喃葡萄糖基 }-20-*O*-[β-D-吡喃木糖基 -(1 → 6)]-β-D- 吡喃葡萄糖苷 3β,20*S*,21-trihydroxydammar-24-ene-3-*O*-{[α-L-rhamnopyranosyl-(1 → 2)][β-D-xylopyranosyl-(1 → 3)]-β-D-glucopyranosyl}-20-*O*-[β-D-xylopyranosyl-(1 → 6)]-β-D-glucopyranoside

3β,20*S*,21- 三羟基达玛 -24- 烯 -3-*O*-{[α-L- 吡喃鼠李糖基 -(1 → 2)][β-D- 吡喃葡萄糖基 -(1 → 3)][β-D- 吡喃木糖基 -(1 → 6)]-β-D- 吡喃葡萄糖基 }-20-*O*-β-D- 吡喃葡萄糖苷 3β,20*S*,21-trihydroxydammar-24-ene-3-*O*-{[α-L-rhamnopyranosyl-(1 → 2)][β-D-glucopyranosyl-(1 → 3)][β-D-xylopyranosyl-(1 → 6)]-β-D-glucopyranosyl}-20-*O*-β-D-glucopyranoside

(20*S*)-3β,20,21- 三羟基达玛 -24- 烯 -3-*O*-[α-L- 吡喃鼠李糖基 -(1 → 2)][β-D- 吡喃木糖基 -(1 → 3)]-β-D- 吡喃葡萄糖苷 (20*S*)-3β,20,21-trihydroxydammar-24-ene-3-*O*-[α-L-rhamnopyranosyl-(1 → 2)][β-D-xylopyranosyl-(1 → 3)]-β-D-glucopyranoside

3β,20*S*,21- 三羟基达玛 -24- 烯 -3-*O*-[α-L- 吡喃鼠李糖基 -(1 → 2)][β-D- 吡喃葡萄糖基 -(1 → 3)]-β-D- 吡喃葡萄糖苷 3β,20*S*,21-trihydroxydammar-24-ene-3-*O*-[α-L-rhamnopyranosyl-(1 → 2)][β-D-glucopyranosyl-(1 → 3)]-β-D-glucopyranoside

3β,20*S*,21- 三羟基达玛 -24- 烯 -3-*O*-[α-L- 吡喃鼠李糖基 -(1 → 2)-β-D- 吡喃木糖基 -(1 → 3)-β-D-(6-*O*- 乙酰吡喃葡萄糖基)]-21-*O*-β-D- 吡喃葡萄糖苷 3β,20*S*,21-trihydroxydammar-24-ene-3-*O*-[α-L-rhamnopyranosyl-(1 → 2)-β-D-xylopyranosyl-(1 → 3)-β-D-(6-*O*-acetylglucopyranosyl)]-21-*O*-β-D-glucopyranoside

3β,20(*S*),21- 三羟基达玛 -24- 烯 -3-*O*-[α-L- 吡喃鼠李糖基 (1 → 2)-β-D- 吡喃木糖基 -(1 → 3)-β-D- 吡喃葡萄糖基]-21-*O*-β-D- 吡喃葡萄糖苷 3β,20*S*,21-trihydroxydammar-24-ene-3-*O*-[α-L-rhamnopyranosyl-(1 → 2)-β-D-xylopyranosyl-(1 → 3)-β-D-glucopyranosyl]-21-*O*-β-D-glucopyranoside

3β,20*S*,21- 三羟基达玛 -24- 烯 -3-*O*-[α-L- 吡喃鼠李糖基 -(1 → 2)-β-D- 吡喃葡萄糖基 -(1 → 3)-α-L- 吡喃阿拉伯糖基]-21-*O*-β-D- 吡喃葡萄糖苷 3β,20*S*,21-trihydroxydammar-24-ene-3-*O*-[α-L-rhamnopyranosyl-(1 → 2)-β-D-glucopyranosyl-(1 → 3)-α-L-arabinopyranosyl]-21-*O*-β-D-glucopyranoside

3β,20*S*,21- 三羟基达玛 -24- 烯 -3-*O*-[α-L- 吡喃鼠李糖基 -(1 → 2)-β-D- 吡喃葡萄糖基 -(1 → 3)-β-D- 吡喃葡萄糖基]-21-*O*-β-D- 吡喃葡萄糖苷 3β,20*S*,21-trihydroxydammar-24-ene-3-*O*-[α-L-rhamnopyranosyl-(1 → 2)-β-D-glucopyranosyl-(1 → 3)-β-D-glucopyranosyl]-21-*O*-β-D-glucopyranoside

3β,19,20*S*- 三羟基达玛 -24- 烯 -3-*O*-[β-D- 吡喃葡萄糖基 -(1 → 2)-β-D- 吡喃葡萄糖基]-20-*O*-β-D- 吡喃葡萄糖苷 3β,19,20*S*-trihydroxydammar-24-ene-3-*O*-[β-D-glucopyranosyl-(1 → 2)-β-D-glucopyranosyl]-20-*O*-β-D-glucopyranoside

2α,3β,20*S*- 三羟基达玛 -24- 烯 -3-*O*-β- 吡喃葡萄糖基 -(1 → 2)-β-吡喃葡萄糖基 -20-*O*-β- 吡喃木糖基 -(1 → 6)-β- 吡喃葡萄糖苷 2α,3β,20*S*-trihydroxydammar-24-ene-3-*O*-β-glucopyranosyl-(1 → 2)-β-glucopyranosyl-20-*O*-β-xylopyranosyl-(1 → 6)-β-glucopyranoside

3β,20*S*,24*S*- 三羟基达玛 -25- 烯 -21,28- 二酸 -3-*O*-[α-L- 吡喃鼠李糖基 -(1 → 2)-α-L- 吡喃鼠李糖基 (1 → 6)-β-D- 吡喃葡萄糖基 -(1 → 3)-α-L- 吡喃阿拉伯糖基]-21-*O*-β-D- 吡喃葡萄糖苷 3β,20*S*,24*S*-trihydroxydammar-25-ene-21,28-dioic acid-3-*O*-[α-L-rhamnopyranosyl-(1 → 2)-α-L-rhamnopyranosyl-(1 → 6)-β-D-glucopyranosyl-(1 → 3)-α-L-arabinopyranosyl]-21-*O*-β-D-glucopyranoside

3β,20(*S*),24(*R*)- 三羟基达玛 -25- 烯 -3- 咖啡酸酯 3β,20(*S*),24(*R*)-trihydroxydammar-25-ene-3-caffeate

3β,20(*S*),24(*S*)- 三羟基达玛 -25- 烯 -3- 咖啡酸酯 3β,20(*S*),24(*S*)-trihydroxydammar-25-ene-3-caffeate

6α,20(*S*),25- 三羟基达玛 -3,12- 二酮 -23- 烯 6α,20(*S*),25-trihydroxydammar-3,12-dione-23-ene

6α,20(*S*),24(*S*)- 三羟基达玛 -3,12- 二酮 -25- 烯 6α,20(*S*),24(*S*)-trihydroxydammar-3,12-dione-25-ene

20(*R*)-24,25- 三羟基达玛 -3- 酮 20(*R*)-24,25-trihydroxy-dammaran-

S

3-one

(6S,7E)-6,9,10- 三羟基大柱香波龙 -4,7- 二烯 -3- 酮 (6S,7E)-6,9,10-trihydroxymegastigma-4,7-dien-3-one

(3S,4R,9R)-3,4,9- 三羟基大柱香波龙 -5- 烯 (3S,4R,9R)-3,4,9-trihydroxymegastigman-5-ene

5R,6S-6,9,10- 三羟基 - 大柱香波龙 -7- 烯 -3- 酮 5R,6S-6,9,10-trihydroxy-megastigma-7-en-3-one

2α,3β-(22R)- 三羟基胆甾 -6- 酮 -22-O-β-D- 吡喃葡萄糖基 -(1 → 2)-α-L- 吡喃阿拉伯糖苷 2α,3β-(22R)-trihydroxycholestan-6-one-22-O-β-D-glucopyranosyl-(1 → 2)-α-L-arabinopyranoside

3,5,4'- 三羟基芪 3,5,4'-trihydroxystilbene

3,5,4'- 三羟基芪 -2-C- 葡萄糖苷 3,5,4'-trihydroxystilbene-2-C-glucoside

3,4',5- 三羟基芪 -3-O-β-D- 吡喃葡萄糖苷 3,4',5-trihydroxystilbene-3-O-β-D-glucopyranoside

(E)-3,5,12- 三羟基芪 -3-O-β-D- 吡喃葡萄糖苷 -2'-(3",4",5"- 三羟基苯甲酸酯) (E)-3,5,12-trihydroxystilbene-3-O-β-D-glucopyranoside-2'-(3",4",5"-trihydroxybenzoate)

2,3,4- 三羟基丁基 -6-O- 反式 - 咖啡酰基 -β- 吡喃葡萄糖苷 2,3,4-trihydroxybutyl-6-O-trans-caffeoyl-β-glucopyranoside

2,3,4- 三羟基丁醛 2,3,4-trihydroxybutyraldehyde

1,2,3- 三羟基丁烷 1,2,3-trihydroxybutane

3β,7α,22α- 三羟基豆甾 -5- 烯 3β,7α,22α-trihydroxystigmast-5-ene

3β,5α,6β- 三羟基豆甾烷 3β,5α,6β-trihydroxystigmastane

1R,2R,4R- 三羟基对薄荷烷 1R,2R,4R-trihydroxy-p-menthane

3,5,4'- 三羟基对苯乙烯 3,5,4'-trihydroxy-p-styrene

13,16α,17- 三羟基 - 对映 -9(11)- 贝壳杉烯 -19- 酸 13,16α,17-trihydroxy-ent-9(11)-kauren-19-oic acid

2β,6β,15α- 三羟基 - 对映 - 贝壳杉 -16- 烯 2β,6β,15α-trihydroxy-ent-kaur-16-ene

3β,14β,15β- 三羟基 - 对映 - 贝壳杉 -16- 烯 -12- 酮 3β,14β,15β-trihydroxy-ent-kaur-16-en-12-one

2β,6β,15α- 三羟基 - 对映 - 贝壳杉 -16- 烯 -2-O-β-D- 吡喃葡萄糖苷 2β,6β,15α-trihydroxy-ent-kaur-16-ene-2-O-β-D-glucopyranoside

7β,16α,17- 三羟基 - 对映 - 贝壳杉 -19- 酸 7β,16α,17-trihydroxy-ent-kauran-19-oic acid

2β,3β,16α- 三羟基 - 对映 - 贝壳杉 -2-O-β-D- 吡喃葡萄糖苷 2β,3β,16α-trihydroxy-ent-kaurane-2-O-β-D-glucopyranoside

2β,16α,19- 三羟基 - 对映 - 贝壳杉烷 2β,16α,19-trihydroxy-ent-kaurane

2β,3β,16α- 三羟基 - 对映 - 贝壳杉烷 2β,3β,16α-trihydroxy-ent-kaurane

2β,6β,16α- 三羟基 - 对映 - 贝壳杉烷 2β,6β,16α-trihydroxy-ent-kaurane

2β,15,16- 三羟基 - 对映 - 海松 -8(14)- 烯 2β,15,16-trihydroxy-ent-pimar-8(14)-ene

7β,11β,12β- 三羟基 - 对映 - 冷杉 -8(14),13(15)- 二烯 -16,12- 内酯 7β,11β,12β-trihydroxy-ent-abieta-8(14),13(15)-dien-16,12-olide

3α,7β,29- 三羟基多花白树 -8- 烯 -3,29- 二苯甲酸酯 3α,7β,29-trihydroxymultiflor-8-ene-3,29-diyldibenzoate

1,2,3- 三羟基蒽醌 1,2,3-trihydroxyanthraquinone

1,3,8- 三羟基蒽醌 1,3,8-trihydroxyanthraquinone

1,4,5- 三羟基蒽醌 1,4,5-trihydroxyanthraquinone

3,4',5- 三羟基二苯甲酮 3,4',5-trihydroxybenzophenone

2,3',4'- 三羟基二苯乙烷 2,3',4'-trihydroxybibenzyl

2',3,5- 三羟基二苯乙烷 2',3,5-trihydroxybibenzyl

3,4,5- 三羟基二苄基 -3-O-β-D- 吡喃葡萄糖苷 3,4,5-trihydroxybibenzyl-3-O-β-D-glucopyranoside

2,4,4'- 三羟基二氢查耳酮 2,4,4'-trihydroxydihydrochalcone

2',4',7- 三羟基二氢查耳酮 2',4',7-trihydroxydihydrochalcone

2',4',β- 三羟基二氢查耳酮 2',4',β-trihydroxydihydrochalcone

4,2',4'- 三羟基二氢查耳酮 4,2',4'-trihydroxydihydrochalcone

4,4',6'- 三羟基二氢查耳酮 4,4',6'-trihydroxydihydrochalcone

4,2',4'- 三羟基二氢查耳酮 -2'-O-β-D- 葡萄糖苷 4,2',4'-trihydroxydihydrochalcone-2'-O-β-D-glucoside

4,2',6'- 三羟基二氢查耳酮 -4'-O-(6"- 没食子酰基)-β-D- 吡喃葡萄糖苷 4,2',6'-trihydroxydihydrochalcone-4'-O-(6"-galloyl)-β-D-glucopyranoside

7,3',5'- 三羟基二氢黄酮 7,3',5'-trihydroxydihydroflavone

5,7,4'- 三羟基 - 二氢黄酮 -5,7-O-β-D- 吡喃葡萄糖苷 5,7,4'-trihydroxy-dihydroflavone-5,7-di-O-β-D-glucopyranoside

(2S)-5,7,4'- 三羟基二氢黄酮醇 (2S)-5,7,4'-trihydroxydihydroflavonol

5,7,4'- 三羟基二氢黄酮醇 5,7,4'-trihydroxydihydroflavonol

5,7,4'- 三羟基 - 二氢黄酮醇 5,7,4'-trihydroxy-dihydroflavonol

5,7,4'- 三羟基二氢黄酮醇 -3-O-α-L- 吡喃鼠李糖苷 5,7,4'-trihydroxydihydroflavonol-3-O-α-L-rhamnopyranoside

5,7,4'- 三羟基二氢黄酮醇 -3-O-α-L- 呋喃阿拉伯糖苷 5,7,4'-trihydroxydihydroflavonol-3-O-α-L-arabinofuranoside

3',4',5- 三羟基二氢黄烷酮 -7-O-α-L- 吡喃鼠李糖苷 3',4',5-trihydroxyflavanone-7-O-α-L-rhamnopyranoside

5,7,4'- 三羟基二氢异黄酮 5,7,4'-trihydroxyldihydroisoflavone

3,4,6- 三羟基菲 -3-O-β-D- 吡喃葡萄糖苷 3,4,6-trihydroxyphenanthrene-3-O-β-D-glucopyranoside

4α,15,16- 三羟基斧松烷 4α,15,16-trihydroxydolabradane

4',5,7- 三羟基高异黄烷酮 4',5,7-trihydroxyhomoisoflavanone

(-)-(4E)-6,7,9- 三羟基癸 -4- 烯酸 (-)-(4E)-6,7,9-trihydroxydec-4-enoic acid

三羟基桂皮酸 trihydroxycinnamic acid

(1R,2S,5S,7S,9R,10S,13R)-1,2,7- 三羟基海松 -8(14),15- 二烯 (1R,2S,5S,7S,9R,10S,13R)-1,2,7-trihydroxypimara-8(14),15-diene

(1R,2S,5S,9S,10S,11R,13R)-1,2,11- 三羟基海松 -8(14),15- 二烯 (1R,2S,5S,9S,10S,11R,13R)-1,2,11-trihydroxypimara-8(14),15-diene

(1S,5S,7R,9R,10S,11R,13R)-1,7,11- 三羟基海松 -8(14),15- 二烯 (1S,5S,7R,9R,10S,11R,13R)-1,7,11-trihydroxypimara-8(14),15-diene

6α,11α,22- 三羟基何帕烷 6α,11α,22-trihydroxyhopane

3',4,4'- 三羟基狐扁枝衣酮▲ 3',4,4'-trihydroxypulvinone

三羟基狐扁枝衣酮▲ trihydroxypulvinone

3β,7β,25- 三羟基葫芦 -5,(23E)- 二烯 -19- 醛 3β,7β,25-trihydroxycucurbita-5,(23E)-diene-19-al

3β,7β,25- 三羟基葫芦 -5,23(E)- 二烯 -19- 醛 3β,7β,25-trihydroxycucurbita-5,23(E)-dien-19-al

3β,7β,25- 三羟基葫芦 -5,23- 二烯 -19- 醛 -3-O-β-D- 吡喃葡萄糖苷 3β,7β,25-trihydroxycucurbita-5,23-dien-19-al-3-O-β-D-glucopyranoside

(23S)-3β,7β,23- 三羟基葫芦 -5,24- 二烯 -19- 醛 -7-O-β-D- 吡喃葡萄糖苷 (23S)-3β,7β,23-trihydroxycucurbita-5,24-dien-19-al-7-O-β-D-glucopyranoside

3β,7β,23- 三羟基葫芦 -5,24- 二烯 -7-O-β-D- 吡喃葡萄糖苷 3β,7β,23-trihydroxycucurbita-5,24-diene-7-O-β-D-glucopyranoside

23R,24S,25- 三羟基葫芦 -5- 烯 -3-O-[β- 吡喃葡萄糖基 -(1 → 6)-O-β- 吡喃葡萄糖基]-25-O-β- 吡喃葡萄糖苷 23R,24S,25-trihydroxycucurbit-5-ene-3-O-[β-glucopyranosyl-(1 → 6)-O-β-glucopyranosyl]-25-O-β-glucopyranoside

3β,11α,16β- 三羟基环木菠萝 -24- 酮 -3-O-[β-D- 吡喃葡萄糖基 -(1 → 3)-β-D- 吡喃葡萄糖基 -(1 → 2)-β-D- 吡喃葡萄糖基]-16-

S

O-*α*-L- 吡喃阿拉伯糖苷 3*β*,11*α*,16*β*-trihydroxycycloart-24-one-3-*O*-[*β*-D-glucopyranosyl-(1→3)-*β*-D-glucopyranosyl-(1→2)-*β*-D-glucopyranosyl]-16-*O*-*α*-L-arabinopyranoside
2',5,7- 三羟基黄酮 2',5,7-trihydroxyflavone
3,4',7- 三羟基黄酮 3,4',7-trihydroxyflavone
3',4',7- 三羟基黄酮 3',4',7-trihydroxyflavone
3,5,7- 三羟基黄酮 3,5,7-trihydroxyflavone
3,7,4'- 三羟基黄酮 3,7,4'-trihydroxyflavone
3,7,8- 三羟基黄酮 3,7,8-trihydroxyflavone
4',5,7- 三羟基黄酮 4',5,7-trihydroxyflavone
5,2',5'- 三羟基黄酮 5,2',5'-trihydroxyflavone
5,6,7- 三羟基黄酮 5,6,7-trihydroxyflavone
5,7,2'- 三羟基黄酮 5,7,2'-trihydroxyflavone
5,7,4'- 三羟基黄酮 5,7,4'-trihydroxyflavone
5,8,2'- 三羟基黄酮 5,8,2'-trihydroxyflavone
6,7,4'- 三羟基黄酮 6,7,4'-trihydroxyflavone
7,3',4'- 三羟基黄酮 7,3',4'-trihydroxyflavone
5,7,2'- 三羟基黄酮 -2'-*O*-*β*-*O*- 吡喃葡萄糖苷 5,7,2'-trihydroxyflavone-2'-*O*-*β*-*O*-glucopyranoside
5,7,4'- 三羟基黄酮 -3-*O*-*α*-L- 吡喃鼠李糖苷 5,7,4'-trihydroxyflavone-3-*O*-*α*-L-rhamnopyranoside
5,7,4'- 三羟基黄酮 -3-*O*-*β*-D- 吡喃葡萄糖苷 5,7,4'-trihydroxyflavone-3-*O*-*β*-D-glucopyranoside
4',6,7- 三羟基黄酮 -5-*O*-*β*-D- 吡喃葡萄糖苷 4',6,7-trihydroxyflavone-5-*O*-*β*-D-glucopyranoside
5,7,4'- 三羟基黄酮 -6-*O*-*β*-D- 吡喃葡萄糖苷 -4'-*O*-*β*-D- 吡喃葡萄糖苷 5,7,4'-trihydroxyflavone-6-*O*-*β*-D-glucopyranoside-4'-*O*-*β*-D-glucopyranoside
5,6,4'- 三羟基黄酮 -7-*O*-*α*-L-2,3- 二 -*O*- 乙酰吡喃鼠李糖基 -(1→6)-*β*-D- 吡喃葡萄糖苷 5,6,4'-trihydroxyflavone-7-*O*-*α*-L-2,3-di-*O*-acetylrhamnopyranosyl-(1→6)-*β*-D-glucopyranoside
(-)-4',5,7- 三羟基黄酮 -7-*O*-*β*-D-(6''-*O*- 没食子酰基)- 吡喃葡萄糖苷 (-)-4',5,7-trihydroxyflavanone-7-*O*-*β*-D-(6''-*O*-galloyl)-glucopyranoside
5,6,4'- 三羟基黄酮 -7-*O*-*β*-D- 吡喃半乳糖醛酸苷 5,6,4'-trihydroxyflavone-7-*O*-*β*-D-galactopyranosiduronic acid
3',4',5- 三羟基黄酮 -7-*O*-*β*-D- 吡喃葡萄糖苷 3',4',5-trihydroxyflavone-7-*O*-*β*-D-glucopyranoside
5,3',4'- 三羟基黄酮 -7-*O*-*β*-D- 吡喃葡萄糖苷 5,3',4'-trihydroxyflavone-7-*O*-*β*-D-glucopyranoside
3',4',5- 三羟基黄酮 -7-*O*-*β*-D- 吡喃葡萄糖基 -(1→6)-*β*-D- 吡喃葡萄糖苷 3',4',5-trihydroxyflavone-7-*O*-*β*-D-glucopyranosyl-(1→6)-*β*-D-glucopyranoside
4',5,6- 三羟基黄酮 -7-*O*-*β*-D- 吡喃葡萄糖糖醛酸甲酯 4',5,6-trihydroxyflavone-7-*O*-*β*-D-glucopyranosiduronic acid methyl ester
5,8,4'- 三羟基黄酮 -7-*O*-*β*-D- 葡萄糖苷 5,8,4'-trihydroxyflavone-7-*O*-*β*-D-glucopyranoside
3',4',5- 三羟基黄酮 -7-*O*-*β*-D- 葡萄糖醛酸苷 3',4',5-trihydroxyflavone-7-*O*-*β*-D-glucuronide
7,3',4'- 三羟基黄酮 -7- 葡萄糖苷 7,3',4'-trihydroxyflavone-7-glucoside
5,7,4'- 三羟基黄酮 -8-C- 吡喃葡萄糖基 -(2→1)- 吡喃鼠李糖基碳苷 5,7,4'-trihydroxyflavone-8-C-glucopyranosyl-(2→1)-rhamnopyranoside
5,7,8- 三羟基黄酮 -8-*O*-*β*-D- 吡喃葡萄糖醛酸苷 5,7,8-trihydroxyflavone-8-*O*-*β*-D-glucuronopyranoside
5,7,4'- 三羟基黄酮 -8-*O*-*β*-D- 葡萄糖基 -(1→4)-*β*-D- 葡萄糖苷 5,7,4'-trihydroxyflavone-8-*O*-*β*-D-glucosyl-(1→4)-*β*-D-glucoside
5,7,4'- 三羟基黄酮醇 5,7,4'-trihydroxyflavonol
3',4',5- 三羟基黄酮醇 -3-*O*-{6-*O*-[(2*E*)-3-(4- 羟基 -3,5- 二甲氧基苯基)-1- 氧代 -2- 丙烯基]-*β*-D- 吡喃葡萄糖基]}-(1→2)-*β*-D- 吡喃葡萄糖苷 -7-*O*-*α*-L- 吡喃鼠李糖苷 3',4',5-trihydroxyflavonol-3-*O*-{6-*O*-[(2*E*)-3-(4-hydroxy-3,5-dimethoxyphenyl)-1-oxo-2-propenyl]-*β*-D-glucopyranosyl]}-(1→2)-*β*-D-glucopyranoside-7-*O*-*α*-L-rhamnopyranoside
4',5,7- 三羟基黄酮醇 -3-*O*-*β*-D-(6''-*O*-(*E*)- 对羟基苯丙烯酰基)- 吡喃葡萄糖苷 4',5,7-trihydroxyflavonol-3-*O*-*β*-D-(6''-*O*-(*E*)-*p*-acrolyl-hydroxybenzene
(-)-3,5,7- 三羟基黄烷 (-)-3,5,7-trihydroxyflavan
(2*S*)-6,7,4'- 三羟基黄烷 (2*S*)-6,7,4'-trihydroxyflavanone
5,7,4'- 三羟基黄烷 -(2α→*O*→7,4α→8)- 山柰酚 5,7,4'-trihydroxyflavan-(2*α*→*O*→7,4*α*→8)-kaempferol
2*S*-3',4',7- 三羟基黄烷 -(4α→8)- 儿茶素 2*S*-3',4',7-trihydroxyflavan-(4*α*→8)-catechin
2*S*-3',4',7- 三羟基黄烷 -(4*β*→8)- 儿茶素 2*S*-3',4',7-trihydroxyflavan-(4*β*→8)-catechin
(+)-3',4',7- 三羟基黄烷 -3,4- 二醇 (+)-3,4',7-trihydroxyflavan-3,4-diol
(2*S*)-4',5,7- 三羟基黄烷 -5-*O*-*β*-D- 吡喃木糖苷 (2*S*)-4',5,7-trihydroxy-flavan-5-*O*-*β*-D-xylopyranoside
7,3',4'- 三羟基黄烷 -7-*O*-*β*-D- 吡喃葡萄糖苷 7,3',4'-trihydroxyflavan-7-*O*-*β*-D-glucopyranoside
5,7,4'- 三羟基黄烷醇 5,7,4'-trihydroxyflavanol
(2*R*,3*R*)-3,5,7- 三羟基黄烷酮 (2*R*,3*R*)-3,5,7-trihydroxyflavanone
(2*S*)-5,6,7- 三羟基黄烷酮 (2*S*)-5,6,7-trihydroxyflavanone
(2*S*)-5,7,8- 三羟基黄烷酮 (2*S*)-5,7,8-trihydroxyflavanone
2(*S*)-2',6',7- 三羟基黄烷酮 2(*S*)-2',6',7-trihydroxyflavanone
2*S*-5,7,4'- 三羟基黄烷酮 (2*S*)-5,7,4'-trihydroxyflavanone
3',4',7- 三羟基黄烷酮 3',4',7-trihydroxyflavanone
3,5,7- 三羟基黄烷酮 3,5,7-trihydroxyflavanone
3',5',7- 三羟基黄烷酮 3',5',7-trihydroxyflavanone
4',5,7- 三羟基黄烷酮 4',5,7-trihydroxyflavanone
5,7,2'- 三羟基黄烷酮 5,7,2'-trihydroxyflavanone
5,7,4'- 三羟基黄烷酮 5,7,4'-trihydroxyflavanone
5,7,4- 三羟基黄烷酮 5,7,4-trihydroxyflavanone
6,7,4'- 三羟基黄烷酮 6,7,4'-trihydroxyflavanone
7,2',4'- 三羟基黄烷酮 7,2',4'-trihydroxyflavanone
7,3',4'- 三羟基黄烷酮 7,3',4'-trihydroxyflavanone
7,3',5'- 三羟基黄烷酮 7,3',5'-trihydroxyflavanone
(2*S*)-5,7,5'- 三羟基黄烷酮 -2'-*O*-*β*-D-2,6- 二 -*O*- 乙酰吡喃葡萄糖基 -(1→3)-*α*-L-2-*O*- 乙酰鼠李糖苷 (2*S*)-5,7,5'-trihydroxyflavanone-2'-*O*-*β*-D-2,6-di-*O*-acetylglucopyranosyl-(1→3)-*α*-L-2-*O*-acetylrhamnopyanoside
(2*S*)-5,7,5'- 三羟基黄烷酮 -2'-*O*-*β*-D-3,4,6- 三 -*O*- 乙酰吡喃葡萄糖基 -(1→3)-*α*-L-2-*O*- 乙酰鼠李糖苷 (2*S*)-5,7,5'-trihydroxyflavanone-2'-*O*-*β*-D-3,4,6-tri-*O*-acetylglucopyranosyl-(1→3)-*α*-L-2-*O*-acetylrhamnopyanoside
(2*S*)-5,7,5'- 三羟基黄烷酮 -2'-*O*-*β*-D-3,6- 二 -*O*- 乙酰吡喃葡萄糖基 -(1→3)-*α*-L-2-*O*- 乙酰鼠李糖苷 (2*S*)-5,7,5'-trihydroxyflavanone-2'-*O*-*β*-D-3,6-di-*O*-acetylglucopyranosyl-(1→3)-*α*-L-2-*O*-acetylrhamnopyanoside
(2*S*)-5,7,5'- 三羟基黄烷酮 -2'-*O*-*β*-D-4,6- 二 -*O*- 乙酰吡喃葡萄糖基 -(1→3)-*α*-L-2-*O*- 乙酰鼠李糖苷 (2*S*)-5,7,5'-trihydroxyflavanone-2'-*O*-*β*-D-4,6-di-*O*-acetylglucopyranosyl-(1→3)-*α*- L-2-*O*-acetylrhamnopyanoside
(2*S*)-5,7,5'- 三羟基黄烷酮 -2'-*O*-*β*-D-6-*O*- 乙酰吡喃葡萄糖基 -(1→3)-*α*-L-2-*O*- 乙酰鼠李糖苷 (2*S*)-5,7,5'-trihydroxyflavanone-2'-*O*-*β*-D-6-*O*-acetylglucopyranosyl-(1→3)-*α*-L-2-*O*-acetylrhamnopyanoside

S

(2*S*)-5,7,5'- 三羟基黄烷酮 -2'-*O*-*β*-D- 吡喃葡萄糖基 -(1 → 3)-*α*-L-2-*O*- 乙酰鼠李糖苷 (2*S*)-5,7,5'-trihydroxyflavanone-2'-*O*-*β*-D-glucopyranosyl-(1 → 3)-*α*-L-2-*O*-acetylrhamnopyanoside

2,7,4'- 三羟基黄烷酮 -5-*O*-*β*-D- 吡喃葡萄糖苷 2,7,4'-trihydroxyflavanone-5-*O*-*β*-D-glucopyranoside

(2*S*)-5,3',4'- 三羟基黄烷酮 -7-*O*-*β*-D- 吡喃葡萄糖苷 (2*S*)-5,3',4'-trihydroxyflavanone-7-*O*-*β*-D-glucopyranoside

5,3',4'- 三羟基黄烷酮 -7-*O*-*β*-D- 吡喃葡萄糖苷 5,3',4'-trihydroxyflavanone-7-*O*-*β*-D-glucopyranoside

5,7,8- 三羟基黄烷酮 -7-*O*-*β*-D- 葡萄糖醛酸苷 5,7,8-trihydroxyflavanone-7-*O*-*β*-D-glucuronide

5,3',4'- 三羟基黄烷酮 -7-*O*- 葡萄糖醛酸苷 5,3',4'-trihydroxyflavanone-7-*O*-glucuronide

(2*S*)-5,7,4'- 三羟基黄烷酮 -8-*C*-*β*-D-(6''-*O*- 乙酰基)- 吡喃葡萄糖苷 (2*S*)-5,7,4'-trihydroxyflavanone-8-C-*β*-D-(6''-*O*-acetyl)-glucopyranoside

5,7,4'- 三羟基黄烷酮醇 5,7,4'-trihydroxyflavanonol

2*α*,3*β*,4*α*- 三羟基降托品烷 2*α*,3*β*,4*α*-trihydroxynortropane

2*α*,7,8*β*- 三羟基宽叶缬草烷▲ 2*α*,7,8*β*-trihydroxykessane

2*α*,7,8*β*- 三羟基宽叶缬草烷▲ -8-*O*-*β*-D- 吡喃葡萄糖苷 2*α*,7,8*β*-trihydroxykessane-8-*O*-*β*-D-glucopyranoside

11,12,14- 三羟基冷杉 -8,11,13- 三烯 -7- 酮 11,12,14-trihydroxyabieta-8,11,13-trien-7-one

3,3',5- 三羟基联苯 3,3',5-trihydroxydiphenyl

4,2',3'- 三羟基联苯 4,2',3'-trihydroxybibenzyl

3,3',4- 三羟基联苄 3,3',4-trihydroxybibenzyl

3,3',5- 三羟基联苄 3,3',5-trihydroxybibenzyl

3',5',3''- 三羟基联苄 3',5',3''-trihydroxybibenzyl

3,5,4'- 三羟基联苄 3,5,4'-trihydroxybibenzyl

(2*α*,3*β*,5*α*,25*S*)-2,3,27- 三羟基螺甾 -3-*O*-*α*-L- 吡喃鼠李糖基 -(1 → 2)-*O*-[*α*-L- 吡喃鼠李糖基 -(1 → 4)]-*β*-D- 吡喃葡萄糖苷 (2*α*,3*β*,5*α*,25*S*)-2,3,27-trihydroxyspirostan-3-*O*-*α*-L-rhamnopyranoyl-(1 → 2)-*O*-[*α*-L-rhamnopyranoyl-(1 → 4)]-*β*-D-glucopyranoside

(23*R*,24*S*)-23,24,25- 三羟基绿玉树 -7- 烯 -3,6- 二酮 (23*R*,24*S*)-23,24,25-trihydroxytirucall-7-ene-3,6-dione

3*β*,5*α*,6*β*- 三羟基麦角甾 -7,22- 二烯 3*β*,5*α*,6*β*-trihydroxyergosta-7,22-diene

(22*E*,24*R*)-3*β*,5*α*,9*α*- 三羟基麦角甾 -7,22- 二烯 -6- 酮 (22*E*,24*R*)-3*β*,5*α*,9*α*-trihydroxyergosta-7,22-dien-6-one

3*β*,5*α*,9*α*- 三羟基麦角甾 -7,22- 二烯 -6- 酮 3*β*,5*α*,9*α*-trihydroxyergosta-7,22-dien-6-one

3,5,9- 三羟基麦角甾 -7,22- 二烯 -6- 酮 3,5,9-trihydroxyergosta-7,22-dien-6-one

1,4,5- 三羟基萘 -1,4- 二 -*O*-*β*-D- 吡喃葡萄糖苷 1,4,5-trihydroxynaphthalene-1,4-di-*O*-*β*-D-glucopyranoside

1,2,4- 三羟基萘 -1,4- 二 -*β*-D- 吡喃葡萄糖苷 1,2,4-trihydroxynaphthalene-1,4-di-*β*-D-glucopyranoside

1,4,5- 三羟基萘 -1,5- 二 -*O*-*β*-D- 吡喃葡萄糖苷 1,4,5-trihydroxynaphthalene-1,5-di-*O*-*β*-D-glucopyranoside

1,4,8- 三羟基萘 -1-*O*-*β*-D-[6'-*O*-(3',4',5'- 三羟基苯甲酰基)]- 吡喃葡萄糖苷 1,4,8-trihydroxynaphthalene-1-*O*-*β*-D-[6'-*O*-(3',4',5'-trihydroxybenzoyl)]-glucopyranoside

1,4,8- 三羟基萘 -1-*O*-*β*-D- 吡喃葡萄糖 -(1 → 6)-*α*-L- 吡喃阿拉伯糖苷 1,4,8-trihydroxynaphthalene-1-*O*-*β*-D-glucopyranosyl-(1 → 6)-*α*-L-arabinopyranoside

1,2,4- 三羟基萘 -1-*O*-*β*-D- 吡喃葡萄糖苷 1,2,4-trihydroxynaphthalene-1-*O*-*β*-D-glycopyranoside

1,4,8- 三羟基萘 -1-*O*-*β*-D- 吡喃葡萄糖苷 1,4,8-trihydroxynaphthalene-1-*O*-*β*-D-glucopyranoside

1,4,8- 三羟基萘 -1-*O*-*β*-D- 吡喃葡萄糖基 -(1 → 6)-*β*-D- 吡喃木糖苷 1,4,8-trihydroxynaphthalene-1-*O*-D-glucopyranosyl-(1 → 6)-*β*-D-xylopyranoside

1,2,4- 三羟基萘 -1-*O*- 吡喃葡萄糖苷 1,2,4-trihydroxynaphthalene-1-*O*-glucopyranoside

1*α*,2*β*,4*β*- 三羟基拟愈创木烷 -6*β*,12- 内酯 1*α*,2*β*,4*β*-trihydroxypseudoguaian-6*β*,12-olide

3*α*,4*β*,5*α*- 三羟基哌啶 3*α*,4*β*,5*α*-trihydroxypiperidine

3*β*,4*β*,5*α*- 三羟基哌啶 3*β*,4*β*,5*α*-trihydroxypiperidine

3,21,28- 三羟基齐墩果 -11,11(18)- 二烯 -3- 乙酸酯 3,21,28-trihydroxyoleana-11,11(18)-diene-3-acetate

3,23,28- 三羟基齐墩果 -11,13(18)- 二烯 3,23,28-trihydroxyolean-11,13(18)-diene

(4*β*)-2*α*,3*α*,23- 三羟基齐墩果 -11,13(18)- 二烯 -28- 酸 (4*β*)-2*α*,3*α*,23-trihydroxyoleana-11,13(18)-dien-28-oic acid

2*α*,3*α*,24- 三羟基齐墩果 -11,13(18)- 二烯 -28- 酸 2*α*,3*α*,24-trihydroxyolean-11,13(18)-dien-28-oic acid

2*α*,3*β*,19*α*- 三羟基齐墩果 -11,13(18)- 二烯 -28- 酸 2*α*,3*β*,19*α*-trihydroxyolean-11,13(18)-dien-28-olic acid

16*β*,23,28- 三羟基齐墩果 -11,13(18)- 二烯 -3-*O*-[*β*-D- 吡喃葡萄糖基 -(1 → 2)]-[*β*-D- 吡喃葡萄糖基 -(1 → 3)]-*β*-D- 吡喃岩藻糖苷 16*β*,23,28-trihydroxyoleana-11,13(18)-dien-3-*O*-[*β*-D-glucopyranosyl-(1 → 2)]-[*β*-D-glucopyranosyl-(1 → 3)]-*β*-D-fucopyranoside

16,23,28- 三羟基齐墩果 -11,13(18)- 二烯 -3-*O*-*α*-L- 吡喃岩藻糖苷 16,23,28-trihydroxyoleana-11,13(18)-diene-3-*O*-*α*-L-fucopyranoside

2*α*,3*β*,23- 三羟基齐墩果 -12(13)- 烯 -28- 酸 2*α*,3*β*,23-trihydroxyolean-12(13)-en-28-oic acid

2*α*,3*β*,23- 三羟基齐墩果 -12- 烯 2*α*,3*β*,23-trihydroxyolean-12-ene

3*β*,16*β*,22*α*- 三羟基齐墩果 -12- 烯 3*β*,16*β*,22*α*-trihydroxyolean-12-ene

3*β*,16*β*,28- 三羟基齐墩果 -12- 烯 3*β*,16*β*,28-trihydroxyolean-12-ene

3*β*,21*α*,24- 三羟基齐墩果 -12- 烯 3*β*,21*α*,24-trihydroxyolean-12-ene

3*β*,22*β*,24- 三羟基齐墩果 -12- 烯 3*β*,22 β ,24-trihydroxyolean-12-ene

3*β*,23,28- 三羟基齐墩果 -12- 烯 3*β*,23,28-trihydroxyolean-12-ene

2*α*,3*β*,23- 三羟基齐墩果 -12- 烯 - 2*α*,3*β*,23-trihydroxyolean-12-ene

2*β*,3*β*,19*α*- 三羟基齐墩果 -12- 烯 -13,28- 二羧酸 2*β*,3*β*,19*α*-trihydroxyolean-12-ene-13,28-dioic acid

3*β*,15*α*,23- 三羟基 - 齐墩果 -12- 烯 -16- 酮 3*β*,15*α*,23-trihydroxyolean-12-en-16-one

2*α*,3*β*,19*α*- 三羟基齐墩果 -12- 烯 -23,28- 二酸 2*α*,3*β*,19*α*-trihydroxyolean-12-ene-23,28-dioic acid

2*β*,3*β*,16*α*- 三羟基齐墩果 -12- 烯 -23,28- 二羧酸 2*β*,3*β*,16*α*-trihydroxyolean-12-en-23,28-dioic acid

2*β*,3*β*,16*α*- 三羟基齐墩果 -12- 烯 -23,28- 二羧酸 -3-*O*-*β*-D- 吡喃葡萄糖苷 2*β*,3*β*,16*α*-trihydroxy-olean-12-en-23,28-diotic acid-3-*O*-*α*-D-glucopyranoside

3*β*,6*β*,24- 三羟基齐墩果 -12- 烯 -27- 酸 3*β*,6*β*,24-trihydroxyolean-12-en-27-oic acid

2*α*,3*α*,24- 三羟基齐墩果 -12- 烯 -28,30- 二羧酸 2*α*,3*α*,24-trihydroxyolean-12-en-28,30-dioic acid

3*β*,21*α*,28- 三羟基齐墩果 -12- 烯 -28-*O*-[*β*-D- 吡喃阿拉伯糖基 -(1 → 3)]-*β*-D- 吡喃阿拉伯糖苷 3*β*,21*α*,28-trihydroxyolean-12-en-28-*O*-{*β*-D-arabinopyranosyl-(1→3)}-*β*-D-arabinopyranoside

2*α*,3*α*,19*α*- 三羟基齐墩果 -12- 烯 -28-*O*-*β*-D- 吡喃葡萄糖苷 2*α*,3*α*,19*α*-trihydroxyolean-12-en-28-*O*-*β*-D-glucopyranoside

S

2α,3β,19α- 三羟基齐墩果 -12- 烯 -28-O-β-D- 吡喃葡萄糖苷 2α,3β,19α-trihyhydroxyolean-12-en-28-O-β-D-glucopyranoside

(4β)-3β,16α,23- 三羟基齐墩果 -12- 烯 -28- 酸 (4β)-3β,16α,23-trihydroxyolean-12-en-28-oic acid

1α,2α,3β- 三羟基齐墩果 -12- 烯 -28- 酸 1α,2α,3β-trihydroxyl-olean-12-en-28-oic acid

1α,3β,23- 三羟基齐墩果 -12- 烯 -28- 酸 1α,3β,23-trihydroxyolean-12-en-28-oic acid

1β,3β,19β- 三羟基齐墩果 -12- 烯 -28- 酸 1β,3β,19β-trihydroxyolean-12-en-28-oic acid

2,3,19- 三羟基齐墩果 -12- 烯 -28- 酸 2,3,19-trihydroxy-12-oleanen-28-oic acid

2α,3α,23- 三羟基齐墩果 -12- 烯 -28- 酸 2α,3α,23-trihydroxyolean-12-en-28-oic acid

2α,3α,24- 三羟基齐墩果 -12- 烯 -28- 酸 2α,3α,24-trihydroxyolean-12-en-28-oic acid

2α,3β,19- 三羟基齐墩果 -12- 烯 -28- 酸 2α,3β,19-trihydroxyolean-12-en-28-oic acid

2α,3β,23- 三羟基齐墩果 -12- 烯 -28- 酸 2α,3β,23-trihydroxyolean-12-en-28-oic acid

2α,3β,24- 三羟基齐墩果 -12- 烯 -28- 酸 2α,3β,24-trihydroxyolean-12-en-28-oic acid

2α,3β,29- 三羟基齐墩果 -12- 烯 -28- 酸 2α,3β,29-trihydroxyolean-12-en-28-oic acid

3α,24,29- 三羟基齐墩果 -12- 烯 -28- 酸 3α,24,29-trihydroxyolean-12-en-28-oic acid

3α,6α,23- 三羟基齐墩果 -12- 烯 -28- 酸 3α,6α,23-trihydroxyolean-12-en-28-oic acid

3β,16β,21β- 三羟基齐墩果 -12- 烯 -28- 酸 3β,16β,21β-trihydroxyolean-12-en-28-oic acid

3β,23,24- 三羟基齐墩果 -12- 烯 -28- 酸 3β,23,24-trihydroxyolean-12-en-28-oic acid

3β,6β,23- 三羟基齐墩果 -12- 烯 -28- 酸 3β,6β,23-trihydroxyolean-12-en-28-oic acid

3β,6β,19α- 三羟基 - 齐墩果 -12- 烯 -28- 酸 3β,6β,19α-trihydroxy-olean-12-en-28-oic acid

2α,3β,6β- 三羟基齐墩果 -12- 烯 -28- 酸 -28-[O-α-L- 吡喃鼠李糖基 -(1 → 4)-O-β-D- 吡喃葡萄糖基 -(1 → 6)-β-D- 吡喃葡萄糖基] 酯苷 2α,3β,6β-trihydroxyolean-12-en-28-oic acid-28-[O-α-L-rhamnopyranosyl-(1 → 4)-O-β-D-glucopyranosyl-(1 → 6)-β-D-glucopyranosyl]ester

2α,3β,6β- 三羟基齐墩果 -12- 烯 -28- 酸 -28-O-[α-L- 吡喃鼠李糖基 -(1 → 4)-β-D- 吡喃葡萄糖基 -(1 → 6)-β-D- 吡喃葡萄糖基] 酯苷 2α,3β,6β-trihydroxyolean-12-en-28-oic acid-28-O-[α-L-rhamnopyranosyl-(1 → 4)-β-D-glucopyranosyl-(1 → 6)-β-D-glucopyranosyl]ester

2α,3α,19α- 三羟基齐墩果 -12- 烯 -28- 酸 -28-O-β-D- 吡喃木糖基 -(1 → 2)-β-D- 吡喃葡萄糖基酯 2α,3α,19α-trihydroxyolean-12-en-28-oic acid-28-O-β-D-xylopyranosyl-(1 → 2)-β-D-glucopyranosyl ester

2α,3β,23- 三羟基齐墩果 -12- 烯 -28- 酸 -28-O-β-D- 吡喃葡萄糖苷 2α,3β,23-trihydroxyolean-12-en-28-oic acid-28-O-β-D-glucopyranoside

2α,3α,24- 三羟基齐墩果 -12- 烯 -28- 酸 -28-O-β-D- 吡喃葡萄糖基 -(1 → 2)-β-D- 吡喃葡萄糖基 -(1 → 2)-β-D- 吡喃葡萄糖酯苷 2α,3α,24-trihydroxyolean-12-en-28-oic acid-28-O-β-D-glucopyranosyl-(1 → 2)-β-D-glucopyranosyl-(1 → 2)-β-D-glucopyranosyl ester

2α,3α,24- 三羟基齐墩果 -12- 烯 -28- 酸 -28-O-β-D- 吡喃葡萄糖基 -(1 → 2)-β-D- 吡喃葡萄糖酯苷 2α,3α,24-trihydroxyolean-12-en-28-oic acid-28-O-β-D-glucopyranosyl-(1 → 2)-β-D-glucopyranosyl ester

2α,3α,24- 三羟基 - 齐墩果 -12- 烯 -28- 酸 -28-O-β-D- 吡喃葡萄糖酯苷 2α,3α,24-trihydroxyolean-12-en-28-oic acid-28-O-β-D-glucopyranosyl ester

2α,3α,24- 三羟基齐墩果 -12- 烯 -28- 酸 -3-O-β-D- 吡喃葡萄糖基 -(1 → 2)-β-D- 吡喃葡萄糖苷 2α,3α,24-trihydroxyolean-12-en-28-oic acid-3-O-β-D-glucopyranosyl-(1 → 2)-β-D-glucopyranosise

2α,3β,23- 三羟基齐墩果 -12- 烯 -28- 酸 -O-α-L- 吡喃鼠李糖基 -(1 → 4)-β-D- 吡喃葡萄糖基 -(1 → 6)-β-D- 吡喃葡萄糖基酯苷 2α,3β,23-trihydroxyolean-12-en-28-oic acid-O-α-L-rhamnopyranosyl-(1 → 4)-β-D-glucopyranosyl-(1 → 6)-β-D-glucopyranosylester

2α,3β,23- 三羟基齐墩果 12- 烯 -28- 酸 -O-β-D- 吡喃木糖基 -(1 → 3)-α-L- 吡喃鼠李糖基 -(1 → 4)-β-D- 吡喃葡萄糖基 -(1 → 6)-β-D- 吡喃葡萄糖基酯苷 2α,3β,23-trihydroxyolean-12-en-28-oic acid-O-β-D-xylopyranosyl-(1 → 3)-α-L-rhamnopyranosyl-(1 → 4)-β-D-glucopyranosyl-(1 → 6)-β-D-glucopyranosyl ester

2α,3β,23- 三羟基齐墩果 -12- 烯 -28- 酸 -O-β- 吡喃葡萄糖基酯 2α,3β,23-trihydroxyolean-12-en-28-oic acid-O-β-D-glucopyranosylester

(2β,3β,4α)-2,3,23- 三羟基齐墩果 -12- 烯 -28- 羧酸甲酯 (2β,3β,4α)-2,3,23-trihydroxy-olean-12-en-28-oic acid methyl ester

3β,21β,22β- 三羟基齐墩果 12- 烯 -29- 酸 -3-O-α-L- 吡喃鼠李糖基 -(1 → 2)-β-D- 吡喃半乳糖基 -(1 → 2)-β-D- 吡喃葡萄糖醛酸苷 3β,21β,22β-trihydroxyolean-12-en-29-oic acid-3-O-α-L-rhamnopyranosyl-(1 → 2)-β-D-galactopyranosyl-(1 → 2)-β-D-glucuronopyranosiduronic acid

(3β,16α,20α)-3,16,28- 三羟基齐墩果 -12- 烯 -29- 酸 -3-O-β-D- 吡喃葡萄糖基 -(1 → 2)-O-[β-D- 吡喃葡萄糖基 -(1 → 4)]-α-L- 吡喃阿拉伯糖苷 (3β,16α,20α)-3,16,28-trihydroxyolean-12-en-29-oic acid-3-O-β-D-glucopyranosyl-(1 → 2)-O-[β-D-glucopyranosyl-(1 → 4)]-α-L-arabinopyranoside

16α,23,28- 三羟基 - 齐墩果 -12- 烯 -3-O-α-L- 吡喃阿拉伯糖苷 16α,23,28-trihydroxy-olean-12-en-3-O-α-L-arabinopyranoside

3β,16β,22α- 三羟基 - 齐墩果 -12- 烯 -3-O-β-D- 吡喃木糖基 -(1 → 6)-β-D- 吡喃葡萄糖基 -(1 → 6)-β-D- 吡喃葡萄糖苷 3β,16β,22α-trihydroxy-olean-12-ene-3-O-β-D-xylopyranosyl-(1 → 6)-β-D-glucopyranosyl-(1 → 6)-β-D-glucopyranoside

3β,23,28- 三羟基齐墩果 -12- 烯 -3-O-β-D- 吡喃葡萄糖苷 3β,23,28-trihydroxy-olean-12-en-3-O-β-D-glucopyranoside

(3β,16β,21β)-16,21,28- 三羟基齐墩果 -12- 烯 -3-O-β-D- 吡喃葡萄糖基 -(1 → 2)-β-D- 吡喃葡萄糖醛酸苷 (3β,16β,21β)-16,21,28-trihydroxyolean-12-en-3-O-β-D-glucopyranosyl-(1 → 2)-β-D-glucuronopyranoside

(4β,20α)-22β,23,29- 三羟基齐墩果 -12- 烯 -3β-O- 吡喃鼠李糖基 -(1 → 2)-O-β-D- 吡喃葡萄糖基 -(1 → 4)-β-D- 吡喃葡萄糖醛酸 (4β,20α)-22β,23,29-trihydroxyolean-12-en-3β-O-rhamnopyranosyl-(1 → 2)-O-β-D-glucopyranosyl-(1 → 4)-β-D-glucopyranosiduronic acid

16β,23,28- 三羟基齐墩果 -12- 烯 -3- 酮 16β,23,28-trihydroxyolean-12-en-3-one

2α,3α,24- 三羟基齐墩果 -18- 烯 -28- 酸 2α,3α,24-trihydroxyolean-18-en-28-oic acid

2α,3β,19α- 三羟基齐墩果 -28-O-β-D- 葡萄糖苷 2α,3β,19α-trihydroxyolean-28-O-β-D-glucoside

2,3,23- 三羟基齐墩果酸 2,3,23-trihydroxyoleanolic acid

2α, 3α19α- 三羟基齐墩果酸 2α,3α,l9α-trihydroxyl-oleanolic acid

S

2α,3α,19α- 三羟基齐墩果酸 2α,3α,19α-trihydroxyoleanolic acid
2α,3β,23- 三羟基齐墩果酸 2α,3β,23-trihydroxyoleanolic acid
2α,3β,24- 三羟基齐墩果酸 2α,3β, 24-trihydroxyoleanolic acid
3β,6α,24- 三羟基齐墩果酸 3β,6α,24-trihydroxyoleanolic acid
2α,3β,23- 三羟基齐墩果酸 -28-O-α-L- 吡喃鼠李糖基 -(1 → 4)-O-β-D- 吡喃葡萄糖基 -(1 → 6)-β-D- 吡喃葡萄糖基酯 2α,3β,23-trihydroxyolean-12-en-28-oic acid-O-α-L-rhamnopyranosyl-(1 → 4)-O-β-D-glucopyranosyl-(1 → 6)-β-D-glucopyranosyl ester
2α,3β,23- 三羟基齐墩果酸 -28-O-β-D- 吡喃葡萄糖基酯 2α,3β,23-trihydroxyolean-12-en-28-oic acid-O-β-D-glucopyranosyl ester
2α,3β,23- 三羟基齐墩果酸 -28-β-D- 吡喃葡萄糖酯苷 2α,3β,23-trihydroxyloleanolic acid-28-β-D-glucopyranosyl ester
2α,3β,23- 三羟基齐墩果酸 -O-β-D- 吡喃葡萄糖酯苷 2α,3β,23-trihydroxy oleanolic acid-O-β-D-glucopyranoside
3α,21β,24- 三羟基千层塔 -14- 烯 3α,21β,24-trihydroxyserrat-14-ene
3β,21β,24- 三羟基千层塔 -14- 烯 3β,21β,24-trihydroxyserrat-14-ene
3R,21α,24- 三羟基千层塔 -14- 烯 -16- 酮 3R,21α,24-trihydroxyserrat-14-en-16-one
3α,21α,30- 三羟基千层塔 -14- 烯 -16- 酮 3α,21α,30-trihydroxyserrat-14-en-16-one
3α,21β,24- 三羟基千层塔 -14- 烯 -16- 酮 3α,21β,24-trihydroxyserrat-14-en-16-one
3β,21β,24- 三羟基千层塔 -14- 烯 -16- 酮 3β,21β,24-trihydroxyserrat-14-en-16-one
3β,21β,24- 三羟基千层塔 -14- 烯 -24-(4'- 羟基苯甲酸酯) 3β,21β,24-trihydroxyserrat-14-en-24-(4'-hydroxybenzoate)
3α,20β,21β- 三羟基千层塔 -14- 烯 -24- 酸 3α,20β,21β-trihydroxyserrat-14-en-24-oic acid
3β,20β,21β- 三羟基千层塔 -14- 烯 -24- 酸 3β,20β,21β-trihydroxyserrat-14-en-24-oic acid
3β,21β,29- 三羟基千层塔 -14- 烯 -24- 酸 -3β-(4- 羟基 -3- 甲氧基苯甲酸酯) 3β,21β,29-trihydroxyserrat-14-en-24-oic acid-3β-(4-hydroxy-3-methoxybenzoate)
3β,21β,29- 三羟基千层塔 -14- 烯 -24- 酸 -3β- 对羟基苯甲酸酯 33β,21β,29-trihydroxyserrat-14-en-24-oic acid-3β-(4-hydroxybenzoate)
3β,21α,24- 三羟基千层塔 -14- 烯 -3-(4'- 羟基苯甲酸酯) 3β,21α,24-trihydroxysrrat-14-en-3-(4'-hydroxybenzoate)
三羟基三甲氧基黄酮 trihydroxytrimethoxyflavone
5,6,7- 三羟基三十一烷 -14,16- 二酮 5,6,7-trihydroxyhentriacontane-14,16-dione
3,5,7- 三羟基色酮 3,5,7-trihydroxychromone
3,5,7- 三羟基色酮 -3-O-α-L- 吡喃阿拉伯糖苷 3,5,7-trihydroxylchromone-3-O-α-L-arabinopyranoside
3,5,7- 三羟基色酮 -3-O-α-L- 吡喃鼠李糖苷 3,5,7-trihydroxychromone-3-O-α-L-rhamnopyranoside
3,5,7- 三羟基色酮 -3-O-α-L- 呋喃阿拉伯糖苷 3,5,7-trihydroxychromone-3-O-α-L-arabinofuranoside
3,5,7- 三羟基色酮 -3-O-β-D- 吡喃木糖苷 3,5,7-trihydroxychromone-3-O-β-D-xylopyranoside
1,2,5- 三羟基叫酮 1,2,5-trihydroxyxanthone
1,2,8- 三羟基叫酮 1,2,8-trihydroxyxanthone
1,3,5- 三羟基叫酮 1,3,5-trihydroxyxanthone
1,3,6- 三羟基叫酮 1,3,6-trihydroxyxanthone
1,3,7- 三羟基叫酮 1,3,7-trihydroxyxanthone
1,4,5- 三羟基叫酮 1,4,5-trihydroxyxanthone
1,4,7- 三羟基叫酮 1,4,7-trihydroxyxanthone
1,5,6- 三羟基叫酮 1,5,6-trihydroxyxanthone
3,7,8- 三羟基叫酮 -1-O-β-D- 吡喃葡萄糖苷 3,7,8-trihydroxyxanthone-1-O-β-D-glucopyranoside
1,3,7- 三羟基叫酮 -4-β-D- 吡喃葡萄糖苷 1,3,7-trihydroxy-4-β-D-glucopyranosyl-xanthone
1,3,5- 三羟基叫酮 -8-O-β-D- 吡喃葡萄糖苷 1,3,5-trihydroxyxanthone-8-O-β-D-glucopyranoside
8,9,10- 三羟基麝香草酚 8,9,10-trihydroxythymol
9,12,13- 三羟基十八碳 -10(E),15(Z)- 二烯酸 9,12,13-trihydroxyoctadeca-10(E),15(Z)-dienoic acid
9,12,13- 三羟基十八碳 -10(Z),15(Z)- 二烯酸 9,12,13-trihydroxyoctadeca-10(Z),15(Z)-dienoic acid
(10E,15Z)-9,12,13- 三羟基十八碳 -10,15- 二烯酸 (10E,15Z)-9,12,13-trihydroxyoctadeca-10,15-dienoic acid
5,6,9- 三羟基 - 十八碳 -7- 烯酸 5,6,9-trihydroxy-octadec-7-enoic acid
9,12,13- 三羟基十八烷 -10E,15Z- 二烯酸甲酯 methyl 9,12,13-trihydroxyoctadeca-10E,15Z-dienoate
(9E)-8,11,12- 三羟基 - 十八烯酸甲酯 (9E)-8,11,12-trihydroxyoctadecenoic acid methyl ester
(2R,4R,6E)-1,2,4- 三羟基十九碳 -6- 烯 (2R,4R,6E)-1,2,4-trihydroxynonadec-6-ene
(2R,4R)-1,2,4- 三羟基十九烷 (2R,4R)-1,2,4-trihydroxynonadecane
1,2,4- 三羟基十九烷 1,2,4-trihydroxynonadecane
(2R,4R)-1,2,4- 三羟基十七碳 -16- 炔 (2R,4R)-1,2,4-trihydroxyheptadec-16-yne
1,2,4- 三羟基十七碳 -16- 炔 1,2,4-trihydroxyheptadec-16-yne
(2R,4R)-1,2,4- 三羟基十七碳 -16- 烯 (2R,4R)-1,2,4-trihydroxyheptadec-16-ene
1,2,4- 三羟基十七碳 -16- 烯 1,2,4-trihydroxyheptadec-16-ene
4α,8β,12β- 三羟基石松碱 4α,8β,12β-trihydroxylycopodine
(20R,22R)-1α,3β,20β- 三羟基 - 睡茄 -5,24- 二烯内酯 (20R,22R)-1α,3β,20β-trihydroxy-witha-5,24-dienolide
6a,7,10a- 三羟基四氢大麻酚 6a,7,10a-trihydroxytetrahydrocannabinol
2S,3S,4S- 三羟基戊酸 2S,3S,4S-trihydroxypentanoic acid
2S,3S,4S- 三羟基 - 戊酸 2S,3S,4S-trihydroxy-pentanoic acid
7α,8α,13- 三羟基 - 小皮伞 -5- 酸 -γ- 内酯 7α,8α,13-trihydroxy-marasm-5-oic acid-γ-lactone
7α,8β,13- 三羟基 - 小皮伞 -5- 酸 -γ- 内酯 7α,8β,13-trihydroxy-marasm-5-oic acid-γ-lactone
9α,10α,13- 三羟基 - 小皮伞 -7(8)- 烯 - 酸 -γ- 内酯 9α,10α,13-trihydroxy-marasm-7(8)en-oic acid-γ-lactone
5,10α,13- 三羟基 - 小皮伞 -7,(8)- 烯 5,10α,13-trihydroxy-marasm-7,(8)-ene
2α,3α,24- 三羟基熊果 -11- 烯 -13β,28- 内酯 2α,3α,13β,24-tetrahydroxyurs-11-en-28-oic acid-13-lactone
2α,3α,24- 三羟基熊果 -11- 烯 -28,13β- 内酯 2α,3α,24-trihydroxyurs-11-en-28,13β-olide
2α,3β,13β- 三羟基 - 熊果 -11- 烯 -28- 油酸 2α,3β,13β-trihydroxy-urs-11-en-28-oic acid
2α,3α,24- 三羟基熊果 -12(13)- 烯 -28- 酸 2α,3α,24-trihydroxyurs-12(13)-en-28-oic acid
2α,3β,24- 三羟基熊果 -12(13)- 烯 -28- 酸 2α,3β,24-trihydroxyurs-12(13)-en-28-oic acid
2α,3β,23- 三羟基熊果 -12,18- 二烯 -28- 酸 2α,3β,23-trihydroxyurs-12,18-diene-28-oic acid
2α,3β,23- 三羟基熊果 -12,18- 二烯 -28- 酸 -28-O-β-D- 吡喃葡萄糖酯苷 2α,3β,23-trihydroxyurs-12,18-dien-28-oic acid-28-O-β-D-glucopyranosyl ester
2α,3α,24- 三羟基熊果 -12,18- 二烯 -28- 酸 -β-D- 吡喃葡萄糖酯苷

S

2α,3α,24-trihydroxyurs-12,18-dien-28-oic acid-β-D-glucopyranosyl ester
2α,3α,23- 三羟基熊果 -12,19(29)- 二烯 -28- 酸 -β-D- 吡喃葡萄糖酯苷 2α,3α,23-trihydroxyurs-12,19(29)-dien-28-oic acid-β-D-glucopyranosyl ester
2α,3β,23- 三羟基熊果 -12,19- 二烯 -28- 酸 2α,3β,23-trihydroxyurs-12,19-diene-28-oic acid
2α,3β,23- 三羟基熊果 -12,19- 二烯 -28- 酸 -28-O-β-D- 吡喃葡萄糖酯苷 2α,3β,23-trihydroxyurs-12,19-dien-28-oic acid-28-O-β-D-glucopyranosyl ester
2,3,24- 三羟基熊果 -12,20(30)- 二烯 -28- 酸 2,3,24-trihydroxyurs-12,20(30)-dien-28-oic acid
2α,3α,23- 三羟基熊果 -12,20(30)- 二烯 -28- 酸 2α,3α,23-trihydroxyurs-12,20(30)-dien-28-oic acid
2α,3α,24- 三羟基熊果 -12,20(30)- 二烯 -28- 酸 2α,3α,24-trihydroxyurs-12,20(30)-dien-28-oic acid
2α,3β,23- 三羟基熊果 -12,20(30)- 二烯 -28- 酸 -28-O-β-D- 吡喃葡萄糖苷 2α,3β,23-trihydroxyurs-12,20(30)-dien-28-oic acid-28-O-β-D-glucopyranoside
1β,3β,11α- 三羟基熊果 -12- 烯 1β,3β,11α-trihydroxyurs-12-ene
2,3,19- 三羟基熊果 -12- 烯 -23,28- 二酸 2,3,19-trihydroxyurs-12-en-23,28-dioic acid
2α,3β,19α- 三羟基熊果 -12- 烯 -23,28- 二酸 2α,3β,19α-trihydroxyurs-12-ene-23,28-dioic acid
2α,3β,19α- 三羟基熊果 -12- 烯 -23,28- 二酸 -23- 甲酯 2α,3β,19α-trihydroxyurs-12-ene-23,28-dioic acid-23-methyl ester
2α,3β,19α- 三羟基熊果 -12- 烯 -23,28- 二酸 -28-O-6'-O- 甲基 -β-D- 吡喃葡萄糖酯苷 2α,3β,19α-trihydroxyurs-12-ene-23,28-dioic acid-28-O-(6'-O-methyl-β-D-glucopyranosyl)ester
2α,3α,24- 三羟基熊果 -12- 烯 -23,28- 二羧酸 2α,3α,24-trihydroxyurs-12-en-23,28-dioic acid
2α,3β,19α- 三羟基熊果 -12- 烯 -23,28- 二羧酸 2α,3β,19α-3-trihydroxyurs-12-en-23,28-dicarboxylic acid
2α,3β,19- 三羟基熊果 -12- 烯 -23,28- 二羧酸 -28-β-D- 吡喃葡萄糖基 -23- 甲酯 2α,3β,19-trihydroxyurs-12-ene-23,28-dioic acid-28-β-D-glucopyranosyl-23-methyl ester
2α,3β,19α- 三羟基熊果 -12- 烯 -23- 酸 -28-O- 吡喃葡萄糖酯苷 2α,3β,19α-trihydroxyurs-12-en-23-carboxyl-28-O-glucopyranosyl ester
2α,3β,19α- 三羟基熊果 -12- 烯 -24,28- 二酸 2α,3β,19α-trihydroxyurs-12-en-24,28-dioic acid
3β,19α,20β- 三羟基熊果 -12- 烯 -24,28- 二酸 3β,19α,20β-trihydroxyurs-12-ene-24,28-dioic acid
2α,3α,23- 三羟基熊果 -12- 烯 -24,28- 二羧酸 -28-β-D- 吡喃葡萄糖酯苷 2α,3α,23-trihydroxyurs-12-en-24,28-dioic acid-28-β-D-glucopyranosyl ester
2α,3α,19α- 三羟基熊果 -12- 烯 -24- 甲酰基 -28- 酸 -28-O-β-D- 吡喃葡萄糖酯苷 2α,3α,19α-trihydroxyurs-12-en-24-formyl-28-oic acid-28-O-β-D-glucopyranosyl ester
3β,19α,23- 三羟基熊果 -12- 烯 -24- 醛 -28- 酸 3β,19α,23-trihydroxyurs-12-en-24-al-28-oic acid
3β,6β,24- 三羟基熊果 -12- 烯 -27- 酸 3β,6β,24-trihydroxyurs-12-en-27-oic acid
3β,6β,7α- 三羟基熊果 -12- 烯 -27- 酸 3β,6β,7α-trihydroxyurs-12-en-27-oic acid
2α,3β,24- 三羟基熊果 -12- 烯 -28,30- 内酯 2α,3β,24-trihydroxyurs-12-en-28,30-olide
2α,3α,19α- 三羟基熊果 -12- 烯 -28-O-β-D- 吡喃葡萄糖苷 2α,3α,19α-trihydroxyurs-12-en-28-O-β-D-glucopyranoside
2α,3β,19α- 三羟基熊果 -12- 烯 -28-O-β-D- 吡喃葡萄糖苷 2α,3β,19α-trihydroxyurs-12-en-28-O-β-D-glucopyranoside
1,3,19- 三羟基熊果 -12- 烯 -28- 酸 1,3,19-trihydroxyurs-12-en-28-oic acid
2,3,19- 三羟基熊果 -12- 烯 -28- 酸 2,3,19-trihydroxyurs-12-en-28-oic acid
2α,3α,19α- 三羟基熊果 -12- 烯 -28- 酸 2α,3α,19α-trihydroxyurs-12-en-28-oic acid
2α,3α,19- 三羟基熊果 -12- 烯 -28- 酸 2α,3α,19-trihydroxyurs-12-en-28-oic acid
2α,3α,23- 三羟基熊果 -12- 烯 -28- 酸 2α,3α,23-trihydroxyurs-12-en-28-oic acid
2α,3α,24- 三羟基熊果 -12- 烯 -28- 酸 2α,3α,24-trihydroxyurs-12-en-28-oic acid
2α,3β,19α- 三羟基熊果 -12- 烯 -28- 酸 2α,3β,19α-trihydroxyurs-12-en-28-oic acid
2α,3β,19- 三羟基熊果 -12- 烯 -28- 酸 2α,3β,19-trihydroxyurs-12-en-28-oic acid
2α,3β,23- 三羟基熊果 -12- 烯 -28- 酸 2α,3β,23-trihydroxyurs-12-en-28-oic acid
2α,3β,24- 三羟基熊果 -12- 烯 -28- 酸 2α,3β,24-trihydroxyurs-12-en-28-oic acid
2α,3β,6β- 三羟基熊果 -12- 烯 -28- 酸 2α,3β,6β-trihydroxyurs-12-en-28-oic acid
2β,3α,23- 三羟基熊果 -12- 烯 -28- 酸 2β,3α,23-trihydroxyurs-12-en-28-oic acid
2β,3β,19α- 三羟基熊果 -12- 烯 -28- 酸 2β,3β,19α-trihydroxyurs-12-en-28-oic acid
2β,3β,23- 三羟基熊果 -12- 烯 -28- 酸 2β,3β,23-trihydroxyurs-12-en-28-oic acid
3β,19α,23- 三羟基熊果 -12- 烯 -28- 酸 3β,19α,23-trihydroxyurs-12-en-28-oic acid
3β,19α,24- 三羟基熊果 -12- 烯 -28- 酸 3β,19α,24-trihydroxyurs-12-en-28-oic acid
3β,6β,19α- 三羟基熊果 -12- 烯 -28- 酸 3β,6β,19α-trihydroxyurs-12-en-28-oic acid
3β,6β,23- 三羟基熊果 -12- 烯 -28- 酸 3β,6β,23-trihydroxyurs-12-en-28-oic acid
3β-6β-19α- 三羟基熊果 -12- 烯 -28- 酸 3β-6β-19α-trihydroxyurs-12-en-28-oic acid
2α,3β,23- 三羟基 - 熊果 -12- 烯 -28- 酸 2α,3β,23-trihydroxyurs-12-ene-28-oic acid
3β,6β,19α- 三羟基 - 熊果 -12- 烯 -28- 酸 3β,6β,19α-trihydroxy-urs-12-en-28-oic acid
3β,21α,23- 三羟基 - 熊果 -12- 烯 -28- 酸 -21-O-β-D- 吡喃葡萄糖苷 3β,21α,23-trihydroxy-urs-12-en-28-oic acid-21-O-β-D-glucopyranoside
2α,3α,19α- 三羟基熊果 -12- 烯 -28- 酸 -28-O-β-D- 吡喃木糖基 -(1 → 2)-β-D- 吡喃葡萄糖苷 2α,3α,19α-trihydroxyurs-12-en-28-oic acid-28-O-β-D-xylopyranosyl-(1 → 2)-β-D-glucopyranoside
2α,3β,19α- 三羟基熊果 -12- 烯 -28- 酸 -28-O-β-D- 吡喃葡萄糖苷 2α,3β,19α-trihydroxyurs-12-en-28-oic acid-28-O-β-D-glucopyranoside
2α,3α,19α- 三羟基熊果 -12- 烯 -28- 酸 -28-O-β-D- 吡喃葡萄糖基酯 2α,3α,19α-trihydroxyurs-12-en-28-oic acid-28-O-β-D-glucopyranosyl ester
2α,3α,24- 三羟基熊果 -12- 烯 -28- 酸 -28-O-β-D- 吡喃葡萄糖基酯苷 2α,3α,24-trihydroxyurs-12-en-28-oic acid-28-O-β-D-glucopyranosyl ester

S

2α,3β,23- 三羟基熊果 -12- 烯 -28- 酸 -O-α-L- 吡喃鼠李糖基 -(1→4)-β-D- 吡喃葡萄糖基 -(1→6)-β-D- 吡喃葡萄糖基酯苷 2α,3β,23-trihydroxyurs-12-en-28-oicacid-O-α-L-rhamnopyranosyl-(1→4)-β-D-glucopyranosyl-(1→6)-β-D-glucopyranosylester

2α,3β,23- 三羟基熊果 -12- 烯 -28- 酸 -O-β-D- 吡喃木糖基 -(1→3)-α-L- 吡喃鼠李糖基 -(1→4)-β-D- 吡喃葡萄糖基 -(1→6)-β-D- 吡喃葡萄糖基酯苷 2α,3β,23-trihydroxyurs-12-en-28-oic acid-O-β-D-xylopyranosyl-(1→3)-α-L-rhamnopyranosyl-(1→4)-β-D-glucopyranosyl-(1→6)-β-D-glucopyranosylester

2α,3β,23- 三羟基熊果 -12- 烯 -28- 酸 -O-β-D- 吡喃葡萄糖基酯苷 2α,3β,23-trihydroxyurs-12-en-28-oic acid-O-β-D-glucopyranosyl ester

2α,3β,23- 三羟基熊果 -12- 烯 -28- 酸 -β-D- 吡喃葡萄糖基酯 2α,3β,23-trihydroxyurs-12-en-28-oic acid-β-D-glucopyranosyl ester

3α,19α,23- 三羟基熊果 -12- 烯 -28- 酸甲酯 3α,19α,23-trihydroxyurs-12-en-28-oic acid methyl ester

11α,12,16β- 三羟基熊果 -12- 烯 -3- 酮 11α,12,16β-trihydroxyurs-12-en-3-one

6β,19α,22α- 三羟基熊果 -12- 烯 -3- 氧代 -28- 酸 6β,19α,22α-trihydroxyurs-12-en-3-oxo-28-oic acid

(4α)-3β,23,30- 三羟基熊果 -20- 烯 -28- 醛 -3,23- 二硫酸酯钠盐 (4α)-3β,23,30-trihydroxyurs-20-en-28-al-3,23-di(sulfate)sodium salt

2α,3β,23- 三羟基熊果 -20- 烯 -28- 酸 2α,3β,23-trihydroxyurs-20-en-28-oic acid

2α,3β,23- 三羟基熊果 -20- 烯 -28- 酸 -O-α-L- 吡喃鼠李糖基 -(1→4)-O-β-D- 吡喃葡萄糖基 -(1→6)-O-β-D- 吡喃葡萄糖基酯 2α,3β,23-trihydroxyurs-20-en-28-oic acid-O-α-L-rhamnopyranosyl-(1→4)-O-β-D-glucopyranosyl-(1→6)-O-β-D-glucopyranosyl ester

(4α)-3β,23,28- 三羟基熊果 -20- 烯 -30-O-β-D- 吡喃葡萄糖苷 -3,23- 二硫酸酯钠盐 (4α)-3β,23,28-trihydroxyurs-20-en-30-O-β-D-glucopyranoside-3,23-di(sulfate)sodium salt

3β,6β,19α- 三羟基熊果 -23- 醛 -12- 烯 -28- 酸 3β,6β,19α-trihydroxyurs-23-aldehyde-12-en-28-oic acid

2,3,19- 三羟基熊果 -5,12- 二烯 -28- 酸 2,3,19-trihydroxyurs-5,12-dien-28-acid

2α,3β,23- 三羟基熊果 -5,12- 二烯 -28- 酸 2α,3β,23-trihydroxyurs-5,12-dien-28-oic acid

2α,19α,23- 三羟基熊果酸 2α,19α,23-trihydroxyursolic acid

2α,3α,19α- 三羟基熊果酸 2α,3α,19α-trihydroxyursolic acid

2α,3α,23- 三羟基熊果酸 2α,3α,23-trihydroxyursolic acid

2α,3α,24- 三羟基熊果酸 2α,3α,24-trihydroxyursolic acid

2α,3β,19α- 三羟基熊果酸 2α,3β,19α-trihydroxyursolic acid

2α,3β,19β- 三羟基熊果酸 2α,3β,19β-trihydroxyursolic acid

2α,3β,23- 三羟基熊果酸 2α,3β,23-trihydroxyursolic acid

2α,3β,24- 三羟基熊果酸 2α,3β,24-trihydroxyursolic acid

2β,3β,19α- 三羟基熊果酸 2β,3β,19α-trihydroxyursolic acid

2β,3β,23- 三羟基熊果酸 2β,3β,23-trihydroxyursolic acid

3α,9α,24- 三羟基熊果酸 3α,9α,24-trihydroxyurolic acid

3β,6α,19α- 三羟基熊果酸 3β,6α,19α-trihydroxy-ursolic acid

2α,3β,21β- 三羟基熊果酸 -28-O-β-D- 吡喃葡萄糖苷 2α,3β,21β-trihydroxyursolic acid-28-O-β-D-glucopyranoside

2α,19α,23- 三羟基熊果酸 -28-O-β-D- 葡萄糖苷 2α,19α,23-trihydroxyursolic acid-28-O-β-D-glucoside

2α,3α,19α- 三羟基熊果酸 -28-β-D- 吡喃葡萄糖酯苷 2α,3α,19α-trihydroxyursolic acid-28-β-D-glucopyranosyl ester

2α,3β,19α- 三羟基熊果酸 -28-β-D- 吡喃葡萄糖酯苷 2α,3β,19α-trihydroxyursolic acid-28-β-D-glucopyranosyl ester

2α,3β,19α- 三羟基熊果酸 -β-D- 吡喃半乳糖酯苷 2α,3β,19α-trihydroxyursolic acid-β-D-galactopyranosyl ester

3α,16α,26- 三羟基羊毛脂 -7,9(11),24- 三烯 -21- 酸 3α,16α,26-trihydroxylanosta-7,9(11),24-trien-21-oic acid

4,6,4'- 三羟基异橙酮 4,6,4'-trihydroxyisoaurone

3β,16β,22- 三羟基异何帕烷 3β,16β,22-trihydroxyisohopane

2',4',7- 三羟基异黄酮 2',4',7-trihydroxyisoflavone

4',5,7- 三羟基异黄酮 4',5,7-trihydroxyisoflavone

4',7,8- 三羟基异黄酮 4',7,8-trimethoxyisoflavone

5,7,4'- 三羟基异黄酮 5,7,4'-trihydroxyisoflavone

5,7,4- 三羟基异黄酮 5,7,4-trihydroxylisoflavone

6,8,4'- 三羟基异黄酮 6,8,4'-trihydroxyisoflavone

7,8,4'- 三羟基异黄酮 7,8,4'-trihydroxyisoflavone

5,7,4'- 三羟基异黄酮 -7-O-β-D- 吡喃葡萄糖苷 5,7,4'-trihydroxyisoflavone-7-O-β-D-glucopyranoside

5,7,4'- 三羟基异黄酮 -7-O-β-D- 芹糖基 -(1→6)-β-D- 吡喃葡萄糖苷 5,7,4'-trihydroxyisoflavone-7-O-β-D-apiosyl-(1→6)-β-D-glucopyranoside

5,7,2'- 三羟基异黄酮 -7- 葡萄糖苷 5,7,2'-trihydroxyisoflavone-7-glucoside

2',4',7- 三羟基异黄烷 2',4',7-trihydroxyisoflavane

4,8,14- 三羟基隐杯伞 -2,6,8- 三烯 4,8,14-trihydroxyilludala-2,6,8-triene

6α,10,12- 三羟基印防己毒素 6α,10,12-trihydroxypicrotoxane

3α,11α,23- 三羟基羽扇豆 -20(29)- 烯 -28- 酸 3α,11α,23-trihydroxylup-20(29)-en-28-oic acid

3β,16β,29- 三羟基羽扇豆 -20(30)- 烯 3β,16β,29-trihydroxylup-20(30)-ene

1β,11α,20- 三羟基羽扇豆 -3- 酮 1β,11α,20-trihydroxylupan-3-one

(1R,7R,8S,10R)-7,8,11- 三羟基愈创 -4- 烯 -3- 酮 -8-O-β-D- 吡喃葡萄糖苷 (1R,7R,8S,10R)-7,8,11-trihydroxyguai-4-en-3-one-8-O-β-D-glucopyranoside

(1R,4R,5R,7R,10S)-10,11,15- 三羟基愈创木 -11-O-β-D- 吡喃葡萄糖苷 (1R,4R,5R,7R,10S)-10,11,15-trihydroxygualane-11-O-β-D-glucopyranoside

(1S,4S,5S,7R,10S)-10,11,14- 三羟基愈创木 -3- 酮 -11-O-β-D- 吡喃葡萄糖苷 (1S,4S,5S,7R,10S)-10,11,14-trihydroxyguai-3-one-11-O-β-D-glucopyranoside

1,5,11- 三羟基愈创木烷 1,5,11-trihydroxyguaiane

1αH,7αH,10βH,4β,5α,11- 三羟基愈创木烷 1αH,7αH,10βH,4β,5α,11-trihydroxyguaiane

2β,3β,4β- 三羟基孕甾 -16- 酮 2β,3β,4β-trihydroxypregnan-16-one

2β,3β,4β- 三羟基 - 孕甾 -16- 酮 2β,3β,4β-trihydroxy-pregn-16-one

2β,3β,5β- 三羟基孕甾 -20- 烯 -6- 酮 2β,3β,5β-trihydroxy-pregn-20-en-6-one

3β,14β,20- 三羟基孕甾 -5- 烯 -18- 羧基 -(18→20)- 内酯 3β,14β,20-trihydroxypregn-5-ene-18-oic-(18→20)-lactone

1,2R,4R- 三羟基 - 正十七碳 -16- 炔 1,2R,4R-trihydroxy-n-heptadec-16-yne

1,2R,4R- 三羟基 - 正十七碳 -16- 烯 1,2R,4R-trihydroxy-n-heptadec-16-ene

(1S,4S,5S,7R,10R)-10,11,14- 三羟愈创木 -3- 酮 -11-O-β-D- 吡喃葡萄糖苷 (1S,4S,5S,7R,10R)-10,11,14-trihydroxyguai-3-one-11-O-β-D-glucopyranoside

1,3,5- 三嗪 -2,4,6- 三胺 1,3,5-triazine-2,4,6-triamine

三球波斯石蒜定▲ trispheridine

三球波斯石蒜碱▲ trispherine

三球悬铃木原花青素苷 -1 Pl-1

三球悬铃木原花青素苷 -7 Pl-7

S

三蕊柳素▲ triandrin
2,2':5',2''- 三噻吩 -5- 酸 5-carboxy-2,2':5',2''-terthiophene
三色堇环肽▲ A~F vitri A~F
三色堇黄苷 violanthin
三色堇黄质▲ violeoxanthin
三十八醇 octatriacontanol
三十八酸 octatriacontanoic acid
三十八烷 octatriacontane
三十八烷 -1- 醇 octatriacontan-1-ol
1- 三十醇 1-triacontanol
三十醇 triacontanol
15- 三十 - 醇 15-triacontanol
1- 三十二醇 1-dotriacontanol
三十二醇 dotriacontanol
三十二醇棕榈酸酯 dotriacontanyl palmitate
三十二酸 dotriacontanoic acid
三十二烷 dotriacontane
(6*R*,8*S*)- 三十二烷二醇 (6*R*,8*S*)-dotriacontanediol
(7*R*,9*S*)- 三十二烷二醇 (7*R*,9*S*)-dotriacontanediol
三十二烷基乙酸酯 dotriacontanyl acetate
1- 三十六醇 1-hexatriacontanol
三十六酸乙酯 ethyl hexatriacontanoate
5- 三十六酮 5-hexatriacontanone
三十六烷 hexatriacontane
(6*R*,8*S*)- 三十六烷二醇 (6*R*,8*S*)-hexatriacontanediol
(7*R*,9*S*)- 三十六烷二醇 (7*R*,9*S*)-hexatriacontanediol
1- 三十七醇 1-heptatriacotanol
三十七酸 -1,3- 二羟基丙酯 heptatriacontanoic acid 1,3-dihydroxypropyl ester
三十七酸 -2,3- 二羟基丙酯 heptatriacontanoic acid 2,3-dihydroxypropyl ester
三十七烷 heptatriacontane
三十七烷 -12,13- 二醇 heptatriacontane-12,13-diol
1- 三十三醇 1-tritriacontanol
三十三醇 tritriacontanol
2- 三十三酮 2-tritriacontanone
3- 三十三酮 3-tritriacontanone
三十三烷 tritriacontane
三十三烷 -6- 酮 tritriacontan-6-one
(6*R*,8*S*)- 三十三烷二醇 (6*R*,8*S*)-tritriacontanediol
(8*R*,10*S*)- 三十三烷二醇 (8*R*,10*S*)-tritriacontanediol
三十四醇 tetratriacontanol
三十四酸 tetratriacontanoic acid; gheddic acid
三十四烷 tetratriacontane
(6*R*,8*S*)- 三十四烷二醇 (6*R*,8*S*)-tetratriacontanediol
(7*R*,9*S*)- 三十四烷二醇 (7*R*,9*S*)-tetratriacontanediol
三十四烷基三十四酸酯 tetratriacontanyl tetratriacontanoate
(28*Z*)- 三十四烯酸 (28*Z*)-tetratriacontenoic acid
1- 三十酸 1-triacontanoic acid
三十酸 triacontanoic acid
三十酸二十八酯 octacosyl triacontanoate
三十酸甲酯 triacontanoic acid methyl ester; methyl triacontanoate
三十烷 triacontane
三十烷 -1,30- 二醇 triaconta-1,30-diol
(7*R*,9*S*)- 三十烷二醇 (7*R*,9*S*)-triacontanediol
1,30- 三十烷二醇 1,30-triacontanediol
三十烷基二十二酸酯 triacontanyl docosanoate
16- 三十烷酮 16-triacontanone
17- 三十五醇 17-pentatriacontanol
三十五酸 -1,3- 二羟基丙酯 pentatriacontanoic acid 1,3-dihydroxypropyl ester
三十五碳 -17- 烯 pentatriacont-17-ene
三十五烷 pentatriacontane
三十五烷 -7,24- 二醇 pentatriacontan-7,24-diol
(6*R*,8*S*)- 三十五烷二醇 (6*R*,8*S*)-pentatriacontanediol
(8*R*,10*S*)- 三十五烷二醇 (8*R*,10*S*)-pentatriacontanediol
6- 三十五烷基酮 6-pentatriacontanone
17- 三十五烯 17-pentatriacontene
2- 三十烯酸 2-tricosenoic acid
12- 三十一醇 12-hentriacontanol
1- 三十一醇 1-hentriacontanol
5- 三十一醇 5-hentriacontanol
8- 三十一醇 8-hentriacontanol
三十一醇 hentriacontanol
三十一酸 hentriacontanoic acid
三十一酸戊酯 pentyl hentriacontanoate
16- 三十一酮 16-hentriacontanone
三十一酮 hentriacontanone
三十一烷 hentriacontane
三十一烷 -6- 醇 hentriacontan-6-ol
三十一烷 -6- 酮 hentriacontane-16-one
(6*R*,8*S*)- 三十一烷二醇 (6*R*,8*S*)-hentriacontanediol
(8*R*,10*S*)- 三十一烷二醇 (8*R*,10*S*)-hentriacontanediol
8,10- 三十一烷二酮 8,10-hentriacontanedione
16- 三十一烷酮 16-hentriacotanone
1,3,5- 三叔丁基苯 1,3,5-tri-tert-butylbenzene
(25*R*)-3,7,23- 三酮 -8,11,14- 台湾冷杉三烯 -26- 甲酯 methyl (25*R*)-3,7,23-trioxo-8,11,14-mariesiatrien-26-oate
三文治萝芙木辛碱▲ sandwicine
9(*E*),11(*Z*),13(*E*)- 三烯 -8,15- 二酮十八酸 9(*E*),11(*Z*),13(*E*)-trien-8,15-dione-octadecoic acid
3,5,11(13)- 三烯桉叶烷 -12- 酸 3,5,11(13)-trieneudesma-12-oic acid
三烯漆酚 triene-urushiol
三酰甘油 triglyceride
2,3,4-*O*- 三酰基 -*α*-D- 吡喃葡萄糖基 -4-*O*- 酰基 -6-*O*- 乙酰基 -*β*-D- 呋喃果糖苷 2,3,4-*O*-tri-acyl-*α*-D-glucopyranosyl-4-*O*-acyl-6-*O*-acetyl-*β*-D-fructofuranoside
2,3,4-*O*- 三酰基 -*α*-D- 吡喃葡萄糖基 -l-*O*- 丙二酰基 -4-*O*- 酰基 -6-*O*- 乙酰基 -*β*-D- 呋喃果糖苷 2,3,4-*O*-tri-acyl-*α*-D-glucopyranosyl-l-*O*-malonyl-4-*O*-acyl-6-*O*-acetyl-*β*-D-fructofuranoside
三小叶翠雀碱▲ A~F trifoliolasine A~F
三小叶山油柑酮▲ A, B acrofolione A, B
2,4,6- 三溴苯酚 2,4,6-tribromophenol
三溴甲烷 bromoform
三桠苦醇 A, B leptol A, B
三桠苦双碳苷 A, B, C leptabiside A, B, C
三桠苦素 A~H leptin A~H
三桠苦素酚 leptonol
三桠苦烯 A, B leptene A, B
三桠乌药内酯 obtusilactone
三桠乌药内酯 A, B obtusilactone A, B
C_{19}- 三桠乌药内酯二聚体 C_{19}-obtusilactone dimer
1,2,3- 三亚油酸甘油酯 1,2,3-trilinolein
1,3,6-*O*- 三烟醇 -*α*-D- 吡喃葡萄糖 1,3,6-*O*-trinicotinol-*α*-D-glucopyranose
三叶海棠素▲ sieboldin
三叶海棠素▲ -3'- 酮羧酸 sieboldin-3'-ketocarboxylic acid
三叶蔓荆素 A~I vitetrifolin A~I

三叶木通苷▲ A, B, C trifoside A, B, C
三叶木通木脂苷▲ A, B aketrilignoside A, B
(7R,8R,8'S)- 三叶木通木脂苷▲ B (7R,8R,8'S)-aketrilignoside B
三叶木通皂苷▲ A~K akemisaponin A~K
三叶鼠尾草苷▲ A trijugaoside A
三叶鼠尾草素▲ A~I trijugin A~I
三叶鼠尾草酮 A, B, C trijuganone A, B, C
三叶藤橘亭▲ luvangetin
三叶铁线莲苷▲ B~E, K clematernoside B~E, K
三叶五加苷▲ A~F acantrifoside A~F
三叶五加酸▲ A, B acantrifoic acid A, B
三叶崖爬藤苷 hemsleyanoside
三叶鱼藤素 A, B derrisfolin A, B
三乙胺碘化物 triethylamine hydroiodide
7,10,2'- 三乙酰败酱苷▲ 7,10,2'-triacetylpatrinoside
7,10,2'- 三乙酰垂花荚蒾内酯▲ 7,10,2'-triacetylsuspensolide F
2',3',4'- 三乙酰胡萝卜苷 -6- 棕榈酸酯 2',3',4'-triacetyl-sitoindoside
5,10,13- 三乙酰基 -10- 去苯甲酰短叶紫杉醇▲ 5,10,13-triacetyl-10-debenzoylbrevifoliol
1,2',6'- 三乙酰基 -3,6- 二阿魏酰蔗糖 1,2',6'-triacetyl-3,6-diferuloylsucrose
2',4',6'- 三乙酰基 -3,6- 二阿魏酰蔗糖 2',4',6'-triacetyl-3,6-diferuloylsucrose
5,17,20- 三乙酰基 -3-O-[(Z)-2- 甲基 -2- 丁烯酰基]-17- 羟基巨大戟烯醇▲ 5,17,20-triacetyl-3-O-[(Z)-2-methyl-2-butenoyl]-17-hydroxyingenol
5,15,17-O- 三乙酰基 -3-O- 苯甲酰基 -17- 羟基异续随子醇 5,15,17-O-triacetyl-3-O-benzoyl-17-hydroxyisolathyrol
1β,2β,6α- 三乙酰基 -4α- 羟基 -8β,11- 二异丁酰氧基 -9α- 呋喃酰氧基 -β- 二氢沉香呋喃 1β,2β,6α-triacetoxy-4α-hydroxy-8β,11-diisobutyryloxy-9α-furoyloxy-β-dihydroagarofuran
(Z)-6-O-(2'',4'',6''- 三乙酰基 -β-D- 吡喃葡萄糖基)-6,7,3',4'- 四羟基橙酮 (Z)-6-O-(2'',4'',6''-triacetyl-β-D-glucopyranosyl)-6,7,3',4'-tetrahydroxyaurone
(Z)-6-O-(3'',4'',6''- 三乙酰基 -β-D- 吡喃葡萄糖基)-6,7,3',4'- 四羟基橙酮 (Z)-6-O-(3'',4'',6''-triacetyl-β-D-glucopyranosyl)-6,7,3',4'-tetrahydroxyaurone
3,8,12-O- 三乙酰巨大戟醇▲ -7- 苯甲酸酯 3,8,12-O-triacetylingol-7-benzoate
1α,6β,7α- 三乙酰鞘蕊花诺醇▲ B 1α,6β,7α-triacetylcoleonol B
8,9,10- 三乙酰十七碳 -1- 烯 -11,13- 二炔 8,9,10-triacetoxyheptadeca-1-en-11,13-diyne
三乙酰糖基大叶芸香任▲ triacetylglycoperine
2β,5α,7β- 三乙酰氧基 -11- 异丁酰氧基 -8α-(3- 呋喃甲酰氧基)-4α- 羟基 -1β- 烟酰氧基 - 二氢沉香呋喃 2β,5α,7β-triacetoxy-11-isobutyryloxy-8α-(3-furancarbonyloxy)-4α-hydroxy-1β-nicotinoyloxy-dihydroagarofuran
(12S)-1β,6α,19- 三乙酰氧基 -18- 氯化 -4α,12- 二羟基 - 新 - 赪桐 -13- 烯 -15,16- 内酯 (12S)-1β,6α,19-triacetoxy-18-chloro-4α,12-dihydroxy-neo-clerod-13-en-15,16-olide
4α,9α,10β- 三乙酰氧基 -1β,5α- 愈创木 -6- 烯 4α,9α,10β-triacetoxy-1β,5α-guaia-6-ene
6α,9β,13- 三乙酰氧基 -1β,8β- 二苯甲酰氧基 -2β- 己酰氧基 -β- 二氢沉香呋喃 6α,9β,13-triacetoxy-1β,8β-dibenzoyloxy-2β-caproyloxy-β-dihydroagarofuran
6α,9β,13- 三乙酰氧基 -1β,8β- 二苯甲酰氧基 -2β- 己酰氧基 - 二氢 -β- 沉香呋喃 6α,9β,13-triacetoxy-1β,8β-dibenzoyloxy-2β-caproyl-dihydro-β-agarofuran
2β,6α,12- 三乙酰氧基 -1β,9β- 二苯甲酰氧基 -8β-(β- 烟酰氧基)-β- 二氢沉香呋喃 2β,6α,12-triacetoxy-1β,9β-bis(benzoyloxy)-8β-(β-nicotinoyloxy)-β-dihydroagarofuran
1α,8β,14- 三乙酰氧基 -2α,9β- 二苯甲酰氧基 -β- 二氢沉香呋喃 1α,8β,14-tris(acetyloxy)-2α,9β-bis(benzoyloxy)-β-dihydroagarofuran
1β,6α,8β- 三乙酰氧基 -2β,12- 二异丁酰氧基 -9α-(β- 呋喃酰氧基)-4α- 羟基 -β- 二氢沉香呋喃 1β,6α,8β-triacetoxy-2β,12-diisobutyryloxy-9α-(β-furoyloxy)-4α-hydroxy-β-dihydroagarofuran
1β,6α,l5- 三乙酰氧基 -2β,9α- 二苯甲酰氧基 - 二氢 -β- 沉香呋喃 1β,6α,l5-triacetoxy-2β,9α-dibenzoyloxy-dihydro-β-agarofuran
1β,6α,15- 三乙酰氧基 -2β,9β- 二苯甲酰氧基 -8β- 羟基 - 二氢 -β- 沉香呋喃 1β,6α,15-triacetoxy-2β,9β-dibenzoyloxy-8β-hydroxy-dihydro-β-agarofuran
(E)-2α,5α,8α- 三乙酰氧基 -3β- 苯甲酰氧基 -15β- 羟基 -7β- 异丁酰氧基 -9α- 烟酰氧基 - 麻疯树 -6(17),11- 二烯 -14- 酮 (E)-2α,5α,8α-triacetoxy-3β-benzoyloxy-15β-hydroxy-7β-isobutanoyloxy-9α-nicotinoyloxy-jatropha-6(17),11-dien-14-one
(2R*,3R*,4S*,5R*,7S*,8S*,9S*,13S*,14S*,15R*)-2,5,14- 三乙酰氧基 -3- 苯甲酰氧基 -8,15- 二羟基 -7- 异丁酰氧基 -9- 烟酰氧基麻疯树 -6(17),11E- 二烯 (2R*,3R*,4S*,5R*,7S*,8S*,9S*,13S*,14S*,15R*)-2,5,14-triacetoxy-3-benzoyloxy-8,15-dihydroxy-7-isobutyroyloxy-9-nicotinoyloxyjatropha-6(17),11E-diene
(12S)-6α,18,19- 三乙酰氧基 -4α,12- 二羟基 -1β- 巴豆酰氧基 - 新 - 赪桐 -13- 烯 -15,16- 内酯 (12S)-6α,18,19-triacetoxy-4α,12-dihydroxy-1β-tigloyloxy-neo-clerod-13-en-15,16-olide
1β,2β,11- 三乙酰氧基 -4α,6α- 二羟基 -8α- 异丁酰氧基 -9β- 苯甲酰氧基 -β- 二氢沉香呋喃 1β,2β,11-triacetoxy-4α,6α-dihydroxy-8α-isobutyryloxy-9β-benzoyloxy-β-dihydroagarofuran
1β,2β,15- 三乙酰氧基 -4α,6α- 二羟基 -8α- 异丁酰氧基 -9β- 苯甲酰氧基 -β- 二氢沉香呋喃 1β,2β,15-triacetoxy-4α,6α-dihydroxy-8α-isobutanoyloxy-9β-benzoyloxy-β-dihydroagrofuran
1β,2β,6α- 三乙酰氧基 -4α- 羟基 -8β,9α- 二呋喃酰氧基 -11-(3- 甲基)- 异丁酰氧基 -β- 二氢沉香呋喃 1β,2β,6α-triacetoxy-4α-hydroxy-8β,9α-difuroyloxy-11-(3-methyl)-isobutyryloxy-β-dihydroagarofuran
1β,2β,6α- 三乙酰氧基 -4α- 羟基 -8β,9α- 二呋喃酰氧基 -11- 异丁酰氧基 -β- 二氢沉香呋喃 1β,2β,6α-triacetoxy-4α-hydroxy-8β,9α-difuroyloxy-11-isobutyryloxy-β-dihydroagarofuran
1β,2β,6α- 三乙酰氧基 -4α- 羟基 -9α-(β- 呋喃甲酰基)-15-(α- 甲基) 丁酰氧基 -β- 二氢沉香呋喃 1β,2β,6α-triacetoxy-4α-hydroxy-9α-(β)-furancarboxy-15-(α-methyl)butyroyloxy-β-dihydroagarofuran
1β,2β,6α- 三乙酰氧基 -4α- 羟基 -9α- 苯甲酰氧基 -15-(α- 甲基) 丁酰氧基 -β- 二氢沉香呋喃 1β,2β,6α-triacetoxy-4α-hydroxy-9α-benzoyloxy-15-(α-methyl)butyroyloxy-β-dihydroagarofuran
3β,6β,8α- 三乙酰氧基 -4β,5α:1α,10- 二环氧大根老鹳草烷 3β,6β,8α-triacetoxy-4β,5α:1α,10-diepoxygermacrane
3β,6β,8α- 三乙酰氧基 -4β,5α- 环氧 -1- 氧代大根老鹳草 -10(14)- 烯 3β,6β,8α-triacetoxy-4β,5α-epoxy-1-oxogermacr-10(14)-ene
3β,6β,8α- 三乙酰氧基 -4β,5α- 环氧大根老鹳草 -10(14)E- 烯 3β,6β,8α-triacetoxy-4β,5 α-epoxygermacr-1(10)E-ene
1α,2α,6β- 三乙酰氧基 -4β- 羟基 -9β-(β- 呋喃甲酰基)-15-(α- 甲基丁酰氧基)-β- 二氢沉香呋喃 1α,2α,6β-triacetoxy-4β-hydroxy-9β-(β-furancarboxy)-15-(α-methylbutyroyloxyl)-β-dihydroagarofuran
1α,2α,6β- 三乙酰氧基 -4β- 羟基 -9β-(β- 呋喃甲酰基)-15-[(α- 甲基) 丁酰氧基]-β- 二氢沉香呋喃 1α,2α,6β-triacetoxy-4β-hydroxy-9β-(β-furancarboxy)-15-[(α-methyl)butyroyloxy]-β-dihydroagarofuran
1α,2α,6β- 三乙酰氧基 -4β- 羟基 -9β- 苯甲酰氧基 -15-(α- 甲基丁

酰氧基)-β- 二氢沉香呋喃 1α,2α,6β-triacetoxy-4β-hydroxy-9β-benzoyloxy-15-(α-methylbutyroyloxyl)-β-dihydroagarofuran
1β,5α,11- 三乙酰氧基 -7β- 苯甲酰基 -4α- 羟基 -8β- 烟酰二氢沉香呋喃 1β,5α,11-triacetoxy-7β-benzoyl-4α-hydroxy-8β-nicotinoyldihydroagarofuran
3β,5α,15β- 三乙酰氧基 -7β- 异丁酰氧基 -9α- 烟酰氧基麻疯树 -6(17),11(E)- 二烯 -14- 酮 3β,5α,15β-triacetoxy-7β-isobutyryloxy-9α-nicotinoyloxyjatropha-6(17),11(E)-dien-14-one
1α,7α,14α- 三乙酰氧基 -8,15- 异海松二烯 -18- 酸甲酯 methyl-1α,7α,14α-triacetoxy-8,15-isopimaradien-18-oate
1β,2β,9α- 三乙酰氧基 -8α-(2- 羟基 - 异丁酰氧基)-15- 苯甲酰氧基 -4α- 羟基 -β- 二氢沉香呋喃 1β,2β,9α-triacetoxy-8α-(2-hydroxy-isobutyryoxy)-15-benzoyloxy-4α-hydroxy-β-dihydroagarofuran
1α,2α,13- 三乙酰氧基 -8α,9β- 二呋喃酰氧基 -4β,6β- 二羟基 -β- 二氢沉香呋喃 1α,2α,13-triacetoxy-8α,9β-difuroyloxy-4β,6β-dihydroxy-β-dihydroagarofuran
1β,2α,15- 三乙酰氧基 -8β- 羟基 -9α- 苯甲酰氧基 -β- 二氢沉香呋喃 1β,2α,15-triacetoxy-8β-hydroxy-9α-benzoyloxy-β-dihydroagarofuran
1β,6α,8β- 三乙酰氧基 -9α-(β- 呋喃甲酰氧基)-β- 二氢沉香呋喃 1β,6α,8β-triacetoxy-9α-(β-furancarbonyloxy)-β-dihydroagarofuran
1β,6α,8β- 三乙酰氧基 -9α-(β- 呋喃酰氧基)-4α- 羟基 -2β,13- 二异丁酰氧基 -β- 二氢沉香呋喃 1β,6α,8β-triacetoxy-9α-(β-furoyloxy)-4α-hydroxy-2β,13-diisobutyryloxy-β-dihydroagarofuran
1α,2α,8β- 三乙酰氧基 -9α- 苯甲酰氧基 -13- 异丁酰氧基 -4β,6β- 二羟基 -β- 二氢沉香呋喃 1α,2α,8β-triacetoxy-9α-benzoyloxy-13-isobutyryloxy-4β,6β-dihydroxy-β-dihydroagarofuran
1β,6α,8β- 三乙酰氧基 -9α- 苯甲酰氧基 -2β,12- 二异丁酰氧基 -4α- 羟基 -β- 二氢沉香呋喃 1α,6α,8β-triacetoxy-9α-benzoyloxy-2β,12-diisobutyryloxy-4β-hydrol-β-dihydroagarofuran
1β,6α,13- 三乙酰氧基 -9α- 苯甲酰氧基 -β- 二氢沉香呋喃 1β,6α,13-triacetoxy-9α-benzoyloxy-β-dihydroagarofuran
1α,6β,8α- 三乙酰氧基 -9α- 苯甲酰氧基二氢 -β- 沉香呋喃 1α,6β,8α-triacetoxy-9α-benzoyloxydihydro-β-agarofuran
1β,8α,12- 三乙酰氧基 -9α- 呋喃酰氧基 -β- 二氢沉香呋喃 1β,8α,12-triacetoxy-9α-furoyloxy-β-dihydroagarofuran
1β,6α,15- 三乙酰氧基 -9α- 烟酰氧基 -β- 二氢沉香呋喃 1β,6α,15-triacetoxy-9α-nicotinoyloxy-β-dihydroagarofuran
1β,2β,8α- 三乙酰氧基 -9β,13- 二烟酰氧基 -β- 二氢沉香呋喃 1β,2β,8α-triacetoxy-9β,13-dinicotinoyloxy-β-dihydroagarofuran
1β,2β,8α- 三乙酰氧基 -9β- 苯甲酰氧基 -13- 烟酰氧基 -β- 二氢沉香呋喃 1β,2β,8α-triacetoxy-9β-benzoyloxy-13-nicotinoyloxy-β-dihydroagarofuran
2α,8β,14- 三乙酰氧基 -9β- 苯甲酰氧基 -1α- 羟基 - 二氢 -β- 沉香呋喃 2α,8β,14-tris(acetyloxy)-9β-benzoyloxy-1α-hydroxydihydro-β-agarofuran
1α,8β,14- 三乙酰氧基 -9β- 苯甲酰氧基 -2α- 羟基二氢 -β- 沉香呋喃 1α,8β,14-tris(acetyloxy)-9β-benzoyloxy-2α-hydroxydihydro-β-agarofuran
1α,6β,13- 三乙酰氧基 -9β- 苯甲酰氧基 -β- 二氢沉香呋喃 1α,6β,13-triacetoxy-9β-benzoyloxy-β-dihydroagarofuran
1β,6α,15- 三乙酰氧基 -9β- 苯甲酰氧基 -β- 二氢沉香呋喃 1β,6α,15-triacetoxy-9β-benzoyloxy-β-dihydroagarofuran
1β,6α,8α- 三乙酰氧基 -9β- 苯甲酰氧基 -β- 二氢沉香呋喃 1β,6α,8α-triacetoxy-9β-benzoyloxy-β-dihydroagarofuran
1β,8α,13- 三乙酰氧基 -9β- 苯甲酰氧基 -β- 二氢沉香呋喃 1β,8α,13-triacetoxy-9β-benzoyloxy-β-dihydroagarofuran
1β,8β,13- 三乙酰氧基 -9β- 苯甲酰氧基 -β- 二氢沉香呋喃 1β,8β,13-triacetoxy-9β-benzoyloxy-β-dihydroagarofuran
1α,6β,8β- 三乙酰氧基 -9β- 苯甲酰氧基二氢 -β- 沉香呋喃 1α,6β,8β-triacetoxy-9β-benzoyloxydihydro-β-agarofuran
1α,2β,8β- 三乙酰氧基 -9β- 苯甲酰氧基 - 二氢 -β- 沉香呋喃 1α,2β,8β-tris(acetyloxy)-9β-benzoyloxy-dihydro-β-agarofuran
1β,6α,15- 三乙酰氧基 -9β- 苯甲酰氧基 - 二氢 -β- 沉香呋喃 1β,6α,15-triacetoxy-9β-benzoyloxy-dihydro-β-agarofuran
1α,2α,8β- 三乙酰氧基 -9β- 桂皮酰氧基 -β- 二氢沉香呋喃 1α,2α,8β-triacetoxy-9β-cinnamoyloxy-β-dihydroagarofuran
(2β,3β,4α)-2,3,23- 三乙酰氧基齐墩果 -12- 烯 -28- 酸 (2β,3β,4α)-2,3,23-triacetyloxyolean-12-en-28-oic acid
6,8,3'- 三异戊烯基 -5,7,2',4'- 四羟基 -(2S)- 黄烷酮 6,8,3'-tri-γ,γ-dimethylallyl-5,7,2',4'-tetrahydroxy-(2S)-flavanone
三油酸甘油酯 trioleic glyceride
三羽新月蕨苷 A, B, C triphyllin A, B, C
伞房狗牙花菲林碱▲ A, B jerantiphylline A, B
伞房狗牙花哈灵▲ tronoharine
伞房狗牙花碱▲ A, B tabernaecorymbosine A, B
伞房狗牙花卡品▲ tronocarpine
伞房狗牙花灵碱▲ A, B, C tabercorine A, B, C
伞房狗牙花宁碱▲ A~H jerantinine A~H
伞房狗牙花匹宁▲ A~D dippinine A~D
伞房狗牙花辛碱▲ taipinisine
伞房花耳草苷▲ A, B, C hedycoryside A, B, C
伞房藿香蓟素 C agecorynin C
伞房莎草酮▲ corymbolone
伞房涡花素▲ corymbosin
伞桂酮▲ umbellulone
伞花刺苞菊苷▲ corymboside
伞花翠雀碱▲ delcorine
伞花翠雀宁碱▲ delcorinine
伞花冬青苷 A~D godoside A~D
伞花耳草素 corymbosin
伞花牡荆醛▲ tarumal
α- 伞花莎草醇▲ α-corymbolol
β- 伞花莎草醇▲ β-corymbolol
伞树酸▲ cecropiacic acid
伞形酮 umbelliferone
伞形酮 -6- 羧酸 umbelliferone-6-carboxylic acid
伞形酮 -7-O-α-L- 吡喃鼠李糖基 -(1 → 4)-β-D- 吡喃葡萄糖苷 umbelliferone-7-O-α-L-rhamnopyranosyl-(1 → 4)-β-D-glucopyranoside
伞形酮 -7-O-β-D- 吡喃木糖基 -(1 → 6)-β-D- 吡喃葡萄糖苷 umbelliferone-7-O-β-D-xylopyranosyl-(1 → 6)-β-D-glucopyranoside
伞形酮 -7-O-β-D- 吡喃葡萄糖苷 umbelliferone-7-O-β-D-glucopyranoside
伞形酮 -7-O-β-D- 葡萄糖苷 umbelliferone-7-O-β-D-glucoside
伞形酮 -7- 芹菜葡糖苷 umbelliferone-7-apiosylglucoside
伞形酮 -β-D- 吡喃葡萄糖苷 umbelliferone-β-D-glucopyranoside
伞形酮 -β-D- 芹糖基 -(1 → 6)-β-D- 吡喃葡萄糖苷 umbelliferone-β-D-apiosyl-(1 → 6)-β-D-glucopyranoside
伞形酮吡喃葡萄糖苷 umbelliferone glucopyranoside
伞形戊烯内酯 umbelliprenin
伞形香青酰胺 anabellamide
伞序臭黄荆奥苷▲ premcoryoside
伞序臭黄荆苷▲ A, B premnacorymboside A, B
散花巴豆碱▲ crotsparine
散沫花白杨素▲ lawsochrysin

S

散沫花白杨素宁▲ lawsochrysinin
散沫花二醇 hennadiol
散沫花酚苷▲ lalioside
散沫花苷▲ lawsoniaside
散沫花苷▲ A, B lawsoniaside A, B
散沫花果糖▲ lawsofructose
散沫花醌 lawsone
散沫花醌甲醚 lawsone methyl ether
散沫花玛丽醇▲ lawsorosemarinol
散沫花萘酸酯▲ A, B, C lawsonaphthoate A, B, C
散沫花炔素▲ A, B, C lawsochylin A, B, C
散沫花沙米萜▲ lawsoshamim
散沫花呫酮 I, II, III laxanthone I, II, III
散沫花双萘醌▲ lawsonadeem
散沫花素▲ lawsonin
散沫花酸▲ lawsonic acid
散沫花萜酸▲ lawnermis acid
散沫花萜酸▲甲酯 lawnermis acid methyl ester
散沫花瓦西萜▲ lawsowaseem
散沫花香豆素 lacoumarin
散沫花柚皮苷元▲ lawsonaringenin
散沫花甾醇 lawsaritol
散沫花甾醇 A lawsaritol A
散沫花脂素▲ lawsonicin
散瘀草素▲ A ajugapantin A
桑八酚▲ alboctalol
桑吡咯▲ A~F morrole A~F
桑查耳酮▲ A, B, C morachalcone A, B, C
桑橙呫酮▲ macluraxanthone
桑橙呫酮▲ B, C macluraxanthone B, C
桑橙素 maclurin
桑醇▲ mulberranol
桑德巴豆醛▲ sonderianial
桑德柴胡皂苷▲ IX sandrosaponin IX
桑二醇 moradiol
桑酚▲ A~E kuwanol A~E
桑呋喃 A~F, F_1, G~Q, T, V~Z mulberrofuran A~F, F_1, G~Q, T, V~Z
桑呋喃素 A, C albafuran A, C
桑根醇 A~P sanggenol A~P
桑根呋喃 A, B sanggenofuran A, B
桑根酮 A~Q, T sanggenon A~Q, T
桑槲皮苷▲ moracetin
桑黄灵▲ A, B phelligrin A, B
桑黄素 morin
桑黄素 -3-*O*-*α*-L- 吡喃阿拉伯糖苷 morin-3-*O*-*α*-L-arabinopyranoside
桑黄素 -3-*O*-*α*-L- 来苏糖苷 morin-3-*O*-*α*-L-lyxopyranoside
桑黄素 -7-*O*-*β*-D- 吡喃葡萄糖苷 morin-7-*O*-*β*-D-glucopyranoside
桑黄素 A~J phelligridin A~J
桑寄生醇▲ loranthol
桑碱▲ A, B, C mulbaine A, B, C
桑宁素▲ A, E, F albanin A, E, F
桑皮醇 morusinol
桑皮苷 A, B, C, E mulberroside A, B, C, E
桑皮素 morusin
桑皮酸▲ A~F morusimic acid A~F
桑色烯 mulberrochromene
桑树酚▲ A, B albanol A, B
桑树酮▲ moralbanone
桑素 mulberrin
桑酮 A~L, N~T, V, X, Y, Z kuwanon A~L, N~T, V, X, Y, Z
桑烯宁▲ C, D moracenin C, D
桑辛素 C, D, M, N, P, V~Y moracin C, D, M, N, P, V~Y
桑辛素 M-3'-(*β*-D- 吡喃葡萄糖苷) moracin M-3'-(*β*-D-glucopyranoside)
桑辛素 M-3'-*O*-*β*-D- 吡喃葡萄糖苷 moracin M-3'-*O*-*β*-D-glucopyranoside
桑辛素 M-3-*O*-*β*-D- 吡喃葡萄糖苷 moracin M-3-*O*-*β*-D-glucopyranoside
桑辛素 M-6-(*β*-D- 吡喃葡萄糖苷) moracin M-6-(*β*-D-glucopyranoside)
桑辛素 M-6,3'- 二 -*O*-*β*-D- 吡喃葡萄糖苷 moracin M-6,3'-di-*O*-*β*-D-glucopyranoside
桑辛素 M-6-*β*-D- 吡喃葡萄糖苷 moracin M-6-*β*-D-glucopyranoside
(*R*)-(-)- 桑辛素 O, P (*R*)-(-)-moracin O, P
(2''*R*)-(-)- 桑辛素 *O*-5',3''-*β*-D- 二吡喃葡萄糖苷 (2''*R*)-(-)-moracin *O*-5',3''-*β*-D-diglucopyranoside
(2''*R*)-(-)- 桑辛素 P-5',2''-*β*-D- 二吡喃葡萄糖苷 (2''*R*)-(-)-moracin P-5',2''-*β*-D-diglucopyranoside
扫帚聚首花苷▲ E scoposide E
色氨醇乙酸酯 tryptophol acetate
(*S*)- 色氨酸 (*S*)-tryptophan
L- 色氨酸 L-tryptophan
色氨酸 tryptophan
(*S*)- 色氨酸 -BX (*S*)-tryptophan-BX
色氨酸 - 甜菜黄素 tryptophan-betaxanthin
色胺 tryptamine
色胺酮 tryptanthrin
色醇去氢还阳参烯炔酸酯▲ tryptophol dehydrocrepenynate
色醇亚油酸酯 tryptophol linoleicate
色醇油酸酯 tryptophol olenicate
色素 X pigment X
色烯基丙烯酸 chromenylacrylic acid
5*α*,14*α*- 瑟瓦林 -3*α*- 羟基 -6- 酮 5*α*,14*α*-cevanine-3*α*-hydroxy-6-one
5*α*,14*α*- 瑟瓦林 -3- 酮 -6*β*-*O*-*β*-D- 葡萄糖苷 5*α*,14*α*-cevanine-3-one-6*β*-*O*-*β*-D-glucoside
森告甾酮 sengosterone
沙苁蓉低聚糖▲ A_1, A_2 cistansinensose A_1, A_2
沙苁蓉苷▲ A, B cistansinenside A, B
沙地旋覆花内酯 inulasalsolide
沙地旋覆花素▲ inulasalsolin
沙冬青苷▲ A ammopiptanoside A
沙冬青素▲ B ammopiptanine B
(+)- 沙槐碱▲ (+)-ammodendrine
沙槐碱▲ ammodendrine
沙棘苷▲ A~D hippophoside A~D
沙棘黄酮苷 A, B seabuckthorn flavonoid glycoside A, B
沙棘宁 A, B hippophaenin A, B
沙棘素▲ C~F, K, L, M hippophin C~F, K, L, M
沙拉珊瑚枝酸▲ salazinic acid
沙柳素 shaliuin
5*α*- 沙门苷元 5*α*-sarmentogenin
沙门苷元 -3-*O*-6'- 脱氧 -*β*-D- 阿洛糖苷 -*α*-L- 鼠李糖苷 sarmentogenin-3-*O*-6'-deoxy-*β*-D-allosido-*α*-L-rhamnoside
沙门苷元 -3-*O*-6'- 脱氧 -*β*-D- 古洛糖苷 sarmentogenin-3-*O*-6'-deoxy-*β*-D-guloside
沙门苷元 -3-*O*-*β*-D- 吡喃葡萄糖基 -(1 → 4)-*α*-L- 吡喃鼠李糖苷 sarmentogenin-3-*O*-*β*-D-glucopyranosyl-(1 → 4)-*α*-L-

S

rhamnopyranoside
5α- 沙门苷元 -3-α-L- 吡喃鼠李糖苷 5α-sarmentogenin-3-α-L-rhamnopyranoside
沙群海葵毒素 palytoxin
沙参苷▲ I, II, III shashenoside I, II, III
沙生阿魏酮▲ dshamirone
沙生蜡菊苯酞▲ A, B, C arenophthalide A, B, C
沙生蜡菊酚▲ arenol
沙生蜡菊苷 I, II, III, IV arenariumoside I, II, III, IV
沙生蜡菊托苷▲ A~M everlastoside A~M
沙生蜡菊赞酚▲ arzanol
沙生列当苷▲ arenarioside
沙苑子苷 complanatuside
沙苑子素 complanatin
沙苑子新苷 neocomplanoside
沙苑子杨梅苷 myricomplanoside
沙枝豆定▲ ammothamnidin
砂蓝刺头素▲ A gmeliniin A
砂引草定▲ turneforcidine
砂引草素▲ messerschmidin
砂引草素▲乙酯 messerschmidin ethyl ester
砂引草辛▲ A, B sibiricin A, B
鲨肌醇 scyllo-inositol
筛草酚▲ A kobophenol A
山萆薢皂苷 tokoronin
山萆薢皂苷元 tokorogenin
山茶单宁▲ A~H camelliatannin A~H
山茶定▲ I, II camellidin I, II
山茶二酮醇 camelledionol
山茶苷 A, B, C camelliaside A, B, C
山茶苷元▲ A, B, C, E camelliagenin A, B, C, E
山茶宁素▲ A, B camellianin A, B
山茶诺苷▲ camellianoside
山茶鞣质 A, B camelliin A, B
山茶酸 japonica acid
山茶萜苷▲ A, B, D, E, F camellioside A, B, D, E, F
山茶萜素▲ A, B, C camellisin A, B, C
山茶烯二醇▲ camellenodiol
山茶烯二醇▲ -3-O-(β-D- 吡喃半乳糖基 -(1 → 2)[β-D- 吡喃木糖基 -(1 → 2)-β-D- 吡喃半乳糖基 -(1 → 3)]-6'- 甲氧基 -β-D- 吡喃葡萄糖醛酸苷 camellenodiol-3-O-(β-D-galactopyranosyl-(1 → 2)[β-D-xylopyranosyl-(1 → 2)-β-D-galactopyranosyl(1 → 3)]-6'-methoxy-β-D-glucuronopyranoside
山茶烯二醇▲ -3-O-4''-O- 乙酰基 -β-D- 吡喃半乳糖基 -(1 → 2)[β-D- 吡喃木糖基 -(1 → 2)-β-D- 吡喃半乳糖基 -(1 → 3)]-β-D- 吡喃葡萄糖醛酸苷 camellenodiol-3-O-4''-O-acetyl-β-D-galactopyranosyl-(1 → 2)[β-D-xylopyranosyl-(1 → 2)-β-D-galactopyranosyl-(1 → 3)]-β-D-glucuronopyranoside
山茶烯二醇▲ -3-O-β-D- 吡喃半乳糖基 -(1 → 2)[β-D- 吡喃木糖基 -(1 → 2)-β-D- 吡喃半乳糖基 -(1 → 3)]-β-D- 吡喃葡萄糖醛酸苷 camellenodiol-3-O-β-D-galactopyranosyl-(1 → 2)[β-D-xylopyranosyl-(1 → 2)-β-D-galactopyranosyl-(1 → 3)]-β-D-glucuronopyranoside
山茶皂苷 A_1, A_2, B_1, B_2, C_1, C_2 camelliasaponin A_1, A_2, B_1, B_2, C_1, C_2
山橙酚苷▲ melodiside
山橙苷▲ medinin
山橙苷元▲ medigenin
山橙碱▲ A~V melodinine A~V
山橙文碱▲ A~H melosuavine A~H
山橙烯宁▲ suaveolenine
山橙氧杂宁碱▲ melodinoxanine
山慈菇素▲ A~D shancigusin A~D
山刺番荔枝碱▲ annomontine
山刺番荔枝尼辛▲ annomonicin
山刺番荔枝辛 annomontacin
山达海松 -15- 烯 -8β,12β- 二醇 sandaracopimar-15-en-8β,12β-diol
山达海松醇 sandaracopimarinol
山达海松醇乙酸酯 sandaracopimarinol acetate
山达海松二烯 sandaracopimaradiene
山达海松二烯 -1α,2α- 二醇 sandaracopimaradien-1α,2α-diol
8(14),15- 山达海松二烯 -1α,6β,9α- 三醇 8(14),15-sanderacopimaradiene-1α,6β,9α-triol
8(14),15- 山达海松二烯 -1α,9α- 二醇 8(14),15-sanderacopimaradiene-1α,9α-diol
山达海松二烯 -1α- 醇 sandaracopimaradien-1α-ol
8(14),15- 山达海松二烯 -2α,18,19- 三醇 8(14),15-sandaracopimaradiene-2α,18,19-triol
8(14),15- 山达海松二烯 -2α,3α,18- 三醇 8(14),15-sandaracopimaradiene-2α,3α,18-triol
山达海松醛 sandaracopimaral; sandaracopimarinal
山达海松酸 sandaracopimaric acid
山丹甾苷 A pumilum A
山地阿魏定宁▲ akiferidinin
山地阿魏宁素▲ akitschenin
山地阿魏烯醇▲ akichenol
山地乌头胺▲ monticamine
山地乌头碱▲ monticoline
山地乌头宁▲ acomonine
山地香茶菜苷▲ oresbiuside
山地香茶菜素▲ oresbiusin
山地香茶菜素▲ A, B oresbiusin A, B
山豆根呋喃▲ euchrestafuran
山豆根黄烷酮 euchrestaflavanone
山豆根黄烷酮 A, B, C euchrestaflavanone A, B, C
山豆根亭▲ A~N euchretin A~N
山豆根酮 a_1~a_{17}, b_1~b_{18} euchrenone a_1~a_{17}, b_1~b_{18}
山矾苷▲ symplocoside
(-)- 山矾碱 (-)-caaverine
(+)- 山矾碱 (+)-caaverine
d- 山矾碱 d-caaverine
山矾碱 caaverine
山矾木脂苷▲ A symplolignanoside A
山矾诺苷▲ A, B symconoside A, B
山矾坡苷▲ symposide
山矾素▲ simplocosin
山矾索苷▲ symcososide
山矾糖醛酸▲ symplocuronic acid
山矾酯▲ symploate
山凤果酮▲ C garcihombronone C
山柑异戊烯醇▲ 12, 13, 14 cappaprenol 12, 13, 14
山冈橐吾碱 clivorine
山梗菜醇碱 lobelanidine
山梗菜碱 lobeline
山梗菜碱酸▲ lobelinic acid
山梗菜聚糖 sessilifolan
山梗菜炔醇▲ lobetyol
山梗菜炔苷▲ lobetyolin
山梗菜炔苷宁▲ lobetyolinin

S

山拐枣苷▲ poliothrysoside
山拐枣素▲ poliothrysin
山桂花苷▲A, B benoside A, B
山桂花素▲ bennettin
山荷叶素 diphyllin
山荷叶素 -1-O-β-D- 呋喃芹糖苷 diphyllin-1-O-β-D-apiofuranoside
山荷叶素 -4-O-β-D- 吡喃葡萄糖苷 diphyllin-4-O-β-D-glucopyranoside
山荷叶素桂皮酸酯 diphyllin cinnamte
山荷叶素 - 戊糖苷 - 己糖苷 diphyllin-pentosido-hexoside
山核桃素▲A, B, C carayensin A, B, C
山核桃亭▲ caryatin
山核桃酮 A cathayenone A
山胡椒醇▲ lindeglaucol
山胡椒内酯▲A~F linderanlide A~F
山胡椒酸 glaucic acid
山胡椒酮▲ lindeglaucone
山胡椒酮苷▲A lindeglaucoside A
山胡椒脂素▲A, B, C linderuca A, B, C
山黄麻醇▲ trematol
山黄麻苷▲A orientoside A
山黄皮酸▲B randialic acid B
山灰桉精▲B cypellogin B
山灰桉素▲A, B, C cypellocarpin A, B, C
山鸡椒胺 A cubebamine A
(-)- 山鸡椒宾碱▲ (-)-litcubine
山鸡椒醇 cubebaol
山鸡椒明碱▲ litebamine
(-)- 山鸡椒宁碱▲ (-)-litcubinine I
山鸡椒素▲ cubelin
山鸡椒酮▲ cubebanone
山菅兰定▲ dianellidin
山姜黄素▲ izalpinin
山姜黄素▲-3- 甲酯 izalpinin-3-methyl ether
山姜内酯 alpinolide
山姜内酯过氧化物 alpinolide peroxide
山姜素 alpinetin
山姜萜醇 alpiniol
山姜酮 alpinone
山姜烯酮 alpinenone
γ- 山椒素 γ-sanshool
山杰森菊酮▲ montanon
山金车二醇 arnidiol
山金车二醇 -3-O- 肉豆蔻酸酯 arnidiol-3-O-myristate
山金车二醇 -3-O- 月桂酸酯 arnidiol-3-O-laurate
山金车二醇 -3-O- 棕榈酸酯 arnidiol-3-O-palmitate
山金车二醇脂肪酸酯 arnidiol fatty acid ester
山金车内酯 C, D arnicolide C, D
山蒟醇 hancinol
山蒟酮 hancinone
山蒟酮 B, C, D hancinone B, C, D
山壳骨素▲A, B palatiferin A, B
山蜡梅苷▲A, B nitensoside A, B
山莨菪碱 anisodamine
山莨菪酰胺▲A~D scotanamine A~D
D- 山梨醇 D-sorbitol
山梨醇 sorbitol
山梨酸 sorbic acid
山梨酸乙酯 ethyl sorbate
山梨糖 sorbose
(+)- 山楝醇▲ (+)-aphanamol
山楝醇▲ aphanamixol
山楝过氧化物▲D, E, F, H aphanaperoxide D, E, F, H
山楝苦素▲A~I aphapolynin A~I
山楝莫内酯▲A~D aphanamolide A~D
山楝内酯▲A~M aphanalide A~M
山楝宁▲ aphananin
山楝三萜▲1~7, 9, 12~15 rohituka 1~7, 9, 12~15
山楝素▲ rohitukin
山楝萜▲A~P aphanamixoid A~P
山楝萜醇 I, II aphanamol I, II
山楝萜宁▲A~E polystanin A~E
山楝烯▲A, B aphanamene A, B
山楝辛▲ aphanamixin
山楝辛宁▲ aphanamixinin
山楝抑素▲ aphanastatin
山楝脂醇▲ polystachyol
山蓼黄酮醇▲ oxyriaflavonol
山柳酸 clethric acid
山柳酸 -28-O-β-D- 葡萄糖基酯 clethric acid-28-O-β-D-glucopyranosyl ester
山龙眼酚苷▲A, B helicioside A, B
山龙眼苷▲ helicide
山龙眼苷醇▲ helicidol
山龙眼脑苷▲A, B helicia cerebroside A, B
山龙眼新苷▲A, B, C helicianeoside A, B, C
山椤素▲E aglaroxin E
山麻杆酸▲ alchornoic acid
山蚂蝗酚 desmodol
山蚂蟥素 desmodin
山蚂蟥紫檀素▲ desmocarpin
山麦冬皂苷 A, B, C spicatoside A, B, C
山柰酚 kaempferol
山柰酚 -(3-O-[(6-O-E- 芥子酰基)-β-D- 吡喃葡萄糖基 -(1→2)]-β-D- 吡喃葡萄糖基 -7-O-α-L- 吡喃鼠李糖苷) kaempferol-(3-O-[(6-O-E-sinapoyl)-β-D-glucopyranosyl-(1→2)]-β-D-glucopyranosyl-7-O-α-L-rhamnopyranoside)
山柰酚 -(6''-O- 对香豆酰基)-3-O-β-D- 吡喃半乳糖苷 kaempferol-(6''-O-p-coumaroyl)-3-O-β-D-galactopyranoside
山柰酚 -(6''-O- 顺式 - 对香豆酰基)-3-O-β-D- 吡喃葡萄糖苷 kaempferol-(6''-O-cis-p-coumaroyl)-3-O-β-D-glucopyranoside
山柰酚 -(HMG)- 吡喃鼠李糖苷 kaempferol-(HMG)-rhamnopyranoside
山柰酚 -2-O-β-D- 吡喃葡萄糖基 -(1 → 6)-β-D- 吡喃葡萄糖苷 kaempferol-2-O-β-D-glucopyranosyl-(1 → 6)-β-D-glucopyranoside
山柰酚 -3-(2,6- 二鼠李糖基吡喃葡萄糖苷 kaempferol-3-(2,6-dirhamnopyranosylglucopyranoside)
山柰酚 -3-(2^G- 葡萄糖基芸香糖苷) kaempferol-3-(2^G-glucosylrutinoside)
山柰酚 -3-(2^G- 葡萄糖基芸香糖苷)-7- 葡萄糖苷 kaempferol-3-(2^G-glucosylrutinoside)-7-glucoside
山柰酚 -3-(2^G- 鼠李糖基芸香糖苷) kaempferol-3-(2^G-rhamnosylrutinoside
(Z)- 山柰酚 -3-(2- 对香豆酰基)-α-L- 吡喃鼠李糖苷 (Z)-kaempferol 3-(2-p-coumaroyl)-α-L-rhamnopyranoside
6E- 山柰酚 -3-(2- 对香豆酰基 -α-L- 吡喃鼠李糖苷 6E-kaempferol-3-(2-p-coumaroyl-α-L-rhamnopyranoside)
山柰酚 -3-(2- 戊糖基)- 己糖苷 kaempferol-3-(2-pentosyl)-hexoside

S

山柰酚 -3-(2- 戊糖基 -6- 鼠李糖基)- 己糖苷 kaempferol-3-(2-pentosyl-6-rhamnosyl)-hexoside
山柰酚 -3-(4''-O- 乙酰基)-O-α-L- 吡喃鼠李糖苷 -7-O-α-L- 吡喃鼠李糖苷 kaempferol-3-(4''-O-acetyl)-O-α-L-rhamnopyranoside-7-O-α-L-rhamnopyranoside
山柰酚 -3-(6''-O- 顺式对香豆酰基)-β-D- 葡萄糖苷 kaempferol-3-(6''-O-cis-p-coumaroyl)-β-D-glucoside
山柰酚 -3-(6''- 丙二酰基) 葡萄糖苷 kaempferol-3-(6''-malonyl) glucoside
山柰酚 -3-(6- 鼠李糖基)- 己糖苷 kaempferol-3-(6-rhamnosyl)-hexoside
山柰酚 -3-(6'- 香豆酰基)- 葡萄糖苷 kaempferol-3-(6'-coumaroyl)-glucoside
山柰酚 -3-(阿魏酰葡萄糖苷) kaempferol-3-(ferulylglucoside)
山柰酚 -3-(丙二酰葡萄糖苷) kaempferol-3-(malonylglucoside)
山柰酚 -3-(芹糖基丙二酰葡萄糖苷) kaempferol-3-(apiosylmalonylglucoside)
山柰酚 -3,4',7- 三甲醚 kaempferol-3,4',7-trimethyl ether
山柰酚 -3,4'-O- 二吡喃葡萄糖苷 kaempferol-7,4'-O-diglucopyranoside
山柰酚 -3,4'- 二 -O-α-L- 吡喃鼠李糖苷 kaempferol-3,4'-di-O-α-L-rhamnopyranoside
山柰酚 -3,4'- 二 -O-β-D-(2-O- 阿魏酰基) 葡萄糖苷 kaempferol-3,4'-di-O-β-D-(2-O-feruloyl)-glucoside
山柰酚 -3,4'- 二 -O-β-D- 吡喃葡萄糖苷 kaempferol-3,4'-di-O-β-D-glucopyranoside
山柰酚 -3,4'- 二 -O-β-D- 葡萄糖苷 kaempferol-3,4'-di-O-β-D-glucoside
山柰酚 -3,4'- 二甲醚 kaempferol-3,4'-dimethyl ether
山柰酚 -3,5,7- 三甲醚 kaempferol-3,5,7-trimethyl ether
山柰酚 -3,5-β-D- 二吡喃半乳糖苷 kaempferol-3,5-β-D-digalactopyranoside
山柰酚 -3,7-O-α-L- 吡喃鼠李糖苷 kaempferol-3,7-O-α-L-rhamnopyranoside
山柰酚 -3,7-O-α-L- 二吡喃鼠李糖苷 kaempferol-3,7-O-α-L-dirhamnopyranoside
山柰酚 -3,7-O-α-L- 鼠李糖苷 kaempferol-3,7-O-α-L-dirhamnoside
山柰酚 -3,7-O-β-D- 二吡喃葡萄糖苷 kaempferol-3,7-O-β-D-diglucopyranoside
山柰酚 -3,7-O- 吡喃葡萄糖苷 kaempferol-3,7-O-glucopyranoside
山柰酚 -3,7-O- 二吡喃葡萄糖苷 kaempferol-3,7-O-diglucopyranoside
山柰酚 -3,7-O- 二吡喃鼠李糖苷 kaempferol-3,7-O-dirhamnopyranoside
山柰酚 -3,7-O- 二葡萄糖苷 kaempferol-3,7-O-diglucoside
山柰酚 -3,7-α-L- 二吡喃鼠李糖苷 kaempferol-3,7-α-L-dirhamnopyranoside
山柰酚 -3,7-α-L- 二鼠李糖苷 kaempferol-3,7-α-L-dirhamnoside
山柰酚 -3,7- 二 -O,O- 葡萄糖苷 kaempferol-3,7-di-O,O-glucoside
山柰酚 -3,7- 二 -O-α-L- 吡喃鼠李糖苷 kaempferol-3,7-di-O-α-L-rhamnopyranoside
山柰酚 -3,7- 二 -O-α-L- 鼠李糖苷 kaempferol-3,7-di-O-α-L-rhamnoside
山柰酚 -3,7- 二 -O-α- 吡喃鼠李糖苷 kaempferol-3,7-di-O-α-rhamnopyranoside
山柰酚 -3,7- 二 -O-β-D- 吡喃葡萄糖苷 kaempferol-3,7-di-O-β-D-glucopyranoside
山柰酚 -3,7- 二 -O-β- 吡喃葡萄糖苷 kaempferol-3,7-di-O-β-glucopyranoside
山柰酚 -3,7- 二 -O- 吡喃葡萄糖苷 kaempferol-3,7-di-O-glucopyranoside
山柰酚 -3,7- 二 -O- 吡喃鼠李糖苷 kaempferol-3,7-di-O-rhamnopyranoside
山柰酚 -3,7- 二 -O- 葡萄糖苷 kaempferol-3,7-di-O-glucoside
山柰酚 -3,7- 二 -α-L- 吡喃鼠李糖苷 kaempferol-3,7-di-α-L-rhamnopyranoside
山柰酚 -3,7- 二 -α-L- 呋喃鼠李糖苷 kaempferol-3,7-di-α-L-rhamnofuranoside
山柰酚 -3,7- 二 -β-D- 葡萄糖苷 kaempferol-3,7-di-β-D-glucoside
山柰酚 -3,7- 二吡喃葡萄糖苷 kaempferol-3,7-diglucopyranoside
山柰酚 -3,7- 二吡喃鼠李糖苷 kaempferol-3,7-dirhamnopyranoside
山柰酚 -3,7- 二甲醚 kaempferol-3,7-dimethyl ether
山柰酚 -3,7- 二葡萄糖苷 kaempferol-3,7-diglucoside
山柰酚 -3,7- 二鼠李糖苷 kaempferol-3,7-dirhamnoside
山柰酚 -3,7- 二鼠李糖基葡萄糖苷 kaempferol-3,7-dirhamnoglucoside
山柰酚 -3-[2'',4''- 二 -(E)- 对香豆酰] 鼠李糖苷 kaempferol-3-[2'',4''-di-(E)-p-coumaroyl]rhamnoside
山柰酚 -3-[O-α-L- 吡喃鼠李糖基 -(1 → 4)-β-D- 吡喃木糖苷] kaempferol-3-[O-α-L-rhamnopyranosyl-(1 → 4)-β-D-xylopyranoside]
山柰酚 -3-O-(2'',3''- 二 -O- 对香豆酰基)-β-D- 吡喃葡萄糖苷 kaempferol-3-O-(2'',3''-di-O-p-coumaroyl)-β-D-glucopyranoside
山柰酚 -3-O-(2'',4''- 二 - 反式 - 对羟基桂皮酰基)-α-L- 吡喃鼠李糖苷 kaempferol-3-O-(2'',4''-di-trans-p-coumaroyl)-α-L-rhamnopyranoside
山柰酚 -3-O-(2'',6''- 二 - 反式 - 对羟基桂皮酰基 -3'',4''- 二乙酰基)-β-D- 吡喃葡萄糖苷 kaempferol-3-O-(2'',6''-di-trans-p-hydroxycinnamoyl-3'',4''-diacetyl)-β-D-glucopyranoside
山柰酚 -3-O-(2''-E- 对香豆酰基)- 吡喃葡萄糖苷 kaempferol-3-O-(2''-E-p-coumaroyl)-glucopyranoside
山柰酚 -3-O-(2''-O-α-L- 吡喃鼠李糖基)-β-D- 吡喃葡萄糖醛酸苷 kaempferol-3-O-(2''-O-α-L-rhamnopyranosyl)-β-D-glucuronopyranoside
山柰酚 -3-O-(2''-O-β-D- 吡喃葡萄糖基)-α-L- 吡喃鼠李糖苷 kaempferol-3-O-(2''-O-β-D-glucopyranosyl)-α-L-rhamnopyranoside
山柰酚 -3-O-(2''-β-D- 吡喃半乳糖基)-β-D- 吡喃葡萄糖苷 kaempferol-3-O-(2''-β-D-galactopyranosyl)-β-D-glucopyranoside
山柰酚 -3-O-(2,3,4-O- 三乙酰基 - 吡喃鼠李糖苷) kaempferol-3-O-(2,3,4-O-triacetyl-rhamnopyranoside)
山柰酚 -3-O-(2'',3'',6''- 三 -O- 没食子酰基)-β-D- 吡喃葡萄糖苷 kaempferol-3-O-(2'',3'',6''-tri-O-galloyl)-β-D-glucopyranoside
山柰酚 -3-O-(2'',4''-O- 二 -E- 对香豆酰基 -α-L- 吡喃鼠李糖苷) kaempferol-3-O-(2'',4''-O-di-E-p-coumaroyl-α-L-rhamnopyranoside)
山柰酚 -3-O-(2,4-O- 二乙酰吡喃鼠李糖苷) kaempferol-3-O-(2,4-O-diacetylrhamnopyranoside)
山柰酚 -3-O-(2'',4''- 二 -E- 对香豆酰基)-α-L- 吡喃鼠李糖苷 kaempferol-3-O-(2'',4''-di-E-p-coumaroyl)-α-L-rhamnopyranoside
山柰酚 -3-O-(2'',4''- 二乙酰基 -3''- 顺式 - 对香豆酰基 -6''- 反式 - 对香豆酰基)-β-D- 吡喃葡萄糖苷 kaempferol-3-O-(2'',4''-diacetyl-3''-cis-p-coumaroyl-6''-trans-p-coumaroyl)-β-D-glucopyranoside
山柰酚 -3-O-(2,6-α-L- 二吡喃鼠李糖基)-l-β-D- 吡喃葡萄糖苷 kaempferol-3-O-(2,6-α-L-dirhamnopyranosy)-l-β-D-glucopyranoside
山柰酚 -3-O-(2'',6''-α-L- 二吡喃鼠李糖基)-β-D- 吡喃半乳糖苷 kaempferol-3-O-(2'',6''-α-dirhamnopyranosyl)-β-D-

S

galactopyranoside

山柰酚 -3-*O*-(2",6"- 二 -*O*-α-L- 吡喃鼠李糖基)-β-D- 吡喃半乳糖苷 kaempferol-3-*O*-(2",6"-di-*O*-α-L-rhamnopyranosyl)-β-D-galactopyranoside

山柰酚 -3-*O*-(2",6"- 二 -*O*-α-L- 吡喃鼠李糖基)-β-D- 吡喃葡萄糖苷 kaempferol-3-*O*-(2",6"-di-*O*-α-L-rhamnopyranosyl)-β-D-glucopyranoside

山柰酚 -3-*O*-(2,6- 二 -*O*-α-L- 吡喃鼠李糖基 -β-D- 吡喃半乳糖苷 kaempferol-3-*O*-(2,6-di-*O*-α-L-rhamnopyranosyl-β-D-galactopyranoside

山柰酚 -3-*O*-(2,6- 二 -*O*-α- 吡喃鼠李糖基)-β-D- 吡喃半乳糖苷 kaempferol-3-*O*-(2,6-di-*O*-α-rhamnopyranosyl)-β-D-galactopyranoside

山柰酚 -3-*O*-(2,6- 二 -*O*- 吡喃鼠李糖基)-β-D- 吡喃葡萄糖苷 kaempferol-3-*O*-(2,6-di-*O*-rhamnopyranosyl)-β-D-glucopyranoside

山柰酚 -3-*O*-(2,6- 二 -*O*- 吡喃鼠李糖基吡喃葡萄糖苷) kaempferol-3-*O*-(2,6-di-*O*-rhamopyranosylglucopyranoside)

山柰酚 -3-*O*-(2,6- 二鼠李糖基葡萄糖苷) kaempferol-3-*O*-(2,6-dirhamnoosylglucoside)

山柰酚 -3-*O*-(2",6"- 二 -(*E*)- 对香豆酰基)-β-D- 葡萄糖苷 kaempferol-3-*O*-[2",6"-di-(*E*)-*p*-coumaroyl]-β-D-glucopyranoside

山柰酚 -3-*O*-(2"-*O*-β-D- 吡喃葡萄糖基)-β-D- 芸香糖苷 kaempferol-3-*O*-(2"-*O*-β-D-glucopyranosyl)-β-D-rutinoside

山柰酚 -3-*O*-(2"-*E*- 对香豆酰)-α-L- 吡喃鼠李糖苷 kaempferol-3-*O*-(2"-*E*-*p*-coumaroyl)-α-L-rhamnopyranoside

山柰酚 -3-*O*-(2'''-*E*- 对香豆酰鼠李糖基)(1''' → 6")-[β-D- 吡喃葡萄糖基 -(1'''' → 2")-β-D- 吡喃葡萄糖基 -7-*O*-α-L- 吡喃鼠李糖苷 kaempferol 3-*O*-(2'''-*p*-*E*-coumaroylrhamnosyl)(1''' → 6")-[β-D-glucopyranosyl-(1'''' → 2")-β-D-glucopyranosyl]-7-*O*-α-L-rhamnopyranoside

山柰酚 -3-*O*-(2G-β-D- 吡喃木糖基芸香糖苷) kaempferol-3-*O*-(2G-β-D-xylopyranosylrutinoside)

山柰酚 -3-*O*-(2"-*O*-*E*- 对香豆酰基)-β-D- 吡喃葡萄糖苷 kaempferol-3-*O*-(2"-*O*-*E*-p-coumaroyl)-β-D-glucopyranoside

山柰酚 -3-*O*-(2-*O*-α-L- 吡喃鼠李糖基 -6-*O*-β-D- 吡喃木糖基)-β-D- 吡喃葡萄糖苷 kaempferol-3-*O*-(2-*O*-α-L-rhamnopyransoyl-6-*O*-β-D-xylopyranosyl)-β-D-glucopyranoside

山柰酚 -3-*O*-(2-*O*-α-L- 吡喃鼠李糖基 -β-D- 吡喃半乳糖苷) kaempferol-3-*O*-(2-*O*-α-L-rhamnopyranosyl-β-D-galactopyranoside)

山柰酚 -3-*O*-(2"-*O*-α- 吡喃鼠李糖基)-β- 吡喃葡萄糖苷 kaempferol-3-*O*-(2"-*O*-α-rhamnopyranosyl)-β-glucopyranoside

山柰酚 -3-*O*-(2"-*O*-α- 吡喃鼠李糖基)-β- 吡喃葡萄糖醛酸苷 kaempferol-3-*O*-(2"-*O*-α-rhamnopyranosyl)-β-glucuronopyranoside

山柰酚 -3-*O*-(2-*O*-β-D- 吡喃木糖基)-β-D- 吡喃半乳糖苷 kaempferol-3-*O*-(2-*O*-β-D-xylopyranosyl)-β-D-galactopyranoside

山柰酚 -3-*O*-(2-*O*-β-D- 吡喃葡萄糖基)-β-D- 吡喃半乳糖苷 kaempferol-3-*O*-(2-*O*-β-D-glucopyranosyl)-β-D-galactopyranoside

山柰酚 -3-*O*-(2"-*O*-β-D- 吡喃葡萄糖基 -6"-*O*-α-L- 吡喃鼠李糖基)-葡萄糖苷 kaempferol-3-*O*-(2"-*O*-β-D-glucopyranosyl-6"-*O*-α-L-rhamnopyranoside)-glucoside

山柰酚 -3-*O*-(2"-*O*-β-*D*- 葡萄糖基)-β-*D*- 芸香糖苷 kaempferol-3-*O*-(2"-*O*-β-D-glucosyl)-β-D-rutinoside

山柰酚 -3-*O*-(2"-*O*- 没食子酰基)-β-D- 吡喃葡萄糖苷 kaempferol-3-*O*-(2"-*O*-galloyl)-β-D-glucopyranoside

山柰酚 -3-*O*-(2"-*O*- 没食子酰基 -β-D- 吡喃葡萄糖苷 kaempferol-3-*O*-(2"-*O*-galloyl-β-D-glucopyranoside

山柰酚 -3-*O*-(2"-*O*- 没食子酰芸香糖苷) kaempferol-3-*O*-(2"-*O*-galloylrutinoside)

山柰酚 -3-*O*-(2-*O*- 乙酰吡喃鼠李糖苷) kaempferol-3-*O*-(2-*O*-acetylrhamnopyranoside)

山柰酚 -3-*O*-(2-*O*- 乙酰基)-α-L- 吡喃鼠李糖苷 kaempferol-3-*O*-(2-*O*-acetyl)-α-L-rhamnopyranoside

山柰酚 -3-*O*-(2"-α-L- 吡喃鼠李糖基)-β-D- 吡喃葡萄糖醛酸苷 kaempferol-3-*O*-(2"-α-L-rhamnopyranosyl)-β-D-glucuronopyranoside

山柰酚 -3-*O*-(2"-α-L- 吡喃鼠李糖基 -6"- 乙酰基 -β-D- 吡喃半乳糖基)-7-*O*-α-L- 吡喃鼠李糖苷 kaempferol-3-*O*-(2"-α-L-rhamnopyranosyl-6"-acetyl-β-D-galactopyranoside)-7-*O*-α-L-rhamnopyranoside

山柰酚 -3-*O*-(2'-α-L- 鼠李糖基)- 芸香糖苷 kaempferol-3-*O*-(2'-α-L-rhamnosyl)-rutinoside

山柰酚 -3-*O*-(2"-β-D- 吡喃木糖基)-β-D- 吡喃半乳糖苷 kaempferol-3-*O*-(2"-β-D-xylopyranosyl)-β-D-galactopyranoside

山柰酚 -3-*O*-(2"-β-D- 吡喃葡萄糖基)-α-L- 鼠李糖苷 kaempferol-3-*O*-(2"-β-D-glucopyranosyl)-α-L-rhamnoside

山柰酚 -3-*O*-(2- 吡喃葡萄糖基)- 吡喃半乳糖苷 kaempferol-3-*O*-(2-glucopyranosyl)-galactopyranoside

山柰酚 -3-*O*-(2- 吡喃葡萄糖基)- 吡喃半乳糖基 -7-*O*- 吡喃葡萄糖苷 kaempferol-3-*O*-(2-glucopyranosyl)-galactopyranoside-7-*O*-glucopyranoside

山柰酚 -3-*O*-(2"- 二 -*Z*- 对香豆酰基)-α-L- 吡喃鼠李糖苷 kaempferol-3-*O*-(2"-*Z*-*p*-coumaroyl)-α-L-rhamnopyranoside

山柰酚 -3-*O*-(2"- 反式 - 对香豆酰基 -3",4"- 二乙酰基 -6"- 顺式 - 对香豆酰基)-β-D- 吡喃葡萄糖苷 kaempferol-3-*O*-(2"-*trans*-*p*-coumaroyl-3",4"-diacetyl-6"-*cis*-*p*-coumaroyl)-β-D-glucopyranoside

山柰酚 -3-*O*-(2'- 没食子酰葡萄糖醛酸苷) kaempferol-3-*O*-(2'-galloyl-glucuronide)

山柰酚 -3-*O*-(2- 葡萄糖基)- 半乳糖苷 kaempferol-3-*O*-(2-glucosyl)-galactoside

山柰酚 -3-*O*-(2- 葡萄糖基)- 半乳糖苷 -7-*O*- 葡萄糖苷 kaempferol-3-*O*-(2-glucosyl)-galactoside-7-*O*-glucoside

山柰酚 -3-*O*-(3,4-*O*- 二乙酰吡喃鼠李糖苷) kaempferol-3-*O*-(3,4-*O*-diacetylrhamnopyranoside)

山柰酚 -3-*O*-(3",4"- 二 -*E*- 对香豆酰基)-α-L- 吡喃鼠李糖苷 kaempferol-3-*O*-(3",4"-di-*E*-*p*-coumaroyl)-α-L-rhamnopyranoside

山柰酚 -3-*O*-(3-*O*- 乙酰基)-α-L- 吡喃鼠李糖苷 kaempferol-3-*O*-(3-*O*-acetyl-)-α-L-rhamnopyranoside

山柰酚 -3-*O*-(3-*O*- 乙酰基)-α-L- 吡喃鼠李糖基 -7-*O*-α-L- 吡喃鼠李糖苷 kaempferol-3-*O*-(3-*O*-acetyl-)-α-L-rhamnopyranosyl-7-*O*-α-L-rhamnopyranoside

山柰酚 -3-*O*-(3"-*O*- 乙酰基 -6"-*O*- 反式 - 对香豆酰基)-β-D- 吡喃葡萄糖苷 kaempferol-3-*O*-(3"-*O*-acetyl-6"-*O*-*trans*-*p*-coumaroyl)-β-D-glucopyranoside

山柰酚 -3-*O*-(3"-*Z*- 对香豆酰基)-α-L- 吡喃鼠李糖苷 kaempferol-3-*O*-(3"-*Z*-*p*-coumaroyl)-α-L-rhamnopyranoside

山柰酚 -3-*O*-(4"-*E*- 对香豆酰基)-α-L- 吡喃鼠李糖苷 kaempferol-3-*O*-(4"-*E*-*p*-coumaroyl)-α-L-rhamnopyranoside

山柰酚 -3-*O*-(4-*O*- 乙酰基)-α-L- 吡喃鼠李糖苷 kaempferol-3-*O*-(4-*O*-acetyl)-α-L-rhamnopyranoside

山柰酚 -3-*O*-(4-*O*- 乙酰基)-α-L- 吡喃鼠李糖基 -7-*O*-α-L- 吡喃鼠李糖苷 kaempferol-3-*O*-(4-*O*-acetyl-)-α-L-rhamnopyranosyl-7-*O*-α-L-rhamnopyranoside

山柰酚 -3-*O*-(4"-*Z*- 对香豆酰)-α-L- 吡喃鼠李糖苷 kaempferol-3-*O*-(4"-*Z*-*p*-coumaroyl)-α-L-rhamnopyranoside

山柰酚 -3-*O*-(4-β-D- 吡喃木糖基)-α-L- 吡喃鼠李糖基 -7-*O*-α-L- 吡喃鼠李糖苷 kaempferol-3-*O*-(4-β-D-xylopyranosyl)-α-L-

S

rhamnopyranoside-7-O-α-L-rhamnopyranoside
山柰酚 -3-O-(4- 没食子酰基)-β-D- 吡喃葡萄糖苷 kaempferol-3-O-(4-galloyl)-β-D-glucopyranoside
山柰酚 -3-O-(4- 鼠李糖基) 阿拉伯糖苷 kaempferol-3-O-(4-rhamnosyl)arabinoside
山柰酚 3-O-(5''-O-E- 阿魏酰基)-α-L- 呋喃阿拉伯糖苷 kaempferol-3-O-(5''-O-E-feruloyl)-α-L-arabinofuranoside
山柰酚 -3-O-(5''-O-E- 对香豆酰基)-α-L- 呋喃阿拉伯糖苷 kaempferol-3-O-(5''-O-E-p-coumaroyl)-α-L-arabi-nofuranoside
山柰酚 -3-O-(5- 鼠李糖基) 阿拉伯糖苷 kaempferol-3-O-(5-rhamnosyl)arabinoside
山柰酚 -3-O-(6''-O-α-L- 鼠李糖基)-β-D- 吡喃葡萄糖苷 kaempferol-3-O-(6''-O-α-L-rhamnosyl)-β-D-glucopyranoside
山柰酚 -3-O-(6''-O- 巴豆酰基)-β-D- 吡喃葡萄糖苷 kaempferol-3-O-(6''-O-crotonoyl)-β-D-glucopyranoside
山柰酚 -3-O-(6''-O- 反式 - 对香豆酰基)-β-D- 吡喃葡萄糖苷 kaempferol-3-O-(6''-O-trans-p-coumaroyl)-β-D-glucopyranoside
山柰酚 -3-O-(6''-O- 没食子酰基)-β-D- 吡喃葡萄糖苷 kaempferol-3-O-(6''-O-nutgallacyl)-β-D-glucopyranoside
山柰酚 -3-O-(6''-O- 乙酰基)-β-D- 葡萄糖苷 kaempferol-3-O-(6''-O-acetyl)-β-D-glucoside
山柰酚 -3-O-(6''- 乙酰基)-β-D- 吡喃葡萄糖苷 kaempferol-3-O-(6''-acetyl)-β-D-glucopyranoside
山柰酚 -3-O-(6''-O-E- 对香豆酰基)-β-D- 吡喃葡萄糖苷 kaempferol-3-O-(6''-O-E-p-coumaroyl)-β-glucopyranoside
山柰酚 -3-O-(6-O-E- 香豆酰基)-β-D- 吡喃葡萄糖苷 kaempferol-3-O-(6-O-E-coumaroyl)-β-D-glucopyranoside
山柰酚 -3-O-(6-O-Z- 香豆酰基)-β-D- 吡喃葡萄糖苷 kaempferol-3-O-(6-O-Z-coumaroyl)-β-D-glucopyranoside
山柰酚 -3-O-(6-O-α-L- 吡喃鼠李糖基)-β-D- 吡喃半乳糖苷 kaempferol-3-O-(6-O-α-L-rhamnopyranosyl)-β-D-galactopyranoside
山柰酚 -3-O-(6''-O-α-L- 吡喃鼠李糖基)-β-D- 吡喃葡萄糖苷 kaempferol-3-O-(6''-O-α-L-rhamnopyranosyl)-β-D-glucopyranoside
山柰酚 -3-O-(6-O-α-L- 吡喃鼠李糖基)-β-D- 吡喃葡萄糖苷 kaempferol-3-O-(6-O-α-L-rhamnopyranosyl)-β-D-glucopyranoside
山柰酚 -3-O-(6''-O-α- 吡喃鼠李糖基)-β- 吡喃葡萄糖苷 kaempferol-3-O-(6''-O-α-rhamnopyranosyl)-β-glucopyranoside
山柰酚 -3-O-(6-O-β-D- 吡喃葡萄糖基)-β-D- 吡喃半乳糖苷 kaempferol-3-O-(6-O-β-D-glucopyranosyl)-β-D-galactopyranoside
山柰酚 -3-O-(6''-O- 巴豆酰)-β-D- 吡喃葡萄糖苷 kaempferol-3-O-(6''-O-crotonyl)-β-D-glucopyranoside
山柰酚 -3-O-(6''-O- 反式 - 对香豆酰基)-β-D- 吡喃葡萄糖苷 kaempferol-3-O-(6''-O-trans-p-coumaroyl)-β-D-glucopyranoside
山柰酚 -3-O-(6-O- 咖啡酰基)-β-D- 吡喃葡萄糖苷 kaempferol-3-O-(6-O-caffeoyl)-β-D-glucopyranoside
山柰酚 -3-O-(6-O- 咖啡酰基)-β- 半乳糖苷 kaempferol-3-O-(6-O-caffeoyl)-β-galactoside
山柰酚 -3-O-(6-O- 咖啡酰基)-β- 葡萄糖苷 kaempferol-3-O-(6-O-caffeoyl)-β-glucoside
山柰酚 -3-O-(6''-O- 没食子酰基)- 葡萄糖苷 kaempferol-3-O-(6''-O-galloyl)-glucoside
山柰酚 -3-O-(6''-O- 乙酰基)-β-D- 吡喃半乳糖苷 kaempferol-3-O-(6''-O-acetyl)-β-D-galactopyranoside
山柰酚 -3-O-(6''-O- 乙酰基)-β-D- 吡喃葡萄糖苷 kaempferol-3-O-(6''-O-acetyl)-β-D-glucopyranoside
山柰酚 -3-O-(6''-O- 乙酰基) 葡萄糖苷 kaempferol-3-O-(6''-O-acetyl)glucoside
山柰酚 -3-O-(6-O- 乙酰基 -β-D- 吡喃葡萄糖苷) kaempferol-3-O-(6-O-acetyl-β-D-glucopyranoside)
山柰酚 -3-O-(6''-α-L- 吡喃鼠李糖基 -2''-β-D- 吡喃木糖基)-β-D- 吡喃半乳糖苷 kaempferol-3-O-(6''-α-L-rhamnopyranosyl-2''-β-D-xylopyranosyl)-β-D-galactopyranoside
山柰酚 -3-O-(6''- 丙二酰半乳糖苷) kaempferol-3-O-(6''-malonylgalactoside)
山柰酚 -3-O-(6''- 丙二酰葡萄糖苷) kaempferol-3-O-(6''-malonylglucoside)
山柰酚 -3-O-(6''- 反式 - 对香豆酰基)-α-D- 吡喃甘露糖苷 kaempferol-3-O-(6''-trans-p-coumaroyl)-α-D-mannopyranoside
山柰酚 -3-O-(6''- 反式 - 对香豆酰基)-β-D- 吡喃葡萄糖苷 kaempferol-3-O-(6''-trans-p-coumaroyl)-β-D-glucopyranoside
山柰酚 -3-O-(6''- 没食子酰基)-β-D- 吡喃葡萄糖苷 kaempferol-3-O-(6''-galloyl)-β-D-glucopyranoside
山柰酚 -3-O-(6''- 乙酰基)-β- 吡喃葡萄糖苷 kaempferol-3-O-(6''-acetyl)-β-glucopyranoside
山柰酚 -3-O-(6''- 乙酰基 -β-D- 吡喃半乳糖基)-7-O-α-L- 吡喃鼠李糖苷 kaempferol-3-O-(6''-acetyl-β-D-galactopyranoside)-7-O-α-L-rhamnopyranoside
山柰酚 -3-O-[(2'''',3'''',4''''- 三乙酰基)-α-L- 吡喃鼠李糖基 -(1 → 3)(2''',4'''- 二乙酰基)-α-L- 吡喃鼠李糖基 -(1 → 6)-β-D- 吡喃葡萄糖苷 kaempferol-3-O-[(2'''',3'''',4''''-triacetyl)-α-L-rhamnopyranosyl-(1 → 3)(2''',4'''-diacetyl)-α-L-rhamnopyranosyl-(1 → 6)-β-D-glucopyranoside
山柰酚 -3-O-[(2-O- 乙酰基)-α-L- 吡喃鼠李糖基 -(1 → 3)(4-O- 乙酰基)-α-L- 吡喃鼠李糖基 -(1 → 6)-β-D- 吡喃葡萄糖苷] kaempferol-3-O-[(2-O-acetyl)-α-L-rhamnopyranosyl-(1 → 3)(4-O-acetyl)-α-L-rhamnopyranosyl-(1 → 6)-β-D-glucopyranoside]
山柰酚 -3-O-[(3'''',4''''- 二乙酰基)-α-L- 吡喃鼠李糖基 -(1 → 3)(2''',4'''- 二乙酰基)-α-L- 吡喃鼠李糖基 -(1 → 6)-β-D- 吡喃葡萄糖苷 kaempferol-3-O-[(3'''',4''''-diacetyl)-α-L-rhamnopyranosyl-(1 → 3)(2''',4'''-diacetyl)-α-L-rhamnopyranosyl-(1 → 6)-β-D-glucopyranoside]
山柰酚 -3-O-[(3-O- 乙酰基)-α-L- 吡喃鼠李糖基 -(1 → 3)(4-O- 乙酰基)-α-L- 吡喃鼠李糖基 -(1 → 6)-β-D- 吡喃葡萄糖苷] kaempferol-3-O-[(3-O-acetyl)-α-L-rhamnopyranosyl-(1 → 3)(4-O-acetyl)-α-L-rhamnopyranosyl-(1 → 6)-β-D-glucopyranoside]
山柰酚 -3-O-[(6-O-D- 芹糖 -β-D- 呋喃基 -(1 → 6)-O-β-D- 吡喃葡萄糖苷] kaempferol-3-O-[(6-O-D-apio-β-D-furanosyl-(1 → 6)-O-β-D-glucopyranoside]
山柰酚 -3-O-[(6-O-E- 芥子酰基)-β-D- 吡喃葡萄糖基 -(1 → 2)]-β-D- 吡喃葡萄糖基 -7-O-α-L- 吡喃鼠李糖苷 kaempferol-3-O-[(6-O-E-sinapoyl)-β-D-glucopyranosyl-(1 → 2)]-β-D-glucopyranosyl-7-O-α-L-rhamnopyranoside
山柰酚 -3-O-[(6-O- 阿魏酰基)-β-D- 吡喃葡萄糖基 -(1 → 2)-β-D- 吡喃半乳糖苷] kaempferol-3-O-[(6-O-feruloyl)-β-D-glucopyranosyl-(1 → 2)-β-D-galactopyranoside]
山柰酚 -3-O-[(6-O- 反式 - 阿魏酰基)-β-D- 吡喃葡萄糖基]-(1 → 2)-β-D- 吡喃半乳糖苷 kaempferol-3-O-[(6-O-trans-feruloyl)-β-D-glucopyranosyl]-(1 → 2)-β-D-galactopyranoside
山柰酚 -3-O-[(6'''-O- 反式 - 芥子酰基)-β-D- 吡喃葡萄糖基 -(1 → 6)]-β-D- 吡喃葡萄糖苷 kaempferol-3-O-[(6'''-O-trans-sinapoyl)-β-D-glucopyranosyl-(1 → 6)]-β-D-glucopyranoside
山柰酚 -3-O-[(6''''- 阿魏酰基)-β-D- 吡喃葡萄糖基 -(1 → 3)]-[α-L- 吡喃鼠李糖基 -(1 → 6)]-β-D- 吡喃葡萄糖苷 kaempferol-3-O-[(6''''-feruloyl)-β-D-glucopyranosyl-(1 → 3)]-[α-L-rhamnopyranosyl-(1 → 6)]-β-D-glucopyranoside
山柰酚 -3-O-[2'',6''- 二 -O-(E)- 香豆酰基]-β-D- 吡喃葡萄糖苷

S

kaempferol-3-*O*-[2",6"-di-*O*-(*E*)-coumaroyl]-*β*-D-glucopyranoside

山柰酚 -3-*O*-[2",6"- 二 -*O*-(反式 - 对香豆酰基)]-*β*-D- 吡喃葡萄糖苷 kaempferol-3-*O*-[2",6"-di-*O*-(*trans*-*p*-coumaroyl)]-*β*-D-glucopyranoside

山柰酚 -3-*O*-[2'''-*O*- 乙酰基 -*α*- 吡喃阿拉伯糖基 l]-(1 → 6)-*β*- 吡喃半乳糖苷 kaempferol-3-*O*-[2'''-*O*-acetyl-*α*-arabinopyranosyl]-(1 → 6)-*β*-galactopyranoside

山柰酚 -3-*O*-[2,3,4- 三 -*O*- 乙酰基 -*α*-L- 吡喃鼠李糖基 -(1 → 3)-2,4- 二 -*O*- 乙酰基 -*α*-L- 吡喃鼠李糖基 -(1 → 6)]-*β*-D- 吡喃葡萄糖苷 kaempferol-3-*O*-[2,3,4-tri-*O*-acetyl-*α*-L-rhamnopyranosyl-(1 → 3)-2,4-di-*O*-acetyl-*α*-L-rhamnopyranosyl-(1 → 6)]-*β*-D-glucopyranoside

山柰酚 -3-*O*-[2,3,4- 三 -*O*- 乙酰基 -*α*-L- 吡喃鼠李糖基 -(1 → 3)-4-*O*- 乙酰基 -*α*-L- 吡喃鼠李糖基 -(1 → 6)]-*β*-D- 吡喃葡萄糖苷 kaempferol-3-*O*-[2,3,4-tri-*O*-acetyl-*α*-L-rhamnopyranosyl-(1 → 3)-4-*O*-acetyl-*α*-L-rhamnopyranosyl-(1 → 6)]-*β*-D-glucopyranoside

山柰酚 -3-*O*-[2",6"- 二 -*O*-(反式 - 对香豆酰基)-3",4"- 二 -*O*- 乙酰基]-*β*-D- 吡喃葡萄糖苷 kaempferol-3-*O*-[2",6"-di-*O*-(*trans*-*p*-coumaroyl)-3",4"-di-*O*-acetyl]-*β*-D-glucopyranoside

山柰酚 -3-*O*-[2"-*O*-(*E*-6'''-*O*- 阿魏酰基)-*β*-D- 吡喃葡萄糖基]-*β*-D- 吡喃半乳糖苷 kaempferol-3-*O*-[2"-*O*-(*E*-6'''-*O*-feruloyl)-*β*-D-glucopyranosyl]-*β*-D-galactopyranoside

山柰酚 -3-*O*-[2"-*O*-*α*- 吡喃鼠李糖基 -3"-*O*-(6''''-*O*-*α*- 吡喃鼠李糖基 -*β*- 吡喃葡萄糖基)]-*β*- 吡喃葡萄糖苷 kaempferol-3-*O*-[2"-*O*-*α*-rhamnopyranosyl-3"-*O*-(6''''-*O*-*α*-rhamnopyranosyl-*β*-glucopyranosyl)]-*β*-glucopyranoside

山柰酚 -3-*O*-[2-*O*-*β*-D- 吡喃木糖基)-(1 → 2)-*β*-D- 吡喃半乳糖基]-7-*O*-*α*-L- 吡喃鼠李糖苷 kaempferol-3-*O*-[2-*O*-(*β*-D-xylopyranosyl)-(1 → 2)*β*-D-galactopyranosyl]-7-*O*-*α*-L-rhamnopyranoside

山柰酚 -3-*O*-[2-*O*- 芥子酰基 -*β*-D- 吡喃葡萄糖基 -(1 → 4)-[6-*O*- 芥子酰基 -*β*-D- 吡喃葡萄糖基](1 → 2)-*β*-D- 吡喃半乳糖苷 kaempferol-3-*O*-[2-*O*-sinapoyl-*β*-D-glucopyranosyl-(1 → 4)-[6-*O*-sinapoyl-*β*-D-glucopyranosyl](1 → 2)-*β*-D-galactopyranoside

山柰酚 -3-*O*-[2'''-*O*- 乙酰基 -*α*-L- 吡喃阿拉伯糖基 -(1 → 6)-*β*-D- 吡喃半乳糖苷] kaempferol-3-*O*-[2'''-*O*-acetyl-*α*-L-arabinopyranosyl-(1 → 6)-*β*-D-galactopyranoside]

山柰酚 -3-*O*-[3"-*O*- 乙酰基 -6"-*O*-(*E*)- 对香豆酰基]-*β*-D- 吡喃葡萄糖苷 kaempferol-3-*O*-[3"-*O*-acetyl-6"-*O*-(*E*)-*p*-coumaroyl]-*β*-D-glucopyranoside

山柰酚 -3-*O*-[3,4- 二 -*O*- 乙酰基 -*α*-L- 吡喃鼠李糖基 -(1 → 3)-2,4- 二 -*O*- 乙酰基 - 吡喃鼠李糖基 -(1 → 6)]-*β*-D- 吡喃葡萄糖苷 kaempferol-3-*O*-[3,4-di-*O*-acetyl-*α*-L-rhamnopyranosyl-(1 → 3)-2,4-di-*O*-acetyl-rhamnopyranosyl-(1 → 6)]-*β*-D-glucopyranoside

山柰酚 -3-*O*-[3'''- 乙酰基 -*α*-L- 吡喃阿拉伯糖基 -(1''' → 6")]-*β*-D- 吡喃葡萄糖苷 kaempferol-3-*O*-[3'''-acetyl-*α*-L-arabinopyranosyl-(1''' → 6")]-*β*-D-glucopyranoside

山柰酚 -3-*O*-[4-*O*- 乙酰基 -*α*-L- 吡喃鼠李糖基 -(1 → 3)-2,4- 二 -*O*- 乙酰基 -*α*-L- 吡喃鼠李糖基 -(1 → 6)]-*β*-D- 吡喃葡萄糖苷 kaempferol-3-*O*-[4-*O*-acetyl-*α*-L-rhamnopyranosyl-(1 → 3)-2,4-di-*O*-acetyl-*α*-L-rhamnopyranosyl-(1 → 6)]-*β*-D-glucopyranoside

山柰酚 -3-*O*-[4-*O*- 乙酰基 -*α*-L- 吡喃鼠李糖基 -(1 → 3)-*α*-L- 吡喃鼠李糖基 -(1 → 6)]-*β*-D- 吡喃葡萄糖苷 kaempferol-3-*O*-[4-*O*-acetyl-*α*-L-rhamnopyranosyl-(1→3)-*α*-L-rhamnopyranosyl-(1→6)]-*β*-D-glucopyranoside

山柰酚 -3-*O*-[4''''-*O*- 乙酰基 -*α*-L- 吡喃鼠李糖基 -(1 → 6)]-[*β*-D- 吡喃木糖基 -(1 → 2)]-*β*-D- 吡喃葡萄糖苷 kaempferol-3-*O*-[4''''-*O*-acetyl-*α*-L-rhamnopyranosyl-(1→6)]-[*β*-D-xylopyranosyl-(1→2)]-*β*-D-glucopyranoside

山柰酚 -3-*O*-[4''''-*O*- 乙酰基 -*α*-L- 吡喃鼠李糖基 -(1 → 6)]-[*β*-D- 吡喃葡萄糖基 -(1 → 2)]-*β*-D- 吡喃葡萄糖苷 kaempferol-3-*O*-[4''''-*O*-acetyl-*α*-L-rhamnopyranosyl-(1 → 6)]-[*β*-D-glucopyranosyl-(1 → 2)]-*β*-D-glucopyranoside

山柰酚 -3-*O*-[6"-*O*-(反式 - 对香豆酰基)]-*β*-D- 吡喃半乳糖苷 kaempferol-3-*O*-[6"-*O*-(*trans*-*p*-coumaroyl)]-*β*-D-galactopyranoside

山柰酚 -3-*O*-[6"-*O*-(反式 - 对香豆酰基)-4"- 乙酰基]-*β*-D- 吡喃葡萄糖苷 kaempferol-3-*O*-[6"-*O*-(*trans*-*p*-coumaroyl)-4"-acetyl]-*β*-D-glucopyranoside

山柰酚 -3-*O*-[6"-*O*-*β*-D- 吡喃葡萄糖基 -6'''-*O*-α-L- 吡喃鼠李糖基 -2''''-*O*- α -L- 吡喃鼠李糖基]-*β*-D- 吡喃葡萄糖苷 kaempferol-3-*O*-[6"-*O*-*β*-D-glucopyranosyl-6'''-*O*- α -L-rhamnopyranosyl-2''''-*O*-α-L-rhamnopyranosyl]-*β*-D-glucopyranoside

山柰酚 -3-*O*-[6-*O*- 芥子酰基 -*β*-D- 吡喃葡萄糖基 -(1 → 2)-*β*-D- 吡喃半乳糖苷] kaempferol-3-*O*-[6-*O*-sinapoyl-*β*-D-glucopyranosyl-(1 → 2)-*β*-D-galactopyranoside]

山柰酚 -3-*O*-[*α*-L- 吡喃鼠李糖基 -(1 → 3)-2,4- 二 -*O*- 乙酰基 -*α*-L- 吡喃鼠李糖基 -(1 → 6)]-*β*-D- 吡喃葡萄糖苷 kaempferol-3-*O*-[*α*-L-rhamnopyranosyl-(1→3)-2,4-di-*O*-acetyl-*α*-L-rhamnopyranosyl-(1 → 6)]-*β*-D-glucopyranoside

山柰酚 -3-*O*-[*α*-L- 吡喃鼠李糖基 -(1 → 3)-*α*-L- 吡喃鼠李糖基 -(1 → 6)-*β*-D- 吡喃半乳糖苷] kaempferol-3-*O*-[*α*-L-rhamnopyranosyl-(1 → 3)-*α*-L-rhamnopyranosyl-(1 → 6)-*β*-D-galactopyranoside]

山柰酚 -3-*O*-[*α*-L- 吡喃鼠李糖基 -(1 → 4)-*α*-L- 吡喃鼠李糖基 (1 → 6)]-*β*-D- 吡喃葡萄糖苷 kaempferol-3-*O*-[*α*-L-rhamnopyranosyl-(1 → 4)-*α*-L-rhamnopyranosyl-(1 → 6)]-*β*-D-glucopyranoside

山柰酚 -3-*O*-[*α*-L- 吡喃鼠李糖基 -(1 → 4)-*α*-L- 吡喃鼠李糖基 -(1 → 6)-*β*-D- 吡喃葡萄糖苷] kaempferol-3-*O*-[*α*-L-rhamnopyranosyl-(1 → 4)-*α*-L-rhamnopyranosyl-(1 → 6)-*β*-D-glucopyranoside]

山柰酚 -3-*O*-[*α*-L- 吡喃鼠李糖基 -(1 → 6)]-[*β*-D- 吡喃木糖基 -(1 → 2)]-*β*-D- 吡喃葡萄糖苷 kaempferol-3-*O*-[*α*-L-rhamnopyranosyl-(1 → 6)]-[*β*-D-xylopyranosyl-(1 → 2)]-*β*-D-glucopyranoside

山柰酚 -3-*O*-[*α*-L- 吡喃鼠李糖基 -(1 → 6)]-[*β*-D- 吡喃葡萄糖基 -(1 → 2)]-*β*-D- 吡喃葡萄糖苷 kaempferol-3-*O*-[*α*-L-rhamnopyranosyl-(1 → 6)]-[*β*-D-glucopyranosyl-(1 → 2)]-*β*-D-glucopyranoside

山柰酚 -3-*O*-[*α*-L- 吡喃鼠李糖基 -(1 → 6)]-*O*-*β*-D- 吡喃葡萄糖基 -7-*O*-*α*-L- 吡喃鼠李糖苷 kaempferol-3-*O*-[*α*-L-rhamnopyranosyl-(1 → 6)]-*O*-*β*-D-glucopyranosyl-7-*O*-*α*-L-rhamnopyranoside

山柰酚 -3-*O*-[*α*-L- 吡喃鼠李糖基 -(1 → 6)-*β*-D- 吡喃半乳糖苷] kaempferol-3-*O*-[*α*-L-rhamnopyranosyl-(1 → 6)-*β*-D-galactopyranoside]

山柰酚 -3-*O*-[*α*-L- 吡喃鼠李糖基 -(1 → 6)-*β*-D- 吡喃半乳糖苷]-7-*O*-*α*-L- 吡喃鼠李糖苷 kaempferol-3-*O*-[*α*-L-rhamnopyranosyl-(1 → 6)-*β*-D-galactopyranoside]-7-*O*-*α*-L-rhamnopyranoside

山柰酚 -3-*O*-[*α*-L- 吡喃鼠李糖基 -(1 → 6)-*β*-D- 吡喃葡萄糖苷] kaempferol-3-*O*-[*α*-L-rhamnopyranosyl-(1 → 6)-*β*-D-glucopyranoside]

山柰酚 -3-*O*-[*α*-L- 吡喃鼠李糖基 -(1 → 6)-*β*-D- 吡喃葡萄糖苷]-7-*O*-*α*-L- 吡喃鼠李糖苷 kaempferol-3-*O*-[*α*-L-rhamnopyranosyl-(1 → 6)-*β*-D-glucopyranoside]-7-*O*-*α*-L-rhamnopyranoside

山柰酚 -3-*O*-[*α*-L- 吡喃鼠李糖基 -(1 → 6)-*β*-D- 吡喃葡萄糖基 -(1 → 6)-*β*-D- 吡喃葡萄糖苷] kaempferol-3-*O*-[*α*-L-rhamnopyranosyl-(1 → 6)-*β*-D-glucopyranosyl-(1 → 6)-*β*-D-

S

glucopyranoside]
山柰酚 -3-*O*-[*α*-L- 鼠李糖基 -(1 → 6)-*β*-D- 吡喃葡萄糖苷 kaempferol-3-*O*-[*α*-L-rhamnopyranosyl -(1 → 6)-*β*-D-glucopyranoside
山柰酚 -3-*O*-[*β*-D- 吡喃木糖基 -(1 → 2)-*O*-*β*-D- 吡喃葡萄葡糖基 -(1 → 3)]-*O*-*β*-D- 吡喃葡萄葡糖苷 kaempferol-3-*O*-[*β*-D-xylopyranosyl-(1 → 2)-*O*-*β*-D-glucopyranosyl-(1 → 3)]-*O*-*β*-D-glucopyranoside
山柰酚 -3-*O*-[*β*-D- 吡喃木糖基 -(1 → 3)-*α*-L- 吡喃鼠李糖基 -(1 → 6)]-[*α*-L- 吡喃鼠李糖基 -(1 → 2)]-*β*-D- 吡喃半乳糖苷 kaempferol-3-*O*-[*β*-D-xylopyranosyl-(1 → 3)-*α*-L-rhamnopyranosyl-(1 → 6)]-[*α*-L-rhamnopyranosyl-(1 → 2)]-*β*-D-galactopyranoside
山柰酚 -3-*O*-[*β*-D- 吡喃木糖基 -(1 → 3)-*α*-L- 吡喃鼠李糖基 -(1 → 6)]-*β*-D- 吡喃半乳糖苷 kaempferol-3-*O*-[*β*-D-xylopyranosyl-(1 → 3)-*α*-L-rhamnopyranosyl-(1 → 6)]-*β*-D-galactopyranoside
山柰酚 -3-*O*-[*β*-D- 吡喃葡萄糖基 -(1 → 2)]-*β*-D- 吡喃葡萄糖苷 kaempferol-3-*O*-[*β*-D-glucopyranosyl-(1 → 2)]-*β*-D-glucopyranoside
山柰酚 -3-*O*-[*β*-D- 吡喃葡萄糖基 -(1 → 2)-*β*-D- 吡喃葡萄糖苷] kaempferol-3-*O*-[*β*-D-glucopyranosyl-(1 → 2)-*β*-D-glucopyranoside]
山柰酚 -3-*O*-[*β*-D- 吡喃葡萄糖基 -(1 → 3)-(4-*O*- 反式 - 对香豆酰基)]-*α*-L- 吡喃鼠李糖基 -(1 → 6)-*β*-D- 吡喃半乳糖苷 -7-*O*-*α*-L- 吡喃鼠李糖苷 kaempferol-3-*O*-[*β*-D-glucopyranosyl-(1→3)-(4-*O*-*trans*-*p*-coumaroyl)]-*α*-L-rhamnopyranosyl-(1→6)-*β*-D-galactopyranside-7-*O*-*α*-L-rhamnopyranoside
山柰酚 -3-*O*-[*β*-D- 吡喃葡萄糖基 -(1 → 3)]-3-*O*-*α*-L- 吡喃鼠李糖基 -7-*O*-*α*-L- 吡喃鼠李糖苷 kaempferol-3-*O*-[*β*-D-glucopyranosyl-(1 → 3)]-3-*O*-*α*-L-rhamnopyranosyl-7-*O*-*α*-L-rhamnopyranoside
山柰酚 -3-*O*-[*β*-D- 吡喃葡萄糖基 -(1 → 3)-*O*-*α*-L- 吡喃鼠李糖基 -(1 → 6)-*O*-*β*-D- 吡喃葡萄糖苷] kaempferol-3-*O*-[*β*-D-glucopyranosyl-(1 → 3-*α*-L-rhamnopyranosyl-(1 → 6)-*O*-*β*-D-glucopyranoside]
山柰酚 -3-*O*-[*β*-D- 吡喃葡萄糖基 -(1 → 4)][*α*-L- 吡喃鼠李糖基 -(1 → 6)]-*β*-D- 吡喃葡萄糖苷 kaempferol-3-*O*-[*β*-D-glucopyranosyl-(1 → 4)][*α*-L-rhamnopyranosyl-(1 → 6)]-*β*-D-glucopyranoside
山柰酚 -3-*O*-[*β*-*D*- 吡喃葡萄糖基 -(1 → 4)]-3-*O*-*α*-L- 吡喃鼠李糖基 -7-*O*-*α*-L- 吡喃鼠李糖苷 kaempferol-3-*O*-[*β*-D-glucopyranosyl-(1 → 4)]-3-*O*-*α*-L-rhamnopyranosyl-7-*O*-*α*-L-rhamnopyranoside
山柰酚 -3-*O*-[*β*-D- 吡喃葡萄糖基 -(1 → 6)-*β*-D- 吡喃葡萄糖基 -(1 → 6)-*β*-D- 吡喃葡萄糖苷] kaempferol-3-*O*-[*β*-D-glucopyranosyl-(1 → 6)-*β*-D-glucopyranosyl-(1 → 6)-*β*-D-glucopyranoside]
山柰酚 -3-*O*-[半乳糖基 -*ζ*- 葡萄糖基 -*ζ*- 阿拉伯糖基 -*ζ*- 鼠李糖苷] kaempferol-3-*O*-[galacto-*ζ*-gluco-*ζ*-arabo-*ζ*-rhmanoside]
山柰酚 -3-*O*-{*β*-D- 吡喃葡萄糖基 -(1 → 2)-[*α*-L- 吡喃鼠李糖基 -(1 → 6)]-*β*-D- 吡喃半乳糖苷 } kaempferol-3-*O*-{*β*-D-glucopyranosyl-(1 → 2)-[*α*-L-rhamonopyranosyl-(1 → 6)]-*β*-D-galactopyranoside}
山柰酚 -3-*O*-{*β*-D- 吡喃葡萄糖基 -(1 → 2)-[*α*-L- 吡喃鼠李糖基 -(1 → 6)]-*β*-D- 吡喃葡萄糖苷 kaempferol-3-*O*-*β*-D-glucopyranosyl-(1 → 2)-[*α*-L-rhamnopyranosyl-(1 → 6)]-*β*-D-glucopyranoside
山柰酚 -3-*O*-1''-*β*-D- 吡喃葡萄糖基 -3-*O*-1'''-*β*-D- 吡喃葡萄糖苷 kaempferol-3-*O*-1''-*β*-D-glucopyranosyl-3-*O*-1'''-*β*-D-glucopyranoside
山柰酚 -3-*O*-6''- 乙酰吡喃葡萄糖苷 kaempferol-3-*O*-6''-acetylglucopyranoside
山柰酚 -3-*O*-6''- 乙酰基 -*β*-D- 吡喃葡萄糖苷 kaempferol-3-*O*-6''-acetyl-*β*-D-glucopyranoside
山柰酚 -3-*O*-D- 吡喃葡萄糖苷 kaempferol-3-*O*-D-glucopyranoside
山柰酚 -3-*O*-L- 鼠李糖基 -*β*-D- 葡萄糖苷 kaempferol-3-*O*-L-rhamnopyranosyl-*β*-D-glucoside
山柰酚 -3-*O*-*α*-D-(2-*O*-*β*-L- 吡喃鼠李糖基)- 吡喃葡萄糖苷 kaempferol-3-*O*-*α*-D-(2-*O*-*β*-L-rhamnopyranosyl)-glucopyranoside
山柰酚 -3-*O*-*α*-D- 吡喃阿拉伯糖苷 kaempferol-3-*O*-*α*-D-arabinopyranoside
山柰酚 -3-*O*-*α*-D- 吡喃阿拉伯糖基 -7-*O*-*α*-L- 吡喃鼠李糖苷 kaempferol-3-*O*-*α*-D-arabinopyranosyl-7-*O*-*α*-L-rhamnopyranoside
山柰酚 -3-*O*-*α*-D- 呋喃阿拉伯糖苷 kaempferol-3-*O*-*α*-D-arabinofuranoside
山柰酚 -3-*O*-*α*-L-[2,3- 二 -(*E*)- 对香豆酰基] 吡喃鼠李糖苷 kaempferol-3-*O*-*α*-L-[2,3-di-(*E*)-p-coumaroyl]rhamnopyranoside
山柰酚 -3-*O*-*α*-L-(2'',3''- 二 -(*E*)- 对香豆酰基)- 鼠李糖苷 kaempferol-3-*O*-*α*-L-(2'',3''-di-*E*-*p*-coumaroyl)-rhamnoside
山柰酚 -3-*O*-*α*-L-(2'',3''- 二 -*E*- 对香豆酰基)- 吡喃鼠李糖苷 kaempferol-3-*O*-*α*-L-(2'',3''-di-*E*-*p*-coumaroyl)-rhamnopyranoside
山柰酚 -3-*O*-*α*-L-(2'',4''- 二 -*E*- 阿魏酰基)- 鼠李糖苷 kaempferol-3-*O*-*α*-L-(2'',4''-di-*E*-feruloyl)-rhamnoside
山柰酚 -3-*O*-*α*-L-(2'',4''- 二 -*E*- 对香豆酰基)- 鼠李糖苷 kaempferol-3-*O*-*α*-L-(2'',4''-di-*E*-*p*-coumaroyl)-rhamnoside
山柰酚 -3-*O*-*α*-L-(2'',4''- 二 -*O*- 反式 - 对香豆酰基)- 吡喃鼠李糖苷 kaempferol-3-*O*-*α*-L-(2'',4''-di-*O*-*trans*-*p*-coumaroyl)-rhamnopyranoside
山柰酚 -3-*O*-*α*-L-(2'',4''- 二 -*O*- 顺式 - 对香豆酰基)- 吡喃鼠李糖苷 kaempferol-3-*O*-*α*-L-(2'',4''-di-*O*-*cis*-*p*-coumaroyl)-rhamnopyranoside
山柰酚 -3-*O*-*α*-L-(2'',4''- 二 -*Z*- 对香豆酰基)- 鼠李糖苷 kaempferol 3-*O*-*α*-L-(2'',4''-di-*Z*-*p*-coumaroyl)-rhamnoside
山柰酚 -3-*O*-*α*-L-(2''-*E*- 对香豆酰基)- 吡喃鼠李糖苷 kaempferol-3-*O*-*α*-L-(2''-*E*-*p*-coumaroyl)-rhamnopyranoside
山柰酚 -3-*O*-*α*-L-(2''-*O*- 反式 - 对香豆酰基)- 吡喃鼠李糖苷 kaempferol-3-*O*-*α*-L-(2''-*O*-*trans*-*p*-coumaroyl)-rhamnopyranoside
山柰酚 -3-*O*-*α*-L-(2''-*O*- 顺式 - 对香豆酰基 -4''-*O*- 反式 - 对香豆酰基)- 吡喃鼠李糖苷 kaempferol-3-*O*-*α*-L-(2''-*O*-*cis*-*p*-coumaroyl-4''-*O*-*trans*-*p*-coumaroyl)-rhamnopyranoside
山柰酚 -3-*O*-*α*-L-(2''- 反式 - 对香豆酰基 -4''- 顺式 - 对香豆酰基)- 吡喃鼠李糖苷 kaempferol-3-*O*-*α*-L-(2''-*trans*-*p*-coumaroyl-4''-*cis*-*p*-coumaroyl)-rhamnopyranoside
山柰酚 -3-*O*-*α*-L-(3'',4''- 二 -*O*- 反式 - 对香豆酰基)- 吡喃鼠李糖苷 kaempferol-3-*O*-*α*-L-(3'',4''-di-*O*-*trans*-*p*-coumaroyl)-rhamnopyranoside
山柰酚 -3-*O*-*α*-L-(3'',4''- 二 -*O*- 顺式 - 对香豆酰基)- 吡喃鼠李糖苷 kaempferol-3-*O*-*α*-L-(3,4-di-*O*-*cis*-*p*-coumaroyl)-rhamnopyranoside
山柰酚 -3-*O*-*α*-L-(3''-*O*- 乙酰基)- 呋喃阿拉伯糖苷 -7-*O*-*α*-L- 吡喃鼠李糖苷 kaempferol-3-*O*-*α*-L-(3''-*O*-acetyl)-arabinofuranoside-7-*O*-*α*-L-rhamnopyranoside
山柰酚 -3-*O*-*α*-L-(3''- 顺式 - 对香豆酰基 -4''- 反式 - 对香豆酰基)- 吡喃鼠李糖苷 kaempferol-3-*O*-*α*-L-(3''-*cis*-*p*-coumaroyl-4''-*trans*-*p*-coumaroyl)-rhamnopyranoside
山柰酚 -3-*O*-*α*-L-(4-*O*- 乙酰基)- 鼠李糖基 -7-*O*-*α*-L- 鼠李糖苷 kaempferol-3-*O*-*α*-L-(4-*O*-acetyl)-rhamnopyranoside-7-*O*-*α*-L-rhamnopyranoside

S

山柰酚 -3-O-α-L-(6"- 甲基)- 吡喃鼠李糖苷 kaempferol-3-O-α-L-(6"-methyl)-rhamnopyranoside

山柰酚 -3-O-α-L-(6"- 乙基)- 吡喃鼠李糖苷 kaempferol-3-O-α-L-(6"-ethyl)-rhamnopyranoside

山柰酚 -3-O-α-L-[3-(E)- 对香豆酰基] 吡喃鼠李糖苷 kaempferol-3-O-α-L-[3-(E)-p-coumaroyl]rhamnopyranoside

山柰酚 -3-O-α-L- 阿拉伯糖苷 kaempferol-3-O-α-L-arabinoside

山柰酚 -3-O-α-L- 阿拉伯糖苷 -7-O-α-L- 鼠李糖苷 kaempferol-3-O-α-L-arabinoside-7-O-α-L-rhamnoside

山柰酚 -3-O-α-L- 吡喃阿拉伯糖苷 kaempferol-3-O-α-L-arabinopyranoside

山柰酚 -3-O-α-L- 吡喃阿拉伯糖基 -(l → 6)-β-D- 吡喃半乳糖苷 kaempferol-3-O-α-L-arabinopyranosyl-(1 → 6)-β-D-galactopyranoside

山柰酚 -3-O-α-L- 吡喃阿拉伯糖基 -7-O-α-L- 吡喃鼠李糖苷 kaempferol-3-O-α-L-arabinopyranosyl-7-O-α-L-rhamnopyranoside

山柰酚 -3-O-α-L- 吡喃半乳糖苷 kaempferol-3-O-α-L-galactopyranoside

山柰酚 -3-O-α-L- 吡喃鼠李糖苷 kaempferol-3-O-α-L-rhamnopyranoside

山柰酚 -3-O-α-L- 吡喃鼠李糖苷 -5-O-β-D- 吡喃葡萄糖苷 kaempferol-3-O-α-L-rhamnopyranoside-5-O-β-D-glucopyranoside

山柰酚 -3-O-α-L- 吡喃鼠李糖苷 -7-O-[α-D- 呋喃芹菜糖基 -(1 → 2)-β-D- 吡喃葡萄糖苷 kaempferol-3-O-α-L-rhamnopyranoside-7-O-[α-D-apiofuranosyl-(1 → 2)-β-D-glucopyranoside]

山柰酚 -3-O-α-L- 吡喃鼠李糖苷 -7-O-[β-D- 吡喃葡萄糖基 -(1 → 2)-α-L- 吡喃鼠李糖苷] kaempferol-3-O-α-L-rhamnopyranoside-7-O-[β-D-glucopyranosyl-(1 → 2)-α-L-rhamnopyranoside]

山柰酚 -3-O-α-L- 吡喃鼠李糖苷 -7-O-[β-D- 吡喃葡萄糖基 -(1 → 3)-α-L- 吡喃鼠李糖苷] kaempferol-3-O-α-L-rhamnopyranoside-7-O-[β-D-glucopyranosyl-(1 → 3)-α-L-rhamnopyranoside]

山柰酚 -3-O-α-L- 吡喃鼠李糖苷 -7-O-α-L- 吡喃鼠李糖苷 kaempferol-3-O-α-L-rhamnopyranoside-7-O-α-L-rhamnopyranoside

山柰酚 -3-O-α-L- 吡喃鼠李糖苷 -7-O-α-L- 吡喃鼠李糖基 -(1 → 2)-β-D- 吡喃半乳糖苷 kaempferol-3-O-α-L-rhamnopyranoside-7-O-α-L-rhamnopyranosyl-(1 → 2)-β-D-galactopyranoside

山柰酚 -3-O-α-L- 吡喃鼠李糖苷 -7-O-α-L- 吡喃鼠李糖基 -(1 → 2)-β-D- 吡喃葡萄糖苷 kaempferol-3-O-α-L-rhamnopyranoside-7-O-α-L-rhamnopyranosyl-(1 → 2)-β-D-glucopyranoside

山柰酚 -3-O-α-L- 吡喃鼠李糖苷 -7-O-β-D- 吡喃葡萄糖苷 kaempferol-3-O-α-L-rhamnopyranoside-7-O-β-D-glucopyranoside

山柰酚 -3-O–α-L- 吡喃鼠李糖苷 -7-O-β-D- 吡喃葡萄糖苷 kaempferol-3-O-α-L-rhamnopyranosid-7-O-β-D-glucopyranoside

山柰酚 -3-O-α-L- 吡喃鼠李糖基 -(→)-α-L- 吡喃鼠李糖苷 kaempferol-3-O-α-L-rhamnopyranosyl-(→)-α-L-rhamnopyranoside

山柰酚 -3-O-α-L- 吡喃鼠李糖基 -(1 → 2)-[α-L- 吡喃鼠李糖基 -(1 → 6)]-β-D- 吡喃半乳糖苷 -7-O-α-L- 吡喃鼠李糖苷 kaempferol-3-O-α-L-rhamnopyranosyl-(1 → 2)-[α-L-rhamnopyranosyl-(1 → 6)]-β-D-galactopyranside-7-O-α-L-rhamnopyranoside

山柰酚 -3-O-α-L- 吡喃鼠李糖基 -(1 → 2)-[α-L- 吡喃鼠李糖基 -(1 → 6)]-β-D- 吡喃葡萄糖苷 kaempferol-3-O-α-L-rhamnopyranosyl-(1 → 2)-[α-L-rhamnopyranosyl-(1 → 6)]-β-D-glucopyranoside

山柰酚 -3-O-α-L- 吡喃鼠李糖基 -(1 → 2)-[β-D- 吡喃葡萄糖基 -(1 → 3)-α-L-(4-O- 反式 - 对香豆酰吡喃鼠李糖基)-(1 → 6)]-β-D- 吡喃半乳糖苷 -7-O-α-L- 吡喃鼠李糖苷 kaempferol-3-O-α-L-rhamnopyranosyl-(1→2)-[β-D-glucopyranosyl-(1→3)-α-L-(4-O-trans-p-coumaroylrhamnopyranosyl)-(1→6)]-β-D-galactopyranoside-7-O-α-L-rhamnopyranoside

山柰酚 -3-O-α-L- 吡喃鼠李糖基 -(1 → 2)-α-L- 吡喃鼠李糖苷 kaempferol-3-O-α-L-rhamnopyranosyl-(1 → 2)-α-L-rhamnopyranoside

山柰酚 -3-O-α-L- 吡喃鼠李糖基 -(1 → 2)-α-L- 呋喃阿拉伯糖基 -7-O-α-L- 吡喃鼠李糖苷 kaempferol-3-O-α-L-rhamnopyranosyl-(1 → 2)-α-L-arabinofuranosyl-7-O-α-L-rhamnopyranoside

山柰酚 -3-O-α-L- 吡喃鼠李糖基 -(1 → 2)-β-D- 吡喃半乳糖苷 kaempferol-3-O-α-L-rhamnopyranosyl-(1 → 2)-β-D-galactopyranoside

山柰酚 -3-O-α-L- 吡喃鼠李糖基 -(1 → 2)-β-D- 吡喃半乳糖基 -7-O-α-L- 吡喃鼠李糖基苷 kaempferol-3-O-α-L-rhamnopyranosyl-(1 → 2)-β-D-galactopyranosyl-7-O-α-L-rhamnopyranoside

山柰酚 -3-O-α-L- 吡喃鼠李糖基 -(1 → 2)-β-D- 吡喃葡萄糖苷 kaempferol-3-O-α-L-rhamnopyranosyl-(1 → 2)-β-D-glucopyranoside

山柰酚 -3-O-α-L- 吡喃鼠李糖基 -(1 → 2)- 吡喃半乳糖苷 kaempferol-3-O-α-L-rhamnopyranosyl-(1 → 2)-galactopyranoside

山柰酚 -3-O-α-L- 吡喃鼠李糖基 -(1 → 3)-(2,4- 二 -O- 乙酰基 -α-L- 吡喃鼠李糖基)-(1 → 6)-β-D- 吡喃半乳糖苷 kaempferol-3-O-α-L-rhamnopyranosyl-(1→3)-(2,4-di-O-acetyl-α-L-rhamnopyranosyl)-(1 → 6)-β-D-galactopyranoside

山柰酚 -3-O-α-L- 吡喃鼠李糖基 -(1 → 3)-(4-O-acetyl-α-L- 吡喃鼠李糖基)-(1 → 6)-β-D- 吡喃半乳糖苷 kaempferol-3-O-α-L-rhamnopyranosyl-(1→3)-(4-O-acetyl-α-L-rhamnopyranosyl)-(1→6)-β-D-galactopyranoside

山柰酚 -3-O-α-L- 吡喃鼠李糖基 -(1 → 3)-[α-L- 吡喃鼠李糖基 - (1 → 6)]-β-D- 吡喃半乳糖苷 kaempferol-3-O-α-L-rhamnopyranosyl-(1 → 3)-[α-L-rhamnopyranosyl-(1 → 6)]-β-D-galactopyranoside

山柰酚 -3-O-α-L- 吡喃鼠李糖基 -(1 → 3)-O-[α-L- 吡喃鼠李糖基 - (1 → 6)]-O-β-D- 吡喃半乳糖苷 kaempferol-3-O-α-L-rhamnopyranosyl-(1→3)-O-[α-L-rhamnopyranosyl-(1→6)]-O-β-D-galactopyranoside

山柰酚 -3-O-α-L- 吡喃鼠李糖基 -(1 → 3)-α-L- 吡喃鼠李糖基 -(1 → 6)-β-D- 吡喃半乳糖苷 kaempferol-3-O-α-L-rhamnopyranosyl-(1 → 3)-α-L-rhamnopyranosyl-(1 → 6)-β-D-galactopyranoside

山柰酚 -3-O-α-L- 吡喃鼠李糖基 -(1 → 4)-O-β-D- 吡喃半乳糖苷 kaempferol-3-O-α-L-rhamnopyranosyl-(1 → 4)-O-β-D-galactopyranoside

山柰酚 -3-O-α-L- 吡喃鼠李糖基 -(1 → 4)-β-D- 吡喃葡萄糖苷 kaempferol-3-O-α-L-rhamnopyranosyl-(1 → 4)-β-D-glucopyranoside]

山柰酚 -3-O-α-L- 吡喃鼠李糖基 -(1 → 6)-(4-O- 反式 - 对香豆酰基)-β-D- 吡喃半乳糖苷 kaempferol-3-O-α-L-rhamnopyranosyl-(1 → 6)-(4-O-trans-p-coumaroyl)-β-D-galactopyranoside

山柰酚 -3-O-α-L- 吡喃鼠李糖基 -(1 → 6)-[(4-O- 反式 - 对香豆酰基)-α-L- 吡喃鼠李糖基 -(1 → 2)]-(4-O- 反式 - 对香豆酰基)-β-D- 吡喃半乳糖苷 kaempferol-3-O-α-L-rhamnopyranosyl-(1→6)-[(4-O-trans-p-coumaroyl)-α-L-rhamnopyranosyl-(1→2)]-(4-O-trans-p-coumaroyl)-β-D-galactopyranoside

山柰酚 -3-O-α-L- 吡喃鼠李糖基 -(1 → 6)-[α-L- 吡喃鼠李糖基 - (1 → 2)]-β-D- 吡喃半乳糖苷 kaempferol-3-O-α-L-rhamnopyranosyl-(1 → 6)-[α-L-rhamnopyranosyl-(1 → 2)]-β-D-galactopyranoside

山柰酚 -3-O-α-L- 吡喃鼠李糖基 -(1 → 6)-[α-L- 吡喃鼠李糖基 -(1 → 2)]-β-D- 吡喃半乳糖苷 -7-O-α-L- 吡喃鼠李

糖苷 kaempferol-3-O-α-L-rhamnopyranosyl-(1 → 6)-[α-L-rhamnopyranosyl-(1 → 2)]-β-D-galactopyranoside-7-O-α-L-rhamnopyranoside

山柰酚 -3-O-α-L- 吡喃鼠李糖基 -(1 → 6)-[α-L- 吡喃鼠李糖基 -(1 → 2)]-β-D- 吡喃半乳糖苷 -7-O-β-D- 吡喃葡萄糖苷 kaempferol-3-O-α-L-rhamnopyranosyl-(1 → 6)-[α-L-rhamnopyranosyl-(1 → 2)]-β-D-galactopyranoside-7-O-β-D-glucopyranoside

山柰酚 -3-O-α-L- 吡喃鼠李糖基 -(1 → 6)-O-β-D- 吡喃半乳糖苷 kaempferol-3-O-α-L-rhamnopyranosyl-(1 → 6)-O-β-D-galactopyranoside

山柰酚 -3-O-α-L- 吡喃鼠李糖基 -(1 → 6)-O-β-D- 吡喃葡萄糖苷 kaempferol-3-O-α-L-rhamnopyranosyl-(1 → 6)-O-β-D-glucopyranoside

山柰酚 -3-O-α-L- 吡喃鼠李糖基 -(1 → 6)-O-β-D- 吡喃葡萄糖基 -(1 → 2)-O-β-D- 吡喃葡萄糖苷 kaempferol-3-O-α-L-rhamnopyranosyl-(1 → 6)-O-β-D-glucopyranosyl-(1 → 2)-O-β-D-glucopyranoside

山柰酚 -3-O-α-L- 吡喃鼠李糖基 -(1 → 6)-β-D- 吡喃半乳糖苷 kaempferol-3-O- α -L-rhamnopyranosyl-(1 → 6)- β -D-galactopyranoside

山柰酚 -3-O-α-L- 吡喃鼠李糖基 -(1 → 6)-β-D- 吡喃葡萄糖苷 kaempferol-3-O-α-L-rhamnopyranosyl-(1 → 6)-β-D-glucopyranoside

山柰酚 -3-O-α-L- 吡喃鼠李糖基 -(1 → 6)-β-D- 吡喃葡萄糖基 -(1 → 2)-β-D- 吡喃半乳糖苷 kaempferol-3-O-α-L-rhamnopyranosyl-(1 → 6)-β-D-glucopyranosyl-(1 → 2)-β-D-galactopyranoside

山柰酚 -3-O-α-L- 吡喃鼠李糖基 -(1 → 6)-β-D- 吡喃葡萄糖基 -(1 → 2)-β-D- 吡喃葡萄糖苷 kaempferol-3-O-α-L-rhamnopyranosyl-(1 → 6)-β-D-glucopyranosyl-(1 → 2)-β-D-glucopyranoside

山柰酚 -3-O-α-L- 吡喃鼠李糖基 -(1 → 6)-β-D- 吡喃葡萄糖基 -(1 → 2)-β-D- 吡喃葡萄糖苷 -7-O-α-L- 吡喃鼠李糖苷 kaempferol-3-O-α-L-rhamnopyranosyl-(1 → 6)-β-D-glucopyranosyl-(1 → 2)-β-D-glucopyranoside-7-O-α-L-rhamnopyranoside

山柰酚 -3-O-α-L- 吡喃鼠李糖基 -(1 → 6)-β-D- 吡喃葡萄糖基 -(1 → 3)-β-D- 吡喃葡萄糖苷 kaempferol-3-O-α-L-rhamnopyranosyl-(1 → 6)-β-D-glucopyranosyl-(1 → 3)-β-D-glucopyranoside

山柰酚 -3-O-α-L- 吡喃鼠李糖基 -(2 → 1)-α-L- 吡喃鼠李糖苷 kaempferol-3-O-α-L-rhamnopyranosyl-(2 → 1)-α-L-rhamnopyranoside

山柰酚 -3-O-α-L- 吡喃鼠李糖基 -(2 → 1)-β-D- 吡喃葡萄糖苷 kaempferol-3-O-α-L-rhamnopyranosyl-(2 → 1)-β-D-glucopyranoside

山柰酚 -3-O-α-L- 吡喃鼠李糖基 -(4 → 1)-β-D- 吡喃葡萄糖苷 kaempferol-3-O-α-L-rhamnopyranosyl-(4 → 1)-β-D-glucopyranoside

山柰酚 -3-O-α-L- 吡喃鼠李糖基 -2''-(6'''- 对香豆酰基)-β-D- 葡萄糖苷 kaempferol-3-O-α-L-rhamnopyranosyl-2''-(6'''-p-coumaroyl)-β-D-glucoside

山柰酚 -3-O-α-L- 吡喃鼠李糖基 -7-O-α-L- 吡喃鼠李糖苷 kaempferol-3-O-α-L-rhamnopyranosyl-7-O-α-L-rhamnopyranoside

山柰酚 -3-O-α-L- 二吡喃鼠李糖基 -(1 → 2,1 → 6)-β-D- 吡喃葡萄糖苷 kaempferol-3-O-α-L-dirhamnopyranosyl (1 → 2,1 → 6)-β-D-glucopyranoside

山柰酚 -3-O-α-L- 呋喃阿拉伯糖苷 kaempferol-3-O-α-L-arabinofuranoside

山柰酚 -3-O-α-L- 呋喃阿拉伯糖苷 -7-O-α-L- 吡喃鼠李糖苷 kaempferol-3-O-α-L-furanarabinoside-7-O-α-L-pyranrhamnoside

山柰酚 -3-O-α-L- 呋喃阿拉伯糖基 -7-O-α-L- 吡喃鼠李糖苷 kaempferol-3-O-α-L-arabinofuranosyl-7-O-α-L-rhamnopyranoside

山柰酚 -3-O-α-L- 呋喃鼠李糖苷 kaempferol-3-α-L-rhamnofuranoside

山柰酚 -3-O-α-L- 葡萄糖苷 kaempferol-3-O-α-L-glucoside

山柰酚 -3-O-α-L- 鼠李糖苷 -7-O-α-L- 阿拉伯糖苷 kaempferol-3-O-α-L-rhamnoside-7-O-α-L-arabinoside

山柰酚 -3-O-α-L- 鼠李糖基 -7-O-α-L- 鼠李糖苷 kaempferol-3-O-α-L-rhamnosyl-7-O-α-L-rhamnoside

山柰酚 -3-O-α- 阿拉伯糖苷 -(1''' → 6'')-β- 葡萄糖苷 kaempferol-3-O-α-arabinosyl-(1''' → 6'')-β-glucoside

山柰酚 -3-O-α- 吡喃阿拉伯糖基 -(1 → 6)-β- 吡喃半乳糖苷 kaempferol-3-O-α-arabinopyranosyl-(1 → 6)-β-galactopyranoside

山柰酚 -3-O-α- 吡喃阿拉伯糖基 -(1''' → 6'')-β- 吡喃葡萄糖苷 kaempferol-3-O-α-arabinopyranosyl-(1''' → 6'')-β-glucopyranoside

山柰酚 -3-O-α- 吡喃阿拉伯糖基 -(1'''→6'')-β- 吡喃葡萄糖基 -7-O-β- 吡喃葡萄糖苷 kaempferol-3-O-α-arabinopyranosyl-(1''' → 6'')-β-glucopyranosyl-7-O-β-glucopyranoside

山柰酚 -3-O-α- 吡喃葡萄糖醛酸苷 kaempferol-3-O-α-glucuronopyranoside

山柰酚 -3-O-α- 吡喃鼠李糖苷 kaempferol-3-O-α-rhamnopyranoside

山柰酚 -3-O-α- 吡喃鼠李糖基 -(1 → 4)-β-D- 吡喃葡萄糖苷 kaempferol-3-O-α-rhamnopyranosyl-(1 → 4)-β-D-glucopyranoside

山柰酚 -3-O-α- 吡喃鼠李糖基 -7-O-β- 吡喃葡萄糖苷 kaempferol-3-O-α-rhamnopyranosyl-7-O-β-glucopyranoside

山柰酚 -3-O-α- 葡萄糖苷 kaempferol-3-O-α-glucoside

山柰酚 -3-O-α- 鼠李糖基 - 葡萄糖苷 kaempferol-3-O-α-rhamnosyl-β-glucoside

山柰酚 -3-O-β-(2''-O- 乙酰基 -β-D- 吡喃葡萄糖醛酸苷) kaempferol-3-O-β-(2''-O-acetyl-β-D-glucuronopyranoside)

山柰酚 -3-O-β-(2''-O-α- 吡喃鼠李糖基)-3''-O-β- 吡喃葡萄糖基]-β- 吡喃葡萄糖醛酸苷 kaempferol-3-O-β-(2''-O-α-rhamnopyranosyl)-3''-O-β-glucopyranosyl]-β-glucuronopyranoside

山柰酚 -3-O-β-(3''-O- 乙酰基 -β-D- 吡喃葡萄糖醛酸苷) kaempferol-3-O-β-(3''-O-acetyl-β-D-glucuronopyranoside)

山柰酚 -3-O-β-(6-O- 丙二酰基)- 吡喃葡萄糖苷 kaempferol-3-O-β-(6-O-malonyl)-glucopyranoside

山柰酚 -3-O-β-(6- 丙二酸单酰槐糖基)-7-O-β-(6- 丙二酸单酰基葡萄糖苷) kaempferol 3-O-β-(6-malonylsophorosyl)-7-O-β-(6-malonylglucoside)

山柰酚 -3-O-β-(6- 丙二酸单酰槐糖基)-7-O-β- 葡萄糖苷 kaempferol 3-O-β-(6-malonylsophorosyl)-7-O-β-glucoside

山柰酚 -3-O-β-[(4-O- 咖啡酰基 -3-O-β- 葡萄糖基)- 葡萄糖苷]-7-O- 鼠李糖苷 kaempferol-3-O-β-[(4-O-caffeyl-3-O-β-glucosyl)-glucoside]-7-O-rhamnoside

山柰酚 -3-O-β-[α- 吡喃鼠李糖基 -(1 → 2)- 吡喃葡萄糖基]-7-O-α-吡喃鼠李糖苷 kaempferol-3-O-β-(α-rhamnopyranosyl-(1 → 2)-glucopyranosyl)-7-O-α-rhamnopyranoside

山柰酚 -3-O-β-6''- 没食子酰吡喃葡萄糖苷 kaempferol-3-O-β-(6''-galloylglucopyranoside)

山柰酚 -3-O-β-D-(2'',6''- 二 -O-β-L- 吡喃鼠李糖基)- 吡喃葡萄糖苷 kaempferol-3-O-β-D-(2'',6''-di-O-β-L-rhamnopyranosyl)-glucopyranoside

山柰酚 -3-O-β-D-(2-O-β-D-6-O- 乙酰葡萄糖基) 吡喃葡萄糖苷 kaempferol-3-O-β-D-(2-O-β-D-6-O-acetylglucosyl) glucopyranoside

S

山柰酚 -3-*O*-*β*-D-(2-*O*-*β*-D-6- 乙酰葡萄糖基)- 吡喃葡萄糖苷 -7-*O*-*β*-D- 吡喃葡萄糖苷 kaempferol-3-*O*-*β*-D-(2-*O*-*β*-D-6-acetylglucosyl)-glucopyranoside-7-*O*-*β*-D-glucopyranoside
山柰酚 -3-*O*-*β*-D-(2-*O*-*β*-D- 吡喃葡萄糖基)- 吡喃葡萄糖苷 kaempferol-3-*O*-*β*-D-(2-*O*-*β*-D-glucopyranosyl)-glucopyranoside
山柰酚 -3-*O*-*β*-D-(2''-*O*-*β*-D- 呋喃芹糖基)- 吡喃葡萄糖苷 -7-*O*-*α*-L- 吡喃鼠李糖苷 kaempferol-3-*O*-*β*-D-(2''-*O*-*β*-D-apiofuranosyl)-glucopyranoside-7-*O*-*α*-L-rhamnopyranoside
山柰酚 -3-*O*-*β*-D-(2''-*O*-*β*-D- 呋喃芹糖基 -6''-*O*-*α*-L- 吡喃鼠李糖基)- 吡喃葡萄糖苷 -7-*O*-*α*-L- 吡喃鼠李糖苷 kaempferol-3-*O*-*β*-D-(2''-*O*-*β*-D-apiofuranosyl-6''-*O*-*α*-L-rhamnopyranosyl)-glucopyranoside-7-*O*-*α*-L-rhamnopyranoside
山柰酚 -3-*O*-*β*-D-(2-*O*-*β*-D- 葡萄糖基) 吡喃葡萄糖苷 kaempferol-3-*O*-*β*-D-(2-*O*-*β*-D-glucosyl)glucopyranoside
山柰酚 -3-*O*-*β*-D-(2-*O*- 阿魏酰基)- 葡萄糖基 -7,4'- 二 -*O*-*β*-D- 葡萄糖苷 kaempferol-3-*O*-*β*-D-(2-*O*-feruloyl)-glucosyl-7,4'-di-*O*-*β*-D-glucoside
山柰酚 -3-*O*-*β*-D-(3,6- 二 - 对羟基桂皮酰基)- 吡喃葡萄糖苷 kaempferol-3-*O*-*β*-D-[3,6-di-(*p*-hydroxycinnamoyl)]-glucopyranoside
山柰酚 -3-*O*-*β*-D-(4''-*O*-*E*-4- 桂皮酰基)- 吡喃葡萄糖苷 kaempferol-3-*O*-*β*-D-(4''-*O*-*E*-4-coumaroyl)-glucopyranoside
山柰酚 -3-*O*-*β*-D-(6''-*O*-*α*-L- 吡喃鼠李糖基) 吡喃葡萄糖苷 kaempferol-3-*O*-*β*-D-(6''-*O*-*α*-L-rhamnopyranosyl)glucopyranoside
山柰酚 -3-*O*-*β*-D-(6''-*O*- 反式对香豆酰基) 吡喃葡萄糖苷 kaempferol-3-*O*-*β*-D-(6''-*O*-*trans*-*p*-coumaroyl)glucopyranoside
山柰酚 -3-*O*-*β*-D-(6''-*O*- 反式 - 对香豆酰基)- 吡喃葡萄糖苷 kaempferol-3-*O*-*β*-D-(6''-*O*-*trans*-*p*-coumaroyl)-glucopyranoside
山柰酚 -3-*O*-*β*-D-(6''-*O*- 乙酰基)-*β*-D- 吡喃葡萄糖苷 kaempferol-3-*O*-(6''-*O*-acetyl)-*β*-D-glucopyranoside
山柰酚 -3-*O*-*β*-D-(6''- 对香豆酰基)- 吡喃葡萄糖苷 kaempferol-3-*O*-*β*-D-(6''-*p*-coumaroyl)-glucopyranoside
山柰酚 -3-*O*-*β*-D-(6''- 对羟基桂皮酰基)- 吡喃葡萄糖苷 kaempferol-3-*O*-*β*-D-(6''-*p*-coumaroyl)-glucopyranoside
山柰酚 -3-*O*-*β*-D-(6-*E*- 对羟基桂皮酰基) 吡喃葡萄糖苷 kaempferol-3-*O*-*β*-D-(6-*E*-*p*-hydroxycinnamoyl)glucopyranoside
山柰酚 -3-*O*-*β*-D-(6''-*E*- 对香豆酰基)- 吡喃葡萄糖苷 kaempferol-3-*O*-*β*-D-(6''-*E*-*p*-coumaroyl)-glucopyranoside
山柰酚 -3-*O*-*β*-D-(6''-*O*-(*E*)- 对香豆酰基)- 吡喃葡萄糖苷 kaempferol-3-*O*-*β*-D-(6''-*O*-(*E*)-*p*-coumaroyl)glucopyranoside
山柰酚 -3-*O*-*β*-D-(6''-*O*-*E*-4- 桂皮酰基)- 吡喃葡萄糖苷 kaempferol-3-*O*-*β*-D-(6'-*O*-*E*-4-coumaroyl)-glucopyranoside
山柰酚 -3-*O*-*β*-D-(6'''-*O*-*α*-L- 吡喃鼠李糖基)- 吡喃葡萄糖苷 kaempferol-3-*O*-*β*-D-(6'''-*O*-*α*-L-rhamnopyranosyl)-glucopyranoside
山柰酚 -3-*O*-*β*-D-(6''-*O*-*α*-L- 吡喃鼠李糖基)- 吡喃葡萄糖苷 kaempferol-3-*O*-*β*-D-(6''-*O*-*α*-L-rhamnopyranosyl)-glucopyranoside
山柰酚 -3-*O*-*β*-D-(6''-*O*-*β*-L- 吡喃鼠李糖基)- 吡喃葡萄糖苷 kaempferol-3-*O*-*β*-D-(6''-*O*-*β*-L-rhamnopyranosyl)-glucopyranoside
山柰酚 -3-*O*-*β*-D-(6''-*O*- 对羟基桂皮酰基)- 吡喃半乳糖苷 kaempferol-3-*O*-*β*-D-(6''-*O*-*p*-hydroxycinnamoyl)-galactopyranoside
山柰酚 -3-*O*-*β*-D-(6''-*O*- 对羟基香豆酰基)- 吡喃半乳糖苷 kaempferol-3-*O*-*β*-D-(6''-*O*-p-coumaroyl)-galactopyranoside
山柰酚 -3-*O*-*β*-D-(6''-*O*- 对香豆酰基)- 吡喃葡萄糖苷 kaempferol-3-*O*-*β*-D-(6''-*O*-*p*-coumaryl)-glucopyranoside
山柰酚 -3-*O*-*β*-D-(6-*O*- 反式 - 对羟基香豆酰基)- 葡萄糖苷 kaempferol-3-*O*-*β*-D-(6-*O*-*trans*-*p*-hydroxycoumaroyl)-glucoside
山柰酚 -3-*O*-*β*-D-(6-*O*- 反式 - 对香豆酰基)- 吡喃葡萄糖苷 kaempferol-3-*O*-*β*-D-(6-*O*-*trans*-*p*-coumaroyl)-glucopyranoside
山柰酚 -3-*O*-*β*-D-(6-*O*- 反式 - 对香豆酰基)- 葡萄糖苷 kaempferol-3-*O*-*β*-D-(6-*O*-*trans*-*p*-coumaroyl)glucopyranoside
山柰酚 -3-*O*-*β*-D-(6''-*O*- 没食子酰基)- 吡喃葡萄糖苷 kaempferol-3-*O*-*β*-D-(6''-*O*-galloyl)-glucopyranoside
山柰酚 -3-*O*-*β*-D-(6''-*O*- 顺式 - 对香豆酰基)- 吡喃葡萄糖苷 kaempferol-3-*O*-*β*-D-(6''-*O*-*cis*-*p*-coumaroyl)-glucopyranoside
山柰酚 -3-*O*-*β*-D-(6-*O*- 顺式 - 对香豆酰基)- 葡萄糖苷 kaempferol-3-*O*-*β*-D-(6-*O*-*cis*-*p*-coumaroyl)glucopyranoside
山柰酚 -3-*O*-*β*-D-(6-*O*- 乙酰吡喃葡萄糖基)-7-*O*-*β*-D- 吡喃葡萄糖苷 kaempferol-3-*O*-*β*-D-(6-*O*-acetylglucopyranosyl)-7-*O*-*β*-D-glucopyranoside
山柰酚 -3-*O*-*β*-D-(6''-*O*- 乙酰基)- 吡喃半乳糖苷 kaempferol-3-*O*-*β*-D-(6''-*O*-acetyl)-galactopyranoside
山柰酚 -3-*O*-*β*-D-(6-*O*- 乙酰基) 吡喃葡萄糖苷 kaempferol-3-*O*-*β*-D-(6-*O*-acetyl)glucopyranoside
山柰酚 -3-*O*-*β*-D-(6-*O*- 乙酰基) 吡喃葡萄糖苷 -7-*O*-*β*-D- 吡喃葡萄糖苷 kaempferol-3-*O*-*β*-D-(6-*O*-acetyl)glucopyranoside-7-*O*-*β*-D-glucopyranoside
山柰酚 -3-*O*-β-D-(6''- 丙二酰) 吡喃葡萄糖苷 kaempferol-3-*O*-*β*-D-(6''-malonyl)glucopyranoside
山柰酚 -3-*O*-*β*-D-(6''- 对羟基苯甲酰基)- 吡喃半乳糖苷 kaempferol-3-*O*-*β*-D-(6''-*p*-hydroxybenzoyl)-galactopyranoside
山柰酚 -3-*O*-*β*-D-(6''- 对香豆酰基)- 吡喃葡萄糖苷 kaempferol-3-*O*-*β*-D-(6''-*p*-coumaroyl)-glucopyranoside
山柰酚 -3-*O*-*β*-D-6''- 乙酰吡喃葡萄糖苷 kaempferol-3-*O*-*β*-D-6''-acetylglucopyranoside
山柰酚 -3-*O*-*β*-D-6''- 对羟基香豆酰吡喃葡萄糖苷 kaempferol-3-*O*-*β*-D-6''-*p*-hydroxycoumaroylglucoside
山柰酚 -3-*O*-*β*-D-6''- 乙酰吡喃葡萄糖苷 kaempferol-3-*O*-*β*-D-6''-acetylglucopyranoside
山柰酚 -3-*O*-*β*-D- 阿洛糖苷 kaempferol-3-*O*-*β*-D-alloside
山柰酚 -3-*O*-*β*-D- 半乳糖苷 kaempferol-3-*O*-*β*-D-galactoside
山柰酚 -3-*O*-*β*-D- 半乳糖基 -7-*O*-*α*-L- 鼠李糖苷 kaempferol-3-*O*-*β*-D-galactosyl-7-*O*-*α*-L-rhamnoside
山柰酚 -3-*O*-*β*-D- 半乳糖基 -7-*O*-*β*-D- 吡喃葡萄糖基 -(1 → 3)-*O*-*α*-L- 鼠李糖苷 kaempferol-3-*O*-*β*-D-galactosyl-7-*O*-*β*-D-glucopyranosyl-(1 → 3)-*O*-*α*-L-rhamnoside
山柰酚 -3-*O*-*β*-D- 吡喃阿拉伯糖苷 kaempherol-3-*O*-*β*-D-arabinopyranoside
山柰酚 -3-*O*-*β*-D- 吡喃半乳糖苷 kaempferol-3-*O*-*β*-D-galactopyranoside
山柰酚 -3-*O*-*β*-D- 吡喃半乳糖基 -(1 → 2)-*O*-*β*-D- 吡喃葡萄糖苷 kaempferol-3-*O*-*β*-D-galactopyronosy-(1 → 2)-*O*-*β*-D-glucopyranoside
山柰酚 -3-*O*-*β*-D- 吡喃半乳糖基 -(2 → 1)-*O*-*β*-D- 吡喃葡萄糖苷 kaempferol-3-*O*-*β*-D-galactopyranosyl-(2 → 1)-*O*-*β*-D-glucopyranoside
山柰酚 -3-*O*-*β*-D- 吡喃半乳糖基 -(6 → 1)-*α*-L- 吡喃鼠李糖苷 kaempferol-3-*O*-*β*-D-galactopyranosyl-(6 → 1)-*α*-L-rhamnopyranoside
山柰酚 -3-*O*-*β*-D- 吡喃半乳糖基 -7-*O*-*α*-L- 吡喃鼠李糖苷 kaempferol-3-*O*-*β*-D-galactopyranosyl-7-*O*-*α*-L-rhamnopyranoside
山柰酚 -3-*O*-*β*-D- 吡喃木糖苷 kaempferol-3-*O*-*β*-D-xylopyranoside
山柰酚 -3-*O*-*β*-D- 吡喃木糖苷 -4'-*O*-*α*-L- 吡喃鼠李糖苷 kaempferol-3-*O*-*β*-D-xylopyranoside-4'-*O*-*α*-L-rhamnopyranoside
山柰酚 -3-*O*-*β*-D- 吡喃木糖基 -(1 → 2)-[*α*-L- 吡喃鼠李糖

基 -(1 → 6)]-β-D- 吡喃葡萄糖苷 kaempferol-3-O-β-D-xylopyranosyl-(1 → 2)-[α-L-rhamnopyranosyl-(1 → 6)]-β-D-glucopyranoside

山柰酚 -3-O-β-D- 吡喃木糖基 -(1 → 2)-O-β-D- 吡喃半乳糖苷 kaempferol-3-O-β-D-xylopyranosyl-(1 → 2)-O-β-D-galactopyranoside

山柰酚 -3-O-β-D- 吡喃木糖基 -(1 → 2)-O-β-D- 吡喃葡萄糖苷 kaempferol-3-O-β-D-xylopyranosyl-(1 → 2)-O-β-D-glucopyranoside

山柰酚 -3-O-β-D- 吡喃木糖基 -(1 → 2)-O-β-D- 吡喃葡萄糖基 -(1 → 6)-O-β-D- 吡喃葡萄糖苷 kaempferol-3-O-β-D-xylopyranosyl-(1 → 2)-O-β-D-glucopyranosyl-(1 → 6)-O-β-D-glucopyranoside

山柰酚 -3-O-β-D- 吡喃木糖基 -(1 → 2)-β-D- 吡喃半乳糖苷 kaempferol-3-O-β-D-xylopyranosyl-(1 → 2)-β-D-galactopyranoside

山柰酚 -3-O-β-D- 吡喃木糖基 -(1 → 2)-β-D- 吡喃葡萄糖苷 kaempferol-3-O-β-D-xylopyranosyl-(1 → 2)-β-D-glucopyranoside

山柰酚 -3-O-β-D- 吡喃木糖基 -(1 → 4)-O-β-D- 吡喃葡萄糖苷 kaempferol-3-O-β-D-xylopyranosyl-(1 → 4)-O-β-D-glucopyranoside

山柰酚 -3-O-β-D- 吡喃木糖基 -(1 → 6)-O-β-D 吡喃半乳糖苷 kaempferol-3-O-β-D-xylopyranosyl-(1 → 6)-O-β-D-galactopyranoside

山柰酚 -3-O-β-D- 吡喃葡萄糖 -(1 → 2)-α-L- 吡喃鼠李糖苷 kaempferol-3-O-β-D-glucopyranosyl-(1 → 2)-α-L-rhamnopyranoside

山柰酚 -3-O-β-D- 吡喃葡萄糖苷 kaempferol-3-O-β-D-glucopyranoside

山柰酚 -3-O-β-D- 吡喃葡萄糖苷 -(6 → 1)-α-L- 鼠李糖苷 kaempferol-3-O-β-D-glucopyranoside-(6 → 1)-α-L-rhamnoside

山柰酚 -3-O-β-D- 吡喃葡萄糖苷 -2''- 没食子酸酯 kaempferol-3-O-β-D-glucopyranoside-2''-gallate

山柰酚 -3-O-β-D- 吡喃葡萄糖苷 -3'',6''- 二 - 反式 - 对羟基桂皮酸酯 kaempferol-3-O-β-D-glucopyranosyl-2'',6''-O-trans-p-hydroxycinnamate

山柰酚 -3-O-β-D- 吡喃葡萄糖苷 -6''- 反式 - 对羟基桂皮酸酯 kaempferol-3-O-β-D-glucopyranosyl-6''-O-trans-p-hydroxycinnamate

山柰酚 -3-O-β-D- 吡喃葡萄糖苷 -6''- 没食子酸酯 kaempferol-3-O-β-D-glucopyranoside-6''-gallate

山柰酚 -3-O-β-D- 吡喃葡萄糖苷 -6''-(3- 羟基 -3- 甲基戊二酸酯) kaempferol-3-O-β-D-glucopyranoside-6''-(3-hydroxy-3-methylglutarate)

山柰酚 -3-O-β-D- 吡喃葡萄糖苷 -7-O-α-L- 吡喃鼠李糖苷 kaempferol-3-O-β-D-glucopyranoside-7-O-α-L-rhamnopyranoside

山柰酚 -3-O-β-D- 吡喃葡萄糖苷 -7-O-α-L- 呋喃阿拉伯糖苷 kaempferol-3-O-β-D-glucopyranoside-7-O-α-L-arabinofuranoside

山柰酚 -3-O-β-D- 吡喃葡萄糖基 -(1 → 2)-O-β-D- 吡喃半乳糖苷 kaempferol-3-O-β-D-glucopyranosyl-(1 → 2)-O-β-D-galactopyranoside

山柰酚 -3-O-β-D- 吡喃葡萄糖基 -(1 → 2)-O-β-D- 吡喃葡萄糖基 -(1 → 2)-O-[α-L- 吡喃鼠李糖基 -(1 → 6)]-β-D- 吡喃葡萄糖苷 kaempferol-3-O-β-D-glucopyranosyl-(1 → 2)-O-β-D-glucopyranosyl-(1 → 2)-O-[α-L-rhamnopyranosyl-(1 → 6)]-β-D-glucopyranoside

山柰酚 -3-O-β-D- 吡喃葡萄糖基 -(1 → 2)-α-D- 吡喃葡萄糖苷 kaempherol-3-O-β-D-glucopyranosyl-(1 → 2)-α-D-glucopyranoside

山柰酚 -3-O-β-D- 吡喃葡萄糖基 -(1 → 2)-α-L- 吡喃阿拉伯糖苷 kaempferol-3-O-β-D-glucopyranosyl-(1 → 2)-α-L-arabinopyranoside

山柰酚 -3-O-β-D- 吡喃葡萄糖基 -(1 → 2)-α-L- 吡喃鼠李糖基 -7-O-α-L- 吡喃鼠李糖苷 kaempferol-3-O-β-D-glucopyranosyl-(1 → 2)-α-L-rhamnopyranosyl-7-O-α-L-rhamnopyranoside

山柰酚 -3-O-β-D- 吡喃葡萄糖基 -(1 → 2)-α-L- 呋喃阿拉伯糖基 -7-O-α-L- 吡喃鼠李糖苷 kaempferol-3-O-β-D-glucopyranosyl-(1 → 2)-α-L-arabinofuranosyl-7-O-α-L-rhamnopyranoside

山柰酚 -3-O-β-D- 吡喃葡萄糖基 -(1 → 2)-β-D-6- 乙酰吡喃葡萄糖苷 kaempferol-3-O-β-D-glucopyranosyl-(1 → 2)-β-D-6-acetylglucopyranoside

山柰酚 -3-O-β-D- 吡喃葡萄糖基 -(1 → 2)-β-D- 吡喃半乳糖苷 kaempferol-3-O-β-D-glucopyranosyl-(1 → 2)-β-D-galactopyranoside

山柰酚 -3-O-β-D- 吡喃葡萄糖基 -(1 → 2)-β-D- 吡喃半乳糖苷 -7-O-α-L- 吡喃鼠李糖苷 kaempferol-3-O-β-D-glucopyranosyl-(1 → 2)-β-D-galactopyranoside-7-O-α-L-rhamnopyranoside

山柰酚 -3-O-β-D- 吡喃葡萄糖基 -(1 → 2)-β-D- 吡喃半乳糖苷 -7-O-β-D- 吡喃葡萄糖苷 kaempferol-3-O-β-D-glucopyranosyl-(1 → 2)-β-D-galactopyranoside-7-O-β-D-glucopyranoside

山柰酚 -3-O-β-D- 吡喃葡萄糖基 -(1 → 2)-β-D- 吡喃半乳糖基 -(1 → 2)-β-D- 吡喃葡萄糖苷 kaemferol-3-O-β-D-glucopyranosyl-(1 → 2)-β-D-galactopyranosyl-(1 → 2)-β-D-glucopyranoside

山柰酚 -3-O-β-D- 吡喃葡萄糖基 -(1 → 2)-β-D- 吡喃葡萄糖苷 kaempferol-3-O-β-D-glucopyranosyl-(1 → 2)-β-D-glucopyranoside

山柰酚 -3-O-β-D- 吡喃葡萄糖基 -(1 → 2)-β-D- 吡喃葡萄糖苷 -7-O-α-L- 吡喃鼠李糖苷 kaempferol-3-O-β-D-glucopyranosyl-(1 → 2)-β-D-glucopyranoside-7-O-α-L-rhamnopyranoside

山柰酚 -3-O-β-D- 吡喃葡萄糖基 -(1 → 2)-β-D- 吡喃葡萄糖苷 -7-O-β-D- 吡喃葡萄糖苷 kaempferol-3-O-β-D-glucopyranosyl-(1 → 2)-β-D-glucopyranoside-7-O-β-D-glucopyranoside

山柰酚 -3-O-β-D- 吡喃葡萄糖基 -(1 → 2)-β-D- 吡喃葡萄糖基 -(1 → 6)-β-D- 吡喃葡萄糖苷 kaempferol-3-O-β-D-glucopyranosyl-(1 → 2)-β-D-glucopyranosyl-(1 → 6)-β-D-glucopyranoside

山柰酚 -3-O-β-D- 吡喃葡萄糖基 -(1 → 2)-β-D- 吡喃葡萄糖基 -7-O-β-D- 吡喃葡萄糖苷 kaempferol-3-O-β-D-glucopyranosyl-(1 → 2)-β-D-glucopyranosyl-7-O-β-D-glucopyranoside

山柰酚 -3-O-β-D- 吡喃葡萄糖基 -(1 → 3)[α-L- 吡喃鼠李糖基 -(1 → 2)][α-L- 吡喃鼠李糖基 -(1 → 6)]-β-D- 吡喃半乳糖苷 kaempferol-3-O-β-D-glucopyranosyl-(1 → 3){α-L-rhamnopyranosyl-(1 → 2)][α-L-rhamnopyranosyl-(1 → 6)]-β-D-galactopyranoside

山柰酚 -3-O-β-D- 吡喃葡萄糖基 -(1 → 3)-α-L- 吡喃鼠李糖基 -(1 → 6)-[α-L- 吡喃鼠李糖基 -(1 → 2)]-β-D- 吡喃半乳糖苷 kaempferol-3-O-β-D-glucopyranosyl-(1 → 3)-α-L-rhamnopyranosyl-(1 → 6)-[α-L-rhamnopyranosyl-(1 → 2)]-β-D-galactopyranoside

山柰酚 -3-O-β-D- 吡喃葡萄糖基 -(1 → 3)-α-L- 吡喃鼠李糖基 -(1 → 6)-β-D- 吡喃半乳糖苷 kaempferol-3-O-β-D-glucopyranosyl-(1 → 3)-α-L-rhamnopyranosyl-(1 → 6)-β-D-galactopyranoside

山柰酚 -3-O-β-D- 吡喃葡萄糖基 -(1 → 3)-α-L- 吡喃鼠李糖基 -(1 → 6)-β-D- 吡喃葡萄糖苷 -7-O-β-D- 吡喃葡萄糖苷 kaempferol-3-O-β-D-glucopyranosyl-(1 → 3)-α-L-rhamnopyranosyl-(1 → 6)-β-D-glucopyranoside-7-O-β-D-glucopyranoside

山柰酚 -3-O-β-D- 吡喃葡萄糖基 -(1 → 4)-O-α-L- 吡喃鼠李糖苷 kaempferol-3-O-β-D-glucopyranosyl-(1 → 4)-O-α-L-

S

rhamnopyranoside
山柰酚 -3-*O*-*β*-D- 吡喃葡萄糖基 -(1 → 4)-*α*-L- 吡喃鼠李糖基 -(1 → 6)-*β*-D- 吡喃半乳糖苷 kaempferol-3-*O*-*β*-D-glucopyranosyl-(1 → 4)-*α*-L-rhamnopyranosyl-(1 → 6)-*β*-D-galactopyranoside
山柰酚 -3-*O*-*β*-D- 吡喃葡萄糖基 -(1 → 4)-*α*-L- 吡喃鼠李糖基 -7-*O*-*α*-L- 吡喃鼠李糖苷 kaempferol-3-*O*-*β*-D-glucopyranosyl-(1 → 4)-*α*-L-rhamnopyranosyl-7-*O*-*α*-L-rhamnopyranoside
山柰酚 -3-*O*-*β*-D- 吡喃葡萄糖基 -(1 → 4)-*α*-L- 吡喃鼠李糖基 -7-*O*-*β*-D- 吡喃葡萄糖基 -(1 → 4)-*α*-L- 吡喃鼠李糖苷 kaempferol-3-*O*-*β*-D-glucopyranosyl-(1 → 4)-*α*-L-rhamnopyranosyl-7-*O*-*β*-D-glucopyranosyl-(1 → 4)-*α*-L-rhamnopyranoside
山柰酚 -3-*O*-*β*-D- 吡喃葡萄糖基 -(1 → 4)-*α*-L- 鼠李糖基 -7-*O*-*α*-L- 鼠李糖苷 kaempferol-3-*O*-*β*-D-glucopyranosyl-(1 → 4)-*α*-L-rhamnosyl-7-*O*-*α*-L-rhamnoside
山柰酚 -3-*O*-*β*-D- 吡喃葡萄糖基 -(1 → 4)-*β*-D- 吡喃葡萄糖苷 kaempferol-3-*O*-*β*-D-glucopyranosyl-(1 → 4)-*β*-D-glucopyranoside
山柰酚 -3-*O*-*β*-D- 吡喃葡萄糖基 -(1 → 6)-*O*-*β*-D- 半乳糖基 -7-*O*-*α*-L- 鼠李糖苷 kaempferol-3-*O*-*β*-D-glucopyranosyl-(1 → 6)-*O*-*β*-D-galactosyl-7-*O*-*α*-L-rhamnoside
山柰酚 -3-*O*-*β*-D- 吡喃葡萄糖基 -(1 → 6)-*O*-*β*-D- 半乳糖基 -7-*O*-*β*-D- 吡喃葡萄糖基 -(1 → 3)-*O*-*α*-L- 鼠李糖苷 kaempferol-3-*O*-*β*-D-glucopyranosyl-(1 → 6)-*O*-*β*-D-galactosyl-7-*O*-*β*-D-glucopyranosyl-(1 → 3)-*O*-*α*-L-rhamnoside
山柰酚 -3-*O*-*β*-D- 吡喃葡萄糖基 -(1 → 6)-*β*-D- 吡喃葡萄糖苷 kaempferol-3-*O*-*β*-D-glucopyranosyl-(1 → 6)-*β*-D-glucopyranoside
山柰酚 -3-*O*-*β*-D- 吡喃葡萄糖基 -(6 → 1)-2''',4'''-*O*- 二乙酰基 -*α*-L- 吡喃鼠李糖基 -(3 → 1)-2'''',3'''',4''''-*O*- 三乙酰基 -*α*-L- 吡喃鼠李糖苷 kaempferol-3-*O*-[(2'''',3'''',4''''-triacetyl)-*α*-L-rhamnopyranosyl-(1 → 3)(2''',4'''-diacetyl)-*α*-L-rhamnopyranosyl-(1 → 6)-*β*-D-glucopyranoside]
山柰酚 -3-*O*-*β*-D- 吡喃葡萄糖基 -(6 → 1)-4'''-*O*- 乙酰基 -*α*-L- 吡喃鼠李糖基 -(3 → 1)-3''''-*O*- 乙酰基 -*α*-L- 吡喃鼠李糖苷 kaempferol-3-*O*-[(3''''-acetyl)-*α*-L-rhamnopyranosyl-(1 → 3)(4'''-acetyl)-*α*-L-rhamnopyranosyl-(1 → 6)-*β*-D-glucopyranoside]
山柰酚 -3-*O*-*β*-D- 吡喃葡萄糖基 -(6 → 1)-4'''-*O*- 乙酰基 -*α*-L- 吡喃鼠李糖基 -(3 → 1)-*α*-L- 吡喃鼠李糖苷 kaempferol-3-*O*-[*α*-L-rhamnopyranosyl-(1 → 3)-(4'''-acetyl)-*α*-L-rhamnopyranosyl-(1 → 6)-*β*-D-glucopyranoside]
山柰酚 -3-*O*-*β*-D- 吡喃葡萄糖基 -(6 → 1)-*α*-L- 吡喃鼠李糖苷 kaempferol-3-*O*-*β*-D-glucopyranosyl-(6 → 1)-*α*-L-rhamnopyranoside
山柰酚 -3-*O*-*β*-D- 吡喃葡萄糖基 -(6 → 1)-*α*-L- 吡喃鼠李糖基 -(3 → 1)-*α*-L- 吡喃鼠李糖苷 kaempferol-3-*O*-[*α*-L-rhamnopyranosyl-(1 → 3)-*α*-L-rhamnopyranosyl-(1 → 6)-*β*-D-glucopyranoside]
山柰酚 -3-*O*-*β*-D- 吡喃葡萄糖基 -(6 → 1)-*α*-L- 鼠李糖苷 kaempferol-3-*O*-*β*-D-glucopyranosyl-(6 → 1)-*α*-L-rhamnoside
山柰酚 -3-*O*-*β*-D- 吡喃葡萄糖基 -(6 → 1)-*β*-D- 吡喃葡萄糖苷 kaempferol-3-*O*-*β*-D-glucopyranosyl-(6 → 1)-*β*-D-glucopyranoside
山柰酚 -3-*O*-*β*-D- 吡喃葡萄糖基 -7,4'-*O*- 二 -L-*α*- 吡喃鼠李糖苷 kaempferol-3-*O*-*β*-D-glucopyranosyl-7,4'-*O*-di-L-*α*-rhamnopyranoside
山柰酚 -3-*O*-*β*-D- 吡喃葡萄糖基 -7-*O*-[(6*R*,2*E*)2,6- 二甲基 -6- 羟基 -2,7- 辛二烯酰 -(1 → 4)]-*α*-L- 吡喃鼠李糖苷 kaempferol-3-*O*-*β*-D-glucopyranosyl-7-*O*-[(6*R*,2*E*)-2,6-dimethyl-6-hydroxy-2,7-octadienoyl-(1 → 4)]-*α*-L-rhamnopyranoside
山柰酚 -3-*O*-*β*-D- 吡喃葡萄糖基 -7-*O*-*α*-L- 吡喃鼠李糖苷 kaempferol-3-*O*-*β*-D-glucopyranosyl-7-*O*-*α*-L-rhamnopyranoside
山柰酚 -3-*O*-*β*-D- 吡喃葡萄糖基 -7-*O*-(2-*O*- 反式 - 芥子酰基 -*β*-D- 吡喃葡萄糖基 -(1 → 6)- 吡喃葡萄糖苷 kaempferol-3-*O*-*β*-D-glucopyranosyl-7-*O*-(2-*O*-*trans*-sinnapoyl)-*β*-D-glucopyranosyl-(1 → 6)-*β*-D-glucopyranoside
山柰酚 -3-*O*-*β*-D- 吡喃葡萄糖基 -7-*O*-*β*-D- 吡喃葡萄糖苷 kaempferol-3-*O*-*β*-D-glucopyranosyl-7-*O*-*β*-D-glucopyranoside
山柰酚 -3-*O*-*β*-D- 吡喃葡萄糖基 -7-*O*-*β*-D- 吡喃葡萄糖基 -(1 → 2)-*β*-D- 吡喃葡萄糖 kaempferol-3-*O*-*β*-D-glucopyranosyl-7-*O*-*β*-D-glucopyranosyl-(1 → 2)-*β*-D-glucopyranoside
山柰酚 -3-*O*-*β*-D- 吡喃葡萄糖基 -7-*O*- 龙胆二糖苷 kaempferol-3-*O*-*β*-D-glucopyranosyl-7-*O*-gentiobioside
山柰酚 -3-*O*-*β*-D- 吡喃葡萄糖基 -7-*α*-L- 吡喃鼠李糖苷 kaempferol-3-*O*-*β*-D-glucopyranosyl-7-*α*-L-rhamnopyranoside
山柰酚 -3-*O*-*β*-D- 吡喃葡萄糖基 -*α*-L- 吡喃鼠李糖苷 kaempferol-3-*O*-*β*-D-glucopyranosyl-*α*-L-rhamnopyranoside
山柰酚 -3-*O*-*β*-D- 吡喃葡萄糖基 -*β*-D- 吡喃葡萄糖苷 kaempferol-3-*O*-*β*-D-glucopyranosyl-*β*-D-glucopyranoside
山柰酚 -3-*O*-*β*-D- 吡喃葡萄糖基甲酯 kaempferol-3-*O*-*β*-D-glucuronopyranosyl methyl ester
山柰酚 -3-*O*-*β*-D- 吡喃葡萄糖基芸香糖苷 kaempferol-3-*O*-*β*-D-glucopyranosylrutinoside
山柰酚 -3-*O*-*β*-D- 吡喃葡萄糖醛酸 -6''- 甲酯 kaempferol-3-*O*-*β*-D-glucuronic acid-6''-methyl ester
山柰酚 -3-*O*-*β*-D- 吡喃葡萄糖醛酸苷 kaempferol-3-*O*-*β*-D-glucuronopyranoside
山柰酚 -3-*O*-*β*-D- 吡喃葡萄糖醛酸甲酯 kaempferol-3-*O*-*β*-D-glucuronide methyl ester
山柰酚 -3-*O*-*β*-D- 吡喃葡萄糖糖苷 -2''- 没食子酸酯 kaempferol-3-*O*-*β*-D-glucopyranoside-2''-gallate
山柰酚 -3-*O*-*β*-D- 吡楠木糖基 -(1 → 2)-*α*-L- 吡喃鼠李糖基 -7-*O*-*α*-L- 吡喃鼠李糖苷 kaempferol-3-*O*-*β*-D-xylopyranosyl-(1 → 2)-*α*-L-rhamnopyranosyl-7-*O*-*α*-L-rhamnopyranoside
山柰酚 -3-*O*-*β*-D- 吡楠木糖基 -(1 → 2)-*α*-L- 呋喃阿拉伯糖基 -7-*O*-*α*-L- 吡喃鼠李糖苷 kaempferol-3-*O*-*β*-D-xylopyranosyl-(1 → 2)-*α*-L-arabinofuranosyl-7-*O*-*α*-L-rhamnopyranoside
山柰酚 -3-*O*-*β*-D- 刺槐二糖苷 kaempferol-3-*O*-*β*-D-robinobioside
山柰酚 -3-*O*-*β*-D- 二吡喃葡萄糖苷 -7-*O*-*α*-L- 吡喃鼠李糖苷 kaempferol-3-*O*-*β*-D-diglucopyranoside-7-*O*-*α*-L-rhamnopyranoside
山柰酚 -3-*O*-*β*-D- 二葡萄糖苷 kaempferol-3-*O*-*β*-D-diglucoside
山柰酚 -3-*O*-*β*-D- 呋喃芹菜糖基 -(1 → 4)-*α*-L- 呋喃芹菜糖基 -7-*O*-*α*-L- 吡喃鼠李糖苷 kaempferol-3-*O*-*β*-D-apiofuranosy-(1 → 4)-*α*-L-rhamnopyranosyl-7-*O*-*α*-L-rhamnopyranoside
山柰酚 -3-*O*-*β*-D- 呋喃芹糖基 -(1 → 2)-*α*-L- 吡喃鼠李糖基 -(1 → 6)-*β*-D- 吡喃葡萄糖苷 kaempferol-3-*O*-*β*-D-apiofuranosyl-(1 → 2)-*α*-L-rhamnopyranosyl-(1 → 6)-*β*-D-glucopyranoside
山柰酚 -3-*O*-*β*-D- 呋喃芹糖基 -(1 → 2)-*α*-L- 呋喃阿拉伯糖基 -7-*O*-*α*-L- 吡喃鼠李糖苷 kaempferol-3-*O*-*β*-D-apiofuranosyl-(1 → 2)-*α*-L-arabinofuranosyl-7-*O*-*α*-L-rhamnopyranoside
山柰酚 -3-*O*-*β*-D- 呋喃芹糖基 -(1 → 2)-*β*-D- 吡喃葡萄糖基 -7-*O*-*α*-L- 吡喃鼠李糖苷 kaempferol-3-*O*-*β*-D-apiofuranosyl-(1 → 2)-*β*-D-glucopyranosyl-7-*O*-*α*-L-rhamnopyranoside
山柰酚 -3-*O*-*β*-D- 槐糖苷 kaempferol-3-*O*-*β*-D-sophoroside
山柰酚 -3-*O*-*β*-D- 槐糖苷 -7-*O*-*α*-L- 吡喃鼠李糖苷 kaempferol-3-*O*-*β*-D-sophoroside-7-*O*-*α*-L-rhamnopyranoside
山柰酚 -3-*O*-*β*-D- 槐糖苷 -7-*O*-*α*-*L*- 鼠李糖苷 kaempferol-3-*O*-*β*-D-sophoroside-7-*O*-*α*-L-rhamnoside
山柰酚 -3-*O*-*β*-D- 槐糖基 -7-*O*-*α*-L- 吡喃鼠李糖苷 kaempferol-3-*O*-*β*-D-sophorosyl-7-*O*-*α*-L-rhamnopyranoside

S

山柰酚 -3-*O*-β-D- 葡萄糖 -7-*O*-β-D- 吡喃葡萄糖苷 kaempferol-3-*O*-β-D-glucoside-7-*O*-β-D-glucopyranoside
山柰酚 -3-*O*-β-D- 葡萄糖基 -(1 → 2)-α-L- 鼠李糖苷 kaempferol-3-*O*-β-D-glucosyl-(1 → 2)-α-L-rhamnoside
山柰酚 -3-*O*-β-D- 葡萄糖基 -(6 → 1)- 鼠李糖苷 kaempferol-3-*O*-β-D-glcosyl-(6 → 1)-rhamnoside
山柰酚 -3-*O*-β-D- 葡萄糖基 -7-*O*-β-D- 吡喃葡萄糖苷 kaempferol-3-*O*-β-D-glucosyl-7-*O*-β-D-glucopyranoside
山柰酚 -3-*O*-β-D- 葡萄糖醛酸苷 kaempferol-3-*O*-β-D-glucuronide
山柰酚 -3-*O*-β-D- 三吡喃葡萄糖苷 -7-*O*-α-L- 吡喃鼠李糖苷 kaempferol-3-*O*-β-D-triglucopyranoside-7-*O*-α-L-rhamnopyranoside
山柰酚 -3-*O*-β-D- 芸香糖苷 kaempferol-3-*O*-β-D-rutinoside
山柰酚 -3-*O*-β-D- 芸香糖苷 -7-*O*-β-D- 吡喃葡萄糖苷 kaempferol-3-*O*-β-D-rutinoside-7-*O*-β-D-glucopyranoside
山柰酚 -3-*O*-β-L- 吡喃鼠李糖苷 kaempferol-3-*O*-β-L-rhamnopyranoside
山柰酚 -3-*O*-β-L- 吡喃鼠李糖基 -(1 → 6)-β-D- 吡喃葡萄糖苷 kaempferol-3-*O*-β-L-rhamnopyranosyl-(1 → 6)-β-D-glucopyranoside
山柰酚 -3-*O*-β- 吡喃葡萄糖苷 kaempferol-3-*O*-β-glucopyranoside
山柰酚 -3-*O*-β- 吡喃葡萄糖苷 -7-*O*-α- 吡喃鼠李糖苷 kaempferol-3-*O*-β-glucopyranoside-7-*O*-α-rhamnopyranoside
山柰酚 -3-*O*-β- 吡喃葡萄糖基 -7-*O*-α- 吡喃鼠李糖苷 kaempferol-3-*O*-β-glucopyranosyl-7-*O*-α-rhamnopyranoside
山柰酚 -3-*O*-β- 吡喃葡萄糖醛酸苷 kaempferol-3-*O*-β-glucuronopyranoside
山柰酚 -3-*O*-β- 刺槐二糖苷 kaempferol-3-*O*-β-robinobioside
山柰酚 -3-*O*-β- 刺槐双糖苷 kaempferol-3-*O*-β-robinobinoside
山柰酚 -3-*O*-β- 二葡萄糖苷 kaempferol-3-*O*-β-diglucoside
山柰酚 -3-*O*-β- 槐糖苷 kaempferol-3-*O*-β-sophoroside
山柰酚 -3-*O*-β- 槐糖基 -7-*O*-β-D-(2-*O*- 阿魏酰基)- 葡萄糖苷 kaempferol-3-*O*-β-sophorosyl-7-*O*-β-D-(2-*O*-feruloyl)-glucoside
山柰酚 -3-*O*-β- 槐糖基 -7-*O*-β- 葡萄糖苷 kaempferol-3-*O*-β-sophorosyl-7-*O*-β-glucoside
山柰酚 -3-*O*-β- 龙胆二糖苷 kaempferol-3-*O*-β-gentiobioside
山柰酚 -3-*O*-β- 葡萄糖苷 kaempferol-3-*O*-β-glucoside
山柰酚 -3-*O*-β- 桑布双糖苷 kaempferol-3-*O*-β-sambubioside
山柰酚 -3-*O*-β- 鼠李三糖苷 kaempferol-3-*O*-β-rhamninoside
山柰酚 -3-*O*-β- 鼠李糖苷 kaempferol-3-*O*-β-rhamnoside
山柰酚 -3-*O*-β- 新橙皮糖苷 kaempferol-3-*O*-β-neohesperidoside
山柰酚 3-*O*-β- 芸香糖苷 7-*O*-β-D- 葡萄糖苷 kaempferol-3-*O*-β-rutinoside-7-*O*-β-D-glucoside
山柰酚 -3-*O*- 阿拉伯半乳糖苷 kaempferol-3-*O*-arabinosylgalactoside
山柰酚 -3-*O*- 阿拉伯葡萄糖苷 kaempferol-3-*O*-arabinoglucoside
山柰酚 -3-*O*- 阿拉伯糖苷 kaempferol-3-*O*-arabinoside
山柰酚 -3-*O*- 阿拉伯糖基 -7-*O*- 鼠李糖苷 kaempferol-3-*O*-arabinoside-7-*O*-rhamnoside
山柰酚 -3-*O*- 半乳糖苷 kaempferol-3-*O*-galactoside
山柰酚 -3-*O*- 吡喃阿拉伯糖苷 kaempferol-3-*O*-arabinopyranoside
山柰酚 -3-*O*- 吡喃半乳糖苷 kaempferol-3-*O*-galactopyranoside
山柰酚 -3-*O*- 吡喃木糖基吡喃葡萄糖苷 kaempferol-3-*O*-xylopyranosylglucopyranoside
山柰酚 -3-*O*- 吡喃葡萄糖基 -7-*O*- 吡喃鼠李糖苷 kaempferol-3-*O*-glucopyranosyl-7-*O*-rhamnopyranoside
山柰酚 -3-*O*- 吡喃葡萄糖苷 kaempferol-3-*O*-glucopyranoside
山柰酚 -3-*O*- 吡喃葡萄糖苷 -7-*O*- 吡喃阿拉伯糖苷 kaempferol-3-*O*-glucopyranoside-7-*O*-arabinopyranoside
山柰酚 -3-*O*- 吡喃葡萄糖苷 -7-*O*- 吡喃鼠李糖苷 kaempferol-3-*O*-glucopyranoside-7-*O*-rhamnopyranoside
山柰酚 -3-*O*- 吡喃葡萄糖基 -(1 → 3)-β-D- 吡喃葡萄糖苷 kaempferol-3-*O*-glucopyranosyl-(1 → 3)-β-D-glucopyranoside
山柰酚 -3-*O*- 吡喃葡萄糖醛酸苷 kaempferol-3-*O*-glucuropyranonide
山柰酚 -3-*O*- 吡喃鼠李糖苷 kaempferol-3-*O*-rhamnopyranoside
山柰酚 -3-*O*- 吡喃鼠李糖苷 -7-*O*- 吡喃葡萄糖苷 kaempferol-3-*O*-rhamnopyranoside-7-*O*-glucopyranoside
山柰酚 -3-*O*- 吡喃鼠李糖苷 -7-*O*- 芸香糖苷 kaempferol-3-*O*-rhamnopyranoside-7-*O*-rutinoside
山柰酚 -3-*O*- 吡喃鼠李糖基 -(1 → 2)- 吡喃半乳糖苷 kaempferol-3-*O*-rhamnopyranosyl-(1 → 2)-galactopyranoside
山柰酚 -3-*O*- 吡喃鼠李糖基 -(1 → 4)- 吡喃葡萄糖苷 kaempferol-3-*O*-rhamnopyranosyl-(1 → 4)-glycopyranoside
山柰酚 -3-*O*- 吡喃鼠李糖基 -(1 → 6)- 吡喃葡萄糖苷 kaemferol-3-*O*-rhamnopyranosyl-(1 → 6)-glucopyranoside
山柰酚 -3-*O*- 吡喃鼠李糖基吡喃葡萄糖苷 kaempferol-3-*O*-rhamnopyranosylglucopyranoside
山柰酚 -3-*O*- 吡喃鼠李糖基 - 吡喃葡萄糖苷 kaempferol-3-*O*-rhamnopyranoglucopyranoside
山柰酚 -3-*O*- 刺槐二糖苷 kaempferol-3-*O*-robinobioside
山柰酚 -3-*O*- 刺槐二糖苷 -7-*O*-β-D- 吡喃葡萄糖苷 kaempferol-3-*O*-robinobioside-7-*O*-β-D-glucopyranoside
山柰酚 -3-*O*- 刺槐二糖苷 -7-*O*- 吡喃鼠李糖苷 kaempferol-3-*O*-robinbioside-7-*O*-rhamnopyranoside
山柰酚 -3-*O*- 二 -β-D- 吡喃葡萄糖苷 kaempferol-3-*O*-di-β-D-glucopyranoside
山柰酚 -3-*O*- 二吡喃葡萄糖苷 kaempferol-3-*O*-diglucopyranoside
山柰酚 -3-*O*- 二吡喃鼠李糖苷 kaempferol-3-*O*-dirhamnopyranoside
山柰酚 -3-*O*- 二葡萄糖基 -7-*O*- 葡萄糖苷 kaempferol-3-*O*-diglucosyl-7-*O*-glucoside
山柰酚 -3-*O*- 二糖苷 kaempferol-3-*O*-bioside
山柰酚 -3-*O*- 呋喃芹糖苷 -7-*O*- 吡喃鼠李糖苷 kaempferol-3-*O*-apiofuranoside-7-*O*-rhamnopyranoside
山柰酚 -3-*O*- 槐糖苷 kaempferol-3-*O*-sophoroside
山柰酚 -3-*O*- 槐糖苷 -7-*O*-α-L- 吡喃鼠李糖苷 kaempferol-3-*O*-sophoroside-7-*O*-α-L-rhamnopyranoside
山柰酚 -3-*O*- 槐糖苷 -7-*O*-β-D- 吡喃葡萄糖苷 kaempferol-3-*O*-sophoroside-7-*O*-β-D-glucopyranoside
山柰酚 -3-*O*- 槐糖苷 -7-*O*- 吡喃阿拉伯糖苷 kaempferol-3-*O*-sophoroside-7-*O*-arabinopyranoside
山柰酚 -3-*O*- 槐糖苷 -7-*O*- 吡喃鼠李糖苷 kaempferol-3-*O*-sophoroside-7-*O*-rhamnopyranoside
山柰酚 -3-*O*- 槐糖苷 -7-*O*- 葡萄糖醛酸苷 kaempferol-3-*O*-sophoroside-7-*O*-glucuronide
山柰酚 -3-*O*- 槐糖基 -7-*O*- 鼠李糖苷 kaempferol-3-*O*-sophorosyl-7-*O*-rhamnoside
山柰酚 -3-*O*- 己糖苷 kaempferol-3-*O*-hexoside
山柰酚 -3-*O*- 甲醚 kaempferol-3-*O*-methyl ether
山柰酚 -3-*O*- 接骨木二糖苷 kaempferol-3-*O*-sambubioside
山柰酚 -3-*O*- 芥子酰二葡萄糖基 -7-*O*- 葡萄糖苷 kaempferol-3-*O*-sinapoyldiglucosyl-7-*O*-glucoside
山柰酚 -3-*O*- 咖啡酰二葡萄糖基 -7-*O*- 葡萄糖苷 kaempferol-3-*O*-caffeoyldiglucosyl-7-*O*-glucoside
山柰酚 -3-*O*- 硫酸酯 -7-*O*-α- 吡喃阿拉伯糖苷 kaempferol-3-*O*-sulfate-7-*O*-α-arabinopyranoside
山柰酚 -3-*O*- 龙胆二糖苷 kaempferol-3-*O*-gentiobioside
山柰酚 -3-*O*- 龙胆二糖苷 -4'-*O*- 葡萄糖苷 kaempferol-3-*O*-gentiobioside-4'-*O*-glucoside
山柰酚 -3-*O*- 龙胆二糖苷 -7-*O*- 吡喃葡萄糖苷 kaempferol-3-*O*-

S

gentiobioside-7-*O*-glucopyranoside
山柰酚 -3-*O*- 龙胆二糖基 -7-*O*- 鼠李糖苷 kaempferol-3-*O*-gentiobiosyl-7-*O*-rhamnoside
山柰酚 -3-*O*- 木糖基半乳糖苷 kaempferol-3-*O*-xylosylgalactoside
山柰酚 -3-*O*- 葡萄糖苷 kaempferol-3-*O*-glucoside
山柰酚 -3-*O*- 葡萄糖基 -7-*O*- 葡萄糖苷 kaempferol-3-*O*-glucosyl-7-*O*-glucoside
山柰酚 -3-*O*- 葡萄糖基 -7-*O*- 鼠李糖苷 kaempferol-3-*O*-glucosyl-7-*O*-rhamnoside
山柰酚 -3-*O*- 葡萄糖基鼠李糖苷 kaempferol-3-*O*-glucorhamnoside
山柰酚 -3-*O*- 葡萄糖基鼠李糖基葡萄糖苷 kaempferol-3-*O*-glucosylrhamnosylglucoside
山柰酚 -3-*O*- 葡萄糖醛酸苷 kaempferol-3-*O*-glucuronide
山柰酚 -3-*O*- 羟基阿魏酰二葡萄糖基 -7-*O*- 葡萄糖苷 kaempferol-3-*O*-hydroxyferuloyldiglucosyl-7-*O*-glucoside
山柰酚 -3-*O*- 三葡萄糖苷 kaempferol-3-*O*-triglucoside
山柰酚 -3-*O*- 三葡萄糖基 -7-*O*- 鼠李糖苷 kaempferol-3-*O*-triglucosyl-7-*O*-rhamnoside
山柰酚 -3-*O*- 鼠李葡萄糖苷 kaempferol-3-*O*-rhamnoglucoside
山柰酚 -3-*O*- 鼠李糖半乳糖苷 kaempferol-3-*O*-rhamnogalactoside
山柰酚 -3-*O*- 鼠李糖苷 kaempferol-3-*O*-rhamnoside
山柰酚 -3-*O*- 鼠李糖苷 -7-*O*- 葡萄糖苷 kaempferol-3-*O*-rhamnoside-7-*O*-glucoside
山柰酚 -3-*O*- 鼠李糖苷 - 葡萄糖苷 kaempferol-3-*O*-rhamnoside-glucoside
山柰酚 -3-*O*- 鼠李糖基 -(6 → 1)-*α*-L- 葡萄糖苷 kaempferol-3-*O*-rhamnosyl-(1 → 6)-*α*-L-glucoside
山柰酚 -3-*O*- 鼠李糖基半乳糖苷 kaempferol-3-*O*-rhamnosylgalactoside
山柰酚 -3-*O*- 鼠李糖基半乳糖苷 -7-*O*- 鼠李糖苷 kaempferol-3-*O*-rhamnogalactoside-7-*O*-rhamnoside
山柰酚 -3-*O*- 鼠李糖基二葡萄糖苷 kaempferol-3-*O*-rhamnosyldiglucoside
山柰酚 -3-*O*- 鼠李糖基葡萄糖苷 kaempferol-3-*O*-rhamnosylglucoside
山柰酚 -3-*O*- 鼠李糖芸香糖苷 kaempferol-3-*O*-rhamnorutinoside
山柰酚 -3-*O*- 香豆酰二葡萄糖基 -7-*O*- 葡萄糖苷 kaempferol-3-*O*-coumaroyldiglucosyl-7-*O*-glucoside
山柰酚 -3-*O*- 新橙皮糖苷 kaempferol-3-*O*-neohesperidoside
山柰酚 -3-*O*- 芸香糖苷 kaempferol-3-*O*-rutinoside
山柰酚 -3-*O*- 芸香糖苷 -7-*O*-*α*-L- 吡喃鼠李糖苷 kaempferol-3-*O*-rutinoside-7-*O*-*α*-L-rhamnopyranoside
山柰酚 -3-*O*- 芸香糖苷 -7-*O*-*β*-D- 吡喃葡萄糖苷 kaempferol-3-*O*-rutinoside-7-*O*-*β*-D-glucopyranoside
山柰酚 -3-*O*- 芸香糖苷 -7-*O*- 槐糖苷 kaempferol-3-*O*-rutinoside-7-*O*-sophoroside
山柰酚 -3-*O*- 芸香糖苷 -7-*O*- 葡萄糖苷 kaempferol-3-*O*-rutinoside-7-*O*-glucoside
山柰酚 -3-*O*- 芸香糖苷 -7-*O*- 葡萄糖醛酸苷 kaempferol-3-*O*-rutinoside-7-*O*-glucuronide
山柰酚 -3-*O*- 芸香糖苷硫酸酯 kaempferol-3-*O*-rutinoside sulfate
山柰酚 -3-*O*- 芸香糖基 -7-*O*- 芸香糖苷 kaempferol-3-*O*-rutinosyl-7-*O*-rhamnoside
山柰酚 -3-*O*- 珍珠菜三糖苷 kaempferol-3-*O*-lysimachiatrioside
山柰酚 -3-*α*-L- 阿拉伯糖苷 kaempferol-3-*α*-L-arabinoside
山柰酚 -3-*α*-L- 吡喃阿拉伯糖基 -7-*α*-L- 吡喃鼠李糖苷 kaempferol-3-*α*-L-arabinopyranoside-7-*α*-L-rhamnopyranoside
山柰酚 -3-*α*-L- 吡喃鼠李糖苷 kaempferol-3-*α*-L-rhamnopyranoside
山柰酚 -3-*α*-L- 呋喃阿拉伯糖基 -7-*α*-L- 呋喃鼠李糖苷 kaempferol-3-*α*-L-arabofuranosyl-7-*α*-L-rhamnofuranoside
山柰酚 -3-*α*-L- 鼠李糖苷 kaempferol-3-*α*-L-rhamnoside
山柰酚 -3-*α*-L- 鼠李糖基 -*β*-D- 葡萄糖苷 kaempferol-3-*α*-L-rhamno-*β*-D-glucoside
山柰酚 -3-*α*- 吡喃阿拉伯糖苷 kaempferol-3-*α*-arabinopyranoside
山柰酚 -3-*β*-D-(6-*O*- 反式 - 对香豆酰基)- 吡喃葡萄糖苷 kaempferol-3-*β*-D-(6-*O*-*trans*-p-coumaryl)-glucopyranoside
山柰酚 -3-*β*-D- 半乳糖苷 kaempferol-3-*β*-D-galactoside
山柰酚 -3-*β*-D- 吡喃半乳糖苷 kaempferol-3-*β*-D-galactopyranoside
山柰酚 -3-*β*-D- 吡喃葡萄糖苷 kaempferol-3-*β*-D-glucopyranoside
山柰酚 -3-*β*-D- 吡喃葡萄糖基 -6-*β*-L- 吡喃鼠李糖苷 kaempferol-3-*β*-D-glucofuranosyl-6-*β*-L-rhamnopyranoside
山柰酚 -3-*β*-D- 葡萄糖苷 kaempferol-3-*β*-D-glucoside
山柰酚 -3-*β*- 阿洛糖苷 kaempferol-3-*β*-alloside
山柰酚 -3-*β*- 吡喃阿拉伯糖苷 kaempferol-3-*β*-arabinopyranoside
山柰酚 -3-*β*- 吡喃葡萄糖苷 kaempferol-3-*β*-glucopyranoside
山柰酚 -3-*β*- 葡萄糖醛酸苷 kaempferol-3-*β*-glucuronide
山柰酚 -3-*β*- 芸香糖苷 kaempferol-3-*β*-rutinoside
山柰酚 -3- 阿拉伯糖苷 kaempferol-3-arabinoside
山柰酚 -3- 半乳二鼠李糖苷 kaempferol-3-galactodirhamnoside
山柰酚 -3- 半乳鼠李糖苷 kaempferol-3-galactorhamnoside
山柰酚 -3- 半乳糖苷 kaempferol-3-galactoside
山柰酚 -3- 吡喃阿拉伯糖苷 kaempferol-3-arabinopyranoside
山柰酚 -3- 吡喃半乳糖苷 kaempferol-3-galactopyranoside
山柰酚 -3- 吡喃木糖苷 kaempferol-3-xylopyranoside
山柰酚 -3- 吡喃葡萄糖苷 kaempferol-3-glucopyranoside
山柰酚 -3- 吡喃葡萄糖苷 -7- 吡喃鼠李糖苷 kaempferol-3-glucopyranoside-7-rhamnopyranoside
山柰酚 -3- 吡喃鼠李糖苷 kaempferol-3-rhamnopyranoside
山柰酚 -3- 吡喃鼠李糖苷 -7- 吡喃鼠李糖基 -(1 → 3)- 吡喃鼠李糖苷 kaempferol-3-rhamnopyranoside-7-rhamnopyranosyl-(1 → 3)-rhamnopyranoside
山柰酚 -3- 刺槐二糖苷 kaempferol-3-robinobioside
山柰酚 -3- 刺槐二糖基 -7- 吡喃鼠李糖苷 kaempferol-3-robinobio-7-rhamnopyranoside
山柰酚 -3- 刺槐糖苷 kaempferol-3-robinoside
山柰酚 -3- 对香豆酰吡喃葡萄糖苷 kaempferol-3-(*p*-coumaroyl) glucopyranoside
山柰酚 -3- 对香豆酰葡萄糖苷 kaempferol-3-(*p*-coumarylglucoside)
山柰酚 -3- 二吡喃鼠李糖苷 kaempferol-3-dirhamnopyranoside
山柰酚 -3- 二葡萄糖苷 kaempferol-3-diglucoside
山柰酚 -3- 二鼠李糖葡萄糖苷 kaempferol-3- dirhamnoglucoside
山柰酚 -3- 呋喃阿拉伯糖苷 kaempferol-3-arabofuranoside
山柰酚 -3- 果糖基芸香糖苷 -7- 葡萄糖苷 kaempferol-3-xylosylrutinoside-7-glucoside
山柰酚 -3- 槐糖苷 kaempferol-3-sophoroside
山柰酚 -3- 槐糖苷 -7- 葡萄糖苷 kaempferol-3-sophoroside-7-glucoside
山柰酚 -3- 甲醚 kaempferol-3-methyl ether
山柰酚 -3- 接骨木二糖苷 kaempferol-3-sambubioside
山柰酚 -3- 硫酸酯 kaempferol-3-sulfate
山柰酚 -3- 龙胆二糖苷 kaempferol-3-gentiobioside
山柰酚 -3- 木糖基葡萄糖苷 kaempferol-3-xylosylglucoside
山柰酚 -3- 木糖龙胆二糖苷 kaempferol-3-xylosylgentiobioside
山柰酚 -3- 葡萄糖 -7- 鼠李糖苷 kaempferol-3-glueoside-7-rhamnoside
山柰酚 -3- 葡萄糖苷 kaempferol-3-glucoside
山柰酚 -3- 葡萄糖苷 -7- 鼠李糖苷 kaempferol-3-glucoside-7-rhamnoside

S

山柰酚 -3- 葡萄糖基 -7- 鼠李糖苷 kaempferol-3-glucosyl-7-rhamnoside
山柰酚 -3- 葡萄糖基鼠李糖苷 kaempferol-3-glucorhamnoside
山柰酚 -3- 葡萄糖基鼠李糖基葡萄糖苷 kaempferol-3-glucorhamnoglucoside
山柰酚 -3- 葡萄糖醛酸苷 kaempferol-3-glucuronide
山柰酚 -3- 三葡萄糖苷 kaempferol-3-triglucoside
山柰酚 -3- 鼠李葡萄糖苷 kaempferol-3-rhamnoglucoside
山柰酚 -3- 鼠李葡萄糖苷 -7- 葡萄糖苷 kaempferol-3-rhamnosylglucoside-7-glucoside
山柰酚 -3- 鼠李葡萄糖基 -7- 吡喃半乳糖苷 kaempferol-3-rhamnogluco-7-galactopyranoside
山柰酚 -3- 鼠李糖苷 kaempferol-3-rhamnoside
山柰酚 -3- 鼠李糖苷 -4'- 木糖苷 kaempferol-3-rhamnoside-4'-xyloside
山柰酚 -3- 鼠李糖苷 -7-*O*-[6- 阿魏酰葡萄糖苷 -(1 → 3)- 鼠李糖苷] kaempferol-3-rhamnoside-7-*O*-[6-feruloylglucoside-(1 → 3)-rhamnoside]
山柰酚 -3- 鼠李糖苷 -7- 木糖苷 kaempferol-3-rhamnoside-7-xyloside
山柰酚 -3- 鼠李糖基 -7- 葡萄糖苷 kaempferol-3-rhamnosyl-7-glucoside
山柰酚 -3- 鼠李糖基二葡萄糖苷 kaempferol-3-rhamnosyldiglucoside
山柰酚 -3- 鼠糖葡萄糖基 -7- 吡喃葡萄糖苷 kaempferol-3-rhamnogluco-7-glucopyranoside
山柰酚 -3- 新橙皮糖苷 kaempferol-3-neohesperidoside
山柰酚 -3- 芸香糖苷 kaempferol-3-rutinoside
山柰酚 -3- 芸香糖苷 -4'- 葡萄糖苷 kaempferol-3-rutinoside-4'-glucoside
山柰酚 -3- 芸香糖苷 -7- 葡萄糖苷 kaempferol-3-rutinoside-7-glucoside
山柰酚 -3- 芸香糖苷 - 对阿魏酰己糖 kaempferol-3-rutinoside-*p*-feruloyl-hexose
山柰酚 -3- 芸香糖苷 - 对香豆酰己糖 kaempferol-3-rutinoside-*p*-coumaroyl-hexose
山柰酚 -3- 芸香糖苷 - 戊糖 - 对香豆酰基 kaempferol-3-rutinoside-pentose-*p*-coumaroyl
山柰酚 -3- 芸香糖基 -7- 葡萄糖苷 kaempferol-3-rutinosyl-7-glucoside
山柰酚 -3- 芸香糖 - 戊糖苷 kaempferol-3-rutinoside-pentoside
山柰酚 -4',7- 二甲基 -3-*O*- 吡喃葡萄糖苷 kaempferol-4',7-dimethyl-3-*O*-glucopyranoside
山柰酚 -4,7- 二甲醚 kaempferol-4,7-dimethyl ether
山柰酚 -4',7- 二甲醚 kaempferol-4',7-dimethyl ether
山柰酚 -4'-*O*-α-L- 吡喃鼠李糖苷 kaempferol-4'-*O*-α-L-rhamnopyranoside
山柰酚 -4'-*O*-α-L- 吡喃鼠李糖基 -(1 → 6)-β-D- 吡喃葡萄糖苷 kaempferol-4'-*O*-α-L-rhamnopyranosyl-(1 → 6)-β-D-glucopyranoside
山柰酚 -4'-*O*-β-D- 吡喃葡萄糖苷 kaempferol-4'-*O*-β-D-glucopyranoside
山柰酚 -4'-*O*-β-D- 吡喃葡萄糖基 -(1 → 2)-β-D- 吡喃葡萄糖苷 kaempferol-4'-*O*-β-D-glucopyranosyl-(1 → 2)-β-D-glucopyranoside
山柰酚 -4'-*O*-β-D- 呋喃芹糖基 -3-*O*-β-D- 吡喃葡萄糖基 -7-*O*-α-L- 吡喃鼠李糖苷 kaempferol-4'-*O*-β-D-apiofuranosyl-3-*O*-β-D-glucopyranosyl-7-*O*-α-L-rhamnopyranoside
山柰酚 -4'-*O*- 葡萄糖苷 kaempferol-4'-*O*-glucoside
山柰酚 -4'- 甲醚 kaempferol-4'-methyl ether
山柰酚 -4'- 甲醚 -3,7- 二鼠李糖基葡萄糖苷 kaempferol-4'-methyl ether-3,7-dirhamnoglucoside
山柰酚 -4'- 甲醚 -3-*O*-β-D- 吡喃葡萄糖苷 kaempferol-4'-methylether-3-*O*-β-D-glucopyranoside
山柰酚 -4'- 甲醚 -3- 葡萄糖苷 kaempferol-4'-methyl ether-3-glucoside
山柰酚 -5-*O*-[α-L- 吡喃鼠李糖基 -(1 → 6)]-β-D- 吡喃葡萄糖苷 kaempferol-5-*O*-[α-L-rhamnopyranosyl-(1 → 6)]-β-D-glucopyranoside
山柰酚 -5-*O*- 吡喃阿拉伯糖苷 kaempferol-5-*O*-arabinopyranoside
山柰酚 -5-*O*- 葡萄糖苷 kaempferol-5-*O*-glucoside
山柰酚 -5- 吡喃葡萄糖苷 kaempferol-5-glucopyranoside
山柰酚 -5- 甲醚 kaempferol-5-methyl ether
山柰酚 -6-*C*-β-D- 吡喃葡萄糖苷 kaempferol-6-*C*-β-D-glucopyranoside
山柰酚 -6-*C*- 吡喃葡萄糖苷 kaempferol-6-*C*-glucopyranoside
山柰酚 -6-*C*- 葡萄糖苷 kaempferol-6-*C*-glucoside
山柰酚 -6'-*O*- 乙酸酯 kaempferol-6'-*O*-acetate
山柰酚 -7-(6''- 没食子酰吡喃葡萄糖苷) kaempferol-7-(6''-galloylglucopyranoside)
山柰酚 -7,4'- 二 -*O*-L- 吡喃鼠李糖苷 kaempferol-7,4'-di-*O*-L-rhamnopyranoside
山柰酚 -7,4'- 二甲醚 kaempferol-7,4'-dimethyl ether
山柰酚 -7,4'- 二甲醚 -3-*O*-β-D- 吡喃葡萄糖苷 kaempferol-7,4'-dimethyl ether-3-*O*-β-D-glucopyranoside
山柰酚 -7-*O*-(2,3- 二 -(*E*)- 对香豆酰基 -α-L- 吡喃鼠李糖苷) kaempferol-7-*O*-(2,3-di-*E*-*p*-coumaroyl-α-L-rhamnopyranoside
山柰酚 -7-*O*-(4'',6''- 二 - 反式 - 对羟基桂皮酰基 -2'',3''- 二乙酰基)-β-D- 吡喃葡萄糖苷 kaempferol-7-*O*-(4'',6''-di-*trans*-*p*-hydroxycinnamoyl-2'',3''-diacetyl)-β-D-glucopyranoside
山柰酚 -7-*O*-(4''-*O*- 乙酰基)-α-L- 吡喃鼠李糖基 -3-*O*- 芸香糖苷 kaempferol-7-*O*-(4''-*O*- acetyl)-α-L-rhamnopyranosyl-3-*O*-rutinoside
山柰酚 -7-*O*-(6- 咖啡酰)- 吡喃葡萄糖基 -(1 → 3)- 吡喃鼠李糖苷 kaempferol-7-*O*-(6-caffenic-)-glucopyranosyl-(1 → 3)-rhamnopyranoside
山柰酚 -7-*O*-(吡喃鼠李糖基)- 吡喃葡萄糖苷 kaempferol-7-*O*-(rhamnopyranosyl)-glucopyranoside
山柰酚 -7-*O*-α-L- 吡喃阿拉伯糖 -3-*O*-β-D- 吡喃葡萄糖苷 kaempferol-7-*O*-α-L-arabinopyranosyl-3-*O*-β-D-glucopyranoside
山柰酚 -7-*O*-α-L- 吡喃阿拉伯糖基 -3-*O*-β-D-3'',6''- 乙酰吡喃葡萄糖苷 kaempferol-7-*O*-α-L-arabinopyranosyl-3-*O*-β-D-3'',6''-diacetylglucopyranoside
山柰酚 -7-*O*-α-L- 吡喃阿拉伯糖基 -3-*O*-β-D-6''- 乙酰吡喃葡萄糖苷 kaempferol-7-*O*-α-L-arabinopyranosyl-3-*O*-β-D-6''-acetylglucopyranoside
山柰酚 -7-*O*-α-L- 吡喃鼠李糖苷 kaempferol-7-*O*-α-L-rhamnopyranoside
山柰酚 -7-*O*-α-L- 吡喃鼠李糖苷 -3-*O*-β-D- 吡喃葡萄糖苷 kaempferol-7-*O*-α-L-rhamnopyranoside-3-*O*-β-D-glucopyranoside
山柰酚 -7-*O*-α-L- 吡喃鼠李糖苷 -4'-*O*-β-D- 吡喃葡萄糖苷 kaempferol-7-*O*-α-L-rhamnopyranoside-4'-*O*-β-D-glucopyranoside
山柰酚 -7-*O*-α-L- 吡喃鼠李糖基 -3-*O*-α-L-[(2'' → 1''')-*O*-β-D- 吡喃葡萄糖基 -(3'' → 1'''')-*O*-β-D-(6'''' → 9''''')- 对香豆酰吡喃葡萄糖基 -(4'' → 1'''''')-β-D- 吡喃葡萄糖基]- 吡喃鼠李糖苷 kaempferol-7-*O*-α-L-rhamnopyranosyl-3-*O*-α-L-[(2''→1''')-*O*-β-D-glucopyranosyl-(3''→1'''')-*O*-β-D-(6''''→9''''')-*p*-coumaroylglucopyranosyl-(4''→1'''''')-β-D-glucopyranosyl]-rhamnopyranoside
山柰酚 -7-*O*-α-L- 吡喃鼠李糖基 -3-*O*-α-L- 吡喃鼠李糖基 -(1 → 2)-β-D- 吡喃葡萄糖苷 kaempferol-7-*O*-α-L-rhamnopyranosyl-3-*O*-

S

α-L-rhamnopyranosyl-(1→2)-β-D-glucopyranoside
山柰酚 -7-O-α-L- 吡喃鼠李糖基 -3-O-β-D-(2-O- 乙酰吡喃葡萄糖基)-(1→3)-α-L- 吡喃鼠李糖苷 kaempferol-7-O-α-L-rhamnopyranosyl-3-O-β-D-(2-O-acetylglucopyranosyl)-(1→3)-α-L-rhamnopyranoside
山柰酚 -7-O-α-L- 吡喃鼠李糖基 -3-O-β-D- 吡喃葡萄糖苷 kaempferol-7-O-α-L-rhamnopyranosyl-3-O-β-D-glucopyranoside
山柰酚 -7-O-α-L- 吡喃鼠李糖基 -3-O-β-D- 吡喃葡萄糖基 -(1→2)-(6-O- 反式 - 对羟基桂皮酰 -β-D- 吡喃葡萄糖基 -(1→2)-β-D- 吡喃葡萄糖苷 kaempferol-7-O-α-L-rhamnopyranosyl-3-O-β-D-glucopyranosyl-(1→2)-(6-O-trans-p-hydroxycinammoyl-β-D-glucopyranosyl-(1→2)-β-D-glucopyranoside
山柰酚 -7-O-α-L- 呋喃阿拉伯糖苷 kaempferol-7-O-α-L-arabinofuranoside
山柰酚 -7-O-α-L- 呋喃鼠李糖苷 kaempferol-7-O-α-L-rhamnofuranoside
山柰酚 -7-O-α-L- 鼠李糖苷 kaempferol-7-O-α-L-rhamnoside
山柰酚 -7-O-β-D- 吡喃半乳糖苷 kaempferol-7-O-β-D-galactopyranoside
山柰酚 -7-O-β-D- 吡喃葡萄糖苷 kaempferol-7-O-β-D-glucopyranoside
山柰酚 -7-O-β-D- 吡喃葡萄糖苷 -3-(O-α-L- 吡喃鼠李糖基吡喃葡萄糖苷 kaempferol-7-O-β-D-glucopyranoside-3-(O-α-L-rhamnopyranosylglucopyranoside)
山柰酚 -7-O-β-D- 吡喃葡萄糖苷 -3-O-α-L- 吡喃鼠李糖苷 kaempferol-7-O-β-D-glucopyranoside-3-O-α-L-rhamnopyranoside
山柰酚 -7-O-β-D- 吡喃葡萄糖基 -(1→3)-α-L- 吡喃鼠李糖苷 kaempferol-7-O-β-D-glucopyranosyl-(1→3)-α-L-rhamnopyranoside
山柰酚 -7-O-β-D- 吡喃葡萄糖基 -(1→4)-β-D- 吡喃葡萄糖苷 kaempferol-7-O-β-D-glucopyranosyl-(1→4)-β-D-glucopyranoside
山柰酚 -7-O-β-D- 二吡喃葡萄糖苷 kaempferol-7-O-β-D-diglucopyranoside
山柰酚 -7-O-β-D- 葡萄糖苷 kaempferol-7-O-β-D-glucoside
山柰酚 -7-O-β-D- 芸香糖苷 kaempferol-7-O-β-D-rutinoside
山柰酚 -7-O-β-L- 葡萄糖鼠李糖苷 kaempferol-7-O-β-L-glucorhamnoside
山柰酚 -7-O-β- 吡喃葡萄糖苷 kaempferol-7-O-β-glucopyranoside
山柰酚 -7-O- 吡喃葡萄糖苷 kaempferol-7-O-glucopyranoside
山柰酚 -7-O- 吡喃葡萄糖基 -3-O- 芸香糖苷 kaempferol-7-O-glucopyranosyl-3-O-rutinoside
山柰酚 -7-O- 吡喃鼠李糖基 -3-O- 吡喃葡萄糖苷 kaempferol-7-O-rhamnopyranosyl-3-O-glucopyranoside
山柰酚 -7-O- 对香豆酰基 -3-O-β-D- 吡喃葡萄糖苷 kaempferol-7-O-p-coumaroyl-3-O-β-D-glucopyranoside
山柰酚 -7-O- 甲醚 kaempferol-7-O-methyl ether
山柰酚 -7-O- 龙胆二糖苷 kaempferol-7-O-gentiobioside
山柰酚 -7-O- 葡萄糖苷 kaempferol-7-O-glucoside
山柰酚 -7-O- 葡萄糖苷 -3-O- 槐糖苷 kaempferol-7-O-glucoside-3-O-sophoroside
山柰酚 -7-O- 葡萄糖苷 -3-O- 葡萄糖半乳糖苷 kaempferol-7-O-glucoside-3-O-glucogalactoside
山柰酚 -7-O- 葡萄糖苷 -3-O- 葡萄糖半乳糖苷 - 咖啡酸酯 kaempferol-7-O-glucoside-3-O-glucogalactoside-caffeate
山柰酚 -7-O- 鼠李糖苷 kaempferol-7-O-rhamnoside
山柰酚 -7-O- 新橙皮糖苷 kaempferol-7-O-neohesperidoside
山柰酚 -7-O- 芸香糖苷 kaempferol-7-O-rutinoside
山柰酚 -7- 吡喃鼠李糖苷 kaempferol-7-rhamnopyranoside
山柰酚 -7- 二吡喃葡萄糖苷 kaempferol-7-diglucopyranoside
山柰酚 -7- 甲基 -3-O- 吡喃葡萄糖苷 kaempferol-7-methyl-3-O-glucopyranoside
山柰酚 -7- 甲醚 kaempferol-7-methyl ether
山柰酚 -7- 葡萄糖苷 kaempferol-7-glucoside
山柰酚 -7- 鼠李葡萄糖苷 kaempferol-7-rhamnoglucoside
山柰酚 -7- 鼠李糖苷 kaempferol-7-rhamnoside
山柰酚 -7- 芸香糖苷 kaempferol-7-rutinoside
山柰酚 -8-C-α-L- 吡喃鼠李糖基 -(1→2)-β-D- 吡喃葡萄糖苷 kaempferol-8-C-α-L-rhamnopyranosyl-(1→2)-β-D-glucopyranoside
山柰酚 -8- 磺酸酯 kaempferol-8-sulfonate
山柰酚 l-3-O-[β-D- 吡喃葡萄糖基 -(1→3)-O-α-L- 吡喃鼠李糖基 -(1→6)-O-β-D- 吡喃半乳糖苷] kaempferol-3-O-[β-D-glucopyranosyl-(1→3)-O-α-L-rhamnopyranosyl-(1→6)-O-β-D-galactopyranoside]
山柰酚 -O-(己糖基 - 去氧己糖苷) kaempferol-O-(hexose-deoxyhexoside)
山柰酚 -O- 鼠李半乳糖苷 kaempferol-O-rhamnogalactoside
山柰酚 -O- 戊糖苷 kaempferol-O-pentoside
山柰酚吡喃葡萄糖苷 kaempferol glucopyranoside
山柰酚二己糖苷 kaempferol dihexoside
山柰酚二糖苷 kaempferol diglycoside
山柰酚己糖苷 kaempferol hexoside
山柰酚己糖苷丙二酸酯 kaempferol hexoside-malonate
山柰酚己糖苷去氧己糖苷 kaempferol hexoside-deoxyhexoside
山柰酚己糖基己糖苷 kaempferol hexosylhexoside
山柰酚 - 己糖 - 去氧己糖 - 戊糖 kaempferol-hexose-deoxyhexose-pentose
山柰酚 - 甲氧基咖啡酰芸香糖苷 kaempferol-(methoxycafeoyl)-rutinoside
山柰酚葡萄糖苷 kaempferol glucoside
山柰酚葡萄糖醛酸苷 kaempferol glucouronide
山柰酚三糖苷 kaempferol trisaccharide
山柰酚鼠李糖苷 kaempferol rhamnoside
山柰酚 - 鼠李糖基 -(1→6)-3-O-β-D- 吡喃葡萄糖苷 kaempferol-rhamnosyl-(1→6)-3-O-β-D-glucopyranoside
山柰酚鼠李糖基己糖苷 kaempferol rhamnosylhexoside
山柰酚鼠李糖葡萄糖苷 kaempferol rhamnoglucoside
山柰酚糖苷 kaempferol glycoside
山柰苷 kaempferitrin
山柰素 kaempferide
山柰素 -3-O-α-L- 吡喃鼠李糖苷 kaempferide-3-O-α-L-rhamnopyranoside
山柰素 -3-O-β-D- 吡喃葡萄糖苷 kaempferide-3-O-β-D-glucopyranoside
山柰素 -3-O-β-D- 吡喃葡萄糖醛酸苷 kaempferide-3-O-β-D-glucuronopyranoside
山柰素 -3-O- 吡喃鼠李糖苷 kaempferide-3-O-rhamnopyranoside
山柰素 -3-O- 芸香糖苷 kaempferide-3-O-rutinoside
山柰素 -3-O- 芸香糖苷 -7-O-α-L- 吡喃鼠李糖苷 kaempferide-3-O-rutinoside-7-O-α-L-rhamnopyranoside
山柰素 -3- 吡喃鼠李糖苷 kaempferide-3-rhamnopyranoside
山柰素 -7-O-(3''-O- 乙酰基)-α-L- 吡喃鼠李糖基 -3-O- 芸香糖苷 kaempferide-7-O-(3''-O-acetyl)-α-L-rhamnopyranosyl-3-O-rutinoside
山柰素 -7-O-(4''-O- 乙酰基)-α-L- 吡喃鼠李糖苷 kaempferide-7-O-(4''-O-acetyl)-α-L-rhamnopyranoside
山柰素 -7-O-(4''-O- 乙酰基)- α-L- 吡喃鼠李糖基)-3-O- 吡喃葡萄糖苷 kaempferide-7-O-(4''-O-α-L-acetyl)-rhamnopyranosyl-3-O-

S

glucopyranoside
山柰素 -7-*O*-(4''-*O*- 乙酰基)-*α*-L- 吡喃鼠李糖基 -3-*O*- 芸香糖苷 kaempferide-7-*O*-(4''-*O*- acetyl)-*α*-L-rhamnopyranosyl-3-*O*-rutinoside
山柰素 -7-*O*-*α*-L- 吡喃鼠李糖苷 kaempferide-7-*O*-*α*-L-rhamnopyranoside
山柰素 -7-*O*-*α*-L- 吡喃鼠李糖基 -3-*O*- 芸香糖苷 kaempferide-7-*O*-*α*-L-rhamnopyranosyl-3-*O*-rutinoside
山柰素 -7-*O*-*β*-D- 吡喃葡萄糖苷 kaempferide-7-*O*-*β*-D-glucopyranoside
山柰素 -7-*α*-L- 吡喃鼠李糖苷 kaempferide-7-*α*-L-rhamnopyranoside
山柰素 -7- 葡萄糖苷 kaempferide-7-glucoside
山柰素三甲醚 kaempferide trimethyl ether
(+)- 山葡萄素 B, G (+)-amurensin B, G
(*E*)- 山葡萄素 B (*E*)-amurensin B
山葡萄素 A~O amurensin A~O
山葡萄辛▲ amurensisin
山牵牛苷▲ thunbergioside
山芹醇 oroselol
山芹前胡酮▲ oreoselone
山芹前胡烯酮▲ oroselone
山稔鞣素 tomentosin
山石榴醇苷▲ randioside A
山石榴苷 A~H catunaroside A~H
山石榴宁▲ randianin
山石榴素 catunaregin
山桐子醇缩酮▲ idesolide
山桐子卡品▲ idescarpin
山桐子里定▲ idesolidine
山桐子素▲ idesin
山桐子素▲氢硫酸酯 idesin hydrogen sulfate
山桐子素▲水杨酸酯 idesin salicylate
山桐子亭▲ A, B polycartine A, B
山桐子因▲ idesiin
山网球花碱▲ montanine
ψ- 山莴苣醇 *ψ*-lactucerol
山香醇▲ suaveolol
山香二烯酸 hyptadienic acid
山香宁▲ hyptinin
山香酸▲ suaveolic acid
山香酸 A hyptatic acid A
山香酸 B hyptatic acid B
山香酸甲酯 methyl suaveolate
山香圆香堇苷▲ A, B turpinionoside A, B
山小橘吖啶酮▲ glycosmisacridone
山小橘苯醌▲ glycoquinone
山小橘查耳酮▲ A, B glychalcone A, B
山小橘黄烷酮▲ A, B glyflavanone A, B
山小橘碱 glycorine
山小橘咔唑抗素▲ A, B, C carbalexin A, B, C
山小橘硫明▲ A, B glycothiomin A, B
山小橘米宁碱▲ glycosminine
山小橘明碱▲ A, B, C glybomine A, B, C
山小橘宁碱▲ glycosinine
山小橘双碱▲ A~G glycobismine A~G
山小橘酸▲ glycoric acid
山小橘酮▲ glycosolone
山小橘酰胺▲ A, B glycoamide A, B
3-*O*-(7'''*S*,8'''*R*)- 山小橘酰基 -4-*O*- 咖啡酰奎宁酸 3-*O*-(7'''*S*,8'''*R*)-glycosmisoyl-4-*O*-caffeoylquinic acid
3-*O*-(7'''*S*,8'''*R*)- 山小橘酰基 -4-*O*- 咖啡酰奎宁酸甲酯 3-*O*-(7'''*S*,8'''*R*)-glycosmisoyl-4-*O*-caffeoylquinic acid methyl ester
4-*O*-(7'''*S*,8'''*R*)- 山小橘酰基 -5-*O*- 咖啡酰奎宁酸 4-*O*-(7'''*S*,8'''*R*)-glycosmisoyl-5-*O*-caffeoylquinic acid
4-*O*-(7'''*S*,8'''*R*)- 山小橘酰基 -5-*O*- 咖啡酰奎宁酸甲酯 4-*O*-(7'''*S*,8'''*R*)-glycosmisoyl-5-*O*-caffeoylquinic acid methyl ester
山小橘辛 glycosmicine
山小橘新黄烷酮▲ A, B glycoflavanone A, B
山小橘新喹诺酮碱▲ glycolone
山小橘吲哚▲ glycosmisindole
山小橘脂酸 glycosmisic acid
山小橘唑定▲ glycozolidine
山小橘唑酚▲ glycozolidol
山小橘唑灵▲ glycozoline
山小橘唑宁▲ glycozolinine
山小橘唑醛▲ glycozolidal
山小橘唑酮▲ A, B glycozolone A, B
山小橘唑辛碱▲ glycozolicine
山延胡索胺▲ yuanamide
(±)- 山延胡索宾碱▲ (±)-corybulbine
(±)- 山延胡索定碱▲ (±)-corysolidine
山延胡索醌碱▲ bulbodione
山延胡索宁碱▲ bulbocapnine
(+)- 山延胡索宁碱▲ -*β*-*N*- 氧化物 (+)-bulbocapnine-*β*-*N*-oxide
山羊豆碱 galegine
山羊豆木犀草素▲ galuteolin
山阳乌头碱 nominine
山杨苷 davidianoside
山药储存性蛋白 dioscorin
山药素 batatasin
山药素 III-3-*O*- 葡萄糖苷 batatasin III-3-*O*-glucoside
山野豌豆苷 A_3 amoenin A_3
山刈碱 confusameline
山油柑吡喃醇 A, B acropyranol A, B
山油柑吡喃酮 acropyrone
山油柑素 acronylin
山油柑亭▲ A~E acronyculatin A~E
山嵛菜植保素▲ A, B wasalexin A, B
山嵛酸 behenic acid
山嵛酸蜡醇酯 ceryl behenate
(-)- 山缘草定碱 (-)-adlumidine
L- 山缘草定碱 L-adlumidine
山缘草定碱 adlumidine
d- 山缘草碱 *d*-adlumine
山缘草碱 adlumine
山月桂醇▲ kalmanol
山月桂毒素 I, II kalmitoxin I, II
山芸香素 rutamontin
山楂定 pinnatifidin
山楂苷 pinnatifinoside
山楂素 C, D, I pinnatifin C, D, I
山楂素 E pinnatifin E
β- 山楂酸 *β*-maslinic acid
山楂酸 crataegolic acid; maslinic acid
山楂酸 -28-*O*-*β*-D- 吡喃葡萄糖苷 maslinic acid-28-*O*-*β*-D-glucopyranoside
山楂酸甲酯 methyl maslinate
山楂叶苷 A shanyenoside A

山芝麻苷元▲ A, B heligenin A, B
山芝麻醌 helicquinone
山芝麻内酯 heliclactone
山芝麻宁酸 helicterilic acid
山芝麻宁酸甲酯 methyl helicterilate
山芝麻素▲ A~F helicterin A~F
山芝麻酸 helicteric acid
山芝麻酸甲酯 methyl helicterate
山芝麻酮碱 A helicterone A
山栀苷 shanzhiside
山栀苷甲酯 shanzhiside methyl ester
山栀苷甲酯 -8-*O*- 乙酸酯 shanzhiside methyl ester-8-*O*-acetate
山栀苷元甲酯 shanzhigenin methyl ester
山茱萸苷▲ cornuside
山茱萸诺苷▲ cornoside
山茱萸鞣质▲ A~G cornusiin A~G
山茱萸素▲ cornin
山竺呫酮▲ A, B mangaxanthone A, B
杉木醇▲ lanceolatol
杉木宁▲ A~D lanceolatanin A~D
杉木素▲ lanceolatin
杉木酸▲ lanceolatic acid
杉藻氨酸 gigartinine
珊瑚菜苷▲ A~J glehlinoside A~J
珊瑚菜素 phellopterin
珊瑚菜酯▲ glehnilate
珊瑚豆碱 capsicastrine
珊瑚豆碱乙酸酯 capsicastrine acetate
珊瑚豆灵碱▲ solanocastrine
珊瑚豆明碱 capsimine
珊瑚豆明碱 -3-*O*-*β*-D- 吡喃葡萄糖苷 capsimine-3-*O*-*β*-D-glucopyranoside
珊瑚花二酮▲ multidione
珊瑚樱定碱▲ solanocapsidine
珊瑚樱碱▲ solanocapsine
珊瑚樱品碱▲ solacapine
珊瑚樱新碱▲ solacasine
珊瑚状猴头菌素▲ A, B, C corallocin A, B, C
陕西卫矛醇苷▲ A, B schensianolside A, B
9- 呫酮 9-xanthone
呫酮 xanthone
呫酮 V_1, V_1a, V_2a xanthone V_1, V_1a, V_2a
BR- 呫酮 A, B BR-xanthone A, B
呫酮金丝桃苷▲ xanthohypericoside
9*H*- 呫烯 -9- 酮 9*H*-xanthen-9-one
扇蕨苷▲ A, B, C palmatoside A, B, C
扇形石松碱 flabelliformine
扇叶桦定▲ betmidin
扇叶菊蒿素▲ flabellin
鳝藤醇酸▲ anodendroic acid
鳝藤苷 affinoside A~D, D-V, E~K, L-I, L-II, L-III, L-IV, La, Lb, Lc, Ld, Le, Lf, Lg, M~S, S-I, S-II, S-III, S-IV, S-V, S-VI, S-VII, S-VIII, S-IX, S-X, S-XI, T
鳝藤苷元 affinogenin A, C, D-I, D-II, D-III, D-IV, D-V, D-VI
鳝藤碱▲ anodendrine
鳝藤素 A~K anodendrosin A~K
鳝藤酸 anofinic acid
商陆醇 phytolaccanol
商陆醇酸▲ acinosolic acid
商陆醇酸▲ A, B acinosolic acid A, B
商陆毒素 phytolaccatoxin
商陆苷 A~L, L_1, M~T esculentoside A~L, L_1, M~T
商陆苷元 esculentagenin
商陆苷元酸 esculentagenic acid
商陆脑苷 phytolacca cerebroside
商陆尼酸▲ jaligonic acid
商陆诺苷▲ A phytolacinoside A
商陆素▲ G, R phytolacain G, R
商陆酸 esculentic acid
商陆新苷元▲ acinospesigenin
商陆新苷元▲ A, B, C acinospesigenin A, B, C
商陆皂苷▲ N-1~N-5 phytolaccasaponin N-1~N-5
芍药巢菜糖苷▲ paeonovicinoside
芍药苊酚▲ paeoninol
芍药二酮 palbinone
芍药苷 paeoniflorin
芍药苷 -4- 乙醚 paeoniflorin-4-ethyl ether
芍药苷 B paeoniflorin B
芍药苷亚硫酸酯 paeoniflorin sulfite
芍药苷元酮 paeoniflorigenone
芍药聚糖 PA peonan PA
芍药内酯 A~D paeonilactone A~D
芍药宁▲ peonanin
芍药鞣质 A~E paeonianin A~E
芍药素 paeonidin; peonidin
芍药素 -3-(6''- 丙二酰葡萄糖苷) peonidin-3-(6''-malonylglucoside)
芍药素 -3-(6''-*O*- 反式 - 对香豆酰基)-*β*-D- 葡萄糖苷 peonidin-3-(6''-*O*-*trans*-*p*-coumaroyl)-*β*-D-glucoside
芍药素 -3-(二丙二酰葡萄糖苷) peonidin-3-(dimalonylglucoside)
芍药素 -3-(香豆酰芸香糖苷)-5- 葡萄糖苷 peonidin-3-(coumaroyl-rutinoside)-5-glucoside
芍药素 -3,5-*O*- 二葡萄糖苷 paeonidin-3,5-*O*-diglucoside
芍药素 -3,5- 二 -*O*-*β*-D- 吡喃葡萄糖苷 peonidin-3,5-di-*O*-*β*-D-glucopyranoside
芍药素 -3,5- 二 -*O*- 吡喃葡萄糖苷 peonidin-3,5-di-*O*-glucopyranoside
芍药素 -3,5- 二葡萄糖苷 peonidin-3,5-diglucoside
芍药素 -3-*O*-(4''- 芥子酰龙胆二糖) peonidin-3-*O*-(4''-sinapolygentiobioside)
芍药素 -3-*O*-(4- 对反式香豆酰基 -*α*-L- 吡喃鼠李糖基)-(1 → 6)-*O*-*β*-D- 吡喃葡萄糖苷 -5-*O*-*β*-D- 吡喃葡萄糖苷 peonidin-3-*O*-(4-*p*-*trans*-coumaroyl-*α*-L-rhamnopyranosyl)-(1 → 6)-*O*-*β*-D-glucopyranoside-5-*O*-*β*-D-glucopyranoside
芍药素 -3-*O*-(6''-*O*- 丙二酰基 -*β*- 吡喃葡萄糖苷) peonidin-3-*O*-(6''-*O*-malonyl-*β*-glucopyranoside)
芍药素 -3-*O*-(6''-*O*- 丙二酰基 -*β*- 吡喃葡萄糖苷)-5-*O*-*β*- 吡喃葡萄糖苷 peonidin-3-*O*-(6''-*O*-malonyl-*β*-glucopyranoside)-5-*O*-*β*-glucopyranoside
芍药素 -3-*O*-(对香豆酰基)- 芸香糖苷 -5-*O*-*β*-D- 吡喃葡萄糖苷 peonidin-3-*O*-(p-coumaroyl)-rutinoside-5-*O*-*β*-D-glucopyranoside
芍药素 -3-*O*-[2-*O*-(6-*O*-(3-*O*-(*β*-D- 吡喃葡萄糖基)- 反式 - 咖啡酰基)-*β*-D- 吡喃葡萄糖基)-6-*O*-(4-*O*-(6-*O*-(3-*O*-(*β*-D- 吡喃葡萄糖基)- 反式 - 咖啡酰基)-*β*-D- 吡喃葡萄糖基)- 反式 - 咖啡酰基)-*β*- 吡喃葡萄糖苷] peonidin-3-*O*-[2-*O*-(6-*O*-(3-*O*-(*β*-D-glucopyranosyl)-*trans*-caffeoyl)-*β*-D-glucopyranosyl)-6-*O*-(4-*O*-(6-*O*-(3-*O*-(*β*-D-glucopyranosyl)-*trans*-caffeoyl)-*β*-D-glucopyranosyl)-*trans*-caffeoyl)-*β*-glucopyranoside]
芍药素 -3-*O*-[2-*O*-(6-*O*-(反式 - 咖啡酰基)-*β*-D- 吡喃葡萄糖基)-

S

6-O-(4-O-(6-O-(3-O-(β-D- 吡喃葡萄糖基)- 反式 - 咖啡酰基)-β-D- 吡喃葡萄糖基)- 反式 - 咖啡酰基)-β-D- 吡喃葡萄糖苷] peonidin-3-O-[2-O-(6-O-(trans-caffeoyl)-β-D-glucopyranosyl)-6-O-(4-O-(6-O-(3-O-(β-D-glucopyranosyl)-trans-caffeoyl)-β-D-glucopyranosyl)-trans-caffeoyl)-β-D-glucopyranoside]
芍药素 -3-O-[2-O-(6-O-(反式 - 咖啡酰基)-β-D- 吡喃葡萄糖基)-β-D- 吡喃葡萄糖苷]-5-O-β-D- 吡喃葡萄糖苷 peonidin-3-O-[2-O-(6-O-(trans-caffeoyl)-β-D-glucopyranosyl)-β-D-glucopyranoside]-5-O-β-D-glucopyranoside
芍药素 -3-O-[2-O-(6-O- 反式 - 咖啡酰基 -β-D- 吡喃葡萄糖基)-β-D- 吡喃葡萄糖苷] peonidin-3-O-[2-O-(6-O-(trans-caffeoyl)-β-D-glucopyranosyl)-β-D-glucopyranoside]
芍药素 -3-O-[6-O-(反式 -3-O-(β-D- 吡喃葡萄糖基) 咖啡酰基)-β-D- 吡喃葡萄糖苷] peonidin-3-O-[6-O-(trans-3-O-(β-D-glucopyranosyl)caffeoyl)-β-D-glucopyranoside]
芍药素 -3-O-α-L- 吡喃阿拉伯糖苷 peonidin-3-O-α-L-arabinopyranoside
芍药素 -3-O-α-L- 鼠李糖基葡萄糖苷 -5-O-β-D- 吡喃葡萄糖苷 peonidin-3-O-α-L-rhamnoglucosido-5-O-β-D-glucopyranoside
芍药素 -3-O-β-D-(6''- 乙酰基 - 葡萄糖苷)-5-β-D- 葡萄糖苷 peonidin-3-O-β-D-(6''-acetyl-glucoside)-5-β-D-glucoside
芍药素 -3-O-β-D- 吡喃半乳糖苷 peonidin-3-O-β-D-galactopyranoside
芍药素 -3-O-β-D- 吡喃葡萄糖苷 paeonidin-3-O-β-D-glucopyranoside; peonidin-3-O-β-D-glucopyranoside
芍药素 -3-O-β-D- 吡喃葡萄糖苷 -4- 丙酮酸 paeonidin-3-O-β-D-glucopyranoside-4-pyruvic acid
芍药素 -3-O-β-D- 吡喃葡萄糖苷 -4- 乙醛 paeonidin-3-O-β-D-glucopyranoside-4-acetaldehyde
芍药素 -3-O- 吡喃葡萄糖苷 peonidin-3-O-glucopyranoside
芍药素 -3-O- 丙二酰吡喃葡萄糖苷 peonidin-3-O-malonylglucopyranoside
芍药素 -3-O- 单葡萄糖苷 - 丙酮酸 paeonidin-3-O-monoglucoside-pyruvic 苍白粉藤酚 acid
芍药素 -3-O- 二葡萄糖苷 peonidin-3-O-diglucoside
芍药素 -3-O- 咖啡酰葡萄糖苷 paeonidin-3-O-caffeoylglucoside
芍药素 -3-O- 芸香苷 peonidin-3-O-rutinoiside
芍药素 -3-O- 芸香糖苷 peonidin-3-O-rutinoside
芍药素 -3-O- 芸香糖苷 -5- 葡萄糖苷 peonidin-3-O-rutinoside-5-glucoside
芍药素 -3- 葡萄糖苷 peonidin-3-glucoside
芍药素 -3- 葡萄糖基咖啡酰葡萄糖苷 -5- 葡萄糖苷 peonidin-3-glucosylcaffeylglucoside-5-glucoside
芍药素 -3- 芸香糖苷 peonidin-3-rutinoside
芍药酮▲ paeoniflorone
芍药新苷 lactiflorin
少辐前胡醇▲ radiatinol
少辐前胡醇苷▲ radiatinoside
少花风毛菊烷▲ A, B oligantha A, B
少花红厚壳呫酮▲ A pancixanthone A
少花青皮木酚▲ E pauciflorol E
少花蕊木亭▲ C paucidactine C
少年红皂苷 I, II ardisalyxiaefoliasaponin I, II
少药八角吡喃酮▲ A illioliganpyranone A
少药八角酚苷▲ A~D illioliganoside A~D
少药八角呋酮▲ A~D illioliganfunone A~D
少药八角邻内酯▲ oligandriortholactone
少药八角素▲ A~E oligandrumin A~E
少药八角酮▲ A~I illioliganone A~I
舌状鳄梨树脂醇 lingueresinol
5α,10β- 蛇床 -4(14),7(11)- 二烯 -8- 酮 5α,10β-selina-4(14),7(11)-dien-8-one
蛇床醇▲ b, c cnidiol b, c
蛇床苷 A, B, C cnidioside A, B, C
蛇床苷 B cnidioside B
蛇床苷 B 甲酯 cnidioside B methyl ester
蛇床内酯 cnidilide
蛇床醛▲ cnidimonal
蛇床色酮苷▲ A~G monnieriside A~G
蛇床素 cnidilin; knidilin
蛇床酮醇▲ A~F cnidimol A~F
蛇床酮醇苷▲ A, B cnidimoside A, B
蛇床香豆素▲ cnidimarin
蛇床辛▲ cnidicin
蛇床子素 cnidiadin
蛇胆草素▲ A, B secamonoide A, B
蛇根草碱 A, B ophiorine A, B
蛇根草碱 A 甲酯 ophiorine A methyl ester
蛇根草碱 B 甲酯 ophiorine B-methyl ester
蛇根碱 serpentine
蛇根精 sarpagine
蛇根木宁▲ serpinine
蛇根木替宁▲ serpentinine
蛇根酸 serpentinic acid
(-)- 蛇菰宁 (-)-balanophonin
(+)- 蛇菰宁 (+)-balanophonin
(±)- 蛇菰宁 (±)-balanophonin
蛇菰宁 balanophonin
蛇菰宁 -4-O-β-D- 吡喃葡萄糖苷 balanophonin-4-O-β-D-glucopyranoside
蛇菰宁 B balanophonin B
蛇菰素 A, B balanophorin A, B
蛇果黄堇定 carpoxidine
(-)- 蛇果紫堇碱 (-)-ophiocarpine
蛇果紫堇碱 ophiocarpine
(-)- 蛇果紫堇碱 -N- 氧化物 (-)-ophiocarpine-N-oxide
蛇含鞣质 potentillin
蛇鳞草苷 A shelincaoide A
蛇麻酮 lupulone
蛇麻酮 A~F lupulone A~F
蛇莓苷 A, B ducheside A, B
蛇婆子碱 X, Y, Y', Z adouetine X, Y, Y', Z
蛇葡萄苷 ampelopsisoside
蛇葡萄鼠李糖苷 ampelopsisrhamnoside
(+)- 蛇葡萄素 (+)-ampelopsin
(+)- 蛇葡萄素 F (+)-ampelopsin F
蛇葡萄素 ampelopsin
蛇葡萄素 -3',4',5',7- 四甲醚 ampelopsin-3',4',5',7-tetramethyl ether
蛇葡萄素 -3'-O- 硫酸酯 ampelopsin-3'-O-sulfate
蛇葡萄素 -4'-O-β-D- 吡喃葡萄糖苷 ampelopsin-4'-O-β-D-glucopyranoside
蛇葡萄素 A~H ampelopsin A~H
(-)- 蛇葡萄素 F (-)-ampelopsin F
(+)- 蛇葡萄素 F (+)-isoampelopsin F
蛇葡萄香堇苷 ampelopsisionoside
蛇葡萄辛▲ ampelopsisin
蛇藤醇 colubrinol
蛇藤苷 colubrinoside

S

蛇藤素▲ colubrin
蛇藤酸▲ colubrinic acid
α- 蛇形马钱碱▲ α-colubrine
β- 蛇形马钱碱▲ β-colubrine
α- 蛇形马钱碱▲ - 氯代甲氯化物 α-colubrine-chloromethochloride
β- 蛇形马钱碱▲ - 氯代甲氯化物 β-colubrine-chloromethochloride
蛇足石杉醇▲ tohogenol
蛇足石杉碱 lycoserrine
蛇足石杉明碱▲ A~Z lycoposerramine A~Z
蛇足石杉明碱▲ M-*N*- 氧化物 lycoposerramine M-*N*-oxide
蛇足石杉尼醇▲ tohogeninol
蛇足石杉宁碱▲ macleanine
蛇足石杉左明碱▲ A, B, C serratezomine A, B, C
射干苯酮 belamphenone
射干定 belamcandin
射干酚 A, B belamcandol A, B
射干酚苷 A, B belalloside A, B
射干呋喃醛 belachinal
射干醌 C~M belamcandaquinone C~M
射干醛 belamcandal
射干素 A, B, C shegansu A, B, C
射干酮 A~D belamcandone A~D
射脉菌酸▲ A~D phlebic acid A~D
麝香阿魏醇▲ moschatol
麝香阿魏洛醇▲ feselol; fezelol
麝香吡啶 muscopyridine
2- 麝香草酚异丁酸酯 2-methoxythymol isobutyrate
麝香内酯 musk lactone
参薯素 A, B, C alatanin A, B, C
深裂黄草乌碱 vilmorinianine
深绿藤黄素▲ atroviridin
(-)- 深山黄堇碱 (-)-pallidine
深山黄堇碱 pallidine
神经酸 nervonic acid
神经酰胺 ceramide
神圣亚麻三烯 santolona triene
肾茶醇▲ A~D staminol A~D
肾茶苷▲ B, C clerodendranthuside B, C
肾茶内酯▲ A, B staminolactone A, B
肾茶酸▲ clerodendranoic acid
肾上腺素 adrenaline; epirenamine
肾石苣苔酮▲ pashanone
肾形香茶菜素 A, C reniformin A, C
肾叶打碗花林素▲ calysolin I, II, III, IV, V, VI, VII, VIII, IX, X, XI, XII, XIII
肾叶打碗花素▲ A, B soldanellin A, B
肾叶打碗花酸▲ B soldanellic acid B
肾叶鹿蹄草苷 renifolin
肾叶山蚂蝗素▲ C renifolin C
升麻醇 cimigenol
升麻醇 -12- 酮 cimigenol-12-one
升麻醇 -3-*O*-α-L- 吡喃阿拉伯糖苷 cimigenol-3-*O*-α-L-arabinopyranoside
升麻醇 -3-*O*-β-D- 吡喃半乳糖苷 cimigenol-3-*O*-β-D-galactopyranoside
(23*R*,24*S*)- 升麻醇 -3-*O*-β-D- 吡喃木糖苷 (23*R*,24*S*)-cimigenol-3-*O*-β-D-xylopyranoside
升麻醇 -3-*O*-β-D- 吡喃木糖苷 cimigenol-3-*O*-β-D-xylopyranoside
升麻醇 -3-*O*-β-D- 吡喃木糖基 -(1 → 3)-β-D- 吡喃木糖苷 cimigenol-3-*O*-β-D-xylopyranosyl-(1 → 3)-β-D-xylopyranoside
升麻醇 -3-*O*-β-D- 吡喃葡萄糖基 -(1 → 2)-β-D- 吡喃葡萄糖基 -(1 → 2)-β-D- 吡喃木糖苷 cimigenol-3-*O*-β-D-glucopyranosyl-(1 → 2)-β-D-glucopyranosyl-(1 → 2)-β-D-xylopyranoside
升麻醇 -3- 酮 cimigenol-3-one
升麻醇吡喃木糖苷 cimigenol xylopyranoside
升麻醇苷▲ cimigenoside; cimigoside
升麻醇木糖苷 cimigenol xyloside
升麻次醇▲ cimicifol
升麻定▲ cimicifugadine
升麻二醇 -3-*O*-β-D- 吡喃木糖苷 cimicidol-3-*O*-β-D-xylopyranoside
升麻酚苷▲ A~F shomaside A~F
升麻佛苷▲ A~D cimifoside A~D
升麻苷 cimicifugoside
升麻苷 H_1, H_2 cimicifugoside H_1, H_2
升麻密苷▲ A~E cimiside A~E
升麻内酯 A, B, C cimilactone A, B, C
升麻诺醇▲ A, B cimifetidanol A, B
升麻诺醇苷▲ A~H cimifetidanoside A~H
升麻素 cimifugin
升麻素葡萄糖苷 cimifugin glucopyranoside
升麻酸▲ cimicifugic acid
升麻酸▲ A~N cimicifugic acid A~N
升麻酮醇 cimicidanol
升麻酮醇 -3-*O*- 吡喃阿拉伯糖苷 cimicidanol-3-*O*-L-arabinopyranoside
升麻烯醇 cimicifugenol
升麻酰胺 cimicifugamide
升麻新醇吡喃木糖苷 shengmanol xylopyranoside
升麻新醇木糖苷 shengmanol xyloside
升麻新苷 A, B, C shengmaxinside A, B, C
升麻甾醇▲ A cimisterol A
生姜内酯 zingiberolide
生物酚 -2 biophenol-2
生物槲皮素 bioquercetin
生物碱 376, C, I, J, LA5, M, N, V, Y alkaloid 376, C, I, J, LA5, M, N, V, Y
生物素 biotin
(-)-α- 生育酚 (-)-α-tocopherol
2*R*,4'*R*,8'*R*-γ- 生育酚 2*R*,4'*R*,8'*R*-γ-tocopherol
dl-α- 生育酚 *dl*-α-tocopherol
α- 生育酚 α-tocopherol
β- 生育酚 β-tocopherol
γ- 生育酚 γ -tocopherol
δ- 生育酚 δ-tocopherol
生育酚 tocopherol
γ- 生育酚 -9 γ-tocopherol-9
γ- 生育酚乙酸酯 γ-tocopheryl acetate
α- 生育醌 α-tocoquinone; α-tocopherylquinone
生育醌 tocopherylquinone
α- 生育螺环▲ A, B α-tocospiro A, B
(-)-α- 生育螺酮▲ (-)-α-tocospirone
γ- 生育三烯酚 γ-tocotrienol
δ- 生育三烯酚 δ-tocotrienol
省沽油苷 A, B, C bumaldoside A, B, C
省沽油洛苷▲ A, B staphyloside A, B
省沽油素 staphylin
省沽油香堇苷▲ A~K staphylionoside A~K
(-)- 圣草酚 (-)-eriodictyol

(+)- 圣草酚 (+)-eriodictyol
(2*R*)- 圣草酚 (2*R*)-eriodictyol
(2*S*)- 圣草酚 (2*S*)-eriodictyol
圣草酚 eriodictyol
圣草酚 -3'-*O*-*β*-D- 吡喃葡萄糖苷 eriodictyol-3'-*O*-*β*-D-glucopyranoside
圣草酚 -5,7- 二甲醚 -4'-*O*-*β*-D- 吡喃阿拉伯糖苷 eriodictyol-5,7-dimethyl ether-4'-*O*-*β*-D-arabinopyranoside
(2*R*)- 圣草酚 -5-*O*-*β*-D- 吡喃葡萄糖苷 (2*R*)-eriodictyol-5-*O*-*β*-D-glucopyranoside
(2*S*)- 圣草酚 -5-*O*-*β*-D- 吡喃葡萄糖苷 (2*S*)-eriodictyol-5-*O*-*β*-D-glucopyranoside
(2*R*)- 圣草酚 -5-*O*-*β*-D- 葡萄糖苷 (2*R*)-eriodictyol-5-*O*-*β*-D-glucoside
圣草酚 -5-*O*- 甲基 -7- 鼠李糖苷 eriodictyol-5-*O*-methyl-7-rhamnoside
圣草酚 -5-*O*- 甲醚 -7-*O*-*β*-D- 吡喃木糖基 -*β*-D- 吡喃阿拉伯糖苷 eriodictyol-5-*O*-methyl ether-7-*O*-*β*-D-xylopyranosyl-*β*-D-arabinopyranoside
圣草酚 -5-*O*- 甲醚 -7-*O*-*β*-D- 吡喃葡萄糖基 -(1 → 4)-*O*-*β*-D- 吡喃半乳糖苷 eriodictyol-5-*O*-methyl ether-7-*O*-*β*-D-glucopyranosyl-(1 → 4)-*O*-*β*-D-galactopyranoside
圣草酚 -5- 鼠李糖苷 eriodictyol-5-rhamnoside
圣草酚 -6,8- 二 -*C*- 吡喃葡萄糖苷 eriodictyol-6,8-di-*C*-glycopyranoside
圣草酚 -7-(6''-*O*- 没食子酰基 -*β*-D- 吡喃葡萄糖苷) eriodictyol-7-(6''-*O*-galloyl-*β*-D-glucopyranoside)
圣草酚 -7,3',4'- 三甲醚 eriodictyol-7,3',4'-trimethylether
圣草酚 -7,3'- 二甲醚 eriodictyol-7,3'-dimethylether
(2*R*)- 圣草酚 -7,4'- 二 -*O*-*β*-D- 吡喃葡萄糖苷 (2*R*)-eriodictyol-7,4'-di-*O*-*β*-D-glucopyranoside
圣草酚 -7,4'- 二甲醚 eriodictyol-7,4'-dimethylether
(*S*)- 圣草酚 -7-*O*-(6''-*O*- 反式对香豆酰基)-*β*-D- 吡喃葡萄糖苷 (*S*)-eriodictyol-7-*O*-(6''-*O*-*trans*-*p*-coumaroyl)-*β*-D-glucopyranoside
(*S*)- 圣草酚 -7-*O*-(6''-*O*- 没食子酰基)-*β*-D- 吡喃葡萄糖苷 (*S*)-eriodictyol-7-*O*-(6''-*O*-galloyl)-*β*-D-glucopyranoside
圣草酚 -7-*O*-(6''- 阿魏酰基)-*β*-D- 吡喃葡萄糖苷 eriodictyol-7-*O*-(6''-feruloyl)-*β*-D-glucopyranoside
圣草酚 -7-*O*-[6''-(3'''- 羟基 -4'''- 甲氧基桂皮酰基)]-*β*-D- 吡喃葡萄糖苷 eriodictyol-7-*O*-[6''-(3'''-hydroxy-4'''-methoxycinnamoyl)]-*β*-D-glucopyranoside
圣草酚 -7-*O*-*β*-D-(6'- 甲酯)- 吡喃葡萄糖醛酸苷 eriodictyol-7-*O*-*β*-D-(6'-methyl ester)-glucuronopyranoside
圣草酚 -7-*O*-*β*-D-(6'- 乙酯)- 吡喃葡萄糖醛酸苷 eriodictyol-7-*O*-*β*-D-(6'-ethyl ester)-glucuronopyranoside
圣草酚 -7-*O*-*β*-D- 吡喃葡糖醛酸苷 eriodictyol-7-*O*-*β*-D-glucuronide
(2*R*)- 圣草酚 -7-*O*-*β*-D- 吡喃葡萄糖苷 (2*R*)-eriodictyol-7-*O*-*β*-D-glucopyranoside
(2*S*)- 圣草酚 -7-*O*-*β*-D- 吡喃葡萄糖苷 (2*S*)-eriodictyol-7-*O*-*β*-D-glucopyranoside
圣草酚 -7-*O*-*β*-D- 吡喃葡萄糖苷 eriodictyol-7-*O*-*β*-D-glucopyranoside
(2*R*)- 圣草酚 -7-*O*-*β*-D- 吡喃葡萄糖醛酸苷 (2*R*)-eriodictyol-7-*O*-*β*-D-glucopyranosiduronic acid
(2*S*)- 圣草酚 -7-*O*-*β*-D- 吡喃葡萄糖醛酸苷 (2*S*)-eriodictyol-7-*O*-*β*-D-glucopyranosiduronic acid
圣草酚 -7-*O*-*β*-D- 葡萄糖苷 eriodictyol-7-*O*-*β*-D-glucoside
(±)- 圣草酚 -7-*O*-*β*-D- 葡萄糖醛酸苷 (±)-eriodictyol-7-*O*-*β*-D-glucuronide
圣草酚 -7-*O*- 甲醚 eriodictyol-7-methyl ether
圣草酚 -7-*O*- 葡萄糖苷 eriodictyol-7-*O*-glucoside
圣草酚 -7-*O*- 芸香糖苷 eriodictyol-7-*O*-rutinoside
圣草酚 -7- 吡喃葡萄糖苷 eriodictyol-7-glucopyranoside
圣草酚 -7- 甲醚 eriodictyol-7-methylether
圣草酚 -8-*C*-*β*-D- 吡喃葡萄糖苷 eriodictyol-8-*C*-*β*-D-glucopyranoside
圣草酚查耳酮 eriodictyol chalcone
圣草酚查耳酮己糖 eriodictyol chalcone-hexose
圣草酚二己糖 eriodictyol dihexose
圣草酚己糖 eriodictyol hexose
圣草酚葡萄糖苷 eriodictyol glucoside
圣草芸香糖苷 eriocitrin
圣地红景天苷 A, B sacranoside A, B
圣丁菊素▲ santin
圣栎鼠李素▲ geshoidin
圣麻蓍黄酮▲ santaflavone
胜红蓟黄酮 A, B, C ageconyflavone A, B, C
尸胺 cadaverine
狮耳花宁▲ leonotinin
狮耳花素▲ leonotin
狮尾草素 A, B leoleorin A, B
狮足草碱 leonticine
湿地蒿酮▲ tournipherone
湿地松酸 elliotinoic acid
湿生金丝桃素 uliginosin
湿生金丝桃素 A uliginosin A
蓍草辛▲ achillicin
蓍素 achillin
蓍酸 A, B, C achimillic acid A, B, C
1- 十八醇 1-octadecanol
十八醇 octadecanol
十八醇乙酸酯 octadecanol acetate
9,12- 十八二烯酸乙酯 9,12-octadecadienoyl ethyl ester; ethyl 9,12-octadecadienoate
18- 冠醚 -6 18-crown ether-6
十八醛 octadecanal
9- 十八炔 9-octadecyne
(*Z*,*Z*,*Z*)-9,12,15- 十八三烯酸 -2,3- 二羟基丙酯 2,3-dihydroxyproply-(*Z*,*Z*,*Z*)-9,12,15-octadecatrienoic acid ester
(*Z*,*Z*,*Z*)-9,12,15- 十八三烯酸酯 (*Z*,*Z*,*Z*)-9,12,15-octadecatrienoate ester
1-*O*-(6,9,12,15- 十八四烯酰)-3-*O*-*β*-D- 吡喃半乳糖基甘油 1-*O*-(6,9,12,15-octadecateraenoyl)-3-*O*-*β*-D-galactopyranosyl glycerol
十八酸 octadecanoic acid
十八酸 -2,3- 二羟基丙酯 octadecanoic acid-2,3-dihydroxypropyl ester
十八酸二十四酯 tetracosanyl octadecanoate
十八酸甲酯 methyl octadecanoate
十八酸乙酯 octadecanoic acid ethyl ester; ethyl octadecanoate
(10*E*,13*E*)- 十八碳 -10,13- 二烯酸甲酯 (10*E*,13*E*)-methyl octadeca-10,13-dienoate
(9*S*,10*E*,16*R*)- 十八碳 -10- 烯 -12,14- 二炔 -1,9,16- 三醇 (9*S*,10*E*,16*R*)-octadec-10-ene-12,14-diyne-1,9,16-triol
1-(- 十八碳 -2*E*,4*E*,12*Z*- 三烯酰) 哌啶 1-(octadeca-2*E*,4*E*,12*Z*-trienoyl)piperidine
(9*E*,12*E*,15*E*)- 十八碳 -9,12,15- 三烯酸甲酯 (9*E*,12*E*,15*E*)-methyl octadeca-9,12,15-trienoate
(9*E*,12*E*,15*E*)- 十八碳 -9,12,15- 三烯酸乙酯 (9*E*,12*E*,15*E*)-ethyl

S

octadeca-9,12,15-trienoate
十八碳 -9,12- 二烯酸 octadeca-9,12-dienoic acid
十八碳 -9,12- 二烯酸丁酯 butyl octadec-9,12-dienoate
(9*E*,12*E*)- 十八碳 -9,12- 二烯酸乙酯 (9*E*,12*E*)-ethyl octadeca-9,12-dienoate
(2*S*)-3-*O*- 十八碳 -9*Z*,12*Z*,15*Z*- 三烯酰甘油基 -6'-*O*-(α-D- 吡喃半乳糖基)-β-D- 吡喃半乳糖苷 (2*S*)-3-*O*-octadeca-9*Z*,12*Z*,15*Z*-trienoylglyceryl-6'-*O*-(α-D-galactopyranosyl)-β-D-galactopyranoside
2(*S*)-3-*O*- 十八碳 -9*Z*,12*Z*,15*Z*- 三烯酰甘油基 -*O*-β-D- 吡喃半乳糖苷 2(*S*)-3-*O*-octadeca-9*Z*,12*Z*,15*Z*-trienoylglyceryl-*O*-β-D-galactopyranoside
十八烷 -9- 酸正二十七酯 *n*-heptacosanyl octadec-9-oate
2,5- 十八碳二炔酸甲酯 methyl-2,5-octadecadiynoate
(+)-9(*E*),17- 十八碳二烯 -12,14- 二炔 -1,11,16- 三醇 (+)-9(*E*),17-octadecadiene-2,14-diyne-1,11,16-triol
9,17- 十八碳二烯 -12,14- 二炔 -1,11,16- 三醇 -1- 乙酸酯 9,17-octadecadiene-12,14-diyne-1,11,16-triol-1-acetate
9,12- 十八碳二烯 -1- 醇 9,12-octadecadien-1-ol
(2*Z*,9*Z*)- 十八碳二烯 -4,6- 二炔 -1,18- 二醇 (2*Z*,9*Z*)-octadecadiene-4,6-diyne-1,18-diol
(*Z*)-9,17- 十八碳二烯醛 (*Z*)-9,17-octadecadienal
9,12- 十八碳二烯醛 9,12-octadecadienal
9,17- 十八碳二烯醛 9,17-octadecadienal
9*Z*,17- 十八碳二烯醛 9*Z*,17-octadecadienal
(9*Z*,12*Z*)- 十八碳二烯酸 (9*Z*,12*Z*)-octadecadienoic acid
(*Z*),(*Z*)-9,12- 十八碳二烯酸 (*Z*),(*Z*)-9,12-octadecadienoic acid
(*Z*,*Z*)-9,12- 十八碳二烯酸 (*Z*,*Z*)-9,12-octadecadienoic acid
11,14- 十八碳二烯酸 11,14-octadecadienoic acid
12- 十八碳二烯酸 12-octadecadienoic acid
5,9- 十八碳二烯酸 5,9-octadecadienoic acid
8,11- 十八碳二烯酸 8,11-octadecadienoic acid
9(*Z*),11(*E*)- 十八碳二烯酸 9(*Z*),11(*E*)-octadecadienoic acid
9,11- 十八碳二烯酸 9,11-octadecadienoic acid
9,12- 十八碳二烯酸 9,12-octadecadienoic acid
9,22- 十八碳二烯酸 9,22-octadecadienoic acid
9*Z*,12*Z*- 十八碳二烯酸 9*Z*,12*Z*-octadecadienoic acid
十八碳二烯酸 octadecadienoic acid
(*Z*,*Z*)-9,12- 十八碳二烯酸 -2- 羟基 -1,3- 丙二酸酯 (*Z*,*Z*)-9,12-octadecadienoic acid-2-hydroxy-1,3-propanedinyl ester
十八碳二烯酸单甘油酯 octadecadienoic acid monoglyceride
(9*Z*,12*Z*)- 十八碳二烯酸甲酯 (9*Z*,12*Z*)-octadecadienoic acid methyl ester
(*E*,*E*)-9,12- 十八碳二烯酸甲酯 (*E*,*E*)-9,12-octadecadienoic acid methyl ester
10,13- 十八碳二烯酸甲酯 10,13-octadecadienoic acid methyl ester
2,5- 十八碳二烯酸甲酯 2,5-octadecadiynoic acid methyl ester
8,11- 十八碳二烯酸甲酯 methyl 8,11-octadecadienoate
9,11- 十八碳二烯酸甲酯 methyl 9,11-octadecandienoate
9,12- 十八碳二烯酸甲酯 9,12-octadecadienoic acid methyl ester; methyl 9,12-octadecadienoate
9,12- 十八碳二烯酸乙酯 9,12-octadecadienoic acid ethyl ester
1-*O*-(9*Z*,12*Z*- 十八碳二烯酰)-3-*O*-β-D- 吡喃半乳糖基甘油 1-*O*-(9*Z*,12*Z*-octadecadienoly)-3-*O*-β-D-galactopyranosyl-glycerol
(2*S*)-1-*O*-(9*Z*- 十八碳二烯酰)-3-*O*-β- 吡喃半乳糖基 - 甘油 (2*S*)-1-*O*-(9*Z*-octadecadienoly)-3-*O*-β-galactopyranosyl-glycerol
1-*O*-(9*Z*,12*Z* - 十八碳二烯酰)- 甘油 1-*O*-(9*Z*,12*Z*-octadecadienoyl)-glycerol
十八碳二烯酰胺 octadecadienamide
6'-8"*E*,11"*E*- 十八碳二烯酰穿贝海绵甾醇 -3-*O*-β-D- 吡喃葡萄糖苷 6'-8"*E*,11"*E*-octadecadienoylclionasterol-3-*O*-β-D-glucopyranoside
1-*O*-(9*Z*,12*Z*- 十八碳二烯酰基)-3-*O*-[β-D- 吡喃半乳糖基 -(1 → 6)-*O*-β-D- 吡喃半乳糖基 -(1 → 6)-α-D- 吡喃半乳糖基]- 甘油 1-*O*-(9*Z*,12*Z*-octadecadienoyl)-3-*O*-[β-D-galactopyranosyl-(1 → 6)-*O*-β-D-galactopyranosyl-(1 → 6)-α-D-galactopyranosyl]-glycerol
(2*S*)-1-*O*-(9*Z*,12*Z*- 十八碳二烯酰基)-3-*O*-β-D- 吡喃半乳糖基甘油 (2*S*)-1-*O*-(9*Z*,12*Z*-octadecadienoyl)-3-*O*-β-D-galactopyranosylglycerol
1-*O*-(9*Z*,12*Z*- 十八碳二烯酰基)-3-*O*- 十九酰基甘油 1-*O*-(9*Z*,12*Z*-octadecadienoyl)-3-*O*-nonadecanoylglycerol
1-*O*-(9*Z*,12*Z*- 十八碳二烯酰基)-3- 十九碳酰甘油 1-*O*-(9*Z*,12*Z*-octadecadienoyl)-3-nonadecanoylglycerol
1-*O*-(9*Z*,12*Z*- 十八碳二烯酰基) 甘油 1-*O*-(9*Z*,12*Z*-octadecadienoyl) glycerol
1-*O*-(9*Z*,12*Z*- 十八碳二烯酰基 -2-*O*-(9*Z*,12*Z*- 十八碳二烯酰基) 甘油 1-*O*-(9*Z*,12*Z*-octadecadienoyl)-2-*O*-(9*Z*,12*Z*-octadecadienoyl) glycerol
1-*O*-(9*Z*,12*Z*- 十八碳二烯酰基 -3-*O*-(9*Z*- 十八碳烯酰基) 甘油 1-*O*-(9*Z*,12*Z*-octadecadienoyl)-3-*O*-(9*Z*-octadecenoyl)glycerol
1- 十八碳二烯酰基甘油 1-octadienoylglycerol
(*Z*,*Z*,*Z*)-9,12,15- 十八碳三烯 -1- 醇 (*Z*,*Z*,*Z*)-9,12,15-octadecatrien-1-ol
(2*E*,4*E*,9*Z*)- 十八碳三烯 -6- 炔 -1,18- 二醇 (2*E*,4*E*,9*Z*)-octadecatrien-6-yne-1,18-diol
(2*E*,4*E*,9*Z*)- 十八碳三烯 -6- 炔 -1,18- 二乙酸酯 (2*E*,4*E*,9*Z*)-octadecatrien-6-yne-1,18-diyl diacetate
(*Z*,*Z*,*Z*)-9,12,15- 十八碳三烯醇 (*Z*,*Z*,*Z*)-9,12,15-gaducenenol
9,12,12- 十八碳三烯醛 9,12,12-octadecatrienal
9,12,15- 十八碳三烯醛 9,12,15-octadecatrienal
(*Z*,*Z*,*Z*)-9,12,15- 十八碳三烯酸 (*Z*,*Z*,*Z*)-9,12,15-octadecatrienoic acid
5,9,12- 十八碳三烯酸 5,9,12-octadecatrienoic acid
9,13,15- 十八碳三烯酸 9,13,15-octadecatrienoic acid
9*E*,12*E*,15*E*- 十八碳三烯酸 9*E*,12*E*,15*E*-octadecatrienoic acid
十八碳三烯酸 octadecatrienoic acid
9,12,15- 十八碳三烯酸 -2,3- 二羟基丙酯 9,12,15-octadecatrienoic acid-2,3-dihydroxypropyl ester
十八碳三烯酸甘油三酯 trioctadecenoin
(*Z*,*Z*,*Z*)-9,12,15- 十八碳三烯酸甲酯 (*Z*,*Z*,*Z*)-9,12,15-octadecatrienoic acid methy ester
9,12,15- 十八碳三烯酸甲酯 methyl 9,12,15-octadecatrienoate
(9*Z*,12*Z*,15*Z*)- 十八碳三烯酸乙酯 (9*Z*,12*Z*,15*Z*)-calendic acid ethyl ester
(*Z*,*Z*,*Z*)-9,12,15- 十八碳三烯酸乙酯 (*Z*,*Z*,*Z*)-9,12,15-octadecatrienoic acid ethyl ester
9,12,15- 十八碳三烯酸乙酯 9,12,15-octadecatrienoic acid ethyl ester
1-*O*-(9*Z*,12*Z*,15*Z* - 十八碳三烯酰)- 甘油 1-*O*-(9*Z*,12*Z*,15*Z*-octadecatrienoyl)-glycerol
3-*O*-(9,12,15- 十八碳三烯酰)- 甘油 -β-D- 半乳糖苷 3-*O*-(9,12,15-octadecatrienoyl)-glyceryl-β-D-galactopyranoside
1-*O*-(9*Z*,12*Z*,15*Z*- 十八碳三烯酰基)-2-*O*- 十六碳酰 -3-*O*-[α-D- 吡喃半乳糖基 (1 → 6)-*O*-β-D- 吡喃半乳糖基] 甘油 1-*O*-(9*Z*,12*Z*,15*Z*-octadecatrienoyl)-2-*O*-hexadecanoyl-3-*O*-[α-D-galactopyranosyl(1 → 6)-*O*-β-D-galactopyranosyl]glycerol
1-*O*-(9*Z*,12*Z*,15*Z*- 十八碳三烯酰基)-2-*O*- 十六碳酰 -3-*O*-α-(6- 磺基吡喃鸡纳糖基) 甘油 1-*O*-(9*Z*,12*Z*,15*Z*-octadecatrienoyl)-2-*O*-hexadecanoyl-3-*O*-α-(6-sulfoquinovopyranosyl)glycerol
1-*O*-(9*Z*,12*Z*,15*Z*- 十八碳三烯酰基)-2-*O*- 十六碳酰甘油 1-*O*-(9*Z*,12*Z*,15*Z*-octadecatrienoyl)-2-*O*-hexadecanoylglycerol
1-*O*-(9*Z*,12*Z*,15*Z*- 十八碳三烯酰基)-3-*O*-[β-D- 吡喃半乳糖

基 -(1 → 6)-O-β-D- 吡喃半乳糖基 -(1 → 6)-α-D- 吡喃半乳糖基] 甘油 1-O-(9Z,12Z,15Z-octadecatrienoyl)-3-O-[β-D-galactopyranosyl-(1 → 6)-O-β-D-galactopyranosyl-(1 → 6)-α-D-galactopyranosyl]glycerol
1-O-(9Z,12Z,15Z- 十八碳三烯酰基)-3-O-[β-D- 吡喃半乳糖基 -(1 → 6)-O-β-D- 吡喃半乳糖基 -(1 → 6)-α-D- 吡喃半乳糖基]- 甘油 1-O-(9Z,12Z,15Z-octadecatrienoyl)-3-O-[β-D-galactopyranosyl-(1 → 6)-O-β-D-galactopyranosyl-(1 → 6)-α-D-galactopyranosyl]-glycerol
1-[(2E,4E,12Z)- 十八碳三烯酰基]-N- 异丁基酰胺 1-[(2E,4E,12Z)-octadecatrienoyl]–N-isobutylamide
1-O-(9Z,12Z,15Z- 十八碳三烯酰基 -3-O-β-D- 吡喃半乳糖基甘油 1-O-(9Z,12Z,15Z-octadecatrienoyl-3-O-β-D-galactopyranosyl-glycerol
十八碳四烯酸 therapic acid
9- 十八碳烯 -1- 醇 9-octadecen-1-ol
6-(9Z,12Z,15Z)- 十八碳烯酸 -3β- 豆甾 -5- 烯 -3-O-β-D- 葡萄糖苷 6-(9Z,12Z,15Z)-octadecatrienoate-3β-stigmast-5-en-3-O-β-D-glucopyranoside
(3S,4S,5R)-3- 十八碳酰胺 -4- 羟基 -5- 十二烷 -2,3,4,5- 四氢呋喃 (3S,4S,5R)-3-octadecanoylamino-4-hydroxy-5-dodecane-2,3,4,5-tetrahydrofuran
[(2E)- 十八碳酰基] 吡咯烷 [(2E)-octadecanoyl]pyrrolidine
十八烷 octadecane
十八烷 -1,9- 二烯 -4,6- 二炔 -3,8,18- 三醇 octadeca-1,9-dien-4,6-diyn-3,8,18-triol
十八烷 -9,12,15- 三烯酸 octadeca-9,12,15-trienoic acid
十八烷 -9,12,15- 三烯酸 -1-β-D- 葡萄糖基酯 octadeca-9,12,15-trienoic acid-1-β-D-glucopyranosyl ester
十八烷 -9,12- 二烯酸乙酯 octadeca-9,12-dienoicacidethylester
9,12- 十八烷二烯酸 -(Z,Z)-(2,2- 二甲基 -1,3- 二氧戊环 -4- 基) 甲酯 9,12-octadecadienoic acid-(Z,Z)-(2,2-dimethyl-1,3-dioxolan-4-yl) methyl ester
(Z,Z)-9,12- 十八烷二烯酸甲酯 methyl (Z,Z)-9,12-octadecane diene
6'-O -(8E,11E)-8,11- 十八烷二烯酰 -β-D- 葡萄糖基穿贝海绵甾醇 6'-O-(8E,11E)-8,11-octadecadienoyl-β-D-glucosylclionasterol
十八烷基 -9,16- 二氧 -10(E),12(Z),14(E)- 三烯酸 octadeca-9,16-dioxo-10(E),12(Z),14(E)-trien-oic acid
十八烷基 -O- 乙酰基 - 反式 - 阿魏酸酯 stearyl-O-acetyl-trans-ferulate
(E)- 十八烷基咖啡酸酯 (E)-octadecyl caffeate
(Z,Z,Z)-9,12,15- 十八烷三烯 -1- 醇 (Z,Z,Z)-9,12,15-octadcatrien-1-ol
2- 十八烷酮 2-octadecanone
(3S,2E)-2- 十八烷亚烯基 -3- 羟基 -4- 亚甲基丁内酯 (3S,2E)-2-octadecylidene-3-hydroxy-4-methylenebutanolide
2- 十八烷亚烯基 -3- 羟基 -4- 亚甲基丁内酯 2-octadecylidene-3-hydroxy-4-methylenebutanolide
4- 十八烷氧基烯丙苯 4-octadecyloxy-allylbenzene
1- 十八烯 1-octadecene
十八烯 octadecene
9'- 十八烯 -12- 羟基 -9- 十八烯酸酯 9'-octadecenyl 12-hydroxyl-9-octadecenoate
2E- 十八烯二酸 2E-decenedioic acid
(9Z)- 十八烯内酯 (9Z)-octadecenolide
(Z)-9- 十八烯醛 (Z)-9-octadecenal
8- 十八烯醛 8-octadecenal
十八烯醛 octadecenoic aldehyde
(9Z)-9- 十八烯酸 (9Z)-9-octadecenoic acid
(9Z)- 十八烯酸 (9Z)-octadecenoic acid
(E)-9- 十八烯酸 (E)-9-octadecenoic acid
(Z)-6- 十八烯酸 (Z)-6-octadecenoic acid
(Z)-9- 十八烯酸 (Z)-9-octadecenoic acid
10- 十八烯酸 10-octadecenoic acid
13- 十八烯酸 13-octadecenoic acid
2- 十八烯酸 2-octadecenoic acid
6E- 十八烯酸 6E-octadecenoic acid
6- 十八烯酸 6-octadecenoic acid
9- 十八烯酸 9-octadecenoic acid
十八烯酸 octadecenoic acid
12Z- 十八烯酸 -2,3- 二羟丙基酯 12Z-octadecenoic acid 2,3-dihydroxypropyl ester
(Z)-12- 十八烯酸 -α- 甘油单酯 (Z)-12-octadecenoic-α-glycerol monoester
2- 十八烯酸单甘油酯 2-monoolein
十八烯酸单甘油酯 octadecenoic acid monoglyceride
(9Z)- 十八烯酸甲酯 (9Z)-octadecenoic acid methyl ester
(E)-9- 十八烯酸甲酯 (E)-9-octadecenoic acid methyl ester
12- 十八烯酸甲酯 12-octadecenoic acid methyl ester
8- 十八烯酸甲酯 8-octadecenoic acid methyl ester
9- 十八烯酸甲酯 methyl 9-octadecenoate
十八烯酸甲酯 octadecenoic methyl ester
(E)-9- 十八烯酸乙酯 (E)-9-octadecenoic acid ethyl ester
(Z)-9- 十八烯酸乙酯 ethyl (Z)-9-octadecenoate
9- 十八烯酸乙酯 9-octadecenoic acid ethyl ester
9- 十八烯酰胺 9-octadecenamide
十八烯酰胺 octadecenamide
1-O- 十八酰甘油 1-O-octadecylanateglycerol
1-O- 十八酰基甘油 1-O-octadecanoylglycerol
1- 十八酰咖啡酸酯 1-octadecylcaffeate
N- 十八酰邻氨基苯甲酸 N-heneicosanoylanthranilic acid
十瓣闪星花苷▲ decapetaloside
十瓣云实素▲ caesaldecan
十齿水柳胺▲ decamine
十齿水柳胺▲ -N- 氧化物 decamine-N-oxide
十齿水柳碱▲ decodine
十齿水柳宁▲ decinine
1- 十二醇 1-dodecanol
6- 十二醇 6-dodecanol
(Z,Z,Z,Z,Z,Z,Z,Z,Z,E,E)-3,7,11,15,19,23,27,31,35,39,43,47- 十二甲基 -2, 6,10,14,18,22,26,30,34,38,42,46- 十二异戊烯 -1- 醇 (Z,Z, Z,Z,Z,Z,Z,Z,Z,E,E)-3,7,11,15,19,23,27,31,35,39,43,47-dodecamethyl-2,6,10,14,18,22,26,30,34,38,42,46-octatetracontadodecaen-1-ol
(2E,4E)-(1R,3R,4R,4aR,4bS,5aR,6S,6aS,9aS,9bR)-1,2,3,4,4a,4b,5a,6, 6a, 7,9a,9b- 十二氢 -4,6,6a,9b- 四羟基 -5a-(羟甲基)-1,8- 二甲基 -3-(1- 甲基乙烯基)-7- 氧杂苯并 [7,8] 薁并 [5,6-b] 环氧乙烷 -3- 基 -2,4- 十五碳二烯酸酯 (2E,4E)-(1R,3R,4R,4aR,4bS,5aR,6S, 6aS, 9aS,9bR)-1,2,3,4,4a,4b,5a,6,6a,7,9a,9b-dodecahydro-4,6,6a, 9b-tetrahydroxy-5a-(hydroxymethyl)-1,8-dimethyl-3-(1-methylethenyl)-7-oxobenz[7,8]azuleno[5,6-b]oxiren-3-yl-2,4-pentadecadienoic acid ester
(3R,6aR,7R,8aS,9S,12aR,12bS)-9-(乙酰氧基甲基)- 十二氢 -7- 羟基 -9,12a- 二甲基 - 螺旋 [6H-3,6a- 亚甲基 -4H- 萘 [2,1-c] 氧杂环辛三烯 -4,2'- 环氧乙烷]-6- 酮 (3R,6aR,7R,8aS,9S,12aR,12bS)-9-[(acetyloxy)methyl]dodecahydro-7-hydroxy-9,12a-dimethyl-spiro[6H-3,6a-methano-4H-naphth[2,1-c]oxocin-4,2'-oxiran]-6-one
1(6),11(12),13(14),1'(6'),11'(12'),13'(14')- 十二氢 -β- 胡萝卜烯 -4β, 4'β- 二醇 -4β-L- 吡喃阿拉伯糖基 -(2a → 1b)-β-L- 阿

S

拉伯糖基 -(2b → 1c)-*β*-D- 阿拉伯糖苷 -4'*β*-L- 阿拉伯糖基 -(2d → 1e)-*β*-L- 阿拉伯糖基 -(2e → 1f)-*β*-D- 阿拉伯糖苷 1(6), 11(12),13(14),1'(6'),11'(12'),13'(14')-dodecahydro-*β*-caroten-4*β*,4'*β*-diol-4*β*-L-arabinopyranosyl-(2a → 1b)-*β*-L-arabinopyranosyl-(2b → 1c)-*β*-D-arabinopyranosido-4'*β*-L-arabinopyranosyl-(2d → 1e)-*β*-L-arabinopyranosyl-(2e → 1f)-*β*-D-arabinopyranoside
十二醛 dodecanal
十二酸 dodecanoic acid
十二酸甲酯 dodecanoic acid methyl ester
十二酸乙酯 ethyl dodecanoic acid ester
2,10- 十二碳二烯 -4,6,8- 三炔 -1- 醇 2,10-dodecadiene-4,6,8-triyn-1-ol
(*Z*,*Z*)-6,9- 十二碳二烯 -4- 内酯 (*Z*,*Z*)-6,9-dodecadien-4-olide
[(2*E*,4*E*)- 十二碳二烯酰] 吡咯烷 [(2*E*,4*E*)-dodecadienoyl] pyrrolidine
2,4- 十二碳二烯酰胺 2,4-dodecadienamide
[(2*E*,4*E*)- 十二碳二烯酰基]-*N*- 异丁基酰胺 [(2*E*,4*E*)-dodecadienoyl]-*N*-isobutylamide
1-[(2*E*,4*E*)-2,4- 十二碳二烯酰基] 吡咯烷 1-[(2*E*,4*E*)-2,4-dodecadienoyl]pyrrolidine
5*Z*,7*E*- 十二碳三烯 5*Z*,7*E*-dodecatriene
1,6,10- 十二碳三烯 -3- 醇 1,6,10-dodecatrien-3-ol
2,4,10- 十二碳三烯 -6,8- 二炔醛 2,4,10-dodecatriene-6,8-diynal
1-[(2*E*,4*E*,6*E*)-2,4,6- 十二碳三烯酰基] 吡咯烷 1-[(2*E*,4*E*,6*E*)-2,4,6-dodecatrienoyl]-pyrrolidine
(*Z*)-9- 十二碳烯 -12- 内酯 (*Z*)-9-dodecen-12-olide
2- 十二碳烯 -4,6,8,10- 四炔 -1- 醇 2-dodecene-4,6,8,10-tetrayn-1-ol
2- 十二碳烯 -4,6,8,10- 四炔醛 2-dodecene-4,6,8,10-tetraynal
3(*Z*)- 十二碳烯双酸 3(*Z*)-dodecenedioic acid
6- 十二酮 6-dodecanone
十二烷 dodecane
4- 十二烷基 -1,2- 苯二酚 4-dodecyl-1,2-benzenediol
5- 十二烷基 -4- 羟基 -4- 甲基 -2- 环戊烯酮 5-dodecanyl-4-hydroxy-4-methyl-2-cyclopentenone
1,2-*O*-(1- 十二烷基 -5- 氧代 -1,5- 戊烷二基)-*β*-D- 吡喃木糖 1,2-*O*-(1-dodecyl-5-oxo-1,5-pentanediyl)-*β*-D-xylopyranose
2- 十二烷基环丁酮 2-dodecylcyclobutanone
十二烷基环氧乙烷 dodecyl-oxirane
十二烷基木蝴蝶紫檀烷 dodecanyl oroxylopterocarpan
9- 十二烷基十四氢菲 9-dodecyltetradecahydrophenanthrene
11- 十二烯 -1- 醛 11-dodecen-1-al
3- 十二烯 -1- 炔 3-dodecen-1-yne
(*Z*)-6- 十二烯 -4- 内酯 (*Z*)-6-dodecen-4-olide
2- 十二烯醛 2-dodecenal
(2*Z*,3*S*,4*S*)-2-(11- 十二烯亚基)-3- 羟基 -4- 甲基丁内酯 (2*Z*,3*S*,4*S*)-2-(11-dodecenylidene)-3-hydroxy-4-methylbutanolide
(2*E*,3*R*,4*R*)-2-(11- 十二烯亚基)-3- 羟基 -4- 甲氧基 -4- 甲基丁内酯 (2*E*,3*R*,4*R*)-2-(11-dodecenylidene)-3-hydroxy-4-methoxy-4-methylbutanolide
3*β*- 十二酰基 -28- 羟基 - 齐墩果 -18- 烯 3*β*-dodecanoyl-28-hydroxylolean-18-ene
(2*Z*,6*Z*,10*Z*,14*Z*,18*Z*,22*Z*,26*Z*,30*E*,34*E*)-3,7,11,15,19,23,27,31,35,39-十甲基 -2,6,10,14,18,22,26,30,34,38- 四十碳十烯 -1- 醇 (2*Z*,6*Z*,10*Z*,14*Z*,18*Z*,22*Z*,26*Z*,30*E*,34*E*)-3,7,11,15,19,23, 27,31,35, 39-decamethyl-2,6,10,14,18, 22,26,30,34,38- tetracontadecaen-1-ol
十九酸 nonadecanoic acid
十九酸三十四酯 tetratriacontanyl nonadecanoate
3-*O*-[*β*-D-(6'- 十九酸酯)- 吡喃葡萄糖基]-*β*- 谷甾醇 3-*O*-[*β*-D-(6'-nonadecanoate)-glucopyranosyl]-*β*-sitosterol
5-(*Z*- 十九碳 -14- 烯基) 树脂苔黑酚▲ 5-(*Z*-nonadec-14-enyl) resorcinol
8- 十九碳二烯酰苯甲酰去氧乌头原碱 8-nonadecadienoyl-benzoyldeoxyaconine
8- 十九碳二烯酰基 -10- 羟基 - 苯甲酰中乌头胺 8-nonadecadienoyl-10-hydroxy-benzoylmesaconine
8- 十九碳二烯酰基 - 苯甲酰次乌头胺 8-nonadecadienoyl-benzoylhypaconine
1,3,12- 十九碳三烯 1,3,12-nonadecatriene
4,6,9- 十九碳三烯 4,6,9-nonadecatriene
8- 十九碳三烯酰基 -10- 羟基 - 苯甲酰中乌头胺 8-nonadecatrienoyl-10-hydroxy-benzoylmesaconine
8- 十九碳烯酰基 - 苯甲酰次乌头胺 8-nonadecenoyl-benzoylhypaconine
8- 十九碳烯酰基 - 苯甲酰乌头原碱 8-nonadecenoyl-benzoyldeoxyaconine
8- 十九碳烯酰基 - 苯甲酰中乌头胺 8-nonadecenoyl-benzoylmesaconine
十九烷 nonadecane
十九烷 -4- 炔 -18- 烯 -1- 酸 nonadeca-4-yn-18-en-1-oic acid
十九烷胺 nonadecane amine
8- 十九烷酰基 - 苯甲酰次乌头胺 8-nonadecanoyl-benzoylhypaconine
8- 十九烷酰基 - 苯甲酰去氧乌头原碱 8-nonadecanoyl-benzoyldeoxyaconine
(3*E*)- 十九烯 (3*E*)-nonadecene
10- 十九烯 -2- 酮 10-nonadecanen-2-one
(*Z*)-10- 十九烯酸 (*Z*)-10-nonadecenoic acid
(*Z*)-6- 十九烯酸 (*Z*)-6-nonadecenoic acid
1- 十六醇 1-hexadecanol
十六醇 hexadecanol
2,15- 十六二酮 2,15-hexadecanedione
十六醛 hexadecanal
9- 十六炔酸 9-octadecynoic acid
十六酸 hexadecanoic acid
十六酸 -2,3- 二羟基丙酯 hexadecanoic acid-2,3-dihydroxypropyl ester
1-*O*- 十六酸甘油酯 1-*O*-hexadecanolenin
十六酸甲酯 hexadecanoic acid methyl ester; methyl hexadecanoate
十六酸三十四酯 tetratriacontyl hexadecanoate
十六酸十一烷基酯 undecyl-hexadecanoate
7- 十六酸乙酯 7-hexadecanoic acid ethyl ester
十六酸乙酯 hexadecanoic acid ethyl ester; ethyl hexadecanoate
(9*Z*)- 十六碳 -9- 烯酸 (9*Z*)-hexadec-9-enoic acid
(*E*)- 十六碳 -9- 烯酸甲酯 (*E*)-methyl hexadec-9-enoate
(1*E*,8*Z*)-10- 十六碳三烯 (1*E*,8*Z*)-10-hexadecatriene
(8*E*,10*Z*)-1,8,10- 十六碳三烯 (8*E*,10*Z*)-1,8,10-hexadecatriene
7,10,13- 十六碳三烯酸甲酯 7,10,13-hexadecatrienoic acid methyl ester
十六碳三烯酸乙酯 hexadecatrienoic acid methyl ester
1-*O*- 十六碳酰甘油 1-*O*-hexadecanoylglycerol
1-*O*- 十六碳酰甘油酯 1-*O*-hexnoyl-glyceroleterol
(2*S*)-1-*O*- 十六碳酰基 -3-*O*-[*α*-D- 吡喃半乳糖基 -(1 → 6)-*β*-D-吡喃半乳糖基] 甘油 (2*S*)-1-*O*-hexadecanoyl-3-*O*-[*α*-D-galactopyranosyl-(1 → 6)-*β*-D-galactopyranosyl]glycerol
α-*O*- 十六碳酰基 -*β*-*O*-(9*Z*- 十八碳烯酰基)-*α*-*O*- 十六烷酰甘油酯 *α*-*O*-palmitoyl-*β*-*O*-(9*Z*-octadecaenoyl)-*α*'-*O*-palmitoylglycerol
3*β*- 十六碳酰氧基 - 羽扇豆 -20(29)- 烯 -21- 醇 3*β*-hexadecanoyloxy-lup-20(29)-en-21-ol

十六烷 hexadecane
十六烷 -(4Z)- 烯酸 hexadec-(4*Z*)-enoic acid
十六烷 -1,16- 二醇 -7- 咖啡酸酯 hexadecane-1,16-diol-7-caffcoyloxy
十六烷 -5- 烯基环己烷 hexadec-5-enylcyclohexane
(*R*)-(+)-1,2- 十六烷二醇 (*R*)-(+)-1,2-hexadecanediol
(3*R*,4*S*,5*S*)-2- 十六烷基 -3- 羟基 -4- 甲基丁内酯 (3*R*,4*S*,5*S*)-2-hexadecyl-3-hydroxy-4-methylbutanolide
(*E*)- 十六烷基对羟基桂皮酸酯 (*E*)-hexadecyl *p*-hydroxycinnamate
2- 十六烷基呋喃 2-hexadecylfuran
十六烷基环氧乙烷 hexadecyl oxirane
2- 十六烷基 - 十八酸 2-hexadecyl-octadecanoic acid
6'-*O*- 十六烷酰 -*β*-D- 葡萄糖基穿贝海绵甾醇 6'-*O*-hexadecanoyl-*β*-D-glucosylclionasterol
1-*O*- 十六烷酰 - 甘油 1-*O*-hexadecanoyl glycerol
3*β*-(3- 十六烷酰氧基)-29- 降羽扇豆 -20- 酮 3*β*-(3-hexadecanoyloxy)-29-norlupan-20-one
(*Z*)-3- 十六烯 (*Z*)-3-hexadecene
1- 十六烯 1-hexadecene
3- 十六烯 3-hexadecene
5,5'-[8(*Z*)- 十六烯 - 二基] 双树脂苔黑酚▲ 5,5'-[8(*Z*)-hexadecene-diyl]bisresorcinol
7-(*Z*)- 十六烯内酯 7-(*Z*)-hexadecenolide
(11*Z*)- 十六烯醛 (11*Z*)-hexadecenal
(*E*)-14- 十六烯醛 (*E*)-14-hexadecenal
(*Z*)-7- 十六烯醛 (*Z*)-7-hexadecenal
(9*Z*)-9- 十六烯酸 (9*Z*)-9-hexadecenoic acid
(*Z*)-9- 十六烯酸 (*Z*)-9-hexadecenoic acid
9- 十六烯酸 9-hexadecenoic acid
ω- 十六烯酸 *ω*-hexadecenoic acid
十六烯酸 hexadecenoic acid
(*Z*)-9- 十六烯酸甲酯 (*Z*)-9-hexadecenoic acid methyl ester
9- 十六烯酸甲酯 9-hexadecenoic acid methyl ester
9- 十六烯酸乙酯 ethyl 9-hexadecenoate
12-*O*- 十六酰佛波醇 -13- 乙酸酯 12-*O*-hexadecanoylphorbol-13-acetate
20-*O*- 十六酰巨大戟烯醇▲ 3-*O*-hexadecanoyl-ingenol
O- 十六酰香树脂醇 *O*-hexadecanoyl-*β*-amyrin
1- 十七醇 1-heptadecanol
2- 十七醇 2-heptadecanol
十七酸 heptadecanoic acid
十七酸 -2,3- 二羟基丙酯 heptadecanoic acid-2,3-dihydroxypropyl ester
十七酸单甘油酯 monoheptadecanoin
十七酸乙酯 ethyl margarate
10*E*- 十七碳 -1,10- 二烯 -4,6- 二炔 -3,8,9- 三醇 (10*E*)-1,10-heptadecadiene-4,6-diyne-3,8,9-triol
十七碳 -1,4- 二烯 -6,8- 二炔 -3,10- 二醇 heptadeca-1,4-dien-6,8-diyne-3,10-diol
(8*Z*,15*Z*)- 十七碳 -1,8,15- 三烯 -11,13- 二炔 (8*Z*,15*Z*)-heptadeca-1,8,15-trien-11,13-diyne
8(*E*)- 十七碳 -1,8- 二烯 -4,6- 二炔 -3,10- 二醇 8*E*-heptadeca-1,8-dien-4,6-diyn-3,10-diol
十七碳 -1,8- 二烯 -4,6- 二炔 -3,10- 二醇 heptadeca-1,8-diene-4,6-diyne-3,10-diol
十七碳 -1- 烯 -4,6- 二炔 -3,9- 二醇 heptadec-1-ene-4,6-diyne-3,9-diol
十七碳 -1- 烯 -9,10- 环氧 -4,6- 二炔 -3,8- 二醇 heptadeca-1-en-9,10-epoxy-4,6-diyne-3,8-diol
(3*R*,8*E*,10*S*)- 十七碳 -8- 烯 -4,6- 二炔 -3,10- 二醇 (3*R*,8*E*,10*S*)-heptadec-8-ene-4,6-diyne-3,10-diol
5-(*Z*- 十七碳 -8- 烯基) 树脂苔黑酚▲ 5-(*Z*-heptadec-8-enyl)resorcinol
(2*E*,9*Z*)- 十七碳二烯 -4,6- 二炔 -1- 醇 (2*E*,9*Z*)-heptadecadiene-4,6-diyn-1-ol
(*Z*,*Z*)-2,9- 十七碳二烯 -4,6- 二炔 -1- 醇 (*Z*,*Z*)-2,9-heptadecadiene-4,6-diyn-1-ol
2*Z*,9*Z*- 十七碳二烯 -4,6- 二炔 -1- 醇 2*Z*,9*Z*-heptadecadiene-4,6-diyn-1-ol
1,8- 十七碳二烯 -4,6- 二炔 -3,10- 二醇 1,8-heptadecadiene-4,6-diyne-3,10-diol
9*Z*-1,9- 十七碳二烯 -4,6- 二炔 -3,8,11- 三醇 (9*Z*)-1,9-heptadecadiene-4,6-diyne-3,8,11-triol
5-(8*Z*,11*Z*- 十七碳二烯基)-1,3- 苯二酚 5-(8*Z*,11*Z*-heptadecadienyl)-1,3-benzenediol
5-(8'*Z*,11'*Z*- 十七碳二烯基) 树脂苔黑酚▲ 5-(8'*Z*,11'*Z*-heptadecadienyl)-resorcinol
10'(*Z*),13'(*E*)- 十七碳二烯基氢醌 10'(*Z*),13'(*E*)-heptadecadienylhydroquinone
十七碳三酸甲酯 methyl heptadecatrinoate
1,7,9- 十七碳三烯 -11,13,15- 三炔 1,7,9-heptadecatriene-11,13,15-triyne
(1,8*E*,10*E*)- 十七碳三烯 -4,6- 二炔 -3- 醇 (1,8*E*,10*E*)-heptadecatriene-4,6-diyn-3-ol
[*R*-(*Z*,*Z*)]-1,9,11- 十七碳三烯 -4,6- 炔 -3- 醇 [*R*-(*Z*,*Z*)]-1,9,11-heptadecatriene-4,6-diyn-3-ol
(2*E*,4*E*,9*Z*)- 十七碳三烯 -6- 炔 -1- 乙酸酯 (2*E*,4*E*,9*Z*)-heptadecatrien-6-yn-1-yl acetate
10'(*Z*),13'(*E*),15'(*E*)- 十七碳三烯基氢醌 10'(*Z*),13'(*E*),15'(*E*)-heptadecatrienylhydroquinone
(*Z*,*Z*,*Z*)-1,8,11,14- 十七碳四烯 (*Z*,*Z*,*Z*)-1,8,11,14-heptadecatetraene
1,7,9,15- 十七碳四烯 -11,13- 二炔 1,7,9,15-heptadecatetraene-11,13-diyne
(1,8*E*,13*Z*,16)- 十七碳四烯 -4,6- 二炔 -3,11,12- 三醇 (1,8*E*,13*Z*,16)-heptadecatetraene-4,6-diyn-3,11,12-triol
(1,8*E*,12*E*,14*Z*)- 十七碳四烯 -4,6- 二炔 -3,11- 二醇 (1,8*E*,12*E*,14*Z*)-heptadecatetraene-4,6-diyn-3,11-diol
(1,8*E*/*Z*,10*E*,12*E*)- 十七碳四烯 -4,6- 二炔 -3- 醇 (1,8*E*/*Z*,10*E*,12*E*)-heptadecatetraene-4,6-diyn-3-ol
[*R*-(*Z*,*Z*)]-1,9,11,16- 十七碳四烯 -4,6- 炔 -3- 醇 [*R*-(*Z*,*Z*)]-1,9,11,16-heptadecatetraene-4,6-diyn-3-ol
(2*E*,4*E*,8*E*,10*E*)- 十七碳四烯 -6- 炔 -1- 乙酸酯 (2*E*,4*E*,8*E*,10*E*)-heptadecatetraen-6-yn-1-yl acetate
8- 十七碳烯 8-heptadecene
8- 十七碳烯酰基 - 苯甲酰次乌头胺 8-heptadecenoyl-benzoylhypaconine
8- 十七碳烯酰基 - 苯甲酰中乌头胺 8-heptadecenoyl-benzoylmesaconine
2- 十七酮 2-heptadecanone
十七烷 heptadecane
十七烷 -2*E*,8*E*,10*E*,16- 四烯 -4,6- 二炔 heptadeca-2*E*,8*E*,10*E*,16-tetraen-4,6-diyne
十七烷胺 heptadecanoic amine
2- 十七烷基 -4,6- 二甲氧基苯酚 2-heptadecyl-4,6-dimethoxyphenol
十七烷酸甘油酯 heptadecanoin
8- 十七烷酰基 - 苯甲酰次乌头胺 8-heptadecanoyl-benzoylhypaconine
8- 十七烷酰基 - 苯甲酰乌头原碱 8-heptadecanoyl-benzoylaconine
8- 十七烷酰基 - 苯甲酰中乌头胺 8-heptadecanoyl-

S

benzoylmesaconine

1- 十七烯 1-heptadecene

2-[(6*Z*,9*Z*,12*Z*)-6,9,12- 十七烯]-6- 羟基苯甲酸 2-[(6*Z*,9*Z*,12*Z*)-heptadeca-6,9,12-trienyl]-6-hydroxybenzoic acid

2-[(9*Z*,12*Z*)-9,12- 十七烯]-6- 羟基苯甲酸 2-[(9*Z*,12*Z*)-heptadeca-9,12-dienyl]-6-hydroxybenzoic acid

2-[(*Z*)-11- 十七烯]-6- 羟基苯甲酸 2-[(*Z*)-heptadec-11-enyl]-6-hydroxybenzoic acid

16- 十七烯 -1,2,4- 三醇 -1- 乙酸酯 16-heptadecene-1,2,4-triol-1-acetate

1- 十七烯 -11,13- 二炔 -8,9,10- 三醇 1-heptadecene-11,13-diyn-8,9,10-triol

5-(8'*Z*)-8- 十七烯 -1- 基 -7- 羟基 -8- 甲基 - 香豆素 5-(8'*Z*)-8-heptadecen-1-yl-7-hydroxy-8-methyl-coumarin

9*Z*- 十七烯 -4,6- 二炔 -1- 醇 9*Z*-heptadecene-4,6-diyn-1-ol

5-(8*Z*- 十七烯基)-1,3- 苯二酚 5-(8*Z*-heptadecenyl)-1,3-benzenediol

2-(1*E*- 十七烯基) 呋喃 2-(1*E*-heptadecenyl)furan

2-(1Z- 十七烯基) 呋喃 2-(1*Z*-heptadecenyl)furan

5-(8'Z- 十七烯基) 树脂苔黑酚▲ 5-(8'Z-heptadecenyl)resorcinol

5-(11'Z- 十七烯基)- 树脂苔黑酚▲ 5-(11'*Z*-heptadecenyl)-resorcinol

3-[1''(*Z*)- 十七烯基] 酚 3-[1''(*Z*)-heptadecenyl]phenol

6-[1''(*Z*)- 十七烯基] 水杨酸 6-[1''(*Z*)-heptadecenyl]salicylic acid

10'(*Z*)- 十七烯基氢醌 10'(*Z*)-heptadecenylhydroquinone

(*E*)-15- 十七烯醛 (*E*)-15-heptadecenal

1- 十七酰甘油酯 1-heptadecanoylglycerol

3,5,7,3',4',3'',5'',7'',3''',4'''- 十羟基 -(8-CH_2-8'')- 双黄酮 3,5,7,3',4',3'',5'',7'',3''',4'''-decahydroxy-[8-CH_2-8'']-biflavone

十氢 -1,1,2',2',7- 五甲基 - 螺旋 [4*H*- 环丙 [e] 薁 -4,4'-[1,3] 二氧戊环]-7- 醇 decahydro-1,1,2',2',7-pentamethyl-spiro[4*H*-cycloprop[e]azulene-4,4'-[1,3]dioxolan]-7-ol

[1*R*-(1*α*,4a*β*,8a*α*)]- 十氢 -1,4a- 二甲基 -7-(1- 甲基乙叉基)-1-萘酚 [1*R*-(1*α*,4a*β*,8a*α*)]-decahydro-1,4a-dimethyl-7-(1-methylethylidene)-naphthalenol

(1*S*,2*S*,4a*R*,5*R*,8*R*,8a*S*)- 十氢 -1,5,8- 三羟基 -4a,8- 二甲基 -9- 亚甲基 -10- 萘酸甲酯 (1*S*,2*S*,4a*R*,5*R*,8*R*,8a*S*)-decahydro-1,5,8-trihydroxy-4a,8-dimethyl-9-methylene-10-naphthaleneacetic acid methylester

(1*S*,2*S*,4a*S*,7*R*,8a*R*)- 十氢 -1,7- 二羟基 -4a- 甲基 -8,9- 二亚甲基 -10-萘酸甲酯 (1*S*,2*S*,4a*S*,7*R*,8a*R*)-decahydro-1,7-dihydroxy-4a-methyl-8,9-bis(methylene)-10-naphthaleneacetic acid methylester

(1*S*,2*S*,4a*S*,6a*S*,8*R*,10a*R*,11a*S*,13*S*)-2,3,4,4a,6,6a,7,8,11,11a- 十氢 -11a-羟基 -6a- 羟甲基 -1,2,9- 三甲基 -6- 氧代 -1*H*-8,10a- 环氧 -1,10-甲醇基二苯并 [b,e] 氧杂草 -13- 基 -(2*Z*)-2- 甲基 -2- 丁烯酸酯 (1*S*,2*S*,4a*S*,6a*S*,8*R*,10a*R*,11a*S*,13*S*)-2,3,4,4a,6,6a,7,8,11,11a-decahydro-11a-hydroxy-6a-hydroxymethyl-1,2,9-trimethyl-6-oxo-1*H*-8,10a-epoxy-1,10-methanodibenz[b,e]oxepin-13-yl-(2*Z*)-2-methyl-2-butenoic acid ester

(1*S*,2*S*,4a*S*,6a*S*,8*R*,10a*R*,11a*S*,13*S*)-2,3,4,4a,6,6a,7,8,11,11a- 十氢 -11a-羟基 -6a- 羟甲基 -1,2,9- 三甲基 -6- 氧代 -1*H*-8,10a- 环氧 -1,10-甲醇基二苯并 [b,e] 氧杂草 -13- 基 -(2*Z*)-2- 羟甲基 -2- 丁烯酸酯 (1*S*,2*S*,4a*S*,6a*S*,8*R*,10a*R*,11a*S*,13*S*)-2,3,4,4a,6,6a,7,8,11,11a-decahydro-11a-hydroxy-6a-hydroxylmethyl-1,2,9-trimethyl-6-oxo-1*H*-8,10a-epoxy-1,10-methanodibenz[b,e]oxepin-13-yl-(2*Z*)-2-hydroxymethyl-2-butenoic acid ester

(1*S*,2*S*,4a*S*,6a*S*,8*R*,10a*R*,11b*S*,13*S*)-2,3,4,4a,6,6a,7,8,11,11a- 十氢 -11b- 羟基 -6a- 羟甲基 -1,2,9- 三甲基 -6- 氧代 -1*H*-8,10a- 环氧 -1,10- 甲醇基二苯并 [b,e] 氧杂草 -13- 基 -2- 甲基 -2- 丙烯酸酯 (1*S*,2*S*,4a*S*,6a*S*,8*R*,10a*R*,11b*S*,13*S*)-2,3,4,4a,6,6a,7,8,11,11a-decahydro-11b-hydroxy-6a-hydroxymethyl-1,2,9-trimethyl-6-oxo-1*H*-8,10a-epoxy-1,10-methanodibenz[b,e]oxepin-13-yl-2-methyl-2-propenoic acid ester

(1a*R*,2*R*,4a*S*,5*S*,7a*S*,7b*R*)- 十氢 -1a,4a,7,7- 四甲基 -1*H*- 环丙 p[e] 薁 -2,5- 二醇 (1a*R*,2*R*,4a*S*,5*S*,7a*S*,7b*R*)-decahydro-1a,4a,7,7-tetramethyl-1*H*-cycloprop[e]azulene-2,5-diol

(1*S*,2*S*,4a*R*,5*R*,6*R*,7*R*,8*S*,8a*S*)- 十氢 -1- 羟基 -5,6,7,8- 二环氧 -4a,8-二甲基 -9- 亚甲基 -10- 萘酸甲酯 (1*S*,2*S*,4a*R*,5*R*,6*R*,7*R*,8*S*,8a*S*)-decahydro-1-hydroxy-5,6,7,8-diepoxy-4a,8-dimethyl-9-methylene-10-naphthaleneacetic acid methylester

(1*S*,2*S*,4a*S*)- 十氢 -1- 羟基 -7- 氧代 -4a,8- 二甲基 -9- 亚甲基 -10-10-萘酸甲酯 (1*S*,2*S*,4a*S*)-decahydro-1-hydroxy-7-oxo-4a,8-dimethyl-9-methylene-10-naphthaleneacetic acid methylester

(1*S*,2*S*,4a*S*,7*R*,8a*R*)- 十氢 -1- 羟基 -7- 乙酰氧基 -4a- 甲基 -8,9- 二亚甲基 -10- 萘酸甲酯 (1*S*,2*S*,4a*S*,7*R*,8a*R*)-decahydro-1-hydroxy-7-acetoxy-4a-methyl-8,9-bis(methylene)-2-naphthaleneacetic acid methylester

(1*S*,3*R*,3a*R*,6*S*,7*S*,9a*R*)- 十氢 -1- 羟甲基 -1,7- 二甲基 -3a,7-亚甲基 -3a*H*- 环戊基环辛烯 (1*S*,3*R*,3a*R*,6*S*,7*S*,9a*R*)-decahydro-1-hydroxymethyl-1,7-dimethyl-3a,7-methano-3a*H*-cyclopentacyclooctene

[2*R*-(2*α*,3*α*,4a*β*,10a*α*,11a*β*,11b*α*)]-2,3,4,4a,5,6,10a,11,11a,11b- 十氢 -2,3- 二羟基 -4,4,8,11b- 四甲基 - 菲并 [3,2-b] 呋喃 -9(1*H*)-酮 [2*R*-(2*α*,3*α*,4a*β*,10a*α*,11a*β*,11b*α*)]-2,3,4,4a,5,6,10a,11,11a,11b-decahydro-2,3-dihydroxy-4,4,8,11b-tetramethyl-phenanthro[3,2-b]furan-9(1*H*)-one

十氢 -2- 甲氧基萘 decahydro-2-methoxynaphthalene

(3*R*,5a*S*,9a*S*)-2,3,4,5,5a,6,7,8,9,9a- 十氢 -3,6,6,9a- 四甲基 -3-[(1*R*,4*E*)-1,5,9- 三甲基 -4,8- 癸二烯 -1- 基]-1*H*- 苯并 [e] 茚 (3*R*,5a*S*,9a*S*)-2,3,4,5,5a,6,7,8,9,9a-decahydro-3,6,6,9a-tetramethyl-3-[(1*R*,4*E*)-1,5,9-trimethyl-4,8-decadien-1-yl]-1*H*-benz[e]indene

(3*R*,5a*S*,9a*S*,9b*R*)-2,3,5,5a,6,7,8,9,9a,9b- 十氢 -3,6,6,9a- 四甲基 -3-[(1*R*,4*E*)-1,5,9- 三甲基 -4,8- 癸二烯 -1- 基]-1*H*- 苯并 [e] 茚 (3*R*,5a*S*,9a*S*,9b*R*)-2,3,5,5a,6,7,8,9,9a,9b-decahydro-3,6,6,9a-tetramethyl-3-[(1*R*,4*E*)-1,5,9-trimethyl-4,8-decadien-1-yl]-1*H*-benz[e]indene

十氢 -3- 甲基 -8- 亚甲基 -[3*R*-(3*α*,3a*β*,6a*β*,6b*α*,7a*α*,8a*β*,8b*α*)]- 环氧乙烷 [1,2] 薁 [4,5-b] 呋喃 -2(3*H*)- 酮 decahydro-3-methyl-8-methylene-[3*R*-(3*α*,3a*β*,6a*β*,6b*α*,7a*α*,8a*β*,8b*α*)]-oxireno[1,2]azuleno[4,5-b]furan-2(3*H*)-one

3*S*-(3*α*,3a*β*,4*β*,4a*β*,5*α*,8a*α*,9a*β*)]- 十氢 -4,4a- 二羟基 -3,5,8a- 三甲基 - 萘 [2,3-b] 呋喃 -2(3*H*)- 酮 [3*S*-(3*α*,3a*β*,4*β*,4a*β*,5*α*,8a*α*,9a*β*)]-decahydro-4,4a-dihydroxy-3,5,8a-trimethyl-naphtho[2,3-b]furan-2(3*H*)-one

[1*S*-(1*α*,3a*β*,4*α*,8a*β*]- 十氢 -4,8,8- 三甲基 -9- 亚甲基 -1,4- 甲基薁 [1*S*-(1*α*,3a*β*,4*α*,8a*β*)]-decahydro-4,8,8-trimethyl-9-methylene-1,4-methanoazulene

十氢 -4,8,8- 三甲基 -9- 亚甲基 -1,4- 亚甲基薁 decahydra-4,8,8-trimethyl-9-methylene-1,4-methanoazulene

[2*R*-(2*α*,4*α*,4a*α*, 8a*β*)]- 十氢 -4,8a- 二羟基 -4a- 甲基 -*α*,8- 二 (亚甲基)-2- 萘乙酸 [2*R*-(2*α*,4*α*,4a*α*,8a*β*)]-decahydro-4,8a-dihydroxy-4a-methyl-*α*,8-bis(methylene)-2-naphthaleneacetic acid

[2*S*-(2*α*,4a*α*,8a*β*)]- 十氢 -4a- 甲基 -*α*,8- 二 (亚甲基)-4- 氧代 -2- 萘乙酸 [2*S*-(2*α*,4a*α*,8a*β*)]-decahydro-4a-methyl-*α*,8-bis(methylene)-4-oxo-2-naphthaleneacetic acid

(1a*R*,4*S*,4a*S*,7*R*,7a*S*,7b*R*)- 十氢 -4- 甲氧基 -1,1,4,7- 四甲基 -1*H*- 环丙 [e] 薁 -7- 醇 (1a*R*,4*S*,4a*S*,7*R*,7a*S*,7b*R*)-decahydro-4-methoxy-1,1,4,7-tetramethyl-1*H*-cycloprop[e]azulen-7-ol

[3a*S*-(3a*α*,4*α*,4a*α*,7a*β*,9a*β*)]- 十氢 -4- 羟基 -3,5,8- 三亚甲基 - 薁 [6,5-b] 呋喃 -2(3*H*)- 酮 [3a*S*-(3a*α*,4*α*,4a*α*,7a*β*,9a*β*)]-decahydro-4-

S

hydroxy-3,5,8-tris-(methylene)-azuleno[6,5-b]furan-2(3H)-one

(1S)-1-[2-[(1R,4aR,8aR)-十氢-5,5,8a-三甲基-2-亚甲基-1-萘]乙基]-1-甲基-2-丙烯-1-基-4-乙酸酯-α-L-吡喃阿拉伯糖苷 (1S)-1-[2-[(1R,4aR,8aR)-decahydro-5,5,8a-trimethyl-2-methylene-1-naphthalenyl]ethyl]-1-methyl-2-propen-1-yl-4-acetate-α-L-arabinopyranoside

(1R,4aS,5S,6S,8aR)-十氢-5-羟基-8a-甲基-4-亚甲基-6-(1-甲基乙基)-1-萘-β-D-吡喃葡萄糖苷 (1R,4aS,5S,6S,8aR)-decahydro-5-hydroxy-8a-methyl-4-methylene-6-(1-methylethyl)-1-naphthalenyl-β-D-glucopyranoside

[1S-(4aβ)]-十氢-6β-羟基-2α,5,5,8aα-四甲基-1α-萘羧酸甲酯 [1S-(4aβ)]-decahydro-6β-hydroxy-2α,5,5,8aα-tetramethyl-1α-naphthalenecarboxylic acid methyl ester

[1S-(1α,4aβ,6β,8aα)]-7-[(十氢-6-羟基-5,5,8a-三甲基-2-亚甲基-1-萘基)甲氧基]-6,8-二甲氧基香豆素 [1S-(1α,4aβ,6β,8aα)]-7-[(decahydro-6-hydroxy-5,5,8a-trimethyl-2-methylene-1-naphthalenyl)methoxy]-6,8-dimethoxy-coumarin

[3S-(3α,3aα,6β,6aα,9aα,9bβ)]-十氢-6-羟基-6-羟甲基-3-甲基-9-亚甲基-薁[4,5-b]呋喃-2(3H)-酮 [3S-(3α,3aα,6β,6aα,9aα,9bβ)]-decahydro-6-hydroxy-6-hydroxymethyl-3-methyl-9-methyleneazuleno[4,5-b]furan-2(3H)-one

(3S,3aR,4aS,6aR,7R,9aS,9bS)-十氢-7-[(1R,4R)-4-羟基-1,5-二甲基-5-己烯-1-基]-6a,9a-二甲基-3-(1-甲基乙烯基)-1H-环戊[a]环丙[e]萘-3a(4H)-丙酸 (3S,3aR,4aS,6aR,7R,9aS,9bS)-decahydro-7-[(1R,4R)-4-hydroxy-1,5-dimethyl-5-hexen-1-yl]-6a,9a-dimethyl-3-(1-methylethenyl)-1H-cyclopenta[a]cyclopropa[e]naphthalene-3a(4H)-propanoic acid

(2Z)-(2aR,3S,5aR,6aS,9bR,9cS)-2a,3,4,5,5a,6,6a,8,9b,9c-十氢-9,9c-二甲基-2,8-二酮-2H-萘[1,8-bc: 3,2-b']二呋喃-3-基-2-2-甲基丁烯氧基酯 (2Z)-(2aR,3S,5aR,6aS,9bR,9cS)-2a,3,4,5,5a,6,6a,8,9b,9c-decahydro-9,9c-dimethyl-2,8-dioxo-2H-naphtho[1,8-bc: 3,2-b']difuran-3-yl-2-2-methylbutenoyl ester

(4S,4aS,5S,8aR,9aS)-2,4,4a,5,6,7,8,8a,9,9a-十氢-9a-羟基-3,4a-二甲基-4-[(2Z)-2-甲基-1-氧代-2-丁烯-1-氧基]-2-氧代-萘[2,3-b]呋喃-5-酸 (4S,4aS,5S,8aR,9aS)-2,4,4a,5,6,7,8,8a,9,9a-decahydro-9a-hydroxy-3,4a-dimethyl-4-[(2Z)-2-methyl-1-oxo-2-buten-1-yloxy]-2-oxo-naphtho[2,3-b]furan-5-carboxylic acid

[1R-(1α,2β,4aβ,7β,8aα)]-十氢化-2-(1-羟基异丙基)-4a-甲基-8-亚甲基-1,7-萘二酚 [1R-(1α,2β,4aβ,7β,8aα)]-decahydro-2-(1-hydroxy-1-methylethyl)-4a-methyl-8-methylene-1,7-naphthalenediol

[1R-(1α,2β,4aβ,7α,8aα)]-十氢化-2-(1-羟基异丙基)-4a-甲基-8-亚甲基-1,7-萘二酚-7-乙酸酯 [1R-(1α,2β,4aβ,7α,8aα)]-decahydro-2-(1-hydroxy-1-methylethyl)-4a-methyl-8-methylene-1,7-naphthalenediol-7-acetate

[1R-(1α,2β,4aβ,7β,8aα)]-十氢化-2-(1-羟基异丙基)-4a-甲基-8-亚甲基-1,7-萘二酚-7-乙酸酯 [1R-(1α,2β,4aβ,7β,8aα)]-decahydro-2-(1-hydroxy-1-methylethyl)-4a-methyl-8-methylene-1,7-naphthalenediol-7-acetate

[1S-(1α,2α,4aβ,7β,8α,8aα)]-十氢化-7-(1-羟基异丙基)-1,4a-二甲基-1,2,8-萘三酚 [1S-(1α,2β,4aβ,7β,8α,8aα)]-decahydro-7-(1-hydroxy-1-methylethyl)-1,4a-dimethyl-1,2,8-naphthalenetriol

[1S-(1α,2α,4aβ,7β,8α,8aα)]-十氢化-7-(1-羟基异丙基)-1,4a-二甲基-1,2,8-萘三酚-2-乙酸酯 [1S-(1α,2α,4aβ,7β,8α,8aα)]-decahydro-7-(1-hydroxy-1-methylethyl)-1,4a-dimethyl-1,2,8-naphthalenetriol-2-acetate

十氢四甲基环丙薁醇 decahydrotetramethylcyclopropazulenol

2-十三醇 2-tridecanol

十三醛 tridecanaldehyde

十三酸 tridecanoic acid

十三碳二醛 tridecanedial

(11E)-1,11-十三碳二烯-3,5,7,9-四炔 (11E)-1,11-tridecadien-3,5,7,9-tetrayne

1,11-十三碳二烯-3,5,7,9-四炔 1,11-tridecadiene-3,5,7,9-tetrayne

1,3-十三碳二烯-5,7,9,11-四炔 1,3-tridecadiene-5,7,9,11-tetrayne

3,11-十三碳二烯-5,7,9-三炔-1,2-二醇 3,11-tridecadiene-5,7,9-triyn-1,2-diol

3,11-十三碳二烯-5,7,9-三炔-1,2-二醇-2-乙酸酯 3,11-tridecadiene-5,7,9-triyn-1,2-diol-2-acetate

3,11-十三碳二烯-5,7,9-三炔-1,2-二醇二乙酸酯 3,11-tridecadiene-5,7,9-triyn-1,2-diol diacetate

(5E)-1,5-十三碳二烯-7,9-二炔-3,4,12-三醇 (5E)-1,5-tridecadiene-7,9-diyn-3,4,12-triol

1,4,7-十三碳三烯 1,4,7-tridecatriene

(3E,11E)-1,3,11-十三碳三烯-5,7,9-三炔 (3E,11E)-1,3,11-tridecatrien-5,7,9-triyne

1,3,11-十三碳三烯-5,7,9-三炔 1,3,11-tridecatriene-5,7,9-triyne

3,5,11-十三碳三烯-7,9-二炔-1,2-二醇 3,5,11-tridecatriene-7,9-diyn-1,2-diol

3,5,11-十三碳三烯-7,9-二炔-1,2-二醇二乙酸酯 3,5,11-tridecatriene-7,9-diyn-1,2-diol diacetate

1,5,11-十三碳三烯-7,9-二炔-3,4-二醇-二乙酸酯 1,5,11-tridecatriene-7,9-diyn-3,4-diol diacetate

1,3,11-十三碳三烯-7,9-二炔-5,6-二醇二乙酸酯 1,3,11-tridecatriene-7,9-diyn-5,6-diol diacetate

1,3,5,11-十三碳四烯-7,9-二炔 1,3,5,11-tridecatetraene-7,9-diyne

十三碳五炔-1-烯 tridecapentyn-1-ene

十三碳五炔烯 tridecapentaynene

(3E)-3-十三碳烯-5,7,9,11-四炔-1,2-环氧化物 (3E)-3-tridecen-5,7,9,11-tetrayn-1,2-epoxide

2-十三酮 2-tridecanone

十三烷 tridecane

十三烷-1,11-二烯-3,5,7,9-四炔 trideca-1,11-dien-3,5,7,9-tetrayne

十三烷-1-烯-3,5,7,9,11-五炔 tridec-1-en-3,5,7,9,11-pentayne

十三烷-2,12-二烯-4,6,8,10-四炔-1-醇 trideca-2,12-diene-4,6,8,10-tetrayn-1-ol

十三烷-3,11-二烯-5,7,9-三炔-1,2-二醇 trideca-3,11-dien-5,7,9-triyn-1,2-diol

十三烷-5-烯-7,9,11-三炔-3-醇 trideca-5-en-7,9,11-triyn-3-ol

十三烷胺 tridecane amine

2-十三烷基-3-[(2-十三烷基-4-乙酰氧基-6-甲氧基)-苯氧基]-6-甲氧基-1,4-苯醌 2-tridecyl-3-[(2-tridecyl-4-acetoxy-6-methoxy)-phenoxyl]-6-methoxy-1,4-benzoquinone

5-十三烷基-6-O-乙酰基-3-羟基-1-茴芹醚▲ 5-tridecyl-6-O-acetyl-3-hydroxy-1-anisole

3-十三烷基苯酚 3-tridecylphenol

5-十三烷基树脂苔黑酚▲ 5-tridecylresorcinol

1,3,5-十三烷三烯-7,9,11-三炔 1,3,5-tridecatriene-7,9,11-triyne

(3Z,5E,11E)-十三烷三烯-7,9-二炔-1-O-(E)阿魏酸酯 (3Z,5E,11E)-tridecatrien-7,9-diynyl-1-O-(E)-ferulate

(3E,5E,11E)-十三烷三烯-7,9-二炔-1,2-二乙酸酯 (3E,5E,11E)-tridecatrien-7,9-diyn-l,2-diacetate

(3E,5Z,11E)-十三烷三烯-7,9-二炔-1,2-二乙酸酯 (3E,5Z,11E)-tridecatrien-7,9-diyn-1,2-diacetate

(3Z,5E,11E)-十三烷三烯-7,9-二炔-1,2-二乙酸酯 (3Z,5E,11E)-tridecatrien-7,9-diyn-1,2-diacetate

(4E,6E,12E)-十三烷三烯-8,10-二烯-1,3-二炔二乙酸酯 (4E,6E,12E)-tetradecatriene-8,10-dien-1,3-diynyl diacetate

S

十三烷酮白屈菜红碱 tridecanonchelerythrine
1- 十三烯 1-tridecene
1- 十三烯 -3,5,7,9,11- 五炔 1-tridecene-3,5,7,9,11-pentayne
4- 十三烯 -6- 炔 4-tridecen-6-yne
十四醇 tetradecanol
2,4- 十四二烯酸异丁基酰胺 2,4-tetradecadienoic acid isobutylamide
(6*E*,12*E*)- 十四癸三烯 -8,10- 二炔 -1,3- 二醇 -1- 乙酸酯 (6*E*,12*E*)-tetradecadiene-8,10-diyn-1,3-diol-1-acetate
(6*E*,12*E*)- 十四癸三烯 -8,10- 二炔 -1,3- 二醇 -3- 乙酸酯 (6*E*,12*E*)-tetradecadiene-8,10-diyn-1,3-diol-3-acetate
(6*E*,12*E*)- 十四癸三烯 -8,10- 二炔 -1,3- 二醇二乙酸酯 (6*E*,12*E*)-tetradecadiene-8,10-diyn-1,3-diol diacetate
(4*E*,6*E*,12*E*)- 十四癸三烯 -8,10- 二炔 -1,3- 二乙酸酯 (4*E*,6*E*,12*E*)-tetradecatriene-8,10-diyn-1,3-diyl diacetate
(4*E*,6*E*,12*E*)- 十四癸三烯 -8,10- 二炔 -1- 醇 (4*E*,6*E*,12*E*)-tetradecatriene-8,10-diyn-1-ol
(4*Z*,6*E*,12*E*)- 十四癸三烯 -8,10- 二炔 -1- 醇 (4*Z*,6*E*,12*E*)-tetradecatriene-8,10-diyn-1-ol
十四基 -(*E*)- 阿魏酸酯 tetradecyl-(*E*)-ferulate
δ- 十四内酯 δ-tetradecalactone
十四醛 tetradecanal
13- 十四炔 -2- 酮 13-tetradecyn-2-one
十四酸 tetradecanoic acid
十四酸甲酯 methyl tetradecanoate
十四酸乙酯 ethyl tetradecanoate
(6*E*,12*E*)- 十四碳 -6,12- 二烯 -8,10- 二炔 -1,3- 二醇二乙酸酯 (6*E*,12*E*)-tetradeca-6,12-diene-8,10-diyne-1,3-diol diacetate
1,13- 十四碳二烯 1,13-tetradecadiene
4,6- 十四碳二烯 -8,10,12- 三炔 -1,3- 二醇 4,6-tetradecadiene-8,10,12-triyne-1,3-diol
(4*E*,6*E*)-4,6- 十四碳二烯 -8,10,12- 三炔 -1,3- 二乙酸酯 (4*E*,6*E*)-4,6-tetradecadien-8,10,12-triyn-1,3-diyl diacetate
(4*E*,6*Z*)-4,6- 十四碳二烯 -8,12- 二炔 -1,3- 二乙酸酯 (4*E*,6*Z*)-4,6-tetradecadien-8,12- diyn-1,3-diyl diacetate
十四碳二烯酸 tetradecadienoic acid
2,4- 十四碳二烯酸异丁基酰胺 2,4-tetradecadienoic acid isobutylamide
十四碳二烯酰胺 tetradecadienamide
8- 十四碳二烯酰基 - 苯甲酰乌头原碱 8-tetradecadienoyl-benzoylaconine
2*E*,4*E*-*N*- 十四碳二烯酰哌啶 2*E*,4*E*-*N*-dodecadienoylpiperidine
4,6,12- 十四碳三烯 -8,10- 二炔 -1,3- 二醇 4,6,12-tetradecatriene-8,10-diyn-1,3-diol
4,6,12- 十四碳三烯 -8,10- 二炔 -1,3- 二醇 - 二乙酸酯 4,6,12-tetradecatriene-8,10-diyn-1,3-diol diacetate
5,7,9,11- 十四碳四烯 -1- 醇 5,7,9,11-tetradecatetraen-1-ol
5,7,9,11- 十四碳四烯苯甲酸酯 5,7,9,11-tetradecatetraenyl benzoic acid ester
2*E*,4*E*,8*E*,10*E*,12*E*- 十四碳五烯酸 *N*-(2- 羟基 -2- 甲基丙基)- 酰胺 2*E*,4*E*,8*E*,10*E*,12*E*-tetradecapentaenoic acid *N*-(2-hydroxy-2-methylpropyl)amide
(4*E*,6*E*,12*E*)-4,6,12- 十四碳烯 -8,10- 二炔 -1,3- 二乙酸酯 (4*E*,6*E*,12*E*)-4,6,12-tetradecatrien-8,10-diyn-1,3-diyl diacetate
(4*E*,6*Z*,12*E*)-4,6,12- 十四碳烯 -8,10- 二炔 -1,3- 二乙酸酯 (4*E*,6*Z*,12*E*)-4,6,12-tetradecatrien-8,10-diyn-1,3-diyl diacetate
8- 十四碳烯酰基 - 苯甲酰次乌头胺 8-tetradecenoyl-benzoylhypaconine
8- 十四碳烯酰基 - 苯甲酰去氧乌头原碱 8-tetradecenoyl-benzoyldeoxyaconine
8- 十四碳烯酰基 - 苯甲酰乌头原碱 8-tetradecenoyl-benzoylaconine
8- 十四碳烯酰基 - 苯甲酰中乌头胺 8-tetradecenoyl-benzoylmesaconine
3-*O*- 十四碳酰基 -1- 氰基 -2- 甲基 -1,2- 丙烯 3-*O*-tetradecanoyl-1-cyano-2-methyl-1,2-propene
2- 十四酮 2-tetradecanone
十四烷 tetradecane
十四烷 -2,12- 二烯 -4,6,8,10- 四炔 tetradeca-2,12-dien-4,6,8,10-tetrayne
十四烷 -2- 酮 undecane-2-one
(6*R*,7*R*)-*E*,*E*- 十四烷 -4,12- 二烯 -8,10- 二烯 -1,6,7- 三醇 (6*R*,7*R*)-*E*,*E*-tetradeca-4,12-diene-8,10-diene-1,6,7-triol
十四烷 -4*E*,12*E*- 二烯 -8,10- 二炔 -1,6, 7- 三醇 tetradeca-4*E*,12*E*-diene-8,10-diyne-1,6,7-triol
十四烷 -4*E*,12*E*- 二烯 -8,10- 二炔 -1,6,7- 三醇 -6-*O*-β- D- 葡萄糖苷 tetradeca-4*E*,12*E*-di-ene-8,10-diyne-1,6,7-triol-6-*O*-β-D-glucoside
十四烷胺 tetradecane amine
1,14- 十四烷二醇 1,14-tetradecanediol
5- 十四烷基 -1,3- 间苯二酚 5-tetradecyl-1,3-*m*-benzenediol
2- 十四烷基呋喃 2-tetradecylfuran
2- 十四烷基环丁酮 2-tetradecylcyclobutanone
十四烷基环氧乙烷 tetradecyl-oxirane
(4*E*,6*E*,12*E*)- 十四烷三烯 -8,10- 二炔 -1,3- 二醇二乙酸酯 (4*E*,6*E*,12*E*)-tetradecatriene-8,10-diyn-1,3-diol diacetate
12-*O*- 十四烷酰佛波醇 -13- 乙酸酯 12-*O*-tetradecanoylphorbol-13-acetate
8- 十四烷酰基 - 苯甲酰次乌头胺 8-tetradecanoyl-benzoylhypaconine
8- 十四烷酰基 - 苯甲酰去氧乌头原碱 8-tetracosanoyl-benzoyldeoxyaconine
8- 十四烷酰基 - 苯甲酰中乌头胺 8-tetradecanoyl-benzoylmesaconine
(*E*)-2- 十四烯 (*E*)-2-tetradecene
1- 十四烯 1-tetradecene
2- 十四烯基环丁酮 2-tetradecenylcyclobutanone
5-(*Z*)- 十四烯内酯 5-(*Z*)-tetradecenolide
十四烯酸 tetradecenoic acid
1-*O*-(8*Z*- 十四烯酰基)- 甘油 1-*O*-(8*Z*-tetradecenoyl)-glycerol
3-*O*- 十四酰基 -16-*O*- 乙酰异德国鸢尾醛 3-*O*-tetradecanoyl-16-*O*-acetylisoiridogermanal
3β- 十四酰基 -28- 羟基 - 齐墩果 -18- 烯 3β-tetradecanoyl-28-hydroxyolean-18-ene
3β- 十四酰氧基 -1β- 羟基羽扇豆 -20(29)- 烯 3β-tetradecanoyloxy-1β-hydroxylup-20(29)-ene
4,6- 十碳二炔 -1-*O*-α-L- 吡喃鼠李糖基 -(1 → 6)-β-D- 吡喃葡萄糖苷 4,6-decadiyne-1-*O*-α-L-rhamnopyranosyl-(1 → 6)-β-D-glucopyranoside
4,6- 十碳二炔 -1-*O*-β-D- 呋喃芹糖基 -(1 → 6)-β-D- 吡喃葡萄糖苷 4,6-decadiyne-1-*O*-β-D-apiofuranosyl-(1 → 6)-β-D-glucopyranoside
2,8- 十碳二烯 -4,6- 二炔 -1- 醇 2,8-decadiene-4,6-diyn-1-ol
12-*O*-(2'*E*,4'*E*- 十碳二烯酰基)-4- 羟基佛波醇 -13- 乙酸酯 12-*O*-(2'*E*,4'*E*-decadienoyl)-4-hydroxyphorbol-13-acetate
12-*O*-(2'*E*,4'*E*- 十碳二烯酰基)-7- 氧代 -5- 烯 - 佛波醇 -13- 乙酸酯 12-*O*-(2'*E*,4'*E*-decadienoyl)-7-oxo-5-ene-phorbol-13-acetate
1-[(2*E*,4*E*)-2,4- 十碳二烯酰基] 吡咯烷 1-[(2*E*,4*E*)-2,4-decadienoyl] pyrrolidine
(8*E*)- 十碳烯 -4,6- 二炔 -1-*O*-α-L- 吡喃鼠李糖基 -(1 → 6)-β-D- 吡喃葡萄糖苷 (8*E*)-decaene-4,6-diyn-1-*O*-α-L-rhamnopyranosyl-(1 → 6)-β-D-glucopyranoside
(8*Z*)- 十碳烯 -4,6- 二炔 -1-*O*-β-D- 呋喃芹糖基 -(1 → 6)-β-D- 吡喃

S

葡萄糖苷 (8*Z*)-decaene-4,6-diyn-1-*O*-*β*-D-apiofuranosyl-(1 → 6)-*β*-D-glucopyranoside
(8*E*)- 十碳烯 -4,6- 二炔 -1-*O*-*β*-D- 呋喃芹糖基 -(1 → 6)-*β*-D- 吡喃葡萄糖苷 (8*E*)-decaene-4,6-diyn-1-*O*-*β*-D-apiofuranosyl-(1 → 6)-*β*-D-glucopyranoside
12-*O*- 十碳酰佛波醇 -13- 乙酸酯 12-*O*-decanoylphorbol-13-acetate
(2*E*,4*E*,7*Z*)- 十烷 -2,4,7- 三烯酸酯 -2-*O*-*β*-D- 吡喃葡萄糖基 -*β*-D- 吡喃葡萄糖苷 (2*E*,4*E*,7*Z*)-deca-2,4,7-trienoate-2-*O*-*β*-D-glucopyranosyl-*β*-D-glucopyranoside
1- 十烷基磺酰基 -*d*- 甘露醇 1-decylsulfonyl-*d*-manitol
十万错苷▲ A, E asystasioside A, E
2*E*,4*Z*- 十五二烯醛 2*E*,4*Z*-pentadecadienal
十五醛 pentadecanal
7- 十五炔 7-pentadecyne
14- 十五酸 14-pentadecanoic acid
十五酸 pentadecanoic acid
十五酸 -3-(6- 氨基甲基 -3,4,5- 三羟基 - 四氢吡喃 -2- 氧基)-2- 十五酰氧基丙酯 pentadecanoic acid-3-(6-aminomethyl-3,4,5-trihydroxy-tetrahydropyran-2-yloxy)-2-pentadecanoyloxypropyl ester)
十五酸乙酯 pentadecanoic acid ethyl ester
5- 十五碳 -10- 烯基树脂苔黑酚▲ 5-pentadec-10-enylresorcinol
十五碳 -11- 烯酸甲酯 pentadec-11-enoic acid methyl ester
5-[(8*Z*)- 十五碳 -8- 烯 -1- 基] 树脂苔黑酚▲ 5-[(8*Z*)-pentadec-8-en-1-yl]resorcinol
5- 十五碳 -8- 烯基树脂苔黑酚▲ 5-pentadec-8-enylresorcinol
6*Z*,9*Z*- 十五碳二烯 -1- 醇 6*Z*,9*Z*-pentadecadien-1-ol
(*Z*,*Z*)-2,9- 十五碳二烯 -4,6- 二炔 -1- 醇 (*Z*,*Z*)- 2,9-pentadecadiene-4,6-diyn-1-ol
2-(8*Z*,11*E*- 十五碳二烯基) 呋喃 2-(8*Z*,11*E*-heptadecadienyl)furan
2-(8*Z*,11*Z*- 十五碳二烯基) 呋喃 2-(8*Z*,11*Z*-heptadecadienyl)furan
5,9,13- 十五碳三烯 -2- 酮 5,9,13-pentadecatrien-2-one
(2*Z*,8*E*,10*E*)- 十五碳三烯 -4,6- 二炔 -1- 醇 (2*Z*,8*E*,10*E*)-pentadecatriene-4,6-diyn-1-ol
2-(1*E*,8*Z*,11*Z*- 十五碳三烯基) 呋喃 2-(1*E*,8*Z*,11*Z*-heptadecatrienyl) furan
(*E*)-10- 十五碳烯醇 (*E*)-10-pentadecenol
8- 十五碳烯酰基 - 苯甲酰次乌头胺 8-pentadecenoyl-benzoylhypaconine
8- 十五碳烯酰基 - 苯甲酰乌头原碱 8-pentadecenoyl-benzoylaconine
8- 十五碳烯酰基 - 苯甲酰中乌头胺 8-pentadecenoyl-benzoylmesaconine
2- 十五酮 2-pentadecanone
十五烷 pentadecane
十五烷 -1- 醇 pentadecan-1-ol
5- 十五烷基 -1,3- 苯二酚 5-pentadecyl-1,3-benzenediol
2- 十五烷基呋喃 2-pentadecylfuran
十五烷基醚 pentadecyl ether
5- 十五烷基树脂苔黑酚▲ 5-pentadecylresorcinol
6- 十五烷基水杨酸 6-pentadecylsalicylic acid
8- 十五烷酰基 - 苯甲酰次乌头胺 8-pentadecanoyl-benzoylhypaconine
8- 十五烷酰基 - 苯甲酰基 -3,13- 二去氧乌头原碱 8-pentadecanoyl-benzoyl-3,13-dideoxyaconine
8- 十五烷酰基 - 苯甲酰去氧乌头原碱 8-pentadecanoyl-benzoyldeoxyaconine
8- 十五烷酰基 - 苯甲酰中乌头胺 8-pentadecanoyl-benzoylmesaconine
1- 十五烯 1-pentadecene
5-(8*Z*- 十五烯基)-1,3- 苯二酚 5-(8*Z*-pentadecenyl)-1,3-benzenediol
2-(1*E*- 十五烯基) 呋喃 2-(1*E*-pentadecenyl)furan
5-(8'*Z*- 十五烯基) 树脂苔黑酚▲ 5-(8'*Z*-pentadecenyl)resorcinol
5-(8'*Z*- 十五烯基) 树脂苔黑酚▲单乙酸酯 5-(8'*Z*-pentadecenyl) resorcinol monoacetate
(11*Z*)- 十五烯醛 (11*Z*)-pentadecenal
十五烯酸 pentadecenoic acid
十雄角果木素▲ B, G decandrin B, G
1- 十一醇 1-undecanol
十一醇 undecanol
11- 十一酚酰 -2,6- 二羟基苯 11-phenylundecanoyl-2,6-dihydroxybenzene
十一醛 undecanal
十一酸 hendecanoic acid; undecanoic acid
γ- 十一酸内酯 *γ*-undecalactone
(6- 十一酸酯 -*β*-D- 吡喃葡萄糖基)-(1 → 1)-*α*-D- 吡喃葡萄糖苷 (6-undecanoate-*β*-D-glucopyranosyl)-(1 → 1)-*α*-D-glucopyranoside
(6*Z*,8*E*)- 十一碳 -6,8,10- 三烯 -3- 酮 (6*Z*,8*E*)-undeca-6,8,10-trien-3-one
(6*Z*,8*E*)- 十一碳 -6,8,10- 三烯 -4- 醇 (6*Z*,8*E*)-undeca-6,8,10-trien-4-ol
(*E*,*E*)-2,4- 十一碳二烯醛 (*E*,*E*)-2,4-undecadienal
2- 十一酮 2-undecanone
2- 十一酮 -10'-4(1*H*)- 喹诺酮 2-undecanone-10'-4(1*H*)-quinolone
十一烷 undecane
2- 十一烷基 -4(1*H*)- 喹诺酮 2-undecyl-4(1*H*)-quinolone
1- 十一烯 1-undecene
十一烯基菲 undecenylphenanthrene
(*E*)-2- 十一烯醛 (*E*)-2-undecenal
(*Z*)-4- 十一烯酸 (*Z*)-4-undecenoic acid
10- 十一烯酸 10-undecenoic acid
十一叶雪胆素▲ B endecaphyllacin B
(*Z*,*Z*,*Z*,*Z*,*Z*,*Z*,*Z*,*Z*,*E*,*E*)- 十一异戊烯醇 (*Z*,*Z*,*Z*,*Z*,*Z*,*Z*,*Z*,*Z*,*E*,*E*)-undecaprenol
十字孢链霉酮▲ staurosporinone
(*Z*)- 十字龙胆碱▲ (*Z*)-gentiocrucine
十字龙胆碱▲ gentiocrucine
十字龙胆碱▲ A~E gentiocrucine A~E
石蝉草色烯▲ I, II blandachromene I, II
石菖蒲醇 tatarol
石菖蒲苷 tataroside
石菖蒲碱▲ A, B, C tatarine A, B, C
石菖蒲酮▲ tatarinone
石菖蒲酰胺▲ A, B tataramide A, B
石地钱二烯醇▲ rebouliadienol
石地钱苷▲ A~D rebouoside A~D
石刁柏苦素 II officinalisnin II
石刁柏皂苷▲ I, II asparasaponin I, II
石冬青碱▲ phelline
石豆兰菲灵▲ A, B bulbophythrin A, B
石豆兰菲素▲ bulbophyllanthrin
石豆兰菲酮▲ bulbophyllanthrone
石豆兰酚 B bulbophylol B
石豆兰苷▲ bulbophyllinoside
石耳酸 gyrophoric acid
(-)- 石防风素 (-)-deltoin
石防风素 deltoin
石房蛤毒素 saxitoxin
石根草苷元▲ collinsogenin
石胡荽苷▲ A, B minimaoside A, B

石胡荽酸▲ centipedaic acid
石斛菲醌 denbinobin
石斛酚 dendrophenol
石斛苷 A~G dendroside A~G
石斛碱 dendrobine
石斛碱 A, B dendrobine A, B
石斛宁 shihunine
石斛宁定 shihunidine
石斛诺酚▲ A, B dendronophenol A, B
石斛烷▲ A dendrobane A
石槲碱 -*N*- 氧化物 dendrobine-*N*-oxide
石虎柠檬素 A shihulimonin A
石黄衣素▲ xanthorin
石黄衣素▲-8- 甲醚 xanthorin-8-methyl ether
石荠苧木脂素▲ A, B moslolignan A, B
石椒草碱 seboehausine
石椒草内酯 A shijiaocaolactone A
石椒草宁 boennin
石柯二醇 lithocarpdiol
石柯酸▲ A~S lithocarpic acid A~S
石柯酮 lithocarpolone
石栗素▲ moluccanin
石栗酸▲ moluccanic acid
石栗酸▲甲酯 moluccanic acid methyl ester
石栗萜酸▲ aleuritolic acid
石栗萜酮酸▲ aleuritolonic acid
石栗亭▲ aleuritin
石莲醇苷▲ I, II, VI, VII, VIII, IX sinocrassuloside I, II, VI, VII, VIII, IX
石莲苷▲ A_1~A_{12}, B_1~B_5, C_1, D_1, D_2 sinocrassoside A_1~A_{12}, B_1~B_5, C_1, D_1, D_2
石莲姜槲蕨素▲ propinqualin
石榴碱 pelletierine; punicine
石榴皮素▲ A~D punicacortein A~D
石榴葡萄糖鞣素▲ punigluconin
α- 石榴鞣精▲ *α*-punicalagin
β- 石榴鞣精▲ *β*-punicalagin
石榴鞣精▲ punicalagin
石榴鞣宁▲ A, B, C punicatannin A, B, C
石榴鞣素 punicalin
石榴萜酸▲ punicanolic acid
石榴亭 A, B granatin A, B
石榴叶素▲ punicafolin
石南密穗草苷▲ stilbericoside
石南茄苷▲ fabiatrin
石南藤醇▲ A piperwalliol A
石南藤苷▲ A~D piperwallioside A~D
石南藤素 wallichinin
石杉黄素 -7- 甲醚 selagin-7-methyl ether
石杉碱 A~F huperzine A~F
(7*S*,12*S*,13*R*)- 石杉碱 D-16-*O*-*β*-D- 吡喃葡萄糖苷 (7*S*,12*S*,13*R*)-huperzine D-16-*O*-*β*-D-glucopyranoside
石杉宁碱▲ huperzinine
石杉宁碱▲-*N*- 氧化物 huperzinine-*N*-oxide
石生齿缘草素▲ A, B, C rupestrin A, B, C
石生黄堇碱▲ A saxicolaline A
石树花酸▲ sekikaic acid
石松胺 lycopsamine
石松定碱 lycodine
石松碱 lycopodine
石松碱 -*N*- 氧化物 lycopodine-*N*-oxide
α- 石松林碱 *α*-lofoline
β- 石松林碱 *β*-lofoline
石松林碱 lofoline
石松灵碱 lycodoline
石松诺亭醇 lyconnotinol
石松诺亭碱 lyconnotine
石松素▲ A lycopodiin A
石松叶碱 lycofoline
石蒜 -*R*- 葡甘露聚糖 lycoris-*R*-glucomannan
石蒜 -*S*- 葡甘露聚糖 lycoris-*S*-glucomannan
石蒜胺 lycoramine
石蒜胺 -*N*- 氧化物 lycoramine-*N*-oxide
(-)- 石蒜碱 (-)-lycorine
石蒜碱 lycorine
石蒜拉宁▲ A, B lycoranine A, B
石蒜宁碱 lycorenine
3-*O*-*β*- 石蒜四糖 3-*O*-*β*-lycotetraoside
3-*O*-*β*- 石蒜四糖基 -22- 甲氧基 -(25*R*,*S*)- 呋甾 -5- 烯 -3*β*,14*α*,26- 三羟基 -26-*O*-*β*-D- 吡喃葡萄糖苷 3-*O*-*β*-lycotetraosyl-22-methoxy-(25*R*,*S*)-furost-5-en-3*β*,14*α*,26-triol-26-*O*-*β*-D-glucopyranoside
石蒜西定 lycoricidine
石蒜西定醇 lycoricidinol
石蒜西宁 A, B lycosinine A, B
石头花苷▲ gypsoside
石头花苷元▲ gypsogenin
石头花苷元▲-28-*O*-[*β*-D- 吡喃葡萄糖基 -(1 → 2)-*β*-D- 吡喃半乳糖基 -(1 → 3)]-[*β*-D- 吡喃葡萄糖基 -(1 → 6)]-*β*-D- 吡喃半乳糖苷 gypsogenin-28-*O*-[*β*-D-glucopyranosyl-(1 → 2)-*β*-D-galactopyranosyl-(1 → 3)]-[*β*-D-glucopyranosyl-(1 → 6)]-*β*-D-galactopyranoside
石头花苷元▲-28-*O*-*α*-D- 吡喃半乳糖基 -(1 → 6)-*β*-D- 吡喃葡萄糖糖基 -(1 → 6)-[*β*-D- 吡喃葡萄糖基 -(1 → 3)]-*β*-D- 吡喃葡萄糖基酯 gypsogenin-28-*O*-*α*-D-galactopyranosyl-(1 → 6)-*β*-D-glucopyranosyl-(1 → 6)-[*β*-D-glucopyranosyl-(1 → 3)]-*β*-D-glucopyranosyl ester
石头花苷元▲-3-*O*-*β*-D- 吡喃半乳糖基 -(1 → 2)-[*α*-L- 吡喃鼠李糖基 -(1 → 3)]-*β*-D- 吡喃葡萄糖醛酸苷 gypsogenin-3-*O*-*β*-D-galactopyranosyl-(1 → 2)-[*α*-L-rhamnopyranosyl-(1 → 3)]-*β*-D-glucuronopyranoside
石头花苷元▲-3-*O*-*β*-D- 吡喃葡萄糖基 -(1 → 3)-*α*-L- 吡喃鼠李糖基 -(1 → 2)[*β*-D- 吡喃葡萄糖基 -(1 → 4)]-*α*-L- 吡喃阿拉伯糖基 -28-*O*-*α*-L- 吡喃鼠李糖基 -(1 → 4)-*β*-D- 吡喃葡萄糖基 -(1 → 6)-*β*-D- 吡喃葡萄糖基酯苷 gypsogenin-3-*O*-*β*-D-glucopyranosyl-(1 → 3)-*α*-L-rhamnopyranosyl-(1 → 2)[*β*-D-glucopyranosyl-(1 → 4)]-*α*-L-arabinopyranosyl-28-*O*-*α*-L-rhamnopyranosyl-(1 → 4)-*β*-D-glucopyranosyl-(1 → 6)-*β*-D-glucopyranosyl ester
石头花苷元▲-3-*O*- 吡喃葡萄糖醛酸苷 gypsogenin-3-*O*-glucuronopyranoside
石头花苷元▲内酯 gypsogenin-lactone
石头花苷元酸▲ gypsogenic acid
石头花苷元酸▲-28-*O*-*β*-D- 吡喃葡萄糖基 -(1 → 6)-*β*-D- 吡喃葡萄糖基 -(1 → 6)-[*β*-D- 吡喃葡萄糖基 -(1 → 3)]-*β*-D- 吡喃葡萄糖酯苷 gypsogenic acid-28-*O*-*β*-D-glucopyranosyl-(1 → 6)-*β*-D-glucopyranosyl-(1 → 6)-[*β*-D-glucopyranosyl-(1 → 3)]-*β*-D-glucopyranosyl ester
石头花素▲ A~F gypsophin A~F

S

石韦苷▲B pyrroside B
(18S)-石韦内酯 (18S)-pyrrosialactone
(18S)-石韦内酯醇 (18S)-pyrrosialactol
石仙桃酚 pholidotol
石仙桃酚 A~D pholidotol A~D
石仙桃醌▲ pholidonone
石仙桃乃宁▲A~L phochinenin A~L
石仙桃宁 pholidotanin
石仙桃亭 A, B pholidotin A, B
石岩枫碱▲ mallorepine
石岩枫林素▲ repanduthylin
石岩枫宁 repandusinin
石岩枫鞣宁▲A repandinin A
石岩枫素▲ repandusin
石岩枫酸 A, B repandusinic acid A, B
石竹苷▲ dianthoside
石竹考苷▲A, B caryophyllacoside A, B
石竹诺苷▲G, H dianoside G, H
石竹素▲A~F dianthin A~F
L-石竹糖▲ L-dianose
石竹酰胺▲B dianthramide B
石竹皂苷 A~H dianchinenoside A~H
石梓醇▲ gmelinol
石梓呋喃 gmelofuran
石梓苷▲A~N gmelinoside A~N
石梓酮▲ gmelanone
食用大黄苷 rhapontin; rhaponticin; ponticin
食用大黄苷-2''-O-没食子酸酯 rhaponticin-2''-O-gallate
食用大黄苷元 rhapontigenin
食用大黄苷元-(6'-O-没食子酰基)-葡萄糖苷 rhapontigenin-(6'-O-galloyl)-glucoside
食用大黄苷元-3-O-β-吡喃葡萄糖苷 rhapontigenin-3-O-β-glucopyranoside
食用大黄苷元-4-O-β-吡喃葡萄糖苷 rhapontigenin-4-O-β-glucopyranoside
食用当归素 edultin
食用黄芪素▲ cibarian
食用土当归皂苷▲A~F udosaponin A~F
(-)-可食新劳塔豆酚▲ (-)-edunol
莳萝艾菊酮 carvotanaceton
莳萝酚▲ dillanol
莳萝苷▲ dillanoside
莳萝醚 dill ether
(E)-莳萝脑 (E)-anethole
(Z)-莳萝脑 (Z)-anethole
莳萝脑 anethole
莳萝芹菜脑 dillapiole
莳萝芹菜脑醛 dillapional
莳萝芹脑 dill apiole
莳萝酮▲ graveolone
莳萝油脑 dillapiol
史氏黄檀素▲ stevenin
史氏藤黄屾酮▲A smeathxanthone A
史特阿魏素▲ feshurin
史特阿魏素▲乙酸酯 feshurin acetate
(+)-矢车菊-3-醇-8-甲酸乙酯 ethyl-(+)-cyanidan-3-ol-8-carboxylate
矢车菊苷 centaurein
矢车菊黄素 centaureidin
矢车菊碱▲ centcyamine
矢车菊宁▲ cyananin
矢车菊素 cyanidin
矢车菊素-3-(2''-木糖基葡萄糖苷)-5-葡萄糖苷 cyanidin-3-(2''-xylosyl-glucoside)-5-glucoside
矢车菊素-3-(3,6-二丙二酰葡萄糖苷) cyanidin-3-(3,6-dimalonylglucoside)
矢车菊素-3-(3'',6''-二丙二酰葡萄糖苷) cyanidin-3-(3'',6''-dimalonyl-glucoside)
矢车菊素-3-(6''-O-反式-对香豆酰基)-β-D-葡萄糖苷 cyanidin-3-(6''-O-trans-p-coumaroyl)-β-D-glucoside
矢车菊素-3-(6''-丙二酰葡萄糖苷) cyanidin-3-(6''-malonylglucoside)
矢车菊素-3-(6-丙二酰葡萄糖苷) cyanidin-3-(6-malonylglucoside)
矢车菊素-3-(6''-香豆酰葡萄糖苷) cyanidin-3-(6''-coumaroylglucoside)
矢车菊素-3-(对香豆酰咖啡酰槐糖苷)-5-吡喃葡萄糖苷 cyanidin-3-(p-coumarylcaffeylsophoroside)-5-glucopyranoside
矢车菊素-3-(二咖啡酰槐糖苷)-5-吡喃葡萄糖苷 cyanidin-3-(dicaffeylsophoroside)-5-glucopyranoside
矢车菊素-3-(咖啡酰槐糖苷)-5-吡喃葡萄糖苷 cyanidin-3-(caffeoylsophoroside)-5-glucopyranoside
矢车菊素-3,4'-二-O-β-吡喃葡萄糖苷 cyanidin-3,4'-di-O-β-glucopyranoside
矢车菊素-3,5-O-二吡喃葡萄糖苷 cyanidin-3,5-O-diglucopyranoside
矢车菊素-3,5-二-O-β-D-吡喃葡萄糖苷 cyanidin-3,5-di-O-β-D-glucopyranoside
矢车菊素-3,5-二-O-吡喃葡萄糖苷 cyanidin-3,5-di-O-glucopyranoside
矢车菊素-3,5-二吡喃葡萄糖苷 cyanidin-3,5-diglucopyranoside
矢车菊素-3,5-二葡萄糖苷 cyanidin-3,5-diglucoside
矢车菊素-3'',6''-二丙二酰葡萄糖苷 cyanidin-3'',6''-dimalonylglucoside
矢车菊素-3-[3''-(O-β-D-吡喃葡萄糖基)-6''-(O-α-L-吡喃鼠李糖基)-O-β-D-吡喃葡萄糖苷] cyanidin-3-[3''-(O-β-D-glucopyranosyl)-6''-(O-α-L-rhamnopyranosyl)-O-β-D-glucopyranoside]
矢车菊素-3-O-(2-O-β-D-吡喃木糖基)-β-D-吡喃半乳糖苷 cyanidin-3-O-(2-O-β-D-xylopyranosyl)-β-D-galactopyranoside
矢车菊素-3-O-(2-O-β-D-吡喃木糖基)-β-D-吡喃葡糖糖苷 cyanidin-3-O-(2-O-β-D-xylopyranosyl)-β-D-glucopyranoside
矢车菊素-3-O-(2-O-β-D-吡喃木糖基-6-O-(E)-咖啡酰基)-β-D-吡喃葡萄糖苷 cyanidin-3-O-(2-O-β-D-xylopyranosyl-6-O-(E)-caffeoyl)-β-D-glucopyranoside
矢车菊素-3-O-(2-O-β-D-吡喃木糖基-6-O-反式-对香豆酰基)-β-D-吡喃半乳糖苷 cyanidin-3-O-(2-O-β-D-xylopyranosyl-6-O-trans-caffeoyl)-β-D-galactopyranoside
矢车菊素-3-O-(2-O-β-D-吡喃木糖基-6-O-反式-对香豆酰基)-β-D-吡喃葡萄糖苷 cyanidin-3-O-(2-O-β-D-xylopyranosyl-6-O-trans-p-coumaroyl)-β-D-glucopyranoside
矢车菊素-3-O-(2-O-β-D-吡喃木糖基-6-O-反式-咖啡酰基)-β-D-吡喃葡萄糖苷 cyanidin-3-O-(2-O-β-D-xylopyranosyl-6-O-trans-caffeoyl)-β-D-glucopyranoside
矢车菊素-3-O-(2-O-β-D-吡喃木糖基-6-O-顺式-对香豆酰基)-β-D-吡喃半乳糖苷 cyanidin-3-O-(2-O-β-D-xylopyranosyl-6-O-cis-p-coumaroyl)-β-D-galactopyranoside
矢车菊素-3-O-(2-O-β-D-吡喃木糖基-6-O-顺式-对香豆酰基)-β-D-吡喃葡萄糖苷 cyanidin-3-O-(2-O-β-D-xylopyranosyl-6-O-cis-p-coumaroyl)-β-D-glucopyranoside
矢车菊素-3-O-(2-O-β-D-吡喃木糖基-6-O-乙酰基)-β-D-吡喃半

S

乳糖苷 cyanidin-3-*O*-(2-*O*-β-D-xylopyranosyl-6-*O*-acetyl)-β-D-galactopyranoside

矢车菊素 -3-*O*-(2-*O*-β-D- 吡喃木糖基 -6-*O*- 乙酰基)-β-D- 吡喃葡萄糖苷 cyanidin-3-*O*-(2-*O*-β-D-xylopyranosyl-6-*O*-acetyl)-β-D-glucopyranoside

矢车菊素 -3-*O*-(2''-*O*- 木糖基 -6''-*O*-*E*- 对香豆酰葡萄糖苷)-5-*O*- 葡萄糖苷 cyanidin-3-*O*-(2''-*O*-xylosyl-6''-*O*-*E*-*p*-coumaroylglucoside)-5-*O*-glucoside

矢车菊素 -3-*O*-(2''-*O*- 木糖基 -6''-*O*-*Z*- 对香豆酰葡萄糖苷)-5-*O*- 葡萄糖苷 cyanidin-3-*O*-(2''-*O*-xylosyl-6''-*O*-*Z*-*p*-coumaroylglucoside)-5-*O*-glucoside

矢车菊素 -3-*O*-(2''-*O*- 木糖基葡萄糖苷)-5-*O*- 葡萄糖苷 cyanidin-3-*O*-(2''-*O*-xylosylglucoside)-5-*O*-glucoside

矢车菊素 -3-*O*-(2''-*O*- 葡萄糖基) 芸香糖苷 cyanidin-3-*O*-(2''-*O*-glucosyl)rutinoside

矢车菊素 -3-*O*-(2''-*O*- 葡萄糖基)- 芸香糖苷 cyanidin-3-*O*-(2''-*O*-glucosyl)-rutinoside

矢车菊素 -3-*O*-(2''- 吡喃木糖基)- 吡喃葡萄糖苷 cyanidin-3-*O*-(2''-xylopyranosyl)-glucopyranoside

矢车菊素 -3-*O*-(2''- 没食子酰基 -6''-*O*-α- 吡喃鼠李糖基 -β- 吡喃半乳糖苷) cyanidin-3-*O*-(2''-galloyl-6''-*O*-α-rhamnopyranosyl-β-galactopyranoside)

矢车菊素 -3-*O*-(2''- 没食子酰基 -β- 吡喃半乳糖苷) cyanidin-3-*O*-(2''-galloyl-β-galactopyranoside)

矢车菊素 -3-*O*-(4''-*O*- 芥子酰龙胆二糖) cyanidin-3-*O*-(4''-*O*-sinapolygentiobioside)

矢车菊素 -3-*O*-(4- 对反式香豆酰基 -α-L- 吡喃鼠李糖基)-(1 → 6)-*O*-β-D- 吡喃葡萄糖苷 -5-*O*-β-D- 葡萄糖苷 cyanidin-3-*O*-(4-*p*-*trans*-coumaroyl-α-L-rhamnopyranosyl)-(1 → 6)-*O*-β-D-glucopyranoside-5-*O*-β-D-glucopyranoside

矢车菊素 -3-*O*-(6-*O*-(*E*)- 对香豆酰基)-β-D- 吡喃半乳糖苷 cyanidin-3-*O*-(6-*O*-(*E*)-*p*-coumaroyl)-β-D-galactopyranoside

矢车菊素 -3-*O*-(6-*O*-(*E*)- 对香豆酰基)-β-D- 吡喃葡萄糖苷 cyanidin-3-*O*-(6-*O*-(*E*)-*p*-coumaroyl)-β-D-glucopyranoside

矢车菊素 -3-*O*-(6-*O*-(*E*)- 咖啡酰基)-β-D- 吡喃半乳糖苷 cyanidin-3-*O*-(6-*O*-(*E*)-caffeoyl)-β-D-galactopyranoside

矢车菊素 -3-*O*-(6-*O*-(*E*)- 咖啡酰基)-β-D- 吡喃葡萄糖苷 cyanidin-3-*O*-(6-*O*-(*E*)-caffeoyl)-β-D-glucopyranoside

矢车菊素 -3-*O*-(6-*O*-(*Z*)- 对香豆酰基)-β-D- 吡喃半乳糖苷 cyanidin-3-*O*-(6-*O*-(*Z*)-*p*-coumaroyl)-β-D-galactopyranoside

矢车菊素 -3-*O*-(6-*O*-(*Z*)- 对香豆酰基)-β-D- 吡喃葡萄糖苷 cyanidin-3-*O*-(6-*O*-(*Z*)-*p*-coumaroyl)-β-D-glucopyranoside

矢车菊素 -3-*O*-(6''-*O*-α- 吡喃鼠李糖基 -β- 吡喃葡萄糖苷) cyanidin-3-*O*-(6''-*O*-α-rhamnopyranosyl-β-glucopyranoside)

矢车菊素 -3-*O*-(6''-*O*-α- 鼠李糖基)-β-D- 吡喃半乳糖苷 cyanidin-3-*O*-(6''-*O*-α-rhamnopyranosyl-β-D-galactopyranoside)

矢车菊素 -3-*O*-(6''-*O*-α- 鼠李糖基)-β-D- 吡喃葡萄糖苷 cyanidin-3-*O*-(6''-*O*-α-rhamnopyranosyl-β-D-glucopyranoside)

矢车菊素 -3-*O*-(6-*O*- 丙二酰基 -β-D- 吡喃葡萄糖苷) cyanidin-3-*O*-(6-*O*-malonyl-β-D-glucopyranoside)

矢车菊素 -3-*O*-(6-*O*- 对香豆酰基)-5-*O*- 二葡萄糖苷 cyanidin-3-*O*-(6-*O*-*p*-coumaryl)-5-*O*-diglucoside

矢车菊素 -3-*O*-(6-*O*- 对香豆酰基)- 葡萄糖苷 cyanidin-3-*O*-(6-*O*-*p*-coumaryl)-glucoside

矢车菊素 -3-*O*-(6-*O*- 反式 - 对香豆酰基)-β-D- 吡喃半乳糖苷 cyanidin-3-*O*-(6-*O*-*trans*-*p*-coumaroyl)-β-D-galactopyranoside

矢车菊素 -3-*O*-(6-*O*- 反式 - 对香豆酰基)-β-D- 吡喃葡萄糖苷 cyanidin-3-*O*-(6-*O*-*trans*-*p*-coumaroyl)-β-D-glucopyranoside

矢车菊素 -3-*O*-(6-*O*- 反式 - 对香豆酰基 -β-D- 吡喃葡萄糖苷)-5-*O*-β-D- 吡喃葡萄糖苷 cyanidin-3-*O*-(6-*O*-*trans*-*p*-coumaroyl-β-D-glucopyranoside)-5-*O*-β-D-glucopyranoside

矢车菊素 -3-*O*-(6-*O*- 反式 - 咖啡酰基)-β-D- 吡喃半乳糖苷 cyanidin-3-*O*-(6-*O*-*trans*-caffeoyl)-β-D-galactopyranoside

矢车菊素 -3-*O*-(6-*O*- 反式 - 咖啡酰基)-β-D- 吡喃葡萄糖苷 cyanidin-3-*O*-(6-*O*-*trans*-caffeoyl)-β-D-glucopyranoside

矢车菊素 -3-*O*-(6-*O*- 顺式 - 对香豆酰基)-β-D- 吡喃半乳糖苷 cyanidin-3-*O*-(6-*O*-*cis*-*p*-coumaroyl)-β-D-galactopyranoside

矢车菊素 -3-*O*-(6-*O*- 顺式 - 对香豆酰基)-β-D- 吡喃葡萄糖苷 cyanidin-3-*O*-(6-*O*-cis-p-coumaroyl)-β-D-glucopyranoside

矢车菊素 -3-*O*-(6-*O*- 顺式 - 对香豆酰基 -β-D- 吡喃葡萄糖苷)-5-*O*-β-D- 吡喃葡萄糖苷 cyanidin-3-*O*-(6-*O*-*cis*-*p*-coumaroyl-β-D-glucopyranoside)-5-*O*-β-D-glucopyranoside

矢车菊素 -3-*O*-(6-*O*- 乙酰基)-5-*O*- 二葡萄糖苷 cyanidin-3-*O*-(6-*O*-acetyl)-5-*O*-diglucoside

矢车菊素 -3-*O*-(反式 - 对香豆酰基)- 二葡萄糖苷 cyanidin-3-*O*-(*trans*-*p*-coumaroyl)-diglucoside

矢车菊素 -3-*O*-(咖啡酰基)- 二葡萄糖苷 cyanidin-3-*O*-(caffeoyl)-diglucoside

矢车菊素 -3-*O*-(顺式 - 对香豆酰基)- 二葡萄糖苷 cyanidin-3-*O*-(*cis*-*p*-coumaroyl)-diglucoside

矢车菊素 -3-*O*-[(三 -(吡喃葡萄糖基咖啡酰基))- 槐糖苷] cyanidin-3-*O*-[(tri-(glucopyranosylcaffeoyl))-sophoroside]

矢车菊素 -3-*O*-[2''-*O*-(β-D- 吡喃木糖基)-6''-*O*-(α-L- 吡喃鼠李糖基)-β-D- 吡喃葡萄糖苷] cyanidin-3-*O*-[2''-*O*-(β-D-xylopyranosyl)-6''-*O*-(α-L-rhamnopyranosyl)-β-D-glucopyranoside

矢车菊素 -3-*O*-[2-*O*-(2-*O*- 芥子酰木糖基)-6-*O*-(4-*O*- 葡萄糖基对香豆酰) 葡萄糖基]-5-*O*- 葡萄糖苷 cyanidin-3-*O*-[2-*O*-(2-*O*-sinapoylxylosyl)-6-*O*-(4-*O*-glucosyl-*p*-coumaroyl)glucosyl]-5-*O*-glucoside

矢车菊素 -3-*O*-[2-*O*-(2-*O*- 芥子酰木糖基)-6-*O*-(4-*O*- 葡萄糖基对香豆酰基) 葡萄糖基]-5-*O*-(6-*O*- 丙二酰葡萄糖苷) cyanidin-3-*O*-[2-*O*-(2-*O*-sinapoylxylosyl)-6-*O*-(4-*O*-glucosyl-*p*-coumaroyl)glucosyl]-5-*O*-(6-*O*-malonylglucoside)

矢车菊素 -3-*O*-[2-*O*-(2-*O*- 芥子酰木糖基)-6-*O*- 对香豆酰葡萄糖基]-5-*O*-(6-*O*- 丙二酰葡萄糖苷) cyanidin-3-*O*-[2-*O*-(2-*O*-sinapoylxylosyl)-6-*O*-*p*-coumaroylglucosyl]-5-*O*-(6-*O*-malonylglucoside)

矢车菊素 -3-*O*-[2-*O*-(2-*O*- 芥子酰木糖基)-6-*O*- 对 - 香豆酰葡萄糖基]-5-*O*- 葡萄糖苷 cyanidin-3-*O*-[2-*O*-(2-*O*-sinapoylxylosyl-6-*O*-*p*-coumaroyl)glucosyl]-5-*O*-glucoside

矢车菊素 -3-*O*-[2-*O*-(6-*O*-(反式 -4-*O*-(6-*O*-(反式 -3-*O*-(β-D- 吡喃葡萄糖基)- 咖啡酰基)-β-D- 吡喃葡萄糖基)- 咖啡酰基)-β-D- 吡喃葡萄糖基)-β-D- 吡喃葡萄糖苷] cyanidin-3-*O*-[2-*O*-(6-*O*-(*trans*-4-*O*-(6-*O*-(*trans*-3-*O*-(β-D-glucopyranosyl)-caffeoyl)-β-D-glucopyranosyl)-caffeoyl)-β-D-glucopyranosyl)-β-D-glucopyranoside

矢车菊素 -3-*O*-[2-*O*-(6-*O*-(反式 - 咖啡酰基)-β-D- 吡喃葡萄糖基)-β-D- 吡喃葡萄糖苷 cyanidin-3-*O*-[2-*O*-(6-*O*-(*trans*-caffeoyl)-β-D-glucopyranosyl)-β-D-glucopyranoside

矢车菊素 -3-*O*-[2-*O*-(β-D- 吡喃葡萄糖基)-6-*O*-(反式 - 咖啡酰基)-β-D- 吡喃葡萄糖苷] cyanidin-3-*O*-[2-*O*-(β-D-glucopyranosyl)-6-*O*-(*trans*-caffeoyl)-β-D-glucopyranoside]

矢车菊素 -3-*O*-[2''-*O*-(β-D- 葡萄糖醛酸基)]-β-D- 吡喃葡萄糖苷 cyanidin-3-*O*-[2''-*O*-(β-D-glucuronyl)]-β-D-glucopyranoside

矢车菊素 -3-*O*-[2-*O*-(β- 吡喃木糖基)-β- 吡喃半乳糖苷 cyanidin-3-*O*-[2-*O*-(β-xylopyranosyl)-β-galactopyranoside]

矢车菊素 -3-*O*-[2-*O*-β-D- 吡喃木糖基 -6-*O*-(反式对香豆酰基 -β-D- 吡喃葡萄糖苷)]-5-*O*-β-D- 吡喃葡萄糖苷 cyanidin-3-*O*-[2-*O*-β-

S

D-xylopyranosyl-6-*O*-(*trans*-*p*-coumaroyl)-*β*-D-glucopyranoside]-5-*O*-*β*-D-glucopyranoside
矢车菊素 -3-*O*-[2-*O*-*β*-D- 吡喃木糖基 -6-*O*-(顺式对香豆酰基 -*β*-D- 吡喃葡萄糖苷)]-5-*O*-*β*-D- 吡喃葡萄糖苷 cyanidin-3-*O*-[2-*O*-*β*-D-xylopyranosyl-6-*O*-(*cis*-*p*-coumaroyl)-*β*-D-glucopyranoside]-5-*O*-*β*-D-glucopyranoside
矢车菊素 -3-*O*-[2-*O*- 木糖基 -6-*O*-(4-*O*- 葡萄糖基对香豆酰基) 葡萄糖基]-5-*O*-(6-*O*- 丙二酰葡萄糖苷) cyanidin-3-*O*-[2-*O*-xylosyl-6-*O*-(4-*O*-glucosyl-*p*-coumaroyl)glucosyl]-5-*O*-(6-*O*-malonylglucoside)
矢车菊素 -3-*O*-[2-*O*- 木糖基 -6-*O*- 对香豆酰基) 葡萄糖基]-5-*O*-(6-*O*- 丙二酰葡萄糖苷) cyanidin-3-*O*-[2-*O*-xylosyl-6-*O*-(*p*-coumaroyl)glucosyl]-5-*O*-(6-*O*-malonylglucoside)
矢车菊素 -3-*O*-[4''-*O*-(丙二酰基)-2''-*O*-(*β*-D- 葡萄糖醛酸基)]-*β*-D- 吡喃葡萄糖苷 cyanidin-3-*O*-[4''-*O*-(malonyl)-2''-*O*-(*β*-D-glucuronyl)]-*β*-D-glucopyranoside
矢车菊素 -3-*O*-[6-*O*-(2-*O*- 反式咖啡酰基 -*α*- 呋喃阿拉伯糖基)-*β*- 吡喃葡萄糖苷]-7,3'-*O*- 二 -[6-*O*- 反式咖啡酰基 -*β*- 吡喃葡萄糖苷 cyanidin-3-*O*-[6-*O*-(2-*O*-(*trans*-caffeoyl)-*α*-arabinofuranosyl)-*β*-glucopyranoside]-7,3'-*O*-di-[6-*O*-(*trans*-caffeoyl)-*β*-glucopyranoside]
矢车菊素 -3-*O*-[6''-*O*-(2'''-*O*- 乙酰基 -*α*- 吡喃鼠李糖基)-*β*- 吡喃葡萄糖苷 cyanidin-3-*O*-[6''-*O*-(2'''-*O*-acetyl-*α*-rhamnopyranosyl)-*β*-glucopyranoside]
矢车菊素 -3-*O*-[6-*O*-(反式 -3-*O*-(*β*-D- 葡萄糖基) 咖啡酰基)-*β*-D- 葡萄糖苷]-5-*O*-[*β*-D- 葡萄糖苷] cyanidin-3-*O*-[6-*O*-(*trans*-3-*O*-(*β*-D-glycosyl)caffeyl)-*β*-D-glucoside]-5-*O*-[*β*-D-glucoside]
矢车菊素 -3-*O*-6''-*O*-*α*- 吡喃鼠李糖基 -*β*-D- 吡喃葡萄糖苷 cyanidin-3-*O*-6''-*O*-*α*-rhamnopyranosyl-*β*-D-glucopyranoside
矢车菊素 -3-*O*-*α*-L- 吡喃阿拉伯糖苷 cyanidin-3-*O*-*α*-L-arabinopyranoside
矢车菊素 -3-*O*-*β*-(2G- 木糖基芸香糖苷) cyanidin-3-*O*-*β*-(2G-xylosylrutinoside)
矢车菊素 -3-*O*-*β*-(6-*O*- 丙二酰基)-D- 吡喃葡萄糖苷 cyanidin-3-*O*-*β*-(6-*O*-malonyl)-D-glucopyranoside
矢车菊素 -3-*O*-*β*-D-(6''- 乙酰基) 葡萄糖苷 -5-*β*-D- 葡萄糖苷 cyanidin-3-*O*-*β*-D-(6''-acetyl)glucoside-5-*β*-D-glucoside
矢车菊素 -3-*O*-*β*-D- 阿拉伯糖苷 cyanidin-3-*O*-*β*-D-arabinopyranoside
矢车菊素 -3-*O*-*β*-D- 半乳糖苷 cyanidin-3-*O*-*β*-D-galactoside
矢车菊素 -3-*O*-*β*-D- 吡喃半乳糖苷 cyanidin-3-*O*-*β*-D-galactopyranoside
矢车菊素 -3-*O*-*β*-D- 吡喃木糖苷 -5-*O*-(6'''-*O*- 丙二酸甲酯 -*β*-D- 吡喃葡萄糖苷 cyanidin-3-*O*-*β*-D-xylopyranoside-5-*O*-(6'''-*O*-methylmalonate-*β*-D-glucopyranoside
矢车菊素 -3-*O*-*β*-D- 吡喃木糖苷 -5-*O*-(6'''-*O*- 丙二酰基 -*β*-D- 吡喃葡萄糖苷 cyanidin-3-*O*-*β*-D-xylopyranoside-5-*O*-(6'''-*O*-malonyl-*β*-D-glucopyranoside
矢车菊素 -3-*O*-*β*-D- 吡喃木糖苷 -5-*O*-*β*-D- 吡喃葡萄糖苷 cyanidin-3-*O*-*β*-D-xylopyranoside-5-*O*-*β*-D-glucopyranoside
矢车菊素 -3-*O*-*β*-D- 吡喃木糖基 -(1 → 2)-*β*-D- 吡喃半乳糖苷 cyanidin-3- *O*-*β*-D-xylopyranosyl-(1 → 2)-*β*-D-galactopyranoside
矢车菊素 -3-*O*-*β*-D- 吡喃葡萄糖苷 cyanidin-3-*O*-*β*-D-glucopyranoside
矢车菊素 -3-*O*-*β*-D- 吡喃葡萄糖苷 -7-*O*-*α*-L- 吡喃鼠李糖苷 cyanidin-3-*O*-*β*-D-glucopyranoside-7-*O*-*α*-L-rhamnopyranoside
矢车菊素 -3-*O*-*β*-D- 接骨木二糖苷 cyanidin-3-*O*-*β*-D-sambubioside
矢车菊素 -3-*O*-*β*- 吡喃半乳糖苷 cyanidin-3-*O*-*β*-galactopyranoside
矢车菊素 -3-*O*-*β*- 吡喃葡萄糖苷 cyanidin-3-*O*-*β*-glucopyranoside
矢车菊素 -3-*O*-*β*- 槐糖苷 cyanidin-3-*O*-*β*-sophoroside
矢车菊素 -3-*O*- 阿拉伯糖基葡萄糖苷 cyanidin-3-*O*-arabinosylglucoside
矢车菊素 -3-*O*- 吡喃半乳糖苷 cyanidin-3-*O*-galactopyranoside
矢车菊素 -3-*O*- 吡喃葡萄糖苷 cyanidin-3-*O*-glucopyranoside
矢车菊素 -3-*O*- 单葡萄糖苷 cyanidin-3-*O*-monoglucoside
矢车菊素 -3-*O*- 二咖啡酰槐糖苷 cyanidin-3-*O*-dicaffeoylsophoroside
矢车菊素 -3-*O*- 二葡萄糖苷 cyanidin-3-*O*-diglucoside
矢车菊素 -3-*O*- 槐糖苷 cyanidin-3-*O*-sophoroside
矢车菊素 -3-*O*- 接骨木二糖苷 cyanidin-3-*O*-sambubioside
矢车菊素 -3-*O*- 龙胆二糖 cyanidin-3-*O*-gentiobioside
矢车菊素 -3-*O*- 木糖基葡萄糖苷 cyanidin-3-*O*-xylosylglucoside
矢车菊素 -3-*O*- 木糖芸香糖苷 cyanidin-3-*O*-xylosylrutionside
矢车菊素 -3-*O*- 葡萄糖苷 cyanidin-3-*O*-glucoside
矢车菊素 -3-*O*- 鼠李葡萄糖苷 cyanidin-3-*O*-rhamnoglucoside
矢车菊素 -3-*O*- 芸香糖苷 cyanidin-3-*O*-rutinoside
矢车菊素 -3-*O*- 芸香糖苷 -5-*O*-*β*-D- 吡喃葡萄糖苷 cyanidin-3-*O*-rutinoside-5-*O*-*β*-D-glucopyranoside
矢车菊素 -3-*O*- 芸香糖苷 -5- 葡萄糖苷 cyanidin-3-*O*-rutinoside-5-glucoside
矢车菊素 -3- 阿拉伯糖苷 cyanidin-3-arabinoside
矢车菊素 -3- 半乳糖苷 cyanidin-3-galactoside
矢车菊素 -3- 半乳糖酸基木糖苷 cyanidin-3-lathyroside
矢车菊素 -3- 吡喃木糖基 - 吡喃半乳糖苷 cyanidin-3-xylopyranosyl-galactopyranoside
矢车菊素 -3- 吡喃葡萄糖苷 cyanidin-3-glucopyranoside
矢车菊素 -3- 丙二酰接骨木二糖苷 -7- 葡萄糖苷 cyanidin-3-malonylsambubioside-7-glucoside
矢车菊素 -3''- 丙二酰葡萄糖苷 cyanidin-3''-malonylglucoside
矢车菊素 -3- 丙二酰葡萄糖苷 cyanidin-3-malonylglucoside
矢车菊素 -3- 槐糖苷 cyanidin-3-sophoroside
矢车菊素 -3- 接骨木二糖苷 cyanidin-3-sambubioside
矢车菊素 -3- 龙胆二糖苷 cyanidin-3-gentiobioside
矢车菊素 -3- 木糖苷 cyanidin-3-xyloside
矢车菊素 -3- 木糖基半乳糖苷 cyanidin-3-xylosylgalactoside
矢车菊素 -3- 木糖基葡萄糖苷 cyanidin-3-xylosylglucoside
矢车菊素 -3- 木糖基芸香糖苷 cyanidin-3-xylcosylrutinoside
矢车菊素 -3- 木糖芸香糖苷 cyanidin-3-xylosylrutinoside
矢车菊素 -3- 葡萄糖苷 cyanidin-3-glucoside
矢车菊素 -3- 葡萄糖基芸香糖苷 cyanidin-3-glucosylrutinoside
矢车菊素 -3- 鼠李糖苷 cyanidin-3-rhamnoside
矢车菊素 -3- 乙酰芦丁糖苷 cyanidin-3-acetylrutinoside
矢车菊素 -3- 乙酰葡萄糖苷 cyanidin-3-acetylglucoside
矢车菊素 -3- 芸香糖苷 cyanidin-3-rutinoside
矢车菊素 -4'-*O*-*β*- 葡萄糖苷 cyanidin-4'-*O*-*β*-glucoside
矢车菊素 -7-*O*-*β*-D- 吡喃葡萄糖苷 cyanidin-7-*O*-*β*-D-glucopyranoside
矢车菊素 -*O*-[6''-*O*-(丙二酰基)-2''-*O*-(*β*-D- 葡萄糖醛酸基)]-*β*-D- 吡喃葡萄糖苷 cyanidin-3-*O*-[6''-*O*-(malonyl)-2''-*O*-(*β*-D-glucuronyl)]-*β*-D-glucopyranoside
矢车菊素吡喃葡萄糖苷 cyanidin glycopyranoside
矢车菊素 - 丙二酰基 - 对香豆酰基 - 阿魏酰三葡萄糖苷 cyanidin-malonyl-*p*-coumaroyl-feruloyl-triglucoside
矢车菊素 - 丙二酰基 - 二阿魏酰三葡萄糖苷 cyanidin-malonyl-diferuloyl-triglucoside
矢车菊素草酰葡萄糖苷 cyanidinoxalylglucoside
矢车菊素氯化物 cyanidin chloride
矢车菊素没食子酰己糖苷 cyanidin galloylhexoside
矢车菊素葡萄糖苷 cyanidin glucoside

矢车菊素三吡喃葡萄糖苷 cyanidin triglucopyranoside
矢车菊素酮 cyanidenon
矢车菊素戊糖苷 cyanidin pentoside
使君子素 A, B quisqualin A, B
使君子酸 quisqualic acid
士的宁 strichinine
(±)- 式 -*N*- 异丁基 -4,5- 二羟基 -2*E*- 辛烯酰胺 (±)-*threo*-*N*-isobutyl-4,5-dihydroxy-2*E*-octaenamide
视黄醇 retinol
视黄醛 retinal
柿二醇▲ kakidiol
柿莫苷▲ gamnamoside
柿素 diospyrin
柿叶酚 kakispyrol
柿叶酮 kakispyrone
柿皂苷▲ A, B, C kakisaponin A, B, C
手参苷▲ gymnoside I, II, III, IV, V, VI, VII, VIII, IX, X
手参素 A~D gymconopin A~D
D- 手性肌醇 D-*chiro*-inositol
L- 手性肌醇 L-*chiro*-inositol
手性肌醇 *chiro*-inositol
守宫木苷▲ sauroposide
绶草酚▲ A~H sinensol A~H
绶草绿玉树醇▲ sinetirucallol
绶草素▲ A, B sinensin A, B
瘦花滇紫草碱▲ -*N*- 氧化物 leptanthine-*N*-oxide
书带蕨黄酮▲ vittariflavone
叔 -*O*-β-D- 吡喃葡萄糖 -(*R*)- 白当归素 *tert*-*O*-β-D-glucopyranosyl-(*R*)-byakangelicin
叔 -*O*-β-D- 吡喃葡萄糖基 -(*R*)- 独活醇 *tert*-*O*-β-D-glucopyranosyl-(*R*)-heraclenol
叔 -*O*-β-D- 吡喃葡萄糖基白当归素 *tert*-*O*-β-D-glucopyranosylbyakangelicin
叔 -*O*-β-D- 吡喃葡萄糖基独活醇 *tert*-*O*-β-D-glucopyranosylheraclenol
叔 -*O*-β- 呋喃芹菜糖基 -(1 → 6)-β-D- 吡喃葡萄糖苷基白当归素 *tert*-*O*-β-D-apiofuranosyl-(1 → 6)-*O*-β-D-glucopyranosyl-byakangelicin
叔 -*O*-β- 呋喃芹菜糖基 -(1 → 6)-β-D- 吡喃葡萄糖基 - 氧化前胡素水合物 *tert*-*O*-β-D-apiofuranosyl-(1 → 6)-*O*-β-D-glucopyranosyl-oxypeucedanin hydrate
叔 -*O*-β- 葡萄糖基独活醇 *tert*-*O*-β-glucosylheraclenol
叔 -*O*- 甲基独活醇 *tert*-*O*-methylheraclenol
叔 -*O*- 欧前胡素基独活醇 *tert*-*O*-imperatorinyl-heraclenol
5- 叔丁基 -1,3- 环戊二烯 5-*tert*-butyl-1,3-cyclopentadiene
4- 叔丁基 -2- 噁唑烷酮 4-*tert*-butyl-2-oxazolidinone
1- 叔丁基 -5,6,7- 三甲氧基异喹啉 1-*tert*-butyl-5,6,7-trimethoxyisoquinolene
2- 叔丁基苯酚 2-*tert*-butylphenol
4- 叔丁基苯酚 4-*tert*-butylphenol
叔丁基苯醌 *tert*-butylquinone
叔丁基对甲酚 *tert*-butyl-p-cresol
2- 叔戊基蒽醌 2-tert-pentylanthraquinone
菽麻碱 junceine
疏花毛萼香茶菜内酯 A, B laxiflorolide A, B
疏花毛萼香茶菜素 A~V laxiflorin A~V
疏花米仔兰素▲ D aglaxiflorin D
疏花蛇菰素▲ A, B balaxiflorin A, B
疏花卫矛酮▲ A laxifolone A
疏花鱼藤查耳酮▲ laxichalcone
疏花鱼藤林素▲ laxifolin
疏花鱼藤素▲ laxiflorin
疏叶当归素▲ laxifolin
疏展香茶菜宁 A~F effusanin A~F
疏展香茶菜素 effusin
蜀葵菖蒲烃▲ altheacalamene
蜀葵二十六酸内酯▲ altheahexacosanyl lactone
(6*S*,9*R*)- 蜀葵黄酮苷 (6*S*,9*R*)-roseside
蜀葵香豆素▲葡萄糖苷 altheacoumarin glucoside
蜀黍苷 dhurrin
蜀黍苷 -6'- 葡萄糖苷 dhurrin-6'-glucoside
鼠耳芥苷▲ A, B arabidopside A, B
β- 鼠李柠檬素 β-rhamnocitrin
鼠李柠檬素 rhamnocitrin
鼠李柠檬素 -3,4'- 二葡萄糖苷 rhamnocitrin-3,4'-diglucopyranoside
鼠李柠檬素 -3-*O*-[(*S*)-3- 羟基 -3- 甲基 - 戊二酰基 -(1 → 6)]-β-D- 吡喃葡萄糖苷 rhamnocitrin-3-*O*-[(*S*)-3-hydroxy-3-methyl-glutaroyl-(1 → 6)]-β-D-glucopyranoside
鼠李柠檬素 -3-*O*-α-L- 吡喃鼠李糖苷 rhamnocitrin-3-*O*-α-L-rhamnopyranoside
鼠李柠檬素 -3-*O*-α-L- 吡喃鼠李糖基 -(1 → 3)-*O*-α-L- 吡喃鼠李糖基 -(1 → 6)-β-D- 吡喃半乳糖苷 rhamnocitrin-3-*O*-α-L-rhamnopyranosyl-(1 → 3)-*O*-α-L-rhamnopyranosyl-(1 → 6)-β-D-galactopyranoside
鼠李柠檬素 -3-*O*-β-D- 吡喃半乳糖苷 rhamnocitrin-3-*O*-β-D-galactopyranoside
鼠李柠檬素 -3-*O*-β-D- 吡喃葡萄糖苷 rhamnocitrin-3-*O*-β-D-glucopyranoside
鼠李柠檬素 -3-*O*-β-D- 呋喃芹糖基 -(1 → 2)-β-D- 吡喃葡萄糖苷 rhamnocitrin-3-*O*-β-D-apiofuranosyl-(1 → 2)-β-D-glucopyranoside
鼠李柠檬素 -3-*O*-β-D- 芹糖基 -(1 → 5)-β-D- 芹糖基 -4'-*O*-β-D- 葡萄糖苷 rhamnocitrin-3-*O*-β-D-apiosyl-(1→5)-β-D-apiosyl-4'-*O*-β-D-glucoside)
鼠李柠檬素 -3-*O*-β- 吡喃半乳糖苷 -4'-*O*-β- 吡喃葡萄糖苷 rhamnocitrin-3-*O*-β-galactopyranosyl 4'-*O*-β-glucopyranosideide
鼠李柠檬素 -3-*O*- 丙二酰吡喃葡萄糖苷 rhamnocitrin-3-*O*-malonylglucopyranoside
鼠李柠檬素 -3-*O*- 葡萄糖苷 rhamnocitrin-3-*O*-glucoside
鼠李柠檬素 -3-*O*- 芸香糖苷 rhamnocitrin-3-*O*-rutinoside
鼠李柠檬素 -3- 葡萄糖苷 rhamnocitrin-3-glucoside
鼠李柠檬素 -4'-*O*-β-D- 吡喃葡萄糖苷 rhamnocitrin-4'-*O*-β-D-glucopyranoside
3-*O*- 鼠李柠檬素 -6-*O*- 苯甲酰基 -β-D- 吡喃葡萄糖苷 3-*O*-rhamnocitrin-6-*O*-benzoyl-β-D-glucopyranoside
鼠李秦素 rhamnazin
鼠李秦素 -3-*O*-β-D-(6''-β- 羟基 -β- 甲基戊二酰基)-β-D- 吡喃葡萄糖苷 -4'-*O*-β-D- 吡喃葡萄糖苷 rhamnazin-3-*O*-β-D-(6''-β-hydroxy-β-methylglutaryl)-β-D-glucopyranoside-4'-*O*-β-D-glucopyranoside
鼠李秦素 -3-*O*-β-D-6''- 乙酰吡喃葡萄糖苷 rhamnazin-3-*O*-β-D-6''-acetylglucopyranoside
鼠李秦素 -3-*O*-β-D- 吡喃葡萄糖苷 rhamnazin-3-*O*-β-D-glucopyranoside
鼠李秦素 -3-*O*-β-D- 芸香糖苷 rhamnazin-3-*O*-β-D-rutinoside
鼠李秦素 -3-*O*- 槐糖苷 rhamnazin-3-*O*-sophoroside
鼠李秦素 -3-β-D- 吡喃葡萄糖 rhamnazin 3-β-D-glucopyranoside
鼠李秦素 -3- 芸香糖苷 rhamnazin-3-rutinoside
鼠李素 rhamnetin

鼠李素 -3,3',4'- 三 -O- 葡萄糖苷 rhamnetin-3,3',4'-tri-O-glucoside
鼠李素 -3-O-(2''-O-β-D- 吡喃甘露糖基)-β-D- 吡喃阿洛糖苷 rhamnetin-3-O-(2''-O-β-D-mannopyranosyl)-β-D-allopyranoside
鼠李素 -3-O-(6''-O-α-L- 吡喃鼠李糖基)-β-D- 吡喃半乳糖苷 rhamnetin-3-O-(6''-O-α-L-rhamnopyranosyl)-β-D-galactopyranoside
鼠李素 -3-O-[(S)-3- 羟基 -3- 甲基 - 戊二酰基 -(1 → 6)]-β-D- 吡喃葡萄糖苷 rhamnetin-3-O-[(S)-3-hydroxy-3-methyl-glutaroyl-(1 → 6)]-β-D-glucopyranoside
鼠李素 -3-O-α-L- 吡喃鼠李糖苷 rhamnetin-3-O-α-L-rhamnopyranoside
鼠李素 -3-O-α-L- 吡喃鼠李糖基 -(1 → 2)-O-α-L- 吡喃鼠李糖基 -(1 → 6)-β-D- 吡喃半乳糖苷 rhamnetin-3-O-α-L-rhamnopyranosyl-(1 → 2)-O-α-L-rhamnopyranosyl-(1 → 6)-β-D-galactopyranoside
鼠李素 -3-O-β-D-6'- 乙酰吡喃半乳糖苷 isorhamnetin-3-O-β-D-6'-acetylgalactopyranoside
鼠李素 -3-O-β-D-6'- 乙酰吡喃葡萄糖苷 isorhamnetin-3-O-β-D-6'-acetylglucopyranoside
鼠李素 -3-O-β-D- 吡喃半乳糖苷 rhamnetin-3-O-β-D-galactopyranoside
鼠李素 -3-O-β-D- 吡喃葡萄糖苷 rhamnetin-3-O-β-D-glucopyranoside
鼠李素 -3-O-β-D- 吡喃葡萄糖基 -(1'')-β-D- 吡喃葡萄糖苷 rhamnetin-3-O-β-D-glucopyranosyl-(1'')-β-D-glucopyranoside
鼠李素 -3-O-β-D- 芸香糖苷 rhamnetin-3-O-β-O-rutinoside
鼠李素 -3-O-β- 新橙皮糖苷 rhamnetin-3-O-β-neohesperidoside
鼠李素 -3-O- 阿拉伯糖苷 -3',4'- 二 -O- 葡萄糖苷 rhamnetin-3-O-arabinoside-3',4'-di-O-glucoside
鼠李素 -3-O- 阿拉伯糖苷 -4'-O- 葡萄糖苷 rhamnetin-3-O-arabinoside-4'-O-glucoside
鼠李素 -3-O- 半乳糖苷 rhamnetin-3-O-galactoside
鼠李素 -3-O- 吡喃半乳糖苷 rhamnetin-3-O-galactopyranoside
鼠李素 -3-O- 吡喃鼠李糖苷 rhamnetin-3-O-rhamnopyranoside
鼠李素 -3-O- 丙二酰吡喃葡萄糖苷 rhamnetin-3-O-malonylglucopyranoside
鼠李素 -3-O- 槐糖苷 rhamnetin-3-O-sophoroside
鼠李素 -3'-O- 葡萄糖苷 rhamnetin-3'-O-glucoside
鼠李素 -3-O- 鼠李糖基 -(1 → 4)- 吡喃鼠李糖苷 rhamnetin-3-O-rhamnosyl-(1 → 4)-rhamnopyranoside
鼠李素 -3-O- 芸香糖苷 rhamnetin-3-O-rutinoside
鼠李素 -3- 吡喃半乳糖苷 rhamnetin-3-galactopyranoside
鼠李素 -3- 吡喃葡萄糖苷 rhamnetin-3-glucopyranoside
鼠李素吡喃己糖苷 rhamnetin hexopyranoside
鼠李素吡喃鼠李糖苷 rhamnetin-rhamnopyranoside
L- 鼠李糖 L-rhamnose
α-L- 鼠李糖 α-L-rhamnose
β- 鼠李糖 β-rhamnose
鼠李糖 rhamnose
1-O-α-L- 鼠李糖 -(22S)- 胆甾 -5- 烯 -1β,3β,16β,22- 四羟基 -16-O-β-D- 葡萄糖苷 1-O-α-L-rhamnosyl-(22S)-cholest-5-en-1β,3β,16β,22-tetrahydroxy-16-O-β-D-glucoside
2''-O-α-L- 鼠李糖基 -6-C- 喹诺糖基 - 木犀草素 2''-O-α-L-rhamnosyl-6-C-quinovosyl-luteolin
2''-O-α-L- 鼠李糖基 -6-C- 岩藻糖基 -3'- 甲氧基木犀草素 2''-O-α-L-rhamnosyl-6-C-fucosyl-3'-methoxyluteolin
2''-O-α-L- 鼠李糖基 -6-C- 岩藻糖基 - 木犀草素 2''-O-α-L-rhamnosyl-6-C-fucosyl-luteolin
6-O-(鼠李糖基 -C- 葡萄糖基) 芹菜苷元 6-O-(rhamnosyl-C-glucosyl)apigenin
2''-O- 鼠李糖基大花淫羊藿苷 A 2''-O-rhamnosylikarisoside A
鼠李糖基二己糖基槲皮素硫酸酯 rhamnosyldihexosylquercetin sulfate
2''-O- 鼠李糖基荭草素 2''-O-rhamnosylorientin
2''-O- 鼠李糖基金雀儿苷▲ 2''-O-rhamnosylscoparin
鼠李糖基牡荆素 rhamnosylvitexin
2''-O- 鼠李糖基异荭草素 2''-O-rhamnosylisoorientin
O''- 鼠李糖基异獐牙菜素 O''-rhamnosylisoswertisin
2''-O- 鼠李糖基淫羊藿次苷 II 2''-O-rhamnosylicariside II
2'- 鼠李糖基淫羊藿苷 A 2'-rhamnosylicariin A
2''-O- 鼠李糖基獐牙菜素 2''-O-rhamnosylswertisin
鼠李糖藜芦辛亭▲ rhamnoveracintine
2''-O- 鼠李糖牡荆素 2''-O-rhamnosylvitexin
鼠李酮酸 -γ- 内酯 rhamnonic acid-γ-lacton
鼠曲草黄素 gnaphaliin
鼠曲草林素 gnaphalin
鼠尾草胺▲ A~F salviamine A~F
鼠尾草赪酮烷▲ A salviaclerodan A
鼠尾草醇 A salvianol A
鼠尾草二酮▲ salviadione
鼠尾草二烯醇 A, B salviadienol A, B
鼠尾草酚 salviol
鼠尾草酚酮 salviolone
鼠尾草酚烷▲ B salviatane B
鼠尾草苷元 salvigenin
鼠尾草洛苷▲ A~E salvialoside A~E
鼠尾草尼酸▲ sagerinic acid
鼠尾草宁▲ salvianin
鼠尾草诺灵▲ salvinorin
鼠尾草三元环素▲ A salvitrijudin A
鼠尾草素 salviarin
鼠尾草酮 salvinone
鼠尾草酮酚▲ salvianonol
鼠尾草烷▲ salvianan
鼠尾草烯▲ salvianen
鼠尾草烯酮▲ salvilenone
鼠尾草香豆素▲ sagecoumarin
薯叶假泽兰素▲ batatifolin
薯蓣次苷 A, B dioscin prosapogenin A, B
薯蓣多糖 A~F dioscoran A~F
薯蓣碱 dioscorine
薯蓣酮 A dioscorone A
薯蓣皂毒苷 dioscorea sapotoxin
薯蓣皂毒苷 A, B dioscorea sapotoxin A, B
薯蓣皂苷 dioscin
薯蓣皂苷元 diosgenin
薯蓣皂苷元 -3-O-[α-L- 吡喃阿拉伯糖基 -(1 → 2)]-β-D- 吡喃葡萄糖苷 diosgenin-3-O-[α-L-arabinopyranosyl-(1 → 2)]-β-D-glucopyranoside
薯蓣皂苷元 -3-O-[α-L- 吡喃阿拉伯糖基 -(1 → 4)]-β-D- 吡喃葡萄糖苷 diosgenin-3-O-[α-L-arabinopyranosyl-(1 → 4)]-β-D-glucopyranoside
薯蓣皂苷元 -3-O-[α-L- 吡喃鼠李糖基 -(1 → 2)][β-D- 吡喃木糖基 -(1 → 3)]-β-D- 吡喃葡萄糖苷 diosgenin-3-O-[α-L-rhamnopyranosyl-(1 → 2)][β-D-xylopyranosyl-(1 → 3)]-β-D-glucopyranoside
薯蓣皂苷元 -3-O-[α-L- 吡喃鼠李糖基 -(1 → 2)]-β-D- 吡喃葡萄糖苷 diosgenin-3-O-[α-L-rhamnopyranosyl-(1 → 2)]-β-D-

S

glucopyranoside

薯蓣皂苷元 -3-*O*-[α-L- 吡喃鼠李糖基 -(1 → 3)-α-L- 吡喃鼠李糖基 -(1 → 4)-α-L- 吡喃鼠李糖基 -(1 → 4)]-β-D- 吡喃葡萄糖苷 diosgenin-3-*O*-[α-L-rhamnopyranosyl-(1 → 3)-α-L-rhamnopyranosyl-(1 → 4)-α-L-rhamnopyranosyl-(1 → 4)]-β-D-glucopyranoside

薯蓣皂苷元 -3-*O*-[α-L- 吡喃鼠李糖基 -(1 → 4)]-β-D- 吡喃葡萄糖苷 diosgenin-3-*O*-[α-L-rhamnopyranosyl-(1 → 4)]-β-D-glucopyranoside

薯蓣皂苷元 -3-*O*-[β-D- 吡喃葡萄糖 -(1 → 4)]-β-D- 吡喃葡萄糖苷 diosgenin-3-*O*-[β-D-glucopyranosyl-(1 → 4)]-β-D-glucopyranoside

薯蓣皂苷元 -3-*O*-{*O*-α-L- 吡喃鼠李糖基 -(1 → 2)-*O*-[*O*-α-L- 吡喃鼠李糖基 -(1 → 4)-α-L- 吡喃鼠李糖基 -(1 → 4)]-β-D- 吡喃葡萄糖苷 } diosgenin-3-*O*-{*O*-α-L-rhamnopyranosyl-(1 → 2)-*O*-[*O*-α-L-rhamnopyranosyl-(1→4)-α-L-rhamnopyranosyl-(1→4)]-β-D-glucopyanoside}

薯蓣皂苷元 -3-*O*-{*O*-α-L- 吡喃鼠李糖基 -(1 → 2)-*O*-[β-D- 吡喃葡萄糖基 -(1 → 3)]-β-D- 吡喃葡萄糖苷 } diosgenin-3-*O*-{*O*-α-L-rhamnopyranosyl-(1→2)-*O*-[β-D-glucopyranosyl-(1→3)]-β-D-glucopyranoside}

薯蓣皂苷元 -3-*O*-α-L- 吡喃鼠李糖基 -(1 → 2)-[α-L- 吡喃鼠李糖基 -(1 → 4)]-β-D- 吡喃葡萄糖苷 diosgenin-3-*O*-α-L-rhamnopyranosyl-(1 → 2)-[α-L-rhamnopyranosyl-(1 → 4)]-β-D-glucopyranoside

薯蓣皂苷元 -3-*O*-α-L- 吡喃鼠李糖基 -(1 → 2)-*O*-[α-L- 吡喃阿拉伯糖基 -(1 → 3)]-β-D- 吡喃葡萄糖苷 diosgenin-3-*O*-α-L-rhamnopyranosyl-(1 → 2)-*O*-[α-L-arabinopyranosyl-(1 → 3)]-β-D-glucopyranoside

薯蓣皂苷元 -3-*O*-α-L- 吡喃鼠李糖基 -(1 → 2)-*O*-β-D- 吡喃葡萄糖苷 diosgenin-3-*O*-α-L-rhamnopyranosyl-(1 → 2)-*O*-β-D-glucopyranoside

薯蓣皂苷元 -3-*O*-α-L- 吡喃鼠李糖基 -(1 → 2)-α-L- 呋喃阿拉伯糖基 -(1 → 3)-β-D- 吡喃葡萄糖苷 diosgenin-3-*O*-α-L-rhamnopyranosyl-(1 → 2)-[α-L-arabinofuranosyl-(1 → 3)]-β-D-glucopyranoside

薯蓣皂苷元 -3-*O*-α-L- 吡喃鼠李糖基 -(1 → 2)-β-D- 吡喃葡萄糖苷 diosgenin-3-*O*-α-L-rhamnopyranosyl-(1 → 2)-β-D-glucopyranoside

薯蓣皂苷元 -3-*O*-α-L- 吡喃鼠李糖基 -(1 → 2)-β-D- 吡喃葡萄糖醛酸 diosgenin-3-*O*-α-L-rhamnopyranosyl-(1 → 2)-β-D-glucopyranosiduronic acid

薯蓣皂苷元 -3-*O*-α-L- 吡喃鼠李糖基 -(1 → 2)-β-D- 吡喃葡萄糖醛酸苷 diosgenin-3-*O*-α-L-rhamnopyranosyl-(1 → 2)-β-D-glucuroniduronic acid

薯蓣皂苷元 -3-*O*-α-L- 吡喃鼠李糖基 -(1 → 2)-β-D- 吡喃葡萄糖醛酸甲酯 diosgenin-3-*O*-α-L-rhamnopyranosyl-(1 → 2)-β-D-glucuroniduronic acid methyl ester

薯蓣皂苷元 -3-*O*-α-L- 吡喃鼠李糖基 -(1 → 4)-[α-L- 吡喃鼠李糖基 -(1 → 2)]-β-D- 吡喃葡萄糖苷 diosgenin-3-*O*-α-L-rhamnopyranosyl-(1 → 4)-[α-L-rhamnopyranosyl-(1 → 2)]-β-D-glucopyranoside

薯蓣皂苷元 -3-*O*-α-L- 吡喃鼠李糖基 -(1 → 4)-α-L- 吡喃鼠李糖基 -(1 → 2)-β-D- 吡喃葡萄糖苷 diosgenin3-*O*-α-L-rhamnopyranosyl-(1 → 4)-α-L-rhamnopyranosyl-(1 → 2)-β-D-glucopyranoside

薯蓣皂苷元 -3-*O*-α-L- 吡喃鼠李糖基 -(1 → 4)-α-L- 吡喃鼠李糖基 -(1 → 4)-[α-L- 吡喃鼠李糖基 -(1 → 2)]-β-D- 吡喃葡萄糖苷 diosgenin-3-*O*-α-L-rhamnopyranosyl-(1 → 4)-α-L-rhamnopyranosyl-(1 → 4)-[α-L-rhamnopyranosyl-(1 → 2)]-β-D-glucopyranoside

薯蓣皂苷元 -3-*O*-α-L- 吡喃鼠李糖基 -(1 → 4)-α-L- 吡喃鼠李糖基 -(1 → 4)-β-D- 吡喃葡萄糖苷 diosgenin-3-*O*-α-L-rhamnopyranosyl-(1 → 4)-α-L-rhamnopyranosyl-(1 → 4)-β-D-glucopyranoside

薯蓣皂苷元 -3-*O*-α-L- 吡喃鼠李糖基 -(1 → 4)-β-D- 吡喃葡萄糖苷 diosgenin-3-*O*-α-L-rhamnopyranosyl-(1 → 4)-β-D-glucopyranoside

薯蓣皂苷元 -3-*O*-α-L- 呋喃阿拉伯糖基 -(1 → 2)-[α-L- 呋喃阿拉伯糖基 -(1 → 3)]-β-D- 吡喃葡萄糖苷 diosgenin-3-*O*-α-L-arabinofuranosyl-(1 → 2)-[α-L-arabinofuranosyl-(1 → 3)]-β-D-glucopyranoside

薯蓣皂苷元 -3-*O*-α-L- 呋喃阿拉伯糖基 -(1 → 3)-[α-L- 吡喃鼠李糖基 -(1 → 2)]-β-D- 吡喃葡萄糖苷 diosgenin-3-*O*-α-L-arabinofuranosyl-(1 → 3)-[α-L-rhamnopyranosyl-(1 → 2)]-β-D-glucopyranoside

薯蓣皂苷元 -3-*O*-α-L- 呋喃阿拉伯糖基 -(1 → 4)-β-D- 吡喃葡萄糖苷 diosgenin-3-*O*-α-L-arabinofuranosyl-(1 → 4)-β-D-glucopyranoside

薯蓣皂苷元 -3-*O*-α-L- 呋喃阿拉伯糖基 -(1 → 4)-β-D- 葡萄糖苷 diosgenin-3-*O*-α-L-arabinofuranosyl-(1 → 4)-β-D-glucoside

薯蓣皂苷元 -3-*O*-β-D- 吡喃葡萄糖苷 diosgenin-3-*O*-β-D-glucopyranoside

薯蓣皂苷元 -3-*O*-β-D- 吡喃葡萄糖基 -(1 → 2)-β-D- 吡喃葡萄糖基 -(1 → 4)-β-D- 吡喃半乳糖苷 diosgenin-3-*O*-β-D-glucopyranosyl-(1 → 2)-β-D-glucopyranosyl-(1 → 4)-β-D-galactopyranoside

薯蓣皂苷元 -3-*O*-β-D- 吡喃葡萄糖基 -(1 → 3)-β-D- 吡喃葡萄糖苷 diosgenin-3-*O*-β-D-glucopyranosyl-(1 → 3)-β-D-glucopyranoside

薯蓣皂苷元 -3-*O*-β-D- 吡喃葡萄糖基 -(1 → 3)-β-D- 吡喃葡萄糖基 -(1 → 4)-[α-L- 吡喃鼠李糖基 -(1 → 2)]-β-D- 吡喃葡萄糖苷 diosgenin-3-*O*-β-D-glucopyranosyl-(1 → 3)-β-D-glucopyranosyl-(1 → 4)-[α-L-rhamnopyranosyl-(1 → 2)]-β-D-glucopyranoside

薯蓣皂苷元 -3-*O*-β-D- 吡喃葡萄糖醛酸 diosgenin-3-*O*-β-D-glucuroniduronic acid

薯蓣皂苷元 -3-*O*-β-D- 吡喃葡萄糖醛酸甲酯 diosgenin-3-*O*-β-D-glucuroniduronic acid methyl ester

薯蓣皂苷元 -3-*O*-β-L- 呋喃阿拉伯糖基 -(1 → 4)-β-D- 葡萄糖苷 diosgenin-3-*O*-β-L-arabinofuranosyl-(1 → 4)-β-D-glucoside

薯蓣皂苷元 -3-*O*- 乙酰化物 diosgenin-3-*O*-acetate

薯蓣皂苷元 -3β-*O*-α-L- 吡喃鼠李糖基 -(1 → 4)-α-L- 吡喃鼠李糖基 -(1 → 4)-[α-L- 吡喃鼠李糖基 -(1 → 2)]-β-D- 吡喃葡萄糖苷 diosgenin-3β-*O*-α-L-rhamnopyranosyl-(1 → 4)-α-L-rhamnopyranosyl-(1 → 4)-[α-L-rhamnopyranosyl-(1 → 2)]-β-D-glucopyranoside

薯蓣皂苷元 -α-L- 吡喃鼠李糖基 -(1 → 2)-β-D- 葡萄糖苷 diosgenin-α-L-rhamnopyranosyl-(1 → 2)-β-D-glucopyranoside

薯蓣皂苷元 -α-L- 吡喃鼠李糖基 -(1 → 4)-β-D- 吡喃葡萄糖苷 diosgenin-α-L-rhamnopyranosyl-(1 → 4)-β-D-glucopyranoside

薯蓣皂苷元吡喃葡萄糖苷 diosgenin glucopyranoside

薯蓣皂苷元吡喃葡萄糖基 - 吡喃鼠李糖苷 diosgenin glucopyranosyl-rhamnopyranoside

薯蓣皂苷元吡喃葡萄糖基 - 二吡喃鼠李糖苷 diosgenin glucopyranosyl-dirhamnopyranoside

薯蓣皂苷元双葡萄糖苷 diosgenin diglucoside

薯蓣皂苷元酮 diosgenone

薯蓣皂苷元乙酸酯 diosgenin acetate

薯蓣皂苷元棕榈酸酯 diosgenin palmitate

束花石斛苷▲ A, B denchryside A, B

束花石斛芴素▲ A, B denchrysan A, B

束花石斛烯▲ dendrochrysanene

S

束毛藻酰胺▲ trichamide
束序苎麻碱▲ A, B boehmeriasine A, B
树发酸 alectorialic acid
树蒿素▲ arborescin
树商陆苷▲ ombuoside
树商陆素▲ ombuin; ombuine
树商陆素▲ -3-*O*-*β*-D- 吡喃半乳糖苷 ombuin-3-*O*-*β*-D-galactopyranoside
树商陆素▲ -3-*O*-*β*-D- 吡喃葡萄糖苷 ombuin-3-*O*-*β*-D-glucopyranoside
树商陆素▲ -3-*O*- 芸香糖苷 ombuin-3-*O*-rutinoside
树商陆素▲ -3-*β*- 芸香糖苷 ombuin-3-*β*-rutinoside
树舌灵芝素▲ A, B applanatin A, B
树舌灵芝氧酸▲ A~D applanoxidic acid A~D
树脂桉苷▲ A, B resinoside A, B
树脂苯乙酮▲ resacetophenone
树脂苔黑酚▲ resorcinol
α- 树脂苔黑酸▲ *α*-resorcylic acid
β- 树脂苔黑酸▲ *β*-resorcylic acid
α- 树脂苔黑酸▲ -3-*O*-*β*-D- 吡喃葡萄糖苷 *α*-resorcylic acid-3-*O*-*β*-D-glucopyranoside
树状软骨藻醇▲ A~F armatol A~F
树紫藤醇▲ B bolusanthol B
栓翅芹醇▲ prangol
栓翅芹苷元▲ prangenin
栓翅芹烯酮▲ pabulenone
栓翅卫矛碱▲ euophelline
栓菌酸 B trametenolic acid B
栓菌烯醇酸▲ trametenolic acid
栓菌烯醇酸▲ B trametenolic acid B
(*E*)- 栓质花椒醇▲ (*E*)-suberenol
栓质花椒素▲ suberosin
栓质花椒酮 suberenone
7,7'- 双 (1,4,5,8- 四羟基 -3- 乙基萘 -2,6- 二酮) 7,7'-bis(1,4,5,8-tetrahydroxy-3-ethylnaphthalene-2,6-dione)
双 (1- 甲基乙基) 过氧化物 bis(1-methylethyl)peroxide
双 (2- 丁基己基) 酞酸酯 bis(2-butylhexyl) phthalate
双 (2- 甲基丙基) 酞酸酯 bis(2-methylproyl) phthalate
双 (2- 甲基庚基) 酞酸酯 bis(2-methylheptyl) phthalate
1,1'- 双 (2- 羟基苯基) 醚 1,1'-bis(2-hydroxyphenyl)ether
双 (2- 羟乙基) 月桂酰胺 bis(2-hydroxyethyl) lauramide
双 (2- 乙基) 苯 -1,2- 二羧酸酯 bis(2-ethyl)benzene-1,2-dicarboxylate
双 (2- 乙基丁基) 对苯二甲酸酯 bis-(2-ethylhexyl) terephthalate
双 (2- 乙基癸基) 酞酸酯 bis(2-ethyldecyl) phthalate
双 (2- 乙基己基) 苯 -1,2- 二羧酸酯 bis(2-ethylhexyl)benzene-1,2-dicarboxylate
双 (2- 乙基己基) 酞酸酯 bis(2-ethylhexyl) phthalate
(2*R*,3*R*)-2,3- 双 (3,4- 二羟基) 丁内酯 (2*R*,3*R*)-2,3-bis(3,4-dihydroxy) butyrolactone
(1*α*,2*α*,3*α*,4*α*)-2,4- 双 (3,4- 二羟基苯基)-1,3- 环丁烷基二甲酸甲酯 (1*α*,2*α*,3*α*,4*α*)-2,4-bis(3,4-dihydroxyphenyl)-1,3-cyclobutane-dicarboxylic acid methyl ester
1,7- 双 (3,4- 二羟基苯基)-1*E*,4*E*-1,4- 庚二烯 -3- 酮 1,7-bis(3,4-dihydroxyphenyl)-(1*E*,4*E*)-1,4-heptadien-3-one
(3*R*)-1,7- 双 (3,4- 二羟基苯基)-3- 庚醇 (3*R*)-1,7-bis(3,4-dihydroxyphenyl)-3-heptanol
(3*R*)-1,7- 双 (3,4- 二羟基苯基)-3- 庚醇 -3-*O*-*β*-D- 吡喃木糖苷 (3*R*)-1,7-bis(3,4-dihydroxyphenyl)-3-heptanol-3-*O*-*β*-D-xylopyranoside
(3*R*)-1,7- 双 (3,4- 二羟基苯基)-3- 庚醇 -3-*O*-*β*-D- 吡喃葡萄糖苷 (3*R*)-1,7-bis(3,4-dihydroxyphenyl)-3-heptanol-3-*O*-*β*-D-glucoopyranoside
1,7- 双 (3,4- 二羟基苯基)-5- 甲氧基 -3- 庚酮 1,7-bis(3,4-dihydroxyphenyl)-5-methoxy-3-heptanone
1,7- 双 (3,4- 二羟基苯基)-5- 羟基 -3- 庚酮 5-*O*-[2-(2- 甲基丁烯酰基)]-*β*-D- 吡喃木糖苷 1,7-bis(3,4-dihydroxyphenyl)-5-hydroxy-3-heptanone-5-*O*-[2-(2-methylbutenoyl)]-*β*-D-xylopyranoside
1,7- 双 (3,4- 二羟基苯基)-5- 羟基庚烷 1,7-bis(3,4-dihydroxyphenyl)-5-hydroxyheptane
1,7- 双 (3,4- 二羟基苯基)-5- 羟基庚烷 -3-*O*-*β*-D- 吡喃木糖苷 1,7-bis(3,4-dihydroxyphenyl)-5-hydroxyheptane-3-*O*-*β*-D-xylopyranoside
1,7- 双 (3,4- 二羟基苯基)- 庚烷 3-*O*-*β*-D- 吡喃葡萄糖基 -(1 → 3)-*β*-D- 吡喃木糖苷 1,7-bis(3,4-dihydroxyphenyl)-heptane-3-*O*-*β*-D-glucopyranosyl-(1 → 3)-*β*-D-xylopyranoside
1,7- 双 (3,4- 二羟基苯基)- 庚烷 -3-*O*-*β*-D- 呋喃芹糖基 -(1 → 6)-*β*-D-吡喃葡萄糖苷 1,7-bis(3,4-dihydroxyphenyl)-heptane-3-*O*-*β*-D-apiofuranosyl-(1 → 6)-*β*-D-glucopyranoside
1,7- 双 (3,4- 二羟基苯基)- 庚烷 -3- 酮 -5-*O*-*β*-D- 吡喃木糖苷 1,7-bis(3,4-dihydroxyphenyl)-heptane-3-one-5-*O*-*β*-D-xylopyranoside
(5*S*)-1,7- 双 (3,4- 二羟基苯基)- 庚烷 -3- 酮 -5-*O*-*β*-D- 吡喃葡萄糖苷 (5*S*)-1,7-bis(3,4-dihydroxyphenyl)-heptan-3-one-5-*O*-*β*-D-glucopyranoside
1,7- 双 (3,4- 二羟基苯基)- 庚烷 -3- 酮 -5-*O*-*β*-D- 吡喃葡萄糖苷 1,7-bis(3,4-dihydroxyphenyl)-heptane-3-one-5-*O*-*β*-D-glucopyranoside
1,7- 双 (3,4- 二羟基苯基)- 庚烷 -4*E*,6*E*- 二烯 -3- 酮 1,7-bis(3,4-dihydroxyphenyl)-hepta-4*E*,6*E*-dien-3one
(5*R*)-1,7- 双 (3,4- 二羟基苯基)- 庚烷 -5-*O*-*β*-D- 吡喃木糖苷 (5*R*)-1,7-bis(3,4-dihydroxyphenyl)-heptane-5-*O*-*β*-D-xylopyranoside
1,7- 双 (3,4- 二羟基苯基)- 庚烷 -5-*O*-*β*-D- 吡喃木糖苷 1,7-bis(3,4-dihydroxyphenyl)-heptane-5-*O*-*β*-D-xylopyranoside
(5*R*)-1,7- 双 (3,4- 二羟基苯基)- 庚烷 -5-*O*-*β*-D- 吡喃葡萄糖苷 (5*R*)-1,7-bis(3,4-dihydroxyphenyl)-heptane-5-*O*-*β*-D-glucopyranoside
1,7- 双 (3,4- 二羟基苯基)- 庚烷 -5-*O*-*β*-D- 吡喃葡萄糖苷 1,7-bis(3,4-dihydroxyphenyl)-heptane-5-*O*-*β*-D-glucopyranoside
3,3'- 双 (3,4- 二氢 -4- 羟基 -6- 甲氧基)-2*H*-1- 苯并吡喃 3,3'-bis(3,4-dihydro-4-hydroxy-6-methoxy)-2*H*-1-benzopyran
2,3- 双 (3- 甲氧基 -4,7- 二羟基 - 苯基)- 丁烷 -1,4- 二醇 2,3-bis(*α*-hydroxy-4-hydroxy-3-methoxybenzyl)-butane-1,4-diol
6,6'- 双 (3- 乙基 -2,7- 二羟基萘茜) 6,6'-bis(3-ethyl-2,7-dihydroxynaphthazarin)
1,7- 双 (4- 对羟基苯基)-1,4- 庚二烯 -3- 酮 1,7-bis(4-hydroxyphenyl)-1,4-heptadien-3-one
双 (4- 二甲基氨苯基) 甲酮 bis(4-dimethylaminophenyl)methanone
(3*R*)-1,7- 双 (4- 二羟基苯基)-3- 庚醇 -3-*O*-*β*-D- 吡喃葡萄糖基 -(1 → 3)-*β*-D- 吡喃木糖苷 (3*R*)-1,7-bis(4-dihydroxyphenyl)-3-heptanol-3-*O*-*β*-D-glucopyranosyl-(1 → 3)-*β*-D-xylopyranoside
(1*E*,4*E*,6*E*)-1,7- 双 (4- 羟苯基)-1,4,6- 庚三烯 -3- 酮 (1*E*,4*E*,6*E*)-1,7-bis(4-hydroxyphenyl)-1,4,6-heptatrien-3-one
(*Z*)-1,3- 双 (4- 羟苯基)-1,4- 戊二烯 (*Z*)-1,3-bis(4-hydroxyphenyl)-1,4-pentadiene
(4*E*,6*E*)-1,7- 双 (4- 羟苯基)-4,6- 庚二烯 -3- 酮 (4*E*,6*E*)-1,7-bis(4-hydroxyphenyl)-4,6-heptadien-3-one
1,2- 双 (4- 羟基 -3- 甲氧基苯基)-1,3- 丙二醇 1,2-bis(4-hydroxy-3-methoxyphenyl)-1,3-propanediol
(+)-1,7- 双 (4- 羟基 -3- 甲氧基苯基)-2,3,5- 庚三醇 (+)-1,7-bis(4-

S

hydroxy-3-methoxyphenyl)-2,3,5-heptanetriol
4,4- 双 (4- 羟基 -3- 甲氧基苯基)-2,3- 二甲基丁醇 4,4-bis(4-hydroxy-3-methoxyphenyl)-2,3-dimethylbutanol
(3*R*,5*R*)-1,7- 双 (4- 羟基 -3- 甲氧基苯基)-3,5- 庚二醇 (3*R*,5*R*)-1,7-bis(4-hydroxy-3-methoxyphenyl)-3,5-heptanediol
3,4- 双 (4- 羟基 -3- 甲氧基苄基)- 四氢呋喃 3,4-bis(4-hydroxy-3-methoxybenzyl)-tetrahydrofuran
(1*α*,2*α*,3*β*,4*β*)-3,4- 双 (4- 羟基苯基)-1,2- 环丁烷基二甲酸 -6,6'- 蔗糖酯 (1*α*,2*α*,3*β*,4*β*)-3,4-bis(4-hydroxyphenyl)-1,2-cyclobutane-dicarboxylic acid 6,6'-sucrose ester
2,4- 双 (4- 羟基苯基)-1,3- 环丁烷二羧酸 2,4-bis(4-hydroxyphenyl)-1,3-cyclobutanedicarboxylic acid
1,7- 双 (4- 羟基苯基)-3,5- 庚二醇 1,7-bis(4-hydroxyphenyl)-3,5-heptanediol
(3*R*)-1,7- 双 (4- 羟基苯基)-3- 庚醇 -3-*O*-2,6- 双 -*O*-(*β*-D- 呋喃芹糖基)-*β*-D- 吡喃葡萄糖苷 (3*R*)-1,7-bis(4-hydroxyphenyl)-3-heptanol-3-*O*-2,6-bis-*O*-(*β*-D-apiofuranosyl)-*β*-D-glucopyranoside
(3*R*)-1,7- 双 (4- 羟基苯基)-3- 庚醇 -3-*O*-*β*-D- 呋喃芹糖基 -(1 → 6)-*β*-D- 吡喃葡萄糖苷 (3*R*)-1,7-bis(4-hydroxyphenyl)-3-heptanol-3-*O*-*β*-D-apiofuranosyl-(1 → 6)-*β*-D-glucopyranoside
1,7- 双 (4- 羟基苯基)-3- 庚酮 1,7-bis(4-hydroxyphenyl)-3-heptanone
1,7- 双 (4- 羟基苯基)-3- 庚烯 -5- 酮 1,7-bis(4-hydroxyphenyl)-3-hepten-5-one
(4*E*)-1,7- 双 (4- 羟基苯基)-4- 庚烯 -3- 酮 (4*E*)-1,7-bis(4-hydroxyphenyl)-4-hepten-3-one
1,7- 双 (4- 羟基苯基)-5-(*β*-D- 吡喃葡萄糖氧基)-3- 庚酮 1,7-bis(4-hydroxyphenyl)-5-(*β*-D-glucopyranosyloxy)-3-heptanone
1,7- 双 (4- 羟基苯基)-5- 庚烯 -3- 酮 1,7-bis(4-hydroxyphenyl)-5-hepten-3-one
(5*S*)-1,7- 双 (4- 羟基苯基)-5- 甲氧基庚烷 -3- 酮 (5*S*)-1,7-bis(4-hydroxyphenyl)-5-methoxyheptan-3-one
1,7- 双 (4- 羟基苯基)-5- 羟基 -3- 庚酮 1,7-bis(4-hydroxyphenyl)-5-hydroxy-3-heptanone
双 (4- 羟基苯基) 甲烷 bis(4-hydroxyphenyl)methane
双 (4- 羟基苄基) 硫醚 bis(4-hydroxybenzyl)sulfide
双 (4- 羟基苄基) 醚 bis(4-hydroxybenzyl)ether
双 (4- 羟基苄基) 醚 - 单 -*β*-D- 吡喃葡萄糖苷 bis(4-hydroxybenzyl) ether-mono-*β*-D-glucopyranoside
双 (4- 异硫氰酰基丁基) 二硫醚 bis(4-isothiocyanatobutyl)disulfide
双 (5- 甲酰糠醛基) 醚 bis(5-formylfurfuryl) ether
3,3'- 双 -(6- 甲氧基色满) 3,3'-bis(6-methoxychroman)
双 (8- 表儿茶素基) 甲烷 bis(8-epicatechinyl)methane
4,4''- 双 (*N*- 对 - 阿魏酰基)-5- 羟色胺 4,4''-bis(*N*-*p*-feruloyl) serotonin
4,4''- 双 (*N*- 对香豆酰基)-5- 羟色胺 4,4''-bis(*N*-*p*-coumaroyl) serotonin
2,3,4,6- 双 -(*S*)- 六羟基联苯二甲酰基 -*β*-D- 葡萄糖 2,3,4,6-bis-HHDP-*β*-D-glucose
5,5'- 双 (*β*-D- 吡喃葡萄糖氧基)-4,4'- 二羟基 -2,2'- 双羟甲基 -[9,9'- 双蒽]-10,10'(9*H*,9'*H*)- 二酮 5,5'-bis(*β*-D-glucopyranosyloxy)-4,4'-dihydroxy-2,2'-bis (hydroxylmethyl)-[9,9'-bianthracene]-10,10'(9*H*,9'*H*)-dione
4,4'[(2*E*,2'*E*)- 双 (丙 -2- 烯)-1,1'- 氧]- 二苯基 -7,7'- 二乙酸酯 4,4'[(2*E*,2'*E*)-bis(prop-2-ene)-1,1'-oxy]-diphenyl-7,7'-diacetate
2,4- 双 (对羟苯甲基) 苯酚 2,4-bis(4-hydroxybenzyl)phenol
N,*N*- 双 (甲氨甲酰基)- 甲胺 *N*,*N*-bis(methylcarbamyl)-methylamine
1,2- 双 (甲基硫代) 乙烯 1,2-bis(methylthio)ethene
1,3- 双 (间羰基苯基)- 丙烷 -2- 酮 1,3-bis(*m*-carboxylphenyl)-propan-2-one
3,5- 双 (三甲基硅)-2,4,6- 环庚三烯 -1- 酮 3,5-bis(trimethylsilyl)-2,4,6-cycloheptatrien-1-one
3,3'- 双 (吲哚甲基) 二甲基铵羟化物 3,3'-bis(indolylmethyl)-dimethylammonium hydroxide
双 [(2,4- 二硝基苯基) 腙] bis[(2,4-dinitrophenyl) hydrazone]
2,3- 双 [(4- 羟基 -3- 甲氧基苯基) 甲基]-1,2,4- 丁三醇 2,3-bis[(4-hydroxy-3-methoxyphenyl)methyl]-1,2,4-butanetriol
1,3- 双 [2-(3,4- 二羟基苯基)-1- 甲氧羰基] 乙氧羰基 -2-(3,4- 二羟基苯基)-7,8- 二羟基 -1,2- 二氢萘 1,3-bis[2-(3,4-dithydroxyphenyl)-1-methoxycarbonyl] ethoxycarbonyl-2-(3,4-dihydroxyphenyl)-7,8-dihydroxy-1,2-dihydronuphthalene
1,3- 双 [2-(3,4- 二羟基苯基)-1- 羧基] 乙氧羰基 -2-(3,4- 二羟基苯基)-7,8- 二羟基 -1,2- 二氢萘 1,3-bis-[2-(3,4-dihydroxyphenyl)-1-carboxy] ethoxycarbonyl-2-(3,4-dihydroxyphenyl)-7,8-dihydroxy-1,2-dihydronaphthalene
双 [4-(*β*-D- 吡喃葡萄糖氧基) 苄基](*S*)-(-)-2- 异丙基苹果酸酯 bis[4-(*β*-D-glucopyranosyloxy)benzyl](*S*)-(-)-2-isopropylmalate
双 [4-(*β*-D- 吡喃葡萄糖氧基) 苄基](*S*)-(-)-2- 仲丁基苹果酸酯 bis[4-(*β*-D-glucopyranosyloxy)benzyl](*S*)-(-)-2-*sec*-butylmalate
双 -2- 羟基 -3- 甲基咔唑 bis-2-hydroxy-3-methylcarbazole
双 -2- 烯丙基硫代磺酸酯 bis-2-propenyl thiosulfonate
双 -2- 烯丙基三硫醚 bis-2-propenyl trisulfide
双 -2- 烯丙基四硫醚 bis-2-propenyl tetrasulfide
双 -2- 烯丙基五硫醚 bis-2-propenyl pentasulfide
双 -5,5'- 降络石苷元 bis-5,5'-nortrachelogenin
双 -5,5- 降络石苷元 bis-5,5-nortrachelogenin
双 -5',5'- 降络石苷元 bis-5',5'-nortrachelogenin
α,*α*'-(双 -5- 甲酰基 -2- 呋喃基) 二甲基醚 *α*,*α*'-(bis-5-formyl-2-furanyl)dimethylether
双 -5- 羟基降山油柑碱 bis-5-hydroxynoracronycine
双 -7- 甲氧基吉九里香碱 A bis-7-methoxygirinimbine A
双 -7- 羟基吉九里香碱 A, B bis-7-hydroxygirinimbine A, B
N^5,N^{10}- 双氨丁基均精胺 N^5, N^{10}-bis(aminobutyl)homospermine
N^5,N^{10}- 双氨丁基均戊胺 N^5, N^{10}-bis(aminobutyl)homopentamine
N^5,N^{15}- 双氨丁基均戊胺 N^5, N^{15}-bis(aminobutyl)homopentamine
3*α*,6*β*- 双巴豆酰氧基 -7*β*- 羟基托品烷 3*α*,6*β*-ditigloyloxy-7*β*-hydroxytropane
3*α*,6*β*- 双巴豆酰氧托品 -7- 醇 3*α*,6*β*-ditigloyloxytropane-7-ol
(-)-3*α*,6*β*- 双巴豆酰氧托品烷 (-)-3*α*,6*β*-ditigloyloxytropane
双苯并呋喃 bibenzofuran
双苄基异喹啉 bisbenzylisoquinoline
1,11- 双 - 表蒿辛素▲ 1,11-bis-epiartesin
双补骨脂酚 A, B bisbakuchiol A, B
双苍术内酯 biatractylolide
3,3''- 双草原大戟苷元▲ 3,3''-bisteppogenin
3,3''- 双草原大戟苷元▲-7-*O*-*β*-D- 吡喃葡萄糖苷 3,3''-bisteppogenin-7-*O*-*β*-D-glucopyranoside
双长春多灵 bisvindoline
双长叶九里香亭▲ bismurrangatin
双川藏香茶菜萜素▲F bispseurata F
双地耳草屾酮▲ bijaponicaxanthone
双地耳草屾酮▲C bijaponicaxanthone C
双碘喹啉 iodoquinol
双钓樟酮▲ bi-linderone
双调料九里香醌▲A bikoeniquinone A
双冬凌草素 A~E bisrubescensin A~E
双豆叶九里香吡喃碱▲ bispyrayafoline
双豆叶九里香醇 bismurrayafolinol
双豆叶九里香碱▲A~E bismurrayafoline A~E

双豆叶九里香香叶碱▲ bisgerayafoline
(12R,12″R)- 双独活醇 (12R,12″R)-diheraclenol
1,7- 双对羟苯基 -4- 庚烯 -3- 酮 1,7-bis(p-hydroxyphenyl)-4-hepten-3-one
双 -8,8'- 儿茶素甲烷 bis-8,8'-catechinylmethane
1,3- 双 - 二 - 对羟苯基 -4- 戊烯 -1- 酮 1,3-bis-di-p-hydroxyphenyl-4-penten-1-one
双二甲氧基甲基姜黄素 bisdimethoxymethylcurcumin
8,8'- 双二氢丁香苷元 8,8'-bisdihydrosyringenin
8,8'- 双二氢丁香苷元吡喃葡萄糖苷 8,8'-bisdihydrosyringenin glucopyranoside
8,8'- 双二氢丁香苷元葡萄糖苷 8,8'-bisdihydrosyringeninglucoside
(+)-(8S,8'S)- 双二氢紫丁香苷元 (+)-(8S,8'S)-bisdihydrosyringenin
双盖蕨苷▲ I, II, III, IV, V, VI, VII diplazioside I, II, III, IV, V, VI, VII
双盖蕨苷▲ VII 单乙酸酯 diplazioside VII monoacetate
双藁本内酯 riligustilide
双古当归素 A diarchangelicin A
双和厚朴酚 A bishonokiol A
双红根草酮▲ A, B, C bisprioterone A, B, C
双胡椒酰胺 A, B, C, E dipiperamide A, B, C, E
3,3'- 双胡桃醌 3,3'-bisjuglone
双蝴蝶酚苷 triptephenoside
双蝴蝶苷▲ tripteroside
双蝴蝶呫酮苷▲ A~E triptexanthoside A~E
双蝴蝶辛▲ A~E tripterospermumcin A~E
双花醇 shuanghuaol
双花金丝桃查耳酮▲ A, B gemichalcone A, B
双花牧羊草三烯▲ bifloratriene
双环 [10.1.0] 十三烷 -1- 烯 bicyclo[10.1.0]tridec-1-ene
双环 [3,1,1] 庚烷 bicyclo[3,1,1]heptane
双环醇 bicyclol
双环大根老鹳草烯 bicyclogermacrene
双环大根老鹳草烯 -13- 醛 bicyclogermacren-13-al
γ- 双环高金合欢醛 γ-bicyclohomofarnesal
双环己基 -1,2- 苯二羧酸 dicyclohexyl-1,2-benzene dicarboxylate
双环榄香烯 bicycloelemene
双环马汉九里香碱 bicyclomahanimbine
双环马汉九里香林碱▲ bicyclomahanimbiline
双环马汉九里香星碱 bicyclomahanimbicine
双环桑酮 EA, EB dicyclokuwanon EA, EB
双黄华明 dithermamine
双降二氢毒马钱碱▲ bisnordihydrotoxiferine
双降卡瓦胡椒宁▲ bisnoryangonin
双降卡瓦胡椒宁▲ -4-O-β-D- 吡喃葡萄糖苷 bisnoryangonin-4-O-β-D-glucopyra-noside
双降条叶银桦酚▲ bisnorstriatol
双九里香醌▲ A bismurrayaquinone A
N,N'- 双咔唑 N,N'-dicarbazyl
8,8'- 双柯氏九里香碱 8,8'-biskoenigine
6,6'- 双昆布酚 6,6'-bieckol
8,8'- 双昆布酚 8,8'-bieckol
双硫黄菊素 disulfuretin
双龙瓣豆黄酮▲ diploflavone
双落叶松树脂醇 bilariciresinol
双马汉九里香宁碱 bismahanine
双吗啡碱▲ A, B bismorphine A, B
3-O-3'- 双茅膏菜酮 3-O-3'-bidroserone
3-O-7″- 双木犀草素 3-O-7″-biluteolin
双萘醌酚 diphthiocol
双欧前胡烯酮▲ B bisosthenone B
3,7- 双羟甲基 -1- 苯并氧杂草 -5(2H)- 酮 3,7-bis(hydroxymethyl)-1-benzoxepin-5(2H)-one
C-3/C-8″- 双芹菜苷元 C-3/C-8″-biapigenin
双芹菜苷元 biapigenin
(±)-3,3'- 双去甲基松脂酚 (±)-3,3'-bisdemethylpinoresinol
双去甲氧基姜黄素 bisdemethoxycurcumin
双去氢百部新碱 bisdehydrostemoninine
双去氢对叶百部碱 bisdehydrotuberostemonine
双去氢对叶百部碱 B, C bisdehydrotuberostemonine B, C
双去氢新百部碱 bisdehydroneostemonine
双去氢新对叶百部碱 bisdehydroneotuberostemonine
双去氢原百部碱 bisdehydroprotostemonine
双日本香茶菜素▲ A, B bisjaponin A, B
双肉豆蔻酮 dimyristyl ketone
双山小桔明碱 B bisglybomine B
双山小橘咔唑抗素▲ A biscarbalexin A
双扇蕨萜▲ A dipterinoid A
(2S)-2,3-O- 双十八碳 -9Z,12Z,15Z- 三烯酰甘油基 -6'-O-(α-D-吡喃半乳糖基)-β-D- 吡喃半乳糖苷 (2S)-2,3-O-dioctadeca-9Z,12Z,15Z-trienoylglyceryl-6'-O-(α-D-galactopyranosyl)-β-D-galactopyranoside
(2S)-2,3-O- 双十八碳 -9Z,12Z,15Z- 三烯酰甘油基 -O-β-D- 吡喃半乳糖苷 (2S)-2,3-O-dioctadeca-9Z,12Z,15Z-trienoylglyceryl-O-β-D-galactopyranoside
(2S)-2,3-O- 双十八碳 -9Z,12Z- 二烯酰甘油基 -6'-O-(α-D- 吡喃半乳糖基)-β-D- 吡喃半乳糖苷 (2S)-2,3-O-dioctadeca-9Z,12Z-dienoylglyceryl-6'-O-(α-D-galactopyranosyl)-β-D-galactopyranoside
(2S)-2,3-O- 双十八碳 -9Z,12Z- 二烯酰甘油基 -O-β-D- 吡喃半乳糖苷 (2S)-2,3-O-dioctadeca-9Z,12Z-dienoylglyceryl-O-β-D-galactopyranoside
双十八烷基硫醚 dioctadecyl sulfide
双 - 十二烷基苯 -1,4- 二羧酸酯 bis-dodecylbenzene-1,4-dicarboxylate
双十五烷基甲酮 dipentadecyl ketone
双苔黑酚 diorcinol
双藤黄烯酮▲ A, B bigarcinenone A, B
双桐叶千金藤地宁碱▲ bisaknadinine
双乌药烯内酯▲ bilindestrenolide
双香豆醇 dicumarol
双香豆酚 -7'-O-β-D- 吡喃葡萄糖苷 bicoumol-7'-O-β-D-glucopyranoside
双香豆酚 -7-O-β-D- 吡喃葡萄糖苷 bicoumol-7-O-β-D-glucopyranoside
双香豆素 dicoumarin
(-)- 双小白菊定碱 (-)-bisparthenolidine
5,5'- 双氧甲基呋喃醛 5,5'-dioxymethylfurfural
双叶细辛醇乙酸酯 caulesyl acetate
(+)- 双叶细辛呋喃酮▲ (+)-aoifuranone
双叶细辛内酯 cauleslactone
双叶细辛内酯 A, B caulolactone A, B
9,9'- 双乙酰新橄榄脂素 9,9'-bisacctylneoolivil
9,9'- 双乙酰新橄榄脂素 -4-O-β-D- 吡喃葡萄糖苷 9,9'-bisacctylneoolivil-4-O-β-D-glucopyranoside
3β,11α- 双乙酰氧基 -12- 熊果烯 3β,11α-diacetoxy-12-ursene
3,3'- 双异白蜡树定 3,3'-biisofraxidin
4,4'- 双异白蜡树定 4,4'-biisofraxidin

双异柿素 bisisodiospyrin
(±)- 双异戊酰阿米芹内酯▲ (±)-diisovalerylkhellactone
(±)- 双异戊酰基 - 顺式 - 阿米芹内酯▲ (±)-diisovaleryl-*cis*-khellactone
双银桦洛酚▲ bisgravillol
双银杏苷▲ A~I biginkgoside A~I
双硬脂酸甘油酯 distearin
3,8''- 双柚皮苷元 -7''-*O*-*β*- 葡萄糖 3,8''-binaringenin-7''-*O*-*β*-glucose
水芭蕉明碱▲ lysicamine
水柏枝醛▲ myriconal
水柏枝素 A, B myricarin A, B
水稻卡山防御素▲ A~D phytocassane A~D
水飞蓟宾 silybin
水飞蓟宾 A, B silybin A, B
水飞蓟明▲ A, B silymin A, B
水飞蓟宁 silydianin
水飞蓟素 silymarin
水飞蓟萜苷▲ A, B marianoside A, B
水飞蓟萜素▲ marianin; marianine
(+)- 水飞蓟亭 (+)-silychristin
水飞蓟亭 silychristin
水飞蓟亭 A, B silychristin A, B
(-)- 水飞木脂灵 B (-)-silandrin B
水飞木质灵 A, B silandrin A, B
水粉杯伞碱▲ nebularine
水粉杯伞内酯▲ A, B nebularilactone A, B
水粉杯伞酸▲ A, B nebularic acid A, B
水鬼蕉碱 pancratistatin
水鬼蕉林碱▲ littoraline
1- 水合 -3- 去氧 -*α*-D- 呋喃塔格糖 1-hydrate-3-deoxy-*α*-D-tagatofuranose
水合桧烯 sabinene hydrate
水合间苯三酚 phloroglucide
水合小芸木素 A~D hydramicromelin A~D
水红木酮▲ A~F cylindrictone A~F
水虎尾素 stellatin
水黄皮二酮 pongamol
水黄皮酚▲ A~D pongapinnol A~D
水黄皮苷▲ A~D pongamoside A~D
水黄皮黄酮基黄酮醇 pongamiaflavonylflavonol
水黄皮黄烷醇 pongaflavanol
水黄皮精素▲ kanugin
水黄皮玛亭▲ gamatin
水黄皮诺酮▲ ponganone I, II, III, IV, V, VI, VII, VIII, XI
水黄皮品素▲ pongapin
水黄皮品酮▲ A, B pongapinone A, B
水黄皮钦素▲ pongachin
水黄皮色烯▲ pongachromene
水黄皮双橙酮▲ pongamiabiaurone
水黄皮双黄酮▲ pongabiflavone
水黄皮素 karanjin
水黄皮亭 pinnatin
水黄皮酮▲ A~E pongamone A~E
水黄皮香豆雌烷▲ pongacoumestan
水黄皮鱼藤烯▲ pongarotene
水解雷兹崖椒宁▲ A hydrolytichazaleanin A
水锦树苷▲ wendoside
水晶兰苷 monotropein
水晶兰苷甲酯 monotropein methyl ester
水韭素▲ isoetin
水韭素▲ -5'- 甲醚 isoetin-5'-methyl ether
水韭素▲ -7-*O*- 吡喃葡萄糖基 -2'-*O*-*α*-D- 吡喃葡萄糖苷 isoetin-7-*O*-*β*-D-glucopyranosyl-2'-*O*-*α*-D-glucopyranoside
水韭素▲ -7-*O*- 吡喃葡萄糖基 -2'-*O*-*α*-L- 吡喃阿拉伯糖苷 isoetin-7-*O*-*β*-D-glucopyranosyl-2'-*O*-*α*-L-arabinopyranoside
水韭素▲ -7-*O*- 葡萄糖基 -2'-*O*- 木糖苷 isoetin-7-*O*-glucosyl-2'-*O*-xyloside
水韭素▲ -7-*β*- 吡喃葡萄糖基 -2'-*α*- 吡喃阿拉伯糖苷 isoetin-7-*β*-glucopyranosyl-2'-*α*-arabinopyranoside
水韭素▲ -7-*β*- 吡喃葡萄糖基 -2'-*α*- 吡喃葡萄糖苷 isoetin-7-*β*-glucopyranosyl-2'-*α*-glucopyranoside
水腊树酯▲ B ibotanolide B
水蓼醛▲ tadeonal; polygodial
水蓼素 persicarin
水蓼素 -7- 甲醚 persicarin-7-methyl ether
水龙骨 -7,17,21- 三烯 podioda-7,17,21-triene
水龙骨 -8,17,21- 三烯 podioda-8,17,21-triene
水龙骨卵果蕨素▲ phegopolin
水龙骨素▲ III shuilongguine III
水龙骨素 B polypodin B
水龙骨素 B-22-*O*- 苯甲酸酯 polypodin B-22-*O*-benzoate
水牛果素 A shephagenin A
水茄醇 A torvanol A
水茄苷 A~H, J~Q torvoside A~H, J~Q
水茄苷酶 torvosidase
水茄苷元 torvogenin
水茄莫苷▲ torvumoside
水茄宁▲ A, B torvonin A, B
水茄乳糖苷 A, B, C solanolactoside A, B, C
水芹毒素 oenanthotoxin
水芹苷▲ A oenanthoside A
水芹醛 phellandral
(+)-*β*- 水芹烯 (+)-*β*-phellandrene
1- 水芹烯 1-phellandrene
α- 水芹烯 *α*-phellandrene
β- 水芹烯 *β*-phellandrene
δ- 水芹烯 *δ*-phellandrene
水芹烯 phellandrene
水青树苷▲ B tetracentronside B
(-)- 水曲柳树脂酚▲ (-)-medioresinol
(+)- 水曲柳树脂酚▲ (+)-medioresinol
(±)- 水曲柳树脂酚▲ (±)-medioresinol
水曲柳树脂酚▲ medioresinol
(+)- 水曲柳树脂酚▲ -4,4'- 二 -*O*-*β*-D- 吡喃葡萄糖苷 (+)-medioresinol-4,4'-*O*-di-*β*-D-glucopyranoside
(+)- 水曲柳树脂酚▲ -4''-*O*-*β*-D- 吡喃葡萄糖苷 (+)-medioresinol-4''-*O*-*β*-D-glucopyranoside
(+)- 水曲柳树脂酚▲ -4'-*O*-*β*-D- 吡喃葡萄糖苷 (+)-medioresinol-4'-*O*-*β*-D-glucopyranoside
(+)- 水曲柳树脂酚▲ -4-*O*-*β*-D- 吡喃葡萄糖苷 (+)-medioresinol-4-*O*-*β*-D-glucopyranoside
(+)- 水曲柳树脂酚▲ - 二 -*O*-*β*-D- 吡喃葡萄糖苷 (+)-medioresinol-di-*O*-*β*-D-glucopyranoside
水曲柳素▲ mandshurin
(+)- 水曲柳脂酚 -1-*O*-*β*-D- 吡喃葡萄糖苷 (+)-fraxiresinol-1-*O*-*β*-D-glucopyranoside
水溶性葡聚糖 A, B glucan A, B
水蛇麻素▲ villosin

(+)-水蛇麻因▲A (+)-fatouain A
(-)-水蛇麻因▲B (-)-fatouain B
水松素▲A glypensin A
水苏苷 A~D stachysoside A~D
水苏碱 stachydrine
水苏糖 stachyose
水田芥苷 gluconasturtiin
水同木碱▲ fistulosine
水团花苷▲A~E adinoside A~E
水团花酸▲ adinaic acid
水团花酸▲-3β-O-[α-L-吡喃鼠李糖基-(1→2)-β-D-吡喃葡萄糖基-(1→2)-β-D-吡喃葡萄糖醛酸苷-6-O-丁基酯]-28-O-β-D-吡喃葡萄糖苷 adinaic acid-3β-O-[α-L-rhamnopyranosyl-(1→2)-β-D-glucopyranosyl-(1→2)-β-D-glucuronopyranoside-6-O-butyl ester]-28-O-β-D-glucopyranoside
(-)-水仙定 (-)-narcissidine
(+)-水仙定 (+)-narcidine
水仙苷 narcissin; narcissoside
水仙环素 narciclasine
水仙维定▲ narwedine
水仙银莲花苷▲ narcissiflorin
水仙银莲花苷▲甲酯 narcissiflorin methyl ester
水杨醇 salicyl alcohol
水杨苷 salicin; salicoside
水杨苷-2'-苯甲酸酯 salicin-2'-benzoate
水杨苷-2-苯甲酸酯 salicin-2-benzoate
水杨苷-6'-O-β-D-呋喃芹糖苷 salicin-6'-O-β-D-apiofuranoside
水杨苷元 saligenin
水杨醛 salicylaldehyde
水杨醛四葡萄糖基马丁香茅烷▲ salicylaldehyde tetraglucosidicgeranilane
水杨酸 salicylic acid
水杨酸-2-O-β-D-(3',6'-二咖啡酰基)-吡喃葡萄糖苷 salicylic acid-2-O-β-D-(3',6'-dicaffeoyl)-glucopyranoside
水杨酸苄酯 benzyl salicylate
水杨酸甲酯 methyl salicylate
水杨酸甲酯-2-O-β-D-吡喃葡萄糖苷 methylsalicylate-2-O-β-D-glucopyranoside
水杨酸甲酯-O-β-D-吡喃葡萄糖苷 methyl salicylate-O-β-D-glucopyranoside
水杨酸甲酯-β-樱草糖苷 methylsalicylate-β-primeveroside
水杨酸甲酯葡萄糖苷 methyl salicylate glucoside
水杨酸十六酯 hexadecyl salicylate
水杨酸十三酯 tridecyl salicylate
水杨酸乙酯 ethyl salicylate; salicylic ether
水杨酰颤杨苷 salicyl tremuloidin
20-O-水杨酰假防己宁▲ 20-O-salicyl-kidjoranin
水杨酰尿酸 salicyluric acid
水杨酰芍药苷 salicylpaeoniflorin
水杨酰水杨苷 salicyloylsalicin
水杨酰水杨酸 salicylsalicylic acid
水珍珠菜酸▲ auricularic acid
(S)-(+)-水芒麻碱▲ (S)-(+)-julandine
睡菜素▲ menthiafolin
(6R)-睡菜酸▲ (6R)-menthiafolic acid
(6S)-睡菜酸▲ (6S)-menthiafolic acid
(6R)-睡菜酸▲-6-O-β-D-鸡纳糖苷 (6R)-menthiafolic acid-6-O-β-D-quinovoside
(6S)-睡菜酸▲-6-O-β-D-鸡纳糖苷 (6S)-menthiafolic acid-6-O-β-D-quinovoside
(6R)-睡菜酸▲-6-O-β-D-木糖苷 (6R)-menthiafolic acid-6-O-β-D-xyloside
(6S)-睡菜酸▲-6-O-β-D-木糖苷 (6S)-menthiafolic acid-6-O-β-D-xyloside
睡菜辛▲ foliamenthin
睡莲甾醇▲ nymphasterol
睡茄白曼陀罗素▲ withametelin
睡茄白曼陀罗素▲A~Q withametelin A~Q
睡茄白曼陀罗素醇▲ withametelinol
睡茄白曼陀罗素醇▲A, B withametelinol A, B
睡茄白曼陀罗素酮▲ withametelinone
睡茄重瓣曼陀罗素▲A, B, C, E, F withafastuosin A, B, C, E, F
睡茄灯笼果素 withaperuvin
睡茄灯笼果素 B~N withaperuvin B~N
睡茄苷▲III, IV withanoside III, IV
睡茄古豆碱▲ anahygrine
睡茄假酸浆素▲ withanicandrin
睡茄苦蘵素 A~I withangulatin A~I
睡茄曼陀罗内酯▲ withastramonolide
睡茄曼陀罗素▲ withatatulin
睡茄曼陀罗素▲B, C, D, E withatatulin B, C, D, E
睡茄明素▲A, B quresimin A, B
睡茄内酯 withanolide
睡茄内酯 withanolide I, II, III, IV, V, VI, VII, VIII, IX, X, XI, A~G, G_2, H~U, Y, Z
睡茄内酯 S-5-甲醚 withanolide S-5-methyl ether
睡茄黏果酸浆素▲ withaphysacarpin
睡茄凝素 withacoagin
睡茄瑞芬▲ witharifeen
睡茄酸浆诺内酯▲ withaphysanolide
睡茄酸浆素 A, B, C, P, Q, R, S withaphysalin A, B, C, P, Q, R, S
睡茄酮▲ withanone
睡茄酰胺 A~I withanamide A~I
睡茄小酸浆素 withaminimin
睡茄新内酯▲ withalactone
睡茄氧内酯▲ withaoxylactone
顺式-(-)-2,3-二氢-2,3-二羟基-9-苯基-1H-菲烯-1-酮 cis-(-)-2,3-dihydro-2,3-dihydroxy-9-phenyl-1H-phenalen-1-one
顺式-(-)-二氢密叶林仙素▲ cis-(-)-dihydroconfertifolin
顺式-(-)-罗汉柏烯 cis-(-)-thujopsene
顺式-(+)-12,13-环氧十八碳-顺式-9-烯酸 cis-(+)-12,13-epoxyoctadec-cis-9-enoic acid
顺式-(6aβ,12aβ)-羟基鱼藤酮 cis-(6aβ,12aβ)-hydroxyrotenone
(2S-顺式)-1,2,3,4,4a,5,6,7-八氢-4a,8-二甲基-α-亚甲基-4-氧代-2-萘乙酸 (2S-cis)-1,2,3,4,4a,5,6,7-octahydro-4a,8-dimethyl-α-methylene-4-oxo-2-naphthaleneacetic acid
(2R-顺式)-1,2,3,4,4α,5,6,7-八氢-α,α,4α,8-四甲基-2-萘甲醇 (2R-cis)-1,2,3,4,4α,5,6,7-octahydro-α,α,4α,8-tetramethyl-2-naphthalenemethanol
(1S-顺式)-1,2,3,5,6,8a-六氢-4,7-二甲基-1-(1-甲基乙基)萘 (1S-cis)-1,2,3,5,6,8a-hexahydro-4,7-dimethyl-1-(1-methylethyl) naphthalene
(1S-顺式)-1,2,3,5,6,8a-六氢-4,7-二甲基-1-(1-甲基乙基)-萘 (1S-cis)-1,2,3,5,6,8a-hexahydro-4,7-dimethyl-1-(1-methylethenly)-naphthalene
(5S-顺式)-2,3,5,6,11,11b-六氢-3-氧代-1H-氮茚并[8,7-b]吲哚-5-羧酸 (5S-cis)-2,3,5,6,11,11b-hexahydro-3-oxo-1H-indolizino[8,7-b]indole-5-carboxylic acid

S

(5*S*- 顺式 -)-2,3,6,11- 四氢 -3- 氧代 -1*H*- 氮茚并 [8,7-b] 吲哚 -5,11b(5*H*)- 二羧酸 (5*S*-*cis*)-2,3,6,11-tetrahydro-3-oxo-1*H*-indolizino[8,7-b]indole-5,11b(5*H*)-dicarboxylic acid
(2*R*- 顺式)-3,3',5,5',7- 五羟基黄烷 (2*R*-*cis*)-3,3',5,5',7-pentahydroxyflavan
(4a*S*- 顺式)-4a,9b- 二氢 -2-[2- 羟基 -5-(2- 丙烯基) 苯基]-8,9b- 二 -2- 丙烯 -3(4H)- 二苯并呋喃酮 (4a*S*-*cis*)-4a,9b-dihydro-2-[2-hydroxy-5-(2-pro-penyl)phenyl]-8,9b-di-2-propenyl-3(4*H*)-dibenzofuranone
顺式 , 反式 -4- 二氢菜豆酸 *cis*,*trans*-4-dihydrophaseic acid
顺式 , 反式 - 大根老鹳草酮 *cis*,*trans*-germacrone
顺式 , 顺式 -11,14- 二十碳二烯酸 *cis*,*cis*-11,14-eicosadienoic acid
顺式 , 顺式 -3,6- 壬二烯醇 *cis*,*cis*-3,6-nonadienol
顺式 , 顺式 -*m*- 三十四碳 -16,18- 二烯 -1- 醇 *cis*,*cis*-*m*-tetratriacont-16,18-dien-1-ol
顺式 , 顺式 - 母菊炔甲酯 *cis*,*cis*-matricaria methyl ester
顺式 / 反式 -3- 对香豆酰山柰酚 *cis*/*trans*-3-*p*-coumaroylkaempferol
顺式 -1(7),8- 对薄荷二烯 -2- 醇 *cis*-1(7),8-*p*-menthadien-2-ol
顺式 -11- 二十烯酸 *cis*-11-eicosenoic acid
顺式 -12a- 羟基扁豆酮 *cis*-12a-hydroxydolineone
顺式 -12a- 羟基鱼藤 -2'- 烯酸 *cis*-12a-hydroxyrot-2-enonic acid
顺式 -12a- 羟基鱼藤酮 *cis*-12a-hydroxyrotenone
顺式 -12a- 乙酰扁豆酮 *cis*-12a-acetoxydolineone
9- 顺式 -12- 顺式 - 十六碳二烯酸 9-*cis*-12-*cis*-hexadecadienoic acid
顺式 -15- 牛脂烯酸▲ *cis*-15-vaccenic acid
顺式 -15- 牛脂烯酸▲甲酯 *cis*-15-vaccenic acid methyl ester
顺式 -17- 甲氧基 -7- 羟基 - 苯骈呋喃查耳酮 *cis*-17-methoxyl-7-hydroxyl-benzofuranchalcone
顺式 -1- 甲基 -2- 甲基乙基 -3-(1- 甲基亚乙基)- 环丙烷 *cis*-1-methyl-2-(1-methylethyl)-3-(1-methylethylidene)-cyclopropane
顺式 -1- 乙基 -3- 甲基 - 环己烷 *cis*-1-ethyl-3-methyl-cyclohexane
顺式 -2",3"-*O*- 乙酰角胡麻苷 *cis*-2",3"-*O*-acetylmartynoside
1,2- 顺式 -2-(3,4- 二甲氧基 -5- 羟基苯基)- 丙烯酸 1,2-*cis*-2-(3,4-dimethoxy-5-hydroxyphenyl)-acrylic acid
顺式 -2-(六碳 -2,4- 二炔亚甲基)-1,6- 二氧杂螺 [4.4] 壬 -3- 烯 *cis*-2-(2,4-hexadiynylidene)-1,6-dioxaspiro[4.4]non-3-ene
顺式 -2,3- 二甲基环氧乙烷 *cis*-2,3-dimethyloxirane
顺式 -2,4,5- 三羟基桂皮酸 *cis*-2,4,5-trihydroxycinnamic acid
顺式 -2,6- 二甲基 -2,6- 辛二烯 *cis*-2,6-dimethyl-2,6-octadiene
顺式 -2,6- 二甲氧基查耳酮 *cis*-2,6-dimethoxylchalcone
顺式 -2,8- 对薄荷二烯 -1- 醇 *cis*-2,8-*p*-menthadien-1-ol
顺式 -2- 对薄荷烯 -7- 醇 *cis*-2-*p*-menthen-7-ol
顺式 -2- 癸烯 -4,6,8- 三炔酸甲酯 *cis*-2-decene-4,6,8-triynoic acid methyl ester
顺式 -2- 甲基 -5-(1- 甲基乙烯基)-2- 环己烯 -1- 醇 *cis*-2-methyl-5-(1-methylethenyl)-2-cyclohexen-1-ol
顺式 -2- 甲基丁酸 3- 己烯酯 *cis*-3-hexenyl 2-methylbutanoate
顺式 -2- 甲基 - 环戊醇乙酸酯 *cis*-2-methyl-cyclopentanol acetate
(-)-2,3- 顺式 -2- 羟基甲基 -3-[(5'- 甲氧基 -3',4'- 亚甲二氧基苯基)(3",4",5"- 三甲氧基苯基) 甲基] 丁内酯 (-)-2,3-*cis*-2-hydroxymethyl-3-[(5'-methoxy-3',4'-methylenedioxyphenyl)(3",4",5"-trimethoxyphenyl)methyl]butyrolactone
(-)-2,3- 顺式 -2- 羟基甲基 -3-[二 (5- 甲氧基 -3,4- 亚甲二氧基苯基) 甲基] 丁内酯 (-)-2,3-*cis*-2-hydroxymethyl-3-[bis(5-methoxy-3,4-methylenedioxyphenyl)methyl]butyrolactone
(-)-2,3- 顺式 -2- 乙酰氧基甲基 -3-[(5'- 甲氧基 -3',4'- 亚甲二氧基苯基)(4"- 羟基 -3",5"- 二甲氧基苯基) 甲基] 丁内酯 (-)-2,3-*cis*-2-acetoxymethyl-3-[(5'-methoxy-3',4'-methylenedioxyphenyl)(4"-hydroxy-3",5"-dimethoxyphenyl)methyl]butyrolactone
顺式 -3,3,5- 三甲基 - 环己醇乙酸酯 *cis*-3,3,5-trimethyl-cyclohexanol-acetate
顺式 -3,3'- 二羟基 -5- 甲氧基芪 *cis*-3,3'-dihydroxy-5-methoxystilbene
顺式 -3,4,5- 三羟基 -6- 乙酰基 -7- 甲氧基 -2,2- 二甲基色烷 *cis*-3,4,5-trihydroxy-6-acetyl-7-methoxy-2,2-dimethylchroman
顺式 -3,4- 二甲氧基桂皮醛 *cis*-3,4-dimethoxycinnamyl aldehyde
顺式 -3',4'- 二千里光酰基 -3',4'- 二氢邪蒿素 *cis*-3',4'-disenecioyl-3',4'-dihydroseselin
顺式 -3,4'- 二羟基 -5,7- 二甲氧基黄烷 *cis*-3,4'-dihydroxy-5,7-dimethoxyflavan
顺式 -3',4'- 二异缬酰阿米芹内酯▲ *cis*-3',4'-diisovalerylkhellactone
顺式 -3,4- 裂 -12*R*- 羟基 -15,16- 环氧 -4(18),8(17),13(16),14(15)- 半日花四烯 -3- 酸 *syn*-3,4-seco-12*R*-hydroxy-15,16-epoxy-4(18),8(17),13(16),14(15)-labdatetraen-3-oic acid
顺式 -3,4- 裂 -12*S*- 羟基 -15,16- 环氧 -4(18),8(17),13(16),14(15)- 半日花四烯 -3- 酸 *syn*-3,4-seco-12*S*-hydroxy-15,16-epoxy-4(18),8(17),13(16),14(15)-labdatetraen-3-oic acid
顺式 -3',4'- 双异戊酰阿米芹内酯▲ *cis*-3',4'-disenecioylkhellactone
(-)-2,3- 顺式 -3,4- 顺式 -3,3',4,4',7,8- 六羟基黄烷 (-)-2,3-*cis*-3,4-*cis*-3,3',4,4',7,8-hexahydroxyflavan
(-)-2,3- 顺式 -3,4- 顺式 -4'- 甲氧基 -3,3',4,7,8- 五羟基黄烷 (-)-2,3-*cis*-3,4-*cis*-4'-methoxy-3,3',4,7,8-pentahydroxyflavan
N- 顺式 -3,4- 亚甲二氧基桂皮酰基 -3- 甲氧基酪胺 *N*-*cis*-3,4-methylenedioxycinnamoyl-3-methoxytyramine
(-)- 顺式 -3,5,7- 三羟基 -3'- 甲氧基黄烷酮 -7-(2-*O*-*α*- 吡喃鼠李糖基 -*β*- 吡喃葡萄糖苷) (-)-*cis*-3,5,7-trihydroxy-3'-methoxyflavanone-7-(2-*O*-*α*-rhamnopyranosyl-*β*-glucopyranoside)
顺式 -3,5- 二甲氧基芪 *cis*-3,5-dimethoxystilbene
顺式 -3,5- 二羟基芪 cis-3,5-dihydroxystilbene
顺式 -3,7,11- 三甲基十二烷 -1,7,10- 三烯 -3- 羟基 -9- 酮 *cis*-3,7,11-trimethyldodeca-1,7,10-trien-3-ol-9-one
顺式 -3, 顺式 -5- 十二碳二烯 -1- 醇 *cis*-3,*cis*-5-dodecadien-1-ol
顺式 -3, 顺式 -5- 十二碳二烯酰乙酸酯 *cis*-3,*cis*-5-dodecadienyl acetate
顺式 -3-*O*- 对香豆酰奎宁酸 cis-3-*O*-*p*-coumaroylquinic acid
顺式 -3-*O*- 甲基 - 白藜芦醇 -2-*C*-*β*- 吡喃葡萄糖苷 *cis*-3-*O*-methyl-resveratrol-2-*C*-*β*-glucopyranoside
顺式 -3- 氨基 -L- 脯氨酸 *cis*-3-amino-L-proline
顺式 -3- 对薄荷烯 -1,2- 二醇 *cis*-3-*p*-menthene-1,2-diol
顺式 -3- 己醇 *cis*-3-hexanol
顺式 -3- 己烯 -1- 醇 *cis*-3-hexen-1-ol
顺式 -3- 己烯 -1- 醇乙酸酯 *cis*-3-hexen-1-ol acetate
顺式 -3- 己烯醇 *cis*-3-hexenol
顺式 -3- 己烯基丁酸酯 *cis*-3-hexenyl butanoate
顺式 -3- 己烯基乙酸酯 *cis*-3-hexenyl acetate
顺式 -3- 己烯葡萄糖苷 *cis*-3-hexenylglucoside
顺式 -3- 己烯醛 *cis*-3-hexenal
(-)- 顺式 -3'- 羟基 -4'-(2- 甲基丁酰氧基)-3',4'- 二氢邪蒿素 (-)-*cis*-3'-hydroxy-4'-(2-methylbutyryloxy)-3',4'-dihydroseselin
顺式 -3'- 羟基 -4'- 异戊酰氧基 -3',4'- 二氢邪蒿素 *cis*-3'-hydroxy-4'-isovaleryloxy-3',4'-dihydroseselin
顺式 -3- 羟基 -5,7- 二甲氧基黄烷酮 *cis*-3-hydroxy-5,7-dimethoxyflavanone
顺式 -3- 壬烯 -1- 醇 *cis*-3-nonene-1-ol
(±)- 顺式 -3'- 乙酰基 -4'- 巴豆酰阿米芹内酯▲ (±)-*cis*-3'-acetyl-4'-tigloylkhellactone
(+)- 顺式 -3'- 乙酰氧基 -4'-(2- 甲基丁酰氧基)-3',4'- 二氢邪蒿素 (+)-*cis*-3'-acetoxy-4'-(2-methylbutyroyloxy)-3',4'-dihydroseselin

S

顺式 -3- 乙酰氧基 -5,7- 二羟基黄烷酮 cis-3-acetoxy-5,7-dihydroxyflavanone
(-)- 顺式 -3'- 异戊酰基 -4'- 千里光酰阿米芹内酯▲ (-)-cis-3'-isovaleryl-4'-senecioylkhellactone
{3,4- 顺式 -4-[(3- 甲氧基 -4- 羟基苯基)(3,4- 二甲氧基苯基) 甲基]-2- 氧代四氢呋喃 -3- 基 } 甲基 -O-β- 吡喃葡萄糖苷 {3,4-cis-4-[(3-methoxy-4-hydroxyphenyl)(3,4-dimethoxyphenyl)methyl]-2-oxotetrahydrofuran-3-yl}methyl-O-β-glucopyranoside
顺式 -4'-O- 甲基阿米芹内酯▲ cis-4'-O-methylkhellactone
(±)- 顺式 -4- 巴豆酰阿米芹内酯▲ (±)-cis-4-tigloylkhellactone
顺式 -4- 癸烯酸 cis-4-decenoic acid
顺式 -4- 羟基 -3- 甲氧基桂皮酸甲酯 cis-4-hydroxy-3-methoxycinnamic acid methyl ester
(3R,4R)- 顺式 -4- 羟基 -5- 甲基蜂蜜曲霉素 (3R,4R)-cis-4-hydroxy-5-methylmellein
顺式 -4- 羟基 -L- 脯氨酸 cis-4-hydroxy-L-proline
(3R,4R)- 顺式 -4- 羟基蜂蜜曲霉素 (3R,4R)-cis-4-hydroxymellein
顺式 -4- 羟基蜂蜜曲霉素 cis-4-hydroxymellein
顺式 -4'- 羟基桂皮酸烷醇酯 alkyl 4'-hydroxy-cis-cinnamate
顺式 -4- 羟基山羊豆碱 cis-4-hydroxygalegine
顺式 -4- 羟甲基脯氨酸 cis-4-hydroxymethylproline
顺式 -4- 十二烯酸 cis-4-dodecenoic acid
顺式 -4- 十四烯酸 cis-4-tetradecenoic acid
(+)- 顺式 -4'- 乙酰基 -3'- 当归酰阿米芹内酯▲ (+)-cis-4'-acetyl-3'-angeloylkhellactone
顺式 -5,9,12- 十八碳三烯酸 cis-5,9,12-octadecatrienoic acid
顺式 -5-[4- 羟基 -1- 丁烯基]-2,2'- 二噻酚 cis-5-[4-hydroxyl-1-butenyl]-2,2'-bithienyl
顺式 -5- 二十烯酸 cis-5-eicosenoic acid
顺式 -5- 甲氧基紫花前胡定醇▲ cis-5-methoxydecursidinol
顺式 -5- 羟基 -L- 哌啶酸 cis-5-hydroxy-L-pipecolic acid
顺式 -5- 十八烯酸 cis-5-octadecenoic acid
顺式 -5- 正十五烷 -8'- 烯基 - 树脂苔黑酚▲ cis-5-n-pentadec-8'-enylresorcinol
顺式 -5- 正十五烷基树脂苔黑酚▲ cis-5-n-pentadecylresorcinol
顺式 -6,7- 二羟基藁本内酯 cis-6,7-dihydroxyligustilide
顺式 -6,9,12- 十八碳三烯酸 cis-6,9,12-octadecatrienoic acid
2- 顺式 -6- 反式 - 金合欢醇 2-cis-6-trans-farnesol
顺式 -7- 对香豆酰基 -5- 羟基裂环马钱醇▲ cis-7-(p-coumaroyl)-5-hydroxy-secologanol
顺式 -7- 甲氧基 -8-{2-[2-(7- 甲氧基 -2- 氧代 -2H-1- 苯并吡喃 -8- 基)-1,1- 二甲基乙基]-5,5- 二甲基 -1,3- 二恶烷 -4- 基] 甲基 }-2H-1- 苯并吡喃 -2- 酮 cis-7-methoxy-8-{2-[2-(7-methoxy-2-oxo-2H-1-benzopyran-8-yl)-1,1-dimethylethyl]-5,5-dimethyl-1,3-dioxolan-4-yl]methyl}-2H-1-benzopyran-2-one
顺式 -7- 十六烯酸 cis-7-hexadecenoic acid
顺式 -7- 十四碳烯 -1- 醇 cis-7-tetradecen-1-ol
(7,8- 顺式 -8,8'- 反式)-2',4'- 二羟基 -3,5- 二甲氧基落叶松树脂醇 (7,8-cis-8,8'-trans)-2',4'-dihydroxy-3,5-dimethoxylariciresinol
顺式 -8,9- 环氧十七碳 -1- 烯 -11,13- 二炔 -10- 醇 cis-8,9-epoxyheptadeca-1-en-11,13-diyn -10-ol
顺式 -8- 癸烯 -4,6- 二炔 -1- 醇 - 异戊酸酯 cis-8-decene-4,6-diyn-1-ol-isovalerate
顺式 -9,10- 环氧十八酸 cis-9,10-epoxyoctadecanoic acid
顺式 -9,10- 环氧 - 顺式 -12- 十八烯酸 cis-9,10-epoxy-cis-12-octadecenoic acid
顺式 -9,10- 十八烯酰胺 cis-9,10-octadecanamide
顺式 -9,12,15- 十八碳三烯 -1- 醇 cis-9,12,15-octadecatrien-1-ol
顺式 -9,12,15- 十八碳三烯酸 cis-9,12,15-octadecatrienoic acid
顺式 -9- 十八烯酸 cis-9-octadecenoic acid
顺式 -9- 十八烯酸甲酯 cis-9-hexadecenoic acid methyl ester
顺式 -N- 阿魏酰腐胺 cis-N-feruloylputrescine
顺式 -N- 阿魏酰基 -3-O- 甲基多巴胺 cis-N-feruloyl-3-O-methyldopamine
顺式 -N- 阿魏酰酪胺 cis-N-feruloyltyramine
顺式 -N- 阿魏酰章鱼胺 cis-N-feruloyloctopamine
顺式 -N- 对香豆酰酪胺 cis-N-p-coumaroyltyramine
(-)- 顺式 -N- 甲基白毛茛定▲ (-)-cis-N-methylcanadine
(-)- 顺式 -N- 甲基金罂粟季铵碱氢氧化物 (-)-cis-N-methylstylopinium hydroxide
顺式 -N- 咖啡酰酪胺 cis-N-caffeoyltyramine
顺式 -N- 香豆酰酪胺 cis-N-coumaroyltyramine
顺式 -Z-α- 红没药烯环氧化物 cis-Z-α-bisabolene epoxide
顺式 -α- 红没药烯 cis-α-bisabolene
顺式 -α- 罗勒烯 cis-α-ocimene
顺式 -α- 松油醇 cis-α-terpineol
顺式 -α- 香柠檬烯 cis-α-bergamotene
9- 顺式 -β,β- 胡萝卜素 9-cis-β,β-carotene
13'- 顺式 -β- 胡萝卜素 13'-cis-β-carotene
13- 顺式 -β- 胡萝卜素 13-cis-β-carotene
15- 顺式 -β- 胡萝卜素 15-cis-β-carotene
9- 或 9'- 顺式 -β- 胡萝卜素 9-or 9'-cis-β-carotene
9- 顺式 -β- 胡萝卜素 9-cis-β-carotene
顺式 -β- 金合欢烯 cis-β-farnesene
顺式 -β- 罗勒烯 cis-β-ocimene
9'- 顺式 -β- 隐黄质 9'-cis-β-cryptoxanthin
9- 顺式 -β- 隐黄质 9-cis-β-cryptoxanthin
顺式 -β- 隐黄质 cis-β-cryptoxanthin
顺式 - ε - 葡萄素 cis-ε-viniferin
顺式 - 阿蒂莫耶番荔枝素▲ 1 cis-annotemoyin 1
(-)- 顺式 - 阿米芹内酯▲ (-)-cis-khellactone
(+)- 顺式 - 阿米芹内酯▲ (+)-cis-khellactone
(±)- 顺式 - 阿米芹内酯▲ (±)-cis-khellactone
顺式 - 阿米芹内酯▲ -3'-O- 乙酰基 -4'-(2- 甲基丁酸酯) cis-khellactone-3'-O-acetyl-4'-(2-methylbutanoate)
顺式 - 阿魏酸 cis-ferulic acid
顺式 - 阿魏酸 -4-O-β-D- 吡喃葡萄糖苷 cis-feruloyl-4-O-β-D-glucopyranoside
顺式 - 阿魏酸甲酯 methyl cis-ferulate
顺式 - 阿魏酸烷酯 alkyl cis-ferulate
3β-O- 顺式 - 阿魏酰白桦脂醇 3β-O-cis-feruloylbetulin
顺式 - 阿魏酰二十二醇酯 cis-docosyl ferulate
6-O-α-L-(4''-O- 顺式 - 阿魏酰基) 吡喃鼠李糖基梓醇 6-O-α-L-(4''-O-cis -feruloyl)rhamnopyranosylcatalpol
3β-O- 顺式 - 阿魏酰基 -2α- 羟基熊果 -12- 烯 -28- 酸 3β-O-cis-ferulyl-2α-hydroxyurs-12-en-28-oic acid
N- 顺式 - 阿魏酰基 -3-O- 甲基多巴胺 N-cis-feruloyl-3-O-methyldopamine
N- 顺式 - 阿魏酰基 -3- 甲氧基酪胺 N-cis-feruloyl-3-methoxytyramine
(+)-9'-O- 顺式 - 阿魏酰基 -5,5'- 二甲氧基落叶松树脂醇 (+)-9'-O-cis-feruloyl-5,5'-dimethoxylariciresinol
N- 顺式 - 阿魏酰基 -5- 甲氧基酪胺 N-cis-feruloyl-5-methoxytyramine
N- 顺式 - 阿魏酰酪胺 N-cis-feruloyltyramine
N- 顺式 - 阿魏酰酪胺 -4'''-O-β-D- 吡喃葡萄糖苷 N-cis-feruloyltyramine-4'''-O-β-D-glucopyranoside
N- 顺式 - 阿魏酰酪胺二聚体 N-cis-feruloyltyramine dimer
顺式 - 阿魏酰十八醇酯 cis-octadecyl ferulate
顺式 - 阿魏酰十二醇酯 cis-eicosyl ferulate

S

3β- 顺式阿魏酰氧基 -16β- 羟基羽扇豆 -20(29)- 烯 3β-cis-feruloyloxy-16β-hydroxylup-20(29)-ene
27-O- 顺式 - 阿魏酰圆盘豆酸▲ 27-O-cis-feruloylcylicodiscic acid
N- 顺式 - 阿魏酰章鱼胺 N-cis-feruloyloctopamine
顺式 - 白藜芦醇 cis-resveratrol
顺式 - 白藜芦醇 -2-C-β- 吡喃葡萄糖苷 cis-resveratrol-2-C-β-glucopyranoside
顺式 - 白藜芦醇 -3-O-β-D- 吡喃葡萄糖苷 cis-resveratrol-3-O-β-D-glucopyranoside
顺式 - 白藜芦醇 -3-β-D- 吡喃葡萄糖苷 cis-resveratrol-3-β-D-glucopyranoside
顺式 - 倍半桧烯水合物 cis-sesquisabinene hydrate
顺式 - 碧冬茄素 -3-O-(6-O- 对香豆酰基)-5-O- 二葡萄糖苷 cis-petunidin-3-O-(6-O-p-coumaryl)-5-O-diglucoside
顺式 - 扁柏脂酚 cis-hinokiresinol
顺式 - 藨草素 A cis-scirpusin A
N- 顺式 - 菜椒酰胺▲ N-cis-grossamide
顺式 - 苍术苷 I cis-atractyloside I
顺式 - 茶螺烷 cis-theaspirane
顺式 - 菖蒲烃▲ cis-calamenene
顺式 - 长春花苷 cis-roseoside
顺式 - 橙花叔醇 cis-nerolidol
顺式 - 大花菟丝子林素▲ cis-swarnalin
10,10'- 顺式 - 大黄酚 - 大黄素二蒽酮 10,10'-cis-chrysophanol-emodin bianthrone
10,10'- 顺式 - 大黄酚二蒽酮 10,10'-cis-chrysophanol bianthrone
10,10'- 顺式 - 大黄素二蒽酮 10,10'-cis-emodin bianthrone
顺式 - 大麻素 E cis-cannabisin E
顺式 - 丹酚酸 J cis-salvianolic acid J
顺式 - 丁烯二酸 cis-butenedioic acid
顺式 - 丁香苷 cis-syringin
顺式 - 丁香烯 cis-caryophyllene
顺式 - 独一味苷 A cis-lamiophlomioside A
顺式 - 对 -2- 薄荷烯 -1- 醇 cis-p-2-menthen-1-ol
顺式 - 对薄荷 -2- 烯 -1α,7,8- 三醇 cis-p-menth-2-ene-1α,7,8-triol
顺式 - 对薄荷 -2- 烯 -1- 醇 cis-p-menth-2-en-1-ol
顺式 - 对薄荷 -2- 烯 -7- 醇 cis-p-menth-2-en-7-ol
顺式 - 对薄荷烯内酯 cis-p-menthenolide
6-O-α-L-(4''-O- 顺式 - 对桂皮酰基) 吡喃鼠李糖基梓醇 6-O-α-L-(4''-O-cis-p-coumaroyl)rhamnopyranosylcatalpol
顺式 - 对甲氧基桂皮酸 cis-p-methoxycinnamic acid
2-O- 顺式 - 对甲氧基桂皮酰吡喃鼠李糖苷 2-O-cis-p-methoxycinnamoyl rhamnopyranose
顺式 - 对羟基桂皮酸 cis-p-hydroxycinnamic acid
顺式 - 对羟基桂皮酸 C15-C20 脂肪醇酯 cis-4-hydroxycinnamic acid- C15-C20-long-chain alcohol ester
顺式 - 对羟基桂皮酸甲酯 cis-p-hydroxycinnamic acid methyl ester
顺式 - 对羟基桂皮酸三十烷酯 n-triacontyl-p-hydroxy-cis-cinnamate
顺式 - 对羟基桂皮酸乙酯 ethyl cis-p-hydroxycinnamate
10-O- 顺式 - 对羟基桂皮酰基 -6α- 羟基 - 二氢水晶兰苷 10-O-cis-p-coumaroyl-6α-hydroxyl-dihydromonotropein
3-O- 顺式 - 对羟基桂皮酰齐墩果酸 3-O-cis-p-hydroxycinnamoyloleanolic acid
10-O- 顺式 - 对羟基桂皮酰水晶兰苷 10-O-cis-p-coumaroylmonotropein
顺式 - 对羟基桂皮酰吴茱萸苦素 cis-p-hydroxy-cinnamoylrutaevin
3-O-顺式-对羟基桂皮酰熊果酸 3-O-cis-p-hydroxycinnamoylursolic acid
顺式 - 对羟基香豆酸 cis-p-hydroxycoumaric acid
顺式 - 对香豆酸 cis-p-coumaric acid
顺式 - 对香豆酸 -4-O-(2'-O-β-D- 呋喃芹糖基)-β-D- 吡喃葡萄糖苷 cis-p-coumaric acid-4-O-(2'-O-β-D-apiofuranosyl)-β-D-glucopyranoside
顺式 - 对香豆酸 -4-O-β-D- 吡喃葡萄糖苷 cis-p-coumaric acid-4-O-β-D-glucopyranoside
顺式 - 对香豆酸二十六酯 cis-p-coumaryl-hexacosanoate
顺式 - 对香豆酸三十醇酯 n-triacontyl cis-p-coumarate
10-O- 顺式 - 对香豆酰鸡矢藤次苷 10-O-cis-p-coumaroylscandoside
10-O- 顺式 - 对香豆酰基 -10-O- 去乙酰交让木苷 10-O-cis-p-coumaroyl-10-O-deacetyldaphylloside
6-O- 顺式 - 对香豆酰基 -1β-O- 甲基梓树呋喃酸甲酯▲ 6-O-cis-p-coumaroyl-1β-O-methylovatofuranic acid methyl ester
3β-O- 顺式 - 对香豆酰基 -2α,23- 二羟基齐墩果 -12- 烯 -28- 酸 3β-O-cis-p-coumaroyl-2α,23-dihydroxy olean-12-en-28-oic acid
3β-O- 顺式 - 对香豆酰基 -2α- 羟基熊果 -12- 烯 -28- 酸 3β-O-cis-coumaroyl-2α-hydroxyurs-12-en-28-oic acid
6-O- 顺式 - 对香豆酰基 -3α-O- 甲基 -7- 去氧地黄素 A 6-O-cis-p-coumaroyl-3α-O-methyl-7-deoxyrehmaglutin A
6-O- 顺式 - 对香豆酰基 -3β-O- 甲基 -7- 去氧地黄素 A 6-O-cis-p-coumaroyl-3β-O-methyl-7-deoxyrehmaglutin A
6-O- 顺式 - 对香豆酰基 -7- 去氧地黄素 A 6-O-cis-p-coumaroyl-7-deoxy-rehmaglutin A
6-O- 顺式 - 对香豆酰基 -8-O- 乙酰山栀苷甲酯 6-O-cis-p-coumaroyl-8-O-acetylshanzhiside methyl ester
N- 顺式对香豆酰基 - 酪胺 N-(cis-p-coumaroyl)-tyramine
4''- 顺式 - 对香豆酰基 - 山柰酚 -3-O-α-L- 吡喃鼠李糖苷 4''-cis-p-coumaroyl-kaempferol-3-O-α-L-rhamnopyranoside
N- 顺式 - 对香豆酰酪胺 N-cis-p-coumaroyltyramine
2'-O- 顺式 - 对香豆酰马钱酸 2'-O-cis-p-coumaroylloganic acid
3-O- 顺式 - 对香豆酰麦珠子酸 3-O-cis-p-coumaroylalphitolic acid
10-O- 顺式 - 对香豆酰去乙酰车叶草苷酸 10-O-cis-p-coumaroyldesacetylasperulosidic acid
3-O- 顺式 - 对香豆酰山楂酸 3-O-cis-p-coumaroylmaslinic acid
3β-O- 顺式 - 对香豆酰山楂酸 3β-O-cis-p-coumaroylmaslinic acid
23- 顺式 - 对香豆酰委陵菜酸 23-cis-p-coumaroyltormentic acid
3-O- 顺式 - 对香豆酰委陵菜酸 3-O-cis-p-coumaroyltormentic acid
23- 顺式 - 对香豆酰氧基 -2α,3β- 二羟基齐墩果 -12- 烯 -28- 酸 23-cis-p-coumaroyloxy-2α,3β-dihydroxyolean-12-en-28-oic acid
4'-O- 顺式 - 对香豆酰獐牙菜苦素 4'-O-cis-coumaroylswertiamarin
6-O- 顺式 - 对香豆酰梓醇 6-O-cis-p-coumaroylcatalpol
顺式 - 二氢槲皮素 cis-dihydroquercetin
(±)-2,3- 顺式 - 二氢桑黄素 (±)-2,3-cis-dihydromorin
9- 顺式 - 二十三烯 9-cis-tricosene
顺式 - 二乙酰兔耳草托苷▲ cis-diacetyllagotoside
13- 顺式 - 番红花酸 -β- 龙胆二糖基 -β-D- 葡萄糖基酯 13-cis-crocetin-β-gentibiosyl-β-D-glucosyl-ester
顺式 - 番红花酸 -β- 三葡萄糖基 -β- 龙胆二糖基酯 cis-crocetin-β-triglucosyl-β-gentibiosyl-ester
13- 顺式 - 番红花酸 - 二 (β- 龙胆二糖基)- 酯 13-cis-crocetin-di(β-gentibiosyl)-ester
12,15- 顺式 - 番荔枝抑素▲ 12,15-cis-squamostatin A
(3S,6R)- 顺式 - 芳樟醇 -3,6- 氧化物 -β-D- 吡喃葡萄糖苷 (3S,6R)-cis-linalool-3,6-oxide-β-D-glucopyranoside
顺式 - 芳樟醇氧化物 cis-linalool oxide
顺式 - 飞燕草素 -3-O-(6-O- 对香豆酰基)-5-O- 二葡萄糖苷 cis-delphinidin-3-O-(6-O-p-coumaryl)-5-O-diglucoside
顺式 - 藁本内酯 cis-ligustilide
顺式 - 革叶基尔藤黄素▲ cis-kielcorin

顺式 - 葛缕子醇 cis-carveol
顺式 - 葛缕子醇乙酸酯 cis-carveyl acetate
(E)- 顺式 - 宫部苔草酚 C (E)-cis-miyabenol C
(Z)- 顺式 - 宫部苔草酚 C (Z)-cis-miyabenol C
顺式 - 宫部苔草酚 C cis-miyabenol C
顺式 - 钩果草苷 cis-harpagoside
顺式 - 桂皮醛 cis-cinnamaldehyde
顺式 - 桂皮酸 cis-cinnamic acid
顺式 - 桂皮酸甲酯 methyl cis-cinnamate
顺式 - 桂皮酰古柯碱 cis-cinnamoylcocaine
6-O-(3''-O- 顺式 - 桂皮酰基)-α-L- 吡喃鼠李糖基梓醇 6-O-(3''-O-cis-cinnamoyl)-α-L-rhamnopyranosylcatalpol
6-O-(3''-O- 顺式 - 桂皮酰基)-α-L- 吡喃鼠李糖基梓醇七乙酸酯 6-O-(3''-O-cis-cinnamoyl)-α-L-rhamnopyranosylcatalpol heptaacetate
10-O- 顺式 - 桂皮酰基 -2- 氧代 -6- 去氧新莽草素 10-O-(Z)-cinnamoyl-2-oxo-6-deoxyneoanisatin
2-O- 顺式 - 桂皮酰基 -α-L- 吡喃鼠李糖 2-O-cis-cinnamoyl-α-L-rhamnopyranose
1-O- 顺式 - 桂皮酰基 -β-D- 吡喃葡萄糖苷 1-O-cis-cinnamoyl-β-D-glucopyranoside
6'-O- 顺式 - 桂皮酰水杨苷 6'-O-cis-cinnamoylsalicin
21β- 顺式 - 桂皮酰氧基 - 齐墩果 -12- 烯 -3β,16β,23,28- 四醇 21β-(cis-cinnamoyloxy)-olean-12-ene-3β,16β,23,28-tetraol
顺式 - 桧醇 cis-sabinol
顺式 - 桧烯 cis-sabinene
顺式 - 桧烯水合物 cis-sabinene hydrate
顺式 - 红车轴草酰胺 cis-clovamide
顺式 - 胡枝子酸钾 cis-potassium lespedezate
顺式 - 花旗松素 -3-O-α- 吡喃阿拉伯糖苷 cis-taxifolin-3-O-α-arabinopyranoside
(±)-6,7- 顺式 - 环氧大麻香叶酚▲ (±)-6,7-cis-epoxycannabigerol
(±)-6,7- 顺式 - 环氧大麻香叶酚酸▲ (±)-6,7-cis-epoxycannabigerolic acid
顺式 - 己 -3- 烯 -1- 醇 -1-O-β-D- 吡喃葡萄糖苷 Z-hex-3-en-1-ol-1-O-β-D-glucopyranoside
顺式 - 己 -3- 烯 -1- 醇吡喃木糖基 -(1→6)- 吡喃葡萄糖苷 Z-hex-3-en-1-ol-xylopyranosyl-(1→6)-glucopyranoside
顺式 - 甲基赤芝酮 cis-methyllucidone
顺式 - 角胡麻苷 cis-martynoside
6- 顺式 - 芥酸酰胺 6-cis-docosenamide
顺式 - 芥子酸 cis-sinapic acid
顺式 - 芥子酸 -4-O-β-D- 吡喃阿洛糖苷 cis-sinapic acid-4-O-β-D-allopyranoside
N- 顺式 - 芥子酰酪胺 N-cis-sinapoyltyramine
顺式 - 金合欢醛 cis-farnesal
顺式 - 堇黄质 cis-violaxanthin
顺式 - 锦葵素 -3-O-(6-O- 对香豆酰基)-5-O- 二葡萄糖苷 cis-malvidin-3-O-(6-O-p-coumaryl)-5-O-diglucoside
顺式 - 菊醇 cis-chrysanthenol
(-)- 顺式 - 菊醇 -O-β-D- 葡萄糖苷 (-)-cis-chrysanthenol-O-β-D-glucopyranoside
顺式 - 菊醇己酸酯 cis-chrysanthenyl hexanoate
顺式 - 菊醇辛酸酯 cis-chrysanthenyl octanoate
顺式 - 菊醇乙酸酯 cis-chrysanthenyl acetate
顺式 - 咖啡酸 cis-caffeic acid
顺式 - 咖啡酸二十酯 eicosyl cis-caffeate
顺式 - 咖啡酰酒石酸 cis-caftaric acid
5- 顺式 - 咖啡酰奎宁酸 5-cis-caffeoylquinic acid
5-O- 顺式 - 咖啡酰奎宁酸甲酯 5-O-cis-caffeoylquinic acid methyl ester
27-O- 顺式 - 咖啡酰蜡果杨梅醇▲ 27-O-cis-caffeoylmyricerol
N- 顺式 - 咖啡酰酪胺 N-cis-caffeoyl-tyramine
顺式 - 咖啡酰酪胺 cis-caffeoyltyramine
3β- 顺式 - 咖啡酰蒲公英赛醇 3β-Z-caffeoyltaraxerol
27-O- 顺式 - 咖啡酰圆盘豆酸▲ 27-O-cis-caffeoylcylicodiscic acid
27-O- 顺式 - 咖啡酰圆盘豆酸甲酯 methyl 27-O-cis-caffeoylcylicodiscate
顺式 - 克罗酰胺 K cis-grossamide K
顺式 - 辣薄荷醇 cis-piperitol
顺式 - 邻羟基桂皮酸葡萄糖苷 cis-o-hydroxy-cinnamic acid glucoside
β- 顺式 - 罗勒烯 β-cis-ocimene
顺式 - 罗勒烯 cis-ocimene
顺式 - 螺缩醛烯醇醚多炔 cis-spiro-ketalenolether polyyne
顺式 - 绿原酸 cis-chlorogenic acid
(S)- 顺式 - 马鞭草烯醇 (S)-cis-verbenol
顺式 - 马鞭草烯醇 cis-verbenol
顺式 - 买麻藤素▲H cis-gnetin H
顺式 - 毛蕊花苷 cis-verbascoside
顺式 - 毛叶菊酯 cis-lachnophyllum ester
顺式 - 玫瑰醚 cis-rose oxide
顺式 - 迷迭香酸 cis-rosmarinic acid
顺式 - 米团花苷 A cis-leucosceptoside A
顺式 - 茉莉酮 cis-jasmone
顺式 - 茉莉酮酸甲酯 cis-methyljasmonate
9'- 顺式 - 墨角藻黄醇▲ 9'-cis-fucoxanthinol
9'- 顺式 - 墨角藻黄质▲ 9'-cis-fucoxanthin
顺式 - 牡丹芪酚▲D cis-suffruticosol D
顺式 - 木姜子烯醇内酯▲D_1 cis-litsenolide D_1
1(10)- 顺式 - 木香内酯 1(10)-cis-costunolide
顺式 - 柠檬醛 cis-citral
顺式 - 柠檬烯氧化物 cis-limonene oxide
顺式 - 牛烯酸 cis-vaccenic acid
顺式 - 欧洲刺柏醛▲ cis-communal
顺式 - 欧洲刺柏酸▲ cis-communic acid
顺式 - 蒎莰酮 cis-pinocamphone
顺式 - 蒎烯水合物 cis-pinene hydrate
顺式 - 泡番荔枝烯辛▲ cis-bullatencin
顺式 - 披针叶檀香醇▲ cis-lanceol
(-)- 顺式 - 葡萄辛▲B (-)-cis-vitisin B
顺式 - 葡萄辛▲B cis-vitisin B
顺式 - 茄色苷 cis-nasunin
顺式 - 去氢欧前胡醚▲ cis-dehydroosthole
顺式 - 日本榧树醇▲ cis-nuciferol
顺式 - 肉苁蓉苷 cis-cistanoside
顺式 - 肉苁蓉苷 D cis-cistanoside D
顺式 - 沙田柚马灵▲ cis-grandmarin
顺式 - 山葡萄素 B cis-amurensin B
顺式 - 芍药素 -3-O-(6-O- 对香豆酰基)- 葡萄糖苷 cis-peonidin-3-O-(6-O-p-coumaryl)-glucoside
顺式 - 蛇葡萄素 E cis-ampelopsin E
顺式 - 十六碳 -9- 烯酸 cis-hexadeca-9-enoic acid
11- 顺式 - 十六烯酸 11-cis-hexadecenoic acid
顺式 - 矢车菊碱▲ cis-centcyamine
顺式 - 水飞木质灵 cis-silandrin
顺式 - 四氢呋喃 -2,5- 二羧酸二甲酯 dimethyl cis-tetrahydrofuran-2,5-dicarboxylate

S

顺式 - 松柏醇 -4-*O*-*β*-D-(6'-*O*- 没食子酰基) 吡喃葡萄糖苷 *cis*-coniferyl alcohol-4-*O*-*β*-D-(6'-*O*-galloyl)-glucopyranoside
顺式 - 松柏苷 *cis*-coniferin
顺式 - 松果菊苷 *cis*-echinacoside
(2*R*,3*S*)- 顺式 - 穗罗汉松树脂酚 (2*R*,3*S*)-*cis*-matairesinol
顺式 - 桃金娘烷醇 *cis*-myrtanol
顺式 - 天竺桂醇▲ *cis*-yabunikkeol
顺式 - 田方骨宁▲ *cis*-goniodonin
顺式 - 脱落酸 *cis*-abscisic acid
顺式 - 万寿菊酮 *cis*-tagetone
顺式 - 乌头酸 *cis*-aconitic acid
顺式 - 乌头酸酐乙酯 *cis*-aconitic anhydride ethyl ester
顺式 - 细辛脑 *cis*-asarone
顺式 - 香豆酸 *cis*-coumaric acid
3*β*-*O*- 顺式 - 香豆酰白桦脂醇 3*β*-*O*-*cis*-coumaroylbetulin
3*β*-*O*- 顺式 - 香豆酰白桦脂酸 3*β*-*O*-*cis*-coumaroylbetulinic acid
顺式 - 香豆酰酒石酸 *cis*-coutaric acid
5-*O*- 顺式 - 香豆酰奎宁酸甲酯 5-*O*-*cis*-coumaroylquinic acid methyl ester
顺式 - 香矢车菊胺▲ *cis*-moschamine
顺式 - 香叶基丙酮 *cis*-geranyl acetone
顺式 - 香叶酸 *cis*-geranic acid
顺式 - 新黄质 *cis*-neoxanthin
顺式 - 新西兰罗汉松酚▲ *cis*-totarol
顺式 - 崖柏酮 *cis*-thujone
顺式 - 崖柏烯 *cis*-thujenol
顺式 - 崖椒酰胺 *cis*-fagaramide
顺式亚麻酸 *cis*-linolenic acid
顺式 - 亚油酸甲酯 *cis*-linoleic acid methyl ester
顺式 - 氧化芳樟醇 *cis*-linnalool oxide
顺式 - 叶黄素 *cis*-lutein
顺式 - 异阿米芹内酯▲ *cis*-isokhellactone
顺式 - 异丁香酚 *cis*-isoeugenol
顺式 - 异毛蕊花苷 *cis*-isoverbascoside
顺式 - 异细辛脑 *cis*-isoasarone
顺式 - 银椴苷 *cis*-tiliroside
顺式 - 油酸 *cis*-oleic acid
13'- 顺式 - 玉米黄质 13'-*cis*-zeaxanthin
13- 顺式 - 玉米黄质 13-*cis*-zeaxanthin
15'- 顺式 - 玉米黄质 15'-*cis*-zeaxanthin
15- 顺式 - 玉米黄质 15-*cis*-zeaxanthin
9'- 顺式 - 玉米黄质 9'-*cis*-zeaxanthin
9- 顺式 - 玉米黄质 9-*cis*-zeaxanthin
顺式 - 云杉新苷 *cis*-piceid
顺式 - 紫草酸 *cis*-lithospermic acid
顺式 - 紫花前胡定醇▲ *cis*-decursidinol
顺式 - 总梗女贞苷▲ A-I *cis*-lipedoside A-I
顺式 - 醉鱼草定 A *cis*-buddledin A
硕萼报春皂苷▲ primacrosaponin
蒴莲氰苷▲ volkenin
L- 丝氨酸 L-serine
丝氨酸 serine
丝氨酸 - 甜菜黄素 serine-betaxanthin
丝瓜苷 A~R lucyoside A~R
丝瓜林素▲ luffacylin
丝瓜脑苷 lucyobroside
丝瓜素 A lucyin A
丝瓜因▲ a, b, P_1, S_1, S_2, S_3 luffin a, b, P_1, S_1, S_2, S_3
丝核菌酸▲ rhizoctonic acid

(+)- 丝胶树碱▲ (+)-irehine
丝胶树碱▲ irehine
丝兰酚 A, C, D, E yuccaol A, C, D, E
丝兰皂苷 A, B, C yuccaloeside A, B, C
丝兰皂苷元酮 yuccagenone
丝毛飞廉碱▲ A, B carcrisine A, B
丝穗金粟兰内酯▲ chlorafortulide
丝叶蒿酮▲ filifolone
思茅山橙醇▲ A, B monogynol A, B
思茅山橙定宁▲ A~F melodinhenine A~F
思茅山橙碱▲ A, B melohenryine A, B
思茅山橙宁▲ A, B melohenine A, B
思茅山橙西醇▲ A, B henrycinol A, B
思茅藤苷 epigeoside
思茅藤诺苷▲ A, B, C epigynoside A, B, C
思茅崖豆酮▲ leptobotryanone
斯氏白坚木春▲ spegatrine
斯氏毒马草酸▲ sventenic acid
斯氏金鸡菊苷▲ stillopsin
斯氏库努大戟醇▲ spruceanol
斯氏玄参苷▲ A, B, D scropolioside A, B, D
(-)- 斯氏紫堇碱 (-)-scoulerine
L- 斯氏紫堇碱 L-scoulerine
斯氏紫堇碱 scoulerine
(-)-*β*- 斯氏紫堇碱甲羟化物 (-)-*β*-scoulerine methohydroxide
1,2,3,6- 四 -(3,4,5- 三羟基苯甲酸酯)-D- 吡喃葡萄糖 1,2,3,6-tetrakis-(3,4,5-trihydroxybenzoate)-D-glucopyranose
[2,4,3',4'- 四 -(3- 甲基丁酰基) 蔗糖 2,4,3',4'-tetra-(3-methylbutanoyl) sucrose
1',3',4',6'- 四 -(3- 甲基丁酰基) 蔗糖 1',3',4',6'-tetra-(3-methylbutanoyl) sucrose
2,1',3',6'- 四 -(3- 甲基丁酰基) 蔗糖 2,1',3',6'-tetra-(3-methylbutanoyl) sucrose
2,4,3',6'- 四 -(3- 甲基丁酰基) 蔗糖 2,4,3',6'-tetra-(3-methylbutanoyl) sucrose
2,6,3',4'- 四 -(3- 甲基丁酰基) 蔗糖 2,6,3',4'-tetra-(3-methylbutanoyl) sucrose
2,6,3',6'- 四 -(3- 甲基丁酰基) 蔗糖 2,6,3',6'-tetra-(3- methylbutanoyl) sucrose
1*α*,2*α*,8*α*,12- 四 (乙酰氧基)-9*α*- 呋喃酰氧基 -4*β*- 羟基二氢 -*β*-沉香呋喃 1*α*,2*α*,8*α*,12-tetrakis(acetyloxy)-9*α*-(furoyloxy)-4*β*-hydroxydihydro-*β*-agarofuran
1*α*,2*α*,6*β*,8*α*- 四 (乙酰氧基)-9*β*-(呋喃酰氧基)-4*β*- 羟基 -(12- 异丁酰氧基) 二氢 -*β*- 沉香呋喃 1*α*,2*α*,6*β*,8*α*-tetrakis(acetyloxy)-9*β*-(furoyloxy)-4*β*-hydroxy-(12-isobutyryloxy)dihydro-*β*-agarofuran
2,3,4,6- 四 -*O*-3- 硝基丙酰基 -*α*-D- 吡喃葡萄糖 2,3,4,6-tetra-*O*-(3-nitropropanoyl)-*α*-D-glucopyranose
5,7,3',4'- 四 -*O*- 表儿茶素 5,7,3',4'-tetra-*O*-methylepicatechin
2',3',4',6'- 四 -*O*- 甲基 -1-*O*-*β*-D- 吡喃葡萄糖 -3,4,7,8- 四甲氧基叫酮 2',3',4',6'-tetra-*O*-methyl-1-*O*-*β*-D-glucopyranosyl-3,4,7,8-tetramethoxyxanthone
2',3',4',6'- 四 -*O*- 甲基 -1-*O*-*β*-D- 吡喃葡萄糖 -3,5,8- 三甲氧基叫酮 2',3',4',6'-tetra-*O*-methyl-1-*O*-*β*-D-glucopyranosyl-3,5,8-trimethoxyxanthone
2',3',4',6'- 四 -*O*- 甲基 -1-*O*-*β*-D- 吡喃葡萄糖 -3,7,8- 三甲氧基叫酮 2',3',4',6'-tetra-*O*-methyl-1-*O*-*β*-D-glucopyranosyl-3,7,8-trimethoxyxanthone
2',3',4',6'- 四 -*O*- 甲基 -1-*O*-*β*-D- 吡喃葡萄糖基 -3,4,5,8- 四甲氧基叫酮 2',3',4',6'-tetra-*O*-methyl-1-*O*-*β*-D-glucopyranosyl-3,4,5,8-

tetramethoxyxanthone
5,7,3',4'- 四 -*O*- 甲基 - 对映 - 表儿茶素 -3-*O*-*β*-D- 吡喃葡萄糖苷 5,7,3',4'-tetra-*O*-methyl-*ent*-epicatechin-3-*O*-*β*-D-glucopyranoside
四 -*O*- 甲基高黄芩素 tetra-*O*-methylscutellarein
3,3',4,4'- 四 -*O*- 甲基黄素鞣花酸 3,3',4,4'-tetra-*O*-methylflavellagic acid
3,4,3',4'- 四 -*O*- 甲基黄素鞣花酸 3,4,3',4'-tetra-*O*-methylflavellagic acid
四 -*O*- 甲基漆黄素 tetra-*O*-methylfisetin
3,3',4,4'- 四 -*O*- 甲基鞣花酸 3,3',4,4'-tetra-*O*-methylellagic acid
7,4',7',4''- 四 -*O*- 甲基穗花杉黄酮 7,4',7',4''-tetra-*O*-methylamentoflavone
7,4',7'',4'''- 四 -*O*- 甲基穗花杉黄酮 7,4',7'',4'''-tetra-*O*-methylamentoflavone
1,3,4,5- 四 -*O*- 咖啡酰基奎宁酸 1,3,4,5-tetra-*O*-caffeoylquinic acid
2,3,4,6- 四 -*O*- 没食子酰基 -D- 葡萄糖 2,3,4,6-tetra-*O*-galloyl-D-glucose
1,2,3,6- 四 -*O*- 没食子酰基 -*β*-D- 吡喃阿洛糖 1,2,3,6-tetra-*O*-galloyl-*β*-D-allopyranose
1,2,3,6- 四 -*O*- 没食子酰基 -*β*-D- 吡喃葡萄糖 1,2,3,6-tetra-*O*-galloyl-*β*-D-glucopyranose
1,2,4,6- 四 -*O*- 没食子酰基 -*β*-D- 吡喃葡萄糖 1,2,4,6-tetra-*O*-galloyl-*β*-D-glucopyranose
1,3,4,6- 四 -*O*- 没食子酰基 -*β*-D- 吡喃葡萄糖 1,3,4,6-tetra-*O*-galloyl-*β*-D-glucopyranose
1,2,3,4- 四 -*O*- 没食子酰基 -*β*-D- 葡萄糖 1,2,3,4-tetra-*O*-galloyl-*β*-D-glucose
1,2,3,6- 四 -*O*- 没食子酰基 -*β*-D- 葡萄糖 1,2,3,6-tetra-*O*-galloyl-*β*-D-glucose
1,2,4,6- 四 -*O*- 没食子酰基 -*β*-D- 葡萄糖 1,2,4,6-tetra-*O*-galloyl-*β*-D-glucose
1,3,4,6- 四 -*O*- 没食子酰基 -*β*-D- 葡萄糖 1,3,4,6-tetra-*O*-galloyl-*β*-D-glucose
2,3,4,6- 四 -*O*- 没食子酰基 -*β*-D- 葡萄糖 2,3,4,6-tetra-*O*-galloyl-*β*-D-glucose
1,2,3,6- 四 -*O*- 没食子酰葡萄糖 1,2,3,6-tetra-*O*-galloylglucose
1,2,4,6- 四 -*O*- 没食子酰葡萄糖 1,2,4,6-tetra-*O*-galloylglucose
1,3,4,6- 四 -*O*- 没食子酰葡萄糖 1,3,4,6-tetra-*O*-galloylglucose
2',3',4',6'- 四 -*O*- 乙酰巴东荚蒾苷▲ 2',3',4',6'-tetra-*O*-acetylhenryoside
2',3',4',6'- 四 -*O*- 乙酰基 -3-*O*-*E*- 对香豆酰蔗糖 2',3',4',6'-tetra-*O*-acetyl-3-*O*-*E*-*p*-coumaroylsucrose
1*β*,2*β*,8*β*,9*β*- 四苯甲酰氧基 -6*α*- 乙酰氧基 -*β*- 二氢沉香呋喃 1*β*,2*β*,8*β*,9*β*-tetrabenzoyloxy-6*α*-acetoxy-*β*-dihydroagarofuran
四翅槐醇▲ I tetrapterol I
四翅獐牙菜苷▲ A, B tetrasweroside A, B
四川金粟兰醇▲ A~Q sessilifol A~Q
四川金粟兰二聚醇▲ A, B chlorasessilifol A, B
四川轮环藤辛碱 sutchuenensine
四川香茶菜素 A~D rabdosichuanin A~D
四川淫羊藿定▲ A, B sutchuenmedin A, B
1,2,3,4- 四 - 二 (3,4,5- 三羟基苯甲酸酯 -*O*-*β*-D- 吡喃葡萄糖) 1,2,3,4-tetra-bis(3,4,5-trihydroxybenzoate-*O*-*β*-D-glucopyranose)
四方蒿素 I, II, III sifanghaoine I, II, III
(3*S*,5,3'*S*,5'*R*,6'*R*)-3- 四癸酰氧基 -5,3',5'- 三羟基 -6',7'- 二去氢 -5',6'- 二氢 -5,6- 开环 -*β*,*β*- 胡萝卜素 -6- 酮 (3*S*,5,3'*S*,5'*R*,6'*R*)-3-tetradecanoyloxy-5,3',5'-trihydroxy-6',7'-didehydro-5',6'-dihydro-5,6-*seco*-*β*,*β*-caroten-6-one
(3*S*,5,3'*S*,5'*R*,6'*S*,9'*Z*)-3- 四癸酰氧基 -5',6'- 环氧 -5,3'- 二羟基 -5',6'- 二氢 -5,6- 开环 -*β*,*β*- 胡萝卜素 -6- 酮 (3*S*,5,3'*S*,5'*R*,6'*S*,9'*Z*)-3-tetradecanoyloxy-5',6'-epoxy-5,3'-dihydroxy-5',6'-dihydro-5,6-*seco*-*β*,*β*-caroten-6-one
四国大蓟醇 shikokiol
四国黄芪苷▲ I astrasikokioside I
四国荛花素▲ A~D sikokianin A~D
四国香茶菜定▲ shikokianidin
四国香茶菜醛乙酸酯▲ shikokianal acetate
四国香茶菜素▲ shikokianin
四黄绵马酸 tetraflavaspidic acid
四季橘素▲ citromitin
四季米仔兰醇 D, E agladupol D, E
7(3',7',11',14'- 四甲基) 十五烷 -2',6',10'- 三烯氧基香豆素 7(3',7',11',14'-tetramethyl)pentadec-2',6',10'-trienyloxycoumarin
3,7,11,15- 四甲基 -1,2- 十六烷二醇 3,7,11,15-tetramethylhexadecane-1,2-diol
1,2,6,6- 四甲基 -1,3- 环己二烯 1,2,6,6-tetramethyl-1,3-cyclohexadiene
(*Z*,*Z*,*Z*)-1,5,9,9- 四甲基 -1,4,7- 环十一碳三烯 (*Z*,*Z*,*Z*)-1,5,9,9-tetramethyl-1,4,7-cycloundecatriene
3,7,11,15- 四甲基 -1,6,10,14- 十六碳四烯 -3,5,9- 三醇 3,7,11,15-tetramethyl-1,6,10,14-hexadecatetraene-3,5,9-triol
[1*R*-(1*R**,3*E*,7*E*,11*R**)]-1,5,5,8- 四甲基 -12- 氧杂二环 [9.1.0] 十二碳 -3,7- 二烯 [1*R*-(1*R**,3*E*,7*E*,11*R**)]-1,5,5,8-tetramethyl-12-oxabicyclo[9.1.0]dodeca-3,7-diene
1,5,5,8- 四甲基 -12-*O*- 二环 [9,1,0] 十五碳 -3,7- 二烯 1,5,5,8-tetramethyl-12-*O*-bicyclo[9,1,0]pentadeca-3,7-diene
(1*R*,3*E*,7*E*,11*S*)-4,8,15,15- 四甲基 -12- 亚甲基 - 二环 [9.3.1] 十五碳 -3,7- 二烯 (1*R*,3*E*,7*E*,11*S*)-4,8,15,15-tetramethyl-12-methylene-bicyclo[9.3.1]pentadeca-3,7-diene
1,5,5,8- 四甲基 -12- 氧杂双环十二碳 -3,7- 二烯 1,5,5,8-tetramethyl-12-oxabicyclododeca-3,7-diene
(3*β*,5*α*,17*β*)-4,4,8,14- 四甲基 -17-[(1*S*)-1,2,4- 三羟基 -3-(1- 羟基 -1- 甲基乙基) 环戊基]-18- 降雄甾 -3-*O*-*α*-L- 吡喃鼠李糖基 -(1 → 2)-*O*-[*β*-D- 吡喃木糖基 -(1 → 3)]-*β*-D- 吡喃葡萄糖苷 -6- 乙酸酯 (3*β*,5*α*,17*β*)-4,4,8,14-tetramethyl-17-[(1*S*)-1,2,4-trihydroxy-3-(1-hydroxy-1-methylethyl)cyclopentyl]-18-norandrostan-3-*O*-*α*-L-rhamnopyranosyl-(1 → 2)-*O*-[*β*-D-xylopyranosyl-(1 → 3)]-*β*-D-glucopyranoside-6-acetate
(3*β*,5*α*,17*β*)-4,4,8,14- 四甲基 -17-[1,2,4- 三羟基 -3-(1- 甲基乙烯基) 环戊基]-18- 降雄甾 -3-*O*-*α*-L- 吡喃鼠李糖基 -(1 → 2)-*O*-[*β*-D- 吡喃木糖基 -(1 → 3)]-*β*-D- 吡喃葡萄糖苷 -6- 乙酸酯 (3*β*,5*α*,17*β*)-4,4,8,14-tetramethyl-17-[1,2,4-trihydroxy-3-(1-methylethenyl)-cyclopentyl]-18-norandrostan-3-*O*-*α*-L-rhamnopyranosyl-(1 → 2)-*O*-[*β*-D-xylopyranosyl-(1 → 3)]-*β*-D-glucopyranoside-6-acetate
[1a*α*-[1a*α*-4a*α*,7*β*,7a*β*,7b*α*]]-1,1,4,7- 四甲基 -1*H*- 十氢环丙 [*e*] 薁 -4- 醇 [1a*α*-[1a*α*-4a*α*,7*β*,7a*β*,7b*α*]]-1,1,4,7-tetramethyl-1*H*-decahydrocycloprop[*e*]azulen-4-ol
3,7,11,15- 四甲基 -2- 十六碳烯 3,7,11,15-tetramethyl-2-hexadecen
3,7,11,15- 四甲基 -2- 十六烯 -1- 醇 3,7,11,15-tetramethyl-2-hexadecen-1-ol
1,3,3,4- 四甲基 -2- 氧杂双环 [2.2.0] 已烷 1,3,3,4-tetramethyl-2-oxabicyclo[2.2.0]hexane
2,2,7,7- 四甲基 -3,6,8- 三 (3- 甲基丁 -2- 烯 -1- 基)-3,4,5,6,7,8- 六氢 -4a,8- 甲醇基环辛 [b] 吡喃 -9,11(2*H*)- 二酮 2,2,7,7-tetramethyl-3,6,8-tris(3-methylbut-2-en-1-yl)-3,4,5,6,7,8-hexahydro-4a,8-methanocycloocta[b]pyran-9,11(2*H*)-dione
(*Z*)-2,2,5,5- 四甲基 -3- 己烯 (*Z*)-2,2,5,5-tetramethyl-3-hexene
3,3,5,5- 四甲基 -4- 哌啶酮 3,3,5,5-tetramethyl-4-piperidinone

S

2,2,5,7- 四甲基 -4- 羟基 -6-(2- 羟乙基)- 茚满酮 2,2,5,7-tetramethyl-4-hydroxy-6-(2-hydroxyethyl)-indanone
11,15,19,23- 四甲基 -5,9,17- 二十四碳三烯酸 11,15,19,23-tetramethy-5,9,17-tetracosatrienoic acid
四甲基 -*N*,*N*- 双 (2,6- 二甲苯基) 环丁烷 -1,3- 二亚胺 tetramethyl-*N*,*N*-bis(2,6-dimethylphenyl)cyclobutane-1,3-diimine
四甲基 -*O*- 高黄芩素 tetramethyl-*O*-scutellarein
四甲基 -*O*- 异高黄芩素 tetramethyl-*O*-isoscutellarein
[3*R*-(3α,3aα,7α,8aα)]- 四甲基 -α- 雪松烯 [3*R*-(3α,3aα,7α,8aα)]-tetramethyl-α-cedrene
2,3,5,6- 四甲基吡嗪 2,3,5,6-tetramethylpyrazine
四甲基吡嗪 tetramethylpyrazine
四甲基扁柏黄酮 tetramethylhinokiflavone
四甲基丹酚酸 A tetramethyl salvianolic acid A
四甲基丁二胺 tetramethyl diaminobutane
四甲基高黄芩素 tetramethylscutellarein
5,7,3',4'- 四甲基槲皮素 5,7,3',4'-tetramethylquercitin
3',4',5,7- 四甲基槲皮素 -3-*O*-α-L- 吡喃鼠李糖基基 -(1 → 6)-*O*-β-D- 吡喃葡萄糖苷 3',4',5,7-tetra-*O*-methylquercetin-3-*O*-α-L-rhamnopyranosyl-(1 → 6)-*O*-β-D-glucopyranoside
3,3',4',6- 四甲基槲皮万寿菊素 3,3',4',6-tetramethylquercetagetin
N,*N*,*N'*,*N'*- 四甲基琥珀酰胺 *N*,*N*,*N'*,*N'*-tetramethylsuccinamide
3,5,3',5'- 四甲基联苯 3,5,3',5'-tetramethylbiphenyl
(1*R*,4*S*,5*R*)-α,α,4,8- 四甲基 - 螺环 [4.5] 十碳 -7- 烯 -1- 甲醇 (1*R*,4*S*,5*R*)-α,α,4,8-tetramethyl-spiro[4.5]dec-7-ene-1-methanol
1,2,3,4- 四甲基萘 1,2,3,4-tetramethylnaphthalene
O-(2),1,7,9- 四甲基尿酸 *O*-(2),1,7,9-tetramethyluric acid
2,2,6,6- 四甲基哌啶酮 2,2,6,6-tetramethyl piperidone
四甲基鞣花酸 tetramethylellagic acid
2,3,4,5- 四甲基 - 三环 [3.2.1.02,7]-3- 辛烯 2,3,4,5-tetramethyl-tricyclo[3.2.1.02,7]-oct-3-ene
3,5,7,4'-*O*- 四甲基山柰酚 3,5,7,4'-*O*-tetramethylkaempferol
[3*S*-[3α,5aα,7aα,11aα,1lbα]-3,8,8,lla- 四甲基 - 十二氢 -5*H*-3,5a- 环氧萘 [2,1-c] 氧杂草 [3*S*-[3α,5aα,7aα,11aα,1lbα]-3,8,8,lla-tetramethyl-dodecahydro-5*H*-3,5a-epoxynaphth[2,1-c]oxepin
3,7,11,15- 四甲基十六 -1,6,10,14- 四烯 -3- 醇 3,7,11,15-tetramethylhexadeca-1,6,10,14-tetraen-3-ol
(*E*)-3,7,11,15- 四甲基 - 十六 -2- 烯 -1- 醇 (*E*)-3,7,11,15-tetramethylhexadec-2-en-1-ol
(2*E*)-3,7,11,15- 四甲基十六醛 (2*E*)-3,7,11,15-tetramethylhexadecenal
(*E*,*E*,*E*)-3,7,11,16- 四甲基 - 十六酸 -2,6,10,14- 四烯醇 (*E*,*E*,*E*)-3,7,11,16-tetramethyl-hexadeca-2,6,10,14-tetraen-1-ol
8-(2',6',10',14'- 四甲基十六碳 -13'- 烯 -3'- 氧代)- 香豆素 8-(2',6',10',14'-tetramethylhexadec-13'-en-3'-oxo)-coumarin
8-(2',6',10',14'- 四甲基十六碳 -5',13'- 二烯 -3'- 氧基)- 香豆素 8-(2',6',10',14'-tetramethylhexadec-5',13'-dien-3'-oxo)-coumarin
2,6,10,14- 四甲基十六烷 2,6,10,14-tetramethylhexadecane
2,6,11,15- 四甲基十六烷 2,6,11,15-tetramethylhexadecane
(2*E*,6*E*,11*S*,12*R*)- 3,7,11,15- 四甲基十六烷 -2,6,14- 三烯 -1,12- 二醇 (2*E*,6*E*,11*S*,12*R*)-3,7,11,15-tetramethylhexadeca-2,6,14-triene-1,12-di-ol
(2*E*,6*E*,11*S*,12*R*)-3,7,11,15- 四甲基十六烷 -2,6,14- 三烯 -7-[(乙酰氧基) 甲基]-1,12,19- 三醇 (2*E*,6*Z*,11*S*,12*R*)-3,7,11,15-tetramethylhexadeca-2,6,14-trien-7-[(a-cetyloxy)methyl]-1,12,19-triol
(2*E*,6*Z*,11*S*,12*R*)-3,7,11,15- 四甲基十六烷 -2,6,14- 三烯 -7-[(乙酰氧基) 甲基]-12,19- 二醇 -1- 乙酸酯 (2*E*,6*Z*,11*S*,12*R*)-3,7,11,15-tetramethylhexadeca-2,6,14-trien-7-[(acetyloxy)methyl]-12,19-diol-1-acetate
(2*E*,6*Z*)-3,7,11,15- 四甲基十六烷 -2,6,14- 三烯 -7-[(乙酰氧基) 甲基]-12- 氧代 -1,19- 二醇 (2*E*,6*Z*)-3,7,11,15-tetramethylhexadeca-2,6,14-trien-7-[(acetyloxy)-methyl]-12-oxo-1,19-diol
4,8,12,16- 四甲基十七烷 -4- 内酯 4,8,12,16-tetramethylheptadecan-4-olide
2,6,10,14- 四甲基十三烷 2,6,10,14-tetramethyltridecane
2,6,10,14- 四甲基十五烷 2,6,10,14-tetramethylpentadecane
四甲基穗花杉黄酮 tetramethylamentoflavone
2,4,5,7- 四甲基辛烷 2,4,5,7-tetramethyloctane
3,7,11,15- 四甲基 - 正十八碳 -13- 烯 -3,4,6,7,8,11- 六羟基 -12- 酮 3,7,11,15-tetramethyl-*n*-octadec-13-en-3,4,6,7,8,11-hexol-12-one
N,*N*,*N'*,*N'*- 四甲基止泻木明 *N*,*N*,*N'*,*N'*-tetramethylholarrhimine
2,3,4,7- 四甲氧基 -1-*O*- 龙胆二糖氧基屾酮 2,3,4,7-tetramethoxy-1-*O*-gentiobisyloxyxanthone
2,3,5,7- 四甲氧基 1-*O*- 樱草糖氧基屾酮 2,3,5,7-tetramethoxy-1-*O*-primeverosyloxyxanthone
2,3,4,5- 四甲氧基 -1-*O*- 樱草糖氧基屾酮 2,3,4,5-tetramethoxy-1-*O*-primeverosyloxyxanthone
2,3,4,7- 四甲氧基 -1-*O*- 樱草糖氧基屾酮 2,3,4,7-tetramethoxy-1-*O*-primeverosyloxyxanthone
1,3,6,8- 四甲氧基 -2,7- 二甲基蒽醌 1,3,6,8-tetramethoxy-2,7-dimethylanthraquinone
5,6,7,5'- 四甲氧基 -3',4'- 亚甲二氧基黄酮 5,6,7,5'-tetramethoxy-3',4'-methylenedioxyflavone
5,7,3',4'- 四甲氧基 -3- 羟基黄酮 5,7,3',4'-tetramethoxy-3-hydroxyflavone
2,6,2',6'- 四甲氧基 -4,4'- 二 (2,3- 环氧 -1- 羟基丙基) 联苯 2,6,2',6'-tetramethoxy-4,4'-bis(2,3-epoxy-1-hydroxypropyl) biphenyl
3,5,3',5'- 四甲氧基 -4,4'- 二苯酚 3,5,3,5'-tetramethoxy-4,4'-biphenol
(7*S*,8*R*,5'*R*)-$\Delta^{8'}$-3,4,5,5'- 四甲氧基 -4',5'- 二氢 -4'- 酮 -7.*O*.2',8.1'- 新木脂素 (7*S*,8*R*,5'*R*)-$\Delta^{8'}$-3,4,5,5'-tetramethoxy-4',5'-dihydro-4'-oxo-7.*O*.2',8.1'-neolignan
5,6,7,3'- 四甲氧基 -4',5'- 亚甲二氧基黄酮 5,6,7,3'-tetramethoxy-4',5'-methylenedioxyflavone
6,7,8,2'- 四甲氧基 -5,6'- 二羟基黄酮 6,7,8,2'-tetramethoxy-5,6'-dihydroxyflavone
3,6,3',5'- 四甲氧基 -5,7,4'- 三羟基黄酮醇 3,6,3',5'-tetramethoxy-5,7,4'-trihydroxyflavonol
3',4',5',5- 四甲氧基 -6,7- 亚甲二氧基异黄酮 3',4',5',5-tetramethoxy-6,7-methylenedioxyisoflavone
3,3',5,5'- 四甲氧基 -7,9':7',9- 二环氧木脂素 -4,4'- 二 -*O*-β-D- 吡喃葡萄糖苷 3,3',5,5'-tetramethoxy-7,9':7',9-diepoxylignan-4,4'-di-*O*-β-D-glucopyranoside
(7'*R**,8'*S**)-3,3',4,5'- 四甲氧基 -7- 烯 -7',9- 环氧 -8,8'- 木脂素 (7'*R**,8'*S**)-3,3',4,5'-tetramethoxy-7-en-7',9-epoxy-8,8'-lignan
7*R*,8*S*,7'*S*,8'*R*-3,4,3',4'- 四甲氧基 -9,7'- 二羟基 -8.8',7.*O*.9'- 木脂素 7*R*,8*S*,7'*S*,8'*R*-3,4,3',4'-tetramethoxy-9,7'-dihydroxy-8.8',7.*O*.9'-lignan
7*S*,8*R*,7'*S*,8'*R*-3,4,3',4'- 四甲氧基 -9,7'- 二羟基 -8.8',7.*O*.9'- 木脂素 7*S*,8*R*,7'*S*,8'*R*-3,4,3',4'-tetramethoxy-9,7'-dihydroxy-8.8',7.*O*.9'-lignan
(8*R*,8'*R*)-3,3',4,4'- 四甲氧基 -9- 氧代 -8-8',9-*O*-9'- 木脂素 (8*R*,8'*R*)-3,3',4,4'-tetramethoxy-9-oxo-8-8',9-*O*-9'-lignan
γ,3,4,5- 四甲氧基苯丙醇 γ,3,4,5-tetramethoxybenzenepropanol
1,2,3,4- 四甲氧基丙烷 - 烯丙基苯 1,2,3,4-tetramethoxy-5-allylbenzene
β,2',4',5'- 四甲氧基查耳酮 β,2',4',5'-tetramethoxychalcone
1,2,5,6- 四甲氧基蒽醌 1,2,5,6-tetramethoxyanthraquinone

5,7,3',4'- 四甲氧基儿茶素 5,7,3',4'-tetramethoxycatechin
4,2',4',6'- 四甲氧基二氢查耳酮 4,2',4',6'-tetramethoxydihydrochalcone
3,3',5,5'- 四甲氧基 - 反式 - 二苯乙烯 3,3',5,5'-tetramethoxy-*trans*-stilbene
2,3,4,5- 四甲氧基菲 2,3,4,5-tetramethoxyphenanthrene
2,3,4,7- 四甲氧基菲 2,3,4,7-tetramethoxyphenanthrene
5,6,7,4'- 四甲氧基高黄芩素 5,6,7,4'-tetramethoxyscutellarein
四甲氧基高黄芩素 tetramethoxyscutellarein
3,3',4',7- 四甲氧基黄酮 3,3',4',7-tetramethoxyflavone
3,4',5,7- 四甲氧基黄酮 3,4',5,7-tetramethoxyflavone
3',4',5,7- 四甲氧基黄酮 3',4',5,7-tetramethoxyflavone
3',4',7,8- 四甲氧基黄酮 3',4',7,8-tetramethoxyflavone
3',5,5',6- 四甲氧基黄酮 3',5,5',6-tetramethoxyflavone
3,5,7,4'- 四甲氧基黄酮 3,5,7,4'-tetramethoxyflavone
3,7,8,4'- 四甲氧基黄酮 3,7,8,4'-tetrahydroxyflavone
4',5,6,7- 四甲氧基黄酮 4',5,6,7-tetramethoxyflavone
4,5,7,8- 四甲氧基黄酮 4,5,7,8-tetramethoxyflavone
4',5,7,8- 四甲氧基黄酮 4',5,7,8-tetramethoxyflavone
5,6,2',6'- 四甲氧基黄酮 5,6,2',6'-tetramethoxyflavone
5,6,7,4'- 四甲氧基黄酮 5,6,7,4'-tetramethoxyflavone
5,7,2',5'- 四甲氧基黄酮 5,7,2',5'-tetramethoxyflavone
5,7,3',4'- 四甲氧基黄酮 5,7,3',4'-tetramethoxyflavone
5,7,8,2'- 四甲氧基黄酮 5,7,8,2'-tetramethoxyflavone
3',5',5,7- 四甲氧基黄酮 -4'-*O*-β- 吡喃葡萄糖苷 3',5',5,7-tetramethoxyflavone-4'-*O*-β-glucopyranoside
2',5',7,8- 四甲氧基黄酮 -5-*O*-β-D- 吡喃葡萄糖苷 2',5',7,8-tetramethoxyflavone-5-*O*-β-D-glucopyranoside
(2*S*)-5,7,3',4'- 四甲氧基黄烷酮 (2*S*)-5,7,3',4'-tetramethoxyflavanone
2',3',5,7- 四甲氧基黄烷酮 2',3',5,7-tetramethoxyflavanone
5,6,7,4'- 四甲氧基黄烷酮 5,6,7,4'-tetramethoxyflavanone
8,9,10,12- 四甲氧基降白屈菜红碱 8,9,10,12-tetramethoxynorchelerythrine
四甲氧基漆黄素 tetramethoxyfisetin
1,2,3,7- 四甲氧基𠮿酮 1,2,3,7-tetramethoxyxanthone
1,3,5,6- 四甲氧基𠮿酮 1,3,5,6-tetramethoxyxanthone
1,3,6,7- 四甲氧基𠮿酮 1,3,6,7-tetramethoxyxanthone
1,5,6,7- 四甲氧基𠮿酮 1,5,6,7-tetramethoxyxanthone
2,3,4,7- 四甲氧基𠮿酮 2,3,4,7-tetramethoxyxanthone
2,3,6,7- 四甲氧基𠮿酮 2,3,6,7-tetramethoxyxanthone
3,4,5,6- 四甲氧基𠮿酮 3,4,5,6-tetramethoxyxanthone
3,4,6,7- 四甲氧基𠮿酮 3,4,6,7-tetramethoxyxanthone
3,4,7,8- 四甲氧基𠮿酮 -1-*O*-β-D- 吡喃葡萄糖苷 3,4,7,8-tetramethoxyxanthone-1-*O*-β-D-glucopyranoside
2,3,4,7- 四甲氧基𠮿酮 -1-*O*-β-D- 木糖基 -(1 → 6)-β-D- 吡喃葡萄糖苷 2,3,4,7-tetrahydroxy-1-*O*-β-D-xylopyranosyl-(1 → 6)-β-D-glucopyranoside
2,3,4,5- 四甲氧基𠮿酮 -1-*O*- 龙胆二糖苷 2,3,4,5-tetramethoxyxanthone-1-*O*-gentiobioside
2,3,4,5- 四甲氧基𠮿酮 -1-*O*- 樱草糖苷 2,3,4,5-tetramethoxyxanthone-1-*O*-primeveroside
2,3,4,7- 四甲氧基𠮿酮 -1-*O*- 樱草糖苷 2,3,4,7-tetramethoxyxanthone-1-*O*-primeveroside
2,3,5,7- 四甲氧基𠮿酮 -1-*O*- 樱草糖苷 2,3,5,7-tetramethoxyxanthone-1-*O*-primeveroside
5,6,7,8- 四甲氧基香豆素 5,6,7,8-tetramethoxycoumarin
四甲氧基香豆素 tetramethoxycoumarin
2',4',5',7- 四甲氧基异黄酮 2',4',5',7-tetramethoxyisoflavone
5,6,7,2'- 四甲氧基异黄酮 5,6,7,2'-tetramethoxyisoflavonoid
7,2',4',5'- 四甲氧基异黄酮 7,2',4',5'-tetramethoxyisoflavone
24,25,26,27- 四降阿朴绿玉树 -(阿朴大戟)-1α,6α,12α- 三乙酰氧基 -3α,7α- 二羟基 -28- 醛基 -14,20,22- 三烯 -21,23- 环氧 24,25,26,27-tetranorapotirucalla-(apoeupha)-1α,6α,12α-triacetoxyl-3α,7α-dihydroxyl-28-aldehyde-14,20,22-trien-21,23-epoxy
24,25,26,27- 四降阿朴绿玉树 -(阿朴大戟)-1α- 当归酰氧基 -3α,7α- 二羟基 -12α- 乙酰氧基 -14,20,22- 三烯 -21,23- 环氧 -6,28- 环氧 24,25,26,27-tetranorapotirucalla-(apoeupha)-1α-tigloyloxy-3α,7α-dihydroxyl-12α-acetoxyl-14,20,22-trien-21,23-epoxy-6,28-epoxy
13,14,15,16- 四降半日花 -8(17)- 烯 -12- 羧酸 13,14,15,16-tetranorlabda-8(17)-en-12-carboxylic acid
24,25,26,27- 四降绿玉树 -1,7- 二烯 -23(21)- 内酯 24,25,26,27-tetranortirucall-1,7-diene-23(21)-lactone
四角风车子苷▲ IV, VIII quadranoside IV, VIII
四角菊素▲ tetrachyrin
四棱草内酯 A, B schnabelolide A, B
四棱草肽 schnabepeptide
四棱草肽 B, C, D schnabepeptide B, C, D
四裂红门兰素▲ militarin; militarine
四裂算盘子苷 A assamicoside A
2,3,5,6- 四氯 -1,4- 二甲氧基苯 2,3,5,6-tetrachloro-1,4-dimethoxybenzene
四脉银胶菊素▲ A, E tetraneurin A, E
四膜虫醇▲ tetrahymanol
2,3,4,6- 四没食子酸酯 -D- 葡萄糖 2,3,4,6-tetragallate D-glucose
四没食子酰吡喃葡萄糖 tetragalloyl glucose
1,2,3,4- 四没食子酰基 -6- 二没食子酰基 -β-D- 吡喃葡萄糖 1,2,3,4-tetragalloyl-6-digalloyl-β-D-glucopyranose
1,2,3,6- 四没食子酰基 -*O*-β-D- 吡喃葡萄糖苷 1,2,3,6-tetragalloyl-*O*-β-D-glucopyranoside
1,2,3,6- 四没食子酰基 -β-D- 吡喃葡萄糖 1,2,3,6-tetragalloyl-β-D-glucopyranose
1,2,3,6- 四没食子酰基 -β-D- 葡萄糖 1,2,3,6-tetragalloyl-β-D-glucose
1,2,3,6- 四没食子酰葡萄糖 1,2,3,6-tetragalloylglucose
3β,5α,9α,14α- 四羟基 -(22*E*)- 麦角甾 -7,22- 二烯 -6- 酮 3β,5α,9α,14α-tetrahydroxy-(22*E*)-ergosta-7,22-diene-6-one
3β,5α,9α,14β- 四羟基 -(22*E*)- 麦角甾 -7,22- 二烯 -6- 酮 3β,5α,9α,14β-tetrahydroxy-(22*E*)-ergosta-7,22-diene-6-one
3β,5α,9α,14α- 四羟基 -(22*E*,24*R*)- 麦角甾 -7,22- 二烯 -6- 酮 3β,5α,9α,14α-tetrahydroxy-(22*E*,24*R*)-ergosta-7,22-dien-6-one
1β,2β,3β,5β- 四羟基 -(25*R*)-5β- 螺甾 -4β- 基硫酸酯 1β,2β,3β,5β-tetrahydroxy-(25*R*)-5β-spirostan-4β-yl sulfate
(2''*S*,3''*R*,4''*S*)-5,7,3'',4''- 四羟基 [2''- 甲基 -2''-(4- 甲基 -3- 戊烯基) 吡喃]-5'',6'':3',4'- 异黄酮 (2''*S*,3''*R*,4''*S*)-5,7,3'',4''-tetrahydroxy[2''-methyl-2''-(4-methyl-3-pentenyl)pyrano]-5'',6'':3',4'-isoflavone
1,7α,12β,14β- 四羟基 -1,10- 裂环 - 对映 - 贝壳杉 -10,16- 二烯 -15- 酮 1,7α,12β,14β-tetrahydroxy-1,10-seco-*ent*-kaur-10,16-dien-15-one
4,5,4',5'- 四羟基 -1,2- 双苯醚 4,5,4',5'-quadrihydroxy-1,2-diphenyl ether
3,4,5,6- 四羟基 -1,8- 萘酐 3,4,5,6-tetrahydroxy-1,8-naphalic anhydride
3β,8α,11α,13- 四羟基 -10(14)- 愈创木烯 -1α,4β,5α,6β*H*-6α,12- 内酯 3β,8α,11α,13-tetrahydroxy-10(14)-guaien-1α,4β,5α,6β*H*-6α,12-olide
3β,7β,20,23ξ- 四羟基 -11,15- 二氧羊毛脂 -8- 烯 -26- 酸 3β,7β,20,23ξ-tetrahydroxy-11,15-dioxolanosta-8-en-26-oic acid
2α,3β,23,24- 四羟基 -12- 烯 -28- 齐墩果酸 2α,3β,23,24-tetrahydroxy-12-ene-28-oleanolic acid

S

3β,16α,22α,28β- 四羟基 -13β,28- 环氧齐墩果烷 3β,16α,22α,28β-tetrahydroxy-13β,28-epoxyoleanane

(21S,23S)-3β,20ξ,21,26- 四羟基 -19- 氧代 -21,23- 环氧达玛 -24- 烯 -3-O-[α-L- 吡喃鼠李糖基 -(1 → 2)][β-D- 吡喃木糖基 -(1 → 3)]-α-L- 吡喃阿拉伯糖苷 (21S,23S)-3β,20ξ,21,26-tetrahydroxy-19-oxo-21,23-epoxydammar-24-ene-3-O-[α-L-rhamnopyranosyl-(1 → 2)][β-D-xylopyranosyl-(1 → 3)]-α-L-arabinopyranoside

2,3,6,8- 四羟基 -1- 甲基呫酮 2,3,6,8-tetrahydroxy-1-methylxanthone

(20S,22R)-4β,5β,6α,27- 四羟基 -1- 氧代睡茄 -2,24- 二烯内酯 (20S,22R)-4β,5β,6α,27-tetrahydroxy-1-oxowitha-2,24-dienolide

(20S,22R)-4β,5β,6α,27- 四羟基 -1- 氧代 - 睡茄 -2,24- 二烯内酯 (20S,22R)-4β,5β,6α,27-tetrahydroxy-1-oxo-witha-2,24-dienolide

1,3,6,7- 四羟基 -2-(3'- 甲基丁 -2'- 烯基)-8-(2''- 甲基丁 -3''- 烯 -2''- 基)- 呫酮 1,3,6,7-tetrahydroxy-2-(3'-methylbut-2'-enyl)-8-(2''-methylbut-3''-en-2''-yl)-xanthone

4,4',5,5'- 四羟基 -2,2'- 二甲基 -1,1'- 二聚蒽醌 4,4',5,5'-tetrahydroxy-2,2'-dimethyl-1,1'-bianthraquinone

4,4',7,7'- 四羟基 -2,2'- 二甲氧基 -9,9',10,10'-4H-1,1'- 二联菲 4,4',7,7'-tetrahydroxy-2,2'-dimethoxy-9,9',10,10'-4H-1,1'-biphenanthrene

4,8,9,10- 四羟基 -2,3,7- 三甲氧基蒽 -6-O-β-D- 吡喃葡萄糖苷 4,8,9,10-tetrahydroxy-2,3,7-trimethoxyanthracene-6-O-β-D-glucopyranoside

5,7,3',4'- 四羟基 -2',5'- 二异戊烯基异黄酮 5,7,3',4'-tetrahydroxy-2',5'-diprenylisoflavone

1,3,6,8- 四羟基 -2,7- 二甲氧基呫酮 1,3,6,8-tetrahydroxy-2,7-dimethoxyxanthone

1,3,6,7- 四羟基 -2,8- 二异戊烯基 - 呫酮 1,3,6,7-tetrahydroxy-2,8-diprenyl-xanthone

3β,12β,23S,24R- 四羟基 -20S,25- 环氧达玛 -3-O-[β-D- 吡喃木糖基 -(1 → 2)-β-D- 吡喃木糖基 -(1 → 6)-β-D- 吡喃葡萄糖苷 3β,12β,23S,24R-tetrahydroxy-20S,25-epoxydammarane-3-O-[β-D-xylopyranosyl-(1 → 2)-β-D-xylopyranosyl-(1 → 6)-β-D-glucopyranoside

3β,12β,23S,24R- 四羟基 -20S,25- 环氧达玛 -3-O-[β-D- 吡喃葡萄糖基 -(1 → 2)]-β-D- 吡喃木糖苷 3β,12β,23S,24R-tetrahydroxy-20S,25-epoxydammarane-3-O-[β-D-glucopyranosyl-(1 → 2)-β-D-xylopyranoside

3β,12β,23S,24R- 四羟基 -20S,25- 环氧达玛 -3-O-[β-D- 吡喃葡萄糖基 -(1 → 2)-β-D- 吡喃木糖基 (1 → 6)-β-D- 吡喃葡萄糖苷 3β,12β,23S,24R-tetrahydroxy-20S,25-epoxydammarane-3-O-[β-D-glucopyranosyl-(1 → 2)-β-D-xylopyranosyl-(1 → 6)-β-D-glucopyranoside

3β,12β,23S,24R- 四羟基 -20S,25- 环氧达玛烷 -3-O-[β-D- 吡喃木糖基 -(1 → 2)-β-D- 吡喃葡萄糖苷 3β,12β,23S,24R-tetrahydroxy-20S,25-epoxydammarane-3-O-[β-D-xylopyranosyl-(1 → 2)-β-D-glucopyranoside

7β,18,20,26- 四羟基 -20S- 达玛 -24E- 烯 -3-O-α-L-(3- 乙酰吡喃阿拉伯糖基)-(1 → 2)-β-D- 吡喃葡萄糖苷 7β,18,20,26-tetrahydroxy-20S-dammar-24E-en-3-O-α-L-(3-acetylarabinopyranosyl)-(1→2)-β-D-glucopyranoside

7β,18,20,26- 四羟基 -20S- 达玛 -24E- 烯 -3-O-α-L-(4- 乙酰吡喃阿拉伯糖基)-(1 → 2)-β-D- 吡喃葡萄糖苷 7β,18,20,26-tetrahydroxy-20S-dammar-24E-en-3-O-α-L-(4-acetylarabinopyranosyl)-(1→2)-β-D-glucopyranoside

7β,18,20,26- 四羟基 -20S- 达玛 -24E- 烯 -3-O-α-L- 吡喃阿拉伯糖基 -(1 → 2)-β-D-(6- 乙酰吡喃葡萄糖苷) 7β,18,20,26-tetrahydroxy-20S-dammar-24E-en-3-O-α-L-arabinopyranosyl-(1 → 2)-β-D-(6-acetyl-glucopyranoside)

3β,14β,17β,20- 四羟基 -21- 甲氧基孕甾 -5- 烯 3β,14β,17β,20-tetrahydroxy-21-methoxypregn-5-ene

2β,3β,19α,24- 四羟基 -23- 降熊果 -12- 烯 -28- 酸 2β,3β,19α,24-tetrahydroxy-23-norurs-12-en-28-oic acid

2β,3β,14α,20R,22R- 四羟基 -24R- 甲基 -5β- 胆甾 -7- 烯 -6- 酮 -3-O-β-D- 吡喃葡萄糖苷 2β,3β,14α,20R,22R-pentahydroxy-24R-methyl-5β-cholest-7-en-6-one-3-O-β-D-glucopyranoside

3β,4β,23,30- 四羟基 -24- 降齐墩果 -12- 烯 -28- 酸 3β,4β,23,30-tetrahydroxy-24-nor-olean-12-en-28-oic acid

3β,15α,16α,24α- 四羟基 -25,26,27- 去三甲基 -16,24- 环 - 环木菠萝 -23- 酮 -3-O-β-D- 吡喃木糖苷 3β,15α,16α,24α-tetrahydroxy-25,26,27-trinor-16,24-cyclo-cycloartane-23-one-3-O-β-D-xylopyranoside

3β,15α,16α,24α- 四羟基 -25,26,27- 去三甲基 -7,8- 二去氢 -16,24- 环环木菠萝 -23- 酮 -3-O-β-D- 吡喃木糖苷 3β,15α,16α,24α-tetrahydroxy-25,26,27-trinor-7,8-didehydro-16,24-cyclocycloartane-23-one-3-O-β-D-xylopyranoside

5α,6β,8α,12α- 四羟基 -28- 降异香椿叶素▲ 5α,6β,8α,12α-tetrahydroxy-28-norisotoonafolin

1α,3β,10,11- 四羟基 -2α,5α,8- 三当归酰氧基红没药 -(7)14- 烯 -4- 酮 1α,3β,10,11-tetrahydroxy-2α,5α,8-triangeloyloxybisabola-(7)14-en-4-one

(2S,3R)-1,2,3,4- 四羟基 -2- 甲基丁烷 (2S,3R)-2-methylbutene-1,2,3,4-tetrol

1,3,4,5- 四羟基 -2- 甲基蒽醌 1,3,4,5-tetrahydroxy-2-methylanthraquinone

5,7,3',4'- 四羟基 -2- 甲氧基 -3,4- 黄烷二酮 -3- 水合物 5,7,3',4'-tetrahydroxy-2-methoxy-3,4-flavandione-3-hydrate

3,3',4,4'- 四羟基 -2'- 甲氧基 -5- 异戊烯基查耳酮 3,3',4,4'-tetrahydroxy-2'-methoxy-5-prenylchalcone

6,8,3',4'- 四羟基 -2'- 甲氧基 -6'-(1,1- 二甲基烯丙基) 异黄酮 6,8,3',4'-tetrahydroxy-2'-methoxy-6'-(1,1-dimethylallyl)isoflavone

6,8,3',4'- 四羟基 -2'- 甲氧基 -7- 甲基异黄烷酮 6,8,3',4'-tetrahydroxy-2'-methoxy-7-methylisoflavanone

4,6,3',4'- 四羟基 -2- 甲氧基苯酚酮 4,6,3',4'-tetrahydroxy-2-methoxybenzophenone

3,3',4,4'- 四羟基 -2'- 甲氧基 - 查耳酮 3,3',4,4'-tetrahydroxy-2'-methoxy-chalcone

1,3,6,8- 四羟基 -2- 甲氧基呫酮 1,3,6,8-tetrahydroxy-2-methoxyxanthone

1,4,5,6- 四羟基 -2- 氧代 - 环庚烯 1,4,5,6-tetrahydroxy-2-oxo-cycloheptene

1,3,5,6- 四羟基 -2- 乙氧甲基蒽醌 1,3,5,6-tetrahydroxy-2-ethoxymethylanthraquinone

1,3,5,6- 四羟基 -2- 异戊烯基呫酮 1,3,5,6-tetrahydroxy-2-prenylxanthone

2,2',4,4'- 四羟基 -3-(3- 甲基 -2- 丁烯基)- 查耳酮 2,2',4,4'-tetrahydroxy-3-(3-methyl-2-butenyl)-chalcone

5,7,2',4'- 四羟基 -3'-(7- 羟基 -3,7- 二 - 甲基 -2E- 丁烯酸异黄烷酮) 5,7,2',4'-tetrahydroxy-3'-[7-hydroxy-3,7-dimethyl-2(E)-octenyl] isoflavanone

(2E)-2',4',2'',4''- 四羟基 -3'-(甲基 -2- 丁烯 -1- 基)- 查耳酮 (2E)-2',4',2'',4''-tetrahydroxy-3'-(methyl-2-buten-1-yl)-chalcone

3,7,4',4''- 四羟基 -3',3''- 二甲氧基 -2,5- 环氧木脂素 3,7,4',4''-tetrahydroxy-3',3''-dimethoxy-2,5-epoxylignan

(S)-(+)-1,1',8,8'- 四羟基 -3,3'- 二甲氧基 -6,6'- 二甲基 -2'-(3- 甲基 -2- 丁烯基)-[4,4'- 二蒽烯]-9,9',10,10'- 四酮 (S)-(+)-1,1',8,8'-tetrahydroxy-3,3'-dimethoxy-6,6'-dimethyl-2'-(3-methyl-2-butenyl)-[4,4'-bianthracene]-9,9',10,10'-tetratrone

(-)-(7R,8S,7'R,8'S)-4,9,4',9'- 四羟基 -3,3'- 二甲氧基 -7,7'- 环氧木脂素 -9-O-β-D- 吡喃木糖苷 (-)-(7R,8S,7'R,8'S)-4,9,4',9'-tetrahydroxy-3,3'-dimethoxy-7,7'-epoxylignan-9-O-β-D-xylopyranoside
(7R,8S,7'R,8'S)-4,9,4',9'- 四羟基 -3,3'- 二甲氧基 -7,7'- 环氧木脂素 -9-O-β-D- 吡喃葡萄糖苷 (7R,8S,7'R,8'S)-4,9,4',9'-tetrahydroxy-3,3'-dimethoxy-7,7'-epoxylignan-9-O-β-D-glucopyranoside
4,4',8,9- 四羟基 -3,3'- 二甲氧基 -7,9'- 单环氧木脂素 4,4',8,9-tetrahydroxy-3,3'-dimethoxy-7,9'-monoepoxylignan
(7αH,8α'H) -4,4',8α,9- 四羟基 -3,3'- 二甲氧基 -7,9'- 环氧木脂素 (7αH,8α'H)-4,4',8α,9-tetrahydroxy-3,3'-dimethoxy-7,9'-epoxylignan
4,4,9,7- 四羟基 -3,3- 二甲氧基 -7,9- 环氧木脂素 4,4,9,7-tetrahydroxy-3,3-dimethoxy-7,9-epoxylignan
(-)-(7S,8S)-4,7,9,9'- 四羟基 -3,3'- 二甲氧基 -8,4'- 氧代新木脂素 -7-O-β-D- 吡喃葡萄糖苷 (-)-(7S,8S)-4,7,9,9'-tetrahydroxy-3,3'-dimethoxy-8,4'-oxyneolignan-7-O-β-D-glucopyranoside
(-)-(7S,8S)-4,7,9,9'- 四羟基 -3,3'- 二甲氧基 -8-4'- 氧代新木脂素 -7-O-β-D- 吡喃葡萄糖苷 (-)-(7S,8S)-4,7,9,9'-tetrahydroxy-3,3'-dimethoxy-8-4'-oxyneolignan-7-O-β-D-glucopyranoside
(+)-(7S,8S)-4,7,9,9'- 四羟基 -3,3'- 二甲氧基 -8–4'- 氧代新木脂素 -9'-O-β-D- 吡喃葡萄糖苷 (+)-(7S,8S)-4,7,9,9'-tetrahydroxy-3,3'-dimethoxy-8–4'-oxyneolignan-9'-O-β-D-glucopyranoside
(7R,8R)-4,7,9,9'- 四羟基 -3,3'- 二甲氧基 -8-O-4'- 新木脂素 -7-O-β-D- 吡喃葡萄糖苷 (7R,8R)-4,7,9,9'-tetrahydroxy-3,3'-dimethoxy-8-O-4'-neolignan-7-O-β-D-glucopyranoside
(7R,8S)-4,7,9,9'- 四羟基 -3,3'- 二甲氧基 -8-O-4'- 新木脂素 -7-O-β-D- 吡喃葡萄糖苷 (7R,8S)-4,7,9,9'-tetrahydroxy-3,3'-dimethoxy-8-O-4'-neolignan-7-O-β-D-glucopyranoside
4,7,9,9'- 四羟基 -3,3'- 二甲氧基 -8-O-4'- 新木脂素 -7'- 烯 4,7,9,9'-tetrahydroxy-3,3'-di-methoxy-8-O-4'-neolign-7'-ene
4,4',8,8'- 四羟基 -3,3'- 二甲氧基 - 二苯基双四氢呋喃 4,4',8,8'-tetrahydroxy-3,3'-dimethoxyl-dibenzyl-ditetrahydrofuran
(7R,8R)-4,7,9,9'- 四羟基 -3,3'- 二乙氧基 -8-O-4'- 新木脂素 (7R,8R)-4,7,9,9'-tetrahydroxy-3,3'-diethoxy-8-O-4'-neolignan
(7R,8S)-4,7,9,9'- 四羟基 -3,3'- 二乙氧基 -8-O-4'- 新木脂素 (7R,8S)-4,7,9,9'-tetrahydroxy-3,3'-diethoxy-8-O-4'-neolignan
3,5,6,4'- 四羟基 -3',5'- 二甲氧基黄酮 3,5,6,4'-tetrahydroxy-3',5'-dimethoxyflavone
5,7,8,4'- 四羟基 -3',5'- 二甲氧基黄酮 -3-O-β-D- 吡喃半乳糖苷 5,7,8,4'-tetrahydroxy-3',5'-dimethoxyflavone-3-O-β-D-galactopyranoside
3,4',5,7- 四羟基 -3',5'- 二甲氧基黄烷酮 3,4',5,7-tetrahydroxy-3',5'-dimethoxydihydroflavone
2,3',4,4'- 四羟基 -3,5'- 二异戊烯基查耳酮 2,3',4,4'-tetrahydroxy-3,5'-diprenylchalcone
2',4',5,7- 四羟基 -3',6- 二异戊烯基二氢异黄酮 2',4',5,7-tetrahydroxy-3',6-diprenylisoflavanone
3',4',5,7- 四羟基 -3,6- 甲氧基黄酮 3',4',5,7-tetrahydroxy-3,6-dimethoxyflavone
5,7,3',4'- 四羟基 -3,8- 二甲氧基黄酮 5,7,3',4'-tetrahydroxy-3,8-dimethoxyflavone
2',4',5,7- 四羟基 -3',8- 二异戊烯基二氢异黄酮 2',4',5,7-tetrahydroxy-3',8-diprenylisoflavanone
1α,4β,6α,10α- 四羟基 -3β,5α,8α- 三当归酸氧基吉马 -11- 烯 -9- 酮 1α,4β,6α,10α-tetrahydroxy-3β,5α,8α-triangeloyloxygermacr-11-en-9-one
5,7,8,4'- 四羟基 -3- 甲氧基 -6- 甲基黄酮 -8-O-β-D- 吡喃葡萄糖苷 5,7,8,4'-tetrahydroxy-3-methoxy-6-methylfavone-8-O-β-D-glucopyranoside
5,7,3',4'- 四羟基 -3- 甲氧基 -6- 香叶基黄酮 5,7,3',4'-tetrahydroxy-3-methoxy-6-geranylflavone
(7R,8S)-4,3',9,9'- 四羟基 -3- 甲氧基 -7,8- 二氢苯并呋喃 -1'- 丙基新木脂素 (7R,8S)-4,3',9,9'-tetrahydroxy-3-methoxyl-7,8-dihydrobenzofuran-1'-propylneolignan
5,7,3',4'- 四羟基 -3- 甲氧基 7-O-α-L- 吡喃鼠李糖基 -(1 → 3)-O-β-吡喃半乳糖苷 5,7,3',4'-tetrahydroxy-3-methoxy7-O-α-L-rhamnopyranosyl-(1 → 3)-O-β-galactopyranoside
5,7,3',4'- 四羟基 -3- 甲氧基 -8,5'- 二异戊烯基黄酮 5,7,3',4'-tetrahydroxy-3-methoxy-8,5'-diprenylflavone
5,7,3',4'- 四羟基 -3- 甲氧基 -8- 甲基黄酮 5,7,3',4'-tetrahydroxy-3-methoxy-8-methylflavone
5,7,3',4'- 四羟基 -3- 甲氧基 -8- 香叶基黄酮▲ 5,7,3',4'-tetrahydroxy-3-methoxy-8-geranylflavone
2',4',5',6'- 四羟基 -3'- 甲氧基查耳酮 2',4',5',6'-tetrahydroxy-3'-methoxychalcone
3,4',5,7- 四羟基 -3'- 甲氧基黄酮 3,4',5,7-tetrahydroxy-3'-methoxyflavone
3,5,7,4'- 四羟基 -3'- 甲氧基黄酮 3,5,7,4'-tetrahydroxy-3'-methoxyflavone
3',4',5,7- 四羟基 -3- 甲氧基黄酮 3',4',5,7-tetrahydroxy-3-methoxyflavone
4',5,7,8- 四羟基 -3- 甲氧基黄酮 4',5,7,8-tetrahydroxy-3-methoxyflavone
5,7,2',4'- 四羟基 -3- 甲氧基黄酮 5,7,2',4'-tetrahydroxy-3-methoxyflavone
5,7,3',4'- 四羟基 -3- 甲氧基黄酮 5,7,3',4'-tetrahydroxy-3-methoxyflavone
7,8,3',4'- 四羟基 -3- 甲氧基黄酮 7,8,3',4'-tetrahydroxy-3-methoxyflavone
5,7,4',5'- 四羟基 -3- 甲氧基黄酮 -2'-O-β-D- 吡喃葡萄糖苷 5,7,4',5'-tetrahydroxy-3-methoxyflavone-2'-O-β-D-glucopyranoside
4',5,5',7- 四羟基 -3- 甲氧基黄酮 -3'-O-α-L- 吡喃阿拉伯糖苷 4',5,5',7-tetrahydroxy-3-methoxyflavone-3'-O-α-L-arabinopyranoside
4',5',5,7- 四羟基 -3- 甲氧基黄酮 -3'-O-β-D- 吡喃木糖苷 4',5',5,7-tetrahydroxy-3-methoxyflavone-3'-O-β-D-xylopyranoside
2',5,5',7- 四羟基 -3- 甲氧基黄酮 -4'-O-β-D- 吡喃葡萄糖苷 2',5,5',7-tetrahydroxy-3-methoxyflavone-4'-O-β-D-glucopyranoside
5,7,3',4'- 四羟基 -3- 甲氧基黄酮 -5-O-α-L- 吡喃鼠李糖基 -7-O-β-D- 吡喃葡萄糖基 -(1 → 3)-O-β-D- 吡喃木糖苷 5,7,3',4'-tetrahydroxy-3-methoxyflavone-5-O-α-L-rhamnopyranosyl-7-O-β-D-glucopyranosyl-(1 → 3)-O-β-D-xylopyranoside
3',4',5,7- 四羟基 -3- 甲氧基黄酮 -7-O-α-L- 吡喃鼠李糖基 -(1 → 6)-β-D- 吡喃葡萄糖苷 3',4',5,7-tetrahydroxy-3-methoxyflavone-7-O-α-L-rhamnopyranosyl-(1 → 6)-β-D-glucopyranoside
5,7,3',4'- 四羟基 -3- 甲氧基黄酮醇 -3'-O-β-D- 吡喃葡萄糖苷 5,7,3',4'-tetrahydroxy-3-methoxyflavonol-3'-O-β-D-glucopyranoside
3,5,7,4'- 四羟基 -3'- 甲氧基黄烷酮 3,5,7,4'-tetrahydroxy-3'-methoxyflavanone
5,7,2',4'- 四羟基 -3- 香叶基黄酮 5,7,2',4'-tetrahydroxy-3-geranylflavone
(1,4,5,8- 四羟基 -3- 乙基萘 -2,6- 二酮 1,4,5,8-tetrahydroxy-3-ethylnaphthalene-2,6-dione
2,4,2',4'- 四羟基 -3'- 异戊二烯基查耳酮 2,4,2',4'-tetrahydroxy-3'-prenylchalcone

S

1,2,5,4'- 四羟基 -4-(1,1- 二甲基烯丙基)-5'-(2- 羟基丙烷 -2-基)-4',5'- 二氢呋喃并 (2',3':6,7) 呫酮 1,2,5,4'-tetrahydroxy-4-(1,1-dimethylallyl)-5'-(2-hydroxypropan-2-yl)-4',5'-dihydro furano-(2',3':6,7)xanthone

3',5',2,4- 四羟基 -4-(3- 甲基 -1- 丁烯基) 芪 3',5',2,4-tetrahydroxy-4-(3-methyl-1-butenyl)stilbene

3',5',2,4- 四羟基 -4'-(3- 甲基 -1- 正丁基) 芪 3',5',2,4-tetrahydroxy-4'-(3-methyl-1-butenyl)stilbene

3',5',2,4- 四羟基 -4-(3- 甲基 -l- 丁烯基)- 芪 3',5',2,4-tetrahydroxy-4-(3-methyl-l-butenyl)-stilbene

3,2',4',6'- 四羟基 -4,3' 二甲氧基查耳酮 3,2',4',6'-tetrahydroxy-4,3'-dimethoxychalcone

1,3,5,6- 四羟基 -4,7,8- 三异戊烯基呫酮 1,3,5,6-tetrahydroxy-4,7,8-triprenylxanthone

1,3,6,7- 四羟基 -4-[6-*O*-(3,4,5- 三羟基苯甲酰基)-*β*-D- 吡喃葡萄糖基] 呫酮 1,3,6,7-tetrahydroxy-4-[6-*O*-(3,4,5-trihydroxybenzoyl)-*β*-D-glucopyranosyl]xanthone

3,3',5,5'- 四羟基 -4'- 甲氧基芪 3,3',5,5'-tetrahydroxy-4'-methoxystilbene

3,5,6,7- 四羟基 -4'- 甲氧基黄酮 3,5,6,7-tetrahydroxy-4'-methoxyflavone

3,7,8,3'- 四羟基 -4'- 甲氧基黄酮 3,7,8,3'-tetrahydroxy-4'-methoxyflavone

5,7,8,3'- 四羟基 -4'- 甲氧基黄酮 5,7,8,3'-tetrahydroxy-4'-methoxyflavone

5,7,3',5'- 四羟基 -4'- 甲氧基黄酮醇 5,7,3',5'-tetrahydroxy-4'-methoxyflavonol

3,5,7,3'- 四羟基 -4'- 甲氧基黄烷酮 3,5,7,3'-tetrahydroxy-4'-methoxyflavonone

5,6,7,3'- 四羟基 -4'- 甲氧基异黄酮 5,6,7,3'-tetrahydroxy-4'-methoxyisoflavone

(2*S*)-5,7,2',6'- 四羟基 -4'- 薰衣草酯基黄烷酮 (2*S*)-5,7,2',6'-tetrahydroxy-4'-lavandulylated flavanone

1,3,5,6- 四羟基 -4- 异戊烯基呫酮 1,3,5,6-tetrahydroxy-4-prenylxanthone

6,6',7,7'- 四羟基 -5,5'- 双香豆素 6,6',7,7'-tetrahydroxy-5,5'-bicoumarin

1,3,5,8- 四羟基 -5,6,7,8- 四甲氧基呫酮 1,3,5,8-tetrahydroxy-5,6,7,8-tetrahydroxanthone

6,11,12,16- 四羟基 -5,8,11,13- 冷杉四烯 -7- 酮 -9'-*O*-*β*-D- 吡喃葡萄糖苷 6,11,12,16-tetrahydroxy-5,8,11,13-abitetetraen-7-one-9'-*O*-*β*-D-glucopyranoside

6,6',7,7'- 四羟基 -5,8'- 双香豆素 6,6',7,7'-tetrahydroxy-5,8'-bicoumarin

5,7,3',4'- 四羟基 5'-*C*- 异戊二烯基黄酮 -7-*O*-*α*- 吡喃葡萄糖苷 5,7,3',4'-tetrahydroxy-5'-*C*-prenylflavone-7-*O*-*α*-glucopyranoside

1*β*,2*β*,3*β*,4*β*- 四羟基 -5*β*- 螺甾 -25(27)- 烯 -5-*β*-D- 吡喃半乳糖苷 1*β*,2*β*,3*β*,4*β*-tetrahydroxy-5*β*-spirost-25(27)-en-5-*β*-D-galactopyranoside

(25*S*)-1*β*,2*β*,3*β*,4*β*- 四羟基 -5*β*- 螺甾 -5-*α*-L- 吡喃阿拉伯糖苷 (25*S*)-1*β*,2*β*,3*β*,4*β*-tetrahydroxy-5*β*-spirostan-5-*α*-L-arabinopyranoside

(25*S*)-1*β*,2*β*,3*β*,4*β*- 四羟基 -5*β* 螺甾 -5-*β*-D- 吡喃半乳糖苷 (25*S*)-1*β*,2*β*,3*β*,4*β*-tetrahydroxy-5*β*-spirostan-5-*β*-D-galactopyranoside

3*β*,5,12*β*,14- 四羟基 -5*β*- 强心甾 -20(22)- 内酯 3*β*,5,12*β*,14-tetrahydroxy-5*β*-card-20(22)-enolide

3,7,3',4'- 四羟基 -5- 甲氧基黄酮 3,7,3',4'-tetrahydroxy-5-methoxyflavone

5,7,3',4'- 四羟基 -6-(3',3'- 二甲基烯丙基)- 黄烷酮 5,7,3',4'-tetrahydroxy-6-(3',3'-dimethylallyl)-flavanone

5,7,2',4'- 四羟基 -6,3'- 二 -(3,3- 二甲基烯丙基)- 异黄酮 5-*O*-*α*-L- 吡喃鼠李糖基 -(1 → 4)-*α*-L- 吡喃鼠李糖苷 5,7,2',4'-tetrahydroxy-6,3'-di-(3,3-dimethylallyl)-isoflavone-5-*O*-*α*-L-rhamnopyranosyl-(1 → 4)-*α*-L-rhamnopyranoside

(5,7,2',4'- 四羟基 -6,3'- 二异戊烯基异黄酮 5,7,2',4'-tetrahydroxy-6,3'-diprenylisoflavone

5,7,3',5'- 四羟基 -6,4'- 二甲氧基黄酮 5,7,3',5'-tetrahydroxy-6,4'-dimethoxyflavone

5,7,2',4'- 四羟基 -6,5'- 二甲氧基黄酮 5,7,2',4'-tetrahydroxy-6,5'-dimethoxyflavone

5,7,3',4'- 四羟基 -6,5'- 二甲氧基黄酮 5,7,3',4'-tetrahydroxy-6,5'-dimethoxyflavone

3,5,3',4'- 四羟基 -6,7- 亚甲二氧基黄酮 3,5,3',4'-tetrahydroxy-6,7-methylenedioxyflavone

3,5,3',4'- 四羟基 -6,7- 亚甲二氧基黄酮 -3- 己糖苷 3,5,3',4'-tetrahydroxy-6,7-methylenedioxyflavone-3-hexoside

3,5,7,4'- 四羟基 -6,8,3'- 三甲氧基黄酮 -3-*O*-*α*-L- 吡喃阿拉伯糖基 -(1 → 3)-*O*-*β*-D- 吡喃半乳糖苷 3,5,7,4'-tetrahydroxy-6,8,3'-trimethoxyflavone-3-*O*-*α*-L-arabinopyranosyl-(1 → 3)-*O*-*β*-D-galactopyranoside

3,5,7,4'- 四羟基 -6,8,3'- 三甲氧基黄酮 -3-*O*-*α*-L- 吡喃阿拉伯糖基 -(1 → 3)-*O*-*β*-D- 吡喃半乳糖基 -(1 → 6)-*O*-*β*-D- 吡喃半乳糖苷 3,5,7,4'-tetrahydroxy-6,8,3'-trimethoxyflavone-3-*O*-*α*-L-arabinopyranosyl-(1 → 3)-*O*-*β*-D-galactopyranosyl-(1 → 6)-*O*-*β*-D-galactopyranoside

5,7,3',4'- 四羟基 -6,8- 二甲氧基黄酮 5,7,3',4'-tetrahydroxy-6,8-dimethoxyflavone

5,7,3',4'- 四羟基 -6,8- 二戊烯基异黄酮 5,7,3',4'-tetrahydroxy-6,8-dipentenylisoflavone

3',4',5,7- 四羟基 -6,8- 二异戊烯基黄酮 3',4',5,7-tetrahydroxry-6,8-diprenylflavone

(2*S*)-5,7,2',6'- 四羟基 -6,8- 二异戊烯基黄烷酮 (2*S*)-5,7,2',6'tetrahydroxy-6,8-di-(*γ*,*γ*-dimethylallyl)-flavanone

5,7,2',6'- 四羟基 -6,8- 二异戊烯基 - 黄烷酮 5,7,2',6'-tetrahydroxy-6,8-di-(*γ*,*γ*-dimethylallyl)-flavanone

5,7,3',4'- 四羟基 -6,8- 二异戊烯基异黄酮 5,7,3',4'-tetrahydroxy-6,8-diprenylisoflavone

4',5,5',7- 四羟基 -6-[6- 羟基 -3,7- 二甲基 -2(*E*),7- 辛二烯基]-3'- 甲氧基黄烷酮 4',5,5',7-tetrahydroxy-6-[6-hydroxy-3,7-dimethyl-2(*E*),7-octadienyl]-3'-methoxyflavanone

3',4',5,7- 四羟基 -6-[6- 羟基 -3,7- 二甲基 -2(*E*),7- 辛二烯基] 黄烷酮 3',4',5,7-tetrahydroxy-6-[6-hydroxy-3,7-dimethyl-2(*E*),7-octadienyl]flavanone

3',4',5,7- 四羟基 -6-[7- 羟基 -3,7- 二甲基 -2(*E*)- 辛烯基] 黄烷酮 3',4',5,7-tetrahydroxy-6-[7-hydroxy-3,7-dimethyl-2(*E*)-octenyl] flavanone

5,7,3',4'- 四羟基 -6-*C*-[*α*-L- 吡喃鼠李糖基 -(1 → 2)]-*β*-D- 吡喃葡萄糖基黄酮 5,7,3',4'-tetrahydroxyl-6-*C*-[*α*-L-rhamnopyranosyl-(1 → 2)]-*β*-D-glucopyranosylflavone

7,8,3',4'- 四羟基 -6-*C*-[*α*-L- 吡喃鼠李糖基 -(1 → 2)]-*β*-D- 吡喃葡萄糖基黄酮 7,8,3',4'-tetrahydroxyl-6-*C*-[*α*-L-rhamnopyranosyl-(1 → 2)]-*β*-D-glucopyranosylflavone

5,7,3',4'- 四羟基 -6-*C*-[*β*-D- 吡喃芹糖基 -(1 → 4)]-*β*-D- 吡喃葡萄糖基黄酮 5,7,3',4'-tetrahydroxy-6-*C*-[*β*-D-apiosyl-(1 → 4)]-*β*-D-glucopyranosylflavone

5,7,3',4'- 四羟基 -6-*C*-*β*-D- 吡喃葡萄糖基黄酮 5,7,3',4'-tetrahydroxy-6-*C*-*β*-D-glucopyranosylflavone

5,7,3',4'- 四羟基 -6-*C*-*β*-D- 吡喃葡萄糖基黄酮苷 5,7,3',4'-tetrahydroxy-6-*C*-*β*-D-glucopyranosylflavonoside

5,7,3',4'- 四羟基 -6-*C*-*β*-L- 阿拉伯糖基黄酮苷 5,7,3',4'-tetrahydroxy-

S

6-C-β-L-arabinosylflavonoside
3',4',5,7- 四羟基 -6-C- 吡喃葡萄糖基黄酮 3',4',5,7-tetrahydroxy-6-C-glucopyranosylflavone
(2R,3R)-2',3,4',5- 四羟基 -6''- 二甲基吡喃 [6,7:2'',3'']- 二氢黄酮醇 (2R,3R)-2',3,4',5-tetrahydroxy-6''-dimethylpyrano[6,7:2'',3'']-dihydroflavonol
(2R,3R)-2',3,4',5- 四羟基 -6''- 二甲基吡喃 [6,7:2'',3'']- 二氢黄酮醇 -4'- 甲醚 (2R,3R)-2',3,4',5-tetrahydroxy-6''-dimethylpyrano[6,7:2'',3'']-dihydroflavonol-4'-methyl ether
2',4',5,7- 四羟基 -6- 甲基 - 高异黄烷酮 2',4',5,7-tetrahydroxy-6-methyl-homoisoflavanone
5,7,3',4'- 四羟基 -6- 甲氧基 -8-C-[β-D- 吡喃木糖基 -(1 → 2)]-β-D- 吡喃葡萄糖基黄酮 5,7,3',4'-tetrahydroxy-6-methoxy-8-C-[β-D-xylopyranosyl-(1 → 2)]-β-D-glucopyranosylflavone
5,7,3',4'- 四羟基 -6- 甲氧基 -8-C-β-D- 吡喃葡萄糖基黄酮苷 5,7,3',4'-tetrahydroxy-6-methoxy-8-C-β-D-glucopyranosylflavone
2,2',4',6- 四羟基 -6'- 甲氧基查耳酮 2,2',4',6-tetrahydroxy-6'-methoxychalcone
5,7,3',4'- 四羟基 -6- 甲氧基黄酮 5,7,3',4'-tetrahydroxy-6-methoxyflavone
5,7,8,4'- 四羟基 -6- 甲氧基黄酮 5,7,8,4'-tetrahydroxy-6-methyoxyflavone
3',4',5,7- 四羟基 -6- 甲氧基黄酮 -3-O-β-D- 呋喃芹糖基 -(1 → 2)-O-[2-O-(1- 氧代 -3- 苯基 -2- 丙烯基)-β-D- 吡喃葡萄糖基 -(1 → 6)]-β-D- 吡喃葡萄糖苷 3',4',5,7-tetrahydroxy-6-methoxy-flavone-3-O-β-D-apiofuranosyl-(1→2)-O-[2-O-(1-oxo-3-phenyl-2-propenyl)-β-D-glucopyranosyl-(1 → 6)]-β-D-glucopyranoside
3',4',5,7- 四羟基 -6- 甲氧基黄酮 -3-O-β-D- 呋喃芹糖基 -(1 → 2)-O-[β-D- 吡喃葡萄糖基 -(1 → 6)]-β-D- 吡喃葡萄糖苷 3',4',5,7-tetrahydroxy-6-methoxyflavone-3-O-β-D-apiofuranosyl-(1 → 2)-O-[β-D-glucopyranosyl-(1 → 6)]-β-D-glucopyranoside
(2S)-2',5',5,7- 四羟基 -6- 甲氧基黄烷酮 (2S)-2',5',5,7-tetrahydroxy-6-methoxyflavanone
2',5,5',7- 四羟基 -6- 甲氧基黄烷酮 2',5,5',7-tetrahydroxy-6-methoxyflavanone
(2S)-2',5',5,7- 四羟基 -6- 甲氧基黄烷酮 -2'-O-β-D-(2''-O- 反式 - 咖啡酰基)- 吡喃葡萄糖苷 (2S)-2',5',5,7-tetrahydroxy-6-methoxyflavanone-2'-O-β-D-(2''-O-trans-caffeoyl)glucopyranoside
(2S)-2',5',5,7- 四羟基 -6- 甲氧基黄烷酮 -2'-O-β-D-(6''-O- 反式 - 咖啡酰基)- 吡喃葡萄糖苷 (2S)-2',5',5,7-tetrahydroxy-6-methoxyflavanone-2'-O-β-D-(6''-O-trans-caffeoyl)glucopyranoside
(2S)-2',5',5,7- 四羟基 -6- 甲氧基黄烷酮 -2'-O-β-D- 吡喃葡萄糖苷 (2S)-2',5',5,7-tetrahydroxy-6-methoxyflavanone-2'-O-β-D-glucopyranoside
5,7,3',4'- 四羟基 -6- 香叶基黄酮醇 5,7,3',4'-tetrahydroxy-6-geranylflavonol
(2S)-5,7,2',6'- 四羟基 -6- 薰衣草酯基 - 黄烷酮 (2S)-5,7,2',6'-tetrahydroxy-6-lavandulylated flavanone
5,7,2',4'- 四羟基 -6- 异戊烯基黄烷酮 2',4',5,7-tetrahydroxy-6-prenyldihydroflavanone
2',4',5,7- 四羟基 -6- 异戊烯基异黄烷酮 2',4',5,7-tetrahydroxy-6-prenylisoflavanone
1,4,5,6- 四羟基 -7,8- 二异戊烯基 - 𠮿酮 1,4,5,6-tetrahydroxy-7,8-diprenyl-xanthone
1α,6β,7β,15β- 四羟基 -7α,20- 环氧 - 对映 - 贝壳杉 -16- 烯 1α,6β,7β,15β-tetrahydroxy-7α,20-epoxy-ent-kaur-16-ene
2α,3β,11,12- 四羟基 -7β,20- 环氧 -8,11,13- 冷杉三烯 2α,3β,11,12-tetrahydroxy-7β,20-epoxy-8,11,13-abietatriene
5,7,3',4'- 四羟基 -7- 吡喃葡萄糖基黄烷酮醇 5,7,3',4'-tetrahydroxy-7-glucopyranosylflavanonol
3R,5S,6R,7E,9S-3,5,6,9- 四羟基 -7- 甲基环己烯 3R,5S,6R,7E,9S-3,5,6,9-tetrahydroxy-7-megastigmane
3,5,4',5''- 四羟基 -7- 甲氧基 -6-[1-(对羟基苯基) 乙基] 黄烷酮 3,5,4',5''-tetrahydroxy-7-methoxy-6-[1-(p-hydroxy-phenyl)ethyl] flavanone
3,5,3',4'- 四羟基 -7- 甲氧基黄酮 3,5,3',4'-tetrahydroxy-7-methoxyflavone
3,6,3',4'- 四羟基 -7- 甲氧基黄酮 3,6,3',4'-tetrahydroxy-7-methoxyflavone
5,6,3',4'- 四羟基 -7- 甲氧基黄酮 5,6,3',4'-tetrahydroxy-7-methoxyflavone
5,8,3',4'- 四羟基 -7- 甲氧基黄酮 5,8,3',4'-tetrahydroxy-7-methoxyflavone
3,5,3',4'- 四羟基 -7- 甲氧基黄酮 -3-O-(2''- 吡喃鼠李糖基吡喃葡萄糖苷 3,5,3',4'-tetrahydroxy-7-methoxyflavone-3-O-(2''-rhamnopyranosylglucopyranoside)
3,5,3',4'- 四羟基 -7- 甲氧基黄酮 -3-O-α-L- 吡喃阿拉伯糖基 -(1 → 3)-O-β-D- 吡喃半乳糖苷 3,5,3',4'-tetrahydroxy-7-methoxyflavone-3-O-α-L-arabinopyranosyl-(1 → 3)-O-β-D-galactopyranoside
3,5,3',4'- 四羟基 -7- 甲氧基黄酮 -3-O-α-L- 吡喃阿拉伯糖基 -(1 → 3)-O-β-D- 吡喃半乳糖基 -(1 → 6)-O-β-D- 吡喃半乳糖苷 3,5,3',4'-tetrahydroxy-7-methoxyflavone-3-O-α-L-arabinopyranosyl-(1 → 3)-O-β-D-galactopyranosyl-(1 → 6)-O-β-D-galactopyranoside
3,5,3',4'- 四羟基 -7- 甲氧基黄酮 3'-O-α-L- 吡喃木糖基 -(1 → 3)-O-α-L- 吡喃阿拉伯糖基 -(1 → 4)-O-β-D- 吡喃半乳糖苷 3,5,3',4'-tetrahydroxy-7-methoxyflavone3'-O-α-L-xylopyranosyl-(1 → 3)-O-α-L-arabinopyranosyl-(1 → 4)-O-β-D-galactopyranoside
3,5,3',4'- 四羟基 -7- 甲氧基黄酮 -3-O-β-D- 吡喃葡萄糖苷 3,5,3',4'-tetrahydroxy-7-methoxyflavone-3-O-β-D-glucopyranoside
3,5,2',3'- 四羟基 -7- 甲氧基黄烷酮 3,5,2',3'-tetrahydroxy-7-methoxyflavanone
3,5,3',4'- 四羟基 -7- 甲氧基黄烷酮 3,5,3',4'-tetrahydroxy-7-methoxyflavonone
3,5,3',4'- 四羟基 -7- 甲氧基 - 黄烷酮 3,5,3',4'-tetrahydroxy-7-methoxy-flavonone
(3S,5R,6R,7E,9S)-3,5,6,9- 四羟基 -7- 烯 - 大柱香波龙烷 (3S,5R,6R,7E,9S)-3,5,6,9-tetrahydroxy-7-en-megastigmane
1,3,5,6- 四羟基 -7- 香叶基𠮿酮 1,3,5,6-tetrahydroxy-7-geranylxanthone
1,2,5,6- 四羟基 -7- 香叶基𠮿酮▲ 1,2,5,6-tetrahydroxy-7-geranylxanthone
1,4,5,6- 四羟基 -7- 异戊烯基 - 𠮿酮 1,4,5,6-tetrahydroxy-7-prenyl-xanthone
5,7,2',4'- 四羟基 -8-(1,1- 二甲基丙 -2- 烯基)- 异戊烯基异黄酮 5,7,2',4'-tetrahydroxy-8-(1,1-dimethylprop-2-enyl)-isoflavone
5,7,3',4'- 四羟基 -8-(3',3'- 二甲基烯丙基)- 二氢黄烷酮 5,7,3',4'-tetrahydroxy-8-(3',3'-dimethylallyl)-flavanone
1,3,6,7- 四羟基 -8-(3- 甲基 -2- 丁烯基)-9H- 呫烯 -9- 酮 1,3,6,7-tetrahydroxy-8-(3-methyl-2-butenyl)-9H-xanthen-9-one
1,3,6,7- 四羟基 -8-(3- 甲基丁 -2- 烯基)-2-(2- 甲基丁 3- 烯 -2- 基)- 𠮿酮 1,3,6,7-tetrahydroxy-8-(3-methylbut-2-enyl)-2-(2-methylbut-3-en-2-yl)-xanthone
1,3,6,7- 四羟基 -8-(3- 甲基 - 丁 -2- 烯基)- 𠮿酮 1,3,6,7-tetrahydroxy-8-(3-methyl-but-2-enyl)-xanthone
5,7,2',5'- 四羟基 -8,6'- 二甲氧基黄酮 5,7,2',5'-tetrahydroxy-8,6'-dimethoxyflavone
6,7,3',4'- 四羟基 -8-C-[α-L- 吡喃鼠李糖基 -(1 → 2)]-β-D- 吡喃葡

S

萄糖基黄酮 6,7,3',4'-tetrahydroxyl-8-*C*-[*α*-L-rhamnopyranosyl-(1 → 2)]-*β*-D-glucopyranosylflavone

5,7,3',4'- 四羟基 -8-*C*-[*β*-D- 吡喃芹糖基 -(1 → 4)]-*β*-D- 吡喃葡萄糖基黄酮 5,7,3',4'-tetrahydroxy-8-*C*-[*β*-D-apiose-(1 → 4)]-*β*-D-glycopyranosylflavone

5,7,3',4'- 四羟基 -8-*C*-*β*-D- 吡喃葡萄糖基黄酮 5,7,3',4'-tetrahydroxy-8-*C*-*β*-D-glucopyranosylflavone

5,7,3',4'- 四羟基 -8-*C*-*β*-D- 吡喃葡萄糖基黄酮苷 5,7,3',4'-tetrahydroxy-8-*C*-*β*-D-glucopyranosylflavonoside

2',4',5,7- 四羟基 -8- 甲基 -6- 甲氧基 - 高异黄烷酮 2',4',5,7-tetrahydroxy-8-methyl-6-methoxy-homoisoflavanone

3',4',5',6'- 四羟基 -8- 甲基 - 二氢黄酮醇 3',4',5',6'-tetrahydroxy-8-methyl-dihydroflavonol

3,5,7,4'- 四羟基 -8- 甲基黄酮 -3-*O*-*α*-L- 吡喃鼠李糖基 -(1 → 6)-*β*-D- 吡喃半乳糖苷 3,5,7,4'-tetrahydroxy-8-methylflavone-3-*O*-*α*-L-rhamnopyranosyl-(1 → 6)-*O*-*β*-D-galactopyranoside

5,7,3',4'- 四羟基 -8- 甲氧基 -6- 甲基黄酮 -3-*O*-*α*- 吡喃葡萄糖苷 5,7,3',4'-tetrahydroxy-8-methoxy-6-methylflavone-3-*O*-*α*-glucopyranoside

3,5,7,4'- 四羟基 -8- 甲氧基黄酮 3,5,7,4'-tetrahydroxy-8-methoxyflavone

5,7,2',6'- 四羟基 -8- 甲氧基黄酮 2'-*O*-*β*-D-(2-*O*- 咖啡酰基) 吡喃葡萄糖苷 5,7,2',6'-tetrahydroxy-8-methoxyflavone-2'-*O*-*β*-D-(2-*O*-caffeoyl)glucopyranoside

3',4',5,7- 四羟基 -8- 甲氧基异黄酮 3',4',5,7-tetrahydroxy-8-methoxyisoflavone

5,6,7,4'- 四羟基 -8- 甲氧基异黄酮 5,6,7,4'-tetrahydroxy-8-methoxylisoflavone

3',4',5,7- 四羟基 -8- 异戊二烯基黄酮 3',4',5,7-tetrahydroxy-8-prenyl-flavone

7,9,2',4'- 四羟基 -8- 异戊烯基 -5- 甲氧基查耳酮 7,9,2',4'-tetrahydroxy-8-isopentenyl-5-methoxychalcone

1,3,6,7- 四羟基 -8- 异戊烯基 - 𠮿酮 1,3,6,7-tetrahydroxy-8-prenyl-xanthone

2,4,6,7- 四羟基 -9,10- 二氢菲 2,4,6,7-tetrahydroxy-9,10-dihydrophenanthrene

(+)-3,4,3',4'- 四羟基 -9,7'*α*- 环氧木脂烷 -7*α*,9'- 内酯 (+)-3,4,3',4'-tetrahydroxy-9,7'*α*-epoxylignano-7*α*,9'-lactone

(-)-3,4,3',4'- 四羟基 -9,7'*β*- 环氧木脂烷 -7*β*,9'- 内酯 (-)-3,4,3',4'-tetrahydroxy-9,7'*β*-epoxylignano-7*β*,9'-lactone

1,3,6,7- 四羟基 -*C*- 葡萄糖基𠮿酮 1,3,6,7-tetrahydroxy-*C*-glycosylxanthone

1,4,6,11- 四羟基桉叶烷 1,4,6,11-tetrahydroxyeudesmane

(4*α*,6*β*,7*β*)-6,7,16,17- 四羟基贝壳杉 -18- 酸 (4*α*,6*β*,7*β*)-6,7,16,17-tetrahydroxy-kauran-18-oic acid

(4*α*,6*β*,7*β*,16*α*)-6,7,16,17- 四羟基贝壳杉 -18- 酸 (4*α*,6*β*,7*β*,16*α*)-6,7,16,17-tetrahydroxy-kauran-18-oic acid

(4*β*,6*β*,7*β*,16*α*)-6,7,16,17- 四羟基 - 贝壳杉 -18- 酸 (4*β*,6*β*,7*β*,16*α*)-6,7,16,17-tetrahydroxy-kauran-18-oic acid

(4*α*,6*α*,7*β*,16*α*)-6,7,16,17- 四羟基贝壳杉 -18- 酸 -*γ*- 内酯 (4*α*,6*α*,7*β*,16*α*)-6,7,16,17-tetrahydroxy-kauran-18-oic acid-*γ*-lactone

(4*β*,6*β*,7*β*,16*α*)-6,7,16,17- 四羟基 - 贝壳杉 -18- 酸 -*γ*- 内酯 (4*β*,6*β*,7*β*,16*α*)-6,7,16,17-tetrahydroxy-kauran-18-oic acid-*γ*-lactone

(4*α*,6*β*,7*β*)-6,7,16,17- 四羟基贝壳杉 -18- 酸甲酯 (4*α*,6*β*,7*β*)-6,7,16,17-tetrahydroxy-kauran-18-oic acid methyl ester

(4*β*,6*β*,7*β*,16*α*)-6,7,16,17- 四羟基贝壳杉 -18- 酸甲酯 (4*β*,6*β*,7*β*,16*α*)-6,7,16,17-tetrahydroxy-kauran-18-oic acid methyl ester

2,4,6,3'- 四羟基苯酚酮 2,4,6,3'-tetrahydroxybenzophenone

3,4,5,7- 四羟基苯乙酸 3,4,5,7-tetrahydroxybenzeneacetic acid

2,3,4,6- 四羟基苯乙酮 2,3,4,6-tetrahydroxyacetophenone

2,3,4,6- 四羟基苯乙酮 -3-*O*-*β*-D- 吡喃葡萄糖苷 2,3,4,6-tetrahydroxyacetophenone-3-*O*-*β*-D-glucopyranoside

4,2',4',6'- 四羟基查尔酮 -2',4'- 二 -*O*-*β*-D- 吡喃葡萄糖苷 4,2',4',6'-tetrahydroxychalcone-2',4'-di-*O*-*β*-D-glucopyranoside

4,2',4',6'- 四羟基查尔酮 -2'-*O*-*β*-D- 吡喃葡萄糖苷 4,2',4',6'-tetrahydroxychalcone-2'-*O*-*β*-D-glucopyranoside

(2*E*)-2',4',2",4"- 四羟基查耳酮 (2*E*)-2',4',2",4"-tetrahydroxychalcone

2,3',4,4'- 四羟基查耳酮 2,3',4,4'-tetrahydroxychalcone

2',3,4,4'- 四羟基查耳酮 2',3,4,4'-tetrahydroxychalcone

2,4,2',4'- 四羟基查耳酮 2,4,2',4'-tetrahydroxychalcone

2',4',3,4- 四羟基查耳酮 2',4',3,4-tetrahydroxychalcone

3,4,2',4'- 四羟基查耳酮 3,4,2',4'-tetrahydroxychalcone

4,2',4',6'- 四羟基查耳酮 -2',4'- 二 -*O*-*β*-D- 吡喃葡萄糖苷 4,2',4',6'-tetrahydroxy-chalcone-2',4'-di-*O*-*β*-D-glucopyraboside

2',4,4',6'- 四羟基查耳酮 -2',4'- 二葡萄糖苷 2',4,4',6'-tetrahydroxychalcone-2',4'-diglucoside

α,3,2',4'- 四羟基查耳酮 -2'-*O*-*β*-D- 吡喃葡萄糖苷 *α*,3,2',4'-tetrahydroxy-2'-*O*-*β*-D-glucopyranosylchalcone

2',4,4',6'- 四羟基 - 查尔酮 -2'-*β*-D- 吡喃葡萄糖苷 2',4,4',6'-tetrahydroxychalcone-2'-*β*-D-glucopyranoside

(*Z*)-6,7,3',4'- 四羟基橙酮 (*Z*)-6,7,3',4'-tetrahydroxyaurone

6,7, 3',4'- 四羟基橙酮 6,7,3',4'-tetrahydroxyaurone

6,7,3',4'- 四羟基橙酮 6,7,3',4'-tetrahydroxy aurone

3*β*,20*S*,21,25- 四羟基达玛 -23- 烯 -3-*O*-{[*α*-L- 吡喃鼠李糖基 -(1 → 2)][*β*-D- 吡喃葡萄糖基 -(1 → 3)]-*β*-D- 吡喃葡萄糖基 }-21-*O*-*β*-D- 吡喃葡萄糖苷 3*β*,20*S*,21,25-tetrahydroxydammar-23-ene-3-*O*-{[*α*-L-rhamnopyranosyl-(1 → 2)][*β*-D-glucopyranosyl-(1 → 3)]-*β*-D-glucopyranosyl}-21-*O*-*β*-D-glucopyranoside

3*β*,12*β*,20*S*,21- 四羟基达玛 -24- 烯 -3-*O*-{[*α*-L- 吡喃鼠李糖基 -(1 → 2)][*β*- 吡喃木糖基 -(1 → 3)]-6-*O*- 乙酰基 -*β*-D- 吡喃葡萄糖基 }-21-*O*-*β*-D- 吡喃葡萄糖苷 3*β*,12*β*,20*S*,21-tetrahydroxydammar-24-ene-3-*O*-{[*α*-L-rhamnopyranosyl-(1 → 2)][*β*-Dxylopyranosyl-(1 → 3)]-6-*O*-acetyl-*β*-D-glucopyranosyl}-21-*O*-*β*-D-glucopyranoside

3*β*,19,20*S*,21- 四羟基达玛 -24- 烯 -3-*O*-[*α*-L- 吡喃鼠李糖基 -(1 → 2)-*β*-D- 吡喃木糖基 -(1 → 3)-*α*-L- 吡喃阿拉伯糖基]-21-*O*-*β*-D- 吡喃葡萄糖苷 3*β*,19,20*S*,21-tetrahydroxydammar-24-ene-3-*O*-[*α*-L-rhamnopyranosyl-(1 → 2)-*β*-D-xylopyranosyl-(1 → 3)-*α*-L-arabinopyranosyl]-21-*O*-*β*-D-glucopyranoside

3*β*,19,20*S*,21- 四羟基达玛 -24- 烯 -3-*O*-[*α*-L- 吡喃鼠李糖基 -(1 → 2)-*β*-D- 吡喃木糖基 -(1 → 3)-*β*-D- 吡喃葡萄糖基]-21-*O*-*β*-D- 吡喃葡萄糖苷 3*β*,19,20*S*,21-tetrahydroxydammar-24-ene-3-*O*-[*α*-L-rhamnopyranosyl-(1 → 2)-*β*-D-xylopyranosyl-(1 → 3)-*β*-D-glucopyranosyl]-21-*O*-*β*-D-glucopyranoside

2*α*,3*β*,12*β*,20*S*- 四羟基达玛 -24- 烯 -3-*O*-[*β*-D- 吡喃葡萄糖基 -(1 → 4)-*β*-D- 吡喃葡萄糖基]-20-*O*-[*β*-D- 吡喃木糖基 -(1 → 6)-*β*-D- 吡喃葡萄糖苷 2*α*,3*β*,12*β*,20*S*-tetrahydroxydammar-24-ene-3-*O*-[*β*-D-glucopyranosyl-(1 → 4)-*β*-D-glucopyranosyl]-20-*O*-[*β*-D-xylopyranosyl-(1 → 6)-*β*-D-glucopyranoside

2*α*,3*β*,12*β*,20*S*- 四羟基达玛 -24- 烯 -3-*O*-*β*-D- 吡喃葡萄糖基 -20-*O*-[*β*-D-6-*O*- 乙酰吡喃葡萄糖基 -(1 → 2)-*β*-D- 吡喃葡萄糖苷 2*α*,3*β*,12*β*,20*S*-tetrahydroxydammar-24-ene-3-*O*-*β*-D-glucopyranosyl-20-*O*-[*β*-D-6-*O*-acetylglucopyranosyl-(1 → 2)-*β*-D-glucopyranoside]

3*α*,12*β*,20(*S*),24- 四羟基达玛 -25- 烯 3*α*,12*β*,20(*S*),24-tetrahydroxydammar-25-ene

S

3β,6α,12β,25- 四羟基 - 达玛 -*E*-20(22)- 烯 -6-*O*-α-L- 吡喃鼠李糖基 -(1 → 2)-β-D- 吡喃葡萄糖苷 3β,6α,12β,25-tetrahydroxy-dammar-*E*-20(22)-ene-6-*O*-α-L-rhamnopyranosyl-(1 → 2)-β-D-glucopyranoside
(3*S*,5*R*,6*R*,7*E*,9*S*)-3,5,6,9- 四羟基大柱香波龙 -7- 烯 (3*S*,5*R*,6*R*,7*E*,9*S*)-3,5,6,9-tetrahydroxymegastigman-7-ene
3*S*,5*R*,6*R*,9*S*- 四羟基大柱香波龙 -7- 烯 3*S*,5*R*,6*R*,9*S*-tetrahydroxymegastigman-7-ene
(3*S*,5*R*,6*R*,7*E*,9*S*)-3,5,6,9- 四羟基大柱香波龙烷 (3*S*,5*R*,6*R*,7*E*,9*S*)-3,5,6,9-tetrohydroxymegastigmane
3*S*,5*R*,6*R*,9*S*- 四羟基大柱香波龙烷 3*S*,5*R*,6*R*,9*S*-tetrahydroxymegastigmane
2β,3β,16β,22β- 四羟基胆甾 -5- 烯 -16-*O*-β-D- 呋喃芹糖苷 2β,3β,16β,22β-tetrahydroxycholest-5-en-16-*O*-β-D-apiofuranoside
(22*R*)-3β,16β,22,26- 四羟基胆甾 -5- 烯 -3-*O*-α-L- 吡喃鼠李糖基 -(1 → 2)-β-D- 吡喃葡萄糖醛酸苷 (22*R*)-3β,16β,22,26-tetrahydroxycholest-5-ene-3-*O*-α-L-rhamnopyranosyl-(1 → 2)-β-D-glucuronopyranoside
(*E*)-3,3',4,5'- 四羟基芪 (*E*)-3,3',4,5'-tetrahydroxystilbene
2,3',4,5'- 四羟基芪 2,3',4,5'-tetrahydroxystilbene
3,3',4,5'- 四羟基芪 3,3',4,5'-tetrahydroxystilbene
3,3',4',5- 四羟基芪 3,3',4',5-tetrahydroxystilbene
3,5,2',4'- 四羟基芪 3,5,2',4'-tetrahydroxystilbene
3,5,3',4'- 四羟基芪 3,5,3',4'-tetrahydroxylstilbene
(*E*)-2,3,4',5- 四羟基芪 -2-*O*-(2''-*O*-β-D- 呋喃果糖基)-β-D- 吡喃葡萄糖苷 (*E*)-2,3,4',5-tetrahydroxystilbene-2-*O*-(2''-*O*-β-D-fructofuranosyl)-β-D-glucopyranoside
(*E*)-2,3,4',5- 四羟基芪 -2-*O*-(3''-*O*- 没食子酰基)-β-D- 吡喃葡萄糖苷 (*E*)-2,3,4',5-tetrahydroxystilbene-2-*O*-(3''-*O*-galloyl)-β-D-glucopyranoside
(*E*)-2,3,4',5- 四羟基芪 -2-*O*-(4''-*O*-α-D- 吡喃葡萄糖基)-β-D- 吡喃葡萄糖苷 (*E*)-2,3,4',5-tetrahydroxystilbene-2-*O*-(4''-*O*-α-D-glucopyranosyl)-β-D-glucopyranoside
(*E*)-2,3,4',5- 四羟基芪 -2-*O*-(6''-*O*-α-D- 吡喃葡萄糖基)-β-D- 吡喃葡萄糖苷 (*E*)-2,3,4',5-tetrahydroxystilbene-2-*O*-(6''-*O*-α-D-glucopyranosyl)-β-D-glucopyranoside
(*E*)-2,3,4',5- 四羟基芪 -2-*O*-(6''-*O*-β-D- 吡喃葡萄糖基)-β-D- 吡喃葡萄糖苷 (*E*)-2,3,4',5-tetrahydroxystilbene-2-*O*-(6''-*O*-β-D-glucopyranosyl)-β-D-glucopyranoside
(*E*)-2,3,4',5- 四羟基芪 -2-*O*-β-D-(2''-*O*- 没食子酰基) 吡喃葡萄糖苷 (*E*)-2,3,4',5-tetrahydroxystilbene-2-*O*-β-D-(2''-*O*-galloyl)-glucopyranoside
(*E*)-2,3,4',5- 四羟基芪 -2-*O*-β-D-(6''-*O*- 乙酰基)- 吡喃葡萄糖苷 (*E*)-2,3,4',5-tetrahydroxystilbene-2-*O*-β-D-(6''-*O*-acetyl)-glucopyranoside
(*E*)-2,3,5,4'- 四羟基芪 -2-*O*-β-D-(6''-*O*- 乙酰基)- 吡喃葡萄糖苷 (*E*)-2,3,5,4'-tetrahydroxystilbene-2-*O*-β-D-(6''-*O*-acetyl)-glucopyranoside
(*E*)-2,3,4',5- 四羟基芪 -2-*O*-β-D-(6''-*O*- 没食子酰基) 吡喃葡萄糖苷 (*E*)-2,3,4',5-tetrahydroxystilbene-2-*O*-β-D-(6''-*O*-galloyl)-glucopyranoside
(*E*)-2,3,4',5- 四羟基芪 -2-*O*-β-D- 吡喃木糖苷 (*E*)-2,3,4',5-tetrahydroxystilbene-2-*O*-β-D-xylopyranoside
(*E*)-2,3,4',5- 四羟基芪 -2-*O*-β-D- 吡喃葡萄糖苷 (*E*)-2,3,4',5-tetrahydroxystilbene-2-*O*-β-D-glucopyranoside
(*E*)-2,3,5,4'- 四羟基芪 -2-*O*-β-D- 吡喃葡萄糖苷 (*E*)-2,3,5,4'-tetrahydroxystilbene-2-*O*-β-D-glucopyranoside
(*Z*)-2,3,4',5- 四羟基芪 -2-*O*-β-D- 吡喃葡萄糖苷 (*Z*)-2,3,4',5-tetrahydroxystilbene-2-*O*-β-D-glucopyranoside
2,3,4',5- 四羟基芪 -2-*O*-β-D- 吡喃葡萄糖苷 2,3,4',5-tetrahydroxystilbene-2-*O*-D-glucopyranoside
2,3,5,4'- 四羟基芪 -2-*O*-β-D- 吡喃葡萄糖苷 2,3,5,4'-tetrahydroxystilbene-2-*O*-β-D-glucopyranoside
(*E*)-2,3,4',5- 四羟基芪 -2-*O*-β-D- 吡喃葡萄糖基 -4'-*O*-α-D- 吡喃葡萄糖苷 (*E*)-2,3,4',5-tetrahydroxystilbene-2-*O*-β-D-glucopyranosyl-4'-*O*-α-D-glucopyranoside
(*E*)-2,3,4',5- 四羟基芪 -2-*O*-β-D- 吡喃葡萄糖基 -4'-*O*-β-D- 吡喃葡萄糖苷 (*E*)-2,3,4',5-tetrahydroxystilbene-2-*O*-β-D-glucopyranosyl-4'-*O*-β-D-glucopyranoside
(*E*)-2,3,4',5- 四羟基芪 -2-*O*-β-D- 吡喃葡萄糖基 -5-*O*-α-D- 吡喃葡萄糖苷 (*E*)-2,3,4',5-tetrahydroxystilbene-2-*O*-β-D-glucopyranosyl-5-*O*-α-D-glucopyranoside
2,3,5,4'- 四羟基芪 -3-*O*-β-D- 吡喃葡萄糖苷 2,3,5,4'-tetrahydroxystilbene-3-*O*-β-D-glucopyranoside
2-(1',2',3',4'- 四羟基丁基)-6-(2'',3'',4''- 三羟基丁基)- 吡嗪 2-(1',2',3',4'-tetrahydroxybutyl)-6-(2'',3'',4''-trihydroxybutyl)-pyrazine
2,3,4,5- 四羟基丁基 -6-*O*- 反式 - 咖啡酰基 -β- 吡喃葡萄糖苷 2,3,4,5-tetrahydroxyhexyl-6-*O*-*trans*-caffeoyl-β-glucopyranoside
1α,2β,3α,6α- 四羟基 - 对 - 薄荷烷 1α,2β,3α,6α-tetrahydroxy-*p*-menthane
(1*R*,2*S*,3*S*,4*S*)-1,2,3,4- 四羟基对薄荷烯 (1*R*,2*S*,3*S*,4*S*)-1,2,3,4-tetrahydroxy-*p*-menthene
6β,7β,8α,10- 四羟基 - 对羟基苯甲酰基 - 顺式 -2- 氧杂双环 [4.3.0] 壬烷 -3- 酮 6β,7β,8α,10-tetrahydroxy-*p*-hydroxybenzoyl-*cis*-2-oxabicyclo[4.3.0]nonan-3-one
(13*R*,14*R*)-3,13,14,19- 四羟基 - 对映 - 半日花 -8(17),11- 二烯 -16,15- 内酯 (13*R*,14*R*)-3,13,14,19-tetrahydroxy-*ent*-labda-8(17),11-dien-16,15-olide
3β,7α,14β,19- 四羟基 - 对映 - 贝壳杉 -16- 烯 -12,15- 二酮 3β,7α,14β,19-tetrahydroxy-*ent*-kaur-16-en-12,15-dione
3α,7α,14β,15β- 四羟基 - 对映 - 贝壳杉 -16- 烯 -12- 酮 3α,7α,14β,15β-tetrahydroxy-*ent*-kaur-16-en-12-one
2β,15α,16α,17- 四羟基 - 对映 - 贝壳杉烷 2β,15α,16α,17-tetrahydroxy-*ent*-kaurane
1,2,3,6- 四羟基蒽醌 1,2,3,6-tetrahydroxyanthraquinone
1,3,8,9- 四羟基二苯并 [b,d] 吡喃 -6- 酮 1,3,8,9-tetrahydroxydibenzo[b,d]pyran-6-one
2,4,6,4'- 四羟基二苯甲酮 2,4,6,4'-tetrahydroxydibenzophenone
(-)-α,2',4,4'- 四羟基二氢查耳酮 (-)-α,2',4,4'-tetrahydroxydihydrochalcone
(α*R*)-α,2',4,4'- 四羟基二氢查耳酮 (α*R*)-α,2',4,4'-tetrahydroxydihydrochalcone
α,2',4,4'- 四羟基二氢查耳酮 α,2',4,4'-tetrahydroxydihydrochalcone
α,4,2',4'- 四羟基二氢查耳酮 α,4,2',4'-tetrahydroxydihydrochalcone
3,4,2',6'- 四羟基二氢查耳酮 -4'-*O*-(6''- 没食子酰基)-β-D- 吡喃葡萄糖苷 3,4,2',6'-tetrahydroxydihydrochalcone-4'-*O*-(6''-galloyl)-β-D-glucopyranoside
5,7,3'5'- 四羟基二氢黄酮 5,7,3'5'-tetrahydroxyflavanone
3,4',5,7- 四羟基二氢黄酮 -3-*O*- 吡喃葡萄糖苷 3,4',5,7-tetrahydroxyflavanone-3-*O*-glucopyranoside
3,4,2',6'- 四羟基二氢黄酮 -4'-*O*-β-D- 吡喃葡萄糖苷 3,4,2',6'-tetrahydroxydihydroflavone-4'-*O*-β-D-glucopyranoside
2',4',5,7- 四羟基二氢黄酮醇 2',4',5,7-tetrahydroxyflavanolol
3,4',5,7- 四羟基二氢黄酮醇 3,4',5,7-tetrahydroxydihydroflavonol
5,7,3',4'- 四羟基二氢黄酮醇 -3-*O*- 吡喃鼠李糖苷 5,7,3',4'-tetrahydroxydihydroflavanol-3-*O*-α-L-rhamnopyranoside
2',4',5,7- 四羟基异黄烷酮 2',4',5,7-tetrahydroxyisoflavanone

S

3,4,2',4'- 四羟基 - 反式 - 查耳酮 3,4,2',4'-tetrahydroxy-*trans*-chalcone
3,4,2',4'- 四羟基 - 反式 - 查耳酮 -2'-*O*-β-D- 葡萄糖苷 3,4,2',4'-tetrahydroxy-*trans*-chalcone-2'-*O*-β-D-glucoside
2,4,5,6- 四羟基菲 2,4,5,6-tetrahydroxyphenanthrene
2α,4β,15,16- 四羟基斧松烷 2α,4β,15,16-tetrahydroxydolabradane
(23*E*)-3β,7β,15β,25- 四羟基葫芦 -5,23- 二烯 -19- 醛 (23*E*)-3β,7β,15β,25-tetrahydroxycucurbita-5,23-dien-19-al
3β,7β,22,23- 四羟基葫芦 -5,24- 二烯 -19- 醛 3β,7β,22,23-tetrahydroxycucurbita-5,24-dien-19-al
3β,7β,23,24- 四羟基葫芦 -5,25- 二烯 -19- 醛 3β,7β,23,24-tetrahydroxycucurbita-5,25-dien-19-al
(24*S*)-3β,11α,16β,24- 四羟基环木菠萝 -3-*O*-[β-D- 吡喃葡萄糖基 -(1 → 3)-β-D- 吡喃葡萄糖基 -(1 → 2)-β-D- 吡喃葡萄糖基]-24-*O*-β-D-吡喃葡萄糖苷 (24*S*)-3β,11α,16β,24-tetrahydroxycloart-*O*-[β-D-glucopyranosyl-(1 → 3)-β-D-glucopyranosyl-(1 → 2)-β-D-glucopyranosyl]-24-*O*-β-D-glucopyranoside
(24*R*)-3β,7β,24,25- 四羟基环木菠萝 -3-*O*-β-D- 吡喃葡萄糖基 -(1 → 2)-β-D- 吡喃葡萄糖基 -24-*O*-β-D- 吡喃葡萄糖苷 (24*R*)-3β,7β,24,25-tetrahydroxycycloartane-3-*O*-β-D-glucopyranosyl-(1 → 2)-β-D-glucopyranosyl-24-*O*-β-D-glucopyranoside
(24*R*)-3β,7β,24,25- 四羟基环木菠萝 -3-*O*-β-D- 吡喃葡萄糖基 -24-*O*-β-D- 吡喃葡萄糖苷 (24*R*)-3β,7β,24,25-tetrahydroxycycloartane-3-*O*-β-D-glucopyranosyl-24-*O*-β-D-glucopyranoside
24*S*,3β,11α,16β,24- 四羟基环木菠萝烯醇 -3-*O*-α-L- 吡喃鼠李糖基 -(1 → 2)-β-D- 吡喃葡萄糖苷 24*S*,3β,11α,16β,24-tetrahydroxycycloartenol-3-*O*-α-L-rhamnopyranosyl-(1 → 2)-β-D-glucopyranoside
24*S*,3β,11α,16β,24- 四羟基环木菠萝烯醇 -3-*O*-β-D- 吡喃葡萄糖基 -(1 → 2)-β-D- 吡喃葡萄糖苷 24*S*,3β,11α,16β,24-tetrahyaroxycycloartenol-3-*O*-β-D-glucopyranosyl-(1 → 2)-β-D-glucopyranoside
2',3',5,7- 四羟基黄酮 2',3',5,7 -tetrahydroxyflavone
2',5',5,7- 四羟基黄酮 2',5',5,7-tetrahydroxyflavone
2',5,6',7- 四羟基黄酮 2',5,6',7-tetrahydroxyflavone
3,4',5,7- 四羟基黄酮 3,4',5,7-tetrahydroxyflavone
3,5,7,3'- 四羟基黄酮 3,5,7,3'-tetrahydroxyflavone
3,5,7,4'- 四羟基黄酮 3,5,7,4'-tetrahydroxyflavone
3,7,3',4'- 四羟基黄酮 3,7,3',4'-tetrahydroxyflavone
5,6,7,4'- 四羟基黄酮 5,6,7,4'-tetrahydroxyflavone
5,7,2',4'- 四羟基黄酮 5,7,2',4'-tetrahydroxyflavone
5,7,2',5'- 四羟基黄酮 5,7,2',5'-tetrahydroxyflavone
5,7,2',6'- 四羟基黄酮 5,7,2',6'-tetrahydroxyflavone
5,7,3',4'- 四羟基黄酮 5,7,3',4'-tetrahydroxyflavone
5,7,3',4- 四羟基黄酮 5,7,3',4-tetrahydroxyflavone
5,7,3',5'- 四羟基黄酮 5,7,3',5'-tetrahydroxyflavone
5,7,8,4'- 四羟基黄酮 5,7,8,4'-tetrahydroxyflavone
四羟基黄酮 tetrahydroxyflavone
3,4',5,7- 四羟基黄酮 -3-*O*-α-D- 吡喃葡萄糖苷 3,4',5,7-tetrahydroxyflavone-3-*O*-α-D-glucopyranoside
5,7,3',4'- 四羟基黄酮 -3-*O*-α-L- 吡喃鼠李糖苷 5,7,3',4'-tetrahydroxyflavone-3-*O*-α-L-rhamnopyranoside
3',4',5,7- 四羟基黄酮 -3-*O*-β-D-(6''-*O*- 对羟苯甲酰吡喃乳糖苷 3',4',5,7-tetrahydroxyflavon-3-*O*-β-D-(6''-*O*-p-hydroxybenzoylgalactopyranoside)
3',4',5,7- 四羟基黄酮 -3-*O*-β-D-(6''-*O*- 乙酰吡喃半乳糖苷) 3',4',5,7-tetrahydroxyflavon-3-*O*-β-D-(6''-*O*-acetylgalactopyranoside)
5,7,3',4'- 四羟基黄酮 -3-*O*-β-D- 吡喃半乳糖苷 5,7,3',4'-tetrahydroxyflavone-3-*O*-β-D-galactopyranoside
3,5,7,4'- 四羟基黄酮 -3'-*O*-β-D- 吡喃木糖苷 3,5,7,4'-tetrahydroxyflavone-3'-*O*-β-D-xylopyranoside
5,7,3',4'- 四羟基黄酮 -3'-*O*-β-D- 吡喃葡萄糖苷 5,7,3',4'-tetrahydroxyflavone-3'-*O*-β-D-glucopyranoside
5,7,3',4'- 四羟基黄酮 -3-*O*-β-D- 吡喃葡萄糖苷 5,7,3',4'-tetrahydroxyflavone-3-*O*-β-D-glucopyranoside
5,7,3',4'- 四羟基黄酮 -3-*O*- 吡喃鼠李糖基 -(1 → 6)- 吡喃葡萄糖苷 5,7,3',4'-tetramethoxyflavone-3-*O*-rhamnopyranosyl-(1 → 6)-glucopyranoside
3',4',5,7- 四羟基黄酮 -3-*O*- 葡萄糖基 - 鼠李糖苷 3',4',5,7-tetrahydroxyflavone-3-*O*-gluco-rhamnoside
3,5,7,4'- 四羟基黄酮 -3'- 甲氧基黄酮 -3-*O*-β-D- 吡喃葡萄糖基 -(1 → 6)-α-L- 吡喃鼠李糖苷 3,5,7,4'-tetrahydroxy-3'-methoxyflavone-3-*O*-β-D-glucopyranosyl-(1 → 6)-α-L-rhamnopyranoside
5,7,3',4'- 四羟基黄酮 -6-*C*-β-D- 吡喃葡萄糖苷 5,7,3',4'-tetrahydroxyflavone-6-*C*-β-D-glucopyranoside
5,6,7,4'- 四羟基黄酮 -6-*O*-β-D- 吡喃阿拉伯糖基 -7-*O*-α-L- 吡喃鼠李糖苷 5,6,7,4'-tetrahydroxy-flavone-6-*O*-β-D-arabinopyranosyl-7-*O*-α-L-rhamnopyranoside
5,6,7,4'- 四羟基黄酮 -6-*O*-β-D- 吡喃木糖基 -7-*O*-α-L- 吡喃鼠李糖苷 5,6,7,4'-tetrahydroxy-flavone-6-*O*-β-D-xylopyranosyl-7-*O*-α-L-rhamnopyranoside
5,7,3',4'- 四羟基黄酮 -6-*O*-β-D- 吡喃葡萄糖苷 5,7,3',4'-tetrahydroxyflavone-6-*O*-β-D-glucopyranoside
5,6,8,4'- 四羟基黄酮 -7-*O*-α-L- 吡喃鼠李糖苷 5,6,8,4'-tetrahydroxyflavone-7-*O*-α-L-rhamnopyranoside
5,7,3',4'- 四羟基黄酮 -7-*O*-β-D- 半乳糖醛酸苷 -4'-*O*-β-D- 吡喃葡萄糖苷 5,7,3',4'-tetrahydroxyflavone-7-*O*-β-D-galactocuronopyranoside-4'-*O*-β-D-glucopyranoside
5,6,7,4'- 四羟基黄酮 -7-*O*-β-D- 吡喃葡萄糖苷 5,6,7,4'-tetrahydroxyflavone-7-*O*-β-D-glucopyranoside
5,7,3',4'- 四羟基黄酮 -7-*O*-β-D- 吡喃葡萄糖苷 5,7,3',4'-tetrahydroxyflavone-7-*O*-β-D-glucopyranoside
5,7,3',4'- 四羟基黄酮 -7-*O*-β-D- 呋喃半乳糖苷 5,7,3',4'-tetrahydroxyflavone-7-*O*-β-D-galactofuranoside
5,7,3',4'- 四羟基黄酮 -7- 葡萄糖苷 5,7,3',4'-tetrahydroxyflavone-7-glucoside
5,7,3',4'- 四羟基黄酮 -8-*C*-β-D- 吡喃葡萄糖苷 5,7,3',4'-tetrahydroxyflavone-8-*C*-β-D-glucopyranoside
5,7,3',4'- 四羟基黄酮 -8-*O*-β-D- 吡喃葡萄糖苷 5,7,3',4'-tetrahydroxyflavone-8-*O*-β-D-glucopyranoside)
3',4',7,8- 四羟基黄酮醇 3',4',7,8-tetrahydroxyflavonol
3,5,7,4'- 四羟基黄酮醇 3,5,7,4'-tetrahydroxyflavanol
5,7,3',4'- 四羟基黄酮醇 5,7,3',4'-tetrahydroxyflavonol
5,7,2',6'- 四羟基黄酮醇 -2'-*O*-β-D- 吡喃葡萄糖苷 5,7,2',6'-tetrahoxyflavonol-2'-*O*-β-D-glucopyranoside
3,5,7,4'- 四羟基黄酮醇 -3-*O*-β-D- 吡喃葡萄糖苷 3,5,7,4'-tetrahydroxyflavonol-3-*O*-β-D-glucopyranoside
5,7,3',5'- 四羟基黄酮醇 -3-*O*-β-D- 吡喃葡萄糖苷 5,7,3',5'-tetrahydroxyflavonol-3-*O*-β-D-glucopyranoside
(+)-3,5,7,4'- 四羟基黄烷 (+)-3,5,7,4'-tetrahydroxyflavan
4,7,3',4'- 四羟基黄烷 4,7,3',4'-tetrahydroxyflavan
5,7,3',4'- 四羟基黄烷 -3- 醇 5,7,3',4'-tetrahydroxyflavan-3-ol
(2*R*,3*R*)-5,7,2',5'- 四羟基 - 黄烷 -3- 醇 (2*R*,3*R*)-5,7,2',5'-tetrahydroxy-flavan-3-ol
(2*S*)-5,7,3',4'- 四羟基黄烷 -5-*O*-β-D- 吡喃葡萄糖苷 (2*S*)-5,7,3',4'-tetrahydroxyflavan-5-*O*-β-D-glucopyranosie

S

(-)-5,3',4',5'- 四羟基黄烷 -7-*O*- 没食子酸酯 (-)-5,3′,4′,5′-tetrahydroxyflavan-7-*O*-gallate
5,7,3',4'- 四羟基黄烷醇 5,7,3',4'-tetrahydroxyflavanol
(2*R*,3*R*)-2',3,5,7- 四羟基黄烷酮 (2*R*,3*R*)-2',3,5,7-retrahydroxyflavanone
(2*R*,3*R*)-3,5,7,4'- 四羟基黄烷酮 (2*R*,3*R*)-3,5,7,4'-tetrahydroxyflavanone
(2*S*)-2',5,6',7- 四羟基黄烷酮 (2*S*)-2',5,6',7-tetrahydroxyflavanone
(2*S*)-3',5,5',7- 四羟基黄烷酮 (2*S*)-3',5,5',7-tetrahydroxyflavanone
(2*S*)-5,7,2',4'- 四羟基黄烷酮 (2*S*)-5,7,2',4'-tetrahydroxyflavanone
(2*S*)-5,7,2',6'- 四羟基黄烷酮 (2*S*)-5,7,2',6'-tetrahydroxyflavanone
(2*S*)-5,7,3',4'- 四羟基黄烷酮 (2*S*)-5,7,3',4'-tetrahydroxyflavanone
(2*S*)-5,7,3',5'- 四羟基黄烷酮 (2*S*)-5,7,3',5'-tetrahydroxyflavanone
(2*S*,3*S*)-3,4',5,7- 四羟基黄烷酮 (2*S*,3*S*)-3,4',5,7-tetrahydroxyflavanone
(*S*)-3',4',5,7- 四羟基黄烷酮 (*S*)-3',4',5,7-tetrahydroxyflavanone
2(*S*)-5,7,2',5'- 四羟基黄烷酮 2(*S*)-5,7,2',5'-tetrahydroxyflavanone
2(*S*)-5,7,2',6'- 四羟基黄烷酮 2(*S*)-5,7,2',6'-tetrahydroxyflavanone
2*S*-5,7,3',5'- 四羟基黄烷酮 2*S*-5,7,3',5'-tetrahydroxyflavanone
3,3',4',7- 四羟基黄烷酮 3,3',4',7-tetrahydroxyflavanone
3',4',5,7- 四羟基黄烷酮 3',4',5,7-tetrahydroxyflavanone
3',5,5',7- 四羟基黄烷酮 3',5,5',7-tetrahydroxyflavanone
3',5',5,7- 四羟基黄烷酮 3',5',5,7-tetrahydroxyflavanone
5,6,7,4'- 四羟基黄烷酮 5,6,7,4'-tetrahydroxyflavanone
5,7,2',5'- 四羟基黄烷酮 5,7,2',5'-tetrahydroxyflavanone
5,7,2',6'- 四羟基黄烷酮 5,7,2',6'-tetrahydroxyflavanone
5,7,3',4'- 四羟基黄烷酮 5,7,3',4'-tetrahydroxyflavanone
5,7,3',5'- 四羟基黄烷酮 5,7,3',5'-tetrahydroxyflavanone
5,8,3',5'- 四羟基黄烷酮 5,8,3',5'-tetrahydroxyflavanone
3',4',5,7- 四羟基黄烷酮 -2(*S*)-3'-*O*-*β*-D- 吡喃葡萄糖苷 3',4',5,7-tetrahydroxyflavanone-2(*S*)-3'-*O*-*β*-D-glucopyranoside
3,5,7,4'- 四羟基黄烷酮 -7-*O*-(6''- 乙酰基)- 吡喃葡萄糖苷 3,5,7,4'-tetrahydroxyflavanone-7-*O*-(6''-acetyl)-glucopyranoside
(*S*)-5,7,3',5'- 四羟基黄烷酮 -7-*O*-(6''- 没食子酰基)-*β*-D- 吡喃葡萄糖苷 (*S*)-5,7,3',5'-tetrahydroxyflavanone-7-*O*-(6''-galloyl)-*β*-D-glucopyranoside
(2*S*)-5,7,3',5'- 四羟基黄烷酮 -7-*O*-*β*-D- 吡喃阿洛糖苷 (2*S*)-5,7,3',5'-tetrahydroxyflavanone-7-*O*-*β*-D-allopyranoside
(2*S*)-5,7,3',5'- 四羟基黄烷酮 -7-*O*-*β*-D- 吡喃葡萄糖苷 (2*S*)-5,7,3',5'-tetrahydroxyflavanone-7-*O*-*β*-D-glucopyranosie
(*S*)-5,7,3',5'- 四羟基黄烷酮 -7-*O*-*β*-D- 吡喃葡萄糖苷 (*S*)-5,7,3',5'-tetrahydroxyflavanone-7-*O*-*β*-D-glucopyranoside
5,7,3',5'- 四羟基黄烷酮 -7-*O*-*β*-D- 吡喃葡萄糖苷 5,7,3',5'-tetrahydroxyflavanone-7-*O*-*β*-D-glucopyranoside
3,5,7,4'- 四羟基黄烷酮 -7-*O*- 吡喃葡萄糖苷 3,5,7,4'-tetrahydroxyflavanone-7-*O*-glucopyranoside
(*R*)-5,7,3',5'- 四羟基黄烷酮 -7-*O*- 新橙皮糖苷 (*R*)-5,7,3',5'-tetrahydroxy-flavanone-7-*O*-neohesperidoside
(2*S*)-5,7,3',5'- 四羟基黄烷酮 -7-*β*-D- 吡喃葡萄糖苷 (2*S*)-5,7,3',5'-tetrahydroxyflavanone-7-*β*-D-glucopyranoside
5,6,7,4'- 四羟基黄烷酮醇 5,6,7,4'-tetrahydroxy flavanonol
7,8,3',4'- 四羟基黄烷酮醇 7,8,3',4'-tetrahydroxyflavanonol
(2*R*,3*R*)-3,5,7,4'- 四羟基黄烷酮醇 -3-*O*-(3''-*O*- 没食子酰基)-*α*-L- 吡喃鼠李糖苷 (2*R*,3*R*)-3,5,7,4'-tetrahydroxyflavanonol-3-*O*-(3''-*O*-galloyl)-*α*-L-rhamnopyranoside
四羟基甲氧基查耳酮 tetrahydroxymethoxychalcone
1*β*,2*β*,3*β*,4*β*- 四羟基螺甾 -25(27)- 烯 -5-*α*-L- 吡喃阿拉伯糖苷 1*β*,2*β*,3*β*,4*β*-tetrahydroxyspirost-25(27)-en-5-*α*-L-arabinopyranoside
3*α*,16*β*,20,22- 四羟基麦角甾 -5,24(28)- 二烯 3*α*,16*β*,20,22-tetrahydroxyergosta-5,24(28)-diene
(1*α*,3*β*,11*β*,22*R*,24*E*)-1,3,11,22- 四羟基麦角甾 -5,24- 二烯 -26- 酸 -26-*O*-(6'-*O*- 乙酰基 -*β*-D- 吡喃葡萄糖基)-(1 → 2)-*β*-D- 吡喃葡萄糖基酯苷 (1*α*,3*β*,11*β*,22*R*,24*E*)-1,3,11,22-tetrahydroxy-ergosta-5,24-dien-26-oic acid-26-*O*-(6'-*O*-acetyl-*β*-D-glucopyranosyl)-(1 → 2)-*β*-D-glucopyranosyl ester
(1*α*,3*β*,11*β*,22*R*,24*E*)-1,3,11,22- 四羟基麦角甾 -5,24- 二烯 -26- 酸 -26-*O*-*β*-D- 吡喃葡萄糖基酯苷 (1*α*,3*β*,11*β*,22*R*,24*E*)-1,3,11,22-tetrahydroxy-ergosta-5,24-dien-26-oic acid-26-*O*-*β*-D-glucopyranosyl ester
3*β*,5*α*,6*β*,9*α*- 四羟基麦角甾 -7,22- 二烯 3*β*,5*α*,6*β*,9*α*-tetradroxyergosta-7,22-diene
2,5,7,8- 四羟基萘醌 2,5,7,8-tetrahydroxynaphthoquinone
3*β*,16*α*,23,28- 四羟基 - 齐墩果 -11,13(18)- 二烯 -29- 酸 -3-*O*-*β*-D- 吡喃葡萄糖基 -(1 → 3)-*β*-D- 吡喃岩藻糖苷 3*β*,16*α*,23,28-tetrahydroxy-olean-11,13(18)-dien-29-oic acid-3-*O*-*β*-D-glucopyranosyl-(1 → 3)-*β*-D-fucopyranoside
2*α*,3*β*,11*α*,13*β*- 四羟基齐墩果 -12- 酮基 -28- 酸 2*α*,3*β*,11*α*,13*β*-tetrahydroxy-12-ketooleanan-28-oic acid
2*α*,3*α*,24,28- 四羟基齐墩果 -12- 烯 2*α*,3*α*,24,28-tetrahydroxyolean-12-ene
3*β*,16*β*,21*β*,23- 四羟基齐墩果 -12- 烯 3*β*,16*β*,21*β*,23-tetrahydroxyolean-12-ene
3*β*,16*β*,21*β*,28- 四羟基齐墩果 -12- 烯 3*β*,16*β*,21*β*,28-tetrahydroxyolean-12-ene
3*β*,16*β*,22*α*,28- 四羟基齐墩果 -12- 烯 3*β*,16*β*,22*α*,28-tetrahydroxyolean-12-ene
2*α*,3*β*,19*α*-23- 四羟基齐墩果 -12- 烯 -24,28- 二酸 2*α*,3*β*,19*α*,23-tetrahydroxyolean-12-ene-24,28-dioic acid
2*α*,3*β*,21*β*,22*α*- 四羟基齐墩果 -12- 烯 -28,29- 二羧酸 2*α*,3*β*,21*β*,22*α*-tetrahydroxyolean-12-en-28,29-dioic acid
3*α*,21*α*,22*α*,28- 四羟基 - 齐墩果 -12- 烯 -28-*O*-*β*-D- 吡喃木糖酯苷 3*α*,21*α*,22*α*,28-tetrahydroxy-olean-12-en-28-*O*-*β*-D-xylopyranoside
3*α*,21*β*,22*α*,28- 四羟基 - 齐墩果 -12- 烯 -28-*O*-*β*-D- 吡喃木糖酯苷 3*α*,21*β*,22*α*,28-tetrahydroxy-olean-12-en-28-*O*-*β*-D-xylopyranoside
(4*α*)-2*α*,3*β*,16*α*,23- 四羟基齐墩果 -12- 烯 -28- 酸 (4*α*)-2*α*,3*β*,16*α*,23-tetrahydroxyolean-12-en-28-oic acid
(4*β*)-2*α*,3*α*,16*α*,23- 四羟基齐墩果 -12- 烯 -28- 酸 (4*β*)-2*α*,3*α*,16*α*,23-tetrahydroxyolean-12-en-28-oic acid
1,2,3,24- 四羟基齐墩果 -12- 烯 -28- 酸 1,2,3,24-tetrahydroxy-olean-12-en-28-oic acid
1*α*,2*α*,3*β*,24- 四羟基齐墩果 -12- 烯 -28- 酸 1*α*,2*α*,3*β*,24-tetrahydroxyolean-12-en-28-oic acid
1*β*,2*α*,3*α*,24- 四羟基齐墩果 -12- 烯 -28- 酸 1*β*,2*α*,3*α*,24-tetrahydroxyolean-12-en-28-oic acid
1*β*,2*α*,3*β*,19*β*- 四羟基齐墩果 -12- 烯 -28- 酸 1*β*,2*α*,3*β*,19*β*-tetrahydroxyolean-12-en-28-oic acid
2,3,19,23- 四羟基齐墩果 -12- 烯 -28- 酸 2,3,19,23-tetrahydroxyolean-12-en-28-oic acid
2*α*,3*β*,23,29- 四羟基齐墩果 -12- 烯 -28- 酸 2*α*,3*β*,23,29-tetrahydroxyolean-12-en-28-oic acid
2*α*,3*α*,23,29- 四羟基齐墩果 -12- 烯 -28- 酸 2*α*,3*α*,23,29-tetrahydroxyolean-12-en-28-oic acid
2*α*,3*β*,19*α*,23- 四羟基齐墩果 -12- 烯 -28- 酸 2*α*,3*β*,19*α*,23-tetrahydroxyolean-12-en-28-oic acid
2*α*,3*β*,23,24- 四羟基齐墩果 -12- 烯 -28- 酸 2*α*,3*β*,23,24-tetrahydroxyolean-12-en-28-oic acid
3*β*,6*β*,19*α*,23- 四羟基齐墩果 -12- 烯 -28- 酸 3*β*,6*β*,19*α*,23-tetrahydroxyolean-12-en-28-oic acid

S

(1α,2α,3β,4β)-1,2,3,23- 四羟基 - 齐墩果 -12- 烯 -28- 酸 (1α,2α,3β,4β)-1,2,3,23-tetrahydroxy-olean-12-en-28-oic acid
2α,3β,5,24- 四羟基 - 齐墩果 -12- 烯 -28- 酸 2α,3β,5,24-tetrahydroxyolean-12-en-28-oic acid
2α,3α,19α,23- 四羟基齐墩果 -12- 烯 -28- 酸 -28-*O*-β-D- 吡喃木糖基 -(1 → 2)-β-D- 吡喃葡萄糖基酯 2α,3α,19α,23-tetrahydroxyolean-12-en-28-oic acid-28-*O*-β-D-xylopyranosyl-(1 → 2)-β-D-glucopyranosyl ester
2α,3β,7α,23- 四羟基齐墩果 -12- 烯 -28- 酸 -28-*O*-β-D- 吡喃葡萄糖苷 2α,3β,7α,23-tetrahydroxyolean-12-en-28-oic acid-28-*O*-β-D-glucopyranoside
2α,3β,19α,23- 四羟基 - 齐墩果 -12- 烯 -28- 酸 -28-*O*-β-D- 吡喃葡萄糖基 -(1 → 4)-β-D- 吡喃葡萄糖苷 2α,3β,19α,23-tetrahydroxyolean-12-en-28-oic acid-28-*O*-β-D-glucopyranosyl-(1 → 4)-β-D-glucopyranoside
2α,3α,19α,24- 四羟基齐墩果 -12- 烯 -28- 酸 -28-*O*-β-D- 吡喃葡萄糖基酯 2α,3α,19α,24-tetrahydroxyolean-12-en-28-oic acid-28-*O*-β-D-glucopyranosyl ester
1β,2α,3β,23- 四羟基齐墩果 -12- 烯 -28- 酸甲酯 1β,2α,3β,23-tetrahydroxyolean-12-en-28-oic acid methyl ester
3β,22β,24,29- 四羟基齐墩果 -12- 烯 -3,24-*O*-β-D- 二吡喃木糖苷 3β,22β,24,29-tetrahydroxyolean-12-en-3,24-*O*-β-D-dixylopyranoside
3β,16β,22β,28- 四羟基 - 齐墩果 -12- 烯 -30- 二酸 3β,16β,22β,28-tetrahydroxyolean-12-en-30-oic acid
3β,15-α,23,28- 四羟基齐墩果 -12- 烯 -3-*O*- 吡喃阿拉伯糖苷 3β,15-α,23,28-tetrahydroxyolean-12-en-3-*O*-arabinopyaranoside
16β,21β,23,28- 四羟基齐墩果 -12- 烯 -3- 酮 16β,21β,23,28-tetrahydroxyolean-12-en-3-one
3β,16β,23,28- 四羟基齐墩果 -13(18)- 烯 3β,16β,23,28-tetrahydroxyolean-13(18)-ene
3β,22α,24,29- 四羟基齐墩果 -l2- 烯 -3-*O*-[β-D- 阿拉伯糖基 -(1→3)]-β-D- 吡喃阿拉伯糖苷 3β,22α,24,29-tetrahydroxyolean-l2-en-3-*O*-[β-D-arabinosyl-(1 → 3)]-β-D-arabinopyranoside
2α,3α,19α,23- 四羟基齐墩果酸 -28-*O*-β-D- 吡喃葡萄糖苷 2α,3α,19α,23-tetrahydroxyoleanolic acid-28-*O*-β-D-glucopyranoside
2α,3β,6β,19α- 四羟基齐墩果酸 -28-*O*-β-D- 吡喃葡萄糖苷 2α,3β,6β,19α-tetrahydroxyoleanolic acid-28-*O*-β-D-glucopyranoside
3α,21β,22α,28- 四羟基齐墩果烷 -12- 烯 3α,21β,22α,28-tetrahydroxyolean-12-ene
3,20β,21β,24- 四羟基千层塔 -14- 烯 3,20β,21β,24-tetrahydroxyserrat-14-ene
3α,21β,24,29- 四羟基千层塔 -14- 烯 -16- 酮 3α,21β,24,29-tetrahydroxyserrat-14-en-16-one
3β,14α,15α,21α- 四羟基千层塔 -14- 烯 -21- 乙酰基 -3-(4'- 羟基苯甲酸酯）3β,14α,15α,21α-tetrahydroxyserrat-14-en-21-acetyl-3-(4'-hydroxybenzoate)
3β,14α,15α,21α- 四羟基千层塔 -14- 烯 -3-(3'- 甲氧基 -4'- 羟基苯甲酸酯）3β,14α,15α,21α-tetrahydroxyserrat-14-en-3-(3'-methoxyl-4'-hydroxybenzoate)
3β,5α,14β,17β- 四羟基强心甾 -20(22)- 烯内酯 3β,5α,14β,17β-tetrahydroxycard-20(22)-enolide
1,2,6,8- 四羟基吡酮 1,2,6,8-tetrahydroxyxanthone
1,3,5,6- 四羟基吡酮 1,3,5,6-tetrahydroxyxanthone
1,3,5,8- 四羟基吡酮 1,3,5,8-tetrahydroxyxanthone
1,3,6,7- 四羟基吡酮 1,3,6,7-tetrahydroxyxanthone
1,3,7,8- 四羟基吡酮 1,3,7,8-tetrahydroxyxanthone
3,5,6,8- 四羟基吡酮 -1-*C*-β-D- 吡喃葡萄糖苷 3,5,6,8-tetrahydroxyxanthone-1-*C*-β-D-glucopyranoside
1,3,6,7- 四羟基吡酮 -1-*O*-β-D- 鸡纳糖苷 1,3,6,7- tetrahydroxyxanthone-1-*O*-β-D-quinovoside
1,3,7,8- 四羟基吡酮 -8-*O*-β-D- 吡喃葡萄糖苷 1,3,7,8-tetrahydroxyxanthone-8-*O*-β-D-glucopyranoside
1,3,6,7- 四羟基吡酮 -*O*- 葡萄糖苷 1,3,6,7-tetrahydroxyxanthone-*O*-glucoside
1,3,5,8- 四羟基吡烯 -9- 酮 1,3,5,8-tetrahydroxyxanthen-9-one
6β,7β,8α,10- 四羟基 - 顺式 -2- 氧杂双环 [4.3.0] 壬烷 -3- 酮 6β,7β,8α,10-tetrahydroxy-*cis*-2-oxabicyclo[4.3.0]nonan-3-one
3,5,7,4'- 四羟基香豆色酮 3,5,7,4'-tetrahydroxycoumaronochromone
7α,8α,13,14- 四羟基 - 小皮伞 -5- 酸 -γ- 内酯 7α,8α,13,14-tetrahydroxy-marasm-5-oic acid-γ-lactone
2α,3β,3,30- 四羟基熊果 -12,18- 二烯 -28- 酸 -28-*O*-β-D- 吡喃葡萄糖基酯 2α,3β,3,30-tetrahydroxyurs-12,18-diene-28-oic acid-28-*O*-β-D-glucopyranosyl ester
2α,3β,20β,23- 四羟基熊果 -12,19(29)- 二烯 -28- 酸 2α,3β,20β,23-tetrahydroxyurs-12,19(29)-dien-28-oic acid
2α,3α,23,29- 四羟基熊果 -12,19- 二烯 -28- 酸 -28-*O*-β-D- 吡喃葡萄糖基酯 2α,3α,23,29-tetrahydroxyurs-12,19-dien-28-oic acid-28-*O*-β-D-glucopyranosyl ester
1,2,3,24- 四羟基熊果 -12,20(30)- 二烯 -28- 酸 1,2,3,24-tetrahydroxyursa-12,20(30)-dien-28-oic acid
1β,2α,3α,24- 四羟基熊果 -12,20(30)- 二烯 -28- 酸 1β,2α,3α,24-tetrahydroxyursa-12,20(30)-dien-28-oic acid
2α,3α,19α,23- 四羟基熊果 -12,20(30)- 二烯 -28- 酸 2α,3α,19α,23-tetrahydroxyurs-12,20(30)-dien-28-oic acid
(1α,2α,3β,4β)-1,2,3,23- 四羟基 - 熊果 -12,20(30)- 二烯 -28- 酸 (1α,2α,3β,4β)-1,2,3,23-tetrahydroxy-ursa-12,20(30)-dien-28-oic acid
2β,3β,19α,23- 四羟基 - 熊果 -12- 烯 -28-*O*-[β-D- 吡喃葡萄糖基 -(1 → 2)-β-D- 吡喃葡萄糖基] 酯苷 2β,3β,19α,23-tetrahydroxy-urs-12-en-28-*O*-[β-D-glucopyranosyl-(1 → 2)-β-D-glucopyranosyl]ester
2α,3α,19α,23- 四羟基熊果 -12- 烯 -28-*O*-β-D- 吡喃葡萄糖基酯 2α,3α,19α,23-tetrahydroxyurs-12-en-28-*O*-β-D-glucopyranosyl ester
1,2,3,20- 四羟基熊果 -12- 烯 -28- 酸 1,2,3,20-tetrahydroxyurs-12-en-28-oic acid
1,3,19,20- 四羟基熊果 -12- 烯 -28- 酸 1,3,19,20-tetrahydroxyurs-12-en-28-oic acid
1β,2α,3α,24- 四羟基熊果 -12- 烯 -28- 酸 1β,2α,3α,24-tetrahydroxyurs-12-en-28-oic acid
1β,2α,3β,19α- 四羟基熊果 -12- 烯 -28- 酸 1β,2α,3β,19α-tetrahydroxyurs-12-en-28-oic acid
1β,2β,3β,19α- 四羟基熊果 -12- 烯 -28- 酸 1β,2β,3β,19α-tetrahydroxyurs-12-en-28-oic acid
2α,3α,19α,23- 四羟基熊果 -12- 烯 -28- 酸 2α,3α,19α,23-tetrahydroxyurs-12-en-28-oic acid
2α,3α,19α,24- 四羟基熊果 -12- 烯 -28- 酸 2α,3α,19α,24-tetrahydroxyurs-12-en-28-oic acid
2α,3α,23,24- 四羟基熊果 -12- 烯 -28- 酸 2α,3α,23,24-tetrahydroxyurs-12-en-28-oic acid
2α,3β,11α,23- 四羟基熊果 -12- 烯 -28- 酸 2α,3β,11α,23-tetrahydroxyurs-12-en-28-oic acid
2α,3β,19α,23- 四羟基齐墩果 -12- 烯 -28- 酸 2α,3β,19α,23-tetrahydroxyolean-12-en-28-oic acid
2α,3β,19α,23- 四羟基熊果 -12- 烯 -28- 酸 2α,3β,19α,23-

S

tetrahydroxyurs-12-en-28-oic acid
2α,3β,23,24- 四羟基熊果 -12- 烯 -28- 酸 2α,3β,23,24-tetrahydroxyurs-12-ene-28-oic acid
2β,3β,19α,24- 四羟基熊果 -12- 烯 -28- 酸 2β,3β,19α,24-tetrahydroxyurs-12-en-28-oic acid
3α,19α,23,24- 四羟基熊果 -12- 烯 -28- 酸 3α,19α,23,24-tetrahydroxyurs-12-en-28-oic acid
3β,19α,23,24- 四羟基熊果 -12- 烯 -28- 酸 3β,19α,23,24-tetrahydroxyurs-12-en-28-oic acid
3β,6α,19α,23- 四羟基熊果 -12- 烯 -28- 酸 3β,6α,19α,23-tetrahydroxyurs-12-en-28-oic acid
3β,6β,19α,23- 四羟基熊果 -12- 烯 -28- 酸 3β,6β,19α,23-tetrahydroxyurs-12-en-28-oic acid
3β,6β,19α,24- 四羟基熊果 -12- 烯 -28- 酸 3β,6β,19α,24-tetrahydroxyurs-12-en-28-oic acid
2α,3α,11α,19α- 四羟基 - 熊果 -12- 烯 -28- 酸 2α,3α,11α,19α-tetrahydroxyurs-12-en-28-oic acid
2β,3β,19α,23- 四羟基 - 熊果 -12- 烯 -28- 酸 2β,3β,19α,23-tetrahydroxy-urs-12-en-28-oic acid
2α,3β, 23,19α- 四羟基 - 熊果 -12- 烯 -28- 酸 -28-*O*-β-D- 吡喃木糖苷 2α,3β,23,19α-tetrahydroxy-urs-12-en-28-oic acid-28-*O*-β-D-xylopyranoside
1α,3β,19α,23- 四羟基 - 熊果 -12- 烯 -28- 酸 -28-*O*-β-D- 吡喃木糖酯苷 1α,3β,19α,23-tetrahydroxy-urs-12-en-28-oic acid-28-*O*-β-D-xylopyranoside
2α,3α,19α,24- 四羟基熊果 -12- 烯 -28- 酸 -28-*O*-β-D- 吡喃葡萄糖苷 2α,3α,19α,24-tetrahydroxyurs-12-en-28-oic acid-28-*O*-β-D-glucopyranoside
2α,3β,19α,23- 四羟基熊果 -12- 烯 -28- 酸 -28-*O*-β-D- 吡喃葡萄糖苷 2α,3β,19α,24-tetrahydroxyurs-12-en-28-oic acid-28-*O*-β-D-glucopyranoside
2α,3β,23α- 四羟基熊果 -12- 烯 -28- 酸 -28-*O*-β-D- 吡喃葡萄糖苷 2α,3β,23α-tetrahydroxyurs-12-ene-28-oic acid-28-*O*-β-D-glucopyranoside
2α,3α,19α,23- 四羟基熊果 -12- 烯 -28- 酸 -28-*O*-β-D- 吡喃葡萄糖基酯 2α,3α,19α,23-tetrahydroxyurs-12-en-28-oic acid-28-*O*-β-D-glucopyranosyl ester
1β,2α,3β,23- 四羟基熊果 -12- 烯 -28- 酸甲酯 1β,2α,3β,23-tetrahydroxyurs-12-en-28-oic acid methyl ester
1β,2α,3β,19α- 四羟基 - 熊果 -12- 烯 -28- 羧酸酯 -3-*O*-β-D- 吡喃木糖苷 1β,2α,3β,19α-tetrahydroxy-urs-12-en-28-oate-3-*O*-β-D-xylopyranoside
1β,2β,3β,19α- 四羟基 - 熊果 -12- 烯 -28- 羧酸酯 -3-*O*-β-D- 吡喃木糖苷 1β,2β,3β,19α-tetrahydroxy-urs-12-en-28-oate-3-*O*-β-D-xylopyranoside
2α,3α,19,24- 四羟基熊果 -12- 烯 - 酸 -28-*O*-β-D- 吡喃葡萄糖苷 2α,3α,19,24-tetrahydroxyurs-12-en-oic acid-28-*O*-β-D-glucopyranoside
2α,3β,20, 23- 四羟基熊果 -28- 酸 2α,3β,20,23-tetrahydroxyurs-28-oic acid
1α,2α,3β,19α- 四羟基熊果酸 1α,2α,3β,19α-tetrahydroxyursolic acid
1β,2α,3α,19α- 四羟基熊果酸 1β,2α,3α,19α-tetrahydroxyursolic acid
2α,3α,19,24- 四羟基熊果酸 2α,3α,19,24-tetrahydroxyurs-12-en-28-oic acid
2α,3α,19α,23- 四羟基熊果酸 2α,3α,19α,23-tetrahydroxyursolic acid
2α,3β,23,27- 四羟基熊果酸 2α,3β,23,27-tetrahydroxyursolic acid
1β,2α,3β,19α- 四羟基熊果酸 -28-*O*-[β-D- 吡喃葡萄糖基 -(1 → 2)]-β-D- 吡喃半乳糖苷 1β,2α,3β,19α-tetrahydroxyursolic acid-28-*O*-[β-D-glucopyranosyl-(1 → 2)]-β-D-galactopyranoside
2α,3α,19α,23- 四羟基熊果酸 -28-*O*-β-D- 吡喃葡萄糖苷 2α,3α,19α,23-tetrahydroxyursolic acid-28-*O*-β-D-glucopyranoside
2α,3α,6β,19α- 四羟基熊果酸 -28-*O*-β-D- 吡喃葡萄糖苷 2α,3α,6β,19α-tetrahydroxyursolic acid-28-*O*-β-D-glucopyranoside
2α,3α,19α,23- 四羟基熊果酸 -28-*O*-β-D- 吡喃葡萄糖酯苷 2α,3α,19α,23-tetrahydroxyursolic acid-28-*O*-β-D-glucopyranosyl ester
2α,3α,19α,24- 四羟基熊果酸 -28-*O*-β-D- 吡喃葡萄糖酯苷 2α,3α,19α,24-tetrahydroxyursolic acid-28-*O*-β-D-glucopyranosyl ester
2α,3α,19α,23- 四羟基熊果酸 -3-*O*-β-D- 吡喃葡萄糖酯苷 2α,3α,19α,23-tetrahydroxyursolic acid-3-*O*-β-D-glucopyranosyl ester
1β,2α,3α,19α- 四羟基熊果酸 -β-D- 吡喃葡萄糖酯苷 1β,2α,3α,19α-tetrahydroxyursolic acid-β-D-glucopyranosyl ester
(2α,3β,16α)-2,3,16,19- 四羟基熊果烷 -12- 烯 -28- 酸 -β-D- 吡喃葡萄糖酯苷 (2α,3β,16α)-2,3,16,19-tetrahydroxy-urs-12-en-28-oic acid-β-D-glucopyranosyl ester
2',4',5,7- 四羟基异黄酮 2',4',5,7-tetrahydroxyisoflavone
5,7,2',4'- 四羟基异黄酮 5,7,2',4'-tetrahydroxyisoflavone
5,7,3',4'- 四羟基异黄酮 5,7,3',4'-tetrahydroxyisoflavone
7,8,2',4'- 四羟基异黄酮 7,8,2',4'-tetrahydroxyisoflavone
9,10,12,13- 四羟基 - 硬脂酸 9,10,12,13-tetrahydroxy-octadecanoic acid，petroselaidic acid
3β,16β,23,28- 四羟基羽扇豆 -20(29)- 烯 3β,16β,23,28-tetrahydroxylup-20(29)-ene
2α,3β,4β,18- 四羟基孕甾 -5- 烯 -16- 酮 2α,3β,4β,18-tetrahydroxypregn-5-en-16-one
四羟基獐牙菜酚素▲ tetrahydroxyswertianolin
1,2,3,4- 四氢 -1,1,6- 三甲基萘 1,2,3,4-tetrahydro-1,1,6-trimethyl-naphthalene
1,2,3,4- 四氢 -1,2- 二甲基 -6,7- 异喹啉二醇 1,2,3,4-tetrahydro-1,2-dimethyl-6,7-isoquinolinediol
1,2,3,4- 四氢 -1,3,4- 三氧代 -β- 咔啉 1,2,3,4-tetrahydro-1,3,4-trioxo-β-carboline
1,2,3,4- 四氢 -1,4,6,8- 四羟基吨酮 1,2,3,4-tetrahydro-1,4,6,8-tetrahydroxyxanthone
1,2,21,23- 四氢 -11β,23- 二羟基 -21- 氧代黄柏酸 1,2,21,23-tetrahydro-11β,23-dihydroxy-21-oxoobacunoic acid
(12β,22*E*,24*E*)-22,23,24,25- 四氢 -12-(1- 氧代 -3- 苯基 -2- 丙烯氧基)- 单茎稻花素▲ (12β,22*E*,24*E*)-22,23,24,25-tetradehydro-12-[(1-oxo-3-phenyl-2-propenyl)oxy]-simplexin
2,3,4,9- 四氢 -1*H*- 吡啶并 [3,4-b] 吲哚 -3- 羧酸 2,3,4,9-tetrahydro-1*H*-pyrido[3,4-b]indole-3-carboxylic acid
1,2,21,23- 四氢 -1α,11β,23- 三羟基 -21- 氧代黄柏酮 1,2,21,23-tetrahydro-1α,11β,23-trihydroxy-21-oxoobacunone
1,4a,5,7a- 四氢 -1-β-D- 吡喃葡萄糖基 -7-(3',4'- 二羟基苯甲酰氧基甲基)-5- 酮基环戊 [*c*] 吡喃 -4- 羧酸 1,4a,5,7a-tetrahydro-1-β-D-glucopyranosyl-7-(3',4'-dihydroxybenzoyloxymethyl)-5-ketocyclopenta[c]pyran-4-carboxylic acid
2,3,4,5- 四氢 -1- 苯并氧杂 -3- 醇 2,3,4,5-tetrahydro-1-benzoxepin-3-ol
2,3,4,9- 四氢 -1- 甲基 -1*H*- 吡啶骈 [3,4-b] 吲哚 -3- 羧酸 2,3,4,9-tetrahydro-1-methyl-1*H*-pyrido[3,4-b]indole-3-carboxylic acid
(1*S*,2*S*)-1,2,3,4- 四氢 -1- 甲基 -2-(1- 甲基乙烯基)-6-(1- 甲基乙基)-1- 萘丙酸甲酯 (1*S*,2*S*)-1,2,3,4-tetrahydro-1-methyl-2-(1-methylethenyl)-6-(1-methylethyl)-1-naphthalenepropanoic acid methyl ester
1,2,3,4- 四氢 -1- 甲基 -β- 咔啉 -3- 羧酸 1,2,3,4-tetrahydro-1-methyl-

β-carboline-3-carboxylic acid

1,2,3,4- 四氢 -1- 甲基异喹啉 -7,8- 二醇 1,2,3,4-tetrahydro-1-methylisoquinoline-7,8-diol

(2*α*,3*β*,4*β*)- 四氢 -2-(4- 羟基 -3,5- 二甲氧基苯基)-4-[(3,4,5- 三甲氧基苯基) 甲基]-3- 呋喃甲醇 (2*α*,3*β*,4*β*)-tetrahydro-2-(4-hydroxy-3,5-dimethoxyphenyl)-4-[(3,4,5-trimethoxyphenyl)methyl]-3-furanmethanol

四氢 -2-(4- 羟基 -3- 甲氧基苯基)-4-(4- 羟基 -3- 甲氧基苯甲酰基)-3- 呋喃甲醇 tetrahydro-2-(4-hydroxy-3-methoxyphenyl)-4-(4-hydroxy-3-methoxybenzoyl)-3-furan methanol

四氢 -2-(4- 羟基 -3- 甲氧基苯基)-4-[(4- 羟基苯基) 甲基]-3- 呋喃甲醇 tetrahydro-2-(4-hydroxy-3-methoxyphenyl)-4-[(4-hydroxyphenyl)methyl]-3-furanmethanol

1,7,8,12b- 四氢 -2,2,4- 三甲基 -2*H*- 苯并 [6,7] 环戊 [1,2,3-de][1] 苯并吡喃 -5,10,11- 三醇 1,7,8,12b-tetrahydro-2,2,4-trimethyl-2*H*-benzo[6,7]cyclohepta[1,2,3-de][1]benzopyran-5,10,11-triol

四氢 -2,4- 双 -(4- 羟基 -3- 甲氧基苯基)-3,4- 呋喃二甲醇 tetrahydro-2,4-bis-(4-hydroxy-3-methoxyphenyl)-3,4-furandimethanol

(2*R*,3*R*,4*S*,5*S*)- 四氢 -2,5- 二 (4- 羟基 -3,5- 二甲氧基苯基)-4- 羟甲基 -3- 呋喃基 -*β*-D- 吡喃葡萄糖苷 (2*R*,3*R*,4*S*,5*S*)-tetrahydro-2,5-bis(4-hydroxy-3,5-dimethoxyphenyl)-4-(hydroxymethyl)-3-furanyl-*β*-D-glucopyranoside

1,2,3,4- 四氢 -2,5- 二甲基 -8-(1- 甲基乙基)-1,2- 萘二酚 1,2,3,4-tetrahydro-2,5-dimethyl-8-(1-methylethyl)-1,2-naphthalenediol

(6*S*,7*R*,10*S*,11*S*,18*R*,22*S*)-16,17,19,20- 四氢 -2,7,8,19,22,23- 六氢 -22- 甲基 -3-*O*,7:18,23- 二环鸢尾醛 (6*S*,7*R*,10*S*,11*S*,18*R*,22*S*)-16,17,19,20-tetrahydro-2,7,8,19,22,23-hexahydro-22-methyl-3-*O*,7:18,23-dicycloiridal

7,8,16,17- 四氢 -23*R*,24*R*-*O*- 乙酰基 - 氢化升麻新醇 -3-*O*-*β*-D- 吡喃半乳糖苷 7,8,16,17-tetrahydro-23*R*,24*R*-*O*-acetyl-hydroshengmanol-3-*O*-*β*-D-galactopyranoside

(*E*,*E*)-9-(四氢 -2*H*- 吡喃 -2- 基)-2,8- 壬二烯 -4,6- 二炔 -1- 醇 (*E*,*E*)-9-(tetrahydro-2*H*-pyran-2-yl)-2,8-nonadiene-4,6-diyn-1-ol

(*E*,*E*)-9-(四氢 -2*H*- 吡喃 -2- 基)-2,8- 壬二烯 -4,6- 二炔醛 (*E*,*E*)-9-(tetrahydro-2*H*-pyran-2-yl)-2,8-nonadiene-4,6-diynal

4a,5,6,10b- 四氢 -3-(4- 羟基苯基)-1*H*- 萘 [2,1-b] 吡喃 -1- 酮 4a,5,6,10b-tetrahydro-3-(4-hydroxyphenyl)-1*H*-naphtho[2,1-b]pyran-1-one

2,3,5,6- 四氢 -3,3,4,5,5,8- 六甲基 -*S*- 吲达烯 -1,7- 二烯 2,3,5,6-terahydro-3,3,4,5,5,8-hexamethyl-*S*-indacene-1,7-dione

(3*R*,3a*R*,3,6a*S*)- 四氢 -3,4,5- 三 (羟甲基)-2*H*- 环戊 [b] 呋喃 -2- 酮 (3*R*,3a*R*,3,6a*S*)-tetrahydro-3,4,5-tris(hydroxymethyl)-2*H*-cyclopenta[b]furan-2-one

2*R*-(2*α*,3*α*,4*α*,5*β*)-4,4'-(四氢 -3,4- 二甲基 -2,5- 呋喃二基) 二 (2- 甲氧基苯酚) 2*R*-(2*α*,3*α*,4*α*,5*β*)-4,4'-(tetrahydro-3,4-dimethyl-2,5-furandiyl)bis(2-methoxyphenol)

5,6,7,8- 四氢 -3,4- 二羟基 -5- 甲基 -8-(1- 甲基乙基)-2- 萘醛 5,6,7,8-tetrahydro-3,4-dihydroxy-5-methyl-8-(1-methylethyl)-2-naphthalenecarboxaldehyde

(4a*S*,5*S*,8*R*)-5,6,7,8- 四氢 -3,8- 二羟基 -4a,5- 二甲基萘 -2(4a*H*)- 酮 (4a*S*,5*S*,8*R*)-5,6,7,8-tetrahydro-3,8-dihydroxy-4a,5-dimethylnaphthalen-2(4a*H*)-one

[1*R*-(1*α*,3*β*,3a*β*,8b*β*)]-1,2,3,3a- 四氢 -3a-(3- 羟基 -4- 甲氧基苯基)-6,8- 二甲氧基 -3- 苯基 -8b*H*- 环戊 [b] 苯并呋喃 -1,8b- 二醇 [1*R*-(1*α*,3*β*,3a*β*,8b*β*)]-1,2,3,3a-tetrahydro-3a-(3-hydroxy-4-methoxyphenyl)-6,8-dimethoxy-3-phenyl-8b*H*-cyclopenta[b]benzofuran-1,8b-diol

(3a*α*,6*β*,7a*α*)-2,3,7,7a- 四氢 -3a,6(6*H*)- 苯并呋喃二醇 (3a*α*,6*β*,7a*α*)-2,3,7,7a-tetrahydro-3a,6(6*H*)-benzofurandiol

(-)-1,2,6,7- 四氢 -3- 甲氧羰基 -3- 氯代白坚木定▲ (-)-1,2,6,7-tetradehydro-3-carbomethoxy-3-chloroaspidospermidine

1,1',4,4'- 四氢 -3- 羟基 -1,1',4,4'- 四氧 [2,2'- 二萘]-3'- 羧酸甲酯 methyl 1,1',4,4'-tetrahydro-3-hydroxy-1,1',4,4'-tetraoxo[2,2'-binaphthalene]-3'-carboxylate

1,2,3,4- 四氢 -3- 羧基 -2- 卡波林 1,2,3,4-tetrahydro-3-carboxy-2-carboline

1,2,3,4- 四氢 -3- 羧基哈尔满 1,2,3,4-tetrahydro-3-carboxyharmane

1,3,5,6- 四氢 -4-(3- 羟基 -3- 甲基丁基)-7,8- 二异戊烯基 - 咖酮 1,3,5,6-tetrahydro-4-(3-hydroxy-3-methylbutyl)-7,8-diprenyl-xanthone

5,6,7,7a,- 四氢 -4,4,7a- 三甲基 -2(4*H*)- 苯并呋喃酮 5,6,7,7a,-tetrahydro-4,4,7a-trimethyl-2(4*H*)-benzofuranone

5,6,7,7a- 四氢 -4,4,7a- 三甲基苯并呋喃 -2(4*H*)- 酮 5,6,7,7a-tetrahydro-4,4,7a-trinethylbenzofuran-2(4*H*)-one

[4*R*-(4*α*,4a*β*,5*β*,8a*β*)]-4a,7,8,8a- 四氢 -4,8a- 二羟基 -3,4a,5- 三甲基 - 萘 [2,3-b] 呋喃 -2,6(4*H*,5*H*)- 二酮 [4*R*-(4*α*,4a*β*,5*β*,8a*β*)]-4a,7,8,8a-tetrahydro-4,8a-dihydroxy-3,4a,5-trimethyl-naphtho[2,3-b]furan-2,6(4*H*,5*H*)-dione

(4*S*,4a*R*,5*S*,9a*S*)-4a,6,7,9a- 四氢 -4,9a- 二甲氧基 -3,4a,5- 三甲基 - 萘 [2,3-b] 呋喃 -2,8(4*H*,5*H*)- 二酮 (4*S*,4a*R*,5*S*,9a*S*)-4a,6,7,9a-tetrahydro-4,9a-dimethoxy-3,4a,5-trimethyl-naphtho[2,3-b]furan-2,8(4*H*,5*H*)-dione

(2*R*,4a*R*,8a*R*)-3,4,4a,8a- 四氢 -4a- 羟基 -2,6,7,8a- 四甲基 -2-(4,8,12- 三甲基十三烷基)-2*H*- 色烯 -5,8- 二酮 (2*R*,4a*R*,8a*R*)-3,4,4a,8a-tetrahydro-4a-hydroxy-2,6,7,8a-tetramethyl-2-(4,8,12-trimethyltridecyl)-2*H*-chromene-5,8-dione

4-[(1*R*,3a*R*,4*R*,6a*R*)- 四氢 -4- 甲氧基 -1*H*,3*H*- 呋喃 [3,4-c] 呋喃 -1- 基]- 苯酚 4-[(1*R*,3a*R*,4*R*,6a*R*)-tetrahydro-4-methoxy-1*H*,3*H*-furo[3,4-c]furan-1-yl]-phenol

(7*S*,8*S*,10*S*)-[四氢 -4- 羟基 -2-(3,4,5- 三甲氧基苯基) 呋喃 -3- 基] 甲基 -3,4- 二甲氧基苯甲酸酯 (7*S*,8*S*,10*S*)-[tetrahydro-4-hydroxy-2-(3,4,5-trimethoxyphenyl)furan-3-yl]methyl-3,4-dimethoxybenzoate

(8*S*,8a*S*)-6,7,8,8a- 四氢 -4- 羟基 -8-(1- 甲基乙烯基)-2*H*- 萘 [1,8-bc] 呋喃 -2- 酮 (8*S*,8a*S*)-6,7,8,8a-tetrahydro-4-hydroxy-8-(1-methylethenyl)-2*H*-naphtho[1,8-bc]furan-2-one

1,2,18,19- 四氢 -4- 去甲基 -4- 醛基 -3,17- 环氧 -7,20(2*H*,19*H*)- 环伏康树烷 1,2,18,19-tetradehydro-4-demethyl-4-formaldehyde-3,17-epoxy-7,20(2*H*,19*H*)-cyclovobasan

(1*S*)-1,2,3,4- 四氢 -4- 氧代 - 萘 -1- 基 -6-*O*-[(3,4,5- 三羟基苯基) 羰基]-*β*-D- 吡喃葡萄糖苷 (1*S*)-1,2,3,4-tetrahydro-4-oxo-naphthalen-1-yl-6-*O*-[(3,4,5-trihydroxyphenyl)carbonyl]-*β*-D-glucopyranoside

(*R*)-2-((2*R*,5*S*)- 四氢 -5-(2- 氧代丙基) 呋喃 -2- 基)- 丙酸 (*R*)-2-((2*R*,5*S*)-tetrahydro-5-(2-oxopropyl)furan-2-yl)propanoic acid

(5*R*,6*S*,7*S*,13a*S*)-5,6,7,8- 四氢 -5,13,14- 三甲氧基 -6,7- 二甲基 - 环辛 [1,2-f:3,4-f'] 二 [1,3] 苯并二噁茂 (5*R*,6*S*,7*S*,13a*S*)-5,6,7,8-tetrahydro-5,13,14-trimethoxy-6,7-dimethyl-cycloocta[1,2-f:3,4-f']bis[1,3]benzodioxole

1,2,3,9- 四氢 -5- 甲氧基吡咯并 [2,1-b] 喹唑啉 -3- 醇 1,2,3,9-tetrahydro-5-methoxypyrrolo[2,1-b]quinazoline-3-ol

1,2,3,4- 四氢 -5- 羟基 -8- 甲氧基 -2- 甲基 -4'- 甲氧基苄基异喹啉 1,2,3,4-tetrahydro-5-hydroxy-8-methoxy-2-methyl-4'-methoxybenzylisoquinoline

1',2',3',4'- 四氢 -5'- 去氧羽叶省沽油碱▲ 1',2',3',4'-tetrahydro-5'-deoxypinnatanine

N-[1-(四氢 -5- 氧代呋喃 -2- 基)- 乙基] 乙酰胺 *N*-[1-(tetrahydro-5-

S

oxofuran-2-yl)-ethyl]acetamide
[3S-[3α,6α(1R,2R)]]- 四氢 -6-(2- 羟基 -4- 甲基 -3- 环己烯 -1- 基)-2,2,6- 三甲基 -3- 乙酸酯 -2H- 吡喃 -3- 醇 [3S-[3α,6α(1R,2R)]]-tetrahydro-6-(2-hydroxy-4-methyl-3-cyclohexen-1-yl)-2,2,6-trimethyl-3-acetate-2H-pyran-3-ol
3',4',4a',9a'- 四氢 -6,7'- 二甲基螺环 [苯并呋喃 -3(2H),2'- 吡喃 -[2,3-b] 苯并呋喃]-2,4a'- 二醇 3',4',4a',9a'-tetrahydro-6,7'-dimethylspiro[benzofuran-3(2H),2'-pyrano-[2,3-b]benzofuran]-2,4a'-diol
1,2,3,4- 四氢 -6,7- 二羟基 -1,1- 二甲基 -3- 异喹啉羧酸 1,2,3,4-tetrahydro-6,7-dihydroxy-1,1-dimethyl-3-isoquinolinecarboxylic acid
1,4,10,11- 四氢 -6'-[8'-(羟甲基) 乙烯基]-2,3- 二甲氧基 - 苯并吡喃 -12- 酮 -8'-O-β-D- 吡喃葡萄糖基 -O-α-D- 阿拉伯糖苷 1,4,10,11-tetrahydro-6'-[8'-(hydroxymethyl)ethenyl]-2,3-dimethoxy-benzopyran-12-one-8'-O-β-D-glucopyranosyl-O-α-D-arabinoside
(4R,6R)- 四氢 -6- 甲基 -4-[6-O-(3,4,5- 三羟基苯甲酰基)-β-D- 吡喃阿洛糖氧基]-2H- 吡喃 -2- 酮 (4R,6R)-tetrahydro-6-methyl-4-[[6-O-(3,4,5-trihydroxybenzoyl)-β-D-allopyranosyl] oxy]-2H-pyran-2-one
1,2,3,4- 四氢 -6- 甲氧基 -1-[4'- 羟基苯基]- 甲基 -7- 异喹啉醇 1,2,3,4-tetrahydro-6-methoxy-1-(4'-hydroxyphenyl)-methyl-7-isoquinolinol
2,3,4,9- 四氢 -6- 甲氧基 -1H- 吡啶并 [3,4-b] 吲哚 2,3,4,9-tetrahydro-6-methoxy-1H-pyrido[3,4-b]indole
1,2,3,4- 四氢 -6- 羟基 -1-[(4- 羟基苯基) 甲基]-2- 甲基 -7- 异喹啉基 -β-D- 吡喃葡萄糖苷 1,2,3,4-tetrahydro-6-hydroxy-1-[(4-hydroxyphenyl)methyl]-2-methyl-7-isoquinolinyl β-D-glucopyranoside
(4R,4aS,10bS)-rel-(+)-3,4,4a,5- 四氢 -7,10- 二羟基 -3,9- 二甲氧基 -4-甲基-8-(1-甲基乙基)-1H-4,10b-丙烷基-6H-萘并[1,2-c]吡喃-6-酮 (4R,4aS,10bS)-rel-(+)-3,4,4a,5-tetrahydro-7,10-dihydroxy-3,9-dimethoxy-4-methyl-8-(1-methylethyl)-1H-4,10b-propano-6H-naphtho[1,2-c]pyran-6-one
1,2,3,4- 四氢 -7,8- 二羟基 -1,1- 二甲基 -3- 异喹啉羧酸 1,2,3,4-tetrahydro-7,8-dihydroxy-1,1-dimethyl-3-isoquinolinecarboxylic acid
1,2,3,4- 四氢 -7,8- 二羟基 -4- 氧代 - 萘 -1- 基 -6-O-[(3,4,5- 三羟基苯基) 羰基]-β-D- 吡喃葡萄糖苷 1,2,3,4-tetrahydro-7,8-dihydroxy-4-oxo-naphthalen-1-yl-6-O-[(3,4,5-trihydroxyphenyl) carbonyl]-β-D-glucopyranoside
1,2,3,4- 四氢 -7- 甲氧基 -1-[4- 甲氧基苯基]- 甲基 -8- 异喹啉醇 1,2,3,4-tetrahydro-7- methoxy-1-(4-methoxybenzyl)-8-quinolinol
[1R-(1α,2β,3β)]-[1,2,3,4- 四氢 -7- 羟基 -1-(4- 羟基 -3,5- 二甲氧基苯基)-3-(羟基甲基)-6,8- 二甲氧基 -2- 萘]- 甲基 -β-D- 吡喃葡萄糖苷 [1R-(1α,2β,3β)]-[1,2,3,4-tetrahydro-7-hydroxy-1-(4-hydroxy-3,5-dimethoxyphenyl)-3-(hydroxymethyl)-6,8-dimethoxy-2-naphthalenyl]-methyl-β-D-glucopyranoside
1α,2β,3α,4- 四氢 -7- 羟基 -1-(4- 羟基 -3,5- 二甲氧基苯基)-6- 甲氧基 -2,3- 二羟甲基萘 1α,2β,3α,4-tetrahydro-7-hydroxy-1-(4-hydroxy-3,5-dimethoxyphenyl)-6-methoxy-2,3-naphthalenedimethanol
1,2,3,4- 四氢 -7- 羟基 -4- 氧代 - 萘 -1- 基 -6-O-[(3,4,5- 三羟基苯基) 羰基]-β-D- 吡喃葡萄糖苷 1,2,3,4-tetrahydro-7-hydroxy-4-oxo-naphthalen-1-yl-6-O-[(3,4,5-trihydroxyphenyl)carbonyl]-β-D-glucopyranoside
(+)-1,2,3,4- 四氢 -7- 羟基 -8-O-β-D- 吡喃葡萄糖基 -4'- 羟基 - 苄基异喹啉 (+)-1,2,3,4-tetrahydro-7-hydroxyl-8-O-β-D-glucopyranosyl-4'-hydroxy-benzylisoquinoline
1,4a,5,7a- 四氢 -7- 羟甲基环戊烷 [c] 吡喃 -4- 羧酸甲酯 1,4a,5,7a-tetrahydro-7-hydroxymethylcyclopenta[c]pyran-4-carboxylic methyl ester
(6S,7S,8R)-5,6,7,8- 四氢 -8-(4- 羟基 -3- 甲氧基苯基)-6,7- 双羟甲基 -3- 甲氧基 -2- 萘 -β-D- 吡喃葡萄糖苷 (6S,7S,8R)-5,6,7,8-tetrahydro-8-(4-hydroxy-3-methoxyphenyl)-6,7-bis(hydroxymethyl)-3-methoxy-2-naphthalenyl-β-D-glucopyranoside
1,5,6,10b- 四氢 -8,9- 二羟基吡咯 [2,1-a] 异喹啉 -3(2H)- 酮 1,5,6,10b-tetrahydro-8,9-dihydroxypyrrolo[2,1-a]isoquinolin-3(2H)-one
[1R-(1α,2α,3β,3aβ,8bβ)]-2,3,3a,8b- 四氢 -8b- 羟基 -3a-(3- 羟基 -4-甲氧基苯基)-6,8- 二甲氧基 -1- 甲氧基羰氧基 -3- 苯基 -1H- 环戊 [b] 苯并呋喃 -2- 羧酸甲酯 [1R-(1α,2α,3β,3aβ,8bβ)]-2,3,3a,8b-tetrahydro-8b-hydroxy-3a-(3-hydroxy-4-methoxyphenyl)-6,8-dimethoxy-1-[(methoxycarbonyl)oxy]-3-phenyl-1H-cyclopenta[b]benzofuran-2-carboxylic acid methyl ester
(4aS,5S,8R)-5,6,7,8- 四氢 -8- 羟基 -3-(1- 羟基丙烷 -2- 基)-4a,5- 二甲基萘 -2(4aH)- 酮 (4aS,5S,8R)-5,6,7,8-tetrahydro-8-hydroxy-3-(1-hydroxypropan-2-yl)-4a,5-dimethylnaphthalen-2(4aH)-one
(1S)-1,2,3,4- 四氢 -8- 羟基 -4- 氧代 - 萘 -1- 基 -6-O-[(3,4,5- 三羟基苯基) 羰基]-β-D- 吡喃葡萄糖苷 (1S)-1,2,3,4-tetrahydro-8-hydroxy-4-oxo-naphthalen-1-yl-6-O-[(3,4,5-trihydroxyphenyl) carbonyl]-β-D-glucopyranoside
8,10'-[3,3',11,11'- 四氢 -9,9'- 二羟基 -3,3',5,8'- 四甲基 -3,3'- 二 (4- 甲基 -3- 戊烯基)] 二吡喃 [3,2-a] 咔唑 8,10'-[3,3',11,11'-tetrahydro-9,9'-dihydroxy-3,3',5,8'-tetramethyl-3,3'-bis(4-methyl-3-pentenyl)]bipyrano[3,2-a]carbazole
2-{[(5S)-5,6,7,8- 四氢 -9- 羟基 -3,5- 二甲基萘 [2,3-b] 呋喃 -4-yl] 甲基]}-3,5- 二甲基 -6-[(3E)- 戊 -3- 烯 -1- 基]-1- 苯并呋喃 -4,7- 二酮 2-{[(5S)-5,6,7,8-tetrahydro-9-hydroxy-3,5-dimethylnaphtho[2,3-b]furan-4-yl]methyl]}-3,5-dimethyl-6-[(3E)-pent-3-en-1-yl]-1-benzofuran-4,7-dione
2,3,4,9- 四氢 -1H- 吡啶并 -[3,4-b] 吲哚 -3- 羧酸 2,3,4,9-tetrahydro-1H-pyrido-[3,4-b]indole-3-carboxylic acid
四氢 -α-(4- 羟基 -3- 甲氧基苯基)-4-[(4- 羟基 -3- 甲氧基苯基) 甲基]-3- 呋喃甲醇 tetrahydro-α-(4-hydroxy-3-methoxyphenyl)-4-[(4-hydroxy-3-methoxyphenyl)methyl]-3-furanmethanol
四氢 -α3,α4- 二 (4- 羟基 -3- 甲氧基苯基)-3,4- 呋喃二甲醇 tetrahydro-α3,α4-bis(4-hydroxy-3-methoxyphenyl)-3,4-furandimethanol
四氢 -$α^4$,2- 双 (4- 羟基 -3- 甲氧基苯基)-3,4- 呋喃二甲醇 tetrahydro-$α^4$,2-bis(4-hydroxy-3-methoxyphenyl)-3,4-furandimethanol
四氢 -α- 吡喃酮 tetrahydro-α-pyrone
10,11,12,13- 四氢 -β- 咔啉 10,11,12,13-tetrahydro-β-carboline
1,2,3,4- 四氢 -β- 咔啉 -1- 羧酸 1,2,3,4-tetrahydro-β-carboline-1-carboxylic acid
(3S)-1,2,3,4- 四氢 -β- 咔啉 -3- 羧酸 (3S)-1,2,3,4-tetrahydro-β-carboline-3-carboxylic acid
1,2,3,4- 四氢 -β- 咔啉 -3- 羧酸 1,2,3,4-tetrahydro-β-carboline-3-carboxylic acid
(-)- 四氢巴马汀 (-)-tetrahydropalmatine
(±)- 四氢巴马汀 (±)-tetrahydropalmatine
(S)- 四氢巴马汀 (S)-tetrahydropalmatine
l- 四氢巴马汀 l-tetrahydropalmatine
四氢巴马汀 tetrahydropalmatine
四氢巴马亭红碱 tetrahydropalmatrubine

S

3,4,5,6- 四氢苯酐 3,4,5,6-tetrahydrophthalic anhydride
1,2,3,9- 四氢吡咯 [2,1-b] 喹唑啉 -3- 胺 1,2,3,9-tetrahydropyrrolo[2,1-b]quinazolin-3-yl amine
(*E*,*E*)-9-(四氢吡喃 -2- 基)-2,8- 壬二烯 -4,6- 二炔 -1- 醇 (*E*,*E*)-9-(tetrahydropyran-2-yl)-2,8-nonadiene-4,6-diyn-1-ol
(*E*)-9-(四氢吡喃 -2- 基)-8- 壬烯 -4,6- 二炔 -1- 醇 (*E*)-9-(tetrahydropyran-2-yl)-8-nonene-4,6-diyn-1-ol
四氢苄基异喹啉碱 tetrahydrobenzylisoquinoline
四氢表小檗碱 tetrahydroepiberberine
四氢刺桐特灵碱 tetrahydroerysotrine
2,2",3,3"- 四氢粗贝壳杉黄酮 -7,4',7"- 三甲醚 2,2",3,3"-tetrahydrorobustaflavone-7,4',7"-trimethyl ether
Δ^9- 四氢大麻酚 Δ^9-tetrahydrocannabinol
Δ^9- 四氢大麻洛酚▲ Δ^9-tetrahydrocannabivarol
四氢大麻酸 tetrahydrocannabinolic acid
Δ^9- 四氢大麻苔黑酚▲ Δ^9-tetrahydrocannabiorcol
1,2,5,6- 四氢丹参酮 I 1,2,5,6-tetrahydrotanshinone I
四氢单紫杉烯 tetrahydroaplotaxene
四氢堆心菊素 tetrahydrohelenalin
四氢多裂蟹甲草林酮▲ tetrahydromaturinone
7,8,11,12- 四氢番茄烯 7,8,11,12-tetrahydrolycopene
2,3,11,13- 四氢芳香堆心菊素 2,3,11,13-tetrahydroaromaticin
四氢芳樟醇 tetrahydrolinalool
l- 四氢非洲防己碱 *l*-tetrahydrocolumbamine
四氢非洲防己碱 tetrahydrocolumbamine
四氢芬氏唐松草定碱 tetrahydrothalifendine
四氢呋喃愈创木素 B ltetrahydrofuroguaiacin B
四氢胡椒碱 tetrahydropiperine
四氢葫芦素 I tetrahydrocucurbitacin I
四氢花椒醇 tetrahydrobungeanool
(-)- 四氢黄连碱 (-)-tetrahydrocoptisine
(±)- 四氢黄连碱 (±)-tetrahydrocoptisine
dl- 四氢黄连碱 *dl*-tetrahydrocoptisine
L- 四氢黄连碱 L-tetrahydrocoptisine
四氢黄连碱 tetrahydrocoptisine
四氢鸡骨常山碱 tetrahydroalstonine
(-)-1,2,3,4- 四氢骝罂粟哈尔明▲ (-)-1,2,3,4-tetrahydroroeharmine
d- 四氢刻叶紫堇明碱 *d*-tetrahydrocorysamine
L- 四氢刻叶紫堇明碱 L-tetrahydrocorysamine
四氢刻叶紫堇明碱 tetrahydrocorysamine
1,2,4,5- 四氢蓝花楹酮 1,2,4,5-tetrahydrojacaranone
四氢蓝花楹酮 tetrahydrojacaranone
2,3,5,6- 四氢 - 蓝花楹酮 -4-*O*-*β*-D- 吡喃葡萄糖苷 2,3,5,6-tetrahydro-jacaranone-4-*O*-*β*-D-glucopyranoside
四氢骆驼蓬酚 tetrahydroharmol
四氢骆驼蓬满碱▲ tetrahydroharmane
四氢猕猴桃内酯 tetrahydroactinidiolide
四氢萘酮 -4-*O*-*β*-D- 吡喃葡萄糖苷 tetralone-4-*O*-*β*-D-glucopyranoside
四氢拟芸香品碱 tetrahydrohaplopine
3*S*,4*R*,5*S*,8*R*,10*R*- 四氢佩雷斯菊酮▲ 3*S*,4*R*,5*S*,8*R*,10*R*-tetrahydroperezinone
3*α*,5*α*- 四氢去氧心叶水团花碱内酰胺▲ 3*α*,5*α*-tetrahydrodeoxycordifoline lactam
四氢噻吩 tetrahydrothiophene
四氢蛇根碱 tetrahydroserpentine
四氢斯氏紫堇碱 tetradehydroscoulerine
1-*O*-(2',3',4',4'- 四氢脱落酰基)-*β*- 吡喃葡萄糖苷 1-*O*-(2',3',4',4'-tetrahydroabscisoyl)-*β*-glucopyranoside
四氢脱水小檗碱 tetrahydroanhydroberberine
(-)- 四氢伪黄连碱 (-)-tetrahydropseudocoptisine
四氢香堇酮 tetrahydroionone
(-)- 四氢小檗碱 (-)-tetrahydroberberine
dl- 四氢小檗碱 *dl*-tetrahydroberberine
四氢小檗碱 tetrahydroberberine
l- 四氢药根碱 *l*-tetrahydrojatrorrhizine
四氢药根碱 tetrahydrojatrorrhizine
四氢原小檗碱 tetrahydroprotoberberine
四氢獐牙菜酚素▲ tetrahydroswertianolin
4*β*,15,11*α*,13- 四氢中美菊素 C 4*β*,15,11*α*,13-dihydrozaluzanin C
7,8,13,13a- 四去氢 -2- 羟基 -3- 假氧基 -9,10-(亚甲二氧基)- 小檗因 7,8,13,13a-tetradehydro-2-hydroxy-3-methoxy-9,10-(methylenedioxy)-berbinium
17,4',5',6'- 四去氢 -3*α*- 金鸡纳叶碱▲ 17,4',5',6'-tetradehydro-3*α*-cinchophylline
7,8,12,14- 四去氢 -5*α*,6,12,13*α*- 四氢 -3*β*,13,23*β*- 三羟基藜芦满 -6- 酮 7,8,12,14-tetradehydro-5*α*,6,12,13*α*-tetrahydro-3*β*,13,23*β*-trihydroxyveratraman-6-one
7,8,12,14- 四去氢 -5*α*,6,12,13*α*- 四氢 -3*β*,23*β*- 二羟基藜芦满 -6- 酮 7,8,12,14-tetradehydro-5*α*,6,12,13*α*-tetrahydro-3*β*,23*β*-dihydroxyveratraman-6-one
3,4,5,6- 四去氢长花马钱苷▲ 3,4,5,6-tetradehydrodolichantoside
22,23,24,25- 四去氢单茎稻花素▲ 22,23,24,25-tetradehydrosimplexin
1,8,9,10- 四去氢马兜铃 -2- 酮 1,8,9,10-tetradehydroaristolan-2-one
1,2,9,10- 四去氢马兜铃烷 1,2,9,10-tetradehydroaristolane
1,2,9,10- 四去氢马兜铃烯 1,2,9,10-tetradehydroaristolene
2- 四十醇 2-tetracontanol
四十二烷 -15- 烯 -9- 醇 dotetracont-15-en-9-ol
四十三烷 tritetracontane
四十四酸甲酯 methyl tetratetracontanoate
四十四烷 tetratetracontane
四十五酸 pentatetracontanoic acid
1- 四十一醇 1-hentetracontanol
四数鸡骨常山碱▲ quaternine
2,3,4,6-*O*- 四酰基 -*α*-D- 吡喃葡萄糖基 -*β*-D- 呋喃果糖苷 2,3,4,6-*O*-tetra-acyl-*α*-D-glucopyranosyl-*β*-D-fructofuranoside
四雄西番莲素▲ A, B tetraphyllin A, B
四雄西番莲素▲ B_4 硫酸酯 tetraphyllin B4 sulfate
四雄西番莲素▲ B 硫酸酯 tetraphyllin B sulfate
四溴苯酚 tetrabromophenol
1,1,4,4- 四溴丁 -3- 烯 -2- 醇 1,1,4,4-tetrabromobut-3-en-2-ol
2,3,5,6- 四溴 - 吲哚 2,3,5,6-tetrabromoindole
四亚甲基四氢 -*β*- 咔啉 tetramethylenetetrahydro-*β*-carboline
四亚甲基四氢 -*β*- 咔啉 -*N*- 氧化物 tetramethylenetetrahydro-*β*-carboline-*N*-oxide
四叶萝芙木碱▲ A~E rauvotetraphylline A~E
四叶萝芙木林碱▲ tetraphylline
(+)- 四叶萝芙木辛碱▲ (+)-tetraphyllicine
四叶萝芙木辛碱▲ tetraphyllicine
四乙酰巴西苏木素 tetraacetylbrazilin
1,2',4',6'- 四乙酰基 -3,6- 二阿魏酰蔗糖 1,2',4',6'-tetraacetyl-3,6-diferuloylsucrose
四乙酰木犀草素 tetraacetylluteolin
6*α*,8*α*,9*β*,13- 四乙酰氧基 -1*β*- 桂皮酰氧基 -2*β*,4*α*- 二羟基 -*β*- 二氢沉香呋喃 6*α*,8*α*,9*β*,13-tetraacetoxy-1*β*-cinnamoyloxy-2*β*,4*α*-dihydroxy-*β*-dihydroagarofuran
5*α*,8*β*,11*β*,15*α*- 四乙酰氧基 -3*β*- 苯甲酰氧基 -9*α*,16*β*- 二羟基南欧大戟烷 5*α*,8*β*,11*β*,15*α*-tetraacetoxy-3*β*-benzoyloxy-9*α*,16*β*-

dihydroxypepluane
(2*R**,3*R**,4*S**,5*R**,7*S**,8*S**,9*S**,13*S**,14*S**,15*R**)-2,5,9,14- 四乙酰氧基 -3- 苯甲酰氧基 -8,15- 二羟基 -7- 异丁酰氧基麻疯树 -6(17),11*E*- 二烯 (2*R**,3*R**,4*S**,5*R**,7*S**,8*S**,9*S**,13*S**,14*S**,15*R**)-2,5,9,14-tetraacetoxy-3-benzoyloxy-8,15-dihydroxy-7-isobutyroyloxyjatropha-6(17),11*E*-diene
(2*R**,3*R**,4*S**,5*R**,7*S**,8*S**,9*S**,13*S**,14*S**,15*R**)-2,5,7,14- 四乙酰氧基 -3- 苯甲酰氧基 -8,15- 二羟基 -9- 烟酰氧基麻疯树 -6(17),11*E*- 二烯 (2*R**,3*R**,4*S**,5*R**,7*S**,8*S**,9*S**,13*S**,14*S**,15*R**)-2,5,7,14-tetraacetoxy-3-benzoyloxy-8,15-dihydroxy-9-nicotinoyloxyjatropha-6(17),11*E*-diene
1α,6,11β,15β- 四乙酰氧基 -6,7- 裂环 -7,20- 内酯 - 对映 - 贝壳杉 -16- 烯 1α,6,11β,15β-tetraacetoy-6,7-seco-7,20-olide-ent-kaur-16-ene
3β,5α,8α,15β- 四乙酰氧基 -7β- 丙酰氧基麻疯树 -6(17),11*E*- 二烯 -9,14- 二酮 3β,5α,8α,15β-tetraacetoxy-7β-propionyloxyjatropha-6(17),11*E*-diene-9,14-dione
(2*S*,3*S*,4*R*,5*R*,7*S*,8*R*,13*S*,15*R*)-3,5,8,15- 四乙酰氧基 -7- 异丁酰氧基麻疯树 -6(17),11*E*- 二烯 -9,14- 二酮 (2*S*,3*S*,4*R*,5*R*,7*S*,8*R*,13*S*,15*R*)-3,5,8,15-tetraacetoxy-7-isobutanoyloxyjatropha-6(17),11*E*-diene-9,14-dione
1α,2α,6β,13- 四乙酰氧基 -8α- 异丁酰氧基 -9β- 呋喃酰氧基 -4β- 羟基 -β- 二氢沉香呋喃 1α,2α,6β,13-tetraacetoxy-8α-isobutyryloxy-9β-furoyloxy-4β-hydroxy-β-dihydroagarofuran
1β,2β,6α,15- 四乙酰氧基 -8β,9β- 二苯甲酰氧基 - 二氢 -β- 沉香呋喃 1β,2β,6α,15-tetraacetoxy-8β,9β-dibenzoyloxy-dihydro-β-agarofuran
1α,6β,8α,13- 四乙酰氧基 -9α- 苯甲酰氧基 -2α- 羟基 -β- 二氢沉香呋喃 1α,6β,8α,13-tetraacetoxy-9α-benzoyloxy-2α-hydroxy-β-dihydroagarofuran
1β,2β,6α,15- 四乙酰氧基 -9α- 苯甲酰氧基 -4α- 羟基 - 二氢 -β- 沉香呋喃 1β,2β,6α,15-tetraacetoxy-9α-benzoyloxy-4α-hydroxy-dihydro-β-agarofuran
1β,6α,8β,15- 四乙酰氧基 -9α- 苯甲酰氧基 -β- 二氢沉香呋喃 1β,6α,8β,15-tetraacetoxy-9α-benzoyloxy-β-dihydroagarofuran
1α,6β,8β,14- 四乙酰氧基 -9α- 苯甲酰氧基二氢 -β- 沉香呋喃 1α,6β,8β,14-tetraacetoxy-9α-benzoyloxydihydro-β-agarofuran
1β,2β,6α,15- 四乙酰氧基 -9α- 苯甲酰氧基 - 二氢 -β- 沉香呋喃 1β,2β,6α,15-tetraacetoxy-9α-benzoyloxy-dihydro-β-agarofuran
1β,6α,8β,15- 四乙酰氧基 -9α- 苯甲酰氧基 - 二氢 -β- 沉香呋喃 1β,6α,8β,15-tetraacetoxy-9α-benzoyloxy-dihydro-β-agarofuran
1β,6α,8β,15- 四乙酰氧基 -9α- 烟酰氧基 -β- 二氢沉香呋喃 1β,6α,8β,15-tetraacetoxy-9α-nicotinoyloxy-β-dihydroagarofuran
1β,2β,6α,15- 四乙酰氧基 -9α- 烟酰氧基 - 二氢 -β- 沉香呋喃 1β,2β,6α,15-tetraacetoxy-9α-nicotinoyloxy-dihydro-β-agarofuran
3β,5α,7β,15β- 四乙酰氧基 -9α- 烟酰氧基麻疯树 -6(17)-11*E*- 二烯 -14- 酮 3β,5α,7β,15β-tetra-acetoxy-9α-nicotinoyloxyjatropha-6(17)-11*E*-dien-14-one
1β,2β,6α,15- 四乙酰氧基 -9β- 苯甲酰氧基 -4α- 羟基 - 二氢 -β- 沉香呋喃 1β,2β,6α,15-tetraacetoxy-9β-benzoyloxy-4α-hydroxy-dihydro-β-agarofuran
1β,2β,8α,13- 四乙酰氧基 -9β- 苯甲酰氧基 -β- 二氢沉香呋喃 1β,2β,8α,13-tetraacetoxy-9β-benzoyloxy-β-dihydroagarofuran
1β,6α,8α,12- 四乙酰氧基 -9β- 苯甲酰氧基 -β- 二氢沉香呋喃 1β,6α,8α,12-tetraacetoxy-9β-benzoyloxy-β-dihydroagarofuran
1α,2α,8β,14- 四乙酰氧基 -9β- 苯甲酰氧基 - 二氢 -β- 沉香呋喃 1α,2α,8β,14-tetrakis(acetyloxy)-9β-benzoyloxy-dihydro-β-agarofuran
3,5,7,15- 四乙酰氧基 -9- 烟酰氧基 -14- 氧代麻疯树 -6(17),11- 二烯 3,5,7,15-tetraacetoxy-9-nicotinoyloxy-14-oxojatropha-6(17),11-diene
7,10,4',6'- 四乙酰氧基桦叶荚蒾苷 7,10,4',6'-tetraacetyloxyviburnalloside
9α- 四乙酰氧基麻疯树 -6(17),11*E*- 二烯 9α-tetraacetoxyjatropha-6(17),11*E*-diene
2,4,3',4'- 四异戊酸蔗糖酯 sucrose-2,4,3',4'-tetraisovalerate
2,6,3',4'- 四异戊酸蔗糖酯 sucrose-2,6,3',4'-tetraisovalerate
四籽野豌豆凝集素 -II VTL-II
(*E*)- 松柏醇 (*E*)-coniferyl alcohol
松柏醇 coniferyl alcohol; coniferol
松柏醇阿魏酸酯 coniferyl ferulate
松柏醇当归酸酯 coniferyl diangelate
(*Z*)- 松柏醇亚油酸酯 (*Z*)-coniferyl linoleate
(*E*)- 松柏醇硬脂酸酯 (*E*)-coniferyl stearate
(*E*)- 松柏苷 (*E*)-coniferin
松柏苷 coniferin; coniferoside
松柏诺苷▲ coniferinoside
(*E*)- 松柏醛 (*E*)-coniferyl aldehyde
松柏醛 coniferaldehyde; coniferyl aldehyde
松柏醛 -4-*O*-β-D- 吡喃葡萄糖苷 coniferaldehyde-4-*O*-β-D-glucopyranoside
松柏醛吡喃葡萄糖苷 coniferaldehyde glucopyranoside
松苞菇脑脂苷▲ B catacerebroside B
松贝宁 songbeinine
松齿小蠹酮▲ lanierone
(+)- 松醇 (+)-pinitol
D-(+)- 松醇 D-(+)-pinitol
D- 松醇 D-pinitol
松醇 pinitol
松二糖 turanose
松葛缕子醇 pinocarveol
松葛缕子醇 -β-D- 吡喃葡萄糖苷 pinocarveol-β-D-glucopyranoside
松葛缕子醇乙酸酯 pinocarvyl acetate
d- 松葛缕子酮 *d*-pinocarvone
松葛缕子酮 pinocarvone
松果菊苷 echinacoside
松蒿苷▲ phtheirospermoside
α- 松节油 α-turpentine
松苓醇 C pinicolol C
松苓酸 pinicolic acid
松苓酸 A, E pinicolic acid A, E
松萝胺 A~F usenamine A~F
(+)- 松萝酸 (+)-usnic acid
松萝酸 usnic acid
松萝酸钠 sodium usnate
松萝酮 usone
松潘棱子芹苷▲ I, II, III, IV pleurofranoside I, II, III, IV
松球壳孢呋喃酮▲ B sapinofuranone B
松茸醇 matsutake alcohol
松乳菇醛 delicial
D-(+)- 松三糖 D-(+)-melezitose
松散鱼腥藻素▲ A, B, B_2, B_3 laxaphycin A, B, B_2, B_3
松杉灵芝苷▲ A, B, C tsugarioside A, B, C
松杉灵芝酸▲ A, B, C tsugaric acid A, B, C
松下兰苷▲ monotropitin; monotropitoside
松香草苷▲ A, B, E, F, G silphioside A, B, E, F, G
松叶蕨苷 psilotin
松叶蕨酸 psilotic acid
松叶酸 pinifolic acid

S

松叶酸单甲酯 monomethyl pinifolate
(-)-4- 松油醇 (-)-4-terpineol
(-)-α- 松油醇 (-)-α-terpineol
(+)-α- 松油醇 (+)-α-terpineol
1-α- 松油醇 1-α-terpineol
1- 松油醇 1-terpineol
4- 松油醇 4-terpineol
d-α- 松油醇 d-α-terpineol
L-4- 松油醇 L-4-terpineol
α- 松油醇 α-terpineol
β- 松油醇 β-terpineol
γ- 松油醇 γ-terpineol
δ- 松油醇 δ-terpineol
松油醇 terpineol
松油醇 -4 terpineol-4
(4ξ)-α- 松油醇 -8-O-[α-L- 吡喃阿拉伯糖基 -(1 → 6)-β-D- 吡喃葡萄糖苷] (4ξ)-α-terpineol-8-O-[α-L-arabinopyranosyl-(1→6)-β-D-glucopyranoside]
(4S)-a- 松油醇 -8-O-β-D- 吡喃木糖基 -(1 → 6)-β-D- 吡喃葡萄糖苷 (4S)-a-terpineol-8-O-β-D-xylopyranosyl-(1 → 6)-β-D-glucopyranoside
(-)-α- 松油醇 -8-O-β-D- 吡喃葡萄糖苷 (-)-α-terpineol-8-O-β-D-glucopyranoside
(+)-α- 松油醇 -8-O-β-D- 吡喃葡萄糖苷 (+)-α-terpineol-8-O-β-D-glucopyranoside
D-α- 松油醇 -β-D-O- 吡喃葡萄糖苷 -3,4- 二当归酸酯 D-α-terpineol-β-D-O-glucopyranoside-3,4-diangelicate
(R)-α- 松油醇 -β-D- 葡萄糖苷 (R)-α-terpinyl-β-D-glucoside
4- 松油醇乙酸酯 4-terpinyl acetate
α- 松油醇乙酸酯 α-terpinyl acetate
β- 松油醇乙酸酯 β-terpinyl acetate
松油醇乙酸酯 terpineol acetate; terpinyl acetate
7- 松油烯 7-terpinene
α- 松油烯 α-terpinene
β- 松油烯 β-terpinene
γ- 松油烯 γ-terpinene
τ- 松油烯 τ-terpinene
松油烯 terpinene
(-)- 松油烯 -4- 醇 (-)-terpinen-4-ol
1- 松油烯 -4- 醇 1-terpinen-4-ol
α- 松油烯 -4- 醇 α-terpen-4-ol
Δ^1- 松油烯 -4- 醇 Δ^1-terpine-4-ol
松油烯 -4- 醇 terpinen-4-ol; terpinene-4-ol
松油烯 -4- 醇乙酸酯 terpin-4-yl acetate
α- 松油烯 -7- 醛 α-terpinen-7-al
4- 松油烯醇 4-terpinenol
松油烯醇 terpinenol
松藻甾醇 codisterol
松樟酮 pinocamphone
(-)- 松脂酚 (-)-pinoresinol
(±)- 松脂酚 (±)-pinoresinol
松脂酚 pinoresinol; (+)-pinoresinol; d-pinoresinol
松脂酚 -3,3- 二甲基烯丙基醚 pinoresinol-3,3-dimethylallyl ether
松脂酚 -3-O-β-D- 吡喃葡萄糖苷 pinoresinol-3-O-β-D-glucopyranoside
松脂酚 -4"-O-β- 吡喃葡萄糖苷 pinoresinol-4"-O-β-glucopyranoside
(+)- 松脂酚 -4,4'-O-β-D- 吡喃葡萄糖苷 (+)-pinoresinol-4,4'-O-β-D-glucopyranoside
(+)- 松脂酚 -4,4'-O- 二 -β-D- 吡喃葡萄糖苷 (+)-pinoresinol-4,4'-O-bis-β-D-glucopyranoside
(+)- 松脂酚 -4,4'-O- 二吡喃葡萄糖苷 (+)-pinoresinol-4,4'-O-bisglucopyranoside
(-)- 松脂酚 -4,4'- 二 -O-β-D- 吡喃葡萄糖苷 (-)-pinoresinol-4,4'-di-O-β-D-glucopyranoside
(+)- 松脂酚 -4,4'- 二 -O-β-D- 吡喃葡萄糖苷 (+)-pinoresinol-4,4'-di-O-β-D-glucopyranoside
松脂酚 -4,4'- 二 -O-β-D- 吡喃葡萄糖苷 pinoresinol-4,4'-di-O-β-D-glucopyranoside
松脂酚 -4,4'- 二 -β-O-D- 吡喃葡萄糖苷 pinoresinol-4,4'-di-β-O-D-glucopyranoside
松脂酚 -4,4- 二 -β-O-D- 吡喃葡萄糖苷 pinoresinol-4,4-di-β-O-D-glucopyranoside
松脂酚 -4"-O-β-D- 吡喃葡萄糖苷 pinoresinol-4"-O-β-D-glucopyranoside
(+)- 松脂酚 -4-O-[6"-O- 没食子酰基]-β-D- 葡萄糖苷 (+)-pinoresinol-4-O-[6"-O-galloyl]-β-D-glucopyranoside
(+)- 松脂酚 -4-O-[6"-O- 香荚兰酰]-β-D- 吡喃葡萄糖苷 (+)-pinoresinol-4-O-[6"-O-vanilloyl]-β-D-glucopyranoside
(+)- 松脂酚 -4'-O-D- 吡喃葡萄糖苷 (+)-pinoresinol-4'-O-D-glucopyranoside
松脂酚 -4-O-α-L- 吡喃鼠李糖基 -(1 → 2)-β-D- 吡喃葡萄糖苷 pinoresinol-4-O-α-L-rhamnopyranosyl-(1 → 2)-β-D-glucopyranoside
(+)- 松脂酚 -4"-O-β-D- 吡喃葡萄糖苷 (+)-pinoresinol-4"-O-β-D-glucopyranoside
(-)- 松脂酚 -4'-O-β-D- 吡喃葡萄糖苷 (-)-pinoresinol-4'-O-β-D-glucopyranoside
(+)- 松脂酚 -4'-O-β-D- 吡喃葡萄糖苷 (+)-pinoresinol-4'-O-β-D-glucopyranoside
松脂酚 -4'-O-β-D- 吡喃葡萄糖苷 pinoresinol-4'-O-β-D-glucopyranoside
(-)- 松脂酚 -4-O-β-D- 吡喃葡萄糖苷 (-)-pinoresinol-4-O-β-D-glucopyranoside
(+)- 松脂酚 -4-O-β-D- 吡喃葡萄糖苷 (+)-pinoresinol-4-O-β-D-glucopyranoside
松脂酚 -4-O-β-D- 吡喃葡萄糖苷 pinoresinol-4-O-β-D-glucopyranoside
(+)- 松脂酚 -4'-O-β-D- 吡喃葡萄糖基 -4"-O-β-D- 呋喃芹糖苷 (+)-pinoresinol-4'-O-β-D-glucopyranosyl-4"-O-β-D-apiofuranoside
松脂酚 -4-O-β-D- 呋喃芹糖基 -(1 → 2)-β-D- 吡喃葡萄糖苷 pinoresinol-4-O-β-D-apiofuranosyl-(1 → 2)-β-D-glucopyranoside
(-)- 松脂酚 -4-O-β-D- 葡萄糖苷 (-)-pinoresinol-4-O-β-D-glucoside
(+)- 松脂酚 -4-O-β-D- 葡萄糖苷 (+)-pinoresinol-4-O-β-D-glucoside
松脂酚 -4-O-β-D- 芹糖基 -(1 → 2)-β-D- 吡喃葡萄糖苷 pinoresinol-4-O-β-D-apiosyl-(1 → 2)-β-D-glucopyranoside
(+)- 松脂酚 -4'-O-β- 芸香糖苷 (+)-pinoresinol-4'-O-β-rutinoside
(-)- 松脂酚 -4-O- 葡萄糖苷 (-)-pinoresinol-4-O-glucoside
(+)- 松脂酚 -8-O-β-D- 吡喃葡萄糖苷 (+)-pinoresinol-8-O-β-D-glucopyranoside
(+)- 松脂酚 -D- 葡萄糖苷 (+)-pinoresinol-D-glucoside
(+)- 松脂酚 -O-β-D- 吡喃葡萄糖苷 (+)-pinoresinol-O-β-D-glucopyranoside
松脂酚 -O-β-D- 吡喃葡萄糖苷 pinoresinol-O-β-D-glucopyranoside
(+)- 松脂酚 -O-β-D- 吡喃葡萄糖基 -(1 → 6)-β-D- 吡喃葡萄糖苷 (+)-pinoresinol-O-β-D-glucopyranosyl-(1 → 6)-β-D-glucopyranoside
(+)- 松脂酚 -O-β-D- 双吡喃葡萄糖苷 (+)-pinoresinol-O-β-D-diglucopyranoside

(+)- 松脂酚 -*β*-D- 吡喃葡萄糖苷 (+)-pinoresinol-*β*-D-glucopyranoside
松脂酚 -*β*-D- 吡喃葡萄糖苷 pinoresinol-*β*-D-glucopyranoside
(+)- 松脂酚 -*β*-D- 葡萄糖苷 (+)-pinoresinol-*β*-D-glucoside
(-)- 松脂酚吡喃葡萄糖苷 (-)-pinoresinol-glucopyranoside
松脂酚吡喃葡萄糖苷 pinoresinol glucopyranoside
(-)- 松脂酚单甲醚 (-)-pinoresinol monomethyl ether
(+)- 松脂酚单甲醚 (+)-pinoresinol monomethyl ether
松脂酚单甲醚 pinoresinol monomethyl ether
(+)- 松脂酚单甲醚 -*β*-D- 吡喃葡萄糖苷 (+)-pinoresinol monomethyl ether-*β*-D-glucopyranoside
(±)- 松脂酚单甲酯 (±)-pinoresinol monomethyl ether
(+)- 松脂酚单甲酯 -*β*-D- 吡喃葡萄糖苷 (+)-pinoresinol mono-methyl ester-*β*-D-glucopyranoside
松脂酚单葡萄糖苷 pinoresinol-monoglucoside
(-)- 松脂酚 - 二 -*O*-*β*-D- 吡喃葡萄糖苷 (-)-pinoresinol-di-*O*-*β*-D-glucopyranoside
(+)- 松脂酚 - 二 -*O*-*β*-D- 吡喃葡萄糖苷 (+)-pinoresinol-di-*O*-*β*-D-glucopyranoside
松脂酚二吡喃葡萄糖苷 pinoresinol diglucopyranoside
松脂酚二甲醚 pinoresinol dimethyl ether
松脂酚二葡萄糖苷 pinoresinol diglucoside
松脂酚甲醚 pinoresinol methyl ether
(+)- 松脂酚葡萄糖苷 (+)-pinoresinolglucoside
(-)- 松脂酚双葡萄糖苷 (-)-pinoresinol diglucoside
松脂酸甲酯 methyl rosinate
菘蓝素▲ A isatisine A
溲疏醇 deutziol
溲疏醇苷 deutzioside
α- 溲疏苷元 *α*-deutziogenin
β- 溲疏苷元 *β*-deutziogenin
L- 苏氨酸 L-threonine
苏氨酸 threonine
苏格兰蒿素▲ arscotin
苏苦木酮▲ soulameanone
苏拉明 suramin
苏里南维罗蔻木素▲ surinamensin
苏门答腊萝芙木碱▲ rausutrine
苏门答腊萝芙木宁碱▲ rausutranine
苏门答腊鱼藤酚 sumatrol
苏门答腊紫杉醇▲ B tasumatrol B
苏门树脂酸 sumaresinolic acid
苏木查耳酮 sappanchalcone
苏木醇 sappanol
苏木宁碱▲ A~D caesanine A~D
苏木萜宁▲ A~P, S phanginin A~P, S
苏木萜宁氧化物▲ A phangininoxy A
苏木酮 A, B sappanone A, B
苏氏冬青苷▲ sugereoside
苏氏狭缝芹素▲ suksdorfin; saxdorphin
苏式 -(1,5*E*,11*E*)- 十三烷三烯 -7,9- 二炔 -3,4- 二乙酸酯 *threo*-(1,5*E*,11*E*)-tridecatrien-7,9-diyn-3,4-diacetate
苏式 -(4- 羟基 -3- 甲氧基苯基)-2-{4[2- 羰基 -(*E*)- 乙烯基]-2- 甲氧基苯氧基 }- 丙烷 -1,3- 二醇 *threo*-(4-hydroxy-3-methoxyphenyl)-2-{4[2-carbinyl-(*E*)-vinyl]-2-methoxyphenoxy}-propan-1,3-diol
苏式 , 赤式 - 蜥尾草亭▲ A *threo*,*erythro*-manassantin A
苏式 -1-(1- 甲氧基 -2- 羟基丙基)-2- 甲氧基 -4,5- 亚甲二氧基苯 *threo*-1-(1-methoxy-2-hydroxypropyl)-2-methoxy-4,5-methylenedioxybenzene
(±)- 苏式 -1-(1- 氧代 -4,5- 二羟基 -2*E*- 十碳烯基) 哌啶 (±)-*threo*-1-(1-oxo-4,5-dihydroxy-2*E*-decaenyl)piperidine
苏式 -1-(4-4- 羟基 -3- 甲氧基苯基)-2-{4-[2- 甲酰基 -(*E*)- 乙烯基]-2- 甲氧基苯氧基 }- 丙烷 -1,3- 二醇 *threo*-1-(4-hydroxy-3-methoxyphenyl)-2-{4-[2-formyl-(E)-vinyl]-2-methoxyphenoxy}-propane-1,3-diol
苏式 -1-(4'- 羟基 -2'- 甲氧基苯基)-2-(2",4"- 二羟基苯基)-1,3-并二醇 -4'-*O*-*β*-D- 吡喃葡萄糖苷 *threo*-1-(4'-hydroxy-2'-methoxyphenyl)-2-(2",4"-dihydroxyphenyl)-1,3-propanediol-4'-*O*-*β*-D-glucopyranoside
苏式 -1-(4- 羟基 -3,5- 二甲氧基苯基)-2-[2- 甲氧基 -4-(1- 反式 - 丙烯基) 苯氧基] 丙烷 -1- 醇 *threo*-1-(4-hydroxy-3,5-dimethoxypheny1)-2-[2-methoxy-4-(1-*trans*-propenyl)phenoxy]propan-1-ol
苏式 -1-(4- 羟基 -3- 甲氧基)- 苯基 -2-[4-(1,2,3- 三羟基丙烷)-2-甲氧基]- 苯氧基 -1,3- 丙二醇 *threo*-1-(4-hydroxy-3-methoxy)-phenyl-2-[4-(1,2,3-trihydroxypropyl)-2-methoxy]-phenoxy-1,3-propandiol
苏式 -1-(4- 羟基 -3- 甲氧基苯基)-1,2,3- 丙三醇 *threo*-l-(4-hydroxy-3-methoxyphenyl)-1,2,3-propanetriol
苏式 -1-(4'- 羟基 -3'- 甲氧基苯基)-1- 甲氧基 -2-(2"- 甲氧基 -4"-(1'"- 反式 - 丙烯基) 苯氧基) 丙烷 *threo*-1-(4'-hydroxy-3'-methoxyphenyl)-1-methoxy-2-(2"-methoxy-4"-(1'"-*trans*-propenyl)phenoxy)-propane
苏式 -1-(4- 羟基 3- 甲氧基苯基)-1 甲氧基 -2-{4-[1- 甲酰基 -(*E*)-乙烯基]-2- 甲氧基氧基 }-3- 丙醇 *threo*-1-(4-hydroxy-3-methoxyphenyl)-1-methoxy-2-{4-[1-formyl-(*E*)-vinyl]-2-methoxyphenoxy}-3-propanol
苏式 -1-(4'- 羟基 -3'- 甲氧基苯基)-2-(2"- 甲氧基 -4"-(1'"- 反式 - 丙烯基) 苯氧基) 丙烷 -1- 醇 threo-1-(4'-hydroxy-3'-methoxyphenyl)-2-(2"-methoxy-4"-(1'"-*trans*-propenyl)phenoxy)propan-1-ol
苏式 -1-(4- 羟基 -3- 甲氧基苯基)-2-(4- 甲酰基 -2- 甲氧基 - 苯氧基)- 丙烷 -1,3- 二醇 *threo*-1-(4-hydroxy-3-methoxyphenyl)-2-(4-formyl-2-methoxy-phenoxy)-propane-1,3-diol
苏式 -1-(4'- 羟基 -3'- 甲氧基苯基)-2-(4'- 羟基 -3'- 甲氧基苯基)-1,3-丙二醇 *threo*-1-(4'-hydroxy-3'methoxyphenyl-)-2-(4'-hydroxy-3'-methoxyphenyl)-1,3-propanediol
苏式 -1-(4- 羟基 -3- 甲氧基苯基)-2-[2- 甲氧基 -4-(1- 反式 - 丙烯 -3- 醇)- 苯氧基]- 丙烷 -1,3- 二醇 *threo*-1-(4-hydroxy-3-methoxyphenyl)-2-[2-methoxy-4-(1-*trans*-propen-3-ol)-phenoxy]-propane-1,3-diol
苏式 -1-(4- 羟基 -3- 甲氧基苯基)-2-[4-(3- 吡喃鼠李糖氧基丙基)-2-甲氧基苯酚]-1,3- 丙二醇 *threo*-1-(4-hydroxy-3-methoxypheny1)-2-[4-(3-rhamnopyranoxylpropyl)-2-methoxyphenoxy]-1,3-propanediol
(-)- 苏式 -1-(4- 羟基 -3- 甲氧基苯基)-2-[4-(3- 羟基丙基)-2- 甲氧基苯氧基]-1,3- 丙二醇 (-)-*threo*-1-(4-hydroxy-3-methoxyphenyl)-2-[4-(3-hydroxypropanyl)-2-methoxyphenoxy]-1,3-propanediol
苏式 -1-(4- 羟基 -3- 甲氧基苯基)-2-[4-(-*E*-3- 羟基 -1- 丙烯基)-2- 甲氧基苯氧基]-1,3- 丙二醇 *threo*-1-(4-hydroxy-3-methoxyphenyl)-2-[4-(-*E*-3-hydroxy-1-propenyl)-2-methoxyphenoxy]-1,3-propanediol
苏式 -1-(4- 羟基 -3- 甲氧基苯基)-2-{4-[(*E*)-3- 羟基 -1- 丙烯基]-2- 甲氧基苯氧基 }-1,3- 丙二醇 threo-1-(4-hydroxy-3-methoxyphenyl)-2-{4-[(*E*)-3-hydroxy-1-propenyl]-2-methoxyphenoxy}-1,3-propanediol
苏式 -1-(4- 羟基苯基)-1- 甲氧基 -2,3- 丙二醇 *threo*-1-(4-hydroxyphenyl)-1-methoxyl-2,3-propanediol

苏式 -1,2- 二 (4- 羟基 -3- 甲氧基苯基)-1,3- 丙二醇 *threo*-1,2-bis(4-hydroxy-3-methoxyphenyl)-1,3-propandiol
苏式 -1,2- 二 -(4- 羟基 -3- 甲氧基苯基)-1,3- 丙二醇 *threo*-1,2-bis-(4-hydroxy-3-methoxyphenyl)-1,3-propanediol
苏式 -1,2- 二 -(4- 羟基 -3- 甲氧基苯基)- 丙烷 -1,3- 二醇 *threo*-1,2-bis-(4-hydroxy-3-methoxyphenyl)-propane-1,3-diol
苏式 -1',2'- 愈创木基甘油 *threo*-1',2'-guaiacylglycerol
苏式 -1-[1- 氧代 -9(3,4- 亚甲二氧苯基)-8,9- 二羟基 -2*E*- 壬烯基]- 哌啶 *threo* -1-[1-oxo-9(3,4-methylenedioxyphenyl)-8,9-dihydroxy-2*E*-nonenyl]-piperidine
苏式 -1-*C*- 丁香基甘油 *threo*-1-*C*-syringylglycerol
苏式 -1-*C*- 对羟基苯基甘油 *threo*-1-*C*-(*p*-hydroxyheneyl)glycerol
(+)- 苏式 -1-*C*- 愈创木基甘油 (+)-*threo*-1-*C*-guaiacylglycerol
苏式 -2-(4- 烯丙基 -2,6- 二甲氧基苯氧基)-1-(3- 甲氧基 -5- 羟基 - 苯基)- 丙烷 -1- 醇 *threo*-2-(4-allyl-2,6-dimethoxyphenoxy)-1-(3-methoxy-5-hydroxy-phenyl)-propan-1-ol
苏式 -2-(4- 烯丙基 -2,6- 二甲氧基苯氧基)-1-(4- 羟基 -3- 甲氧基苯基)-1- 丙醇 *threo*-2-(4-allyl-2,6-dimethoxyphenoxy)-1-(4-hydroxy-3-methoxyphenyl)propan-1-ol
苏式 -2-(4- 烯丙基 -2,6- 二甲氧基苯氧基)-1-(4- 羟基 -3- 甲氧基苯基) 丙烷 -1- 醇甲醚 *threo*-2-(4-allyl-2,6-dimethoxyphenoxy)-1-(4-hydroxy-3-methoxyphenyl)propan-1-ol methyl ether
苏式 -2-(4''- 烯丙基 -2''- 甲氧基苯氧基)-1-(4'- 羟基 -3'- 甲氧基苯基) 丙烷 -1- 醇 *threo*-2-(4''-allyl-2''-methoxyphenoxy)-1-(4'-hydroxy-3'-methoxyphenyl)propan-1-ol
苏式 -2,3- 二 (4- 羟基 -3- 甲氧基苯基)-3- 甲氧基丙醇 *threo*-2,3-bis(4-hydroxy-3-methoxyphenyl)-3-methoxypropanol
苏式 -2,3- 二 -(4- 羟基 -3- 甲氧基苯基)-3- 甲氧基丙醇 *threo*-2,3-bis-(4-hydroxy-3-methoxyphenyl)-3-methoxypropanol
苏式 -2,3- 二 -(4- 羟基 -3- 甲氧基苯基)-3- 甲氧基 - 丙醇 *threo*-2,3-bis-(4-hydroxy-3-methoxyphenyl)-3-methoxy-propanol
苏式 -2,3- 二 (4- 羟基 -3- 甲氧基苯基)-3- 乙氧基丙烷 -1- 醇 *threo*-2,3-bis(4-hydroxy-3-methoxyphenyl)-3-ethoxypropan-1-ol
苏式 -2,3- 双 (4- 羟基 -3- 甲氧基苯)-3- 甲氧基丙醇 *threo*-2,3-bis(4-hydroxy-3-methoxyphenyl)-3-methoxy-propanol
6,7- 苏式 -3,7- 二甲基辛烷 -1,2,6,7- 四醇 (6,7-*threo*)-3,7-dimethyloctane-1,2,6,7-tetrol
苏式 -4',4'',7'',9''- 四羟基 -3,3',3'',5- 四甲氧基 -4,8''-*O*-7,9':7',9- 二环氧木脂素 *threo*-4',4'',7'',9''-tetrahydroxy-3,3',3'',5-tetramethoxy-4,8''-oxy-7,9':7',9-diepoxylignan
苏式 -4,4',7,9,9'- 五羟基 -3- 甲氧基 -8-*O*-4'- 新木脂素 *threo*-4,4',7,9,9'-pentahydroxy-3-methoxy-8-*O*-4'-neolignan
(7*R*,8*R*)- 苏式 -4,7,9,9'- 四羟基 -3- 甲氧基 -8-*O*-4'- 新木脂素 -3'-*O*-*β*-D- 吡喃葡萄糖苷 (7*R*,8*R*)-*threo*-4,7,9,9'-tetrahydroxy-3-methoxy-8-*O*-4'-neolignan-3'-*O*-*β*-D-glucopyranoside
(-)- 苏式 -4,9,4',9'- 四羟基 -3,5,7,3'- 四甲氧基 -8-*O*-8'- 新木脂素 (-)-*threo*-4,9,4',9'-tetrahydroxy-3,5,7,3'-tetramethoxy-8-*O*-8'-neolignan
(-)- 苏式 -4,9,4',9'- 四羟基 -3,7,3',5'- 四甲氧基 -8-*O*-8'- 新木脂素 (-)-*threo*-4,9,4',9'-tetrahydroxy-3,7,3',5'-tetramethoxy-8-*O*-8'-neolignan
7,8- 苏式 -4,9,9'- 三羟基 -3,3'- 二甲氧基 -8-*O*-4'- 新木脂素 7,8-*threo*-4,9,9'-trihydroxy-3,3'-dimethoxy-8-*O*-4'-neolignan
苏式 -4,9,9'- 三羟基 -3,3'- 二甲氧基 -8-*O*-4'- 新木脂素 -7-*O*-*α*-L- 吡喃鼠李糖苷 *threo*-4,9,9'-trihydroxy-3,3'-dimethoxy-8-*O*-4'-neolignan-7-*O*-*α*-L-rhamnopyranoside
(7*S*,8*S*)- 苏式 -4,9,9'- 三羟基 -3,3'- 二甲氧基 -8-*O*-4'- 新木脂素 -7-*O*-*β*-D- 吡喃葡萄糖苷 (7*S*,8*S*)-*threo*-4,9,9'-trihydroxy-3,3'-dimethoxy-8-*O*-4'-neolignan-7-*O*-*β*-D-glucopyranoside
苏式 -4,9,9'- 三羟基 -3,3'- 二甲氧基 -8-*O*-4'- 新木脂素 -7-*O*-*β*-D- 吡喃葡萄糖苷 *threo*-4,9,9'-trihydroxy-3,3'-dimethoxy-8-*O*-4'-neolignan-7-*O*-*β*-D-glucopyranoside
苏式 -4- 羟基苯基丙烷 -7,8- 二醇 *threo*-4-hydroxyphenylpropane-7,8-diol
苏式 -6-*O*-4'-(3- 甲氧基 -4- 羟基苯丙三醇 -8'')- 阿魏酰筋骨草醇 *threo*-6-oxo-4'-(3-methoxy -4-hydroxyphenylglycol-8'')-feruloylajugol
苏式 -6- 氨基 -5- 羟基 -5- 甲基 -1,3- 恶嗪 -4- 酮 *threo*-6-amino-5-hydroxy-5-methyl-1,3-oxazinan-4-one
7'',8''- 苏式 -7''',8'''- 赤式 -4'',4'''- 二羟基 -3,3',3'',3''',5,5'- 六甲氧基 -7,9',7',9- 二环氧 -4,8'',4',8'''- 二氧代 -8,8'- 二新木脂素 -7'',7''',9'',9'''- 四醇 7'',8''-*threo*-7''',8'''-*erythro*-4'',4'''-dihydroxy-3,3',3'',3''',5,5'-hexamethoxy-7,9',7',9-diepoxy-4,8'',4',8'''-bisoxy-8,8'-dineolignan-7'',7''',9'',9'''-tetraol
(7*R*,8*R*)- 苏式 -7,9,9'- 三羟基 -3,3'- 二甲氧基 -8-*O*-4'- 新木脂素 -4-*O*-*β*-D- 吡喃葡萄糖苷 (7*R*,8*R*)-*threo*-7,9,9'-trihydroxy-3,3'-dimethoxy-8-*O*-4'-neolignan-4-*O*-*β*-D-glucopyranoside
(7*S*,8*S*)- 苏式 -7,9,9'- 三羟基 -3,3'- 二甲氧基 -8-*O*-4'- 新木脂素 -4-*O*-*β*-D- 吡喃葡萄糖苷 (7*S*,8*S*)-*threo*-7,9,9'-trihydroxy-3,3'-dimethoxy-8-*O*-4'-neolignan-4-*O*-*β*-D-glucopyranoside
苏式 -7'- 甲氧基鹊肾树木脂醇▲ *threo*-7'-methoxylstreblusliganol
L- 苏式 -*γ*- 羟基瓜氨酸 L-*threo*-*γ*-hydroxycitrulline
苏式 - 丁香基甘油 *threo*-syringylglycerol
苏式 - 丁香基甘油 -*α*-*O*- 甲基 -*β*-*O*-4- 丁香树脂酚醚 *threo*-syringylglycerol-*α*-*O*-methyl-*β*-*O*-4-syringaresinol ether
苏式 - 丁香酰甘油 -7-*O*-*β*-D- 吡喃葡萄糖苷 *threo*-syringoylglycerol-7-*O*-*β*-D-glucopyranoside
D- 苏式 - 丁香酰基甘油 -8-*O*-*β*-D- 吡喃葡萄糖苷 D-*threo*-syringoylglycerol-8-*O*-*β*-D-glucopyranoside
苏式 - 二羟基去氢二松柏醇 *threo*-dihydroxydehydrodiconiferyl alcohol
苏式 - 和厚朴三醇 *threo*-honokitriol
苏式 - 木兰藤木脂素▲-5 *threo*-austrobailignan-5
苏式 - 轻木卡罗木脂素▲E *threo*-carolignan E
苏式 - 轻木卡罗木脂素▲H *threo*-carolignan H
(7'*S*,8'*S*)- 苏式 - 鹊肾树醇▲B (7'*S*,8'*S*)-*threo*-streblusol B
(7'*R*,8'*R*)- 苏式 - 鹊肾树木脂醇▲ (7'*R*,8'*R*)-*threo*-strebluslignanol
苏式 - 鹊肾树木脂醇▲ *threo*-strebluslignanol
(7'*R*,8'*R*)- 苏式 - 鹊肾树木脂醇▲-2-*O*-*β*-D- 吡喃葡萄糖苷 (7'*R*,8'*R*)-*threo*-strebluslignanol-2-*O*-*β*-D-glucopyranoside
苏式 - 榕树倍半木脂素 A *threo*-ficusesquilignan A
苏式 - 茴萝脑甘醇 *threo*-anethole glycol
(1'*R*,2'*S*)- 苏式 - 茴萝脑甘醇 -2'-*O*-*β*-D- 吡喃葡萄糖苷 (1'*R*,2'*S*)-*threo*-anethole glycol-2'-*O*-*β*-D-glucopyranoside
(±)- 苏式 - 愈创木基甘油 (±)-*threo*-guaiacylglycerol
苏式 - 愈创木基甘油 *threo*-guaiacylglycerol
(7*R*,8*R*)- 苏式 - 愈创木基甘油 -8-*O*-4'- 芥子酰醚 -7-*O*-*β*-D- 吡喃葡萄糖苷 (7*R*,8*R*)-*threo*-guaiacylglycerol-8-*O*-4'-sinapyl ether-7-*O*-*β*-D-glucopyranoside
苏式 - 愈创木基甘油 -8-*O*-4'- 芥子酰醚 -7-*O*-*β*-D- 吡喃葡萄糖苷 *threo*-guaiacyl-glycerol-8-*O*-4'-sinapyl ether-7-*O*-*β*-D-glucopyranoside
D- 苏式 - 愈创木基甘油 -8-*O*-*β*-D-(6'-*O*- 没食子酰基) 吡喃葡萄糖苷 D-*threo*-guaiacylglycerol-8-*O*-*β*-D-(6'-*O*-galloyl)-glucopyranoside
L- 苏式 - 愈创木基甘油 -8-*O*-*β*-D-(6'-*O*- 没食子酰基) 吡喃葡萄糖苷 L-*threo*-guaiacylglycerol-8-*O*-*β*-D-(6'-*O*-galloyl)-glucopyranoside

L- 苏式 - 愈创木基甘油 -8-*O*-*β*-D- 吡喃葡萄糖苷 L-*threo*-guaiacylglycerol-8-*O*-*β*-D-glucopyranoside
苏式 - 愈创木基甘油 -8'- 香荚兰素醚 *threo*-guaiacylglycerol-8'-vanillin ether
苏式 - 愈创木基甘油 -*α*-*O*- 甲基 -*β*-*O*-4- 丁香树脂酚醚 *threo*-guaiacylglycerol-*α*-*O*-methyl-*β*-*O*-4-syringaresinol ether
苏式 - 愈创木基甘油 -*β*-*O*-4- 丁香树脂酚醚 *threo*-guaiacylglycerol-*β*-*O*-4-syringaresinol ether
苏式 - 愈创木基甘油 -*β*-*O*-4'- 二氢松柏醇醚 *threo*-guaiacylglycerol-*β*-*O*-4'-dihydroconiferyl ether
苏式 - 愈创木基甘油 -*β*-*O*-4'- 芥子醇醚 *threo*-guaiacylglycerol-*β*-*O*-4'-sinapyl ether
苏式 - 愈创木基甘油 -*β*-*O*-4'- 松柏醇醚 *threo*-guaiacylglycerol-*β*-*O*-4'-coniferyl ether
苏式 - 愈创木基甘油 -*β*- 阿魏酸醚 *threo*-guaiacylglycerol-*β*-ferulic acid ether
苏式 - 愈创木基甘油 -*β*- 松柏醇醚 *threo*-guaiacylglycerol-*β*-coniferyl ether
苏式 - 愈创木基甘油 -*β*- 松柏醛醚 *threo*-guaiacylglycerol-*β*-coniferyl aldehyde ether
苏式 - 醉鱼草醇 B, C *threo*-buddlenol B, C
dl- 苏糖醇 *dl*-threitol
D- 苏糖醇 D-threitol
苏糖酸 threonic acid
苏铁苷 cycasin
苏铁黄酮 sotetsuflavone
苏铁蕨苷▲ brainoside
苏铁蕨苷▲ B, C brainoside B, C
苏铁蕨酸 brainic acid
苏铁蕨辛▲ brainicin
苏铁蕨甾苷 A~E brainesteroside A~E
苏州荠苧黄酮 moslosooflavone
素馨定▲ jasminidine
素馨苷▲ jasminoside
素馨花苷▲ jasgranoside
素馨莫苷▲ jasmoside
素馨莫苷酸▲ jasmosidic acid
素馨宁▲ jasminine
素馨素▲ jasminin
素馨素▲ -10''-*O*-*β*-D- 吡喃葡萄糖苷 jasminin-10''-*O*-*β*-D-glucopyranoside
素馨酸酐▲ jasminanhydride
(+)- 素馨萜▲ A~D (+)-jasminoid A~D
宿苞豆酚▲ shuterol
宿苞豆素▲ shuterin
宿苞豆酮▲ A, B shuterone A, B
宿苞石仙桃素 imbricatin
宿萼金丝桃素▲ B hypercalin B
宿萼金丝桃酮▲ A hyperenone A
宿柱白蜡苷 stylosin
粟米草精醇 A, B, D mollugogenol A, B, D
粟米草素 mollupentin
粟猪殃殃苷甲酯 mollugoside methyl ester
粟猪殃殃素 mollugin
粟猪殃殃素 -1-*O*-*β*-D- 吡喃葡萄糖苷 mollugin-1-*O*-*β*-D-glucopyranoside
27- 酸 -3- 氧代 -28- 无羁萜酸 27-oic-3-oxo-28-friedelanoic acid
酸橙素▲ auraptin
酸刺柏酸▲ junicedric acid
酸浆醇 A, B physanol A, B
酸浆苷▲ A physaliside A
酸浆林素▲ A, B alkekengilin A, B
酸浆内酯 physalolactone
酸浆内酯 B, C physalolactone B, C
酸浆内酯 B-*β*-D- 吡喃葡萄糖苷 physalolactone B-*β*-D-glucopyranoside
酸浆诺苷▲ A, B physanoside A, B
酸浆诺内酯▲ A physanolide A
酸浆萨内酯▲ physalactone
酸浆双古豆碱 phygrine
酸浆素 I, II, III, IV, A~Z physalin I, II, III, IV, A~Z
酸模酚苷▲ rumexoside
酸模酚苷▲ C rumexoside C
酸模苷 A rumoside A
酸模素 dianellin
酸模素▲ rumexin
酸模酸▲ rumic acid
酸模酮▲ rumexone
酸模叶蓼酚▲ lapathinol
酸模叶蓼苷▲ A~D lapathoside A~D
酸模叶蓼酮▲ lapathone
酸藤子醇▲ embelinol
酸藤子酚▲ embeliol
酸藤子素 embelin; emberine
酸藤子酰胺▲ embelamide
酸性阿拉伯半乳聚糖 acid arabinogalactan
酸性蓖麻毒素 acidicricin
酸叶胶藤醇▲ A, B, C ecdysantherol A, B, C
酸叶胶藤苷▲ A~H ecdysoside A~H
酸叶胶藤灵▲ ecdysantherin
酸叶胶藤素▲ A ecdysanrosin A
酸叶胶藤酸▲ ecdysanthblic acid
酸枣黄素 zivulgarin
酸枣灵碱▲ juzirine; yuzirine
酸枣宁碱▲ Ia, Ib, A, B, D, E, F, G_1, G_2, K sanjoinine Ia, Ib, A, B, D, E, F, G_1, G_2, K
酸枣仁苷元 jujubogenin
酸枣素▲ spinosin
蒜氨酸 alliin
蒜芥茄素▲ sisymbrifolin
蒜芥茄皂苷元▲ nuatigenin
蒜糖醇 allitol
蒜头果素▲ C malaferin C
蒜味草醛▲查耳酮 leridal chalcone
蒜味香科科酮 teuscordinone
算盘子醇 glochidol
算盘子二醇 glochidiol
算盘子二醇二乙酸酯 glochidiol diacetate
算盘子苷▲ E glochidioside E
算盘子黄烷醇苷▲ A~D glochiflavanoside A~D
算盘子碱 glochidine
算盘子内酯▲ A~F glochidionolactone A~F
算盘子宁▲ A glochinin A
算盘子鞣素 C_1, M_1, M_2 glochiin C_1, M_1, M_2
算盘子三醇 glochitriol
算盘子萜苷▲ A~E puberoside A~E
算盘子酮 glochidone
算盘子酮醇 glochidonol

S

算盘子香堇苷▲ A~D glochidionionoside A~D
算盘子辛碱 glochidicine
碎米蕨酮▲ A, B cheilanthone A, B
碎米桠素 A suimiyain A
(-)- 碎叶紫堇碱 (-)-cheilanthifoline
(+)- 碎叶紫堇碱 (+)-cheilanthifoline
(±)- 碎叶紫堇碱 (±)-cheilanthifoline
L- 碎叶紫堇碱 L-cheilanthifoline
碎叶紫堇碱 cheilanthifoline
穗菝葜皂苷 asperoside
穗花牡荆苷 agnuside
穗花牡荆素 A~J viteagnusin A~J
穗花牡荆托苷▲ A, B, C agnucastoside A, B, C
穗花婆婆纳苷▲ A~F spicoside A~F
穗花杉二酮▲ amentoditaxone
穗花杉黄酮 amentoflavone
穗花杉黄酮 -4',4''',7,7''- 四甲醚 amentoflavone-4',4''',7,7''-tetramethyl ether
穗花杉黄酮 -4',4'''- 二 -*O*-*β*-D- 吡喃葡萄糖苷 amentoflavone-4',4'''-di-*O*-*β*-D-glucopyranoside
穗花杉黄酮 -7,4',4'''- 三 -*O*-*β*-D- 吡喃葡萄糖苷 amentoflavone-7,4',4'''-tri-*O*-*β*-D-glucopyranoside
穗花杉黄酮 -7,4'''- 二 -*O*-*β*-D- 吡喃葡萄糖苷 amentoflavone-7,4'''-di-*O*-*β*-D-glucopyranoside
穗花杉黄酮 -7,7'',4',4'''- 四甲醚 amentoflavone-7,7'',4',4'''-tetramethyl ether
穗花杉醌▲ amentotaxone
穗花杉素▲ A, B, BA, BB, WA, WB, WC amentotaxin A, B, BA, BB, WA, WB, WC
穗花杉酮▲ amentonone
穗花香科科宁▲ teuponin
穗花香科科素 A, B teucjaponin A, B
穗花玄参苷▲ A, B scrospioside A, B
(-)- 穗罗汉松树脂酚 (-)-matairesinol
(+)- 穗罗汉松树脂酚 (+)-matairesinol
穗罗汉松树脂酚 matairesinol
5-(5''- 穗罗汉松树脂酚)- 降络石苷元 5-(5''-matairesinol)-nortrachelogenin
5-(5'''- 穗罗汉松树脂酚)- 降络石苷元 5-(5'''-matairesinol)-nortrachelogenin
穗罗汉松树脂酚 -4,4'- 二 -*O*-*β*-D- 吡喃葡萄糖苷 matairesinol-4,4'-di-*O*-*β*-D-glucopyranoside
8*R*,8'*R*- 穗罗汉松树脂酚 -4-*O*-*β*- 吡喃木糖基 -(1 → 2)-*O*-*β*-D- 吡喃葡萄糖苷 8*R*,8'*R*-matairesinol-4-*O*-*β*-xylopyranosyl-(1 → 2)-*O*-*β*-D-glucopyranoside
穗罗汉松树脂酚 -4'-*O*-*β*- 龙胆二糖苷 matairesinol-4'-*O*-*β*-gentiobioside
穗罗汉松树脂酚 -4-*O*- 吡喃葡萄糖苷 matairesinol-4-*O*-glucopyranoside
穗罗汉松树脂酚 -4'-*O*- 龙胆二糖苷 matairesinol-4'-*O*-gentiobioside
穗罗汉松树脂酚苷 matairesinoside
穗罗汉松脂酚 -4,4'- 二 -*O*-*β*-D- 吡喃葡萄糖苷 matairesinol-4,4'-di-*O* -*β*-D-glucopyranoside
穗罗汉松脂酚 -4'-*O*-*β*-D- 呋喃芹糖基 -(1 → 2)-*β*-D- 吡喃葡萄糖苷 matairesinol-4'-*O*-*β*-D-apiofuranosyl-(1 → 2)-*β*-D-glucopyranoside
穗序木蓝碱▲ indospicine
穗状内雄楝素▲ spicatin
縫瓣芸香品▲ chalepin
縫瓣芸香品▲乙酸酯 chalepin acetate
縫瓣芸香素 chalepensin
縫毛荷包牡丹碱▲ coreximine
笋兰烯▲ thunalbene
娑罗双酚▲ B melapinol B
(-)- 莎草 -2,4(15)- 二烯 (-)-cypera-2,4(15)-diene
α- 莎草酮 *α*-cyperone
莎草烯 cyperene
莎草烯酸 cyperenoic acid
梭果黄芪苷▲ A, B, C asernestioside A, B, C
梭砂贝母定碱 delavidine
梭砂贝母碱 delavine
梭砂贝母酮 delavinone
3- 羧基 -1,2,3,4- 四氢 -*β*- 咔啉 3-carboxy-1,2,3,4-tetrahydro-*β*-carboline
L-3- 羧基 -1,2,3,4- 四氢 -*β*- 咔啉 L-3-carboxy-1,2,3,4-tetrahydro-*β*-carboline
(4*β*)-17- 羧基 -16*α*,24- 二羟基 -28- 降齐墩果 -12- 烯 -3*β*-*O*-*β*-D-吡喃木糖基 -(1 → 4)-*β*-D- 吡喃葡萄糖醛酸 (4*β*)-17-carboxy-16*α*,24-dihydroxy-28-norolean-12-en-3*β*-*O*-*β*-D-xylopyranosyl-(1 → 4)-*β*-D-glucopyranosiduronic acid
(4*β*)-17- 羧基 -16*α*,24- 二羟基 -28- 降齐墩果 -12- 烯 -3*β*-*O*-*β*-D-吡喃葡萄糖醛酸甲酯 (4*β*)-17-carboxy-16*α*,24-dihydroxy-28-norolean-12-en-3*β*-*O*-*β*-D-glucopyranosiduronic acid methyl ester
4*β*- 羧基 -17- 羟基 -19- 降新西兰罗汉松酚▲ 4*β*-carboxy-17-hydroxy-19-nortotarol
4*β*- 羧基 -19- 降新西兰罗汉松酚▲ 4*β*-carboxy-19-nortotarol
1- 羧基 -2-(3,4- 二羟基) 乙基 - 反式 -3-{3-[1- 甲氧羰基 -2-(3,4- 二羟基苯基)- 乙氧羰基]-7- 羟基 -2-(3,4- 二羟基苯基) 苯并呋喃 -5-基 } 丙烯酸酯 1-carboxy-2-(3,4-dihydroxyphenyl)ethyl-(*E*)-3-[3-[1-methyoxycarbonyl-2-(3,4-dihydroxyphenyl)ethyoxycarbonyl]-7-hydroxy-2-(3,4-dihydroxyphenyl)-benzofuran-5-yl]propenoatel
(*E*)-3-[3-[1- 羧基 -2-(3,4- 二羟基苯) 乙氧羰基]-7- 羟基 -2-(3,4-二羟基苯基) 苯并呋喃 -5- 基] 丙烯酸 (*E*)-3-[3-[1-carboxy-2-(3,4-dihydroxyphenyl)ethoxycarbonyl]-7-hydroxy-2-(3,4-dihydroxyphenyl)benzofuran-5-yl]propenoic acid
1- 羧基 -2-(3,4- 二羟基苯基)- 乙基 -(*E*)-3-{3- 羟基 -4-[(*E*)-1- 甲氧羰基 -2-(3,4- 二羟基苯基)- 乙烯氧基]} 丙烯酸酯 1-carboxy-2-(3,4-ditydroxyphenyl)ethyl-(*E*)-3-{3-hydroxy-4-[(*E*)-1-methoxycarbony-2-(3,4-di hydroxyphenyl) ethenoxy]} propenoate
8-[(5- 羧基 -2,9- 环氧) 苄基]-2,5- 二羟基 -1,1,4*α*,7,8- 五甲基 -1,2,3,4,4*α*,6,7,8,9,10,10*α*- 十二氢化三菲 8-[(5-carboxy-2,9-epoxy)benzyl]-2,5-dihydroxy-1,1,4*α*,7,8-pentamethyl-1,2,3,4,4*α*,6,7,8,9,10,10*α*-dodecahydrophenanthrene
(4*β*)-20*α*- 羧基 -22,23*β*- 二羟基 -30- 去甲基齐墩果 -12- 烯 -3*β*-*O*-吡喃鼠李糖基 -(1 → 2)-*O*-*β*-D- 吡喃葡萄糖基 -(1 → 4)-*β*-D- 吡喃葡萄糖醛酸 (4*β*)-20*α*-carboxy-22,23*β*-dihydroxy-30-norolean-12-en-3*β*-*O*-rhamnopyranosyl-(1→2)-*O*-*β*-D-glucopyranosyl-(1→4)-*β*-D-glucopyranosiduronic acid
3*β*-17- 羧基 -28- 降齐墩果 -12- 烯 -3-*O*-*β*-D- 吡喃半乳糖基 -(1 → 3)-*O*-*β*-D- 吡喃葡萄糖基 -(1 → 4)-*β*-D- 吡喃葡萄糖醛酸苷 3*β*-17-carboxy-28-norolean-12-en-3-*O*-*β*-D-galactopyranosyl-(1→3)-*O*-*β*-D-glucopyranosyl-(1 → 4)-*β*-D-glucopyranosiduronic acid
4-(4- 羧基 -2- 甲氧基苯酚)-3,5- 二甲氧基 - 苯甲酸 4-(4-carboxy-2-methoxyphenoxy)-3,5-dimethoxy-benzoic acid
7- 羧基 -2- 羟基 -1- 甲基 -5- 乙烯基 -9,10- 二氢菲 7-carboxy-2-hydroxy-1-methyl-5-vinyl-9,10-dihydrophenanthrene
2- 羧基 -3,4'- 二羟基 -5-*β*-D- 吡喃木糖氧基联苯 2-carboxyl-3,4'-dihydroxy-5-*β*-D-xylopyranosyloxybibenzyl
5- 羧基 -3,4- 二氢 -1*H*-2- 苯并吡喃 -1- 酮 5-carboxyl-3,4-

dihydrogen-1*H*-2-benzopyran-1-one
2- 羧基 -3,5- 二甲氧基 -*E*- 芪 2-carboxy-3,5-dimethoxy-*E*-stilbene
20*β*- 羧基 -30- 去甲齐墩果 -9(11),12- 二烯 -3*β*-*O*-*β*-D- 吡喃葡萄糖醛酸基 -(2→1)-*β*-D- 吡喃葡萄糖醛酸 20*β*-carboxy-30-noroleana-9(11),12-dien-3*β*-*O*-*β*-D-glucopyranuronosyl-(2→1)-*β*-D-glucopyranosiduronic acid
3- 羧基 -3- 羟基戊二酸二甲酯 dimethyl 3-carboxyl-3-hydroxypentanedioate
2- 羧基 -4- 喹啉酮 2-carboxy-4-quinolinone
3- 羧基 -6,7- 二羟基 -1,2,3,4- 四氢异喹啉 3-carboxy-6,7-dihydroxy-1,2,3,4-tetrahydroisoquinoline
6- 羧基 -7- 羟基香豆素 6-carboxy-7-hydroxycoumarin
20- 羧基 -8(18),14(17),15- 半日花三烯 20-carboxy-8(18),14(17),15-labdatriene)
(2*S*)-8- 羧基 -9- 羟基 -2-(2- 羟基丙烷 -2- 基)-1,2- 二氢蒽 [2,1-b] 呋喃 -6,11- 二酮 (2*S*)-8-carboxy-9-hydroxy-2-(2-hydroxypropan-2-yl)-1,2-dihydroanthra[2,1-b]furan-6,11-dione
3- 羧基吡啶 3-carboxypyridine
N-(3- 羧基丙基)-5- 氨基 -2- 羟基 -3- 十三烷基 -1,4- 苯醌 *N*-(3-carboxylpropyl)-5-amino-2-hydroxy-3-tridecyl-1,4-benzoquinone
4- 羧基伯恩鸡骨常山素▲ 4-carboxyboonein
13- 羧基布卢竹柏醇 C 13-carboxyblumenol C
2-[(*E*)-3- 羧基丁 -2- 烯基]-4- 羟基 -3- 甲基 - 苯基 -*O*-*β*-D- 吡喃葡萄糖苷 2-[(*E*)-3-carboxybut-2-en-yl]-4-hydroxy-3-methyl-phenyl-*O*-*β*-D-glucopyranoside
3- 羧基黑麦草碱 3-carboxylperlolyrine
4*β*- 羧基降新西兰罗汉松酚▲ 4*β*-carboxynortotarol
10- 羧基马钱苷 10-carboxyloganin
19- 羧基牛角瓜亭酸▲甲酯 19-carboxylcalactinic acid methyl ester
3- 羧基七叶树内酯 3-carboxyesculetin
6- 羧基伞形酮 6-carboxyumbelliferone
5- 羧基树脂苔黑酚▲ 5-carboxyresorcinol
5- 羧基双噻吩 5-carboxylbithiophene
羧基吴茱萸碱 carboxyevodiamine
3- 羧基香豆素 3-carboxylcoumarin
5(*S*)-5- 羧基小蔓长春花苷▲ 5(*S*)-5-carboxyvincoside
16- 羧基新西兰罗汉松酚▲ 16-carboxyltotarol
3*α*- 羧基乙酰氧 -24- 甲基 -23- 氧代羊毛脂 -8- 烯 -26- 酸 3*α*-carboxyacetoxy-24-methyl-23-oxolanost-8-en-26-oic acid
3*α*- 羧基乙酰氧 -24- 亚甲基 -23- 氧代羊毛脂 -8- 烯 -26- 酸 3*α*-carboxyacetoxy-24-methylen-23-oxolanost-8-en-26-oic acid
3*α*- 羧基乙酰氧基 -24- 亚甲基 -23- 氧代羊毛脂 -8- 烯 -26- 羧酸 3*α*-carboxyacetoxy-24-methylene-23-oxolanost-8-en-26-oic acid
3*α*- 羧基乙酰氧基栎辛酸 3*α*-carboxyacetoxy quercinic acid
5- 羧基直立拉齐木西定▲ 5-carboxystrictosidine
4*β*- 羧甲基 -(-)- 表儿茶素 4*β*-carboxymethyl-(-)-epicatechin
4*β*- 羧甲基 -(-)- 表儿茶素甲酯 4*β*-carboxymethyl-(-)-epicatechin methyl ester
4*β*- 羧甲基 -(-)- 表儿茶素钾盐 / 钠盐 [4*β*-carboxymethyl-(-)-epicatechin]K^+/Na^+
4*β*- 羧甲基 -(-)- 表儿茶酸 4*β*-carboxymethyl-(-)-epicatechic acid
1- 羧甲基 -2- 羟基 -2- 甲基吡咯里西啶 1-carboxymethyl-2-hydroxy-2-methylpyrrolizidine
3*α*-(4- 羧甲基 -3- 羟基 -3- 甲基丁酰氧基)- 羊毛脂 -8,24- 二烯 -21- 酸 3*α*-(4-carboxymethy-3-hydroxy-3-methybutanoyloxy)-lanosta-8,24-diene-21-oic acid
5- 羧甲基 -4',7- 二羟基黄酮 5-carboxymethyl-4',7-dihydroxyflavone
5- 羧甲基 -4',7- 二羟基黄酮丁酯 5-carboxymethyl-4',7-dihydroxyflavone butyl ester
5- 羧甲基 -4',7- 二羟基黄酮乙酯 5-carboxymethyl-4',7-dihydroxyflavone ethyl ester
5- 羧甲基 -7- 羟基 -2- 甲基色酮 5-carboxymethyl-7-hydroxy-2-methylchromone
2- 羧甲基苯酚 -1-*O*-*β*-D- 吡喃葡萄糖苷 2-carboxylmethylphenol-1-*O*-*β*-D-glucopyranoside
8- 羧甲基 - 对羟基桂皮酸 8-carboxymethyl-*p*-hydroxycinnamic acid
8- 羧甲基 - 对羟基桂皮酸甲酯 8-carboxymethyl-*p*-hydroxycinnamic acid methyl ester
8- 羧甲基 - 对羟基桂皮酸乙酯 8-carboxymethyl-*p*-hydroxycinnamic acid ethyl ester
6- 羧甲基二氢白屈菜红碱 6-carboxymethyl dihydrochelerythrine
3*α*- 羧酸乙酰氧栎辛酸 C 3*α*-carboxyacetoxyquercinic acid C
3- 羧乙基 -3- 羟基戊二酸 -1,5- 二甲酯 3-carboxyethyl-3-hydroxyglutaric acid-1,5-di-methyl ester
6- 羧乙基 -7- 甲氧基 -5- 羟基苯并呋喃 -5-*O*-*β*-D- 吡喃葡萄糖苷 6-carboxyethyl-7-methoxy-5-hydroxy-benzofuran-5-*O*-*β*-D-glucopyranoside
3- 羧乙基苯酞 3-carboxyethyl-phthalide
缩氨基脲 semicarbazone
缩合鞣质 condensed tannin
缩苹果酸 maleic acid
缩苹果酰亚胺 -5- 肟 maleimide-5-oxime
缩砂密二萜苷▲ A amoxanthoside A
索朗羊角拗苷▲ tholloside
索罗桑醛▲ soroceal
索罗桑素▲ A, D, F sorocein A, D, F
索马里箭毒素▲ somalin
索摩鞘丝藻酰胺▲ A, B somamide A, B
索氏羊角拗苷▲ thollethoside
锁阳萜 cynoterpene

T

塔拉乌头胺 talatisamine; talatizamine
塔拉乌头定 talatizidine
塔里马兜铃宁▲ taliscanine
塔纳血桐呋喃醇▲ tanarifuranonol
塔纳血桐黄烷酮▲ A~D tanariflavanone A~D
塔纳血桐宁▲ tanarinin
塔尼克里鞘丝藻内酯▲ tanikolide
塔尼克里鞘丝藻内酯▲二聚体 tanikolide dimer
塔尼克里鞘丝藻内酯▲裂酸 tanikolide seco-acid
塔氏多果树碱▲ talcarpine
塔斯品碱 taspine
塔韦乌尼鞘丝藻酰胺▲ A~H, K taveuniamide A~H, K
塔泽泻多糖 SI talisman SI
台湾八角素▲ A, B, C illicaborin A, B, C
台湾八角烯▲ A illicarborene A
台湾白蜡树苷 fraxiformoside
台湾檫木醇▲ randainol
台湾檫木酚▲ randaiol
台湾檫木醛▲ randainal
台湾檫木脂酚▲ sassarandainol
台湾芙蓉素▲ A, B hibiscuwanin A, B
台湾含笑碱▲ A, B pressalanine A, B
台湾含笑内酯▲ compressanolide
台湾含笑素▲ A, B pressafonin A, B
台湾胡椒内酰胺 B piperumbellactam B

台湾苦瓜辛▲A, B taiwacin A, B
台湾罗汉松内酯 A ponalactone A
台湾罗汉松内酯 A 葡萄糖苷 ponalactone A glucoside
台湾罗汉松素▲A podonaka A
台湾罗汉松甾酮▲A~D ponasterone A~D
台湾罗汉松甾酮苷▲A ponasteroside A
台湾毛楤木苷▲ decaisneanaside
台湾美登木碱▲A, E, H emarginatine A, E, H
台湾牛奶菜醇 marsformol
台湾牛奶菜定 marsformosadin
台湾牛奶菜定 -3-*O*-*β*-D- 吡喃磁麻糖苷 marsformosadin-3-*O*-*β*-D-cymaropyranoside
台湾牛奶菜苷 marsformoside
台湾牛奶菜环氧物▲A, B marsformoxide A, B
台湾牛奶菜酮▲ marsformosanone
台湾牛奶菜甾苷 A MF-A
台湾牛奶菜甾苷 C MF-C
台湾牛奶菜甾苷 D MF-D
台湾千金藤碱▲ stesakine
台湾千金藤碱▲-9-*O*-*β*-D- 吡喃葡萄糖苷 stesakine-9-*O*-*β*-D-glucopyranoside
台湾千金藤宁碱▲ phanostenine
(±)- 台湾前胡素 (±)-peuformosin
(+)- 台湾前胡素▲ (+)-peuformosin
台湾荛花黄酮▲A, B wikstaiwanone A, B
台湾榕二醇▲A, B ficuformodiol A, B
台湾肉豆蔻素▲ cagayanin
台湾肉豆蔻酮▲ cagayanone
台湾三尖杉高黄酮▲A, B, C taiwanhomoflavone A, B, C
台湾三尖杉碱 wilsonine
台湾山豆根亭▲A~D formosanatin A~D
台湾杉素 C, E taiwanin C, E
台湾杉素 E 甲醚 taiwanin E methyl ether
台湾蛇床素 A cniforin A
台湾穗花杉醚▲ ramentoxide
台湾穗花杉醚酮▲ ramentoxidone
台湾唐松草碱▲ thalifaurine
台湾五味子灵▲A~D taiwanschirin A~D
台湾五味子内酯▲A, B schisarisanlactone A, B
台湾五味子新内酯▲A schinarisanlactone A
台湾崖豆藤素▲G, H millewanin G, H
台湾泽兰内酯 eupaformonin
台湾泽兰宁▲ eupaformosanin
台湾紫杉烷▲ taiwanxan
β- 苔黑酚 *β*-orcinol
苔黑酚 orcinol
苔黑酚 -9-*O*-*β*-*O*- 吡喃葡萄糖苷 orcinol-3-*O*-*β*-D-glucopyranoside
苔黑酚 -*O*-*β*-D- 吡喃葡萄糖苷 orcinol-*O*-*β*-D-glucopyranoside
β- 苔黑酚羧酸 *β*-orcinolcarboxylic acid
β- 苔黑酚羧酸甲酯 methyl *β*-orcinolcarboxylate
苔色酸 orsellinic acid
苔色酸 -2-*O*-*β*-D- 吡喃葡萄糖苷 orsellinic acid-2-*O*-*β*-D-glucopyranoside
β- 苔色酸甲酯 methyl *β*-orsellinate
苔色酸甲酯 methyl orsellinate
苔色酸乙酯 ethyl orsellinate
太白贝母碱 taipaienine
太白楤木皂苷 I, IV taibaienoside I, IV
太白冬凌草素 A, B, C taibairubescensin A, B, C
太白鄂西香茶菜素 A, B, C, T taibaihenryiin A, B, C, T
太白毛叶香茶菜素 A taibaijaponicain A
太白乌头碱▲A, B, C taipeinine A, B, C
太行拟缺香茶菜素 A~D taihangexcisoidesin A~D
太平洋高翠雀定▲ pacidine
(-)- 太平洋柳珊瑚醇▲ (-)-pacifigorgiol
太平洋柳珊瑚醇▲ pacifigorgiol
太子参素▲A, B, C heterophyllin A, B, C
泰国大风子酚 A anthelminthicol A
泰国大风子素 A, B, C anthelminthicin A, B, C
泰国野葛素▲-4'-*O*- 吡喃葡萄糖苷 mirificin-4'-*O*-glucoside
(-)- 泰加连蕊藤碱▲ (-)-thaicanine
泰氏虎皮楠胺▲ daphniteijsmine
泰氏虎皮楠定 C, D daphtenidine C, D
酞醛 phthalaldehyde
酞酸 phthalic acid
酞酸丁辛酯 butyl octyl phthalate
酞酸丁酯 butyl phthalate
酞酸丁酯异丁酯 butyl isobutyl phthalate
酞酸二 (2- 乙基) 己酯 di-(2-ethylhexyl)phthalate
酞酸二 (2- 乙基己) 酯 di-2-ethylhexylphthalate
酞酸二 (2- 乙基己基) 酯 phthalic acid bis-(2-ethylhexyl)ester
酞酸二 -2- 乙基己酯 phthalic acid bis-(2-ethylhexy1)ester
酞酸二丁酯 phthalic acid dibutyl ester; dibutyl phthalate
酞酸二甲基己酯 dimethylhexyl phthalate
酞酸二甲酯 dimethyl phthalate
酞酸二戊酯 phthalic acid dipentyl ester
酞酸二辛酯 dioctyl phthalate
酞酸二乙酯 diethyl phthalate
酞酸二异丁酯 phthalic acid diisobutyl ester; diisobutyl phthalate; isobutyl phthalate
酞酸二异庚酯 diisoheptyl phthalate
酞酸二异壬酯 diisononyl phthalate
酞酸二异辛酯 diisooctyl phthalate
酞酸二正辛酯 di-*n*-octyl phthalate
酞酸双 (2- 甲氧乙基) 酯 phthalic acid bis(2-methoxy ethyl)ester
酞酸双十二酯 didodecyl phthalate
酞酸异丁基正丁基酯 isobutyl *n*-butyl phthalate
酞酸酯 phthalate
昙花亭▲ phyllocactin
檀烯 santene
(-)-*α*- 檀香 -11- 酮 (-)-*α*-santalen-11-one
(+)-(*E*)-*α*- 檀香 -12- 酸 (+)-(*E*)-*α*-santalen-12-oic acid
(+)-*α*- 檀香 -12- 酮 (+)-*α*-santalan-12-one
(*Z*)-*α*- 檀香醇 (*Z*)-*α*-santalol
α- 檀香醇 *α*-santalol
β-(*Z*)- 檀香醇 *β*-(*Z*)-santalol
β- 檀香醇 *β*-santalol
檀香醇 santalol
(*Z*)-*α*- 檀香醇甲酸酯 (*Z*)-*α*-santalylformate
(*Z*)-*β*- 檀香醇甲酸酯 (*Z*)-*β*-santalyl formate
α- 檀香二醇 *α*-santaldiol
β- 檀香二醇 *β*-santaldiol
(*E*)-*α*- 檀香醛 (*E*)-*α*-santalal
(*E*)-*β*- 檀香醛 (*E*)-*β*-santalal
(*Z*)-*α*- 檀香醛 (*Z*)-*α*-santalal
(*Z*)-*β*- 檀香醛 (*Z*)-*β*-santalal
α- 檀香醛 *α*-santalal
β- 檀香醛 *β*-santalal

T

檀香三烯 santolina triene
檀香素 santal
α- 檀香酮 α-santalone
檀香酮 santalone
α- 檀香烷 -11,12,13- 三醇 α-santalane-11,12,13-triol
α- 檀香烯 α-santalene
β- 檀香烯 β-santalene
檀香烯 santalene
α- 檀香烯环氧化物 α-santalene epoxide
炭角菌辛▲ A, B, C xylariacin A, B, C
碳酸二苯酯 diphenyl carbonate
汤姆森独活酚▲ -6-O-β-D- 吡喃葡萄糖苷 heratomol-6-O-β-D-glucopyranoside
[1S-(1α,2β,4aβ,8aα)]-5- 羰基 -1,2,3,4,4a,7,8,8a- 八氢 -1,2,4a- 三甲基 -1- 萘乙酸 [1S-(1α,2β,4aβ,8aα)]-5-carboxy-1,2,3,4,4a,7,8,8a-octahydro-1,2,4a-trimethyl-1-naphthaleneacetic acid
7- 羰基 -12- 羟基去氢冷杉烷 7-carbony-12-hydroxydehydroabietane
4-[3-[l- 羰基 -2-[2-(3,4- 二羟基苯基)-2,3- 二氢 -7- 羟基苯并呋喃 -3- 羧酸 -l- 羧基 -2-(3,4- 二羟基苯基) 乙酯] 乙氧基]-3- 氧代 -1- 丙烯基]-2-(3,4- 二羟基苯基)-2,3- 二氢 -7- 羟基苯并呋喃 -3- 羧酸 -l- 羧基 -2-(3,4- 二羟基苯基) 乙酯 4-[3-[l-carboxy-2-[2-(3,4-dihydroxyhenyl)-2,3-dihydro-7-hydroxybenzofuran-3-carboxylic acid-l-carboxy-2-(3,4-dihydroxyphenyl)ethylester]ethoxy]-3-oxo-1-propenyl]-2-(3,4-dihydroxyphenyl)-2,3-dihydro-7-hydroxybenzofuran-3-carboxylic acid-l-carboxy-2-(3,4-dihydroxyphenyl) ethyl ester
19R- 羰基 -25- 二甲氧基 -5β-5,19- 环氧葫芦 -6,23- 二烯 -3- 醇 -3-O-β-D- 吡喃葡萄糖苷 19R-carbonyl-25-dimethoxy-5β-5,19-epoxycucrbita-6,23-dien-3-ol-3-O-β-D-glucopyranoside
(3β)-17- 羰基 -28- 降齐墩果 -12- 烯 -3-O-β-D- 吡喃半乳糖基 -β-D-葡糖醛酸苷 -6- 丁酯 (3β)-17-carboxy-28-norolean-12-en-3-O-β-D-galactopyranosyl-β-D-glucopyranosidu-ronic acid-6-butyl ester
17- 羰基 -28- 去甲齐墩果 -12- 烯 -3β-O-α-L- 呋喃阿拉伯糖基 -(1 → 4)-O-[β-D- 吡喃半乳糖基 -(1 → 2)]-β-D- 吡喃葡萄糖醛酸苷 17-carboxy-28-norolean-12-en-3β-O-α-L-arabinofuranosyl-(1 → 4)-O-[β-D-galactopyranosyl-(1 → 2)]-β-D-glucuronopyranoside
17- 羰基 -28- 去甲齐墩果 -12- 烯 -3β-O-β-D- 吡喃半乳糖基 -(1 → 2)-β-D- 吡喃葡萄糖醛酸苷 17-carboxy-28-norolean-12-en-3β-O-β-D-galactopyranosyl-(1 → 2)-β-D-glucuronopyranoside
3'''- 羰基 -2''-β-L- 奎诺糖基淫羊藿次苷 II 3'''-carbonyl-2''-β-L-quinovosylicariside II
6-[1'- 羰基 -3'(R)- 甲氧基 - 丁基]-5,7- 二甲氧基 -2,2- 二甲基 -2H-1- 苯并吡喃 6-[1'-oxo-3'(R)-methoxy-butyl]-5,7-dimethoxy-2,2-dimethyl-2H-1-benzopyran
6-[1'- 羰基 -3'(R)- 羟基 - 丁基]-5,7- 二甲氧基 -2,2- 二甲基 -2H-1- 苯并吡喃 6-[1'-oxo-3'(R)-hydroxy-butyl]-5,7-dimethoxy-2,2-dimethyl-2H-1-benzopyran
2β- 羰基 -3β- 羟基 - 降羽扇豆 A(1)-20(29)- 烯 -28- 酸 2β-carboxyl-3β-hydroxyl-norlup A(1)-20(29)-en-28-oic acid
6-O-(2- 羰基 -3- 甲基丁酰基)- 河南半枝莲碱▲ A 6-O-(2-carbonyl-3-methylbutanoyl)-scutehenanine A
2S,4R-2- 羰基 -4- 乙酰氨基哌啶 2S,4R-2-carboxy-4-acetylaminopiperidine
4- 羰基 -5- 羟基 - 戊酸甲酯 methyl 4-carbonyl-5-hydroxyvalerate
7- 羰基 -β- 谷甾酮 7-carbonyl-β-sitosterone
7- 羰基 -β- 胡萝卜苷 7-carbonyl-β-daucosterol
2- 羰基半枝莲碱 A 2-carbonylscutebarbatine A
3-(3- 羰基苯基)-L- 丙氨酸 3-(3-carboxyphenyl)alanine
3'- 羰基苯基甘氨酸 3'-carboxyphenylglycine
4S,5S-2- 羰基 - 二羟基哌啶盐酸盐 4S,5S-2-carboxydihydroxypiperidine hydrochloride
17- 羰基鸡骨常山文碱▲ -N- 氧化物 17-carboxylalstovine-N-oxide
4- 羰基 - 连翘醇 4-carbonyl-rengyol
17- 羰基密脉白坚木碱▲ -N- 氧化物 17-carboxylcompactinervine-N-oxide
3- 羰基齐墩果酸 3-carbonyl oleanolic acid
6-(2- 羰基乙烯基)-7- 甲氧基 -5- 羟基苯并呋喃 -5-O-β-D- 吡喃葡萄糖苷 6-(2-carboxyvinyl)-7-methoxy-5-hydroxybenzofuran-5-O-β-D-glucopyranoside
3- 羰基愈创木 -4- 烯 -11,12- 二醇 3-oxo-guai-4-ene-11,12-diol
(5S)-5- 羰基直立拉齐木西定▲ (5S)-5-carboxystrictosidine
5α- 羰基直立拉齐木西定▲ 5α-carboxystrictosidine
5β- 羰基直立拉齐木西定▲ 5β-carboxystrictosidine
(1'R,5'R)-5-(5- 羰甲基 -2- 氧代环戊基)-3Z- 戊烯基 -β-D-(6-O- 对羟基苯甲酰基)- 吡喃葡萄糖苷 (1'R,5'R)-5-(5-carboxymethyl-2-oxocyclopentyl)-3Z-pentenyl-β-D-(6-O-p-hydroxybenzoyl)-glucopyranoside
(1'R,5'R)-5-(5- 羰甲基 -2'- 氧代环戊基)-3Z- 戊烯基乙酸酯 (1'R,5'R)-5-(5'-carboxymethyl-2'-oxocyclopentyl)-3Z-pentenyl acetate
4- 羰乙氧基 -6- 羟基 -2- 喹诺酮 4-carboethoxy-6-hydroxy-2-quinolone
唐菖蒲素 A~H gandavensin A~H
唐古特瑞香宾▲ tanguticabine
唐古特瑞香定▲ tanguticadine
唐古特瑞香芬▲ tanguticafine
唐古特瑞香精▲ tanguticagine
唐古特瑞香肯▲ tanguticakine
唐古特瑞香灵▲ tanguticaline
唐古特瑞香明▲ tanguticamine
唐古特瑞香辛▲ tanguticacine
唐花内酯▲ karahana lactone
(+)- 唐松草比灵▲ (+)-thalibealine
唐松草波林碱 thalipoline
(+)- 唐松草布拉明碱 (+)-thalibulamine
唐松草达宁 thaliadanine
唐松草飞宁 thalfinine
唐松草费宁 thalphinine
唐松草芬碱▲ thalphine; thalfine
唐松草芬宁 thalphenine
唐松草苷 thalictoside
唐松草苷 A, C, D, E, F thalictoside A, C, D, E, F
唐松草碱苦味酸盐 thalictrine picrate
唐松草卡文碱 thalictricavine
唐松草拉宾碱 thalirabine
(+)- 唐松草米定碱 (+)-talikmidine
唐松草米定碱 talikmidine
唐松草明碱 thalmine
唐松草宁碱 thalictrinine
d- 唐松草朴啡碱 d-thaliporphine
唐松草朴啡碱 thaliporphine
唐松草任碱 thalicrine
唐松草斯亭 thalistine
唐松草素 thalictiin
唐松草素▲ aquilegifolin
(-)- 唐松草亭 (-)-thalictine
唐松草亭 thalictine

T

唐松草西宾碱 thaliracebine
唐松草叶碱 thalictrifoline
唐松草皂苷▲A, A_1, A_2, A_3, B, D, E, F, G_1, G_2, H_1 thalicoside A, A_1, A_2, A_3, B, D, E, F, G_1, G_2, H_1
(-)- 唐松明碱 (-)-thalmine
糖苷 glycoside H_2, St-A, St-B, St-C_1, St-C_2, St-D_1, St-D_2, St-E, St-E_2, St-F_2, St-G_0-2, St-I_2, St-I_4a, St-I_4b, St-J, St-J_2, St-K_2
糖基大叶芸香任▲ glycoperine
糖胶树胺▲ echitamine
糖胶树胺酸▲ echitaminic acid
糖胶树定▲ echitamidine
糖胶树定▲-*N*- 氧化物 echitamidine-*N*-oxide
糖胶树定▲-*N*- 氧化物 -19-*O*-*β*-D- 葡萄糖苷 echitamidine-*N*-oxide-19-*O*-*β*-D-glucopyranoside
(±)- 糖胶树碱▲II (±)-scholarisine II
糖胶树碱▲A~O scholarisine A~O
(19,20)-*E*- 糖胶树拉灵▲ (19,20)-*E*-alstoscholarine
(19,20)-*Z*- 糖胶树拉灵▲ (19,20)-*Z*-alstoscholarine
糖胶树林碱▲ nareline
糖胶树林碱▲甲醚 nareline methyl ether
糖胶树林碱▲乙醚 nareline ethyl ether
(-)- 糖胶树灵碱▲ (-)-scholarine
糖胶树灵碱▲ scholarine
糖胶树灵碱▲*N4*- 氧化物 scholarine-*N4*-oxide
糖胶树明碱▲ alschomine
糖胶树瑞辛▲A~E alstoscholarisine A~E
糖胶树素▲A~D scholarein A~D
糖胶树萜醇▲ alstoprenyol
糖胶树萜异戊烯▲ alstoprenylene
糖胶树亭碱▲A, B, C alstolactine A, B, C
糖胶树辛碱▲ scholaricine
糖芥苷 erysimoside
糖芥苷醇 erysimosol
糖芥黄麻苷▲ erycorchoside
糖芥心苷 erycordin
糖槭酚苷▲C saccharumoside C
糖松素▲A, C lambertianin A, C
糖松酸▲ lambertianic acid
糖棕苷 A~F borassoside A~F
糖棕素▲F-II, FB, FC, FD flabelliferin F-II, FB, FC, FD
桃儿七黄酮▲A, B sinoflavonoid A, B
桃苷 persiconin; persicoside
桃苷元 persicogenin
桃花心木内酯▲A swietemahonolide
桃花心木素 G swietemahonin G
桃碱苷▲ persicaside
桃金娘呫酮▲ rhodomyrtone
桃金娘松酮▲A~D, I rhodomyrtosone A~D, I
桃金娘酮▲A, B tomentosone A, B
桃金娘烯醇 myrtenol
桃金娘烯醇 -10-*O*-[*β*-D- 呋喃芹糖基 -(1→6)-*β*-D- 吡喃葡萄糖苷] myrtenol-10-*O*-[*β*-D-apiofuranosyl-(1→6)-*β*-D-glucopyranoside]
桃金娘烯醇 -10-*O*-*β*-D- 吡喃葡萄糖苷 myrtenol-10-*O*-*β*-D-glucopyranoside
桃金娘烯醛 myrtenal
桃叶珊瑚苷 aucubin
桃叶珊瑚苷元 -1-*O*-*β*- 龙胆二糖苷 aucubigenin-1-*O*-*β*-gentiobioside
特朗鞘丝藻肽素▲A, B, C trungapeptin A, B, C
特勒菊素▲ telekin
特女贞苷 specnuezhenide
特萨菊酸▲ tessaric acid
藤黄呋喃▲ garciniafuran
藤黄洛酮▲ garcinialone
藤黄诺酮▲A, B garcinianone A, B
藤黄呫酮▲E, H garciniaxanthone E, H
(+)- 藤黄双黄酮 (+)-morelloflavone
(±)- 藤黄双黄酮 (±)-morelloflavone
藤黄双黄酮 morelloflavone
藤黄酸▲二乙酯 garcinia acid diethyl ester
藤黄酮 B, E, F, H, I, K guttiferone B, E, F, H, I, K
(+)- 藤黄酮 K (+)-guttiferone K
藤黄烯酮▲A~F, X, Y garcinenone A~F, X, Y
藤黄新酮▲ garcinone
藤黄新酮▲A~E garcinone A~E
藤金合欢苷 sonuside
(+)- 藤金合欢内酰胺 (+)-acacialactam
藤金合欢宁▲I, II sonunin I, II
藤金合欢宁素 concinnin
藤金合欢诺苷▲A concinnoside A
藤金合欢酸十五基酯 concinnapentadecanyl ester
藤金合欢酰胺 concinnamide
藤金合欢酯 concinnyl ester
藤萝皂醇 A, B wistariasapogenol A, B
藤萝皂苷 A, A_2, A_3, B_1, B_2, B_3, C, D, G, YC_1, YC_2 wistariasaponin A, A_2, A_3, B_1, B_2, B_3, C, D, G, YC_1, YC_2
藤三七醇▲A bougracol A
藤三七雪胆苷 R_1~R_{11} scandenoside R_1~R_{11}
藤三七雪胆苷元 A, D scandenogenin A, D
藤石松碱▲A, B, C lycoparin A, B, C
藤石松灵碱▲A, B casuarine A, B
藤石松宁碱▲A~J casuarinine A~J
藤枣苷元▲ ampelozigenin
藤状火把花内酯▲A, B, C seguiniilactone A, B, C
藤紫珠苷▲A, A_1, A_2, B peiioside A, A_1, A_2, B
梯翅蓬苷▲B copteroside B
梯牧草灵 chokorin
梯叶红厚壳呫酮▲ trapezifolixanthone
蹄叶橐吾内酯 ligufischerin
替告皂苷 tigonin
替告皂苷元 tigogenin
替告皂苷元 -3-*O*-{*O*-*β*-D- 吡喃葡萄糖基 -(1→2)-*O*-[*β*-D- 吡喃木糖基 -(1→3)]-*O*-*β*-D- 吡喃葡萄糖基 -(1→4)-*β*-D- 吡喃半乳糖苷} tigogenin-3-*O*-{*O*-*β*-D-glucopyranosyl-(1→2)-*O*-[*β*-D-xylopyranosyl-(1→3)]-*O*-*β*-D-glucopyranosyl-(1→4)-*β*-D-galactopyranoside}
替告皂苷元 -3-*O*-*β*-D- 吡喃木糖基 -(1→3)-*β*-D- 吡喃葡萄糖基 -(1→2)-[*β*-D- 吡喃木糖基 -(1→3)]-*β*-D- 吡喃葡萄糖基 -(1→4)-*β*-D- 吡喃半乳糖苷 tigogenin-3-*O*-*β*-D-xyloyranosyl-(1→3)-*β*-D-glucopyranosyl-(1→2)-[*β*-D-xyloyranosyl-(1→3)]-*β*-D-glucopyranosyl-(1→4)-*β*-D-galactopyranoside
替告皂苷元 -3-*O*-*β*-D- 吡喃木糖基 -*β*- 石蒜四糖苷 tigogenin-3-*O*-*β*-D-xylopyranosyl-*β*-lycotetraoside
替告皂苷元 -3-*O*-*β*-D- 吡喃葡萄糖苷 tigogenin-3-*O*-*β*-D-glucopyranoside
替告皂苷元 -3-*O*-*β*-D- 吡喃葡萄糖基 -(1→2)-[*β*-D- 吡喃木糖基 -(1→3)]-*β*-D- 吡喃葡萄糖基 -(1→4)-*β*-D- 吡喃半乳糖苷 tigogenin-3-*O*-*β*-D-glucopyranosyl-(1→2)-[*β*-D-xyloyranosyl-(1→3)]-*β*-D-glucopyranosyl-(1→4)-*β*-D-galactopyranoside

T

替告皂苷元 -3-*O*-*β*-D- 吡喃葡萄糖基 -(1 → 2)-*O*-[*β*-D- 吡喃葡萄糖基 -(1 → 3)]-*O*-*β*-D- 吡喃葡萄糖基 -(1 → 4)-*O*-*β*-D- 吡喃半乳糖苷 tigogenin-3-*O*-*β*-D-glucopyranosyl-(1 → 2)-*O*-[*β*-D-glucopyranosyl-(1 → 3)]-*O*-*β*-D-glucopyranosyl-(1 → 4)-*O*-*β*-D-galactopyranoside
替告皂苷元 -3-*O*-*β*-D- 吡喃葡萄糖基 -(1 → 2)-*β*-D- 吡喃葡萄糖基 -(1 → 4)-*β*-D- 吡喃半乳糖苷 tigogenin-3-*O*-*β*-D-glucopyranosyl-(1 → 2)-*β*-D-glucopyranosyl-(1 → 4)-*β*-D-galactopyranoside
替告皂苷元 -3-*O*-*β*-D- 吡喃葡萄糖基 -(1 → 4)-*O*-[*α*-L- 吡喃阿拉伯糖基 -(1 → 6)]-*β*-D- 吡喃葡萄糖苷 tigogenin-3-*O*-*β*-D-glucopyranosyl-(1 → 4)-*O*-[*α*-L-arabinopyranosyl-(1 → 6)]-*β*-D-glucopyranoside
替告皂苷元 -3-*O*-*β*-D- 吡喃葡萄糖基 -(1 → 4)-*O*-[*α*-L- 吡喃鼠李糖基 -(1 → 2)]-*β*-D- 吡喃半乳糖苷 tigogenin-3-*O*-*β*-D-glucopyranosyl-(1 → 4)-*O*-[*α*-L-rhamnopyranosyl-(1 → 2)]-*β*-D-galactopyranoside
替告皂苷元 -3-*O*-*β*- 吡喃木糖基 -(1 → 2)-*β*- 吡喃木糖基 -(1 → 3)-*β*- 吡喃葡萄糖基 -(1 → 4)-*α*- 吡喃鼠李糖基 -(1 → 2)-*β*- 吡喃半乳糖苷 tigogenin-3-*O*-*β*-xylopyranosyl-(1 → 2)-*β*-xylopyranosyl-(1 → 3)-*β*-glucopyranosyl-(1 → 4)-*α*-rhamnopyranosyl-(1 → 2)-*β*-galactopyranoside
替告皂苷元 -3-*O*-*β*- 吡喃葡萄糖基 -(1 → 2)-*β*- 吡喃木糖基 -(1 → 3)-*β*- 吡喃葡萄糖基 -(1 → 4)-*β*- 吡喃半乳糖苷 tigogenin-3-*O*-*β*-glucopyranosyl-(1 → 2)-*β*-xylopyranosyl-(1 → 3)-*β*-glucopyranosyl-(1 → 4)-*β*-galactopyranoside
替告皂苷元 -3-*O*-*β*- 吡喃葡萄糖基 -(1 → 4)-*β*- 吡喃半乳糖苷 tigogenin-3-*O*-*β*-glucopyranosyl-(1 → 4)-*β*-galactopyranoside
替告皂苷元 -3-*O*-*β*- 茄三糖苷 tigogenin-3-*O*-*β*-solatrioside
替告皂苷元四糖苷 tigogenin tetraoside
替告皂苷元酮 tigogenone
嚏根草苷▲ A, B tigencaoside A, B
嚏木宁▲ karenin
嚏木色烯醇甲醚▲ ptaerochromenol methyl ether
嚏木亭▲ umtatin
D- 天冬氨酸 D-aspartic acid
L- 天冬氨酸 L-aspartic acid
天冬氨酸 aspartic acid
L- 天冬酰胺 L-asparagine
β- 天冬酰胺 *β*-asparagine
天冬酰胺 asparagine
天冬酰胺 - 甜菜黄素 asparagine-betaxanthin
天胡荽苷▲ I, II, III, IV, V, VI, VII hydrocotyloside I, II, III, IV, V, VI, VII
天胡荽皂苷▲ A~F hydrocosisaponin A~F
天芥菜定 heliotridine
天芥菜苷▲ helioside
天芥菜碱 heliotrine
天芥菜酰胺▲ heliotropamide
天芥菜熊耳草碱▲ heliohoustine
天葵苷 semiaquilinoside
天葵碱▲ A semiaquilegine A
(*E*)- 天葵素▲ (*E*)-semiaquilegin
(*Z*)- 天葵素▲ (*Z*)-semiaquilegin
天葵萜▲ A semiaquilegoside A
天蓝花青素 heavenly blue anthocyanin
天蓝苜蓿苷 A, B, C medicalupinoside A, B, C
天蓝续断苷▲ A, B dipsacoside A, B
天料木酚苷▲ A, B cochinchiside A, B
天料木苷 A~F homaloside A~F
天料木内酯▲ cochinolide
天料木内酯▲ -*β*- 吡喃葡萄糖苷 cochinolide-*β*-glucopyranoside
天料木辛▲ homalicine
天麻酚▲ A gastrol A
天麻苷 gastrodin
天麻苷 A gastrodin A
天麻苷元 gastrodigenin
天麻醚苷 gastrodioside
天麻宁 gastrodianin
天麻羟胺 gastrodamine
天门冬多糖 A~D asparagus polysaccharide A~D
天门冬苷 A, B asparoside A, B
天门冬柯苷▲ asparacoside
天门冬柯素▲ A, B asparacosin A, B
天门冬诺苷▲ N, O, P aspacochinoside N, O, P
天门冬素 A asparagusin A
天门冬酸 - 反式 -*S*- 氧化物甲酯 asparagusic acid-*anti*-*S*-oxide methyl ester
天门冬酸 - 顺式 -*S*- 氧化物甲酯 asparagusic acid-*syn*-*S*-oxide methyl ester
天门冬烯炔▲ asparenyn
天门冬烯炔二酚▲ asparenydiol
天门冬烯炔酚▲ asparenynol
天门冬皂苷▲ A, B, C aspacochioside A, B, C
天名精内酯▲ A, B carabrolactone A, B
天名精内酯醇 carabrol
天名精内酯醇异戊酸酯 carabrol isovalerate
天名精内酯酮 carabrone
天名精素▲ carpesiolin
天目金粟兰醇▲ tianmushanol
天然鞘丝藻酰胺▲ A, B itralamide A, B
天人菊内酯 gaillardin
天人菊素▲ -2*α*-*O*- 巴豆酸酯 pulchellin-2*α*-*O*-tiglate
天人菊素▲ C pulchellin C
天山翠雀定碱▲ tianshanidine
天山翠雀宁碱▲ tianshanine
天山翠雀辛碱▲ tianshanisine
天山棱子芹素▲ lindleyanin
天山橐吾醇▲ narynenol
天山雪莲多糖 tianshanxuelian polysaccharide
天师栗酸 wilsonic acid
天师酸 tianshic acid
天师酸甲酯 tianshic acid methyl ester
天仙藤辛碱▲ fibercisine
天仙藤皂素▲ fibrarecisin
天仙子胺 hyoscyamine
天仙子胺 -*N*- 氧化物 hyoscyamine-*N*-oxide
天仙子苷▲ E, F, F_1, G hyoscyamoside E, F, F_1, G
天仙子碱 hyoscine
天仙子碱 -*N*- 氧化物 hyoscin-*N*-oxide
天仙子灵▲ hyosgerin
天仙子明▲ hyosmin
天仙子内醚醇▲ hyoscyamilactol
天仙子醛▲ hyoscyamal
天仙子酰胺 hyoscyamide
天竺葵素 pelargonidin
天竺葵素 -3-(3''- 丁二酰葡萄糖苷)-5- 葡萄糖苷 pelargonidin-3-(3''-succinylglucoside)-5-glucoside

T

天竺葵素 -3-(6- 对香豆酰葡萄糖苷)-5-(4,6- 二丙二酰葡萄糖苷) pelargonidin-3-(6-*p*-coumaroylglucoside)-5-(4,6-dimalonylglucoside)
天竺葵素 -3-(6- 对香豆酰葡萄糖苷)-5-(6- 丙二酰葡萄糖苷) pelargonidin-3-(6-*p*-coumaroylglucoside)-5-(6-malonylglucoside)
天竺葵素 -3-(6- 对香豆酰葡萄糖苷)-5- 葡萄糖苷) pelargonidin-3-(6-*p*-coumaroylglucoside)-5-glucoside
天竺葵素 -3-(6- 咖啡酰葡萄糖苷)-5-(4,6- 二丙二酰葡萄糖苷) pelargonidin-3-(6-caffeoylglucoside)-5-(4,6-dimalonylglucoside)
天竺葵素 -3-(6- 咖啡酰葡萄糖苷)-5-(6- 丙二酰葡萄糖苷) pelargonidin-3-(6-caffeoylglucoside)-5-(6-malonylglucoside)
天竺葵素 -3-(6- 咖啡酰葡萄糖苷)-5- 葡萄糖苷) pelargonidin-3-(6-caffeoylglucoside)-5-glucoside
天竺葵素 -3,5- 二 -*O*-*β*-D- 吡喃葡萄糖苷 pelargonidin-3,5-di-*O*-*β*-D-glucopyranoside
天竺葵素 -3,5- 二 -*O*- 吡喃葡萄糖苷 pelargonidin-3,5-di-*O*-glucopyranoside
天竺葵素 -3,5- 二 -*O*- 糖苷 pelargonidin-3,5-di-*O*-glycoside
天竺葵素 -3,5- 二葡萄糖苷 pelargonidin-3,5-diglucoside
天竺葵素 -3-[2''-(2''- 反式 - 咖啡酰基 -*β*-D- 吡喃葡萄糖基)-*β*-D- 吡喃半乳糖苷 pelargonidin-3-[2''-(2''-*trans*-caffeoyl-*β*-D-glucopyranosyl)-*β*-D-galactopyranoside]
天竺葵素 -3-*O*-(2''-*O*- 葡萄糖基) 芸香糖苷 pelargonidin 3-*O*-(2''-*O*-glucosyl)rutinoside
天竺葵素 -3-*O*-(6''-*O*-*α*- 吡喃鼠李糖基 -*β*- 吡喃葡萄糖苷) pelargonidin-3-*O*-(6''-*O*-*α*-rhamnopyranosyl-*β*-glucopyranoside)
天竺葵素 -3-*O*-(对香豆酰基)- 二葡萄糖苷 pelargonidin-3-*O*-(*p*-coumaroyl)-diglucoside
天竺葵素 -3-*O*-[(4'''-*O*- 对香豆酰基)-*α*-L- 吡喃鼠李糖基)-(1'''→6'')-*β*-D- 吡喃葡萄糖基]-5-*O*-*β*-D- 吡喃葡萄糖苷 pelargonidin-3-*O*-[(4'''-*O*-*p*-coumaroyl)-*α*-L-rhamnopyranosyl)-(1''' → 6'')-*β*-D-glucopyranoside]-5-*O*-*β*-D-glucopyranoside
天竺葵素 -3-*O*-[(4'''-*O*- 反式 - 阿魏酰基)-*α*-L- 吡喃鼠李糖基)-(1''' → 6'')-*β*-D- 吡喃葡萄糖基]-5-*O*-*β*-D- 吡喃葡萄糖苷 pelargonidin -3-*O*-[(4'''-*O*-*trans*-feruloyl)-*α*-L-rhamnopyranosyl)-(1''' → 6'')-*β*-D-glucopyranoside]-5-*O*-*β*-D-glucopyranoside
天竺葵素 -3-*O*-[2-*O*-(6-*O*-(反式 - 咖啡酰基 -3-*O*-(*β*- 吡喃葡萄糖基))-*β*- 吡喃葡萄糖基)-*β*- 吡喃葡萄糖苷] pelargonidin-3-*O*-[2-*O*-(6-*O*-(*trans*-caffeoyl- 3-*O*-(*β*-glucopyranosyl))-*β*-glucopyranosyl)-*β*-glucopyranoside]
天竺葵素 -3-*O*-[6''-*O*-(2'''-*O*- 乙酰基 -*α*- 吡喃鼠李糖基)-*β*- 吡喃葡萄糖苷 pelargonidin-3-*O*-[6''-*O*-(2'''-*O*-acetyl-*α*-rhamnopyranosyl)-*β*-glucopyranoside]
天竺葵素 -3-*O*-*β*-(6- 丙二酰槐糖苷) pelargonidin-3-*O*-*β*-(6-malonyl-sophoroside)
天竺葵素 -3-*O*-*β*-D- 吡喃葡萄糖苷 pelargonidin-3-*O*-*β*-D-glucopyranoside
天竺葵素 -3-*O*-*β*- 槐糖基 -7-*O*-*β*- 葡萄糖苷 pelargonidin-3-*O*-*β*-sophorosyl-7-*O*-*β*-glucoside
天竺葵素 -3-*O*- 吡喃葡萄糖苷 pelargonidin-3-*O*-glucopyranoside
天竺葵素 -3-*O*- 二葡萄糖苷 pelargonidin-3-*O*-diglucoside
天竺葵素 -3-*O*- 木糖基葡萄糖苷 pelargonidin-3-*O*-xylosylglucoside
天竺葵素 -3-*O*- 葡萄糖苷 pelargonidin-3-*O*-glucoside
天竺葵素 -3-*O*- 芸香糖苷 pelargonidin-3-*O*-rutinoside
天竺葵素 -3- 对香豆酰葡萄糖苷 -5- 二丙二酰葡萄糖苷 pelargonidin-3-*p*-coumaroyl glucoside-5-dimalonylglucoside
天竺葵素 -3- 槐糖 -7- 吡喃葡萄糖苷 pelargonidin-3-sophoroside-7-glucopyranoside
天竺葵素 -3- 槐糖苷 pelargonidin-3-sophoroside
天竺葵素 -3- 咖啡酰葡萄糖苷 -5- 二丙二酰葡萄糖苷 pelargonidin-3-caffeoyl glucoside-5-dimalonyl-glucoside
天竺葵素 -3- 木糖基葡萄糖苷 pelargonidin-3-xylosylglucoside
天竺葵素 -3- 葡萄糖苷 pelargonidin-3-glucoside
天竺葵素 -3- 芸香糖苷 pelargonidin-3-rutinoside
天竺葵素 -5-*O*-*β*-D- 葡萄糖苷 pelargonidin-5-*O*-*β*-D-glucopyranoside
天竺葵素吡喃葡萄糖苷 pelargonidin glucopyranoside
天竺葵素己糖苷 pelargonidin hexoside
天竺葵素葡萄糖苷 pelargonidin glucoside
天竺葵素鼠李糖基己糖苷 pelargonidin rhamnosylhexoside
天竺葵酸▲ pelargonic acid
天竺葵酸▲乙酯 pelargonic acid ethyl ester
田方骨六醇素▲ donhexocin
田方骨宁▲ goniodonin
田方骨七醇素▲ donhepocin
田方骨四醇素▲ donbutocin
田方骨素▲ A~D donnaienin A~D
田基黄酚▲ sarothranol
田基黄棱素 A~D, G sarothralen A~D, G
田基黄林素 sarothralin
田基黄绵马素 A, B, C saroaspidin A, B, C
田基黄内酯▲ grangolide
田七氨酸 dencichine
田头菇素 agrocybin
甜菜苷 betanin
甜菜黄素 betaxanthin
甜菜黄辛▲ I, II vulgaxanthin I, II
甜菜加灵▲ betagarin
甜菜碱 betaine
甜菜碱酚 phenolbetain
甜菜灵▲ betavulgarin
甜菜醛氨酸 betalamic acid
甜菜素 betanidin
甜菜素 -5-*O*-*β*-D- 吡喃葡萄糖苷 betanidin-5-*O*-*β*-D-glucopyranoside
甜菜素 -6-*O*-*β*-D- 吡喃葡萄糖苷 betanidin-6-*O*-*β*-D-glucopyranoside
(+)- 甜茶苷 F_1 (+)-suavissimoside F_1
甜茶苷 F_1, R_1 suavissimoside F_1, R_1
甜茶苷 R_1-3-*O*- 吡喃葡萄糖苷 suavissimoside R_1-3-*O*-glucopyranoside
甜茶糖苷 A, B, C_1, D_1, D_2, E~J suavioside A, B, C_1, D_1, D_2, E~J
甜橙碱 I, II citrusinine I, II
甜橙醛 sinensal
甜橙素 sinensetin
甜瓜苷▲ A, I, L meloside A, I, L
甜核树醇▲ hedycaryol
甜菊醇单苷 steviol monoside
甜菊二糖苷 steriolbioside
甜山竹子黄烷▲ dulcisflavan
甜山竹子屾酮▲ B, F dulcisxanthone B, F
甜莎草醇▲ C cyperusol C
甜杨梅酮▲ porson
甜叶苷▲ A, B dulcoside A, B
甜叶菊苷 stevioside
甜叶菊素 A~N sterebin A~N
甜竹屾酮▲ A, B, D dulxanthone A, B, D
条斑紫菜多糖 porphyra yezoensis polysaccharide
条裂续断苷▲ II laciniatoside II
条叶红景天苷▲ rodiolinozide

T

1-(1- 萜品烯 -4- 醇)-(*E*)-3- 甲氧基芪 1-(1-terpinen-4-ol)-(*E*)-3-methoxystilbene
α- 萜品油烯 *α*-terpinolene
萜品油烯 terpinolene
铁刀木二色酮▲ A chrobisiamone A
铁刀木灵碱▲ A~E cassiarine A~E
铁刀木明碱▲ siamine
铁刀木宁碱▲ A, B, C siaminine A, B, C
铁刀木素▲ A, B, C cassiamin A, B, C
铁冬青二酸▲ rotundioic acid
铁冬青苷▲ A~D rotundinoside A~D
铁冬青吉苷▲ rotungenoside
铁冬青吉酸▲ rotungenic acid
铁冬青诺酸▲ rotundanonic acid
铁冬青素▲ ilexrotunin
铁冬青酸 rotundic acid
铁冬青酸 -28-*O*-*α*-D- 吡喃葡萄糖基 -(1 → 6)-*β*-D- 吡喃葡萄糖苷 rotundic acid-28-*O*-*α*-D-glueopyranosyl-(1 → 6)-*β*-D-glueopyranoside
铁冬青酸 -3,23- 缩丙酮 rotundic acid-3,23-acetonide
铁冬青酸甲酯 methyl rotundate
铁冬青萜苷▲ A, B rotundarpenoside A, B
铁箍散素▲ A~N tiegusanin A~N
铁箍散辛▲ A, B, C sinensisin A, B, C
铁海棠碱 A, B milliamine A, B
铁筷子苷 A hellebocoside A
铁筷子苷元▲ hellebrigenin
铁筷子苷元▲ -3-*O*-*β*-D- 吡喃葡萄糖苷 hellebrigenin-3-*O*-*β*-D-glucopyranoside
铁筷子素▲ hellebrin
铁力木酚▲ mesuol
铁力木精 mesuagin
铁力木任▲ A, B, C mesuaferrin A, B, C
铁力木吅酮▲ A, B mesuaxanthone A, B
铁力木素 mesuarin
铁力木酮▲ A, B mesuaferrone A, B
铁力木酮醇▲ mesuaferrol
铁力木酮酚▲ A, B mesuferrol A, B
铁力木香酚▲ A ferruol A
铁力木新吅酮▲ ferrxanthone
铁力木因▲ mesuein
铁木桉醛▲ B sideroxylonal B
铁木桉素▲ sideroxylin
铁木豆三糖苷▲ swartziatrioside
铁皮石斛素▲ A~I dendrocandin A~I
铁破锣酸 beesic acid
铁破锣皂苷 I, II, III, IV, A~H, J~Q beesioside I, II, III, IV, A~H, J~Q
铁杉树脂醇 tsugaresinol
铁杉缩醛▲ tsugacetal
(-)-*α*- 铁杉脂素 (-)-*α*-conidendrin
α- 铁杉脂素 *α*-conidendrin
β- 铁杉脂素 *β*-conidendrin
铁屎米 -16- 酮 -14- 丁酸 canthin-16-one-14-butyric acid
铁屎米 -6- 酮 canthin-6-one
铁屎米 -6- 酮 -3- 氧化物 canthin-6-one-3-oxide
铁屎米 -6- 酮 -*N*- 氧化物 canthin-6-one-*N*-oxide
铁苋莱素 australisin
铁线戴达莲素▲ deidaclin
铁线蕨 -5(10)- 烯 -3*α*- 醇 adian-5(10)-en-3*α*-ol
铁线蕨 -5(10)- 烯 -3- 醇 adian-5(10)-en-3-ol
铁线蕨 -5- 烯 adian-5-ene
铁线蕨 -5- 烯 -3*α*- 醇 adian-5-en-3*α*-ol
铁线蕨 -5- 烯 -3- 醇 adian-5-en-3-ol
铁线蕨 -5- 烯 -3- 酮 adian-5-en-3-one
铁线蕨 -5- 烯 - 臭氧化物 adian-5-ene-ozonide
铁线蕨醇 adiantol
铁线蕨萜醇 B capillirol B
铁线蕨萜酮 capillirone
铁线蕨酮 adiantone
铁线蕨烯 adianene
铁线蕨氧化物 adiantoxide
铁线蕨叶唐松草碱▲ adiantifoline
铁线蕨叶唐松草林碱▲ thalifoline
铁线莲酚▲ A clemaphenol A
铁线莲苷 A, A', B, C, S clematoside A, A', B, C, S
铁线莲内酯苷▲ A, B clemochinenoside A, B
铁线莲素 clematin; clematine
铁氧还蛋白 ferredoxin
铁仔苷▲ A, B myrsinoside A, B
铁仔黄酮▲ A, B myrsininone A, B
铁仔宁▲ muketanin
铁仔酸▲ B, C, E, F myrsinoic acid B, C, E, F
铁仔酮▲ myrsinone
铁仔烯▲ myrsinene
铁仔皂苷 myrsine saponin
铁樟素▲ eusiderin
铁樟素▲ N eusiderin N
铁轴草素 B teuquadrin B
庭荠叶香科酮▲ alysifolinone
庭芥欧夏至草苷▲ alyssonoside
葶苈苷▲ drabanemoroside
挺茎遍地金素▲ A, B hypelodin A, B
通城虎碱苷▲ fordianoside
通光藤次苷▲ A, A_1~A_{12}, B, B_1~B_{17}, C~I marstenacisside A, A_1~A_{12}, B, B_1~ B_{17}, C~I
通光藤次苷元▲ A, B marstenacigenin A, B
通光藤苷 A~N tenacissoside A~N
通光藤苷元 A, B, C tenacigenin A, B, C
通光藤精苷▲ A~K tenacigenoside A~K
通光藤莫苷▲ A~J tenacissimoside A~J
通光藤索苷元▲ tenasogenin
通光藤西苷元▲ tenacissigenin
通光藤西索苷元▲ cissogenin
通泉草皂苷▲ I, II, III, IV mazusaponin I, II, III, IV
通脱木皂苷 papyrioside IIb, IId, L-IIa, L-IIc, LA, LB, LC, LD, LE, LF, LG, LH
通脱木皂苷元 A~J papyriogenin A~J
同截尾海兔抑素▲ 3, 16 homodolastatin 3, 16
同石树花酸▲ homosekikaic acid
同心结林碱▲ spiraline
同心结林碱▲ -*N*- 氧化物 spiraline-*N*-oxide
同心结尼定▲ parsonsianidine
同心结尼定▲ -*N*- 氧化物 parsonsianidine-*N*-oxide
同心结宁碱▲ parsonsianine
同心结宁碱▲ -*N*- 氧化物 parsonsianine-*N*-oxide
同心结辛碱▲ parsonsine
(*E*)- 茼蒿素 (*E*)-tonghaosu
(*Z*)- 茼蒿素 (*Z*)-tonghaosu

T

桐棉苷▲ populnin
桐棉素▲ populnein
桐棉酮▲ thespone
桐棉烯▲ A~H populene A~H
桐棉烯酮▲ thespesenone
α- 桐酸 *α*-eleostearic acid
β- 桐酸 *β*-eleostearic acid
桐酸 eleostearic acid
桐叶千金藤醇碱▲ hernandolinol
桐叶千金藤地宁碱▲ aknadinine
桐叶千金藤地辛碱▲ aknadicine
桐叶千金藤碱 hernandine
桐叶千金藤内酰胺▲ aknadilactam
桐叶千金藤宁碱 A~D hernsubanine A~D
桐叶千金藤诺林碱▲ hernandoline
铜钱树辛▲ A~D hemsine A~D
铜钱枣碱▲ A, B, H, P nummularine A, B, H, P
铜色树宁碱▲ remijinine
(6*S*,7*E*,9*E*,11*E*)-3- 酮 -13- 阿朴 -*α*- 胡萝卜素 -13- 酮 (6*S*,7*E*,9*E*,11*E*)-3-oxo-13-apo-*α*-caroten-13-one
3- 酮 -16*α*- 羟基 -24- 降齐墩果酸 -28-*O*-*α*-L- 吡喃阿拉伯糖基 -(1→4)-*α*-L- 吡喃阿拉伯糖基 -(1→3)-*β*-D- 吡喃木糖基 -(1→4)-*α*-L- 吡喃鼠李糖基 -(1 → 2)-*β*-D- 吡喃岩藻糖基基酯 3-keto-16*α*-hydroxy-24-noroleanolic acid-28-*O*-*α*-L- arabinopyranosyl-(1→4)-*α*-Larabinopyranosyl-(1→3)-*β*-D- xylopyranosyl-(1→4)-*α*-L-rhamnopyranosyl-(1 → 2)-*β*-D-fucopyranosyl ester
24- 酮二十五烷基 -*γ*- 羟基戊酸酯 24-ketopentacosyl-*γ*-hydroxypentanoate
16- 酮基 -15,16*H*- 哈威豆酸▲ 16-oxo-15,16*H*-hardwickiic acid
2- 酮基 -16- 乙酰基豨莶草醇 2-keto-16-acetyloxykirenol
2- 酮基 -19- 羟基莸味香科科素▲ 2-keto-19-hydroxyteuscordin
3- 酮基 -1-*O*- 甲基 -4,5- 二羟基雪叶向日葵素▲ A 3-oxo-1-*O*-methyl-4,5-dihydroniveusin A
3- 酮基 -20(*S*)- 原人参三醇 3-keto-20(*S*)-protopanaxatriol
2- 酮基 -3*β*,19*α*,23- 三羟基熊果 -12- 烯 -28- 酸 -*β*-D- 吡喃葡萄糖基酯苷 2-oxo-3*β*,19*α*,23-trihydroxyurs-12-en-28-oic acid-*β*-D-glucopyranosyl ester
3- 酮基 -4- 羟基红根草邻醌 3-keto-4-hydroxysaprorthoquinone
1- 酮基 -4- 羟基十氢萘 1-keto-4-hydroxydecalin
6- 酮基 -7,11,13- 半日花三烯 -16,15- 内酯 6-oxo-7,11,13-labdatrien-16,15-olide
16- 酮基 -8(17),12- 半日花二烯 -15- 酸 16-oxo-8(17),12-labdadien-15-oic acid
15- 酮基 -8(17)- 半日花烯 -18- 酸 15-oxo-8(17)-labden-18-oic acid
13- 酮基 -9*Z*,11*E*- 十八碳二烯酸 13-oxo-9*Z*,11*E*-octadecadienoic acid
(6*R*,9*R*)-3- 酮基 -*α*- 香堇醇 -*β*-D- 吡喃葡萄糖苷 (6*R*,9*R*)-3-oxo-*α*-ionol-*β*-D-glucopyranoside
7- 酮基 -*β*- 谷甾醇 7-keto-*β*-sitosterol
(9*R*)-4- 酮基 -*β*- 香堇醇 -*β*-D- 吡喃葡萄糖苷 (9*R*)-4-oxo-*β*-ionol-*β*-D-glucopyranoside
6- 酮基 - 半日花 -7,11,14- 三烯 -16- 酸内酯 6-oxo-labda-7,11,14-trien-16-oic acid lactone
7- 酮基菜籽甾醇 7-ketobrassicasterol
3- 酮基达玛 -24*E*- 烯 -20*S*,26- 二醇 3-ketodammar-24*E*-en-20*S*,26-diol
酮基大风子油酸 ketochaulmoogric acid
24- 酮基胆甾醇 24-ketocholesterol
10- 酮基二十四醇花生酸酯 10-ketotetracosyl arachidate
7- 酮基谷甾醇 7-ketositosterol
(*S*)-4- 酮基 - 荷花玉兰碱 (*S*)-4-keto-magnoflorine
3- 酮基红根草对醌 3-ketosapripataquinone
3- 酮基 - 环菠萝蜜烷 3-onecycloartane
7- 酮基马钱苷 7-ketologanin
酮基马钱苷 ketologanin
11- 酮基齐墩果 -12- 烯 -3*β*- 棕榈酸酯 11-keto-olean-12-en-3*β*-yl palmitate
3- 酮基齐墩果 -9(11),12- 二烯 -28- 酸 3-ketooleana-9(11),12-dien-28-oic acid
3- 酮基齐墩果酸 3-ketooleanolic acid
3- 酮基齐墩果烷 3-ketooleanane
7- 酮基去氢冷杉酸 7-ketodehydroabietic acid
3- 酮基去氢硫色多孔菌酸 3-ketodehydrosulphurenic acid
6- 酮基去氢紫穗槐苷元 6-ketodehydroamorphigenin
9- 酮基 - 十八碳 - 顺式 -12- 烯酸 9-keto-octadec-*cis*-12-enoic acid
4- 酮基松脂酚 4-ketopinoresinol
酮基松脂酚 ketopinoresinol
6- 酮基莸味香科科素▲ 6-ketoteuscordin
酮基穗罗汉松树脂酚 ketomatairesinol
2- 酮基戊二酸 2-oxopentanedioic acid
3- 酮基熊果 -12- 烯 -28- 酸 3-oxoursan-12-en-28-oic acid
3- 酮基熊果酸 3-ketoursolic acid
11- 酮基熊果烷 -12- 烯 -3*β*- 棕榈酸酯 11-keto-urs-12-en-3*β*-yl palmitate
4- 酮基雪松醇 4-ketocedrol
酮基洋艾烯内酯▲ b ketopelenolide b
4- 酮基异佛尔酮 4-keto-isophorone
7- 酮基异林仙烯宁▲ 7-ketoisodrimenin
1- 酮基异隐丹参酮 1-ketoisocryptotanshinone
6- 酮基 - 硬脂酰绒白乳菇缩醛▲ 6-keto-stearoylvelutinal
16- 酮基泽泻醇 A 16-oxoalisol A
α- 酮戊二酸 *α*-ketoglutaric acid
筒箭毒碱 tubocurine
筒鞘蛇菰素▲ balanoinvolin
头花杯苋甾酮 capitasterone
头花杜鹃素 capitatin
头花银背藤素▲ A, B, C arcapitin A, B, C
(-)- 头序千金藤宁▲ (-)-crebanine
头序千金藤宁▲ crebanine
头序千金藤宁▲ -*N*- 氧化物 crebanine-*N*-oxide
头状花耳草碱▲ capitelline
头状花耳草醌▲ A~D capitellataquinone A~D
头状山香酸▲ A, B hyptatic acid A, B
透骨草醇乙酸酯 leptostachyol acetate
透骨草灵 I, II, III, IV, V, B phrymarolin I, II, III, IV, V, B
透骨草洛醇▲ phrymarol
透骨草素▲ II phrymarin II
透骨草脂素▲ A, B, D, E, J haedoxan A, B, D, E, J
透骨草脂素▲ C 乙酸酯 haedoxan C acetate
透骨草脂素▲ F 乙酸酯 haedoxan F acetate
透骨草脂素▲ G 乙酸酯 haedoxan G acetate
透骨草脂素▲ H 乙酸酯 haedoxan H acetate
透骨草脂素苷▲ A haedoxancoside A
凸尖花椒二醇▲ cuspidiol
凸尖羊耳菊内酯 A, B, D incaspitolide A, B, D
秃疮花碱▲ dicranostigmine
秃疮花酮▲ dicranostigmone
秃马勃酸▲ calvatic acid

T

秃马勃酸▲甲酯 methyl calvatate
秃马勃甾酮▲ calvasterone
秃毛冬青素 glaberide
(+)- 秃毛冬青素 I (+)-glaberide I
秃毛冬青素 I glaberide I
突柄裂菊素 A eminensin A
β- 突厥蔷薇酮▲ β-damascone
(*E*)-β- 突厥蔷薇烯酮▲ (*E*)-β-damascenone
β- 突厥蔷薇烯酮▲ β-damascenone
突厥蔷薇烯酮▲ damascenone
突厥斯坦筋骨草甾酮▲ turkesterone
突脐蠕孢内酯▲D, F exserolide D, F
图氏马钱藤辛▲ tazopsine
图维诺原漆酚▲B thouvenol B
土贝母苷 I, II, III, IV, V, A, B, C tubeimoside I, II, III, IV, V, A, B, C
土大黄苷 rhaponticin
土丁桂苷▲B, C, D, E evolvuside B, C, D, E
土丁桂色酮 alsinoideschromone
(-)- 土耳其角茴香烯宁▲ (-)-turkiyenine
土茯苓苷 smiglaside
土茯苓苷 A~E smiglaside A~E
土谷乌头碱▲ tuguaconitine
土瓜狼毒灵▲A~D proliferin A~D
土瓜狼毒素▲A~J euphorbiaproliferin A~J
土瓜药喇叭素▲ tuguajalapin I, II, III, IV, V, VI, VII, VIII, IX, X
土荆芥苷 ambroside
土连翘宁碱▲ hymenodictyonine
土蜜树碱▲ bridelonine
土蜜树酮▲ bridelone
土蜜树香堇苷▲A, B, C bridelionoside A, B, C
土木香二烯 alantodiene
土木香内酯 alantolactone
土牛膝皂苷 C, D achyranthesaspera saponin C, D
土曲霉酸▲甲酯 methyl asterrate
土杉酚▲A~H inumakiol A~H
土杉内酯▲A, B, D, E inumakilactone A, B, D, E
土杉内酯▲A-15-*O*-β-D- 葡萄糖苷 inumakilactone A-15-*O*-β-D-glucoside
土杉内酯▲A 葡萄糖苷 inumakilactone A glucoside
土坛树苷▲A, B, C salviifoside A, B, C
土坛树碱 A, B alangiumkaloid A, B
土味菌素▲ geosmin
土元胡碱 A, B humosine A, B
土元胡内酯 coryhumolide
土樟胺▲ cinnaretamine
吐根酚碱 cephaeline
吐根酚亚碱 psychotrine
吐烟花苷▲ pellioniareside
兔儿风苷▲A, B, E ainsliaside A, B, E
兔儿风内酯▲A ainsliaolide A
兔儿伞碱 syneilesine
兔儿尾苗苷▲A, B longifolioside A, B
兔耳草苷 lagotiside
兔耳草苷 A lagotiside A
兔耳草索苷▲A~F lagotisoside A~F
兔耳草托苷▲ lagotoside
兔耳草托苷▲B, C lagotoside B, C
兔毛蒿素 filifolin
菟丝子胺 cuscutamine
菟丝子苷 A~D cuscutoside A~D
菟丝子树脂醇▲A, B, C cuscutaresinol A, B, C
菟丝子树脂苷▲A cuscutic resinoside A
菟丝子酸▲A, A_1, A_2, A_3, B, C, D cuscutic acid A, A_1, A_2, A_3, B, C, D
菟丝子糖酯▲1~12 cuse 1~12
团花苷▲A, B kelampayoside A, B
团花苷元酸▲ cadambagenic acid
团花碱▲ cadambine
团花林碱▲ anthocephaline
团花钦碱▲A, B neolamarckine A, B
团花辛碱▲A anthocephalusine A
团网菌红素 A arcyriarubin A
团网菌黄素 A, B arcyriaflavin A, B
α- 蜕皮素 α-ecdysone
蜕皮素；蜕皮甾酮 ecdysone; ecdysterone; β-ecdysone; β-ecdysterone
β- 蜕皮素 -2,3,22,25- 四乙酸酯 β-ecdysone-2,3,22,25-tetraacetate
β- 蜕皮素 -2,3,22- 三乙酸酯 β-ecdysone-2,3,22-triacetate
β- 蜕皮素 -20,22- 单丙酮化物 β-ecdysone-20,22-monoacetonide
β- 蜕皮素 -2- 乙酸酯 β-ecdysone-2-acetate
蜕皮素 -3-*O*-β-D- 吡喃葡萄糖苷 ecdysone-3-*O*-β-D-glucopyranoside
蜕皮甾苷 ecdysteroside
蜕皮甾酮 -2,3- 单丙酮化物 ecdysterone-2,3-monoacetonide
蜕皮甾酮 -20,22- 单丙酮化物 ecdysterone-20,22-monoacetonide
蜕皮甾酮 -25-*O*-β-D- 吡喃葡萄糖苷 ecdysterone-25-*O*-β-D-glucopyranoside
蜕皮甾酮 -3-*O*-β-D- 吡喃葡萄糖苷 ecdysterone-3-*O*-β-D-glucopyranoside
蜕皮甾酮单丙酮化物 ecdysterone monoacetonide
蜕皮甾酮二丙酮化物 ecdysterone diacetonide
褪黑素 melatonin
豚草素 ambrosin
豚叶头刺草定▲ ambrosidine
臀果木酸▲A, B pygenic acid A, B
托里阿魏醇▲ fekrol
托里阿魏诺醇▲ fekrynol
托里阿魏诺醇▲乙酸酯 fekrynol acetate
托里阿魏素▲ ferukrin
托帕酚 topanol
托品 -3α- 醇 tropan-3α-ol
托品 -3β- 醇 tropan-3β-ol
托品 -3- 酮 tropan-3-one
托品古柯碱 tropacocaine
φ- 托品碱 φ-tropine
ψ- 托品碱 ψ-tropine
托品碱 tropine
托品酸 tropic acid
托品酮 tropinone
托品烷 -3α,6β- 二醇 tropane-3α,6β-diol
3α- 托品烷 -*dl*-3- 羟基 -3- 苯丙酸酯 3α-tropanyl-*dl*-3-hydroxy-3-phenylpropionate
3- 托品酰氧基 -6,7- 环氧降托品烷 3-tropoyloxy-6,7-epoxynortropane
3- 托品酰氧基 -6,7- 环氧托品烷 3-tropoyloxy-6,7-epoxytropane
3α- 托品酰氧基 -6β- 异戊酰氧基托品烷 3α-tropoyloxy-6β-isovaleroyloxytropane
3β- 托品酰氧基 -6β- 异戊酰氧基托品烷 3β-tropoyloxy-6β-isovaleroyloxytropane
3- 托品酰氧基 -6- 巴豆酰氧基托品烷 3-tropoyloxy-6-tigloyloxytropane

3- 托品酰氧基 -6- 乙酰氧基托品烷 3-tropoyloxy-6-acetoxytropane
3- 托品酰氧基 -6- 异丁酰氧基托品烷 3-tropoyloxy-6-isobutyryloxytropane
3- 托品酰氧基托品烷 3-tropoyloxytropane
托氏海绵甾醇▲ E_1 topsentisterol E_1
7- 脱甲基软木花椒素 7-demethylsuberosin
脱甲基三尖杉酮碱 desmethylcephalotaxinone
脱硫 -4-(*β*-D- 吡喃葡萄糖基二硫醚) 丁基芥子油苷 DS-4-(*β*-D-glucopyranosyldisulfanyl)butyl glucosinolate
脱硫 -4- 甲氧基葡萄糖芸苔素 DS-4-methoxyglucobrassicin
脱硫 - 二聚 4- 巯丁基芥子油苷 DS-dimeric 4-mercaptobutyl glucosinolate
脱硫芥子苷 desulfosinigrin
脱硫 - 萝卜硫苷 DS-glucoraphanin
脱硫 - 葡萄糖芸苔素 DS-glucobrassicin
脱硫 - 芝麻菜苷 DS-glucoerucin
(*S*)-(+)- 脱落醇 (*S*)-(+)-abscisic alcohol
(+)-(6*S*,7*E*,9*Z*)- 脱落酸 (+)-(6*S*,7*E*,9*Z*)-abscisic acid
(+)- 脱落酸 (+)-abscisic acid
(*S*)- 脱落酸 (*S*)-abscisic acid
脱落酸 abscisic acid
(+)- 脱落酸 -*β*-D- 吡喃葡萄糖苷 (+)-abscisyl-*β*-D-glucopyranoside
脱落酸 -*β*-D- 吡喃葡萄糖基酯 abscisic acid-*β*-D-glucopyranosyl ester
(+)- 脱落酸甲酯 (+)-methylabscisate
脱镁叶绿甲酯酸 methyl phaeophorbide
(13^2R)- 脱镁叶绿素 a (13^2R)-pheophytin a
(13^2S)- 脱镁叶绿素 a (13^2S)-pheophytin a
脱镁叶绿素 a phaeophytin a; pheophytin a
脱镁叶绿素 a' phaeophytin a'; pheophytin a'
脱镁叶绿素 A 甲酯 methyl phaeophorbide A
脱镁叶绿素 b phaeophytin b; pheophytin b
13^2(*R*)- 脱镁叶绿素酮 a 13^2(*R*)-pheophyton a
13^2(*S*)- 脱镁叶绿素酮 a 13^2(*S*)-pheophyton a
脱镁叶绿酸 a pheophorbide a
脱镁叶绿酸 a 甲酯 pheophorbide a methyl ester; methyl pheophorbide a
脱镁叶绿酸 b 甲酯 pheophorbide b methyl ester
脱镁叶绿酸甲酯 methyl pheophorbide
脱镁叶绿酸甲酯 a methyl pheophorbide a
脱皮松藻醇▲ decortinol
脱皮松藻酮▲ decortinone
脱皮甾酮 -3-*O*-D- 吡喃半乳糖苷 ecdysterone-3-*O*-D-galactopyranoside
(7*R*,8*S*)- 脱氢二松柏醇 -4,9- 二 -*O*-*β*-D- 吡喃葡萄糖苷 (7*R*, 8*S*)-dehydrodiconiferyl alcohol-4,9-di-*O*-*β*-D-glucopyranoside
8,9- 脱氢 - 环异长叶松烯 8,9-dehydro-cycloisolongifolene
脱水 -14- 苯甲酰基 -10- 羟基中乌头胺 dehydrated-14-benzoyl-10-hydroxymesaconine
3,4- 脱水 -1- 去氧 -3-*C*-(2- 羟乙基)-2-*C*- 甲基戊糖醇 3,4-anhydro-1-deoxy-3-*C*-(2-hydroxyethyl)-2-*C*-methyl-pentitol
2,3- 脱水 -3-*C*-[2-(6-*O*-D-*β*-D- 呋喃芹糖基 -*β*-D- 吡喃葡萄糖氧基) 乙基]-1,5- 二去氧 -5-*C*- 甲基戊糖醇 2,3-anhydro-3-*C*-[2-(6-*O*-D-*β*-D-apiofuranosyl-*β*-D-glucopyranosyloxy)ethyl]-1,5-dideoxy-5-*C*-methylpentitol
1,2- 脱水 -4,5- 二氢雪叶向日葵素▲ A 1,2-anhydro-4,5-dihydroniveusin A
(+)- 脱水 -*β*- 香附酮醇 (+)-anhydro-*β*-rotunol
脱水白当归素 anhydrobyakangelicin
脱水苯甲酰次乌头胺 dehydrated benzoylhypaconine
脱水苯甲酰中乌头胺 dehydrated benzoylmesaconine
脱水粗榧碱 anhydroharringtonine
脱水催吐白前苷元▲ anhydrohirundigenin
脱水催吐白前苷元▲单黄花夹竹桃糖苷 anhydrohirundigenin-monothevetoside
脱水大麻碱 anhydrocannabisativine
脱水大叶芸香碱▲ anhydroperforine
脱水高加索蒿素▲ anhydrogrossmizin
脱水过氧木香内酯 anhydroperoxycostunolide
脱水花椒吴萸碱▲ anhydroevoxine
脱水槐二醇 -3- 乙酸酯 anhydrosophoradiol-3-acetate
脱水阔叶千里光裂碱 anhydroplatynecine
脱水镰孢霉红素内酯▲ anhydrofusarubin lactone
脱水马尾杉辛▲ -9,10- 醌 A_2, B_2 anhydrophlegmacin-9,10-quinone A_2, B_2
脱水木橘碱 anhydroaegeline
脱水内醚糖 levogluson
脱水去氢白粉依瓦菊素▲ anhydrodehydroivalbin
脱水去氢木蹄层孔菌醇▲ anhydrodehydrofomentariol
脱水射干呋喃醛 anhydrobelachinal
25- 脱水升麻醇 25-anhydrocimigenol
25- 脱水升麻醇 -3-*O*-*α*-L- 吡喃阿拉伯糖苷 25-anhydrocimigenol-3-*O*-*α*-L-arabinopyranoside
25- 脱水升麻醇 -3-*O*-*β*-D-(2'-*O*- 乙酰基) 吡喃木糖苷 25-anhydrocimigenol-3-*O*-*β*-D-(2'-*O*-acetyl)xylopyranoside
25-*O*- 脱水升麻醇 -3-*O*-*β*-D- 吡喃木糖苷 25-*O*-anhydrocimigenol-3-*O*-*β*-D-xylopyranoside
25- 脱水升麻醇 -3-*O*-*β*-D- 吡喃木糖苷 25-anhydrocimigenol-3-*O*-*β*-D-xylopyranoside
25- 脱水升麻醇阿拉伯糖苷 25-anhydrocimigenol arabinoside
脱水石松灵碱 anhydrolycodoline
脱水铁刀木醇▲ anhydrobarakol
脱水锡兰肉桂醇 anhydrocinnzeylanol
脱水锡兰肉桂素 anhydrocinnzeylanin
脱水小皮伞酮▲ anhydromarasomone
1,2- 脱水雪叶向日葵素▲ A 1,2-anhydroniveusin A
脱水异二氢团花碱▲ dehydraisodihydrocadambine
脱水异羌活醇▲ anthydronotoptol
脱水异羌活醇▲氧化物 anhydronotoptoloxide
β- 脱水淫羊藿素 *β*-anhydroicaritin
脱水淫羊藿素 anhydroicaritin
脱水淫羊藿素 -3-*O*-*α*-L- 吡喃鼠李糖基 -(1 → 2)-*α*-L- 吡喃鼠李糖苷 anhydroicaritin-3-*O*-*α*-L-rhamnopyranosyl-(1 → 2)-*α*-L-rhamnopyranoside
脱水淫羊藿素 -3-*O*-*α*- 吡喃鼠李糖苷 anhydroicaritin-3-*O*-*α*-rhamnopyranoside
脱水淫羊藿素 -3-*O*- 吡喃鼠李糖基 -(1 → 2)- 吡喃鼠李糖苷 anhydroicaritin-3-*O*-rhamnopyranosyl-(1 → 2)-rhamnopyranoside
25- 脱水泽泻醇 A 25-anhydroalisol A
脱水中美菊素 C dehydrozaluzanin C
2- 脱羧基甜菜苷 2-descarboxybetanin
2- 脱羧基 - 甜菜素 -6-*O*-(6'-*O*- 阿魏酰基)-*β*-D- 吡喃葡萄糖苷 2-decarboxy-betanidin-6-*O*-(6'-*O*-feruloyl)-*β*-D-glucopyranoside
2- 脱羧基 - 丙二酰昙花亭▲ 2-descarboxyphyllocactin
(-)-*N*-(1'- 脱氧 -1'-*β*-D- 吡喃果糖基)-*S*- 烯丙基 -L- 半胱氨酸亚砜 (-)-*N*-(1'-deoxy-1'-*β*-D-fructopyranosyl)-*S*-allyl-L-cysteine sulfoxide
脱氧草蔻素 A deoxycalyxin A

脱氧青蒿素 deoxyartemisnin
脱氧原花青素 D-7-I, D-7-II deoxyproanthocyanidin D-7-I, D-7-II
1- 脱乙酰基 -1- 苯甲酰卫矛羰碱 1-deacetylation-1-benzoylevonine
O- 脱乙酰基 -*N*- 甲基对叶元胡任碱 *O*-deacetyl-*N*-methyllederine
驼峰短指软珊瑚二醇▲ sinugibberodiol
驼峰短指软珊瑚二酮▲ gibberodione
驼绒藜醇▲ rayalinol
驼绒藜烯▲ kairatene
驼蹄瓣波苷▲ A, B zygofaboside A, B
驼蹄瓣苷▲ A~E, O~R zygophyloside A~E, O~R
驼蹄瓣素▲ fabagoin
橐吾醇 ligularol
橐吾醇甲醚 ligularol methyl ether
橐吾醇乙醚 ligularol ethyl ether
橐吾定碱 ligularidine
橐吾环氧醇 liguloxidol
橐吾环氧醇乙酸酯 liguloxidol acetate
橐吾环氧素 liguloxide
橐吾碱 ligularine
橐吾宁碱 ligularinine
橐吾酮 ligularone
橐吾香附酮醇 ligucyperonol
橐吾增碱 ligularizine
橐吾酯 ligularate
椭圆果雪胆酮 A, B ellipsoidone A, B
椭圆蛇藤苷▲ D mabioside D
椭圆叶花锚酚▲ ellipticol
椭圆叶花锚苷▲ ellipticoside
椭圆叶米仔兰醇▲ aglafolin
(+)- 椭圆叶琼楠碱▲十八烷 -1- 酮 (+)-laurelliptinoctadecan-1-one
(+)- 椭圆叶琼楠碱▲十六烷 -1- 酮 (+)-laurelliptinhexadecan-1-one
椭圆叶琼楠亭▲ laurelliptine
椭圆叶柿酮▲ elliptinone

W

娃儿藤定碱 tylophorinidine
娃儿藤苷▲ A tylophoside A
(-)- 娃儿藤碱 (-)-tylophorine
(+)- 娃儿藤碱 (+)-tylophorine
13a(*S*)-(+)- 娃儿藤碱 13a(*S*)-(+)-tylophorine
娃儿藤碱 tylophorine
10*R*,13a*R*- 娃儿藤碱 -*N*- 氧化物 10*R*,13a*R*-tylophorine-*N*-oxide
10*S*,13a*R*- 娃儿藤碱 -*N*- 氧化物 10*S*,13a*R*-tylophorine-*N*-oxide
娃儿藤宁碱 tylophorinine
娃儿藤亭碱▲ A, B, C tylophovatine A, B, C
娃儿藤辛碱 A tylophoridicine A
娃儿藤羽扇豆醇▲ A, B tylolupenol A, B
娃儿藤羽扇豆醇▲ B 乙酸酯 tylolupenol B acetate
娃儿藤羽扇豆烯 -3*β*- 乙酸酯 tylolupen-3*β*-ylacetate
瓦罕蒿酸▲ vachanic acid
瓦拉银叶树宁▲ vallapianin
瓦拉银叶树素▲ vallapin
瓦伦西亚橘酸▲ valencic acid
瓦伦西亚橘烯 valencene
(+)- 瓦努阿图莲叶桐碱▲ (+)-vanuatine
瓦氏清明花苷 beauwalloside
瓦韦酚苷▲ pleoside
外环 -2- 羟基 -1,8- 桉叶素乙酸酯 exo-2-hydroxy-1,8-cineole acetate
16,17- 外环氧 - 冬凌草甲素 16,17-exoepoxide-oridonin
外来欧夏至草醇▲ peregrinol
[1*S*-(6- 外向 ,7- 内向)]-7-(3,4- 二甲氧基苯基)-5- 甲氧基 -6- 甲基 -3-(2- 丙烯基)- 双环 [3.2.1]- 辛 -3- 烯 -2,8- 二酮 [1*S*-(6-exo,7-endo)]-7-(3,4-dimethoxyphenyl)-5-methoxy-6-methyl-3-(2-propenyl)-bicyclo[3.2.1]-oct-3-ene-2,8-dione
外向 -2- 羟基桉树脑乙酸酯 *exo*-2-hydroxycineole acetate
(-)-3*β*,6- 外向 - 二羟基降托品烷 (-)-3*β*,6-exo-dihydroxynortropane
5- 外向 - 羟基龙脑 5-exo-hydroxyborneol
(1*S*,4*S*,5*S*)-5- 外向 - 羟基樟脑 -5-*O*-*β*-D- 吡喃葡萄糖苷 (1*S*,4*S*,5*S*)-5-*exo*-hydroxycamphor-5-*O*-*β*-D-glucopyranoside
2*α*,3*β*,6- 外向 - 三羟基降托品烷 2*α*,3*β*,6-exo-trihydroxynortropane
4,8- 外向 - 双 (4- 羟基 -3- 甲氧苯基)-3,7- 二噁二环 [3.3.0] 辛烯 -2- 酮 4,8-exo-bis(4-hydroxy-3-methoxyphenyl)-3,7-dioxabicyclo[3.3.0]octan-2-one
外向 - 异樟醇乙酸酯 *exo*-isocamphanyl acetate
外消旋连翘醇酮 racemic rengyolone
弯孢霉酸▲ curvulinic acid
弯齿盾果草酰胺▲ glochidiatusamide
弯曲堆心菊素 A flexuosin A
弯曲水仙碱 tortuosine
弯蕊苷 B~I, K, L, M wattoside B~I, K, L, M
弯蕊皂苷元 A, B, C wattigenin A, B, C
弯叶枣素▲ bayarin
弯锥香茶菜灵▲ A loxothyrin A
弯锥香茶菜素▲ A, B rabdoloxin A, B
豌豆球蛋白 vicilin
(-)- 豌豆素 (-)-pisatin
豌豆香堇苷▲ pisumionoside
24*α*- 烷基 -Δ^7- 甾醇 24*α*-alkyl-Δ^7-sterol
24*β*- 烷基 -Δ^7- 甾醇 24*β*-alkyl-Δ^7-sterol
烷基 - 反式 - 阿魏酸酯 alkyl-*trans*-ferulate
晚香玉苷▲ polianthoside
晚香玉苷▲ B~G polianthoside B~G
晚香玉内酯 tuberolide
皖贝宁▲ A wanpeinine A
皖鄂丹参酸▲ paramiltioic acid
碗蕨苷 A, B dennstoside A, B
万德利碱 vandrikine
万花木碱▲ B myrianthine B
万花木酸▲ myriaboric acid
万花酸▲ myrianthic acid
万花酸▲甲酯 myrianthic acid methyl ester
万年大戟烷 A euphodendriane A
万年青苷 A~D rhodexin A~D
万年青新苷 rhodexoside
万年青皂苷元 rhodeasapogenin
万年青皂苷元 -1-*O*-*α*-L- 吡喃鼠李糖 -(1 → 2)-*β*-D- 吡喃木糖苷 rhodeasapogenin-1-*O*-*α*-L-rhamnopyranosyl-(1 → 2)-*β*-D-xylopyranoside
万年青皂苷元 -3-*O*-*β*-D- 吡喃葡萄糖苷 rhodeasapogenin-3-*O*-*β*-D-glucopyranoside
万年青皂苷元 -3-*O*-*β*-D- 吡喃葡萄糖基 -(1 → 4)-*β*-D- 吡喃葡萄糖苷 rhodeasapogenin-3-*O*-*β*-D-glucopyranosyl-(1 → 4)-*β*-D-glucopyranoside
万寿菊苷 tagetiin
万寿肿柄菊素▲ A, C, E, F tagitinin A, C, E, F
万寿肿柄菊素▲ C 甲丁酸酯 tagitinin C methylbutyrate
王贝母宁▲ impranine

W

王冠栀子醇酸▲ coronalonic acid
王冠栀子内酯▲ coronalolide
王冠栀子内酯▲甲酯 coronalolide methyl ester
王枣子素 A wangzaozin A
(1α,5β,7α)-3,10(18),11- 网地藻三烯 -19- 酸 (1α,5β,7α)-3,10(18),11-dictytriene-19-acid
网肺衣尼酸▲ retigeranic acid
网肺衣酸▲ A, B retigeric acid A, B
网果翠雀宁▲ delectinine
网果翠雀亭▲ delectine
网脉葡萄酚▲ A, B, C wilsonol A, B, C
网脉藤碱▲ dictyophlebine
网脉橐吾素▲ A, C, D ligudicin A, C, D
(+)- 网球花胺 (+)-haemanthamine
网球花胺 hemanthamine; haemanthamine
网球花定 hemanthidine; haemanthidine
网纹马勃酸 lycoperdic acid
β- 网翼藻醇▲ β-dictyopterol
忘忧枣碱▲ A, D lotusine A, D
望春玉兰苯酚▲ A, B, C fargesiphenol A, B, C
(-)- 望春玉兰醇▲ (-)-fargesol
望春玉兰黄酮▲ A biondinoid A
望春玉兰木脂素▲ A fargesilignan A
望春玉兰宁▲ A~E biondinin A~E
望春玉兰色酮▲ A fargesiichromone A
(-)- 望春玉兰素▲ (-)-magnofargesin
望春玉兰酮▲ A~D fargesone A~D
望江南醇▲ occidentalol
望江南醇▲ I, II occidentalol I, II
望江南素▲ A, B, C cassiaoccidentalin A, B, C
威尔士绿绒蒿定碱 mecambridine
(-)- 威尔士绿绒蒿碱▲ (-)-mecambrine
(-)- 威尔士绿绒蒿咔啉▲ (-)-mecambroline
威勒花素▲ vellein
威灵仙酚▲ clematichinenol
威灵仙苷▲ A, AR, AR$_2$, B, C clematichinenoside A, AR, AR$_2$, B, C
威灵仙新苷▲ A~J clematochinenoside A~J
威氏巴豆灵▲ wilsonirine
葳严仙芬 caulophine
葳严仙碱 caulophylline
葳严仙碱 A~E caulophylline A~E
葳严仙皂苷元 caulophyllogenin
葳严仙皂苷元 -3-O-α-L- 吡喃阿拉伯糖苷 caulophyllogenin-3-O-α-L-arabinopyranoside
葳岩仙皂苷 A~G cauloside A~G
微凹黄檀素▲ retusin
微凹黄檀素▲ -7,8-O-β-D- 二吡喃葡萄糖苷 retusin-7,8-O-β-D-diglucopyranoside
微孔草素▲ A, B microulin A, B
微鞘藻素▲ A, B microcolin A, B
薇甘菊黄素 mikanin
薇甘菊黄素 -3-O- 硫酸钙 calcium mikanin-3-O-sulfate
薇甘菊内酯 mikanolide
韦瓦克鞘丝藻唑▲ wewakazole
(1R,2S,4R,7S)- 维考二醇 -9-O-β-D- 吡喃葡萄糖苷 (1R,2S,4R,7S)-vicodiol-9-O-β-D-glucopyranoside
维罗蔻木素▲ virolin
维罗蔻木烷▲ virolane
维生素 A vitamin A
维生素 A, B, B$_1$, B$_{12}$, B$_2$, C, E, Eα, K$_1$, K$_3$ vitamin A, B, B$_1$, B$_{12}$, B$_2$, C, E, Eα, K$_1$, K$_3$
维生素 C vitamin C
α- 维生素 E α-vitamin E
β- 维生素 E β-vitamin E
γ- 维生素 E γ-vitamin E
δ- 维生素 E δ-vitamin E
维生素 E vitamin E
维生素 E 醌 vitamin E quinone
维氏巴豆素▲ croverin
维氏柏醇▲过氧化物 widdarol peroxide
维氏柏醛▲ A, B, C widdaranal A, B, C
维氏柏烯▲ widdrene
维氏叠籽木胺▲ vellosimine
维氏叠籽木醇▲ vellosiminol
维氏藤黄吅酮▲ B vieillardiixanthone B
维斯木醌▲ vismiaquinone
维斯木醌▲ A, B, C vismiaquinone A, B, C
维斯木酮▲ B, D, E vismione B, D, E
维太菊苷 vittadinoside
维特穿心莲素▲ wightin
维西香茶菜素 A weisiensin A
伪巴马汀 pseudopalmatine
伪白藜芦碱 pseudojervine
伪白屈菜红碱 pseudochelerythrine
(-)- 伪半秃灰毛豆素▲ (-)-pseudosemiglabrin
(+)- 伪半秃灰毛豆素▲ (+)-pseudosemiglabrin
(+)- 伪表异杜英林碱 (+)-pseudoepiisoelaeocarpiline
伪长春碱二醇 pseudovincaleukoblastinediol
伪大八角素 pseudomajucin
伪地榆二苷元 A pseudosanguidiogenin A
伪毒参羟碱▲ pseudoconhydrine
伪番木鳖碱 pseudostrychnine
伪番木瓜碱 pseudocarpaine
伪非洲防己碱 pseudocolumbamine
伪红藜芦碱▲ pseudorubijervine
伪黄连碱 pseudocoptisine
伪金丝桃素 pseudohypericin
伪卷柏石松碱 pseudoselagine
伪倔海绵宁▲ pseudodysidenin
伪苦籽木精碱▲ pseudoakuammigine
伪苦籽木精碱▲ -N_b- 氧化物 pseudoakuammigine-N_b-oxide
(+)- 伪劳丹碱 (+)-pseudolaudanine
伪利血平 pseudoreserpine
伪卵萼羊角拗苷▲ pseudocaudoside
(1S,2S)- 伪麻黄碱 (1S,2S)-pseudoephedrine
伪麻黄碱 pseudoephedrine
伪马钱子碱 pseudobrucine
伪莽草素 pseudoanisatin
伪莽草素 -4,7- 半缩醛 pseudoanisatin-4,7-hemiketal
伪梅鲁巧茶碱▲ pseudomerucathine
伪绵马酚 B pseudoaspidinol B
伪绵马素 pseudoaspidin
伪泥胡菜甾酮▲ coronatasterone
伪尿苷 pseudouridine
伪蒲公英萜醇▲ pseudotaraxasterol
伪蒲公英萜醇▲ -3β-O- 棕榈酸酯 pseudotaraxasterol-3β-O-palmitate
伪蒲公英萜醇▲苯甲酸酯 pseudotaraxasterol benzoate
伪蒲公英萜醇▲乙酸酯 pseudotaraxasterol acetate

伪去氢紫堇碱 pseudodehydrocorydaline
伪石蒜碱 pseudolycorine
伪酸枣仁苷元 pseudojujubogenin
伪托品碱 pseudotropine
伪乌头碱 pseudaconitine
伪乌头原碱 pseudaconine
伪小檗碱 pseudoberberine
伪新钓樟素 pseudoneolinderane
伪胸腺嘧啶 pseudothymine
伪赝靛苷元 pseudobaptigenin
伪赝靛苷元 -7-*O*-β-D- 吡喃葡萄糖苷 -6''-*O*- 丙二酸酯 pseudobaptigenin-7-*O*-β-D-glucopyranoside-6''-*O*-malonate
伪赝靛苷元 -7-*O*-β-D- 吡喃葡萄糖苷 -6''-*O*- 乙酸酯 pseudobaptigenin-7-*O*-β-D-glucopyranoside-6''-*O*-acetate
伪赝靛苷元二葡萄糖苷 pseudobaptigenin diglucoside
伪赝靛苷元葡萄糖苷 pseudobaptigenin glucoside
伪氧化吲哚 -β- 育亨宾碱 pseudoindoxyl-β-yohimbine
伪吲哚氧基四叶萝芙木林碱▲ pseudoindoxyltetraphylline
伪育亨宾碱 pseudoyohimbine
伪原阿片碱 pseudoprotopine
伪原藜芦因 pseudoprotoverine
伪原薯蓣皂苷 pseudoprotodioscin
伪原薯蓣皂苷 Pb pseudoproto Pb
伪原纤细薯蓣皂苷 pseudoprotogracillin
伪原新薯蓣皂苷 pseudoprotoneodioscin
伪原知母皂苷 AIII pseudoprototimosaponin AIII
伪枝藻素 scytonemin
伪孜然芹烃▲ pseudocumene
伪紫茜素 pseudopurpurin
苇谷草二醇▲ vicodiol
苇谷草二醇▲ -2-*O*-β-D- 吡喃葡萄糖苷 vicodiol-2-*O*-β-D-glucopyranoside
苇谷草内酯▲ A~D vicolide A~D
尾孢菌素 cercosporin
尾唇羊耳蒜碱▲ kuramerine
尾叶白前苷元▲ penupogenin
尾叶白前苷元▲ -3-*O*-β-D- 吡喃葡萄糖基 -(1 → 4)-β-L- 吡喃磁麻糖基 -(1 → 4)-β-D- 吡喃磁麻糖基 -(1 → 4)-α-L- 吡喃洋地黄糖基 -(1 → 4)-β-D- 吡喃磁麻糖苷 penupogenin-3- *O*- β-D-glucopyranosyl-(1 → 4)-β-L-cymaropyranosyl-(1 → 4)-β-D-cymaropyranosyl-(1 → 4)-α-L-diginopyranosyl-(1 → 4)-β-D-cymaropyranoside
尾叶牛皮消苷元▲ ikemagenin
尾叶牛皮消素▲ caudatin
尾叶牛皮消素▲ -3-*O*-α-L- 吡喃磁麻糖基 -(1 → 4)-α-D- 吡喃夹竹桃糖基 - (1 → 4)-α-L- 吡喃磁麻糖基 -(1 → 4)-β-D- 吡喃葡萄糖基 -(1 → 4)-α-D- 吡喃夹竹桃糖基 -(1 → 4)-β-D- 吡喃夹竹桃糖基 -(1 → 4)-β-D- 吡喃洋地黄糖苷 caudatin-3-*O*- α-L- cymaropyranosyl-(1 → 4)-α-D-oleandropyranosyl-(1 → 4)- α-L- cymaropyranosyl-(1 → 4)-β-D-glucopyranosyl-(1 → 4)-α-D- oleandropyranosyl-(1 → 4)-β-D-oleandropyranosyl-(1 → 4)-β-D-diginopyranoside
尾叶牛皮消素▲ -3-*O*-β-D- 吡喃磁麻糖基 -(1 → 4)-α-D- 吡喃夹竹桃糖基 -(1 → 4)-α-L- 吡喃磁麻糖基 -(1 → 4)-β-D- 吡喃葡萄糖基 -(1 → 4)-β-D- 吡喃夹竹桃糖基 -(1 → 4)-β-D- 吡喃磁麻糖基 -(1 → 4)-β-D- 吡喃洋地黄糖苷 caudatin-3-*O*-β-D-cymaropyranosyl-(1 → 4)-α-D-oleandropyranosyl-(1 → 4)-α-L-cymaropyranosyl-(1 → 4)-β-D-glucopyranosyl-(1 → 4)-β-D-oleandropyranosyl-(1 → 4)-β-D-cymaropyranosyl-(1 → 4)-β-D-diginopyranoside
尾叶牛皮消素▲ -3-*O*-β-D- 吡喃磁麻糖基 -(1 → 4)-β-D- 吡喃夹竹桃糖基 -(1 → 4)-β-D- 吡喃磁麻糖基 -(1 → 4)-β-D- 吡喃磁麻糖苷 caudatin-3-*O*-β-D-cymaropyranosyl-(1 → 4)-β-D-oleandropyranosyl-(1 → 4)-β-D-cymaropyranosyl-(1 → 4)-β-D-cymaropyranoside
尾叶牛皮消素▲ -3-*O*-β-D- 吡喃夹竹桃糖基 -(1 → 4)-β-D- 吡喃夹竹桃糖基 -(1 → 4)-β-D- 吡喃磁麻糖基 -(1 → 4)-β-D- 吡喃磁麻糖苷 caudatin-3-*O*-β-D-oleandropyranosyl-(1 → 4)-β-D-oleandropyranosyl-(1 → 4)-β-D-cymaropyranosyl-(1 → 4)-β-D-cymaropyranoside
尾叶牛皮消素▲ -3-*O*-β-D- 吡喃夹竹桃糖基 -(1 → 4)-β-D- 吡喃洋地黄毒糖基 -(1 → 4)-β-D- 吡喃磁麻糖苷 caudatin-3-*O*-β-D-oleandropyranosyl-(1 → 4)-β-D-digitoxopyranosyl-(1 → 4)-β-D-cymaropyranoside
尾叶牛皮消素▲ -3-*O*-β-D- 吡喃葡萄糖基 -(1 → 4)-β-D- 吡喃磁麻糖基 -(1 → 4)-β-D- 吡喃夹竹桃糖基 -(1 → 4)-β-D- 吡喃磁麻糖基 -(1 → 4)-β-D- 吡喃洋地黄毒糖苷 caudatin-3-*O*- β-D-glucopyranosyl-(1 → 4)-β-D-cymaropyranosyl-(1 → 4)-β-D-oleandropyranosyl-(1 → 4)-β-D-cymaropyranosyl-(1 → 4)-β-D-digitoxopyranoside
尾叶牛皮消素▲ -3-*O*-β-D- 吡喃葡萄糖基 -(1 → 4)-β-D- 吡喃夹竹桃糖基 -(1 → 4)-β-D- 吡喃磁麻糖基 -(1 → 4)-β-D- 吡喃磁麻糖苷 caudatin-3-*O*-β-D-glucopyranosyl-(1 → 4)-β-D-oleandropyranosyl-(1 → 4)-β-D-cymaropyranosyl-(1 → 4)-β-D-cymaropyranoside
尾叶牛皮消素▲ -3-*O*-β-D- 吡喃葡萄糖基 -(1 → 4)-β-D- 吡喃夹竹桃糖基 -(1 → 4)-β-D- 吡喃磁麻糖基 -(1 → 4)-β-D- 吡喃洋地黄毒糖苷 caudatin-3-*O*-β-D-glucopyranosyl-(1 → 4)-β-D-oleandropyranosyl-(1 → 4)-β-D-cymaropyranosyl-(1 → 4)-β-D-digitoxopyranoside
尾叶牛皮消素▲ -3-*O*-β- 吡喃磁麻糖苷 caudatin-3-*O*-β-cymaropyranoside
尾叶牛皮消素▲ -3-*O*-β- 吡喃洋地黄毒糖苷 caudatin-3-*O*-β-D-digitoxopyranoside
尾叶香茶菜素 A~L excisanin A~L
尾叶香茶菜辛▲ A~F excisusin A~F
尾叶血桐素 A, B, C macakurzin A, B, C
尾叶野木瓜皂苷 A mubenoside A
尾叶远志苷▲ A polycaudoside A
委陵菜酸 tormentic acid; tormentolic acid
委陵菜酸 -28-*O*-α-L- 吡喃鼠李糖基 -(1 → 2)-β-D- 吡喃葡萄糖基酯 tormentic acid-28-*O*-α-L-rhamnopyranosyl-(1 → 2)-β-D-glucopyranoside ester
委陵菜酸葡萄糖酯 tormentic acid glucosyl ester
(+)- 委陵菜皂苷 (+)-tormentoside
萎果龙葵苷▲ A inunigroside A
卫矛胺▲ alatusamine
(-)- 卫矛醇 (-)-evonymitol
卫矛醇 dulcitol
卫矛单糖苷 evomonoside
卫矛二醇▲ euonidiol
卫矛二糖苷 evobioside
卫矛酚 A~E alatusol A~E
卫矛苷▲ A euonymoside A
卫矛碱 euonymine
卫矛林素▲ euolalin
卫矛明碱▲ alatamine
卫矛尼苷▲ euoniside
卫矛宁碱▲ euonine
卫矛诺苷▲ evonoside

W

卫矛索苷▲A euonymusoside A
卫矛羰碱 evonine
卫矛西宁▲ alatusinine
卫矛酯胺▲ evonimine
温泉翠雀碱▲ winkleriline
温郁金醇▲A~G curcuminol A~G
温郁金二酮内酰胺▲C curdionolide C
温郁金二酮内酯▲ curdionolide
温郁金苷▲ wenyujinoside
温郁金内酯 A wenyujinlactone A
温郁金素▲A~N wenyujinin A~N
榅桲苷▲A cydonioside A
(+)- 榅桲内酯▲A (+)-marmelolactone A
榅桲内酯▲A marmelolactone A
(-)- 榅桲内酯▲B (-)-marmelolactone B
文旦明碱▲A buntanmine A
文旦宁碱▲ buntanine
文旦双碱▲ buntanbismine
文旦辛素▲ buntansin
文旦辛素▲A, B, C buntansin A, B, C
文冠果苷▲ sorbifoliaside
文冠果苷▲A~K sorbifoliaside A~K
文冠果壳苷 A, B xanthohuskiside A, B
文冠果酸▲ xanthocerasic acid
文冠果萜▲O_{54}, Y_0~Y_3, Y_7~Y_{10} xanifolia O_{54}, Y_0~Y_3, Y_7~Y_{10}
文冠果酮 A xanthocerone A
文冠果皂苷▲A~D, F bunkankasaponin A~D, F
文冠木素 xanthocerin
文森特香科科酮▲A, E~H teuvincenone A, E~H
文殊兰胺 crinamine
文殊兰胺 -*N*- 氧化物 crinamine-*N*-oxide
文殊兰碱 crinine
文殊兰奎碱▲ crinumaquine
文殊兰米定 crinamidine
文殊兰明碱▲A, B asiaticumine A, B
文殊兰星碱 crinisine
纹瓣兰酚▲I, II aloifol I, II
纹瓣兰素▲ pendulin
(2*S*,3*S*)-(-)- 蚊母树苷 (2*S*,3*S*)-(-)-glucodistylin
蚊母树素▲ distylin
问荆吡喃酮▲ equisetumpyrone
问荆苷▲A, B, C equisetumoside A, B, C
问荆素▲ equisetrin
问荆酮▲ equisetumone
汶川柴胡素▲ wenchuanensin
蕹菜素▲ aquaterin I, II, III, IV, V, VI, VII, VIII, IX, X, XI
莴苣苷▲A~D lactuside A~D
莴苣苦苷 lactucopicriside
莴苣苦素 lactupicrin; lactucopicrin
莴苣苦素 -15- 草酸酯 lactucopicrin-15-oxalate
莴苣苦素 -8-*O*- 甲基丙烯酸酯 lactucin-8-*O*-methylacrylate
莴苣宁素 A lettucenin A
莴苣素 lactucin
莴苣素 -15- 草酸酯 lactucin-15-oxalate
莴苣素 -8-*O*- 对 - 甲氧基苯基乙酸酯 lactucin-8-*O*-*p*-methoxyphenyl acetate
莴苣脂苷▲ lactucaside
(+)- 倭氏藤黄双黄酮 (+)-volkensiflavone
(±)- 倭氏藤黄双黄酮 (±)-volkensiflavone
倭氏藤黄双黄酮 volkensiflavone
1- 肟 -3'- 甲氧基洛克米仔兰酸甲酯 1-oxime-3'-methoxymethylrocaglate
(-)- 沃伯木醛▲ (-)-warburganal
沃格闭花木苷▲ vogeloside
沃格刺桐素▲C vogelin C
沃肯楝林素▲ meliavolin
沃肯楝素▲ meliavosin
沃里克裸实醇▲ wallichenol
(*E*)- 沃氏楝甾素▲ (*E*)-volkendousin
沃氏萝芙木碱▲ volkensine
渥洛多苷 verodoxin
乌棒子苷 A, B, C wubangziside A, B, C
乌本箭毒苷 ouabain
乌干达合蕊木呫酮▲ ugaxanthone
乌冈栎鞣素▲A~E phillyraeoidin A~E
乌臼酸 sebiferic acid
乌桕酸▲ saposebifeic acid
乌桕脂酮▲ sebiferone
乌口树苷▲ tarennoside
乌口树诺苷▲A~H tarennanoside A~H
乌口树素▲ tarennin
乌口树素苷▲A~G tarenninoside A~G
乌口树酮▲ tarennone
乌口树烷▲ tarennane
乌拉尔甘草醇 uralenol
乌拉尔甘草醇 -3- 甲醚 uralenol-3-methylether
乌拉尔甘草内酯 glyuranolide
乌拉尔甘草宁 uralenin
乌拉尔甘草素 uralene
乌拉尔甘草酸 uralenic acid
乌拉尔甘草新醇▲ glycyrurol
乌拉尔甘草新苷 uralenneoside
乌拉尔甘草异黄烷酮▲ glisoflavanone
乌拉尔甘草皂苷 A~F uralsaponin A~F
乌蔹莓酚▲A, B cajyphenol A, B
乌蔹莓素 cayratinin
乌菱素▲ bicornin
乌龙茶呋苷▲A, B chafuroside A, B
乌毛蕨酸 blechnic acid
乌梅酸 A mumeic acid A
乌梅酸 A 甲酯 mumeic acid A methyl ester
乌梅酰糖 A~J mumeose A~J
乌木黄檀亭▲ melanettin
乌木叶美登木碱▲E-II, E-IV, W-I ebenifoline E-II, E-IV, W-I
乌奴龙胆苷 A~E gentiournoside A~E
乌普兰聚合草定▲ symlandine
乌普兰聚合草碱▲ uplandicine
乌普兰聚合草碱▲-*N*- 氧化物 uplandicine-*N*-oxide
乌苏里贝母定▲ ussuriedine
乌苏里贝母定酮▲ ussuriedinone
乌苏里贝母碱▲ ussurienine
乌苏里贝母酮▲ ussurienone
乌苏里藜芦碱 verussurine
乌檀阿林碱▲A, B nauclealine A, B
乌檀定碱▲ nauclefidine
乌檀定醛▲ naucleidinal
乌檀菲林碱▲ nauclefiline
乌檀芬碱 nauclefine

W

乌檀苷▲ naucleoside
乌檀苷▲A, B naucleoside A, B
乌檀碱▲A~E naucleofficine A~E
乌檀林碱▲ naucline
乌檀醛▲ naucledal
乌檀糖苷▲ nauclecoside
乌檀糖苷定▲ nauclecosidine
乌檀亭碱 naucletine
乌檀托宁▲A, B, C naucleactonin A, B, C
乌檀酰胺▲A, G naucleamide A, G
乌檀酰胺▲A-10-*O*-*β*-D-吡喃葡萄糖苷 naucleamide A-10-*O*-*β*-D-glucopyranoside
乌檀辛碱▲ naucleficine
乌头多糖▲A~D aconitan A~D
乌头芬碱 aconifine
乌头碱 aconitine
乌头林碱▲A carmichaeline A
乌头森布碱 A, B, C senbusine A, B, C
乌头酸 aconitic acid
乌头酰胺▲ aconitamide
乌头原碱 aconine
乌头原碱-8-亚油酸酯 aconine-8-linoleate
乌药根内酯▲A~E linderagalactone A~E
乌药灵碱▲A linderaggrine A
乌药内酯▲ strychnilactone
乌药双查耳酮 bi-linderachalcone
乌药亭碱▲ linderegatine
乌药烯▲ lindestrene
乌药烯醇内酯▲ strychnistenolide
8*α*-乌药烯醇内酯▲-6-*O*-乙酸酯 8*α*-strychnistenolide-6-*O*-acetate
8*β*-乌药烯醇内酯▲-6-*O*-乙酸酯 8*β*-strychnistenolide-6-*O*-acetate
乌药烯内酯▲ lindestrenolide
巫山山柰酚▲ wushankaempferol
巫山淫羊藿苷 wushanicariin
巫山淫羊藿素 wushanicaritin
巫山淫羊藿新苷 A wanepimedoside A
屋根草内酯苷▲ tectoroside
无瓣红厚壳内酯 apetalolide
无瓣红厚壳酸▲ apetalic acid
无瓣瑞香楠碱▲ apateline
无柄沙参酸-3-*O*-异戊酸酯 sessilifolic acid-3-*O*-isovalerate
无刺枣苄苷 I, II zizybeoside I, II
无刺枣催吐醇苷 I, II zizyvoside I, II
无刺枣环肽-1 daechucyclopeptide-1
无刺枣碱 A daechualkaloid A
无刺枣因 S_3, S_6, S_7, S_8, S_{10} daechuine S_3, S_6, S_7, S_8, S_{10}
无根藤胺▲ filiformine
无根藤定碱 cassythidine
(-)-无根藤碱 (-)-cassythine
无根藤碱 cassyfiline; cassythine
无根藤林碱▲ cathafiline
无根藤明碱▲ cathaformine
无根藤素▲ cassyformin
无根藤酸▲ cassythic acid
l-无根藤辛 *l*-cassythicine
无根藤辛 cassythicine
无梗五加苷▲A~F acanthosessilioside A~F
无梗五加苷元▲I, II acanthosessiligenin I, II
无梗五加碱▲ sessiline
无梗五加素▲A acanthosessilin A
无花瓣红厚壳内酯▲ apetatolide
无花果黄酮醇二酯▲A, B caricaflavonol diester A, B
无花果异戊烯醇▲-10 ficaprenol-10
无花果异戊烯醇▲-11, -12, -13 ficaprenol -11, -12, -13
无患子苷 A~E sapindoside A~E
无患子萜苷 Ia, Ib, IIa, IIb, A mukurozioside Ia, Ib, IIa, IIb, A
无患子叶山小橘酚▲ glysapinol
无患子皂苷 E_1, G, X, Y_1, Y_2, Z_1, Z_2 mukurozisaponin E_1, G, X, Y_1, Y_2, Z_1, Z_2
无羁萜 friedelin
无羁萜-2*α*,3*β*-二醇 friedelane-2*α*,3*β*-diol
无羁萜-3,15-二酮 friedelane-3,15-dione
无羁萜-3,21-二醇 friedelane-3,12-diol
无羁萜-3,4-内酯 friedelin-3,4-lacton
无羁萜-3*α*-醇 friedelan-3*α*-ol
无羁萜-3*α*-乙酸酯 friedeline-3*α*-acetate
无羁萜-3*β*-醇 friedelan-3*β*-ol; friedelin-3*β*-ol
无羁萜-3*β*-醇-27-羧酸 friedelan-3*β*-ol-27-oic acid
5*β*,24-无羁萜-3-酮 5*β*,24-cyclofriedelan-3-one
无羁萜-3-酮 friedelan-3-one
无羁萜-3-酮-29-醇 friedelane-3-one-29-ol
无羁萜-3-酮-30-醇 friedelane-3-one-30-ol
无羁萜-3-烯 friedel-3-ene
无羁萜-4(23)-烯 friedel-4(23)-ene
无羁萜-4*α*-甲基-3*β*-醇 friedelan-4*α*-methyl-3*β*-ol
无羁萜-7-酮 friedelan-7-one
3*α*-无羁萜醇 3*α*-friedelanol
3-无羁萜醇 3-friedelanol
无羁萜醇 friedelinol; friedelanol
无羁萜醇乙酸酯 friedelinol acetate
无羁萜内酯 friedelalactone
3-*O*-28-无羁萜酸 3-*O*-28-friedelanoic acid
无羁萜烷 friedelane
1-无羁萜烯-3-酮 1-friedelen-3-one
无茎龙胆素▲ gentiacaulein
无毛风车子酸▲ imberbic acid
无毛牛尾蒿内酯▲A~H artemdubolide A~H
无毛狭叶香茶菜素 C, V glabcensin C, V
无叶假木贼醇▲ aphylline alcohol
无叶假木贼定▲ aphyllidine
无叶假木贼碱▲ aphylline
无叶假木贼酸▲ aphyllic acid
无叶假木贼酸▲甲酯 aphyllic acid methyl ester
芜菁还阳参苷▲ napiferoside
吴茱萸春碱 evolitrine
吴茱萸醇 evodol
吴茱萸次碱 rutaecarpine
吴茱萸次碱-10-*O*-芸香糖苷 rutaecarpine-10-*O*-rutinoside
吴茱萸定碱▲ evodine
吴茱萸苷▲B evodioside B
吴茱萸果酰胺 I, II goshuyuamide I, II
吴茱萸碱 evodiamine
吴茱萸卡品碱 evocarpine
吴茱萸苦素 rutaevin
吴茱萸苦素-7-*O*-咖啡酸酯 rutaevin-7-*O*-caffeate
吴茱萸苦素-7-*O*-没食子酸酯 rutaevin-7-*O*-gallate
吴茱萸苦素酸 rutaevinexic acid
吴茱萸苦素乙酸酯 rutaevin acetate

吴茱萸里定 evolidine
吴茱萸宁▲ evodirutaenin
吴茱萸如亭碱▲ A, B wuzhuyurutine A, B
吴茱萸塔宁 evolimorutanin
吴茱萸酮 evodione
吴茱萸酮酚 evodionol
吴茱萸酰胺 evodiamide
吴茱萸香堇苷▲ A, F, G euodionoside A, F, G
吴茱萸新碱 evodiaxinine
吴茱萸新酰胺▲ I, II wuchuyuamide I, II
吴茱萸因碱 wuchuyine
梧桐醌▲ A, B, C firmianone A, B, C
1*α*,2*α*,6*β*,8*α*,12- 五 (乙酰氧基)-9*α*-(苯甲酰氧基) 二氢 -*β*- 沉香呋喃 1*α*,2*α*,6*β*,8*α*,12-pentakis(acetyloxy)-9*α*-(benzoyloxy)dihydro-*β*-agarofuran
五 -*O*- 没食子酰吡喃葡萄糖 penta-*O*-galloylglucopyranose
1,2,3,4,6- 五 -*O*- 没食子酰基 -*β*-D- 吡喃葡萄糖 1,2,3,4,6-penta-*O*-galloyl-*β*-D-glucopyranose
1,2,3,4,6- 五 -*O*- 没食子酰基 -*β*-D- 吡喃葡萄糖苷 1,2,3,4,6-penta-*O*-galloyl-*β*-D-glucopyranoside
五 -*O*- 没食子酰基 -*β*-D- 吡喃葡萄糖苷 penta-*O*-galloyl-*β*-D-glucopyranoside
1,2,3,4,6- 五 -*O*- 没食子酰基 -*β*-D- 葡萄糖 1,2,3,4,6-penta-*O*-galloyl-*β*-D-glucose
1,2,3,4,6- 五 -*O*- 没食子酰葡萄糖 1,2,3,4,6-penta-*O*-galloylglucose
五彩苏醌▲ scutequinone
五层龙奎酮▲ A, B salaquinone A, B
五层龙索醇▲ A, B salasol A, B
五层龙索酮▲ A~E salasone A~E
五层龙酮 salacianone
五层龙辛醇▲ salacinol
五层龙叶苷▲ foliasalacioside A_1, A_2, B_1, B_2, C, D, E_1, E_2, E_3, F~L
五层龙叶素▲ foliasalacin A_1, A_2, A_3, A_4, B_1, B_2, B_3, C, D_1, D_2, D_3
五福花苷酸 adoxosidic acid
五加苷 B, D, E acanthoside B, D, E
五加脑苷▲ A, B, C acanthopanx cerebroside A, B, C
五加内酯▲ B acanthopanolide B
五加皮苷 A, B wujiapioside A, B
五加酸 acanthoic acid
五加萜苷▲ A, B, C acanthopanaxoside A, B, C
8-(2',6',10',14',18'- 五甲基 - 十五碳 -8',12',18'- 三烯 -2'- 醇 -3- 氧基)- 香豆素 8-(2',6',10',14',18'-pentamethyl-nonadec-8',12',18'-triene-2'-ol-3-oxy)-coumarin
8-(2',6',10',14',18'- 五甲基 - 正二十碳 -1'-5',13',17'- 四烯 -10'- 氧基)- 香豆素 8-(2',6',10',14',18'-pentamethyl-*n*-eicos-1'-5',13',17'-teraene-10'-oxy)-coumarin
2,3,4,5,7- 五甲氧基 -1-*O*- 龙胆二糖氧基吡酮 2,3,4,5,7- pentamethoxy-1-*O*-gentiobisyloxyxanthone
2,3,4,5,7- 五甲氧基 -1-*O*- 樱草糖氧基吡酮 2,3,4,5,7-pentamethoxy-1-*O*-primeverosyloxyxanthone
5,6,7,8,5'- 五甲氧基 -3',4'- 亚甲二氧基黄酮 5,6,7,8,5'-pentamethoxy-3',4'-methylenedioxyflavone
5,6,7,8,3'- 五甲氧基 -4',5'- 亚甲二氧基黄酮 5,6,7,8,3'-pentamethoxy-4',5'-methylenedioxyflavone
5,6,7,8,3'- 五甲氧基 -4'- 羟基黄酮 5,6,7,8,3'-pentamethoxy-4'-hydroxyflavone
3',4',5',5,7- 五甲氧基 -4- 乙酰飞燕草素 -3-*O*-*α*-L- 鼠李糖苷 3',4',5',5,7-pentamethoxy-4-acetyldelphinidin-3-*O*-*α*-L-rhamnoside
(-)-(8*R*)-$\Delta^{8'}$-3,4,5,3',5'- 五甲氧基 -8-*O*-4'- 新木脂素 (-)-(8*R*)-$\Delta^{8'}$-3,4,5,3',5'-pentamethoxy-8-*O*-4'-neolignan
2,3,4,6,7- 五甲氧基 -9,10- 二氢菲 2,3,4,6,7-pentamethoxy-9,10-dihydrophenanthrene
(7*R*,8*S*,7'*S*,8'*R*)-(3,4,5,3',4')- 五甲氧基 -9,7'- 二羟基 -8.8',7.*O*.9'- 木脂素 (7*R*,8*S*,7'*S*,8'*R*)-(3,4,5,3',4')-pentamethoxy-9,7'-dihydroxy-8.8',7.*O*.9'-lignan
3,4,2',4',6'- 五甲氧基二氢查耳酮 3,4,2',4',6'-pentamethoxydihydrochalcone
(2*S*)-5,6,7,3',4'- 五甲氧基二氢黄酮 (2*S*)-5,6,7,3',4'-pentamethoxydihydroflavone
3',4',5',5,7- 五甲氧基飞燕草素 -3-*O*-*α*-L- 鼠李糖苷 3',4',5',5,7-pentamethoxydelphinidin-3-*O*-*α*-L-rhamnoside
3,3',4',5,7- 五甲氧基黄酮 3,3',4',5,7-pentamethoxyflavone
3,3',5,7,8- 五甲氧基黄酮 3,3',5,7,8-pentamethoxyflavone
3',4',3,5,7- 五甲氧基黄酮 3',4',3,5,7-pentamethoxyflavone
3',4',5,5',7- 五甲氧基黄酮 3',4',5,5',7-pentamethoxyflavone
3',4',5',5,7- 五甲氧基黄酮 3',4',5',5,7-pentamethoxyflavone
3',4',5,6,7- 五甲氧基黄酮 3',4',5,6,7-pentamethoxyflavone
3',4',5,7,8- 五甲氧基黄酮 3',4',5,7,8-pentamethoxyflavone
3,4',5,7,8- 五甲氧基黄酮 3,4',5,7,8-pentamethoxyflavone)
3,5,6,8,4'- 五甲氧基黄酮 3,5,6,8,4'-pentamethoxyflavone
3,5,7,3',4'- 五甲氧基黄酮 3,5,7,3',4'-pentamethoxyflavone
4',5,6,7,8- 五甲氧基黄酮 4',5,6,7,8-pentamethoxyflavone
5,6,7,3',4'- 五甲氧基黄酮 5,6,7,3',4'-pentamethoxyflavone
5,6,7,8,4'- 五甲氧基黄酮 5,6,7,8,4'-pentamethoxyflavone
5,7,3',4',5'- 五甲氧基黄酮 5,7,3',4',5'-pentamethoxyflavone
五甲氧基黄酮 pentamethoxyflavone
3,6,7,3',4'- 五甲氧基黄酮 -5-*O*- 吡喃葡萄糖基 -(4 → 1)- 吡喃鼠李糖苷 3,6,7,3',4'-pentamethoxyflavone-5-*O*-glucopyranosyl-(4→1)-rhamnopyranoside
3,3',4',7,8- 五甲氧基黄酮醇 3,3',4',7,8-pentamethoxyflavonol
5,6,7,8,4'- 五甲氧基黄酮醇 5,6,7,8,4'-pentamethoxyflavonol
(2*S*)-5,6,7,3',4'- 五甲氧基黄烷酮 (2*S*)-5,6,7,3',4'-pentamethoxyflavanone
(2*S*)-5,6,7,8,4'- 五甲氧基黄烷酮 (2*S*)-5,6,7,8,4'-pentamethoxyflavanone
2-(*S*)-5,7,3',4',5'- 五甲氧基黄烷酮 2-(*S*)-5,7,3',4',5'-pentamethoxyflavonone
5,7,8,3',4'- 五甲氧基黄烷酮 5,7,8,3',4'-pentamethoxyflavanone
5,7,3',4',5'- 五甲氧基黄烷酮醇 5,7,3',4',5'-pentamethoxyflavanonol
5,7,8,3,'4'- 五甲氧基黄烷酮醇 5,7,8,3',4'-pentamethoxyflavanonol
2,3,4,6,7- 五甲氧基菲 2,3,4,6,7-pentamethoxyphenanthrene
1,2,3,6,7- 五甲氧基吡酮 1,2,3,6,7-pentamethoxyxanthone
1,3,4,5,8- 五甲氧基吡酮 1,3,4,5,8-pentamethoxyxanthone
1,3,4,7,8- 五甲氧基吡酮 1,3,4,7,8-pentamethoxyxanthone
2,3,4,5,7- 五甲氧基吡酮 -1-*O*- 樱草糖苷 2,3,4,5,7-pentamethoxyxanthone-1-*O*-primeveroside
五裂益母草苷▲ quinqueloside
五灵脂酸 wulingzhic acid
五灵脂萜酸 goreishic acid
五灵脂萜酸 I goreishic acid I
五脉绿绒蒿碱 meconoquintupline
五脉绿绒蒿宁▲ mequinine
1,2,3,4,6- 五没食子酰吡喃葡萄糖 1,2,3,4,6-galloylglucopyranose
1,2,3,4,6- 五没食子酰基 -*O*-*β*-D- 吡喃葡萄糖苷 1,2,3,4,6-pentagalloyl-*O*-*β*-D-glucopyranoside
1,2,3,4,6- 五没食子酰基 -*β*-D- 吡喃葡萄糖 1,2,3,4,6-penta-galloyl-*β*-D-glucopyranose
1,2,3,4,6-*O*- 五没食子酰基 -*β*-D- 吡喃葡萄糖苷

1,2,3,4,6-O-pentagalloyl-β-D-glucopyranoside
五没食子酰基 -β-D- 葡萄糖 pentagalloyl-β-D-glucose
五没食子酰基六羟基联苯甲酰吡喃葡萄糖 pentagalloyl-HHDP-glucopyranose
1,2,3,4,6- 五没食子酰葡萄糖 1,2,3,4,6-pentagalloylglucose
五没食子酰葡萄糖 pentagalloylglucose
2β,16α,20,23,26- 五羟基 -10α- 葫芦 -5,24-(E)- 二烯 -3,11- 二酮 2β,16α,20,23,26-pentahydroxy-10α-cucurbit-5,24-(E)-diene-3,11-dione
2α,3β,5,11α,14- 五羟基 -12- 氧代 -5β,14β- 强心甾 -20(22)- 烯内酯 2α,3β,5,11α,14-pentahydroxy-12-oxo-5β,14β-card-20(22)-enolide
2β,3β,20(S),26,27- 五羟基 -16α,23(S)- 环氧葫芦 -5,24- 二烯 -11- 酮 2β,3β,20(S),26,27-pentahydroxy-16α,23(S)-epoxycucurbita-5,24-dien-11-one
(24R)-3β,7β,24,25,30- 五羟基 -1- 烯 - 环木菠萝 -24-O-β-D- 吡喃葡萄糖苷 (24R)-3β,7β,24,25,30-pentahydroxy-1-en-cycloartane-24-O-β-D-glucopyranoside
5β,6α,14α,17β,20β- 五羟基 -1- 氧代 -20S,22R- 睡茄 -2,24- 二烯内酯 5β,6α,14α,17β,20β-pentahydroxy-1-oxo-20S,22R-witha-2,24-dienolide
(20R,22R)-5α,6β,14α,20,27- 五羟基 -1- 氧代睡茄 -24- 烯内酯 (20R,22R)-5α,6β,14α,20,27-pentahydroxy-1-oxowith-24-enolide
4,4',5,5',7- 五羟基 -2,2'- 二甲基 -1,1'- 二聚蒽醌 4,4',5,5',7-pentahydroxy-2,2'-dimethyl-1,1'-bianthraquinone
3,5,7,3',5'- 五羟基 -2R,3R- 黄烷酮醇 3-O-α-L- 吡喃鼠李糖苷 3,5,7,3',5'-pentahydroxy-2R,3R-flavanonol 3-O-α-L-rhamnopyranoside
2,5,7,3',4'- 五羟基 -3,4- 黄烷二酮 2,5,7,3',4'-pentahydroxy-3,4-flavandione
(-)-(7S,8R,7'E)-4,7,9,3',9'- 五羟基 -3,5'- 二甲氧基 -8-4'- 氧代新木脂素 -7'- 烯 -3'-O-β-D- 吡喃葡萄糖苷 (-)-(7S,8R,7'E)-4,7,9,3',9'-pentahydroxy-3,5'-dimethoxy-8-4'-oxyneolign-7'-ene-3'-O-β-D-glucopyranoside
2,3',4,4',α- 五羟基 -3,5'- 二异戊烯基二氢查耳酮 2,3',4,4',α-pentahydroxy-3,5'-diprenyl-dihydrochalcone
1,1',3,8,8'- 五羟基 -3',6- 二甲基 [2,2'- 二蒽]-9,9',10,10'- 四酮 1,1',3,8,8'-pentahydroxy-3',6-dimethyl[2,2'-bianthra]-9,9',10,10'-tetraone
6,2',3'',5'',4'''- 五羟基 -3,7''- 双黄酮 6,2',3'',5'',4'''-pentahydroxy-3,7''-biflavone
1β,3β,5α,23,24- 五羟基 -30- 去甲基齐墩果 -12,20(29)- 二烯 -28- 酸 1β,3β,5α,23,24-pentahydroxy-30-norolean-12,20(29)-dien-28-oic acid
1α,7α,12α,14β,19- 五羟基 -3β- 乙酰氧基 - 对映 - 贝壳杉 -16- 烯 -15- 酮 1α,7α,12α,14β,19-pentahydroxy-3β-acetoxy-ent-kaur-16-en-15-one
3,4',5,5',7- 五羟基 -3'- 甲氧基 -6-(3- 甲基 -2- 丁烯基) 黄烷酮 3,4',5,5',7-pentahydroxy-3'-methoxy-6-(3-methyl-2-butenyl)flavanone
(-)-(7R,8S)-4,7,9,3',9'- 五羟基 -3- 甲氧基 -8-4'- 氧代新木脂素 -3'-O-β-D- 吡喃葡萄糖苷 (-)-(7R,8S)-4,7,9,3',9'-pentahydroxy-3-methoxy-8-4'-oxyneolignan-3'-O-β-D-glucopyranoside
(-)-(7S,8R,7'E)-4,7,9,3',9'- 五羟基 -3- 甲氧基 -8-4'- 氧代新木脂素 -7'- 烯 -3'-O-β-D- 吡喃葡萄糖苷 (-)-(7S,8R,7'E)-4,7,9,3',9'-pentahydroxy-3-methoxy-8-4'-oxyneolign-7'-ene-3'-O-β-D-glucopyranoside
(-)-(7R,8S)-4,7,9,3',9'- 五羟基 -3- 甲氧基 -8-4'- 氧代新木脂素 -9'-O-β-D- 吡喃葡萄糖苷 (-)-(7R,8S)-4,7,9,3',9'-pentahydroxy-3-methoxy-8-4'-oxyneolignan-9'-O-β-D-glucopyranoside
3,4',5,5',7- 五羟基 -3'- 甲氧基黄酮 3,4',5,5',7-pentahydroxy-3'-methoxyflavone
3,5,7,8,4'- 五羟基 -3'- 甲氧基黄酮 3,5,7,8,4'-pentahydroxy-3'-methoxyflavone
2,3',4,4',α- 五羟基 -3- 异戊烯基 - 二氢查耳酮 2,3',4,4',α-pentahydroxy-3-prenyl-dihydrochalcone
2,7,2',7',2''- 五羟基 -4,4',4'',7''- 四甲氧基 -1,8,1',1''- 四菲 2,7,2',7',2''-pentahydroxy-4,4',4'',7''-tetramethoxy-1,8,1',1''-tetraphenanthrene
3,5,7,3',5'- 五羟基 -4'- 甲氧基黄烷 3,5,7,3',5'-pentahydroxy-4'-methoxyflavan
3,3',5,5',7- 五羟基 -4'- 甲氧基黄酮 -3-O-β-D- 吡喃葡萄糖醛酸苷 3,3',5,5',7-pentahydroxy-4'-methoxyflavone-3-O-β-D-glucuronopyranoside
3',4',5,9,9'- 五羟基 -5-4,7'- 环氧木脂素 3',4',5,9,9'-pentahydroxy-5-4,7'-epoxylignan
3,5,7,4',5''- 五羟基 -6-[1-(对羟基苯基) 乙基]- 黄烷酮 3,5,7,4',5''-pentahydroxy-6-[1-(p-hydroxyphenyl)ethyl]flavanone
3,3',4',5,7- 五羟基 -6-[6- 羟基 -3,7- 二甲基 -2(E),7- 辛二烯基] 黄烷酮 3,3',4',5,7-pentahydroxy-6-[6-hydroxy-3,7-dimethyl-2(E),7-octadienyl]flavanone
3,3',4',5,7- 五羟基 -6-[7- 羟基 -3,7- 二甲基 -2(E)- 辛烯基] 黄烷酮 3,3',4',5,7-pentahydroxy-6-[7-hydroxy-3,7-dimethyl-2(E)-octenyl]flavanone
3,4,8,9,10- 五羟基 -6H- 二苯并 [b,d] 吡喃 -6- 酮 3,4,8,9,10-pentahydroxy-6H-dibenzo[b,d]pyran-6-one
3,4,2,4,5- 五羟基 -6- 甲氧基 -2- 查耳酮 3,4,2,4,5-pentahydroxy-6-methoxy-2-methyl-chalcone
3,5,7,3',4'- 五羟基 -6- 甲氧基黄酮 -7-O-α-L- 吡喃鼠李糖基 -3'-O-β-D- 吡喃木糖基 -(1 → 3)-O-β-D- 吡喃半乳糖苷 3,5,7,3',4'-pentahydroxy-6-methoxy-flavone-7-O-α-L-rhamnopyranosyl-3'-O-β-D-xylopyranosyl-(1 → 3)-O-β-D-galactopyranoside
(5β)-2β,3β,14,20,22R- 五羟基 -6- 氧代 - 豆甾 -7,24- 二烯 -26- 酸 -δ- 内酯 (5β)-2β,3β,14,20,22R-pentahydroxy-6-oxo-stigmasta-7,24-dien-26-oic acid-δ-lactone
(2R,3R)-2',3,4',5,7- 五羟基 -6- 异戊烯基二氢黄酮 (2R,3R)-2',3,4',5,7-pentahydroxy-6-prenyldihydroflavone
2',3,4',5,7- 五羟基 -6- 异戊烯基黄酮 2',3,4',5,7-pentahydroxy-6-prenylflavone
3,3',4',5,5'- 五羟基 -7- 甲氧基黄酮 3,3',4',5,5'-pentahydroxy-7-methoxy-flavone
3,5,8,3',4'- 五羟基 -7- 甲氧基黄酮 -3-O-β-D- 吡喃葡萄糖苷 3,5,8,3',4'-pentahydroxy-7-methoxyflavone-3-O- β -D-glucopyranoside
3,5,6',4',5'- 五羟基 -7- 甲氧基黄酮 -8-C-L- 吡喃鼠李糖苷 3,5,6',4',5'-pentahydroxy-7-methoxyflavone-8-C-L-rhamnopyranoside
(2R,3R)-2',3,4',5,7- 五羟基 -8- 异戊烯基二氢黄酮 (2R,3R)-2',3,4',5,7-pentahydroxy-8-prenyldihydroflavone
3,5,7,3',4'- 五羟基 -8- 异戊烯基黄酮 3,5,7,3',4'-pentahydroxy-8-prenyl flavone
2β,3β,16α,20(R),25- 五羟基 -9- 甲基 -19- 降羊毛脂 -5- 烯 -7,11,22- 三酮 2β,3β,16α,20(R),25-pentahydroxy-9-methyl-19-norlanost-5-en-7,11,22-trione
2',3,4,4',5- 五羟基查耳酮 2',3,4,4',5-pentahydroxychalcone
2',3',4',5',6'- 五羟基查耳酮 2',3',4',5',6'-pentahydroxy-chalcone)
(E)-3,4,2',4',6'- 五羟基查耳酮 -2'-O-β-D- 吡喃葡萄糖苷 (E)-3,4,2',4',6'-pentahydroxychalcone-2'-O-β-D-glucopyranoside
2',3,3',4,4'- 五羟基查耳酮 -3',4'-β-D- 二吡喃葡萄糖苷 2',3,3',4,4'-pentahydroxychalcone-3',4'-β-D-biglucopyranoside
2',3,3',4,4'- 五羟基查耳酮 -3'-β-D- 吡喃葡萄糖苷 2',3,3',4,4'-pentahydroxychalcone-3'-β-D-glucopyranoside
2',3,3',4,4'- 五羟基查耳酮 -4'-β-D- 吡喃葡萄糖苷 2',3,3',4,4'-pentahydroxychalcone-4'-β-D-glucopyranoside

W

2',3,3',4,4'- 五羟基查耳酮 -4'-β-D- 吡喃葡萄糖苷 -6''- 乙酸酯 2',3,3',4,4'-pentahydroxychalcone-4'-β-D-glucopyranoside-6''-acetate

2',3,3',4,4'- 五羟基查耳酮 -4'-β-D- 吡喃葡萄糖基 -(1 → 6)- 葡萄糖苷 2',3,3',4,4'-pentahydroxychalcone-4'-β-D-glucopyranosyl-(1 → 6)-glucopyranoside

3β,6α,12β,20*S*,25- 五羟基达玛 -23(24)- 烯 3β,6α,12β,20*S*,25-pentahydroxydammar-23(24)-ene

3β,6α,12β,20*S*,25- 五羟基达玛 -23- 烯 -3-*O*-β-D- 吡喃木糖基 -(1 → 6)-β-D- 吡喃葡萄糖基 -6-*O*-β-D- 吡喃葡萄糖基 -20-*O*-β-D- 吡喃葡萄糖苷 3β,6α,12β,20*S*,25-pentahydroxydammar-23-ene-3-*O*-β-D-xylopyranosyl-(1 → 6)-β-D-glucopyranosyl-6-*O*-β-D-glucopyranosyl-20-*O*-β-D-glucopyranosside

2β,14β,15α,16α,17- 五羟基 - 对映 - 贝壳杉烷 2β,14β,15α,16α,17-pentahydroxy-*ent*-kaurane

1,2,3,5,6- 五羟基蒽醌 1,2,3,5,6-pentahydroxyanthraquinone

3,4,8,9,10- 五羟基二苯并 [b,d] 吡喃 -6- 酮 3,4,8,9,10-pentahydroxydibenzo[b,d]pyran-6-one

3,4,8,9,10- 五羟基 - 二苯并吡喃 -6- 酮 3,4,8,9,10-pentahydroxy-dibenzopyran-6-one

(α*R*)-α,3,4,2',4'- 五羟基二氢查耳酮 (α*R*)-α,3,4,2',4'-pentahydroxydihydrochalcone

α,2',3,4,4'- 五羟基二氢查耳酮 α,2',3,4,4'-pentahydroxydihydrochalcone

3,5,7,3',5'- 五羟基二氢黄酮 3,5,7,3',5'-pentahydroxydihydroflavone

3,5,7,3',5'- 五羟基二氢黄酮醇 3,5,7,3',5'-pentahydroxyflavonol

3,4,2',3',4'- 五羟基 - 反式 - 查耳酮 3,4,2',3',4'-pentahydroxy-*trans*-chalcone

3β,7β,24,25,30- 五羟基环木菠萝 -24,30- 二 -*O*-β-D- 吡喃葡萄糖苷 3β,7β,24β,25,30-pentahydroxycycloartane-24,30-di-*O*-β-D-glucopyranoside

3β,7β,24β,25,30- 五羟基环木菠萝 -24-*O*-β-D- 吡喃葡萄糖苷 3β,7β,24β,25,30-pentahydroxycycloartane-24-*O*-β-D-glucopyranoside

(24*R*)-3β,7β,24,25,30- 五羟基环木菠萝 -30-*O*- 香豆酰基 -3-*O*-β-D- 吡喃葡萄糖基 -24-*O*-β-D- 吡喃葡萄糖基 -(1 → 2)-β-D- 吡喃葡萄糖苷 (24*R*)-3β,7β,24,25,30-pentahydroxycycloartane-30-*O*-coumaroyl-3-*O*-β-D-glucopyranosyl-24-*O*-β-D-glucopyranosyl-(1 → 2)-β-D-glucopyranoside

(24*R*)-3β,7β,24,25,30- 五羟基环木菠萝 -30-*O*- 香豆酰基 -3-*O*-β-D- 吡喃葡萄糖基 -24-*O*-β-D- 吡喃葡萄糖基 -(1 → 6)-β-D- 吡喃葡萄糖苷 (24*R*)-3β,7β,24,25,30-pentahydroxycycloartane-30-*O*-coumaroyl-3-*O*-β-D-glucopyranosyl-24-*O*-β-D-glucopyranosyl-(1 → 6)-β-D-glucopyranoside

3β,7β,24β,25,30- 五羟基环木菠萝 -3-*O*-β-D- 吡喃葡萄糖苷 -24-*O*-β-D- 吡喃葡萄糖苷 3β,7β,24β,25,30-pentahydroxycycloartane-3-*O*-β-D-glucopyranoside-24-*O*-β-D-glucopyranoside

3β,7β,24β,25,30- 五羟基环木菠萝 -3-*O*-β-D- 吡喃葡萄糖苷 -24-*O*-β-D- 吡喃葡萄糖基 -(1 → 2)-β-D- 吡喃葡萄糖苷 3β,7β,24β,25,30-pentahydroxycycloartane-3-*O*-β-D-glucopyranoside-24-*O*-β-D-glucopyranosyl-(1 → 2)-D-glucopyranoside

(24*R*)-3β,7β,24,25,30- 五羟基环木菠萝 -3-*O*-β-D- 吡喃葡萄糖基 -(1 → 2)-β-D- 吡喃葡萄糖基 -24-*O*-β-D- 吡喃木糖基 -(1 → 2)-β-D- 吡喃葡萄糖苷 (24*R*)-3β,7β,24,25,30-pentahydroxycycloartane-3-*O*-β-D-glucopyranosyl-(1 → 2)-β-D-glucopyranosyl-24-*O*-β-D-xylopyranosyl-(1 → 2)-β-D-glucopyranoside

(24*R*)-3β,7β,24,25,30- 五羟基环木菠萝 -3-*O*-β-D- 吡喃葡萄糖基 -(1 → 4)-[α-L- 吡喃阿拉伯糖基 -(1 → 2)-β-D- 吡喃葡萄糖基]-24-*O*-β-D- 吡喃葡萄糖苷 (24*R*)-3β,7β,24,25,30-pentahydroxycycloartane-3-*O*-β-D-glucopyranosyl-(1 → 4)-[α-L-arabinopyranosyl-(1 → 2)-β-D-glucopyranosyl]-24-*O*-β-D-glucopyranoside

(24*R*)-3β,7β,24,25,30- 五羟基环木菠萝 -3-*O*-β-D- 吡喃葡萄糖基 -(1 → 4)-[β-D- 吡喃半乳糖基 -(1 → 2)-β-D- 吡喃葡萄糖基]-24-*O*-β-D- 吡喃葡萄糖苷 (24*R*)-3β,7β,24,25,30-pentahydroxycycloartane-3-*O*-β-D-glucopyranosyl-(1 → 4)-[β-D-galactopyranosyl-(1 → 2)-β-D-glucopyranosyl]-24-*O*-β-D-glucopyranoside

(24*R*)-3β,7β,24,25,30- 五羟基环木菠萝 -3-*O*-β-D- 吡喃葡萄糖基 -24-*O*-β-D- 吡喃葡萄糖基 -30-*O*-β-D- 吡喃葡萄糖苷 (24*R*)-3β,7β,24,25,30-pentahydroxycycloartane-3-*O*-β-D-glucopyranosyl-24-*O*-β-D-glucopyranosyl-30-*O*-β-D-glucopyranoside

2',3,4',6,8- 五羟基黄酮 2',3,4',6,8-pentahydroxyflavone

2',3,5,6',7- 五羟基黄酮 2',3,5,6',7-pentahydroxyflavone

3,3',4',5,6- 五羟基黄酮 3,3',4',5,6-pentahydroxyflavone

3,3',4',5,7- 五羟基黄酮 3,3',4',5,7-pentahydroxyflavone

3,3',4',7,8- 五羟基黄酮 3,3',4',7,8-pentahydroxyflavone

3,3',5,5',7- 五羟基黄酮 3,3',5,5',7-pentahydroxyflavanone

3',4',3,5,7- 五羟基黄酮 3',4',3,5,7-pentahydroxyflavone

3,5,7,2'',6''- 五羟基黄酮 3,5,7,2'',6''-pentahydroxyflavone

3,5,7,3',4'- 五羟基黄酮 3,5,7,3',4'-pentahydroxyflavone

3,5,8,3',4'- 五羟基黄酮 3,5,8,3',4'-pentahydroxyflavone

3,7,8,3',4'- 五羟基黄酮 3,7,8,3',4'-pentahydroxyflavone

3,7,8,3'4'- 五羟基黄酮 3,7,8,3'4'-pentahydroxyflavone

5,7,3',4',5'- 五羟基黄酮 5,7,3',4',5'-pentahydroxyflavone

7,3',4',5,5'- 五羟基黄酮 7,3',4',5,5'-pentahydroxyflavone

2',3,5,6',7- 五羟基黄酮 -2'-*O*-β-D- 吡喃葡萄糖苷 2',3,5,6',7-pentahydroxyflavone-2'-*O*-β-D-glucopyranoside

3,3',4',5,7- 五羟基黄酮 -3-*O*-α-L- 吡喃鼠李糖苷 3,3',4',5,7-pentahydroxyflavone-3-*O*-α-L-rhamnopyranoside

3,4',5,5',7- 五羟基黄酮 -3'-*O*-β-D- 吡喃木糖苷 3,4',5,5',7-pentahydroxyflavone-3'-*O*-β-D-xylopyranoside

3',4',5',5,7- 五羟基黄酮 -3-*O*-β-D- 吡喃木糖基 -(1 → 2)-β-D- 吡喃葡萄糖苷 3',4',5',5,7-pentahydroxyflavone-3-*O*-β-D-xylopyranosyl-(1 → 2)-β-D-glucopyranoside

3,3',4',5,7- 五羟基黄酮 -3-*O*- 芸香糖苷 3,3',4',5,7-pentahydroxyflavone-3-*O*-rutinoside

3,3',4',6,7- 五羟基黄酮 -5-*O*-β-D- 吡喃葡萄糖苷 3,3',4',6,7-pentahydroxyflavone-5-*O*-β-D-glucopyranoside

3',4',5,6,7- 五羟基黄酮 -7-*O*-β-D- 吡喃葡萄糖基 -(1'' → 2')-β-D- 吡喃葡萄糖苷 3',4',5,6,7-pentahydroxyflavone-7-*O*-β-D-glucopyranosyl-(1'' → 2')-β-D-glucopyranoside

3,5,7,3',4'- 五羟基黄酮 -7-*O*- 吡喃鼠李糖苷 3,5,7,3',4'-pentahydroxyflavone-7-*O*-rhamnopyranoside

5,7,2',3',4'- 五羟基黄酮 -8-*C*- 吡喃葡萄糖苷 5,7,2',3',4'-pentahydroxyflavone-8-*C*-glucopyranoside

3,3',5',5,7- 五羟基黄酮醇 3,3',5',5,7-pentahydroxyflavonol

5,7,3',4',5'- 五羟基黄酮醇 5,7,3',4',5'-pentahydroxyflavonol

(-)-5,7,3',4',5'- 五羟基黄烷 (-)-5,7,3',4',5'-pentahydroxyflavane

(+)-3,3',4,4',7- 黄烷五醇 (+)-3,3',4,4',7-flavanpentol

(2*R*,3*R*)-3,5,7,3',4'- 五羟基黄烷 (2*R*,3*R*)-3,5,7,3',4'-pentahydroxyflavan

(2*R*,3*R*)-3,5,7,3',5'- 五羟基黄烷 (2*R*,3*R*)-3,5,7,3',5'-pentahydroxyflavan

(2*S*,3*R*)-3,5,7,3',4'- 五羟基黄烷 (2*S*,3*R*)-3,5,7,3',4'-pentahydroxyflavan

2*R*,3*R*-3,3',5,5',7- 五羟基黄烷 2*R*,3*R*-3,3',5,5',7-pentahydroxyflavan

2*R*,3*R*-3,5,7,3',5'- 五羟基黄烷 2*R*,3*R*-3,5,7,3',5'-pentahydroxyflavane

W

3,3',4',5,7- 五羟基黄烷 3,3',4',5,7-pentahydroxyflavan
3,3',4',5,7- 五羟基黄烷 (4→8)-3,3',4',5,7- 五羟基黄烷 3,3',4',5,7-pentahydoxyflavan(4→8)-3,3',4',5,7-pentahydoxyflavan
4,5,7,3',4'- 五羟基黄烷 -3-*O*-β-D- 吡喃葡萄糖苷 4,5,7,3',4'-pentahydroxyflavan-3-*O*-β-D-glucopyranoside
(+)-3,3',5',5,7- 五羟基黄烷酮 (+)-3,3',5',5,7-pentahydroxyflavanone
(2*R*,3*R*)-2',3,5,6',7- 五羟基黄烷酮 (2*R*,3*R*)-2',3,5,6',7-pentahydroxyflavanone
(2*R*,3*R*)-3,3',5,5',7- 五羟基黄烷酮 (2*R*,3*R*)-3,3',5,5',7-pentahydroxyflavanone
(2*S*)-3',4',5,5',7- 五羟基黄烷酮 (2*S*)-3',4',5,5',7-pentahydroxyflavanone
[(2*R*,3*S*)-5,7,3',4',5'- 五羟基黄烷酮 (2*R*,3*S*)-5,7,3',4',5'-pentahydroxyflavanone
2',3,4',5,7- 五羟基黄烷酮 2',3,4',5,7-pentahydroxyflavanone
2',3,5,6',7- 五羟基黄烷酮 2',3,5,6',7-pentahydroxyflavanone
3',4',5',5,7- 五羟基黄烷酮 3',4',5',5,7-pentahydroxyflavanone
3,5,7,3',4'- 五羟基黄烷酮 3,5,7,3',4'-pentahydroxyflavanone
3,5,7,3',5'- 五羟基黄烷酮 3,5,7,3',5'-pentahydroxyflavanone
5,7,3',4',5'- 五羟基黄烷酮 5,7,3',4',5'-pentahydroxyflavanone
5,6,7,3',4'- 五羟基黄烷酮 -7-*O*-β-D- 葡萄糖醛酸苷 5,6,7,3',4'-pentahydroxyflavanone-7-*O*-β-D-glucuronide
5,7,8,3',4'- 五羟基黄烷酮 -7-*O*-β-D- 葡萄糖醛酸苷 5,7,8,3',4'-pentahydroxyflavanone-7-*O*-β-D-glucuronide
2*R*,3*R*-3,5,6,7,4'- 五羟基黄烷酮醇 2*R*,3*R*-3,5,6,7,4'-pentahydroxyflavanonol
3,5,7,3',5'- 五羟基黄烷酮醇 3,5,7,3',5'-pentahydroxyflavanonol
(2*R*,3*R*)-3,5,7,3',4'- 五羟基黄烷酮醇 -3-*O*-(3''-*O*- 反式 - 对香豆酰基)-α-L- 吡喃鼠李糖苷 (2*R*,3*R*)-3,5,7,3',4'-pentahydroxyflavanonol-3-*O*-(3''-*O*-*trans*-*p*-coumaroyl)-α-L-rhamnopyranoside
(2*R*,3*R*)-3,5,7,3',4'- 五羟基黄烷酮醇 -3-*O*-(3''-*O*- 没食子酰基)-α-L- 吡喃鼠李糖苷 (2*R*,3*R*)-3,5,7,3',4'-pentahydroxyflavanonol-3-*O*-(3''-*O*-galloyl)-α-L-rhamnopyranoside
3-(2,2,3*S*,4*R*,5*S*- 五羟基 - 己氧基)- 香豆素 3-(2,2,3*S*,4*R*,5*S*-pentahydroxy-hexyloxy)-coumarin
3β,16β,21α,23,28- 五羟基齐墩果 -12- 烯 3β,16β,21α,23,28-pentahydroxyolean-12-ene
3β,16β,21β,23,28- 五羟基齐墩果 -12- 烯 3β,16β,21β,23,28-pentahydroxyolean-12-ene
3β,16β,22α,23,28- 五羟基齐墩果 -12- 烯 -21β-(2*E*)-2- 甲基丁 -2- 烯酸酯 3β,16β,22α,23,28-pentahydroxyolean-12-en-21β-(2*E*)-2-methylbut-2-enoate
3β,16β,22α,23,28- 五羟基齐墩果 -12- 烯 -21β-(2*S*)-2- 甲基丁酸酯 3β,16β,22α,23,28-pentahydroxyolean-12-en-21β-(2*S*)-2-methylbutanoate
3α,16α,21α, 22α,28- 五羟基 - 齐墩果 -12- 烯 -28-*O*-β-D- 吡喃木糖酯苷 3α,16α,21α,22α,28-pentahydroxy-olean-12-en-28-*O*-β-D-xylopyranoside
3β,16α,21β,22α,28- 五羟基 - 齐墩果 -12- 烯 -28-*O*-β-D- 吡喃木糖酯苷 3β,16α,21β,22α,28-pentahydroxy-olean-12-en-28-*O*-β-D-xylopyranoside
1β,2α,3β,16β,19β- 五羟基齐墩果 -12- 烯 -28- 酸 1β,2α,3β,16β,19β-pentahydroxyolean-12-en-28-oic acid
1β,2α,3β,19β,23- 五羟基齐墩果 -12- 烯 -28- 酸 1β,2α,3β,19β,23-pentahydroxyolean-12-en-28-oic acid
2α,3β,16α,19α,23- 五羟基齐墩果 -12- 烯 -28- 酸 2α,3β,16α,19α,23-pentahydroxyolean-12-en-28-oic acid
3β,6β,19α,21α,24- 五羟基齐墩果 -12- 烯 -28- 酸 3β,6β,19α,21α,24-pentahydroxy-12-en-28-oleanolic acid
2β,3β,16α,23,24- 五羟基齐墩果 -12- 烯 -28- 酸 -3-*O*-β-D- 吡喃葡萄糖苷 2β,3β,16α,23,24-pentahydroxyolean-12-ene-28-oic acid-3-*O*-β-D-glucopyranoside
16β,21β,22α,23,28- 五羟基齐墩果 -12- 烯 -3- 酮 16β,21β,22α,23,28-pentahydroxyolean-12-en-3-one
3β,14α,15α,21β,29- 五羟基千层塔 -14- 烯 -24- 酸 -3β-(4- 羟基苯甲酸酯) 3β,14α,15α,21β,29-pentahydroxyserrat-14-en-24-oic acid-3β-(4-hydroxybenzoate)
1β,6β,7α,8α,10- 五羟基 - 顺式 -2- 氧杂双环 [4.3.0] 壬烷 1β,6β,7α,8α,10-pentahydroxy-*cis*-2-oxabicyclo[4.3.0]nonane
2',3,4',5,5'- 五羟基 - 顺式 - 芪 2',3,4',5,5'-pentahydroxy-*cis*-stilbene
2α,3α,11α,21α,23- 五羟基熊果 -12- 烯 -28- 酸 2α,3α,11α,21α,23-pentahydroxyurs-12-en-28-oic acid
2α,3α,19α,23,24- 五羟基熊果 -12- 烯 -28- 酸 2α,3α,19α,23,24-pentahydroxyurs-12-en-28-oic acid
1β,2α,3β,19α,23- 五羟基 - 熊果 -12- 烯 -28- 酸 -28-*O*-β-D- 吡喃木糖酯苷 1β,2α,3β,19α,23-pentahydroxy-urs-12-en-28-oic acid-28-*O*-β-D-xylopyranoside
5,7,2',3',4'- 五羟基异黄酮 5,7,2',3',4'-pentahydroxyisoflavone
5,7,8,2',4'- 五羟基异黄酮 5,7,8,2',4'-pentahydroxyisoflavone
五羟螺皂苷元 pentologenin
五味木脂素 E wuweilignan E
五味子安二内酯▲ A~J schisandilactone A~J
五味子柏芳四氢萘▲ A schiscupatetralin A
五味子醇 A schisandrol A; schizandrol A
五味子醇 B schisandrol B; schizandrol B
五味子醇酸▲ schisandrolic acid; schizandrolic acid
五味子二内酯 A~P wuweizidilactone A~P
五味子苷▲ schisandriside; schizandriside
五味子灵▲ A~N schizanrin A~N
五味子笼萜素▲ schicagenin
五味子笼萜素▲ A~G schicagenin A~G
五味子木脂醇▲ D schisanlignaol D
五味子木脂素▲ A~D schisandlignan A~D
五味子木脂酮▲ A, C, D, E schisanlignone A, C, D, E
五味子木质素▲ A, B schinlignin A, B
五味子内酯 A~E, G, H schisanlactone A~E, G, H
五味子内酯 E 甲酯 schisanlactone E methyl ester
五味子内酯酸▲ wuweizilactone acid
五味子内酯酸▲ A wuweizilactone acid A
五味子宁▲ A~D schisanchinin A~D
五味子三内酯▲ A, B, C schintrilactone A, B, C
五味子斯二内酯▲ A~J schisdilactone A~J
(-)- 五味子素 (-)-schizandrin
(+)- 五味子素 (+)-schizandrin
(±)-γ- 五味子素 (±)-γ-schizandrin
γ- 五味子素 γ-schizandrin
五味子素 schisandrin; schizandrin
五味子素 A, B, C schisandrin (schisandrin; wuweizisu) A, B, C
五味子素 A_1 schisandrin A_1
(-)- 五味子素 B (-)-schisandrin B
(*R*)-(+)- 五味子素 C (*R*)-(+)-wuweizisu C
五味子素 C 环氧化物 schisandrin C epoxide
五味子萜▲ A, B schisanterpene A, B
五味子萜醇▲ schisanol
五味子酮 schisandrone
五味子酮醇 schizandronol
五味子酮醇 -8,13β- 环氧化物 schizandronol-l8,13β-oxide
五味子酮酸▲ schisandronic acid; schizandronic acid

W

五味子烯▲ schisandrene
五味子烯▲ A schisandrene A
五味子新二内酯▲ A~K schindilactone A~K
五味子新木质素▲ A, B, C schineolignin A, B, C
五味子酯 schisantherin
五味子酯 A~I, K~Q schisantherin A~I, K~Q
五溴丙烯 -2- 基 - 二溴乙酸酯 pentabromopropen-2-yl dibromoacetate
五溴丙烯 -2- 基 - 三溴乙酸酯 pentabromopropen-2-yl tribromoacetate
1,1,1,4,4- 五溴丁 -3- 烯 -2- 醇 1,1,1,4,4-pentabromobut-3-en-2-ol
五桠果素 dillenetin
五桠果素 -3-*O*-(6''-*O*- 对香豆酰基)-β-D- 吡喃葡萄糖苷 dillenetin-3-*O*-(6''-*O*-*p*-coumaroyl)-β-D-glucopyranoside
五桠果酸 B dillenic acid B
五叶山小橘吡喃酮碱▲ glycophylone
五叶山小橘苷▲ A, B, C glypentoside A, B, C
五叶山小橘林碱▲ glycophymoline
五叶山小橘酮▲ glycopentaphyllone
3,5,10,14,15-*O*- 五乙酰基 -8-*O*- 苯甲酰环铁仔酚▲ 3,5,10,14,15-*O*-pentaacetyl-8-*O*-benzoylcyclomyrsinol
1α,2α,6β,9α,15- 五乙酰基 -8α- 苯基 - 二氢沉香呋喃 -6- 酯 1α,2α,6β,9α,15-pentaacetyl-8α-benzyl-dihydroagarofuran-6-ester
2α,3β,5α,9α,15β- 五乙酰氧基 -11,12- 环氧 -7β,8α- 二异丁酰氧基麻疯树 -6(17)- 烯 -14- 酮 2α,3β,5α,9α,15β-pentaacetoxy-11,12-epoxy-7β,8α-diisobutyryloxyjatropha-6(17)-en-14-one
7,8β,9β,14α,15β- 五乙酰氧基 -3β- 苯甲酰氧基 -1α,5β- 二羟基麻疯树 -6(7),12- 二烯 7,8β,9β,14α,15β-pentaacetoxy-3β-benzoyloxy-1α,5β-dihydroxyjatropha-6(7),12-dien
1α,8β,9β,14α,15β- 五乙酰氧基 -3β- 苯甲酰氧基 -7- 羰基麻疯树 -5,12*E*- 二烯 1α,8β,9β,14α,15β-pentaacetoxy-3β-benzoyloxy-7-oxojatropha-5,12-diene
(2*S**,3*S**,4*R**,5*R**,6*R**,8*R**,9*R**,10*R**,12*S**,13*S**,14*R**,15*R**)-5,8,9,10,14- 五乙酰氧基 -3- 苯甲酰氧基 -15- 羟基南欧大戟烷 (2*S**,3*S**,4*R**,5*R**,6*R**,8*R**,9*R**,10*R**,12*S**,13*S**,14*R**,15*R**)-5,8,9,10,14-pentaacetoxy-3-benzoyloxy-15-hydroxypepluane
(2*R**,3*R**,4*S**,5*R**,7*S**,8*S**,9*S**,13*S**,14*S**,15*R**)-2,5,7,9,14- 五乙酰氧基 -3- 苯甲酰氧基 -8,15- 二羟基麻疯树 -6(17),11*E*- 二烯 (2*R**, 3*R**,4*S**,5*R**,7*S**,8*S**,9*S**,13*S**,14*S**,15*R**)-2,5,7,9,14-pentaacetoxy-3-benzoyloxy-8,15-dihydroxyjatropha-6(17),11*E*-diene
1β,2β,5α,8β,11- 五乙酰氧基 -4α- 羟基 -3α-(2- 甲基丁酰基)-15- 烟酰基 -7- 氧代 - 二氢沉香呋喃 1β,2β,5α,8β,11-pentaacetoxy-4α-hydroxy-3α-(2-methylbutanoyl)-15-nicotinoyl-7-oxo-dihydroagarofuran
1β,2β,6α,9β,15- 五乙酰氧基 -8β- 苯甲酰氧基 -β- 二氢沉香呋喃 1β,2β,6α,9β,15-pentaacetoxy-8β-benzoyloxy-β-dihydroagarofuran
1β,2β,6α,9β,15- 五乙酰氧基 -8β- 苯甲酰氧基 - 二氢 -β- 沉香呋喃 1β,2β,6α,9β,15-pentaacetoxy-8β-benzoyloxy-dihydro-β-agarofuran
1α,2α,6α,8α,13- 五乙酰氧基 -9α- 苯甲酰氧基 -4β,6β- 二羟基 -β- 二氢沉香呋喃 1α,2α,6α,8α,13-pentaacetoxy-9α-benzoyloxy-4β,6β-dihydroxy-β-dihydroagarofuran
1α,2α,6β,8α,15- 五乙酰氧基 -9α- 苯甲酰氧基 -β- 沉香呋喃 1α,2α,6β,8α,15-pentacetoxy-9α-benzoyloxy-β-agarofuran
1β,2β,6α,8β,15- 五乙酰氧基 -9α- 苯甲酰氧基 -β- 二氢沉香呋喃 1β,2β,6α,8β,15-pentaacetoxy-9α-benzoyloxy-β-dihydroagarofuran
1β,2β,6α,8β,15- 五乙酰氧基 -9α- 苯甲酰氧基 - 二氢 -β- 沉香呋喃 1β,2β,6α,8β,15-pentaacetoxy-9α-benzoyloxy-dihydro-β-agarofuran
2α,3β,5α,7β,15β- 五乙酰氧基 -9α- 烟酰麻疯树 -6(17),11- 二烯 -14- 酮 2α,3β,5α,7β,15β-pentaacetoxy-9α-nicotinoyloxyjatropha-6(17),11-dien-14-one
(2*R**,3*R**,4*S**,5*R**,7*R**,9*R**,13*R**,15*R**)-2,3,5,7,15- 五乙酰氧基 -9- 烟酰氧基 -14- 氧代麻疯树 -6(1),11*E*- 二烯 (2*R**,3*R**,4*S**,5*R**,7*R**,9*R**,13*R**,15*R**)-2,3,5,7,15-pentaacetoxy-9-nicotinoyloxy-14-oxojatropha-6(1),11*E*-diene
3β,16β,22α,23,28- 五乙酰氧基齐墩果 -12- 烯 -21β-(2*S*)-2- 甲基丁酸酯 3β,16β,22α,23,28-pentakis(acetyloxy)olean-12-en-21β-(2*S*)-2-methylbutanoate
五乙酰氧基紫杉二烯▲ pentaacetoxytaxadiene
2,4,3',4',6'- 五异戊酸蔗糖酯 sucrose-2,4,3',4',6'-pentaisovalerate
2,6,3',4',6'- 五异戊酸蔗糖酯 sucrose-2,6,3',4',6'-pentaisovalerate
五月茶酚 antidesmol
五月茶酮 antidesmone
五月瓜藤皂苷▲ A~E fargoside A~E
五爪金龙苷▲ A~F cairicoside A~F
五爪金龙酯▲ cairicate
五脂素 A_1, A_2 wulignan A_1, A_2
武当木兰碱 magnosprengerine
2-(戊 -1,3- 二炔)-5-(3,4- 二羟基丁烷 -1- 炔基)- 噻吩 2-(penta-1,3-diynyl)-5-(3,4-dihydroxybut-1-ynyl)-thiophene
2-(戊 -1,3- 二炔)-5-(4- 羟基丁烷 -1- 炔基)- 噻吩 2-(penta-1,3-diynyl)-5-(4-hydroxybut-1-ynyl)-thiophene
5-(戊 -1,3- 二炔基)-2-(3,4- 二羟基丁烷 -1- 炔基)- 噻吩 5-(penta-1,3-diynyl)-2-(3,4-dihydroxybut-1-ynyl)-thiophene
5-{4-[4-(5- 戊 -1,3- 二炔噻吩 -2- 基)- 丁 -3- 炔氧基]- 丁 -1- 炔基 }-2,2'- 联噻吩 5-{4-[4-(5-pent-1,3-diynylthiophen-2-yl)-but-3-ynyloxy]-but-1-ynyl}-2,2'-bithiophene
1- 戊醇 1-pentanol
戊醇 pentanol
戊二腈 pentanedinitrile
2-(1,3- 戊二炔)-5-(3,4- 二羟基 -1- 丁炔)- 噻吩 2-(pent-1,3- diynyl)-5-(3,4-dihydroxybuta-1-ynyl)-thiophene
2-(1,3- 戊二炔)-5-(4- 乙酰氧基 -3- 氯 -1- 丁炔)- 噻吩 2-(pent-1,3-diynyl)-5-(4-acetoxy-3-chloro-buta-1-ynyl)-thiophene
2-(1,3- 戊二炔)-5-(4- 乙酰氧基 -3- 羟基 -1- 丁炔)- 噻吩 2-(pent-1,3-diynyl)-5-(4-acetoxy-3-hydroxybuta-1-ynyl)-thiophene
(*E*)-2-(2,4- 戊二炔亚基)-1,6- 二氧螺环 [4.5] 癸烷 -3- 烯 (*E*)-2-(2,4-pentadiynylidene)-1,6-dioxaspiro[4.5]dec-3-ene
戊二酸甲酯 methyl glutarate
2,4- 戊二烯酸 2,4-pentadienoic acid
2,4- 戊二烯酸 -4- 羟基 -5-(5- 甲基 -2- 噻吩)-γ- 内酯 2,4-pentadienoic acid-4-hydroxy-5-(5-methyl-2-thienyl)-γ-lactone
戊基 -1-*O*-β-D- 呋喃芹糖基 -1,6-*O*-β-D- 吡喃葡萄糖苷 amyl 1-*O*-β-D-apiofuranosyl-1,6-*O*-β-D-glucopyranoside
5- 戊基 -2- 糠醛 5-pentyl-2-furaldehyde
2- 戊基 -3,4,5,6- 四氢吡啶 2-pentyl-3,4,5,6-tetrahydropyridine
α-*n*- 戊基 -4- 甲氧基喹啉 α-*n*-pentyl-4-methoxyquinoline
戊基 -α-D- 呋喃果糖苷 pentyl α-D-fructofuranoside
戊基 -β-D- 呋喃果糖苷 pentyl β-D-fructofuranoside
戊基苯 pentylbenzene
2- 戊基呋喃 2-pentylfuran
戊基环己二烯 pentylcyclohexadiene
戊基氢二硫醚 pentyl hydrodisulfide
2- 戊腈 2-pentanonitrile
戊聚糖 pentosan
戊硼烷 pentaborane
2- 戊醛 2-pentenal
戊醛 pentanal

戊酸 pentanoic acid
戊酸二十七酯 heptacosanyl pentanoate
戊酸香茅酯 citronellyl pentanoate
戊酸乙酯 ethyl valerate
6-*C*- 戊糖基 -8-*C*- 己糖基芹菜苷元 6-*C*-pentosyl-8-*C*-hexosylapigenin
2- 戊酮 2-pentanone
戊烷 pentane
1'-(5- 戊烷 -1,3- 二炔 -1- 基 -2- 噻吩基)- 丁 -2'- 炔 -3'- 醇 1'-(5-penta-1,3-diyn-1-yl-2-thienyl)-but-2'-yne-3'-diol
3'-(戊烷 -1,3- 二炔 - 噻吩 -2- 基 - 乙炔基)- 环氧乙烷 3'-(5-penta-1,3-diyn-thiophen-2-yl-ethynyl)-oxirane
戊烷 -2,4- 二醇 -4-*O*-*β*-D- 吡喃葡萄糖苷 pentane-2,4-diol-4-*O*-*β*-D-glucopyranoside
(3*Z*)- 戊烷 -2- 酮 -*β*-D- 吡喃葡萄糖苷 (3*Z*)-pent-2-one-*β*-D-glucopyranoside
戊烷脒 pentamidine
(*Z*)-2- 戊烯 -1- 醇 (*Z*)-2-penten-1-ol
2- 戊烯 -1- 醇 2-penten-1-ol
1- 戊烯 -2,2,6- 三甲环己烷 1-pentene-2,2,6-trimethylcyclohexane
5-(4- 戊烯基)-2- 糠醛 5-(4-pentenyl)-2-furaldehyde
2-(3- 戊烯基)-3,7- 二甲基苯并呋喃 -1,4- 二酮 2-(3-pentenyl)-3,7-dimethylbenzofuran-1,4-dione
[2*S*-[2*α*(*Z*),3*α*(*Z*)]]-11-[3-(2- 戊烯基) 环氧乙烷]-9- 十一烯酸 [2*S*-[2*α*(*Z*),3*α*(*Z*)]]-11-[3-(2-pentenyl)oxiranyl]-9-undecenoic acid
6- 戊烯基 -7,3',4'- 三羟基黄酮 6-prenyl-7,3',4'-trihydroxyflavone
6-*C*- 戊烯基木犀草素 6-*C*-pentenylluteolin
4- 戊烯基异硫氰酸酯 4-pentenyl isothiocyanate
4- 戊烯醛 4-pentenal
4- 戊烯酰胺 4-pentenamide
芴 fluorene

X

(-)- 西班牙巴洛草醇酮▲ (-)-hispanolone
西班牙巴洛草醇酮▲ hispanolone
(+)- 西班牙巴洛草酮▲ (+)-hispanone
西班牙巴洛草酮▲ hispanone
西班牙冷杉倍半脂醇▲B sesquipinsapol B
西北甘草新异黄酮▲ glisoflavone
西北甘草异黄酮 glycyrrhisoflavone
西北甘草异黄烷酮▲ glycyrrhisoflavanone
西北蒿环氧化物 pontica epoxide
西贝母碱 imperialine; sipeimine
西贝母碱 -3*β*-D- 葡萄糖苷 imperialine-3*β*-D-glucoside
西贝母碱 -3-*β*-D- 葡萄糖苷 imperialine-3-*β*-D-glucoside
西贝母碱 -3*β*- 葡萄糖苷 imperialine-3*β*-glucoside
西贝母碱 -*N*- 氧化物 imperialine-*N*-oxide
西贝母碱 -*β*-D- 葡萄糖苷 imperialine-*β*-D-glucoside
西伯利亚败酱苷▲A, B, C sibiroside A, B, C
西伯利亚乌头碱▲ hispaconitine
西伯利亚西风芹素▲ sesibiricin
西伯利亚邪蒿酚 sibiricol
西伯利亚远志苯酮 sibiricaphenone
西伯利亚远志呫酮 A~G sibiricaxanthone A~G
西伯利亚远志糖 I, A_1, A_2, A_3, A_4, A_5, A_6 polygalasibiricose I, A_1, A_2, A_3, A_4, A_5, A_6
西伯利亚远志皂苷▲A~E sibiricasaponin A~E
(31*R*)- 西番连碱 (31*R*)-passiflorine
(31*S*)- 西番连碱 (31*S*)-passiflorine
西番连素▲ passiflorin
西番莲酸 passifloric acid
西番莲甾酮▲ passionsterone
西非羊角拗磁麻苷▲ sarmentocymarin
西非羊角拗苷▲A, D, E sarmentoside A, D, E
西非羊角拗苷▲A 酸乙酯 sarmentosidic A acid ethyl ester
17*βH*- 西非羊角拗苷元▲ 17*βH*-sarmentogenin
西非羊角拗苷元▲ sarmentogenin
西非羊角拗洛苷▲ sarmentoloside
西非羊角拗洛苷元▲-3-*O*-6'- 脱氧 -*β*-D- 阿洛糖苷 sarmentologenin-3-*O*-6'-deoxy-*β*-D-alloside
西非羊角拗柔苷▲ musaroside
西非羊角拗鼠李糖苷▲ sarhamnoloside
西非羊角拗索苷▲ sarmethoside
西非羊角拗托苷▲ sarmutoside
西非羊角拗西苷元▲-3-*O*-6'- 脱氧 -*β*-D- 阿洛糖苷 sarmentosigenin-3-*O*-6'-deoxy-*β*-D-alloside
西非羊角拗新苷▲ sarnovide
西风芹醛▲ seselinal
西桦皂苷▲A, B, C betalnoside A, B, C
西加矢车菊素▲ hyrcanin
西里伯黄牛木呫酮▲ celebixanthone
西里伯黄牛木呫酮▲甲醚 celebixanthone methyl ether
西里西亚百里香酮▲B cilicione B
西陵皂苷 A, B xilingsaponin A, B
西麻次苷▲A, B cimicifoetiside A, B
西麻苷 I, II, III, IV, V, VI, VII, A, B cimifoetiside I, II, III, IV, V, VI, VII, A, B
西蒙番薯素▲IV simonin IV
西蒙番薯酸▲A, B simonic acid A, B
西奈毛蕊花素▲ sinaiticin
西南风车子烷▲D griffithane D
西南凤尾蕨苷▲ wallichoside
西南轮环藤碱▲A, B wattisine A, B
西南木荷素▲A, B schimawalin A, B
西南忍冬苷 A, B bourneioside A, B
西南委陵菜双黄酮 potifulgene
西南文殊兰芬碱 latifine
西南文殊兰醛碱 crinafolidine
西南文殊兰索灵碱 latisoline
西南五月茶酯▲ acidumonate
西南远志苷▲A, B crotalarioside A, B
西南远志呫酮 F crotalarioides xanthone F
西南獐牙菜苷▲ swericinctoside; swerticinctonide
西南獐牙菜苷▲A, B swericinctoside A, B
西南獐牙菜内酯▲A, B, C swercinctolide A, B, C
西瑞香素 daphnoretin
西瑞香素 -7-*O*-*β*-D- 吡喃葡萄糖苷 daphnoretin-7-*O*-*β*-D-glucopyranoside
西瑞香素甲醚 daphnoretin methyl ether
西氏杨苷▲B siebolside B
西双版纳粗榧内酯 A, B, C mannolide A, B, C
西亚龙胆苷▲ septemfidoside
西洋接骨木苷▲ sambunigrin
西洋参醇▲1~8 panaquinquecol 1~8
西洋参醇▲1-3- 酮 PQ1-3-one
西洋参多糖 5-2 PPQ5-2
西洋参花皂苷▲A~E, E floralquinquenoside A~E, E

西洋参叶聚糖▲ A, B, C quinquefolan A, B, C
西洋参叶皂苷▲ La, Lb, Lc quinquefoloside La, Lb, Lc
西洋参皂苷 quinquenoside I, II, III, IV, V, F_1, F_6, Ja, Jb, L_1, L_2, L_3, L_9, L_{10}, L_{14}, L_{16}, L_{17}, R_1
西洋参脂素▲ L_1 quinquenin L_1
西藏柏木醇▲ torulosol
西藏柏木醛▲ torulosal
西藏杓兰醌 A, B cypritibetquinone A, B
西藏地不容定碱▲ glabradine
西藏虎皮楠碱▲ B daphhimalenine B
西藏龙胆碱 gentiatibetine
西藏牛皮消醇▲ A, B, C saccatol A, B, C
西藏牛皮消甾醇▲ A~H cynsaccatol A~H
西藏铁线莲皂苷▲ C clematibetoside C
西藏紫杉醇▲ wallifoliol
西藏紫杉素▲ A, C, D, F~I, K taxawallin A, C, D, F~I, K
吸木酮▲ myzodendrone
希氏尖药木苷▲ P acoschimperoside P
硒代半胱氨酸 selenocysteic acid; selenocysteine
硒酸 selenic acid
16- 烯 -27- 去氧催眠睡茄素 A 16-en-27-deoxywithaferin A
1(10)- 烯 -2- 氧代 -7*α*- 异丙醇 - 荒漠木 1(10)-en-2-oxo-7*α*-isopropanol-eremophilane
(20*S*,25*S*)- 螺甾 -5- 烯 -3*β*,11*α*,21- 三醇 -3-*O*- α -L- 吡喃鼠李糖基 -(1 → 2)-*β*-D- 吡喃葡萄糖苷 (20*S*,25*S*)-spirost-5-en-3*β*,11*α*,21-triol-3-*O*- α -L-rhamnopyranosyl-(1 → 2)-*β*-D-glucopyranoside
(24*S*)-5- 烯 -3*β*- 谷甾醇 (24*S*)-5-ene-3*β*-sitosterol
4- 烯 -3- 酮 - 豆甾醇 4-en-3-keto-stigmasterol
12- 烯 -3- 酮 - 齐墩果酸甲酯 12-en-3-one-methyl-oleanolicate
4- 烯 -6*β*,7*α*- 桉叶内酯 4-en-6*β*,7*α*-eudesmanolide
6'-(豆甾 -5- 烯 -7- 酮 -3-*O*-*β*- 吡喃葡萄糖基) 十六酸酯 6'-(stigmast-5-en-7-one-3-*O*-*β*-glucopyranosidyl)hexadecanoate
13(14)- 烯 -8,12- 环氧 -18- 冷杉酸 13(14)-ene-8,12-epoxy-18-abietic acid
6- 烯 -9*α*,10*α*- 环氧 -11- 羟基 -8- 氧代荒漠木烷 6-en-9*α*,10*α*-epoxy-11-hydroxy-8-oxoeremophilane
7(11)- 烯 -9*α*,10*α*- 环氧 -8- 氧代荒漠木烷 7(11)-en-9*α*,10*α*-epoxy-8-oxoeremophilane
4- 烯丙基 -1-*O*-*β*-D- 吡喃葡萄糖苷 -2- 羟基苯 4-allyl-1-*O*-*β*-D-glucopyronosyl-2-hydroxybenzene
4- 烯丙基 -2-(2'- 甲基苯并呋喃 -5'- 基) 苯酚 4-allyl-2-(2'-methylbenzofuran-5'-yl)phenol
4- 烯丙基 -2-(2- 甲基丁 -3- 烯)-2- 苯酚 4-allyl-2-(2-methylbut-3-en-2-yl)phenol
4- 烯丙基 -2-(3- 甲基丁 -2- 烯)-1- 苯酚 4-allyl-2-(3-methylbut-2-en-1-yl)phenol
4- 烯丙基 -2-(3- 甲基丁 -2- 烯基)-1,6- 亚甲二氧基苯 -3- 醇 4-allyl-2-(3-methylbut-2-enyl)-1,6-methylenedioxybenzene-3-ol
1- 烯丙基 -2-(3- 甲基丁 -2- 烯氧基)-4,5- 亚甲二氧基苯 1-allyl-2-(3-methylbut-2-enyloxy)-4,5-methylenedioxybenzene
1- 烯丙基 -2,4,5- 三甲氧基苯 1-allyl-2,4,5-trimethoxybenzene
1- 烯丙基 -2,6- 二甲氧基 -3,4- 亚甲二氧基苯 1-allyl-2,6-dimethoxy-3,4-methylenedioxybenzene
4- 烯丙基 -2,6- 二甲氧基苯酚 4-allyl-2,6-dimethoxyphenol
4- 烯丙基 -2,6- 二甲氧基苯酚 -1-*O*-*β*-D- 吡喃葡萄糖苷 4-allyl-2,6-dimethoxyphenol-1-*O*-*β*-D-glucopyranoside
4- 烯丙基 -2,6- 二甲氧基苯酚葡萄糖苷 4-allyl-2,6-dimethoxyphenylglucoside
4- 烯丙基 -2,6- 二甲氧基苯基吡喃葡萄糖苷 4-allyl-2,6-dimethoxyphenylglucopyranoside
4- 烯丙基 -2,6- 二甲氧基苯基 - 吡喃葡萄糖苷 4-allyl-2,6-dimethoxyphenyl-glucopyranoside
(7*S*,8*R*)-2-(4- 烯丙基 -2,6- 二甲氧基苯氧基)-1-(4- 羟基 -3,5- 二甲氧基苯基)- 丙烷 -1- 醇 (7*S*,8*R*)-2-(4-allyl-2,6-dimethoxyphenoxy)-1-(4-hydroxy-3,5-dimethoxyphenyl)-propan-1-ol
2-(4- 烯丙基 -2,6- 二甲氧基苯氧基)-1-(4- 羟基 -3- 甲氧基苯基) 丙烷 2-(4-allyl-2,6-dimethoxyphenoxy)-1-(4-hydroxy-3-methoxyphenyl)propane
2-(30- 烯丙基 -20,60- 二甲氧基 - 苯氧基)-1- 乙酰氧基 -(3,4- 二甲氧基苯基)- 丙酯 2-(30-allyl-20,60-dimethoxy-phenyloxy)-1-acetoxy-(3,4-dimethoxyphenyl)-propyl ester
1- 烯丙基 -2- 甲氧基 -4,5- 亚甲二氧基苯 1-allyl-2-methoxy-4,5-methylenedioxybenzene
4- 烯丙基 -2- 甲氧基苯酚 -1-*O*-*β*-D- 吡喃葡萄糖苷 4-allyl-2-methoxyphenol-1-*O*-*β*-D-glucopyranoside
4- 烯丙基 -2- 甲氧基苯酚 -1-*O*-*β*-D- 葡萄糖苷 4-allyl-2-methoxyphenol-1-*O*-*β*-D-glucoside
4- 烯丙基 -2- 甲氧基苯酚 -*O*-(6-*O*-*β*-D- 呋喃芹糖基)-*β*-D- 吡喃葡萄糖苷 4-allyl-2-methoxyphenol-*O*-(6-*O*-*β*-D-apiofuranosyl)-*β*-D-gluccoside
4- 烯丙基 -2- 甲氧基苯基 -6-*O*-*β*-D- 呋喃芹糖基 -(1 → 6)-*β*-D- 吡喃葡萄糖苷 4-allyl-2-methoxyphenyl-6-*O*-*β*-D-apiofuranosyl-(1 → 6)-*β*-D-glucopyranoside
4- 烯丙基 -2- 甲氧基苯基 -6-*O*-*β*-D- 芹糖基 -(1 → 6)-*β*-D- 葡萄糖苷 4-allyl-2-methoxyphenyl-6-*O*-*β*-D-apiosyl-(1 → 6)-*β*-D-glucoside
5- 烯丙基 -2- 甲氧基酚 5-allyl-2-methoxyphenol
4- 烯丙基 -2- 羟基 - 苯基 -1-*O*-*β*-D- 芹糖基 -(1 → 6)-*β*-D- 葡萄糖醛酸苷 4-allyl-2-hydroxy-phenyl-1-*O*-*β*-D-apiosyl-(1 → 6)-*β*-D-glucopyranoside
1- 烯丙基 -3,5- 二甲氧基 -4-(3- 甲基丁 -2- 烯氧基) 苯 1-allyl-3,5-dimethoxy-4-(3-methylbut-2-enyloxy)benzene
1- 烯丙基 -3,5- 二甲氧基苯酚 1-ally-3,5-dimethoxyphenol
(*E*)-5- 烯丙基 -3'- 正丙烯基联苯 -2,4'- 二醇 (*E*)-5-allyl-3'-(prop-1-enyl)biphenyl-2,4'-diol
4- 烯丙基 -4-(3- 甲基丁 -2- 烯基)-1,2- 亚甲二氧基环己 -2,6- 二烯 -5- 酮 4-allyl-4-(3-methylbut-2-enyl)-1,2-methylenedioxycyclohexa-2,6-dien-5-one
5- 烯丙基 -5'-(1''- 羟基烯丙氧基) 联苯 -2,2'- 二醇 5-allyl-5'-(1''-hydroxyallyloxy)biphenyl-2,2'-diol
3- 烯丙基 -6- 甲氧基苯酚 3-allyl-6-methoxyphenol
6- 烯丙基 -7-(3,4- 二甲氧基苯基)-2,3- 二甲氧基 -8- 甲基 - 三环 [4.2.0.02,8] 辛 -3- 烯 -5- 酮 6-allyl-7-(3,4-dimethoxyphenyl)-2,3-dimethoxy-8-methyl-tricyclo[4.2.0.02,8]oct-3-en-5-one
(2*S*,3*R*)-5- 烯丙基 -7- 甲氧基 -3- 羟甲基 -2-(3'- 甲氧基 -4'- 羟基苯基)-2,3- 二氢苯并呋喃 (2*S*,3*R*)-5-allyl-7-methoxy-3-hydroxymethyl-2-(3'-methoxy-4'-hydroxyphenyl)-2,3-dihydrobenzofuran
S- 烯丙基半胱氨酸 *S*-allylcysteine
4- 烯丙基苯酚 4-allylphenol
3'-(7''- 烯丙基苯基)-2',4',4'- 三羟基 -6'- 甲氧基二氢查尔酮 3'-(7''-allylphenyl)-2',4',4'-trihydroxy-6'-methoxydihydrochalcone
烯丙基苯乙酸酯 allylphenylacetate
4- 烯丙基儿茶酚 4-allylpyrocatechol
烯丙基儿茶酚 allylpyrocatechol
烯丙基儿茶酚二乙酸酯 allylpyrocatechol diacetate
2- 烯丙基呋喃 2-(2-proenyl) furan

4- 烯丙基间苯二酚 4-allylresorcinol
N- 烯丙基降加兰他敏 N-allylnorgalanthamine
烯丙基苦豆子碱 allylaloperine
烯丙基四甲氧基苯 allyltetramethoxybenzene
N- 烯丙基异白刺灵碱▲ N-allylisonitrarine
6- 烯 - 粗榧内酯 6-en-harringtonolide
5- 烯 - 胆酸甲酯 -3-O-β-D- 吡喃葡萄糖苷 methyl 5-en-cholate-3-O-β-D-glucopyranoside
5- 烯 - 胆酸甲酯 -3-O-β-D- 吡喃葡萄糖醛酸基 -(4 → 1)-α-L- 鼠李糖苷 methyl 5-en-cholate-3-O-β-D-glucuronopyranosyl-(4 → 1)-α-Lrhamnopyranoside
25- 烯 - 环木菠萝烯醇 25-en-cycloartenol
24- 烯 - 环木菠萝烯酮 24-en-cycloartenone
8(14)- 烯基 - 海松 -2'(3')- 烯 -4'(18')- 烯 -15'(16')- 烯 - 斧松 -16,15,2',3'-氧杂 -16- 酮 8(14)-enyl-pimar-2'(3')-en-4'(18')-en-15'(16')-en-dolabr-16,15,2',3'-oxoan-16-one
3β,5- 烯基螺甾醇 3β,5-alkenyl-spirostol
N[19]- 烯 - 裸翠雀亭 N[19]-en-denudatine
(25ξ)-5- 烯 - 茄甾烯 -3β,23β- 二醇 -3-O-β-D- 吡喃葡萄糖基 -(1 → 2)-[β-D- 吡喃木糖基 -(1 → 3)]-O-β-D- 吡喃葡萄糖基 -(1 → 4)-β-D- 吡喃半乳糖苷] (25ξ)-5-en-solaniden -3β,23β-diol-3-O-β-D-glucopyranosyl-(1 → 2)-[β-D-xylopyranosyl-(1 → 3)]-O-β-D-glucopyranosyl-(1 → 4)-β-D-galactopyranoside]
(25ξ)-5- 烯 - 茄甾烯 -3β,23β- 二醇 -3-O-β-D- 吡喃葡萄糖基 -(1 → 2)-O-β-D- 吡喃葡萄糖基 -(1 → 4)-β-D- 吡喃半乳糖苷 (25ξ)-5-en-solaniden-3β,23β-diol-3-O-β-D-glucopyranosyl-(1 → 2)-O-β-D-glucopyranosyl-(1 → 4)-β-D-galactopyranoside
(Z)-2- 烯醛 (Z)-2-nonenal
烯炔二环醚 en-yn-dicycloether
7(8)- 烯 - 升麻醇 -3-O-α-L- 吡喃阿拉伯糖苷 7(8)-en-cimigenol-3-O-α-L-arabinopyranoside
(Z)-11- 烯十六酸 (Z)-11-en-hexadecanoic acid
稀花紫堇碱▲ dubiamine
稀见槐黄烷酮▲ A, B, K exiguaflavanone A, B, K
(-)- 稀疏木瓣树胺▲ (-)-discretamine
(S)- 稀疏木瓣树胺▲ (S)-discretamine
l- 稀疏木瓣树胺▲ l-discretamine
稀疏木瓣树胺▲ discretamine
稀褶黑红菇素 nagricanin
稀子蕨内酯 mukagolactone
稀子蕨素 A, B, C monachosorin A, B, C
犀牛鞘毛菊酸▲ rhinocerotinoic acid
锡兰红厚壳𠮿酮▲ thwaitesixanthone
锡兰柯库木醇▲ zeylanol
锡兰柯库木萜醛▲ zeylasteral
锡兰柯库木萜酮▲ zeylasterone
锡兰肉桂醇 cinnzeylanol
锡兰肉桂素 cinnzeylanin
(-)- 锡兰紫玉盘环己烯醇 (-)-zeylenol
锡兰紫玉盘烯醇▲ zeylenol
锡兰紫玉盘烯基 -2,6- 二乙酯 zeylenyl-2,6-diacetate
锡兰紫玉盘烯酮▲ zeylenone
锡兰紫玉盘酯▲ zeylena
溪黄草灵 A~D serrin A~D
溪黄草素 A, B, D rabdoserrin A, B, D
豨莶贝壳杉酸▲ siegeskaurolic acid
豨莶草醇▲ kirenol
豨莶苷 darutoside
豨莶甲醚酸▲ siegesmethyletheric acid
豨莶精醇 darutigenol
豨莶醚酸 siegesetheric acid
豨莶内酯▲ orientalide
豨莶素▲ A, B orientalin A, B
豨莶亭▲ orientin
豨莶酯酸 siegesesteric acid
豨莶酯萜苷 A, B hythiemoside A, B
蜥尾草亭▲ A, B manassantin A, B
蜥蜴兰醇▲ hircinol
蜥蜴兰素▲ loroglossin
膝瓣乌头碱 geniconitine
膝瓣乌头林碱▲ geniculine
膝瓣乌头宁▲ A, B, C genicunine A, B, C
膝瓣乌头亭▲ A~D geniculatine A~D
膝沟藻毒素 1~6, 8 gonyautoxin 1~6, 8
(-)- 膝果双喙木碱▲ (-)-condylocarpine
(+)- 膝果双喙木碱▲ (+)-condylocarpine
习见狗牙花宁碱▲ modestanine
席氏毛地黄素▲ ziganein
喜旱莲子草苷▲ A~D philoxeroideside A~D
喜旱莲子草酸▲ philoxeroic acid
喜花草苷 eranthemoside
喜冷红景天林素▲ rhodalin; rodalin
喜马拉雅紫茉莉素▲ A himalain A
喜马雪松醇▲ himachalol
喜马雪松达醇▲ himadarol
喜马雪松裂酮▲ himasecolon
α- 喜马雪松烯▲ α-himachalene
β- 喜马雪松烯▲ β-himachalene
γ- 喜马雪松烯▲ γ-himachalene
喜马雪松烯▲ himachalene
β- 喜马雪松烯▲氧化物 β-himachalene oxide
(+)- 喜木姜子碱▲ (+)-laetine
喜树碱 camptothecine
9-β-D- 喜树碱葡萄糖苷 9-β-D-glucosyloxycamptothecin
喜树宁碱▲ camptacumanine
喜树鞣质 A, B camptothin A, B
喜树亭碱▲ camptacumotine
喜盐鸢尾酚▲ A, B halophilol A, B
细胞分裂素核苷酸 cytokinin ribotide
细胞色素 C-5_{49}, C_6 cytochrome C-5_{49}, C_6
细胞松弛素 D cytochalasin D
细柄红厚壳𠮿酮▲ gracilixanthone
细柄薯蓣皂苷元 tenuipegenin
细齿大戟素▲ A~E serrulatin A~E
细刺枸骨苷▲ II, III, IV, V hylonoside II, III, IV, V
细梗胡枝子酚 lespedezavirgatol
细梗胡枝子黄烷酮 espedezaflavonone
细梗胡枝子醛 lespedezavirgatal
细梗香草苷▲ I, II, A~L capilliposide I, II, A~L
细梗香草内酯 capilliplactone
细梗香草素▲ capillipnin
细果角茴香定碱▲ leptopidine
细果角茴香定宁▲ leptopidinine
细果角茴香碱▲ leptocarpine
细果角茴香明碱▲ hypecoumine
细果角茴香宁碱▲ leptocarpinine
细果角茴香匹宁▲ leptopinine
细果角茴香品碱▲ leptopine

X

细花百部次碱 parvistemoline
细花百部碱 parvistemonine
细花百部素▲ A~D parvistemin A~D
细花百部酰胺 parvistemoamide
细花线纹香茶菜素 A~F graciliflorin A~F
细花新百部碱 parvineostemonine
细茎石斛醇▲ moniliformine
细茎石斛苷 A~E dendromoniliside A~E
细茎石斛碱▲ moniline
细茎石斛醌▲ moniliquinone
细茎石斛素 A~E dendrobiumane A~E
细链格孢素▲ altenusin
细链格孢烯▲ altenuene
细脉翠雀醇碱▲ venulol
细穗胡椒酮碱▲ trachyone
细穗石松碱 lycophlegmarine
细穗石松明碱 lycophlegmine
细辛醇 A asarinol A
细辛醚 asaricin; sarisan
(*E*)- 细辛脑 (*E*)-asarone
α- 细辛脑 *α*-asarone
β- 细辛脑 *β*-asarone
γ- 细辛脑 *γ*-asarone
细辛脑 asarone
细辛醛 asaronaldehyde; asarylaldehyde
细辛酮 asatone
(-)- 细辛脂素 (-)-asarinin
(+)- 细辛脂素 (+)-asarinin
L- 细辛脂素 L-asarinin
细辛脂素 asarinin
细叶桉萜酯 A, B tereticornate A, B
细叶堆心菊素 tenulin
细叶黄皮内酯 anisolactone
细叶黄皮任▲ anisumarin
细叶黄皮香豆灵▲ A, B hekumarin A, B
细叶黄皮香豆任▲ A, B anisucumarin A, B
细叶黄皮香豆素▲ B, H, J anisocoumarin B, H, J
细叶黄皮香豆酮▲ hekumarone
细叶黄乌头宁▲ bataconine
水蔓菁苷 linariifolioside
细叶芹素▲ kaerophyllin
细叶天芥菜碱▲ strigosine
细叶乌头碱▲ A, B, C macrorhynine A, B, C
细叶益母草内酯 -1 LS-1
细叶益母草内酯 -2 LS-2
细叶益母草瑞酮▲ A, B leosibirinone A, B
细叶益母草素 leosibirin
细叶益母草酸 A, B leosibiric acid A, B
细叶益母草辛▲ leosibiricin
细叶益母草新酮▲ A~E sibiricinone A~E
(+)- 细叶益母草新酮▲ B (+)-sibiricinone B
细叶鸢尾酮 tenuifone
细叶远志醇 -3-*O*-*α*-L- 吡喃鼠李糖基 -(1 → 2)-*β*-D- 吡喃葡萄糖苷 tenuifoliol-3-*O*-*α*-L-rhamnopyranosyl-(1 → 2)-*β*-D-glucopyranoside
细叶远志二酮 tenuifodione
细叶远志苷▲ A~F tenuiside A~F
细叶远志利奥苷▲ A, B, C tenuifolioside A, B, C
细叶远志利苷▲ A, B, C tenuifoliside A, B, C
细叶远志素 tenuifolin
细叶远志糖 A~Q tenuifoliose A~Q
细叶远志皂苷 A tenuifoside A
细圆藤碱▲ A~D periglaucine A~D
细圆藤酮▲ A pericampylinone A
细指蟾酮 leptodactylone
细柱五加酸▲ acanthopanaxgric acid
细锥香茶菜醇 coestinol
细锥香茶菜定▲ A~G coetsoidin A~G
细锥香茶菜素 A, B coetsin A, B
细锥香茶菜酸 coetsanoic acid
细锥香茶菜酮醇▲ plecostonol
细锥香茶菜新素▲ A~D rabdocoetsin A~D
(3*S*,3'*S*)- 虾黄质 (3*S*,3'*S*)-astaxanthin
虾黄质 astaxanthin
(3*S*,3'*S*)- 虾黄质单酯 (3*S*,3'*S*)-astaxanthin monoester
(3*S*,3'*S*)- 虾黄质二酯 (3*S*,3'*S*)-astaxanthin diester
虾黄质酯 astaxanthin ester
虾脊兰菲酚▲ calaphenanthrenol
虾脊兰苷▲ calanthoside
虾子花素 A~I woodfordin A~I
(-)- 狭瓣暗罗碱▲ (-)-thaipetaline
狭苞囊吾醛 ligumedial
狭苞囊吾酸 ligumediaoic acid
狭苞囊吾氧化物 A intermedoxide A
狭果木醌▲ B stenocarpoquinone B
狭果前胡素▲ stenocarpin
狭果前胡素▲异丁酸酯 stenocarpin isobutyrate
狭基线纹香茶菜素 A gerardianin A
狭裂鸡骨常山碱▲ B-N^4- 氧化物 angustilobine B-N^4-oxide
(+)- 狭蓬芹内酯 (+)-lomatin
狭序唐松草灵▲ thaliatrine
狭序唐松草亭▲ thaliatraplextine
狭序唐松草辛▲ thaliatraplexine
狭叶白蜡树苷▲ B angustifolioside B
狭叶白鲜碱 A dictangustine A
狭叶白鲜宁碱▲ sonminine
狭叶白鲜素▲ A, B dictafolin A, B
狭叶百部碱 maistemonine
狭叶番泻林素▲葡萄糖苷 tinnevellin glucoside
狭叶凤尾蕨素▲ A henrin A
狭叶虎皮楠胺▲ angustifolimine
狭叶虎皮楠碱▲ A, B daphangustifoline A, B
狭叶虎皮楠明▲ angustimine
(+)- 狭叶槐酚▲ B (+)-stenophyllol B
狭叶槐酚▲ B stenophyllol B
狭叶鸡骨常山马林▲ angustimaline
狭叶鸡骨常山醛▲ angustimalal
狭叶锦鸡儿苯酚▲ A caragaphenol A
狭叶藜芦碱 A~D stenophylline A~D
狭叶藜芦碱 B-3-*O*-*β*-D- 吡喃葡萄糖苷 stenophylline B-3-*O*-*β*-D-glucopyranoside
狭叶栎鞣宁▲ A stenophyllinin A
狭叶栎鞣素▲ A, B, C stenophyllanin A, B, C
狭叶栎素▲ H_1 stenophyllin H_1
狭叶链珠藤宁▲ alyterinin
狭叶链珠藤酮▲ alyterinone
狭叶链珠藤酯▲ A, B, C alyterinate A, B, C
狭叶龙胆苷▲ linearoside

狭叶墨西哥蒿素 armexifolin
狭叶墨西哥蒿素▲ armefolin
狭叶南五味子二内酯▲ A, B angustifodilactone A, B
狭叶南五味子素▲ A~D angustifolin A~D
狭叶南五味子酸▲ A, B angustific acid A, B
狭叶南五味子亭▲ A~L kadangustin A~L
狭叶瓶尔小草酸 A, B thermalic acid A, B
狭叶五味子二内酯▲ A~R lancifodilactone A~R
狭叶五味子酚▲ A, B lanciphenol A, B
狭叶五味子内酯▲ A~D lancolide A~D
狭叶五味子宁▲ A~F lancifonin A~F
狭叶五味子酸▲ lancifoic acid
狭叶五味子酸▲ A lancifoic acid A
狭叶五味子亭▲ A schlanctin A
狭叶香茶菜素 angustifolin
狭叶香茶菜素 B, C angustifolin B, C
狭叶依瓦菊素▲ ivangustin
狭叶羽扇豆碱▲ angustifoline
狭叶芸香素▲ angustifolin
狭叶芸香素▲-7- 甲醚 angustifolin-7-methyl ether
狭叶獐牙菜苷 angustioside
狭叶獐牙菜苦素 angustiamarin
狭叶獐牙菜亭▲ A, B angustin A, B
狭叶獐牙菜酯▲ swertianglide
下田菊苷 A~G adenostemmoside A~G
下田菊酸 A~G adenostemmoic acid A~G
下延胡椒醛▲ decurrenal
夏橙碱 I, II natsucitrine I, II
夏橙素▲ natsudaidain
夏佛塔雪轮苷▲ schaftoside
夏枯草多糖 prunellin
夏枯草苷 A, B pruvuloside A, B
夏枯草素 A vulgarisin A
夏枯草新苷 A, B prunelloside A, B
夏枯草皂苷 A, B vulgarsaponin A, B
(-)- 夏蜡梅定 (-)-calycanthidine
夏蜡梅定 calycanthidine
夏蜡梅苷▲ calycanthoside
(-)- 夏蜡梅碱 (-)-calycanthine
夏蜡梅碱 calycanthine
夏栎鞣精▲ pedunculagin
夏栎素▲ A~E roburin A~E
夏栎酸▲ roburic acid
夏氏伏康树碱▲ voachalotine
夏天无宾碱▲ corydecumbine
夏天无碱 decumbenine
夏天无碱 B, C decumbenine B, C
夏天无新碱 decumbensine
夏威夷刺桐素▲ sandwicensin
夏至草素▲ A~H lagopsin A~H
仙鹤草酚 A~G agrimol A~G
仙鹤草内酯 -6-*O*-*β*-D- 吡喃葡萄糖苷 agrimonolide-6-*O*-*β*-D-glucopyranoside
仙鹤草素 agrimoniin
仙鹤草酸 A, B agrimonic acid A, B
仙客来苷 cyclamin
仙客来诺灵▲ cyclaminorin
仙客来亭▲ A, C, D cyclamiretin A, C, D
仙客来亭▲ A-3-*O*-*α*-L- 吡喃鼠李糖基 -(1 → 4)-*β*-D- 吡喃葡萄糖基 -(1 → 2)-[*β*-D- 吡喃葡萄糖基 -(1 → 4)]-*α*-L- 吡喃阿拉伯苷 cyclamiretin A-3-*O*-*α*-L-rhamnopyranosyl-(1 → 4)-*β*-D-glucopyranosyl-(1 → 2)-[*β*-D-glucopyranosyl-(1 → 4)]-*α*-L-arabinopyranoside
仙客来亭▲ A-3-*O*-*β*-D- 吡喃木糖基 -(1 → 2)-*β*-D- 吡喃葡萄糖基 -(1 → 2)-*β*-D- 吡喃葡萄糖基 -(1 → 4)-*α*-L- 吡喃阿拉伯糖苷 cyclamiretin A-3-*O*-*β*-D-xylopyranosyl-(1 → 2)-*β*-D-glucopyranosyl-(1 → 2)-*β*-D-glucopyranosyl-(1 → 4)-*α*-L-arabinopyranoside
仙客来亭▲ A-3*β*-*O*-[*α*-L- 吡喃鼠李糖基 -(1 → 4)-*β*-D- 吡喃葡萄糖基 -(1 → 2)-[*β*-D- 吡喃木糖基 -(1 → 4)-*β*-D- 吡喃葡萄糖基 -(1 → 4)]-*α*-L- 吡喃阿拉伯糖苷] cyclamiretin A-3*β*-*O*-[*α*-L-rhamnopyranosyl-(1 → 4)-*β*-D-glucopyranosyl-(1 → 2)-[*β*-D-xylopyranosyl-(1 → 4)-*β*-D-glucopyranosyl-(1 → 4)]-*α*-l-arabinopyranoside]
仙客来亭▲ A-3*β*-*O*-*α*-L- 吡喃鼠李糖基 -(1 → 2)-*β*-D- 吡喃葡萄糖基 -(1 → 4)-*α*-L- 吡喃阿拉伯糖苷 cyclamiretin A-3*β*-*O*-*α*-L-rhamnopyranosyl-(1 → 2) -*β*-D-glucopyranosyl-(1 → 4)-*α*-L-arabinopyranoside
仙客来亭▲ A-3*β*-*O*-*α*-L- 吡喃鼠李糖基 -(1 → 3)-[*β*-D- 吡喃木糖基 -(1 → 2)]-*β*-D- 吡喃葡萄糖基 -(1 → 4)-[*β*-D-6-*O*- 乙酰吡喃葡萄糖基 -(1 → 2)]-*α*-L- 吡喃阿拉伯糖苷 cyclamiretin A-3*β*-*O*-*α*-L-rhamnopyranosyl-(1→3)-[*β*-D-xylopyranosyl-(1→2)]-*β*-D-glucopyranosyl-(1→4)-[*β*-D-6-*O*-acetylglucopyranosyl-(1→2)]-*α*-L-arabinopyranoside
仙客来亭▲ A-3*β*-*O*-*α*-L- 吡喃鼠李糖基 -(1 → 3)-[*β*-D- 吡喃木糖基 -(1 → 2)]-*β*-D- 吡喃葡萄糖基 -(1 → 4)-[*β*-D- 吡喃葡萄糖基 -(1 → 2)]-*α*-L- 吡喃阿拉伯糖苷 cyclamiretin A-3*β*-*O*-*α*-L-rhamnopyranosyl-(1 → 3)-[*β*-D-xylopyranosyl-(1 → 2)]-*β*-D -glucopyranosyl-(1 → 4)-[*β*-D-glucopyranosyl-(1 → 2)]-*α*-L-arabinopyranoside
仙客来亭▲ A-3*β*-*O*-*α*-L- 吡喃鼠李糖基 -(1 → 3)-[*β*-D- 吡喃葡萄糖基 -(1 → 3)-*β*-D- 吡喃木糖基 -(1 → 2)]-*β*-D- 吡喃葡萄糖基 -(1 → 4)-[*β*-D- 吡喃葡萄糖基 -(1 → 2)]-*α*-L- 吡喃阿拉伯糖苷 cyclamiretin A-3*β*-*O*-*α*-L-rhamnopyranosyl-(1 → 3)-[*β*-D-glucopyranosyl-(1→3)-*β*-D-xylopyranosyl-(1→2)]-*β*-D-glucopyranosyl-(1 → 4)-[*β*-D-glucopyranosyl-(1 → 2)]-*α*-L-arabinopyranoside
仙客来亭▲ A-3*β*-*O*-*β*-D- 吡喃木糖基 -(1 → 2)-*β*-D- 吡喃葡萄糖基 -(1 → 4)-*α*-L- 吡喃阿拉伯糖苷 cyclamiretin A-3*β*-*O*-*β*-D- xylopyranosyl-(1 → 2)-*β*-D-glucopyranosyl-(1 → 4)-*α*-L-arabinopyranoside
仙客来亭▲ D-3-*O*-*α*-L- 阿拉伯糖苷 cyclamiretin D-3-*O*-*α*-L-arabipyranoside
仙客来亭▲ D-3-*O*-*β*-D- 吡喃木糖基 -(1 → 2)-*β*-D- 吡喃葡糖基 -(1 → 4)-[*β*-D- 吡喃葡糖基 -(1 → 2)]-*α*-L- 吡喃阿拉伯糖苷 cyclamiretin D-3-*O*-*β*-D-xylopyranosyl-(1 → 2)-*β*-D-glucopyranosyl-(1 → 4)-*β*-D-glucopyranosyl-(1 → 2)-*α*-L-arabinopyranoside
仙客来亭▲ D-3-*O*-*β*-D- 吡喃葡萄糖基 -(1 → 2)-*α*-L- 吡喃阿拉伯糖苷 cyclamiretin D-3-*O*-*β*-D-glucopyranosyl-(1 → 2)-*α*-L-arabipyranoside
仙茅苷 A~E, I curculigoside A~E, I
仙茅木脂素 curlignan
仙茅参苷▲ A corchioside A
仙茅素 curculigin; curculigine
仙茅素 A~D curculigin; curculigine A~D
仙茅萜醇 curculigol
仙茅皂苷 A~J curculigosaponin A~J
仙茅皂苷元 curculigenin

X

仙茅皂苷元 A, B, C curculigenin A, B, C
仙人掌醇 opuntiol
仙人掌苷 cacticin
仙人掌苷 I opuntioside I
仙人掌碱▲B opuntine B
仙人掌酯 opuntiaester
先前菊蒿烯内酯▲ tanapraetenolide
纤冠藤苷▲A gongroneside A
纤花耳草苷 A~E teneoside A~E
纤孔菌清除素▲A inoscavin A
纤孔菌素▲A, B inonotusin A, B
纤孔菌萜▲A inoterpene A
纤孔真菌素▲A interfungin A
纤溶酶 fibrinolytic enzyme
4'-*O*-*β*- 纤维二糖基 -12*β*- 羟基钉头果勾苷▲ 4'-*O*-*β*-cellobiosyl-12*β*-hydroxyfrugoside
4'-*O*-*β*- 纤维二糖基钉头果伏苷▲ 4'-*O*-*β*-cellobiosyl-gofruside
4'-*O*-*β*- 纤维二糖基钉头果勾苷▲ 4'-*O*-*β*-cellobiosyl-frugoside
纤维二糖基黄花夹竹桃糖苷 cellobiosyl-thevetoside
纤维二糖基洋地黄甲苷 cellobiosyldigigulomethyloside
α-/*β*- 纤维素 *α*-/*β*-cellulose
纤细虎皮楠碱▲ daphgracine
纤细虎皮楠林碱▲ daphgraciline
纤细虎皮楠灵碱▲ daphnigraciline
纤细虎皮楠辛碱▲ daphnigracine
纤细米仔兰灵▲ marikarin
纤细薯蓣皂苷 gracillin
N- 酰氨基酸氨基水解酶 *N*-acylamino acid aminohydrolase
3-*O*- 酰化 -L- 鼠李糖 3-*O*-acyl-L-rhamnose
6'-*O*- 酰基穿贝海绵甾醇 -3-*O*- 吡喃葡萄糖苷 6'-*O*-acylclionasterol-3-*O*-glucopyranoside
鲜白当归脑 sen-byakangelicol
鲜卑花苷▲ sibiskoside
鲜卑花内酯▲ sibiscolacton
鲜卑花酸▲ sibiraic acid
鲜卑花酯 sibirate
暹罗树脂酸 siaresinolic acid
暹罗树脂酸 -28-*O*-*β*-D- 吡喃葡萄糖基酯 siaresinolic acid-28-*O*-*β*-D-glucopyranosyl ester
暹罗树脂酸 -3-*O*-*β*-D- 吡喃葡萄糖醛酸苷 -6'-*O*- 甲酯 siaresinolic acid-3-*O*-*β*-D-glucuronopyranoside-6'-*O*-methyl ester
显萼金丝桃屾酮▲D calycinoxanthone D
显脉香茶菜宁素 nervosanin
显脉香茶菜宁素 A, B nervosanin A, B
显脉香茶菜素 nervosin
显脉香茶菜辛▲ novelrabdosin
显脉香茶菜新素 A~J rabdonervosin A~J
显脉旋覆花素▲ inulavosin
显脉旋覆花酯▲A, B, C nervolan A, B, C
显脉獐牙菜苷 nervoside
显桑素▲D, F, L morusignin D, F, L
苋红素 amaranthin
苋叔醇▲A~D amarantholidol A~D
苋叔醇苷▲I, II, III, IV amarantholidoside I, II, III, IV
苋辛素▲ amaricin
苋甾醇 amasterol
苋甾酮 A, B amarasterone A, B
苋脂苷▲ amaranthoside
线瓣石豆兰素▲ gymnopusin
线蕨烷氧化物 colysanoxide
线纹香茶菜苷 A, B lophanthoside A, B
线纹香茶菜素 A~G lophanthiodin A~G
线纹香茶菜酸 lophanic acid
线纹香茶菜酸 A, B lophanic acid A, B
线纹香茶菜辛▲A~D isolophanthin A~D
线叶糙苏苷▲A phlinoside A
线叶蓟酚▲ cirsiliol
线叶蓟酚▲-4'-*O*-*β*-D- 吡喃葡萄糖苷 cirsiliol-4'-*O*-*β*-D-glucopyranoside
线叶蓟尼酚▲ cirsilineol
线叶蓟尼酚▲-4'-*O*-*β*-D- 吡喃葡萄糖苷 cirsilineol-4'-*O*-*β*-D-glucopyranoside
线叶绣球防风苷 linifolioside
腺齿木脂素▲ calopiptin
2'- 腺甘单磷酸酯 2'-adenosine monophosphate
3'- 腺甘单磷酸酯 3'-adenosine monophosphate
腺苷 adenosine
腺梗豨莶醇 siegesbeckiol
腺梗豨莶苷 siegesbeckioside
腺梗豨莶苷▲A~E pubeside A~E
腺梗豨莶素▲ pubetallin
腺梗豨莶酸 siegesbeckic acid
腺冠木碱▲ stemmadenine
腺果藤素 B pisonin B
腺花香茶菜素 adenanthin
腺花香茶菜素 A~L, N, O, P adenanthin A~L, N, O, P
腺花香茶菜酮 adenanthusone
腺花香茶菜新素▲ isodonadenanthin
腺荚豆碱 adenocarpine
腺毛黑种草碱▲ nigeglanine
腺毛唐松草碱▲ fetidine
腺茉莉苷▲A colebroside A
腺茉莉素▲A~E colebrin A~E
腺嘌呤 adenine
腺嘌呤核苷 adenine riboside
腺叶香茶菜素 D, E adenolin D, E
(2*Z*)- 相对 -(-)-(2*R*,3*S*)-5- 乙酰基 -2,3- 二氢 -7- 甲氧基 -2-(1- 甲基乙烯基)-3- 苯并呋喃 -2- 甲基 -2- 丁烯酸酯 (2*Z*)-*rel*-(-)-(2*R*,3*S*)-5-acetyl-2,3-dihydro-7-methoxy-2-(1-methylethenyl)-3-benzofuranyl-2-methyl-2-butenoic acid ester
(2*E*)- 相对 -(-)-2-[(1'*R*,2'*R*,4'a*S*,8'a*S*)- 十氢 -2',5',5',8'a- 四甲基螺环 [呋喃 -2(3*H*),1'(2'*H*)- 萘烯]-5- 亚基]- 乙醛 (2*E*)-*rel*-(-)-2-[(1'*R*,2'*R*,4'a*S*,8'a*S*)-decahydro-2',5',5',8'a-tetramethylspiro[furan-2(3*H*),1'(2'*H*)-naphthalen]-5-ylidene]-acetaldehyde
相对 -(-)-4-[(2*R*,6*S*)- 四氢 -6-(2- 对羟基苯乙基)-2*H*- 吡喃 -2- 基]-1,2- 苯二酚 *rel*-(-)-4-[(2*R*,6*S*)-tetrahydro-6-[2-(4-hydroxyphenyl)ethyl]-2*H*-pyran-2-yl]-1,2-benzenediol
(2*R*,3*R*,4*R*)- 相对 -(-)- 四氢 -3- 羟基 -2-(4- 羟基 -3- 甲氧基苯基)-4-[(4- 羟基 -3- 甲氧基苯基) 甲基]-3- 呋喃甲醇 (2*R*,3*R*,4*R*)-*rel*-(-)-tetrahydro-3-hydroxy-2-(4-hydroxy-3-methoxyphenyl)-4-[(4-hydroxy-3-methoxyphenyl)methyl]-3-furanmethanol
(2*E*,2'*E*)- 相对 -(+)-1,2-*O*- 二咖啡酰环戊 -3- 醇 (2*E*,2'*E*)-*rel*-(+)-1,2-*O*-dicaffeoylcyclopentan-3-ol
(2*R*,4a*S*,7a*R*)- 相对 -(+)-7a- 乙酰基 -3,4,4a,7a- 四氢 -4a- 羟基 -2,6,7- 三甲基 -2-(4,8,12- 三甲基十三烷基)- 环戊 [b] 吡喃 -5(2*H*)- 酮 (2*R*,4a*S*,7a*R*)-*rel*-(+)-7a-acetyl-3,4,4a,7a-tetrahydro-4a-hydroxy-2,6,7-trimethyl-2-(4,8,12-trimethyltridecyl)-cyclopenta[b]pyran-5(2*H*)-one

相对 -(1*R*,2*R*,3*S*)-2-(3'- 甲氧基 -4',5'- 亚甲二氧基苯基)-3-(2",4",5"- 三甲氧基苯基) 环丁烷羧甲酯 methyl *rel*-(1*R*,2*R*,3*S*)-2-(3'-methoxy-4',5'-methylenedioxyphenyl)-3-(2",4",5"-trimethoxyphenyl)cyclobutanecarboxylate
相对 -(1*R*,2*S*,3*S*)-2-(3'- 甲氧基 -4',5'- 亚甲二氧基苯基)-3-(2",4",5"- 三甲氧基苯基) 环丁烷羧甲酯 methyl *rel*-(1*R*,2*S*,3*S*)-2-(3'-methoxy-4',5'-methylenedioxyphenyl)-3-(2",4",5"-trimethoxyphenyl)cyclobutanecarboxylate
(+)- 相对 -(1*R*,3*S*,4*R*,5*R*,8*R*,9*R*)-1,3,4,5,8,9- 六氢 -8- 羟基 -3- 甲氧基 -2*H*-1a,2- 二氧杂环戊 [cd] 茚烯 -4- 羧酸甲酯 methyl (+)-*rel*-(1*R*,3*S*,4*R*,5*R*,8*R*,9*R*)-1,3,4,5,8,9-hexahydro-8-hydroxy-3-methoxy-2*H*-1a,2-dioxacyclopent[*cd*]indene-4-carboxylate
相对 -(1*R*,3*S*,4*R*,6*S*,7*R*)-4- 乙酰氧基 -1- 当归酰氧基 -11- 羟基红没药 -9- 烯 *rel*-(1*R*,3*S*,4*R*,6*S*,7*R*)-4-acetyloxy-1-angeloyloxy-11-hydroxybisabol-9-ene
(+)- 相对 -(1*R*,3*S*,4*S*,5*R*,8*R*,9*R*)-1,3,4,5,8,9- 六氢 -8- 羟基 -3- 甲氧基 -2*H*-1a,2- 二氧杂环戊 [cd] 茚烯 -4- 羧酸甲酯 methyl (+)-*rel*-(1*R*,3*S*,4*S*,5*R*,8*R*,9*R*)-1,3,4,5,8,9-hexahydro-8-hydroxy-3-methoxy-2*H*-1a,2-dioxacyclopent[*cd*]indene-4-carboxylate
相对 -(2*R*,3*R*,6*R*,7*R*,8*R*,9*S*,13*S*,15*R*)-(4*E*,11*E*)-2,7,8,9- 四乙酰氧基 -3- 苯甲酰氧基 -6,15- 二羟基 -14- 氧代麻疯树 -4,11- 二烯 *rel*-(2*R*,3*R*,6*R*,7*R*,8*R*,9*S*,13*S*,15*R*)-(4*E*,11*E*)-2,7,8,9-tetraacetoxy-3-(benzoyloxy)-6,15-dihydroxy-14-oxojatropha-4,11-diene
相对 -(2*R*,3*R*,6*S*,7*R*,8*R*,9*S*,13*S*,15*R*)-(4*E*,11*E*)-2,6,7,8,9,15- 六乙酰氧基 -3- 苯甲酰氧基 -14- 氧代麻疯树 -4,11- 二烯 *rel*-(2*R*,3*R*,6*S*,7*R*,8*R*,9*S*,13*S*,15*R*)-(4*E*,11*E*)-2,6,7,8,9,15-hexaacetoxy-3-(benzoyloxy)-14-oxojatropha-4,11-diene
相对 -(2*R*,3*S*,6*R*,7*S*,8*S*,9*S*,13*R*,14*S*,15*S*)-(4*E*,11*E*)-8,14,15- 三乙酰氧基 -3- 苯甲酰氧基 -6,9- 环氧 -9- 羟基 -7- 巴豆酰氧基麻疯树 -4,11- 二烯 *rel*-(2*R*,3*S*,6*R*,7*S*,8*S*,9*S*,13*R*,14*S*,15*S*)-(4*E*,11*E*)-8,14,15-triacetoxy-3-benzoyloxy-6,9-epoxy-9-hydroxy-7-tigloyloxyjatropha-4,11-diene
相对 -(2*R*,3*S*,6*S*,7*R*,8*R*,9*S*,13*R*,15*R*)-(4*Z*,11*E*)-6,7,8,9,15- 五乙酰氧基 -3- 苯甲酰氧基 -14- 氧代麻疯树 -4,11- 二烯 rel-(2*R*,3*S*,6*S*,7*R*,8*R*,9*S*,13*R*,15*R*)-(4*Z*,11*E*)-6,7,8,9,15-pentaacetoxy-3-benzoyloxy-14-oxojatropha-4,11-diene
相对 -(2*S*)-2- 羟基 -2-2'-[(2"*R*,3"*R*)-4"- 愈创木 -2",3"- 二甲基丁基]-5'- 氧代 -2',5'- 二氢 -2- 呋喃乙酸甲酯 *rel*-methyl (2*S*)-2-hydroxy-2-2'-((2"*R*,3"*R*)-4"-guaiacyl-2",3"-dimethylbutyl)-5'-oxo-2',5'-dihydro-2-furanylethnoate
相对 -(2*S*)-2- 羟基 -2-2'-[(2"*R*,3"*S*)-4"- 愈创木 -2",3"- 二甲基丁基]-5'- 氧代 -2',5'- 二氢 -2- 呋喃乙酸甲酯 *rel*-methyl (2*S*)-2-hydroxy-2-2'-[(2"*R*,3"*S*)-4"-guaiacyl-2",3"-dimethylbutyl]-5'-oxo-2',5'-dihydro-2-furanylethnoate
相对 -(2*S*,3*S*,6*S*,7*R*,8*R*,9*S*,13*S*,14*S*)-(4*Z*,11*E*)-6,7,8,9,14- 五乙酰氧基 -3- 苯甲酰氧基麻疯树 -1(15),4,11- 三烯 *rel*-(2*S*,3*S*,6*S*,7*R*,8*R*,9*S*,13*S*,14*S*)-(4*Z*,11*E*)-6,7,8,9,14-pentaacetoxy-3-benzoyloxyjatropha-1(15),4,11-triene
(±)- 相对 -(2*α*,3*β*)-7-*O*- 甲基雪松辛素 (±)-*rel*-(2*α*,3*β*)-7-*O*-methylcedrusin
相对 -(2*α*,3*β*)-7-*O*- 甲基雪松脂素▲ *rel*-(2*α*,3*β*)-7-*O*-methylcedrusin
相对 -(3*R*,3'*S*,4*R*,4'*S*)-3,3',4,4'- 四氢 -6,6'- 二甲氧基 [3,3'- 二 -2*H*- 苯并吡喃]-4,4'- 二醇 *rel*-(3*R*,3'*S*,4*R*,4'*S*)-3,3',4,4'-tetrahydro-6,6'-dimethoxy[3,3'-bi-2*H*-benzopyran]-4,4'-diol
相对 -(3*R*,5*S*)-5-{(1*R*,5*Z*,9*E*)-5-[(乙酰氧基) 甲基]-11- 羟基 -1,9- 三甲基十一烷 -5,9- 二烯 -1- 基 } 四氢 -2,2- 二甲基呋喃 -3- 醇 *rel*-(3*R*,5*S*)-5-{(1*R*,5*Z*,9*E*)-5-[(acetyloxy)methyl]-11-hydroxy-1,9-dimethylundeca-5,9-dien-1-yl}tetrahy-dro-2, 2-dimethylfuran-3-ol
相对 -(3*S*,4aR,10b*R*)-8- 羟基 -3- 对羟苯基 -9- 甲氧基 -4a,5,6,10b- 四氢 -3*H*- 萘 [2,1-b] 吡喃 *rel*-(3*S*,4a*R*,10b*R*)-8-hydroxy-3-(4-hydroxyphenyl)-9-methoxy-4a,5,6,10b-tetrahydro-3*H*-naphtho[2,1-b]pyran
相对 -(3*S*,4*S*,5*S*)-3-[(2*R*)-2- 羟基二十二酰氨基]-4- 羟基 -5-[(4*Z*)- 十四烷 -4- 烯]-2,3,4,5- 四氢呋喃 *rel*-(3*S*,4*S*,5*S*)-3-[(2*R*)-2-hydroxydocosanoylamino]-4-hydroxy-5-[(4*Z*)-tetradecane-4-ene]-2,3,4,5-tetrahydrofuran
相对 -(3*S*,4*S*,5*S*)-3-[(2*R*)-2- 羟基二十六酰氨基]-4- 羟基 -5-[(4*Z*)- 十四烷 -4- 烯]-2,3,4,5- 四氢呋喃 *rel*-(3*S*,4*S*,5*S*)-3-[(2*R*)-2-hydroxyhexacosanoylamino]-4-hydroxy-5-[(4*Z*)-tetradecane-4-ene]-2,3,4,5-tetrahydrofuran
相对 -(3*S*,4*S*,5*S*)-3-[(2*R*)-2- 羟基二十三酰氨基]-4- 羟基 -5-[(4*Z*)- 十四烷 -4- 烯]-2,3,4,5- 四氢呋喃 *rel*-(3*S*,4*S*,5*S*)-3-[(2*R*)-2-hydroxytricosanoylamino]-4-hydroxy-5-[(4*Z*)-tetradecane-4-ene]-2,3,4,5-tetrahydrofuran
相对 -(3*S*,4*S*,5*S*)-3-[(2*R*)-2- 羟基二十四酰氨基]-4- 羟基 -5-[(4*Z*)- 十四烷 -4- 烯]-2,3,4,5- 四氢呋喃 *rel*-(3*S*,4*S*,5*S*)-3-[(2*R*)-2-hydroxytetracosanoylamino]-4-hydroxy-5-[(4*Z*)-tetradecane-4-ene]-2,3,4,5-tetrahydrofuran
相对 -(3*S*,4*S*,5*S*)-3-[(2*R*)-2- 羟基二十五酰氨基]-4- 羟基 -5-[(4*Z*)- 十四烷 -4- 烯]-2,3,4,5- 四氢呋喃 *rel*-(3*S*,4*S*,5*S*)-3-[(2*R*)-2-hydroxypentacosanoylamino]-4-hydroxy-5-[(4*Z*)-tetradecane-4-ene]-2,3,4,5-tetrahydrofuran
相对 -(3*S*,4*S*,5*S*)-3-[(2*R*)-2- 羟基二十酰氨基]-4- 羟基 -5-[(4*Z*)- 十四烷 -4- 烯]-2,3,4,5- 四氢呋喃 *rel*-(3*S*,4*S*,5*S*)-3-[(2*R*)-2-hydroxyeicosanoylamino]-4-hydroxy-5-[(4*Z*)-tetradecane-4-ene]-2,3,4,5-tetrahydrofuran
相对 -(3*S*,4*S*,5*S*)-3-[(2*R*)-2- 羟基二十一酰氨基]-4- 羟基 -5-[(4*Z*)- 十四烷 -4- 烯]-2,3,4,5- 四氢呋喃 *rel*-(3*S*,4*S*,5*S*)-3-[(2*R*)-2-hydroxyheneicosanoylamino]-4-hydroxy-5-[(4*Z*)-tetradecane-4-ene]-2,3,4,5-tetrahydrofuran
相对 -(5*S*,6*S*,7*R*,10*R*,12*S*,13*R*)-7- 羟基白鼠尾草 -8,14- 二烯 -11,16- 二酮 -(22,6)- 内酯 *rel*-(5*S*,6*S*,7*R*,10*R*,12*S*,13*R*)-7-hydroxyapiana-8,14-diene-11,16-dion-(22,6)-olide
相对 -(5*S*,6*S*,7*S*,10*R*,12*R*,13*S*)-7- 羟基白鼠尾草 -8,14- 二烯 -11,16- 二酮 -(22,6)- 内酯 *rel*-(5*S*,6*S*,7*S*,10*R*,12*R*,13*S*)-7-hydroxyapiana-8,14-diene-11,16-dion-(22,6)-olide
相对 -(5*S*,6*S*,7*S*,10*R*,12*S*,13*R*)-7- 羟基白鼠尾草 -8,14- 二烯 -11,16- 二酮 -(22,6)- 内酯 *rel*-(5*S*,6*S*,7*S*,10*R*,12*S*,13*R*)-7-hydroxyapiana-8,14-diene-11,16-dion-(22,6)-olide
相对 -(6*R*,5*R*,9*R*)-(2- 氧杂 - 双环 [3,3,0] 辛 -3- 酮 -8- 烯 -9,8- 二基) 二甲醇 *rel*-(6*R*,5*R*,9*R*)-(2-oxa-bicyclo[3,3,0]oct-3-one-8-en-9,8-diyl)dimethanol
相对 -(7*R*,8*S*,7'*S*,8'*S*)-4,5,4',5'- 二亚甲二氧基 -3,3'- 二氧基 -7,7'- 环氧木脂素 *rel*-(7*R*,8*S*,7'*S*,8'*S*)-4,5,4',5'-dimethylenedioxy-3,3'-dimethoxy-7,7'-epoxylignan
相对 -(7*R*,8*S*,7'*S*,8'*S*)-4',5'- 亚甲二氧基 -3,4,5,3'- 四甲氧基 -7,7'- 环氧木脂素 *rel*-(7*R*,8*S*,7'*S*,8'*S*)-4',5'-methylenedioxy-3,4,5,3'-tetramethoxy-7,7'-epoxylignan
相对 -(7*R*,8*S*,7'*S*,8'*S*)-4'- 羟基 -3,4,5,3',5'- 五甲氧基 -7,7'- 环氧木脂素 *rel*-(7*R*,8*S*,7'*S*,8'*S*)-4'-hydroxy-3,4,5,3',5'-pentamethoxy-7,7'-epoxylignan
相对 -(7*R*,8*S*,7'*S*,8'*S*)-4- 羟基 -4',5'- 亚甲二氧基 -3,5,3'- 三甲氧基 -7,7'- 环氧木脂素 *rel*-(7*R*,8*S*,7'*S*,8'*S*)-4-hydroxy-4',5'-methylenedioxy-3,5,3'-trimethoxy-7,7'-epoxylignan
相对 -(7*R*,8*S*,7'*S*,8'*S*)-9- 羟基 -4',5'- 亚甲二氧基 -3,4,5,3'- 四甲氧基 -7,7'- 环氧木脂素 *rel*-(7*R*,8*S*,7'*S*,8'*S*)-9-hydroxy-4',5'-methylenedioxy-3,4,5,3'-tetramethoxy-7,7'-epoxylignan
相对 -(7*α*,8*β*)-3- 甲氧基 -4',7- 环氧 -8,3'- 氧代新木脂素 -4,9,9'- 三

X

醇 rel-(7α,8β)-3-methoxy-4',7-epoxy-8,3'-oxyneolignan-4,9,9'-triol

相对 -(8R,8'R)- 二甲基 -(7S,7'R)- 双 (3,4- 亚甲二氧基苯基) 四氢呋喃 rel-(8R,8'R)-dimethyl-(7S,7'R)-bis(3,4-methylenedioxyphenyl) tetrahydrofuran

相对 -[7S,8S,8'S]-3,4,3',4'- 四甲氧基 -9,7'- 二羟基 -8.8',7.O.9'- 木脂素 rel-[7S,8S,8'S]-3,4,3',4'-tetramethoxy-9,7'-dihydroxy-8.8',7.O.9'-lignan

(2R,3R)- 相对 -1,4- 双 (1,3- 苯并二氧 -5- 基)-2,3- 二甲基 -1,4- 丁二酮 (2R,3R)-rel-1,4-bis(1,3-benzodioxol-5-yl)-2,3-dimethyl-1,4-butanedione

相对 -2-(6- 苯甲酰基 -β- 吡喃葡萄糖氧基)-7-(1α,2α,6α- 三羟基 -5- 氧化环己 -3- 烯酰基)-5- 羟基苯乙醇 rel-2-(6-benzoyl-β-glucopyranosyloxy)-7-(1α,2α,6α-trihydroxy-5-oxocyclohex-3-enoyl)-5-hydroxybenzyl alcohol

1-[(相对 -2S,3R)-3,5,7- 三羟基 -3,4- 二氢 -2H- 色原烯 -2- 基] 乙酮 1-[(rel-2S,3R)-3,5,7-trihydroxy-3,4-dihydro-2H-chromen-2-yl] ethanone

1-[(相对 -2S,3S)-3,5,7- 三羟基 -3,4- 二氢 -2H- 色原烯 -2- 基] 乙酮 1-[(rel-2S,3S)-3,5,7-trihydroxy-3,4-dihydro-2H-chromen-2-yl] ethanone

(4R,5S)- 相对 -4- 羟基甲基 -5-(1,3- 亚甲二氧基 -5- 基)- 二氢 -2(3H)- 呋喃酮 (4R,5S)-rel-4-(hydroxymethyl)-5-(1,3-benzodioxol-5-yl)-dihydro-2(3H)-furanone

相对 -5-(1R,5S- 二甲基 -3R,4R,8S- 三羟基 -7- 氧杂 -6- 氧代双环 [3,2,1] 辛 -8- 基)-3- 甲基 -2Z,4E- 戊二烯酸 rel-5-(1R,5S-dimethyl-3R,4R,8S-trihydroxy-7-oxa-6-oxobicyclo-[3,2,1]oct-8-yl)-3-methyl-2Z,4E-pentadienoic acid

相对 -5-(1R,5S- 二甲基 -3R,4R,8S- 三羟基 -7- 氧杂双环 [3,2,1] 辛 -8- 基)-3- 甲基 -2Z,4E- 戊二烯酸 rel-5-(1R,5S-dimethyl-3R,4R,8S-trihydroxy-7-oxabicyclo[3,2,1]-oct-8-yl)-3-methyl-2Z,4E-pentadienoic acid

相对 -5-(3S,8S- 二羟基 -1R,5S- 二甲基 -7- 氧杂 -6- 氧代双环 [3,2,1] 辛 -8- 基)-3- 甲基 -2Z,4E- 戊二烯酸 rel-5-(3S,8S-dihydroxy-1R,5S-dimethyl-7-oxa-6-oxobicyclo[3,2,1]oct-8-yl)-3-methyl-2Z,4E-pentadienoic acid

相对 -5-(3S,8S- 二羟基 -1R,5S- 二甲基 -7- 氧杂 -6- 氧代双环 [3,2,1]- 辛 -8- 基)-3- 甲基 -2Z,4E- 戊二烯酸 rel-5-(3S,8S-dihydroxy-1R,5S-dimethyl-7-oxa-6-oxobicyclo[3,2,1]-oct-8-yl)-3-methyl-2Z,4E-pentadienoic acid

相对 -5-(3S,8S- 二羟基 -1R,5S- 二甲基 -7- 氧杂 -6- 氧代双环 [3,2,1] 辛 -8- 基)-3- 甲基 -2Z,4E- 戊二烯酸 3-O-β-D- 吡喃葡萄糖苷 rel-5-(3S,8S-dihydroxy-1R,5S-dimethyl-7-oxa-6-oxobicyclo[3,2,1]oct-8-yl)-3-methyl-2Z,4E-pentadienoic acid 3-O-β-D-glucopyranoside

(相对 -5S,6R,8R,9R,10S,13S,15R,16R)-6- 乙酰氧基 -9,13;15,16- 二环氧 -15- 羟基 -16- 甲氧基半日花烷 (rel-5S,6R,8R,9R,10S,13S,15R,16R)-6-acetoxy-9,13;15,16-diepoxy-15-hydroxy-16-methoxylabdane

(相对 -5S,6R,8R,9R,10S,13S,15S,16R)-6- 乙酰氧基 -9,13;15,16- 二环氧 -15- 羟基 -16- 甲氧基半日花烷 (rel-5S,6R,8R,9R,10S,13S,15S,16R)-6-acetoxy-9,13;15,16-diepoxy-15-hydroxy-16-methoxylabdane

(2R,3R,4aS,6S,7R)- 相对 -6- 溴 -3,4,5,6,7,8- 六氢 -2,5,5- 三甲基 -2H-2,4a- 桥乙基萘 -3,7- 二醇 (2R,3R,4aS,6S,7R)-rel-6-bromo-3,4,5,6,7,8-hexahydro-2,5,5-trimethyl-2H-2,4a-ethanonaphthalene-3,7-diol

(2R)- 相对 -N-[(3R,4S,5S)-5-(4E)-4- 十七碳烯 -1- 四氢 -4- 羟基 -3- 呋喃基]-2- 羟基 - 二十二烷酰胺 (2R)-rel-N-[(3R,4S,5S)-5-(4E)-4-heptadecen-1-yl-tetrahydro-4-hydroxy-3-furanyl]-2-hydroxy-docosanamide

(2R)- 相对 -N-[(3R,4S,5S)-5-(4E)-4- 十七碳烯 -1- 四氢 -4- 羟基 -3- 呋喃基]-2- 羟基 - 二十三烷酰胺 (2R)-rel-N-[(3R,4S,5S)-5-(4E)-4-heptadecen-1-yl-tetrahydro-4-hydroxy-3-furanyl]-2-hydroxy-tricosanamide

(2R)- 相对 -N-[(3R,4S,5S)-5-(4E)-4- 十七碳烯 -1- 四氢 -4- 羟基 -3- 呋喃基]-2- 羟基 - 二十四烷酰胺 (2R)-rel-N-[(3R,4S,5S)-5-(4E)-4-heptadecen-1-yl-tetrahydro-4-hydroxy-3-furanyl]-2-hydroxy-tetracosanamide

(2R)- 相对 -N-[(3R,4S,5S)-5-(4E)-4- 十七碳烯 -1- 四氢 -4- 羟基 -3- 呋喃基]-2- 羟基 - 二十烷酰胺 (2R)-rel-N-[(3R,4S,5S)-5-(4E)-4-heptadecen-1-yl-tetrahydro-4-hydroxy-3-furanyl]-2-hydroxy-eicosanamide

(2R)- 相对 -N-[(3R,4S,5S)-5-(4E)-4- 十七碳烯 -1- 四氢 -4- 羟基 -3- 呋喃基]-2- 羟基 - 二十五烷酰胺 (2R)-rel-N-[(3R,4S,5S)-5-(4E)-4-heptadecen-1-yl-tetrahydro-4-hydroxy-3-furanyl]-2-hydroxy-pentacosanamide

(2R)- 相对 -N-[(3R,4S,5S)-5-(4E)-4- 十七碳烯 -1- 四氢 -4- 羟基 -3- 呋喃基]-2- 羟基 - 二十一烷酰胺 (2R)-rel-N-[(3R,4S,5S)-5-(4E)-4-heptadecen-1-yl-tetrahydro-4-hydroxy-3-furanyl]-2-hydroxy-heneicosanamide

(2R)- 相对 -N-[(3R,4S,5S)-5-(4E)-4- 十七碳烯 -1- 四氢 -4- 羟基 -3- 呋喃基]-2- 羟基 - 十九烷酰胺 (2R)-rel-N-[(3R,4S,5S)-5-(4E)-4-heptadecen-1-yl-tetrahydro-4-hydroxy-3-furanyl]-2-hydroxy-nonadecanamide

(2E)- 相对 -N-[2-[5-[(1R,2R)-2-(3,4- 二甲氧基苯基)-2- 羟基 -1-(羟基甲基) 乙氧基]-1H- 吲哚 -3- 基] 乙基]-3-(4- 甲氧基苯基)-2- 丙烯酰胺 (2E)-rel-N-[2-[5-[(1R,2R)-2-(3,4-dimethoxyphenyl)-2-hydroxy-1-(hydroxymethyl)ethoxy]-1H-indol-3-yl]ethyl]-3-(4-methoxyphenyl)-2-propenamide

(2E)- 相对 -N-[2-[5-[(1R,2S)-2-(3,4- 二甲氧基苯基)-2- 羟基 -1-(羟基甲基) 乙氧基]-1H- 吲哚 -3- 基] 乙基]-3-(4- 甲氧基苯基)-2- 丙烯酰胺 (2E)-rel-N-[2-[5-[(1R,2S)-2-(3,4-dimethoxyphenyl)-2-hydroxy-1-(hydroxymethyl)ethoxy]-1H-indol-3-yl]ethyl]-3-(4-methoxyphenyl)-2-propenamide

相对匍匐筋骨草苷 -2R,5S,9S,10R,11R,12- 三羟基 -6(7)- 螺环岩兰草烯 -8- 酮 -9-O-β-D- 吡喃葡萄糖苷 rel-2R,5S,9S,10R,11R,12-trihydroxy-6(7)-spirovetiven-8-one-9-O-β-D-glucopyranoside

相思子定 abridin

相思子毒素 abrin

相思子苷 A~E abrusoside A~E

相思子苷元 abrusogenin

相思子碱 abrine

相思子醌 A~G abruquinone A~G

相思子林碱▲ precatorine

相思子内酯 A abruslactone A

相思子任▲ I, II, III precatorin I, II, III

相思子素 abrusin

相思子素 -2''-O- 芹糖苷 abrusin-2''-O-apioside

相思子辛 abricin

相思子原酸 abrusgenic acid

相思子原酸甲酯 methyl abrusgenate

相思子皂醇 E, J abrisapogenol E, J

(-)- 相思子皂醇 G (-)-abrisapogenol G

相思子皂苷 I, II, S_{01} abrus-saponin I, II, S_{01}

香草酸 -β-D- 吡喃葡萄糖基酯苷 vanillic acid-β-D-glucopyranosyl ester

1-O- 香草酰基 -6-O- 阿魏酰基 -β-D- 吡喃葡萄糖苷 1-O-vanilloyl-6-O-feruloyl-β-D-glucopyranoside

1'-*O*- 香草酰基 -*β*-D- 吡喃葡萄糖苷 1'-*O*-vanilloyl-*β*-D-glucopyranoside
1-*O*- 香草酰基 -*β*-D- 吡喃葡萄糖苷 1-*O*-vanilloyl-*β*-D-glucopyranoside
香茶菜倍半萜素▲ A isodonsesquitin A
香茶菜表赤霉素内酯▲ rabdoepigibberellolide
香茶菜醇 isodonol
香茶菜定▲ A amethystoidin A
(-)- 香茶菜苷 1, 2 (-)-rabdoside 1, 2
香茶菜考苷▲ A rabdosiacoside A
香茶菜醚酮▲ I, II rabdosianone I, II
香茶菜宁 B rabdosianin B
香茶菜宁素▲ A, B isodonin A, B
香茶菜诺醇▲ isodonoiol
香茶菜醛 isodonal
香茶菜素 A~D rabdosin A~D
香茶菜酸 isodonoic acid
香茶菜萜醛▲ amethystonal
香茶菜萜酸▲ amethystonoic acid
香茶菜酮▲ A, B rabdoketone A, B
香茶菜辛▲ nodosin
香茶菜辛宁▲ nodosinin
香茶菜乙缩醛 isodoacetal
香茶菜脂素▲ rabdosiin
香茶菜酯▲ rabdosinate
香茶茱萸苷 cantleyoside
香橙定碱▲ junosidine
香橙碱▲ junosine
香橙香豆素▲ junosmarin
香椿素▲ A, B, C toonin A, B, C
香椿叶素▲ toonafolin
(*E*)-*β*- 香豆醇 (*E*)-*β*-coumaryl alcohol
(*E*)-*β*- 香豆醇 -*γ*-*O*- 甲醚 (*E*)-*β*-coumaryl alcohol-*γ*-*O*-methyl ether
香豆雌酚 coumestrol
香豆腐柴苷▲ A premnaodoroside A
香豆醚▲ coumestan
香豆木脂素▲ coumanolignan
香豆素 coumarin
香豆素 -3- 乙酸 coumarin-3-acetic acid
香豆素 -7-*O*-*β*-D- 吡喃葡萄糖苷 coumarin-7-*O*-*β*-D-glucopyranoside
3- 香豆酸 3-coumaric acid
4- 香豆酸 4-coumaric acid
β- 香豆酸 *β*-coumaric acid
香豆酸 coumaric acid
(*Z*)-4- 香豆酸 -4-*O*-*β*-D- 吡喃葡萄糖苷 (*Z*)-4-coumaric acid-4-*O*-*β*-D-glucopyranoside
香豆酸 -4-*O*-*β*-D- 吡喃葡萄糖苷 coumaric acid-4-*O*-*β*-D-glucopyranoside
香豆酸甲酯 methyl coumarate
香豆酸葡萄糖苷 coumaric acid glucoside
香豆酸葡萄糖基酯 coumaric acid glucoside ester
香豆酸乙酯 coumaric acid ethyl ester
(-)-9'-*O*-(*E*)- 香豆酸酯 -5,5'- 二甲氧基落叶松树脂醇 (-)-9'-*O*-(*E*)-coumarate-5,5'-dimethoxylariciresinol
香豆烷 coumaran
3-[(*Z*)- 香豆酰] 羽扇豆醇 3-[(*Z*)-coumaroyl]lupeol
香豆酰 -*β*-D- 吡喃葡萄糖苷 coumaroyl-*β*-D-glucopyranoside
3*β*-*O*-*E*- 香豆酰白桦脂酸 3*β*-*O*-*E*-coumaroylbetulinic acid
6-*O*-(*E*)-*β*- 香豆酰吡喃葡萄糖苷甲酯 6-*O*-(*E*)-*β*-coumaroylglucopyranoside methyl ester
(23*E*)- 香豆酰常春藤皂苷元 (23*E*)-coumaroylhederagenin
(23*Z*)- 香豆酰常春藤皂苷元 (23*Z*)-coumaroylhederagenin
(3*Z*)- 香豆酰常春藤皂苷元 (3*Z*)-coumaroylhederagenin
2'-*O*- 香豆酰对叶车前苷▲ 2'-*O*-coumaroylplantarenaloside
香豆酰钝叶鸡蛋花烷▲ coumarobtusane
香豆酰钝叶鸡蛋花烷酸▲ coumarobtusanoic acid
13-*O*- 香豆酰鸡蛋花苷 13-*O*-coumaroylplumieride
(*Z*)-*N*-(对 - 香豆酰基)- 血清素 (*Z*)-*N*-(*p*-coumaroyl)-serotonin
4'-*O*-[(*E*)- 香豆酰基] 獐牙菜苦素 4'-*O*-[(*E*)-coumaroyl]swertiamarin
4'-*O*-[(*Z*)- 香豆酰基] 獐牙菜苦素 4'-*O*-[(*Z*)-coumaroyl]swertiamarin
6'-*O*-[(*E*)- 香豆酰基] 獐牙菜苦素 6'-*O*-[(*E*)-coumaroyl]swertiamarin
6'-*O*-[(*Z*)- 香豆酰基] 獐牙菜苦素 6'-*O*-[(*Z*)-coumaroyl]swertiamarin
10-*O*- 香豆酰基 -10-*O*- 去乙酰车叶草苷 10-*O*-coumaroyl-10-*O*-deacetylasperuloside
10-*O*- 香豆酰基 -10-*O*- 去乙酰基 -11- 去甲氧基 -11- 交让木苷 10-*O*-coumaroyl-10-*O*-deacetyl-11-demethoxy-11-daphylloside
10-*O*- 香豆酰基 -10-*O*- 去乙酰交让木苷 10-*O*-coumaroyl-10-*O*-deacetyldaphylloside
6'-*O*- 香豆酰基 -1'-*O*-[2-(3,4- 二羟基苯基) 乙基]-*β*-D- 吡喃葡萄糖苷 6'-*O*-coumaroyl-1'-*O*-[2-(3,4-dihydroxyphenyl)ethyl]-*β*-D-glucopyranoside
(*E*)- 香豆酰基 -1-*O*-*β*-D- 吡喃葡萄糖苷 (*E*)-coumaroyl-1-*O*-*β*-D-glucopyranoside
1'-*O*- 香豆酰基 -6'-*O*- 没食子酰基 -*β*-D- 吡喃葡萄糖 1'-*O*-coumaroyl-6'-*O*-galloyl-*β*-D-glucopyranose
3*β*-*O*-(*E*)- 香豆酰基 -D:C- 飞齐墩果 -7,9(11)- 二烯 -29- 醇 3*β*-*O*-(*E*)-coumaroyl-D:C-friedooleana-7,9(11)-dien-29-ol
3*β*-*O*-(*E*)- 香豆酰基 -D:C- 飞齐墩果 -7,9(11)- 二烯 -29- 酸 3*β*-*O*-(*E*)-coumaroyl-D:C-friedooleana-7,9(11)-dien-29-oic acid
1-*O*- 香豆酰基 -*β*-D- 吡喃半乳糖硫酸酯 1-*O*-coumaryl-*β*-D-galactopyranse sulfate
1-*O*- 香豆酰基 -*β*-D- 吡喃葡萄糖 1-*O*-coumaroyl-*β*-D-glucopyranose
1-*O*- 香豆酰基 -*β*-D- 吡喃葡萄糖硫酸酯 1-*O*-coumaryl-*β*-D-glucopyranse sulfate
6'-*O*- 香豆酰金鱼草苷 6'-*O*-coumaroylantirrinoside
3-*O*- 香豆酰奎宁酸 3-*O*-courmaroylquinic acid
4- 香豆酰奎宁酸 4-coumaroylquinic acid
5-*O*- 香豆酰奎宁酸 5-*O*-coumaroylquinic acid
香豆酰奎宁酸 coumaroylquinic acid
4-*O*- 香豆酰奎宁酸甲酯 methyl-4-*O*-coumaroylquinate
5-*O*- 香豆酰奎宁酸甲酯 5-*O*-coumaroylquinic acid methyl ester
N- 香豆酰酪胺 *N*-coumaroyltyramine
香豆酰哌啶 coumaperine
6-*O*-(*E*)-*β*- 香豆酰葡萄糖 6-*O*-(*E*)-*β*-coumaroylglucose
3*α*-*E*- 香豆酰蒲公英赛醇 3*α*-*E*-coumaroyltaraxerol
3*α*-*Z*- 香豆酰蒲公英赛醇 3*α*-*Z*-coumaroyltaraxerol
6- 香豆酰酸枣素▲ 6-comaroylspinosin
14- 香豆酰氧基 -(1*E*,4*E*,8*E*)-4,8,11,11- 四甲基环十一碳 -1,4,8- 三烯 14-coumaroxy-(1*E*,4*E*,8*E*)-4,8,11,11-tetramethylcycloundeca-1,4,8-triene
香豆酰异多叶棘豆黄酮苷▲ coumaroylisooxymyrioside
3-(*E*)- 香豆酰羽扇豆醇 3-(*E*)-coumaroyllupeol
3*α*-*E*- 香豆酰羽扇豆醇 3*α*-*E*-coumaroyllupeol
3*α*-*Z*- 香豆酰羽扇豆醇 3*α*-*Z*-coumaroyllupeol
2'-*O*- 香豆酰玉叶金花苷酸 2'-*O*-coumaroylmussaenosidic acid
香二翅豆素▲ odoratin
香二翅豆素▲ -7-*O*-*β*-D- 吡喃葡萄糖苷 odoratin-7-*O*-*β*-D-glucopyranoside

X

香蜂花叶玄参苷▲ scorodioside
香附醇 cyperol
香附酮 cyperotundone
香附子二醇 sugebiol
香附子碱▲ A, B, C rotundine A, B, C
香附子三醇三乙酸酯 sugetriol triacetate
香附子烯醇 cyperenol
香港远志苷▲ A, B polyhongkongenoside A, B
香港远志苷元▲ hongkongenin
香港远志碱▲ polyhongkonggaline
香港远志呫酮▲ A, B polyhongkongenoxanthone A, B
香根芹醚 osmorhizole
香根鸢尾醛▲ iripallidal
香菇多糖 lentinan
香菇硫素▲ lenthionin
香菇腺嘌呤 eritadenine
香桂醇▲ subamol
(aR)- 香桂苷 A~F (aR)-subavenoside A~F
(aS)- 香桂苷 A~F (aS)-subavenoside A~F
香桂内酯▲ A~E subamolide A~E
香桂酮▲ subamone
香桧酮 sabina ketone
香花芥素▲ hesperin
香花崖豆藤素▲ A~E millesianin A~E
香花崖豆藤酮▲ dielsianone
香槐灵▲ cladrin
香槐素 cladrastin
香槐素 -7-*O*-β- 吡喃葡萄糖苷 cladrastin-7-*O*-β-glucopyranoside
香夹竹桃二糖苷▲ G odorobioside G
香夹竹桃苷▲ A, B, G, H, K odoroside A, B, G, H, K
香荚兰醇 vanillic alcohol; vanillin alcohol; vanillyl alcohol
香荚兰醇 -4-*O*-β-D- 吡喃葡萄糖苷 vanillyl alcohol-4-*O*-β-D-glucopyranoside
香荚兰醇苷▲ vanilloloside
香荚兰醇甲酸酯 vanillyl formate
香荚兰甘▲ vanilloside
(*R*)-(+)- 香荚兰基 -γ- 丁内酯 (*R*)-(+)-vanillyl-γ-buturolactone
香荚兰基丙酮 vanillylacetone
N- 香荚兰基庚酰胺 *N*-vanillylheptanamide
N- 香荚兰基癸酰胺 *N*-vanillyldecanamide
香荚兰基甲醚 vanillyl methyl ether
N- 香荚兰基壬酰胺 *N*-vanillylnonanamide
N- 香荚兰基辛酰胺 *N*-vanillyloctanamide
香荚兰基乙醚 vanillyl ethyl ether
香荚兰醛 vanillic aldehyde
香荚兰素 vanillin
香荚兰素乳糖苷 vanillin lactoside
香荚兰酸 vanillic acid
香荚兰酸 -1-*O*-[β-D- 呋喃芹糖基 -(1 → 6)-β-D- 吡喃葡萄糖苷] 酯 vanillic acid-1-*O*-[β-D-apiofuranosyl-(1 → 6)-β-D-glucopyranoside]ester
香荚兰酸 -4-*O*-α-L- 吡喃鼠李糖苷 vanillic acid-4-*O*-α-L-rhamnopyranoside
香荚兰酸 -4-*O*-β-D-(2-*O*- 反式 - 对香豆酰基)- 吡喃葡萄糖苷 vanillic acid-4-*O*-β-D-(2-*O*-*E*-*p*-coumaroyl)-glucopyranoside
香荚兰酸 -4-*O*-β-D-(6'-*O*- 反式 - 芥子酰基) 吡喃葡萄糖苷 vanillic acid-4-*O*-β-D-(6'-*O*-*trans*-sinapoyl)glucopyranoside
香荚兰酸 -4-*O*-β-D- 吡喃阿洛糖苷 vanillic acid-4-*O*-β-D-allopyranoside
香荚兰酸 -4-*O*-β-D- 吡喃葡萄糖苷 vanillic acid-4-*O*-β-D-glucopyranoside
香荚兰酸 -4-*O*-β-D- 葡萄糖苷 vanillic acid-4-*O*-β-D-glucoside
香荚兰酸 -4-*O*- 新橙皮糖苷 vanillic acid-4-*O*-neohesperidoside
香荚兰酸 -4- 吡喃葡萄糖苷 vanillic acid-4-glucopyranoside
1-*O*- 香荚兰酸 -6-*O*-3'',5''- 二 -*O*- 甲基 - 没食子酰基 -β-D- 葡萄糖苷 1-*O*-vanillic acid-6-*O*-3'',5''-dimethoxygalloyl-β-D-glucoside
香荚兰酸 -β-D- 吡喃葡萄糖苷 vanillic acid-β-D-glucopyranoside
香荚兰酸 -β- 葡萄糖苷 vanillic acid-β-glucoside
香荚兰酸己糖酯 vanillic acid hexose ester
香荚兰酸甲酯 vanillic acid methyl ester; methyl vanillate
香荚兰酸乙酯 ethyl vanillate
4-*O*- 香荚兰酰 -5-*O*- 咖啡酰奎宁酸甲酯 4-*O*-vanilloyl-5-*O*-caffeoylquinic acid methyl ester
香荚兰酰 -β-D-(2'-*O*- 对羟基苯甲酰)- 吡喃葡萄糖苷 vanilloyl-β-D-(2'-*O*-p-hydroxybenzoyl)-glucopyranoside
7-*O*-[6-*O*-(5-*O*- 香荚兰酰 -β-D- 呋喃芹糖基)-β-D- 吡喃葡萄糖基]-6- 甲氧基香豆素 7-*O*-[6-*O*-(5-*O*-vanilloyl-β-D-apiofuranosyl)-β-D-glucopyranosyl]-6-methoxycoumarin
香荚兰酰吡喃鼠李糖酯苷 vanilloylrhamnopyranoside
香荚兰酰基 -1-*O*-β-D- 葡萄糖苷 vanilloyl-1-*O*-β-D-glucoside
1-*O*- 香荚兰酰基 -β-D-(6-*O*- 没食子酰基)- 葡萄糖 1-*O*-vanilloyl-β-D-(6-*O*-galloyl)-glucose
1-*O*- 香荚兰酰基 -β-D- 葡萄糖 1-*O*-vanilloyl-β-D-glucose
香荚兰酰基 -β-D- 葡萄糖 vanilloyl-β-D-glucose
20-*O*- 香荚兰酰假防己宁▲ 20-*O*-vanilloyl-kidjoranin
6-*O*- 香荚兰酰筋骨草醇 6-*O*-vanilloylajugol
香荚兰酰鹿梨苷 vanilloylcalleryanin
2''-*O*- 香荚兰酰牡荆素 2''-*O*-vanilloylvitexin
6'-*O*- 香荚兰酰七叶树苷 6'-*O*-vanillyl esculin
12-*O*- 香荚兰酰去乙酰萝藦苷元 12-*O*-vanilloyl-deacetylmetaplexigenin
6'-*O*- 香荚兰酰芍药苷 6'-*O*-vanillylpaeoniflorin
6-*O*- 香荚兰酰芍药苷 6-*O*-vanillylpaeoniflorin
6'''- 香荚兰酰酸枣素▲ 6'''-vanilloylspinosin
10-*O*- 香荚兰酰桃叶珊瑚苷 10-*O*-vanilloylaucubin
6'-*O*- 香荚兰酰熊果苷 6'-*O*-vanilloylarbutin
11-*O*- 香荚兰酰岩白菜素 11-*O*-vanilloylbergenin
6'-*O*- 香荚兰酰异直蒴苔苷▲ 6'-*O*-vanilloyltachioside
6''-*O*- 香荚兰酰鸢尾苷 6''-*O*-vanilloyliridin
6'-*O*- 香荚兰酰直蒴苔苷▲ 6'-*O*-vanilloylisotachioside
香荚兰乙酮 acetovanillone
香荚兰乙酮 -β-D- 二葡萄糖苷 acetovanillone-β-D-diglucoside
香蕉菲酮▲ C~F musanolone C~F
香堇菜多肽▲ M, N vodo M, N
香堇菜亭碱▲ odoratine
α- 香堇醇 α-ionol
香堇醇 ionol
(*E*)-β- 香堇酮 (*E*)-β-ionone
(*S*)-(+)-3- 羟基 -β- 香堇酮 (*S*)-(+)-3-hydroxy-β-ionone
α- 香堇酮 α-ionone
β- 香堇酮 β-ionone
香堇酮 ionone
β- 香堇酮 -5,6- 环氧化合物 β-ionon-5,6-epoxide
香堇烯 ionene
香科科二醇▲ A, B teucdiol A, B
香科科酚▲ teucrol
香科科苷▲ teucroside
香科科灵▲ E, H_2, H_4 teucrin E, H_2, H_4

X

香科科醚▲ teucroxide
香藜二醇▲ botrydiol
香蓼酸▲ polygosumic acid
(+)-β- 香茅醇 (+)-β-citronellol
8- 香茅醇 8-citronellol
β- 香茅醇 β-citronellol
香茅醇 citronellol
香茅醇 -β-D- 葡萄糖苷 citronellol-β-D-glucopyranoside
香茅醇丙酸酯 citronellyl propionate
香茅醇甲酸酯 citronellyl formate
香茅醇乙酸酯 citronellyl acetate
香茅二缩醛 cymbodiacetal
β- 香茅醛 β-citronellal
香茅醛 citronellal
香茅酸甲酯 methyl citronellate
β- 香茅烯 β-citronellene
香茅甾醇 cymbopogonol
香面叶香豆素▲ A, B, C caudacoumarin A, B, C
10- 香木兰烷醇 10-aromadendranol
α- 香柠檬醇 α-bergamotol
香柠檬定▲ melitidin
香柠檬酚 bergaptol
香柠檬酚 -5-O-β-D- 龙胆二糖苷 bergaptol-5-O-β-D-gentiobioside
香柠檬酚 -O-6,7- 二羟基香柠檬素 bergaptol-O-6,7-dihydroxybergamottin
香柠檬酚 -O-β-D- 吡喃葡萄糖苷 bergaptol-O-β-D-glucopyranoside
香柠檬脑 bergapten; bergaptene
香柠檬脑 -8- 磺酸酯 bergapten-8-yl-sulfate
(+)- 香柠檬素 (+)-bergomottin
香柠檬素 bergamottin; bergaptin
α- 香柠檬烯 α-bergamotene
β- 香柠檬烯 β-bergamotene
香柠檬烯 bergamotene
α- 香柠檬烯酸 α-bergamotenic acid
香皮茶宁碱 doryphornine
香蒲酸 typhic acid
香蒲新苷 typhaneoside
香蒲甾醇 typhasterol
香青醇▲ anaphalisol
香青酚 anaphatol
香青苷▲ anaphaloside
香肉果定碱▲ casimiroedine
香肉果碱▲ casimiroine
香肉果林碱▲ eduline
香肉果灵碱▲ casimirine
(-)- 香肉果宁碱▲ (-)-edulinine
香肉果宁碱▲ edulinine
香肉果素▲ zapotin
香肉果替宁▲ zapotinin
香肉果萜素▲ zapoterin
香肉果亭碱▲ edulitine
香肉果伊定碱▲ casimiroidine
香肉果因碱▲ eduleine; edulein
香薷醇 elshtzitol
香薷二醇 elsholtzidiol
香薷酮 elsholtzione; elsholtzia ketone
(-)- 香润楠宁▲ A (-)-zuonin A
(+)- 香润楠宁▲ A, C (+)-zuihonin A, C
香润楠宁▲ A, C, E, F zuihonin A, C, E, F
香石竹素▲ A caryophllusin A
香矢车菊胺▲ moschamine
香矢车菊吲哚▲ moschamindole
香树 -4α,10α- 二醇 aromadendrane-4α,10α-diol
(-)- 香树 -4α,7α- 二醇 (-)-aromadendrane-4α,7α-diol
香树 -4β,10α- 二醇 aromadendrane-4β,10α-diol
香树 -4β,10β- 二醇 aromadendrane-4β,10β-diol
香树醇 aromadendrol
(+)-3α,9β- 香树二醇 (+)-3α,9β-aromadendranediol
(+)- 香树素 (+)-aromadendrin
香树素 aromadendrin
香树素 -3-O-α-L- 吡喃阿拉伯糖苷 aromadedrin-3-O-α-L-arabinopyranoside
香树素 -3-O-β-D- 吡喃葡萄糖苷 aromadendrin-3-O-β-D-glucopyranoside
香树素 -3-O- 吡喃半乳糖苷 aromadendrin-3-O-galactopyranoside
香树素 -6-C- 吡喃葡萄糖苷 aromadendrin-6-C-glucopyranoside
香树素 -6-C- 葡萄糖苷 aromadendrin-6-C-glucoside
香树素 -7-O- 吡喃葡萄糖苷 aromadendrin-7-O-glucopyranoside
香树素 -7- 甲醚 aromadendrin-7-methyl ether
香树素二己糖苷 aromadendrin dihexoside
(-)-4β,10α- 香树烷二醇 (-)-4β,10α-aromadendranediol
(-)-4β,7α- 香树烷二醇 (-)-4β,7α-aromadendranediol
4α,10β- 香树烷二醇 4α,10β-aromadendranediol
4α,7α- 香树烷二醇 4α,7α-aromadendranediol
4β,10β- 香树烷二醇 4β,10β-aromadendranediol
4β,7α- 香树烷二醇 4β,7α-aromadendranediol
(+)- 香树烯 (+)-aromadendrene
1β,4α,5β,6β,7β-10(14)- 香树烯 1β,4α,5β,6β,7β-10(14)-aromadendrene
香树烯 aromadendrene
香树烯环氧化物 aromadendrene epoxide
α- 香树烯酮 α-amyrenone
β- 香树烯酮 β-amyrenone
香树烯氧化物 aromadendrene oxide
α- 香树脂醇 α-amyrin
β- 香树脂醇 β-amyrin
δ- 香树脂醇 δ-amyrin
β- 香树脂醇 -3-(3'- 二甲基) 丁酸酯 β-amyrin-3-(3'-dimethyl) butyrate
β- 香树脂醇 -3-O-β-D- 吡喃葡萄糖苷 β-amyrin-3-O-β-D-glucopyranoside
α- 香树脂醇 -3-O-α-L- 吡喃鼠李糖基 -β-D- 呋喃阿拉伯糖苷 α-amyrin-3-O-α-L-rhamnopyranosyl-β-D-arabinofuranoside
α- 香树脂醇 -3-O-β-D- 吡喃葡萄糖苷 α-amyrin-3-O-β-D-glucopyranoside
β- 香树脂醇 -3-O-β- 葡萄糖苷 β-amyrin-3-O-β-glucoside
β- 香树脂醇 -3- 乙酸酯 β-amyrin-3-acetate
β- 香树脂醇苯甲酸酯 β-amyrin benzoate
α- 香树脂醇丙酸酯 α-amyrin propionate
α- 香树脂醇丁酸酯 α-amyrin butyrate
α- 香树脂醇二十八酸酯 α-amyrin octacosanoate
α- 香树脂醇二十六酸酯 α-amyrin hexacosoate
α- 香树脂醇二十酸酯 α-amyrin eicosanoate
α- 香树脂醇桂皮酸酯 α-amyrin cinnamate
α- 香树脂醇黄油酸酯 α-amyrin margarate
α- 香树脂醇己酸酯 α-amyrin caproate
β- 香树脂醇甲酸酯 β-amyrin formate
α- 香树脂醇咖啡酸酯 α-amyrin caffeate

α- 香树脂醇乙酸酯 α-amyrin acetate
β- 香树脂醇乙酸酯 β-amyrin acetate
δ- 香树脂醇乙酸酯 δ-amyrin acetate
α- 香树脂醇正辛酸酯 α-amyrin *n*-octanoate
α- 香树脂醇脂肪酸酯 α-amyrin fatty acid ester
β- 香树脂醇脂肪酸酯 β-amyrin fatty acid ester
α- 香树脂醇棕榈酸酯 α-amyrin palmitate
β- 香树脂醇棕榈酸酯 β-amyrin palmitate
α- 香树脂酮 α-amyrone
β- 香树脂酮 β-amyrone
δ- 香树脂酮 δ-amyrone
α- 香树脂酮醇 α-amyrenonol
β- 香树脂酮醇 β-amyrenonol
β- 香树脂烯 β-amyrene
香水仙灵 oduline
香丝草苷▲ bonaroside
香唐松草苷 C foetoside C
香唐松草碱 thalfetidine; thalfoetidine
香豌豆酚▲ orobol
香豌豆酚▲-3'- 甲基醚 orobol-3'-methyl ether
香豌豆酚▲-7-*O*-β-D- 吡喃葡萄糖苷 orobol-7-*O*-β-D-glucopyranoside
香豌豆酚▲-7-*O*-β-D- 吡喃葡萄糖苷 -6''-*O*- 丙二酸酯 orobol-7-*O*-β-D-glucopyranoside-6''-*O*-malonate
香豌豆苷 orobolside
(+)- 香杨梅酮 (+)-galeon
香杨梅酮 galeon
香杨梅酮▲ B, G, H myrigalone B, G, H
2- 香叶 -1,4- 萘醌 2-geranyl-1,4-nathphoquinone
6- 香叶 -3,3',4',5,7- 五羟基黄烷酮 6-geranyl-3,3',4',5,7-pentahydroxyflavanone
6- 香叶 -3,3',5,7- 四羟基 -4'- 甲氧基黄烷酮 6-geranyl-3,3',5,7-tetrahydroxy-4'-methoxyflavanone
6- 香叶 -3,4',5,7- 四羟基 -3'- 甲氧基黄烷酮 6-geranyl-3,4',5,7-tetrahydroxy-3'-methoxyflavanone
6- 香叶 -3',4',5,7- 四羟基黄烷酮 6-geranyl-3',4',5,7-tetrahydroxyflavanone
6- 香叶 -3',5,7- 三羟基 -4'- 甲氧基黄烷酮 6-geranyl-3',5,7-trihydroxy-4'-methoxyflavanone
6- 香叶 -4',5,5',7- 四羟基 -3'- 甲氧基黄烷酮 6-geranyl-4',5,5',7-tetrahydroxy-3'-methoxyflavanone
6- 香叶 -4',5,7- 三羟基 -3',5'- 二甲氧基黄烷酮 6-geranyl-4',5,7-trihydroxy-3',5'-dimethoxyflavanone
6- 香叶 -4',5,7- 三羟基 -3'- 甲氧基黄烷酮 6-geranyl-4',5,7-trihydroxy-3'-methoxyflavanone
(*E*)- 香叶醇 (*E*)-geraniol)
β- 香叶醇 β-geraniol
香叶醇 geraniol
香叶醇 -1-*O*-α-L- 吡喃阿拉伯糖基 -(1 → 6)-β-D- 吡喃葡萄糖苷 geraniol-1-*O*-α-L-arabinopyranosyl-(1 → 6)-β-D-glucopyranoside
香叶醇 -1-*O*-α-L- 吡喃鼠李糖基 -(1 → 6)-β-D- 吡喃葡萄糖苷 geraniol-1-*O*-α-L-rhamnopyranosyl-(1 → 6)-β-D-glucopyranoside
香叶醇 -1-*O*-α-L- 呋喃阿拉伯糖基 -(1 → 6)-β-D- 吡喃葡萄糖苷 geraniol-1-*O*-α-L-arabinofuranosyl-(1 → 6)-β-D-glucopyranoside
香叶醇 -1-*O*-β-D- 吡喃木糖基 -(1 → 6)-β-D- 吡喃葡萄糖苷 geraniol-1-*O*-β-D-xylopyranosyl-(1 → 6)-β-D-glucopyranoside
香叶醇 -β-D- 吡喃葡萄糖苷 geraniol-β-D-glucopyranoside
香叶醇 -β- 吡喃葡萄糖苷 geranyl-β-glucopyranoside
2- 香叶基 -1,3,6- 三羟基 -4-(3,3- 二甲基烯丙基)- 吅酮 2-geranyl-1,3,6-trihydroxy-4-(3,3-dimethylallyl)-xanthone
2- 香叶基 -1,3,7- 三羟基 -4-(3,3- 二甲基烯丙基)- 吅酮 2-geranyl-1,3,7-trihydroxy-4-(3,3-dimethylallyl)-xanthone
2- 香叶基 -1,3,7- 三羟基 -4-(3- 甲基丁 -2- 烯基) 吅酮 2-geranyl-1,3,7-trihydroxy-4-(3-methylbut-2-enyl)xanthone
2- 香叶基 -2',3,4',5- 四羟基 - 顺式 - 芪 2-geranyl-2',3,4',5-tetrahydroxy-*cis*-stilbene
2*R*,3*R*-3'- 香叶基 -2,3- 反式 -5,7,4'- 三羟基黄酮醇 2*R*,3*R*-3'-geranyl-2,3-*trans*-5,7,4'-trihydroxyflavonol
N- 香叶基 -3(*R*)- 羟基 -L- 谷氨酸 *N*-geranyl-3(*R*)-hydroxy-L-glutamic acid
3'- 香叶基 -3,5,7,2',4'- 五羟基黄酮醇 3'-geranyl-3,5,7,2',4'-pentahydroxyflavonol
3'- 香叶基 -3- 异戊烯基 -2',4',5,7- 四羟基黄酮 3'-geranyl-3-prenyl-2',4',5,7-tetrahydroxyflavone
3'- 香叶基 -4'- 甲氧基 -5,7,2'- 三羟基异黄酮 3'-geranyl-4'-methoxy-5,7,2'-trihydroxyisoflavone
3'- 香叶基 -4'- 甲氧基 -5,7,2'- 三羟基异黄烷酮 3'-geranyl-4'-methoxy-5,7,2'-trihydroxyisoflavanone
3- 香叶基 -4- 羟基 -5-(3'- 甲基 -2'- 丁烯基) 苯甲酸 3-geranyl-4-hydroxy-5-(3'-methyl-2'-butenyl)benzoic acid
3- 香叶基 -4- 羟基 -5- 羟基甲基香豆素 3-geranyl-4-hydroxy-5-(hydroxylmethyl)coumarin
3'- 香叶基 -5,7,2',4'- 四羟基异黄烷酮 3'-geranyl-5,7,2',4'-tetrahydroxyisoflavanone
3'- 香叶基 -5,7,2',5'- 四羟基异黄酮 3'-geranyl-5,7,2',5'-tetrahydroxyisoflavone
3'- 香叶基 -5,7,4',5'- 四羟基异黄酮 3'-geranyl-5,7,4',5'-tetrahydroxyisoflavone
6- 香叶基 -5,7- 二羟基 -3',4'- 二甲氧基黄烷酮 6-geranyl-5,7-dihydroxy-3',4'-dimethoxyflavanone
8- 香叶基 -5- 甲氧基补骨脂 8-geranyl-5-methoxypsoralen
8- 香叶基 -7- 羟基香豆素 8-geranyl-7-hydroxycoumarin
N- 香叶基 -L- 谷氨酸 *N*-geranyl-L-glutamic acid
香叶基 -β-D- 吡喃葡萄糖苷 geranyl-β-D-glucopyranoside
(*E*)- 香叶基丙酮 (*E*)-geranyl acetone
香叶基丙酮 geranylacetone
3'- 香叶基查耳酮柚皮苷元 3'-geranylchalconaringenin
香叶基东莨菪内酯 geranylscopoletin
6- 香叶基降波罗蜜亭▲ 6-geranylnorartocarpetin
4-*O*- 香叶基 - 芥子醇 4-*O*-geranyl-sinapyl alcohol
6- 香叶基芹菜苷元 6-geranylapigenin
8- 香叶基伞形酮 8-geranylumbelliferone
(*E*)-*O*- 香叶基松柏醇 (*E*)-*O*-geranylconiferyl alcohol
(*E*)-*O*- 香叶基松柏醇 (9*Z*,12*Z*)- 亚油酸酯 (*E*)-*O*-geranylconiferyl alcohol(9*Z*,12*Z*)-linoleate
香叶基香叶醇 geranylgeraniol
3- 香叶基香叶基 -1,2- 羟基 -4- 甲氧基苯 3-geranylgeranyl-1,2-dihydroxy-4-methoxybenzene
6- 香叶基香叶基 -2,4- 二羟基 -1- 甲氧基苯 6-geranylgeranyl-2,4-dihydroxy-1-methoxybenzene
香叶木苷 diosmin
香叶木素 diosmetin
香叶木素 -6,8- 二 -*C*- 吡喃葡萄糖苷 diosmetin-6,8-di-*C*-glucopyranoside
香叶木素 -6-*C*-β- 吡喃葡萄糖苷 diosmetin-6-*C*-β-glucopyranoside
香叶木素 -7-(6''-*O*- 对羟基苯乙酰基)-*O*-β-D- 吡喃葡萄糖苷 diosmetin-7-(6''-*O*-*p*-hydroxyphenylacetyl)-*O*-β-D-glucopyranoside
香叶木素 -7-*O*-α-L- 吡喃鼠李糖基 -(1 → 2)-[β-D- 吡喃木

X

糖基 -(1 → 6)]-*β*-D- 吡喃葡萄糖苷 diosmetin-7-*O*-*α*-L-rhamnopyranosyl-(1 → 2)-[*β*-D-xylopyranosyl-(1 → 6)]-*β*-D-glucopyranoside
香叶木素 -7-*O*-*β*-D- 吡喃半乳糖醛酸苷 diosmetin-7-*O*-*β*-D-galacturonopyranoside
香叶木素 -7-*O*-*β*-D- 吡喃葡萄糖苷 diosmetin-7-*O*-*β*-D-glucopyranoside
香叶木素 -7-*O*-*β*-D- 吡喃葡萄糖基 -(1 → 2)-6-*O*- 乙酰基 -*β*-D- 吡喃葡萄糖基 -(1 → 2)-[*α*-L- 吡喃鼠李糖基 -(1 → 6)]-*β*-D- 吡喃葡萄糖苷 diosmetin-7-*O*-*β*-D-glucopyranosyl-(1 → 2)-6-*O*-acetyl-*β*-D-glucopyranosyl-(1 → 2)-[*α*-L-rhamnopyranosyl-(1 → 6)]-*β*-D-glucopyranoside
香叶木素 -7-*O*-*β*-D- 吡喃葡萄糖基 -(1 → 2)-*β*-D- 吡喃葡萄糖基 -(1 → 2)-[*α*-L- 吡喃鼠李糖基 -(1 → 6)]-*β*-D- 吡喃葡萄糖苷 diosmetin-7-*O*-*β*-D-glucopyranosyl-(1 → 2)-*β*-D-glucopyranosyl-(1 → 2)-[*α*-L-rhamnopyranosyl-(1 → 6)]-*β*-D-glucopyranoside
香叶木素 -7-*O*-*β*-D- 吡喃葡萄糖醛酸苷 diosmetin-7-*O*-*β*-D-glucuronopyranoside
香叶木素 -7-*O*-*β*-D- 吡喃葡萄糖醛酸苷甲酯 diosmetin-7-*O*-*β*-D-glucuronopyranoside methyl ester
香叶木素 -7-*O*-*β*-D- 吡喃葡萄糖醛酸基 -(1 → 2)[*α*-L- 吡喃鼠李糖基 -(1 → 6)]-*β*-D- 吡喃葡萄糖醛酸苷 diosmetin-7-*O*-*β*-D-glucuronopyranosyl-(1 → 2)[*α*-L-rhamnopyranosyl-(1 → 6)]-*β*-D-glucopyranoside
香叶木素 -7-*O*-*β*-D- 葡萄糖苷 diosmetin-7-*O*-*β*-D-glucoside
香叶木素 -7-*O*-*β*-D- 葡萄糖苷 -6''- 丙二酰酯 diosmetin-7-*O*-*β*-D-glucoside-6''-malonyl ester
香叶木素 -7-*O*-*β*-D- 葡萄糖醛酸苷 diosmetin-7-*O*-*β*-D-glucuronide
香叶木素 -7-*O*-*β*-D- 葡萄糖醛酸苷甲酯 diosmetin-7-*O*-*β*-D-glucuronide methyl ester
香叶木素 -7-*O*-*β*- 葡萄糖醛酸苷 diosmetin-7-*O*-*β*-glucuronide
香叶木素 -7-*O*- 吡喃葡萄糖苷 diosmetin-7-*O*-glucopyranoside
香叶木素 -7-*O*- 吡喃鼠李糖苷 diosmetin-7-*O*-rhamnopyranoside
香叶木素 -7-*O*- 龙胆二糖苷 diosmetin-7-*O*-gentiobioside
香叶木素 -7-*O*- 葡萄糖苷 diosmetin-7-*O*-glucoside
香叶木素 -7-*O*- 鼠李糖 -(1 → 6)- 葡萄糖苷 diosmetin-7-*O*-rhamnosyl-(1 → 6)-glucoside
香叶木素 -7-*O*- 新橙皮糖苷 diosmetin-7-*O*-neohesperidoside
香叶木素 -7-*O*- 芸香糖苷 diosmetin-7-*O*-rutinoside
香叶木素 -8-*C*-(4''-*O*-*α*-L- 吡喃鼠李糖基)-*β*-D- 吡喃葡萄糖苷 diosmetin-8-*C*-(4''-*O*-*α*-L-rhamnopyranosyl)-*β*-D-glucopyranoside
香叶木素 -8-*C*- 吡喃葡萄糖苷 diosmetin-8-*C*-glucopyranoside
香叶木素 -*β*-D- 吡喃葡萄糖基 -(2 → 1)- 吡喃阿拉伯糖苷 diosmtin-*β*-D-glucopyranosyl-(2 → 1)-*α*-L-arabinopyranoside
香叶醛 geranial
香叶树内酯▲ A~D lincomolide A~D
香叶树烯酮▲ linerenone
香叶酸 geranic acid
香叶酸甲酯 methyl geranate
4- 香叶氧基 -1-(2- 甲基丙氧基)- 间苯三酚 4-geranyloxy-1-(2-methylpropanoyl)-phloroglucinol
4- 香叶氧基 -1-(2- 甲基丁氧基)- 间苯三酚 4-geranyloxy-1-(2-methylbutanoyl)-phloroglucinol
(*E*)-7- 香叶氧基 -1,3,7- 三羟基𠮿酮 (*E*)-7-geranyloxy-1,3,7-trihydroxyxanthone
7- 香叶氧基 -1,3- 二羟基𠮿酮 7-geranyloxy-1,3-dihydroxyxanthone
3- 香叶氧基 -1,7- 二羟基𠮿酮 3-geranyloxy-1,7-dihydroxyxanthone
4- 香叶氧基 -2,6- 二羟基苯并酚酮 4-geranyloxy-2,6-dihydroxybenzophenone
8- 香叶氧基 -5,7- 二甲氧基香豆素 8-geranyloxy-5,7-dimethoxycoumarin
4- 香叶氧基 -5- 甲基香豆素 4-geranyloxy-5-methylcoumarin
7- 香叶氧基 -5- 甲氧基香豆素 7-geranyloxy-5-methoxy-coumarin
3- 香叶氧基 -6- 甲基 -1,8- 二羟基蒽醌 3-geranyloxy-6-methyl-1,8-dihydroxyanthraquinone
5- 香叶氧基 -7- 甲氧基香豆素 5-geranoxy-7-methoxycoumarin; 5-geranyloxy-7-methoxycoumarin
5- 香叶氧基 -7- 羟基香豆素 5-geranyloxy-7-hydroxycoumarin
5- 香叶氧基补骨脂素 5-geranyloxypsoralen
8- 香叶氧基补骨脂素 8-geranyloxypsoralen
7- 香叶氧基香豆素 7-geranyloxycoumarin
香子含笑苷▲ A~F michehedyoside A~F
响盒子毒素▲ huratoxin
响铃豆碱 croalbidine
响铃豆辛碱 croalbinecine
向日葵桉叶烷内酯 A helieudesmanolide A
向日葵奥内酯▲ A, F, G, H annulide A, F, G, H
向日葵贝壳杉苷▲ A helikauranoside A
向日葵醇 helianol
向日葵醇辛酸酯 helianyloctanoate
向日葵次醇 A helianthol A
向日葵环氧内酯 annuithrin
(*Z*,*Z*)- 向日葵精 (*Z*,*Z*)-heliangin
向日葵精 heliangin
向日葵螺酮▲ A, B, C heliespirone A, B, C
向日葵三醇 A_1, B_0, B_1, B_2, C, F heliantriol A_1, B_0, B_1, B_2, C, F
向日葵三醇 *C*-3*β*-*O*- 肉豆蔻酸酯 heliantriol C-3*β*-*O*-myristate
向日葵三醇 *C*-3*β*-*O*- 棕榈酸酯 heliantriol C-3*β*-*O*-palmitate
向日葵萜内酯 A, B, F~J helivypolide A, B, F~J
向日葵腺毛酮 A, B, C glandulone A, B, C
向日葵香堇酮▲ D, E annuionone D, E
向日葵皂苷 1, 2, 3, A, B, C helianthoside 1, 2, 3, A, B, C
向日葵皂苷原皂苷元 helianthoside prosapogenin
向日葵肿柄菊内酯▲ sundiversifolide
向天盏素▲ rivularin
象白蚁亭▲ B, C nasutin B, C
象橘灵▲ fernolin
象皮木胺 lagunamine
象皮木宁 losbanine
橡果木皂苷▲ A, B balanitisin A, B
橡胶肌醇 dambonitol
橡胶树黄酮 heveaflavone
4,6-(*S*)- 橡椀酰基 -D- 吡喃葡萄糖 4,6-(*S*)-valoneoyl-D-glucopyranose
橡碗酸二内酯 valoneic acid dilactone
橡碗酸二内酯二氧杂芑 valoneic dilactone dioxin
橡碗酸二内酯甲酯 valoneic acid dilactone methyl ester
N-[2-(硝氨基) 乙基]-L- 谷氨酰胺 *N*-[2-(nitroamino)ethyl]-L-glutamine
β- 硝氨基 -L- 丙氨酸 *β*-nitramino-L-alanine
4- 硝基苯 -*β*-D- 吡喃葡萄糖苷 4-nitrophenyl-*β*-D-glucopyranoside
4- 硝基苯甲酸山荷叶素酯 4-nitrobenzoic acid diphyllin ester
4- 硝基苯乙酰胺 4-nitrophenylacetamide
2- 硝基丙酸 2-nitropropionic acid
3- 硝基丙酸 3-nitropropionic acid
3- 硝基丙酸乙酯 ethyl 3-nitropropanoate
硝基丙酰吡喃葡萄糖苷 nitropropanoylglucopyranoside
3-*O*-(3- 硝基丙酰基)-2,3- 顺式 -5,7,3',4'- 四羟基黄烷 3-*O*-(3-

X

nitropropanoyl)-2,3-*cis*-5,7,3',4'-tetrahydroxyflavan
6-*O*-(3- 硝基丙酰基)-α-D- 吡喃葡萄糖 6-*O*-(3-ni-tropropanoyl)-α-D-glucopyranose
6-*O*-(3- 硝基丙酰基)-β-D- 吡喃葡萄糖 6-*O*-(3-ni-tropropanoyl)-β-D-glucopyranose
8-*O*-(3- 硝基 - 对香豆酰基)-1(10)*E*,4(15)- 葎草二烯 -5β,8α- 二醇 8-*O*-(3-nitro-*p*-coumaroyl)-1(10)*E*,4(15)-humuladien-5β,8α-diol
3- 硝基 - 酞酸 3-nitro-phthalic acid
1- 硝基桐叶千金藤地宁碱▲ 1-nitroaknadinine
硝基团花碱▲ A, B nitrocadambine A, B
N- 硝基乙二胺 *N*-nitroethylenediamine
4-(2- 硝基乙基)- 苯基 -β-D- 吡喃木糖基 -(1 → 6)-β-D- 吡喃葡萄糖苷 4-(2-nitroethyl)-phenyl-β-D-xylopyranosyl-(1 → 6)-β-D-glucopyranoside
1- 硝基原块茎紫堇定▲ 1-nitro-apocavidine
小白撑碱 nagarine
(-)- 小白菊内酯 (-)-parthenolide
小白菊内酯 parthenolide
小白菊素▲ tanaparthin
小白菊素▲ -α- 过氧化物 tanaparthin-α-peroxide
小白菊素▲ -β- 过氧化物 tanaparthin-β-peroxide
小波罗蜜素▲ A artopeden A
小驳骨胺 A~D justidrusamide A~D
小檗胺 berbamine
小檗红碱 berberrubine
小檗碱 berberine
小檗辛宁 berbericinine
小草屾酮▲ I, II onjixanthone I, II
小齿锥花素▲ A, B microdon A, B
小鄂西香茶菜素 A~I minheryin A~I
小盖鼠尾草酚 microstegiol
小构树醇 A~N, P, Q, R, U kazinol A~N, P, Q, R, U
(+)-(2*R*)- 小构树醇 I (+)-(2*R*)-kazinol I
小菇红素▲ A, D, E, F mycenarubin A, D, E, F
小冠花毒苷元▲ -3-*O*-α-L- 吡喃鼠李糖苷 corotoxigenin-3-*O*-α-L-rhamnopyranoside
小冠花毒苷元▲ -3-*O*-β-D- 吡喃葡萄糖基 -(1 → 4)-α-L- 吡喃鼠李糖苷 corotoxigenin-3-*O*-β-D-glucopyranosyl-(1 → 4)-α-L-rhamnopyranoside
小冠花毒苷元▲ corotoxigenin
小冠花素▲ corollin
小冠花酯▲ coronarian
小管菌酸▲ filoboletic acid
小果白刺定碱▲ nitraraidine
小果白刺碱▲ sibiridine
小果白刺灵碱▲ nitrabirine
小果白刺灵碱▲ A, B nitrabirine A, B
小果白刺灵碱▲ -*N*- 氧化物 nitrabirine-*N*-oxide
小果白刺米定碱▲ nitraramidine
小果白刺任碱▲ sibirine
小果博落回碱▲ macarpine
小果叶下珠苷 A, B reticulatuside A, B
小果皂荚苷 A, D, E gleditschiaside A, D, E
小果珍珠花苷元▲ ovalifoliogenin
小果紫玉盘素▲ A, B microcarpin A, B
小果紫玉盘辛▲ microcarpacin
小红石蕊酸 didymic acid
小花八角苷 micranthumoside
小花八角素▲ A~G micranthumnin A~G
小花盾叶薯蓣苷 parvifloside
小花黄檀素 A dalparvin A
小花角茴香碱▲ peshawarine
小花山小橘吡喃碱▲ pyranofoline
小花山小橘春碱▲ I, II, III, IV, V, VI glycocitrine I, II, III, IV, V, VI
小花山小橘呋喃碱▲ I, II furofoline I, II
小花山小橘碱▲ glycofoline
小花山小橘喹定碱▲ glycocitridine
小花山小橘灵▲ glyfoline
小花山小橘宁▲ glycofolinine
小花山小橘酮▲ A, B, C glycocitlone A, B, C
小花水苏苷 A, B parvifloroside A, B
小花糖芥醇▲ erychrosol
小花糖芥苷▲ cheiranthoside I, II, III, IV, V, VI, VII, VIII, IX, X, XI
小花藤黄酚▲ F parvifoliol F
小花藤黄屾酮▲ A, B, C parvifolixanthone A, B, C
小花五味子二内酯▲ A~H micrandilactone A~H
小花五味子素▲ A micrantherin A
小花五味子酸▲ A, B micranoic acid A, B
小花五味子酸▲ A 甲酯 micranoic acid A methyl ester
小花五桠果醇酸▲ dipoloic acid
小花线纹香茶菜素 B micranthin B
(-)- 小花小芸木林素▲ (-)-minumicrolin
小花小芸木林素▲ minumicrolin
小花小芸木林素▲丙酮化物 minumicrolin acetonide
小花小芸木林素▲异缬草酸酯 minumicrolin isovalerate
小花小芸木宁▲ microminutinin
小花小芸木亭▲ microminutin
小花烟堇碱▲ izmirine
小花远志定▲ telephioidin
小花远志苷▲ arvensin
小花远志素▲ polyarvin
小花远志糖▲ D, G telephiose D, G
小花杂花豆异黄酮▲ B parvisoflavone B
小花杂花豆异黄烷酮▲ parvisoflavanone
δ- 小茴香烷 δ-fenchane
小金梅草酚苷 A, B aureaside A, B
小金盏花苷 A arvensoside A
小苦荬胺▲ A, B ixerisamine A, B
小苦荬内酯▲ dentalactone
小苦荬内酯苷▲ A, B, C dentatin A, B, C
小蜡苷 I sinenoside I
小连翘己酮▲ otogirone
小连翘醌酮▲ A, B, C erectquione A, B, C
小连翘宁▲ A~G otogirinin A~G
小连翘素▲ otogirin
小连翘酮▲ A, B erectone A, B
小柃木苷 A eutigoside A
小瘤青牛胆醇▲ A, B borapetol A, B
小瘤青牛胆苷▲ A~F borapetoside A~F
小瘤青牛胆叶素▲ C, D tinotufolin C, D
小麦长蠕孢烯 sativene
小麦果聚糖 triticin
小麦黄素 tricin
小麦黄素 -4'-*O*-β-D- 芹糖苷 tricin-4'-*O*-β-D-apioside
小麦黄素 -4'-*O*-β-L- 吡喃阿拉伯糖苷 tricin-4'-*O*-β-L-arabinopyranoside
小麦黄素 -4'-*O*-β- 愈创木酚甘油基 -7-*O*-β-D- 葡萄糖苷 tricin-4'-*O*-β-guaiacylglyceryl-7-*O*-β-D-glucoside

X

小麦黄素 -4'-*O*-*β*- 愈创木基甘油基酯 tricin-4'-*O*-*β*-guaiacylglyceryl ether
小麦黄素 -4'-*O*- 吡喃葡萄糖苷 tricin-4'-*O*-glucopyranoside
小麦黄素 -4'- 甲醚 tricin-4'-methyl ether
小麦黄素 -5,7- 二 -*O*- 吡喃葡萄糖苷 tricin-5,7-di-*O*-glucopyranoside
小麦黄素 -5-*O*-*β*-D- 吡喃葡萄糖苷 tricin-5-*O*-*β*-D-glucopyranoside
小麦黄素 -5-*O*- 葡萄糖苷 tricin-5-*O*-glucoside
小麦黄素 -7-*O*-[2'-*O*-*p*- 香豆酰基 -*β*-D- 吡喃葡萄糖醛酸基 -(1 → 2)-*O*-*β*-D- 吡喃葡萄糖醛酸苷] tricin-7-*O*-[2'-*O*-p-coumaroyl-*β*-D-glucuronopyranosyl-(1 → 2)-*O*-*β*-D-glucuronopyranoside]
小麦黄素 -7-*O*-[2'-*O*- 阿魏酰基 -*β*-D- 吡喃葡萄糖醛酸基 -(1 → 2)-*O*-*β*-D- 吡喃葡萄糖醛酸苷] tricin-7-*O*-[2'-*O*-feruloyl-*β*-D-glucuronopyranosyl-(1 → 2)-*O*-*β*-D-glucuronopyranoside]
小麦黄素 -7-*O*-[2'-*O*- 芥子酰基 -*β*-D- 吡喃葡萄糖醛酸基 -(1 → 2)-*O*-*β*-*D*- 吡喃葡萄糖醛酸苷] tricin-7-*O*-[2'-*O*-sinapoyl-*β*-D-glucuronopyranosyl-(1 → 2)-*O*-*β*-D-glucuronopyranoside]
小麦黄素 -7-*O*-[*β*-*D*- 吡喃葡萄糖醛酸基 -(1 → 2)-*O*-*β*-D- 吡喃葡萄糖醛酸苷] tricin-7-*O*-[*β*-D-glucuronopyranosyl-(1 → 2)-*O*-*β*-D-glucuronopyranoside]
小麦黄素 -7-*O*-{2'-*O*- 阿魏酰基 -[*β*-D- 吡喃葡萄糖醛酸基 -(1 → 3)]-*O*-*β*-D- 吡喃葡萄糖醛酸基 -(1 → 2)-*O*-*β*-D- 吡喃葡萄糖醛酸苷 } tricin-7-*O*-{2'-*O*-feruloyl-[*β*-D-glucuronopyranosyl-(1 → 3)]-*O*-*β*-D-glucuronopyranosyl-(1 → 2)-*O*-*β*-D-glucuronopyranoside}
小麦黄素 -7-*O*-*α*-L- 吡喃鼠李糖基 (1 → 2)-*β*-D- 吡喃葡萄糖苷 tricin-7-*O*-*α*-L-rhamnopyranosyl(1 → 2)-*β*-D-glucopyranoside
小麦黄素 -7-*O*-*β*-(6''- 甲氧基桂皮酰基)- 葡萄糖苷 tricin-7-*O*-*β*-(6''-methoxycinnamic)-glucoside
小麦黄素 -7-*O*-*β*-D- 吡喃葡萄糖苷 tricin-7-*O*-*β*-D-glucopyranoside
小麦黄素 -7-*O*-*β*-*D*- 吡喃葡萄糖醛酸苷 tricin-7-*O*-*β*-D-glucuronopyranoside
小麦黄素 -7-*O*-*β*-D- 葡萄糖苷 tricin-7-*O*-*β*-D-glucoside
小麦黄素 -7-*O*-*β*-D- 葡萄糖醛酸苷 tricin-7-*O*-*β*-D-glucuronide
小麦黄素 -7-*O*-*β*-D- 芹糖基 -(1 → 2)-*β*-D- 吡喃葡萄糖苷 tricin-7-*O*-*β*-D-apiosyl-(1 → 2)-*β*-D-glucopyranoside
小麦黄素 -7-*O*- 吡喃葡萄糖苷 tricin-7-*O*-glucopyranoside
小麦黄素 -7-*O*- 新橙皮糖苷 tricin-7-*O*-neohesperidoside
小麦黄素 -7-*β*-L- 吡喃阿拉伯糖苷 tricin-7-*β*-L-arabinoside
小麦黄素 -7- 甲醚 tricin 7-methyl ether
小麦黄素 -7- 葡萄糖苷 tricin-7-glucoside
小麦黄素糖苷 tricin glycosides
小麦黄烷▲ tricetiflavan
小麦亭▲ tricetin
小麦亭▲-3',4',5'- 三甲醚 tricetin-3',4',5'-trimethyl ether
小麦亭▲-3',5'- 二甲醚 tricetin-3',5'-dimethyl ether
小麦亭▲-3,5- 二甲氧基 -7-*O*-*β*- 吡喃葡萄糖苷 tricetin-3,5-dimethoxy-7-*O*-*β*-glucopyranoside
小麦亭▲-3-*O*-*D*- 吡喃阿拉伯糖苷 tricetin-3-*O*-*D*-arabinopyranoside
小麦亭▲-3'-*O*-*D*- 吡喃葡萄糖苷 tricetin-3'-*O*-*D*-glucopyranoside
小麦亭▲-3'- 甲醚 tricetin-3'-methyl ether
小麦亭▲-3'- 甲氧基 -4'-*O*-*β*-D- 吡喃葡萄糖苷 tricetin-3'-methoxy-4'-*O*-*β*-D-glucopyranoside
小麦亭▲-4'- 甲醚 -3'-*O*-*β*-D- 葡糖糖苷 tricetin-4'-methylether-3'-*O*-*β*-D-glucoside
小麦亭▲-6,8- 二 -*C*-*β*-D- 吡喃葡萄糖苷 tricetin-6,8-di-*C*-*β*-D-glucopyranoside
小麦亭▲-6-*C*-*α*-L- 阿拉伯糖基 -8-*C*-*β*-D- 吡喃葡萄糖苷 tricetin-6-*C*-*α*-L-arabinosyl-8-*C*-*β*-D-galactopyranoside
小麦亭▲-7-*O*- 葡萄糖苷 tricetin-7-*O*-glucoside
小麦亭▲-7- 二吡喃葡萄糖苷 tricetin-7-*O*-diglucopyranoside
小蔓长春花定▲ vincoridine
小蔓长春花苷▲ vincoside
小蔓长春花苷内酰胺▲ vincoside lactam
小蔓长春花碱▲ vinorine
小蔓长春花碱▲-N^1, N^4- 二氧化物 vinorine-N^1, N^4-dioxide
小蔓长春花碱▲-N^4- 氧化物 vinorine-N^4-oxide
小蔓长春花灵▲ vincanorine
小蔓长春花宁▲ vincaminine
小蔓长春花诺灵▲ vincaminorine
小蔓长春花瑞定▲ vincaminoridine
小蔓长春花瑞因▲ vincaminoreine
小蔓长春花文碱▲ minovine
小蔓长春花酰胺▲ vincosamide; vincoside lactam
(-)- 小蔓长春花辛▲ (-)-minovincine
(+)- 小蔓长春花辛▲ (+)-minovincine
小蔓长春花辛▲ minovincine
(-)- 小蔓长春花辛宁▲ (-)-minovincinine
小蔓长春花辛宁▲ minovincinine
小米草苷▲ euphroside
小木麻黄素 strictinin
小木通苷▲ armandiside
小木通诺苷▲ A, B clemoarmanoside A, B
小蓬草吡喃酮 A, B conyzapyranone A, B
小蓬草黄酮▲ conyzoflavone
小蓬草内酯▲ conyzolide
小皮伞酮▲ marasomone
小皮伞烯▲ marasmene
小皮伞烯 -3- 酮▲ marasmene-3-one
小球合蕊木呫酮▲ globuxanthone
小球腔菌素▲ leptosphaerin
小杉兰碱▲ selagoline
小杉兰素▲ selagin
小舌紫菀苷▲ A albesoside A
小升麻醇 acerinol
小升麻苷 A, B, C cimiaceroside A, B, C
小升麻苷元醇 B cimiacernol B; cimiacerogenin B
小酸浆素 A~F physaminimin A~F
小穗花薯蓣皂苷元▲ gentrogenin
小心叶薯碱▲ A, B, C ipobscurine A, B, C
小穴壳菌酮▲ B dothiorelone B
小芽新木姜子酮▲ parvigemone
小野芝麻苷 galeobdoside
小叶杜鹃醇 I parvifoliumol I
小叶黄杨碱▲ A~E buxmicrophylline A~E
小叶聚岛衣酸▲ microphyllinic acid
小叶买麻藤酚 A~D parvifolol A~D
小叶买麻藤素▲ A~F, K gnetifolin A~F, K
(+)- 小叶唐松草碱▲ (+)-thaliphylline
小叶唐松草碱▲ thaliphylline
(+)- 小叶唐松草碱▲-2'-*β*-*N*- 氧化物 (+)-thaliphylline-2'-*β*-*N*-oxide
小叶香茶菜苷 parvifoliside
小叶香茶菜素 parvifolin
小叶香茶菜素 A, AA, AB, B~Z parvifolin A, AA, AB, B~Z
小叶香茶菜酸▲ parvifolinoic acid
小叶紫薇素▲ lageflorin
小依兰苷▲ E canangafruiticoside E
小月柳珊瑚内酯▲ C menelloide C
小芸木酚▲ integerriminol
小芸木苷▲ A~D micromeloside A~D

小芸木林素 integerrimelin
小芸木素 micromelin
小芸木香豆素▲F micromarin F
肖菝葜苷 B heterosmioside B
肖笼鸡苷▲A taraffinisoside A
肖楠素▲ shonanin
楔叶泽兰素 eupafolin
楔叶泽兰素 -3'-*O*-*β*-D- 吡喃葡萄糖苷 eupafolin-3'-*O*-*β*-D-glucopyranoside
楔叶泽兰素 -4'-*O*-*β*-D- 吡喃葡萄糖苷 eupafolin-4'-*O*-*β*-D-glucopyranoside
楔叶泽兰素 -7-*O*-*β*-D- 吡喃葡萄糖苷 eupafolin-7-*O*-*β*-D-glucopyranoside
蝎尾勿忘草碱▲ myoscorpine
邪蒿二醇 seselidiol
邪蒿素 seselin
斜萼草素▲A, B, C loxocalyxin A, B, C
斜脉暗罗素 A plagionicin A
(-)- 斜蕊樟素▲A (-)-licarin A
(+)- 斜蕊樟素▲A (+)-licarin A
(7*R*,8*R*)- 斜蕊樟素▲A (7*R*,8*R*)-licarin A
(7*S*,8*S*)- 斜蕊樟素▲A (7*S*,8*S*)-licarin A
斜蕊樟素▲A~D licarin A~D
(-)- 斜蕊樟素▲B (-)-licarin B
斜卧青霉酸▲ decumbic acid
L- 缬氨酸 L-valine
缬氨酸 valine
缬氨酸 - 甜菜黄素 valine-betaxanthin
L- 缬氨酰 -L- 丙氨酸酐 L-valyl-L-alanine anhydride
L- 缬氨酰 -L- 酪氨酸 L-valyl-L-tyrosine
L- 缬氨酰 -L- 亮氨酸酐 L-valyl-L-leucine anhydride
L- 缬氨酰 -L- 缬氨酸 L-valyl-L-valine
L- 缬氨酰 -L- 缬氨酸酐 L-valyl-L-valine anhydride
缬草醇 valerianol
缬草单酯 A monovalerianester A
缬草碱 valerianine
缬草苦苷 valerosidate
缬草醚萜三酯▲A, B valeriotriate A, B
缬草醚萜四酯▲A valeriotetrate A
γ- 缬草内酯 *γ*-valerolactone
缬草醛 baldrinal
AHD- 缬草三酯 AHD-valtrate
缬草三酯 valtrate; valepotriate
缬草酸 valeric acid
缬草萜▲A, B, C valerananoid A, B, C
缬草萜酯▲A, B volvaltrate A, B
缬草酮 valeranone
缬草烯 -4,5- 二氢苯酞 validene-4,5-dihydrophthalide
缬草烯醇 valerenol
缬草烯醇己酸酯 valerenyl hexanoate
缬草烯醇戊酸酯 valerenyl valerate
(*E*)- 缬草烯醇乙酸酯 (*E*)-valerenyl acetate
(*Z*)- 缬草烯醇乙酸酯 (*Z*)-valerenyl acetate
(*E*)- 缬草烯醇异戊酸酯 (*E*)-valerenyl isovalerate
(*Z*)- 缬草烯醇异戊酸酯 (*Z*)-valerenyl isovalerate
缬草烯醛 valerenal
缬草烯酸 valerenic acid
缬草酰酸模叶蓼酮▲ valafolone
缬草新萜醇 orivalerianol
泻根阿玛苷▲ bryoamaride
泻根醇 bryonolol
泻根醇酸 bryonolic acid
泻根酮酸▲ bryononic acid
泻湖鞘丝藻酰胺▲A, B, C lagunamide A, B, C
谢氏百合定▲ schelhammeridine
谢氏百合碱▲B schelhammera alkaloid B
薤白苷 A~S macrostemonoside A~S
蟹甲草酚 cacalol
蟹甲草酮▲ cacalone
心瓣翠雀定▲ cardiopetalidine
心磷脂 cardiolipin
心叶党参苷▲C cordifolioidyne C
心叶棱子芹二聚素▲A~E rivulobirin A~E
心叶棱子芹三聚素▲A, B, C rivulotririn A, B, C
心叶淫羊藿黄酮 A, B breviflavone A, B
心叶淫羊藿素 brevicornin
(3*R*)- 辛 -1- 烯 -3- 醇 -*O*-*α*-L- 吡喃阿拉伯糖基 -(1 → 6)-*O*-*β*-D- 吡喃葡萄糖苷 (3*R*)-oct-1-en-3-ol-*O*-*α*-L-arabinopyranosyl-(1 → 6)-*O*-*β*-D-glucopyranoside
(3*R*)- 辛 -1- 烯 -3- 醇 -*O*-*α*-L- 吡喃阿拉伯糖基 -(1''' → 6'')-*O*-*β*-D- 吡喃葡萄糖基 -(1'' → 2')-*O*-*β*-D- 吡喃葡萄糖苷 (3*R*)-oct-1-en-3-ol-*O*-*α*-L-arabinopyranosyl-(1'''→6'')-*O*-*β*-D-glucopyranosyl-(1''→2')-*O*-*β*-D-glucopyranoside
(3*R*)- 辛 -1- 烯 -3- 醇 -*O*-*β*-D- 吡喃葡萄糖基 -(1'' → 2')-*O*-*β*-D- 吡喃葡萄糖苷 (3*R*)-oct-1-en-3-ol-*O*-*β*-D-glucopyranosyl-(1''→2')-*O*-*β*-D-glucopyranoside
(2*E*)- 辛 -2- 烯酯 -2-*O*-*β*-D- 吡喃葡萄糖基 -*β*-D- 吡喃葡萄糖苷 (2*E*)-oct-2-enoate-2-*O*-*β*-D-glucopyranosyl-*β*-D-glucopyranoside
辛 -3- 烯 oct-3-ene
1- 辛醇 1-octanol
3- 辛醇 3-octanol
辛醇 octanol
辛二酸 octanedioic acid
辛二酸 -2- 乙基 - 二 (2- 乙基己基) 酯 octanedioic acid-2-ethyl-bis(2-ethylhexyl)ester
1,7- 辛二烯 1,7-octadiene
1,6- 辛二烯 -3- 醇 1,6-octadien-3-ol
(*Z*)-1,5- 辛二烯 -3- 酮 (*Z*)-1,5-octadien-3-one
2-(2'*E*-3',7' 二甲基 -2',6'- 辛二烯基)-4- 甲氧基 -6- 甲基苯酚 2-[(2'*E*)-3',7'-dimethyl-2',6'-octadienyl]-4-methoxy-6-methylphenol
(*Z*)-4,7- 辛二烯酸乙酯 ethyl (*Z*)-4,7-octadienoate
[(2*E*,4*E*)- 辛二烯酰]-*N*- 异丁基酰胺 [(2*E*,4*E*)-octadienoyl]-*N*-isobutylamide
6-*O*- 辛二烯酰梓醇 6-*O*-octadienoylcatalpol
辛伐他汀 simvastatin
(-)- 辛弗林 (-)-synephrine
辛弗林 synephrine
2- 辛基 -1- 环丙烯 -1- 庚酸 -3- 吡啶甲酯 2-octyl-1-cyclopropene-1-heptanoic acid-3-pyridinylmethyl ester
2- 辛基 -4(1*H*)- 喹诺酮 2-octyl-4(1*H*)-quinolinone
1- 辛基 -*α*-D- 呋喃阿拉伯糖基 -(1 → 6)-*β*-D- 吡喃葡萄糖苷 1-octyl-*α*-D-arabinofuranosyl-(1 → 6)-*β*-D-glucopyranoside
2- 辛基 - 环丙烷辛酸 2-octyl-cyclopropaneoctanoic acid
5- 辛基环戊 -1,3- 二酮 5-octylcyclopenta-1,3-dione
辛可耐因 Id-7-*O*-*β*- 吡喃葡萄糖苷 cinchonain Id-7-*O*-*β*-glucopyranoside
辛可耐因 IIb cinchonain IIb
7- 辛辣木烯 -11- 醇 7-drimen-11-ol

辛辣云杉素▲ pungenin
δ- 辛内酯 δ-octalactone
辛醛 octaldehyde; octanal
辛酸 octanoic acid
辛酸丙酯 propyloctanoate
辛酸丁酯 butyl caprylate
辛酸二十六酯 octanoic acid hexacosyl ester
辛酸乙酯 ethyl octanoate; ethyl caprylate
辛酸异丁酯 isobutyl octanoate
辛糖 octaose
2- 辛酮 2-octanone
3- 辛酮 3-octanone
辛烷 octane
(2S*,7S*)-(-)- 辛烷 -1,2,7,8- 四醇 (2S*,7S*)-(-)-octane-1,2,7,8-tetrol
辛烷 -1- 烯 -3- 醇 -3-O-β-D- 吡喃葡萄糖基 -(1 → 2)-β-D- 吡喃葡萄糖苷 octane-1-en-3-ol-3-O-β-D-glucopyranosyl-(1 → 2)-β-D-glucopyranoside
2,3- 辛烷二酮 2,3-octanedione
1- 辛烯 1-octene
7- 辛烯 -1,6- 二醇 7-octene-1,6-diol
(E)-2- 辛烯 -1- 醇 (E)-2-octen-1-ol
2- 辛烯 -1- 醇 2-octen-1-ol
7- 辛烯 -1- 醇乙酸酯 7-octen-1-ol-acetate
3- 辛烯 -2- 酮 3-octen-2-one
(3R)-1- 辛烯 -3-O-β-D- 吡喃葡萄糖苷 (3R)-1-octen-3-O-β-D-glucopyranoside
(3R)-1- 辛烯 -3-O-β- 樱草糖苷 (3R)-1-octen-3-O-β-primeveroside
(R)-(-)-1- 辛烯 -3- 醇 (R)-(-)-1-octen-3-ol
1- 辛烯 -3- 醇 1-octen-3-ol
1- 辛烯 -3- 醇 -β-D- 吡喃葡萄糖苷 1-octen-3-ol-β-D-glucopyranoside
(3R)-1- 辛烯 -3- 醇乙酸酯 (3R)-1-octen-3-ol 3-acetate
1- 辛烯 -3- 醇乙酸酯 1-octen-3-yl-acetate
1- 辛烯 -3- 酮 1-octen-3-one
7- 辛烯 -4- 醇 7-octen-4-ol
(Z)-5- 辛烯 -4- 内酯 (Z)-5-octen-4-olide
1- 辛烯 -5- 醇 1-octen-5-ol
1- 辛烯 -O-α-L- 吡喃阿拉伯糖基 -(1 → 6)-O-[β-D- 吡喃葡萄糖基 -(1 → 2)]-β-D- 吡喃葡萄糖苷 1-octen-O-α-L-arabinopyranosyl-(1 → 6)-O-[β-D-glucopyranosyl-(1 → 2)]-β-D-glucopyranoside
Δ^1- 辛烯基 -3-O-β-D- 吡喃葡萄糖苷 Δ^1-octenyl-3-O-β-D-glucopyranoside
(2E)-2- 辛烯醛 (2E)-2-octenal
(E)-2- 辛烯醛 (E)-2-octenal
2- 辛烯醛 2-octenal
(-)- 辛夷脂素 (-)-fargesin
辛夷脂素 fargesin
(21β)-A'- 新 -30- 降伽马蜡 -3,22- 二酮 (21β)-A'-neo-30-norgammacerane-3,22-dione
新 -S- 蜂斗菜素 neo-S-petasin
新 -β- 胡萝卜素 neo-β-carotene
新 -β- 胡萝卜素 U neo-β-carotene U
新 -ι- 角叉菜六糖 neo-ι-carrahexaose
新 -ι- 角叉菜四糖 neo-ι-carratetraose
新吖啶香豆素碱 C, E~K neoacrimarine C, E~K
新巴豆瑞士松酸 neocrotocembraneic acid
新巴拉次薯蓣皂苷元▲ A neoprazerigenin A
新白菖蒲酮 neoacolamone
新白当归脑 neobyakangelicol
新白叶藤碱 neocryptolepine
新百部碱 neostemonine
新百部叶碱 neostemofoline
新棒状花椒酰胺 neoherculin
新贝甲素 sinpeinine A
新变色白前苷▲ neocynaversicoside
新别罗勒烯 neoalloocimene
新波叶刚毛果苷▲ neouzarin
新补骨脂林素▲ neocorylin
新补骨脂素 neopsoralen
新补骨脂异黄酮 neobavaisoflavone
新草蔻素 A, B neocalyxin A, B
新长春洛西定▲ neoleurosidine
新长春新碱 neoleurocristine
(-)- 新常山碱 (-)-neodichroine
新常山碱 neodichroine
新赪桐 -3,13- 二烯 -15,16- 内酯 -18- 酸 neoclerodane-3,13-diene-15,16-olide-18-oic acid
新橙皮苷 neohesperidin
新橙皮苷二氢查耳酮 neohesperidin dihydrochalcone
2- 新橙皮糖氧基 -6- 羟基苯甲酸苄酯 2-neohesperidosyloxy-6-hydroxybenzoate
(-)- 新臭根子草醇 (-)-neointermedeol
新穿心莲苷▲ neoandrographiside
新穿心莲内酯 neoandrographolide
新刺苞菊苷 neocarlinoside
新刺孢曲霉素 A neoechinulin A
新刺五加酚 neociwujiaphenol
新粗榧碱 neoharringtonine
新大八角素 neomajucin
新大萼线叶杜鹃醇▲ neomotiol
新大理藜芦林碱▲ A, B neoverataline A, B
新丹参内酯 neotanshinlactone
新丹参酮 A, B neotanshinone A, B
新地枫皮素 neodifengpin
新钓樟内酯 neolinderalactone
新钓樟素 neolinderane
(-)-α- 新丁子香烯 (-)-α-neoclovene
α- 新丁子香烯 α-neoclovene
β- 新丁子香烯 β-neoclovene
新冬青二酮▲ neoilexadione
新冬青酮醇▲乙酸酯 neoilexonol acetate
新对叶百部醇 neotuberostemonol
新对叶百部碱 neotuberostemonine
新对叶百部尼醇▲ neotuberostemoninol
新对叶百部酮 neotuberostemonone
新多花素馨诺苷▲ neopolyanoside
新莪术二酮 neocurdione
新莪术呋喃二烯 neofuranodiene
新莪术烯 neocurzerene
新萼翅藤酮▲ neocalycopterone
新萼翅藤酮▲甲醚 neocalycopterone methyl ether
新耳草苷▲ A neanoside A
新二氢葛缕子醇 neodihydrocarveol
新番茄烯 neolycopene
新蜂斗菜醇▲ neopetasol
新蜂斗菜醇▲当归酸酯 neopetasol angelate
新蜂斗菜素 neopetasin
新蜂斗菜烯碱 neopetasitenine

A'- 新伽马蜡 -22- 醇 A'-neogammaceran-22-ol
新甘草酚 neoglycyrol
新甘草苷 neoliquiritin
(+)- 新橄榄脂素 (+)-neoolivil
(±)- 新橄榄脂素 (±)-neo-olivil
新橄榄脂素 neoolivil
新橄榄脂素 -4-*O*-*β*-D- 吡喃葡萄糖苷 neoolivil-4-*O*-*β*-D-glucopyranoside
新赣皖乌头碱▲ neofinaconitine
新藁本内酯 neoligustilide
新枸橘苷 neoponcirin
新海岛冬青醇 neoilexonol
新海柯皂苷元 neohecogenin
新海柯皂苷元 -3-*O*-*β*-D- 吡喃葡萄糖基 -(1→2)-*β*-D- 吡喃葡萄糖基 -(1→4)-*β*-D- 吡喃半乳糖苷 neohecogenin-3-*O*-*β*-D-glucopyranosyl-(1→2)-*β*-D-glucopyranosyl-(1→4)-*β*-D-galactopyranoside
新海柯皂苷元 -3-*O*-*β*-D- 吡喃葡萄糖基 -(1→4)-*β*-D- 吡喃半乳糖苷 neohecogenin-3-*O*-*β*-D-glucopyranosyl-(1→4)-*β*-D-galactopyranoside
新海柯皂苷元葡萄糖苷 neohecogenin glucoside
新诃子精酸▲ neochebulagic acid
新诃子尼酸▲ neochebulinic acid
新诃子酸 neochebulic acid
新何帕 -11,13(18)- 二烯 neohopa-11,13(18)-diene
新何帕 -12(18)- 烯 neohopan-13(18)-ene
新何帕 -12- 烯 neohop-12-ene
新何帕 -13(18)- 烯 neohop-13(18)-ene
新何帕 -13(18)- 烯 -3*β*- 醇 neohop-13(18)-en-3*β*-ol
新何帕 -13(18)- 烯 -3*β*- 基 - 乙酸酯 neohop-13(18)-en-3*β*-yl acetate
新何帕 -18- 烯 neohop-18-ene
新何帕烯 neohopene
新红根草酮 neoprionitone
新红花八角素 neodunnianin
新葫芦素 B neocucurbitacin B
新湖北旋覆花内酯▲ A, B neohupehenolide A, B
新虎皮楠碱 neodaphniphylline
新华北白前苷 neohancoside
新华北白前苷 A~D neohancoside A~D
(6*S*,12*S*)- 新华厚壳桂碱 -7-*O*- 甲基醚 -*N*- 甲基盐 (6*S*,12*S*)-neocaryachine-7-*O*-methyl ether *N*-metho salt
新槐胺 neosophoramine
新环桑辛素 neocyclomorusin
新环氧罗林果素▲ *neo*-epoxyrolin
新黄柏亭▲ neophellamuretin
新黄精皂苷 A~D, PO-2, PO-3 neosibiricoside A~D, PO-2, PO-3
新黄皮酰胺 neoclausenamide
新黄杞苷 neoengelitin
新黄芩素 neobaicalein
(9'*Z*)- 新黄质 (9'*Z*)-neoxanthin
新黄质 neoxanthin
新黄质 a neoxanthin a
新火热回环菊碱▲ A, B neopellitorine A, B
新鸡脚参醇 A, B neoorthosiphol A, B
新吉托司廷 neogitostin
新吉托皂苷元 neogitogenin
新荚蒾宁 A~D, G~K, P neovibsanin A~D, G~K, P
新假叶树皂苷元▲ neoruscogenin
新假叶树皂苷元▲ -1-*O*-*α*-L- 吡喃鼠李糖基 -(1→2)-*O*-*α*-L- 吡喃阿拉伯糖苷 neoruscogenin-1-*O*-*α*-L-rhamnopyranosyl-(1→2)-*O*-*α*-L-arabinopyranoside
新尖被藜芦碱▲ neoverapatuline
新江油乌头碱 neojiangyouaconitine
新疆阿魏酮▲ sinkianone
新疆甘草黄烷酮 shinflavanone
新疆甘草紫檀素 shinpterocarpin
新疆藜芦胺▲ veralomine
新疆藜芦定▲ veralodine
新疆藜芦碱▲ loverain; loveraine
新疆藜芦宁▲ verdinine
新疆千里光碱▲ jacobine
新疆千里光灵▲ jacoline
(-)- 新疆圆柏素 (-)-savinin
(8'*R*,7*E*)- 新疆圆柏素 (8'*R*,7*E*)-savinin
新交让木胺 neoyuzurimine
新荆芥内酯 neonepetalactone
新爵床萘内酯▲ A pronaphthalide A
新爵床素 A, B, C neojusticin A, B, C
新科拉琉璃草碱▲ neocoramandaline
新克氏千里光碱 neosenkirkine
新苦瓜糖苷 neokuguaglucoside
新苦楝素 A, B, D neoazedarachin A, B, D
新苦木素 neoquassin
新苦参醇 neokurarinol
新款冬花内酯 neotussilagolactone
新款冬碱 neotussilagine
新阔叶千里光碱 neoplatyphylline
新狼毒素 A, B, C neochamaejasmin A, B, C
新劳塔豆酮▲ neotenone
新雷公藤酚内酯 neotriptophenolide
新雷公藤灵碱 neowilforine
新雷公藤四醇内酯 neotriptetraolide
新冷杉内酯▲ A~F, L neoabieslactone A~F, L
新冷杉三萜素▲ A, C, I neoabiestrine A, C, I
新冷杉酸 neoabietic acid
新冷杉酸酯 neoabietate
新铃兰毒醇苷 neoconvallatoxoloside
新柳穿鱼苷 neolinarin
新罗汉果苷 neomogroside
新罗氏唐松草碱 neothalibrine
(+)- 新罗氏唐松草碱 -2'-*α*-*N*- 氧化物 (+)-neothalibrine-2'-*α*-*N*-oxide
新萝芙黄烷 neorauflavane
新萝芙黄烯 neorauflavene
(25*S*)- 新螺甾 -4- 烯 -3- 酮 (25*S*)-neospirost-4-en-3-one
新落新妇苷 neoastilbin
新绿藜芦布定▲ neogermbudine
新绿藜芦林碱▲ neogermitrine
新绿莲酮 neochlorogenone
新绿莲皂苷元 neochlorogenin
新绿莲皂苷元 -6-*O*-*α*-L- 吡喃鼠李糖基 -(1→3)-*O*-*β*-D- 吡喃鸡纳糖苷 neochlorogenin-6-*O*-[*α*-L-rhamnopyranosyl-(1→3)-*O*-*β*-D-quinovopyranoside
新绿莲皂苷元 -6-*O*-*β*-D- 吡喃鸡纳糖苷 neochlorogenin-6-*O*-*β*-D-quinovopyranoside
新绿莲皂苷元 -6-*O*-*β*-D- 吡喃木糖基 -(1→3)-*β*-D- 吡喃鸡纳糖苷 neochlorogenin-6-*O*-*β*-D-xylopyranosyl-(1→3)-*β*-D-quinovopyranoside
新绿原酸 neochlorogenic acid

新绿原酸甲酯 neochlorogenic acid methyl ester
新绿原酸内酯 neochlorgeniclatone
新马兜铃内酯 neoaristolactone
新马醉木萜▲ A, B neopierisoid A, B
新杧果苷 neomangiferin
新莽草素 neoanisatin
新密蒙花苷 neobudofficide
新牡荆素 neovitexin
新木防己碱 neotrilobine
(+)- 新木姜子碱 (+)-neolitsine
新木姜子碱 neolitsine
新木天蓼醇 neomatatabiol
8-*O*-4'- 新木脂素 -3'-*O*-*β*-D- 吡喃葡萄糖苷 8-*O*-4'-neolignan-3'-*O*-*β*-D-glucopyranoside
新南五味子尼酸▲ A, B, C neokadsuranic acid A, B, C
新南五味子尼酸▲ B 甲酯 neokadsuranic acid B methyl ester
新南五味子宁▲ neokadsuranin
新牛蒡素 A, B neoarctin A, B
新女贞子苷 neonuezhenide
新欧乌林碱▲ neoline
新欧乌宁碱▲ neolinine
新欧蟹甲草酮▲ neoadenostylone
新蓬莪术环氧酮环氧化物 neozederone epoxide
新瓶草千里光碱 neosarracine
新葡萄糖芸苔素 neoglucobrassicin
新蒲包花苷 D neocalceolarioside D
新千解草精▲ neobharangin
新千解草精▲-*δ*- 内酯 neobharangi-*δ*-lactone
新羟基月芸香宁▲ neohydroxylunine
新窃衣萜醇▲二乙酸酯 neocaucalol diacetate
新去乙酰紫玉盘辛▲ neodesacetyluvaricin
新山萆薢皂苷元 neotokorogenin
新山萆薢皂苷元 -1-*O*-*α*-L- 吡喃阿拉伯糖苷 neotokorogenin-1-*O*-*α*-L-arabinopyranoside
新蛇床内酯 neocnidilide
新升麻密苷▲ neocimiside
新升麻皂苷▲ B neocimicigenoside B
新圣草芸香糖苷 neoeriocitrin
12-*O*- 新十碳酰基 -7- 氧代 -5- 烯 - 佛波醇 -13- 乙酸酯 12-*O*-neodecanoyl-7-oxo-5-ene-phorbol-13-acetate
新石房蛤毒素 neosaxitoxin
新石头花苷▲ A, B neogypsoside A, B
新石头花苷元▲ A, B neogypsogenin A, B
新柿素 neodiospyrin
新鼠尾草烯▲ neosalvianen
新松香醇 neoabietol
新苏木酮▲ A neosappanone A
新苏铁苷 A~G neocycasin A~G
新塔花素▲ A, B ziziphorin A, B
新塔花酸 bungeolic acid
(10Z)- 新檀香醇 (10*Z*)-neosandalnol
新唐松草芬碱▲ neothalfine
新替告皂苷酮 neotigogenone
新替告皂苷元 neotigogenin
新替告皂苷元 -26-*O*-*β*-D- 吡喃葡萄糖苷 neotigogenin-26-*O*-*β*-D-glucopyranoside
新替告皂苷元 -3-*O*-D- 吡喃葡萄糖基 -(1 → 4)-*O*-[*O*-*α*-L- 吡喃鼠李糖基 -(1 → 6)-*β*-D- 吡喃葡萄糖苷 neotigogenin-3-*O*-D-glucopyranosyl-(1 → 4)-*O*-[*O*-*α*-L-rhamnopyranosyl-(1 → 6)-*β*-D-glucopyranoside
新替告皂苷元 -3-*O*-*α*-L- 吡喃鼠李糖基 -(1 → 6)-*β*-D- 吡喃葡萄糖苷 neotigogenin-3-*O*-*α*-L-rhamnopyranosyl-(1 → 6)-*β*-D-glucopyranoside
新替告皂苷元 -3-*O*-*β*-D- 吡喃葡萄糖苷 neotigogenin-3-*O*-*β*-D-glucopyranoside
新替告皂苷元 -3-*O*-*β*-D- 吡喃葡萄糖基 -(1 → 2)-*β*-D- 吡喃葡萄糖基 -(1 → 4)-*β*-D- 吡喃半乳糖苷 neotigogenin-3-*O*-*β*-D-glucopyranosyl-(1 → 2)-*β*-D-glucopyranosyl-(1 → 4)-*β*-D-galactopyranoside
新天人菊内酯 neogaillardin
新甜菜素 -5-*O*-*β*-D- 吡喃葡萄糖苷 neobetanidin-5-*O*-*β*-D-glucopyranoside
新土木香内酯 neoalantolactone
新菟丝子苷 A, B, C neocuscutoside A, B, C
新橐吾定碱 neoligularidine
新卫矛碱 neoeuonymine
新卫矛明碱▲ neoalatamine
新卫矛羰碱 neoevonine
新乌拉尔甘草醇 neouralenol
新乌檀苷▲ B neonaucleoside B
新五羟螺皂苷元 neopentologenin
新五羟螺皂苷元 -5-*O*-*β*-D- 吡喃葡萄糖苷 neopentologenin-5-*O*-*β*-D-glucopyranoside
新戊烷 neopentane
新西兰罗汉松二酚▲ totaradiol
(+)- 新西兰罗汉松酚▲ (+)-totarol
新西兰罗汉松酚▲ totarol
新西兰罗汉松醛▲ totaral
新西兰罗汉松素▲ podototarin
新西兰蜜茱萸素▲ ternatin
新西兰牡荆苷 vicenin
新西兰牡荆苷 -1 vicenin-1
新西兰牡荆苷 -2 vicenin-2
新西兰牡荆苷 -2,4'- 甲醚 vicenin-2,4'-methyl ether
新西兰牡荆苷 -3 vicenin-3
新西兰牡荆苷 -5- 吡喃葡萄糖苷 -7- 吡喃鼠李糖苷 vicenin-5-glucopyranoside-7-rhamnopyranoside
新西兰牡荆苷 -7- 鼠李葡糖苷 vicenin-7-rhamnoglucoside
新豨莶苷 neodarutoside
新细锥香茶菜素▲ A, B sincoetsin A, B
新狭叶香茶菜素 neoangustifolin
新夏佛塔雪轮苷▲ neoschaftoside
新香茶菜素 neorabdosin
新香叶木苷 neodiosmin
新小花黄檀酚▲ A neokhriol A
新薤白苷 D neomacrostemonoside D
新绣球苷 neohydrangin
新徐长卿苷 A neocynapanoside A
新徐长卿苷元 A, F neocynapanogenin A, F
新徐长卿苷元 F-3-*O*-*β*-D- 吡喃黄花夹竹桃糖苷 neocynapanogenin-F-3-*O*-*β*-D-thevetopyranoside
新徐长卿苷元 F-3-*O*-*β*-D- 吡喃欧夹竹桃糖苷 neocynapanogenin F-3-*O*-*β*-D-oleandropyranoside
新亚麻抑素▲ neolinustatin
新烟碱 neonicotin
新扬诺皂苷元 neoyonogenin
新杨梅酮 -5-*O*-*β*-D- 吡喃葡萄糖苷 neomyricanone-5-*O*-*β*-D-glucopyranoside

新洋丁香酚苷 neoacteoside
新洋茉莉醛 helional
新药用水八角苷▲ neoavroside
新野甘草诺醇▲ neodulcinol
新异薄荷醇 neoisomenthol
新异薄荷醇乙酸酯 neoisomenthyl acetate
新异侧柏醇 -β-D- 葡萄糖苷 neoisothujol-β-D-glucoside
新异唇萼薄荷醇▲ neoisopulegol
新异甘草苷 neoisoliquiritin
新异甘草苷元 neoisoliquiritigenin
新异黄杞苷 neoisoengelitin
新异款冬碱 neoisotussilagine
新异雷公藤酚内酯 isoneotriptophenolide
新异落新妇苷 neoisoastilbin
新异信浓山柿酮▲ neoisoshinanolone
新异崖柏醇 neoisothujol
新异芸香苷 neoisorutin
新淫羊藿苷 neoicariin
新隐丹参酮 neocryptotanshinone
新隐丹参酮 II neocryptotanshinone II
新樱花苷 neosakuranin
新樱花素 neosakuranetin
新硬毛茄苷元▲ neosolaspigenin
新硬毛茄苷元▲-6-O-β-D- 吡喃金鸡纳糖苷 neosolaspigenin-6-O-β-D-quinovopyranoside
新油橄榄苦苷 neooleuropein
(9'Z)- 新有色质▲ (9'Z)-neochrome
新玉米黄质 A neozeaxanthin A
新玉山双蝴蝶灵▲ neolancerin
新月蕨素▲ A~L abacopterin A~L
新云实素 A~I, L, O, P, W neocaesalpin A~I, L, O, P, W
新皂草苷 neosaponarin
新蔗果三糖 neokestose
新芝麻素 neosesamin
新蜘蛛抱蛋苷 neoaspidistrin
新植二烯 neophytadiene
新植二烯异构体 isomerneophytadiene
新锥塔筋骨草素▲ A neoajugapyrin A
新紫丹参醌 A neo-przewaquinone A
信浓山柿酮▲ shinanolone
信阳冬凌草素 A~P xindongnin A~P
星花木兰素▲ A magnostellin A
星毛粟米草苷▲ A~G lotoidoside A~G
星粟草苷▲ A~I glinuside A~I
兴安白芷素▲ B dahurin B
兴安杜鹃色烷酸▲ A, B rhododaurichromanic acid A, B
兴安杜鹃色烯▲ A~D daurichromene A~D
兴安杜鹃色烯酸▲ daurichromenic acid
兴安藜芦定▲ verdine
兴安升麻醇 dahurinol
兴安升麻苷▲ 1, 2, C, D cimidahuside 1, 2, C, D
兴安升麻灵▲ cimidahurine
兴安升麻宁▲ cimidahurinine
兴安石竹苷▲ A~G dianversicoside A~G
(-)- 杏黄罂粟碱 (-)-armepavine
胸苷 thymidine
胸腺嘧啶 thymine
胸腺嘧啶 -2- 去氧核苷 thymine-2-desoxyriboside
雄黄兰茜素▲ tricrozarin
雄黄兰素▲ montbretin
雄黄兰皂苷 A~I crocosmioside A~I
雄甾 -1,4- 二烯 -3,17- 二酮 androsta-1,4-diene-3,17-dione
5α- 雄甾 -2,11- 二酮 5α-androstane-2,11-dione
5α- 雄甾 -3β,17β- 二醇 5α-androstan-3β,17β-diol
4,9(11)- 雄甾二烯 -17β- 醇 -3- 酮 4,9(11)-androstadien-17β-ol-3-one
熊胆草苷▲ A, B blinoside A, B
熊胆草苷▲ A -15-O-(3''R- 羟基) 十八酸酯 blinoside A-15-O-(3''R-hydroxy)octadecanoate
熊耳草素▲ A~G agehoustin A~G
熊耳草酮▲ ageratone
熊果 -12(13)- 烯 -3- 酮 -28- 酸 urs-12(13)-en-3-on-28-oic acid
熊果 -12,18- 二烯 -28- 酸 -3-O-β-D- 吡喃阿拉伯糖苷 ursa-12,18-dien-28-oic acid-3-O-β-D-arabinopyranoside
熊果 -12,20(30)- 二烯 -3β,28- 二醇 ursan-12,20(30)-dien-3β,28-diol
熊果 -12- 烯 -11- 酮 -3- 醇 - 二十八酸酯 ursa-12-ene-11-one-3-ol-octoeosate
熊果 -12- 烯 -27α,30- 二羧酸 -3-O-α-L- 吡喃鼠李糖基 -(1 → 2)-α-L- 吡喃阿拉伯糖苷 urs-12-en-27α,30-dioic acid-3-O-α-L-rhamnopyranosyl-(1 → 2)-α-L-arabinopyranoside
熊果 -12- 烯 -28- 羟基 -3β-O- 棕榈酸酯 urs-12-en-28-hydroxy-3β-O-palmitate
熊果 -12- 烯 -28- 酸 -3β-O-β-D- 吡喃葡萄糖苷 urs-12-en-28-oic acid-3β-O-β-D-glucopyranoside
熊果 -12- 烯 -2α,3β,28- 三醇 urs-12-ene-2α,3β,28-triol
熊果 -12- 烯 -2 α ,3β- 二醇 urs-12-ene-2 α ,3β-diol
熊果 -12- 烯 -2β,3β,28- 三醇 urs-12-en-2β,3β, 28-triol
熊果 -12- 烯 -3-O-9E,12E- 十八碳二烯酸酯 urs-12-en-3-O-9E,12E-octadecadienoate
18αH- 熊果 -12- 烯 -3-O- 吡喃葡萄糖苷 18α-hydrogen-urs-12-ene-3-O-β-D-glucopyranoside
熊果 -12- 烯 -3β,11β,16β- 三醇 -3- 十六酸酯 urs-12-en-3β,11β,16β-triol-3-hexadecanoate
熊果 -12- 烯 -3β,16β,21- 三醇 urs-12-en-3β,16β,21-triol
熊果 -12- 烯 -3β,16β- 二醇 urs-12-ene-3β,16β-diol
熊果 -12- 烯 -3β,22β- 二醇 -17- 羧酸 urs-12-ene-3β,22β-diol-17-carboxylic acid
熊果 -12- 烯 -3β,28- 二醇 urs-12-ene-3β,28-diol
熊果 -12- 烯 -3β,28- 二醇 -3 β - 棕榈酸酯 urs-12-ene-3β,28-diol-3β-palmitate
熊果 -12- 烯 -3β,30- 二醇 urs-12-ene-3β,30-diol
熊果 -12- 烯 -3β-O-β-D- 吡喃葡萄糖苷 urs-12-en-3β-O-β-D-glucopyranoside
熊果 -12- 烯 -3β- 醇 urs-12-en-3β-ol
熊果 -12- 烯 -3β- 醇 -29- 酸 urs-12-en-3β-ol-29-oic acid
熊果 -12- 烯 -3-β- 醇 - 乙酸酯 urs-12-en-3β-ol-acetate
熊果 -12- 烯 -3β- 十七酸酯 ursa-12-en-3β-heptadecanoate
熊果 -12- 烯 -3- 醇 urs-12-en-3-ol
熊果 -14- 烯 -3- 醇 -1- 酮 urs-14-en-3-ol-1-one
熊果 -18βH-12,20(30)- 二烯 -3β- 乙酸酯 urs-18βH-12,20(30)-dien-3β-yl acetate
熊果 -2,3- 二羟基 -12- 烯 -28- 酸 urs-2,3-dihydroxy-12-en-28-oic acid
18α-H- 熊果 -20(29)- 烯 -3- 酮 18α-H-urs-20(29)-en-3-one
熊果 -20(30)- 烯 -3,12- 二醇 urs-20(30)-en-3,12-diol
19α- 熊果 -20(30)- 烯 -3β,16β- 二醇 -3- 十六酸酯 (19α)- urs-20(30)-en-3β,16β-diol-3-hexadecanoate
(18α,19α)- 熊果 -20(30)- 烯 -3β- 醇 (18α,19α)-urs-20(30)-en-3β-ol
熊果 -20(30) 烯 -3- 醇乙酸酯 urs-20(30)en-3-ol acetate

熊果 -20,21- 环氧 -3β- 醇乙酸酯 urs-20,21-epoxy-3β-ol acetate
熊果 -20- 烯 -12β- 醇 urs-20-en-12β-ol
熊果 -20- 烯 -3,16- 二醇二乙酸酯 urs-20-ene-3,16-diol diacetate
熊果 -20- 烯 -30- 醛 -3β,12β- 二羟基二乙酸酯 urs-20-en-30-al-3β,12β-dihydroxyl diacetate
(18α,19α)- 熊果 -20- 烯 -3β,16β- 二醇 (18α,19α)-urs-20-ene-3β,16β-diol
熊果 -20- 烯 -3β,22α- 二醇 urs-20-ene-3β,22α-diol
(18α,19α)- 熊果 -20- 烯 -3β,30- 二醇 (18α,19α)-urs-20-ene-3β,30-diol
熊果 -20- 烯 -3β- 乙酰氧基 -22α- 醇 urs-20-en-3β-acetoxy-22α-ol
熊果 -3α,11β- 二醇 -3-*O*-α-D- 吡喃葡萄糖基 -(6′ → 1″)-α-D- 吡喃葡萄糖基 -(6″ → 1‴)-α-D- 吡喃葡萄糖基 -(6‴ → 1⁗)-α-D- 吡喃葡萄糖苷 ursan-3α,11β-diol-3-*O*-α-D-glucopyranosyl-(6′→1″)-α-D-glucopyranosyl-(6″→1‴)-α-D-glucopyranosyl-(6‴→1⁗)-α-D-glucopyranoside
熊果 -3β,11β- 烯 - 二醇 urs-3β,11β-ene-diol
熊果 -3β,13α,18β- 三醇 urs-3β,13α,18β-triol
熊果 -3β,19α,22β- 三醇 -3-*O*-β-D- 吡喃葡萄糖基 -(2′ → 1″)-β-D- 吡喃葡萄糖苷 ursan-3β,19α,22β-triol-3-*O*-β-D-glucopyranosyl-(2′ → 1″)-β-D-glucopyranoside
熊果 -3- 酮 urs-3-one
熊果 -9(11),12- 二烯 -1β,3β- 二醇 -3- 棕榈酸酯 ursane-9(11),12-dien-1β,3β-diol-3-palmitate
熊果 -9(11),12- 二烯 -3β- 醇 urs-9(11),12-dien-3β-ol
熊果 -9(11),12- 二烯 -3β- 醇乙酸酯 urs-9(11),12-dien-3β-ol acetate
熊果 -9(11),12- 二烯 -3β- 棕榈酸酯 urs-9(11),12-dien-3β-yl palmitate
熊果 -9(11),12- 二烯 -3- 酮 ursa-9(11),12-dien-3-one
熊果 -9(11):12- 二烯 -3β- 醇 ursa-9(11):12-dien-3β-ol
熊果醇 uvaol
熊果醇 -3-*O*- 乙酸酯 uvaol-3-*O*-acetate
熊果醇 -3-*O*- 棕榈酸酯 uvaol-3-*O*-palmitate
熊果醇 -3- 棕榈酸酯 uvaol-3-palmitate
12,20(30)- 熊果 - 二烯 -3α- 醇 12,20(30)-ursa-dien-3α-ol
熊果苷 arbutin
熊果苷 -3-*O*-β-D- 吡喃葡萄糖基 arbutin-3-*O*-glucopyranoside
熊果尼酸▲ ursanic acid
熊果醛 ursolaldehyde; ursolic aldehyde
熊果酸 ursolic acid
熊果酸 -28-*O*-β-D- 吡喃葡萄糖苷 ursolic acid-28-*O*-β-D-glucopyranoside
熊果酸 3-*O*-α-L- 吡喃鼠李糖基 -(1 → 2)-*O*-α-L- 吡喃阿拉伯糖苷 28-*O*-α-L- 吡喃鼠李糖基 -(1→4)-*O*-β-D- 吡喃葡萄糖基 -(1→6)-*O*-β-D- 吡喃葡萄糖基酯 ursolic acid-3-*O*-α-L-rhamnopyranosyl-(1→2)-*O*-α-L-arabinopyranoside-28-*O*-α-L-rhamnopyranosyl-(1→4)-*O*-β-D-glucopyranosyl-(1 → 6)-*O*-β-D-glucopyranosyl ester
熊果酸 -3-*O*- 咖啡酸酯 ursolic acid-3-*O*-caffeate
熊果酸 -3-*O*- 乙酸酯 ursolic acid-3-*O*-acetate
熊果酸 -3- 山嵛酸酯 ursolic acid-3-*O*-behenate
熊果酸半乳糖苷 ursolic acid galactoside
α- 熊果酸甲酯 α-ursolic acid methyl ester
熊果酸甲酯 ursolic acid methyl ester; methyl ursolate
熊果酸内酯 ursolic acid lactone
熊果酸乙酸酯 ursolic acid acetate
熊果酸乙酯 ursolic acid ethyl ester
熊果酮酸 ursonic acid
熊果烷 ursane
18α,19βH- 熊果烷 -20(30)- 烯 -3β- 醇 18α,19β*H*-urs-20(30)-en-3β-ol
熊果烷 -20- 烯 -30- 醛 -3β- 羟基乙酸酯 urs-20-en-30-al-3β-hydroxyl acetate
12- 熊果烯 -3,28- 二醇 12-ursene-3,28-diol
12- 熊果烯 -3- 酮 12-ursen-3-one
熊果杨梅酮▲ ursomyricerone
熊竹山姜素▲ kumatakenin
熊竹山姜素▲ B kumatakenin B
秀丽水柏枝烯▲ A, B eleganene A, B
绣球防风内酯▲ leucolactone
绣球防风素 leucasin
绣球防风素 A, B leucasin A, B
绣球酚 hydrangenol
绣球酚 -4′-*O*-β-D- 吡喃半乳糖苷 hydrangenol-4′-*O*-β-D-glucopyranoside
绣球酚 -8-*O*-β-D- 吡喃半乳糖苷 hydrangenol-8-*O*-β-D-glucopyranoside
绣球苷 hydrangin
绣球海绵苷▲ A iotroridoside A
绣球腈苷▲ A_1, A_2, B_1, B_2 hydranitriloside A_1, A_2, B_1, B_2
绣球菌内酯▲ A, B, C hanabiratakelide A, B, C
绣球茜苷▲ dunnisinoside
绣球茜宁▲ dunnisinin
绣球茜素▲ dunnisin
绣球氰苷▲ A~F hydracyanoside A~F
绣球藤苷▲ A, B, C, E, F clemontanoside A, B, C, E, F
绣球藤诺苷▲ 1, 2 montanoside 1, 2
绣球萜苷▲ A~E hydrangenoside A~E
绣球亭 hydrangetin
绣球叶柯萨木素▲ I hydrangeifolin I
绣线菊胺 A~I, P, Q, S, V spiramine A~I, P, Q, S, V
绣线菊定碱▲ spiredine
绣线菊二萜醇 spiraminol
绣线菊苷 spiraeoside
绣线菊碱 IV, IX, X, XI, A~D, F spiradine IV, IX, X, XI, A~D, F
绣线菊内酯 B spiramilactone B
绣线菊素▲ spiraein
绣线菊新碱 2, 3, 5, 6, II, III spirasine 2, 3, 5, 6, II, III
绣线菊因碱 spirein
锈红蔷薇黄质▲ rubixanthin
锈鳞木犀榄精▲ A, B oleferrugine A, B
锈毛厚壳桂碱▲ velucryptine
(+)- 锈色罗汉松酚▲ (+)-ferruginol
锈色罗汉松酚▲ ferruginol
锈色罗汉松酚▲乙酸酯 ferruginol acetate
锈色洋地黄醇▲ digiferruginol
锈色洋地黄醇▲ -11-*O*-β- 龙胆二糖苷 digiferruginol-11-*O*-β-gentiobioside
锈色洋地黄醇▲ -11-*O*-β- 樱草糖苷 digiferruginol-11-*O*-β-primeveroside
锈色洋地黄醇▲ -1- 甲醚 -11-*O*-β- 龙胆二糖苷 digiferruginol-1-methylether-11-*O*-β-gentiobioside
1- 溴 -2-(1- 戊烯基)- 苯 1-bromo-2-(1-pentenyl)-benzene
3- 溴 -3,3- 二氟 -1- 丙烯 3-bromo-3,3-difluoro-1-propene
2- 溴 -3- 羟基 -4*H*- 吡喃 -4- 酮 2-bromo-3-hydroxy-4*H*-pyran-4-one
2- 溴 -4,5- 二羟基苯甲醛 2-bromo-4,5-dihydroxybenzylaldehyde
3- 溴 -4,5- 二羟基苯甲醛 3-bromo-4,5-dihydroxybenzylaldehyde
2α- 溴 -5α- 孕甾 -3- 酮 2α-bromo-5α-pregnan-3-one
3- 溴 -5- 羟基 -4- 甲氧基苯乙酸 3-bromo-5-hydroxy-4-methoxy-phenylacetic acid
2- 溴 -γ- 香堇酮 2-bromo-γ-ionone

N-(4'- 溴苯基)-2,2- 二苯基乙酰苯胺 *N*-(4'-bromophenyl)-2,2-diphenylacetanilide
6''- 溴化异云南石梓醇▲ 6''-bromoisoarboreol
1- 溴三十烷 1-bromo-triacontane
7- 溴十氢 -4,8,8- 三甲基 -9- 亚甲基 1,4- 薁 7-bromo-decahydro-4,8,8-trimethyl-9-methylene-1,4-azulene
1-(1- 溴乙基)-4-(1,2- 二溴乙基)- 苯 1-(1-bromoethyl)-4-(1,2-dibromoethyl)-benzene
须苞石竹吡喃苷▲ barbapyroside
须毛猪屎豆紫檀烷▲ barbacarpan
须松萝酸▲ barbatic acid; barbatinic acid
徐长卿苷▲ A, B paniculatumoside A, B
徐长卿苷 A, B, C cynapanoside A, B, C
序柄狗牙花定▲ peduncularidine
序柄狗牙花碱▲ pedunculine
续断苷 A~G dipsanoside A~G
续断皂苷▲ VI, A, B, C, J, K dipsacus saponin VI, A, B, C, J, K
续随子醇 lathyrol
续随子醇 -3,15- 二乙酸酯 5- 苯甲酸酯 lathyrol-3,15-diacetate 5-benzoate
续随子二萜▲ A euphorbia lathyris A
续随子酸▲ A lathyranoic acid A
宣威乌头定▲ nagadine
宣威乌头宁▲ lasianine
宣威乌头辛▲ lasiansine
萱草醇 fulvanol
萱草苷 hemerocalloside
萱草宁 A~E fulvanine A~E
萱草素 hemerocallin
萱草萜 A hemerocallal A
萱草酮 hemerocallone
萱草皂苷 A, B hemeroside A, B
玄参奥苷▲ scrophularioside
玄参夫苷▲ scrophuside
玄参苷▲ I, II, A~D ningposide I, II, A~D
玄参黄酮 scrophulein
玄参洛苷▲ A_4, B_4 scrophuloside A_4, B_4
玄参宁碱 A, B, C scrophularianine A, B, C
玄参萜▲ A, B scrophularianoid A, B
玄参新碱▲ A, B, C ningpoensine A, B, C
玄参皂苷 II, III, IV scrophulasapoin II, III, IV
悬钩子苷 rubusoside
悬钩子酸 rubitic acid
悬铃木苷 platanoside
悬铃木宁▲ platanin
悬铃木酸▲ platanic acid
悬铃木酸▲-28-*O*-*β*-D- 吡喃葡萄糖基酯苷 platanic acid-28-*O*-*β*-D-glucopyranosyl ester
悬铃木亭 platanetin
悬铃木酮▲ grenoblone
旋覆花黄素▲ A, B japonicin A, B
旋覆花内酯 inunolide
旋覆花三糖 inulotriose
旋覆花四糖 inulotetraose
旋覆花素 inulicin
旋覆花酮▲ A~L japonicone A~L
旋覆花五糖 inulopentaose
旋覆花烯内酯▲ A, B, C inuchinenolide A, B, C
(11*S*)- 旋花醇酸 (11*S*)-convolvulinolic acid
旋花茄定▲ solaspiralidine
绚孔菌酸▲ A, B, C laetiporic acid A, B, C
雪茶素 vermicularin
雪胆苷 Am_1, G_1, G_2, H_1, Ma_1, Ma_2, Ma_3 hemsloside Am_1, G_1, G_2, H_1, Ma_1, Ma_2, Ma_3
雪胆苷 G_2 甲酯 hemsloside G_2 methyl ester
雪胆木脂素 curuilignan
雪胆木脂素 D curuilignan D
雪胆素 A, B, G hemslecin A, B, G
雪胆素 A-2-*O*-*β*-D- 吡喃葡萄糖苷 hemslecin A-2-*O*-*β*-D-glucopyranoside
雪胆素 A-2-*O*-*β*-D- 葡萄糖苷 hemslecin A-2-*O*-*β*-D-glucoside
雪胆糖苷 A, B, C xuedanglycoside A, B, C
雪胆皂苷 A hemslonin A
雪赫柏苷▲ H chionoside H
雪花莲碱 galanthine
雪莲花内酯▲ A, B, C sausinlactone A, B, C
雪莲内酯 xuelianlactone
雪莲内酯 -8-*O*-*β*-D- 吡喃葡萄糖苷 xuelianlactone-8-*O*-*β*-D-glucopyranoside
雪岭杉酮▲ schrenkianaone
雪柳苷▲ fontanesioside
雪片莲苷▲ leucoside
雪松 -3*α*- 醇 cedran-3*α*-ol
雪松 -3*β*,12- 二醇 cedrane-3*β*,12-diol
雪松 -8- 烯 -14- 醇乙酸酯 cedr-8-en-14-ol acetate
(-)- 雪松醇 (-)-cedrol
α- 雪松醇 *α*-cedrol
β- 雪松醇 *β*-cedrol
雪松醇 cedrol
雪松醇酸 cedrolic acid
雪松达醇▲ centdarol
雪松达灵▲ cedeodarin
雪松灵素▲ deodarin
雪松灵素▲-4- 葡萄糖苷 deodarin-4'-glucoside
8,14- 雪松内酯 8,14-cedranolide
雪松素 cedrin
雪松素苷 cedrinoside
雪松酮▲ deodarone
(-)- 雪松烷醇 (-)-cedreanol
8,14- 雪松烷二醇 8,14-cedranediol
8*S*,13- 雪松烷二醇 8*S*,13-cedranediol
8,14- 雪松烷环氧物 8,14-cedranoxide
(-)-*α*- 雪松烯 (-)-*α*-cedrene
(+)-*β*- 雪松烯 (+)-*β*-cedrene
α- 雪松烯 *α*-cedrene
β- 雪松烯 *β*-cedrene
雪松烯 cedrene
8- 雪松烯 -13- 醇 8-cedren-13-ol
α- 雪松烯 -14- 醇 *α*-cedren-14-ol
β- 雪松烯 -9- 酮 *β*-cedren-9-one
雪松烯 V_6 cedrene V_6
β- 雪松烯醇 *β*-cedrenol
雪松烯醇 cedrenol
雪松脂宁▲ cedrusinin
雪松脂素▲ cedrusin
雪松脂素▲-4-*O*-*β*-D- 葡萄糖苷 cedrusin-4-*O*-*β*-glucoside
雪松脂素▲-4'- 葡萄糖苷 cedrusin-4'-glucoside
雪乌碱 penduline

雪香兰素▲ A~F hedyosumin A~F
雪叶向日葵素▲ B, C niveusin B, C
雪指甲草苷▲ B, C chionaeoside B, C
鳕烯酸 gadoleic acid
血根碱 sanguinarine
血红孔菌素▲ pycnosanguin
血红石蒜碱▲ sanguinine
血红小菇醌▲ sanguinolentaquinone
血见愁芬▲ teucvin
血见愁苷▲ A~H teuvisside A~H
血见愁内酯▲ A, B, C teuvislactone A, B, C
血见愁素▲ teucvidin
血见愁酮▲ teuvisone
血见愁辛▲ A~E teucvisin A~E
血竭二氧杂庚醚 dracooxepine
血竭红素 dracorubin
血竭黄烷 A dracoflavan A
血竭树脂鞣醇 dracoresino tannol
血竭素 dracorhodin
血凝素 haemagglutinin; hemagglutinin
血桐醇▲ macarangonol
血桐苷▲ A~F macarangioside A~F
血桐黄烷酮▲ A~G macaflavanone A~G
血桐宁 macaranganin
血桐鞣宁 A macarinin A
血桐鞣质 A, B macatannin A, B
血桐素▲ macarangin
血桐酮▲ B macaranone B
血苋素▲ I iresinin I
勋章菊内酯▲ gazaniolide
(-)- 薰衣草醇 (-)-lavandulol
(*R*)- 薰衣草醇 (*R*)-lavandulol
薰衣草醇 lavandulol
(±)- 薰衣草醇乙酸酯 (±)-lavandulol acetate
薰衣草醇乙酸酯 lavandayl acetate
(2*R*,3*R*)-8- 薰衣草基 -2'- 甲氧基 -5,7,4'- 三羟基黄烷酮醇 (2*R*,3*R*)-8-lavandulyl-2'-methoxy-5,7,4'-trihydroxyflavanonol
3'- 薰衣草基 -4- 甲氧基 -2,2',4',6'- 四羟基查耳酮 3'-lavandulyl-4-methoxyl-2,2',4',6'-tetrahydroxylchalcone
8- 薰衣草基 -5,7,4'- 三羟基黄酮醇 8-lavandulyl-5,7,4'-trihydroxyflavonol
8- 薰衣草基山柰酚 8-lavandulylkaempferol
薰衣草基乙酸酯 lavandulyl acetate
薰衣草素苷 lavandoside
薰衣草叶水苏苷 lavandulifolioside
寻骨风萜素▲ A~F aristomollin A~F
α- 栒子呋喃▲ *α*-cotonefuran
β- 栒子呋喃▲ *β*-cotonefuran
γ- 栒子呋喃▲ *γ*-cotonefuran
δ- 栒子呋喃▲ *δ*-cotonefuran
ε- 栒子呋喃▲ *ε*-cotonefuran
栒子齐墩果酸▲ cotoneastoleanolic acid
栒子熊果酸▲ cotoneastursolic acid

Y

丫蕊花苷▲ A~R ypsilandroside A~R
丫蕊花内酯苷▲ A, B ypsilactoside A, B
鸦胆子奥苷▲ A~P yadanzioside A~P
鸦胆子毒素 brutoxin
鸦胆子苷 yadanzigan
鸦胆子苦醇 brusatol
鸦胆子苦苷 A~F bruceoside A~F
鸦胆子苦内酯▲ A~E, H javanicolide A~E, H
鸦胆子内酯 A~D, G, S~V yadanziolide A~D, G, S~V
鸦胆子尼酮▲ A bruceajavaninone A
鸦胆子宁▲ A, B, C bruceajavanin A, B, C
鸦胆子素 A~F, H~M bruceine A~F, H~M
鸦胆子素 E-2-*β*-D- 吡喃葡萄糖苷 bruceine E-2-*β*-D-glucopyranoside
鸦胆子酸▲ A, B javanic acid A, B
鸦胆子萜烷▲ 1, 2, 3 brucojavan 1, 2, 3
鸦胆子铁屎米碱苷▲ bruceacanthinoside
鸦胆子亭 bruceantin
鸦胆子亭醇 bruceantinol
鸦胆子亭醇 B bruceantinol B
鸦胆子酮▲ A, B, C bruceajavanone A, B, C
鸦胆子酮▲ A-7- 乙酸酯 bruceajavanone A-7-acetate
鸦胆子烯 bruceene
鸦胆子辛素 yatancine
鸦胆子新苷▲ A~H javanicoside A~H
鸦胆子新酮▲ A~N brujavanone A~N
(+)- 鸦片尼定碱▲ (+)-laudanidine
(+)-1*S*,2*S*- 鸦片尼定碱▲ -N_{α}- 氧化物 (+)-1*S*,2*S*-laudanidine-N_{α}-oxide
(+)-1*S*,2*R*- 鸦片尼定碱▲ -N_{β}- 氧化物 (+)-1*S*,2*R*-laudanidine-N_{β}-oxide
鸦片辛碱▲ laudanosine
鸭葱二氢二苯乙烯 A~E scorzodihydrostilbene A~E
鸭葱素▲ scorzonerin
鸭葱酸▲ scorzoneric acid
鸭脚前胡苷▲ I, II, III, IV, V decuroside I, II, III, IV, V
鸭绿乌头宁▲ jaluenine
鸭皂树萜▲ A, B farnesirane A, B
鸭皂树萜苷▲ farnesiaside
鸭跖黄酮苷 flavocommelin
鸭嘴花醇碱 vasicol
鸭嘴花定碱 adhatodine
鸭嘴花酚碱 vasicinol
(±)- 鸭嘴花碱 (±)-vasicine
鸭嘴花碱 vasicine
鸭嘴花碱乙酸酯 vasicine acetate
鸭嘴花林碱 vasicoline
鸭嘴花林酮碱 vasicolinone
(-)- 鸭嘴花酮碱 (-)-vasicinone
(±)- 鸭嘴花酮碱 (±)-vasicinone
dl- 鸭嘴花酮碱 *dl*-vasicinone
L- 鸭嘴花酮碱 L-vasicinone
鸭嘴花酮碱 vasicinone
鸭嘴花西酮碱▲ adhavasinone
牙买加毒鱼豆素▲ jamaicin
牙买加鞘丝藻酰胺▲ A, B, C jamaicamide A, B, C
芽庄鞘丝藻素▲ A, B nhatrangin A, B
4- 崖柏醇 4-thujanol
α- 崖柏醇 *α*-thujylalcohol
α- 崖柏醛 *α*-thujenal
α- 崖柏酮 *α*-thujone
β- 崖柏酮 *β*-thujone
崖柏酮 thujone
2- 崖柏烯 2-thujene

3- 崖柏烯 3-thujene
4- 崖柏烯 4-thujene
α- 崖柏烯 α-thujene
β- 崖柏烯 β-thujene
崖柏烯 thujene
崖豆藤皂苷 A, B millettiasaponin A, B
γ- 崖椒碱 γ-fagarine
崖椒诺醇▲ meridinol
崖摩宁▲ amoorinin
崖摩宁▲-3-*O*-α-L- 吡喃鼠李糖基 -(1 → 6)-β-D- 吡喃葡萄糖苷▲ amoorinin-3-*O*-α-L-rhamnopyranosyl-(1 → 6)-β-D-glucopyranoside
崖摩抑素▲ amoorastatin
崖摩抑酮▲ amoorastatone
崖爬藤醇▲ A tetrastigmol A
崖爬藤黄酮▲ A~D tetrastigma A~D
雅昆苦苣菜宁▲ jacquilenin
雅昆苦苣菜素▲ jacquinelin
雅奴卡鞘丝藻酰胺▲ A, B yanucamide A, B
雅塔蟹甲草碱▲ yamataimine
亚丙基苯酞 propylidenenaphthalide
L-γ- 亚丙基谷氨酸 L-γ-propylideneglutamic acid
O- 亚碘酰苯甲酸 *O*-iodosobenzoic acid
3- 亚丁基 -4,5- 二氢苯酞 3-butylidene-4,5-dihydrophthalide
3- 亚丁基 -4- 羟基苯酞 3-butylidene-4-hydroxyphthalide
(*Z*)-3- 亚丁基 -7- 羟基苯酞 (*Z*)-3-butylidene-7-hydroxyphthalide
(*E*)- 亚丁基苯酞 (*E*)-butylidenephthalide
3- 亚丁基苯酞 3-butylidenephthalide
Z- 亚丁基苯酞 *Z*-butylidenephthalide
亚丁基苯酞 butylidenephthalide
亚丁基二氢苯酞 butylidenedihydrophthalide
亚东乌头亭▲ A, B spicatine A, B
2- 亚己基 -3- 甲基琥珀酸 2-hexylidene-3-methylsuccinic acid
(2*E*,4*Z*,8*E*)-*N*-[9-(3,4- 亚甲二氧苯基)-2,4,8- 壬三烯酰基] 哌啶 (2*E*,4*Z*,8*E*)-*N*-[9-(3,4-methylenedioxyphenyl)-2,4,8-nonatrienoyl] piperidine
(2*E*,4*Z*,8*E*)-*N*-[(3,4- 亚甲二氧苯基)-2,4,8- 壬三烯酰基]- 哌啶 (2*E*,4*Z*,8*E*)-*N*-[(3,4-methylendioxyphenyl)-2,4,8-nonatrienoyl]-piperidine
1-(3',4'- 亚甲二氧苯基)- 葵烷 1-(3',4'-methylenedioxyphenyl)-decane
2*E*,4*E*,12*E*,13-(3,4- 亚甲二氧苯基)- 十三碳 - 三烯酸异丁基胺 2*E*,4*E*,12*E*,13-(3,4-methylenedioxy-phenyl)-trideca-trienoic acid isobutylamide
3',4'- 亚甲二氧基 -(4'',5'':7,8)- 呋喃黄烷酮 3',4'-methylenedioxy-(4'',5'':7,8)furanoflavanone
N-[9-(3,4- 亚甲二氧基)-2*E*,4*E*,8*E*- 九碳三烯酰]- 吡咯烷 *N*-[9-(3,4-methylenedioxyphenyl)-2*E*,4*E*,8*E*-nonatrienoyl]-pyrrolidine
1,2-(亚甲二氧基)-4-(丙烷 -1,2- 二醇) 苯 1,2-(methylene-dioxy)-4-(propan-1,2-diol)benzen
(*E*)-1-[3',4'-(亚甲二氧基)- 桂皮酰基] 哌啶 (*E*)-1-[3',4'-(methylenedioxy)-cinnamoyl]piperidine
6,7- 亚甲二氧基 -1(2*H*)- 异喹啉酮 6,7-methylenedioxy-1(2*H*)-isoquinolinone
(-)- 亚甲二氧基 -11,12- 药用蕊木碱▲ (-)-methylenedioxy-11,12-kopsinaline
7*R*,8*R*,1'*R*-$\Delta^{8'}$-3,4- 亚甲二氧基 -1'- 甲氧基 -1',6'- 二氢 -6'- 氧代 -7.0.4',8.3'- 新木脂素 7*R*,8*R*,1'*R*-$\Delta^{8'}$-3,4-methylenedioxy-1'-methoxy-1',6'-dihydro-6'-oxo-7.0.4',8.3'-neolignan
7*R*,8*R*,1'*S*-$\Delta^{8'}$-3,4- 亚甲二氧基 -1'- 甲氧基 -1',6'- 二氢 -6'- 氧代 -7.0.4',8.3'- 新木脂素 7*R*,8*R*,1'*S*-$\Delta^{8'}$-3,4-methylenedioxy-1'-methoxy-1',6'-dihydro-6'-oxo-7.0.4',8.3'-neolignan
6,7- 亚甲二氧基 -2-(6- 乙酰基 -2,3- 亚甲基二氧苄基)-1(2*H*)- 异喹啉酮 6,7-methylenedioxy-2-(6-acetyl-2,3-methylenedioxybenzyl)-1-(2*H*)-isoquinolinone
6,7- 亚甲二氧基 -2'- 羟基黄烷酮 6,7-methylenedioxy-2'-hydroxyflavanone
6,7- 亚甲二氧基 -2'- 羟基异黄酮 6,7-methylenedioxy-2'-hydroxyisoflavone
1,2- 亚甲二氧基 -3,10,11- 三甲氧基阿朴菲 1,2-methylenedioxy-3,10,11-trimethoxyaporphine
3',4'- 亚甲二氧基 -3,4,5,5'- 四甲氧基 -7,7'- 环氧木脂素 3',4'-methylenedioxy-3,4,5,5'-tetramethoxy-7,7'-epoxylignan
3',4'- 亚甲二氧基 -3,4,5- 三甲氧基 -7,7'- 环氧木脂素 3',4'-methylenedioxy-3,4,5-trimethoxy-7,7'-epoxylignan
3,4- 亚甲二氧基 -3',4',5'- 三甲氧基 - 鞣花酸 3,4-methylenedioxy-3',4',5'-trimethoxy-ellagic acid
3,4- 亚甲二氧基 -3',4'-*O*- 二甲基 -5'- 甲氧基鞣花酸 3,4-methylenedioxy-3',4'-*O*-dimethyl-5'-methoxyellagic acid
3,4- 亚甲二氧基 -3',4'-*O*- 二甲基 -5'- 羟基鞣花酸 3,4-methylenedioxy-3',4'-*O*-dimethyl-5'-hydroxyellagic acid
3,4- 亚甲二氧基 -3',4'- 二甲氧基 -5'- 甲基 - 鞣花酸 3,4-methylenedioxy-3',4'-dimethoxy-5'-methyl-ellagic acid
(7'*R*,8'*S*)-3,4- 亚甲二氧基 -3',4'- 二甲氧基 -7,8- 裂环 -7,7'- 环氧木脂素 -7,8- 二酮 (7'*R*,8'*S*)-3,4-methylenedioxy-3',4'-dimethoxy-7,8-seco-7,7'-epoxylignan-7,8-dione
(7α,7'α,8α,8'α)-3,4- 亚甲二氧基 -3',4'- 二甲氧基 -7,9',7',9- 二环氧木脂素 -5'- 醇 (7α,7'α,8α,8'α)-3,4-dioxymethylene-3',4'-dimethoxy-7,9',7',9-diepoxylignan-5'-ol
3,4- 亚甲二氧基 -3',4'- 二甲氧基 - 鞣花酸 3,4-methylenedioxy-3',4'-dimethoxy-ellagic acid
(-)-(8*R*)-$\Delta^{8'}$-3,4- 亚甲二氧基 -3',5'- 二甲氧基 -8-*O*-4'- 新木脂素 (-)-(8*R*)-$\Delta^{8'}$-3,4-methylenedioxy-3',5'-dimethoxy-8-*O*-4'-neolignan
(7'*R*,8'*S*)-3,4- 亚甲二氧基 -3'4'- 二甲氧基 -7,8- 裂环 -7,7'- 环氧木脂素 -7,8- 二酮 (7'*R*,8'*S*)-3,4-methylenedioxy-3'4'-dimethoxy-7,8-seco-7,7'-epoxylignan-7,8-dione
(7*R*,8*S*)-3,4- 亚甲二氧基 -3'- 甲氧基 -4',7- 环氧 -8,5'- 新木脂素 -7'[*E*]- 烯 (7*R*,8*S*)-3,4-methylenedioxy-3'-methoxy-4',7-epoxy-8,5'-neolignan-7'[*E*]-ene
3,4- 亚甲二氧基 -3'- 甲氧基 -4'- 羟基 - 鞣花酸 3,4-methylenedioxy-3'-methoxy-4'-hydroxy-ellagic acid
(7*S*,8*R*)-3,4- 亚甲二氧基 -3'- 甲氧基 -8',9'- 二去甲基 -4',7- 环氧 -8,5'- 新木脂素 -7'- 醛 (7*S*,8*R*)-3,4-methylenedioxy-3'-methoxy-8',9'-dinor-4',7-epoxy-8,5'-neolignan-7'-aldehyde
3,4- 亚甲二氧基 -3'- 乙氧基 -4'- 甲氧基 - 鞣花酸 3,4-methylenedioxy-3'-ethoxy-4'-methoxy-ellagic acid
2',3'- 亚甲二氧基 -4',5',6'- 三甲氧基 - 苯基 -2- 丙烯 2',3'-methylenedioxy-4',5',6'-trimethoxy-phenyl-2-propene
(7*R*,8*R*)-3,4- 亚甲二氧基 -4',7- 环氧 -8,3'- 新木脂素 -7'[*E*]- 烯 (7*R*,8*R*)-3,4-methylenedioxy-4',7-epoxy-8,3'-neolignan-7'[*E*]-ene
(7*R*,8*S*)-3,4- 亚甲二氧基 -4',7- 环氧 -8,3'- 新木脂素 -7'[*E*]- 烯 (7*R*,8*S*)-3,4-methylenedioxy-4',7-epoxy-8,3'-neolignan-7'[*E*]-ene
2,3- 亚甲二氧基 -4- 甲氧基 -5- 甲基苯酚 2,3-methylenedioxy-4-methoxy-5-methylphenol
7,8- 亚甲二氧基 -4'- 羟基高异黄烷 7,8-methylenedioxy-4'-hydroxyhomoisoflavan
3',4'- 亚甲二氧基 -5,6,7,5'- 四甲氧基黄酮 3',4'-methylenedioxy-5,6,7,5'-tetramethoxyflavone
3',4'- 亚甲二氧基 -5,7,5'- 三甲氧基黄酮 3',4'-methylenedioxy-5,7,5'-

Y

trimethoxyflavone

3',4'- 亚甲二氧基 -5,7- 二甲氧基黄酮 3',4'-methylenedioxy-5,7-dimethoxyflavone

(2*S*)-3',4'- 亚甲二氧基 -5,7- 二甲氧基黄烷 (2*S*)-3',4'-methylenedioxy-5,7-dimethoxyflavan

6,7- 亚甲二氧基 -5,8- 二甲氧基香豆素 6,7-methylenedioxy-5,8-dimethoxycoumarin

7*R*,8*R*,1'*S*-$\Delta^{8'}$-3,4- 亚甲二氧基 -5'- 甲氧基 -1',4'- 二氢 -4'- 氧代 -7.0.2',8.1'- 新木脂素 7*R*,8*R*,1'*S*-$\Delta^{8'}$-3,4-methylenedioxy-5'-methoxy-1',4'-dihydro-4'-oxo-7.0.2',8.1'-neolignan

7*R*,8*S*,1'*S*-$\Delta^{8'}$-3,4- 亚甲二氧基 -5'- 甲氧基 -1',4'- 二氢 -4'- 氧代 -7.0.2',8.1'- 新木脂素 7*R*,8*S*,1'*S*-$\Delta^{8'}$-3,4-methylenedioxy-5'-methoxy-1',4'-dihydro-4'-oxo-7.0.2',8.1'-neolignan

3,4- 亚甲二氧基 -6,8- 二甲氧基 -10- 硝基 -1- 甲酯菲 3,4-methylenedioxy-6,8-dimethoxy-10-nitro-1-methyl ester phenanthrene

3,4- 亚甲二氧基 -6,8- 二甲氧基 -1- 甲酯菲 3,4-methylenedioxy-6,8-dimethoxy-1-methyl ester phenanthrene

1,2- 亚甲二氧基 -8,9- 二甲氧基 -7- 氧代二苯并喹啉 1,2-methylenedioxy-8,9-dimethoxy-7-oxodibenzoquinoline

1,2- 亚甲二氧基 -8,9- 二甲氧基 -*N*- 甲氧基羰基阿朴啡 1,2-methylenedioxy-8,9-dimethoxy-*N*-methoxycarbonyl-aporphine

(7*R*,8*R*)-3,4- 亚甲二氧基 -8',9'- 二去甲基 -4',7- 环氧 -8,3'- 新木脂素 -7'- 醛 (7*R*,8*R*)-3,4-methylenedioxy-8',9'-dinor-4',7-epoxy-8,3'-neolignan-7'-aldehyde

(7*S*,8*R*)-3,4- 亚甲二氧基 -8',9'- 二去甲基 -4',7- 环氧 -8,3'- 新木脂素 -7'- 醛 (7*S*,8*R*)-3,4-methylenedioxy-8',9'-dinor-4',7-epoxy-8,3'-neolignan-7'-aldehyde

3,4- 亚甲二氧基 -8- 甲氧基 -10- 硝基菲 -1- 羧酸 3,4-methylenedioxy-8-methoxy-10-nitrophenanthrene-1-carboxylic acid

1,2- 亚甲二氧基 -8- 甲氧基 -7- 氧代二苯并喹啉 1,2-methylenedioxy-8-methoxy-7-oxodibenzoquinoline

1,2- 亚甲二氧基 -9- 甲氧基 -*N*- 甲氧基羰基阿朴啡 1,2-methylenedioxy-9-methoxy-*N*-methoxycarbonyl-aporphine

11,12- 亚甲二氧基 -N_1- 去甲氧羰基 -$\Delta^{14,15}$ 开环红花蕊木酸▲甲酯 methyl 11,12-methylenedioxy-N_1-decarbomethoxy-$\Delta^{14,15}$chanofruticosinate

11,12- 亚甲二氧基 -N_1- 去甲氧羰基开环红花蕊木酸▲甲酯 methyl 11,12-methylenedioxy-N_1-decarbomethoxychanofruticosinate

(*E*)-3,4- 亚甲二氧基苯丙烯醛 (*E*)-3,4-methylenedioxyphenylpropenal

1-[7-(3,4- 亚甲二氧基苯基)-(2*E*,4*E*)- 庚二烯酰基]-*N*- 异丁基酰胺 1-[7-(3,4-methylenedioxyphenyl)-(2*E*,4*E*)-heptadienoyl]-*N*-isobutylamide

(+)-3-(3,4- 亚甲二氧基苯基)-1,2- 丙二醇 (+)-3-(3,4-methylenedioxyphenyl)-1,2-propanediol

(2*R*)-3-(3,4- 亚甲二氧基苯基)-1,2- 丙二醇 (2*R*)-3-(3,4-methylenedioxyphenyl)-1,2-propanediol

1-(3,4- 亚甲二氧基苯基)-1*E*- 十四烯 1-(3,4-methylenedioxyphenyl)-1*E*-tetradecene

1-(3',4'- 亚甲二氧基苯基)-1*E*- 十四烯 1-(3',4'-methylenedioxyphenyl)-1*E*-tetradecene

1-[(2*E*,10*E*)-11-(3,4- 亚甲二氧基苯基)-2,10- 十一碳烯酰基]- 吡咯烷 1-[(2*E*,10*E*)-11-(3,4-methylenedioxyphenyl)-2,10-undecenoyl] pyrrolidine

1-[(2*E*,4*E*,8*E*)-9-(3,4- 亚甲二氧基苯基)-2,4,8- 九碳三烯酰基]- 吡咯烷 1-[(2*E*,4*E*,8*E*)-9-(3,4-methylenedioxyphenyl)-2,4,8-nonatrienoyl]pyrrolidine

1-[(2*E*,4*Z*,8*E*)-9-(3,4- 亚甲二氧基苯基)-2,4,8- 九碳三烯酰基]- 吡咯烷 1-[(2*E*,4*Z*,8*E*)-9-(3,4-methylenedioxyphenyl)-2,4,8-nonatrienoyl]-pyrrolidine

1-[(2*E*,4*E*,9*E*)-10-(3,4- 亚甲二氧基苯基)-2,4,9- 十一碳三烯酰基]- 吡咯烷 1-[(2*E*,4*E*,9*E*)-10-(3,4-methylenedioxyphenyl)-2,4,9-undecatrienoyl]pyrrolidine

1-[(2*E*,4*E*)-7-(3,4- 亚甲二氧基苯基)-2,4- 庚二烯酰基]- 吡咯烷 1-[(2*E*,4*E*)-7-(3,4-methylenedioxyphenyl)-2,4-heptadienoyl] pyrrolidine

1-[(2*E*,4*E*)-11-(3,4- 亚甲二氧基苯基)-2,4- 十一碳烯酰基]- 吡咯烷 1-[(2*E*,4*E*)-11-(3,4-methylenedioxyphenyl)-2,4-undecenoyl] pyrrolidine

1-[(2*E*,8*E*)-9-(3,4- 亚甲二氧基苯基)-2,8- 九碳二烯酰基]- 吡咯烷 1-[(2*E*,8*E*)-9-(3,4-methylenedioxyphenyl)-2,8-nonadienoyl] pyrrolidine

1-[(2*E*)-7-(3,4- 亚甲二氧基苯基)-2- 庚烯酰基]- 吡咯烷 1-[(2*E*)-7-(3,4-methylenedioxyphenyl)-2-heptenoyl]pyrrolidine

1-(3',4'- 亚甲二氧基苯基)-3- 苯基 -1- 丙酮 1-(3',4'-methylenedioxyphenyl)-3-phenyl-1-propanone

1-[(4*E*,9*E*)-10-(3,4- 亚甲二氧基苯基)-4,9- 九碳二烯酰基]- 吡咯烷 1-[(4*E*,9*E*)-10-(3,4-methylenedioxyphenyl)-4,9-nonadienoyl] pyrrolidine

(1*R**,2*S**,5*R**,6*R**)-2-(3,4- 亚甲二氧基苯基)-6-(3,5- 二甲氧基苯基)-3,7- 二氧代双环 [3.3.0] 辛烷 (1*R**,2*S**,5*R**,6*R**)-2-(3,4-methylenedioxyphenyl)-6-(3,5-dimethoxyphenyl)-3,7-dioxabicyclo[3.3.0]octane

7'-(3',4'- 亚甲二氧基苯基)-8,8'- 二甲基 -7-(3,4- 二羟基苯基)- 丁烷 7'-(3',4'-methylenedioxyphenyl)-8,8'-dimethyl-7-(3,4-dihydroxyphenyl)-butane

(7*S*,8*R*,7'*R*,8'*R*)-7-(3,4- 亚甲二氧基苯基)-8,8'- 二甲基 -8'- 羟基 -7'- 甲氧基 -7'-(3',4'- 亚甲二氧基苯基)- 四氢呋喃 (7*S*,8*R*,7'*R*,8'*R*)-7-(3,4-methylenedioxyphenyl)-8,8'-dimethyl-8'-hydroxyl-7'-methoxyl-7'-(3',4'-methylenedioxyphenyl)-tetrahydrofuran

(7*S*,8*S*,7'*R*,8'*S*)-7-(3,4- 亚甲二氧基苯基)-8- 甲基 -8'- 甲基 -7'-(3',4'- 二羟基苯基)- 四氢呋喃 (7*S*,8*S*,7'*R*,8'*S*)-7-(3,4-methylenedioxyphenyl)-8-methyl-8'-methyl-7'-(3',4'-dihydroxyphenyl)- tetrahydrofuran

1-[(8*E*)-9-(3,4- 亚甲二氧基苯基)-8- 九碳烯酰基]- 吡咯烷 1-[(8*E*)-9-(3,4-methylenedioxyphenyl)-8-nonenoyl]pyrrolidine

1-[(9*E*)-10-(3,4- 亚甲二氧基苯基)-9- 癸烯酰]- 吡咯烷 1-[(9*E*)-10-(3,4-methylenedioxyphenyl)-9-decenoyl]pyrrolidine

3-(3',4'- 亚甲二氧基苯基)- 丙烯醛 3-(3',4'-methylenedioxophenyl)-propenal

2-[4'-(3',4'- 亚甲二氧基苯基) 丁基]-4- 喹诺酮 2-[4'-(3',4'-methylenedioxyphenyl)butyl]-4-quinolone

2-[4-(3,4- 亚甲二氧基苯基) 丁基] 喹诺酮 2-[4-(3,4-methylenedioxyphenyl)butyl]quinolone

(*E*,*E*,*E*)-1-[9-(3,4- 亚甲二氧基苯基)- 九碳 -2,4,8- 三烯酰基] 吡咯烷 (*E*,*E*,*E*)-1-[9-(3,4-methylenedioxyphenyl)-nona-2,4,8-trienoyl] pyrrolidine

(*E*,*E*,*E*)-1-[11-(3,4- 亚甲二氧基苯基)- 十一碳 -2,4,10- 三烯酰基] 哌啶 (*E*,*E*,*E*)-1-[11-(3,4-methylenedioxyphenyl)-undeca-2,4,10-trienoyl]piperidine

3,4- 亚甲二氧基苯甲醇 3,4-methylenedioxyphenylmethanol

2,3- 亚甲二氧基苯甲酸 2,3-methylenedioxybenzoic acid

3,4- 亚甲二氧基苯甲酸 3,4-methylenedioxybenzoic acid

3,4- 亚甲二氧基 - 苯甲酸 3,4-methylenedioxy-benzoic acid

3,4- 亚甲二氧基苯甲酸山荷叶素酯 3,4-methylenedioxybenzoic acid diphyllin ester

3',4'- 亚甲二氧基呋喃并 [8,7:4",5"] 黄酮 3',4'-methylenedioxyfuro[8,7:4",5"]flavone
3,4- 亚甲二氧基桂皮醇 3,4-methylenedioxycinnamyl alcohol
3,4- 亚甲二氧基桂皮醛 3,4-methylenedioxycinnamaldehyde
3,4- 亚甲二氧基桂皮酸 3,4-methylenedioxycinnamic acid
(*E*)-1-(3',4'- 亚甲二氧基桂皮酰基)- 哌啶 (*E*)-1-[3',4'-(methylenedioxy)cinnamoyl]piperidine
3,4- 亚甲二氧基鞣花酸 3,4-methylenedioxyellagic acid
11,12- 亚甲二氧基开环红花蕊木酸▲ 11,12-methylenedioxychanofruticosinic acid
11,12- 亚甲二氧基开环红花蕊木酸▲甲酯 methyl 11,12-methylenedioxychanofruticosinate
7,8- 亚甲二氧基喹啉 7,8-methylenedioxyquinoline
2,3- 亚甲二氧基萘 2,3-(methylenedioxy)naphthalene
6,7- 亚甲二氧基色酮 6,7-methylenedioxychromone
7,8- 亚甲二氧基香豆素 7,8-methylenedioxycoumarin
3',4'- 亚甲二氧基香豌豆酚▲ 3',4'-methylenedioxyorobol
(-)-11,12- 亚甲二氧基药用蕊木碱▲ (-)-11,12-methylenedioxykopsinaline
11,12- 亚甲二氧基药用蕊木碱▲-*N*(4)- 氧化物 11,12-methylenedioxykopsinaline-*N*(4)-oxide
3',4'- 亚甲二氧基异黄酮 -7-*O*-*β*-D- 吡喃葡萄糖苷 3',4'-methylenedioxyisoflavone-7-*O*-*β*-D-glucopyranoside
8,9- 亚甲二氧基紫檀素 -3-*O*-*α*-L- 吡喃鼠李糖苷 8,9-methylenedioxypterocarpin-3-*O*-*α*-L-rhamnopyranoside
3-[2-(3',4'- 亚甲基)-5- 苯并呋喃基]- 丙酸酯 3-[2-(3',4'-methylenedioxyphenyl)-5-benzofuranyl]-propionate
(1*R*,3*R*)-4- 亚甲基 -1-(1- 甲基乙基)-1,3- 环己二醇 (1*R*,3*R*)-4-methylene-1-(1-methylethyl)-1,3-cyclohexanediol
4- 亚甲基 -1-(1- 甲基乙基)- 环已烯 4-methylene-1-(1-methylethyl)-cyclohexene
4- 亚甲基 -1-(1- 甲基乙基)- 双环 [3.1.0] 已 -2- 烯 4-methylene-1-(1-methylethyl)-bicyclo[3.1.0]hex-2-ene
16- 亚甲基 -11,15- 二酮 -20- 羟基 -7*α*,14*β*- 二羟基贝壳杉烷 16-methylene-11,15-diketo-20-hydroxy-7*α*,14*β*-dihydroxykaurane
3- 亚甲基 -2(3*H*)- 苯并呋喃酮 3-methylene-2(3*H*)-benzofuranone
24- 亚甲基 -22,23- 二氢羊毛脂醇 24-methylene-22,23-dihydrolanosterol
24- 亚甲基 -24(25)- 二氢羊毛脂醇 24-methylene-24(25)-dihydrolanosterol
24- 亚甲基 -24- 二羟基帕克醇 24-methylene-24-dihydroparkeol
24- 亚甲基 -25- 甲基胆甾醇 24-methylene-25-methylcholesterol
24- 亚甲基 -25- 氢鸡冠柱烯醇▲ 24-methylene-25-hydrolophenol
7,11- 亚甲基 -2*H*- 环辛 [f][2] 苯并吡喃 -8- 乙酸 7,11-methano-2*H*-cycloocta[f][2]benzopyran-8-acetic acid
亚甲基 -3,3'- 双散沫花醌 methylene-3,3'-bilawsone
24- 亚甲基 -3,4- 裂环 - 环木菠萝 -4(28)- 烯 -3- 酸 24-methylene-3,4-seco-cycloart-4(28)-en-3-oic acid
2- 亚甲基 -3-[(3',4',5'- 三甲氧基苯基)(5"- 甲氧基 -3",4"- 亚甲二氧基苯基) 甲基] 丁内酯 2-methylene-3-[(3',4',5'-trimethoxyphenyl)(5"-methoxy-3",4"-methylenedioxyphenyl)metyl]butyrolactone
(3*S*)-2- 亚甲基 -3-[(5'- 甲氧基 -3',4'- 亚甲二氧基苯基)(4"- 羟基 -3",5"- 二甲氧基苯基) 甲基] 丁内酯 (3*S*)-2-methylene-3-[(5'-methoxy-3',4'-methylenedioxyphenyl)(4"-hydroxy-3",5"-dimethoxyphenyl)methyl]butyrolactone
2- 亚甲基 -3-[(5- 甲氧基 -3,4- 亚甲二氧基苯基)(4- 羟基 -3,5- 二甲氧基苯基) 甲基] 丁内酯 2-methylene-3-[(5-methoxy-3,4-methylenedioxyphenyl)(4-hydroxy-3,5-dimethoxyphenyl)methyl]butyrolactone
2- 亚甲基 -3- 甲氧基 -2,5- 二氢呋喃 -4-*O*-*β*-D- 吡喃葡萄糖苷 2-methylene-3-methoxy-2,5-dihydrofuran-4-*O*-*β*-D-glucopyranoside
24- 亚甲基 -3- 氧代环木菠萝 -13- 羧酸 24-methylene-3-oxocycloartane-13-carboxylic acid
3- 亚甲基 -4- 十五烷基二氢呋喃 -2 酮 3-methylene-4-pentadecyldihydrofuran-2-one
4- 亚甲基 -5*α*- 羟基广防风二内酯▲ 4-methylene-5*α*-hydroxyovatodiolide
24- 亚甲基 -5*α*- 羊毛脂 -8- 烯 -3*β*- 醇 24-methylene-5*α*-lanost-8-en-3*β*-ol
4- 亚甲基 -5*β*- 羟基广防风二内酯▲ 4-methylene-5*β*-hydroxyovatodiolide
4- 亚甲基 -5*β*- 氢化过氧广防风二内酯▲ 4-methylene-5*β*-hydroperoxyovatodiolide
(*S*)-(+)-4- 亚甲基 -5- 氧代 - 吡咯 -2- 甲酸丁酯 (*S*)-(+)-butyl-4-methylene-5-oxo-pyrrolidin-2-carboxylate
(S)-(+)-4- 亚甲基 -5- 氧代 - 吡咯 -2- 甲酸甲酯 (*S*)-(+)-methyl-4-methylene-5-oxo-pyrrolidin-2-carboxylate
(*S*)-4- 亚甲基 -5- 氧代吡咯 -2- 羧酸 (*S*)-4-methylene-5-oxopyrrolidine-2-carboxylic acid
4- 亚甲基 -5- 氧代广防风二内酯▲ 4-methylene-5-oxovatodiolide
4- 亚甲基 -5- 氧代广防风酸▲ 4-methylene-5-oxoanisomelic acid
24- 亚甲基 -9,19- 环木菠萝烯酮 24-methylene-9,19-cycloartenone
22- 亚甲基 -9,19- 环羊毛脂 -3*β*- 醇 22-methylene-9,19-cyclolanostan-3*β*-ol
24- 亚甲基 -9,19- 环羊毛脂 -3*β*- 乙酸酯 24-methylene-9,19-cyclolanost-3*β*-yl acetate
24- 亚甲基 -9,19- 环羊毛脂 -3- 醇 24-methylene-9,19-cyclolanostan-3-ol
24- 亚甲基 -9,19- 环羊毛脂烷 24-methylene-9,19-cyclolanostane
4- 亚甲基 -*DL*- 脯氨酸 4-methylene-*DL*-proline
(14*α*,17a*E*)-15- 亚甲基 -D- 高 -C,30- 二降 -13,17a- 裂环达玛 -17a(20),24- 二烯 (14*α*,17a*E*)-15-methylene-D-homo-C,30-dinor-13,17a-secodammara-17a(20),24-diene
α- 亚甲基 -*γ*- 氨基丁酸 *α*-methylene-*γ*-aminobutyric acid
24- 亚甲基达玛 -20- 烯 -3*β*- 醇 24-methylenedammar-20-en-3*β*-ol
亚甲基丹参醌 methylenetanshinquinone
4- 亚甲基丹参新酮 4-methylenemiltirone
(3*β*,5*α*)-2- 亚甲基 - 胆甾 -3- 醇 (3*β*,5*α*)-2-methylene-cholestan-3-ol
24- 亚甲基 - 胆甾 -7- 烯 -3*β*- 醇 24-methylene-cholest-7-en-3*β*-ol
24- 亚甲基胆甾醇 24-methylenecholesterol
2,2'- 亚甲基 - 二 (6- 叔丁基 -4- 甲基苯酚) 2,2'-methylene-bis(6-tertbutyl-4-methylphenol)
(-)-12,12'- 亚甲基二金雀儿碱 (-)-12,12'-methylenedicytisine
亚甲基二氢丹参醌 methylenedihydrotanshinquinone
3,4- 亚甲基二氧苯酚 3,4-methylenedioxyphenol
(*E*)-2-(3,4- 亚甲基 - 二氧苯基)-3- 甲氧基丙烯酸酯 (*E*)-2-(3,4-methylene-dioxyphenyl)-3-methoxypropenoic acid
11,12- 亚甲基二氧药用蕊木碱▲ 11,12-methylenedioxykopsinaline
L-*γ*- 亚甲基谷氨酸 L-*γ*-methyleneglutamic acid
γ- 亚甲基谷氨酸 *γ*-methyleneglutamic acid
γ- 亚甲基谷氨酰胺 *γ*-methyleneglutamine
24- 亚甲基花粉甾烷醇▲ 24-methylenepollinastanol
24- 亚甲基环桉烯醇 24-methylenecycloeucalenol
24- 亚甲基环木菠萝 -3*β*,21- 二醇 24-methylenecycloartan-3*β*,21-diol
23- 亚甲基环木菠萝 -3*β*,24- 二醇 23-methylenecycloart-3*β*,24-diol
24- 亚甲基环木菠萝 -3*β*,25- 二醇 24-methylenecycloartane-3*β*,25-

Y

diol
24- 亚甲基环木菠萝 -3β,26- 二醇 24-methylenecycloartan-3β,26-diol
24- 亚甲基环木菠萝 -3β,28- 二醇 24-methylenecycloartan-3β,28-diol
24- 亚甲基环木菠萝 -3β,6β,16β- 三醇 24-methylenecycloartane-3β,6β,16β-triol
24- 亚甲基环木菠萝 -3β,6β,16β- 三醇 -3-O-β-D- 吡喃木糖苷 24-methylenecycloartane-3β,6β,16β-triol-3-O-β-D-xylopyranoside
24- 亚甲基环木菠萝 -3β,6β,7β,16β- 四醇 24-methylenecycloartane-3β,6β,7β,16β-tetraol
24- 亚甲基环木菠萝 -3β,6β,7β,16β- 四醇 -3-O-β-D- 吡喃木糖苷 24-methylenecycloartane-3β,6β,7β,16β-tetraol-3-O-β-D-xylopyranoside
24- 亚甲基环木菠萝 -3β,6β,7β- 三醇 24-methylenecycloartane-3β,6β,7β-triol
24- 亚甲基环木菠萝 -3β,6β,7β- 三醇 -3-O-β-D- 吡喃木糖苷 24-methylenecycloartane-3β,6β,7β-triol-3-O-β-D-xylopyranoside
24- 亚甲基环木菠萝 -3β,7β,16β- 三醇 -3-O-β-D- 吡喃木糖苷 24-methylenecycloartane-3β,7β,16β-triol-3-O-β-D-xylopyranoside
24- 亚甲基环木菠萝 -3β-O- 十六酸酯 24-methylenecycloartan-3β-O-hexadecanoate
24- 亚甲基环木菠萝 -3β- 醇 24-methylenecycloartan-3β-ol
24- 亚甲基环木菠萝 -3- 酮 24-methylenecycloartan-3-one
24- 亚甲基环木菠萝烷 -3,28- 二醇 24-methylenecycloartan-3,28-diol
24- 亚甲基环木菠萝烷醇 24-methylenecycloartanol
24- 亚甲基环木菠萝烷醇乙酸酯 24-methylenecycloartanol acetate
24- 亚甲基环木菠萝烷醇硬脂酸酯 24-methylenecycloartanyl stearate
24- 亚甲基环木菠萝烷酮 24-methylenecycloartanone
24- 亚甲基环木菠萝烯醇 24-methylenecycloartenol
24- 亚甲基环木菠萝烯醇乙酸酯 24-methylene-cycloartenyl acetate
24- 亚甲基环木菠萝烯醇硬脂酸酯 24-methylenecycloartenyl stearate
24- 亚甲基环木菠萝烯酮 24-methylenecycloartenone
(20S)-24- 亚甲基鸡冠柱烯醇▲ (20S)-24-methylenelophenol
24- 亚甲基鸡冠柱烯醇▲ 24-methylenelophenol
亚甲基金钗石斛素 nobilomethylene
8,8''- 亚甲基 - 双 -(3,3',4',5,7- 五羟基黄酮) 8,8''-methylene-bis-(3,3',4',5,7-pentahydroxyflavone)
2,2'- 亚甲基 - 双 [6-(1,1- 二甲基乙基)-4- 甲基]- 苯酚 2,2'-methylene-bis[6-(1,1-dimethylethyl)-4-methyl]-phenol
亚甲基双狗牙花兰宁▲ methylenebismehranine
6- 亚甲基 - 双环 [3,1,0] 已烷 6-methylene-bicyclo[3,1,0]hexane
亚甲基双绵马酚 methylene-bis-aspidinol
亚甲基双圣丁菊素▲ methylenebissantin
3- 亚甲基戊烷 3-methylene-pentane
9H-9- 亚甲基芴 9H-9-methylenefluorene
24- 亚甲基羊索甾醇▲ 24-methylenelathosterol
24- 亚甲基羊毛脂 -7,9(11)- 二烯 -3- 酮 24-methylenelanosta-7,9(11)-diene-3-one
24- 亚甲基羊毛脂 -8- 烯 -3β,22- 二醇 24-methylenenlanost-8-ene-3β,22-diol
24- 亚甲基羊毛脂 -8- 烯 -3β- 醇 24-methylenelanost-8-en-3β-ol
24- 亚甲基羊毛脂 -8- 烯醇 24-methylenelanost-8-enol
24- 亚甲基羊毛脂 -9(11)- 烯 -3β- 醇 24-methylenelanost-9(11)-en-3β-ol
24- 亚甲基羊毛脂 -9(11)- 烯 -3β- 醇乙酸酯 24-methylenelanost-9(11)-en-3β-ol acetate
24- 亚甲基羊毛脂醇 24-methylenelanosterol
亚精胺 spermidine
亚历山大黄芪苷 I alexandroside I
亚硫酸丁基十二烷基酯 sulfurous acid butyl dodecyl ester
亚硫酸十二烷基 -2- 丙酯 sulfurous acid dodecyl-2-propyl ester
1- 亚麻醇 -3-O-β-D- 吡喃半乳糖基 -sn- 甘油 1-linolenyl-3-O-β-D-galactopyranosyl-sn-glycerol
亚麻二烯酸 linolelaidic acid
亚麻桂皮素▲ linocinnamarin
亚麻环氧噻品 linoxepin
亚麻荠素▲ camelinin
亚麻苦苷 linamarin
亚麻明▲A usitatissimin A
亚麻脑苷 A linum cerebroside A
亚麻任▲ linusitamarin
α- 亚麻酸 α-linolenic acid
γ- 亚麻酸 γ-linolenic acid
亚麻酸 linolenic acid
α- 亚麻酸甲酯 α- linolenic acid methyl ester
亚麻酸甲酯 methyl linolenate
α- 亚麻酸乙酯 ethyl α-linolenate
亚麻酸乙酯 linolenic acid ethyl ester; ethyl linolenate
亚麻亭碱▲ linatine
8- 亚麻酰基 -10- 羟基苯甲酰中乌头胺 8-linolenoyl-10-hydroxybenzoylmesaconine
(2S)-1-O- 亚麻酰基 -2-O- 亚麻酰基 -3-O-[α-D- 吡喃半乳糖基 -(1''→6')-β-D- 吡喃半乳糖基] 甘油 (2S)-1-O-linolenoyl-2-O-linolenoyl-3-O-[α-D-galactopyranosyl-(1''→6')-β-D-galactopyranosyl]glycerol
(2S)-1-O- 亚麻酰基 -2-O- 亚油酰基 -3-O-[α-D- 吡喃半乳糖基 -(1''→6')-β-D- 吡喃半乳糖基] 甘油 (2S)-1-O-linolenoyl-2-O-linoleoyl-3-O-[α-D-galactopyranosyl-(1''→6')-β-D-galactopyranosyl]glycerol
1-O-α- 亚麻酰基 -2-O- 棕榈酰基 -3-O-β- 吡喃半乳糖基甘油 1-O-α-linolenoyl-2-O-palmitoyl-3-O-β-galactopyranosyl-glycerol
1- 亚麻酰基 -3-O-β-D- 吡喃半乳糖基 -sn- 甘油 1-linolenoyl-3-O-β-D-galactopyranosyl-sn-glycerol
8- 亚麻酰基 - 苯甲酰次乌头胺 8-linolenoyl-benzoylhypaconine
8- 亚麻酰基 - 苯甲酰去氧乌头原碱 8-linolenoyl-benzoyldeoxyaconine
8- 亚麻酰基 - 苯甲酰乌头原碱 8-linolenoyl-benzoylaconine
8- 亚麻酰基 - 苯甲酰中乌头胺 8-linolenoyl-benzoylmesaconine
6'-O- 亚麻酰蔗糖 6'-O-linolenoylsucrose
亚麻抑素▲ linustatin
亚麻油酸甘油酯 glyceryl linoleate
(+)- 亚美尼亚罂粟碱 (+)-armepavine
(±)- 亚美尼亚罂粟碱 (±)-armepavine
(S)- 亚美尼亚罂粟碱 (S)-armepavine
dl- 亚美尼亚罂粟碱 dl-armepavine
亚美尼亚罂粟碱 armepavine
(R)-(-)- 亚美尼亚罂粟碱▲ (R)-(-)-armepavine
亚莫皂苷元 yamogenin
亚莫皂苷元 -3-O-(β-D- 吡喃葡萄糖) yamogenin-3-O-(β-D-glucopyranosyl)
亚莫皂苷元 -3-O-[α-L- 吡喃鼠李糖 (1→4)-β-D- 吡喃葡萄糖] yamogenin-3-O-[α-L-rahmnopyranosyl-(1→4)-β-D-glucopyranosyl]
亚莫皂苷元 -3-O-[α-L- 吡喃鼠李糖基 -(1→2)][β-D- 吡喃木

糖基 -(1 → 3)]-β-D- 吡喃葡萄糖苷 yamogenin-3-O-[α-L-rhamnopyranosyl-(1 → 2)][β-D-xylopyranosyl-(1 → 3)]-β-D-glucopyranoside

亚莫皂苷元 -3-O-[α-L- 吡喃鼠李糖基 -(1 → 4)-β-D- 吡喃葡萄糖苷] yamogenin-3-O-[α-L-rhamnopyranosyl-(1 → 4)-β-D-glucopyranoside]

亚莫皂苷元 -3-O-{α-L- 吡喃鼠李糖基 -(1 → 4)-[α-L- 吡喃鼠李糖基 -(1 → 2)]-β-D- 吡喃葡萄糖基 } yamogenin-3-O-{α-L-rhamnopyranosyl-(1 → 4)-[α-L-rhamnopyranosyl-(1 → 2)]-β-D-glucopranosyl}

亚莫皂苷元 -3-O-{β-D- 吡喃葡萄糖基 -(1 → 3)-[α-L- 吡喃鼠李糖基 -(1 → 2)-3-β-D- 吡喃葡萄糖基 } yamogenin-3-O-{β-D-glucopyranosyl-(1 → 3)-[α-L-rhamnopyranosyl-(1 → 2)]-β-D-glucopyranosyl}

亚莫皂苷元 -3-O-α-L- 吡喃鼠李糖基 -(1 → 2)-β-D- 吡喃葡萄糖苷 yamogenin-3-O-α-L-rhamnopyranosyl-(1 → 2)-β-D-glucopyranoside

亚莫皂苷元 -3-O-α-L- 吡喃鼠李糖基 -(1 → 4)-α-L- 吡喃鼠李糖基 -(1 → 2)-β-D- 吡喃葡萄糖苷 yamogenin-3-O-α-L-rhamnopyranosyl-(1 → 4)-α-L-rhamnopyranosyl-(1 → 2)-β-D-glucopyranoside

亚莫皂苷元 -3-O-α-L- 吡喃鼠李糖基 -(1 → 4)-α-L- 吡喃鼠李糖基 -(1 → 4)-[α-L- 吡喃鼠李糖基 (1 → 2)]-β-D- 吡喃葡萄糖苷 yamogenin-3-O-α-L-rhamnopyranosyl-(1 → 4)-α-L-rhamnopyranosyl-(1 → 4)-[α-L-rhamnopyranosyl-(1 → 2)]-β-D-glucopyranoside

亚莫皂苷元 -3-O-α-L- 吡喃鼠李糖基 -(1 → 4)-β-D- 吡喃葡萄糖苷 yamogenin-3-O-α-L-rhamnopyranosyl-(1 → 4)-β-D-glucopyranoside

亚莫皂苷元 -3-O-β-D- 吡喃葡萄糖苷 yamogenin-3-O-β-D-glucopyranoside

亚莫皂苷元 -3-O-β-D- 吡喃葡萄糖基 -(1 → 2)-β-D- 吡喃葡萄糖基 -(1 → 4)-β-D- 吡喃半乳糖苷 yamogenin-3-O-β-D-glucopyranosyl-(1 → 2)-β-D-glucopyranosyl-(1 → 4)-β-D-galactopyranoside

亚莫皂苷元 -3-O-β- 马铃薯三糖 yamogenin-3-O-β-chacotrioside

亚莫皂苷元 -3-O-β- 石蒜四糖苷 yamogenin-3-O-β-lycotetraoside

亚莫皂苷元 II yamogenin II

亚莫皂苷元 -β-D- 葡萄糖苷 yamogenin-β-D-glucoside

亚莫皂苷元乙酸酯 yamogenin acetate

亚莫皂苷元棕榈酸酯 yamogenin palmitate

亚欧唐松草胺▲ thalactamine

亚欧唐松草定▲ thaliadine

亚欧唐松草碱▲ thalicmine

亚欧唐松草拉宾碱▲ thalmirabine

亚欧唐松草林碱▲ thalmineline

亚欧唐松草美辛▲ thalmethine

亚欧唐松草米定▲ thalicmidine

亚欧唐松草米定▲-N- 氧化物 thalicmidine-N-oxide

亚欧唐松草米宁▲ thalicminine

亚欧唐松草亭▲ thalmetine

亚欧唐松草瓦明碱▲ thalivarmine

(+)- 亚欧唐松草瓦星碱▲ (+)-thalsivasine

亚欧唐松草瓦星碱▲ thalsivasine

亚绒白乳菇内酯▲ A~E subvellerolactone A~E

(3S,2E)-2-(11- 亚十二炔基)-3- 甲氧基 -4- 亚甲基丁内酯 (3S,2E)-2-(11-dodecynylidene)-3-methoxy-4-methylenebutanolide

(3S,2E)-2-(11- 亚十二烯基)-3- 甲氧基 -4- 亚甲基丁内酯 (3S,2E)-2-(11-dodecenylidene)-3-methoxy-4-methylenebutanolide

(-)- 亚泰香松素 (-)-yatein

1-(亚硝基亚氨基) 甲基 -2,4,5- 三甲氧基苯 1-(nitrosoimino)methyl-2,4,5-trimethoxybenzene

亚叶酸 folinic acid

4-[2-[[6-O-[[3- 亚乙基 -2-(β-D- 吡喃葡萄糖氧基)-3,4- 二氢 -5- 甲氧基羰基 -2H- 吡喃 -4- 基] 乙酰基]-β-D- 吡喃葡萄糖] 氧基] 乙基] 苯酯 4-[2-[[6-O-[[3-ethylidene-2-(β-D-glucopyranosyloxy)-3,4-dihydro-5-methoxycarbonyl-2H-pyran-4-yl]acetyl]-β-D-glucopyranosyl]oxy]ethyl]phenyl ester

(Z)-5- 亚乙基 -3,4,5,6- 四氢 - 顺式 -6,8- 二甲氧基 -1H,8H- 吡喃 -[3,4-c] 吡喃 -1- 酮 (Z)-5-ethylidene-3,4,5,6-tetrahydro-cis-6,8-dimethoxy-1H,8H-pyrano-[3,4-c]pyran-1-one

(5Z,6α,8α)-5- 亚乙基 -4,5,6,8- 四氢 -6,8- 二甲氧基 -1H,3H- 吡喃并 [3,4-c] 吡喃 -1- 酮 (5Z,6α,8α)-5-ethylidene-4,5,6,8-tetrahydro-6,8-dimethoxy-1H,3H-pyrano[3,4-c]pyran-1-one

(2E,4R,5S)-2- 亚乙基 -5- 羰甲氧基 -4- 甲基己醇 -5- 内酯 (2E,4R,5S)-2-ethylidene-5-methoxycarbonyl-4-methylhexano-5-lactone

(1E)-1- 亚乙基 -7α- 甲基八氢 -1H- 茚 (1E)-1-ethylidene-7α-methyloctahydro-1H-indene

1- 亚乙基八氢 -7a- 甲基 -(1Z,3aα,7aβ)-1H- 茚 1-ethylideneoctahydro-7a-methyl-(1Z,3aα,7aβ)-1H-indene

α- 亚乙基苯乙醛 α-ethylidenebenzeneacetaldehyde

2,23- 亚乙基常春藤皂苷元 2,23-ethylidenehederagenin

L-γ- 亚乙基谷氨酸 L-γ-ethylideneglutamic acid

24(E)- 亚乙基环木菠萝 -3β- 醇 24(E)-ethylidenecycloartan-3β-ol

24(E)- 亚乙基环木菠萝烷酮 24(E)-ethylidenecycloartanone

24- 亚乙基鸡冠柱烯醇▲ 24-ethylidenelophenol

(2S,3Z,6S,7αS,12αR,12βS,14R)-3- 亚乙烯基 -1,3,4,6,7,12β-六氢 -14-(3,4,5- 三甲氧基苯甲酰氧基)- 甲酯 (2S,3Z,6S,7αS,12αR,12βS,14R)-3-ethylidene-1,3,4,6,7,12β-hexahydro-14-[(3,4,5-trimethoxybenzoyl)oxy]-methyl ester

亚油咖啡因 linocaffein

9,12- 亚油酸 9,12-linoleic acid

9,17- 亚油酸 9,17-linoleic acid

α- 亚油酸 α-linoleic acid

γ- 亚油酸 γ-linoleic acid

亚油酸 linoleic acid

1- 亚油酸 -2- 油酸甘油酯 1-linoleic-2-olein

1- 亚油酸 -3- 油酸甘油酯 1-linoleic-3-olein

1- 亚油酸 -3- 棕榈酸 - 甘油酯 1-linoloyl-3-palmitoylglycerol

L-(-)-1- 亚油酸单甘油酯 L-(-)-1-monolinolein

α- 亚油酸甘油酯 glyceryl-α-linocerate

亚油酸甲酯 linoleic acid methyl ester; methyl linoleate

亚油酸乙酯 linoleic acid ethyl ester; ethyl linoleate

3-O-(6'- 亚油酰 -β-D- 吡喃葡萄糖苷)-β- 谷甾醇 3-O-(6'-linoleicoyl-β-D-glucopyranoside)-β-sitosterol

1-O- 亚油酰甘油 1-O-linoleoyl-glycerol

1- 亚油酰甘油 1-linoleoylglycerol

3-O- 亚油酰甘油 -O-α-D- 吡喃半乳糖基 -(1 → 6)-β-D- 吡喃半乳糖苷 3-O-linolenoylglyceryl-O-α-D-galactopyranosyl-(1→6)-β-D-galactopyranoside

3-O- 亚油酰甘油 -O-β-D- 吡喃半乳糖苷 3-O-linolenoylglyceryl-O-β-D-galactopyranoside

8- 亚油酰基 -10- 羟基 - 苯甲酰乌头原碱 8-linoleoyl-10-hydroxy-benzoylaconine

8- 亚油酰基 -10- 羟基 - 苯甲酰中乌头胺 8-linoleoyl-10-hydroxy-benzoylmesaconine

1- 亚油酰基 -2- 二十二酰基 -3- 油酰甘油 1-linoleoyl-2-docosanoyl-

3-oleoyl glycerol
1- 亚油酰基 -3-*O*-*β*-D- 吡喃半乳糖基 -*sn*- 甘油 1-linoleoyl-3-*O*-*β*-D-galactopyranosyl-*sn*-glycerol
3-*O*-(6'-*O*- 亚油酰基 -*β*-D- 吡喃葡萄糖基)-22- 去氢赪桐甾醇 3-*O*-(6'-*O*-linoleoyl-*β*-D-glucopyranosyl)-22-dehydroclerosterol
8- 亚油酰基 - 苯甲酰次乌头胺 8-linoleoyl-benzoylhypaconine
8- 亚油酰基 - 苯甲酰基 -3,13- 二去氧乌头原碱 8-linoleoyl-benzoyl-3,13-dideoxyaconine
8- 亚油酰基 - 苯甲酰去氧乌头原碱 8-linoleoyl-benzoyldeoxyaconine
8- 亚油酰基 - 苯甲酰乌头原碱 8-linoleoyl-benzoylaconine
8- 亚油酰基 - 苯甲酰中乌头胺 8-linoleoyl-benzoylmesaconine
3*β*- 亚油酰熊果 -12- 烯 -28- 酸 3*β*-linoleoylurs-12-en-28-oic acid
4- 亚油酰氧基苯甲酸 4-linoleoyloxybenzoic acid
6'-*O*- 亚油酰蔗糖 6'-*O*-linoleylsucrose
6-*O*- 亚油酰蔗糖 6-*O*-linoleylsucrose
亚洲络石苷▲ trachelosiaside
亚洲络石甾苷▲ A, A-Ia, A-Ib, A-IIa, A-IIb, A-IIc, A-IIIb, A-IIIc, A-IIId, B-IVa, C-IIa, C-IIb, C-IIc, C-IIIa, C-IVa, C-O teikaside A, A-Ia, A-Ib, A-IIa, A-IIb, A-IIc, A-IIIb, A-IIIc, A-IIId, B-IVa, C-IIa, C-IIb, C-IIc, C-IIIa, C-IVa, C-O
亚洲岩风素▲ sibiricin
胭脂宁▲ A, B artotonin A, B
胭脂树橙 annatto
胭脂素▲ artotonkin
烟草胺 nicotianamine
烟草苷▲ A~G nicotianoside A~G
烟草宁碱▲ nicotianine
烟醇苷▲ nicoloside
烟管头草苷▲ A, B carpeside A, B
烟花苷 nicotiflorin; nicotifloroside
烟碱 nicotine
烟碱烯 nicotyrine
烟曲霉震颤素▲ B, C fumitremorgin B, C
烟醛 nicotinic aldehyde
烟酸 nicotinic acid
烟酸丁酯 butyl nicotinate
烟酸己酯 hexyl nicotinate
烟酸甲酯 methyl nicotinate
烟筒花碱▲ millingtonine
烟酰胺 nicotinamide
6-*O*- 烟酰半枝莲碱 G 6-*O*-nicotinoylscutebarbatine G
7-*O*- 烟酰半枝莲碱 H 7-*O*-nicotinoylscutebarbatine H
6-*O*- 烟酰半枝莲亭素▲ A 6-*O*-nicotinoylbarbatin A
8-*O*- 烟酰半枝莲亭素▲ A 8-*O*-nicotinoylbarbatin A
烟酰北五味子素▲ Q nicotinoylgomisin Q
12-*O*- 烟酰基 -20- 桂皮酰基 - 二氢肉珊瑚素▲ -3-*O*-*β*-D- 吡喃磁麻糖基 -(1 → 4)-*β*-D- 吡喃夹竹桃糖基 -(1 → 4)-*β*-D- 吡喃磁麻糖苷 12-*O*-nicotinoyl-20-cinnamoyl-dihydrosarcostin-3-*O*-*β*-D-thevetopyranosyl-(1 → 4)-*β*-D-oleandropyranosyl-(1 → 4)-*β*-D-cymaropyranoside
6-*O*- 烟酰基 -7-*O*- 乙酰半枝莲碱 G 6-*O*-nicotinoyl-7-*O*-acetylscutebarbatine G
6-*O*- 烟酰基 -*α*-D- 葡萄糖 6-*O*-nicotinoyl-*α*-D-glucopyranose
12-*O*- 烟酰肉珊瑚素▲ -3-*O*-*β*-L- 吡喃磁麻糖基 -(1 → 4)-*β*-D- 吡喃磁麻糖基 -(1 → 4)-*α*-L- 吡喃洋地黄糖基 -(1 → 4)-*β*-D- 吡喃磁麻糖苷 12-*O*-nicotinoylsarcostin-3-*O*-*β*-L-cymaropyranosyl-(1 → 4)-*β*-D-cymaropyranosyl-(1 → 4)-*α*-L-diginopyranosyl-(1 → 4)-*β*-D-cymaropyranoside
1*α*- 烟酰氧基 -2*α*,11*α*,6*β*- 三乙酰氧基 -9*β*- 苯甲酰氧基 -4*β*- 羟基 -*β*- 二氢沉香呋喃 1*α*-nicotinoyloxy-2*α*,11*α*,6*β*-triacetoxy-9*β*-benzoyloxy-4*β*-hydroxy-*β*-dihydroagarofuran
1*α*- 烟酰氧基 -2*α*,11*α*,6*β*- 三乙酰氧基 -9*β*- 呋喃酰氧基 -4*β*- 羟基 -*β*- 二氢沉香呋喃 1*α*-nicotinoyloxy-2*α*,11*α*,6*β*-triacetoxy-9*β*-furoyloxy-4*β*-hydroxy-*β*-dihydroagarofuran
1*α*- 烟酰氧基 -2*α*,6*β*- 二乙酰氧基 -9*β*- 呋喃酰氧基 -11-(3- 甲基)- 异丁酰氧基 -4*β*- 羟基 -*β*- 二氢沉香呋喃 1*α*-nicotinoyloxy-2*α*,6*β*-diacetoxy-9*β*-furoyloxy-11-(3-methyl)-isobutyryloxy-4*β*-hydroxy-*β*-dihydroagarofuran
1*α*- 烟酰氧基 -2*α*,6*β*- 二乙酰氧基 -9*β*- 呋喃酰氧基 -11- 异丁酰氧基 -4*β*- 羟基 -*β*- 二氢沉香呋喃 1*α*-nicotinoyloxy-2*α*,6*β*-diacetoxy-9*β*-furoyloxy-11-isobutyryloxy-4*β*-hydroxy-*β*-dihydroagarofuran
3*α*- 烟酰氧基托品烷 3*α*-nicotinoyloxytropane
烟叶芹内酯▲ capnolactone
烟脂醇 A, B, C nicotphenol A, B, C
延胡索米定碱 yenhusomidine
延胡索明碱 yenhusomine
延胡索宁碱 corydayanine
延胡索因碱 yanhusuine
延龄草苷 trillin
延龄草灵▲ trillarin
延龄草螺苷元 bethogenin
延龄草烯苷▲ A, B, C trillenoside A, B, C
延龄草烯苷元▲ trillenogenin
延龄草皂苷元 cryptogenin
延龄草皂苷元 -3-*O*-*β*-D- 吡喃葡萄糖苷 kryptogenin-3-*O*-*β*-D-glucopyranoside
延命草醇 enmenol
延命草醇 -1-*O*-*β*-D- 吡喃葡萄糖苷 enmenol-1-*O*-*β*-D-glucopyranoside
延命草醇 -1*α*-*O*-*β*-D- 吡喃葡萄糖苷 enmenol-1*α*-*O*-*β*-D-glucopyraoside
延命草醇 - 葡萄糖苷 enmenol-glucoside
延命草精▲ ememogin
延命草洛醇▲ enmelol
延命草素 enmein
延命草素 -3- 乙酸酯 enmein-3-acetate
延命菊苷▲ I, II, III, IV, V, VI, VII perennisoside I, II, III, IV, V, VI, VII
延命菊皂苷▲ A~F perennisaponin A~F
延药睡莲醇▲ nymphayol
芫花醇 A, B, C genkwanol A, B, C
芫花定▲ yuanhuadin; yuanhuadine
芫花芬▲ genkdaphin
芫花海因▲ yuanhuahine
芫花精▲ yuanhuajin; yuanhuajine
芫花卡宁▲ yuankanin
芫花林素▲ yuanhualin; yuanhualine
芫花宁 daphwanin
芫花宁▲ yuanhuanin
芫花宁素▲ VII, VIII, A~O genkwanine VII, VIII, A~O
芫花品▲ yuanhuapine
芫花素 genkwanin
芫花素 -4'-*O*-*β*-D- 吡喃葡萄糖苷 genkwanin-4'-*O*-*β*-D-glucopyranoside
芫花素 -4'-*O*-*β*-D- 芸香糖苷 genkwanin-4'-*O*-*β*-D-rutinoside
芫花素 -4'-*O*-*β*- 吡喃葡萄糖基 -(1 → 2)-*O*-*α*- 吡喃鼠李糖苷 genkwanin-4'-*O*-*β*-glucopyranosyl-(1 → 2)-*O*-*α*-rhamnopyranoside

芫花素 -5-*O*-*β*-D- 吡喃木糖基 -(1 → 6)-*β*-D- 吡喃葡萄糖苷 genkwanin-5-*O*-*β*-D-xylopyranosyl-(1 → 6)-*β*-D-glucopyranoside
芫花素 -5-*O*-*β*-D- 吡喃葡萄糖苷 genkwanin-5-*O*-*β*-D-glucopyranoside
芫花素 -5-*O*-*β*-D- 樱草糖苷 genkwanin-5-*O*-*β*-D-primeveroside
芫花素 -6-*C*- 吡喃葡萄糖苷 genkwanin-6-*C*-glucopyranoside
芫花萜烷▲ A~D genkwadane A~D
芫花亭▲ yuanhuatin; yuanhuatine
芫花辛▲ yuanhuacin; yuanhuacine
芫花珍▲ yuanhuagin; yuanhuagine
芫花酯▲ A~H yuanhuaoate A~H
芫花酯宁▲ genkwadaphnin
芫荽醇 coriandrol
芫荽内酯 coriander lactone
芫荽素▲ coriandrin
芫荽酮▲ A~E coriandrone A~E
芫荽酮二醇▲ coriandrinonediol
11-*O*- 岩白菜素 11-*O*-bergenin
岩白菜素 bergenin
岩白菜素单水合物 bergenin monohydrate
岩败酱素▲ A, B patrirupin A, B
岩败酱辛▲ A~E rupesin A~E
岩匙素▲ berneuxin
岩匙皂苷▲ A, B, C berneuxia saponin A, B, C
岩风灵▲ libanorin
岩风素 buchtormin
岩风素啶 libanoridin
岩黄连灵碱 cavidilinine
岩黄芪苯并呋喃 A, B hedysarimbenzofuran A, B
岩黄芪木脂素 A hedysalignan A
岩黄芪香豆雌烷 A~F, H hedysarimcoumestan A~F, H
岩黄芪紫檀烯 B, C hedysarimpterocarpene B, C
岩椒酰胺 iwamide
β- 岩兰草烯 *β*-vetivenene
岩牡丹素▲ retusin; retusine
岩生三裂蒿素▲ A, B rupicolin A, B
岩生三裂蒿素▲ A 乙酸酯 rupicolin A acetate
岩生三裂蒿素▲ B 乙酸酯 rupicolin B acetate
岩天麻素 yantianmasu
岩天麻素 A, B, C yantianmasu A, B, C
岩乌头碱 A, B racemulosine A, B
L- 岩藻 -4-*O*- 甲基 -D- 葡萄糖醛酸 -D- 木聚糖 L-fuco-4-*O*-methyl-D-glucurono-D-xylan
3-*O*- 岩藻糖基 - 奎诺酸 3-*O*-fucosyl-quinovic acid
沿丝伞素▲ naematolin
沿丝伞素▲ B, C, G naematolin B, C, G
沿丝伞酮▲ naematolone
盐肤木黄酮 rhusflavone
盐肤木黄烷酮 rhusflavanone
盐肤木内酯 A rhuscholide A
盐角草酸▲ tungtungmadic acid
盐角草酯▲ salicornate
盐生肉苁蓉苷▲ A~F salsaside A~F
盐酸阿替新 atisine · HCl
盐酸粉防己碱 D fenfangjine D hydrochloride
盐酸卡达巴碱▲ -26-*O*-*β*-D- 葡萄糖苷 cadabicine-26-*O*-*β*-D-glucoside hydrochloride
盐酸柳叶木兰碱 salicifoline chloride
盐酸木素 hydrochloric acid lignin
盐酸小檗碱 berberine chloride
奄美一叶萩胺▲ A secu'amamine A
菴茼醇▲ A~D artekeiskeanol A~D
眼子菜醇 potamogetonol
眼子菜多糖 potamogetonan
眼子菜宁 potamogetonin
眼子菜醛 potamogetonyde
艳山姜醇 zerumbetol
艳山姜素▲ zerumin
艳山姜素▲ A, B zerumin A, B
燕麦素 avenacin
燕麦酸甲酯 avenalumic acid methyl ester
Δ^5- 燕麦甾醇 Δ^5-avenasterol
Δ^7- 燕麦甾醇 Δ^7-avenasterol
燕麦甾醇 avenasterol
Δ^5- 燕麦甾醇葡萄糖苷 Δ^5-avenasterol glucoside
ψ- 赝靛苷元 *ψ*-baptigenin
(-)- 扬甘比胡椒素▲ (-)-yangambin
(+)- 扬甘比胡椒素▲ (+)-yangambin
扬甘比胡椒素▲ yangambin
扬诺皂苷 yononin
扬诺皂苷元 yonogenin
扬子铁线莲苷▲ A clematiganoside A
羊齿 -22(29)- 烯 -3*α*,12*β*- 二醇 fern-22(29)-en-3*α*,12*β*-diol
羊齿 -22(29)- 烯 -3*β*,12*β*- 二醇 fern-22(29)-en-3*β*,12*β*-diol
羊齿 -7,18- 二烯 ferna-7,18-diene
羊齿 -7,9(11)- 二烯 ferna-7,9(11)-diene
羊齿 -7- 烯 fern-7-ene
羊齿 -7- 烯 -19*α*- 醇 fern-7-en-19*α*-ol
羊齿 -7- 烯 -3*α*- 醇 fern-7-en-3*α*-ol
羊齿 -7- 烯 -3- 醇 fern-7-en-3-ol
羊齿 -8- 烯 fern-8-ene
羊齿 -9(11),18- 二烯 ferna-9(11),18-diene
羊齿 -9(11)- 烯 fern-9(11)-ene
羊齿 -9(11)- 烯 -12*β*- 醇 fern-9(11)-en-12*β*-ol
羊齿 -9(11)- 烯 -12- 酮 fern-9(11)-en-12-one
羊齿 -9(11)- 烯 -19*α*- 醇 fern-9(11)-en-19*α*-ol
羊齿 -9(11)- 烯 -25- 酸 fern-9(11)-en-25-oic acid
羊齿 -9(11)- 烯 -28- 醇 fern-9(11)-en-28-ol
羊齿 -9(11)- 烯 -3*α*- 醇 fern-9(11)-en-3*α*-ol
羊齿 -9(11)- 烯 -3- 醇 fern-9(11)-en-3-ol
7,9(11)- 羊齿二烯 7,9(11)-fernadiene
羊齿天冬苷 A~F aspafilioside A~F
羊齿天冬洛苷▲ A~D filiasparoside A~D
羊齿天冬诺苷▲ A, B filicinoside A, B
9(11)- 羊齿烯 9(11)-fernene
羊齿烯 fernene
9-(11)- 羊齿烯醇 9-(11)-fernenol
α- 羊齿烯醇 *α*-fernenol
羊齿烯醇 fernenol
羊齿烯酮 fernenone
羊耳菊内酯 inulacappolide
羊红膻醇 thellungianol
羊红膻素 A~H thellungianin A~H
羊红膻酯 thellungianate
羊角拗阿洛糖苷▲ strophalloside
羊角拗醇苷▲ strophanolloside
羊角拗定▲ strophanthidin
羊角拗定▲ -3-*O*-6′- 脱氧 -*β*-D- 阿洛糖苷 -*α*-L- 阿拉伯糖苷

strophanthidin-3-*O*-6'-deoxy-*β*-D-allosido-*α*-L-arabinoside
羊角拗定▲-3-*O*-6'- 脱氧 -*β*-D- 阿洛糖苷 -*α*-L- 鼠李糖苷 strophanthidin-3-*O*-6'-deoxy-*β*-D-allosido-*α*-L-rhamnoside
羊角拗定▲-3-*O*-*α*-L- 鼠李糖苷 -2'-*β*-D- 葡萄糖苷 strophanthidin-3-*O*-*α*-L-rhamnoside-2'-*β*-D-glucoside
羊角拗定▲-3-*O*-*β*-D- 吡喃葡萄糖苷 strophanthidin-3-*O*-*β*-D-glucopyranoside
羊角拗定▲-3-*O*-*β*-D- 吡喃葡萄糖基 -(1 → 4)-*O*-*β*-D- 吡喃木糖苷 strophanthidin-3-*O*-*β*-D-glucopyranosyl-(1 → 4)-*O*-*β*-D-xylopyranoside
羊角拗定▲-3-*O*-*β*-D- 吡喃葡萄糖基 -(1 → 6)-*O*-*β*-D- 吡喃葡萄糖基 -(1 → 4)-*O*-*β*-D- 吡喃地支糖基 -(1 → 4)-*O*-*β*-D- 吡喃夹竹桃糖基 -(1 → 4)-*O*-*β*-D- 吡喃洋地黄毒糖基 -(1 → 4)-*β*-D- 吡喃洋地黄毒糖苷 strophanthidin-3-*O*-*β*-D-glucopyranosyl-(1 → 6)-*O*-*β*-D-glucopyranosyl-(1 →4)-*O*-*β*-D-diginopyranosyl-(1 →4)-*O*-*β*-D-oleandropyranosyl-(1 → 4)-*O*-*β*-D-digitoxopyranosyl-(1 → 4)-*β*-D-digitoxopyranoside
羊角拗定▲-3-*O*-*β*-D- 吡喃洋地黄毒糖基 -(4 → 1)-*α*-L- 吡喃磁麻糖基 -(4 → 1)-*β*-D- 吡喃葡萄糖苷 strophanthidin-3-*O*-*β*-D-digitoxopyranosyl-(4 → 1)-*α*-L-cymaropyranosyl-(4 → 1)-*β*-D-glucopyranoside
羊角拗定▲-3-*O*-*β*-D- 吡喃洋地黄毒糖基 -(4 → 1)-*β*-D- 吡喃洋地黄毒糖基 -*α*-L- 吡喃磁麻糖基 -(4 → 1)-*β*-D- 吡喃葡萄糖苷 strophanthidin-3-*O*-*β*-D-digitoxopyranosyl-(4 → 1)-*β*-D-digitoxopyranosyl-(4 → 1)-*α*-L-cymaropyranosyl-(4 → 1)-*β*-D-glucopyranoside
羊角拗定▲-6- 脱氧 -*β*-D- 古洛糖苷 strophanthidin-6-deoxy-*β*-D-guloside
羊角拗定醇▲ strophanthidol
羊角拗定醇▲-*O*-*α*-L- 鼠李糖基 -*β*-D- 葡萄糖苷 strophanthidol-*O*-*α*-L-rhamnosyl-*β*-D-glucoside
17*H*- 羊角拗苷 17*H*-divaricoside
17*βH*- 羊角拗苷 17*βH*-divaricoside
羊角拗苷 divaricoside
k- 羊角拗苷▲ *k*-strophanthoside
羊角拗苷▲K strophanthoside K
羊角拗素▲ strophanthin
k- 羊角拗素▲-*β* *k*-strophanthin-*β*
羊角拗萜▲A, B strophanthoid A, B
17*βH*- 羊角拗异苷 17*βH*-divostroside
羊角拗异苷 divostroside
羊角拗爪哇糖苷▲ strophanthojavoside
羊角棉碱▲A, B maireine A, B
羊角天麻苷 A dobiniside A
羊角天麻素 A, B, C dobinin A, B, C
羊角衣酸 baeomycesic acid
羊蜡醛 capric aldehyde; capraldehyde
羊蜡酸 capric acid
羊毛索甾醇▲ lathosterol
羊毛甾 -20(22)- 烯 -3*β*- 醇 lanost-20(22)-en-3*β*-ol
羊毛甾 -7,24- 二烯 -3*β*- 醇乙酸酯 lanosta-7,24-dien-3-ol acetate
羊毛甾 -9(11),23*Z*(24)- 二烯 -3*β*,25- 二醇 lanost-9(11),23*Z*(24)-diene-3*β*,25-diol
羊毛脂 -20- 烯 -3*β*- 乙酸酯 lanost-20-en-3*β*-acetate
羊毛脂 -3*β*-*O*-*β*-D- 吡喃葡萄糖醛酸基 -(6' → 1'')- 吡喃葡萄糖醛酸苷 lanostan-3*β*-*O*-*β*-D-glucuronopyranosyl-(6' → 1'')-glucuronopyranoside
羊毛脂 -5,24- 二烯 -3*β*- 醇 -3-*O*-*β*-D- 吡喃葡萄糖基 -(6' → 1'')-*β*-D- 吡喃葡萄糖基 -(6'' → 1''')-*β*-D- 吡喃葡萄糖苷 lanost-5,24-dien-3*β*-ol-3-*O*-*β*-D-glucopyranosyl-(6' → 1'')-*β*-D-glucopyranosyl-(6'' → 1''')-*β*-D-glucopyranoside
羊毛脂 -5,25- 二烯 -3*α*- 醇 lanost-5,25-dien-3*α*-ol
(13*α*,14*β*,17*α*)- 羊毛脂 -7,24- 二烯 (13*α*,14*β*,17*α*)-lanosta-7,24-diene
(13*α*,14*β*,17*α*,20*S*)- 羊毛脂 -7,24- 二烯 (13*α*,14*β*,17*α*,20*S*)-lanosta-7,24-diene
13*α*,14*β*,17*α*- 羊毛脂 -7,24- 二烯 -1*β*,3*β*- 二醇 13*α*,14*β*,17*α*-lanosta-7,24-dien-1*β*,3*β*-diol
13*α*,14*β*,17*α*- 羊毛脂 -7,24- 二烯 -3*β*,11*β*,16*α*- 三醇 13*α*,14*β*,17*α*-lanosta-7,24-dien-3*β*,11*β*,16*α*-triol
(13*α*,14*β*,17*α*,20*R*)- 羊毛脂 -7,24- 二烯 -3*β*-*O*- 乙酸酯 (13*α*,14*β*,17*α*,20*R*)-lanosta-7,24-diene-3*β*-*O*-acetate
(13*α*,14*β*,17*α*,20*R*)- 羊毛脂 -7,24- 二烯 -3*β*- 醇 (13*α*,14*β*,17*α*,20*R*)-lanosta-7,24-diene-3*β*-ol
(3*β*,13*α*,14*β*,17*α*)- 羊毛脂 -7,24- 二烯 -3- 醇二十二酸酯 (3*β*,13*α*,14*β*,17*α*)-lanosta-7,24-dien-3-ol docosanoate
(3*β*,13*α*,14*β*,17*α*)- 羊毛脂 -7,24- 二烯 -3- 醇二十酸酯 (3*β*,13*α*,14*β*,17*α*)-lanosta-7,24-dien-3-ol-eicosanoate
(3*β*,13*α*,14*β*,17*α*)- 羊毛脂 -7,24- 二烯 -3- 醇十八酸酯 (3*β*,13*α*,14*β*,17*α*)-lanosta-7,24-dien-3-ol octadecanoate
(3*β*,13*α*,14*β*,17*α*)- 羊毛脂 -7,24- 二烯 -3- 醇十六酸酯 (3*β*,13*α*,14*β*,17*α*)-lanosta-7,24-dien-3-ol-hexadecanoate
(3*β*,13*α*,14*β*,17*α*)- 羊毛脂 -7,24- 二烯 -3- 醇十七酸酯 (3*β*,13*α*,14*β*,17*α*)-lanosta-7,24-dien-3-ol-heptadecanoate
(3*β*,13*α*,14*β*,17*α*)- 羊毛脂 -7,24- 二烯 -3- 醇十五酸酯 (3*β*,13*α*,14*β*,17*α*)-lanosta-7,24-dien-3-ol pentadecanoate
羊毛脂 -7,9(11),24- 二烯 -3*β*,21- 二醇 lanosta-7,9(11),24-diene-3*β*,21-diol
(+)- 羊毛脂 -7,9(11),24- 三烯 -3*β*,15*α*,21- 三醇 (+)-lanosta-7,9(11),24-trien-3*β*,15*α*,21-triol
5*α*- 羊毛脂 -7,9(11),24- 三烯 -3*β*,26- 二醇 5*α*-lanosta-7,9(11),24-trien-3*β*,26-diol
羊毛脂 -7,9(11),24- 三烯 -3- 酮 lanosta-7,9(11),24-trien-3-one
羊毛脂 -7- 烯 -3*β*- 醇 -26- 酸 -3*β*-D- 吡喃葡萄糖苷 lanost-7-en-3*β*-ol-26-oic acid-3*β*-D-glucopyranoside
羊毛脂 -7- 烯 -3- 酮 lanost-7-en-3-one
5*α*- 羊毛脂 -8(9),22- 二烯 -3*β*,25- 二醇 -22- 乙酸酯 5*α*-lanosta-8(9),22-diene-3*β*,25-diol-22-acetate ester
5*α*- 羊毛脂 -8(9),23- 二烯 -3*β*,25- 二醇 -22- 乙酸酯 5*α*-lanosta-8(9),23-diene-3*β*,25-diol-22-acetate ester
(23*E*)- 羊毛脂 -8,23- 二烯 -3*β*,25- 二醇 (23*E*)-lanosta-8,23-diene-3*β*,25-diol
(23*S*)- 羊毛脂 -8,24- 二烯 -3*β*,23- 二醇 (23*S*)-lanosta-8,24-diene-3*β*,23-diol
羊毛脂 -8,24- 二烯 -3- 醇 lanosta-8,24-dien-3-ol
羊毛脂 -8,24- 二烯 -3- 酮 lanosta-8,24-dien-3-one
羊毛脂 -8,24- 二烯 -3- 乙酰氧基 -26- 酸 lanosta-8,24-dien-3-acetyloxy-26-oic acid
羊毛脂 -8,25- 二烯 -3*β*- 醇 lanosta-8,25-dien-3*β*-ol
羊毛脂 -8- 烯 -3*β*- 醇 lanost-8-en-3*β*-ol
羊毛脂 -9(11),24- 二烯 -3- 酮 lanosta-9(11),24-dien-3-one
羊毛脂 -9(11)- 烯 -3*α*,24*S*,25- 三醇 lanost-9(11)-en-3*α*,24*S*,25-triol
24*S*- 羊毛脂 -9(11)- 烯 -3*β*,16*β*,24,25,30- 五醇 24*S*-lanost-9(11)-ene-3*β*,16*β*,24,25,30-pentaol
羊毛脂 -9(11)- 烯 -3*β*,24*S*,25- 三醇 lanost-9(11)-en-3*β*,24*S*,25-triol
羊毛脂醇 lanosterol
羊毛脂醇 -11- 酮乙酸酯 lanosterol-11-one acetate
羊毛脂醇油酸酯 lanosteryl oleate
9*β*- 羊毛脂烷 -5- 烯 -3*α*,27- 二醇 -3*α*- 棕榈油酸酯 9*β*-lanosta-5-en-

3α,27-diol-3α-palmitoleate
羊毛脂烷 -9(11),25- 二烯 -3β,24β- 二醇 lanost-9(11),25-diene-3β,24β-diol
23- 羊毛脂烯 -3- 醇 23-lanosten-3-ol
羊毛脂烯醇葡萄糖苷 lanostenyl glucoside
羊茅麦角碱 festuclavine
羊奶参苷▲ A~G lancemaside A~G
羊乳苷 codonoposide
羊乳皂苷 A, B, C codonoside A, B, C
羊蹄苷▲ rumejaposide
羊蹄苷▲ A~I rumejaposide A~I
羊蹄甲苯并呋喃素▲ A bauhibenzofurin A
羊蹄甲酚▲ E bauhinol E
羊蹄甲苷▲ A bauhiniaside A
羊蹄甲根素 bauhinitouranin
羊蹄甲螺环素▲ A bauhispirorin A
羊蹄甲宁▲ bauhinin
羊蹄甲赛品▲ C~J bauhinoxepin C~J
羊蹄甲素▲ bauhiniasin
羊蹄甲酮 bauhinione
羊蹄甲抑素▲ 1~4 bauhiniastatin 1~4
羊油酸 caproic acid
羊脂酸 caprylic acid
羊踯躅苷 A, B rhodomoside A, B
1β- 羊踯躅苷 B 1β-rhodomoside B
羊踯躅林素▲ A, B, C rhodomolin A, B, C
羊踯躅内酯 A mollolide A
羊踯躅素 rhodomollein
羊踯躅素 rhodomollein I, II, III, IX, X, XI, XII, XIII, XIV, XV, XVI, XVII, XVIII, XIX, XX, F, G
马铃薯酮酸▲吡喃葡萄糖苷 tuberonic acid glucopyranoside
马铃薯酮酸▲吡喃葡萄糖苷甲酯 tuberonic acid glucopyranoside methyl ester
杨醇▲ A populusol A
杨苷▲ populoside
杨苷▲ A, B, C populoside A, B, C
杨梅苯酮▲ A myrciaphenone A
杨梅波醇▲ myrubol
(-)- 杨梅醇 (-)-myricanol
(+)-S- 杨梅醇 (+)-S-myricanol
杨梅醇 myricanol
杨梅醇 -11-O-β-D- 吡喃葡萄糖苷 myricanol-11-O-β-D-glucopyranoside
杨梅醇 -11- 硫酸酯 myricanol-11-sulfate
杨梅醇 -5-O-α-L- 阿拉伯呋喃糖基 (1 → 6)-β-D- 吡喃葡萄糖苷 myricanol-5-O-α-L-arabinofuranosyl-(1 → 6)-β-D-glucopyranoside
(-)-R- 杨梅醇 -5-O-β-D-(6'-O- 没食子酰基)- 吡喃葡萄糖苷 (-)-R-myricanol-5-O-β-D-(6'-O-galloyl)-glucopyranoside
(S)- 杨梅醇 -5-O-β-D-(6'-O- 没食子酰基)- 吡喃葡萄糖苷 (S)-myricanol-5-O-β-D-(6'-O-galloyl)-glucopyranoside
杨梅醇 -5-O-β-D-(6'-O- 没食子酰基)- 吡喃葡萄糖苷 myricanol-5-O-β-D-(6'-O-galloyl)-glucopyranoside
(+)-(S)- 杨梅醇 -5-O-β-D- 吡喃葡萄糖苷 (+)-(S)-myricanol-5-O-β-D-glucopyranoside
(+)-S- 杨梅醇 -5-O-β-D- 吡喃葡萄糖苷 (+)-S-myricanol-5-O-β-D-glucopyranoside
杨梅醇 -5-O-β-D- 吡喃葡萄糖基 -(1 → 3)-β-D- 吡喃葡萄糖苷 myricanol-5-O-β-D-glucopyranosyl-(1 → 3)-β-D-glucopyranoside
杨梅醇 -5-O-β-D- 吡喃葡萄糖基 -(1 → 6)-β-D- 吡喃葡萄糖苷 myricanol-5-O-β-D-glucopyranosyl-(1 → 6)-β-D-glucopyranoside
杨梅醇葡萄糖苷 myricanol glucoside
杨梅醇醛▲ myricolal
杨梅醇酮▲ miricolone
杨梅二醇 myricadiol
杨梅苷 myricitrin
杨梅苷 -2",3"- 二 -O- 没食子酸酯 myricitrin-2",3"-di-O-gallate
杨梅苷 -2"-O- 硫酸酯 myricitrin-2"-O-sulfate
杨梅苷 -2"-O- 没食子酸酯 myricitrin-2"-O-gallate
杨梅苷 -2"- 没食子酸酯 myricitrin-2"-gallic acid ester
杨梅苷 -3-O-α-L- 吡喃鼠李糖苷 myricitrin-3-O-α-L-rhamnopyranoside
杨梅苷 -3"-O- 没食子酸酯 myricitrin-3"-O-gallate
杨梅苷 -4'- 甲醚 -3-O-α-L- 吡喃鼠李糖苷 myricitrin-4'-methyl ether-3-O-α-L-rhamnopyranoside
杨梅苷 A, B myricitrin A, B
杨梅黄醇 myricetol
杨梅黄素 -5'- 甲醚 myricetin-5'-methyl ether
杨梅内酯▲ myricalactone
杨梅诺醇▲ rubanol
杨梅诺酮▲ rubanone
杨梅皮素 -3-β-D- 吡喃木糖苷 myricetin-3-β-D-xylopyranoside
杨梅三酮▲ myricetrione
杨梅素 myricetin
杨梅素 -3-(3",4"- 二乙酰鼠李糖苷) myricetin-3-(3",4"-diacetylrhamnoside)
杨梅素 -3-(6"- 丙二酰基) 葡萄糖苷 myricetin-3-(6"-malonyl) glucoside
杨梅素 -3,3',5',7- 四甲醚 myricetin-3,3',5',7-tetramethyl ether
杨梅素 -3,3'- 二 -O-α-L- 吡喃鼠李糖苷 myricetin-3,3'-di-O-α-L-rhamnopyranoside
杨梅素 -3,4'- 二甲醚 myricetin-3,4'-dimethyl ether
杨梅素 -3,4'- 二葡萄糖苷 myricetin-3,4'-diglucoside
杨梅素 -3,4'- 二鼠李糖苷 myricetin-3,4'-dirhamnoside
杨梅素 -3',5'- 二甲基乙醚 -3-O-β-D- 吡喃葡萄糖苷 myricetin 3',5'-dimethylether-3-O-β-D-glucopyranoside
杨梅素 -3',5'- 二甲醚 -3-O-β-D- 吡喃半乳糖苷 myricetin-3',5'-dimethylether-3-O-β-D-galactopyranoside
杨梅素 -3-O-(2"-O- 没食子酰基)-α-L- 吡喃鼠李糖苷 myricetin-3-O-(2"-O-galloyl)-α-L-rhamnopyranoside
杨梅素 -3-O-(2",3"- 二 -O- 没食子酰基)-α- 吡喃鼠李糖苷 myricetin-3-O-(2",3"-di-O-galloyl)-α-rhamnopyranoside
杨梅素 -3-O-(2"-O- 对羟基苯甲酰基)-α- 吡喃鼠李糖苷 myricetin-3-O-(2"-O-p-hydroxybenzoyl)-α-rhamnopyranoside
杨梅素 -3-O-(2"-O- 没食子酰基)-α-L- 吡喃鼠李糖苷 myricetin-3-O-(2"-O-galloyl)-α-L-rhamnopyranoside
杨梅素 -3-O-(2"-O- 没食子酰基)-α- 吡喃鼠李糖苷 myricetin-3-O-(2"-O-galloyl)-α-rhamnopyranoside
杨梅素 -3-O-(2"-O- 没食子酰基)-β-D- 吡喃半乳糖苷 myricetin-3-O-(2"-O-galloyl)-β-D-galactopyranoside
杨梅素 -3-O-(2"-O- 没食子酰基)-β-D- 吡喃葡萄糖苷 myricetin-3-O-(2"-O-galloyl)-β-D-glucopyranoside
杨梅素 -3-O-(3"-O- 没食子酰基)-α-L- 吡喃鼠李糖苷 myricetin-3-O-(3"-O-galloyl)-α-L-rhamnopyranoside
杨梅素 -3-O-(3"-O- 没食子酰基)- 吡喃鼠李糖苷 myricetin-3-O-(3"-O-galloyl)-rhamnopyranoside
杨梅素 -3-O-(3"-O- 没食子酰基)-α-L- 吡喃鼠李糖苷 myricetin-3-O-(3"-O-galloyl)-α-L-rhamnopyranoside
杨梅素 -3-O-(3"-O- 没食子酰基)-α- 吡喃鼠李糖苷 myricetin-3-O-

(3"-O-galloyl)-α-rhamnopyranoside
杨梅素 -3-O-(4"-O- 没食子酰基)-α- 吡喃鼠李糖苷 myricetin-3-O-(4"-O-galloyl)-α-rhamnopyranoside
杨梅素 -3-O-(6"- 没食子酰基)-β-D- 半乳糖苷 myricetin-3-O-(6"-galloyl)-β-D-galactopyranoside
杨梅素 -3-O-(6"-O- 没食子酰基)-β-D- 吡喃半乳糖苷 myricetin-3-O-(6"-O-galloyl)-β-D-galactopyranoside
杨梅素 -3-O-(6"-O- 没食子酰基)-β-D- 吡喃葡萄糖苷 myricetin-3-O-(6"-O-galloyl)-β-D-glucopyranoside
杨梅素 -3-O-(6"-O- 没食子酰基)- 吡喃半乳糖苷 myricetin-3-O-(6"-O-galloyl)-β-galactopyranoside
杨梅素 -3-O-[β-D-(6"-O- 没食子酰基)- 吡喃半乳糖苷] myricetin-3-O-[β-D-(6"-O-galloyl)-galactopyranoside]
杨梅素 -3-O-[β-D-(6"-O- 没食子酰基)- 吡喃葡萄糖苷] myricetin-3-O-[β-D-(6"-O-galloyl)-glucopyranoside]
杨梅素 -3-O-[β-D- 吡喃葡萄糖基 -(1 → 3)-α-L- 吡喃鼠李糖基 -(1 → 6)-β-D- 吡喃葡萄糖苷 myricetin-3-O-[β-D-glucopyranosyl-(1 → 3)-α-L-rhamnopyranosyl-(1 → 6)-β-D-glucopyranoside
杨梅素 -3-O-D- 葡萄糖苷 myricetin-3-O-D-glucoside
杨梅素 -3-O-α-L- 吡喃阿拉伯糖苷 myricetin-3-O-α-L-arabinopyranoside
杨梅素 -3-O-α-L- 吡喃鼠李糖苷 myricetin-3-O-α-L-rhamnopyranoside
杨梅素 -3-O-α-L- 呋喃阿拉伯糖苷 myricetin-3-O-α-L-arabinofuranoside
杨梅素 -3-O-α-L- 呋喃鼠李糖苷 myricetin-3-O-α-L-rhamnofuranoside
杨梅素 -3-O-α-L- 鼠李糖苷 myricetin-3-O-α-L-rhamnoside
杨梅素 -3-O-α- 吡喃鼠李糖苷 myricetin-3-O-α-rhamnopyranoside
杨梅素 -3-O-α- 鼠李糖苷 myricetin-3-O-α-rhamnoside
杨梅素 -3-O-β-D-(6"- 没食子酰基)- 吡喃半乳糖苷 myricetin-3-O-β-D-(6"-galloyl)-galactopyranoside
杨梅素 -3-O-β-D- 半乳糖苷 myricetin-3-O-β-D-galactoside
杨梅素 -3-O-β-D- 吡喃半乳糖苷 myricetin-3-O-β-D-galactopyranoside
杨梅素 -3-O-β-D- 吡喃半乳糖苷 -3'-O-β-D- 吡喃木糖苷 myricetin-3-O-β-D-galactopyranoside-3'-O-β-D-xylopyranoside
杨梅素 -3'-O-β-D- 吡喃木糖苷 myricetin-3'-O-β-D-xylopyranoside
杨梅素 -3-O-β-D- 吡喃木糖苷 myricetin-3-O-β-D-xylopyranoside
杨梅素 -3-O-β-D- 吡喃木糖基 -(1 → 2)-β-D- 吡喃葡萄糖苷 myricetin-3-O-β-D-xylopyranosyl-(1 → 2)-β-D-glucopyranoside
杨梅素 -3-O-β-D- 吡喃木糖基 -(1-2)-α-L- 吡喃鼠李糖苷 myricetin-3-O-β-D-xylopyranosyl-(1-2)-α-L-rhamnopyranoside
杨梅素 -3'-O-β-D- 吡喃葡萄糖苷 myricetin-3'-O-β-D-glucopyranoside
杨梅素 -3-O-β-D- 吡喃葡萄糖苷 myricetin-3-O-β-D-glucopyranoside
杨梅素 -3-O-β-D- 吡喃葡萄糖醛酸苷 myricetin-3-O-β-D-glucuronopyranoside
杨梅素 -3-O-β-D- 吡喃鼠李糖苷 myricetin-3-O-β-D-rhamnopyranoside
杨梅素 -3-O-β-D- 葡萄糖苷 myricetin-3-O-β-D-glucoside
杨梅素 -3-O-β-D- 葡萄糖醛酸苷 myricetin-3-O-β-D-glucuronide
杨梅素 -3-O-β-L- 吡喃半乳糖苷 -6"-O- 没食子酸酯 myricetin-3-O-β-L-galactopyranoside-6"-O-gallate
杨梅素 -3-O-β-L- 吡喃鼠李糖苷 myricetin-3-O-β-L-rhamnopyranoside
杨梅素 -3-O-β- 吡喃阿拉伯糖苷 myricetin-3-O-β-arabinopyranoside
杨梅素 -3-O-β- 吡喃半乳糖苷 myricetin-3-O-β-galactopyranoside
杨梅素 -3-O-β- 吡喃葡萄糖苷 myricetin-3-O-β-glucopyranoside
杨梅素 -3-O-β- 葡萄糖醛酸苷 myricetin-3-O-β-glucuronide
杨梅素 -3-O- 半乳糖苷 myricetin-3-O-galactoside
杨梅素 -3-O- 吡喃阿拉伯糖苷 myricetin-3-O-arabinopyranoside
杨梅素 -3-O- 吡喃半乳糖苷 myricetin-3-O-galactopyranoside
杨梅素 -3-O- 吡喃葡萄糖苷 myricetin-3-O-glucopyranoside
杨梅素 -3-O- 吡喃鼠李糖苷 myricetin-3-O-rhamnopyranoside
杨梅素 -3-O- 刺槐糖苷 myricetin-3-O-robinoside
杨梅素 -3-O- 二吡喃葡萄糖苷 myricetin-3-O-diglucopyranoside
杨梅素 -3'-O- 硫酸酯 myricetin-3'-O-sulfate
杨梅素 -3-O- 葡萄糖苷 myricetin-3-O-glucoside
杨梅素 -3-O- 葡萄糖苷 - 鼠李糖苷 myricetin-3-O-glucoside-rhamnoside
杨梅素 -3-O- 葡萄糖醛酸苷 myricetin-3-O-glucuronide
杨梅素 -3-O- 鼠李糖苷 myricetin-3-O-rhamnoside
杨梅素 -3-O- 鼠李糖基葡萄糖苷 myricetin-3-O-rhamnosylglucoside
杨梅素 -3-O- 戊糖苷 myricetin-3-O-pentoside
杨梅素 -3-O- 新橙皮糖苷 myricetin-3-O-neohesperidoside
杨梅素 -3-O- 芸香糖苷 myricetin-3-O-rutinoside
杨梅素 -3-α-L- 吡喃鼠李糖苷 myricetin-3-α-L-rhamnopyranoside
杨梅素 -3-α-L- 呋喃鼠李糖苷 myricetin-3-α-L-rhamnofuranoside
杨梅素 -3-β-D- 吡喃半乳糖苷 myricetin-3-β-D-galactopyranoside
杨梅素 -3- 阿拉伯糖苷 myricetin-3-arabinoside
杨梅素 -3- 半乳糖苷 myricetin-3-galactoside
杨梅素 -3- 吡喃半乳糖苷 myricetin-3-galactopyranoside
杨梅素 -3'- 吡喃葡萄糖苷 myricetin-3'-glucopyranoside
杨梅素 -3- 吡喃葡萄糖苷 myricetin-3-glucopyranoside
杨梅素 -3'- 吡喃鼠李糖苷 -3-O- 吡喃半乳糖苷 myricetin-3'-rhamnopyranoside-3-O-galactopyranoside
杨梅素 -3'- 甲基 -3-O- 芸香糖苷 myricetin-3'-methyl-3-O-rutinoside
杨梅素 -3'- 甲醚 myricetin-3'-methyl ether
杨梅素 -3- 甲醚 myricetin-3-methyl ether
杨梅素 -3'- 甲醚 -3-O-β-D- 吡喃半乳糖苷 myricetin-3'-methylether-3-O-β-D-galactopyranoside
杨梅素 -3- 木糖苷 myricetin-3-xyloside
杨梅素 -3- 葡萄糖苷 myricetin-3-glucoside
杨梅素 -3- 葡萄糖基鼠李糖苷 myricetin-3-glucorhamnoside
杨梅素 -3- 鼠李糖苷 myricetin-3-rhamnoside
杨梅素 -3- 鼠李糖苷 -3'- 葡萄糖苷 myricetin-3-rhamnoside-3'-glucoside
杨梅素 -3- 鼠李糖基葡萄糖苷 myricetin-3-rhamnoglucoside
杨梅素 -3- 芸香糖苷 myricetin-3-rutinoside
杨梅素 -4'- 甲醚 -3-O-α- 鼠李糖苷 myricetin-4'-methyl ether-3-O-rhamnoside
杨梅素 -4'- 甲醚 -3-O-β-D- 吡喃半乳糖苷 myricetin-4'-methyl ether-3-O-β-D-galactopyranoside
杨梅素 -7-O-α-L- 吡喃鼠李糖苷 myricetin-7-O-α-L-rhamnopyranoside
杨梅素 -7-O-β-(6"- 没食子酰吡喃葡萄糖苷) myricetin-7-O-β-(6"-galloylglucopyranoside)
杨梅素 -7-O-β-D- 吡喃葡萄糖苷 myricetin-7-O-β-D-glucopyranoside
杨梅素 -7-O- 甲醚 -(3 → 8")- 槲皮素 -3-O- 吡喃鼠李糖苷 myricetin-7-O-methylether-(3 → 8")-quercetin-3-O-rhamnopyranoside
杨梅素 -7- 鼠李糖苷 myricetin-7-rhamnoside
杨梅素 - 丙二酰葡萄糖苷 myricetin-malonylglucoside
杨梅素己糖苷丙二酸酯 myricetin hexoside-malonate
杨梅素六甲醚 myricetin hexamethyl ether
杨梅素去氧己糖苷 myricetin deoxyhexoside

Y

杨梅素芸香糖苷 myricetin rubinoside
杨梅酮 myricanone
杨梅酮 -5-*O*-(6'-*O*- 没食子酰基)- 吡喃葡萄糖苷 myricanone-5-*O*-(6'-*O*-galloyl)-glucopyranoside
杨梅酮 -5-*O*-*β*-D- 吡喃葡萄糖苷 myricanone-5-*O*-*β*-D-glucopyranoside
杨梅烯▲ A-5-*O*-*α*-L- 呋喃阿拉伯糖基 -(1 → 6)-*β*-D- 吡喃葡萄糖苷 myricanene A-5-*O*-*α*-L-arabinofuranosyl-(1 → 6)-*β*-D-glucopyranoside
杨梅烯▲ B-5-*O*-*α*-L- 呋喃阿拉伯糖基 -(1 → 6)-*β*-D- 吡喃葡萄糖苷 myricanene B-5-*O*-*α*-L-arabinofuranosyl-(1 → 6)-*β*-D-glucopyranoside
杨素▲ populin
杨芽黄素 tectochrysin
杨芽黄酮 techtochrysin
杨叶普伦木酸▲ polpunonic acid
洋艾双内酯 artenolide
洋菝葜皂苷元▲ sarsasapogenin
洋菝葜皂苷元▲ M, N, O sarsasapogenin M, N, O
洋菝葜皂苷元酮▲ sarsasapogenone
洋常春藤苷▲ L_5a, L_5b, L_6d, L_8a, L_8c helicoside L_5a, L_5b, L_6d, L_8a, L_8c
洋常春藤烯▲ elixene
洋川芎醌 senkyunone
洋椿醇▲ cedrelanol
洋椿萜醇▲ odoratol
洋椿酮 cedrelone
洋葱苷 A, B ceparoside A, B
洋翠雀比辛▲ ajabicine
洋翠雀定 ajadine
洋翠雀定宁▲ ajadinine
洋翠雀芬▲ ajadelphine
洋翠雀芬宁▲ ajadelphinine
洋翠雀加定▲ delajadine
洋翠雀碱 ajacine
洋翠雀康宁 ajaconine
洋翠雀枯生碱 ajacusine
洋翠雀灵▲ delajacirine
洋翠雀辛▲ delajacine
洋地黄毒苷 digitoxin; digitoxoside
洋地黄毒苷元 digitoxigenin
洋地黄毒苷元 -3-*O*-*β*-(3'-*O*- 甲基)- 吡喃葡萄糖苷 digitoxigenin-3-*O*-*β*-(3'-*O*-methyl)-glucopyranoside
洋地黄毒苷元 -3-*O*-*β*-D- 吡喃葡萄糖基 -(1 → 3)-*β*-D- 吡喃葡萄糖基 -(1 → 4)-*β*-D- 吡喃毛地黄糖苷 digitoxigenin-3-*O*-*β*-D-glucopyranosyl-(1 → 3)-*β*-D-glucopyranosyl-(1 → 4)-*β*-D-digitalopyranoside
洋地黄毒苷元 -3-*O*-*β*-D- 吡喃葡萄糖基 -(1 → 4)-2'-*O*- 乙酰基 -*α*-L- 吡喃阔叶竹桃糖苷 digitoxigenin-3-*O*-*β*-D-glucopyranosyl-(1 → 4)-2'-*O*-acetyl-*α*-L-thevetopyranoside
洋地黄毒苷元 -3-*O*-*β*-D- 吡喃葡萄糖基 -(1 → 4)-*α*-L- 吡喃阿克富如苷 digitoxigenin-3-*O*-*β*-D-glucopyranosyl-(1 → 4)-*α*-L-acofriopyranoside
洋地黄毒苷元 -3-*O*-*β*-D- 吡喃葡萄糖基 -(1 → 4)-*α*-L- 黄花夹竹桃糖苷 digitoxigenin-3-*O*-*β*-D-glucopyranosyl-(1 → 4)-*α*-L-thevetoside
洋地黄毒苷元 -3-*O*-*β*-D- 吡喃葡萄糖基 -(1 → 4)-*β*-D- 吡喃葡萄糖基 -(1 → 4)-3-*O*- 乙酰基 -*β*-D- 吡喃洋地黄毒素糖苷 digitoxigenin-3-*O*-*β*-D-glucopyranosyl-(1 → 4)-*β*-D-glucopyranosyl-(1 → 4)-3-*O*-acetyl-*β*-D-digitoxopyranoside
洋地黄毒苷元 -3-*O*-*β*-D- 吡喃葡萄糖基 -(1 → 4)-*β*-D- 吡喃洋地黄毒素糖基 -(1 → 4)-3-*O*- 乙酰基 -*β*-D- 吡喃洋地黄毒素糖苷 digitoxigenin-3-*O*-*β*-D-glucopyranosyl-(1 → 4)-*β*-D-digitoxopyranosyl-(1 → 4)-3-*O*-acetyl-*β*-D-digitoxopyranoside
洋地黄毒苷元 -3-*O*-*β*-D- 龙胆二糖基 -(1 → 4)-2'-*O*- 乙酰基 -*α*-L- 黄花夹竹桃糖苷 digitoxigenin-3-*O*-*β*-D-gentiobiosyl-(1 → 4)-2'-*O*-acetyl-*α*-L-thevetoside
洋地黄毒苷元 -3-*O*-*β*-D- 龙胆二糖基 -(1 → 4)-*α*-L- 弗氏尖药木苷▲ digitoxigenin-3-*O*-*β*-D-gentiobiosyl-(1 → 4)-*α*-L-acofrioside
17*α*- 洋地黄毒苷元 -L- 弗氏尖药木苷▲ 17*α*-digitoxigenin-L-acofrioside
17*β*- 洋地黄毒苷元 -L- 弗氏尖药木苷▲ 17*β*-digitoxigenin-L-acofrioside
17*α*- 洋地黄毒苷元 -L- 黄花夹竹桃糖苷 17*α*-digitoxigenin-L-thevetoside
洋地黄毒苷元 -*α*-L- 磁麻糖苷 digitoxigenin-*α*-L-cymaroside
17*β*- 洋地黄毒苷元 -*β*-D- 吡喃葡萄糖基 -(1 → 4)-*α*-L- 黄花夹竹桃糖苷 17*β*-digitoxigenin-*β*-D-glucopyranosyl-(1 → 4)-*α*-L-thevetoside
Δ^{16}- 洋地黄毒苷元 -*β*-D- 吡喃葡萄糖基 -*α*-L- 磁麻糖苷 Δ^{16}-digitoxigenin-*β*-D-glucopyranosyl-*α*-L-cymaroside
17*α*- 洋地黄毒苷元 -*β*-D- 葡萄糖 -3- 氧代 -(1 → 4)-*α*-L- 黄花夹竹桃糖苷 17*α*-digitoxigenin-*β*-D-glucos-3-ulosyl-(1 → 4)-*α*-L-thevetoside
16- 洋地黄毒苷元 -*β*-D- 葡萄糖基 -*α*-L- 磁麻糖苷 16-digitoxigenin-*β*-D-glucosyl-*α*-L-cymaroside
洋地黄毒苷元 -*β*-D- 洋地黄糖苷 digitoxigenin-*β*-D-digitaloside
洋地黄毒苷元 -*β*- 龙胆二糖基 -*α*-L- 磁麻糖苷 digitoxigenin-*β*-gentiobiosyl-*α*-L-cymaroside
17*α*- 洋地黄毒苷元 - 吡喃芹糖基 - 吡喃葡萄糖基 - 黄花夹竹桃糖苷 17*α*-digitoxigenin-apiopyranosyl-glucopyranosyl-thevetoside
洋地黄毒苷元 - 龙胆二糖基 -*α*-L- 磁麻糖苷 digitoxigenin-gentiobiosyl-*α*-L-cymaroside
洋地黄毒苷元 - 龙胆二糖基 -*β*-D- 磁麻糖苷 digitoxigenin-gentiobiosyl-*β*-D-cymaroside
洋地黄毒苷元龙胆二糖基黄花夹竹桃糖苷 digitoxigenin gentiotriosyl-thevetoside
洋地黄毒苷元葡萄糖岩藻糖苷 glucodigifucoside
洋地黄毒苷元双洋地黄毒糖苷 digitoxigenin bisdigitoxoside
洋地黄苷 digitalin
洋地黄苷 -20- 乙酸酯 digitalin-20-acetate
洋地黄黄酮 digicitrin
洋地黄己糖 digitoxose
洋地黄加洛苷▲ digalonin
洋地黄加洛苷元▲ digalogenin
洋地黄洛苷▲ digitalonin
洋地黄宁苷▲ diginin
洋地黄普苷 digiproside
洋地黄普内酯▲ digiprolactone
洋地黄普宁苷▲ digipronin
洋地黄酮▲ digitopurpone
洋地黄岩藻糖纤维二糖苷 digifucocellobioside
洋地黄叶苷▲ digifolein
洋地黄叶黄素 digitolutein
洋地黄乙酰宁苷▲ digacetinin
洋地黄皂苷 digitonin
(*E*)- 洋丁香酚苷 (*E*)-acteoside
(*Z*)- 洋丁香酚苷 (*Z*)-acteoside
洋丁香酚苷 acteoside

Y

洋槐苷 robinin
洋蓟萜苷▲ A, B, C cynarascoloside A, B, C
洋金花林素▲ A~D dmetelin A~D
洋金花灵 A yangjinhualine A
洋金花素▲ datumelin
洋梨苷 pyroside
洋蒲桃素▲ B samarangenin B
洋芹素 celereoin
洋芹素苷 celereoside
19- 氧氨茴酰狼毒乌头碱 19-oxoanthranoyllycotonine
19- 氧翠雀亭 19-oxodelphatine
3- 氧代 -1(2)- 无羁烯 3-oxofriedelan-1(2)-ene
(+)-3- 氧代 -1,7*αH*- 愈创木 -4(5),11(13)- 二烯 -10,12- 二醇 (+)-3-oxo-1,7*αH*-guai-4(5),11(13)-dien-10,12-diol
(+)-(11*S*)-3- 氧代 -1,7*αH*- 愈创木 -4- 烯 -10*α*,12- 二醇 (+)-(11*S*)-3-oxo-1,7*αH*-guai-4-en-10*α*,12-diol
(+)-(11*S*)-3- 氧代 -1,7*αH*- 愈创木 -4- 烯 -11,12- 二醇 (+)-(11*S*)-3-oxo-1,7*αH*-guai-4-en-11,12-diol
9- 氧代 -10,11- 去氢紫茎泽兰酮▲ 9-oxo-10,11-dehydroageraphorone
7- 氧代 -10*α*- 葫芦二烯醇 7-oxo-10*α*-cucurbitadienol
3- 氧代 -11*α*,12*α*- 环氧熊果 -13*β*,28- 内酯 3-oxo-11*α*,12*α*-epoxyurs-13*β*,28-olide
3- 氧代 -11*α*- 羟基白花阴生香茶菜素 E 3-oxo-11*α*-hydroxyleukamenin E
3- 氧代 -11*α*- 羟基齐墩果 -12- 烯 3-oxo-11*α*-hydroxy-olean-12-ene
3- 氧代 -11*α*- 羟基无羁萜烷 3-oxo-11*α*-hydroxyfriedelane
4- 氧代 -11- 桉叶烯 -8,12- 内酯 4-oxo-11-eudesmene-8,12-olide
3- 氧代 -11- 甲氧基柳叶水甘草碱 3-oxo-11-methoxytabersonine
(*Z*)-7- 氧代 -11- 十八烯酸 (*Z*)-7-oxo-11-octadecenoic acid
7- 氧代 -12a,13*β*- 二羟基冷杉 -8(14)- 烯 -18- 酸 7-oxo-12a,13*β*-dihydroxyabiet-8(14)-en-18-oic acid
3- 氧代 -12*α*- 羟基齐墩果 -28,13*β*- 内酯 3-oxo-12*α*-hydroxyoleanan-28,13*β*-olide
(24*Z*)-3- 氧代 -12*α*- 羟基羊毛脂 -8,24- 二烯 -26- 酸 (24*Z*)-3-oxo-12*α*-hydroxylanosta-8,24-dien-26-oic acid
(24*Z*)-3- 氧代 -12*α*- 乙酰氧基羊毛脂 -8,24- 二烯 -26- 酸 (24*Z*)-3-oxo-12*α*-acetoxylanosta-8,24-dien-26-oic acid
3- 氧代 -12- 烯 - 熊果 -28-*O*-*α*-L- 呋喃阿拉伯糖基 -(1 → 6)-*β*-D-吡喃葡萄糖苷 3-oxo-12-en-ursane-28-*O*-*α*-L-arabinofuranosyl-(1 → 6)-*β*-D-glucopyranoside
7- 氧代 -13*R*- 羟基冷杉 -8(14)- 烯 -18- 酸 7-oxo-13*R*-hydroxyabiet-8(14)-en-18-oic acid
7- 氧代 -13*β*- 羟基冷杉 -8(14)- 烯 -18- 酸 7-oxo-13*β*-hydroxyabiet-8(14)-en-18-oic acid
7- 氧代 -13- 表海松 -8,15- 二烯 -18- 酸 7-oxo-13-*epi*-pimara-8,15-dien-18-oic acid
(-)-13- 氧代 -15,16- 二降半日花 -8(17),11e- 二烯 -19- 酸 (-)-13-oxo-15,16-dinorlabda-8(17),11e-dien-19-oic acid
12- 氧代 -15- 羟基半日花 -8(17),13*E*- 二烯 -19- 酸 12-oxo-15-hydroxylabda-8(17),13*E*-dien-19-oic acid
7- 氧代 -15 羟基去氢冷杉酸 7-oxo-15-hydroxydehydroabietic acid
6- 氧代 -16,20- 表沙地狗牙花碱▲ 6-oxo-16,20-episilicine
3- 氧代 -16*α*- 羟基 - 齐墩果 -12- 烯 -28- 酸 3-oxo-16*α*-hydroxy-olean-12-en-28-oic acid
3- 氧代 -18*β*- 甘草次酸 3-oxo-18*β*-glycyrrhetic acid
5- 氧代 -19,20- 去氢狗牙花碱 5-oxo-19,20-dehydroervatamine
3- 氧代 -19*α*,23,24- 三羟基熊果 -12- 烯 -28- 酸 3-oxo-19*α*,23,24-trihydroxyurs-12-en-28-oic acid
3- 氧代 -19*α*- 羟基熊果 -12- 烯 -28- 酸 3-oxo-19*α*-hydroxyurs-12-en-28-oic acid
3- 氧代 -19*α*- 羟基熊果酸 3-oxo-19*α*-hydroxy-ursolic acid
3- 氧代 -19- 表 - 海涅狗牙花碱▲ 3-oxo-19-*epi*-heyneanine
1,2-*O*-(5- 氧代 -1- 十三烷基 -1,5- 戊烷二基)-*β*-D- 吡喃木糖 1,2-*O*-(5-oxo-1-tridecyl-1,5-pentanediyl)-*β*-D-xylopyranose
1,2-*O*-(5- 氧代 -1- 十一烷基 -1,5- 戊烷二基)-*β*-D- 吡喃木糖 1,2-*O*-(5-oxo-1-undecyl-1,5-pentanediyl)-*β*-D-xylopyranose
[1*R*-[1*α*,2*β*(*Z*)]]-*N*-[[3- 氧代 -2-(2- 戊烯基) 环戊基] 乙酰基]-L- 酪氨酸 [1*R*-[1*α*,2*β*(*Z*)]]-*N*-[[3-oxo-2-(2-pentenyl)cyclopentyl]acetyl]-L-tyrosine
(*E*,*Z*,*E*)-1-(1- 氧代 -2,4,12- 十四癸三烯 -8,10- 二炔)- 哌啶 (*E*,*Z*,*E*)-1-(1-oxo-2,4,12-tetradecatriene-8,10- diynyl)-piperidine
3- 氧代 -2,*α*23- 二羟基 - 齐敦果 -12- 烯 -28- 酸 3-oxo-2*α*,23-dihydroxy-olean-12-en-28-oic acid
3- 氧代 -20(*S*)- 达玛 -24- 烯 -6*α*,20,26- 三醇 -26-*O*-*β*-D- 吡喃葡萄糖苷 3-oxo-20(*S*)-dammar-24-en-6*α*,20,26-triol-26-*O*-*β*-D-glucopyranoside
3- 氧代 -20*S*,24*R*- 环氧 - 达玛 -25*ζ*,26- 二醇 3-oxo-20*S*,24*R*-epoxy-dammarane-25*ζ*,26-diol
22- 氧代 -20- 蒲公英烯 -3*β*- 醇 22-oxo-20-taraxasten-3*β*-ol
(20*S*)-3- 氧代 -20- 羟基蒲公英赛烷 (20*S*)-3-oxo-20-hydroxytaraxastane
22- 氧代 -20- 羟基蜕皮素 22-oxo-20-hydroxyecdysone
3- 氧代 -21*α*- 甲氧基 -24,25,26,27- 四降绿玉树 -7- 烯 -23(21)- 内酯 3-oxo-21*α*-methoxy-24,25,26,27-tetranortirucall-7-ene-23(21)-lactone
3- 氧代 -21*α*- 乙氧基 -24,25,26,27- 四降绿玉树 -7- 烯 -23(21)- 内酯 3-oxo-21*α*-ethoxy-24,25,26,27-tetranortirucall-7-ene-23(21)-lactone
3- 氧代 -21*β*- 甲氧基 -24,25,26,27- 四降绿玉树 -7- 烯 -23(21)- 内酯 3-oxo-21*β*-methoxy-24,25,26,27-tetranortirucall-7-ene-23(21)-lactone
3- 氧代 -22- 羟基何帕烷 3-oxo-22-hydroxyhopane
3- 氧代 -23 ζ - 羟基环木菠萝 -24- 烯 -26- 酸 3-oxo-23 ζ -hydroxycycloar-24-en-26-oic acid
3- 氧代 -23- 羟基羽扇豆 -20(29)- 烯 -28- 酸 3-oxo-23-hydroxy-lup-20(29)-en-28-oic acid
3- 氧代 24,25,26,27- 四降绿玉树 -7- 烯 -23(21)- 内酯 3-oxo-24,25,26,27-tetranortirucall-7-ene-23(21)-lactone
3- 氧代 -24- 甲基 -5*α*- 羊毛脂 -8,25- 二烯 -21- 酸 3-oxo-24-methyl-5*α*-lanost-8,25-dien-21-oic acid
3- 氧代 -24- 降齐墩果 -12- 烯 -28- 酸 3-oxo-24-norolean-12-en-28-oic acid
(25*R*)-3- 氧代 -24- 亚甲基环木菠萝 -26- 醇 (25*R*)-3-oxo-24-methylenecycloart-26-ol
3- 氧代 -24- 亚甲基环木菠萝烷 3-oxo-24-methylenecycloartane
3- 氧代 -25- 羟甲基 -22*β*-[(*Z*)-2'- 丁烯酰氧基]- 齐墩果 -12- 烯 -28-酸 3-oxo-25-methylhydroxy-22*β*-[(*Z*)-2'-butenoyloxy]-olean-12-ene-28-oic acid
25- 氧代 -27- 降苦瓜苷 L 25-oxo-27-normomordicoside L
3- 氧代 -27- 羟基乙酸酯无羁萜 -28- 酸 3-oxo-27-hydroxyacetate friedelan-28-oic acid
3- 氧代 -28- 无羁萜酸 3-oxo-28-friedelanoic acid
3- 氧代 -29- 羟基无羁萜 3-oxo-29-hydroxyfriedelane
1-(1- 氧代 -2*E*,4*E*- 十二碳二烯基) 吡咯烷 1-(1-oxo-2*E*,4*E*-dodecadienyl)pyrrolidine
1-(1- 氧代 -2*E*,4*E*- 十碳二烯基) 吡咯烷 1-(1-oxo-2*E*,4*E*-decadienyl) pyrrolidine
1-(1- 氧代 -2*E*,4*E*- 十碳二烯基) 哌啶 1-(1-oxo-2*E*,4*E*-decadienyl)

piperidine

1-(1- 氧代 -2*E*- 十碳烯基) 哌啶 1-(1-oxo-2*E*-decaenyl)piperidine

12- 氧代 -2α,3β,20(*S*)- 三羟基达玛 -24- 烯 -3-*O*-[β-D- 吡喃葡萄糖基 -(1 → 2)-β-D- 吡喃葡萄糖基]-20-*O*-[α-L- 吡喃鼠李糖基 -(1 → 6)-β-D- 吡喃葡萄糖苷] 12-oxo-2α,3β,20(*S*)-trihydroxydammar-24-ene-3-*O*-[β-D-glucopyranosyl-(1 → 2)-β-D-glucopyranosyl]-20-*O*-[α-L-rhamnopyranosyl-(1 → 6)-β-D-glucopyranoside]

12- 氧代 -2α,3β,20(*S*)- 三羟基达玛 -24- 烯 -3-*O*-[β-D- 吡喃葡萄糖基 -(1 → 2)-β-D- 吡喃葡萄糖基]-20-*O*-[β-D- 吡喃木糖基 -(1 → 6)-β-D- 吡喃葡萄糖苷] 12-oxo-2α,3β,20(*S*)-trihydroxydammar-24-ene-3-*O*-[β-D-glucopyranosyl-(1 → 2)-β-D-glucopyranosyl]-20-*O*-[β-D-xylopyranosyl-(1 → 6)-β-D-glucopyranoside]

3- 氧代 -2ζ,4β,9β- 三羟基 -5β-(2- 甲基丁酰氧基)-8α- 当归酰氧基 - 吉马 -6α,12- 内酯 3-oxo-2ζ,4β,9β-trihydroxy-5β-(2-methylbutyloxy)-8α-angeloxy-germacrane-6α,12-olide

3- 氧代 -2ζ,4β,9β- 三羟基 -5β,8α- 二当归酰氧基 - 吉马 -6α,12- 内酯 3-oxo-2ζ,4β,9β-trihydroxy-5β,8α-diangeloxy-germacrane-6α,12-olide

5- 氧代 -2- 吡咯烷羧酸乙酯 5-oxo-2-pyrrolidinecarboxylic acid ethyl ester

2-(1'- 氧代 -2'- 甲基丙基)-2- 甲基 -6,7- 二甲氧基色烯 2-(1'-oxo-2'-methylpropyl)-2-methyl-6,7-dimethoxychromene

1-[1- 氧代 -3-(3,4- 亚甲二氧基苯基)-2*E*- 丙烯基] 吡咯烷 1-[1-oxo-3-(3,4-methylenedioxyphenyl)-2*E*-propenyl]pyrrolidine

1-[1- 氧代 -3-(3,4- 亚甲二氧基苯基)-2*E*- 丙烯基] 哌啶 1-[1-oxo-3-(3,4-methylenedioxyphenyl)-2*E*-propenyl]piperidine

1-[1- 氧代 -3-(3,4- 亚甲二氧基苯基)-2*Z*- 丙烯基] 哌啶 1-[1-oxo-3-(3,4-methylenedioxyphenyl)-2*Z*-propenyl]piperidine

1-[1- 氧代 -3-(3,4- 亚甲二氧基苯基) 丙烯基] 哌啶 1-[1-oxo-3-(3,4-methylenedioxyphenyl)propyl]piperidine

1-[1- 氧代 -3-(3,4- 亚甲二氧基苯基 -5- 甲氧基苯基)-2*Z*- 丙烯基] 哌啶 1-[1-oxo-3-(3,4-methylenedioxy-5-methoxyphenyl)-2*Z*-propenyl]piperidine

4-*O*-[4-[(1*E*)-3- 氧代 -3-(6-*O*-β-D- 呋喃芹糖基 -β-D- 吡喃葡萄糖氧基)-1- 丙烯 -1- 基] 苯基]-β-D- 吡喃葡萄糖 4-*O*-[4-[(1*E*)-3-oxo-3-[(6-*O*-D-apio-β-D-furanosyl-β-D-glucopyranosyl)oxy]-1-propen-1-yl]phenyl]-β-D-glucopyranose

3- 氧代 -3-(7,8- 二氢)-α- 香堇酮 -11-*O*-β- 葡萄糖苷 3-oxo-7,8-dihydro-α-ionone-11-*O*-β-glucoside

4- 氧代 -3,4- 降无羁萜 -2- 酸 4-oxo-3,4-seco-A(1)-norfriedelan-2-oic acid

12- 氧代 -3,4- 裂环 - 齐墩果 -4(24)- 烯 -3- 酸 12-oxo-3,4-seco-olean-4(24)-ene-3-oic acid

3- 氧代 -3,4- 裂环羊毛脂 -8,24*Z*- 二烯 -26- 酸 3-oxo-3,4-secolanosta-8,24*Z*-dien-26-oic acid

(1*R*)-2- 氧代 -3,4- 去羟基新大八角素 (1*R*)-2-oxo-3,4-dehydroxyneomajucin

(1*R**)-2- 氧代 -3,4- 去羟基新大八角素 (1*R**)-2-oxo-3,4-dehydroxyneomajucin

2- 氧代 -3,4- 去羟基新大八角素 2-oxo-3,4-dehydroxyneomajucin

(1*R*)-2- 氧代 -3,4- 去氢新大八角素 (1*R*)-2-oxo-3,4-dehydroneomajucin

(1*R*,10*S*)-2- 氧代 -3,4- 去氢新大八角素 (1*R*,10*S*)-2-oxo-3,4-dehydroneomajucin

(1*S*)-2- 氧代 -3,4- 去氢新大八角素 (1*S*)-2-oxo-3,4-dehydroneomajucin

2- 氧代 -3,4- 去氢新大八角素 2-oxo-3,4-dehydroneomajucin

11- 氧代 -3,7,12,13,17- 五羟基 [7,0]- 间环芳 11-oxo-3,7,12,13,17-penta-hydroxy[7,0]-metacyclophane

8-[(2*E*)-6- 氧代 -3,7- 二甲基 - 八碳 -2- 烯氧基] 补骨脂素 8-[(2*E*)-6-oxo-3,7-dimethyloct-2- enyloxy]psoralen

11- 氧代 -3,9,12,17- 四羟基 [7,0]- 间环芳 11-oxo-3,9,12,17-tetrahydroxy[7,0]-metacyclophane

3- 氧代 -30- 甲氧羰基 -23- 去甲齐墩果 -12- 烯 -28- 酸 3-oxo-30-carbomethoxy-23-norolean-12-en-28-oic acid

3- 氧代 -30- 乙氧羰基齐墩果 -12,18- 二烯 -28- 酸 3-oxo-30-carboethoxyolean-12,18-dien-28-oic acid

16- 氧代 -3α- 羟基千层塔 -14- 烯 -21α-ol 16-oxo-3α-hydroxyserrat-14-en-21α-ol

16- 氧代 -3α- 羟基千层塔 -14- 烯 -21β- 醇 16-oxo-3α-hydroxyserrat-14-en-21β-ol

2- 氧代 -3β,19α- 二羟基齐墩果 -12- 烯 -28- 酸 -β-D- 吡喃葡萄糖酯苷 2-oxo-3β,19α-dihydroxyolean-12-en-28-oic acid-β-D-glucopyranosyl ester

2- 氧代 -3β,19α- 二羟基熊果酸 -β-D- 吡喃葡萄糖酯苷 2-oxo-3β,19α-dihydroxyursolic acid-β-D-glucopyranosyl ester

19- 氧代 -3β,20*S*,21,24*S*- 四羟基达玛 -25- 烯 -3-*O*-[α-L- 吡喃鼠李糖基 -(1 → 2)-β-D- 吡喃木糖基 -(1 → 3)-α-L- 吡喃阿拉伯糖基]-21-*O*-β-D- 吡喃葡萄糖苷 19-oxo-3β,20*S*,21,24*S*-tetrahydroxydammar-25-ene-3-*O*-[α-L-rhamnopyranosyl-(1 → 2)-β-D-xylopyranosyl-(1 → 3)-α-L-arabinopyranosyl]-21-*O*-β-D-glucopyranoside

12- 氧代 -3β,20*S*,21,25- 四羟基达玛 -23- 烯 -3-*O*-{[α-L- 吡喃鼠李糖基 -(1 → 2)][β-D- 吡喃葡萄糖基 -(1 → 6)-β-D- 吡喃葡萄糖基 -(1 → 3)]-α-L- 吡喃阿拉伯糖基 }-21-*O*-β-D- 吡喃葡萄糖苷 12-oxo-3β,20*S*,21,25-tetrahydroxydammar-23-ene-3-*O*-{[α-L-rhamnopyranosyl-(1 → 2)][β-D-glucopyranosyl-(1 → 6)-β-D-glucopyranosyl-(1 → 3)]-α-L-arabinopyranosyl}-21-*O*-β-D-glucopyranoside

19- 氧代 -3β,20*S*,21- 三羟基 -25- 氢过氧基达玛 -23- 烯 -3-*O*-[α-L- 吡喃鼠李糖基 -(1 → 2)-β-D- 吡喃木糖基 -(1 → 3)-α-L- 吡喃阿拉伯糖基]-21-*O*-β-D- 吡喃葡萄糖苷 19-oxo-3β,20(*S*),21-trihydroxy-25-hydroperoxydammar-23-ene-3-*O*-[α-L-rhamnopyranosyl-(1 → 2)-β-D-xylopyranosyl-(1 → 3)-α-L-arabinopyranosyl]-21-*O*-β-D-glucopyranoside

19- 氧代 -3β,20*S*- 二羟基达玛 -24- 烯 -3-*O*-[α-L- 吡喃阿拉伯糖基 -(2 → 1)-β-D- 吡喃葡萄糖基]-20-*O*-β-D- 吡喃葡萄糖苷 19-oxo-3β,20*S*-dihydroxydammar-24-ene-3-*O*-[α-L-arabinopyranosyl-(2 → 1)-β-D-glucopyranosyl]-20-*O*-β-D-glucopyranoside

19- 氧代 -3β,20*S*- 二羟基达玛 -24- 烯 -3-*O*-[β-*O*- 吡喃葡萄糖基 -(2 → 1)-β-D- 吡喃葡萄糖基]-20-*O*-[α-L- 吡喃鼠李糖基 -(6 → 1)-β-*O*- 吡喃葡萄糖苷 19-oxo-3β,20(*S*)-dihydroxydammar-24-ene-3-*O*-[β-*O*-glucopyranosyl-(2 → 1)-β-D-glucopyranosyl]-20-*O*-[α-L-rhamnopyranosyl-(6 → 1)-β-*O*-glucopyranoside]

22- 氧代 -3β,24- 二羟基齐墩果 -12- 烯 22-oxo-3β,24-dihydroxyolean-12-ene

7- 氧代 -3β- 羟基 -5,20(29) 二烯 -24- 去甲羽扇豆烷 7-oxo-3β-hydroxy-5,20(29)diene-24-norlupane

11- 氧代 -3β- 羟基齐墩果 -12- 烯 11-oxo-3β-hydroxy-olean-12-ene

1- 氧代 -3β- 羟基新西兰罗汉松酚▲ 1-oxo-3β-hydroxytotarol

1-[1- 氧代 -3- 苯基 -2*E*- 丙烯基]- 吡咯烷 1-[1-oxo-3-phenyl-2*E*-propenyl]-pyrrolidine

1-[1- 氧代 -3- 苯基 -2*E*- 丙烯基]- 哌啶 1-[1-oxo-3-phenyl-2*E*-propenyl]-piperidine

Y

8-(2'- 氧代 -3'- 甲基) 丁氧基 -7- 甲氧基香豆素 8-(2'-oxo-3'-methyl)butoxy-7-methoxycoumarin
11- 氧代 -3- 乙酰基 -β- 乳香酸 11-oxo-3-acetyl-β-boswellic acid
1- 氧代 -4(S),9- 二羟基 -8- 甲氧基 -6- 羟甲基 -1,2,3,4- 四氢蒽 1-oxo-4(S),9-dihydroxy-8-methoxy-6-hydroxymethyl-1,2,3,4-tetrahydroanthracene
2- 氧代 -4-O- 乙酰基 - 去乙酰基苍耳醇 2-oxo-4-O-acetyl-desacetylxanthanol
3- 氧代 -4β,8α- 二羟基 -5β- 当归酰氧基 -9β-(2- 甲基丁酰氧基)- 吉马 -6α,12- 内酯 3-oxo-4β,8α-dihydroxy-5β-angeloxy-9β-(2-methylbutyloxy)-germacrane-6α,12-olide
3- 氧代 -4- 苄基 -3,4- 二氢 -1H- 吡咯并 [2,1-c]噁嗪 -6- 甲缩醛 3-oxo-4-benzyl-3,4-dihydro-1H-pyrrolo[2,1-c]oxazine-6-methylal
(6R)-3- 氧代 -4- 羟基 -7,8- 二氢 -α- 香堇醇 -9-O-β-D- 吡喃葡萄糖苷 (6R)-3-oxo-4-hydroxy-7,8-dihydro-α-ionol-9-O-β-D-glucopyranoside
3- 氧代 -4- 氢 - 飞齐墩果 -27- 酸甲酯 3-oxo-4-hydro-friedooleanan-27-oic acid methyl ester
3- 氧代 -4- 烯 - 谷甾酮 3-oxo-4-en-sitosterone
3- 氧代 -4- 雄甾烯 -17β- 羧酸 3-oxo-4-androstene-17β-carboxylic acid
1-[1- 氧代 -5-(3,4- 亚甲二氧基苯基)-2E,4E- 戊二烯基] 吡咯烷 1-[1-oxo-5-(3,4-methylenedioxyphenyl)-2E,4E-pentadienyl] pyrrolidine
1-[1- 氧代 -5-(3,4- 亚甲二氧基苯基)-2E,4E- 戊二烯基]- 吡咯烷 1-[1-oxo-5-(3,4-methylenedioxyphenyl)-2E,4E-pentadienyl]-pyrrolidine
1-[1- 氧代 -5-(3,4- 亚甲二氧基苯基)-2E,4Z- 戊二烯基] 吡咯烷 1-[1-oxo-5-(3,4-methylenedioxyphenyl)-2E,4Z-pentadienyl] pyrrolidine
1-[1- 氧代 -5-(3,4- 亚甲二氧基苯基)-2E,4Z- 戊二烯基] 哌啶 1-[1-oxo-5-(3,4-methylenedioxyphenyl)-2E,4Z-pentadienyl] piperidine
1-[1- 氧代 -5-(3,4- 亚甲二氧基苯基)-2E- 丙烯基] 哌啶 1-[1-oxo-5-(3,4-methylenedioxyphenyl)-2E-pentenyl]piperidine
1-[1- 氧代 -5-(3,4- 亚甲二氧基苯基)-2E- 戊烯基] 吡咯烷 1-[1-oxo-5-(3,4-methylenedioxyphenyl)-2E-pentenyl]pyrrolidine
1-[1- 氧代 -5-(3,4- 亚甲二氧基苯基)-2E- 戊烯基]- 吡咯烷 1-[1-oxo-5-(3,4-methylenedioxyphenyl)-2E-pentenyl]-pyrrolidine
1-[1- 氧代 -5(3,4- 亚甲二氧基苯基)-2Z,4E- 戊二烯基] 吡咯烷 1-[1-oxo-5(3,4-methylenedioxyphenyl)-2Z,4E-pentadienyl] pyrrolidine
1-[1- 氧代 -5-(3,4- 亚甲二氧基苯基)-2Z,4E- 戊二烯基] 哌啶 1-[1-oxo-5-(3,4-methylenedioxyphenyl)-2Z,4E-pentadienyl] piperidine
4- 氧代 -5(6),11- 桉叶烷二烯 -8,12- 内酯 4-oxo-5(6),11-eudesmadiene-8,12-olide
5- 氧代 -5,6-H- 穿叶松香草烯 5-oxo-5,6-H-silphiperfolene
7- 氧代 -5,6- 二氢豆甾醇 7-oxo-5,6-dihydrostigmasterol
3- 氧代 -5,6- 环氧 -β- 香堇醇 3-oxo-5,6-epoxy-β-ionol
(25S)-3- 氧代 -5α- 螺甾 -6α-O-β-D- 吡喃木糖苷 (25S)-3-oxo-5α-spirostan-6α-yl-O-β-D-xylopyranoside
3β- 氧代 -5α- 羊毛脂 -8,24- 二烯 -21- 酸 3β-oxo-5α-lanosta-8,24-dien-21-oic acid
9- 氧代 -5- 大柱香波龙烯 -11- 酸 9-oxo-5-megastigmen-11-oic acid
6- 氧代 -6a,12a- 去氢 -α- 毒灰毛豆酚 6-oxo-6a,12a-dehydro-α-toxicarol
6- 氧代 -6a,12a- 去氢鱼藤素 6-oxo-6a,12a-dehydrodeguelin
3- 氧代 -6α- 羟基 - 桉叶 -4(5),11(13)- 二烯 -12,8β- 内酯 3-oxo-6α-hydroxy-eudesma-4(5),11(13)-dien-12,8β-olide
1- 氧代 -6β,7α,11βH,17β- 甲基吉玛 -4(5)- 烯 -12,6- 内酯 1-oxo-6β,7α,11βH,17β-methylgermacra-4(5)-en-12,6-olide
1- 氧代 -6β,7α,11βH- 吉玛 -4(5),10(14)- 二烯 -12,6- 内酯 1-oxo-6β,7α,11βH-germacra-4(5),10(14)-dien-12,6-olide
3- 氧代 -6β- 羟基齐墩果 -18- 烯 -28- 酸 3-oxo-6β-hydroxyolean-12-en-28-oic acid
8'- 氧代 -6- 羟基 - 二氢菜豆酸 8'-oxo-6-hydroxy-dihydrophaseic acid
8'- 氧代 -6- 羟基 - 二氢菜豆酸甲酯 8'-oxo-6-hydroxy-dihydrophaseic acid methyl ester
2- 氧代 -6- 去羟基新莽草素 2-oxo-6-dehydroxyneoanisatin
2- 氧代 -6- 去氧 -3,4- 去氢 -1- 表新莽草素 2-oxo-6-deoxy-3,4-dehydro-1-epineoanisatin
2- 氧代 -6- 去氧 -3,4- 去氢新莽草素 2-oxo-6-deoxy-3,4-dehydroneoanisatin
2- 氧代 -6- 去氧新大八角素 2-oxo-6-deoxyneomajucin
2- 氧代 -6- 去氧新莽草素 2-oxo-6-deoxyneoanisatin
1-[1- 氧代 -7-(3,4- 亚甲二氧基苯基)-2E,4E,6E- 庚三烯基] 吡咯烷 1-[1-oxo-7-(3,4-methylenedioxyphenyl)-2E,4E,6E-heptatrienyl] pyrrolidine
1-[1- 氧代 -7-(3,4- 亚甲二氧基苯基)-2E,4E,6E- 庚三烯基] 哌啶 1-[1-oxo-7-(3,4-methylenedioxyphenyl)-2E,4E,6E-heptatrienyl] piperidine
1-[1- 氧代 -7-(3,4- 亚甲二氧基苯基)-2E,6E- 庚二烯基] 吡咯烷 1-[1-oxo-7-(3,4-methylenedioxyphenyl)-2E,6E-heptadienyl] pyrrolidine
1-(1- 氧代 -7,10- 十六碳二烯基)- 吡咯 1-(1-oxo-7,10-hexadecadienyl)-pyrrolidine
9(S)-4- 氧代 -7,8- 二氢 -β- 香堇醇 9(S)-4-oxo-7,8-dihydro-β-ionol
(7α,7'α,8α,8'α)-9- 氧代 -7,9',7',9- 二环氧木脂素 -3,4,3',4',5'- 五醇 (7α,7'α,8α,8'α)-9-oxo-7,9',7',9-diepoxylignan-3,4,3',4',5'-pentaol
1- 氧代 -7α- 羟基谷甾醇 1-oxo-7α-hydroxysitosterol
13- 氧代 -8(14)- 罗汉松烯 -18- 酸 13-keto-8(14)-podocarpen-18-oic acid
7- 氧代 -8,11,13- 冷杉三烯 -12- 醇 7-oxo-8,11,13-abietatrien-12-ol
7- 氧代 -8,11,13- 冷杉三烯 -18- 琥珀酸乙酯 ethyl 7-oxo-8,11,13-abietatrien-18-yl succinate
7- 氧代 -8,15- 异海松二烯 -18- 醇 7-oxo-8,15-isopimaradien-18-ol
3- 氧代 -8,9- 二氢 -(20R)-21- 羟基 -13- 去甲基羊毛脂醇 3-oxo-8,9-dihydro-(20R)-21-hydroxy-13-norlanosterol
3- 氧代 -8α- 甲氧基 -10αH- 荒漠木 -1,7(11)- 二烯 -12,8β- 内酯 3-oxo-8α-methoxy-10αH-eremophila-1,7(11)-dien-12,8β-olide
3- 氧代 -8α- 羟基 -10αH- 荒漠木 -1,7(11)- 二烯 -12,8β- 内酯 3-oxo-8α-hydroxy-10αH-eremophila-1,7(11)-dien-12,8β-olide
7- 氧代 -8β-D:C- 无羁萜齐墩果 -9(11)- 烯 -3α,29- 二醇 7-oxo-8β-D:C-friedo-olean-9(11)-ene-3α,29-diol
6- 氧代 -8β- 羟基 - 荒漠木 -7(11)- 烯 -12,8α- 内酯 6-oxo-8β-hydroxy-eremophil-7(11)-en-12,8α-olide
4- 氧代 -8β- 异丁酰氧基 -3,4- 裂环愈创木 -11(13)- 烯 -6α,12,10α,3- 二内酯 4-oxo-8β-isobutyroyloxy-3,4-secoguaia-11(13)-en-6α,12,10α,3-diolide
1- 氧代 -8- 羟基 -10H- 荒漠木 -7(11)- 烯 -12,8- 内酯 1-oxo-8-hydroxy-10H-eremophil-7(11)-en-12,8-olide
(+)-4- 氧代 -8- 羟基 -2,6- 二 (3,4- 亚甲二氧基) 苯基 -3,7- 二氧杂双环 [3.3.0] 辛烷 (+)-4-oxo-8-hydroxy-2,6-di(3,4-methylenedioxy)phenyl-3,7-dioxabicyclo[3.3.0]octane
(8E)-10- 氧代 -8- 十烯酸 (8E)-10-oxo-8-decenoic acid
1-[1- 氧代 -9-(3,4- 亚甲二氧基苯基)-2E,4E,8E- 壬三烯基] 吡咯

烷 1-[1-oxo-9-(3,4-methylenedioxyphenyl)-2E,4E,8E-nonatrienyl]pyrrolidine

1-[1- 氧代 -9-(3,4- 亚甲二氧基苯基)-2E,8E- 壬二烯基] 吡咯烷 1-[1-oxo-9-(3,4-methylenedioxyphenyl)-2E,8E-nonadienyl]pyrrolidine

1-[1- 氧代 -9-(3,4- 亚甲二氧基苯基)-2E,8E- 壬二烯基]- 吡咯烷 1-[1-oxo-9-(3,4-methylenedioxyphenyl)-2E,8E-nonadienyl]-pyrrolidine

1-[1- 氧代 -9-(3,4- 亚甲二氧基苯基)-2E,8E- 壬二烯基] 哌啶 1-[1-oxo-9-(3,4-methylenedioxyphenyl)-2E,8E-nonadienyl]piperidine

1-[1- 氧代 -9-(3,4- 亚甲二氧基苯基)-8E- 壬烯基] 吡咯烷 1-[1-oxo-9-(3,4-methylenedioxyphenyl)-8E-nonenyl]pyrrolidine

1-[1- 氧代 -9-(3,4- 亚甲二氧基苯基)-8E- 壬烯基] 哌啶 1-[1-oxo-9-(3,4-methylenedioxyphenyl)-8E-nonenyl])piperidine

3-[[6-O-[(9Z,12Z,15Z)-1- 氧代 -9,12,15- 十八碳三烯基]-β-D- 吡喃葡萄糖] 氧基]-4H- 吡喃 -4- 酮 3-[[6-O-[(9Z,12Z,15Z)-1-oxo-9,12,15-octadecatrienyl]-β-D-glucopyranosyl]oxy]-4H-pyran-4-one

3- 氧代 -9βH- 羊毛脂 -7,22Z,24- 三烯 -26,23- 内酯 3-oxo-9βH-lanosta-7,22Z,24-trien-26,23-olide

3- 氧代 -9βH- 羊毛脂 -7- 烯 -23,26- 内酯 3-oxo-9βH-lanosta-7-en-23,26-olide

3- 氧代 -9β- 羊毛脂 -7,22Z,24- 三烯 -26,23- 内酯 3-oxo-9β-lanosta-7,22Z,24-trien-26,23-olide

3- 氧代 -9β- 羊毛脂 -7,24- 二烯 -26,23R- 内酯 3-oxo-9β-lanosta-7,24-dien-26,23R-olide

1- 氧代 -9- 去氧蟹甲草酚 1-oxo-9-desoxycacalol

(E)-8- 氧代 -9- 十八碳烯酸乙酯 ethyl (E)-8-oxo-9-octadecenoate

1,3- 氧代 -D:A- 飞齐墩果 -26- 酸 1,3-dioxo-D:A-friedooleanan-26-oic acid

3- 氧代 -D:A- 飞齐墩果 -27,16α- 内酯 3-oxo-D:A-friedo-oleanan-27,16α-lactone

3- 氧代 -D:A- 飞齐墩果 -30- 酸 3-oxo-D:A-friedooleanan-30-oic acid

3- 氧代 -D:C- 飞齐墩果 -7,9(11)- 二烯 -29- 酸 3-oxo-D:C-friedooleana-7,9(11)-dien-29-oic acid

5- 氧代 -L- 脯氨酸甲酯 5-oxo-L-proline methyl ester

氧代 -O- 甲基球紫堇碱 oxo-O-methylbulbocapnine

3- 氧代 -R- 香堇醇 3-oxo-R-ionol

15- 氧代 -α- 杜松醇 15-oxo-α-cadinol

3- 氧代 -α- 香堇醇 3-oxo-α-ionol

6R,9R-3- 氧代 -α- 香堇醇 6R,9R-3-oxo-α-ionol

(6R,9R)-3- 氧代 -α- 香堇醇 -9-O-β-D- 吡喃葡萄糖苷 (6R,9R)-3-oxo-α-ionol-9-O-β-D-glucopyranoside

(6S,9R)-3- 氧代 -α- 香堇醇 -9-O-β-D- 吡喃葡萄糖苷 (6S,9R)-3-oxo-α-ionol-9-O-β-D-glucopyranoside

3- 氧代 -α- 香堇醇 -9-O-β-D- 吡喃葡萄糖苷 3-oxo-α-ionol-9-O-β-D-glucopyranoside

(6R,9R)-3- 氧代 -α- 香堇醇 -9-O-β-D- 吡喃葡萄糖基 -(1 → 2)-β-D- 吡喃葡萄糖苷 (6R,9R)-3-oxo-α-ionol-9-O-β-D-glucopyranosyl-(1 → 2)-β-D-glucopyranoside

(6S,9R)-3- 氧代 -α- 香堇醇 -9-O-β-D- 吡喃葡萄糖基 -(1 → 2)-β-D- 吡喃葡萄糖苷 (6S,9R)-3-oxo-α-ionol-9-O-β-D-glucopyranosyl-(1 → 2)-β-D-glucopyranoside

3- 氧代 -α- 香堇醇 -9-O-β-D- 呋喃芹糖基 -(1 → 6)-β-D- 吡喃葡萄糖苷 3-oxo-α-ionol-9-O-β-D-apiofuranosyl-(1 → 6)-β-D-glucopyranoside

(-)-3- 氧代 -α- 香堇醇 -O-β-D- 吡喃葡萄糖苷 (-)-3-oxo-α-ionyl-O-β-D-glucopyranoside

(+)-3- 氧代 -α- 香堇醇 -O-β-D- 吡喃葡萄糖苷 (+)-3-oxo-α-ionyl-O-β-D-glucopyranoside

(6R,9R)-3- 氧代 -α- 香堇醇 -O-β-D- 吡喃葡萄糖苷 (6R,9R)-3-oxo-α-ionol-O-β-D-glucopyranoside

3- 氧代 -α- 香堇醇 -O-β-D- 吡喃葡萄糖苷 3-oxo-α-ionol-O-β-D-glucopyranoside

3- 氧代 -α- 香堇醇 -O-β-D- 呋喃芹糖基 -(1" → 6')-β-D- 吡喃葡萄糖苷 3-oxo-α-ionol-O-β-D-apiofuranosyl-(1" → 6')-β-D-glucopyranoside

(6R,9S)-3- 氧代 -α- 香堇醇 -β-D- 吡喃葡萄糖苷 (6R,9S)-3-oxo-α-ionol-β-D-glucopyranoside

3- 氧代 -α- 香堇醇 -β-D- 吡喃葡萄糖苷 3-oxo-α-ionol-β-D-glucopyranoside

(6R,9R)-3- 氧代 -α- 香堇醇 -β-D- 葡萄糖苷 (6R,9R)-3-oxo-α-ionol-β-D-glucoside

(6R,9S)-3- 氧代 -α- 香堇醇 -β-D- 葡萄糖苷 (6R,9S)-3-oxo-α-ionol-β-D-glucoside

(+)-3- 氧代 -α- 香堇基吡喃葡萄糖苷 (+)-3-oxo-α-ionylglucopyranoside

(±)-3- 氧代 -α- 香堇基酰吡喃葡萄糖苷 (±)-3-oxo-α-ionylglucopyranoside

3- 氧代 -α- 香堇酮 3-oxo-α-ionone

11- 氧代 -α- 香树脂醇 11-oxo-α-amyrin

11- 氧代 -α- 香树脂醇乙酸酯 11-oxo-α-amyrin acetate

11- 氧代 -α- 香树脂醇棕榈酸酯 11-oxo-α-amyrin palmitate

氧代 -α- 依兰烯 oxo-α-ylangene

17- 氧代 -α- 异鹰爪豆碱 17-oxo-α-isosparteine

7- 氧代 -β- 谷甾醇 7-oxo-β-sitosterol

7- 氧代 -β- 胡萝卜苷 7-oxo-β-daucosterol

11- 氧代 -β- 乳香酸 11-keto-β-boswellic acid

4- 氧代 -β- 香堇醇 -β-D- 吡喃葡萄糖苷 4-oxo-β-ionol-β-D-glucopyranoside

3- 氧代 -β- 香堇酮 3-oxo-β-ionone

11- 氧代 -β- 香树脂醇 11-oxo-β-amyrin

11- 氧代 -β- 香树脂醇乙酸酯 11-oxo-β-amyrin acetate

11- 氧代 -β- 香树脂醇棕榈酸酯 11-oxo-β-amyrin palmitate

15- 氧代 -τ- 杜松醇 15-oxo-τ-cadinol

氧代阿朴啡 oxoaporphine

氧代阿索水仙碱▲ oxoassoanine

3- 氧代阿替烷 -16α,17- 二醇 3-oxoatisane-16α,17-diol

3- 氧代桉叶 -1,4,11(13)- 三烯 -12,6α- 内酯 3-oxoeudesma-1,4,11(13)-trien-12,6α-olide

3- 氧代 - 桉叶 -1,4,11(13)- 三烯 -12,6α- 内酯 3-oxo-eudesma-1,4,11(13)-trien-12,6α-olide

(7α)-8- 氧代桉叶 -4(14)- 烯 -12- 酸 (7α)-8-oxoeudesm-4(14)-en-12-oic acid

(11S)-1- 氧代桉叶 -4(14)- 烯醇 -13,6α- 内酯 (11S)-1-oxoeudesm-4(14)-eno-13,6α-lactone

11- 氧代白花阴生香茶菜素 E 11-oxoleukamenin E

7- 氧代白桦脂酸 7-oxobetulinic acid

(-)-8- 氧代白毛茛定▲ (-)-8-oxocanadine

8- 氧代白毛茛定▲ 8-oxocanadine

氧代白毛茛分碱 oxohydrastinine

2- 氧代百部宁碱 2-oxostenine

15- 氧代半日花 -8(17),13E- 二烯 -19- 酸 15-oxolabda-8(17),13E-dien-19-oic acid

7- 氧代贝加尔唐松草碱▲ 7-oxobaicaline

(4β)-15- 氧代 - 贝壳杉 -16- 烯 -18- 酸 (4β)-15-oxo-kaur-16-en-18-oic acid

Y

5- 氧代 - 吡咯 -2- 羧酸甲酯 methyl 5-oxopyrrolidine-2-carboxylate
(-)-*N*-(2- 氧代吡咯烷甲基) 金雀儿碱 (-)-*N*-(2-oxopyrrolidinomethyl) cytisine
氧代表千金藤默星碱 oxoepistephamiersine
8- 氧代表小檗碱 8-oxo-epiberberine
3-(2- 氧代丙基)-19- 表 - 海涅狗牙花碱▲ 3-(2-oxopropyl)-19-*epi*-heyneanine
3-(2- 氧代丙基) 伏康树碱▲ 3-(2-oxopropyl)voacangine
21-(2- 氧代丙基)- 钩吻明▲ 21-(2-oxopropyl)-koumine
5-(2- 氧代丙基)- 古豆碱 5-(2-oxopropyl)-hygrine
3-(2- 氧代丙基) 冠狗牙花定 3-(2-oxopropyl)coronaridine
11- 氧代波叶刚毛果苷元▲-3-α-L- 鼠李糖苷 11-oxouzarigenin-3-α-L-rhamnopyranoside
22- 氧代 - 长春花碱 22-oxo-vincaleukoblastine
21- 氧代 - 长春洛辛▲ 21-oxo-leurosine
3- 氧代长春瑞辛▲ 3-oxo-lochnericine
5- 氧代长花马钱苷▲ 5-oxodolichantoside
3- 氧代常春藤皂苷元 3-oxo-hederagenin
3- 氧代朝鲜五加苷元二甲酯 3-oxo-acan-koreagenin dimethyl ester
3*S*-(+)-9- 氧代橙花叔醇 3*S*-(+)-9-oxonerolidol
9- 氧代橙花叔醇 9-oxonerolidol
3- 氧代赤豆皂醇 3-oxoazukisapogenol
8- 氧代 - 刺桐碱▲ 8-oxo-erythrinine
8- 氧代 - 刺桐灵碱 8-oxo-erythraline
7- 氧代粗裂豆▲-15,19- 二醇 7-oxotrachyloban-15,19-diol
(24*E*)-3- 氧代 - 达玛 -20,24- 二烯 -26- 酸 (24*E*)-3-oxo-dammara-20,24-dien-26-oic acid
6- 氧代大叶糖胶树碱▲ 6-oxoalstophylline
6- 氧代大叶糖胶树醛▲ 6-oxoalstophyllal
氧代单盖铁线蕨烷醇▲ oxohakonanol
24- 氧代胆甾醇 24-oxocholesterol
7- 氧代胆甾醇 7-oxocholesterol
24- 氧代 - 胆甾醇 24-oxo-cholesterol
16- 氧代地不容碱 16-oxodelavaine
6-(3''- 氧代丁基)- 花旗松素 6-(3''-oxobutyl)-taxifolin
(-)-*N*-(3- 氧代丁基) 金雀儿碱 (-)-*N*-(3-oxobutyl)cytisine
N-(3- 氧代丁基)- 金雀儿碱 *N*-(3-oxobutyl)-cytisine
16- 氧代东北石松尼亭▲-29-(*E*)-4'- 羟基 -3'- 甲氧基桂皮酸酯 16-oxolyclanitin-29-yl-(*E*)-4'-hydroxyl-3'-methoxycinnamate
16- 氧代东北石松尼亭▲-29- 对香豆酸酯 16-oxolyclanitin-29-yl-*p*-coumarate
16- 氧代 - 东北石松尼亭▲-30- 对香豆酸酯 16-oxo-lyclanitin-30-yl-*p*-coumarate
16- 氧代东北石松诺醇▲ 16-oxolycoclavanol
7- 氧代豆甾醇 7-oxostigmasterol
7- 氧代豆甾醇 -3-*O*-(6'- 十六酰基)-β-D- 吡喃葡萄糖苷 7-oxostigmasteryl-3-*O*-(6'-hexadecanoyl)-β-D-glucopyranoside
7- 氧代豆甾醇 -3-*O*-β-D- 吡喃葡萄糖苷 7-oxostigmasteryl-3-*O*-β-D-glucopyranoside
氧代对叶百部碱 oxotuberostemonine
3- 氧代 - 对映 - 贝壳杉 -16α,17- 二醇 3-oxo-*ent*-kaurane-16α,17-diol
3- 氧代 - 对映 - 粗裂豆 -17- 酸 3-oxo-*ent*-trachyloban-17-oic acid
7- 氧代 - 对映 - 海松 -8(14),15- 二烯 -19- 酸 7-oxo-*ent*-pimara-8(14),15-diene-19-oic acid
7- 氧代多花白树 -8- 烯 -3α,29- 二醇 -3,29- 二苯甲酸酯 7-oxomultiflor-8-ene-3α,29-diol-3,29-dibenzoate
7- 氧代多花白树 -8- 烯 -3α,29- 二醇 -3- 乙酸酯 -29- 苯甲酸酯 7-oxomultiflor-8-ene-3α,29-diol-3-acetate-29-benzoate
16- 氧代 - 二表柳杉石松醇▲-30- 对香豆酸酯 16-oxo-diepilycocryptol-30-yl-*p*-coumarate
8'- 氧代 - 二氢菜豆酸 8'-oxo-dihydrophaseic acid
7- 氧代二氢栝楼二醇 7-oxodihydrokarounidiol
7- 氧代二氢栝楼二醇 -3- 苯甲酸酯 7-oxodihydrokarounidiol-3-benzoate
7- 氧代二氢栝楼三醇 7-oxodihydrokarounitriol
7- 氧代二氢石梓醇▲ 7-oxodihydrogmelinol
3α-(1- 氧代二十八烷氧基)- 羽扇豆 -20(29)- 烯 -23,28- 二羧酸 3α-(1-oxooctacosyl)oxy-lup-20(29)-en-23,28-dioic acid
3α-(1- 氧代二十六烷氧基)- 羽扇豆 -20(29)- 烯 -23,28- 二羧酸 3α-(1-oxohexacosyloxy)-lup-20(29)-en-23, 28-dioic acid
14- 氧代二十三酸 14-oxotricosanoic acid
3α-(1- 氧代二十四烷氧基)- 羽扇豆 -20(29)- 烯 -23,28- 二羧酸 3α-(1-oxotetracosyloxy) -lup-20(29)-en-23,28-dioic acid
3α-(1- 氧代二十烷氧基)- 羽扇豆 -20(29)- 烯 -23,28- 二羧酸 3α-(1-oxoeicosyloxy) -lup-20(29)-en-23,28-dioic acid
11- 氧代 - 二十一烷基环己烷 11-oxo-heneicosanylcyclohexane
氧代番荔枝三裂泡泡碱▲ oxoanolobine
(*E*)-3- 氧代 - 反 -α- 香堇醇 (*E*)-3-oxo-retro-α-ionol
8- 氧代芳樟醇 8-oxolinalool
氧代防己碱 oxofangchirine
3- 氧代 - 飞齐墩果 -28- 酸甲酯 3-oxo-friedooleanan-28-oic acid methyl ester
8- 氧代芬氏唐松草定碱 8-oxythalifendine
6- 氧代 - 呋喃荒漠木烷 6-oxo-furanoeremophilane
3- 氧代伏康树碱▲ 3-oxovoacangine
3- 氧代 - 伏康树叶碱▲ 3-oxo-voaphylline
3- 氧代 - 甘草次酸 3-oxo-glycyrrhetic acid
3- 氧代甘遂 -8,24- 二烯 -21- 羧酸 3-oxokanzui-8,24-dien-21-carboxylic acid
11- 氧代 - 甘遂烯酮醇 11-oxo-kansenonol
21- 氧代钩吻明▲ 21-oxokoumine
19- 氧代 - 钩吻尼辛▲ 19-oxo-gelsenicine
19'- 氧代狗牙花胺▲ 19'-oxotabernamine
3- 氧代狗牙花兰宁▲ 3-oxomehranine
11- 氧代 - 古柯二醇 11-oxo-erythrodiol
7- 氧代谷甾醇 7-oxositosterol
7- 氧代谷甾醇 -3-*O*-β-D- 吡喃葡萄糖苷 7-oxositosteryl-3-*O*-β-D-glucopyranoside
3- 氧代冠狗牙花定 3-oxocoronaridine
3β-[(2*E*,4*E*)-6- 氧代癸二烯酰氧基] 齐墩果 -12- 烯 3β-[(2*E*,4*E*)-6-oxodecadienoyloxy]olean-12-ene
*N*α-4'- 氧代癸酰组胺 *N*α-(4'-oxodecanoyl)-histamine
(+)-2- 氧代果渣酸▲ (+)-2-oxopomolic acid
2- 氧代果渣酸▲ 2-oxopomolic acid
2- 氧代 - 果渣酸▲ 2-oxo-pomolic acid
2- 氧代果渣酸▲-β-D- 吡喃葡萄糖酯苷 2-oxopomolic acid-β-D-glucopyranoside
12- 氧代 - 哈威豆酸▲ 12-oxo-hardwickiic acid
氧代海罂粟达林碱 oxoglaucidaline
氧代海罂粟碱 oxoglaucine
氧代荷包牡丹碱 oxodicentrine
氧代荷叶碱 oxonuciferine
13- 氧代黑水罂粟胺▲ 13-oxomuramine
α- 氧代红没药烯 α-oxobisabolene
3- 氧代厚管狗牙花碱▲ 3-oxopachysiphine
3- 氧代 - 桦叶烯三醇 3-oxo-betulafolienetriol
(+)-17- 氧代环原黄杨辛碱 (+)-17-oxocycloprotobuxine
2- 氧代荒漠木 -1(10),7(11),8(9)- 三烯 -12,8- 内酯 2-oxoeremophil-

Y

1(10),7(11),8(9)-trien-12,8-olide
11(*RS*)-8- 氧代荒漠木 -6(7)- 烯 - 二甲基 -12,15- 二酯 11(*RS*)-8-oxoeremophil-6(7)-en-dimethyl-12,15-dioate
8- 氧代荒漠木 -6,9- 二烯 -12- 酸 8-oxoeremophila-6,9-dien-12-oic acid
3,8- 氧代 - 荒漠木 -6,9- 二烯 -12- 酸 3,8-oxo-eremophila-6,9-dien-12-oic acid
1- 氧代荒漠木 -7(11)- 烯 -10αH-12,8β- 内酯 1-oxoeremophil-7(11)-en-10αH-12,8β-olide
4*S*,5*R*,7*R*-8- 氧代荒漠木 -9,11(13)- 二烯 -12- 醛 4*S*,5*R*,7*R*-8-oxoeremophila-9,11(13)-dien-12-al
4*S*,5*R*,7*S*-8- 氧代荒漠木 -9,11(13)- 二烯 -12- 醛 4*S*,5*R*,7*S*-8-oxoeremophila-9,11(13)-dien-12-al
8- 氧代黄连碱 8-oxocoptisine
氧代黄麻辛▲ oxocorosin
氧代黄心树宁碱 oxoushinsunine
氧代黄杨叶木瓣树碱▲ oxobuxifoline
3- 氧代鸡纳酸 3-oxoquinovic acid
12- 氧代蒺藜素 12-oxotribulosin
17- 氧代交让木胺 17-oxo-yuzurimine
9- 氧代金合欢醇 9-oxofarnesol
9- 氧代金合欢醇乙酸酯 9-oxofarnesol acetate
22- 氧代 - 筋骨草甾酮 C 22-oxo-ajugasterone C
5- 氧代开环红花蕊木酸酯▲ 5-oxo-chanofruticosinate
3β- 氧代柯巴酸 3β-oxyanticopalic acid
2- 氧代 - 克罗 -3- 烯 -15- 酸 2-oxoclerod-3-en-15-oic acid
9- 氧代阔叶千里光内酯 9-oxoplatyphyllide
3- 氧代 - 冷杉 -8,11,13- 三烯 3-oxo-abieta-8,11,13-triene
7- 氧代 - 冷杉 -8,11,13- 三烯 7-oxo-abieta-8,11,13-triene
3,11,14- 氧代 - 冷杉 -8,12- 二烯 3,11,14-oxo-abieta-8,12-diene
7- 氧代莲叶桐碱 7-oxohernangerine
7- 氧代莲叶桐精 7-oxohernagine
氧代莲叶桐林碱▲ oxohernandaline
氧代林荫银莲素 oxoflaccidin
3- 氧代硫色多孔菌酸 3-oxosulfurenic acid
1- 氧代 - 柳杉二醇 1-oxo-cryptomeridiol
3- 氧代柳叶水甘草碱 3-oxotabersonine
8- 氧代柳叶水甘草碱 8-oxotabersonine
5- 氧代龙脑 -β-D- 吡喃葡萄糖苷 5-ketoborneol-β-D-glucopyranoside
11- 氧代罗汉果苷 IA_1 11-oxomogroside IA_1
11- 氧代罗汉果苷 IIA_1 11-oxomogroside IIA_1
11- 氧代罗汉果苷 IIE 11-oxomogroside IIE
7- 氧代罗汉果苷 IIE 7-oxomogroside IIE
11- 氧代罗汉果苷 III 11-oxomogroside III
11- 氧代罗汉果苷 IVA 11-oxomogroside IVA
11- 氧代罗汉果苷 V 11-oxomogroside V
7- 氧代罗汉果苷 V 7-oxomogroside V
13- 氧代罗汉松 -8(14)- 烯 -19- 酸 13-oxopodocarp-8(14)-en-19-oic acid
3- 氧代绿玉树 -7,24- 二烯 -21- 酸 3-oxotirucalla-7,24-dien-21-oic acid
3- 氧代绿玉树 -7- 烯 -3,20- 二酮 3-oxotirucall-7-ene-3,20-dione
5- 氧代马钱子碱 5-oxobrucine
23- 氧代马氏冷杉酸▲ B 23-oxo-mariesiic acid B
N- 氧代 - 毛鸡骨常山碱 villastonine-*N*-oxide
β- 氧代毛蕊花苷 β-oxoverbascoside
氧代毛蕊花苷 oxoverbascoside
6- 氧代毛色二孢素 6-oxolasiodiplodin
氧代猕猴桃醇异构体 oxoactinidol isomer
氧代木瓣树碱▲ oxoxylopine
3- 氧代木藜芦毒素 IX 3-oxograyanotoxin IX
氧代南天竹宁 oxonantenine
3- 氧代逆可巴香脂树酸 3-oxoanticopalic acid
4- 氧代泡桐素 4-oxopaulownin
5- 氧代脯氨酸甲酯 5-oxo-proline methyl ester
16- 氧代蒲公英 -14- 烯 16-oxotaraxer-14-ene
3- 氧代蒲公英赛 -14- 烯 -30- 醛 3-oxotaraxer-14-en-30-al
3- 氧代蒲公英烯 3-oxotaraxastene
3- 氧代齐墩果 -11,13(18)- 二烯 3-oxo-olean-11,13(18)-diene
3- 氧代齐墩果 -11,13(18)- 二烯 -28,19β- 内酯 3-oxo-olean-11,13(18)-dien-28,19β-olide
3- 氧代齐墩果 -12(13),18(19)- 二烯 -29α- 羧酸 3-oxo-olean-12(13),18(19)-dien-29α-carboxylic acid
3- 氧代齐墩果 -12- 烯 -27- 酸 3-oxo-olean-12-en-27-oic acid
3- 氧代齐墩果 -12- 烯 -28- 酸 3-oxo-olean-12-en-28-oic acid
24- 氧代齐墩果 -12- 烯 -28- 酸甲酯 24-oxoolean-12-en-28-oic acid methyl ester
3- 氧代齐墩果 -12- 烯 -28- 酸甲酯 methyl-3-oxoolean-12-ene-28-oate
3- 氧代齐墩果 -12- 烯 -29- 酸 3-oxo-olean-12-en-29-oic acid
(7β,16β)-3- 氧代齐墩果 -12- 烯 -7,16,28- 三乙酸酯 (7β,16β)-3-oxoolean-12-en-7,16,28-triyl triacetate
3- 氧代齐墩果 -12- 烯 -7β,16β,28- 三醇 3-oxo-olean-12-ene-7β,16β,28-triol
3- 氧代齐墩果 -9(11),12- 二烯 3-oxo-olean-9(11),12-diene
3- 氧代 - 齐墩果 -9(11)- 烯 3-oxo-oleane-9(11)-ene
3- 氧代齐墩果酸 3-oxooleanolic acid
9- 氧代槭苷元 A 9-oxoacerogenin A
16- 氧代千层塔三醇 16-oxoserratriol
16- 氧代千层塔烯二醇 16-oxoserratenediol
氧代千金藤檗宁碱 oxostephabenine
氧代千金藤碱 oxostephanine
氧代千金藤默星碱 oxostephamiersine
氧代千金藤苏诺林碱 oxostephasunoline
2''- 氧代前白花牛角瓜灵▲ 2''-oxovoruscharin
(1*S*,4*S*,5*S*)-5- 氧代 - 氢化樟脑 -5-*O*-β-D- 吡喃葡萄糖苷 (1*S*,4*S*,5*S*)-5-oxo-hydrocamphor-5-*O*-β-D-glucopyranoside
3- 氧代曲酸 3-oxykojic acid
7- 氧代去氢冷杉酸 7-oxodehydroabietic acid
7- 氧代 - 去氢冷杉酸甲酯 7-oxo-dehydroabietic acid methyl ester; methyl 7-oxo-dehydroabietate
6- 氧代 - 去氢毛鱼藤酮 6-oxo-dehydroelliptone
7- 氧代去氢三裂泡泡碱▲ 7-oxodehydroasimilobine
7- 氧代去氢山砚碱 7-oxodehydrocaaverine
7- 氧代 - 去氧交让木胺 7-oxo-deoxyyuzurimine
2- 氧代 - 去氧女贞素 2-oxo-deoxyligustrin
(*E*)-4- 氧代壬 -2- 烯酸 (*E*)-4-oxonon-2-enoic acid
9- 氧代壬酸甲酯 methyl 9-oxopelargonate
16- 氧代日本千金藤碱▲ 16-oxohasubanonine
19- 氧代乳白仔榄树胺▲ 19-oxoeburnamine
5- 氧代蕊木酸▲ 5-oxokopsinic acid
(±)- 氧代蕊木酮 (±)-oxokopsanone
氧代三裂泡泡碱▲ oxoasimilobine
7- 氧代山达海松酸 7-oxosandaracopimaric acid
12- 氧代鳝藤苷 E 12-oxo-affinoside E
3- 氧代蓍草辛 3-oxaachillicin
10- 氧代十八酸 10-oxooctadecanoic acid
9- 氧代十八酸 9-oxooctadecanoic acid

9- 氧代十八碳 -10,12- 二烯酸 9-oxooctadeca-10,12-dienoic acid
9- 氧代十八碳 -10- 烯酸 9-oxooctadec-10-enic acid
12- 氧代十八碳 -9,13,15- 三烯酸 12-oxooctadeca-9,13,15-trienic acid
12- 氧代十八碳 -9- 烯酸 12-oxooctadec-9-enoic acid
9- 氧代十八烷 - 顺式 -11- 烯酸 9-ketonoctadec-*cis*-11-enoic acid
3*α*-(1- 氧代十八烷氧基)- 羽扇豆 -20(29)- 烯 -23,28- 二羧酸 3*α*-(1-oxooctadecyloxy)-lup-20(29)-en-23,28-dioic acid
3*β*-[(1- 氧代十六碳) 氧基]- 熊果 -12- 烯 -11- 酮 3*β*-[(1-oxohexadecyl)oxy]-urs-12-en-11-one
3*β*-[6-*O*-(1- 氧代十六烷基)-*β*-D- 吡喃葡萄糖氧基]- 豆甾 -5- 烯 -7- 酮 3*β*-[6-*O*-(1-oxohexadecyl)-*β*-D-glucopyranosyloxy]-stigmast-5-en-7-one
(2*S*)-2-[(1- 氧代十六烷基) 氧基]-3-[[(9*Z*)-1- 氧代 -9- 十八碳烯 -1- 基] 氧基] 丙基 -6- 去氧 -6- 硫基 -*α*-D- 吡喃葡萄糖苷 (2*S*)-2-[(1-oxohexadecyl)oxy]-3-[[(9*Z*)-1-oxo-9-octadecen-1-yl]oxy]propyl-6-deoxy-6-sulfo-*α*-D-glucopyranoside
(2*S*)-2-[(1- 氧代十六烷基) 氧基]-3-[[(9*Z*,12*Z*)-1- 氧代 -9,12- 十八碳二烯 -1- 基] 氧基] 丙基 -6- 去氧 -6- 硫基 -*α*-D- 吡喃葡萄糖苷 (2*S*)-2-[(1-oxohexadecyl)oxy]-3-[[(9*Z*,12*Z*)-1-oxo-9,12-octadecadien-1-yl]oxy]propyl-6-deoxy-6-sulfo-*α*-D-glucopyranoside
(2*S*)-2-[(1- 氧代十六烷基) 氧基]-3-[[(9*Z*,12*Z*,15*Z*)-1- 氧代 -9,12,15- 十八碳三烯 -1- 基] 氧基] 丙基 -6- 去氧 -6- 硫基 -*α*-D- 吡喃葡萄糖苷 (2*S*)-2-[(1-oxohexadecyl)oxy]-3-[[(9*Z*,12*Z*,15*Z*)-1-oxo-9,12,15-octadecatrien-1-yl]oxy]propyl-6-deoxy-6-sulfo-*α*-D-glucopyranoside
2*S*-3-(1- 氧代 - 十六烷基氧)-2-(9*Z*,12*Z*,15*Z*-1- 氧代 -9,12,15- 十八烷三烯氧) 丙烷 -*β*-D- 吡喃葡萄糖苷 2*S*-3-(1-oxo-hexadecyloxy)-2-(9*Z*,12*Z*,15*Z*-1-oxo-9,12,15-octadecatrienoxy)propyl-*β*-D-glucopyranoside
3*β*-(3- 氧代十六烷酰氧基)- 羽扇豆 -20(29)- 烯 3*β*-(3-ketohexadecanoyloxy)-lup-20(29)-ene
3*α*-(1- 氧代十六烷氧基)- 羽扇豆 -20(29)- 烯 -23,28- 二羧酸 3*α*-(1-oxohexadecyloxy)-lup-20(29)-en-23,28-dioic acid
2- 氧代十三基乙酸酯 2-oxotridecanyl acetate
(6*E*,12*E*)-3- 氧代 - 十四碳 -6,12- 二烯 -8,10- 二炔 -1- 醇 (6*E*,12*E*)-3-oxo-tetradeca-6,12-dien-8,10-diyn-1-ol
1- 氧代石栗萜酸▲ 1-oxoaleuritolic acid
16- 氧代石杉宁碱▲ 16-oxohuperzinine
10- 氧代疏花米仔兰素▲D 10-oxo-aglaxiflorin D
16- 氧代双表千层塔烯二醇 16-oxodiepiserratenediol
(20*R*,22*S*)-1- 氧代 - 睡茄 -2,5,24- 三烯内酯 -20*β*-*O*-*β*-D- 吡喃葡萄糖苷 (20*R*,22*S*)-1-oxo-witha-2,5,24-trienolide-20*β*-*O*-*β*-D-glucopyranoside
(-)-8- 氧代四氢巴马汀 (-)-8-oxotetrahydropalmatine
8- 氧代四氢巴马汀 8-oxytetrahydropalmatine
8- 氧代四氢防己碱 8-oxotetrahydropalmatine
(-)-8- 氧代四氢芬氏唐松草定碱 (-)-8-oxotetrahydrothalifendine
4- 氧代松脂酚 4-oxopinoresinol
8- 氧代松脂酚 8-oxopinoresinol
7'- 氧代穗罗汉松树脂酚 7'-oxomatairesinol
氧代穗罗汉松树脂酚 oxomatairesinol
19- 氧代糖胶树辛碱▲ 19-oxoscholaricine
7- 氧代头序千金藤宁▲ 7-oxocrebanine
氧代头序千金藤宁▲ oxocrebanine
5- 氧代伪番木鳖碱 5-oxopseudostrychnine
7- 氧代无羁萜 7-oxofriedelin
3- 氧代无羁萜 -28- 醛 3-oxofriedelan-28-al
3- 氧代无羁萜 -28- 酸 3-oxofriedelan-28-oic acid
3- 氧代无羁萜 -29- 酸 3-oxofriedelan-29-oic acid
3- 氧代无羁萜 -29- 酸甲酯 3-oxofriedelan-29-oic acid methyl ester
3- 氧代无羁萜烷 3-oxofriedelane
2-(1- 氧代 - 戊基)- 苯甲酸甲酯 2-(1-oxo-pentyl)-benzoic acid methyl ester
4- 氧代戊酸 4-oxovaleric acid
氧代显脉千金藤辛▲ oxostephanosine
8- 氧代小檗红碱 8-oxoberberrubine
8- 氧代小檗碱 8-oxoberberine
5- 氧代辛基硫苷 5-oxooctylthioglycoside
2- 氧代新大八角素 2-oxoneomajucin
7- 氧代新西兰罗汉松酚▲ 7-oxototarol
3- 氧代熊果 -12- 烯 3-oxo-urs-12-ene
3- 氧代熊果 -12- 烯 -27,28- 二酸 3-oxo-urs-12-ene-27,28-dioic acid
3- 氧代熊果 -12- 烯 -28- 酸 3-oxo-urs-12-en-28-oic acid
3- 氧代熊果 -20*α*,18(19)- 二烯 -28- 酸 3-oxo-urs-20*α*,18(19)-dien-28-oic acid
3- 氧代熊果酸 3-oxoursolic acid
18- 氧代锈色罗汉松酚▲ 18-oxoferruginol
6- 氧代锈色罗汉松酚▲ 6-oxoferruginol
6- 氧代 - 锈色罗汉松酚▲ 6-oxo-ferruginol
3- 氧代羊毛甾 -8,24- 二烯 -21- 羧酸 3-oxolanosta-8,24-dien-21-oic acid
(13*α*,14*β*,17*α*,20*S*)-3- 氧代 - 羊毛脂 -7- 烯 -26- 酸甲酯 (13*α*,14*β*,17*α*,20*S*)-3-oxo-lanost-7-en-26-oic acid methyl ester
3- 氧代羊毛脂 -8,24*E*- 二烯 -26- 酸 3-oxolanosta-8,24*E*-dien-26-oic acid
3- 氧代羊毛脂 -9(11)- 烯 -24*S*,25- 二醇 3-oxolanost-9(11)-en-24*S*,25-diol
24- 氧代羊毛脂 -9(11)- 烯 -3*R*,25- 二醇 24-oxolanost-9(11)-en-3*R*,25-diol
3- 氧代羊毛脂 -9*βH*-7- 烯 -24,25,26- 三醇 3-oxolanost-9*βH*-7-en-24,25,26-triol
3- 氧代羊毛脂 -9*βH*-7- 烯 -24*S*,25- 二醇 3-oxolanost-9*βH*-7-en-24*S*,25-diol
(7*S*)-3- 氧代伊波花碱▲羟基伪吲哚 (7*S*)-3-oxoibogaine hydroxyindolenine
(±)-3- 氧代异杜英碱 (±)-3-oxoisoelaeocarpine
7- 氧代异多花白树烯醇▲ 7-oxoisomultiflorenol
(±)-3- 氧代异木香酸 (±)-3-oxo-isocostic acid
3- 氧代异木香酸 3-oxoisocostic acid
19- 氧代异乳白仔榄树胺▲ 19-oxoisoeburnamine
3- 氧代异形蔓长春花胺 3-oxovincadifformine
3- 氧代异远志 -13(14)- 烯 -28- 酸 -28-*O*-[α-L- 吡喃鼠李糖基 -(1 → 4)-*O*-*β*-D- 吡喃葡萄糖基 -(1 → 6)]-*β*-D- 吡喃葡萄糖苷 3-oxo-isopolygalic-13(14)-en-28-acid-28-*O*-[*α*-L-rhamnopyranosyl-(1 → 4)-*O*-*β*-D-glucopyranosyl-(1 → 6)]-*β*-D-glucopyranoside
(-)-8- 氧代异紫堇杷明碱 (-)-8-oxoisocorypalmine
(-)- 氧代异紫堇杷明碱 (-)-oxoisocorypalmine
1-*O*-(2- 氧代吲哚 -3- 基乙酰基)-*β*-D- 吡喃葡萄糖苷 1-*O*-(2-oxoindol-3-ylacetyl)-*β*-D-glucopyranoside
13- 氧代隐品碱 13-oxocryptopine
3- 氧代印度马兜铃烷▲ 3-oxoishwarane
17- 氧代鹰爪豆碱 17-oxosparteine
7- 氧代油菜甾醇 7-oxocampesterol
3- 氧代羽扇豆 -20(29)- 烯 -27,28- 二羧酸 3-oxolup-20(29)ene-27,28-dioic acid

Y

3- 氧代羽扇豆 -20(29)- 烯 -28- 酸 3-oxolup-20(29)-en-28-oic acid
3- 氧代羽扇豆 -20,25- 二烯 -3- 酮 3-oxo-lanosta-20,25-dien-3-one
(20*S*)-3- 氧代羽扇豆 -29- 酸 (20*S*)-3-oxolupan-29-oic acid
3- 氧代羽扇豆 -30- 醛 3-oxo-lupane-30-al
30- 氧代羽扇豆醇 30-oxolupeol
(+)-17- 氧代羽扇豆碱 (+)-17-oxolupanine
17- 氧代羽扇豆碱 17-oxolupanine
(-)-2- 氧代羽叶哈威豆尼酸▲ (-)-2-oxakolavenic acid
4α,5α,8α,11(*H*)α-2- 氧代 - 愈创木 -1(10)- 烯 -12,8- 内酯 -7α- 醇 4α,5α,8α,11(*H*)α-2-oxo-guai-1(10)-en-12,8-olide-7α-ol
4α,5α,8α,11α*H*-3- 氧代愈创木 -1(10)- 烯 -12,8- 内酯 -7α- 二醇 4α,5α,8α,11α*H*-3-oxoguai-1(10)-en-12,8-olide-7α-diol
4α,5α,8α,15β,11(*H*)α-2- 氧代 - 愈创木 -1(10)- 烯 -12,8- 内酯 -7β- 醇 4α,5α,8α,15β,11(*H*)α-2-oxo-guai-1(10)-en-12,8-olide-7β-ol
4α,5α,8α,11β*H*-3- 氧代愈创木 -1(10)- 烯 -12,8- 内酯 -7β- 二醇 4α,5α,8α,11β*H*-3-oxoguai-1(10)-en-12,8-olide-7β-diol
5α,7(*H*)α-6- 氧代 - 愈创木 -1(10)- 烯 -4β- 醇 5α,7(*H*)α-6-oxo-guai-1(10)-ene-4β-ol
1α,4α,5α,8α,11(*H*)β-2- 氧代 - 愈创木 -12,8- 内酯 -7β- 醇 1α,4α,5α,8α,11(*H*)β-2-oxo-guai-12,8-olide-7β-ol
1α,10β-3- 氧代 - 愈创木 -4,11- 二烯 -7β- 醇 1α,10β-3-oxo-guai-4,11-diene-7β-ol
3- 氧代愈创木 -4- 烯 -11,12- 二醇 3-oxoguai-4-ene-11,12-diol
3- 氧代愈创木 -4- 烯 -11β,12- 二醇 3-oxoguai-4-ene-11β,12-diol
13- 氧代原阿片碱 13-oxoprotopine
16- 氧代原间千金藤碱 16-oxoprometaphanine
1- 氧代 - 杂卡特奇内酯 1-oxo-zacatechinolide
18- 氧代泽漆内酯 A 18-oxohelioscopinolide A
4- 氧代芝麻素 4-oxosesamin
氧代紫番荔枝碱 oxopurpureine
6- 氧代紫堇灵 6-oxocorynoline
8- 氧代紫堇灵 8-oxocorynoline
9- 氧代紫茎泽兰酮▲ 9-oxoageraphorone
N- 氧 - 对叶百部碱 *N*-oxy-tuberostemonine
5,5'- 氧二亚甲基 - 二 -(2- 糠醛) 5,5'-oxydimethylene-bis-(2-furfural)
氧化巴马汀 oxypalmatine
2'- 氧化白藜芦醇 2'-oxyresveratrol
氧化白藜芦醇 oxyresveratrol
氧化白藜芦醇 -2-*O*-β-D- 吡喃葡萄糖苷 oxyresveratrol-2-*O*-β-D-glucopyranoside
氧化白藜芦醇 -3,4'-*O*-β-D- 二葡萄糖苷 oxyresveratrol-3,4'-*O*-β-D-diglycoside
氧化白藜芦醇 -3-*O*-β-D- 葡萄糖苷 oxyresveratrol-3-*O*-β-D-glycoside
氧化白藜芦醇 -3-*O*- 葡萄糖苷 oxyresveratrol-3-*O*-glucoside
氧化白藜芦醇 -4'-*O*-β-D- 葡萄糖苷 oxyresveratrol-4'-*O*-β-D-glycoside
氧化白屈菜红碱 oxychelerythrine
氧化百部烯碱▲ oxystemoenonine
氧化百部新碱 oxystemoninine
氧化百部叶碱 oxystemofoline
氧化别白桦脂醇 oxyallobetulin
氧化二氢桑皮素 oxydihydromorusin
氧化槐果碱 oxysophocarpine
(+)- 氧化苦参碱 (+)-oxymatrine
氧化苦参碱 oxymatrine
氧化簕欓花椒碱▲ oxyavicine
氧化两面针哈宁▲ oxyterihanine
氧化两面针碱 oxynitidine
氧化马兜铃烷 I, II, III oxidized aristolane I, II, III
氧化马铃薯香根草酮▲ oxysolavetivone
8β,13β- 氧化木荚 -14- 烯 -18- 酸 8β,13β-oxidoeperu-14-en-18-oic acid
氧化木橘辛素▲ -5'-*O*-β-D- 吡喃葡萄糖苷 oxymarmesin-5'-*O*-β-D-glucopyranoside
氧化欧前胡素 oxyimperatorin
氧化欧芍药苷▲ oxypaeonidanin
11α,12α- 氧化蒲公英赛醇乙酸酯 11α,12α-oxidotaraxerol acetate
(+)- 氧化前胡素 (+)-oxypeucedanin
(±)- 氧化前胡素 (±)-oxypeucedanin
氧化前胡素 oxypeucedanin
氧化前胡素甲醇化物 oxypeucedanin methanolate
(+)- 氧化前胡素水合物 (+)-oxypeucedanin hydrate
(*R*)-(+)- 氧化前胡素水合物 (*R*)-(+)-oxypeucedanin hydrate
氧化前胡素水合物 oxypeucedanin hydrate
氧化前胡素水合物 -3''- 叔 - 丁基醚 oxypeucedanin hydrate-3''-*tert*-butyl ether
氧化前胡素乙醇化物 oxypeucedanin ethanolate
氧化窃衣内酯 oxytorilolide
氧化芍药苷 oxypaeoniflorin
N- 氧化石杉碱 E, F *N*-oxidehuperzine E, F
氧化双豆叶九里香碱▲ oxydimurrayafoline
5,5'- 氧化双亚甲基 - 双 -2- 甲酰糠基 5,5'-[oxybis(methylene)]-bis-2-furancarboxaldehyde
氧化伪巴马汀 oxypseudopalmatine
N^4- 氧化物蓬莱葛胺 N^4-oxide gardneramine
氧化狭叶百部碱 oxymaistemonine
氧化小檗碱 oxyberberine
氧化血根碱 oxysanguinarine
氧化烟叶芹内酯▲ oxycapnolactone
氧化异三叶拉色芹内酯 -6-*O*- 异丁酸酯 oxidoisotrilobolide-6-*O*-isobutyrate
氧化羽叶省沽油碱▲ oxypinnatanine
氧化月桂碱 oxolaurenine; oxolaureline
16,23- 氧化泽泻醇 B 16,23-oxidoalisol B
3-(β-D- 氧甲基吡喃葡萄糖基)-2-(4- 羟基 -3- 甲氧基苯基)-5-(3- 羟基丙基)-7- 甲氧基 - 二氢苯并呋喃 3-(β-D-glucopyranosyloxymethyl)-2-(4-hydroxy-3-methoxy-phenyl)-5-(3-hydroxypropyl)-7-methoxy-dihydrobenzofuran
(9*Z*,11*E*)-13- 氧 - 十八碳 -9,11- 二烯酸甲酯 methyl (9*Z*,11*E*)-13-oxooctadeca-9,11-dienoate
5-(2- 氧乙基)-2-*O*-β- 吡喃葡萄糖基苯酚 5-(2-hydroxyethyl)-2-*O*-β-glucopyranosylphenol
1'- 氧乙基 -D- 吡喃半乳糖苷 1'-oxyethyl-D-galactopyranoside
(24*Z*)-3a- 氧杂 -3a- 高 -27- 羟基 -7,24- 绿玉树二烯 -3- 酮 (24*Z*)-3a-oxa-3a-homo-27-hydroxy-7,24-tirucalladien-3-one
(*E*)- 氧杂环十六烯 -2- 酮 (*E*)-hasmigone
氧杂环十七碳 -8- 烯 -2- 酮 oxacycloheptadec-8-en-2-one
氧杂降齿叶黄皮素 oxanordentatin
2- 氧杂三环 [13.2.2.13,7] 二十碳 -3,5,7(20),15,17,18- 己烯 -10-16- 二醇 2-oxatricyclo[13.2.2.13,7]eicosa-3,5,7(20),15,17,18-hexaen-10-16-diol
2- 氧杂三环 [13.2.2.13,7] 二十碳 -3,5,7-(20),15,17,18- 己烯 -10- 酮 2-oxatricyclo[13.2.2.13,7]eicosa-3,5,7-(20),15,17,18-hexaen-10-one
8- 氧杂双环 -(3,3,1)-5- 羟基 -4- 氧代 - 壬 -2- 烯 8-oxabicyclo-(3,3,1)-5-hydroxy-4-oxo-non-2-ene
7- 氧杂双环 [2,2,1]-5- 庚烯 - 乙酮 7-oxabicyclo[2,2,1]-5-heptene-

ethanone
氧脂素 oxylipin
药根红碱▲ jatrorubine; jatrorrhizrubine
药根碱 jatrorrhizine
(11*S*)- 药喇叭醇酸 (11*S*)-jalapinolic acid
药鼠李苷 catharticoside
药鼠李素▲ rhamnocathartin
药水苏醇苷▲ A~F betonyoside A~F
药水苏苷▲ A~D betonicoside A~D
药水苏内酯▲ betonicolide
药水苏托内酯▲ betolide
药用狗牙花波文碱▲ tabernaebovine
药用狗牙花芬碱▲ A~D ervaoffine A~D
药用狗牙花碱▲ tabernaemontabovine
药用狗牙花文碱▲ tabernaemontavine
药用拟层孔菌丙二酸▲ A~H officimalonic acid A~H
药用拟层孔菌醇▲ A, B fomefficinol A, B
药用拟层孔菌素▲ fomefficinin
药用拟层孔菌酸▲ A~G fomefficinic acid A~G
药用前胡素▲异丁酯 officinalin isobutyrate
药用蕊木醇▲ kopsoffinol
(+)- 药用蕊木芬碱▲ (+)-kopsoffine
药用水八角苷▲ avroside
耶伊木烯▲ geijerene
也门文殊兰碱▲ C yemenine C
野八角醇▲ A, B simonol A, B
野八角酚▲ A~E simonsol A~E
野八角宁▲ A simonin A
野八角素▲ A, B simonsin A, B
野八角烯酚▲ A, B, C simonsienol A, B, C
野八角烯宁▲ fargenin
野八角烯酮▲ A, B fargenone A, B
野八角脂酚▲ simonsinol
野百合苷▲ brownioside
野百合碱 monocrotaline
野波罗蜜素▲ A lakoochin A
野慈姑酮 A~D trifolione A~D
野大豆素 glysojanin
野灯芯草素 A~D juncuenin A~D
野靛棵苷▲ I mananthoside I
(+)- 野独活醇▲ (+)-miliusol
(+)- 野独活烷▲ (+)-miliusane I, II, III, IV, V, VI, VII, VIII, IX, X, XI, XII, XIII, XIV, XV, XVI, XVII, XVIII, XX
(-)- 野独活烷▲ XIX (-)-miliusane XIX
(+)- 野独活酯▲ (+)-miliusate
野佛手瓜苷▲ B_1, C tacacoside B_1, C
野甘草醇▲ scoparinol
野甘草二醇▲ scopadiol
野甘草二醇▲癸酸酯 scopadiol decanoate
野甘草拉醛▲ scopanolal
野甘草林素▲ scopadulin
野甘草诺醇▲ dulcinol
野甘草诺二醇▲ dulcinodiol
野甘草诺醛▲ dulcinodal
野甘草诺醛▲-13- 酮 dulcinodal-13-one
野甘草酸▲ A~D scoparic acid A~D
野甘草萜酸▲ dulcioic acid
野甘草西醇▲ scopadulciol
野甘草西二醇▲ dulcidiol
野甘草西酸▲ A, B, C scopadulcic acid A, B, C
野菰苷▲ aegineoside
野菰内酯 aeginetolide
野菰酸 aeginetic acid
野菰酸 -5-*O*-*β*-D- 鸡纳糖苷 aeginetic acid-5-*O*-*β*-D-quinovoside
野菰酰筋骨草醇 -5''-*O*-*β*-D- 鸡纳糖苷 aeginetoylajugol-5''-*O*-*β*-D-quinovoside
野海棠亭▲ A, B brediatin A, B
野核桃苷▲ jugcathayenoside
野核桃宁▲ jugcathanin
野核桃宁▲ A jugcathanin A
2*R*- 野黑樱苷 2*R*-prunasin
(-)- 野花椒醇 (-)-simulanol
(+)- 野花椒醇 (+)-simulanol
野花椒醇 simulanol
野花椒醇碱 simulenoline
野花椒苷 A zansiumloside A
野花椒碱▲ huajiaosimuline
野花椒喹啉▲ simulanoquinoline
野花椒林碱▲ zanthosimuline
野花椒辛碱▲ simulansine
野堇菜环肽▲ A, D, E, F, H, He, Hm varv A, D, E, F, H, He, Hm
野菊倍半萜内酯 A, B, C indicumolide A, B, C
野菊花醇 chrysanthemol
野菊花二醇 A chrysanthediol A
野菊花二醇二乙酸酯 B, C chrysanthediacetate B, C
野菊花洛醇▲ chrysantherol
野菊花莫醇▲ I, J, K chrysanthemumol I, J, K
野菊花内酯 yejuhua lactone
野菊花诺醇▲ A~F kikkanol A~F
野菊花诺醇▲ D 单乙酸酯 kikkanol D monoacetate
野菊花诺醇▲ F 单乙酸酯 kikkanol F monoacetate
野菊花三醇 chrysanthetriol
野菊花素▲ C, D chrysanthemumin C, D
野菊花酮 indicumenone
野决明胺 thermopsamine
(-)- 野决明碱 (-)-thermopsine
野决明碱 thermopsine
野葵苷 verticilloside
野老鹳草苷▲ A, B, C caroliniaside A, B, C
野马追内酯 A~E eupalinolide A~E
野茉莉醇 egonol
野茉莉醇 -2- 甲基丁酸酯 egonol-2-methylbutanoate
野茉莉醇 -*O*-*β*-D- 吡喃葡萄糖苷 egonol-*O*-*β*-D-glucopyranoside
野茉莉醇 -*β*- 龙胆二糖苷 egonol-*β*-gentiobioside
野茉莉醇龙胆二糖苷 egonol gentiobioside
野茉莉醇龙胆三糖苷 egonol gentiotrioside
野茉莉醇葡萄糖苷 egonol glucoside
野茉莉醇乙酸酯 egonol acetate
野茉莉苷▲ A, B, C styraxjaponoside A, B, C
野茉莉皂醇 jegosapogenol
野茉莉皂醇 -21-(2,3- 二羟基 -2- 甲基丁酰基)-22- 当归酸酯 jegosapogenol-21-(2,3-dihydroxy-2-methylbutyroyl)-22-angelate
野茉莉皂苷 A~D jegosaponin A~D
野茉莉皂苷元 jegosapogenin
野牡丹素 miconidin
野牡丹素甲醚 miconidin methyl ether
野牡丹酸▲ melastomic acid
野木瓜苷 I, YM_1, YM_2, YM_6~YM_{37} yemuoside I, YM_1, YM_2,

Y

YM$_6$~YM$_{37}$
野木瓜诺苷▲ A, B, C staunoside A, B, C
野木瓜托苷▲ A, C$_1$ stauntoside A, C$_1$
野漆黄酮 A, B succedaenin A, B
野漆黄烷酮▲ succedaneaflavanone
野蔷薇苷 rosamultin
野蔷薇苷 A multinoside A
野蔷薇苷 A 乙酸酯 multinoside A acetate
野蔷薇酸 rosamultic acid
野青树酮▲ louisfieserone
野三七皂苷 A~J yesanchinoside A~J
20(*S*)- 野三七皂苷 D 20(*S*)-yesanchinoside D
野山楂醇 cuneataol
野扇花定宁▲ sarcodinine
野扇花灵碱▲ sarcorine
野生紫苏素▲ perillascens
野桐苯酮 mallotophenone
野桐酚▲ A, B mallophenol A, B
野桐苷▲ malloside
野桐苷元 mallogenin
野桐苷元 -3-*O*-*β*-D- 吡喃葡萄糖基 -(1 → 4)-*α*-L- 吡喃鼠李糖苷 mallogenin-3-*O*-*β*-D-glucopyranosyl-(1 → 4)-*α*-L-rhamnopyranoside
野桐灵素▲ mallotolerin
野桐宁▲ mallotunin
野桐鞣酸 mallotusinic acid
野桐鞣质▲ A, B mallotannin A, B
野桐色烷醇 mallotochromanol
野桐色烯 mallotochromene
野桐斯酚▲ A, B mallotus A, B
野桐素 mallotusin
野桐酸 mallotinic acid
野桐亭宁▲ mallotinin
野桐西宁▲ mallotusinin
野桐辛▲ A~D mallotucin A~D
野豌豆碱▲ vicine
野豌豆宁▲ vicianin
野梧桐醇▲ mallotojaponol
野梧桐烯醇 11, 12 malloprenol 11, 12
野梧桐新素▲ A~H mallonicusin A~H
野鸦椿胺▲ A, B euscamine A, B
野鸦椿内酯 euscapholide
野鸦椿内酯 -*O*-*β*-D- 吡喃葡萄糖苷 euscapholide-*O*-*β*-D-glucopyranoside
野鸦椿鞣宁▲ euscaphinin
野鸦椿酸 euscaphic acid
(+)- 野鸦椿酸 -28-*O*-*β*-D- 吡喃葡萄糖苷 (+)-euscaphic acid-28-*O*-*β*-D-glucopyranoside
野鸦椿酸 -28- 葡萄糖苷 euscaphic acid-28-glucoside
野鸦椿酸 -3,4- 单丙酮化物 euscaphic acid-3,4-monoacetonide
野鸦椿酸 A~L euscaphic acid A~L
野鸦椿酸甲酯 methyl euscaphic acid ester
野烟叶醇 A, B solaverol A, B
野烟叶灵▲ I, II, III solaverine I, II, III
野烟叶辛▲ solaverbascine
野罂粟碱 nudicauline
(2*R*)- 野樱苷 (2*R*)-prunasin
(*R*)- 野樱苷 (*R*)-prunasin
野樱苷 prunasin
野樱苷 -4'-*O*- 对香豆酸酯 prunasin-4'-*O*-*p*-coumarate
野樱苷 -4'-*O*- 咖啡酸酯 prunasin-4'-*O*-caffeate
野樱苷酰胺 prunasinamide
野迎春苷▲ jasmesoside
野迎春洛苷▲ jasmisnyiroside
野鸢尾苷元 irigenin
野芝麻醇▲ lamiol
野芝麻多苷▲ lamiidoside
野芝麻苷 lamioside
野芝麻新苷 ipolamiide
野芝麻新酯苷▲ ipolamiidoside
野芝麻叶香科科素▲ B teulamifin B
野芝麻酯苷 lamiide
叶醇 leaf alcohol
叶底珠碱 suffruticosine
叶腹菌素▲ chamonixin
(13*Z*)- 叶黄素 (13*Z*)-lutein
(13'*Z*)- 叶黄素 (13'*Z*)-lutein
(3*R*,3'*R*,6'*R*)- 叶黄素 (3*R*,3'*R*,6'*R*)-lutein
(9*Z*)- 叶黄素 (9*Z*)-lutein
(9'*Z*)- 叶黄素 (9'*Z*)-lutein
叶黄素 lutein; xanthophyll
(13*Z*)- 叶黄素 -5,6- 环氧化物 (13*Z*)-lutein-5,6-epoxide
(13'*Z*)- 叶黄素 -5,6- 环氧化物 (13'*Z*)-lutein-5,6-epoxide
叶黄素 -5,6- 环氧化物 lutein-5,6-epoxide
叶黄素单肉豆蔻酸酯 lutein monomyristate
叶黄素单酯 xanthophyll monoester
叶黄素二肉豆蔻酸酯 lutein dimyristate
(9'*Z*)- 叶黄素环氧化物 (9'*Z*)-lutein epoxide
叶黄素环氧化物 lutein epoxide
叶黄素肉豆蔻酸酯 - 棕榈酸酯 lutein myristate-palmitate
叶黄素双酯 xanthophyll diester
叶黄素硬脂酸酯 lutein stearate
叶黄素棕榈酸酯 lutein palmitate
叶黄素棕榈酸酯 - 硬脂酸酯 lutein palmitate-stearate
叶轮木酸▲ ostopanic acid
α- 叶绿素 *α*-chlorophyll
β- 叶绿素 *β*-chlorophyll
叶绿素 chlorophyll
叶绿素 a, b chlorophyll a, b
叶绿酸 a chlorophyllide a
叶尼塞蝇子草苷▲ A~F jenisseensoside A~F
叶鞘二醇二乙酸酯 vaginidiol diacetate
叶蕊厚壳桂酮▲ phyllostone
叶酸 folic acid
叶穗香茶菜素 A~H phyllostachysin A~H
叶穗香茶菜辛▲ A~I phyllostacin A~I
叶下珠碱 phyllanthidine
叶下珠碱 B phyllanthidine B
叶下珠明素▲ B, C phyllanthusmin B, C
叶下珠木脂素▲ urinaligran
叶下珠宁▲ phyllanthunin
叶下珠鞣素▲ A~G phyllanthusiin A~G
叶下珠鞣素▲ E 甲酯 phyllanthusiin E methyl ester
叶下珠四氢萘▲ urinatetralin
叶下珠替定▲ phyllantidine
叶下珠萜▲ A, B phyllanthoid A, B
叶枝杉 -16*α*- 醇 phyllocladan-16*α*-ol
16- 叶枝杉醇▲ 16-phyllocladanol

Y

叶枝杉烯▲ phyllocladene
叶子花素▲V bougainvillein V
夜花波苷▲A~D arborside A~D
夜花苷▲ nyctanthoside
夜花酸▲ nyctanthic acid
夜花藤碱▲A hypserpanine A
夜花萜苷▲A~E arbortristoside A~E
夜花托苷▲A nyctoside A
夜来香苷▲A_1~A_{18} telosmoside A_1~A_{18}
夜来香苷元▲ telosmogenin
夜香牛内酯▲-8-*O*-(4- 羟基异丁烯酸酯) vernocinolide-8-*O*-(4-hydroxymethacrylate)
夜香牛内酯▲A vernocinolide A
夜香树酚苷▲A, B cesternoside A, B
夜香树苷 A, B nocturnoside A, B
腋花山橙定碱▲ melaxillaridine
腋花山橙碱▲ axillarisine
腋花山橙里宁▲ melaxillinine
腋花山橙林碱▲ melaxilline
腋花山橙林碱▲A, B melaxilline A, B
腋花山橙灵碱▲ melaxillarine
腋花山橙宁碱▲ melaxillarinine
腋花山橙西宁▲ axillarisinine
腋生依瓦菊苷 axillaroside
腋生依瓦菊林素▲ axillarin
腋生依瓦菊素 ivaxillin
一串红定▲ splendidin
一串红定▲A, B, C splendidin A, B, C
一串红内酯▲A, B, C splenolide A, B, C
一串红素▲A~D salvisplendin A~D
一年水苏宁▲A stachannin A
一品红醇▲ pulcherrol
一品红叶琉桑酚素▲A poinsettifolin A
一品红叶琉桑素▲ dorspoinsettifolin
一叶萩醇 A~D securinol A~D
(-)- 一叶萩碱 (-)-securinine
(+)- 一叶萩碱 (+)-securinine
一叶萩碱 securinine
一叶萩精▲ securinegine
一叶萩宁碱▲ securitinine
一枝蒿苷 A rupestriside A
一枝蒿碱 rupestine
一枝蒿碱 A, B, C, G bullatine A, B, C, G
一枝蒿酸 rupestric acid
一枝蒿酮酸 rupestonic acid
一枝黄花二萜烯酮 solidagenone
一枝黄花内酯 solidagolactone
一枝黄花内酯 II, III, V, VII solidagolactone II, III, V, VII
一枝黄花醛▲ solidagonal
一枝黄花醛酸▲ solidagonal acid
(-)- 一枝黄花酸 (-)-solidagonic acid
一枝黄花皂苷 XIV, XVIII solidagosaponin XIV, XVIII
伊贝碱苷 A, B, C yibeinoside A, B, C
伊比利亚茜草素▲ ibericin
伊波花胺▲ ibogamine
伊波花胺▲-18- 羧酸 -16,17- 二去氢 -9,17- 二氢 -9- 羟基 -(2- 氧代丙基)- 甲酯 ibogamine-18-carboxylic acid-16,17-didehydro-9,17-dihydro-9-hydroxy-(2-oxopropyl)-methyl ester
伊波花胺▲-18- 羧酸 -3,4- 二去氢 -7,8- 二酮甲酯 ibogamine-18-carboxylic acid-3,4-didehydro-7,8-dioxo-methyl ester
伊波花胺▲-3- 酮 ibogamin-3-one
伊波花黄碱▲ iboluteine
伊波花碱▲ ibogaine
伊波花碱▲-5,6- 二酮 ibogaine-5,6-dione
伊波花碱▲-N^4- 氧化物 ibogaine-N^4-oxide
(7*S*)- 伊波花碱▲羟基伪吲哚 (7*S*)-ibogaine hydroxyindolenine
伊波花碱▲羟基伪吲哚 ibogaine hydroxyindolenine
伊波花林碱▲ ibogaline
伊波花羟碱▲ iboxygaine
伊波花辛▲ tabernanthine
伊夫巨盘木酮酸▲ ifflaionic acid
伊卡马钱碱▲ icajine
伊卡马钱碱▲-*N*- 氧化物 icajine-*N*-oxide
伊犁翠雀碱▲ iliensine
伊犁绢蒿素▲ transilin
伊犁岩风素 iliensin
(-)- 伊斯坦布尔马芹素▲A (-)-istanbulin A
伊斯坦布尔马芹素▲A istanbulin A
(+)- 伊斯坦布尔唐松草碱▲ (+)-istanbulamine
伊桐醇▲A~D itol A~D
伊桐醇▲A-14-*O*-*β*-D- 吡喃葡萄糖苷 itol A-14-*O*-*β*-D-glucopyranoside
伊桐醇▲B-20-*O*-*β*-D- 吡喃葡萄糖苷 itol B-20-*O*-*β*-D-glucopyranoside
伊桐苷 A~P itoside A~P
伊桐内酯▲A, B itolide A, B
伊桐酸▲ itoaic acid
(+)- 伊兹尼克唐松草碱▲ (+)-iznikine
衣盖皂苷元 igagenin
依靛蓝双酮 isaindigotidione
依靛蓝酮 isaindigotone
依格那文碱 ignavine
依兰碱 cananodine
依兰萜▲I, II, III, IV, V, VI canangaterpene I, II, III, IV, V, VI
依兰酮▲ canangone
α- 依兰烯 *α*-ylangene
γ- 依兰烯 *γ*-ylangene
依兰烯 ylangene
α- 依兰烯醇 *α*-ylangenol
α- 依兰烯醇乙酸酯 *α*-ylangenyl acetate
依兰香堇苷▲ canangaionoside
依瓦筋骨草素▲II ivain II
依瓦菊素 ivalin
仪花苷 A~R lysidiside A~R
仪花素 A~F lysidicin A~F
10- 夷茱萸苷酸▲ 10-griselinosidic acid
宜昌橙素 ichangin
宜昌橙素 -4-*β*- 吡喃葡萄糖苷 ichangin-4-*β*-glucopyranoside
宜昌橙酸▲ ichanexic acid
宜昌橙辛▲ ichangensin
宜昌橙辛▲-17-*β*-D- 吡喃葡萄糖苷 ichangensin-17-*β*-D-glucopyranoside
(17*R*)-19(18 → 17)- 移 -16*β*,30- 环氧 -28- 降齐墩果 -12-烯 -2*α*,3*β*,23,24,30- 五醇 (17*R*)-19(18 → 17)-*abeo*-16*β*,30-epoxy-28-norolean-12-ene-2*α*,3*β*,23,24,30-pentaol
17(15 → 16)- 移 -20- 降冷杉 -12,16- 环氧 -7,17- 二羟基 -5(10),6,8,12,15- 五烯 -11,14- 二酮 -18(1)- 内酯 17(15 → 16)-abeo-20-norabieta-12,16-epoxy-7,17-dihydroxy-

5(10),6,8,12,15-pentaen-11,14-dion-18(1)-olide
17(15 → 16)- 移 -20- 降冷杉 -12,16- 环氧 -7- 羟基 -5(10),6,8,12,15- 五烯 -11,14- 二酮 -18(1)- 内酯 17(15 → 16)-abeo-20-norabieta-12,16-epoxy-7-hydroxy-5(10),6,8,12,15-pentaen-11,14-dion-18(1)-olide
(17*R*)-19(18 → 17)- 移 -28- 降齐墩果 -12- 烯 -2*α*,3*α*,18*β*,23,24,29- 六醇 (17*R*)-19(18 → 17)-*abeo*-28-norolean-12-ene-2*α*,3*α*,18*β*,23,24,29-hexol
(17*R*)-19(18 → 17)- 移 -28- 降齐墩果 -12- 烯 -2*α*,3*α*,18*β*,23,24- 五醇 (17*R*)-19(18 → 17)-*abeo*-28-norolean-12-ene-2*α*,3*α*,18*β*,23,24-pentol
移浆果紫杉素▲IV abeobaccatin IV
移柚木酸▲ abeograndinoic acid
疑狮耳花素▲ dubiin
疑芸香胺▲ dubamine
疑芸香定 dubinidine
乙醇 ethanol
乙醇胺 ethanolamine
1- 乙醇基 -5- 羟基 -2,3- 二甲基 -2- 环戊烯 1-ethanol-5-hydroxy-2,3-dimethyl-2-cyclopentene
乙二醇 -1',1'',2',2''- 二呋喃核糖苷 ethyleneglycol-1',1'',2',2''-diribofuranoside
乙二醇二十六酸酯 ethylene glycol dihexadecanoate
乙二醇二十四酸单酯 ethylene glycolmono-tetracosanoate
乙二醇十八酸单酯 ethylene glycolmono-octadecanoate
13,13- 乙二氧基 -15,16- 二去甲半日花 -7- 烯 -6*β*- 醇 13,13-ethylenedioxy-15,16-dinorlabd-7-en-6*β*-ol
3',4'- 乙二氧基 -5- 羟基 -3-(1- 羟基 -1- 甲基乙基)-6,7- 二甲基 -5'- 甲氧基黄酮 -8- 羧酸 3',4'-ethylenedioxy-5-hydroxy-3-(1-hydroxy-1-methylethyl)-6,7-dimethyl-5'-methoxyflavone-8-carboxylic acid
24- 乙基 -*Δ*5- 胆甾烯 -3*β*- 醇 24-ethyl-*Δ*5-cholesten-3*β*-ol
2- 乙基 -1,2,3,4- 四氢 -6- 羟甲基异喹啉 2-ethyl-1,2,3,4-tetrahydro-6-hydroxymethylisoquinoline
4- 乙基 -1,2- 二甲氧基苯 4-ethyl-1,2-dimethoxybenzene
5- 乙基 -1,3- 二甲基 -2,4,6(1*H*,3*H*,5*H*) 嘧啶三酮 5-ethyl-1,3-dimethyl-2,4,6(1*H*,3*H*,5*H*)pyrimidinetrione
3- 乙基 -1,5- 二辛烯 3-ethyl-1,5-octadiene
8-*O*- 乙基 -14- 苯甲酰中乌头碱 8-*O*-ethyl-14-benzoylmesaconitine
O- 乙基 -14- 表思茅山橙宁▲B *O*-ethyl-14-epimelohenine B
1- 乙基 -1- 苯基癸烷 1-ethyl-1-phenyldecane
3- 乙基 -1- 丁醇 3-ethyl-1-butanol
2- 乙基 -1- 己醇 2-ethyl-1-hexanol
12-*O*- 乙基 -1- 去乙酰基 - 印楝波力宁▲B 12-*O*-ethyl-1-deactylnimbolinin B
12-*O*- 乙基 -1- 去乙酰印楝波力宁▲B 12-*O*-ethyl-1-deacetylnimbolinin B
乙基 -2,5- 二羟基苯乙酸酯 ethyl-2,5-dihydroxyphenyl acetate
4- 乙基 -2,6- 二甲氧基苯乙酮 4-ethyl-2,6-dimethoxyacetophenone
3- 乙基 -2,7- 二羟基萘茜 3-ethyl-2,7-dihydroxynaphthazarin
(24*S*)- 乙基 -22- 胆甾烯 -3,6- 二酮 (24*S*)-ethyl-22-cholesten-3,6-dione
24- 乙基 -22- 去氢胆甾醇 24-ethyl-22-dehydrocholesterol
24- 乙基 -22- 去氢羊毛索甾醇▲ 24-ethyl-22-dehydrolathosterol
3- 乙基 -23- 甲基 -22-(*β*- 芸香糖氧基)-5- 二十五烷内酯 3-ethyl-23-methyl-22-*β*-rutinosyloxy-5-pentacosanolide
23*S*- 乙基 -24- 甲基 - 环木菠萝 -24(24)-3*β*- 乙酸酯 23*S*-ethyl-24-methyl-cycloart-24(24)-3*β*-acetate
23*S*- 乙基 -24- 甲基 - 环木菠萝 -24(24)- 烯 -3*β*- 醇 23*S*-ethyl-24-methyl-cycloart-24(24)-en-3*β*-ol
24*β*- 乙基 -25(27)- 去氢 -7- 烯胆甾醇 24*β*-ethyl-25(27)-dehydrolathosterol
24*β*- 乙基 -25(27)- 去氢鸡冠柱烯醇▲ 24*β*-ethyl-25(27)-dehydrolophenol
24- 乙基 -25- 羟基胆甾醇 24-ethyl-25-hydroxycholesterol
24*β*- 乙基 -25- 去氢鸡冠柱烯醇▲ 24*β*-ethyl-25-dehydrolophenol
17- 乙基 -28- 降齐墩果 -12- 烯 -3*β*-*O*- 乙酸酯 17-ethyl-28-norolean-12-en-3*β*-*O*-acetate
(2*E*)-2- 乙基 -2- 二十九烯醛 (2*E*)-2-ethyl-2-nonacosenal
3- 乙基 -2- 甲基 - 己烷 3-ethyl-2-methyl-hexane
4- 乙基 -2- 甲氧基 - 苯酚 4-ethyl-2-methoxy-phenol
4- 乙基 -2- 羟基 -6- 甲氧基苯乙酮 4-ethyl-2-hydroxy-6-methoxyacetophenone
24*β*- 乙基 -31- 降羊毛脂 -8,25(27)- 二烯 -3*β*- 醇 24*β*-ethyl-31-norlanosta-8,25(27)-dien-3*β*-ol
(24*R*)- 乙基 -3*β*,5*α*,6*β*- 三羟基胆甾烷 (24*R*)-ethyl-3*β*,5*α*,6*β*-trihydroxycholestane
3- 乙基 -3- 甲基癸烷 3-ethyl-3-methyldecane
2- 乙基 -3- 甲基琥珀酸水合物 2-ethyl-3-methylsuccinic anhydride
2- 乙基 -3- 甲基马来酰亚胺 -*N*-*β*-D- 吡喃葡萄糖苷 2-ethyl-3-methylmaleimide-*N*-*β*-D-glucopyranoside
2- 乙基 -3- 甲基马来酰亚胺 -*N*- 吡喃葡萄糖苷 2-ethyl-3-methylmaleimide-*N*-glucopyranoside
3- 乙基 -3- 羟基 -5*α*- 雄甾 -17- 酮 3-ethyl-3-hydroxy-5*α*-androstan-17-one
1-(6- 乙基 -3- 羟基吡啶 -2- 基)- 乙酮 1-(6-ethyl-3-hydroxypyridin-2-yl)-ethanone
(22*E*,24*α*)-24- 乙基 -3- 氧代胆甾 -4,22(23)- 烯 -25- 醇 (22*E*,24*α*)-24-ethyl-3-oxocholesta-4,22(23)-dien-25-ol
1- 乙基 -4,8- 二甲氧基 -*β*- 咔啉 1-ethyl-4,8-dimethoxy-*β*-carboline
(4*R**,5*S**,6*E*,8*Z*)- 乙基 -4-[(*E*)- 丁 -1- 烯基]-5- 羟基十五烷基 -6,8- 二烯酸酯 (4*R**,5*S**,6*E*,8*Z*)-ethyl-4-[(*E*)-but-1-enyl]-5-hydroxypentdeca-6,8-dienoate
1- 乙基 -4- 甲氧基 -*β*- 咔啉 1-ethyl-4-methoxy-*β*-carboline
2- 乙基 -5,8- 二羟基 -9- 甲氧基 - 苯并呋喃基 [4,5-b][1] 苯并吡喃基 [4,3-e] 吡喃 -6(12*H*)- 酮 2-ethyl-5,8-dihydroxy-9-methoxybenzofuro[4,5-b][1]benzopyrano[4,3-e]pyran-6(12*H*)-one
2- 乙基 -5,8- 二羟基 -9- 甲氧基苯并呋喃基 [4,5-b][1] 苯并吡喃基 [4,3-e] 吡喃 -6(12*H*)- 酮肟 2-ethyl-5,8-dihydroxy-9-methoxybenzofuro[4,5-b][1]benzopyrano[4,3-e]pyran-6(12*H*)-one-oxime
(24*R*)-24- 乙基 -5*α*- 胆甾 -3*β*,5,6*β*- 三醇 (24*R*)-24-ethyl-5*α*-cholestane-3*β*,5,6*β*-triol
(24*R*)-24- 乙基 -5*α*- 胆甾 -3*β*,5*α*,6*β*- 三醇 (24*R*)-24-ethyl-5*α*-cholestane-3*β*,5*α*,6*β*-triol
24*R*- 乙基 -5*α*- 胆甾 -3*β*,6*α*- 二醇 24*R*-ethyl-5*α*-cholestane-3*β*,6*α*-diol
24*α*- 乙基 -5*α*- 胆甾 -3*β*- 醇 24*α*-ethyl-5*α*-cholestan-3*β*-ol
24- 乙基 -5*α*- 胆甾 -3- 酮 24-ethyl-5*α*-cholestan-3-one
24- 乙基 -5*α*- 胆甾 -7,22(*E*)- 二烯 -3*β*- 醇 24-ethyl-5*α*-cholesta-7,22(*E*)-dien-3*β*-ol
24- 乙基 -5*α*- 胆甾 -7,22(*E*)- 二烯 -3- 酮 24-ethyl-5*α*-cholesta-7,22(*E*)-dien-3-one
24*β*- 乙基 -5*α*- 胆甾 -7,22,25(27)- 三烯 -3*β*- 醇 24*β*-ethyl-5*α*-cholesta-7,22,25(27)-trien-3*β*-ol
24*ξ*- 乙基 -5*α*- 胆甾 -7,22,25- 三烯 24*ξ*-ethyl-5*α*-cholesta-7,22,25-triene
24*ξ*- 乙基 -5*α*- 胆甾 -7,22- 二烯 -3*β*- 醇 24*ξ*-ethyl-5*α*-cholesta-7,22-dien-3*β*-ol
24- 乙基 -5*α*- 胆甾 -7,24(28)*Z*- 二烯 24-ethyl-5*α*-cholesta-7,24(28)

Z-diene)]
24β- 乙基 -5α- 胆甾 -7,25(27)- 二烯 -3β- 醇 24β-ethyl-5α-cholesta-7,25(27)-dien-3β-ol
24ξ- 乙基 -5α- 胆甾 -7,25- 二烯 24ξ-ethyl-5α-cholesta-7,25-diene
24β- 乙基 -5α- 胆甾 -7, 反式 -22,25(27)- 三烯 -3β- 醇 24β-ethyl-5α-cholesta-7,trans-22,25(27)-trien-3β-ol
24β- 乙基 -5α- 胆甾 -7, 反式 -22E,25(27)- 三烯 -3β-O-β-D- 吡喃葡萄糖苷 24β-ethyl-5α-cholesta-7,trans-22E,25(27)-trien-3β-O-β-D-glucopyranoside
24β- 乙基 -5α- 胆甾 -7, 反式 -22- 二烯 -3β- 醇 24β-ethyl-5α-cholesta-7-trans-22-dien-3β-ol
24ξ- 乙基 -5α- 胆甾 -7- 烯 24ξ-ethyl-5α-cholesta-7-ene
24ζ- 乙基 -5α- 胆甾 -7- 烯 -3β- 醇 24ζ-ethyl-5α-cholest-7-en-3β-ol
24α- 乙基 -5α- 胆甾 -8(14)- 烯 -3β- 醇 24α-ethyl-5α-cholest-8(14)-en-3β-ol
24β- 乙基 -5α- 胆甾 -8,22,25(27)- 三烯 -3β- 醇 24β-ethyl-5α-cholesta-8,22,25(27)-trien-3β-ol
24α- 乙基 -5α- 胆甾 -8,22- 二烯 -3β- 醇 24α-ethyl-5α-cholesta-8,22-dien-3β-ol
24β- 乙基 -5α- 胆甾 -8,22- 二烯 -3β- 醇 24β-ethyl-5α-cholesta-8,22-dien-3β-ol
24β- 乙基 -5α- 胆甾 -8,25(27)- 二烯 -3β- 醇 24β-ethyl-5α-cholesta-8,25(27)-dien-3β-ol
O- 乙基 -5- 表 - 糖胶树林碱▲ O-ethyl-5-epi-nareline
2- 乙基 -5- 甲基苯酚 2-ethyl-5-methylphenol
6- 乙基 -5- 羟基 -2,7- 二甲氧基 -1,4- 萘醌 6-ethyl-5-hydroxy-2,7-dimethoxy-1,4-naphthoquinone
(2β,4β)-2- 乙基 -5- 羟基 -5- 羰甲氧基 -4,5- 二甲基戊烷醇 -4- 内酯 (2β,4β)-2-ethyl-5-hydroxy-5-methoxycarbonyl-4,5-dimethylpentano-4-lactone
乙基 -6-O- 对羟基苯甲酰基 -β-D- 吡喃葡萄糖苷 ethyl-(6-O-p-hydroxybenzoyl)-β-D-glucopyranoside
(24R)-α- 乙基 -6β- 羟基 -4- 胆甾烯醇 -3- 酮 (24R)-α-ethyl-cholest-6β-hydroxy-4-en-3-one
1-O- 乙基 -6- 对羟基苯甲酰基 -β-D- 吡喃葡萄糖苷 1-O-ethyl-6-(p-hydroxybenzoyl)-β-D-glucopyranoside
2- 乙基 -6- 甲基 - 吡啶 2-ethyl-6-methyl-pyridine
5- 乙基 -6- 羟基 -2α- 异丙烯基 -3β- 甲氧基 -2,3H- 苯并呋喃 5-acetyl-6-hydroxy-2α-isopropenyl-3β-methoxy-2,3H-benzofuran
24- 乙基 -7,22E- 胆甾二烯 -3- 醇 24-ethyl-7,22E-cholestadien-3-ol
24- 乙基 -7,22- 二烯胆甾醇 24-ethyl-7,22-dienecholesterol
24- 乙基 -7- 氧代胆甾 -5,22(E),25- 三烯 -3β- 醇 24-ethyl-7-oxocholesta-5,22(E),25-trien-3β-ol
1- 乙基 -8- 甲氧基 -β- 咔啉 1-ethyl-8-methoxy-β-carboline
24S- 乙基 -9β- 环羊毛脂 -25- 烯 -3β- 醇 24S-ethyl-9β-cyclolanost-25-en-3β-ol
α- 乙基 -D- 吡喃半乳糖苷 α-ethyl-D-galactopyranoside
α- 乙基 -D- 呋喃葡萄糖苷 α-ethyl-D-glucopyranoside
3- 乙基 -1,4- 己二烯 3-ethyl-1,4-hexadiene
乙基 -O-β-(6'-O- 没食子酰基)- 吡喃葡萄糖苷 ethyl-O-β-(6'-O-galloyl)-glucopyranoside
乙基 -O-β-(6'- 没食子酰基)- 吡喃葡萄糖苷 ethyl-O-β-(6'-galloyl)-glucopyranoside
O- 乙基 -α-D- 半乳糖苷 O-ethyl-α-D-galactoside
乙基 -α-D- 半乳糖苷 ethyl-α-D-galactoside
乙基 -α-D- 呋喃阿拉伯糖苷 ethyl-α-D-arabinofuranoside
乙基 -α-D- 呋喃果糖苷 ethyl-α-D-fructofuranoside
乙基 -α-D- 呋喃来苏糖苷 ethyl-α-D-lyxofuranoside
7- 乙基 -α-D- 葡萄糖 7-ethyl-α-D-glucose
乙基 -α-D- 葡萄糖苷 ethyl-α-D-glucoside
乙基 -α-L- 吡喃鼠李糖基 -(1 → 6)-O-β-D- 吡喃葡萄糖基苷 ethyl-α-L-rhamnopyranosyl-(1 → 6)-O-β-D-glucopyranoside
1- 乙基 -β-D- 半乳糖苷 1-ethyl-β-D-galacetoside
乙基 -β-D- 半乳糖苷 ethyl-β-D-galactopyranoside
乙基 -β-D- 吡喃果糖苷 ethyl-β-D-fructopyranoside
1-O- 乙基 -β-D- 吡喃葡萄糖苷 1-O-ethyl-β-D-glucopyranoside
1- 乙基 -β-D- 吡喃葡萄糖苷 1-ethyl-β-D-glucopyranoside
乙基 -β-D- 吡喃葡萄糖苷 ethyl-β-D-glucopyranoside
乙基 -β-D- 吡喃葡萄糖基马铃薯酮酸酯▲ ethyl-β-D-glucopyranosyltuberonate
乙基 -β-D- 呋喃果糖苷 ethyl-β-D-fructofuranoside
乙基 -β-D- 木糖苷 ethyl-β-D-xyloside
乙基 -β- 吡喃果糖乙苷 ethyl-β-fructopyranoside
1- 乙基 -β- 咔啉 1-ethyl-β-carboline
7β-(3'- 乙基巴豆酰氧基)-1α-(2'- 甲基丁酰)-3,14-E- 去氢石生诺顿菊酮▲ 7β-[3'-ethylcrotonoyloxy]-lα-[2'-methylbutyryloxy]-3,14-dehydro-E-notonipetranone
7β-(3'- 乙基巴豆酰氧基)-1α-(2'- 甲基丁酰)-3,14- 去氢 -Z- 石生诺顿菊酮▲ 7β-(3'-ethylcrotonoyloxy)-1α-(2'-methylbutyryloxy)-3,14-dehydro-E-notonipetranone
乙基苯 ethylbenzene
4- 乙基苯酚 5-ethyl-phenol
乙基苯酚 ethylphenol
(3- 乙基苯基)-1,2- 乙二醇 (3-ethylphenyl)-1,2-ethanediol
2-O- 乙基表三尖杉因碱▲ 2-O-ethylepicephalofortuneine
6-O- 乙基 - 表桃叶珊瑚苷 6-O-ethyl-epiaucubin
乙基丙基二硫醚 ethyl propyl disulfide
2'-O- 乙基长叶九里香亭▲ 2'-O-ethylmurrangatin
乙基赤芝酮 ethyllucidone
10-O- 乙基大麻三醇▲ 10-O-ethylcannabitriol
(E)-24ζ- 乙基 - 胆甾 -22- 烯 -3α- 醇 (E)-24ζ-ethyl-cholest-22-en-3α-ol
23- 乙基胆甾 -23- 烯 -3- 醇 23-ethyl-cholest-23-en-3-ol
24- 乙基胆甾 -3- 醇 24-ethylcholestan-3-ol
(24S)-24- 乙基胆甾 -4,22- 二烯 -3- 酮 (24S)-24-ethylcholest-4,22-dien-3-one
(24R)-24- 乙基胆甾 -4- 烯 -3- 酮 (24R)-24-ethylcholest-4-en-3-one
(24R)-24- 乙基 - 胆甾 -4- 烯 -6β- 醇 -3- 酮 (24R)-24-ethyl-cholest-4-en-6β-ol-3-one
(24S)-24- 乙基胆甾 -5,22(E),25- 三烯 -3β- 醇 (24S)-24-ethylcholest-5,22(E),25-trien-3β-ol
(24S)- 乙基胆甾 -5,22,25- 三烯 -3β- 醇 (24S)-ethylcholesta-5,22,25-trien-3β-ol
24- 乙基胆甾 -5,22E- 二烯 -3β-O- 吡喃葡萄糖苷 24-ethylcholesta-5,22E -dienyl-3β-O-pyranoglucoside
(22E,24ζ)-24- 乙基胆甾 -5,22- 二烯 -3β- 醇 (22E,24ζ)-24-ethylcholesta-5,22-dien-3β-ol
24ζ- 乙基胆甾 -5,22- 二烯 -3β- 醇 24ζ-ethylcholesta-5,22-dien-3β-ol
24- 乙基胆甾 -5,22- 二烯 -3β- 醇 24-ethylcholest-5,22-dien-3β-ol
(24S)-24- 乙基 - 胆甾 -5,22- 二烯 -3β- 醇 (24S)-24-ethyl-cholesta-5,22-dien-3β-ol
24- 乙基胆甾 -5,22- 二烯 -3β- 醇 - 棕榈酸酯 24-ethylcholesta-5,22-dien-3β-ol-palmitic acid ester
24- 乙基胆甾 -5,25- 二烯 -3β- 醇 24-ethylcholesta-5,25-diene-3β-ol
24β- 乙基胆甾 -5,9(11),22E- 三烯 -3β- 醇 24β-ethylcholesta-5,9(11),22E-trien-3β-ol
24- 乙基胆甾 -5- 烯 -3β,4β,22α- 三醇 24-ethylcholest-5-ene-3β,4β,22α-triol
(24R)-24- 乙基 - 胆甾 -5- 烯 -3β,7α- 二醇 (24R)-24-ethyl-cholest-5-

Y

en-3β,7α-diol
(24R)-24- 乙基 - 胆甾 -5- 烯 -3β,7β- 二醇 (24R)-24-ethyl-cholest-5-en-3β,7β-diol
24β- 乙基胆甾 -5- 烯 -3β-O-α- 纤维素二糖 24β-ethylcholest-5-en-3β-O-α-cellobioside
24- 乙基胆甾 -5- 烯 -3β-O- 吡喃葡萄糖苷 24-ethylcholest-5-enyl-3β-O-pyranoglucoside
(24R)-24- 乙基胆甾 -5- 烯 -3β- 醇 (24R)-24-ethyl-cholest-5-en-3β-ol
(24ζ)-24- 乙基胆甾 -5- 烯 -3β- 醇 (24ζ)-24-ethylcholest-5-en-3β-ol
24- 乙基胆甾 -5- 烯 -3β- 醇 24-ethylcholest-5-en-3β-ol
(24R)-24- 乙基 - 胆甾 -5- 烯 -3β- 醇 -7- 酮 (24R)-24-ethyl-cholest-5-en-3β-ol-7-one
24(R)- 乙基胆甾 -6- 烯 -5-ol-3-O-β-D- 吡喃葡萄糖苷 24(R)-ethylcholest-6-ene-5-ol-3-O-β-D-glucopyranoside
(3α,5α,22E)-24- 乙基胆甾 -7,22,25- 三烯 -3β- 醇 (3α,5α,22E)-24-ethylcholesta-7,22,25(27)-trien-3-ol
24- 乙基胆甾 -7,22,25- 三烯 -3β- 醇 24-ethylcholesta-7,22,25-triene-3β-ol
24 ζ - 乙基胆甾 -7,22- 二烯 -3β- 醇 24 ζ -ethyl-cholesta-7,22-dien-3β-ol
24ξ- 乙基胆甾 -7,22- 二烯 -3β- 醇 24ξ-ethylcholesta-7,22-dien-3β-ol
24- 乙基胆甾 -7,22- 二烯 -3β- 醇 24-ethylcholest-7,22-dien-3β-ol
24- 乙基胆甾 -7,24(25)- 二烯 -3β- 醇 24-ethylcholesta-7,24(25)-diene-3β-ol
24- 乙基 - 胆甾 -7- 烯 -3β,5α,6β- 三醇 24-ethyl-cholest-7-ene-3β,5α,6β-triol
24- 乙基胆甾 -7- 烯 -3- 酮 24-ethylcholest-7-en-3-one
24ξ- 乙基胆甾醇 24ξ-ethylcholesterol
24- 乙基胆甾醇 24-ethylcholesterol
24 ξ - 乙基胆甾烷醇 24 ξ -ethylcholestanol
8-O- 乙基滇乌碱 8-O-ethylyunaconitine
乙基丁香苷 ethylsyringin
4- 乙基儿茶酚 4-ethylcatechol
乙基芳樟醇 ethyl linalool
24- 乙基粪甾酮 24-ethylcoprostanone
2- 乙基呋喃 2-ethylfuran
1-O-β-D- 乙基甘露糖苷 1-O-β-D-ethyl-mannopyranoside
2- 乙基癸酸 2-ethyldecanoic acid
12-O- 乙基海棠果素 D 12-O-ethylinophyllum D
7-O- 乙基荷茗草酮▲ 7-O-ethylhorminone
乙基红花石蒜碱▲ ethylradiatine
4-(4- 乙基环己基)-1- 戊基 - 环己烯 4-(4-ethylcyclohexyl)-1-pentyl-cyclohexene
[2S-[2α(9Z,12E),3α]]-14-(3- 乙基环氧乙烷)-9,12- 十四碳二烯酸 [2S-[2α(9Z,12E),3α]]-14-(3-ethyloxiranyl)-9,12-tetradecadienoic acid
24- 乙基鸡冠柱烯醇▲ 24-ethyllophenol
2- 乙基己醇 2-ethylhexanol
2- 乙基己基 - 对甲氧基桂皮酸酯 2-ethylhexyl p-methoxycinnamate
2- 乙基 - 己酸 2-ethylhexanoic acid
O- 乙基降 -γ- 崖椒碱 O-ethylnor-γ-fagarine
O- 乙基降白鲜碱 O-ethylnordictamnine
O- 乙基降荷叶碱 O-ethylnornuciferine
8'-O- 乙基降牛皮叶酸▲ 8'-O-ethylnorstictic acid
N'- 乙基降烟碱 N'-ethylnornicotine
O- 乙基降茵芋碱 O-ethylnorskimmianine
8-O- 乙基卡乌头原碱 8-O-ethylcammaconine
乙基丽春花宁碱 ethylrhoeagenine
4-O- 乙基柳杉二醇 4-O-ethylcryptomeridiol
7-O- 乙基马兜铃素 W 7-O-ethyl madolin W
N- 乙基马来酰亚胺 N-ethyl maleimide
乙基麦芽醇 ethyl maltol
9'- 乙基美商陆酚 A 9'-ethylamericanol A
3- 乙基没食子酸 3-ethylgallic acid
4-O- 乙基没食子酸 4-O-ethylgallic acid
O- 乙基木橘碱 O-ethylaegeline
19-O- 乙氧基牛眼马钱林碱▲ 19-O-ethylangustoline
乙基盆架树缩醛 ethyl winchal
乙基羌活醇 ethylnotopterol
24- 乙基 - 羟基 - 蜕皮素 24-ethyl-20-hydroxyecdysone
24- 乙基去氢胆甾醇 24-ethyldemosterol
3-O- 乙基乳菇内酯▲ A 3-O-ethyllactarolide A
3-O- 乙基乳菇内酯▲ B 3-O-ethyllactarolide B
2-O- 乙基三尖杉因碱▲ 2-O-ethylcephalofortuneine
乙基三桠苦醇 A, B ethylleptol A, B
4-O- 乙基芍药苷 4-O-ethylpaeoniflorin
4- 乙基芍药苷 4-ethylpaeoniflorin
25-O- 乙基升麻醇 -3-O-β-D- 吡喃木糖苷 25-O-ethylcimigenol-3-O-β-D-xylopyranoside
3-O- 乙基水仙花醇 3-O-ethyltazettinol
7β-(3- 乙基 - 顺式 - 巴豆酰氧基)-14- 羟基 -1α-(2- 甲基丁酰氧基)-石生诺顿菊酮▲ 7β-(3-ethyl-cis-crotonoyloxy)-14-hydroxy-1α-(2-methylbutyryloxy)-notonipetranone
7β-(3- 乙基 - 顺式 - 巴豆酰氧基)-14- 羟基 - 石生诺顿菊酮▲ 7β-(3-ethyl-cis-crotonoyloxy)-14-hydroxy-notonipetranone
7β-(3- 乙基 - 顺式 - 巴豆酰氧基)-1α-(2- 甲基丁酰氧基)-3,14-去氢 -Z- 石生诺顿菊酮▲ 7β-(3-ethyl-cis-crotonoyloxy)-1α-(2-methylbutyryloxy)-3,14-dehydro-Z-notonipetranone
1α-(3''- 乙基 - 顺式 - 巴豆酰氧基)-8- 当归酰氧基 -3β,4β- 环氧红没药 -7(14),10- 二烯 1α-(3''-ethyl-cis-crotonoyloxy)-8-angeloyloxy-3β,4β-epoxybisabola-7(14),10-diene
14'- 乙基四氢响盒子毒素▲ 14'-ethyltetrahydrohuratoxin
乙基松柏苷 ethylconiferin
6-O- 乙基 - 桃叶珊瑚苷 6-O-ethyl-aucubin
9- 乙基新芍药苷 A 9-ethyl-neopaeoniaflorin A
24- 乙基羊毛索甾醇▲ 24-ethyllathosterol
1- 乙基异麦芽糖 -3'- 乙酸酯 1-ethylbrachiose-3'-acetate
12-O- 乙基印楝波力宁▲ B 12-O-ethylnimbolinin B
7-O- 乙基愈创木基甘油 7-O-ethylguaiacylglycerol
乙基原薯蓣皂苷 ethyl protodioscin
2-O- 乙基云南石梓醇▲ 2-O-ethylarboreol
2- 乙基正己醇苯甲酸酯 2-ethyl-n-hexyl benzoate
2-2- 乙基 - 正己基 - 反式 - 桂皮酸酯 2-ethyl-n-hexyl-trans-cinnamate
乙硫酰胺 ethanethioamide
乙偶姻 acetoin
乙醛 acetaldehyde
乙酸 acetic acid
乙酸 -2- 苯乙酯 acetic acid-2-phenylethyl ester
乙酸 -2- 甲硫基乙酯 acetic acid 2-methylthio ethyl ester
乙酸 -3- 甲硫基丙酯 acetic acid-3-methylthio propanyl ester
乙酸苄酯 benzyl acetate
乙酸丁酯 butyl acetate
乙酸二十八酯 octacosyl acetate
乙酸癸酯 acetic acid decyl ester
乙酸环己酯 cyclohexyl acetate
3β- 乙酸基 -6β- 羟基熊果 -12 烯 -27- 酸 3β-acetoxy-6β-hydroxyurs-12-en-27-oic acid
乙酸己酯 acetic acid hexyl ester; hexyl acetate

Y

乙酸菊酯 chrysanthenyl acetate
(-)- 乙酸龙脑酯 (-)-bornyl acetate
l- 乙酸龙脑酯 *l*-bornyl acetate
α- 乙酸龙脑酯 α-bornyl acetate
γ- 乙酸龙脑酯 γ-bornyl acetate
乙酸龙脑酯 bornyl acetate
[1*S*-(1a,2a,3aβ,4a,8aβ,9*R*)]- 乙酸十氢 -1,5,5,8a- 四甲基 -1,2,4- 亚甲基薁 [1*S*-(1a,2a,3β,4a,β,9*R*)]-decahydro-1,5,5,8a-tetramethly-1,2,4-methenoazulene
[1*S*-(1a,3aβ,4a,8aβ,9*R*)]- 乙酸十氢 -4,8,8- 三甲基 -9- 次甲基 -1,4-亚甲基薁 [1*S*-(1a,3aβ,4aβ,9*R*)]-decahydro-4,8,8-tetramethly-9-methylene-1,4-methenoazulene
乙酸香叶酯 geranyl acetate
乙酸辛酯 octyl acetate
乙酸乙酯 ethyl acetate
乙酸异戊酯 isoamyl acetate
乙酸月桂酯 lauryl acetate
乙酸正辛酯 *n*-octyl acetate
乙烷 -1,2- 二醇 -1-*O*-β-D- 吡喃葡萄糖苷 ethane-1,2-diol-1-*O*-β-D-glucopyranoside
2- 乙烯 -3,5,6- 三甲基 -4- 苯酚 -1-*O*-β-D- 吡喃木糖基 -(1 → 6)-β-D-吡喃葡萄糖苷 2-ethylene-3,5,6-trimethyl-4-phenol-1-*O*-β-D-xylopyranosyl-(1 → 6)-β-D-glucopyranoside
(1*R*)-(3- 乙烯苯基)-1,2- 乙二醇 (1*R*)-(3-ethenylphenyl)-1,2-ethanediol
2- 乙烯基 -1,1- 二甲基 -3- 亚甲基 - 环己烷 2-ethenyl-1,1-dimethyl-3-methylene-cyclohexane
7- 乙烯基 -1,2,3,4,4a,4b,5,6,7,9,10,10a- 十二氢 -6- 羟基 -1,4a,7- 三甲基 -1- 菲羧酸 7-ethenyl-1,2,3,4,4a,4b,5,6,7,9,10,10a-dodecahydro-6-hydroxy-1,4a,7-trimethyl-1-phenanthrenecarboxylic acid
4- 乙烯基 -1,2- 二甲氧基苯 4-ethenyl-1,2-dimethoxybenzene
3- 乙烯基 -1,2- 二硫环己 -4- 烯 3-vinyl-1,2-dithiocyclohex-4-ene
3- 乙烯基 -1,2- 二硫环己 -5- 烯 3-vinyl-1,2-dithiocyclohex-5-ene
{3*S*-[3α(2*E*,7*S**,11*S**),4β,21β]}-9- 乙烯基 -14- 乙基 -21-羟基 -21-(甲氧基羰基)-4,8,13,18- 四甲基 -20- 氧代 -3- 焦脱镁叶绿酸 -3,7,11,15- 四甲基 -2- 十六烯酸酯 {3*S*-[3α(2*E*,7*S**,11*S**),4β,21β]}-9-ethenyl-14-ethyl-21-hydroxy-21-(methoxycarbonyl)-4,8,13,18-tetramethyl-20-oxo-3-phorbinepropanoic acid-3,7,11,15-tetramethyl-2-hexadecenyl ester
1- 乙烯基 -1- 甲基 -2-(1- 甲基乙烯基)-4-(1- 甲基亚乙基) 环已烷 1-ethenyl-1-methyl-2-(1-methylethenyl)-4-(1-methylethylidene)-cyclohexane
1- 乙烯基 -1- 甲基 -2,4- 二 (1- 甲基乙烯基)- 环已烷 1-ethenyl-1-methyl-2,4-di(1-methylethenyl)-cyclohexane
1- 乙烯基 -1- 甲基 -2,4- 二 (1- 亚甲乙基)- 环已烷 1-ethenyl-1-methyl-2,4-bis(1-methenethyl)-cyclohexane
(2*S*,3*R*,4*S*)-3- 乙烯基 -2-(β-D- 吡喃葡萄糖氧基)-3,4- 二氢 -4-[[(1*R*)-1,2,3,4- 四氢 -7- 羟基 -6- 甲氧基 -1- 异喹啉基] 甲基]-2H-吡喃 -5- 羧酸 (2*S*,3*R*,4*S*)-3-ethenyl-2-(β-D-glucopyranosyloxy)-3,4-dihydro-4-[[(1*R*)-1,2,3,4-tetrahydro-7-hydroxy-6-methoxy-1-isoquinolinyl]methyl]-2*H*-pyran-5-carboxylic acid
[2*S*-[2α,3β,4β(*E*)]]-3- 乙烯基 -2-(β-D- 葡萄糖氧基)-3,4- 二羟基 -4-[2-[[3-(4- 羟基 -3- 甲氧基苯基)-1- 氧代 -2- 丙烯基] 氧基] 乙基]-2*H*- 吡喃 -5- 羧酸甲酯 [2*S*-[2α,3β,4β(*E*)]]-3-ethenyl-2-(β-D-glucopyranosyloxy)-3,4-dihydroxy-4-[2-[[3-(4-hydroxy-3-methoxyphenyl)-1-oxo-2-propenyl]oxy]ethyl]-2*H*-pyran-5-carboxylic acid methyl ester
4- 乙烯基 -2- 甲氧基苯酚 4-ethenyl-2-methoxyphenol
4- 乙烯基 -2- 甲氧基 - 苯酚 4-vinyl-2-methoxy-phenol
3- 乙烯基 -2- 亚甲基 - 环戊甲酸 3-ethenyl-2-methylene-cyclopentanecarboxylic acid
5- 乙烯基 -3,4- 二氢 - 异香豆素 5-vinyl-3,4-dihydro-isocoumarin
2- 乙烯基 -3,6- 二氢 -2,6,6- 三甲基 -2*H*- 吡喃 2-ethenyl-3,6-dihydro-2,6,6-trimethyl-2*H*-pyran
1- 乙烯基 -3- 亚甲基 - 环戊烷 1-ethenyl-3-methylene-cyclopentane
(4*R*,4a*S*)-4- 乙烯基 -4,4a,5,6- 四氢 -3*H*- 吡喃并 [3,4-*c*] 吡喃 -1- 酮 (4*R*,4a*S*)-4-vinyl-4,4a,5,6-tetrahydro-3*H*-pyrano[3,4-*c*]pyran-1-one
1- 乙烯基 -4,8- 二甲氧基 -β- 咔啉 1-vinyl-4,8-dimethoxy-β-carboline
1- 乙烯基 -4,9- 二甲氧基 -β- 咔啉 1-vinyl-4,9-dimethoxy-β-carboline
2- 乙烯基 -4*H*-1,3- 二噻英 2-vinyl-4*H*-1,3-dithiin
2- 乙烯基 -6- 甲基 -5- 庚烯 -1- 醇 2-ethenyl-6-methyl-5-hepten-1-ol
6- 乙烯基 -7- 甲氧基 -2,2- 二甲基色烯 6-vinyl-7-methoxy-2,2-dimethylchromene
4- 乙烯基 -α,α,4- 三甲基 -3-(1- 甲基乙烯基)-[1*R*-(1,2,3,α,4,β)] 环已甲醇 4-ethenyl-α,α,4-trimethyl-3-(1-methylethenyl)-[1*R*-(1α,3α,4β)]-cyclohexanemethanol
4- 乙烯基 -α,α-4- 三甲基 -3-(1- 甲基乙基)- 环己烯甲醇 4-ethenyl-α,α-4-trimethyl-3-(1-methylethyl)-cyclohexenemethanol
4- 乙烯基苯酚 4-vinylphenol
4- 乙烯基丁香酚 4-vinylsyringol
3- 乙烯基十氢 -3,4a,7,7,10a- 五甲基 -1*H*- 萘 [2,1-b] 吡喃 -8(4a*H*)-酮 3-ethenyldecahydro-3,4a,7,7,10a-pentamethyl-1*H*-naphtho[2,1-b]pyran-8(4a*H*)-one
4- 乙烯基树脂苔黑酚 4-vinylresorcinol
3*E*- 乙烯基四氢 -2- 氧代 -2*H*- 吡喃 -4- 乙酸甲酯 3*E*-ethylidenetetrahydro-2-oxo-2*H*-pyran-4-acetic acid methyl ester
3*R*-[3α,3[*S*(2*S*,5*R*)],5α]]-3-[1-(5- 乙烯基四氢 -5- 甲基 -2-呋喃基) 乙基 }-5-(1- 甲基乙基)-1,2- 二噁烷 -3- 醇 [3*R*-[3α,3[*S*(2*S*,5*R*)],5α]]-3-[1-(5-ethenyl-tetrahydro-5-methyl-2-furanyl)ethyl]-5-(1-methylethyl)-1,2-dioxolan-3-ol
乙烯基五乙炔 vinylpentaacetylene
4- 乙烯基愈创木酚 4-vinylguaiacol
17-*O*- 乙酰阿吉马蛇根碱▲ 17-*O*-acetylajmaline
乙酰阿魏酸 acetylferulic acid
11-*O*- 乙酰安贝灵 11-*O*-acetylambelline
4- 乙酰氨基 -2- 氨基丁酸 4-acetamido-2-amino-butyric acid
3-(2- 乙酰氨基 -2- 去氧 -β-D- 吡喃葡萄糖氧基)-16α- 羟基齐墩果 -12- 烯 -28- 酸 3-[(2-acetamido-2-deoxy-β-D-glucopyranosyl)oxy]-16α-hydroxyolean-12-en-28-oic acid
4- 乙酰氨基丁酸 4-acetylaminobutanoic acid
(-)-*N*- 乙酰氨甲基金雀儿碱 (-)-*N*-(*N*-acetylaminomethyl)cytosine
乙酰胺 acetamide
2'- 乙酰胺 -3'- 苯丙基 -2- 苯甲酰氨基 -3- 苯丙酸酯 2'-acetamido-3'-phenylpropyl-2-benzamido-3-phenylpropionate
3- 乙酰胺基 -2- 哌淀酮 3-acetamino-2-piperidone
2- 乙酰胺基 -2- 脱氧 -D- 葡萄糖 2-acetamino-2-deoxy-β-D-glucose
9- 乙酰胺基 -3,4- 二氢吡啶并 [3,4-b] 吲哚 9-acetamido-3,4-dihydropyrido[3,4-b]indole
3- 乙酰胺基 -4- 羟基苯甲酸 3-acetamino-4-hydroxy-benzoic acid
2- 乙酰胺基苯甲酸甲酯 2-acetylaminobenzoic acid methyl ester
4- 乙酰胺基乙基苯 -*O*-[6-*O*-(*Z*)- 对甲氧桂皮酰基 -β-D- 吡喃葡萄糖基 (1 → 2)]-[β-D- 吡喃葡萄糖基 (1 → 3)]-α-L- 吡喃鼠李糖苷 4-acetylaminoethylphenyl-*O*-[6-*O*-(*Z*)-*p*-methoxycinnamoyl-β-D-glucopyranosyl(1 → 2)]-[β-D-glucopyranosyl(1 → 3)]-α-L-rhamnopyranoside
乙酰澳洲茄胺 acetylsolasodine
7- 乙酰巴比翠雀林碱▲ 7-acetylbarbaline
2'-*O*- 乙酰巴东荚蒾苷▲ 2'-*O*-acetylhenryoside

2- 乙酰巴豆环氧化合物 A, B 2-acetylcrotepoxide A, B
O- 乙酰白刺拉因 O-acetylnitraraine
3-O- 乙酰白桦脂醇 3-O-acetylbetulin
3-O- 乙酰白桦脂酸 3-O-acetylbetulinic acid
3- 乙酰白桦脂酸 3-acetyl-betulinic acid
乙酰白蜡树酚▲ acetylfraxinol
O- 乙酰白藜芦碱 O-acetyljervine
2'- 乙酰白芷素 2'-acetylangelicin
10- 乙酰败酱苷▲ 10-acetylpatrinoside
2'- 乙酰败酱苷▲ 2'-acetylpatrinoside
6-O- 乙酰半枝莲亭素▲C 6-O-acetylbarbatin C
乙酰薄果菊素▲ acetylleptocarpin
N- 乙酰北方乌头亭▲ N-acetylsepaconitine
乙酰北五味子素▲K, R acetylgomisin K, R
19- 乙酰贝壳杉二醇▲ 19-acetylagathadiol
3-O- 乙酰贝母碱 3-O-acetylverticine
3-O- 乙酰贝母碱酮 3-O-acetoxyverticinone
2- 乙酰苯胺 2-acetylbenzylamine
4- 乙酰苯酚 4-acetylphenol
2- 乙酰苯酚 -1-β-D- 葡萄糖基 -(1 → 6)-β-D- 木糖苷 2-acetylphenol-β-D-glucopyranosyl-(1 → 6)-β-D-xylopyranoside
(1R)-(3- 乙酰苯基)-1,2- 乙二醇 (1R)-(3-acetophenyl)-1,2-ethanediol
(4- 乙酰苯基)-1,2- 乙二醇 (4-acetophenyl)-1,2-ethanediol
N-(2- 乙酰苯基) 甲酰胺 N-(2-acetylphenyl)formamide
3- 乙酰苯氧基 - 熊果 -12- 烯 -28- 酸 3-acetylphenoxy-urs-12-en-28-oic acid
乙酰苯乙酯 acetophenone ethyl ester
3- 乙酰吡啶 3-acetylpyridine
2- 乙酰吡咯 2-acetylpyrrole
1-O- 乙酰蝙蝠葛明 1-O-acetyldauricumine
12-O- 乙酰扁柏醇 12-O-acetylhinokiol
3-O- 乙酰扁担叶碱 3-O-acetylhamayne
3-O- 乙酰 - 表 - 白桦脂酸 3-O-acetyl-epi-betulinic acid
乙酰表北五味子素▲R acetylepigomisin R
乙酰表鬼臼毒素 acetylepipodophyllotoxin
乙酰表苦鬼臼毒素 acetylepipicropodophyllotoxin
乙酰丙酸 levulic acid
乙酰丙酸乙酯 ethyl levulinate
(1Z)- 乙酰苍术二醇 (1Z)-acetylatractylodinol
乙酰苍术二醇 acetylatractylodinol
6- 乙酰草地乌头芬碱▲ 6-acetylumbrophine
(-)-10- 乙酰柴胡毒素 (-)-10-acetylbupleurotoxin
乙酰柴胡毒素 acetylbupleurotoxin
2''-O- 乙酰柴胡皂苷 A, B_2 2''-O-acetylsaikosaponin A, B_2
2''-O- 乙酰柴胡皂苷 A, B_2, D 2''-O-acetylsaikosaponin A, B_2, D
3''-O- 乙酰柴胡皂苷 A, B_2, D 3''-O-acetylsaikosaponin A, B_2, D
6''-O- 乙酰柴胡皂苷 A, B_1, B_2, B_3, D, E 6''-O-acetylsaikosaponin A, B_1, B_2, B_3, D, E
6''- 乙酰柴胡皂苷 A 6''-acetylsaikosaponin A
4''-O- 乙酰柴胡皂苷 D 4''-O-acetylsaikosaponin D
5-O- 乙酰长管大青素 D 5-O-ethylcleroindicin D
3- 乙酰朝鲜五加苷元 3-acetylacankoreagenin
6'- 乙酰车叶草苷 6'-acetylasperuloside
12-O- 乙酰川藏香茶菜萜素▲B 12-O-acetylpseurata B
7-O- 乙酰川藏香茶菜萜素▲C 7-O-acetylpseurata C
乙酰雌酮 acetylestrone
6- 乙酰翠雀灵 6-acetyldelpheline
乙酰大豆皂苷 A_1, A_2, A_3 acetylsoyasaponin A_1, A_2, A_3
乙酰大花飞燕草定▲ acetyldelgrandine
2- 乙酰大黄素 2-acetylemodin
2- 乙酰大黄素甲醚 2-acetylphyscion
乙酰大尾摇碱 acetylindicine
乙酰大叶糖胶树亭碱▲ acetylalstohentine
乙酰大叶芸香利定▲ acetylhaplophyllidine
乙酰胆碱 acetylcholine
3- 乙酰滇乌碱 3-acetyl-yunaconitine
6α- 乙酰钓樟烯内酯▲B_1, B_2 6α-acetyllindenanolide B_1, B_2
乙酰丁香酸 acetylsyringic acid
3'- 乙酰钉头果苷 3'-acetylgomphoside
3'-O- 乙酰钉头果勾苷▲ 3'-O-acetylfrugoside
6- 乙酰东风橘内酯▲ 6-deacetylseverinolide
2'-O- 乙酰东莨菪苷 2'-O-acetylscopolin
6'-O- 乙酰东莨菪苷 6'-O-acetylscopolin
14-O- 乙酰冬凌草甲素 14-O-acetyl-oridonin
8- 乙酰嘟啦碱 8-acetyldolaconine
乙酰杜茎山醌 acetylmaesaquinone
(-)-(7R,8R)-7-O- 乙酰多刺前胡脂醇 B (-)-(7R,8R)-7-O-acetylraphidecursinol B
(+)-7- 乙酰多刺前胡脂醇 B (+)-7-acetylraphidecursinol B
14- 乙酰多根乌头碱 14-acetylkarakoline
3α- 乙酰多孔菌烯酸▲A 3α-acetylpolyporenic acid A
乙酰多穗石松叶碱▲ acetylannofoline
乙酰多叶棘豆黄酮苷▲ acetyloxymyrioside
8-O- 乙酰多枝炭角菌内酯▲A 8-O-acetylmultiplolide A
(-)-(7R,8R)-7-O- 乙酰多籽脂素 (-)-(7R,8R)-7-O-acetylpolysphorin
O- 乙酰峨参醇 O-acetylanthriscinol
乙酰鄂西香茶菜宁▲ acetylexidonin
N- 乙酰二氨基丁酸 N-acetyldiaminobutyric acid
2'- 乙酰二氢钓钟柳次苷▲ 2'-acetyldihydropenstemide
O- 乙酰二氢石松碱 O-acetyldihydrolycopodine
O- 乙酰二氢文殊兰碱 O-acetyldihydrocrinine
乙酰二氢小芸木素 A acetyldihydromicromelin A
(+)- 乙酰法氏石松碱 (+)-acetylfawcettiine
乙酰法氏石松碱 acetylfawcettiine
乙酰法氏石松辛碱 acetyllycofawcine
(-)-N- 乙酰番荔枝碱 (-)-N-acetylanonaine
l-N- 乙酰番荔枝碱 l-N-acetylanonaine
N- 乙酰番荔枝碱 N-acetylanonaine
2- 乙酰呋喃 2-acetylfuran
6- 乙酰呋喃蜂斗菜醇 6-acetylfuranofukinol
13-O- 乙酰佛波醇 13-O-acetylphorbol
12-O- 乙酰佛波醇 -13-(2- 甲基丁酸酯) 12-O-acetylphorbol-13-(2-methylbutyrate)
12-O- 乙酰佛波醇 -13- 巴豆酸酯 12-O-acetylphorbol-13-tigliate
12-O- 乙酰佛波醇 -13- 癸酸酯 12-O-acetylphorbol-13-decanoate
12-O- 乙酰佛波醇 -13- 十四酸酯 12-O-acetylphorbol-13-dodecanoate
13-O- 乙酰佛波醇 -20- 亚油酸酯 13-O-acetylphorbol-20-linoleate
13-O- 乙酰佛波醇 -20- 油酸酯 13-O-acetylphorbol-20-oleate
(+)- 乙酰覆瓦南洋杉醇酸 (+)-acetylimbricatolic acid
15- 乙酰覆瓦南洋杉醇酸▲ 15-acetylimbricatoloic acid
3- 乙酰甘草次酸 3-acetylglycyrrhetic acid
6''-O- 乙酰甘草苷 6''-O-acetylliquiritin
N- 乙酰高藜芦基胺 N-acetylhomoveratrylamine
O- 乙酰哥伦比亚狭缝芹亭▲ O-acetylcolumbianetin
6'-O- 乙酰钩果草苷 6'-O-acetylharpagoside
8-O- 乙酰钩果草吉苷▲ 8-O-acetylharpagide
8- 乙酰钩果草吉苷▲ 8-acetylharpagide

Y

乙酰钩果草吉苷▲ acetylharpagide
N- 乙酰谷氨基酸 N-acetylglutamic acid
(-)-O- 乙酰贯叶赝靛碱▲ (-)-O-acetylbaptifoline
13-O- 乙酰贯叶赝靛碱▲ 13-O-acetylbaptifoline
22β- 乙酰光果甘草酸 22β-acetylglabric acid
N- 乙酰光千金藤碱 N-acetylstepharine
12- 乙酰光泽乌头碱 12-acetyllucidusculine
12- 乙酰光泽乌头灵▲ 12-acetylluciculine
1- 乙酰光泽乌头灵▲ 1-acetylluciculine
4'''- 乙酰果胶柳穿鱼苷▲ 4'''-acetylpectolinarin
乙酰果胶柳穿鱼苷▲ acetyl pectolinarin
3-O- 乙酰果渣酸▲ 3-O-acetylpomolic acid
3β-O- 乙酰果渣酸▲ 3β-O-acetylpomolic acid
3- 乙酰果渣酸▲ 3-acetyl pomolic acid
3-O- 乙酰果渣酸▲甲酯 3-O-acetylpomolic acid methyl ester
乙酰过氧化物 acetyl peroxide
2'-O- 乙酰海杧果叶苷▲ A 2'-O-acetylcerleaside A
8- 乙酰蒿内酯▲ 8-acetylarteminolide
O- 乙酰河谷木胺▲ O-acetylvallesamine
6-O- 乙酰河南半枝莲碱▲ A 6-O-acetylscutehenanine A
7-O- 乙酰荷茗草酮▲ 7-O-acetylhorminone
11- 乙酰核替生 11-acetylhetisine
13-O- 乙酰核替生 13-O-acetylhetisine
7-O- 乙酰红花八角素 7-O-acetyldunnianin
2''-O- 乙酰荭草素 2''-O-acetylorientin
6''-O- 乙酰荭草素 6''-O-acetylorientin
6''-O- 乙酰荭草素 6''-O-acetylorientin
6'-O- 乙酰胡萝卜苷 6'-O-acetyldaucosterol
6'-O- 乙酰胡桃苷 E 6'-O-acetyljuglanoside E
25-O- 乙酰葫芦素 -2-O-β- 吡喃葡萄糖苷 25-O-acetylcucurbitacin-2-O-β-glucopyranoside
16-O- 乙酰葫芦素 F 16-O-acetylcucurbitacin F
25-O- 乙酰葫芦素 F 25-O-acetylcucurbitacin F
4''-O- 乙酰槲皮苷 4''-O-acetylquercitrin
乙酰化槲皮素 -3-O- 阿拉伯半乳糖苷 acetylated quercetin 3-O-arabinosylgalactoside
乙酰化木犀草素 -7- 葡萄糖苷 acetylated-7-glucoluteolin
12-O- 乙酰桦叶烯二醇酮 12-O-acetylbetulafolienediolone
12-O- 乙酰桦叶烯三醇 12-O-acetylbetulafolienetriol
乙酰槐花皂苷 III acetylkaikasaponin III
(-)-31- 乙酰环小叶黄杨林碱▲ A (-)-31-acetylcyclomicrophylline A
N- 乙酰环原黄杨辛碱 D N-acetylcyclopropotobuxine D
乙酰环状金丝桃苯酮苷▲ acetylannulatophenonoside
3- 乙酰黄草乌碱甲 3-acetyl-vilmorrianine A
乙酰黄花夹竹桃素▲ A, B, C acetylthevetin A, B, C
2'-O- 乙酰黄花夹竹桃素▲ B 2'-O-acetylthevetin B
乙酰黄芪苷 acetylastragaloside
乙酰黄芪苷 I acetylastragaloside I
2''-O- 乙酰黄瑞香苷 A 2''-O-acetylgiraldoid A
2'-O- 乙酰黄三七苷 C 2'-O-acetylsoulieoside C
O- 乙酰黄心树宁碱 O-acetylushinsunine
N_{20}- 乙酰黄杨胺 E, G N_{20}-acetylbuxamine E, G
N-20- 乙酰黄杨胺 E N-20-acetylbuxamine E
N-20- 乙酰黄杨胺 G N-20-acetylbuxamine G
2'-O- 乙酰灰香科科苷▲ 2'-O-acetylpoliumoside
2'- 乙酰灰香科科苷▲ 2'-acetylpoliumoside
4- 乙酰茴香醚 4-acetylanisole
6''-O- 乙酰鸡蛋花苷 - 对 -E- 香豆酸酯 6''-O-acetylplumieride-p-E-coumarate
6''-O- 乙酰鸡蛋花苷 - 对 -Z- 香豆酸酯 6''-O-acetylplumieride-p-Z-coumarate
乙酰鸡纳酸 acetylquinovic acid
10- 乙酰鸡矢藤次苷 10-acetylscandoside
6-O- 乙酰鸡矢藤次苷 6-O-acetylscandoside
乙酰鸡矢藤次苷甲酯 acetyl scandoside methyl ester
23-O- 乙酰积雪草苷 B 23-O-acetylasiaticoside B
3- 乙酰基 -(-)- 表儿茶素 -7-O-(6- 异丁酰氧基)-β-D- 吡喃葡萄糖苷 3-acetyl-(-)-epicatechin-7-O-(6-isobutanoyloxyl)-β-D-glucopyranoside
3- 乙酰基 -(-)- 表儿茶素 -7-O-[6-(2- 甲基丁酰氧基)]-β-D- 吡喃葡萄糖苷 3-acetyl-(-)-epicatechin-7-O-[6-(2-methylbutanoyloxyl)]-β-D-glucopyranoside
3- 乙酰基 -(-)- 表儿茶素 -7-O-β-D- 吡喃葡萄糖苷 3-acetyl-(-)-epicatechin-7-O-β-D-glucopyranoside
6''-O- 乙酰基 -(3R)-7,2'- 二羟基 -3',4'- 二甲氧基异黄烷 -7-O-β-D- 吡喃葡萄糖苷 6''-O-acetyl-(3R)-7,2'-dihydroxy-3',4'-dimethoxyisoflavan-7-O-β-D-glucopyranoside
6''-O- 乙酰基 -(6aR,11aR)-3- 羟基 -9,10- 二甲氧基紫檀烷 -3-O-β-D- 吡喃葡萄糖苷 6''-O-acetyl-(6aR,11aR)-3-hydroxy-9,10-dimethoxypterocarpan-3-O-β-D-glucopyranoside
3-O-(2'-O- 乙酰基)-α-L- 吡喃阿拉伯糖基常春藤皂苷元 -28-O-β-D-吡喃葡萄糖基 -(1 → 6)-β-D- 吡喃葡萄糖基酯苷 3-O-(2'-O-acetyl)-α-L-arabinopyransylhederagenin-28-O-β-D-glucopyranosyl-(1 → 6)-O-β-glucopyranosyl ester
3-O-(6'-O- 乙酰基)-α-L- 吡喃鼠李糖基 -(1 → 2)-β-D- 吡喃葡萄糖苷 -1- 乙酰氧基 -6- 羟基 -2- 甲基蒽醌 -3-O-α-L- 吡喃鼠李糖基 -(1 → 4)-α-D- 吡喃葡萄糖苷 3-O-(6'-O-acetyl)-α-L-rhamnopyranosyl-(1 → 2)-β-D-glucopyranoside-1-acetoxy-6-hydroxy-2-methylanthraquinone-3-O-α-L-rhamnopyranosyl-(1 → 4)-α-D-glucopyranoside
6- 乙酰基 -1,10- 环氧阔眼菊素▲ 6-acetyl-1,10-epoxyeuryopsin
11- 乙酰基 -1,19- 环氧裸翠雀亭 11-acetyl-1,19-epoxydenudatine
1R,4S,4aR)-6- 乙酰基 -1,2,3,4,4a,5- 六氢 -4,4a 二甲基萘 -1,7- 二醇 (1R,4S,4aR)-6-acetyl-1,2,3,4,4a,5-hexahydro-4,4adimethylnaphthalene-1,7-diol
(3aS,5S,11bR,12S)-12- 乙酰基 -1,2,3a,4,5,7- 六氢 -8- 甲氧基 -3,5- 乙醇基 -3H- 吡咯 [2,3-d] 咔唑 -6- 羧酸甲酯 (3aS,5S,11bR,12S)-12-acetyl-1,2,3a,4,5,7-hexahydro-8-methoxy-3,5-ethano-3H-pyrrolo[2,3-d]carbazole-6-carboxylic acid methyl ester
1-[2-[7- 乙酰基 -1,4- 二 [(乙酰氧基) 甲基]-1,2,3,4- 四氢 -4,8- 二羟基 -1- 二苯并呋喃]-5- 羟基 -6- 苯并呋喃]- 乙酮 1-[2-[7-acetyl-1,4-bis[(acetyloxy)methyl]-1,2,3,4-tetrahydro-4,8-dihydroxy-1-dibenzofuranyl]-5-hydroxy-6-benzofuranyl]-ethanone
2- 乙酰基 -1,8- 二甲氧基 -3- 甲基萘 2-acetyl-1,8-dimethoxy-3-methylnaphthalene
2- 乙酰基 -1,8- 二羟基 -3- 甲基 -6- 甲氧基萘 2-acetyl-1,8-dihydroxy-3-methyl-6-methoxynaphthalene
3- 乙酰基 -1,8- 二羟基 -9(8aH)- 蒽醌 3-acetyl-1,8-dihydroxy-9(8aH)-anthracenone
2- 乙酰基 -1,8- 萘酚 2-acetyl-1,8-naphthol
6- 乙酰基 -1,9- 二去氧毛喉鞘蕊花素▲ 6-acetyl-1,9-dideoxyforskolin
1-[2-[7- 乙酰基 -1-[(乙酰氧基) 甲基]-1,2,3,4- 四氢 -8- 羟基 -4- 亚甲基 -1- 二苯并呋喃]-5- 羟基 -6- 苯并呋喃]- 乙酮 1-[2-[7-acetyl-1-[(acetyloxy)methyl]-1,2,3,4-tetrahydro-8-hydroxy-4-methylene-1-dibenzofuranyl]-5-hydroxy-6-benzofuranyl]-ethanone
2- 乙酰基 -1-{3-[3,4- 二 -O- 乙酰基 -β-D- 吡喃葡萄糖基 -(1 → 3)-2-O-乙酰基 -α-L- 吡喃鼠李糖氧基] 十八酰基 }-sn- 甘油 2-acetyl-1-{3-[3,4-di-O-acetyl-β-D-glucopyranosyl-(1 → 3)-2-O-acetyl-α-L-

Y

rhamnopyranosyloxy]octadecanoyl}-*sn*-glycerol
19-*O*- 乙酰基 -10- 甲氧基 -19,20- 二氢小蔓长春花碱▲ 19-*O*-acetyl-10-methoxy-19,20-dihydrovinorine
1-*O*- 乙酰基 -10- 降雨石蒜碱 1-*O*-acetyl-10-norpluviine
7- 乙酰基 -10- 去乙酰基 -7- 去苯甲酰短叶紫杉醇▲ 7-acetyl-10-deacetyl-7-debenzoylbrevifoliol
3-*O*- 乙酰基 -11α,12α- 环氧蒲公英赛烷 -28- 醛 3-*O*-acetyl-11α,12α-oxidotaraxerane-28-al
3-*O*- 乙酰基 -11α,12α- 环氧 - 齐墩果 -28,13β- 内酯 3-*O*-acetyl-11α,12α-epoxy-oleanane-28,13β-olide
3β- 乙酰基 -11β- 羟基 - 羽扇豆醇 3β-acetyl-11β-hydroxy-lupeol
3α- 乙酰基 -11- 氧代 -12- 乌苏烯 -24- 羧酸 3α-acetoxy-11-oxo-12-ursen-24-oic acid
乙酰基 -11- 氧代 -β- 乳香酸 acetyl-11-keto-β-boswellic acid
20-*O*- 乙酰基 -12-*O*- 桂皮酰基 -3-*O*-(β-D- 吡喃夹竹桃糖基 -(1→4)-β-D- 吡喃夹竹桃糖基 -(1→4)-β-D- 吡喃磁麻糖基)-8,14- 裂环肉珊瑚素▲ -8,14- 二酮 20-*O*-acetyl-12-*O*-cinnamoyl-3-*O*-(β-D-oleandropyranosyl-(1→4)-β-D-oleandropyranosyl-(1→4)-β-D-cymaropyranosyl)-8,14-secosarcostin-8,14-dione
13-*O*- 乙酰基 -12-*O*- 正癸烷 -2,4,6- 三烯酸佛波醇 13-*O*-acetyl-12-*O*-*n*-deca-2,4,6-trienoylphorbol
3β-*O*- 乙酰基 -12β- 羟基 -23,24,25,26,27- 五降达玛 -20- 酮 3β-*O*-acetyl-12β-hydroxy-23,24,25,26,27-hexanordammarane-20-one
23-*O*- 乙酰基 -12β- 羟基澳洲茄胺 23-*O*-acetyl-12β-hydroxysolasodine
12- 乙酰基 -12- 表欧乌头碱 12-acetyl-12-epinapelline
3α- 乙酰基 -13β- 羟基 -8(17),14- 半日花二烯 3α-acetyl-13β-hydroxy-8(17),14-labdadiene
2- 乙酰基 -13- 去氢 -11- 表核替生 2-acetyl-13-dehydro-11-epihetisine
2- 乙酰基 -13- 去氢 -11- 核替生 2-acetyl-13-dehydro-11-hetisine
3-*O*- 乙酰基 -14-*O*- 苯甲酰基 -10- 去氧佛罗里达八角内酯▲ 3-*O*-acetyl-14-*O*-benzoyl-10-deoxyfloridanolide
3-*O*- 乙酰基 -14-*O*- 苯甲酰闽皖八角素 3-*O*-acetyl-14-*O*-benzoylminwanensin
8- 乙酰基 -14- 苯甲酰基 - 反展花乌头宁 8-acetyl-14-benzoyl-ezochasmanine
5,8- 乙酰基 -14- 苯甲酰新欧乌林碱▲ 5,8-acetyl-14-benzoylneoline
7,8- 乙酰基 -14- 苯甲酰展花乌头宁 7,8-acetyl-14-benzoylchasmanine
8- 乙酰基 -14- 苯甲酰展花乌头宁 8-acetyl-14-benzoylchasmanine
6-*O*- 乙酰基 -14- 甲氧基 - 翠雀叶乌头碱▲ 6-*O*-acetyl-14-methoxydelphinifoline
19-*O*- 乙酰基 -14- 去氧 -11,12- 二去氢穿心莲内酯 19-*O*-acetyl-14-deoxy-11,12-didehydroandrographolide
3-*O*- 乙酰基 -15-*O*- 藜芦酰白藜芦胺▲ 3-*O*-acetyl-15-*O*-veratroylgermine
12β-*O*- 乙酰基 -15α,17β- 二羟基 -3- 酮基 -20,21,22-23,24,25,26,27-八降达玛烷 12β-*O*-acetyl-15α,17β-dihydroxy-3-oxo-20,21,22-23,24,25,26,27-octanordammanrane
6α-*O*- 乙酰基 -15α,19β- 二 -*O*- 乙基 -2,19:4,18:11,16:15,16- 四环氧赪桐 -6,15,19- 三醇 6α-*O*-acetyl-15α,19β-di-*O*-ethyl-2,19:4,18:11,16:15,16-tetraepoxyneoclerodane-6,15,19-triol
12β-*O*- 乙酰基 -15α- 羟基 -17β- 甲氧基 -3- 酮基 -20,21,22-23,24,25,26,27- 八降达玛烷 12β-*O*-acetyl-15α-hydroxy-17β-methoxy-3-oxo-20,21,22-23,24,25,26,27-octanordammanrane
6α-*O*- 乙酰基 -15β,19β- 二 -*O*- 乙基 -2,19:4,18:11,16:15,16- 四环氧新赪桐 -6,15,19- 三醇 6α-*O*-acetyl-15β,19β-di-*O*-ethyl-2,19:4,18:11,16:15,16-tetraepoxyneoclerodane-6,15,19-triol
8- 乙酰基 -15- 羟基新欧乌林碱▲ 8-acetyl-15-hydroxyneoline
3-*O*- 乙酰基 -16α- 羟基去氢栓菌烯醇酸▲ 3-*O*-acetyl-16α-hydroxydehydrotrametenolic acid
3-*O*- 乙酰基 -16α- 羟基栓菌烯醇酸▲ 3-*O*-acetyl-16α-hydroxytrametenolic acid
3β-*O*- 乙酰基 -16β- 羟基 -11- 氧代齐墩果 -12- 烯 3β-*O*-acetyl-16β-hydroxy-11-oxoolean-12-ene
3β-*O*- 乙酰基 -16β- 羟基 -12- 氧代齐墩果烷 3β-*O*-acetyl-16β-hydroxy-12-oxoolean
3β-*O*- 乙酰基 -16β- 羟基齐墩果 -12- 烯 3β-*O*-acetyl-16β-hydroxyolean-12-ene
13-*O*- 乙酰基 -16- 羟基佛波醇 13-*O*-acetyl-16-hydroxyphorbol
15-*O*- 乙酰基 -17- 羟基南大戟醇 15-*O*-acetyl-17-hydroxyjolkinol
6α-*O*- 乙酰基 -19β-*O*- 乙基 -2,19:4,18:11,16:15,16- 四环氧新赪桐 -6,15,19- 三醇 6α-*O*-acetyl-19β-*O*-ethyl-2,19:4,18:11,16:15,16-tetraepoxyneoclerodane-6,15,19-triol
6'- 乙酰基 -19- 吡喃葡萄糖氧基 -8(17),13- 对映 - 半日花二烯 -15→16- 内酯 6'-acetyl-19-glucopyranosyloxy-8(17),13-*ent*-labdadien-15→16-lactone
19-*O*- 乙酰基 -19- 表 - 糖胶树辛碱▲ 19-*O*-acetyl-19-*epi*-scholaricine
25-*O*- 乙酰基 -1α- 羟基 - 升麻醇 -3-*O*-β-D- 吡喃木糖苷 25-*O*-acetyl-1α-hydroxycimigenol-3-*O*-β-D-xylopyranoside
23-*O*- 乙酰基 -1α- 羟基 - 升麻新醇 -3-*O*-β-D- 吡喃木糖苷 23-*O*-acetyl-1α-hydroxyshengmanol-3-*O*-β-D-xylopyranoside
8- 乙酰基 -1- 表山栀苷元甲酯 8-acetyl-1-epishanzhigenin methyl ester
4- 乙酰基 -1- 甲基 -1- 环己烯 4-acetyl-1-methyl-1-cyclohexene
7- 乙酰基 -1- 羟基 -4- 亚甲基 -1,2,3,4- 四氢萘 7-acetyl-1-hydroxy-4-methylene-1,2,3,4-tetrahydronaphthalene
2- 乙酰基 -1- 羟基 -8- 甲氧基 -3- 甲基萘 2-acetyl-1-hydroxy-8-methoxy-3-methylnaphthalene
6- 乙酰基 -1- 去氧毛喉鞘蕊花素▲ 6-acetyl-1-deoxyforskolin
2- 乙酰基 -2,2- 二甲基色烯 2-acetyl-2,2-dimethylchromene
6- 乙酰基 -2,2- 二甲基色烯 6-acetyl-2,2-dimethylchromene
6- 乙酰基 -2,2- 二甲基色烯 -8-*O*-β-D- 葡萄糖苷 6-acetyl-2,2-dimethylchromene-8-*O*-β-D-glucoside
5- 乙酰基 -2,2'- 联噻吩 5-acetyl-2,2'-bithiophene
3α- 乙酰基 -2,3,5- 三甲基 -7α- 羟基 -5-(4,8,12- 三甲基 - 十三醇)-1,3α,5,6,7,7α- 六氢 -4- 氧杂茚烯 -1- 酮 3α-acetyl-2,3,5-trimethyl-7α-hydroxy-5-(4,8,12-trimethyl-tridecanyl)-1,3α,5,6,7,7α-hexahydro-4-oxainden-1-one
(5*S*)-3α- 乙酰基 -2,3,5- 三甲基 -7α- 羟基 -5-(4,8,12- 三甲基十三烷基)-1,3α,5,6,7,7α- 六氢 -4- 氧杂茚 -1- 酮 (5*S*)-3α-acetyl-2,3,5-trimethyl-7α-hydroxy-5-(4,8,12-trimethyltridecanyl)-1,3α,5,6,7,7α-hexahydro-4-oxainden-1-one
3α- 乙酰基 -2,3,5- 三甲基 -7α- 羟基 -5-(4,8,12- 三甲基十三烷基)-1,3α,5,6,7,7α- 六氢 -4- 氧杂茚 -1- 酮 3α-acetyl-2,3,5-trimethyl-7α-hydroxy-5-(4,8,12-trimethyltridecanyl)-1,3α,5,6,7,7α-hexahydro-4-oxainden-1-one
2-(5- 乙酰基 -2,3- 二氢苯并 [β] 呋喃 -2- 丙烯酸甲酯 methyl 2-(5-acetyl-2,3-dihydrobenzo[β]furan-2-yl)propenoate
3- 乙酰基 -2,4- 二羟基 -6 甲氧基 -5- 甲基苯甲醛 3-acetyl-2,4-dihydroxy-6-methoxy-5-methylbenzaldehyde
6-[2-(5- 乙酰基 -2,7- 二甲基 -8- 酮 - 双环 [4.2.0] 辛 -1,3,5- 三烯 -7-基)-2- 酮 - 乙基]-3,9- 二甲基萘并 [1,8-bc] 吡喃 -7,8- 二酮 6-[2-(5-acetyl-2,7-dimethyl-8-oxo-bicyclo[4.2.0]octa-1,3,5-trien-7-yl)-2-oxo-ethyl]-3,9-dimethylnaphtho[1,8-bc]pyran-7,8-dione
3α-*O*- 乙酰基 -20(29)- 羽扇豆烯 -2α- 醇 3α-*O*-acetyl-20(29)-lupen-2α-ol
11α-*O*- 乙酰基 -20(*S*),24(*R*)- 环氧达玛 -3β,11α-25- 三醇 11α-*O*-

Y

acetyl-20(*S*),24(*R*)-epoxy-dammmaran-3*β*,11*α*-25-triol
12-*O*- 乙酰基 -20,24- 环氧 -3*α*,12*β*,20(*S*),24(*R*),25- 五羟基达玛 -3-氢化丙二酸酯 12-*O*-acetyl-20,24-epoxy-3*α*,12*β*,20(*S*),24(*R*),25-pentahydroxydammar-3-yl-hydrogenpropanedioate
6-*O*- 乙酰基 -20,24- 环氧达玛 -3*β*,6*α*,25- 三醇 6-*O*-acetyl-20,24-epoxy-dammarane-3*β*,6*α*,25-triol
12-*O*- 乙酰基 -20-*O*- 苯甲酰基 -(14,17,18- 原乙酸酯)- 二氢肉珊瑚素▲ -3-*O*-*β*-D- 吡喃磁麻糖基 -(1 → 4)-*O*-*β*-D- 吡喃夹竹桃糖基 -(1 → 4)-*O*-*β*-D- 吡喃磁麻糖苷 12-*O*-acetyl-20-*O*-benzoyl-(14,17,18-orthoacetate)-dihydrosarcostin-3-*O*-*β*-D-thevetopyranosyl-(1→4)-*O*-*β*-D-oleandropyranosyl-(1→4)-*O*-*β*-D-cymaropyranoside
12-*O*- 乙酰基 -20-*O*- 苯甲酰基 -(14,17,18- 原乙酸酯)- 二氢肉珊瑚素▲ -3-*O*-*β*-D- 吡喃葡萄糖基 -(1 → 4)-*O*-*β*-D- 吡喃磁麻糖基 -(1 → 4)-*O*-*β*-D- 吡喃夹竹桃糖基 -(1 → 4)-*O*-*β*-D- 吡喃磁麻糖苷 12-*O*-acetyl-20-*O*-benzoyl-(14,17,18-orthoacetate)-dihydrosarcostin-3-*O*-*β*-D-glycopyranosyl-(1 → 4)-*O*-*β*-D-thevetopyranosyl-(1→4)-*O*-*β*-D-oleandropyranosyl-(1→4)-*O*-*β*-D-cymaropyranoside
12-*O*- 乙酰基 -20-*O*- 苯甲酰基 -(14,17,18- 原乙酸酯)- 二氢肉珊瑚素▲ -3-*O*-*β*-D- 吡喃葡萄糖基 -(1 → 4)-*O*-*β*-D- 吡喃磁麻糖基 -(1 → 4)-*O*-*β*-D- 吡喃夹竹桃糖基 -(1 → 4)-*O*-*β*-D- 吡喃磁麻糖基 -(1 → 4)-*O*-*β*-D- 吡喃磁麻糖苷 12-*O*-acetyl-20-*O*-benzoyl-(14,17,18-orthoacetate)-dihydrosarcostin-3-*O*-*β*-D-glycopyranosyl-(1→4)-*O*-*β*-D-thevetopyranosyl-(1→4)-*O*-*β*-D-oleandropyranosyl-(1→4)-*O*-*β*-D-cymaropyranosyl-(1→4)-*O*-*β*-D-cymaropyranoside
12-*O*- 乙酰基 -20-*O*- 苯甲酰基 -(14,17,18- 原乙酸酯)- 二氢肉珊瑚素▲ -3-*O*-*β*-D- 吡喃葡萄糖基 -(1 → 4)-*O*-*β*-D- 吡喃葡萄糖基 -(1 → 4)-*O*-*β*-D- 吡喃磁麻糖基 -(1 → 4)-*O*-*β*-D- 吡喃夹竹桃糖基 -(1 → 4)-*O*-*β*-D- 吡喃磁麻糖苷 12-*O*-acetyl-20-*O*-benzoyl-(14,17,18-orthoacetate)-dihydrosarcostin-3-*O*-*β*-D-glucopyranosyl-(1 → 4)-*O*-*β*-D-glucopyranosyl-(1 → 4)-*O*-*β*-D-thevetopyranosyl-(1→4)-*O*-*β*-D-oleandropyranosyl-(1→4)-*O*-*β*-D-cymaropyranoside
12-*O*- 乙酰基 -20-*O*- 苯甲酰基 -(8,14,18- 原乙酸酯)- 二氢肉珊瑚素▲ -3-*O*-*β*-D- 吡喃磁麻糖基 -(1 → 4)-*O*-*β*-D- 吡喃夹竹桃糖基 -(1 → 4)-*O*-*β*-D- 吡喃磁麻糖苷 12-*O*-acetyl-20-*O*-benzoyl-(8,14,18-orthoacetate)-dihydrosarcostin-3-*O*-*β*-D-thevetopyranosyl-(1→4)-*O*-*β*-D-oleandropyranosyl-(1→4)-*O*-*β*-D-cymaropyranoside
12-*O*- 乙酰基 -20-*O*- 苯甲酰基 -(8,14,18- 原乙酸酯)- 二氢肉珊瑚素▲ -3-*O*-*β*-D- 吡喃葡萄糖基 -(1 → 4)-*O*-*β*-D- 吡喃磁麻糖基 -(1 → 4)-*O*-*β*-D- 吡喃夹竹桃糖基 -(1 → 4)-*O*-*β*-D- 吡喃磁麻糖苷 12-*O*-acetyl-20-*O*-benzoyl-(8,14,18-orthoacetate)-dihydrosarcostin-3-*O*-*β*-D-glucopyranosyl-(1 → 4)-*O*-*β*-D-thevetopyranosyl-(1→4)-*O*-*β*-D-oleandropyranosyl-(1→4)-*O*-*β*-D-cymaropyranoside
12-*O*- 乙酰基 -20-*O*- 苯甲酰基 -(8,14,18- 原乙酸酯)- 二氢肉珊瑚素▲ -3-*O*-*β*-D- 吡喃葡萄糖基 -(1 → 4)-*O*-*β*-D- 吡喃磁麻糖基 -(1 → 4)-*O*-*β*-D- 吡喃夹竹桃糖基 -(1 → 4)-*O*-*β*-D- 吡喃磁麻糖基 -(1 → 4)-*O*-*β*-D- 吡喃磁麻糖苷 12-*O*-acetyl-20-*O*-benzoyl-(8,14,18-orthoacetate)-dihydrosarcostin-3-*O*-*β*-D-glucopyranosyl-(1 → 4)-*O*-*β*-D-thevetopyranosyl-(1 → 4)-*O*-*β*-D-oleandropyranosyl-(1→4)-*O*-*β*-D-cymaropyranosyl-(1→4)-*O*-*β*-D-cymaropyranoside
12-*O*- 乙酰基 -20-*O*- 苯甲酰基 -(8,14,18- 原乙酸酯)- 二氢肉珊瑚素▲ -3-*O*-*β*-D- 吡喃葡萄糖基 -(1 → 4)-*O*-*β*-D- 吡喃葡萄糖基 -(1 → 4)-*O*-*β*-D- 吡喃磁麻糖基 -(1 → 4)-*O*-*β*-D- 吡喃夹竹桃糖基 -(1 → 4)-*O*-*β*-D- 吡喃磁麻糖苷 12-*O*-acetyl-20-*O*-benzoyl-(8,14,18-orthoacetate)-dihydrosarcostin-3-*O*-*β*-D-glucopyranosyl-(1 → 4)-*O*-*β*-D-glucopyranosyl-(1 → 4)-*O*-*β*-D-thevetopyranosyl-(1→4)-*O*-*β*-D-oleandropyranosyl-(1→4)-*O*-*β*-D-cymaropyranoside
12-*O*- 乙酰基 -20-*O*- 苯甲酰基 -(8,14,18- 原乙酸酯)- 二氢肉珊瑚素▲ -3-*O*-*β*-D- 吡喃葡萄糖基 -(1 → 4)-*O*-*β*-D- 吡喃葡萄糖基 -(1 → 4)-*O*-*β*-D- 吡喃磁麻糖基 -(1 → 4)-*O*-*β*-D- 吡喃夹竹桃糖基 -(1 → 4)-*O*-*β*-D- 吡喃磁麻糖基 -(1 → 4)-*O*-*β*-D- 吡喃磁麻糖苷 12-*O*-acetyl-20-*O*-benzoyl-(8,14,18-orthoacetate)-dihydrosarcostin-3-*O*-*β*-D-glucopyranosyl-(1 → 4)-*O*-*β*-D-glucopyranosyl-(1 → 4)-*O*-*β*-D-thevetopyranosyl-(1 → 4)-*O*-*β*-D-oleandropyranosyl-(1→4)-*O*-*β*-D-cymaropyranosyl-(1→4)-*O*-*β*-D-cymaropyranoside
12- 乙酰基 -20- 甲基丁酰基 - 二氢肉珊瑚素▲ -3-*O*-*β*-D- 吡喃磁麻糖基 -(1 → 4)- *β*-D- 吡喃夹竹桃糖基 -(1 → 4)-*β*-D- 吡喃磁麻糖苷 12-acetyl-20-methylbutanoyl-dihydrosarcostin-3-*O*-*β*-D-thevetopyranosyl-(1 → 4)- *β*-D-oleandropyranosyl-(1 → 4)-*β*-D-cymaropyranoside
3- 乙酰基 -20- 羟基 -28- 醛基羽扇豆烷醇 3-acetyl-20-hydroxy-28-oic-lupeol
3-*O*- 乙酰基 -20- 羟基蜕皮素 3-*O*-acetyl-20-hydroxyecdysone
3- 乙酰基 -20- 羽扇豆醇 3-acetoxy-20-lupanol
21-*O*- 乙酰基 -21- 羟基 -3- 氧代 -11,13(18)- 齐墩果二烯 -28- 酸 21-*O*-acetyl-21-hydroxy-3-oxo-11,13(18)-oleanadien-28-oic acid
3*β*- 乙酰基 -22,23,24,25,26,27- 六降达玛 -20- 酮 3*β*-acetyl-22,23,24,25,26,27-hexanordamaran-20-one
25-*O*- 乙酰基 -23,24- 二氢葫芦素 F 25-*O*-acetyl-dihydrocucurbitacin F
25-*O*- 乙酰基 -23,24- 二氢葫芦素 F 25-*O*-acetyl-23,24-dihydrocucurbitacin F
3'-*O*- 乙酰基 -23- 表 -26- 去氧类叶升麻素▲ 3'-*O*-acetyl-23-*epi*-26-deoxyactein
4'-*O*- 乙酰基 -23- 表 -26- 去氧升麻苷 4'-*O*-acetyl-23-*epi*-26-deoxycimifugoside
3'-*O*- 乙酰基 -24- 表 -7,8- 二去氢升麻醇 -3-*O*-*β*-D- 吡喃木糖苷 3'-*O*-acetyl-24-*epi*-7,8-didehydrocimigenol-3-*O*-*β*-D-xylopyranoside
2'-*O*- 乙酰基 -24- 表 - 升麻醇 -3-*O*-*α*-L- 吡喃阿拉伯糖苷 2'-*O*-acetyl-24-*epi*-cimigenol-3-*O*-*α*-L-arabinopyranoside
24-*O*- 乙酰基 -25-*O*- 桂皮酰榅桲萜内酯▲ 24-*O*-acetyl-25-*O*-cinnamoylvulgaroside
24-*O*- 乙酰基 -25-*O*- 甲基 -7,8- 二去氢升麻新醇 -3-*O*-*β*-D- 吡喃木糖苷 24-*O*-acetyl-25-*O*-methyl-7,8-didehydroshengmanol-3-*O*-*β*-D-xylopyranoside
2'-*O*- 乙酰基 -25-*O*- 甲基升麻醇 -3-*O*-*β*-D- 吡喃木糖苷 2'-*O*-acetyl-25-*O*-methyl-cimigenol-3-*O*-*β*-D-xylopyranoside
2'-*O*- 乙酰基 -25-*O*- 乙基升麻醇 -3-*O*-*β*-D- 吡喃木糖苷 2'-*O*-acetyl-25-*O*-ethyl-cimigenol-3-*O*-*β*-D-xylopyranoside
24-*O*- 乙酰基 -25- 甲氧基 -7,8- 二去氢氢化升麻新醇 -3-*O*-*β*-D- 吡喃木糖苷 24-*O*-acetyl-25-*O*-methyl-7,8-didehydrohydroshengmanol-3-*O*-*β*-D-xylopyranoside
(20*S*,22*S*,23*E*)-22-*O*- 乙酰基 -25- 羟基羊毛脂 -8,23(*E*)- 二烯 -3- 酮 (20*S*,22*S*,23*E*)-22-*O*-acetyl-25-hydroxylanosta-8,23(*E*)-dien-3-one
2'-*O*- 乙酰基 -25- 脱水升麻醇 -3-*O*-*β*-D- 吡喃木糖苷 2'-*O*-acetyl-25-anhydrocimigenol-3-*O*-*β*-D-xylopyranoside
24-*O*- 乙酰基 -25- 脱水升麻新醇 -3-*O*-*β*-D- 吡喃木糖苷 24-*O*-acetyl-25-anhydroshengmanol-3-*O*-*β*-D-xylopyranoside
2'-*O*- 乙酰基 -27- 去氧类叶升麻素▲ 2'-*O*-acetyl-27-deoxyactein
3*β*- 乙酰基 -28- 羟基熊果醇 3*β*-acetyl-28-hydroxyuvaol
2'''-*O*- 乙酰基 -2''-*O*-*α*-L- 吡喃鼠李糖基异牡荆素 2'''-*O*-acetyl-2''-*O*-*α*-L-rhamnopyranosylisovitexin

4'''-*O*- 乙酰基 -2''-*O*-*α*-L- 吡喃鼠李糖基异牡荆素 4'''-*O*-acetyl-2''-*O*-*α*-L-rhamnopyranosylisovitexin

3-*O*- 乙酰基 -2-*O*- 阿魏酰基 -*α*-L- 吡喃鼠李糖 3-*O*-acetyl-2-*O*-(3-methoxy-4-hydroxycinnamoyl)-*α*-L-rhamnopyranose

3-*O*- 乙酰基 -2-*O*- 对羟基桂皮酰基 -*α*-L- 吡喃鼠李糖 3-*O*-acetyl-2-*O*-(p-hydroxycinnamoyl)-*α*-L-rhamnopyranose

5-*O*- 乙酰基 -2''-*α*- 吡喃鼠李糖基异牡荆素 5-*O*-acetyl-2''-*α*-rhamnopyranosylisovitexin

4*α*- 乙酰基 -2*β*,5*α*,8- 三异丁酰基 -1*β*,3*α*,10,11- 四羟基红没药烯 4*α*-acetyl-2*β*,5*α*,8-triisobutyryl-1*β*,3*α*,10,11-tetrahydroxybisabolene

4*α*- 乙酰基 -2*β*- 当归酰基 -5*α*,10- 二异丁酰基 -1*β*,3*α*,8,11- 四羟基红没药烯 4*α*-acetyl-2*β*-angeloyl-5*α*,10-diisobutyryl-1*β*,3*α*,8,11-tetrahydroxybisabolene

4*α*- 乙酰基 -2*β*- 当归酰基 -5*α*,8- 二异丁酰基 -1*β*,3*α*,10,11- 四羟基红没药烯 4*α*-acetyl-2*β*-angeloyl-5*α*,8-diisobutyryl-1*β*,3*α*,10,11-tetrahydroxybisabolene

12-*O*- 乙酰基 -2- 表 - 巨大戟醇▲ -3,8- 二苯甲酸酯 12-*O*-acetyl-2-*epi*-ingol-3,8-dibenzoate

3- 乙酰基 -2- 甲基 -1,4,5- 三羟基 -2,3- 环氧萘二醌 3-acetyl-2-methyl-1,4,5-trihydroxy-2,3-epoxynaphthoquinol

(+)-3- 乙酰基 -2- 甲基 -1,5- 二羟基 -2,3- 环氧萘醌醇 (+)-3-acetyl-2-methyl-1,5-dihydroxy-2,3-epoxynaphthoquinol

6- 乙酰基 -2- 羟甲基 -2- 甲基二氢色原 -4- 酮 6-acetyl-2-hydroxymethyl-2-methylchroman-4-one

1- 乙酰基 -2- 去乙酰鹧鸪花素▲ H 1-acetyl-2-deacetyltrichilin H

6- 乙酰基 -2- 异戊烯基 -8- 甲氧基 -1,3- 苯并二氧 (杂) 芑 -4- 酮 6-acetyl-2-isopropenyl-8-methoxy-1,3-benzodioxin-4-one

6-*O*-(2''-*O*- 乙酰基 -3'',4''-*O*- 二 - 反式 - 桂皮酰基)-*α*-L- 吡喃鼠李糖基梓醇 6-*O*-(2''-*O*-acetyl-3'',4''-*O*-di-*trans*-cinnamoyl)-*α*-L-rhamnopyranosylcatalpol

3- 乙酰基 -3,4- 二氢 -5,6- 二甲氧基异香豆素 3-acetyl-3,4-dihydro-5,6-dimethoxyisocoumarin

3- 乙酰基 -3,5,4'- 三羟基 -7- 甲氧基黄酮 3-acetyl-3,5,4'-trihydroxy-7-methoxylflavone

2- 乙酰基 -3,5- 二羟基 -1- 香叶醇基 -6- 甲基 -4-(2- 甲基) 丁酰基 - 苯 2-acetyl-3,5-dihydroxy-1-geranoxy-6-methyl-4-(2-methyl) butyryl-benzene

β-D-(l-*O*- 乙酰基 -3,6-*O*- 二阿魏酰基)- 呋喃果糖基 -*α*-D-2',3',6'-*O*-三乙酰基吡喃葡萄糖苷 *β*-D-(l-*O*-acetyl-3,6-*O*-diferuloyl)-fructofuranosyl-*α*-D-2',3',6'-*O*-triacetylglucopyranoside

β-D-(l-*O*- 乙酰基 -3,6-*O*- 二阿魏酰基)- 呋喃果糖基 -*α*-D-2',4',6'-*O*-三乙酰基吡喃葡萄糖苷 *β*-D-(l-*O*-acetyl-3,6-*O*-diferuloyl)-fructofuranosyl-*α*-D-2',4',6'-*O*-triacetylglucopyranoside

β-D-(l-*O*- 乙酰基 -3,6-*O*- 二阿魏酰基)- 呋喃果糖基 -*α*-D-2',6'-*O*-二乙酰基吡喃葡萄糖苷 *β*-D-(l-*O*-acetyl-3,6-*O*-diferuloyl)-fructofuranosyl-*α*-D-2',6'-*O*-diacetylglucopyranoside

β-D-(l-*O*- 乙酰基 -3,6-*O*- 二阿魏酰基)- 呋喃果糖基 -*α*-D-4',6'-*O*-二乙酰基吡喃葡萄糖苷 *β*-D-(l-*O*-acetyl-3,6-*O*-diferuloyl)-fructofuranosyl-*α*-D-4',6'-*O*-diacetyl-glucopyranoside

4- 乙酰基 -3,6'- 二阿魏酰蔗糖 4-acetyl-3,6'-diferuloylsucrose

7- 乙酰基 -3,8- 二羟基 -6- 甲基 -1- 萘 -*O*-*β*-D- 吡喃葡萄糖苷 7-acetyl-3,8-dihydroxy-6-methyl-1-naphthyl-*O*-*β*-D-glucopyranoside

2- 乙酰基 -3,8- 二羟基 -6- 甲基蒽醌 2-acetyl-3,8-dihydroxy-6-methoxy-anthraquinone

(3a*R*,4*R*,5*S*,7a*S*)-2- 乙酰基 -3a,4,5,6,7,7a- 六氢 -7a- 羟基 -1*H*- 茚 -5- 乙酸酯 (3a*R*,4*R*,5*S*,7a*S*)-2-acetyl-3a,4,5,6,7,7a-hexahydro-7a-hydroxy-1*H*-inden-5-yl acetate

2- 乙酰基 -3a*β*- 甲基 -3a,6,7,7a*β*- 四氢 -1*H*- 茚 -4- 羧酸甲酯 2-acetyl-3a*β*-methyl-3a,6,7,7a*β*-tetra-hydro-1*H*-inden-4-oic acid methyl ester

2- 乙酰基 -3a- 甲基 -5-(2- 甲基 - 丁 -2- 烯酰氧基)-3a,4,5,6,7,7a-六氢 -1*H*- 茚 -4- 酸 2-acetyl-3a-methyl-5-(2-methyl-but-2-enoyloxy)-3a,4,5,6,7,7a-hexahydro-1*H*-indene-4-carboxylic acid

4-*O*- 乙酰基 -3-*O*-(2,3- 环氧 -2- 甲基丁酰氧基) 库欧特酮 4-*O*-acetyl-3-*O*-(2,3-expoxy-2-methylbutanoyl)cuauthemone

4-*O*- 乙酰基 -3-*O*-(3- 乙酰氧基 -2- 甲基 -2- 羟基丁酰氧基) 库欧特酮 4-*O*-acetyl-3-*O*-(3-acetyloxy-2-methyl-2-hydroxybutanoyl) cuauthemone

6'-*O*- 乙酰基 -3'-*O*-[3-(*β*-D- 吡喃葡萄糖氧基)-2- 羟基苯甲酰基] 獐牙菜苷 6'-*O*-acetyl-3'-*O*-[3-(*β*-D-glucopyranosyloxy)-2-hydroxybenzoyl]sweroside

12-*O*- 乙酰基 -3-*O*- 苯甲酰基 -2- 表巨大戟醇▲ -8- 二苯甲酸酯 12-*O*-acetyl-3-*O*-benzoyl-2-epiingol-8-tiglate

12-*O*- 乙酰基 -3-*O*- 苯甲酰巨大戟醇▲ -8- 巴豆酸酯 12-*O*-acetyl-3-*O*-benzoylingol-8-tiglate

12-*O*- 乙酰基 -3-*O*- 丙二酰基桦叶烯三醇 12-*O*-acetyl-3-*O*-malonylbetulafolienetriol

4-*O*- 乙酰基 -3-*O*- 当归酰基阔苞菊烯醇 4-*O*-acetyl-3-*O*-angeloylplucheinol

5-*O*- 乙酰基 -3-*O*- 丁酰氧基 -12- 羟基续随子醇 5-*O*-acetyl-3-*O*-butanoyl-12-hydroxylathyrol

β-D-(l-*O*-乙酰基-3-*O*-反式-阿魏酰基)-呋喃果糖基-*α*-D-2',4',6'-*O*-三乙酰基吡喃葡萄糖苷 *β*-D-(1-*O*-acetyl-3-*O*-*trans*-feruloyl)-fructofuranosyl-*α*-D-2',4',6'-*O*-triacetylglucopyranoside

β-D-(l-*O*-乙酰基-3-*O*-顺式-阿魏酰基)-呋喃果糖基-*α*-D-2',3',6'-*O*-三乙酰基吡喃葡萄糖苷 *β*-D-(1-*O*-acetyl-3-*O*-*cis*-feruloyl)-fructofuranosyl-*α*-D-2',3',6'-*O*-triacetylglucopyranoside

12-*O*- 乙酰基 -3*α*,12*β*,17*α*,20(*S*),24(*R*)- 五羟基达玛 -25-烯 -3- 氢化丙二酸酯 12-*O*-acetyl-3*α*,12*β*,17*α*,20(*S*),24(*R*)-pentahydroxydammar-25-en-3-yl-hydrogenpropanedioate

12-*O*- 乙酰基 -3*α*,12*β*,20(*S*),24(*R*)- 四羟基达玛 -25- 烯 -3- 氢化丙二酸酯 12-*O*-acetyl-3*α*,12*β*,20(*S*),24(*R*)-tetrahydroxy-dammar-25-en-3-yl-hydrogenpropanedioate

12-*O*- 乙酰基 -3*α*,12*β*,20(*S*),24(*S*)- 四羟基达玛 -25- 烯 -3- 氢化丙二酸酯 12-*O*-acetyl-3*α*,12*β*,20(*S*),24(*S*)-tetrahydroxydammar-25-en-3-yl-hydrogenpropanedionate

12-*O*- 乙酰基 -3*α*,12*β*,20(*S*),25- 五羟基达玛 -23(*E*)- 烯 -3- 氢化丙二酸酯 12-*O*-acetyl-3*α*,12*β*,20(*S*),25-pentahydroxy-dammar-23(*E*)-en-3-yl-hydrogenpropanedioate

2- 乙酰基 -3*α*,*β*- 甲基 -3*α*,4,5,6,7,7*α*- 六氢茚 -4*β*- 羧酸甲酯 2-acetyl-3*α*,*β*-methyl-3*α*,4,5,6,7,7*α*-hexahydro-inden-4*β*-carboxylic methyl ester

15- 乙酰基 -3*α*- 羟基 -8(17),13- 半日花二烯 15-acetyl-3*α*-hydroxy-8(17),13-labdadiene

23-*O*- 乙酰基 -3*β*,12*β*,23*S*,24*R*- 四羟基 -20*S*,25- 环氧达玛 -3-*O*-[*β*-D- 吡喃木糖基 (1 → 2)-*β*-D- 吡喃木糖苷 23-*O*-acetyl-3*β*,12*β*,23*S*,24*R*-tetrahydroxy-20*S*,25-epoxy-dammarane-3-*O*-[*β*-D-xylopyranosyl-(1 → 2)-*β*-D-xylopyranoside

23-*O*- 乙酰基 -3*β*,12*β*,23*S*,24*R*- 四羟基 -20*S*,25- 环氧达玛 -3-*O*-[*β*-D- 吡喃木糖基 -(1 → 2)-*β*-D- 吡喃木糖基 (1 → 6)-*β*-D-吡喃葡萄糖苷 23-*O*-acetyl-3*β*,12*β*,23*S*,24*R*-tetrahydroxy-20*S*, 25-epoxydammarane-3-*O*-[*β*-D-xylopyranosyl-(1 → 2)-*β*-D-xylopyranosyl-(1 → 6)-*β*-D-glucopyranoside

23-*O*- 乙酰基 -3*β*,12*β*,23*S*,24*R*- 四羟基 -20*S*,25- 环氧达玛 -3-*O*-[*β*-D- 吡喃木糖基 -(1 → 2)-*β*-D- 吡喃葡萄糖苷 23-*O*-acetyl-3*β*,12*β*,23*S*,24*R*-tetrahydroxy-20*S*,25-epoxydammarane-3-*O*-[*β*-D-xylopyranosyl-(1 → 2)-*β*-D-glucopyranoside

1- 乙酰基 -3- 巴豆酰基 -11- 甲氧基楝卡品宁▲ 1-acetyl-3-tigloyl-11-methoxymeliacarpinin

4'- 乙酰基 -3'- 桂皮酰基 -2'- 对甲氧基桂皮酰基 -6-*O*- 鼠李糖基梓醇 4'-acetyl-3'-cinnamoyl-2'-*p*-methoxycinnamoyl-6-*O*-rhamoylcatalpol

2- 乙酰基 -3- 甲基 -1,8-1,8- 二羟萘 -8-*O*-β-D- 吡喃葡萄糖基 -(1→3)-β-D- 吡喃葡萄糖苷 2-acetyl-3-methyl-1,8-dihydroxynaphthalene-8-*O*-β-D-glucopyranosyl-(1 → 3)-β-D-glucopyranoside

2- 乙酰基 -3- 甲基 -6,8- 二羟基 -2,3,4,4- 四氢萘 -1- 酮 -6-*O*-β-D- 吡喃葡萄糖苷 2-acetyl-3-methyl-6,8-dihydroxy-2,3,4,4-tetrahydronaphthalene-1-one-6-*O*-β-D-glucopyranoside

2- 乙酰基 -3- 甲基 -6- 甲氧基 -8- 羟基 -1,4- 萘醌 2-acetyl-3-methyl-6-methoxy-8-hydroxy-1,4-naphthoquinone

2- 乙酰基 -3- 甲基 -8- 甲氧基 -1,4- 萘醌 -6-*O*-β-D- 吡喃葡萄糖苷 2-acetyl-3-methyl-8-methoxy-1,4-naphthoquinone-6-*O*-β-D-glucopyranoside

N- 乙酰基 -3- 甲氧基降南天竹宁 *N*-acetyl-3-methoxynornantenine

1- 乙酰基 -3- 甲氧基羰基 -4- 羟基 -β- 咔啉 1-acetyl-3-methoxycarbonyl-4-hydroxyl-β-carboline

1- 乙酰基 -3- 甲氧基羰基 -β- 咔啉 1-acetyl-3-methoxycarbonyl-β-carboline

(2'*S*)-5- 乙酰基 -3- 羟苯基 -2'- 十四醇 (2'*S*)-5-acetoxy-3-hydroxyphenyl-2'-tetradecanol

2- 乙酰基 -3- 羟基 -4- 乙烯基 -6-(*N*- 环戊 2,4- 二烯 - 哌啶) 喹啉 2-acetyl-3-hydroxy-4-ethenyl-6-(*N*-cyclopent-2,4-dienylpiperidine) quinoline

1- 乙酰基 -3- 羟基 - 丙烷 -2-(3'- 羟基)- 十八酸酯 1-acetoxy-3-hydroxypropan-2-3'-hydoxyoctadecanoate

1-*O*- 乙酰基 -3'- 羟基洛克米仔兰酰胺 1-*O*-acetyl-3'-hydroxyrocaglamide

1- 乙酰基 -3- 去乙酰鹧鸪花素▲ H 1-acetyl-3-deacetyltrichilin H

1- 乙酰基 -3- 羧基 -β- 咔啉 1-acetyl-3-carboxy-β-carboline

1- 乙酰基 -3- 乙酰氧乙酰基吲哚 1-acetyl-3-acetoxyacetyl-indole

乙酰基 -4',5,8- 三羟基黄酮 -7-α-D- 吡喃葡萄糖基 -(2 → 1)-β-D- 吡喃葡萄糖苷 acetyl 4',5,8-trihydroxyflavone-7-α-D-glucopyranosyl-(2 → 1)-β-D-glucopyranoside

1-{3-[(3- 乙酰基 -4,6- 二羟基 -2- 甲氧基 -5- 甲基苯基) 甲基]-2,4- 二羟基 -6- 甲氧基苯基 }- 乙酮 1-{3-[(3-acetyl-4,6-dihydroxy-2-methoxy-5-methylphenyl)methyl]-2,4-dihydroxy-6-methoxyphenyl}-ethanone

1- 乙酰基 -4-1- 环己烯 1-acetyl-4-methyl-1-cyclohexene

2'-*O*- 乙酰基 -4'-*O*- 反式 - 阿魏酰獐牙菜苦素 2'-*O*-acetyl-4'-*O*-*trans*-feruloylswertiamarin

2'-*O*- 乙酰基 -4'-*O*- 反式 - 对香豆酰獐牙菜苦素 2'-*O*-acetyl-4'-*O*-*trans*-*p*-coumaroylswertiamarin

2'-*O*- 乙酰基 -4'-*O*- 顺式 - 阿魏酰獐牙菜苦素 2'-*O*-acetyl-4'-*O*-*cis*-feruloylswertiamarin

2'-*O*- 乙酰基 -4'-*O*- 顺式 - 对香豆酰獐牙菜苦素 2'-*O*-acetyl-4'-*O*-*cis*-*p*-coumaroylswertiamarin

3'-*O*- 乙酰基 -4'- 苯甲酰邪蒿素 3'-*O*-acetyl-4'-*O*-benzoylseselin

7- 乙酰基 -4- 甲基薁 -1- 甲醛 7-acetyl-4-methylazulene-1-carbaldehyde

1- 乙酰基 -4- 甲氧基 -β- 咔啉 1-acetyl-4-methoxy-β-carboline

3- 乙酰基 -4- 咖啡酰奎宁酸 3-acetyl-4-caffeoylquinic acid

2- 乙酰基 -4- 氯 -1,8- 二羟基 -3- 甲基萘 -8-*O*-β-D- 吡喃葡萄糖苷 2-acetyl-4-chloro-1,8-dihydroxy-3-methylnaphthalene-8-*O*-β-D-glucopyranoside

13-*O*- 乙酰基 -4- 去氧 -4α- 佛波醇 -20- 亚油酸酯 13-*O*-acetyl-4-deoxy-4α-phorbol-20-linoleate

13-*O*- 乙酰基 -4- 去氧 -4α- 佛波醇 -20- 油酸酯 13-*O*-acetyl-4-deoxy-4α-phorbol-20-oleate

2- 乙酰基 -5-(丙基 -1- 炔基)- 噻吩 -3-*O*-β-D- 葡萄糖苷 2-acetyl-5-(prop-1-ynyl)-thiophene-3-*O*-β-D-glucoside

2- 乙酰基 -5,5- 二甲基环已 -1,3- 二酮 2-acetyldimedone

2- 乙酰基 -5,6- 二甲氧基苯并呋喃 2-acetyl-5,6-dimethoxybenzofuran

2- 乙酰基 -5,6- 二甲氧基 - 苯并呋喃 2-acetyl-5,6-dimethoxy-benzofuran

8-*O*- 乙酰基 -5,6- 二氢 -5,6- 环氧多枝炭角菌内酯▲ A 8-*O*-acetyl-5,6-dihydro-5,6-epoxymultiplolide A

[4a*R*-(4aα,5α,6aα,7α,7aα,8β,9β,10aβ,11α,12α,12aβ,12bβ)]-7- 乙酰基 -5,8- 二乙酰氧基 -7- 苯甲酰氧基 - 十二氢 -10a- 羟基 -1,1,9,12- 四甲基 -11-(1- 氧代丙酰氧基)-3*H*-12,6a- 环氧甲醇基 -1*H*- 薁并 [5,6-h]-2- 苯并吡喃 -3,6(4*H*)- 二酮 [4a*R*-(4aα,5α,6aα,7α,7aα,8β,9β,10aβ,11α,12α,12aβ,12bβ)]-7-acetyl-5,8-bis(acetyloxy)-7-(benzoyloxy)-dodecahydro-10a-hydroxy-1,1,9,12-tetramethyl-11--(1-oxopropoxy)-3*H*-12,6a-(epoxymethano)-1*H*-azuleno[5,6-h]-2-benzopyran-3,6(4*H*)-dione

4-*O*- 乙酰基 -5-*O*- 苯甲酰基 -3β- 羟基 -20- 去氧巨大戟烯醇▲ 4-*O*-acetyl-5-*O*-benzoyl-3β-hydroxy-20-deoxyingenol

2-*O*- 乙酰基 -5-*O*- 甲基密花树醌▲ 2-*O*-acetyl-5-*O*-methylrapanone

2- 乙酰基 -5β- 乙酰氧基 -3a,4,5,6,7,7a- 六氢 -7aβ- 羟基 -3aβ,4β- 二甲基 -1*H*- 茚 2-acetyl-5β-acetoxy-3a,4,5,6,7,7a-hexahydro-7aβ-hydroxy-3aβ,4β-dimethyl-1*H*-indene

4- 乙酰基 -5- 甲基二氢呋喃 -2- 酮 4-acetyl-5-methyldihydrofuran-2-one

3- 乙酰基 -5- 甲酯基 -2*H*-3,4,5,6- 四氢 -1,2,3,5,6-噁四嗪 3-acetyl-5-carbomethoxy-2*H*-3,4,5,6-tetrahydro-1,2,3,5,6-oxatetrazine

3- 乙酰基 -5- 咖啡酰奎宁酸 3-acetyl-5-caffeoylquinic acid

6- 乙酰基 -5- 羟基 -2-(1- 羟基 -2- 丙烯基)-3- 甲氧基 -2,3- 二氢苯并呋喃 6-acetyl-5-hydroxy-2-(1-hydroxy-2-propenyl)-3-methoxy-2,3-dihydrobenzofuran

2-(6- 乙酰基 -5- 羟基 -2,3- 二氢苯并呋喃 -2- 丙烯酸甲酯 methyl 2-(6-acetyl-5-hydroxy-2,3-dihydrobenzofuran-2-yl)propenoate

6- 乙酰基 -5- 羟基 -2α- 乙丙烯 -3β- 甲氧基 -2,3- 二氢苯并呋喃 6-acetyl-5-hydroxy-2α-isopropenyl-3β-methoxy-2,3-dihydrobenzofuran

7- 乙酰基 -5- 乙烯基 -3-(*N*- 环戊 -3",5"- 二烯 -2"- 羟基哌啶) 喹啉 7-acetyl-5-ethenyl-3-(*N*-cyclopenta-3",5"-dienyl-2"-hydroxypiperidine)quinoline

7- 乙酰基 -6(7)- 烯 - 降荒漠木 -13β- 酸 7-acetyl-6(7)-en-noreremophil-13β-carboxylic acid

(3β,6β,10α)-3- 乙酰基 -6,10- 二羟基荒漠木 -7(11),8- 二烯 -12,8- 内酯 (3β,6β,10α)-3-acetyl-6,10-dihydroxyeremophila-7(11),8-dieno-12,8-lactone

(3β,6β,10β)-3- 乙酰基 -6,10- 二羟基荒漠木 -7(11),8- 二烯 -12,8- 内酯 (3β,6β,10β)-3-acetyl-6,10-dihydroxyeremophila-7(11),8-dieno-12,8-lactone

(3β,6β,8α,10β)-3- 乙酰基 -6,8,10- 三羟基荒漠木 -7(11)- 烯 -12,8- 内酯 (3β,6β,8α,10β)-3-acetyl-6,8,10-trihydroxyeremophil-7(11)-eno-12,8-lactone

8-*O*- 乙酰基 -6-*O*-(对甲氧基反式 - 桂皮酰基)- 山栀苷 8-*O*-acetyl-6-*O*-(*p*-methoxy-*trans*-cinnamoyl)-shanzhiside

8-*O*- 乙酰基 -6-*O*-(对甲氧基顺式 - 桂皮酰基)- 山栀苷 8-*O*-acetyl-6-*O*-(*p*-methoxy-*cis*-cinnamoyl)-shanzhiside

β-D-(l-*O*- 乙酰基 -6-*O*- 阿魏酰基)- 呋喃果糖基 -α-D-2',4',6'-*O*- 三乙酰基吡喃葡萄糖苷 β-D-(l-*O*-acetyl-6-*O*-feruloyl)-fructofuranosyl-α-D-2',4',6'-*O*-triacetyl-glucopyranoside

8- 乙酰基 -6'-*O*- 对香豆酰钩果草吉苷▲ 8-acetyl-6'-*O*-(*p*-coumaroyl) harpagide
4-*O*-(2''-*O*- 乙酰基 -6''-*O*- 对香豆酰基 -*β*-D- 吡喃葡萄糖基)- 对香豆酸 4-*O*-(2''-*O*-acetyl-6''-*O*-*p*-coumaroyl-*β*-D-glucopyranosyl)-*p*-coumaric acid
4-*O*-(2-*O*- 乙酰基 -6-*O*- 对香豆酰基 -*β*-D- 吡喃葡萄糖基)- 对香豆酸 4-*O*-(2-*O*-acetyl-6-*O*-*p*-coumaroyl-*β*-D-glucopyranosyl)-*p*-coumaric acid
3''-*O*- 乙酰基 -6''-*O*- 反式 - 巴豆酰蛇藤素▲ 3''-*O*-acetyl-6''-*O*-*trans*-crotonylcolubrin
8-*O*- 乙酰基 -6-*O*- 反式 - 对香豆酰山栀苷 8-*O*-acetyl-6-*O*-*trans*-*p*-coumaroylshanzhiside
2-*O*- 乙酰基 -6-*O*- 甲基锡兰紫玉盘烯醇▲ 2-*O*-acetyl-6-*O*-methylzeylenol
5- 乙酰基 -6- 甲氧基 -2- 异丙基 - 苯并呋喃 5-acetyl-6-methoxy-2-isopropenyl-benzofuran
5- 乙酰基 -6- 羟基 -2-(1- 甲基乙烯基)-3(2*H*)- 苯并呋喃酮 5-acetyl-6-hydroxy-2-(1-meth-ylethylidene)-3(2*H*)-benzofuranone
5- 乙酰基 -6- 羟基 -2- 丙酮苯并呋喃 5-acetyl-6-hydroxy-2-acetonylbenzofuran
5- 乙酰基 -6- 羟基 -2- 异丙烯基苯并呋喃 5-acetyl-6-hydroxy-2-isopropenylbenzofuran
7- 乙酰基 -6- 羟基 -3-(1- 甲基亚乙基)-1,4- 苯并二氧 (杂) 芑 -2(3*H*)- 酮 7-acetyl-6-hydroxy-3-(1-methyl-ethylidene)-1,4-benzodioxin-2(3*H*)-one
3- 乙酰基 -6- 羟基托品烷 3-acetoxy-6-hydroxytropane
(2*Z*)-(1*S*,4a*R*,5*R*,6*S*,8a*R*)-3- 乙酰基 -6- 乙酰氧基 -1,2,4a,5,6,7,8,8a- 八氢 -8a- 羟基 -4a,5- 二甲基 -2- 氧代 -1- 萘 -(2- 甲基 -2- 丁烯酸) 酯 (2*Z*)-(1*S*,4a*R*,5*R*,6*S*,8a*R*)-3-acetyl-6-acetyloxy-1,2,4a,5,6,7,8,8a-octahydro-8a-hydroxy-4a,5-dimethyl-2-oxo-1-naphthalenyl-(2-methyl-2-butenoic acid)ester
24-*O*- 乙酰基 -7,8- 二去氢氢化升麻新醇 -3-*O*-*β*-D- 吡喃木糖苷 24-*O*-acetyl-7,8-didehydrohydroshengmanol-3-*O*-*β*-D-xylopyranoside
25-*O*- 乙酰基 -7,8- 二去氢升麻醇 25-*O*-acetyl-7,8-didehydrocimigenol
25-*O*- 乙酰基 -7,8- 二去氢升麻醇 -3-*O*-*β*-D- 吡喃木糖苷 25-*O*-acetyl-7,8-didehydrocimigenol-3-*O*-*β*-D-xylopyranoside
23-*O*- 乙酰基 -7,8- 二去氢升麻新醇 -3-*O*-*α*-L- 阿拉伯糖苷 23-*O*-acetyl-7,8-didehydroshengmanol-3-*O*-*α*-L-arabinopyranoside
24-*O*- 乙酰基 -7,8- 去二氢氢化升麻新醇 -3-*O*-*α*-L- 阿拉伯糖苷 24-*O*-acetyl-7,8-didehydrohydroshengmanol-3-*O*-*α*-L-arabinopyranoside
25-*O*- 乙酰基 -7,8- 去二氢升麻醇 -3-*O*-*α*-L- 阿拉伯糖苷 25-*O*-acetyl-7,8-didehydrocimigenol-3-*O*-*α*-L-arabinopyranoside
23-*O*- 乙酰基 -7,8- 去二氢升麻新醇 -3-*O*-(2'-*O*- 丙二酰基 -*β*-D- 吡喃木糖苷 23-*O*-acetyl-7,8-didehydroshengmanol-3-*O*-(2'-*O*-malonyl)-*β*-D-xylopyranoside
23-*O*- 乙酰基 -7,8- 去二氢升麻新醇 -3-*O*-*β*-D- 吡喃半乳糖苷 23-*O*-acetyl-7,8-didehydroshengmanol-3-*O*-*β*-D-galactopyranoside
23-*O*- 乙酰基 -7,8- 去二氢升麻新醇 -3-*O*-*β*-D- 吡喃木糖苷 23-*O*-acetyl-7,8-didehydroshengmanol-3-*O*-*β*-D-xylopyranoside
12-*O*- 乙酰基 -7-*O*- 苯甲酰巨大戟醇▲ -3,8- 二巴豆酸酯 12-*O*-acetyl-7-*O*-benzoylingol-3,8-ditiglate
3-*O*- 乙酰基 -7-*O*- 甲基山柰酚 3-*O*-acetyl-7-*O*-methylkaempferol
6-*O*- 乙酰基 -7-*O*- 烟酰半枝莲碱 G 6-*O*-acetyl-7-*O*-nicotinoylscutebarbatine G
25-*O*- 乙酰基 -7*β*- 羟基升麻醇 -3-*O*-*β*-D- 吡喃木糖苷 25-*O*-acetyl-7*β*-hydroxycimigenol-3-*O*-*β*-D-xylopyranoside
6- 乙酰基 -7- 甲氧基 -2,2- 二甲基色烯 6-acetyl-7-methoxy-2,2-dimethylchromene
5- 乙酰基 -7- 甲氧基苯并呋喃 5-acetyl-7-methoxybenzofuran
6- 乙酰基 -7- 甲氧基 - 香豆素 6-acetyl-7-methoxycoumarin
6- 乙酰基 -7- 羟基 -2,2- 二甲基色烯 6-acetyl-7-hydroxy-2,2-dimethylchromene
6- 乙酰基 -7- 羟基 -2,3- 二甲基色酮 6-acetyl-7-hydroxy-2,3-dimethylchromone
6- 乙酰基 -7- 羟基 -2- 异亚丙基苯并 [1,4] 二氧 (杂) 芑 -3- 酮 6-acetyl-7-hydroxy-2-isopropylidene-benzo[1,4]dioxin-3-one
8- 乙酰基 -7- 羟基 -6- 甲氧基香豆素 8-acetyl-7-hydroxy-6-methoxycoumarin
1- 乙酰基 -7- 羟基 -*β*- 咔啉 1-acetyl-7-hydroxy-*β*-carboline
9'-*O*- 乙酰基 -7- 去乙酰氧基 -7- 氧代雷公藤春碱 9'-*O*-acetyl-7-deacetoxy-7-oxowilfortrine
(3*β*,6*β*,8*β*,10*β*)-3- 乙酰基 -8,10- 二羟基 -6-(2- 甲基 -1- 氧代 - 丁酰氧基) 荒漠木 -7(11)- 烯 -12,8- 内酯 (3*β*,6*β*,8*β*,10*β*)-3-acetyl-8,10-dihydroxy-6-(2-methyl-1-oxo-butoxy)eremophil-7(11)-eno-12,8-lactone
7*α*-*O*- 乙酰基 -8,17*β*- 环氧野甘草酸▲ A 7*α*-*O*-acetyl-8,17*β*-epoxyscoparic acid A
2- 乙酰基 -8a- 甲基 -2-(2- 甲基 - 丁 -2- 烯酰氧基)-6- 酮 -1,2,3,4,4a,5,6,8a- 八氢萘 -1- 酸 2-acetyl-8a-methyl-2-(2-methyl-but-2-enoyloxy)-6-oxo-1,2,3,4,4a,5,6,8a-octahydro-naphthalene-1-carboxylic acid
12-*O*- 乙酰基 -8-*O*- 巴豆酰巨大戟醇▲ 12-*O*-acetyl-8-*O*-tigloylingol
3-*O*- 乙酰基 -8-*O*- 巴豆酰巨大戟醇▲ 3-*O*-acetyl-8-*O*-tigloylingol
12-*O*- 乙酰基 -8-*O*- 苯甲酰巨大戟醇▲ -3- 巴豆酸酯 3,8-12-*O*-acetyl-8-*O*-benzoylingol-3-tiglate
14- 乙酰基 -8-*O*- 甲基塔拉乌头胺 14-acetyl-8-*O*-methyl talatisamine
8-*O*- 乙酰基 -8- 表 - 巨大鞘丝藻加酰胺▲ C 8-*O*-acetyl-8-*epi*-malyngamide C
7-*O*- 乙酰基 -8- 表马钱酸 7-*O*-acetyl-8-epiloganic acid
11-*O*- 乙酰基 -8- 表窃衣醇酮 -8-*O*-*β*-D- 吡喃葡萄糖苷 11-*O*-acetyl-8-epitorilolone-8-*O*-*β*-D-glucopyranoside
7-*O*- 乙酰基 -8- 甲基 -2'- 甲氧基异黄酮 7-*O*-acetyl-8-methyl-2'-methoxyisoflavone
6- 乙酰基 -8- 甲氧基 -2,3- 二甲基 - 色烯 -4- 酮 6-acetyl-8-methoxy-2,3-dimethyl-chromen-4-one
1- 乙酰基 -9*H*-*β*- 咔啉 -3- 羧酸 1-acetyl-9*H*-*β*-carboline-3-carboxylic acid
1- 乙酰基 -9*H*-*β*- 咔啉 -3- 羧酸酰胺 1-acetyl-9*H*-*β*-carboline-3-carboxylic acid amide
3-*O*- 乙酰基 -D- 半乳糖醛酸甲酯 3-*O*-acetyl-D-methyl galacturonate
N- 乙酰基 -L- 苯甲酰基 -*N*- 苯甲酰基 -L- 苯丙氨酸酯 *N*-acetyl-L-phenylalaninyl-*N*-benzoyl-L-phenylalaninate
N- 乙酰基 -L- 藜豆氨酸 *N*-acetyl-L-djenkolic acid
O- 乙酰基 -*N*-(*N*'- 苯甲酰基 -L- 苯丙氨酰基)-L- 苯丙氨醇 *O*-acetyl-*N*-(*N*'-benzoyl-L-phenylalanyl)-L-phenylalaninol
(-)-*O*- 乙酰基 -*N*- 苯甲酰黄杨二烯宁碱 (-)-*O*-acetyl-*N*-benzoylbuxidienine
N-乙酰基-*N*-羟基-2-氨基甲酸甲酯 *N*-acetyl-*N*-hydroxy-2-carbamic acid methyl ester
乙酰基 -*O*- 对香豆酰奎宁酸 acetyl-*O*-*p*-coumaroylquinic acid
4'''- 乙酰基 -*O*- 毛蕊花苷 4'''-acetyl-*O*-verbascoside
6''- 乙酰基 -*O*- 毛蕊花苷 6''-acetyl-*O*-verbascoside
3'''- 乙酰基 -*O*- 药水苏醇苷▲ D 3'''-acetyl-*O*-betonyoside D
4'''- 乙酰基 -*O*- 异毛蕊花苷 4'''-acetyl-*O*-isoverbascoside
3-*O*-(4-*O*- 乙酰基 -*α*-L- 吡喃阿拉伯糖基)- 常春藤皂苷元 -28-

Y

O-β-D- 吡喃葡萄糖基 -(1 → 6)-β-D- 吡喃葡萄糖酯苷 3-*O*-(4-*O*-acetyl-α-L-arabinopyranosyl)-hederagenin-28-*O*-β-D-glucopyranosyl-(1 → 6)-*O*-β-D-glucopyranosyl ester

(6α,11α)-6-(2-*O*- 乙酰基 -α-L- 吡喃阿拉伯糖氧基)-3- 氧代蒲公英萜 -20- 烯 -11,28- 二乙酸酯 (6α,11α)-6-[(2-*O*-acetyl-α-L-arabinopyranosyl)oxy]-3-oxotaraxast-20-ene-11,28-diyl diacetate

3β-[*O*-(4-*O*- 乙酰基 -α-L- 吡喃鼠李糖基 -(1 → 2)-*O*-β-D- 吡喃木糖基 -(1 → 3)]-(6-*O*- 乙酰基 -β-D- 吡喃葡萄糖氧基)-20*R*,23*R*- 二羟基达玛 -24- 烯 -21- 酸 -21,23- 内酯 3β-[*O*-(4-*O*-acetyl-α-L-rhamnopyranosyl-(1→2)-*O*-β-D-xylopyranosyl-(1→3)-(6-*O*-acetyl-β-D-glucopyranosyloxy)]-20*R*,23*R*-dihydroxydammar-24-en-21-oic acid-21,23-lactone

1-*O*-{*O*-(4-*O*- 乙酰基 -α-L- 吡喃鼠李糖基)-(1 → 2)-*O*-[β-D- 吡喃木糖基 -(1 → 3)]-α-L- 吡喃阿拉伯糖苷 } 1-*O*-{*O*-(4-*O*-acetyl-α-L-rhamnopyranosyl)-(1→2)-*O*-[β-D-xylopyranosyl-(1→3)]-α-L-arabinopyranoside}

4-(4''-*O*- 乙酰基 -α- 吡喃鼠李糖基) 鞣花酸 4-(4''-*O*-acetyl-α-rhamnopyranosyl)ellagic acid

5- 乙酰基 -α- 三噻吩 5-acetyl-α-ter-thiophene

3-*O*- 乙酰基 -α- 香树脂醇 3-*O*-acetyl-α-amyrin

7-*O*-(6''-*O*- 乙酰基 -β-D- 吡喃阿洛糖基芹菜苷元 -4'-*O*-β- 吡喃阿洛糖苷 7-*O*-(6''-*O*-acetyl-β-D-allopyranosyl)-apigenin 4'-*O*-β-allopyranoside

3-*O*-[2-*O*- 乙酰基 -β-D- 吡喃毛地黄糖基 -(1 → 4)-β-D- 吡喃磁麻糖苷]- 孕甾 -5- 烯 -3β,20*S*- 二醇 -20-*O*-[β-D- 吡喃葡萄糖基 - (1 → 6)-*O*-β-D- 吡喃葡萄糖基 -(1 → 2)-β-D- 吡喃洋地黄糖苷] 3-*O*-[2-*O*-acetyl-β-D-digitalopyranosyl-(1 → 4)-β-D-cymaropyranoside]- pregn-5-ene-3β,20*S*-diol-20-*O*-[β-D-glucopyranosyl-(1 → 6)-*O*-β-D-glucopyranosyl-(1 → 2)-β-D-digitalopyranoside]

3-*O*-(2-*O*- 乙酰基 -β-D- 吡喃毛地黄糖基)-(1 → 4)-β-D- 吡喃磁麻糖基 - 孕甾 -5- 烯 -3β,16β,20*R*- 三醇 -20-*O*-β-D- 吡喃葡萄糖基 -(1 → 6)-β-D- 吡喃葡萄糖基 -(1 → 2)-β-D- 吡喃洋地黄糖苷 3-*O*-(2-*O*-acetyl-β-D-digitalopyranosyl)-(1 → 4)-β-D- cymaropyranosyl-pregn-5-ene-3β,16β,20*R*-triol-20-*O*-β-D-glucopyranosyl-(1 → 6)-β-D-glucopyranosyl-(1 → 2)-β-D-digitalopyranoside

(3β,4α)-3-[*O*-2-*O*- 乙酰基 -β-D- 吡喃木糖基 -(1 → 3)-*O*-α-L- 吡喃鼠李糖基 -(1 → 2)-α-L- 吡喃阿拉伯糖氧基]-23- 羟基齐墩果酸 (3β,4α)-3-[(*O*-2-*O*-acetyl-β-D-xylopyranosyl-(1 → 3)-*O*-α-L-rhamnopyranosyl-(1 → 2)-α-L-arabinopyranosyloxy]-23-hydroxyoleanolic acid

3-*O*-[3,4-(二 -*O*- 乙酰基 -β-D- 吡喃木糖基)-α-L- 吡喃鼠李糖基]-7-*O*-α-L- 鼠李糖基山柰酚 3-*O*-[3,4-(di-*O*-acetyl-β-D-xylopyranosyl)-α-L-rhamnopyranosyl]-7-*O*-α-L-rhamnopyranosylkaempferol

8-*O*-[(6'-*O*- 乙酰基 -β-D- 吡喃葡萄糖)-7- 羟基香豆素 8-*O*-(6'-*O*-acetyl-β-D-glucopyranosyl)-7-hydroxycoumarin

(6*S*,13*S*)-6-[6-*O*- 乙酰基 -β-D- 吡喃葡萄糖基 -(1 → 4)-*O*-α-L- 吡喃鼠李糖基]-13-[α-L- 吡喃鼠李糖基 -(1 → 4)-*O*-β-D- 吡喃岩藻糖基]- 赪桐 -3,14- 二烯 (6*S*,13*S*)-6-[6-*O*-acetyl-β-D-glucopyranosyl-(1 → 4)-*O*-α-L-rhamnopyranosyl]-13-[α-L-rhamnopyranosyl-(1→4)-*O*-β-D-fucopyranosyl]-cleroda-3,14-diene

(*Z*)-6-*O*-(6-*O*- 乙酰基 -β-D- 吡喃葡萄糖基)-6,7,3',4'- 四羟基橙酮 (*Z*)-6-*O*-(6-*O*-acetyl-β-D-glucopyranosyl)-6,7,3',4'-tetrahydroxyaurone

(*Z*)-6-*O*-(6''- 乙酰基 -β-D- 吡喃葡萄糖基)-6,7,3',4'- 四羟基橙酮 (*Z*)-6-*O*-(6''-acetyl-β-D-glucopyranosyl)-6,7,3',4'-tetrahydroxyaurone

6-*O*-(6''- 乙酰基 -β-D- 吡喃葡萄糖基)- 6,7,3',4'- 四羟基橙酮 6-*O*-(6''-acetyl-β-D-glucopyranosyl)-6,7,3',4'-tetrahydroxyaurone

7-*O*-(6'-*O*- 乙酰基 -β-D- 吡喃葡萄糖基)- 香豆素 7-*O*-(6'-*O*-acetyl-β-D-glucopyranosyl)coumarin

(3β,9β,10α,24*R*)-25-(6-*O*- 乙酰基 -β-D- 吡喃葡萄糖氧基)-3-[*O*-α-L- 吡喃鼠李糖基 -(1 → 2)-*O*-β-D- 吡喃葡萄糖基 -(1 → 2)-β-D- 吡喃葡萄糖氧基]-24- 羟基 -9- 甲基 -19- 降羊毛脂 -5- 烯 -11- 酮 (3β,9β,10α,24*R*)-25-(6-*O*-acetyl-β-D-glucopyranosyloxy)-3-[*O*-α-L-rhamnopyranosyl-(1→2)-*O*-β-D-glucopyranosyl-(1→2)-β-D-glucopyranosyloxy]-24-hydroxy-9-methyl-19-norlanost-5-en-11-one

(6α,11α)-6-(2-*O*- 乙酰基 -β-D- 木糖氧基)-3- 氧代蒲公英萜 -20- 烯 -11, 28- 二乙酸酯 (6α,11α)-6-[(2-*O*-acetyl-β-D-xylopyranosyl)oxy]-3-oxotaraxast-20-ene-11,28-diyl diacetate

6-*O*- 乙酰基 -β-D- 葡萄糖基 -β- 谷甾醇 6-*O*-acyl-β-D-glucosyl-β-sitosterol

4-*O*- 乙酰基 -β- 吡喃磁麻糖基 -(1 → 4)-*O*-β-D- 吡喃磁麻糖基 -(1 → 4)-*O*-β-D- 吡喃加那利毛地黄糖基 -(1 → 4)-*O*-β-D- 吡喃磁麻糖基 -(l → 4)-*O*- 夹竹桃糖酸 -δ- 内酯 4-*O*-acetyl-β-cymaropyranosyl-(1 → 4)-*O*-β-D-cymaropyranosyl-(1 → 4)-*O*-β-D-canaropyranosyl-(1 → 4)-*O*-β-D-cymaropyranosyl-(l → 4)-*O*-oleandronic acid-δ-lactone

乙酰基 -β- 润边草酸▲ acetyl-β-peltoboykinolic acid

1- 乙酰基 -β- 咔啉 1-acetyl-β-carboline

3-*O*- 乙酰基 -β- 香树脂醇 3-*O*-acetyl-β-amyrin

3β-*O*- 乙酰基 -β- 香树脂醇 3β-*O*-acetyl-β-amyrin

3- 乙酰基 -β- 香树脂醇 3-acetyl-β-amyrin

3'- 乙酰基翅果草碱▲ 3'-acetylrinderine

7- 乙酰基翅果草碱▲ 7-acetylrinderine

1-*O*- 乙酰基凋缨菊内酯▲ 1-*O*-acetylloloanolide B

13- 乙酰基短叶紫杉醇▲ 13-acetylbrevifoliol

3β-*O*- 乙酰基 - 对映 - 阿替 -16α,17- 二醇 3β-*O*-acetyl-*ent*-atisan-16α,17-diol

6''- 乙酰基海滨金鸡菊苷▲ 6''-acetylmaritimein

(24*S*)-24-*O*- 乙酰基 - 环木菠萝 -3β,16β,24,25,30- 五醇 -3,25- 二 -*O*-β-D- 吡喃葡萄糖苷 (24*S*)-24-*O*-acetyl-cycloartane-3β,16β,24,25,30-pentaol-3,25-di-*O*-β-D-glucopyranoside

9β- 乙酰基木香内酯 9β-acetoxycostunolide

4α-*O*- 乙酰基拟愈创木烷 -6β,12- 内酯 4α-*O*-acetylpseudoguaian-6β,12-olide

2'-*O*- 乙酰基欧鼠李苷 A 2'-*O*-acetylfrangulin A

3'-*O*- 乙酰基欧鼠李苷 A 3'-*O*-acetylfrangulin A

(7*R*,8*S*)-9- 乙酰基 - 去氢二松柏醇 (7*R*,8*S*)-9-acetyl-dehydrodiconiferyl alcohol

9- 乙酰基三叶拉色芹内酯 -6-*O*- 异丁酸酯 9-acetyl-oxidoisotrilobolide-6-*O*-isobutyrate

2''-*O*- 乙酰基 - 糖苷 B 2''-*O*-acetyl-glycoside B

6'-*O*- 乙酰基 - 糖苷 B 6'-*O*-acetyl-glycoside B

5''-*O*- 乙酰基 - 糖苷 C 5''-*O*-acetyl-glycoside C

1- 乙酰基万寿肿柄菊素▲ A 1-acetyltagitinin A

16- 乙酰基豨莶草醇 16-acetylkirenol

16-*O*- 乙酰基豨莶苷 16-*O*-acetyldarutoside

16-*O*- 乙酰基豨莶精醇 16-*O*-acetyldarutigenol

9β- 乙酰基小白菊内酯 9β-acetoxyparthenolide

3β- 乙酰基 - 熊果 -12- 烯 -11- 酮 3β-acetyl-urs-12-en-11-one

3- 乙酰基 - 熊果 -12- 烯 -28- 酸 3-acetyl-urs-12-en-28-oic acid

19- 乙酰棘刺香科科素▲ 19-acetylteuspinin

O- 乙酰加兰他敏 *O*-acetylgalanthamine

乙酰假杜鹃素 acetylbarlerin

10- 乙酰假蜜蜂花单苷▲ 10-acetylmonomelittoside

乙酰尖叶石松碱 acetylacrifoline
1- 乙酰浆果紫杉素 IV 1-acetylbaccatin IV
8- 乙酰降白屈菜红碱 8-acetylnorchelerythrine
(-)-*N*- 乙酰降丁氏千金藤碱▲ (-)-*N*-acetylnorstephalagine
N- 乙酰降荷叶碱 *N*-acetylnornuciferine
N- 乙酰降南天竹宁 *N*-acetylnornantenine
17-*O*- 乙酰降四叶萝芙木辛碱▲ 17-*O*-acetylnortetraphyllicine
N- 乙酰降亚美尼亚罂粟碱 *N*-acetylnorarmepavine
2'',3''-*O*- 乙酰角胡麻苷 2'',3''-*O*-acetylmartynoside
2''-*O*- 乙酰角胡麻苷 2''-*O*-acetylmartynoside
2''-*O*- 乙酰角胡麻苷 2''-*O*-acetylmartynoside
2''- 乙酰角胡麻苷 2''-acetylmartynoside
3'',4''-*O*- 乙酰角胡麻苷 3'',4''-*O*-acetylmartynoside
3''-*O*- 乙酰角胡麻苷 3''-*O*-acetylmartynoside
3''- 乙酰角胡麻苷 3''-acetylmartynoside
4''-*O*- 乙酰角胡麻苷 4''-*O*-acetylmartynoside
4''-*O*- 乙酰角胡麻苷 4''-*O*-acetylmartynoside
乙酰角胡麻苷 A, B acetylmartynoside A, B
6'-*O*- 乙酰金钱松酸 B-*O*-*β*-D- 吡喃葡萄糖苷 6'-*O*-acetylpseudolaric acid B-*O*-*β*-D-glucopyranoside
(-)-*N*- 乙酰金雀儿碱 (-)-*N*-acetylcytisine
N- 乙酰金雀儿碱 *N*-acetylcytisine
2''-*O*- 乙酰金丝桃苷 2''-*O*-acetylhyperoside
3''- 乙酰金丝桃苷 3''-acetylhyperin
6''- 乙酰金丝桃苷 6''-acetylhyperin
10-*O*- 乙酰京尼平苷 10-*O*-acetylgeniposide
6'-*O*- 乙酰京尼平苷 6'-*O*-acetylgeniposide
10-*O*- 乙酰京尼平苷酸 10-*O*-acetyl-geniposidic acid
12-*O*- 乙酰巨大戟醇▲-3,8- 二巴豆酸酯 12-*O*-acetylingol-3,8-ditiglate
12-*O*- 乙酰巨大戟醇▲-3,8- 二苯甲酸酯 12-*O*-acetylingol-3,8-dibenzoate
20-*O*- 乙酰巨大戟烯醇▲ 20-*O*-acetylingenol
20-*O*- 乙酰巨大戟烯醇▲-3-*O*-(2'' 反式 ,4'' 顺式)- 癸二烯酸酯 20-*O*-acetylingenol-3-*O*-(2''*E*,4''*Z*)-decadienoate
6-*O*- 乙酰巨大鞘丝藻加酰胺▲F 6-*O*-acetylmalyngamide F
乙酰蕨素 C acetylpterosin C
3-*O*- 乙酰咖啡酸 3-*O*-acetylcaffeic acid
4-*O*- 乙酰咖啡酸 4-*O*-acetylcaffeic acid
乙酰柯氏白刺定碱▲ acetylkomaroidine
6-*O*- 乙酰苦槛蓝苷▲ 6-*O*-acetylmioporoside
8-*O*- 乙酰苦槛蓝苷▲ 8-*O*-acetylmioporoside
12-*O*- 乙酰苦楝素 A, B 12-*O*-acetylazedarachin A, B
6'-*O*- 乙酰苦亮假龙胆素▲ 6'-*O*-acetylamaronitidin
6'-*O*- 乙酰苦龙胆素▲ 6'-*O*-acetylamarogentin
6'-*O*- 乙酰苦荬菜苷 A 6'-*O*-acetylixerisoside A
6-*O*- 乙酰苦荬菜内酯 N 6-*O*-acetyl ixerin N
3'-*O*- 乙酰蓝蓟定 3'-*O*-acetylechimidine
5'-*O*- 乙酰蓝蓟定 5'-*O*-acetylechimidine
乙酰蓝蓟定 acetylechimidine
7-*O*- 乙酰蓝蓟灵▲ 7-*O*-acetylvulgarine
7-*O*- 乙酰蓝蓟灵▲-*N*- 氧化物 7-*O*-acetylvulgarine-*N*-oxide
7- 乙酰狼紫琴颈草胺▲ 7-acetyllycopsamine
乙酰狼紫琴颈草胺▲ acetyllycopsamine
N- 乙酰酪胺 *N*-acetyltyramine
11- 乙酰雷波乌头碱 11-acetyllepenine
乙酰类叶升麻醇 -3-*O*-L- 吡喃阿拉伯糖苷▲ acetylacteol-3-*O*-L-arabinopyranoside
2'-*O*- 乙酰类叶升麻素▲ 2'-*O*-acetylactein
3'-*O*- 乙酰类叶升麻素▲ 3'-*O*-acetylactein
乙酰藜芦酮 acetoveratrone
乙酰里德巴福木宁▲ acetyl ribalinine
2'- 乙酰连翘酯苷 B 2'-acetylforsythoside B
乙酰连翘酯苷 B acetyl forsythoside B
1- 乙酰楝素 1-acetylsendanin
7- 乙酰楝素 7-acetylsendanin
17-*O*- 乙酰鳞盖蕨苷 17-*O*-acetylmicrolepin
6'-*O*- 乙酰鳞盖蕨苷 6'-*O*-acetylmicrolepin
14- 乙酰琉璃飞燕草碱▲ 14-acetyldelcosine
2'-*O*- 乙酰柳皮苷 2'-*O*-acetylsalicortin
3'-*O*- 乙酰柳皮苷 3'-*O*-acetylsalicortin
7-*O*- 乙酰六道木苷▲B 7-*O*-acetylabelioside B
3'-*O*- 乙酰龙胆苦苷 3'-*O*-acetylgentiopicroside
4- 乙酰龙胆苦苷 tetraacetyl gentiopicroside
6'-*O*- 乙酰龙胆苦苷 6'-*O*-acetylgentiopicroside
12-*O*- 乙酰萝藦素▲ 12-*O*-acetylpergularin
12-*O*- 乙酰萝藦酮▲ 12-*O*-acetylramanone
14-*O*- 乙酰绿翠雀宁碱▲ 14-*O*-acetylvirescenine
23-*O*- 乙酰马达积雪草苷 23-*O*-acetylmadecassoside
乙酰马蛋果内酯▲ acetylodolactone
3'-*O*- 乙酰马钱酸 3'-*O*-acetylloganic acid
4'-*O*- 乙酰马钱酸 4'-*O*-acetylloganic acid
6'-*O*- 乙酰马钱酸 6'-*O*-acetylloganic acid
7-*O*- 乙酰马钱酸 7-*O*-acetylloganic acid
2''- 乙酰马醉木苷 2''-acetylasebotin
3-*O*- 乙酰曼陀罗二醇 3-*O*-acetyldaturadiol
6''-*O*- 乙酰芒柄花苷 6''-*O*-acetyl-ononin
6''- 乙酰芒柄花苷 6''-acetylononin
3*β*-*O*- 乙酰杧果醇酸 3*β*-*O*-acetylmangiferolic acid
7-*O*- 乙酰莽草内酯 B 7-*O*-acetylanislactone B
3- 乙酰毛萼晶 S 3-acetyl maoecrystal S
3- 乙酰毛萼香茶菜辛▲C 3-acetyleriocasin C
乙酰毛果天芥菜碱 acetyllasiocarpine
3- 乙酰毛果香茶菜醛 C 3-acetyltrichorabdal C
6- 乙酰毛喉鞘蕊花素▲ 6-acetylforskolin
2'-*O*- 乙酰毛蕊花苷 2'-*O*-acetylverbascoside
2'- 乙酰毛蕊花苷 2'-acetylverbascoside
6'-*O*- 乙酰毛蕊花苷 6'-*O*-acetylverbascoside
9- 乙酰绵头雪兔子苷▲B 9-acetyllanicepside B
2''-*O*- 乙酰牡荆素 2''-*O*-acetylvitexin
3''-*O*- 乙酰牡荆素 3''-*O*-acetylvitexin
6''-*O*- 乙酰牡荆素 6''-*O*-acetylvitexin
6''-*O*- 乙酰牡荆素 6''-*O*-acetylvitexin
乙酰牡荆素 acetylvitexin
(-)-*N*- 乙酰木瓣树碱▲ (-)-*N*-acetylxylopine
N- 乙酰木瓣树碱▲ *N*-acetylxylopine
乙酰木槿酮 B acyl hibiscone B
16- 乙酰木藜芦毒素 II 16-acetylgrayanotoxin II
24-*O*- 乙酰木通酸 24-*O*-acetylquinatic acid
O- 乙酰木质素 *O*-acetyllignin
2- 乙酰萘并 [2,3-b] 呋喃 -4,9- 二酮 2-acetylnaphtho-[2,3-b]-furan-4,9-dione
6-*O*- 乙酰南泽兰素▲ 6-*O*-acetylaustroinulin
7-*O*- 乙酰南泽兰素▲ 7-*O*-acetylaustroinulin
2- 乙酰内消旋肌醇 2-acetyl-*meso*-inositol
19-*O*- 乙酰牛眼马钱林碱▲ 19-*O*-acetylangustoline
O- 乙酰纽子花苷▲ *O*-acetylsolanoside
12- 乙酰欧乌头碱 12-acetylnapelline

乙酰欧乌头碱 acetylnapelline
1-*O*- 乙酰欧亚旋覆花内酯 1-*O*-acetylbritannilactone
乙酰泡番荔枝三醇▲ acetylbullatantriol
3'- 乙酰平卧天芥菜品碱▲ 3'-acetylheliosupine
3'- 乙酰平卧天芥菜品碱▲-*N*- 氧化物 3'-acetylheliosupine-*N*-oxide
3-*O*- 乙酰坡模酸 3-*O*-acetyl pomo1ic acid
3'-*O*- 乙酰葡萄糖暗紫卫茅单糖苷 3'-*O*-acetylglucoevatromonoside
乙酰葡萄糖吉托苷 acetylglucogitoroside
3- 乙酰蒲公英赛 -14- 烯 -12- 酮 3-acetyltaraxer-14-en-12-one
3-*O*- 乙酰蒲公英赛醇 3-*O*-acetyltaraxerol
3-*β*- 乙酰蒲公英赛醇 3-*β*-acetyl-taraxerol
3- 乙酰蒲公英赛醇 3-acetyltaraxerol
乙酰蒲公英赛醇 acetyl taraxerol
3*β*-*O*- 乙酰齐墩果 -12- 烯 3*β*-*O*-acetyl-olean-12-en
3-*O*- 乙酰齐墩果醛 3-*O*-acetyloleanolic aldehyde
乙酰齐墩果醛 acetyl oleanolic aldehyde
3-*O*- 乙酰齐墩果酸 3-*O*-acetyloleanolic acid
3*β*-*O*- 乙酰齐墩果酸 3*β*-*O*-acetyloleanolic acid
3*β*- 乙酰齐墩果酸 3*β*-acetyloleanolic acid
3- 乙酰齐墩果酸 3-acetyloleanolic acid
乙酰齐墩果酸 acetyloleanolic acid
3-*O*- 乙酰齐墩果酸 -*O*-*β*-D- 吡喃葡萄糖基 -(1-4)-*O*-*β*-D- 吡喃木糖苷 3-*O*-acetyloleanolic acid-*O*-*β*-D-glucopyranosyl-(1-4)-*O*-*β*-D-xylopyranoside
乙酰齐墩果酸甲酯 oleanolic acid acetate methyl ester
2-*O*- 乙酰千花碱 2-*O*-acetylchlidanthine
(+)-*N*- 乙酰千金藤碱 (+)-*N*-acetylstepharine
6''- 乙酰芹菜苷 6''-acetylapiin
5- 乙酰芹菜苷元 5-acetylapigenin
24-*O*- 乙酰氢化升麻新醇 -3-*O*-*β*-D- 吡喃木糖苷 24-*O*-acetylhydroshengmanol-3-*O*-*β*-D-xylopyranoside
24-*O*- 乙酰氢化升麻新醇吡喃木糖苷 24-*O*-acetylhydroshengmanol xylopyranoside
24-*O*- 乙酰氢化升麻新醇木糖苷 24-*O*-acetylhydroshengmanol xyloside
乙酰氢醌 acetylquinol
6-*O*- 乙酰去次甲基伞花翠雀碱▲ 6-*O*-acetyldemethylenedelcorine
N- 乙酰去氢番荔枝碱 *N*-acetyldehydroanonaine
O- 乙酰去氢石松碱 *O*-acetyldehydrolycopodine
6'- 乙酰去乙酰车叶草苷 6'-acetyl deacetylasperuloside
乙酰人参环氧炔醇▲ acetylpanaxydol
10- 乙酰人参炔三醇 10-acetylpanaxytriol
6''-*O*- 乙酰人参皂苷 Rb_1 6''-*O*-acetylginsenoside Rb_1
6'- 乙酰人参皂苷 Rd 6'-acetyl-ginsenoside-Rd
20(*R*)- 乙酰人参皂苷 Re 20(*R*)-acetylginsenoside Re
6'-*O*- 乙酰人参皂苷 Rh_1 6'-*O*-acetylginsenoside Rh_1
3'-*O*- 乙酰日本当归醇▲ 3'-*O*-acetylhamaudol
3'*S*-(-)-*O*- 乙酰日本当归醇▲ 3'*S*-(-)-*O*-acetylhamaudol
乙酰日本南五味子素▲ A, B acetylbinankadsurin A, B
3-*O*- 乙酰日楝醇醛▲ 3-*O*-acetylohchinolal
12-*O*- 乙酰肉珊瑚素▲-3-*O*-*β*-L- 吡喃磁麻糖基 -(1 → 4)-*β*-D- 吡喃磁麻糖基 -(1 → 4)-*β*-L- 吡喃磁麻糖基 -(1 → 4)-*β*-D- 吡喃洋地黄毒糖基 -(1 → 4)-*β*-D- 吡喃洋地黄毒糖苷 12-*O*-acetylsarcostin-3-*O*-*β*-L-cymaropyranosyl-(1 → 4)-*β*-D-cymaropyranosyl-(1 → 4)-*β*-L-cymaropyranosyl-(1 → 4)-*β*-D-digitoxopyranosyl-(1 → 4)-*β*-D-digitoxopyranoside
12-*O*- 乙酰肉珊瑚素▲-3-*O*-*β*-L- 吡喃磁麻糖基 -(1 → 4)-*β*-D- 吡喃洋地黄毒糖基 -(1 → 4)-*β*-L- 吡喃磁麻糖基 -(1 → 4)-*β*-D- 吡喃磁麻糖基 -(1 → 4)-*α*-L- 吡喃洋地黄糖基 -(1 → 4)-*β*-D- 吡喃磁麻糖苷 12-*O*-acetylsarcostin-3-*O*-*β*-L-cymaropyranosyl-(1 → 4)-*β*-D-digitoxopyranosyl-(1 → 4)-*β*-L-cymaropyranosyl-(1 → 4)-*β*-D-cymaropyranosyl-(1 → 4)-*α*-L-diginopyranosyl-(1 → 4)-*β*-D-cymaropyranoside
α- 乙酰乳香酸 *α*-acetylboswellic acid
β- 乙酰乳香酸 *β*-acetylboswellic acid
14-*O*- 乙酰萨柯乌头碱 14-*O*-acetylsachaconitine
14- 乙酰萨柯乌头碱 14-acetylsachaconitine
(+)- 乙酰三尖杉碱 (+)-acetylcephalotaxine
乙酰三尖杉碱 acetylcephalotaxine
(-)-*N*- 乙酰三裂泡泡碱▲ (-)-*N*-acetylasimilobine
N- 乙酰三裂泡泡碱▲ *N*-acetylasimilobine
17- 乙酰伞房狗牙花碱▲ A 17-acetyltabernaecorymbosine A
乙酰伞形酮 acetylumbelliferone
N- 乙酰色氨酸 *N*-acetyltryptophan
N- 乙酰色胺 *N*-acetyltryptamine
6-*O*- 乙酰山栀苷 6-*O*-acetylshanzhiside
8-*O*- 乙酰山栀苷 8-*O*-acetylshanzhiside
6-*O*- 乙酰山栀苷甲酯 6-*O*-acetylshanzhiside methyl ester
8-*O*- 乙酰山栀苷甲酯 8-*O*-acetylshanzhiside methyl ester
8- 乙酰山栀苷甲酯 8-acetylshanzhiside methyl ester
乙酰山栀苷甲酯 acetylshanzhiside methyl ester
8- 乙酰山栀苷元甲酯 8-acetylshanzhigenin methyl ester
17- 乙酰蛇根精 17-acetylsarpagine
3''-*O*- 乙酰蛇藤素▲ 3''-*O*-acetylcolubrin
乙酰蛇足石杉明碱▲ M, U acetyllycoposerramine M, U
8*β*- 乙酰蛇足石杉明碱▲ U 8*β*-acetyllycoposerramine U
12*β*-*O*- 乙酰升麻醇 12*β*-*O*-acetylcimigenol
25-*O*- 乙酰升麻醇 25-*O*-acetylcimigenol
25-*O*- 乙酰升麻醇 -3-[4'-*O*-(*E*)-2- 丁烯酰基]-*β*-D- 吡喃木糖苷 25-*O*-acetylcimigenol-3-[4'-*O*-(*E*)-2-butenoyl]-*β*-D-xylopyranoside
25-*O*- 乙酰升麻醇 -3-*O*-(3'-*O*- 乙酰基)-*β*-D- 吡喃木糖苷 25-*O*-acetylcimigenol-3-*O*-(3'-*O*-acetyl)-*β*-D-xylopyranoside
25-*O*- 乙酰升麻醇 -3-*O*-(4'-*O*- 乙酰基)-*β*-D- 吡喃木糖苷 25-*O*-acetylcimigenol-3-*O*-(4'-*O*-acetyl)-*β*-D-xylopyranoside
25-*O*- 乙酰升麻醇 -3-*O*-[2'-*O*-(*E*)-2- 丁烯酰基]-*β*-D- 吡喃木糖苷 25-*O*-acetylcimigenol-3-*O*-[2'-*O*-(*E*)-2-butenoyl]-*β*-D-xylopyranoside
25-*O*- 乙酰升麻醇 -3-*O*-*α*-L- 吡喃阿拉伯糖苷 25-*O*-acetylcimigenol-3-*O*-*α*-L-arabinopyranoside
25-*O*- 乙酰升麻醇 -3-*O*-*β*-D- 吡喃半乳糖苷 25-*O*-acetylcimigenol-3-*O*-*β*-D-galactopyranoside
(23*R*,24*S*)-25-*O*- 乙酰升麻醇 -3-*O*-*β*-D- 吡喃木糖苷 (23*R*,24*S*)-25-*O*-acetyl-cimigenol-3-*O*-*β*-D-xylopyranoside
12*β*- 乙酰升麻醇 -3-*O*-*β*-D- 吡喃木糖苷 12*β*-acetylcimigenol-3-*O*-*β*-D-xylopyranoside
23-*O*- 乙酰升麻醇 -3-*O*-*β*-D- 吡喃木糖苷 23-*O*-acetylcimigenol-3-*O*-*β*-D-xylopyranoside
24-*O*- 乙酰升麻醇 -3-*O*-*β*-D- 吡喃木糖苷 24-*O*-acetylcimigenol-3-*O*-*β*-D-xylopyranoside
25-*O*- 乙酰升麻醇 -3-*O*-*β*-D- 吡喃木糖苷 25-*O*-acetylcimigenol-3-*O*-*β*-D-xylopyranoside
2'-*O*- 乙酰升麻醇 -3-*O*-*β*-D- 吡喃木糖苷 2'-*O*-acetylcimigenol-3-*O*-*β*-D-xylopyranoside
3'-*O*- 乙酰升麻醇 -3-*O*-*β*-D- 吡喃木糖苷 3'-*O*-acetylcimigenol-3-*O*-*β*-D-xylopyranoside
25-*O*- 乙酰升麻醇 -3-*O*-*β*-D- 吡喃葡萄糖苷 25-*O*-acetylcimigenol-3-*O*-*β*-D-glucopyranoside
25-*O*- 乙酰升麻醇 -3-*O*-*β*-D- 吡喃葡萄糖基 -(1 → 3)-*β*-D- 吡喃木

Y

糖苷 25-*O*-acetylcimigenol-3-*O*-*β*-D-glucopyranosyl-(1→3)-*β*-D-xylopyranoside
25-*O*- 乙酰升麻醇吡喃半乳糖苷 25-*O*-acetylcimigenol galactopyranoside
25-*O*- 乙酰升麻醇吡喃木糖苷 25-*O*-acetylcimigenol xylopyranoside
25-*O*- 乙酰升麻醇苷▲ 25-*O*-acetylcimigenoside
25-*O*- 乙酰升麻醇木糖苷 25-*O*-acetylcimigenol xyloside
3'-*O*- 乙酰升麻苷 3'-*O*-acetylcimicifugoside
23-*O*- 乙酰升麻新醇 -3-*O*-(2'-*O*- 丙二酰基 -*β*-D- 吡喃木糖苷 23-*O*-acetylshengmanol 3-*O*-(2'-*O*-malonyl)-*β*-D-xylopyranoside
23-*O*- 乙酰升麻新醇 -3-*O*-*α*-L- 吡喃阿拉伯糖苷 23-*O*-acetylshengmanol-3-*O*-*α*-L-arabinopyranoside
(23*R*,24*R*)-24-*O*- 乙酰升麻新醇 -3-*O*-*β*-D- 吡喃半乳糖苷 (23*R*,24*R*)-24-*O*-acetylshengmanol-3-*O*-*β*-D-galactopyranoside
(23*R*,24*R*)-24-*O*- 乙酰升麻新醇 -3-*O*-*β*-D- 吡喃木糖苷 (23*R*,24*R*)-24-*O*-acetylshengmanol-3-*O*-*β*-D-xylopyranoside
23-*O*- 乙酰升麻新醇 -3-*O*-*β*-D- 吡喃木糖苷 23-*O*-acetylshengmanol-3-*O*-*β*-D-xylopyranoside
24-*O*- 乙酰升麻新醇 -3-*O*-*β*-D- 吡喃木糖苷 24-*O*-acetylshengmanol-3-*O*-*β*-D-xylopyranoside
23-*O*- 乙酰升麻新醇 -3-*O*-*β*-D- 吡喃葡萄糖基 -(1→3)-*β*-D- 吡喃木糖苷 23-*O*-acetylshengmanol-3-*O*-*β*-D-glucopyranosyl-(1→3)-*β*-D-xylopyranoside
乙酰升麻新醇吡喃木糖苷 acetylshengmanol xylopyranoside
乙酰升麻新醇木糖苷 acetylshengmanol xyloside
3*β*- 乙酰石栗萜酸▲ 3*β*-acetylaleuritolic acid
3- 乙酰石栗萜酸▲ 3-acetylaleuritolic acid
乙酰石栗萜酸▲ acetylaleuritolic acid
11*α*-*O*- 乙酰石松碱 11*α*-*O*-acetyl-lycopodine
乙酰石松林碱 acetyllofoline
5- 乙酰石松叶碱 5-acetyllycofoline
1-*O*- 乙酰石蒜碱 1-*O*-acetyllycorine
9,13,14,20-*O*- 乙酰树脂大戟醇 -9,13,14- 邻苯基乙酸酯 9,13,14,20-*O*-acetylresiniferonol-9,13,14-orthophenyl acetate
乙酰水杨酸 acetyl salicylic acid
18-*O*- 乙酰睡茄酸浆素 C 18-*O*-acetylwithaphysalin C
乙酰斯氏毒马草酸▲ acetylsventenic acid
2'-*O*- 乙酰松果菊苷 2'-*O*-acetylechinacoside
6- 乙酰穗花香科科素 B 6-acetylteucjaponin B
14- 乙酰塔拉乌头胺 14-acetyltalatisamine
乙酰塔拉乌头胺 acetyltalatizamine
17-*O*- 乙酰糖胶树胺▲ 17-*O*-acetylechitamine
6'''-*O*- 乙酰桃苷 6'''-*O*-acetylpersicoside
10- 乙酰桃叶珊瑚苷 10-*O*-acetylaucubin
16*α*- 乙酰天仙子内醚醇▲ 16*α*-acetoxyhyoscyamilactol
2-*O*- 乙酰甜茶苷 F_1 2-*O*-acetylsuavissimoside F_1
7-*O*- 乙酰条裂续断苷▲ IV, V 7-*O*-acetyllaciniatoside IV, V
乙酰兔儿伞碱 acetylsyneilesine
乙酰万寿肿柄菊素▲ E acetyltagitinin E
14- 乙酰网果翠雀亭▲ 14-acetyldelectine
24-*O*- 乙酰榅桲萜内酯▲ 25-*O*-acetylvulgaroside
3- 乙酰乌头芬碱 3-acetylaconifine
3- 乙酰乌头碱 3-acetylaconitine
乙酰乌头碱 acetylaconitine
乙酰乌药烯醇内酯▲ strychnistenolide acetate
3-*O*-*α*- 乙酰无羁萜 -27→15*α*- 内酯 3-*O*-*α*-actylfriedelan-27→15*α*-olide
3-*O*-*α*- 乙酰无羁萜 -27→16*α*- 内酯 3-*O*-*α*-actylfriedelan-27→16*α*-olide

乙酰五味子酯 L acetylschisantherin L
7-*O*- 乙酰西瑞香素 7-*O*-acetyldaphnoretin
(-)-6- 乙酰锡兰紫玉盘环已烯醇 (-)-6-acetylzeylenol
乙酰喜冷红景天素▲ acetylrhodalgin
1- 乙酰香蒿交酯 1-acetylerivanin
乙酰香荚兰色烯 acetovanillochromene
3*β*- 乙酰香树脂醇 3*β*-acetylamyrin
α- 乙酰香树脂醇 *α*-acetylamyrin
β- 乙酰香树脂醇 *β*-acetylamyrin
N- 乙酰小蔓长春花苷▲ *N*-acetylvincoside
乙酰缬草三酯 acevaltrate
乙酰缬草烯醇酸 acetylvalerenolic acid
25-*O*- 乙酰泻根阿玛苷▲ 25-*O*-acetylbryoamaride
14-*O*- 乙酰新欧乌林碱▲ 14-*O*-acetylneoline
14- 乙酰新欧乌林碱▲ 14-acetylneoline
24-*O*- 乙酰兴安升麻醇 -3-*O*-*β*-D- 吡喃木糖苷 24-*O*-acetyldahurinol-3-*O*-*β*-D-xylopyranoside
3*β*- 乙酰熊果 -14(15)- 烯 -16- 酮 3*β*-acetylurs-14(15)-en-16-one
3*β*-*O*- 乙酰熊果醇 3*β*-*O*-acetyluvaol
3-*O*- 乙酰熊果酸 3-*O*-acetylursolic acid
3*β*-*O*- 乙酰熊果酸 3*β*-*O*-acetylursolic acid
乙酰熊果酸 acetylursolic acid
乙酰熊果酸甲酯 acetylursolic acid methyl ester
15-*O*- 乙酰绣线菊醇 15-*O*-acetylspiraminol
O- 乙酰雅塔蟹甲草碱▲ *O*-acetylyamataimine
O- 乙酰雅塔蟹甲草碱▲ -*N*- 氧化物 *O*-acetylyamataimine-*N*-oxide
11-*O*- 乙酰岩白菜素 11-*O*-acetylbergenin
3- 乙酰杨梅二醇 3-acetylmyricadiol
2'- 乙酰洋丁香酚苷 2'-acetylacteoside
16*α*- 乙酰氧 -24- 亚甲基 -3- 氧代 -5*α*- 羊毛脂 -7,9(11)- 二烯 -21- 酸 16*α*-acetyloxy-24-methylene-3-oxo-5*α*-lanost-7,9(11)-dien-21-oic acid
7- 乙酰氧闭花木 -13,15- 二烯 -18- 酸 7-acetoxycleistanth-13,15-dien-18-oic acid
3*β*- 乙酰氧反可巴酸 3*β*-acetoxyanticopalic acid
19-*β*-L-3'- 乙酰氧呋喃阿拉伯糖基 - 对映 - 贝壳杉 -16- 烯 19-*β*-L-3'-acetoxyarabinofuranosyl-*ent*-kaur-16-ene
8- 乙酰氧基 -(1,9*Z*)- 十七碳二烯 -4,6- 二炔 -3- 醇 8-acetoxy-(1,9*Z*)-heptadecadiene-4,6-diyn-3-ol
(6*R*)- 乙酰氧基 -(1*E*,4*E*,8*E*)-4,8,11,11- 四甲基环十一碳 -1,4,8- 三烯 (6*R*)-acetoxy-(1*E*,4*E*,8*E*)-4,8,11,11-tetramethylcycloundeca-1,4,8-triene
3*β*- 乙酰氧基 -(20*R*,22*E*,24*RS*)-20,24- 二甲氧基达玛 -22- 烯 -25- 醇 3*β*-acetoxy-(20*R*,22*E*,24*RS*)-20,24-dimethoxydammaran-22-en-25-ol
3*β*- 乙酰氧基 -(20*S*,22*E*)- 达玛 -22- 烯 -25- 醇 3*β*-acetoxy-(20*S*,22*E*)-dammaran-22-en-25-ol
3*β*- 乙酰氧基 -(20*S*,22*E*,24*RS*)-20,24- 二甲氧基达玛 -22- 烯 -25- 醇 3*β*-acetoxy-(20*S*,22*E*,24*RS*)-20,24-dimethoxydammaran-22-en-25-ol
1*β*- 乙酰氧基 (*R*,*S*)-8- 氧代荒漠木 -6,9- 二烯 -12- 醛 1*β*-acetoxy(*R*,*S*)-8-oxyeremophil-6,9-dien-12-al
[2*S*-(2*α*,4*α*,4a*α*,7*β*)]-4-(乙酰氧基)-1,2,3,4,4a,5,6,7- 八氢 -7- 羟基 -4a,8- 二甲基 -*α*- 亚甲基 -2- 萘乙酸 [2*S*-(2*α*,4*α*,4a*α*,7*β*)]-4-(acetyloxy)-1,2,3,4,4a,5,6,7-octahydro-7-hydroxy-4a,8-dimethyl-*α*-methylene-2-naphthaleneacetic acid
[2*S*-(2*α*,4*α*,4a*α*)]-4-(乙酰氧基)-1,2,3,4,4a,5,6,7- 八氢 -8-(羟甲基)-4a- 甲基 -*α*- 亚甲基 -2- 萘乙酸 [2*S*-(2*α*,4*α*,4a*α*)]-4-(acetyloxy)-1,2,3,4,4a,5,6,7-octahydro-8-(hydroxymethyl)-4a-methyl-*α*-

methylene-2-naphthaleneacetic acid

2-(乙酰氧基)-2-(2,4-二甲基苯基)-1,3-丙二基-2-甲基-丙酸酯 2-(acetyloxy)-2-(2,4-dimethylphenyl)-1,3-propanediyl-2-methyl-propanoic acid ester

5-(3-乙酰氧基)-2-(3',4'-亚甲二氧基苯基)苯并呋喃 5-(3-acetoxy)-2-(3',4'-methylenedioxyphenyl)benzofuran

5-(乙酰氧基)-2-[4-(乙酰氧基)苯基]-4-氧代-3-[2,3,4-三-*O*-乙酰基-6-*O*-(2,3,4-三-*O*-乙酰基-α-L-吡喃鼠李糖基)-β-D-吡喃葡萄糖氧基]-黄烷-7-基-β-D-三乙酸酯吡喃葡萄糖醛酸 5-(acetyloxy)-2-[4-(acetyloxy)phenyl]-4-oxo-3-[2,3,4-tri-*O*-acetyl-6-*O*-(2,3,4-tri-*O*-acetyl-α-L-rhamnopyranosyl)-β-D-glucopyranosyloxy]-flavan-7-yl-β-D-triacetateglucopyranosiduronic acid

4β-(乙酰氧基)-2β,3α-二羟基-5β-孕甾-16-烯-20-酮 4β-(acetyloxy)-2β,3α-dihydroxy-5β-pregn-16-en-20-one

3-(乙酰氧基)-2-羟基-2-(2-甲氧基-4-甲基苯基)丙基-2-甲基-丙酸酯 3-(acetyloxy)-2-hydroxy-2-(2-methoxy-4-methylphenyl)propyl-2-methyl-propanoic acid ester

2β-(乙酰氧基)-3α,4β-二羟基-5β-孕甾-16-烯-20-酮 2β-(acetyloxy)-3α,4β-dihydroxy-5β-pregn-16-en-20-one

2-[(1*S*)-1-(乙酰氧基)-4-羟基-4-甲基戊基]-5,8-二羟基-1,4-间萘 2-[(1*S*)-1-(acetyloxy)-4-hydroxy-4-methylpentyl]-5,8-dihydroxy-1,4-naphthalenedioe

[1a*R*-(1aα,4aα,5α,7α,8a*S*)]-5-(乙酰氧基)八氢-1a,4a-二甲基-α-亚甲基-3*H*-萘[1,8a-b]环氧乙烷-7-乙酸 [1a*R*-(1aα,4aα,5α,7α,8a*S*)]-5-(acetyloxy)octahydro-1a,4a-dimethyl-α-methylene-3*H*-naphth[1,8a-b]oxirene-7-acetic acid

[1a*S*-(1aα,4aβ,5β,7β,8a*S*)]-5-(乙酰氧基)八氢-1a,4a-二甲基-α-亚甲基-3*H*-萘[1,8a-b]环氧乙烷-7-乙酸 [1a*S*-(1aα,4aβ,5β,7β,8a*S*)]-5-(acetyloxy)octahydro-1a,4a-dimethyl-α-methylene-3*H*-naphth[1,8a-b]oxirene-7-acetic acid

(2*E*,6*Z*,10*E*,12*R*)-7-[(乙酰氧基)甲基]-12-羟基-3,11,15-三甲基十六烷-2,6,10,14-四烯 (2*E*,6*Z*,10*E*,12*R*)-7-[(acetyloxy)methyl]-12-hydroxy-3,11,15-trimethylhexadeca-2,6,10,14-tetraene

2*E*,6*Z*,12*S*,13*E*)-7-[(乙酰氧基)甲基]-12-羟基-3,11,15-三甲基十六烷-2,6,13-三烯-1,12,15-三醇 (2*E*,6*Z*,12*S*,13*E*)-7-[(acetyloxy)methyl]-3,11,15-trimethylhexadeca-2,6,13-trien-1,12,15-triol

(1*S*,2*S*,4a*S*,6a*S*,8*R*,10a*R*,11a*S*,13*S*)-6a-[(乙酰氧基)甲基]-2,3,4,4a,7,8,11,11a-八氢-11a-羟基-13-甲氧基-1,2,9-三甲基-1*H*-8,10a-环氧-1,10-甲醇基二苯并[b,e]氧杂䓬-6(6a*H*)-酮 (1*S*,2*S*,4a*S*,6a*S*,8*R*,10a*R*,11a*S*,13*S*)-6a-[(acetyloxy)methyl]-2,3,4,4a,7,8,11,11a-octahydro-11a-hydroxy-13-methoxy-1,2,9-trimethyl-1*H*-8,10a-epoxy-1,10-methanodibenz[b,e]oxepin-6(6a*H*)-one

(2*E*,6*Z*,10*E*,12*R*)-7-[(乙酰氧基)甲基]-3,11,15-三甲基十六烷-2,6,10,14-四烯-1,12-二醇 (2*E*,6*Z*,10*E*,12*R*)-7-[(acetyloxy)methyl]-3,11,15-trimethylhexadeca-2,6,10,14-tetraen-1,12-diol

(2*E*,6*Z*,12*R*,14*S*)-7-[(乙酰氧基)甲基]-3,11,15-三甲基十六烷-2,6,15-三烯-1,12,14-三醇 (2*E*,6*Z*,12*R*,14*S*)-7-[(acetyloxy)methyl]-3,11,15-trimethylhexadeca-2,6,15-trien-1,12,14-triol

(6a*R*,9a*S*,9b*R*)-6-[(乙酰氧基)甲基]-3,3a,4,5,6,6a,9a,9b-八氢-4,6a-二羟基-9a-甲基-3-亚甲基-薁[4,5-b]呋喃-2,9-二酮 (6a*R*,9a*S*,9b*R*)-6-[(acetyloxy)methyl]-3,3a,4,5,6,6a,9a,9b-octahydro-4,6a-dihydroxy-9a-methyl-3-methylene-azuleno[4,5-b]furan-2,9-dione

(3β,4β,8α,9β,10α,13α,14β)-13-[(乙酰氧基)甲基]-3-羟基-5,9-二甲基-24,25,26-三降齐墩果-28-酸 (3β,4β,8α,9β,10α,13α,14β)-13-[(acetyloxy)methyl]-3-hydroxy-5,9-dimethyl-24,25,26-trinoroleanan-28-oic acid

(6a*R*,9a*S*,9b*R*)-6-[(乙酰氧基)甲基]十氢-4,6a-二羟基-9a-甲基-3-亚甲基-薁[4,5-b]呋喃-2,9-二酮 (6a*R*,9a*S*,9b*R*)-6-[(acetyloxy)methyl]decahydro-4,6a-dihydroxy-9a-methyl-3-methylene-azuleno[4,5-b]furan-2,9-dione

[2*S*-(2α,4α,4aα,8aβ)]-4-(乙酰氧基)十氢-4a-甲基-α,8-二(亚甲基)-2-萘乙酸 [2*S*-(2α,4α,4aα,8aβ)]-4-(acetyloxy)decahydro-4a-methyl-α,8-bis(methylene)-2-naphthaleneacetic acid

[2*R*-(2α,4α,4aα,8aβ)]-4-(乙酰氧基)十氢-8a-羟基-4a-甲基-α,8-二(亚甲基)-2-萘乙酸 [2*R*-(2α,4α,4aα,8aβ)]-4-(acetyloxy)decahydro-8a-hydroxy-4a-methyl-α,8-bis(methylene)-2-naphthaleneacetic acid

[2*R*-(2α,4α,4aα,8aβ)]-4-(乙酰氧基)十氢-8a-氢过氧-4a-甲基-α,8-二(亚甲基)-2-萘乙酸 [2*R*-(2α,4α,4aα,8aβ)]-4-(acetyloxy)decahydro-8a-hydroperoxy-4a-methyl-α,8-bis(methylene)-2-naphthaleneacetic acid

[1*R*-(1α,2β,4aβ,8aα)]-1-(乙酰氧基)十氢化-α,α,4a-三甲基-8-亚甲基-2-萘甲醇 [1*R*-(1α,2β,4aβ,8aα)]-1-(acetyloxy)decahydro-α,α,4a-trimethyl-8-methylene-2-naphthalenemethanol

[1*R*-[1α,2β,3α(2*S*,5*S*)]]-3-[5-(乙酰氧基)四氢-2,6,6-三甲基-2*H*-吡喃-2-基]-6-亚甲基-1,2-环己烷二醇 [1*R*-[1α,2β,3α(2*S*,5*S*)]]-3-[5-(acetyloxy)tetrahydro-2,6,6-trimethyl-2*H*-pyran-2-yl]-6-methylene-1,2-cyclohexanediol

2-[1-(乙酰氧基)乙基]-2-羟基-3-甲基-(2,3,5,7α-四氢-1-羟基-1*H*-吡咯里西-7-基)甲基戊酸酯 2-[1-(acetyloxy)ethyl]-2-hydroxy-3-methyl-(2,3,5,7α-tetrahydro-1-hydroxy-1*H*-pyrrolizin-7-yl)methyl pentanoic acid ester

2-[(1*S*)-1-(乙酰氧基)乙基]-2-羟基-3-甲基丁酸-(2*S*)-[(1*S*,7*R*)-2,3,5,7a-四氢-1-羟基-1*H*-吡咯里西-7-基]甲基酯 2-[(1*S*)-1-(acetyloxy)ethyl]-2-hydroxy-3-methyl-butanoic acid-(2*S*)-[(1*S*,7*R*)-2,3,5,7a-tetrahydro-1-hydroxy-1*H*-pyrrolizin-7-yl]methyl ester

2-[1-(乙酰氧基)乙基]-2-羟基-3-甲基丁酸-[1*S*-[1α,7[*R*(*R*)],7α]]-(2,3,5,7α-四氢-1-羟基-4-氧化-1*H*-吡咯里西-7-基)甲酯 2-[1-(acetyloxy)ethyl]-2-hydroxy-3-methyl-butanoic acid-[1*S*-[1α,7[*R*(*R*)],7α]]-(2,3,5,7α-tetrahydro-1-hydroxy-4-oxido-1*H*-pyrrolizin-7-yl)methyl ester

(2*E*)-(1*S*,3a*R*,5*S*,6*R*,7*S*,7a*R*)-1-[(1*R*)-1-(乙酰氧基)乙基]八氢-4-亚甲基-7-(1-甲基乙基)-6-(2-甲基-1-氧代丁酰氧基)-2-氧代-1*H*-茚-5-基-4-羟基-3-甲基-2-戊烯酸酯 (2*E*)-(1*S*,3a*R*,5*S*,6*R*,7*S*,7a*R*)-1-[(1*R*)-1-(acetyloxy)ethyl]octahydro-4-methylene-7-(1-methylethyl)-6-(2-methyl-1-oxobutoxy)-2-oxo-1*H*-inden-5-yl-4-hydroxy-3-methyl-2-pentenoic acid ester

(1*S*,2*R*,3*S*,3a*R*,5*S*,6*R*,7*S*,7a*S*)-2-乙酰氧基-1-(1-乙酰氧基乙基)-八氢-3,6-二(2-甲基丁酰氧基)-4-亚甲基-7-[(2*S*)-2-甲基环氧乙烷-2-基]-1*H*-茚-5-基(2*E*)-3-甲基戊-2-烯酯 (1*S*,2*R*,3*S*,3a*R*,5*S*,6*R*,7*S*,7a*S*)-2-acetoxy-1-(1-acetoxyethyl)-octahydro-3,6-bis[(2-methylbutanoyl)-oxy]-4-methylidene-7-[(2*S*)-2-methyloxiran-2-yl]-1*H*-inden-5-yl(2*E*)-3-methylpent-2-enoate

(1*S*,2*R*,3*S*,3a*R*,5*S*,6*R*,7*S*,7a*S*)-2-乙酰氧基-1-(1-乙酰氧基乙基)八氢-3,6-二(2-甲基丁酰氧基)-4-亚甲基-7-[(2*S*)-2-甲基环氧乙烷-2-基]-1*H*-茚-5-基(2*E*)-4-羟基-3-甲基戊-2-烯酯 (1*S*,2*R*,3*S*,3a*R*,5*S*,6*R*,7*S*,7a*S*)-2-acetoxy-1-(1-acetoxyethyl)octahydro-3,6-bis[(2-methylbutanoyl)-oxy]-4-meth-ylidene-7-[(2*S*)-2-methyloxiran-2-yl]-1*H*-inden-5-yl(2*E*)-4-hydroxy-3-methylpent-2-enoate

6β-乙酰氧基-1,10-环氧呋喃荒漠木烷 6β-acetoxy-1,10-epoxyfuranoeremophilane

(4a*R*,6*R*,10*R*,12*S*,13a*R*)-12-乙酰氧基-1,2,3,4,4a,5,6,9,10,11,12,13a-十二氢-6-羟基-4,4,13a-三甲基-9-亚甲基-10,7-亚甲基-7*H*-

Y

苯并环十一烯 -8,13- 二酮 (4a*R*,6*R*,10*R*,12*S*,13a*R*)-12-acetyloxy-1,2,3,4,4a,5,6,9,10,11,12,13a-dodecahydro-6-hydroxy-4,4,13a-trimethyl-9-methylene-10,7-metheno-7*H*-benzocycloundecene-8,13-dione

3- 乙酰氧基 -1,6- 二 [(2*Z*)-2- 甲基 -2- 丁烷酰氧基]-4- 去氧 -4-[3-(3,3- 二甲基环氧乙烷)-2- 羟基 -1- 亚甲基丙烷]-1-*C*- 甲基 - 手性 -2- 肌糖 3-acetyloxy-1,6-bis[(2*Z*)-2-methyl-2-butanoyloxy]-4-deoxy-4-[3-(3,3-dimethyloxiranyl)-2-hydroxy-1-methylenepropyl]-1-*C*-methyl-*chiro*-2-inosose

(5*S*)-5- 乙酰氧基 -1,7- 二 (4- 羟基 -3- 甲氧基苯基)- 庚烷 -3- 酮 (5*S*)-5-acetoxy-1,7-bis(4-hydroxy-3-methoxyphenyl)-heptan-3-one

3- 乙酰氧基 -1,8- 二羟基桉叶 -7(11)-8,12- 内酯 3-acetoxy-1,8-dihydroxyeudesm-7(11)-8,12-olide

11- 乙酰氧基 -1,8- 二羟基愈创木 -4- 烯 -3- 酮 11-(acetyloxy)-1,8-dihydroxyguai-4-en-3-one

8β- 乙酰氧基 -10α- 乙氧基 - 愈创木 -4α,11- 二醇 8β-acetoxy-10α-ethyloxy-guaia-4α,11-diol

3β- 乙酰氧基 -10β- 羟基 -6β,8α- 二甲氧基荒漠木 -7(11)- 烯 -8β,12- 内酯 3β-acetoxy-10β-hydroxy-6β,8α-dimethoxyeremophil-7(11)-en-8β,12-olide

3β- 乙酰氧基 -10β- 羟基 -6β,8β- 二甲氧基荒漠木 -7(11)- 烯 -12,8α- 内酯 3β-acetoxy-10β-hydroxy-6β,8β-dimethoxyeremophil-7(11)-en-12,8α-olide

3β- 乙酰氧基 -10β- 羟基 -6β,8β- 二甲氧基荒漠木 -7(11)- 烯 -8α,12- 内酯 3β-acetoxy-10β-hydroxy-6β,8β-dimethoxyeremophil-7(11)-en-8α,12-olide

3β- 乙酰氧基 -10β- 羟基 -6β- 甲氧基荒漠木 -7(11),8(9)- 二烯 -8,12- 内酯 3β-acetoxy-10β-hydroxy-6β-methoxyeremophil-7(11),8(9)-dien-8,12-olide

1-(10 → 19) 移位 -7α- 乙酰氧基 -10β- 羟基异黄柏酸 -3,10- 内酯 1-(10 → 19)abeo-7α-acetoxy-10β-hydroxyisoobacunoic acid-3,10-lactone

3β- 乙酰氧基 -11-(2'- 甲基丁酰氧基)-8- 氧代荒漠木 -6,9- 二烯 -12- 酸 3β-acetyloxy-11-(2'-methylbutanoyloxy)-8-oxoeremophila-6,9-dien-12-oic acid

3β- 乙酰氧基 -11α,12α- 环氧齐墩果 -13β,28- 内酯 3β-acetoxy-11α,12α-epoxyoleanan-13β,28-olide

3β- 乙酰氧基 -11α,12α- 环氧香树脂烷 -28,13- 内酯 3β-acetoxy-11α,12α-epoxyamyrane-28,13-lactone

7α- 乙酰氧基 -11α,14α- 二羟基 -8,15- 异海松二烯 -18- 酸甲酯 methyl-7α-acetoxy- 11α,14α-dihydroxy-8,15-isopimaradien-18-oate

2α- 乙酰氧基 -11α*H*- 桉叶烷 -4- 烯 -12,8β- 内酯 2α-acetoxy-11α*H*-eudesma-4-en-12,8β-olide

3β- 乙酰氧基 -11α- 过氧氢 -12- 齐墩果烯 3β-acetoxy-11α-hydroperoxy-12-oleanene

3β- 乙酰氧基 -11α- 过氧氢 -12- 熊果烯 3β-acetoxy-11α-hydroperoxy-12-ursene

3β- 乙酰氧基 -11α- 甲氧基 -12- 熊果烯 3β-acetoxy-11α-methoxy-12-ursene

3β- 乙酰氧基 -11α- 甲氧基鲍尔山油柑 -8- 烯 -7α- 醇 3β-acetoxyl-11α-methoxybauer-8-en-7α-ol

3β- 乙酰氧基 -11α- 羟基 -12- 齐墩果烯 3β-acetoxy-11α-hydroxy-12-oleanene

3β- 乙酰氧基 -11α- 羟基 -12- 熊果烯 3β-acetoxy-11α-hydroxy-12-ursene

7α- 乙酰氧基 -11α- 羟基 -14- 氧代 -8,15- 异海松二烯 -18- 酸甲酯 methyl-7α-acetoxy-11α-hydroxy-14-oxo-8,15-isopimaradien-18-oate

6- 乙酰氧基 -11α- 羟基 -7- 氧代 -14β,15β- 环氧楝三萜 -1,5- 二烯 -3-*O*-α-L- 吡喃鼠李糖苷 6-acetoxy-11α-hydroxy-7-oxo-14β,15β-epoxymeliacin-1,5-dien-3-*O*-α-L-rhamnopyranoside

8β- 乙酰氧基 -11α- 羟基石松碱 8β-acetoxy-11α-hydroxy-lycopodine

3β- 乙酰氧基 -11α- 乙氧基 -12- 齐墩果烯 3β-acetoxy-11α-ethoxy-12-oleanene

3β- 乙酰氧基 -11α- 乙氧基 -12- 熊果烯 3β-acetoxy-11α-ethoxy-12-ursene

4β- 乙酰氧基 -11β,13- 银胶菊素 4β-acetoxy-11β,13-dihydroparthenin

3β- 乙酰氧基 -11- 甲氧基 -8- 氧代荒漠木 -6,9- 二烯 -12- 酸 3β-acetyloxy-11-methoxy-8-oxoeremophila-6,9-dien-12-oic acid

(19*R*)- 乙酰氧基 -11- 甲氧基柳叶水甘草碱 (19*R*)-acetoxy-11-methoxytabersonine

19- 乙酰氧基 -11- 甲氧基柳叶水甘草碱 19-acetoxy-11-methoxytabersonine

(3α,4β)-3- 乙酰氧基 -11- 甲氧基 - 熊果 -12- 烯 -23- 酸 (3α,4β)-3-acetyloxy-11-methoxy-urs-12-en-23-oic acid

1- 乙酰氧基 -11- 甲酯基 -3,7,15- 三甲基 - 十六碳 -(2*E*,6*E*,10*E*),14- 四烯 1-acetoxy-11-carbomethoxy-3,7,15-trimethyl-hexadeca-(2*E*,6*E*,10*E*),14-tetraene

(4β,11β)-18- 乙酰氧基 -11- 羟基 - 贝壳杉 -16- 烯 -15- 酮 (4β,11β)-18-acetyloxy-11-hydroxy-kaur-16-en-15-one

(7α,11β)-7- 乙酰氧基 -11- 羟基 - 贝壳杉 -16- 烯 -15- 酮 (7α,11β)-7-acetyloxy-11-hydroxy-kaur-16-en-15-one

19*R*- 乙酰氧基 -11- 羟基柳叶水甘草碱 19*R*-acetoxy-11-hydroxytabersonine

3β- 乙酰氧基 -11- 烯 -13β,28- 交酯 3β-acetoxyurs-11-en-13β,28-olide

3β- 乙酰氧基 -11- 烯 - 齐墩果 -28,13- 内酯 3β-acetoxy-11-en-olean-28,13-olide

3β- 乙酰氧基 -11- 氧代熊果 -12- 烯 3β-acetoxy-11-oxours-12-ene

16- 乙酰氧基 -12-*O*- 乙酰荷茗草酮▲ 16-acetoxy-12-*O*-acetylhorminone

14- 乙酰氧基 -12-α- 甲基丁基 -2*E*,8*E*,10*E*- 三烯 -4,6- 二炔 -1- 醇 14-acetoxy-12-α-methylbutyl-2*E*,8*E*,10*E*-trien-4,6-diyn-1-ol

3β- 乙酰氧基 -12α- 羟基齐墩果 -13β,28- 内酯 3β-acetoxy-12α-hydroxyoleanan-13β,28-olide

3β- 乙酰氧基 -12α- 羟基齐墩果 -28,13- 内酯 3β-acetoxy-12α-hydroxyolean-28,13-olide

14- 乙酰氧基 -12-β- 甲基丁基 -2*E*,8*E*,10*E*- 三烯 -4,6- 二炔 -1- 醇 14-acetoxy-12-β-methylbutyl-2*E*,8*E*,10*E*-trien-4,6-diyn-1-ol

8β- 乙酰氧基 -12β- 羟基 - 表二羟基石松碱 8β-acetoxy-12β-hydroxy-epidihydrolycopodine

3β- 乙酰氧基 -12β- 羟基 - 大戟 -7,24- 二烯 -21,16β- 内酯 3β-acetoxy-12β-hydroxy-eupha-7,24-dien-21,16β-olide

8β- 乙酰氧基 -12β- 羟基石松碱 8β-acetoxy-12β-hydroxy-lycopodine

11- 乙酰氧基 -12- 苯甲酰氧基 -3,8,14- 三羟基 -(3β,11β,12β,14β)- 孕甾 -5- 烯 -20- 酮 11-aceoxy-12-benzoyloxy-3,8,14-trihydroxy-(3β,11β,12β,14β)-pregn-5-en-20-one

3- 乙酰氧基 -12- 齐墩果烯 -28- 醇 3-acetoxy-12-oleanen-28-ol

3- 乙酰氧基 -12- 齐墩果烯 -28- 酸甲酯 methyl 3-acetoxy-12-oleanen-28-oate

14- 乙酰氧基 -12- 千里光酰氧基十四碳 -2*E*,8*E*,10*E*- 三烯 -4,6- 二炔 -1- 醇 14-acetoxy-12-senecioyloxytetradeca-2*E*,8*E*,10*E*-trien-4,6-diyn- 1-ol

(1*S*,9*R*,11*S*)-14- 乙酰氧基 -12- 羟基丁香 -2(15),5*Z*- 二烯 -7- 酮 (1*S*, 9*R*,11*S*)-14-acetoxy-12-hydroxycaryophylla-2(15),5*Z*-dien-7-one

5- 乙酰氧基 -12- 羟基金合欢醇 5-acetoxy-12-hydroxy-farnesol

3β- 乙酰氧基 -12- 羟基齐墩果 -28,13- 内酯 3β-acetoxy-12-hydroxyoleanan-28,13-olide
3β- 乙酰氧基 -12- 熊果烯 -11- 酮 3β-acetoxy-12-ursen-11-one
19- 乙酰氧基 -12- 氧代 -10,11- 二氢香叶基橙花醇 19-acetoxy-12-oxo-10,11-dihydrogeranylnerol
(1S,9R,11S)-14- 乙酰氧基 -12- 乙酰氧基丁香 -2(15),5Z- 二烯 -7- 酮 (1S,9R,11S)-14-acetoxy-12-acetoxy-caryophylla-2(15),5Z-dien-7-one
(1β,2α,11β,12α,15β)-15- 乙酰氧基 -13,20- 环氧 -1,2,11,12- 四羟基 -16- 氧代臭椿 -3- 烯 -21- 酸甲酯 (1β,2α,11β,12α,15β)-15-acetyloxy-13,20-epoxy-1,2,11,12-tetrahydroxy-16-oxo-picras-3-en-21-oic acid methyl ester
(13E)-15- 乙酰氧基 -13- 半日花烯 -8- 醇 (13E)-15-acetoxy-13-labden-8-ol
2- 乙酰氧基 -13- 甲基 -17- 降贝壳杉 -1,15- 二烯 -3,12- 二酮 2-(acetyloxy)-13-methyl-17-norkaura-1,15-dien-3,12-dione
14- 乙酰氧基 -13- 羟基 -5,6- 顺式 - 丁香烯 -7- 酮 14-acetoxy-13-hydroxy-5,6-cis-caryophyllen-7-one
19- 乙酰氧基 -13- 羟基半日花 -8(17),14- 二烯 19-acetoxy-13-hydroxylabda-8(17),14-diene
14- 乙酰氧基 -13- 羟基丁香烯 -7- 酮 14-acetoxy-13-hydroxycaryophyllen-7-one
10β- 乙酰氧基 -13- 羟基 - 小皮伞 -7(8)- 烯 -5- 酸 -γ- 内酯 10β-acetoxy-13-hydroxy-marasm-7(8)-en-5-oic acid-γ-lactone
14- 乙酰氧基 -13- 羟基 - 小皮伞 -7(8)- 烯 -5- 酸 -γ- 内酯 14-acetoxy-13-hydroxy-marasm-7(8)-en-5-oic acid-γ-lactone
3β- 乙酰氧基 -13- 羟基熊果 -11- 烯 -28- 酸 -γ- 内酯 3β-acetyloxy-13-hydroxyurs-11-en-28-oic acid-γ-lactone
(20R,22R)-1α- 乙酰氧基 -14α,20- 二羟基睡茄 -5,24- 二烯内酯 -3β-(O-β-D- 吡喃葡萄糖苷) (20R,22R)-1α-acetoxy-14α,20-dihydroxywitha-5,24-dienolide-3β-(O-β-D-glucopyranoside)
7α- 乙酰氧基 -14β,15β- 环氧葛杜 -1- 烯 3-O-β-D- 吡喃葡萄糖苷 7α-acetoxy-14β,15β-epoxygedunan-1-en-3-O-β-D-glucopyranoside
6α- 乙酰氧基 -14β,15β- 环氧印楝酮 6α-acetoxy-14β,15β-epoxyazadirone
13- 乙酰氧基 -14- 羟基 -5,6- 顺式 - 丁香烯 -7- 酮 13-acetoxy-14-hydroxy-5,6-cis-caryophyllen-7-one
(4β,14R)-18- 乙酰氧基 -14- 羟基 - 贝壳杉 -16- 烯 -15- 酮 (4β,14R)-18-acetyloxy-14-hydroxy-kaur-16-en-15-one
13- 乙酰氧基 -14- 羟基丁香烯 -7- 酮 13-acetoxy-14-hydroxycaryophyllen-7-one
8β- 乙酰氧基 -14- 氧代 -11β,13- 二氢刺苞菊内酯 8β-acetoxy-14-oxo-11β,13-dihydroacanthospermokide
(11α,12α)-11- 乙酰氧基 -15-(1- 羟基 -2- 甲基亚丙烷)-12-(2- 甲基 -1- 氧代丙氧基)- 内雄楝林素▲-30- 乙酸酯 -3-(2- 甲基丙酸酯) (11α,12α)-11-acetyloxy-15-(1-hydroxy-2-methylpropylidene)-12-(2-methyl-1-oxopropoxy)-phragmalin 30-acetate-3-(2-methyl-propanoate)
3α- 乙酰氧基 -15,16- 环氧 -6β,9α- 二羟基半日花 -13(16),14- 二烯 -7- 酮 3α-acetyloxy-15,16-epoxy-6β,9α-dihydroxylabda-13(16),14-dien-7-one
19- 乙酰氧基 -15,16- 环氧 -8(17),13(16),14- 对映 - 半日花三烯 -20- 醛 19-acetoxy-15,16-epoxy-8(17),13(16),14-ent-labdatrien-20-al
(-)-8ξ- 乙酰氧基 -15,16- 环氧 -8,9- 裂环 -13(16),14- 半日花二烯 -7,9- 二酮 (-)-8ξ-acetoxy-15,16-epoxy-8,9-seco-13(16),14-labdadiene-7,9-dione
7β- 乙酰氧基 -15,16- 环氧半日花 -13(16),14- 二烯 -6β,9α- 二醇 7β-acetoxy-15,16-epoxylabda-13(16),14-diene-6β,9α-diol
3α- 乙酰氧基 -15-O- 甲基波斯益母草素▲C 3α-acetoxy-15-O-methylleopersin C
(-)-(12E,2S,3S,4R,5R,6R,9S,11S,15R)-3- 乙酰氧基 -15- 苯甲酰氧基 -5,6- 环氧续随子 -12- 烯 -14- 酮 (-)-(12E,2S,3S,4R,5R,6R,9S,11S,15R)-3-acetoxy-15-benzoyloxy-5,6-epoxylathyr-12-en-14-one
(-)-(6Z,12E,2S,3S,4R,5R,9S,11S,15R)-5- 乙酰氧基 -15- 苯甲酰氧基续随子 -6,12- 二烯 -3- 醇 -14- 酮 (-)-(6Z,12E,2S,3S,4R,5R,9S,11S,15R)-5-acetoxy-15-benzoyloxylathyra-6,12-dien-3-ol-14-one
(-)-(6Z,12E,2S,3S,4R,5R,9S,11S,15R)-3- 乙酰氧基 -15- 苯甲酰氧基续随子 -6,12- 二烯 -5- 醇 -14- 酮 (-)-(6Z,12E,2S,3S,4R,5R,9S,11S,15R)-3-acetoxy-15-benzoyloxylathyra-6,12-dien-5-ol-14-one
3α- 乙酰氧基 -15- 表益母草酮 E 3α-acetoxy-15-epileoheteronone E
19- 乙酰氧基 -15- 羟基 -12- 氧代 -13,14E- 去氢 -10,11,14,15- 四氢香叶基橙花醇 19-acetoxy-15-hydroxy-12-oxo-13,14E-dehydro-10,11,14,15-tetrahydrogeranylnerol
19- 乙酰氧基 -15- 氢过氧 -12- 氧代 -13,14E- 去氢 -10,11,14,15- 四氢香叶基橙花醇 19-acetoxy-15-hydroperoxy-12-oxo-13,14E-dehydro-10,11,14,15-tetrahydrogeranylnerol
(4β,7α)-18- 乙酰氧基 -16,17- 环氧 -7- 羟基 - 贝壳杉 -15- 酮 (4β,7α)-18-acetyloxy-16,17-epoxy-7-hydroxy-kauran-15-one
17- 乙酰氧基 -16α- 对映 - 贝壳杉 -19- 酸 17-acetoxy-16α-ent-kauran-19-oic acid
3β- 乙酰氧基 -16α- 羟基 -5α,17β- 胆甾 -21- 羧酸 3β-acetoxy-16α-hydroxy-5α,17β-cholestan-21-carboxylic acid
3β- 乙酰氧基 -16α- 羟基熊果 -28,19- 内酯 3β-acetoxy-16α-hydroxyurs-28,19-olide
17- 乙酰氧基 -16β- 对映 - 贝壳杉 -19- 酸 17-acetoxy-16β-ent-kauran-19-oic acid
3β- 乙酰氧基 -16β- 羟基 -12- 齐墩果烯 -11- 酮 3β-O-acetyl-16β-hydroxy-11-oxo-olean-12-ene
17- 乙酰氧基 -16β- 羟基 -3- 氧代 - 对映 - 贝壳杉烷 17-acetoxy-16β-hydroxy-3-oxo-ent-kaurane
3β- 乙酰氧基 -16- 羟基齐墩果 -12- 烯 -28- 酸 3β-acetyloxy-16-hydroxyolean-12-en-28-oic acid
3- 乙酰氧基 -17- 呋喃 -3- 基 -1- 羟基 -1,4,4,10,13- 五甲基 -12- 氧代 - 十四氢 -16,20- 二氧杂 - 环丙 [14,15] 环戊 [a] 菲 -7- 甲酯 3-acetoxy-17-furan-3-yl-1-hydroxy-1,4,4,10,13-pentamethyl-12-oxo-tetradecahydro-16,20-dioxa-cyclopropa[14,15]cyclopenta[a]phenanthrene-7-carboxylic acid methyl ester
6β- 乙酰氧基 -17- 甲基柯椏树 -8(14)-9(11)- 二烯 6β-acetoxy-17-methylvoucapane-8(14)-9(11)-diene
17- 乙酰氧基 -18- 异丁酰氧基 -16αH- 贝壳杉 -19- 酸 17-acetoxy-18-isobutyryloxy-16αH-kauran-19-oic acid
1-[(17S)-17- 乙酰氧基 -19,20- 二去氢 -17,18- 环氧 -11,12- 二甲氧基库兰 -1- 基]- 乙酮 1-[(17S)-17-acetyloxy-19,20-didehydro-17,18-epoxy-11,12-dimethoxycuran-1-yl]-ethanon
17- 乙酰氧基 -19- 降 - 对映 - 贝壳杉 -4α,16α- 二醇 17-acetyloxy-19-nor-ent-kaurane-4α,16α-diol
[1aR-(1aα,3β,4β,4aβ,5β,8aβ,9aS*)]-3- 乙酰氧基 -1a,2,4,4a,5,7,8a,9- 八氢 -8a- 羟基 -4,4a,6- 三甲基 -7- 氧代 -3H- 环氧乙烷 [8,8a] 萘 [2,3-b] 呋喃 -5- 基 -2-(2- 甲基丙烯酸) 酯 [1aR-(1aα,3β,4β,4aβ,5β,8aβ,9aS*)]-3-acetyloxy-1a,2,4,4a,5,7,8a,9-octahydro-8a-hydroxy-4,4a,6-trimethyl-7-oxo-3H-oxireno[8,8a]naphtho[2,3-b]furan-5-yl-2-(2-methyl-propenoic acid) ester
[1aR-(1aα,3β,4β,4aβ,5β(Z),8aβ,9aS*)]-3- 乙酰氧基 -1a,2,4,4a,5,7,8a,9- 八氢 -8a- 羟基 -4,4a,6- 三甲基 -7- 氧代 -3H- 环氧乙烷 [8,8a] 萘 [2,3-b] 呋喃 -5- 基 -2-(2- 甲基丁烯酸) 酯 [1aR-(1aα,3β,4β,4aβ,5β(Z),8aβ,9aS*)]-3-acetyloxy-1a,2,4,4a,5,7,8a,9-octahydro-8a-hydroxy-4,4a,6-trimethyl-7-oxo-3H-oxireno[8,8a]naphtho[2,3-b]furan-5-yl-2-(2-methyl-butenoic acid) ester

[(1aR,2S,5R,5aS,6S,8aS,9R,10aR)-6- 乙酰氧基 -1a,2,5,5a,6,9,10,10a-八氢 -5,5a- 二羟基 -1,1,7,9- 四甲基 -11- 氧代 -1H-2,8a- 甲醇基环戊 [a] 环丙 [e] 环癸烯 -4- 基]- 癸酸甲酯 [(1aR,2S,5R,5aS,6S,8aS,9R,10aR)-6-(acetyloxy)-1a,2,5,5a,6,9,10,10a-octahydro-5,5a-dihydroxy-1,1,7,9-tetramethyl-11-oxo-1H-2,8a-methanocyclopenta[a]cyclopropa[e]cyclodecen-4-yl]-decanoic acid methyl ester

4- 乙酰氧基 -1R,2R- 二羟基 - 正十七碳 -16- 烯 4-acetoxy-1R,2R-dihydroxy-n-heptadec-16-ene

7α- 乙酰氧基 -1α,11α,14α- 三羟基 -8,15- 异海松二烯 -18- 酸甲酯 methyl-7α-acetoxy-1α,11α,14α-trihydroxy-8,15-isopimaradien-18-oate

3α- 乙酰氧基 -1α,8β- 二羟基桉叶 -7(11)- 烯 -8,12- 内酯 3α-acetoxy-1α,8β-dihydroxyeudesm-7(11)-en-8,12-olide

2α- 乙酰氧基 -1α- 羟基 -6β,9β,15- 三苯甲酰氧基 -β- 二氢沉香呋喃 2α-acetoxy-1α-hydroxy-6β,9β,15-tribenzoyloxy-β-dihydroagarofuran

3α- 乙酰氧基 -1α- 羟基桉叶 -8,7(11)- 二烯 -8,12- 内酯 3α-acetoxy-1α-hydroxy-eudesm-8,7(11)-dien-8,12-olide

4- 乙酰氧基 -1β,5β- 环氧 -10αH- 苍耳 -11(13)- 烯 -12,8β- 内酯 4-acetoxy-1β, 5β-epoxy-10αH-xantha-11(13)-en-12,8β-olide

6α- 乙酰氧基 -1β,8β,9β- 三苯甲酰氧基 -β- 二氢沉香呋喃 6α-acetoxy-1β,8β,9β-tribenzoyloxy-β-dihydroagarofuran

1β- 乙酰氧基 -1β,8- 二当归酰氧基 -10,11- 二羟基 -3,4- 环氧红没药 -7(14)- 烯 1β-acetoxy-1β,8-diangeloyloxy-10,11-dihydroxy-3,4-epoxybisabol-7(14)-ene

2β- 乙酰氧基 -1β,8- 二当归酰氧基 -4α,10- 二氯 -3β,11- 二羟基红没药 -7(14)- 烯 2β-acetoxy-1β,8-diangeloyloxy-4α,10-dichloro-3β,11-dihydroxybisabol-7(14)-ene

8β- 乙酰氧基 -1β,9β- 二苯甲酰氧基 -6α- 羟基 -β- 二氢沉香呋喃 8β-acetoxy-1β,9β-dibenzoyloxy-6α-hydroxy-β-dihydroagarofuran

3β- 乙酰氧基 -1β- 羟基矮艾素 A 3β-acetoxy-1β-hydroxyarbusculin A

2-(3'- 乙酰氧基 -1'- 丙炔基)-5- 苯基噻吩 2-(3'-acetoxy-1'-propynyl)-5-phenylthiophene

5-(4- 乙酰氧基 -1- 丁炔基)-2,2'- 联噻吩 5-(4-acetoxy-1-butynyl)-2,2'-dithiophene

5-(4- 乙酰氧基 -1- 丁烯基)-2,2'- 联噻吩 5-(4-acetoxy-1-butenyl)-2,2'-bithienyl

10- 乙酰氧基 -1- 高缬草三酯 10-acetoxy-1-homovaltrate

(R*,S*)-(-)-8-(2- 乙酰氧基 -1- 羟基 -3- 甲基 -3- 丁烯基)-7- 甲氧基 -2H-1- 苯并吡喃 -2- 酮 (R*,S*)-(-)-8-(2-acetyloxy-1-hydroxy-3-methyl-3-butenyl)-7-methoxy-2H-1-benzopyran-2-one

3β- 乙酰氧基 -1- 氧代楝 -14(15)- 烯酸甲酯 methyl-3β-acetoxy-1-oxomelic-14(15)-enate

8-(2'- 乙酰氧基 -1'- 乙氧基 -3'- 甲基 -3'- 丁烯基)-7- 甲氧基 - 香豆素 8-(2'-acetyloxy-1'-ethoxy-3'-methyl-3'-butenyl)-7-methoxy-coumarin

3- 乙酰氧基 -1- 正壬烯 3-acetoxy-1-nonene

8'- 乙酰氧基 -2,2',6- 三甲氧基 -3,4,4',5'- 二亚甲二氧基苯基 -7,7'-二氧杂双环并 [3.3.0] 辛烷 8'-acetoxy-2,2',6-trimethoxy-3,4,4',5'-dimethylenedioxyphenyl-7,7'-dioxabicyclo[3.3.0]octane

3β- 乙酰氧基 -2,25- 环氧达玛 -24α- 醇 3β-acetoxyl-2,25-epoxydammarane-24α-ol

6- 乙酰氧基 -2,4- 二羟基苯乙酮 6-acetoxy-2,4-dihydroxyacetophenone

(Z,Z)-1- 乙酰氧基 -2,4- 二羟基二十一碳 -12,15- 二烯 (Z,Z)-1-acetoxy-2,4-dihydroxyheneicosa-12,15-diene

(2R,4R)-1- 乙酰氧基 -2,4- 二羟基十七碳 -16- 炔 (2R,4R)-1-acetoxy-2,4-dihydroxyheptadec-16-yne

1- 乙酰氧基 -2,4- 二羟基十七碳 -16- 炔 1-acetoxy-2,4-dihydroxyheptadec-16-yne

(2R,4R)-1- 乙酰氧基 -2,4- 二羟基十七碳 -16- 烯 (2R,4R)-1-acetoxy-2,4-dihydroxyheptadec-16-ene

1- 乙酰氧基 -2,4- 二羟基十七碳 -16- 烯 1-acetoxy-2,4-dihydroxyheptadec-16-ene

2α- 乙酰氧基 -2',7- 二去乙酰氧基澳紫杉碱▲ 2α-acetoxy-2',7-dideacetoxyaustrospicatine

(1R,2R,3S,5S,6R)-5- 乙酰氧基 -2,8- 二当归酰氧基 -1,3- 二羟基 - 红没药 -7(14),10- 二烯 -4- 酮 (1R,2R,3S,5S,6R)-5-acetoxy-2,8-diangeloyloxy-1,3-dihydroxy-bisabola-7(14),10-dien-4-one

3β- 乙酰氧基 -20,21,22,23,24,25,26,27- 八降达玛 -17β- 醇 3β-acetoxy-20,21,22,23,24,25,26,27-octanordammaran-17β-ol

23S- 乙酰氧基 -20,25- 环氧 -12β,24R- 二羟基达玛 -3β-(2-O-β-D-吡喃木糖基 -β-D- 吡喃木糖苷) 23S-acetyloxy-20,25-epoxy-12β,24R-dihydroxydammaran-3β-(2-O-β-D-xylopyranosyl-β-D-xylopyranoside)

23S- 乙酰氧基 -20,25- 环氧 -12β,24R- 二羟基达玛 -3β-(2-O-β-D-吡喃木糖基 -β-D- 吡喃葡萄糖苷) 23S-acetyloxy-20,25-epoxy-12β,24R-dihydroxydammaran-3β-(2-O-β-D-xylopyranosyl-β-D-glucopyranoside)

23S- 乙酰氧基 -20,25- 环氧 -12β,24R- 二羟基达玛 -3β-(O-β-D- 吡喃木糖基 -(1 → 2)-O-β-D- 吡喃木糖基 -(1 → 6)-β-D- 吡喃葡萄糖苷) 23S-acetyloxy-20,25-epoxy-12β,24R-dihydroxydammaran-3β-[O-β-D-xylopyranosyl-(1 → 2)-O-β-D-xylopyranosyl-(1 → 6)-β-D-glucopyranoside]

3β- 乙酰氧基 -20S,24R- 达玛 -25- 烯 -24- 氢过氧 -20- 醇 3β-acetoxyl-20S,24R-dammarane-25-ene-24-hydroperoxy-20-ol

3β- 乙酰氧基 -20S- 达玛 -23- 烯 -20,25- 二醇 3β-acetoxyl-20S-dammarane-23-ene-20,25-diol

3β- 乙酰氧基 -20α- 羟基熊果 -28- 酸 3β-acetoxy-20α-hydroxyursan-28-oic acid

3β- 乙酰氧基 -20- 蒲公英萜烯 -22- 酮 3β-acetoxy-20-taraxasten-22-one

19- 乙酰氧基 -20- 氧代 -8(17),13- 对映 - 半日花二烯 -15 → 16- 内酯 19-acetoxy-20-oxo-8(17),13-ent-labdadien-15 → 16-lactone

3α- 乙酰氧基 -21β- 甲氧基 -24,25,26,27- 四降绿玉树 -7- 烯 -23(21)-内酯 3α-acetoxy-21β-methoxy-24,25,26,27-tetranortirucall-7-ene-23(21)-lactone

3β- 乙酰氧基 -22,23,24,25,26,27- 六降达玛 -20- 酮 3β-acetoxy-22,23,24,25,26,27-hexanordammaran-20-one

3β- 乙酰氧基 -22β- 羟基齐墩果 -18- 烯 3β-acetoxy-22β-hydroxyolean-18-ene

4β- 乙酰氧基 -22- 甲氧基 -5β- 呋甾 -2β,3α,26- 三醇 -26-O-β-D- 吡喃葡萄糖苷 4β-acetoxy-22-methoxy-5β-furostan-2β,3α,26-triol-26-O-β-D-glucopyranoside

15α- 乙酰氧基 -22- 羟基何帕烷 15α-acetoxy-22-hydroxyhopane

3β- 乙酰氧基 -24S- 甲基 -9β,19- 环羊毛脂 -25- 烯 3β-acetoxyl-24S-methyl-9β,19-cyclolanost-25-ene

3β- 乙酰氧基 -24S- 乙基 -9β,19- 环羊毛脂 -25- 烯 3β-acetoxyl-24S-ethyl-9β,19-cyclolanost-25-ene

3β- 乙酰氧基 -24- 氧代 - 达玛 -20,25- 二烯 3β-acetoxy-24-oxo-dammara-20,25-diene

3β- 乙酰氧基 -25- 羟基达玛 -20,23- 二烯 3β-acetoxy-25-hydroxydammara-20,23-diene

3α- 乙酰氧基 -25- 羟基齐墩果 -12- 烯 -28- 酸 3α-acetoxy-25-hydroxyolean-12-en-28-oic acid

3β- 乙酰氧基 -27-(4- 羟基苯甲酰氧基)- 齐墩果 -12- 烯 -28- 酸甲酯 3β-acetoxy-27-(4-hydroxybenzoyloxy)-olean-12-en-28-oic acid

Y

methyl ester

3β- 乙酰氧基 -27-(对羟基苯甲酰氧基)- 羽扇豆 -20(29)- 烯 -28- 酸 3β-acetoxy-27-(p-hydroxybenzoyloxy)-lup-20(29)-en-28-oic acid

3β- 乙酰氧基 -27-(对羟基苯甲酰氧基)- 羽扇豆 -20(29)- 烯 -28- 酸甲酯 3β-acetoxy-27-(p-hydroxybenzoyloxy)-lup-20(29)-en-28-oic acid methyl ester

3β- 乙酰氧基 -27-(反式 - 桂皮酰氧基)- 羽扇豆 -20(29)- 烯 -28- 酸甲酯 3β-acetoxy-27-(trans-cinnamoyloxy)-lup-20(29)-en-28-oic acid methyl ester

3β- 乙酰氧基 -27- 苯甲酰氧基齐墩果 -12- 烯 -28- 酸甲酯 3β-acetoxy-27-benzoyloxyolean-12-en-28-oic acid methyl ester

3β- 乙酰氧基 -27- 苯甲酰氧基羽扇豆 -20(29)- 烯 -28- 酸 3β-acetoxy-27-benzoyloxylup-20(29)-en-28-oic acid

3α- 乙酰氧基 -27- 反式 - 咖啡酰氧基齐墩果 -12- 烯 -28- 酸甲酯 3α-acetoxy-27-trans-caffe-oyloxyolean-12-en-28-oic acid methyl ester

3α- 乙酰氧基 -27- 反式 - 咖啡酰氧基羽扇豆 -20(29)- 烯 -28- 酸甲酯 3α-acetoxy-27-trans-caffeoyloxylup-20(29)-en-28-oic acid methyl ester

3β- 乙酰氧基 -27- 反式 - 咖啡酰氧基羽扇豆 -20(29)- 烯 -28- 酸甲酯 3β-acetoxy-27-trans-caffeoyloxylup-20(29)-en-28-oic acid methyl ester

(20S,22R)-1α- 乙酰氧基 -27- 羟基睡茄 -5,24- 二烯内酯 -3β-(O-β-D-吡喃葡萄糖苷) (20S,22R)-1α-acetoxy-27-hydroxywitha-5,24-dienolide-3β-(O-β-D-glucopyranoside)

3α- 乙酰氧基 -27- 羟基羽扇豆 -20(29)- 烯 -28- 酸甲酯 3α-acetoxy-27-hydroxylup-20(29)-en-28-oic acid methyl ester

3α- 乙酰氧基 -28,30- 二羟基羽扇豆 -20(29)- 烯 3α-acetoxy-28,30-dihyroxylup-20(29)-ene

3β- 乙酰氧基 -28β- 羟基 -12- 烯 3β-acetoxy-28β-hydroxyolean-12-ene

3- 乙酰氧基 -28- 羟基 -12- 烯 - 熊果烷 3-acetoxy-28-hydroxy-12-ene-ursane

3α- 乙酰氧基 -28- 羟基 -30- 降羽扇豆 -20- 酮 3α-acetoxy-28-hydroxy-30-norlupan-20-one

3β- 乙酰氧基 -28- 羟基熊果 -12- 烯 3β-acetoxy-28-hydroxyurs-12-ene

3β- 乙酰氧基 -28- 羟基 - 熊果 -12- 烯 3β-acetoxy-28-hydroxy-urs-12-ene

2α- 乙酰氧基 -28- 乙酰茜草乔木苷▲G 2α-acetoxy-28-acetylrubiarboside G

1- 乙酰氧基 -2e- 胡椒基 -6e-[6- 甲氧基胡椒基]-3,7- 二氧杂双环 -[3,3,0]- 辛烷 1-acetoxyl-2e-piperonyl-6e-[6-methoxylpiperonyl]-3,7-dioxabicyclo-[3,3,0]-octane

1- 乙酰氧基 -2R,4R- 二羟基 - 正十七碳 -16- 炔 1-acetoxy-2R,4R-dihydroxy-n-heptadec-16-yne

1- 乙酰氧基 -2R,4R- 二羟基 - 正十七碳 -16- 烯 1-acetoxy-2R,4R-dihydroxy-n-heptadec-16-ene

1α- 乙酰氧基 -2α,3α- 环氧异土木香内酯 1α-acetoxy-2α,3α-epoxyisoalantolactone

1α- 乙酰氧基 -2α- 羟基 -6β,9β,15- 三苯甲酰氧基 -β- 二氢沉香呋喃 1α-acetoxy-2α-hydroxy-6β,9β,15-tribenzoyloxy-β-dihydroagarofuran

1α- 乙酰氧基 -2α- 羟基 -9β- 桂皮酰氧基 -β- 二氢沉香呋喃 1α-acetoxy-2α-hydroxy-9β-cinnamoyloxy-β-dihydroagarofuran

25- 乙酰氧基 -2β-(β-D- 吡喃葡萄糖氧基)-3β,16α,20- 三羟基 -9β- 甲基 - 羊毛脂 -5- 烯 -22- 酮 25-acetyloxy-2β-(β-D-glucopyranosyloxy)-3β,16α,20-trihydroxy-9β-methyl-lanost-5-en-22-one

25- 乙酰氧基 -2β-(β-D- 吡喃葡萄糖氧基)-3β,16α- 二羟基 -9β-甲基 - 羊毛脂 -5,23E- 二烯 -22- 酮 25-acetyloxy-2β-(β-D-glucopyranosyloxy)-3β,16α-dihydroxy-9β-methyl-lanosta-5,23E-dien-22-one

1β- 乙酰氧基 -2β,8β,9α- 三苯甲酰氧基 -4α,6α- 二羟基 -β- 二氢沉香呋喃 1β-acetoxy-2β,8β,9α-tribenzoyloxy-4α,6α-dihydroxy-β-dihydroagarofuran

1β- 乙酰氧基 -2β,8- 二当归酰氧基 -10,11- 二羟基 -3,4- 环氧红没药 1β-acetoxy-2β,8-diangeloyloxy-10,11-dihydroxy-3,4-epoxybisabolane

1β- 乙酰氧基 -2β,8- 二当归酰氧基 -3β,10- 二羟基 -4α- 氯 -11- 甲氧基红没药 -7(14)- 烯 1β-acetoxy-2β,8-diangeloyloxy-3β,10-dihydroxy-4α-chloro-11-methoxybisabola-7(14)-ene

1β- 乙酰氧基 -2β,8- 二当归酰氧基 -3β- 羟基 -4α- 氯 -10,11- 环氧红没药 -7(14)- 烯 1β-acetoxy-2β,8-diangeloyloxy-3β-hydroxy-4α-chloro-10,11-epoxybisabol-7(14)-ene

1β- 乙酰氧基 -2β- 苯甲酰氧基 -9α-(β- 苯甲酰环氧丁酰氧基)-β- 二氢沉香呋喃 1β-acetoxy-2β-benzoyloxy-9α-(β-benzoylepoxybutyryloxy)-β-dihydroagarofuran

25- 乙酰氧基 -2β- 吡喃葡萄糖氧基 -3,16,20- 三羟基 -19- 降羊毛脂 -5,23- 二烯 -22- 酮 25-acetoxy-2β-glucopyranosyloxy-3,16,20-trihydroxy-19-norlanosta-5,23-dienen-22-one

1β- 乙酰氧基 -2β- 丁酰氧基 -9α-(β- 苯甲酰环氧丁酰氧基)-β- 二氢沉香呋喃 1β-acetoxy-2β-butyryloxy-9α-(β-benzoylepoxybutyryloxy)-β-dihydroagarofuran

1- 乙酰氧基 -2- 胡椒基 -6-[甲氧基胡椒基]-3,7- 二氧杂环 [3.3.0] 辛烷 1-acetoxyl-2-piperonyl-6-[methoxylpiperonyl]-3,7-dioxabicyclo[3.3.0]octane

7- 乙酰氧基 -2- 甲基异黄酮 7-acetoxy-2-methylisoflavone

(1S,2R,5R,6S,7R,8S,10R)-6- 乙酰氧基 -2- 甲氧基 -4- 氧代伪愈创木 -11(13)- 烯 -12,8- 内酯 (1S,2R,5R,6S,7R,8S,10R)-6-acetoxy-2-methoxy-4-oxopseudoguai-11(13)-en-12,8-olide

(1S,2S,5R,6S,7R,8S,10R)-6- 乙酰氧基 -2- 甲氧基 -4- 氧代伪愈创木 -11(13)- 烯 -12,8- 内酯 (1S,2S,5R,6S,7R,8S,10R)-6-acetoxy-2-methoxy-4-oxopseudoguai-11(13)-en-12,8-olide

1- 乙酰氧基 -2- 甲氧基 -6- 十三烷基 -4- 羟基苯 1-acetoxy-2-methoxy-6-tridecyl- 4-hydroxybenzene

1- 乙酰氧基 -2- 甲氧基 -6- 十五烷基 -4- 羟基苯 1-acetoxy-2-methoxy-6-pentadecyl-4-hydroxybenzene

(Z,Z)-1- 乙酰氧基 -2- 羟基 -12,15- 二十一烷二烯 -4- 酮 (Z,Z)-1-acetyloxy-2-hydroxy-12,15-heneicosadien-4-one

1α- 乙酰氧基 -2- 羟基 -3α-(2- 甲基丁酰氧基)- 异土木香内酯 1α-acetoxy-2-hydroxy-3α-(2-methylbutanoyloxy)-isoalantolactone

(Z,Z)-1- 乙酰氧基 -2- 羟基 -4- 氧代 - 二十一碳 -12,15- 二烯 (Z,Z)-1-acetoxy-2-hydroxy-4-oxo-heneicosa-12,15-diene

(E,Z,Z)-1- 乙酰氧基 -2- 羟基 -4- 氧代 - 二十一碳 -5,12,15- 三烯 (E,Z,Z)-1-acetoxy-2-hydroxy-4-oxo-heneicosa-5,12,15-triene

(Z,Z,Z)-1- 乙酰氧基 -2- 羟基 -4- 氧代 - 二十一碳 -5,12,15- 三烯 (Z,Z,Z)-1-acetoxy-2-hydroxy-4-oxo-heneicosa-5,12,15-triene

1- 乙酰氧基 -2- 羟基 -4- 氧代二十一烷 -12,15- 二烯 1-acetoxy-2-hydroxy-4-oxoheneicosa-12,15-diene

1- 乙酰氧基 -2- 羟基 -4- 氧代 - 十八碳 -12- 烯 1-acetoxy-2-hydroxy-4-oxo-octadec-12-ene

1- 乙酰氧基 -2- 羟基 -4- 氧代 - 十七碳 -16- 烯 1-acetoxy-2-hydroxy-4-oxo-heptadec-16-ene

1- 乙酰氧基 -2- 羟基 -4- 氧代 - 十七烷 1-acetoxy-2-hydroxy-4-oxo-heptadecane

(3α,4β,8α)-4- 乙酰氧基 -3-(2,3- 二羟基)-2- 甲基 -1- 氧代丁酰氧基 -8- 羟基桉叶 -7(11)- 内环 -12,8- 内酯 (3α,4β,8α)-4-acetyloxy-

3-(2,3-dihydroxy)-2-methyl-1-oxobutoxy-8-hydroxyeudesm-7(11)-eno-12,8-lactone

(4*E*,6*E*,12*E*)-1- 乙酰氧基 -3-(2- 甲基丁酰氧基)- 十四烷 -4,6,12-三烯 -8,10- 二炔 -14- 醇 (4*E*,6*E*,12*E*)-1-acetoxy-3-(2-methylbutyryloxy)-tetradeca-4,6,12-trien-8,10-diyn-14-ol

1α- 乙酰氧基 -3-(2- 甲基丁酰氧基)- 羽状堆心菊素 1α-acetoxy-3-(2-methylbutanoyloxy)-pinnatifidin

(+)-3- 乙酰氧基 -3-(7- 甲氧基 -1,3- 苯并二氧 -5- 基) 丙酸甲酯 (+)-methyl-3-acetoxy-3-(7-methoxy-1,3-benzodioxol-5-yl) propanoate

5- 乙酰氧基 -3,3',4',5'- 四甲氧基黄酮 5-acetoxy-3,3',4',5'-tetramethoxyflavone

12- 乙酰氧基 -3,30- 二异丁酰内雄楝林素▲ 12-acetyloxy-3,30-diisobutyroylphragmalin

2- 乙酰氧基 -3,4,6,11- 四氢杜松烷 2-acetyloxy-3,4,6,11-tetradehydrocadinan

(7*R*,8*R*,3'*R*)-7- 乙酰氧基 -3',4'- 二甲氧基 -3,4- 亚甲二氧基 -6'- 氧代 -$\Delta^{1',4',8'}$-8.3'- 木脂素 (7*R*,8*R*,3'*R*)-7-acetoxy-3',4'-dimethoxy-3,4-methylenedioxy-6'-oxo-$\Delta^{1',4',8'}$-8.3'-lignan

28- 乙酰氧基 -3,4- 裂环 - 齐墩果 -4(24),13(18)- 二烯 -3- 酸 28-acetoxy-3,4-seco-olean-4(24),13(18)-diene-3-oic acid

(α*R*,7*S*,8*R*,8a*R*)-7- 乙酰氧基 -3,5,6,7,8,8a- 六氢 -α,8,8a- 三甲基 -3- 氧代 -2- 萘乙酸 (α*R*,7*S*,8*R*,8a*R*)-7-acetyloxy-3,5,6,7,8,8a-hexahydro-α,8,8a-trimethyl-3-oxo-2-naphthaleneacetic acid

(α*S*,7*S*,8*R*,8a*R*)- 7- 乙酰氧基 -3,5,6,7,8,8a- 六氢 -α,8,8a- 三甲基 -3- 氧代 -2- 萘乙酸 (α*S*,7*S*,8*R*,8a*R*)-7-acetyloxy-3,5,6,7,8,8a-hexahydro-α,8,8a-trimethyl-3-oxo-2-naphthaleneacetic acid

11- 乙酰氧基 -3,8,14- 三羟基 -12-(3- 甲基氧代丁酰氧基)-(3β,11β,12β,14β)- 孕甾 -5- 烯 -20- 酮 11-aceoxy-3,8,14-trihydroxy-12-(3-methyl-oxobutoxy)-(3β,11β,12β,14β)-pregn-5-en-20-one

16- 乙酰氧基 -3-[*O*-β-D- 吡喃葡萄糖基 -(1→6)-*O*-β-D- 吡喃葡萄糖基 -(1→4)-2,6- 二去氧 -3-*O*- 甲基 -α-L- 吡喃核己糖基氧基]-14- 羟基 -(3β,5β,16β)- 强心 -20(22)- 烯内酯 16-acetoxy-3-[*O*-β-D-glucopyranosyl-(1→6)-*O*-β-D-glucopyranosyl-(1→4)-2,6-dideoxy-3-*O*-methyl-α-L-ribo-hexopyranosyloxy]-14-hydroxy-(3β,5β,16β)-card-20(22)-enolide

3β- 乙酰氧基 -30- 降羽扇豆 -20- 酮 3β-acetoxy-30-norlupan-20-one

[3a*S*-(3aα,5β,5aβ,9bα)]-5- 乙酰氧基 -3a,4,5,5a,6,7,8,9b- 八氢 -5a,9- 二甲基 -3- 亚甲基 - 萘 [1,2-b] 呋喃 -2(3*H*)- 酮 [3a*S*-(3aα,5β,5aβ,9bα)]-5-(acetyloxy)-3a,4,5,5a,6,7,8,9b-octahydro-5a,9-dimethyl-3-methylene-naphtho[1,2-b]furan-2(3*H*)-one

(3*S*,3a*R*,7*S*,8a*R*,9a*R*)-7- 乙酰氧基 -3a,4,6,7,8,8a,9,9a- 十氢 -3,5,8a-三甲基 - 萘 [2,3-b] 呋喃 -2(3*H*)- 酮 (3*S*,3a*R*,7*S*,8a*R*,9a*R*)-7-acetyloxy-3a,4,6,7,8,8a,9,9a-octahydro-3,5,8a-trimethyl-naphtho[2,3-b]furan-2(3*H*)-one

9- 乙酰氧基 -3a,4,7,8,11,11a- 六氢 -4- 羟基 -6,10- 二甲基 -3- 亚甲基 - 环癸烷 [b] 呋喃 -2(3*H*)- 酮 9-acetyloxy-3a,4,7,8,11,11a-hexahydro-4-hydroxy-6,10-dimethyl-3-methylene-cyclodeca[b]furan-2(3*H*)-one

1α- 乙酰氧基 -3α- 丙酰氧基印度苦楝树宁▲ 1α-acetoxy-3α-propanoyloxyvilasinin

1α- 乙酰氧基 -3α- 羟基 -2α-(2- 甲基丁酰氧基)- 异土木香内酯 1α-acetoxy-3α-hydroxy-2α-(2-methylbutanoyloxy)-isoalantolactone

25- 乙酰氧基 -3α- 羟基齐墩果 -12- 烯 -28- 酸 25-acetoxy-3α-hydroxyolean-12-en-28-oic acid

13- 乙酰氧基 -3β-(3- 甲基丁酰基)- 大根老鹳草 -1(10)*E*,4*E*,7(11)-三烯 -12,6α- 内酯 13-acetoxy-3β-(3-methylbutanoyl)-germacra-1(10)*E*,4*E*,7(11)-trien-12,6α-olide

2α- 乙酰氧基 -3β-(4- 羟基苯甲酰基) 蒲公英萜 -14- 烯 -28- 酸 2α-acetoxy-3β-[(4-hydroxybenzoyl)oxy]taraxer-14-en-28-oic acid

(24*S*)-24- 乙酰氧基 -3β-(β-D- 吡喃葡萄糖氧基)- 环木菠萝 -16β,25,30- 三醇 -25-[β-D- 吡喃葡萄糖基 -(1→4)-β-D- 吡喃葡萄糖苷] (24*S*)-24-(acetyloxy)-3β-(β-D-glucopyranosyloxy)-cycloartane-16β,25,30-triol-25-[β-D-glucopyranosyl-(1→4)-β-D-glucopyranoside]

(24*S*)-24- 乙酰氧基 -3β-(β-D- 吡喃葡萄糖氧基)- 环木菠萝 -16β,25,30- 三醇 -25-[β-D- 吡喃葡萄糖基 -(1→6)-β-D- 吡喃葡萄糖苷] (24*S*)-24-(acetyloxy)-3β-(β-D-glucopyranosyloxy)-cycloartane-16β,25,30-triol-25-[β-D-glucopyranosyl-(1→6)-β-D-glucopyranoside]

12β- 乙酰氧基 -3β,15α,16α,24α- 四羟基 -25,26,27- 去三甲基 -16,24-环环木菠萝 -7- 烯 -23- 酮 -3-*O*-β-D- 吡喃木糖苷 12β-acetoxy-3β,15α,16α,24α-tetrahydroxy-25,26,27-trinor-16,24-cyclocycloart-7-en-23-one-3-*O*-β-D-xylopyranoside

28- 乙酰氧基 -3β,16β,22α,23- 四羟基齐墩果 -12- 烯 -21β-(2*S*)-2- 甲基丁酸酯 28-acetyloxy-3β,16β,22α,23-tetrahydroxyolean-12-en-21β-(2*S*)-2-methylbutanoate

8β- 乙酰氧基 -3β,4α:9β,10α- 二环氧大根老鹳草 -7(11)- 烯 -12,6α-内酯 8β-acetyloxy-3β,4α:9β,10α-diepoxygermacr-7(11)-eno-12,6α-lactone

12β- 乙酰氧基 -3β-[2,6- 二去氧 -3-*O*- 甲基 -β-D- 吡喃阿拉伯己糖氧基]-14β,17α- 二羟基孕甾 -5- 烯 -20- 酮 12β-acetoxy-3β-[(2,6-dideoxy-3-*O*-methyl-β-D-arabinohexopyranosyl)oxy]-14β,17α-dihydroxypregn-5-en-20-one

12β- 乙酰氧基 -3β-[2,6- 二去氧 -4-*O*-(2,6- 二去氧 -3-*O*- 甲基 -β-D-吡喃阿拉伯己糖基)-3-*O*- 甲基 -β-D- 吡喃阿拉伯己糖氧基]-14β,17α- 二羟基孕甾 -5- 烯 -20- 酮 12β-acetoxy-3β-[2,6-dideoxy-4-*O*-(2,6-dideoxy-3-*O*-methyl-β-D-arabinohexopyranosyl)-3-*O*-methyl-β-D-arabinohexopyranosyloxy]-14β,17α-dihydroxypregn-5-en-20-one

12β- 乙酰氧基 -3β-[*O*-2,6- 二去氧 -3-*O*- 甲基 -α-L-2,6- 二去氧 -3-*O*-甲基 -β-D- 吡喃核己糖氧基]-14β,17α- 二羟基孕甾 -5- 烯 -20-酮 (3β,12β,14β,17α)-12-acetoxy-3-[*O*-2,6-dideoxy-3-*O*-methyl-α-L-2,6-dideoxy-3-*O*-methyl-β-D-ribohexopyranosyloxy]-14,17-dihydroxypregn-5-en-20-one

12β- 乙酰氧基 -3β-[*O*-2,6- 二去氧 -3-*O*- 甲基 -α-L- 吡喃核己糖基 - (1→4)-*O*-2,6- 二去氧 -3-*O*- 甲基 -β-D- 吡喃阿拉伯己糖基 - (1→4)-*O*-2, 6- 二去氧 -3-*O*- 甲基 -β-D- 吡喃阿拉伯己糖基 -(1→4)-*O*-2,6- 二去氧 -3-*O*- 甲基 -β-D- 吡喃核己糖基 -(1→4)-2,6- 二去氧 -3-*O*- 甲基 -β-D- 吡喃核己糖氧基]-14β, 17α-二羟基孕甾 -5- 烯 -20- 酮 12β-acetoxy-3β-[*O*-2,6-dideoxy-3-*O*-methyl-α-L-ribohexopyranosyl-(1→4)-*O*-2,6-dideoxy-3-*O*-methyl-β-D-arabinohexopyranosyl-(1→4)-*O*-2,6-dideoxy-3-*O*-methyl-β-D-arabinohexopyranosyl-(1→4)-*O*-2,6-dideoxy-3-*O*-methyl-β-D-ribohexopyranosyl-(1→4)-2,6-dideoxy-3-*O*-methyl-β-D-ribohexopyranosyloxy]-14β,17α-dihydroxypregn-5-en-20-one

12β- 乙酰氧基 -3β-[*O*-2,6- 二去氧 -3-*O*- 甲基 -α-L- 吡喃核己糖基 -(1→4)-*O*-2,6- 二去氧 -3-*O*- 甲基 -β-D- 吡喃核己糖基 -(1→4)-*O*-2,6- 二去氧 -3-*O*- 甲基 -α-L- 吡喃核己糖基 -(1→4)-2,6- 二去氧 -3-*O*- 甲基 -β-D- 吡喃核己糖氧基]-14β, 17α- 二羟基孕甾 -5- 烯 -20- 酮 12β-acetoxy-3β-[*O*-2,6-dideoxy- 3-*O*-methyl-α-L-ribohexopyranosyl-(1→4)-*O*-2,6-dideoxy-3-*O*-methyl-β-D-ribohexopyranosyl-(1→4)-*O*-2,6-dideoxy-3-*O*-methyl-α-L-ribohexopyranosyl-(1→4)-2,6-dideoxy-3-*O*-methyl-β-D-ribo-hexopyranosyloxy]-14β,17α-dihydroxypregn-5-en-20-one

12β- 乙酰氧基 -3β-[*O*-2,6- 二去氧 -3-*O*- 甲基 -α-L- 吡喃核己糖基 -(1→4)-*O*-2,6- 二去氧 -3-*O*- 甲基 -β-D- 吡喃核己

糖基 -(1 → 4)-*O*-2,6- 二去氧 -3-*O*- 甲基 -α-L- 吡喃核己糖基 -(1 → 4)-*O*-2,6- 二去氧 -3-*O*- 甲基 -α-L- 吡喃核己糖基 -(1 → 4)-2,6- 二去氧 -3-*O*- 甲基 -β-D- 吡喃核己糖氧基]-14β,17α- 二羟基孕甾 -5- 烯 -20- 酮 12β-acetoxy-3β-[*O*-2,6-dideoxy-3-*O*-methyl-α-L-ribohexopyranosyl-(1→4)-*O*-2,6-dideoxy-3-*O*-methyl-β-D-ribohexopyranosyl-(1 → 4)-*O*-2,6-dideoxy-3-*O*-methyl-α-L-ribohexopyranosyl-(1 → 4)-*O*-2,6-dideoxy-3-*O*-methyl-α-L-ribohexopyranosyl-(1→4)-2,6-dideoxy-3-*O*-methyl-β-D-ribohexopyranosyloxy]-14β,17α-dihydroxypregn-5-en-20-one

12β- 乙酰氧基 -3β-[*O*-2,6- 二去氧 -3-*O*- 甲基 -α-L- 吡喃核己糖基 -(1 → 4)-*O*-2,6- 二去氧 -3-*O*- 甲基 -β-D- 吡喃核己糖基 -(1 → 4)-*O*-2,6- 二去氧 -3-*O*- 甲基 -α-L- 吡喃核己糖基 -(1 → 4)-*O*-2,6- 二去氧 - 3-*O*- 甲基 -β-D- 吡喃核己糖基 -(1 → 4)-2,6- 二去氧 -3-*O*- 甲基 -β-D- 吡喃核己糖氧基]-14β,17α- 二羟基孕甾 -5- 烯 -20- 酮 12β-acetoxy-3β-[*O*-2,6-dideoxy-3-*O*-methyl-α-L-ribohexopyranosyl-(1 → 4)-*O*-2,6-dideoxy-3-*O*-methyl-β-D-ribohexopyranosyl-(1 → 4)-*O*-2,6-dideoxy-3-*O*-methyl-α-L-ribohexopyranosyl-(1 → 4)-*O*-2,6-dideoxy-3-*O*-methyl-β-D-ribohexopyranosyl-(1 → 4)-2,6-dideoxy-3-*O*-methyl-β-D-ribohexopyranosyloxy]-14β,17α-dihydroxypregn-5-en-20-one

12β- 乙酰氧基 -3β-[*O*-2,6- 二去氧 -3-*O*- 甲基 -α-L- 吡喃核己糖基 -(1 → 4)-*O*-2,6- 二去氧 -3-*O*- 甲基 -β- 吡喃核己糖基 -(1 → 4)-*O*-2,6- 二去氧 -3-*O*- 甲基 -α-L- 吡喃核己糖基 -(1 → 4)-*O*-2,6- 二去氧 -3-*O*- 甲基 -β- 吡喃核己糖基 -(1 → 4)-2,6- 二去氧 -β-D- 吡喃阿拉伯己糖氧基]-14β,17α- 二羟基孕甾 -5- 烯 -20- 酮 12β-acetoxy-3β-[*O*-2,6-dideoxy-3-*O*-methyl-α-L-ribohexopyranosyl-(1 → 4)-*O*-2,6-dideoxy-3-*O*-methyl-β-ribohexopyranosyl-(1 → 4)-*O*-2,6-dideoxy-3-*O*-methyl-α-L-ribohexopyranosyl-(1 → 4)-*O*-2,6-dideoxy-3-*O*-methyl-β-ribohexopyranosyl-(1 → 4)-2,6-dideoxy-β-D-arabinohexopyranosyloxy]-14β,17α-dihydroxypregn-5-en-20-one

12β- 乙酰氧基 -3β-[*O*-2,6- 二去氧 -3-*O*- 甲基 -α-L- 吡喃核己糖基 -(1 → 4)-*O*-2,6- 二去氧 -3-*O*- 甲基 -β- 吡喃核己糖基 -(1 → 4)-*O*-2,6- 二去氧 -3-*O*- 甲基 -α-L- 吡喃核己糖基 -(1 → 4)-*O*-2,6- 二去氧 -3-*O*- 甲基 -β- 吡喃核己糖基 -(1 → 4)-2,6- 二去氧 -β- 吡喃核己糖氧基]-14β,17α- 二羟基孕甾 -5- 烯 -20- 酮 12-acetoxy-3β-[*O*-2,6-dideoxy-3-*O*-methyl-α-L-ribohexopyranosyl-(1→4)-*O*-2,6-dideoxy-3-*O*-methyl-β-ribohexopyranosyl-(1 → 4)-*O*-2,6-dideoxy-3-*O*-methyl-α--L-ribohexopyranosyl-(1 → 4)-*O*-2,6-dideoxy-3-*O*-methyl-β-ribohexopyranosyl-(1 → 4)-2,6-dideoxy-β-ribohexopyranosyloxy]-14β,17α-dihydroxypregn-5-en-20-one

12β- 乙酰氧基 -3β-[*O*-2,6- 二去氧 -3-*O*- 甲基 -α-L- 吡喃核己糖基 -(1 → 4)-*O*-2,6- 二去氧 -3-*O*- 甲基 -β- 吡喃核己糖基 -(1 → 4)-*O*-2,6- 二去氧 -3-*O*- 甲基 -α-L- 吡喃核己糖基 -(1 → 4)-*O*-2,6- 二去氧 -3-*O*- 甲基 -β- 吡喃核己糖基 -(1 → 4)-2,6- 二去氧 -β- 吡喃核己糖氧基]-8,14β,17α- 三羟基孕甾 -5- 烯 -20- 酮 12β-acetoxy-3β-[*O*-2,6-dideoxy-3-*O*-methyl-α-L-ribohexopyranosyl-(1 → 4)-*O*-2,6-dideoxy-3-*O*-methyl-β-ribohexopyranosyl-(1 → 4)-*O*-2,6-dideoxy-3-*O*-methyl-α-L-ribohexopyranosyl-(1 → 4)-*O*-2,6-dideoxy-3-*O*-methyl-β-ribohexopyranosyl-(1 → 4)-2,6-dideoxy-β-ribohexopyranosyloxy]-8,14β,17α-trihydroxypregn-5-en-20-one

12β- 乙酰氧基 -3β-[*O*-2,6- 二去氧 -3-*O*- 甲基 -β-D- 吡喃阿拉伯己糖基 -(1 → 4)-*O*-2,6- 二去氧 -3-*O*- 甲基 -β-D- 吡喃阿拉伯己糖基 -(1 → 4)-*O*-2,6- 二去氧 -3-*O*- 甲基 -β-D- 吡喃阿拉伯己糖基 -(1 → 4)-2,6- 二去氧 -3-*O*- 甲基 -β-D- 吡喃阿拉伯己糖氧基]-14β,17α- 二羟基孕甾 -5- 烯 -20- 酮 12β-acetoxy-3β-[*O*-2,6-dideoxy-3-*O*-methyl-β-D-arabinohexopyranosyl-(1→4)-*O*-2,6-dideoxy-3-*O*-methyl-β-D-arabinohexopyranosyl-(1 → 4)-*O*-2,6-dideoxy-3-*O*-methyl-β-D-arabinohexopyranosyl-(1 → 4)-2,6-dideoxy-3-*O*-methyl-β-D-arabinohexopyranosyloxy]-14β,17α-dihydroxypregn-5-en-20-one

12β- 乙酰氧基 -3β-[*O*-2,6- 二去氧 -3-*O*- 甲基 -β-D- 吡喃阿拉伯己糖基 -(1 → 4)-*O*-2,6- 二去氧 -3-*O*- 甲基 -β-D- 吡喃阿拉伯己糖基 -(1 → 4)-*O*-2,6- 二去氧 -3-*O*- 甲基 -β-D- 吡喃核己糖基 -(1 → 4)-2,6- 二去氧 -3-*O*- 甲基 -β-D- 吡喃核己糖氧基]-14β,17α- 二羟基孕甾 -5- 烯 -20- 酮 12β-acetoxy-3β-[*O*-2,6-dideoxy-3-*O*-methyl-β-D-arabinohexopyranosyl-(1 → 4)-*O*-2,6-dideoxy-3-*O*-methyl-β-D-arabinohexopyranosyl-(1 → 4)-*O*-2,6-dideoxy-3-*O*-methyl-β-D-ribohexopyranosyl-(1 → 4)-2,6-dideoxy-3-*O*-methyl-β-D-ribohexopyranosyloxy]-14β,17α-dihydroxypregn-5-en-20-one

12β- 乙酰氧基 -3β-[*O*-2,6- 二去氧 -3-*O*- 甲基 -β-D- 吡喃阿拉伯己糖基 -(1 → 4)-*O*-2,6- 二去氧 -3-*O*- 甲基 -β-D- 吡喃阿拉伯己糖基 -(1 → 4)-*O*-2,6- 二去氧 -3-*O*- 甲基 -β-D- 吡喃核己糖基 -(1 → 4)-2,6- 二去氧 -3-*O*- 甲基 -β-D- 吡喃核己糖氧基]-14β- 羟基孕甾 -5- 烯 -20- 酮 12β-acetoxy-3β-[*O*-2,6-dideoxy-3-*O*-methyl-β-D-arabinohexopyranosyl-(1 → 4)-*O*-2,6-dideoxy-3-*O*-methyl-β-D-arabinohexopyranosyl-(1 → 4)-*O*-2,6-dideoxy-3-*O*--methyl-β-D-ribohexopyranosyl-(1→4)-2,6-dideoxy-3-*O*-methyl-β-D-ribohexopyranosyloxy]-14β-hydroxypregn-5-en-20-one

12β- 乙酰氧基 -3β-[*O*-2,6- 二去氧 -3-*O*- 甲基 -β-D- 吡喃阿拉伯己糖基 -(1 → 4)-*O*-2,6- 二去氧 -3-*O*- 甲基 -β-D- 吡喃核己糖基 -(1 → 4)-2,6- 二去氧 -3-*O*- 甲基 -β-D- 吡喃核己糖氧基]-14β- 羟基孕甾 -5- 烯 -20- 酮 12β-acetoxy-3β-[*O*-2,6-dideoxy-3-*O*-methyl-β-D-arabinohexopyranosyl-(1→4)-*O*-2,6-dideoxy-3-*O*-methyl-β-D-ribohexopyranosyl-(1 → 4)-2,6-dideoxy-3-*O*-methyl-β-D-ribohexopyranosyloxy]-14β-hydroxypregn-5-en-20-one

12β- 乙酰氧基 -3β-[*O*-2,6- 二去氧 -3-*O*- 甲基 -β-D- 吡喃阿拉伯己糖基 -(1 → 4)-*O*-2,6- 二去氧 -3-*O*- 甲基 -β- 吡喃核己糖基 -(1 → 4)-2,6- 二去氧 -3-*O*- 甲基 -β- 吡喃核己糖氧基]-14β,17α- 二羟基孕甾 -5- 烯 -20- 酮 12β-acetoxy-3β-[*O*-2,6-dideoxy-3-*O*-methyl-β-D-arabinohexopyranosyl-(1 → 4)-*O*-2,6-dideoxy-3-*O*-methyl-β-ribohexopyranosyl-(1 → 4)-2,6-dideoxy-3-*O*-methyl--β-ribohexopyranosyloxy]-14β,17α-dihydroxypregn-5-en-20-one

12β- 乙酰氧基 -3β-[*O*-2,6- 二去氧 -3-*O*- 甲基 -β-D- 吡喃阿拉伯己糖基 -(1 → 4)-*O*-2,6- 二去氧 -β-D- 吡喃阿拉伯己糖基 -(1 → 4)-2,6- 二去氧 -3-*O*- 甲基 -β-D- 吡喃阿拉伯己糖氧基]-14β,17α- 二羟基孕甾 -5- 烯 -20- 酮 12β-acetoxy-3β-[*O*-2,6- dideoxy-3-*O*-methyl-β-D-arabinohexopyranosyl-(1 → 4)-*O*-2,6-dideoxy-β-D-arabinohexopyranosyl-(1 → 4)-2,6-dideoxy-3-*O*-methyl-β-D-arabinohexopyranosyloxy]-14β,17α-dihydroxypregn-5-en-20-one

12β- 乙酰氧基 -3β-[*O*-2,6- 二去氧 -3-*O*- 甲基 -β-D- 吡喃阿拉伯己糖基 -(1 → 4)-*O*-2,6- 二去氧 -β-D- 吡喃阿拉伯己糖基 -(1 → 4)-*O*-2,6- 二去氧 -3-*O*- 甲基 -β-D- 吡喃核己糖基 -(1 → 4)-2,6- 二去氧 -3-*O*- 甲基 -β-D- 吡喃核己糖氧基]-14β,17α- 二羟基孕甾 -5- 烯 -20- 酮 12β-acetoxy-3β-[*O*-2,6-dideoxy-3-*O*-methyl-β-D-arabinohexopyranosyl-(1 → 4)-*O*-2,6-dideoxy-β-D-arabinohexopyranosyl-(1 → 4)-*O*-2,6-dideoxy-3-*O*-methyl-β-D-ribohexopyranosyl-(1 →4)-2,6-dideoxy-3-*O*-methyl-β-D-ribohexopyranosyloxy]-14β,17α-dihydroxy-preg-n-5-en-20-one

12β- 乙酰氧基 -3β-[*O*-2,6– 二去氧 -3-*O*- 甲基 -β-D- 吡喃阿拉伯己糖基 -(1 → 4)-*O*-2,6- 二去氧 -β-D- 吡喃阿拉伯己糖基 -(1 → 4)-*O*-2,6- 二去氧 -β-D- 吡喃阿拉伯己糖基 -(1 → 4)-2,6- 二去氧 -3-*O*- 甲基 -β-D- 吡喃阿拉伯己糖氧基]-14β,17α- 二羟基孕甾 -5- 烯 -20- 酮 12β-acetoxy-3β-[*O*-2, 6-dideoxy-3-*O*-methyl-β-D-arabinohexopyranosyl-(1 → 4)-*O*-2, 6-dideoxy-β-D-

Y

arabinohexopyranosyl-(1→4)-*O*-2,6-dideoxy-*β*-D-arabinohexopyranosyl-(1→4)-2,6-dideoxy-3-*O*-methyl-*β*-D-arabinohexopyranosyloxy]-14*β*,17*α*-dihydroxypregn-5-en-20-one

12*β*-乙酰氧基-3*β*-[*O*-2,6-二去氧-3-*O*-甲基-*β*-D-吡喃阿拉伯己糖基-(1→4)-*O*-2,6-二去氧-*β*-D-吡喃核己糖基-(1→4)-*O*-2,6-二去氧-*β*-D-吡喃核己糖基-(1→4)-*O*-2,6-二去氧-3-*O*-甲基-*β*-D-吡喃核己糖基-(1→4)-*O*-2,6-二去氧-3-*O*-甲基-*α*-L-吡喃核己糖基-(1→4)-*O*-2,6-二去氧-3-*O*-甲基-*α*-L-吡喃核己糖基-(1→4)-2,6-二去氧-3-*O*-甲基-*β*-D-吡喃阿拉伯己糖氧基]-14*β*,17*α*-二羟基孕甾-5-烯-20-酮 12*β*-acetoxy-3*β*-[*O*-2,6-dideoxy-3-*O*-methyl-*β*-D-arabinohexopyranosyl-(1→4)-*O*-2,6-dideoxy-*β*-D-ribohexopyranosyl-(1→4)-*O*-2,6-dideoxy-*β*-D-ribohexopyranosyl-(1→4)-*O*-2,6-dideoxy-3-*O*-methyl-*β*-D-ribohexopyranosyl-(1→4)-*O*-2,6-dideoxy-3-*O*-methyl-*α*-L-ribohexopyranosyl-(1→4)-*O*-2,6-dideoxy-3-*O*-methyl-*α*-L-ribohexopyranosyl-(1→4)-2,6-dideoxy-3-*O*-methyl-*β*-D-arabinohexopyranosyloxy]-14*β*,17*α*-dihydroxypregn-5-en-20-one

12*β*-乙酰氧基-3*β*-[*O*-2,6-二去氧-3-*O*-甲基-*β*-D-吡喃阿拉伯己糖基-(1→4)-*O*-2,6-二去氧-*β*-D-吡喃核己糖基-(1→4)-*O*-2,6-二去氧-*β*-D-吡喃核己糖基-(1→4)-*O*-2,6-二去氧-3-*O*-甲基-*β*-D-吡喃核己糖基-(1→4)-*O*-2,6-二去氧-3-*O*-甲基-*α*-L-吡喃核己糖基-(1→4)-*O*-2,6-二去氧-3-*O*-甲基-*α*-L-吡喃核己糖基-(1→4)-2,6-二去氧-3-*O*-甲基-*β*-D-吡喃核己糖氧基]-14*β*,17*α*-二羟基孕甾-5-烯-20-酮 12*β*-acetoxy-3*β*-[*O*-2,6-dideoxy-3-*O*-methyl-*β*-D-arabinohexopyranosyl-(1→4)-*O*-2,6-dideoxy-*β*-D-ribohexopyranosyl-(1→4)-*O*-2,6-dideoxy-*β*-D-ribohexopyranosyl-(1→4)-*O*-2,6-dideoxy-3-*O*-methyl-*β*-D-ribohexopyranosyl-(1→4)-*O*-2,6-dideoxy-3-*O*-methyl-*α*-L-ribohexopyranosyl-(1→4)-*O*-2,6-dideoxy-3-*O*-methyl-*α*-L-ribohexopyranosyl-(1→4)-2,6-dideoxy-3-*O*-methyl-*β*-D-ribohexopyranosyloxy]-14*β*,17*α*-dihydroxypregn-5-en-20-one

12*β*-乙酰氧基-3*β*-[*O*-2,6-二去氧-3-*O*-甲基-*β*-D-吡喃核己糖基-(1→4)-*O*-2,6-二去氧-3-*O*-甲基-*β*-D-吡喃核己糖基-(1→4)-2,6-二去氧-3-*O*-甲基-*β*-D-吡喃核己糖氧基]-14*β*,17*α*-二羟基孕甾-5-烯-20-酮 12*β*-acetoxy-3*β*-[*O*-2,6-dideoxy-3-*O*-methyl-*β*-D-ribohexopyranosyl-(1→4)-*O*-2,6-dideoxy-3-*O*-methyl-*β*-D-ribohexopyranosyl-(1→4)-2,6-dideoxy-3-*O*-methyl-*β*-D-ribohexopyranosyloxy]-14*β*,17*α*-dihydroxypregn-5-en-20-one

(5*α*,17*α*)-12*β*-乙酰氧基-3*β*-*O*-[(2,6-二去氧-4-*O*-(6-去氧-3-*O*-甲基-*β*-D-吡喃阿洛糖基)-3-*O*-甲基-*β*-D-吡喃阿拉伯己糖)氧基]-20-氧代-8,14*β*-环氧孕甾-11*α*-*O*-异丁酯 (5*α*,17*α*)-12*β*-acetoxy-3*β*-*O*-[(2,6-dideoxy-4-*O*-(6-deoxy-3-*O*-methyl-*β*-D-allopyranosyl)-3-*O*-methyl-*β*-D-arabino-hexopyranosyl)oxy]-20-oxo-8,14*β*-epoxypregna-11*α*-*O*-isobutyrate

13-乙酰氧基-3*β*-巴豆酰基-大根老鹳草-1(10)*E*,4*E*,7(11)-三烯-12,6*α*-内酯 13-acetoxy-3*β*-tigloyl-germacra-1(10)*E*,4*E*,7(11)-trien-12,6*α*-olide

13-乙酰氧基-3*β*-丙酰基-大根老鹳草-1(10)*E*,4*E*,7(11)-三烯-12,6*α*-内酯 13-acetoxy-3*β*-propanoyl-germacra-1(10)*E*,4*E*,7(11)-trien-12,6*α*-olide

6*β*-乙酰氧基-3*β*-当归酰氧基-8*β*,10*β*-二羟基荒漠木烯内酯▲ 6*β*-acetoxy-3*β*-angeloyloxy-8*β*,10*β*-dihydroxyeremophilenolide

12*β*-乙酰氧基-3*β*-羟基-24,25,26,27-四降-环木菠萝-7-烯-23,16*β*-内酯-3-*O*-*β*-D-吡喃木糖苷 12*β*-acetoxy-3*β*-hydroxy-24, 25, 26, 27-tetranor-cycloart-7-en-23,16*β*-olide-3-*O*-*β*-D-xylopyranoide

12*β*-乙酰氧基-3*β*-羟基-24,25,26,27-四去甲基-环木菠萝-23,16*β*-内酯-3-*O*-*β*-D-吡喃木糖苷 12*β*-acetoxy-3*β*-hydroxy-24,25,26,27-tetranor-cycloartan-23,16*β*-olide-3-*O*-*β*-D-xylopyranoide

6-乙酰氧基-3*β*-羟基-7-酮基-14*β*,15*β*-环氧楝三萜-1,5-二烯-3-*O*-*β*-D-吡喃木糖苷 6-acetoxy-3*β*-hydroxy-7-oxo-14*β*,15*β*-epoxymeliacin-1,5-dien-3-*O*-*β*-D-xylopyranoside

6-乙酰氧基-3*β*-羟基-7-氧代-14*β*,15*β*-环氧楝三萜-1,5-二烯-3-*O*-*β*-D-吡喃葡萄糖醛酸苷 6-acetoxy-3*β*-hydroxy-7-oxo-14*β*,15*β*-epoxymeliacin-1,5-dien-3-*O*-*β*-D-glucuronopyranoside

13-乙酰氧基-3*β*-羟基-大根老鹳草-1(10)*E*,4*E*,7(11)-三烯-12,6*α*-内酯 13-acetoxy-3*β*-hydroxy-germacra-1(10)*E*,4*E*,7(11)-trien-12,6*α*-olide

(1*β*,3*β*,6*β*,8*β*,10*β*)-6-乙酰氧基-3-当归酰氧基-1,10-环氧-8-羟基荒漠木-7(11)-烯-8,12*α*-内酯 (1*β*,3*β*,6*β*,8*β*,10*β*)-6-acetoxy-3-angeloyloxy-1,10-epoxy-8-hydroxyeremophil-7(11)-en-8,12*α*-olide

6-(4-乙酰氧基-3-甲基-2-丁烯基)-7-羟基香豆素 6-(4-acetoxy-3-methyl-2-butenyl)-7-hydroxycoumarin

2-(4-乙酰氧基-3-甲氧基苯基)-1,3-丙烷二醇二乙酸酯 2-(4-acetyloxy-3-methoxyphenyl)-1,3-propanediol diacetate

3-(4-乙酰氧基-3-甲氧基苯基)-2-丙烯酸-3-(4-乙酰氧基-3-甲氧基苯基)-2-丙烯-1-酯 3-(4-acetyloxy-3-methoxyphenyl)-2-propenoic acid-3-(4-acetyloxy-3-methoxyphenyl)-2-propen-1-yl ester

4-乙酰氧基-3-甲氧基-反式-桂皮酸 4-acetoxy-3-methoxy-*trans*-cinnamic acid

(4*E*,6*E*,12*E*)-1-乙酰氧基-3-千里光酰氧基十四烷-4,6,12-三烯-8,10-二炔-14-醇 (4*E*,6*E*,12*E*)-1-acetoxy-3-senecioyloxytetradeca-4,6,12-trien-8,10-diyn-14-ol

(3*R*,5*S*)-5-乙酰氧基-3-羟基-1-(4-羟基-3-甲氧基苯基)-癸烷 (3*R*,5*S*)-5-acetoxy-3-hydroxy-1-(4-hydroxy-3-methoxyphenyl)-decane

3-(4-乙酰氧基-3-羟基苯基)-2-丙烯酸 3-(4-acetyloxy-3-hydroxyphenyl)-2-propenoic acid

1-乙酰氧基-3-羟基丙烷-2-(3-羟基)戊酸酯 1-acetoxy-3-hydroxypropan-2-(3-hydroxy)pentanoate

8-乙酰氧基-3-羟基十五碳-1,9,14-三烯-4,6-二炔 8-acetoxy-3-hydroxypentadeca-1,9,14-trien-4,6-diyne

2-乙酰氧基-3-去乙酰氧基大云实灵▲e 2-acetoxyl-3-deacetoxycaesaldekarin e

2-乙酰氧基-3-香叶基香叶基-1,4-二羟基苯 2-acetoxy-3-geranylgeranyl-1,4-dihydroxybenzene

12*α*-乙酰氧基-3-氧代-羊毛脂-9(11),24*Z*-二烯-26-酸 12*α*-acetyloxy-3-oxo-lanosta-9(11),24*Z*-dien-26-oic acid

12-乙酰氧基-3-异丁酰基-30-丙酰内雄楝林素▲ 12-acetyloxy-3-isobutyroyl-30-propanoylphragmalin

(4*E*,6*E*,12*E*)-1-乙酰氧基-3-异戊酰氧基十四烷-4,6,12-三烯-8,10-二炔-14-醇 (4*E*,6*E*,12*E*)-1-acetoxy-3-isovaleryloxytetradeca-4,6,12-trien-8,10-diyn-14-ol

3-乙酰氧基-4-(1-羟基-1-甲基乙基)-1-甲基环己烯 3-acetoxy-4-(1-hydroxy-1-methylethyl-1-methyl-cyclohexene

12*β*-乙酰氧基-4,4,8,10,14-五甲基-17-(2-甲基-5-氧代四氢呋喃-2(*S*)-基)-十六氢环戊烷[*a*]菲-3*α*-氢化丙二酸酯 [12*β*-acetoxy-4,4,8,10,14-pentamethyl-17-(2-methyl-5-oxotetrahydro-furan-2(*S*)-yl)-hexadecahydrocyclopenta[*a*]phenanthren-3*α*-yl] hydrogenpropanedioate

5-乙酰氧基-4,5-二氢-4,10-二羟基-5-乙酰氧基青蒿酸甲酯 methyl 5-acetoxy-4,5-dihydro-4,10-dihydroxy-5-acetoxyartemisinate

9*β*-乙酰氧基-4,5-去氢-4(15)-二氢木香酸 9*β*-acetoxy-4,5-dehydro- 4(15)-dihydrocostic acid

3*α*-乙酰氧基-4*α*,14*α*-二甲基-9*β*,19-环麦角甾-24-酸 3*α*-acetyloxy-4*α*,14*α*-dimethyl-9*β*,19-cycloergost-24-oic acid

(12*S*)-6*α*-乙酰氧基-4*α*,18-环氧-12-羟基-19-巴豆酰氧基-新-赪桐-13-烯-15,16-内酯 (12*S*)-6*α*-acetoxy-4*α*,18-epoxy-12-

hydroxy-19-tigloyloxy-neo-clerod-13-en-15,16-olide

2α- 乙酰氧基 -4α,6α- 二羟基 -1β,5αH- 愈创木 -9(10),11(13)- 二烯 -12, 8α- 内酯 2α-acetoxy-4α,6α-dihydroxy-1β,5αH-guai-9(10), 11(13)- dien-12,8α-olide

2β- 乙酰氧基 -4α- 氯 -1β,8- 二当归酰氧基 -3β,10,11- 三羟基红没药 -7(14)- 烯 2β-acetoxy-4α-chloro-1β,8-diangeloyloxy-3β,10,11-trihydroxybisabol-7(14)-ene

2β- 乙酰氧基 -4α- 氯 -1β,8- 二当归酰氧基 -3β,10- 二羟基 -11- 甲氧基红没药 -7(14)- 烯 2β-acetoxy-4α-chloro-1β,8-diangeloyloxy-3β,10-dihy-hydroxy-11-methoxybisabol-7(14)-ene

2β- 乙酰氧基 -4α- 氯 -1β,8- 二当归酰氧基 -3β,10- 二羟基红没药 -7(14),11(12)- 二烯 2β-acetoxy-4α-chloro-1β,8-diangeloyloxy-3β, 10-dihydroxy-bisabol-7(14),11(12)-diene

2β- 乙酰氧基 -4α- 氯 -1β,8- 二当归酰氧基 -3β- 羟基 -10,11- 异丙氧基红没药 -7(14)- 烯 2β-acetoxy-4α-chloro-1β,8-diangeloyloxy-3β-hydroxy-10,11-isopropoxybisabol-7(14)-ene

3α- 乙酰氧基 -4α- 羟基 -11(13)- 桉叶 -12- 羧酸甲酯 methyl 3α-acetoxy-4α-hydroxy-11(13)-eudesmen-12-oate

1β- 乙酰氧基 -4α- 羟基 -6α,9β- 二苯甲酰氧基 -8β- 桂皮酰氧基 -β- 二氢沉香呋喃 1β-acetoxy-4α-hydroxyl-6α,9β-dibenzoyloxy-8β-cinnamoyloxy-β-dihydroagarofuran

1β- 乙酰氧基 -4α- 羟基 -6β- 呋喃酰氧基 -9β- 苯甲酰氧基 -8β- 桂皮酰氧基 - 二氢沉香呋喃 1β-acetoxy-4α-hydroxy-6β-furoyloxy-9β-benzoyloxy-8β-cinnamoyloxy-dihydroagarofuran

2α- 乙酰氧基 -4β,5α- 二羟基 - 对映 - 丁香 -8(15)- 烯 -3- 酮 2α-acetoxy-4β,5α-dihydroxy-enantio-caryophylla-8(15)-en-3-one

2α- 乙酰氧基 -4β,5β- 二羟基 - 对映 - 丁香 -8(15)- 烯 -3- 酮 2α-acetoxy-4β,5β-dihydroxy-enantio-caryophylla-8(15)-en-3-one

5β- 乙酰氧基 -4β,8- 二当归酰氧基 -2β,3β: 10,11- 二环氧红没药 -7(14)- 烯 5β-acetoxy-4β,8-diangeloyloxy-2β,3β: 10,11-diepoxybisabola-7(14)-ene

2β- 乙酰氧基 -4- 丁香烯 -8β- 醇 -3- 酮 2β-acetoxy-4-caryophyllen-8β-ol-3-one

6- 乙酰氧基 -4- 羟基 -1,10H- 拟愈创木 -11(13)- 烯 -12,18- 内酯 6-acetoxy-4-hydroxy-1,10H-pseudoguaia-11(13)-en-12,8-olide)

2-(3- 乙酰氧基 -4- 羟基正丁炔 -1- 基)-5-(1,3- 戊二炔 -1- 基) 噻吩 2-(3-acetoxy-4-hydroxybut-1-yn-1-yl)-5-(penta-1,3-diyn-1-yl) thiophene

(1S,5S,7R,8S,10R)-14- 乙酰氧基 -4- 氧代伪愈创木 -11(13)- 烯 -12,8- 内酯 (1S,5S,7R,8S,10R)-14-acetoxy-4-oxopseudoguai-11(13)-en-12,8-olide

5-(3- 乙酰氧基 -4- 异戊酰氧基丁烷 -1- 炔基)-2,2'- 联噻吩 5-(3-acetoxy-4-isovaleroyloxybut-1-ynyl)-2,2'-bithiophene

(-)-(12E,2S,3S,4R,5R,6R,9S,11S,15R)-3- 乙酰氧基 -5,6- 环氧续随子 -12- 烯 -15- 醇 -14- 酮 (-)-(12E,2S,3S,4R,5R,6R,9S,11S,15R)-3-acetoxy-5,6-epoxylathyr-12-en-15-ol-14-one

(-)-(12E,2S,3S,4R,5R,6R,9S,11S,15R)-15- 乙酰氧基 -5,6- 环氧续随子 -12- 烯 -3- 醇 -14- 酮 (-)-(12E,2S,3S,4R,5R,6R,9S,11S,15R)-15-acetoxy-5,6-epoxylathyr-12-en-3-ol-14-one

[4aR-(4aα,5α,6aα,7β,7aα,8β,9β,10aβ,11α,12α,12aβ,12bβ)]-8- 乙酰氧基 -5,7- 二苯甲酰氧基 - 十二氢 -10a- 羟基 -1,1,9,12- 四甲基 -11-(1- 氧代丙氧基)-3H-12,6a- 环氧甲醇基 -1H- 薁并 [5,6-h]-2- 苯并吡喃 -3,6(4H)- 二酮 [4aR-(4aα,5α,6aα,7β,7aα,8β,9β,10aβ,11α,12α,12aβ,12bβ)]-8-(acetyloxy)-5,7-bis(benzoyloxy)dodecahydro-10a-hydroxy-1,1,9,12-tetramethyl-11-(1-oxopropoxy)-3H-12,6a-(epoxymethano)-1H-azuleno[5,6-h]-2-benzopyran-3,6(4H)-dione

6- 乙酰氧基 -5-[(2Z)-2- 甲基 -2- 丁烷酰氧基]-1,2- 二去氧 -1-[2,5- 二羟基 -5-5- 甲基 -1- 亚甲基 -4-[(2Z)-2- 甲基 -1- 氧代 -2- 丁烯酰氧基] 己基]-4-C- 甲基 - 顺式 - 肌醇 6-acetyloxy-5-[(2Z)-2-methyl-2-butanoyloxy]-1,2-dideoxy-1-[2,5-dihydroxy-5-methyl-1-methylene-4-[[(2Z)-2-methyl-1-oxo-2-butenyl]oxy]hexyl]-4-C-methyl-cis-inositol

6- 乙酰氧基 -5-[(2Z)-2- 甲基 -2- 丁烷酰氧基]-1,2- 脱水 -3,4- 二去氧 -4-[4,5- 二羟基 -5- 甲基 -1- 亚甲基 -2-[(2Z)-2- 甲基 -1- 氧代 -2- 丁烯酰氧基] 己基]-1-C- 甲基 - 顺式 - 肌醇 6-acetyloxy-5-[(2Z)-2-methyl-2-butanoyloxy]-1,2-anhydro-3,4-dideoxy-4-[4,5-dihydroxy-5-methyl-1-methylene-2-[[(2Z)-2-methyl-1-oxo-2-butenyl] oxy]hexyl]-1-C-methyl-cis-inositol

6- 乙酰氧基 -5-[(2Z)-2- 甲基 -2- 丁烷酰氧基]-4-(2- 甲基丙烷酰氧基)-1,2- 二去氧 -1-[2,5- 二羟基 -5- 甲基 -1- 亚甲基 -4-[(2Z- 2- 甲基 -1- 氧代 -2- 丁烯酰氧基] 己基]-4-C- 甲基 - 顺式 - 肌醇 6-acetyloxy-5-[(2Z)-2-methyl-2-butanoyloxy]-4-(2-methylpropanoyloxy)-1,2-dideoxy-1-[2,5-dihydroxy-5-methyl-1-methylene-4-[[(2Z-2-methyl-1-oxo-2-butenyl]oxy]hexyl]-4-C-methyl-cis-inositol

(23S,25S)-23- 乙酰氧基 -5α,22α-N- 螺甾 -3β- 醇 (23S,25S)-23-acetoxy-5α, 22α-N-spirosolan-3β-ol

2α- 乙酰氧基 -5α- 甲氧基 - 对映 - 丁香 -8(15)- 烯 -3- 酮 2α-acetoxy-5α-methoxy-enantio-caryophylla-8(15)-en-3-one

(20S,22R)-15α- 乙酰氧基 -5α- 氯代 -6β,14β- 二羟基 -1- 氧代睡茄 -2, 24- 二烯内酯 (20S,22R)-15α-acetoxy-5α-chloro-6β,14β-dihydroxy-1-oxowitha-2,24-dienolide

2α- 乙酰氧基 -5α- 羟基 -11αH- 桉叶 -4(15)- 烯 -12,8β- 内酯 2α-acetoxy-5α-hydroxy-11αH-eudesma-4(15)-en-12,8β-olide

2α- 乙酰氧基 -5α- 羟基 - 对映 - 丁香 -8(15)- 烯 -3- 酮 2α-acetoxy-5α-hydroxy-enantio-caryophylla-8(15)-en-3-one

17α- 乙酰氧基 -5α- 雄甾烷 17α-acetoxy-5α-androstane

2α- 乙酰氧基 -5α- 孕甾 -3- 酮 2α-acetoxy-5α-pregnan-3-one

3β- 乙酰氧基 -5α- 孕甾 -7,20- 二烯 -6- 酮 3β-acetoxy-5α-pregn-7, 20-dien-6-one

6α- 乙酰氧基 -5- 表柠檬苦素 6α-acetoxy-5-epilimonin

6β- 乙酰氧基 -5- 表柠檬苦素 6β-acetoxy-5-epilimonin

(3R,5S)-3- 乙酰氧基 -5- 羟基 -1-(4- 羟基 -3- 甲氧基苯基)- 癸烷 (3R,5S)-3-acetoxy-5-hydroxy-1-(4-hydroxy-3-methoxyphenyl)-decane

(3R,5S)-3- 乙酰氧基 -5- 羟基 -1,7- 二 (4- 羟基 -3- 甲氧基苯基)- 庚烷 (3R,5S)-3-acetoxy-5-hydroxy-1,7-bis(4-hydroxy-3-methoxyphenyl)-heptane

1β- 乙酰氧基 -5- 去乙酰浆果紫杉素 I 1β-acetoxy-5-deacetylbaccatin I

1- 乙酰氧基 -5- 去乙酰浆果紫杉素 I 1-acetoxy-5-deacetylbaccatin I

5- 乙酰氧基 -6-(2- 甲基 -2- 丁烷酰氧基)-3,4- 脱水 -1,2- 二去氧 -1-[3-(3,3- 二甲基环氧乙烷)-1- 亚甲基 -2-(2- 甲基 -1- 氧代 -2- 丁烯酰氧基) 丙基]-4-C- 甲基 - 肌醇 5-acetyloxy-6-(2-methyl-2-butanoyloxy)-3,4-anhydro-1,2-dideoxy-1-[3-(3,3-dimethyloxiranyl)-1-methylene-2-[(2-methyl-1-oxo-2-butenyl)oxy]propyl]-4-C-methyl-inositol

1- 乙酰氧基 -6-(2'- 酮基十五烷基)-2- 甲氧基 -4- 羟基苯 1-acetoxy-6-(2'-ketopentadecyl)-2-methoxy-4-hydroxyl-benzene

(2'R)-1- 乙酰氧基 -6-(2'- 乙酰氧基 - 十三烷基)-2- 甲氧基 -4- 羟基苯 (2'R)-1-acetoxy-6-(2'-acetoxy-tridecyl)-2-methoxy-4-hydroxybenzene

(2'R)-1- 乙酰氧基 -6-(2'- 乙酰氧基十五烷基)-2- 甲氧基 -4- 羟基苯 (2'R)-1-acetoxy-6-(2'-acetoxypentadecyl)-2-methoxy-4-hydroxybenzene

(1R*,5S*,6S*)-5- 乙酰氧基 -6-(3- 乙酰氧基 -1,5- 二甲基 4- 己烯基)-3- 甲基环 -2- 己烯 -4- 酮 -1-2Z-2- 甲基 -2- 丁烯酸酯 (1R*, 5S*,6S*)-5-acetyloxy-6-(3-acetyloxy-1,5-dimethylhex-4-enyl)-3-methylcyclohex-2-en-4-on-1-yl-2Z-2-methyl-but-2-enoate

15α- 乙酰氧基 -6,11α- 环氧 -6α- 羟基 -20- 氧代 -6,7- 裂环 - 对映 - 贝壳杉 -16- 烯 -1,7- 内酯 15α-acetoxyl-6,11α-epoxy-6α-hydroxy-20-oxo-6,7-seco-*ent*-kaur-16-en-1,7-olide

(1*S*,6*R*,7*R*)-1- 乙酰氧基 -6,7- 环氧葎草 -2(*Z*)- 烯 (1*S*,6*R*,7*R*)-1-acetoxy-6,7-epoxyhumul-2(*Z*)-ene

(1*S*,6*S*,7*S*)-1- 乙酰氧基 -6,7- 环氧葎草 -2(*Z*)- 烯 (1*S*,6*S*,7*S*)-1-acetoxy-6, 7-epoxyhumul-2(*Z*)-ene

1β- 乙酰氧基 -6,9- 二烯 -8- 氧代艿澳木 -11- 降 -11- 酮 1β-acetoxy-6,9-dien-8-oxyeremophil-11-nor-11-ketone

3β- 乙酰氧基 -6,9- 二烯 -8- 氧代艿澳木 -12- 降 -11- 酮 3β-acetoxy-6,9-dien-8-oxoeremophil-12-nor-11-ketone

5- 乙酰氧基 -6-[(2*Z*)-2- 甲基 -2- 丁烷酰氧基]-1,2- 脱水 -3,4- 二去氧 -4-[4- 羟基 -5- 甲基 -1- 亚甲基 -5-(1- 甲基乙氧基)-2-[(2*Z*)-2- 甲基 -1- 氧代 -2- 丁烯氧基] 己基]-1-*C*- 甲基 - 顺式 - 肌醇 5-acetyloxy-6-[(2*Z*)-2-methyl-2-butanoyloxy]-1,2-anhydro-3,4-dideoxy-4-[4-hydroxy-5-methyl-1-methylene-5-(1-methylethoxy)-2-[[(2*Z*)-2-methyl-1-oxo-2-butenyl]oxy]hexyl]-1-*C*-methyl-*cis*-inositol

5- 乙酰氧基 -6-[(2*Z*)-2- 甲基 -2- 丁烷氧基]-1,2- 脱水 -3,4- 二去氧 -4-[2,5- 二羟基 -5- 甲基 -1- 亚甲基 -4-[(2*Z*)-2- 甲基 -1- 氧代 -2- 丁烯酰氧基] 己基]-1-*C*- 甲基 - 顺式 - 肌醇 5-acetyloxy-6-[(2*Z*)-2-methyl-2-butanoyloxy]-1,2-anhydro-3,4-dideoxy-4-[2,5-dihydroxy-5-methyl-1-methylene-4-[[(2*Z*)-2-methyl-1-oxo-2-butenyl]oxy] hexyl]-1-*C*-methyl-*cis*-inositol

3β- 乙酰氧基 -6α,13β- 二羟基齐墩果 -7- 酮 3β-acetoxy-6α,13β-dihydroxyolean-7-one

3β- 乙酰氧基 -6α,7α- 环氧 -11- 降艿澳木 -9(10)- 烯 -8,11- 二酮 3β-acetyloxy-6α,7α-epoxy-11-noreremophil-9(10)-ene-8,11-dione

16β- 乙酰氧基 -6α,7α- 环氧 -5α- 羟基 -1- 氧代睡茄 -2,17(20),24- 三烯内酯 16β-acetoxy-6α,7α-epoxy-5α-hydroxy-1-oxowitha-2,17(20),24-trienolide

16β- 乙酰氧基 -6α,7α- 环氧 -5α– 羟基 -1- 氧代睡茄 -2,17(20),24- 三烯内酯 16β-acetoxy-6α,7α-epoxy-5α–hydroxy-1-oxowitha-2,17(20),24-trienolide

3β- 乙酰氧基 -6α,7α- 环氧 -9(10)- 烯 -8- 氧代艿澳木 -12- 降 -11- 酮 3β-acetoxy-6α,7α-epoxy-9(10)-en-8-oxoeremophil-12-nor-11-one

8β- 乙酰氧基 -6α,7α- 环氧 -9- 烯 -8- 氧化艿澳木 -11- 降 -11- 酮 8β-acetoxy-6α,7α-epoxy-9-en-8-oxyeremophi-11-nor-11-ketone

3β- 乙酰氧基 -6α,8α- 二羟基艿澳木 -7(11),9- 二烯 -8,12- 内酯 3β-acetoxy-6α,8α-dihydroxyeremophil-7(11),9-dien-8,12-olide

1β- 乙酰氧基 -6α,9β- 二苯甲酰氧基 -8β- 桂皮酰氧基 -4α- 羟基 -β- 二氢沉香呋喃 1β-acetoxy-6α,9β-dibenzoyloxy-8β-cinnamoyloxy-4α-hydroxy-β-dihydroagarofuran

1- 乙酰氧基 -6α- 羟基 -4α*H*-1,10- 裂环桉叶 -5(10),11(13)- 二烯 -12,8β- 内酯 1-acetoxy-6α-hydroxy-4α*H*-1,10-secoeudesma-5(10),11(13)-dien-12,8β- olide

1β- 乙酰氧基 -6α- 羟基 -7(11),9(10)- 二烯 -8- 氧代艿澳木 -12- 甲酯 methyl 1β-acetoxy-6α-hydroxy-7(11),9(10)-dien-8-oxoeremophil-12-oate

14- 乙酰氧基 -6α- 羟基 - 天名精内酯酮 14-acetoxy-6α-hydroxy-carabrone

3β- 乙酰氧基 -6α- 羟基橐吾内酯 3β-acetyloxy-6α-hydroxyligularenolide

1β- 乙酰氧基 -6α- 异丁氧基 -9- 降艿澳木 -7(11),8(10)- 二烯 -8(12)- 内酯 1β-acetoxy-6α-isobutyryloxy-9-noreremophil-7(11),8(10)-dien-8(12)-olide

3β- 乙酰氧基 -6β-(2- 甲基丁酰氧基)-10β- 羟基 - 艿澳木 -7(11)- 烯 -12,8α- 内酯 3β-acetyloxy-6β-(2-methylbutanoyloxy)-10β-hydroxy-eremophil-7(11)-en-12,8α-olide

3β- 乙酰氧基 -6β,8β,10β- 三羟基艿澳木 -7(11)- 烯 -12,8α- 内酯 3β-acetoxy-6β,8β,10β-trihydroxyeremophil-7(11)-en-12,8α-olide

7β- 乙酰氧基 -6β,9α- 二羟基 -8,13- 环氧半日花 -14- 烯 -11- 酮 7β-acetoxy-6β,9α-dihydroxy-8,13-epoxylabd-14-en-11-one

1α- 乙酰氧基 -6β,9β,15- 三苯甲酰氧基 -β- 二氢沉香呋喃 1α-acetoxy-6β,9β,15-tribenzoyloxy-β-dihydroagarofuran

1α- 乙酰氧基 -6β,9β- 二苯甲酰氧基 -4β- 羟基 - 二氢沉香呋喃 1α-acetoxy-6β,9β-dibenzoyloxy-4β-hydroxy-dihydroagarofuran

1α- 乙酰氧基 -6β,9β- 二苯甲酰基 -β- 二氢沉香呋喃 1α-acetoxy-6β,9β-dibenzoyloxy-β-dihydroagarofuran

3β- 乙酰氧基 -6β- 当归酰氧基呋喃艿澳木 -10β- 醇 3β-acetoxy-6β-angeloyloxyfuranoeremophilan-10β-ol

3β- 乙酰氧基 -6β- 当归酰氧基呋喃艿澳木烷 3β-acetoxy-6β-angeloyloxyfuranoeremophilane

3β- 乙酰氧基 -6β- 甲氧基艿澳木 -7(11),9(10)- 二烯 -12,8β- 内酯 3β-acetoxy-6β-methoxyeremophila-7(11),9(10)-dien-12,8β-olide

(-)-3α- 乙酰氧基 -6β- 羟基 -15,16- 二降半日花 -8(9)- 烯 -13- 炔 -7- 酮 (-)-3α-acetoxy-6β-hydroxy-15,16-dinorlabd-8(9)-ene-13-yne-7-one

3β- 乙酰氧基 -6β- 羟基齐墩果 -12- 烯 -27- 酸 3β-acetoxy-6β-hydroxyolean-12-en-27-oic acid

4- 乙酰氧基 -6- 羟基 -1,10*H*- 拟愈创木 -11(13)- 烯 -12,8- 内酯 4-acetoxy-6-hydroxy-1,10*H*-pseudoguaia-11(13)-en-12,8-olide

1- 乙酰氧基 -6- 羟基 -2- 甲基蒽醌 -3-*O*-α- 吡喃鼠李糖基 -(1→4)-α- 吡喃葡萄糖苷 1-acetoxy-6-hydroxy-2-methylanthraquinone-3-*O*-α-rhamnopyranosyl-(1→4)-α-glucopyranoside

1- 乙酰氧基 -6- 羟基 -2- 甲基蒽醌 -3-*O*-β-L- 吡喃鼠李糖基 -(1→2)-β-D- 吡喃葡萄糖苷 1-acetoxy-6-hydroxy-2-methylanthraquinone-3-*O*-β-L-rhamnopyranosyl-(1→2)-β-D-glucopyranoside

1- 乙酰氧基 -6- 香叶基香叶基 -2,4- 二羟基苯 1-acetoxy-6-geranylgeranyl-2,4-dihydroxybenzene

3β- 乙酰氧基 -6- 乙酰基 -5- 羟基 -2α- 异丙烯基 -2,3*H*- 苯并呋喃 3β-acetoxy-6-acetyl-5-hydroxy-2α-isopropenyl-2,3*H*-benzofuran

(5*S*)- 乙酰氧基 -7-(4- 二羟苯基)-1- 庚烯 -3- 酮 (5*S*)-acetoxy-7-(4-dihydroxyphenyl)-1-hepten-3-one

(1β,7α,14*R*)-1- 乙酰氧基 -7,14- 二羟基 - 贝壳杉 -16- 烯 -15- 酮 (1β,7α,14*R*)-1-acetyloxy-7,14-dihydroxy-kaur-16-en-15-one

(4β,7α,14*R*)-18- 乙酰氧基 -7,14- 二羟基 - 贝壳杉 -16- 烯 -15- 酮 (4β,7α,14*R*)-18-acetyloxy-7,14-dihydroxy-kaur-16-en-15-one

(7α,11β,14*R*)-11- 乙酰氧基 -7,14- 二羟基 - 贝壳杉 -16- 烯 -15- 酮 (7α,11β,14*R*)-11-acetyloxy-7,14-dihydroxy-kaur-16-en-15-one

16- 乙酰氧基 -7-*O*- 乙酰荷茗草酮▲ 16-acetoxy-7-*O*-acetylhorminone

14α- 乙酰氧基 -7α,11α- 二羟基 -8,15- 异海松二烯 -18- 酸甲酯 methyl-14α-acetoxy-7α,11α-dihydroxy-8,15-isopimaradien-18-oate

1α- 乙酰氧基 -7α,14α- 二羟基 -8,15- 异海松二烯 -18- 酸甲酯 methyl-1α-acetoxy-7α,14α-dihydroxy-8,15-isopimaradien-18-oate

22*R*- 乙酰氧基 -7α,24ξ,25- 三羟基 - 麦角甾 -1,4- 二烯 -3- 酮 22*R*-acetyloxy-7α,24ξ,25-trihydroxy-ergosta-1,4-dien-3-one

16- 乙酰氧基 -7α- 甲氧基罗氏旋覆花酮▲ 16-acetoxy-7α-methoxyroyleanone

6- 乙酰氧基 -7α- 羟基 -3- 氧代 -14β,15β- 环氧楝三萜 -1,5- 二烯 6-acetoxy-7α-hydroxy-3-oxo-14β,15β-epoxymeliacin-1,5-diene

16- 乙酰氧基 -7α- 羟基罗氏旋覆花酮▲ 16-acetoxy-7α-hydroxyroyleanone

16- 乙酰氧基 -7α- 乙氧基罗氏旋覆花酮▲ 16-acetoxy-7α-ethoxyroyleanone

14- 乙酰氧基 -7β- 当归酰氧基 - 石生诺顿菊酮▲ 14-acetoxy-7β-angeloyloxy-notonipetranone

3β- 乙酰氧基 -7β- 甲氧基葫芦 -5,23(*E*)- 二烯 -25- 醇 3β-acetoxy-7β-methoxycucurbita-5,23(*E*)-dien-25-ol

14- 乙酰氧基 -7β- 千里光酰氧基 - 石生诺顿菊酮▲ 14-acetoxy-7β-senecioyloxy-notonipetranone

(4β,7α)-18- 乙酰氧基 -7- 羟基 - 贝壳杉 -15- 酮 (4β,7α)-18-acetyloxy-7-hydroxy-kauran-15-one

(4β,7α)-18- 乙酰氧基 -7- 羟基 - 贝壳杉 -16- 烯 -15- 酮 (4β,7α)-18-acetyloxy-7-hydroxy-kaur-16-en-15-one

3β- 乙酰氧基 -7- 羟基降荒漠木 -6,9- 二烯 -8- 酮 3β-acetyloxy-7-hydroxynoreremophila-6,9-dien-8-one

12α- 乙酰氧基 -7- 去乙酰印楝酮 12α-acetoxy-7-deacetylazadiron

3- 乙酰氧基 -7- 香叶氧基 -1- 羟基𠯤酮 3-acetoxy-7-geranyloxy-1-hydroxyxanthone

3α- 乙酰氧基 -7- 氧代羊毛脂 -8,24- 二烯 -26,23*R*- 内酯 3α-acetoxy-7-oxolanosta-8,24-dien-26,23*R*-olide

9- 乙酰氧基 -8,10- 环氧 -6- 羟基麝香草酚 -3-*O*- 当归酸酯 9-acetoxy-8,10-epoxy-6-hydroxythymol-3-*O*-angelate

9- 乙酰氧基 -8,10- 环氧麝香草酚 -3-*O*- 巴豆酸酯 9-acetoxy-8,10-epoxythymol-3-*O*-tiglate

9- 乙酰氧基 -8,10- 去氢麝香草酚 -3-*O*- 巴豆酸酯 9-acetoxy-8,10-dehydrothymol-3-*O*-tiglate

3β- 乙酰氧基 -8,11,13- 冷杉三烯 -12- 醇 3β-acetoxy-8,11,13-abietatrien-12-ol

14- 乙酰氧基 -8-*O*- 甲基萨柯乌头碱 14-acetoxy-8-*O*-methylsachaconitine

1β- 乙酰氧基 -8α,9β- 二苯甲酰氧基 -13- 烟酰氧基 -β- 二氢沉香呋喃 1β-acetoxy-8α,9β-dibenzoyloxy-13-nicotinoyloxy-β-dihydroagarofuran

1α- 乙酰氧基 -8α,9β- 二羟基 -2- 氧代 - 桉叶 -3,7(11)- 二烯 -8,12- 内酯 1α-acetoxy-8α,9β-dihydroxy-2-oxo-eudesman-3,7(11)-dien-8,12-olide

1β- 乙酰氧基 -8α- 苯甲酰氧基 -9β,13- 二 (β- 吡啶甲酰氧基)-β- 二氢沉香呋喃 1β-acetoxy-8α-benzoyloxy-9β,13-di(β-pyridylformyloxy)-β-dihydroagarofuran

1α- 乙酰氧基 -8α- 羟基 -2- 氧代 - 桉叶 -3,7(11)- 二烯 -8,12- 内酯 1α-acetoxy-8α-hydroxy-2-oxo-eudesman-3,7(11)-dien-8,12-olide

3β- 乙酰氧基 -8α- 羟基 -6β- 甲氧基荒漠木 -7(11),9(10)- 二烯 -12,8β- 内酯 3β-acetoxy-8α-hydroxy-6β-methoxyeremophila-7(11),9(10)-dien-12,8β-olide

1α- 乙酰氧基 -8α- 氧代乙基 -2- 氧代 - 桉叶 -3,7(11)- 二烯 -8,12- 内酯 1α-acetoxy-8α-oxyethyl-2-oxo-eudesman-3,7(11)-dien-8,12-olide

3β- 乙酰氧基 -8β-(4'- 羟基巴豆酰氧基)-14- 羟基木香内酯 3β-acetoxy-8β-(4'-hydroxytigloyloxy)-14-hydroxycostunolide

1β- 乙酰氧基 -8β,9α- 二苯甲酰氧基 -2β-(呋喃 -β- 羰氧基)-4α,6α- 二羟基 -β- 二氢沉香呋喃 1β-acetoxy-8β,9α-dibenzoyloxy-2β-(furan-β-carbonyloxy)-4α,6α-dihydroxy-β-dihydroagarofuran

1,1β- 乙酰氧基 -8β,9α- 二苯甲酰氧基 -4α,6α- 二羟基 -2β-(α- 甲基丁酰氧基)-β- 二氢沉香呋喃 1,1β-acetoxy-8β,9α-dibenzoyloxy-4α,6α-dihydroxy-2β-(α-methylbutanoyloxy)-β-dihydroagarofuran

1β- 乙酰氧基 -8β,9α- 二苯甲酰氧基 -4α,6α- 二羟基 -2β-(α- 甲基丁酰氧基)-β- 二氢沉香呋喃 1β-acetoxy-8β,9α-dibenzoyloxy-4α,6α-dihydroxy-2β-(α-methylbutanoyloxy)-β-dihydroagarofuran

1β- 乙酰氧基 -8β,9α- 二苯甲酰氧基 -6α- 羟基 -2β-(α- 甲基丁酰氧基)-β- 二氢沉香呋喃 1β-acetoxy-8β,9α-dibenzoyloxy-6α-hydroxy-2β-(α-methylbutanoyloxy)-β-dihydroagarofuran

1β- 乙酰氧基 -8β,9β- 二苯甲酰氧基 -13- 烟酰氧基 -β- 二氢沉香呋喃 1β-acetoxy-8β,9β-dibenzoyloxy-13-nicotinoyloxy-β-dihydroagarofuran

(1*R*,4*S*,5*S*,6*R*,8*S*,10*R*)-1- 乙酰氧基 -8β- 羟基荒漠木 -7(11)- 烯 -6,15;8,12- 二内酯 (1*R*,4*S*,5*S*,6*R*,8*S*,10*R*)-1-acetoxy-8β-hydroxyeremophil-7(11)-en-6,15;8,12-diolide

3β- 乙酰氧基 -8β- 异丁酰氧基密花豚草素▲ 3β-acetoxy-8β-isobutyryloxyreynosin

11- 乙酰氧基 -8- 丙酰基 -4- 愈创木烯 -3- 酮 11-acetoxy-8-propionyl-4-guaien-3-one

(1*R*,3*R*,4*R*,5*S*,6*S*)-1- 乙酰氧基 -8- 当归酰氧基 -3,4- 环氧 -5- 羟基红没药 -7(14),10- 二烯 -2- 酮 (1*R*,3*R*,4*R*,5*S*,6*S*)-1-acetoxy-8-angeloyloxy-3,4-epoxy-5-hydroxybisabola-7(14),10-dien-2-one

(-)-1*S*,5*S*,8*S*,10*R*-1- 乙酰氧基 -8- 羟基 -2- 氧代桉叶 -3,7(11)- 二烯 -8,12- 内酯 (-)-1*S*,5*S*,8*S*,10*R*-1-acetoxy-8-hydroxy-2-oxoeudesman-3,7(11)-dien-8,12-olide

10- 乙酰氧基 -8- 羟基 -9-*O*- 当归酰基麝香草酚 10-acetoxy-8-hydroxy-9-*O*-angeloylthymol

7- 乙酰氧基 -8- 羟基 -9- 异丁酰氧基麝香草酚 7-acetoxy-8-hydroxy-9-isobutyryloxythymol

(1*S*,7*R*,8*S*,10*S*)-11- 乙酰氧基 -8- 羟基愈创木 -4- 烯 -3- 酮 -8-*O*-β-D- 吡喃葡萄糖苷 (1*S*,7*R*,8*S*,10*S*)-11-acetoxy-8-hydroxyguai-4-en-3-one-8-*O*-β-D-glucopyranoside

3β- 乙酰氧基 -8- 氧代荒漠木 -6(7),9(10)- 二烯 -12- 羧酸甲酯 3β-acetoxy-8-oxoeremophil-6(7),9(10)-dien-12-oic methyl ester

11- 乙酰氧基 -8- 异丁烯酰基 -4- 愈创木烯 -3- 酮 11-acetoxy-8-methacrylyl-4-guaien-3-one

11- 乙酰氧基 -8- 异丁酰基 -4- 愈创木烯 -3- 酮 11-acetoxy-8-isobutyryl-4-guaien-3-one

3β- 乙酰氧基 -9(11)- 酒种菊烯 3β-acetoxy-9(11)-baccharene

(相对 -5*S*,6*R*,8*R*,9*R*,10*S*,13*S*,15*R*,16*R*)-6- 乙酰氧基 -9,13;15, 16- 二环氧 -15,16- 二甲氧基半日花烷 (*rel*-5*S*,6*R*,8*R*,9*R*,10*S*,13*S*,15*R*,16*R*)-6-acetoxy-9,13;15,16-diepoxy-15,16-dimethoxylabdane

(相对 -5*S*,6*R*,8*R*,9*R*,10*S*,13*S*,15*R*,16*S*)-6- 乙酰氧基 -9,13;15,-16- 二环氧 -15,16- 二甲氧基半日花烷 (*rel*-5*S*,6*R*,8*R*,9*R*,10*S*,13*S*,15*R*,16*S*)-6-acetoxy-9,13;15,-16-diepoxy-15,16-dimethoxylabdane

(相对 -5*S*,6*R*,8*R*,9*R*,10*S*,13*S*,15*S*,16*R*)-6- 乙酰氧基 -9,13;15,-16- 二环氧 -15,16- 二甲氧基半日花烷 (*rel*-5*S*,6*R*,8*R*,9*R*,10*S*,13*S*,15*S*,16*R*)-6-acetoxy-9,13;15,-16-diepoxy-15,16-dimethoxylabdane

(相对 -5*S*,6*R*,8*R*,9*R*,10*S*,13*S*,15*S*,16*S*)-6- 乙酰氧基 -9,13;15,-16- 二环氧 -15,16- 二甲氧基半日花烷 (*rel*-5*S*,6*R*,8*R*,9*R*,10*S*,13*S*,15*S*,16*S*)-6-acetoxy-9,13;15,-16-diepoxy-15,16-dimethoxylabdane

(相对 -5*S*,6*R*,8*R*,9*R*,10*S*,13*R*,15*R*)-6- 乙酰氧基 -9,13;15,16- 二环氧 -15- 甲氧基半日花烷 (*rel*-5*S*,6*R*,8*R*,9*R*,10*S*,13*R*,15*R*)-6-acetoxy-9,13;15,16-diepoxy-15-methoxylabdane

(相对 -5*S*,6*R*,8*R*,9*R*,10*S*,13*R*,15*S*)-6- 乙酰氧基 -9,13;15,16- 二环氧 -15- 甲氧基半日花烷 (*rel*-5*S*,6*R*,8*R*,9*R*,10*S*,13*R*,15*S*)-6-acetoxy-9,13;15,16-diepoxy-15-methoxylabdane

(相对 -5*S*,6*R*,8*R*,9*R*,10*S*,13*S*,15*R*)-6- 乙酰氧基 -9,13;15,16- 二环氧 -15- 甲氧基半日花烷 (*rel*-5*S*,6*R*,8*R*,9*R*,10*S*,13*S*,15*R*)-6-acetoxy-9,13;15,16-diepoxy-15-methoxylabdane

(相对 -5*S*,6*R*,8*R*,9*R*,10*S*,13*S*,15*S*)-6- 乙酰氧基 -9,13;15,16- 二环氧 -15- 甲氧基半日花烷 (*rel*-5*S*,6*R*,8*R*,9*R*,10*S*,13*S*,15*S*)-6-acetoxy-9,13;15,16-diepoxy-15-methoxylabdane

6- 乙酰氧基 -9,13;15,16- 二环氧 -15- 甲氧基半日花烷 6-acetoxy-9,13;15,16-diepoxy-15-methoxylabdane

(相对 -5*S*,6*R*,8*R*,9*R*,10*S*,13*S*,15*S*)-6- 乙酰氧基 -9,13;15,16- 二环氧 -15- 甲氧基 - 半日花烷 (*rel*-5*S*,6*R*,8*R*,9*R*,10*S*,13*S*,15*S*)-6-acetoxy-9,13;15,16-diepoxy-15-methoxy-labdane

(3α,8α,9β,13α,14β)-3- 乙酰氧基 -9,13- 二甲基 -25,26- 二降熊果 -5- 烯 -28- 酸 (3α,8α,9β,13α,14β)-3-acetyloxy-9,13-dimethyl-25,26-dinorurs-5-en-28-oic acid

Y

(相对 -5S,6R,8R,9R,10S,13R)-6- 乙酰氧基 -9,13- 环氧 -15- 甲氧基 - 半日花 -16,15- 内酯 (*rel*-5S,6R,8R,9R,10S,13R)-6-acetoxy-9,13-epoxy-15-methoxy-labdan-16,15-olide

(相对 -5S,6R,8R,9R,10S,13S)-6- 乙酰氧基 -9,13- 环氧 -15- 甲氧基 - 半日花 -16,15- 内酯 (*rel*-5S,6R,8R,9R,10S,13S)-6-acetoxy-9,13-epoxy-15-methoxy-labdan-16,15-olide

(相对 -5S,6R,8R,9R,10S,13R,16S)-6- 乙酰氧基 -9,13- 环氧 -16- 甲氧基 - 半日花 -15,16- 内酯 (*rel*-5S,6R,8R,9R,10S,13R,16S)-6-acetoxy-9,13-epoxy-16-methoxylabdan-15,16-olide

(相对 -5S,6R,8R,9R,10S,13S,16R)-6- 乙酰氧基 -9,13- 环氧 -16- 甲氧基 - 半日花 -15,16- 内酯 (*rel*-5S,6R,8R,9R,10S,13S,16R)-6-acetoxy-9,13-epoxy-16-methoxy-labdan-15,16-olide

(相对 -5S,6R,8R,9R,10S,13S,16S)-6- 乙酰氧基 -9,13- 环氧 -16- 甲氧基 - 半日花 -15,16- 内酯 (*rel*-5S,6R,8R,9R,10S,13S,16S)-6-acetoxy-9,13-epoxy-16-methoxy-labdan-15,16-olide

1β- 乙酰氧基 -9α-(β- 苯甲酰环氧丁酰氧基)-β- 二氢沉香呋喃 1β-acetoxy-9α-(β-benzoylepoxybutyryloxy)-β-dihydroagarofuran

3α- 乙酰氧基 -9α,13:15,16- 二环氧 -15α- 乙氧基 -7β- 羟基半日花 -6- 酮 3α-acetyloxy-9α,13:15,16-diepoxy-15α-ethoxy-7β-hydroxylabdan-6-one

3α- 乙酰氧基 -9α,13:15,16- 二环氧 -15β- 乙氧基 -7β- 羟基半日花 -6- 酮 3α-acetyloxy-9α,13:15,16-diepoxy-15β-ethoxy-7β-hydroxylabdan-6-one

3α- 乙酰氧基 -9α,13:15,16- 二环氧 -7β- 羟基 -15α- 甲氧基半日花 -6- 酮 3α-acetyloxy-9α,13:15,16-diepoxy-7β-hydroxy-15α-methoxylabdan-6-one

1β- 乙酰氧基 -9α- 苯甲酰氧基 -8β-(β- 呋喃羰氧基)-6α- 羟基 -2β-(α- 甲基丁酰氧基)-β- 二氢沉香呋喃 1β-acetoxy-9α-benzoyloxy-8β-(β-furancarbonyloxy)-6α-hydroxy-2β-(α-methylbutanoyloxy)-β-dihydroagarofuran

1β- 乙酰氧基 -9α- 桂皮酰氧基 -β- 二氢沉香呋喃 1β-acetoxy-9α-cinnamoyloxy-β-dihydroagarofuran

1β- 乙酰氧基 -9β- 苯甲酰基 -4α,6α- 二羟基 -8α,15- 二异丁酰氧基 -2β-(α- 甲基)- 丁酰氧基 -β- 二氢沉香呋喃 1β-acetoxy-9β-benzoxy-4α,6α-dihydroxy-8α,15-diisobutanoyloxy-2β-(α-methyl)-butanoyloxy-β-dihydroagarofuran

1β- 乙酰氧基 -9β- 苯甲酰氧基 -8α-(α- 甲基 - 丁酰氧基)-13- 烟酰氧基 -β- 二氢沉香呋喃 1β-acetoxy-9β-benzoyloxy-8α-(α-methylbutyloxy)-13-nicotinoyloxy-β-dihydroagarofuran

1β- 乙酰氧基 -9β- 苯甲酰氧基 -8α- 羟基 -13- 烟酰氧基 -β- 二氢沉香呋喃 1β-acetoxy-9β-benzoyloxy-8α-hydroxy-13-nicotinoyloxy-β-dihydroagarofuran

1β- 乙酰氧基 -9β- 苯甲酰氧基 -8α- 异丁酰氧基 -13- 烟酰氧基 -β- 二氢沉香呋喃 1β-acetoxy-9β-benzoyloxy-8α-isobutyryloxy-13-nicotinoyloxy-β-dihydroagarofuran

1β- 乙酰氧基 -9β- 苯甲酰氧基 -8β- 桂皮酰氧基 -6α-(β- 呋喃甲酰氧基)-4α- 羟基 -β- 二氢沉香呋喃 1β-acetoxy-9β-benzoyloxy-8β-cinnamoyloxy-6α-(β-furancarbonyloxy)-4α-hydroxy-β-dihydroagarofuran

(1E,5R)-3- 乙酰氧基 -9- 当归酰氧基 -5- 羟基 - 红没药 -3,1(10),7(11)- 三烯 -2- 酮 (1E,5R)-3-acetoxy-9-angeloyloxy-5-hydroxybisabola-3,1(10),7(11)-trien-2-one

(2α,3β,5α)-2- 乙酰氧基 -9- 甲氧基 -5- 羰甲氧基 -2,3- 二甲基戊醇 -5- 内酯 (2α,3β,5α)-2-acetyloxy-9-methoxy-5-methoxycarbonyl-2,3-dimethylheptano-5-lactone

Y

(相对 -5S,6R,8R,9R,10S)-6- 乙酰氧基 -9- 羟基 -13(14)- 半日花烯 -16,15- 内酯 (*rel*-5S,6R,8R,9R,10S)-6-acetoxy-9-hydroxy-13(14)-labden-16,15-olide

(相对 -5S,6S,8R,9R,10S)-6- 乙酰氧基 -9- 羟基 -13(14)- 半日花烯 -16,15- 内酯 (*rel*-5S,6S,8R,9R,10S)-6-acetoxy-9-hydroxy-13(14)-labden-16,15-olide

6- 乙酰氧基 -9- 羟基 -13(14)- 半日花烯 -16,15- 内酯 6-acetoxy-9-hydroxy-13(14)-labden-16,15-olide

(相对 -5S,6R,8R,9R,10S)-6- 乙酰氧基 -9- 羟基 -15- 甲氧基 -13(14)- 半日花烯 -16,15- 内酯 (*rel*-5S,6R,8R,9R,10S)-6-acetoxy-9-hydroxy-15-methoxy-13(14)-labden-16,15-olide

12- 乙酰氧基 -9- 十八烯酸 12-acetyloxy-9-octadecenoic acid

3β- 乙酰氧基 -B- 降胆甾 -5- 烯 3β-acetoxy-B-norcholest-5-ene

3- 乙酰氧基 -1,5- 环氧 -1-(3,4- 二羟基 -5- 甲氧基苯基)-7-(4- 羟基 -3- 甲氧基苯基)- 庚烷 3-acetoxy-1,5-epoxy-1-(3,4-dihydroxy-5-methoxyphenyl)-7-(4-hydroxy-3-methoxyphenyl)-heptane

(-)-31- 乙酰氧基 -N_a- 苯甲酰黄杨二烯宁碱 (-)-31-acetoxy-N_a-benzoylbuxidienine

11β- 乙酰氧基 -N- 甲基石杉碱 B 11β-acetoxyl-N-methylhuperzine B

7- 乙酰氧基 -O^{11}- 苯甲酰基 -$O^{2,11}$- 去乙酰基 -7- 去氧卫矛羰碱 7-acetyloxy-O^{11}-benzoyl-$O^{2,11}$-deacetyl-7-deoxoevonine

8- 乙酰氧基 -O-2- 去乙酰基 -8- 去氧卫矛羰碱 8-acetyloxy-O-2-deacetyl-8-deoxo-evonine

(6R)- 乙酰氧基 -α- 葎草烯 (6R)-acetoxy-α-humulene

3α- 乙酰氧基 -α- 香树脂醇 3α-acetoxy-α-amyrin

3- 乙酰氧基 -α- 香树脂醇 3-acetoxy-α-amyrin

3β- 乙酰氧基 -β- 香树脂醇 3β-acetoxy-β-amyrin

7- 乙酰氧基 -ε- 云实素 7-acetoxy-ε-caesalpin

3α- 乙酰氧基桉叶 -1,4(15),11(13)- 三烯 -12,6α- 内酯 3α-acetoxyeudesma-1,4(15),11(13)-trien-12,6α-olide

9β- 乙酰氧基桉叶 -4,11(13)- 二烯 -12- 酸 9β-acetoxyeudesma-4,11(13)-dien-12-oic acid

11- 乙酰氧基桉叶 -4α- 醇 11-acetoxyeudesman-4α-ol

[1αS-(1αα,1βR*,2αβ,4αβ,7αα,7ββ,8β,8αα)]-8- 乙酰氧基 - 八氢 -2a,8- 二甲基 -5- 亚甲基 -4H- 二环氧乙烯 [1,2:8,8a][8,8a] 薁 [4,5-b]furan-6(5H)- 酮 [1aS-(1aα,1βR*,2aβ,4aβ,7aα,7ββ,8β,8aα)]-8-(acetyloxy)octahydro-2a,8-dimethyl-5-methylene-4H-bisoxireno[1,2:8,8a]azuleno[4,5-b]furan-6(5H)-one

8β-(4'- 乙酰氧基 - 巴豆酰氧基)-3β- 羟基 -6Hβ,7Hα- 大根老鹳草 -1(10)E,4E,11(13)- 三烯 -6,12- 内酯 8β-(4'-acetoxy-tiglyloxy)-3β-hydroxy-6Hβ,7Hα-germacra-1(10)E,4E,11(13)-trien-6,12-olide

3β- 乙酰氧基白桦脂醇 3β-acetoxybetulin

3- 乙酰氧基白桦脂醛 3-acetoxybetulinic aldehyde

3β- 乙酰氧基白桦脂酸 3β-acetoxybetulinic acid

12α- 乙酰氧基白鲜酮▲ 12α-acetoxyfraxinellone

6α- 乙酰氧基白鲜酮▲ 6α-acetoxyfraxinellone

19- 乙酰氧基 - 半日花 -13(E)- 烯 -8,15- 二醇 19-acetoxy-labd-13(E)-en-8,15-diol

15- 乙酰氧基 - 半日花 -8(17)- 酸 15-acetoxy-labd-8(17)-oic acid

(4β)-18- 乙酰氧基 - 贝壳杉 -16- 烯 -15- 酮 (4β)-18-acetyloxy-kaur-16-en-15-one

(4β,11β)-11- 乙酰氧基 - 贝壳杉 -16- 烯 -18- 酸 (4β,11β)-11-acetyloxy-kaur-16-en-18-oic acid

(4β)-18- 乙酰氧基 - 贝壳杉 -16- 烯 -7,15- 二酮 (4β)-18-acetyloxy-kaur-16-en-7,15-dione

4-(4- 乙酰氧基苯基)-1H,3H- 萘 [1,8-cd] 吡喃 -1,3- 二酮 4-[4-(acetyloxy)phenyl]-1H,3H-naphtho[1,8-cd]pyran-1,3-dione

3- 乙酰氧基苯甲酸 3-acetoxybenzoic acid

3-O-β-D-(6- 乙酰氧基 - 吡喃葡萄糖基)-(3β,12β)-12,20- 二羟基达玛 -24- 烯 3-O-β-D-(6-acetoxyl-glucopyranosyl)-(3β,12β)-12,20-dihydroxydammar-24-ene

12α- 乙酰氧基碧冬茄甾酮 D-7- 乙酸酯 12α-acetoxypetuniasterone D-7-acetate

3- 乙酰氧基 - 表环桉烯醇 -24- 酮 3-acetyloxy-epicycloeucalenol-24-one
5-(3- 乙酰氧基丙基)-2-(3',4'- 亚甲二氧苯基) 苯并呋喃 5-(3-acetoxypropyl)-2-(3',4'-methylenedioxyphenyl)benzofuran
2-(5-(2- 乙酰氧基丙基)- 四氢呋喃 -2- 基)- 丙酸 2-(5-(2-acetoxypropyl)-tetrahydrofuran-2-yl)propanoic acid
8- 乙酰氧基布氏假橄榄素▲ 8-acetoxymutangin
2- 乙酰氧基 - 菖蒲烯酮 2-acetoxyacorenone
乙酰氧基橙皮油烯 acetoxyauraptene
3- 乙酰氧基虫胶酸 3-acetoxylaleuritic acid
7- 乙酰氧基刺果苏木素▲C 7-acetoxybonducellpin C
10- 乙酰氧基大车前洛苷▲ 10-acetoxymajoroside
(23*Z*)-3β- 乙酰氧基大戟 -7,23- 二烯 -25- 醇 (23*Z*)-3β-acetoxyeupha-7,23-dien-25-ol
23*Z*-3β- 乙酰氧基大戟烷 -7,23- 二烯 -25- 醇 23*Z*-3β-acetoxyeuphan-7,23-diene-25-ol
2- 乙酰氧基大云实灵▲e 2-acetoxycaesaldekarin e
(1*S*,9*R*)-14- 乙酰氧基丁香 -2(15),5*Z*- 二烯 -7- 酮 (1*S*,9*R*)-14-acetoxycaryophylla-2(15),5*Z*-dien-7-one
[1'*S*]-1'- 乙酰氧基丁香油酚乙酸酯 [1'*S*]-1'-acetoxyeugenol acetate
1'- 乙酰氧基丁香油酚乙酸酯 1'-acetoxyeugenol acetate
2β- 乙酰氧基丁子香 -9α- 醇 2β-acetoxyclovan-9α-ol
(24*S*)-3β- 乙酰氧基 - 豆甾 -7- 烯 -11- 酮 (24*S*)-3β-acetyloxystigmast-7-en-11-one
14- 乙酰氧基杜松 -4,11- 二烯 14-acetoxycadina-4,11-diene
13α- 乙酰氧基短叶紫杉醇▲ 13α-acetoxybrevifoliol
2α- 乙酰氧基短叶紫杉醇▲ 2α-acetoxybrevifoliol
12- 乙酰氧基 - 对映 - 半日花 -8(17),13*E*- 二烯 -15- 酸 12-acetoxy-ent-labda-8(17),13*E*-dien-15-oic acid
18- 乙酰氧基 - 对映 - 贝壳杉 -16- 烯 18-acetoxy-*ent*-kaur-16-ene
19-(*R*)- 乙酰氧基二氢 -1- 甲氧基常绿钩吻灵▲ 19-(*R*)-acetoxydihydrogelsevirine
7α- 乙酰氧基二氢柠檬林素▲ 7α-acetoxydihydronomilin
8β- 乙酰氧基法氏石松明碱 8β-acetoxyfawcettimine
(23*R*)-23- 乙酰氧基番茄定 (23*R*)-23-acetoxytomatidine
9- 乙酰氧基蜂斗菜次螺内酯 9-acetoxyfukinanolide
1α- 乙酰氧基呋喃荒漠木 -6α,15- 内酯 1α-acetoxyfuranoeremophilan-6α,15-olide
22β- 乙酰氧基甘草醛 22β-acetoxylglyrrhaldehyde
23β- 乙酰氧基甘草醛 22β-acetoxylglycyrrhaldehyde
22β- 乙酰氧基甘草酸 22β-acetoxyglycyrrhizin
3α- 乙酰氧基甘遂 -8,24- 二烯 -21- 羧酸 3α-acetyloxykanzui-8,24-dien-21-carboxylic acid
14- 乙酰氧基钩吻二内酰胺▲ 14-acetoxygelsedilam
2α- 乙酰氧基哈威豆酸▲ 2α-acetoxyhardwickiic acid
3β- 乙酰氧基何帕 -22(29)- 烯 3β-acetoxyhop-22(29)-ene
16- 乙酰氧基荷茗草酮▲ 16-acetoxyhorminone
12β- 乙酰氧基黑老虎酸 12β-acetoxycoccinic acid
1'- 乙酰氧基胡椒酚乙酸酯 1'-acetoxychavicol acetate
14- 乙酰氧基花葶乌头宁 14-acetoxyscaconine
7- 乙酰氧基桦叶荚蒾苷 7-acetyloxyviburnalloside
N_{20}- 乙酰氧基环锦熟黄杨辛碱▲D N_{20}-acetoxycyclovirobuxine D
(23*Z*)-3β- 乙酰氧基环木菠萝 -23- 烯 -25- 醇 (23*Z*)-3β-acetoxycycloart-23-en-25-ol
3β- 乙酰氧基环木菠萝 -24,25- 二醇 3β-acetoxycycloart-24,25-diol
(24*RS*)-3β- 乙酰氧基环木菠萝 -25- 烯 -24- 醇 (24*RS*)-3β-acetoxycycloart-25-en-24-ol
(24*S*)-24- 乙酰氧基 - 环木菠萝 -3β,16β,25,30- 四醇 -3,25- 二 -β-D- 吡喃葡萄糖苷 (24*S*)-24-(acetyloxy)-cycloartane-3β,16β,25,30-tetrol-3,25-di-β-D-glucopyranoside
12- 乙酰氧基环小萼苔▲-1β,5α- 二醇 12-acetoxycyclomyltaylane-1β,5α-diol
(1*R*,4*S*,5*S*,6*R*,8*S*,10*R*)-1- 乙酰氧基荒漠木 -7(11)- 烯 -6,15;8,12- 二内酯 (1*R*,4*S*,5*S*,6*R*,8*S*,10*R*)-1-acetoxyeremphil-7(11)-en-6,15;8,12-diolide
(+)-16α- 乙酰氧基黄杨苯甲酰胺二烯宁碱▲ (+)-16α-acetoxybuxabenzamidienine
6β- 乙酰氧基活血丹呋喃 6β-acetoxyglechomafuran
[3*S*-(3*R**,3a*R**,6*E*,10*Z*,11a*R**)]-10-(乙酰氧基甲基)-3a,4,5,8,9, 11a- 六氢 -3,6- 二甲基 - 环癸烷 [b] 呋喃 -2(3*H*)- 酮 [3*S*-(3*R**,3a*R**,6*E*,10*Z*,11a*R**)]-10-[(acetyloxy)methyl]-3a,4,5,8,9,11a-hexahydro-3,6-dimethyl-cyclodeca[b]furan-2(3*H*)-one
[3*S*-(3,3a,6,7,7a)]-7-[1-(乙酰氧基甲基)-6- 乙烯基六氢 -3,6- 二甲 -2(3*H*)- 苯并呋喃酮 [3*S*-(3,3a,6,7,7a)]-7-[1-[(acetyloxy)methyl]ethenyl]-6-ethenylhexahydro-3,6-dimethyl-2(3*H*)-benzofuranone
(*Z*)-7- 乙酰氧基 - 甲基 -11- 甲基 -3- 亚甲基 - 十二碳 -1,6,10- 三烯 (*Z*)-7-acetoxy-methyl-11-methyl-3-methylene-dodeca-1,6,10-triene
2- 乙酰氧基甲基 -3-[(5- 甲氧基 -3,4- 亚甲二氧基苯基)(4- 羟基 -3,5- 二甲氧基苯基) 甲基]- 丁内酯 2-acetoxymethyl-3-[(5-methoxy-3,4-methylenedioxyphenyl)(4-hydroxy-3,5-dimethoxyphenyl)methyl]-butyrolactone
3- 乙酰氧基甲基 -5-[(*E*)-2- 甲酰乙烯基 -1- 基]-2-(4- 羟基 -3- 甲氧基苯基)-7- 甲氧基 -2,3- 二氢苯并呋喃 3-acetoxymethyl-5-[(*E*)-2-formylethen-1-yl]-2-(4-hydroxy-3-methoxyphenyl)-7-methoxy-2,3-dihydrobenzofuran
N- 乙酰氧基甲基巨盘木碱 *N*-acetoxymethylflindersine
5- 乙酰氧基甲基糠醛 5-acetoxymethylfurfural
7- 乙酰氧基姜花烯酮 7-acetoxyhedychenone
3α- 乙酰氧基降托品烷 3α-acetoxynortropane
6α- 乙酰氧基柯桠树烷▲ 6α-acetoxyvouacapane
2β- 乙酰氧基克罗 -3- 烯 -15- 酸 2β-acetyloxyclerod-3-en-15-oic acid
8α- 乙酰氧基苦艾内酯 8α-acetoxyartabsin
(-)-14β- 乙酰氧基苦参碱 (-)-14β-acetoxymatrine
(+)-14α- 乙酰氧基苦参碱 (+)-14α-acetoxymatrine
6- 乙酰氧基蓝刺头炔噻吩 A 6-acetoxyechinoynethiophene A
8α- 乙酰氧基榄香醇 8α-acetoxyelemol
8- 乙酰氧基榄香醇 8-acetoxyelemol
3β- 乙酰氧基冷杉 -8,11,13- 三烯 -12- 醇 3β-acetoxyabieta-8,11,13-trien-12-ol
8- 乙酰氧基镰叶芹醇 8-acetoxyfalcarinol
21β- 乙酰氧基楝酮 21β-acetoxymelianone
16- 乙酰氧基柳杉酚 16-acetoxylsugiol
2α- 乙酰氧基柳杉酚 2α-acetoxysugiol
(19*R*)- 乙酰氧基柳叶水甘草碱 (19*R*)-acetoxytabersonine
ω- 乙酰氧基芦荟大黄素 ω-acetoxyaloe-emodin
2α- 乙酰氧基峦大八角宁▲ 2α-acetoxytashironin
2α- 乙酰氧基峦大八角宁▲A 2α-acetoxytashironin A
7α- 乙酰氧基罗氏旋覆花酮▲ 7α-acetoxyroyleanone
3β- 乙酰氧基 - 绿玉树 -7,23- 二烯 -25- 醇 3β-acetoxy-tirucalla-7,23-dien-25-ol
3β- 乙酰氧基 - 绿玉树 -7- 烯 -24*S*,25 二醇 3β-acetoxy-tirucalla-7-en-24*S*,25-diol
乙酰氧基麻疯树酚酮 acetoxyjatropholone
16α- 乙酰氧基马利筋素▲ 16α-acetoxyasclepin
22β- 乙酰氧基马缨丹替酸▲ 22β-acetoxylantic acid
3β- 乙酰氧基毛萼香茶菜辛▲D 3β-acetoxyeriocasin D
3α- 乙酰氧基 - 毛萼辛素 A 3α-acetoxy-maoesin A

Y

15- 乙酰氧基木香内酯 15-acetoxycostunolide
2α- 乙酰氧基木香酸酯 2α-acetoxycostoate
17- 乙酰氧基南大戟内酯 A 17-acetoxyjolkinolide A
17- 乙酰氧基南大戟内酯 B 17-acetoxyjolkinolide B
2α- 乙酰氧基粘性旋覆花内酯 2α-acetoxyinuviscolide
16α- 乙酰氧基牛角瓜素▲ 16α-acetoxycalotropin
16α- 乙酰氧基牛角瓜亭▲ 16α-acetoxycalactin
12β- 乙酰氧基牛筋果宁 12β-acetoxyharrisonin
10- 乙酰氧基女贞苷 10-acetoxyligustroside
(23S)-23- 乙酰氧基欧白英定▲ (23S)-23-acetoxysoladulcidine
3β- 乙酰氧基蒲公英萜 -14- 烯 -28- 酸 3β-acetoxytaraxer-14-en-28-oic acid
3α- 乙酰氧基齐敦果 -12- 烯 -27,28- 二酸 -28- 酸甲酯 3α-acetoxyolean-12-en-27,28-dioic acid 28-methyl ester
3β- 乙酰氧基齐墩果 -11,13(18)- 二烯 -28- 酸 3β-acetoxyolean-11,13(18)-dien-28-oic acid
3β- 乙酰氧基齐墩果 -12- 烯 -11- 酮 3β-acetoxyolean-12-en-11-one
3α- 乙酰氧基齐墩果 -12- 烯 -27- 酸 3α-acetoxyolean-12-en-27-oic acid
3β- 乙酰氧基齐墩果 -12- 烯 -27- 酸 3β-acetoxyolean-12-en-27-oic acid
3- 乙酰氧基齐墩果 -12- 烯 -28- 醇 3-acetoxyolean-12-en-28-ol
3β- 乙酰氧基齐墩果 -12- 烯 -28- 酸 3β-acetoxyolean-12-en-28-oic acid
3α- 乙酰氧基齐墩果 -12- 烯 -29- 酸酸 3α-acetoxy-oleana-12-en-29-oic acid
3β- 乙酰氧基齐墩果 -5- 烯 -28- 酸甲酯 3β-acetyloxyolean-5-en-28-oic acid methyl ester
3β- 乙酰氧基齐墩果 -9(11),12- 二烯 3β-acetoxyoleana-9(11),12-diene
3-O- 乙酰氧基齐墩果酸 3-O-acetoxyoleanolic acid
3α- 乙酰氧基齐墩果酸 3α-acetoxyoleanolic acid
3β- 乙酰氧基齐墩果酸 3β-acetoxyoleanolic acid
3β- 乙酰氧基齐墩果烷 -12- 酮 3β-acetoxyoleanan-12-one
2''-O- 乙酰氧基前胡素水合物 2''-O-acetyloxypeucedanin hydrate
14- 乙酰氧基羟基丁香烯 -7- 酮 14-acetoxyhydroxycaryophyllen-7-one
15α- 乙酰氧基羟基栓菌烯醇酸▲ 15α-acetoxylhydroxytrametenolic acid
1- 乙酰氧基鞘蕊花索醇▲ 1-acetoxycoleosol
11- 乙酰氧基芹子 -4α- 醇 11-acetoxyselinan-4α-ol
乙酰氧基青花椒内酯 acetoxyschinifolin
(2S,3S)-3- 乙酰氧基 - 去氢豆薯酮 (2S,3S)-3-acetoxy-dehydropachyrrhizone
8α- 乙酰氧基去氢木香内酯 8α-acetoxydehydrocostus lactone
6α- 乙酰氧基 - 绒毛银胶菊素▲ 6α-acetoxy-tomentosin
(7S,11S)-(+)-12- 乙酰氧基赛氏曲霉酸▲ (7S,11S)-(+)-12-acetoxysydonic acid
5- 乙酰氧基三十烷 5-acetoxytriacontane
(2'R)-6-(2'- 乙酰氧基三十烷基)-2- 甲氧基 -1,4- 对苯二酚 (2'R)-6-(2'-acetoxytridecyl)-2-methoxy-1,4- dihydroxybenzene
(2'R)-6-(2'- 乙酰氧基三十烷基)-5- 甲酰基 -2- 甲氧基 -1,4- 对苯二酚 (2'R)-6-(2'-acetoxytridecyl)-5-formyl-2-methoxy-1,4-dihydroxybenzene
(2'R)-6-(2'- 乙酰氧基三十烷基)-5- 羟基 -2- 甲氧基 -1,4- 苯醌 (2'R)-6-(2'-acetoxytridecyl)-5-hydroxy-2-methoxy-1,4-benzoquinone
2α- 乙酰氧基山达海松二烯 -1α- 醇 2α-acetoxysandaracopimaradien-1α-ol
1α- 乙酰氧基山楂定 1α-acetoxypinnatifidin
9- 乙酰氧基麝香草酚 -3-O- 巴豆酸酯 9-acetoxythymol-3-O-tiglate
12β- 乙酰氧基升麻醇 12β-acetoxycimigenol
25-O- 乙酰氧基升麻醇 -3-O-β-D- 吡喃木糖苷 25-O-acetoxy-cimigenol-3-O-β-D-xylopyranoside
18- 乙酰氧基 - 十八碳 -1,9- 二烯 -4,6- 二炔 -3,8- 二醇 18-acetoxy-octadeca-1,9-dien-4,6-diyn-3,8-diol
3β-(3R- 乙酰氧基十六烷酰氧基)-29- 降羽扇豆 -20- 酮 3β-(3R-acetoxyhexadecanoyloxy)-29-norlupan-20-one
3β-(3R- 乙酰氧基十六烷酰氧基)- 羽扇豆 -20(29)- 烯 3β-(3R-acetoxyhexadecanoyloxy)-lup-20(29)-ene
(1aR,2S,4S,5aR,9aR,11R,11aR)-4- 乙酰氧基十氢 -11- 羟基 -5a,9,9-三甲基 -13- 亚甲基 -3H-2,11a- 乙醇苯并 [5,6] 环十碳 [1,2-b] 环氧乙烯 -5,12(4H)- 二酮 (1aR,2S,4S,5aR,9aR,11R,11aR)-4-acetyloxy-decahydro-11-hydroxy-5a,9,9-trimethyl-13-methylene-3H-2,11a-ethanobenzo[5,6]cyclodec[1,2-b]oxirene-5,12(4H)-dione
(2'R)-6-(2'- 乙酰氧基十五烷基)-5- 羟基 -2- 甲氧基 -1,4- 苯醌 (2'R)-6-(2'-acetoxypentadecyl)-5-hydroxy-2-methoxy-1,4-benzoquinone
乙酰氧基石栗萜酸酯▲ acetoxyaleuritolate
8- 乙酰氧基莳萝艾菊酮 8-acetoxycarvotanacetone
(+)- 乙酰氧基松脂酚 (+)-acetoxypinoresinol
乙酰氧基松脂酚 acetoxypinoresinol
(+)- 乙酰氧基松脂酚 -4'-β-D- 吡喃葡萄糖苷 (+)-acetoxypinoresinol-4'-β-D-glucopyranoside
(+)-1- 乙酰氧基松脂酚 -4''- 甲醚 -4'-β-D- 吡喃葡萄糖苷 (+)-1-acetoxypinoresinol-4''-methyl ether-4'-β-D-glucopyranoside
6α- 乙酰氧基蒜味香科科素▲ 6α-acetoxyteuscordin
4- 乙酰氧基泰氏虎皮楠定 B 4-acetoxydaphmanidin B
3α- 乙酰氧基托品烷 3α-acetoxytropane
3β- 乙酰氧基托品烷 3β-acetoxytropane
3- 乙酰氧基托品烷 3-acetoxytropane
3-(3'- 乙酰氧基托品酰氧基)- 托品烷 3-(3'-acetoxytropoyloxy)-tropane
8β- 乙酰氧基脱水南艾蒿素▲ 8β-acetoxyanhydroverlotorin
8β- 乙酰氧基脱水银胶菊素 8β-acetoxyanhydroparthenin
21α- 乙酰氧基无羁萜 -3- 酮 21α-acetoxyfriedelan-3-one
2- 乙酰氧基锡兰紫玉盘烯酮▲ 2-acetoxyzeylenone
乙酰氧基香肉果宁碱▲ acetoxyedulinine
3β- 乙酰氧基香树脂醇 3β-acetoxyamyrin
12β- 乙酰氧基 - 响盒子毒素▲ 12β-acetoxy-huratoxin
乙酰氧基缬草酮 acetoxyvaleranone
乙酰氧基缬草烯酸 acetoxyvalerenic acid
3β- 乙酰氧基新豚草素 3β-acetoxyneoambrosin
3β- 乙酰氧基雄甾 -5- 烯 -7- 酮 3β-acetyloxyandrost-5-en-7-one
3β- 乙酰氧基熊果 -11,12- 烯 -28,13- 内酯 3β-acetoxyurs-11,12-en-28,13-olide
3β- 乙酰氧基熊果 -11,13(18)- 二烯 -28- 酸 3β-acetoxyurs-11,13(18)-dien-28-oic acid
3β- 乙酰氧基熊果 -11- 烯 -28,13β- 内酯 3β-acetoxyurs-11-en-28,13β-olide
3β- 乙酰氧基熊果 -11- 烯 -28,13- 内酯 3β-acetoxyurs-11-en-28,13-olide
3β- 乙酰氧基熊果 -11- 烯 -28- 酸 -13(28)- 内酯 3β-acetoxyurs-11-en-28-oic acid-13(28)-lactone
3β- 乙酰氧基熊果 -12- 烯 -11 酮 3β-acetoxyurs-12-en-11-one
3β- 乙酰氧基熊果 -12- 烯 -11- 酮 3β-acetoxyurs-12-ene-11-one
3β- 乙酰氧基熊果 -12- 烯 -28- 醛 3β-acetoxyurs-12-en-28-al
3β- 乙酰氧基熊果 -12- 烯 -28- 酸 3β-acetoxyurs-12-en-28-oic acid
3β- 乙酰氧基熊果 -13(18)- 烯 3β-acetoxyurs-13(18)-ene
3β- 乙酰氧基熊果 -20(30)- 烯 3β-acetoxyurs-20(30)-ene

(18*α*)-3*β*- 乙酰氧基 - 熊果 -20(30)- 烯 -28- 酸 (18*α*)-3*β*-acetyloxy-urs-20(30)-en-28-oic acid
3*β*- 乙酰氧基熊果 -28,13- 内酯 3*β*-acetoxyurs-28,13-olide
3-*O*- 乙酰氧基熊果醇 3-*O*-acetyluvaol
3- 乙酰氧基熊果酸 3-acetoxyursolic acid
3*β*- 乙酰氧基熊果烷 -19- 烯 3*β*-acetoxyurs-19-ene
6*α*- 乙酰氧基锈色罗汉松醛▲ 6*α*-acetoxyferruginal
3*α*- 乙酰氧基羊毛脂 -8,24- 二烯 -21- 醇 3*α*-acetyloxylanosta-8,24-diene-21-ol
3*α*- 乙酰氧基羊毛脂 -8,24- 二烯 -21- 酸 3*α*-acetyloxylanosta-8,24-diene-21-oic acid
乙酰氧基氧代南五味子烷 acetoxyl oxokadsurane
6-(2- 乙酰氧基乙基)-4,8- 二羟基 -9- 酮基 -9*H*- 吨烯 -1- 羧酸甲酯 methyl 6-(2-acetoxyethyl)-4,8-dihydroxy-9-oxo-9*H*-xanthene-1-carboxylate
(1*S*,3a*R*,5*S*,6*R*,7*S*,7a*R*)-1-(1- 乙酰氧基乙基)- 八氢 -4- 亚甲基 -7-[(2*S*)- 2- 甲基环氧乙烷 -2- 基]-6-(3- 甲基戊烷酰氧基)-2- 氧代 -1*H*- 茚 -5-yl(2*E*)-4- 乙酰氧基 -3- 甲基戊 -2- 烯酯 (1*S*,3a*R*, 5*S*, 6*R*,7*S*,7a*R*)-1-(1-acetoxyethyl)-octahydro-4-methylidene-7-[(2*S*)-2-methyloxiran-2-yl]-6-[(3-methylpentanoyl)oxy]-2-oxo-1*H*-inden-5-yl(2*E*)-4-acetoxy-3-methylpent-2-enoate
(1*S*,3a*R*,5*S*,6*R*,7*S*,7a*R*)-1-(1- 乙酰氧基乙基) 八氢 -6-(2- 甲基丁酰氧基)-4- 亚甲基 -7-(2*S*)-2- 甲基环氧乙烷 -2- 基]-2- 氧代 -1*H*- 茚 -5-基 (2*E*)-4- 乙酰氧基 -3- 甲基戊 -2- 烯酯 (1*S*,3a*R*,5*S*,6*R*,7*S*,7a*R*)-1-(1-acetoxyethyl)octahydro-6-[(2-methylbutanoyl)oxy]-4-methylidene-7-(2*S*)-2-methyloxiran-2-yl]-2-oxo-1*H*-inden-5-yl(2*E*)-4-acetoxy-3-methylpent-2-enoate
(2*E*)-(1*S*,3a*R*,5*S*,6*R*,7*S*,7a*R*)-1-[(1*R*)-1- 乙酰氧基 - 乙基] 八氢 -4-亚甲基 -7-(1- 甲基乙基)-6-(2- 甲基 -1- 氧代丁酰氧基)-2- 氧代 -1*H*- 茚 -5- 基 -4- 乙酰氧基 -3- 甲基 -2- 戊烯酸酯 (2*E*)-(1*S*,3a*R*, 5*S*,6*R*,7*S*,7a*R*)-1-[(1*R*)-1-acetyloxy-ethyl]octahydro-4-methylene-7-(1-methylethyl)-6-(2-methyl-1-oxobutoxy)-2-oxo-1*H*-inden-5-yl-4-acetyloxy-3-methyl-2-pentenoic acid ester
6*α*- 乙酰氧基异粘性旋覆花内酯 6*α*-acetoxyisoinuviscolide
12*β*- 乙酰氧基 - 异莞花内酯 J 12*β*-acetoxy-isowikstroelide J
β- 乙酰氧基异缬草酰紫草素 *β*-acetoxyisovalerylshikonin
β- 乙酰氧基异缬草酰紫朱草素 *β*-acetoxyisovalerylalkannin
3*α*- 乙酰氧基益母草酮 C, E 3*α*-acetoxyleoheteronone C, E
2*β*- 乙酰氧基翼齿六棱菊酸▲ 2*β*-acetoxypterodontic acid
8*β*- 乙酰氧基银胶菊素 8*β*-acetoxyparthenin
8*β*- 乙酰氧基银胶菊酮▲C 8*β*-acetoxyhysterone C
6*α*- 乙酰氧基印楝酮 6*α*-acetoxyazadirone
12- 乙酰氧基油酸 12-acetoxyloleic acid
乙酰氧基榆橘灵▲ acetoxyptelefoliarine
3- 乙酰氧基 - 羽扇豆 -12,20(29)- 二烯 3-acetoxy-lup-12,20(29)-diene
3*β*- 乙酰氧基羽扇豆 -20(29)- 烯 3*β*-acetoxylup-20(29)-ene
3*β*- 乙酰氧基羽扇豆 -20(29)- 烯 -28- 醇 3*β*-acetoxylup-20(29)-en-28-ol
(20*S*)-3*α*- 乙酰氧基羽扇豆 -29- 酸 (20*S*)-3*α*-acetoxylupan-29-oic acid
3*β*- 乙酰氧基羽扇豆醇 3*β*-acetoxylupeol
3*β*- 乙酰氧基羽扇豆烯醇 3*β*-acetoxylupenol
13*Z*-7*α*- 乙酰氧基羽叶哈威豆尼酸▲ 13*Z*-7*α*-acetoxylkolavenic acid
8*β*- 乙酰氧基玉柏明碱▲A 8*β*-acetyloxyobscurumine A
9*β*- 乙酰氧基 - 泽兰内酯 9*β*-acetoxy-eupatolide
14- 乙酰氧基泽漆马灵环氧当归酸酯 14-acetoxytithifolin epoxyangelate
3- 乙酰氧基泽漆内酯 B 3-acetoxy-helioscopinolide B
8*α*- 乙酰氧基中美菊素 8*α*-acetoxyzaluzanin
3*α*- 乙酰氧基肿柄菊醇▲ 3*α*-acetoxydiversifolol
8*α*- 乙酰氧亮绿蒿素▲ 8*α*-acetoxyarglabin
29- 乙酰氧螺鸢尾醛 29-acetoxyspiroiridal
8-*O*- 乙酰野芝麻新苷酸 8-*O*-acetylipolamiidic acid
乙酰异柏木酸 acetylisocupressic acid
乙酰异表酒饼簕苦素 acetylisoepiatalantin
16-*O*- 乙酰异德国鸢尾醛 16-*O*-acetylisoiridogermanal
6''-*O*- 乙酰异荭草素 6''-*O*-acetylisoorientin
14- 乙酰异木藜芦毒素 II 14-acetylisograyanotoxin II
24-*O*- 乙酰异兴安升麻醇 -3-*O*-*α*-L- 吡喃阿拉伯糖苷 24-*O*-acetylisodahurinol-3-*O*-*α*-L-arabinopyranoside
24-*O*- 乙酰异兴安升麻醇 -3-*O*-*β*-D- 吡喃木糖苷 24-*O*-acetylisodahurinol-3-*O*-*β*-D-xylopyranoside
6- 乙酰异叶乌头碱 6-acetylheteratisine
(+)-3'-*O*- 乙酰异榆橘花碱 (+)-3'-*O*-acetylisopteleflorine
乙酰异紫堇灵 acetylisocorynoline
14- 乙酰阴生香茶菜素 B 14-acetylumbrosin B
13'- 乙酰银线草醇 C 13'-acetylshizukaol C
乙酰淫羊藿苷 acetylicariin
3- 乙酰羽扇豆醇 3-acetyllupeol
乙酰羽扇豆醇 acetyllupeol
3*β*- 乙酰羽扇豆烯醇 3*β*-acetoxy-lupenol
乙酰玉柏石松醇 acetyllobscurinol
8-*O*- 乙酰玉叶金花多苷▲甲酯 8-*O*-acetylmussaendoside methyl ester
8-*O*- 乙酰玉叶金花诺苷▲ 8-*O*-acetylmussaenoside
2''-*O*- 乙酰远志皂苷 D, D_2 2''-*O*-acetylpolygalacin D, D_2
3''-*O*- 乙酰远志皂苷 D, D_2 3''-*O*-acetylpolygalacin D, D_2
乙酰枣苷▲B acetyljujuboside B
24- 乙酰泽泻醇 A 24-acetyl alisol A
5- 乙酰栅状凹顶藻素▲ 5-acetoxypalisadin B
3'- 乙酰獐牙菜苷 3'-acetylsweroside
6'-*O*- 乙酰獐牙菜苷 6'-*O*-acetylsweroside
2'-*O*- 乙酰獐牙菜苦素 2'-*O*-acetylswertiamarin
4''-*O*- 乙酰獐牙菜诺苷▲E 4''-*O*-acetylswertianoside E
N- 乙酰樟苍碱 *N*-ethoxycarbonyllaurotetanine
N- 乙酰樟新木姜子碱▲ *N*-acetyllaurolitsine
15- 乙酰鹧鸪花内雄楝林素▲C 15-acetyltrichagmalin C
15- 乙酰鹧鸪花内雄楝林素▲E 15-acetyltrichagmalin E
30- 乙酰鹧鸪花内雄楝林素▲F 30-acetyltrichagmalin F
1- 乙酰鹧鸪花宁▲ 1-acetyltrichilinin
1,12- 乙酰鹧鸪花素▲B 1,12-acetyltrichilin B
12-*O*- 乙酰鹧鸪花素▲B 12-*O*-acetyltrichilin B
1-*O*- 乙酰鹧鸪花素▲H 1-*O*-acetyltrichilin H
1- 乙酰鹧鸪花素▲H 1-acetyltrichilin H
3- 乙酰鹧鸪花素▲H 3-acetyltrichilin H
12- 乙酰鹧鸪花素▲I 12-acetyltrichilin I
乙酰鹧鸪花烯酮▲ acetyltrichilenone
3- 乙酰栀子花酸 A 3-acetylgardenolic acid A
7-*β*-*O*- 乙酰栀子新苷甲酯 7-*β*-*O*-acetylgardoside methyl ester
2'- 乙酰直立拉齐木酰胺▲ 2'-acetyl-strictosamide
6'-*O*- 乙酰直立拉齐木酰胺▲ 6'-*O*-acetylstrictosamide
6'- 乙酰直立拉齐木酰胺▲ 6'-acetyl-strictosamide
7- 乙酰中美紫草碱 7-acetylintermedine
乙酰中美紫草碱 acetylintermedine
3- 乙酰中乌头碱 3-acetylmesaconitine
2',3'-*O*- 乙酰猪毛菜苷 2',3'-*O*-acetylsalsoloside
2'-*O*- 乙酰猪毛菜苷 2'-*O*-acetylsalsoloside
3'-*O*- 乙酰猪毛菜苷 C 3'-*O*-acetylsalsoloside C

15- 乙酰准噶尔乌头碱 15-acetylsongorine
乙酰紫草素 acetylshikonin
乙酰紫草烯宁▲ acetyllithosenine
8-*O*- 乙酰紫花高乌头辛▲ 8-*O*-acetylexcelsine
8- 乙酰紫花高乌头辛▲ 8-acetylexcelsine
6''- 乙酰紫花前胡苷 6''-acetylnodakenin
(+)- 乙酰紫堇灵 (+)-acetylcorynoline
乙酰紫堇灵 acetylcorynoline
2- 乙酰紫杉宁 2-acetyltaxinine
乙酰紫葳酸 acetylbignonic acid
6''-*O*- 乙酰紫云英苷 6''-*O*-acetylastragalin
乙酰紫朱草素 acetylalkannin
12β-*O*- 乙酰总状升麻醇 12β-*O*-acetylcimiracemonol
2'-*O*- 乙酰总状升麻苷 M 2'-*O*-acetyl cimiracemoside M
20,22-*O*-(*R*- 乙亚基)-20- 羟基蜕皮素 20,22-*O*-(*R*-ethylidene)-20-hydroxyecdysone
(25*S*)-20,22-*O*-(*R*- 乙亚基)- 牛膝甾酮 (25*S*)-20,22-*O*-(*R*-ethylidene)-inokosterone
24- 乙亚基胆甾醇 24-ethylidenecholesterol
24- 乙亚基羊毛索甾醇▲ 24-ethylidenelathosterol
(-)-(1*S**,2*S**,3*R**)-3- 乙氧柏芳 -5- 烯 -1,2- 二醇 (-)-(1*S**,2*S**,3*R**)-3-ethoxycupar-5-ene-1,2-diol
4-(*E*)-3- 乙氧丙 -1- 烯基 -2- 甲氧基苯酚 4-(*E*)-3-ethoxyprop-1-enyl-2-methoxyphenol
5-(1- 乙氧基)-2,7- 二羟基 -1,8- 二甲基 -9,10- 二氢菲 5-(1-ethoxy)-2,7-dihydroxy-1,8-dimethyl-9,10-dihydrophenanthrene
4-[1- 乙氧基 -1-(4'- 羟基 -3'- 甲氧基) 苯基] 甲基 -2-(4- 羟基 -3- 甲氧基) 苯基 -3- 羟甲基四氢呋喃 4-[1-ethoxy-1-(4'-hydroxy-3'-methoxy)benzyl]methyl-2-(4-hydroxy-3-methoxy)benzyl-3-hydroxymethyl-tetrahydrofuran
23- 乙氧基 -1,2,21,23- 四氢 -1α,11β- 二羟基 -21- 氧代黄柏酮 23-ethoxy-1,2,21,23-tetrahydro-1α,11β-dihydroxy-21-oxoobacunone
(-)-15β- 乙氧基 -14,15- 二氢别白饭树瑞宁▲ (-)-15β-ethoxy-14,15-dihydroviroallosecurinine
8- 乙氧基 -14- 苯甲酰中乌头原碱 8-ethoxy-14-benzoylmesaconine
15α- 乙氧基 -14- 氢赪桐定 15α-ethoxy-14-hydroclerodin
15β- 乙氧基 -14- 氢赪桐定 15β-ethoxy-14-hydroclerodin
3*R*/*S*- 乙氧基 -19- 表 - 海涅狗牙花碱▲ 3*R*/*S*-ethoxy-19-*epi*-heyneanine
4-(3- 乙氧基 -1- 丙烯基)-2,6- 二甲氧基苯基 -β-D- 吡喃葡萄糖苷 4-(3-ethoxy-1-propenyl)-2,6-dimethoxyphenyl-β-D-glucopyranoside
2- 乙氧基 -1- 羟基蒽醌 2-ethoxy-1-hydroxyanthraquinone
2- 乙氧基 -2-(4- 羟苯基) 乙醇 2-ethoxyl-2-(4-hydroxyphenyl) ethanol
2α- 乙氧基 -2,3- 裂环绿玉树 -2,29- 环氧 -7- 烯 -23- 酮 -3- 酸 2α-ethoxy-2,3-secotirucalla-2,29-epoxy-7-ene-23-oxo-3-oic acid
21*R*- 乙氧基 -24*S*,25- 二羟基阿朴绿玉树 -7- 烯 -3- 酮 21*R*-ethoxy-24*S*,25-dihydroxyapotirucalla-7-en-3-one
5- 乙氧基 -2- 羟基 -3-[(10*Z*)- 十五碳 -10- 烯 -1- 基][1,4] 苯醌 5-ethoxy-2-hydroxy-3-[(10*Z*)-pentadec-10-en-1-yl][1,4] benzoquinone
5- 乙氧基 -2- 羟基 -3-[(8*Z*)- 十三碳 -8- 烯 -1- 基][1,4] 苯醌 5-ethoxy-2-hydroxy-3-[(8*Z*)-tridec-8-en-1-yl][1,4]benzoquinone
8-(*S*)-(3- 乙氧基 -2- 羟基 -3- 甲基丁基)-7- 甲氧基 - 香豆素 8-(*S*)-(3-ethoxy-2-hydroxy-3-methylbutyl)-7-methoxy-coumarin
5- 乙氧基 -2- 羟基苯甲酸乙酯 ethyl 5-ethoxy-2-hydroxy-benzoate
5- 乙氧基 -2- 羟基桂皮酸甲酯 methyl 5-ethoxy-2-hydroxycinnamate
7- 乙氧基 -3,4- 二甲基香豆素 7-ethoxy-3,4-dimethylcoumarin
7β- 乙氧基 -3β- 羟基 -25- 甲氧基葫芦 -5,23(*E*)- 二烯 -19- 醛 7β-ethoxy-3β-hydroxy-25-methoxycucurbita-5,23(*E*)-dien-19-al
(3α,13α,14β,17α,20*S*,23*R*)-23- 乙氧基 -3- 羟基 -21,23- 环氧羊毛脂 -7- 烯 -24- 酮 (3α,13α,14β,17α,20*S*,23*R*)-23-ethoxy-3-hydroxy-21,23-epoxylanost-7-en-24-one
8-(2'- 乙氧基 -3'- 羟基 -3'- 甲基丁基)-7- 甲氧基 - 香豆素 8-(2'-ethoxy-3'-hydroxy-3'-methyl-butyl)-7-methoxy-coumarin
4- 乙氧基 -3- 羟基 -5- 甲氧基苯甲醛 4-ethoxy-3-hydroxy-5-methoxy-benzaldehyde
3-(4- 乙氧基 -3- 羟基苯基) 丙烯酸 3-(4-ethoxy-3-hydroxyphenyl) acrylic acid
3-(4- 乙氧基 -3- 羟基 - 苯基)- 丙烯酸 3-(4-ethoxy-3-hydroxyphenyl)-acrylic acid
4- 乙氧基 -3- 羟基苯甲酸 4-ethoxy-3-hydroxybenzoic acid
(-)-3-[(2*R*,3*R*)-2- 乙氧基 -3- 羟甲基 -7- 甲氧基 -2,3- 二氢苯并呋喃 -5- 基]- 丙烷 -1- 醇 (-)-3-[(2*R*,3*R*)-2-ethoxy-3-(hydroxymethyl)-7-methoxy-2,3-dihydrobenzofuran-5-yl]-propan-1-ol
(+)-3-[(2*S*,3*S*)-2- 乙氧基 -3- 羟甲基 -7- 甲氧基 -2,3- 二氢苯并呋喃 -5- 基 -5-yl]- 丙烷 -1- 醇 (+)-3-[(2*S*,3*S*)-2-ethoxy-3-(hydroxymethyl)-7-methoxy-2,3-dihydrobenzofuran-5-yl]-propan-1-ol
4- 乙氧基 -3- 羟甲基苯酚 4-ethoxy-3-hydroxymethylphenol
(8*R*,9*S*,22*R*)-3- 乙氧基 -3- 氧代 -9,19- 环 -3,4- 裂环羊毛脂 -4(28),24- 二烯 -26- 酸 -22,26- 内酯 (8*R*,9*S*,22*R*)-3-ethoxy-3-oxo-9,19-cyclo-3,4-secolanosta-4(28),24-dien-26-oic acid-22,26-lactone
(8*R*,9*S*,22*R*)-3- 乙氧基 -3- 氧代 -9,19- 环 -3,4- 裂环羊毛脂 -4(28),6,24- 三烯 -26- 酸 -22,26- 内酯 (8*R*,9*S*,22*R*)-3-ethoxy-3-oxo-9,19-cyclo-3,4-secolanosta-4(28),6,24-trien-26-oic acid-22,26-lactone
(8*R*,9*S*,22*R*)-3- 乙氧基 -3- 氧代 -9,19- 环 -3,4- 裂环羊毛脂 -4,24- 二烯 -26- 酸 -22,26- 内酯 (8*R*,9*S*,22*R*)-3-ethoxy-3-oxo-9,19-cyclo-3,4-secolanosta-4,24-dien-26-oic acid-22,26-lactone
6- 乙氧基 -3- 吲哚羧酸甲酯 methyl 6-ethoxy-3-indolecarbonate
2- 乙氧基 -4,5- 二羟基苯甲醛 2-ethoxy-4,5-dihydroxybenzaldehyde
2- 乙氧基 -4,5- 二羟基苯甲酸 2-ethoxy-4,5-dihydroxybenzoic acid
3- 乙氧基 -4- 羟基苯甲酸 3-ethoxy-4-hydroxybenzoic acid
7β- 乙氧基 -6α- 羟基 -1,4- 二氧杂环辛烷 7β-ethoxy-6α-hydroxy-1,4-dioxacyclooctane
5α- 乙氧基 -6β- 羟基 -5,6- 二氢酸浆素 B 5α-ethoxy-6β-hydroxy-5,6-dihydrophysalin B
4- 乙氧基 -6- 羟甲基 -α- 吡喃酮 4-ethoxyl-6-hydroxymethyl-α-pyrone
2- 乙氧基 -7- 甲基胡桃醌 2-ethoxy-7-methyljuglone
3- 乙氧基 -7- 甲基胡桃醌 3-ethoxy-7-methyljuglone
15- 乙氧基 -8,11,13- 冷杉三烯 -18- 醇 15-ethoxy-8,11,13-abietatrien-18-ol
4- 乙氧基 -8-[4-(3- 羟基 -1- 丙烯 -1- 基)-2,6- 二甲氧基苯氧基]-2,6- 二甲基 -4,6- 辛二烯 -2- 醇 4-ethoxy-8-[4-(3-hydroxy-1-propen-1-yl)-2,6-dimethoxyphenoxy]-2,6-dimethyl-4,6-octadien-2-ol
(1*R*,6*S*,8*R*,9*R*)-1- 乙氧基 -8- 甲基 -1,5,6,7,8,9- 六氢环戊 [c] 吡喃 -4- 醛 (1*R*,6*S*,8*R*,9*R*)-1-ethoxy-8-methyl-1,5,6,7,8,9-hexahydrocyclopenta[c]pyran-4-carboxaldehyde
4- 乙氧基 -8- 羟基 -α- 四氢萘酮 4-ethoxy-8-hydroxy-α-tetralone
(-)- 乙酰氧基 -9,10- 二甲基 -1,5- 二十八烷内酯 (-)-acetoxy-9,10-dimethyl-1,5-octacosanolide
(3β,23*E*)-25- 乙氧基 -9,19- 环羊毛脂 -23- 烯 -3- 醇 (3β,23*E*)-25-ethoxy-9,19-cyclolanost-23-en-3-ol
6- 乙氧基白屈菜红碱 6-ethoxychelerythrine
4- 乙氧基苯酚 4-ethoxyphenol
4- 乙氧基苯酚 -2- 甲氧基苯 -1,3- 二醇 4-ethoxyphenol-2-methoxybenzene-1,3-diol

2-(4'- 乙氧基苯基)- 乙醇 2-(4'-ethoxy-phenyl)-ethanol
4- 乙氧基苯甲酸 4-ethoxybenzoic acid
4-[(*E*)-3- 乙氧基丙 -1- 烯基]-2- 甲氧基苯酚 4-[(*E*)-3-ethoxyprop-1-enyl]-2-methoxyphenol}
2- 乙氧基丙基 -2- 乙基己酸酯 2-ethoxypropyl-2-ethylhexanoate
2- 乙氧基丙烷 2-ethoxylpropane
2*E*-3- 乙氧基丙烯酸 2*E*-3-ethoxyacrylic acid
11- 乙氧基地中海荚蒾醛▲ 11-ethoxyviburtinal
1- 乙氧基丁烷 1-ethoxybutane
2- 乙氧基 - 丁烷 2-ethoxy-butane
3- 乙氧基丁香苷 3-ethoxysyringin
6- 乙氧基二氢白屈菜红碱 6-ethoxydihydrochelerythrine
6- 乙氧基二氢血根碱 6-ethoxydihydrosanguinarine
(3*R*/3*S*)- 乙氧基伏康树碱▲ (3*R*/3*S*)-ethoxyvoacangine
5- 乙氧基高粱酮 5-ethoxysorgoleone
19- 乙氧基冠狗牙花定 19-ethoxycoronaridine
3*R*- 乙氧基冠狗牙花定 3*R*-ethoxycoronaridine
3*S*- 乙氧基冠狗牙花定 3*S*-ethoxycoronaridine
3*R*/*S*- 乙氧基 - 冠狗牙花定 3*R*/*S*-ethoxy-coronaridine
4- 乙氧基桂皮酸 4-ethoxycinnamic acid
3*R*/*S*- 乙氧基海涅狗牙花碱▲ 3*R*/*S*-ethoxyheyneanine
2- 乙氧基胡桃醌 2-ethoxyjuglone
3- 乙氧基胡桃醌 3-ethoxyjuglone
7- 乙氧基槲皮素 7-ethoxyquercetin
8β- 乙氧基荒漠木 -3,7(11)- 二烯 -8α,12(6α,15)- 二内酯 8β-ethoxyeremophil-3,7(11)-dien-8α,12(6α,15)-diolide
4- 乙氧基甲苯基 -4'- 羟苄基醚 4-ethoxymethylphenyl-4'-hydroxybenzyl ether
5-(乙氧基甲基) 糠醛 5-(ethoxymethyl)furfural
2- 乙氧基甲基蒽醌 2-ethoxymethylanthraquinone
乙氧基姜花素 D ethoxycoronarin D
21β- 乙氧基楝酮二醇 21β-ethoxymelianodiol
4-[(1*R*,3*R*,3a*S*,4*S*,6a*R*)-3- 乙氧基六氢 -6a- 甲基 -4- 异丙基 -1*H*-环戊 [c] 呋喃 -1- 基]-2- 丁酮 4-[(1*R*,3*R*,3a*S*,4*S*,6a*R*)-3-ethoxyhexahydro-6a-methyl-4-(1-methylethyl)-1*H*-cyclopenta[c]furan-1-yl]- 2-butanone
9- 乙氧基马兜铃内酰胺 9-ethoxy-aristolactone
7- 乙氧基迷迭香酚 7-ethoxyrosmanol
(+)-7- 乙氧基穗罗汉松树脂酚 (+)-7-ethoxymatairesinol
3- 乙氧基羰基 -β- 咔啉 3-ethxoycarbonyl-β-carboline
173- 乙氧基脱镁叶绿酸 A 173-ethoxypheophorbide A
17c- 乙氧基脱镁叶绿酸 a, b 17c-ethoxypheaophorbide a, b
173- 乙氧基脱镁叶绿酸 B 173-ethoxypheophorbide B
2- 乙氧基戊烷 2-ethoxypentane
乙氧基缬草醇 ethoxyvalerianol
1,1- 乙氧基乙烷 1,1-ethoxy-ethane
乙氧基乙烯 ethyloxyethene
3-(1- 乙氧基乙氧基)-2- 甲基 -1- 丁醇 3-(1-ethoxyethoxy)-2-methyl-1-butanol
12- 乙氧基印楝波力宁▲ A~D 12-ethoxynimbolinin A~D
2-(乙氧甲基)-1,3,6- 三羟基蒽醌 2-(ethoxymethyl)-1,3,6-trihydroxyanthraquinone
5- 乙氧甲基 -1- 羧丙基 -1*H*- 吡咯 -2- 醛 5-ethoxymethyl-1-carboxylpropyl-1*H*-pyrrole-2-carbaldehyde
5- 乙氧甲基 -2- 糠醛 5-ethoxymethyl-2-furaldehyde
α- 乙氧甲基 -4- 羟基 - 苄醇 α-ethoxymethyl-4-hydroxy-benzenemethanol
3- 乙氧甲基 -5,6,7,8- 四氢 -8- 吲嗪酮 3-ethoxymethyl-5,6,7,8-tetrahydro-8-indolizinone
4- 乙氧甲基苯酚 4-ethoxy-methyl phenol
2- 乙氧甲基红大戟定▲ 2-ethoxy-methylknoxiavaledin
1'- 乙氧甲酰基 -1'- 氰基 -1,2- 二氢 -[1,2] 环丙 - 胆甾 -3- 酮 1'-carboethoxy-1'-cyano-1,2-dihydro-[1,2]cycloprop-cholest-3-one
4- 乙氧甲酰基 -2- 喹诺酮 4-ethoxycarbonyl-2-quinolone
1- 乙氧甲酰基 -β- 咔啉 1-ethoxycarbonyl-β-carboline
4- 乙氧甲酰氧基 -3,3',4'- 三甲氧基鞣花酸 4-ethoxycarbonyloxy-3,3',4'-trimethoxyellagic acid
2- 乙氧羰基 -1- 羟基蒽醌 2-ethoxycarbonyl-1-hydroxyanthraquinone
9- 乙氧羰基 -3- 甲基咔唑 9-carbethoxy-3-methylcarbazole
1- 乙氧羰基 -β- 咔啉 1-carboethoxy-β-carboline
5- 乙氧羰基风龙亭碱▲ 5-ethoxycarbonylsinoracutine
2-(乙氧 - 乙基)-1- 羟基蒽醌 2-(ethoxy-ethyl)-1-hydroxyanthraquinone
6-(1- 乙氧乙基)-7- 甲氧基 -2,2- 二甲基色烯 6-(1-ethoxyethyl)-7-methoxy-2,2-dimethylchromene
3-*O*-(6'- 乙酯)-β-D- 吡喃葡萄糖醛酸基齐墩果酸 -28-*O*-α-L- 吡喃阿拉伯糖苷 3-*O*-(6'-ethyl ester)-β-D-glucuronopyranosyloleanolic acid-28-*O*-α-L-arabinopyranoside
3-*O*-(6'- 乙酯)-β-D- 吡喃葡萄糖醛酸基齐墩果酸 -28-*O*-β-D- 吡喃葡萄糖苷 3-*O*-(6'-ethyl ester)-β-D-glucuronopyranosyloleanolic acid-28-*O*-β-D-glucopyranoside
2-(5- 已烯 -1,3- 二炔基)-5-(1- 丙炔基) 噻吩 2-(5-hxeylen-1,3-diynyl)-5-(1-propynyl)thiophene
蚁大青二酚▲ formidiol
异 -17,19- 二氢去氧地胆草素 iso-17,19-dihydrodeoxyelephantopin
3- 异 -19- 表阿吉马蛇根辛碱▲ 3-iso-19-epiajmalicine
异 -5- 甲氧基非洲红豆素▲ iso-5-methoxyafrormosin
异 -8- 表莫罗忍冬吉苷▲ iso-8-epikingiside
$\Delta^{13,14}$- 异 -α- 檀香醇 $\Delta^{13,14}$-iso-α-santalol
异 -γ- 崖椒碱 iso-γ-fagarine
异阿尔瓦橙桑吡酮▲ isoalvaxanthone
异阿吉马蛇根碱▲ isoajmaline
异阿吉马蛇根辛碱▲ isoajmalicine
异阿江榄仁酸 isoarjunolic acid
异阿米芹内酯▲ isokhellactone
异阿诺花椒宁▲ isoarnottinin
异阿诺花椒宁▲-4'- 吡喃葡萄糖苷 isoarnottinin-4'-glucopyranoside
异阿诺花椒酰胺▲ isoarnottianamide
异阿替新 isoatisine
异阿替新氯化物 isoatisinum chloride
异阿魏醛 isoferulaldehyde
异阿魏栓翅芹醇▲ isogosferol
异阿魏酸 isoferulic acid
异阿魏酸甲酯 methyl isoferulate
异阿魏酸羧甲酯 carboxymethyl isoferulate
异阿魏酮▲ isoferuone
2- 异阿魏酰番石榴酸 2-isoferuloylpiscidic acid
2- 异阿魏酰番石榴酸 -1- 甲酯 2-isoferuloylpiscidic acid-1-methyl ester
2- 异阿魏酰蜂斗酸 -1- 甲酯 2-isoferuloylfukiic acid-1-methyl ester
6-*O*-[α-L-(3''-*O*- 异阿魏酰基)- 吡喃鼠李糖基]- 梓醇 6-*O*-[α-L-(3''-*O*-isoferuloyl)-rhamnopyranosyl]-catalpol
6-*O*-[α-L-(4''- 异阿魏酰基)- 吡喃鼠李糖基]- 梓醇 6-*O*-[α-L-(4''-isoferuloyl)-rhamnopyranosyl]-catalpol
6-*O*-α-L-(2''-*O*- 异阿魏酰基) 吡喃鼠李糖基梓醇 6-*O*-α-L-(2''-*O*-isoferuloyl)rhamnopyranosylcatalpol
6-*O*-α-L-(3''-*O*- 异阿魏酰基) 吡喃鼠李糖基梓醇 6-*O*-α-L-(3''-*O*-isoferuloyl)-rhamnopyranosylcatalpol

N-[(E)- 异阿魏酰基] 酪胺 N-[(E)-isoferuloyl]tyramine
5-O- 异阿魏酰基 -2- 去氧 -D- 核糖 -γ- 内酯 5-O-isoferuloyl-2-deoxy-D-ribono-γ-lacton
异阿魏酰基 -7-(3,4- 二羟基苯基) 乳酸甲酯 methyl isoferuloyl-7-(3,4-dihydroxyphenyl)lactate
6- 异阿魏酰梓醇 6-isoferuloylcatalpol
异矮紫玉盘素 isochamanetin
异安五木脂素 isoanwulignan
(-)- 异奥托肉豆蔻酚 (-)-isootobaphenol
(+)- 异奥托肉豆蔻酚 (+)-isootobaphenol
异八角枫苷 isoalangiside
4,15- 异巴德来金眼菊素▲A 异丁酸酯 4,15-isobudlein A-isobutyrate
异巴豆酰蕨素 B isocrotonoylpterosin B
异巴西黑黄檀定▲ isocaviudin
异巴西黑黄檀素▲ isocaviunin
异巴西红厚壳素 isojacareubin
异巴西油大戟素 isoprincepin
异白菖蒲新酮 isoacolamone
异白菖酮 isoshyobunone
异白刺胺 isonitramine
异白刺灵碱▲ isonitrarine
异白当归脑 isobyakangelicol
异白当归素 isobyakangelicin
异白当归素水合物 -3''- 乙醚 isobyakangelicin hydrate-3''-ethyl ether
异白花丹素 isoplumbagin
异白花前胡苷 IV isopraeroside IV
异白蜡树定 isofraxidin
异白蜡树定 -7-O-α-D- 吡喃葡萄糖苷 isofraxidin-7-O-α-D-glucopyranoside
异白蜡树定 -7-O-β-D- 吡喃葡萄糖苷 isofraxidin-7-O-β-D-glucopyranoside
异白蜡树定 -7-O-β-D- 葡萄糖苷 isofraxidin-7-O-β-D-glucoside
异白蜡树定 -β-D- 吡喃葡萄糖苷 isofraxidin-β-D-glucopyranoside
异白蜡树素苷▲ isofraxoside
异白木香醇 isobaimuxinol
异白屈菜碱 isochelidonine
异白苏酮 isoegomaketone
异白鲜二醇 A isodictamdiol A
异白鲜碱 isodictamnine
异白鲜酮▲ isofraxinellone
异白羽扇豆苷元▲ isolupalbigenin
异白芷双香豆素▲A isodahuribirin A
异百里香醇 - 异丁酸酯 isothymol isobutyrate
异百里香宁▲ isothymonin
异百里香辛▲ isothymusin
异百里香辛▲-8-O-β-D- 吡喃葡萄糖苷 isothymusin-8-O-β-D-glucopyranoside
异柏芳醛▲ isocuparenal
异柏木酸 isocupressic acid
异败酱烯 isopatrinene
异稗草素▲ isosawamilletin
异斑点巨盘木定▲ isomaculosidine
异半齿泽兰素 isoeupatorin
异半棉酚 -1- 甲醚 isohemigossypol-1-methyl ether
异半皮桉苷 isohemiphloin
异半秃灰毛豆灵▲ isoglabratephrin
异半秃灰毛豆酮▲ isosemiglabrinone
异半夏苷 isopinelloside
异薄荷酮 isomenthone
异鲍尔山油柑烯醇▲ isobauerenol
异鲍尔山油柑烯醇▲乙酸酯 isobauerenyl acetate
异鲍尔山油柑烯酮▲ isobauerenone
异杯苋甾酮 isocyasterone
异北五味子素▲O isogomisin O
异贝壳杉树脂醇▲ isoagatharesinol
异贝壳杉烯 isokaurene
异贝母碱 isoverticine
异苯甲酰芍药苷 isobenzoylpaeoniflorin
异荜茇明碱 isopiperlongumine
异荜澄茄素 isocubebin
α- 异荜澄茄烯 α-isocubebene
α- 异荜澄茄烯醇 α-isocubebenol
异扁柏醇 isohinokiol
异扁柏定▲ isochamaecydin
异扁柏脂素 isohinokinin
异扁枝衣酸 isoevernic acid
异表杜鹃素 -4-(4'-O-β-D- 吡喃葡萄糖基苯基)-2(S)- 丁醇 isoepirhododendrin-4-(4'-O-β-D-glucopyranosylphenyl)-2(S)-butanol
异表虹臭蚁素▲ isoepiiridomyrmecin
异别粗糠柴毒素 isoallorottlerin
异别土木香内酯 isoalloalantolactone
4,15- 异滨藜叶珍珠菊内酯▲巴豆酸酯 4,15-isoatriplicolide tiglate
4,15- 异滨藜叶珍珠菊内酯▲丙烯酸甲酯 4,15-isoatriplicolide methylacrylate
4,15- 异滨藜叶珍珠菊内酯▲当归酸酯 4,15-isoatriplicolide angelate
4,15- 异滨藜叶珍珠菊内酯▲异丁酸酯 4,15-isoatriplicolide isobutyrate
异槟榔辛碱▲ isoguvacine
异丙苯 isopropylbenzene
23,25-O- 异丙叉 - 环木菠萝烷醇 23,25-O-isopropylidenecycloartanol
1,2-O- 异丙叉基 -O-β-D- 吡喃果糖苷 1,2-O-isopropylidene-O-β-D-fructopyranose
4,5-O- 异丙叉基 -α- 四氢萘酮 4,5-O-isopropylidene-α-tetralone
2α,3β- 异丙叉羽扇豆醇 -20(29)- 烯 -28(19)- 内酯 2α,3β-isopropylidenelup-20(29)-en-28(19)-lactone
异丙醇棕榈酸酯 isopropyl palmitate
异丙基 -(4- 羟甲基苯基]- 氨基甲酸酯 isopropyl-[4-(hydroxymethyl) phenyl]-carbamate
7- 异丙基 -1,1,4a- 三甲基 -1,2,3,4,4a,9,10,10a- 八氢化菲 7-isopropyl-1,1,4a-trimethyl-1,2,3,4,4a,9,10,10a-octahydrophenanthrene
(1S,6R,7S,10S)-7- 异丙基 -10- 甲基 -4- 亚甲基 - 十氢萘 -6,10- 二醇 (1S,6R,7S,10S)-7-isopropyl-10-methyl-4-methylene-decahydronaphthalene-6,10-diol
异丙基 -14- 甲基 - 十五酸酯 isopropyl-14-methyl-pentadecanoate
4- 异丙基 -1- 甲基 -4- 环己烯 -1,2,3- 三醇 4-isoprolpyl-1-methyl-4-cyclohexene-1,2,3-triol
4- 异丙基 -1- 甲基苯 4-isopropenyl-1-methyl benzene
10- 异丙基 -2,2,6- 三甲基 -2,3,4,5- 四氢萘 [1,8-bc] 氧辛 -5,11- 二醇 10-isopropyl-2,2,6-trimethyl-2,3,4,5-tetrahydronaphtha[1,8-bc] oxocine-5,11-diol
23 ζ - 异丙基 -24- 甲基 - 环木菠萝 -25- 烯 -3β- 醇 23 ζ -isopropyl-24-methyl-cycloart-25-en-3β-ol
23 ζ - 异丙基 -24- 乙基 - 环木菠萝 -25- 烯 -3β- 乙酸酯 23 ζ -isopropyl-24-ethyl-cycloart-25-en-3β-acetate
4- 异丙基 -2- 环己烯 -1- 酮 4-isopropyl-2-cyclohexe-1-one
5- 异丙基 -2- 甲基苯酚 5-isopropyl-2-methylphenol
5- 异丙基 -3- 甲基 -2,4,7- 三甲氧基 -8,1- 萘内酯 5-isopropyl-3-

methyl-2,4,7-trimethoxy-8,1-naphthalene carbolactone
2- 异丙基 -3- 甲氧基吡嗪 2-isopropyl-3-methoxypyrazine
6- 异丙基 -4- 甲基 -7,8- 二氢 -6H- 萘 [1,8-bc] 呋喃 6-isopropyl-4-methyl-7,8-dihydro-6H-naphtho[1,8-bc]furan
1- 异丙基 -4- 甲基 -9- 羟基螺环 [4.5] 癸 -6- 烯 -8- 酮 1-isopropyl-4-methyl-9-hydroxyspiro[4.5]dec-6-en-8-one
1- 异丙基 -4- 甲基苯 1-isopropyl-4-methylbenzene
3- 异丙基 -4- 甲基癸 -1- 烯 -4- 醇 3-isopropyl-4-methyl-dec-1-en-4-ol
2- 异丙基 -5- 甲基 -1- 庚醇 2-isopropyl-5-methyl-1-heptanol
2- 异丙基 -5- 甲基 -3- 环己烯 -1- 酮 2-isopropyl-5-methyl-cyclohexen-1-one
2- 异丙基 -5- 甲基 -9- 亚甲基 - 二环 [4,4,0] 萘 -1- 烯 2-isopropyl-5-methyl-9-methylene-bicyclo[4,4,0]dec-1-ene
2- 异丙基 -5- 甲基 -9- 亚甲基双环 [4,4,0]- 癸 -1- 烯 2-isopropyl-5-methyl-9-methylene-bicyclo[4,4,0]dec-1-en
2- 异丙基 -5- 甲基 - 对 - 氢醌 -4-O-β-D- 吡喃木糖苷 2-isopropyl-5-methyl-p-hydroquinone-4-O-β-D-xylopyranoside
(S)-(-)-2- 异丙基 -5- 氧代己酸 (S)-(-)-2-isopropyl-5-oxohexanoic acid
(3S,6R)-3- 异丙基 -6-(2- 甲基丙基)-2,5- 哌嗪二酮 (3S,6R)-3-isopropyl-6-(2-methylpropyl)-2,5-piperazine diketone
1-O- 异丙基 -6-O-[2-O- 甲基 -α-L- 吡喃鼠李糖基 -(1 → 6)]-β-D- 吡喃葡萄糖苷 1-O-isopropyl-6-O-[2-O-methyl-α-L-rhamnopyranosyl-(1 → 6)]-β-D-glucopyranoside
(3S,6S)-3- 异丙基 -6- 苄基 -2,5- 哌嗪二酮 (3S,6S)-3-isopropyl-6-benzyl-2,5-piperazine diketone
(3S,6R)-3- 异丙基 -6- 对羟基苄基 -2,5- 哌嗪二酮 (3S,6R)-3-isopropyl-6-(p-hydroxybenzyl)-2,5-piperazine diketone
(3S,6S)-3- 异丙基 -6- 对羟基苄基 -2,5- 哌嗪二酮 (3S,6S)-3-isopropyl-6-(p-hydroxybenzyl)-2,5-piperazine diketone
3- 异丙基 -6- 甲基 -2,5- 二酮哌嗪 3-isoproply-6-methyl-2,5-piperazinedione
(E)-9- 异丙基 -6- 甲基 -5,9- 癸二烯 -2- 酮 (E)-9-isopropyl-6-methyl-5,9-decadien-2-one
3- 异丙基 -6- 甲基哌嗪 -2,5- 二酮 3-isopropyl-6-methylpiperazine-2,5-dione
3- 异丙基 -6- 特丁基 -2,5- 二酮哌嗪 3-isoproply-6-terbutyl-2,5-piperazinedione
(3R,3aR,8aS)-3- 异丙基 -8a 甲基 -8- 氧代 -1,2,3,3a,6,7,8,8a- 八氢薁 -5- 醛 (3R,3aR,8aS)-3-isopropyl-8amethyl-8-oxo-1,2,3,3a,6,7,8,8a-octahydroazulene-5-carbaldehyde
2- 异丙基 -8- 甲基 -3,4- 菲醌 2-isopropyl-8-methyl-3,4-phenanthraquinone
2- 异丙基 -8- 甲基菲 -3,4- 二酮 2-isopropyl-8-methylphenanthrene-3,4-dione
异丙基 -O-β-(6'-O- 没食子酰基)- 吡喃葡萄糖苷 isopropyl-O-β-(6'-O-galloyl)-glucopyranoside
1-O- 异丙基 -β-D- 吡喃葡萄糖苷 1-O-isopropyl-β-D-glucopyranoside
异丙基 -β-D- 吡喃葡萄糖苷 isopropyl-β-D-glucopyranoside
异丙基 -β-D- 呋喃芹糖基 -(1 → 6)-β-D- 吡喃葡萄糖苷 isopropyl-β-D-apiofuranosyl-(1 → 6)-β-D-glucopyranoside
3- 异丙基苯酚 3-isopropylphenol
4- 异丙基苯甲醇 4-(1-methylethyl)-benzenemethanol
3- 异丙基 - 吡咯并哌嗪 -2,5- 二酮 3-isopropyl-pyrrolopiperazine-2,5-dione
异丙基丙基二硫醚 isopropyl propyl disulfide
异丙基甘油醚 isopropyl glycidyl ether
4- 异丙基环己 -2- 烯酮 4-isopropylcyclohex-2-enone
7- 异丙基罗汉松醇 7-isopropylpodocarpinol
2- 异丙基萘 2-isopropylnaphthalene
2- 异丙基苹果酸 2-isopropylmalic acid
异丙基乙醇 isopropylethanone
异丙烷基 -O-β-D- 吡喃葡萄糖苷 isopropanyl-O-β-D-glucopyranoside
异丙烷基樱草糖苷 isopropanylprimeveroside
2- 异丙烯 -5- 甲基己 -4- 烯醛 2-isopropenyl-5-methylhex-4-enal
25ξ- 异丙烯 - 胆甾 -5,(6)- 烯 -3-O-β-D- 吡喃葡萄糖苷 25ξ-isopropenylchole-5,(6)-ene-3-O-β-D-glucopyranoside
8- 异丙烯基 -1,5- 二甲基 -1,5- 环十碳二烯 8-isopropenyl-1,5-dimethyl-1,5-cyclodecadiene
4- 异丙烯基 -1- 环己烯 -1- 羧酸 4-isopropenyl-1-cyclohexene-1-carboxylic acid
4- 异丙烯基 -1- 甲基 - 环己醇 4-isopropenyl-1-methyl-cyclohexanol
α- 异丙烯基 -2,3- 二甲基 - 三环 [2.2.1.02,6] 庚烷 -3- 丙醇 α-isopropenyl-2,3-dimethyl-tricyclo[2.2.1.02,6]heptan-3-propanol
2- 异丙烯基 -5,6-5,6- 二甲氧基苯并呋喃 2-isopropenyl-5,6-dimethoxybenzofuran
2- 异丙烯基 -5- 甲基 - 环己醇 2-isopropenyl-5-methyl-cyclohexanol
2- 异丙烯基 -5- 乙酰基 -7- 羟基 -2,3- 二氢苯并呋喃 2-isopropenyl-5-acetyl-7-hydroxy-2,3-dihydrobenzofuran
6-(3- 异丙烯基环丙烷 -1- 烯基)-6- 甲庚 -3- 烯 -2- 酮 6-(3-isopropenylcycloprop-1-enyl)-6-methylhept-3-en-2-one
2- 异丙烯基萘并 [2,3-b] 呋喃 -4,9- 醌 2-isopropenylnaphtho[2,3-b]furan-4,9-dione
3,4- 异丙亚基二氧莽草酸 3,4-isopropylidenedioxyshikimic acid
2,3-O- 异丙亚烯基 -2α,3α,19α- 三羟基熊果酸 2,3-O-isopropylidenyl-2α,3α,19α-trihydroxyursolic acid
2,3-O- 异丙亚烯基野鸦椿酸 2,3-O-isopropylidenyl euscaphic acid
6- 异丙氧基 -7- 甲氧基香豆素 6-prenyloxy-7-methoxycoumarin
异柄花长蒴苣苔素▲ isopedicin
d- 异波尔定 d-isoboldine
(+)- 异波尔定碱 (+)-isoboldine
异波尔定碱 isoboldine
(+)- 异波尔定碱 -β-N- 氧化物 (+)-isoboldine-β-N-oxide
异波罗蜜辛▲ isoartocarpesin
异伯恩鸡骨常山素▲ isoboonein
异博氏邪蒿素▲ isobocconin
异补骨脂查耳酮 isobavachalcone
异补骨脂苷 isopsoralenoside
异补骨脂色烯 isobavachromene
异补骨脂素 isopsoralen
异补骨脂酮酚▲ isocorylifonol
异补骨脂辛▲ isobavachin
异不等红厚壳醇▲ isodisparinol B
异不等红厚壳素▲B isodispar B
异菜蓟苷 isocynaroside
异苍耳醇 isoxanthanol
异糙叶败酱醇▲ isopatriscabrol
异糙叶败酱苷▲I, II isopatriscabroside I, II
异草果素 isotsaokoin
异草莓树苷▲ isounedoside
异侧柏醇 -β-D- 葡萄糖苷 isothujol-β-D-glucoside
异柴胡内酯 isochaihulactone
异菖蒲烯二醇 isocalamendiol
异长春洛辛▲ isoleurosine
(16R,19E)- 异长春钦碱▲ (16R,19E)-isositsirikine
16R-19E- 异长春钦碱▲ 16R-19E-isositsirikine

Y

16*R*-*E*- 异长春钦碱▲ 16*R*-*E*-isositsirikine
16*S*-*E*- 异长春钦碱▲ 16*S*-*E*-isositsirikine
异长春钦碱▲ isositsirikine
16*S*-*E*- 异长春钦碱▲-18,19- 二氢 -16*S*-*E*- 长春钦碱▲ 18,19-dihydro-16*S*-*E*-sitsirikine
7*R*,16*R*-19*E*- 异长春钦碱▲氧化吲哚 7*R*,16*R*-19*E*-isositsirikine oxindole
7*S*,16*R*-19*E*- 异长春钦碱▲氧化吲哚 7*S*,16*R*-19*E*-isositsirikine oxindole
异长春钦碱▲氧化吲哚 isositsirikine oxindole
异长管香茶菜醇 isolongirabdiol
异长叶红厚壳酸▲ isocalolongic acid
异长叶九里香醇 isomurralonginol
异长叶九里香醇烟酸酯 isomurralonginol nicotinate
异长叶九里香醇乙酸酯 isomurralonginol acetate
异长叶九里香醇异缬草酸酯 isomurralonginol isovalerate
异长叶九里香酮千里光酸酯 isomurranganone senecioate
异长叶松醇 isolongifolol
异长叶松烯 isolongifolene
异长叶烯 -5- 酮 isolongifolene-5-one
异常山碱 isofebrifugine
异车轴草酚▲ isotrifoliol
异橙皮内酯 isomeranzin
异橙皮辛素 isomerancin
异橙皮油烯 isoaurapten
异橙酮苷 isoauroside
异匙叶桉油烯醇 isospathulenol
异齿红景天苷▲ heterodontoside
异翅柄钩藤碱▲ isopteropodine
异翅荚香槐亭▲ isoplatycarpanetin
异臭阿魏素▲ isofeterin
异臭常山碱 isoorixine
异臭根子草醇 isointermedeol
异雏菊叶龙胆素 isobellidifolin
异川白芷素 isoangenomalin
$\Delta^{5,6}$- 异川楝素 $\Delta^{5,6}$-isotoosendanin
异川楝素 isochuanliansu
异川芎内酯 isosenkyunolide
异川藏香茶菜宁 F 丙酮化物 isopharicinin F acetonide
(8*R*,12*R*)- 异穿心莲内酯 (8*R*,12*R*)-isoandrographolide
(8*R*,12*S*)- 异穿心莲内酯 (8*R*,12*S*)-isoandrographolide
(8*S*,12*R*)- 异穿心莲内酯 (8*S*,12*R*)-isoandrographolide
(8*S*,12*S*)- 异穿心莲内酯 (8*S*,12*S*)-isoandrographolide
异穿心莲内酯 isoandrographolide
异垂穗石松宁碱▲ A isopalhinine A
异春侧金盏花苷▲ homoadonivernite
(-)- 异唇萼薄荷醇▲ (-)-isopulegol
异唇萼薄荷醇▲ isopulegol
异唇萼薄荷醇▲乙酸酯 isopulegol acetate
异唇萼薄荷酮▲ isopulegone
异唇爵床碱▲ anisotine
异刺苞菊苷 isocarlinoside
异刺翅果草碱▲ isoechinatine
异刺飞龙掌血素▲ isoaculeatin
异刺果番荔枝烯宁▲ isomurisolenin
异刺果苏木林素▲ isobonducellin
异刺槐二糖苷▲ isobiorobin
异刺树酮▲ isofouquierone
异刺桐匹诺福灵碱 isoerysopinophorine
异粗榧碱 isoharringtonine
异粗榧酸 isoharringtonic acid
异粗糠柴毒素 isorottlerin
异翠雀碱 isodelphinine
异翠雀灵 isodelpheline
异大白刺定▲ isoschoberidine
异大齿杨素▲ A isograndidentatin A
异大风子素 isohydnocarpin
异大根老鹳草呋烯▲ isogermafurene
异大根老鹳草呋烯内酯▲ isogermafurenolide
异大花藜芦胺▲ isoteinemine
异大花藜芦胺▲乙酸酯 isoteinemine acetate
异大黄酚 isochrysophanol
异大戟二烯醇 isoeuphol
异大戟亭▲ isoeuphorbetin
异大戟亭▲四甲醚 isoeuphorbetin tetramethyl ether
异大麻螺烷▲ isocannabispiran
异大叶龙胆苷▲ isomacrophylloside
异大叶帽柱木碱 isomitraphylline
异大叶帽柱木碱 -*N*- 氧化物 isomitraphylline-*N*-oxide
异大叶帽柱木酸▲ isomitraphyllic acid
异大叶帽柱木酸▲-(16 → 1)-*β*-D- 吡喃葡萄糖酯苷 isomitraphyllic acid-[16 → 1]-*β*-D-glucopyranosyl ester
异大叶鼠尾草醇▲ isograndifoliol
(+)- 异大叶藤黄醇 (+)-isoxanthochymol
异大叶藤黄醇 isoxanthochymol
异大鱼藤树酮▲ isoderrone
异丹酚酸 C isosalvianolic acid C
异丹皮酚 isopaeonol
异丹参酮 I, II, IIB isotanshinone I, II, IIB
异淡黄贝母兰宁▲ isoflavidinin
异当归醇 isoangelol
1- 异倒捻子宁 1-isomangostanin
1- 异倒捻子素 1-isomangostin
3- 异倒捻子素 3-isomangostin
1- 异倒捻子素水合物 1-isomangostin hydrate
3- 异倒捻子素水合物 3-isomangostin hydrate
异得卡瑞花椒碱 isodecarine
16-*O*- 异德国鸢尾醛 16-*O*-acetyl isoiridogermanal
异德国鸢尾醛 isoiridogermanal
异地奥替皂苷元 isodiotigenin
异地胆草内酯 isoscabertopin
异地钱素 C isomarchantin C
异地衣多糖 isolichenin
异灯笼草内酯 -3-*O*-*β*-D- 吡喃葡萄糖苷 isoperulactone-3-*O*-*β*-D-glucopyranoside
异滇南红厚壳酸▲ isocalopolyanic acid
异靛蓝 isoindigotin
异钓樟醇内酯▲ A~E isolinderanolide A~E
异钓樟内酯 isolinderalactone
异丁醇 isobutyl alcohol
异丁醇乙酸酯 isobutyl acetate
N- 异丁基 -(2*E*,4*E*)-2,4- 十四烷二烯酰胺 *N*-isobutyl-(2*E*,4*E*)-2,4-tetradecadienamide
N- 异丁基 -(2*E*,4*E*)- 十八碳 -2,4- 二烯酰胺 *N*-isobutyl-(2*E*,4*E*)-octadeca-2,4-dienamide
N- 异丁基 -(2*E*,4*E*)- 十六碳 -2,4- 二烯酰胺 *N*-isobutyl-(2*E*,4*E*)-hexadeca-2,4-dienamide
N- 异丁基 -(2*E*,4*E*)- 十四碳 -2,4- 二烯酰胺 *N*-isobutyl-(2*E*,4*E*)-

Y

tetradeca-2,4-dienamide
N- 异丁基 -(2E,4E,10Z)- 十六碳 -2,4,10- 三烯胺 N-isobutyl-(2E,4E,10Z)-hexadeca-2,4,10-trienamide
N- 异丁基 -(2E,4E,12Z)- 十八碳 -2,4,12- 三烯胺 N-isobutyl-(2E,4E,12Z)-octadeca-2,4,12-trienamide
N- 异丁基 -(2E,4E,12Z)- 十六碳 -2,4,12- 三烯胺 N-isobutyl-(2E,4E,12Z)-hexadeca-2,4,12-trienamide
N- 异丁基 -(2E,4E,8Z)- 二十碳三烯酰胺 N-isobutyl-(2E,4E,8Z)-eicosatrienamide
异丁基 (2- 甲氧基乙基) 羧酸酯 isobutyl(2-methoxyethyl)-carbonate
N- 异丁基 -11-(3',4'- 亚甲二氧基苯基)-2E,4E,10E- 十一碳三烯酰胺 N-isobutyl-11-(3',4'-methylenedioxyphenyl)-2E,4E,10E-undecatrienamide
(2E,4E,8E)-N- 异丁基 -11-(3,4- 亚甲二氧基苯基)- 十一碳 -2,4,8-三烯酰胺 (2E,4E,8E)-N-isobutyl-11-(3,4-methylenedioxyphenyl) undeca-2,4,8-trienamide
(2E,4E)-N- 异丁基 -11- 苯基十一碳二烯酰胺 (2E,4E)-N-isobutyl-11-phenylundecadienamide
N- 异丁基 -13-(3',4'- 亚甲二氧基苯基)-2E,4E,12E- 十三碳三烯酰胺 N-isobutyl-13-(3',4'-methylenedioxyphenyl)-2E,4E,12E-tridecatrienamide
2- 异丁基 -14- 羟基 - 核替生 -N- 氧化物 2-isobutryl-14-hydroxy-hetisine-N-oxide
(2E,4E)-N- 异丁基 -15- 苯基十五碳二烯酰胺 (2E,4E)-N-isobutyl-15-phenylpentadecadienamide
N- 异丁基 -16- 苯基十六碳 -2E,4E- 二烯酰胺 N-isobutyl-16-phenylhexadeca-2E,4E-dienamide
(2E,4E,8Z,10E)-N- 异丁基 -2,4,8,10- 十二碳四烯酰胺 (2E,4E,8Z,10E)-N-isobutyl-2,4,8,10-dodecatetraenamide
(2E,4E,8Z,10Z)-N- 异丁基 -2,4,8,10- 十二碳四烯酰胺 (2E,4E,8Z,10Z)-N-isobutyl-2,4,8,10-dodecatetraenamide
(2E,4Z,8Z,10Z)-N- 异丁基 -2,4,8,10- 十二碳四烯酰胺 (2E,4Z,8Z,10Z)-N-isobutyl-2,4,8,10-dodecatetraenamide
(2E,4E,8Z,10E)-N- 异丁基 -2,4,8,10- 十二烷四酰胺 (2E,4E,8Z,10E)-N-isobutyl-2,4,8,10-dodecatetranamide
(2E,4E)-N- 异丁基 -2,4- 二十碳二烯酰胺 (2E,4E)-N-isobutyl-2,4-icosadienamide
(2E,4E)-N- 异丁基 -2,4- 癸二烯酰胺 (2E,4E)-N-isobutyl-2,4-decadienamide
(2E,4E)-N- 异丁基 -2,4- 十二碳二烯酰胺 (2E,4E)-N-isobutyl-2,4-dodecadienamide
(2E,4E)-N- 异丁基 -2,4- 十四酰胺 (2E,4E)-N-isobutyl-2,4-tetradecadienamide
N- 异丁基 -2E,4E,10E,12Z- 十四碳四烯 -8- 炔酰胺 N-isobutyl-2E,4E,10E,12Z-tetradecatetraen-8-ynamide
N- 异丁基 -2E,4E,12E- 十四碳三烯 -8,10- 炔酰胺 N-isobutyl-2E,4E,12E-tetradecatrien-8,10-diynamide
N- 异丁基 -2E,4E,12Z- 十八碳三烯酰胺 N-isobutyl-2E,4E,12Z-octadecatrienamide
N- 异丁基 -2E,4E,12Z- 十四碳三烯 -8,10- 炔酰胺 N-isobutyl-2E,4E,12Z-tetradecatrien-8,10-diynamide
N- 异丁基 -2E,4E,14Z- 二十碳三烯酰胺 N-isobutyl-2E,4E,14Z-eicosatrienamide
N- 异丁基 -2E,4E,8E- 十四碳三烯酰胺 N-isobutyl-2E,4E,8E-tetradecatrienamide
N- 异丁基 -2E,4E,8Z- 二十碳三烯酰胺 N-isobutyl-2E,4E,8Z-eicosatrienamide
N- 异丁基 -2E,4E,8Z- 十碳三烯胺 N-isobutyl-2E,4E,8Z-decatrienamide
N- 异丁基 -2E,4E- 八碳二烯酰胺 N-isobutyl-2E,4E-octadienamide
N- 异丁基 -2E,4E- 癸二烯酰胺 N-isobutyl-2E,4E-decadienamide
N- 异丁基 -2E,4E- 十八碳二烯酰胺 N-isobutyl-2E,4E-octadecadienamide
N- 异丁基 -2E,4E- 十二碳二烯酰胺 N-isobutyl-2E,4E-dodecadienamide
N- 异丁基 -2E,4E- 十六碳二烯酰胺 N-isobutyl-2E,4E-hexadecadienamide
N- 异丁基 -2E,4E- 十四碳二烯酰胺 N-isobutyl-2E,4E-tetradecadienamide
N- 异丁基 -3-(3',4'- 亚甲二氧基 -5'- 甲氧基苯基)-2E- 丙烯酸酰胺 N-isobutyl-3-(3',4'-methylenedioxy-5'-methoxyphenyl)-2E-trimonoienamide
N- 异丁基 -3-(3,4- 亚甲二氧基苯基)-2E- 三烯酰胺 N-isobutyl-3-(3,4-methylenedioxyphenyl)-2E-trienamide
N- 异丁基 -3,4- 亚甲二氧基苯甲酰胺 N-isobutyl-3,4-methylenedioxybenzamide
N- 异丁基 -3,4- 亚甲二氧基桂皮酰胺 N-isobutyl-3,4-methylenedioxycinnamide
N- 异丁基 -4,5- 二羟基 -2E- 十碳烯酰胺 N-isobutyl-4,5-dihydroxy-2E-decaenamide
N- 异丁基 -4,5- 环氧 -2E- 十碳烯酰胺 N-isobutyl-4,5-epoxy-2E-decaenamide
N- 异丁基 -4- 己酰基 -4- 羟基吡咯烷 -1- 酮 N-isobutyl-4-hexanoyl-4-hydroxypyrrolidin-1-one
N- 异丁基 -5'- 甲氧基 -3',4'- 亚甲二氧基桂皮酰胺 n-isobutyl-5'-methoxy-3',4'-methylenedioxycinnamamide
(3S,6R)-3- 异丁基 -6-(2- 甲基丙基)-2,5- 哌嗪二酮 (3S,6R)-3-isobutyl-6-(2-methylpropyl)-2,5-piperazine diketone
N- 异丁基 -6-(2- 噻吩基)-2E,4E- 己二烯酰胺 N-isobutyl-6-(2-thienyl)-2E,4E-hexadienamide
(3S,6S)-3- 异丁基 -6- 苄基 -2,5- 哌嗪二酮 (3S,6S)-3-isobutyl-6-benzyl-2,5-piperazine diketone
(3S,6S)-3- 异丁基 -6- 对羟基苄基 -2,5- 哌嗪二酮 (3S,6S)-3-isobutyl-6-(p-hydroxybenzyl)-2,5-piperazine diketone
(2E,4E)-N- 异丁基 -6- 氧代庚基 -2,4- 二烯酰胺 (2E,4E)-N-isobutyl-6-oxo-hepta-2,4-dienamide
(3S,6S)-3- 异丁基 -6- 异丙基 -2,5- 哌嗪二酮 (3S,6S)-3-isobutyl-6-isopropyl-2,5-piperazine diketone
N- 异丁基 -7-(3,4- 亚甲二氧基苯)-2E,4E- 七碳二烯酰胺 N-isobutyl-7-(3,4-methylendioxyphenyl)-2E,4E-heptadienamide
(2E,4E)-N- 异丁基 -7-(3',4'- 亚甲二氧基苯基)-2,4- 庚二烯酸酰胺 (2E,4E)-N-isobutyl-7-(3',4'-methylenedioxyphenyl)-2,4-heptadienamide
N- 异丁基 -7-(3',4'- 亚甲二氧基苯基)-2E,4E- 庚二烯酸酰胺 N-isobutyl-7(3',4'-methylenedioxyphenyl)-2E,4E-heptadienamide
(2E,4E)-N- 异丁基 -7-(3,4- 亚甲二氧基苯基)- 庚 -2,4- 二烯酰胺 (2E,4E)-N-isobutyl-7-(3,4-methylenedioxyphenyl)-hepta-2,4-dienamide
(2E)-N- 异丁基 -7-(3,4- 亚甲二氧基苯基)- 庚 -2- 烯酰胺 (2E)-N-isobutyl-7-(3,4-methylenedioxyphenyl)hepta-2-enamide
(2E,4E)-N- 异丁基 -7-(3',4'- 亚甲二氧基苯基) 七碳二烯酰胺 (2E,4E)-N-isobutyl-7-(3',4'-methylenedioxyphenyl)heptadienamide
1- 异丁基 -7,7- 二甲基 - 八氢异苯并呋喃 -3α- 醇 1-isobutyl-7,7-dimethyl-octahydroisobenzofuran-3α-ol
N- 异丁基 -7- 苯基 -2E,4E- 七碳二烯酰胺 N-isobutyl-7-phenyl-2E,4E-heptadienamide
(2E,8E)-N- 异丁基 -9-(3,4- 亚甲二氧基苯基)- 九碳 -2,4- 二烯酰胺 (2E,8E)-N-isobutyl-9-(3,4-methylenedioxyphenyl)nona-2,4-

dienamide
(8E)-N- 异丁基 -9-(3,4- 亚甲二氧基苯基)- 九碳 -8- 烯酰胺 (8E)-N-isobutyl-9-(3,4-methylenedioxyphenyl)nona-8-enamide
N- 异丁基 -9- 苯基 -2E,4E- 九碳二烯酰胺 N-isobutyl-9-phenyl-2E,4E-nonadienamide
异丁基 -β-D- 吡喃葡萄糖苷 isobutyl-β-D-glucopyranoside
异丁基苯 isobutylbenzene
(2E,4E,14Z)-N- 异丁基 - 二十碳 -2,4,14- 三烯酰胺 (2E,4E,14Z)-N-isobutyl-eicosa-2,4,14-trienamide
N- 异丁基二十碳 -2,4- 二烯酰胺 N-isobutyleicosa-2,4-dienamide
(2E,4E)-N- 异丁基 - 二十碳 -2,4- 二烯酰胺 (2E,4E)-N-isobutyl-eicosa-2,4-dienamide
(2E,4E,8Z)-N- 异丁基 - 二十碳三烯酰胺 (2E,4E,8Z)-N-isobutyl-eicosatrienamide
2E,4E,8Z-N- 异丁基 - 二十碳三烯酰胺 2E,4E,8Z-N-isobutyl-eicosatrienamide
(2E,4E,8E)-N- 异丁基二十一碳 -2,4,8- 三烯酰胺 (2E,4E,8E)-N-isobutylhenicosa-2,4,8-trienamide
N- 异丁基 - 反式 -2- 反式 -4- 癸二烯酰胺 N-isobutyl-deca-trans-2-trans-4-dienamide
N- 异丁基 - 桂皮酰胺 N-isobutylcinnamamide
20-O- 异丁基巨大戟烯醇▲ 20-O-isobutyrylingenol
29- 异丁基楝素 29-isobutylsendanin
6-β-O- 异丁基欧亚旋覆花内酯 6-β-O-isobutylbritannilactone
(+)-3-(对羟基苄基)-6- 异丁基哌嗪 -2,5- 二酮 (+)-3-(4-hydroxybenzyl)-6-isobutylpiperazine-2,5-dione
(2E,4E,12Z)-N- 异丁基 - 十八碳 -2,4,12- 三烯酰胺 (2E,4E,12Z)-N-isobutyl-octadeca-2,4,12-trienamide
N- 异丁基十八碳 -2E,4E- 二烯酰胺 N-isobutyloctadeca-2E,4E-dienamide
2E,4E-N- 异丁基 - 十八碳烯胺 2E,4E-N-isobutyl-octadecenamide
N- 异丁基十二碳 - 反式 -2,4- 二烯酰胺 N-isobutyldodeca-trans-2,4-dienamide
2E,4E-N- 异丁基 - 十四碳烯胺 2E,4E-N-isobutyl-dodecenamide
N- 异丁基十碳 -2E,4E- 二烯酰胺 N-isobutyl-deca-2E,4E-dienamide
异丁基酞酸丁酯 butyl isobutylphthalate
DL-5- 异丁基乙内酰脲 DL-5-isobutylhydantoin
异丁酸 isobutyric acid
异丁酸丁酯 butyl isobutanoate
异丁酸麝香草酚酯 isobutyric acid thymyl ester
异丁酸香叶酯 geranyl isobutyrate
异丁酸辛酯 octyl isobutyrate
2- 异丁烷 -5- 甲基 7- 羟基色酮 -O- 没食子酰葡萄糖苷 2-isobutane-5-methyl-7-hydroxychromone-O-galloyl-glucoside
6-O- 异丁酰多梗贝氏菊素▲ 6-O-isobutyroylplenolin
2- 异丁酰根皮酚 -1-O-β- 吡喃葡萄糖苷 2-isobutyrylphloroglucinol-1-O-β-glucopyranoside
3- 异丁酰基 -30- 丙酰内雄楝林素▲ 3-isobutyroyl-30-propanoylphragmalin
2α-O- 异丁酰基 -3β,5α,7β,10,15β- 五 -O- 乙酰基 -14α-O- 苯甲酰基 -10,18- 二氢铁仔酚▲ 2α-O-isobutyryl-3β,5α,7β,10,15β-penta-O-acetyl-14α-O-benzoyl-10,18-dihydromyrsinol
2α-O- 异丁酰基 -3β-O- 丙酰基 -5α,7β,10,15β- 四 -O- 乙酰基 -10,18- 二氢铁仔酚▲ 2α-O-isobutyryl-3β-O-propionyl-5α,7β,10,15β-tetra-O-acetyl-10,18-dihydromyrsinol
3-O- 异丁酰基 -8- 甲氧基 -9- 羟基麝香草酚 3-O-isobutyryl-8-methoxy-9-hydroxythymol
异丁酰日本南五味子素▲A isobutyroylbinankadsurin A
异丁酰麝香草酚 isobutyrylthymol
8β- 异丁酰氧 -14- 醛 - 木香内酯 8β-isobutyryloxy-14-al-costunolide
8β- 异丁酰氧 -1β,10α- 环氧木香内酯 8β-isobutyryloxy-1β,10α-epoxycostunolide
2β-(异丁酰氧基) 堆心菊内酯 2β-(isobutyryloxy)-florilenalin
17- 异丁酰氧基 -16αH- 贝壳杉 -19- 酸 17-isobutyryloxy-16αH-kauran-19-oic acid
1β- 异丁酰氧基 -2β,6α,15- 三乙酰氧基 -9α- 苯甲酰氧基 -4α- 羟基 - 二氢 -β- 沉香呋喃 1β-isobutyryloxy-2β,6α,15-triacetoxy-9α-benzoyloxy-4α-hydroxy-dihydro-β-agarofuran
2α- 异丁酰氧基 -3α- 烟酰氧基 -5β,7α,8α,9α,15β- 五乙酰氧基麻疯树 -6(17),11E- 二烯 -14- 酮 2α-isobutyroyloxy-3α-nicotinoyloxy-5β,7α,8α,9α,15β-pentaacetoxyjatropha-6(17),11E-diene-14-one
9- 异丁酰氧基 -8,10- 去氢麝香草酚 9-isobutyryloxy-8,10-dehydrothymol
10- 异丁酰氧基 -8,9- 环氧麝香草酚异丁酸酯 10-isobutyryloxy-8,9-epoxythymol isobutyrate
10- 异丁酰氧基 -8,9- 去氢麝香草酚异丁酸酯 10-isobutyryloxy-8,9-dehydrothymol isobutyrate
6β- 异丁酰氧基 -8α- 羟基 -1- 氧代荒漠木 -7(11),9- 二烯 -12,8β- 内酯 6β-isobutyryloxy-8α-hydroxy-1-oxoeremophil-7(11),9-dien-12,8β-olide
8- 异丁酰氧基 -8- 去乙酰基佩里塔萨木碱▲A 8-isobutyloxy-8-deacetyl-peritassine A
6β- 异丁酰氧基 -9- 氧代呋喃荒漠木 -1,10- 二烯 6β-isobutyryloxy-9-oxo-furanoeremophila-1,10-diene
6β- 异丁酰氧基 -9- 氧代荒漠木 -1(10)- 烯 6β-isobutyryloxy-9-oxofuranoeremophil-1(10)-ene
3'- 异丁酰氧基 -O- 乙酰哥伦比亚狭缝芹醇▲ 3'-isobutyryloxy-O-acetylcolumbionetin
3'- 异丁酰氧基 -O- 乙酰哥伦比亚狭缝芹亭▲ 3'-isobutyryloxy-O-acetylcolumbianetin
7- 异丁酰氧基百里香氢醌 二甲醚 7-isobutyryloxythymohydroquinone dimethyl ether
8β- 异丁酰氧基库马纳豚草内酯▲ 8β-isobutyryloxycumambranolide
7- 异丁酰氧基麝香草酚甲醚 7-isobutyryloxythymol methyl ether
3α- 异丁酰氧基托品烷 3α-isobutyroxytropane
异丁酰野桐色烷醇 isobutyrylmallotochromanol
异丁酰野桐色烯 isobutyrylmallotochromene
异丁酰野梧桐素▲ isobutyrylmallotojaponin
异丁酰紫草素 isobutyrylshikonin
异丁酰紫朱草素 isobutyrylalkannin
异丁香酚 isoeugenol
异丁香酚甲醚 isoeugenol methyl ether
异丁香酚葡萄糖苷 isoeugenol glucoside
异丁香诺苷▲ isosyringinoside
异丁香亭酚 isoeugenitol
异丁香烷醇 isocaryolanol
(-)- 异丁香烯 (-)-isocaryophyllene
异丁香烯 isocaryophyllene
(E)- 异丁香油酚 (E)-isoeugenol
异丁香酯苷▲-3'-O-α-L- 吡喃鼠李糖苷 isosyringalide-3'-O-α-L-rhamnopyranoside
异丁香酯苷▲-3'-α-L- 吡喃鼠李糖苷 isosyringalide-3'-α-L-rhamnopyranoside
异东当归内酯▲B isotokinolide B
(-)- 异东方罂粟酮 (-)-isoorientalinone
异东莨菪苷 isoscopolin
异东莨菪内酯 isoscopoletin
异东莨菪内酯 -6-O-β-D- 吡喃葡萄糖苷 isoscopoletin-6-O-β-D-

glucopyranoside
异东莨菪内酯 -*O*-*β*-D- 吡喃葡萄糖苷 isoscoploletin-*O*-*β*-D-glucopyranoside
异东莨菪内酯 -*β*-D- 吡喃葡萄糖苷 isoscopoletin-*β*-D-glucopyranoside
异东莨菪内酯 -*β*-D- 葡萄糖苷 isoscopoletin-*β*-D-glucoside
异冬崖椒灵▲ isotembetarine
异豆叶九里香碱▲B isomurrayafoline B
异都丽菊香豆素▲A, B, C isoethuliacoumarin A, B, C
异毒芹毒素 isocicutoxin
异独活素 isoheraclenin
异杜松烯 isocadinene
(-)- 异杜香烯▲ (-)-isoledene
异杜香烯▲ isoledene
(±)- 异杜英碱 (±)-isoelaeocarpine
(-)- 异杜英林碱 (-)-isoelacocarpiline
异杜仲素 A isoeucommin A
异多花白树烯醇▲ isomultiflorenol
异多花白树烯醇▲乙酸酯 isomultiflorenyl acetate
异多花白树烯酮▲ isomultiflorenone
异多花素馨奥苷▲A, B, C isojaspolyoside A, B, C
异莪术奥酮二醇 isozedoarondiol
异莪术呋喃二烯 isofuranodiene
异莪术呋喃二烯酮 isofuranodienone
异莪术烯醇 isocurcumenol
异峨参辛▲ isoanthricin
异鄂贝啶碱 isoebeiedine
异萼翅藤酮▲ isocalycopterone
(*Z*,*Z*')-3.3',8.8'- 异二藁本内酯 (*Z*,*Z*')-3-3',8-8'-isodiligustilide
异二岐河谷木胺▲ isovallesiachotamine
异二氢表荆芥内酯 isodihydroepinepetalactone
异二氢丁香亭 isodihydrosyringetin
异二氢风藤奎脑▲A, B isodihydrofutoquinol A, B
异二氢荆芥内酯 isodihydronepetalactone
异二氢苏里南维罗蔻木定▲ isodihydrocarinatidin
3*α*- 异二氢团花碱▲ 3*α*-isodihydrocadambine
3*β*- 异二氢团花碱▲ 3*β*-isodihydrocadambine
3*β*- 异二氢团花碱▲-4- 氧化物 3*β*-isodihydrocadambine-4-oxide
异二去氢对叶百部碱 isodidehydrotuberostemonine
异法氏石松碱 isofawcettiine
异番荔枝辛酮▲ isoannonacinone
异番木鳖碱 isostrychnine
异番木鳖碱 -*N*- 氧化物 isostrychnine-*N*-oxide
异非洲防己素▲ isocolumbin
异非洲红豆素▲ isoafrormosin
异肥皂草苷 isosaponarin
异费氏牡荆酮▲ isovitexirone
(-)- 异芬氏唐松草碱 (-)-isothalidezine
异芬氏唐松草碱 isothalidezine
异粉防己碱 isotetrandrine
异风龙木防己灵▲ isosinococuline
异风藤奎脑▲A, C isofutoquinol A, C
异蜂斗菜醇 isopetasol
异蜂斗菜酚 isopetasiphenol
异蜂斗菜素 isopetasin
异蜂斗醇苷 isopetasoside
异呋喃大根老鹳草烯 isofuranogermacrene
异伏康树碱▲ isovoacangine
异伏康树斯亭▲ isovoacristine
异伏康树隐亭▲ isovoacryptine
异伏生石豆兰菲▲ isoreptanthrin
α- 异佛尔酮 *α*-isophorone
异佛尔酮 isophorone
异福桂树烯醇▲ isofouquierol
异甘草吡喃香豆素 isolicopyranocoumarin
甘草利酸 liquiridiolic acid
异甘草酚 isoglycyrol
异甘草苷 isoliquiritin
异甘草苷元 isoliquiritigenin
异甘草苷元 -2'- 甲醚 isoliquiritigenin-2′ -methyl ether
异甘草苷元 -4-*O*- 葡萄糖苷 isoliquiritigenin-4-*O*-glucoside
异甘草苷元 -4'- 吡喃葡萄糖苷 isoliquiritigenin-4'-glucopyranoside
异甘草苷元 -4- 甲醚 isoliquiritigenin-4-methyl ether
异甘草苷元 -4'- 甲酯 isoliquiritigenin-4'-methyl ester
异甘草苷元葡萄糖芹糖苷 isoliquiritigenin glucoapioside
异甘草黄酮醇 isolicoflavonol
异甘草香豆素 isoglycycoumarin
异甘松过氧化物 isonardoperoxide
异甘松新酮 isonardosinone
异甘西鼠尾草酮酸▲A isoganxinonic acid A
异橄榄脂醇▲ isoliovil
异橄榄脂素 isoolivil
异高翠雀碱▲ isodelelatine
异高黄芩苷 isoscutellarin
异高黄芩素 isoscutellarein
异高黄芩素 -4- 甲基醚 -7-*O*-*β*-D-(6'-*O*- 乙酰基 -2'- 阿洛糖基)- 吡喃葡萄糖苷 isoscutellarein-4-methylether-7-*O*-*β*-D-(6'-allosyl)-glucopyranoside
异高黄芩素 -4'- 甲醚 -8-*O*-*β*-D- 葡萄糖醛酸苷 -2'',4''- 二磺酸酯 isoscutellarein-4'-methyl ether-8-*O*-*β*-D-glucuronide-2'',4''-disulfate
异高黄芩素 -4'- 甲醚 -8-*O*-*β*-D- 葡萄糖醛酸苷 -6''- 丁酯 isoscutellarein-4'-methyl ether-8-*O*-*β*-D-glucuronide-6''-butyl ester
异高黄芩素 -6-*C*- 吡喃半乳糖苷 isoscutellarein-6-*C*-galactopyranoside
异高黄芩素 -7-*O*-(6'''-*O*- 乙酰基 -2''-*O*-*β*-D- 阿洛糖基)-*β*-D- 吡喃葡萄糖苷 isoscutellarein-7-*O*-(6'''-*O*-acetyl-2''-*O*-*β*-D-allosyl)-*β*-D-glucopyranoside
异高黄芩素 -7-*O*-(6'''-*O*- 乙酰基 -*β*-D- 吡喃阿洛糖基)-(1'''→2'')-*β*-D- 吡喃葡萄糖苷 isoscutellarein-7-*O*-(6'''-*O*-acetyl-*β*-D-allopyranosyl)-(1'''→2'')-*β*-D-glucopyranoside
异高黄芩素 -7-*O*-*β*-D-(6'-*O*- 乙酰基 -2''- 阿洛糖基)- 葡萄糖苷 isoscutellarein-7-*O*-*β*-D-(6''-*O*-acetyl-2''-allosyl)-glucopyranoside
异高黄芩素 -7-*O*-*β*-D- 吡喃阿洛糖基 -(1'''→2'')-*β*-D- 吡喃葡萄糖苷 isoscutellarein-7-*O*-*β*-D-allopyranosyl-(1'''→2'')-*β*-D-glucopyranoside
异高黄芩素 -7-*O*-*β*-D- 吡喃木糖苷 isoscutellarein7-*O*-*β*-D-xylopyranoside
异高黄芩素 -7-*O*-*β*-D- 葡萄糖苷 isoscutellarein-7-*O*-*β*-D-glucopyronoside
异高黄芩素 -7-*O*-*β*-D- 葡萄糖醛酸苷 isoscutellarein-7-*O*-*β*-D-glucuronide
异高黄芩素 -8-*O*-*β*-D- 葡萄糖醛酸苷 isoscutellarein-8-*O*-*β*-D-glucuronide
异高黄芩素 -8-*O*-*β*-D- 葡萄糖醛酸苷 -2'',4''- 二磺酸酯 isoscutellarein-8-*O*-*β*-D-glucuronide-2'',4''-disulfate
异高黄芩素 -8-*O*-*β*- 吡喃葡萄糖醛酸苷 -3''-*O*- 硫酸酯 isoscutellarein-8-*O*-*β*-glucuronopyranoside-3''-*O*-sulfate
异高黄芩素 -8-*O*- 葡萄糖醛酸苷 isoscutellarein-8-*O*-glucuronide

Y

异高黄芩素 -8- 甲酯 isoscutellarein-8-methyl ester
异高山芹素▲ isosaxalin
异高尾细辛三酮▲ isoheterotropatrione
异高熊果苷 isohomoarbutin
异格劳卡酮 isoglaucanone
异庚醇 -2(*S*)-*O*-*β*-D- 吡喃木糖基 -(1 → 6)-*O*-*β*-D- 吡喃葡萄糖苷 isoheptanol-2(*S*)-*O*-*β*-D-xylopyranosyl-(1 → 6)-*O*-*β*-D-glucopyranoside
异庚醇 -2(*S*)-*O*-*β*-D- 呋喃芹糖基 -(1 → 6)-*O*-*β*-D- 吡喃葡萄糖苷 isoheptanol-2(*S*)-*O*-*β*-D-apiofuranosyl-(1 → 6)-*O*-*β*-D-glucopyranoside
异庚醇 -2-*O*-(1 → 6)-*β*-D- 呋喃芹糖基 -*β*-D- 吡喃葡萄糖苷 isoheptanol-2-*O*-(1 → 6)-*β*-D-apiofuranosyl-*β*-D-glucopyranoside
异钩藤碱 isorhynchophylline
异钩藤碱 -*N*- 氧化物 isorhynchophylline-*N*-oxide
异狗牙花叶定碱▲ isoervafolidine
异枸橘香豆素 isoponcimarin
异构光黑壳素▲ BG_1, C, SA_1 preussomerin BG_1, C, SA_1
异构榕树倍半木脂素▲ B isomeric ficusesquilignan B
d- 异谷树碱 *d*-isochondodendrine
异谷树碱 isochondodendrine
异瓜叶乌头亭▲ isohemsleyatine
异栝楼二醇 isokarounidiol
异管齿木素▲ isosiphonodin
异光果甘草酚 isoglabrol
异光果甘草内酯 isogabrolide
异光水黄皮酚▲ isopongaglabol
异广防风二内酯▲ isoovatodiolide
异鬼臼毒素 -7'-*O*-*β*-D- 吡喃葡萄糖基 -(1 → 6)-*β*-D- 吡喃葡萄糖苷 isopodophyllotoxin-7'-*O*-*β*-D-glucopyranosyl-(1 → 6)-*β*-D-glucopyranoside
异鬼臼苦酮 isopicropodophyllone
异癸醛 isodecanal
异果小檗碱 berpodine
异海绿宁▲ III isoarvenin III
异海松 -7(8),15- 二烯 -3*β*- 醇 isopimara-7(8),15-dien-3*β*-ol
异海松 -7,15- 二烯 isopimara-7,15-diene
异海松 -7,15- 二烯 -19- 醇 isopimara-7,15-dien-19-ol
19- 异海松 -7,15- 二烯 -3*β*- 醇 -*α*-D- 吡喃阿卓糖苷 19-isopimara-7,15-dien-3*β*-ol-*α*-D-altropyranoside
15(*S*)- 异海松 -7- 烯 -15,16- 二醇 15(*S*)-isopimar-7-en-15,16-diol
15(*S*)- 异海松 -7- 烯 -1- 酮 -15,16- 二醇 15(*S*)-isopimar-7-en-1-oxo-15,16-diol
异海松 -8(14),15- 二烯 -3- 酮 isopimara-8(14),15-dien-3-one
异海松 -8(14)- 烯 -15,16- 二醇 isopimar-8(14)-en-15,16-diol
异海松 -8(14)- 烯 -16- 羟基 -15- 酮 isopimar-8(14)-en-16-hydroxy-15-one
异海松 -9(11),15- 二烯 -19- 醇 -3- 酮 isopimara-9(11),15-dien-19-ol-3-one
异海松 -9(11),15- 二烯 -3,19- 二醇 isopimara-9(11),15-diene-3,19-diol
异海松 -9(11),15- 二烯 -3*β*,19- 二醇 isopimara-9(11),15-dien-3*β*,19-diol
异海松醇 isopimarol
异海松二烯 isopimaradiene
8,15- 异海松二烯 -18- 酸甲酯 methyl 8,15-isopimaradien-18-oate
15- 异海松二烯 -2,3,19- 三醇 15-isopimaradiene-2*α*,3*α*,19-triol
异海松醛 isopimaral
8,15- 异海松酸 8,15-isopimaric acid
异海松酸 isopimaric acid
异海松酸乙酯 ethyl isopimarate
$\Delta^{8(9)}$- 异海松烯 $\Delta^{8(9)}$-isopimanthrene
异海棠果酮▲ isoinophynone
异海棠果酮▲ I isoinophynone I
1*R*,1'*S*-(+)- 异汉防己碱 1*R*,1'*S*-(+)-isotetrandrine
异汉山姜醇 isohanalpinol
异汉山姜酮 isohanalpinone
异诃子鞣质 isoterchebulin
异诃子素 isoterchebin
异何帕 -22(29)- 烯 isohopan-22(29)-ene
(4*S*)-(+)- 异核盘菌酮▲ (4*S*)-(+)-isosclerone
(*S*)-(+)- 异核盘菌酮▲ (*S*)-(+)-isosclerone
异核盘菌酮▲ isosclerone
3- 异黑百合碱▲ 3-isokuroyurinidine
异黑椒素 isochavicine
(-)- 异黑麦草内酯 (-)-isololiolide
(+)- 异黑麦草内酯 (+)-isololiolide
异黑麦草内酯 isololiolide
异衡州乌药定 isococculidine
异衡州乌药碱 isococlaurine
异衡州乌药里宁 isococcolinine
异衡州乌药灵 isococculine
异红车轴草酚 isopratol
(3*E*)- 异红厚壳酸▲ (3*E*)-isocalophyllic acid
异红厚壳酸▲ isocalophyllic acid
异红花八角酚 isodunnianol
异红花苷 isocarthamin
异红花明苷 C isosafflomin C
异红花素 isocarthamidin
异红花素 -7-*O*-*β*-D- 葡萄糖醛酸苷 isocarthamidin-7-*O*-*β*-D-glucuronide
异红花素 -7-*O*- 葡萄糖醛酸苷 isocarthamidin-7-*O*-glucuronide
异红藜芦碱▲ isorubijervine
异红镰孢素龙胆二糖苷 isorubrofusarin gentiobioside
异红蓼素 -7-*O*- 吡喃葡萄糖苷 isoorientin-7-*O*-glucopyranoside
异红毛悬钩子酸▲ isopinfaenoic acid
异红毛悬钩子酸▲-28-*O*-*β*-D- 吡喃葡萄糖酯苷 isopinfaenoic acid-28-*O*-*β*-D-glucopyranosyl ester
异红乳菇素 isolactarorufin
异红藻苷 isofloridoside
异荭草素 isoorientin; homoorientin
异荭草素 -2"-*O*-*α*-L- 鼠李糖苷 isoorientin-2"-*O*-*α*-L-rhamnoside
异荭草素 -2"-*O*- 吡喃葡萄糖苷 isoorientin-2"-*O*-glucopyranoside
异荭草素 -2"-*O*- 吡喃鼠李糖苷 isoorientin-2"-*O*-rhamnopyranside
异荭草素 -2-*O*-a-L- 鼠李糖苷 isoorientin-2-*O*-a-L-rhamnoside
异荭草素 -2"-*O*-*α*-L- 吡喃鼠李糖苷 isoorientin-2"-*O*-*α*-L-rhamnopyranoside
异荭草素 -2"-*O*- 鼠李糖苷 isoorientin-2"-*O*-rhamnoside
异荭草素 -2"- 阿拉伯糖苷 isoorientin-2"-arabinoside
异荭草素 -2"- 吡喃木糖苷 isoorientin-2"-xylopyranoside
异荭草素 -2"- 葡萄糖苷 isoorientin-2"-glucoside
异荭草素 -3"-*O*- 吡喃葡萄糖苷 isoorientin-3"-*O*-glucopyranoside
异荭草素 -3'- 甲醚 isoorientin-3'-methyl ether
异荭草素 -4"-*O*-*β*-D- 吡喃木糖苷 isoorientin-4"-*O*-*β*-D-xylopyranoside
异荭草素 -4"-*O*- 没食子酸酯 isoorientin-4"-*O*-gallate
异荭草素 -4'-*O*-*β*-D- 吡喃葡萄糖苷 isoorientin-4'-*O*-*β*-D-glucopyranoside

异荭草素 -4'-*O*- 吡喃葡萄糖苷 isoorientin-4'-*O*-glucopyranoside
异荭草素 -4'-*β*-D- 吡喃葡萄糖苷 isoorientin-4'-*β*-D-glucopyranoside
异荭草素 -6''-*O*- 没食子酸酯 isoorientin-6''-gallate
异荭草素 -7-*O*-*β*-D- 葡萄糖苷 isoorientin-7-*O*-*β*-D-glucoside
异荭草素 -7-*O*- 半乳糖苷 isoorientin-7-*O*-galactoside
异荭草素 -7-*O*- 鼠李糖基半乳糖苷 isoorientin-7-*O*-rhamnosyl-galactoside
异荭草素 -7-*O*- 芸香糖苷 isoorientin-7-*O*-rutinoside
异荭草素 -7- 吡喃葡萄糖苷 isoorientin-7-glycopyranoside
异荭草素 -7- 芸香糖苷 isoorientin-7-rutinoside
异荭草素 -*O*- 吡喃阿拉伯糖苷 isoorientin-*O*-arabinopyranside
异虹臭蚁素▲ isoiridomyrmecin
异猴头菌素▲ isohericerin
异猴头菌烯酮▲J isohericenone J
异厚朴酚 isomagnolol
异胡椒碱 isopiperine
异胡椒油碱 B isopiperolein B
异胡萝卜 -6- 烯 -10*β*,14- 二醇 isodauc-6-ene-10*β*,14-diol
异葫芦素 B, D, R isocucurbitacin B, D, R
异葫芦素 D-25-*O*- 乙酸酯 isocucurbitacin D-25-*O*-acetate
异槲皮苷 isoquercetrin; isoquercitrin
异槲皮苷 -6''-*O*- 丙二酸酯 isoquercitrin-6''-*O*-malonate
异槲皮苷 -6''-*O*- 草酸甲酯 isoquercitrin-6''-*O*-methyloxalate
异槲皮苷 -6'-*O*- 乙酸酯 isoquercitrin-6'-*O*-acetate
异槲皮苷 -6''- 没食子酸酯 isoquercitrin-6''-gallate
异槲皮素 isoquercetin
异槲皮素 -6''- 苯甲酸酯 isoquercetin-6''-benzoate
异槲皮素 -6''- 丁酸酯 isoquercetin-6''-butylate
异花椒醇 isobungeanool
异怀特大豆酮▲ isowighteone
异槐叶决明醌▲ isosengulone
异环栝楼二醇▲ isocyclokirilodiol
异环柠檬醛 isocyclocitral
异环桑素 isocyclomulberrin
(-)- 异环头状花耳草碱▲ (-)-isocyclocapitelline
异黄柏酸 isoobacunoic acid
异黄柏酸 -17-*O*-*β*-D- 吡喃葡萄糖苷 isoobacunoic acid-17-*O*-*β*-D-glucopyranoside
异黄檗醇▲C isophellodenol C
异黄蝶呤 isoxanthopterin
异黄粉末牛肝菌酮▲ isoravenelone
异酒花黄酚▲ isoxanthohumol
异黄花大花毛地黄苷▲ isolugrandoside
异黄花盒果藤苷▲ isoaureoside
异黄花香科科素▲ isoteuflin
异黄荆达苷▲ isonishindaside
异黄芪苷 I, II, IV isoastragaloside I, II, IV
异黄杞苷 isoengeletin; isoengelitin
异黄芩素 -8- 甲醚 isoscutellarein-8-methyl ether
异黄芩素五甲基醚 isoscutellarein pentamethyl ether
异黄樟醚 isosafrole
α- 异灰叶素 *α*-isotephrosin
异茴芹素 isopimpinellin
异藿香酚 isoagastol
异藿香苷 isoagastachoside
6- 异肌苷 6-isoinosine
8- 异鸡蛋花苷 8-isoplumieride
异鸡蛋花苷 isoplumieride
异鸡蛋花素 isoplumericin
异鸡骨常山辛碱▲ isoalstonisine
异鸡头薯亭▲ isoeriosematin
异积雪草苷 isoasiaticoside
异积雪草尼苷▲ isothankuniside
异积雪草尼酸▲ isothankunic acid
异积雪草萜酸▲ isobrahmic acid
异蒺藜辛▲B isoterrestrosin B
异夹竹桃香豆酸▲ isoneriucoumaric acid
异荚果蕨酚 isomatteucinol
异甲基 -*α*- 香堇酮 isomethyl-*α*-ionone
异假番荔枝醛▲ isounonal
异假番荔枝醛▲-7- 甲醚 isounonal-7-methyl ether
(-)- 异尖叶军刀豆酚▲ (-)-isomucronulatol
(+)- 异尖叶军刀豆酚▲ (+)-isomucronulatol
(3*R*)-(-)- 异尖叶军刀豆酚▲ (3*R*)-(-)-isomucronulatol
异尖叶军刀豆酚▲ isomucronulatol
异尖叶军刀豆酚▲-7,2'- 二 -*O*- 吡喃葡萄糖苷 isomucronulatol-7,2'-di-*O*-glucopyranoside
异尖叶军刀豆酚▲-7-*O*-*β*- 葡萄糖苷 isomucronulatol-7-*O*-*β*-glucoside
异尖叶军刀豆酚▲-7-*O*- 吡喃葡萄糖苷 isomucronulatol-7-*O*-glucopyranoside
异尖叶军刀豆苏合香烯▲ isomucronustyrene
异姜花素 D isocoronarin D
异姜烯酮 B isogingerenone B
异浆果瓣蕊花亭▲B isogalcatin B
异疆罂粟碱▲ isoremerine
(-)- 异疆罂粟酮▲ (-)-isoroemerialinone
异降倒捻子素 isonormangostin
异交让木内酯 B isodaphnilactone B
异角蒿碱 isoincarvilline
异角胡麻苷 isomartynoside
异金鸡菊苷 isocoreopsin
异金鸡纳叶胺▲ isocinchophyllamine
异金毛耳草碱▲ isochrysotricine
异金平藤苷▲ isobaisseoside
异金钱松呋喃酸 A, B isopseudolarifuroic acid A, B
异金钱松酮 A isopseudolaritone A
异金雀儿苷 isocytisoside
异金雀儿苷▲葡萄糖苷 isoscoparin glucoside
异金雀儿黄素 -7-*O*-*β*-D- 吡喃葡萄糖苷 isocytisoside-7-*O*-*β*-D-glucopyranoside
(-)- 异金雀花素 (-)-isoscoparin
(+)- 异金雀花素 (+)-isoscoparin
异金雀花素 isoscoparin
异金雀花素 -2''-*O*-[6'''-(*E*)- 阿魏酰基]- 吡喃葡萄糖苷 isoscoparin-2''-*O*-[6'''-(*E*)-feruloyl]-glucopyranoside
异金雀花素 -2''-*O*-[6'''-(*E*)- 阿魏酰基]- 吡喃葡萄糖基 -4'-*O*- 吡喃葡萄糖苷 isoscoparin-2''-*O*-[6'''-(*E*)-feruloyl]-glucopyranoside-4'-*O*-glucopyranoside
异金雀花素 -2''-*O*-[6'''-(*E*)- 对香豆酰基]- 吡喃葡萄糖苷 isoscoparin-2''-*O*-[6'''-(*E*)-*p*-coumaroyl]-glucopyranoside
异金雀花素 -2''- 葡萄糖苷 isoscoparin-2''-glucoside
异金雀花素 -2''- 葡萄糖苷 -6'''- 阿魏酸酯 isoscoparin-2''-glucoside-6'''-ferulic acid ester
异金雀花素 -2''- 葡萄糖苷 -6'''- 对香豆酸酯 isoscoparin-2''-glucoside-6'''-*p*-coumaric acid ester
异金雀花素 -3''-*O*- 吡喃葡萄糖苷 isoscoparin-3''-*O*-glucopyranoside
异金雀花素 -7-*O*-*β*-D- 葡萄糖苷 isoscoparin-7-*O*-*β*-D-glucoside

Y

异金雀花素 -7-*O*- 半乳糖苷 isoscoparin-7-*O*-galactoside
异金雀花素 -7-*O*- 鼠李糖基半乳糖苷 isoscoparin-7-*O*-rhamnosyl-galactoside
异金雀花素 -7-*O*- 芸香糖苷 isoscoparin-7-*O*-rutinoside
异金丝桃苷 isohyperin; isohyperoside
异荆芥内酯 isonepetalactone
异九里香咔唑碱 isomurrayazoline
异菊蒿明素▲ B isochrysartemin B
异巨大鞘丝藻加酰胺▲ A, A-1, K isomalyngamide A, A-1, K
异蕨素 B, C isopterosin B, C
异爵床定 B isojusticidin B
异卡拉帕白坚木碱▲ isocarapanaubine
(*E*)- 异糠醛 (*E*)-isofuraldehyde
异柯楠赛因碱▲ isocorynoxeine
异柯楠赛因碱▲ -*N*- 氧化物 isocorynoxeine-*N*-oxide
异柯氏九里香定碱 isokoenidine
异柯氏九里香碱 isokoenigine
异柯桠树烯醇▲ A~E isovouacapenol A~E
异苦参胺 isokuraramine
异苦参碱 isomatrine
异苦参酮 isokurarinone
2'- 异苦树素 A 2'-isopicrasin A
异库曼豚草素▲ isopaulitin
异款冬碱 isotussilagine
异款冬素 isotussilagin
异喹啉 isoquinoline
异喹啉 -1(2*H*)- 酮 isoquinolin-1(2*H*)-one
(+)- 异阔果芸香碱 (+)-isoplatydesmine
异阔果芸香碱 isoplatydesmine
异拉巴依芦荟色酮▲ isorabaichromone
异拉普乌头碱 isolappaconitine
异蜡烛果内酯▲ A isocorniculatolide A
异辣薄荷烯酮 isopiperitenone
异兰屿花椒酰胺 isointegriamide
异蓝丝菊素▲ isocardopatine
(*E*)- 异榄香素 (*E*)-isoelemicin
异榄香素 isoelemicin
异榄香烯 isoelemene
异狼毒莫森酮▲ isomohsenone
异狼毒宁 B, C isochamaejasmenin B, C
异狼毒素 isochamaejasmin
异狼尾草麦角碱 isopenniclavine
异狼尾麦角碱▲ isosetoclavine
异雷公藤春碱 isowilfortrine
异雷公藤定碱 isowilfordine
异雷公藤四醇内酯 isotriptetraolide
20- 异藜芦胺 20-isoveratramine
异藜芦胺 isoveratramine
异藜三醇▲ isochenopotriol
异利皮珀菊二醇▲ isolipidiol
异利血平灵 isoreserpiline
异栗蕨素▲ A isohistopterosin A
异栗瘿鞣亭 isochesnatin
异栗瘿鞣质 isochestanin
异连翘醇 isorengyol
异连翘酯苷 isoforsythiaside
异莲心碱 isoliensinine
异楝树宁 isomeldenin
异两面针哈宁▲ isoterihanine
L- 异亮氨酸 L-isoleucine
异亮氨酸 isoleucine
异亮氨酸 - 甜菜黄素 isoleucine-betaxanthin
(+)- 异蓼醛▲ (+)-isopolygonal
异裂环短舌匹菊内酯▲ isosecotanapartholide
异林氏莲花掌素 isolindleyin
异林荫银莲宁 isoflaccidinin
异凌霄新苷 I, II isocampneoside I, II
异硫氰酸苄酯 benzyl isothiocyanate
异硫氰酸丙酯 propyl isothiocyanate
异硫氰酸丁酯 butylisothiocyanate
4- 异硫氰酸基 -1- 丁烯 4-isothiocyanato-1-butene
异硫氰酸烯丙酯 allyl isothiocyanate
异硫氰酸己酯 hexyl isothiocyanate
异硫氰酸仲丁酯 *sec*-butyl isothiocyanate
异柳穿鱼因苷▲ A, B isolinariin A, B
异柳杉素 isocryptomerin
异柳叶柴胡素▲ isosalicifolin
异龙脑 isoborneol
3- 异龙脑乙酸酯 3-isobornyl acetate
异龙脑乙酸酯 isobornyl acetate
异龙涎香内酯 isoambreinolide
异龙珠苷 A, B, C isotubocaposide A, B, C
异龙珠内酯▲ G isotubocapsanolide G
异蒌叶酚 isochavibetol
异耧斗菜定▲ isoaquiledine
异芦荟苦素 D isoaloeresin D
异卵叶巴豆定▲ isocrotocaudin
异轮环藤宁碱 isocycleanine
异轮环藤新碱 isocycleaneonine
异罗汉果苷 V isomogroside V
异萝芙育亨宾碱▲ isorauhimbine
异萝芙育亨宾碱酸 isorauhimbinic acid
异萝藦酮▲ isoramanone
异螺粉蕊黄杨碱 isospiropachysine
异落新妇苷 isoastilbin
(-)- 异落叶松树脂醇 (-)-isolariciresinol
(+)- 异落叶松树脂醇 (+)-isolariciresinol
异落叶松树脂醇 isolariciresinol
(-)- 异落叶松树脂醇 -2a-*O*-*β*-D- 吡喃木糖苷 (-)-isolariciresinol-2a-*O*-*β*-D-xylopyranoside
(-)- 异落叶松树脂醇 -2a-*O*-*β*-D- 吡喃葡萄糖苷 (-)-isolariciresinol-2a-*O*-*β*-D-glucopyranoside
(-)- 异落叶松树脂醇 -2*α*-*O*-*β*-D- 吡喃木糖苷 (-)-isolariciresinol-2*α*-*O*-*β*-D-xylopyranoside
异落叶松树脂醇 -2*α*-*O*-*β*-D- 吡喃木糖苷 isolariciresinol-2*α*-*O*-*β*-D-xylopyranoside
(+)- 异落叶松树脂醇 -2*α*-*O*-*β*-D- 吡喃葡萄糖苷 (+)-isolariciresinol-2*α*-*O*-*β*-D-glucopyranoside
异落叶松树脂醇 -3a-*O*-*β*-D- 吡喃葡萄糖苷 isolariciresinol-3a-*O*-*β*-D-glucopyranoside
异落叶松树脂醇 -3-*O*-*β*-D- 吡喃木糖苷 isolariciresinol-3-*O*-*β*-D-xylopyranoside
(-)- 异落叶松树脂醇 -3*R*-*O*-*β*-D- 吡喃葡萄糖苷 (-)-isolariciresinol-3*R*-*O*-*β*-D-glucopyranoside
(+)- 异落叶松树脂醇 -3*α*-*O*-*β*-D- 吡喃木糖苷 (+)-isolariciresinol-3*α*-*O*-*β*-D-xylopyranoside
异落叶松树脂醇 -3*α*-*O*-*β*-D- 吡喃木糖苷 isolariciresinol-3*α*-*O*-*β*-D-xylopyranoside

(-)- 异落叶松树脂醇 -3α-O-β-D- 吡喃葡萄糖苷 (-)-isolariciresinol-3α-O-β-D-glucopyranoside
(+)- 异落叶松树脂醇 -3α-O-β-D- 吡喃葡萄糖苷 (+)-isolariciresinol-3α-O-β-D-glucopyranoside
异落叶松树脂醇 -3α-O-β-D- 吡喃葡萄糖苷 isolariciresinol-3α-O-β-D-glucopyranoside
(-)- 异落叶松树脂醇 -3α-O-β- 吡喃葡萄糖苷 (-)-isolariciresinol-3α-O-β-glucopyranoside
(+)- 异落叶松树脂醇 -3α-O-β- 吡喃葡萄糖苷 (+)-isolariciresinol-3α-O-β-glucopyranoside
异落叶松树脂醇 -3α-O-β- 吡喃葡萄糖苷 isolariciresinol-3α-O-β-glucopyranoside
(-)- 异落叶松树脂醇 -3α-O-β- 呋喃芹糖基 -(1 → 2)-O-β- 吡喃葡萄糖苷 (-)-isolariciresinol-3α-O-β-apiofuranosyl-(1 → 2)-O-β-glucopyranoside
(+)- 异落叶松树脂醇 -3α-O- 硫酸酯 (+)-isolariciresinol-3α-O-sulfate
(-)- 异落叶松树脂醇 -4'-O-β-D- 吡喃葡萄糖苷 (-)-isolariciresinol-4'-O-β-D-glucopyranoside
异落叶松树脂醇 -4-O-β-D- 吡喃葡萄糖苷 isolariciresinol-4-O-β-D-glucopyranoside
异落叶松树脂醇 -4'-O-β-D- 葡萄糖苷 isolariciresinol-β-4'-O-β-D-glucopyranoside
(+)- 异落叶松树脂醇 -4'-β-D- 吡喃葡萄糖苷 (+)-isolariciresinol-4'-β-D-glucopyranoside
异落叶松树脂醇 -4'- 醚 isolariciresinol-4'-ether
(-)- 异落叶松树脂醇 -5'- 甲氧基 -9'-O-β-D- 吡楠木糖苷 (-)-isolariciresinol-5'-methoxy-9'-O-β-D-xylopyranoside
(-)- 异落叶松树脂醇 -6-O-β-D- 吡喃葡萄糖苷 (-)-isolariciresinol-6-O-β-D-glucopyranoside
异落叶松树脂醇 -6α-O-β-D- 葡萄糖苷 isolariciresinol-6α-O-β-D-glucoside
(+)- 异落叶松树脂醇 -9'-(2- 对香豆酰基)-O-β-D- 吡喃木糖苷 (+)-isolariciresinol-9'-(2-p-coumaryl)-O-β-D-xylopyranoside
异落叶松树脂醇 -9,9'- 丙酮化物 isolariciresinol-9,9'-acetonide
异落叶松树脂醇 -9-O-α-L- 吡喃阿拉伯糖苷 isolariciresinol-9-O-α-L-arabinopyranoside
(+)- 异落叶松树脂醇 -9'-O-β-D- 吡喃木糖苷 (+)-isolariciresinol-9'-O-β-D-xylopyranoside
异落叶松树脂醇 -9'-O-β-D- 吡喃木糖苷 isolariciresinol-9'-O-β-D-xylopyranoside
(-)- 异落叶松树脂醇 -9-O-β-D- 吡喃木糖苷 (-)-isolariciresinol-9-O-β-D-xylopyranoside
(+)- 异落叶松树脂醇 -9-O-β-D- 吡喃木糖苷 (+)-isolariciresinol-9-O-β-D-xylopyranoside
异落叶松树脂醇 -9-O-β-D- 吡喃木糖苷 isolariciresinol-9-O-β-D-xylopyranoside
(+)- 异落叶松树脂醇 -9'-O-β-D- 吡喃葡萄糖苷 (+)-isolariciresinol-9'-O-β-D-glucopyranoside
异落叶松树脂醇 -9'-O-β-D- 吡喃葡萄糖苷 isolariciresinol-9'-O-β-D-glucopyranoside
(+)- 异落叶松树脂醇 -9-O-β-D- 吡喃葡萄糖苷 (+)-isolariciresinol-9-O-β-D-glucopyranoside
异落叶松树脂醇 -9-O-β-D- 吡喃葡萄糖苷 isolariciresinol-9-O-β-D-glucopyranoside
(-)- 异落叶松树脂醇 -9'-O-β-D- 吡楠木糖苷 (-)-isolariciresinol-9'-O-β-D-xylopyranoside
异落叶松树脂醇 -9-O- 木糖苷 isolariciresinol-9-O-xyloside
异落叶松树脂醇 -9'-β-D- 吡喃木糖苷 isolariciresinol-9'-β-D-xylopyranoside
异落叶松树脂醇 -9'-β-D- 吡喃葡萄糖苷 isolariciresinol-9'-β-D-glucopyranoside
异绿玉树醇▲ isotirucallol
异绿原酸 isochlorogenic acid
异绿原酸 A, B, C isochlorogenic acid A, B, C
异马蛋果多内酯▲ isoodolide
异马兜铃内酯 isoaristolactone
异马汉九里香碱 isomahanimbine
异马汉九里香宁碱 isomahanine
异马钱子碱 isobrucine
异马钱子碱 -N- 氧化物 isobrucine-N-oxide
异马桑鞣灵▲F isocoriariin F
异迈九里香素 isomexoticin
异麦角醇 isolysergol
异麦角甾酮 isoergosterone
异麦芽酚吡喃葡萄糖苷 isomaltol glucopyranoside
异麦芽糖基芍药苷 isomaltopaeoniflorin
异曼密苹果素 isomammeisin
异蔓长春花胺▲ isovincamine
异蔓长春花定▲ isomajdine
异蔓长春花吉定▲ isomajidine
异蔓生百部碱 isostemonamine
异芒柄花苷 isoononin
异芒柄花素 isoformononetin
异芒柄花素 -4'- 葡萄糖苷 isoformononetin-4'-glucoside
异芒兰皂苷元▲ isonarthogenin
异芒兰皂苷元▲-3-O-α-L- 吡喃鼠李糖基 -(1 → 2)-[α-L- 吡喃鼠李糖基 -(1 → 4)]-O-β-D- 吡喃葡萄糖苷 isonarthogenin-3-O-α-L-rhamnopyranosyl-(1→2)-[α-L-rhamnopyranosyl-(1→4)]-O-β-D-glucopyranoside
异芒兰皂苷元▲-3-O-α-L- 吡喃鼠李糖基 -(1 → 2)-[α-L- 吡喃鼠李糖基 -(1 → 4)]-β-D- 吡喃葡萄糖苷 isonarthogenin-3-O-α-L-rhamnopyranosyl-(1 → 2)-[α-L-rhamnopyranosyl-(1 → 4)]-β-D-glucopyranoside
异芒兰皂苷元▲-3-O-α-L- 吡喃鼠李糖基 -(1 → 2)-O-[α-L- 吡喃鼠李糖基 -(1 → 4)]-β-D- 吡喃葡萄糖苷 isonarthogenin-3-O-α-L-rhamnopyranosyl-(1→2)-O-[α-L-rhamnopyranosyl-(1→4)]-β-D-glucopyranoside
异芒兰皂苷元▲-3-O-β-D- 吡喃葡萄糖基 -(1 → 2)-β-D- 吡喃葡萄糖基 -(1 → 4)-β-D- 吡喃半乳糖苷 isonarthogenin-3-O-β-D-glucopyranosyl-(1 → 2)-β-D-glucopyranosyl-(1 → 4)-β-D-galactopyranoside
异杧果醇酸 isomangiferolic acid
异杧果苷 isomangiferin
异毛茛宁▲ isoranunculinin
异毛喉鞘蕊花素▲ isoforskolin
异毛连菜烯醇 isopichierenol
异毛连菜烯醇乙酸酯 isopichierenyl acetate
异毛蕊花苷 isoverbascoside
(-)- 异矛果豆素▲ (-)-isolonchocarpin
异矛果豆素▲ isolonchocarpin
异玫瑰木素▲ isorubraine
异玫瑰鞣质 B isorugosin B
异美迪紫檀素 -9-O- 吡喃葡萄糖苷 isomedicarpin-9-O-glucopyranoside
异美商陆醇 A, B isoamericanol A, B
异美商陆苷元 A isophytolaccagenin A
异美商陆苷元酸 A isophytolaccinic acid A
异美商陆素 A isoamericanin A

Y

异美商陆酸▲A isoamericanoic acid A
异美商陆酸▲A 甲酯 isoamericanoic acid A methyl ester
异美味红菇醇酮▲ isoplorantinone
异美洲茶酸 isoceanothic acid
异美洲茶酸 -28β- 葡萄糖基酯 isoceanothic acid-28β-glucosyl ester
异迷迭香酚 isorosmanol
异迷迭香碱 isorosmaricine
异猕猴桃内酯 isoactinidialactone
异米仔兰醇 isoaglaiol
(+)- 异密花娃儿藤碱 (+)-isotylocrebrine
异密花娃儿藤碱 isotylocrebrine
10*S*,13a*R*- 异密花娃儿藤碱 -*N*- 氧化物 10*S*,13a*R*-isotylocrebrine-*N*-oxide
10*S*,13a*S*- 异密花娃儿藤碱 -*N*- 氧化物 10*S*,13a*S*-isotylocrebrine-*N*-oxide
异绵马素 AB, BB isoaspidin AB, BB
异棉花苷 isogossypitrin
异莫替醇 isomotiol
异莫替醇 -3β- 乙酸酯 isomotiol-3β-acetate
28- 异墨角藻甾醇 28-isofucosterol
异墨角藻甾醇 isofucosterol
异牡荆素 isovitexin
异牡荆素 -2"-*O*-β-D- 吡喃葡萄糖苷 isovitexin-2"-*O*-β-D-glucopyranoside
异牡荆素 -2"-*O*- 吡喃葡萄糖苷 isovitexin-2"-*O*-glucopyranoside
异牡荆素 -2"-*O*- 吡喃鼠李糖苷 isovitexin-2"-*O*-rhamnopyranside
异牡荆素 -2"-*O*- 葡萄糖苷 isovitexin-2"-*O*-glucoside
异牡荆素 -2"-*O*- 吡喃鼠李糖苷 isovitexin-2"-*O*-rhamnopyranoside
异牡荆素 -2"-*O*-(6'''-(*E*)- 对香豆酰基)- 吡喃葡萄糖苷 isovitexin-2"-*O*-[6'''-(*E*)-p-coumaroyl]glucopyranoside
异牡荆素 -2"-*O*-[6'''-(*E*)- 阿魏酰基] 吡喃葡萄糖苷 isovitexin-2"-*O*-[6'''-(*E*)-feruloyl]-glucopyranoside
异牡荆素 -2"-*O*-[6'''-(*E*)- 阿魏酰基]- 吡喃葡萄糖基 -4'-*O*- 吡喃葡萄糖苷 isovitexin-2"-*O*-[6'''-(*E*)-feruloyl]glucopyranoside-4'-*O*-glucopyranoside
异牡荆素 2"-*O*-[6'''-(*E*)- 对香豆酰基]- 吡喃葡萄糖基 -4'-*O*- 吡喃葡萄糖苷 isovitexin-2"-*O*-[6'''-(*E*)-*p*-coumaroyl]-glucopyranoside-4'-*O*-glucopyranoside
异牡荆素 -2"-*O*-α-L- 吡喃鼠李糖苷 isovitexin-2"-*O*-α-L-rhamnopyranoside
异牡荆素 -2-*O*-α-L- 吡喃鼠李糖苷 isovitexin-2-*O*-α-L-rhamnopyranoside
异牡荆素 -2"-*O*-β-D- 吡喃葡萄糖苷 isovitexin-2"-*O*-β-D-glucopyranoside
异牡荆素 -2"-*O*- 吡喃葡萄糖苷 isovitexin-2"-*O*-glucopyranoside
异牡荆素 -2"-*O*- 吡喃鼠李糖苷 isovitexin-2"-*O*-rhamnopyranoside
异牡荆素 -2"-*O*- 木糖苷 isovitexin-2"-*O*-xyloside
异牡荆素 -2'-*O*- 木糖苷 isovitexin-2'-*O*-xyloside
异牡荆素 -2"-*O*- 鼠李糖苷 isovitexin-2"-*O*-rhamnoside
异牡荆素 -2-*O*- 鼠李糖苷 isovitexin-2-*O*-rhamnoside
异牡荆素 -2"- 吡喃木糖苷 isovitexin-2"-xylopyranoside
异牡荆素 -3"-*O*- 吡喃葡萄糖苷 isovitexin-3"-*O*-glucopyranoside
异牡荆素 -4'-*O*- 吡喃葡萄糖苷 isovitexin-4'-*O*-glucopyranoside
异牡荆素 -4'-*O*- 二吡喃葡萄糖苷 isovitexin-4'-*O*-diglucopyranoside
异牡荆素 -4'-*O*- 葡萄糖苷 isovitexin-4'-*O*-glucoside
异牡荆素 -6"-*O*-E- 对香豆酸酯 isovitexin-6"-*O*-*E*-*p*-coumarate
异牡荆素 -6"-*O*- 吡喃葡萄糖苷 isovitexin-6"-*O*-glucopyranoside
异牡荆素 -6"-*O*- 吡喃鼠李糖苷 isovitexin-6"-*O*-rhamnopyranoside
异牡荆素 -7,2"- 二 -*O*- 吡喃葡萄糖苷 isovitexin-7,2"-di-*O*-glucopyranoside
异牡荆素 -7-*O*-β-D- 葡萄糖苷 isovitexin-7-*O*-β-D-glucoside
异牡荆素 -7-*O*- 吡喃葡萄糖 -2"-*O*- 吡喃阿拉伯糖苷 isovitexin-7-*O*-glucopyranoside-2"-*O*-arabinopyranoside
异牡荆素 -7-*O*- 吡喃葡萄糖苷 isovitexin-7-*O*-glucopyranoside
异牡荆素 -7-*O*- 木糖苷 isovitexin-7-*O*-xyloside
异牡荆素 -7-*O*- 鼠李糖基半乳糖苷 isovitexin-7-*O*-rhamnosyl-galactoside
异牡荆素 -7-*O*- 芸香糖苷 isovitexin-7-*O*-rutinoside
(+)- 异木防己碱 (+)-isotrilobine
异木防己碱 isotrilobine
异木防己碱 -*N*-2- 氧化物 isotrilobine-*N*-2-oxide
异木瓜酮▲ chaenomone
异木患异戊烯醇▲-11, -12, -13 alloprenol -11, -12, -13
异木姜子烷 A, B, C isolitseane A, B, C
异木聚糖 heteroxylan
异木兰醇酮▲ isomagnolone
异木兰醛▲ isomagnaldehyde
异木兰醛▲D isomagnaldehyde D
异木榄醇 isobrugierol
异木藜芦毒素 II isograyanotoxin II
异木犀草素 isoluteolin
异木犀洋丁香酚苷▲ isooleoacteoside
异木香酸 isocostic acid
异木竹子酮▲F isogarcimultiflorone F
异南蛇藤醇素▲A α isocelastroline A α
(+)- 异南天竹碱 (+)-isodomesticine
异南天竹碱 isodomesticine
异南五味子宁▲ isokadsuranin
异囊管草瑞香素▲ isovesiculosin
异内南五味子素 isointeriorin
异逆熊耳草碱▲ isoretrohoustine
异鸟苷 isoguanosine
异鸟嘌呤 isoguanine
异尿石素 A isourolithin A
异柠檬柰酸▲ isolimonexic acid
异柠檬柰酸▲甲醚 isolimonexic acid methyl ether
异柠檬尼酸 isolimonic acid
(+)- 异柠檬酸 (+)-isocitric acid
异柠檬烯 isolimonene
异牛蒡酚 A isolappaol A
异牛心果替辛▲ isoannonareticin
异牛心果因▲ isoannoreticuin
异糯米香草苷 isonuomioside
异糯米香草苷 A isonuomioside A
异女贞苷 isoligustroside
异女贞苷酸 isoligustrosidic acid
异女贞苷酸丁酯 butyl isoligustrosidate
异女贞子苷 isonuezhenide
异欧丹参醇▲ isosclareol
(+)- 异欧前胡素 (+)-isoimperatorin
异欧前胡素 isoimperatorin
异帕尔古拉海兔醇▲ isoparguerol
异帕尔古拉海兔醇▲-7,16- 乙酸酯 isoparguerol-7,16-diacetate
异泡桐素 isopaulownin
异片叶苔素 C isoriccardin C
异瓶尔小草宁 -7-*O*-β-D- 吡喃葡萄糖苷 isoophioglonin-7-*O*-β-D-glucopyranoside
(-)- 异坡垒酚▲ (-)-isohopeaphenol

异坡垒酚▲ isohopeaphenol
异珀菊内酯 isoamberboin
异蒲公英赛醇 isotaraxerol
异蒲公英赛酮 isotaraxerone
异七叶树皂苷 Ia, Ib, IIa, IIb, IIIa, IIIb, V, VIa, VIIa, VIIIa isoescin Ia, Ib, IIa, IIb, IIIa, IIIb, V, VIa, VIIa, VIIIa
异漆叶苷 isorhoifolin
异千层塔烯 isoserratene
异千解草精▲ isobharangin
异千金藤波林碱 isostephaboline
异千日红素 I, II isogomphrenin I, II
异前胡宁 -5- 甲氧基 -7- 甲醚 heteropeucenin-5-methoxy-7-methyl ether
异前胡宁 -7- 甲醚 heteropeucenin-7-methyl ether
异前胡宁 -7- 龙脑香烯▲甲醚 isopeucenin-7-gurjunene methyl ether
异前甜菜苷 isoprebetanin
异前细叶益母草酮 A isopreleosibirone A
异前益母草灵素▲ isopreleoheterin
异羌活醇▲ notoptol
异墙茶渍酸▲ isomuronic acid
异羟基十氢番茄红素 isohydroxylycopersene
异乔木山小橘醇▲ isoarborinol
异乔木山小橘醇醚▲ isoarborinol ether
(*E*)- 异芹菜脑 (*E*)-isoapiol
异芹菜脑 isoapiol
异芹糖茵芋苷 isoapiosylskimmin
异青风藤碱 isosinoacutine
异青花椒烯丙醇 isoschininallylol
异青花椒烯醇 isoschinilenol
异青藤碱 isosinomenine
异曲刺茄碱▲ isoanguivine
异驱蛔脑 isoascaridole
异去甲蟛蜞菊内酯 isodemethylwedelolactone
异去氢虹臭蚁素▲ isodehydroiridomyrmecin
异去氢木香内酯 isodehydrocostus lactone
异去氢木香内酯 -15- 醛 isodehydrocostus lactone-15-aldehyde
异去氧地胆草素 isodeoxyelephantopin
异去乙酰紫玉盘辛▲ isodesacetyluvaricin
异全能花素▲ isobiflorin
异鹊肾树木脂素醛 isostrebluslignanaldehyde
异人参皂苷 Rh_3 isoginsenoside Rh_3
异日当药黄素 isoswertiajaponin
异日光花素▲ II isolampranthin II
异绒白乳菇醇 isovellerol
异绒白乳菇醛 isovelleral
异绒盖牛肝菌酸▲ isoxerocomic acid
异绒毛槐醇▲ isosophoronol
异绒叶军刀豆酚▲ isovestitol
异绒叶仙茅苷 G isocrassifoside G
异柔枝槐酮 isosophoranone
异鞣皮云实鞣精▲ isocorilagin
异肉苁蓉苷 C, F isocistanoside C, F
(*E*)- 异肉豆蔻醚 (*E*)-isomyristicin
异肉叶车前苷▲ isocrassifolioside
(-)- 异乳白仔榄树胺▲ (-)-isoeburnamine
异乳白仔榄树胺▲ isoeburnamine
异乳白仔榄树新胺▲ isoburnamine
异乳香二烯二醇 isomasticadienediol
异乳香二烯酮酸甲酯 methyl isomasticadienonate
异软骨藻酸 A~H isodomoic acid A~H
异瑞香诺苷▲ isodaphnoside
异瑞香辛 isodaphneticin
异瑞香辛 -4''-*O*-*α*-D- 吡喃葡萄糖苷 isodaphneticin-4''-*O*-*α*-D-glucopyranoside
异撒马尔罕阿魏素▲ isosamarcandin
(-)- 异萨阿米芹定▲ (-)-isosamidin
异萨阿米芹定▲ isosamidin
异塞内加尔刺桐素▲ E isoerysenegalensein E
异三齿蒿素 isoridentin
异三尖杉碱 isocephalotaxine
异三尖杉酮碱 isocephalotaxinone
异三色堇黄苷 isoviolanthin
异三文治萝芙木辛碱▲ isosandwicine
异三桠乌药内酯 isoobtusilactone
异三桠乌药内酯 A, B isoobtusilactone A, B
异三叶崖爬藤苷 isohemsleyanoside
异山荷叶素 isodiphyllin
异山柰酚 isokaempferol
异山柰素 isokaempferide
异山香酸▲ isosuaveolic acid
异山茱萸鞣质▲ F isocornusiin F
异山竹子酚▲ isogarcinol
异珊瑚菜素 isophellopterin
异珊瑚豆碱 isocapsicastrine
异珊瑚樱品碱▲ isosolacapine
异芍药醇 isopeonol
异芍药苷 isopaeoniflorin
异蛇葡萄素 F isoampelopsin F
异麝香皮茶碱▲ isomoschatoline
异升麻酰胺 isocimicifugamide
异生物槲皮素 isobioquercetin
3- 异十八烷基 -4- 羟基 -*α*- 吡喃酮 3-isooctadecanyl-4-hydroxy-*α*-pyrone
异十五烷 isopentadecane
异石栗萜酸▲ isoaleuritolic acid
异石栗萜酸▲ -3- 对羟基桂皮酸酯 isoaleuritolic acid-3-*p*-hydroxycinnamate
异石榴碱 isopelletierine
异石松碱 isolycopodine
异石松灵碱 isolycodoline
异石竹烯 isocaryophyl1ene
异食用大黄苷 isorhapontin
异食用大黄苷元 isorhapontigenin
异食用大黄苷元 -3-*O*-*β*-D- 吡喃葡萄糖苷 isorhapontigenin-3-*O*-*β*-D-glucopyranoside
异食用当归素 isoedultin
(*E*)- 异莳萝脑 (*E*)-isodillapiole
异莳萝脑甘醇 isodillapioleglycol
异柿素 isodiospyrin
异疏花鱼藤林素▲ isolaxifolin
异鼠李苷 isorhamnoside
异鼠李素 isorhamnetin
异鼠李素 -3-(2,6- 二吡喃鼠李糖基吡喃半乳糖苷) isorhamnetin-3-(2,6-dirhamnopyranosylgalactopyranoside)
异鼠李素 -3-(6- 鼠李糖基)- 己糖苷 isorhamnetin-3-(6-rhamnosyl)-hexoside
异鼠李素 -3,4'-*O*-*β*-D- 二葡萄糖苷 isorhamnetin-3,4'-*O*-*β*-D-diglucoside

Y

异鼠李素 -3,4'- 二葡萄糖苷 isorhamnetin-3,4'-diglucoside
异鼠李素 -3,7-*O*-*β*-D- 二葡萄糖苷 isorhamnetin-3,7-*O*-*β*-D-diglucoside
异鼠李素 -3,7-*O*- 吡喃葡萄糖苷 isorhamnetin-3,7-*O*-glucopyranoside
异鼠李素 -3,7- 二 -*O*-*β*-D- 吡喃葡萄糖苷 isorhamnetin-3,7-di-*O*-*β*-D-glucopyranoside
异鼠李素 -3,7- 二 -*O*- 葡萄糖苷 isorhamnetin-3,7-di-*O*-glucoside
异鼠李素 -3,7- 二葡萄糖苷 isorhamnetin-3,7-diglucoside
异鼠李素 -3,7- 葡萄糖基鼠李糖苷 isorhamnetin 3,7-glucorhamnoside
异鼠李素 -3-[*O*-*α*-L- 吡喃鼠李糖基 -(1 → 2)-*O*-*α*-L- 吡喃鼠李糖基 -(1 → 6)-*β*-D- 吡喃葡萄糖苷 isorhamnetin-3-[*O*-*α*-L-rhamnopyranosyl-(1 → 2)-*O*-*α*-L-rhamnopyranosyl-(1 → 6)-*β*-D-glucopyranoside]
异鼠李素 -3-*C*-*β*-D- 吡喃葡萄糖苷 isorhamnetin-3-*C*-*β*-D-glucopyranoside
异鼠李素 -3-*O*-(2,6-*α*-L- 二吡喃鼠李糖基)-l-*β*-D- 吡喃葡萄糖苷 isorhamnetin-3-*O*-(2,6-*α*-L-dirhamnopyranosy)-l-*β*-D-glucopyranoside
异鼠李素 -3-*O*-(2",6"-*α*-L- 二吡喃鼠李糖基)-*β*-D- 葡萄糖苷 isorhamnetin-3-*O*-(2",6"-*α*-L-dirhamnopyranosyl)-*β*-D-glucoside
异鼠李素 -3-*O*-(2-*O*-*β*-D- 吡喃葡萄糖基)-*β*-D- 吡喃半乳糖基 -7-*O*-*β*-D- 吡喃葡萄糖苷 isorhamnetin-3-*O*-(2-*O*-*β*-D-glucopyranosyl)-*β*-D-galactopyranoside-7-*O*-*β*-D-glucopyranoside
异鼠李素 -3-*O*-(2'-*α*-L- 吡喃鼠李糖基)- 芸香糖苷 isorhamnetin-3-*O*-(2'-*α*-L-rhamnopyranosyl)-rutinoside
异鼠李素 -3-*O*-(2'-*α*-L- 鼠李糖基)-*α*-L- 鼠李糖基 -(1 → 6)-*β*-D- 吡喃葡萄糖苷 isorhamnetin-3-*O*-(2'-*α*-L-rhamnosyl)-*α*-L-rhamnosyl-(1 → 6)-*β*-D-glucopyranoside
异鼠李素 -3-*O*-(2"- 乙酰基)-*β*-D- 吡喃葡萄糖苷 isorhamnetin-3-*O*-(2"-acetyl)-*β*-D-glucopyranoside
异鼠李素 -3-*O*-(6"-*O*-*E*- 对香豆酰)-*β*-D- 吡喃葡萄糖苷 isorhamnetin-3-*O*-(6"-*O*-*E*-*p*-coumaroyl)-*β*-D-glucopyranoside
异鼠李素 -3-*O*-(6"-*O*-*Z*- 对香豆酰基)-*β*-D- 吡喃葡萄糖苷 isorhamnetin-3-*O*-(6"-*O*-*Z*-*p*-coumaroyl)-*β*-D-glucopyranoside
异鼠李素 -3-*O*-(6"- 对香豆酰基)- 吡喃葡萄糖苷 isorhamnetin-3-*O*-(6"-*p*-coumaroyl)-glucopyranoside
异鼠李素 -3-*O*-(6-*O*-*E*- 阿魏酰基)-*β*-D- 吡喃葡萄糖基 -(1 → 2)-*β*-D- 吡喃半乳糖苷 isorhamnetin-3-*O*-(6-*O*-*E*-feruloyl)-*β*-D-glucopyranosyl-(1 → 2)-*β*-D-galactopyranoside
异鼠李素 -3-*O*-(6"-*O*- 反式 - 阿魏酰基)-*β*-D- 吡喃半乳糖苷 isorhamnetin-3-*O*-(6"-*O*-*trans*-feruloyl)-*β*-D-galactopyranoside
异鼠李素 -3-*O*-(6"-*O*- 反式 - 阿魏酰基)-*β*-D- 吡喃葡萄糖苷 isorhamnetin-3-*O*-(6"-*O*-*trans*-feruloyl)-*β*-D-glucopyranoside
异鼠李素 -3-*O*-(6"-*O*- 反式 - 对香豆酰基)-*β*-D- 吡喃葡萄糖苷 isorhamnetin-3-*O*-(6"-*O*-*trans*-*p*-coumaroyl)-*β*-D-glucopyranoside
异鼠李素 -3-*O*-(6"-*O*- 反式咖啡酰基)-*β*-D- 吡喃半乳糖苷 isorhamnetin-3-*O* (6"-*O*-*trans*-caffeoyl)-*β*-D-galactopyranoside
异鼠李素 -3-*O*-(6"-*O*- 咖啡酰基)-*β*-D- 吡喃半乳糖苷 isorhamnetin-3-*O*-(6"-*O*-caffeoyl)-*β*-D-galactopyranoside
异鼠李素 -3-*O*-(6"- 乙酰基)-*β*-D- 吡喃葡萄糖苷 isorhamnetin-3-*O*-(6"-acetyl)-*β*-D-glucopyranoside
异鼠李素 -3-*O*-(戊糖基)- 己糖苷 isorhamnetin-3-*O*-(pentosyl)-hexoside
异鼠李素 -3-*O*-[(6-*O*-*E*- 芥子酰基)-*β*-D- 吡喃葡萄糖基 -(1 → 2)]-*β*-D- 吡喃葡萄糖基 -7-*O*-*α*-L- 吡喃鼠李糖苷 isorhamnetin-3-*O*-[(6-*O*-*E*-sinapoyl)-*β*-D-glucopyranosyl-(1→2)]-*β*-D-glucopyranosyl-7-*O*-*α*-L-rhamnopyranoside
异鼠李素 -3-*O*-[(*S*)-3- 羟基 -3- 甲基 - 戊二酰基 -(1 → 6)]-*α*-L- 吡喃鼠李糖基 -(1 → 2)-*β*-D- 吡喃葡萄糖苷 isorhamnetin-3-*O*-[(*S*)-3-hydroxy-3-methyl-glutaroyl-(1→6)]-*α*-L-rhamnopyranosyl-(1→2)-*β*-D-glucopyranoside
异鼠李素 -3-*O*-[2'''-*O*- 乙酰基 -*α*- 吡喃阿拉伯糖苷]-(1 → 6)-*β*- 吡喃半乳糖苷 isorhamnetin-3-*O*-[2'''-*O*-acetyl-*α*-arabinopyranosyl]-(1 → 6)-*β*-galactopyranoside
异鼠李素 -3-*O*-[2-*O*-*β*-D- 吡喃半乳糖基 -6-*O*-*α*-L- 吡喃鼠李糖基]-*β*-D- 吡喃葡萄糖苷 isorhamnetin-3-*O*-(2-*O*-*β*-D-galactopyranosyl-6-*O*-*α*-L-rhamnopyranosyl)-*β*-D-glucopyranoside
异鼠李素 -3-*O*-[2'''-*O*- 乙酰基 -*β*-D- 吡喃葡萄糖基 -(1 → 6)-*β*-D- 吡喃葡萄糖苷] isorhamnetin-3-*O*-[2'''-*O*-acetyl-*β*-D-glucopyranosyl-(1 → 6)-*β*-D-glucopyranoside]
异鼠李素 -3-*O*-[6"-(3- 羟基 -3- 甲基戊二酰基)-*β*-D- 吡喃葡萄糖苷] isorhamnetin-3-*O*-[6"-(3-hydroxy-3-methylglutaroyl)]-*β*-D-glucopyranoside
异鼠李素 -3-*O*-[*α*-L- 吡喃鼠李糖基 -(1 → 6)]-*O*-*β*-D- 吡喃葡萄糖基 -7-*O*-*α*-L- 吡喃鼠李糖苷 isorhamnetin-3-*O*-[*α*-L-rhamnopyranosyl-(1 → 6)]-*O*-*β*-D-glucopyranosyl-7-*O*-*α*-L-rhamnopyranoside
异鼠李素 -3-*O*-[*β*-D- 吡喃半乳糖基 -(1 → 6)]-*β*-D- 吡喃葡萄糖苷 isorhamnetin-3-*O*-[*β*-D-galactopyranosyl-(1 → 6)]-*β*-D-glucopyranoside
异鼠李素 -3-*O*-[*β*-D- 吡喃葡萄糖基 -(6 → 1)- 吡喃鼠李糖苷] isorhamnetin-3-*O*-[*β*-D-glucopyranosyl-(6 → 1)-rhamnopyranoside]
异鼠李素 -3-*O*-D- 葡萄糖苷 isorhamnetin-3-*O*-D-glucoside
异鼠李素 -3-*O*-*α*-D- 来苏糖基 -(1 → 2)-*β*-D- 吡喃葡萄糖苷 isorhamnetin-3-*O*-*α*-D-lyxopyranosyl-(1→2)-*β*-D-glucopyranoside
异鼠李素 -3-*O*-*α*-L- 吡喃阿拉伯糖苷 isorhamnetin-3-*O*-*α*-L-arabinopyranoside
异鼠李素 -3-*O*-*α*-L- 吡喃阿拉伯糖苷 -7-*O*-*β*-D- 吡喃葡萄糖苷 isorhamnetin-3-*O*-*α*-L-arabinopyranoside-7-*O*-*β*-D-glucopyranoside
异鼠李素 -3-*O*-*α*-L- 吡喃阿拉伯糖基 -(1 → 6)-*β*-D- 吡喃葡萄糖苷 isorhamnetin-3-*O*-*α*-L-arabinopyranosyl-(1 → 6)-*β*-D-glucopyranoside
异鼠李素 -3-*O*-*α*-L- 吡喃阿拉伯糖基 -7-*O*-*α*-L- 吡喃鼠李糖苷 isorhamnetin-3-*O*-*α*-L-arabinopyranosyl-7-*O*-*α*-L-rhamnopyranoside
异鼠李素 -3-*O*-*α*-L- 吡喃鼠李糖苷 isorhamnetin-3-*O*-*α*-L-rhamnopyranoside
异鼠李素 -3-*O*-*α*-L- 吡喃鼠李糖基 -(1 → 2)-*O*-[*α*-L- 吡喃鼠李糖基 -(1 → 6)]-*β*-D- 吡喃葡萄糖苷 isorhamnetin-3-*O*-*α*-L-rhamnopyranosyl-(1 → 2)-*O*-[*α*-L-rhamnopyranosyl-(1 → 6)]-*β*-D-glucopyranoside
异鼠李素 -3-*O*-*α*-L- 吡喃鼠李糖基 -(1→6)-[*α*-D- 来苏糖基 -(1→2)-*β*-D- 葡萄糖苷] isorhamnetin-3-*O*-*α*-L-rhamnopyranosyl-(1 → 6)-[*α*-D-lyxopyranosyl-(1 → 2)-*β*-D-glucopyranoside]
异鼠李素 -3-*O*-*α*-L- 吡喃鼠李糖基 -(1 → 6)-[*α*-L- 吡喃鼠李糖基 -(1 → 2)]-*β*-D- 吡喃半乳糖苷 isorhamnetin-3-*O*-*α*-L-rhamnopyranosyl-(1 → 6)-[*α*-L-rhamnopyranosyl-(1 → 2)]-*β*-D-galactopyranoside
异鼠李素 -3-*O*-*α*-L- 吡喃鼠李糖基 -(1 → 6)-*O*-*β*-D- 吡喃葡萄糖苷 isorhamnetin-3-*O*-*α*-L-rhamnopyranosyl-(1 → 6)-*O*-*β*-D-glucopyranoside
异鼠李素 -3-*O*-*α*-L- 吡喃鼠李糖基 -(1 → 6)-*β*-D- 吡喃半乳糖苷 isorhamnetin-3-*O*-*α*-L-rhamnopyranosyl-(1 → 6)-*β*-D-galactopyranoside
异鼠李素 -3-*O*-*α*-L- 吡喃鼠李糖基 -(1 → 6)-*β*-D- 吡喃葡萄

Y

糖苷 isorhamnetin-3-O-α-L-rhamnopyranosyl-(1→6)-β-D-glucopyranoside
异鼠李素 -3-O-α-L- 吡喃鼠李糖基 -7-O-β-D- 吡喃葡萄糖苷 isorhamnetin-3-O-α-L-rhamnopyranosyl-7-O-β-D-glucopyranoside
异鼠李素 -3-O-α-L- 呋喃阿拉伯糖苷 isorhamnetin-3-O-α-L-arabinofuranoside
异鼠李素 -3-O-α-L- 鼠李糖基 -(1→2)-β-D- 吡喃葡萄糖苷 isorhamnetin-3-O-α-L-rhamnosyl-(1→2)-β-D-glucopyranoside
异鼠李素 -3-O-α- 吡喃阿拉伯糖基 -(1→6)-β- 吡喃半乳糖苷 isorhamnetin-3-O-α-arabinopyranosyl-(1→6)-β-galactopyranoside
异鼠李素 -3-O-β-(-)- 吡喃鼠李糖苷 isorhamnetin-3-O-β-(-)-rhamnopyranoside
异鼠李素 -3-O-β-(2''-O- 乙酰基 -β-D- 吡喃葡萄糖醛酸苷) isorhamnetin-3-O-β-(2''-O-acetyl-β-D-glucuronopyranoside)
异鼠李素 -3-O-β-(4''- 对羟基苯甲酰基)- 吡喃半乳糖苷 isorhamnetin-3-O-β-(4''-p-hydroxybenzoyl)-galactopyranoside
异鼠李素 -3-O-β-D-(6''-O-α-L- 吡喃鼠李糖基)-β-D- 吡喃葡萄糖苷 isorhamnetin-3-O-β-D-(6''-O-α-L-rhamnopyranosyl) glucopyranoside
异鼠李素 -3-O-β-D-(6''- 乙酰基)- 吡喃半乳糖苷 isorhamnetin-3-O-β-D-(6''-acetyl)-galactopyranoside
异鼠李素 -3-O-β-D-[2-O-(6-O-E- 芥子酰基)-β-D- 吡喃葡萄糖基]-β-D- 吡喃葡萄糖苷 isorhamnetin-3-O-β-D-[2-O-(6-O-E-sinapoyl)-β-D-glucopymosyl]-β-D-glucopyranoside
异鼠李素 -3-O-β-D- 半乳糖苷 isorhamnetin-3-O-β-D-galactoside
异鼠李素 -3-O-β-D- 吡喃半乳糖苷 isorhamnetin-3-O-β-D-galactopyranoside
异鼠李素 -3-O-β-D- 吡喃半乳糖苷 -4'-O-β-D- 吡喃葡萄糖苷 isorhamnetin-3-O-β-D-galactopyranoside-4'-O-β-D-glucopyranoside
异鼠李素 -3-O-β-D- 吡喃木糖苷 isorhamnetin-3-O-β-D-xylopyranoside
异鼠李素 -3-O-β-D- 吡喃葡萄糖 -(6→1)-α-L- 鼠李糖苷 isorhamnetin-3-O-β-D-glucopyranosyl-(6→1)-α-L-rhamnopyranoside
异鼠李素 -3-O-β-D- 吡喃葡萄糖苷 isorhamnetin-3-O-β-D-glucopyranoside
异鼠李素 -3-O-β-D- 吡喃葡萄糖苷 -7-O-α-L- 吡喃鼠李糖苷 isorhamnetin-3-O-β-D-glucopyranoside-7-O-α-L-rhamnopyranoside
异鼠李素 -3-O-β-D- 吡喃葡萄糖基 -(1→2)[α-L- 吡喃鼠李糖基 -(1→6)]-β-D- 吡喃半乳糖苷 isorhamnetin-3-O-β-D-glucopyranosyl-(1→2)[α-L-rhamnopyranosyl-(1→6)]-β-D-galactopyranoside
异鼠李素 -3-O-β-D- 吡喃葡萄糖基 -(1→2)-[α-L- 吡喃鼠李糖基 -(1→6)]-β-D- 吡喃葡萄糖苷 isorhamnetin-3-O-β-D-glucopyranosyl-(1→2)-[α-L-rhamnopyranosyl-(1→6)]-β-D-glucopyranoside
异鼠李素 -3-O-β-D- 吡喃葡萄糖基 -(1→2)-β-D- 吡喃半乳糖苷 isorhamnetin-3-O-β-D-glucopyranosyl-(1→2)-β-D-galactopyranoside
异鼠李素 -3-O-β-D- 吡喃葡萄糖基 -(1→3)-α-L- 吡喃鼠李糖基 -(1→6)-β-D- 吡喃半乳糖苷 isorhamnetin-3-O-β-D-glucopyranosyl-(1→3)-α-L-rhamnopyranosyl-(1→6)-β-D-galactopyranoside
异鼠李素 -3-O-β-D- 吡喃葡萄糖基 -(1→6)-β-D- 吡喃葡萄糖苷 isorhamnetin-3-O-β-D-glucopyranosyl-(1→6)-β-D-glucopyranoside
异鼠李素 -3-O-β-D- 吡喃葡萄糖基 -7-O-α-L- 吡喃鼠李糖苷 isorhamnetin-3-O-β-D-glucopyranosyl-7-O-α-L-rhamnopyranoside
异鼠李素 -3-O-β-D- 吡喃葡萄糖基 -7-O- 龙胆二糖苷 isorhamnetin-3-O-β-D-glucopyranosyl-7-O-gentiobioside
异鼠李素 -3-O-β-D- 吡喃葡萄糖基 -7- 吡喃鼠李糖苷 isorhamnetin-3-O-β-D-glucopyranosyl-7-rhamnopyranoside
异鼠李素 -3-O-β-D- 吡喃葡萄糖基 -O-β-D- 吡喃半乳糖苷 isorhamnetin-3-O-β-D-glucopyranosyl-O-β-D-galacopyranoside
异鼠李素 -3-O-β-D- 吡喃葡萄糖醛酸苷 isorhamnetin-3-O-β-D-glucuronopyranoside
异鼠李素 -3-O-β-D- 葡萄糖苷 isorhamnetin-3-O-β-D-glucoside
异鼠李素 -3-O-β-D- 葡萄糖醛酸苷 isorhamnetin-3-O-β-D-glucuronide
异鼠李素 -3-O-β-D- 芸香糖苷 isorhamnetin-3-O-β-D-rutinoside
异鼠李素 -3-O-β- 吡喃葡萄糖苷 isorhamnetin-3-O-β-glucopyranoside
异鼠李素 -3-O-β- 吡喃葡萄糖苷 -7-O-β- 吡喃木糖苷 isorhamnetin-3-O-β-glucopyranoside-7-O-β-xylopyranoside
异鼠李素 -3-O-β- 芸香糖苷 isorhamnetin-3-O-β-rutinoside
异鼠李素 -3-O- 半乳糖苷 isorhamnetin-3-O-galactoside
异鼠李素 -3-O- 吡喃葡萄糖苷 isorhamnetin-3-O-glucopyranoside
异鼠李素 -3-O- 吡喃葡萄糖苷 -7-O- 吡喃鼠李糖苷 isorhamnetin-3-O-glucopyranoside-7-O-rhamnopyranoside
异鼠李素 -3-O- 吡喃葡萄糖苷 -7-O- 二吡喃葡萄糖苷 isorhamnetin-3-O-glucopyranoside-7-O-diglucopyranoside
异鼠李素 -3-O- 吡喃鼠李糖苷 isorhamnetin-3-O-rhamnopyranoside
异鼠李素 -3-O- 吡喃鼠李糖基 -(1→2)- 吡喃葡萄糖苷 isorhamnetin-3-O-rhamnosyl-(1→2)-glucoside
异鼠李素 -3-O- 吡喃鼠李糖基 - 吡喃葡萄糖基 - 吡喃鼠李糖苷 isorhamnetin-3-O-rhamnopyranosyl-glucopyranosyl-rhamnopyranoside
异鼠李素 -3-O- 刺槐二糖苷 isorhamnetin-3-O-robinobioside
异鼠李素 -3-O- 对香豆酰吡喃葡萄糖苷 isorhamnetin-3-O-(p-coumaryl)-glucopyranoside
异鼠李素 -3-O- 二吡喃葡萄糖苷 -7-O- 吡喃葡萄糖苷 isorhamnetin-3-O-diglucopyranoside-7-O-glucopyranoside
异鼠李素 -3-O- 二葡萄糖苷 isorhamnetin-3-O-diglucoside
异鼠李素 -3-O- 槐糖苷 -7-O-α-L- 吡喃鼠李糖苷 isorhamnetin-3-O-sophoroside-7-O-α-L-rhamnopyranoside
异鼠李素 -3-O- 槐糖苷 -7-O-β-D- 吡喃葡萄糖苷 isorhamnetin-3-O-sophoroside-7-O-β-D-glucopyranoside
异鼠李素 -3-O- 己糖苷 isorhamnetin-3-O-hexoside
异鼠李素 -3-O- 龙胆二糖苷 isorhamnetin-3-O-gentiobioside
异鼠李素 -3-O- 葡萄糖苷 isorhamnetin-3-O-glucoside
异鼠李素 -3-O- 葡萄糖基 - 鼠李糖基 - 鼠李糖苷 isorhamnetin-3-O-glucosyl-rhamnosyl-rhamnoside
异鼠李素 -3-O- 鼠李半乳糖苷 isorhamnetin-3-O-rhamnogalactoside
异鼠李素 -3-O- 鼠李糖苷 isorhamnetin-3-O-rhamnoside
异鼠李素 -3-O- 新橙皮苷 isorhamnetin-3-O-neohesperidin
异鼠李素 -3-O- 新橙皮糖苷 isorhamnetin-3-O-neohesperidoside
异鼠李素 -3-O- 芸香糖苷 isorhamnetin-3-O-rutinoside
异鼠李素 -3-β-D- 吡喃葡萄糖基 -(6→1)-β-L- 呋喃鼠李糖苷 isorhamnetin-3-β-D-glucopyranosyl-(6→1)-β-L-rhamnofuranoside
异鼠李素 -3- 半乳二鼠李糖苷 isorhamnetin-3-galactodirhamnoside
异鼠李素 -3- 半乳鼠李糖苷 isorhamnetin-3-galactorhamnoside
异鼠李素 -3- 半乳糖 isorhamnetin-3-galactoside
异鼠李素 -3- 吡喃半乳糖苷 isorhamnetin-3-galactopyranoside
异鼠李素 -3- 吡喃葡萄糖苷 isorhamnetin-3-glucopyranoside
异鼠李素 -3- 刺槐二糖苷 isorhamnetin-3-robinobioside
异鼠李素 -3- 龙胆二糖苷 isorhamnetin-3-gentiobioside

异鼠李素 -3- 葡萄糖苷 isorhamnetin-3-glucoside
异鼠李素 -3- 葡萄糖基鼠李糖苷 isorhamentin-3-glucorhamnoside
异鼠李素 -3- 鼠李葡糖苷 isorhamnetin-3-rhamnoglucoside
异鼠李素 -3- 鼠李糖葡萄糖苷 isorhamnetin 3-rhamnoglucoside
异鼠李素 -3- 芸香糖苷 isorhamnetin-3-rutinoside
异鼠李素 -3- 芸香糖苷 -4'- 鼠李糖苷 isorhamnazin-3-rutinoside-4'-rhamnoside
异鼠李素 -4'-*O*-*β*-D- 吡喃葡萄糖苷 isorhamnetin-4'-*O*-*β*-D-glucopyranoside
异鼠李素 -5-*O*- 葡萄糖苷 isorhamnetin-5-*O*-glucoside
异鼠李素 -7-*O*-*α*-L- 吡喃鼠李糖苷 isorhamnetin-7-*O*-*α*-L-rhamnopyranoside
异鼠李素 -7-*O*-*β*-D- 吡喃葡萄糖苷 isorhamnetin-7-*O*-*β*-D-glucopyranoside
异鼠李素 -7-*O*-*β*-D- 二葡萄糖苷 isorhamnetin-7-*O*-*β*-D-diglucoside
异鼠李素 -7-*O*-*β*-D- 葡萄糖苷 isorhamnetin-7-*O*-*β*-D-glucoside
异鼠李素 -7-*O*- 吡喃鼠李糖基 -3-*O*- 吡喃葡萄糖苷 isorhamnetin-7-*O*-rhamnopyranosyl-3-*O*-glucopyranoside
异鼠李素 -7-*O*- 硫酸酯 isorhamnetin-7-*O*-sulfate
异鼠李素 -7-*O*- 龙胆二糖苷 isorhamnetin-7-*O*-gentiobioside
异鼠李素 -7- 葡萄糖苷 isorhamnetin-7-glucoside
异鼠李素 -*O*- 鼠李半乳糖苷 isorhamnetin-*O*-rhamnogalactoside
异鼠李素吡喃葡萄糖苷 isorhamnetin glucopyranoside
异鼠李素己糖苷 isorhamnetin hexoside
异鼠李素己糖基己糖苷 isorhamnetin hexosylhexoside
异鼠李素葡萄糖醛酸苷 isorhamnetin glucuronide
异鼠李素 - 鼠李糖基二己糖苷 isorhamnetin-rhamnosyldihexoside
异鼠李素 - 鼠李糖基己糖苷 isorhamnetin-rhamnosyl hexoside
异鼠李素糖苷 isorhamnetin glycoside
异鼠尾草胺▲ A~E isosalviamine A~E
异栓翅芹醇 isogosferal
异双花金丝桃查耳酮▲ B, C isogemichalcone B, C
(+)- 异双环大根老鹳草醛 (+)-isobicyclogermacrenal
异双去氢百部新碱 isobisdehydrostemoninine
异水八角苷 isoavroside
异水飞蓟宾 isosilybin
异水飞蓟宾 A, B isosilybin A, B
异水飞蓟亭 isosilychristin
异水飞木质灵 isosilandrin
异水飞木质灵 A, B isosilandrin A, B
异水杨苷 isosalicin
异睡茄白曼陀罗素▲ isowithametelin
异丝氨酰基 -*S*- 甲基半胱胺亚砜 isoseryl-*S*-methylcysteamine sulfoxide
异斯氏紫堇碱 isoscoulerine
异四国莞花素▲ A isosikokianin A
异松柏醇苷 isoconiferoside
异松柏苷 isoconiferin
异松柏诺苷▲ isoconiferinoside
异松葛缕子醇 isopinocarveol
异松萝酸 isousnic acid
异松萝酮 isousone
(1*R*,2*R*,3*R*,5*S*)-(-)- 异松莰醇 (1*R*,2*R*,3*R*,5*S*)-(-)-isopinocampheol
异松莰醇 isopinocampheol
异松油烯 isoterpinene
异松樟酮 isopinocamphone
异素馨素▲ isojasminin
异粟米草素 -2''-*O*- 吡喃葡萄糖苷 isomollupentin-2''-*O*-glucopyranoside
异粟米草素 -4'-*O*- 吡喃葡萄糖苷 isomollupentin-4'-*O*-glucopyranoside
异粟米草素 -7,2''- 二 -*O*- 吡喃葡萄糖苷 isomollupentin-7,2''-di-*O*-glucopyranoside
异粟米草素 -7-*O*- 吡喃葡萄糖 -2''-*O*- 吡喃阿拉伯糖苷 isomollupentin-7-*O*-glucopyranoside-2''-*O*-arabinopyranoside
异粟米草素 -7-*O*- 吡喃葡萄糖 -2''-*O*- 吡喃木糖苷 isomollupentin-7-*O*-glucopyranoside-2''-*O*-xylopyranoside
异粟米草素 -7-*O*- 吡喃葡萄糖苷 isomollupentin-7-*O*-glucopyranoside
异酸浆素 B, G isophysalin B, G
异酸枣素▲ isospinosin
异蒜芥茄皂苷元▲ isonuatigenin
(-)- 异繸毛荷包牡丹碱▲ (-)-isocoreximine
异塔拉乌头定 isotalatizidine
异酞酸 isophthalic acid
异唐松草帕文碱 isothalisopavine
异糖胶树明碱▲ isoalschomine
异桃苷 isopersicoside
异特勒菊素▲ isotelekin
异田七氨酸 isodencichine
异甜菜苷 isobetanin
异甜菜素 isobetanidin
异甜菜素 -6-*O*-*β*-D- 吡喃葡萄糖苷 isobetanidin-6-*O*-*β*-D-glucopyranoside
异甜橙素 isosinensetin
异萜品油烯 isoterpinolene
异铁豆木素▲ isoferreirin
异铁力木酚▲ isomesuol
异铁线蕨醇 isoadiantol
异铁线蕨醇 B isoadiantol B
异铁线蕨酮 isoadiantone
异透骨草洛醇▲乙酸酯 isophrymarol acetate
异土木香二烯 isoalantodiene
异土木香内酯 isoalantolactone
异脱皮松藻醇▲ isodecortinol
异脱水射干呋喃醛 isoanhydrobelachinal
异万年青皂苷元 isorhodeasapogenin
异网果翠雀亭▲ isodelectine
异伪番木鳖碱 isopseudostrychnine
(9'*Z*)- 异味蕾薇黄质▲ (9'*Z*)-latoxanthin
异纹阿魏苷▲ diversoside
异乌药醚 isolinderoxide
异无瓣红厚壳酸▲ isoapetalic acid
异无瓣红厚壳酸甲酯▲ methyl isoapetalate
异无根藤胺▲ isofiliformine
异吴茱萸酮酚 isoevodionol
异吴茱萸酮酚甲醚 isoevodionol methyl ether
异五味子醇酸 isoschisandrolic acid
异五味子醇酸▲ isoschizandrolic acid
异五味子笼萜素▲ C isoschicagenin C
异五味子素 isoschizandrin
异五叶粟米草素▲ -7-*O*-*β*-D- 吡喃葡萄糖苷 isomollupentin-7-*O*-*β*-D-glucopyranoside
异戊醇 isopentanol; isopentyl alcohol
2-*O*-(2-*O*- 异戊基 -*β*-D- 吡喃葡萄糖基)- 苍术苷元 2-*O*-(2-*O*-isovaleryl-*β*-D-glucopyranosyl)-atractyligenin
异戊基丁酯 isopentyl butanoate
异戊基龙胆二糖苷 isopentylgentiobioside

异戊酸苄酯 benzyl isopentanoate
N- 异戊烯 -6- 羟基石斛氯化物 *N*-isopentenyl-6-hydroxydendroxinium chloride
异戊烯醇 -11, -12, -13 prenol -11, -12, -13
异戊烯二甲基烯丙酯 isopentenyl-dimethylpropyl ester
3'-(异戊烯基)-2',4- 二羟基 -4',6'- 二甲氧基查耳酮 3'-(isoprenyl)-2',4-dihydroxy-4',6'-dimethoxychalcone
3- 异戊烯基 -2',4,4'- 三羟基查耳酮 3-prenyl-2',4,4'-trihydroxychalcone
8- 异戊烯基 -2',4'- 二羟基 -6''- 二甲基 - 吡喃并 [2'',3'':6,7]- 二氢黄酮 8-prenyl-2',4'-dihydroxy-6''-dimethyl-pyrano[2'',3'':6,7]-dihydroflavone
(2*S*)-8- 异戊烯基 -3',4',5,7- 四羟基黄烷酮 (2*S*)-8-prenyl-3',4',5,7-tetrahydroxyflavanone
5'- 异戊烯基 -3-*O*- 甲基槲皮素 -4',7- 二 -*O*-β-D- 吡喃葡萄糖苷 5'-isoprenyl-3-*O*-methylquercetin-4',7-di-*O*-β-D-glucopyranoside
6- 异戊烯基 -3'-*O*- 甲基花旗松素 6-isopentenyl-3'-*O*-methyltaxifolin
(6a*R*,11a*R*)-4- 异戊烯基 -3- 羟基 -9- 甲氧基紫檀烷 (6a*R*,11a*R*)-4-prenyl-3-hydroxy-9-methoxy-pterocarpan
6- 异戊烯基 -4',5,7- 三羟基黄酮 6-prenyl-4',5,7-trihydroxyflavone
5-7A- 异戊烯基 -4,5- 二甲基八氢 -1*H*- 茚 -4- 基 -3- 甲基 -2- 戊烷 5-7A-isoprpenyl-4,5-dimethyloctahydro-1*H*-inden-4-yl-3-methyl-2-pentane
2- 异戊烯基 -4- 甲基 -1- 氧杂环戊 [b] 蒽烯 -5,10- 二酮 2-isopropenyl-4-methyl-1-oxa-cyclopenta[b]anthracene-5,10-dione
3- 异戊烯基 -4- 甲氧基 -7,8- 亚甲二氧基 -2- 喹诺酮 3-isopentenyl-4-methoxy-7,8-methylenedioxy-2-quinolone
6-*C*- 异戊烯基 -5,7,2',4'- 四羟基二氢黄酮醇 6-*C*-prenyl-5,7,2',4'-tetrahydroxydihydroflavonol
6-*C*- 异戊烯基 -5,7,2',4'- 四羟基二氢黄烷醇 6-*C*-prenyl-5,7,2',4'-tetrahydroxydihydroflavanonol
8-*C*- 异戊烯基 -5,7,2',4'- 四羟基二氢黄烷醇 8-C-prenyl-5,7,2',4'-tetrahydroxydihydroflavanonol
6- 异戊烯基 -5,7,4'- 三羟基黄酮 6-prenyl-5,7,4'-trihydroxyflavone
8-*C*- 异戊烯基 -5,7,5'- 三甲氧基 -3',4'- 亚甲二氧基黄酮 8-*C*-prenyl-5,7,5'-trimethoxy-3',4'-methylenedioxyflavone
3- 异戊烯基 -5 或 8- 甲氧基 -1,4- 萘醌 3-prenyl-5(or 8)-methoxy-1,4-naphthoquinone
2- 异戊烯基 -5- 异丙基苯酚 -4-*O*-β-D- 吡喃木糖苷 2-isoprenyl-5-isopropylphenol-4-*O*-β-D-xylopyranoside
(6*R*,12*R*,13*S*)-10- 异戊烯基 -6,12- 甲醇基 -6*H*,12*H*- 二苯并 [b,f][1,5] 二氧杂环辛三烯 -2,9,13- 三醇 (6*R*,12*R*,13*S*)-10-prenyl-6,12-methano-6*H*,12*H*-dibenzo[b,f][1,5]dioxocin-2,9,13-triol
3- 异戊烯基 -6-[(1*S*,2*S*)-1,2- 二羟基 -3- 甲基丁基]-2',4',5- 三羟基 -7-甲氧基黄酮 3-prenyl-6-[(1*S*,2*S*)-1,2-dihydroxy-3-methylbutyl]-2',4',5-trihydroxy-7-methoxyflavone
2- 异戊烯基 -6- 乙酰基 -8- 甲氧基 -1,3- 苯并二氧芑 -4- 酮 2-isopropenyl-6-acetyl-8-methoxy-1,3-benzodioxin-4-one
6,8- 异戊烯基 -7,4'- 二羟基黄酮 6,8-prenyl-7,4'-dihydroxyflavone
2(*R*)-8-*C*- 异戊烯基 -7- 甲氧基 -5,2',4'- 三羟基二氢黄烷醇 2(*R*)-8-C-prenyl-7-methoxy-5,2',4'-trihydroxydihydroflavanonol
6-*C*- 异戊烯基 -8-*C*- 甲基瑞士松素 6-*C*-prenyl-8-*C*-methylpinocembrin
5- 异戊烯基 -8- 甲氧基补骨脂素 5-isopentenyl-8-methoxypsoralen
2- 异戊烯基 -9- 甲氧基 -1,8- 二氧杂 - 双环戊 [b,g] 萘 -4,10- 二酮 2-isopropenyl-9-methoxy-1,8-dioxa-dicyclopenta[b,g]naphthalene-4,10-dione
7- 异戊烯基巴西红厚壳素 7-prenyljacareubin
(2*E*)- 异戊烯基苯甲酸酯 -4-*O*-α-L- 吡喃阿拉伯糖基 -(1 → 6)-β-D-吡喃葡萄糖苷 (2*E*)-prenylbenzoate-4-*O*-α-L-arabinopyranosyl-(1 → 6)-β-D-glucopyranoside
异戊烯基扁平橘碱 prenylcitpressine
8- 异戊烯基橙桑呫酮▲ C 8-prenyltoxyloxanthone C
8- 异戊烯基大豆苷元 8-prenyldaidzein
8-*C*- 异戊烯基二氢槲皮素 8-*C*-prenyldihydroquercetin
8-*C*- 异戊烯基二氢异鼠李素 8-*C*-prenyldihydroisorhamnetin
6,7-(2- 异戊烯基呋喃)-5,2,4- 三羟基黄酮 6,7-(2-isoprenylfuro)-5,2,4-trihydroxyisoflavone
5'- 异戊烯基甘草二酮▲ 5'-prenyllicodione
8- 异戊烯基高良姜素 8-prenylgalangin
O- 异戊烯基哈氏芸香酚▲ *O*-isopentenylhalfordinol
8- 异戊烯基槲皮素 8-prenylquercetin
6- 异戊烯基槲皮素 -3- 甲醚 6-prenylquercetin-3-methyl ether
8- 异戊烯基槲皮素 -3- 甲醚 8-prenylquercetin-3-methyl ether
8- 异戊烯基怀特大豆酮▲ 8-prenylwighteone
7- 异戊烯基环表酒饼簕苦素 7-isovaleroylcycloepiatalantin
5'- 异戊烯基酒花黄酚▲ 5'-prenylxanthohumol
3'- 异戊烯基玫瑰木宁▲ 3'-prenylrubranine
3- 异戊烯基木犀草素 3-prenylluteolin
7-*O*- 异戊烯基七叶树内酯 7-*O*-prenylaesculetin
7- 异戊烯基羟基 -γ- 崖椒碱 7-isopentenylhydroxy-γ-fagarine
6- 异戊烯基芹菜苷元 6-prenylapigenin
3'- 异戊烯基芹菜苷元 -7-*O*- 芸香糖苷 3'-prenylapigenine-7-*O*-rutinoside
3'- 异戊烯基芹菜素 3'-prenylapigenin
异戊烯基氢醌 prenylhydroquinone
3'- 异戊烯基染料木素 3'-isoprenylgenistein
7-*O*- 异戊烯基瑞士松素 7-*O*-prenylpinocembrin
6-*C*- 异戊烯基瑞士五针松素▲ 6-*C*-isopentenylpinocembrin
6- 异戊烯基瑞士五针松素▲ 6-prenylpinocembrin
3- 异戊烯基伞形酮 3-prenylumbelliferone
7-*O*- 异戊烯基伞形酮 7-*O*-prenylumbelliferone
O- 异戊烯基伞形酮 *O*-prenyl-umbelliferone
8-*C*- 异戊烯基 - 色烷并色烷 8-*C*-prenyl-chromanochroman
8-*C*- 异戊烯基山柰酚 8-*C*-prenylkaempferol
8- 异戊烯基山柰酚 8-prenylkaempferol
8- 异戊烯基山柰酚 -3-*O*-β-D- 吡喃葡萄糖苷 8-prenylkaempferol-3-*O*-β-D-glucopyranoside
8- 异戊烯基山柰酚 -4'- 甲醚 -3-[*O*-β-D- 吡喃木糖基 -(1 → 4)-*O*-α-L-吡喃鼠李糖苷]-7-*O*-β-D- 吡喃葡萄糖苷 8-prenylkaempferol-4'-methylether-3-[*O*-β-D-xylopyranosyl-(1 → 4)-*O*-α-L-rhamnopyranoside]-7-*O*-β-D-glucopyranoside
8-*C*- 异戊烯基圣草酚 8-*C*-prenyl-eriodictyol
8- 异戊烯基圣草酚 8-prenyleriodictyol
N^1- 异戊烯基腺嘌呤 N^1-isopentenyladenine
N^3- 异戊烯基腺嘌呤 N^3-isopentenyladenine
N^6- 异戊烯基腺嘌呤 N^6-isopentenyladenine
N^9- 异戊烯基腺嘌呤 N^9-isopentenyladenine
异戊烯基腺嘌呤 isopentenyladenine
7- 异戊烯基氧化香豆素 7-isopentenyloxycoumarin
6- 异戊烯基柚皮苷元 6-prenylnaringenin
8- 异戊烯基柚皮苷元 8-prenylnaringenin
8- 异戊烯基柚皮苷元 -7-*O*- 葡萄糖苷 8-isopentenylnaringenin-7-*O*-glucoside
5- 异戊烯基紫铆因 5-prenylbutein
异戊烯醛 prenal
N- 异戊烯石斛氯化物 *N*-isopentenyldendroxinium chloride
N- 异戊烯石斛菇溴化物 *N*-isopentenyldendrobinium bromide

Y

7- 异戊烯酰闭花木 -13,15- 二烯 -18- 酸 7-senecioxycleistanth-13,15-dien-18-oic acid
6-*O*- 异戊烯酰多梗贝氏菊素▲ 6-*O*-senecioylplenolin
4- 异戊烯酰氧甲基 -3,4- 二甲氧基香豆素 4-senecioyloxymethyl-3,4-dimethoxycoumarin
异戊烯腺苷 isopentenyladenine riboside
7- 异戊烯氧基 -6- 甲氧基香豆精 7-isopentenyloxy-6-methoxy-coumarin
7- 异戊烯氧基 -6- 甲氧基香豆素 7-isopentenyloxy-6-methoxycoumarin
5- 异戊烯氧基 -7- 甲氧基香豆素 5-prenyloxy-7-methoxycoumarin
7- 异戊烯氧基 -8- 甲氧基香豆素 7-isopentenyloxy-8-methoxycoumarin
7- 异戊烯氧基 -8- 异戊烯基香豆素 7-isopentenyloxy-8-isopentenylcoumarin
7- 异戊烯氧基 -*γ*- 崖椒碱 7-isopentenyloxy-*γ*-fagarine
6- 异戊烯氧基异香柠檬烯 6-isopentenyloxyisobergapten
5-(4-*O*- 异戊酰丁烷 -1- 基)-2,2'- 联噻吩 5-(4-*O*-isopentanoylbutyn-1-yl)-2,2'-bithiophene
7- 异戊酰环东风橘内酯▲ 7-isovaleroylcycloseverinolide
8-*O*- 异戊酰去苯甲酰芍药苷 8-*O*-isovaleryldesbenzoylpaeoniflorin
3- 异戊酰氧基 -6- 羟基托品烷 3-isovaleroyloxy-6-hydroxytropane
5-(4- 异戊酰氧基丁烷 -1- 炔基)-2,2'- 联噻吩 5-(4-isovaleroyloxybut-1-ynyl)-2,2'-bithiophene
16*αH*,17- 异戊酰氧基 - 对映 - 贝壳杉 -19- 酸 16*αH*,17-isovaleryloxy-*ent*-kauran-19-oic acid
16*αH*-17- 异戊酰氧基 - 对映 - 贝壳杉 -19- 酸 16*αH*-17-isovaleryloxy-*ent*-kauran-19-oic acid
(+)-9'- 异戊酰氧基落叶松树脂醇 (+)-9'-isovaleroxylariciresinol
异戊酰氧基羟基二氢缬草三酯 isovaleroxyhydroxydihydrovaltrate
16*αH*,17- 异戊酯 - 对映 - 贝壳杉 -19- 酸 16*αH*,17-isovalerate-*ent*-kauran-19-oic acid
异西南木荷素▲A isoschimawalin A
异西瑞香素 isodaphnoretin
异西瑞香素 B isodaphnoretin B
异蜥蜴兰醇▲ isohircinol
(±)- 异膝果双啄木碱▲ (±)-isocondylocarpine
19*E*- 异膝果双啄木碱▲-N^4- 氧化物 19*E*-isocondylocarpine-N^4-oxide
异喜马雪松酮▲ isohimachlone
异细黏束孢醇▲ isoleptographiol
异细纹厚果草酮▲ isolineolon
异细辛酮 isoasatone
异细辛酮 A isoasatone A
异细叶芹素▲ isokaerophyllin
异细叶益母草素 isoleosibirin
异细叶益母草新酮▲B isosibiricinone B
异狭叶百部碱 isomaistemonine
异狭叶依瓦菊素 isoivangustin
异狭叶羽扇豆酮 A isoangustone A
异夏佛塔雪轮苷▲ isoschaftoside
异仙茅素 isocurculigin; isocurculigine
异仙茅皂苷元 isocurculigenin
异苋红素 isoamaranthin
异腺叶香茶菜素 E isoadenolin E
异香茶茱萸碱 isocantleyine
异香附醇 isocyperol
(-)- 异香附烯 (-)-isorotundene
异香荚兰醇 isovanillyl alcohol
异香荚兰素 isovanillin
异香荚兰素 -*β*-D- 吡喃葡萄糖苷 isovanillin-*β*-D-glucopyranoside
异香荚兰酸 isovanillic acid
异香荚兰酸甲酯 methyl isovanillate
6-*O*- 异香荚兰酰梓苷 6-*O*-isovanilloylcatalposide
异香柠檬脑 isobergapten
异香树烯 isoaromadendrene
异香树烯环氧化物 isoaromadendrene epoxide
异橡碗酸 isovalonic acid
异小花黄檀呋喃▲ isoparvifuran
异小麦长蠕孢烯▲ isosativene
异小蔓长春花苷▲ isovincoside
异小木麻黄素 isostrictinin
异小皮伞酮▲ isomarasomone
异斜蕊樟素▲A isolicarin A
异缬草醛 isovaleraldehyde
异缬草三酯 isovaltrate
异缬草三酯异戊酰氧基醇 isovaltrate isovaleroyloxyhydrin
异缬草酸 isovaleric acid
异缬草酸香叶酯 geranyl isovalerate
异缬草酸异戊酯 isoamyl isovalerate
异缬草酰日本南五味子素▲ isovaleroylbinankadsurin
异缬草酰日本南五味子素▲A isovaleroylbinankadsurin A
异缬草酰氧代南五味子醇 isovaleroyl oxokadsuranol
异缬草酰紫草素 isovalerylshikonin
异缬草酰紫朱草素 isovalerylalkannin
3- 异辛氧基丙胺 3-(2-ethylhexyloxy)-propylamine
异新补骨脂查耳酮 isoneobavaichalcone
异新补骨脂异黄酮 isoneobavaisoflavone
异新荆芥内酯 isoneonepetalactone
异新狼毒素 A isoneochamaejasmin A
异新木天蓼醇 isoneomatatabiol
异新吴茱萸叶五加苷▲ isoinnovanoside
异新西兰罗汉松酚烯酮▲ isototarolenone
异信浓山柿酮▲ isoshinanolone
异信浓山柿酮▲-4-*O*-*β*-D- 吡喃葡萄糖苷 isoshinanolone-4-*O*-*β*-D-glucopyranoside
(-)- 异形蔓长春花胺 (-)-vincadifformine
(±)- 异形蔓长春花胺 (±)-vincadifformine
异形蔓长春花胺 vincadifformine
异形蔓长春花胺 -N^4- 氧化物 vincadifformine-N^4-oxide
异形蔓长春花芬碱▲ vincadiffine
异形蔓长春花美宁▲ difforlemenine
异形南五味子木脂素▲A~D heteroclitalignan A~D
异形南五味子内酯 A~N heteroclitalactone A~N
异形南五味子素 A~L, N~S heteroclitin A~L, N~S
异形南五味子酸▲ heteroclic acid
异兴安升麻醇 isodahurinol
异熊果烯醇 isoursenol
异玄参奥苷▲ isoscrophularioside
异悬铃木宁▲ isoplatanin
异雪赫柏苷▲B, H isochionoside B, H
异雪松醇酸 isocedrolic acid
异雪松达醇▲ isocentdarol
异鳕油酸▲ gondoic acid
异血苋素▲I isoiresinin I
异丫蕊花苷▲A, B isoypsilandroside A, B
异丫蕊花苷元▲ isoypsilandrogenin
异鸦胆子素 B isobruceine B
异亚丙二氧基紫珠萜酮 isopropylidenocalliterpenone

Y

3,19-异亚丙基-14-去氧-对映-半日花-8(17),13-二烯-16,15-内酯 3,19-isopropylidene-14-deoxy-*ent*-labda-8(17),13-dien-16,15-olide
3α,23-*O*-异亚丙基-2α,19α-二羟基熊果酸 3α,23-*O*-isopropylidenyl-2α,19α-dihydroxyursolic acid
α-异亚丙基-2-呋喃丙烯醛 α-isopropylidene-2-furyl propenal
4-异亚丙基-2-环己烯-1-酮 4-isopropylidene-2-cyclohexen-1-one
3β,23-*O*-异亚丙基-3β,23-二羟基齐墩果-12-烯-28-酸 3β,23-*O*-isopropylidenyl-3β,23-dihydroxyolean-12-en-28-oic acid
2,3-异亚丙基-l-*O*-对香豆酰甘油 2,3-isopropylidene-l-*O*-*p*-coumaroylglycerol
2,3-异亚丙基杯苋甾酮 2,3-isopropylidene cyasterone
1',2'-*O*-异亚丙基长叶九里香亭▲ 1',2'-*O*-isopropylidene murrangatin
O-异亚丙基独活醇 *O*-isopropylideneheraclenol
3,4-*O*-异亚丙基莽草酸 3,4-*O*-isopropylideneshikimic acid
3,4-*O*-异亚丙基-莽草酸 3,4-*O*-isopropylidene-shikimic acid
异亚丙基豨莶草醇 isopropylidenekirenol
15,16-异亚丙基豨莶苷 15,16-isopropylidenedarutoside
2,3-异亚丙基异杯苋甾酮 2,3-isopropylidene isocyasterone
(-)-异亚泰香松素 (-)-isoyatein
异亚洲岩风素▲ isosibiricin
异烟草因▲ isonicoteine
异烟肼 isoniazid
1β-异烟酰氧基-2β,6α-二乙酰氧基-8β,13-二异丁酰氧基-9α-苯甲酰氧基-4α-羟基-β-二氢沉香呋喃 1β-picolinoyloxy-2β,6α-diacetoxy-8β,13-diisobutanoyloxy-9α-benzoyloxy-4α-hydroxy-β-dihydroagarofuran
1β-异烟酰氧基-2β,6α-二乙酰氧基-8β,13-二异丁酰氧基-9α-呋喃甲酰氧基-4α-羟基-β-二氢沉香呋喃 1β-picolinoyloxy-2β,6α-diacetoxy-8β,13-diisobutanoyloxy-9α-furanoyloxy-4α-hydroxy-β-dihydroagarofuran
异芫花定▲ isoyuanhuadine
异芫花辛▲ isoyuanhuacin
异岩白菜素 isobergenin
异羊齿烯 isofernene
异杨梅二醇 isomyricadiol
异杨梅苷 isomyricitrin
异洋丁香酚苷 isoacteoside
异氧代淡黄贝母兰宁▲ isooxoflavidinin
异氧代林荫银莲素 isooxoflaccidin
异氧代狭叶百部碱 isooxymaistemonine
异氧化前胡素 isooxypeucedanin
异野甘草诺醇▲ isodulcinol
异野桐灵素▲ isomallotolerin
异野桐色烷醇 isomallotochromanol
异野桐色烯 isomallotochromene
异野桐酸 isomallotinic acid
异野桐西宁▲ isomallotusinin
异野桐辛▲A isomallotucin A
异叶梁王茶苷 yiyeliangwanoside I, II, III, IV, VII, VIII, IX, X, XI
异叶马兜铃碱▲A, B aristophyllide A, B
异叶青兰芬碱▲A, B drahebephin A, B
异叶青兰宁碱▲ drahebenine
异叶同心结碱▲ heterophylline
异叶同心结碱▲-*N*-氧化物 heterophylline-*N*-oxide
异叶乌头非定 heterophyllidine
异叶乌头碱 heteratisine
异叶乌头林碱▲ heterophylline
异叶乌头洛定▲ heterophylloidine
异叶香科科烯酮▲A teuhetenone A
异腋生依瓦菊素 isoivaxillin
异一文钱碱▲ isostephodeline
异一枝蒿酮酸 isorupestonic acid
5-异异戊烯氧基-7-甲氧基香豆素 5-isopentenyloxy-7-methoxycoumarin
异益母草灵素▲ isoleoheterin
异茵陈蒿黄酮 isoarcapillin
异银桦苷▲A isorobustaside A
异银杏素 isoginkgetin
异银杏素-7-*O*-β-D-吡喃葡萄糖苷 isoginkgetin-7-*O*-β-D-glycopyranoside
1*H*-异吲哚-1,3(2*H*)-二酮 1*H*-isoindole-1,3(2*H*)-dione
异隐丹参酮 isocryptotanshinone
异隐居红厚壳酸▲ isorecedensic acid
异印楝内酯 isoazadironolide
异樱花苷 isosakuranin
(*S*)-异樱花素 (*S*)-isosakuranetin
异樱花素 isosakuranetin
异樱花素-7-*O*-新橙皮糖苷 isosakuranetin-7-*O*-neohesperidoside
异樱花素-7-甲醚 isosakuranetin-7-methylether
异樱花素-7-芸香糖苷 isosakuranetin-7-rutinoside
异樱花素查耳酮 isosakuranetin chalcone
异樱黄素 isoprunetin
异樱黄素-7-*O*-β-D-葡萄糖苷 isoprunetin-7-*O*-β-D-glucoside
β-异鹰爪豆碱 β-isosparteine
异油橄榄苦苷 isooleuropein
异油酸 isooleic acid
异右旋海松酸 isodextropimaric acid
异柚皮苷 isonaringin
异鱼藤钦素▲A isoderricin A
异榆橘花碱 isopteleflorine
异榆橘花里定碱 isoptelefolidine
异榆橘季铵碱▲高氯酸盐 isoptelefolonium perchlorate
异榆橘碱 isopteleine
异榆橘林碱▲ isoptelefoline
异榆橘异戊烯碱▲ isopteleprenine
α-异羽扇豆碱 α-isolupanine
异羽扇豆烯酚 isolupinenol
异羽扇豆烯乙酸酯 isolupenyl acetate
异羽扇豆异黄酮▲E isolupinisoflavone E
异羽叶丁香素▲ isopinnatifolin
异羽状芸香素▲ isosabandin
异玉柏宁碱 isoobscurinine
异玉蕊醇▲A isoracemosol A
(-)-异愈创木素 (-)-isoguaiacin
异愈创木烯 isoguaiene
异鸢尾苷 isoiridin
异鸢尾黄素 isotectorigenin
异鸢尾黄素-7-*O*-β-D-吡喃葡萄糖苷 isotectorigenin-7-*O*-β-D-glucopyranoside
异鸢尾黄酮苷 isotectoridin
异原阿比西尼亚千金藤碱▲ isoprostephabyssine
异原百部碱 isoprotostemonine
异原莪术烯醇 isoprocurcumenol
异原藜芦因 isoprotoverine
异原苏木素B isoprotosappanin B
异圆齿列当苷 isocrenatoside
异圆盘豆素▲ isookanin

Y

异圆盘豆素▲-7-*O*-(4'',6''- 二乙酰基)-*β*-D- 吡喃葡萄糖苷 isookanin-7-*O*-(4'',6''-diacetyl)-*β*-D-glucopyranoside
异圆盘豆素▲-7-*O*-*β*-D-(2'',4'',6''- 三乙酰基)- 吡喃葡萄糖苷 isookanin-7-*O*-*β*-D-(2'',4'',6''-triacetyl)-glucopyranoside
异圆盘豆素▲-7-*O*-*β*-D- 葡萄糖苷 isookanin-7-*O*-*β*-D-glucoside
(-)- 异月桂碱 (-)-isolaureline
d- 异月桂碱 *d*-isolaureline
异月桂碱 -*N*- 氧化物 isolaureline-*N*-oxide
异月桂酸 isolauric acid
异云南石梓醇▲ isoarboreol
异芸香灵 isorutarin
异藏报春素▲ isosinensin
异枣熊果酸 isozizyphursolic acid
16- 异皂皮树酸 16-isoquillaic acid
异泽兰素 isoeuparin
异獐牙菜酚素▲ isoswertianolin
异獐牙菜宁▲ isoswertianin
异獐牙菜素 isoswertisin
异獐牙菜素 -2''- 鼠李糖苷 isoswertisin-2''-rhamnoside
异獐牙菜素 -4'-*O*- 葡萄糖苷 isoswertisin-4'-*O*-glucoside
异胀果芹素▲ isophloidicarpin
异爪哇柘屾酮▲A, B isocudraniaxanthone A, B
异遮荫军刀豆素▲ isoduartin
异柘屾酮▲K isocudraxanthone K
异浙贝碱 isobaimonidine
异真藓黄酮▲ heterobryoflavone
异直立角茴香碱 isohyperectine
(-)- 异直蒴苔苷▲ (-)-tachioside
异直蒴苔苷▲ tachioside
异直蒴苔苷▲-2'-*O*-4''-*O*- 甲基没食子酸酯 tachioside-2'-*O*-4''-*O*-methyl gallate
异植醇 isophytol
异止泻木西明▲ isoconessimine
异智异山五加苷▲ isochiisanoside
异中美菊素 isozaluzanin
异中美菊素 C isozaluzanin C
异珠子草四氢萘林▲ isolintetralin
异株荨麻酚▲ diocanol
异株五加苷▲A, B sieboldianoside A, B
异猪毛菜碱 isosalsoline
异锥喉花菲灵▲ isoconoliferine
异锥喉花西定▲A, B isoconomicidine A, B
异紫花前胡素▲ isodecursin
(-)- 异紫堇定 (-)-isocorydine
(+)- 异紫堇定 (+)-isocorydine
d- 异紫堇定 *d*-isocorydine
异紫堇定 isocorydine
(+)-6*R*,6a*S*- 异紫堇定 -N_{β}- 氧化物 (+)-6*R*,6a*S*-isocorydine-N_{β}-oxide
(+)- 异紫堇块茎碱 (+)-isocorytuberine
异紫堇醌 isocorydione
异紫堇鳞茎碱 isocorybulbine
异紫堇灵 isocorynoline
(-)- 异紫堇杷明碱 (-)-isocorypalmine
(*S*)- 异紫堇杷明碱 (*S*)-isocorypalmine
L- 异紫堇杷明碱 L-isocorypalmine
异紫堇杷明碱 isocorypalmine
异紫苜蓿烷▲ isosativan
异紫皮柳苷▲ isosalipurposide
异紫皮柳苷▲-4'-*O*-*β*-D- 吡喃葡萄糖苷 isosalipurposide-4'-*O*-*β*-D-glucopyranoside
异紫杉树脂醇 -4-*O*- 甲醚 isotaxiresinol-4-*O*-methyl ether
异紫杉脂醇▲ isotaxiresinol
异紫蒜苷 B isoeruboside B
异紫穗槐利定 isoamoridin
异紫穗槐利辛 isoamoricin
异紫穗槐灵▲ isoamorin
异紫穗槐亭 isoamoritin
异紫檀醇酮 isopterocarpolone
异紫檀呋喃 isopterofuran
(5*R*,7*R*,10*S*)- 异紫檀酮▲-*β*-D- 吡喃葡萄糖苷 (5*R*,7*R*,10*S*)-isopterocarpolone-*β*-D-glucopyranoside
异紫云英苷 isoastragalin
异棕榈酸 isopalmitic acid
异总状土木香醇▲ isoinunol
异总状土木香醛▲ isoinunal
易混翠雀花碱 condelphine
易混翠雀碱▲ condelphine; coldephnine
益母草醇▲A yimunol A
益母草定 leonuridine
益母草酚苷▲A yimunoside A
益母草苷 leonuride
益母草碱 leonurine
(+)- 益母草灵素▲ (+)-leoheterin
益母草灵素▲ leoheterin
益母草宁 leonurinine
益母草宁素▲ leojaponin
益母草宁素▲A, B, C leojaponin A, B, C
益母草诺苷▲A, B, E, F leonoside A, B, E, F
益母草齐墩果内酯 A~J leonurusoleanolide A~J
益母草瑞苷▲A, B leonuriside A, B
益母草素▲A leonujaponin A
益母草索苷▲A~E leonurusoside A~E
益母草萜宁▲A~F leoheteronin A~F
益母草萜酮▲A, B heteronone A, B
益母草酮 A~E leoheteronone A~E
益智醇 oxyphyllacinol
益智仁醇 A, B, C oxyphyllol A, B, C
益智酮▲A, B oxyphyllone A, B
益智酮 A, B yakuchinone A, B
益智烯二醇▲A, B oxyphyllenodiol A, B
益智烯酮▲A, B oxyphyllenone A, B
益智新醇 neonootkatol
意大利鼠李素▲ alaternin
意大利鼠李素▲-1-*O*-*β*-D- 吡喃葡萄糖苷 alaternin-1-*O*-*β*-D-glucopyranoside
意大利鼠李素▲-2-*O*- 吡喃葡萄糖苷 alaternin-2-*O*-*β*-D-glucopyranoside
薏米内酯▲ mayuenolide
薏苡多糖 coixan
薏苡螺内酰胺▲A, B, C coixspirolactam A, B, C
薏苡内酰胺▲ coixlactam
薏苡仁酯 coixenolide
薏苡素 coixol
薏苡茚 A, B coixinden A, B
翼齿六棱菊苷▲A~H pterodontoside A~H
翼齿六棱菊内酯▲ pterodolide
翼齿六棱菊酮▲A, B laggerone A, B
翼齿六棱菊酮酸▲ pterodonoic acid

翼梗五味子二内酯▲ A~D henridilactone A~D
翼梗五味子酚 schisanhenol
翼梗五味子酚 B schisanhenol B
翼梗五味子酚乙酸酯 schisanhenol acetate
翼梗五味子宁▲ A, B, C henrischinin A, B, C
翼梗五味子素▲ henricin
翼梗五味子素▲ A, B henricin A, B
翼梗五味子酸 schisanhenric acid
翼梗五味子酯 schisanhenrin
翼核果醌 leiocarpaquinone
翼核果醌 I, K ventiloquinone I, K
翼核果𠮿酮二糖苷 ventilagoxanthobinoside
翼核果𠮿酮苷 ventilagoxanthonoside
翼核果素 ventilagolin
翼蓼醇▲ A pteroxygonumnol A
翼蓼苷▲ pteroxygonumoside
翼蓼素▲ A, B giraldiin A, B
翼叶山牵牛苷▲ alatoside
翼叶山牵牛洛苷▲ thunaloside
阴地蒿酮▲ arteminone
阴地蕨素 ternatin
阴生香茶菜宁▲ rabdoumbrosanin
阴生香茶菜素 A, B umbrosin A, B
阴香胺 cinnabutamine
阴行草醇 siphonostegiol
茵陈二炔 capillene
茵陈二炔酮 capillin
茵陈蒿定▲ A~H capillaridin A~H
茵陈蒿酚▲ capillarol
茵陈蒿黄酮 arcapillin
茵陈蒿灵 A, C artepillin A, C
茵陈蒿品▲ A~D artemicapin A~D
茵陈蒿素 A, B capillartemisin A, B
茵陈色原酮 capillarisin
茵陈素 capillarin
茵芋醇▲ skimmiol
(+)- 茵芋酚醇▲ (+)-skimmidiol
茵芋苷 skimmin
茵芋碱 skimmianine
茵芋宁▲ skimminin
茵芋宁碱 A, B reevesianine A, B
茵芋醛▲ skimmial
茵芋酮▲ skimmianone
银白鼠尾草二醇 arucadiol
银被肉豆蔻醇▲ A, B myristargenol A, B
银柴胡胺 A~L dichotomine A~L
银柴胡胺酰胺 dichotomide I, II, III, IV, V, VI, VII, VIII, IX, X, XI, XII, XIII, XIV
银柴胡苷▲ A~E dichotomoside A~E
银柴胡素 dichotomin
银柴胡素 A~K dichotomin A~K
银椴苷 tiliroside
银椴苷 -7-*O*-*β*-D- 吡喃葡萄糖苷 tiliroside-7-*O*-*β*-D-glucopyranoside
银椴苷单乙酸酯 tiliroside monoacetate
银耳素▲ tremellin
银钩花酰胺▲ B thoreliamide B
银合欢素▲ -2 leucenin-2
银合欢素▲ -2,4'- 甲醚 leucenin-2,4'-methyl ether
银铧内酯 grevillone
银桦酚 grevillol
银桦酚▲ A, B, C grevirobstol A, B, C
银桦酚烷▲ graviphane
银桦苷▲ A~G robustaside A~G
银桦环▲ gravicycle
银桦醌▲ graviquinone
银桦洛苷▲ A~Q grevilloside A~Q
银桦洛苷▲ E 甲酯 grevilloside E methyl ester
银桦醚酚▲ robustol
银桦酸 grevillic acid
银桦酸甲酯 methyl grevillate
银桦托酚▲ A, B grebustol A, B
银灰蒿宁▲ canin
银灰蒿素▲ artecanin
银胶菊醇 partheniol
银胶菊内酯 hysterolactone
银胶菊素 parthenin
银胶菊素 -8*β*- 异戊醇酯 parthenin-8*β*-isopentanoate
银胶菊素 -8*β*- 异戊烯醇酯 parthenin-8*β*-isopentenoate
银胶菊酮▲ A~E hysterone A~E
银胶菊因▲ hysterin
银莲花苷▲ A, A_3, B, B_4 anemoside A, A_3, B, B_4
银莲花内酯▲ anemonolide
银莲花素 anemonin
银钱草苷 A, B, C yinxiancaoside A, B, C
银肉豆蔻素▲ argenteane
银沙槐碱▲ argentine
银树素▲ leudrin
银线草菖蒲二烯醇▲ shizukaacoradienol
银线草醇 A~P shizukaol A~P
银线草呋喃醇 shizukafuranol
银线草内酯 shizukanolide
银线草内酯 B~H shizukanolide B~H
银线草内酯醇 shizukolidol
银线草新醇▲ yinxiancaol
银杏醇 ginnol
银杏毒素 ginkgotoxin
银杏毒素 -5'- 葡萄糖苷 ginkgotoxin-5'-glucoside
银杏酚 ginkgol
银杏内酯 A, B, C, J~N, P, Q ginkgolide A, B, C, J~N, P, Q
银杏素 ginkgetin
银杏素 -7''-*O*-*β*-D- 吡喃葡萄糖苷 ginkgetin-7''-*O*-*β*-D-glycopyranoside
银杏酸 I, II ginkgolic acid I, II
银杏酮 bilobanone
银杏新酸▲ ginkgoneolic acid
银叶艾内酯▲ A arteludovicinolide A
银叶巴豆二萜醇 sonderianol
银叶巴豆素 A~H, α, β crotocascarin A~H, α, β
银叶巴豆酸▲ argyrophilic acid
银叶树醇▲ heritol
银叶树宁▲ heritianin
银叶树素▲ heritonin
淫羊藿醇 A_1, A_2 icariol A_1, A_2
7*S*,7'*S*,8*R*,8'*R*- 淫羊藿醇 A_2 7*S*,7'*S*,8*R*,8'*R*-icariol A_2
淫羊藿醇 A_2-9-*O*-*β*-D- 吡喃木糖苷 icariol A_2-9-*O*-*β*-D-xylopyranoside
7*S*,7'*S*,8*R*,8'*R*- 淫羊藿醇 A_2-9-*O*-*β*-D- 吡喃葡萄糖苷 7*S*,7'*S*,8*R*,8'*R*-icariol A_2-9-*O*-*β*-D-glucopyranoside

淫羊藿次苷 icariside
淫羊藿次苷 icariside I, II, A, A_1, A_4, A_5, A_7, B, B_1, B_2, B_4, B_5, B_6, B_9, C, C_1, C_3, D_1, D_2, D_3, DC, E, E_3~E_7, F, F_2, H_1
淫羊藿定 A, B, C, K epimedin A, B, C, K
淫羊藿苷 icariin
淫羊藿苷 I icariin I
淫羊藿树脂醇 -4'-*β*-D- 吡喃葡萄糖苷 icariresinol-4'-*β*-D-glucopyranoside
淫羊藿素 icaritin
淫羊藿素 -3-*O*-*α*- 吡喃鼠李糖苷 icaritin-3-*O*-*α*-rhamnopyranoside
淫羊藿素 -3-*O*- 吡喃鼠李糖苷 icaritin-3-*O*-rhamnopyranoside
淫羊藿素 D yinyanghuo D
淫羊藿新苷 A, B, C, E epimedoside A, B, C, E
1*H*- 吲哚 1*H*-indole
吲哚 indole
(*E*)-2-[(3'- 吲哚) 氰亚甲基]-3- 吲哚酮 (*E*)-2-[(3'-indole) cyanomethylene]-3-indolinone
1*H*- 吲哚 -2- 羧酸 1*H*-indole-2-carboxylic acid
吲哚 -3-(L-*α*- 氨基 -*α*- 羟基 - 丙酸)- 甲酯 indole-3-(L-*α*-amino-*α*-hydroxypropionic acid)-methyl-ester
吲哚 -3- 丁酸 indole-3-butyric acid
N-[2-(1*H*- 吲哚 -3- 基) 乙基] 乙酰胺 *N*-[2-(1*H*-indol-3-yl)ethyl] acetamide
2-(1*H*- 吲哚 -3- 基) 乙基 -6-*O*-*β*-D- 吡喃木糖基 -*β*-D- 吡喃葡萄糖苷 2-(1*H*-indol-3-yl)ethyl-6-*O*-*β*-D-xylopyranosyl-*β*-D-glucopyranoside
2'-(3*H*- 吲哚 -3- 基甲基) 丁烷 -1'- 醇 2'-(3*H*-indol-3-yl methyl) butan-1'-ol
1*H*- 吲哚 -3- 甲醛 1*H*-indole-3-carboxaldehyde
吲哚 -3- 甲醛 indole-3-carboxaldehyde
吲哚 -3- 硫醇 indole-3-thiol
1*H*- 吲哚 -3- 醛 1*H*-indole-3-carbaldehyde
1*H*- 吲哚 -3- 羧酸 1*H*-indole-3-carboxylic acid
吲哚 -3- 羧酸 indole-3-carboxylic acid
吲哚 -3- 羧酸甲酯 indole-3-carboxylic acid methyl ester
吲哚 -3- 乙腈 indole-3-acetonitrile
吲哚 -3- 乙腈 -6-*O*-*β*-D- 吡喃葡萄糖苷 indole-3-acetonitrile-6-*O*-*β*-D-glucopyranoside
1*H*- 吲哚 -3- 乙酸 1*H*-indole-3-acetic acid
吲哚 -3- 乙酸 indole-3-acetic acid
吲哚 -3- 乙酸甲酯 indole-3-acetic acid methyl ester
吲哚 -3- 乙酰基 - 肌肉肌醇 indole-3-acetyl-*myo*-inositol
吲哚 -5- 羧酸 indole-5-carboxylic acid
10*H*- 吲哚并 [3,2-b] 喹啉 10*H*-indolo[3,2-b]quinoline
(*S*)-3-(3- 吲哚基) 乳酸甲酯 (*S*)-3-(3-indolyl)lactic acid methyl ester
β- 吲哚醛 *β*-indolylaldehyde
β- 吲哚酸 *β*-indole acid
3- 吲哚羧酸 3-indolecarboxylic acid
β- 吲哚羧酸 *β*-indole carboxylic acid
隐北美乔松素▲ cryptostrobin
隐菖蒲螺酮 cryptoacorone
隐丹参酮 cryptotanshinone
隐黄素 cryptoflavin
α- 隐黄质 *α*-cryptoxanthin
β- 隐黄质 *β*-cryptoxanthin
隐黄质 cryptoxanthin
β- 隐黄质 - 单棕榈酸酯 *β*-cryptoxanthin-monopalmitate
β- 隐黄质 - 肉豆蔻酸酯 *β*-cryptoxanthin-myristate
隐黄质样色素 cryptoxanthin-like pigment
β- 隐黄质 - 月桂酸酯 *β*-cryptoxanthin-laurate
隐黄质酯 cryptoxanthin ester
β- 隐黄质 - 棕榈酸酯 *β*-cryptoxanthin-palmitate
隐居红厚壳酸▲ recedensic acid
隐孔菌酸 A~G cryptoporic acid A~G
隐辣椒素 cryptocapsin
隐蓝藻素▲ cryptophycin
隐绿原酸 cryptochlorogenic acid
隐绿原酸甲酯 cryptochlorogenic acid methyl ester
隐品碱 cryptopine
隐品酮 cryptone
隐舌橐吾酮 A, B franchetianone A, B
印车前因 indicaine
印第安麻苷元醇▲ cannogenol
印第安麻苷元醇▲-3-*O*-6'- 脱氧 -*β*-D- 阿洛糖苷 -*α*-L- 鼠李糖苷 cannogenol-3-*O*-6'-deoxy-*β*-D-allosido-*α*-L-rhamnoside
印第安麻苷元醇▲-3-*O*-6'- 脱氧 -*β*-D- 阿洛糖苷 -*β*-D- 葡萄糖苷 cannogenol-3-*O*-6'-deoxy-*β*-D-allosido-*β*-D-glucoside
印第安麻苷元醇▲-3-*O*-*α*-L- 吡喃鼠李糖苷 cannogenol-3-*O*-*α*-L-rhamnopyranoside
印第安麻苷元醇▲-3-*O*-*β*-D- 吡喃半乳糖基 -(1 → 4)-*O*-*α*-L- 吡喃鼠李糖苷 cannogenol-3-*O*-*β*-D-galactopyranosyl-(1 → 4)-*O*-*α*-L-rhamnopyranoside
印第安麻苷元酸▲-*α*-L- 黄花夹竹桃糖苷 cannogenic acid-*α*-L-thevetoside
印度八角枫灵▲ ankorine
印度地不容定▲ gindarudine
印度地不容灵▲ gindarine
印度地不容宁▲ gindarinine
印度地不容辛▲ gindaricine
印度杠柳素▲-2, -1 hemidesmin -2, -1
印度红椿素▲ febrifugin
印度黄皮精▲ madugin
印度黄皮内酯 indicolactone
印度黄皮内酯二醇▲ indicolactonediol
印度黄皮素▲ clausindin
印度黄皮酰胺▲ balasubramide
印度黄皮唑碱 indizoline
印度黄檀苷 sissotrin
印度黄檀异黄苷▲ dalsissooside
印度黄檀甾醇▲ sissosterol
印度荆芥醇 nepehinol
印度荆芥醇乙酸酯 nepehinol acetate
印度荆芥苷 nepitrin
印度苦楝林素▲ margocilin
印度苦木素 X indaquassin X
印度冷杉内酯▲ pindrolactone
印度马兜铃烷▲ ishwarane
印度马兜铃烯▲ aristolochene
印度榕苷▲ elasticoside
印度榕酸▲ ficuselastic acid
印度三尖杉碱▲ cephalomannine
印度乌头碱▲ bikhaconitine
印度乌头原碱▲ bikhaconine
印度小酸浆醇 A physalindicanol A
印度烟堇碱▲ paprazine
印度羊角藤内酯▲ A, B umbellatolide A, B
印度獐牙菜 -16- 烯 -3- 酮 chirat-16-en-3-one
印度獐牙菜 -17(22)- 烯 -3- 酮 chirat-17(22)-en-3-one

印度獐牙菜素 swerchirin
印度獐牙菜烯醇▲ chiratenol
印防己苦内酯 picrotin
印蒿酮 davanone
印楝波力定▲ A~F nimbolidin A~F
印楝波力宁▲ A~D nimbolinin A~D
印楝波灵▲ E nimbolin E
Δ^5- 印楝二酚▲ Δ^5-nimbidiol
印楝二酚▲ nimbidiol
印楝酚 nimbiol
印楝诺醇▲ nimonol
印楝沙兰宁 salannin
印楝素 azadirachtin
印楝酮 azadirone
印楝甾醇 nimbosterol
印尼波罗蜜素▲ A-2, F, S, X artoindonesianin A-2, F, S, X
印尼龙脑香素▲ D diptoindonesin D
印水黄皮品素▲ karanjapin
印水黄皮色烯▲ karanjachromene
印水黄皮双黄酮▲ karanjabiflavone
印水黄皮酮▲ kanjone
印乌碱 indaconitine
茚 indene
1*H*- 茚 -1- 乙醇 1*H*-indene-1-ethanol
罂粟红碱 D, E papaverrubine D, E
罂粟碱 papaverine
罂粟壳碱 narcotoline
樱草苷 primeverin
樱草素馨苷▲ primulinoside
樱草糖 primeverose
1-*O*- 樱草糖基 -3,7,8- 三甲氧基呫酮 1-*O*-primeverosyl-3,7,8-trimethoxyxanthone
1-*O*- 樱草糖基 -3,7- 二甲氧基 -8- 羟基呫酮 1-*O*-primeverosyl-3,7-dimethoxy-8-hydroxyxanthone
2- 樱草糖基 -5- 甲氧基 - 苯乙酮 2-primeverosyl-5-methoxy-acetophenone
4- 樱草糖基 - 苯乙酮 4-primeverosyl-acetophenone
D- 樱草糖基芫花宁素▲ D-primeversylgenkwanine
樱草皂苷 sakuraso-saponin
樱花苷 sakuranin
樱花苷元 sakuragenin
樱花树脂醇 sakuraresinol
(-)- 樱花树脂苷 (-)-sakuraresinoside
(-)- 樱花素 (-)-sakuranetin
(*S*)-(-)- 樱花素 (*S*)-(-)-sakuranetin
樱花素 sakuranetin
樱花素 -4'- 甲醚 sakuranetin-4'-methyl ether
樱花素查耳酮 sakuranetin chalcone
樱黄素 prunetin
樱黄素 -4'-*O*-*β*-D-7-*O*-*β*-D- 吡喃葡萄糖苷 -6''-*O*- 乙酸酯 prunetin-4'-*O*-*β*-D-glucopyranoside-6''-*O*-acetate
樱黄素 -4'-*O*-*β*-D- 吡喃葡萄糖苷 prunetin-4'-*O*-*β*-D-glucopyranoside
樱黄素 -4'-*O*-*β*-D- 呋喃芹糖基 -(1 → 6)-*β*-D- 吡喃葡萄糖苷 prunetin-4'-*O*-*β*-D-apiofuranosyl-(1 → 6)-*β*-D-glucopyranoside
樱黄素 -4'-*O*-*β*-D- 葡萄糖苷 prunetin-4'-*O*-*β*-D-glucoside
樱黄素 -4'-*O*- 吡喃半乳糖苷 prunetin-4'-*O*-galactopyranoside
樱黄素 -4'-*α*-D- 吡喃葡萄糖苷 prunetin-4'-*α*-D-glucopyranoside
樱黄素苷 prunetinoside
樱桃苷 prunin
樱桃苷 -6''- 对香豆酸酯 prunin-6''-*p*-coumarate
鹦嘴鱼毒素 scaritoxin
(-)- 鹰爪豆碱 (-)-sparteine
(+)- 鹰爪豆碱 (+)-sparteine
d- 鹰爪豆碱 *d*-sparteine
鹰爪豆碱 sparteine
鹰爪花醇▲ artabotrycinol
鹰爪花苷▲ A, B artabotryside A, B
鹰爪花碱 artacinatine
鹰爪花宁▲ uncinine
(*R*)- 鹰爪花三醇▲ (*R*)-artabotriol
鹰爪花素▲ A, B, C artapetalin A, B, C
鹰爪花亭▲ A~F artabonatine A~F
鹰爪花烯酮▲ artamenone
(-)- 鹰嘴豆醇 (-)-garbanzol
鹰嘴豆醇 garbanzol
鹰嘴豆苷▲ A cicerarietinuoside A
鹰嘴豆芽素 A, B biochanin A, B
鹰嘴豆芽素 A-7-*O*-*β*-D- 吡喃木糖基 -(1 → 6)-*β*-D- 吡喃葡萄糖苷 biochanin A-7-*O*-*β*-D-xylopyranosyl-(1 → 6)-*β*-D-glucopyranoside
鹰嘴豆芽素 A-7-*O*-*β*-D- 吡喃葡萄糖苷 -6''-*O*- 乙酸酯 biochanin A-7-*O*-*β*-D-glucopyranoside-6''-*O*-acetate
鹰嘴豆芽素 A-7-*O*-*β*-D- 呋喃芹糖基 -(1 → 5)-*β*-D- 呋喃芹糖基 -(1 → 6)-*β*-D- 吡喃葡萄糖苷 biochanin A-7-*O*-*β*-D-apiofuranosyl-(1 → 5)-*β*-D-apiofuranosyl-(1 → 6)-*β*-D-glucopyranoside
鹰嘴豆芽素 A-7-*O*-*β*-D- 呋喃芹糖基 -(1 → 6)-*β*-D- 吡喃葡萄糖苷 biochanin A-7-*O*-*β*-D-apiofuranosyl-(1 → 6)-*β*-D-glucopyranoside
鹰嘴豆芽素 A-7-*O*- 吡喃葡萄糖苷 biochanin A-7-*O*-glucopyranoside
鹰嘴豆芽素 A-7-*O*- 吡喃葡萄糖苷 -6''-*O*- 丙二酸酯 biochanin A-7-*O*-glucopyranoside-6''-*O*-malonate
鹰嘴豆芽素 A-7-*β*-D- 龙胆二糖苷 biochanin A-7-*β*-D-gentiobioside
鹰嘴黄芪黄烷 astraciceran
迎春苷▲ nudifloside
迎春苷▲ A~D nudifloside A~D
迎春花苷▲ A~L jasnudifloside A~L
荧光多果树胺▲ fluorocarpamine
荧光多果树胺▲ -*N*- 氧化物 fluorocarpamine-*N*-oxide
颖苞草亭▲ hypolaetin; hypoletin
颖苞草亭▲ -5-*O*-*β*-D- 吡喃葡萄糖醛酸苷 hypolaetin-5-*O*-*β*-D-glucuronopyranoside
颖苞草亭▲ -7-*O*-*β*-D- 吡喃木糖苷 hypolaetin-7-*O*-*β*-D-xylopyranoside
颖苞草亭▲ -7-*O*-*β*-D- 吡喃葡萄糖苷 hypolaetin-7-*O*-*β*-D-glucopyranoside
颖苞草亭▲ -7-*O*-*β*- 吡喃木糖苷 hypolaetin-7-*O*-*β*-xylopyranoside
颖苞草亭▲ -8-*O*-*β*-D- 吡喃葡萄糖苷 hypolaetin-8-*O*-*β*-D-glucopyranoside
颖苞草亭▲ -8-*O*-*β*-D- 龙胆双糖苷 hypolaetin-8-*O*-*β*-D-*β*-gentiobioside
颖苞草亭▲ -8-*O*-*β*- 吡喃葡萄糖醛酸苷 -3''-*O*- 硫酸酯 hypolaetin-8-*O*-*β*-glucuronopyranoside-3''-*O*-sulfate
颖苞草亭▲五甲醚 hypolaetin pentamethyl ether
瘿花香茶菜灵▲ rosthorin
瘿花香茶菜灵▲ A rosthorin A
瘿花香茶菜宁▲ A~D rosthornin A~D
瘿花香茶菜素▲ A~G isorosthornin A~G
瘿花香茶菜辛▲ A~P isorosthin A~P
硬尖类菊蒿定▲ mucrolidin
硬毛地笋素▲ A lucihirtin A

Y

硬毛钩藤内酯 -13-*O*- 乙酸酯 hirsutinolide-13-*O*-acetate
硬毛红砂素 T_1, T_2, T_3 hirtellin T_1, T_2, T_3
硬毛南芥素▲ hirsutin
硬毛茄苷元▲ solaspigenin
硬皮地星醇▲ astrahygrol
硬皮地星酮▲ astrahygrone
硬皮胡椒定▲ pipercallosidine
硬皮胡椒碱▲ pipercallosine
硬皮榕苷▲ ficalloside
硬脂四烯酸 stearidonic acid
硬脂酸 stearic acid
硬脂酸豆甾醇酯 stigmasteryl stearate
硬脂酸甘油酯 glyceryl monostearate
硬脂酸癸酯 stearate decanoate ester
硬脂酸甲酯 methyl stearate
6'-*O*- 硬脂酸酰基 -*β*-D- 吡喃葡萄糖基谷甾醇 6'-*O*-stearoyl-*β*-D-glucosylsitosterol
硬脂酸乙酯 stearic acid ethyl ester; ethyl stearate
(*E*)- 硬脂酰阿魏酸酯 (*E*)-stearyl ferulate
硬脂酰二亚油精 stearodilinolin
硬脂酰二油酰甘油酯 stearodiolein
1-*O*- 硬脂酰甘油 1-*O*-stearoyl-glycerol
(2*S*)-1-*O*- 硬脂酰基 -2-*O*- 亚油酰基 -3-*O*-[*α*-D- 吡喃半乳糖基 -(1''→6')-*β*-D- 吡喃半乳糖基] 甘油 (2*S*)-1-*O*-stearoyl-2-*O*-linoleoyl-3-*O*-[*α*-D-galactopyranosyl-(1''→6')-*β*-D-galactopyranosyl]glycerol
6'- 硬脂酰基 -*α*- 菠菜甾醇 -3-*O*-*β*-D- 吡喃葡萄糖苷 6'-stearyl-*α*-spinasteryl-3-*O*-*β*-D-glucopyraoside
3-*O*-(6'-*O*- 硬脂酰基 -*β*-D- 葡萄糖基)- 豆甾 -5,25(27)- 二烯 3-*O*-(6'-*O*-stearyl-*β*-D-glucosyl)-stigmasta-5,25(27)-diene
3-*O*-[6'-*O*- 硬脂酰基 -*β*-D- 葡萄糖基]- 豆甾 -5,25(27)- 二烯 3-*O*-[6'-*O*-stearoyl-*β*-D-glucosyl]-stigmasta-5,25(27)-diene
8- 硬脂酰基 - 苯甲酰次乌头胺 8-stearoyl-benzoylhypaconine
8- 硬脂酰基 - 苯甲酰基 -3,13- 二去氧乌头原碱 8-stearoyl-benzoyl-3,13-dideoxyaconine
8- 硬脂酰基 - 苯甲酰中乌头胺 8-stearoyl-benzoylmesaconine
硬脂酰美味红菇醇酮▲ B stearoylplorantinone B
硬脂酰美味红菇酮▲ stearoyldelicone
硬脂酰绒白乳菇缩醛▲ stearoylvelutinal
N- 硬脂酰色胺 *N*-stearoyltryptamine
硬脂酰油酰亚油精 stearooleolinolin
硬酯萜 stearoptene
硬锥喉花碱▲ conodurine
硬锥喉花宁碱▲ conodurinine
硬锥喉花萨灵▲ conodusarine
硬锥喉花塔灵▲ A, B conodutarine A, B
永宁独活苷▲ A, B yunngnoside A, B
永宁独活素▲ A, B yunngnin A, B
优葛缕子酮 eucarvone
优呫酮 euxanthone
优呫酮 -7- 甲醚 euxanthone-7-methyl ether
优雅凤毛菊碱▲ elegantine
优雅凤毛菊宁▲ elegin
优雅凤毛菊素▲ eleganin
尤拉买麻藤素▲ gnetulin
油菜内酯 brassinolide
油菜甾 -5- 烯 -3*β*- 醇 -7- 酮 campest-5-en-3*β*-ol-7-one
油茶苷▲ A~H oleiferoside A~H
油茶皂苷▲ A_1, B_1, B_2 oleiferasaponin A_1, B_1, B_2
油橄榄苦苷 oleuropein
油橄榄苦苷 -4''- 甲酯 oleuropein-4''-mether
油橄榄苦苷苷元醛 aldehydic form of oleuropein aglycon
(±)- 油橄榄酸 (±)-oleuropeic acid
油桦内酯▲ B ovalifoliolide B
油麻藤定碱 mucunadine
油麻藤苷元 a, b mucunagenin a, b
油麻藤碱 mucunine
油麻藤尼宁碱▲ mucuadininine
油麻藤宁碱▲ mucuadinine
油麻藤四氢异喹啉酸二半乳糖苷 mucunate trahydroisoquinolinic acid digalactoside
油酸 oleic acid
油酸 -*Z*-9- 十六烯酯 oleic acid-*Z*-9-octadecenyl ester
油酸甘油酯 glyceryl monooleate
(*Z*)-9- 油酸甲酯 (*Z*)-9-methyl oleate
油酸甲酯 oleic acid methyl ester; methyl oleate
油酸酰胺 oleamide
油酸乙酯 oleic acid ethyl ester; ethyl oleate
油维罗蔻木素▲ D oleiferin D
2- 油酰 -1,3- 二棕榈酸甘油酯 2-oleoyl-1,3-dipalmitin
油酰丹参新醌 A oleoyl danshenxinkun A
油酰二亚油精 oleodilinolin
8- 油酰基 -10- 羟基苯甲酰乌头原碱 8-oleoyl-10-hydroxybenzoylaconine
3*β*- 油酰基 -24- 羟基 -24- 乙基胆甾 -5,28(29)- 二烯 3*β*-oleoyl-24-hydroxy-24-ethylcholesta-5,28(29)-diene
(2*S*)-1-*O*- 油酰基 -2-*O*- 油烯酰基 -3-*O*-*β*- 吡喃半乳糖基 - 甘油 (2*S*)-1-*O*-linoleoyl-2-*O*-linolenoyl-3-*O*-*β*-galactopyranosyl-glycerol
1- 油酰基 -2- 棕榈酰甘油磷酸酯 1-oleo-2-palmitoglycerylphosphate
1- 油酰基 -3-*O*-*β*-D- 吡喃半乳糖基 -*sn*- 甘油 1-oleoyl-3-*O*-*β*-D-galactopyranosyl-*sn*-glycerol
8- 油酰基 - 苯甲酰次乌头胺 8-oleoyl-benzoylhypaconine
8- 油酰基 - 苯甲酰基 -15- 去氧次乌头胺 8-oleoyl-benzoyl-15-dexoyhypaconine
8- 油酰基 - 苯甲酰去氧乌头原碱 8-oleoyl-benzoyldeoxyaconine
8- 油酰基 - 苯甲酰中乌头胺 8-oleoyl-benzoylmesaconine
油酰新隐丹参酮 oleoyl neocryptotanshinone
油酰亚油酰甘油酯 oleoyllinoleoylolein
油甾醇 compesterol
疣背枝鳃海牛素▲ L dendocarbin L
疣点多腺桂素▲ verrucosin
疣点卫矛碱▲ A, B euoverrine A, B
疣果豆蔻酮▲ A, B muricarpone A, B
莸苷▲ caryoptoside
莸醌 caryopterone
莸素 caryoptin
莸素半缩醛 caryoptin hemiacetal
莸素醇▲ caryoptinol
莸酯苷▲ A, B caryopteroside A, B
有柄石韦苷▲ A pyrropetioside A
有刺凤尾蕨苷 setulosopteroside
有刺凤尾蕨素 setulosopterosin
右海松醛 dextropimarinal
右旋裂榄莲叶桐素▲ dextrobursehernin
柚碱▲ pummeline
柚明碱▲ grandisimine
柚木蒽酮▲ anthratectone
柚木酚▲ tectol
柚木降木脂素▲ A, B tectonoelin A, B

柚木醌▲ tectoquinone
柚木醌▲ A, B tectoquinone A, B
柚木萘醌▲ naphthotectone
柚木诺醇▲ tectograndinol
柚木酮▲ tectone
柚木香堇醇▲ A, B tectoionol A, B
柚木甾苷▲ zebagrandinoside
柚宁碱▲ grandisinine
(2R)- 柚皮苷 (2R)-naringin
柚皮苷 naringin
柚皮苷 -4'-β-D- 吡喃葡萄糖苷 naringin-4'-β-D-glucopyranoside
柚皮苷 -4'-β-D- 葡萄糖苷 naringin-4'-β-D-glucoside
(-)-(2S)- 柚皮苷元 (-)-(2S)-naringenin
(-)- 柚皮苷元 (-)-naringenin
(+)-(2R)- 柚皮苷元 (+)-(2R)-naringenin
(2R)- 柚皮苷元 (2R)-naringenin
(2S)- 柚皮苷元 (2S)-naringenin
柚皮苷元 naringenin
柚皮苷元 -4',7- 二甲醚 naringenin-4',7-dimethyl ether
柚皮苷元 -4'-O-(4-O-β-D- 吡喃葡萄糖基)-β-D- 吡喃木糖苷 naringenin-4'-O-(4-O-β-D-glucopyranosyl)-β-D-xylopyranoside
柚皮苷元 -4'-O-β-D- 吡喃木糖基 -(1 → 4)-β-D- 吡喃葡萄糖苷 naringenin-4'-O-β-D-xylopyranosyl-(1 → 4)-β-D-glucopyranoside]
柚皮苷元 -4'-O-β-D- 吡喃葡萄糖苷 naringenin-4'-O-β-D-glucopyranoside
柚皮苷元 -4'-O- 吡喃葡萄糖苷 naringenin-4'-O-glucopyranoside
柚皮苷元 -4'- 半乳糖苷 naringenin-4'-galactoside
柚皮苷元 -4'- 甲醚 naringenin-4'-methylether
柚皮苷元 -4'- 甲醚 -7- 木糖苷 naringenin-4'-methyl ether-7-xyloside
(2R)- 柚皮苷元 -5,7- 二 -O-β-D- 吡喃葡萄糖苷 (2R)-naringenin-5,7-di-O-β-D-glucopyranoside
(2S)- 柚皮苷元 -5,7- 二 -O-β-D- 吡喃葡萄糖苷 (2S)-naringenin-5,7-di-O-β-D-glucopyranoside
柚皮苷元 -5,7- 二 -O-β-D- 吡喃葡萄糖苷 naringenin-5,7-di-O-β-D-glucopyranoside
(2R)- 柚皮苷元 -5,7- 二 -O-β-D- 葡萄糖苷 (2R)-naringenin-5,7-di-O-β-D-glucoside
(2S)- 柚皮苷元 -5,7- 二 -O-β-D- 葡萄糖苷 (2S)-naringenin-5,7-di-O-β-D-glucoside
柚皮苷元 -5,7- 二 -O- 吡喃葡萄糖苷 naringenin-5,7-di-O-glucopyranoside
柚皮苷元 -5,7- 二甲醚 -4'-O-β-D- 吡喃木糖基 -β-D- 吡喃阿拉伯糖苷 naringenin-5,7-dimethyl ether-4'-O-β-D-xylopyranosyl-β-D-arabinopyranoside
柚皮苷元 -5,7- 二葡萄糖苷 naringenin-5,7-diglucoside
柚皮苷元 -5-O-α-L- 吡喃鼠李糖苷 naringenin-5-O-α-L-rhamnopyranoside
(2R)- 柚皮苷元 -5-O-β-D- 吡喃葡萄糖苷 (2R)-naringenin-5-O-β-D-glucopyranoside
(2S)- 柚皮苷元 -5-O-β-D- 吡喃葡萄糖苷 (2S)-naringenin-5-O-β-D-glucopyranoside
柚皮苷元 -5-O-β-D- 吡喃葡萄糖苷 naringenin-5-O-β-D-glucopyranoside
柚皮苷元 -5- 甲醚 naringenin-5-methyl ether
柚皮苷元 -6-C- 吡喃葡萄糖苷 naringenin-6-C-glucopyranoside
柚皮苷元-7-(α-吡喃鼠李糖基-(1→2)-(α-吡喃鼠李糖基-(1→6)-β-吡喃葡萄糖苷 naringenin-7-(α-rhamnopyranosyl-(1 → 2)-(α-rhamnopyranosyl-(1 → 6)-β-glucopyranoside
柚皮苷元 -7,4'- 二 -O-β-D- 吡喃葡萄糖苷 naringenin-7,4'-di-O-β-D-glucopyranoside
柚皮苷元 -7-[O-L- 吡喃阿拉伯糖基 -(1 → 6)- 葡萄糖苷] naringenin-7-[O-L-arabinopyranosyl-(1 → 6)-glucoside]
柚皮苷元 -7-O-(2,6- 二 -O-α-L- 吡喃鼠李糖基)-β-D- 吡喃葡萄糖苷 naringenin-7-O-(2,6-di-O-α-L-rhamnopyranosyl)-β-D-glucopyranoside
柚皮苷元 -7-O-(2",6"- 二 -O-α- 吡喃鼠李糖基)-β- 吡喃葡萄糖苷 naringenin-7-O-(2",6"-di-O-α-rhamnopyranosyl)-β-glucopyranoside
柚皮苷元 -7-O-(2-O-β-D- 呋喃芹糖基 -β-D- 吡喃葡萄糖苷 naringenin-7-O-(2-O-β-D-apiofuranosyl)-β-D-glucopyranoside
柚皮苷元 -7-O-(2-β-D- 呋喃芹菜糖基)-β-D- 吡喃葡萄糖苷 naringenin-7-O-(2-β-D-apiofuranosyl)-β-D-glucopyranoside
(2R)- 柚皮苷元 -7-O-(3-O-α-L- 吡喃鼠李糖基 -β-D- 吡喃葡萄糖苷) (2R)-naringenin-7-O-(3-O-α-L-rhamnopyranosyl-β-D-glucopyranoside)
柚皮苷元 -7-O-(6-O- 对香豆酰基)-β-D- 吡喃葡萄糖苷 naringenin-7-O-(6-O-p-coumaroyl)-β-D-glucopyranoside
柚皮苷元 -7-O-(6"-O- 反式对香豆酰基)-β-D- 吡喃葡萄糖苷 naringenin-7-O-(6"-O-trans-p-coumaroyl)-β-D-glucopyranoside
柚皮苷元 -7-O-(6"-O- 没食子酰基)-β-D- 吡喃葡萄糖苷 naringenin-7-O-(6"-O-galloyl)-β-D-glucopyranoside
柚皮苷元 -7-O-α-L- 吡喃鼠李糖基 -(1 → 2)-(4-O- 甲基)-β-D- 葡萄糖苷 naringenin-7-O-α-L-rhamnopyranosyl-(1 → 2)-(4-O-methyl)-β-D-glucoside
柚皮苷元 -7-O-α-L- 吡喃鼠李糖基 -(1 → 4)-α-L- 吡喃鼠李糖苷 naringenin-7-O-α-L-rhamnopyranosyl-(1 → 4)-α-L-rhamnopyranoside
柚皮苷元 -7-O-β-(4",6"- 二没食子酰吡喃葡萄糖苷) naringenin-7-O-β-(4",6"-digalloylglucopyranoside)
柚皮苷元 -7-O-β-D-(3"- 对香豆酰基) 吡喃葡萄糖苷 naringenin-7-O-β-D-(3"-p-coumaroyl)glucopyranoside
柚皮苷元 -7-O-β-D-(4"- 对香豆酰基) 吡喃葡萄糖苷 naringenin-7-O-β-D-(4"-p-coumaroyl)-glucopyranoside
(2S)- 柚皮苷元 -7-O-β-D- 吡喃葡萄糖苷 (2S)-naringenin-7-O-β-D-glucopyranoside
柚皮苷元 -7-O-β-D- 吡喃葡萄糖苷 naringenin-7-O-β-D-glucopyranoside
(2S)- 柚皮苷元 -7-O-β-D- 葡萄糖苷 (2S)-naringenin-7-O-β-D-glycoside
柚皮苷元 -7-O-β-D- 葡萄糖醛酸苷 naringenin-7-O-β-D-glucuronide
柚皮苷元 -7-O-β- 吡喃葡萄糖基 -(1 → 4)- 吡喃葡萄糖苷 naringenin-7-O-β-glucopyranosyl-(1 → 4)-glucopyranoside
柚皮苷元 -7-O- 芥子酰新橙皮糖苷 naringenin-7-O-sinapoyl-neohesperidoside
柚皮苷元 -7-O- 葡萄糖苷 naringenin-7-O-glucoside
柚皮苷元 -7-O- 芸香糖苷 naringenin-7-O-rutinoside
柚皮苷元 -7β- 新橙皮糖苷 naringenin-7β-neohesperidoside
柚皮苷元 -7- 吡喃半乳糖基 -(1 → 4)- 吡喃葡萄糖苷 naringenin-7-galactopyranosyl-(1 → 4)-glucopyranoside
柚皮苷元 -7- 吡喃葡萄糖苷 naringenin-7-glucopyranoside
柚皮苷元 -7- 葡萄糖苷 naringenin-7-glucoside
柚皮苷元 -7- 鼠李葡萄糖苷 naringenin-7-rhamnoglucoside
柚皮苷元 -7- 芸香糖苷 naringenin-7-rutinoside
(2R)- 柚皮苷元 -8-C-α-L- 吡喃鼠李糖基 -(1 → 2)-β- 吡喃葡萄糖苷 (2R)-naringenin-8-C-α-rhamnopyranosyl-(1 → 2)-β-glucopyranoside
柚皮苷元查耳酮 naringenin chalcone
柚皮苷元查耳酮 - 己糖 - 去氧己糖 chalconaringenin-hexose-

Y

deoxyhexose
柚皮苷元查耳酮 - 己糖 - 戊糖 chalconaringenin-hexose-pentose
柚皮苷元二己糖 naringenin dihexose
柚皮苷元己糖 naringenin-hexose
柚皮苷元三甲醚 naringenin trimethyl ether
柚皮苷元三糖苷 naringenin-triglycoside
柚皮灵▲ naringerin
柚皮芸香苷 narirutin
柚皮芸香苷 -4'- 葡萄糖苷 narirutin-4'-glucoside
柚辛碱▲ I, II grandisine I, II
鼬瓣花葡萜苷▲ gluroside
(+)- 鼬瓣花素▲ (+)-galeopsin
鼬瓣花素▲ galeopsin
余甘子鞣质▲ phyllemtannin
余甘子素 A~F phyllaemblicin A~F
余甘子酸 phyllaemblic acid
余甘子酸 B, C phyllaemblic acid B, C
余甘子酸甲酯 phyllaemblic acid methyl ester
余甘子酮 A phyllaemblicone A
鱼骨木苷▲ A, C canthoside A, C
鱼骨木酸▲ canthic acid
鱼黄草素▲ merremin
鱼黄草素▲ A~G merremin A~G
鱼藤 -2'- 烯酸 rot-2'-enonic acid
鱼藤查耳酮▲ derrichalcone
鱼藤醇酮 rotenolone
鱼藤黄烷酮▲ derriflavanone
鱼藤黄烷酮▲ B derriflavanone B
鱼藤卡品 derricarpin
鱼藤素 deguelin
鱼藤酸 elliptic acid
(-)- 鱼藤酮 (-)-rotenone
鱼藤酮 rotenone
鱼藤豌豆素▲ derrispisatin
鱼藤香豆色酮 derriscoumaronochromone
鱼藤辛 derrisin
鱼藤异黄酮▲ G derrisisoflavone G
鱼眼草内酯▲ A~E dichrocepholide A~E
鱼子兰内酯▲ A~F chlorantholide A~F
鱼子兰酮▲ A~D chloranthone A~D
鱼子兰新内酯▲ V chloranerectuslactone V
萸叶旋花菊内酯▲ spirafolide
榆耳醛▲ incarnal
榆耳三醇 gloeosteretriol
榆二醇▲ ulmudiol
榆橘醇▲ ptelefolinol
榆橘定碱▲ ptelefolidine
榆橘定碱▲甲醚 ptelefolidine methyl ether
榆橘都季铵碱▲ ptelefolidonium
榆橘二聚定碱▲ pteledimeridine
榆橘二聚灵碱▲ pteledimerine
榆橘二聚辛碱▲ pteledimericine
榆橘果亭▲ ptelefructin
榆橘花碱 pteleflorine
榆橘季铵碱▲盐酸盐 ptelefolonium chloride
榆橘碱 pteleine
榆橘利酮▲ ptelefolidone
榆橘林碱▲ ptelefoline
榆橘林碱▲甲醚 ptelefoline methyl ether
榆橘灵▲ ptelefoliarine
榆橘皮碱▲ ptelecortine
榆橘鞣花酸▲ pteleoellagic acid
榆橘亭季铵碱▲盐酸盐 pteleatinium chloride
榆橘酮▲ ptelefolone
榆橘异戊烯碱▲ pteleprenine
榆橘组培季铵碱▲盐酸盐 ptelecultinium chloride
榆绿木脂素▲ B anolignan B
榆辛素▲ A~E ulmicin A~E
榆酯酮▲ ulmuestone
羽苞藁本素 A, B daucoidin A, B
羽萼悬钩子酸 rubusic acid
羽脉阿魏醇▲ camolol; kamolol
羽脉阿魏酮▲ camolone; kamolone
(-)- 羽脉野扇花胺 A (-)-hookerianamine A
(-)- 羽脉野扇花酰胺 A, C (-)-hookerianamide A, C
(+)- 羽脉野扇花酰胺 B (+)-hookerianamide B
羽脉野扇花酰胺 B, D~O hookerianamide B, D~O
3β- 羽扇 -12- 烯 -3- 醇 - 十六酸酯 3β-lup-12-en-3-ol-hexadecanoate
羽扇豆 -1,5,20(29)- 三烯 -3-*O*-β-D- 吡喃葡萄糖苷 lup-1,5,20(29)-trien-3-*O*-β-D-glucopyranoside
羽扇豆 -12(13),20(29)- 二烯 -3- 酮 lupa-12(13),20(29)-diene-3-one
羽扇豆 -12,20(29)- 二烯 -3,27- 二醇 lup-12,20(29)-diene-3,27-diol
羽扇豆 -12,20(29)- 二烯 -3β- 醇 lupa-12,20(29)-dien-3β-ol
羽扇豆 -12- 烯 -15α,19β- 二醇 -3,11- 二氧代 -28- 酸 lup-12-en-15α,19β-diol-3,11-dioxo-28-oic acid
(18β,19β)- 羽扇豆 -12- 烯 -3β-*O*- 乙酸酯 (18β,19β)-lup-12-en-3β-*O*-acetate
羽扇豆 -12- 烯 -3β- 醇乙酸酯 lup-12-en-3β-ol acetate
羽扇豆 -12- 烯 -3- 醇 lup-12-en-3-ol
羽扇豆 -16β,28- 二羟基 -3β-*O*- 棕榈酸酯 lup-16β,28-dihydroxy-3β-*O*-palmitate
羽扇豆 -17-(29- 丙醇) lupane-17-(29-propylol
羽扇豆 -18,20(29)- 二烯 -3β- 乙酸酯 lup-18,20(29)-dien-3β-actate
羽扇豆 -1β,3β,11α- 三醇 lup-1β,3β,11α-triol
羽扇豆 -20(29)- 烯 -1,3- 二酮 lup-20(29)-en-1,3-dione
羽扇豆 -20(29)- 烯 -11,3β- 二醇 lup-20(29)-en-11,3β-diol
羽扇豆 -20(29)- 烯 -1β,2α,3β- 三醇 lup-20(29)-ene-1β,2α,3β-triol
羽扇豆 -20(29)- 烯 -1β,3β- 二醇 lup-20(29)-en-1β,3β-diol
羽扇豆 -20(29)- 烯 -1β- 醇 -3α- 乙酸酯 lup-20(29)-en-1β-ol-3α-yl acetate
羽扇豆 -20(29)- 烯 -28- 酸 -28-*O*-β-D- 吡喃葡萄糖基 -(1 → 6)-β-D- 吡喃葡萄糖基酯苷 lup-20(29)-en-28-oic acid-28-*O*-β-D-glucopyranosyl-(1 → 6)-β-D-glucopyranosyl ester
羽扇豆 -20(29)- 烯 -3,21- 二酮 lup-20(29)-en-3,21-dione
羽扇豆 -20(29)- 烯 -3,23- 二醇 lup-20(29)-ene-3,23-diol
3β- 羽扇豆 -20(29)- 烯 -3,28- 二醇 3β-lup-20(29)-ene-3,28-diol
羽扇豆 -20(29)- 烯 -3,28- 二醇 lup-20(29)-ene-3,28-diol
羽扇豆 -20(29)- 烯 -3,28- 二醇 -28- 乙酸酯 lup-20(29)-ene-3,28-diol,28-acetate
(3β,6β,7β)- 羽扇豆 -20(29)- 烯 -3,6,7- 三醇 (3β,6β,7β)-lup-20(29)-ene-3,6,7-triol
羽扇豆 -20(29)- 烯 -3α,23- 二醇 lup-20(29)-en-3 α ,23-diol
羽扇豆 -20(29)- 烯 -3α,27- 二醇 lup-20(29)-ene-3α,27-diol
羽扇豆 -20(29)- 烯 -3α,28- 二醇 lup-20(29)-ene-3α,28-diol
羽扇豆 -20(29)- 烯 -3α- 醇 -1β- 乙酸酯 lup-20(29)-en-3α-ol-1β-yl acetate
羽扇豆 -20(29)- 烯 -3α- 乙酰氧基 -24- 酸 lup-20(29)-en-3α-acetoxy-24-oic acid

Y

羽扇豆 -20(29)- 烯 -3β,11α- 二醇 lup-20(29)-ene-3β,11α-diol
羽扇豆 -20(29)- 烯 -3β,12β- 二醇二乙酸酯 lup-20(29)-en-3β,12β-diol diacetate
羽扇豆 -20(29)- 烯 -3β,15α- 二醇 lup-20(29)-en-3β,15α-diol
羽扇豆 -20(29)- 烯 -3β,16β,28- 三醇 lup-20(29)-en-3β,16β,28-triol
羽扇豆 -20(29)- 烯 -3β,16β- 二醇 lup-20(29)-ene-3β,16β- diol
羽扇豆 -20(29)- 烯 -3β,23,28- 三醇 lup-20(29)-en-3β,23,28-triol
羽扇豆 -20(29)- 烯 -3β,23- 二醇 lup-20(29)-en-3β,23-diol
羽扇豆 -20(29)- 烯 -3β,24,28- 三醇 lup-20(29)-en-3β,24,28-triol
羽扇豆 -20(29)- 烯 -3β,24- 二醇 lup-20(29)-ene-3β,24-diol
羽扇豆 -20(29)- 烯 -3β,27- 二醇 lup-20(29)-en-3β,27-diol
羽扇豆 -20(29)- 烯 -3β,28- 二醇 lup-20(29)-ene-3β,28-diol
羽扇豆 -20(29)- 烯 -3β,30- 二醇 lup-20(29)-ene-3β,30-diol
羽扇豆 -20(29)- 烯 -3β-*O*-(3'-β- 羟基)- 棕榈酸酯 lup-20(29)-en-3β-*O*-(3'-β-hydroxy)-palmitate
羽扇豆 -20(29)- 烯 -3β-*O*-D- 葡萄糖苷 lup-20(29)-en-3β-*O*-D-glucoside
羽扇豆 -20(29)- 烯 -3β-*O*- 乙酸酯 lup-20(29)-en-3β-*O*-acetate
羽扇豆 -20(29)- 烯 -3β- 醇 lup-20(29)-en-3β-ol
羽扇豆 -20(29)- 烯 -3β- 甲酸酯 lup-20(29)-en-3β-formate
羽扇豆 -20(29)- 烯 -3β- 乙酸酯 lup-20(29)-en-3β-yl acetate
羽扇豆 -20(29)- 烯 -3- 醇 lup-20(29)-en-3-ol
羽扇豆 -20(29)- 烯 -3- 酮 lup-20(29)-en-3-one
羽扇豆 -20(29)- 烯 -3- 酮 -28- 醇 lup-20(29)-en-3-on-28-ol
羽扇豆 -20(29)- 烯 -3- 乙酸酯 lup-20(29)-en-3-acetate
羽扇豆 -20(29)- 烯 -3- 棕榈酸酯 lup-20(29)-en-3-palmitate
羽扇豆 -20(29)- 烯 -7β,15α- 二醇 -3β- 花生酸酯 lup-20(29)-ene-7β,15α-diol-3β-arachidate
羽扇豆 -20(29)- 烯 -7β,15α- 二醇 -3β- 木质素酸酯 lup-20(29)-ene-7β,15α-diol-3β-lignocerate
羽扇豆 -20(29)- 烯 -7β,15α- 二醇 -3β- 山萮酸酯 lup-20(29)-ene-7β,15α-diol-3β-behenate
羽扇豆 -20(29)- 烯 -7β,15α- 二醇 -3β- 硬脂酸酯 lup-20(29)-ene-7β,15α-diol-3β-stearate
羽扇豆 -20(29)- 烯 -7β,15α- 二醇 -3β- 棕榈酸酯 lup-20(29)-ene-7β,15α-diol-3β-palmitate
羽扇豆 -20(29)- 烯 -7β- 醇 lup-20(29)-en-7β-ol
羽扇豆 -20(30)- 烯 -33,16β,29- 三醇 lup-20(30)-ene-33,16β,29-triol
羽扇豆 -20(30)- 烯 -3α,29- 二醇 lup-20(30)-ene-3α,29-diol
羽扇豆 -20(30)- 烯 -3- 酮 lup-20(30)-en-3-one
羽扇豆 -20,29- 烯 -1β,3β- 二醇 lup-20,29-ene-1β,3β-diol
羽扇豆 -20,30- 烯 -3,29- 二醇 lup-20(30)-en-3,29-diol
羽扇豆 -22(29)- 烯 lup-20(29)-ene
羽扇豆 -28- 羟基 -3β-*O*- 棕榈酸酯 lup-28-hydroxy-3β-*O*-palmitate
羽扇豆 -3β,11α,20- 三醇 lup-3β,11α,20-triol
羽扇豆 -3β,16β,20,23,28- 五醇 lupane-3β,16β,20,23,28-pentol
羽扇豆 -3β,1α- 二醇 lup-3β,1α-diol
羽扇豆 -3β,20- 二醇 lupane-3β,20-diol
羽扇豆 -3- 醇 lup-3-ol
羽扇豆 -3- 酮 lupan-3-one
(+)- 羽扇豆醇 (+)-lupeol
19α*H*- 羽扇豆醇 19α*H*-lupeol
α- 羽扇豆醇 α-lupeol
$\Delta^{12,13}$- 羽扇豆醇 $\Delta^{12,13}$-lupeol
羽扇豆醇 lupeol; lupenol
羽扇豆醇 -3,5- 二羟基花生酸酯 lupeol-3,5-dihydroxyeicosanoate
羽扇豆醇 -3- 甲酸酯 lupeol-3-formate
羽扇豆醇 -3- 羟基花生酸酯 lupeol-3-hydroxyarachidate
羽扇豆醇 -3- 乙酸酯 lupeol-3-acetate
羽扇豆醇 -3- 棕榈酸酯 lupeol-3-palmitate
羽扇豆醇 -9(11)- 烯 -3β- 乙酸酯 lupeol-9(11)-en-3β-acetate
羽扇豆醇 -β- 羟基软脂酸酯 lupeol-β-hydroxyhexadecanoate
羽扇豆醇 -β- 羟基十八酸酯 lupeol-β-hydroxyoctadecanoate
羽扇豆醇二十八酸酯 lupeol octacosanoate
羽扇豆醇二十九酸酯 lupeol nonacosanoate
羽扇豆醇桂皮酸酯 lupenyl cinnamate
羽扇豆醇咖啡酸酯 lupeol caffeate
羽扇豆醇三十酸酯 lupeol melissate
羽扇豆醇乙酸酯 lupenyl acetate; lupeol acetate
羽扇豆醇硬脂酸酯 lupeol stearate
3β- 羽扇豆醇棕榈酸酯 3β-lupeol palmitate
羽扇豆醇棕榈酸酯 lupeol palmitate
羽扇豆定 lupinidine
羽扇豆二烯醇乙酸酯 lupedienyl acetate
羽扇豆苷 PA_4 lupinoside PA_4
羽扇豆怀特酮▲ lupiwighteone
(-)- 羽扇豆碱 (-)-lupanine
(+)- 羽扇豆碱 (+)-lupanine
d- 羽扇豆碱 *d*-lupanine
羽扇豆碱 lupanine
(+)- 羽扇豆碱 -*N*- 氧化物 (+)-lupanine-*N*-oxide
(+)- 羽扇豆宁 (+)-lupinine
羽扇豆宁 lupinine
羽扇豆糖 lupeose
3- 羽扇豆酮 3-lupanone
羽扇豆烯酮 lupenone; lupeone
羽扇豆烷醇 lupanol
羽扇豆烷醇 -3-*O*-β-D- 吡喃葡萄糖基 -(1 → 5)-*O*-β-D- 呋喃木糖苷 lupanol-3-*O*-β-D-glucopyranosyl-(1 → 5)-*O*-β-D-xylofuranoside
羽扇豆烷乙酸酯 lupane acetate
羽扇豆烯 lupene
20(29)- 羽扇豆烯 -1β,3α- 二醇 20(29)-lupene-1β,3α-diol
20(29)- 羽扇豆烯 -1β,3β- 二醇 20(29)-lupene-1β,3β-diol
20(29)- 羽扇豆烯 -2α,3α- 二醇 20(29)-lupene-2α,3α-diol
20(29)- 羽扇豆烯 -2α,3β- 二醇 20(29)-lupene-2α,3β-diol
羽扇豆烯 -3β,20- 二醇 lupene-3β,20-diol
20(30)- 羽扇豆烯 -3β,29- 二醇 20(30)-lupene-3β,29-diol
20(29)- 羽扇豆烯 -3β- 醇 20(29)-lupene-3β-ol
羽扇豆烯酮 lupenone; lupeone
羽扇豆叶灰毛豆醇▲ lupinifolol; lupinifolinol
羽扇豆叶灰毛豆素▲ lupinifolin
(*S*)- 羽扇豆叶灰毛豆素▲ -4'- 甲醚 (*S*)-lupinifolin-4'-methyl ether
羽扇豆异黄酮 luteone
羽扇豆异黄酮 -5-*O*-α-L- 吡喃鼠李糖基 -(1 → 4)-*O*-α-L- 吡喃鼠李糖苷 lupinisoflavone-5-*O*-α-L-rhamnopyranosyl-(1 → 4)-*O*-α-L-rhamnopyranoside
5,20(29)- 羽扇二烯 -3β- 醇 5,20(29)-lupadien-3β-ol
羽叶点地梅苷 A pomatoside A
羽叶丁香醇▲ syripinol
羽叶丁香木脂素▲ A~E syripinnalignan A~E
羽叶丁香素▲ pinnatifolin
羽叶丁香素▲ A, B pinnatifolin A, B
(-)- 羽叶哈威豆醇▲ (-)-kolavenol
羽叶哈威豆醇▲ kolavenol
羽叶哈威豆洛醇▲ kolavelool
羽叶哈威豆酸▲单甲酯 monomethyl kolavate
羽叶牡荆甾酮 pinnatasterone
羽叶楸醌▲ A~I sterequinone A~I

羽叶楸醌醛▲B sterekunthal B
羽叶三七皂苷 F_1, F_2 bipinnatifidusoside F_1, F_2
羽叶省沽油碱▲ pinnatanine
羽叶芸香灵▲ tamarin
雨花椒酚▲ pluviatilol
雨花椒酚▲-3,3- 二甲基烯丙基醚 pluviatilol-3,3-dimethylallyl ether
雨花椒酚▲-*γ*,*γ*- 二甲基烯丙基醚 pluviatilol-*γ*,*γ*-dimethylallylether
雨花椒内酯▲ pluviatolide
雨石蒜碱 pluviine
α- 玉柏碱 *α*-obscurine
β- 玉柏碱 *β*-obscurine
玉柏灵碱▲A, B, C lycobscurine A, B, C
玉柏明碱▲A~P obscurumine A~P
玉柏宁碱 obscurinine
玉柏石松醇 lobscurinol
玉克柑橘酚▲ yukovanol
玉兰二酮▲A, B, C denudadione A, B, C
玉兰酚内酯▲ denudalide
玉兰醌酚▲ denudaquinol
玉兰内酯▲A~D denudanolide A~D
玉兰酮▲ denudatone
玉兰脂素 A, B denudatin A, B
(-)- 玉兰脂素 B (-)-denudatin B
玉玲花苷▲A, B, C obassioside A, B, C
玉米赤霉烯酮 zearalenone
玉米麸黄质▲ zeinoxanthin
(13*Z*)- 玉米黄素 (13*Z*)-zeaxanthin
玉米黄酮苷 maysin
(9*Z*)- 玉米黄质 (9*Z*)-mutatoxanthin
玉米黄质 zeaxanthin
玉米黄质差向异构体体 mutatoxanthin epimer
玉米黄质 - 单棕榈酸酯 zeaxanthin-monopalmitate
玉米黄质 - 二肉豆蔻酸酯 zeaxanthin-dimyristate
玉米黄质 - 二棕榈酸酯 zeaxanthin-dipalmitate
玉米黄质 - 肉豆蔻酸酯 zeaxanthin-myristate
玉米黄质 - 肉豆蔻酸酯 - 棕榈酸酯 zeaxanthin-myristate-palmitate
玉米黄质 - 月桂酸酯 - 肉豆蔻酸酯 zeaxanthin-laurate-myristate
玉米黄质 - 月桂酸酯 - 棕榈草酸酯 zeaxanthin-laurate-palmitate
玉米黄质 - 棕榈酸酯 zeaxanthin-palmitate
玉米素 zeatin
玉蕊醇▲A racemosol A
A_1- 玉蕊精醇▲ A_1-barrigenol
R_1- 玉蕊精醇▲ R_1-barrigenol
R_1- 玉蕊精醇▲-21,22- 二当归酸酯 R_1-barrigenol-21,22-diangelate
玉蕊精醇▲A_1, R, R_1 barrigenol A_1, R, R_1
玉蕊精醇▲A_1-22- 当归酸酯 barrigenol A_1-22-angelate
玉蕊精酸▲ bartogenic acid
玉蕊宁 barringtonin
玉蕊酸▲-28-*β*-D- 葡萄糖酯 barrinic acid-28-*β*-D-glucosyl ester
玉蕊皂醇▲ barringtogenol
玉蕊皂醇▲C barringtogenol C
玉蕊皂酸▲ barringtogenic acid
玉山双蝴蝶苷▲ lanceoside
玉山双蝴蝶灵▲ lancerin
玉山双蝴蝶素▲ lanceolin
玉叶金花苷 A~V mussaendoside A~V
玉叶金花苷酸 mussaenosidic acid
玉叶金花宁▲A, B, C mussaenin A, B, C
玉叶金花诺苷▲ mussaenoside
玉簪苷 D funkioside D
玉簪碱 hostasine
玉簪宁 A hostasinine A
芋醇▲A colocasinol A
郁金香苷 A, B tuliposide A, B
郁金香花青素 -3- 鼠李葡糖苷 tulipanidin-3-rhamnoglucoside
郁金香宁▲ tulipanin
α- 育亨宾碱 *α*-yohimbine
β- 育亨宾碱 *β*-yohimbine
δ- 育亨宾碱 *δ*-yohimbine
育亨宾碱 yohimbine
育亨宾碱酸 yohimbinic acid
β- 育亨宾碱氧化吲哚 *β*-yohimbine oxindole
愈创木二醇 A guaidiol A
愈创木 -1(10),2,4,11(13)- 四烯 -12,6 ζ - 内酯 guaia-1(10),2,4,11(13)-tetraen-12,6 ζ -olide
(11*S*)- 愈创木 -1(10),3- 二烯醇 -13,6*α*- 内酯 (11*S*)-guaia-1(10),3-dieno-13,6*α*-lactone
愈创木 -1(5),11- 二烯 guaiane-1(5),11-diene
愈创木 -10(14)- 烯 -11- 醇 guai-10(14)-en-11-ol
(1*β*,5*α*)- 愈创木 -10(14)- 烯 -3*β*,4*α*,6*α*,8*α*- 四醇 -3,6,8- 三乙酸酯 (1*β*,5*α*)-guai-10(14)-ene-3*β*,4*α*,6*α*,8*α*-tetrol-3,6,8-triacetate
1*α*,5*β*- 愈创木 -10(14)- 烯 -4*α*,6*β*- 二醇 1*α*,5*β*-guai-10(14)-ene-4*α*,6*β*-diol
14*α*,15*β*,1(*H*)*α*,5(*H*)*α*,7(*H*)*α*- 愈创木 -11(13)- 烯 -8*β*,12- 二醇 14*α*,15*β*,1(*H*)*α*,5(*H*)*α*,7(*H*)*α*-guai-11(13)-ene-8*β*,12-diol
愈创木 -3- 烯 -10*α*- 醇 guai-3-en-10*α*-ol
1*αH*- 愈创木 -4(15)- 烯 -6*α*-12- 内酯 -10*α*-*O*-*β*-D- 吡喃葡萄糖苷 1*αH*-guai-4(15)-en-6*α*-12-olide-10*α*-*O*-*β*-D-glucopyranoside
1*α*,7*α*,10*αH*- 愈创木 -4,11- 二烯 -3- 酮 1*α*,7*α*,10*αH*-guaia-4,11-dien-3-one
1*α*,5*β*- 愈创木 -4*α*,6*β*,10*α*- 三醇 1*α*,5*β*-guaiane-4*α*,6*β*,10*α*-triol
愈创木 -6,10(14)- 二烯 -4- 醇 guaia-6,10(14)-dien-4-ol
(5*β*,9*β*)- 愈创木 -6,10(14)- 二烯 -9- 醇 (5*β*,9*β*)-guaia-6,10(14)-dien-9-ol
4*α*,5*β*- 愈创木 -9(10),7(11)- 二烯 -12,8- 内酯 -1*α*,7*α*- 二醇 4*α*,5*β*-guai-9(10),7(11)-diene-12,8-olide-1*α*,7*α*-diol
4*α*,5*αH*- 愈创木 -9,7(11)- 二烯 -12,8- 内酯 -1*α*,8*α*- 二醇 4*α*,5*αH*-guai-9,7(11)-dien-12,8-olide-1*α*,8*α*-diol
4*α*,5*βH*- 愈创木 -9,7(11)- 二烯 -12,8- 内酯 -1*α*,8*α*- 二醇 4*α*,5*βH*-guai-9,7(11)-dien-12,8-olide-1*α*,8*α*-diol
愈创木薁 guaiazulene
愈创木醇 guaiol
愈创木二醇 guaidiol
3,7- 愈创木二烯 3,7-guaiadiene
愈创木酚 guaiacol
愈创木酚甘油 -8-*O*-*β*-D- 葡萄糖苷 guaiacyl glycerol-8-*O*-*β*-D-glucoside
愈创木基 -2,3- 丙烷二醇 guaiacyl-2,3-propanediol
(3*S*)-5- 愈创木基 -3- 羟基戊酸 (3*S*)-5-guaiacyl-3-hydroxypentanoic acid
(+)-(7*S*,8*R*)- 愈创木基甘油 (+)-(7*S*,8*R*)-guaiacylglycerol
(1'*R*,2'*R*)- 愈创木基甘油 (1'*R*,2'*R*)-guaiacylglycerol
(1'*S*,2'*R*)- 愈创木基甘油 (1'*S*,2'*R*)-guaiacylglycerol
(7*R*,8*R*)- 愈创木基甘油 (7*R*,8*R*)-guaiacylglycerol
愈创木基甘油 guaiacylglycerol
4''-*O*-(8- 愈创木基甘油) 醉鱼草醇 A 4''-*O*-(8-guaiacylglycerol) buddlenol A
(-)-(7*R*,8*R*)- 愈创木基甘油 -7-*O*-*β*-D- 吡喃葡萄糖苷 (-)-(7*R*,8*R*)-guaiacylglycerol-7-*O*-*β*-D-glucopyranoside

7*S*,8*S*- 愈创木基甘油 -8-*O*-4'-(芥子醇) 醚 7*S*,8*S*-guaiacylglycerol-8-*O*-4'-(synapyl alcohol)ether
7*R*,8*S*- 愈创木基甘油 -8-*O*-4'-(松柏醇) 醚 7*R*,8*S*-guaiacylglycerol-8-*O*-4'-(coniferyl alcohol) ether
7*S*,8*R*- 愈创木基甘油 -8-*O*-4'-(松柏醇) 醚 7*S*,8*R*-guaiacylglycerol-8-*O*-4'-(coniferyl alcohol)ether
(7*S*,8*R*)- 愈创木基甘油 -8-*O*-4'- 芥子醚 -9'-*O*-β-D- 吡喃葡萄糖苷 (7*S*,8*R*)-guaiacylglycerol-8-*O*-4'-sinapyl ether-9'-*O*-β-D-glucopyranoside
(-)-(7*R*,8*S*)- 愈创木基甘油 -8-*O*-β-D- 吡喃葡萄糖苷 (-)-(7*R*,8*S*)-guaiacylglycerol-8-*O*-β-D-glucopyranoside
(+)-(7*S*,8*S*)- 愈创木基甘油 -8-*O*-β-D- 吡喃葡萄糖苷 (+)-(7*S*,8*S*)-guaiacylglycerol-8-*O*-β-D-glucopyranoside
(-)-(7*R*,8*R*)- 愈创木基甘油 -9-*O*-β-D- 吡喃葡萄糖苷 (-)-(7*R*,8*R*)-guaiacylglycerol-9-*O*-β-D-glucopyranoside
(-)-(7*S*,8*R*)- 愈创木基甘油 -9-*O*-β-D- 吡喃葡萄糖苷 (-)-(7*S*,8*R*)-guaiacylglycerol-9-*O*-β-D-glucopyranoside
(-)- 愈创木基甘油 -β-*O*-4'- 松柏醇醚 (-)-guaiacylglycerol-β-*O*-4'-coniferyl ether
愈创木基甘油 -β-*O*-6'-(2- 甲氧基) 桂皮醇醚 guaiacyl glycerol-β-*O*-6'-(2-methoxy)cinnamyl alcohol ether
愈创木基甘油 -β- 阿魏酸醚 guaiacylglycerol-β-ferulic acid ether
愈创木基甘油 -β- 松柏醛醚 guaiacylglycerol-β-coniferyl aldehyde ether
愈创木内酯 guaianolide
1*S*,4*S*,5*S*,10*R*-4,10- 愈创木尼二醇▲ 1*S*,4*S*,5*S*,10*R*-4,10-guaianediol
愈创木尼二醇▲ guaianediol
愈创木宁▲N guaianin N
3,7(11),10(14)- 愈创木三烯 -1β,5β(*H*)-12,6β- 交内酯 3,7(11),10(14)-guaiatrien-1β,5β(*H*)-12,6β-olide
4,10,11- 愈创木三烯 -3- 酮 -14- 酸 4,10,11-guaiatrien-3-one-14-oic acid
愈创木素 guaiacin
(1*S**,4*S**,5*S**,10*R**)-4,10- 愈创木烷二醇 (1*S**,4*S**,5*S**,10*R**)-4,10-guaianediol
(*Z*)-β- 愈创木烯 (*Z*)-β-guaiene
Δ- 愈创木烯 Δ-guaiene
α- 愈创木烯 α-guaiene
β- 愈创木烯 β-guaiene
γ- 愈创木烯 γ-guaiene
δ- 愈创木烯 δ-guaiene
愈创木烯 guaiene
5- 愈创木烯 -11- 醇 5-guaiene-11-ol
鸢尾比宁▲ embinin
鸢尾醇 A, B iritectol A, B
鸢尾道醛▲A~D iridotectoral A~D
鸢尾酚酮 -2-*O*-β-D- 吡喃葡萄糖苷 iriflophenone-2-*O*-β-D-glucopyranoside
鸢尾苷 iridin
鸢尾苷元 tectorigenin
鸢尾苷元 -4'-*O*-β-D- 吡喃芹糖基 -*O*-β-D- 吡喃葡萄糖苷 tectorigenin-4'-*O*-β-D-apiofuranosyl-*O*-β-D-glucopyranoside
鸢尾苷元 -7-*O*-β-D- 吡喃木糖基 -(1 → 6)-β-D- 吡喃葡萄糖苷 tectorigenin-7-*O*-β-D-xylopyranosyl-(1 → 6)-β-D-glucopyranoside
鸢尾苷元 -7-*O*-β-D- 吡喃葡萄糖苷 tectorigenin-7-*O*-β-D-glucopyranoside
鸢尾苷元 -7-*O*-β-D- 吡喃芹糖基 -*O*-β-D- 吡喃葡萄糖苷 tectorigenin-7-*O*-β-D-apiofuranosyl-*O*-β-D-glucopyranoside
鸢尾苷元 -7-*O*-β-D- 呋喃芹糖基 -(1 → 6)-β-D- 吡喃葡萄糖苷 tectorigenin-7-*O*-β-D-apiofuranosyl-(1 → 6)-β-D-glucopyranoside
鸢尾苷元 -7-*O*- 葡萄糖 -4'-*O*- 葡萄糖苷 tectorigenin-7-*O*-β-glucosyl-4'-*O*-β-glucoside
鸢尾黄酮 A irisflavone A
鸢尾黄酮苷 tectoridin
鸢尾黄酮新苷 A, B iristectorin A, B
鸢尾黄酮新苷元 A, B iristectorigenin A, B
鸢尾醌 irisquinone
鸢尾立酮▲-7-*O*-α-L- 吡喃鼠李糖苷 irisolidone-7-*O*-α-L-rhamnopyranoside
鸢尾宁▲A~E ayamenin A~E
鸢尾诺定▲ embinoidin
鸢尾醛 iridal
鸢尾射干醛▲A, B iridobelamal A, B
鸢尾素 A~D irilin A~D
鸢尾酮 A~H, K iristectorone A~H, K
鸢尾烯 A~G iristectorene A~G
鸢尾异黄酮 irilone
鸢尾异黄酮 -4'-*O*-β-D- 吡喃葡萄糖苷 irilone-4'-*O*-β-D-glucopyranoside
鸢尾异黄酮 -4'-*O*-β-D- 吡喃葡萄糖苷 -6''-*O*- 丙二酸酯 irilone-4'-*O*-β-D-glucopyranoside-6''-*O*-malonate
鸢尾异黄酮 -4'-*O*-β-D- 吡喃葡萄糖苷 -6''-*O*- 乙酸酯 irilone-4'-*O*-β-D-glucopyranoside-6''-*O*-acetate
鸢尾异黄酮 -4'-*O*-β-D- 葡萄糖苷 irilone-4'-*O*-β-D-glucoside
元宝草醇▲A~F sampsonol A~F
元宝草呫酮▲A hyperixanthone A
元宝草酮 sampsonione
元宝草酮 A~R sampsonione A~R
元宝草新呫酮▲A, B hypericumxanthone A, B
元宝草新素▲A~G hyperisampsin A~G
元宝草新酮▲A~S hypersampsone A~S
元宝草新酮▲A, B, C sampsone A, B, C
元胡菲碱 coryphenanthrine
元胡宁 yuanhunine
原 -γ- 胡萝卜素 pro-γ-carotene
原阿比西尼亚千金藤碱▲ prostephabyssine
原阿片碱 protopine
原阿片碱 -*N*- 氧化物 protopine-*N*-oxide
原阿朴啡 proaporphine
原百部次碱 protostemotinine
原百部二醇 protostemodiol
原百部碱 protostemonine
原百部酰胺 protostemonamide
原比奥皂苷 protobioside
原冰岛衣酸 protocetraric acid
原柴胡皂苷元 A, D, F, G, H prosaikogenin A, D, F, G, H
原串叶松香草烷醇 presilphiperfolanol
d- 原地衣硬脂酸 *d*-protolichesterinic acid
原地衣硬脂酸 protolichesterinic acid
原丁香杜鹃酚▲ protofarrerol
原莪术烯醇 procurcumenol
原儿茶醛 protocatechualdehyde; protocatechuic aldehyde
原儿茶酸 protocatechuic acid
原儿茶酸 -3-*O*-(6-*O*- 羟基苯甲酰基)-β-D- 吡喃葡萄糖苷 protocatechuic acid-3-*O*-(6-*O*-hydroxybenzoyl)-β-D-glucopyranoside
原儿茶酸 -3-*O*-β-D- 吡喃木糖苷 protocatechuic acid-3-*O*-β-D-xylopyranoside

Y

原儿茶酸 -3-*O*-*β*- 吡喃葡萄糖苷 protocatecheuic acid-3-*O*-*β*-glucopyranoside
原儿茶酸 -3- 葡萄糖苷 protocatechuic acid-3-glucoside
原儿茶酸 -4-*O*-*β*-D- 吡喃葡萄糖苷 protocatechuic acid-4-*O*-*β*-D-glucopyranoside
原儿茶酸丁酯 butyl protocatechuate
原儿茶酸己糖酯 protocatechuic acid hexose ester
原儿茶酸甲酯 protocatechuic acid methyl ester; methyl protocatechuate
原儿茶酸乙酯 protocatechuic acid ethyl ester; ethyl protocatechuate
原儿茶酰鹿梨苷 protocatechuoyl calleryanin
3-*O*- 原儿茶酰麦珠子酸 2-*O*-protocatechuoylalphitolic acid
3-*O*- 原儿茶酰美洲茶酸 3-*O*-protocatechuoylceanothic acid
1-*O*- 原儿茶酰葡萄糖 1-*O*-protocatechuoylglucose
11-*O*- 原儿茶酰岩白菜素 11-*O*-protocatechuoylbergenin
原番木鳖碱 protostrychnine
原番茄烯 prolycopene
原飞燕草素 prodelphinidin
原飞燕草素 A_1, B_1, B_2, B_3, C prodelphinidin A_1, B_1, B_2, B_3, C
原飞燕草素 B_2-3'-*O*- 没食子酸酯 prodelphinidin B_2-3'-*O*-gallate
原粉背薯蓣苷▲ A protohypoglaucin A
原告伊春 progoitrin
(-)- 原荷叶碱 (-)-pronuciferine
(+)- 原荷叶碱 (+)-pronuciferine
原荷叶碱 pronuciferine
原花青素 proanthocyanidin
原花青素 A_1, A_2, A_4, A_6, A_7, B_2, B_3, B_4, B_5, C_1 proanthocyanidin A_1, A_2, A_4, A_6, A_7, B_2, B_3, B_4, B_5, C_1
原花青素 B_2- 单没食子酸酯 procyanidin B_2 monogallate
1*α*- 原鸡蛋花素 A 1*α*-protoplumericin A
原鸡蛋花素 A protoplumericin A
原蒺藜亭▲ prototribestin
原绞股蓝皂苷 A_2 progynosaponin A_2
原金莲酸 proglobeflowery acid
原金丝桃素 protohypericin
原金针菇明▲ proflammin
原藜芦定 protoveratridine
原藜芦碱 A protoveratrine A
原藜芦因 protoverine
(+)- 原栎醇 (+)-protoquercitol
(3*S*,24*R*)- 原绿玉树 -7- 烯 -3,24,25- 三醇 (3*S*,24*R*)-tirucall-7-ene-3,24,25-triol
原毛瓣金合欢素▲ -6'-*O*-*β*-D- 吡喃葡萄糖苷 proacacipetalin-6'-*O*-*β*-D-glucopyranoside
原没食子素 A progallin A
原木质宁 protolignin
原七叶树皂苷元 protoescigenin
原千金藤碱 protostephanine
原千金藤浆果碱▲ prostephanaberrine
原青藤碱 protosinomenine
原去半乳糖替告皂苷 protodesgalactotigonin
20(*R*)- 原人参二醇 20(*R*)-protopanaxadiol
20(*S*)- 原人参二醇 20(*S*)-protopanaxadiol
原人参二醇 protopanaxadiol
20*S*- 原人参二醇 -3-*O*-{[*α*-L- 吡喃鼠李糖基 -(1 → 2)][*β*-D- 吡喃木糖基 -(1 → 3)]-6-*O*- 乙酰基 -*β*-D- 吡喃葡萄糖基 }-20-*O*-*β*-D- 吡喃葡萄糖苷 20*S*-protopanaxadiol-3-*O*-{[*α*-L-rhamnopyranosyl-(1 → 2)][*β*-D-xylopyranosyl-(1 → 3)]-6-*O*-acetyl-*β*-D-glucopyranosyl}-20-*O*-*β*-D-glucopyranoside
20*S*- 原人参二醇 -3-*O*-{[*α*-L- 吡喃鼠李糖基 -(1 → 2)][*β*-D- 吡喃葡萄糖基 -(1 → 3)]-*β*-D- 吡喃葡萄糖基 }-20-*O*-*β*-D- 吡喃葡萄糖苷 20*S*-protopanaxadiol-3-*O*-{[*α*-L-rhamnopyranosyl-(1 → 2)][*β*-D-glucopyranosyl-(1 → 3)]-*β*-D-glucopyranosyl}-20-*O*-*β*-D-glucopyranoside
20(*S*)- 原人参二醇 -3- 酮 20(*S*)-protopanaxadiol-3-one
20(*R*)- 原人参三醇 20(*R*)-protopanaxtriol
20(*R*/*S*)- 原人参三醇 20(*R*/*S*)-protopanaxtriol
20(*S*)- 原人参三醇 20(*S*)-protopanaxatriol
原人参三醇 protopanaxatriol
(20*R*)- 原人参三醇 -6-*O*-*α*-L- 吡喃鼠李糖基 -(1 → 2)-*O*-*β*-D-6'-*O*- 乙酰葡萄糖苷 (20*R*)-protopanaxatriol-6-*O*-*α*-L-rhamnopyranosyl-(1 → 2)-*O*-*β*-D-6'-*O*-acetylglucopyranoside
(20*S*)- 原人参三醇 -6-*O*-*α*-L- 吡喃鼠李糖基 -(1 → 2)-*O*-*β*-D-6'-*O*- 乙酰葡萄糖苷 (20*S*)-protopanaxatriol-6-*O*-*α*-L-rhamnopyranosyl-(1 → 2)-*O*-*β*-D-6'-*O*-acetylglucopyranoside
原三角叶薯蓣皂苷宁 protodeltonin
原矢车菊酚 B_1, B_2 procyanidol B_1, B_2
原矢车菊素 procyanidin
原矢车菊素 -28-*C*-*β*-D- 吡喃葡萄糖苷 procyanidin B-28-*C*-*β*-D-glucopyranoside
原矢车菊素 -6-*C*-*β*-D- 吡喃葡萄糖苷 procyanidin B-6-*C*-*β*-D-glucopyranoside
原矢车菊素 A, A_1, A_2, B, B_1, B_2, B_3, B_4, B_5, B_7, C, C_1, C_2, D_1, E procyanidin A, A_1, A_2, B, B_1, B_2, B_3, B_4, B_5, B_7, C, C_1, C_2, D_1, E
原矢车菊素 A- 型二聚物 procyanidin A-type dimmer
(+)- 原矢车菊素 B_1, B_2 (+)-procyanidin B_1, B_2
原矢车菊素 B1-3-*O*- 没食子酸酯 procyanidin B1-3-*O*-gallate
原矢车菊素 B_1 二聚体 procynadin B_1 dimer
原矢车菊素 B_2-3,3''- 二 -*O*- 没食子酸酯 procyanidin B_2-3,3''-di-*O*-gallate
原矢车菊素 B_2-3,3'- 二 -*O*- 没食子酸酯 procyanidin B_2-3,3'-di-*O*-gallate
原矢车菊素 B2-3''-*O*-*β*-D- 吡喃阿洛糖苷 procyanidin B2-3''-*O*-*β*-D-allopyranoside
原矢车菊素 B_2-3'-*O*- 没食子酸酯 procyanidin B_2-3'-*O*-gallate
原矢车菊素 B_2-3-*O*- 没食子酸酯 procyanidin B_2-3-*O*-gallate
原矢车菊素 B_2 二聚体 procynadin B_2 dimer
原矢车菊素 B_3-3-*O*-*α*-L- 鼠李糖苷 procyanidin B_3-3-*O*-*α*-L-rhamnoside
(-)- 原矢车菊素 B_4 (-)-procyanidin B_4
原矢车菊素 B_5-3,3'- 二 -*O*- 没食子酸酯 procyanidin B_5-3,3'-di-*O*-gallate
原矢车菊素 B_5-3'-*O*- 没食子酸酯 procyanidin B_5-3'-*O*-gallate
原矢车菊素 -*O*-*β*-D- 葡萄糖醛酸苷 procyanidin-*O*-*β*-D-glucuronide
原矢车菊素二聚体 procyanidin dimer
原矢车菊素二聚体 A, B procyanidin dimer A, B
原矢车菊素三聚体 procyanidin trimer
原矢车菊素三聚体 A procyanidin trimer A
原矢车菊素四聚体 procyanidin tetramer
原薯蓣皂苷 protodioscin
原薯蓣皂苷 Pb protodioscin Pb
原薯蓣皂苷元 I, II, III progenin I, II, III
原苏木素 A~D, E-1, E-2 protosappanin A~D, E-1, E-2
原苏木素 A 二甲基缩醛 protosappanin A dimethyl acetal
原天竺葵素 -*C*- 吡喃葡萄糖苷 propelargonidin-*C*-glucopyranoside
原通脱木皂苷元 A_1, A_2 propapyriogenin A_1, A_2
原维生素 A, D_2, D_4 provitamin A, D_2, D_4
原伪金丝桃素 protopseudohypericin

原纤细薯蓣皂苷 protogracillin
原响盒子毒素▲ prohuratoxin
原小檗碱 protoberberine
原新薯蓣皂苷 protoneodioscin
原新纤细薯蓣皂苷 protoneogracillin
原新扬诺皂苷元 protoneoyonogenin
原芫花素 -4'- 棉黄苷 protogenkwanin-4'-gossypitrin
原芫花素 -4'- 葡萄糖苷 protogenkwanin-4'-glucoside
原芫花酮▲ protogenkwanone
原扬诺皂苷元 protoyonogenin
原异菖蒲烯二醇 proisocalamendiol
原异紫蒜苷 B protoisoeruboside B
原银莲花素 protoanemonin
原甾醇 B protosterol B
原枣苷▲A protojujuboside A
原皂苷元 prosapogenin
原皂苷元 prosapogenin A, B, CP_0, CP_1, CP_2, CP_2a, CP_2b, CP_3, CP_3a, CP_3b, CP_4~CP_{11}
原珍珠花精酸▲ protolyofoligenic acid
原知母皂苷 AIII prototimosaponin AIII
原蜘蛛抱蛋苷 protoaspidistrin
原紫草酸 prolithospermic acid
原紫檀酚 B propterol B
圆柏内酯 sabilactone
圆柏萜醇▲ chinensiol
圆柏香豆素 coumasabin
圆瓣姜花素 A forrestin A
圆瓣姜花亭▲B, C, D hedyforrestin B, C, D
圆孢地花二醛▲A montadial A
圆齿爱舍苦木定▲ crenatidine
圆齿爱舍苦木亭▲ crenatine
圆齿火棘酸 pyracrenic acid
圆齿列当苷 crenatoside
圆果甘草皂醇▲ squasapogenol
圆果薯蓣皂苷 A, B orbiculatoside A, B
圆滑番荔枝次辛▲A, B glacin A, B
圆滑番荔枝碱▲ annobraine
圆滑番荔枝克辛▲ annoglaxin
圆滑番荔枝拉辛▲A, B annoglacin A, B
圆滑番荔枝林素▲ pondaplin
圆滑番荔枝灵▲A~D glabrin A~D
圆滑番荔枝宁▲ glabranin
圆滑番荔枝素▲A~G annoglabasin A~G
圆滑番荔枝烯辛▲A, B glabrencin A, B
圆滑番荔枝辛▲A, B glabracin A, B
圆滑番荔枝因▲ annoglabayin
圆荚草二糖苷 sphaerobioside
圆盘豆素▲ okanin
圆盘豆素▲-3'-*O*-*β*-D- 葡萄糖苷 okanin-3'-*O*-*β*-D-glucoside
圆盘豆素▲-4-*O*-(2''- 咖啡酰基 -6''- 对香豆酰基 -*β*-D- 吡喃葡萄糖苷) okanin-4-*O*-(2''-caffeoyl-6''-*p*-coumaroyl-*β*-D-glucopyranoside)
圆盘豆素▲-4-*O*-(6''-*O*- 乙酰基 -2''-*O*- 咖啡酰基 -*β*-D- 吡喃葡萄糖苷) okanin-4-*O*-(6''-*O*-acetyl-2''-*O*-caffeoyl-*β*-D-glucopyranoside)
圆盘豆素▲-4'-*O*-*β*-(6''-*O*- 丙二酰基)- 吡喃葡萄糖苷 okanin-4'-*O*-*β*-(6''-*O*-malonyl)-glucopyranoside
圆盘豆素▲-4'-*O*-*β*-D-(2'',4'',6''- 三乙酰基)- 葡萄糖苷 okanin-4'-*O*-*β*-D-(2'',4'',6''-triacetyl)-glucoside
圆盘豆素▲-4'-*O*-*β*-D-(2'',4''- 二乙酰基 -6''- 反式 - 对香豆酰基)- 葡萄糖苷 okanin-4'-*O*-*β*-D-(2'',4''-diacetyl-6''-*trans*-*p*-coumaroyl)-glucoside
圆盘豆素▲-4'-*O*-*β*-D-(3'',4'',6''- 三乙酰基)- 吡喃葡萄糖苷 okanin-4'-*O*-*β*-D-(3'',4'',6''-triacetyl)-glucopyranoside
圆盘豆素▲-4'-*O*-*β*-D-(3'',4''- 二乙酰基 -6''- 反式 - 对香豆酰基)- 葡萄糖苷 okanin-4'-*O*-*β*-D-(3'',4''-diacetyl-6''-*trans*-*p*-coumaroyl)-glucoside
圆盘豆素▲-4'-*O*-*β*-D-(4'',6''- 二乙酰基)- 吡喃葡萄糖苷 okanin-4'-*O*-*β*-D-(4'',6''- diacetyl)-glucopyranoside
圆盘豆素▲-4'-*O*-*β*-D-(4''- 乙酰基 -6''- 反式 - 对香豆酰基)- 葡萄糖苷 okanin-4'-*O*-*β*-D-(4''-acetyl-6''-*trans*-*p*-coumaroyl)-glucoside
圆盘豆素▲-4'-*O*-*β*-D-(6''- 反式 - 对香豆酰基)- 葡萄糖苷 okanin-4'-*O*-*β*-D-(6''-*trans*-*p*-coumaroyl)-glucoside
圆盘豆素▲-4- 甲基醚 -3'-*O*-*β*-D- 吡喃葡萄糖苷 okanin-4-methyl ether-3'-*O*-*β*-D-glucopyranoside
圆盘豆素▲-4- 甲醚 -3',4'- 二 -*O*-*β*-(4'',6'',4''',6'''- 四乙酰基)- 吡喃葡萄糖苷 okanin-4-methyl ether-3',4'-di-*O*-*β*-(4'',6'',4''',6'''-tetraacetyl)-glucopyranoside
圆盘豆素▲-4- 甲醚 -3'-*O*-*β*-D- 葡萄糖苷 okanin-4-methyl ether 3'-*O*-*β*-D-glucoside
圆盘豆酸▲ cylicodiscic acid
圆山柰醇 rotundol
圆形枸子素▲ orbicularin
圆叶薄荷酮 rotundifolone
圆叶柴胡苷▲E rotundioside E
圆叶柴胡皂苷 E, F rotundioside E, F
圆叶豺皮樟醇▲ rotundifolinol
圆叶豺皮樟内酯▲ rotundifolide
圆叶豺皮樟内酯▲A rotundifolide A
圆叶节节菜素▲A rotundifolin A
圆叶茅膏菜苷▲ rossoliside
圆叶千金藤碱▲ rotundine
(-)- 圆叶千金藤宁▲ (-)-sukhodianine
(-)- 圆叶千金藤宁▲-N_{β}- 氧化物 (-)-sukhodianine-N_{β}-oxide
圆叶牵牛药喇叭素▲ marubajalapin I, II, III, IV, V, VI, VII, VIII, IX, X, XI, XII, XIII, XIV, XV
圆叶苔内酯▲C jamesoniellide C
圆叶肿柄菊宁素▲ tithonin
圆叶肿柄菊素 tirotundin
圆叶肿柄菊素 -3-*O*- 甲醚 tirotundin-3-*O*-methyl ether
圆叶肿柄菊素乙醚 tirotundin ethyl ether
圆锥黄檀亭▲ dalpanitin
圆锥茎阿魏醇▲ conferol
圆锥茎阿魏醇▲乙酸酯 conferol acetate
圆锥茎阿魏定▲ ferocolidin
圆锥茎阿魏二酮▲ conferdione
圆锥茎阿魏苷▲ cauferoside
圆锥茎阿魏灵▲ ferocolin
圆锥茎阿魏宁▲ ferocolinin
圆锥茎阿魏素▲ conferin
圆锥茎阿魏酮▲ conferone
圆锥茎阿魏酮苷▲ conferoside
圆锥茎阿魏辛▲ ferocolicin
圆锥石头花苷▲ katchimoside; cachimoside
圆锥铁线莲苷▲ terniflorin
圆锥乌头亭▲ panicutine
缘毛单冠菊酸▲ haplociliatic acid
缘毛爵床苷▲A, B ciliatoside A, B
缘毛爵床萘内酯▲A, B cilinaphthalide A, B
缘毛紫菀二醇▲ soulidiol

Y

缘毛紫菀苷▲ soulidioside
远志醇 polygalitol
远志灵 A~G polygalin A~G
远志脑苷 polygalacerebroside
远志内酯▲ A, B polygalolide A, B
远志诺苷▲ B, E polygalatenoside B, E
远志𠮿酮 III, IV, V, VI, VII, XI polygalaxanthone III, IV, V, VI, VII, XI
远志酸 polygalacic acid
远志酸 -3-*O*-*β*-D- 吡喃葡萄糖 -(1 → 3)-*β*-D- 吡喃葡萄糖苷 polygalacic acid 3-*O*-*β*-D-glucopyranosyl-(1 → 3)-*β*-D-glucopyranoside
远志酸 -3-*O*-*β*-D- 吡喃葡萄糖苷 polygalacic acid-3-*O*-*β*-D-glucopyranoside
远志酸 -3-*O*-*β*-D- 海带多糖苷 polygalacic acid-3-*O*-*β*-D-laminaribioside
远志酸 -3-*O*- 吡喃葡萄糖苷 -28-*O*-[吡喃鼠李糖基 -(1 → 3)- 吡喃木糖基 -(1 → 4)- 吡喃鼠李糖基 -(1 → 2)- 吡喃阿拉伯糖苷] polygalacic acid-3-*O*-glucopyranoside-28-*O*-[rhamnopyranosyl-(1 → 3)-xylopyranosyl-(1 → 4)-rhamnopyranosyl-(1 → 2)-arabinopyranoside]
远志酸 -3-*O*- 吡喃葡萄糖苷 -28-*O*-{ 吡喃鼠李糖基 -(1 → 3)- 吡喃木糖基 -(1 → 4)-[呋喃芹糖基 -(1 → 3)]- 吡喃鼠李糖基 -(1 → 2)- 吡喃阿拉伯糖苷 } polygalacic acid-3-*O*-glucopyranoside-28-*O*-{rhamnopyranosyl-(1→3)-xylopyranosyl-(1→4)-[apiofuranosyl-(1 → 3)]-rhamnopyranosyl-(1 → 2)-arabinopyranoside}
远志酸 -3-*O*- 吡喃葡萄糖苷 -28-*O*-{ 吡喃鼠李糖基 -(1 → 3')- 呋喃芹糖基 -(1 → 4)- 吡喃鼠李糖基 -(1 → 2)- 吡喃阿拉伯糖苷 } polygalacic acid-3-*O*-glucopyranoside-28-*O*-{rhamnopyranosyl-(1→3')-apiofuranosyl-(1→4)-rhamnopyranosyl-(1 → 2)-arabinopyranoside}
远志酸糖苷 glycosides of polygalacic acid
远志甾醇 A polygalasterol A
远志皂苷 onjisaponin A, B, D, D_2, E, F, Fg, G, H, J, L, Ng, O, R, V, Vg, W, Wg, X, Y, Z
月光花甾酮▲ calonysterone
月光花甾酮▲ -*β*- 谷甾醇 calonysterone-*β*-sitosterol
月桂苷▲ A~E lauroside A~E
月桂醛 lauraldehyde
(+)- 月桂树宾 (+)-launobine
月桂树宾 launobine
月桂酸 lauric acid
月桂酸单甘油酯 lauric acid-1-monoglyceride
月桂酸酐 lauric anhydride
月桂酸甲酯 methyl laurate
月桂酸乙酯 ethyl laurate
月桂萜醇▲ A, C baynol A, C
月桂萜醇▲ B-12- 乙酸酯 baynol B-12-acetate
α- 月桂烯 *α*-myrcene
β- 月桂烯 *β*-myrcene
月桂烯 myrcene
月桂烯内酯 laurenobiolide
3- 月桂酰氧基 -2- 异丁酰氧基 -4- 甲基戊酸 3-dodecanoyloxy-2-isobutyryloxy-4-methylpentanoic acid
月桂氧杂草 lauroxepine
月桂茵芋醇▲ skimmilaureol
月见草酚内酯▲ oenotheraphenoxylactone
月见草灵▲ T_1, T_2 oenotherin T_1, T_2
月见草素 A, B, C oenothein A, B, C
月见草羊毛脂醇▲ A, B oenotheralanosterol A, B
月见草植醇内酯▲ oenotheraphytyllactone
月橘烯碱 yuehchukene
月橘辛▲ A, B, C yuehgesin A, B, C
月下珠四氢萘▲ phyltetralin
月腺大戟苷 B, C ebractelatinoside B, C
月腺大戟化合物 B ebracteolata B
月腺大戟内酯 A, B ebracteolatanolide A, B
月腺大戟素 A~F yuexiandajisu A~F
月腺大戟因▲ A, B ebracteolatain A, B
月芸香宁▲ lunine
月芸香酮碱 lunidonine
岳桦素 ermanin; ermanine
岳桦素 -3-*O*-*β*-D- 吡喃葡萄糖苷 ermanin-3-*O*-*β*-D-glucopyranoside
越桔苷▲ vaccinoside
越桔酯 vacciniin
越橘过氧吡喃▲ vaccinperoxypyran
越南巴豆宁素 A, B crotonkinin A, B
越南巴豆素▲ A~F kongensin A~F
越南巴豆辛素 A, B crotonkinensin A, B
越南槐醇 tonkinensisol
越南槐苷▲ V subproside V
越南槐苷元▲ D subprogenin D
越南槐碱 A, B tonkinensine A, B
越南槐色满▲ A~L tonkinochromane A~L
越南黄牛木𠮿酮▲ A, B, C formoxanthone A, B, C
越南蓼萜▲ A vina-polygonum A
24(*R*)- 越南人参皂苷 R_1 24(*R*)-vinaginsenoside R_1
越南人参皂苷 R_1~R_9, R_{15}, R_{16}, R_{18} vinaginsenoside R_1~R_9, R_{15}, R_{16}, R_{18}
云甘定 glyyunnanenine
云甘苷 yunganoside A_1, B_1, C_1, D_1, E_2, E_3, F_2, G_1, G_2, H_1, H_2, I_1, I_2, J_1, J_2, K_1, K_2, L, L_1, L_2, M, N_1, N_2, O, P
云甘宁 glyyunnanin
云木香内酯▲ saussurea lactone
云南百部醇▲ maireistemoninol
云南草蔻素 A~E blepharocalyxin A~E
云南刺篱木内酯▲ jangomolide
云南翠雀碱▲ A, B, C yunnanenseine A, B, C
云南翠雀宁▲ yunnadelphinine
云南地黄连宁 A~E mulavanin A~E
云南繁缕素▲ A~F yunnanin A~F
云南甘草苷元 J yunganogenin J
云南甘草皂苷 A, B yunnanglysaponin A, B
云南甘草皂苷元 A, B, B_1, B_2, C~I glyyunnansapogenin A, B, B_1, B_2, C~I
云南狗牙花碱 ervayunine
云南狗牙花辛碱 yunnanensine
云南马兜铃林素▲ A~J aristoyunnolin A~J
云南南五味子素▲ A, B yunnankadsurin A, B
云南拟单性木兰素▲ A yunnanensin A
云南拟单性木兰素 A parakmerin A
云南千斤拔素▲ A~F flemiwallichin A~F
云南青牛胆苷▲ A~D sagittatayunnanoside A~D
云南蕊木碱▲ A, B, C_1, C_2, C_3, D, E, F_3, G, H, I kopsiyunnanine A, B, C_1, C_2, C_3, D, E, F_3, G, H, I
云南山橙碱▲ meloyunine
云南山橙碱▲ A, B, C meloyunine A, B, C
云南山橙因▲ meloyine
云南山竹子酮▲ A~E cowagarcinone A~E
云南升麻萜▲ A~G yunnanterpene A~G

云南石仙桃芪 A~D phoyunbene A~D
云南石仙桃宁 A~E phoyunnanin A~E
云南石梓醇▲ arboreol
云南石梓醇 -2-*O*- 甲醚 arboreol-2-*O*-methyl ether
云南石梓二醇▲ gummadiol
(+)- 云南石梓酮▲ (+)-arborone
云南石梓酮▲ arborone
云南鼠尾草宁▲ A yunnannin A
云南鼠尾草素▲ A~F salyunnanin A~F
云南鼠尾草酸▲ A~H yunnaneic acid A~H
云南土沉香醇▲ A, B excoecafolinol A, B
云南土沉香素▲ A, B acerifolin A, B
云南乌桕蒽醌 eugnone
云南杨梅二醇▲ myricananadiol
云南杨梅醌▲ nanaone
云南杨梅素▲ A~H myricananin A~H
(-)- 云南杨梅素▲ D (-)-myricananin D
云南杨梅酮▲ myricananone
云南野扇花胺▲ A, B wallichimine A, B
云南獐牙菜苷▲ A, B, C sweriyunnanoside A, B, C
云南獐牙菜苷元▲ A sweriyunnangenin A
云南獐牙菜内酯 A sweriyunnanlactone A
云南紫杉醇▲ yunnanxol
云南紫杉明碱▲ yunnanxamine
云南紫杉宁▲ taxayunnin
云南紫杉素 A~Z taxuyunnanine A~Z
云南紫杉亭▲ taxayuntin
云南紫杉亭▲ A~J taxayuntin A~J
云南紫杉烷▲ yunnanxane
云南紫杉辛▲ A, B taxayunnansin A, B
云南紫杉脂素▲ A, B taxuyunin A, B
云南紫杉足辛▲ A yunantaxusin A
云南紫菀皂苷▲ A~I asteryunnanoside A~I
云前胡苷 rubricauloside
云杉酚 piceol
云杉苷 picein; piceoside
(*E*)- 云杉鞣酚 (*E*)-piceatannol
云杉鞣酚 piceatannol
云杉鞣酚 -(6'-*O*- 没食子酰基)- 葡萄糖苷 piceatannol-(6'-*O*-galloyl)-glucoside
云杉鞣酚 -3'-*O*-*β*-D- 吡喃葡萄糖苷 piceatannol-3'-*O*-*β*-D-glucopyranoside
云杉鞣酚 -4'-*O*-*β*-D-(6''-*O*- 对香豆酰基)- 吡喃葡萄糖苷 piceatannol-4'-*O*-*β*-D-(6''-*O*-p-coumaroyl)-glucopyranoside
云杉鞣酚 -4'-*O*-*β*-D-(6''-*O*- 没食子酰基)- 吡喃葡萄糖苷 piceatannol-4'-*O*-*β*-D-(6''-*O*-galloyl)-glucopyranoside
云杉鞣酚 -4'-*O*-*β*-D- 吡喃葡萄糖苷 piceatannol-4'-*O*-*β*-D-glucopyranoside
云杉收敛苷▲ astringin
云杉素 picein
(+)-*E*- 云杉新苷 (+)-*E*-piceid
(*E*)- 云杉新苷 (*E*)-piceid
(*Z*)- 云杉新苷 (*Z*)-piceid
云杉新苷 piceid
云杉新苷 -(1 → 6)-*β*-D- 吡喃葡萄糖苷 piceid-(1 → 6)-*β*-D-glucopyranoside
云杉新苷 -2''-*O*- 没食子酸 piceid-2''-*O*-gallate
云杉新苷 -2''-*O*- 香豆酸酯 piceid-2''-*O*-coumarate
云生罗汉松醇▲ nubigenol
云实碱▲ A, C caesalpinine A, C
云实内酯▲ A~E caesalpinolide A~E
云实尼灵▲ caesalpinilinn
云实宁▲ caesalpinin
云实宁▲ B~M, MA~MP, N, O, P caesalpinin B~M, MA~MP, N, O, P
α- 云实素 *α*-caesalpin
β- 云实素 *β*-caesalpin
ε- 云实素 *ε*-caesalpin
ζ- 云实素 *ζ*-caesalpin
云实素 caesalpin
云实素 F, G, H, J, P caesalpin F, G, H, J, P
云实酮▲ caesalpinianone
云树苯酮▲ A, B cowabenzophenone A, B
云树醇▲ cowanol
云树酚▲ garciniacowol
云树苷▲ A, B, C garccowaside A, B, C
云树宁▲ cowanin
云树呫酮▲ cowaxanthone
云树呫酮▲ A~F cowaxanthone A~F
云树素▲ A~D garcicowin A~D
云树缩酚酸环醚▲ cowadepsidone
云树酮▲ garciniacowone
云树烯酮▲ cowanone
云树新酮▲ A, B garcicowanone A, B
芸苔酮▲ brassinone
芸香吖啶酮 rutacridone
芸香吖啶酮醇 gravacridonol
芸香吖啶酮二醇 gravacridonediol
芸香吖啶酮二醇单葡萄糖苷 gravacridonediol monoglucoside
芸香吖啶酮二醇乙酸酯 gravacridonediol acetate
芸香吖啶酮环氧化物 rutacridone epoxide
芸香吖啶酮三醇 gravacridonetriol
芸香吖啶酮三醇单葡萄糖苷 gravacridonetriol monoglucoside
芸香苷 rutoside
芸香季铵碱▲ rutalinium
芸香碱 graveoline
芸香苦素 rutamarin
芸香苦素醇 rutamarin alcohol
芸香灵 rutarin
芸香灵 -*β*-D- 吡喃葡萄糖苷 rutarin-*β*-D-glucopyranoside
芸香内酯 gravelliferone
芸香内酯甲醚 gravelliferone methyl ether
芸香宁碱 graveolinine
芸香素 rutacultin
芸香酸 gravenolic acid
芸香糖 rutinose
3-*O*- 芸香糖基槲皮素 3-*O*-rutinosylquercetin
3-*O*-*β*-D- 芸香糖基 - 山柰酚 -7-*O*-*α*-L- 吡喃鼠李糖苷 3-*O*-*β*-D-rutinosyl-kaempferol-7-*O*-*α*-L-rhamnopyranoside
(+)- 芸香亭 (+)-rutaretin
芸香亭 rutaretin
芸香亭 -8-*O*-*α*-L- 鼠李糖基 -(1 → 6)-*β*-D- 葡萄糖苷 rutaretin-8-*O*-*α*-L-rhamnosyl-(1 → 6)-*β*-D-glucoside
Δ^{10}-5*α*- 孕烯醇酮 Δ^{10}-5*α*-pregnenolone
$\Delta^{5,16}$- 孕烯醇酮 $\Delta^{5,16}$-pregnenolone
5*α*- 孕甾 -16(17)- 烯 -20- 酮 -3-*O*-*β*-D- 吡喃木糖基 -(1 → 2)-[*β*-D- 吡喃木糖基 -(1 → 3)]-*β*-D- 吡喃葡萄糖基 -(1 → 4)-[*α*-L- 吡喃鼠李糖基 -(1 → 2)]-*β*-D- 吡喃半乳糖苷 5*α*-pregnan-16(17)-en-20-one-3-*O*-*β*-D-xylopyranosyl-(1→2)-[*β*-D-xylopyranosyl-(1→3)]-

β-D-glucopyranosyl-(1 → 4)-[α-L-rhamnopyranosyl-(1 → 2)]-β-D-galactopyranoside

(2β,3β,4α,5α)-2,3,4- 孕甾 -16- 酮 (2β,3β,4α,5α)-2,3,4-trihydroxypregnan-16-one

5α- 孕甾 -16- 烯 -20- 酮 -3-O-β- 吡喃木糖基 -(1 → 3)-[β-D- 吡喃葡萄糖基 -(1 → 2)]-β-D- 吡喃葡萄糖基 -(1 → 4)-β-D- 吡喃半乳糖苷 5α-pregnan-16-en-20-one-3-O-β-xylopyranosyl-(1 → 3)-[β-D-glucopyranosyl-(1 → 2)]-β-D-glucopyranosyl-(1 → 4)-β-D-galactopyranoside

5α- 孕甾 -16- 烯 -20- 酮 -3β,6α- 二醇 -6-O-[α-L- 吡喃鼠李糖基 -(1 → 3)-β-D- 吡喃金鸡纳糖苷] 5α-pregn-16-en-20-one-3β,6α-diol-6-O-[α-L-rhamnopyranosyl-(1 → 3)-β-D-quinovopyranoside]

5α- 孕甾 -16- 烯 -3,20- 二酮 -6α- 醇 -6-O-[α-L- 吡喃鼠李糖基 -(1 → 3)-β-D- 吡喃金鸡纳糖苷] 5α-pregn-16-en-3,20-dione-6α-ol-6-O-[α-L-rhamnopyranosyl-(1 → 3)-β-D-quinovopyranoside]

5α- 孕甾 -16- 烯 -3β- 醇 -20- 酮 - 石蒜四糖苷 5α-pregn-16-en-3β-ol-20-one-lycotetraoside

5α- 孕甾 -3,20- 二酮 5α-pregnan-3,20-dione

5α- 孕甾 -3β,20β- 二醇 5α-pregnan-3β,20β-diol

(20S)-5α- 孕甾 -3β,20- 二醇 -20-O-β-D- 吡喃葡萄糖苷 (20S)-5α-pregnan-3β,20-diol-20-O-β-D-glucopyranoside

5α- 孕甾 -3β- 醇 -20- 酮 5α-pregnan-3β-ol-20-one

5α- 孕甾 -3- 酮 5α-pregnan-3-one

孕甾 -4,16- 二烯 -3,12,20- 三酮 pregna-4,16-diene-3,12,20-trione

孕甾 -4,6,16- 三烯 -3,12,20- 三酮 pregna-4,6,16-triene-3,12,20-trione

孕甾 -4- 烯 -3,20- 二酮 pregn-4-ene-3,20-dione

孕甾 -5(10)- 烯 -3β,17α,20β- 三醇 pregn-5(10)-en-3β,17α,20β-triol

孕甾 -5,16- 二烯 -1β,3β- 二醇 -1-O-[α-L- 吡喃鼠李糖基 -(1 → 2)]-α-L- 吡喃阿拉伯糖苷 pregn-5,16-dien-1β,3β-diol-1-O-[α-L-rhamnopyranosyl-(1 → 2)]-α-L-arabinopyranoside

孕甾 -5,16- 二烯 -20- 酮 -3β-O-α-L- 吡喃鼠李糖基 -(1 → 2)-O-[β-D-吡喃葡萄糖基 -(1 → 4)]-β-D- 吡喃葡萄糖苷 pregna-5,16-diene-20-one-3β-O-α-L-rhamnopyranosyl-(1 → 2)-O-[β-D-glucopyranosyl-(1 → 4)]-β-D-glucopyranoside

孕甾 -5,16- 二烯 -3β- 醇 -20- 酮 -3-O-[α-L- 吡喃鼠李糖基 -(1 → 2)][α-L- 吡喃鼠李糖基 -(1 → 4)]-β-D- 吡喃葡萄糖苷 pregn-5,16-dien-3β-ol-20-one-3-O-[α-L-rhamnopyranosyl-(1 → 2)][α-L-rhamnopyranosyl-(1 → 4)]-β-D-glucopyranoside

孕甾 -5,16- 二烯 -3β- 醇 -20- 酮 -3-O-α-L- 吡喃鼠李糖基 -(1 → 2)-O-[α-L- 吡喃鼠李糖基 -(1 → 4)]-O-β-D- 吡喃葡萄糖苷 pregna-5,16-dien-3β-ol-20-one-3-O-α-L-rhamnopyranosyl-(1 → 2)-O-[α-L-rhamnopyranosyl-(1 → 4)]-O-β-D-glucopyranoside

孕甾 -5,16- 二烯 -3β- 醇 -20- 酮 -3-O-β- 马铃薯三糖苷 pregn-5,16-dien-3β-ol-20-one-3-O-β-chacotrioside

孕甾 -5,16- 二烯 -3β- 醇 -20- 酮 -3-O- 双 [α-L- 吡喃阿拉伯糖基 -(1 → 2)(1 → 4)]-β-D- 吡喃葡萄糖苷 pregn-5,16-dien-3β-ol-20-one-3-O-bi[α-L-arabinopyranosyl-(1 → 2)(1 → 4)]-β-D-glucopyranoside

孕甾 -5- 烯 -3β,16α,20(S)- 三醇 -20-O-β-D- 吡喃葡萄糖基 -(1 → 6)-β-D- 吡喃葡萄糖基 -(1 → 2)-β-D- 吡喃洋地黄糖苷 pregn-5-ene- 3β,16α,20(S)-triol-20-O-β-D-glucopyranosyl-(1 → 6)-β-D-glucopyranosyl-(1 → 2)-β-D-digitalopyranoside

孕甾 -5- 烯 -3β,16β,20(R)- 三醇 -20-O-β-D- 吡喃葡萄糖基 -(1 → 6)-O-β-D- 吡喃葡萄糖基 -(1 → 2)-O-β-D- 吡喃洋地黄糖苷 pregn-5-ene-3β,16β,20(R)-triol-20-O-β-D-glucopyranosyl-(1 → 6)-O-β-D-glucopyranosyl-(1 → 2)-O-β-D-digitalopyranoside

孕甾 -5- 烯 -3β,16β,20(R)- 三醇 -20-O-β-D- 吡喃葡萄糖基 -(1 → 6)-β-D- 吡喃葡萄糖基 -(1 → 2)-β-D- 吡喃洋地黄糖苷 pregn-5-ene-3β,16β,20(R)-triol-20-O-β-D-glucopyranosyl-(1 → 6)-β-D-glucopyranosyl-(1 → 2)-β-D-digitalopyranoside

孕甾 -5- 烯 -3β,17,20S- 三醇 pregn-5-ene-3β,17,20S-triol

孕甾 -5- 烯 -3β,17,20S- 三醇 -20-[O-β- 吡喃葡萄糖基 -(1 → 6)-O-吡喃葡萄糖基 -(1 → 4)-β- 吡喃加那利毛地黄糖苷] pregn-5- ene-3β,17,20S-triol-20-[O-β-glucopyranosyl-(1 → 6)-O-glucopyranosyl-(1 → 4)-β-canaropyranoside]

孕甾 -5- 烯 -3β,17α,20(S)- 三醇 -20-O-β-D- 吡喃加那利毛地黄糖苷 pregn-5-ene-3β,17α,20(S)-triol-20-O-β-D-canaropyranoside

孕甾 -5- 烯 -3β,20(S)- 二醇 -20-O-β-D- 吡喃葡萄糖基 -(1 → 6)-β-D- 吡喃葡萄糖苷 pregn-5-ene-3β,20(S)-diol-20-O-β-D-glucopyranosyl-(1 → 6)-β-D-glucopyranoside

孕甾 -5- 烯 -3β,20(S)- 二醇 -20-O-β-D- 吡喃葡萄糖基 -(1 → 6)-β-D-吡喃葡萄糖基 -(1 → 2)-β-D- 吡喃洋地黄糖苷 pregn-5-ene-3β,20(S)-diol-20-O-β-D-glucopyranosyl-(1 → 6)-β-D-glucopyranosyl-(1 → 2)-β-D-digitalopyranoside

孕甾 -5- 烯 -3β,20(S)- 二醇 -3-O-β-D- 吡喃葡萄糖基 -20-O-β-D- 吡喃葡萄糖基 -(1 → 6)-β-D- 吡喃葡萄糖苷 pregn-5-ene-3β,20(S)-diol-3-O-β-D-glucopyranosyl-20-O-β-D-glucopyranosyl-(1 → 6)-β-D-glucopyranoside

孕甾 -5- 烯 -3β,20(S)- 二醇 -3-O- 二 -β-D- 吡喃葡萄糖基 -(1 → 2, 1 → 6)-β-D- 吡喃葡萄糖苷 pregn-5-en-3β,20(S)-diol-3-O-bis-β-D-glucopyranosyl-(1 → 2,1 → 6)-β-D-glucopyranoside

孕甾 -5- 烯 -3β,20S- 二醇 -20-[O-β- 吡喃葡萄糖基 -(1 → 6)-β- 吡喃葡萄糖苷] pregn-5-ene-3β,20S-diol-20-[O-β-glucopyranosyl-(1 → 6)-β-glucopyranoside]

孕甾 -5- 烯 -3β,20S- 二醇 -3-O-β-D- 吡喃葡萄糖苷 -20-O-β-D- 吡喃葡萄糖苷 pregn-5-ene-3β,20S-diol-3-O-β-D-glucopyranoside-20-O-β-D-glucopyranoside

孕甾 -5- 烯 -3β,20- 二醇 pregn-5-ene-3β,20-diol

孕甾 -5- 烯 -3β,20S- 二醇 pregn-5-ene-3β,20S-diol

孕甾 -5- 烯 -3β- 醇 -20- 酮 -3-O- 二 -β-D- 吡喃葡萄糖基 -(1 → 2, 1 → 6)-β-D- 吡喃葡萄糖苷 pregn-5-en-3β-ol-20-one-3-O-bis-β-D-glucopyranosyl-(1 → 2,1 → 6)-β-D-glucopyranoside

孕甾 -5- 烯 -3- 醇 -20- 羧酸 pregn-5-en-3-ol-20-carboxylic acid

孕甾二醇 pregnanediol

4,16- 孕甾二烯 -12β- 羟基 -3,20- 二酮 4,16-pregnadien-12β-hydroxy-3,20-dione

5,16- 孕甾二烯 -3β- 醇 -20- 酮乙酸酯 5,16-pregnadien-3β-ol-20-one acetate

孕甾二烯醇酮 -3-O-β- 马铃薯三糖 pregnadienolone-3-O-β-chacotrioside

孕甾二烯醇酮 -3-O-β- 纤细薯蓣三糖苷▲ pregnadienolone-3-O-β-gracillimatriose

Δ⁵- 孕甾烯 -3β,17α,20α- 三醇 Δ⁵-pregnene-3β,17α,20α-triol

孕甾烯 -3β,20(S)- 二醇 -3-O-[2-O- 乙酰基 -β-D- 吡喃毛地黄糖基 -(1 → 4)-O-β-D- 吡喃磁麻糖苷]-20-O-β-D- 吡喃葡萄糖基 -(1 → 6)-O-β-D- 吡喃葡萄糖基 -(1 → 2)-O-β-D- 吡喃洋地黄糖苷 pregnene-3β,20(S)-diol-3-O-[2-O-acetyl-β-D-digitalopyranosyl-(1 → 4)-O-β-D-cymaropyranoside]-20-O-β-D-glucopyranosyl-(1 → 6)-O-β-D-glucopyranosyl-(1 → 2)-O-β-D-digitalopyranoside

孕甾烯醇酮 pregnenolone

蕴苞麻花头苷▲ A, B, C strangulatoside A, B, C

蕴苞麻花头素▲ A, B strangusin A, B

Z

杂白桦脂酸 -3-O-β-D- 吡喃葡萄糖基 -(1 → 2)-β-D- 吡喃木糖苷 heterobetulinic acid-3-O-β-D-glucopyranosyl-(1 → 2)-β-D-

xylopyranoside
杂葡聚糖 F heteroglycan F
杂嗪辛碱 zarzissine
杂性唐松草碱▲ thalictrogamine
杂性唐松草品碱▲ thalipine
栽秧花醇 A~D hyperbeanol A~D
藏报春素▲ sinensin
藏边大黄苷▲ rheoside
藏边大黄素▲ rheumaustralin
藏边大黄酮▲ 1~4 revandchinone 1~4
藏玄参苷▲ oreosolenoside
早开堇菜苷 prionanthoside
早熟素 precocene
早熟素 I, II precocene I, II
枣阿聚糖 zizyphus-arabinan
枣奥亭▲ zizyotin
枣苷▲ A, A_1, B, B_1, C, E, G, H jujuboside A, A_1, B, B_1, C, E, G, H
枣碱 juziphine; yuziphine
枣碱 A zizyphine A
枣灵碱 yuzirine
枣宁碱 A~D jubanine A~D
枣醛酸▲ zizyberanalic acid
枣树宁碱▲ A~H, K, M, N, O sativanine A~H, K, M, N, O
枣素▲ ziziphin
枣酮▲ zizyberanone
枣烯醛酸▲ zizyberenalic acid
枣辛碱▲ zizyphusine
枣熊果酸 zizyphursolic acid
枣皂苷 I, II, III, IV, V jujubasaponin I, II, III, IV, V
蚤缀碱 A~D arenarine A~D
R- 藻红素 *R*-phycoerythrin
藻胶素 algin
C- 藻蓝素 C-phycocyanin
R- 藻蓝素 *R*-phycocyanin
皂苷 saponin CP_4, CP_6, CP_7, G, P_{13}, Pa, Pb, PE, PH, PJ_1, PJ_3, PK, R_4~R_7, Tb, Th
皂荚苷 A, B, C gledistside A, B, C
皂荚素 gleditsin
皂荚萜苷▲ A~K, N~Q, Z gleditsioside A~K, N~Q, Z
皂荚皂苷 B, C, C', D_2, E, E', G, I gleditsia saponin B, C, C', D_2, E, E', G, I
皂皮树酸 quillaic acid
皂皮树酸▲ quaillic acid
皂皮树酸 -3-*O*-*β*-D- 吡喃半乳糖基 -(1 → 2)-[*β*-D- 吡喃半乳糖基 - (1 → 3)]-*β*-D- 吡喃葡萄糖糖醛酸苷 quillaic acid-3-*O*-*β*-D-galactopyranosyl-(1 → 2)-[*β*-D-galactopyranosyl-(1 → 3)]-*β*-D-glucuronopyranoside
皂皮树酸 -*α*-L- 吡喃阿拉伯糖基 -(1 → 4)-*α*-L- 吡喃阿拉伯糖基 -(1 → 3)-*β*-D- 吡喃木糖基 -(1 → 4)-*α*-L- 吡喃鼠李糖基 -(1 → 2)-*β*-D- 吡喃岩藻糖基基酯 quillaic acid-*α*- L-arabinopyranosyl-(1 →4)-*α*-L-arabinopyranosyl-(1 →3)-*β*-D- xylopyranosyl-(1 →4)-*α*-L-rhamnopyranosyl-(1 → 2)-*β*-D-fucopyranosyl ester
皂皮树酸甲酯 quillaic acid methyl ester
α- 泽奥衣素▲ *α*-zeorin
泽奥衣素▲ zeorin
泽兰苯并呋喃 eupatobenzofuran
泽兰黄素 eupatrin
泽兰苦素 eupatoriopicrin
泽兰内酯 eupatolide
泽兰三醇 -9-*O*-*β*-D- 呋喃芹糖基 -(1 → 6)-*β*-D- 吡喃葡萄糖苷 eupatriol-9-*O*-*β*-D-apiofuranosyl-(1 → 6)-*β*-D-glucopyranoside
泽兰素 euparin
泽兰酮▲ euparone
泽兰羊耳菊内酯▲ A ineupatorolide A
泽兰叶黄素 zelanyehuangsu
泽漆内酰胺 heliolactam
泽漆内酯 A, B, C, E helioscopinolide A, B, C, E
泽漆宁 A, B helioscopinin A, B
泽漆品 A, B, D helioscopin A, B, D
泽漆平▲ A~L euphoscopin A~L
泽漆素▲ A, B euphohelioscopin A, B
泽漆萜▲ A~D euphoheliosnoid A~D
泽漆酮▲ euphohelionone
泽漆辛素 A, B euphorheliosin A, B
泽芹醇▲乙酸酯 siol acetate
泽藓黄酮▲ philonotisflavone
泽泻薁醇 alismol
(-)- 泽泻薁醇氧化物 (-)-alismoxide
泽泻薁醇氧化物 alismoxide
泽泻倍半萜醇 A alismorientol A
泽泻醇 A~I, O, P, X alisol A~I, O, P, X
泽泻醇 A-24- 乙酸酯 alisol A-24-acetate
泽泻醇 B-11- 单乙酸酯 alisol B-11-monoacetate
泽泻醇 B-23- 乙酸酯 alisol B-23-acetate
泽泻醇 C-23- 乙酸酯 alisol C-23-acetate
泽泻醇 E-23- 乙酸酯 alisol E-23-acetate
泽泻醇 F-24- 乙酸酯 alisol F-24-acetate
泽泻醇 J-23- 乙酸酯 alisol J-23-acetate
泽泻醇 K-23- 乙酸酯 alisol K-23-acetate
泽泻醇 L-23- 乙酸酯 alisol L-23-acetate
泽泻醇 M-23- 乙酸酯 alisol M-23-acetate
泽泻醇 N-23- 乙酸酯 alisol N-23-acetate
泽泻醇 Q-23- 乙酸酯 alisol Q-23-acetate
泽泻多糖 PII, PIIIF alisman PII, PIIIF
泽泻内酯▲ alisolide
泽泻内酯 -23- 乙酸酯 alismalactone-23-acetate
泽泻萜醇 A~F orientalol A~F
泽泻酮 A-23- 乙酸酯 alismaketone A-23-acetate
泽泻酮 B-23- 乙酸酯 alismaketone B-23-acetate
泽泻酮 C-23- 乙酸酯 alismaketone C-23-acetate
栅状凹顶藻素▲ A, B palisadin A, B
蚱蜢酮 grasshopper ketone
窄头橐吾林素▲ A, B, C stenocephalin A, B, C
窄头橐吾宁▲ A~D ligustenin A~D
窄头橐吾素▲ A, B, C ligulacephalin A, B, C
窄头橐吾因▲ stenocephalain
窄叶黄檀素▲ lanceolarin
毡毛美洲茶素 velutin
詹氏桉酮▲ jensenone
斩龙剑苷 A, B sibirioside A, B
斩龙剑醌▲ A, B sibiriquinone A, B
展花乌头碱 chasmaconitine
展花乌头宁 chasmanine
展毛翠雀碱 glabredelphinine
展毛黄草乌亭▲ patentine
展枝斑鸠菊苦素 -1 VE-1
展枝斑鸠菊苦素 -2 VE-2
展枝唐松草苷 squarroside I, II, III, IV, V, VI, VII, A_1, A_2, B_1, B_2, B_3, B_4, C

展枝唐松草酸 squarrofuric acid
展枝唐松草萜苷▲A squoside A
章鱼胺 octopamine
獐牙菜代谢素▲ swerosimetabolin A
獐牙菜酚▲ swertianol
獐牙菜酚素▲ swertianolin
(-)- 獐牙菜苷 (-)-sweroside
獐牙菜苷 sweroside
獐牙菜苷 -2'-*O*-(3,3',5- 三羟基 -2- 二苯基羧酸酯 sweroside-2'-*O*-(3,3',5-trihydroxy-2-biphenylcarboxylate
獐牙菜苦素 swertiamarin
獐牙菜内酯 A~O swerilactone A~O
獐牙菜内酯苷 A, B, C swerilactoside A, B, C
獐牙菜宁▲ swertianin
獐牙菜诺苷▲A~F swertianoside A~F
獐牙菜双叫酮 I swertiabisxanthone I
獐牙菜双叫酮 I-8'-*O*-*β*-D- 吡喃葡萄糖苷 swertiabisxanthone I-8'-*O*-*β*-D-glucopyranoside
獐牙菜素 swertisin
獐牙菜素 -2''-*O*-*α*-L- 鼠李糖苷 swertisin-2''-*O*-*α*-L-rhamnoside
獐牙菜塔苦素▲ swertamarin
獐牙菜萜苷▲ swertiaside
獐牙菜酮▲ swertanone
獐牙菜烯醇▲ swertenol
獐牙菜烯醇▲乙酸酯 swertenyl acetate
(+)- 樟苍碱 (+)-laurotetanine
d- 樟苍碱 *d*-laurotetanine
樟苍碱 laurotetanine
樟柳碱 anisodine
(-)- 樟脑 (-)-camphor
(+)- 樟脑 (+)-camphor
(1*R*)- 樟脑 (1*R*)-camphor
d- 樟脑 *d*-camphor
l- 樟脑 *l*-camphor
樟脑 camphor
(2*R*,6*S*)- 樟脑 -2,6- 二醇 -2-*O*-*β*-D- 呋喃芹糖基 -(1 → 6)-*β*-D- 吡喃葡萄糖苷 (2*R*,6*S*)-bornane-2,6-diol-2-*O*-*β*-D-apiofuranosyl-(1 → 6)-*β*-D-glucopyranoside
(2*R*)- 樟脑 -2,9- 二醇 -2-*O*-*β*-D- 呋喃芹糖基 -(1 → 6)-*β*-D- 吡喃葡萄糖苷 (2*R*)-bornane-2,9-diol-2-*O*-*β*-D-apiofuranosyl-(1→6)-*β*-D-glucopyranoside
樟脑醌 camphorquinone
α- 樟脑烯醛 *α*-campholenal
γ- 樟脑烯醛 *γ*-campholenal
樟尼酮▲ camphenilone
樟三烯醇▲ hotrienol
樟树醇 kusunokinol
(+)- 樟树宁 (+)-kusunokinin
樟树宁 kusunokinin
2- 樟酮 2-camphanone
樟烷 camphane
(+)- 樟烯 (+)-camphene
β- 樟烯 *β*-camphene
樟烯 camphene
樟烯 -2,13- 二醇 camphene-2,13-diol
樟烯醇 campherenol
樟烯水合物 camphene hydrate
樟烯酮▲ campherenone
樟新木姜子碱▲ laurolitsine
樟叶胡椒素▲ polysyphorin
樟叶木防己芬▲ laurifine
樟叶木防己芬宁▲ laurifinine
樟叶木防己佛宁▲ laurifonine
樟叶木防己碱 laurifoline
樟叶木防己灵▲ coccoline
樟叶越桔苷▲A~I dunalianoside A~I
樟油醇▲ kusunol
掌叶白头翁素▲ patensin
掌叶半夏碱 A~G pedatisectine A~G
掌叶半夏碱戊 pedatisectine E
掌叶大黄定▲A, B, C palmidin A, B, C
掌叶大黄苷▲ pulmatin
掌叶木醌 I, III tecomaquinone I, III
(-)- 掌叶树碱▲ (-)-araliopsine
掌叶铁线蕨醇 adipedatol
掌状盾壳霉素▲$BG_1, BG_3, C_{11}, SA_1, SA_2, SA_3$ palmarumycin $BG_1, BG_3, C_{11}, SA_1, SA_2, SA_3$
胀果甘草二酮▲A, B, C glycyrdione A, B, C
胀果甘草宁 A~K glyinflanin A~K
胀果甘草香豆素 A inflacoumarin A
胀果甘草皂苷 I, II, III, IV, V, VI inflasaponin I, II, III, IV, V, VI
胀果芹素▲ phloidicarpin
爪哇长果胡椒胺▲B, C, D, H piperchabamide B, C, D, H
爪哇苦树苷 A~L javanicinoside A~L
爪哇苦树咔啉▲ javacarboline
爪哇苦树素 javanicin
爪哇苦树素 A~Z javanicin A~Z
爪哇苦树素 Z 半缩醛 I, II javanicin Z hemiacetal I, II
爪哇土人参碱▲A, B javaberine A, B
爪哇柘叫酮▲ cudraniaxanthone
沼兰碱▲ malaxin
沼生驴蹄草内酯▲ palustrolide
沼生水苏诺苷▲ palustrinoside
沼生水苏素▲ palustrin
沼委陵菜多糖▲ comaruman
沼泽石松苷▲E inundoside E
照山白醇▲A~F rhodomicranol A~F
照山白酮▲A micranthanone A
折叠石斛酚▲B plicatol B
折扇石松林碱▲ flabelline
折叶苔醛▲ albicanal
柘苯酮▲A~D cudraphenone A~D
柘橙叫酮▲ osajaxanthone
柘橙素▲ pomiferin
柘橙素▲-4'-*O*- 甲醚 pomiferin-4'-*O*-methyl ether
柘橙素▲A pomiferin A
柘橙酮醇▲ cudrauronol
柘黄素▲1, 2 cudranian 1, 2
柘黄酮抑素▲ flaniostatin
柘木叫酮▲A~D cudracuspixanthone A~D
柘叫酮▲A~S cudraxanthone A~S
柘树苯甲酮▲A, B cudracuspiphenone A, B
柘树芪▲ cudrastilbene
柘树黄酮 A~D, F, G cudraflavone A~D, F, G
柘树黄酮 B 氢过氧化物 cudraflavone B hydroperoxide
柘树黄烷酮▲A~F cudraflavanone A~F
柘树三叫酮▲A~O cudratrixanthone A~O
柘树叫酮▲A~P cudratricusxanthone A~P

柘树异黄酮 A~K cudraisoflavone A~K
柘藤屾酮▲ A cudrafrutixanthone A
柘酮▲ cudranone
浙贝灵▲ zhebeirine
浙贝宁 zhebeinine
浙贝宁苷 zhebeininoside
浙贝树脂酚▲ zhebeiresinol
浙贝萜▲ A, B fritillarinol A, B
浙贝酮 zhebeinone
浙玄参苷▲ A, B ningpogoside A, B
浙玄参苷元▲ ningpogenin
蔗糖 sucrose
鹧鸪花苦内酯▲ A~E heytrijunolide A~E
鹧鸪花灵▲ A, B trichiconnarin A, B
鹧鸪花内雄楝林素▲ A~F trichagmalin A~F
鹧鸪花内酯 trichanolide
鹧鸪花宁▲ B~E, H~L trichilinin B~E, H~L
鹧鸪花素▲ A, B, D, H~L trichilin A, B, D, H~L
鹧鸪花酸 heynic acid
鹧鸪花甾酮▲ trichilone
鹧鸪花酮▲ A, B trichiliton A, B
鹧鸪花甾酮 B trichiliasterone B
针刺悬钩子苷▲ A, B rubupungenoside A, B
针毛蕨二糖 digobiose
针叶春黄菊酸▲ aciphyllic acid
针叶春黄菊烯▲ aciphyllene
针叶依瓦菊素 acerosin
针叶依瓦菊素▲ -5-*O*- 吡喃葡萄糖苷单乙酸酯 acerosin-5-*O*-glucopyranoside monoacetate
珍珠菜苷 lysimachoside
珍珠菜内酯▲ A, B, C lysilactone A, B, C
珍珠菜素▲ lysimachiin
珍珠菜皂苷▲ A, C~F lysimachiagenoside A, C~F
珍珠花苷▲ ovalifolioside
珍珠花精酸▲ lyofoligenic acid
珍珠花素▲ A~E ovafolinin A~E
(-)- 珍珠花素 B-9'-*O*-*β*-D- 吡喃葡萄糖苷 (-)-ovafolinin B-9'-*O*-*β*-D-glucopyranoside
(+)- 珍珠花素 B-9'-*O*-*β*-D- 吡喃葡萄糖苷 (+)-ovafolinin B-9'-*O*-*β*-D-glucopyranoside
(-)- 珍珠花素 E-9'-*O*-*β*-D- 吡喃葡萄糖苷 (-)-ovafolinin E-9'-*O*-*β*-D-glucopyranoside
(+)- 珍珠花素 E-9'-*O*-*β*-D- 吡喃葡萄糖苷 (+)-ovafolinin E-9'-*O*-*β*-D-glucopyranoside
珍珠花酸▲ lyofolic acid
珍珠梅苷 sorbifolin
珍珠梅黄酮苷▲ flavosorbin
珍珠梅素▲ sorbarin
真菌甾醇 fungisterol
真龙虱甾醇▲ cybisterol
真鼠尾草宁▲ salvirecognine
真藓黄酮▲ bryoflavone
榛鞣质▲ A~G heterophylliin A~G
榛叶巴豆呋喃▲ crotocorylifuran
镇江白前苷▲ E_1, E_3, I_1 sublanceoside E_1, E_3, I_1
整合素 integracin
整合素 B integracin B
正丙醇乙酸酯 *n*-propanol acetate
正丙基苯 *n*-propylbenzene
24*ξ*- 正丙基 - 胆甾 -3- 酮 24*ξ*-n-propyl-cholestan-3-one
2-(正丙炔 -1- 基)-5-(6- 乙酰氧基 -5- 羟基 -1,3- 己二炔 -1- 基) 噻吩 2-(prop-1-yn-1-yl)-5-(6-acetoxy-5-hydroxyhexa-1,3-diyn-1-yl) thiophene
2- 正丙炔 -5-(5,6- 二羟基己烷 -1,3- 二炔基)- 噻吩 2-(pro-1-ynyl)-5-(5,6-dihydroxyhexa-1,3-diynyl)-thiophene
正丁胺 *n*-butylamine
(23*S*)-21*R*-*O*- 正丁基 -19- 氧代 -3*β*,20*ξ*,21- 三羟基 -21,23- 环氧达玛 -24- 烯 -3-*O*-[*α*-L- 吡喃鼠李糖基 -(1 → 2)][*β*-D- 吡喃木糖基 - (1 → 3)]-*α*-L- 吡喃阿拉伯糖苷 (23*S*)-21*R*-*O*-*n*-butyl-19-oxo-3*β*,20*ξ*,21-trihydroxy-21,23-epoxydammar-24-ene-3-*O*-[*α*-L-rhamnopyranosyl-(1 → 2)][*β*-D-xylopyranosyl-(1 → 3)]-*α*-L-arabinopyranoside
(23*S*)-21*S*-*O*- 正丁基 -19- 氧代 -3*β*,20*ξ*,21- 三羟基 -21,23- 环氧达玛 -24- 烯 -3-*O*-[*α*-L- 吡喃鼠李糖基 -(1 → 2)][*β*-D- 吡喃木糖基 -(1 → 3)]-*α*-L- 吡喃阿拉伯糖苷 (23*S*)-21*S*-*O*-*n*-butyl-19-oxo-3*β*, 20*ξ*,21-trihydroxy-21,23-epoxydammar-24-ene-3-*O*-[*α*-L- rhamnopyranosyl-(1 → 2)][*β*-D-xylopyranosyl-(1 → 3)]-*α*-L-arabinopyranoside
正丁基 -1-*O*-*α*-L- 吡喃鼠李糖苷 *n*-butyl 1-*O*-*α*-L-rhamnopyranoside
正丁基 -1-*O*-*β*-L- 吡喃鼠李糖苷 *n*-butyl-1-*O*-*β*-L-rhamnopyranoside
正丁基 -2,6- 二去氧 -*α*-D/L- 吡喃木己糖苷 *n*-butyl-2,6-dideoxy-*α*-D/L-xylo-hexopyranoside
正丁基 -3,4- 二羟基苯基乳酸酯 *n*-butyl-3,4-dihydroxyphenyllactate
(23*S*)-21*R*-*O*- 正丁基 -3*β*,20*ξ*,21- 三羟基 -21,23- 环氧达玛 -24- 烯 -3-*O*-[*α*-L- 吡喃鼠李糖基 -(1 → 2)][*β*-D- 吡喃木糖基 -(1 → 3)]-*β*-D- 吡喃葡萄糖苷 (23*S*)-21*R*-*O*-*n*-butyl-3*β*,20*ξ*,21-trihydroxy-21,23-epoxydammar-24-ene-3-*O*-[*α*-L-rhamnopyranosyl-(1 → 2)][*β*-D-xylopyranosyl-(1 → 3)]-*β*-D-glucopyranoside
(23*S*)-21*S*-*O*- 正丁基 -3*β*,20*ξ*,21- 三羟基 -21,23- 环氧达玛 -24- 烯 -3-*O*-[*α*-L- 吡喃鼠李糖基 -(1 → 2)][*β*-D- 吡喃木糖基 -(1 → 3)]-*β*-D- 吡喃葡萄糖苷 (23*S*)-21*S*-*O*-*n*-butyl-3*β*,20*ξ*,21-trihydroxy-21,23-epoxydammar- 24-ene-3-*O*-[*α*-L-rhamnopyranosyl-(1 → 2)][*β*-D-xylopyranosyl-(1 → 3)]-*β*-D-glucopyranoside
23(*S*)-21(*R*)-*O*- 正丁基 -3*β*,20*ξ*- 二羟基 -21,23- 环氧达玛 -24- 烯 -3-*O*-*α*-L- 吡喃鼠李糖基 -(1 → 2)-[*β*-D- 吡喃木糖基 -(1 → 3)]-*β*-D- 吡喃阿拉伯糖苷 23(*S*)-21(*R*)-*O*-*n*-butyl-3*β*,20*ξ*-dihydroxy-21, 23-epoxydammar-24-ene-3-*O*-*α*-L-rhamnopyranosyl-(1 → 2)-[*β*-D-xylopyranosyl-(1 → 3)]-*β*-D-arabinopyranoside
正丁基 -4- 醇正丙基酞酸酯 *n*-butyl-4-ol-*n*-propyl phthalate
β- 正丁基 -D- 吡喃塔格糖苷 *β*-*n*-butyl-D-tagatopyranoside
正丁基 -*O*-*α*-D- 呋喃果糖苷 *n*-butyl-*O*-*α*-D-fructofuranoside
正丁基 -*O*-*β*-D- 吡喃果糖苷 *n*-butyl-*O*-*β*-D-fructopyranoside
正丁基 -*O*-*β*-D- 呋喃果糖苷 *n*-butyl-*O*-*β*-D-fructofuranoside
正丁基 -*α*-D- 吡喃果糖苷 *n*-butyl-*α*-D-fructopyranoside
正丁基 -*α*-D- 呋喃果糖苷 *n*-butyl-*α*-D-fructofuranoside
正丁基 -*α*-L- 吡喃鼠李糖苷 *n*-butyl-*α*-L-rhamnopyranoside
1- 正丁基 -*β*-D- 吡喃果糖苷 1-*n*-butyl-*β*-D-fructopyranoside
正丁基 -*β*-D- 吡喃果糖苷 *n*-butyl-*β*-D-fructopyranoside
正丁基 -*β*-D- 吡喃葡萄糖苷 *n*-butyl-*β*-D-glucopyranoside
正丁基 -*β*-D- 呋喃果糖苷 *n*-butyl-*β*-D-fructofuranoside
正丁基丁香苷 *n*-butylsyringin
(7*R*)- 正丁基莫罗忍冬苷 (7*R*)-*n*-butylmorroniside
7(*R*)- 正丁基莫罗忍冬苷 7(*R*)-*n*-butylmorroniside
7(*S*)- 正丁基莫罗忍冬苷 7(*S*)-*n*-butylmorroniside
α-L- 正丁基山梨糖苷 *α*-L-*n*-butylsorboside
20*R*- 正丁基孕甾 -5- 烯 -3*β*- 醇 20*R*-*n*-butylpregn-5-en-3*β*-ol
正丁酸香叶酯 geranyl *n*-butyrate
19*R*- 正丁氧基 -5*β*,19- 环氧葫芦 -6,23- 二烯 -3*β*,25- 二醇 -3-*O*-*β*-

吡喃葡萄糖苷 19*R*-*n*-butoxy-5*β*,19-epoxy-cucurbita-6,23-diene-3*β*,25-diol-3-*O*-*β*-glucopyranoside
6*β*- 正丁氧基 -7,8- 去氢钓钟柳诺苷▲ 6*β*-*n*-butoxy-7,8-dehydropenstemonoside
2- 正丁氧甲基 -1,3- 二羟基蒽醌 2-*n*-butoxymethyl-1,3-dihydroxyanthraquinone
正二甲基异咯嗪 lumichrome
正二十八醇 *n*-octacosanol
正二十八酸 *n*-octacosanoic acid
正二十八烷 *n*-octacosane
2- 正二十八烷氧基 - 乙醇 2-(*n*-octacosanoxy)-ethanol
正二十二碳 -11- 烯酸 *n*-docos-11-enoic acid
正二十二烷 *n*-docosane
正二十九醇 *n*-nonacosanol
正二十九烷 *n*-nonacosane
正二十六 -1- 醇 *n*-hexacosan-1-ol
正二十六 -5,8,11- 三烯酸 *n*-hexacos-5,8,11-trienoic acid
正二十六醇 *n*-hexacosanol
正二十六酸 *n*-hexacosanoic acid
正二十六烷 -11- 烯酸 *n*-hexacos-11-enoic acid
正二十六烷 -14- 烯酸 *n*-hexacos-14-enoic acid
正二十六烷 -17- 烯酸 *n*-hexacos-17-enoic acid
正二十六烷 -5- 醇 -1- 丙酸酯 *n*-hexacosan-5-ol-1-propionate
正二十六烷醇丙酸酯 *n*-hexacosanyl propaneate
正二十七醇 *n*-heptacosanol
正二十七烷 *n*-heptacosane
正二十三 -10- 烯 -1- 醇 -3- 酮 *n*-tricos-10-en-1-ol-3-one
正二十四醇 *n*-tetracosanol
正二十四醇十八碳 -9- 烯酸酯 *n*-tetracosanyloctadec-9-enoate
正二十四酸 *n*-tetracosanoic acid
正二十四烷 *n*-tetracosane
正二十四烷 -1,15*β*- 二醇 *n*-tetracosan-1,15*β*-diol
正二十四烷 -5- 醇 -1- 丙酸酯 *n*-tetracosan-5-ol-1-propionate
正二十烷 *n*-eicosane
正二十五酸 *n*-pentacosanoic acid
正二十五烷 *n*-pentacosane
正二十酰基 -*β*-D- 吡喃阿拉伯糖苷 *n*-eicosanoyl-*β*-D-arabinopyranoside
正庚醛 heptaldehyde
正癸醇 *n*-decanol
正癸基乙酸酯 *n*-decyl acetate
正癸醛 *n*-decyl aldehyde
正己醇 *n*-hexanol
正己醇 -*β*- 吡喃葡萄糖苷 hexyl-*β*-glucopyranoside
正己基 -*O*-*β*-D- 吡喃葡萄糖基 -(1″→6′)-*β*-D- 吡喃葡萄糖苷 *n*-hexyl-*O*-*β*-D-glucopyranosyl-(1″→6′)-*β*-D-glucopyranoside
正己基 -*O*-*β*-D- 吡喃葡萄糖基 -(1″→6′)-*β*-D- 吡喃葡萄糖苷 *n*-hexyl-*O*-*β*-D-glucopyranosyl-(1″→6′)-*β*-D-glucopyranoside
正己基 -*β*-D- 吡喃葡萄糖苷 *n*-hexyl-*β*-D-glucopyranoside
正己基芥子油苷 *n*-hexyl glucosinolate
正己醛 *n*-hexanal
正木蜡酸 *n*-lignoceric acid
2- 正壬基 -4- 喹诺酮 2-*n*-nonyl-4-quinolone
正壬醛 *n*-nonanal
正壬烷 *n*-nonane
正三十醇 *n*-triacontanol
正三十二醇 *n*-dotriacontanol
正三十二酸 *n*-dotriacontanoic acid
正三十二碳 -10- 烯 *n*-dotriacont-10-ene
正三十二烷 *n*-dotriacontane
正三十九醇 *n*-nonyl triacontanol
正三十六碳 -14- 烯 *n*-hexatriacont-14-ene
正三十六烷 *n*-hexatriacontane
正三十三烷 *n*-tritriacontane
正三十四醇 *n*-tetratriacontanol
正三十四酸 *n*-tetratriacontanoic acid
正三十四烷 *n*-tetratriacontane
正三十酸 *n*-triaconatanoic acid
正三十碳 -11- 烯酸 *n*-triacont-11-enoic acid
正三十烷 *n*-triacontane
正三十烷基乙酸酯 *n*-triacontanyl acetate
正三十五醇 *n*-pentatriacontanol
正三十五烷 *n*-pentatriacontane
正三十一醇 *n*-hentriacontanol
正三十一烷 *n*-hentriacontane
正十八酸 *n*-octadecanoic acid
正十八酸二十六酯 *n*-octadecanoic acid hexacosyl ester
正十八碳 -9,12- 二烯酸正二十三酯 *n*-tricosanyl-*n*-octadec-9,12-dienoate
正十八碳 -9- 烯酸正二十五酯 *n*-pentacosonyl-*n*-octadec-9-enoate
正十八烷 *n*-octadecane
正十二醇 *n*-dodecyl alcohol
正十二烷 *n*-dodecane
正十九烷 *n*-nonadecane
正十六醇 *n*-hexadecanol
正十六酸 *n*-hexadecanoic acid
正十六烷 *n*-hexadecane
正十七酸 *n*-heptadecanoic acid
正十七烷 *n*-heptadecane
正十三醇 *n*-tridecanol hexacosanoic alcohol
正十三醇正十八碳 -9,12- 二烯酸酯 *n*-tridecanyl *n*-octadec-9,12-dienoate
正十三酸 *n*-tridecanoic acid
正十三烷 *n*-tridecane
正十四烷 *n*-tetradecane
正十五酸 *n*-pentadecanoic acid
正十五酸三甘油酯 pentadecanoate triglyceride
正十五烷 *n*-pentadecane
正十五烷基 [3-(4- 羟基苯基)] 丙酸酯 *n*-pentadecyl[3-(4-hydroxyphenyl)]propanoate
5- 正十五烷基树脂苔黑酚▲ 5-*n*-pentadecylresorcinol
2- 正十一烷基 -4- 喹啉酮 2-*n*-undecyl-4-quinolinone
正四十二酸 *n*-dotetracontanoic acid
正四十六醇 *n*-hexatetracontanol
正四十四烷 *n*-tetratetracontane
正五十醇 *n*-pentacontanol
正辛醇 *n*-octanol
正辛基环己烷 *n*-octylcyclohexane
正辛醛 *n*-octaldehyde
正辛烯 octacos-1-ene
正羊蜡酸 *n*-capric acid
(+)- 芝麻半素▲ (+)-samin
(+)- 芝麻半素酚▲ (+)-saminol
芝麻菜苷 glucoerucin
芝麻菜素 erucin
芝麻菜酸▲ erucic acid
芝麻菜酰胺▲ erucamide
芝麻酚 sesamol

(-)- 芝麻酚乳糖醇▲ (-)-sesamolactol
芝麻苷 sesamoside
(+)- 芝麻林素 (+)-sesamolin
(+)- 芝麻林素酚 (+)-sesamolinol
(+)- 芝麻林素酚 -4'-*O*-*β*-D- 吡喃葡萄糖苷 (+)-sesamolinol-4'-*O*-*β*-D-glucopyranoside
(-)- 芝麻素 (-)-sesamin
(+)- 芝麻素 sesamin; (+)-sesamin; *d*-sesamin
d- 芝麻素 *d*-sesamin
l- 芝麻素 *l*-sesamin
(-)- 芝麻素 -2,2'- 二醇 (-)-sesamin-2,2'-diol
(+)- 芝麻素酚 (+)-sesaminol
芝麻素酚 -2'-*O*-*β*-D- 吡喃葡萄糖苷 sesaminol-2'-*O*-*β*-D-glucopyranoside
(+)- 芝麻素酚 -2-*O*-*β*-D- 吡喃葡萄糖苷 (+)-sesaminol-2-*O*-*β*-D-glucopyranoside
(+)- 芝麻素酚 -2'-*O*-*β*-D- 吡喃葡萄糖基 -(1 → 2)-*O*-*β*-D- 吡喃葡萄糖苷 (+)-sesaminol-2'-*O*-*β*-D-glucopyranosyl-(1 → 2)-*O*-*β*-D-glucopyranoside
(+)- 芝麻素酚二葡萄糖苷 (+)-sesaminol diglucoside
(+)- 芝麻素醚 (+)-disaminyl ether
芝麻素酮 sesaminone
知母查耳酮炔▲ anemarchalconyn
知母宁 chinonin
知母香豆素 A anemarcoumarin A
知母新皂苷 B, C, E anemarsaponin B, C, E
知母皂苷 timosaponin A-I, A-II, A-III, A-IV, B-I, B-II, B-III, B-IV, B-V, B-VI, C_1, C_2, D_1, D_2, E_1, E_2, F, G, H_1, H_2, I_1, I_2, N, O
知母皂苷元酮 sarasapogenone
(10*R*,11*R*)- 栀子二醇 (10*R*,11*R*)-gardendiol
(10*S*,11*S*)- 栀子二醇 (10*S*,11*S*)-gardendiol
栀子二醇 gardendiol
栀子苷 gardenoside
栀子苷酸 gardenosidic acid
栀子花酸 A, B gardenolic acid A, B
栀子京尼平苷 A, B jasmigeniposide A, B
栀子明▲ garjasmin
栀子尼苷▲ A, B, C gardeniside A, B, C
栀子诺醇▲ E jasminol E
栀子诺定▲ jasminoidin
栀子诺二醇▲ jasminodiol
栀子诺苷▲ A~K, M~T jasminoside A~K, M~T
栀子醛苷▲ gardaloside
栀子素 A~E gardenin A~E
栀子酸 gardenic acid
(5*R*,9*R*)- 栀子酸酯▲ A (5*R*,9*R*)-gardenate A
(5*S*,9*S*)- 栀子酸酯▲ A (5*S*,9*S*)-gardenate A
栀子烯醛▲ I, II, III gardenal I, II, III
栀子酰胺 gardenamide
栀子新苷 gardoside
栀子新苷甲酯 gardoside methyl ester
栀子脂素▲ A gardenianan A
α- 栀子酯二醇▲ *α*-gardiol
β- 栀子酯二醇▲ *β*-gardiol
脂 -14-*O*- 茴香酰印度乌头原碱▲ lipo-14-*O*-anisoylbikhaconine
脂次乌头碱 lipohypaconitine
脂肪酶 lipase
脂楝醇 lipomelianol
脂去氧乌头碱 lipodeoxyaconitine
脂乌头碱 lipoaconitine
脂酰滇乌碱▲ lipoyunaconitine
脂酰丽江乌头碱▲ lipoforesaconitine
脂中乌头碱 lipomesaconitine
蜘蛛抱蛋苷 aspidistrin
蜘蛛抱蛋苷元 A aspidistrogenin A
蜘蛛香内酯▲ A, B valerilactone A, B
蜘蛛香素▲ A~M jatamanin A~M
蜘蛛香萜▲ A, B, C valeriandoid A, B, C
蜘蛛香缬草酯▲ A~O jatamanvaltrate A~O
直瓣扁萼苔素▲ perrottetin
直瓣扁萼苔素▲ E perrottetin E
直杆蓝桉苷▲ C, D, E eucalmainoside C, D, E
直杆蓝桉素▲ A~F eucalmaidin A~F
直立百部胺 A~D sessilistemonamine A~D
直立百部碱▲ A, B sessilifoline A, B
直立百部酰胺 A~J sessilifoliamide A~J
直立百部因碱 stemosessifoine
直立长春花碱▲ ervine
直立黄钟花苷▲ stansioside
直立黄钟花宁▲ tecostanine
直立假连翘苷▲ A, B duranterectoside A, B
直立角茴香碱 hyperectine
直立拉齐木胺▲ strictamine
直立拉齐木胺▲甲氯化物 strictamine methochloride
直立拉齐木西定▲ strictosidine
直立拉齐木西定▲内酰胺 strictosidine lactam
直立拉齐木西定酸▲ strictosidinic acid
直立拉齐木酰胺▲ strictosamide
直立拉齐木辛▲ stricticine
直立牛奶菜二糖 marsectobiose
直立牛奶菜六醇 marsectohexol
直立牛奶菜六醇 -11,12- 二乙酸酯 marsectohexol-11,12-diacetate
直蒴苔苷▲ isotachioside
直铁线莲苷▲ clemastanoside
直铁线莲苷▲ D clemastanoside D
直铁线莲宁 A, B clemastanin A, B
直楔木酸▲ orthosphenic acid
直缘乌头胺▲ A~E aconitramine A~E
直缘乌头碱▲ A~E transconitine A~E
植保素 phytoalexin
(-)- 植醇 (-)-phytol
(*E*)- 植醇 (*E*)-phytol
(*Z*)- 植醇 (*Z*)-phytol
植醇 phytol
植醇反油酸酯 phytyl elaidate
植醇亚麻酸酯 phytyl linolenate
植醇亚麻油酸酯 phytyl linoleate
植醇乙酸酯 phytyl acetate
植醇硬脂酸酯 phytyl stearate
植醇棕榈酸酯 phytyl palmitate
(*E*)-1,3- 植二烯 (*E*)-1,3-phytadiene
(*Z*)-1,3- 植二烯 (*Z*)-1,3-phytadiene
植酸 phytic acid
植酮 phytone
植烷 phytane
植烷酸甲酯 methyl phytanate
(2*S*,3*S*,4*R*)- 植物鞘氨醇 (2*S*,3*S*,4*R*)-phytosphingosine
植物鞘氨醇 phytosphingosine

植物丝裂原 phytomoitogen
植物荧光烯 phytofluene
植物荧光烯 II phytofluene II
植物甾醇 -(6'- 棕榈酰)-β-D- 吡喃葡萄糖苷 phytosteryl-(6'-palmitoyl)-β-D-glucopyranoside
植物甾醇 B phytosterin B
植物甾醇 -β-D- 吡喃葡萄糖苷 phytosteryl-β-D-glucopyranoside
植烯 phytoene
植烯醛 phytenal
止痢蚤草素▲ pulidysenterin
止泻木胺 holadysamine
止泻木查胺▲ kurchamine
止泻木查林▲ kurchaline
止泻木查酰胺▲ kurchamide
止泻木醇▲ holarrhenol
止泻木达辛 holadysine
止泻木定 holarrhidine
止泻木二烯▲ holadiene
止泻木碱 holarrhine
止泻木克钦▲ conkurchine
止泻木赖辛▲ kurcholessine
止泻木里定▲ kurchilidine
止泻木里辛▲ antidysentericine
止泻木立星 holarricine
止泻木林碱▲ kurchiline
止泻木灵▲ holadysenterine
止泻木明 holarrhimine
止泻木那胺▲ conamine
止泻木奈辛▲ conessine
止泻木尼胺▲ conimine
止泻木尼定▲ kurchinidine
止泻木尼辛▲ kurchinicin
止泻木宁▲ kurchinin
止泻木切辛▲ kurchessine
止泻木钦碱▲ kurchine
止泻木钦宁▲ kurchinine
止泻木钦辛▲ kurchicine
止泻木瑞辛▲ conkuressine
止泻木酮▲ holadysone
止泻木酮胺▲ holonamine
止泻木托辛▲ A~F holantosine A~F
止泻木西胺 holacimine
止泻木西定▲ conessidine
止泻木西明▲ conessimine
止泻木西亭 holacetine
止泻木酰胺▲ holamide
止泻木辛碱 lettocine
止泻木星碱 holacine
止泻木叶胺▲ kurchiphyllamine
止泻木叶碱▲ kurchiphylline
止泻木甾醇 holarrhenosterol
纸桦酸▲ papyriferic acid
指根兰素▲ A, B, E dactylorhin A, B, E
指海绵甾醇▲ chalinasterol
指裂西番莲素▲ -7-*O*-[β-D- 吡喃葡萄糖基 -(1 → 4)-*O*-β-D- 吡喃半乳糖苷] serratin-7-*O*-[β-D-glucopyranosyl-(1 → 4)-*O*-β-D-galactopyranoside]
(-)- 指叶苔烯醛▲ (-)-lepidozenal
枳椇波苷▲ A_1, C_2 hovacerboside A_1, C_2
枳椇苷 I, D, G, I hovenoside I, D, G, I
枳椇碱 A, B hovenine A, B
枳椇素 A~D hovenin A~D
枳椇酸 hovenic acid
枳椇亭▲ hovenitin
枳椇皂苷 C_2, D, E, G, H hovenia saponin C_2, D, E, G, H
枳椇子苷▲ A, B acerboside A, B
枳壳色烷苷 citrauranoside
质体醌 -9 plastoquinone-9
治疝草素▲ herniarin
智利小檗碱▲ chilenine
智异山五加苷▲ chiisanoside
智异山五加苷元▲ chiisanogenin
中国狗牙花碱▲ A~E ervachinine A~E
中国五层龙叶苷▲ A_1, A_2, A_3, B_1, B_2, C~I foliachinenoside A_1, A_2, A_3, B_1, B_2, C~I
中国绣球苷▲ A, B hydrachoside A, B
中国绣球碱▲ A, B hydrachine A, B
中国羊角拗苷▲ sinoside
中国羊角拗托苷▲ sinostroside
中国紫杉宁▲ chinentaxunin
中国紫杉三烯▲ A, B taxachitriene A, B
中国紫杉素▲ A, B taxuchin A, B
中国紫杉辛▲ A, B taxchin A, B
中国紫杉辛宁▲ A~E, G~N taxchinin A~E, G~N
中国紫杉辛宁▲ I 乙酸酯 taxchinin I acetate
中华卷柏醇▲ A, B sinensiol A, B
中华苦皮藤生物碱 I, II, III Chinese bittersweet alkaloid I, II, III
中华狸尾豆苷▲ A urariasinoside A
中华蓼素 I, II zhonghualiaoine I, II
中华猕猴桃酚▲ A~D planchol A~D
中华青荚叶醇▲ A, B, C chinenol A, B, C
中华青荚叶苷▲ A, B chinenciside A, B
中华青牛胆苷▲ A, B tinosineside A, B
中华青牛胆烯▲ tinosinen
中华石杉定碱▲ A, B, C lyconesidine A, B, C
中华石杉碱▲ A~H senepodine A~H
中华石杉拉定▲ A himeradine A
中华石杉宁碱▲ A, B, C lycochinine A, B, C
中华小苦荬倍半萜内酯 ixerochinolide
中华小苦荬倍半萜内酯苷 ixerochinoside
中华小苦荬内酯 A~F chinensioide A~F
(-)- 中加五味子宁▲ (-)-chicanin; (-)-chicanine
(+)- 中加五味子宁▲ (+)-chicanine
中加五味子宁▲ chicanine
中间五味子定▲ A, B, C intermedin A, B, C
中间香茶菜素▲ isodomedin
中美菊素 zaluzanin
中美菊素 C, D zaluzanin C, D
中美紫草碱 intermedine
中平树黄酮醇▲ denticulaflavonol
中日老鹳草素▲ furosin
中泰南五味子苷▲ A ananosmoside A
中泰南五味子木脂素▲ A ananolignan A
中泰南五味子酸▲ A~D ananosic acid A~D
中乌头碱 mesaconitine
中亚阿魏醇▲ jaeschkenol
中亚阿魏二醇▲ jaeschkeanadiol
中亚阿魏酚▲ ferujol

中亚阿魏尼定▲ jaeskeanidin
中亚阿魏宁▲ ferutinianin
中亚阿魏三醇▲-5α-对羟基苯甲酸酯 ferutriol-5α-(p-hydroxybenzyl) ester
中亚阿魏素▲ jaeskeanin
中亚阿魏萜酮▲ ferutinone
中亚阿魏烯醇▲ ferujaesenol
中亚苦蒿内酯▲ absintholide
中亚苦蒿素▲ arabsin
中亚苦蒿辛▲ anabsin
钟花树醛▲A, B, C tabebuialdehyde A, B, C
钟花树素▲ tabebuin
肿柄菊醇▲ diversifolol
肿柄菊蒽醌▲A tithoniquinone A
肿柄菊内酯▲ diversifolide
肿柄菊诺内酯▲ tithofolinolide
肿柄菊素▲ diversifolin
肿柄菊酰胺▲B tithoniamide B
肿柄菊香豆素 tithoniamarin
肿柄雪莲苷▲ conicaoside
肿冠花碱▲ oxerine
肿节风苷▲A~E sarcaglaboside A~E
肿足蕨吡嗪▲ hypodemapyrazine
肿足蕨苷 chongzujueside
肿足蕨碱 hypodematine
仲-*O*-*β*-D-吡喃葡萄糖基-白当归素 *sec*-*O*-*β*-D-glucopyranosyl-byakangelicin
仲-*O*-*β*-呋喃芹菜糖基-(1→6)-*β*-D-吡喃葡萄糖基-氧化前胡素水合物 *sec*-*O*-*β*-D-apiofuranosyl-(1→6)-*O*-*β*-D-glucopyranosyl-oxypeucedanin hydrate
仲-*O*-葡萄糖基日本当归醇▲ *sec*-*O*-glucosylhamaudol
2-仲-丁基-3-甲氧基吡嗪 2-*sec*-butyl-3-methoxypyrazine
仲-丁基-*O*-*β*-D-吡喃葡萄糖苷 *sec*-butyl-*O*-*β*-D-glucopyranoside
仲-丁基-反式-1-丙烯基二硫烷 *sec*-butyl-*trans*-1-propenyldisulfane
仲-丁基-反式-2-丁烯基二硫烷 *sec*-butyl-*trans*-2-butenyldisulfane
2-仲丁基环戊酮 2-*sec*-butylcyclopentanone
仲-丁基-顺式-1-丙烯基二硫烷 *sec*-butyl-*cis*-1-propenyldisulfane
仲丁酸 *sec*-butyric acid
舟瓣木酮▲ scaphopetalone
舟山新木姜子醇▲ sericeol
舟山新木姜子烯醇▲乙酸酯 neosericenyl acetate
帚枝肉珊瑚醇▲ viminalol
帚枝鼠尾草酸▲ virgatic acid
帚状鼠尾草酸▲ vergatic acid; virgatic acid
皱边石杉碱▲ hupcrispatine
皱波叶苷 B crispioside B
皱果苋凝集素▲ amaranthus viridis lectin; AVL
皱黄卷岛衣醌▲ cuculoquinone
皱孔菌内酯▲ meruliolactone
皱孔菌醛▲ merulidial
皱孔菌酸▲甲酯 methyl merulanate
皱孔菌酸 A merulinic acid A
皱皮木瓜过氧化物▲ speciosaperoxide
皱叶黄杨胺 buxrugulosamine
皱叶黄杨林碱 A~D buxruguline A~D
皱叶南蛇藤碱 A, B rugosusine A, B
皱叶尼润碱 A~E crispine A~E
(-)-皱叶唐松草定碱▲ (-)-thalrugosidine
皱叶唐松草定碱▲ thalrugosidine
皱叶唐松草吉定▲ thalirugidine
(+)-皱叶唐松草碱▲ (+)-thalrugosine
皱叶唐松草碱▲ thalrugosine
(-)-皱叶唐松草米宁▲ (-)-thalrugosaminine
皱叶唐松草米宁▲ thalrugosaminine
(-)-皱叶唐松草米宁▲-2-*α*-*N*-氧化物 (-)-thalrugosaminine-2-*α*-*N*-oxide
皱叶唐松草明▲ thalrugosamine
皱叶唐松草钦碱▲ thaliglucine
皱叶唐松草钦酮▲ thaliglucinone
(-)-皱叶唐松草醛碱▲ (-)-thalrugosinone
皱叶唐松草酮碱▲ rugosinone
皱叶唐松草西定▲ thaligosidine
皱叶唐松草西宁▲ thaligosinine
皱叶唐松草辛碱▲ thaligosine
(-)-皱叶唐松草辛碱▲-2-*α*-*N*-氧化物 (-)-thaligosine-2-*α*-*N*-oxide
皱叶香茶菜宁▲ rugosinin
皱叶香茶菜素 rugosanin
皱叶醉鱼草素▲A, B crispin A, B
朱唇素▲ salviacoccin
朱顶红定 hippadine
朱顶红芬碱▲ hippafine
朱顶红碱▲ hippeastrine
朱顶红碱▲*N*-氧化物 hippeastrine *N*-oxide
朱顶红精碱 hippagine
朱顶红星碱 hippacine
朱红硫黄菌苷▲I masutakeside I
朱红硫黄菌酸▲A masutakic acid A
朱红栓菌碱▲ cinnabarine
朱红栓菌素 tramesanguin
朱红栓菌酸▲ cinnabarinic acid
朱蕉皂苷元 cordylagenin
朱砂根苷▲ ardisicrenoside
朱砂根苷▲A~N ardisicrenoside A~N
朱砂根素▲ ardicrenin
朱砂根新苷▲I ardisiacrenoside I
朱砂莲酮▲ tuberosinone
朱砂莲酮▲-*N*-*β*-D-葡萄糖苷 tuberosinone-*N*-*β*-D-glucoside
珠光梅衣酚酸▲ perlatolic acid
珠节决明蒽酮▲ torosachrysone
珠芽蓼素▲A, B viviparum A, B
珠仔树苷▲A, B, C locoracemoside A, B, C
珠仔树拉苷▲ sympracemoside
珠仔树洛苷▲ symploracemoside
珠仔树莫苷▲ symplomoside
珠仔树坡苷▲ sympocemoside
珠子草定▲ niruroidine
珠子草四氢萘▲ nirtetralin
珠子草素 niranthin
24(*α*)-珠子参苷 F_1 24(*α*)-majoroside F_1
珠子参苷 F_1, F_2, F_3, F_4, F_5, F_6 majoroside F_1, F_2, F_3, F_4, F_5, F_6
24(*R*)-珠子参苷 R_1 24(*R*)-majoroside R_1
珠子参炔 A, B, C panaxjapyne A, B, C
(3*S*,9*R*,10*R*)-珠子参炔烯 C (3*S*,9*R*,10*R*)-gensenoyne C
珠子参皂醇 A panajaponol A
珠子参皂苷 R_1, R_2 majonoside R_1, R_2
猪胶树酮▲ clusianone
猪苓酯甾酮▲ porusterone

Z

L- 猪毛菜定 L-salsolidine
猪毛菜酚 salsolinol
猪毛菜苷▲ C, E salsoloside C, E
d- 猪毛菜碱 *d*-salsoline
猪毛菜碱 A, B salsoline A, B
猪毛菜素▲ A, B salcolin A, B
猪屎豆呋喃▲ A~E crotafuran A~E
猪屎豆碱 mucronatine
蛛毛香青酚▲ araneosol
蛛毛香青尼酚▲ araneol
竹柏环肽▲ A, B nagitide A, B
竹柏内酯 A~G, I, J nagilactone A~G, I, J
竹柏内酯苷 A~G nagilactoside A~G
竹柴胡苷▲ chikusaikoside
竹根七素▲ disporopsin
竹根七皂苷▲ A~D disporoside A~D
竹红菌素 A~D hypocrellin A~D
竹黄色素▲ A, B, C shiraiachrome A, B, C
竹节参多糖▲ A, B tochibanan A, B
竹节参素▲ panajaponin
竹节参皂苷 chikusetsusaponin I, Ia, Ib, III, IV, IVa, V, VI, VII, FH_1, FH_2, FK_1~FK_7, FM_1, FT_1~FT_4, L_5, L_8, L_9a, L_9bc, L_{10}, LM_1~LM_6, LN_4, LT_5, LT_8
竹节参皂苷 IVa 丁酯 chikusetsusaponin IVa butyl ester
竹节参皂苷 IVa 甲酯 chikusetsusaponin IVa methyl ester
竹节参皂苷 IVa 乙酯 chikusetsusaponin IVa ethyl ester
竹节参皂苷 IV 甲酯 chikusetsusaponin IV methyl ester
竹节参皂苷 V 甲酯 chikusetsusaponin V methyl ester
竹节香附素 A~F, R_2, R_3 raddeanin A~F, R_2, R_3
竹叶柴胡毒素▲ marginatoxin
竹叶花椒酰胺▲ armatamide
竹叶花椒新酰胺▲ A~D timuramide A~D
竹叶花椒脂素▲ armatumin
竹叶花椒脂素 A planispine A
竹叶椒碱 xanthoplanine
l- 竹叶椒脂素 *l*-planinin
竹叶兰醇▲ arundinaol
竹叶兰酮 arungramone
竹叶兰烷 arundinan
苎麻灵▲ boehmerin
苎麻素▲ A niveain A
(-)- 苎麻脂素▲ (-)-boehmenan
(-)- 苎麻脂素▲ H (-)-boehmenan H
苎麻脂素▲ boehmenan
苎叶蒟灵▲ boehmerine
柱果内雄楝素▲ B sapelin B
柱果铁线莲苷▲ A~H clematiunicinoside A~H
柱穗山姜素▲ A, B, C alpinnanin A, B, C
25(9 → 8) 转位 -24- 降 -8,14- 裂环 - 无羁萜 -2,3- 二羟基 -1,3,5(10),6,8,14(27)- 六烯 -29- 酸 25(9 → 8)abeo-24-nor-8,14-seco-friedelan-2,3-dihydroxy-1,3,5(10),6,8,14(27)-hexaen-29-oic acid
25(9 → 8),26(13 → 14) 转位 -24- 降 -8,14- 裂环 - 无羁萜 -2,3- 二羟基 -1,3,5(10),6,8- 五烯 -29(13)- 内酯 25(9 → 8),26(13 → 14) abeo-24-nor-8,14-seco-friedelan-2,3-dihydroxy-1,3,5(10),6,8-pentaen-29(13)-olide
25(9 → 7) 转位 -24- 降 - 无羁萜 -2,3- 二羟基 -1,3,5(10),6,8,11- 六烯 -29- 酸 25(9 → 7)abeo-24-nor-friedelan-2,3-dihydroxy-1,3,5(10),6,8,11-hexaen-29-oic acid
25(9 → 8) 转位 -24- 降 - 无羁萜 -2,3- 二氧代 -1(10),4,6,9(11)- 四烯 -29- 酸 25(9 → 8)abeo-24-nor-friedelan-2,3-dioxo-1(10),4,6,9(11)-tetraen-29-oic acid
锥醇▲ castanopsol
(+)- 锥果藤烷▲ (+)-conocarpan
锥喉花菲定▲ conophyllidine
锥喉花菲林▲ conophylline
锥喉花菲灵▲ conoliferine
锥喉花菲宁▲ conophyllinine
锥喉花弗林▲ conofoline
锥喉花碱▲ conopharyngine
锥喉花里定▲ conolidine
锥喉花洛宾▲ A, B conolobine A, B
锥喉花帕灵▲ A~F conodiparine A~F
锥喉花瑞宁▲ A, B conodirinine A, B
锥喉花塔灵▲ A, B cononitarine A, B
锥喉花替宁▲ conolutinine
锥喉花西定▲ A, B conomicidine A, B
锥花茄苷元▲ paniculogenin
锥花茄碱▲ jurubine
锥花甜叶菊苷▲ II, III, IV paniculoside II, III, IV
锥素▲ castanopsin
锥塔筋骨草素▲ A ajugapyrin A
锥酮▲ castanopsone
准噶尔蓝盆花苷▲ A songoroside A
准噶尔毛蕊花皂苷▲ A~F songarosaponin A~F
准噶尔前胡酚▲ peucenol; peumorisin
准噶尔铁线莲苷▲ A, A', B, B' songaroside A, A', B, B'
准噶尔藁吾内酯▲ A ligusongaricanolide A
准噶尔藁吾酮▲ ligusongaricone
准噶尔乌头胺 songoramine
准噶尔乌头碱 songorine
准噶尔乌头碱 -*N*- 氧化物 songorine-*N*-oxide
准噶尔鸢尾醇 songaricol
草酮 tropone
孜然芹醇 cymenol
孜然芹醇▲ cuminol
孜然芹醇▲乙酸酯 cuminyl acetate
孜然芹醛▲ cumaldehyde; cuminaldehyde; cuminyl aldehyde
孜然芹酸▲ cumic acid; cuminic acid
α- 孜然芹烃▲ *α*-cymene
β- 孜然芹烃▲ *β*-cymene
孜然芹烃▲ cymene
髭脉桤叶树宁▲ A, B, C ryobunin A, B, C
髭脉桤叶树酸▲ barbinervic acid
髭脉桤叶树皂苷▲ A~G ryobusaponin A~G
髭脉桤叶树脂苷▲ ryobunoside
梓醇 catalpol
梓呋新 catalpafurxin
梓苷 catalposide
梓内酯 catalpalactone
梓实烯醇▲ A, B kisasagenol A, B
梓树内酯 -7-*O*-(6'-*O*- 对羟基苯甲酰基)-*β*-D- 吡喃葡萄糖苷 ovatolactone-7-*O*-(6'-*O*-*p*-hydroxybenzoyl)-*β*-D-glucopyranoside
梓素▲ catalpin
梓酸甲酯 -7-*O*-(6'-*O*- 对羟基苯甲酰基)-*β*-D- 吡喃葡萄糖苷 ovatic acid methyl ester-7-*O*-(6'-*O*-*p*-hydroxybenzoyl)-*β*-D-glucopyranoside
梓酮 catalponone

梓酮醇 catalponol
紫斑牡丹酚▲C rockiiol C
紫背金盘素▲A, B ajuganipponin A, B
紫菜氨酸 334 porphyra 334
紫菜多糖 porphyra polysaccharide
紫草代谢素▲A, E, F, G shikometabolin A, E, F, G
紫草定▲A, B lithospermidin A, B
紫草呋喃 A~E shikonofuran A~E
紫草苷 lithospermoside
(+)- 紫草素 (+)-shikonin
紫草素 shikonin
紫草酸 lithospermic acid
紫草酸 B lithospermic acid B
紫草酸 B-9',9'''- 二甲酯 9',9'''-dimethyl lithospermate B
紫草酸 B-9''- 甲酯 9''-methyl lithospermate B
紫草酸 B-9'''- 甲酯 9'''-methyl lithospermate B
紫草酸 B-9'- 甲酯 9'-methyl lithospermate B
紫草酸 B-9'- 乙酯 9'-ethyl lithospermate B
紫草酸 B 铵钾盐 ammonium-potassium lithospermate B
紫草酸 B 二甲酯 dimethyl lithospermate B
紫草酸 B 甲酯 methyl lithospermate B
紫草酸 B 镁盐 magnesium lithospermate B
紫草酸 B 钠盐 sodium lithospermate B
紫草酸 B 乙酯 ethyl lithospermate B
紫草酸单甲酯 monomethyl lithospermate
紫草酸二甲酯 dimethyl lithospermate
紫草酸乙酯 ethyl lithospermate
紫草乌头碱 delavaconitine
紫草乌头碱 C~G delavaconitine C~G
紫草乌头原碱 delavaconine
紫草烯宁▲ lithosenine
紫丹林素▲A, B, C tournefolin A, B, C
紫丹醛▲ tournefolal
紫丹参蒽醌 B przewalskinone B
紫丹参醌 A~F przewaquinone A~F
紫丹酸▲A, B tournefolic acid A, B
紫丹酸▲B 乙酯 tournefolic acid B ethyl ester
紫椴苷 A, B tiliamuroside A, B
紫萼香茶菜苷▲ isodoforrestin
紫萼香茶菜亭▲C forrestin C
紫红獐牙菜酚苷▲ swertipunicoside
紫红獐牙菜苷▲A~E puniceaside A~E
紫红獐牙菜苦素 swertiapunimarin
紫红獐牙菜内酯▲A, B swerpunilactone A, B
紫红獐牙菜尼苷▲ swertiapuniside
紫花八宝苷 A, B mingjinianuronide A, B
紫花丹酸▲ roseanoic acid
紫花丹酮▲ roseanone
紫花地丁环肽▲A~H viphi A~H
紫花高乌头碱▲ acsine
紫花高乌头纳亭▲ acsinatine
紫花高乌头亭▲I, II excecoitine I, II
紫花高乌头辛▲ excelsine
(+)- 紫花疆罂拉明▲ (+)-roebramine
(-)- 紫花疆罂粟胺▲ (-)-roehybramine
(-)- 紫花疆罂粟胺▲-*β*-*N*- 氧化物 (-)-roehybramine-*β*-*N*-oxide
(-)-*β*-*N*-*O*- 紫花疆罂粟定▲ (-)-roehybridine-*β*-*N*-oxide
(-)- 紫花疆罂粟定▲ (-)-roehybridine
(-)- 紫花疆罂粟定▲-*α*-*N*- 氧化物 (-)-roehybridine-*α*-*N*-oxide
(+)- 紫花疆罂粟亥明▲ (+)-roehymine
(-)- 紫花疆罂粟碱▲ (-)-misramine
(-)- 紫花疆罂粟灵▲ (-)-roehybrine
(-)- 紫花疆罂粟明▲ (-)-roemebramine
(-)-*α*- 紫花疆罂粟任▲ (-)-*α*-roemehybrine
紫花疆罂粟亭▲ misrametine
紫花络石苷 traxillaside
(-)- 紫花络石苷元 (-)-traxillagenin
紫花络石苷元 traxillagenin
紫花美冠兰酚▲ nudol
紫花牡荆素 casticin
(+)- 紫花前胡醇 (+)-decursinol
紫花前胡醇 decursinol
紫花前胡醇当归酸酯 decursinol angelate
紫花前胡定▲ decursidin
紫花前胡苷 nodakenin
紫花前胡苷元 nodakenetin
(-)- 紫花前胡苷元乙酸酯 (-)-nodakenetin acetate
紫花前胡素 decursin
紫花前胡素 I AD-I
紫花前胡素 II AD-II
紫花前胡亭▲B, C, D, F decursitin B, C, D, F
紫花前胡新素 Ia Pd-Ia
紫花前胡新素 Ib Pd-Ib
紫花前胡新素 II Pd-II
紫花前胡新素 III Pd-III
紫花前胡新素 C-I Pd-C-I
紫花前胡新素 C-II Pd-C-II
紫花前胡新素 C-IV Pd-C-IV
紫花前胡新素 C-V Pd-C-V
紫花前胡新素 D-V Pd-D-V
紫花前胡酯▲ decursidate
紫花洋地黄苷 A, B purpurea glycoside A, B
紫花洋地黄灵苷▲ digipurpurin
紫花洋地黄灵苷元▲ digipurpurogenin
紫花洋地黄宁苷▲ purpnin
紫花洋地黄宁苷元▲ purpnigenin
紫花洋地黄普宁苷▲ purpronin
紫花洋地黄瑞苷▲ purpureaside
紫花洋地黄瑞苷▲A~E purpureaside A~E
紫花野菊炔▲A, B dendrazawayne A, B
紫金龙定碱▲ dactylidine
紫金龙碱 zijinlongine
紫金龙灵碱▲ dactyline
紫金龙宁碱▲ dactylicapnosinine
紫金龙辛碱▲ dactylicapnosine
紫金牛酚 I, II ardisinol I, II
紫金牛苷▲ ardisioside
紫金牛苷▲A, B ardisioside A, B
紫金牛苷元▲ ardisiogenin
紫金牛诺苷▲A~K ardisianoside A~K
紫金牛双内酯▲ ardimerin
紫金牛双内酯▲二没食子酸酯 ardimerin digallate
紫金牛酮 A~E ardisinone A~E
紫金牛脂酚▲D ardisiphenol D
紫金牛酯酚▲ ardisianol
紫金牛酯醌▲ ardisianone
紫金牛酯醌▲A, B ardisianone A, B
紫堇达定▲ corydaldine

Z

(-)- 紫堇达明碱 (-)-corydalmine
(*S*)- 紫堇达明碱 (*S*)-corydalmine
l- 紫堇达明碱 *l*-corydalmine
紫堇达明碱 corydalmine
(+)- 紫堇定 (+)-corydine
d- 紫堇定 *d*-corydine
紫堇定 corydine
(+)-6*R*,6a*S*- 紫堇定 -N_β- 氧化物 (+)-6*R*,6a*S*-corydine-N_β-oxide
(+)- 紫堇碱 (+)-corydaline
d- 紫堇碱 *d*-corydaline
紫堇碱 corydaline
(+)- 紫堇块茎碱 (+)-corytuberine
紫堇块茎碱 corytuberine
紫堇酮碱 corydione
d- 紫堇鳞茎碱 *d*-corybulbine
紫堇鳞茎碱 corybulbine
(-)- 紫堇灵 (-)-corynoline
紫堇灵 corynoline
紫堇洛星碱 corynoloxine
紫堇米定碱 corlumidine
D- 紫堇明碱 D-corlumine
紫堇明碱 corlumine
(-)- 紫堇杷明碱 (-)-corypalmine
(+)- 紫堇杷明碱 (+)-corypalmine
(*S*)- 紫堇杷明碱 (*S*)-corypalmine
紫堇杷明碱 corypalmine
紫堇文碱 corycavine
紫堇西定碱 corynoxidine
紫堇叶唐松草定▲ thalisopidine
紫堇叶唐松草碱▲ cabudine
(-)- 紫堇叶唐松草品▲ (-)-thalisopine
紫堇叶唐松草品▲ thalisopine
紫堇叶唐松草品宁▲ thalisopinine
紫茎牛膝甾酮 rubrosterone
紫茎女贞苷 ligupurpuroside
紫茎女贞苷 A~F, J, K ligupurpuroside A~F, J, K
(*E*)- 紫茎女贞苷 B (*E*)-ligupurpuroside B
(*Z*)- 紫茎女贞苷 B (*Z*)-ligupurpuroside B
紫茎泽兰烯酮▲ eupatorenone
紫荆木米定▲A madhumidine A
紫菊内酯▲E notoserolide E
紫爵床定▲ juspurpudin
紫蓝素 zilanine
紫柳酚▲ salipurpol
紫麻内酯▲ oreolactone
紫毛花洋地黄苷▲A, B purlanoside A, B
紫毛蕊花别碱▲ verballoscenine
紫毛蕊花碱▲ verbascenine
紫毛香茶菜素 A, B, C, F, G, H, J~P enanderianin A, B, C, F, G, H, J~P
(-)- 紫铆亭 (-)-butin
紫铆亭 butin
紫铆亭 -7-*O*-*β*-D- 吡喃葡萄糖苷 butin-7-*O*-*β*-D-glucopyranoside
紫铆因 butein
紫铆因 -4'-*O*-*β*-D- 吡喃葡萄糖苷 butein-4'-*O*-*β*-D-glucopyranoside
紫铆因 -4'-*O*-*β*- 阿拉伯糖基 -*O*-*β*-D- 半乳糖苷 butein-4'-*O*-*β*-arabino-*O*-*β*-D-galactoside
紫铆因 -4- 甲醚 butein-4-methyl ether
紫铆因 -4- 甲酯 butein-4-methyl ester
紫铆因 -7-*O*-*β*-D- 吡喃葡萄糖苷 butein-7-*O*-*β*-D-glucopyranoside
紫茉莉黄素 V miraxanthin V
紫茉莉酮▲ A~E mirabijalone A~E
紫茉莉酰胺▲ mirabliamide
紫牡丹苷▲ paeonivayin
紫牡丹内酯▲ paeonilide
紫苜蓿酮▲ alfalone
(-)- 紫苜蓿烷▲ (-)-sativan
紫苜蓿烷▲ sativan
(3*R*)- 紫苜蓿烷酮▲ (3*R*)-sativanone
紫皮柳苷▲ salipurposide
紫萁林素▲ osmundalin
紫萁内酯 osmundalactone
紫萁甾酮 A pomasterone A
紫茜素 purpurin
紫茜素 -7- 甲醚 purpurin-7-trimethyl ester
紫伞芹色酮▲ melanochromone
紫杉醇 taxol; paclitaxel
紫杉醇 A~D taxol A~D
紫杉醇 C-7- 木糖苷 taxol C-7-xyloside
紫杉二烯▲ taxadiene
紫杉红质▲ rhodoxanthin
紫杉吉芬 taxagifine
紫杉碱▲II taxine II
紫杉冷杉烷 A~E taxusabietane A~E
紫杉宁 taxinine
紫杉宁 A, B, E, J, M, NN-4 taxinine A, B, E, J, M, NN-4
紫杉素 taxusin
紫杉辛▲II taxicin II
紫杉因▲B taxin B
紫杉杂辛▲ taxacin
紫杉甾酮 taxisterone
紫杉脂醇▲ taxiresinol
紫参醇▲A, B, C rubiyunnanol A, B, C
紫参素▲A~H rubiyunnanin A~H
紫苏醇 perilla alcohol
紫苏苷 A~E perilloside A~E
紫苏酐▲ perillic anhydride
紫苏拉苷▲ perillaside
紫苏宁 shisonin
紫苏醛 perilla aldehyde; perillaldehyde
(-)- 紫苏酸 -1'-*O*-*β*-D- 樱草糖酯苷 (-)-perillic acid-1'-*O*-*β*-D-primeverosyl ester
紫苏酮 perillaketone
紫苏烯 perillen
紫苏氧杂辛▲ perilloxin
紫蒜苷 B eruboside B
紫穗槐 -4,7(11)- 二烯 amorpha-4,7(11)-diene
紫穗槐 -4,7- 二烯 -11- 醇 amorpha-4,7-dien-11-ol
紫穗槐 -4- 烯 -3,8- 二酮 amorph-4-en-3,8-dione
紫穗槐醇 amorphol
紫穗槐地宁 amoradinin
紫穗槐地辛 amoradicin
紫穗槐芪酚 amorphastilbol
紫穗槐定 amoradin
紫穗槐苷 amorphin
紫穗槐苷元 amorphigenin
紫穗槐醌 amorphaquinone
紫穗槐利定 amoridin

Z

紫穗槐利辛 amoricin
紫穗槐林素▲ amorilin
紫穗槐灵▲ amorin
紫穗槐螺酮 amorphispironone
紫穗槐宁 amorinin
紫穗槐素▲ A, B amorfrutin A, B
紫穗槐亭 amoritin
α- 紫穗槐烯 α-amorphene
紫穗槐辛 amorisin
(+)- 紫檀醇 (+)-pterocarpol
紫檀醇 pterocarpol
紫檀芪 pterostilbene
紫檀呋喃 pterofuran
紫檀三醇 pterocarptriol
(-)- 紫檀素 (-)-pterocarpin
(6aR,12aR)- 紫檀素 (6aR,12aR)-pterocarpin
紫檀素 pterocarpin
紫檀烷 pterocarpan
紫檀辛▲ carpusin
(+)- 紫菀 -3,21- 二烯 (+)-shiona-3,21-diene
紫菀 -8,21- 二烯 shiona-8,21-diene
紫菀醇苷▲ A, B, C shionoside A, B, C
紫菀灵▲ A, B, C asterin A, B, C
紫菀宁▲ A~F asternin A~F
紫菀宁碱▲ B asterinin B
紫菀素▲ A~J astin A~J
紫菀萜酮▲ A, B astertarone A, B
紫菀酮 shionone
紫菀酮 -19E,21- 二烯 -3β- 醇 shiona-19(E),21-dien-3β-ol
紫菀酮 -21- 烯 -3β- 醇 shiona-21-en-3β-ol
紫菀酮 -22(29)- 烯 -3β,21- 二醇 shiona-22(29)-ene-3β,21-diol
紫菀皂苷▲ Ha, Hb, Hc astersaponin Ha, Hb, Hc
紫菀皂苷 A~G, Ha, Hb, Hc, Hd aster saponin A~G, Ha, Hb, Hc, Hd
紫薇醇▲乙酸酯 largerenol acetate
紫薇碱 lagerine
紫薇碱 -N- 氧化物 lagerine-N-oxide
紫薇明碱▲ lagerstroemine
紫薇明碱▲ -N- 氧化物 lagerstroemine-N-oxide
紫薇鞣素▲ lagertannin
紫薇鞣质 A, B, C lagerstannin A, B, C
紫薇素▲ lagerstroemin
紫薇缩醛 lageracetal
紫薇乙酸酯 A lagerstroemiate A
紫文殊兰胺▲ angustamine
紫乌定 episcopalidine
紫乌宁 episcopalisinine
紫乌生 episcopalisine
紫乌亭 episcopalitine
紫乌头碱▲ A, B, C liaconitine A, B, C
紫玉兰醇▲ A, B liliflol A, B
紫玉兰二酮▲ liliflodione
紫玉兰酮▲ liliflone
(-)- 紫玉兰烯酮▲ (-)-magliflloenone
紫玉兰烯酮▲ maglifloenone
紫玉盘米辛▲ I, II, III uvariamicin I, II, III
紫玉盘内酰胺 uvarilactam
紫云英苷 astragalin
紫云英苷 -2''-O- 没食子酸酯 astragalin-2''-O-gallate
紫云英苷 -6''-O-4- 羟基桂皮酸酯 astragalin-6''-O-4-hydroxycinnamate
紫云英苷 -6''-O- 没食子酸酯 astragalin-6''-O-gallate
紫云英苷单乙酸酯 astragalin monoacetate
紫芝碱 A~E sinensine A~E
紫芝素▲ A, B, C ganosinensin A, B, C
紫芝酸 A, B ganosinensic acid A, B
紫芝酸 A 甲酯 methyl ganosinensate A
(-)- 紫朱草素 (-)-alkannin
1- 紫朱草素 1-alkannin
紫朱草素 alkannin
紫珠苷▲ A callicarposide A
紫珠内酯▲ callicarpaolide
紫珠酸▲ callicarpic acid
紫珠酸▲ A, B callicarpic acid A, B
紫珠酸▲甲酯 methylcallicarpate
紫珠萜酮 calliterpenone
紫珠萜酮单乙酸酯 calliterpenone monoacetate
紫珠酮 callicarpone
紫珠烯醇▲ callicarpenol
紫珠烯醛▲ callicarpenal
棕褐丝膜菌碱▲ infractine
8- 棕榈二烯酰基 - 苯甲酰中乌头胺 8-palmitadienoyl-benzoylmesaconine
α- 棕榈精 α-monopalmitin
棕榈醛 palmitic aldehyde
棕榈酸 palmitic acid
棕榈酸 -1- 甘油单酯 palmitate-1-monoglyceride
棕榈酸 -2,3- 二羟基丙烯酸酯 palmitic acid-2,3-dihydroxypropanenyl ester
棕榈酸 -α,α'- 双甘油酯 plamitic acid-α,α'-dipropyl ester
棕榈酸 α- 单甘油酯 palmitic acid α-monoglyceride
棕榈酸 -α- 甘油酯 plamitic acid-α-propyl ester
棕榈酸丙酯 propyl palmitate
1- 棕榈酸单甘油酯 1-monoplamitin
2- 棕榈酸单甘油酯 2-monopalmitin
棕榈酸单甘油酯 palmitic monoglycerol ester; monopalmitin
棕榈酸二 -2- 乙基己酯 di-2-ethylhexyl ester palmitic acid
棕榈酸蜂花酯 myricyl palmitate
(-)-α- 棕榈酸甘油酯 (-)-α-palmitin
α- 棕榈酸甘油酯 α-palmitylglycerin ester
棕榈酸甘油酯 glycerol palmitate
棕榈酸甲酯 palmitic acid methyl ester; methyl palmitate
棕榈酸肉豆蔻酯 myristyl palmitate
棕榈酸三十酯 triacontyl palmitate
棕榈酸十八酯 octadecyl palmitate
棕榈酸十六酯 hexadecyl palmitate
棕榈酸十四酯 tetradecylplamitate
6'-O- 棕榈酸酰基 -β-D- 吡喃葡萄糖基谷甾醇 6'-O-palmitoyl-β-D-glucosylsitosterol
棕榈酸辛酯 octyl palmitate
1,1'- 棕榈酸乙 1,1'- 乙二醇二棕榈酸酯 1,1'-glycol dipalmitate
棕榈酸乙酯 palmitic acid ethyl ester; ethyl palmitate
3β- 棕榈酸酯 -28- 羟基 -α- 香树脂醇 3β-palmitate-28-hydroxy-α-amyrin
3β- 棕榈酸酯 -28- 羟基 -β- 香树脂醇 3β-palmitate-28-hydroxy-β-amyrin
棕榈酮 palmitone
棕榈烯酸 palmolefinic acid
3-O-(6'-O- 棕榈酰)-β-D- 葡萄糖基豆甾醇 3-O-(6'-O-palmitoyl)-β-

Z

D-glucopyranosylstigmasterol
3-O-(6'-O- 棕榈酰 -β-D- 葡萄糖基)- 菠甾 -7,22(23)- 二烯 3-O-(6'-O-palmitoyl-β-D-glucosyl)-spinasta-7,22(23)-diene
棕榈酰胺 palmitamide
十六烷酰吡咯烷 hexadecanoylpyrrolidine
棕榈酰吡喃葡萄糖苷 palmityl-1-O-β-glucopyranoside
棕榈酰二亚油精 palmitodilinolin
棕榈酰二油酰甘油酯 palmitodiolein
1-O- 棕榈酰甘油 1-O-palmitoylglycerol
2- 棕榈酰甘油 2-palmitoylglycerol
1- 棕榈酰甘油酯 1-monopalmitin
α- 棕榈酰甘油酯 α-palmitoylglycerol
棕榈酰甘油酯 glycerin palmitate
6'-O- 棕榈酰谷甾醇 -3-O-β-D- 吡喃葡萄糖苷 (6'-O-palmitoyl)-sitosterol-3-O-β-D-glucopyranoside
6'-O- 棕榈酰胡萝卜苷 6'-O-palmitoyldaucosterol
3-O-(6-O- 棕榈酰基)-β-D- 吡喃葡萄糖基豆甾醇 3-O-(6-O-palmitoryl)-β-D-glucopyranosylstigmasterol
(6'-O- 棕榈酰基)- 谷甾醇 -3-O-β-D- 葡萄糖苷 (6'-O-palmitoyl)-sitosterol-3-O-β-D-glucoside
6-O- 棕榈酰基 -1,6- 二羟基 -5,7- 二甲氧基呫酮 6-O-palmitoyl-1,6-dihydroxy-5,7-dimethoxyxanthone
8- 棕榈酰基 -10- 羟基 - 苯甲酰乌头原碱 8-palmityl-10-hydroxybenzoylaconine
8- 棕榈酰基 -10- 羟基 - 苯甲酰中乌头胺 8-palmityl-10-hydroxy-benzoylmesaconine
3β- 棕榈酰基 -11- 羰基 - 熊果 -12- 烯 3β-palmitoyl-11-carboyl-urs-12-ene
12-O- 棕榈酰基 -13-O- 乙酰佛波醇 12-O-palmityl-13-O-acetylphorbol
12-O- 棕榈酰基 -13-O- 乙酰基 -16- 羟基佛波醇 12-O-palmityl-13-O-acetyl-16-hydroxyphorbol
12-O- 棕榈酰基 -13-O- 乙酰基 -16- 羟基佛波醛 12-O-palmityl-13-O-acetyl-16-hydroxyphorbal
(2S)-1-O- 棕榈酰基 -2-O-(11Z- 十八碳烯酰基)-3-O-(6'- 硫代 -α-D- 吡喃鸡纳糖基) 甘油 (2S)-1-O-palmitoyl-2-O-(11Z-octadecenoyl)-3-O-(6'-sulfo-α-D-quinovopyranosyl)glycerol
(2S)-1-O- 棕榈酰基 -2-O-(11Z- 十八烯酰基)-3-O-β-D- 吡喃半乳糖基甘油 (2S)-1-O-palmitoyl-2-O-(11Z-octadecenoyl)-3-O-β-D-galacto-pyranosylglycerol
1-O- 棕榈酰基 -2-O-(9Z,12Z- 十八碳二烯酰)-3-O-[α-D- 吡喃半乳糖基 -(1" → 6')-O-β- 吡喃半乳糖基] 甘油 1-O-hexadecanoyl-2-O-(9Z,12Z-octadecadienoly)-3-O-[α-D-galactopyranosyl-(1" → 6')-O-β-galactopyranosyl]-glycerol
(2S)-1-O- 棕榈酰基 -2-O- 肉豆蔻酰基 -3-O-(6'- 硫代 -α-D- 吡喃鸡纳糖基) 甘油 (2S)-1-O-palmitoyl-2-O-myristoyl-3-O-(6-sulfo-β-D-quinovopyranosyl)glycerol
(2S)-1-O- 棕榈酰基 -2-O- 亚麻酰基 -3-O-[α-D- 吡喃半乳糖基 -(1" → 6')-(3"-O- 亚麻酰基)-β-D- 吡喃半乳糖基] 甘油 (2S)-1-O-palmitoyl-2-O-linolenoyl-3-O-[α-D-galactopyranosyl-(1"→6')-(3"-O-linoleoyl)-β-D-galactopyranosyl]glycerol
(2S)-1-O- 棕榈酰基 -2-O- 亚麻酰基 -3-O-[α-D- 吡喃半乳糖基 -(1" → 6")-(3"-O- 亚麻酰基)-β-D- 吡喃半乳糖基] 甘油 (2S)-1-O-palmitoyl-2-O-linolenoyl-3-O-[α-D-galactopyranosyl-(1"→6")-(3"-O-linolenoyl)-β-D-galactopyranosyl]glycerol
(2S)-1-O- 棕榈酰基 -2-O- 亚麻酰基 -3-O-[α-D- 吡喃半乳糖基 -(1" → 6')-(3"-O- 棕榈酰基)-β-D- 吡喃半乳糖基]- 甘油 (2S)-1-O-palmitoyl-2-O-linolenoyl-3-O-[α-D-galactopyranosyl-(1" → 6')-(3"-O-palmitoyl)-β-D-galactopyranosyl]-glycerol
(2S)-1-O- 棕榈酰基 -2-O- 亚麻酰基 -3-O-[α-D- 吡喃半乳糖基 -(1" → 6')-β-D- 吡喃半乳糖基] 甘油 (2S)-1-O-palmitoyl-2-O-linolenoyl-3-O-[α-D-galactopyranosyl-(1" → 6')-β-D-galactopyranosyl]glycerol
(2S)-1-O- 棕榈酰基 -2-O- 亚麻酰基 -3-O-β-D- 吡喃半乳糖基甘油 (2S)-1-O-palmitoyl-2-O-linolenoyl-3-O-β-D-galactopyranosylglycerol
1-O-α- 棕榈酰基 -2-O- 亚麻酰基 -3-O-β- 吡喃半乳糖基甘油 1-O-α-palmitoyl-2-O-linolenoyl-3-O-β-galactopyranosyl-glycerol
(2S)-1-O- 棕榈酰基 -2-O- 亚油酰基 -3-O-[α-D- 吡喃半乳糖基 -(1" → 6')-(3"-O- 棕榈酰基)-β-D- 吡喃半乳糖基] 甘油 (2S)-1-O-palmitoyl-2-O-linoleoyl-3-O-[α-D-galactopyranosyl-(1" → 6')-(3"-O-palmitoyl)-β-D-galactopyranosyl]glycerol
(2S)-1-O- 棕榈酰基 -2-O- 亚油酰基 -3-O-[α-D- 吡喃半乳糖基 -(1" → 6')-β-D- 吡喃半乳糖基] 甘油 (2S)-1-O-palmitoyl-2-O-linoleoyl-3-O-[α-D-galactopyranosyl-(1" → 6')-β-D-galactopyranosyl]glycerol
(2S)-1-O- 棕榈酰基 -2-O- 亚油酰基 -3-O-β-D- 吡喃半乳糖基甘油 (2S)-1-O-palmitoyl-2-O-linoleoyl-3-O-β-D-galactopyranosylglycerol
2S)-1-O- 棕榈酰基 -2-O- 油酰基 -3-O-[α-D- 吡喃半乳糖基 -(1"→6')-β-D- 吡喃半乳糖基] 甘油 (2S)-1-O-palmitoyl-2-O-oleoyl-3-O-[α-D-galactopyranosyl-(1" → 6')-β-D-galactopyranosyl]glycerol
(2S)-1-O- 棕榈酰基 -2-O- 油酰基 -3-O-β-D- 吡喃半乳糖基甘油 (2S)-1-O-palmitoyl-2-O-oleoyl-3-O-β-D-galactopyranosylglycerol
(2S)-1-O- 棕榈酰基 -2-O- 棕榈酰基 -3-O-(6'- 硫代 -α-D- 吡喃鸡纳糖基) 甘油 (2S)-1-O-palmitoyl-2-O-palmitoyl-3-O-(6-sulfo-α-D-quinovopyranosyl)glycerol
(2S)-1-O- 棕榈酰基 -2-O- 棕榈酰基 -3-O-[α-D- 吡喃半乳糖基 -(1" → 6')-(3"-O- 棕榈酰基)-β-D- 吡喃半乳糖基]- 甘油 (2S)-1-O-palmitoyl- 2-O-palmitoyl-3-O-[α-D-galactopyranosyl-(1" → 6')-(3"-O-palmitoyl)-β-D-galactopyrano-syl]-glycerol
(2S)-1-O- 棕榈酰基 -2-O- 棕榈酰基 -3-O-[α-D- 吡喃半乳糖基 -(1" → 6')-β-D- 吡喃半乳糖基] 甘油 (2S)-1-O-palmitoyl-2-O-palmitoyl-3-O-[α-D-galactopyranosyl-(1" → 6')-β-D-galactopyranosyl] glycerol
1- 棕榈酰基 -2- 亚麻酰磷脂酰胆碱 1-palmitoyl-2-linoleoylphosphatidylcholine
1-O- 棕榈酰基 -3-O-(6'- 硫代 -α-D- 吡喃鸡纳糖基) 甘油 1-O-palmitoyl-3-O(6'sulfo-α-D-quinovopyranosyl)glycerol
1- 棕榈酰基 -3-O-β-D- 半乳糖基甘油酯 1-O-hexadecanoyl-3-O-β-D-galactopyranosylglycerol
(2S)-1-O- 棕榈酰基 -3-O-β-D- 吡喃半乳糖基 -sn- 甘油 (2S)-1-O-palmitoyl-3-O-β-D-galactopyranosyl-sn-glycerol
12-O- 棕榈酰基 -4- 去氧 -16- 羟基鲁米佛波醇 -13- 乙酸酯 12-O-palmitoyl-4-deoxy-16-hydroxylumiphorbol-13-acetate
12-O- 棕榈酰基 -4- 去氧 -4α-16- 羟基佛波醇 -13- 乙酸酯 12-O-palmitoyl-4-deoxy-4α-16-hydroxyphorbol-13-acetate
12-O- 棕榈酰基 -4- 去氧 -4β-16- 羟基佛波醇 -13- 乙酸酯 12-O-palmitoyl-4-deoxy-4β-16-hydroxyphorbol-13-acetate
6'- 棕榈酰基 -α- 菠菜甾醇 -3-O-β-D- 吡喃葡萄糖苷 6'-palmitoyl-α-spinasteryl-3-O-β-D-glucopyraoside
6'- 棕榈酰基 -α- 菠菜甾醇 -β-D- 吡喃葡萄糖苷 6'-palmityl-α-spinasteryl-β-D-glucopyranoside
6'- 棕榈酰基 -α- 菠菜甾醇 -β-D- 葡萄糖苷 6'-palmityl-α-spinasteryl-β-D-glucoside
3β- 棕榈酰基 -α- 香树脂醇 3β-palmitoyl-α-amyrin
3-O-(6'-O- 棕榈酰基 -β-D- 吡喃葡萄糖基)- 豆甾 -5- 烯 3-O-(6'-O-hexadecanoyl-β-D-glucopyranoside)-stigmast-5-ene

3-*O*-(6'-*O*- 棕榈酰基 -*β*-D- 葡萄糖基)- 豆甾 -5,25(27)- 二烯 3-*O*-(6'-*O*-palmitoyl-*β*-D-glucosyl)-stigmasta-5,25(27)-diene
棕榈酰基 -*β*- 谷甾醇 palmityl-*β*-sitosterol
6-*O*- 棕榈酰基 -*β*- 谷甾醇 -D- 葡萄糖苷 6-*O*-palmitoyl-*β*-sitosteryl-D-glucoside
6'- 棕榈酰基 -Δ^7- 豆甾烯酸 -*β*-D- 葡萄糖苷 6'-palmityl-Δ^7-stigmastenyl-*β*-D-glucoside
8- 棕榈酰基 - 苯甲酰次乌头胺 8-palmityl-benzoylhypaconine
8- 棕榈酰基 - 苯甲酰基 -15- 去氧次乌头胺 8-palmityl-benzoyl-15-deoxyhypaconine
8- 棕榈酰基 - 苯甲酰基 -3,13- 二去氧乌头原碱 8-palmityl-benzoyl-3,13-dideoxyaconine
8- 棕榈酰基 - 苯甲酰去氧乌头原碱 8-palmityl-benzoyldeoxyaconine
8- 棕榈酰基 - 苯甲酰乌头原碱 8-palmityl-benzoylaconine
8- 棕榈酰基 - 苯甲酰中乌头胺 8-palmityl-benzoylmesaconine
3*β*- 棕榈酰基 - 羽扇豆 -20(29)- 烯 -24- 羧酸甲酯 3*β*-palmitoyl-lup-20(29)-en-24-carboxylic acid methyl ester
棕榈酰蕨素 A, B, C palmitylpterosin A, B, C
N- 棕榈酰色胺 *N*-palmitoyltryptamine
6'-*O*- 棕榈酰土贝母苷 I 6'-*O*-palmitoyltubeimoside I
3*β*-*O*- 棕榈酰香树脂醇 3*β*-*O*-palmitoyl-*β*-amyrin
4- 棕榈酰氧基苯甲酸 4-palmitoyloxybenzoic acid
棕榈酰银白鼠尾草二醇 palmitoyl-arucadiol
棕榈酰油酰磷脂酰胆碱 palmitoyloleoylphosphatidylcholine
棕榈酰油酰亚油精 palmitooleolinolin
6'-*O*- 棕榈酰蔗糖 6'-*O*-palmitoylsucrose
6-*O*- 棕榈酰蔗糖 6-*O*-palmitoylsucrose
9- 棕榈油酸 9-palmitelaidic acid
棕榈油酸 palmitoleic acid
棕榈油酸甲酯 methyl palmitoleate
棕榈油酸乙酯 ethyl palmitoleate
1- 棕榈油酰甘油 1-palmitoleyl-glycerol
α- 棕榈油酰甘油 *α*-palmitoleoylglycerol
8- 棕榈油酰基 - 苯甲酰次乌头胺 8-palmitoleoyl-benzoylhypaconine
8- 棕榈油酰基 - 苯甲酰乌头原碱 8-palmitoleoyl-benzoylaconine
8- 棕榈油酰基 - 苯甲酰中乌头胺 8-palmitoleoyl-benzoylmesaconine
棕矢车菊定▲ jaceidin
棕矢车菊定▲-4'- 葡萄糖醛酸苷 jaceidin-4'-glucuronide
棕矢车菊定▲-7- 吡喃鼠李糖苷 jaceidin-7-rhamnopyranoside
棕矢车菊苷▲ jaceoside
棕矢车菊素 jaceosidin
棕矢车菊素 -7,4'- 二硫酸酯 jaceosidin-7,4'-disulfate
棕矢车菊素 -7-*O*-*β*-D- 吡喃葡萄糖苷 jaceosidin-7-*O*-*β*-D-glucopyranoside
棕矢车菊素 -7- 硫酸酯 jaceosidin-7-sulfate
棕矢车菊因▲ jacein
棕纤维素 holocellulose
总梗女贞苷▲ A-I, A-II, B-I, B-II, B-III, B-IIIa, B-IIIb, B-IV, B-V, B-VI lipedoside A-I, A-II, B-I, B-II, B-III, B-IIIa, B-IIIb, B-IV, B-V, B-VI
(*S*)- 总梗女贞苷▲ B-III (*S*)-lipedoside B-III
总梗紫珠酸▲ B pedunculatic acid B
总序香茶菜素▲ A racemosin A
总状花酒饼簕素▲ racemosin
总状花羊蹄甲酚▲ racemosol
总状花羊蹄甲素▲ pacharin
总状升麻苷▲ A, B, D, E, H, I, K, M, P cimiracemoside A, B, D, E, H, I, K, M, P
总状土木香醛▲ inunal
走马芹内酯 moellendorffilin
足瓣豆碱▲ podopetaline
L- 组氨酸 L-histidine
组氨酸 histidine
组氨酸 - 甜菜黄素 histidine-betaxanthin
组胺 histamine
醉蝶花醇▲ A~D cleospinol A~D
醉蝶花醇▲ A-3'- 羟基 -2'- 甲基丁烷 -10- 酸酯 cleospinol A-3'-hydroxy-2'-methylbutan-10-oate
醉魂藤碱 A~H heteromine A~H
醉鱼草胺 buddamine
(±)- 醉鱼草醇 D (±)-buddlenol D
醉鱼草醇 A~G buddlenol A~G
醉鱼草定 A~E buddledin A~E
醉鱼草苷 A, A_2, A_5, B, C buddlejoside A, A_2, A_5, B, C
醉鱼草环烯醚萜苷▲ biridoside
醉鱼草黄酮▲ A buddlenoid A
醉鱼草黄酮醇糖苷 buddleoflavonoloside
醉鱼草素▲ buddlin
醉鱼草萜▲ A, B, C buddlindeterpene A, B, C
醉鱼草酮▲ buddlejone
醉鱼草甾醇▲ buddlejol
醉鱼草皂苷 I, Ia, II, III, IV, IVa, IVb buddlejasaponin I, Ia, II, III, IV, IVa, IVb
左旋海松酸 levopimaric acid
左旋海松酸内过氧化物 levopimaric acid endo-peroxide
左旋葡聚糖 levoglucosan
佐氏芹素▲ zosimin
柞栎黄酮▲ dentatiflavone
柞木苷▲ xylosmoside
柞木素 xylosmin
柞木辛▲ xylosmacin

Z

国家重大出版工程项目

“十二五”国家重点图书

中国药用植物志

主　编　艾铁民

副主编　张树仁　杨秀伟　杜力军　严铸云

《中国药用植物志》编委会

国家重大出版工程项目
“十二五”国家重点图书

国家出版基金项目
NATIONAL PUBLICATION FOUNDATION

中国药用植物志

第十三卷

中国药用植物志词汇

（下册）

本卷主编 张英涛

本卷副主编 杨雁芳 佟 巍 张庆英

本卷审定人 艾铁民 江纪武 张树仁

北京大学医学出版社

ZHONGGUO YAOYONG ZHIWUZHI (DI-SHISAN JUAN)——ZHONGGUO YAOYONG ZHIWUZHI CIHUI

图书在版编目（CIP）数据

中国药用植物志. 第十三卷, 中国药用植物志词汇：上下册/艾铁民主编；张英涛分卷主编. – 北京：北京大学医学出版社，2021.6

ISBN 978-7-5659-2417-0

Ⅰ. ①中… Ⅱ. ①艾… ②张… Ⅲ. ①药用植物－植物志－中国 Ⅳ. ①Q949.95

中国版本图书馆CIP数据核字(2021)第092550号

中国药用植物志（第十三卷）——中国药用植物志词汇（下册）

主　　编：艾铁民
副 主 编：张树仁　杨秀伟　杜力军　严铸云
本卷主编：张英涛
本卷副主编：杨雁芳　佟　巍　张庆英
出版发行：北京大学医学出版社
地　　址：（100191）北京市海淀区学院路 38 号　北京大学医学部院内
电　　话：发行部 010-82802230；图书邮购 010-82802495
网　　址：http://www.pumpress.com.cn
E－mail：booksale@bjmu.edu.cn
印　　刷：北京金康利印刷有限公司
经　　销：新华书店
策划编辑：暴海燕　安　林
责任编辑：罗德刚　王　楠　　责任校对：靳新强　　责任印制：李　啸
开　　本：889 mm ×1194 mm　1/16　印张：196.5　字数：10913 千字
版　　次：2021 年 6 月第 1 版　　2021 年 6 月第 1 次印刷
书　　号：ISBN 978-7-5659-2417-0
定　　价：935.00 元（上下册）

MEDICINAL FLORA OF CHINA

Editor-in-Chief

Ai Tiemin

Deputy Editors-in-Chief

Zhang Shuren **Yang Xiuwei**

Du Lijun **Yan Zhuyun**

GLOSSARY OF MEDICINAL FLORA OF CHINA

Volume Editor

Zhang Yingtao

Volume Deputy Editors

Yang Yanfang Tong Wei Zhang Qingying

Volume Reviewers

Ai Tiemin Jiang Jiwu Zhang Shuren

Peking University Medical Press

目　录

上　册

下　册

化学成分英文名、中文名及基源植物对照索引

（按字母顺序排列）

注：

1. 本索引对本书正文收载的化学成分给出其英文名及对应的中文名，并在其后附加所属基源植物的中文正名及拉丁简名。
2. 挥发油类成分、植物基础性成分以及分布广泛的常见成分（分布种类超过 100 种）未列出基源，基源植物超过 30 种的较常见成分列出了相关的科名。
3. 本索引涉及的化学成分名称相较正文有部分修订，但并未对同物异名的成分名称予以全面归并，部分成分的英文俗名存在同名异物的现象。
4. 针对化学成分俗名中以字母或阿拉伯数字形式编号的系列成分，采用了“~”对 3 个以上的连续系列成分的中、英文名进行了简写合并，但以罗马数字编号的则未进行简写。
5. 本索引的字母排序规则是从化学成分英文名的第一个英文词或元素符号开始，不包括数字、符号与以下词缀：(±)-、(+)-、(-)-、D-、L-、*dl*-、*d*-、*l*-、*n*-、*R*、*S*、*Z*-、*E*-、α-、β-、γ-、ε-、ζ-、η-、ι-、ξ-、σ-、τ-、φ-、ψ-、ω-、κ-、*δ*、*Δ*-、*o*-（邻 - ）、*m*-（间 - ）、*p*-（对 - ）、*cis*-（顺式 - ）、*trans*-（反式 - ）、*ent*-（内向 - ）、*exo*-（外向 - ）、*erythro*-（赤式 - ）、*threo*-（苏式 - ）、*prim*-（伯 - ）、*sec*-（仲 - ）、*tert*-（叔 - ）、*syn*-（顺式 - ）、*anti*-（反式 - ）、*meso*-（内消旋 - ）、*H*-（定位氢）、*rel*-（相对 - ）等。

A

abiet-8,11,13-trien-15-hydroxy-18-oic acid 冷杉 -8,11,13- 三烯 -15- 羟基 -18- 酸 思茅松 Pinus kesiya
abieta-7,13(14)-diene-18-oic acid 冷杉 -7,13(14)- 二烯 -18- 酸 秦岭冷杉 Abies chensiensis
abieta-7,13-dien-3-one 冷杉 -7,13- 二烯 -3- 酮 叉子圆柏 Juniperus sabina
abieta-7,13-diene-12α-methoxy-18-oic acid 冷杉 -7,13- 二烯 -12α- 甲氧基 -18- 酸 冷杉 Abies fabri
13β-abieta-7,9(11)-dien-18-oat 13β- 冷杉 -7,9(11)- 二烯 -18- 酸酯 雪岭云杉 Picea schrenkiana
abieta-8,11,13,15-tetraen-18-oic acid 冷杉 -8,11,13,15- 四烯 -18- 酸 大叶紫珠 Callicarpa macrophylla
abieta-8,11,13-trien-7-one 冷杉 -8,11,13- 三烯 -7- 酮 日本柳杉 Cryptomeria japonica
abieta-8,11,13-triene-14,19-diol 冷杉 -8,11,13- 三烯 -14,19- 二醇 细花线纹香茶菜 Isodon lophanthoides var. graciliflorus
8,12-abietadien-11,14-dione-19-acid 8,12- 冷杉二烯 -11,14- 二酮 -19- 羧酸 灯油藤 Celastrus paniculatus
7,13-abietadiene 7,13- 冷杉二烯 日本柳杉 Cryptomeria japonica
8,13-abietadiene 8,13- 冷杉二烯 高山松 Pinus densata, 雅加松 P. massoniana var. hainanensis
abietadiene 冷杉二烯 密枝圆柏 Juniperus convallium, 昆仑多子柏 J. semiglobosa
8,12-abietadienoic acid 8,12- 冷杉二烯酸 白皮松 Pinus bungeana, 高山松 P. densata, 雅加松 P. massoniana var. hainanensis, 黄山松 P. taiwanensis
8,11,13,15-abietatetraen-19-oic acid 8,11,13,15- 冷杉四烯 -19- 酸 假地枫皮 Illicium jiadifengpi
6,8,11,13-abietatetraenoic acid 6,8,11,13- 冷杉四烯酸 雪岭云杉 Picea schrenkiana, 高山松 Pinus densata, 海南五针松 P. fenzeliana, 思茅松 P. kesiya, 华南五针松 P. kwangtungensis, 雅加松 P. massoniana var. hainanensis, 黄山松 P. taiwanensis
abietatrien-18-oic acid 冷杉三烯 -18- 酸 思茅松 Pinus kesiya
abietatrien-3β-ol 冷杉三烯 -3β- 醇 黄荆 Vitex negundo, 蔓荆 V. trifolia, 单叶蔓荆 V. trifolia subsp. litoralis
8,11,15-abietatriene 8,11,15- 冷杉三烯 三尖杉 Cephalotaxus fortunei
abietatriene 冷杉三烯 日本柳杉 Cryptomeria japonica, 芳香白珠 Gaultheria fragrantissima, 密枝圆柏 Juniperus convallium, 方枝柏 J. saltuaria, 齿叶鳞花草 Lepidagathis fasciculata
7,13,15-abietatrienoic acid 7,13,15- 冷杉三烯酸 白皮松 Pinus bungeana, 高山松 P. densata, 海南五针松 P. fenzeliana, 思茅松 P. kesiya, 华南五针松 P. kwangtungensis, 雅加松 P. massoniana var. hainanensis, 新疆五针松 P. sibirica, 黄山松 P. taiwanensis, 黑松 P. thunbergii
abietic acid 冷杉酸 臭冷杉 Abies nephrolepis, 食用土当归 Aralia cordata, 龙血藤 Daemonorops draco, 长白鱼鳞云杉 Picea jezoensis var. komarovii, 雪岭云杉 P. schrenkiana, 白皮松 Pinus bungeana, 高山松 P. densata, 海南五针松 P. fenzeliana, 思茅松 P. kesiya, 华南五针松 P. kwangtungensis, 马尾松 P. massoniana, 雅加松 P. massoniana var. hainanensis, 新疆五针松 P. sibirica, 黄山松 P. taiwanensis, 黑松 P. thunbergii, 百日青 Podocarpus neriifolius
abietin 冷杉亭▲ 臭冷杉 Abies nephrolepis, 蛇菰 Balanophora fungosa, 西伯利亚落叶松 Larix sibirica, 海滨木巴戟 Morinda citrifolia
abietinal 枞醛 秦岭冷杉 Abies chensiensis
AbPS 牛膝多糖 牛膝 Achyranthes bidentata
abricin 相思子辛 相思子 Abrus precatorius
abridin 相思子定 相思子 Abrus precatorius
abrin 相思子毒素 相思子 Abrus precatorius
abrine 相思子碱 广州相思子 Abrus cantoniensis, 毛相思子 A. mollis, 相思子 A. precatorius
abrisapogenol E 相思子皂醇 E 镰荚棘豆 Oxytropis falcata
(-)-abrisapogenol G (-)- 相思子皂醇 G 琴叶榕 Ficus pandurata
abrisapogenol J 相思子皂醇 J 相思子 Abrus precatorius
abrisaponin So_1 相思子皂苷 So_1 广州相思子 Abrus cantoniensis
abruquinone A~G 相思子醌 A~G 相思子 Abrus precatorius
abrusgenic acid 相思子原酸 相思子 Abrus precatorius
abrusin 相思子素 相思子 Abrus precatorius
abrusin-2''-*O*-apioside 相思子素 -2''-*O*- 芹糖苷 相思子 Abrus precatorius
abruslactone A 相思子内酯 A 相思子 Abrus precatorius
abrusogenin 相思子苷元 相思子 Abrus precatorius
abrusoside A 相思子苷 A 广州相思子 Abrus cantoniensis, 相思子 A. precatorius
abrusoside B 相思子苷 B 广州相思子 Abrus cantoniensis, 相思子 A. precatorius
abrusoside C 相思子苷 C 广州相思子 Abrus cantoniensis, 相思子 A. precatorius
abrusoside D 相思子苷 D 广州相思子 Abrus cantoniensis, 相思子 A. precatorius
abrusoside E 相思子苷 E 相思子 Abrus precatorius
abrus-saponin I, II 相思子皂苷 I, II 相思子 Abrus precatorius
(+)-(6*S*,7*E*,9*Z*)-abscisic acid (+)-(6*S*,7*E*,9*Z*)- 脱落酸 川桂 Cinnamomum wilsonii
(+)-abscisic acid (+)- 脱落酸 植物基础成分，未统计基源
(*S*)-abscisic acid (*S*)- 脱落酸 植物基础成分，未统计基源
cis-abscisic acid 顺式 - 脱落酸 植物基础成分，未统计基源
abscisic acid 脱落酸 植物基础成分，未统计基源
abscisic acid-β-D-glucopyranosyl ester 脱落酸 -β-D- 吡喃葡萄糖基酯 香橙 Citrus junos, 南五味子 Kadsura longipedunculata
(*S*)-(+)-abscisic alcohol (*S*)-(+)- 脱落醇 藜 Chenopodium album
trans-abscisic alcohol-β-D-glucopyranoside 反式 - 脱落醇 -β-D- 吡喃葡萄糖苷 榅桲 Cydonia oblonga

(+)-abscisyl-β-D-glucopyranoside (+)-脱落酸-β-D-吡喃葡萄糖苷 五层龙 Salacia prinoides

absindiol 苦艾萜二醇▲ 中亚苦蒿 Artemisia absinthium

absinthin 苦艾素 中亚苦蒿 Artemisia absinthium, 大籽蒿 A. sieversiana

absintholide 中亚苦蒿内酯▲ 中亚苦蒿 Artemisia absinthium

abutasterone 阿布藤甾酮▲ 短柄野芝麻 Lamium album, 粘萼蝇子草 Silene viscidula, 云南青牛胆 Tinospora sagittata var. yunnanensis

abutilin A 苘麻素▲A 磨盘草 Abutilon indicum

abyssinoflavanone IV, VI 阿比西尼亚刺桐黄烷酮▲IV, VI 朝鲜槐 Maackia amurensis

abyssinone II 阿比西尼亚刺桐酮▲II 构树 Broussonetia papyrifera, 短梗胡枝子 Lespedeza cyrtobotrya, 朝鲜槐 Maackia amurensis

abyssinone IV 阿比西尼亚刺桐酮▲IV 朝鲜槐 Maackia amurensis

abyssinone V 阿比西尼亚刺桐酮▲V 翅果刺桐 Erythrina subumbrans, 刺桐 E. variegata, 朝鲜槐 Maackia amurensis

AC trimer 槟榔儿茶素三聚体 红花寄生 Scurrula parasitica

acacetin 刺槐素 较常见成分，至少分布于 30 种以上植物中，见于败酱科、报春花科、唇形科、大戟科、豆科、红豆杉科、花荵科、桦木科、蒺藜科、锦葵科、菊科、萝藦科、马鞭草科、蔷薇科、忍冬科、瑞香科、桑科、石竹科、五加科、玄参科、银杏科、芸香科、紫葳科、棕榈科、醉鱼草科等

acacetin 7-α-L-rhamnopyranosyl-(1 → 6)-β-D-glucopyranoside 刺槐素-7-α-L-吡喃鼠李糖基-(1 → 6)-β-D-吡喃葡萄糖苷 威灵仙 Clematis chinensis

acacetin-7-methyl ether 刺槐素-7-甲醚 车桑子 Dodonaea viscosa, 独脚金 Striga asiatica

acacetin-7-O-(3''-O-acetyl)-β-D-glucopyranoside 刺槐素-7-O-(3''-O-乙酰基)-β-D-吡喃葡萄糖苷 菊花 Chrysanthemum morifolium

acacetin-7-O-(6''-O-acetyl)-β-D-glucopyranoside 刺槐素-7-O-(6''-O-乙酰基)-β-D-吡喃葡萄糖苷 野菊 Chrysanthemum indicum, 菊花 C. morifolium

acacetin-7-O-(6-O-malonyl-β-D-glucopyranoside 刺槐素-7-O-(6-O-丙二酰基-β-D-吡喃葡萄糖苷 香青兰 Dracocephalum moldavica

acacetin-7-O-(6''-O-rhamnosyl)-β-D-glucoside 刺槐素-7-O-(6''-O-鼠李糖基)-β-D-葡萄糖苷 菊花 Chrysanthemum morifolium

acacetin-7-O-(6''-O-α-L-rhamnopyranosyl)-β-sophoroside 刺槐素-7-O-(6''-O-α-L-吡喃鼠李糖基)-β-槐糖苷 海金沙 Lygodium japonicum, 蜘蛛香 Valeriana jatamansi

acacetin-7-O-(α-D-apiofuranosyl)-(1 → 6)-β-D-glucopyranside 刺槐素-7-O-(α-D-呋喃芹糖基)-(1 → 6)-β-D-吡喃葡萄糖苷 介蕨 Dryoathyrium boryanum, 素馨花 Jasminum grandiflorum

acacetin-7-O-[2''-O-α-L-rhamnopyranosyl-6''-O-β-D-glucopyranosyl]-β-D-glucopyranoside 刺槐素-7-O-[β-D-吡喃葡萄糖基-(1 → 6)-α-L-吡喃鼠李糖基-(1 → 2)]-β-D-吡喃葡萄糖苷 锐尖山香圆 Turpinia arguta

acacetin-7-O-[4'''-O-acetyl-β-D-apiofuransyl-(1 → 3)]-β-D-xylopyranoside 刺槐素-7-O-[4'''-O-乙酰基-β-D-呋喃芹糖基-(1 → 3)]-β-D-吡喃木糖苷 牛至 Origanum vulgare

acacetin-7-O-[6'''-O-acetyl-β-D-galactopyranosyl-(1 → 2)]-β-D-glucopyranoside 刺槐素-7-O-[6'''-O-乙酰基-β-D-吡喃半乳糖基-(1 → 2)]-β-D-吡喃葡萄糖苷 牛至 Origanum vulgare

acacetin-7-O-[6'''-O-acetyl-β-D-galactopyranosyl-(1 → 3)]-β-D-xylopyranoside 刺槐素-7-O-[6'''-O-乙酰基-β-D-吡喃半乳糖基-(1 → 3)]-β-D-吡喃木糖苷 牛至 Origanum vulgare

acacetin-7-O-glucopyranosyl-8-C-rhamnopyranosyl-3-O-α-L-arabinofuranoside 刺槐素-7-O-吡喃葡萄糖基-8-C-吡喃鼠李糖基-3-O-α-L-呋喃阿拉伯糖苷 猫爪藤 Macfadyena unguis-cati

acacetin-7-O-glucuronide 刺槐素-7-O-葡萄糖醛酸苷 柚木 Tectona grandis

acacetin-7-O-neohesperidose 刺槐素-7-O-新橙皮苷 薄荷 Mentha canadensis

acacetin-7-O-neohesperidoside 刺槐素-7-O-新橙皮糖苷 欧地笋 Lycopus europaeus

acacetin-7-O-rutinoside 刺槐素-7-O-芸香糖苷 大叶醉鱼草 Buddleja davidii, 醉鱼草 B. lindleyana, 苏门白酒草 Conyza sumatrensis, 毛穗香薷 Elsholtzia eriostachya, 石香薷 Mosla chinensis, 砂珍棘豆 Oxytropis racemosa, 白英 Solanum lyratum, 川陕金莲花 Trollius buddae, 金莲花 T. chinensis, 短瓣金莲花 T. ledebourii

acacetin-7-O-α-L-rhamnopyranosyl-(1 → 6)-[2-O-acetyl-β-D-glucopyranosyl-(1 → 2)]-β-D-glucopyranoside 刺槐素-7-O-α-L-吡喃鼠李糖基-(1 → 6)-[2-O-乙酰基-β-D-吡喃葡萄糖基-(1 → 2)]-β-D-吡喃葡萄糖苷 甘菊 Chrysanthemum lavandulifolium

acacetin-7-O-α-L-rhamnopyranosyl-(1 → 6)[α-L-rhamnopyranosyl-(1 → 2)]-β-D-glucopyranoside 刺槐素-7-O-α-L-吡喃鼠李糖基-(1 → 6)[α-L-吡喃鼠李糖基-(1 → 2)]-β-D-吡喃葡萄糖苷 密蒙花 Buddleja officinalis

acacetin-7-O-α-L-rhamnopyranosyl-(1 → 6)-β-D-glucopyranoside 刺槐素-7-O-α-L-吡喃鼠李糖基-(1 → 6)-β-D-吡喃葡萄糖苷 巴东醉鱼草 Buddleja albiflora, 大叶醉鱼草 B. davidii, 密蒙花 B. officinalis, 流苏树 Chionanthus retusus, 甘菊 Chrysanthemum lavandulifolium, 假木豆 Dendrolobium triangulare, 硬尖神香草 Hyssopus cuspidatus

acacetin-7-O-α-L-rhamnopyranosyl-(1''' → 6'')-β-D-glucopyranoside 刺槐素-7-O-α-L-吡喃鼠李糖基-(1''' → 6'')-β-D-吡喃葡萄糖苷 多裂委陵菜 Potentilla multifida

acacetin-7-O-α-L-rhamnopyranosy-l-(1 → 6)-β-D-glucopyranoside 刺槐素-7-O-α-L-吡喃鼠李糖基-l-(1 → 6)-β-D-吡喃葡萄糖苷 蛇莓 Duchesnea indica

acacetin-7-O-α-L-rhmnoside 刺槐素-7-O-α-L-鼠李糖苷 红花 Carthamus tinctorius

acacetin-7-O-β-D-(3''-acetylglucopyranoside) 刺槐素-7-O-β-D-(3''-乙酰吡喃葡萄糖苷) 香青兰 Dracocephalum moldavica

acacetin-7-O-β-D-(4''-acetylglucopyranoside) 刺槐素-7-O-β-D-(4''-乙酰吡喃葡萄糖苷) 香青兰 Dracocephalum moldavica

acacetin-7-O-β-D-(6''-acetylglucopyranoside) 刺槐素-7-O-β-D-(6''-乙酰吡喃葡萄糖苷) 香青兰 Dracocephalum moldavica

acacetin-7-O-β-D-apiofuranosyl-(1''' → 6'')-O-β-D-glucopyranoside 刺槐素-7-O-β-D-呋喃芹糖基-(1''' → 6'')-O-β-D-吡喃葡萄糖苷 红花 Carthamus tinctorius acacetin-7-*O*-*β*-D-apiopyranosyl-(1→2)-*β*-D-glucopyranoside 刺槐素 -7-*O*-*β*-D- 芹菜糖 -(1→2)-*β*-D- 吡喃葡萄糖苷 紫花地丁 Viola philippica

acacetin-7-*O*-*β*-D-galactopyranoside 刺槐素 -7-*O*-*β*-D- 吡喃半乳糖苷 野菊 Chrysanthemum indicum, 菊花 C. morifolium

acacetin-7-*O*-*β*-D-glucopyranoside 刺槐素 -7-*O*-*β*-D- 吡喃葡萄糖苷 岩蒿 Artemisia rupestris, 白背枫 Buddleja asiatica, 大叶醉鱼草 B. davidii, 飞廉 Carduus nutans, 菊花 Chrysanthemum morifolium, 毛丹麻杆 Discocleidion rufescens, 香青兰 Dracocephalum moldavica, 刺齿枝子花 D. peregrinum, 香薷 Elsholtzia ciliata, 粗叶榕 Ficus hirta, 散沫花 Lawsonia inermis, 梓木草 Lithospermum zollingeri, 狭叶落地梅 Lysimachia paridiformis var. stenophylla, 夏枯草 Prunella vulgaris, 炮仗花 Pyrostegia venusta, 绵头雪兔子 Saussurea laniceps, 水母雪兔子 S. medusa, 菊蒿 Tanacetum vulgare, 毛蕊花 Verbascum thapsum, 紫花地丁 Viola philippica

acacetin-7-*O*-*β*-D-glucopyranosyl-(1→2)-3-*O*-acetyl-*β*-D-glucopyranosyl-(1→2)-[*α*-L-rhamnopyranosyl-(1→6)]-*β*-D-glucopyranoside 刺槐素 -7-*O*-*β*-D- 吡喃葡萄糖基 -(1→2)-3-*O*- 乙酰基 -*β*-D- 吡喃葡萄糖基 -(1→2)-[*α*-L- 吡喃鼠李糖基 -(1→6)]-*β*-D- 吡喃葡萄糖苷 青兰 Dracocephalum ruyschiana

acacetin-7-*O*-*β*-D-glucopyranosyl-(1→2)-6-*O*-acetyl-*β*-D-glucopyranosyl-(1→2)-[*α*-L-rhamnopyranosyl-(1→6)]-*β*-D-glucopyranoside 刺槐素 -7-*O*-*β*-D- 吡喃葡萄糖基 -(1→2)-6-*O*- 乙酰基 -*β*-D- 吡喃葡萄糖基 -(1→2)-[*α*-L- 吡喃鼠李糖基 -(1→6)]-*β*-D- 吡喃葡萄糖苷 青兰 Dracocephalum ruyschiana

acacetin-7-*O*-*β*-D-glucopyranosyl-(1→2)-*β*-D-glucopyranosyl-(1→2)-[*α*-L-rhamnopyranosyl-(1→6)]-*β*-D-glucopyranoside 刺槐素 -7-*O*-*β*-D- 吡喃葡萄糖基 -(1→2)-*β*-D- 吡喃葡萄糖基 -(1→2)-[*α*-L- 吡喃鼠李糖基 -(1→6)]-*β*-D- 吡喃葡萄糖苷 青兰 Dracocephalum ruyschiana

acacetin-7-*O*-*β*-D-glucoside 刺槐素 -7-*O*-*β*-D- 葡萄糖苷 小花鬼针草 Bidens parviflora, 菊花 Chrysanthemum morifolium, 泥胡菜 Hemistepta lyrata

acacetin-7-*O*-*β*-D-glucuronide 刺槐素 -7-*O*-*β*-D- 葡萄糖醛酸苷 穿心莲 Andrographis paniculata, 香青兰 Dracocephalum moldavica, 小花地笋 Lycopus parviflorus, 独脚金 Striga asiatica

acacetin-7-*O*-*β*-D-glucurono-(1→2)-*β*-D-glucuronide 刺槐素 -7-*O*-*β*-D- 葡萄糖醛酸基 -(1→2)-*β*-D- 葡萄糖醛酸苷 海州常山 Clerodendrum trichotomum

acacetin-7-*O*-*β*-D-glucuronopyranoside 刺槐素 -7-*O*-*β*-D- 吡喃葡萄糖醛酸苷 地笋 Lycopus lucidus, 华西龙头草 Meehania fargesii, 硬骨凌霄 Tecomaria capensis

acacetin-7-*O*-*β*-D-glucuronopyranosyl-(1→2)[*α*-L-rhamnopyranosyl-(1→6)]-*β*-D-glucopyranoside 刺槐素 -7-*O*-*β*-D- 吡喃葡萄糖醛酸基 -(1→2)[*α*-L- 吡喃鼠李糖基 -(1→6)]-*β*-D- 吡喃葡萄糖醛酸苷 刺槐 Robinia pseudoacacia

acacetin-7-*O*-*β*-D-rutinoside 刺槐素 -7-*O*-*β*-D- 芸香糖苷 泥胡菜 Hemistepta lyrata, 巴天酸模 Rumex patientia, 三指雪兔子 Saussurea tridactyla

acacetin-7-*O*-*β*-sophoroside 刺槐素 -7-*O*-*β*- 槐糖苷 蜘蛛香 Valeriana jatamansi

acacetin-7-rutinoside 刺槐素 -7- 芸香糖苷 含羞草 Mimosa pudica

acacetin-7-trioside 刺槐素 -7- 三糖苷 刺槐 Robinia pseudoacacia

acacetin-8-*C*-neohesperidoside 刺槐素 -8-*C*- 新橙皮糖苷 金柑 Fortunella japonica, 金橘 F. margarita

(+)-acacialactam (+)- 藤金合欢内酰胺 藤金合欢 Acacia sinuata

acacic acid 金合欢酸 藤金合欢 Acacia sinuata

acacic acid lactone 金合欢酸内酯 毛叶合欢 Albizia mollis, 大尾摇 Heliotropium indicum

acacic acid methylester 金合欢酸甲酯 合欢 Albizia julibrissin

acacigenin B 金合欢苷元 B 合欢 Albizia julibrissin

acaciin 刺槐苷 心叶兔儿风 Ainsliaea bonatii, 醉鱼草 Buddleja lindleyana, 密蒙花 B. officinalis, 野菊 Chrysanthemum indicum, 甘菊 C. lavandulifolium, 菊花 C. morifolium, 甘松 Nardostachys jatamansi

acacinin A~E 金合欢宁 ▲A~E 藤金合欢 Acacia sinuata

acalyphidin D_1, M_1, M_2 红穗铁苋菜素 D_1, M_1, M_2 红穗铁苋菜 Acalypha hispida

acancifoliuside 老鼠簕新苷 ▲ 老鼠簕 Acanthus ilicifolius

acanjaposide G 日本五加皂苷 G 甘青铁线莲 Clematis tangutica

acankoreagenin 朝鲜五加苷元 五加 Eleutherococcus nodiflorus var. gracilistylus, 鹅掌柴 Heptapleurum heptaphyllum

acankoreagenin dimethyl ester 朝鲜五加苷元二甲酯 鹅掌柴 Heptapleurum heptaphyllum

acankoreoside A 朝鲜五加苷 A 罗伞 Brassaiopsis glomerulata, 五加 Eleutherococcus nodiflorus var. gracilistylus, 鹅掌柴 Heptapleurum heptaphyllum

acankoreoside B, C, D 朝鲜五加苷 B, C, D 五加 Eleutherococcus nodiflorus var. gracilistylus

acanthaminoside 老鼠簕胺苷 老鼠簕 Acanthus ilicifolius

acanthicifoline 老鼠簕碱 老鼠簕 Acanthus ilicifolius

acanthoic acid 五加酸 短柄五加 Eleutherococcus brachypus

acanthoidine 飞廉碱 节毛飞廉 Carduus acanthoides

acanthoine 去氢飞廉碱 节毛飞廉 Carduus acanthoides

acanthopanaxgric acid 细柱五加酸 ▲ 五加 Eleutherococcus nodiflorus var. gracilistylus

acanthopanaxoside A, C 五加萜苷 ▲A, C 刺五加 Eleutherococcus senticosus

acanthopanaxoside B 五加萜苷 ▲B 刺五加 Eleutherococcus senticosus, 八角金盘 Fatsia japonica

acanthopanolide B 五加内酯 ▲B 短柄五加 Eleutherococcus brachypus

acanthopanx cerebroside A, B, C 五加脑苷 ▲A, B, C 五加 Eleutherococcus nodiflorus var. gracilistylus

acanthosessiligenin I, II 无梗五加苷元 ▲I, II 无梗五加 Eleutherococcus sessiliflorus

acanthosessilin A 无梗五加素 ▲A 无梗五加 Eleutherococcus sessiliflorus

6-acetonyl dihydrosanguinarine 6- 丙酮基二氢血根碱 地丁草 Corydalis bungeana
8-acetonyl dihydrosanguinarine 8- 丙酮基二氢血根碱 细果角茴香 Hypecoum leptocarpum
acetonyl geraniin 丙酮基老鹳草鞣质 大戟 Euphorbia pekinensis
5-acetonyl-2-methylchromone-7-*O*-*β*-D-glucopyranoside 5- 丙酮基 -2- 甲基色酮 -7-*O*-*β*-D- 吡喃葡萄糖苷 密叶决明 Senna multijuga
4-acetonyl-3,5-dimethoxy-*p*-quinol 4- 丙酮基 -3,5- 二甲氧基对氢醌 臭牡丹 Clerodendrum bungei, 黄杞 Engelhardia roxburghiana, 北美鹅掌楸 Liriodendron tulipifera, 黄兰 Michelia champaca, 灵枝草 Rhinacanthus nasutus, 华蟹甲 Sinacalia tangutica
4-acetonyl-4-hydroxy-3,5-dimethoxy-2,5-cyclohexadien-1-one 4- 丙酮基 -4- 羟基 -3,5- 二甲氧基 -2,5- 环己二烯 -1- 酮 胡杨 Populus euphratica
6-acetonyl-5,6-dihydrosanguinarine 6- 丙酮基 -5,6- 二氢血根碱 灰绿黄堇 Corydalis adunca, 土元胡 C. humosa, 石生黄堇 C. saxicola
2-acetonyl-5,7-dihydroxychromone-*O*-galloyl-glucoside 2- 丙酮基 -5,7- 二羟基色酮 -*O*- 没食子酰葡萄糖苷 总序大黄 Rheum racemiferum, 窄叶大黄 R. sublanceolatum
2-acetonyl-5-methyl-7-hydroxychromone-7-*O*-galloyl-glucoside 2- 丙酮基 -5- 甲基 -7- 羟基色酮 -7-*O*- 没食子酰葡萄糖苷 窄叶大黄 Rheum sublanceolatum
5-acetonyl-6-glycopyranosyl-7-hydroxy-2-methylchromone 5- 丙酮基 -6- 吡喃葡萄糖基 -7- 羟基 -2- 甲基色酮 密叶决明 Senna multijuga
5-acetonyl-7-hydroxy-2-methylchromone 5- 丙酮基 -7- 羟基 -2- 甲基色酮 密叶决明 Senna multijuga, 铁刀木 S. siamea
5-acetonyl-7-hydroxy-2-methylchromone-*C*-glycoside 5- 丙酮基 -7- 羟基 -2- 甲基色酮 -*C*- 糖苷 密叶决明 Senna multijuga
5-acetonyl-7-*β*-D-glucopyranosyloxy-2-methylchromone 5- 丙酮基 -7-*β*-D- 吡喃葡萄糖氧基 -2- 甲基色酮 密叶决明 Senna multijuga
6-acetonyl-8-*O*-demethyldihydrochelerythrine 6- 丙酮基 -8-*O*- 去甲基二氢白屈菜红碱 两面针 Zanthoxylum nitidum
6-acetonyl-corynoline 6- 丙酮基 - 紫堇灵 苍山黄堇 Corydalis delavayi
8-acetonyldihydroavicine 8- 丙酮基二氢簕欓花椒碱▲ 两面针 Zanthoxylum nitidum
(±)-8-acetonyldihydrochelerythrine (±)-8- 丙酮基二氢白屈菜红碱 白屈菜 Chelidonium majus, 野花椒 Zanthoxylum simulans
11-acetonyldihydrochelerythrine 11- 丙酮基二氢白屈菜红碱 岭南花椒 Zanthoxylum austrosinense, 狭叶花椒 Z. stenophyllum
6-acetonyldihydrochelerythrine 6- 丙酮基二氢白屈菜红碱 楝叶吴萸 Euodia glabrifolia, 椿叶花椒 Zanthoxylum ailanthoides, 两面针 Z. nitidum, 野花椒 Z. simulans
8-acetonyldihydrochelerythrine 8- 丙酮基二氢白屈菜红碱 飞龙掌血 Toddalia asiatica, 两面针 Zanthoxylum nitidum
acetonyldihydrochelerythrine 丙酮基二氢白屈菜红碱 刺花椒 Zanthoxylum acanthopodium, 椿叶花椒 Z. ailanthoides
6-acetonyldihydronitidine 6- 丙酮基二氢两面针碱 椿叶花椒 Zanthoxylum ailanthoides
8-acetonyldihydronitidine 8- 丙酮基二氢两面针碱 两面针 Zanthoxylum nitidum
11-acetonyl-dihydronitidine 11- 丙酮基 - 二氢两面针碱 羊角棉 Alstonia mairei
acetonyldihydrosanguinarine 丙酮基二氢血根碱 白屈菜 Chelidonium majus
8-acetonyldrochelerythrin 8- 丙酮基白屈菜红碱 两面针 Zanthoxylum nitidum
acetonylevodiamine 丙酮基吴茱萸碱 吴茱萸 Euodia ruticarpa
5,6-acetonylgrayanotoxin I 5,6- 丙酮基木藜芦毒素 I 美丽马醉木 Pieris formosa
19-acetonylisovoacangine 19- 丙酮基异伏康树碱▲ 伞房狗牙花 Tabernaemontana corymbosa
6-acetonyl-*N*-methyldihydrodecarine 6- 丙酮基 -*N*- 甲基二氢得卡瑞花椒碱 楝叶吴萸 Euodia glabrifolia
3*α*-acetonyltabersonine 3*α*- 丙酮基柳叶水甘草碱 思茅山橙 Melodinus cochinchinensis, 山橙 M. suaveolens
11*α*,12*β*-acetonyltenacissoside 11*α*,12*β*- 丙酮基通光藤苷 通光藤 Marsdenia tenacissima
acetophenone 苯乙酮 挥发油成分，未统计基源
acetophenone ethyl ester 乙酰苯乙酯 挥发油成分，未统计基源
(1*R*)-(3-acetophenyl)-1,2-ethanediol (1*R*)-(3- 乙酰苯基)-1,2- 乙二醇 木蹄层孔菌 Fomes fomentarius
(4-acetophenyl)-1,2-ethanediol (4- 乙酰苯基)-1,2- 乙二醇 木蹄层孔菌 Fomes fomentarius
acetovanillochromene 乙酰香荚兰色烯 肾茶 Clerodendranthus spicatus
acetovanillone 香荚兰乙酮 洋葱 Allium cepa, 罗布麻 Apocynum venetum, 射干 Belamcanda chinensis, 蓝雪花 Ceratostigma plumbaginoides, 隔山消 Cynanchum wilfordii, 黄杞 Engelhardia roxburghiana, 一年蓬 Erigeron annuus, 汉荭鱼腥草 Geranium robertianum, 德国鸢尾 Iris germanica, 驼绒藜 Krascheninnikovia ceratoides, 二刺叶兔唇花 Lagochilus diacanthophyllus, 胡黄连 Neopicrorhiza scrophulariiflora, 紫斑牡丹 Paeonia rockii, 乔松 Pinus wallichiana, 胡杨 Populus euphratica, 绿花鹿蹄草 Pyrola chlorantha, 接骨木 Sambucus williamsii, 假烟叶树 Solanum erianthum, 柚木 Tectona grandis, 蔓长春花 Vinca major, 槲寄生 Viscum coloratum
acetovanillone-*β*-D-diglucoside 香荚兰乙酮 -*β*-D- 二葡萄糖苷 鸢尾 Iris tectorum
acetoveratrone 乙酰藜芦酮 徐长卿 Cynanchum paniculatum
ent-16-acetoxy-3*α*,15-dihydroxy-7*β*-hydroperoxypimar-8(14)-en-3*α*-*O*-*β*-glucopyranoside 对映 -16- 乙酰氧基 -3*α*,15- 二羟基 -7*β*- 氢过氧海松 -8(14)- 烯 -3*α*-*O*-*β*- 吡喃葡萄糖苷 腺梗豨莶 Sigesbeckia pubescens
8-acetoxy-(1,9*Z*)-heptadecadiene-4,6-diyn-3-ol 8- 乙酰氧基 -(1,9*Z*)- 十七碳二烯 -4,6- 二炔 -3- 醇 羌活 Notopterygium incisum
(6*R*)-acetoxy-(1*E*,4*E*,8*E*)-4,8,11,11-tetramethylcycloundeca-1,4,8-triene (6*R*)- 乙酰氧基 -(1*E*,4*E*,8*E*)-4,8,11,11- 四甲基环十一碳 -1,4,8- 三烯 垂枝桦 Betula pendula
3*β*-acetoxy-(20*R*,22*E*,24*RS*)-20,24-dimethoxydammaran-22-en-25-ol 3*β*- 乙酰氧基 -(20*R*,22*E*,24*RS*)-20,24- 二甲氧基达玛 -22- 烯 -25- 醇 薜荔 Ficus pumila
3*β*-acetoxy-(20*S*,22*E*)-dammaran-22-en-25-ol 3*β*- 乙酰氧基 -(20*S*,22*E*)- 达玛 -22- 烯 -25- 醇 猫爪草 Ranunculus ternatus
3*β*-acetoxy-(20*S*,22*E*,24*RS*)-20,24-dimethoxydammaran-22-en-25-ol 3*β*- 乙酰氧基 -(20*S*,22*E*,24*RS*)-20,24- 二甲氧基达玛 -22- 烯 -25- 醇 薜荔 Ficus pumila
1*β*-acetoxy(*R*,*S*)-8-oxyeremophil-6,9-dien-12-al 1*β*- 乙酰氧基 (*R*,*S*)-8- 氧代荒漠木 -6,9- 二烯 -12- 醛 箭叶橐吾 Ligularia sagitta

5-(3-acetoxy)-2-(3',4'-methylenedioxyphenyl)benzofuran 5-(3- 乙酰氧基)-2-(3',4'- 亚甲二氧基苯基) 苯并呋喃 野茉莉 Styrax japonicus

(1*S*,2*R*,3*S*,3a*R*,5*S*,6*R*,7*S*,7a*S*)-2-acetoxy-1-(1-acetoxyethyl)-octahydro-3,6-bis[(2-methylbutanoyl)-oxy]-4-methylidene-7-[(2*S*)-2-methyloxiran-2-yl]-1*H*-inden-5-yl(2*E*)-3-methylpent-2-enoate (1*S*,2*R*,3*S*,3a*R*,5*S*,6*R*,7*S*,7a*S*)-2- 乙酰氧基 -1-(1- 乙酰氧基乙基)- 八氢 -3,6- 二 (2- 甲基丁酰氧基)-4- 亚甲基 -7-[(2*S*)-2- 甲基环氧乙烷 -2- 基]-1*H*- 茚 -5- 基 (2*E*)-3- 甲基戊 -2- 烯酯 天山橐吾 Ligularia narynensis

(1*S*,2*R*,3*S*,3a*R*,5*S*,6*R*,7*S*,7a*S*)-2-acetoxy-1-(1-acetoxyethyl)octahydro-3,6-bis[(2-methylbutanoyl)-oxy]-4-meth-ylidene-7-[(2*S*)-2-methyloxiran-2-yl]-1*H*-inden-5-yl(2*E*)-4-hydroxy-3-methylpent-2-enoate (1*S*,2*R*,3*S*,3a*R*,5*S*,6*R*,7*S*,7a*S*)-2- 乙酰氧基 -1-(1- 乙酰氧基乙基) 八氢 -3,6- 二 (2- 甲基丁酰氧基)-4- 亚甲基 -7-[(2*S*)-2- 甲基环氧乙烷 -2- 基]-1*H*- 茚 -5- 基 (2*E*)-4- 羟基 -3- 甲基戊 -2- 烯酯 天山橐吾 Ligularia narynensis

6β-acetoxy-1,10-epoxyfuranoeremophilane 6β- 乙酰氧基 -1,10- 环氧呋喃荒漠木烷 网脉橐吾 Ligularia dictyoneura

(5*S*)-5-acetoxy-1,7-bis(4-hydroxy-3-methoxyphenyl)-heptan-3-one (5*S*)-5- 乙酰氧基 -1,7- 二 (4- 羟基 -3- 甲氧基苯基)- 庚烷 -3- 酮 姜 Zingiber officinale

3-acetoxy-1,8-dihydroxyeudesm-7(11)-8,12-olide 3- 乙酰氧基 -1,8- 二羟基桉叶 -7(11)-8,12- 内酯 血见愁 Teucrium viscidum

8β-acetoxy-10α-ethyloxy-guaia-4α,11-diol 8β- 乙酰氧基 -10α- 乙氧基 - 愈创木 -4α,11- 二醇 山玉兰 Lirianthe delavayi

3β-acetoxy-10β-hydroxy-6β,8α-dimethoxyeremophil-7(11)-en-8β,12-olide 3β- 乙酰氧基 -10β- 羟基 -6β,8α- 二甲氧基荒漠木 -7(11)- 烯 -8β,12- 内酯 鹿蹄橐吾 Ligularia hodgsonii

3β-acetoxy-10β-hydroxy-6β,8β-dimethoxyeremophil-7(11)-en-12,8α-olide 3β- 乙酰氧基 -10β- 羟基 -6β,8β- 二甲氧基荒漠木 -7(11)- 烯 -12,8α- 内酯 大黄橐吾 Ligularia duciformis

3β-acetoxy-10β-hydroxy-6β,8β-dimethoxyeremophil-7(11)-en-8α,12-olide 3β- 乙酰氧基 -10β- 羟基 -6β,8β- 二甲氧基荒漠木 -7(11)- 烯 -8α,12- 内酯 鹿蹄橐吾 Ligularia hodgsonii

3β-acetoxy-10β-hydroxy-6β-methoxyeremophil-7(11),8(9)-dien-8,12-olide 3β- 乙酰氧基 -10β- 羟基 -6β- 甲氧基荒漠木 -7(11),8(9)- 二烯 -8,12- 内酯 鹿蹄橐吾 Ligularia hodgsonii

1-(10 → 19)abeo-7α-acetoxy-10β-hydroxyisoobacunoic acid-3,10-lactone 1-(10 → 19) 移位 -7α- 乙酰氧基 -10β- 羟基异黄柏酸 -3,10- 内酯 佛手 Citrus medica var. sarcodactylis

1-acetoxy-11-carbomethoxy-3,7,15-trimethyl-hexadeca-(2*E*,6*E*,10*E*),14-tetraene 1- 乙酰氧基 -11- 甲酯基 -3,7,15- 三甲基 - 十六碳 -(2*E*,6*E*,10*E*),14- 四烯 阿尔泰狗娃花 Heteropappus altaicus

3β-acetoxy-11-en-olean-28,13-olide 3β- 乙酰氧基 -11- 烯 - 齐墩果 -28,13- 内酯 连翘 Forsythia suspensa

19*R*-acetoxy-11-hydroxytabersonine 19*R*- 乙酰氧基 -11- 羟基柳叶水甘草碱 川山橙 Melodinus hemsleyanus, 薄叶山橙 M. tenuicaudatus

(19*R*)-acetoxy-11-methoxytabersonine (19*R*)- 乙酰氧基 -11- 甲氧基柳叶水甘草碱 奶子藤 Bousigonia mekongensis

19-acetoxy-11-methoxytabersonine 19- 乙酰氧基 -11- 甲氧基柳叶水甘草碱 鸡骨常山 Alstonia yunnanensis

3α-acetoxy-11-oxo-12-ursen-24-oic acid 3α- 乙酰基 -11- 氧代 -12- 乌苏烯 -24- 羧酸 萱草 Hemerocallis fulva

3β-acetoxy-11-oxours-12-ene 3β- 乙酰氧基 -11- 氧代熊果 -12- 烯 榕树 Ficus microcarpa

3β-acetoxy-11α,12α-epoxyamyrane-28,13-lactone 3β- 乙酰氧基 -11α,12α- 环氧香树脂烷 -28,13- 内酯 桃金娘 Rhodomyrtus tomentosa

3β-acetoxy-11α,12α-epoxyoleanan-13β,28-olide 3β- 乙酰氧基 -11α,12α- 环氧齐墩果 -13β,28- 内酯 岳桦 Betula ermanii

3β-acetoxy-11α-ethoxy-12-oleanene 3β- 乙酰氧基 -11α- 乙氧基 -12- 齐墩果烯 榕树 Ficus microcarpa

3β-acetoxy-11α-ethoxy-12-ursene 3β- 乙酰氧基 -11α- 乙氧基 -12- 熊果烯 榕树 Ficus microcarpa

2α-acetoxy-11α*H*-eudesma-4-en-12,8β-olide 2α- 乙酰氧基 -11α*H*- 桉叶烷 -4- 烯 -12,8β- 内酯 大花金挖耳 Carpesium macrocephalum

3β-acetoxy-11α-hydroperoxy-12-oleanene 3β- 乙酰氧基 -11α- 过氧氢 -12- 齐墩果烯 榕树 Ficus microcarpa

3β-acetoxy-11α-hydroperoxy-12-ursene 3β- 乙酰氧基 -11α- 过氧氢 -12- 熊果烯 榕树 Ficus microcarpa

3β-acetoxy-11α-hydroxy-12-oleanene 3β- 乙酰氧基 -11α- 羟基 -12- 齐墩果烯 榕树 Ficus microcarpa

3β-acetoxy-11α-hydroxy-12-ursene 3β- 乙酰氧基 -11α- 羟基 -12- 熊果烯 榕树 Ficus microcarpa

6-acetoxy-11α-hydroxy-7-oxo-14β,15β-epoxymeliacin-1,5-dien-3-*O*-α-L-rhamnopyranoside 6- 乙酰氧基 -11α- 羟基 -7- 氧代 -14β,15β- 环氧楝三萜 -1,5- 二烯 -3-*O*-α-L- 吡喃鼠李糖苷 楝 Melia azedarach

8β-acetoxy-11α-hydroxy-lycopodine 8β- 乙酰氧基 -11α- 羟基石松碱 石松 Lycopodium japonicum

3β-acetoxy-11α-methoxy-12-ursene 3β- 乙酰氧基 -11α- 甲氧基 -12- 熊果烯 榕树 Ficus microcarpa

4β-acetoxy-11β,13-dihydroparthenin 4β- 乙酰氧基 -11β,13- 银胶菊素 银胶菊 Parthenium hysterophorus

(1*S*,9*R*,11*S*)-14-acetoxy-12-acetoxy-caryophylla-2(15),5*Z*-dien-7-one (1*S*,9*R*,11*S*)-14- 乙酰氧基 -12- 乙酰氧基丁香 -2(15),5*Z*- 二烯 -7- 酮 止痢蚤草 Pulicaria dysenterica

(1*S*,9*R*,11*S*)-14-acetoxy-12-hydroxycaryophylla-2(15),5*Z*-dien-7-one (1*S*,9*R*,11*S*)-14- 乙酰氧基 -12- 羟基丁香 -2(15),5*Z*- 二烯 -7- 酮 止痢蚤草 Pulicaria dysenterica

5-acetoxy-12-hydroxy-farnesol 5- 乙酰氧基 -12- 羟基金合欢醇 蓼子朴 Inula salsoloides

3β-acetoxy-12-hydroxyoleanan-28,13-olide 3β- 乙酰氧基 -12- 羟基齐墩果 -28,13- 内酯 钟形火焰树 Spathodea campanulata

16-acetoxy-12-*O*-acetylhorminone 16- 乙酰氧基 -12-*O*- 乙酰荷茗草酮▲ 狭基线纹香茶菜 Isodon lophanthoides var. gerardianus

3-acetoxy-12-oleanen-28-ol 3- 乙酰氧基 -12- 齐墩果烯 -28- 醇 水柳 Homonoia riparia, 马比木 Nothapodytes pittosporoides

19-acetoxy-12-oxo-10,11-dihydrogeranylnerol 19- 乙酰氧基 -12- 氧代 -10,11- 二氢香叶基橙花醇 豨莶 Sigesbeckia orientalis

14-acetoxy-12-senecioyloxytetradeca-2*E*,8*E*,10*E*-trien-4,6-diyn-1-ol 14- 乙酰氧基 -12- 千里光酰氧基十四碳 -2*E*,8*E*,10*E*- 三烯 -4,6- 二炔 -1- 醇 白术 Atractylodes macrocephala

3β-acetoxy-12-ursen-11-one 3β- 乙酰氧基 -12- 熊果烯 -11- 酮 芙蓉菊 Crossostephium chinense

3β-acetoxy-12α-hydroxyolean-28,13-olide 3β- 乙酰氧基 -12α- 羟基齐墩果 -28,13- 内酯 马醉木 Pieris japonica

3β-acetoxy-12α-hydroxyoleanan-13β,28-olide 3β- 乙酰氧基 -12α- 羟基齐墩果 -13β,28- 内酯 岳桦 Betula ermanii

14-acetoxy-12-α-methylbutyl-2E,8E,10E-trien-4,6-diyn-1-ol 14- 乙酰氧基 -12-α- 甲基丁基 -2E,8E,10E- 三烯 -4,6- 二炔 -1- 醇 白术 Atractylodes macrocephala

8β-acetoxy-12β-hydroxy-epidihydrolycopodine 8β- 乙酰氧基 -12β- 羟基 - 表二羟基石松碱 粗糙马尾杉 Phlegmariurus squarrosus

3β-acetoxy-12β-hydroxy-eupha-7,24-dien-21,16β-olide 3β- 乙酰氧基 -12β- 羟基 - 大戟 -7,24- 二烯 -21,16β- 内酯 楝 Melia azedarach

8β-acetoxy-12β-hydroxy-lycopodine 8β- 乙酰氧基 -12β- 羟基石松碱 石松 Lycopodium japonicum

14-acetoxy-12-β-methylbutyl-2E,8E,10E-trien-4,6-diyn-1-ol 14- 乙酰氧基 -12-β- 甲基丁基 -2E,8E,10E- 三烯 -4,6- 二炔 -1- 醇 白术 Atractylodes macrocephala

14-acetoxy-13-hydroxy-5,6-*cis*-caryophyllen-7-one 14- 乙酰氧基 -13- 羟基 -5,6- 顺式 - 丁香烯 -7- 酮 止痢蚤草 Pulicaria dysenterica

14-acetoxy-13-hydroxycaryophyllen-7-one 14- 乙酰氧基 -13- 羟基丁香烯 -7- 酮 止痢蚤草 Pulicaria dysenterica

19-acetoxy-13-hydroxylabda-8(17),14-diene 19- 乙酰氧基 -13- 羟基半日花 -8(17),14- 二烯 祁连圆柏 Juniperus przewalskii

10β-acetoxy-13-hydroxy-marasm-7(8)-en-5-oic acid-γ-lactone 10β- 乙酰氧基 -13- 羟基 - 小皮伞 -7(8)- 烯 -5- 酸 -γ- 内酯 绒白乳菇 Lactarius vellereus

14-acetoxy-13-hydroxy-marasm-7(8)-en-5-oic acid-γ-lactone 14- 乙酰氧基 -13- 羟基 - 小皮伞 -7(8)- 烯 -5- 酸 -γ- 内酯 绒白乳菇 Lactarius vellereus

(13E)-15-acetoxy-13-labden-8-ol (13E)-15- 乙酰氧基 -13- 半日花烯 -8- 醇 烟草 Nicotiana tabacum

13-acetoxy-14-hydroxy-5,6-*cis*-caryophyllen-7-one 13- 乙酰氧基 -14- 羟基 -5,6- 顺式 - 丁香烯 -7- 酮 止痢蚤草 Pulicaria dysenterica

13-acetoxy-14-hydroxycaryophyllen-7-one 13- 乙酰氧基 -14- 羟基丁香烯 -7- 酮 止痢蚤草 Pulicaria dysenterica

8β-acetoxy-14-oxo-11β,13-dihydroacanthospermokide 8β- 乙酰氧基 -14- 氧代 -11β,13- 二氢刺苞菊内酯 百能葳葳 Blainvillea acmella

(20R,22R)-1α-acetoxy-14α,20-dihydroxywitha-5,24-dienolide-3β-(O-β-D-glucopyranoside) (20R,22R)-1α- 乙酰氧基 -14α,20- 二羟基睡茄 -5,24- 二烯内酯 -3β-(O-β-D- 吡喃葡萄糖苷) 灯笼果 Physalis peruviana

6α-acetoxy-14β,15β-epoxyazadirone 6α- 乙酰氧基 -14β,15β- 环氧印楝酮 红椿 Toona ciliata

7α-acetoxy-14β,15β-epoxygedunan-1-en-3-O-β-D-glucopyranoside 7α- 乙酰氧基 -14β,15β- 环氧葛杜 -1- 烯 3-O-β-D- 吡喃葡萄糖苷 楝 Melia azedarach

19-acetoxy-15,16-epoxy-8(17),13(16),14-*ent*-labdatrien-20-al 19- 乙酰氧基 -15,16- 环氧 -8(17),13(16),14- 对映 - 半日花三烯 -20- 醛 浮叶眼子菜 Potamogeton natans

(-)-8ξ-acetoxy-15,16-epoxy-8,9-seco-13(16),14-labdadiene-7,9-dione (-)-8ξ- 乙酰氧基 -15,16- 环氧 -8,9- 裂环 -13(16),14- 半日花二烯 -7,9- 二酮 细叶益母草 Leonurus sibiricus

7β-acetoxy-15,16-epoxylabda-13(16),14-diene-6β,9α-diol 7β- 乙酰氧基 -15,16- 环氧半日花 -13(16),14- 二烯 -6β,9α- 二醇 夏至草 Lagopsis supina

(-)-(12E,2S,3S,4R,5R,6R,9S,11S,15R)-3-acetoxy-15-benzoyloxy-5,6-epoxylathyr-12-en-14-one (-)-(12E,2S,3S,4R,5R,6R,9S,11S,15R)-3- 乙酰氧基 -15- 苯甲酰氧基 -5,6- 环氧续随子 -12- 烯 -14- 酮 甘青大戟 Euphorbia micractina

(-)-(6Z,12E,2S,3S,4R,5R,9S,11S,15R)-5-acetoxy-15-benzoyloxylathyra-6,12-dien-3-ol-14-one (-)-(6Z,12E,2S,3S,4R,5R,9S,11S,15R)-5- 乙酰氧基 -15- 苯甲酰氧基续随子 -6,12- 二烯 -3- 醇 -14- 酮 甘青大戟 Euphorbia micractina

(-)-(6Z,12E,2S,3S,4R,5R,9S,11S,15R)-3-acetoxy-15-benzoyloxylathyra-6,12-dien-5-ol-14-one (-)-(6Z,12E,2S,3S,4R,5R,9S,11S,15R)-3- 乙酰氧基 -15- 苯甲酰氧基续随子 -6,12- 二烯 -5- 醇 -14- 酮 甘青大戟 Euphorbia micractina

3α-acetoxy-15-epileoheteronone E 3α- 乙酰氧基 -15- 表益母草酮 E 细叶益母草 Leonurus sibiricus

19-acetoxy-15-hydroperoxy-12-oxo-13,14E-dehydro-10,11,14,15-tetrahydrogeranylnerol 19- 乙酰氧基 -15- 氢过氧 -12- 氧代 -13,14E- 去氢 -10,11,14,15- 四氢香叶基橙花醇 豨莶 Sigesbeckia orientalis

19-acetoxy-15-hydroxy-12-oxo-13,14E-dehydro-10,11,14,15-tetrahydrogeranylnerol 19- 乙酰氧基 -15- 羟基 -12- 氧代 -13,14E- 去氢 -10,11,14,15- 四氢香叶基橙花醇 豨莶 Sigesbeckia orientalis

ent-16-acetoxy-15-hydroxypimar-8(14)-en-3α-O-β-glucopyranoside 对映 -16- 乙酰氧基 -15- 羟基海松 -8(14)- 烯 -3α-O-β- 吡喃葡萄糖苷 腺梗豨莶 Sigesbeckia pubescens

3α-acetoxy-15-O-methylleopersin C 3α- 乙酰氧基 -15-O- 甲基波斯益母草素▲C 益母草 Leonurus japonicus

ent-3β-acetoxy-16-amethoxykauran-17-ol 对映 -3β- 乙酰氧基 -16α- 甲氧基贝壳杉 -17- 醇 安徽贝母 Fritillaria anhuiensis

ent-18-acetoxy-16α-hydroxy-17-isobutyryloxykauran-19-oic acid 对映 -18- 乙酰氧基 -16α- 羟基 -17- 异丁酰氧基贝壳杉 -19- 酸 腺梗豨莶 Sigesbeckia pubescens

ent-18-acetoxy-16α,17-dihydroxykauran-19-oic acid 对映 -18- 乙酰氧基 -16α,17- 二羟基贝壳杉 -19- 酸 腺梗豨莶 Sigesbeckia pubescens

17-acetoxy-16α-*ent*-kauran-19-oic acid 17- 乙酰氧基 -16α- 对映 - 贝壳杉 -19- 酸 龙眼独活 Aralia fargesii

3β-acetoxy-16α-hydroxy-5α,17β-cholestan-21-carboxylic acid 3β- 乙酰氧基 -16α- 羟基 -5α,17β- 胆甾 -21- 羧酸 卷柏 Selaginella tamariscina

3β-acetoxy-16α-hydroxyurs-28,19-olide 3β- 乙酰氧基 -16α- 羟基熊果 -28,19- 内酯 马醉木 Pieris japonica

17-acetoxy-16β-*ent*-kauran-19-oic acid 17- 乙酰氧基 -16β- 对映 - 贝壳杉 -19- 酸 牛心番荔枝 Annona reticulata, 番荔枝 A. squamosa

17-acetoxy-16β-hydroxy-3-oxo-*ent*-kaurane 17- 乙酰氧基 -16β- 羟基 -3- 氧代 - 对映 - 贝壳杉烷 大叶紫珠 Callicarpa macrophylla

3-acetoxy-17-furan-3-yl-1-hydroxy-1,4,4,10,13-pentamethyl-12-oxo-tetradecahydro-16,20-dioxa-cyclopropa[14,15]cyclopenta[a]phenanthrene-7-carboxylic acid methyl ester 3- 乙酰氧基 -17- 呋喃 -3- 基 -1- 羟基 -1,4,4,10,13- 五甲基 -12- 氧代 - 十四氢 -16,20- 二氧杂 - 环丙 [14,15] 环戊 [a] 菲 -7- 甲酯 红椿 Toona ciliata

ent-18-acetoxy-17-hydroxy-16βH-kauran-19-oic acid 对映 -18- 乙酰氧基 -17- 羟基 -16βH- 贝壳杉 -19- 酸 腺梗豨莶 Sigesbeckia pubescens

ent-18-acetoxy-17-isobutyryloxy-16βH-kauran-19-oic acid 对映 -18- 乙酰氧基 -17- 异丁酰氧基 -16βH- 贝壳杉 -19- 酸 腺梗豨莶 Sigesbeckia pubescens

6β-acetoxy-17-methylvoucapane-8(14)-9(11)-diene 6β- 乙酰氧基 -17- 甲基柯桠树 -8(14)-9(11)- 二烯 刺果苏木 Caesalpinia bonduc

17-acetoxy-18-isobutyryloxy-16αH-kauran-19-oic acid 17- 乙酰氧基 -18- 异丁酰氧基 -16αH- 贝壳杉 -19- 酸 刺五加 Eleutherococcus

senticosus
ent-16βH,17-acetoxy-18-isobutyryloxy-kauran-19-oic acid 对映 -16βH,17- 乙酰氧基 -18- 异丁酰氧基贝壳杉 -19- 酸 毛梗豨莶 Sigesbeckia glabrescens
5-(4-acetoxy-1-butenyl)-2,2'-bithienyl 5-(4- 乙酰氧基 -1- 丁烯基)-2,2'- 联噻吩 孔雀草 Tagetes patula
5-(4-acetoxy-1-butynyl)-2,2'-dithiophene 5-(4- 乙酰氧基 -1- 丁炔基)-2,2'- 联噻吩 漏芦 Stemmacantha uniflora
10-acetoxy-1-homovaltrate 10- 乙酰氧基 -1- 高缬草三酯 蜘蛛香 Valeriana jatamansi
3-acetoxy-1-nonene 3- 乙酰氧基 -1- 正壬烯 挥发油成分，未统计基源
2-(3'-acetoxy-1'-propynyl)-5-phenylthiophene 2-(3'- 乙酰氧基 -1'- 丙炔基)-5- 苯基噻吩 剑叶金鸡菊 Coreopsis lanceolata
4-acetoxy-1*R*,2*R*-dihydroxy-n-heptadec-16-ene 4- 乙酰氧基 -1*R*,2*R*- 二羟基 - 正十七碳 -16- 烯 鳄梨 Persea americana
3α-acetoxy-1α,8β-dihydroxyeudesm-7(11)-en-8,12-olide 3α- 乙酰氧基 -1α,8β- 二羟基桉叶 -7(11)- 烯 -8,12- 内酯 痢止蒿 Ajuga forrestii
2α-acetoxy-1α-hydroxy-6β,9β,15-tribenzoyloxy-β-dihydroagarofuran 2α- 乙酰氧基 -1α- 羟基 -6β,9β,15- 三苯甲酰氧基 -β- 二氢沉香呋喃 福建假卫矛 Microtropis fokienensis
3α-acetoxy-1α-hydroxy-eudesm-8,7(11)-dien-8,12-olide 3α- 乙酰氧基 -1α- 羟基桉叶 -8,7(11)- 二烯 -8,12- 内酯 痢止蒿 Ajuga forrestii
4-acetoxy-1β, 5β-epoxy-10αH-xantha-11(13)-en-12,8β-olide 4- 乙酰氧基 -1β,5β- 环氧 -10αH- 苍耳 -11(13)- 烯 -12,8β- 内酯 长叶天名精 Carpesium longifolium
1β-acetoxy-1β,8-diangeloyloxy-10,11-dihydroxy-3,4-epoxybisabol-7(14)-ene 1β- 乙酰氧基 -1β,8- 二当归酰氧基 -10,11- 二羟基 -3,4- 环氧红没药 -7(14)- 烯 阿勒泰橐吾 Ligularia altaica
2β-acetoxy-1β,8-diangeloyloxy-4α,10-dichloro-3β,11-dihydroxybisabol-7(14)-ene 2β- 乙酰氧基 -1β,8- 二当归酰氧基 -4α,10- 二氯 -3β,11- 二羟基红没药 -7(14)- 烯 盘花垂头菊 Cremanthodium discoideum
6α-acetoxy-1β,8β,9β-tribenzoyloxy-β-dihydroagarofuran 6α- 乙酰氧基 -1β,8β,9β- 三苯甲酰氧基 -β- 二氢沉香呋喃 苦皮藤 Celastrus angulatus
8β-acetoxy-1β,9β-dibenzoyloxy-6α-hydroxy-β-dihydroagarofuran 8β- 乙酰氧基 -1β,9β- 二苯甲酰氧基 -6α- 羟基 -β- 二氢沉香呋喃 大芽南蛇藤 Celastrus gemmatus
3β-acetoxy-1β-hydroxyarbusculin A 3β- 乙酰氧基 -1β- 羟基矮艾素 A 无毛牛尾蒿 Artemisia dubia var. subdigitata
8'-acetoxy-2,2',6-trimethoxy-3,4,4',5'-dimethylenedioxyphenyl-7,7'-dioxabicyclo[3.3.0]octane 8'- 乙酰氧基 -2,2',6- 三甲氧基 -3,4,4',5'- 二亚甲二氧基苯基 -7,7'- 二氧杂双环并 [3.3.0] 辛烷 透骨草 Phryma leptostachya subsp. asiatica
6-acetoxy-2,4-dihydroxyacetophenone 6- 乙酰氧基 -2,4- 二羟基苯乙酮 见血封喉 Antiaris toxicaria
(*Z*,*Z*)-1-acetoxy-2,4-dihydroxyheneicosa-12,15-diene (*Z*,*Z*)-1- 乙酰氧基 -2,4- 二羟基二十一碳 -12,15- 二烯 鳄梨 Persea americana
(2*R*,4*R*)-1-acetoxy-2,4-dihydroxyheptadec-16-ene (2*R*,4*R*)-1- 乙酰氧基 -2,4- 二羟基十七碳 -16- 烯 鳄梨 Persea americana
1-acetoxy-2,4-dihydroxyheptadec-16-ene 1- 乙酰氧基 -2,4- 二羟基十七碳 -16- 烯 鳄梨 Persea americana
(2*R*,4*R*)-1-acetoxy-2,4-dihydroxyheptadec-16-yne (2*R*,4*R*)-1- 乙酰氧基 -2,4- 二羟基十七碳 -16- 炔 鳄梨 Persea americana
1-acetoxy-2,4-dihydroxyheptadec-16-yne 1- 乙酰氧基 -2,4- 二羟基十七碳 -16- 炔 鳄梨 Persea americana
2α-acetoxy-2',7-dideacetoxyaustrospicatine 2α- 乙酰氧基 -2',7- 二去乙酰氧基澳紫杉碱▲ 东北红豆杉 Taxus cuspidata
(1*R*,2*R*,3*S*,5*S*,6*R*)-5-acetoxy-2,8-diangeloyloxy-1,3-dihydroxy-bisabola-7(14),10-dien-4-one (1*R*,2*R*,3*S*,5*S*,6*R*)-5- 乙酰氧基 -2,8- 二当归酰氧基 -1,3- 二羟基 - 红没药 -7(14),10- 二烯 -4- 酮 齿叶橐吾 Ligularia dentata
3β-acetoxy-20,21,22,23,24,25,26,27-octanordammaran-17β-ol 3β- 乙酰氧基 -20,21,22,23,24,25,26,27- 八降达玛 -17β- 醇 薜荔 Ficus pumila
3-acetoxy-20-lupanol 3- 乙酰基 -20- 羽扇豆醇 绿玉树 Euphorbia tirucalli
19-acetoxy-20-oxo-8(17),13-*ent*-labdadien-15 → 16-lactone 19- 乙酰氧基 -20- 氧代 -8(17),13- 对映 - 半日花二烯 -15 → 16- 内酯 浮叶眼子菜 Potamogeton natans
3β-acetoxy-20-taraxasten-22-one 3β- 乙酰氧基 -20- 蒲公英萜烯 -22- 酮 琴叶榕 Ficus pandurata
3β-acetoxy-20α-hydroxyursan-28-oic acid 3β- 乙酰氧基 -20α- 羟基熊果 -28- 酸 连翘 Forsythia suspensa
3α-acetoxy-21β-methoxy-24,25,26,27-tetranortirucall-7-ene-23(21)-lactone 3α- 乙酰氧基 -21β- 甲氧基 -24,25,26,27- 四降绿玉树 -7- 烯 -23(21)- 内酯 大叶山楝 Aphanamixis grandifolia
3β-acetoxy-22,23,24,25,26,27-hexanordammaran-20-one 3β- 乙酰氧基 -22,23,24,25,26,27- 六降达玛 -20- 酮 薜荔 Ficus pumila
15α-acetoxy-22-hydroxyhopane 15α- 乙酰氧基 -22- 羟基何帕烷 绿皮地卷衣 Peltigera aphthosa
4β-acetoxy-22-methoxy-5β-furostan-2β,3α,26-triol-26-*O*-β-D-glucopyranoside 4β- 乙酰氧基 -22- 甲氧基 -5β- 呋甾 -2β,3α,26- 三醇 -26-*O*-β-D- 吡喃葡萄糖苷 细柄薯蓣 Dioscorea tenuipes
3β-acetoxy-22β-hydroxyolean-18-ene 3β- 乙酰氧基 -22β- 羟基齐墩果 -18- 烯 粗糠柴 Mallotus philippensis
3β-acetoxy-24-oxo-dammara-20,25-diene 3β- 乙酰氧基 -24- 氧代 - 达玛 -20,25- 二烯 小舌菊 Microglossa pyrifolia
3β-acetoxy-25-hydroxydammara-20,23-diene 3β- 乙酰氧基 -25- 羟基达玛 -20,23- 二烯 小舌菊 Microglossa pyrifolia
3α-acetoxy-25-hydroxyolean-12-en-28-oic acid 3α- 乙酰氧基 -25- 羟基齐墩果 -12- 烯 -28- 酸 枫香树 Liquidambar formosana, 胶皮枫香树 L. styraciflua
3β-acetoxy-27-(4-hydroxybenzoyloxy)-olean-12-en-28-oic acid methyl ester 3β- 乙酰氧基 -27-(4- 羟基苯甲酰氧基)- 齐墩果 -12- 烯 -28- 酸甲酯 山芝麻 Helicteres angustifolia
3β-acetoxy-27-(*p*-hydroxybenzoyloxy)-lup-20(29)-en-28-oic acid 3β- 乙酰氧基 -27-(对羟基苯甲酰氧基)- 羽扇豆 -20(29)- 烯 -28- 酸 山芝麻 Helicteres angustifolia
3β-acetoxy-27-(*p*-hydroxybenzoyloxy)-lup-20(29)-en-28-oic acid methyl ester 3β- 乙酰氧基 -27-(对羟基苯甲酰氧基)- 羽扇豆 -20(29)- 烯 -28- 酸甲酯 山芝麻 Helicteres angustifolia
3β-acetoxy-27-(*trans*-cinnamoyloxy)-lup-20(29)-en-28-oic acid methyl ester 3β- 乙酰氧基 -27-(反式 - 桂皮酰氧基)- 羽扇豆 -20(29)- 烯 -28-

酸甲酯 山芝麻 Helicteres angustifolia

3β-acetoxy-27-benzoyloxylup-20(29)-en-28-oic acid 3β- 乙酰氧基 -27- 苯甲酰氧基羽扇豆 -20(29)- 烯 -28- 酸 山芝麻 Helicteres angustifolia

3β-acetoxy-27-benzoyloxyolean-12-en-28-oic acid methyl ester 3β- 乙酰氧基 -27- 苯甲酰氧基齐墩果 -12- 烯 -28- 酸甲酯 山芝麻 Helicteres angustifolia

3α-acetoxy-27-hydroxylup-20(29)-en-28-oic acid methyl ester 3α- 乙酰氧基 -27- 羟基羽扇豆 -20(29)- 烯 -28- 酸甲酯 骆驼蒿 Peganum nigellastrum

(20*S*,22*R*)-1α-acetoxy-27-hydroxywitha-5,24-dienolide-3β-(*O*-β-D-glucopyranoside) (20*S*,22*R*)-1α- 乙酰氧基 -27- 羟基睡茄 -5,24- 二烯内酯 -3β-(*O*-β-D- 吡喃葡萄糖苷）灯笼果 Physalis peruviana

3α-acetoxy-27-*trans*-caffeoyloxylup-20(29)-en-28-oic acid methyl ester 3α- 乙酰氧基 -27- 反式 - 咖啡酰氧基羽扇豆 -20(29)- 烯 -28- 酸甲酯 骆驼蒿 Peganum nigellastrum

3β-acetoxy-27-*trans*-caffeoyloxylup-20(29)-en-28-oic acid methyl ester 3β- 乙酰氧基 -27- 反式 - 咖啡酰氧基羽扇豆 -20(29)- 烯 -28- 酸甲酯 骆驼蒿 Peganum nigellastrum

3α-acetoxy-27-*trans*-caffe-oyloxyolean-12-en-28-oic acid methyl ester 3α- 乙酰氧基 -27- 反式 - 咖啡酰氧基齐墩果 -12- 烯 -28- 酸甲酯 骆驼蒿 Peganum nigellastrum

3α-acetoxy-28,30-dihyroxylup-20(29)-ene 3α- 乙酰氧基 -28,30- 二羟基羽扇豆 -20(29)- 烯 肉花卫矛 Euonymus carnosus

2α-acetoxy-28-acetylrubiarboside G 2α- 乙酰氧基 -28- 乙酰茜草乔木苷▲G 紫参 Rubia yunnanensis

3-acetoxy-28-hydroxy-12-ene-ursane 3- 乙酰氧基 -28- 羟基 -12- 烯 - 熊果烷 川东獐牙菜 Swertia davidii

3α-acetoxy-28-hydroxy-30-norlupan-20-one 3α- 乙酰氧基 -28- 羟基 -30- 降羽扇豆 -20- 酮 肉花卫矛 Euonymus carnosus

3β-acetoxy-28-hydroxyurs-12-ene 3β- 乙酰氧基 -28- 羟基熊果 -12- 烯 秤星树 Ilex asprella, 马醉木 Pieris japonica

3β-acetoxy-28-hydroxy-urs-12-ene 3β- 乙酰氧基 -28- 羟基 - 熊果 -12- 烯 枸骨 Ilex cornuta

3β-acetoxy-28β-hydroxyolean-12-ene 3β- 乙酰氧基 -28β- 羟基 -12- 烯 日本桤木 Alnus japonica

1α-acetoxy-2-hydroxy-3α-(2-methylbutanoyloxy)-isoalantolactone 1α- 乙酰氧基 -2- 羟基 -3α-(2- 甲基丁酰氧基)- 异土木香内酯 密花艾纳香 Blumea densiflora

1-acetoxy-2-hydroxy-4-oxoheneicosa-12,15-diene 1- 乙酰氧基 -2- 羟基 -4- 氧代二十一烷 -12,15- 二烯 鳄梨 Persea americana

(*Z*,*Z*)-1-acetoxy-2-hydroxy-4-oxo-heneicosa-12,15-diene (*Z*,*Z*)-1- 乙酰氧基 -2- 羟基 -4- 氧代 - 二十一碳 -12,15- 二烯 鳄梨 Persea americana

(*E*,*Z*,*Z*)-1-acetoxy-2-hydroxy-4-oxo-heneicosa-5,12,15-triene (*E*,*Z*,*Z*)-1- 乙酰氧基 -2- 羟基 -4- 氧代 - 二十一碳 -5,12,15- 三烯 鳄梨 Persea americana

(*Z*,*Z*,*Z*)-1-acetoxy-2-hydroxy-4-oxo-heneicosa-5,12,15-triene (*Z*,*Z*,*Z*)-1- 乙酰氧基 -2- 羟基 -4- 氧代 - 二十一碳 -5,12,15- 三烯 鳄梨 Persea americana

1-acetoxy-2-hydroxy-4-oxo-heptadec-16-ene 1- 乙酰氧基 -2- 羟基 -4- 氧代 - 十七碳 -16- 烯 鳄梨 Persea americana

1-acetoxy-2-hydroxy-4-oxo-heptadecane 1- 乙酰氧基 -2- 羟基 -4- 氧代 - 十七烷 鳄梨 Persea americana

1-acetoxy-2-hydroxy-4-oxo-octadec-12-ene 1- 乙酰氧基 -2- 羟基 -4- 氧代 - 十八碳 -12- 烯 鳄梨 Persea americana

(1*S*,2*R*,5*R*,6*S*,7*R*,8*S*,10*R*)-6-acetoxy-2-methoxy-4-oxopseudoguai-11(13)-en-12,8-olide (1*S*,2*R*,5*R*,6*S*,7*R*,8*S*,10*R*)-6- 乙酰氧基 -2- 甲氧基 -4- 氧代伪愈创木 -11(13)- 烯 -12,8- 内酯 湖北旋覆花 Inula hupehensis

(1*S*,2*S*,5*R*,6*S*,7*R*,8*S*,10*R*)-6-acetoxy-2-methoxy-4-oxopseudoguai-11(13)-en-12,8-olide (1*S*,2*S*,5*R*,6*S*,7*R*,8*S*,10*R*)-6- 乙酰氧基 -2- 甲氧基 -4- 氧代伪愈创木 -11(13)- 烯 -12,8- 内酯 湖北旋覆花 Inula hupehensis

1-acetoxy-2-methoxy-6-pentadecyl-4-hydroxybenzene 1- 乙酰氧基 -2- 甲氧基 -6- 十五烷基 -4- 羟基苯 纽子果 Ardisia polysticta

1-acetoxy-2-methoxy-6-tridecyl-4-hydroxybenzene 1- 乙酰氧基 -2- 甲氧基 -6- 十三烷基 -4- 羟基苯 纽子果 Ardisia polysticta

7-acetoxy-2-methylisoflavone 7- 乙酰氧基 -2- 甲基异黄酮 洋甘草 Glycyrrhiza glabra

1-acetoxy-2*R*,4*R*-dihydroxy-n-heptadec-16-ene 1- 乙酰氧基 -2*R*,4*R*- 二羟基 - 正十七碳 -16- 烯 鳄梨 Persea americana

1-acetoxy-2*R*,4*R*-dihydroxy-n-heptadec-16-yne 1- 乙酰氧基 -2*R*,4*R*- 二羟基 - 正十七碳 -16- 炔 鳄梨 Persea americana

1α-acetoxy-2α,3α-epoxyisoalantolactone 1α- 乙酰氧基 -2α,3α- 环氧异土木香内酯 豨莶 Sigesbeckia orientalis

1α-acetoxy-2α-hydroxy-6β,9β,15-tribenzoyloxy-β-dihydroagarofuran 1α- 乙酰氧基 -2α- 羟基 -6β,9β,15- 三苯甲酰氧基 -β- 二氢沉香呋喃 福建假卫矛 Microtropis fokienensis

1α-acetoxy-2α-hydroxy-9β-cinnamoyloxy-β-dihydroagarofuran 1α- 乙酰氧基 -2α- 羟基 -9β- 桂皮酰氧基 -β- 二氢沉香呋喃 南蛇藤 Celastrus orbiculatus

1β-acetoxy-2β,8-diangeloyloxy-10,11-dihydroxy-3,4-epoxybisabolane 1β- 乙酰氧基 -2β,8- 二当归酰氧基 -10,11- 二羟基 -3,4- 环氧红没药塔序橐吾 Ligularia thyrsoidea

1β-acetoxy-2β,8-diangeloyloxy-3β,10-dihydroxy-4α-chloro-11-methoxybisabola-7(14)-ene 1β- 乙酰氧基 -2β,8- 二当归酰氧基 -3β,10- 二羟基 -4α- 氯 -11- 甲氧基红没药 -7(14)- 烯 塔序橐吾 Ligularia thyrsoidea

1β-acetoxy-2β,8-diangeloyloxy-3β-hydroxy-4α-chloro-10,11-epoxybisabol-7(14)-ene 1β- 乙酰氧基 -2β,8- 二当归酰氧基 -3β- 羟基 -4α- 氯 -10,11- 环氧红没药 -7(14)- 烯 塔序橐吾 Ligularia thyrsoidea

1β-acetoxy-2β,8β,9α-tribenzoyloxy-4α,6α-dihydroxy-β-dihydroagarofuran 1β- 乙酰氧基 -2β,8β,9α- 三苯甲酰氧基 -4α,6α- 二羟基 -β- 二氢沉香呋喃 短梗南蛇藤 Celastrus rosthornianus

1β-acetoxy-2β-benzoyloxy-9α-(β-benzoylepoxybutyryloxy)-β-dihydroagarofuran 1β- 乙酰氧基 -2β- 苯甲酰氧基 -9α-(β- 苯甲酰环氧丁酰氧基)-β- 二氢沉香呋喃 大芽南蛇藤 Celastrus gemmatus

1β-acetoxy-2β-butyryloxy-9α-(β-benzoylepoxybutyryloxy)-β-dihydroagarofuran 1β- 乙酰氧基 -2β- 丁酰氧基 -9α-(β- 苯甲酰环氧丁酰氧基)-β- 二氢沉香呋喃 大芽南蛇藤 Celastrus gemmatus

25-acetoxy-2β-glucopyranosyloxy-3,16,20-trihydroxy-19-norlanosta-5,23-dienen-22-one 25- 乙酰氧基 -2β- 吡喃葡萄糖氧基 -3,16,20- 三羟基 -

19- 降羊毛脂 -5,23- 二烯 -22- 酮 胡黄连 Neopicrorhiza scrophulariiflora
1α-acetoxy-3-(2-methylbutanoyloxy)-pinnatifidin 1α- 乙酰氧基 -3-(2- 甲基丁酰氧基)- 羽状堆心菊素 密花艾纳香 Blumea densiflora
(4*E*,6*E*,12*E*)-1-acetoxy-3-(2-methylbutyryloxy)-tetradeca-4,6,12-trien-8,10-diyn-14-ol (4*E*,6*E*,12*E*)-1- 乙酰氧基 -3-(2- 甲基丁酰氧基)- 十四烷 -4,6,12- 三烯 -8,10- 二炔 -14- 醇 关苍术 Atractylodes japonica
5-acetoxy-3,3',4',5'-tetramethoxyflavone 5- 乙酰氧基 -3,3',4',5'- 四甲氧基黄酮 高山栎 Quercus semecarpifolia
(+)-*erythro*-(7*S*,8*R*)-$\Delta^{8'}$-7-acetoxy-3,4,3',5'-tetramethoxy-8-*O*-4'-neolignan (+)- 赤式 -(7*S*,8*R*)-$\Delta^{8'}$-7- 乙酰氧基 -3,4,3',5'- 四甲氧基 -8-*O*-4'- 新木脂素 肉豆蔻 Myristica fragrans
(7*R*,8*R*,3'*R*)-7-acetoxy-3',4'-dimethoxy-3,4-methylenedioxy-6'-oxo-$\Delta^{1',4',8'}$-8.3'-lignan (7*R*,8*R*,3'*R*)-7- 乙酰氧基 -3',4'- 二甲氧基 -3,4- 亚甲二氧基 -6'- 氧代 -$\Delta^{1',4',8'}$-8.3'- 木脂素 风藤 Piper kadsura
(-)-*erythro*-(7*R*,8*S*)-$\Delta^{8'}$-7-acetoxy-3,4-methylenedioxy-3',5'-dimethoxy-8-*O*-4'-neolignan (-)- 赤式 -(7*R*,8*S*)-$\Delta^{8'}$-7- 乙酰氧基 -3,4- 亚甲二氧基 -3',5'- 二甲氧基 -8-*O*-4'- 新木脂素 肉豆蔻 Myristica fragrans
28-acetoxy-3,4-seco-olean-4(24),13(18)-diene-3-oic acid 28- 乙酰氧基 -3,4- 裂环 - 齐墩果 -4(24),13(18)- 二烯 -3- 酸 垂枝桦 Betula pendula
(3β,12β,14β,17α)-12-acetoxy-3-[*O*-2,6-dideoxy-3-*O*-methyl-α-L-2,6-dideoxy-3-*O*-methyl-β-D-ribohexopyranosyloxy]-14,17-dihydroxypregn-5-en-20-one 12β- 乙酰氧基 -3β-[*O*-2,6- 二去氧 -3-*O*- 甲基 -α-L-2,6- 二去氧 -3-*O*- 甲基 -β-D- 吡喃核己糖氧基]-14β,17α- 二羟基孕甾 -5- 烯 -20- 酮 萝藦 Metaplexis japonica
16-acetoxy-3-[*O*-β-D-glucopyranosyl-(1→6)-*O*-β-D-glucopyranosyl-(1→4)-2,6-dideoxy-3-*O*-methyl-α-L-ribo-hexopyranosyloxy]-14-hydroxy-(3β,5β,16β)-card-20(22)-enolide 16- 乙酰氧基 -3-[*O*-β-D- 吡喃葡萄糖基 -(1→6)-*O*-β-D- 吡喃葡萄糖基 -(1→4)-2,6- 二去氧 -3-*O*- 甲基 -α-L- 吡喃核己糖基氧基]-14- 羟基 -(3β,5β,16β)- 强心 -20(22)- 烯内酯 思茅清明花 Beaumontia murtonii
3β-acetoxy-30-norlupan-20-one 3β- 乙酰氧基 -30- 降羽扇豆 -20- 酮 云实 Caesalpinia decapetala, 斑地锦 Euphorbia maculata
(1β,3β,6β,8β,10β)-6-acetoxy-3-angeloyloxy-1,10-epoxy-8-hydroxyeremophil-7(11)-en-8,12α-olide (1β,3β,6β,8β,10β)-6- 乙酰氧基 -3- 当归酰氧基 -1,10- 环氧 -8- 羟基荒漠木 -7(11)- 烯 -8,12α- 内酯 箭叶橐吾 Ligularia sagitta
2-acetoxy-3-geranylgeranyl-1,4-dihydroxybenzene 2- 乙酰氧基 -3- 香叶基香叶基 -1,4- 二羟基苯 点柄乳牛肝菌 Suillus granulatus
(3*R*,5*S*)-5-acetoxy-3-hydroxy-1-(4-hydroxy-3-methoxyphenyl)-decane (3*R*,5*S*)-5- 乙酰氧基 -3- 羟基 -1-(4- 羟基 -3- 甲氧基苯基)- 癸烷 姜 Zingiber officinale
8-acetoxy-3-hydroxypentadeca-1,9,14-trien-4,6-diyne 8- 乙酰氧基 -3- 羟基十五碳 -1,9,14- 三烯 -4,6- 二炔 田基黄 Grangea maderaspatana
(2'*S*)-5-acetoxy-3-hydroxyphenyl-2'-tetradecanol (2'*S*)-5- 乙酰基 -3- 羟苯基 -2'- 十四醇 纽子果 Ardisia polysticta
1-acetoxy-3-hydroxypropan-2-(3-hydroxy)pentanoate 1- 乙酰氧基 -3- 羟基丙烷 -2-(3- 羟基) 戊酸酯 白花泡桐 Paulownia fortunei
1-acetoxy-3-hydroxypropan-2-3'-hydoxyoctadecanoate 1- 乙酰基 -3- 羟基 - 丙烷 -2-(3'- 羟基)- 十八酸酯 白花泡桐 Paulownia fortunei
(4*E*,6*E*,12*E*)-1-acetoxy-3-isovaleryloxytetradeca-4,6,12-trien-8,10-diyn-14-ol (4*E*,6*E*,12*E*)-1- 乙酰氧基 -3- 异戊酰氧基十四烷 -4,6,12- 三烯 -8,10- 二炔 -14- 醇 关苍术 Atractylodes japonica
4-acetoxy-3-methoxy-*trans*-cinnamic acid 4- 乙酰氧基 -3- 甲氧基 - 反式 - 桂皮酸 羌活 Notopterygium incisum
6-(4-acetoxy-3-methyl-2-butenyl)-7-hydroxycoumarin 6-(4- 乙酰氧基 -3- 甲基 -2- 丁烯基)-7- 羟基香豆素 木橘 Aegle marmelos
(4*E*,6*E*,12*E*)-1-acetoxy-3-senecioyloxytetradeca-4,6,12-trien-8,10-diyn-14-ol (4*E*,6*E*,12*E*)-1- 乙酰氧基 -3- 千里光酰氧基十四烷 -4,6,12- 三烯 -8,10- 二炔 -14- 醇 关苍术 Atractylodes japonica
ent-16-acetoxy-3α,15-dihydroxy-14α-hydroperoxypimar-7-en-3α-*O*-β-glucopyranoside 对映 -16- 乙酰氧基 -3α,15- 二羟基 -14α- 氢过氧海松 -7- 烯 -3α-*O*-β- 吡喃葡萄糖苷 腺梗豨莶 Sigesbeckia pubescens
1α-acetoxy-3α-hydroxy-2α-(2-methylbutanoyloxy)-isoalantolactone 1α- 乙酰氧基 -3α- 羟基 -2α-(2- 甲基丁酰氧基)- 异土木香内酯 密花艾纳香 Blumea densiflora
25-acetoxy-3α-hydroxyolean-12-en-28-oic acid 25- 乙酰氧基 -3α- 羟基齐墩果 -12- 烯 -28- 酸 胶皮枫香树 Liquidambar styraciflua
1α-acetoxy-3α-propanoyloxyvilasinin 1α- 乙酰氧基 -3α- 丙酰氧基印度苦楝树宁▲ 杜楝 Turraea pubescens
13-acetoxy-3β-(3-methylbutanoyl)-germacra-1(10)*E*,4*E*,7(11)-trien-12,6α-olide 13- 乙酰氧基 -3β-(3- 甲基丁酰基)- 大根老鹳草 -1(10)*E*,4*E*,7(11)- 三烯 -12,6α- 内酯 多花蒿 Artemisia myriantha
12β-acetoxy-3β,15α,16α,24α-tetrahydroxy-25,26,27-trinor-16,24-cyclocycloart-7-en-23-one-3-*O*-β-D-xylopyranoside 12β- 乙酰氧基 -3β,15α,16α,24α- 四羟基 -25,26,27- 去三甲基 -16,24- 环环木菠萝 -7- 烯 -23- 酮 -3-*O*-β-D- 吡喃木糖苷 大三叶升麻 Cimicifuga heracleifolia
12β-acetoxy-3β-[(2,6-dideoxy-3-*O*-methyl-β-D-arabinohexopyranosyl)oxy]-14β,17α-dihydroxypregn-5-en-20-one 12β- 乙酰氧基 -3β-[2,6- 二去氧 -3-*O*- 甲基 -β-D- 吡喃阿拉伯己糖氧基]-14β,17α- 二羟基孕甾 -5- 烯 -20- 酮 萝藦 Metaplexis japonica
2α-acetoxy-3β-[(4-hydroxybenzoyl)oxy]taraxer-14-en-28-oic acid 2α- 乙酰氧基 -3β-(4- 羟基苯甲酰基) 蒲公英萜 -14- 烯 -28- 酸 血桐 Macaranga tanarius var. tomentosa
12β-acetoxy-3β-[2,6-dideoxy-4-*O*-(2,6-dideoxy-3-*O*-methyl-β-D-arabinohexopyranosyl)-3-*O*-methyl-β-D-arabinohexopyranosyloxy]-14β,17α-dihydroxypregn-5-en-20-one 12β- 乙酰氧基 -3β-[2,6- 二去氧 -4-*O*-(2,6- 二去氧 -3-*O*- 甲基 -β-D- 吡喃阿拉伯己糖基)-3-*O*- 甲基 -β-D- 吡喃阿拉伯己糖氧基]-14β,17α- 二羟基孕甾 -5- 烯 -20- 酮 萝藦 Metaplexis japonica
12β-acetoxy-3β-[*O*-2,6-dideoxy-3-*O*-methyl-α-L-ribohexopyranosyl-(1→4)-*O*-2,6-dideoxy-3-*O*-methyl-β-D-arabinohexopyranosyl-(1→4)-*O*-2,6-dideoxy-3-*O*-methyl-β-D-arabinohexopyranosyl-(1→4)-*O*-2,6-dideoxy-3-*O*-methyl-β-D-ribohexopyranosyl-(1→4)-2,6-dideoxy-3-*O*-methyl-β-D-ribohexopyranosyloxy]-14β,17α-dihydroxypregn-5-en-20-one 12β- 乙酰氧基 -3β-[*O*-2,6- 二去氧 -3-*O*- 甲基 -α-L- 吡喃核己糖基 -(1→4)-*O*-2,6- 二去氧 -3-*O*- 甲基 -β-D- 吡喃阿拉伯己糖基 -(1→4)-*O*-2,6- 二去氧 -3-*O*- 甲基 -β-D- 吡喃阿拉伯己糖基 -(1→4)-*O*-2,6- 二去氧 -3-*O*- 甲基 -β-D- 吡喃核己糖基 -(1→4)-2,6- 二去氧 -3-*O*- 甲基 -β-D- 吡喃核己糖氧基]-14β,17α- 二羟基孕甾 -5- 烯 -20- 酮 萝藦 Metaplexis japonica
12β-acetoxy-3β-[*O*-2,6-dideoxy-3-*O*-methyl-α-L-ribohexopyranosyl-(1→4)-*O*-2,6-dideoxy-3-*O*-methyl-β-D-ribohexopyranosyl-(1→4)-*O*-2,6-dideoxy-3-*O*-methyl-α-L-ribohexopyranosyl-(1→4)-2,6-dideoxy-3-*O*-methyl-β-D-ribo-hexopyranosyloxy]-14β,17α-dihydroxypregn-5-en-20-

one 12β- 乙酰氧基 -3β-[O-2,6- 二去氧 -3-O- 甲基 -α-L- 吡喃核己糖基 -(1 → 4)-O-2,6- 二去氧 -3-O- 甲基 -β-D- 吡喃核己糖基 -(1 → 4)-O-2,6- 二去氧 -3-O- 甲基 -α-L- 吡喃核己糖基 -(1 → 4)-2,6- 二去氧 -3-O- 甲基 -β-D- 吡喃核己糖氧基]-14β,17α- 二羟基孕甾 -5- 烯 -20- 酮 **萝藦 Metaplexis japonica**

12β-acetoxy-3β-[O-2,6-dideoxy-3-O-methyl-α-L-ribohexopyranosyl-(1 → 4)-O-2,6-dideoxy-3-O-methyl-β-D-ribohexopyranosyl-(1 → 4)-O-2,6-dideoxy-3-O-methyl-α-L-ribohexopyranosyl-(1 → 4)-O-2,6-dideoxy-3-O-methyl-α-L-ribohexopyranosyl-(1 → 4)-2,6-dideoxy-3-O-methyl-β-D-ribohexopyranosyloxy]-14β,17α-dihydroxypregn-5-en-20-one 12β- 乙酰氧基 -3β-[O-2,6- 二去氧 -3-O- 甲基 -α-L- 吡喃核己糖基 -(1 → 4)-O-2,6- 二去氧 -3-O- 甲基 -β-D- 吡喃核己糖基 -(1 → 4)-O-2,6- 二去氧 -3-O- 甲基 -α-L- 吡喃核己糖基 -(1 → 4)-O-2,6- 二去氧 -3-O- 甲基 -α-L- 吡喃核己糖基 -(1 → 4)-2,6- 二去氧 -3-O- 甲基 -β-D- 吡喃核己糖氧基]-14β,17α- 二羟基孕甾 -5- 烯 -20- 酮 **萝藦 Metaplexis japonica**

12β-acetoxy-3β-[O-2,6-dideoxy-3-O-methyl-α-L-ribohexopyranosyl-(1 → 4)-O-2,6-dideoxy-3-O-methyl-β-D-ribohexopyranosyl-(1 → 4)-O-2,6-dideoxy-3-O-methyl-α-L-ribohexopyranosyl-(1 → 4)-O-2,6-dideoxy-3-O-methyl-β-D-ribohexopyranosyl-(1 → 4)-2,6-dideoxy-3-O-methyl-β-D-ribohexopyranosyloxy]-14β,17α-dihydroxypregn-5-en-20-one 12β- 乙酰氧基 -3β-[O-2,6- 二去氧 -3-O- 甲基 -α-L- 吡喃核己糖基 -(1 → 4)-O-2,6- 二去氧 -3-O- 甲基 -β-D- 吡喃核己糖基 -(1 → 4)-O-2,6- 二去氧 -3-O- 甲基 -α-L- 吡喃核己糖基 -(1 → 4)-O-2,6- 二去氧 -3-O- 甲基 -β-D- 吡喃核己糖基 -(1 → 4)-2,6- 二去氧 -3-O- 甲基 -β-D- 吡喃核己糖氧基]-14β,17α- 二羟基孕甾 -5- 烯 -20- 酮 **萝藦 Metaplexis japonica**

12β-acetoxy-3β-[O-2,6-dideoxy-3-O-methyl-α-L-ribohexopyranosyl-(1 → 4)-O-2,6-dideoxy-3-O-methyl-β-ribohexopyranosyl-(1 → 4)-O-2,6-dideoxy-3-O-methyl-α-L-ribohexopyranosyl-(1 → 4)-O-2,6-dideoxy-3-O-methyl-β-ribohexopyranosyl-(1 → 4)-2,6-dideoxy-β-D-arabinohexopyranosyloxy]-14β,17α-dihydroxypregn-5-en-20-one 12β- 乙酰氧基 -3β-[O-2,6- 二去氧 -3-O- 甲基 -α-L- 吡喃核己糖基 -(1 → 4)-O-2,6- 二去氧 -3-O- 甲基 -β- 吡喃核己糖基 -(1 → 4)-O-2,6- 二去氧 -3-O- 甲基 -α-L- 吡喃核己糖基 -(1 → 4)-O-2,6- 二去氧 -3-O- 甲基 -β- 吡喃核己糖基 -(1 → 4)-2,6- 二去氧 -β-D- 吡喃阿拉伯己糖氧基]-14β,17α- 二羟基孕甾 -5- 烯 -20- 酮 **萝藦 Metaplexis japonica**

12-acetoxy-3β-[O-2,6-dideoxy-3-O-methyl-α-L-ribohexopyranosyl-(1 → 4)-O-2,6-dideoxy-3-O-methyl-β-ribohexopyranosyl-(1 → 4)-O-2,6-dideoxy-3-O-methyl-α-L-ribohexopyranosyl-(1 → 4)-O-2,6-dideoxy-3-O-methyl-β-ribohexopyranosyl-(1 → 4)-2,6-dideoxy-β-ribohexopyranosyloxy]-14β,17α-dihydroxypregn-5-en-20-one 12β- 乙酰氧基 -3β-[O-2,6- 二去氧 -3-O- 甲基 -α-L- 吡喃核己糖基 -(1 → 4)-O-2,6- 二去氧 -3-O- 甲基 -β- 吡喃核己糖基 -(1 → 4)-O-2,6- 二去氧 -3-O- 甲基 -α-L- 吡喃核己糖基 -(1 → 4)-O-2,6- 二去氧 -3-O- 甲基 -β- 吡喃核己糖基 -(1 → 4)-2,6- 二去氧 -β- 吡喃核己糖氧基]-14β,17α- 二羟基孕甾 -5- 烯 -20- 酮 **萝藦 Metaplexis japonica**

12β-acetoxy-3β-[O-2,6-dideoxy-3-O-methyl-α-L-ribohexopyranosyl-(1 → 4)-O-2,6-dideoxy-3-O-methyl-β-ribohexopyranosyl-(1 → 4)-O-2,6-dideoxy-3-O-methyl-α-L-ribohexopyranosyl-(1 → 4)-O-2,6-dideoxy-3-O-methyl-β-ribohexopyranosyl-(1 → 4)-2,6-dideoxy-β-ribohexopyranosyloxy]-8,14β,17α-trihydroxypregn-5-en-20-one 12β- 乙酰氧基 -3β-[O-2,6- 二去氧 -3-O- 甲基 -α-L- 吡喃核己糖基 -(1 → 4)-O-2,6- 二去氧 -3-O- 甲基 -β- 吡喃核己糖基 -(1 → 4)-O-2,6- 二去氧 -3-O- 甲基 -α-L- 吡喃核己糖基 -(1 → 4)-O-2,6- 二去氧 -3-O- 甲基 -β- 吡喃核己糖基 -(1 → 4)-2,6- 二去氧 -β- 吡喃核己糖氧基]-8,14β,17α- 三羟基孕甾 -5- 烯 -20- 酮 **萝藦 Metaplexis japonica**

12β-acetoxy-3β-[O-2,6-dideoxy-3-O-methyl-β-D-arabinohexopyranosyl-(1 → 4)-O-2,6-dideoxy-3-O-methyl-β-D-arabinohexopyranosyl-(1 → 4)-O-2,6-dideoxy-3-O-methyl-β-D-arabinohexopyranosyl-(1 → 4)-2,6-dideoxy-3-O-methyl-β-D-arabinohexopyranosyloxy]-14β,17α-dihydroxypregn-5-en-20-one 12β- 乙酰氧基 -3β-[O-2,6- 二去氧 -3-O- 甲基 -β-D- 吡喃阿拉伯己糖基 -(1 → 4)-O-2,6- 二去氧 -3-O- 甲基 -β-D- 吡喃阿拉伯己糖基 -(1 → 4)-O-2,6- 二去氧 -3-O- 甲基 -β-D- 吡喃阿拉伯己糖基 -(1 → 4)-2,6- 二去氧 -3-O- 甲基 -β-D- 吡喃阿拉伯己糖氧基]-14β,17α- 二羟基孕甾 -5- 烯 -20- 酮 **萝藦 Metaplexis japonica**

12β-acetoxy-3β-[O-2,6-dideoxy-3-O-methyl-β-D-arabinohexopyranosyl-(1 → 4)-O-2,6-dideoxy-3-O-methyl-β-D-arabinohexopyranosyl-(1 → 4)-O-2,6-dideoxy-3-O-methyl-β-D-ribohexopyranosyl-(1 → 4)-2,6-dideoxy-3-O-methyl-β-D-ribohexopyranosyloxy]-14β,17α-dihydroxypregn-5-en-20-one 12β- 乙酰氧基 -3β-[O-2,6- 二去氧 -3-O- 甲基 -β-D- 吡喃阿拉伯己糖基 -(1 → 4)-O-2,6- 二去氧 -3-O- 甲基 -β-D- 吡喃阿拉伯己糖基 -(1 → 4)-O-2,6- 二去氧 -3-O- 甲基 -β-D- 吡喃核己糖基 -(1 → 4)-2,6- 二去氧 -3-O- 甲基 -β-D- 吡喃核己糖氧基]-14β,17α- 二羟基孕甾 -5- 烯 -20- 酮 **萝藦 Metaplexis japonica**

12β-acetoxy-3β-[O-2,6-dideoxy-3-O-methyl-β-D-arabinohexopyranosyl-(1 → 4)-O-2,6-dideoxy-3-O-methyl-β-D-arabinohexopyranosyl-(1 → 4)-O-2,6-dideoxy-3-O-methyl-β-D-ribohexopyranosyl-(1 → 4)-2,6-dideoxy-3-O-methyl-β-D-ribohexopyranosyloxy]-14β-hydroxypregn-5-en-20-one 12β- 乙酰氧基 -3β-[O-2,6- 二去氧 -3-O- 甲基 -β-D- 吡喃阿拉伯己糖基 -(1 → 4)-O-2,6- 二去氧 -3-O- 甲基 -β-D- 吡喃阿拉伯己糖基 -(1 → 4)-O-2,6- 二去氧 -3-O- 甲基 -β-D- 吡喃核己糖基 -(1 → 4)-2,6- 二去氧 -3-O- 甲基 -β-D- 吡喃核己糖氧基]-14β- 羟基孕甾 -5- 烯 -20- 酮 **萝藦 Metaplexis japonica**

12β-acetoxy-3β-[O-2,6-dideoxy-3-O-methyl-β-D-arabinohexopyranosyl-(1 → 4)-O-2,6-dideoxy-3-O-methyl-β-D-ribohexopyranosyl-(1 → 4)-2,6-dideoxy-3-O-methyl-β-D-ribohexopyranosyloxy]-14β-hydroxypregn-5-en-20-one 12β- 乙酰氧基 -3β-[O-2,6- 二去氧 -3-O- 甲基 -β-D- 吡喃阿拉伯己糖基 -(1 → 4)-O-2,6- 二去氧 -3-O- 甲基 -β-D- 吡喃核己糖基 -(1 → 4)-2,6- 二去氧 -3-O- 甲基 -β-D- 吡喃核己糖氧基]-14β- 羟基孕甾 -5- 烯 -20- 酮 **萝藦 Metaplexis japonica**

12β-acetoxy-3β-[O-2,6-dideoxy-3-O-methyl-β-D-arabinohexopyranosyl-(1 → 4)-O-2,6-dideoxy-3-O-methyl-β-ribohexopyranosyl-(1 → 4)-2,6-dideoxy-3-O-methyl-β-ribohexopyranosyloxy]-14β,17α-dihydroxypregn-5-en-20-one 12β- 乙酰氧基 -3β-[O-2,6- 二去氧 -3-O- 甲基 -β-D- 吡喃阿拉伯己糖基 -(1 → 4)-O-2,6- 二去氧 -3-O- 甲基 -β- 吡喃核己糖基 -(1 → 4)-2,6- 二去氧 -3-O- 甲基 -β- 吡喃核己糖氧基]-14β,17α- 二羟基孕甾 -5- 烯 -20- 酮 **萝藦 Metaplexis japonica**

12β-acetoxy-3β-[O-2,6-dideoxy-3-O-methyl-β-D-arabinohexopyranosyl-(1 → 4)-O-2,6-dideoxy-β-D-arabinohexopyranosyl-(1 → 4)-2,6-dideoxy-3-O-methyl-β-D-arabinohexopyranosyloxy]-14β,17α-dihydroxypregn-5-en-20-one 12β- 乙酰氧基 -3β-[O-2,6- 二去氧 -3-O- 甲基 -β-D- 吡喃阿拉伯己糖基 -(1 → 4)-O-2,6- 二去氧 -β-D- 吡喃阿拉伯己糖基 -(1 → 4)-2,6- 二去氧 -3-O- 甲基 -β-D- 吡喃阿拉伯己糖氧基]-14β,17α- 二羟基孕甾 -5- 烯 -20- 酮 **萝藦 Metaplexis japonica**

12β-acetoxy-3β-[O-2,6-dideoxy-3-O-methyl-β-D-arabinohexopyranosyl-(1 → 4)-O-2,6-dideoxy-β-D-arabinohexopyranosyl-(1 → 4)-O-2,6-dideoxy-3-O-methyl-β-D-ribohexopyranosyl-(1 → 4)-2,6-dideoxy-3-O-methyl-β-D-ribohexopyranosyloxy]-14β,17α-dihydroxy-preg-n-5-en-20-

one 12β-乙酰氧基-3β-[O-2,6-二去氧-3-O-甲基-β-D-吡喃阿拉伯己糖基-(1→4)-O-2,6-二去氧-β-D-吡喃阿拉伯己糖基-(1→4)-O-2,6-二去氧-3-O-甲基-β-D-吡喃核己糖基-(1→4)-2,6-二去氧-3-O-甲基-β-D-吡喃核己糖氧基]-14β,17α-二羟基孕甾-5-烯-20-酮 萝藦 Metaplexis japonica

12β-acetoxy-3β-[O-2,6-dideoxy-3-O-methyl-β-D-arabinohexopyranosyl-(1→4)-O-2,6-dideoxy-β-D-arabinohexopyranosyl-(1→4)-O-2,6-dideoxy-β-D-arabinohexopyranosyl-(1→4)-2,6-dideoxy-3-O-methyl-β-D-arabinohexopyranosyloxy]-14β,17α-dihydroxypregn-5-en-20-one 12β-乙酰氧基-3β-[O-2,6–二去氧-3-O-甲基-β-D-吡喃阿拉伯己糖基-(1→4)-O-2,6-二去氧-β-D-吡喃阿拉伯己糖基-(1→4)-O-2,6-二去氧-β-D-吡喃阿拉伯己糖基-(1→4)-2,6-二去氧-3-O-甲基-β-D-吡喃阿拉伯己糖氧基]-14β,17α-二羟基孕甾-5-烯-20-酮 萝藦 Metaplexis japonica

12β-acetoxy-3β-[O-2,6-dideoxy-3-O-methyl-β-D-arabinohexopyranosyl-(1→4)-O-2,6-dideoxy-β-D-ribohexopyranosyl-(1→4)-O-2,6-dideoxy-β-D-ribohexopyranosyl-(1→4)-O-2,6-dideoxy-3-O-methyl-β-D-ribohexopyranosyl-(1→4)-O-2,6-dideoxy-3-O-methyl-α-L-ribohexopyranosyl-(1→4)-O-2,6-dideoxy-3-O-methyl-α-L-ribohexopyranosyl-(1→4)-2,6-dideoxy-3-O-methyl-β-D-arabinohexopyranosyloxy]-14β,17α-dihydroxypregn-5-en-20-one 12β-乙酰氧基-3β-[O-2,6-二去氧-3-O-甲基-β-D-吡喃阿拉伯己糖基-(1→4)-O-2,6-二去氧-β-D-吡喃核己糖基-(1→4)-O-2,6-二去氧-β-D-吡喃核己糖基-(1→4)-O-2,6-二去氧-3-O-甲基-β-D-吡喃核己糖基-(1→4)-O-2,6-二去氧-3-O-甲基-α-L-吡喃核己糖基-(1→4)-O-2,6-二去氧-3-O-甲基-α-L-吡喃核己糖基-(1→4)-2,6-二去氧-3-O-甲基-β-D-吡喃阿拉伯己糖氧基]-14β,17α-二羟基孕甾-5-烯-20-酮 萝藦 Metaplexis japonica

12β-acetoxy-3β-[O-2,6-dideoxy-3-O-methyl-β-D-arabinohexopyranosyl-(1→4)-O-2,6-dideoxy-β-D-ribohexopyranosyl-(1→4)-O-2,6-dideoxy-β-D-ribohexopyranosyl-(1→4)-O-2,6-dideoxy-3-O-methyl-β-D-ribohexopyranosyl-(1→4)-O-2,6-dideoxy-3-O-methyl-α-L-ribohexopyranosyl-(1→4)-O-2,6-dideoxy-3-O-methyl-α-L-ribohexopyranosyl-(1→4)-2,6-dideoxy-3-O-methyl-β-D-ribohexopyranosyloxy]-14β,17α-dihydroxypregn-5-en-20-one 12β-乙酰氧基-3β-[O-2,6-二去氧-3-O-甲基-β-D-吡喃阿拉伯己糖基-(1→4)-O-2,6-二去氧-β-D-吡喃核己糖基-(1→4)-O-2,6-二去氧-β-D-吡喃核己糖基-(1→4)-O-2,6-二去氧-3-O-甲基-β-D-吡喃核己糖基-(1→4)-O-2,6-二去氧-3-O-甲基-α-L-吡喃核己糖基-(1→4)-O-2,6-二去氧-3-O-甲基-α-L-吡喃核己糖基-(1→4)-2,6-二去氧-3-O-甲基-β-D-吡喃核己糖氧基]-14β,17α-二羟基孕甾-5-烯-20-酮 萝藦 Metaplexis japonica

12β-acetoxy-3β-[O-2,6-dideoxy-3-O-methyl-β-D-ribohexopyranosyl-(1→4)-O-2,6-dideoxy-3-O-methyl-β-D-ribohexopyranosyl-(1→4)-2,6-dideoxy-3-O-methyl-β-D-ribohexopyranosyloxy]-14β,17α-dihydroxypregn-5-en-20-one 12β-乙酰氧基-3β-[O-2,6-二去氧-3-O-甲基-β-D-吡喃核己糖基-(1→4)-O-2,6-二去氧-3-O-甲基-β-D-吡喃核己糖基-(1→4)-2,6-二去氧-3-O-甲基-β-D-吡喃核己糖氧基]-14β,17α-二羟基孕甾-5-烯-20-酮 萝藦 Metaplexis japonica

6β-acetoxy-3β-angeloyloxy-8β,10β-dihydroxyeremophilenolide 6β-乙酰氧基-3β-当归酰氧基-8β,10β-二羟基荒漠木烯内酯▲ 兔儿风蟹甲草 Parasenecio ainsliaeflorus

12β-acetoxy-3β-hydroxy-24,25,26,27-tetranor-cycloart-7-en-23,16β-olide-3-O-β-D-xylopyranoide 12β-乙酰氧基-3β-羟基-24,25,26,27-四降-环木菠萝-7-烯-23,16β-内酯-3-O-β-D-吡喃木糖苷 类叶升麻 Actaea asiatica

12β-acetoxy-3β-hydroxy-24,25,26,27-tetranor-cycloartan-23,16β-olide-3-O-β-D-xylopyranoide 12β-乙酰氧基-3β-羟基-24,25,26,27-四去甲基-环木菠萝-23,16β-内酯-3-O-β-D-吡喃木糖苷 类叶升麻 Actaea asiatica

6-acetoxy-3β-hydroxy-7-oxo-14β,15β-epoxymeliacin-1,5-dien-3-O-β-D-glucuronopyranoside 6-乙酰氧基-3β-羟基-7-氧代-14β,15β-环氧楝三萜-1,5-二烯-3-O-β-D-吡喃葡萄糖醛酸苷 楝 Melia azedarach

6-acetoxy-3β-hydroxy-7-oxo-14β,15β-epoxymeliacin-1,5-dien-3-O-β-D-xylopyranoside 6-乙酰氧基-3β-羟基-7-酮基-14β,15β-环氧楝三萜-1,5-二烯-3-O-β-D-吡喃木糖苷 楝 Melia azedarach

13-acetoxy-3β-hydroxy-germacra-1(10)E,4E,7(11)-trien-12,6α-olide 13-乙酰氧基-3β-羟基-大根老鹳草-1(10)E,4E,7(11)-三烯-12,6α-内酯 多花蒿 Artemisia myriantha

(5α,17α)-12β-acetoxy-3β-O-[(2,6-dideoxy-4-O-(6-deoxy-3-O-methyl-β-D-allopyranosyl)-3-O-methyl-β-D-arabino-hexopyranosyl)oxy]-20-oxo-8,14β-epoxypregna-11α-O-isobutyrate (5α,17α)-12β-乙酰氧基-3β-O-[(2,6-二去氧-4-O-(6-去氧-3-O-甲基-β-D-吡喃阿洛糖基)-3-O-甲基-β-D-吡喃阿拉伯己糖)氧基]-20-氧代-8,14β-环氧孕甾-11α-O-异丁酯 通光藤 Marsdenia tenacissima

13-acetoxy-3β-propanoyl-germacra-1(10)E,4E,7(11)-trien-12,6α-olide 13-乙酰氧基-3β-丙酰基-大根老鹳草-1(10)E,4E,7(11)-三烯-12,6α-内酯 多花蒿 Artemisia myriantha

13-acetoxy-3β-tigloyl-germacra-1(10)E,4E,7(11)-trien-12,6α-olide 13-乙酰氧基-3β-巴豆酰基-大根老鹳草-1(10)E,4E,7(11)-三烯-12,6α-内酯 多花蒿 Artemisia myriantha

3-acetoxy-4-(1-hydroxy-1-methylethyl-1-methyl-cyclohexene 3-乙酰氧基-4-(1-羟基-1-甲基乙基)-1-甲基环己烯 雪松 Cedrus deodara

(+)-cis-3'-acetoxy-4'-(2-methylbutyroyloxy)-3',4'-dihydroseselin (+)-顺式-3'-乙酰氧基-4'-(2-甲基丁酰氧基)-3',4'-二氢邪蒿素 台湾前胡 Peucedanum formosanum

[12β-acetoxy-4,4,8,10,14-pentamethyl-17-(2-methyl-5-oxotetrahydro-furan-2(S)-yl)-hexadecahydrocyclopenta[a]phenanthren-3α-yl] hydrogenpropanedioate 12β-乙酰氧基-4,4,8,10,14-五甲基-17-(2-甲基-5-氧代四氢呋喃-2(S)-基)-十六氢环戊烷[a]菲-3α-氢化丙二酸酯 垂枝桦 Betula pendula

9β-acetoxy-4,5-dehydro-4(15)-dihydrocostic acid 9β-乙酰氧基-4,5-去氢-4(15)-二氢木香酸 臭蒿 Artemisia hedinii, 甘青蒿 A. tangutica

2β-acetoxy-4-caryophyllen-8β-ol-3-one 2β-乙酰氧基-4-丁香烯-8β-醇-3-酮 大叶醉鱼草 Buddleja davidii

6-acetoxy-4-hydroxy-1,10H-pseudoguaia-11(13)-en-12,8-olide) 6-乙酰氧基-4-羟基-1,10H-拟愈创木-11(13)-烯-12,18-内酯 水朝阳旋覆花 Inula helianthusaquatilis

2-(3-acetoxy-4-hydroxybut-1-yn-1-yl)-5-(penta-1,3-diyn-1-yl)thiophene 2-(3-乙酰氧基-4-羟基正丁炔-1-基)-5-(1,3-戊二炔-1-基)噻吩 阔苞菊 Pluchea indica

5-(3-acetoxy-4-isovaleroyloxybut-1-ynyl)-2,2'-bithiophene 5-(3-乙酰氧基-4-异戊酰氧基丁烷-1-炔基)-2,2'-联噻吩 驴欺口 Echinops davuricus, 华东蓝刺头 E. grijsii

(1*S*,5*S*,7*R*,8*S*,10*R*)-14-acetoxy-4-oxopseudoguai-11(13)-en-12,8-olide (1*S*,5*S*,7*R*,8*S*,10*R*)-14- 乙酰氧基 -4- 氧代伪愈创木 -11(13)- 烯 -12,8- 内酯 湖北旋覆花 Inula hupehensis

(12*S*)-6*α*-acetoxy-4*α*,18-epoxy-12-hydroxy-19-tigloyloxy-neo-clerod-13-en-15,16-olide (12*S*)-6*α*- 乙酰氧基 -4*α*,18- 环氧 -12- 羟基 -19- 巴豆酰氧基 - 新 - 赪桐 -13- 烯 -15,16- 内酯 筋骨草 Ajuga ciliata

2*α*-acetoxy-4*α*,6*α*-dihydroxy-1*β*,5*αH*-guai-9(10),11(13)-dien-12,8*α*-olide 2*α*- 乙酰氧基 -4*α*,6*α*- 二羟基 -1*β*,5*αH*- 愈创木 -9(10),11(13)- 二烯 -12,8*α*- 内酯 湖北旋覆花 Inula hupehensis

2*β*-acetoxy-4*α*-chloro-1*β*,8-diangeloyloxy-3*β*,10,11-trihydroxybisabol-7(14)-ene 2*β*- 乙酰氧基 -4*α*- 氯 -1*β*,8- 二当归酰氧基 -3*β*,10,11- 三羟基红没药 -7(14)- 烯 盘花垂头菊 Cremanthodium discoideum

2*β*-acetoxy-4*α*-chloro-1*β*,8-diangeloyloxy-3*β*,10-dihydroxy-bisabol-7(14),11(12)-diene 2*β*- 乙酰氧基 -4*α*- 氯 -1*β*,8- 二当归酰氧基 -3*β*,10- 二羟基红没药 -7(14),11(12)- 二烯 盘花垂头菊 Cremanthodium discoideum

2*β*-acetoxy-4*α*-chloro-1*β*,8-diangeloyloxy-3*β*,10-dihy-hydroxy-11-methoxybisabol-7(14)-ene 2*β*- 乙酰氧基 -4*α*- 氯 -1*β*,8- 二当归酰氧基 -3*β*,10- 二羟基 -11- 甲氧基红没药 -7(14)- 烯 盘花垂头菊 Cremanthodium discoideum

2*β*-acetoxy-4*α*-chloro-1*β*,8-diangeloyloxy-3*β*-hydroxy-10,11-epoxybisabol-7(14)-ene 1*β*,8- 二当归酰氧基 -2*β*- 乙酰氧基 -3*β*- 羟基 -4*α*- 氯 -10,11- 环氧红没药 -7(14)- 烯 盘花垂头菊 Cremanthodium discoideum

2*β*-acetoxy-4*α*-chloro-1*β*,8-diangeloyloxy-3*β*-hydroxy-10,11-isopropoxybisabol-7(14)-ene 2*β*- 乙酰氧基 -4*α*- 氯 -1*β*,8- 二当归酰氧基 -3*β*- 羟基 -10,11- 异丙氧基红没药 -7(14)- 烯 盘花垂头菊 Cremanthodium discoideum

1*β*-acetoxy-4*α*-hydroxy-6*β*-furoyloxy-9*β*-benzoyloxy-8*β*-cinnamoyloxy-dihydroagarofuran 1*β*- 乙酰氧基 -4*α*- 羟基 -6*β*- 呋喃酰氧基 -9*β*- 苯甲酰氧基 -8*β*- 桂皮酰氧基 - 二氢沉香呋喃 灯油藤 Celastrus paniculatus

1*β*-acetoxy-4*α*-hydroxyl-6*α*,9*β*-dibenzoyloxy-8*β*-cinnamoyloxy-*β*-dihydroagarofuran 1*β*- 乙酰氧基 -4*α*- 羟基 -6*α*,9*β*- 二苯甲酰氧基 -8*β*- 桂皮酰氧基 -*β*- 二氢沉香呋喃 灯油藤 Celastrus paniculatus

2*α*-acetoxy-4*β*,5*α*-dihydroxy-enantio-caryophylla-8(15)-en-3-one 2*α*- 乙酰氧基 -4*β*,5*α*- 二羟基 - 对映 - 丁香 -8(15)- 烯 -3- 酮 大叶醉鱼草 Buddleja davidii

2*α*-acetoxy-4*β*,5*β*-dihydroxy-enantio-caryophylla-8(15)-en-3-one 2*α*- 乙酰氧基 -4*β*,5*β*- 二羟基 - 对映 - 丁香 -8(15)- 烯 -3- 酮 大叶醉鱼草 Buddleja davidii

5*β*-acetoxy-4*β*,8-diangeloyloxy-2*β*,3*β*: 10,11-diepoxybisabola-7(14)-ene 5*β*- 乙酰氧基 -4*β*,8- 二当归酰氧基 -2*β*,3*β*: 10,11- 二环氧红没药 -7(14)- 烯 准噶尔橐吾 Ligularia songarica

(-)-(12*E*,2*S*,3*S*,4*R*,5*R*,6*R*,9*S*,11*S*,15*R*)-3-acetoxy-5,6-epoxylathyr-12-en-15-ol-14-one (-)-(12*E*,2*S*,3*S*,4*R*,5*R*,6*R*,9*S*,11*S*,15*R*)-3- 乙酰氧基 -5,6- 环氧续随子 -12- 烯 -15- 醇 -14- 酮 甘青大戟 Euphorbia micractina

(-)-(12*E*,2*S*,3*S*,4*R*,5*R*,6*R*,9*S*,11*S*,15*R*)-15-acetoxy-5,6-epoxylathyr-12-en-3-ol-14-one (-)-(12*E*,2*S*,3*S*,4*R*,5*R*,6*R*,9*S*,11*S*,15*R*)-15- 乙酰氧基 -5,6- 环氧续随子 -12- 烯 -3- 醇 -14- 酮 甘青大戟 Euphorbia micractina

trans-3-acetoxy-5,7-dihydroxyflavanone 反式 -3- 乙酰氧基 -5,7- 二羟基黄烷酮 山杨 Populus davidiana

cis-3-acetoxy-5,7-dihydroxyflavanone 顺式 -3- 乙酰氧基 -5,7- 二羟基黄烷酮 耳羽岩蕨 Woodsia polystichoides

1*β*-acetoxy-5-deacetylbaccatin I 1*β*- 乙酰氧基 -5- 去乙酰浆果紫杉素 I 喜马拉雅红豆杉 Taxus wallichiana

1-acetoxy-5-deacetylbaccatin I 1- 乙酰氧基 -5- 去乙酰浆果紫杉素 I 喜马拉雅红豆杉 Taxus wallichiana, 红豆杉 T. wallichiana var. chinensis

6*α*-acetoxy-5-epilimonin 6*α*- 乙酰氧基 -5- 表柠檬苦素 吴茱萸 Euodia ruticarpa

6*β*-acetoxy-5-epilimonin 6*β*- 乙酰氧基 -5- 表柠檬苦素 楝叶吴萸 Euodia glabrifolia, 吴茱萸 E. ruticarpa

(3*R*,5*S*)-3-acetoxy-5-hydroxy-1-(4-hydroxy-3-methoxyphenyl)-decane (3*R*,5*S*)-3- 乙酰氧基 -5- 羟基 -1-(4- 羟基 -3- 甲氧基苯基)- 癸烷 姜 Zingiber officinale

(3*R*,5*S*)-3-acetoxy-5-hydroxy-1,7-bis(4-hydroxy-3-methoxyphenyl)-heptane (3*R*,5*S*)-3- 乙酰氧基 -5- 羟基 -1,7- 二 (4- 羟基 -3- 甲氧基苯基)- 庚烷 姜 Zingiber officinale

(23*S*,25*S*)-23-acetoxy-5*α*,22*α*-*N*-spirosolan-3*β*-ol (23*S*,25*S*)-23- 乙酰氧基 -5*α*,22*α*-*N*- 螺甾 -3*β*- 醇 番茄 Lycopersicon esculentum

17*α*-acetoxy-5*α*-androstane 17*α*- 乙酰氧基 -5*α*- 雄甾烷 雪松 Cedrus deodara

(20*S*,22*R*)-15*α*-acetoxy-5*α*-chloro-6*β*,14*β*-dihydroxy-1-oxowitha-2,24-dienolide (20*S*,22*R*)-15*α*- 乙酰氧基 -5*α*- 氯代 -6*β*,14*β*- 二羟基 -1- 氧代睡茄 -2,24- 二烯内酯 挂金灯 Physalis alkekengi var. francheti

2*α*-acetoxy-5*α*-hydroxy-11*αH*-eudesma-4(15)-en-12,8*β*-olide 2*α*- 乙酰氧基 -5*α*- 羟基 -11*αH*- 桉叶 -4(15)- 烯 -12,8*β*- 内酯 大花金挖耳 Carpesium macrocephalum

2*α*-acetoxy-5*α*-hydroxy-enantio-caryophylla-8(15)-en-3-one 2*α*- 乙酰氧基 -5*α*- 羟基 - 对映 - 丁香 -8(15)- 烯 -3- 酮 大叶醉鱼草 Buddleja davidii

2*α*-acetoxy-5*α*-methoxy-enantio-caryophylla-8(15)-en-3-one 2*α*- 乙酰氧基 -5*α*- 甲氧基 - 对映 - 丁香 -8(15)- 烯 -3- 酮 大叶醉鱼草 Buddleja davidii

3*β*-acetoxy-5*α*-pregn-7,20-dien-6-one 3*β*- 乙酰氧基 -5*α*- 孕甾 -7,20- 二烯 -6- 酮 杜楝 Turraea pubescens

2*α*-acetoxy-5*α*-pregnan-3-one 2*α*- 乙酰氧基 -5*α*- 孕甾 -3- 酮 止泻木 Holarrhena pubescens

(2'*R*)-1-acetoxy-6-(2'-acetoxypentadecyl)-2-methoxy-4-hydroxybenzene (2'*R*)-1- 乙酰氧基 -6-(2'- 乙酰氧基十五烷基)-2- 甲氧基 -4- 羟基苯 纽子果 Ardisia polysticta

(2'*R*)-1-acetoxy-6-(2'-acetoxy-tridecyl)-2-methoxy-4-hydroxybenzene (2'*R*)-1- 乙酰氧基 -6-(2'- 乙酰氧基 - 十三烷基)-2- 甲氧基 -4- 羟基苯 纽子果 Ardisia polysticta

1-acetoxy-6-(2'-ketopentadecyl)-2-methoxy-4-hydroxyl-benzene 1- 乙酰氧基 -6-(2'- 酮基十五烷基)-2- 甲氧基 -4- 羟基苯 纽子果 Ardisia polysticta

(1*S*,6*R*,7*R*)-1-acetoxy-6,7-epoxyhumul-2(*Z*)-ene (1*S*,6*R*,7*R*)-1- 乙酰氧基 -6,7- 环氧葎草 -2(*Z*)- 烯 窃衣 Torilis scabra

(1S,6S,7S)-1-acetoxy-6,7-epoxyhumul-2(Z)-ene (1S,6S,7S)-1- 乙酰氧基 -6,7- 环氧葎草 -2(Z)- 烯 窃衣 Torilis scabra
3β-acetoxy-6,9-dien-8-oxoeremophil-12-nor-11-ketone 3β- 乙酰氧基 -6,9- 二烯 -8- 氧代荒漠木 -12- 降 -11- 酮 鹿蹄橐吾 Ligularia hodgsonii
1β-acetoxy-6,9-dien-8-oxyeremophil-11-nor-11-ketone 1β- 乙酰氧基 -6,9- 二烯 -8- 氧代荒漠木 -11- 降 -11- 酮 箭叶橐吾 Ligularia sagitta
3β-acetoxy-6-acetyl-5-hydroxy-2α-isopropenyl-2,3H-benzofuran 3β- 乙酰氧基 -6- 乙酰基 -5- 羟基 -2α- 异丙烯基 -2,3H- 苯并呋喃 窄头橐吾 Ligularia stenocephala
1-acetoxy-6-geranylgeranyl-2,4-dihydroxybenzene 1- 乙酰氧基 -6- 香叶基香叶基 -2,4- 二羟基苯 点柄乳牛肝菌 Suillus granulatus
4-acetoxy-6-hydroxy-1,10H-pseudoguaia-11(13)-en-12,8-olide 4- 乙酰氧基 -6- 羟基 -1,10H- 拟愈创木 -11(13)- 烯 -12,8- 内酯 水朝阳旋覆花 Inula helianthusaquatilis
1-acetoxy-6-hydroxy-2-methylanthraquinone-3-O-α-rhamnopyranosyl-(1 → 4)-α-glucopyranoside 1- 乙酰氧基 -6- 羟基 -2- 甲基蒽醌 -3-O-α-吡喃鼠李糖基 -(1 → 4)-α- 吡喃葡萄糖苷 茜草 Rubia cordifolia
1-acetoxy-6-hydroxy-2-methylanthraquinone-3-O-β-L-rhamnopyranosyl-(1 → 2)-β-D-glucopyranoside 1- 乙酰氧基 -6- 羟基 -2- 甲基蒽醌 -3-O-β-L- 吡喃鼠李糖基 -(1 → 2)-β-D- 吡喃葡萄糖苷 茜草 Rubia cordifolia
3-acetoxy-6-hydroxytropane 3- 乙酰基 -6- 羟基托品烷 树番茄 Cyphomandra betacea
3β-acetoxy-6α,13β-dihydroxyolean-7-one 3β- 乙酰氧基 -6α,13β- 二羟基齐墩果 -7- 酮 榕叶冬青 Ilex ficoidea
16β-acetoxy-6α,7α-epoxy-5α-hydroxy-1-oxowitha-2,17(20),24-trienolide 16β- 乙酰氧基 -6α,7α- 环氧 -5α- 羟基 -1- 氧代睡茄 -2,17(20),24- 三烯内酯 睡茄 Withania somnifera
16β-acetoxy-6α,7α-epoxy-5α–hydroxy-1-oxowitha-2,17(20),24-trienolide 16β- 乙酰氧基 -6α,7α- 环氧 -5α– 羟基 -1- 氧代睡茄 -2,17(20),24- 三烯内酯 睡茄 Withania somnifera
3β-acetoxy-6α,7α-epoxy-9(10)-en-8-oxoeremophil-12-nor-11-one 3β- 乙酰氧基 -6α,7α- 环氧 -9(10)- 烯 -8- 氧代荒漠木 -12- 降 -11- 酮 鹿蹄橐吾 Ligularia hodgsonii
8β-acetoxy-6α,7α-epoxy-9-en-8-oxyeremophi-11-nor-11-ketone 8β- 乙酰氧基 -6α,7α- 环氧 -9- 烯 -8- 氧化荒漠木 -11- 降 -11- 酮 离舌橐吾 Ligularia veitchiana
3β-acetoxy-6α,8α-dihydroxyeremophil-7(11),9-dien-8,12-olide 3β- 乙酰氧基 -6α,8α- 二羟基荒漠木 -7(11),9- 二烯 -8,12- 内酯 鹿蹄橐吾 Ligularia hodgsonii
1β-acetoxy-6α,9β-dibenzoyloxy-8β-cinnamoyloxy-4α-hydroxy-β-dihydroagarofuran 1β- 乙酰氧基 -6α,9β- 二苯甲酰氧基 -8β- 桂皮酰氧基 -4α-羟基 -β- 二氢沉香呋喃 灯油藤 Celastrus paniculatus
1-acetoxy-6α-hydroxy-4αH-1,10-secoeudesma-5(10),11(13)-dien-12,8β-olide 1- 乙酰氧基 -6α- 羟基 -4αH-1,10- 裂环桉叶 -5(10),11(13)- 二烯 -12,8β- 内酯 旋覆花 Inula japonica
14-acetoxy-6α-hydroxy-carabrone 14- 乙酰氧基 -6α- 羟基 - 天名精内酯酮 湖北旋覆花 Inula hupehensis
1β-acetoxy-6α-isobutyryloxy-9-noreremophil-7(11), 8(10)-dien-8(12)-olide 1β- 乙酰氧基 -6α- 异丁氧基 -9- 降荒漠木 -7(11),8(10)- 二烯 -8(12)-内酯 蹄叶橐吾 Ligularia fischeri
3β-acetoxy-6β,8β,10β-trihydroxyeremophil-7(11)-en-12,8α-olide 3β- 乙酰氧基 -6β,8β,10β- 三羟基荒漠木 -7(11)- 烯 -12,8α- 内酯 大黄橐吾 Ligularia duciformis
7β-acetoxy-6β,9α-dihydroxy-8,13-epoxylabd-14-en-11-one 7β- 乙酰氧基 -6β,9α- 二羟基 -8,13- 环氧半日花 -14- 烯 -11- 酮 毛喉鞘蕊花 Coleus forskohlii
1α-acetoxy-6β,9β,15-tribenzoyloxy-β-dihydroagarofuran 1α- 乙酰氧基 -6β,9β,15- 三苯甲酰氧基 -β- 二氢沉香呋喃 福建假卫矛 Microtropis fokienensis
1α-acetoxy-6β,9β-dibenzoyloxy-4β-hydroxy-dihydroagarofuran 1α- 乙酰氧基 -6β,9β- 二苯甲酰氧基 -4β- 羟基 - 二氢沉香呋喃 昆明山海棠 Tripterygium hypoglaucum
1α-acetoxy-6β,9β-dibenzoyloxy-β-dihydroagarofuran 1α- 乙酰氧基 -6β,9β- 二苯甲酰氧基 -β- 二氢沉香呋喃 南蛇藤 Celastrus orbiculatus
3β-acetoxy-6β-angeloyloxyfuranoeremophilan-10β-ol 3β- 乙酰氧基 -6β- 当归酰氧基呋喃荒漠木 -10β- 醇 网脉橐吾 Ligularia dictyoneura
3β-acetoxy-6β-angeloyloxyfuranoeremophilane 3β- 乙酰氧基 -6β- 当归酰氧基呋喃荒漠木烷 网脉橐吾 Ligularia dictyoneura
(-)-3α-acetoxy-6β-hydroxy-15,16-dinorlabd-8(9)-ene-13-yne-7-one (-)-3α- 乙酰氧基 -6β- 羟基 -15,16- 二降半日花 -8(9)- 烯 -13- 炔 -7- 酮 益母草 Leonurus japonicus
3β-acetoxy-6β-hydroxyolean-12-en-27-oic acid 3β- 乙酰氧基 -6β- 羟基齐墩果 -12- 烯 -27- 酸 多花落新妇 Astilbe rivularis var. myriantha
3β-acetoxy-6β-hydroxyurs-12-en-27-oic acid 3β- 乙酸基 -6β- 羟基熊果 -12 烯 -27- 酸 落新妇 Astilbe chinensis
3β-acetoxy-6β-methoxyeremophila-7(11),9(10)-dien-12,8β-olide 3β- 乙酰氧基 -6β- 甲氧基荒漠木 -7(11),9(10)- 二烯 -12,8β- 内酯 大黄橐吾 Ligularia duciformis
(5S)-acetoxy-7-(4-dihydroxyphenyl)-1-hepten-3-one (5S)- 乙酰氧基 -7-(4- 二羟苯基)-1- 庚烯 -3- 酮 高良姜 Alpinia officinarum
12α-acetoxy-7-deacetylazadiron 12α- 乙酰氧基 -7- 去乙酰印楝酮 杜楝 Turraea pubescens
3-acetoxy-7-geranyloxy-1-hydroxyxanthone 3- 乙酰氧基 -7- 香叶氧基 -1- 羟基叫酮 黄牛木 Cratoxylum cochinchinense
16-acetoxy-7-O-acetylhorminone 16- 乙酰氧基 -7-O- 乙酰荷茗草酮▲ 狭基线纹香茶菜 Isodon lophanthoides var. gerardianus, 溪黄草 I. serra, 子宫草 Skapanthus oreophilus
3α-acetoxy-7-oxolanosta-8,24-dien-26,23R-olide 3α- 乙酰氧基 -7- 氧代羊毛脂 -8,24- 二烯 -26,23R- 内酯 岷江冷杉 Abies fargesii var. faxoniana
16-acetoxy-7α-ethoxyroyleanone 16- 乙酰氧基 -7α- 乙氧基罗氏旋覆花酮▲ 溪黄草 Isodon serra
6-acetoxy-7α-hydroxy-3-oxo-14β,15β-epoxymeliacin-1,5-diene 6- 乙酰氧基 -7α- 羟基 -3- 氧代 -14β,15β- 环氧楝三萜 -1,5- 二烯 楝 Melia azedarach
16-acetoxy-7α-hydroxyroyleanone 16- 乙酰氧基 -7α- 羟基罗氏旋覆花酮▲ 狭基线纹香茶菜 Isodon lophanthoides var. gerardianus

16-acetoxy-7α-methoxyroyleanone 16- 乙酰氧基 -7α- 甲氧基罗氏旋覆花酮▲ 狭基线纹香茶菜 Isodon lophanthoides var. gerardianus, 长叶香茶菜 I. walkeri, 子宫草 Skapanthus oreophilus

14-acetoxy-7β-angeloyloxy-notonipetranone 14- 乙酰氧基 -7β- 当归酰氧基 - 石生诺顿菊酮▲ 款冬 Tussilago farfara

3β-acetoxy-7β-methoxycucurbita-5,23(E)-dien-25-ol 3β- 乙酰氧基 -7β- 甲氧基葫芦 -5,23(E)- 二烯 -25- 醇 苦瓜 Momordica charantia

14-acetoxy-7β-senecioyloxy-notonipetranone 14- 乙酰氧基 -7β- 千里光酰氧基 - 石生诺顿菊酮▲ 款冬 Tussilago farfara

9-acetoxy-8,10-dehydrothymol-3-O-tiglate 9- 乙酰氧基 -8,10- 去氢麝香草酚 -3-O- 巴豆酸酯 台湾泽兰 Eupatorium formosanum, 佩兰 E. fortunei

9-acetoxy-8,10-epoxy-6-hydroxythymol-3-O-angelate 9- 乙酰氧基 -8,10- 环氧 -6- 羟基麝香草酚 -3-O- 当归酸酯 佩兰 Eupatorium fortunei

9-acetoxy-8,10-epoxythymol-3-O-tiglate 9- 乙酰氧基 -8,10- 环氧麝香草酚 -3-O- 巴豆酸酯 台湾泽兰 Eupatorium formosanum, 佩兰 E. fortunei

3β-acetoxy-8,11,13-abietatrien-12-ol 3β- 乙酰氧基 -8,11,13- 冷杉三烯 -12- 醇 杉木 Cunninghamia lanceolata

(1R,3R,4R,5S,6S)-1-acetoxy-8-angeloyloxy-3,4-epoxy-5-hydroxybisabola-7(14),10-dien-2-one (1R,3R,4R,5S,6S)-1- 乙酰氧基 -8- 当归酰氧基 -3,4-环氧 -5- 羟基红没药 -7(14),10- 二烯 -2- 酮 款冬 Tussilago farfara

(-)-1S,5S,8S,10R-1-acetoxy-8-hydroxy-2-oxoeudesman-3,7(11)-dien-8,12-olide (-)-1S,5S,8S,10R-1- 乙酰氧基 -8- 羟基 -2- 氧代桉叶 -3,7(11)-二烯 -8,12- 内酯 血见愁 Teucrium viscidum

7-acetoxy-8-hydroxy-9-isobutyryloxythymol 7- 乙酰氧基 -8- 羟基 -9- 异丁酰氧基麝香草酚 佩兰 Eupatorium fortunei

10-acetoxy-8-hydroxy-9-O-angeloylthymol 10- 乙酰氧基 -8- 羟基 -9-O- 当归酰基麝香草酚 台湾泽兰 Eupatorium formosanum

(1S,7R,8S,10S)-11-acetoxy-8-hydroxyguai-4-en-3-one-8-O-β-D-glucopyranoside (1S,7R,8S,10S)-11- 乙酰氧基 -8- 羟基愈创木 -4- 烯 -3- 酮 -8-O-β-D- 吡喃葡萄糖苷 小窃衣 Torilis japonica

11-acetoxy-8-isobutyryl-4-guaien-3-one 11- 乙酰氧基 -8- 异丁酰基 -4- 愈创木烯 -3- 酮 小窃衣 Torilis japonica

11-acetoxy-8-methacrylyl-4-guaien-3-one 11- 乙酰氧基 -8- 异丁烯酰基 -4- 愈创木烯 -3- 酮 小窃衣 Torilis japonica

14-acetoxy-8-O-methylsachaconitine 14- 乙酰氧基 -8-O- 甲基萨柯乌头碱 丽江乌头 Aconitum forrestii

3β-acetoxy-8-oxoeremophil-6(7),9(10)-dien-12-oic methyl ester 3β- 乙酰氧基 -8- 氧代艽漠木 -6(7),9(10)- 二烯 -12- 羧酸甲酯 鹿蹄橐吾 Ligularia hodgsonii

11-acetoxy-8-propionyl-4-guaien-3-one 11- 乙酰氧基 -8- 丙酰基 -4- 愈创木烯 -3- 酮 小窃衣 Torilis japonica

1β-acetoxy-8α,9β-dibenzoyloxy-13-nicotinoyloxy-β-dihydroagarofuran 1β- 乙酰氧基 -8α,9β- 二苯甲酰氧基 -13- 烟酰氧基 -β- 二氢沉香呋喃 南蛇藤 Celastrus orbiculatus

1α-acetoxy-8α,9β-dihydroxy-2-oxo-eudesman-3,7(11)-dien-8,12-olide 1α- 乙酰氧基 -8α,9β- 二羟基 -2- 氧代 - 桉叶 -3,7(11)- 二烯 -8,12- 内酯 荔枝草 Salvia plebeia

1β-acetoxy-8α-benzoyloxy-9β,13-di(β-pyridylformyloxy)-β-dihydroagarofuran 1β- 乙酰氧基 -8α- 苯甲酰氧基 -9β,13- 二 (β- 吡啶甲酰氧基)-β-二氢沉香呋喃 苦皮藤 Celastrus angulatus

1α-acetoxy-8α-hydroxy-2-oxo-eudesman-3,7(11)-dien-8,12-olide 1α- 乙酰氧基 -8α- 羟基 -2- 氧代 - 桉叶 -3,7(11)- 二烯 -8,12- 内酯 痢止蒿 Ajuga forrestii, 荔枝草 Salvia plebeia

3β-acetoxy-8α-hydroxy-6β-methoxyeremophila-7(11),9(10)-dien-12,8β-olide 3β- 乙酰氧基 -8α- 羟基 -6β- 甲氧基艽漠木 -7(11),9(10)- 二烯 -12, 8β- 内酯 大黄橐吾 Ligularia duciformis

1α-acetoxy-8α-oxyethyl-2-oxo-eudesman-3,7(11)-dien-8,12-olide 1α- 乙酰氧基 -8α- 氧代乙基 -2- 氧代 - 桉叶 -3,7(11)- 二烯 -8,12- 内酯 痢止蒿 Ajuga forrestii

3β-acetoxy-8β-(4'-hydroxytigloyloxy)-14-hydroxycostunolide 3β- 乙酰氧基 -8β-(4'- 羟基巴豆酰氧基)-14- 羟基木香内酯 林泽兰 Eupatorium lindleyanum

1β-acetoxy-8β,9α-dibenzoyloxy-2β-(furan-β-carbonyloxy)-4α,6α-dihydroxy-β-dihydroagarofuran 1β- 乙酰氧基 -8β,9α- 二苯甲酰氧基 -2β-(呋喃 -β- 羰氧基)-4α,6α- 二羟基 -β- 二氢沉香呋喃 短梗南蛇藤 Celastrus rosthornianus

1,1β-acetoxy-8β,9α-dibenzoyloxy-4α,6α-dihydroxy-2β-(α-methylbutanoyloxy)-β-dihydroagarofuran 1,1β- 乙酰氧基 -8β,9α- 二苯甲酰氧基 -4α, 6α- 二羟基 -2β-(α- 甲基丁酰氧基)-β- 二氢沉香呋喃 青江藤 Celastrus hindsii

1β-acetoxy-8β,9α-dibenzoyloxy-4α,6α-dihydroxy-2β-(α-methylbutanoyloxy)-β-dihydroagarofuran 1β- 乙酰氧基 -8β,9α- 二苯甲酰氧基 -4α,6α-二羟基 -2β-(α- 甲基丁酰氧基)-β- 二氢沉香呋喃 短梗南蛇藤 Celastrus rosthornianus

1β-acetoxy-8β,9α-dibenzoyloxy-6α-hydroxy-2β-(α-methylbutanoyloxy)-β-dihydroagarofuran 1β- 乙酰氧基 -8β,9α- 二苯甲酰氧基 -6α- 羟基 -2β-(α- 甲基丁酰氧基)-β- 二氢沉香呋喃 青江藤 Celastrus hindsii, 短梗南蛇藤 C. rosthornianus

1β-acetoxy-8β,9β-dibenzoyloxy-13-nicotinoyloxy-β-dihydroagarofuran 1β- 乙酰氧基 -8β,9β- 二苯甲酰氧基 -13- 烟酰氧基 -β- 二氢沉香呋喃 苦皮藤 Celastrus angulatus

(1R,4S,5S,6R,8S,10R)-1-acetoxy-8β-hydroxyeremophil-7(11)-en-6,15;8,12-diolide (1R,4S,5S,6R,8S,10R)-1- 乙酰氧基 -8β- 羟基艽漠木 -7(11)-烯 -6,15;8,12- 二内酯 鹿蹄橐吾 Ligularia hodgsonii

3β-acetoxy-8β-isobutyryloxyreynosin 3β- 乙酰氧基 -8β- 异丁酰氧基密花豚草素▲ 肿柄菊 Tithonia diversifolia

3β-acetoxy-9(11)-baccharene 3β- 乙酰氧基 -9(11)- 酒种菊烯 云木香 Saussurea costus

(-)-acetoxy-9,10-dimethyl-1,5-octacosanolide (-)- 乙酰氧基 -9,10- 二甲基 -1,5- 二十八烷内酯 钝叶决明 Senna tora var. obtusifolia

(rel-5S,6R,8R,9R,10S,13S,15R,16R)-6-acetoxy-9,13;15,16-diepoxy-15,16-dimethoxylabdane (相对 -5S,6R,8R,9R,10S,13S,15R,16R)-6- 乙酰氧基 -9,13;15,16- 二环氧 -15,16- 二甲氧基半日花烷 单叶蔓荆 Vitex trifolia subsp. litoralis

(rel-5S,6R,8R,9R,10S,13S,15R,16S)-6-acetoxy-9,13;15,-16-diepoxy-15,16-dimethoxylabdane (相对 -5S,6R,8R,9R,10S,13S,15R,16S)-6- 乙酰氧基 -9,13;15,-16- 二环氧 -15,16- 二甲氧基半日花烷 单叶蔓荆 Vitex trifolia subsp. litoralis

(rel-5S,6R,8R,9R,10S,13S,15S,16R)-6-acetoxy-9,13;15,-16-diepoxy-15,16-dimethoxylabdane (相对 -5S,6R,8R,9R,10S,13S,15S,16R)-6- 乙酰氧

基 -9,13;15,-16- 二环氧 -15,16- 二甲氧基半日花烷 单叶蔓荆 Vitex trifolia subsp. litoralis

(rel-5S,6R,8R,9R,10S,13S,15S,16S)-6-acetoxy-9,13;15,-16-diepoxy-15,16-dimethoxylabdane（相对 -5S,6R,8R,9R,10S,13S,15S,16S)-6- 乙酰氧基 -9,13;15,-16- 二环氧 -15,16- 二甲氧基半日花烷 单叶蔓荆 Vitex trifolia subsp. litoralis

(rel-5S,6R,8R,9R,10S,13S,15R,16R)-6-acetoxy-9,13;15,16-diepoxy-15-hydroxy-16-methoxylabdane（相对 -5S,6R,8R,9R,10S,13S,15R,16R)-6- 乙酰氧基 -9,13;15,16- 二环氧 -15- 羟基 -16- 甲氧基半日花烷 蜂巢草 Leucas aspera

(rel-5S,6R,8R,9R,10S,13S,15S,16R)-6-acetoxy-9,13;15,16-diepoxy-15-hydroxy-16-methoxylabdane（相对 -5S,6R,8R,9R,10S,13S,15S,16R)-6- 乙酰氧基 -9,13;15,16- 二环氧 -15- 羟基 -16- 甲氧基半日花烷 蜂巢草 Leucas aspera

(rel-5S,6R,8R,9R,10S,13R,15R)-6-acetoxy-9,13;15,16-diepoxy-15-methoxylabdane（相对 -5S,6R,8R,9R,10S,13R,15R)-6- 乙酰氧基 -9,13;15,16- 二环氧 -15- 甲氧基半日花烷 穗花牡荆 Vitex agnus-castus, 单叶蔓荆 V. trifolia subsp. litoralis

(rel-5S,6R,8R,9R,10S,13R,15S)-6-acetoxy-9,13;15,16-diepoxy-15-methoxylabdane（相对 -5S,6R,8R,9R,10S,13R,15S)-6- 乙酰氧基 -9,13;15,16- 二环氧 -15- 甲氧基半日花烷 穗花牡荆 Vitex agnus-castus, 单叶蔓荆 V. trifolia subsp. litoralis

(rel-5S,6R,8R,9R,10S,13S,15R)-6-acetoxy-9,13;15,16-diepoxy-15-methoxylabdane（相对 -5S,6R,8R,9R,10S,13S,15R)-6- 乙酰氧基 -9,13;15,16- 二环氧 -15- 甲氧基半日花烷 穗花牡荆 Vitex agnus-castus, 单叶蔓荆 V. trifolia subsp. litoralis

(rel-5S,6R,8R,9R,10S,13S,15S)-6-acetoxy-9,13;15,16-diepoxy-15-methoxylabdane（相对 -5S,6R,8R,9R,10S,13S,15S)-6- 乙酰氧基 -9,13;15,16- 二环氧 -15- 甲氧基半日花烷 单叶蔓荆 Vitex trifolia subsp. litoralis

6-acetoxy-9,13;15,16-diepoxy-15-methoxylabdane 6- 乙酰氧基 -9,13;15,16- 二环氧 -15- 甲氧基半日花烷 蔓荆 Vitex trifolia

(rel-5S,6R,8R,9R,10S,13S,15S)-6-acetoxy-9,13;15,16-diepoxy-15-methoxy-labdane（相对 -5S,6R,8R,9R,10S,13S,15S)-6- 乙酰氧基 -9,13;15,16- 二环氧 -15- 甲氧基 - 半日花烷 穗花牡荆 Vitex agnus-castus

(rel-5S,6R,8R,9R,10S,13R)-6-acetoxy-9,13-epoxy-15-methoxy-labdan-16,15-olide（相对 -5S,6R,8R,9R,10S,13R)-6- 乙酰氧基 -9,13- 环氧 -15- 甲氧基 - 半日花 -16,15- 内酯 穗花牡荆 Vitex agnus-castus, 单叶蔓荆 V. trifolia subsp. litoralis

(rel-5S,6R,8R,9R,10S,13S)-6-acetoxy-9,13-epoxy-15-methoxy-labdan-16,15-olide（相对 -5S,6R,8R,9R,10S,13S)-6- 乙酰氧基 -9,13- 环氧 -15- 甲氧基 - 半日花 -16,15- 内酯 穗花牡荆 Vitex agnus-castus, 单叶蔓荆 V. trifolia subsp. litoralis

(rel-5S,6R,8R,9R,10S,13R,16S)-6-acetoxy-9,13-epoxy-16-methoxylabdan-15,16-olide（相对 -5S,6R,8R,9R,10S,13R,16S)-6- 乙酰氧基 -9,13- 环氧 -16- 甲氧基 - 半日花 -15,16- 内酯 穗花牡荆 Vitex agnus-castus, 单叶蔓荆 V. trifolia subsp. litoralis

(rel-5S,6R,8R,9R,10S,13S,16R)-6-acetoxy-9,13-epoxy-16-methoxy-labdan-15,16-olide（相对 -5S,6R,8R,9R,10S,13S,16R)-6- 乙酰氧基 -9,13- 环氧 -16- 甲氧基 - 半日花 -15,16- 内酯 穗花牡荆 Vitex agnus-castus

(rel-5S,6R,8R,9R,10S,13S,16S)-6-acetoxy-9,13-epoxy-16-methoxy-labdan-15,16-olide（相对 -5S,6R,8R,9R,10S,13S,16S)-6- 乙酰氧基 -9,13- 环氧 -16- 甲氧基 - 半日花 -15,16- 内酯 穗花牡荆 Vitex agnus-castus, 单叶蔓荆 V. trifolia subsp. litoralis

(1E,5R)-3-acetoxy-9-angeloyloxy-5-hydroxybisabola-3,1(10),7(11)-trien-2-one (1E,5R)-3- 乙酰氧基 -9- 当归酰氧基 -5- 羟基 - 红没药 -3,1(10),7(11)- 三烯 -2- 酮 齿叶橐吾 Ligularia dentata

(rel-5S,6R,8R,9R,10S)-6-acetoxy-9-hydroxy-13(14)-labden-16,15-olide（相对 -5S,6R,8R,9R,10S)-6- 乙酰氧基 -9- 羟基 -13(14)- 半日花烯 -16,15- 内酯 单叶蔓荆 Vitex trifolia subsp. litoralis

(rel-5S,6S,8R,9R,10S)-6-acetoxy-9-hydroxy-13(14)-labden-16,15-olide（相对 -5S,6S,8R,9R,10S)-6- 乙酰氧基 -9- 羟基 -13(14)- 半日花烯 -16,15- 内酯 单叶蔓荆 Vitex trifolia subsp. litoralis

6-acetoxy-9-hydroxy-13(14)-labden-16,15-olide 6- 乙酰氧基 -9- 羟基 -13(14)- 半日花烯 -16,15- 内酯 蔓荆 Vitex trifolia

(rel-5S,6R,8R,9R,10S)-6-acetoxy-9-hydroxy-15-methoxy-13(14)-labden-16,15-olide（相对 -5S,6R,8R,9R,10S)-6- 乙酰氧基 -9- 羟基 -15- 甲氧基 -13(14)- 半日花烯 -16,15- 内酯 单叶蔓荆 Vitex trifolia subsp. litoralis

1β-acetoxy-9α-(β-benzoylepoxybutyryloxy)-β-dihydroagarofuran 1β- 乙酰氧基 -9α-(β- 苯甲酰环氧丁酰氧基)-β- 二氢沉香呋喃 大芽南蛇藤 Celastrus gemmatus

1β-acetoxy-9α-benzoyloxy-8β-(β-furancarbonyloxy)-6α-hydroxy-2β-(α-methylbutanoyloxy)-β-dihydroagarofuran 1β- 乙酰氧基 -9α- 苯甲酰氧基 -8β-(β- 呋喃羰氧基)-6α- 羟基 -2β-(α- 甲基丁酰氧基)-β- 二氢沉香呋喃 短梗南蛇藤 Celastrus rosthornianus

1β-acetoxy-9α-cinnamoyloxy-β-dihydroagarofuran 1β- 乙酰氧基 -9α- 桂皮酰氧基 -β- 二氢沉香呋喃 刺苞南蛇藤 Celastrus flagellaris, 大芽南蛇藤 C. gemmatus, 南蛇藤 C. orbiculatus

1β-acetoxy-9β-benzoxy-4α,6α-dihydroxy-8α,15-diisobutanoyloxy-2β-(α-methyl)-butanoyloxy-β-dihydroagarofuran 1β- 乙酰氧基 -9β- 苯甲酰基 -4α,6α- 二羟基 -8α,15- 二异丁酰氧基 -2β-(α- 甲基)- 丁酰氧基 -β- 二氢沉香呋喃 苦皮藤 Celastrus angulatus

1β-acetoxy-9β-benzoyloxy-8α-(α-methyl-butyloxy)-13-nicotinoyloxy-β-dihydroagarofuran 1β- 乙酰氧基 -9β- 苯甲酰氧基 -8α-(α- 甲基 - 丁酰氧基)-13- 烟酰氧基 -β- 二氢沉香呋喃 苦皮藤 Celastrus angulatus

1β-acetoxy-9β-benzoyloxy-8α-hydroxy-13-nicotinoyloxy-β-dihydroagarofuran 1β- 乙酰氧基 -9β- 苯甲酰氧基 -8α- 羟基 -13- 烟酰氧基 -β- 二氢沉香呋喃 苦皮藤 Celastrus angulatus

1β-acetoxy-9β-benzoyloxy-8α-isobutyryloxy-13-nicotinoyloxy-β-dihydroagarofuran 1β- 乙酰氧基 -9β- 苯甲酰氧基 -8α- 异丁酰氧基 -13- 烟酰氧基 -β- 二氢沉香呋喃 苦皮藤 Celastrus angulatus

1β-acetoxy-9β-benzoyloxy-8β-cinnamoyloxy-6α-(β-furancarbonyloxy)-4α-hydroxy-β-dihydroagarofuran 1β- 乙酰氧基 -9β- 苯甲酰氧基 -8β- 桂皮酰氧基 -6α-(β- 呋喃甲酰氧基)-4α- 羟基 -β- 二氢沉香呋喃 灯油藤 Celastrus paniculatus

3β-acetoxyabieta-8,11,13-trien-12-ol 3β- 乙酰氧基冷杉 -8,11,13- 三烯 -12- 醇 柳杉 Cryptomeria japonica var. sinensis, 台湾杉木 Cunninghamia lanceolata var. konishii, 狭基线纹香茶菜 Isodon lophanthoides var. gerardianus

2-acetoxyacorenone 2- 乙酰氧基 - 菖蒲烯酮 菖蒲 Acorus calamus

acetoxyaleuritolate 乙酰氧基石栗萜酸酯▲ 白大凤 Cladogynos orientalis

ω-acetoxyaloe-emodin ω- 乙酰氧基芦荟大黄素 酸模 Rumex acetosa

3β-acetoxyamyrin 3β- 乙酰氧基香树脂醇 芜菁还阳参 Crepis napifera

8β-acetoxyanhydroparthenin 8β- 乙酰氧基脱水银胶菊素 银胶菊 Parthenium hysterophorus
8β-acetoxyanhydroverlotorin 8β- 乙酰氧基脱水南艾蒿素▲ 麻疯树 Jatropha curcas
3β-acetoxyanticopalic acid 3β- 乙酰氧反可巴酸 偃松 Pinus pumila
19-β-L-3'-acetoxyarabinofuranosyl-*ent*-kaur-16-ene 19-β-L-3'- 乙酰氧呋喃阿拉伯糖基 - 对映 - 贝壳杉 -16- 烯 矮慈姑 Sagittaria pygmaea
8α-acetoxyarglabin 8α- 乙酰氧亮绿蒿素▲ 多花蒿 Artemisia myriantha
8α-acetoxyartabsin 8α- 乙酰氧基苦艾内酯 亚洲蓍 Achillea asiatica
16α-acetoxyasclepin 16α- 乙酰氧基马利筋素▲ 马利筋 Asclepias curassavica
acetoxyauraptene 乙酰氧基橙皮油烯 椿叶花椒 Zanthoxylum ailanthoides
6α-acetoxyazadirone 6α- 乙酰氧基印楝酮 红椿 Toona ciliata
3-acetoxybenzoic acid 3- 乙酰氧基苯甲酸 贵州獐牙菜 Swertia kouitchensis
3β-acetoxybetulin 3β- 乙酰氧基白桦脂醇 山芝麻 Helicteres angustifolia
3β-acetoxybetulinic acid 3β- 乙酰氧基白桦脂酸 山芝麻 Helicteres angustifolia
3-acetoxybetulinic aldehyde 3- 乙酰氧基白桦脂醛 日本桤木 Alnus japonica
7-acetoxybonducellpin C 7- 乙酰氧基刺果苏木素▲C 华南云实 Caesalpinia crista
13α-acetoxybrevifoliol 13α- 乙酰氧基短叶紫杉醇▲ 喜马拉雅红豆杉 Taxus wallichiana, 南方红豆杉 T. wallichinana var. mairei
2α-acetoxybrevifoliol 2α- 乙酰氧基短叶紫杉醇▲ 喜马拉雅红豆杉 Taxus wallichiana
(+)-16α-acetoxybuxabenzamidienine (+)-16α- 乙酰氧基黄杨苯甲酰胺二烯宁碱▲ 皱叶黄杨 Buxus rugulosa, 锦熟黄杨 B. sempervirens
14-acetoxycadina-4,11-diene 14- 乙酰氧基杜松 -4,11- 二烯 石地钱 Reboulia hemisphaerica
2-acetoxycaesaldekarin e 2- 乙酰氧基大云实灵▲e 刺果苏木 Caesalpinia bonduc, 华南云实 C. crista
16α-acetoxycalactin 16α- 乙酰氧基牛角瓜亭▲ 马利筋 Asclepias curassavica
16α-acetoxycalotropin 16α- 乙酰氧基牛角瓜素▲ 马利筋 Asclepias curassavica
8-acetoxycarvotanacetone 8- 乙酰氧基莳萝艾菊酮 薄荷 Mentha canadensis
(1*S*,9*R*)-14-acetoxycaryophylla-2(15),5*Z*-dien-7-one (1*S*,9*R*)-14- 乙酰氧基丁香 -2(15),5*Z*- 二烯 -7- 酮 止痢蚤草 Pulicaria dysenterica
1'-acetoxychavicol acetate 1'- 乙酰氧基胡椒酚乙酸酯 红豆蔻 Alpinia galanga
12β-acetoxycimigenol 12β- 乙酰氧基升麻醇 升麻 Cimicifuga foetida
trans-4-acetoxycinnamic acid-C15-C20-long-chain alcohol ester 反式 - 对乙酰氧基桂皮酸 C15-C20 脂肪醇酯 肾叶打碗花 Calystegia soldanella
7-acetoxycleistanth-13,15-dien-18-oic acid 7- 乙酰氧闭花木 -13,15- 二烯 -18- 酸 水珍珠菜 Pogostemon auricularius
2β-acetoxyclovan-9α-ol 2β- 乙酰氧基丁子香 -9α- 醇 番石榴 Psidium guajava
12β-acetoxycoccinic acid 12β- 乙酰氧基黑老虎酸 南五味子 Kadsura longipedunculata
1-acetoxycoleosol 1- 乙酰氧基鞘蕊花索醇▲ 毛喉鞘蕊花 Coleus forskohlii
2α-acetoxycostoate 2α- 乙酰氧基木香酸酯 翼齿六棱菊 Laggera crispata
15-acetoxycostunolide 15- 乙酰氧基木香内酯 天女花 Oyama sieboldii
9β-acetoxycostunolide 9β- 乙酰基木香内酯 杯菊 Cyathocline purpurea
(23*Z*)-3β-acetoxycycloart-23-en-25-ol (23*Z*)-3β- 乙酰氧基环木菠萝 -23- 烯 -25- 醇 薜荔 Ficus pumila
3β-acetoxycycloart-24,25-diol 3β- 乙酰氧基环木菠萝 -24,25- 二醇 冷杉 Abies fabri
(24*RS*)-3β-acetoxycycloart-25-en-24-ol (24*RS*)-3β- 乙酰氧基环木菠萝 -25- 烯 -24- 醇 薜荔 Ficus pumila
12-acetoxycyclomyltaylane-1β,5α-diol 12- 乙酰氧基环小萼苔▲-1β,5α- 二醇 石地钱 Reboulia hemisphaerica
4-acetoxydaphmanidin B 4- 乙酰氧基泰氏虎皮楠定 B 交让木 Daphniphyllum macropodum
8α-acetoxydehydrocostus lactone 8α- 乙酰氧基去氢木香内酯 雪莲花 Saussurea involucrata
(2*S*,3*S*)-3-acetoxy-dehydropachyrrhizone (2*S*,3*S*)-3- 乙酰氧基 - 去氢豆薯酮 豆薯 Pachyrhizus erosus
19-(*R*)-acetoxydihydrogelsevirine 19-(*R*)- 乙酰氧基二氢 -1- 甲氧基常绿钩吻灵▲ 钩吻 Gelsemium elegans
7α-acetoxydihydronomilin 7α- 乙酰氧基二氢柠檬林素▲ 白鲜 Dictamnus dasycarpus
3α-acetoxydiversifolol 3α- 乙酰氧基肿柄菊醇▲ 肿柄菊 Tithonia diversifolia
cis-12a-acetoxydolineone 顺式 -12a- 乙酰扁豆酮 豆薯 Pachyrhizus erosus
6-acetoxyechinoynethiophene A 6- 乙酰氧基蓝刺头炔噻吩 A 阔苞菊 Pluchea indica
acetoxyedulinine 乙酰氧基香肉果宁碱▲ 月桂茵芋 Skimmia laureola
8α-acetoxyelemol 8α- 乙酰氧基榄香醇 挥发油成分，未统计基源
8-acetoxyelemol 8- 乙酰氧基榄香醇 挥发油成分，未统计基源
18-acetoxy-*ent*-kaur-16-ene 18- 乙酰氧基 - 对映 - 贝壳杉 -16- 烯 番荔枝 Annona squamosa
12-acetoxy-ent-labda-8(17),13*E*-dien-15-oic acid 12- 乙酰氧基 - 对映 - 半日花 -8(17),13*E*- 二烯 -15- 酸 水松 Glyptostrobus pensilis
(1*R*,4*S*,5*S*,6*R*,8*S*,10*R*)-1-acetoxyeremphil-7(11)-en-6,15;8,12-diolide (1*R*,4*S*,5*S*,6*R*,8*S*,10*R*)-1- 乙酰氧基荒漠木 -7(11)- 烯 -6,15;8,12- 二内酯 鹿蹄橐吾 Ligularia hodgsonii
3β-acetoxyeriocasin D 3β- 乙酰氧基毛萼香茶菜辛▲D 毛萼香茶菜 Isodon eriocalyx
(1*S*,3a*R*,5*S*,6*R*,7*S*,7a*R*)-1-(1-acetoxyethyl)-octahydro-4-methylidene-7-[(2*S*)-2-methyloxiran-2-yl]-6-[(3-methylpentanoyl)oxy]-2-oxo-1*H*-inden-5-yl(2*E*)-4-acetoxy-3-methylpent-2-enoate (1*S*,3a*R*,5*S*,6*R*,7*S*,7a*R*)-1-(1- 乙酰氧基乙基)- 八氢 -4- 亚甲基 -7-[(2*S*)-2- 甲基环氧乙烷 -2- 基]-6-(3- 甲基戊烷酰氧基)-2- 氧代 -1*H*- 茚 -5-yl(2*E*)-4- 乙酰氧基 -3- 甲基戊 -2- 烯酯 天山橐吾 Ligularia narynensis
(1*S*,3a*R*,5*S*,6*R*,7*S*,7a*R*)-1-(1-acetoxyethyl)octahydro-6-[(2-methylbutanoyl)oxy]-4-methylidene-7-(2*S*)-2-methyloxiran-2-yl]-2-oxo-1*H*-inden-5-yl(2*E*)-4-acetoxy-3-methylpent-2-enoate (1*S*,3a*R*,5*S*,6*R*,7*S*,7a*R*)-1-(1- 乙酰氧基乙基) 八氢 -6-(2- 甲基丁酰氧基)-4- 亚甲基 -7-(2*S*)-2- 甲基环氧乙烷 -2- 基]-2- 氧代 -1*H*- 茚 -5- 基 (2*E*)-4- 乙酰氧基 -3- 甲基戊 -2- 烯酯 天山橐吾 Ligularia narynensis

3α-acetoxyeudesma-1,4(15),11(13)-trien-12,6α-olide 3α- 乙酰氧基桉叶 -1,4(15),11(13)- 三烯 -12,6α- 内酯 月桂 Laurus nobilis

9β-acetoxyeudesma-4,11(13)-dien-12-oic acid 9β- 乙酰氧基桉叶 -4,11(13)- 二烯 -12- 酸 湿地蒿 Artemisia tournefortiana

11-acetoxyeudesman-4α-ol 11- 乙酰氧基桉叶 -4α- 醇 柳杉 Cryptomeria japonica var. sinensis

[1'S]-1'-acetoxyeugenol acetate [1'S]-1'- 乙酰氧基丁香油酚乙酸酯 红豆蔻 Alpinia galanga

1'-acetoxyeugenol acetate 1'- 乙酰氧基丁香油酚乙酸酯 红豆蔻 Alpinia galanga

9β-acetoxy-eupatolide 9β- 乙酰氧基 - 泽兰内酯 湖北旋覆花 Inula hupehensis

(23Z)-3β-acetoxyeupha-7,23-dien-25-ol (23Z)-3β- 乙酰氧基大戟 -7,23- 二烯 -25- 醇 薜荔 Ficus pumila

23Z-3β-acetoxyeuphan-7,23-diene-25-ol 23Z-3β- 乙酰氧基大戟烷 -7,23- 二烯 -25- 醇 蒙古鸦葱 Scorzonera mongolica

8-acetoxyfalcarinol 8- 乙酰氧基镰叶芹醇 羌活 Notopterygium incisum

8β-acetoxyfawcettimine 8β- 乙酰氧基法氏石松明碱 粗糙马尾杉 Phlegmariurus squarrosus

6α-acetoxyferruginal 6α- 乙酰氧基锈色罗汉松醛▲ 刺柏 Juniperus formosana

12α-acetoxyfraxinellone 12α- 乙酰氧基白鲜酮▲ 楝 Melia azedarach

6α-acetoxyfraxinellone 6α- 乙酰氧基白鲜酮▲ 楝 Melia azedarach

21α-acetoxyfriedelan-3-one 21α- 乙酰氧基无羁萜 -3- 酮 云南甘草 Glycyrrhiza yunnanensis, 云南白杨 Populus yunnanensis

9-acetoxyfukinanolide 9- 乙酰氧基蜂斗菜次螺内酯 蜂斗菜 Petasites japonicus

1α-acetoxyfuranoeremophilan-6α,15-olide 1α- 乙酰氧基呋喃荒漠木 -6α,15- 内酯 网脉橐吾 Ligularia dictyoneura

14-acetoxygelsedilam 14- 乙酰氧基钩吻二内酰胺▲ 钩吻 Gelsemium elegans

6β-acetoxyglechomafuran 6β- 乙酰氧基活血丹呋喃 粘毛鼠尾草 Salvia roborowskii

22β-acetoxyglycyrrhizin 22β- 乙酰氧基甘草酸 洋甘草 Glycyrrhiza glabra, 甘草 G. uralensis

2α-acetoxyhardwickiic acid 2α- 乙酰氧基哈威豆酸▲ 田基黄 Grangea maderaspatana

12β-acetoxyharrisonin 12β- 乙酰氧基牛筋果宁 牛筋果 Harrisonia perforata

7-acetoxyhedychenone 7- 乙酰氧基姜花烯酮 草果药 Hedychium spicatum

3-acetoxy-helioscopinolide B 3- 乙酰氧基泽漆内酯 B 甘青大戟 Euphorbia micractina

3β-(3R-acetoxyhexadecanoyloxy)-29-norlupan-20-one 3β-(3R- 乙酰氧基十六烷酰氧基)-29- 降羽扇豆 -20- 酮 加拿大一枝黄花 Solidago canadensis

3β-(3R-acetoxyhexadecanoyloxy)-lup-20(29)-ene 3β-(3R- 乙酰氧基十六烷酰氧基)- 羽扇豆 -20(29)- 烯 加拿大一枝黄花 Solidago canadensis

3β-acetoxyhop-22(29)-ene 3β- 乙酰氧基何帕 -22(29)- 烯 波缘冷水花 Pilea cavaleriei

16-acetoxyhorminone 16- 乙酰氧基荷茗草酮▲ 狭基线纹香茶菜 Isodon lophanthoides var. gerardianus, 溪黄草 I. serra

12β-acetoxy-huratoxin 12β- 乙酰氧基 - 响盒子毒素▲ 狼毒 Stellera chamaejasme

14-acetoxyhydroxycaryophyllen-7-one 14- 乙酰氧基羟基丁香烯 -7- 酮 止痢蚤草 Pulicaria dysenterica

16α-acetoxyhyoscyamilactol 16α- 乙酰天仙子内醚醇▲ 天仙子 Hyoscyamus niger

8β-acetoxyhysterone C 8β- 乙酰氧基银胶菊酮▲C 银胶菊 Parthenium hysterophorus

2α-acetoxyinuviscolide 2α- 乙酰氧基粘性旋覆花内酯 湖北旋覆花 Inula hupehensis

6α-acetoxyisoinuviscolide 6α- 乙酰氧基异粘性旋覆花内酯 水朝阳旋覆花 Inula helianthusaquatilis, 湖北旋覆花 I. hupehensis

ent-3α-acetoxyisopimar-15-en-8α-ol 对映 -3α- 乙酰氧基异海松 -15- 烯 -8α- 醇 小叶香茶菜 Isodon parvifolius

β-acetoxyisovalerylalkannin β- 乙酰氧基异缬草酰紫朱草素 软紫草 Arnebia euchroma

β-acetoxyisovalerylshikonin β- 乙酰氧基异缬草酰紫草素 密花滇紫草 Onosma confertum, 露蕊滇紫草 O. exsertum, 细花滇紫草 O. hookeri, 长花滇紫草 O. hookeri var. longiflorum, 滇紫草 O. paniculatum

12β-acetoxy-isowikstroelide J 12β- 乙酰氧基 - 异荛花内酯 J 狼毒 Stellera chamaejasme

acetoxyjatropholone 乙酰氧基麻疯树酚酮 麻疯树 Jatropha curcas

17-acetoxyjolkinolide A 17- 乙酰氧基南大戟内酯 A 狼毒大戟 Euphorbia fischeriana

17-acetoxyjolkinolide B 17- 乙酰氧基南大戟内酯 B 狼毒大戟 Euphorbia fischeriana

acetoxyl oxokadsurane 乙酰氧基氧代南五味子烷 黑老虎 Kadsura coccinea, 异形南五味子 K. heteroclita

3-acetoxy-l,5-epoxy-l-(3,4-dihydroxy-5-methoxyphenyl)-7-(4-hydroxy-3-methoxyphenyl)-heptane 3- 乙酰氧基 -l,5- 环氧 -l-(3,4- 二羟基 -5- 甲氧基苯基)-7-(4- 羟基 -3- 甲氧基苯基)- 庚烷 姜 Zingiber officinale

3β-acetoxyl-11α-methoxybauer-8-en-7α-ol 3β- 乙酰氧基 -11α- 甲氧基鲍尔山油柑 -8- 烯 -7α- 醇 灰毛川木香 Dolomiaea souliei var. mirabilis

ent-17-acetoxyl-16β-methoxyl-kauran-3-one 对映 -17- 乙酰氧基 -16β- 甲氧基 - 贝壳杉 -3- 酮 多穗金粟兰 Chloranthus multistachys

3β-acetoxyl-2,25-epoxydammarane-24α-ol 3β- 乙酰氧基 -2,25- 环氧达玛 -24α- 醇 连翘 Forsythia suspensa

3β-acetoxyl-20S,24R-dammarane-25-ene-24-hydroperoxy-20-ol 3β- 乙酰氧基 -20S,24R- 达玛 -25- 烯 -24- 氢过氧 -20- 醇 连翘 Forsythia suspensa

3β-acetoxyl-20S-dammarane-23-ene-20,25-diol 3β- 乙酰氧基 -20S- 达玛 -23- 烯 -20,25- 二醇 连翘 Forsythia suspensa

3β-acetoxyl-24S-ethyl-9β,19-cyclolanost-25-ene 3β- 乙酰氧基 -24S- 乙基 -9β,19- 环羊毛脂 -25- 烯 九里香 Murraya exotica

3β-acetoxyl-24S-methyl-9β,19-cyclolanost-25-ene 3β- 乙酰氧基 -24S- 甲基 -9β,19- 环羊毛脂 -25- 烯 九里香 Murraya exotica

1-acetoxyl-2e-piperonyl-6e-[6-methoxylpiperonyl]-3,7-dioxabicyclo-[3,3,0]-octane 1- 乙酰氧基 -2e- 胡椒基 -6e-[6- 甲氧基胡椒基]-3,7- 二氧杂双环 -[3,3,0]- 辛烷 狭基线纹香茶菜 Isodon lophanthoides var. gerardianus

1-acetoxyl-2-piperonyl-6-[methoxylpiperonyl]-3,7-dioxabicy clo[3.3.0]octane 1- 乙酰氧基 -2- 胡椒基 -6-[甲氧基胡椒基]-3,7- 二氧杂环 [3.3.0] 辛烷 井栏边草 Pteris multifida

2-acetoxyl-3-deacetoxycaesaldekarin e 2- 乙酰氧基 -3- 去乙酰氧基大云实灵▲e 华南云实 Caesalpinia crista

15α-acetoxyl-6,11α-epoxy-6α-hydroxy-20-oxo-6,7-seco-*ent*-kaur-16-en-1,7-olide 15α- 乙酰氧基 -6,11α- 环氧 -6α- 羟基 -20- 氧代 -6,7- 裂环 -

对映 - 贝壳杉 -16- 烯 -1,7- 内酯 冬凌草 Isodon rubescens
19-acetoxy-labd-13(*E*)-en-8,15-diol 19- 乙酰氧基 - 半日花 -13(*E*)- 烯 -8,15- 二醇 叉子圆柏 Juniperus sabina
15-acetoxy-labd-8(17)-oic acid 15- 乙酰氧基 - 半日花 -8(17)- 酸 樟子松 Pinus sylvestris var. mongolica
3-acetoxylaleuritic acid 3- 乙酰氧基虫胶酸 蓖麻 Ricinus communis
22*β*-acetoxylantic acid 22*β*- 乙酰氧基马缨丹替酸▲ 马缨丹 Lantana camara
3*α*-acetoxyleoheteronone C, E 3*α*- 乙酰氧基益母草酮 C, E 细叶益母草 Leonurus sibiricus
22*β*-acetoxylglycyrrhaldehyde 23*β*- 乙酰氧基甘草醛 甘草 Glycyrrhiza uralensis
22*β*-acetoxylglyrrhaldehyde 22*β*- 乙酰氧基甘草醛 甘草 Glycyrrhiza uralensis
15*α*-acetoxylhydroxytrametenolic acid 15*α*- 乙酰氧基羟基栓菌烯醇酸▲ 朱红硫黄菌 Laetiporus miniatus
10-acetoxyligustroside 10- 乙酰氧基女贞苷 木犀 Osmanthus fragrans
ent-3*β*-acetoxylkauran-16*β*,17-diol 对映 -3*β*- 乙酰氧基贝壳杉 -16*β*,17- 二醇 多穗金粟兰 Chloranthus multistachys, 安徽贝母 Fritillaria anhuiensis
13*Z*-7*α*-acetoxylkolavenic acid 13*Z*-7*α*- 乙酰氧基羽叶哈威豆尼酸▲ 加拿大一枝黄花 Solidago canadensis
11*β*-acetoxyl-*N*-methylhuperzine B 11*β*- 乙酰氧基 -*N*- 甲基石杉碱 B 粗糙马尾杉 Phlegmariurus squarrosus
12-acetoxyloleic acid 12- 乙酰氧基油酸 挥发油成分，未统计基源
16-acetoxylsugiol 16- 乙酰氧基柳杉酚 细花线纹香茶菜 Isodon lophanthoides var. graciliflorus
3-acetoxy-lup-12,20(29)-diene 3- 乙酰氧基 - 羽扇豆 -12,20(29)- 二烯 岩木瓜 Ficus tsiangii
3*β*-acetoxylup-20(29)-en-28-ol 3*β*- 乙酰氧基羽扇豆 -20(29)- 烯 -28- 醇 山芝麻 Helicteres angustifolia
3*β*-acetoxylup-20(29)-ene 3*β*- 乙酰氧基羽扇豆 -20(29)- 烯 尖山橙 Melodinus fusiformis
(20*S*)-3*α*-acetoxylupan-29-oic acid (20*S*)-3*α*- 乙酰氧基羽扇豆 -29- 酸 肉花卫矛 Euonymus carnosus
3*β*-acetoxylupenol 3*β*- 乙酰氧基羽扇豆烯醇 大果大戟 Euphorbia wallichii, 水柳 Homonoia riparia
3*β*-acetoxy-lupenol 3*β*- 乙酰羽扇豆烯醇 白桂木 Artocarpus hypargyreus
3*β*-acetoxylupeol 3*β*- 乙酰氧基羽扇豆醇 芜菁还阳参 Crepis napifera
10-acetoxymajoroside 10- 乙酰氧基大车前洛苷▲ 大车前 Plantago major
3*α*-acetoxy-maoesin A 3*α*- 乙酰氧基 - 毛萼辛素 A 毛萼香茶菜 Isodon eriocalyx
(-)-14*β*-acetoxymatrine (-)-14*β*- 乙酰氧基苦参碱 越南槐 Sophora tonkinensis
(+)-14*α*-acetoxymatrine (+)-14*α*- 乙酰氧基苦参碱 越南槐 Sophora tonkinensis
21*β*-acetoxymelianone 21*β*- 乙酰氧基楝酮 楝 Melia azedarach
(*Z*)-7-acetoxy-methyl-11-methyl-3-methylene-dodeca-1,6,10-triene (*Z*)-7- 乙酰氧基 - 甲基 -11- 甲基 -3- 亚甲基 - 十二碳 -1,6,10- 三烯 黄花蒿 Artemisia annua
(-)-2,3-*cis*-2-acetoxymethyl-3-[(5'-methoxy-3',4'-methylenedioxyphenyl)(4''-hydroxy-3'',5''-dimethoxyphenyl)methyl]butyrolactone (-)-2,3- 顺式 -2- 乙酰氧基甲基 -3-[(5'- 甲氧基 -3',4'- 亚甲二氧基苯基)(4''- 羟基 -3'',5''- 二甲氧基苯基) 甲基] 丁内酯 石蝉草 Peperomia blanda
2-acetoxymethyl-3-[(5-methoxy-3,4-methylenedioxyphenyl)(4-hydroxy-3,5-dimethoxyphenyl)methyl]-butyrolactone 2- 乙酰氧基甲基 -3-[(5-甲氧基 -3,4- 亚甲二氧基苯基)(4- 羟基 -3,5- 二甲氧基苯基) 甲基]- 丁内酯 蒙自草胡椒 Peperomia heyneana
2,3-*trans*-3,4-*cis*-3-acetoxymethyl-4-[(5-methoxy-3,4-methylenedioxyphenyl)(3,4,5-trimethoxyphenyl)methyl]tetrahydrofuran-2-ol 2,3- 反式 -3,4- 顺式 -3- 乙酰氧基甲基 -4-[(5- 甲氧基 -3,4- 亚甲二氧基苯基)(3,4,5- 三甲氧基苯基) 甲基] 四氢呋喃 -2- 醇 蒙自草胡椒 Peperomia heyneana
3-acetoxymethyl-5-[(*E*)-2-formylethen-1-yl]-2-(4-hydroxy-3-methoxyphenyl)-7-methoxy-2,3-dihydrobenzofuran 3- 乙酰氧基甲基 -5-[(*E*)-2- 甲酰乙烯基 -1- 基]-2-(4- 羟基 -3- 甲氧基苯基)-7- 甲氧基 -2,3- 二氢苯并呋喃 木荷 Schima superba
5-acetoxymethylfurfural 5- 乙酰氧基甲基糠醛 中国绣球 Hydrangea chinensis
8-acetoxymutangin 8- 乙酰氧基布氏假橄榄素▲ 福建假卫矛 Microtropis fokienensis
(-)-31-acetoxy-N_a-benzoylbuxidienine (-)-31- 乙酰氧基 -N_a- 苯甲酰黄杨二烯宁碱 锦熟黄杨 Buxus sempervirens
3*β*-acetoxyneoambrosin 3*β*- 乙酰氧基新豚草素 银胶菊 Parthenium hysterophorus
3*β*-acetoxy-*B*-norcholest-5-ene 3*β*- 乙酰氧基 -*B*- 降胆甾 -5- 烯 刺桐 Erythrina variegata
3*α*-acetoxynortropane 3*α*- 乙酰氧基降托品烷 掌叶鱼黄草 Merremia vitifolia
18-acetoxy-octadeca-1,9-dien-4,6-diyn-3,8-diol 18- 乙酰氧基 - 十八碳 -1,9- 二烯 -4,6- 二炔 -3,8- 二醇 朝鲜当归 Angelica gigas
3*β*-acetoxyolean-11, 13(18)-dien-28-oic acid 3*β*- 乙酰氧基齐墩果 -11,13(18)- 二烯 -28- 酸 胡桃楸 Juglans mandshurica
3*β*-acetoxyolean-12-en-11-one 3*β*- 乙酰氧基齐墩果 -12- 烯 -11- 酮 孜然芹 Cuminum cyminum, 岩木瓜 Ficus tsiangii, 马棘 Indigofera pseudotinctoria
3*α*-acetoxyolean-12-en-27,28-dioic acid 28-methyl ester 3*α*- 乙酰氧基齐敦果 -12- 烯 -27,28- 二酸 -28- 酸甲酯 骆驼蒿 Peganum nigellastrum
3*α*-acetoxyolean-12-en-27-oic acid 3*α*- 乙酰氧基齐墩果 -12- 烯 -27- 酸 多花落新妇 Astilbe rivularis var. myriantha
3*β*-acetoxyolean-12-en-27-oic acid 3*β*- 乙酰氧基齐墩果 -12- 烯 -27- 酸 落新妇 Astilbe chinensis, 黄荆 Vitex negundo
3*β*-acetoxyolean-12-en-28-oic acid 3*β*- 乙酰氧基齐墩果 -12- 烯 -28- 酸 鸡冠刺桐 Erythrina crista-galli, 连翘 Forsythia suspensa
3-acetoxyolean-12-en-28-ol 3- 乙酰氧基齐墩果 -12- 烯 -28- 醇 棒柄花 Cleidion brevipetiolatum
3*α*-acetoxy-oleana-12-en-29-oic acid 3*α*- 乙酰氧基齐墩果 -12- 烯 -29- 酸酸 糙叶丰花草 Spermacoce hispida
3*β*-acetoxyoleana-9(11),12-diene 3*β*- 乙酰氧基齐墩果 -9(11),12- 二烯 狼毒大戟 Euphorbia fischeriana
3*β*-acetoxyoleanan-12-one 3*β*- 乙酰氧基齐墩果烷 -12- 酮 新疆党参 Codonopsis clematidea
3*α*-acetoxyoleanolic acid 3*α*- 乙酰氧基齐墩果酸 草苁蓉 Boschniakia rossica
3*β*-acetoxyoleanolic acid 3*β*- 乙酰氧基齐墩果酸 皂荚 Gleditsia sinensis, 钟形火焰树 Spathodea campanulata

5-acetoxypalisadin B 5- 乙酰栅状凹顶藻素▲ 齐藤凹顶藻 Laurencia saitoi
8β-acetoxyparthenin 8β- 乙酰氧基银胶菊素 银胶菊 Parthenium hysterophorus
9β-acetoxyparthenolide 9β- 乙酰基小白菊内酯 杯菊 Cyathocline purpurea
(2'R)-6-(2'-acetoxypentadecyl)-5-hydroxy-2-methoxy-1,4-benzoquinone (2'R)-6-(2'- 乙酰氧基十五烷基)-5- 羟基 -2- 甲氧基 -1,4- 苯醌 纽子果 Ardisia polysticta
12α-acetoxypetuniasterone D-7-acetate 12α- 乙酰氧基碧冬茄甾酮 D-7- 乙酸酯 碧冬茄 Petunia hybrida
1α-acetoxypinnatifidin 1α- 乙酰氧基山楂定 菊芋 Helianthus tuberosus
(+)-acetoxypinoresinol (+)- 乙酰氧基松脂酚 蜘蛛香 Valeriana jatamansi
acetoxypinoresinol 乙酰氧基松脂酚 白蜡树 Fraxinus chinensis
(+)-1-acetoxypinoresinol-4''-methyl ether-4'-β-D-glucopyranoside (+)-1- 乙酰氧基松脂酚 -4''- 甲醚 -4'-β-D- 吡喃葡萄糖苷 木犀榄 Olea europaea
(+)-acetoxypinoresinol-4'-β-D-glucopyranoside (+)- 乙酰氧基松脂酚 -4'-β-D- 吡喃葡萄糖苷 木犀榄 Olea europaea
5-(3-acetoxypropyl)-2-(3',4'-methylenedioxyphenyl)benzofuran 5-(3- 乙酰氧基丙基)-2-(3',4'- 亚甲二氧苯基) 苯并呋喃 灰叶安息香 Styrax calvescens, 芬芳安息香 S. odoratissimus
2-(5-(2-acetoxypropyl)-tetrahydrofuran-2-yl)propanoic acid 2-(5-(2- 乙酰氧基丙基)- 四氢呋喃 -2- 基)- 丙酸 滑桃树 Trevia nudiflora
acetoxyptelefoliarine 乙酰氧基榆橘灵▲ 月桂茵芋 Skimmia laureola
2β-acetoxypterodontic acid 2β- 乙酰氧基翼齿六棱菊酸▲ 翼齿六棱菊 Laggera crispata
7α-acetoxyroyleanone 7α- 乙酰氧基罗氏旋覆花酮▲ 迷迭香 Rosmarinus officinalis
2α-acetoxysandaracopimaradien-1α-ol 2α- 乙酰氧基山达海松二烯 -1α- 醇 苦山柰 Kaempferia marginata
14-acetoxyscaconine 14- 乙酰氧基花葶乌头宁 丽江乌头 Aconitum forrestii
acetoxyschinifolin 乙酰氧基青花椒内酯 青花椒 Zanthoxylum schinifolium
11-acetoxyselinan-4α-ol 11- 乙酰氧基芹子 -4α- 醇 香藜 Chenopodium botrys
(23S)-23-acetoxysoladulcidine (23S)-23- 乙酰氧基欧白英定▲ 番茄 Lycopersicon esculentum
29-acetoxyspiroiridal 29- 乙酰氧螺鸢尾醛 德国鸢尾 Iris germanica
2α-acetoxysugiol 2α- 乙酰氧基柳杉酚 丹参 Salvia miltiorrhiza
(7S,11S)-(+)-12-acetoxysydonic acid (7S,11S)-(+)-12- 乙酰氧基赛氏曲霉酸▲ 海漆 Excoecaria agallocha
(19R)-acetoxytabersonine (19R)- 乙酰氧基柳叶水甘草碱 奶子藤 Bousigonia mekongensis, 山橙 Melodinus suaveolens
3β-acetoxytaraxer-14-en-28-oic acid 3β- 乙酰氧基蒲公英萜 -14- 烯 -28- 酸 血桐 Macaranga tanarius var. tomentosa
2α-acetoxytashironin 2α- 乙酰氧基峦大八角宁▲ 红花八角 Illicium dunnianum
2α-acetoxytashironin A 2α- 乙酰氧基峦大八角宁▲A 红花八角 Illicium dunnianum
6α-acetoxyteuscordin 6α- 乙酰氧基蒜味香科科素▲ 血见愁 Teucrium viscidum
9-acetoxythymol-3-O-tiglate 9- 乙酰氧基麝香草酚 -3-O- 巴豆酸酯 台湾泽兰 Eupatorium formosanum, 佩兰 E. fortunei
8β-(4'-acetoxy-tiglyloxy)-3β-hydroxy-6Hβ,7Hα-germacra-1(10)E,4E,11(13)-trien-6,12-olide 8β-(4'- 乙酰氧基 - 巴豆酰氧基)-3β- 羟基 -6Hβ,7Hα- 大根老鹳草 -1(10)E,4E,11(13)- 三烯 -6,12- 内酯 多须公 Eupatorium chinense
3β-acetoxy-tirucalla-7,23-dien-25-ol 3β- 乙酰氧基 - 绿玉树 -7,23- 二烯 -25- 醇 构树 Broussonetia papyrifera
3β-acetoxy-tirucalla-7-en-24S,25-diol 3β- 乙酰氧基 - 绿玉树 -7- 烯 -24S,25 二醇 构树 Broussonetia papyrifera
14-acetoxytithifolin epoxyangelate 14- 乙酰氧基泽漆马灵环氧当归酸酯 菊芋 Helianthus tuberosus
(23R)-23-acetoxytomatidine (23R)-23- 乙酰氧基番茄定 番茄 Lycopersicon esculentum
6α-acetoxy-tomentosin 6α- 乙酰氧基 - 绒毛银胶菊素▲ 湖北旋覆花 Inula hupehensis
5-acetoxytriacontane 5- 乙酰氧基三十烷 蜂巢草 Leucas aspera
(2'R)-6-(2'-acetoxytridecyl)-2-methoxy-1,4-dihydroxybenzene (2'R)-6-(2'- 乙酰氧基三十烷基)-2- 甲氧基 -1,4- 对苯二酚 纽子果 Ardisia polysticta
(2'R)-6-(2'-acetoxytridecyl)-5-formyl-2-methoxy-1,4-dihydroxybenzene (2'R)-6-(2'- 乙酰氧基三十烷基)-5- 甲酰基 -2- 甲氧基 -1,4- 对苯二酚 纽子果 Ardisia polysticta
(2'R)-6-(2'-acetoxytridecyl)-5-hydroxy-2-methoxy-1,4-benzoquinone (2'R)-6-(2'- 乙酰氧基三十烷基)-5- 羟基 -2- 甲氧基 -1,4- 苯醌 纽子果 Ardisia polysticta
3α-acetoxytropane 3α- 乙酰氧基托品烷 掌叶鱼黄草 Merremia vitifolia
3β-acetoxytropane 3β- 乙酰氧基托品烷 灯笼果 Physalis peruviana
3-acetoxytropane 3- 乙酰氧基托品烷 树番茄 Cyphomandra betacea
3-(3'-acetoxytropoyloxy)-tropane 3-(3'- 乙酰氧基托品酰氧基)- 托品烷 树番茄 Cyphomandra betacea
3β-acetoxyurs-11,12-en-28,13-olide 3β- 乙酰氧基熊果 -11,12- 烯 -28,13- 内酯 蓝桉 Eucalyptus globulus
3β-acetoxyurs-11,13(18)-dien-28-oic acid 3β- 乙酰氧基熊果 -11,13(18)- 二烯 -28- 酸 赤桉 Eucalyptus camaldulensis
3β-acetoxyurs-11-en-13β,28-olide 3β- 乙酰氧基 -11- 烯 -13β,28- 交酯 皱皮木瓜 Chaenomeles speciosa
3β-acetoxyurs-11-en-28,13-olide 3β- 乙酰氧基熊果 -11- 烯 -28,13- 内酯 丁座草 Boschniakia himalaica, 马醉木 Pieris japonica
3β-acetoxyurs-11-en-28,13β-olide 3β- 乙酰氧基熊果 -11- 烯 -28,13β- 内酯 赤桉 Eucalyptus camaldulensis
3β-acetoxyurs-11-en-28-oic acid-13(28)-lactone 3β- 乙酰氧基熊果 -11- 烯 -28- 酸 -13(28)- 内酯 腺茉莉 Clerodendrum glandulosum, 树脂桉 Eucalyptus resinifera
3β-acetoxyurs-12-en-11-one 3β- 乙酰氧基熊果 -12- 烯 -11 酮 铜钱叶白珠 Gaultheria nummularioides, 须药藤 Stelmocrypton khasianum
3β-acetoxyurs-12-en-28-al 3β- 乙酰氧基熊果 -12- 烯 -28- 醛 马醉木 Pieris japonica

3β-acetoxyurs-12-en-28-oic acid 3β- 乙酰氧基熊果 -12- 烯 -28- 酸 丁座草 Boschniakia himalaica, 连翘 Forsythia suspensa, 裸蒴 Gymnotheca chinensis, 福建假卫矛 Microtropis fokienensis, 山杨 Populus davidiana

3β-acetoxyurs-12-ene-11-one 3β- 乙酰氧基熊果 -12- 烯 -11- 酮 微花藤 Iodes cirrhosa

3β-acetoxyurs-13(18)-ene 3β- 乙酰氧基熊果 -13(18)- 烯 绿茎还阳参 Crepis lignea, 夜香牛 Vernonia cinerea

3β-acetoxyurs-19-ene 3β- 乙酰氧基熊果烷 -19- 烯 夜香牛 Vernonia cinerea

3β-acetoxyurs-20(30)-ene 3β- 乙酰氧基熊果 -20(30)- 烯 磨盘草 Abutilon indicum

3β-acetoxyurs-28,13-olide 3β- 乙酰氧基熊果 -28,13- 内酯 丁座草 Boschniakia himalaica

3-acetoxyursolic acid 3- 乙酰氧基熊果酸 球蕊五味子 Schisandra sphaerandra

acetoxyvaleranone 乙酰氧基缬草酮 缬草 Valeriana officinalis

acetoxyvalerenic acid 乙酰氧基缬草烯酸 缬草 Valeriana officinalis

6α-acetoxyvouacapane 6α- 乙酰氧基柯桠树烷▲ 苏木 Caesalpinia sappan

8α-acetoxyzaluzanin 8α- 乙酰氧基中美菊素 挥发油成分，未统计基源

2-acetoxyzeylenone 2- 乙酰氧基锡兰紫玉盘烯酮▲ 山椒子 Uvaria grandiflora

3α-acetoxy-α-amyrin 3α- 乙酰氧基 -α- 香树脂醇 粗叶榕 Ficus hirta

3-acetoxy-α-amyrin 3- 乙酰氧基 -α- 香树脂醇 黄细心 Boerhavia diffusa

(6R)-acetoxy-α-humulene (6R)- 乙酰氧基 -α- 葎草烯 垂枝桦 Betula pendula

3β-acetoxy-β-amyrin 3β- 乙酰氧基 -β- 香树脂醇 粗叶榕 Ficus hirta

7-acetoxy-ε-caesalpin 7- 乙酰氧基 -ε- 云实素 喙荚云实 Caesalpinia minax

acetyl 4',5,8-trihydroxyflavone-7-α-D-glucopyranosyl-(2→1)-β-D-glucopyranoside 乙酰基-4',5,8- 三羟基黄酮 -7-α-D- 吡喃葡萄糖基 -(2→1)-β-D- 吡喃葡萄糖苷 沼生水苏 Stachys palustris

24-acetyl alisol A 24- 乙酰泽泻醇 A 蜈蚣藻 Grateloupia filicina

6'-acetyl deacetylasperuloside 6'- 乙酰去乙酰车叶草苷 金毛耳草 Hedyotis chrysotricha

acetyl forsythoside B 乙酰连翘酯苷 B 日本紫珠 Callicarpa japonica, 广东紫珠 C. kwangtungensis

3-acetyl maoecrystal S 3- 乙酰毛萼晶 S 毛萼香茶菜 Isodon eriocalyx

acetyl oleanolic aldehyde 乙酰齐墩果醛 日本桤木 Alnus japonica

acetyl pectolinarin 乙酰果胶柳穿鱼苷▲ 海滨柳穿鱼 Linaria japonica

acetyl peroxide 乙酰过氧化物 飞扬草 Euphorbia hirta

3-acetyl pomolic acid 3- 乙酰果渣酸▲ 木瓜 Chaenomeles sinensis

acetyl ribalinine 乙酰里德巴福木宁▲ 月桂茵芋 Skimmia laureola

acetyl salicylic acid 乙酰水杨酸 欧洲李 Prunus domestica

acetyl scandoside methyl ester 乙酰鸡矢藤次苷甲酯 金毛耳草 Hedyotis chrysotricha

acetyl taraxerol 乙酰蒲公英赛醇 七爪龙 Ipomoea mauritiana

3-acetyl-(-)-epicatechin-7-O-(6-isobutanoyloxyl)-β-D-glucopyranoside 3- 乙酰基 -(-)- 表儿茶素 -7-O-(6- 异丁酰氧基)-β-D- 吡喃葡萄糖苷 黑面神 Breynia fruticosa

3-acetyl-(-)-epicatechin-7-O-[6-(2-methylbutanoyloxyl)]-β-D-glucopyranoside 3- 乙酰基 -(-)- 表儿茶素 -7-O-[6-(2- 甲基丁酰氧基)]-β-D- 吡喃葡萄糖苷 黑面神 Breynia fruticosa

3-acetyl-(-)-epicatechin-7-O-β-D-glucopyranoside 3- 乙酰基 -(-)- 表儿茶素 -7-O-β-D- 吡喃葡萄糖苷 黑面神 Breynia fruticosa

6-acetyl-1,10-epoxyeuryopsin 6- 乙酰基 -1,10- 环氧阔眼菊素▲ 大叶橐吾 Ligularia macrophylla

11-acetyl-1,19-epoxydenudatine 11- 乙酰基 -1,19- 环氧裸翠雀亭 细叶黄乌头 Aconitum barbatum, 牛扁 A. barbatum var. puberulum, 吉林乌头 A. kirinense

(1R,4S,4aR)-6-acetyl-1,2,3,4,4a,5-hexahydro-4,4adimethylnaphthalene-1,7-diol 1R,4S,4aR)-6- 乙酰基 -1,2,3,4,4a,5- 六氢 -4,4a 二甲基萘 -1,7- 二醇 箭叶橐吾 Ligularia sagitta

(3aS,5S,11bR,12S)-12-acetyl-1,2,3a,4,5,7-hexahydro-8-methoxy-3,5-ethano-3H-pyrrolo[2,3-d]carbazole-6-carboxylic acid methyl ester (3aS,5S,11bR,12S)-12- 乙酰基 -1,2,3a,4,5,7- 六氢 -8- 甲氧基 -3,5- 乙醇基 -3H- 吡咯 [2,3-d] 咔唑 -6- 羧酸甲酯 盆架树 Alstonia rostrata

1-[2-[7-acetyl-1,4-bis[(acetyloxy)methyl]-1,2,3,4-tetrahydro-4,8-dihydroxy-1-dibenzofuranyl]-5-hydroxy-6-benzofuranyl]-ethanone 1-[2-[7- 乙酰基 -1,4- 二 [(乙酰氧基) 甲基]-1,2,3,4- 四氢 -4,8- 二羟基 -1- 二苯并呋喃]-5- 羟基 -6- 苯并呋喃]- 乙酮 熊耳草 Ageratum houstonianum

2-acetyl-1,8-dihydroxy-3-methyl-6-methoxynaphthalene 2- 乙酰基 -1,8- 二羟基 -3- 甲基 -6- 甲氧基萘 羊蹄 Rumex japonicus

3-acetyl-1,8-dihydroxy-9(8aH)-anthracenone 3- 乙酰基 -1,8- 二羟基 -9(8aH)- 蒽酮 皱叶酸模 Rumex crispus

2-acetyl-1,8-dimethoxy-3-methylnaphthalene 2- 乙酰基 -1,8- 二甲氧基 -3- 甲基萘 独尾草 Eremurus chinensis

2-acetyl-1,8-naphthol 2- 乙酰基 -1,8- 萘酚 长叶冻绿 Rhamnus crenata

6-acetyl-1,9-dideoxyforskolin 6- 乙酰基 -1,9- 二去氧毛喉鞘蕊花素▲ 毛喉鞘蕊花 Coleus forskohlii

1-[2-[7-acetyl-1-[(acetyloxy)methyl]-1,2,3,4-tetrahydro-8-hydroxy-4-methylene-1-dibenzofuranyl]-5-hydroxy-6-benzofuranyl]-ethanone 1-[2-[7- 乙酰基 -1-[(乙酰氧基) 甲基]-1,2,3,4- 四氢 -8- 羟基 -4- 亚甲基 -1- 二苯并呋喃]-5- 羟基 -6- 苯并呋喃]- 乙酮 熊耳草 Ageratum houstonianum

2-acetyl-1-{3-[3,4-di-O-acetyl-β-D-glucopyranosyl-(1→3)-2-O-acetyl-α-L-rhamnopyranosyloxy]octadecanoyl}-sn-glycerol 2- 乙酰基 -1-{3-[3,4- 二 -O- 乙酰基 -β-D- 吡喃葡萄糖基 -(1→3)-2-O- 乙酰基 -α-L- 吡喃鼠李糖氧基] 十八酰基 }-sn- 甘油 东京樱桃 Cerasus yedoensis

7-acetyl-10-deacetyl-7-debenzoylbrevifoliol 7- 乙酰基 -10- 去乙酰基 -7- 去苯甲酰短叶紫杉醇▲ 喜马拉雅红豆杉 Taxus wallichiana

acetyl-11-keto-β-boswellic acid 乙酰基 -11- 氧代 -β- 乳香酸 乳香树 Boswellia carteri

3β-acetyl-11β-hydroxy-lupeol 3β- 乙酰基 -11β- 羟基 - 羽扇豆醇 粘毛鼠尾草 Salvia roborowskii

12-acetyl-12-epinapelline 12- 乙酰基 -12- 表欧乌头碱 准噶尔乌头 Aconitum soongaricum
2-acetyl-13-dehydro-11-epihetisine 2- 乙酰基 -13- 去氢 -11- 表核替生 船盔乌头 Aconitum naviculare
2-acetyl-13-dehydro-11-hetisine 2- 乙酰基 -13- 去氢 -11- 核替生 船盔乌头 Aconitum naviculare
3α-acetyl-13β-hydroxy-8(17),14-labdadiene 3α- 乙酰基 -13β- 羟基 -8(17),14- 半日花二烯 新疆方枝柏 Juniperus pseudosabina
7,8-acetyl-14-benzoylchasmanine 7,8- 乙酰基 -14- 苯甲酰展花乌头宁 膝瓣乌头 Aconitum geniculatum
8-acetyl-14-benzoylchasmanine 8- 乙酰基 -14- 苯甲酰展花乌头宁 松潘乌头 Aconitum sungpanense
8-acetyl-14-benzoyl-ezochasmanine 8- 乙酰基 -14- 苯甲酰基 - 反展花乌头宁 瓜叶乌头 Aconitum hemsleyanum
5,8-acetyl-14-benzoylneoline 5,8- 乙酰基 -14- 苯甲酰新欧乌林碱▲ 膝瓣乌头 Aconitum geniculatum
8-acetyl-15-hydroxyneoline 8- 乙酰基 -15- 羟基新欧乌林碱▲ 铁棒锤 Aconitum pendulum
ent-17α-acetyl-16β-hydroxylkauran-3-one 对映 -17α- 乙酰基 -16β- 羟基贝壳杉 -3- 酮 多穗金粟兰 Chloranthus multistachys
6'-acetyl-19-glucopyranosyloxy-8(17),13-*ent*-labdadien-15→16-lactone 6'- 乙酰基 -19- 吡喃葡萄糖氧基 -8(17),13- 对映 - 半日花二烯 -15→16- 内酯 浮叶眼子菜 Potamogeton natans
6-acetyl-1-deoxyforskolin 6- 乙酰基 -1- 去氧毛喉鞘蕊花素▲ 毛喉鞘蕊花 Coleus forskohlii
8-acetyl-1-epishanzhigenin methyl ester 8- 乙酰基 -1- 表山栀苷元甲酯 独一味 Lamiophlomis rotata, 糙苏 Phlomis umbrosa
7-acetyl-1-hydroxy-4-methylene-1,2,3,4-tetrahydronaphthalene 7- 乙酰基 -1- 羟基 -4- 亚甲基 -1,2,3,4- 四氢萘 大黄橐吾 Ligularia duciformis
2-acetyl-1-hydroxy-8-methoxy-3-methylnaphthalene 2- 乙酰基 -1- 羟基 -8- 甲氧基 -3- 甲基萘 独尾草 Eremurus chinensis
4-acetyl-1-methyl-1-cyclohexene 4- 乙酰基 -1- 甲基 -1- 环己烯 挥发油成分，未统计基源
5-acetyl-2,2'-bithiophene 5- 乙酰基 -2,2'- 联噻吩 驴欺口 Echinops davuricus, 华东蓝刺头 E. grijsii
2-acetyl-2,2-dimethylchromene 2- 乙酰基 -2,2- 二甲基色烯 肿柄菊 Tithonia diversifolia
6-acetyl-2,2-dimethylchromene 6- 乙酰基 -2,2- 二甲基色烯 柳叶旋覆花 Inula salicina
6-acetyl-2,2-dimethylchromene-8-*O*-β-D-glucoside 6- 乙酰基 -2,2- 二甲基色烯 -8-*O*-β-D- 葡萄糖苷 肿柄菊 Tithonia diversifolia
(5*S*)-3α-acetyl-2,3,5-trimethyl-7α-hydroxy-5-(4,8,12-trimethyltridecanyl)-1,3α,5,6,7,7α-hexahydro-4-oxainden-1-one (5*S*)-3α- 乙酰基 -2,3,5- 三甲基 -7α- 羟基 -5-(4,8,12- 三甲基十三烷基)-1,3α,5,6,7,7α- 六氢 -4- 氧杂茚 -1- 酮 向日葵 Helianthus annuus
3α-acetyl-2,3,5-trimethyl-7α-hydroxy-5-(4,8,12-trimethyltridecanyl)-1,3α,5,6,7,7α-hexahydro-4-oxainden-1-one 3α- 乙酰基 -2,3,5- 三甲基 -7α- 羟基 -5-(4,8,12- 三甲基十三烷基)-1,3α,5,6,7,7α- 六氢 -4- 氧杂茚 -1- 酮 向日葵 Helianthus annuus
3α-acetyl-2,3,5-trimethyl-7α-hydroxy-5-(4,8,12-trimethyl-tridecanyl)-1,3α,5,6,7,7α-hexahydro-4-oxainden-1-one 3α- 乙酰基 -2,3,5- 三甲基 -7α- 羟基 -5-(4,8,12- 三甲基 - 十三醇)-1,3α,5,6,7,7α- 六氢 -4- 氧杂茚烯 -1- 酮 金莲花 Trollius chinensis
(2*Z*)-rel-(-)-(2*R*,3*S*)-5-acetyl-2,3-dihydro-7-methoxy-2-(1-methylethenyl)-3-benzofuranyl-2-methyl-2-butenoic acid ester (2*Z*)- 相对 -(-)-(2*R*,3*S*)-5- 乙酰基 -2,3- 二氢 -7- 甲氧基 -2-(1- 甲基乙烯基)-3- 苯并呋喃 -2- 甲基 -2- 丁烯酸酯 异叶泽兰 Eupatorium heterophyllum
3-acetyl-2,4-dihydroxy-6-methoxy-5-methylbenzaldehyde 3- 乙酰基 -2,4- 二羟基 -6 甲氧基 -5- 甲基苯甲醛 假鹰爪 Desmos chinensis
6-[2-(5-acetyl-2,7-dimethyl-8-oxo-bicyclo[4.2.0]octa-1,3,5-trien-7-yl)-2-oxo-ethyl]-3,9-dimethylnaphtho[1,8-bc]pyran-7,8-dione 6-[2-(5- 乙酰基 -2,7- 二甲基 -8- 酮 - 双环 [4.2.0] 辛 -1,3,5- 三烯 -7- 基)-2- 酮 - 乙基]-3,9- 二甲基萘并 [1,8-bc] 吡喃 -7,8- 二酮 山芝麻 Helicteres angustifolia
3-acetyl-20-hydroxy-28-oic-lupeol 3- 乙酰基 -20- 羟基 -28- 醛基羽扇豆烷醇 酸叶胶藤 Urceola rosea
12-acetyl-20-methylbutanoyl-dihydrosarcostin-3-*O*-β-D-thevetopyranosyl-(1→4)-β-D-oleandropyranosyl-(1→4)-β-D-cymaropyranoside 12- 乙酰基 -20- 甲基丁酰基 - 二氢肉珊瑚素▲-3-*O*-β-D- 吡喃磁麻糖基 -(1→4)-β-D- 吡喃夹竹桃糖基 -(1→4)-β-D- 吡喃磁麻糖苷 贯筋藤 Dregea sinensis var. corrugata
3β-acetyl-22,23,24,25,26,27-hexanordamaran-20-one 3β- 乙酰基 -22,23,24,25,26,27- 六降达玛 -20- 酮 水同木 Ficus fistulosa
3β-acetyl-28-hydroxyuvaol 3β- 乙酰基 -28- 羟基熊果醇 枸骨 Ilex cornuta
1-acetyl-2-deacetyltrichilin H 1- 乙酰基 -2- 去乙酰鹧鸪花素▲H 楝 Melia azedarach
6-acetyl-2-hydroxymethyl-2-methylchroman-4-one 6- 乙酰基 -2- 羟甲基 -2- 甲基二氢色原 -4- 酮 菊三七 Gynura japonica
6-acetyl-2-isopropenyl-8-methoxy-1,3-benzodioxin-4-one 6- 乙酰基 -2- 异戊烯基 -8- 甲氧基 -1,3- 苯并二氧 (杂) 芑 -4- 酮 大叶橐吾 Ligularia macrophylla
3-acetyl-2-methyl-1,4,5-trihydroxy-2,3-epoxynaphthoquinol 3- 乙酰基 -2- 甲基 -1,4,5- 三羟基 -2,3- 环氧萘二醌 羊蹄 Rumex japonicus
(+)-3-acetyl-2-methyl-1,5-dihydroxy-2,3-epoxynaphthoquinol (+)-3- 乙酰基 -2- 甲基 -1,5- 二羟基 -2,3- 环氧萘醌醇 羊蹄 Rumex japonicus
4α-acetyl-2β,5α,8-triisobutyryl-1β,3α,10,11-tetrahydroxybisabolene 4α- 乙酰基 -2β,5α,8- 三异丁酰基 -1β,3α,10,11- 四羟基红没药烯 车前状垂头菊 Cremanthodium ellisii
4α-acetyl-2β-angeloyl-5α,10-diisobutyryl-1β,3α,8,11-tetrahydroxybisabolene 4α- 乙酰基 -2β- 当归酰基 -5α,10- 二异丁酰基 -1β,3α,8,11- 四羟基红没药烯 车前状垂头菊 Cremanthodium ellisii
4α-acetyl-2β-angeloyl-5α,8-diisobutyryl-1β,3α,10,11-tetrahydroxybisabolene 4α- 乙酰基 -2β- 当归酰基 -5α,8- 二异丁酰基 -1β,3α,10,11- 四羟基红没药烯 车前状垂头菊 Cremanthodium ellisii
(2*R*,4a*S*,7a*R*)-rel-(+)-7a-acetyl-3,4,4a,7a-tetrahydro-4a-hydroxy-2,6,7-trimethyl-2-(4,8,12-trimethyltridecyl)-cyclopenta[b]pyran-5(2*H*)-one (2*R*,4a*S*,7a*R*)- 相对 -(+)-7a- 乙酰基 -3,4,4a,7a- 四氢 -4a- 羟基 -2,6,7- 三甲基 -2-(4,8,12- 三甲基十三烷基)- 环戊 [b] 吡喃 -5(2*H*)- 酮 龙脷叶 Sauropus spatulifolius
3-acetyl-3,4-dihydro-5,6-dimethoxyisocoumarin 3- 乙酰基 -3,4- 二氢 -5,6- 二甲氧基异香豆素 川黄檗 Phellodendron chinense
3-acetyl-3,5,4'-trihydroxy-7-methoxylflavone 3- 乙酰基 -3,5,4'- 三羟基 -7- 甲氧基黄酮 粗叶榕 Ficus hirta
2-acetyl-3,5-dihydroxy-1-geranoxy-6-methyl-4-(2-methyl)butyryl-benzene 2- 乙酰基 -3,5- 二羟基 -1- 香叶醇基 -6- 甲基 -4-(2- 甲基) 丁酰基 - 苯 地耳草 Hypericum japonicum
4-acetyl-3,6'-diferuloylsucrose 4- 乙酰基 -3,6'- 二阿魏酰蔗糖 麝香百合 Lilium longiflorum var. scabrum
2-acetyl-3,8-dihydroxy-6-methoxy-anthraquinone 2- 乙酰基 -3,8- 二羟基 -6- 甲基蒽醌 药鼠李 Rhamnus cathartica

7-acetyl-3,8-dihydroxy-6-methyl-1-naphthyl-*O*-*β*-D-glucopyranoside 7- 乙酰基 -3,8- 二羟基 -6- 甲基 -1- 萘 -*O*-*β*-D- 吡喃葡萄糖苷 掌叶大黄 Rheum palmatum

(3a*R*,4*R*,5*S*,7a*S*)-2-acetyl-3a,4,5,6,7,7a-hexahydro-7a-hydroxy-1*H*-inden-5-yl acetate (3a*R*,4*R*,5*S*,7a*S*)-2- 乙酰基 -3a,4,5,6,7,7a- 六氢 -7a- 羟基 -1*H*- 茚 -5- 乙酸酯 蹄叶橐吾 Ligularia fischeri

1-acetyl-3-acetoxyacetyl-indole 1- 乙酰基 -3- 乙酰氧乙酰基吲哚 松乳菇 Lactarius deliciosus

2-acetyl-3a-methyl-5-(2-methyl-but-2-enoyloxy)-3a,4,5,6,7,7a-hexahydro-1*H*-indene-4-carboxylic acid 2- 乙酰基 -3a- 甲基 -5-(2- 甲基 - 丁 -2- 烯酰氧基)-3a,4,5,6,7,7a- 六氢 -1*H*- 茚 -4- 酸 牛蒡叶橐吾 Ligularia lapathifolia

(+)-*cis*-4'-acetyl-3'-angeloylkhellactone (+)- 顺式 -4'- 乙酰基 -3'- 当归酰阿米芹内酯▲ 滨海前胡 Peucedanum japonicum

2-acetyl-3a*β*-methyl-3a,6,7,7a*β*-tetra-hydro-1*H*-inden-4-oic acid methyl ester 2- 乙酰基 -3a*β*- 甲基 -3a,6,7,7a*β*- 四氢 -1*H*- 茚 -4- 羧酸甲酯 牛蒡叶橐吾 Ligularia lapathifolia

1-acetyl-3-carboxy-*β*-carboline 1- 乙酰基 -3- 羧基 -*β*- 咔啉 金铁锁 Psammosilene tunicoides, 银柴胡 Stellaria dichotoma var. lanceolata

4'-acetyl-3'-cinnamoyl-2'-*p*-methoxycinnamoyl-6-*O*-rhamoylcatalpol 4'- 乙酰基 -3'- 桂皮酰基 -2'- 对甲氧基桂皮酰基 -6-*O*- 鼠李糖基梓醇 玄参 Scrophularia ningpoensis

1-acetyl-3-deacetyltrichilin H 1- 乙酰基 -3- 去乙酰鹧鸪花素▲H 楝 Melia azedarach

2-acetyl-3-hydroxy-4-ethenyl-6-(*N*-cyclopent-2,4-dienylpiperidine)quinoline 2- 乙酰基 -3- 羟基 -4- 乙烯基 -6-(*N*- 环戊 2,4- 二烯 - 哌啶) 喹啉 刺毛黧豆 Mucuna pruriens

1-acetyl-3-methoxycarbonyl-4-hydroxyl-*β*-carboline 1- 乙酰基 -3- 甲氧基羰基 -4- 羟基 -*β*- 咔啉 金铁锁 Psammosilene tunicoides

1-acetyl-3-methoxycarbonyl-*β*-carboline 1- 乙酰基 -3- 甲氧基羰基 -*β*- 咔啉 金铁锁 Psammosilene tunicoides, 银柴胡 Stellaria dichotoma var. lanceolata

2-acetyl-3-methyl-1,8-dihydroxynaphthalene-8-*O*-*β*-D-glucopyranosyl-(1→3)-*β*-D-glucopyranoside 2- 乙酰基 -3- 甲基 -1,8-1,8- 二羟萘 -8-*O*-*β*-D- 吡喃葡萄糖基 -(1→3)-*β*-D- 吡喃葡萄糖苷 戟叶酸模 Rumex hastatus

2-acetyl-3-methyl-6,8-dihydroxy-2,3,4,4-tetrahydronaphthalene-1-one-6-*O*-*β*-D-glucopyranoside 2- 乙酰基 -3- 甲基 -6,8- 二羟基 -2,3,4,4- 四氢萘 -1- 酮 -6-*O*-*β*-D- 吡喃葡萄糖苷 窄叶大黄 Rheum sublanceolatum

2-acetyl-3-methyl-6-methoxy-8-hydroxy-1,4-naphthoquinone 2- 乙酰基 -3- 甲基 -6- 甲氧基 -8- 羟基 -1,4- 萘醌 羊蹄 Rumex japonicus

2-acetyl-3-methyl-8-methoxy-1,4-naphthoquinone-6-*O*-*β*-D-glucopyranoside 2- 乙酰基 -3- 甲基 -8- 甲氧基 -1,4- 萘醌 -6-*O*-*β*-D- 吡喃葡萄糖苷 狭叶番泻 Cassia angustifolia, 钝叶决明 Senna tora var. obtusifolia

1-acetyl-3-tigloyl-11-methoxymeliacarpinin 1- 乙酰基 -3- 巴豆酰基 -11- 甲氧基楝卡品宁▲ 楝 Melia azedarach

(+)-*trans*-4'-acetyl-3'-tigloylkhellactone (+)- 反式 -4'- 乙酰基 -3'- 巴豆酰阿米芹内酯▲ 滨海前胡 Peucedanum japonicum

2-acetyl-3*α*,*β*-methyl-3*α*,4,5,6,7,7*α*-hexahydro-inden-4*β*-carboxylic methyl ester 2- 乙酰基 -3*α*,*β*- 甲基 -3*α*,4,5,6,7,7*α*- 六氢茚 -4*β*- 羧酸甲酯 掌叶橐吾 Ligularia przewalskii

15-acetyl-3*α*-hydroxy-8(17),13-labdadiene 15- 乙酰基 -3*α*- 羟基 -8(17),13- 半日花二烯 新疆方枝柏 Juniperus pseudosabina

1-{3-[(3-acetyl-4,6-dihydroxy-2-methoxy-5-methylphenyl)methyl]-2,4-dihydroxy-6-methoxyphenyl}-ethanone 1-{3-[(3- 乙酰基 -4,6- 二羟基 -2- 甲氧基 -5- 甲基苯基) 甲基]-2,4- 二羟基 -6- 甲氧基苯基 }- 乙酮 甘肃大戟 Euphorbia kansuensis

3-acetyl-4-caffeoylquinic acid 3- 乙酰基 -4- 咖啡酰奎宁酸 茄 Solanum melongena

2-acetyl-4-chloro-1,8-dihydroxy-3-methylnaphthalene-8-*O*-*β*-D-glucopyranoside 2- 乙酰基 -4- 氯 -1,8- 二羟基 -3- 甲基萘 -8-*O*-*β*-D- 吡喃葡萄糖苷 巴天酸模 Rumex patientia

1-acetyl-4-methoxy-*β*-carboline 1- 乙酰基 -4- 甲氧基 -*β*- 咔啉 臭椿 Ailanthus altissima, 岭南臭椿 A. triphysa

1-acetyl-4-methyl-1-cyclohexene 1- 乙酰基 -4-1- 环己烯 雪松 Cedrus deodara

7-acetyl-4-methylazulene-1-carbaldehyde 7- 乙酰基 -4- 甲基薁 -1- 甲醛 松乳菇 Lactarius deliciosus

(-)-*trans*-3'-acetyl-4'-senecioyl khellactone (-)- 反式 -3'- 乙酰基 -4'- 千里光酰阿米芹内酯▲ 滨海前胡 Peucedanum japonicum

trans-3'-acetyl-4'-senecioylkhellactone 反式 -3'- 乙酰基 -4'- 千里光酰阿米芹内酯▲ 少毛北前胡 Peucedanum harry-smithii var. subglabrum

(±)-*cis*-3'-acetyl-4'-tigloylkhellactone (±)- 顺式 -3'- 乙酰基 -4'- 巴豆酰阿米芹内酯▲ 滨海前胡 Peucedanum japonicum

2-acetyl-5-(prop-1-ynyl)-thiophene-3-*O*-*β*-D-glucoside 2- 乙酰基 -5-(丙基 -1- 炔基)- 噻吩 -3-*O*-*β*-D- 葡萄糖苷 异叶泽兰 Eupatorium heterophyllum

2-acetyl-5,6-dimethoxybenzofuran 2- 乙酰基 -5,6- 二甲氧基苯并呋喃 掌叶橐吾 Ligularia przewalskii, 窄头橐吾 L. stenocephala

2-acetyl-5,6-dimethoxy-benzofuran 2- 乙酰基 -5,6- 二甲氧基 - 苯并呋喃 狭苞橐吾 Ligularia intermedia

[4a*R*-(4a*α*,5*α*,6a*α*,7*α*,7a*α*,8*β*,9*β*,10a*β*,11*α*,12*α*,12a*β*,12b*β*)]-7-acetyl-5,8-bis(acetyloxy)-7-(benzoyloxy)-dodecahydro-10a-hydroxy-1,1,9,12-tetramethyl-11-(1-oxopropoxy)-3*H*-12,6a-(epoxymethano)-1*H*-azuleno[5,6-h]-2-benzopyran-3,6(4*H*)-dione [4a*R*-(4a*α*,5*α*,6a*α*,7*α*,7a*α*,8*β*,9*β*,10a*β*,11*α*,12*α*,12a*β*,12b*β*)]-7- 乙酰基 -5,8- 二乙酰氧基 -7- 苯甲酰氧基 - 十二氢 -10a- 羟基 -1,1,9,12- 四甲基 -11-(1- 氧代丙酰氧基)-3*H*-12,6a- 环氧甲醇基 -1*H*- 薁并 [5,6-h]-2- 苯并吡喃 -3,6(4*H*)- 二酮 土瓜狼毒 Euphorbia prolifera

3-acetyl-5-caffeoylquinic acid 3- 乙酰基 -5- 咖啡酰奎宁酸 茄 Solanum melongena

3-acetyl-5-carbomethoxy-2*H*-3,4,5,6-tetrahydro-1,2,3,5,6-oxatetrazine 3- 乙酰基 -5- 甲酯基 -2*H*-3,4,5,6- 四氢 -1,2,3,5,6- 噁四嗪 仙茅 Curculigo orchioides

7-acetyl-5-ethenyl-3-(*N*-cyclopenta-3'',5''-dienyl-2''-hydroxypiperidine)quinoline 7- 乙酰基 -5- 乙烯基 -3-(*N*- 环戊 -3'',5''- 二烯 -2''- 羟基哌啶) 喹啉 刺毛黧豆 Mucuna pruriens

6-acetyl-5-hydroxy-2-(1-hydroxy-2-propenyl)-3-methoxy-2,3-dihydrobenzofuran 6- 乙酰基 -5- 羟基 -2-(1- 羟基 -2- 丙烯基)-3- 甲氧基 -2,3- 二氢苯并呋喃 小舌菊 Microglossa pyrifolia

6-acetyl-5-hydroxy-2*α*-isopropenyl-3*β*-methoxy-2,3-dihydrobenzofuran 6- 乙酰基 -5- 羟基 -2*α*- 乙丙烯 -3*β*- 甲氧基 -2,3- 二氢苯并呋喃 阿尔泰狗娃花 Heteropappus altaicus

4-acetyl-5-methyldihydrofuran-2-one 4- 乙酰基 -5- 甲基二氢呋喃 -2- 酮 细花线纹香茶菜 Isodon lophanthoides var. graciliflorus

2-acetyl-5β-acetoxy-3a,4,5,6,7,7a-hexahydro-7aβ-hydroxy-3aβ,4β-dimethyl-1H-indene 2- 乙酰基 -5β- 乙酰氧基 -3a,4,5,6,7,7a- 六氢 -7aβ- 羟基 -3aβ,4β- 二甲基 -1H- 茚 鹿蹄橐吾 Ligularia hodgsonii

7-acetyl-6(7)-en-noreremophil-13β-carboxylic acid 7- 乙酰基 -6(7)- 烯 - 降艽漠木 -13β- 酸 阿勒泰橐吾 Ligularia altaica, 大叶橐吾 L. macrophylla

(3β,6β,10α)-3-acetyl-6,10-dihydroxyeremophila-7(11),8-dieno-12,8-lactone (3β,6β,10α)-3- 乙酰基 -6,10- 二羟基艽漠木 -7(11),8- 二烯 -12,8- 内酯 蹄叶橐吾 Ligularia fischeri

(3β,6β,10β)-3-acetyl-6,10-dihydroxyeremophila-7(11),8-dieno-12,8-lactone (3β,6β,10β)-3- 乙酰基 -6,10- 二羟基艽漠木 -7(11),8- 二烯 -12,8- 内酯 蹄叶橐吾 Ligularia fischeri

(3β,6β,8α,10β)-3-acetyl-6,8,10-trihydroxyeremophil-7(11)-eno-12,8-lactone (3β,6β,8α,10β)-3- 乙酰基 -6,8,10- 三羟基艽漠木 -7(11)- 烯 -12,8- 内酯 蹄叶橐吾 Ligularia fischeri

(2Z)-(1S,4aR,5R,6S,8aR)-3-acetyl-6-acetyloxy-1,2,4a,5,6,7,8, 8a-octahydro-8a-hydroxy-4a,5-dimethyl-2-oxo-1-naphthalenyl-(2-methyl-2-butenoic acid)ester (2Z)-(1S,4aR,5R,6S,8aR)-3- 乙酰基 -6- 乙酰氧基 -1,2,4a,5,6,7,8, 8a- 八氢 -8a- 羟基 -4a,5- 二甲基 -2- 氧代 -1- 萘 -(2- 甲基 -2- 丁烯酸) 酯 鹿蹄橐吾 Ligularia hodgsonii

5-acetyl-6-hydroxy-2-(1-meth-ylethylidene)-3(2H)-benzofuranone 5- 乙酰基 -6- 羟基 -2-(1- 甲基乙烯基)-3(2H)- 苯并呋喃酮 莲叶橐吾 Ligularia nelumbifolia

5-acetyl-6-hydroxy-2-acetonylbenzofuran 5- 乙酰基 -6- 羟基 -2- 丙酮苯并呋喃 白马骨 Serissa serissoides

5-acetyl-6-hydroxy-2-isopropenylbenzofuran 5- 乙酰基 -6- 羟基 -2- 异丙烯基苯并呋喃 窄头橐吾 Ligularia stenocephala, 白马骨 Serissa serissoides

5-acetyl-6-hydroxy-2α-isopropenyl-3β-methoxy-2,3H-benzofuran 5- 乙基 -6- 羟基 -2α- 异丙烯基 -3β- 甲氧基 -2,3H- 苯并呋喃 窄头橐吾 Ligularia stenocephala

7-acetyl-6-hydroxy-3-(1-methyl-ethylidene)-1,4-benzodioxin-2(3H)-one 7- 乙酰基 -6- 羟基 -3-(1- 甲基亚乙基)-1,4- 苯并二氧 (杂) 芑 -2(3H)- 酮 窄头橐吾 Ligularia stenocephala

5-acetyl-6-methoxy-2-isopropenyl-benzofuran 5- 乙酰基 -6- 甲氧基 -2- 异丙基 - 苯并呋喃 离舌橐吾 Ligularia veitchiana

8-acetyl-6'-O-(p-coumaroyl)harpagide 8- 乙酰基 -6'-O- 对香豆酰钩果草吉苷 ▲ 蒙古莸 Caryopteris mongholica

6-acetyl-7-hydroxy-2,2-dimethylchromene 6- 乙酰基 -7- 羟基 -2,2- 二甲基色烯 肿柄菊 Tithonia diversifolia

6-acetyl-7-hydroxy-2,3-dimethylchromone 6- 乙酰基 -7- 羟基 -2,3- 二甲基色酮 肿柄菊 Tithonia diversifolia

6-acetyl-7-hydroxy-2-isopropylidene-benzo[1,4]dioxin-3-one 6- 乙酰基 -7- 羟基 -2- 异亚丙基苯并 [1,4] 二氧 (杂) 芑 -3- 酮 窄头橐吾 Ligularia stenocephala

8-acetyl-7-hydroxy-6-methoxycoumarin 8- 乙酰基 -7- 羟基 -6- 甲氧基香豆素 多花梣 Fraxinus floribunda

1-acetyl-7-hydroxy-β-carboline 1- 乙酰基 -7- 羟基 -β- 咔啉 树番茄 Cyphomandra betacea

6-acetyl-7-methoxy-2,2-dimethylchromene 6- 乙酰基 -7- 甲氧基 -2,2- 二甲基色烯 肿柄菊 Tithonia diversifolia

5-acetyl-7-methoxybenzofuran 5- 乙酰基 -7- 甲氧基苯并呋喃 掌叶橐吾 Ligularia przewalskii

6-acetyl-7-methoxycoumarin 6- 乙酰基 -7- 甲氧基 - 香豆素 祁白芷 Angelica dahurica 'Qibaizhi'

(3β,6β,8β,10β)-3-acetyl-8,10-dihydroxy-6-(2-methyl-1-oxo-butoxy)eremophil-7(11)-eno-12,8-lactone (3β,6β,8β,10β)-3- 乙酰基 -8,10- 二羟基 -6-(2- 甲基 -1- 氧代 - 丁酰氧基) 艽漠木 -7(11)- 烯 -12,8- 内酯 蹄叶橐吾 Ligularia fischeri

2-acetyl-8a-methyl-2-(2-methyl-but-2-enoyloxy)-6-oxo-1,2,3,4,4a,5,6,8a-octahydro-naphthalene-1-carboxylic acid 2- 乙酰基 -8a- 甲基 -2-(2- 甲基 - 丁 -2- 烯酰氧基)-6- 酮 -1,2,3,4,4a,5,6,8a- 八氢萘 -1- 酸 牛蒡叶橐吾 Ligularia lapathifolia

6-acetyl-8-methoxy-2,3-dimethyl-chromen-4-one 6- 乙酰基 -8- 甲氧基 -2,3- 二甲基 - 色烯 -4- 酮 大叶橐吾 Ligularia macrophylla

14-acetyl-8-O-methyltalatisamine 14- 乙酰基 -8-O- 甲基塔拉乌头胺 露蕊乌头 Aconitum gymnandrum

1-acetyl-9H-β-carboline-3-carboxylic acid 1- 乙酰基 -9H-β- 咔啉 -3- 羧酸 坚硬女娄菜 Silene firma

1-acetyl-9H-β-carboline-3-carboxylic acid amide 1- 乙酰基 -9H-β- 咔啉 -3- 羧酸酰胺 坚硬女娄菜 Silene firma

3-acetylacankoreagenin 3- 乙酰朝鲜五加苷元 鹅掌柴 Heptapleurum heptaphyllum

3-acetylaconifine 3- 乙酰乌头芬碱 北乌头 Aconitum kusnezoffii

3-acetylaconitine 3- 乙酰乌头碱 伏毛铁棒锤 Aconitum flavum, 北乌头 A. kusnezoffii, 铁棒锤 A. pendulum, 伏毛直序乌头 A. richardsonianum var. pseudosessiliflorum, 狭盔高乌头 A. sinomontanum var. angustius, 秦岭翠雀花 Delphinium giraldii

acetylaconitine 乙酰乌头碱 亚东乌头 Aconitum spicatum

acetylacrifoline 乙酰尖叶石松碱 多穗石松 Lycopodium annotinum, 玉柏 L. obscurum

acetylacteol-3-O-L-arabinopyranoside 乙酰类叶升麻醇 -3-O-L- 吡喃阿拉伯糖苷 ▲ 升麻 Cimicifuga foetida

2'-acetylacteoside 2'- 乙酰洋丁香酚苷 白棠子树 Callicarpa dichotoma, 广东紫珠 C. kwangtungensis, 马鞭草 Verbena officinalis

19-acetylagathadiol 19- 乙酰贝壳杉二醇 ▲ 柳杉 Cryptomeria japonica var. sinensis

3β-acetylaleuritolic acid 3β- 乙酰石栗萜酸 ▲ 滑桃树 Trevia nudiflora

3-acetylaleuritolic acid 3- 乙酰石栗萜酸 ▲ 石栗 Aleurites moluccana, 水柳 Homonoia riparia, 佛肚树 Jatropha podagrica, 垂序商陆 Phytolacca americana, 马齿苋 Portulaca oleracea

acetylaleuritolic acid 乙酰石栗萜酸 ▲ 石栗 Aleurites moluccana, 银叶巴豆 Croton cascarilloides, 鸡骨香 C. crassifolius, 越南巴豆 C. kongensis, 狼毒大戟 Euphorbia fischeriana, 海漆 Excoecaria agallocha, 异形南五味子 Kadsura heteroclita, 白背叶 Mallotus apelta, 商陆 Phytolacca acinosa, 乌桕 Triadica sebifera, 油桐 Vernicia fordii

acetylalkannin 乙酰紫朱草素 软紫草 Arnebia euchroma, 密花滇紫草 Onosma confertum, 滇紫草 O. paniculatum

acetylalstohentine 乙酰大叶糖胶树亭碱 ▲ 大叶糖胶树 Alstonia macrophylla

p-(acetylamino)phenol 对乙酰氨基酚 沙蓬 Agriophyllum squarrosum
2-acetylaminobenzoic acid methyl ester 2- 乙酰胺基苯甲酸甲酯 猫尾草 Uraria crinita
4-acetylaminobutanoic acid 4- 乙酰氨基丁酸 冬凌草 Isodon rubescens
4-acetylaminoethylphenyl-*O*-[6-*O*-(*Z*)-*p*-methoxycinnamoyl-*β*-D-glucopyranosyl(1 → 2)]-[*β*-D-glucopyranosyl(1 → 3)]-*α*-L-rhamnopyranoside 4- 乙酰胺基乙基苯 -*O*-[6-*O*-(*Z*)- 对甲氧桂皮酰基 -*β*-D- 吡喃葡萄糖基 (1 → 2)]-[*β*-D- 吡喃葡萄糖基 (1 → 3)]-*α*-L- 吡喃鼠李糖苷 四齿四棱草 Schnabelia tetrodonta
3*β*-acetylamyrin 3*β*- 乙酰香树脂醇 连翘 Forsythia suspensa
α-acetylamyrin *α*- 乙酰香树脂醇 榕树 Ficus microcarpa, 桑 Morus alba
β-acetylamyrin *β*- 乙酰香树脂醇 槲寄生 Viscum coloratum
2'-acetylangelicin 2'- 乙酰白芷素 蛇床 Cnidium monnieri
4-acetylanisole 4- 乙酰茴香醚 挥发油成分，未统计基源
acetylannofoline 乙酰多穗石松叶碱▲ 玉柏 Lycopodium obscurum
acetylannulatophenonoside 乙酰环状金丝桃苯酮苷▲ 贯叶连翘 Hypericum perforatum
5-acetylapigenin 5- 乙酰芹菜苷元 多节青兰 Dracocephalum nodulosum
6''-acetylapiin 6''- 乙酰芹菜苷 欧芹 Petroselinum crispum
8-acetylarteminolide 8- 乙酰蒿内酯▲ 湘赣艾 Artemisia gilvescens, 阴地蒿 A. sylvatica
2''-acetylasebotin 2''- 乙酰马醉木苷 马醉木 Pieris japonica
6'-acetylasperuloside 6'- 乙酰车叶草苷 金毛耳草 Hedyotis chrysotricha
acetylastragaloside 乙酰黄芪苷 黄耆 Astragalus penduliflorus subsp. mongholicus var. dahuricus
acetylastragaloside I 乙酰黄芪苷 I 蒙古黄耆 Astragalus penduliflorus, 黄耆 A. penduliflorus subsp. mongholicus var. dahuricus
acetylated quercetin 3-*O*-arabinosylgalactoside 乙酰化槲皮素 -3-*O*- 阿拉伯半乳糖苷 延龄草 Trillium tschonoskii
acetylated-7-glucoluteolin 乙酰化木犀草素 -7- 葡萄糖苷 多节青兰 Dracocephalum nodulosum
(1*Z*)-acetylatractylodinol (1*Z*)- 乙酰苍术二醇 苍术 Atractylodes lancea
acetylatractylodinol 乙酰苍术二醇 前胡 Peucedanum praeruptorum
1-acetylbaccatin IV 1- 乙酰浆果紫杉素 IV 喜马拉雅红豆杉 Taxus wallichiana
7-acetylbarbaline 7- 乙酰巴比翠雀林碱▲ 康定翠雀花 Delphinium tatsienense
acetylbarlerin 乙酰假杜鹃素 假杜鹃 Barleria cristata, 花叶假杜鹃 B. lupulina, 黄花假杜鹃 B. prionitis, 毛地黄鼠尾草 Salvia digitaloides
2-acetylbenzylamine 2- 乙酰苯胺 鸭嘴花 Justicia adhatoda
3-acetyl-betulinic acid 3- 乙酰白桦脂酸 枳 Poncirus trifoliata
acetylbignonic acid 乙酰紫葳酸 猫爪藤 Macfadyena unguis-cati
acetylbinankadsurin A 乙酰日本南五味子素▲A 黑老虎 Kadsura coccinea, 日本南五味子 K. japonica, 南五味子 K. longipedunculata, 冷饭藤 K. oblongifolia, 阿里山五味子 Schisandra arisanensis
acetylbinankadsurin B 乙酰日本南五味子素▲B 日本南五味子 Kadsura japonica
α-acetylboswellic acid *α*- 乙酰乳香酸 乳香树 Boswellia carteri
β-acetylboswellic acid *β*- 乙酰乳香酸 乳香树 Boswellia carteri
13-acetylbrevifoliol 13- 乙酰基短叶紫杉醇▲ 东北红豆杉 Taxus cuspidata, 喜马拉雅红豆杉 T. wallichiana
acetylbullatantriol 乙酰泡番荔枝三醇▲ 千年健 Homalomena occulta
(-)-10-acetylbupleurotoxin (-)-10- 乙酰柴胡毒素 大叶柴胡 Bupleurum longiradiatum
acetylbupleurotoxin 乙酰柴胡毒素 大叶柴胡 Bupleurum longiradiatum
(+)-acetylcephalotaxine (+)- 乙酰三尖杉碱 三尖杉 Cephalotaxus fortunei
acetylcephalotaxine 乙酰三尖杉碱 三尖杉 Cephalotaxus fortunei, 高山三尖杉 C. fortunei var. alpina, 海南粗榧 C. mannii, 篦子三尖杉 C. oliveri, 台湾三尖杉 C. sinensis var. wilsoniana
acetylcholine 乙酰胆碱 刺花莲子草 Alternanthera pungens, 苦蘵 Physalis angulata
12*β*-acetylcimigenol-3-*O*-*β*-D-xylopyranoside 12*β*- 乙酰升麻醇 -3-*O*-*β*-D- 吡喃木糖苷 升麻 Cimicifuga foetida
(+)-acetylcorynoline (+)- 乙酰紫堇灵 苍山黄堇 Corydalis delavayi
acetylcorynoline 乙酰紫堇灵 地丁草 Corydalis bungeana, 斑花黄堇 C. conspersa, 刻叶紫堇 C. incisa, 暗绿紫堇 C. melanochlora, 珠芽地锦苗 C. sheareri f. bulbillifera, 金钩如意草 C. taliensis, 糙果紫堇 C. trachycarpa, 齿瓣延胡索 C. turtschaninovii
2-acetylcrotepoxide A, B 2- 乙酰巴豆环氧化合物 A, B 海南三七 Kaempferia rotunda
(-)-31-acetylcyclomicrophylline A (-)-31- 乙酰环小叶黄杨林碱▲A 锦熟黄杨 Buxus sempervirens
(7*R*,8*S*)-9-acetyl-dehydrodiconiferyl alcohol (7*R*,8*S*)-9- 乙酰基 - 去氢二松柏醇 小木通 Clematis armandii
14-acetyldelcosine 14- 乙酰琉璃飞燕草碱▲ 康定翠雀花 Delphinium tatsienense
14-acetyldelectine 14- 乙酰网果翠雀亭▲ 飞燕草 Consolida ajacis
acetyldelgrandine 乙酰大花飞燕草定▲ 翠雀 Delphinium grandiflorum, 康定翠雀花 D. tatsienense
6-acetyldelpheline 6- 乙酰翠雀灵 康定翠雀花 Delphinium tatsienense, 天山翠雀花 D. tianshanicum
acetyldihydromicromelin A 乙酰二氢小芸木素 A 小芸木 Micromelum integerrimum
2'-acetyldihydropenstemide 2'- 乙酰二氢钓钟柳次苷▲ 金佛山荚蒾 Viburnum chinshanense
2-acetyldimedone 2- 乙酰基 -5,5- 二甲基环己 -1,3- 二酮 五层龙 Salacia prinoides
8-acetyldolaconine 8- 乙酰嘟啦碱 弯喙乌头 Aconitum campylorrhynchum
acetylechimidine 乙酰蓝蓟定 蓝蓟 Echium vulgare

2-acetylemodin 2- 乙酰大黄素 何首乌 Polygonum multiflorum
acetylepigomisin R 乙酰表北五味子素▲R 黑老虎 Kadsura coccinea
acetylepipicropodophyllotoxin 乙酰表苦鬼臼毒素 叉子圆柏 Juniperus sabina
acetylepipodophyllotoxin 乙酰表鬼臼毒素 叉子圆柏 Juniperus sabina
3-acetyleriocasin C 3- 乙酰毛萼香茶菜辛▲C 毛萼香茶菜 Isodon eriocalyx
1-acetylerivanin 1- 乙酰香蒿交酯 菊状千里光 Senecio laetus
acetylestrone 乙酰雌酮 止泻木 Holarrhena pubescens
8-acetylexcelsine 8- 乙酰紫花高乌头辛▲ 吉林乌头 Aconitum kirinense
acetylexidonin 乙酰鄂西香茶菜宁▲ 毛叶香茶菜 Isodon japonicus, 蓝萼毛叶香茶菜 I. japonicus var. glaucocalyx, 冬凌草 I. rubescens
(+)-acetylfawcettiine (+)- 乙酰法氏石松碱 玉柏 Lycopodium obscurum
acetylfawcettiine 乙酰法氏石松碱 扁枝石松 Diphasiastrum complanatum, 石松 Lycopodium japonicum, 玉柏 L. obscurum, 垂穗石松 Palhinhaea cernua
acetylferulic acid 乙酰阿魏酸 猪毛菜 Salsola collina
6-acetylforskolin 6- 乙酰毛喉鞘蕊花素▲ 毛喉鞘蕊花 Coleus forskohlii
2'-acetylforsythoside B 2'- 乙酰连翘酯苷 B 广东紫珠 Callicarpa kwangtungensis
acetylfraxinol 乙酰白蜡树酚▲ 灰毛豆 Tephrosia purpurea
2-acetylfuran 2- 乙酰呋喃 挥发油成分，未统计基源
6-acetylfuranofukinol 6- 乙酰呋喃蜂斗菜醇 蜂斗菜 Petasites japonicus
3-acetylgardenolic acid A 3- 乙酰栀子花酸 A 栀子 Gardenia jasminoides
20(*R*)-acetylginsenoside Re 20(*R*)- 乙酰人参皂苷 Re 人参 Panax ginseng
6'-acetyl-ginsenoside-Rd 6'- 乙酰人参皂苷 Rd 珠子参 Panax japonicus var. major
22*β*-acetylglabric acid 22*β*- 乙酰光果甘草酸 甘草 Glycyrrhiza uralensis
acetylglucogitoroside 乙酰葡萄糖吉托苷 毛地黄 Digitalis purpurea
3-acetylglycyrrhetic acid 3- 乙酰甘草次酸 甘草 Glycyrrhiza uralensis
acetylgomisin K 乙酰北五味子素▲K 滇藏五味子 Schisandra neglecta
acetylgomisin R 乙酰北五味子素▲R 滇藏五味子 Schisandra neglecta, 合蕊五味子 S. propinqua, 鹤庆五味子 S. wilsoniana
3'-acetylgomphoside 3'- 乙酰钉头果苷 钉头果 Gomphocarpus fruticosus
16-acetylgrayanotoxin II 16- 乙酰木藜芦毒素 II 照山白 Rhododendron micranthum
acetylhaplophyllidine 乙酰大叶芸香利定▲ 大叶芸香 Haplophyllum perforatum
8-acetylharpagide 8- 乙酰钩果草吉苷▲ 金疮小草 Ajuga decumbens, 齿苞筋骨草 A. lupulina var. major, 紫背金盘 A. nipponensis, 裸花紫珠 Callicarpa nudiflora, 灰毛莸 Caryopteris forrestii, 小叶灰毛莸 C. forrestii var. minor, 蒙古莸 C. mongholica, 光果莸 C. tangutica, 毛球莸 C. trichosphaera, 鼬瓣花 Galeopsis bifida, 少药八角 Illicium oligandrum, 细叶益母草 Leonurus sibiricus, 突厥益母草 L. turkestanicus, 红纹马先蒿 Pedicularis striata, 沼生水苏 Stachys palustris
acetylharpagide 乙酰钩果草吉苷▲ 药水苏 Betonica officinalis
3'-acetylheliosupine 3'- 乙酰平卧天芥菜品碱▲ 红花琉璃草 Cynoglossum officinale
3'-acetylheliosupine-*N*-oxide 3'- 乙酰平卧天芥菜品碱▲-*N*- 氧化物 蓝蓟 Echium vulgare
6-acetylheteratisine 6- 乙酰异叶乌头碱 毛果甘青乌头 Aconitum tanguticum var. trichocarpum
11-acetylhetisine 11- 乙酰核替生 甘青乌头 Aconitum tanguticum
3''-acetylhyperin 3''- 乙酰金丝桃苷 杜香 Ledum palustre
6''-acetylhyperin 6''- 乙酰金丝桃苷 杜香 Ledum palustre
acetylicariin 乙酰淫羊藿苷 朝鲜淫羊藿 Epimedium koreanum
(+)-acetylimbricatolic acid (+)- 乙酰覆瓦南洋杉醇酸 西藏柏木 Cupressus torulosa
15-acetylimbricatoloic acid 15- 乙酰覆瓦南洋杉醇酸▲ 鹿石蕊 Cladonia rangiferina
acetylindicine 乙酰大尾摇碱 大尾摇 Heliotropium indicum
7-acetylintermedine 7- 乙酰中美紫草碱 聚合草 Symphytum officinale
acetylintermedine 乙酰中美紫草碱 鹤虱 Lappula myosotis
acetylisocorynoline 乙酰异紫堇灵 地丁草 Corydalis bungeana, 珠芽地锦苗 C. sheareri f. bulbillifera
acetylisocupressic acid 乙酰异柏木酸 挥发油成分，未统计基源
acetylisoepiatalantin 乙酰异表酒饼簕苦素 酒饼簕 Atalantia buxifolia
14-acetylisograyanotoxin II 14- 乙酰异木藜芦毒素 II 照山白 Rhododendron micranthum
acetyljujuboside B 乙酰枣苷▲B 酸枣 Ziziphus jujuba var. spinosa
acetylkaikasaponin III 乙酰槐花皂苷 III 粉葛 Pueraria montana var. thomsonii
14-acetylkarakoline 14- 乙酰多根乌头碱 黄草乌 Aconitum vilmorinianum
16-acetylkirenol 16- 乙酰基豨莶草醇 豨莶 Sigesbeckia orientalis
acetylkomaroidine 乙酰柯氏白刺定碱▲ 大白刺 Nitraria roborowskii
9-acetyllanicepside B 9- 乙酰绵头雪兔子苷▲B 丁座草 Boschniakia himalaica
acetyllasiocarpine 乙酰毛果天芥菜碱 大尾摇 Heliotropium indicum
11-acetyllepenine 11- 乙酰雷波乌头碱 牛扁 Aconitum barbatum var. puberulum, 白喉乌头 A. leucostomum
acetylleptocarpin 乙酰薄果菊素▲ 肿柄菊 Tithonia diversifolia

6α-acetyllindenanolide B_1 6α- 乙酰钓樟烯内酯▲B_1 乌药 Lindera aggregata, 鼎湖钓樟 L. chunii
6α-acetyllindenanolide B_2 6α- 乙酰钓樟烯内酯▲B_2 乌药 Lindera aggregata, 鼎湖钓樟 L. chunii
acetyllithosenine 乙酰紫草烯宁▲ 小花紫草 Lithospermum officinale
acetyllobscurinol 乙酰玉柏石松醇 玉柏 Lycopodium obscurum
acetyllofoline 乙酰石松林碱 多穗石松 Lycopodium annotinum
12-acetylluciculine 12- 乙酰光泽乌头灵▲ 牛扁 Aconitum barbatum var. puberulum
1-acetylluciculine 1- 乙酰光泽乌头灵▲ 牛扁 Aconitum barbatum var. puberulum
12-acetyllucidusculine 12- 乙酰光泽乌头碱 伏毛铁棒锤 Aconitum flavum
3-acetyllupeol 3- 乙酰羽扇豆醇 人心果 Manilkara zapota
acetyllupeol 乙酰羽扇豆醇 栎叶槲蕨 Drynaria quercifolia
acetyllycofawcine 乙酰法氏石松辛碱 石松 Lycopodium japonicum
5-acetyllycofoline 5- 乙酰石松叶碱 垂穗石松 Palhinhaea cernua
acetyllycoposerramine M 乙酰蛇足石杉明碱▲M 石松 Lycopodium japonicum, 垂穗石松 Palhinhaea cernua
8β-acetyllycoposerramine U 8β- 乙酰蛇足石杉明碱▲U 粗糙马尾杉 Phlegmariurus squarrosus
acetyllycoposerramine U 乙酰蛇足石杉明碱▲U 粗糙马尾杉 Phlegmariurus squarrosus
7-acetyllycopsamine 7- 乙酰狼紫琴颈草胺▲ 药用牛舌草 Anchusa officinalis, 聚合草 Symphytum officinale
acetyllycopsamine 乙酰狼紫琴颈草胺▲ 鹤虱 Lappula myosotis
acetylmaesaquinone 乙酰杜茎山醌 杜茎山 Maesa japonica
6''-acetylmaritimein 6''- 乙酰基海滨金鸡菊苷▲ 小舌菊 Microglossa pyrifolia
2''-acetylmartynoside 2''- 乙酰角胡麻苷 海州常山 Clerodendrum trichotomum
3''-acetylmartynoside 3''- 乙酰角胡麻苷 海州常山 Clerodendrum trichotomum
acetylmartynoside A 乙酰角胡麻苷 A 臭牡丹 Clerodendrum bungei, 火焰花 Phlogacanthus curviflorus
acetylmartynoside B 乙酰角胡麻苷 B 巴东醉鱼草 Buddleja albiflora, 臭牡丹 Clerodendrum bungei, 四齿四棱草 Schnabelia tetrodonta
3-acetylmesaconitine 3- 乙酰中乌头碱 北乌头 Aconitum kusnezoffii, 亚东乌头 A. spicatum
2-acetyl-*meso*-inositol 2- 乙酰内消旋肌醇 聚花风铃草 Campanula glomerata subsp. speciosa
10-acetylmonomelittoside 10- 乙酰假蜜蜂花单苷▲ 北车前 Plantago media
3-acetylmyricadiol 3- 乙酰杨梅二醇 商陆 Phytolacca acinosa
12-acetylnapelline 12- 乙酰欧乌头碱 多根乌头 Aconitum karakolicum
acetylnapelline 乙酰欧乌头碱 多根乌头 Aconitum karakolicum
2-acetylnaphtho-[2,3-b]-furan-4,9-dione 2- 乙酰萘并 [2,3-b] 呋喃 -4,9- 二酮 掌叶木 Tabebuia rosea
14-acetylneoline 14- 乙酰新欧乌林碱▲ 宾川乌头 Aconitum duclouxii, 宣威乌头 A. nagarum var. lasiandrum
6''-acetylnodakenin 6''- 乙酰紫花前胡苷 朝鲜当归 Angelica gigas
8-acetylnorchelerythrine 8- 乙酰降白屈菜红碱 飞龙掌血 Toddalia asiatica
3'''-acetyl-*O*-betonyoside D 3'''- 乙酰基 -*O*- 药水苏醇苷▲D 糙苏 Phlomis umbrosa
acetylodolactone 乙酰马蛋果内酯▲ 马蛋果 Gynocardia odorata
4'''-acetyl-*O*-isoverbascoside 4'''- 乙酰基 -*O*- 异毛蕊花苷 马鞭草 Verbena officinalis
3β-acetyloleanolic acid 3β- 乙酰齐墩果酸 白桦 Betula platyphylla, 丁座草 Boschniakia himalaica, 大叶鱼骨木 Canthium simile, 南蛇藤 Celastrus orbiculatus, 毛果巴豆 Croton lachnocarpus, 连翘 Forsythia suspensa, 红波罗花 Incarvillea delavayi, 东北雷公藤 Tripterygium regelii
3-acetyloleanolic acid 3- 乙酰齐墩果酸 香青 Anaphalis sinica, 糙皮桦 Betula utilis, 荷莲豆草 Drymaria cordata, 河边千斤拔 Flemingia fluminalis, 鹅掌藤 Heptapleurum arboricola, 榕叶冬青 Ilex ficoidea, 花木蓝 Indigofera kirilowii, 人心果 Manilkara zapota, 垂序商陆 Phytolacca americana, 桃金娘 Rhodomyrtus tomentosa, 新疆鼠尾草 Salvia deserta, 白马骨 Serissa serissoides, 黄蜡果 Stauntonia brachyanthera, 昆明山海棠 Tripterygium hypoglaucum
acetyloleanolic acid 乙酰齐墩果酸 软枣猕猴桃 Actinidia arguta, 多被银莲花 Anemone raddeana, 蓝桉 Eucalyptus globulus, 岭南山竹子 Garcinia oblongifolia, 毛冬青 Ilex pubescens, 女贞 Ligustrum lucidum, 木犀 Osmanthus fragrans, 珠仔树 Symplocos racemosa, 台湾肺形草 Tripterospermum taiwanense
6''-acetylononin 6''- 乙酰芒柄花苷 沙冬青 Ammopiptanthus mongolicus
13-acetonyl-12,13-dihydrochelerythrine 13- 丙酮基 -12,13- 基二氢白屈菜红碱 椿叶花椒 Zanthoxylum ailanthoides
acetyl-*O*-*p*-coumaroylquinic acid 乙酰基 -*O*- 对香豆酰奎宁酸 木龙葵 Solanum scabrum
4'''-acetyl-*O*-verbascoside 4'''- 乙酰基 -*O*- 毛蕊花苷 马鞭草 Verbena officinalis
6''-acetyl-*O*-verbascoside 6''- 乙酰基 -*O*- 毛蕊花苷 马鞭草 Verbena officinalis
9-acetyl-oxidoisotrilobolide-6-*O*-isobutyrate 9- 乙酰基三叶拉色芹内酯 -6-*O*- 异丁酸酯 卤地菊 Wedelia prostrata
[2*S*-(2α,4α,4aα,7β)]-4-(acetyloxy)-1,2,3,4,4a,5,6,7-octahydro-7-hydroxy-4a,8-dimethyl-α-methylene-2-naphthaleneacetic acid [2*S*-(2α,4α,4aα,7β)]-4-(乙酰氧基)-1,2,3,4,4a,5,6,7- 八氢 -7- 羟基 -4a,8- 二甲基 -α- 亚甲基 -2- 萘乙酸 臭蒿 Artemisia hedinii
[2*S*-(2α,4α,4aα)]-4-(acetyloxy)-1,2,3,4,4a,5,6,7-octahydro-8-(hydroxymethyl)-4a-methyl-α-methylene-2-naphthaleneacetic acid [2*S*-(2α,4α,4aα)]-4-(乙酰氧基)-1,2,3,4,4a,5,6,7- 八氢 -8-(羟甲基)-4a- 甲基 -α- 亚甲基 -2- 萘乙酸 臭蒿 Artemisia hedinii
11-(acetyloxy)-1,8-dihydroxyguai-4-en-3-one 11- 乙酰氧基 -1,8- 二羟基愈创木 -4- 烯 -3- 酮 小窃衣 Torilis japonica
2-(acetyloxy)-13-methyl-17-norkaura-1,15-dien-3,12-dione 2- 乙酰氧基 -13- 甲基 -17- 降贝壳杉 -1,15- 二烯 -3,12- 二酮 海漆 Excoecaria agallocha

5-[3-(acetyloxy)-1-propenyl]-2,3-dihydro-2-(4-hydroxy-3-methoxyphenyl)-7-methoxy-3-benzofuranmethanol-α-acetate 5-[3-(乙酰氧基)-1- 丙烯基]-2,3- 二氢 -2-(4- 羟基 -3- 甲氧基苯基)-7- 甲氧基 -3- 苯并呋喃甲醇 -α- 乙酸酯 象橘 Feronia limonia

2-(acetyloxy)-2-(2,4-dimethylphenyl)-1,3-propanediyl-2-methyl-propanoic acid ester 2-(乙酰氧基)-2-(2,4- 二甲基苯基)-1,3- 丙二基 -2- 甲基 - 丙酸酯 烟管头草 Carpesium cernuum

5-(acetyloxy)-2-[4-(acetyloxy)phenyl]-4-oxo-3-[2,3,4-tri-*O*-acetyl-6-*O*-(2,3,4-tri-*O*-acetyl-α-L-rhamnopyranosyl)-β-D-glucopyranosyloxy]-flavan-7-yl-β-D-triacetateglucopyranosiduronic acid 5-(乙酰氧基)-2-[4-(乙酰氧基) 苯基]-4- 氧代 -3-[2,3,4- 三 -*O*- 乙酰基 -6-*O*-(2,3,4- 三 -*O*- 乙酰基 -α-L- 吡喃鼠李糖基)-β-D- 吡喃葡萄糖氧基]- 黄烷 -7- 基 -β-D- 三乙酸酯吡喃葡萄糖醛酸 郁金香 Tulipa gesneriana

3-(acetyloxy)-2-hydroxy-2-(2-methoxy-4-methylphenyl)propyl-2-methyl-propanoic acid ester 3-(乙酰氧基)-2- 羟基 -2-(2- 甲氧基 -4- 甲基苯基) 丙基 -2- 甲基 - 丙酸酯 烟管头草 Carpesium cernuum

4β-(acetyloxy)-2β,3α-dihydroxy-5β-pregn-16-en-20-one 4β-(乙酰氧基)-2β,3α- 二羟基 -5β- 孕甾 -16- 烯 -20- 酮 细柄薯蓣 Dioscorea tenuipes

(2β,3β,4β,5α)-2-(acetyloxy)-3,4-dihydroxy-pregnan-16-one (2β,3β,4β,5α)-2-(乙酰氧基)-3,4- 二羟基孕甾 -16- 酮 浆果楝 Cipadessa baccifera

[3a*S*-(3aα,5β,5aβ,9bα)]-5-(acetyloxy)-3a,4,5,5a,6,7,8,9b-octahydro-5a,9-dimethyl-3-methylene-naphtho[1,2-b]furan-2(3*H*)-one [3a*S*-(3aα,5β,5aβ,9bα)]-5- 乙酰氧基 -3a,4,5,5a,6,7,8,9b- 八氢 -5a,9- 二甲基 -3- 亚甲基 - 萘 [1,2-b] 呋喃 -2(3*H*)- 酮 湿地蒿 Artemisia tournefortiana

2β-(acetyloxy)-3α,4β-dihydroxy-5β-pregn-16-en-20-one 2β-(乙酰氧基)-3α,4β- 二羟基 -5β- 孕甾 -16- 烯 -20- 酮 细柄薯蓣 Dioscorea tenuipes

[4a*R*-(4aα,5α,6aα,7β,7aα,8β,9β,10aβ,11α,12α,12aβ,12bβ)]-8-(acetyloxy)-5,7-bis(benzoyloxy)dodecahydro-10a-hydroxy-1,1,9,12-tetramethyl-11-(1-oxopropoxy)-3*H*-12,6a-(epoxymethano)-1*H*-azuleno[5,6-h]-2-benzopyran-3,6(4*H*)-dione [4a*R*-(4aα,5α,6aα,7β,7aα,8β,9β,10aβ,11α,12α,12aβ,12bβ)]-8- 乙酰氧基 -5,7- 二苯甲酰氧基 - 十二氢 -10a- 羟基 -1,1,9,12- 四甲基 -11-(1- 氧代丙氧基)-3*H*-12,6a- 环氧甲醇基 -1*H*- 薁并 [5,6-h]-2- 苯并吡喃 -3,6(4*H*)- 二酮 土瓜狼毒 Euphorbia prolifera

[2*S*-(2α,4α,4aα,8aβ)]-4-(acetyloxy)decahydro-4a-methyl-α,8-bis(methylene)-2-naphthaleneacetic acid [2*S*-(2α,4α,4aα,8aβ)]-4-(乙酰氧基) 十氢 -4a- 甲基 -α,8- 二 (亚甲基)-2- 萘乙酸 湿地蒿 Artemisia tournefortiana

[2*R*-(2α,4α,4aα,8aβ)]-4-(acetyloxy)decahydro-8a-hydroperoxy-4a-methyl-α,8-bis(methylene)-2-naphthaleneacetic acid [2*R*-(2α,4α,4aα,8aβ)]-4-(乙酰氧基) 十氢 -8a- 氢过氧 -4a- 甲基 -α,8- 二 (亚甲基)-2- 萘乙酸 臭蒿 Artemisia hedinii

[2*R*-(2α,4α,4aα,8aβ)]-4-(acetyloxy)decahydro-8a-hydroxy-4a-methyl-α,8-bis(methylene)-2-naphthaleneacetic acid [2*R*-(2α,4α,4aα,8aβ)]-4-(乙酰氧基) 十氢 -8a- 羟基 -4a- 甲基 -α,8- 二 (亚甲基)-2- 萘乙酸 臭蒿 Artemisia hedinii, 湿地蒿 A. tournefortiana

[1*R*-(1α,2β,4aβ,8aα)]-1-(acetyloxy)decahydro-α,α,4a-trimethyl-8-methylene-2-naphthalenemethanol [1*R*-(1α,2β,4aβ,8aα)]-1-(乙酰氧基) 十氢化 -α,α,4a- 三甲基 -8- 亚甲基 -2- 萘甲醇 香藜 Chenopodium botrys

(2*E*)-(1*S*,3a*R*,5*S*,6*R*,7*S*,7a*R*)-1-[(1*R*)-1-(acetyloxy)ethyl]octahydro-4-methylene-7-(1-methylethyl)-6-(2-methyl-1-oxobutoxy)-2-oxo-1*H*-inden-5-yl-4-hydroxy-3-methyl-2-pentenoic acid ester (2*E*)-(1*S*,3a*R*,5*S*,6*R*,7*S*,7a*R*)-1-[(1*R*)-1-(乙酰氧基) 乙基] 八氢 -4- 亚甲基 -7-(1- 甲基乙基)-6-(2- 甲基 -1- 氧代丁酰氧基)-2- 氧代 -1*H*- 茚 -5- 基 -4- 羟基 -3- 甲基 -2- 戊烯酸酯 大黄橐吾 Ligularia duciformis

rel-(3*R*,5*S*)-5-{(1*R*,5*Z*,9*E*)-5-[(acetyloxy)methyl]-11-hydroxy-1,9-dimethylundeca-5,9-dien-1-yl}tetrahy-dro-2, 2-dimethylfuran-3-ol 相对 -(3*R*,5*S*)-5-{(1*R*,5*Z*,9*E*)-5-[(乙酰氧基) 甲基]-11- 羟基 -1,9- 三甲基十一烷 -5,9- 二烯 -1- 基 } 四氢 -2,2- 二甲基呋喃 -3- 醇 暗花金挖耳 Carpesium triste

(2*E*,6*Z*,10*E*,12*R*)-7-[(acetyloxy)methyl]-12-hydroxy-3,11,15-trimethylhexadeca-2,6,10,14-tetraene (2*E*,6*Z*,10*E*,12*R*)-7-[(乙酰氧基) 甲基]-12- 羟基 -3,11,15- 三甲基十六烷 -2,6,10,14- 四烯 暗花金挖耳 Carpesium triste

(2*E*,6*Z*,10*E*,12*R*)-7-[(acetyloxy)methyl]-3,11,15-trimethylhexadeca-2,6,10,14-tetraen-1,12-diol (2*E*,6*Z*,10*E*,12*R*)-7-[(乙酰氧基) 甲基]-3,11,15- 三甲基十六烷 -2,6,10,14- 四烯 -1,12- 二醇 暗花金挖耳 Carpesium triste

(2*E*,6*Z*,12*S*,13*E*)-7-[(acetyloxy)methyl]-3,11,15-trimethylhexadeca-2,6,13-trien-1,12,15-triol 2*E*,6*Z*,12*S*,13*E*)-7-[(乙酰氧基) 甲基]-12- 羟基 -3,11,15- 三甲基十六烷 -2,6,13- 三烯 -1,12,15- 三醇 暗花金挖耳 Carpesium triste

(2*E*,6*Z*,12*R*,14*S*)-7-[(acetyloxy)methyl]-3,11,15-trimethylhexadeca-2,6,15-trien-1,12,14-triol (2*E*,6*Z*,12*R*,14*S*)-7-[(乙酰氧基) 甲基]-3,11,15- 三甲基十六烷 -2,6,15- 三烯 -1,12,14- 三醇 暗花金挖耳 Carpesium triste

[3*S*-(3*R**,3a*R**,6*E*,10*Z*,11a*R**)]-10-[(acetyloxy)methyl]-3a,4,5,8,9,11a-hexahydro-3,6-dimethyl-cyclodeca[b]furan-2(3*H*)-one [3*S*-(3*R**,3a*R**,6*E*,10*Z*,11a*R**)]-10-(乙酰氧基甲基)-3a,4,5,8,9,11a- 六氢 -3,6- 二甲基 - 环癸烷 [b] 呋喃 -2(3*H*)- 酮 天女花 Oyama sieboldii

(3β,4β,8α,9β,10α,13α,14β)-13-[(acetyloxy)methyl]-3-hydroxy-5,9-dimethyl-24,25,26-trinoroleanan-28-oic acid (3β,4β,8α,9β,10α,13α,14β)-13-[(乙酰氧基) 甲基]-3- 羟基 -5,9- 二甲基 -24,25,26- 三降齐墩果 -28- 酸 红厚壳 Calophyllum inophyllum

(3*R*,6a*R*,7*R*,8a*S*,9*S*,12a*R*,12b*S*)-9-[(acetyloxy)methyl]dodecahydro-7-hydroxy-9,12a-dimethyl-spiro[6*H*-3,6a-methano-4*H*-naphth[2,1-c]oxocin-4,2'-oxiran]-6-one (3*R*,6a*R*,7*R*,8a*S*,9*S*,12a*R*,12b*S*)-9-(乙酰氧基甲基)- 十二氢 -7- 羟基 -9,12a- 二甲基 - 螺旋 [6*H*-3,6a- 亚甲基 -4*H*- 萘 [2,1-c] 氧杂环辛三烯 -4,2'- 环氧乙烷]-6- 酮 越南巴豆 Croton kongensis

[3*S*-(3,3a,6,7,7a)]-7-[1-[(acetyloxy)methyl]ethenyl]-6-ethenylhexahydro-3,6-dimethyl-2(3*H*)-benzofuranone [3*S*-(3,3a,6,7,7a)]-7-[1-(乙酰氧基甲基)-6- 乙烯基六氢 -3,6- 二甲 -2(3*H*)- 苯并呋喃酮 天女花 Oyama sieboldii

[1a*R*-(1aα,4aα,5α,7α,8a*S*)]-5-(acetyloxy)octahydro-1a,4a-dimethyl-α-methylene-3*H*-naphth[1,8a-b]oxirene-7-acetic acid [1a*R*-(1aα,4aα,5α,7α,8a*S*)]-5-(乙酰氧基) 八氢 -1a,4a- 二甲基 -α- 亚甲基 -3*H*- 萘 [1,8a-b] 环氧乙烷 -7- 乙酸 臭蒿 Artemisia hedinii

[1a*S*-(1aα,4aβ,5β,7β,8a*S*)]-5-(acetyloxy)octahydro-1a,4a-dimethyl-α-methylene-3*H*-naphth[1,8a-b]oxirene-7-acetic acid [1a*S*-(1aα,4aβ,5β,7β,8a*S*)]-5-(乙酰氧基) 八氢 -1a,4a- 二甲基 -α- 亚甲基 -3*H*- 萘 [1,8a-b] 环氧乙烷 -7- 乙酸 臭蒿 Artemisia hedinii

[1α*S*-(1αα,1β*R**,2aβ,4aβ,7aα,7ββ,8β,8aα)]-8-(acetyloxy)octahydro-2a,8-dimethyl-5-methylene-4*H*-bisoxireno[1,2:8,8a]azuleno[4,5-b]furan-6(5*H*)-one [1α*S*-(1αα,1β*R**,2aβ,4aβ,7aα,7ββ,8β,8aα)]-8- 乙酰氧基 - 八氢 -2a,8- 二甲基 -5- 亚甲基 -4*H*- 二环氧乙烯 [1,2:8,8a][8,8a] 薁 [4,5-b] furan-6(5*H*)- 酮 菊蒿 Tanacetum vulgare

[(1a*R*,2*S*,5*R*,5a*S*,6*S*,8a*S*,9*R*,10a*R*)-6-(acetyloxy)-1a,2,5,5a,6,9,10,10a-octahydro-5,5a-dihydroxy-1,1,7,9-tetramethyl-11-oxo-1*H*-2,8a-methanocyclopenta

[a]cyclopropa[e]cyclodecen-4-yl]-decanoic acid methyl ester [(1a*R*,2*S*,5*R*,5a*S*,6*S*,8a*S*,9*R*,10a*R*)-6- 乙酰氧基 -1a,2,5,5a,6,9,10,10a- 八氢 -5,5a- 二羟基 -1,1,7,9- 四甲基 -11- 氧代 -1*H*-2,8a- 甲醇基环戊 [a] 环丙 [e] 环癸烯 -4- 基]- 癸酸甲酯 乳浆大戟 Euphorbia esula

4-[4-(acetyloxy)phenyl]-1*H*,3*H*-naphtho[1,8-cd]pyran-1,3-dione 4-(4- 乙酰氧基苯基)-1*H*,3*H*- 萘 [1,8-cd] 吡喃 -1,3- 二酮 香蕉 Musa acuminata 'Dwarf cavendish'

[1*R*-[1*α*,2*β*,3*α*(2*S*,5*S*)]]-3-[5-(acetyloxy)tetrahydro-2,6,6-trimethyl-2*H*-pyran-2-yl]-6-methylene-1,2-cyclohexanediol [1*R*-[1*α*,2*β*,3*α*(2*S*,5*S*)]]-3-[5-(乙酰氧基) 四氢 -2,6,6- 三甲基 -2*H*- 吡喃 -2- 基]-6- 亚甲基 -1,2- 环己烷二醇 青蒿 Artemisia carvifolia carvifolia

(4a*R*,6*R*,10*R*,12*S*,13a*R*)-12-acetyloxy-1,2,3,4,4a,5,6,9,10,11,12,13a-dodecahydro-6-hydroxy-4,4,13a-trimethyl-9-methylene-10,7-metheno-7*H*-benzocycloundecene-8,13-dione (4a*R*,6*R*,10*R*,12*S*,13a*R*)-12- 乙酰氧基 -1,2,3,4,4a,5,6,9,10,11,12,13a- 十二氢 -6- 羟基 -4,4,13a- 三甲基 -9- 亚甲基 -10,7- 亚甲基 -7*H*- 苯并环十一烯 -8,13- 二酮 银叶巴豆 Croton cascarilloides, 越南巴豆 C. kongensis

3-acetyloxy-1,6-bis[(2*Z*)-2-methyl-2-butanoyloxy]-4-deoxy-4-[3-(3,3-dimethyloxiranyl)-2-hydroxy-1-methylenepropyl]-1-*C*-methyl-*chiro*-2-inosose 3- 乙酰氧基 -1,6- 二 [(2*Z*)-2- 甲基 -2- 丁烷酰氧基]-4- 去氧 -4-[3-(3,3- 二甲基环氧乙烷)-2- 羟基 -1- 亚甲基丙烷]-1-*C*- 甲基 - 手性 -2- 肌糖 准噶尔橐吾 Ligularia songarica

3*β*-acetyloxy-11-(2'-methylbutanoyloxy)-8-oxoeremophila-6,9-dien-12-oic acid 3*β*- 乙酰氧基 -11-(2'- 甲基丁酰氧基)-8- 氧代荒漠木 -6,9- 二烯 -12- 酸 掌叶橐吾 Ligularia przewalskii

(4*β*,11*β*)-18-acetyloxy-11-hydroxy-kaur-16-en-15-one (4*β*,11*β*)-18- 乙酰氧基 -11- 羟基 - 贝壳杉 -16- 烯 -15- 酮 越南巴豆 Croton kongensis

(7*α*,11*β*)-7-acetyloxy-11-hydroxy-kaur-16-en-15-one (7*α*,11*β*)-7- 乙酰氧基 -11- 羟基 - 贝壳杉 -16- 烯 -15- 酮 越南巴豆 Croton kongensis

3*β*-acetyloxy-11-methoxy-8-oxoeremophila-6,9-dien-12-oic acid 3*β*- 乙酰氧基 -11- 甲氧基 -8- 氧代荒漠木 -6,9- 二烯 -12- 酸 掌叶橐吾 Ligularia przewalskii

(3*α*,4*β*)-3-acetyloxy-11-methoxy-urs-12-en-23-oic acid (3*α*,4*β*)-3- 乙酰氧基 -11- 甲氧基 - 熊果 -12- 烯 -23- 酸 乳香树 Boswellia carteri

(1*β*,2*α*,11*β*,12*α*,15*β*)-15-acetyloxy-13,20-epoxy-1,2,11,12-tetrahydroxy-16-oxo-picras-3-en-21-oic acid methyl ester (1*β*,2*α*,11*β*,12*α*,15*β*)-15- 乙酰氧基 -13,20- 环氧 -1,2,11,12- 四羟基 -16- 氧代臭椿 -3- 烯 -21- 酸甲酯 鸦胆子 Brucea javanica

3*β*-acetyloxy-13-hydroxyurs-11-en-28-oic acid-*γ*-lactone 3*β*- 乙酰氧基 -13- 羟基熊果 -11- 烯 -28- 酸 -*γ*- 内酯 树形杜鹃花 Rhododendron arboreum

(4*β*,14*R*)-18-acetyloxy-14-hydroxy-kaur-16-en-15-one (4*β*,14*R*)-18- 乙酰氧基 -14- 羟基 - 贝壳杉 -16- 烯 -15- 酮 越南巴豆 Croton kongensis

(11*α*,12*α*)-11-acetyloxy-15-(1-hydroxy-2-methylpropylidene)-12-(2-methyl-1-oxopropoxy)-phragmalin 30-acetate-3-(2-methyl-propanoate) (11*α*,12*α*)-11- 乙酰氧基 -15-(1- 羟基 -2- 甲基亚丙烷)-12-(2- 甲基 -1- 氧代丙氧基)- 内雄楝林素 ▲-30- 乙酸酯 -3-(2- 甲基丙酸酯) 麻楝 Chukrasia tabularis

3*α*-acetyloxy-15,16-epoxy-6*β*,9*α*-dihydroxylabda-13(16),14-dien-7-one 3*α*- 乙酰氧基 -15,16- 环氧 -6*β*,9*α*- 二羟基半日花 -13(16),14- 二烯 -7- 酮 益母草 Leonurus japonicus

(4*β*,7*α*)-18-acetyloxy-16,17-epoxy-7-hydroxy-kauran-15-one (4*β*,7*α*)-18- 乙酰氧基 -16,17- 环氧 -7- 羟基 - 贝壳杉 -15- 酮 越南巴豆 Croton kongensis

3*β*-acetyloxy-16-hydroxyolean-12-en-28-oic acid 3*β*- 乙酰氧基 -16- 羟基齐墩果 -12- 烯 -28- 酸 宽叶毒芹 Cicuta virosa var. latisecta

1-[(17*S*)-17-acetyloxy-19,20-didehydro-17,18-epoxy-11,12-dimethoxycuran-1-yl]-ethanon 1-[(17*S*)-17- 乙酰氧基 -19,20- 二去氢 -17,18- 环氧 -11,12- 二甲氧基库兰 -1- 基]- 乙酮 华马钱 Strychnos cathayensis

17-acetyloxy-19-nor-*ent*-kaurane-4*α*,16*α*-diol 17- 乙酰氧基 -19- 降 - 对映 - 贝壳杉 -4*α*,16*α*- 二醇 番荔枝 Annona squamosa

[1a*R*-(1a*α*,3*β*,4*β*,4a*β*,5*β*(*Z*),8a*β*,9a*S**)]-3-acetyloxy-1a,2,4,4a,5,7,8a,9-octahydro-8a-hydroxy-4,4a,6-trimethyl-7-oxo-3*H*-oxireno[8,8a]naphtho[2,3-b]furan-5-yl-2-(2-methyl-butenoic acid) ester [1a*R*-(1a*α*,3*β*,4*β*,4a*β*,5*β*(*Z*),8a*β*,9a*S**)]-3- 乙酰氧基 -1a,2,4,4a,5,7,8a,9- 八氢 -8a- 羟基 -4,4a,6- 三甲基 -7- 氧代 -3*H*- 环氧乙烷 [8,8a] 萘 [2,3-b] 呋喃 -5- 基 -2-(2- 甲基丁烯酸) 酯 离舌橐吾 Ligularia veitchiana

[1a*R*-(1a*α*,3*β*,4*β*,4a*β*,5*β*,8a*β*,9a*S**)]-3-acetyloxy-1a,2,4,4a,5,7,8a,9-octahydro-8a-hydroxy-4,4a,6-trimethyl-7-oxo-3*H*-oxireno[8,8a]naphtho[2,3-b]furan-5-yl-2-(2-methyl-propenoic acid) ester [1a*R*-(1a*α*,3*β*,4*β*,4a*β*,5*β*,8a*β*,9a*S**)]-3- 乙酰氧基 -1a,2,4,4a,5,7,8a,9- 八氢 -8a- 羟基 -4,4a,6- 三甲基 -7- 氧代 -3*H*- 环氧乙烷 [8,8a] 萘 [2,3-b] 呋喃 -5- 基 -2-(2- 甲基丙烯酸) 酯 离舌橐吾 Ligularia veitchiana

rel-(1*R*,3*S*,4*R*,6*S*,7*R*)-4-acetyloxy-1-angeloyloxy-11-hydroxybisabol-9-ene 相对 -(1*R*,3*S*,4*R*,6*S*,7*R*)-4- 乙酰氧基 -1- 当归酰氧基 -11- 羟基红没药 -9- 烯 长叶火绒草 Leontopodium junpeianum

8-(2'-acetyloxy-1'-ethoxy-3'-methyl-3'-butenyl)-7-methoxy-coumarin 8-(2'- 乙酰氧基 -1'- 乙氧基 -3'- 甲基 -3'- 丁烯基)-7- 甲氧基 - 香豆素 九里香 Murraya exotica

(*R**,*S**)-(-)-8-(2-acetyloxy-1-hydroxy-3-methyl-3-butenyl)-7-methoxy-2*H*-1-benzopyran-2-one (*R**,*S**)-(-)-8-(2- 乙酰氧基 -1- 羟基 -3- 甲基 -3- 丁烯基)-7- 甲氧基 -2*H*-1- 苯并吡喃 -2- 酮 千里香 Murraya paniculata

23*S*-acetyloxy-20,25-epoxy-12*β*,24*R*-dihydroxydammaran-3*β*-(2-*O*-*β*-D-xylopyranosyl-*β*-D-glucopyranoside) 23*S*- 乙酰氧基 -20,25- 环氧 -12*β*,24*R*- 二羟基达玛 -3*β*-(2-*O*-*β*-D- 吡喃木糖基 -*β*-D- 吡喃葡萄糖苷) 绞股蓝 Gynostemma pentaphyllum

23*S*-acetyloxy-20,25-epoxy-12*β*,24*R*-dihydroxydammaran-3*β*-(2-*O*-*β*-D-xylopyranosyl-*β*-D-xylopyranoside) 23*S*- 乙酰氧基 -20,25- 环氧 -12*β*,24*R*- 二羟基达玛 -3*β*-(2-*O*-*β*-D- 吡喃木糖基 -*β*-D- 吡喃木糖苷) 绞股蓝 Gynostemma pentaphyllum

23*S*-acetyloxy-20,25-epoxy-12*β*,24*R*-dihydroxydammaran-3*β*-[*O*-*β*-D-xylopyranosyl-(1 → 2)-*O*-*β*-D-xylopyranosyl-(1 → 6)-*β*-D-glucopyranoside] 23*S*- 乙酰氧基 -20,25- 环氧 -12*β*,24*R*- 二羟基达玛 -3*β*-(*O*-*β*-D- 吡喃木糖基 -(1 → 2)-*O*-*β*-D- 吡喃木糖基 -(1 → 6)-*β*-D- 吡喃葡萄糖苷) 绞股蓝 Gynostemma pentaphyllum

16*α*-acetyloxy-24-methylene-3-oxo-5*α*-lanost-7,9(11)-dien-21-oic acid 16*α*- 乙酰氧 -24- 亚甲基 -3- 氧代 -5*α*- 羊毛脂 -7,9(11)- 二烯 -21- 酸 红缘拟层孔菌 Fomitopsis pinicola

(*Z*,*Z*)-1-acetyloxy-2-hydroxy-12,15-heneicosadien-4-one (*Z*,*Z*)-1- 乙酰氧基 -2- 羟基 -12,15- 二十一烷二烯 -4- 酮 鳄梨 Persea americana

25-acetyloxy-2*β*-(*β*-D-glucopyranosyloxy)-3*β*,16*α*,20-trihydroxy-9*β*-methyl-lanost-5-en-22-one 25- 乙酰氧基 -2*β*-(*β*-D- 吡喃葡萄糖氧基)-3*β*,16*α*,20- 三羟基 -9*β*- 甲基 - 羊毛脂 -5- 烯 -22- 酮 胡黄连 Neopicrorhiza scrophulariiflora

25-acetyloxy-2β-(β-D-glucopyranosyloxy)-3β,16α-dihydroxy-9β-methyl-lanosta-5,23E-dien-22-one 25- 乙酰氧基 -2β-(β-D- 吡喃葡萄糖氧基)-3β,16α- 二羟基 -9β- 甲基 - 羊毛脂 -5,23E- 二烯 -22- 酮 胡黄连 Neopicrorhiza scrophulariiflora

(3α,4β,8α)-4-acetyloxy-3-(2,3-dihydroxy)-2-methyl-1-oxobutoxy-8-hydroxyeudesm-7(11)-eno-12,8-lactone (3α,4β,8α)-4- 乙酰氧基 -3-(2,3- 二羟基)-2- 甲基 -1- 氧代丁酰氧基 -8- 羟基桉叶 -7(11)- 内环 -12,8- 内酯 翼齿六棱菊 Laggera crispata

12-acetyloxy-3,30-diisobutyroylphragmalin 12- 乙酰氧基 -3,30- 二异丁酰内雄楝林素▲ 麻楝 Chukrasia tabularis

2-acetyloxy-3,4,6,11-tetradehydrocadinan 2- 乙酰氧基 -3,4,6,11- 四氢杜松烷 紫茎泽兰 Ageratina adenophora

(αR,7S,8R,8aR)-7-acetyloxy-3,5,6,7,8,8a-hexahydro-α,8,8a-trimethyl-3-oxo-2-naphthaleneacetic acid (αR,7S,8R,8aR)-7- 乙酰氧基 -3,5,6,7,8,8a-六氢 -α,8,8a- 三甲基 -3- 氧代 -2- 萘乙酸 掌叶橐吾 Ligularia przewalskii

(αS,7S,8R,8aR)-7-acetyloxy-3,5,6,7,8,8a-hexahydro-α,8,8a-trimethyl-3-oxo-2-naphthaleneacetic acid (αS,7S,8R,8aR)-7- 乙酰氧基 -3,5,6,7,8,8a-六氢 -α,8,8a- 三甲基 -3- 氧代 -2- 萘乙酸 掌叶橐吾 Ligularia przewalskii

(3S,3aR,7S,8aR,9aR)-7-acetyloxy-3a,4,6,7,8,8a,9,9a-octahydro-3,5,8a-trimethyl-naphtho[2,3-b]furan-2(3H)-one (3S,3aR,7S,8aR,9aR)-7- 乙酰氧基 -3a,4,6,7,8,8a,9,9a- 十氢 -3,5,8a- 三甲基 - 萘 [2,3-b] 呋喃 -2(3H)- 酮 大花金挖耳 Carpesium macrocephalum

9-acetyloxy-3a,4,7,8,11,11a-hexahydro-4-hydroxy-6,10-dimethyl-3-methylene-cyclodeca[b]furan-2(3H)-one 9- 乙酰氧基 -3a,4,7,8,11,11a- 六氢 -4- 羟基 -6,10- 二甲基 -3- 亚甲基 - 环癸烷 [b] 呋喃 -2(3H)- 酮 菊蒿 Tanacetum vulgare

3-(4-acetyloxy-3-hydroxyphenyl)-2-propenoic acid 3-(4- 乙酰氧基 -3- 羟基苯基)-2- 丙烯酸 川西小黄菊 Pyrethrum tatsienense

12-acetyloxy-3-isobutyroyl-30-propanoylphragmalin 12- 乙酰氧基 -3- 异丁酰基 -30- 丙酰内雄楝林素▲ 麻楝 Chukrasia tabularis

2-(4-acetyloxy-3-methoxyphenyl)-1,3-propanediol diacetate 2-(4- 乙酰氧基 -3- 甲氧基苯基)-1,3- 丙烷二醇二乙酸酯 羊蹄甲 Bauhinia purpurea

3-(4-acetyloxy-3-methoxyphenyl)-2-propenoic acid-3-(4-acetyloxy-3-methoxyphenyl)-2-propen-1-yl ester 3-(4- 乙酰氧基 -3- 甲氧基苯基)-2-丙烯酸 -3-(4- 乙酰氧基 -3- 甲氧基苯基)-2- 丙烯 -1- 酯 灰毛豆 Tephrosia purpurea

12α-acetyloxy-3-oxo-lanosta-9(11),24Z-dien-26-oic acid 12α- 乙酰氧基 -3- 氧代 - 羊毛脂 -9(11),24Z- 二烯 -26- 酸 南五味子 Kadsura longipedunculata

28-acetyloxy-3β,16β,22α,23-tetrahydroxyolean-12-en-21β-(2S)-2-methylbutanoate 28- 乙酰氧基 -3β,16β,22α,23- 四羟基齐墩果 -12- 烯 -21β-(2S)-2- 甲基丁酸酯 匙羹藤 Gymnema sylvestre

8β-acetyloxy-3β,4α:9β,10α-diepoxygermacr-7(11)-eno-12,6α-lactone 8β- 乙酰氧基 -3β,4α:9β,10α- 二环氧大根老鹳草 -7(11)- 烯 -12,6α- 内酯 粘毛鼠尾草 Salvia roborowskii

3α-acetyloxy-4α,14α-dimethyl-9β,19-cycloergost-24-oic acid 3α- 乙酰氧基 -4α,14α- 二甲基 -9β,19- 环麦角甾 -24- 酸 栓皮栎 Quercus variabilis

6-acetyloxy-5-[(2Z)-2-methyl-2-butanoyloxy]-1,2-anhydro-3,4-dideoxy-4-[4,5-dihydroxy-5-methyl-1-methylene-2-[[(2Z)-2-methyl-1-oxo-2-butenyl]oxy]hexyl]-1-C-methyl-cis-inositol 6- 乙酰氧基 -5-[(2Z)-2- 甲基 -2- 丁烷酰氧基]-1,2- 脱水 -3,4- 二去氧 -4-[4,5- 二羟基 -5- 甲基 -1-亚甲基 -2-[(2Z)-2- 甲基 -1- 氧代 -2- 丁烯酰氧基] 己基]-1-C- 甲基 - 顺式 - 肌醇 准噶尔橐吾 Ligularia songarica

6-acetyloxy-5-[(2Z)-2-methyl-2-butanoyloxy]-1,2-dideoxy-1-[2,5-dihydroxy-5-methyl-1-methylene-4-[[(2Z)-2-methyl-1-oxo-2-butenyl]oxy]hexyl]-4-C-methyl-cis-inositol 6- 乙酰氧基 -5-[(2Z)-2- 甲基 -2- 丁烷酰氧基]-1,2- 二去氧 -1-[2,5- 二羟基 -5-5- 甲基 -1- 亚甲基 -4-[(2Z)-2-甲基 -1- 氧代 -2- 丁烯酰氧基] 己基]-4-C- 甲基 - 顺式 - 肌醇 准噶尔橐吾 Ligularia songarica

6-acetyloxy-5-[(2Z)-2-methyl-2-butanoyloxy]-4-(2-methylpropanoyloxy)-1,2-dideoxy-1-[2,5-dihydroxy-5-methyl-1-methylene-4-[[(2Z-2-methyl-1-oxo-2-butenyl]oxy]hexyl]-4-C-methyl-cis-inositol 6- 乙酰氧基 -5-[(2Z)-2- 甲基 -2- 丁烷酰氧基]-4-(2- 甲基丙烷酰氧基)-1,2- 二去氧 -1-[2,5- 二羟基 -5- 甲基 -1- 亚甲基 -4-[(2Z-2- 甲基 -1- 氧代 -2- 丁烯酰氧基] 己基]-4-C- 甲基 - 顺式 - 肌醇 准噶尔橐吾 Ligularia songarica

5-acetyloxy-6-(2-methyl-2-butanoyloxy)-3,4-anhydro-1,2-dideoxy-1-[3-(3,3-dimethyloxiranyl)-1-methylene-2-[(2-methyl-1-oxo-2-butenyl)oxy]propyl]-4-C-methyl-inositol 5- 乙酰氧基 -6-(2- 甲基 -2- 丁烷酰氧基)-3,4- 脱水 -1,2- 二去氧 -1-[3-(3,3- 二甲基环氧乙烷)-1- 亚甲基 -2-(2-甲基 -1- 氧代 -2- 丁烯酰氧基) 丙基]-4-C- 甲基 - 肌醇 准噶尔橐吾 Ligularia songarica

(1R*,5S*,6S*)-5-acetyloxy-6-(3-acetyloxy-1,5-dimethylhex-4-enyl)-3-methylcyclohex-2-en-4-on-1-yl-2Z-2-methyl-but-2-enoate (1R*,5S*,6S*)-5- 乙酰氧基 -6-(3- 乙酰氧基 -1,5- 二甲基 4- 己烯基)-3- 甲基环 -2- 己烯 -4- 酮 -1-2Z-2- 甲基 -2- 丁烯酸酯 松毛火绒草 Leontopodium andersonii

5-acetyloxy-6-[(2Z)-2-methyl-2-butanoyloxy]-1,2-anhydro-3,4-dideoxy-4-[2,5-dihydroxy-5-methyl-1-methylene-4-[[(2Z)-2-methyl-1-oxo-2-butenyl]oxy]hexyl]-1-C-methyl-cis-inositol 5- 乙酰氧基 -6-[(2Z)-2- 甲基 -2- 丁烷氧基]-1,2- 脱水 -3,4- 二去氧 -4-[2,5- 二羟基 -5- 甲基 -1-亚甲基 -4-[(2Z)-2- 甲基 -1- 氧代 -2- 丁烯酰氧基] 己基]-1-C- 甲基 - 顺式 - 肌醇 准噶尔橐吾 Ligularia songarica

5-acetyloxy-6-[(2Z)-2-methyl-2-butanoyloxy]-1,2-anhydro-3,4-dideoxy-4-[4-hydroxy-5-methyl-1-methylene-5-(1-methylethoxy)-2-[[(2Z)-2-methyl-1-oxo-2-butenyl]oxy]hexyl]-1-C-methyl-cis-inositol 5- 乙酰氧基 -6-[(2Z)-2- 甲基 -2- 丁烷酰氧基]-1,2- 脱水 -3,4- 二去氧 -4-[4- 羟基 -5- 甲基 -1- 亚甲基 -5-(1- 甲基乙氧基)-2-[(2Z)-2- 甲基 -1- 氧代 -2- 丁烯氧基] 己基]-1-C- 甲基 - 顺式 - 肌醇 准噶尔橐吾 Ligularia songarica

3β-acetyloxy-6α,7α-epoxy-11-noreremophil-9(10)-ene-8,11-dione 3β- 乙酰氧基 -6α,7α- 环氧 -11- 降荒漠木 -9(10)- 烯 -8,11- 二酮 大头橐吾 Ligularia japonica

3β-acetyloxy-6α-hydroxyligularenolide 3β- 乙酰氧基 -6α- 羟基橐吾内酯 掌叶橐吾 Ligularia przewalskii

3β-acetyloxy-6β-(2-methylbutanoyloxy)-10β-hydroxy-eremophil-7(11)-en-12,8α-olide 3β- 乙酰氧基 -6β-(2- 甲基丁酰氧基)-10β- 羟基 - 荒漠木 -7(11)- 烯 -12,8α- 内酯 大头橐吾 Ligularia japonica

(1β,7α,14R)-1-acetyloxy-7,14-dihydroxy-kaur-16-en-15-one (1β,7α,14R)-1- 乙酰氧基 -7,14- 二羟基 - 贝壳杉 -16- 烯 -15- 酮 越南巴豆 Croton kongensis

(4β,7α,14R)-18-acetyloxy-7,14-dihydroxy-kaur-16-en-15-one (4β,7α,14R)-18- 乙酰氧基 -7,14- 二羟基 - 贝壳杉 -16- 烯 -15- 酮 越南巴豆 Croton kongensis

(7α,11β,14R)-11-acetyloxy-7,14-dihydroxy-kaur-16-en-15-one (7α,11β,14R)-11- 乙酰氧基 -7,14- 二羟基 - 贝壳杉 -16- 烯 -15- 酮 越南巴豆 Croton kongensis
(4β,7α)-18-acetyloxy-7-hydroxy-kaur-16-en-15-one (4β,7α)-18- 乙酰氧基 -7- 羟基 - 贝壳杉 -16- 烯 -15- 酮 越南巴豆 Croton kongensis
(4β,7α)-18-acetyloxy-7-hydroxy-kauran-15-one (4β,7α)-18- 乙酰氧基 -7- 羟基 - 贝壳杉 -15- 酮 越南巴豆 Croton kongensis
3β-acetyloxy-7-hydroxynoreremophila-6,9-dien-8-one 3β- 乙酰氧基 -7- 羟基降荒漠木 -6,9- 二烯 -8- 酮 掌叶橐吾 Ligularia przewalskii
22R-acetyloxy-7α,24ξ,25-trihydroxy-ergosta-1,4-dien-3-one 22R- 乙酰氧基 -7α,24ξ,25- 三羟基 - 麦角甾 -1,4- 二烯 -3- 酮 碧冬茄 Petunia hybrida
(3α,8α,9β,13α,14β)-3-acetyloxy-9,13-dimethyl-25,26-dinorurs-5-en-28-oic acid (3α,8α,9β,13α,14β)-3- 乙酰氧基 -9,13- 二甲基 -25,26- 二降熊果 -5- 烯 -28- 酸 马尾树 Rhoiptelea chiliantha
(2α,3β,5α)-2-acetyloxy-9-methoxy-5-methoxycarbonyl-2,3-dimethylheptano-5-lactone 2α,3β,5α)-2- 乙酰氧基 -9- 甲氧基 -5- 羰甲氧基 -2,3- 二甲基戊醇 -5- 内酯 齿叶橐吾 Ligularia dentata
12-acetyloxy-9-octadecenoic acid 12- 乙酰氧基 -9- 十八烯酸 大花紫薇 Lagerstroemia speciosa
3α-acetyloxy-9α,13:15,16-diepoxy-15α-ethoxy-7β-hydroxylabdan-6-one 3α- 乙酰氧基 -9α,13:15,16- 二环氧 -15α- 乙氧基 -7β- 羟基半日花 -6- 酮 益母草 Leonurus japonicus
3α-acetyloxy-9α,13:15,16-diepoxy-15β-ethoxy-7β-hydroxylabdan-6-one 3α- 乙酰氧基 -9α,13:15,16- 二环氧 -15β- 乙氧基 -7β- 羟基半日花 -6- 酮 益母草 Leonurus japonicus
3α-acetyloxy-9α,13:15,16-diepoxy-7β-hydroxy-15α-methoxylabdan-6-one 3α- 乙酰氧基 -9α,13:15,16- 二环氧 -7β- 羟基 -15α- 甲氧基半日花 -6- 酮 益母草 Leonurus japonicus
3β-acetyloxyandrost-5-en-7-one 3β- 乙酰氧基雄甾 -5- 烯 -7- 酮 挥发油成分，未统计基源
2β-acetyloxyclerod-3-en-15-oic acid 2β- 乙酰氧基克罗 -3- 烯 -15- 酸 齿叶黄皮 Clausena dunniana
(1aR,2S,4S,5aR,9aR,11R,11aR)-4-acetyloxy-decahydro-11-hydroxy-5a,9,9-trimethyl-13-methylene-3H-2,11a-ethanobenzo[5,6]cyclodec[1,2-b]oxirene-5,12(4H)-dione (1aR,2S,4S,5aR,9aR,11R,11aR)-4- 乙酰氧基十氢 -11- 羟基 -5a,9,9- 三甲基 -13- 亚甲基 -3H-2,11a- 乙醇苯并 [5,6] 环十碳 [1,2-b] 环氧乙烯 -5,12(4H)- 二酮 银叶巴豆 Croton cascarilloides, 越南巴豆 C. kongensis
3-acetyloxy-epicycloeucalenol-24-one 3- 乙酰氧基 - 表环桉烯醇 -24- 酮 栓皮栎 Quercus variabilis
(2E)-(1S,3aR,5S,6R,7S,7aR)-1-[(1R)-1-acetyloxy-ethyl]octahydro-4-methylene-7-(1-methylethyl)-6-(2-methyl-1-oxobutoxy)-2-oxo-1H-inden-5-yl-4-acetyloxy-3-methyl-2-pentenoic acid ester (2E)-(1S,3aR,5S,6R,7S,7aR)-1-[(1R)-1- 乙酰氧基 - 乙基] 八氢 -4- 亚甲基 -7-(1- 甲基乙基)-6-(2- 甲基 -1- 氧代丁酰氧基)-2- 氧代 -1H- 茚 -5- 基 -4- 乙酰氧基 -3- 甲基 -2- 戊烯酸酯 大黄橐吾 Ligularia duciformis
3α-acetyloxykanzui-8,24-dien-21-carboxylic acid 3α- 乙酰氧基甘遂 -8,24- 二烯 -21- 羧酸 乳香树 Boswellia carteri
(4β)-18-acetyloxy-kaur-16-en-15-one (4β)-18- 乙酰氧基 - 贝壳杉 -16- 烯 -15- 酮 越南巴豆 Croton kongensis
(4β,11β)-11-acetyloxy-kaur-16-en-18-oic acid (4β,11β)-11- 乙酰氧基 - 贝壳杉 -16- 烯 -18- 酸 越南巴豆 Croton kongensis
(4β)-18-acetyloxy-kaur-16-en-7,15-dione (4β)-18- 乙酰氧基 - 贝壳杉 -16- 烯 -7,15- 二酮 越南巴豆 Croton kongensis
3α-acetyloxylanosta-8,24-diene-21-oic acid 3α- 乙酰氧基羊毛脂 -8,24- 二烯 -21- 酸 红缘拟层孔菌 Fomitopsis pinicola
3α-acetyloxylanosta-8,24-diene-21-ol 3α- 乙酰氧基羊毛脂 -8,24- 二烯 -21- 醇 红缘拟层孔菌 Fomitopsis pinicola
acetyloxymyrioside 乙酰多叶棘豆黄酮苷▲ 多叶棘豆 Oxytropis myriophylla
7-acetyloxy-O^{11}-benzoyl-$O^{2,11}$-deacetyl-7-deoxoevonine 7- 乙酰氧基 -O^{11}- 苯甲酰基 -$O^{2,11}$- 去乙酰基 -7- 去氧卫矛羰碱 雷公藤 Tripterygium wilfordii
8-acetyloxy-O-2-deacetyl-8-deoxo-evonine 8- 乙酰氧基 -O-2- 去乙酰基 -8- 去氧卫矛羰碱 灯油藤 Celastrus paniculatus
8β-acetyloxyobscurumine A 8β- 乙酰氧基玉柏明碱▲A 玉柏 Lycopodium obscurum
3β-acetyloxyolean-5-en-28-oic acid methyl ester 3β- 乙酰氧基齐墩果 -5- 烯 -28- 酸甲酯 糖胶树 Alstonia scholaris
(24S)-3β-acetyloxystigmast-7-en-11-one (24S)-3β- 乙酰氧基 - 豆甾 -7- 烯 -11- 酮 杧果 Mangifera indica
(18α)-3β-acetyloxy-urs-20(30)-en-28-oic acid (18α)-3β- 乙酰氧基 - 熊果 -20(30)- 烯 -28- 酸 山乌桕 Triadica cochinchinensis
7-acetyloxyviburnalloside 7- 乙酰氧基桦叶荚蒾苷 鸡树条荚蒾 Viburnum opulus var. calvescens
acetylpanaxydol 乙酰人参环氧炔醇▲ 西洋参 Panax quinquefolius
10-acetylpanaxytriol 10- 乙酰人参炔三醇 人参 Panax ginseng
10-acetylpatrinoside 10- 乙酰败酱苷▲ 皱叶荚蒾 Viburnum rhytidophyllum
2'-acetylpatrinoside 2'- 乙酰败酱苷▲ 金佛山荚蒾 Viburnum chinshanense
4'''-acetylpectolinarin 4'''- 乙酰果胶柳穿鱼苷▲ 珊瑚苣苔 Corallodiscus lanuginosus
4-acetylphenol 4- 乙酰苯酚 徐长卿 Cynanchum paniculatum
m-acetylphenol 间乙酰苯酚 徐长卿 Cynanchum paniculatum
p-acetylphenol-O-galloyl-glucose 对乙酰苯酚 -O- 没食子酰葡萄糖 总序大黄 Rheum racemiferum
2-acetylphenol-β-D-glucopyranosyl-(1 → 6)-β-D-xylopyranoside 2- 乙酰苯酚 -1-β-D- 葡萄糖基 -(1 → 6)-β-D- 木糖苷 华北白前 Cynanchum mongolicum
3-acetylphenoxy-urs-12-en-28-oic acid 3- 乙酰苯氧基 - 熊果 -12- 烯 -28- 酸 夹竹桃 Nerium oleander
2-acetylphyscion 2- 乙酰大黄素甲醚 多花勾儿茶 Berchemia floribunda, 铁包金 B. lineata
2'-acetylpoliumoside 2'- 乙酰灰香科科苷▲ 来江藤 Brandisia hancei
3α-acetylpolyporenic acid A 3α- 乙酰多孔菌烯酸▲A 桦剥管菌 Piptoporus betulinus
acetylpterosin C 乙酰蕨素 C 蕨 Pteridium aquilinum var. latiusculum
3-acetylpyridine 3- 乙酰吡啶 洋吊钟 Kalanchoe verticillata
2-acetylpyrrole 2- 乙酰吡咯 挥发油成分，未统计基源

acetylquinol 乙酰氢醌 牛皮消 Cynanchum boudieri
acetylquinovic acid 乙酰鸡纳酸 鱼骨木 Canthium dicoccum
(+)-7-acetylraphidecursinol B (+)-7- 乙酰多刺前胡脂醇 B 三白草 Saururus chinensis
acetylrhodalgin 乙酰喜冷红景天素▲ 红景天 Rhodiola rosea
3'-acetylrinderine 3'- 乙酰基翅果草碱▲ 飞机草 Chromolaena odorata
7-acetylrinderine 7- 乙酰基翅果草碱▲ 佩兰 Eupatorium fortunei
14-acetylsachaconitine 14- 乙酰萨柯乌头碱 膝瓣乌头 Aconitum geniculatum, 岩乌头 A. racemulosum
6''-acetylsaikosaponin A 6''- 乙酰柴胡皂苷 A 长梗喉毛花 Comastoma pedunculatum
17-acetylsarpagine 17- 乙酰蛇根精 鸡骨常山 Alstonia yunnanensis
10-acetylscandoside 10- 乙酰鸡矢藤次苷 白花蛇舌草 Hedyotis diffusa, 染色茜草 Rubia tinctorum
acetylschisantherin L 乙酰五味子酯 L 黑老虎 Kadsura coccinea
1-acetylsendanin 1- 乙酰楝素 楝 Melia azedarach
7-acetylsendanin 7- 乙酰楝素 楝 Melia azedarach
8-acetylshanzhigenin methyl ester 8- 乙酰山栀苷元甲酯 独一味 Lamiophlomis rotata, 糙苏 Phlomis umbrosa
8-acetylshanzhiside methyl ester 8- 乙酰山栀苷甲酯 甘川紫菀 Aster smithianus, 螃蟹甲 Phlomis younghusbandii
acetylshanzhiside methyl ester 乙酰山栀苷甲酯 花叶假杜鹃 Barleria lupulina
acetylshengmanol xylopyranoside 乙酰升麻新醇吡喃木糖苷 兴安升麻 Cimicifuga dahurica
acetylshengmanol xyloside 乙酰升麻新醇木糖苷 小升麻 Cimicifuga japonica
acetylshikonin 乙酰紫草素 软紫草 Arnebia euchroma, 黄花软紫草 A. guttata, 田紫草 Lithospermum arvense, 紫草 L. erythrorhizon, 密花滇紫草 Onosma confertum, 露蕊滇紫草 O. exsertum, 细花滇紫草 O. hookeri, 长花滇紫草 O. hookeri var. longiflorum, 滇紫草 O. paniculatum
13'-acetylshizukaol C 13'- 乙酰银线草醇 C 丝穗金粟兰 Chloranthus fortunei
acetylsolasodine 乙酰澳洲茄胺 黄果茄 Solanum virginianum
15-acetylsongorine 15- 乙酰准噶尔乌头碱 铁棒锤 Aconitum pendulum
acetylsoyasaponin Ⅰ 乙酰大豆皂苷 Ⅰ 草木犀 Melilotus officinalis, 粉葛 Pueraria montana var. thomsonii
acetylsoyasaponin A_1, A_2, A_3 乙酰大豆皂苷 A_1, A_2, A_3 大豆 Glycine max
2'-acetyl-strictosamide 2'- 乙酰直立拉齐木酰胺▲ 乌檀 Nauclea officinalis
6'-acetyl-strictosamide 6'- 乙酰直立拉齐木酰胺▲ 乌檀 Nauclea officinalis
acetylsventenic acid 乙酰斯氏毒马草酸▲ 尾叶香茶菜 Isodon excisus
3'-acetylsweroside 3'- 乙酰獐牙菜苷 长梗秦艽 Gentiana waltonii, 马鞭草 Verbena officinalis
acetylsyneilesine 乙酰兔儿伞碱 兔儿伞 Syneilesis aconitifolia
acetylsyringic acid 乙酰丁香酸 白果白珠 Gaultheria leucocarpa
17-acetyltabernaecorymbosine A 17- 乙酰伞房狗牙花碱▲A 伞房狗牙花 Tabernaemontana corymbosa
1-acetyltagitinin A 1- 乙酰基万寿肿柄菊素▲A 肿柄菊 Tithonia diversifolia
acetyltagitinin E 乙酰万寿肿柄菊素▲E 肿柄菊 Tithonia diversifolia
14-acetyltalatisamine 14- 乙酰塔拉乌头胺 乌头 Aconitum carmichaelii, 紫乌头 A. episcopale, 林地乌头 A. nemorum, 直缘乌头 A. transsectum, 黄草乌 A. vilmorinianum
acetyltalatizamine 乙酰塔拉乌头胺 鸭绿乌头 Aconitum jaluense
3-acetyltaraxer-14-en-12-one 3- 乙酰蒲公英赛 -14- 烯 -12- 酮 人心果 Manilkara zapota
3-acetyltaraxerol 3- 乙酰蒲公英赛醇 人心果 Manilkara zapota
3-β-acetyl-taraxerol 3-β- 乙酰蒲公英赛醇 普通仙人掌 Opuntia vulgaris
2-acetyltaxinine 2- 乙酰紫杉宁 南方红豆杉 Taxus wallichinana var. mairei
6-acetylteucjaponin B 6- 乙酰穗花香科科素 B 蒜味香科科 Teucrium scordium
19-acetylteuspinin 19- 乙酰棘刺香科科素▲ 铁轴草 Teucrium quadrifarium, 血见愁 T. viscidum
acetylthevetin A, B, C 乙酰黄花夹竹桃素▲A, B, C 黄花夹竹桃 Thevetia peruviana
15-acetyltrichagmalin C 15- 乙酰鹧鸪花内雄楝林素▲C 鹧鸪花 Trichilia connaroides
15-acetyltrichagmalin E 15- 乙酰鹧鸪花内雄楝林素▲E 鹧鸪花 Trichilia connaroides
30-acetyltrichagmalin F 30- 乙酰鹧鸪花内雄楝林素▲F 鹧鸪花 Trichilia connaroides
acetyltrichilenone 乙酰鹧鸪花烯酮▲ 川楝 Melia toosendan
1,12-acetyltrichilin B 1,12- 乙酰鹧鸪花素▲B 楝 Melia azedarach
1-acetyltrichilin H 1- 乙酰鹧鸪花素▲H 楝 Melia azedarach
3-acetyltrichilin H 3- 乙酰鹧鸪花素▲H 楝 Melia azedarach
12-acetyltrichilin I 12- 乙酰鹧鸪花素▲I 楝 Melia azedarach
1-acetyltrichilinin 1- 乙酰鹧鸪花宁▲ 川楝 Melia toosendan
3-acetyltrichorabdal C 3- 乙酰毛果香茶菜醛 C 毛萼香茶菜 Isodon eriocalyx
acetylumbelliferone 乙酰伞形酮 栾树 Koelreuteria paniculata, 竹叶西风芹 Seseli mairei
6-acetylumbrophine 6- 乙酰草地乌头芬碱▲ 草地乌头 Aconitum umbrosum
14-acetylumbrosin B 14- 乙酰阴生香茶菜素 B 香茶菜 Isodon amethystoides
3β-acetyl-urs-12-en-11-one 3β- 乙酰基 - 熊果 -12- 烯 -11- 酮 黑龙骨 Periploca forrestii

3-acetyl-urs-12-en-28-oic acid 3- 乙酰基 - 熊果 -12- 烯 -28- 酸 马六甲蒲桃 Syzygium malaccense
3β-acetylurs-14(15)-en-16-one 3β- 乙酰熊果 -14(15)- 烯 -16- 酮 水同木 Ficus fistulosa
acetylursolic acid 乙酰熊果酸 鱼骨木 Canthium dicoccum, 毛叶木瓜 Chaenomeles cathayensis, 木瓜 C. sinensis, 西藏木瓜 C. thibetica, 锁阳 Cynomorium songaricum, 蓝桉 Eucalyptus globulus, 裸蒴 Gymnotheca chinensis, 枸骨 Ilex cornuta, 大柄冬青 I. macropoda, 铁冬青 I. rotunda, 两头毛 Incarvillea arguta, 蓝萼毛叶香茶菜 Isodon japonicus var. glaucocalyx, 总序香茶菜 I. racemosus, 日本女贞 Ligustrum japonicum, 地笋 Lycopus lucidus, 杨梅 Myrica rubra, 番石榴 Psidium guajava, 豆梨 Pyrus calleryana, 山刺玫 Rosa davurica, 狭叶山黄麻 Trema angustifolia, 蔓荆 Vitex trifolia
acetylursolic acid methyl ester 乙酰熊果酸甲酯 山梗菜 Lobelia sessilifolia
acetylvalerenolic acid 乙酰缬草烯醇酸 缬草 Valeriana officinalis
2'-acetylverbascoside 2'- 乙酰毛蕊花苷 野菰 Aeginetia indica, 丁座草 Boschniakia himalaica, 来江藤 Brandisia hancei, 肉苁蓉 Cistanche deserticola, 蒙古肉苁蓉 C. mongolica, 盐生肉苁蓉 C. salsa, 沙苁蓉 C. sinensis, 管花肉苁蓉 C. tubulosa, 藏波罗花 Incarvillea younghusbandii, 地黄 Rehmannia glutinosa
3-acetyl-vilmorrianine A 3- 乙酰黄草乌碱甲 紫乌头 Aconitum episcopale
acetylvitexin 乙酰牡荆素 辽宁山楂 Crataegus sanguinea
3-acetyl-yunaconitine 3- 乙酰滇乌碱 紫乌头 Aconitum episcopale
(-)-6-acetylzeylenol (-)-6- 乙酰锡兰紫玉盘环已烯醇 海南三七 Kaempferia rotunda
5-acetyl-α-ter-thiophene 5- 乙酰基 -α- 三噻吩 华东蓝刺头 Echinops grijsii
3-acetyl-β-amyrin 3- 乙酰基 -β- 香树脂醇 苍术 Atractylodes lancea, 桑 Morus alba, 刺异叶花椒 Zanthoxylum ovalifolium var. spinifolium
1-acetyl-β-carboline 1- 乙酰基 -β- 咔啉 岭南臭椿 Ailanthus triphysa, 老牛筋 Arenaria juncea, 台湾含笑 Michelia compressa, 乌檀 Nauclea officinalis, 苦树 Picrasma quassioides, 虎掌 Pinellia pedatisecta, 罗汉果 Siraitia grosvenorii, 鹊肾树 Streblus asper
acetyl-β-peltoboykinolic acid 乙酰基 -β- 涧边草酸▲ 溪畔落新妇 Astilbe rivularis
acevaltrate 乙酰缬草三酯 蜘蛛香 Valeriana jatamansi, 缬草 V. officinalis
achillicin 蓍草辛▲ 亚洲蓍 Achillea asiatica, 蓍 A. millefolium
achillin 蓍素 白山蒿 Artemisia lagocephala, 魁蒿 A. princeps, 大籽蒿 A. sieversiana
achimillic acid A, B, C 蓍酸 A, B, C 蓍 Achillea millefolium
achyranthes saponin A, B 牛膝皂苷▲A, B 土牛膝 Achyranthes aspera
achyranthesaspera saponin C, D 土牛膝皂苷 C, D 土牛膝 Achyranthes aspera
achyranthesterone A 牛膝甾酮 A 牛膝 Achyranthes bidentata
achyranthoside I, II, C, D 牛膝苷▲I, II, C, D 牛膝 Achyranthes bidentata
achyranthoside A trimethyl ester 牛膝苷▲A 三甲酯 牛膝 Achyranthes bidentata
achyranthoside C butyl dimethyl ester 牛膝苷▲C 丁基二甲酯 牛膝 Achyranthes bidentata, 少毛牛膝 A. bidentata var. japonica
achyranthoside C dimethyl ester 牛膝苷▲C 二甲酯 牛膝 Achyranthes bidentata, 少毛牛膝 A. bidentata var. japonica
achyranthoside D trimethyl ester 牛膝苷▲D 三甲酯 牛膝 Achyranthes bidentata
achyranthoside E butyl methyl ester 牛膝苷▲E 丁基二甲酯 牛膝 Achyranthes bidentata
achyranthoside E dimethyl ester 牛膝苷▲E 二甲酯 牛膝 Achyranthes bidentata, 少毛牛膝 A. bidentata var. japonica
achyranthoside E trimethyl ester 牛膝苷▲E 三甲酯 牛膝 Achyranthes bidentata
acid arabinogalactan 酸性阿拉伯半乳聚糖 浮萍 Lemna minor
acidicricin 酸性蓖麻毒素 蓖麻 Ricinus communis
acidumonate 西南五月茶酯▲ 西南五月茶 Antidesma acidum
acinosolic acid 商陆醇酸▲ 商陆 Phytolacca acinosa
acinosolic acid A, B 商陆醇酸▲A, B 商陆 Phytolacca acinosa
acinospesigenin 商陆新苷元▲ 商陆 Phytolacca acinosa
acinospesigenin A, B, C 商陆新苷元▲A, B, C 商陆 Phytolacca acinosa
aciphyllene 针叶春黄菊烯▲ 挥发油成分，未统计基源
aciphyllic acid 针叶春黄菊酸▲ 山胡椒 Lindera glauca
acofamine A, B 多根乌头明▲A, B 多根乌头 Aconitum karakolicum
acoforesticine 丽江乌头辛碱 丽江乌头 Aconitum forrestii
acoforestine 丽江乌头亭▲ 丽江乌头 Aconitum forrestii
acoforestinine 丽江乌头宁▲ 紫乌头 Aconitum episcopale, 丽江乌头 A. forrestii
acoforine 丽江乌头任碱 丽江乌头 Aconitum forrestii, 露蕊乌头 A. gymnandrum, 细叶乌头 A. macrorhynchum, 黄草乌 A. vilmorinianum
acofrioside L 弗氏尖药木苷▲L 尖药木 Acokanthera oppositifolia
acolamone 白菖蒲新酮 菖蒲 Acorus calamus, 及已 Chloranthus serratus
acolongifloroside H, K 长花尖药木苷▲H, K 尖药木 Acokanthera oppositifolia
acomonine 山地乌头宁▲ 山地乌头 Aconitum monticola, 三出翠雀花 Delphinium biternatum
aconifine 乌头芬碱 多根乌头 Aconitum karakolicum
aconine 乌头原碱 短柄乌头 Aconitum brachypodum, 乌头 A. carmichaelii, 铁棒锤 A. pendulum
aconine-8-linoleate 乌头原碱 -8- 亚油酸酯 伏毛铁棒锤 Aconitum flavum
aconiside 大翅蓟苷▲ 大翅蓟 Onopordum acanthium
aconitamide 乌头酰胺▲ 乌头 Aconitum carmichaelii

aconitan A~D 乌头多糖▲A~D 乌头 Aconitum carmichaelii
trans-aconitate-1-ethyl ester 反式 - 乌头酸 -1- 乙酯 矮桃 Lysimachia clethroides
trans-aconitate-5-ethyl ester 反式 - 乌头酸 -5- 乙酯 矮桃 Lysimachia clethroides
trans-aconitate-6-ethyl ester 反式 - 乌头酸 -6- 乙酯 矮桃 Lysimachia clethroides
trans-aconitic acid 反式 - 乌头酸 湖南稗子 Echinochloa frumentacea
cis-aconitic acid 顺式 - 乌头酸 人参 Panax ginseng
aconitic acid 乌头酸 牛扁 Aconitum barbatum var. puberulum, 荩草 Arthraxon hispidus, 匿芒荩草 A. hispidus var. cryptatherus, 问荆 Equisetum arvense, 腺药珍珠菜 Lysimachia stenosepala
cis-aconitic anhydride ethyl ester 顺式 - 乌头酸酐乙酯 东方泽泻 Alisma orientale
aconitine 乌头碱 空茎乌头 Aconitum apetalum, 弯喙乌头 A. campylorrhynchum, 乌头 A. carmichaelii, 展花乌头 A. chasmanthum, 粗茎乌头 A. crassicaule, 宾川乌头 A. duclouxii, 敦化乌头 A. dunhuaense, 藏南藤乌 A. elwesii, 伏毛铁棒锤 A. flavum, 露蕊乌头 A. gymnandrum, 鸭绿乌头 A. jaluense, 光梗鸭绿乌头 A. jaluense var. glabrescens, 多根乌头 A. karakolicum, 北乌头 A. kusnezoffii, 保山乌头 A. nagarum, 宣威乌头 A. nagarum var. lasiandrum, 铁棒锤 A. pendulum, 多裂乌头 A. polyschistum, 拟玉龙乌头 A. pseudostapfianum, 准噶尔乌头 A. soongaricum, 亚东乌头 A. spicatum, 蔓乌头 A. volubile
aconitramine A~E 直缘乌头胺▲A~E 直缘乌头 Aconitum transsectum
aconosine 鼻萼乌头辛碱▲ 苍山乌头 Aconitum contortum, 敦化乌头 A. dunhuaense, 丽江乌头 A. forrestii, 拟玉龙乌头 A. pseudostapfianum, 草地乌头 A. umbrosum
acophine 多根乌头芬碱▲ 多根乌头 Aconitum karakolicum
Δ-acoradiene *Δ*- 菖蒲二烯 杜松 Juniperus rigida
α-acoradiene *α*- 菖蒲二烯 挥发油成分，未统计基源
β-acoradiene *β*- 菖蒲二烯 挥发油成分，未统计基源
γ-acoradiene *γ*- 菖蒲二烯 挥发油成分，未统计基源
acoradiene 菖蒲二烯 挥发油成分，未统计基源
acoradin 菖蒲二聚素 菖蒲 Acorus calamus
acorafuran 菖蒲呋喃▲ 菖蒲 Acorus calamus
acoragermacrone 菖蒲大根老鹳草酮 菖蒲 Acorus calamus, 及已 Chloranthus serratus
acoramone 菖蒲螺新酮 菖蒲 Acorus calamus, 石菖蒲 A. gramineus
α-acorenol *α*- 菖蒲烯醇 圆柏 Juniperus chinensis, 杜松 J. rigida
β-acorenol *β*- 菖蒲烯醇 杜松 Juniperus rigida
acorenone; calamusenone 菖蒲烯酮 菖蒲 Acorus calamus, 石菖蒲 A. gramineus
acoridine 黄花乌头定▲ 黄花乌头 Aconitum coreanum
acorine 黄花乌头灵▲ 黄花乌头 Aconitum coreanum, 江孜乌头 A. ludlowii
acorone 菖蒲酮 菖蒲 Acorus calamus
acoronene 菖蒲螺酮烯 菖蒲 Acorus calamus
acorusdiol 菖蒲二醇 菖蒲 Acorus calamus
acorusnol 菖蒲醇 菖蒲 Acorus calamus, 春榆 Ulmus davidiana var. japonica
acoschimperoside P 希氏尖药木苷▲P 纽子花 Vallaris solanacea
acosepticine 北方乌头替辛▲ 紫花高乌头 Aconitum septentrionale
aconseptridine 北方乌头春定▲ 紫花高乌头 Aconitum septentrionale
acoseptridinine 北方乌头定宁▲ 紫花高乌头 Aconitum septentrionale
acoseptrine 北方乌头灵▲ 紫花高乌头 Aconitum septentrionale
acoseptrinine 北方乌头春宁▲ 紫花高乌头 Aconitum septentrionale
acovenoside A, C 毒尖药木苷▲A, C 尖药木 Acokanthera oppositifolia
acovenosigenin A-3-*O*-*α*-L-ramnopyranoside 毒尖药木苷元▲A-3-*O*-*α*-L- 吡喃鼠李糖苷 卫矛 Euonymus alatus
acrctate b methyl ester 牛蒡酸 b 甲酯 牛蒡 Arctium lappa
9(10*H*)-acridone 9(10*H*)- 吖啶酮 酒饼簕 Atalantia buxifolia
acridone 吖啶酮 飞龙掌血 Toddalia asiatica
acrifoline 尖叶石松碱 小花山小橘 Glycosmis parviflora, 山小橘 G. pentaphylla, 小杉兰 Huperzia selago, 多穗石松 Lycopodium annotinum
acrifolinol 尖叶石松醇 玉柏 Lycopodium obscurum
acrignine A 吖啶木脂宁碱▲A 葡萄柚 Citrus paradisi
acrimarine B~F, H 吖啶香豆素碱 B~F, H 葡萄柚 Citrus paradisi
acrimarine N 吖啶香豆素碱 N 福橘 Citrus reticulata 'Tangerina'
acrofolione A, B 三小叶山油柑酮▲A, B 山油柑 Acronychia pedunculata
acronyculatin A~D 山油柑亭▲A~D 山油柑 Acronychia pedunculata
acronyculatin E 山油柑亭▲E 山油柑 Acronychia pedunculata, 宝盖草 Lamium amplexicaule
acronylin 山油柑素 山油柑 Acronychia pedunculata
acroptilin 顶羽菊内酯 顶羽菊 Acroptilon repens
acroptin 顶羽菊亭▲ 顶羽菊 Acroptilon repens
acropyranol A, B 山油柑吡喃醇 A, B 山油柑 Acronychia pedunculata

acropyrone 山油柑吡喃酮 山油柑 Acronychia pedunculata
acrorepiolide 顶羽菊萜内酯▲ 顶羽菊 Acroptilon repens
acrovestenol 毛叶山油柑烯醇▲ 山油柑 Acronychia pedunculata
acrovestone 毛叶山油柑酮▲ 山油柑 Acronychia pedunculata
acsinatine 紫花高乌头纳亭▲ 紫花高乌头 Aconitum septentrionale
acsine 紫花高乌头碱▲ 紫花高乌头 Aconitum septentrionale
actein 类叶升麻素▲ 升麻 Cimicifuga foetida, 单穗升麻 C. simplex, 云南升麻 C. yunnanensis, 黄三七 Souliea vaginata
acteinol 类叶升麻素醇▲ 升麻 Cimicifuga foetida
acteol 类叶升麻醇▲ 云南升麻 Cimicifuga yunnanensis
(*E*)-acteoside (*E*)-洋丁香酚苷 假连翘 Duranta erecta
(*Z*)-acteoside (*Z*)-洋丁香酚苷 假连翘 Duranta erecta
acteoside 洋丁香酚苷 较常见成分，至少分布于 30 种以上植物中，常见于马鞭草科与木犀科植物，偶见于海榄雌科、菊科、马鞭草科、木犀科、梧桐科等
actifolin 长叶黄肉楠素▲ 山小橘 Glycosmis pentaphylla, 三桠乌药 Lindera obtusiloba
actiin 牛蒡子苷 节节草 Commelina diffusa
actinidialactone 猕猴桃内酯 葛枣猕猴桃 Actinidia polygama
actinidiamide 猕猴桃酰胺 葛枣猕猴桃 Actinidia polygama
actinidic acid 猕猴桃酸 短药蒲桃 Syzygium globiflorum
actinidicoside 猕猴桃酸酯苷▲ 黄毛豆腐柴 Premna fulva
actinidin A 猕猴桃素 A 美味猕猴桃 Actinidia chinensis var. deliciosa
(-)-actinidine (-)-猕猴桃碱 软枣猕猴桃 Actinidia arguta
actinidine 猕猴桃碱 葛枣猕猴桃 Actinidia polygama, 草苁蓉 Boschniakia rossica, 缬草 Valeriana officinalis
actinidioionoside 猕猴桃香堇苷▲ 洋蒲桃 Syzygium samarangense, 络石 Trachelospermum jasminoides, 毛葡萄 Vitis heyneana
actinidioionoside-6'-*O*-gallate 猕猴桃香堇苷-6'-*O*-没食子酸酯 洋蒲桃 Syzygium samarangense
actinidione 猕猴桃藤山柳二酮▲ 猕猴桃藤山柳 Clematoclethra scandens subsp. actinidioides, 青杨梅 Myrica adenophora, 云南杨梅 M. nana, 杨梅 M. rubra
(-)-actinodaphine (-)-黄肉楠碱▲ 小花青藤 Illigera parviflora
(+)-actinodaphnine (+)-黄肉楠碱 月桂 Laurus nobilis
(*R*)-(-)-actinodaphnine (*R*)-(-)-黄肉楠碱 圆滑番荔枝 Annona glabra
actinodaphnine 黄肉楠碱 倒卵叶黄肉楠 Actinodaphne obovata, 无根藤 Cassytha filiformis
actinoside E, F 猕猴桃苷▲E, F 对萼猕猴桃 Actinidia valvata
actinostemmoside A~J 合子草苷 A~J 盒子草 Actinostemma tenerum
AC-trimer 槟榔三聚体▲ 草芍药 Paeonia obovata
(-)-aculeatin (-)-刺飞龙掌血素▲ 飞龙掌血 Toddalia asiatica
aculeatin 刺飞龙掌血素▲ 飞龙掌血 Toddalia asiatica
aculeatin hydrate 刺飞龙掌血素▲水合物 飞龙掌血 Toddalia asiatica
aculeatiside A 喀西茄苷▲A 喀西茄 Solanum aculeatissimum, 黄果茄 S. virginianum
aculeatiside B 喀西茄苷▲B 喀西茄 Solanum aculeatissimum
aculeoside I 满树星苷 I 满树星 Ilex aculeolata
(-)-acuminatin (-)-尖叶木兰素▲ 红楠 Machilus thunbergii, 风藤 Piper kadsura
(+)-acuminatin (+)-粗毛淫羊藿苷 芝麻 Sesamum indicum
acuminatin 尖叶木兰素▲ 黄瑞香 Daphne giraldii, 肉豆蔻 Myristica fragrans, 羽叶丁香 Syringa pinnatifolia, 玉兰 Yulania denudata
(+)-(7*S*,8*R*,8'*R*)-acuminatolide (+)-(7*S*,8*R*,8'*R*)-尖叶蜡菊内酯▲ 三桠乌药 Lindera obtusiloba
acuminatoside 粗毛淫羊藿苷 粗毛淫羊藿 Epimedium acuminatum
acutiaporberine 尖叶唐松草阿原碱 尖叶唐松草 Thalictrum acutifolium
acutifolidine 尖叶唐松草定碱 尖叶唐松草 Thalictrum acutifolium
acutifoline 锐叶花椒碱▲ 山小橘 Glycosmis pentaphylla
acutilobin A~G 尖瓣瑞香素 A~G 尖瓣瑞香 Daphne acutiloba
acutine 尖叶芸香亭▲ 大叶芸香 Haplophyllum perforatum
acutissimalignan B 极尖叶下珠木脂素▲B 狼毒 Stellera chamaejasme
acutissimin A 麻栎鞣素▲A 麻栎 Quercus acutissima, 乌冈栎 Q. phillyraeoides
acutissimin B 麻栎鞣素▲B 麻栎 Quercus acutissima
acutoside A 广东丝瓜苷▲A 广东丝瓜 Luffa acutangula, 辽东楤木 Aralia elata var. glabrescens
acutoside B~I 广东丝瓜苷▲B~I 广东丝瓜 Luffa acutangula
acutoside A, B 尖叶假龙胆苷▲A, B 尖叶假龙胆 Gentianella acuta
acutudaurine 风龙北豆根灵▲ 蝙蝠葛 Menispermum dauricum
acutumidine 风龙米定碱▲ 夜花藤 Hypserpa nitida, 蝙蝠葛 Menispermum dauricum, 风龙 Sinomenium acutum
acutumine 风龙明碱▲ 秤钩风 Diploclisia affinis, 夜花藤 Hypserpa nitida, 蝙蝠葛 Menispermum dauricum, 风龙 Sinomenium acutum, 金线吊乌龟 Stephania cephalantha, 青牛胆 Tinospora sagittata

acutuminine 风龙米宁▲ 蝙蝠葛 Menispermum dauricum, 风龙 Sinomenium acutum

acyl hibiscone B 乙酰木槿酮 B 箭叶秋葵 Abelmoschus sagittifolius

3*β*-(trans-*p*-acylcoumarin)-2*α*,23-dihydroxyurs-12-en-28-oic acid 3*β*-(反式 - 对酰基香豆素)-2*α*,23- 二羟基熊果 -12- 烯 -28- 酸 对萼猕猴桃 Actinidia valvata

3*β*-(*trans*-*p*-acylcoumarin)-2*α*,24-dihydroxyurs-12-en-28-oic acid 3*β*-(反式 - 对酰基香豆素)-2*α*,24- 二羟基熊果 -12- 烯 -28- 酸 对萼猕猴桃 Actinidia valvata

AD-I 紫花前胡素 I 紫花前胡 Angelica decursiva

AD-II 紫花前胡素 II 紫花前胡 Angelica decursiva

adenanthin 腺花香茶菜素 腺花香茶菜 Isodon adenanthus, 显脉香茶菜 I. nervosus

adenanthin A~L, N, O, P 腺花香茶菜素 A~L, N, O, P 腺花香茶菜 Isodon adenanthus

adenanthusone 腺花香茶菜酮 腺花香茶菜 Isodon adenanthus

adenine 腺嘌呤 植物基础成分，未统计基源

adenine riboside 腺嘌呤核苷 植物基础成分，未统计基源

adenocarpine 腺荚豆碱 苦豆子 Sophora alopecuroides

adenoculolide 和尚菜内酯▲ 和尚菜 Adenocaulon himalaicum

adenoculone 和尚菜酮▲ 和尚菜 Adenocaulon himalaicum

adenodimerin A, B, C 青杨梅二聚素▲A, B, C 青杨梅 Myrica adenophora

adenolin D 腺叶香茶菜素 D 小叶香茶菜 Isodon parvifolius

adenolin E 腺叶香茶菜素 E 歧伞香茶菜 Isodon macrophyllus, 小叶香茶菜 I. parvifolius

adenosine 腺苷 植物基础成分，未统计基源

2'-adenosine monophosphate 2'- 腺苷单磷酸酯 洋吊钟 Kalanchoe verticillata

3'-adenosine monophosphate 3'- 腺苷单磷酸酯 洋吊钟 Kalanchoe verticillata

adenostemmoic acid A~G 下田菊酸 A~G 下田菊 Adenostemma lavenia

adenostemmoside A~G 下田菊苷 A~G 下田菊 Adenostemma lavenia

adenostin A, B 拟欧蟹甲草素▲A, B 黄帚橐吾 Ligularia virgaurea

adenostylide 拟欧蟹甲草内酯▲ 黄帚橐吾 Ligularia virgaurea

adhatodine 鸭嘴花定碱 鸭嘴花 Justicia adhatoda

adhavasinone 鸭嘴花西酮碱▲ 鸭嘴花 Justicia adhatoda

adhumulone 近葎草酮 啤酒花 Humulus lupulus

adhyperforin 加贯叶金丝桃素 贯叶连翘 Hypericum perforatum

adian-5(10)-en-3-ol 铁线蕨 -5(10)- 烯 -3- 醇 扇叶铁线蕨 Adiantum flabellulatum

adian-5(10)-en-3*α*-ol 铁线蕨 -5(10)- 烯 -3*α*- 醇 铁线蕨 Adiantum capillus-veneris

adian-5-en-3-ol 铁线蕨 -5- 烯 -3- 醇 扇叶铁线蕨 Adiantum flabellulatum, 节节草 Commelina diffusa, 红茄苳 Rhizophora mucronata

adian-5-en-3-one 铁线蕨 -5- 烯 -3- 酮 山黄麻 Trema orientalis

adian-5-en-3*α*-ol 铁线蕨 -5- 烯 -3*α*- 醇 铁线蕨 Adiantum capillus-veneris

adian-5-ene 铁线蕨 -5- 烯 铁线蕨 Adiantum capillus-veneris

adian-5-ene-ozonide 铁线蕨 -5- 烯 - 臭氧化物 单盖铁线蕨 Adiantum monochlamys

adianene 铁线蕨烯 单盖铁线蕨 Adiantum monochlamys

adiantifoline 铁线蕨叶唐松草碱▲ 河南唐松草 Thalictrum honanense, 亚欧唐松草 T. minus, 峨眉唐松草 T. omeiense

adiantol 铁线蕨醇 单盖铁线蕨 Adiantum monochlamys

adiantone 铁线蕨酮 铁线蕨 Adiantum capillus-veneris, 鞭叶铁线蕨 A. caudatum, 普通铁线蕨 A. edgeworthii, 扇叶铁线蕨 A. flabellulatum, 单盖铁线蕨 A. monochlamys, 掌叶铁线蕨 A. pedatum

adiantoxide 铁线蕨氧化物 铁线蕨 Adiantum capillus-veneris, 扇叶铁线蕨 A. flabellulatum

adinaic acid 水团花酸▲ 细叶水团花 Adina rubella

adinaic acid-3*β*-*O*-[*α*-L-rhamnopyranosyl-(1 → 2)-*β*-D-glucopyranosyl-(1 → 2)-*β*-D-glucuronopyranoside-6-*O*-butyl ester]-28-*O*-*β*-D-glucopyranoside 水团花酸▲-3*β*-*O*-[*α*-L- 吡喃鼠李糖基 -(1 → 2)-*β*-D- 吡喃葡萄糖基 -(1 → 2)-*β*-D- 吡喃葡萄糖醛酸苷 -6-*O*- 丁基酯]-28-*O*-*β*-D- 吡喃葡萄糖苷 细叶水团花 Adina rubella

adinoside A~E 水团花苷▲A~E 鸡仔木 Sinoadina racemosa

adipedatol 掌叶铁线蕨醇 铁线蕨 Adiantum capillus-veneris, 掌叶铁线蕨 A. pedatum

adipic acid dioctyl ester 己二酸二辛酯 挥发油成分，未统计基源

(-)-adlumidine (-)- 山缘草定碱 山延胡索 Corydalis solida

L-adlumidine L- 山缘草定碱 巨紫堇 Corydalis gigantea

adlumidine 山缘草定碱 黄紫堇 Corydalis ochotensis, 石生黄堇 C. saxicola, 直茎黄堇 C. stricta

adlumine 山缘草碱 直茎黄堇 Corydalis stricta

adonilide 侧金盏花内酯 侧金盏花 Adonis amurensis

adonilidic acid 侧金盏花酸 金黄侧金盏花 Adonis chrysocyatha

(3*S*)-adonirubin (3*S*)- 侧金盏花红素▲ 夏侧金盏花 Adonis aestivalis

adonitol 侧金盏花醇 蓝侧金盏花 Adonis coerulea, 北侧金盏花 A. sibirica, 竹叶柴胡 Bupleurum marginatum, 银州柴胡 B. yinchowense

adonitoxin 侧金盏花毒苷 北侧金盏花 Adonis sibirica, 天山侧金盏花 A. tianschanica

adonivernite 春侧金盏花苷 ▲ 毛茛 Ranunculus japonicus
adonixanthin 侧金盏花黄质 泥炭藓 Sphagnum palustre, 粗叶泥炭藓 S. squarrosum
adouetine X 蛇婆子碱 X 蛇婆子 Waltheria indica, 无刺枣 Ziziphus jujuba var. inermis, 酸枣 Z. jujuba var. spinosa
adouetine Y, Z 蛇婆子碱 Y, Z 蛇婆子 Waltheria indica
adouetine Y' 蛇婆子碱 Y' 马松子 Melochia corchorifolia, 蛇婆子 Waltheria indica
adoxosidic acid 五福花苷酸 管花肉苁蓉 Cistanche tubulosa, 川西獐牙菜 Swertia mussotii
adrenaline; epirenamine 肾上腺素 野甘草 Scoparia dulcis, 沼生苦苣菜 Sonchus palustris
aduncin 钩状石斛素 钩状石斛 Dendrobium aduncum
adynerigenin 欧夹竹桃任苷元 夹竹桃 Nerium oleander
adynerin 欧夹竹桃任苷 夹竹桃 Nerium oleander
aegelenine 木橘宁碱 木橘 Aegle marmelos
aegeline 木橘碱 木橘 Aegle marmelos
aegelinol 木橘醇 木橘 Aegle marmelos, 前胡 Peucedanum praeruptorum
aegicerin 蜡烛果素 羽叶点地梅 Pomatosace filicula
aegineoside 野菰苷 ▲ 野菰 Aeginetia indica, 大血藤 Sargentodoxa cuneata, 滇刺枣 Ziziphus mauritiana
aeginetic acid 野菰酸 野菰 Aeginetia indica, 天目地黄 Rehmannia chingii
aeginetic acid-5-*O*-*β*-D-quinovoside 野菰酸 -5-*O*-*β*-D- 鸡纳糖苷 地黄 Rehmannia glutinosa
aeginetolide 野菰内酯 野菰 Aeginetia indica
aeginetoylajugol-5''-*O*-*β*-D-quinovoside 野菰酰筋骨草醇 -5''-*O*-*β*-D- 鸡纳糖苷 地黄 Rehmannia glutinosa
aeglemarmelosine 木橘辛碱 ▲ 木橘 Aegle marmelos
aeglin 木橘灵 木橘 Aegle marmelos
aemulin BB 拟柄羽鳞毛蕨素 ▲BB 阔鳞鳞毛蕨 Dryopteris championii, 粗茎鳞毛蕨 D. crassirhizoma
aequaline 赛帽花碱 ▲ 牛心番荔枝 Annona reticulata
aequinoctin 赤道李素 ▲ 水飞蓟 Silybum marianum
aerugidiol 莪术二醇 温郁金 Curcuma wenyujin
aeschynanthoside A~D 芒毛苣苔苷 A~D 显苞芒毛苣苔 Aeschynanthus bracteatus
aescuflavoside 七叶树黄酮苷 七叶树 Aesculus chinensis
aescuflavoside A 七叶树黄酮苷 A 七叶树 Aesculus chinensis
aesculetin dimethyl ether 七叶树内酯二甲醚 密花石斛 Dendrobium densiflorum, 木竹子 Garcinia multiflora, 刺花椒 Zanthoxylum acanthopodium, 椿叶花椒 Z. ailanthoides, 簕欓花椒 Z. avicennae, 两面针 Z. nitidum, 野花椒 Z. simulans
aesculetin; esculetin 七叶树内酯 常见成分，至少分布于 100 种以上植物中
aesculetin-6-*O*-(6'-*O*-galloyl)-*β*-D-galactopyranoside 七叶树内酯 -6-*O*-(6'-*O*- 没食子酰基)-*β*-D- 吡喃半乳糖苷 准噶尔大戟 Euphorbia soongarica
aesculetin-6-*O*-*β*-D-apiofuranosyl-(1 → 6)-*O*-*β*-D-glucopyranoside 七叶树内酯 -6-*O*-*β*-D- 呋喃芹菜糖基 -(1 → 6)-*O*-*β*-D- 吡喃葡萄糖苷 白芷 Angelica dahurica
aesculin 马栗树皮苷 桑 Morus alba
aesculioside A~H 七叶树奥苷 ▲A~H 七叶树 Aesculus chinensis
aesculitannin A 七叶树鞣质 A 欧洲七叶树 Aesculus hippocastanum, 荔枝 Litchi chinensis
aesculitannin B 七叶树鞣质 B 欧洲七叶树 Aesculus hippocastanum, 长节珠 Parameria laevigata, 帘子藤 Pottsia laxiflora
aesculitannin C 七叶树鞣质 C 欧洲七叶树 Aesculus hippocastanum, 杜仲藤 Urceola micrantha
aesculitannin D~G 七叶树鞣质 D~G 欧洲七叶树 Aesculus hippocastanum
aesculuside A 七叶树洛苷 ▲A 长柄七叶树 Aesculus assamica, 浙江七叶树 A. chinensis var. chekiangensis
19,20-(*Z*)-affinisine 19,20-(*Z*)- 拟佩西木碱 ▲ 大叶糖胶树 Alstonia macrophylla
affinogenin 鳝藤苷元 A, C, D-I, D-II, D-III, D-IV, D-V, D-VI 鳝藤 Anodendron affine
affinoside 鳝藤苷 A~D, D-V, E, F, G, H, I, J, K, L-I, L-II, L-III, L-IV, La, Lb, Lc, Ld, Le, Lf, Lg, M, N, O, P, Q, R, S, S-I, S-II, S-III, S-IV, S-V, S-VI, S-VII, S-VIII, S-IX, S-X, S-XI, T 鳝藤 Anodendron affine
AFP 抗冻蛋白 沙冬青 Ammopiptanthus mongolicus
afrogenin 钉头果洛苷元 ▲ 马利筋 Asclepias curassavica
afrormosin 非洲红豆素 ▲ 毛相思子 Abrus mollis, 紫穗槐 Amorpha fruticosa, 蒙古黄耆 Astragalus penduliflorus, 黄耆 A. penduliflorus subsp. mongholicus var. dahuricus, 绿花崖豆藤 Callerya championii, 香花崖豆藤 C. dielsiana, 丰城崖豆藤 C. nitida var. hirsutissima, 网络崖豆藤 C. reticulata, 翅荚香槐 Cladrastis platycarpa, 红花山竹子 Corethrodendron multijugum, 刺果甘草 Glycyrrhiza pallidiflora, 圆果甘草 G. squamulosa, 多序岩黄耆 Hedysarum polybotrys, 马棘 Indigofera pseudotinctoria, 朝鲜槐 Maackia amurensis, 黄花木 Piptanthus concolor, 槐 Sophora japonica, 密花豆 Spatholobus suberectus, 藤萝 Wisteria villosa
afrormosin-7-*O*-glucopyranoside 非洲红豆素 ▲-7-*O*- 吡喃葡萄糖苷 紫穗槐 Amorpha fruticosa
afrormosin-7-*O*-*β*-D-glucopyranoside 非洲红豆素 ▲-7-*O*-*β*-D- 吡喃葡萄糖苷 丰城崖豆藤 Callerya nitida var. hirsutissima, 翅荚香槐 Cladrastis platycarpa, 朝鲜槐 Maackia amurensis, 红车轴草 Trifolium pratense
afrormosin-7-*O*-*β*-D-glucopyranoside-6''-*O*-malonate 非洲红豆素 ▲-7-*O*-*β*-D- 吡喃葡萄糖苷 -6''-*O*- 丙二酸酯 红车轴草 Trifolium pratense
afroside 钉头果洛苷 ▲ 牛角瓜 Calotropis gigantea, 钉头果 Gomphocarpus fruticosus
afroside 芳香蓍苷 ▲ 大麻 Cannabis sativa

(-)-afzelechin (-)-缅茄儿茶素▲ 多花紫藤 Wisteria floribunda

(+)-(2*R*,3*S*)-afzelechin (+)-(2*R*,3*S*)-缅茄儿茶素▲ 榕树 Ficus microcarpa

(+)-afzelechin (+)-缅茄儿茶素▲ 中华猕猴桃 Actinidia chinensis, 白桂木 Artocarpus hypargyreus, 腊肠树 Cassia fistula, 刺五加 Eleutherococcus senticosus, 北枳椇 Hovenia dulcis, 狼毒 Stellera chamaejasme, 多花紫藤 Wisteria floribunda, 酸枣 Ziziphus jujuba var. spinosa

(±)-afzelechin (±)-缅茄儿茶素▲ 无刺枣 Ziziphus jujuba var. inermis

afzelechin 缅茄儿茶素▲ 紫背天葵 Begonia fimbristipula, 大花金挖耳 Carpesium macrocephalum, 橙花瑞香 Daphne aurantiaca, 草麻黄 Ephedra sinica, 宽叶香蒲 Typha latifolia, 革叶荛花 Wikstroemia scytophylla

(+)-afzelechin-(4α→8)-(+)-afzelechin (+)-缅茄儿茶素▲-(4α→8)-(+)-缅茄儿茶素▲ 中华猕猴桃 Actinidia chinensis

(-)-(2*R*,3*S*)-afzelechin-(4*α*-8)-(2*R*,3*R*)-epiafzelechin (-)-(2*R*,3*S*)-缅茄儿茶素▲-(4*α*-8)-(2*R*,3*R*)-表缅茄儿茶素▲ 榕树 Ficus microcarpa

(-)-(2*R*,3*S*)-afzelechin-(4*α*-8)-(2*R*,3*S*)-afzelechin (-)-(2*R*,3*S*)-缅茄儿茶素▲-(4*α*-8)-(2*R*,3*S*)-缅茄儿茶素▲ 榕树 Ficus microcarpa

afzelechin-(4*α*-8)-catechin 缅茄儿茶素▲-(4*α*-8)-儿茶素 沙针 Osyris quadripartita

afzelechin-3-*O*-L-*α*-rhamnopyranoside 缅茄儿茶素▲-3-*O*-L-*α*-吡喃鼠李糖苷 红树 Rhizophora apiculata

(+)-afzelechin-3-*O*-*α*-L-rhamnopyranoside (+)-缅茄儿茶素▲-3-*O*-*α*-L-吡喃鼠李糖苷 白桂木 Artocarpus hypargyreus, 桂木 A. nitidus subsp. lingnanensis, 沙针 Osyris quadripartita

afzelechin-3-*O*-*α*-L-rhamnopyranoside 缅茄儿茶素▲-3-*O*-*α*-L-吡喃鼠李糖苷 胭脂 Artocarpus tonkinensis

afzelechin-4'-*O*-*β*-D-glucopyranoside 缅茄儿茶素▲-4'-*O*-*β*-D-吡喃葡萄糖苷 珠仔树 Symplocos racemosa

(+)-afzelechin-5-*O*-*β*-D-glucopyranoside (+)-缅茄儿茶素▲-5-*O*-*β*-D-吡喃葡萄糖苷 多花紫藤 Wisteria floribunda

(-)-afzelechin-7-*O*-*β*-D-glucopyranoside (-)-缅茄儿茶素▲-7-*O*-*β*-D-吡喃葡萄糖苷 虎皮楠 Daphniphyllum oldhamii

afzelechin-7-*O*-*β*-D-glucopyranoside 缅茄儿茶素▲-7-*O*-*β*-D-吡喃葡萄糖苷 狼毒 Stellera chamaejasme

afzelin; afzeloside 缅茄苷▲ 常见成分，至少分布于 100 种以上植物中

afzelin-2''-*O*-gallate 缅茄苷▲-2''-*O*-没食子酸酯 朱缨花 Calliandra haematocephala

afzelin-3''-*O*-gallate 缅茄苷▲-3''-*O*-没食子酸酯 朱缨花 Calliandra haematocephala, 栾树 Koelreuteria paniculata

agallochaexcoerin A~F 海漆灵素▲A~F 海漆 Excoecaria agallocha

agallochaol A~Q 海漆醇 A~Q 海漆 Excoecaria agallocha

agallochaone A 海漆酮 A 海漆 Excoecaria agallocha

agallochin A~I, L~O 海漆素▲A~I, L~O 海漆 Excoecaria agallocha

agallochin J 海漆素▲J 云南土沉香 Excoecaria acerifolia, 海漆 E. agallocha

agallochin K 海漆素▲K 云南土沉香 Excoecaria acerifolia, 海漆 E. agallocha

agamenoside C, D, E, H, I, J 龙舌兰诺苷▲C, D, E, H, I, J 龙舌兰 Agave americana

agamenoside F 龙舌兰诺苷▲F 龙舌兰 Agave americana, 晚香玉 Polianthes tuberosa

agar 琼脂 凝花菜 Gelidiella acerosa, 冻沙菜 Hypnea japonica, 坛紫菜 Porphyra haitanensis, 拟鸡毛菜 Pterocladiella capillacea

agaricinic acid 蘑菇酸 药用拟层孔菌 Fomitopsis officinalis

agaritinal 蘑菇醛▲ 野蘑菇 Agaricus campestris

agaritine 蘑菇氨酸 田野蘑菇 Agaricus arvensis, 双孢蘑菇 A. bisporus

α-agarofuran *α*-沉香呋喃 山姜 Alpinia japonica, 绒毛戴星草 Sphaeranthus indicus

β-agarofuran *β*-沉香呋喃 挥发油成分，未统计基源

agaropectin 琼脂胶 石花菜 Gelidium amansii

agarose 琼脂糖 石花菜 Gelidium amansii, 拟鸡毛菜 Pterocladiella capillacea

agarospirol 沉香螺醇 土沉香 Aquilaria sinensis, 秦岭岩白菜 Bergenia scopulosa, 大戟 Euphorbia pekinensis

agastachin 藿香素 藿香 Agastache rugosa

agastachoside 藿香苷 藿香 Agastache rugosa, 香青兰 Dracocephalum moldavica, 蓝萼毛叶香茶菜 Isodon japonicus var. glaucocalyx, 薄荷 Mentha canadensis, 广藿香 Pogostemon cablin

agastanol 藿香诺酚▲ 藿香 Agastache rugosa

agastaquinone 藿香醌 藿香 Agastache rugosa

agastenol 藿香烯酚▲ 藿香 Agastache rugosa

agastol 藿香酚 藿香 Agastache rugosa

agasyllin 阿加芹素▲ 朝鲜当归 Angelica gigas, 宽萼岩风 Libanotis laticalycina, 华山前胡 Peucedanum ledebourielloides

agatharesinol 贝壳杉树脂醇▲ 日本柳杉 Cryptomeria japonica

agathic acid 贝壳杉酸 圆柏 Juniperus chinensis, 偃松 Pinus pumila, 柚木 Tectona grandis

agathisflavone 贝壳杉黄酮 大叶藤黄 Garcinia xanthochymus, 野漆 Toxicodendron succedaneum

agatholal 贝壳杉醛▲ 柳杉 Cryptomeria japonica var. sinensis

agatholic acid 贝壳杉醇酸 偃松 Pinus pumila

agavasaponin E, H 龙舌兰皂苷 E, H 龙舌兰 Agave americana

agavegenin A, B, D 龙舌兰皂苷元 A, B, D 龙舌兰 Agave americana

agavoside A 龙舌兰苷 A 蒺藜 Tribulus terrestris

agavoside B 龙舌兰苷 B 深裂竹根七 Disporopsis pernyi

ageconyflavone A, B, C 胜红蓟黄酮 A, B, C 霍香蓟 Ageratum conyzoides

agecorynin C 伞房藿香蓟素 C 熊耳草 Ageratum houstonianum

agehoustin A~G 熊耳草素▲A~G 熊耳草 Ageratum houstonianum
ageratone 熊耳草酮▲ 熊耳草 Ageratum houstonianum
agglutinin 凝集素 绿皮地卷衣 Peltigera aphthosa
agladupol D, E 四季米仔兰醇 D, E 大叶山楝 Aphanamixis grandifolia
aglafolin 椭圆叶米仔兰醇▲ 米仔兰 Aglaia odorata
aglaiol 米仔兰醇 米仔兰 Aglaia odorata
aglaroxin E 山椤素▲E 米仔兰 Aglaia odorata
aglaxiflorin D 疏花米仔兰素▲D 米仔兰 Aglaia odorata
agnucastoside A, B, C 穗花牡荆托苷▲A, B, C 穗花牡荆 Vitex agnus-castus
agnuside 穗花牡荆苷 皱叶醉鱼草 Buddleja crispa, 三花莸 Caryopteris terniflora, 葫芦树 Crescentia cujete, 穗花牡荆 Vitex agnus-castus, 黄荆 V. negundo, 牡荆 V. negundo var. cannabifolia, 长序荆 V. peduncularis, 蔓荆 V. trifolia, 单叶蔓荆 V. trifolia subsp. litoralis
agrimol A~G 仙鹤草酚 A~G 龙芽草 Agrimonia pilosa
agrimonic acid A 仙鹤草酸 A 龙芽草 Agrimonia pilosa, 金樱子 Rosa laevigata
agrimonic acid B 仙鹤草酸 B 龙芽草 Agrimonia pilosa, 金樱子 Rosa laevigata
agrimoniin 仙鹤草素 龙芽草 Agrimonia pilosa, 地蔷薇 Chamaerhodos erecta, 翻白草 Potentilla discolor, 山刺玫 Rosa davurica, 金樱子 R. laevigata
agrimonolide-6-*O*-*β*-D-glucopyranoside 仙鹤草内酯 -6-*O*-*β*-D- 吡喃葡萄糖苷 龙芽草 Agrimonia pilosa, 散沫花 Lawsonia inermis
agrimophol 鹤草酚 龙芽草 Agrimonia pilosa
agripilol A 龙芽草醇▲A 硫黄菌 Laetiporus sulphureus
agroastragaloside I, II, III, IV, V 农杆菌黄芪苷▲I, II, III, IV, V 黄耆 Astragalus penduliflorus subsp. mongholicus var. dahuricus
agroclavine 冰草麦角碱▲ 麦角菌 Claviceps purpurea, 单柱菟丝子 Cuscuta monogyna
agrocybin 田头菇素 硬柄小皮伞 Marasmius oreades
agropyrene 冰草炔 狗牙根 Cynodon dactylon
agrostemmoside A 麦仙翁莫苷▲A 圆锥石头花 Gypsophila paniculata
aguerin A 加那利矢车菊素 A 菜蓟 Cynara scolymus, 龙江风毛菊 Saussurea amurensis
aguerin B 加那利矢车菊素 B 顶羽菊 Acroptilon repens, 菜蓟 Cynara scolymus, 龙江风毛菊 Saussurea amurensis
AHD-valtrate AHD- 缬草三酯 蜘蛛香 Valeriana jatamansi
A-homo-3a-oxa-olean-12-en-3-one-28-oic acid A- 高 -3a- 氧代 - 齐墩果 -12- 烯 -3- 酮 -28- 酸 狭苞橐吾 Ligularia intermedia
ailanindole 臭椿吲哚▲ 岭南臭椿 Ailanthus triphysa
ailanquassin 臭椿苦木素▲ 岭南臭椿 Ailanthus triphysa
ailantcanthinoside A, B 臭椿铁屎米碱苷▲A, B 臭椿 Ailanthus altissima
ailanthamide 椿叶花椒酰胺▲ 椿叶花椒 Zanthoxylum ailanthoides
ailanthinol B 臭椿酯醇 B 臭椿 Ailanthus altissima
ailanthinone 臭椿酯酮 臭椿 Ailanthus altissima
ailanthiodine 椿叶花椒定碱▲ 椿叶花椒 Zanthoxylum ailanthoides
ailanthoidiol 椿叶花椒二醇▲ 椿叶花椒 Zanthoxylum ailanthoides
ailanthoidol 椿叶花椒醇▲ 椿叶花椒 Zanthoxylum ailanthoides
ailanthol 臭椿索醇▲ 岭南臭椿 Ailanthus triphysa
ailanthone 臭椿酮 臭椿 Ailanthus altissima
ailanthone A 臭椿酮 A 臭椿 Ailanthus altissima
ailanthusterol A, B 臭椿甾醇▲A, B 臭椿 Ailanthus altissima
ailantinol 臭椿醇 臭椿 Ailanthus altissima
ailantinol A~H 臭椿醇 A~H 臭椿 Ailanthus altissima
ainsliaolide A 兔儿风内酯▲A 心叶兔儿风 Ainsliaea bonatii
ainsliaside A, B 兔儿风苷▲A, B 菊苣 Cichorium intybus
ainsliaside E 兔儿风苷▲E 牡丹 Paeonia suffruticosa
ajabicine 洋翠雀比辛▲ 飞燕草 Consolida ajacis
ajacine 洋翠雀碱 两色乌头 Aconitum alboviolaceum, 赣皖乌头 A. finetianum, 草地乌头 A. umbrosum, 飞燕草 Consolida ajacis, 秦岭翠雀花 Delphinium giraldii, 峨眉翠雀花 D. omeiense, 康定翠雀花 D. tatsienense, 天山翠雀花 D. tianshanicum
ajaconine 洋翠雀康宁 须花翠雀花 Delphinium delavayi var. pogonanthum, 康定翠雀花 D. tatsienense
ajacusine 洋翠雀枯生碱 飞燕草 Consolida ajacis
ajadelphine 洋翠雀芬▲ 飞燕草 Consolida ajacis, 康定翠雀花 Delphinium tatsienense
ajadelphinine 洋翠雀芬宁▲ 飞燕草 Consolida ajacis
ajadine 洋翠雀定 飞燕草 Consolida ajacis
ajadinine 洋翠雀定宁▲ 飞燕草 Consolida ajacis
ajimalicinine 阿吉马蛇根宁碱▲ 萝芙木 Rauvolfia verticillata
(17*R*)-ajmalan-17-ol (17*R*)- 阿吉马蛇根 -17- 醇 欧洲李 Prunus domestica
ajmalicine 阿吉马蛇根辛碱▲ 长春花 Catharanthus roseus, 萝芙木 Rauvolfia verticillata, 蔓长春花 Vinca major
ajmalicine B 阿吉马蛇根辛碱▲B 萝芙木 Rauvolfia verticillata

ajmaline 阿吉马蛇根碱▲ 古巴萝芙木 Rauvolfia cubana, 蛇根木 R. serpentina, 萝芙木 R. verticillata, 催吐萝芙木 R. vomitoria
ajubractin A~E 九味一枝蒿素▲A~E 九味一枝蒿 Ajuga bracteosa
ajudecumin A~D 金疮小草明素▲A~D 金疮小草 Ajuga decumbens
ajuforrestin A 痢止蒿素 A 金疮小草 Ajuga decumbens, 痢止蒿 A. forrestii, 紫背金盘 A. nipponensis, 绵参 Eriophyton wallichii
ajuforrestin B 痢止蒿素 B 金疮小草 Ajuga decumbens, 痢止蒿 A. forrestii, 绵参 Eriophyton wallichii
ajugacetalsterone A, B 筋骨草缩醛甾酮 A, B 紫背金盘 Ajuga nipponensis
ajugaciliatin A~I 筋骨草素▲A~I 筋骨草 Ajuga ciliata
ajugaciliatin J 筋骨草素▲J 筋骨草 Ajuga ciliata, 金疮小草 A. decumbens
ajugacumbin A 金疮小草素 A 筋骨草 Ajuga ciliata, 金疮小草 A. decumbens, 紫背金盘 A. nipponensis
ajugacumbin B 金疮小草素 B 金疮小草 Ajuga decumbens, 大籽筋骨草 A. macrosperma, 散瘀草 A. pantantha
ajugacumbin C, D, E, G, H, J 金疮小草素 C, D, E, G, H, J 金疮小草 Ajuga decumbens
ajugacumbin F 金疮小草素 F 筋骨草 Ajuga ciliata, 金疮小草 A. decumbens
ajugadecumbenin A, B 金疮小草宁素▲A, B 金疮小草 Ajuga decumbens
ajugalactone 筋骨草内酯 金疮小草 Ajuga decumbens, 痢止蒿 A. forrestii, 绵参 Eriophyton wallichii
ajugalide B 筋骨草新内酯▲B 筋骨草 Ajuga ciliata, 金疮小草 A. decumbens
ajugalide C 筋骨草新内酯▲C 筋骨草 Ajuga ciliata
ajugalide D 筋骨草新内酯▲D 筋骨草 Ajuga ciliata, 金疮小草 A. decumbens
ajugamacrin A 大籽筋骨草素 A 大籽筋骨草 Ajuga macrosperma
ajugamacrin B 大籽筋骨草素 B 金疮小草 Ajuga decumbens, 大籽筋骨草 A. macrosperma, 紫背金盘 A. nipponensis, 散瘀草 A. pantantha
ajugamacrin C 大籽筋骨草素 C 大籽筋骨草 Ajuga macrosperma, 散瘀草 A. pantantha
ajugamacrin D 大籽筋骨草素 D 大籽筋骨草 Ajuga macrosperma, 散瘀草 A. pantantha
ajugamacrin E 大籽筋骨草素 E 大籽筋骨草 Ajuga macrosperma, 散瘀草 A. pantantha
ajugamarin 筋骨草马灵▲ 紫背金盘 Ajuga nipponensis
ajugamarin A_1 筋骨草马灵▲A_1 筋骨草 Ajuga ciliata, 金疮小草 A. decumbens, 紫背金盘 A. nipponensis
ajugamarin A_1 chlorhydrin 筋骨草马灵▲A_1 氯化物 金疮小草 Ajuga decumbens
ajugamarin A_2 筋骨草马灵▲A_2 筋骨草 Ajuga ciliata, 金疮小草 A. decumbens, 紫背金盘 A. nipponensis
ajugamarin B_1 筋骨草马灵▲B_1 筋骨草 Ajuga ciliata, 金疮小草 A. decumbens, 紫背金盘 A. nipponensis
ajugamarin B_2 筋骨草马灵▲B_2 金疮小草 Ajuga decumbens, 紫背金盘 A. nipponensis
ajugamarin B_3 筋骨草马灵▲B_3 紫背金盘 Ajuga nipponensis
ajugamarin C_1 筋骨草马灵▲C_1 筋骨草 Ajuga ciliata, 紫背金盘 A. nipponensis
ajugamarin chlorohydrin 筋骨草马灵▲氯化物 紫背金盘 Ajuga nipponensis
ajugamarin chlorohydrin A, A_1, A_2 筋骨草马灵▲氯化物 A, A_1, A_2 筋骨草 Ajuga ciliata
ajugamarin D_1, L_2 筋骨草马灵▲D_1, L_2 紫背金盘 Ajuga nipponensis
ajugamarin F_4 筋骨草马灵▲F_4 金疮小草 Ajuga decumbens, 紫背金盘 A. nipponensis
ajugamarin G_1 筋骨草马灵▲G_1 筋骨草 Ajuga ciliata, 金疮小草 A. decumbens
ajugamarin H_1 筋骨草马灵▲H_1 筋骨草 Ajuga ciliata, 金疮小草 A. decumbens
ajuganane 筋骨草酚烷▲ 九味一枝蒿 Ajuga bracteosa
ajuganipponin A 紫背金盘素▲A 筋骨草 Ajuga ciliata, 金疮小草 A. decumbens, 紫背金盘 A. nipponensis
ajuganipponin B 紫背金盘素▲B 筋骨草 Ajuga ciliata, 金疮小草 A. decumbens, 紫背金盘 A. nipponensis
ajugapantin A 散瘀草素▲A 筋骨草 Ajuga ciliata, 金疮小草 A. decumbens, 大籽筋骨草 A. macrosperma, 散瘀草 A. pantantha
ajugapitin 地松筋骨草素▲ 九味一枝蒿 Ajuga bracteosa
ajugapyrin A 锥塔筋骨草素▲A 盔状黄芩 Scutellaria galericulata
ajugarin I 筋骨草灵▲I 九味一枝蒿 Ajuga bracteosa, 金疮小草 A. decumbens, 紫背金盘 A. nipponensis
ajugarin II 筋骨草灵▲II 金疮小草 Ajuga decumbens
ajugaside A 筋骨草新苷▲A 金疮小草 Ajuga decumbens, 臭牡丹 Clerodendrum bungei
11*α*-ajugasterone 11*α*- 筋骨草甾酮 伪泥胡菜 Serratula coronata
5*β*-ajugasterone 5*β*- 筋骨草甾酮 伪泥胡菜 Serratula coronata
ajugasterone A 筋骨草甾酮 A 紫背金盘 Ajuga nipponensis, 铁筷子 Helleborus thibetanus, 北重楼 Paris verticillata
ajugasterone B 筋骨草甾酮 B 金疮小草 Ajuga decumbens
ajugasterone C 筋骨草甾酮 C 金疮小草 Ajuga decumbens, 紫背金盘 A. nipponensis, 蛛丝毛蓝耳草 Cyanotis arachnoidea, 华东蓝刺头 Echinops grijsii, 伪泥胡菜 Serratula coronata, 缢苞麻花头 S. strangulata, 漏芦 Stemmacantha uniflora
ajugasterone C monoacetonide 筋骨草甾酮 *C* 单丙酮化物 伪泥胡菜 Serratula coronata
ajugasterone C-2,3;20,22-diacetonide 筋骨草甾酮 C-2,3;20,22- 双丙酮化物 漏芦 Stemmacantha uniflora
ajugasterone C-20,22-acetonide 筋骨草甾酮 C-20,22- 丙酮化物 多穗金粟兰 Chloranthus multistachys, 蛛丝毛蓝耳草 Cyanotis arachnoidea
ajugasterone C-20,22-monoacetonide 筋骨草甾酮 C-20,22- 单丙酮化物 漏芦 Stemmacantha uniflora
ajugasterone D 筋骨草甾酮 D 金疮小草 Ajuga decumbens, 紫背金盘 A. nipponensis
ajugatakasin A 筋骨草塔卡素▲A 筋骨草 Ajuga ciliata, 金疮小草 A. decumbens, 紫背金盘 A. nipponensis
ajugatakasin B 筋骨草塔卡素▲B 筋骨草 Ajuga ciliata, 金疮小草 A. decumbens
ajugol 筋骨草醇 宽叶十万错 Asystasia gangetica, 沙苁蓉 Cistanche sinensis, 管花肉苁蓉 C. tubulosa, 葫芦树 Crescentia cujete, 绵参

Eriophyton wallichii, 宝盖草 Lamium amplexicaule, 西南猫尾木 Markhamia stipulata, 地黄 Rehmannia glutinosa, 齿叶玄参 Scrophularia dentata, 玄参 S. ningpoensis, 钟形火焰树 Spathodea campanulata, 呆白菜 Triaenophora rupestris, 毛蕊花 Verbascum thapsum, 直立婆婆纳 Veronica arvensis

ajugose 筋骨草糖 马缨丹 Lantana camara

ajugoside 筋骨草苷 灰毛莸 Caryopteris forrestii, 小叶灰毛莸 C. forrestii var. minor, 光果莸 C. tangutica, 龙吐珠 Clerodendrum thomsoniae, 绵参 Eriophyton wallichii, 鼬瓣花 Galeopsis bifida, 益母草 Leonurus japonicus, 细叶益母草 L. sibiricus, 地黄 Rehmannia glutinosa, 齿叶玄参 Scrophularia dentata

akebia saponin X 木通皂苷 X 日本续断 Dipsacus japonicus

akebia saponin XII 木通皂苷 XII 川续断 Dipsacus asperoides, 日本续断 D. japonicus

akebia saponin B, C, E 木通皂苷 B, C, E 木通 Akebia quinata

akebia saponin D 木通皂苷 D 木通 Akebia quinata, 小花草玉梅 Anemone rivularis var. flore-minore, 川续断 Dipsacus asperoides, 日本续断 D. japonicus, 八角金盘 Fatsia japonica, 忍冬 Lonicera japonica, 灰毡毛忍冬 L. macranthoides, 红花岩生忍冬 L. rupicola var. syringantha

akebia saponin F 木通皂苷 F 忍冬 Lonicera japonica, 红花岩生忍冬 L. rupicola var. syringantha

akebia saponin PA 木通皂苷 PA 川续断 Dipsacus asperoides

akebia saponin PD 木通皂苷 PD 木通 Akebia quinata

akebia saponin PE 木通皂苷 PE 忍冬 Lonicera japonica

akebia saponin PG 木通皂苷 PG 木通 Akebia quinata

akebonic acid; akebonoic acid; 木通萜酸 滇牡丹 Paeonia delavayi, 紫斑牡丹 P. rockii

3*α*-akebonoic acid 3*α*- 木通萜酸 三叶木通 Akebia trifoliata

3*β*-akebonoic acid 3*β*- 木通萜酸 三叶木通 Akebia trifoliata

akeboside E 木通苷 E 白木通 Akebia trifoliata subsp. australis

akeboside La, Lb, Stb, Stc, Std, Stj, Stk 木通苷 La, Lb, Stb, Stc, Std, Stj, Stk 木通 Akebia quinata

akeboside Ste 木通苷 Ste 木通 Akebia quinata, 三叶木通 A. trifoliata

akeboside Stf 木通苷 Stf 木通 Akebia quinata, 三叶木通 A. trifoliata

akeboside Sth 木通苷 Sth 木通 Akebia quinata, 三叶木通 A. trifoliata

akemisaponin A~K 三叶木通皂苷▲A~K 三叶木通 Akebia trifoliata

akequintoside A~D 木通托苷▲A~D 木通 Akebia quinata

aketrilignoside A, B 三叶木通木脂苷▲A, B 三叶木通 Akebia trifoliata

(7*R*,8*R*,8'*S*)-aketrilignoside B (7*R*,8*R*,8'*S*)- 三叶木通木脂苷▲B 三叶木通 Akebia trifoliata

akichenol 山地阿魏烯醇▲ 中亚阿魏 Ferula jaeschkeana

akiferidinin 山地阿魏定宁▲ 中亚阿魏 Ferula jaeschkeana

akihalin 阿卡哈素 堆心菊 Helenium autumnale

akiradine 吉林乌头拉定▲ 吉林乌头 Aconitum kirinense

akiramidine 吉林乌头米定▲ 吉林乌头 Aconitum kirinense

akiramine 吉林乌头胺▲ 吉林乌头 Aconitum kirinense

akirane 吉林乌头烷▲ 吉林乌头 Aconitum kirinense

akiranine 吉林乌头瑞宁▲ 吉林乌头 Aconitum kirinense

akirine 吉林乌头灵▲ 吉林乌头 Aconitum kirinense

akitschenin 山地阿魏宁素▲ 中亚阿魏 Ferula jaeschkeana

aknadicine 桐叶千金藤地辛碱▲ 金线吊乌龟 Stephania cephalantha, 桐叶千金藤 S. japonica var. discolor, 台湾千金藤 S. merrillii

aknadilactam 桐叶千金藤内酰胺▲ 金线吊乌龟 Stephania cephalantha, 千金藤 S. japonica, 桐叶千金藤 S. japonica var. discolor, 台湾千金藤 S. merrillii

aknadinine 桐叶千金藤地宁碱▲ 金线吊乌龟 Stephania cephalantha, 血散薯 S. dielsiana, 雅丽千金藤 S. elegans, 千金藤 S. japonica, 桐叶千金藤 S. japonica var. discolor, 台湾千金藤 S. merrillii, 四川千金藤 S. sutchuenensis

akolactone A 屏东木姜子内酯▲A 山胡椒 Lindera glauca

akuaminine 苦籽木米宁▲ 蔓长春花 Vinca major

(-)-akuammicine (-)- 苦籽木辛碱▲ 狗牙花 Tabernaemontana divaricata

akuammicine 苦籽木辛碱▲ 长春花 Catharanthus roseus, 思茅山橙 Melodinus cochinchinensis, 平脉狗牙花 Tabernaemontana pandacaqui, 蔓长春花 Vinca major, 小蔓长春花 V. minor

akuammicine methochloride 苦籽木辛碱▲甲氯化物 小蔓长春花 Vinca minor

akuammicine-*N*-oxide 苦籽木辛碱▲-*N*- 氧化物 糖胶树 Alstonia scholaris, 蔓长春花 Vinca major

19-(*Z*)-akuammidine 19-(*Z*)- 苦籽木定碱▲ 钩吻 Gelsemium elegans

akuammidine 苦籽木定碱▲ 盆架树 Alstonia rostrata, 糖胶树 A. scholaris, 川山橙 Melodinus hemsleyanus, 萝芙木 Rauvolfia verticillata

akuammidine-N^4-oxide 苦籽木定碱▲-N^4- 氧化物 川山橙 Melodinus hemsleyanus

akuammidine-*N*-oxide 苦籽木定碱▲-*N*- 氧化物 糖胶树 Alstonia scholaris

ψ-akuammigine *ψ*- 苦籽木精碱▲ 红花蕊木 Kopsia fruticosa

akuammigine 苦籽木精碱▲ 长春花 Catharanthus roseus

akuammiginone 苦籽木精酮碱▲ 糖胶树 Alstonia scholaris

akuammiline 苦籽木林碱▲ 长春花 Catharanthus roseus

akuammine 苦籽木明碱▲ 长春花 Catharanthus roseus, 蔓长春花 Vinca major
alanchinin 八角枫宁▲ 八角枫 Alangium chinense
alangidiol 八角枫二醇 南欧大戟 Euphorbia peplus, 短绒槐 Sophora velutina
alangifolioside 瓜木叶苷▲ 瓜木 Alangium platanifolium, 三裂瓜木 A. platanifolium var. trilobum
alangilignoside C 八角枫木脂苷▲C 无翅猪毛菜 Salsola komarovii, 青花椒 Zanthoxylum schinifolium
alangilignoside D 八角枫木脂苷▲D 三花莸 Caryopteris terniflora, 栀子 Gardenia jasminoides, 南方荚蒾 Viburnum fordiae
alangine 八角枫碱▲ 牛眼马钱 Strychnos angustiflora
alangionoside A 八角枫香堇苷▲A 瓜木 Alangium platanifolium, 酸味子 Antidesma japonicum, 黑面神 Breynia fruticosa, 小叶黑面神 B. vitis-idaea, 花木蓝 Indigofera kirilowii, 月桂 Laurus nobilis
alangionoside B 八角枫香堇苷▲B 黑面神 Breynia fruticosa
alangionoside E 八角枫香堇苷▲E 潺槁木姜子 Litsea glutinosa
alangionoside G 八角枫香堇苷▲G 红花五味子 Schisandra rubriflora
alangionoside H, K 八角枫香堇苷▲H, K 瓜木 Alangium platanifolium
alangionoside J 八角枫香堇苷▲J 光叶巴豆 Croton laevigatus, 密花树 Myrsine seguinii
alangionoside L 八角枫香堇苷▲L 灰毛浆果楝 Cipadessa cinerascens, 莲 Nelumbo nucifera
alangionoside O 八角枫香堇苷▲O 红花龙胆 Gentiana rhodantha
alangiplatanoside 三裂瓜木苷▲ 三裂瓜木 Alangium platanifolium var. trilobum
alangiside 八角枫苷 毛八角枫 Alangium kurzii, 土坛树 A. salviifolium
alangitanifoliside A 瓜木苷▲A 瓜木 Alangium platanifolium
alangiumkaloid A, B 土坛树碱 A, B 土坛树 Alangium salviifolium
L-alanine L-丙氨酸 植物基础成分，未统计基源
β-alanine β-丙氨酸 潺槁木姜子 Litsea glutinosa, 枸杞 Lycium chinense
alanine 丙氨酸 植物基础成分，未统计基源
alanine-betaxanthin 丙氨酸-甜菜黄素 厚皮菜 Beta vulgaris var. cicla
alantodiene 土木香二烯 总状土木香 Inula racemosa
alantolactone 土木香内酯 磨盘草 Abutilon indicum, 烟管头草 Carpesium cernuum, 大麻叶泽兰 Eupatorium cannabinum, 土木香 Inula helenium, 总状土木香 I. racemosa, 柳叶旋覆花 I. salicina, 云木香 Saussurea costus
L-alanyl-L-isoleucine L-丙氨酰-L-异亮氨酸 虎掌 Pinellia pedatisecta
L-alanyl-L-isoleucine anhydride L-丙氨酰-L-异亮氨酸酐 虎掌 Pinellia pedatisecta
L-alanyl-L-leucine anhydride L-丙氨酰-L-亮氨酸酐 虎掌 Pinellia pedatisecta
L-alanyl-L-valine L-丙氨酰-L-缬氨酸 虎掌 Pinellia pedatisecta
alarone 翅荚决明蒽酮▲ 翅荚决明 Senna alata
alaschanioside A 阿拉善马先蒿苷▲A 柔软紫菀 Aster flaccidus, 尖叶假龙胆 Gentianella acuta, 藁本 Ligusticum sinense, 阿拉善马先蒿 Pedicularis alaschanica, 短茎马先蒿 P. artselaeri, 甘肃马先蒿 P. kansuensis
alaschanioside C 阿拉善马先蒿苷▲C 显苞芒毛苣苔 Aeschynanthus bracteatus, 香子含笑 Michelia gioi, 宽叶羌活 Notopterygium franchetii, 羌活 N. incisum, 阿拉善马先蒿 Pedicularis alaschanica, 甘肃马先蒿 P. kansuensis
alaschanioside D 阿拉善马先蒿苷▲D 柔软紫菀 Aster flaccidus
(-)-alaschanisoside A (-)-阿拉善马先蒿苷▲A 微花藤 Iodes cirrhosa
α-alaskene α-阿拉斯加扁柏烯▲ 挥发油成分，未统计基源
alatamide 翅柄多子橘酰胺▲ 大叶臭花椒 Zanthoxylum myriacanthum
alatamine 卫矛明碱▲ 卫矛 Euonymus alatus, 雷公藤 Tripterygium wilfordii
alatanin A, B, C 参薯素 A, B, C 参薯 Dioscorea alata
alaternin 意大利鼠李素▲ 薄叶鼠李 Rhamnus leptophylla, 决明 Senna tora
alaternin-1-*O*-β-D-glucopyranoside 意大利鼠李素▲-1-*O*-β-D-吡喃葡萄糖苷 钝叶决明 Senna tora var. obtusifolia
alaternin-2-*O*-β-D-glucopyranoside 意大利鼠李素▲-2-*O*-吡喃葡萄糖苷 决明 Senna tora
alatinone 翅荚决明酮▲ 翅荚决明 Senna alata
alatoside 翼叶山牵牛苷▲ 翼叶山牵牛 Thunbergia alata
alatoside A~E 六棱菊苷 A~E 六棱菊 Laggera alata
alatusamine 卫矛胺▲ 卫矛 Euonymus alatus
alatusinine 卫矛西宁▲ 卫矛 Euonymus alatus, 雷公藤 Tripterygium wilfordii
alatusol A~E 卫矛酚 A~E 卫矛 Euonymus alatus
albafuran A 桑呋喃素 A 桂木 Artocarpus nitidus subsp. lingnanensis, 鸡桑 Morus australis
albafuran C 桑呋喃素 C 奶桑 Morus macroura, 黑桑 M. nigra
albanin A 桑宁素▲A 波罗蜜 Artocarpus heterophyllus, 桂木 A. nitidus subsp. lingnanensis, 二色波罗蜜 A. styracifolius, 胭脂 A. tonkinensis, 黑桑 Morus nigra
albanin E 桑宁素▲E 黑桑 Morus nigra
albanin F 桑宁素▲F 蒙桑 Morus mongolica
albanol A 桑树酚▲A 桑 Morus alba
albanol B 桑树酚▲B 桑 Morus alba, 鸡桑 M. australis, 蒙桑 M. mongolica

albaspidin 白绵马素 欧洲鳞毛蕨 Dryopteris filix-mas
albaspidin AA 白绵马素 AA 粗茎鳞毛蕨 Dryopteris crassirhizoma
albaspidin AB 白绵马素 AB 阔鳞鳞毛蕨 Dryopteris championii, 粗茎鳞毛蕨 D. crassirhizoma
albaspidin AP 白绵马素 AP 阔鳞鳞毛蕨 Dryopteris championii, 粗茎鳞毛蕨 D. crassirhizoma
albaspidin BB 白绵马素 BB 阔鳞鳞毛蕨 Dryopteris championii, 粗茎鳞毛蕨 D. crassirhizoma
albaspidin PB 白绵马素 PB 阔鳞鳞毛蕨 Dryopteris championii, 粗茎鳞毛蕨 D. crassirhizoma
albaspidin PP 白绵马素 PP 阔鳞鳞毛蕨 Dryopteris championii, 粗茎鳞毛蕨 D. crassirhizoma
albendazole 阿苯达唑 小驳骨 Justicia gendarussa
albendazole oxide 阿苯达唑氧化物 小驳骨 Justicia gendarussa
albendazole sulfone 阿苯达唑砜 小驳骨 Justicia gendarussa
albesoside A 小舌紫菀苷▲A 小舌紫菀 Aster albescens
albibrissinoside A 合欢诺苷▲A 合欢 Albizia julibrissin
albibrissinoside B 合欢诺苷▲B 合欢 Albizia julibrissin, 美丽崖豆藤 Callerya speciosa, 肾茶 Clerodendranthus spicatus
albicanal 折叶苔醛▲ 山油柑 Acronychia pedunculata
albiflorin 白芍苷 窄叶芍药 Paeonia anomala, 川赤芍 P. anomala subsp. veitchii, 滇牡丹 P. delavayi, 块根芍药 P. intermedia, 芍药 P. lactiflora, 草芍药 P. obovata, 凤丹 P. ostii, 卵叶牡丹 P. qiui, 紫斑牡丹 P. rockii
albiflorin R_1 白芍苷 R_1 芍药 Paeonia lactiflora, 凤丹 P. ostii
albiflorin R_2, R_3 白芍苷 R_2, R_3 芍药 Paeonia lactiflora
albiflorin 1, 2 臭节草素▲1, 2 臭节草 Boenninghausenia albiflora
albiflorin 3 臭节草素▲3 臭节草 Boenninghausenia albiflora, 蛇床 Cnidium monnieri
albigenic acid 阔叶合欢萜酸 羊乳 Codonopsis lanceolata
albigenin 合欢苷元▲ 阔荚合欢 Albizia lebbeck
albiproflavone 黄豆树黄酮▲ 黄豆树 Albizia procera
albitocin 合欢催产素 楹树 Albizia chinensis
albiziahexoside 合欢己糖苷 阔荚合欢 Albizia lebbeck
albiziasaponin A 合欢皂苷▲A 阔荚合欢 Albizia lebbeck, 毛叶合欢 A. mollis
albiziasaponin B, C 合欢皂苷▲B, C 阔荚合欢 Albizia lebbeck
albiziproceroside A~D 黄豆树苷▲A~D 黄豆树 Albizia procera
albizoside A~E 合欢酯苷▲A~E 楹树 Albizia chinensis
alboctalol 桑八酚▲ 桑 Morus alba, 鸡桑 M. australis
albomaculine 白斑网球花碱 玉簪 Hosta plantaginea
albopetasin 白蜂斗菜素当归酸酯 大叶橐吾 Ligularia macrophylla
albopilosin A 白柔毛香茶菜素▲A 细锥香茶菜 Isodon coetsa
alboside A, B 短柄野芝麻醇苷▲A, B 短柄野芝麻 Lamium album
alboviolaconitine A~D 白紫乌头碱▲A~D 两色乌头 Aconitum alboviolaceum
albovionitine 白紫乌头亭▲ 两色乌头 Aconitum alboviolaceum
albumin 白蛋白 扁轴木 Parkinsonia aculeata, 条斑紫菜 Porphyra yezoensis
alcalinaphenol A, B, C 褐小菇酚▲A, B, C 褐小菇 Mycena alcalina
alcesefoliside 粗叶悬钩子苷 梅 Armeniaca mume, 马利筋 Asclepias curassavica, 光叶子花 Bougainvillea glabra
alchornoic acid 山麻杆酸▲ 鼬瓣花 Galeopsis bifida
7-aldehyde dehydroglaucine 7- 醛基去氢海罂粟碱 延胡索 Corydalis yanhusuo
3-aldehyde-2-methoxy-2,5-dimethylbenzoic acid 3- 醛 -2 甲氧基 -2,5- 二甲基苯甲酸 金丝刷 Lethariella cladonioides
23-aldehydepomolic acid 23- 醛基果渣酸▲ 野鸦椿 Euscaphis japonica
28-aldehyde-taraxerenone 28- 醛基蒲公英烯酮 三春水柏枝 Myricaria paniculata
aldehydic form of oleuropein aglycon 油橄榄苦苷苷元醛 木犀榄 Olea europaea
Al-dihydro-α-antiarin Al- 二氢 -α- 见血封喉素▲ 见血封喉 Antiaris toxicaria
Al-dihydro-β-antiarin Al- 二氢 -β- 见血封喉素▲ 见血封喉 Antiaris toxicaria
aldohypaconitine 醛基次乌头碱 乌头 Aconitum carmichaelii
(*E*)-aldosecologanin (*E*)- 醛缩裂环马钱苷 忍冬 Lonicera japonica, 莛子藨 Triosteum pinnatifidum
(*Z*)-aldosecologanin (*Z*)- 醛缩裂环马钱苷 忍冬 Lonicera japonica
aldovibsanin A, B, C 醛荚蒾宁 A, B, C 珊瑚树 Viburnum odoratissimum
alectorialic acid 树发酸 粉缘斑叶 Cetrelia cetrarioides
aleo-emodin-ω-*O*-β-D-glucopyranoside 芦荟大黄素 -ω-*O*-β-D- 吡喃葡萄糖苷 掌叶大黄 Rheum palmatum
alepterolic acid 粉背蕨酸 银粉背蕨 Aleuritopteris argentea, 陕西粉背蕨 A. shensiensis
aleuritic acid 虫胶酸 蓖麻 Ricinus communis
aleuritin 石栗亭▲ 油桐 Vernicia fordii
aleuritolic acid 石栗萜酸▲ 水柳 Homonoia riparia, 白背叶 Mallotus apelta, 多枝柽柳 Tamarix ramosissima, 木油桐 Vernicia montana
aleuritolonic acid 石栗萜酮酸▲ 多枝柽柳 Tamarix ramosissima
alexandroside I 亚历山大黄芪苷 I 蒙古黄耆 Astragalus penduliflorus

alfalone 紫苜蓿酮▲ 朝鲜槐 Maackia amurensis
algin 藻胶素 海带 Laminaria japonica
alginate 海藻酸盐 冻沙菜 Hypnea japonica, 海带 Laminaria japonica, 巨藻 Macrocystis pyrifera
alginic acid 海藻酸 巨藻 Macrocystis pyrifera, 海蕴 Nemacystus decipiens, 丁癸草 Zornia diphylla
algiolide A 高山龙胆内酯▲A 高山龙胆 Gentiana algida
alhagifoline A 骆驼刺碱 A 骆驼刺 Alhagi camelorum
alianthaltone A 臭椿甾酮▲A 臭椿 Ailanthus altissima
alianthusaltinin A 臭椿替宁▲A 臭椿 Ailanthus altissima
aliarin 车桑子灵▲ 车桑子 Dodonaea viscosa
alienanin A 槲栎鞣素▲A 槲栎 Quercus aliena
alienanin B 槲栎鞣素▲B 牛奶子 Elaeagnus umbellata, 槲栎 Quercus aliena, 丁香 Syzygium aromaticum
alienol 槲栎醇 槲栎 Quercus aliena
alismaketone A-23-acetate 泽泻酮 A-23- 乙酸酯 东方泽泻 Alisma orientale
alismaketone B-23-acetate 泽泻酮 B-23- 乙酸酯 东方泽泻 Alisma orientale
alismaketone C-23-acetate 泽泻酮 C-23- 乙酸酯 东方泽泻 Alisma orientale
alismalactone-23-acetate 泽泻内酯 -23- 乙酸酯 东方泽泻 Alisma orientale
alisman PII, PIIIF 泽泻多糖 PII, PIIIF 东方泽泻 Alisma orientale
alismol 泽泻薁醇 东方泽泻 Alisma orientale, 华中五味子 Schisandra sphenanthera
alismorientol A 泽泻倍半萜醇 A 东方泽泻 Alisma orientale
(-)-alismoxide (-)- 泽泻薁醇氧化物 薄片变豆菜 Sanicula lamelligera
(+)-alismoxide (+)- 环氧泽泻烯 栽秧花 Hypericum beanii
alismoxide 泽泻薁醇氧化物 臭冷杉 Abies nephrolepis, 东方泽泻 Alisma orientale, 凤庆南五味子 Kadsura interior, 水红木 Viburnum cylindricum
alisol A 泽泻醇 A 东方泽泻 Alisma orientale, 泽泻 A. plantago-aquatica, 蜈蚣藻 Grateloupia filicina, 马缨丹 Lantana camara
alisol A-24-acetate 泽泻醇 A-24- 乙酸酯 东方泽泻 Alisma orientale, 泽泻 A. plantago-aquatica
alisol B 泽泻醇 B 东方泽泻 Alisma orientale, 泽泻 A. plantago-aquatica
alisol B-11-monoacetate 泽泻醇 B-11- 单乙酸酯 泽泻 Alisma plantago-aquatica
alisol B-23-acetate 泽泻醇 B-23- 乙酸酯 东方泽泻 Alisma orientale, 泽泻 A. plantago-aquatica
alisol C, E, H, I, O, P, X 泽泻醇 C, E, H, I, O, P, X 东方泽泻 Alisma orientale
alisol C-23-acetate 泽泻醇 C-23- 乙酸酯 东方泽泻 Alisma orientale
alisol D 泽泻醇 D 东方泽泻 Alisma orientale, 泽泻 A. plantago-aquatica
alisol *E*-23-acetate 泽泻醇 *E*-23- 乙酸酯 东方泽泻 Alisma orientale
alisol F 泽泻醇 F 草泽泻 Alisma gramineum, 东方泽泻 A. orientale
alisol F-24-acetate 泽泻醇 F-24- 乙酸酯 东方泽泻 Alisma orientale, 半边莲 Lobelia chinensis
alisol G 泽泻醇 G 东方泽泻 Alisma orientale, 泽泻 A. plantago-aquatica
alisol J-23-acetate 泽泻醇 J-23- 乙酸酯 东方泽泻 Alisma orientale
alisol K-23-acetate 泽泻醇 K-23- 乙酸酯 东方泽泻 Alisma orientale
alisol L-23-acetate 泽泻醇 L-23- 乙酸酯 东方泽泻 Alisma orientale
alisol M-23-acetate 泽泻醇 M-23- 乙酸酯 东方泽泻 Alisma orientale
alisol N-23-acetate 泽泻醇 N-23- 乙酸酯 东方泽泻 Alisma orientale
alisol Q-23-acetate 泽泻醇 Q-23- 乙酸酯 东方泽泻 Alisma orientale
alisolide 泽泻内酯▲ 东方泽泻 Alisma orientale
alistonitrine A 鸡骨常山三氮碱▲A 糖胶树 Alstonia scholaris
alizarin 茜素 金鸡纳树 Cinchona calisaya, 日本柳杉 Cryptomeria japonica, 车桑子 Dodonaea viscosa, 印度羊角藤 Morinda umbellata, 茜草 Rubia cordifolia, 钩毛茜草 R. oncotricha, 染色茜草 R. tinctorum, 钝叶决明 Senna tora var. obtusifolia
alizarin B 茜素 B 虎杖 Reynoutria japonica
alizarin di-methyl ether 茜素二甲醚 四川虎刺 Damnacanthus officinarum
alizarin yellow 茜素黄 波叶大黄 Rheum rhabarbarum
alizarin-1-methyl ether 茜素 -1- 甲醚 金鸡纳树 Cinchona calisaya, 虎刺 Damnacanthus indicus, 大卵叶虎刺 D. major, 头状花耳草 Hedyotis capitellata, 海滨木巴戟 Morinda citrifolia, 鸡眼藤 M. parvifolia, 印度羊角藤 M. umbellata
alizarin-2-methylether 茜素 -2- 甲醚 印度羊角藤 Morinda umbellata, 钩毛茜草 Rubia oncotricha
alizarin-2-*O*-glucopyranoside 茜素 -2-*O*- 吡喃葡萄糖苷 茜草 Rubia cordifolia
alkaloid 376 生物碱 376 金鸡纳树 Cinchona calisaya
alkaloid C 生物碱 C 云南野扇花 Sarcococca wallichii
alkaloid I, J 生物碱 I, J 蓬莱葛 Gardneria multiflora
alkaloid LA_5 生物碱 LA_5 金鸡纳树 Cinchona calisaya
alkaloid M, N 生物碱 M, N 蓬莱葛 Gardneria multiflora
alkaloid V, Y 生物碱 V, Y 蔓长春花 Vinca major
(-)-alkannin (-)- 紫朱草素 密花滇紫草 Onosma confertum

A

1-alkannin 1- 紫朱草素 滇紫草 Onosma paniculatum
alkannin 紫朱草素 软紫草 Arnebia euchroma, 小花紫草 Lithospermum officinale, 昭苏滇紫草 Onosma echioides
alkekengilin A, B 酸浆林素 ▲A, B 挂金灯 Physalis alkekengi var. francheti
3β,5-alkenyl-spirostol 3β,5- 烯基螺甾醇 巴戟天 Morinda officinalis
alkesterol A, B 毛酸浆甾醇 ▲A, B 毛酸浆 Physalis philadelphica
alkyl 4'-hydroxy-*cis*-cinnamate 顺式 -4'- 羟基桂皮酸烷醇酯 细茎石斛 Dendrobium moniliforme
alkyl 4'-hydroxy-*trans*-cinnamates 反式 -4'- 羟基桂皮酸烷醇酯 细茎石斛 Dendrobium moniliforme
alkyl *cis*-ferulate 顺式 - 阿魏酸烷酯 大叶马兜铃 Aristolochia kaempferi, 寻骨风 A. mollissima
alkyl *trans*-ferulate 反式 - 阿魏酸烷酯 大叶马兜铃 Aristolochia kaempferi, 寻骨风 A. mollissima
24α-alkyl-Δ^7-sterol 24α- 烷基 -Δ^7- 甾醇 笋瓜 Cucurbita maxima
24β-alkyl-Δ^7-sterol 24β- 烷基 -Δ^7- 甾醇 笋瓜 Cucurbita maxima
alkyl-*trans*-ferulate 烷基 - 反式 - 阿魏酸酯 翅果刺桐 Erythrina subumbrans
allamandicin 黄蝉狄辛 ▲ 软枝黄蝉 Allamanda cathartica
allamandin 黄蝉花定 软枝黄蝉 Allamanda cathartica, 黄蝉 A. schottii, 红鸡蛋花 Plumeria rubra
allamandoside 黄蝉苷 ▲ 软枝黄蝉 Allamanda cathartica
α-allamcidin α- 黄蝉西定 ▲ 红鸡蛋花 Plumeria rubra
β-allamcidin β- 黄蝉西定 ▲ 红鸡蛋花 Plumeria rubra
allamcin 黄蝉辛 ▲ 红鸡蛋花 Plumeria rubra
allamdin 黄蝉花素 软枝黄蝉 Allamanda cathartica
allamicin 黄蝉米辛 ▲ 黄蝉 Allamanda schottii
allantoin 尿囊素 较常见成分，至少分布于 30 种以上植物中，见于报春花科、豆科、禾本科、葫芦科、蒺藜科、菊科、爵床科、列当科、马齿苋科、马兜铃科、马钱科、麦角菌科、桑科、石耳科、石竹科、桃金娘科、五加科、五味子科、苋科、真藓科、紫草科、紫茉莉科、紫葳科等
allanxanthone A 阿兰藤黄𠮿酮 ▲A 莽吉柿 Garcinia mangostana
allanxanthone C 阿兰藤黄𠮿酮 ▲C 单花山竹子 Garcinia oligantha
allicin 大蒜素 蒜 Allium sativum
alliin 蒜氨酸 洋葱 Allium cepa, 蒜 A. sativum
alline 葱吲哚碱 矮韭 Allium anisopodium
D-allitol D- 阿洛醇 旱芹 Apium graveolens, 葫芦树 Crescentia cujete, 兜唇石斛 Dendrobium aphyllum, 长毛囊孔菌 Hirschioporus versatilis, 绒白乳菇 Lactarius vellereus, 女贞 Ligustrum lucidum, 黄花列当 Orobanche pycnostachya, 木犀 Osmanthus fragrans, 蓝黄红菇 Russula cyanoxantha, 密褶红菇 R. densifolia, 绿红菇 R. virescens, 橙黄硬皮马勃 Scleroderma citrinum, 印度块菌 Tuber indicum
allitol 蒜糖醇 冬青叶鼠刺 Itea ilicifolia, 滇鼠刺 I. yunnanensis
alliumoside A 分蘖葱头苷 A 火葱 Allium cepa var. aggregatum
allivicin 茖葱素 ▲ 茖葱 Allium victorialis, 沙生蜡菊 Helichrysum arenarium
alloalantolactone 别土木香内酯 土木香 Inula helenium, 总状土木香 I. racemosa
alloanodendrine 别鳝藤碱 ▲ 鳝藤 Anodendron affine
alloaromadendrane-3α,9α-diol 别香树 -3α,9α- 二醇 柠条锦鸡儿 Caragana korshinskii
(-)-alloaromadendrane-3β,9β-diol (-)- 别香树 -3β,9β- 二醇 柠条锦鸡儿 Caragana korshinskii
(+)-alloaromadendrane-4α,10β-diol (+)- 别香树 -4α,10β- 二醇 三七 Panax notoginseng
alloaromadendrane-4α,10β-diol 别香树 -4α,10β- 二醇 飞蓬 Erigeron acer
(-)-alloaromadendrane-4β,10α,13,15-tetrol (-)- 别香树 -4β,10α,13,15- 四醇 川芎 Ligusticum sinense 'Chuanxiong'
(-)-alloaromadendrane-4β,10β-diol (-)- 别香树 -4β,10β- 二醇 西藏马兜铃 Aristolochia griffithii, 寻骨风 A. mollissima, 柠条锦鸡儿 Caragana korshinskii
(-)-alloaromadendrene (-)- 别香树烯 挥发油成分，未统计基源
l-alloaromadendrene *l*- 别香树烯 挥发油成分，未统计基源
alloaromadendrene 别香树烯 挥发油成分，未统计基源
alloaromadendrene oxide 别香树烯氧化物 挥发油成分，未统计基源
alloaromadendrone 别香树酮 挥发油成分，未统计基源
alloathyriol 别蹄盖蕨酚 ▲ 大叶藤黄 Garcinia xanthochymus
allobetonicoside 别药水苏苷 ▲ 药水苏 Betonica officinalis
allobetulinol; allobetulin 别白桦脂醇 黑桦 Betula dahurica
α-allocryptopine α- 别隐品碱 蓟罂粟 Argemone mexicana, 地柏枝 Corydalis cheilanthifolia, 堇叶延胡索 C. fumariifolia, 蛇果黄堇 C. ophiocarpa, 珠果黄堇 C. speciosa, 齿瓣延胡索 C. turtschaninovii, 延胡索 C. yanhusuo, 博落回 Macleaya cordata, 小果博落回 M. microcarpa, 簕欓花椒 Zanthoxylum avicennae, 刺壳花椒 Z. echinocarpum, 两面针 Z. nitidum
β-allocryptopine β- 别隐品碱 尼泊尔黄堇 Corydalis hendersonii, 毛黄堇 C. tomentella, 博落回 Macleaya cordata, 小果博落回 M. microcarpa, 亚欧唐松草 Thalictrum minus, 箭头唐松草 T. simplex
allocryptopine 别隐品碱 蓟罂粟 Argemone mexicana, 白屈菜 Chelidonium majus, 夏天无 Corydalis decumbens, 薯根延胡索 C. ledebouriana, 石生黄堇 C. saxicola, 山延胡索 C. solida, 荷包牡丹 Dicentra spectabilis, 血水草 Eomecon chionantha, 天山海罂粟 Glaucium elegans, 海罂粟 G. fimbrilligerum, 新疆海罂粟 G. squamigerum, 细果角茴香 Hypecoum leptocarpum, 小果博落回 Macleaya microcarpa, 尼泊尔绿绒

蒿 Meconopsis napaulensis, 野罂粟 Papaver nudicaule, 金罂粟 Stylophorum lasiocarpum, 亚欧唐松草 Thalictrum minus

allodigitalin 别洋地黄苷 毛地黄 Digitalis purpurea

(-)-alloelaeocarpiline (-)- 别杜英林碱 圆果杜英 Elaeocarpus angustifolius

alloeremophilone 别荒漠木烯酮▲ 网脉橐吾 Ligularia dictyoneura

allohimachalol 别喜马雪松醇▲ 雪松 Cedrus deodara, 香柏 Juniperus pingii var. wilsonii

alloimperatorin 别欧前胡素 木橘 Aegle marmelos, 白芷 Angelica dahurica, 杭白芷 A. dahurica 'Hangbaizhi', 祁白芷 A. dahurica 'Qibaizhi', 福参 A. morii, 明党参 Changium smyrnioides, 川明参 Chuanminshen violaceum, 蛇床 Cnidium monnieri, 准噶尔前胡 Peucedanum morisonii, 月桂茵芋 Skimmia laureola

alloimperatorin methyl ether 别欧前胡素甲醚 木橘 Aegle marmelos, 木香薷 Elsholtzia stauntonii

alloisoimperatorin 别异欧前胡素 白芷 Angelica dahurica, 杭白芷 A. dahurica 'Hangbaizhi', 祁白芷 A. dahurica 'Qibaizhi', 黄皮 Clausena lansium, 蛇床 Cnidium monnieri, 雪莲花 Saussurea involucrata, 月桂茵芋 Skimmia laureola, 飞龙掌血 Toddalia asiatica

alloisoleucic acid 别异闪白酸 烟草 Nicotiana tabacum

allolicoisoflavone A, B 别甘草异黄酮 A, B 甘草 Glycyrrhiza uralensis

(+)-allomatrine (+)- 别苦参碱 苦参 Sophora flavescens, 越南槐 S. tonkinensis

allomicrophyllone 别基及树酮▲ 基及树 Carmona microphylla

alloneogitostin 别新吉托司廷 毛地黄 Digitalis purpurea

alloocimene 别罗勒烯 挥发油成分，未统计基源

allopatuletin 别孔雀草素▲ 孔雀草 Tagetes patula

alloperiplogenin 别杠柳苷元 秦岭藤 Biondia chinensis

allophycocyanin 别藻蓝素 钝顶节旋藻 Arthrospira platensis, 角叉菜 Chondrus ocellatus, 蜈蚣藻 Grateloupia filicina, 坛紫菜 Porphyra haitanensis, 拟鸡毛菜 Pterocladiella capillacea

allopregenolone 别孕烯醇酮 白英 Solanum lyratum

alloprenol -11, -12, -13 异木患异戊烯醇▲-11, -12, -13 波叶异木患 Allophylus caudatus

allopsoralen 别补骨脂素 补骨脂 Cullen corylifolia

2*R*-β-D-allopyranosyloxy-2-phenylacetonitrile 2*R*-β-D- 吡喃阿洛糖氧基 -2- 苯基乙腈 鸡蛋果 Passiflora edulis

2*S*-β-D-allopyranosyloxy-2-phenylacetonitrile 2*S*-β-D- 吡喃阿洛糖氧基 -2- 苯基乙腈 鸡蛋果 Passiflora edulis

alloschkuhriolide 别史库菊内酯 向日葵 Helianthus annuus

(+)-allosecurinine (+)- 别一叶萩碱 一叶萩 Flueggea suffruticosa, 白饭树 F. virosa

allosecurinine 别一叶萩碱 一叶萩 Flueggea suffruticosa, 青灰叶下珠 Phyllanthus glaucus

allospathulenol 别匙叶桉油烯醇 黑老虎 Kadsura coccinea

allosucrose 别蔗糖 中华青荚叶 Helwingia chinensis

alloyohimbine 别育亨宾碱 鸡骨常山 Alstonia yunnanensis

erythro-2-(4-ally1-2,6-dimethoxyphenoxy)-1-(4-hydroxy-3,5-dimethoxyphenyl)propan-1-ol 赤式 -2-(4- 烯丙基 -2,6- 二甲氧基苯氧基)-1-(4-羟基 -3,5- 二甲氧基苯基) 丙烷 -1- 醇 肉豆蔻 Myristica fragrans

1-ally-3,5-dimethoxyphenol 1- 烯丙基 -3,5- 二甲氧基苯酚 红毒茴 Illicium lanceolatum

allyl hexanoate 己酸丙烯酯 降香 Dalbergia odorifera

allyl isothiocyanate 异硫氰酸烯丙酯 辣根 Armoracia rusticana, 弹裂碎米荠 Cardamine impatiens, 块茎山萮菜 Eutrema wasabi, 宽叶独行菜 Lepidium latifolium, 亚麻 Linum usitatissimum, 白芥 Sinapis alba, 菥蓂 Thlaspi arvense

4-allyl-1-*O*-β-D-glucopyronosyl-2-hydroxybenzene 4- 烯丙基 -1-*O*-β-D- 吡喃葡萄糖苷 -2- 羟基苯 圣罗勒 Ocimum sanctum

4-allyl-2-(2'-methylbenzofuran-5'-yl)phenol 4- 烯丙基 -2-(2'- 甲基苯并呋喃 -5'- 基) 苯酚 厚朴 Houpoëa officinalis

4-allyl-2-(2-methylbut-3-en-2-yl)phenol 4- 烯丙基 -2-(2- 甲基丁 -3- 烯)-2- 苯酚 野八角 Illicium simonsii

4-allyl-2-(3-methylbut-2-en-1-yl)phenol 4- 烯丙基 -2-(3- 甲基丁 -2- 烯)-1- 苯酚 野八角 Illicium simonsii

4-allyl-2-(3-methylbut-2-enyl)-1,6-methylenedioxybenzene-3-ol 4- 烯丙基 -2-(3- 甲基丁 -2- 烯基)-1,6- 亚甲二氧基苯 -3- 醇 八角 Illicium verum

1-allyl-2-(3-methylbut-2-enyloxy)-4,5-methylenedioxybenzene 1- 烯丙基 -2-(3- 甲基丁 -2- 烯氧基)-4,5- 亚甲二氧基苯 红毒茴 Illicium lanceolatum

1-allyl-2,4,5-trimethoxybenzene 1- 烯丙基 -2,4,5- 三甲氧基苯 假蒟 Piper sarmentosum

1-allyl-2,6-dimethoxy-3,4-methylenedioxybenzene 1- 烯丙基 -2,6- 二甲氧基 -3,4- 亚甲二氧基苯 假蒟 Piper sarmentosum

4-allyl-2,6-dimethoxyphenol 4- 烯丙基 -2,6- 二甲氧基苯酚 野八角 Illicium simonsii, 肉豆蔻 Myristica fragrans

4-allyl-2,6-dimethoxyphenol-1-*O*-β-D-glucopyranoside 4- 烯丙基 -2,6- 二甲氧基苯酚 -1-*O*-β-D- 吡喃葡萄糖苷 东紫苏 Elsholtzia bodinieri, 活血丹 Glechoma longituba

erythro-2-(4''-allyl-2'',6''-dimethoxyphenoxy)-1-(3',4',5'-trimethoxyphenyl)propan-1,3-diol 赤式 -2-(4''- 烯丙基 -2'',6''- 二甲氧基苯氧基)-1-(3',4',5'- 三甲氧基苯基) 丙烷 -1,3- 二醇 肉豆蔻 Myristica fragrans

erythro-2-(4-allyl-2,6-dimethoxyphenoxy)-1-(3,4,5-trimethoxyphenyl)-propan-1-ol 赤式 -2-(4- 烯丙基 -2,6- 二甲氧基苯氧基)-1-(3,4,5- 三甲氧基苯基)- 丙烷 -1- 醇 肉豆蔻 Myristica fragrans

erythro-2-(4-allyl-2,6-dimethoxyphenoxy)-1-(3,4,5-trimethoxyphenyl)-propane 赤式 -2-(4- 烯丙基 -2,6- 二甲氧基苯氧基)-1-(3,4,5- 三甲氧基苯基)- 丙烷 肉豆蔻 Myristica fragrans

erythro-2-(4-allyl-2,6-dimethoxyphenoxy)-1-(3,4-dimethoxyphenyl)-propan-1-ol acetate 赤式 -2-(4- 烯丙基 -2,6- 二甲氧基苯氧基)-1-(3,4- 二甲氧基苯基)- 丙烷 -1- 醇乙酸酯 肉豆蔻 Myristica fragrans *erythro*-2-(4-allyl-2,6-dimethoxyphenoxy)-1-(3,4-dimethoxyphenyl)-propane 赤式 -2-(4- 烯丙基 -2,6- 二甲氧基苯氧基)-1-(3,4- 二甲氧基苯基)- 丙烷 肉豆蔻 Myristica fragrans

erythro-2-(4-allyl-2,6-dimethoxyphenoxy)-1-(3-hydroxy-4,5-dimethoxyphenyl)propan-1-ol 赤式 -2-(4- 烯丙基 -2,6- 二甲氧基苯氧基)-1-(3- 羟基 -4,5- 二甲氧基苯基) 丙烷 -1- 醇 肉豆蔻 Myristica fragrans

threo-2-(4-allyl-2,6-dimethoxyphenoxy)-1-(3-methoxy-5-hydroxy-phenyl)-propan-1-ol 苏式 -2-(4- 烯丙基 -2,6- 二甲氧基苯氧基)-1-(3- 甲氧基 -5- 羟基 - 苯基)- 丙烷 -1- 醇 肉豆蔻 Myristica fragrans

(7S,8*R*)-2-(4-allyl-2,6-dimethoxyphenoxy)-1-(4-hydroxy-3,5-dimethoxyphenyl)-propan-1-ol (7*S*,8*R*)-2-(4- 烯丙基 -2,6- 二甲氧基苯氧基)-1-(4- 羟基 -3,5- 二甲氧基苯基)- 丙烷 -1- 醇 肉豆蔻 Myristica fragrans

erythro-2-(4-allyl-2,6-dimethoxyphenoxy)-1-(4-hydroxy-3-methoxyphenyl)-1-methoxypropane 赤式 -2-(4- 烯丙基 -2,6- 二甲氧基苯氧基)-1-(4- 羟基 -3- 甲氧基苯基)-1- 丙烷 肉豆蔻 Myristica fragrans

threo-2-(4-allyl-2,6-dimethoxyphenoxy)-1-(4-hydroxy-3-methoxyphenyl)propan-1-ol 苏式 -2-(4- 烯丙基 -2,6- 二甲氧基苯氧基)-1-(4- 羟基 -3- 甲氧基苯基)-1- 丙醇 肉豆蔻 Myristica fragrans

erythro-2-(4-allyl-2,6-dimethoxyphenoxy)-1-(4-hydroxy-3-methoxyphenyl)-propan-1-ol 赤式 -2-(4- 烯丙基 -2,6- 二甲氧基苯氧基)-1-(4- 羟基 -3- 甲氧基苯基)- 丙烷 -1- 醇 蜂巢草 Leucas aspera, 肉豆蔻 Myristica fragrans

threo-2-(4-allyl-2,6-dimethoxyphenoxy)-1-(4-hydroxy-3-methoxyphenyl)propan-1-ol methyl ether 苏式 -2-(4- 烯丙基 -2,6- 二甲氧基苯氧基)-1-(4- 羟基 -3- 甲氧基苯基) 丙烷 -1- 醇甲醚 肉豆蔻 Myristica fragrans

2-(4-allyl-2,6-dimethoxyphenoxy)-1-(4-hydroxy-3-methoxyphenyl)propane 2-(4- 烯丙基 -2,6- 二甲氧基苯氧基)-1-(4- 羟基 -3- 甲氧基苯基) 丙烷 肉豆蔻 Myristica fragrans

4-allyl-2,6-dimethoxyphenylglucopyranoside 4- 烯丙基 -2,6- 二甲氧基苯基吡喃葡萄糖苷 炮仗竹 Russelia equisetiformis

4-allyl-2,6-dimethoxyphenyl-glucopyranoside 4- 烯丙基 -2,6- 二甲氧基苯基 - 吡喃葡萄糖苷 野生紫苏 Perilla frutescens var. purpurascens

4-allyl-2,6-dimethoxyphenylglucoside 4- 烯丙基 -2,6- 二甲氧基苯酚葡萄糖苷 阔苞菊 Pluchea indica

threo-2-(4-allyl-2,6-dimethoyphenoxy)-1-(3,4-dimethoxyphenyl)-propan-1-ol 苏式 -2-(4- 烯丙基 -2,6- 二甲氧基苯氧基)-1-(3,4- 二甲氧基苯基)- 丙烷 -1- 醇 肉豆蔻 Myristica fragrans

2-(30-allyl-20,60-dimethoxy-phenyloxy)-1-acetoxy-(3,4-dimethoxyphenyl)-propyl ester 2-(30- 烯丙基 -20,60- 二甲氧基 - 苯氧基)-1- 乙酰氧基 -(3,4- 二甲氧基苯基)- 丙酯 风藤 Piper kadsura

4-allyl-2-hydroxy-phenyl-1-*O*-*β*-D-apiosyl-(1 → 6)-*β*-D-glucopyranoside 4- 烯丙基 -2- 羟基 - 苯基 -1-*O*-*β*-D- 芹糖基 -(1 → 6)-*β*-D- 葡萄糖醛酸苷 欧活血丹 Glechoma hederacea

1-allyl-2-methoxy-4,5-methylenedioxybenzene 1- 烯丙基 -2- 甲氧基 -4,5- 亚甲二氧基苯 假蒟 Piper sarmentosum

5-allyl-2-methoxyphenol 5- 烯丙基 -2- 甲氧基酚 旱芹 Apium graveolens

4-allyl-2-methoxyphenol-1-*O*-*β*-D-glucopyranoside 4- 烯丙基 -2- 甲氧基苯酚 -1-*O*-*β*-D- 吡喃葡萄糖苷 活血丹 Glechoma longituba

4-allyl-2-methoxyphenol-1-*O*-*β*-D-glucoside 4- 烯丙基 -2- 甲氧基苯酚 -1-*O*-*β*-D- 葡萄糖苷 臭蚤草 Pulicaria insignis

4-allyl-2-methoxyphenol-*O*-(6-*O*-*β*-D-apiofuranosyl)-*β*-D-gluccoside 4- 烯丙基 -2- 甲氧基苯酚 -*O*-(6-*O*-*β*-D- 呋喃芹糖基)-*β*-D- 吡喃葡萄糖苷 小花鬼针草 Bidens parviflora

threo-2-(4''-allyl-2''-methoxyphenoxy)-1-(4'-hydroxy-3'-methoxyphenyl)propan-1-ol 苏式 -2-(4''- 烯丙基 -2''- 甲氧基苯氧基)-1-(4'- 羟基 -3'- 甲氧基苯基) 丙烷 -1- 醇 肉豆蔻 Myristica fragrans

erythro-2-(4-allyl-2-methoxyphenoxy)-1-(4-hydroxy-3-methoxyphenyl)propan-1-ol 赤式 -2-(4- 烯丙基 -2- 甲氧基苯氧基)-1-(羟基 -3- 甲氧基苯基) 丙烷 -1- 醇 肉豆蔻 Myristica fragrans

4-allyl-2-methoxyphenyl-6-*O*-*β*-D-apiofuranosyl-(1 → 6)-*β*-D-glucopyranoside 4- 烯丙基 -2- 甲氧基苯基 -6-*O*-*β*-D- 呋喃芹糖基 -(1 → 6)-*β*-D- 吡喃葡萄糖苷 三叶鼠尾草 Salvia trijuga, 无患子 Sapindus saponaria

4-allyl-2-methoxyphenyl-6-*O*-*β*-D-apiosyl-(1 → 6)-*β*-D-glucoside 4- 烯丙基 -2- 甲氧基苯基 -6-*O*-*β*-D- 芹糖基 -(1 → 6)-*β*-D- 葡萄糖苷 荚蒾 Viburnum dilatatum

(*E*)-5-allyl-3'-(prop-1-enyl)biphenyl-2,4'-diol (*E*)-5- 烯丙基 -3'- 正丙烯基联苯 -2,4'- 二醇 厚朴 Houpoëa officinalis

1-allyl-3,5-dimethoxy-4-(3-methylbut-2-enyloxy)benzene 1- 烯丙基 -3,5- 二甲氧基 -4-(3- 甲基丁 -2- 烯氧基) 苯 台湾八角 Illicium arborescens, 红毒茴 I. lanceolatum

4-allyl-4-(3-methylbut-2-enyl)-1,2-methylenedioxycyclohexa-2,6-dien-5-one 4- 烯丙基 -4-(3- 甲基丁 -2- 烯基)-1,2- 亚甲二氧基环已 -2,6- 二烯 -5- 酮 红茴香 Illicium henryi, 少药八角 I. oligandrum, 八角 I. verum

5-allyl-5'-(1''-hydroxyallyloxy)biphenyl-2,2'-diol 5- 烯丙基 -5'-(1''- 羟基烯丙氧基) 联苯 -2,2'- 二醇 厚朴 Houpoëa officinalis

3-allyl-6-methoxyphenol 3- 烯丙基 -6- 甲氧基苯酚 卷丹 Lilium lancifolium

6-allyl-7-(3,4-dimethoxyphenyl)-2,3-dimethoxy-8-methyl-tricyclo[4.2.0.02,8]oct-3-en-5-one 6- 烯丙基 -7-(3,4- 二甲氧基苯基)-2,3- 二甲氧基 -8- 甲基 - 三环 [4.2.0.02,8] 辛 -3- 烯 -5- 酮 玉兰 Yulania denudata

(2*S*,3*R*)-5-allyl-7-methoxy-3-hydroxymethyl-2-(3'-methoxy-4'-hydroxyphenyl)-2,3-dihydrobenzofuran (2*S*,3*R*)-5- 烯丙基 -7- 甲氧基 -3- 羟甲基 -2-(3'- 甲氧基 -4'- 羟基苯基)-2,3- 二氢苯并呋喃 狭叶南五味子 Kadsura angustifolia

allylaloperine 烯丙基苦豆子碱 苦豆子 Sophora alopecuroides

p-allylanisole 对烯丙基茴香醚 挥发油成分，未统计基源

4-allylphenol 4- 烯丙基苯酚 云南松 Pinus yunnanensis

3'-(7''-allylphenyl)-2',4',4'-trihydroxy-6'-methoxydihydrochalcone 3'-(7''- 烯丙基苯基)-2',4',4'- 三羟基 -6'- 甲氧基二氢查尔酮 草珊瑚 Sarcandra glabra

allylphenylacetate 烯丙基苯乙酸酯 挥发油成分，未统计基源

4-allylpyrocatechol 4- 烯丙基儿茶酚 山蒟 Piper hancei

allylpyrocatechol 烯丙基儿茶酚 蒌叶 Piper betle
allylpyrocatechol diacetate 烯丙基儿茶酚二乙酸酯 蒌叶 Piper betle
4-allylresorcinol 4- 烯丙基间苯二酚 蒌叶 Piper betle
allyltetramethoxybenzene 烯丙基四甲氧基苯 挥发油成分，未统计基源
almiramide A, B, C 阿尔米鞘丝藻酰胺▲A, B, C 巨大鞘丝藻 Lyngbya majuscula
alnincanone 灰桤木酮▲ 越南枫杨 Pterocarya tonkinensis
alnuheptanoid A 桤木庚烷▲A 日本桤木 Alnus japonica
alnulin 桤木林素▲ 火殃勒 Euphorbia antiquorum, 飞扬草 E. hirta, 霸王鞭 E. royleana, 滑桃树 Trevia nudiflora
alnusdiol 桤木二醇▲ 辽东桤木 Alnus hirsuta, 日本桤木 A. japonica, 滇虎榛 Ostryopsis nobilis, 黄连木 Pistacia chinensis, 了哥王 Wikstroemia indica
alnusenol 桤木烯醇▲ 冬瓜 Benincasa hispida
alnusenon 桤木烯酮▲ 霸王鞭 Euphorbia royleana, 树舌灵芝 Ganoderma applanatum, 拳参 Polygonum bistorta, 夏栎 Quercus robur
alnuside A~D 桤木苷▲A~D 日本桤木 Alnus japonica
alnusiin 桤木鞣素 缫丝花 Rosa roxburghii, 乌菱 Trapa bicornis
alnusjaponin A, B 日本桤木宁▲A, B 日本桤木 Alnus japonica
alnusnin A, B 桤木鞣宁▲A, B 化香树 Platycarya strobilacea
alnusone 桤木酮▲ 日本桤木 Alnus japonica
alnusonol 桤木醇▲ 辽东桤木 Alnus hirsuta, 日本桤木 A. japonica, 云南杨梅 Myrica nana
alnusoxide 桤木氧化物▲ 日本桤木 Alnus japonica
alocasin 海芋素 海芋 Alocasia odora
aloe emodin anthrone 芦荟大黄素蒽酮 掌叶大黄 Rheum palmatum
aloearbonaside 大芦荟酚苷 大芦荟 Aloe arborescens var. natalensis
aloe-emodin 芦荟大黄素 较常见成分，至少分布于 30 种以上植物中，见于百合科、唇形科、豆科、葫芦科、菊科、卷柏科、兰科、楝科、蓼科、茜草科、瑞香科、鼠李科、五加科、远志科等
aloe-emodin acetate 芦荟大黄素乙酸酯 罗汉果 Siraitia grosvenorii
aloe-emodin-1-*O*-*β*-D-glucopyranoside 芦荟大黄素 -1-*O*-*β*-D- 吡喃葡萄糖苷 虎杖 Reynoutria japonica, 唐古特大黄 Rheum tanguticum
aloe-emodin-3-(hydroxymethyl)-*O*-*β*-D-glucopyranoside 芦荟大黄素 -3- 羟甲基 -*O*-*β*-D- 吡喃葡萄糖苷 药用大黄 Rheum officinale
aloe-emodin-8-*O*-*β*-D-glucopyranoside 芦荟大黄素 -8-*O*-*β*-D- 吡喃葡萄糖苷 狭叶番泻 Cassia angustifolia, 河套大黄 Rheum hotaoense, 掌叶大黄 R. palmatum, 窄叶大黄 R. sublanceolatum, 唐古特大黄 R. tanguticum, 了哥王 Wikstroemia indica
aloe-emodin-8-*O*-*β*-D-glucopyranosyl-(1 → 6)-glucopyranoside 芦荟大黄素 -8-*O*-*β*-D- 吡喃葡萄糖基 -(1 → 6)- 吡喃葡萄糖苷 唐古特大黄 Rheum tanguticum
aloe-emodin-*O*-*β*-D-galloylglucopyranoside 芦荟大黄素 -*O*-*β*-D- 没食子酰吡喃葡萄糖苷 总序大黄 Rheum racemiferum
aloenin 芦荟宁 大芦荟 Aloe arborescens var. natalensis, 芦荟 A. vera
aloenin B 芦荟宁 B 芦荟 Aloe vera
aloeresin B~G 芦荟苦素 B~G 芦荟 Aloe vera
aloeride 芦荟多糖 芦荟 Aloe vera
aloesaponol III-8-methyl ether 芦荟皂醇▲III-8- 甲醚 独尾草 Eremurus chinensis
aloesin; aloeresin 芦荟苦素 尼泊尔酸模 Rumex nepalensis
aloifol I 纹瓣兰酚▲I 纹瓣兰 Cymbidium aloifolium, 长距石斛 Dendrobium longicornu
aloifol II 纹瓣兰酚▲II 纹瓣兰 Cymbidium aloifolium, 细茎石斛 Dendrobium moniliforme
aloin A 芦荟苷 A 芦荟 Aloe vera, 阿尔泰大黄 Rheum altaicum
aloin B 芦荟苷 B 芦荟 Aloe vera, 阿尔泰大黄 Rheum altaicum
aloin; barbaloin 芦荟苷 大芦荟 Aloe arborescens var. natalensis, 毛杨梅 Myrica esculenta, 酸模 Rumex acetosa, 小酸模 R. acetosella, 皱叶酸模 R. crispus
alomacrorrhiza A, B 海芋酰胺▲A, B 海芋 Alocasia odora
alopecuridine 狐尾石松定碱▲ 粗糙马尾杉 Phlegmariurus squarrosus
alopecuroide A 密花葛黄素 A 密花葛 Pueraria alopecuroides
alopecurone A~F 苦豆子酮▲A~F 苦豆子 Sophora alopecuroides
alopecurone G 苦豆子酮▲G 苦豆子 Sophora alopecuroides, 苦参 S. flavescens
aloperine 苦豆子碱 苦豆子 Sophora alopecuroides
aloveroside A 库拉索芦荟苷▲A 芦荟 Aloe vera
alphitol 麦珠子醇 山小橘 Glycosmis pentaphylla
alphitolic acid 麦珠子酸 米仔兰 Aglaia odorata, 木瓜 Chaenomeles sinensis, 蓝桉 Eucalyptus globulus, 连翘 Forsythia suspensa, 皂荚 Gleditsia sinensis, 大花紫薇 Lagerstroemia speciosa, 尖山橙 Melodinus fusiformis, 杨梅 Myrica rubra, 莲 Nelumbo nucifera, 钝叶鸡蛋花 Plumeria obtusa, 三叶委陵菜 Potentilla freyniana, 山刺玫 Rosa davurica, 蒲桃 Syzygium jambos, 单色蝴蝶草 Torenia concolor, 枣 Ziziphus jujuba
alphitonin 麦珠子素▲ 红蓼 Polygonum orientale
alphitonin-4-*O*-*β*-D-glucopyranoside 麦珠子素▲-4-*O*-*β*-D- 吡喃葡萄糖苷 胭脂 Artocarpus tonkinensis
alpigenoside 高山忍冬苷▲ 东方乌檀 Nauclea orientalis

alpinenone 山姜烯酮 光叶山姜 Alpinia intermedia, 山姜 A. japonica
alpinetin 山姜素 尼泊尔桤木 Alnus nepalensis, 节鞭山姜 Alpinia conchigera, 草豆蔻 A. hainanensis, 毛瓣山姜 A. malaccensis, 柱穗山姜 A. pinnanensis, 山核桃 Carya cathayensis, 降香 Dalbergia odorifera, 胡桃楸 Juglans mandshurica, 红叶木姜子 Litsea rubescens, 半枝莲 Scutellaria barbata, 韩信草 S. indica
alpinic acid 高山地榆酸▲ 高山地榆 Sanguisorba alpina
alpiniol 山姜萜醇 山姜 Alpinia japonica
alpinnanin A, B, C 柱穗山姜素▲A, B, C 柱穗山姜 Alpinia pinnanensis
alpinoid A~E 高良姜烷▲A~E 高良姜 Alpinia officinarum
alpinolide 山姜内酯 山姜 Alpinia japonica
alpinolide peroxide 山姜内酯过氧化物 山姜 Alpinia japonica
alpinone 山姜酮 天山鸢尾 Iris loczyi, 黄菖蒲 I. pseudacorus, 细叶鸢尾 I. tenuifolia
alpinoside 高山车前苷▲ 车前 Plantago asiatica
alpinoside 高山地榆苷▲ 高山地榆 Sanguisorba alpina
alpinoside A 高良姜苷 A 高良姜 Alpinia officinarum
alpinumisoflavone 高山毒豆异黄酮▲ 假地蓝 Crotalaria ferruginea, 构棘 Cudrania cochinchinensis, 柘树 C. tricuspidata, 锈毛麻辣仔藤 Erycibe expansa, 鹦哥花 Erythrina arborescens, 榕树 Ficus microcarpa, 九丁榕 F. nervosa, 毛果锡叶藤 Tetracera scandens
alpinumisoflavone-4'-methyl ether 高山毒豆异黄酮▲-4'- 甲醚 伏毛山豆根 Euchresta horsfieldii
alquinone 翅荚决明醌▲ 翅荚决明 Senna alata
alschomine 糖胶树明碱▲ 糖胶树 Alstonia scholaris
alsinoideschromone 土丁桂色酮 土丁桂 Evolvulus alsinoides
alstiphyllanine A~O 大叶糖胶树宁碱▲A~O 大叶糖胶树 Alstonia macrophylla
alstofoline 大叶糖胶树弗林▲ 大叶糖胶树 Alstonia macrophylla
alstofolinine A 大叶糖胶树利宁▲A 大叶糖胶树 Alstonia macrophylla
alstohentine 大叶糖胶树亭碱▲ 大叶糖胶树 Alstonia macrophylla
alstolactine A, B, C 糖胶树亭碱▲A, B, C 糖胶树 Alstonia scholaris
alstomacrocine 大叶糖胶树辛碱▲ 大叶糖胶树 Alstonia macrophylla
alstomacroline 大叶糖胶树林碱▲ 大叶糖胶树 Alstonia macrophylla
alstomacrophylline 大叶糖胶树菲林碱▲ 大叶糖胶树 Alstonia macrophylla
alstomaline 大叶糖胶树马林▲ 大叶糖胶树 Alstonia macrophylla
alstomicine 大叶糖胶树米辛▲ 大叶糖胶树 Alstonia macrophylla
alstonal 鸡骨常山醛▲ 大叶糖胶树 Alstonia macrophylla
alstonamic acid 鸡骨常山胺酸▲ 糖胶树 Alstonia scholaris
alstonerinal 穆氏鸡骨常山醛▲ 大叶糖胶树 Alstonia macrophylla
alstonerine 穆氏鸡骨常山碱▲ 大叶糖胶树 Alstonia macrophylla
alstoniaphylline A, B, C 大叶糖胶树灵碱▲A, B, C 大叶糖胶树 Alstonia macrophylla
alstonic acid A, B 鸡骨常山酸▲A, B 糖胶树 Alstonia scholaris
alstonine 鸡骨常山碱 长春花 Catharanthus roseus, 四叶萝芙木 Rauvolfia tetraphylla
alstonisine 鸡骨常山辛碱▲ 大叶糖胶树 Alstonia macrophylla
alstonoside 鸡骨常山苷▲ 糖胶树 Alstonia scholaris
alstonoxine A~D 鸡骨常山诺星▲A~D 大叶糖胶树 Alstonia macrophylla
alstophyllal 大叶糖胶树醛▲ 大叶糖胶树 Alstonia macrophylla
alstophylline 大叶糖胶树碱▲ 大叶糖胶树 Alstonia macrophylla
alstoprenylene 糖胶树萜异戊烯▲ 糖胶树 Alstonia scholaris
alstoprenyol 糖胶树萜醇▲ 糖胶树 Alstonia scholaris
(19,20)-*E*-alstoscholarine (19,20)-*E*- 糖胶树拉灵▲ 糖胶树 Alstonia scholaris
(19,20)-*Z*-alstoscholarine (19,20)-*Z*- 糖胶树拉灵▲ 糖胶树 Alstonia scholaris
alstoscholarisine A~E 糖胶树瑞辛▲A~E 糖胶树 Alstonia scholaris
alstoyunine A~E 滇鸡骨常山碱▲A~E 鸡骨常山 Alstonia yunnanensis
alstoyunine F 滇鸡骨常山碱▲F 鸡骨常山 Alstonia yunnanensis, 萝芙木 Rauvolfia verticillata
alstrostine A~F 盆架树碱▲A~F 盆架树 Alstonia rostrata
altaicalarin A~D 阿尔泰橐吾素▲A~D 阿勒泰橐吾 Ligularia altaica
altenuene 细链格孢烯▲ 杯萼海桑 Sonneratia alba
altenusin 细链格孢素▲ 杯萼海桑 Sonneratia alba
alternanthin 空心莲子草素 喜旱莲子草 Alternanthera philoxeroides, 薯蓣 Dioscorea polystachya
alternanthin B 空心莲子草素 B 喜旱莲子草 Alternanthera philoxeroides
alternarian acid 链格孢酸▲ 杯萼海桑 Sonneratia alba
alternarienonic acid 链格孢烯酮酸▲ 杯萼海桑 Sonneratia alba
alternariol 链格孢酚 金毛狗 Cibotium barometz, 狭叶落地梅 Lysimachia paridiformis var. stenophylla, 杯萼海桑 Sonneratia alba
alternariol monomethyl ether 链格孢酚单甲酯 狭叶落地梅 Lysimachia paridiformis var. stenophylla

alternariol-9-methyl ether 链格孢酚 -9- 甲醚 杯萼海桑 Sonneratia alba
alterperylenol 链格孢苝醇▲ 杯萼海桑 Sonneratia alba
altertoxin I 链格孢毒素 I 杯萼海桑 Sonneratia alba
altheacalamene 蜀葵菖蒲烃▲ 药蜀葵 Althaea officinalis
altheacoumarin glucoside 蜀葵香豆素▲ 葡萄糖苷 药蜀葵 Althaea officinalis
altheahexacosanyl lactone 蜀葵二十六酸内酯▲ 药蜀葵 Althaea officinalis
altissimacoumarin A, B, D, G 臭椿香豆素▲A, B, D, G 臭椿 Ailanthus altissima
altissimanin A, B, D, E 臭椿宁▲A, B, D, E 臭椿 Ailanthus altissima
altissimanin C 臭椿宁▲C 臭椿 Ailanthus altissima, 黄桐 Endospermum chinense
altissinol A, B 臭椿新醇▲A, B 臭椿 Ailanthus altissima
altotibetin A~D 青藏大戟素▲A~D 青藏大戟 Euphorbia altotibetica
alunusnin A 桤木宁▲A 丁香 Syzygium aromaticum
alusenone 桤木庚烯酮▲ 日本桤木 Alnus japonica, 尼泊尔桤木 A. nepalensis
alvaxanthone 阿尔瓦橙桑呫酮▲ 构棘 Cudrania cochinchinensis, 柘藤 C. fruticosa
3-alylindole 3- 醛基吲哚 阔苞菊 Pluchea indica
alysifolinone 庭荠叶香科酮▲ 飞机草 Chromolaena odorata
alyssonoside 庭荠欧夏至草苷▲ 广东紫珠 Callicarpa kwangtungensis, 尖尾枫 C. longissima, 大叶紫珠 C. macrophylla, 裸花紫珠 C. nudiflora, 螃蟹甲 Phlomis younghusbandii, 四齿四棱草 Schnabelia tetrodonta
alyterinate A, B, C 狭叶链珠藤酯▲A, B, C 狭叶链珠藤 Alyxia schlechteri
alyterinin 狭叶链珠藤宁▲ 狭叶链珠藤 Alyxia schlechteri
alyterinone 狭叶链珠藤酮▲ 狭叶链珠藤 Alyxia schlechteri
alyxialactone 链珠藤内酯▲ 糖胶树 Alstonia scholaris
amabilic acid 倒提壶酸▲ 倒提壶 Cynoglossum amabile
amabiline 倒提壶碱 倒提壶 Cynoglossum amabile, 倒钩琉璃草 C. wallichii var. glochidiatum
amabiloside 红花文殊兰酚苷▲ 藏边大黄 Rheum australe
amabiose 曲莲二糖▲ 曲莲 Hemsleya amabilis
amalogenin A, B 毛车藤苷元▲A, B 毛车藤 Amalocalyx microlobus
amaloside A~D 毛车藤苷▲A~D 毛车藤 Amalocalyx microlobus
amantadine 金刚烷胺 鸡尾木 Excoecaria venenata
amaranthin 苋红素 刺苋 Amaranthus spinosus, 皱果苋 A. viridis, 青葙 Celosia argentea, 鸡冠花 C. cristata, 血苋 Iresine herbstii
amarantholidol A~D 苋叔醇▲A~D 反枝苋 Amaranthus retroflexus
amarantholidol A glycoside 反枝苋醇 A 糖苷 肾茶 Clerodendranthus spicatus
amarantholidoside I, II, III 苋叔醇苷▲I, II, III 反枝苋 Amaranthus retroflexus
amarantholidoside IV 苋叔醇苷▲IV 喙果绞股蓝 Gynostemma yixingense
amaranthoside 苋脂苷▲ 刺苋 Amaranthus spinosus, 轮叶蒲桃 Syzygium grijsii
amaranthus viridis lectin; AVL 皱果苋凝集素▲ 皱果苋 Amaranthus viridis
amarasterone A 苋甾酮 A 头花杯苋 Cyathula capitata, 川牛膝 C. officinalis
amarasterone B 苋甾酮 B 头花杯苋 Cyathula capitata, 缢苞麻花头 Serratula strangulata
amaricin 苋辛素▲ 刺苋 Amaranthus spinosus
amarogentin 苦龙胆素▲ 滇龙胆草 Gentiana rigescens, 三花龙胆 G. triflora, 狭叶獐牙菜 Swertia angustifolia, 川东獐牙菜 S. davidii, 青叶胆 S. mileensis, 川西獐牙菜 S. mussotii, 斜茎獐牙菜 S. patens, 瘤毛獐牙菜 S. pseudochinensis, 紫红獐牙菜 S. punicea, 四翅獐牙菜 S. tetraptera
amarogentin B 苦龙胆素▲B 紫红獐牙菜 Swertia punicea
amarolide 臭椿苦内酯 臭椿 Ailanthus altissima
amarolide-11-acetate 臭椿苦内酯 -11- 乙酸酯 臭椿 Ailanthus altissima
amaronol A, B 金钱松酮醇 A, B 金钱松 Pseudolarix amabilis
amaroswerin 苦獐牙菜素▲ 滇龙胆草 Gentiana rigescens, 三花龙胆 G. triflora, 瘤毛獐牙菜 Swertia pseudochinensis
amasterol 苋甾醇 皱果苋 Amaranthus viridis
ambelline 孤挺花林碱▲ 西南文殊兰 Crinum latifolium, 倒提壶 Cynoglossum amabile
amber acid 琥珀酸 常见成分，至少分布于 100 种以上植物中
ambiguine 飞燕草因碱▲ 飞燕草 Consolida ajacis
ambinine 白元胡碱 堇叶延胡索 Corydalis fumariifolia
ambolic acid 阿波醇酸 杧果 Mangifera indica
(+)-ambonic acid (+)- 阿波酮酸 杧果 Mangifera indica
ambrein 龙涎香素 显齿蛇葡萄 Ampelopsis grossedentata
ambreinolide 龙涎香内酯 挥发油成分，未统计基源
ambrettolide 黄葵内酯 小叶锦鸡儿 Caragana microphylla, 云南松 Pinus yunnanensis, 虎杖 Reynoutria japonica, 葱莲 Zephyranthes candida
ambronal 枫香酮醛▲ 枫香树 Liquidambar formosana
ambroside 土荆芥苷 土荆芥 Chenopodium ambrosioides

ambrosidine 豚叶头刺草定▲ 大芽南蛇藤 Celastrus gemmatus
ambrosin 豚草素 香丝草 Conyza bonariensis
amburoside A 巴西良木豆苷 A 香青兰 Dracocephalum moldavica
amentoditaxone 穗花杉二酮▲ 台湾穗花杉 Amentotaxus formosana
amentoflavone 穗花杉黄酮 较常见成分，至少分布于 30 种以上植物中，见于柏科、报春花科、唇形科、大戟科、橄榄科、红豆杉科、桔梗科、菊科、卷柏科、罗汉松科、毛茛科、木贼科、漆树科、忍冬科、杉科、苏铁科、藤黄科、玄参科、银杏科、远志科、泽泻科、酢浆草科等
amentoflavone-4',4''',7,7''-tetramethyl ether 穗花杉黄酮 -4',4''',7,7''- 四甲醚 高山三尖杉 Cephalotaxus fortunei var. alpina, 竹柏 Nageia nagi
amentoflavone-4',4'''-di-O-β-D-glucopyranoside 穗花杉黄酮 -4',4'''- 二 -O-β-D- 吡喃葡萄糖苷 松叶蕨 Psilotum nudum
amentoflavone-7,4',4'''-tri-O-β-D-glucopyranoside 穗花杉黄酮 -7,4',4'''- 三 -O-β-D- 吡喃葡萄糖苷 松叶蕨 Psilotum nudum
amentoflavone-7,4'''-di-O-β-D-glucopyranoside 穗花杉黄酮 -7,4'''- 二 -O-β-D- 吡喃葡萄糖苷 松叶蕨 Psilotum nudum
amentoflavone-7,7'',4',4'''-tetramethyl ether 穗花杉黄酮 -7,7'',4',4'''- 四甲醚 贡山三尖杉 Cephalotaxus lanceolata
amentonone 穗花杉酮▲ 台湾穗花杉 Amentotaxus formosana
amentotaxin A, B 穗花杉素▲A, B 穗花杉 Amentotaxus argotaenia
amentotaxin BA, BB, WA, WB, WC 穗花杉素▲BA, BB, WA, WB, WC 台湾穗花杉 Amentotaxus formosana
amentotaxone 穗花杉醌▲ 台湾穗花杉 Amentotaxus formosana
americanin 美商陆素 滑桃树 Trevia nudiflora
americanin A 美商陆素 A 云南土沉香 Excoecaria acerifolia, 海滨木巴戟 Morinda citrifolia, 垂序商陆 Phytolacca americana, 越南香荚兰 Vanilla annamica
americanin B 美商陆素 B 鹰爪花 Artabotrys hexapetalus, 垂序商陆 Phytolacca americana
americanin D 美商陆素 D 海滨木巴戟 Morinda citrifolia, 垂序商陆 Phytolacca americana
americanoic acid A 美商陆酸 A 海滨木巴戟 Morinda citrifolia
americanoic acid methyl ester 美商陆酸▲甲酯 垂序商陆 Phytolacca americana
americanol A 美商陆醇 A 粉条儿菜 Aletris spicata, 野芋 Colocasia antiquorum, 麻疯树 Jatropha curcas, 垂序商陆 Phytolacca americana
amerovolficine 古巴萝芙木辛碱▲ 古巴萝芙木 Rauvolfia cubana
amerovolfine 古巴萝芙木芬碱▲ 古巴萝芙木 Rauvolfia cubana
amethystoidin A 香茶菜定▲A 香茶菜 Isodon amethystoides, 歧伞香茶菜 I. macrophyllus, 叶穗香茶菜 I. phyllostachys
amethystonal 香茶菜萜醛▲ 香茶菜 Isodon amethystoides
amethystonoic acid 香茶菜萜酸▲ 香茶菜 Isodon amethystoides
(4β,20α)-29-amino-23-hydroxy-29-oxoolean-12-en-3β-O-β-D-glucopyranosyl-(1→2)-O-β-D-Glucopyranosiduronic acid (4β,20α)-29- 氨基 -23- 羟基 -29- 氧代齐墩果 -12- 烯 -3β-O-β-D- 吡喃葡萄糖基 -(1→2)-O-β-D- 吡喃葡萄糖醛酸 小花棘豆 Oxytropis glabra
3-amino-2-cyclohexen-1-one 3- 氨基 -2- 环己烯 -1- 酮 挥发油成分，未统计基源
3-amino-2-methoxycarbonyl-1,4-naphthoquinone 3- 氨基 -2- 甲氧基羰基 -1,4- 萘醌 散沫花 Lawsonia inermis
1β-amino-2α,3β,5β–trihydroxycycloheptane 1β- 氨基 -2α,3β,5β- 三羟基环庚烷 挂金灯 Physalis alkekengi var. francheti
2-amino-3(3'-hydroxy-2'-methoxyphenyl)-1-propanol 2- 氨基 -3(3'- 羟基 -2'- 甲氧苯基)-1- 丙醇 腺梗豨莶 Sigesbeckia pubescens
2-amino-3,4-dihydroxy-5-methoxybenzoic acid 2- 氨基 -3,4- 二羟基 -5- 甲氧基苯甲酸 青钱柳 Cyclocarya paliurus
10-amino-3,4-dihydroxylphenanthrene-1-carboxylic acid lactam 10- 氨基 -3,4- 二羟基菲 -1- 羧酸内酰胺 排骨灵 Fissistigma bracteolatum
2S,3'S-1-(3-amino-3-carboxyproyl)-5-oxo-2-pyrolidinecarboxylic acid 2S,3'S-1-(3- 氨基 -3- 羧基丙基)-5- 氧代 -2- 吡咯烷酸 辣味乳菇 Lactarius piperatus
L-2-amino-3-formyl-3-pentenoic acid L-2- 氨基 -3- 甲酰基 -3- 丙烯酸 褐白坂氏齿菌 Bankera fuligineoalba
2-amino-3H-phenoxazin-3-one 2- 氨基 -3H- 吩口恶嗪 -3- 酮 双孢蘑菇 Agaricus bisporus, 红孔菌 Pycnoporus cinnabarinus
L-2-amino-3-hydroxymethyl-3-pentenoic acid L-2- 氨基 -3- 羟甲基 -3- 丙烯酸 褐白坂氏齿菌 Bankera fuligineoalba
4-amino-3-methoxyphenol 4- 氨基 -3- 甲氧基苯酚 龙葵 Solanum nigrum
(E)-2(S)-amino-3-methyl-3-pentenoic acid (E)-2(S)- 氨基 -3- 甲基 -3- 戊烯酸 普通凤丫蕨 Coniogramme intermedia
2-amino-3-phenylpropionic acid 2- 氨基 -3- 苯基 - 丙酸 石胡荽 Centipeda minima
2-amino-3-phenylpropyl acetate 2- 氨基 -3- 苯基丙基乙酸酯 海蒿子 Sargassum confusum
2-amino-3-phenylpropyl-2-benzamido-3-phenylpropanoate 2- 氨基 -3- 苯丙基 -2- 苯甲酰氨基 -3- 苯丙酸酯 冬凌草 Isodon rubescens
1β-amino-3β,4β,5α-trihydroxycycloheptane 1β- 氨基 -3β,4β,5α- 三羟基环庚烷 枸杞 Lycium chinense
4-amino-4-carboxychroman-2-one 4- 氨基 -4- 羧基色烷 -2- 酮 石胡荽 Centipeda minima, 欧洲李 Prunus domestica
10-amino-4-hydroxyl-3-methoxyphenanthnene-1-carboxylic acid lactam 10- 氨基 -4- 羟基 -3- 甲氧基菲 -1- 羧酸内酰胺 排骨灵 Fissistigma bracteolatum
2-amino-4-methyl-pentanoic acid 2- 氨基 -4- 甲基 - 戊酸 石胡荽 Centipeda minima
threo-6-amino-5-hydroxy-5-methyl-1,3-oxazinan-4-one 苏式 -6- 氨基 -5- 羟基 -5- 甲基 -1,3- 恶嗪 -4- 酮 青花椒 Zanthoxylum schinifolium
2-amino-5-hydroxyhexanoic acid 2- 氨基 -5- 羟基己酸 四棱猪屎豆 Crotalaria tetragona
2-amino-5-hydroxypentanoic acid 2- 氨基 -5- 羟基戊酸 狗牙根 Cynodon dactylon
L-2-amino-7-hydroxyoctanoic acid L-2- 氨基 -7- 羟基辛酸 蓝黄红菇 Russula cyanoxantha
6-amino-9-[1-(3,4-dihydroxyphenyl)ethyl]-9H-purine 6- 氨基 -9-[1-(3,4- 二羟基苯基) 乙基]-9H- 嘌呤 茵陈蒿 Artemisia capillaris
2-aminoacetophenone 2- 氨基苯乙酮 挥发油成分，未统计基源
aminoacylase 氨基酰化酶 植物基础成分，未统计基源

α-aminoadipic acid α- 氨基肥酸 野蘑菇 Agaricus campestris
p-aminoalkyl-benzoic acid 对氨烷基苯甲酸 长柄异木患 Allophylus longipes
4-aminobenzaldehyde 4- 氨基苯甲醛 文殊兰 Crinum asiaticum var. sinicum
2-aminobenzenemethanol 2- 氨基苯甲醇 小驳骨 Justicia gendarussa
2-aminobenzoic acid 2- 氨基苯甲酸 马蓝 Strobilanthes cusia
2-(1'-amino-butyl)-indol-3-one 2-(1'- 氨基 - 丁基) 吲哚 -3- 酮 心叶黄花稔 Sida cordifolia
γ-aminobutyric acid γ- 氨基丁酸 薄叶荠苨 Adenophora remotiflora, 重齿当归 Angelica biserrata, 蒙古黄耆 Astragalus penduliflorus, 黄耆 A. penduliflorus subsp. mongholicus var. dahuricus, 鼠掌老鹳草 Geranium sibiricum, 小羊肚菌 Morchella deliciosa, 鸡桑 Morus australis, 人参 Panax ginseng, 商陆 Phytolacca acinosa, 垂序商陆 P. americana, 日本商陆 P. japonica, 檀香 Santalum album, 云木香 Saussurea costus
γ-aminobutyric acid-betaxanthin γ- 氨基丁酸 - 甜菜黄素 厚皮菜 Beta vulgaris var. cicla
aminocadambine A, B 氨基团花碱▲A, B 团花 Neolamarckia cadamba
3α-aminoconan-5-ene 3α- 氨基止泻木 -5- 烯 止泻木 Holarrhena pubescens
3-aminoglutaric acid 3- 氨基谷酸 树状软骨藻 Chondria armata
5-aminoimidazole-4-carboxylic acid methyl ester 5- 氨基咪唑 -4- 羧酸甲酯 挥发油成分，未统计基源
β-aminoisobutyric acid β- 氨基异丁酸 野蘑菇 Agaricus campestris
cis-3-amino-L-proline 顺式 -3- 氨基 -L- 脯氨酸 粗腿羊肚菌 Morchella crassipes, 羊肚菌 M. esculenta
4-(aminomethyl)-2,6-di-tert-butylphenol 4-(氨基甲基)-2,6- 二 - 叔 - 丁基苯酚 大叶山楝 Aphanamixis grandifolia
4-(aminomethyl)-α-methyl-benzenemethanol 4-(氨基甲基)-α- 甲基 - 苯甲醇 象橘 Feronia limonia
10-aminomethyl-3-hydroxy-4-methoxy-phenanthrenecarboxylic acid lactam 10- 氨基甲基 -3- 羟基 -4- 甲氧基 - 菲羧酸内酰胺 三白草 Saururus chinensis
5-aminomethylene-6-hydroxy-4-methyl-2-oxo-3-pyridinecarbonitrile 4- 甲基 -5- 氨基乙烯基 -6- 羟基 -2- 羰基 -3- 吡啶甲腈 挥发油成分，未统计基源
2-amino-N-(2-methoxymethylphenyl)-benzenemethanamine 2- 氨基 -N-(2- 甲氧甲基苯基)- 苯甲胺 小驳骨 Justicia gendarussa
D-α-amino-n-butyric acid D-α- 氨基正丁酸 长豇豆 Vigna unguiculata subsp. sesquipedalis
2-aminooxypropanoic acid 2- 氨基氧化丙酸 挥发油成分，未统计基源
p-aminophenol 对氨基苯酚 草麻黄 Ephedra sinica
2-[[(2-aminophenyl)methyl]amino]-benzenemethanol 2-[[(2- 氨基苯基) 甲基] 氨基]- 苯甲醇 小驳骨 Justicia gendarussa
aminophysalin A 氨基酸浆素 A 苦蘵 Physalis angulata
4-(2-aminopropyl)-phenol 4-(2- 氨基丙基)- 苯酚 挥发油成分，未统计基源
aminopropylcanavalmine 氨丙基刀豆胺▲ 豌豆 Pisum sativum
aminopropylhomospermidine 氨丙基高精脒 扁豆 Lablab purpureus, 豌豆 Pisum sativum, 救荒野豌豆 Vicia sativa
2-aminopyrimidine-1-oxide 2- 氨基嘧啶 -1- 氧化物 挥发油成分，未统计基源
α-amino-β-(oxalylamino)propionic acid α- 氨基 -β-(草酰氨基) 丙酸 圆叶猪屎豆 Crotalaria incana, 猪屎豆 C. pallida
L-(+)-α-amino-β-(p-methoxyphenyl)-propionic acid L-(+)-α- 氨基 -β- 对甲氧基苯基 - 丙酸 木紫珠 Callicarpa arborea
L-α-amino-γ-nitraminobutyric acid L-α- 氨基 -γ- 硝氨基丁酸 紫红蘑菇 Agaricus subrutilescens
α-amino-γ-ureidobutyric acid α- 氨基 -γ- 脲基丁酸 佛手瓜 Sechium edule
α-amino-δ-hydroxyvaleric acid α- 氨基 -δ- 羟基戊酸 直生刀豆 Canavalia ensiformis
amiroside 阿密罗苷 婆婆纳 Veronica polita
amitenone 乳牛肝菌烯酮▲ 乳牛肝菌 Suillus bovinus
ammiol 阿米芹奥醇▲ 单穗升麻 Cimicifuga simplex, 香附子 Cyperus rotundus
ammirin 阿米芹灵素▲ 异叶茴芹 Pimpinella diversifolia
ammocalline 长春莫卡林▲ 长春花 Catharanthus roseus
(+)-ammodendrine (+)- 沙槐碱▲ 朝鲜槐 Maackia amurensis
ammodendrine 沙槐碱▲ 朝鲜槐 Maackia amurensis, 野决明 Thermopsis lupinoides, 绒毛槐 Sophora tomentosa
ammonium formate 甲酸铵 菘蓝 Isatis tinctoria
ammonium puberaconitine 牛扁亭碱铵▲ 两色乌头 Aconitum alboviolaceum
ammonium-potassium lithospermate B 紫草酸 B 铵钾盐 丹参 Salvia miltiorrhiza
(±)-ammopiptanine A (±)- 沙冬青素▲A 沙冬青 Ammopiptanthus mongolicus
ammopiptanine B 沙冬青素▲B 沙冬青 Ammopiptanthus mongolicus
ammopiptanoside A 沙冬青苷▲A 沙冬青 Ammopiptanthus mongolicus
ammorosine 长春莫洛辛▲ 长春花 Catharanthus roseus
ammothamnidin 沙枝豆定▲ 苦豆子 Sophora alopecuroides
amoenin A~E 滇黄芩宁▲A~E 滇黄芩 Scutellaria amoena
amoenin A_3 山野豌豆苷 A_3 山野豌豆 Vicia amoena
amoorastatin 崖摩抑素▲ 大叶山楝 Aphanamixis grandifolia
amoorastatone 崖摩抑酮▲ 大叶山楝 Aphanamixis grandifolia, 川楝 Melia toosendan
amoorinin 崖摩宁▲ 山楝 Aphanamixis polystachya
amoorinin-3-O-α-L-rhamnopyranosyl-(1 → 6)-β-D-glucopyranoside 崖摩宁▲-3-O-α-L- 吡喃鼠李糖基 -(1 → 6)-β-D- 吡喃葡萄糖苷▲ 山楝 Aphanamixis polystachya

amoradicin 紫穗槐地辛 紫穗槐 Amorpha fruticosa
amoradin 紫穗槐定 紫穗槐 Amorpha fruticosa
amoradinin 紫穗槐地宁 紫穗槐 Amorpha fruticosa
amorfrutin A, B 紫穗槐素 ▲A, B 紫穗槐 Amorpha fruticosa
amoricin 紫穗槐利辛 紫穗槐 Amorpha fruticosa
amoridin 紫穗槐利定 紫穗槐 Amorpha fruticosa
amorilin 紫穗槐林素 ▲ 紫穗槐 Amorpha fruticosa
amorin 紫穗槐灵 ▲ 紫穗槐 Amorpha fruticosa
amorinin 紫穗槐宁 紫穗槐 Amorpha fruticosa
amorisin 紫穗槐辛 紫穗槐 Amorpha fruticosa
amoritin 紫穗槐亭 紫穗槐 Amorpha fruticosa
amorph-4-en-3,8-dione 紫穗槐 -4- 烯 -3,8- 二酮 挥发油成分，未统计基源
amorpha-4,7(11)-diene 紫穗槐 -4,7(11)- 二烯 挥发油成分，未统计基源
amorpha-4,7-dien-11-ol 紫穗槐 -4,7- 二烯 -11- 醇 挥发油成分，未统计基源
amorphaquinone 紫穗槐醌 紫穗槐 Amorpha fruticosa
amorphastilbol 紫穗槐芪酚 紫穗槐 Amorpha fruticosa
α-amorphene *α*- 紫穗槐烯 挥发油成分，未统计基源
amorphigenin 紫穗槐苷元 紫穗槐 Amorpha fruticosa
amorphin 紫穗槐苷 紫穗槐 Amorpha fruticosa
amorphispironone 紫穗槐螺酮 紫穗槐 Amorpha fruticosa
amorphol 紫穗槐醇 紫穗槐 Amorpha fruticosa
amoxanthoside A 缩砂密二萜苷 ▲A 缩砂密 Amomum villosum var. xanthioides
(+)-ampelopsin (+)- 蛇葡萄素 尼泊尔十大功劳 Mahonia napaulensis, 紫斑牡丹 Paeonia rockii
ampelopsin 蛇葡萄素 海红豆 Adenanthera pavonina var. microsperma, 显齿蛇葡萄 Ampelopsis grossedentata, 大叶蛇葡萄 A. megalophylla, 紫云英 Astragalus sinicus, 北枳椇 Hovenia dulcis, 杨梅 Myrica rubra, 大白杜鹃花 Rhododendron decorum, 迎红杜鹃花 R. mucronulatum, 毛宿苞豆 Shuteria involucrata var. villosa, 西域旌节花 Stachyurus himalaicus
ampelopsin A 蛇葡萄素 A 光叶蛇葡萄 Ampelopsis glandulosa var. hancei, 山葡萄 Vitis amurensis, 桦叶葡萄 V. betulifolia, 毛葡萄 V. heyneana, 葡萄 V. vinifera
ampelopsin B 蛇葡萄素 B 光叶蛇葡萄 Ampelopsis glandulosa var. hancei, 网脉葡萄 Vitis wilsoniae
ampelopsin C 蛇葡萄素 C 光叶蛇葡萄 Ampelopsis glandulosa var. hancei, 桦叶葡萄 Vitis betulifolia, 刺葡萄 V. davidii, 毛葡萄 V. heyneana, 小叶葡萄 V. sinocinerea, 葡萄 V. vinifera
ampelopsin D 蛇葡萄素 D 光叶蛇葡萄 Ampelopsis glandulosa var. hancei, 山葡萄 Vitis amurensis, 网脉葡萄 V. wilsoniae
ampelopsin E 蛇葡萄素 E 光叶蛇葡萄 Ampelopsis glandulosa var. hancei, 山葡萄 Vitis amurensis, 桦叶葡萄 V. betulifolia, 刺葡萄 V. davidii
cis-ampelopsin E 顺式 - 蛇葡萄素 E 光叶蛇葡萄 Ampelopsis glandulosa var. hancei
cis-ampelopsin E 顺式 - 蛇葡萄素 E 牡丹 Paeonia suffruticosa
(-)-ampelopsin F (-)- 蛇葡萄素 F 锦鸡儿 Caragana sinica
(+)-ampelopsin F (+)- 蛇葡萄素 F 山葡萄 Vitis amurensis, 葡萄 V. vinifera
ampelopsin F 蛇葡萄素 F 光叶蛇葡萄 Ampelopsis glandulosa var. hancei
ampelopsin G 蛇葡萄素 G 光叶蛇葡萄 Ampelopsis glandulosa var. hancei, 网脉葡萄 Vitis wilsoniae
ampelopsin H 蛇葡萄素 H 光叶蛇葡萄 Ampelopsis glandulosa var. hancei, 葡萄 Vitis vinifera
ampelopsin-3',4',5',7-tetramethyl ether 蛇葡萄素 -3',4',5',7- 四甲醚 紫花丹 Plumbago indica
ampelopsin-3'-*O*-sulfate 蛇葡萄素 -3'-*O*- 硫酸酯 杨梅 Myrica rubra
ampelopsin-4'-*O*-*β*-D-glucopyranoside 蛇葡萄素 -4'-*O*-*β*-D- 吡喃葡萄糖苷 红松 Pinus koraiensis
ampelopsisin 蛇葡萄辛 ▲ 羽叶蛇葡萄 Ampelopsis chaffanjonii
ampelopsisionoside 蛇葡萄香堇苷 东北蛇葡萄 Ampelopsis glandulosa var. brevipedunculata, 酸味子 Antidesma japonicum, 小果山龙眼 Helicia cochinchinensis, 月桂 Laurus nobilis, 密花树 Myrsine seguinii, 春榆 Ulmus davidiana var. japonica
ampelopsisoside 蛇葡萄苷 羽叶蛇葡萄 Ampelopsis chaffanjonii
ampelopsisrhamnoside 蛇葡萄鼠李糖苷 东北蛇葡萄 Ampelopsis glandulosa var. brevipedunculata
ampelozigenin 藤枣苷元 ▲ 假马齿苋 Bacopa monnieri
amphibine B, D, E, F 两棲枣碱 ▲B, D, E, F 滇刺枣 Ziziphus mauritiana
amphibine H 两棲枣碱 ▲H 枣 Ziziphus jujuba, 酸枣 Z. jujuba var. spinosa
amphicoside 毛子草苷 美国梓 Catalpa bignonioides, 胡黄连 Neopicrorhiza scrophulariiflora, 菜豆树 Radermachera sinica, 北水苦荬 Veronica anagallis-aquatica, 蚊母草 V. peregrina, 阿拉伯婆婆纳 V. persica, 婆婆纳 V. polita
amphicoside I 毛子草苷 I 长果婆婆纳 Veronica ciliata
amplexicine 抱茎蓼素 ▲ 抱茎蓼 Polygonum amplexicaule
amplexicogenin B-3-*O*-*β*-D-cymaropyranoside 合掌消苷元 ▲B-3-*O*-*β*-D- 吡喃磁麻糖苷 合掌消 Cynanchum amplexicaule
amplexicogenin B-3-*O*-*β*-D-cymaropyranosyl-(1 → 4)-*α*-L-cymaropyranosyl-(1 → 4)-*β*-D-cymaropyranoside 合掌消苷元 ▲B-3-*O*-*β*-D- 吡喃磁麻糖基 -(1 → 4)-*α*-L- 吡喃磁麻糖基 -(1 → 4)-*β*-D- 吡喃磁麻糖苷 合掌消 Cynanchum amplexicaule
amplexicogenin C-3-*O*-*β*-D-cymaropyranoside 合掌消苷元 ▲C-3-*O*-*β*-D- 吡喃磁麻糖苷 合掌消 Cynanchum amplexicaule

amplexicogenin C-3-β-D-cymaropyranoside 合掌消苷元▲C-3-β-D- 吡喃磁麻糖苷 白薇 Cynanchum atratum
amplexicogenin D-3-O-β-D-cymaropyranoside 合掌消苷元▲D-3-O-β-D- 吡喃磁麻糖苷 合掌消 Cynanchum amplexicaule
amplexicoside A, C~G 合掌消苷▲A, C~G 合掌消 Cynanchum amplexicaule
amplexicoside B 合掌消苷▲B 合掌消 Cynanchum amplexicaule, 白薇 C. atratum
amplexin 抱茎闭花木素▲ 西南獐牙菜 Swertia cincta
amurenine 黄芦木宁碱 黄芦木 Berberis amurensis
amurenlactone A 黄檗内酯▲A 川黄檗 Phellodendron chinense
amurenoside A, B 黑龙江野豌豆苷▲A, B 黑龙江野豌豆 Vicia amurensis
amurensin 黄檗素▲ 黄檗 Phellodendron amurense, 川黄檗 P. chinense, 秃叶黄檗 P. chinense var. glabriusculum, 三球悬铃木 Platanus orientalis
amurensin A 山葡萄素 A 绿叶地锦 Parthenocissus laetevirens, 山葡萄 Vitis amurensis
(+)-amurensin B (+)- 山葡萄素 B 东南葡萄 Vitis chunganensis
(E)-amurensin B (E)- 山葡萄素 B 山葡萄 Vitis amurensis, 桦叶葡萄 V. betulifolia
trans-amurensin B 反式 - 山葡萄素 B 山葡萄 Vitis amurensis
amurensin B 山葡萄素 B 山葡萄 Vitis amurensis, 刺葡萄 V. davidii
cis-amurensin B 顺式 - 山葡萄素 B 山葡萄 Vitis amurensis
amurensin C~F 山葡萄素 C~F 山葡萄 Vitis amurensis
(+)-amurensin G (+)- 山葡萄素 G 东南葡萄 Vitis chunganensis
amurensin G 山葡萄素 G 山葡萄 Vitis amurensis, 刺葡萄 V. davidii, 网脉葡萄 V. wilsoniae
amurensin H~O 山葡萄素 H~O 山葡萄 Vitis amurensis
(-)-amurensine (-)- 黑水罂粟辛▲ 野罂粟 Papaver nudicaule
amurensine 黑水罂粟辛▲ 野罂粟 Papaver nudicaule, 黑水罂粟 P. nudicaule var. aquilegioides f. amurense
(-)-amurensinine (-)- 黑水罂粟西宁▲ 多刺绿绒蒿 Meconopsis horridula, 野罂粟 Papaver nudicaule
amurensinine 黑水罂粟西宁▲ 野罂粟 Papaver nudicaule
(-)-amurensinine-N-oxide A (-)- 黑水罂粟西宁▲-N- 氧化物 A 野罂粟 Papaver nudicaule
amurensinine-N-oxide A 黑水罂粟西宁▲-N- 氧化物 A 总状绿绒蒿 Meconopsis racemosa
(-)-amurensinine-N-oxide B (-)- 黑水罂粟西宁▲-N- 氧化物 B 野罂粟 Papaver nudicaule
amurensinine-N-oxide B 黑水罂粟西宁▲-N- 氧化物 B 总状绿绒蒿 Meconopsis racemosa
amurensioside A~K 福寿草苷▲A~K 侧金盏花 Adonis amurensis
amurensisin 山葡萄辛▲ 山葡萄 Vitis amurensis
(-)-amurine (-)- 黑水罂粟碱 红花疆罂粟 Roemeria refracta
(+)-amurine (+)- 黑水罂粟碱 野罂粟 Papaver nudicaule
amurine 黑水罂粟碱 五脉绿绒蒿 Meconopsis quintuplinervia, 美丽绿绒蒿 M. speciosa, 黑水罂粟 Papaver nudicaule var. aquilegioides f. amurense
amuroline 黑水罂粟灵▲ 黑水罂粟 Papaver nudicaule var. aquilegioides f. amurense
(+)-amuronine (+)- 黑水罂粟宁▲ 野罂粟 Papaver nudicaule
amuronine 黑水罂粟宁▲ 野罂粟 Papaver nudicaule, 黑水罂粟 P. nudicaule var. aquilegioides f. amurense
(R)-amygdalin (R)- 苦杏仁苷 鸡蛋果 Passiflora edulis
amygdalin 苦杏仁苷 桃 Amygdalus persica, 东北杏 Armeniaca mandshurica, 山杏 A. sibirica, 杏 A. vulgaris, 野杏 A. vulgaris var. ansu, 毛樱桃 Cerasus tomentosa, 泡叶栒子 Cotoneaster bullatus, 野拔子 Elsholtzia rugulosa, 枇杷 Eriobotrya japonica, 黑刺李 Prunus spinosa, 喜马拉雅红豆杉 Taxus wallichiana
amyl 1-O-β-D-apiofuranosyl-1,6-O-β-D-glucopyranoside 戊基 -1-O-β-D- 呋喃芹糖基 -1,6-O-β-D- 吡喃葡萄糖苷 海滨木巴戟 Morinda citrifolia
β-amylase β- 淀粉酶 植物基础成分，未统计基源
β-amyrene β- 香树脂烯 台湾水龙骨 Polypodiodes formosana, 日本水龙骨 P. niponica
α-amyrenone α- 香树烯酮 羊角棉 Alstonia mairei, 密蒙花 Buddleja officinalis, 地果 Ficus tikoua, 台湾牛奶菜 Marsdenia formosana, 海枫藤 M. officinalis, 喙柱牛奶菜 M. oreophila, 蓝叶藤 M. tinctoria, 毛连菜 Picris hieracioides, 钝叶鸡蛋花 Plumeria obtusa, 迷迭香 Rosmarinus officinalis, 黑果越桔 Vaccinium myrtillus
β-amyrenone β- 香树烯酮 羊角棉 Alstonia mairei, 印度蛇菰 Balanophora indica, 橄榄 Canarium album, 熊胆草 Conyza blinii, 海漆 Excoecaria agallocha, 地果 Ficus tikoua, 树舌灵芝 Ganoderma applanatum, 木薯 Manihot esculenta, 余甘子 Phyllanthus emblica, 毛连菜 Picris hieracioides, 阿月浑子 Pistacia vera, 夏枯草 Prunella vulgaris, 麻栎 Quercus acutissima, 迷迭香 Rosmarinus officinalis, 五层龙 Salacia prinoides, 黑果越桔 Vaccinium myrtillus, 柄果槲寄生 Viscum multinerve, 刺花椒 Zanthoxylum acanthopodium, 野花椒 Z. simulans
α-amyrenonol α- 香树脂酮醇 斑地锦 Euphorbia maculata
β-amyrenonol β- 香树脂酮醇 桃金娘 Rhodomyrtus tomentosa
α-amyrin α- 香树脂醇 常见成分，至少分布于 100 种以上植物中
β-amyrin β- 香树脂醇 常见成分，至少分布于 100 种以上植物中
δ-amyrin δ- 香树脂醇 啤酒花 Humulus lupulus, 垂盆草 Sedum sarmentosum
α-amyrin acetate α- 香树脂醇乙酸酯 常见成分，至少分布于 100 种以上植物中
β-amyrin acetate β- 香树脂醇乙酸酯 常见成分，至少分布于 100 种以上植物中

δ-amyrin acetate δ- 香树脂醇乙酸酯 夜香牛 Vernonia cinerea
β-amyrin benzoate β- 香树脂醇苯甲酸酯 夜香牛 Vernonia cinerea
α-amyrin butyrate α- 香树脂醇丁酸酯 海枫藤 Marsdenia officinalis, 牛奶菜 M. sinensis, 蓝叶藤 M. tinctoria
α-amyrin caffeate α- 香树脂醇咖啡酸酯 凤仙花 Impatiens balsamina
α-amyrin caproate α- 香树脂醇己酸酯 海枫藤 Marsdenia officinalis, 蓝叶藤 M. tinctoria
α-amyrin cinnamate α- 香树脂醇桂皮酸酯 台湾牛奶菜 Marsdenia formosana
α-amyrin eicosanoate α- 香树脂醇二十酸酯 砂引草 Messerschmidia sibirica
α-amyrin fatty acid ester α- 香树脂醇脂肪酸酯 红椿 Toona ciliata
β-amyrin fatty acid ester β- 香树脂醇脂肪酸酯 红椿 Toona ciliata
β-amyrin formate β- 香树脂醇甲酸酯 滇榄 Canarium strictum
α-amyrin hexacosoate α- 香树脂醇二十六酸酯 迷迭香 Rosmarinus officinalis
α-amyrin margarate α- 香树脂醇黄油酸酯 钩吻 Gelsemium elegans, 珊瑚树 Viburnum odoratissimum
α-amyrin *n*-octanoate α- 香树脂醇正辛酸酯 地梢瓜 Cynanchum thesioides
α-amyrin octacosanoate α- 香树脂醇二十八酸酯 聚果榕 Ficus racemosa
α-amyrin palmitate α- 香树脂醇棕榈酸酯 灯油藤 Celastrus paniculatus, 枸骨 Ilex cornuta, 尾叶香茶菜 Isodon excisus, 蓝叶藤 Marsdenia tinctoria, 接骨草 Sambucus chinensis, 毛接骨木 S. williamsii var. miquelii, 沙生风毛菊 Saussurea arenaria, 雪兔子 S. gossypiphora, 风毛菊 S. japonica
β-amyrin palmitate β- 香树脂醇棕榈酸酯 蛇菰 Balanophora fungosa, 印度蛇菰 B. indica, 筒鞘蛇菰 B. involucrata, 倒地铃 Cardiospermum halicacabum, 丝毛飞廉 Carduus crispus, 粉背南蛇藤 Celastrus hypoleucus, 南蛇藤 C. orbiculatus, 灯油藤 C. paniculatus, 短梗南蛇藤 C. rosthornianus, 砂蓝刺头 Echinops gmelinii, 肉花卫矛 Euonymus carnosus, 佩兰 Eupatorium fortunei, 枸骨 Ilex cornuta, 欧亚旋覆花 Inula britannica, 密毛山梗菜 Lobelia clavata, 江南山梗菜 L. davidii, 毛草龙 Ludwigia octovalvis, 五叶地锦 Parthenocissus quinquefolia, 毛接骨木 Sambucus williamsii var. miquelii, 雪兔子 Saussurea gossypiphora, 风毛菊 S. japonica, 罗汉果 Siraitia grosvenorii, 柳叶斑鸠菊 Vernonia saligna, 槲寄生 Viscum coloratum
α-amyrin propionate α- 香树脂醇丙酸酯 牛奶菜 Marsdenia sinensis
β-amyrin-3-(3'-dimethyl)butyrate β- 香树脂醇 -3-(3'- 二甲基) 丁酸酯 人心果 Manilkara zapota
β-amyrin-3-acetate β- 香树脂醇 -3- 乙酸酯 蓝叶藤 Marsdenia tinctoria, 毛果一枝黄花 Solidago virgaurea
α-amyrin-3-*O*-α-L-rhamnopyranosyl-β-D-arabinofuranoside α- 香树脂醇 -3-*O*-α-L- 吡喃鼠李糖基 -β-D- 呋喃阿拉伯糖苷 鹊肾树 Streblus asper
α-amyrin-3-*O*-β-D-glucopyranoside α- 香树脂醇 -3-*O*-β-D- 吡喃葡萄糖苷 全缘叶紫珠 Callicarpa integerrima, 枇杷叶紫珠 C. kochiana
β-amyrin-3-*O*-β-D-glucopyranoside β- 香树脂醇 -3-*O*-β-D- 吡喃葡萄糖苷 蔓荆 Vitex trifolia
β-amyrin-3-*O*-β-glucoside β- 香树脂醇 -3-*O*-β- 葡萄糖苷 红凤菜 Gynura bicolor
α-amyrone α- 香树脂酮 牛尾蒿 Artemisia dubia, 葡萄柚 Citrus paradisi, 光叶闭鞘姜 Costus tonkinensis, 大叶牛奶菜 Marsdenia koi
β-amyrone β- 香树脂酮 印度蛇菰 Balanophora indica, 漾濞鹿角藤 Chonemorpha griffithii, 葡萄柚 Citrus paradisi, 光叶闭鞘姜 Costus tonkinensis, 青钱柳 Cyclocarya paliurus, 黄瑞香 Daphne giraldii, 大叶山蚂蝗 Desmodium gangeticum, 绿玉树 Euphorbia tirucalli, 垂叶榕 Ficus benjamina, 榕树 F. microcarpa, 琴叶榕 F. pandurata, 大黄橐吾 Ligularia duciformis, 血桐 Macaranga tanarius var. tomentosa, 扁轴木 Parkinsonia aculeata, 鹊肾树 Streblus asper, 茶荚蒾 Viburnum setigerum, 竹叶花椒 Zanthoxylum armatum
δ-amyrone δ- 香树脂酮 西桦 Betula alnoides, 密蒙花 Buddleja officinalis, 芫花 Daphne genkwa, 垂盆草 Sedum sarmentosum
anabasamine 假木贼胺 无叶假木贼 Anabasis aphylla
dl-anabasine *dl*- 假木贼碱 八角枫 Alangium chinense, 云山八角枫 A. kurzii var. handelii
anabasine 假木贼碱 稀花八角枫 Alangium chinense subsp. pauciflorum, 无叶假木贼 Anabasis aphylla, 光烟草 Nicotiana glauca, 黄花烟草 N. rustica, 烟草 N. tabacum
anabasine sulfate 假木贼碱硫酸盐 无叶假木贼 Anabasis aphylla
anabellamide 伞形香青酰胺 大果榕 Ficus auriculata, 田基黄 Grangea maderaspatana, 了哥王 Wikstroemia indica
anabsin 中亚苦蒿辛▲ 中亚苦蒿 Artemisia absinthium
anacrotine 三尖叶猪屎豆碱▲ 圆叶猪屎豆 Crotalaria incana
anaferine 催眠睡茄灵▲ 睡茄 Withania somnifera
anagalligenin B-3-*O*-[β-D-xylopyranosyl-(1 → 2)-β-D-glucopyranosyl-(1 → 4)-β-D-glucopyranosyl-(1 → 4)-β-D-glucopyranosyl-(1 → 2)-α-L-arabinopyranoside] 海绿苷元 B-3-*O*-[β-D- 吡喃木糖基 -(1 → 2)-β-D- 吡喃葡萄糖基 -(1 → 4)-β-D- 吡喃葡萄糖基 -(1 → 4)-β-D- 吡喃葡萄糖基 -(1 → 2)-α-L- 吡喃阿拉伯糖苷] 琉璃繁缕 Anagallis arvensis
anagalligenin B-3-*O*-{β-D-glucopyranosyl-(1 → 2)-[β-D-glucopyranosyl-(1 → 4)]-α-L-arabinopyranoside} 海绿苷元 B-3-*O*-{β-D- 吡喃葡萄糖基 -(1 → 2)-[β-D- 吡喃葡萄糖基 -(1 → 4)]-α-L- 吡喃阿拉伯糖苷 } 琉璃繁缕 Anagallis arvensis
anagalligenin B-3-*O*-{β-D-xylopyranosyl-(1 → 2)-β-D-glucopyranosyl-(1 → 4)[β-D-glucopyranosyl-(1 → 2)]-α-L-arabinopyranoside} 海绿苷元▲B-3-*O*-{β-D- 吡喃木糖基 -(1 → 2)-β-D- 吡喃葡萄糖基 -(1 → 4)[β-D- 吡喃葡萄糖基 -(1 → 2)]-α-L- 吡喃阿拉伯糖苷 } 小叶珍珠菜 Lysimachia parvifolia
anagalligenone B 海绿苷元酮 B 琉璃繁缕 Anagallis arvensis
anagalligenone-3-*O*-[β-D-glucopyranosyl-(1 → 4)-α-L-arabinopyranoside] 海绿苷元酮▲-3-*O*-[β-D- 吡喃葡萄糖基 -(1 → 4)-α-L- 吡喃阿拉伯糖苷] 小叶珍珠菜 Lysimachia parvifolia
anagalligenone-3-*O*-[β-D-xylopyranosyl-(1 → 2)-β-D-glucopyranosyl-(1 → 4)-[β-D-glucopyranosyl-(1 → 4)-β-D-glucopyranosyl-(1 → 4)]-α-L-arabinopyranoside] 海绿苷元酮 -3-*O*-[β-D- 吡喃木糖基 -(1 → 2)-β-D- 吡喃葡萄糖基 -(1 → 4)-[β-D- 吡喃葡萄糖基 -(1 → 4)-β-D- 吡喃

葡萄糖基 -(1 → 4)]-α-L- 吡喃阿拉伯糖苷] 琉璃繁缕 Anagallis arvensis
anagalligenone-3-O-[β-D-xylopyranosyl-(1 → 2)-β-D-glucopyranosyl-(1 → 4)-α-L-arabinopyranoside] 海绿苷元酮 ▲-3-O-[β-D- 吡喃木糖基 -(1 → 2)-β-D- 吡喃葡萄糖基 -(1 → 4)-α-L- 吡喃阿拉伯糖苷] 小叶珍珠菜 Lysimachia parvifolia
anagalligenone-3-O-[β-D-xylopyranosyl-(1 → 2)-β-D-glucopyranosyl-(1 → 4)-β-D-glucopyranosyl-(1 → 2)]-α-L-arabinopoyranoside 海绿苷元酮 -3-O-[β-D- 吡喃木糖基 -(1 → 2)-β-D- 吡喃葡萄糖基 -(1 → 4)-β-D- 吡喃葡萄糖基 -(1 → 2)]-α-L- 吡喃阿拉伯糖苷 琉璃繁缕 Anagallis arvensis
anagalligenone-3-O-α-L-arabinopyranoside 海绿苷元酮 ▲-3-O-α-L- 吡喃阿拉伯糖苷 小叶珍珠菜 Lysimachia parvifolia
anagallisin A, B, D, E 海绿素 ▲A, B, D, E 琉璃繁缕 Anagallis arvensis
anagallisin C 海绿素 ▲C 琉璃繁缕 Anagallis arvensis, 过路黄 Lysimachia christiniae, 黑腺珍珠菜 L. heterogenea
anagallosaponin I, II, III, IV, V, VI, VII, VIII, IX 海绿皂苷 I, II, III, IV, V, VI, VII, VIII, IX 琉璃繁缕 Anagallis arvensis
anagalloside 海绿苷 中亚兔耳草 Lagotis integrifolia
anagalloside A~E 海绿苷 A~E 琉璃繁缕 Anagallis arvensis
(-)-anagyrine (-)- 臭豆碱 朝鲜槐 Maackia amurensis, 光叶马鞍树 M. tenuifolia, 苦参 Sophora flavescens, 绒毛槐 S. tomentosa, 霍州油菜 Thermopsis chinensis, 野决明 T. lupinoides
anagyrine 臭豆碱 虎皮楠 Daphniphyllum oldhamii, 伏毛山豆根 Euchresta horsfieldii, 朝鲜槐 Maackia amurensis, 镰荚棘豆 Oxytropis falcata, 小花棘豆 O. glabra, 黄花棘豆 O. ochrocephala, 黄花木 Piptanthus concolor, 尼泊尔黄花木 P. nepalensis, 苦豆子 Sophora alopecuroides, 绒毛槐 S. tomentosa, 披针叶野决明 Thermopsis lanceolata
anagyroidisoflavone A 毒豆异黄酮 ▲A 柘树 Cudrania tricuspidata
anahygrine 睡茄古豆碱 ▲ 睡茄 Withania somnifera
analgin 安乃近 鸡矢藤 Paederia foetida
ananasate 菠萝酰酯 菠萝 Ananas comosus
ananixanthone 阿纳尼合蕊木叫酮 ▲ 单花山竹子 Garcinia oligantha, 金丝李 G. paucinervis, 大叶藤黄 G. xanthochymus
ananolignan A 中泰南五味子木脂素 ▲A 多子南五味子 Kadsura polysperma
ananosic acid A~D 中泰南五味子酸 ▲A~D 多子南五味子 Kadsura polysperma
ananosmoside A 中泰南五味子苷 ▲A 羌活 Notopterygium incisum
anaphalisol 香青醇 ▲ 乳白香青 Anaphalis lactea
anaphaloside 香青苷 ▲ 旋叶香青 Anaphalis contorta
anaphatol 香青酚 旋叶香青 Anaphalis contorta
anatabine 假木贼烟草碱 ▲ 烟草 Nicotiana tabacum
anatolioside 东方荚蒾苷 ▲ 总梗女贞 Ligustrum pedunculare
anaxagoreine 蒙蒿子碱 ▲ 厚朴 Houpoëa officinalis
anchoic acid 壬二酸 挥发油成分，未统计基源
anchusoside 3, 4, 5, 7, 8, 9, 11 牛舌草苷 3, 4, 5, 7, 8, 9, 11 药用牛舌草 Anchusa officinalis
anchusoside 2 牛舌草苷 2 药用牛舌草 Anchusa officinalis, 辽东楤木 Aralia elata var. glabrescens
andafocoumarin A~J 杭白芷香豆素 ▲A~J 杭白芷 Angelica dahurica 'Hangbaizhi'
andalasin A, B 奶桑辛 ▲A, B 奶桑 Morus macroura
andamanicin 安达曼胡椒素 ▲ 石荠苧 Mosla scabra
andrograpanin 穿心莲素 ▲ 穿心莲 Andrographis paniculata, 浮叶眼子菜 Potamogeton natans
andrograpanin acetate 穿心莲素 ▲ 乙酸酯 浮叶眼子菜 Potamogeton natans
andrographic acid 穿心莲酸 穿心莲 Andrographis paniculata
andrographidine A~G 穿心莲定 ▲A~G 穿心莲 Andrographis paniculata
andrographidoid A~E 穿心莲醚萜 ▲A~E 穿心莲 Andrographis paniculata
andrographolactone 穿心莲佛内酯 ▲ 穿心莲 Andrographis paniculata
andrographolide 穿心莲内酯 穿心莲 Andrographis paniculata, 瘤毛獐牙菜 Swertia pseudochinensis
andrographoside 穿心莲苷 ▲ 穿心莲 Andrographis paniculata
andromedoside 青姬木苷 ▲ 柳叶假木荷 Craibiodendron henryi
andromedotoxin 青姬木毒素 ▲ 牛皮杜鹃花 Rhododendron aureum, 兴安杜鹃花 R. dauricum
andropanoside 穿心莲诺苷 ▲ 穿心莲 Andrographis paniculata
androsacin 点地梅素 ▲ 石莲叶点地梅 Androsace integra
androseptoside A 北点地梅苷 ▲A 北点地梅 Androsace septentrionalis, 密花葛 Pueraria alopecuroides
androseptoside A methyl ester 北点地梅苷 ▲A 甲酯 云南紫菀 Aster yunnanensis
androseptoside B, C, C_1, D, D_1, E~I, K, L 北点地梅苷 ▲B, C, C_1, D, D_1, E~I, K, L 北点地梅 Androsace septentrionalis
androsin 美国茶叶花素 ▲ 射干 Belamcanda chinensis, 肉苁蓉 Cistanche deserticola, 鸢尾 Iris tectorum, 黑老虎 Kadsura coccinea, 胡黄连 Neopicrorhiza scrophulariiflora, 仙人掌 Opuntia stricta var. dillenii, 瘤足蕨 Plagiogyria adnata, 鹿蹄草 Pyrola calliantha, 绿花鹿蹄草 P. chlorantha, 日本鹿蹄草 P. japonica, 大血藤 Sargentodoxa cuneata
androsta-1,4-diene-3,17-dione 雄甾 -1,4- 二烯 -3,7- 二酮 白花丹 Plumbago zeylanica
4,9(11)-androstadien-17β-ol-3-one 4,9(11)- 雄甾二烯 -17β- 醇 -3- 酮 雪松 Cedrus deodara, 樟子松 Pinus sylvestris var. mongolica
5α-androstan-3β,17β-diol 5α- 雄甾 -3β,17β- 二醇 三角叶薯蓣 Dioscorea deltoidea
5α-androstane-2,11-dione 5α- 雄甾 -2,11- 二酮 雪松 Cedrus deodara

anemarchalconyn 知母查耳酮炔▲ 知母 Anemarrhena asphodeloides
anemarcoumarin A 知母香豆素 A 知母 Anemarrhena asphodeloides
anemarsaponin B, C, E 知母新皂苷 B, C, E 知母 Anemarrhena asphodeloides
anemonerivulariside A 草玉梅苷▲A 草玉梅 Anemone rivularis
anemonin 银莲花素 厚叶铁线莲 Clematis crassifolia, 棉团铁线莲 C. hexapetala, 白头翁 Pulsatilla chinensis, 毛茛 Ranunculus japonicus, 刺果毛茛 R. muricatus, 石龙芮 R. sceleratus
anemonolide 银莲花内酯▲ 草玉梅 Anemone rivularis
anemoside A 银莲花苷▲A 草玉梅 Anemone rivularis
anemoside A_3 银莲花苷▲A_3 朝鲜白头翁 Pulsatilla cernua
anemoside B 银莲花苷▲B 草玉梅 Anemone rivularis
anemoside B_4 银莲花苷▲B_4 朝鲜白头翁 Pulsatilla cernua
A'-neogammaceran-22-ol A'- 新伽马蜡 -22- 醇 友水龙骨 Polypodiodes amoena
anethol 茴香脑 挥发油成分，未统计基源
(*E*)-anethole (*E*)- 莳萝脑 挥发油成分，未统计基源
(*Z*)-anethole (*Z*)- 莳萝脑 挥发油成分，未统计基源
trans-p-anethole 反式 - 对莳萝脑 挥发油成分，未统计基源
trans-anethole 反式 - 莳萝脑 挥发油成分，未统计基源
anethole 莳萝脑 挥发油成分，未统计基源
erythro-anethole glycol 赤式 - 莳萝脑甘醇 茴香 Foeniculum vulgare, 八角 Illicium verum
threo-anethole glycol 苏式 - 莳萝脑甘醇 茴香 Foeniculum vulgare, 八角 Illicium verum
(1'*R*,2'*S*)-*threo*-anethole glycol-2'-*O*-*β*-D-glucopyranoside (1'*R*,2'*S*)- 苏式 - 莳萝脑甘醇 -2'-*O*-*β*-D- 吡喃葡萄糖苷 鹊肾树 Streblus asper
angelafolone 当归酰酸模叶蓼酮▲ 酸模叶蓼 Polygonum lapathifolium
angelan 当归胶多糖▲ 朝鲜当归 Angelica gigas
angelic acid 当归酸 塔序橐吾 Ligularia thyrsoidea, 美脉藁本 Ligusticum likiangense
α-angelica lactone *α*- 当归内酯 毛鞘茅香 Hierochloe odorata f. pubescens
angelicain 当归因▲ 升麻 Cimicifuga foetida
angelical 当归醛▲ 臭节草 Boenninghausenia albiflora, 鹤庆独活 Heracleum rapula
angelicamide A, B 当归酰胺 A, B 当归 Angelica sinensis
angelicastigmine 当归斯的明▲ 拐芹 Angelica polymorpha
angelicide 当归新内酯 当归 Angelica sinensis
angelicin 当归素 疏叶当归 Angelica laxifoliata, 柠檬 Citrus limon, 党参 Codonopsis pilosula, 毒参 Conium maculatum, 芫荽 Coriandrum sativum, 补骨脂 Cullen corylifolia, 裂叶独活 Heracleum millefolium, 短毛独活 H. moellendorffii, 永宁独活 H. yungningense, 甘松 Nardostachys jatamansi, 前胡 Peucedanum praeruptorum, 中华抱茎蓼 Polygonum amplexicaule var. sinense
angelicoidenol 归叶棱子芹醇▲ 臭冷杉 Abies nephrolepis, 华鼠尾草 Salvia chinensis
(-)-angelicoidenol-2-*O*-*β*-D-apiofuranosyl-(1 → 6)-*β*-D-glucopyranoside (-)- 归叶棱子芹醇▲-2-*O*-*β*-D- 呋喃芹糖基 -(1 → 6)-*β*-D- 吡喃葡萄糖苷 珊瑚菜 Glehnia littoralis, 小金梅草 Hypoxis aurea
(-)-angelicoidenol-2-*O*-*β*-D-glucopyranoside (-)- 归叶棱子芹醇▲-2-*O*-*β*-D- 吡喃葡萄糖苷 臭冷杉 Abies nephrolepis, 珊瑚菜 Glehnia littoralis, 天胡荽 Hydrocotyle sibthorpioides, 小金梅草 Hypoxis aurea
(+)-angelicoidenol-2-*O*-*β*-D-glucopyranoside (+)- 归叶棱子芹醇▲-2-*O*-*β*-D- 吡喃葡萄糖苷 臭冷杉 Abies nephrolepis, 珊瑚菜 Glehnia littoralis, 姜 Zingiber officinale
(1*R*,2*S*,4*S*,5*R*)-angelicoidenol-2-*O*-*β*-D-glucopyranoside (1*R*,2*S*,4*S*,5*R*)-5- 羟基龙脑 -2-*O*-*β*-D- 吡喃葡萄糖苷 缩砂密 Amomum villosum var. xanthioides
angelicoin B 归叶棱子芹黄素▲B 大叶藤黄 Garcinia xanthochymus
angelicolide 当归双螺内酯▲ 灰叶当归 Angelica glauca, 当归 A. sinensis
angelicone 当归酮▲ 长叶胡颓子 Elaeagnus bockii
angelidiol 当归二醇 重齿当归 Angelica biserrata
angeliferulate 当归阿魏酸酯 当归 Angelica sinensis
angelikoreanol 大齿当归醇▲ 大齿山芹 Ostericum grosseserratum
angeliticin A 拐芹替辛▲A 拐芹 Angelica polymorpha
angelitriol 当归三醇 重齿当归 Angelica biserrata
angelol A 当归醇 A 重齿当归 Angelica biserrata, 祁白芷 A. dahurica 'Qibaizhi', 大叶当归 A. megaphylla
angelol B, C, D, G 当归醇 B, C, D, G 重齿当归 Angelica biserrata
angelol H, I 当归醇 H, I 白芷 Angelica dahurica
angelol J, K, L 当归醇 J, K, L 重齿当归 Angelica biserrata
angelol M 当归醇 M 毛筅子梢 Campylotropis hirtella
angelone 长花啤酒草酮▲ 狭叶獐牙菜 Swertia angustifolia, 西南獐牙菜 S. cincta, 青叶胆 S. mileensis
8*α*-angeloxy-1*β*,2*β*,4*β*,5*β*-diepoxy-10*β*-hydroxy-6*βH*,7*αH*,11*βH*-12,6*α*-guaianolide 8*α*- 当归酰氧基 -1*β*,2*β*,4*β*,5*β*- 二环氧 -10*β*- 羟基 -6*βH*,7*αH*,11*βH*-12,6*α*- 愈创木内酯 亚洲蓍 Achillea asiatica
8*α*-angeloxy-2*α*,4*α*,10*β*-trihydroxy-6*βH*,7*αH*,11*βH*-1(5)-guaien-12,6*α*-olide 8*α*- 当归酰氧基 -2*α*,4*α*,10*β*- 三羟基 -6*βH*,7*αH*,11*βH*-1(5)- 愈创木

烯 -12,6α- 内酯 亚洲蓍 Achillea asiatica

8α-angeloxy-3-oxaartabsin 8α- 当归酰氧基 3- 氧代洋艾内酯 亚洲蓍 Achillea asiatica

8α-angeloxy-4α,10β-dihydroxy-2-oxo-6βH,7αH,11βH-1(5)-guaien-12,6α-olide 8α- 当归酰氧基 -4α,10β- 二羟基 -2- 氧代 -6βH,7αH,11βH-1(5)-愈创木烯 -12,6α- 内酯 亚洲蓍 Achillea asiatica

3α-angeloxy-4α-acetyloxy-3,4-dihydroxanthyletin 3α- 当归酰氧基 -4α- 乙酰氧基 -3,4- 二氢花椒内酯 宽萼岩风 Libanotis laticalycina

3α-angeloxy-4α-hydroxy-3,4-dihydroxanthyletin 3α- 当归酰氧基 -4α- 羟基 -3,4- 二氢花椒内酯 宽萼岩风 Libanotis laticalycina

8α-angeloxyartabsin 8α- 当归酰氧基苦艾内酯 亚洲蓍 Achillea asiatica, 蓍 A. millefolium

8α-angeloxyleucodin 8α- 当归酰氧基白叶蒿定▲ 蓍 Achillea millefolium

3-angeloygermine 3- 当归酰白藜芦胺▲ 毛穗藜芦 Veratrum maackii, 牯岭藜芦 V. schindleri

angeloyl-(+)-gomisin K_3 当归酰基 -(+)- 北五味子素▲K_3 二色五味子 Schisandra bicolor, 滇藏五味子 S. neglecta

7-angeloyl-1-formyl-6,7-dihydro-5H-pyrrolizine 7- 当归酰 -1- 甲酰基 -6,7- 二氢 -5 氢 - 吡咯 红花琉璃草 Cynoglossum officinale

3'(S)-angeloyl-4'(S)-isovaleryl-cis-khellactone 3'(S)- 当归酰氧基 -4'(S)- 异戊酰基 - 顺式 - 阿米芹内酯▲ 湖北大戟 Euphorbia hylonoma

3'-angeloyl-4'-hydroxy-trans-khellactone 3'- 当归酰基 -4'- 羟基 - 反式 - 阿米芹内酯▲ 紫伞芹 Melanosciadium pimpinelloideum

2β-angeloyl-5α,8-diisobutyryl-1β,3α,4α,10,11-pentahydroxybisabolene 2β- 当归酰基 -5α,8- 二异丁酰基 -1β,3α,4α,10,11- 五羟基红没药烯 车前状垂头菊 Cremanthodium ellisii

2β-angeloyl-5α,8-diisobutyryl-1β,3α,4α,9,10,11-hexahydroxybisabolene 2β- 当归酰基 -5α,8- 二异丁酰基 -1β,3α,4α,9,10,11- 六羟基红没药烯 车前状垂头菊 Cremanthodium ellisii

7α-H-3α-angeloyl-9(10)-ene-11,12-epoxy-8-oxo-eremophilane 7α-H-3α- 当归酰基 -9(10)- 烯 -11,12- 环氧 -8- 酮基 - 荒漠木烷 华蟹甲 Sinacalia tangutica

7-angeloyl-9-(2,3-dihydroxybutyryl)heliotridine 7- 当归酰基 -9-(2,3- 二羟基丁酰基) 天芥菜定 红花琉璃草 Cynoglossum officinale

angeloyl-9-(2,3-dihydroxybutyryl)heliotridine 当归酰基 -9-(2,3- 二羟基丁酰基) 天芥菜定 蓝蓟 Echium vulgare

7-angeloyl-9-(2-methylbutyryl)heliotridine 7- 当归酰基 -9-(2- 甲基丁酰基) 天芥菜定 蓝蓟 Echium vulgare

angeloylajadin 当归酰亚菊素 野菊 Chrysanthemum indicum

angeloylbinankadsurin A 当归酰日本南五味子素▲A 黑老虎 Kadsura coccinea, 异形南五味子 K. heteroclita, 日本南五味子 K. japonica, 冷饭藤 K. oblongifolia, 阿里山五味子 Schisandra arisanensis

angeloylbinankadsurin B 当归酰日本南五味子素▲B 日本南五味子 Kadsura japonica, 冷饭藤 K. oblongifolia

10-angeloylbutylphthalide 10- 当归酰丁基苯酞 当归 Angelica sinensis

angeloylcumambrin B 当归酰库曼豚草素 B 野菊 Chrysanthemum indicum

7-angeloylechinatine 7- 当归酰刺翅果草碱▲ 红花琉璃草 Cynoglossum officinale

angeloylferutinianin 当归酰中亚阿魏宁▲ 中亚阿魏 Ferula jaeschkeana

3-angeloyl-furanoeremophilane 6- 当归酰氧基 - 呋喃荒漠木烷 大叶橐吾 Ligularia macrophylla

15-angeloylgermine 15- 当归酰白藜芦胺▲ 大理藜芦 Veratrum taliense

angeloylgomisin H 当归酰北五味子素▲H 南五味子 Kadsura longipedunculata, 二色五味子 Schisandra bicolor, 五味子 S. chinensis, 毛叶五味子 S. pubescens

(+)-angeloylgomisin K_3 (+)- 当归酰北五味子素▲K_3 红花五味子 Schisandra rubriflora

(R)-(+)-angeloylgomisin M_1 (R)-(+)- 当归酰北五味子素▲M_1 南五味子 Kadsura longipedunculata

angeloylgomisin O 当归酰北五味子素▲O 五味子 Schisandra chinensis, 鹤庆五味子 S. wilsoniana

angeloylgomisin P 当归酰北五味子素▲P 五味子 Schisandra chinensis, 红花五味子 S. rubriflora, 华中五味子 S. sphenanthera

angeloylgomisin Q 当归酰北五味子素▲Q 五味子 Schisandra chinensis, 狭叶五味子 S. lancifolia, 滇藏五味子 S. neglecta, 毛叶五味子 S. pubescens, 红花五味子 S. rubriflora, 华中五味子 S. sphenanthera, 鹤庆五味子 S. wilsoniana

angeloylgomisin R 当归酰北五味子素▲R 凤庆南五味子 Kadsura interior, 南五味子 K. longipedunculata, 二色五味子 Schisandra bicolor, 合蕊五味子 S. propinqua, 红花五味子 S. rubriflora, 鹤庆五味子 S. wilsoniana

angeloylgrandifloric acid 当归酰基大花和尚菊酸▲ 向日葵 Helianthus annuus

7-angeloylheliotridine 7- 当归酰天芥菜定 红花琉璃草 Cynoglossum officinale, 宽舌橐吾 Ligularia platyglossa

angeloylisogomisin O 当归酰异北五味子素▲O 五味子 Schisandra chinensis, 狭叶五味子 S. lancifolia

6-angeloyljaeschkeanadiol 6- 当归酰中亚阿魏二醇▲ 中亚阿魏 Ferula jaeschkeana

8α-angeloyloxy-3β,4β-epoxy-6βH,7αH,8βH-guaia-1(10),11(13)-dien-12,6α-olide 8α- 当归酰氧基 -3β,4β- 环氧 -6βH,7αH,8βH- 愈创木 -1(10),11(13)-二烯 -12,6α- 内酯 魁蒿 Artemisia princeps

6β-(angeloyloxy)-1β,10β-epoxy-8β-ethoxyeremophil-7(11)-en-12,8α-olide 6β- 当归酰氧基 -1β,10β- 环氧 -8β- 乙氧基荒漠木 -7(11)- 烯 -12,8α-内酯 黄帚橐吾 Ligularia virgaurea

8β-(angeloyloxy)-4β,6α,15-trihydroxy-14-oxoguaia-9,11(13)-dien-12-oic acid 12,6-lactone 8β-(当归酰氧基)-4β,6α,15- 三羟基 -14- 氧代愈创木 -9,11(13)- 二烯 -12- 酸 -12,6- 内酯 豨莶 Sigesbeckia orientalis

[1(10)E,4β]-8β-(angeloyloxy)-6α,14,15-trihydroxygermacra-1,11(13)-dien-12-oic acid-12,6-lactone [1(10)E,4β]-8β-(当归酰氧基)-6α,14,15- 三羟基氧代大根老鹳草 -1,11(13)- 二烯 -12- 酸 -12,6- 内酯 豨莶 Sigesbeckia orientalis

[(1(10)E,4E,8Z]-8-(angeloyloxy)-6α,15-dihydroxy-14-oxogermacra-[1(10),4,8,11(13)]-tetraen-12-oic acid 12,6-lactone [1(10)E,4E,8Z]-8-(当归酰氧基)-6α,15- 二羟基 -14- 氧代大根老鹳草 -[1(10),4,8,11(13)]- 四烯 -12- 酸 -12,6- 内酯 豨莶 Sigesbeckia orientalis

(4S,5S,6S,8R,10R)-6-(angeloyloxy)-8-ethoxyeremophil-7(11)-en-8,12-olid-15-oic acid (4S,5S,6S,8R,10R)-6- 当归酰氧基 -8- 乙氧基荒漠木 -7(11)- 烯 -8,12- 内酯 -15- 酸 鹿蹄橐吾 Ligularia hodgsonii

(4S,5S,6R,8R,10R)-6-(angeloyloxy)-8-hydroxyeremophil-7(11)-en-8,12-olide-15-carboxylic acid methyl ester (4S,5S,6R,8R,10R)-6- 当归酰氧

基 -8- 羟基荒漠木 -7(11)- 烯 -8,12- 内酯 -15- 羧甲酯 鹿蹄橐吾 Ligularia hodgsonii

(1β,3β,6β,8β,10β)-3-angeloyloxy-1,10-epoxy-6,8-dihydroxyeremophil-7(11)-en-8,12α-olide (1β,3β,6β,8β,10β)-3- 当归酰氧基 -1,10- 环氧 -6,8- 二羟基荒漠木 -7(11)- 烯 -8,12α- 内酯 箭叶橐吾 Ligularia sagitta

(1β,3β,6β,8β,10β)-3-angeloyloxy-1,10-epoxy-8-ethoxy-6-hydroxy-eremophil-7(11)-en-8,12α-olide (1β,3β,6β,8β,10β)-3- 当归酰氧基 -1,10- 环氧 -8- 乙氧基 -6- 羟基荒漠木 -7(11)- 烯 -8,12α- 内酯 箭叶橐吾 Ligularia sagitta

6-angeloyloxy-1,10-epoxyeuryopsin 6- 当归酰氧基 -1,10- 环氧阔眼菊素▲ 大叶橐吾 Ligularia macrophylla

6β-angeloyloxy-1,10β-epoxy-9-oxofuranoeremophilane 6β- 当归酰氧基 -1,10β- 环氧 -9- 氧化呋喃荒漠木烷 离舌橐吾 Ligularia veitchiana

2'-angeloyloxy-1',2'-dihydroxanthyletin 2'- 当归酰氧基 -1',2'- 二氢美洲花椒素 黄耆 Astragalus penduliflorus subsp. mongholicus var. dahuricus

6α-angeloyloxy-10βH-furanoeremophil-1-one 6α- 当归酰氧基 -10βH- 呋喃荒漠木 -1- 酮 大叶橐吾 Ligularia macrophylla

3β-angeloyloxy-10β-hydroxy-6β-methoxy-eremophila-7(11),8(9)-dien-8,12-olide 3β- 当归酰氧基 -10β- 羟基 -6β- 甲氧基 - 荒漠木 -7(11),8(9)- 二烯 -8,12- 内酯 兔儿风蟹甲草 Parasenecio ainsliaeflorus

3β-angeloyloxy-10β-hydroxy-8-oxo-eremophil-6(7)-en-12-oic acid 3β- 当归酰氧基 -10β- 羟基 -8- 氧代 - 荒漠木 -6(7)- 烯 -12- 酸 兔儿风蟹甲草 Parasenecio ainsliaeflorus

3β-angeloyloxy-10β-hydroxy-8-oxo-eremophil-6(7)-ene 3β- 当归酰氧基 -10β- 羟基 -8- 氧代 - 荒漠木 -6(7)- 烯 兔儿风蟹甲草 Parasenecio ainsliaeflorus

6β-angeloyloxy-10β-hydroxy-8α-methoxy-eremophil-7(11)-en-12,8β-olide 6β- 当归酰氧基 -10β- 羟基 -8α- 甲氧基荒漠木 -7(11)- 烯 -12,8β- 内酯 箭叶橐吾 Ligularia sagitta

6β-angeloyloxy-10β-hydroxy-8β-methoxyeremophil-7(11)-en-12,8α-olide 6β- 当归酰氧基 -10β- 羟基 -8β- 甲氧基荒漠木 -7(11)- 烯 -12,8α- 内酯 箭叶橐吾 Ligularia sagitta

3β-angeloyloxy-10β-hydroxyeremophil-8(9),7(11)-dien-12,8(14β,6α)-dioxide 3β- 当归酰氧基 -10β- 羟基荒漠木 -8(9),7(11)- 二烯 -12,8(14β,6α)- 二氧化物 牛蒡叶橐吾 Ligularia lapathifolia

6β-angeloyloxy-10β-hydroxyfuranoeremophilane 6β- 当归酰氧基 -10β- 羟基呋喃荒漠木烷 大叶橐吾 Ligularia macrophylla, 塔序橐吾 L. thyrsoidea

7β-angeloyloxy-14-hydroxy-notonipetranone 7β- 当归酰氧基 -14- 羟基 - 石生诺顿菊酮▲ 款冬 Tussilago farfara

6-angeloyloxy-15-aceto-furanoeremophilane 6- 当归酰氧基 -15- 乙酰氧基 - 呋喃荒漠木烷 大叶橐吾 Ligularia macrophylla

ent-15-angeloyloxy-16,17-epoxy-19-kauranoic acid 对映 -15- 当归酰氧基 -16,17- 环氧 -19- 贝壳杉烷酸 牛膝菊 Galinsoga parviflora

ent-15-angeloyloxy-16-kauren-19-oic acid 对映 -15- 当归酰氧基 -16- 贝壳杉烯 -19- 酸 牛膝菊 Galinsoga parviflora

6β-angeloyloxy-1α,8β,10β-trihydroxyeremophil-7(11)-en-12,8α-olide 6β- 当归酰氧基 -1α,8β,10β- 三羟基荒漠木 -7(11)- 烯 -12,8α- 内酯 黄帚橐吾 Ligularia virgaurea

5β-angeloyloxy-3a,4,5,6,7,7a-hexahydro-3aβ-methyl-1*H*-indene-2,4β-dioic acid methyl ester 5β- 当归酰氧基 -3a,4,5,6,7,7a- 六氢 -3aβ- 甲基 -1*H*- 茚 -2,4β- 二羧酸甲酯 黄帚橐吾 Ligularia virgaurea

6β-angeloyloxy-3-oxoeremophil-7(11)-en-12,8α-olide 6β- 当归酰氧基 -3- 氧代荒漠木 -7(11)- 烯 -12,8α- 内酯 蜂斗菜 Petasites japonicus

21β-angeloyloxy-3β,15α,16α,28-tetrahydroxy-22α-(2-methylbutanoyloxy)-olean-12-en-23-al 21β- 当归酰氧基 -3β,15α,16α,28- 四羟基 -22α-(2- 甲基丁酰氧基)- 齐墩果 -12- 烯 -23- 醛 油茶 Camellia oleifera

21β-angeloyloxy-3β,15α,16α,28-tetrahydroxy-22α-(2-methylbutanoyloxy)-olean-12-ene 21β- 当归酰氧基 -3β,15α,16α,28- 四羟基 -22α-(2- 甲基丁酰氧基)- 齐墩果 -12- 烯 油茶 Camellia oleifera

22α-angeloyloxy-3β,15α,16α,28-tetrahydroxyolean-12-ene 22α- 当归酰氧基 -3β,15α,16α,28- 四羟基齐墩果 -12- 烯 油茶 Camellia oleifera

21β-angeloyloxy-3β,16α,28-trihydroxy-22α-(2-methylbutanoyloxy)-olean-12-en-23-al 21β- 当归酰氧基 -3β,16α,28- 三羟基 -22α-(2- 甲基丁酰氧基)- 齐墩果 -12- 烯 -23- 醛 油茶 Camellia oleifera

21β-angeloyloxy-3β,16α,28-trihydroxy-22α-(2-methylbutanoyloxy)-olean-12-ene 21β- 当归酰氧基 -3β,16α,28- 三羟基 -22α-(2- 甲基丁酰氧基)- 齐墩果 -12- 烯 油茶 Camellia oleifera

8-angeloyloxy-3β,4β,10,11-bisepoxy-1β-(2-methylbutyryloxy)bisabol-7(14)-en-2β-ol 8- 当归酰氧基 -3β,4β,10,11- 二环氧 -1β-(2- 甲基丁酰氧基) 红没药 -7(14)- 烯 -2β- 醇 洱源橐吾 Ligularia lankongensis

6β-angeloyloxy-3β,8α-dihydroxyeremophil-7(11)-en-12,8β-olide 6β- 当归酰氧基 -3β,8α- 二羟基荒漠木 -7(11)- 烯 -12,8β- 内酯 蜂斗菜 Petasites japonicus

6β-angeloyloxy-3β,8β,9β-trihydroxyeremophil-7(11)-en-12,8α-olide 6β- 当归酰氧基 -3β,8β,9β- 三羟基荒漠木 -7(11)- 烯 -12,8α- 内酯 蜂斗菜 Petasites japonicus

6β-angeloyloxy-3β,8β-dihydroxyeremophil-7(11)-en-12,8α-olide 6β- 当归酰氧基 -3β,8β- 二羟基荒漠木 -7(11)- 烯 -12,8α- 内酯 蜂斗菜 Petasites japonicus

6β-angeloyloxy-3β,9α-dihydroxyeremophil-7(11)-en-12,8β-olide 6β- 当归酰氧基 -3β,9α- 二羟基荒漠木 -7-(11)- 烯 -12,8β- 内酯 蜂斗菜 Petasites japonicus

6β-angeloyloxy-3β,9β-dihydroxy-eremophil-7(11)-en-12,8β-olide 6β- 当归酰氧基 -3β,9β- 二羟基荒漠木 -7-(11)- 烯 -12,8β- 内酯 蜂斗菜 Petasites japonicus

6β-angeloyloxy-3β-hydroxyeremophil-7(11)-en-12,8α-olide 6β- 当归酰氧基 -3β- 羟基荒漠木 -7(11)- 烯 -12,8α- 内酯 蜂斗菜 Petasites japonicus

6β-angeloyloxy-3β-hydroxyeremophil-7(11)-en-12,8β-olide 6β- 当归酰氧基 -3β- 羟基荒漠木 -7(11)- 烯 -12,8β- 内酯 蜂斗菜 Petasites japonicus

(+)-3'-angeloyloxy-4'-keto-3',4'-dihydroseselin (+)-3'- 当归酰氧基 -4'- 酮 -3',4'- 二氢邪蒿素 竹叶柴胡 Bupleurum marginatum

3β-angeloyloxy-4α,8β-dihydroxy-eudesm-7(11)-en-8α,12-olide 3β- 当归酰氧基 -4α,8β- 二羟基 - 桉叶 -7(11)- 烯 -8α,12- 内酯 羊角天麻 Dobinea delavayi

3β-angeloyloxy-4β-acetoxy-8β-hydroxy-eudesm-7(11)-en-8α,12-olide 3β- 当归酰氧基 -4β- 乙酰氧基 -8β- 羟基 - 桉叶 -7(11)- 烯 -8α,12- 内酯 羊角天麻 Dobinea delavayi

8α-angeloyloxy-4β-hydroxy-5β-isobutyryloxy-9-oxo-germacran-7β,12α-olide 8α- 当归酰氧基 -4β- 羟基 -5β- 异丁氧基 -9- 氧代 - 吉马 -7β,12α- 内酯 暗花金挖耳 Carpesium triste

(8β,10α)-8-angeloyloxy-5,10-epoxy-bisabola-1,3,5,7(14)-tetraene-2,4,11-triol (8β,10α)-8- 当归酰氧基 -5,10- 环氧红没药 -1,3,5,7(14)- 四烯 -2,4,11- 三醇 齿叶橐吾 Ligularia dentata

(8β,10α)-8-angeloyloxy-5,10-epoxythiazolo[5,4-a]bisabola-1,3,5,7(14)-tetraene-4,11-diol (8β,10α)-8- 当归酰氧基 -5,10- 环氧噻唑 [5,4-a] 红没药 -1,3,5,7(14)- 四烯 -4,11- 二醇 齿叶橐吾 Ligularia dentata

3β-angeloyloxy-6β,10β-dihydroxy-eremophila-7(11),8(9)-dien-8,12-olide 3β- 当归酰氧基 -6β,10β- 二羟基 - 荒漠木 -7(11),8(9)- 二烯 -8,12- 内酯 兔儿风蟹甲草 Parasenecio ainsliaeflorus

1β-angeloyloxy-6β,8α-dihydroxy-10α-methoxyeremophil-7(11)-en-8β,12-olide 1β- 当归酰氧基 -6β,8α- 二羟基 -10α- 甲氧基荒漠木 -7(11)- 烯 -8β,12- 内酯 羊角天麻 Dobinea delavayi

3β-angeloyloxy-6β,8α-dihydroxyeremophil-7(11),9(10)-dien-8,12-olide 3β- 当归酰氧基 -6β,8α- 二羟基荒漠木 -7(11),9(10)- 二烯 -8,12- 内酯 兔儿风蟹甲草 Parasenecio ainsliaeflorus

1β-angeloyloxy-6β,8β-dihydroxy-10β-methoxyeremophil-7(11)-en-8α,12-olide 1β- 当归酰氧基 -6β,8β- 二羟基 -10β- 甲氧基荒漠木 -7(11)- 烯 -8α,12- 内酯 羊角天麻 Dobinea delavayi

3β-angeloyloxy-6β-ethoxy-8β,10β-dihydroxyeremophilenolide 3β- 当归酰氧基 -6β- 乙氧基 -8β,10β- 二羟基荒漠木烯内酯 ▲ 兔儿风蟹甲草 Parasenecio ainsliaeflorus

3β-angeloyloxy-6β-methoxyeremophil-7(11),9(10)-dien-8α,12-olide 3β- 当归酰氧基 -6β- 甲氧基荒漠木 -7(11),9(10)- 二烯 -8α,12- 内酯 兔儿风蟹甲草 Parasenecio ainsliaeflorus

3β-angeloyloxy-7-epifutronolide 3β- 当归酰氧基 -7- 表林仙内酯 ▲ 水蓼 Polygonum hydropiper

1α-angeloyloxy-7β-(4-methyl-senecioyloxy)-oplopa-3(14)*Z*,8(10)-dien-2-one 1α- 当归酰氧基 -7β-(4- 甲基千里光酰氧基)- 日本刺参 -3(14)*Z*,8(10)- 二烯 -2- 酮 款冬 Tussilago farfara

3β-angeloyloxy-8,12-epoxy-12α-hydroxy-8β-methoxyeremophil-7(11)-en-14β,6α-olide 3β- 当归酰氧基 -8,12- 环氧 -12α- 羟基 -8β- 甲氧基荒漠木 -7(11)- 烯 -14β,6α- 内酯 牛蒡叶橐吾 Ligularia lapathifolia

3β-angeloyloxy-8-*epi*-eremophilenolide 3β- 当归酰氧基 -8- 表荒漠木烯内酯 ▲ 大吴风草 Farfugium japonicum

(4*S*,5*S*,6*R*,8*R*,10*R*)-6-angeloyloxy-8-ethoxyeremophil-7(11)-en-8,12-olid-15-oic acid (4*S*,5*S*,6*R*,8*R*,10*R*)-6- 当归酰氧基 -8- 乙氧基荒漠木 -7(11)- 烯 -8,12- 内酯 -15- 酸 鹿蹄橐吾 Ligularia hodgsonii

3β-angeloyloxy-8-oxoeremophil-6(7)-en-12,15-dioic acid methyl ester 3β- 当归酰氧基 -8- 氧代荒漠木 -6(7)- 烯 -12,15- 二羧酸甲酯 牛蒡叶橐吾 Ligularia lapathifolia

3β-angeloyloxy-8-oxo-eremophil-6(7)-en-12-oic acid 3β- 当归酰氧基 -8- 氧代 - 荒漠木 -6(7)- 烯 -12- 酸 兔儿风蟹甲草 Parasenecio ainsliaeflorus

3β-angeloyloxy-8-oxo-eremophila-6,9-dien-12-oic acid 3β- 当归酰氧基 -8- 氧代 - 荒漠木 -6,9- 二烯 -12- 酸 兔儿风蟹甲草 Parasenecio ainsliaeflorus

3β-angeloyloxy-8-oxo-eremophila-6.9-dien-12-oic acid ethyl ester 3β- 当归酰氧基 -8- 氧代 - 荒漠木 -6.9- 二烯 -12- 酸乙酯 兔儿风蟹甲草 Parasenecio ainsliaeflorus

3β-angeloyloxy-8α-hydroxy-6β-ethoxyeremophil-7(11),9(10)-dien-8,12-olide 3β- 当归酰氧基 -8α- 羟基 -6β- 乙氧基荒漠木 -7(11),9(10)- 二烯 -8,12- 内酯 兔儿风蟹甲草 Parasenecio ainsliaeflorus

3β-angeloyloxy-8α-hydroxy-6β-methoxyeremophil-7(11),9(10)-dien-8,12-olide 3β- 当归酰氧基 -8α- 羟基 -6β- 甲基荒漠木 -7(11),9(10)- 二烯 -8,12- 内酯 兔儿风蟹甲草 Parasenecio ainsliaeflorus

6β-angeloyloxy-8β,10β-dihydroxy-3-oxo-eremophilenolide 6β- 当归酰氧基 -8β,10β- 二羟基 -3- 氧代 - 荒漠木烯内酯 ▲ 兔儿风蟹甲草 Parasenecio ainsliaeflorus

3β-angeloyloxy-8β,10β-dihydroxy-6β-methoxyeremophilenolide 3β- 当归酰氧基 -8β,10β- 二羟基 -6β- 甲氧基荒漠木烯内酯 ▲ 兔儿风蟹甲草 Parasenecio ainsliaeflorus

3β-angeloyloxy-8β-ethoxyeremophil-7(11)-en-12,8α,14β,6α-dioxide 3β- 当归酰氧基 -8β- 乙氧基荒漠木 -7(11)- 烯 -12,8α,14β,6α- 二氧化物 牛蒡叶橐吾 Ligularia lapathifolia

3β-angeloyloxy-8β*H*-eremophil-7(11)-en-12,8α(14β,6α)-dioxide 3β- 当归酰氧基 -8β*H*- 荒漠木 -7(11)- 烯 -12,8α(14β,6α)- 二氧化物 牛蒡叶橐吾 Ligularia lapathifolia

6β-angeloyloxy-8β-hydroxy-3-oxoeremophil-7(11)-en-12,8α-olide 6β- 当归酰氧基 -8β- 羟基 -3- 氧代荒漠木 -7(11)- 烯 -12,8α- 内酯 蜂斗菜 Petasites japonicus

3β-angeloyloxy-8β-hydroxy-6α,15β-epoxy-eremophil-7(11)-en-12,8α-olide 3β- 当归酰氧基 -8β- 羟基 -6α,15β- 环氧荒漠木 -7(11)- 烯 -12,8α- 内酯 牛蒡叶橐吾 Ligularia lapathifolia

3β-angeloyloxy-8β-hydroxy-9β-senecioyloxyeremophilenolide 3β- 当归酰氧基 -8β- 羟基 -9β- 千里光酰氧基荒漠木烯内酯 ▲ 大吴风草 Farfugium japonicum

3β-angeloyloxy-8β-methoxyeremophil-7(11)-en-12,8α(14β,6α)-dioxide 3β- 当归酰氧基 -8β- 甲氧基荒漠木 -7(11)- 烯 -12,8α(14β,6α)- 二氧化物 牛蒡叶橐吾 Ligularia lapathifolia

3β-angeloyloxy-9-en-8-*epi*-eremophilenolide 3β- 当归酰氧基 -9- 烯 -8- 表荒漠木烯内酯 ▲ 大吴风草 Farfugium japonicum

3α-angeloyloxy-9β-hydroxy-*ent*-kaur-16-en-oic acid 3α- 当归酰氧基 -9β- 羟基 - 对映 - 贝壳杉 -16- 烯酸 卤地菊 Wedelia prostrata

3α-angeloyloxybakkenolide A 3α- 当归酰氧基蜂斗菜内酯 A 大叶橐吾 Ligularia macrophylla

1α-angeloyloxycarotol 1α- 当归酰氧基胡萝卜烯醇 天山棱子芹 Pleurospermum lindleyanum
3α-angeloyloxy-*ent*-kaur-16-en-oic acid 3α- 当归酰氧基 - 对映 - 贝壳杉 -16- 烯 - 酸 卤地菊 Wedelia prostrata
3β-angeloyloxyeremophilan-7,11-dien-14β,6α-olide 3β- 当归酰氧基荒漠木 -7,11- 二烯 -14β,6α- 内酯 牛蒡叶橐吾 Ligularia lapathifolia
6β-angeloyloxy-furanoeremophilan-10β-ol 6β- 当归酰氧基 - 呋喃荒漠木 -10β- 醇 网脉橐吾 Ligularia dictyoneura
6β-angeloyloxyfuranoeremophilan-15-oic acid 6β- 当归酰氧基呋喃荒漠木 -15- 酸 棉毛橐吾 Ligularia vellerea
1α-angeloyloxyfuranoeremophilan-6β-ol 1α- 当归酰氧基呋喃荒漠木烷 -6β- 醇 棉毛橐吾 Ligularia vellerea
3α-angeloyloxykaur-16-en-19-oic-acid 3α- 当归酰氧基贝壳杉 -16- 烯 -19- 酸 蟛蜞菊 Wedelia chinensis
3'-angeloyloxykhellactone 3'- 当归酰氧基阿米芹内酯▲ 前胡 Peucedanum praeruptorum
6β-angeloyloxykolavenic acid 6β- 当归酰基羽叶哈威豆尼酸▲ 加拿大一枝黄花 Solidago canadensis
6-angeloyloxykolavenic acid 6- 当归酰氧基羽叶哈威豆尼酸▲ 加拿大一枝黄花 Solidago canadensis
6-angeloyloxyl-7-methoxy-2,2-dimethylchromene 6- 当归酰氧基 -7- 甲氧基 -2,2- 二甲基色烯 霍香蓟 Ageratum conyzoides
22β-angeloyloxylantanolic acid 22β- 当归甲酰氧基马缨丹醇酸▲ 马缨丹 Lantana camara
3β-angeloyloxyligularol 3β- 当归酰氧基橐吾醇 网脉橐吾 Ligularia dictyoneura
(*Z*)-2-angeloyloxymethyl-2-butenoic acid (*Z*)-2- 当归酰氧甲基 -2- 丁烯酸 峨参 Anthriscus sylvestris
7β-angeloyloxyoplopa-3(14)*Z*,8(10)-dien-2-one 7β- 当归酰氧基日本刺参 -3(14)*Z*,8(10)- 二烯 -2- 酮 款冬 Tussilago farfara
6α-angeloylplatynecine 6α- 当归酰阔叶千里光裂碱 林荫千里光 Senecio nemorensis
7-angeloylplatynecine 7- 当归酰阔叶千里光裂碱 林荫千里光 Senecio nemorensis
9-angeloylplatynecine 9- 当归酰阔叶千里光裂碱 林荫千里光 Senecio nemorensis
angeloylpodophyllotoxin 当归酰鬼臼毒素 峨参 Anthriscus sylvestris
21β-angeloylprotoescigenin 21β- 当归酰原七叶树皂苷元 长柄七叶树 Aesculus assamica
21β-angeloylprotoescigenin-3β-*O*-α-L-rhamnopyranosyl-(l → 3)-*O*-β-D-glucopyranosiduronic acid 21β- 当归酰原七叶树皂苷元 -3β-*O*-α-L- 吡喃鼠李糖基 -(l → 3)-*O*-β-D- 吡喃葡萄糖醛酸 长柄七叶树 Aesculus assamica
21β-angeloylprotoescigenin-3β-*O*-β-D-glucopyranosyl-(l → 2)-*O*-β-D-glucopyranosyl-(l → 4)-*O*-β-D-glucopyranosiduronic acid 21β- 当归酰原七叶树皂苷元 -3β-*O*-β-D- 吡喃葡萄糖基 -(1 → 2)-*O*-β-D- 吡喃葡萄糖基 -(1 → 4)-*O*-β-D- 吡喃葡萄糖醛酸 长柄七叶树 Aesculus assamica
7,9-angeloylretronecine 7,9- 当归酰倒千里光裂碱 硬萼软紫草 Arnebia decumbens
7-angeloylretronecine 7- 当归酰倒千里光裂碱 飞机草 Chromolaena odorata, 蓝蓟 Echium vulgare
9-angeloylretronecine 9- 当归酰基倒千里光裂碱 飞机草 Chromolaena odorata
7-angeloylrinderine 7- 当归酰翅果草碱▲ 红花琉璃草 Cynoglossum officinale
angeloylsenkyunolide F 当归酰川芎内酯 F 东当归 Angelica acutiloba, 当归 A. sinensis
angeloylzygadenine 当归酰棋盘花碱 兴安藜芦 Veratrum dahuricum, 毛穗藜芦 V. maackii, 牯岭藜芦 V. schindleri, 狭叶藜芦 V. stenophyllum
3-angeloylzygadenine-β-*N*-oxide 3- 当归酰棋盘花碱 -β-*N*- 氧化物 大理藜芦 Veratrum taliense
(15*R*)-6β-angeloyoxy-3β,15-epoxy-9β,15-dihydroxyeremophil-7(11)-en-12,8α-olide (15*R*)-6β- 当归酰氧基 -3β,15- 环氧 -9β,15- 二羟基荒漠木 -7(11)- 烯 -12,8α- 内酯 蜂斗菜 Petasites japonicus
6-angelylfuranofukinol 6- 当归酰呋喃蜂斗菜醇 蜂斗菜 Petasites japonicus
angenomalin 川白芷素 狭叶当归 Angelica anomala, 重齿当归 A. biserrata, 臭节草 Boenninghausenia albiflora, 羌活 Notopterygium incisum
angeolide 当归烯内酯▲ 灰叶当归 Angelica glauca, 当归 A. sinensis, 欧当归 Levisticum officinale
angepubebisin 重齿毛当归素 重齿当归 Angelica biserrata
angepubefurin 重齿毛当归呋灵 重齿当归 Angelica biserrata
angiopterlactone A, B 观音座莲内酯 A, B 披针观音座莲 Angiopteris caudatiformis
9α-angloyloxypinoresinol 9α- 当归酰氧基松脂酚 刚毛橐吾 Ligularia achyrotricha
angoline 安哥拉崖椒灵碱▲ 白屈菜 Chelidonium majus
angoroside A 安卡拉玄参苷▲A 密蒙花 Buddleja officinalis, 总梗女贞 Ligustrum pedunculare, 粗壮女贞 L. robustum subsp. chinense
angoroside C 安卡拉玄参苷▲C 大叶醉鱼草 Buddleja davidii, 玄参 Scrophularia ningpoensis
anguivioside 曲刺茄苷▲ 吉林延龄草 Trillium kamtschaticum
anguivioside XV 曲刺茄苷▲XV 野茄 Solanum undatum
angulatamine 苦皮藤胺▲ 苦皮藤 Celastrus angulatus
angulatin A~H, J~N, P 苦皮藤素 A~H, J~N, P 苦皮藤 Celastrus angulatus
angulatin X 苦皮藤素 X 冬青卫矛 Euonymus japonicus
angulatinoid VI 苦皮藤萜▲VI 苦皮藤 Celastrus angulatus
angulatueoid A, B, D~H 苦皮藤倍半萜▲A, B, D~H 苦皮藤 Celastrus angulatus
angulatueoid C 苦皮藤倍半萜▲C 苦皮藤 Celastrus angulatus, 灯油藤 C. paniculatus
angulatusine A 苦皮藤辛▲A 苦皮藤 Celastrus angulatus
angustamine 紫文殊兰胺▲ 西南文殊兰 Crinum latifolium
angustanoic acid B 大屿八角酸▲B 云南土沉香 Excoecaria acerifolia
angustanoic acid E 大屿八角酸▲E 大八角 Illicium majus
angustanoic acid F 大屿八角酸▲F 假地枫皮 Illicium jiadifengpi, 大八角 I. majus
angustanoic acid G 大屿八角酸▲G 假地枫皮 Illicium jiadifengpi
angustiamarin 狭叶獐牙菜苦素 狭叶獐牙菜 Swertia angustifolia

angustidine 牛眼马钱定 乌檀 Nauclea officinalis, 牛眼马钱 Strychnos angustiflora, 蔓长春花 Vinca major
angustific acid A, B 狭叶南五味子酸▲A, B 狭叶南五味子 Kadsura angustifolia
angustifodilactone A, B 狭叶南五味子二内酯▲A, B 狭叶南五味子 Kadsura angustifolia
angustifolimine 狭叶虎皮楠胺▲ 狭叶虎皮楠 Daphniphyllum angustifolium
angustifolin 狭叶香茶菜素 狭叶香茶菜 Isodon angustifolius, 紫毛香茶菜 I. enanderianus, 冬凌草 I. rubescens
angustifolin B, C 狭叶香茶菜素 B, C 狭叶香茶菜 Isodon angustifolius
angustifolin A~D 狭叶南五味子素▲A~D 狭叶南五味子 Kadsura angustifolia
angustifolin 狭叶芸香素▲ 狭叶白鲜 Dictamnus angustifolius
angustifolin-7-methyl ether 狭叶芸香素▲-7- 甲醚 裸芸香 Psilopeganum sinense, 芸香 Ruta graveolens
angustifoline 狭叶羽扇豆碱▲ 黄皮 Clausena lansium
angustifolioside B 狭叶白蜡树苷▲B 多花素馨 Jasminum polyanthum
angustilobine B-N^4-oxide 狭裂鸡骨常山碱▲B-N^4- 氧化物 糖胶树 Alstonia scholaris
angustimalal 狭叶鸡骨常山醛▲ 大叶糖胶树 Alstonia macrophylla
angustimaline 狭叶鸡骨常山马林▲ 大叶糖胶树 Alstonia macrophylla
angustimine 狭叶虎皮楠明▲ 狭叶虎皮楠 Daphniphyllum angustifolium
angustin A, B 狭叶獐牙菜亭▲A, B 狭叶獐牙菜 Swertia angustifolia
angustine 牛眼马钱亭 乌檀 Nauclea officinalis, 牛眼马钱 Strychnos angustiflora
angustioside 狭叶獐牙菜苷 狭叶獐牙菜 Swertia angustifolia
angustoline 牛眼马钱林碱▲ 喜树 Camptotheca acuminata, 乌檀 Nauclea officinalis, 牛眼马钱 Strychnos angustiflora, 蔓长春花 Vinca major
anhuienoside C, F 安徽银莲花苷▲C, F 鹅掌草 Anemone flaccida
anhuienoside E 安徽银莲花苷▲E 鹅掌草 Anemone flaccida, 粗齿铁线莲 Clematis grandidentata
anhweidelphinine 安徽翠雀碱 翠雀 Delphinium grandiflorum, 云南翠雀花 D. yunnanense
anhydride acetic acid 醋酐 挥发油成分，未统计基源
3,4-anhydro-1-deoxy-3-*C*-(2-hydroxyethyl)-2-*C*-methyl-pentitol 3,4- 脱水 -1- 去氧 -3-*C*-(2- 羟乙基)-2-*C*- 甲基戊糖醇 黄花夹竹桃 Thevetia peruviana
2,3-anhydro-3-*C*-[2-(6-*O*-D-*β*-D-apiofuranosyl-*β*-D-glucopyranosyloxy)ethyl]-1,5-dideoxy-5-*C*-methylpentitol 2,3- 脱水 -3-*C*-[2-(6-*O*-D-*β*-D- 呋喃芹糖基 -*β*-D- 吡喃葡萄糖氧基) 乙基]-1,5- 二去氧 -5-*C*- 甲基戊糖醇 黄花夹竹桃 Thevetia peruviana
1,2-anhydro-4,5-dihydroniveusin A 1,2- 脱水 -4,5- 二氢雪叶向日葵素▲A 向日葵 Helianthus annuus
anhydroaegeline 脱水木橘碱 木橘 Aegle marmelos
25-anhydroalisol A 25- 脱水泽泻醇 A 东方泽泻 Alisma orientale, 蜈蚣藻 Grateloupia filicina
anhydrobarakol 脱水铁刀木醇▲ 铁刀木 Senna siamea
anhydrobelachinal 脱水射干呋喃醛 射干 Belamcanda chinensis
anhydrobyakangelicin 脱水白当归素 白芷 Angelica dahurica
anhydrocannabisativine 脱水大麻碱 大麻 Cannabis sativa
25-anhydrocimigenol 25- 脱水升麻醇 云南升麻 Cimicifuga yunnanensis
25-anhydrocimigenol arabinoside 25- 脱水升麻醇阿拉伯糖苷 小升麻 Cimicifuga japonica
25-anhydrocimigenol-3-*O*-*α*-L-arabinopyranoside 25- 脱水升麻醇 -3-*O*-*α*-L- 吡喃阿拉伯糖苷 升麻 Cimicifuga foetida, 云南升麻 C. yunnanensis
25-anhydrocimigenol-3-*O*-*β*-D-(2'-*O*-acetyl)xylopyranoside 25- 脱水升麻醇 -3-*O*-*β*-D-(2'-*O*- 乙酰基) 吡喃木糖苷 黄三七 Souliea vaginata
25-anhydrocimigenol-3-*O*-*β*-D-xylopyranoside 25- 脱水升麻醇 -3-*O*-*β*-D- 吡喃木糖苷 类叶升麻 Actaea asiatica, 升麻 Cimicifuga foetida, 小升麻 C. japonica, 黄三七 Souliea vaginata
anhydrocinnzeylanin 脱水锡兰肉桂素 肉桂 Cinnamomum cassia
anhydrocinnzeylanol 脱水锡兰肉桂醇 肉桂 Cinnamomum cassia
anhydrodehydrofomentariol 脱水去氢木蹄层孔菌醇▲ 木蹄层孔菌 Fomes fomentarius
anhydrodehydroivalbin 脱水去氢白粉依瓦菊素▲ 刺苍耳 Xanthium spinosum
anhydroevoxine 脱水花椒吴萸碱▲ 大叶芸香 Haplophyllum perforatum
anhydrofusarubin lactone 脱水镰孢霉红素内酯▲ 红盘衣 Ophioparma ventosa
anhydrogrossmizin 脱水高加索蒿素▲ 冷蒿 Artemisia frigida
anhydroharringtonine 脱水粗榧碱 三尖杉 Cephalotaxus fortunei
anhydrohirundigenin 脱水催吐白前苷元▲ 华北白前 Cynanchum mongolicum, 柳叶白前 C. stauntonii
anhydrohirundigenin-monothevetoside 脱水催吐白前苷元▲单黄花夹竹桃糖苷 柳叶白前 Cynanchum stauntonii
β-anhydroicaritin *β*- 脱水淫羊藿素 淫羊藿 Epimedium brevicornu
anhydroicaritin 脱水淫羊藿素 巫山淫羊藿 Epimedium wushanense
anhydroicaritin-3-*O*-rhamnopyranosyl-(1 → 2)-rhamnopyranoside 脱水淫羊藿素 -3-*O*- 吡喃鼠李糖基 -(1 → 2)- 吡喃鼠李糖苷 朝鲜淫羊藿 Epimedium koreanum
anhydroicaritin-3-*O*-*α*-L-rhamnopyranosyl-(1 → 2)-*α*-L-rhamnopyranoside 脱水淫羊藿素 -3-*O*-*α*-L- 吡喃鼠李糖基 -(1 → 2)-*α*-L- 吡喃鼠李糖苷 四川淫羊藿 Epimedium sutchuenense
anhydroicaritin-3-*O*-*α*-rhamnopyranoside 脱水淫羊藿素 -3-*O*-*α*- 吡喃鼠李糖苷 三枝九叶草 Epimedium sagittatum
anhydrolycodoline 脱水石松灵碱 石松 Lycopodium japonicum, 玉柏 L. obscurum, 垂穗石松 Palhinhaea cernua
anhydromarasomone 脱水小皮伞酮▲ 硬柄小皮伞 Marasmius oreades

1,2-anhydroniveusin A 1,2- 脱水雪叶向日葵素▲A 向日葵 Helianthus annuus
anhydronotoptoloxide 脱水异羌活醇▲氧化物 羌活 Notopterygium incisum
anhydroperforine 脱水大叶芸香碱▲ 大叶芸香 Haplophyllum perforatum
anhydroperoxycostunolide 脱水过氧木香内酯 月桂 Laurus nobilis
anhydrophlegmacin-9, 10-quinone A_2, B_2 脱水马尾杉辛▲-9, 10- 醌 A_2, B_2 槐叶决明 Senna occidentalis var. sophera
anhydroplatynecine 脱水阔叶千里光裂碱 茑萝松 Ipomoea quamoclit
anhydrosafflor yellow B 去氢红花黄色素 B 红花 Carthamus tinctorius
anhydrosophoradiol-3-acetate 脱水槐二醇 -3- 乙酸酯 牛角瓜 Calotropis gigantea, 野茉莉 Styrax japonicus
(+)-anhydro-*β*-rotunol (+)- 脱水 -*β*- 香附酮醇 假烟叶树 Solanum erianthum
2-anilino-1,4-naphthoquinone 2- 苯胺基 -1,4- 萘醌 海金沙 Lygodium japonicum, 南川冠唇花 Microtoena prainiana
(4*E*)-2-anilin-*O*-4-(phenylimino)naphthalene-1-(4*H*)-one (4*E*)-2- 苯胺 -*O*-4-(苯基亚氨基) 萘 -1-(4*H*)- 酮 南川冠唇花 Microtoena prainiana
anisalacetone 茴芹丙酮▲ 挥发油成分，未统计基源
p-anisaldehyde 对茴芹醛▲ 挥发油成分，未统计基源
anisaldehyde 茴芹醛▲ 挥发油成分，未统计基源
anisatin 莽草素 地枫皮 Illicium difengpi, 红茴香 I. henryi, 假地枫皮 I. jiadifengpi, 红毒茴 I. lanceolatum, 大花八角 I. macranthum, 少药八角 I. oligandrum, 野八角 I. simonsii, 八角 I. verum
4-anisic acid 4- 甲氧基茴香酸 茶梨 Anneslea fragrans
p-anisic acid 对茴芹酸 红曲 Monascus purpureus
anisic acid 茴芹酸▲ 挥发油成分，未统计基源
o-anisic acid 邻茴芹酸▲ 一枝黄花 Solidago decurrens
anisic alcohol 茴芹醇▲ 挥发油成分，未统计基源
anisketone 茴芹酮▲ 挥发油成分，未统计基源
anislactone A 莽草内酯 A 地枫皮 Illicium difengpi, 大八角 I. majus
anislactone B 莽草内酯 B 短柱八角 Illicium brevistylum, 红茴香 I. henryi, 大八角 I. majus, 少药八角 I. oligandrum
anisocoumarin B 细叶黄皮香豆素▲B 枳 Poncirus trifoliata
anisocoumarin H 细叶黄皮香豆素▲H 细叶黄皮 Clausena anisum-olens, 假黄皮 C. excavata, 宽叶羌活 Notopterygium franchetii
anisocoumarin J 细叶黄皮香豆素▲J 假黄皮 Clausena excavata
anisodamine 山莨菪碱 三分三 Anisodus acutangulus, 山莨菪 A. tanguticus, 洋金花 Datura metel, 天仙子 Hyoscyamus niger, 漏斗泡囊草 Physochlaina infundibularis, 泡囊草 P. physaloides, 马尿泡 Przewalskia tangutica
anisodine 樟柳碱 山莨菪 Anisodus tanguticus, 马尿泡 Przewalskia tangutica
anisofolin A, B 广防风叶素▲A, B 广防风 Anisomeles indica
anisolactone 细叶黄皮内酯 黄皮 Clausena lansium, 调料九里香 Murraya koenigii
anisole 茴芹醚▲ 挥发油成分，未统计基源
anisomelic acid 广防风酸▲ 广防风 Anisomeles indica
anisomelin 广防风素▲ 广防风 Anisomeles indica
anisotine 异唇爵床碱▲ 鸭嘴花 Justicia adhatoda
anisovatodside 广防风托苷▲ 广防风 Anisomeles indica
anisucumarin A, B 细叶黄皮香豆任▲A, B 细叶黄皮 Clausena anisum-olens
anisumarin 细叶黄皮任▲ 细叶黄皮 Clausena anisum-olens
anisyl isobutyrate 茴香基异丁酸酯 挥发油成分，未统计基源
ankaflalvin 红曲黄素 红曲 Monascus purpureus
ankorine 印度八角枫灵▲ 土坛树 Alangium salviifolium
annatto 胭脂树橙 红木 Bixa orellana
annobraine 圆滑番荔枝碱▲ 台湾含笑 Michelia compressa, 陵水暗罗 Polyalthia nemoralis
annofoline 多穗石松叶碱▲ 多穗石松 Lycopodium annotinum
annoglabasin A~G 圆滑番荔枝素▲A~G 圆滑番荔枝 Annona glabra
annoglabayin 圆滑番荔枝因▲ 圆滑番荔枝 Annona glabra
annoglacin A, B 圆滑番荔枝拉辛▲A, B 圆滑番荔枝 Annona glabra
annoglaxin 圆滑番荔枝克辛▲ 圆滑番荔枝 Annona glabra, 番荔枝 A. squamosa
annomonicin 山刺番荔枝尼辛▲ 牛心番荔枝 Annona reticulata
annomontacin 山刺番荔枝辛 圆滑番荔枝 Annona glabra
annomontine 山刺番荔枝碱▲ 牛心番荔枝 Annona reticulata
annomosin A 番荔枝莫辛▲A 番荔枝 Annona squamosa
annonacin 番荔枝辛 圆滑番荔枝 Annona glabra
annonacinone 番荔枝辛酮▲ 圆滑番荔枝 Annona glabra
annonareticin 牛心果替辛▲ 圆滑番荔枝 Annona glabra, 牛心番荔枝 A. reticulata, 番荔枝 A. squamosa
annonaretin A 牛心果亭▲A 牛心番荔枝 Annona reticulata
annonebinide A, B 番荔枝二聚素▲A, B 圆滑番荔枝 Annona glabra
annonin 番荔枝宁 番荔枝 Annona squamosa

annonin I 番荔枝宁 I 圆滑番荔枝 Annona glabra
annopodine 多穗石松定碱▲ 多穗石松 Lycopodium annotinum
annoreticuin 牛心果因▲ 牛心番荔枝 Annona reticulata
annoreticuin-9-one 牛心果因▲-9- 酮 牛心番荔枝 Annona reticulata
annosquacin A~D, I 番荔枝辛素▲A~D, I 番荔枝 Annona squamosa
annosquamin A, B, C 番荔枝明▲A, B, C 番荔枝 Annona squamosa
annosquamosin A~G 番荔枝素▲A~G 番荔枝 Annona squamosa
annosquatin I, II, A, B 番荔枝亭▲I, II, A, B 番荔枝 Annona squamosa
annotemoyin 1 阿蒂莫耶番荔枝素▲1 番荔枝 Annona squamosa
cis-annotemoyin 1 顺式 - 阿蒂莫耶番荔枝素▲1 番荔枝 Annona squamosa
annotemoyin 2 阿蒂莫耶番荔枝素▲2 番荔枝 Annona squamosa
annotine 多穗石松碱▲ 多穗石松 Lycopodium annotinum
annotinine 多穗石松宁碱▲ 多穗石松 Lycopodium annotinum
annuionone D 向日葵香堇酮▲D 短瓣花 Brachystemma calycinum, 灰毛浆果楝 Cipadessa cinerascens, 卫矛 Euonymus alatus, 柚木 Tectona grandis
annuionone E 向日葵香堇酮▲E 海漆 Excoecaria agallocha, 血桐 Macaranga tanarius var. tomentosa
annuithrin 向日葵环氧内酯 向日葵 Helianthus annuus
annulatin 环纹海红树素▲ 柿 Diospyros kaki, 翼蓼 Pteroxygonum giraldii
annuolide A, F, G, H 向日葵奥内酯▲A, F, G, H 向日葵 Helianthus annuus
annurcoic acid 阿奴卡苹果酸▲ 榅桲 Cydonia oblonga
anodendrine 鳝藤碱▲ 鳝藤 Anodendron affine
anodendroic acid 鳝藤醇酸▲ 鳝藤 Anodendron affine
anodendrosin A~K 鳝藤素 A~K 鳝藤 Anodendron affine
anoectochine 开唇兰碱▲ 金线兰 Anoectochilus roxburghii, 洋金花 Datura metel
anofinic acid 鳝藤酸 高山龙胆 Gentiana algida, 松乳菇 Lactarius deliciosus
p-anol 对丙烯基苯酚 挥发油成分，未统计基源
anolignan B 榆绿木脂素▲B 毗黎勒 Terminalia bellirica
(-)-anolobine (-)- 番荔枝三裂泡泡碱▲ 黄兰 Michelia champaca
anolobine 番荔枝三裂泡泡碱▲ 圆滑番荔枝 Annona glabra, 番荔枝 A. squamosa, 瓜馥木 Fissistigma oldhamii, 厚朴 Houpoëa officinalis, 夜合花 Lirianthe coco
(+)-anomalin (+)- 川白芷内酯 竹叶柴胡 Bupleurum marginatum, 台湾前胡 Peucedanum formosanum, 广西前胡 P. guangxiense, 马山前胡 P. mashanense
anomalin 川白芷内酯 狭叶当归 Angelica anomala, 长鞘当归 A. cartilaginomarginata, 伊犁岩风 Libanotis iliensis, 宽萼岩风 L. laticalycina, 短片藁本 Ligusticum brachylobum, 紫伞芹 Melanosciadium pimpinelloideum, 防风 Saposhnikovia divaricata
anomanolide A~F 龙珠醇内酯▲A~F 龙珠 Tubocapsicum anomalum
(+)-anomuricine (+)- 刺果番荔枝碱▲ 番荔枝 Annona squamosa
(-)-anonaine (-)- 番荔枝碱 圆滑番荔枝 Annona glabra, 鹰爪花 Artabotrys hexapetalus, 鹅掌楸 Liriodendron chinense, 北美鹅掌楸 L. tulipifera, 白兰 Michelia × alba, 黄兰 M. champaca, 台湾含笑 M. compressa
(+)-anonaine (+)- 番荔枝碱 新木姜子 Neolitsea aurata
anonaine 番荔枝碱 圆滑番荔枝 Annona glabra, 牛心番荔枝 A. reticulata, 番荔枝 A. squamosa, 瓜馥木 Fissistigma oldhamii, 日本厚朴 Houpoëa obovata, 厚朴 H. officinalis, 北美鹅掌楸 Liriodendron tulipifera, 荷花木兰 Magnolia grandiflora, 莲 Nelumbo nucifera, 山楠 Phoebe chinensis, 云南地不容 Stephania yunnanensis
anpubesol 毛当归醇 重齿当归 Angelica biserrata
(2*S*,1''*S*)-anrantiamide acetate (2*S*,1''*S*)- 橙酰胺乙酸酯 芝麻 Sesamum indicum
ansaspirolide 当归萨螺内酯▲ 当归 Angelica sinensis
anserinoside 蕨麻苷 白花泡桐 Paulownia fortunei, 蕨麻 Potentilla anserina
antanapeptin A~D 安塔尼鞘丝藻肽素▲A~D 巨大鞘丝藻 Lyngbya majuscula
anthelminthicin A, B, C 泰国大风子素 A, B, C 泰国大风子 Hydnocarpus anthelminthicus
anthelminthicol A 泰国大风子酚 A 泰国大风子 Hydnocarpus anthelminthicus
(9*Z*)-antheraxanthin (9*Z*)- 花药黄质 海桐 Pittosporum tobira, 三色堇 Viola tricolor
trans-antheraxanthin 反式 - 花药黄质 拟南芥 Arabidopsis thaliana, 三色堇 Viola tricolor
antheraxanthin 花药黄质 石刁柏 Asparagus officinalis, 落葵 Basella alba, 辣椒 Capsicum annuum, 番木瓜 Carica papaya, 白屈菜 Chelidonium majus, 海桐 Pittosporum tobira, 阳芋 Solanum tuberosum, 泥炭藓 Sphagnum palustre, 粗叶泥炭藓 S. squarrosum, 万寿菊 Tagetes erecta, 直立黄钟花 Tecoma stans, 旱金莲 Tropaeolum majus
all-trans-antheraxanthin 全反式 - 花药黄质 南丰蜜橘 Citrus reticulata 'Kinokuni', 温州蜜柑 C. reticulata 'Unshiu'
antheridiogen 成精子囊素 水蕨 Ceratopteris thalictroides, 分株紫萁 Osmunda cinnamomea var. asiatica
anthocephaline 团花林碱▲ 团花 Neolamarckia cadamba
anthocephalusine A 团花辛碱▲A 团花 Neolamarckia cadamba
anthocyanidin 花青素 华南实蕨 Bolbitis subcordata, 槭叶蚊子草 Filipendula purpurea

anthocyanogen 花青素原 芋 Colocasia esculenta
anthopogochromane 烈香杜鹃色烷▲ 烈香杜鹃花 Rhododendron anthopogonoides
anthopogochromene A, B, C 烈香杜鹃色烯▲A, B, C 烈香杜鹃花 Rhododendron anthopogonoides
anthopogochromenic acid 烈香杜鹃烯酸▲ 烈香杜鹃花 Rhododendron anthopogonoides
anthopogocyclolic acid 烈香杜鹃环酸▲ 烈香杜鹃花 Rhododendron anthopogonoides
anthoroidine 拟黄花乌头碱 拟黄花乌头 Aconitum anthoroideum
anthothecol 白卡雅楝醇▲ 大叶山楝 Aphanamixis grandifolia
anthracene 蒽 挥发油成分，未统计基源
9,10-anthracenedione 9,10- 蒽二酮 火炭母 Polygonum chinense, 白车轴草 Trifolium repens
9-anthracenol 9- 蒽酚 巴天酸模 Rumex patientia
anthracenylpyran 蒽基吡喃 印度黄檀 Dalbergia sissoo
anthragallol 蒽棓酚 毛土连翘 Hymenodictyon orixense
anthragallol-1,2-dimethyl ether 蒽棓酚 -1,2- 二甲醚 金鸡纳树 Cinchona calisaya, 印度羊角藤 Morinda umbellata
anthragallol-1,3-dimethyl ether 蒽棓酚 -1,3- 二甲醚 金鸡纳树 Cinchona calisaya, 海滨木巴戟 Morinda citrifolia
anthragallol-2,3-dimethyl ether 没食子蒽醌 -2,3- 二甲醚 穗花杉 Amentotaxus argotaenia
anthragallol-2-methyl ether 蒽棓酚 -2- 甲醚 头状花耳草 Hedyotis capitellata, 海滨木巴戟 Morinda citrifolia
anthraglycoside A 蒽苷 A 波叶大黄 Rheum rhabarbarum
anthranilic acid-1,5-dimethyl-1-vinyl-4-hexenyl ester 邻氨基苯甲酸 -1,5- 二甲基 -1- 乙烯基 -4- 己烯酯 挥发油成分，未统计基源
anthranilic aldehyde 氨茴醛 挥发油成分，未统计基源
anthranol 蒽酚 药用大黄 Rheum officinale
4-anthranoyllappaconidine 4- 氨茴酰拉普乌头定 紫花高乌头 Aconitum septentrionale
anthranoyllycoctonine 氨茴酰狼毒乌头碱 赣皖乌头 Aconitum finetianum, 瓜叶乌头 A. hemsleyanum, 北乌头 A. kusnezoffii, 白喉乌头 A. leucostomum, 紫花高乌头 A. septentrionale, 草地乌头 A. umbrosum, 飞燕草 Consolida ajacis, 三出翠雀花 Delphinium biternatum, 须花翠雀花 D. delavayi var. pogonanthum, 秦岭翠雀花 D. giraldii, 峨眉翠雀花 D. omeiense, 黑水翠雀花 D. potaninii, 天山翠雀花 D. tianshanicum, 三小叶翠雀花 D. trifoliolatum
9,10-anthraquinone 9,10- 蒽醌 小酸模 Rumex acetosella, 皱叶酸模 R. crispus, 毛脉酸模 R. gmelinii, 尼泊尔酸模 R. nepalensis, 钝叶酸模 R. obtusifolius, 巴天酸模 R. patientia
anthraquinone 蒽醌 日本柳杉 Cryptomeria japonica, 茴茴蒜 Ranunculus chinensis, 藏边大黄 Rheum australe, 河套大黄 R. hotaoense, 药用大黄 R. officinale, 掌叶大黄 R. palmatum, 波叶大黄 R. rhabarbarum, 染色茜草 Rubia tinctorum, 酸模 Rumex acetosa
anthraquinone-1,6-dihydroxy-2-methyl-8-*O*-*α*-D-glucopyranosyl-(1'→6)-*α*-L-xylopyranoside 蒽醌 -1,6- 二羟基 -2- 甲基 -8-*O*-*α*-D- 吡喃葡萄糖基 -(1'→6)-*α*-L- 吡喃木糖苷 木犀 Osmanthus fragrans
anthraquinone-2-aldehyde 2- 醛基蒽醌 巴戟天 Morinda officinalis
anthraquinone-2-carboxylic acid 蒽醌 -2- 羧酸 日本柳杉 Cryptomeria japonica, 巴戟天 Morinda officinalis
anthrarufin 蒽绛酚 胡桃楸 Juglans mandshurica, 虎杖 Reynoutria japonica, 皱叶酸模 Rumex crispus
anthrasesamone A~F 蒽胡麻酮▲A~F 芝麻 Sesamum indicum
anthratectone 柚木蒽酮 柚木 Tectona grandis
anthricin 峨参辛▲ 峨参 Anthriscus sylvestris
anthriscifolcine A 还亮草碱▲A 大花还亮草 Delphinium anthriscifolium var. majus, 卵瓣还亮草 D. anthriscifolium var. savatieri
anthriscifolcine B~G 还亮草碱▲B~G 卵瓣还亮草 Delphinium anthriscifolium var. savatieri
anthriscifoldine A, B, C 还亮草定▲A, B, C 卵瓣还亮草 Delphinium anthriscifolium var. savatieri
anthriscifolmine A~J 还亮草明▲A~J 卵瓣还亮草 Delphinium anthriscifolium var. savatieri
anthriscinol 峨参醇 峨参 Anthriscus sylvestris, 藁本 Ligusticum sinense, 肉豆蔻 Myristica fragrans
anthriscinol methyl ether 峨参醇甲醚 峨参 Anthriscus sylvestris
anthriscusin 峨参素 峨参 Anthriscus sylvestris
anthydronotoptol 脱水异羌活醇▲ 羌活 Notopterygium incisum
antialloside 见血封喉阿洛糖苷 见血封喉 Antiaris toxicaria
antiarigenin 见血封喉苷元 见血封喉 Antiaris toxicaria
antiarigenin-3-*O*-*β*-D-6-deoxyalloside 见血封喉苷元 -3-*O*-*β*-D-6- 去氧阿洛糖苷 见血封喉 Antiaris toxicaria
α-antiarin *α*- 见血封喉素▲ 见血封喉 Antiaris toxicaria
β-antiarin *β*- 见血封喉素▲ 见血封喉 Antiaris toxicaria
antiarisin A, B 见血封喉辛▲A, B 见血封喉 Antiaris toxicaria
antiaritoxioside A~G 见血封喉毒苷▲A~G 见血封喉 Antiaris toxicaria
antiarojavoside 见血封喉爪哇糖苷 见血封喉 Antiaris toxicaria
antiarol 见血封喉酚▲ 臭椿 Ailanthus altissima, 木紫珠 Callicarpa arborea
antiarol rutinoside 见血封喉酚▲芸香糖苷 木紫珠 Callicarpa arborea
antiarone A~K 见血封喉酮▲A~K 见血封喉 Antiaris toxicaria
antiaroside A~Z, ZA, ZB, ZC 见血封喉洛苷▲A~Z, ZA, ZB, ZC 见血封喉 Antiaris toxicaria
antiarotoxinin A, B 见血封喉毒宁▲A, B 见血封喉 Antiaris toxicaria
anticarin A, B, F, I, K, L 见血封喉灵▲A, B, F, I, K, L 见血封喉 Antiaris toxicaria

anticopalol 反可巴香醇 两面针 Zanthoxylum nitidum
antidesmol 五月茶酚 西南五月茶 Antidesma acidum
antidesmone 五月茶酮 西南五月茶 Antidesma acidum, 方叶五月茶 A. ghaesembilla, 酸味子 A. japonicum, 山地五月茶 A. montanum, 小叶五月茶 A. montanum var. microphyllum
antidysentericine 止泻木里辛 ▲ 止泻木 Holarrhena pubescens
antillatoxin A, B 安的列斯鞘丝藻毒素 ▲A, B 巨大鞘丝藻 Lyngbya majuscula
antiogoside 见血封喉勾苷 ▲ 见血封喉 Antiaris toxicaria
α-antioside α- 见血封喉苷 见血封喉 Antiaris toxicaria
antioside 见血封喉苷 见血封喉 Antiaris toxicaria
antiquol A, B 火殃勒醇 ▲A, B 火殃勒 Euphorbia antiquorum
antiquorin 火殃勒素 ▲ 火殃勒 Euphorbia antiquorum, 狼毒大戟 E. fischeriana, 金刚纂 E. neriifolia
antiquorine A, B 火殃勒灵 ▲A, B 火殃勒 Euphorbia antiquorum
antirhine 毛茶碱 长春花 Catharanthus roseus, 萝芙木 Rauvolfia verticillata, 牛眼马钱 Strychnos angustiflora
(3*S*,4*R*,15*S*,20*R*)-antirhine-N_4-oxide (3*S*,4*R*,15*S*,20*R*)- 毛茶碱 -N_4- 氧化物 牛眼马钱 Strychnos angustiflora
(3*S*,4*S*,15*S*,20*R*)-antirhine-N_4-oxide (3*S*,4*S*,15*S*,20*R*)- 毛茶碱 -N_4- 氧化物 牛眼马钱 Strychnos angustiflora
antirrhide 金鱼草萜苷 ▲ 金鱼草 Antirrhinum majus, 管花肉苁蓉 Cistanche tubulosa, 海滨柳穿鱼 Linaria japonica
antirrhinoside 金鱼草诺苷 ▲ 金鱼草 Antirrhinum majus, 海滨柳穿鱼 Linaria japonica, 柳穿鱼 L. vulgaris subsp. sinensis, 山壳骨 Pseuderanthemum latifolium
(-)-13a*α*-antofine (-)-13a*α*- 安托芬 水同木 Ficus fistulosa
(+)-antofine (+)- 安托芬 棱果榕 Ficus septica
antofine 安托芬 华北白前 Cynanchum mongolicum, 徐长卿 C. paniculatum, 棱果榕 Ficus septica, 多花娃儿藤 Tylophora floribunda
10*S*,13a*R*-antofine-*N*-oxide 10*S*,13a*R*- 安托芬 -*N*- 氧化物 棱果榕 Ficus septica
antoside 解毒萝藦苷 ▲ 救荒野豌豆 Vicia sativa
(+)-anwulignan (+)- 安五木脂素 百两金 Ardisia crispa, 南五味子 Kadsura longipedunculata, 金山五味子 Schisandra glaucescens, 铁箍散 S. propinqua var. sinensis, 华中五味子 S. sphenanthera
dl-anwulignan *dl*- 安五木脂素 华中五味子 Schisandra sphenanthera
anwulignan 安五木脂素 南五味子 Kadsura longipedunculata, 五味子 Schisandra chinensis, 重瓣五味子 S. plena
anwuweizic acid 安五味子酸 五味子 Schisandra chinensis, 金山五味子 S. glaucescens, 翼梗五味子 S. henryi, 华中五味子 S. sphenanthera
anwuweizonic acid 安五味子酮酸 狭叶南五味子 Kadsura angustifolia, 南五味子 K. longipedunculata, 合蕊五味子 Schisandra propinqua, 毛叶五味子 S. pubescens
anziaic acid 绵腹衣酸 日本绵腹衣 Anzia japonica, 粉缘斑叶 Cetrelia cetrarioides
anziaic acid methyl ester 绵腹衣酸甲酯 雀石蕊 Cladonia stellaris
aohada-glycoside A, B, C 大柄冬青糖苷 ▲A, B, C 大柄冬青 Ilex macropoda
aoibaclyin 凤瓜因 ▲ 凤瓜 Gymnopetalum integrifolium
(+)-aoifuranone (+)- 双叶细辛呋喃酮 ▲ 双叶细辛 Asarum caulescens
aokumanol 光叶山姜醇 ▲ 光叶山姜 Alpinia intermedia
aonenadiene 日本水龙骨二烯 ▲ 日本水龙骨 Polypodiodes niponica
apaensin 阿坝当归素 阿坝当归 Angelica apaensis, 白芷 A. dahurica
apateline 无瓣瑞香楠碱 ▲ 崖藤 Albertisia laurifolia
apetalic acid 无瓣红厚壳酸 ▲ 薄叶红厚壳 Calophyllum membranaceum, 滇南红厚壳 C. polyanthum
apetalolide 无瓣红厚壳内酯 红厚壳 Calophyllum inophyllum
apetatolide 无花瓣红厚壳内酯 ▲ 红厚壳 Calophyllum inophyllum
aphagrandinoid A~D 大叶山楝萜 ▲A~D 大叶山楝 Aphanamixis grandifolia
aphagranin A~G 大叶山楝宁 ▲A~G 大叶山楝 Aphanamixis grandifolia
aphagranol A, B 大叶山楝醇 A, B 大叶山楝 Aphanamixis grandifolia
aphanagranin A~D 大叶山楝拉宁 ▲A~D 大叶山楝 Aphanamixis grandifolia
aphanalide A, B, D~H 山楝内酯 ▲A, B, D~H 山楝 Aphanamixis polystachya
aphanalide C 山楝内酯 ▲C 大叶山楝 Aphanamixis grandifolia, 山楝 A. polystachya
aphanalide I~M 山楝内酯 ▲I~M 大叶山楝 Aphanamixis grandifolia
aphanamene A, B 山楝烯 ▲A, B 大叶山楝 Aphanamixis grandifolia
aphanamgrandin A~K 大叶山楝定 ▲A~K 大叶山楝 Aphanamixis grandifolia
aphanamgrandiol A 大叶山楝二醇 ▲A 大叶山楝 Aphanamixis grandifolia
aphanamixin 山楝辛 ▲ 山楝 Aphanamixis polystachya
aphanamixinin 山楝辛宁 ▲ 山楝 Aphanamixis polystachya
aphanamixoid A~P 山楝萜 ▲A~P 山楝 Aphanamixis polystachya
aphanamixol 山楝醇 ▲ 山楝 Aphanamixis polystachya
(+)-aphanamol (+)- 山楝醇 ▲ 荜拔 Piper longum
aphanamol I 山楝萜醇 I 大叶山楝 Aphanamixis grandifolia, 樫木 Dysoxylum excelsum
aphanamol II 山楝萜醇 II 大叶山楝 Aphanamixis grandifolia, 依兰 Cananga odorata, 浆果楝 Cipadessa baccifera, 轮叶木姜子 Litsea

verticillata
aphanamolide A 山楝莫内酯▲A 大叶山楝 Aphanamixis grandifolia, 山楝 A. polystachya
aphanamolide B 山楝莫内酯▲B 山楝 Aphanamixis polystachya
aphanamolide C, D 山楝莫内酯▲C, D 大叶山楝 Aphanamixis grandifolia
aphananin 山楝宁▲ 山楝 Aphanamixis polystachya
aphanaperoxide D, E, F, H 山楝过氧化物▲D, E, F, H 山楝 Aphanamixis polystachya
aphanastatin 山楝抑素▲ 大叶山楝 Aphanamixis grandifolia, 楝 Melia azedarach
aphapolynin A 山楝苦素▲A 大叶山楝 Aphanamixis grandifolia, 山楝 A. polystachya
aphapolynin B~I 山楝苦素▲B~I 山楝 Aphanamixis polystachya
aphyllic acid 无叶假木贼酸▲ 无叶假木贼 Anabasis aphylla
aphyllic acid methyl ester 无叶假木贼酸▲甲酯 无叶假木贼 Anabasis aphylla
aphyllidine 无叶假木贼定▲ 无叶假木贼 Anabasis aphylla
aphylline 无叶假木贼碱▲ 无叶假木贼 Anabasis aphylla
aphylline alcohol 无叶假木贼醇▲ 无叶假木贼 Anabasis aphylla
apicin 青蒿辛素▲ 青蒿 Artemisia carvifolia carvifolia
apigenidin-5-*O*-glucopyranoside 芹菜定 -5-*O*- 吡喃葡萄糖苷 粟米草 Mollugo stricta
apigenin 芹菜苷元 常见成分，至少分布于 100 种以上植物中
apigenin 7-*O*-*α*-L-2,3-di-*O*-acetylrhamnopyranosyl-(1 → 6)-*β*-D-glucopyranoside 芹菜苷元 -7-*O*-*α*-L-2,3- 二 -*O*- 乙酰吡喃鼠李糖基 -(1 → 6)-*β*-D- 吡喃葡萄糖苷 野甘草 Scoparia dulcis
apigenin-3'-*O*-ethyl-7-*O*-glucopyranoside 芹菜苷元 -3'-*O*- 乙基 -7-*O*- 吡喃葡萄糖苷 旱柳 Salix matsudana
apigenin-3-*O*-*α*-L-rhamnopyranoside 芹菜苷元 -3-*O*-*α*-L- 吡喃鼠李糖苷 卫矛 Euonymus alatus
apigenin-4',7-dimethyl ether 芹菜苷元 -4',7- 二甲醚 西桦 Betula alnoides, 芫花 Daphne genkwa
apigenin-4'-glucuronide 芹菜苷元 -4'- 葡萄糖醛酸苷 除虫菊 Pyrethrum cinerariifolium
apigenin-4'-*O*-(2'',6''-di-*O*-*p*-coumaroyl)-*β*-D-glucopyranoside 芹菜苷元 -4'-*O*-(2'',6''- 二 -*O*- 对香豆酰基)-*β*-D- 吡喃葡萄糖苷 垂穗石松 Palhinhaea cernua
apigenin-4'-*O*-(2''-*O*-*p*-coumaroyl)-*β*-D-glucopyranoside 芹菜苷元 -4'-*O*-(2''-*O*- 对香豆酰基)-*β*-D- 吡喃葡萄糖苷 垂穗石松 Palhinhaea cernua
apigenin-4'-*O*-(6-*O*-malonyl-*β*-D-glucoside)-7-*O*-*β*-D-glucuronide 芹菜苷元 -4'-*O*-(6-*O*- 丙二酰基 -*β*-D- 葡萄糖苷)-7-*O*-*β*-D- 葡萄糖醛酸苷 矢车菊 Centaurea cyanus
apigenin-4'-*O*-glucuronide 芹菜苷元 -4'-*O*- 葡萄糖醛酸苷 蛇苔 Conocephalum conicum
apigenin-4'-*O*-*α*-glucopyranoside 芹菜苷元 -4'-*O*-*α*- 吡喃葡萄糖苷 野拔子 Elsholtzia rugulosa
apigenin-4'-*O*-*α*-L-rhamnopyranoside 芹菜苷元 -4'-*O*-*α*-L- 吡喃鼠李糖苷 井栏边草 Pteris multifida, 扬子毛茛 Ranunculus sieboldii
apigenin-4'-*O*-*α*-rhamnopyranoside 芹菜苷元 -4'-*O*-*α*- 吡喃鼠李糖苷 蓬子菜 Galium verum
apigenin-4'-*O*-*β*-D-glucopyranoside 芹菜苷元 -4'-*O*-*β*-D- 吡喃葡萄糖苷 蝶须 Antennaria dioica, 毛丹麻杆 Discocleidion rufescens, 鼠麹草 Gnaphalium affine, 散沫花 Lawsonia inermis, 大叶楠 Machilus kusanoi, 白花刺参 Morina nepalensis var. alba, 葛 Pueraria montana var. lobata, 蒙古栎 Quercus mongolica, 甜叶菊 Stevia rebaudiana, 救荒野豌豆 Vicia sativa, 百日菊 Zinnia elegans
apigenidin-4'-*O*-*β*-D-glucoside 芹菜苷元 -4'-*O*-*β*-D- 葡萄糖苷 野胡萝卜 Daucus carota
apigenin-4'-*O*-*β*-D-glucoside-7-*O*-*β*-D-glucosiduronate 芹菜苷元 -4'-*O*-*β*-D- 葡萄糖苷 -7-*O*-*β*-D- 葡萄糖苷酸 矢车菊 Centaurea cyanus
apigenin-4'-*O*-*β*-D-glucuronopyranoside 芹菜苷元 -4'-*O*-*β*-D- 吡喃葡萄糖醛酸苷 紫苜蓿 Medicago sativa
apigenin-4'-*α*-L-rhamnoside-7-*β*-D-glucoside 芹菜苷元 -4'-*α*-L- 鼠李糖苷 -7-*β*-D- 葡萄糖苷 井栏边草 Pteris multifida
apigenin-5-glucoside 芹菜苷元 -5- 葡萄糖苷 问荆 Equisetum arvense
apigenin-5-methyl ether 芹菜苷元 -5- 甲酯 黄花夹竹桃 Thevetia peruviana
apigenin-5-*O*-[*α*-L-rhamnopyranosyl-(1→2)-*β*-D-3,6-di-*O*-acetylglucopyranoside] 芹菜苷元 -5-*O*-[*α*-L- 吡喃鼠李糖基 -(1→2)-*β*-D-3,6- 二 -*O*- 乙酰吡喃葡萄糖苷] 粗榧 Cephalotaxus sinensis
apigenin-5-*O*-glucoside 芹菜苷元 -5-*O*- 葡萄糖苷 野胡萝卜 Daucus carota
apigenin-5-*O*-neohesperidoside 芹菜苷元 -5-*O*- 新橙皮糖苷 百蕊草 Thesium chinense
apigenin-5-*O*-rhamnoside 芹菜苷元 -5-*O*- 鼠李糖苷 草麻黄 Ephedra sinica
apigenin-5-*O*-*α*-L-rhamnopyranosyl-(1 → 3)-*β*-D-glucopyranoside 芹菜苷元 -5-*O*-*α*-L- 吡喃鼠李糖基 -(1 → 3)-*β*-D- 吡喃葡萄糖苷 贡山三尖杉 Cephalotaxus lanceolata
apigenin-5-*O*-*α*-rhamnopyranosyl-(1 → 2)-*β*-glucopyranoside 芹菜苷元 -5-*O*-*α*- 吡喃鼠李糖基 -(1 → 2)-*β*- 吡喃葡萄糖苷 竹节树 Carallia brachiata
apigenin-5-*O*-*β*-D-galactopyranoside 芹菜苷元 -5-*O*-*β*-D- 吡喃半乳糖苷 楝 Melia azedarach
apigenin-5-*O*-*β*-D-glucopyranoside 芹菜苷元 -5-*O*-*β*-D- 吡喃葡萄糖苷 粗榧 Cephalotaxus sinensis, 吉龙草 Elsholtzia communis, 节节草 Equisetum ramosissimum, 中华青荚叶 Helwingia chinensis, 半枝莲 Scutellaria barbata
apigenin-5-*O*-*β*-D-glucoside 芹菜苷元 -5-*O*-*β*-D- 葡萄糖苷 顶羽菊 Acroptilon repens
apigenin-5-*O*-*β*-glucopyranoside 芹菜苷元 -5-*O*-*β*- 吡喃葡萄糖苷 竹节树 Carallia brachiata
apigenin-5-*β*-D-glucopyranoside 芹菜苷元 -5-*β*-D- 吡喃葡萄糖苷 金丝桃叶绣线菊 Spiraea hypericifolia
apigenin-6,8-*C*-di-*β*-D-galactopyranoside 芹菜苷元 -6,8-*C*- 二 -*β*-D- 吡喃半乳糖苷 胡卢巴 Trigonella foenum-graecum
apigenin-6,8-di-3-*C*-*β*-D-glucopyranoside 芹菜苷元 -6,8- 二 -3-*C*-*β*-D- 吡喃葡萄糖苷 一点红 Emilia sonchifolia

apigenin-6,8-di-*C*-arabinoside 芹菜苷元 -6,8- 二 -*C*- 阿拉伯糖苷 紫背金盘 Ajuga nipponensis
apigenin-6,8-di-*C*-feruloylglycopyranoside 芹菜苷元 -6,8- 二 -*C*- 阿魏酰吡喃葡萄糖苷 葡萄柚 Citrus paradisi
apigenin-6,8-di-*C*-galactopyranoside 芹菜苷元 -6,8- 二 -*C*- 吡喃半乳糖苷 银柴胡 Stellaria dichotoma var. lanceolata
apigenin-6,8-di-*C*-glucopyranoside 芹菜苷元 -6,8- 二 -*C*- 吡喃葡萄糖苷 毛相思子 Abrus mollis, 狭叶番泻 Cassia angustifolia, 葡萄柚 Citrus paradisi, 活血丹 Glechoma longituba, 甘草 Glycyrrhiza uralensis, 黄连木 Pistacia chinensis, 撒尔维亚 Salvia officinalis
apigenin-6,8-di-*C*-glucopyranosylglucopyranoside 芹菜苷元 -6,8- 二 -*C*- 吡喃葡萄糖基吡喃葡萄糖苷 葡萄柚 Citrus paradisi
apigenin-6,8-di-*C*-glycoside 芹菜苷元 -6,8- 二 -*C*- 葡萄糖苷 松叶蕨 Psilotum nudum, 鼠麯雪兔子 Saussurea gnaphalodes, 麻叶荨麻 Urtica cannabina
apigenin-6,8-di-*C*-sinapoylglycopyranoside 芹菜苷元 -6,8- 二 -*C*- 芥子酰吡喃葡萄糖苷 葡萄柚 Citrus paradisi
apigenin-6,8-di-*C*-*α*-L-arabinopyranoside 芹菜苷元 -6,8- 二 -*C*-*α*-L- 吡喃阿拉伯糖苷 繁缕 Stellaria media, 紫花地丁 Viola philippica
apigenin-6,8-di-*C*-*β*-D-galactoside 芹菜苷元 -6,8- 二 -*C*-*β*-D- 半乳糖苷 一把伞南星 Arisaema erubescens
apigenin-6,8-di-*C*-*β*-D-glucopyranoside 芹菜苷元 -6,8- 二 -*C*-*β*-D- 吡喃葡萄糖苷 儿茶 Acacia catechu, 一把伞南星 Arisaema erubescens, 抱茎柴胡 Bupleurum longicaule var. amplexicaule, 枇杷叶紫珠 Callicarpa kochiana, 长柄紫珠 C. longipes, 孜然芹 Cuminum cyminum, 冬凌草 Isodon rubescens, 鸡蛋果 Passiflora edulis, 繁缕 Stellaria media, 香苹婆 Sterculia foetida, 直立黄钟花 Tecoma stans, 三叶崖爬藤 Tetrastigma hemsleyanum, 络石 Trachelospermum jasminoides, 锐尖山香圆 Turpinia arguta, 宽叶荨麻 Urtica laetevirens, 救荒野豌豆 Vicia sativa, 紫花地丁 Viola philippica
apigenin-6,8-di-*C*-*β*-glucopyranoside 芹菜苷元 -6,8- 二 -*C*-*β*- 吡喃葡萄糖苷 金合欢 Acacia farnesiana
apigenin-6,8-di-*O*-hexoside 芹菜苷元 -6,8- 二 -*O*- 已糖苷 海枣 Phoenix dactylifera
apigenin-6-*C*-(2''-*O*-galloyl)-*β*-D-glucopyranoside 芹菜苷元 -6-*C*-(2''-*O*- 没食子酰基)-*β*-D- 吡喃葡萄糖苷 白大凤 Cladogynos orientalis, 榄仁树 Terminalia catappa
apigenin-6-*C*-(2''-*O*-*α*-L-rhamnopyranosyl)-*β*-D-glucopyranoside 芹菜苷元 -6-*C*-(2''-*O*-*α*-L- 吡喃鼠李糖基)-*β*-D- 吡喃葡萄糖苷 阳桃 Averrhoa carambola
apigenin-6-*C*-(2''-*O*-*α*-L-rhamnopyranosyl)-*β*-L-fucopyranoside 芹菜苷元 -6-*C*-(2''-*O*-*α*-L- 吡喃鼠李糖基)-*β*-L- 吡喃海藻糖苷 阳桃 Averrhoa carambola
apigenin-6-*C*-[(6-*O*-*p*-hydroxybenzoyl)-*β*-D-glucopyranosyl-(1 → 2)]-*β*-D-glucopyranoside 芹菜素 -6-*C*-[(6-*O*- 对羟基苯甲酰基)-*β*-D- 吡喃葡萄糖基 -(1 → 2)]-*β*-D- 吡喃葡萄糖苷 酸枣 Ziziphus jujuba var. spinosa
apigenin-6-*C*-[*β*-D-xylopyranosyl-(1''' → 2'')-*β*-D-galactopyranoside]-7-*O*-*β*-D-(6''''-*O*-*p*-coumarylglucopyranoside) 芹菜苷元 -6-*C*-[*β*-D- 吡喃木糖基 -(1''' → 2'')-*β*-D- 吡喃半乳糖苷]-7-*O*-*β*-D-(6''''-*O*- 对香豆酰吡喃葡萄糖苷) 丁香 Syzygium aromaticum
apigenin-6-*C*-[*β*-D-xylopyranosyl-(1''' → 2'')-*β*-D-galactopyranoside]-7-*O*-*β*-D-glucopyranoside 芹菜苷元 -6-*C*-[*β*-D- 吡喃木糖基 -(1''' → 2'')-*β*-D- 吡喃半乳糖苷]-7-*O*-*β*-D- 吡喃葡萄糖苷 丁香 Syzygium aromaticum
apigenin-6-*C*-arabinopyranoside-8-*C*-glucopyranoside 芹菜苷元 -6-*C*- 吡喃阿拉伯糖苷 -8-*C*- 吡喃葡萄糖苷 活血丹 Glechoma longituba
apigenin-6-*C*-arabinopyranosyl-8-*C*-glucopyranoside 芹菜苷元 -6-*C*- 吡喃阿拉伯糖基 -8-*C*- 吡喃葡萄糖苷 多裂委陵菜 Potentilla multifida
apigenin-6-*C*-arabinosyl-8-*C*-galactoside 芹菜苷元 -6-*C*- 阿拉伯糖基 -8-*C*- 半乳糖苷 一把伞南星 Arisaema erubescens
apigenin-6-*C*-arabinosylglucoside 芹菜苷元 -6-*C*- 阿拉伯糖基葡萄糖苷 麦蓝菜 Vaccaria hispanica
apigenin-6-*C*-D-glucopyranoside 芹菜苷元 -6-*C*-D- 吡喃葡萄糖苷 红背山麻杆 Alchornea trewioides
apigenin-6-*C*-galactosyl-8-*C*-arabinoside 芹菜苷元 -6-*C*- 半乳糖基 -8-*C*- 阿拉伯糖苷 一把伞南星 Arisaema erubescens
apigenin-6-*C*-glucopyranoside 芹菜苷元 -6-*C*- 吡喃葡萄糖苷 卷耳 Cerastium arvense subsp. strictum, 篱蓼 Polygonum dumetorum, 三色堇 Viola tricolor
apigenin-6-*C*-glucopyranosyl-8-*C*-xylopyranoside 芹菜苷元 -6-*C*- 吡喃葡萄糖基 -8-*C*- 吡喃木糖苷 毛相思子 Abrus mollis
apigenin-6-*C*-glucosylglucoside 芹菜苷元 -6-*C*- 葡萄糖基葡萄糖苷 麦蓝菜 Vaccaria hispanica
apigenin-6-*C*-glycoside 芹菜苷元 -6-*C*- 糖苷 卷茎蓼 Polygonum convolvulus
apigenin-6-*C*-methyl-7-*O*-*β*-D-glucopyranoside 芹菜苷元 -6-*C*- 甲基 -7-*O*-*β*-D- 吡喃葡萄糖苷 贡山三尖杉 Cephalotaxus lanceolata
apigenin-6-*C*-*α*-L-arabinopyranoside 芹菜苷元 -6-*C*-*α*-L- 吡喃阿拉伯糖苷 崖爬藤 Tetrastigma obtectum
apigenin-6-*C*-*α*-L-arabinopyranosyl-8-*C*-*β*-D-glucopyranoside 芹菜苷元 -6-*C*-*α*-L- 吡喃阿拉伯糖基 -8-*C*-*β*-D- 吡喃葡萄糖苷 毛相思子 Abrus mollis, 救荒野豌豆 Vicia sativa
apigenin-6-*C*-*α*-L-arabinopyranosyl-8-*C*-*β*-D-xylopyranoside 芹菜苷元 -6-*C*-*α*-L- 吡喃阿拉伯糖基 -8-*C*-*β*-D- 吡喃木糖苷 紫花地丁 Viola philippica
apigenin-6-*C*-*α*-L-arabinopyranosyl-8-*C*-*β*-L-arabinopyranoside 芹菜苷元 -6-*C*-*α*-L- 吡喃阿拉伯糖基 -8-*C*-*β*-L- 吡喃阿拉伯糖苷 紫花地丁 Viola philippica
apigenin-6-*C*-*α*-L-arabinosyl-8-*C*-*β*-D-glucopyranoside 芹菜苷元 -6-*C*-*α*-L- 阿拉伯糖基 -8-*C*-*β*-D- 吡喃葡萄糖苷 一把伞南星 Arisaema erubescens, 繁缕 Stellaria media
apigenin-6-*C*-*α*-L-rhamnopyranoside-8-C-[6'''-(3-methylglutaroyl)-*β*-D-glucopyranoside] 芹菜苷元 -6-*C*-*α*-L- 吡喃鼠李糖苷 -8-*C*-[6'''-(3- 甲基戊二酰)-*β*-D- 吡喃葡萄糖苷] 胀果甘草 Glycyrrhiza inflata
apigenin-6-*C*-*α*-L-rhamnopyranosyl-(1 → 2)-*β*-D-glucopyranoside 芹菜苷元 -6-*C*-*α*-L- 吡喃鼠李糖基 -(1 → 2)-*β*-D- 吡喃葡萄糖苷 薜荔 Ficus pumila, 滇刺枣 Ziziphus mauritiana
apigenin-6-*C*-*β*-boivinosyl-7-*O*-*β*-glucoside 芹菜苷元 -6-*C*-*β*- 波依文糖基 -7-*O*-*β*- 葡萄糖苷 金丝草 Pogonatherum crinitum
apigenin-6-*C*-*β*-D-arabinopyranosyl-8-*C*-*β*-D-galactopyranoside 芹菜苷元 -6-*C*-*β*-D- 吡喃阿拉伯糖基 -8-*C*-*β*-D- 吡喃半乳糖苷 胡卢巴 Trigonella foenum-graecum
apigenin-6-*C*-*β*-D-chinovopyranosyl-8-*C*-*β*-D-galactopyranoside 芹菜苷元 -6-*C*-*β*-D- 吡喃奎诺糖基 -8-*C*-*β*-D- 吡喃半乳糖苷 胡卢巴

Trigonella foenum-graecum
apigenin-6-*C*-*β*-D-galactopyranoside-8-*C*-*α*-L-arabinopyranoside 芹菜苷元 -6-*C*-*β*-D- 吡喃半乳糖苷 -8-*C*-*α*-L- 吡喃阿拉伯糖苷 胡卢巴 Trigonella foenum-graecum
apigenin-6-*C*-*β*-D-galactopyranosyl-8-*C*-*α*-L-arabinoside 芹菜苷元 -6-*C*-*β*-D- 吡喃半乳糖基 -8-*C*-*α*-L- 阿拉伯糖苷 繁缕 Stellaria media
apigenin-6-*C*-*β*-D-galactopyranosyl-8-*C*-*β*-D-glucopyranoside 芹菜苷元 -6-*C*-*β*-D- 吡喃半乳糖基 -8-*C*-*β*-D- 吡喃葡萄糖苷 繁缕 Stellaria media
apigenin-6-*C*-*β*-D-galactopyranosyl-8-*C*-*β*-L-arabinoside 芹菜苷元 -6-*C*-*β*-D- 吡喃半乳糖基 -8-*C*-*β*-L- 阿拉伯糖苷 繁缕 Stellaria media
apigenin-6-*C*-*β*-D-glucopyranoside 芹菜苷元 -6-*C*-*β*-D- 吡喃葡萄糖苷 白术 Atractylodes macrocephala, 构树 Broussonetia papyrifera, 蛇莓 Duchesnea indica, 翅子树 Pterospermum acerifolium, 酸枣 Ziziphus jujuba var. spinosa
apigenin-6-*C*-*β*-D-glucopyranoside-8-*C*-*α*-L-arabinopyranoside 芹菜苷元 -6-*C*-*β*-D- 吡喃葡萄糖苷 -8-*C*-*α*-L- 阿拉伯糖苷 胡卢巴 Trigonella foenum-graecum
apigenin-6-*C*-*β*-D-glucopyranoside-8-*C*-*β*-D-galactopyranoside 芹菜苷元 -6-*C*-*β*-D- 吡喃葡萄糖苷 -8-*C*-*β*-D- 吡喃半乳糖苷 胡卢巴 Trigonella foenum-graecum
apigenin-6-*C*-*β*-D-glucopyranosyl-8-*C*-*α*-L-arabinopyranoside 芹菜苷元 -6-*C*-*β*-D- 吡喃葡萄糖基 -8-*C*-*α*-L- 吡喃阿拉伯糖苷 毛相思子 Abrus mollis, 黄芩 Scutellaria baicalensis, 紫花地丁 Viola philippica
apigenin-6-*C*-*β*-D-glucopyranosyl-8-*C*-*α*-L-arabinoside 芹菜苷元 -6-*C*-*β*-D- 吡喃葡萄糖基 -8-*C*-*α*-L- 阿拉伯糖苷 一把伞南星 Arisaema erubescens, 繁缕 Stellaria media
apigenin-6-*C*-*β*-D-glucopyranosyl-8-*C*-*β*-D-apiofuranoside 芹菜苷元 -6-*C*-*β*-D- 吡喃葡萄糖基 -8-*C*-*β*-D- 呋喃芹糖苷 佛手瓜 Sechium edule
apigenin-6-*C*-*β*-D-glucopyranosyl-8-*C*-*β*-D-galactopyranoside 芹菜苷元 -6-*C*-*β*-D- 吡喃葡萄糖基 -8-*C*-*β*-D- 吡喃半乳糖苷 繁缕 Stellaria media
apigenin-6-*C*-*β*-D-glucopyranosyl-8-*C*-*β*-D-xylopyranoside 芹菜苷元 -6-*C*-*β*-D- 吡喃葡萄糖基 -8-*C*-*β*-D- 吡喃木糖苷 紫花地丁 Viola philippica
apigenin-6-*C*-*β*-D-glucopyranosyl-8-*C*-*β*-L-arabinopyranoside 芹菜苷元 -6-*C*-*β*-D- 吡喃葡萄糖基 -8-*C*-*β*-L- 吡喃阿拉伯糖苷 紫花地丁 Viola philippica
apigenin-6-*C*-*β*-D-xylopyranosyl-8-*C*-[6'''-*O*-(3-hydroxy-3-methylglutaroyl)-*β*-D-glucopyranoside] 芹菜苷元 -6-*C*-*β*-D- 吡喃木糖基 -8-*C*-[6'''-*O*-(3- 羟基 -3- 甲基戊二酰基)-*β*-D- 吡喃葡萄糖苷] 胡卢巴 Trigonella foenum-graecum
apigenin-6-*C*-*β*-D-xylopyranosyl-8-*C*-*α*-L-arabinopyranoside 芹菜苷元 -6-*C*-*β*-D- 吡喃木糖基 -8-*C*-*α*-L- 吡喃阿拉伯糖苷 紫花地丁 Viola philippica
apigenin-6-*C*-*β*-D-xylopyranosyl-8-*C*-*β*-D-galactopyranoside 芹菜苷元 -6-*C*-*β*-D- 吡喃木糖基 -8-*C*-*β*-D- 吡喃半乳糖苷 胡卢巴 Trigonella foenum-graecum
apigenin-6-*C*-*β*-L-fucopyranoside 芹菜苷元 -6-*C*-*β*-L- 吡喃海藻糖苷 阳桃 Averrhoa carambola
apigenin-6-*C*-*β*-L-rhamnopyranoside 芹菜苷元 -6-*C*-*β*-L- 吡喃鼠李糖苷 地桃花 Urena lobata
apigenin-6-neohesperidose 芹菜苷元 -6- 新橙皮糖苷 薜荔 Ficus pumila
apigenin-7-(6''-acetyl-glucopyranoside) 芹菜苷元 -7-(6''- 乙酰基 - 吡喃葡萄糖苷) 地稔 Melastoma dodecandrum
apigenin-7-(6''-*p*-coumaroyl)-glucopyranoside 芹菜苷元 -7-(6''- 对香豆酰基)- 吡喃葡萄糖苷 绵参 Eriophyton wallichii, 南川冠唇花 Microtoena prainiana
apigenin-7-(*O*-methylglucuronide) 芹菜苷元 -7-(*O*- 甲基葡萄糖醛酸苷) 广藿香 Pogostemon cablin
apigenin-7,4'-diglucopyranosyl-6-*C*-glucopyranoside 芹菜苷元 -7,4'- 二吡喃葡萄糖基 -6-*C*- 吡喃葡萄糖苷 葫芦 Lagenaria siceraria
apigenin-7,4'-dimethyl ether 芹菜苷元 -7,4'- 二甲醚 土沉香 Aquilaria sinensis, 无距耧斗菜 Aquilegia ecalcarata, 飞机草 Chromolaena odorata, 盔瓣耳叶苔 Frullania muscicola, 玫瑰 Rosa rugosa
apigenin-7,4'-di-*O*-methyl ether 芹菜苷元 -7,4'- 二 -*O*- 甲醚 密毛白莲蒿 Artemisia sacrorum var. messerschmidtiana
apigenin-7,4'-di-*O*-*β*-D-glucopyranoside 芹菜苷元 -7,4'- 二 -*O*-*β*-D- 吡喃葡萄糖苷 孜然芹 Cuminum cyminum, 沙生蜡菊 Helichrysum arenarium, 广东丝瓜 Luffa acutangula
apigenin-7-[6''-*O*-(*p*-coumaroyl)-*β*-D-glucopyranside] 芹菜苷元 -7-[6''-*O*-(对香豆酰基)-*β*-D- 吡喃葡萄糖苷] 箣柊 Scolopia chinensis
apigenin-7-diglucuronide 芹菜苷元 -7- 二葡萄糖醛酸苷 短舌匹菊 Pyrethrum parthenium
apigenin-7-di-*O*-*β*-D-glucopyranoside 芹菜苷元 -7- 二 -*O*-*β*-D- 吡喃葡萄糖苷 孜然芹 Cuminum cyminum
apigenin-7-galacturonic acid methyl ester 芹菜苷元 -7- 半乳糖醛酸甲酯 除虫菊 Pyrethrum cinerariifolium
apigenin-7-galacturonide 芹菜苷元 -7- 半乳糖醛酸苷 日本紫珠 Callicarpa japonica
apigenin-7-glucopyranoside 芹菜苷元 -7- 吡喃葡萄糖苷 匍匐大戟 Euphorbia prostrata
apigenin-7-glucosylglucuronide 芹菜苷元 -7- 葡萄糖基葡萄糖醛酸苷 短舌匹菊 Pyrethrum parthenium
apigenin-7-glucuronide 芹菜苷元 -7- 葡萄糖醛酸苷 多花筋骨草 Ajuga multiflora, 金鱼草 Antirrhinum majus, 假马齿苋 Bacopa monnieri, 花叶滇苦菜 Sonchus asper, 大花山牵牛 Thunbergia grandiflora
apigenin-7-glucuronide ethyl ester 芹菜苷元 -7- 葡萄糖醛酸苷乙酯 欧地笋 Lycopus europaeus
apigenin-7-glucuronopyranoside methyl ester 芹菜苷元 -7- 葡萄糖醛酸苷甲酯 刺苞菜蓟 Cynara cardunculus
apigenin-7-methyl ether 芹菜苷元 -7- 甲醚 菊花 Chrysanthemum morifolium, 云南兔耳草 Lagotis yunnanensis, 玫瑰 Rosa rugosa
apigenin-7-*O*-(2''-hydroxypentanoyl)-*β*-D-glucuronopyranoside methyl ester 芹菜苷元 -7-*O*-(2''- 羟基戊酰基)-*β*-D- 吡喃葡萄糖醛酸苷甲酯 硬骨凌霄 Tecomaria capensis
apigenin-7-*O*-(3''-*p*-coumaryl)-glucopyranoside 芹菜苷元 -7-*O*-*β*-D-(3''- 反式 - 对羟基桂皮酰氧基)- 吡喃葡萄糖苷 白头翁 Pulsatilla chinensis

apigenin-7-*O*-(3,4-di-*O*-acetyl)-*α*-L-rhamnopyranosyl-(1 → 6)-*β*-D-glucopyranoside 芹菜苷元 -7-*O*-(3,4- 二 -*O*- 乙酰基)-*α*-L- 吡喃鼠李糖基 -(1 → 6)-*β*-D- 吡喃葡萄糖苷 蓬子菜 Galium verum

apigenin-7-*O*-(3'',6''-di-(*E*)-*p*-coumaroyl)-*β*-D-galactopyranoside 芹菜苷元 -7-*O*-(3'',6''- 二 -*E*- 对香豆酰基)-*β*-D- 吡喃半乳糖苷 夏至草 Lagopsis supina, 广藿香 Pogostemon cablin

apigenin-7-*O*-(3''-*O*-*E*-*p*-coumaroyl)-*β*-D-glucopyranoside 芹菜苷元 -7-*O*-(3''-*O*- 反式 - 对香豆酰基)-*β*-D- 吡喃葡萄糖苷 对叶大戟 Euphorbia sororia

apigenin-7-*O*-(6''-(*E*)-*p*-coumaroyl)-*β*-D-galactopyranoside 芹菜苷元 -7-*O*-(6''-*E*- 对香豆酰基)-*β*-D- 吡喃半乳糖苷 地蚕 Stachys geobombycis

apigenin-7-*O*-(6''-*O*-*p*-coumaroyl)-*β*-D-glucopyranoside 芹菜苷元 -7-*O*-(6''-*O*-*p*- 羟基肉桂酰)-*β*-D- 吡喃葡萄糖苷 毛白杨 Populus tomentosa

apigenin-7-*O*-(6''-*O*-*p*-hydroxybenzyl)-*β*-D-glucoside 芹菜苷元 -7-*O*-(6''-*O*- 对羟基苯基)-*β*-D- 葡萄糖苷 月季 Rosa chinensis

apigenin-7-*O*-(6''-(*E*)-*p*-coumaroyl)-*β*-D-galactopyranoside 芹菜苷元 -7-*O*-(6''-*E*- 对香豆酰基)-*β*-D- 吡喃半乳糖苷 夏至草 Lagopsis supina

apigenin-7-*O*-(6''-butyryl)-*β*-D-glucopyranoside 芹菜苷元 -7-*O*-(6''- 丁酰基)-*β*-D- 吡喃葡萄糖苷 余甘子 Phyllanthus emblica

apigenin-7-*O*-(6''-*E*-caffeoyl)-*β*-D-glucoside 芹菜苷元 -7-*O*-(6''-*E*- 咖啡酰基)-*β*-D- 葡萄糖苷 雏菊 Bellis perennis

apigenin-7-*O*-(6''-*O*-acetyl)-*β*-D-glucoside 芹菜苷元 -7-*O*-(6''-*O*- 乙酰基)-*β*-D- 葡萄糖苷 桔梗 Platycodon grandiflorus

apigenin-7-*O*-(6''-*O*-galloyl)-*β*-D-glucopyranoside 芹菜苷元 -7-*O*-(6''-*O*- 没食子酰)-*β*-D- 吡喃葡萄糖苷 地锦 Euphorbia humifusa

apigenin-7-*O*-(6''-*O*-*p*-coumaroyl)-glucopyranoside 芹菜苷元 -7-*O*-(6''-*O*- 对香豆酰基)- 吡喃葡萄糖苷 黄瓜 Cucumis sativus

apigenin-7-*O*-(6''-*O*-*p*-coumaroyl)-*β*-D-glucopyranoside 芹菜苷元 -7-*O*-(6''-*O*- 对香豆酰)-*β*-D- 吡喃葡萄糖苷 鼬瓣花 Galeopsis bifida

apigenin-7-*O*-(6''-*trans*-*p*-coumaroyl)-*β*-D-galactopyranoside 芹菜苷元 -7-*O*-(6''- 反式 - 对香豆酰基)-*β*-D- 吡喃半乳糖苷 独一味 Lamiophlomis rotata

apigenin-7-*O*-(caffeoyldiglucuronide) 芹菜苷元 -7-*O*-(咖啡酰二葡萄糖醛酸苷) 紫背金盘 Ajuga nipponensis

apigenin-7-*O*-[2''-*O*-(5'''-*O*-feruloyl)-*β*-D-apiofuranosyl]-*β*-D-glucopyranoside 芹菜苷元 -7-*O*-[2''-*O*-(5'''-*O*- 阿魏酰基)-*β*-D- 呋喃芹糖基]-*β*-D- 吡喃葡萄糖苷 旱芹 Apium graveolens

apigenin-7-*O*-[2-*O*-feruloyl-*β*-D-glucuronopyranosyl-(1 → 2)-*O*-*β*-D-glucuronopyranosyl]-4'-*O*-*β*-D-glucuronopyranoside 芹菜苷元 -7-*O*-[2-*O*- 阿魏酰基 -*β*-D- 吡喃葡萄糖醛酸基 -(1 → 2)-*O*-*β*-D- 吡喃葡萄糖醛酸]-4'-*O*-*β*-D- 吡喃葡萄糖醛酸苷 紫苜蓿 Medicago sativa

apigenin-7-*O*-[3''-*O*-acetyl-6''-*O*-(*p*-coumaroyl)-*β*-D-glucopyranside)] 芹菜苷元 -7-*O*-(3''-*O*- 乙酰基 -6''-*O*- 对香豆酰基 -*β*-D- 吡喃葡萄糖苷) 箣柊 Scolopia chinensis

apigenin-7-*O*-[6'''-*O*-acetyl-*β*-D-galactopyranosyl-(1 → 3)]-*β*-D-xylopyranoside 芹菜苷元 -7-*O*-[6'''-*O*- 乙酰基 -*β*-D- 吡喃半乳糖基 -(1 → 3)]-*β*-D- 吡喃木糖苷 牛至 Origanum vulgare

apigenin-7-*O*-[6'-*O*-(*p*-coumaroyl)-*β*-D-glucopyranoside] 芹菜苷元 -7-*O*-(6'-*O*- 对香豆酰基 -*β*-D- 吡喃葡萄糖苷) 蜂巢草 Leucas aspera

apigenin-7-*O*-[*β*-D-glucuronopyranosyl-(1 → 2)-*O*-*β*-D-glucuronopyranoside] 芹菜苷元 -7-*O*-[*β*-D- 吡喃葡萄糖醛酸基 -(1 → 2)-*O*-*β*-D- 吡喃葡萄糖醛酸苷] 紫苜蓿 Medicago sativa

apigenin-7-*O*-[*β*-D-glucuronopyranosyl-(1 → 2)-*O*-*β*-D-glucuronopyranosyl]-4'-*O*-*β*-D-glucuronopyranoside 芹菜苷元 -7-*O*-[*β*-*D*- 吡喃葡萄糖醛酸基 -(1 → 2)-*O*-*β*-*D*- 吡喃葡萄糖醛酸]-4'-*O*-*β*-D- 吡喃葡萄糖醛酸苷 紫苜蓿 Medicago sativa

apigenin-7-*O*-{2-*O*-feruloyl-[*β*-D-glucuronopyranosyl-(1 → 3)]-*O*-*β*-D-glucuronopyranosyl-(1 → 2)]-*O*-*β*-D-glucuronopyranoside} 芹菜苷元 -7-*O*-{2-*O*- 阿魏酰基 -[*β*-D- 吡喃葡萄糖醛酸基 -(1 → 3)]-*O*-*β*-D- 吡喃葡萄糖醛酸基 -(1 → 2)]-*O*-*β*-D- 吡喃葡萄糖醛酸苷 } 紫苜蓿 Medicago sativa

apigenin-7-*O*-{2-*O*-*p*-coumaroyl-[*β*-D-glucuronopyranosyl-(1 → 3)]-*O*-*β*-D-glucuronopyranosyl-(1 → 2)]-*O*-*β*-D-glucuronopyranoside} 芹菜苷元 -7-*O*-{2-*O*-*p*- 香豆酰基 -[*β*-D- 吡喃葡萄糖醛酸基 -(1 → 3)]-*O*-*β*-D- 吡喃葡萄糖醛酸基 -(1 → 2)]-*O*-*β*-D- 吡喃葡萄糖醛酸苷 } 紫苜蓿 Medicago sativa

apigenin-7-*O*-apiopyranosyl-(1 → 2)-glucopyranoside 芹菜苷元 -7-*O*- 吡喃芹糖基 -(1 → 2)- 吡喃葡萄糖苷 鹰爪花 Artabotrys hexapetalus

apigenin-7-*O*-D-apiosyl-(1 → 2)-glucopyranoside 芹菜苷元 -7-*O*-D- 芹糖基 -(1 → 2)- 吡喃葡萄糖苷 蒙古栎 Quercus mongolica

apigenin-7-*O*-diglucopyranoside 芹菜苷元 -7- 二吡喃葡萄糖苷 牧地山黧豆 Lathyrus pratensis

apigenin-7-*O*-diglucuronide 芹菜苷元 -7-*O*- 二葡萄糖醛酸苷 马鞭草 Verbena officinalis

apigenin-7-*O*-galactoside 芹菜苷元 -7-*O*- 半乳糖苷 介蕨 Dryoathyrium boryanum, 垂柳 Salix babylonica

apigenin-7-*O*-galacturonide 芹菜苷元 -7-*O*- 半乳糖醛酸苷 海州常山 Clerodendrum trichotomum, 广藿香 Pogostemon cablin

apigenin-7-*O*-gentiobioside 芹菜苷元 -7-*O*- 龙胆二糖苷 椭圆叶花锚 Halenia elliptica

apigenin-7-*O*-glucopyranosyl-(1 → 3)-glucopyranosyl-(1 → 3)-glucopyranoside 芹菜苷元 -7-*O*- 吡喃葡萄糖基 -(1 → 3)- 吡喃葡萄糖基 -(1 → 3)- 吡喃葡萄糖苷 红花龙胆 Gentiana rhodantha

apigenin-7-*O*-glucopyranosyl-6-*C*-glucopyranoside 芹菜苷元 -7-*O*- 吡喃葡萄糖基 -6-*C*- 吡喃葡萄糖苷 葡萄柚 Citrus paradisi

apigenin-7-*O*-glucuronic acid 芹菜苷元 -7-*O*- 葡萄糖醛酸 芝麻 Sesamum indicum

apigenin-7-*O*-glucuronide 芹菜苷元 -7-*O*- 葡萄糖醛酸苷 老鼠簕 Acanthus ilicifolius, 紫背金盘 Ajuga nipponensis, 广防风 Anisomeles indica, 长叶紫珠 Callicarpa longifolia, 大叶紫珠 C. macrophylla, 倒地铃 Cardiospermum halicacabum, 地钱 Marchantia polymorpha, 老鸦烟筒花 Millingtonia hortensis, 荆芥 Nepeta cataria, 菹草 Potamogeton crispus, 篦齿眼子菜 P. pectinatus, 穿叶眼子菜 P. perfoliatus, 叉钱苔 Riccia fluitans, 韩信草 Scutellaria indica, 棱茎黄芩 S. scandens

apigenin-7-*O*-glycoside 芹菜苷元 -7-*O*- 糖苷 母菊 Matricaria recutita

apigenin-7-*O*-L-arabinoside 芹菜苷元 -7-*O*-L- 阿拉伯糖苷 菊苣 Cichorium intybus

apigenin-7-*O*-malonylglucoside 芹菜苷元 -7-*O*- 丙二酰葡萄糖苷 真藓 Bryum argenteum

apigenin-7-*O*-methylglucuronide 芹菜苷元 -7-*O*- 甲基葡萄糖醛酸苷 白鹃梅 Exochorda racemosa

apigenin-7-*O*-neohesperidin 芹菜苷元 -7-*O*- 新橙皮苷 爵床 Justicia procumbens

apigenin-7-*O*-neohesperidose 芹菜苷元 -7-*O*- 新陈皮糖苷 独一味 Lamiophlomis rotata apigenin-7-*O*-neohesperidoside 芹菜苷元 -7-*O*- 新橙皮糖苷 宽叶十万错 Asystasia gangetica, 巴东醉鱼草 Buddleja albiflora, 飞廉 Carduus nutans, 兰香草 Caryopteris incana, 葡萄柚 Citrus paradisi, 毛丹麻秆 Discocleidion rufescens, 可爱花 Eranthemum pulchellum, 欧活血丹 Glechoma hederacea, 鸡眼草 Kummerowia striata, 细叶益母草 Leonurus sibiricus, 牡丹 Paeonia suffruticosa, 半枝莲 Scutellaria barbata

apigenin-7-*O*-rhamnoglucoside 芹菜苷元 -7-*O*- 鼠李葡萄糖苷 锦带花 Weigela florida

apigenin-7-*O*-rutinoside 芹菜苷元 -7-*O*- 芸香糖苷 臭冷杉 Abies nephrolepis, 红背山麻杆 Alchornea trewioides, 密蒙花 Buddleja officinalis, 葡萄柚 Citrus paradisi, 细风轮菜 Clinopodium gracile, 大花菟丝子 Cuscuta reflexa, 白花枝子花 Dracocephalum heterophyllum, 荨麻叶龙头草 Meehania urticifolia, 小叶冷水花 Pilea microphylla, 块茎芦莉草 Ruellia tuberosa, 鼠麯雪兔子 Saussurea gnaphalodes, 佛手瓜 Sechium edule, 直立黄钟花 Tecoma stans, 碗花草 Thunbergia fragrans, 蚕豆 Vicia faba

apigenin-7-*O*-*α*-L-3-*O*-acetylrhamnopyranosyl-(1 → 6)-*β*-D-glucopyranoside 芹菜苷元 -7-*O*-*α*-L-3-*O*- 乙酰吡喃鼠李糖基 -(1 → 6)-*β*-D- 吡喃葡萄糖苷 野甘草 Scoparia dulcis

apigenin-7-*O*-*α*-L-rhamnopyranoside 芹菜苷元 -7-*O*-*α*-L- 吡喃鼠李糖苷 直立黄钟花 Tecoma stans, 华东唐松草 Thalictrum fortunei

apigenin-7-*O*-*α*-L-rhamnopyranosyl-(1 → 2)-*β*-D-glucopyranoside 芹菜苷元 -7-*O*-*α*-L- 鼠李糖基 -(1 → 2)-*β*-D- 吡喃葡萄糖苷 牛尾菜 Smilax riparia

apigenin-7-*O*-*α*-L-rhamnopyranosyl-(1 → 2)-*β*-D-glucuronide 芹菜苷元 -7-*O*-*α*-L- 吡喃鼠李糖基 -(1 → 2)-*β*-D- 葡萄糖醛酸苷 苦玄参 Picria felterrae

apigenin-7-*O*-*α*-L-rhamnopyranosyl-(1 → 4)-*O*-*α*-L-rhamnopyranoside 芹菜苷元 -7-*O*-*α*-L- 吡喃鼠李糖基 -(1 → 4)-*O*-*α*-L- 吡喃鼠李糖苷 倒挂铁角蕨 Asplenium normale

apigenin-7-*O*-*α*-L-rhamnopyranosyl-(1→4)-*O*-*α*-L-rhamnopyranoside-4'-*O*-*α*-L-rhamnopyranoside 芹菜苷元-7-*O*-*α*-L-吡喃鼠李糖基-(1→4)-*O*-*α*-L- 吡喃鼠李糖苷 -4'-*O*-*α*-L- 吡喃鼠李糖苷 倒挂铁角蕨 Asplenium normale

apigenin-7-*O*-*α*-L-rhamnopyranosyl-(1 → 6)-*β*-D-glucopyranoside 芹菜苷元 -7-*O*-*α*-L- 吡喃鼠李糖基 -(1 → 6)-*β*-D- 吡喃葡萄糖苷 牛尾菜 Smilax riparia, 蓝猪耳 Torenia fournieri

apigenin-7-*O*-*α*-L-rhamnoside-4'-*O*-*α*-L-glucosylrhamnoside 芹菜苷元 -7-*O*-*α*-L- 鼠李糖苷 -4'-*O*-*α*-L- 葡萄糖基鼠李糖苷 倒挂铁角蕨 Asplenium normale

apigenin-7-*O*-*α*-L-rhamnosyl-(1 → 2)-*β*-D-glucopyranoside 芹菜苷元 -7-*O*-*α*-L- 鼠李糖基 -(1 → 2)-*β*-D- 吡喃葡萄糖苷 水母雪兔子 Saussurea medusa

apigenin-7-*O*-*α*-L-rhamnosyl-(1 → 3)-*O*-*α*-L-rhamnoside 芹菜苷元 -7-*O*-*α*-L- 鼠李糖基 -(1 → 3)-*O*-*α*-L- 鼠李糖苷 单芽狗脊蕨 Woodwardia unigemmata

apigenin-7-*O*-*α*-L-rhamnosyl-(1 → 4)-6''-*O*-acetyl-*β*-D-glucoside 芹菜苷元 -7-*O*-*α*-L- 鼠李糖基 -(1 → 4)-6''-*O*- 乙酰基 -*β*-D- 葡萄糖苷 石香薷 Mosla chinensis

apigenin-7-*O*-*α*-L-rhmnosyl-(1 → 6)-*β*-D-glucoside 芹菜苷元 -7-*O*-*α*-L- 鼠李糖基 -(1 → 6)-*β*-D- 葡萄糖苷 车前状垂头菊 Cremanthodium ellisii

apigenin-7-*O*-*α*-rhamnopyranoside 芹菜苷元 -7-*O*-*α*- 吡喃鼠李糖苷 水蔓菁 Pseudolysimachion linariifolium subsp. dilatatum

apigenin-7-*O*-*α*-rhamnosyl-(1 → 2)-*β*-gluopyranoside 芹菜苷元 -7-*O*-*α*- 鼠李糖 -(1 → 2)-*β*- 吡喃葡萄糖苷 竹节树 Carallia brachiata

apigenin-7-*O*-*β*-(2''-*O*-*α*-rhamnopyranosyl)-glucuronide 芹菜苷元 -7-*O*-*β*-(2''-*O*-*α*- 吡喃鼠李糖基) 吡喃葡萄糖醛酸苷 红背山麻杆 Alchornea trewioides

apigenin-7-*O*-*β*-D-(2'',6''-di-*α*-L-rhamnopyranosyl)-glucopyranoside 芹菜苷元 -7-*O*-*β*-D-(2'',6''- 二 -*α*-L- 吡喃鼠李糖基)- 吡喃葡萄糖苷 锐尖山香圆 Turpinia arguta

apigenin-7-*O*-*β*-D-(4'-caffeoyl)-glucuronide 芹菜苷元 -7-*O*-*β*-D-(4'- 咖啡酰基)- 葡萄糖醛酸苷 菊花 Chrysanthemum morifolium

apigenin-7-*O*-*β*-D-(6''-*cis*-*p*-coumaroyl)-glucopyranoside 芹菜苷元 -7-*O*-*β*-D-(6''- 顺式 - 对香豆酰基)- 吡喃葡萄糖苷 广防风 Anisomeles indica

apigenin-7-*O*-*β*-D-(6''-*p*-coumaroyl)-glucopyranoside 芹菜苷元 -7-*O*-*β*-D-(6''- 对香豆酰基)- 吡喃葡萄糖苷 独一味 Lamiophlomis rotata, 疏毛白绒草 Leucas mollissima var. chinensis

apigenin-7-*O*-*β*-D-(6''-*p*-coumaryl)-glucoside 芹菜苷元 -7-*O*-*β*-D-(6''- 对香豆酰基)- 葡萄糖苷 广藿香 Pogostemon cablin

apigenin-7-*O*-*β*-D-(6''-*O*-acetyl)-glucopyranoside 芹菜苷元 -7-*O*-*β*-D-(6''-*O*- 乙酰基)- 吡喃葡萄糖苷 白背叶 Mallotus apelta

apigenin-7-*O*-*β*-D-(6-*O*-malonyl)-glucopyranoside 芹菜苷元 -7-*O*-*β*-D-(6-*O*- 丙二酰基)- 吡喃葡萄糖苷 细风轮菜 Clinopodium gracile

apigenin-7-*O*-*β*-D-(6''-*p*-coumaroyl)glucopyranoside 芹菜苷元 -7-*O*-*β*-D-(6''- 对香豆酰) 吡喃葡萄糖苷 欧夏至草 Marrubium vulgare

apigenin-7-*O*-*β*-D-(6'-*p*-hydoxycinnamoyloxy)-mannoside 芹菜苷元 -7-*O*-*β*-D-(6'- 对羟基桂皮酸基)- 甘露糖苷 薰衣草 Lavandula angustifolia

apigenin-7-*O*-*β*-D-(6''-*trans*-*p*-coumaroyl)-glucopyranoside 芹菜苷元 -7-*O*-*β*-D-(6''- 反式对香豆酰基)- 吡喃葡萄糖苷 白背叶 Mallotus apelta

apigenin-7-*O*-*β*-D-allopyranoside 芹菜苷元 -7-*O*-*β*-D- 吡喃阿洛糖苷 望江南 Senna occidentalis

apigenin-7-*O*-*β*-D-apiofuranosyl-(1 → 2)-*β*-D-glucopyranoside 芹菜苷元 -7-*O*-*β*-D- 呋喃芹糖基 -(1 → 2)-*β*-D- 吡喃葡萄糖苷 地锦 Euphorbia humifusa, 唐古红景天 Rhodiola algida var. tangutica

apigenin-7-*O*-*β*-D-apiofuranosyl-(1 → 6)-*β*-D-glucopyranoside 芹菜苷元 -7-*O*-*β*-D- 呋喃芹糖基 -(1 → 6)-*β*-D- 吡喃葡萄糖苷 粗丝木 Gomphandra tetrandra

apigenin-7-*O*-*β*-D-butyl-glucuronide 芹菜苷元 -7-*O*-*β*-D- 丁酰葡萄糖醛酸苷 刺儿菜 Cirsium setosum

apigenin-7-*O*-*β*-D-galactopyranoside 芹菜苷元 -7-*O*-*β*-D- 吡喃半乳糖苷 菊花 Chrysanthemum morifolium, 马鞭草 Verbena officinalis

apigenin-7-*O*-*β*-D-galactopyranosyl-(1 → 4)-*O*-*β*-D-mannopyranoside 芹菜苷元 -7-*O*-*β*-D- 吡喃半乳糖基 -(1 → 4)-*O*-*β*-D- 吡喃甘露糖苷 野胡萝卜 Daucus carota

apigenin-7-*O*-*β*-D-galacturonide 芹菜苷元 -7-*O*-*β*-D- 半乳糖醛酸苷 独脚金 Striga asiatica
apigenin-7-*O*-*β*-D-galacturonopyranoside 芹菜苷元 -7-*O*-*β*-D- 吡喃半乳糖醛酸苷 硬骨凌霄 Tecomaria capensis
apigenin-7-*O*-*β*-D-glucopyranosyl-(1→2)-*β*-D-glucopyranosyl-(1→2)-[*α*-L-rhamnopyranosyl-(1→6)]-*β*-D-glucopyranoside 芹菜苷元 -7-*O*-*β*-D- 吡喃葡萄糖基 -(1→2)-*β*-D- 吡喃葡萄糖基 -(1→2)-[*α*-L- 吡喃鼠李糖基 -(1→6)]-*β*-D- 吡喃葡萄糖苷 青兰 Dracocephalum ruyschiana
apigenin-7-*O*-*β*-D-glucopyranosyl-(1→6)-*β*-D-glucopyranoside 芹菜苷元 -7-*O*-*β*-D- 吡喃葡萄糖基 -(1→6)-*β*-D- 吡喃葡萄糖苷 宽叶十万错 Asystasia gangetica, 沙生蜡菊 Helichrysum arenarium
apigenin-7-*O*-*β*-D-glucopyranosyl(3'→6")luteolin-7"-*O*-*β*-D-glucopyranoside 芹菜苷元 -7-*O*-*β*-D- 吡喃葡萄糖基 (3'→6") 木犀草素 -7"-*O*-*β*-D- 吡喃葡萄糖苷 宽叶十万错 Asystasia gangetica
apigenin-7-*O*-*β*-D-glucopyranosyl-4'-*O*-*α*-L-rhamnopyranoside 芹菜苷元 -7-*O*-*β*-D- 吡喃葡萄糖基 -4'-*O*-*α*-L- 吡喃鼠李糖苷 扬子毛茛 Ranunculus sieboldii
apigenin-7-*O*-*β*-D-glucopyranosyl-6-*C*-*β*-D-6"-acetyl-glucopyranoside 芹菜苷元 -7-*O*-*β*-D- 吡喃葡萄糖基 -6-*C*-*β*-D-(6"- 乙酰基)- 吡喃葡萄糖苷 繁缕 Stellaria media
apigenin-7-*O*-*β*-D-glucorhamnoside 芹菜苷元 -7-*O*-*β*-D- 葡萄糖鼠李糖苷 美花风毛菊 Saussurea pulchella
apigenin-7-*O*-*β*-D-glucoside-6"-*O*-malonate 芹菜苷元 -7-*O*-*β*-D- 葡萄糖苷 -6"-*O*- 丙二酸酯 大豆 Glycine max
apigenin-7-*O*-*β*-D-glucuronate methyl ester 芹菜苷元 -7-*O*-*β*-D- 葡萄糖醛酸甲酯 大芽南蛇藤 Celastrus gemmatus
apigenin-7-*O*-*β*-D-glucuronide 芹菜苷元 -7-*O*-*β*-D- 葡萄糖醛酸苷 穿心莲 Andrographis paniculata, 假杜鹃 Barleria cristata, 大芽南蛇藤 Celastrus gemmatus, 蛇苔 Conocephalum conicum, 达乌里芯芭 Cymbaria daurica, 香青兰 Dracocephalum moldavica, 短葶飞蓬 Erigeron breviscapus, 神香草 Hyssopus officinalis, 深裂欧地笋 Lycopus europaeus var. exaltatus, 小花地笋 L. parviflorus, 荨麻叶龙头草 Meehania urticifolia, 多叶棘豆 Oxytropis myriophylla, 斑唇马先蒿 Pedicularis longiflora var. tubiformis, 苦玄参 Picria felterrae, 短舌匹菊 Pyrethrum parthenium, 块茎芦莉草 Ruellia tuberosa, 黄芩 Scutellaria baicalensis, 半枝莲 S. barbata, 盔状黄芩 S. galericulata, 并头黄芩 S. scordifolia, 独脚金 Striga asiatica, 菊蒿 Tanacetum vulgare, 碗花草 Thunbergia fragrans, 长松萝 Usnea longissima, 蚕豆 Vicia faba
apigenin-7-*O*-*β*-D-glucuronide butyl ester 芹菜苷元 -7-*O*-*β*-D- 葡萄糖醛酸苷丁酯 穿心莲 Andrographis paniculata, 水蔓菁 Pseudolysimachion linariifolium subsp. dilatatum
apigenin-7-*O*-*β*-D-glucuronide ethyl ester 芹菜苷元 -7-*O*-*β*-D- 葡萄糖醛酸苷乙酯 穿心莲 Andrographis paniculata, 活血丹 Glechoma longituba, 泥胡菜 Hemistepta lyrata, 水蔓菁 Pseudolysimachion linariifolium subsp. dilatatum, 苦苣菜 Sonchus oleraceus
apigenin-7-*O*-*β*-D-glucuronide methyl ester 芹菜苷元 -7-*O*-*β*-D- 葡萄糖醛酸苷甲酯 木瓜 Chaenomeles sinensis, 泥胡菜 Hemistepta lyrata, 藏波罗花 Incarvillea younghusbandii, 丝瓜 Luffa cylindrica, 小花地笋 Lycopus parviflorus, 糙苏 Phlomis umbrosa, 羊红膻 Pimpinella thellungiana, 水蔓菁 Pseudolysimachion linariifolium subsp. dilatatum, 半枝莲 Scutellaria barbata, 苦苣菜 Sonchus oleraceus
apigenin-7-*O*-*β*-D-glucuronopyranoside 芹菜苷元 -7-*O*-*β*-D- 吡喃葡萄糖醛酸苷 雏菊 Bellis perennis, 构树 Broussonetia papyrifera, 乌蔹莓 Cayratia japonica, 海州常山 Clerodendrum trichotomum, 苏门白酒草 Conyza sumatrensis, 鸭儿芹 Cryptotaenia japonica, 欧活血丹 Glechoma hederacea, 蓝花楹 Jacaranda mimosifolia, 紫苜蓿 Medicago sativa, 华西龙头草 Meehania fargesii, 圣罗勒 Ocimum sanctum, 块根糙苏 Phlomis tuberosa, 旱柳 Salix matsudana, 苦苣菜 Sonchus oleraceus, 硬骨凌霄 Tecomaria capensis
apigenin-7-*O*-*β*-D-glucuronopyranoside butyl ester 芹菜苷元 -7-*O*-*β*-D- 吡喃葡萄糖醛酸苷丁酯 神香草 Hyssopus officinalis, 南苜蓿 Medicago polymorpha
apigenin-7-*O*-*β*-D-glucuronopyranoside methyl ester 芹菜苷元 -7-*O*-*β*-D- 吡喃葡萄糖醛酸苷甲酯 雏菊 Bellis perennis, 沙生蜡菊 Helichrysum arenarium, 神香草 Hyssopus officinalis, 南苜蓿 Medicago polymorpha, 华西龙头草 Meehania fargesii, 硬骨凌霄 Tecomaria capensis
apigenin-7-*O*-*β*-D-glucuronopyranoside-6"-acetate 芹菜苷元 -7-*O*-*β*-D- 吡喃葡萄糖醛酸苷 -6"- 乙酸酯 苏门白酒草 Conyza sumatrensis
apigenin-7-*O*-*β*-D-glucuronopyranoside-6"-methyl ester 芹菜苷元 -7-*O*-*β*-D- 吡喃葡萄糖醛酸苷 -6"- 甲酯 圣罗勒 Ocimum sanctum
apigenin-7-*O*-*β*-D-glucuronopyranosyl-(1→2)[*α*-L-rhamnopyranosyl-(1→6)]-*β*-D-glucopyranoside 芹菜苷元 -7-*O*-*β*-D- 吡喃葡萄糖醛酸基 -(1→2)[*α*-L- 吡喃鼠李糖基 -(1→6)]-*β*-D- 吡喃葡萄糖醛酸苷 刺槐 Robinia pseudoacacia
apigenin-7-*O*-*β*-D-glucuronosyl-(1→2)-*β*-D-glucuronide 芹菜苷元 -7-*O*-*β*-D- 吡喃葡萄糖醛酸基 -(1→2)-*β*-D- 吡喃葡萄糖醛酸苷 阿拉伯婆婆纳 Veronica persica
apigenin-7-*O*-*β*-D-lutinoside 芹菜素 -7-*O*-*β*-D- 芦丁糖苷 草木犀 Melilotus officinalis
apigenin-7-*O*-*β*-D-methylglucuronide 芹菜苷元 -7-*O*-*β*-D- 甲基葡萄糖醛酸苷 雏菊 Bellis perennis
apigenin-7-*O*-*β*-D-neohesperidoside 芹菜苷元 -7-*O*-*β*-D- 新橙皮糖苷 雪兔子 Saussurea gossypiphora, 黄蜡果 Stauntonia brachyanthera
apigenin-7-*O*-*β*-D-rutinoside 芹菜苷元 -7-*O*-*β*-D- 芸香糖苷 沙戟 Chrozophora sabulosa, 地锦 Euphorbia humifusa, 泥胡菜 Hemistepta lyrata, 一串红 Salvia splendens, 三叶鼠尾草 S. trijuga, 三指雪兔子 Saussurea tridactyla
apigenin-7-*O*-*β*-galacturonide 芹菜苷元 -7-*O*-*β*- 半乳糖醛酸苷 台湾翅果菊 Pterocypsela formosana
apigenin-7-*O*-*β*-glucopyranoside 芹菜苷元 -7-*O*-*β*- 吡喃葡萄糖苷 磨盘草 Abutilon indicum, 细风轮菜 Clinopodium gracile, 榧树 Torreya grandis
apigenin-7-*O*-*β*-glucuronide 芹菜苷元 -7-*O*-*β*- 葡萄糖醛酸苷 台湾翅果菊 Pterocypsela formosana
apigenin-7-*O*-*β*-neohesperidoside 芹菜苷元 -7-*O*-*β*- 新橙皮糖苷 鸦胆子 Brucea javanica, 翅子树 Pterospermum acerifolium, 络石 Trachelospermum jasminoides, 锐尖山香圆 Turpinia arguta
apigenin-7-rhamnoglucoside 芹菜苷元 -7- 鼠李葡萄糖苷 星毛粟米草 Mollugo lotoides, 枳 Poncirus trifoliata
apigenin-7-rutinoside 芹菜苷元 -7- 芸香糖苷 酸橙 Citrus aurantium
apigenin-7-*β*-D-glucopyranoside 芹菜苷元 -7-*β*-D- 吡喃葡萄糖苷 女贞 Ligustrum lucidum
apigenin-7-*β*-D-glucuronide 芹菜苷元 -7-*β*-D- 葡萄糖醛酸苷 穗花 Pseudolysimachion spicatum
apigenin-7-*β*-glucoronic acid-6"-buthyl ester 芹菜苷元 -7-*β*- 葡萄糖酸 -6"- 丁基酯 牛心番荔枝 Annona reticulata

apigenin-7β-rutinoside 芹菜苷元 -7β- 芸香糖苷 葡萄柚 Citrus paradisi
apigenin-8-C-(2''-O-galloyl)-β-D-glucopyranoside 芹菜苷元 -8-C-(2''-O- 没食子酰基)-β-D- 吡喃葡萄糖苷 白大凤 Cladogynos orientalis, 榄仁树 Terminalia catappa
apigenin-8-C-(2''-O-trans-p-coumaroyl-β-D-glucopyranoside) 芹菜苷元 -8-C-(2''-O- 反式对香豆酰基 -β-D- 吡喃葡萄糖苷 胡卢巴 Trigonella foenum-graecum
apigenin-8-C-(4''-O-α-L-rhamnopyranosyl)-β-D-glucopyranoside 芹菜苷元 -8-C-(4''-O-α-L- 吡喃鼠李糖基)-β-D- 吡喃葡萄糖苷 麦瓶草 Silene conoidea
apigenin-8-C-diglucopyranoside 芹菜苷元 -8-C- 二吡喃葡萄糖苷 龙珠果 Passiflora foetida
apigenin-8-C-diglucoside 芹菜苷元 -8-C- 二葡萄糖苷 西番莲 Passiflora caerulea
apigenin-8-C-glucopyranoside 芹菜苷元 -8-C- 吡喃葡萄糖苷 星毛粟米草 Mollugo lotoides, 簇花粟米草 M. oppositifolia, 粟米草 M. stricta, 篱蓼 Polygonum dumetorum
apigenin-8-C-glucopyranosyl-(2 → 1)-rhamnopyranoside 芹菜苷元 -8-C- 吡喃葡萄糖基 -(2 → 1)- 吡喃鼠李糖苷 唐古特瑞香 Daphne tangutica
apigenin-8-C-neohesperidoside 芹菜苷元 -8-C- 新橙皮糖苷 金橘 Fortunella margarita
apigenin-8-C-α-L-arabinopyranoside 芹菜苷元 -8-C-α-L- 吡喃阿拉伯糖苷 扬子毛茛 Ranunculus sieboldii, 野甘草 Scoparia dulcis
apigenin-8-C-β-boivinopyranoside 芹菜苷元 -8-C-β- 吡喃波伊文糖苷 鸡蛋果 Passiflora edulis
apigenin-8-C-β-D-(2''-O-α-L-rhamnosyl)-glucopyranoside 芹菜苷元 -8-C-β-D-(2''-O-α-L- 鼠李糖基)- 吡喃葡萄糖苷 青皮竹 Bambusa textilis
apigenin-8-C-β-D-(2''-O-acetyl)glucofuranoside 芹菜苷元 -8-C-β-D-(2''-O- 乙酰) 呋喃葡萄糖苷 山里红 Crataegus pinnatifida var. major
apigenin-8-C-β-D-galactopyranoside 芹菜苷元 -8-C-β-D- 吡喃半乳糖苷 扬子毛茛 Ranunculus sieboldii
apigenin-8-C-β-D-galactoside 芹菜苷元 -8-C-β-D- 半乳糖苷 繁缕 Stellaria media
apigenin-8-C-β-D-glucopyranoside 芹菜苷元 -8-C-β-D- 吡喃葡萄糖苷 鸡爪槭 Acer palmatum, 白术 Atractylodes macrocephala, 栀子皮 Itoa orientalis
apigenin-8-C-β-digitoxopyranoside 芹菜苷元 -8-C-β- 吡喃洋地黄毒糖苷 鸡蛋果 Passiflora edulis
apigenin-di-C-hexoside-pentoside 芹菜苷元 - 二 -C- 己糖苷 - 戊糖苷 洋甘草 Glycyrrhiza glabra
apigenin-glucopyranoside 芹菜苷元吡喃葡萄糖苷 三色堇 Viola tricolor
apigenin-glucuronide 芹菜苷元葡萄糖醛酸苷 马鞭草 Verbena officinalis
apigenin-O-glucopyranoside 芹菜苷元 -O- 吡喃葡萄糖苷 多疣猪屎豆 Crotalaria verrucosa
apigenin-O-glucuronide 芹菜苷元 -O- 葡萄糖醛酸苷 炮仗竹 Russelia equisetiformis
apigenosylide A, B, C 芹菜苷内酯 ▲A, B, C 大叶楠 Machilus kusanoi
apigetrin 芹黄春 欧芹 Petroselinum crispum
apigravin 旱芹素 ▲ 旱芹 Apium graveolens
apiin 芹菜苷 旱芹 Apium graveolens, 矢车菊 Centaurea cyanus, 细风轮菜 Clinopodium gracile, 野拔子 Elsholtzia rugulosa, 散沫花 Lawsonia inermis, 硬毛地笋 Lycopus lucidus var. hirtus, 白背叶 Mallotus apelta, 欧芹 Petroselinum crispum, 竹叶西风芹 Seseli mairei, 松叶西风芹 S. yunnanense, 小巢菜 Vicia hirsuta
apimaysin 芹菜玉米黄酮苷 玉蜀黍 Zea mays
6-[(α-apiofuranosyl-(1 → 6)-O-β-D-glucopyranosyl)oxy]-rubrofusarin 6-(α- 呋喃芹糖基 -(1 → 6)-O-β-D- 吡喃葡萄糖氧基)- 红镰孢素 决明 Senna tora
4-[β-D-apiofuranosyl-(1 → 6)-O-β-D-glucopyranosyloxy]-phenylacetonitrile 4-[β-D- 呋喃芹糖基 -(1 → 6)-O-β-D- 吡喃葡萄糖氧基]- 苯乙腈 天葵 Semiaquilegia adoxoides
β-D-apiofuranosyl-(1 → 6)-O-β-D-glucopyranosyloxy-5-O-methylvisamminol β-D- 呋喃芹糖基 -(1 → 6)-O-β-D- 吡喃葡萄糖酰氧基 -5-O- 甲基阿米芹诺醇 ▲ 宽萼岩风 Libanotis laticalycina
4-[β-D-apiofuranosyl-(1 → 6)-β-D-glucopyranosyl-oxy]-3-methoxypropiophenone 4-[β-D- 呋喃芹菜糖基 -(1 → 6)-β-D- 吡喃葡萄糖氧基]-3- 甲氧基苯丙酮 藁本 Ligusticum sinense
4-[β-D-apiofuranosyl-(1 → 6)-β-D-glucopyranosyloxy]-3-methoxypropiophenone] 4-[β-D- 呋喃芹糖基 -(1 → 6)-β-D- 吡喃葡萄糖苷]-3- 甲氧基苯丙酮 珊瑚菜 Glehnia littoralis
6'-β-D-apiofuranosylcistanoside C 6'-β-D- 呋喃芹糖基肉苁蓉苷 C 广东紫珠 Callicarpa kwangtungensis, 独一味 Lamiophlomis rotata
4-(D-apiofuranosyloxy)-1-hydroxy-3-(3-methyl-2-butenyl)-2-naphthalenecarboxylic acid methyl ester 4-(D- 芹糖氧基)-1- 羟基 -3-(3- 甲基 -2- 丁烯基)-2- 萘烯甲酯 钩毛茜草 Rubia oncotricha
apioglycyrrhizin 芹糖基甘草酸 甘草 Glycyrrhiza uralensis
apiole; apiol 芹菜脑 挥发油成分，未统计基源
apiopaeonoside 芹糖基丹皮苷 ▲ 牡丹 Paeonia suffruticosa
D-apiose D- 芹糖 色木槭 Acer pictum subsp. mono, 浮萍 Lemna minor
apiosylepirhododendrin 芹糖基表杜鹃素 毛果槭 Acer nikoense, 白桦 Betula platyphylla
apiosylrhododendrin 芹糖基杜鹃素 白桦 Betula platyphylla
apiosylskimmin 芹糖基茵芋苷 重齿当归 Angelica biserrata, 朝鲜当归 A. gigas, 云南石梓 Gmelina arborea, 前胡 Peucedanum praeruptorum
apiumetin 芹菜亭 ▲ 旱芹 Apium graveolens
apiumoside 芹莫苷 ▲ 旱芹 Apium graveolens
aplotaxene 单紫杉烯 挥发油成分，未统计基源
aplysiatoxin 海兔毒素 巨大鞘丝藻 Lyngbya majuscula

aplysin 海兔素 刺枝鱼栖苔 Acanthophora spicifera
aplysiol C, D, E 海兔醇▲C, D, E 树状软骨藻 Chondria armata
aplysistatin 海兔抑素▲ 齐藤凹顶藻 Laurencia saitoi
apo-10'-zeaxanthinal 离 -10'- 玉米黄质醛 辣椒 Capsicum annuum
apo-11-zeaxanthinal 离 -11- 玉米黄质醛 辣椒 Capsicum annuum
apo-12'-capsorubinal 离 -12'- 辣椒玉红素醛 辣椒 Capsicum annuum
apo-12'-zeaxanthinal 离 -12'- 玉米黄质醛 辣椒 Capsicum annuum
apo-13-zeaxanthinone 离 -13- 玉米黄质酮 辣椒 Capsicum annuum
apo-14'-zeaxanthinal 离 -14'- 玉米黄质醛 辣椒 Capsicum annuum
apo-15-zeaxanthinal 离 -15- 玉米黄质醛 辣椒 Capsicum annuum
apo-8'capsorubinal 离 -8'- 辣椒玉红素醛 辣椒 Capsicum annuum
β-apo-8-carotenal *β*- 离 -8- 胡萝卜醛 香圆 Citrus grandisjunos
apo-8'-zeaxanthinal 离 -8'- 玉米黄质醛 辣椒 Capsicum annuum
apo-9-zeaxanthinone 离 -9- 玉米黄质酮 辣椒 Capsicum annuum
apoatropine 离阿托品▲ 铃铛子 Anisodus luridus, 山莨菪 A. tanguticus, 树番茄 Cyphomandra betacea, 毛曼陀罗 Datura inoxia, 洋金花 D. metel, 天仙子 Hyoscyamus niger, 中亚天仙子 H. pusillus, 马尿泡 Przewalskia tangutica
apocavidine 离块茎紫堇定▲ 细叶黄堇 Corydalis meifolia, 石生黄堇 C. saxicola
apocynin 罗布麻宁 白麻 Apocynum pictum, 射干 Belamcanda chinensis, 旋蒴苣苔 Boea hygrometrica, 小蓝雪花 Ceratostigma minus, 金毛狗 Cibotium barometz, 珊瑚苣苔 Corallodiscus lanuginosus, 竹灵消 Cynanchum inamoenum, 徐长卿 C. paniculatum, 石斛 Dendrobium nobile, 鸢尾 Iris tectorum, 吊石苣苔 Lysionotus pauciflorus, 红蓼 Polygonum orientale, 鹿蹄草 Pyrola calliantha, 大血藤 Sargentodoxa cuneata
apocynin A, B, C 罗布麻宁 A, B, C 罗布麻 Apocynum venetum
apocynin D 罗布麻宁 D 罗布麻 Apocynum venetum, 苦槠 Castanopsis sclerophylla
apocynol 罗布麻醇▲ 黄连 Coptis chinensis
apocynol A 罗布麻醇▲A 川桂 Cinnamomum wilsonii
apocynoside I 罗布麻苷 I 罗布麻 Apocynum venetum, 鱼藤 Derris trifoliata, 潺槁木姜子 Litsea glutinosa
apocynoside II 罗布麻苷 II 罗布麻 Apocynum venetum, 潺槁木姜子 Litsea glutinosa
apoglaziovine 离格氏绿心樟碱▲ 北美鹅掌楸 Liriodendron tulipifera
apohyoscine 离天仙子碱▲ 洋金花 Datura metel, 天仙子 Hyoscyamus niger, 中亚天仙子 H. pusillus
apollinin 阿波罗灰毛豆素▲ 灰毛豆 Tephrosia purpurea
apometzgerin 毛叉苔素 芙蓉菊 Crossostephium chinense
aponorscopolamine 离降东莨菪碱▲ 树番茄 Cyphomandra betacea
aporphine 阿朴啡 虞美人 Papaver rhoeas, 紫堇叶唐松草 Thalictrum isopyroides
aposcopolamine 离东莨菪碱▲ 树番茄 Cyphomandra betacea, 木本曼陀罗 Datura arborea, 毛曼陀罗 D. inoxia, 中亚天仙子 Hyoscyamus pusillus, 漏斗泡囊草 Physochlaina infundibularis
3-apotropoyloxy-6,7-epoxytropane 3- 离托品酰氧基 -6,7- 环氧托品烷 树番茄 Cyphomandra betacea
3*α*-apotropoyloxytropane 3*α*- 离托品酰氧基托品烷 树番茄 Cyphomandra betacea
3*β*-apotropoyloxytropane 3*β*- 离托品酰氧基托品烷 树番茄 Cyphomandra betacea
apotutin 离马桑素▲ 马桑 Coriaria nepalensis
apoverticine 离贝母碱 黄花贝母 Fritillaria verticillata
apovincamine 离蔓长春花胺▲ 小蔓长春花 Vinca minor
10'-apo-*β*-caroten-10'-al 10'- 离 -*β*- 胡萝卜素 -10'- 醛 白屈菜 Chelidonium majus
(-)-apparicine (-)- 白坚木瑞辛▲ 狗牙花 Tabernaemontana divaricata
apparicine 白坚木瑞辛▲ 狗牙花 Tabernaemontana divaricata, 亚洲络石 Trachelospermum asiaticum, 络石 T. jasminoides
applanatin A, B 树舌灵芝素▲A, B 树舌灵芝 Ganoderma applanatum
applanoxidic acid A~D 树舌灵芝氧酸▲A~D 树舌灵芝 Ganoderma applanatum
apramide A~G 阿普拉鞘丝藻酰胺▲A~G 巨大鞘丝藻 Lyngbya majuscula
apratoxin A, D 阿普拉鞘丝藻毒素▲A, D 巨大鞘丝藻 Lyngbya majuscula
apterin 芨芨芹苷 毒芹 Cicuta virosa, 短毛独活 Heracleum moellendorffii, 滨海前胡 Peucedanum japonicum
aptosimone 不落草酮▲ 菟丝子 Cuscuta chinensis
aquaterin 蕹菜素▲ I, II, III, IV, V, VI, VII, VIII, IX, X, XI 蕹菜 Ipomoea aquatica
aquaticol 北水苦荬醇▲ 北水苦荬 Veronica anagallis-aquatica
aquaticoside A, B, C 北水苦荬苷▲A, B, C 北水苦荬 Veronica anagallis-aquatica
aquifoliunine E-I 尖叶美登木宁碱▲E-I 扶芳藤 Euonymus fortunei
aquilarin A, B 沉香素▲A, B 土沉香 Aquilaria sinensis
aquilarinoside A, A_1 沉香苷▲A, A_1 土沉香 Aquilaria sinensis
aquilarisin 沉香辛▲ 土沉香 Aquilaria sinensis
aquilarisinin 沉香西宁▲ 土沉香 Aquilaria sinensis
aquilarixanthone 沉香叫酮 土沉香 Aquilaria sinensis

aquilarone A~I 白木香酮▲A~I 土沉香 Aquilaria sinensis
aquiledine 耧斗菜定▲ 无距耧斗菜 Aquilegia ecalcarata
aquilegifolin 唐松草素▲ 唐松草 Thalictrum aquilegiifolium var. sibiricum
(+)-aquilegiolide (+)-耧斗菜内酯▲ 一叶萩 Flueggea suffruticosa
aquilegiolide 耧斗菜内酯▲ 天葵 Semiaquilegia adoxoides
aquillochin 沉香木脂素 毛果槭 Acer nikoense, 枸杞 Lycium chinense, 白背叶 Mallotus apelta
aquisiflavoside 沉香黄酮苷 土沉香 Aquilaria sinensis
a*R*-3',5-dihydroxy-2-hydroxymethyl-7-methoxy-6-methylisoflavone-2'-*O*-*β*-D-glucopyranoside a*R*-3',5- 二羟基 -2- 羟甲基 -7- 甲氧基 -6- 甲基异黄酮 -2'-*O*-*β*-D- 吡喃葡萄糖苷 黄细心 Boerhavia diffusa
arabidopside A, B 鼠耳芥苷▲A, B 拟南芥 Arabidopsis thaliana
arabin 南芥素▲ 蔊菜 Rorippa indica
D-arabinitol D- 阿拉伯糖醇 挥发油成分，未统计基源
1-*D*-arabinitol-monolinoleate 1-*D*- 阿拉伯糖醇 - 单亚油酸酯 猴头菌 Hericium erinaceus
arabino-4-*O*-methylglucuronoxylan 阿拉伯糖基 -4-*O*- 甲基葡糖醛酸木聚糖 芦竹 Arundo donax
23-[(*O*-*α*-L-arabinofuranosyl-(1 → 2)-*O*-[*β*-D-glucopyranosyl-(1 → 6)]-*β*-D-glucopyranosyl)oxy]-17,22-dihydroxy-(4*β*)-A'-neogammaceran-28-oic acid-*δ*-lactone 23-[(*O*-*α*-L- 呋喃阿拉伯糖基 -(1 → 2)-*O*-[*β*-D- 吡喃葡萄糖基 -(1 → 6)]-*β*-D- 吡喃葡萄糖基) 氧基]-17,22- 二羟基 -(4*β*)-A'- 新伽马蜡 -28- 酸 -*δ*- 内酯 单叶双盖蕨 Diplazium subsinuatum
[*α*-L-arabinofuranosyl-(1 → 4)-*β*-D-glucuronopyranosyl-(1 → 3)]-3*β*-hydroxy-lup-20(29)-ene [*α*-L- 呋喃阿拉伯糖基 -(1 → 4)-*β*-D- 吡喃葡萄糖醛酸基 (1 → 3)]-3*β*- 羟基羽扇 -20(29)- 烯 老鼠簕 Acanthus ilicifolius
1-{4-[(6-*O*-*α*-L-arabinofuranosyl-*β*-D-glucopyranosyl)oxy]-2-hydroxy-6-methoxy-3-methylphenyl}-ethanone 1-{4-(6-*O*-*α*-L- 呋喃阿拉伯糖基 -*β*-D- 吡喃葡萄糖氧基)-2- 羟基 -6- 甲氧基 -3- 甲基苯基 }- 乙酮 甘肃大戟 Euphorbia kansuensis
arabinogalactan 阿拉伯半乳聚糖 落地生根 Bryophyllum pinnatum
arabinogalactan protein 阿拉伯半乳聚糖蛋白 洋甘草 Glycyrrhiza glabra
arabinoglucogalactan PNPS-IIa, PNPS-IIb 阿拉伯葡萄半乳聚糖 PNPS-IIa, PNPS-IIb 三七 Panax notoginseng
arabinonic acid 阿拉伯糖酸 问荆 Equisetum arvense
3*β*-[*O*-*α*-L-arabinopyranosyl-(1→2)-*O*-[*β*-D-xylopyranosyl-(1→3)]-*O*-*β*-D-glucopyranuronosyl]-gypsogenin-28-{*O*-*β*-D-xylopyranosyl-(1→3)-*O*-*β*-D-xylopyranosyl-(1 → 4)-*O*-*α*-L-rhamnopyranosyl-(1 → 2)-4-*O*-[(*E*)-4-methoxycinnamoyl]-*β*-D-fucopyranosyl}ester 3*β*-{*O*-*α*-L- 吡喃阿拉伯糖基 -(1 → 2)-*O*-[*β*-D- 吡喃木糖基 -(1 → 3)]-*O*-*β*-D- 吡喃葡萄糖醛酸基 }- 石头花苷元▲-28-{*O*-*β*-D- 吡喃木糖基 -(1 → 3)-*O*-*β*-D- 吡喃木糖基 -(1 → 4)-*O*-*α*-L- 吡喃鼠李糖基 -(1 → 2)-4-*O*-[(*E*)-4- 甲氧基桂皮酰基]-*β*-D- 吡喃岩藻糖基 } 酯 圆锥石头花 Gypsophila paniculata
3*β*-[*O*-*α*-L-arabinopyranosyl-(1 → 3)-*O*-[*β*-D-galactopyranosyl-(1 → 2)]-*O*-*β*-D-glucopyranuronosyl]quillaic acid-28-{*O*-*β*-D-galactopyranosyl-(1→3)-*O*-*β*-D-xylopyranosyl-(1→4)-*O*-*α*-L-rhamnopyranosyl-(1→2)-*β*-D-fucopyranosyl} ester 3*β*-{*O*-*α*-L-吡喃阿拉伯糖基-(1→3)-*O*-[*β*-D-吡喃半乳糖基 -(1 → 2)]-*O*-*β*-D- 吡喃葡萄糖醛酸基 }- 皂皮树酸 -28-{*O*-*β*-D- 吡喃半乳糖基 -(1 → 3)-*O*-*β*-D- 吡喃木糖基 -(1 → 4)-*O*-*α*-L-吡喃鼠李糖基 -(1 → 2)-*β*-D- 吡喃岩藻糖基 } 酯 圆锥石头花 Gypsophila paniculata
(3*β*,5*α*,25*R*)-3-[(*O*-*α*-L-arabinopyranosyl-(1→3)-*O*-*β*-D-glucopyranosyl-(1→2)-*O*-[*β*-D-glucopyranosyl-(1→3)]-*O*-*β*-D-glucopyranosyl-(1→4)-*β*-D-galactopyranosyl)oxy]-spirostan-12-one (3*β*,5*α*,25*R*)-3-[(*O*-*α*-L- 吡喃阿拉伯糖基 -(1 → 3)-*O*-*β*-D- 吡喃葡萄糖基 -(1 → 2)-*O*-[*β*-D- 吡喃葡萄糖基 -(1 → 3)]-*O*-*β*-D- 吡喃葡萄糖基 -(1 → 4)-*β*-D- 半乳糖氧基]- 螺甾 -12- 酮 晚香玉 Polianthes tuberosa
(3*β*,5*α*,25*R*)-3-[(*O*-*α*-L-arabinopyranosyl-(1→3)-*O*-*β*-D-glucopyranosyl-(1→2)-*O*-[*β*-D-xylopyranosyl-(1→3)]-*O*-*β*-D-glucopyranosyl-(1→4)-*β*-D-galactopyranosyl)oxy]-spirostan-12-one (3*β*,5*α*,25*R*)-3-[(*O*-*α*-L- 吡喃阿拉伯糖基 -(1 → 3)-*O*-*β*-D- 吡喃葡萄糖基 -(1 → 2)-*O*-[*β*-D- 吡喃木糖基 -(1 → 3)]-*O*-*β*-D- 吡喃葡萄糖基 -(1 → 4)-*β*-D- 半乳糖氧基]- 螺甾 -12- 酮 晚香玉 Polianthes tuberosa
α-L-arabinopyranosyl-(1 → 3)-*β*-D-glucopyranosyl-(1 → 3)-*β*-hydroxy-oleane-12-ene-28-methyl acetate *α*-L- 吡喃阿拉伯糖基 -(1 → 3)-*β*-D-吡喃葡萄糖基 -(1 → 3)-*β*- 羟基齐墩果 -12- 烯 -28- 甲基乙酸酯 三尖栝楼 Trichosanthes tricuspidata
(2*E*,6*S*)-8-[*α*-L-arabinopyranosyl-(1''→6')-*β*-D-glucopyranosyloxy]-2,6-dimethyloct-2-eno-1,2''-lactone (2*E*,6*S*)-8-[*α*-L-吡喃阿拉伯糖基-(1''→6')-*β*-D- 吡喃葡萄糖氧基]-2,6- 二甲基辛 -2- 烯醇 -1,2''- 内酯 忍冬 Lonicera japonica
3*β*-[(*α*-L-arabinopyranosyl)oxy]-19*α*-hydroxyolean-12-en-28-oic acid-28-*O*-*β*-D-glucopyranosyl ester 3*β*-(*α*-L- 吡喃阿拉伯糖氧基)-19*α*- 羟基齐墩果 -12- 烯 -28- 酸 -28-*O*-*β*-D- 吡喃葡萄糖基酯 铁冬青 Ilex rotunda
3*β*-[(*α*-L-arabinopyranosyl)oxy]-23-hydroxylup-20(29)-en-28-oic acid-28-*O*-*α*-L-rhamnopyranosyl-(1 → 4)-*O*-*β*-D-glucopyranosyl-(1 → 6)-*β*-D-glucopyranosylester 3*β*-[(*α*-L- 吡喃阿拉伯糖基) 氧基]-23- 羟基羽扇豆 -20(29)- 烯 -28- 酸 -28-*O*-*α*-L- 吡喃鼠李糖基 -(1 → 4)-*O*-*β*-D-吡喃葡萄糖基 -(1 → 6)-*β*-D- 吡喃葡萄糖基酯苷 白头翁 Pulsatilla chinensis
3*β*-[(*α*-L-arabinopyranosyl)oxy]-23-hydroxyolean-12-en-28-oic acid *O*-*α*-L-rhamnopyranosyl-(1 → 4)-*O*-*β*-D-glucopyranosyl-(1 → 6)-*β*-D-glucopyranosyl ester 3*β*-*α*-L- 吡喃阿拉伯糖基 -23- 羟基齐墩果 -12- 烯 -28- 酸 -*O*-*α*-L- 吡喃鼠李糖基 -(1 → 4)-*O*-*β*-D- 吡喃葡萄糖基 -(1 → 6)-*β*-D- 吡喃葡萄糖酯苷 秋牡丹 Anemone hupehensis var. japonica
3*β*-[(*α*-L-arabinopyranosyl)oxy]urs-12,19(29)-dien-28-oic acid-28-*β*-D-glucopyranosyl ester 3*β*-(*α*-L- 吡喃阿拉伯糖氧基) 熊果 -12,19(29)- 二烯 -28- 酸 -28-*β*-D- 吡喃葡萄糖酯苷 小白花地榆 Sanguisorba tenuifolia var. alba
3-arabinopyranosyl-24-*O*-acetylhydroshengmanol-15-glucopyranoside 3- 吡喃阿拉伯糖基 -24-*O*- 乙酰氢化升麻新醇 -15- 吡喃葡萄糖苷 兴安升麻 Cimicifuga dahurica
6''-*β*-D-arabinopyranosylgenistin 6''-*β*-D- 吡喃阿拉伯糖基染料木苷 大豆 Glycine max
3*β*-(*α*-L-arabinopyranosyloxy)-19*α*-hydroxyoleanolic acid 3*β*-(*α*-L- 吡喃阿拉伯糖基氧)-19*α*- 羟基齐墩果酸 地榆 Sanguisorba officinalis
3*β*-(*α*-L-arabinopyranosyloxy)-19*α*-hydroxyoleanolic acid-28-*β*-D-glucopyranosyl ester 3*β*-(*α*-L- 吡喃阿拉伯糖氧基)-19*α*- 羟基齐墩果酸 -28-

β-D- 吡喃葡萄糖酯苷 地榆 Sanguisorba officinalis

3β-(α-L-arabinopyranosyloxy)-19α-hydroxyurs-12-en-28-oic acid-28-β-D-glucopyranosyl ester 3β-(α-L- 吡喃阿拉伯糖氧基)-19α- 羟基熊果 -12- 烯 -28- 酸 -28-β-D- 吡喃葡萄糖基苷 秤星树 Ilex asprella

3β-(α-L-arabinopyranosyloxy)-19α-hydroxyursolic acid 3β-(α-L- 吡喃阿拉伯糖氧基)-19α- 羟基熊果酸 地榆 Sanguisorba officinalis

3β-(α-L-arabinopyranosyloxy)-19α-hydroxyursolic acid-28-(6-*O*-galloyl-β-D-glucopyranosyl)ester 3β-(α-L- 吡喃阿拉伯糖氧基)-19α- 羟基熊果酸 -28-(6-*O*- 没食子酰基 -β-D- 吡喃葡萄糖基) 酯苷 地榆 Sanguisorba officinalis

3β-(α-L-arabinopyranosyloxy)-19α-hydroxyursolic acid-28-β-D-glucopyranosyl ester 3β-(α-L- 吡喃阿拉伯糖氧基)-19α- 羟基熊果酸 -28-β-D- 吡喃葡萄糖酯苷 地榆 Sanguisorba officinalis

3β-(α-L-arabinopyranosyloxy)-19β-hydroxyurs-12,20(30)-dien-28-oic acid 3β-(α-L- 吡喃阿拉伯糖氧基)-19β- 羟基熊果 -12,20(30)- 二烯 -28- 酸 地榆 Sanguisorba officinalis

3β-(α-L-arabinopyranosyloxy)-23-hydroxyoleanolic acid-28-β-D-glucopyranosyl ester 3β-(α-L- 吡喃阿拉伯糖氧基)-23- 羟基齐墩果酸 -28-β-D- 吡喃葡萄糖酯苷 地榆 Sanguisorba officinalis

3β-(α-L-arabinopyranosyloxy)-23-hydroxyurs-12,19(29)-dien-28-oic acid-28-β-D-glucopyranosyl ester 3β-(α-L- 吡喃阿拉伯糖氧基)-23- 羟基熊果 -12,19(29)- 二烯 -28- 酸 -28-β-D- 吡喃葡萄糖酯苷 地榆 Sanguisorba officinalis

3β-(α-L-arabinopyranosyloxy)-29-hydroxyoleanolic acid-β-D-glucopyranosyl ester 3β-(α-L- 吡喃阿拉伯糖氧基)-29- 羟基齐墩果酸 -β-D- 吡喃葡萄糖酯苷 地榆 Sanguisorba officinalis

3β-(α-L-arabinopyranosyloxy)-urs-11,13(18)-dien-28-oic acid-β-D-glucopyranosyl ester 3β-(α-L- 吡喃阿拉伯糖氧基)- 熊果 -11,13(18)- 二烯 -28- 酸 -28-β-D- 吡喃葡萄糖酯苷 地榆 Sanguisorba officinalis

3β-(α-L-arabinopyranosyloxy)urs-12,18-dien-28-oic acid 3β-(α-L- 吡喃阿拉伯糖氧基)- 熊果 -12,18- 二烯 -28- 酸 地榆 Sanguisorba officinalis

3β-(α-L-arabinopyranosyloxy)-urs-12,18-dien-28-oic acid-β-D-glucopyranosyl ester 3β-(α-L- 吡喃阿拉伯糖氧基)- 熊果 -12,18- 二烯 -28- 酸 -β-D- 吡喃葡萄糖酯苷 地榆 Sanguisorba officinalis

3β-(α-L-arabinopyranosyloxy)-urs-12,19(20)-dien-28-oic acid 3β-(α-L- 吡喃阿拉伯糖氧基)- 熊果 -12,19(20)- 二烯 -28- 酸 地榆 Sanguisorba officinalis

3β-(α-L-arabinopyranosyloxy)-urs-12,19(29)-dien-28-oic acid-28-β-D-glucopyranosyl ester 3β-(α-L- 吡喃阿拉伯糖氧基)- 熊果 -12,19(29)- 二烯 -28- 酸 -28-β-D- 吡喃葡萄糖酯苷 地榆 Sanguisorba officinalis

(6*S*)-2-*trans*-6-α-L-arabinopyranosyloxy-2,6-dimethyl-2,7-octadienoic acid (6*S*)-2- 反式 -6-α-L- 吡喃阿拉伯糖氧基 -2,6- 二甲基 -2,7- 辛二烯酸 肥皂荚 Gymnocladus chinensis

2''-β-L-arabinopyranosylvitexin 2''-β-L- 吡喃阿拉伯糖基牡荆素 川陕金莲花 Trollius buddae, 金莲花 T. chinensis, 短瓣金莲花 T. ledebourii

D-arabinose D- 阿拉伯糖 蒺藜 Tribulus terrestris

L-arabinose L- 阿拉伯糖 番木瓜 Carica papaya, 人心果 Manilkara zapota

arabinose 阿拉伯糖 花朱顶红 Hippeastrum vittatum

3-arabinosyl-24-*O*-acetylhydroshengmanol-15-glucoside 3- 阿拉伯糖基 -24-*O*- 乙酰升麻新醇 -15- 吡喃葡萄糖苷 兴安升麻 Cimicifuga dahurica

6-arabinosyl-8-glucopyranosylapigenin 6- 阿拉伯糖基 -8- 吡喃葡萄糖基芹菜苷元 炮仗竹 Russelia equisetiformis

arabinothalictoside 阿拉伯糖基唐松草苷 通城虎 Aristolochia fordiana, 野慈姑 Sagittaria trifolia

arabitol 阿糖醇 裂褶菌 Schizophyllum commune, 长松萝 Usnea longissima

araboglycyrrhizin 阿拉伯糖基甘草酸 甘草 Glycyrrhiza uralensis

arabsin 中亚苦蒿素▲ 中亚苦蒿 Artemisia absinthium

arachic acid 花生油酸 毒参 Conium maculatum

arachidic acid 花生酸 挥发油成分，未统计基源

arachidiolein 花生油酰二油酰甘油酯 刺天茄 Solanum violaceum

arachidodilinolin 花生油酰二亚油精 刺天茄 Solanum violaceum

arachidonic acid 花生四烯酸 挥发油成分，未统计基源

arachidooleolinolin 花生油酰油酰亚油精 刺天茄 Solanum violaceum

aradecoside D 黄毛楤木皂苷 D 白木通 Akebia trifoliata subsp. australis

aralia cerebroside 楤木脑苷 阿尔泰银莲花 Anemone altaica, 食用土当归 Aralia cordata, 辽东楤木 A. elata var. glabrescens, 西伯利亚远志 Polygala sibirica, 密花远志 P. tricornis, 华麻花头 Serratula chinensis, 华山矾 Symplocos chinensis

aralia saponin 3 楤木皂苷 3 朝鲜白头翁 Pulsatilla cernua, 兴安白头翁 P. dahurica

aralia-saponin I 楤木新皂苷▲I 辽东楤木 Aralia elata var. glabrescens

araliasaponin II 楤木皂苷 II 黄毛楤木 Aralia chinensis

aralia-saponin II 楤木新皂苷▲II 辽东楤木 Aralia elata var. glabrescens

araliasaponin III 楤木皂苷 III 黄毛楤木 Aralia chinensis

aralia-saponin III 楤木新皂苷▲III 辽东楤木 Aralia elata var. glabrescens

araliasaponin IV 楤木皂苷 IV 山石榴 Catunaregam spinosa

aralia-saponin IV 楤木新皂苷▲IV 辽东楤木 Aralia elata var. glabrescens

araliasaponin V 楤木皂苷 V 山石榴 Catunaregam spinosa

aralia-saponin V 楤木新皂苷▲V 辽东楤木 Aralia elata var. glabrescens

araliasaponin VI 楤木皂苷 VI 黄毛楤木 Aralia chinensis

aralia-saponin VI 楤木新皂苷▲VI 辽东楤木 Aralia elata var. glabrescens

araliasaponin VII 楤木皂苷 VII 黄毛楤木 Aralia chinensis
aralia-saponin VII, VIII, IX 楤木新皂苷 ▲VII, VIII, IX 辽东楤木 Aralia elata var. glabrescens
araliasaponin XII, XIII, XIV, XV, XVI, XVII, XVIII 楤木皂苷 XII, XIII, XIV, XV, XVI, XVII, XVIII 黄毛楤木 Aralia chinensis
aralidioside 假茱萸苷 ▲ 楮头红 Sarcopyramis nepalensis
aralionine B 楤木鼠李宁碱 ▲B 山地五月茶 Antidesma montanum
(-)-araliopsine (-)- 掌叶树碱 ▲ 野花椒 Zanthoxylum simulans
araloside A 楤木洛苷 ▲A 野楤头 Aralia armata, 黄毛楤木 A. chinensis, 棘茎楤木 A. echinocaulis, 辽东楤木 A. elata var. glabrescens, 长刺楤木 A. spinifolia, 锦鸡儿 Caragana sinica, 竹节参 Panax japonicus, 屏边三七 P. stipuleanatus
araloside A methyl ester 楤木洛苷 ▲A 甲酯 野楤头 Aralia armata, 黄毛楤木 A. chinensis, 辽东楤木 A. elata var. glabrescens, 长刺楤木 A. spinifolia, 屏边三七 Panax stipuleanatus
araloside B, C 楤木洛苷 ▲B, C 辽东楤木 Aralia elata var. glabrescens
araloside D 楤木洛苷 ▲D 黄毛楤木 Aralia chinensis
araloside G 楤木洛苷 ▲G 辽东楤木 Aralia elata var. glabrescens
araloside H, J 楤木洛苷 ▲H, J 长刺楤木 Aralia spinifolia
araloside S_1 楤木洛苷 ▲S_1 辽东楤木 Aralia elata var. glabrescens
araneol 蛛毛香青尼酚 ▲ 蛛毛香青 Anaphalis busua
araneosol 蛛毛香青酚 ▲ 蛛毛香青 Anaphalis busua, 珠光香青 A. margaritacea
arauridine 阿糖尿苷 扭瓦韦 Lepisorus contortus
arbophylline 蕊木菲林碱 雷打果 Melodinus yunnanensis
arboreol 云南石梓醇 ▲ 云南石梓 Gmelina arborea
arboreol-2-*O*-methyl ether 云南石梓醇 -2-*O*- 甲醚 天目地黄 Rehmannia chingii
arborescin 树蒿素 ▲ 东北丝裂蒿 Artemisia adamsii
arborescosidic acid 木立车前酸 ▲ 中亚兔耳草 Lagotis integrifolia
arborine 乔木山小橘灵 ▲ 山小橘 Glycosmis pentaphylla
arborinine 乔木山小橘瑞宁 ▲ 山小橘 Glycosmis pentaphylla, 芸香 Ruta graveolens, 野花椒 Zanthoxylum simulans
3*β*-arborinol 3*β*- 乔木山小橘醇 ▲ 拳参 Polygonum bistorta
arborinol 乔木山小橘醇 ▲ 九管血 Ardisia brevicaulis, 山小橘 Glycosmis pentaphylla, 菊三七 Gynura japonica, 五节芒 Miscanthus floridulus, 圆穗蓼 Polygonum macrophyllum
arborinol A 乔木山小橘醇 ▲A 拳参 Polygonum bistorta
arborinol methyl ether 乔木山小橘醇 ▲ 甲醚 五节芒 Miscanthus floridulus
arborinone; arborenone 乔木山小橘酮 ▲ 黑面神 Breynia fruticosa, 卫矛 Euonymus alatus, 金草 Hedyotis acutangula, 天山鸢尾 Iris loczyi, 细叶鸢尾 I. tenuifolia, 拳参 Polygonum bistorta
(+)-arborone (+)- 云南石梓酮 ▲ 中亚苦蒿 Artemisia absinthium
arborone 云南石梓酮 ▲ 云南石梓 Gmelina arborea
arborside A~D 夜花波苷 ▲A~D 夜花 Nyctanthes arbor-tristis
arbortristoside A~E 夜花萜苷 ▲A~E 夜花 Nyctanthes arbor-tristis
arbusculin A 矮艾素 A 小蛇苔 Conocephalum japonicum, 夜合花 Lirianthe coco, 台湾含笑 Michelia compressa, 云木香 Saussurea costus
arbutin 熊果苷 较常见成分，至少分布于 30 种以上植物中，见于百合科、大风子科、大戟科、豆科、杜鹃花科、葫芦科、虎耳草科、景天科、菊科、卷柏科、苦木科、蓼科、鹿蹄草科、茜草科、蔷薇科、忍冬科、山龙眼科、芍药科、石竹科、玄参科、芸香科、紫金牛科等
arbutin-3-*O*-glucopyranoside 熊果苷 -3-*O*-*β*-D- 吡喃葡萄糖基 黑面神 Breynia fruticosa
arcapillin 茵陈蒿黄酮 茵陈蒿 Artemisia capillaris, 盐蒿 A. halodendron, 猪毛蒿 A. scoparia
arcapitin A, B, C 头花银背藤素 ▲A, B, C 头花银背藤 Argyreia capitiformis
archangelicin 古当归素 短茎古当归 Archangelica brevicaulis, 毒芹 Cicuta virosa, 羽苞藁本 Ligusticum daucoides
archangelin 古当归内酯 ▲ 灰叶当归 Angelica glauca, 林当归 A. sylvestris, 伊犁岩风 Libanotis iliensis
arctic acid 牛蒡酸 牛蒡 Arctium lappa, 漏芦 Stemmacantha uniflora
arctic acid b, c 牛蒡酸 b, c 牛蒡 Arctium lappa
arctigenic acid 牛蒡苷元酸 ▲ 牛蒡 Arctium lappa
(-)-arctigenin (-)- 牛蒡苷元 刺苞菜蓟 Cynara cardunculus, 蓬莱葛 Gardneria multiflora, 卵叶蓬莱葛 G. ovata, 日本榧树 Torreya nucifera
(+)-arctigenin (+)- 牛蒡苷元 了哥王 Wikstroemia indica
arctigenin 牛蒡苷元 峨参 Anthriscus sylvestris, 牛蒡 Arctium lappa, 毛头牛蒡 A. tomentosum, 滇瑞香 Daphne feddei, 毛穗香薷 Elsholtzia eriostachya, 金钟花 Forsythia viridissima, 毛冬青 Ilex pubescens, 五爪金龙 Ipomoea cairica, 亚绒白乳菇 Lactarius subvellereus, 雪兔子 Saussurea gossypiphora, 雪莲花 S. involucrata, 水母雪兔子 S. medusa, 亚洲络石 Trachelospermum asiaticum, 紫花络石 T. axillare, 络石 T. jasminoides, 了哥王 Wikstroemia indica
arctigenin methyl ether 牛蒡苷元甲醚 榆橘 Ptelea trifoliata
arctigenin-4'-gentiobioside 牛蒡苷元 -4'- 龙胆二糖苷 亚洲络石 Trachelospermum asiaticum
(-)-arctigenin-4'-glucoside (-)- 牛蒡苷元 -4'- 葡萄糖苷 刺苞菜蓟 Cynara cardunculus
arctigenin-4-*O*-(2''-*O*-acetyl-*β*-D-glucoside) 牛蒡苷元 -4-*O*-(2''-*O*- 乙酰基 -*β*-D- 葡萄糖苷) 雪莲花 Saussurea involucrata
arctigenin-4-*O*-(3''-*O*-acetyl-*β*-D-glucoside) 牛蒡苷元 -4-*O*-(3''-*O*- 乙酰基 -*β*-D- 葡萄糖苷 雪莲花 Saussurea involucrata

arctigenin-4-*O*-(6''-*O*-acetyl-*β*-D-glucoside 牛蒡苷元 -4-*O*-(6''-*O*- 乙酰基 -*β*-D- 葡萄糖苷 雪莲花 Saussurea involucrata

arctigenin-4'-*O*-*β*-gentiobioside 牛蒡苷元 -4'-*O*-*β*- 龙胆二糖苷 络石 Trachelospermum jasminoides

arctignan AL-D, AL-F, F, G, H 牛蒡木脂素▲AL-D, AL-F, F, G, H 牛蒡 Arctium lappa

(-)-arctiin (-)- 牛蒡苷 樟 Cinnamomum camphora, 绣球藤 Clematis monta var. montana

arctiin 牛蒡苷 牛蒡 Arctium lappa, 毛头牛蒡 A. tomentosum, 滇瑞香 Daphne feddei, 金钟花 Forsythia viridissima, 红蓼 Polygonum orientale, 巴天酸模 Rumex patientia, 雪兔子 Saussurea gossypiphora, 长毛风毛菊 S. hieracioides, 雪莲花 S. involucrata, 大耳叶风毛菊 S. macrota, 水母雪兔子 S. medusa, 狼毒 Stellera chamaejasme, 野茉莉 Styrax japonicus, 日本榧树 Torreya nucifera, 亚洲络石 Trachelospermum asiaticum, 紫花络石 T. axillare, 络石 T. jasminoides

arctinal 牛蒡醛 牛蒡 Arctium lappa, 漏芦 Stemmacantha uniflora

arctinol a 牛蒡醇 a 牛蒡 Arctium lappa

arctinol b 牛蒡醇 b 牛蒡 Arctium lappa, 华东蓝刺头 Echinops grijsii, 漏芦 Stemmacantha uniflora

arctinone 牛蒡酮 漏芦 Stemmacantha uniflora

arctinone a, b 牛蒡酮 a, b 牛蒡 Arctium lappa

arctinone a acetate 牛蒡酮 a 乙酸酯 牛蒡 Arctium lappa

arctiol 牛蒡烯醇▲ 牛蒡 Arctium lappa

arctiopicrin 牛蒡苦素 毛头牛蒡 Arctium tomentosum

ar-curcumene 芳 - 姜黄烯 挥发油成分，未统计基源

arcyriaflavin A, B 团网菌黄素 A, B 粉瘤菌 Lycogala epidendrum

arcyriarubin A 团网菌红素 A 粉瘤菌 Lycogala epidendrum

ardicrenin 朱砂根素▲ 朱砂根 Ardisia crenata, 月月红 A. faberi, 临时救 Lysimachia congestiflora, 巴东过路黄 L. patungensis

ardimerin 紫金牛双内酯▲ 紫金牛 Ardisia japonica

ardimerin digallate 紫金牛双内酯▲二没食子酸酯 紫金牛 Ardisia japonica

ardipusilloside I, II, III, IV, V 九节龙苷▲I, II, III, IV, V 九节龙 Ardisia pusilla

ardisalyxiaefoliasaponin I, II 少年红皂苷 I, II 少年红 Ardisia alyxiifolia

ardisiacrenoside I 朱砂根新苷▲I 朱砂根 Ardisia crenata

ardisiacrispin A 百两金素 A 石莲叶点地梅 Androsace integra, 朱砂根 Ardisia crenata, 百两金 A. crispa, 走马胎 A. gigantifolia, 九节龙 A. pusilla, 过路黄 Lysimachia christiniae, 临时救 L. congestiflora, 巴东过路黄 L. patungensis

ardisiacrispin B 百两金素 B 朱砂根 Ardisia crenata, 百两金 A. crispa, 月月红 A. faberi, 紫金牛 A. japonica, 山血丹 A. lindleyana, 九节龙 A. pusilla, 过路黄 Lysimachia christiniae, 密花树 Myrsine seguinii

ardisiacrispin C 百两金素 C 百两金 Ardisia crispa

ardisianol 紫金牛酯酚▲ 罗伞树 Ardisia quinquegona

ardisianone 紫金牛酯醌▲ 罗伞树 Ardisia quinquegona

ardisianone A, B 紫金牛酯醌▲A, B 紫金牛 Ardisia japonica

ardisianoside A~D, F~K 紫金牛诺苷▲A~D, F~K 紫金牛 Ardisia japonica

ardisianoside E 紫金牛诺苷▲E 紫金牛 Ardisia japonica, 矮桃 Lysimachia clethroides

ardisicrenoside 朱砂根苷▲ 过路黄 Lysimachia christiniae

ardisicrenoside A 朱砂根苷▲A 朱砂根 Ardisia crenata, 紫金牛 A. japonica, 山血丹 A. lindleyana, 密花树 Myrsine seguinii

ardisicrenoside B~F, H~N 朱砂根苷▲B~F, H~N 朱砂根 Ardisia crenata

ardisicrenoside G 朱砂根苷▲G 朱砂根 Ardisia crenata, 紫金牛 A. japonica

ardisimamilloside A, B, D, G 虎舌红苷▲A, B, D, G 虎舌红 Ardisia mamillata

ardisimamilloside C 虎舌红苷▲C 紫金牛 Ardisia japonica, 虎舌红 A. mamillata

ardisimamilloside E 虎舌红苷▲E 虎舌红 Ardisia mamillata, 矮桃 Lysimachia clethroides

ardisimamilloside F 虎舌红苷▲F 朱砂根 Ardisia crenata, 紫金牛 A. japonica, 虎舌红 A. mamillata

ardisimamilloside H 虎舌红苷▲H 紫金牛 Ardisia japonica, 虎舌红 A. mamillata

ardisinol I, II 紫金牛酚 I, II 紫金牛 Ardisia japonica

ardisinone A~E 紫金牛酮 A~E 小乔木紫金牛 Ardisia garrettii

ardisiogenin 紫金牛苷元▲ 月月红 Ardisia faberi

ardisioside 紫金牛苷▲ 月月红 Ardisia faberi

ardisioside A, B 紫金牛苷▲A, B 南方紫金牛 Ardisia thyrsiflora

ardisiphenol D 紫金牛脂酚▲D 九管血 Ardisia brevicaulis

arecaidine 槟榔次碱 槟榔 Areca catechu

arecatannin 槟榔鞣质 地果 Ficus tikoua

arecatannin A_1 槟榔鞣质 A_1 滇山茶 Camellia reticulata, 草芍药 Paeonia obovata

arecolidine 槟榔副碱 槟榔 Areca catechu

areconline 槟榔碱 槟榔 Areca catechu

arenaine 对叶车前因▲ 对叶车前 Plantago arenaria

arenarine A 蚤缀碱 A 老牛筋 Arenaria juncea, 甘肃雪灵芝 A. kansuensis

arenarine B, D 蚤缀碱 B, D 甘肃雪灵芝 Arenaria kansuensis

arenarine C 蚤缀碱 C 老牛筋 Arenaria juncea, 甘肃雪灵芝 A. kansuensis

arenarioside 沙生列当苷▲ 来江藤 Brandisia hancei, 醉鱼草 Buddleja lindleyana, 管花肉苁蓉 Cistanche tubulosa, 迎春花 Jasminum nudiflorum, 欧夏至草 Marrubium vulgare
arenariumoside I, II, III, IV 沙生蜡菊苷 I, II, III, IV 沙生蜡菊 Helichrysum arenarium
arenol 沙生蜡菊酚▲ 沙生蜡菊 Helichrysum arenarium
arenophthalide A, B, C 沙生蜡菊苯酞▲A, B, C 沙生蜡菊 Helichrysum arenarium
argemonine 蓟罂粟碱 腺毛唐松草 Thalictrum foetidum, 亚欧唐松草 T. minus, 箭头唐松草 T. simplex
argemonine-*N*-oxide 蓟罂粟碱 -*N*- 氧化物 腺毛唐松草 Thalictrum foetidum
argenteane 银肉豆蔻素▲ 二色五味子 Schisandra bicolor
argentine 银沙槐碱▲ 披针叶野决明 Thermopsis lanceolata
argentinine 阿根廷马兜铃碱▲ 粉防己 Stephania tetrandra
L-arginine L- 精氨酸 植物基础成分，未统计基源
arginine 精氨酸 植物基础成分，未统计基源
arginine acetate 精氨酸乙酸酯 桑 Morus alba
argininyl-fructosyl-glucose 精氨酸双糖苷 人参 Panax ginseng
arglabin 亮绿蒿素▲ 多花蒿 Artemisia myriantha
argophyllin A, B 绢毛向日葵素 A, B 向日葵 Helianthus annuus
argutalactone 两头毛内酯▲ 两头毛 Incarvillea arguta
argutane A, B 两头毛萜碱▲A, B 两头毛 Incarvillea arguta
argutine A, B 两头毛碱▲A, B 两头毛 Incarvillea arguta
(+)-argutoid A (+)- 两头毛单萜素 A 两头毛 Incarvillea arguta
argutone 两头毛酮▲ 两头毛 Incarvillea arguta
argutosin A~D 两头毛素▲A~D 两头毛 Incarvillea arguta
argyol 阿盖草醇▲ 管花肉苁蓉 Cistanche tubulosa, 绵毛鹿茸草 Monochasma savatieri
argyrophilic acid 银叶巴豆酸▲ 雪松 Cedrus deodara
arichannatoxin I 红背艳尺蛾毒素 I 云南假木荷 Craibiodendron yunnanense
aricine 毛金鸡纳辛碱▲ 金鸡纳树 Cinchona calisaya, 古巴萝芙木 Rauvolfia cubana, 四叶萝芙木 R. tetraphylla
arillanin A~F 黄花远志素 A~F 荷包山桂花 Polygala arillata
arillanin G 黄花远志素 G 荷包山桂花 Polygala arillata, 华南远志 P. glomerata, 密花远志 P. tricornis
arillatanoside A~D 黄花远志诺苷▲A~D 荷包山桂花 Polygala arillata
arillatose A~F 荷包山桂花糖 A~F 荷包山桂花 Polygala arillata
arilloside A 黄花远志苷▲A 荷包山桂花 Polygala arillata, 西伯利亚远志 P. sibirica
arilloside B~F 黄花远志苷▲B~F 荷包山桂花 Polygala arillata
arisandilactone A 阿里山五味子二内酯▲A 阿里山五味子 Schisandra arisanensis
arisanlactone A, D 阿里山五味子内酯▲A, D 阿里山五味子 Schisandra arisanensis
arisanlactone B 阿里山五味子内酯▲B 阿里山五味子 Schisandra arisanensis, 五味子 S. chinensis
arisanlactone C 阿里山五味子内酯▲C 阿里山五味子 Schisandra arisanensis, 五味子 S. chinensis
arisanschinin A~N 阿里山五味子宁▲A~N 阿里山五味子 Schisandra arisanensis
arisantetralone A 阿里山五味子四氢萘酮▲A 南五味子 Kadsura longipedunculata, 阿里山五味子 Schisandra arisanensis, 华中五味子 S. sphenanthera
arisantetralone B 阿里山五味子四氢萘酮▲B 南五味子 Kadsura longipedunculata, 阿里山五味子 Schisandra arisanensis, 华中五味子 S. sphenanthera
arisantetralone C 阿里山五味子四氢萘酮▲C 南五味子 Kadsura longipedunculata, 阿里山五味子 Schisandra arisanensis, 华中五味子 S. sphenanthera
arisantetralone D 阿里山五味子四氢萘酮▲D 南五味子 Kadsura longipedunculata, 阿里山五味子 Schisandra arisanensis
ariscucurbin A, B, C 瓜叶马兜铃宾▲A, B, C 瓜叶马兜铃 Aristolochia cucurbitifolia
aristofolin A 瓜叶马兜铃素▲A 瓜叶马兜铃 Aristolochia cucurbitifolia, 大叶马兜铃 A. kaempferi
aristofolin B 瓜叶马兜铃素▲B 瓜叶马兜铃 Aristolochia cucurbitifolia, 大叶马兜铃 A. kaempferi
aristofolin C, D 瓜叶马兜铃素▲C, D 瓜叶马兜铃 Aristolochia cucurbitifolia
aristofolin E 瓜叶马兜铃素▲E 大叶马兜铃 Aristolochia kaempferi, 木通马兜铃 A. manshuriensis
ent-aristol-9-en-8α-ol 对映 - 马兜铃 -9- 烯 -8α- 醇 石地钱 Reboulia hemisphaerica
aristolactam I; aristololactam I 马兜铃内酰胺 I 北马兜铃 Aristolochia contorta, 瓜叶马兜铃 A. cucurbitifolia, 马兜铃 A. debilis, 广防己 A. fangchi, 大叶马兜铃 A. kaempferi, 木通马兜铃 A. manshuriensis, 寻骨风 A. mollissima, 管花马兜铃 A. tubiflora, 双叶细辛 Asarum caulescens, 辽细辛 A. heterotropoides var. mandshuricum, 单叶细辛 A. himalaicum, 小叶马蹄香 A. ichangense, 长茎金耳环 A. longerhizomatosum, 大叶马蹄香 A. maximum, 汉城细辛 A. sieboldii, 马蹄香 Saruma henryi, 小叶地不容 Stephania succifera
aristolactam Ia; aristololactam Ia 马兜铃内酰胺 Ia 马蹄香 Saruma henryi
aristolactam Ia-8-β-D-glucopyranoside 马兜铃内酰胺 Ia-8-β-D- 吡喃葡萄糖苷 木通马兜铃 Aristolochia manshuriensis
aristolactam Ia-*N*-β-D-glucopyanoside 马兜铃内酰胺 Ia-*N*-β-D- 吡喃葡萄糖苷 北马兜铃 Aristolochia contorta
aristolactam I-β-D-glucoside 马兜铃内酰胺 I-β-D- 葡萄糖苷 广防己 Aristolochia fangchi
aristolactam II; aristololactam II 马兜铃内酰胺 II 北马兜铃 Aristolochia contorta, 马兜铃 A. debilis, 大叶马兜铃 A. kaempferi, 木通马兜铃

A. manshuriensis, 管花马兜铃 A. tubiflora, 马蹄香 Saruma henryi

aristolactam IIIa; aristololactam IIIa 马兜铃内酰胺 IIIa 瓜叶马兜铃 Aristolochia cucurbitifolia, 马兜铃 A. debilis, 大叶马兜铃 A. kaempferi, 木通马兜铃 A. manshuriensis

aristolactam IV; aristololactam IV 马兜铃内酰胺 IV 大叶马蹄香 Asarum maximum, 马蹄香 Saruma henryi

aristolactam IVa; aristololactam IVa 马兜铃内酰胺 IVa 北马兜铃 Aristolochia contorta, 广防己 A. fangchi

aristolactam VII; aristololactam VII 马兜铃内酰胺 VII 大叶马蹄香 Asarum maximum

aristolactam A; aristololactam A 马兜铃内酰胺 A 蕺菜 Houttuynia cordata

aristolactam AII; aristololactam AII 马兜铃内酰胺 AII 北马兜铃 Aristolochia contorta, 瓜叶马兜铃 A. cucurbitifolia, 大叶马兜铃 A. kaempferi, 木通马兜铃 A. manshuriensis, 寻骨风 A. mollissima, 白叶瓜馥木 Fissistigma glaucescens, 瓜馥木 F. oldhamii, 蕺菜 Houttuynia cordata, 豆瓣绿 Peperomia tetraphylla, 蒌叶 Piper betle, 山蒟 P. hancei, 风藤 P. kadsura, 荜拔 P. longum, 石南藤 P. wallichii, 马蹄香 Saruma henryi, 三白草 Saururus chinensis, 紫玉盘 Uvaria microcarpa

aristolactam AIII; aristololactam AIII 马兜铃内酰胺 AIII 大叶马兜铃 Aristolochia kaempferi

aristolactam AIIIa; aristololactam AIIIa 马兜铃内酰胺 AIIIa 大叶马兜铃 Aristolochia kaempferi, 木通马兜铃 A. manshuriensis, 寻骨风 A. mollissima, 瓜馥木 Fissistigma oldhamii, 山蒟 Piper hancei, 风藤 P. kadsura, 石南藤 P. wallichii

aristolactam B; aristololactam B 马兜铃内酰胺 B 蕺菜 Houttuynia cordata

aristolactam BI; aristololactam BI 马兜铃内酰胺 BI 紫玉盘 Uvaria microcarpa

aristolactam BII; aristololactam BII 马兜铃内酰胺 BII 瓜叶马兜铃 Aristolochia cucurbitifolia, 大叶马兜铃 A. kaempferi, 排骨灵 Fissistigma bracteolatum, 白叶瓜馥木 F. glaucescens, 瓜馥木 F. oldhamii, 蕺菜 Houttuynia cordata, 豆瓣绿 Peperomia tetraphylla, 蒌叶 Piper betle, 马蹄香 Saruma henryi, 三白草 Saururus chinensis, 紫玉盘 Uvaria microcarpa

aristolactam BIII; aristololactam BIII 马兜铃内酰胺 BIII 排骨灵 Fissistigma bracteolatum, 白叶瓜馥木 F. glaucescens, 紫玉盘 Uvaria microcarpa

aristolactam C-*N*-(*β*-D-glucoside) 马兜铃内酰胺 C-*N*-(*β*-D- 葡萄糖苷) 瓜叶马兜铃 Aristolochia cucurbitifolia

aristolactam C-*N*-*β*-D-glucopyranoside 马兜铃内酰胺 C-*N*-*β*-D- 吡喃葡萄糖苷 寻骨风 Aristolochia mollissima

aristolactam C-*N*-*β*-D-glucoside 马兜铃内酰胺 C-*N*-*β*-D- 葡萄糖苷 大叶马兜铃 Aristolochia kaempferi

aristolactam FI; aristololactam FI 马兜铃内酰胺 FI 瓜馥木 Fissistigma oldhamii

aristolactam FII; aristololactam FII 马兜铃内酰胺 FII 瓜馥木 Fissistigma oldhamii, 蕺菜 Houttuynia cordata

aristolactam-*N*-(6'-*trans*-*p*-coumaroyl)-*β*-D-glucopyranoside 马兜铃内酰胺 -*N*-(6'- 反式 - 对香豆酰基)-*β*-D- 吡喃葡萄糖苷 北马兜铃 Aristolochia contorta

aristolactam-*N*-*β*-D-glucopyranoside 马兜铃内酰胺 -*N*-*β*-D- 吡喃葡萄糖苷 北马兜铃 Aristolochia contorta, 寻骨风 A. mollissima

aristolactam-*N*-*β*-D-glucoside 马兜铃内酰胺 -*N*-*β*-D- 葡萄糖苷 广防己 Aristolochia fangchi, 大叶马兜铃 A. kaempferi

aristolactam-*β*-D-glucopyranoside 马兜铃内酰胺 -*β*-D- 吡喃葡萄糖苷 瓜叶马兜铃 Aristolochia cucurbitifolia

aristolactone 马兜铃内酯 瓜叶马兜铃 Aristolochia cucurbitifolia, 西藏马兜铃 A. griffithii, 大叶马兜铃 A. kaempferi, 昆明马兜铃 A. kunmingensis, 寻骨风 A. mollissima

1(10),8-aristoladiene 1(10),8- 马兜铃二烯 石地钱 Reboulia hemisphaerica

aristolamide 马兜铃酰胺▲ 木通马兜铃 Aristolochia manshuriensis, 山椒子 Uvaria grandiflora

aristolamide II 马兜铃酰胺▲II 木通马兜铃 Aristolochia manshuriensis

$\Delta^{1,10}$-aristolane $\Delta^{1,10}$- 马兜铃烷 马兜铃 Aristolochia debilis

Δ^{9}-aristolane Δ^{9}- 马兜铃烷 马兜铃 Aristolochia debilis

aristolatam IIIa 木通马兜铃酰胺 IIIa 木通马兜铃 Aristolochia manshuriensis

1(10)-aristolen-2-one 1(10)- 马兜铃烯 -2- 酮 西藏马兜铃 Aristolochia griffithii

$\Delta^{1,10}$-aristolen-2-one $\Delta^{1,10}$- 马兜铃烯 -2- 酮 甘松 Nardostachys jatamansi

$\Delta^{9,10}$-aristolene $\Delta^{9,10}$- 马兜铃烯 甘松 Nardostachys jatamansi

aristolene 马兜铃烯 挥发油成分，未统计基源

aristolene epoxide 马兜铃烯环氧化物 挥发油成分，未统计基源

aristolic acid 马兜铃次酸 瓜叶马兜铃 Aristolochia cucurbitifolia, 大叶马兜铃 A. kaempferi, 变色马兜铃 A. versicolor, 木防己 Cocculus orbiculatus

aristolic acid I 马兜铃次酸 I 马兜铃 Aristolochia debilis, 木通马兜铃 A. manshuriensis, 马蹄香 Saruma henryi

aristolic acid II 马兜铃次酸 II 马兜铃 Aristolochia debilis, 木通马兜铃 A. manshuriensis, 单叶细辛 Asarum himalaicum, 台湾含笑 Michelia compressa

aristolic acid methyl ester 马兜铃次酸甲酯 瓜叶马兜铃 Aristolochia cucurbitifolia, 大叶马兜铃 A. kaempferi, 木通马兜铃 A. manshuriensis

aristolide A 马兜铃内酯 A 瓜叶马兜铃 Aristolochia cucurbitifolia

aristolide B 马兜铃内酯 B 瓜叶马兜铃 Aristolochia cucurbitifolia, 木通马兜铃 A. manshuriensis

aristoline 马兜铃林碱▲ 马兜铃 Aristolochia debilis

aristoliukine A 大叶马兜铃萘碱▲A 大叶马兜铃 Aristolochia kaempferi, 寻骨风 A. mollissima

aristoliukine B 大叶马兜铃萘碱▲B 大叶马兜铃 Aristolochia kaempferi, 寻骨风 A. mollissima

aristoliukine C 大叶马兜铃萘碱▲C 大叶马兜铃 Aristolochia kaempferi

aristolochene 印度马兜铃烯▲ 挥发油成分，未统计基源

aristolochic acid 马兜铃酸 长叶马兜铃 Aristolochia championii, 瓜叶马兜铃 A. cucurbitifolia, 西藏马兜铃 A. griffithii, 广西马兜铃 A. kwangsiensis, 寻骨风 A. mollissima, 木防己 Cocculus orbiculatus aristolochic acid I 马兜铃酸 I 北马兜铃 Aristolochia contorta, 瓜叶马兜铃 A. cucurbitifolia, 马兜铃 A. debilis, 广防己 A. fangchi, 大叶马兜铃 A. kaempferi, 木通马兜铃 A. manshuriensis, 寻骨风 A. mollissima, 宝兴马兜铃 A. moupinensis, 管花马兜铃 A. tubiflora, 皱花细辛 Asarum crispulatum, 单叶细辛 A. himalaicum, 小叶马蹄香 A. ichangense, 长茎金耳环 A. longerhizomatosum, 马蹄香 Saruma henryi

aristolochic acid I methyl ester 马兜铃酸 I 甲酯 瓜叶马兜铃 Aristolochia cucurbitifolia, 大叶马兜铃 A. kaempferi, 木通马兜铃 A. manshuriensis, 寻骨风 A. mollissima

aristolochic acid Ia 马兜铃酸 Ia 瓜叶马兜铃 Aristolochia cucurbitifolia, 木通马兜铃 A. manshuriensis, 单叶细辛 Asarum himalaicum

aristolochic acid Ia methyl ester 马兜铃酸 Ia 甲酯 大叶马兜铃 Aristolochia kaempferi

aristolochic acid II 马兜铃酸 II 北马兜铃 Aristolochia contorta, 瓜叶马兜铃 A. cucurbitifolia, 马兜铃 A. debilis, 广防己 A. fangchi, 大叶马兜铃 A. kaempferi, 木通马兜铃 A. manshuriensis, 寻骨风 A. mollissima, 宝兴马兜铃 A. moupinensis, 管花马兜铃 A. tubiflora

aristolochic acid II methyl ester 马兜铃酸 II 甲酯 瓜叶马兜铃 Aristolochia cucurbitifolia, 木通马兜铃 A. manshuriensis

aristolochic acid IIa 马兜铃酸 IIa 木通马兜铃 Aristolochia manshuriensis

aristolochic acid III 马兜铃酸 III 马兜铃 Aristolochia debilis

aristolochic acid III methyl ester 马兜铃酸 III 甲酯 瓜叶马兜铃 Aristolochia cucurbitifolia, 大叶马兜铃 A. kaempferi

aristolochic acid IIIa 马兜铃酸 IIIa 马兜铃 Aristolochia debilis, 木通马兜铃 A. manshuriensis, 管花马兜铃 A. tubiflora

aristolochic acid IV 马兜铃酸 IV 瓜叶马兜铃 Aristolochia cucurbitifolia, 木通马兜铃 A. manshuriensis, 宝兴马兜铃 A. moupinensis, 单叶细辛 Asarum himalaicum, 马蹄香 Saruma henryi

aristolochic acid IV methyl ester 马兜铃酸 IV 甲酯 长叶马兜铃 Aristolochia championii, 瓜叶马兜铃 A. cucurbitifolia, 大叶马兜铃 A. kaempferi, 广西马兜铃 A. kwangsiensis, 木通马兜铃 A. manshuriensis, 宝兴马兜铃 A. moupinensis, 耳叶马兜铃 A. tagala

aristolochic acid IVa 马兜铃酸 IVa 北马兜铃 Aristolochia contorta, 瓜叶马兜铃 A. cucurbitifolia, 大叶马兜铃 A. kaempferi, 木通马兜铃 A. manshuriensis, 寻骨风 A. mollissima, 辽细辛 Asarum heterotropoides var. mandshuricum

aristolochic acid IVa methyl ester 马兜铃酸 IVa 甲酯 木通马兜铃 Aristolochia manshuriensis

aristolochic acid Va 马兜铃酸 Va 北马兜铃 Aristolochia contorta

aristolochic acid VII methyl ester 马兜铃酸 VII 甲酯 瓜叶马兜铃 Aristolochia cucurbitifolia

aristolochic acid VIIa 马兜铃酸 VIIa 马兜铃 Aristolochia debilis, 管花马兜铃 A. tubiflora

aristolochic acid A 马兜铃酸 A 北马兜铃 Aristolochia contorta, 葫芦叶马兜铃 A. cucurbitoides, 马兜铃 A. debilis, 广防己 A. fangchi, 昆明马兜铃 A. kunmingensis, 广西马兜铃 A. kwangsiensis, 寻骨风 A. mollissima, 宝兴马兜铃 A. moupinensis, 耳叶马兜铃 A. tagala, 背蛇生 A. tuberosa, 变色马兜铃 A. versicolor, 短尾细辛 Asarum caudigerellum, 慈姑叶细辛 A. sagittarioides

aristolochic acid AII methyl ester 马兜铃酸 AII 甲酯 大叶马兜铃 Aristolochia kaempferi

aristolochic acid B 马兜铃酸 B 广防己 Aristolochia fangchi

aristolochic acid BII methyl ester 马兜铃酸 BII 甲酯 木通马兜铃 Aristolochia manshuriensis

aristolochic acid C 马兜铃酸 C 瓜叶马兜铃 Aristolochia cucurbitifolia, 马兜铃 A. debilis, 广防己 A. fangchi, 寻骨风 A. mollissima, 耳叶马兜铃 A. tagala, 背蛇生 A. tuberosa

aristolochic acid D 马兜铃酸 D 木通马兜铃 Aristolochia manshuriensis, 寻骨风 A. mollissima

aristolochic acid E 马兜铃酸 E 北马兜铃 Aristolochia contorta

aristolochic acid F, G 马兜铃酸 F, G 广防己 Aristolochia fangchi

aristolochic acid lactam AII 马兜铃酸内酰胺 AII 紫玉盘 Uvaria microcarpa

aristolochic acid methyl ester 马兜铃酸甲酯 长叶马兜铃 Aristolochia championii, 变色马兜铃 A. versicolor

aristolodione 马兜铃二酮▲ 大叶马兜铃 Aristolochia kaempferi

aristolol 马兜铃醇 马兜铃 Aristolochia debilis

aristololactam AIa 马兜铃内酰胺 AIa 瓜馥木 Fissistigma oldhamii, 山椒子 Uvaria grandiflora, 紫玉盘 U. microcarpa

aristololactam BIa 马兜铃内酰胺 BIa 山椒子 Uvaria grandiflora

aristololactam GI, GII 马兜铃内酰胺 GI, GII 瓜馥木 Fissistigma oldhamii

aristololide 马兜铃菲内酯▲ 北马兜铃 Aristolochia contorta, 马蹄香 Saruma henryi

(+)-aristolone (+)- 马兜铃酮 红菇 Russula lepida

ent-aristolone 对映 - 马兜铃酮 石地钱 Reboulia hemisphaerica

aristolone 马兜铃酮 石菖蒲 Acorus gramineus, 马兜铃 Aristolochia debilis, 香叶树 Lindera communis

aristolophenanlactone I 马兜铃菲内酯 I 管花马兜铃 Aristolochia tubiflora

aristoloside 马兜铃苷 木通马兜铃 Aristolochia manshuriensis

aristoloterpenate I 马兜铃酸萜酯 I 大叶马兜铃 Aristolochia kaempferi, 寻骨风 A. mollissima

aristoloterpenate III 马兜铃酸萜酯 III 瓜叶马兜铃 Aristolochia cucurbitifolia, 大叶马兜铃 A. kaempferi, 寻骨风 A. mollissima

aristomanoside 木通马兜铃苷 木通马兜铃 Aristolochia manshuriensis

aristomollin A~F 寻骨风萜素▲A~F 寻骨风 Aristolochia mollissima

aristophenone A 马兜铃苯酚酮▲A 木竹子 Garcinia multiflora, 大叶藤黄 G. xanthochymus

aristophyll C 马兜铃叶绿素 C 鬼针草 Bidens pilosa, 香桂 Cinnamomum subavenium, 榕树 Ficus microcarpa, 白兰 Michelia × alba

aristophyllide A 异叶马兜铃碱▲A 大叶马兜铃 Aristolochia kaempferi, 寻骨风 A. mollissima

aristophyllide B 异叶马兜铃碱▲B 寻骨风 Aristolochia mollissima

aristopyridinone A 马兜铃吡啶酮▲A 木通马兜铃 Aristolochia manshuriensis

aristoyunnolin A, C, D 云南马兜铃林素▲A, C, D 西藏马兜铃 Aristolochia griffithii

aristoyunnolin B 云南马兜铃林素▲B 西藏马兜铃 Aristolochia griffithii, 寻骨风 A. mollissima

aristoyunnolin E 云南马兜铃林素 ▲E 西藏马兜铃 Aristolochia griffithii, 寻骨风 A. mollissima
aristoyunnolin F 云南马兜铃林素 ▲F 西藏马兜铃 Aristolochia griffithii, 寻骨风 A. mollissima
aristoyunnolin G, H 云南马兜铃林素 ▲G, H 寻骨风 Aristolochia mollissima
aristoyunnolin I, J 云南马兜铃林素 ▲I, J 西藏马兜铃 Aristolochia griffithii
arjunetin 阿江榄仁素 ▲ 亮叶杨桐 Adinandra nitida, 云南风车子 Combretum griffithii var. yunnanense, 硬毛地笋 Lycopus lucidus var. hirtus, 小果蔷薇 Rosa cymosa, 小白花地榆 Sanguisorba tenuifolia var. alba
arjungenin 阿江榄仁苷元 全缘叶紫珠 Callicarpa integerrima, 云南风车子 Combretum griffithii var. yunnanense, 红大戟 Knoxia roxburghii, 寒莓 Rubus buergeri, 木莓 R. swinhoei, 毗黎勒 Terminalia bellirica, 诃子 T. chebula
arjungenin-23,28-bis-*O*-glucopyranoside 阿江榄仁树苷元 -23,28- 二 -*O*- 吡喃葡萄糖苷 肾茶 Clerodendranthus spicatus
arjungenin-23,28-di-*O*-glucopyranoside 阿江榄仁苷元 -23,28- 二 -*O*- 吡喃葡萄糖苷 亚洲络石 Trachelospermum asiaticum
arjungenin-28-*O*-*β*-D-xylopyranosyl-(1 → 2)-*β*-D-glucopyranoside 阿江榄仁苷元 -28-*O*-*β*-D- 吡喃木糖基 -(1 → 2)-*β*-D- 吡喃葡萄糖苷 亚洲络石 Trachelospermum asiaticum
arjungenin-3,28-di-*O*-glucopyranoside 阿江榄仁苷元 -3,28- 二 -*O*- 吡喃葡萄糖苷 亚洲络石 Trachelospermum asiaticum
arjunglucoside 阿江榄仁葡萄糖苷 蓝萼毛叶香茶菜 Isodon japonicus var. glaucocalyx, 毛杨梅 Myrica esculenta
arjunglucoside I 阿江榄仁葡萄糖苷 I 亮叶杨桐 Adinandra nitida, 裸花紫珠 Callicarpa nudiflora, 肾茶 Clerodendranthus spicatus, 云南风车子 Combretum griffithii var. yunnanense, 夏枯草 Prunella vulgaris, 麻栎 Quercus acutissima, 毗黎勒 Terminalia bellirica, 诃子 T. chebula, 亚洲络石 Trachelospermum asiaticum
arjunglucoside II 阿江榄仁葡萄糖苷 II 广东紫珠 Callicarpa kwangtungensis, 破布叶 Microcos paniculata, 云南杨梅 Myrica nana, 麻栎 Quercus acutissima, 锐尖山香圆 Turpinia arguta
arjunglycoside I 阿江榄仁苷 ▲I 牛叠肚 Rubus crataegifolius
arjunic acid 阿江榄仁尼酸 ▲ 云南风车子 Combretum griffithii var. yunnanense, 蛇莓 Duchesnea indica, 台湾枇杷 Eriobotrya deflexa, 枇杷 E. japonica, 野鸦椿 Euscaphis japonica, 白花泡桐 Paulownia fortunei, 小果蔷薇 Rosa cymosa, 掌叶复盆子 Rubus chingii, 木莓 R. swinhoei, 地榆 Sanguisorba officinalis, 楮头红 Sarcopyramis nepalensis, 漏芦 Stemmacantha uniflora, 飞龙掌血 Toddalia asiatica
arjunoglucoside II 阿江榄仁糖苷 ▲II 石南藤 Piper wallichii
arjunolic acid 阿江榄仁酸 较常见成分，至少分布于 30 种以上植物中，见于唇形科、大戟科、冬青科、杜鹃花科、胡桃科、胡颓子科、夹竹桃科、旌节花科、菊科、柳叶菜科、萝藦科、马鞭草科、毛茛科、木通科、木犀科、千屈菜科、茜草科、蔷薇科、茄科、清风藤科、山矾科、石竹科、使君子科、桃金娘科、杨梅科、榆科、紫葳科等
arjunolic acid-28-*O*-glucopyranoside 阿江榄仁酸 -28-*O*- 吡喃葡萄糖苷 白木通 Akebia trifoliata subsp. australis
armandiside 小木通苷 ▲ 小木通 Clematis armandii
armaoside 刺齿马先蒿苷 ▲ 刺齿马先蒿 Pedicularis armata
armaosigenin 刺齿马先蒿苷元 ▲ 滇瑞香 Daphne feddei
armatamide 竹叶花椒酰胺 ▲ 竹叶花椒 Zanthoxylum armatum
armatol A~F 树状软骨藻醇 ▲A~F 树状软骨藻 Chondria armata
armatoside 虎刺楤木苷 ▲ 野楤头 Aralia armata
armatumin 竹叶花椒脂素 ▲ 竹叶花椒 Zanthoxylum armatum
armatuside 红柄木犀苷 ▲ 红柄木犀 Osmanthus armatus
armefolin 狭叶墨西哥蒿素 ▲ 菊蒿 Tanacetum vulgare
(-)-armepavine (-)- 杏黄罂粟碱 红花疆罂粟 Roemeria refracta
(+)-armepavine (+)- 亚美尼亚罂粟碱 西伯利亚小檗 Berberis sibirica
(±)-armepavine (±)- 亚美尼亚罂粟碱 莲 Nelumbo nucifera
(*R*)-(-)-armepavine (*R*)-(-)- 亚美尼亚罂粟碱 ▲ 欧鼠李 Rhamnus frangula
(*S*)-armepavine (*S*)- 亚美尼亚罂粟碱 莲 Nelumbo nucifera
dl-armepavine *dl*- 亚美尼亚罂粟碱 莲 Nelumbo nucifera
armepavine 亚美尼亚罂粟碱 莲 Nelumbo nucifera, 黄唐松草 Thalictrum flavum
armexifolin 狭叶墨西哥蒿素 奇蒿 Artemisia anomala, 菊蒿 Tanacetum vulgare
armillane 蜜环菌烷 ▲ 蜜环菌 Armillaria mellea
armillaramide 蜜环菌酰胺 ▲ 蜜环菌 Armillaria mellea
armillaribin 蜜环菌宾 ▲ 蜜环菌 Armillaria mellea
armillaric acid 蜜环菌酸 蜜环菌 Armillaria mellea
armillaricin 蜜环菌钦 ▲ 蜜环菌 Armillaria mellea
armillaridin 蜜环菌定 ▲ 蜜环菌 Armillaria mellea
armillarigin 蜜环菌精 ▲ 蜜环菌 Armillaria mellea
armillarikin 蜜环菌肯 ▲ 蜜环菌 Armillaria mellea
armillarilin 蜜环菌灵 ▲ 蜜环菌 Armillaria mellea
armillarin 蜜环菌素 蜜环菌 Armillaria mellea
armillarinin 蜜环菌宁 ▲ 蜜环菌 Armillaria mellea
armillaripin 蜜环菌品 ▲ 蜜环菌 Armillaria mellea
armillarisin 蜜环菌辛 ▲ 蜜环菌 Armillaria mellea
armillaritin 蜜环菌亭 ▲ 蜜环菌 Armillaria mellea

armillarivin 蜜环菌文▲ 蜜环菌 Armillaria mellea
armillarizin 蜜环菌金▲ 蜜环菌 Armillaria mellea
armillasin 蜜环菌拉辛▲ 蜜环菌 Armillaria mellea
armillatin 蜜环菌拉亭▲ 蜜环菌 Armillaria mellea
armillyl everninate 蜜环基扁枝衣尼酸酯▲ 蜜环菌 Armillaria mellea
arnamiol 蜜环菌米醇▲ 蜜环菌 Armillaria mellea
arnebiabinone 软紫草二醌▲ 软紫草 Arnebia euchroma
arnebifuranone 软紫草呋喃醌▲ 软紫草 Arnebia euchroma
arnebinol 软紫草醇▲ 软紫草 Arnebia euchroma
arnebinol A~D 软紫草醇▲A~D 软紫草 Arnebia euchroma
arnebinone 软紫草酮▲ 软紫草 Arnebia euchroma
arnebinone B 软紫草酮▲B 软紫草 Arnebia euchroma
arnicolide C, D 山金车内酯 C, D 石胡荽 Centipeda minima
arnidiol 山金车二醇 石胡荽 Centipeda minima, 水朝阳旋覆花 Inula helianthusaquatilis, 款冬 Tussilago farfara
arnidiol fatty acid ester 山金车二醇脂肪酸酯 菊花 Chrysanthemum morifolium
arnidiol-3-*O*-laurate 山金车二醇 -3-*O*- 月桂酸酯 金盏花 Calendula officinalis
arnidiol-3-*O*-myristate 山金车二醇 -3-*O*- 肉豆蔻酸酯 金盏花 Calendula officinalis
arnidiol-3-*O*-palmitate 山金车二醇 -3-*O*- 棕榈酸酯 金盏花 Calendula officinalis
arnocoumarin 阿诺花椒香豆素▲ 前胡 Peucedanum praeruptorum
arnottianamide 阿诺花椒酰胺▲ 楝叶吴萸 Euodia glabrifolia, 飞龙掌血 Toddalia asiatica, 椿叶花椒 Zanthoxylum ailanthoides, 岭南花椒 Z. austrosinense, 花椒 Z. bungeanum, 两面针 Z. nitidum, 花椒簕 Z. scandens, 野花椒 Z. simulans, 狭叶花椒 Z. stenophyllum
arnottianin 阿诺花椒素▲ 飞龙掌血 Toddalia asiatica
arnottin I 阿诺花椒亭▲I 飞龙掌血 Toddalia asiatica
aromadedrin-3-*O*-α-L-arabinopyranoside 香树素 -3-*O*-α-L- 吡喃阿拉伯糖苷 毛豹皮樟 Litsea coreana var. lanuginosa
aromadendrane-4α,10α-diol 香树 -4α,10α- 二醇 川芎 Ligusticum sinense 'Chuanxiong', 三七 Panax notoginseng, 穗花牡荆 Vitex agnus-castus
(-)-aromadendrane-4α,7α-diol (-)- 香树 -4α,7α- 二醇 樫木 Dysoxylum excelsum
aromadendrane-4β,10α-diol 香树 -4β,10α- 二醇 东北丝裂蒿 Artemisia adamsii, 鱼子兰 Chloranthus erectus, 三七 Panax notoginseng, 华蟹甲 Sinacalia tangutica
aromadendrane-4β,10β-diol 香树 -4β,10β- 二醇 臭冷杉 Abies nephrolepis, 广东蛇葡萄 Ampelopsis cantoniensis, 西藏马兜铃 Aristolochia griffithii, 寻骨风 A. mollissima, 雪香兰 Hedyosmum orientale, 川芎 Ligusticum sinense 'Chuanxiong', 三七 Panax notoginseng
(-)-4β,10α-aromadendranediol (-)-4β,10α- 香树烷二醇 人参 Panax ginseng, 裸果胡椒 Piper nudibaccatum
(-)-4β,7α-aromadendranediol (-)-4β,7α- 香树烷二醇 蹄叶橐吾 Ligularia fischeri
(+)-3α,9β-aromadendranediol (+)-3α,9β- 香树二醇 柠条锦鸡儿 Caragana korshinskii
4α,10β-aromadendranediol 4α,10β- 香树烷二醇 东风菜 Doellingeria scabra
4α,7α-aromadendranediol 4α,7α- 香树烷二醇 飞蓬 Erigeron acer, 矮陀陀 Munronia pinnata
4β,10β-aromadendranediol 4β,10β- 香树烷二醇 马蹄香 Saruma henryi
4β,7α-aromadendranediol 4β,7α- 香树烷二醇 浆果楝 Cipadessa baccifera
10-aromadendranol 10- 香木兰烷醇 调料九里香 Murraya koenigii
(+)-aromadendrene (+)- 香树烯 挥发油成分，未统计基源
1β,4α,5β,6β,7β-10(14)-aromadendrene 1β,4α,5β,6β,7β-10(14)- 香树烯 挥发油成分，未统计基源
aromadendrene 香树烯 挥发油成分，未统计基源
aromadendrene epoxide 香树烯环氧化物 挥发油成分，未统计基源
aromadendrene oxide 香树烯氧化物 挥发油成分，未统计基源
(+)-aromadendrin (+)- 香树素 铁包金 Berchemia lineata, 直杆蓝桉 Eucalyptus maidenii, 北枳椇 Hovenia dulcis, 翼核果 Ventilago leiocarpa
aromadendrin 香树素 金合欢 Acacia farnesiana, 蜀葵 Alcea rosea, 鄂羊蹄甲 Bauhinia glauca subsp. hupehana, 多花勾儿茶 Berchemia floribunda, 垂枝桦 Betula pendula, 淡枝沙拐枣 Calligonum leucocladum, 乌蔹莓 Cayratia japonica, 欧洲甜樱桃 Cerasus avium, 黑樱桃 C. maximowiczii, 海杧果 Cerbera manghas, 流苏树 Chionanthus retusus, 构棘 Cudrania cochinchinensis, 柘树 C. tricuspidata, 福建胡颓子 Elaeagnus oldhamii, 云南黄杞 Engelhardia spicata, 柠檬桉 Eucalyptus citriodora, 卫矛 Euonymus alatus, 云南土沉香 Excoecaria acerifolia, 深绿山龙眼 Helicia nilagirica, 刺榆 Hemiptelea davidii, 小驳骨 Justicia gendarussa, 鸡眼草 Kummerowia striata, 小槐花 Ohwia caudata, 花榈木 Ormosia henryi, 桑黄 Phellinus igniarius, 西藏猫乳 Rhamnella gilgitica, 长叶冻绿 Rhamnus crenata, 鼠李 R. davurica, 葫芦茶 Tadehagi triquetrum, 多枝柽柳 Tamarix ramosissima
aromadendrin dihexoside 香树素二己糖苷 洋甘草 Glycyrrhiza glabra
aromadendrin-3-*O*-galactopyranoside 香树素 -3-*O*- 吡喃半乳糖苷 荞麦 Fagopyrum esculentum
aromadendrin-3-*O*-β-D-glucopyranoside 香树素 -3-*O*-β-D- 吡喃葡萄糖苷 蜀葵 Alcea rosea, 地锦 Parthenocissus tricuspidata
aromadendrin-6-*C*-glucopyranoside 香树素 -6-*C*- 吡喃葡萄糖苷 刺榆 Hemiptelea davidii
aromadendrin-6-*C*-glucoside 香树素 -6-*C*- 葡萄糖苷 榉树 Zelkova serrata
aromadendrin-7-methyl ether 香树素 -7- 甲醚 飞机草 Chromolaena odorata, 柠檬桉 Eucalyptus citriodora
aromadendrin-7-*O*-glucopyranoside 香树素 -7-*O*- 吡喃葡萄糖苷 山杨 Populus davidiana
aromadendrol 香树醇 东北蛇葡萄 Ampelopsis glandulosa var. brevipedunculata

aromaticin 芳香堆心菊素 水朝阳旋覆花 Inula helianthusaquatilis, 湖北旋覆花 I. hupehensis
aromatinin A 丁香鞣宁 ▲A 丁香 Syzygium aromaticum
aromoline 芳香花桂林碱 ▲ 崖藤 Albertisia laurifolia, 异果小檗 Berberis heteropoda, 金线吊乌龟 Stephania cephalantha, 华东唐松草 Thalictrum fortunei
aromonacolin A 芳红曲可林 A 红曲 Monascus purpureus
arscotin 苏格兰蒿素 ▲ 大管 Micromelum falcatum
artabin 苦艾宾 ▲ 中亚苦蒿 Artemisia absinthium
artabonatine A 鹰爪花亭 ▲A 鹰爪花 Artabotrys hexapetalus, 台湾含笑 Michelia compressa
artabonatine B~F 鹰爪花亭 ▲B~F 鹰爪花 Artabotrys hexapetalus
(*R*)-artabotriol (*R*)- 鹰爪花三醇 ▲ 鹰爪花 Artabotrys hexapetalus, 含羞草决明 Chamaecrista mimosoides
artabotrycinol 鹰爪花醇 ▲ 鹰爪花 Artabotrys hexapetalus
artabotryside A, B 鹰爪花苷 ▲A, B 鹰爪花 Artabotrys hexapetalus
artabsin 苦艾内酯 中亚苦蒿 Artemisia absinthium, 大籽蒿 A. sieversiana
artacinatine 鹰爪花碱 鹰爪花 Artabotrys hexapetalus
artamenone 鹰爪花烯酮 ▲ 宁夏枸杞 Lycium barbarum
artanin 蒿宁 ▲ 裂叶蒿 Artemisia tanacetifolia
artanoiridoid 刘寄奴醚萜 ▲ 奇蒿 Artemisia anomala
artanolide 苦艾萜内酯 ▲ 中亚苦蒿 Artemisia absinthium
artanomaloide 刘寄奴内酯 奇蒿 Artemisia anomala, 阴地蒿 A. sylvatica
artapetalin A, B, C 鹰爪花素 ▲A, B, C 鹰爪花 Artabotrys hexapetalus
arteannuin A 青蒿甲素 黄花蒿 Artemisia annua
arteannuin B 青蒿素 B 黄花蒿 Artemisia annua, 益母草 Leonurus japonicus
arteannuin; artemisinin; qinghaosu 青蒿素 黄花蒿 Artemisia annua
arteanoflavone 奇蒿黄酮 奇蒿 Artemisia anomala
arteanomalactone 奇蒿内酯 奇蒿 Artemisia anomala
artecalin 加利福尼亚蒿内酯 ▲ 无毛牛尾蒿 Artemisia dubia var. subdigitata
artecanin 银灰蒿素 ▲ 冷蒿 Artemisia frigida, 湘赣艾 A. gilvescens, 西南牡蒿 A. parviflora, 魁蒿 A. princeps, 短舌匹菊 Pyrethrum parthenium
arteglasin A 道氏蒿素 ▲A 野菊 Chrysanthemum indicum
arteincultone 荒芜蒿酮 菊蒿 Tanacetum vulgare
artekeiskeanol A~D 菴蕳醇 ▲A~D 菴蕳 Artemisia keiskeana
artelin 三齿蒿林素 ▲ 臭椿 Ailanthus altissima
arteludovicinolide A 银叶艾内酯 ▲A 无毛牛尾蒿 Artemisia dubia var. subdigitata
artemdubolide A~H 无毛牛尾蒿内酯 ▲A~H 无毛牛尾蒿 Artemisia dubia var. subdigitata
artemetin 蒿黄素 蓍 Achillea millefolium, 中亚苦蒿 Artemisia absinthium, 黄花蒿 A. annua, 岩蒿 A. rupestris, 锦熟黄杨 Buxus sempervirens, 尖尾枫 Callicarpa longissima, 长毛紫珠 C. pilosissima, 菊花 Chrysanthemum morifolium, 续随子 Euphorbia lathyris, 蒲公英 Taraxacum mongolicum, 马鞭草 Verbena officinalis, 穗花牡荆 Vitex agnus-castus, 牡荆 V. negundo var. cannabifolia, 蔓荆 V. trifolia, 单叶蔓荆 V. trifolia subsp. litoralis
artemicapin A, B, D 茵陈蒿品 ▲A, B, D 茵陈蒿 Artemisia capillaris
artemicapin C 茵陈蒿品 ▲C 茵陈蒿 Artemisia capillaris, 青蒿 A. carvifolia carvifolia
artemidin 龙蒿素 ▲ 龙蒿 Artemisia dracunculus
artemidiol 龙蒿二醇 ▲ 龙蒿 Artemisia dracunculus
arteminin 青蒿米宁 ▲ 青蒿 Artemisia carvifolia carvifolia
arteminolide 蒿内酯 ▲ 阴地蒿 Artemisia sylvatica
arteminone 阴地蒿酮 ▲ 阴地蒿 Artemisia sylvatica
arteminorin A 垫型蒿素 ▲A 刺天茄 Solanum violaceum
arteminorin D 垫型蒿素 ▲D 海滨木巴戟 Morinda citrifolia
artemisia alcohol 青蒿醇 挥发油成分，未统计基源
artemisia alcohol acetate 青蒿醇乙酸酯 细裂叶莲蒿 Artemisia gmelinii
artemisia ketone 蒿酮 挥发油成分，未统计基源
artemisia lactone 青蒿内酯 北艾 Artemisia vulgaris
artemisidin A 蒿西定 ▲A 茵陈蒿 Artemisia capillaris
artemisinic acid 青蒿酸 黄花蒿 Artemisia annua
artemisolide 艾蒿醇内酯 ▲ 艾 Artemisia argyi
artemisterol 蒿甾醇 ▲ 青蒿 Artemisia carvifolia carvifolia
artemitin 蒿亭 六棱菊 Laggera alata, 翼齿六棱菊 L. crispata
artemofriginoside A, B 冷蒿萜苷 ▲A, B 冷蒿 Artemisia frigida
artemolin 蒿萜内酯 中亚苦蒿 Artemisia absinthium, 大籽蒿 A. sieversiana
artemorin 南艾蒿灵 ▲ 月桂 Laurus nobilis, 短舌匹菊 Pyrethrum parthenium, 菊蒿 Tanacetum vulgare
artemyriantholide A~D 多花蒿内酯 ▲A~D 多花蒿 Artemisia myriantha

artenolide 洋艾双内酯 中亚苦蒿 Artemisia absinthium

artepillin A, C 茵陈蒿灵 A, C 茵陈蒿 Artemisia capillaris

artesin 蒿辛素▲ 菊苣 Cichorium intybus, 芙蓉菊 Crossostephium chinense

arthraxin 荩草素 荩草 Arthraxon hispidus, 匿芒荩草 A. hispidus var. cryptatherus

artocarbene 波罗蜜宾▲ 波罗蜜 Artocarpus heterophyllus

artocarmin A~D 波罗蜜明▲A~D 波罗蜜 Artocarpus heterophyllus

artocarmitin A, B, C 波罗蜜米亭▲A, B, C 波罗蜜 Artocarpus heterophyllus

artocarpanone 波罗蜜烷酮▲ 圆头蒿 Artemisia sphaerocephala, 波罗蜜 Artocarpus heterophyllus

artocarpene 波罗蜜烯▲ 桂木 Artocarpus nitidus subsp. lingnanensis

artocarpesin 波罗蜜辛▲ 波罗蜜 Artocarpus heterophyllus, 柘树 Cudrania tricuspidata

artocarpetin 波罗蜜亭▲ 波罗蜜 Artocarpus heterophyllus

artocarpetin A, B 波罗蜜亭▲A, B 波罗蜜 Artocarpus heterophyllus

artocarpfuranol 波罗蜜呋喃醇▲ 波罗蜜 Artocarpus heterophyllus

artocarpin 波罗蜜品▲ 波罗蜜 Artocarpus heterophyllus, 白桂木 A. hypargyreus, 桂木 A. nitidus subsp. lingnanensis

artocarpone B 波罗蜜酮▲B 二色波罗蜜 Artocarpus styracifolius

artocarpusin A, B, C 波罗蜜普辛▲A, B, C 波罗蜜 Artocarpus heterophyllus

artocarstilbene A 波罗蜜芪▲A 波罗蜜 Artocarpus heterophyllus

artoflavanocoumarin 波罗蜜黄烷香豆素▲ 桂木 Artocarpus nitidus subsp. lingnanensis

artogomezianone 长圆叶波罗蜜酮▲ 桂木 Artocarpus nitidus subsp. lingnanensis

artoheterophyllin A 波罗蜜素▲A 波罗蜜 Artocarpus heterophyllus, 二色波罗蜜 A. styracifolius

artoheterophyllin B 波罗蜜素▲B 波罗蜜 Artocarpus heterophyllus, 二色波罗蜜 A. styracifolius

artoheterophyllin C, E~J 波罗蜜素▲C, E~J 波罗蜜 Artocarpus heterophyllus

artoheterophyllin D 波罗蜜素▲D 波罗蜜 Artocarpus heterophyllus, 胭脂 A. tonkinensis

artohypaflavone 白桂木黄酮 白桂木 Artocarpus hypargyreus

artoindonesianin A-$_{2}$, F, S 印尼波罗蜜素▲A-$_{2}$, F, S 波罗蜜 Artocarpus heterophyllus

artoindonesianin X 印尼波罗蜜素▲X 胭脂 Artocarpus tonkinensis

artonin A 波罗蜜宁▲A 波罗蜜 Artocarpus heterophyllus, 白桂木 A. hypargyreus, 二色波罗蜜 A. styracifolius, 胭脂 A. tonkinensis

artonin B 波罗蜜宁▲B 波罗蜜 Artocarpus heterophyllus, 二色波罗蜜 A. styracifolius

artonin F 波罗蜜宁▲F 波罗蜜 Artocarpus heterophyllus, 二色波罗蜜 A. styracifolius

artonin J, Y, ZA, ZB 波罗蜜宁▲J, Y, ZA, ZB 波罗蜜 Artocarpus heterophyllus

artonkin-4'-*O*-glucopyranoside 东京胭脂素▲-4'-*O*- 吡喃葡萄糖苷▲ 胭脂 Artocarpus tonkinensis

artopeden A 小波罗蜜素▲A 波罗蜜 Artocarpus heterophyllus

artopetelin B 短绢毛波罗蜜素▲B 白桂木 Artocarpus hypargyreus, 二色波罗蜜 A. styracifolius

artostyracin A, B, C 二色波罗蜜辛▲A, B, C 二色波罗蜜 Artocarpus styracifolius

artotonin A, B 胭脂宁▲A, B 胭脂 Artocarpus tonkinensis

artotonkin 胭脂素▲ 桂木 Artocarpus nitidus subsp. lingnanensis, 胭脂 A. tonkinensis

artselaenin I, II, III, A, B, C 短茎马先蒿素▲I, II, III, A, B, C 短茎马先蒿 Pedicularis artselaeri

artselaeroside A 短茎马先蒿苷▲A 云南兔耳草 Lagotis yunnanensis, 短茎马先蒿 Pedicularis artselaeri

artselaeroside B 短茎马先蒿苷▲B 短茎马先蒿 Pedicularis artselaeri

artselenin 蒌蒿素▲ 蒌蒿 Artemisia selengensis

artselenoid 蒌蒿萜▲ 蒌蒿 Artemisia selengensis

ar-tumerone 芳 - 姜黄酮 姜黄 Curcuma longa, 莪术 C. phaeocaulis, 慈竹 Neosinocalamus affinis, 温郁金 Curcuma wenyujin, 印尼莪术 C. zanthorrhiza

arucadiol 银白鼠尾草二醇 丹参 Salvia miltiorrhiza, 红根草 S. prionitis, 甘西鼠尾草 S. przewalskii

arundacine 芦竹达嗪 芦竹 Arundo donax

arundafine 芦竹达吩 芦竹 Arundo donax

arundamine 芦竹胺 芦竹 Arundo donax

arundanine 芦竹达宁 芦竹 Arundo donax

arundaphine 芦竹达啡 芦竹 Arundo donax

arundavine 芦竹达素 芦竹 Arundo donax

arundinan 竹叶兰烷 竹叶兰 Arundina graminifolia

arundinaol 竹叶兰醇▲ 竹叶兰 Arundina graminifolia

arundine 芦竹啶 芦竹 Arundo donax

arundinine 芦竹啶宁 芦竹 Arundo donax

arundoin 芦竹素 毛秆野古草 Arundinella hirta, 狗牙根 Cynodon dactylon, 白茅 Imperata cylindrica, 淡竹叶 Lophatherum gracile, 五节芒 Miscanthus floridulus, 稻（模式亚种）Oryza sativa, 虉草 Phalaris arundinacea, 草地早熟禾 Poa pratensis, 硬质早熟禾 P. sphondylodes, 甘蔗 Saccharum officinarum

arungramone 竹叶兰酮 竹叶兰 Arundina graminifolia

arvenin I 海绿宁▲I 琉璃繁缕 Anagallis arvensis, 甜瓜 Cucumis melo, 山芝麻 Helicteres angustifolia, 圆穗兔耳草 Lagotis ramalana, 云南兔

耳草 L. yunnanensis, 栝楼 Trichosanthes kirilowii

arvenin II 海绿宁▲II 琉璃繁缕 Anagallis arvensis

arvenin III 海绿宁▲III 琉璃繁缕 Anagallis arvensis, 甜瓜 Cucumis melo, 山芝麻 Helicteres angustifolia, 栝楼 Trichosanthes kirilowii

arvenin IV 海绿宁▲IV 琉璃繁缕 Anagallis arvensis, 棒锤瓜 Neoalsomitra integrifoliola

arvensin 小花远志苷▲ 小花远志 Polygala arvensis

arvensoside A 小金盏花苷 A 金盏花 Calendula officinalis

arylbenzofuran DO-22 芳基苯并呋喃 DO-22 降香 Dalbergia odorifera

arzanol 沙生蜡菊赞酚▲ 沙生蜡菊 Helichrysum arenarium

asaricin; sarisan 细辛醚 挥发油成分，未统计基源

(-)-asarinin (-)- 细辛脂素 川北细辛 Asarum chinense, 杜衡 A. forbesii, 辽细辛 A. heterotropoides var. mandshuricum, 椿叶花椒 Zanthoxylum ailanthoides, 两面针 Z. nitidum

(+)-asarinin (+)- 细辛脂素 风吹楠 Horsfieldia glabra, 假蒟 Piper sarmentosum

L-asarinin L- 细辛脂素 汉城细辛 Asarum sieboldii, 樟 Cinnamomum camphora, 刺花椒 Zanthoxylum acanthopodium, 竹叶花椒 Z. armatum, 岭南花椒 Z. austrosinense, 大叶臭花椒 Z. myriacanthum, 狭叶花椒 Z. stenophyllum

asarinin 细辛脂素 辽细辛 Asarum heterotropoides var. mandshuricum, 三桠乌药 Lindera obtusiloba, 短蒟 Piper mullesua

asarinol A 细辛醇 A 汉城细辛 Asarum sieboldii

asaronaldehyde; asarylaldehyde 细辛醛 挥发油成分，未统计基源

(*E*)-asarone (*E*)- 细辛脑 挥发油成分，未统计基源

α-asarone *α*- 细辛脑 茉莉花 Jasminum sambac, 豆瓣绿 Peperomia tetraphylla, 假蒟 Piper sarmentosum, 迷果芹 Sphallerocarpus gracilis, 宝华玉兰 Yulania zenii

β-asarone *β*- 细辛脑 宝华玉兰 Yulania zenii

γ-asarone *γ*- 细辛脑 汉城细辛 Asarum sieboldii, 风藤 Piper kadsura, 假蒟 P. sarmentosum, 石莼 Ulva lactuca

trans-asarone 反式 - 细辛脑 石莼 Ulva lactuca

cis-asarone 顺式 - 细辛脑 葎草 Humulus scandens, 石莼 Ulva lactuca

asarone 细辛脑 挥发油成分，未统计基源

asarumin A~D 杜衡素 A~D 杜衡 Asarum forbesii

asatone 细辛酮 小叶马蹄香 Asarum ichangense, 大花细辛 A. macranthum

ascalonicoside A_1, A_2, B, C, D 火葱皂苷 A_1, A_2, B, C, D 火葱 Allium cepa var. aggregatum

ascaridole 驱蛔脑 挥发油成分，未统计基源

(+)-aschantin (+)- 几内亚胡椒素▲ 夜合花 Lirianthe coco, 望春玉兰 Yulania biondii

aschantin 几内亚胡椒素▲ 中亚苦蒿 Artemisia absinthium, 望春玉兰 Yulania biondii, 玉兰 Y. denudata

asclepiadin 马利筋定▲ 马利筋 Asclepias curassavica

asclepiasterol 马利筋甾醇▲ 马利筋 Asclepias curassavica

asclepin 马利筋素▲ 马利筋 Asclepias curassavica, 牛角瓜 Calotropis gigantea

asclepogenin 马利筋勒坡苷元▲ 马利筋 Asclepias curassavica

17*α*-ascleposide 17*α*- 马利筋苷▲ 滑桃树 Trevia nudiflora

ascleposide 马利筋苷▲ 马利筋 Asclepias curassavica

ascorbalamic acid 抗坏血丙氨酸 钝叶酸模 Rumex obtusifolius

l-ascorbic acid *l*- 抗坏血酸 植物基础成分，未统计基源

ascorbic acid 抗坏血酸 植物基础成分，未统计基源

1-(+)-L-ascorbic acid-2, 6-dihexadecanoate 1-(+)- 抗坏血酸 -2,6- 二 - 十六酸酯 挥发油成分，未统计基源

ascurogenin 马利筋苷元 马利筋 Asclepias curassavica

asebogenin 马醉木苷元 马醉木 Pieris japonica, 粉叶蕨 Pityrogramma calomelanos

asebogenin-2'-*O*-*β*-D-ribo-hexo-3-ulopyranoside 马醉木苷元 -2'-*O*-*β*-D- 吡喃核糖 -3- 唔落糖苷 马醉木 Pieris japonica

aseboquercitrin 马醉木槲皮素 马醉木 Pieris japonica

asebotin 马醉木素 蒙古风毛菊 Saussurea mongolica

asebotin; asebotoside 马醉木苷 醉魂藤 Heterostemma brownii, 美丽马醉木 Pieris formosa, 马醉木 P. japonica

asebotoxin I 日本马醉木毒素▲I 美丽马醉木 Pieris formosa, 马醉木 P. japonica

asebotoxin II 日本马醉木毒素▲II 马醉木 Pieris japonica

asebotoxin III 日本马醉木毒素▲III 云南假木荷 Craibiodendron yunnanense

asebotoxin IV 日本马醉木毒素▲IV 美丽马醉木 Pieris formosa, 马醉木 P. japonica

asebotoxin V 日本马醉木毒素▲V 美丽马醉木 Pieris formosa, 马醉木 P. japonica

asebotoxin VI, VII, IX 日本马醉木毒素▲VI, VII, IX 马醉木 Pieris japonica

asebotoxin VIII 日本马醉木毒素▲VIII 美丽马醉木 Pieris formosa, 马醉木 P. japonica

asernestioside A, B, C 梭果黄芪苷▲A, B, C 梭果黄耆 Astragalus ernestii

ashwagandhanolide 催眠睡茄双内酯▲ 睡茄 Withania somnifera

asiatic acid 积雪草酸 软枣猕猴桃 Actinidia arguta, 中华猕猴桃 A. chinensis, 大籽猕猴桃 A. macrosperma, 对萼猕猴桃 A. valvata, 积雪草 Centella asiatica, 白粉藤 Cissus repens, 云南风车子 Combretum griffithii var. yunnanense, 赤桉 Eucalyptus camaldulensis, 连翘 Forsythia suspensa, 鹅掌柴 Heptapleurum heptaphyllum, 枸骨 Ilex cornuta, 海南冬青 I. hainanensis, 鄂西香茶菜 Isodon henryi, 蓝萼毛叶香茶菜

I. japonicus var. glaucocalyx, 爵床 Justicia procumbens, 大花紫薇 Lagerstroemia speciosa, 圆萼刺参 Morina chinensis, 红前胡 Peucedanum rubricaule, 委陵菜 Potentilla chinensis, 夏枯草 Prunella vulgaris, 番石榴 Psidium guajava, 石榴 Punica granatum, 鹿蹄草 Pyrola calliantha, 绿花鹿蹄草 P. chlorantha, 光叶山矾 Symplocos lancifolia, 丁香 Syzygium aromaticum, 短药蒲桃 S. globiflorum, 蒲桃 S. jambos, 尖蕾狗牙花 Tabernaemontana bufalina, 榄仁树 Terminalia catappa

asiatic acid-28-*O*-glucopyranoside 积雪草酸 -28-*O*- 吡喃葡萄糖苷 白木通 Akebia trifoliata subsp. australis

asiaticin 积雪草替辛▲ 积雪草 Centella asiatica

asiaticodiglycoside 积雪草二糖苷 积雪草 Centella asiatica

asiaticoside 积雪草苷 三叶木通 Akebia trifoliata, 白木通 A. trifoliata subsp. australis, 积雪草 Centella asiatica, 鹅掌柴 Heptapleurum heptaphyllum, 黄精 Polygonatum sibiricum

asiaticoside A 积雪草苷 A 类叶升麻 Actaea asiatica, 白木通 Akebia trifoliata subsp. australis, 积雪草 Centella asiatica, 升麻 Cimicifuga foetida

asiaticoside B 积雪草苷 B 类叶升麻 Actaea asiatica, 积雪草 Centella asiatica

asiaticoside C~G 积雪草苷 C~G 积雪草 Centella asiatica

asiaticumine A, B 文殊兰明碱▲A, B 文殊兰 Crinum asiaticum var. sinicum

asiatiside A~D 白背枫苷▲A~D 白背枫 Buddleja asiatica

asiatoate A, B 白背枫酸酯▲A, B 白背枫 Buddleja asiatica

asimicin 泡泡辛▲ 圆滑番荔枝 Annona glabra

(-)-asimilobine (-)- 三裂泡泡碱▲ 圆滑番荔枝 Annona glabra, 鹰爪花 Artabotrys hexapetalus, 鹅掌楸 Liriodendron chinense, 黄兰 Michelia champaca

(*R*)-(-)-asimilobine (*R*)-(-)- 三裂泡泡碱▲ 圆滑番荔枝 Annona glabra

(*R*)-asimilobine (*R*)- 三裂泡泡碱▲ 厚朴 Houpoëa officinalis

asimilobine 三裂泡泡碱▲ 圆滑番荔枝 Annona glabra, 牛心番荔枝 A. reticulata, 瓜叶马兜铃 Aristolochia cucurbitifolia, 毛叶假鹰爪 Desmos dumosus, 秤钩风 Diploclisia affinis, 白叶瓜馥木 Fissistigma glaucescens, 日本厚朴 Houpoëa obovata, 厚朴 H. officinalis, 北美鹅掌楸 Liriodendron tulipifera, 莲 Nelumbo nucifera, 暗罗 Polyalthia suberosa, 小叶地不容 Stephania succifera, 枣 Ziziphus jujuba

aspacochinoside N, O, P 天门冬诺苷▲N, O, P 天门冬 Asparagus cochinchinensis

aspacochioside A, B, C 天门冬皂苷▲A, B, C 天门冬 Asparagus cochinchinensis

aspafilioside A~D, F 羊齿天冬苷 A~D, F 羊齿天门冬 Asparagus filicinus

aspafilioside E 羊齿天冬苷 E 羊齿天门冬 Asparagus filicinus, 山丹 Lilium pumilum

aspaoligonin A, B 南玉带素 A, B 南玉带 Asparagus oligoclonos

asparacoside 天门冬柯苷▲ 天门冬 Asparagus cochinchinensis

asparacosin A, B 天门冬柯素▲A, B 天门冬 Asparagus cochinchinensis

L-asparagine L- 天冬酰胺 植物基础成分，未统计基源

β-asparagine *β*- 天冬酰胺 牛蒡 Arctium lappa

asparagine 天冬酰胺 植物基础成分，未统计基源

asparagine-betaxanthin 天冬酰胺 - 甜菜黄素 厚皮菜 Beta vulgaris var. cicla

asparagoside A 芦笋皂苷 A 石刁柏 Asparagus officinalis

asparagus polysaccharide A~D 天门冬多糖 A~D 天门冬 Asparagus cochinchinensis

asparagusic acid-*anti-S*-oxide methyl ester 天门冬酸 - 反式 -*S*- 氧化物甲酯 石刁柏 Asparagus officinalis

asparagusic acid-*syn-S*-oxide methyl ester 天门冬酸 - 顺式 -*S*- 氧化物甲酯 石刁柏 Asparagus officinalis

asparagusin A 天门冬素 A 羊齿天门冬 Asparagus filicinus

asparasaponin I, II 石刁柏皂苷▲I, II 石刁柏 Asparagus officinalis

asparenydiol 天门冬烯炔二酚▲ 天门冬 Asparagus cochinchinensis

asparenyn 天门冬烯炔▲ 石刁柏 Asparagus officinalis

asparenynol 天门冬烯炔酚▲ 石刁柏 Asparagus officinalis

asparoside A, B 天门冬苷 A, B 密齿天门冬 Asparagus meioclados

D-aspartic acid D- 天冬氨酸 树状软骨藻 Chondria armata

L-aspartic acid L- 天冬氨酸 植物基础成分，未统计基源

aspartic acid 天冬氨酸 植物基础成分，未统计基源

asperglaucide 灰绿曲霉酰胺 狗肝菜 Dicliptera chinensis, 千根草 Euphorbia thymifolia, 山壳骨 Pseuderanthemum latifolium, 九节 Psychotria asiatica, 井栏边草 Pteris multifida, 异叶翅子树 Pterospermum heterophyllum, 水飞蓟 Silybum marianum

asperilin 糙叶依瓦菊灵▲ 旋覆花 Inula japonica

asperopterocarpin 粗毛甘草紫檀素 粗毛甘草 Glycyrrhiza aspera

asperosaponin VI 川续断皂苷 VI 甘青铁线莲 Clematis tangutica

asperosaponin X, A, B, C, E, F, G, H_1, H_2 川续断皂苷 X, A, B, C, E, F, G, H_1, H_2 川续断 Dipsacus asperoides

asperoside 鹊肾树洛苷▲ 鹊肾树 Streblus asper

asperoside 穗莪荚皂苷 丫蕊花 Ypsilandra thibetica

asperphenamate 曲霉苯氨酯 蜂巢草 Leucas aspera, 南苜蓿 Medicago polymorpha, 毛地黄鼠尾草 Salvia digitaloides

asperuloside 车叶草苷 葫芦树 Crescentia cujete, 虎皮楠 Daphniphyllum oldhamii, 杜仲 Eucommia ulmoides, 花曲柳 Fraxinus chinensis subsp. rhynchophylla, 四叶葎 Galium bungei, 猪殃殃 G. spurium, 三花拉拉藤 G. triflorum, 蓬子菜 G. verum, 长叶蓬子菜 G. verum var.

asiaticum, 金毛耳草 Hedyotis chrysotricha, 白花蛇舌草 H. diffusa, 牛白藤 H. hedyotidea, 宝盖草 Lamium amplexicaule, 斜基粗叶木 Lasianthus attenuatus, 日本粗叶木 L. japonicus, 海滨木巴戟 Morinda citrifolia, 巴戟天 M. officinalis, 鸡矢藤 Paederia foetida, 大车前 Plantago major, 染色茜草 Rubia tinctorum, 尖叶木 Urophyllum chinense

asperuloside tetraacetate 车叶草苷四乙酸酯 巴戟天 Morinda officinalis

asperulosidic acid 车叶草苷酸 朱砂根 Ardisia crenata, 杜仲 Eucommia ulmoides, 猪殃殃 Galium spurium, 蓬子菜 G. verum, 长叶蓬子菜 G. verum var. asiaticum, 金毛耳草 Hedyotis chrysotricha, 白花蛇舌草 H. diffusa, 牛白藤 H. hedyotidea, 纤花耳草 H. tenelliflora, 日本粗叶木 Lasianthus japonicus, 海滨木巴戟 Morinda citrifolia, 巴戟天 M. officinalis, 鸡矢藤 Paederia foetida, 阔叶丰花草 Spermacoce alata

asperulosidic acid ethyl ester 车叶草苷酸乙酯 金毛耳草 Hedyotis chrysotricha

asperulosidic acid methyl ester 车叶草苷酸甲酯 猪殃殃 Galium spurium, 长叶蓬子菜 G. verum var. asiaticum, 白花蛇舌草 Hedyotis diffusa, 牛白藤 H. hedyotidea

aspidin 绵马素 金冠鳞毛蕨 Dryopteris chrysocoma

aspidin AB, BB 绵马素 AB, BB 阔鳞鳞毛蕨 Dryopteris championii

aspidinol 绵马酚 金毛狗 Cibotium barometz, 欧洲鳞毛蕨 Dryopteris filix-mas

aspidinol B 绵马酚 B 中华蹄盖蕨 Athyrium sinense

aspidinol C, D 绵马酚 C, D 金丝桃 Hypericum monogynum

aspidistrin 蜘蛛抱蛋苷 蜘蛛抱蛋 Aspidistra elatior, 四川蜘蛛抱蛋 A. sichuanensis, 棕粑叶 A. zongbayi, 吉祥草 Reineckea carnea, 高大鹿药 Smilacina atropurpurea, 野海茄 Solanum japonense, 白英 S. lyratum

aspidistrogenin A 蜘蛛抱蛋苷元 A 蜘蛛抱蛋 Aspidistra elatior

aspidoalbine 白坚木宾 掌叶大黄 Rheum palmatum

(2,5)-aspidofractinin-16-ol (2,5)- 急折白坚木宁▲-16- 醇 蕊木 Kopsia arborea

(2*β*,5*β*)-aspidofractinin-16-ol (2*β*,5*β*)- 急折白坚木宁▲-16- 醇 海南蕊木 Kopsia hainanensis, 思茅山橙 Melodinus cochinchinensis

aspidofractinine 急折白坚木宁▲ 思茅山橙 Melodinus cochinchinensis

aspidoside A 蜘蛛抱蛋苷 A 蜘蛛抱蛋 Aspidistra elatior

aspidospermidine-3-carboxylic acid 白坚木定▲-3- 羧酸 水甘草 Amsonia elliptica

asprellanoside A~E 梅叶冬青苷▲A~E 秤星树 Ilex asprella

asprellic acid A, B, C 梅叶冬青酸 A, B, C 秤星树 Ilex asprella

asprellol A, B, C 梅叶冬青醇▲A, B, C 秤星树 Ilex asprella

assafoetidin 阿魏素 阜康阿魏 Ferula fukanensis, 大果阿魏 F. lehmannii

assamene 普洱茶烯▲ 铁力木 Mesua ferrea

assamicadine 大猪屎豆碱 大猪屎豆 Crotalaria assamica

assamicin I, II, III, IV, V, VI, VII, VIII 长柄七叶树素▲I, II, III, IV, V, VI, VII, VIII 长柄七叶树 Aesculus assamica

assamicoside A 四裂算盘子苷 A 四裂算盘子 Glochidion ellipticum

assamsaponin A~D, F, I 普洱茶皂苷▲A~D, F, I 茶 Camellia sinensis

(3*S*,3'*S*)-astaxanthin (3*S*,3'*S*)- 虾黄质 夏侧金盏花 Adonis aestivalis, 雨生红球藻 Haematococcus pluvialis

astaxanthin 虾黄质 拟南芥 Arabidopsis thaliana, 雨生红球藻 Haematococcus pluvialis

(3*S*,3'*S*)-astaxanthin diester (3*S*,3'*S*)- 虾黄质二酯 雨生红球藻 Haematococcus pluvialis

astaxanthin ester 虾黄质酯 红盘衣 Ophioparma ventosa

(3*S*,3'*S*)-astaxanthin monoester (3*S*,3'*S*)- 虾黄质单酯 雨生红球藻 Haematococcus pluvialis

aster saponin A~G, Hc, Hd 紫菀皂苷 A~G, Hc, Hd 紫菀 Aster tataricus

aster saponin Ha 紫菀皂苷 Ha 紫菀 Aster tataricus, 东风菜 Doellingeria scabra

aster saponin Hb 紫菀皂苷 Hb 紫菀 Aster tataricus, 羊乳 Codonopsis lanceolata, 东风菜 Doellingeria scabra

asterageratoidesoside A 三脉紫菀皂苷▲A 三脉紫菀 Aster ageratoides

asteratoidesoside A 三脉紫菀降皂苷▲A 缘毛紫菀 Aster souliei

asterbatanoside A, B, C, E~K 巴塘紫菀皂苷▲A, B, C, E~K 巴塘紫菀 Aster batangensis

asterbatanoside D 巴塘紫菀皂苷▲D 巴塘紫菀 Aster batangensis, 雏菊 Bellis perennis

asteriacerebroside G 海星脑苷 G 平车前 Plantago depressa

asterin A, B, C 紫菀灵▲A, B, C 紫菀 Aster tataricus

asterinin B 紫菀宁碱▲B 血散薯 Stephania dielsiana

asternin A~F 紫菀宁▲A~F 紫菀 Aster tataricus

astersaponin Ha, Hb, Hc 紫菀皂苷▲Ha, Hb, Hc 云南紫菀 Aster yunnanensis

astertarone A, B 紫菀萜酮▲A, B 紫菀 Aster tataricus

asteryunnanoside A, C, D, E, G, H, I 云南紫菀皂苷▲A, C, D, E, G, H, I 云南紫菀 Aster yunnanensis

asteryunnanoside B 云南紫菀皂苷▲B 云南紫菀 Aster yunnanensis, 迷迭香 Rosmarinus officinalis

asteryunnanoside F 云南紫菀皂苷▲F 云南紫菀 Aster yunnanensis, 杠板归 Polygonum perfoliatum

astilbic acid 落新妇酸 落新妇 Astilbe chinensis, 大落新妇 A. grandis, 溪畔落新妇 A. rivularis, 多花落新妇 A. rivularis var. myriantha, 腺萼落新妇 A. rubra

astilbin 落新妇苷 月月红 Ardisia faberi, 火索藤 Bauhinia aurea, 冬瓜 Benincasa hispida, 朱缨花 Calliandra haematocephala, 假鹰爪 Desmos chinensis, 黄杞 Engelhardia roxburghiana, 云南黄杞 E. spicata, 银叶树 Heritiera littoralis, 金丝桃 Hypericum monogynum, 金丝梅 H. patulum, 白背叶 Mallotus apelta, 地锦 Parthenocissus tricuspidata, 马醉木 Pieris japonica, 爆仗花 Rhododendron spinuliferum, 小叶红

叶藤 Rourea microphylla, 长托菝葜 Smilax ferox, 土茯苓 S. glabra, 黑果菝葜 S. glaucochina, 葡萄 Vitis vinifera
astilbotriterpenic acid 落新妇三萜酸 落新妇 Astilbe chinensis
astin A~J 紫菀素 ▲A~J 紫菀 Aster tataricus
astrachrysoside A 金翼黄芪苷 A 金翼黄耆 Astragalus chrysopterus
astraciceran 鹰嘴黄芪黄烷 镰荚棘豆 Oxytropis falcata
astragal 黄芪醛 ▲ 假升麻 Aruncus sylvester
astragalin 紫云英苷 常见成分，至少分布于 100 种以上植物中
astragalin monoacetate 紫云英苷单乙酸酯 洋甘草 Glycyrrhiza glabra
astragalin-2''-*O*-gallate 紫云英苷 -2''-*O*- 没食子酸酯 檵木 Loropetalum chinense
astragalin-6''-*O*-4-hydroxycinnamate 紫云英苷 -6''-*O*-4- 羟基桂皮酸酯 拔毒散 Sida szechuensis
astragalin-6''-*O*-gallate 紫云英苷 -6''-*O*- 没食子酸酯 檵木 Loropetalum chinense, 三球悬铃木 Platanus orientalis
astragaloside 黄芪苷 黄槿 Hibiscus tiliaceus, 鼠李 Rhamnus davurica
astragaloside I 黄芪苷 I 蒙古黄耆 Astragalus penduliflorus, 黄耆 A. penduliflorus subsp. mongholicus var. dahuricus
astragaloside II 黄芪苷 II 多花黄耆 Astragalus floridulus, 蒙古黄耆 A. penduliflorus, 黄耆 A. penduliflorus subsp. mongholicus var. dahuricus, 紫茉莉 Mirabilis jalapa
astragaloside III 黄芪苷 III 黄耆 Astragalus penduliflorus subsp. mongholicus var. dahuricus, 紫茉莉 Mirabilis jalapa
astragaloside IV 黄芪苷 IV 多花黄耆 Astragalus floridulus, 蒙古黄耆 A. penduliflorus, 黄耆 A. penduliflorus subsp. mongholicus var. dahuricus, 紫茉莉 Mirabilis jalapa
astragaloside V, VII 黄芪苷 V, VII 黄耆 Astragalus penduliflorus subsp. mongholicus var. dahuricus
astragaloside VI 黄芪苷 VI 黄耆 Astragalus penduliflorus subsp. mongholicus var. dahuricus, 紫茉莉 Mirabilis jalapa
astragaloside VIII 黄芪苷 VIII 背扁黄耆 Astragalus complanatus, 蒙古黄耆 A. penduliflorus, 黄耆 A. penduliflorus subsp. mongholicus var. dahuricus, 山岩黄耆 Hedysarum alpinum, 草木犀 Melilotus officinalis, 白车轴草 Trifolium repens, 藤萝 Wisteria villosa
astragaloside VIII methyl ester 黄芪苷 VIII 甲酯 背扁黄耆 Astragalus complanatus
astragaloside A 黄芪苷 A 红花山竹子 Corethrodendron multijugum
astrahygrol 硬皮地星醇 ▲ 硬皮地星 Astraeus hygrometricus
astrahygrone 硬皮地星酮 ▲ 硬皮地星 Astraeus hygrometricus
astramembrannin I 膜荚黄芪素 I 黄耆 Astragalus penduliflorus subsp. mongholicus var. dahuricus
astramembrannin II 膜荚黄芪素 II 多花黄耆 Astragalus floridulus, 蒙古黄耆 A. penduliflorus, 黄耆 A. penduliflorus subsp. mongholicus var. dahuricus
astramembranoside A, B 膜荚黄芪苷 ▲A, B 黄耆 Astragalus penduliflorus subsp. mongholicus var. dahuricus
astraodoric acid C 臭硬皮地星酸 ▲C 猴头菌 Hericium erinaceus
astrapterocarpane 黄芪紫檀烷 ▲ 黄耆 Astragalus penduliflorus subsp. mongholicus var. dahuricus
astrasieversianin VI, X 绵毛黄芪苷 VI, X 多花黄耆 Astragalus floridulus
astrasieversianin XV 绵毛黄芪苷 XV 金翼黄耆 Astragalus chrysopterus
astrasikokioside I 四国黄芪苷 ▲I 镰荚棘豆 Oxytropis falcata
astringin 云杉收敛苷 ▲ 臭冷杉 Abies nephrolepis, 桑 Morus alba
asysgangoside 宽叶十万错苷 ▲ 宽叶十万错 Asystasia gangetica
asystasioside A 十万错苷 ▲A 太白龙胆 Gentiana apiata
asystasioside E 十万错苷 ▲E 兔儿尾苗 Pseudolysimachion longifolium
atalafoline 酒饼簕碱 ▲ 酒饼簕 Atalantia buxifolia, 文旦 Citrus maxima'Wentan'
atalafoline B 酒饼簕碱 ▲B 酒饼簕 Atalantia buxifolia
atalantin 酒饼簕苦素 酒饼簕 Atalantia buxifolia
atalantoflavone 酒饼簕黄酮 ▲ 酒饼簕 Atalantia buxifolia, 佛手 Citrus medica var. sarcodactylis, 枳 Poncirus trifoliata
atalantolide 酒饼簕内酯 ▲ 酒饼簕 Atalantia buxifolia
atalaphyllidine 单叶酒饼簕定 ▲ 酒饼簕 Atalantia buxifolia, 山橘树 Glycosmis cochinchinensis, 小花山小橘 G. parviflora
atalaphylline 单叶酒饼簕碱 ▲ 酒饼簕 Atalantia buxifolia
atalaphyllinine 单叶酒饼簕宁 ▲ 酒饼簕 Atalantia buxifolia
atanine 阿塔崖椒宁 ▲ 吴茱萸 Euodia ruticarpa
(4*S*)-a-terpineol-8-*O*-*β*-D-xylopyranosyl-(1 → 6)-*β*-D-glucopyranoside (4*S*)-a- 松油醇 -8-*O*-*β*-D- 吡喃木糖基 -(1 → 6)-*β*-D- 吡喃葡萄糖苷 鞭打绣球 Hemiphragma heterophyllum
atheroline 芒籽林碱 山胡椒 Lindera glauca, 山鸡椒 Litsea cubeba
atherospermidine 芒籽定 鹰爪花 Artabotrys hexapetalus, 瓜馥木 Fissistigma oldhamii, 鹅掌楸 Liriodendron chinense, 北美鹅掌楸 L. tulipifera, 黄兰 Michelia champaca
atherosperminine 芒籽宁 白叶瓜馥木 Fissistigma glaucescens
atherosperminine-*N*-oxide 芒籽宁 -*N*- 氧化物 白叶瓜馥木 Fissistigma glaucescens
atis-15-ene 阿替 -15- 烯 高山松 Pinus densata
ent-atis-16(17)-ene-3,14-dione 对映 - 阿替 -16(17)- 烯 -3,14- 二酮 狼毒大戟 Euphorbia fischeriana
ent-atis-16-ene-13*α*-hydroxy-3,14-dione 对映 - 阿替 -16- 烯 -13*α*- 羟基 -3,14- 二酮 钩腺大戟 Euphorbia sieboldiana
ent-atis-16-ene-3,14-dione 对映 - 阿替 -16- 烯 -3,14- 二酮 大狼毒 Euphorbia jolkinii

16α-*ent*-atisan-16,17,19-triol 16α- 对映 - 阿替 -16,17,19- 三醇 滑桃树 Trevia nudiflora

(5β,8α,9β,10α,12α)-atisan-16-ol (5β,8α,9β,10α,12α)- 阿替 -16- 醇 向日葵 Helianthus annuus

ent-atisan-16α-ol 对映 - 阿替 -16α- 醇 海漆 Excoecaria agallocha

(5β,8α,9β,10α,12α)-atisan-3,16-diol (5β,8α,9β,10α,12α)- 阿替 -3,16- 二醇 海漆 Excoecaria agallocha

ent-atisane-3β,16α,17-triol 对映 - 阿替 -3β,16α,17- 三醇 狼毒大戟 Euphorbia fischeriana, 大狼毒 E. jolkinii, 甘肃大戟 E. kansuensis, 钩腺大戟 E. sieboldiana, 大果大戟 E. wallichii

atisine 阿替新 黄花乌头 Aconitum coreanum, 小白撑 A. nagarum var. heterotrichum, 船盔乌头 A. naviculare, 太白乌头 A. taipeicum, 甘青乌头 A. tanguticum, 白蓝翠雀花 Delphinium albocoeruleum, 河南翠雀花 D. honanense

atisine chloride 阿替新氯化物 圆叶乌头 Aconitum rotundifolium

atisine · HCl 盐酸阿替新 露蕊乌头 Aconitum gymnandrum

atisirene 阿替斯烯 白皮松 Pinus bungeana, 高山松 P. densata

(+)-α-atlantone (+)-α- 大西洋雪松酮▲ 挥发油成分，未统计基源

(*E*)-atlantone (*E*)- 大西洋雪松酮▲ 雪松 Cedrus deodara, 银杏 Ginkgo biloba

(*Z*)-atlantone (*Z*)- 大西洋雪松酮▲ 雪松 Cedrus deodara, 银杏 Ginkgo biloba

atractan A, B, C 苍术聚糖▲A, B, C 关苍术 Atractylodes japonica

atractylenolactam 白术内酰胺 白术 Atractylodes macrocephala, 丝穗金粟兰 Chloranthus fortunei

atractylenolide I 白术烯内酯▲I 关苍术 Atractylodes japonica, 朝鲜苍术 A. koreana, 白术 A. macrocephala, 白英 Solanum lyratum

atractylenolide II 白术烯内酯▲II 苍术 Atractylodes lancea, 白术 A. macrocephala, 党参 Codonopsis pilosula, 草珊瑚 Sarcandra glabra

atractylenolide III 白术烯内酯▲III 关苍术 Atractylodes japonica, 朝鲜苍术 A. koreana, 苍术 A. lancea, 白术 A. macrocephala, 丝穗金粟兰 Chloranthus fortunei, 宽叶金粟兰 C. henryi, 银线草 C. japonicus, 及已 C. serratus, 金粟兰 C. spicatus, 灰毛党参 Codonopsis canescens, 党参 C. pilosula, 球花党参 C. subglobosa, 楝叶吴萸 Euodia glabrifolia, 乌药 Lindera aggregata, 地稔 Melastoma dodecandrum, 草珊瑚 Sarcandra glabra, 蒙古苍耳 Xanthium mongolicum

atractylenolide IV 白术烯内酯▲IV 苍术 Atractylodes lancea, 白术 A. macrocephala, 草珊瑚 Sarcandra glabra

atractylenolide V, VI, VII 白术烯内酯▲V, VI, VII 白术 Atractylodes macrocephala

atractylenolidone 白术烯内酯酮▲ 地稔 Melastoma dodecandrum

atractyligenin 苍术苷元 水朝阳旋覆花 Inula helianthusaquatilis

atractylochromene 苍术色烯▲ 苍术 Atractylodes lancea

(1*Z*)-atractylodin (1*Z*)- 苍术素 苍术 Atractylodes lancea

atractylodin 苍术素 挥发油成分，未统计基源

(1*Z*)-atractylodinol (1*Z*)- 苍术二醇 苍术 Atractylodes lancea

atractylodiol 关苍术炔二醇 关苍术 Atractylodes japonica

atractyloside 苍术苷 蒙古苍耳 Xanthium mongolicum, 刺苍耳 X. spinosum

atractyloside A 苍术苷 A 关苍术 Atractylodes japonica, 苍术 A. lancea

atractyloside A-14-*O*-β-D-fructofuranoside 苍术苷 A-14-*O*-β-D- 呋喃果糖苷 苍术 Atractylodes lancea

atractyloside B 苍术苷 B 关苍术 Atractylodes japonica, 苍术 A. lancea

atractyloside C~I 苍术苷 C~I 苍术 Atractylodes lancea

(2*R*,3*R*,5*R*,7*R*,10*S*)-atractyloside G-2-*O*-β-D-glucopyranoside (2*R*,3*R*,5*R*,7*R*,10*S*)- 苍术苷 G-2-*O*-β-D- 吡喃葡萄糖苷 苍术 Atractylodes lancea

cis-atractyloside I 顺式 - 苍术苷 I 苍术 Atractylodes lancea

atractyloxide; atractylon; atractylone 苍术醚 挥发油成分，未统计基源

atranol 黑茶渍酚▲ 鹿石蕊 Cladonia rangiferina, 金丝刷 Lethariella cladonioides, 槽枝衣 Sulcaria sulcata

atranorin 黑茶渍素 日本绵腹衣 Anzia japonica, 粉缘斑叶 Cetrelia cetrarioides, 软石蕊 Cladonia mitis, 鹿石蕊 C. rangiferina, 雀石蕊 C. stellaris, 柔扁枝衣 Evernia divaricata, 条衣 Everniastrum cirrhatum, 卷梢亚铃孢衣 Heterodermia boryi, 金丝刷 Lethariella cladonioides, 金丝带 L. zahlbruckneri, 大叶梅衣 Parmotrema tinctorum, 肉刺树花 Ramalina roesleri, 红茄苳 Rhizophora mucronata, 茸珊瑚枝 Stereocaulon tomentosum, 槽枝衣 Sulcaria sulcata, 红腹石耳衣 Umbilicaria hypococcinea, 长松萝 Usnea longissima

atraric acid 黑茶渍酸▲ 漾濞鹿角藤 Chonemorpha griffithii, 茜草 Rubia cordifolia, 长叶柞木 Xylosma longifolia

atratoglaucoside A, B 白薇白前苷▲A, B 白薇 Cynanchum atratum

atratoside A 白薇托苷▲A 白薇 Cynanchum atratum, 变色白前 C. versicolor

atratoside B 白薇托苷▲B 白薇 Cynanchum atratum, 变色白前 C. versicolor

atratoside C 白薇托苷▲C 白薇 Cynanchum atratum, 变色白前 C. versicolor

atratoside D 白薇托苷▲D 白薇 Cynanchum atratum, 变色白前 C. versicolor

atromentic acid 黑毛桩菇酸 乳牛肝菌 Suillus bovinus

atromentin 黑毛桩菇素 乳牛肝菌 Suillus bovinus

atropine 阿托品 铃铛子 Anisodus luridus, 颠茄 Atropa belladonna, 树番茄 Cyphomandra betacea, 木本曼陀罗 Datura arborea, 洋金花 D. metel, 天仙子 Hyoscyamus niger, 中亚天仙子 H. pusillus, 麻疯树 Jatropha curcas, 宁夏枸杞 Lycium barbarum, 漏斗泡囊草 Physochlaina infundibularis

atroposide A 颠茄苷 A 颠茄 Atropa belladonna, 天仙子 Hyoscyamus niger

atroposide B, D, F, G, H 颠茄苷 B, D, F, G, H 颠茄 Atropa belladonna

atroposide C 颠茄苷 C 颠茄 Atropa belladonna, 天仙子 Hyoscyamus niger

atroposide E 颠茄苷 E 颠茄 Atropa belladonna, 天仙子 Hyoscyamus niger

atropuroside A~G 高大鹿药苷 A~G 高大鹿药 Smilacina atropurpurea
atroside 滨藜叶分药花苷▲ 红毛丹 Nephelium lappaceum
atrotosterone C 黑毛桩菇甾酮 C 华麻花头 Serratula chinensis
atroviridin 深绿藤黄素▲ 大叶藤黄 Garcinia xanthochymus
attenuatumione A~F 赶山鞭酮▲A~F 赶山鞭 Hypericum attenuatum
atuntzensin A 德钦大叶香茶菜素 A 撒尔维亚 Salvia officinalis
aucubigenin-1-*O*-*β*-gentiobioside 桃叶珊瑚苷元 -1-*O*-*β*- 龙胆二糖苷 黑蒴 Melasma arvense
aucubin 桃叶珊瑚苷 较常见成分，至少分布于 30 种以上植物中，常见于玄参科、车前科、杜仲科、醉鱼草科、马鞭草科、山茱萸科植物，少见于杜鹃花科、紫葳科等
aucuparin 欧洲花楸素 石南藤 Piper wallichii, 蝉翼藤 Securidaca inappendiculata
augustic acid 昂天莲酸▲ 昂天莲 Ambroma augustum, 川芎 Ligusticum sinense 'Chuanxiong', 木犀 Osmanthus fragrans, 单色蝴蝶草 Torenia concolor
aurantiamarin 苦橙苷 茉莉花 Jasminum sambac
aurantiamide 橙黄胡椒酰胺 温郁金 Curcuma wenyujin, 狗肝菜 Dicliptera chinensis, 地胆草 Elephantopus scaber, 千根草 Euphorbia thymifolia, 活血丹 Glechoma longituba, 银花苋 Gomphrena celosioides, 少药八角 Illicium oligandrum, 朝鲜白头翁 Pulsatilla cernua, 海蒿子 Sargassum confusum, 紫花地丁 Viola philippica
aurantiamide acetate 橙黄胡椒酰胺乙酸酯 较常见成分，至少分布于 30 种以上植物中，见于唇形科、大戟科、豆科、观音座莲科、红叶藻科、胡椒科、蒺藜科、堇菜科、锦葵科、菊科、爵床科、兰科、蓼科、马兜铃科、毛茛科、茜草科、茄科、瑞香科、伞形科、桑科、十字花科、天南星科、苋科、荨麻科、芸香科等
aurantiamide benzoate 橙黄胡椒酰胺苯甲酸酯 大叶山楝 Aphanamixis grandifolia, 羊耳菊 Duhaldea cappa, 天山橐吾 Ligularia narynensis
auranticanol A~M 橙花瑞香诺醇▲A~M 橙花瑞香 Daphne aurantiaca
aurantigenin 橙花开口箭皂苷元 橙花开口箭 Tupistra aurantiaca
aurantioobtusin 橙黄决明素 决明 Senna tora, 钝叶决明 S. tora var. obtusifolia
aurantioobtusin-2-*β*-D-glucoside 橙黄决明素 -2-*β*-D- 葡萄糖苷 决明 Senna tora
aurantioobtusin-6-*O*-*β*-D-glucopyranoside 橙黄决明素 -6-*O*-*β*-D- 吡喃葡萄糖苷 钝叶决明 Senna tora var. obtusifolia
aurapten 橙皮油内酯 山茴香 Carlesia sinensis, 马甲子 Paliurus ramosissimus, 华蟹甲 Sinacalia tangutica
auraptene 橙皮油烯 木橘 Aegle marmelos, 酒饼簕 Atalantia buxifolia, 酸橙 Citrus aurantium, 日本夏橙 C. aurantium 'Natsudaidai', 香圆 C. grandisjunos, 香橙 C. junos, 柠檬 C. limon, 柚 C. maxima, 沙田柚 C. maxima 'Shatian Yu', 橘红 C. maxima 'Tomentosa', 葡萄柚 C. paradisi, 细叶黄皮 Clausena anisum-olens, 狭叶白鲜 Dictamnus angustifolius, 象橘 Feronia limonia, 九里香 Murraya exotica, 千里香 M. paniculata, 川黄檗 Phellodendron chinense, 圆锥花远志 Polygala paniculata, 枳 Poncirus trifoliata, 榆橘 Ptelea trifoliata, 茵芋 Skimmia reevesiana, 椿叶花椒 Zanthoxylum ailanthoides, 异叶花椒 Z. ovalifolium, 青花椒 Z. schinifolium
auraptenol 橙皮油烯醇 蛇床 Cnidium monnieri, 益母草 Leonurus japonicus, 九里香 Murraya exotica, 千里香 M. paniculata, 决明 Senna tora
auraptenol acetate 橙皮油烯醇乙酸酯 九里香 Murraya exotica
auraptin 酸橙素▲ 日本夏橙 Citrus aurantium 'Natsudaidai'
aureaside A, B 小金梅草酚苷 A, B 小金梅草 Hypoxis aurea
aureol 绿豆酚▲ 红花山竹子 Corethrodendron multijugum, 大叶千斤拔 Flemingia macrophylla, 千斤拔 F. philippinensis
aureusidin 金鱼草素 金鱼草 Antirrhinum majus, 牵牛 Ipomoea nil, 黑茶藨子 Ribes nigrum
aureusidin-3-*O*-glucoside 金鱼草素 -3-*O*- 葡萄糖苷 黑茶藨子 Ribes nigrum
aureusidin-4-*O*-*β*-D-glucopyranoside 金鱼草素 -4-*O*-*β*-D- 吡喃葡萄糖苷 筒鞘蛇菰 Balanophora involucrata
aureusidin-6-*O*-glucoside 金鱼草素 -6-*O*- 葡萄糖苷 金鱼草 Antirrhinum majus
aureusin 金鱼草苷 沙生蜡菊 Helichrysum arenarium
auric acid 金酸 挥发油成分，未统计基源
auricularic acid 水珍珠菜酸▲ 水珍珠菜 Pogostemon auricularius
auricularine 耳草碱 耳草 Hedyotis auricularia, 脉耳草 H. vestita
auriculasin 耳形鸡血藤素▲ 柘树 Cudrania tricuspidata, 千斤拔 Flemingia philippinensis
auriculatone 耳叶紫菀酮▲ 耳叶紫菀 Aster auriculatus
auriculatoside A, B, C 耳叶紫菀苷▲A, B, C 耳叶紫菀 Aster auriculatus
auriculatusaponin A~F 耳叶紫菀皂苷▲A~F 耳叶紫菀 Aster auriculatus
auriculine 耳形羊耳蒜碱 羊耳蒜 Liparis japonica, 见血青 L. nervosa
auriculoside I, II, III, IV, A, B 牛皮消苷▲I, II, III, IV, A, B 牛皮消 Cynanchum boudieri
aurilide B, C 耳形截尾海兔内酯▲B, C 巨大鞘丝藻 Lyngbya majuscula
(3*S*,5*R*,8*R*)-auroxanthin (3*S*,5*R*,8*R*)- 堇金黄素▲ 海桐 Pittosporum tobira
auroxanthin 堇金黄质▲ 辣椒 Capsicum annuum, 香圆 Citrus grandisjunos, 黄独 Dioscorea bulbifera, 顶冰花 Gagea nakaiana, 忍冬 Lonicera japonica, 野苜蓿 Medicago falcata, 海桐 Pittosporum tobira
austocystin F 焦曲霉囊胞素▲F 蜜环菌 Armillaria mellea
austrafuran A, B, C 鸡桑呋喃▲A, B, C 鸡桑 Morus australis
australiside A, B 南方菟丝子苷 A, B 南方菟丝子 Cuscuta australis
australisin 铁苋菜素 铁苋菜 Acalypha australis
australisin A, B, C 鸡桑素▲A, B, C 鸡桑 Morus australis

axillarisinine 腋花山橙西宁▲ 腋花山橙 Melodinus axillaris
axillaroside 腋生依瓦菊苷 鬼针草 Bidens pilosa
axillaside A, B, C 爬岩红苷 A, B, C 爬岩红 Veronicastrum axillare
ayamenin A 鸢尾宁▲A 沙蓬 Agriophyllum squarrosum, 黄菖蒲 Iris pseudacorus, 准噶尔鸢尾 I. songarica
ayamenin B~E 鸢尾宁▲B~E 黄菖蒲 Iris pseudacorus
ayanin 阿亚黄素 蒌蒿 Artemisia selengensis, 艾纳香 Blumea balsamifera, 长柄紫珠 Callicarpa longipes, 裸花紫珠 C. nudiflora, 紫花丹 Plumbago indica, 鸡蛋花 Plumeria rubra 'Acutifolia', 胶质鼠尾草 Salvia glutinosa, 毛梗豨莶 Sigesbeckia glabrescens, 酸叶胶藤 Urceola rosea, 椿叶花椒 Zanthoxylum ailanthoides
ayapanin 阿牙潘泽兰素▲ 飞龙掌血 Toddalia asiatica, 革叶荛花 Wikstroemia scytophylla
ayapin 三脉泽兰素 密花石斛 Dendrobium densiflorum, 流苏石斛 D. fimbriatum, 地锦 Euphorbia humifusa, 拳参 Polygonum bistorta
ayuthianine 具脉千金藤碱 血散薯 Stephania dielsiana
azacridone A 氮杂吖啶酮 A 葡萄柚 Citrus paradisi
azadirachtin 印楝素 楝 Melia azedarach, 杜楝 Turraea pubescens
azadirone 印楝酮 川楝 Melia toosendan
azafrin 糙叶埃氏草素▲ 大花胡麻草 Centranthera grandiflora, 红雀珊瑚 Pedilanthus tithymaloides
azaleatin 杜鹃黄素 紫花丹 Plumbago indica
azecin 1~4 楝萜辛素 1~4 楝 Melia azedarach
azedarachic acid 苦楝苦酸▲ 楝 Melia azedarach
azedarachin A 苦楝素 A 楝 Melia azedarach, 川楝 M. toosendan
azedarachin B 苦楝素 B 楝 Melia azedarach, 川楝 M. toosendan
azedarachin C 苦楝素 C 楝 Melia azedarach
azedarachol 苦楝甾醇 楝 Melia azedarach
azedararide 苦楝降内酯▲ 楝 Melia azedarach
azelaic acid 壬二酸 挥发油成分，未统计基源
(2-aziridinylethyl)-amine 2- 吖啶基乙基胺 挥发油成分，未统计基源
azo-2,2'-bis [*Z*-(2,3-dihydroxy-4-methyl-5-methoxy)-phenylethylene] 偶氮 -2,2'- 双 [*Z*-(2,3- 二羟基 -4- 甲基 -5- 甲氧基) 苯基乙烯] 假木豆 Dendrolobium triangulare
azukisapogenol 赤豆皂醇 镰荚棘豆 Oxytropis falcata, 臭棘豆 O. microphylla
azukisaponin I 赤豆皂苷 I 槐 Sophora japonica, 赤豆 Vigna angularis
azukisaponin II 赤豆皂苷 II 大山黧豆 Lathyrus davidii, 毛山黧豆 L. palustris var. pilosus, 紫苜蓿 Medicago sativa, 黄花棘豆 Oxytropis ochrocephala, 槐 Sophora japonica, 白车轴草 Trifolium repens, 赤豆 Vigna angularis
azukisaponin II methyl ester 赤豆皂苷 II 甲酯 大山黧豆 Lathyrus davidii, 海滨山黧豆 L. japonicus
azukisaponin III, IV, VI 赤豆皂苷 III, IV, VI 赤豆 Vigna angularis
azukisaponin V 赤豆皂苷 V 大山黧豆 Lathyrus davidii, 毛山黧豆 L. palustris var. pilosus, 紫苜蓿 Medicago sativa, 草木犀 Melilotus officinalis, 槐 Sophora japonica, 白车轴草 Trifolium repens, 赤豆 Vigna angularis
azukisaponin V methyl ester 赤豆皂苷 V 甲酯 黄耆 Astragalus penduliflorus subsp. mongholicus var. dahuricus, 大山黧豆 Lathyrus davidii, 海滨山黧豆 L. japonicus
azulene 薁 挥发油成分，未统计基源
azuleno[6,5-b]furan-2-butenoic acid 薁 [6,5-b] 呋喃 -2- 丁烯酸 石胡荽 Centipeda minima

B

baccatin 浆果乌桕素▲ 浆果乌桕 Balakata baccata, 海滨大戟 Euphorbia atoto, 甘肃大戟 E. kansuensis, 大果大戟 E. wallichii, 乌桕 Triadica sebifera
baccatin I, V, VIII, IX, X 浆果紫杉素 I, V, VIII, IX, X 喜马拉雅红豆杉 Taxus wallichiana
baccatin III 浆果紫杉素 III 高山三尖杉 Cephalotaxus fortunei var. alpina, 海南粗榧 C. mannii, 大理罗汉松 Podocarpus forrestii, 东北红豆杉 Taxus cuspidata, 喜马拉雅红豆杉 T. wallichiana, 红豆杉 T. wallichiana var. chinensis, 南方红豆杉 T. wallichinana var. mairei
baccatin IV 浆果紫杉素 IV 喜马拉雅红豆杉 Taxus wallichiana, 红豆杉 T. wallichiana var. chinensis, 南方红豆杉 T. wallichinana var. mairei
baccatin VI 浆果紫杉素 VI 喜马拉雅红豆杉 Taxus wallichiana, 红豆杉 T. wallichiana var. chinensis, 南方红豆杉 T. wallichinana var. mairei
bacogenin A_1, A_2, A_3 假马齿苋柯苷元▲A_1, A_2, A_3 假马齿览 Bacopa monnieri
bacopasaponin A~G 假马齿苋皂苷 A~G 假马齿览 Bacopa monnieri
bacopaside 假马齿苋苷▲ I, II, III, IV, V, IX, X, A, B, C, N_1, N_2 假马齿览 Bacopa monnieri
bacoside A, A_1, A_2, A_3, B 假马齿苋柯苷▲A, A_1, A_2, A_3, B 假马齿览 Bacopa monnieri
bacosine 假马齿苋素▲ 假马齿览 Bacopa monnieri
bacosterol 假马齿苋甾醇▲ 假马齿览 Bacopa monnieri
bacosterol-3-*O*-*β*-D-glucopyranoside 假马齿苋甾醇▲-3-*O*-*β*-D- 葡萄糖苷▲ 假马齿览 Bacopa monnieri
badounoid A, B 巴豆萜▲A, B 巴豆 Croton tiglium
badrakemin 巴德拉阿魏素▲ 多伞阿魏 Ferula feruloides, 大果阿魏 F. lehmannii, 臭阿魏 F. teterrima
badrakemin acetate 巴德拉阿魏素▲乙酸酯 多伞阿魏 Ferula feruloides, 臭阿魏 F. teterrima

badrakemone 巴德拉阿魏酮▲ 阜康阿魏 Ferula fukanensis, 臭阿魏 F. teterrima
baeckein A~I 岗松素▲A~I 岗松 Baeckea frutescens
baeomycesic acid 羊角衣酸 皱黄卷岛衣 Flavocetraria cucullata, 金丝刷 Lethariella cladonioides, 雪地茶衣 Thamnolia subuliformis, 地茶衣 T. vermicularis
bahienoside A, B 巴氏九节苷▲A, B 毛钩藤 Uncaria hirsuta
baicalein 黄芩素 肾茶 Clerodendranthus spicatus, 三对节 Clerodendrum serratum, 白蜡树 Fraxinus chinensis, 木蝴蝶 Oroxylum indicum, 大车前 Plantago major, 滇黄芩 Scutellaria amoena, 黄芩 S. baicalensis, 半枝莲 S. barbata, 盔状黄芩 S. galericulata, 连翘叶黄芩 S. hypericifolia, 丽江黄芩 S. likiangensis, 甘肃黄芩 S. rehderiana, 棱茎黄芩 S. scandens, 并头黄芩 S. scordifolia, 沙滩黄芩 S. strigillosa, 展毛韧黄芩 S. tenax var. patentipilosa, 粘毛黄芩 S. viscidula, 柳叶红茎黄芩 S. yunnanensis var. salicifolia, 地蚕 Stachys geobombycis
baicalein-6,4'-dimethyl ether 黄芩素-6,4'-二甲醚 盔瓣耳叶苔 Frullania muscicola
baicalein-6-methyl ether 黄芩素-6-甲醚 盔瓣耳叶苔 Frullania muscicola
baicalein-6-*O*-*β*-D-glucopyranoside 黄芩素-6-*O*-*β*-D-吡喃葡萄糖苷 木蝴蝶 Oroxylum indicum
baicalein-7-*O*-caffeate 黄芩素-7-*O*-咖啡酸酯 木蝴蝶 Oroxylum indicum
baicalein-7-*O*-diglucoside 黄芩素-7-*O*-二葡萄糖苷 木蝴蝶 Oroxylum indicum
baicalein-7-*O*-glucuronide 黄芩素-7-*O*-葡萄糖醛酸苷 木蝴蝶 Oroxylum indicum
baicalein-7-*O*-glucuronide methyl ester 黄芩素-7-*O*-葡萄糖醛酸苷甲酯 黄芩 Scutellaria baicalensis
baicalein-7-*O*-*α*-L-rhamnopyranoside 黄芩素-7-*O*-*α*-L-吡喃鼠李糖苷 盔状黄芩 Scutellaria galericulata, 地桃花 Urena lobata
baicalein-7-*O*-*β*-D-glucopyranoside 黄芩素-7-*O*-*β*-D-吡喃葡萄糖苷 短葶飞蓬 Erigeron breviscapus, 木蝴蝶 Oroxylum indicum, 黄芩 Scutellaria baicalensis
baicalein-7-*O*-*β*-D-glucuronide 黄芩素-7-*O*-*β*-D-葡萄糖醛酸苷 盔状黄芩 Scutellaria galericulata, 塔头狭叶黄芩 S. regeliana var. ikonnikovii
baicalein-7-*O*-*β*-D-glucuronopyranosyl-(1→3)[*β*-D-glucopyranosyl-(1→6)]-*β*-D-glucopyranoside 黄芩素-7-*O*-*β*-D-吡喃葡萄糖醛酸基-(1→3)[*β*-D-吡喃葡萄糖基-(1→6)]-*β*-D-吡喃葡萄糖苷 木蝴蝶 Oroxylum indicum
baicalidine 贝加尔唐松草里定▲ 贝加尔唐松草 Thalictrum baicalense
baicalin 黄芩苷 百两金 Ardisia crispa, 菊花 Chrysanthemum morifolium, 短柄五加 Eleutherococcus brachypus, 木蝴蝶 Oroxylum indicum, 大车前 Plantago major, 紫参 Rubia yunnanensis, 丹参 Salvia miltiorrhiza, 滇黄芩 Scutellaria amoena, 黄芩 S. baicalensis, 半枝莲 S. barbata, 盔状黄芩 S. galericulata, 连翘叶黄芩 S. hypericifolia, 塔头狭叶黄芩 S. regeliana var. ikonnikovii, 甘肃黄芩 S. rehderiana, 棱茎黄芩 S. scandens, 并头黄芩 S. scordifolia, 沙滩黄芩 S. strigillosa, 展毛韧黄芩 S. tenax var. patentipilosa, 粘毛黄芩 S. viscidula, 地蚕 Stachys geobombycis, 卷毛婆婆纳 Veronica teucrium, 双花堇菜 Viola biflora
baicalin methyl ester 黄芩苷甲酯 黄芩 Scutellaria baicalensis
baicaline 贝加尔唐松草碱▲ 贝加尔唐松草 Thalictrum baicalense
baihuaqianhuoside 白花前胡苷 地果 Ficus tikoua, 珊瑚菜 Glehnia littoralis, 藁本 Ligusticum sinense, 前胡 Peucedanum praeruptorum
baikiain 蓓豆氨酸 珊瑚藻 Corallina officinalis, 拟鸡毛菜 Pterocladiella capillacea
baimantuoluoline A~F, K 白曼陀罗灵 A~F, K 洋金花 Datura metel
baimantuoluoside A~H 白曼陀罗苷 A~H 洋金花 Datura metel
baimaside 白麻苷 罗布麻 Apocynum venetum
baimuxifuranic acid 白木香呋喃酸 土沉香 Aquilaria sinensis
baimuxinal 白木香醛 土沉香 Aquilaria sinensis
baimuxinic acid 白木香酸 土沉香 Aquilaria sinensis
baimuxinol 白木香醇 土沉香 Aquilaria sinensis
baishouwubenzophenone 白首乌二苯酮 牛皮消 Cynanchum boudieri, 白首乌 C. bungei, 青羊参 C. otophyllum
baiyecrystal A 白叶晶 小叶香茶菜 Isodon parvifolius
baiyumine A 白柚明碱▲A 马蜂橙 Citrus hystrix, 柚 C. maxima
baiyumine B 白柚明碱▲B 柚 Citrus maxima
baiyunoside 白云参苷 假秦艽 Phlomis betonicoides, 毛地黄鼠尾草 Salvia digitaloides
bakayanolide 楝巴卡亚内酯▲ 楝 Melia azedarach
bakkenolide 蜂斗菜内酯 箭叶橐吾 Ligularia sagitta
bakkenolide Ia, IIa, IIIa, IVa, Va 蜂斗菜内酯 Ia, IIa, IIIa, IVa, Va 毛裂蜂斗菜 Petasites tricholobus
bakkenolide A 蜂斗菜内酯 A 益智 Alpinia oxyphylla, 网脉橐吾 Ligularia dictyoneura, 箭叶橐吾 L. sagitta, 蜂斗菜 Petasites japonicus
bakkenolide B 蜂斗菜内酯 B 蜂斗菜 Petasites japonicus, 毛裂蜂斗菜 P. tricholobus, 蜘蛛香 Valeriana jatamansi
bakkenolide C 蜂斗菜内酯 C 蜂斗菜 Petasites japonicus
bakkenolide D 蜂斗菜内酯 D 蜂斗菜 Petasites japonicus, 毛裂蜂斗菜 P. tricholobus
bakkenolide E 蜂斗菜内酯 E 蜂斗菜 Petasites japonicus, 毛裂蜂斗菜 P. tricholobus
bakkenolide H 蜂斗菜内酯 H 蜘蛛香 Valeriana jatamansi
bakuchalcone 补骨脂呋喃查耳酮 补骨脂 Cullen corylifolia
(+)-bakuchiol (+)-补骨脂酚 白花苋 Aerva sanguinolenta
bakuchiol 补骨脂酚 补骨脂 Cullen corylifolia, 长叶胡颓子 Elaeagnus bockii, 荜拔 Piper longum, 春榆 Ulmus davidiana var. japonica
balajaponin A~E 日本蛇菰素▲A~E 红冬蛇菰 Balanophora harlandii
balanitisin A, B 橡果木皂苷▲A, B 散沫花 Lawsonia inermis
balanoinvolin 筒鞘蛇菰素▲ 筒鞘蛇菰 Balanophora involucrata, 山紫茉莉 Oxybaphus himalaicus

(-)-balanophonin (-)- 蛇菰宁 刺楸 Kalopanax septemlobus, 野花椒 Zanthoxylum simulans
(+)-balanophonin (+)- 蛇菰宁 见血封喉 Antiaris toxicaria, 茶 Camellia sinensis, 古钩藤 Cryptolepis buchananii, 云南石梓 Gmelina arborea, 红花木莲 Manglietia insignis, 滑桃树 Trevia nudiflora
(±)-balanophonin (±)- 蛇菰宁 川楝 Melia toosendan
balanophonin 蛇菰宁 野菰 Aeginetia indica, 显苞芒毛苣苔 Aeschynanthus bracteatus, 土沉香 Aquilaria sinensis, 大叶醉鱼草 Buddleja davidii, 大叶紫珠 Callicarpa macrophylla, 山石榴 Catunaregam spinosa, 漾濞鹿角藤 Chonemorpha griffithii, 钻天柳 Chosenia arbutifolia, 山茱萸 Cornus officinalis, 刺五加 Eleutherococcus senticosus, 水曲柳 Fraxinus mandshurica, 栀子 Gardenia jasminoides, 天仙子 Hyoscyamus niger, 红茴香 Illicium henryi, 青海刺参 Morina kokonorica, 黄毛豆腐柴 Premna fulva, 蕤核 Prinsepia uniflora, 木荷 Schima superba, 黄果茄 Solanum virginianum, 大籽獐牙菜 Swertia macrosperma, 青叶胆 S. mileensis, 羽叶丁香 Syringa pinnatifolia, 假桂乌口树 Tarenna attenuata, 柚木 Tectona grandis, 穗花牡荆 Vitex agnus-castus, 蒙古苍耳 Xanthium mongolicum
balanophonin B 蛇菰宁 B 山鸡椒 Litsea cubeba
balanophonin-4-*O*-*β*-D-glucopyranoside 蛇菰宁 -4-*O*-*β*-D- 吡喃葡萄糖苷 野菰 Aeginetia indica, 花曲柳 Fraxinus chinensis subsp. rhynchophylla
balanophorin A 蛇菰素 A 印度蛇菰 Balanophora indica, 疏花蛇菰 B. laxiflora
balanophorin B 蛇菰素 B 印度蛇菰 Balanophora indica, 疏花蛇菰 B. laxiflora
balansenate I, II 禾串树烃酯 ▲I, II 禾串树 Bridelia balansae
balapolyphorin A 多蕊蛇菰素 ▲A 红冬蛇菰 Balanophora harlandii, 多蕊蛇菰 B. polyandra
balapolyphorin B 多蕊蛇菰素 ▲B 多蕊蛇菰 Balanophora polyandra
balasubramide 印度黄皮酰胺 ▲ 细叶黄皮 Clausena anisum-olens
balaxiflorin A, B 疏花蛇菰素 ▲A, B 疏花蛇菰 Balanophora laxiflora
baldrinal 缬草醛 蜘蛛香 Valeriana jatamansi
(+)-balfourodine (+)- 巴福木碱 ▲ 榆橘 Ptelea trifoliata
balfourodinium chloride 巴福木季铵碱 ▲ 盐酸盐 榆橘 Ptelea trifoliata
baliospermin 斑籽素 ▲ 斑籽木 Baliospermum solanifolium
ballotetroside 巴洛草四糖苷 ▲ 欧夏至草 Marrubium vulgare
balsaminolate 凤仙花醌醇盐 ▲ 凤仙花 Impatiens balsamina
balsaminone A, B, C 凤仙花酮 A, B, C 凤仙花 Impatiens balsamina
balsaquinone 凤仙花醌 ▲ 凤仙花 Impatiens balsamina
bambulignan A 青竿竹木脂素 ▲A 青竿竹 Bambusa tuldoides
bannamurpanisin 版纳九里香素 千里香 Murraya paniculata
bannucine 班努长春碱 ▲ 长春花 Catharanthus roseus
baogongteng A 包公藤素 A 九来龙 Erycibe elliptilimba, 麻辣仔藤 E. obtusifolia
baogongteng C 包公藤素 C 九来龙 Erycibe elliptilimba, 麻辣仔藤 E. obtusifolia
baohuoside I 宝藿苷 I 知母 Anemarrhena asphodeloides, 粗毛淫羊藿 Epimedium acuminatum, 淫羊藿 E. brevicornu, 宝兴淫羊藿 E. davidii, 湖南淫羊藿 E. hunanense, 朝鲜淫羊藿 E. koreanum, 茂汶淫羊藿 E. platypetalum, 柔毛淫羊藿 E. pubescens, 三枝九叶草 E. sagittatum, 四川淫羊藿 E. sutchuenense, 巫山淫羊藿 E. wushanense
baohuoside II 宝藿苷 II 粗毛淫羊藿 Epimedium acuminatum, 淫羊藿 E. brevicornu, 宝兴淫羊藿 E. davidii, 朝鲜淫羊藿 E. koreanum, 黔岭淫羊藿 E. leptorrhizum, 巫山淫羊藿 E. wushanense
baohuoside III, V 宝藿苷 III, V 宝兴淫羊藿 Epimedium davidii
baohuoside IV 宝藿苷 IV 粗毛淫羊藿 Epimedium acuminatum, 宝兴淫羊藿 E. davidii
baohuoside Ⅵ 宝藿苷 VI 粗毛淫羊藿 Epimedium acuminatum, 宝兴淫羊藿 E. davidii, 柔毛淫羊藿 E. pubescens, 巫山淫羊藿 E. wushanense
baohuoside VII 宝藿苷 VII 宝兴淫羊藿 Epimedium davidii, 巫山淫羊藿 E. wushanense
baohuosu 宝藿素 宝兴淫羊藿 Epimedium davidii
(-)-baptifoline (-)- 贯叶赝靛碱 ▲ 山豆根 Euchresta japonica, 绒毛槐 Sophora tomentosa, 越南槐 S. tonkinensis, 霍州油菜 Thermopsis chinensis, 野决明 T. lupinoides
baptifoline 贯叶赝靛碱 ▲ 小花棘豆 Oxytropis glabra, 苦豆子 Sophora alopecuroides, 苦参 S. flavescens, 绒毛槐 S. tomentosa, 野决明 Thermopsis lupinoides
ψ-baptigenin *ψ*- 赝靛苷元 柠条锦鸡儿 Caragana korshinskii, 千斤拔 Flemingia philippinensis, 镰荚棘豆 Oxytropis falcata
barbacarpan 须毛猪屎豆紫檀烷 ▲ 红车轴草 Trifolium pratense
barbaline 巴比翠雀林碱 ▲ 康定翠雀花 Delphinium tatsienense
barbamide 巴巴拉鞘丝藻酰胺 ▲ 巨大鞘丝藻 Lyngbya majuscula
barbapyroside 须苞石竹吡喃苷 ▲ 须苞石竹 Dianthus barbatus, 肥皂草 Saponaria officinalis
barbatellarine A~F 半枝莲灵素 ▲A~F 半枝莲 Scutellaria barbata
barbatic acid; barbatinic acid 须松萝酸 ▲ 金黄树发 Alectoria ochroleuca, 聚筛蕊衣 Cladia aggregata, 瘦柄石蕊 Cladonia macilenta, 鹿石蕊 C. rangiferina, 金丝刷 Lethariella cladonioides, 地茶衣 Thamnolia vermicularis, 长松萝 Usnea longissima, 深红松萝 U. rubicunda
barbatin A~E 半枝莲亭素 ▲A~E 半枝莲 Scutellaria barbata
barbatine A~D 半枝莲亭碱 ▲A~D 半枝莲 Scutellaria barbata
barbatumol A 枯里珍五月茶酚 ▲A 西南五月茶 Antidesma acidum
barbigerone 髯毛灰毛豆酮 ▲ 香花崖豆藤 Callerya dielsiana, 厚果崖豆藤 Millettia pachycarpa

bauhinione 羊蹄甲酮 洋紫荆 Bauhinia variegata
bauhinitouranin 羊蹄甲根素 洋紫荆 Bauhinia variegata
bauhinol E 羊蹄甲酚▲E 羊蹄甲 Bauhinia purpurea
bauhinoxepin C~J 羊蹄甲赛品▲C~J 羊蹄甲 Bauhinia purpurea
bauhispirorin A 羊蹄甲螺环素▲A 羊蹄甲 Bauhinia purpurea
bavachalcone 补骨脂查耳酮 补骨脂 Cullen corylifolia
bavachin 补骨脂辛▲ 荜拔 Piper longum, 补骨脂 Cullen corylifolia, 短梗胡枝子 Lespedeza cyrtobotrya, 多花胡枝子 L. floribunda
bavachinin 补骨脂辛宁▲ 补骨脂 Cullen corylifolia
bavachromanol 补骨脂色酚 补骨脂 Cullen corylifolia
bavachromene; psorachromene 补骨脂色烯 补骨脂 Cullen corylifolia
bavacoumestan A, B 补骨脂香豆雌烷 A, B 补骨脂 Cullen corylifolia
bavadin 补骨脂异黄酮苷 补骨脂 Cullen corylifolia
bavaisoflavanone 补骨脂异黄烷酮 短梗胡枝子 Lespedeza cyrtobotrya
bavarigenin 补骨脂新异黄酮 补骨脂 Cullen corylifolia
bayarin 弯叶枣素▲ 印度枣 Ziziphus incurva
bayin 栗豆树素▲ 翅荚香槐 Cladrastis platycarpa, 越南槐 Sophora tonkinensis
baynol A, C 月桂萜醇▲A, C 月桂 Laurus nobilis
baynol B-12-acetate 月桂萜醇▲B-12- 乙酸酯 月桂 Laurus nobilis
bayogenin 栗豆树苷元▲ 巴塘紫菀 Aster batangensis, 积雪草 Centella asiatica, 紫苜蓿 Medicago sativa, 美丽马醉木 Pieris formosa, 夏枯草 Prunella vulgaris
bayogenin 3-glucoside 栗豆树苷元▲3- 葡萄糖苷 中亚紫菀木 Asterothamnus centraliasiaticus
bayogenin-28-*O*-α-L-rhamnopyranosyl-(1→4)-β-D-glucopyranosyl-(1→6)-β-D-glucopyranosyl ester 栗豆树苷元▲-28-*O*-α-L- 吡喃鼠李糖基 -(1→4)-β-D- 吡喃葡萄糖基 -(1→6)-β-D- 吡喃葡萄糖基酯苷 朝鲜白头翁 Pulsatilla cernua, 兴安白头翁 P. dahurica
bayogenin-28-*O*-α-L-rhamnopyranosyl-(1→4)-β-D-glucopyranosyl-(1→6)-β-D-glucopyranosylester 栗豆树苷元▲-28-*O*-α-L- 吡喃鼠李糖基 -(1→4)-β-D- 吡喃葡萄糖基 -(1→6)-β-D- 吡喃葡萄糖基酯苷 白头翁 Pulsatilla chinensis
bayogenin-3-*O*-[β-*D*-galactopyranosyl-(1→2)-β-D-glucuronopyranosyl]-28-*O*-β-D-glucopyranoside 栗豆树苷元▲-3-*O*-[β-*D*- 吡喃半乳糖基 -(1→2)-β-D- 吡喃葡萄糖醛酸基]-28-*O*-β-D- 吡喃葡萄糖苷 紫苜蓿 Medicago sativa
bayogenin-3-*O*-α-L-arabinopyranoside 栗豆树苷元▲-3-*O*-α-L- 吡喃阿拉伯糖苷 南苜蓿 Medicago polymorpha
bayogenin-3-*O*-β-D-glucopyranoside 栗豆树苷元▲-3-*O*-β-D- 吡喃葡萄糖苷 瓜子金 Polygala japonica, 西伯利亚远志 P. sibirica
beaumontamine 清明花胺▲ 清明花 Beaumontia grandiflora
beaumontoside 清明花苷 清明花 Beaumontia grandiflora
beauvericin 白僵菌素 白僵菌 Beauveria bassiana
beauvericin A, B 白僵菌素 A, B 白僵菌 Beauveria bassiana
beauverilide A, B 白僵菌瑞内酯▲A, B 白僵菌 Beauveria bassiana
beauverolide A, B, Ba, C, Ca, D~I, Ja, Ka 白僵菌洛内酯▲A, B, Ba, C, Ca, D~I, Ja, Ka 白僵菌 Beauveria bassiana
beauwalloside 瓦氏清明花苷 清明花 Beaumontia grandiflora
beesic acid 铁破锣酸 铁破锣 Beesia calthifolia
beesioside I 铁破锣皂苷 I 铁破锣 Beesia calthifolia, 黄三七 Souliea vaginata
beesioside II 铁破锣皂苷 II 铁破锣 Beesia calthifolia, 黄三七 Souliea vaginata
beesioside III 铁破锣皂苷 III 铁破锣 Beesia calthifolia, 黄三七 Souliea vaginata
beesioside IV 铁破锣皂苷 IV 铁破锣 Beesia calthifolia, 黄三七 Souliea vaginata
beesioside A~H, J~P 铁破锣皂苷 A~H, J~P 铁破锣 Beesia calthifolia
beesioside Q 铁破锣皂苷 Q 铁破锣 Beesia calthifolia, 朝鲜白头翁 Pulsatilla cernua
begoniifolide A~D 卵叶银莲花苷 A~D 卵叶银莲花 Anemone begoniifolia
behenic acid 山萮酸 牛膝 Achyranthes bidentata, 柳杉 Cryptomeria japonica var. sinensis, 圆锥山蚂蝗 Desmodium elegans, 银杏 Ginkgo biloba, 肖菝葜 Heterosmilax japonica, 天仙子 Hyoscyamus niger, 苹果 Malus pumila, 星毛粟米草 Mollugo lotoides, 异叶茴芹 Pimpinella diversifolia, 马齿苋 Portulaca oleracea, 决明 Senna tora, 鹊肾树 Streblus asper, 柄果槲寄生 Viscum multinerve, 驼蹄瓣 Zygophyllum fabago
1-behenin 1- 山萮酸甘油酯 甘草 Glycyrrhiza uralensis
beishulenolide A 白术烯内酯▲A 白术 Atractylodes macrocephala
beiwucine 北乌辛▲ 北乌头 Aconitum kusnezoffii
beiwudine 北乌定 光梗鸭绿乌头 Aconitum jaluense var. glabrescens, 北乌头 A. kusnezoffii
beiwusine A 北乌生▲A 北乌头 Aconitum kusnezoffii
beiwutine 北乌碱 乌头 Aconitum carmichaelii, 光梗鸭绿乌头 A. jaluense var. glabrescens, 北乌头 A. kusnezoffii
belachinal 射干呋喃醛 射干 Belamcanda chinensis
belalloside A, B 射干酚苷 A, B 射干 Belamcanda chinensis
belamcandal 射干醛 射干 Belamcanda chinensis, 蝴蝶花（模式变型）Iris japonica
belamcandaquinone C 射干醌 C 九管血 Ardisia brevicaulis, 山血丹 A. lindleyana
belamcandaquinone D 射干醌 D 九管血 Ardisia brevicaulis, 山血丹 A. lindleyana

belamcandaquinone E 射干醌 E 山血丹 Ardisia lindleyana
belamcandaquinone F~M 射干醌 F~M 走马胎 Ardisia gigantifolia
belamcandin 射干定 射干 Belamcanda chinensis
belamcandol A, B 射干酚 A, B 射干 Belamcanda chinensis
belamcandone A~D 射干酮 A~D 射干 Belamcanda chinensis
belamphenone 射干苯酮 射干 Belamcanda chinensis
α-belladonnine *α*- 颠茄宁 天仙子 Hyoscyamus niger
β-belladonnine *β*- 颠茄宁 天仙子 Hyoscyamus niger
bellaradine 颠茄定碱 铃铛子 Anisodus luridus
belleric acid 毗黎勒酸 糙苏 Phlomis umbrosa, 毗黎勒 Terminalia bellirica
bellericagenin A, B 毗黎勒苷元 ▲A, B 毗黎勒 Terminalia bellirica
bellericaside A, B 毗黎勒苷 ▲A, B 毗黎勒 Terminalia bellirica
bellericoside 毗黎勒酯苷▲ 毗黎勒 Terminalia bellirica
bellidifolin 雏菊叶龙胆素 高山龙胆 Gentiana algida, 尖叶假龙胆 Gentianella acuta, 狭叶獐牙菜 Swertia angustifolia, 川东獐牙菜 S. davidii, 抱茎獐牙菜 S. franchetiana, 贵州獐牙菜 S. kouitchensis, 大籽獐牙菜 S. macrosperma, 青叶胆 S. mileensis, 川西獐牙菜 S. mussotii, 瘤毛獐牙菜 S. pseudochinensis, 紫红獐牙菜 S. punicea, 藏獐牙菜 S. racemosa, 云南獐牙菜 S. yunnanensis, 蛇胆草 Tylophora secamonoides
bellidifolin-8-*O*-glucopyranoside 雏菊叶龙胆素 -8-*O*- 吡喃葡萄糖苷 尖叶假龙胆 Gentianella acuta
bellidifolin-8-*O*-*β*-D-glucopyranoside 雏菊叶龙胆素 -8-*O*-*β*-D- 吡喃葡萄糖苷 贵州獐牙菜 Swertia kouitchensis, 大籽獐牙菜 S. macrosperma
bellidifoloside 雏菊叶龙胆苷 紫红獐牙菜 Swertia punicea
bellidioside A 雏菊双糖链苷 ▲A 雏菊 Bellis perennis
bellisoside A~F 雏菊苷 ▲A~F 雏菊 Bellis perennis
bellissaponin BA_1, BA_2, BS_1, BS_2, BS_3, BS_4, BS_5, BS_6, BS_7, BS_8, BS_9 雏菊皂苷 ▲BA_1, BA_2, BS_1, BS_2, BS_3, BS_4, BS_5, BS_6, BS_7, BS_8, BS_9 雏菊 Bellis perennis
benjaminamide 垂叶榕酰胺▲ 垂叶榕 Ficus benjamina
bennettin 山桂花素▲ 山桂花 Bennettiodendron leprosipes
benoside A, B 山桂花苷 ▲A, B 山桂花 Bennettiodendron leprosipes
benzalacetone 苯亚甲基丙酮 云南松 Pinus yunnanensis
benzaldehyde 苯甲醛 挥发油成分，未统计基源
benzamide 苯甲酰胺 海杧果 Cerbera manghas, 蕺菜 Houttuynia cordata, 款冬 Tussilago farfara
benzene 苯 挥发油成分，未统计基源
benzene-1,2,3-triol 苯 -1,2,3- 三酚 寄生藤 Dendrotrophe varians
benzene-1,2-diol 邻二羟基苯酚 莲 Nelumbo nucifera, 半夏 Pinellia ternata
benzeneacetaldehyde 苯乙醛 挥发油成分，未统计基源
benzeneacetic acid 苯乙酸 挥发油成分，未统计基源
benzeneacetonitrile; benzyl cyanide; benzyl cyanide 苯乙腈 挥发油成分，未统计基源
1,4-benzenedicarboxyic acid diethyl ester 1,4- 苯二甲酸二乙酯 挥发油成分，未统计基源
1,4-benzenedicarboxyic acid dimethyl ester 1,4- 苯二甲酸甲酯 楝 Melia azedarach
1,2-benzenedicarboxylic acid 1,2- 苯二羧酸 挥发油成分，未统计基源
1,2-benzenedicarboxylic acid bis(2-ethylheptyl) ester 1,2- 苯二羧酸双 (2- 乙基庚基) 酯 荜拔 Piper longum
1,2-benzenedicarboxylic acid bis(2-methoxyethyl) ester 1,2- 苯二羧酸双 (2- 甲氧基乙基) 酯 狭叶黑三棱 Sparganium stenophyllum
1,2-benzenedicarboxylic acid bis(2-methylheptyl) ester 1,2- 苯二羧酸双 (2- 甲基庚基) 酯 竹叶兰 Arundina graminifolia, 岭南山竹子 Garcinia oblongifolia
1,2-benzenedicarboxylic acid bis(2-methylpropyl) ester 1,2- 苯二羧酸双 (2- 甲基丙基) 酯 贯叶连翘 Hypericum perforatum, 狭叶黑三棱 Sparganium stenophyllum
1,2-benzenedicarboxylic acid diheptyl ester 1,2- 苯二羧酸二庚酯 挥发油成分，未统计基源
1,2-benzenedicarboxylic acid diisooctyl ester 1,2- 苯二甲酸二异辛酯 挥发油成分，未统计基源
1,2-benzenedicarboxylic acid mono(2-ethylhexyl) ester 1,2- 苯二羧酸单 (2- 乙基己基) 酯 挥发油成分，未统计基源
1,2-benzenedicarboxylic acid-bis(2-ethylhexyl)ester 1,2- 苯二羧酸 - 二 (2- 乙基己基) 酯 一品红 Euphorbia pulcherrima
1,2-benzenedicarboxylic acid-bis(2-methylpropyl)ester 1,2- 苯二羧酸 - 双 (2- 甲基丙基) 酯 黄花香茶菜 Isodon sculponeatus
1,2-benzenediol 1,2- 苯二酚 牛至 Origanum vulgare, 草珊瑚 Sarcandra glabra
1,4-benzenediol 1,4- 苯二酚 心叶兔儿风 Ainsliaea bonatii, 灯油藤 Celastrus paniculatus, 绵三七 Eriosema himalaicum, 华中枸骨 Ilex centrochinensis, 牛至 Origanum vulgare, 红雀珊瑚 Pedilanthus tithymaloides, 细穗玄参 Scrofella chinensis, 麻叶千里光 Senecio cannabifolius, 全叶千里光 S. cannabifolius var. integrifolius
8-[3-(2,4-benzenediol)-propionic acid methyl ester]-coumarin-7-*β*-D-glucopyranoside 8-[3-(2,4- 苯二酚)- 丙酸甲酯]- 香豆素 -7-*β*-D- 吡喃葡萄糖苷 结香 Edgeworthia chrysantha
benzeneethanol 苯乙醇 挥发油成分，未统计基源
benzenemethanol 苯甲醇 挥发油成分，未统计基源
benzenepropanoyl-di-*O*-galloyl-glucose 苯丙酰基 - 二 -*O*- 没食子酰葡萄糖 小大黄 Rheum pumilum
benzenepropionic acid 苯丙酸 枇杷 Eriobotrya japonica, 荜拔 Piper longum

benzenesulfonamide-4-methyl-*N*-(2-oxo-2-phenylethane) 苯磺酰胺 -4- 甲基 -*N*-(2- 酮基 -2- 苯乙烷) 挥发油成分，未统计基源
1,2,3-benzenetriol 1,2,3- 苯三酚 挥发油成分，未统计基源
1,2,4-benzenetriol 1,2,4- 苯三酚 栀子 Gardenia jasminoides, 绣球 Hydrangea macrophylla, 牛至 Origanum vulgare, 爬岩红 Veronicastrum axillare
1,3,5-benzenetriol 1,3,5- 苯三酚 密花豆 Spatholobus suberectus
benzethonium chloride 氯化苄乙氧铵 高乌头 Aconitum sinomontanum
benzjuglansoic acid 胡桃苯丁酯▲ 胡桃 Juglans regia
2*H*,6*H*-benzo[1,2-b:5,4-b']dipyran-6-one 2*H*,6*H*- 苯并 [1,2-b:5,4-b'] 二吡喃 -6- 酮 鸡桑 Morus australis
14-benzo[1,3]dioxol-5-yl-tetradecan-2-ol 14- 苯并 [1,3] 二氧 -5- 基 - 十四烷 -2- 醇 卵叶胡椒 Piper attenuatum
[(7*S*)-8'-(benzo[3',4']dioxol-1'-yl)-7-hydroxypropyl]benzene-2,4-diol [(7*S*)-8'-(苯并 [3',4'] 二氧 -1'- 基)-7- 羟基丙基] 苯 -2,4- 二酚 肉豆蔻 Myristica fragrans
4-((1*S*,3a*R*,4*R*,6a*R*)-4-(benzo[*d*][1,3]dioxol-5-yl)hexahydrofuro[3,4-*c*]furan-1-yl)benzene-1,2-diol 4-((1*S*,3a*R*,4*R*,6a*R*)-4-(苯并 [*d*][1,3] 二氧代 -5- 基) 六氢呋喃并 [3,4-*c*] 呋喃 -1- 基) 苯 -1,2- 二醇 辽细辛 Asarum heterotropoides var. mandshuricum
[(1,5-(1,3)benzodioxol-5yl)-1-oxo-2,4-pentadienyl]-piperidine [(1,5-(1,3) 苯并二氧杂 -5- 基)-1- 氧代 -2,4- 戊二烯基]- 哌啶 胡椒 Piper nigrum
(2*R*,3*S*,3a*S*)-2-(1,3-benzodioxol-5-yl)-3,3a-dihydro-5-methoxy-3-methyl-3a-(2-propen-1-yl)-6(2*H*)-benzofuranone (2*R*,3*S*,3a*S*)-2-(1,3- 苯并二氧 -5- 基)-3,3a- 二氢 -5- 甲氧基 -3- 甲基 -3a-(2- 正丙烯基)-6(2*H*)- 苯并呋喃酮 玉兰 Yulania denudata
(2*R*,3*S*,3a*R*)-2-(1,3-benzodioxol-5-yl)-3,3a-dihydro-5-methoxy-3-methyl-3a-2-propen-1-yl-6(2*H*)-benzofuranone (2*R*,3*S*,3a*R*)-2-(1,3- 苯并二氧 -5- 基)-3,3a- 二氢 -5- 甲氧基 -3- 甲基 -3a-(2- 正丙烯基)-6(2*H*)- 苯并呋喃酮 玉兰 Yulania denudata
(2*R*,3*R*)-1-(1,3-benzodioxol-5-yl)-4-(3,4-dimethoxyphenyl)-2,3-dimethyl-1,4-butanedione (2*R*,3*R*)-1-(1,3- 苯并二氧 -5- 基)-4-(3,4- 二甲氧基苯基)-2,3- 二甲基 -1,4- 丁二酮 华中五味子 Schisandra sphenanthera
2-(1,3-benzodioxol-5-yl)-5-benzofuranpropanoacetate 2-(1,3- 苯并二氧唑 -5- 基)-5- 苯并呋喃丙醇乙酸酯 灰叶安息香 Styrax calvescens, 芬芳安息香 S. odoratissimus
3-[2-(1,3-benzodioxol-5-yl)-5-benzofuranyl]propyl-6-*O*-*β*-D-glucopyranosyl-*β*-D-glucopyranoside 3-[2-(1,3- 苯并二氧唑 -5- 基)-5- 苯并呋喃基] 丙基 -6-*O*-*β*-D- 吡喃葡萄糖基 -*β*-D- 吡喃葡萄糖苷 灰叶安息香 Styrax calvescens, 芬芳安息香 S. odoratissimus
2-(1,3-benzodioxol-5-yl)-7-hydroxy-5-benzofuranpropanol 2-(1,3- 苯并二氧唑 -5- 基)-7- 羟基 -5- 苯并呋喃丙醇 灰叶安息香 Styrax calvescens, 芬芳安息香 S. odoratissimus
(2*E*)-3-[2-(1,3-benzodioxol-5-yl)-7-methoxy-5-benzofuranyl]-2-propenal (2*E*)-3-[2-(1,3- 苯并二氧唑 -5- 基)-7- 甲氧基 -5- 苯并呋喃基]-2- 丙烯醛 灰叶安息香 Styrax calvescens, 芬芳安息香 S. odoratissimus
3-[2-(1,3-benzodioxol-5-yl)-7-methoxy-5-benzofuranyl]butanoic acid propyl ester 3-[2-(1,3- 苯并二氧唑 -5- 基)-7- 甲氧基 -5- 苯并呋喃基] 丁酸丙酯 灰叶安息香 Styrax calvescens, 芬芳安息香 S. odoratissimus
2-[6-(1,3-benzodioxol-5-yl)hexyl]-1-methyl-4(1*H*)-quinolinone 2-[6-(1,3- 苯并二氧戊环 -5- 基) 己基]-1- 甲基 -4(1*H*)- 喹诺酮 芸香 Ruta graveolens
1,3-benzodioxole-5-(2,4,8-triene-isobutyl nonaoate 1,3- 苯并二氧 -5-(2,4,8- 三烯 - 壬酸异丁酯 短蒟 Piper mullesua
1,3-benzodioxole-5-(2,4,8-triene-methyl nonaoate) 1,3- 苯并二氧 -5-(2,4,8- 三烯 - 壬酸甲酯 短蒟 Piper mullesua
2,3-benzofurandione 2,3- 苯并呋喃二酮 红木荷 Schima wallichii
benzofuranoeremophil-1-ene 苯并呋喃荒漠木 -1- 烯 箭叶橐吾 Ligularia sagitta
benzofuranone 苯并呋喃酮 盐肤木 Rhus chinensis
benzoic acid 苯甲酸 常见成分，至少分布于 100 种以上植物中
benzoic acid diphyllin ester 苯甲酸山荷叶素酯 方枝守宫木 Sauropus quadrangularis
benzoic acid-4-L-rhamnoside 苯甲酸 -4-L- 鼠李糖苷 山柑 Capparis spinosa
benzokuwanon E 苯并桑酮 E 鸡桑 Morus australis
benzophenanthridine 苯菲啶 细叶黄堇 Corydalis meifolia
benzopyran-12-one-1,4,10,11-tetrahydro-6'-[8'-(hydroxymethyl)ethenyl]-2,3-dimethoxy-8'-*O*-*β*-D-glucopyranosyl-*O*-*α*-D-arabinoside 苯并吡喃 -12- 酮 -1,4,10,11- 四氢 -6'-(8'- 羟甲基乙烯基)-2,3- 二甲氧基 -8'-*O*-*β*-D- 吡喃葡萄糖基 -*O*-*α*-D- 阿拉伯糖苷 紫穗槐 Amorpha fruticosa
2*H*-1-benzopyran-2-one 2*H*-1- 苯并吡喃 -2- 酮 挥发油成分，未统计基源
4*H*-1-benzopyran-4-one 4*H*-1- 苯并吡喃 -4- 酮 枣 Ziziphus jujuba
[2]benzopyranyl[4,3-b]-furo[2,3-h][1]benzopyranyl-6(10*H*)-one [2] 苯并吡喃 [4,3-b]- 呋喃 [2,3-h][1] 苯并吡喃 -6(10*H*)- 酮 印度崖豆 Millettia pulchra
1,4-benzoquinone 1,4- 苯醌 射干 Belamcanda chinensis
p-benzoquinone 对苯醌 挥发油成分，未统计基源
benzosimuline 苯并野花椒碱▲ 野花椒 Zanthoxylum simulans
1-(benzothiazol-2-yl)-3,4-dimethyl-pyrano(2,3-c)pyrazol-6(1*H*)-one 1-(苯并噻唑基 -2- 基)-3,4- 二甲基 - 吡喃 (2,3-c) 吡唑 -6(1*H*)- 酮 挥发油成分，未统计基源
benzothiazole 苯并噻唑 挥发油成分，未统计基源
2-benzothiazolol 2- 苯并噻唑醇 海蒿子 Sargassum confusum
2-benzothiazolone 2- 羟基苯并噻唑酮 刺苋 Amaranthus spinosus
benzoxazolin-2(3*H*)-one 苯并噁嗪 -3(4*H*)- 酮 普通小麦 Triticum aestivum
2-benzoxazolinone 2- 苯并噁唑酮 老鼠簕 Acanthus ilicifolius

14-benzoyaconitine 14- 苯甲酰乌头碱 乌头 Aconitum carmichaelii
benzoyl oxokadsurane 苯甲酰氧基氧代南五味子烷 黑老虎 Kadsura coccinea, 异形南五味子 K. heteroclita
14-benzoyl-10-hydroxyaconine 14- 苯甲酰基 -10- 羟基乌头原碱 乌头 Aconitum carmichaelii
14-benzoyl-10-hydroxymesaconine 14- 苯甲酰基 -10- 羟基中乌头胺 乌头 Aconitum carmichaelii
3β-benzoyl-13α-ursan-28,12β-olide 3β- 苯甲酰基 -13α- 熊果 -28,12β- 内酯 石岩枫 Mallotus repandus
20-*O*-benzoyl-17-benzoyloxy-13-octanoyloxyingenol 20-*O*- 苯甲酰基 -17- 苯甲酰氧基 -13- 辛酰氧基巨大戟烯醇 ▲ 乳浆大戟 Euphorbia esula
14-benzoyl-3,13-deoxyaconine 14- 苯甲酰基 -3,13- 去氧乌头原碱 乌头 Aconitum carmichaelii
5α-benzoyl-4α-hydroxy-1β,8α-dinicotinoyldihydroagarofuran 5α- 苯甲酰基 -4α- 羟基 -1β,8α- 二烟酰二氢沉香呋喃 雷公藤 Tripterygium wilfordii
6β-benzoyl-7β-hydroxyvouacapen-5α-ol 6β- 苯甲酰基 -7β- 羟基柯桠树烯 ▲-5α- 醇 金凤花 Caesalpinia pulcherrima
14-benzoyl-8-methoxy-aconine 14- 苯甲酰基 -8- 甲氧基乌头原碱 铁棒锤 Aconitum pendulum, 拟玉龙乌头 A. pseudostapfianum
1β-benzoyl-8α-cinnamoyl-4α,5α-dihdroxydihydroagarofuran 1β- 苯甲酰基 -8α- 桂皮酰基 -4α,5α- 二羟基二氢沉香呋喃 昆明山海棠 Tripterygium hypoglaucum
benzoylacetic acid 苯甲酰乙酸 龙血藤 Daemonorops draco
14-benzoylaconine 14- 苯甲酰乌头原碱 乌头 Aconitum carmichaelii, 北乌头 A. kusnezoffii
benzoylaconine 苯甲酰乌头原碱 宾川乌头 Aconitum duclouxii, 伏毛铁棒锤 A. flavum, 多根乌头 A. karakolicum, 铁棒锤 A. pendulum, 多裂乌头 A. polyschistum
benzoylaconitine 苯甲酰乌头碱 亚东乌头 Aconitum spicatum, 秦岭翠雀花 Delphinium giraldii
benzoylbinankadsurin 苯甲酰日本南五味子素 ▲ 南五味子 Kadsura longipedunculata
10-benzoylbrowniine 10- 苯甲酰布朗翠雀碱 ▲ 三出翠雀花 Delphinium biternatum
(-)-benzoylbuxidienine (-)- 苯甲酰黄杨二烯宁碱 锦熟黄杨 Buxus sempervirens
10-benzoylcatalpol 10- 苯甲酰梓醇 芒苞车前 Plantago aristata
14-benzoylchasmanine 14- 苯甲酰展花乌头宁 德钦乌头 Aconitum ouvrardianum
10-benzoylcycloparvifloralone 10- 苯甲酰环小花茴香酮 ▲ 红茴香 Illicium henryi
14-benzoyldeoxyaconine 14- 苯甲酰去氧乌头原碱 乌头 Aconitum carmichaelii
benzoyldeoxyaconine 苯甲酰去氧乌头原碱 多裂乌头 Aconitum polyschistum, 亚东乌头 A. spicatum
benzoyldexoyaconitine 苯甲酰去氧乌头碱 铁棒锤 Aconitum pendulum
benzoylgomisin H 苯甲酰北五味子素 ▲H 二色五味子 Schisandra bicolor, 五味子 S. chinensis, 滇藏五味子 S. neglecta, 毛叶五味子 S. pubescens
benzoylgomisin O 苯甲酰北五味子素 ▲O 滇藏五味子 Schisandra neglecta
benzoylgomisin P 苯甲酰北五味子素 ▲P 滇藏五味子 Schisandra neglecta, 华中五味子 S. sphenanthera
benzoylgomisin Q 苯甲酰北五味子素 ▲Q 翼梗五味子 Schisandra henryi, 狭叶五味子 S. lancifolia, 滇藏五味子 S. neglecta, 红花五味子 S. rubriflora, 华中五味子 S. sphenanthera, 鹤庆五味子 S. wilsoniana
benzoylgomisin U 苯甲酰北五味子素 ▲U 华中五味子 Schisandra sphenanthera
6-benzoylheteratisine 6- 苯甲酰异叶乌头碱 甘青乌头 Aconitum tanguticum, 毛果甘青乌头 A. tanguticum var. trichocarpum
14-benzoylhypaconine 14- 苯甲酰次乌头胺 乌头 Aconitum carmichaelii
14-benzoylhypaconitine 14- 苯甲酰次乌头碱 乌头 Aconitum carmichaelii
10-benzoyliliensine 10- 苯甲酰伊犁翠雀碱 ▲ 三出翠雀花 Delphinium biternatum
14-benzoyliliensine 14- 苯甲酰伊犁翠雀碱 ▲ 三出翠雀花 Delphinium biternatum
benzoylisogomisin O 苯甲酰异北五味子素 ▲O 黑老虎 Kadsura coccinea, 五味子 Schisandra chinensis, 滇藏五味子 S. neglecta, 鹤庆五味子 S. wilsoniana
1-benzoylkarasamine 1- 苯甲酰多根乌头萨明 ▲ 多根乌头 Aconitum karakolicum
21β-benzoyl-longispinogenin-3-*O*-β-D-glucuronopyranoside 21β- 苯甲酰基 - 长刺群戟柱苷元 ▲-3-*O*-β-D- 吡喃葡萄糖醛酸苷 匙羹藤 Gymnema sylvestre
2'-benzoylmangiferin 2'- 苯甲酰杧果苷 尾叶远志 Polygala caudata
14-benzoylmesaconine 14- 苯甲酰中乌头胺 乌头 Aconitum carmichaelii
14-benzoylmesaconitine 14- 苯甲酰中乌头碱 乌头 Aconitum carmichaelii, 光梗鸭绿乌头 A. jaluense var. glabrescens
benzoylmesaconitine 苯甲酰中乌头碱 乌头 Aconitum carmichaelii, 鸭绿乌头 A. jaluense
14-benzoylneoline 14- 苯甲酰新欧乌林碱 ▲ 乌头 Aconitum carmichaelii
1-benzoylnimbolinin C 1- 苯甲酰印楝波力宁 ▲C 楝 Melia azedarach
(1*S*,4a*S*,7*S*,7a*S*)-7-[(benzoyloxy)methyl]-1-(β-D-glucopyranosyloxy)-1,4a,5,6,7,7a-hexahydro-cyclopenta[c]pyran-4-carboxylic acid (1*S*,4a*S*,7*S*,7a*S*)-7-(苯甲酰氧基) 甲基]-1-(β-D- 吡喃葡萄糖氧基)-1,4a,5,6,7,7a- 六氢 - 环戊 [c] 吡喃 -4- 羧酸 毛八角枫 Alangium kurzii
trans-3-[(benzoyloxy)methyl]-3,5-cyclohexadiene-1,2-diol diacetate 反式 -3-(苯氧基甲基)-3,5- 环己二烯 -1,2- 二乙酸酯 风藤 Piper kadsura
3β-benzoyloxy-10-deoxyfloridanolide 3β- 苯甲酰氧基 -10- 去氧佛罗里达八角内酯 ▲ 少药八角 Illicium oligandrum
17-benzoyloxy-13-octanoyloxyingenol 17- 苯甲酰氧基 -13- 辛酰氧基巨大戟烯醇 ▲ 乳浆大戟 Euphorbia esula
3β-benzoyloxy-14α,22ε-dihydroxy-4α-methyl-24ε-ethyl-5α-cholest-7-en-6-one 3β- 苯甲酰氧基 -14α,22ε- 二羟基 -4α- 甲基 -24ε- 乙基 -5α- 胆甾 -7- 烯 -6- 酮 黄果茄 Solanum virginianum
3β-benzoyloxy-14β,22ξ-dihydroxy-4α-methyl-24ξ-ethyl-5α-cholest-7-en-6-one 3β- 苯甲酰氧基 -14β,22ξ- 二羟基 -4α- 甲基 -24ξ- 乙基 -5α- 胆

甾 -7- 烯 -6- 酮 黄果茄 Solanum virginianum

(2R,3R,4S,5R,7S,8S,9S,13S,14S,15R)-5-benzoyloxy-15-hydroxy-7-isobutanoyloxy-2,3,8,9,14-pentaacetoxyjatropha-6(17),11E-diene (2R,3R,4S,5R,7S,8S,9S,13S,14S,15R)-5- 苯甲酰氧基 -15- 羟基 -7- 异丁酰氧基 -2,3,8,9,14- 五乙酰氧基麻疯树 -6(17),11E- 二烯 对叶大戟 Euphorbia sororia

14α-benzoyloxy-15β-hydroxy-5α,7β-diisobutanoyloxy-2α,3β,8α,9α-tetraacetoxyjatropha-6(17),11E-diene 14α- 苯甲酰氧基 -15β- 羟基 -5α,7β-二异丁酰氧基 -2α,3β,8α,9α- 四乙酰氧基麻疯树 -6(17),11E- 二烯 对叶大戟 Euphorbia sororia

14α-benzoyloxy-15β-hydroxy-5α-isobutanoyloxy-7β-propionyloxy-2α,3β,8α,9α-tetraacetoxyjatropha-6(17),11E-diene 14α- 苯甲酰氧基 -15β-羟基 -5α- 异丁酰氧基 -7β- 丙酰氧基 -2α,3β,8α,9α- 四乙酰氧基麻疯树 -6(17),11E- 二烯 对叶大戟 Euphorbia sororia

5α-benzoyloxy-15β-hydroxy-7β-isobutanoyloxy-2α,3β,8α,9α-tetraacetoxyjatropha-6(17),11E-diene-14-one 5α- 苯甲酰氧基 -15β- 羟基 -7β- 异丁酰氧基 -2α,3β,8α,9α- 四乙酰氧基麻疯树 -6(17),11E- 二烯 -14- 酮 对叶大戟 Euphorbia sororia

14α-benzoyloxy-15β-hydroxyl-7β-isobutanoyloxy-5α-propionyloxy-2α,3β,8α,9α-tetraacetoxyjatropha-6(17),11E-diene 14α- 苯甲酰氧基 -15β-羟基 -7β- 异丁酰氧基 -5α- 丙酰氧基 -2α,3β,8α,9α- 四乙酰氧基麻疯树 -6(17),11E- 二烯 对叶大戟 Euphorbia sororia

16-benzoyloxy-20-deoxyingenol-5-benzoate 16- 苯甲酰氧基 -20- 去氧巨大戟烯醇▲-5- 苯甲酸酯 乳浆大戟 Euphorbia esula

17-benzoyloxy-20-O-(2,3-dimethylbutanoyl)-13-(2,3-dimethylbutanoyloxy)ingenol 17- 苯甲酰氧基 -20-O-(2,3- 二甲基丁酰基)-13-(2,3- 二甲基丁酰氧基) 巨大戟烯醇▲ 乳浆大戟 Euphorbia esula

17-benzoyloxy-20-O-(2,3-dimethylbutanoyl)-13-octanoyloxyingenol 17- 苯甲酰氧基 -20-O-(2,3- 二甲基丁酰基)-13- 辛酰氧基巨大戟烯醇▲ 乳浆大戟 Euphorbia esula

(5α)-3β-benzoyloxy-22R-ethoxy-4α-methyl-stigmast-7-en-6-one (5α)-3β- 苯甲酰氧基 -22R- 乙氧基 -4α- 甲基 - 豆甾 -7- 烯 -6- 酮 黄果茄 Solanum virginianum

(5α)-3β-benzoyloxy-22R-methoxy-4α-methyl-stigmast-7-en-6-one (5α)-3β- 苯甲酰氧基 -22R- 甲氧基 -4α- 甲基 - 豆甾 -7- 烯 -6- 酮 黄果茄 Solanum virginianum

3α-benzoyloxy-2α,7α-diisobutyroyloxy-5β,8α,9α,15β-tetraacetoxyjatropha-6(17),11E-diene-14-one 3α- 苯甲酰氧基 -2α,7α- 二异丁酰氧基 -5β,8α,9α,15β- 四乙酰氧基麻疯树 -6(17),11E- 二烯 -14- 酮 对叶大戟 Euphorbia sororia

14β-benzoyloxy-2α,7β-diisobutyroyloxy-15α-hydroxy-3β,5α,8α,9α-tetraacetoxyjatropha-6(17),11E-diene 14β- 苯甲酰氧基 -2α,7β- 二异丁酰氧基 -15α- 羟基 -3β,5α,8α,9α- 四乙酰氧基麻疯树 -6(17),11E- 二烯 -14- 酮 对叶大戟 Euphorbia sororia

3α-benzoyloxy-2α-isobutyroyloxy-5β,7α,8α,9α,15β-pentaacetoxyjatropha-6(17),11E-diene-14-one 3α- 苯甲酰氧基 -2α- 异丁酰氧基 -5β,7α,8α,9α,15β-五乙酰氧基麻疯树 -6(17),11E- 二烯 -14- 酮 对叶大戟 Euphorbia sororia

1β-benzoyloxy-2β,6α-diacetoxy-4α-hydroxy-9α,15-di(α-methyl)butanoyl-β-dihydroagarofuran 1β- 苯甲酰氧基 -2β,6α- 二乙酰氧基 -4α- 羟基 -9α,15- 二 (α- 甲基) 丁氧基 -β- 二氢沉香呋喃 栓翅卫矛 Euonymus phellomanus

17-benzoyloxy-3-O-(2,3-dimethylbutanoyl)-13-(2,3-dimethylbutanoyloxy)ingenol 17- 苯甲酰氧基 -3-O-(2,3- 二甲基丁酰基)-13-(2,3- 二甲基丁酰氧基) 巨大戟烯醇▲ 乳浆大戟 Euphorbia esula

17-benzoyloxy-3-O-(2,3-dimethylbutanoyl)-13-(2,3-dimethylbutayloxy)-20-deoxyingenol 17- 苯甲酰氧基 -3-O-(2,3- 二甲基丁酰基)-13-(2,3-二甲基丁酰氧基)-20- 去氧巨大戟烯醇▲ 乳浆大戟 Euphorbia esula

17-benzoyloxy-3-O-(2,3-dimethylbutanoyl)-13-octanoyloxyingenol 17- 苯甲酰氧基 -3-O-(2,3- 二甲基丁酰基)-13- 辛酰氧基巨大戟烯醇▲ 乳浆大戟 Euphorbia esula

17-benzoyloxy-3-O-(2,3-dimethylbutanoyl)-20-deoxyingenol 17- 苯甲酰氧基 -3-O-(2,3- 二甲基丁酰基)-20- 去氧巨大戟烯醇▲ 乳浆大戟 Euphorbia esula

(S)-2-benzoyloxy-3-phenyl-1-propanol (S)-2- 苯甲酰氧基 -3- 苯基 -1- 丙醇 蜂斗菜 Petasites japonicus

1α-benzoyloxy-3α-acetoxyl-7α-hydroxyl-12α-ethoxylnimbolinin 1α- 苯甲酰氧基 -3α- 乙酰氧基 -7α- 羟基 -12α- 乙氧基印楝波力宁▲ 川楝 Melia toosendan

1α-benzoyloxy-3α-acetoxyl-7α-hydroxyl-12β-ethoxylnimbolinin 1α- 苯甲酰氧基 -3α- 乙酰氧基 -7α- 羟基 -12β- 乙氧基印楝波力宁▲ 川楝 Melia toosendan

(12E,2S,3S,4R,5R,6S,9S,11S,15R)-3-benzoyloxy-5,15-diacetoxy-6,17-epoxylathyra-12-en-14-one (12E,2S,3S,4R,5R,6S,9S,11S,15R)-3- 苯甲酰氧基 -5,15- 二乙酰氧基 -6,17- 环氧续随子 -12- 烯 -14- 酮 土瓜狼毒 Euphorbia prolifera

(+)-(12E,2S,3S,4R,5R,6R,9S,11S,15R)-3-benzoyloxy-5,6-epoxylathyr-12-en-15-ol-14-one (+)-(12E,2S,3S,4R,5R,6R,9S,11S,15R)-3- 苯甲酰氧基 -5,6- 环氧续随子 -12- 烯 -15- 醇 -14- 酮 甘青大戟 Euphorbia micractina

3α-benzoyloxy-5β,14β-dihydroxy-2α-isobutyroyloxy-7α,8α,9α,15β-tetraacetoxyjatropha-6(17),11E-diene 3α- 苯甲酰氧基 -5β,14β- 二羟基 -2α-异丁酰氧基 -7α,8α,9α,15β- 四乙酰氧基麻疯树 -6(17),11E- 二烯 -14- 酮 对叶大戟 Euphorbia sororia

2β-benzoyloxy-6α-hydroxypseudomajucin 2β- 苯甲酰氧基 -6α- 羟基伪大八角素 假地枫皮 Illicium jiadifengpi

1β-benzoyloxy-6α-nicotinoyloxy-8β,9β,15-triacetoxy-β-dihydroagarofuran 1β- 苯甲酰氧基 -6α- 烟酰氧基 -8β,9β,15- 三乙酰氧基 -β- 二氢沉香呋喃 冬青卫矛 Euonymus japonicus

1R,4R,5R)-5-benzoyloxy-bornan-2-one (1R,4R,5R)-5- 苯甲酰樟脑烷 -2- 酮 空桶参 Soroseris erysimoides

3α-benzoyloxy-D:A-friedo-oleanan-27,16α-lactone 3α- 苯甲酰氧基 -D:A- 飞齐墩果 -27,16α- 内酯 石岩枫 Mallotus repandus

(-)-(5E,12E,2S,3S,4S,9S,11S,15R)-15-benzoyloxylathyra-5,12-dien-3-ol-14-one (-)-(5E,12E,2S,3S,4S,9S,11S,15R)-15- 苯甲酰氧基续随子 -5,12-二烯 -3- 醇 -14- 酮 甘青大戟 Euphorbia micractina

2-(benzoyloxymethyl)phenyl-(3,6-di-O-acetyl)-β-glucopyranoside 2-(苯甲酰氧基甲基) 苯基 -(3,6- 二 -O- 乙酰基)-β- 吡喃葡萄糖苷 海南三七 Kaempferia rotunda

(+)-(1R,2R,4R,5S,6R,7R)-4-benzoyloxymethyl-3,8-dioxatricyclo-[5.1.0.$0^{2,4}$]octane-5,6-diol-5-acetate (+)-(1R,2R,4R,5S,6R,7R)-4- 苯甲酰氧基甲基 -3,8- 二氧杂三环 [5.1.0.$0^{2,4}$]- 辛烷 -5,6- 二醇 -5- 乙酸酯 海南三七 Kaempferia rotunda

benzyl alcohol-*O*-(2'-*O*-*β*-D-xylopyrnaosyl-3'-*O*-*β*-D-glucopyranoside)-*β*-D-glucopyrnaoside 苄醇 -*O*-(2'-*O*-*β*-D- 吡喃木糖基 -3'-*O*-*β*-D- 吡喃葡萄糖苷)-*β*-D- 吡喃葡萄糖苷 芝麻 Sesamum indicum

benzyl alcohol-*O*-*α*-L-arabinopyranosyl-(1 → 6)-*β*-D-glycopyranoside 苄醇 -*O*-*α*-L- 吡喃阿拉伯糖基 -(1 → 6)-*β*-D- 吡喃葡萄糖苷 龙胆 Gentiana scabra, 苦马豆 Sphaerophysa salsula

benzyl alcohol-*O*-*β*-D-glucopyranosyl-(1 → 2)-*O*-*β*-D-glucopyranoside 苄醇 -*O*-*β*-D- 吡喃葡萄糖基 -(1 → 2)-*O*-*β*-D- 吡喃葡萄糖苷 洋金花 Datura metel

benzyl alcohol-*O*-*β*-D-glucoside 苄醇 -*O*-*β*-D- 葡萄糖苷 小花鬼针草 Bidens parviflora

benzyl alcohol-*O*-*β*-D-xylopyranosyl-(1 → 2)-*β*-D-glucopyranoside 苄醇 -*O*-*β*-D- 吡喃木糖基 -(1 → 2)-*β*-D- 吡喃葡萄糖苷 长舟马先蒿 Pedicularis dolichocymba

benzyl alcohol-xylopyranosyl-(1 → 6)-glucopyranoside 苄醇 - 吡喃木糖基 -(1 → 6)- 吡喃葡萄糖苷 三裂瓜木 Alangium platanifolium var. trilobum

benzyl alcohol-xylopyranosyl-(1 → 6)-*O*-*β*-D-glucopyranoside 苄醇 - 吡喃木糖基 -(1 → 6)-*O*-*β*-D- 吡喃葡萄糖苷 月桂 Laurus nobilis

benzyl alcohol-*β*-(2'-*O*-*β*-D-xylopyranosyl)-glucopyranoside 苄醇 -*β*-(2'-*O*-*β*-D- 吡喃木糖基)- 吡喃葡萄糖苷 花叶假杜鹃 Barleria lupulina

benzyl alcohol-*β*-(2'-*O*-*β*-xylopyranosyl)-glucopyranoside 苄醇 -*β*-(2'-*O*-*β*- 吡喃木糖基)- 吡喃葡萄糖苷 苦郎树 Clerodendrum inerme

benzyl alcohol-*β*-D-apiofuranosyl-(1 → 2)-*β*-D-glucopyranoside 苄醇 -*β*-D- 呋喃芹糖基 -(1 → 2)-*β*-D- 吡喃葡萄糖苷 绵参 Eriophyton wallichii

benzyl alcohol-*β*-D-glucopyranoside 苄醇 -*β*-D- 吡喃葡萄糖苷 五层龙 Salacia prinoides

benzyl alcohol-*β*-D-glucoside 苄醇 -*β*-D- 葡萄糖苷 野拔子 Elsholtzia rugulosa

benzyl alcohol-*β*-D-xylopyranosyl-(1'' → 6')-*β*-D-glucopyranoside 苄醇 -*β*-D- 吡喃木糖基 -(1'' → 6')-*β*-D- 吡喃葡萄糖苷 忍冬 Lonicera japonica

benzyl alcohol-*β*-glucopyranoside 苄醇 -*β*- 吡喃葡萄糖苷 苦郎树 Clerodendrum inerme

benzyl benzoate 苯甲酸苄酯 挥发油成分，未统计基源

benzyl butanoate 丁酸苄酯 挥发油成分，未统计基源

benzyl glucopyranoside 苄基吡喃葡萄糖苷 芫花 Daphne genkwa, 海滨木巴戟 Morinda citrifolia

benzyl glucosinolate 苄基芥子油苷 番木瓜 Carica papaya

benzyl isocyanide 苄异腈 挥发油成分，未统计基源

benzyl isopentanoate 异戊酸苄酯 挥发油成分，未统计基源

benzyl isothiocyanate 异硫氰酸苄酯 挥发油成分，未统计基源

benzyl salicylate 水杨酸苄酯 挥发油成分，未统计基源

benzyl sulfate 硫酸苄酯 黑茶藨子 Ribes nigrum

benzyl sulfur-diphenyl urea 苄硫基二苯脲 挥发油成分，未统计基源

benzyl tiglate 巴豆酸苄酯 挥发油成分，未统计基源

1-benzyl-[6-*p*-hydroxybenzoyl]-*β*-D-glucopyranosyl-(1 → 3)-*β*-D-glucopyranoside 1- 苄基 -(6- 对羟基苯甲酰基)-*β*-D- 吡喃葡萄糖基 -(1 → 3)-*β*-D- 吡喃葡萄糖苷 美国梓 Catalpa bignonioides

benzyl-1-*O*-*β*-glucopyranoside 苄基 -1-*O*-*β*-D- 吡喃葡萄糖苷 阳桃 Averrhoa carambola

2-benzyl-2,6,3',4'-tetrahydroxycoumaran-3-one 2- 苄基 -2,6,3',4'- 四羟基香豆烷 -3- 酮 漆 Toxicodendron vernicifluum

2-benzyl-2,6,3'-4'-tetrahydroxycoumaran-3-one 2- 苄基 -2,6,3'-4'- 四羟基香豆 -3- 酮 野漆 Toxicodendron succedaneum

benzyl-2,6-dihydroxybenzoate-6-*O*-*α*-L-rhamnopyranosyl-(1 → 3)-*β*-D-glucopyranoside 苄基 -2,6- 二羟基苯甲酸酯 -6-*O*-*α*-L- 吡喃鼠李糖基 -(1 → 3)-*β*-D- 吡喃葡萄糖苷 羊踯躅 Rhododendron molle

benzyl-2,6-dimethoxybenzoate 苄基 -2,6- 二甲氧基苯甲酸酯 一枝黄花 Solidago decurrens

benzyl-2-hydroxy-4-*O*-[*β*-xylopyranosyl-(1''→6')-*β*-glucopyranosyl]-benzoate 苄基 -2- 羟基 -4-*O*-[*β*- 吡喃木糖基 -(1''→6')-*β*- 吡喃葡萄糖基]- 苯甲酸酯 美丽马醉木 Pieris formosa

benzyl-2-hydroxy-6-methoxybenzoate-2-*O*-*β*-D-glucoside 苄基 -2- 羟基 -6- 甲氧基苯甲酯 -2-*O*-*β*-D- 葡萄糖苷 雪莲花 Saussurea involucrata

benzyl-2-neohesperidosyloxy-6-hydroxybenzoate 苄基 -2- 新橙皮糖氧基 -6- 羟基苯甲酸酯苷 茶 Camellia sinensis

benzyl-2-*O*-*cis*-*p*-coumaroyl-*α*-L-rhamnopyranosyl-(1 → 6)-*β*-D-glucopyranoside 苄基 -2-*O*- 顺式 - 对香豆酰基 -*α*-L- 吡喃鼠李糖基 -(1 → 6)-*β*-D- 吡喃葡萄糖苷 青兰 Dracocephalum ruyschiana

benzyl-2-*O*-*trans*-*p*-coumaroyl-*α*-L-rhamnopyranosyl-(1 → 6)-*β*-D-glucopyranoside 苄基 -2-*O*- 反式 - 对香豆酰基 -*α*-L- 吡喃鼠李糖基 -(1 → 6)-*β*-D- 吡喃葡萄糖苷 青兰 Dracocephalum ruyschiana

benzyl-2-*O*-*β*-apiofuranosyl-(1 → 2)-*β*-D-glucopyranosyl-2,6-dihydroxy benzoate 2-*O*-*β*- 呋喃芹糖基 -(1 → 2)-*β*-D- 吡喃葡萄糖基 -2,6- 二羟基苯甲酸苄酯 纽子花 Vallaris solanacea

benzyl-2-*O*-*β*-D-apiofuranosyl-(1 → 2)-*β*-D-glucopyranosylbenzoate 2-*O*-*β*-D- 呋喃芹糖基 -(1 → 2)-*β*-D- 吡喃葡萄糖基苯甲酸苄酯 波缘冷水花 Pilea cavaleriei

benzyl-2-*O*-*β*-D-glucopyranosyl-2,6-dihydroxybenzoate 2-*O*-*β*-D- 吡喃葡萄糖基 -2,6- 二羟基苯甲酸苄酯 野八角 Illicium simonsii

benzyl-2-*β*-glucopyranosyloxybenzoate 苄基 -2-*β*- 吡喃葡萄糖氧基苯甲酸酯 草珊瑚 Sarcandra glabra

benzyl-4-*O*-*trans*-*p*-coumaroyl-*α*-L-rhamnopyranosyl-(1 → 6)-*β*-D-glucopyranoside 苄基 -4-*O*- 反式 - 对香豆酰基 -*α*-L- 吡喃鼠李糖基 -(1 → 6)-*β*-D- 吡喃葡萄糖苷 青兰 Dracocephalum ruyschiana

benzyl-4-*O*-*β*-D-glucopyranosyl-3,4-dihydroxy-benzoate 苄基 -4-*O*-*β*-D- 吡喃葡萄糖基 -3,4- 二羟基 - 苯甲酸酯 毛果算盘子 Glochidion eriocarpum

(3*S*,6*S*)-3-benzyl-6-(*p*-hydroxybenzyl)-2,5-piperazine diketone (3*S*,6*S*)-3- 苄基 -6- 对羟基苄基 -2,5- 哌嗪二酮 挂金灯 Physalis alkekengi var.

小檗 B. wilsoniae, 毛叶轮环藤 Cyclea barbata, 纤细轮环藤 C. gracillima, 十大功劳 Mahonia fortunei, 金线吊乌龟 Stephania cephalantha, 草质千金藤 S. herbacea

berbamunine 黄芦木碱 黄芦木 Berberis amurensis, 异果小檗 B. heteropoda

berbericinine 小檗辛宁 毛梗豨莶 Sigesbeckia glabrescens

berberine 小檗碱 较常见成分，至少分布于 30 种以上植物中，常见于毛茛科、小檗科与罂粟科植物，少见于百合科、唇形科、防已科、胡桃科、虎耳草科、菊科、蜡梅科、芸香科、樟科、棕榈科等

berberine chloride 盐酸小檗碱 亚麻 Linum usitatissimum

berberinium chloride 氯化小檗碱 云南黄连 Coptis teeta

berberrubine 小檗红碱 裂叶星果草 Asteropyrum cavaleriei, 黄芦木 Berberis amurensis, 贵州小檗 B. cavaleriei, 伊犁小檗 B. iliensis, 甘肃小檗 B. kansuensis, 西伯利亚小檗 B. sibirica, 黄连 Coptis chinensis, 石生黄堇 Corydalis saxicola, 金丝马尾连 Thalictrum glandulosissimum, 两面针 Zanthoxylum nitidum

(-)-berchemol (-)- 勾儿茶醇▲ 长梗喉毛花 Comastoma pedunculatum, 大籽獐牙菜 Swertia macrosperma

berchemol 勾儿茶醇▲ 元宝槭 Acer truncatum, 矢车菊 Centaurea cyanus, 南天竹 Nandina domestica, 羽叶丁香 Syringa pinnatifolia

berchemol-4'-*O*-*β*-D-glucopyranoside 勾儿茶醇▲-4'-*O*-*β*-D- 吡喃葡萄糖苷 粗茎秦艽 Gentiana crassicaulis, 南天竹 Nandina domestica

berchemolide 勾儿茶苷▲ 白背叶 Mallotus apelta

α-*trans*-bergamotene *α*- 反式 - 香柠檬烯 挥发油成分，未统计基源

α-bergamotene *α*- 香柠檬烯 挥发油成分，未统计基源

β-*trans*-bergamotene *β*- 反式 - 香柠檬烯 挥发油成分，未统计基源

β-bergamotene *β*- 香柠檬烯 挥发油成分，未统计基源

trans-*α*-bergamotene 反式 -*α*- 香柠檬烯 挥发油成分，未统计基源

cis-*α*-bergamotene 顺式 -*α*- 香柠檬烯 挥发油成分，未统计基源

bergamotene 香柠檬烯 挥发油成分，未统计基源

α-bergamotenic acid *α*- 香柠檬烯酸 挥发油成分，未统计基源

α-*trans*-bergamotenol *α*- 反式 - 香柠檬烯醇 檀香 Santalum album

(*Z*)-*α*-*trans*-bergamotol (*Z*)-*α*- 反式 - 佛手柑油醇 挥发油成分，未统计基源

α-bergamotol *α*- 香柠檬醇 挥发油成分，未统计基源

trans-*α*-bergamotol 反式 -*α*- 香柠檬醇 挥发油成分，未统计基源

bergamottin; bergaptin 香柠檬素 柠檬 Citrus limon, 柚 C. maxima, 沙田柚 C. maxima 'Shatian Yu', 橘红 C. maxima 'Tomentosa', 珊瑚菜 Glehnia littoralis, 叉子圆柏 Juniperus sabina, 宽叶羌活 Notopterygium franchetii, 羌活 N. incisum

bergapten; bergaptene 香柠檬脑 挥发油成分，未统计基源

bergapten-8-yl-sulfate 香柠檬脑 -8- 磺酸酯 天山棱子芹 Pleurospermum lindleyanum

bergaptol 香柠檬酚 重齿当归 Angelica biserrata, 白芷 A. dahurica, 杭白芷 A. dahurica 'Hangbaizhi', 拐芹 A. polymorpha, 日本夏橙 Citrus aurantium 'Natsudaidai', 橘红 C. maxima 'Tomentosa', 葡萄柚 C. paradisi, 甜橙 C. sinensis, 菩提树 Ficus religiosa, 岩风 Libanotis buchtormensis, 宽叶羌活 Notopterygium franchetii, 羌活 N. incisum, 准噶尔前胡 Peucedanum morisonii, 月桂茵芋 Skimmia laureola

bergaptol-5-*O*-*β*-D-gentiobioside 香柠檬酚 -5-*O*-*β*-D- 龙胆二糖苷 珊瑚菜 Glehnia littoralis

bergaptol-*O*-6,7-dihydroxybergamottin 香柠檬酚 -*O*-6,7- 二羟基香柠檬素 沙田柚 Citrus maxima 'Shatian Yu'

bergaptol-*O*-*β*-D-glucopyranoside 香柠檬酚 -*O*-*β*-D- 吡喃葡萄糖苷 宽叶羌活 Notopterygium franchetii, 羌活 N. incisum

bergenin 岩白菜素 较常见成分，至少分布于 30 种以上植物中，见于大戟科、豆科、胡桃科、虎耳草科、夹竹桃科、金缕梅科、爵床科、龙胆科、毛茛科、葡萄科、千屈菜科、忍冬科、伞形科、桑科、山矾科、山龙眼科、石竹科、玄参科、紫金牛科、紫葳科等

bergenin monohydrate 岩白菜素单水合物 落新妇 Astilbe chinensis, 活血丹 Glechoma longituba

(+)-bergomottin (+)- 香柠檬素 马蜂橙 Citrus hystrix

berlandin 伯兰菊素▲ 准噶尔阿魏 Ferula songarica

bernardioside B_2 伯氏雏菊苷▲B_2 雏菊 Bellis perennis

berneuxia saponin A, B, C 岩匙皂苷▲A, B, C 岩匙 Berneuxia thibetica

berneuxin 岩匙素▲ 岩匙 Berneuxia thibetica

berpodine 异果小檗碱 异果小檗 Berberis heteropoda

bersaldegenin-3-acetate 布沙迪苷元 -3- 乙酸酯 落地生根 Bryophyllum pinnatum

besarhanamide A, B 大韩都鞘丝藻酰胺▲A, B 巨大鞘丝藻 Lyngbya majuscula

besysaponin C_{12} 林地雏菊皂苷▲C_{12} 雏菊 Bellis perennis

betagarin 甜菜加灵▲ 甜菜 Beta vulgaris

betaine 甜菜碱 老鼠簕 Acanthus ilicifolius, 土牛膝 Achyranthes aspera, 疏花穿心莲 Andrographis laxiflora, 花叶假杜鹃 Barleria lupulina, 甜菜 Beta vulgaris, 香藜 Chenopodium botrys, 肉苁蓉 Cistanche deserticola, 盐生肉苁蓉 C. salsa, 文旦 Citrus maxima'Wentan', 三点金 Desmodium triflorum, 可爱花 Eranthemum pulchellum, 匙羹藤 Gymnema sylvestre, 向日葵 Helianthus annuus, 宁夏枸杞 Lycium barbarum, 枸杞 L. chinense, 北方枸杞 L. chinense var. potaninii, 鸡桑 Morus australis, 盐角草 Salicornia europaea, 刺沙蓬 Salsola tragus, 并头黄芩 Scutellaria scordifolia, 瘤毛獐牙菜 Swertia pseudochinensis

betalamic acid 甜菜醛氨酸 青葙 Celosia argentea, 鸡冠花 C. cristata

betalnoside A, B, C 西桦皂苷▲A, B, C 西桦 Betula alnoides

betanidin 甜菜素 厚皮菜 Beta vulgaris var. cicla, 垂序商陆 Phytolacca americana

betanidin-5-*O*-*β*-D-glucopyranoside 甜菜素 -5-*O*-*β*-D- 吡喃葡萄糖苷 土人参 Talinum paniculatum betanidin-6-*O*-*β*-D-glucopyranoside 甜菜素 -6-*O*-*β*-D- 吡喃葡萄糖苷 土人参 Talinum paniculatum

betanin 甜菜苷 刺苋 Amaranthus spinosus, 厚皮菜 Beta vulgaris var. cicla, 量天尺 Hylocereus undatus, 梨果仙人掌 Opuntia ficus-indica, 垂序商陆 Phytolacca americana

betavulgarin 甜菜灵▲ 甜菜 Beta vulgaris, 青葙 Celosia argentea, 天山鸢尾 Iris loczyi

betaxanthin 甜菜黄素 垂序商陆 Phytolacca americana

bethogenin 延龄草螺苷元 粉条儿菜 Aletris spicata, 吉林延龄草 Trillium kamtschaticum

betmidin 扇叶桦定▲ 萹蓄 Polygonum aviculare, 雀梅藤 Sageretia thea

betolide 药水苏托内酯▲ 药水苏 Betonica officinalis

betonicolide 药水苏内酯▲ 药水苏 Betonica officinalis

betonicoside A~D 药水苏苷▲A~D 药水苏 Betonica officinalis

betonyoside A 药水苏醇苷▲A 广防风 Anisomeles indica, 药水苏 Betonica officinalis, 独一味 Lamiophlomis rotata, 马鞭草 Verbena officinalis

betonyoside B~F 药水苏醇苷▲B~F 药水苏 Betonica officinalis

betulactone A, B 桦褶孔菌内酯▲A, B 桦褶孔菌 Lenzites betulina

betulafolienediolone 桦叶烯二醇酮 臭椿 Ailanthus altissima, 小叶桦 Betula microphylla, 圆叶桦 B. rotundifolia

betulafolienetetraol 桦叶烯四醇 小叶桦 Betula microphylla, 白桦 B. platyphylla, 圆叶桦 B. rotundifolia

betulafolienetetraol A 桦叶烯四醇 A 白桦 Betula platyphylla

betulafolienetriol 桦叶烯三醇 小叶桦 Betula microphylla, 圆叶桦 B. rotundifolia

betulafolienetriol epoxide-12-monoacetate 桦叶烯三醇环氧化物 -12- 乙酸酯 白桦 Betula platyphylla

betulafolienetriol oxide I 桦叶烯三醇氧化物 I 小叶桦 Betula microphylla, 圆叶桦 B. rotundifolia

betulafolienpentaol 桦叶烯五醇 白桦 Betula platyphylla

betulalbuside A 白桦萜苷▲A 缩砂密 Amomum villosum var. xanthioides, 白桦 Betula platyphylla, 小叶黑面神 Breynia vitis-idaea, 日本木瓜 Chaenomeles japonica, 管花肉苁蓉 Cistanche tubulosa, 长蒴黄麻 Corchorus olitorius, 鱼藤 Derris trifoliata, 白鹃梅 Exochorda racemosa, 蓬子菜 Galium verum, 大叶橐吾 Ligularia macrophylla, 秃叶黄檗 Phellodendron chinense var. glabriusculum, 茴芹 Pimpinella anisum, 川西小黄菊 Pyrethrum tatsienense, 心叶风毛菊 Saussurea cordifolia, 青花椒 Zanthoxylum schinifolium

betulalbuside B 白桦萜苷▲B 白桦 Betula platyphylla, 日本木瓜 Chaenomeles japonica

betulanonaprenol 桦九异戊烯醇▲ 砂引草 Messerschmidia sibirica

betulaplatoside Ia, Ib, II 白桦醇苷▲Ia, Ib, II 白桦 Betula platyphylla

betulatetraol 桦木四醇▲ 滇虎榛 Ostryopsis nobilis

α-betulenol *α*- 桦木烯醇 垂枝桦 Betula pendula

betuletol 桦木酚 岳桦 Betula ermanii

betulifol A 桦叶葡萄醇 A 地锦 Parthenocissus tricuspidata, 桦叶葡萄 Vitis betulifolia

betulifol B 桦叶葡萄醇 B 桦叶葡萄 Vitis betulifolia

(-)-betuligenol (-)- 桦木精醇 喜马拉雅红豆杉 Taxus wallichiana

betuligenol 桦木精醇 陇蜀杜鹃花 Rhododendron przewalskii

betulin-28-acetate 白桦脂醇 -28- 乙酸酯 青皮刺 Capparis sepiaria, 小果珍珠花 Lyonia ovalifolia var. elliptica

betulin-3-acetate 白桦脂醇 -3- 乙酸酯 小果珍珠花 Lyonia ovalifolia var. elliptica, 粗糠柴 Mallotus philippensis

betulin-3-*O*-caffeate 白桦脂醇 -3-*O*- 咖啡酸酯 岳桦 Betula ermanii, 白桦 B. platyphylla

betulin-3-*O*-palmitate 白桦脂醇 -3-*O*- 棕榈酸酯 龙胆 Gentiana scabra, 狭叶獐牙菜 Swertia angustifolia

betulinaldehyde 桦木醛 菊苣 Cichorium intybus, 五桠果 Dillenia indica

betulinaldehyde; betulinic aldehyde 白桦脂醛 长柄异木患 Allophylus longipes, 日本桤木 Alnus japonica, 白桦 Betula platyphylla, 乌材 Diospyros eriantha, 清香藤 Jasminum lanceolarium, 染木树 Saprosma ternata, 球花马蓝 Strobilanthes dimorphotricha, 柚木 Tectona grandis, 诃子 Terminalia chebula

betulinan A, B, C 桦褶孔菌素▲A, B, C 桦褶孔菌 Lenzites betulina

betulinic acid 3*β*-caffeate 白桦脂酸 -3*β*- 咖啡酸酯 大果刺篱木 Flacourtia ramontchi

betulinic acid methyl ester 白桦脂酸甲酯 鹅掌柴 Heptapleurum heptaphyllum, 细叶小苦荬 Ixeridium gracile

betulinic acid; betulic acid; *β*-betulinic acid 白桦脂酸 常见成分，至少分布于 100 种以上植物中

betulinic acid-3-*O*-acetate 白桦脂酸 -3-*O*- 乙酸酯 悬铃木 Platanus acerifolia

betulinic acid-3-*O*-*p*-coumarate 白桦脂酸 -3-*O*- 对香豆酸酯 海桑 Sonneratia caseolaris

betulinic acid-3-*O*-sulfate 白桦脂酸 -3-*O*- 硫酸酯 鹅掌柴 Heptapleurum heptaphyllum

betulinic acid-3-*O*-*β*-D-glucopyranosyl-(1 → 2)-*β*-D-glucopyranoside 白桦脂酸 -3-*O*-*β*-D- 吡喃葡萄糖基 -(1 → 2)-*β*-D- 吡喃葡萄糖苷 密脉鹅掌柴 Heptapleurum ellipticum

betulinic acid-3-*O*-*β*-D-glycopyranoside 白桦脂酸 -3-*O*-*β*-D- 吡喃葡萄糖苷 密脉鹅掌柴 Heptapleurum ellipticum

betulinic acid-3*β*-*O*-*α*-L-rhamnopyranosyl-(1 → 2)-*O*-*α*-L-arabinopyranoside 白桦脂酸 -3*β*-*O*-*α*-L- 吡喃鼠李糖基 -(1 → 2)-*O*-*α*-L- 吡喃阿拉伯糖苷 朝鲜白头翁 Pulsatilla cernua

betulinic acid-7',8'-dihydroxycinnamate 白桦脂酸 -7',8'- 二羟基桂皮酸酯 高山绣线菊 Spiraea alpina

betulinol; betulin 白桦脂醇 常见成分，至少分布于 100 种以上植物中

betulone 白桦脂酮 白桦 Betula platyphylla, 虎皮楠 Daphniphyllum oldhamii, 海漆 Excoecaria agallocha, 枸骨 Ilex cornuta, 大柄冬青 I. macropoda betulonic acid 白桦酮酸 广防风 Anisomeles indica, 垂枝桦 Betula pendula, 白桦 B. platyphylla, 秋枫 Bischofia javanica, 角果木 Ceriops tagal, 柠檬桉 Eucalyptus citriodora, 蓝桉 E. globulus, 海漆 Excoecaria agallocha, 牛白藤 Hedyotis hedyotidea, 枸骨 Ilex cornuta, 枫香树 Liquidambar formosana, 胶皮枫香树 L. styraciflua, 白头翁 Pulsatilla chinensis, 桃金娘 Rhodomyrtus tomentosa, 盐肤木 Rhus chinensis, 尾叶那藤 Stauntonia obovatifoliola subsp. urophylla, 日本珊瑚树 Viburnum odoratissimum var. awabuki, 枣 Ziziphus jujuba, 滇刺枣 Z. mauritiana

betuloside 白桦苷 白桦 Betula platyphylla, 凝毛杜鹃花 Rhododendron phaeochrysum var. agglutinatum, 陇蜀杜鹃花 R. przewalskii, 喜马拉雅红豆杉 Taxus wallichiana

bharangi quinone 千解草醌▲ 千解草 Pygmaeopremna herbacea

bharangin 千解草精▲ 千解草 Pygmaeopremna herbacea

bharanginin 千解草精宁▲ 千解草 Pygmaeopremna herbacea

bharangi-γ-lactone 千解草精▲-γ- 内酯 千解草 Pygmaeopremna herbacea

bharangi-δ-lactone 千解草精▲-δ- 内酯 千解草 Pygmaeopremna herbacea

1,1'-bi(4,5-dihydroxy-2-methylanthraquinone) 1,1'- 二 (4,5- 二羟基 -2- 甲基蒽醌) 铁刀木 Senna siamea

8,8'-bi-3β-angeloyloxy-eremophil-7(11)-en-12,8α(14β,6α)-diolide 8,8'- 二 -3β- 当归酰氧基 - 荒漠木 -7(11)- 烯 -12,8α(14β,6α)- 二内酯 牛蒡叶橐吾 Ligularia lapathifolia

1,1-bi-4,4',5,5'-tetrahydroxy-2,2'-dimethylanthraquinone 1,1- 二 -4,4',5,5'- 四羟基 -2,2'- 二甲基蒽醌 望江南 Senna occidentalis

bianfugecine 蝙蝠葛辛 蝙蝠葛 Menispermum dauricum, 风龙 Sinomenium acutum

bianfugedine 蝙蝠葛定 蝙蝠葛 Menispermum dauricum

bianfugenine 蝙蝠葛宁 蝙蝠葛 Menispermum dauricum, 风龙 Sinomenium acutum

bianthrone A_1, J 二蒽酮 A_1, J 红芽木 Cratoxylum formosum subsp. pruniflorum

biapigenin 双芹菜苷元 大叶藤黄 Garcinia xanthochymus, 尖萼金丝桃 Hypericum acmosepalum, 赶山鞭 H. attenuatum, 小连翘 H. erectum, 地耳草 H. japonicum, 糙枝金丝桃 H. scabrum

(R-biar)-12-angeloyloxy-6,7,8,9-tetrahydro-1,2,3,13,14-pentamethoxy-7,8-dimethyl-7-dibenzo[a,c]cyclooctenol (R- 联苯)-12- 当归酰氧基 -6,7,8,9- 四氢 -1,2,3,13,14- 五甲氧基 -7,8- 二甲基 -7- 联苯 [a,c] 环辛烯醇 刺苞南蛇藤 Celastrus flagellaris

(R-biar)-12-benzoyloxy-6,7,8,9-tetrahydro-1,2,3,13,14-pentamethoxy-7,8-dimethyl-7-dibenzo[a,c]cyclooctenol (R- 联苯)-12- 苯甲酰氧基 -6,7,8,9- 四氢 -1,2,3,13,14- 五甲氧基 -7,8- 二甲基 -7- 联苯 [a,c] 环辛烯醇 刺苞南蛇藤 Celastrus flagellaris

biatractylolide 双苍术内酯 白术 Atractylodes macrocephala

bibenzofuran 双苯并呋喃 挥发油成分，未统计基源

(M)-bicelaphanol A (M)- 二聚冠叶南蛇藤醇▲A 南蛇藤 Celastrus orbiculatus

(P)-bicelaphanol A (P)- 二聚冠叶南蛇藤醇▲A 南蛇藤 Celastrus orbiculatus

bicornin 乌菱素▲ 丁香 Syzygium aromaticum, 乌菱 Trapa bicornis

bicoumastechamin 狼毒双香豆素 黄瑞香 Daphne giraldii, 狼毒 Stellera chamaejasme

bicoumol-7'-O-β-D-glucopyranoside 双香豆酚 -7'-O-β-D- 吡喃葡萄糖苷 滇瑞香 Daphne feddei

bicoumol-7-O-β-D-glucopyranoside 双香豆酚 -7-O-β-D- 吡喃葡萄糖苷 滇瑞香 Daphne feddei

(-)-bicuculline (-)- 比枯枯灵碱 连翘 Forsythia suspensa

(+)-bicuculline (+)- 比枯枯灵碱 山延胡索 Corydalis solida

bicuculline 比枯枯灵碱 地丁草 Corydalis bungeana, 皱波黄堇 C. crispa, 夏天无 C. decumbens, 稀花黄堇 C. dubia, 籽纹紫堇 C. esquirolii, 土元胡 C. humosa, 赛北紫堇 C. impatiens, 刻叶紫堇 C. incisa, 尖突黄堇 C. mucronifera, 全叶延胡索 C. repens, 直茎黄堇 C. stricta, 金钩如意草 C. taliensis, 荷包牡丹 Dicentra spectabilis

bicucullinine 比枯枯灵宁▲ 山延胡索 Corydalis solida

bicyclo[10.1.0]tridec-1-ene 双环 [10.1.0] 十三烷 -1- 烯 白刺 Nitraria tangutorum

bicyclo[3,1,1]heptane 双环 [3,1,1] 庚烷 挥发油成分，未统计基源

bicycloelemene 双环榄香烯 挥发油成分，未统计基源

bicyclogermacren-13-al 双环大根老鹳草烯 -13- 醛 挥发油成分，未统计基源

bicyclogermacrene 双环大根老鹳草烯 挥发油成分，未统计基源

γ-bicyclohomofarnesal γ- 双环高金合欢醛 距花山姜 Alpinia calcarata

bicyclol 双环醇 黑蕊虎耳草 Saxifraga melanocentra

bicyclomahanimbicine 双环马汉九里香星碱 调料九里香 Murraya koenigii

bicyclomahanimbiline 双环马汉九里香林碱▲ 调料九里香 Murraya koenigii

bicyclomahanimbine 双环马汉九里香碱 洋紫荆 Bauhinia variegata, 豆叶九里香 Murraya euchrestifolia, 调料九里香 M. koenigii

bidebiline A 二聚弱小暗罗碱▲A 陵水暗罗 Polyalthia nemoralis

bidenlignaside A, B 鬼针草木脂素苷▲A, B 小花鬼针草 Bidens parviflora

bidenoside A, B, D, F, G 鬼针草苷▲A, B, D, F, G 婆婆针 Bidens bipinnata

bidenoside C 鬼针草苷▲C 婆婆针 Bidens bipinnata, 红花 Carthamus tinctorius

bidenphytin A, B 鬼针草叶褐素▲A, B 鬼针草 Bidens pilosa

bidensmenthoside A, B 鬼针草薄荷醇苷▲A, B 小花鬼针草 Bidens parviflora

bidensyneoside A_1, A_2, B, C 鬼针草炔苷▲A_1, A_2, B, C 小花鬼针草 Bidens parviflora

bidentatin 二齿香科科素▲ 二齿香科科 Teucrium bidentatum

bidentatoside I, II 牛膝托苷▲I, II 牛膝 Achyranthes bidentata

biondinin C 望春玉兰宁 ▲C 野八角 Illicium simonsii, 望春玉兰 Yulania biondii
biondinoid A 望春玉兰黄酮 ▲A 望春玉兰 Yulania biondii
biophenol-2 生物酚 -2 无翅猪毛菜 Salsola komarovii
bioquercetin 生物槲皮素 草木犀状黄耆 Astragalus melilotoides, 北疆风铃草 Campanula glomerata, 铃兰 Convallaria majalis, 尖叶铁扫帚 Lespedeza juncea, 刺槐 Robinia pseudoacacia, 救荒野豌豆 Vicia sativa
biorobin 刺槐二糖苷 ▲ 茶 Camellia sinensis, 铃兰 Convallaria majalis, 刺槐 Robinia pseudoacacia
biotin 生物素 石花菜 Gelidium amansii
(2,2'-bioxazolidine)-3,3'-diethanol (2,2'- 二口恶唑定)-3,3'- 二乙醇 栝楼 Trichosanthes kirilowii
1,1'-biphenyl 1,1'- 联苯 挥发油成分，未统计基源
3,3',4,4'-biphenyltetracarboxylic acid 3,3',4,4'- 二苯基四羧酸 准噶尔阿魏 Ferula songarica
bipindogenin 比平达羊角拗苷元 ▲ 羊角拗 Strophanthus divaricatus
bipindogenin-3-*O*-6'-deoxy-*β*-D-alloside 毕平多苷元 -3-*O*-6'- 脱氧 -*β*-D- 阿洛糖苷 铃兰 Convallaria majalis
bipindogenin-3-*O*-6'-deoxy-*β*-D-guloside 毕平多苷元 -3-*O*-6'- 脱氧 -*β*-D- 古洛糖苷 铃兰 Convallaria majalis
bipindogenin-3-*O*-*α*-L-rhamnoside-6'-deoxy-*β*-D-alloside 毕平多苷元 -3-*O*-*α*-L- 鼠李糖苷 -6'- 脱氧 -*β*-D- 阿洛糖苷 铃兰 Convallaria majalis
bipindogenin-3-*O*-*β*-D-alloside 毕平多苷元 -3-*O*-*β*-D- 阿洛糖苷 铃兰 Convallaria majalis
bipindogenin-*α*-L-rhamnoside 毕平多苷元 -*α*-L- 鼠李糖苷 铃兰 Convallaria majalis
bipindogulomethyloside 毕平多古洛甲基糖苷 铃兰 Convallaria majalis
bipindoside 比平达羊角拗苷 ▲ 西非羊角拗 Strophanthus sarmentosus
bipinnatapolyacetyloside 鬼针聚炔苷 婆婆针 Bidens bipinnata, 金盏银盘 B. biternata
bipinnatapolyacetyloside B 鬼针聚炔苷 B 婆婆针 Bidens bipinnata
bipinnatifidusoside F_1, F_2 羽叶三七皂苷 F_1, F_2 羽叶三七 Panax bipinnatifidus
biridoside 醉鱼草环烯醚萜苷 ▲ 大叶醉鱼草 Buddleja davidii
2,6-bis(1,1-dimethylethyl)-4-methylphenol 2,6- 二 (1,1- 二甲基乙基)-4- 甲基苯酚 多序岩黄耆 Hedysarum polybotrys
2,6-bis(1,1-dimethylethyl)-4-methyl-phenol 2,6- 二 (1,1- 二甲基乙基)-4- 甲基 - 苯酚 挥发油成分，未统计基源
2,4-bis(1,1-dimethylethyl)-phenol 2,4- 二 (1,1- 二甲基乙基)- 苯酚 挥发油成分，未统计基源
p-bis(1,2-dibromoethyl)-benzene 对 - 双 (1,2- 二溴乙基)- 苯 苍山乌头 Aconitum contortum
(2*R*,3*R*)-*rel*-1,4-bis(1,3-benzodioxol-5-yl)-2,3-dimethyl-1,4-butanedione (2*R*,3*R*)- 相对 -1,4- 双 (1,3- 苯并二氧 -5- 基)-2,3- 二甲基 -1,4- 丁二酮 华中五味子 Schisandra sphenanthera
7,7'-bis(1,4,5,8-tetrahydroxy-3-ethylnaphthalene-2,6-dione) 7,7'- 双 (1,4,5,8- 四羟基 -3- 乙基萘 -2,6- 二酮) 皱黄卷岛衣 Flavocetraria cucullata
bis(1-methylethyl)peroxide 双 (1- 甲基乙基) 过氧化物 挥发油成分，未统计基源
bis(2-butylhexyl) phthalate 双 (2- 丁基己基) 酞酸酯 吊石苣苔 Lysionotus pauciflorus
bis(2-ethyl)benzene-1,2-dicarboxylate 双 (2- 乙基) 苯 -1,2- 二羧酸酯 海桑 Sonneratia caseolaris
bis(2-ethyldecyl) phthalate 双 (2- 乙基癸基) 酞酸酯 细叶天芥菜 Heliotropium strigosum
bis(2-ethylhexyl) phthalate 双 (2- 乙基己基) 酞酸酯 挥发油成分，未统计基源
bis-(2-ethylhexyl) terephthalate 双 (2- 乙基丁基) 对苯二甲酸酯 尖山橙 Melodinus fusiformis
bis(2-ethylhexyl)benzene-1,2-dicarboxylate 双 (2- 乙基己基) 苯 -1,2- 二羧酸酯 天目地黄 Rehmannia chingii, 红血藤 Spatholobus sinensis
bis(2-hydroxyethyl) lauramide 双 (2- 羟乙基) 月桂酰胺 挥发油成分，未统计基源
1,1'-bis(2-hydroxyphenyl)ether 1,1'- 双 (2- 羟基苯基) 醚 珊瑚苣苔 Corallodiscus lanuginosus
bis(2-methylheptyl) phthalate 双 (2- 甲基庚基) 酞酸酯 枳 Poncirus trifoliata
bis(2-methylproyl) phthalate 双 (2- 甲基丙基) 酞酸酯 地桃花 Urena lobata
2,4-bis(2-phenylpropan-2-yl)phenol 2,4- 二 (2- 苯基丙烷 -2- 基) 苯酚 苦瓜 Momordica charantia
1,12-bis(3,3'-dihydroxy-4,4'-dimethyl-5,5'-dimethoxyphenyl)dodecane 1,12- 二 (3,3'- 二羟基 -4,4'- 二甲基 -5,5'- 二甲氧基苯基) 十二烷 包疮叶 Maesa indica
3,5-bis(3,3-dimethylallyl)-4-hydroxyacetophenone 3,5- 二 (3,3- 二甲基烯丙基)-4- 羟基苯乙酮 窄头橐吾 Ligularia stenocephala
3,6-bis(3,4,5-trihydroxybenzoate)-*β*-D-glucopyranose 3,6- 二 (3,4,5- 三羟基苯甲酸酯)-*β*-D- 吡喃葡萄糖 黑蕊虎耳草 Saxifraga melanocentra
meso-2,3-bis-(3,4,5-trimethoxybenzoyl)butane 内消旋 -2,3- 二 -(3,4,5- 三甲氧基苯甲酰基) 丁烷 三白草 Saururus chinensis
3,3'-bis(3,4-dihydro-4-hydroxy-6-methoxy)-2*H*-1-benzopyran 3,3'- 双 (3,4- 二氢 -4- 羟基 -6- 甲氧基)-2*H*-1- 苯并吡喃 直立百部 Stemona sessilifolia
3,3'-bis(3,4-dihydro-4-hydroxy-6-methoxy-2*H*-1-benzopyran) 3,3'- 二 (3,4- 二氢 -4- 羟基 -6- 甲氧基 -2*H*-1- 苯并吡喃) 刺楸 Kalopanax septemlobus
3,3'-bis(3,4-dihydro-6-methoxy-2*H*-1-benzopyran) 3,3'- 二 (3,4- 二氢 -6- 甲氧基 -2*H*-1- 苯并吡喃) 蛇菰 Balanophora fungosa
(2*R*,3*R*)-2,3-bis(3,4-dihydroxy)butyrolactone (2*R*,3*R*)-2,3- 双 (3,4- 二羟基) 丁内酯 单色蝴蝶草 Torenia concolor
1,7-bis(3,4-dihydroxyphenyl)-(1*E*,4*E*)-1,4-heptadien-3-one 1,7- 双 (3,4- 二羟基苯基)-1*E*,4*E*-1,4- 庚二烯 -3- 酮 辽东桤木 Alnus hirsuta
(1*α*,2*α*,3*α*,4*α*)-2,4-bis(3,4-dihydroxyphenyl)-1,3-cyclobutane-dicarboxylic acid methyl ester (1*α*,2*α*,3*α*,4*α*)-2,4- 双 (3,4- 二羟基苯基)-1,3- 环丁烷基二甲酸甲酯 小花鬼针草 Bidens parviflora
1,7-bis(3,4-dihydroxyphenyl)-1,4,6-heptatrien-3-one 1,7- 二 (3,4- 二羟基苯基)-1,4,6- 庚三烯 -3- 酮 无毛粉条儿菜 Aletris glabra
(2*R*,3*S*,10*S*)-2,10-bis(3,4-dihydroxyphenyl)-3,4,9,10-tetrahydro-3,5-dihydroxy-2*H*,8*H*-benzo[1,2-b:3,4-b']dipyran-8-one (2*R*,3*S*,10*S*)-2,10- 二 (3,4- 二羟基苯基)-3,4,9,10- 四氢 -3,5- 二羟基 -2*H*,8*H*- 苯并 [1,2-b:3,4-b'] 二吡喃 -8- 酮 苦槠 Castanopsis sclerophylla
(4*S*,8*R*,9*S*)-4,8-bis(3,4-dihydroxyphenyl)-3,4,9,10-tetrahydro-5,9-dihydroxy-2*H*,8*H*-benzo[1,2-b:3,4-b']dipyran-2-one (4*S*,8*R*,9*S*)-4,8- 二 (3,4- 二羟基苯基)-3,4,9,10- 四氢 -5,9- 二羟基 -2*H*,8*H*- 苯并 [1,2-b:3,4-b'] 二吡喃 -2- 酮 苦槠 Castanopsis sclerophylla

(3R)-1,7-bis(3,4-dihydroxyphenyl)-3-heptanol (3R)-1,7- 双 (3,4- 二羟基苯基)-3- 庚醇 辽东桤木 Alnus hirsuta

(3R)-1,7-bis(3,4-dihydroxyphenyl)-3-heptanol-3-O-β-D-glucoopyranoside (3R)-1,7- 双 (3,4- 二羟基苯基)-3- 庚醇 -3-O-β-D- 吡喃葡萄糖苷 辽东桤木 Alnus hirsuta

(3R)-1,7-bis(3,4-dihydroxyphenyl)-3-heptanol-3-O-β-D-xylopyranoside (3R)-1,7- 双 (3,4- 二羟基苯基)-3- 庚醇 -3-O-β-D- 吡喃木糖苷 辽东桤木 Alnus hirsuta

1,7-bis(3,4-dihydroxyphenyl)-4,6-heptadien-3-one 1,7- 二 (3,4- 二羟基苯基)-4,6- 庚二烯 -3- 酮 无毛粉条儿菜 Aletris glabra

1,7-bis(3',4'-dihydroxyphenyl)-4-hepten-3-one 1,7- 二 (3',4'- 二羟苯基)-4- 庚烯 -3- 酮 疣果豆蔻 Amomum muricarpum

1,7-bis(3,4-dihydroxyphenyl)-5-hydroxy-3-heptanone-5-O-[2-(2-methylbutenoyl)]-β-D-xylopyranoside 1,7- 双 (3,4- 二羟基苯基)-5- 羟基 -3- 庚酮 5-O-[2-(2- 甲基丁烯酰基)]-β-D- 吡喃木糖苷 日本桤木 Alnus japonica

1,7-bis(3,4-dihydroxyphenyl)-5-hydroxyheptane 1,7- 双 (3,4- 二羟基苯基)-5- 羟基庚烷 日本桤木 Alnus japonica

1,7-bis(3,4-dihydroxyphenyl)-5-hydroxyheptane-3-O-β-D-xylopyranoside 1,7- 双 (3,4- 二羟基苯基)-5- 羟基庚烷 -3-O-β-D- 吡喃木糖苷 日本桤木 Alnus japonica

1,7-bis(3,4-dihydroxyphenyl)-5-methoxy-3-heptanone 1,7- 双 (3,4- 二羟基苯基)-5- 甲氧基 -3- 庚酮 日本桤木 Alnus japonica, 尼泊尔桤木 A. nepalensis

(4R,8R,9S)-4,8-bis(3,4-dihydroxyphenyl)-dihydroxyphenyl)-3,4,9,10-tetrahydro-5,9-dihydroxy-2H,8H-benzo[1,2-b:3,4-b']dipyran-2-one (4R,8R,9S)-4,8- 二 (3,4- 二羟基苯基)- 二羟基苯基)-3,4,9,10- 四氢 -5,9- 二羟基 -2H,8H- 苯并 [1,2-b:3,4-b'] 二吡喃 -2- 酮 苦槠 Castanopsis sclerophylla

1,7-bis(3,4-dihydroxyphenyl)hepta-4E,6E-dien-3-one 1,7- 二 (3,4- 二羟苯基) 庚 -4 反式 ,6 反式 - 二烯 -3- 酮 香豆蔻 Amomum subulatum

1,7-bis(3,4-dihydroxyphenyl)-hepta-4E,6E-dien-3one 1,7- 双 (3,4- 二羟基苯基)- 庚烷 -4E,6E- 二烯 -3- 酮 辽东桤木 Alnus hirsuta

(5S)-1,7-bis(3,4-dihydroxyphenyl)-heptan-3-one-5-O-β-D-glucopyranoside (5S)-1,7- 双 (3,4- 二羟基苯基)- 庚烷 -3- 酮 -5-O-β-D- 吡喃葡萄糖苷 辽东桤木 Alnus hirsuta

1,7-bis(3,4-dihydroxyphenyl)-heptane-3-one-5-O-β-D-glucopyranoside 1,7- 双 (3,4- 二羟基苯基)- 庚烷 -3- 酮 -5-O-β-D- 吡喃葡萄糖苷 日本桤木 Alnus japonica

1,7-bis(3,4-dihydroxyphenyl)-heptane-3-one-5-O-β-D-xylopyranoside 1,7- 双 (3,4- 二羟基苯基)- 庚烷 -3- 酮 -5-O-β-D- 吡喃木糖苷 辽东桤木 Alnus hirsuta

1,7-bis(3,4-dihydroxyphenyl)-heptane-3-O-β-D-apiofuranosyl-(1 → 6)-β-D-glucopyranoside 1,7- 双 (3,4- 二羟基苯基)- 庚烷 -3-O-β-D- 呋喃芹糖基 -(1 → 6)-β-D- 吡喃葡萄糖苷 日本桤木 Alnus japonica

1,7-bis(3,4-dihydroxyphenyl)-heptane-3-O-β-D-glucopyranosyl-(1 → 3)-β-D-xylopyranoside 1,7- 双 (3,4- 二羟基苯基)- 庚烷 3-O-β-D- 吡喃葡萄糖基 -(1 → 3)-β-D- 吡喃木糖苷 日本桤木 Alnus japonica

(5R)-1,7-bis(3,4-dihydroxyphenyl)-heptane-5-O-β-D-glucopyranoside (5R)-1,7- 双 (3,4- 二羟基苯基)- 庚烷 -5-O-β-D- 吡喃葡萄糖苷 辽东桤木 Alnus hirsuta

1,7-bis(3,4-dihydroxyphenyl)-heptane-5-O-β-D-glucopyranoside 1,7- 双 (3,4- 二羟基苯基)- 庚烷 -5-O-β-D- 吡喃葡萄糖苷 辽东桤木 Alnus hirsuta, 日本桤木 A. japonica

(5R)-1,7-bis(3,4-dihydroxyphenyl)-heptane-5-O-β-D-xylopyranoside (5R)-1,7- 双 (3,4- 二羟基苯基)- 庚烷 -5-O-β-D- 吡喃木糖苷 辽东桤木 Alnus hirsuta

1,7-bis(3,4-dihydroxyphenyl)-heptane-5-O-β-D-xylopyranoside 1,7- 双 (3,4- 二羟基苯基)- 庚烷 -5-O-β-D- 吡喃木糖苷 辽东桤木 Alnus hirsuta

(1R,2R,4E)-1,5-bis(3,4-dimethoxyphenyl)-2-(methoxymethyl)pent-4-en-1-ol (1R,2R,4E)-1,5- 二 (3,4- 二甲氧基苯基)-2-(甲氧基甲基) 戊 -4- 烯 -1- 醇 青海刺参 Morina kokonorica

{3,4-trans-4-[bis(3,4-dimethoxyphenyl)methyl]-2-oxotetrahydrofuran-3-yl}methyl-O-β-glucopyranoside {3,4- 反式 -4-[二 (3,4- 二甲氧基苯基) 甲基]-2- 氧代四氢呋喃 -3- 基 } 甲基 -O-β- 吡喃葡萄糖苷 荨麻 Urtica fissa

3,4-bis(3',4'-dimethoxyphenylmethyl)dihydrofuran-2-one 3,4- 二 (3',4'- 二甲氧基苯甲基) 二氢呋喃 -2- 酮 尖叶花椒 Zanthoxylum oxyphyllum

2,3-bis(3,4-methylenedioxybenzyl)-but-2-en-4-olide 2,3- 二 (3,4- 亚甲二氧基苄基)- 丁 -2- 烯 -4- 内酯 两面针 Zanthoxylum nitidum

(1R*,2R*,5R*,6S*)-2,6-bis(3,5-dimethoxyphenyl)-3,7-dioxybicyclo[3.3.0]octane (1R*,2R*,5R*,6S*)-2,6- 二 (3,5- 二甲氧基苯基)-3,7- 二氧代双环 [3.3.0] 辛烷 紫玉兰 Yulania liliiflora

6,6'-bis(3-ethyl-2,7-dihydroxynaphthazarin) 6,6'- 双 (3- 乙基 -2,7- 二羟基萘茜) 岛衣 Cetraria islandica

(3R)-3,5-bis(3-methoxy-4-hydroxyphenyl)-2,3-dihydro-2(1H)-pyridinone (3R)-3,5- 二 (3- 甲氧基 -4- 羟基苯基)-2,3- 二氢 -2(1H)- 吡啶酮 马齿苋 Portulaca oleracea

α,α-bis(3β-angeloyloxyfuranoeremophilane) α,α- 二 (3β- 当归酰氧基呋喃荒漠木烷) 大吴风草 Farfugium japonicum

(3R)-1,7-bis(4-dihydroxyphenyl)-3-heptanol-3-O-β-D-glucopyranosyl-(1 → 3)-β-D-xylopyranoside (3R)-1,7- 双 (4- 二羟基苯基)-3- 庚醇 -3-O-β-D- 吡喃葡萄糖基 -(1 → 3)-β-D- 吡喃木糖苷 辽东桤木 Alnus hirsuta

bis(4-dimethylaminophenyl)methanone 双 (4- 二甲基氨苯基) 甲酮 菟丝子 Cuscuta chinensis

1,3-bis-(4-hydroxy-3,5-dimethoxyphenyl)-1,3-propanediol 1,3- 二 -(4- 羟基 -3,5- 二甲氧基苯基)-1,3- 丙二醇 南岭柞木 Xylosma controversa

3,4-bis(4-hydroxy-3-methoxybenzyl)-tetrahydrofuran 3,4- 双 (4- 羟基 -3- 甲氧基苄基)- 四氢呋喃 露兜树 Pandanus tectorius

threo-1,2-bis(4-hydroxy-3-methoxyphenyl)-1,3-propandiol 苏式 -1,2- 二 (4- 羟基 -3- 甲氧基苯基)-1,3- 丙二醇 小木通 Clematis armandii

(1R,2S)-1,2-bis(4-hydroxy-3-methoxyphenyl)-1,3-propanediol (1R,2S)-1,2- 二 (4- 羟基 -3- 甲氧基苯基)-1,3- 丙二醇 见血封喉 Antiaris toxicaria

(1S,2R)-1,2-bis(4-hydroxy-3-methoxyphenyl)-1,3-propanediol (1S,2R)-1,2- 二 (4- 羟基 -3- 甲氧基苯基)-1,3- 丙二醇 假酸浆 Nicandra physalodes

1,2-bis(4-hydroxy-3-methoxyphenyl)-1,3-propanediol 1,2- 双 (4- 羟基 -3- 甲氧基苯基)-1,3- 丙二醇 云南土沉香 Excoecaria acerifolia, 红茴

香 Illicium henryi, 阔苞菊 Pluchea indica, 接骨木 Sambucus williamsii, 异株荨麻 Urtica dioica

erythro-1,2-bis(4-hydroxy-3-methoxyphenyl)-1,3-propanediol 赤式 -1,2- 双 (4- 羟基 -3- 甲氧基苯基)-1,3- 丙二醇 中华猕猴桃 Actinidia chinensis, 卵叶巴豆 Croton caudatus, 刺五加 Eleutherococcus senticosus, 泰国大风子 Hydnocarpus anthelminthicus, 黄果茄 Solanum virginianum, 大籽獐牙菜 Swertia macrosperma

threo-1,2-bis-(4-hydroxy-3-methoxyphenyl)-1,3-propanediol 苏式 -1,2- 二 -(4- 羟基 -3- 甲氧基苯基)-1,3- 丙二醇 中华猕猴桃 Actinidia chinensis

3,4-bis(4-hydroxy-3-methoxyphenyl)-1,6-hexanediol 3,4- 二 (4- 羟基 -3- 甲氧基苯基)-1,6- 己二醇 新疆党参 Codonopsis clematidea

(+)-1,7-bis(4-hydroxy-3-methoxyphenyl)-2,3,5-heptanetriol (+)-1,7- 双 (4- 羟基 -3- 甲氧基苯基)-2,3,5- 庚三醇 胡桃楸 Juglans mandshurica

1,4-bis(4-hydroxy-3-methoxyphenyl)-2,3-bis(hydroxymethyl)butane-1,4-diol 1,4- 二 (4- 羟基 -3- 甲氧基苯基)-2,3- 二 (羟甲基) 丁烷 -1,4- 二醇 云南土沉香 Excoecaria acerifolia

4,4-bis(4-hydroxy-3-methoxyphenyl)-2,3-dimethylbutanol 4,4- 双 (4- 羟基 -3- 甲氧基苯基)-2,3- 二甲基丁醇 合蕊五味子 Schisandra propinqua, 铁箍散 S. propinqua var. sinensis, 鹤庆五味子 S. wilsoniana

(3*R*,5*R*)-1,7-bis(4-hydroxy-3-methoxyphenyl)-3,5-heptanediol (3*R*,5*R*)-1,7- 双 (4- 羟基 -3- 甲氧基苯基)-3,5- 庚二醇 薯蓣 Dioscorea polystachya

4,8-exo-bis(4-hydroxy-3-methoxyphenyl)-3,7-dioxabicyclo[3.3.0]octan-2-one 4,8- 外向 - 双 (4- 羟基 -3- 甲氧苯基)-3,7- 二噁二环 [3.3.0] 辛烯 -2- 酮 鸭跖草 Commelina communis

(+)-(1*R*,2*S*)-1,2-bis(4-hydroxy-3-methoxyphenyl)-3-acetyl-1,3-propanediol (+)-(1*R*,2*S*)-1,2- 二 (4- 羟基 -3- 甲氧基苯基)-3- 乙酰基 -1,3- 丙二醇 岭南杜鹃花 Rhododendron mariae

erythro-2,3-bis(4-hydroxy-3-methoxyphenyl)-3-ethoxypropan-1-ol 赤式 -2,3- 二 (4- 羟基 -3- 甲氧基苯基)-3- 乙氧基丙烷 -1- 醇 山鸡椒 Litsea cubeba

threo-2,3-bis(4-hydroxy-3-methoxyphenyl)-3-ethoxypropan-1-ol 苏式 -2,3- 二 (4- 羟基 -3- 甲氧基苯基)-3- 乙氧基丙烷 -1- 醇 山鸡椒 Litsea cubeba

erythro-2,3-bis(4-hydroxy-3-methoxyphenyl)-3-methoxypropanol 赤式 -2,3- 二 (4- 羟基 -3- 甲氧基苯基)-3- 甲氧基丙醇 小木通 Clematis armandii

threo-2,3-bis(4-hydroxy-3-methoxyphenyl)-3-methoxypropanol 苏式 -2,3- 二 (4- 羟基 -3- 甲氧基苯基)-3- 甲氧基丙醇 小木通 Clematis armandii

erythro-2,3-bis(4-hydroxy-3-methoxyphenyl)-3-methoxy-propanol 赤式 -2,3- 双 (4- 羟基 -3- 甲氧基苯)-3- 甲氧基丙醇 观光木 Michelia odora

threo-2,3-bis(4-hydroxy-3-methoxyphenyl)-3-methoxy-propanol 苏式 -2,3- 双 (4- 羟基 -3- 甲氧基苯)-3- 甲氧基丙醇 观光木 Michelia odora

threo-2,3-bis-(4-hydroxy-3-methoxyphenyl)-3-methoxypropanol 苏式 -2,3- 二 -(4- 羟基 -3- 甲氧基苯基)-3- 甲氧基丙醇 卵叶巴豆 Croton caudatus

threo-2,3-bis-(4-hydroxy-3-methoxyphenyl)-3-methoxy-propanol 苏式 -2,3- 二 -(4- 羟基 -3- 甲氧基苯基)-3- 甲氧基 - 丙醇 尖蕾狗牙花 Tabernaemontana bufalina

{(3*S*,4*R*)-4-[bis(4-hydroxy-3-methoxyphenyl)methyl]-2-oxotetrahydrofuran-3-yl} methyl-*β*-D-glucopyranoside {(3*S*,4*R*)-4-[二 (4- 羟基 -3- 甲氧基苯基) 甲基]-2- 氧化四氢呋喃 -3- 基 } 甲基 -*β*-D- 吡喃葡萄糖苷 荨麻 Urtica fissa

{(3*S*,4*S*)-4-[bis(4-hydroxy-3-methoxyphenyl)methyl]-2-oxotetrahydrofuran-3-yl} methyl-*β*-D-glucopyranoside {(3*S*,4*S*)-4-[二 (4- 羟基 -3- 甲氧基苯基) 甲基]-2- 氧化四氢呋喃 -3- 基 } 甲基 -*β*-D- 吡喃葡萄糖苷 荨麻 Urtica fissa

threo-1,2-bis-(4-hydroxy-3-methoxyphenyl)-propane-1,3-diol 苏式 -1,2- 二 -(4- 羟基 -3- 甲氧基苯基)- 丙烷 -1,3- 二醇 泰国大风子 Hydnocarpus anthelminthicus

2,6-bis(4-hydroxybenzyl)-3,3',5-trihydroxybibenzyl 2,6- 二对羟苄基 -3,3',5- 三羟基联苄 云南石仙桃 Pholidota yunnanensis, 云南独蒜兰 Pleione yunnanensis

1,3-bis(4-hydroxybenzyl)-4-methoxy-9,10-dihydrophenanthrene-2,7-diol 1,3- 二对羟苄基 -4- 甲氧基 -9,10- 二氢菲 -2,7- 二醇 小白及 Bletilla formosana

1,6-bis(4-hydroxybenzyl)-4-methoxy-9,10-dihydrophenanthrene-2,7-diol 1,6- 二对羟苄基 -4- 甲氧基 -9,10- 二氢菲 -2,7- 二醇 小白及 Bletilla formosana, 白及 B. striata

1,8-bis(4-hydroxybenzyl)-4-methoxyphenanthrene-2,7-diol 1,8- 二对羟苄基 -4- 甲氧基菲 -2,7- 二醇 小白及 Bletilla formosana, 白及 B. striata

2,6-bis(4-hydroxybenzyl)-5,3'-dimethoxybibenzyl-3-ol 2,6- 二对羟苄基 -5,3'- 二甲氧基联苄 -3- 醇 白及 Bletilla striata

2',6'-bis(4-hydroxybenzyl)-5-methoxybibenzyl-3,3'-diol 2',6'- 二 - 对羟苄基 -5- 甲氧基联苄 -3,3'- 二醇 白及 Bletilla striata

bis(4-hydroxybenzyl)ether 双 (4- 羟基苄基) 醚 天麻 Gastrodia elata

bis(4-hydroxybenzyl)ether-mono-*β*-D-glucopyranoside 双 (4- 羟基苄基) 醚 - 单 -*β*-D- 吡喃葡萄糖苷 天麻 Gastrodia elata

2,4-bis(4-hydroxybenzyl)phenol 2,4- 双 (对羟苯甲基) 苯酚 山珊瑚 Galeola faberi, 天麻 Gastrodia elata

bis(4-hydroxybenzyl)sulfide 双 (4- 羟基苄基) 硫醚 天麻 Gastrodia elata

(1*α*,2*α*,3*β*,4*β*)-3,4-bis(4-hydroxyphenyl)-1,2-cyclobutane-dicarboxylic acid 6,6'-sucrose ester (1*α*,2*α*,3*β*,4*β*)-3,4- 双 (4- 羟基苯基)-1,2- 环丁烷基二甲酸 -6,6'- 蔗糖酯 小花鬼针草 Bidens parviflora

2,4-bis(4-hydroxyphenyl)-1,3-cyclobutanedicarboxylic acid 2,4- 双 (4- 羟基苯基)-1,3- 环丁烷二羧酸 云南假木荷 Craibiodendron yunnanense

(1*E*,4*E*,6*E*)-1,7-bis(4-hydroxyphenyl)-1,4,6-heptatrien-3-one (1*E*,4*E*,6*E*)-1,7- 双 (4- 羟苯基)-1,4,6- 庚三烯 -3- 酮 薯蓣 Dioscorea polystachya

1,7-bis(4-hydroxyphenyl)-1,4-heptadien-3-one 1,7- 双 (4- 对羟基苯基)-1,4- 庚二烯 -3- 酮 槲寄生 Viscum coloratum

(*Z*)-1,3-bis(4-hydroxyphenyl)-1,4-pentadiene (*Z*)-1,3- 双 (4- 羟苯基)-1,4- 戊二烯 知母 Anemarrhena asphodeloides

(4*E*)-1,5-bis(4-hydroxyphenyl)-1-[(2*E*)-3-(4-acetoxyphenyl)-2-propenoxy]-2-(methoxymethyl)-4-pentene (4*E*)-1,5- 二对羟苯基 -1-[(2*E*)-3-(4-乙酰氧基苯基)-2- 丙烯氧基]-2-(甲氧基甲基)-4- 戊烯 高良姜 Alpinia officinarum

(4*E*)-1,5-bis(4-hydroxyphenyl)-1-ethoxy-2-(methoxymethyl)-4-pentene (4*E*)-1,5- 二对羟苯基 -1- 乙氧基 -2-(甲氧基甲基)-4- 戊烯 高良姜 Alpinia officinarum

(4*E*)-1,5-bis(4-hydroxyphenyl)-1-methoxy-2-(methoxymethyl)-4-pentene (4*E*)-1,5- 二对羟苯基 -1- 甲氧基 -2-(甲氧基甲基)-4- 戊烯 高良姜 Alpinia officinarum

(4*E*)-1,5-bis(4-hydroxyphenyl)-2-(hydroxymethyl)-4-penten-1-ol (4*E*)-1,5- 二对羟苯基 -2-(羟甲基)-4- 戊烯 -1- 醇 高良姜 Alpinia officinarum

(4*E*)-1,5-bis(4-hydroxyphenyl)-2-(methoxymethyl)-4-penten-1-ol (4*E*)-1,5- 二对羟苯基 -2-(甲氧基甲基)-4- 戊烯 -1- 醇 高良姜 Alpinia officinarum

1,7-bis(4-hydroxyphenyl)-3,5-heptanediol 1,7- 双 (4- 羟基苯基)-3,5- 庚二醇 日本桤木 Alnus japonica

(+)-(1*R*,2*S*,5*R*,6*S*)-2,6-bis(4-hydroxyphenyl)-3,7-dioxabicyclo[3.3.0]octane (+)-(1*R*,2*S*,5*R*,6*S*)-2,6- 二 (4- 羟基苯基)-3,7- 二氧杂双环 [3.3.0] 辛烷 定心藤 Mappianthus iodoides

(3*R*)-1,7-bis(4-hydroxyphenyl)-3-heptanol-3-*O*-2,6-bis-*O*-(β-D-apiofuranosyl)-β-D-glucopyranoside (3*R*)-1,7- 双 (4- 羟基苯基)-3- 庚醇 -3-*O*-2,6-双 -*O*-(β-D- 呋喃芹糖基)-β-D- 吡喃葡萄糖苷 白桦 Betula platyphylla

(3*R*)-1,7-bis(4-hydroxyphenyl)-3-heptanol-3-*O*-β-D-apiofuranosyl-(1 → 6)-β-D-glucopyranoside (3*R*)-1,7- 双 (4- 羟基苯基)-3- 庚醇 -3-*O*-β-D-呋喃芹糖基 -(1 → 6)-β-D- 吡喃葡萄糖苷 辽东桤木 Alnus hirsuta

1,7-bis(4-hydroxyphenyl)-3-heptanone 1,7- 双 (4- 羟基苯基)-3- 庚酮 尼泊尔桤木 Alnus nepalensis

1,7-bis(4-hydroxyphenyl)-3-hepten-5-one 1,7- 双 (4- 羟基苯基)-3- 庚烯 -5- 酮 白桦 Betula platyphylla

1,7-bis(4-hydroxyphenyl)-3-hydroxy-1,3,6-heptatrien-5-one 1,7- 二对羟苯基 -3- 羟基 -1,3,6- 庚三烯 -5- 酮 云南草蔻 Alpinia blepharocalyx

1,7-bis(4-hydroxyphenyl)-3-hydroxy-1,3-heptadien-5-one 1,7- 二对羟苯基 -3- 羟基 -1,3- 庚二烯 -5- 酮 云南草蔻 Alpinia blepharocalyx

(4*E*,6*E*)-1,7-bis(4-hydroxyphenyl)-4,6-heptadien-3-one (4*E*,6*E*)-1,7- 双 (4- 羟苯基)-4,6- 庚二烯 -3- 酮 薯蓣 Dioscorea polystachya

(4*E*)-1,7-bis(4-hydroxyphenyl)-4-hepten-3-one (4*E*)-1,7- 双 (4- 羟基苯基)-4- 庚烯 -3- 酮 垂枝桦 Betula pendula

1,7-bis(4-hydroxyphenyl)-5-(β-D-glucopyranosyloxy)-3-heptanone 1,7- 双 (4- 羟基苯基)-5-(β-D- 吡喃葡萄糖氧基)-3- 庚酮 辽东桤木 Alnus hirsuta

1,7-bis(4-hydroxyphenyl)-5-hepten-3-one 1,7- 双 (4- 羟基苯基)-5- 庚烯 -3- 酮 辽东桤木 Alnus hirsuta, 白桦 Betula platyphylla

1,7-bis(4-hydroxyphenyl)-5-hydroxy-3-heptanone 1,7- 双 (4- 羟基苯基)-5- 羟基 -3- 庚酮 尼泊尔桤木 Alnus nepalensis

(5*S*)-1,7-bis(4-hydroxyphenyl)-5-methoxyheptan-3-one (5*S*)-1,7- 双 (4- 羟基苯基)-5- 甲氧基庚烷 -3- 酮 日本桤木 Alnus japonica

1,7-bis(4-hydroxyphenyl)hepta-4*E*,6*E*-dien-3-one 1,7- 二对羟苯基庚 -4*E*,6*E*- 二烯 -3- 酮 云南草蔻 Alpinia blepharocalyx, 草果 Amomum tsaoko, 大蕉 Musa × paradisiaca

bis(4-hydroxyphenyl)methane 双 (4- 羟基苯基) 甲烷 天麻 Gastrodia elata

bis(4-isothiocyanatobutyl)disulfide 双 (4- 异硫氰酰基丁基) 二硫醚 挥发油成分，未统计基源

2,5-bis(4-methoxy-3-epoxyphenyl)-3,4-bis(3,5-dihydroxyphenyl)-tetrahydrofuran 2,5- 二 (4- 甲氧基 -3- 环氧苯基)-3,4- 二 (3,5- 二羟基苯基)-四氢呋喃 多枝雾水葛 Pouzolzia zeylanica var. microphylla

bis(5-formylfurfuryl) ether 双 (5- 甲酰糠醛基) 醚 东当归 Angelica acutiloba, 甘肃大戟 Euphorbia kansuensis, 西南忍冬 Lonicera bournei, 鹊肾树 Streblus asper, 小果荨麻 Urtica atrichocaulis, 荨麻 U. fissa

7,7'-bis(5-methoxy-3,4-methylenedioxyphenyl)-8-acetoxymethyl-8'-hydroxymethyltetrahydrofuran 7,7'- 二 (5- 甲氧基 -3,4- 亚甲二氧基苯基)-8-乙酰氧基甲基 -8'- 羟甲基四氢呋喃 石蝉草 Peperomia blanda

7,8-*trans*-8,8'-*trans*-7',8'-*trans*-7,7'-bis(5-methoxy-3,4-methylenedioxyphenyl)-8-acetoxymethyl-8'-hydroxymethyltetrahydrofuran 7,8- 反式 -8,8'- 反式 -7',8'- 反式 -7,7'- 二 (5- 甲氧基 -3,4- 亚甲二氧基苯基)-8- 乙酰氧基甲基 -8'- 羟甲基四氢呋喃 石蝉草 Peperomia blanda

7,8-*trans*-8,8'-*trans*-7',8'-*cis*-7,7'-bis(5-methoxy-3,4-methylenedioxyphenyl)-8-acetoxymethyl-8'-hydroxymethyltetrahydrofuran 7,8- 反式 -8,8'-反式 -7',8'- 顺式 -7,7'- 二 (5- 甲氧基 -3,4- 亚甲二氧基苯基)-8- 乙酰氧基甲基 -8'- 羟甲基四氢呋喃 草胡椒 Peperomia pellucida

7,8-*trans*-8,8'-*trans*-7',8'-*cis*-7,7'-bis(5-methoxy-3,4-methylenedioxyphenyl)-8-hydroxymethyl-8'-acetoxymethyltetrahydrofuran 7,8- 反式 -8,8'-反式 -7',8'- 顺式 -7,7'- 二 (5- 甲氧基 -3,4- 亚甲二氧基苯基)-8- 羟甲基 -8'- 乙酰氧基甲基四氢呋喃 石蝉草 Peperomia blanda

3,3'-bis(6-methoxychroman) 3,3'- 双 -(6- 甲氧基色满) 腺梗豨莶 Sigesbeckia pubescens

1,3-bis(8-dihydronitidinyl)acetone 1,3- 二 (8- 二氢两面针碱基) 丙酮 两面针 Zanthoxylum nitidum

bis(8-epicatechinyl)methane 双 (8- 表儿茶素基) 甲烷 荔枝 Litchi chinensis

(2α,3β,4β,20*S*)-2,4-bis(acetoxy)-20-(*N*,*N*-dimethylamino)-3-[(3-methylbut-2-enoyl)amino]-5α-pregnane (2α,3β,4β,20*S*)-2,4- 二乙酰氧基 -20-(*N*,*N*- 二甲基氨基)-3-[(3- 甲基丁 -2- 烯酰基) 氨基]-5α- 孕甾烷 双蕊野扇花 Sarcococca hookeriana var. digyna

(20*S*)-2α,4β-bis(acetoxy)-20-(*N*,*N*-dimethylamino)-3β-tigloylamino-5α-pregnane (20*S*)-2α,4β- 二乙酰氧基 -20-(*N*,*N*- 二甲基氨基)-3β- 巴豆酰氨基 -5α- 孕甾烷 双蕊野扇花 Sarcococca hookeriana var. digyna

1α,8β-bis(acetyloxy)-2α,9β-bis(benzoyloxy)-14-hydroxy-β-dihydroagarofuran 1α,8β- 二乙酰氧基 -2α,9β- 二苯甲酰氧基 -14- 羟基 -β- 二氢沉香呋喃 灯油藤 Celastrus paniculatus

[1*R*-(1α,4α,4aβ,7β,8β,9α,10aα)]-8,9-bis(acetyloxy)-7-ethenyl-1,2,3,4,4a,5,6,7,8,9,10,10a-dodecahydro-4-hydroxy-1,4a,7-trimethyl-1-phenanthrenecarboxylic acid methyl ester [1*R*-(1α,4α,4aβ,7β,8β,9α,10aα)]-8,9- 二乙酰氧基 -7- 乙烯基 -1,2,3,4,4a,5,6,7,8,9,10,10a- 十二氢 -4-羟基 -1,4a,7- 三甲基 -1- 菲羧酸甲酯 欧地笋 Lycopus europaeus

(9*R*,10*S*)-9,10-bis(acetyloxy)-9,10-dihydro-5-methoxy-8,8-dimethyl-flavone (9*R*,10*S*)-9,10- 二 (乙酰氧基)-9,10- 二氢 -5- 甲氧基 -8,8- 二甲基 -黄酮 水黄皮 Pongamia pinnata

2α,14-bis(acetyloxy)-9β-benzoyloxy-1α-hydroxy-dihydro-β-agarofuran 2α,14- 二乙酰氧基 -9β- 苯甲酰氧基 -1α- 羟基 - 二氢 -β- 沉香呋喃 灯油藤 Celastrus paniculatus

1α,14-bis(acetyloxy)-9β-benzoyloxy-2α-hydroxydihydro-β-agarofuran 1α,14- 二乙酰氧基 -9β- 苯甲酰氧基 -2α- 羟基二氢 -β- 沉香呋喃 灯油藤 Celastrus paniculatus

1α,8β-bis(acetyloxy)-9β-benzoyloxy-2α-hydroxy-β-dihydroagarofuran 1α,8β- 二乙酰氧基 -9β- 苯甲酰氧基 -2α- 羟基 -β- 二氢沉香呋喃 灯油藤 Celastrus paniculatus

2,7-bis(allyloxy)-5-methoxy-3-methyl-9,10-dihydrophenanthrene 2,7- 二烯丙氧基 -5- 甲氧基 -3- 甲基 -9,10- 二氢菲 黄花白及 Bletilla ochracea

1β,9β-bis(benzoyloxy)-2β,6α,12-triacetoxy-8β-(β-nicotinoyloxy)-β-dihydroagarofuran 1β,9β- 二苯甲酰氧基 -2β,6α,12- 三乙酰氧基 -8β-(β- 烟酰氧基)-β- 二氢沉香呋喃 南蛇藤 Celastrus orbiculatus

8,8'-bis-(dihydroconiferyl)-diferuloylate 8,8'- 二 -(二氢松柏醇)- 二咖啡酸酯 大血藤 Sargentodoxa cuneata

2,5-bis(hydroxyethyl)-1,4-bismethoxybenzene 2,5- 二 (羟基乙基)-1,4- 二甲氧基苯 皱叶南蛇藤 Celastrus rugosus

3,7-bis(hydroxymethyl)-1-benzoxepin-5(2H)-one 3,7- 双羟甲基 -1- 苯并氧杂草 -5(2H)- 酮 枝干微皮伞 Marasmiellus ramealis

(2R,3R,4R,5R)-2,5-bis(hydroxymethyl)-3,4-dihydroxypyrrolidine (2R,3R,4R,5R)-2,5- 二羟甲基 -3,4- 二羟基吡咯烷 鸭跖草 Commelina communis

3,3'-bis(indolylmethyl)-dimethylammonium hydroxide 3,3'- 双 (吲哚甲基) 二甲基铵羟化物 芦竹 Arundo donax

2,7-bis(isopropylimino)-2H,7H-dicyclopentacyclooctene-4,9-diol 2,7- 二 (异丙脒并)-2H,7H- 二环戊环辛烯 -4,9- 二醇 大黄橐吾 Ligularia duciformis

1,3-bis(m-carboxylphenyl)-propan-2-one 1,3- 双 (间羰基苯基)- 丙烷 -2- 酮 海杧果 Cerbera manghas

1,6-bis(methylene)-4-(1-methylethyl)-decahydro-naphthalene 1,6- 二 (亚甲基)-4-(1- 甲乙基)- 十氢化萘 挥发油成分，未统计基源

(1R,5E,7S)-4,10-bis(methylene)-7-(1-methylethyl)-5-cyclodecen-1-ol (1R,5E,7S)-4,10- 二亚甲基 -7-(1- 甲基乙基)-5- 环癸烯 -1- 醇 依兰 Cananga odorata, 香丝草 Conyza bonariensis

3,4(3',4')-bis(methylenedioxy)-9,9'-dihydroxy simple lignan 3,4(3',4')- 二亚甲二氧基 -9,9'- 二羟基简单木脂素 羽叶丁香 Syringa pinnatifolia

3,4:3',4'-bis(methylenedioxy)-9'-hydroxy-lignane-9-methyl-O-β-D-glucopyranoside glucopyranoside 3,4:3',4'- 二亚甲二氧基 -9'- 羟基 - 木脂素 -9- 甲基 -O-β-D- 吡喃葡萄糖苷 紫丁香 Syringa oblata

3,4:3',4'-bis(methylenedioxy)-lignan 3,4:3',4'- 二 (亚甲二氧基)- 木脂素 肉豆蔻 Myristica fragrans

1,2-bis(methylthio)ethene 1,2- 双 (甲基硫代) 乙烯 挥发油成分，未统计基源

4,4''-bis(N-p-coumaroyl)serotonin 4,4''- 双 (N- 对香豆酰基)-5- 羟色胺 红花 Carthamus tinctorius

4,4''-bis(N-p-feruloyl)serotonin 4,4''- 双 (N- 对 - 阿魏酰基)-5- 羟色胺 红花 Carthamus tinctorius

2,4-bis(o-tolylazo)naphth-l-ol 2,4- 二 (邻甲基偶氮苯)- 萘酚 顶羽菊 Acroptilon repens

2',6'-bis(p-hydroxybenzyl)-3,3'-dihydroxy-5-methoxybibenzyl 2',6'- 二对羟苄基 -3,3'- 二羟基 -5- 甲氧基联苄 小白及 Bletilla formosana

2,6-bis(p-hydroxybenzyl)-3',5-dimethoxy-3-hydroxybibenzyl 2,6- 二对羟苄基 -3',5- 二甲氧基 -3- 羟基联苄 白及 Bletilla striata

1,7-bis(p-hydroxyphenyl)-4-hepten-3-one 1,7- 双对羟苯基 -4- 庚烯 -3- 酮 疣果豆蔻 Amomum muricarpum

4,4'[(2E,2'E)-bis(prop-2-ene)-1,1'-oxy]-diphenyl-7,7'-diacetate 4,4'[(2E,2'E)- 双 (丙 -2- 烯)-1,1'- 氧]- 二苯基 -7,7'- 二乙酸酯 红豆蔻 Alpinia galanga

3,5-bis(trimethylsilyl)-2,4,6-cycloheptatrien-1-one 3,5- 双 (三甲基硅)-2,4,6- 环庚三烯 -1- 酮 挥发油成分，未统计基源

2,3-bis(α-hydroxy-4-hydroxy-3-methoxybenzyl)-butane-1,4-diol 2,3- 双 (3- 甲氧基 -4,7- 二羟基 - 苯基)- 丁烷 -1,4- 二醇 南五味子 Kadsura longipedunculata

1,4-bis(β-D-glucopyranosyloxy)-3-(3'-methyl-2'-butenyl)-2-naphthalenecarboxylic acid methyl ester 1,4- 二 (β-D- 吡喃葡萄糖氧基)-3-(3'- 甲基 -2'- 丁烯基)-2- 萘酸甲酯 茜草 Rubia cordifolia

3β,6α-20(S)-6,20-bis(β-D-glucopyranosyloxy)-3-hydroxydammar-24-en-12-one 3β,6α-20(S)-6,20- 二 (β-D- 吡喃葡萄糖氧基)-3- 羟基达玛 -24- 烯 -12- 酮 三七 Panax notoginseng

5,5'-bis(β-D-glucopyranosyloxy)-4,4'-dihydroxy-2,2'-bis (hydroxylmethyl)-[9,9'-bianthracene]-10,10'(9H,9'H)-dione 5,5'- 双 (β-D- 吡喃葡萄糖氧基)-4,4'- 二羟基 -2,2'- 双羟甲基 -[9,9'- 双蒽]-10,10'(9H,9'H)- 二酮 狭叶番泻 Cassia angustifolia

2,4-bis(β-D-glucopyranosyloxy)-6-hydroxybenzoic acid 2,4- 二 (β-D- 吡喃葡萄糖氧基)-6- 羟基苯甲酸 沙生蜡菊 Helichrysum arenarium

2,8-bis-(γ,γ-dimethylally1)-1,3,7-trihydroxyxanthone 2,8- 二 -(γ,γ- 二甲基烯丙基)-1,3,7- 三羟基呫酮 莽吉柿 Garcinia mangostana

bis[(2,4-dinitrophenyl) hydrazone] 双 [(2,4- 二硝基苯基) 腙] 水蓼 Polygonum hydropiper

2,3-bis[(4-hydroxy-3,5-dimethoxyphenyl)-methyl]-1,4-butanediol 2,3- 二 [(4- 羟基 -3,5- 二甲氧基苯基)- 甲基]-1,4- 丁二醇 黄连 Coptis chinensis, 檀香 Santalum album

2,3-bis[(4-hydroxy-3-methoxyphenyl)methyl]-1,2,4-butanetriol 2,3- 双 [(4- 羟基 -3- 甲氧基苯基) 甲基]-1,2,4- 丁三醇 异株荨麻 Urtica dioica

(2E,2'E)-2,3-bis[(4-hydroxy-3-methoxyphenyl)methyl]-1,4-butanediyl-3-(4-hydroxyphenyl)-2-propenoic acid ester (2E,2'E)-2,3- 二 [(4- 羟基 -3- 甲氧基苯基) 甲基]-1,4- 丁烷二基 -3- 对羟苯基 -2- 丙烯酸酯 乌蔹莓 Cayratia japonica

2S-2,3-bis[(9Z,12Z,15Z-1-oxo-9,12,15-octadecatrienyl)oxy]propyl-β-D-galactopyranoside 2S-2,3- 二 -(9Z,12Z,15Z-1- 氧代 -9,12,15- 十八烷三烯酰基氧) 丙基 -β-D- 吡喃半乳糖苷 茼蒿 Glebionis coronaria

3,7-bis[(β-D-glucopyranosyl-(1 → 4)-α-L-mannopyranosyl)oxy]-4',5-dihydroxyflavone 3,7- 二 [(β-D- 吡喃葡萄糖基 -(1 → 4)-α-L- 吡喃甘露糖基) 氧基]-4',5- 二羟基黄酮 扶芳藤 Euonymus fortunei

1,3-bis-[2-(3,4-dihydroxyphenyl)-1-carboxy] ethoxycarbonyl-2-(3,4-dihydroxyphenyl)-7,8-dihydroxy-1,2-dihydronaphthalene 1,3- 双 [2-(3,4- 二羟基苯基)-1- 羧基] 乙氧羰基 -2-(3,4- 二羟基苯基)-7,8- 二羟基 -1,2- 二氢萘 薄荷 Mentha canadensis

1,3-bis[2-(3,4-dithydroxyphenyl)-1-methoxycarbonyl] ethoxycarbonyl-2-(3,4-dihydroxyphenyl)-7,8-dihydroxy-1,2-dihydronuphthalene 1,3- 双 [2-(3,4- 二羟基苯基)-1- 甲氧羰基] 乙氧羰基 -2-(3,4- 二羟基苯基)-7,8- 二羟基 -1,2- 二氢萘 薄荷 Mentha canadensis

{1*R*-[1α(1*S**,6*S**),6β]}-3,3'-bis[3-methyl-6-(1-methylethyl)-2-cyclohexen-1-yl]-5,5'-di-2-propenyl-[1,1'-biphenyl]-2,2'-diol {1*R*-[1α(1*S**,6*S**),6β]}-3,3'- 二 [3- 甲基 -6-(1- 异丙基)-2- 环己烯 -1- 基]-5,5'- 二 -2- 丙烯基 -[1,1'- 联苯基]-2,2'- 二醇 厚朴 Houpoëa officinalis

bis[4-(β-D-glucopyranosyloxy)benzyl](*S*)-(-)-2-isopropylmalate 双 [4-(β-D- 吡喃葡萄糖氧基) 苄基](*S*)-(-)-2- 异丙基苹果酸酯 山珊瑚 Galeola faberi

bis[4-(β-D-glucopyranosyloxy)benzyl](*S*)-(-)-2-*sec*-butylmalate 双 [4-(β-D- 吡喃葡萄糖氧基) 苄基](*S*)-(-)-2- 仲丁基苹果酸酯 山珊瑚 Galeola faberi

9β,9'α-bis-1,8-dihydroligularenolid 9β,9'α- 二 -1,8- 二氢橐吾内酯 宽舌橐吾 Ligularia platyglossa

9β,9'β-bis-1,8-dihydroligularenolide 9β,9'β- 二 -1,8- 二氢橐吾内酯 宽舌橐吾 Ligularia platyglossa

bis-2-hydroxy-3-methylcarbazole 双 -2- 羟基 -3- 甲基咔唑 调料九里香 Murraya koenigii

bis-2-propenyl pentasulfide 双 -2- 烯丙基五硫醚 挥发油成分，未统计基源

bis-2-propenyl tetrasulfide 双 -2- 烯丙基四硫醚 蒜 Allium sativum

bis-2-propenyl thiosulfonate 双 -2- 烯丙基硫代磺酸酯 蒜 Allium sativum

bis-2-propenyl trisulfide 双 -2- 烯丙基三硫醚 蒜 Allium sativum

bis-5,5'-nortrachelogenin 双 -5,5'- 降络石苷元 了哥王 Wikstroemia indica

bis-5,5-nortrachelogenin 双 -5,5- 降络石苷元 了哥王 Wikstroemia indica

bis-5',5'-nortrachelogenin 双 -5',5'- 降络石苷元 了哥王 Wikstroemia indica

bis-5-hydroxynoracronycine 双 -5- 羟基降山油柑碱 葡萄柚 Citrus paradisi

bis-7-hydroxygirinimbine A 双 -7- 羟基吉九里香碱 A 豆叶九里香 Murraya euchrestifolia, 九里香 M. exotica

bis-7-hydroxygirinimbine B 双 -7- 羟基吉九里香碱 B 豆叶九里香 Murraya euchrestifolia

bis-7-methoxygirinimbine A 双 -7- 甲氧基吉九里香碱 A 九里香 Murraya exotica

bis-8,8'-catechinylmethane 双 -8,8'- 儿茶素甲烷 木奶果 Baccaurea ramiflora, 美丽马醉木 Pieris formosa, 马醉木 P. japonica

7(14),10-bisaboladien-1-ol-4-one 7(14),10- 红没药二烯 -1- 醇 -4- 酮 日本柳杉 Cryptomeria japonica

bisabolangelone 红没药当归酮▲ 重齿当归 Angelica biserrata, 拐芹 A. polymorpha, 林当归 A. sylvestris, 大齿山芹 Ostericum grosseserratum

2,7(14),10-bisabolatrien-1-ol-4-one 2,7(14),10- 红没药三烯 -1- 醇 -4- 酮 日本柳杉 Cryptomeria japonica

(-)-β-bisabolene (-)-β- 红没药烯 挥发油成分，未统计基源

(±)-β-bisabolene (±)-β- 红没药烯 挥发油成分，未统计基源

(*Z*)-γ-bisabolene (*Z*)-γ- 红没药烯 挥发油成分，未统计基源

l-β-bisabolene *l*-β- 红没药烯 挥发油成分，未统计基源

α-bisabolene α- 红没药烯 挥发油成分，未统计基源

β-bisabolene β- 红没药烯 挥发油成分，未统计基源

γ-bisabolene γ- 红没药烯 挥发油成分，未统计基源

trans-α-bisabolene 反式 -α- 红没药烯 挥发油成分，未统计基源

trans-γ-bisabolene 反式 -γ- 红没药烯 挥发油成分，未统计基源

bisabolene 红没药烯 挥发油成分，未统计基源

cis-α-bisabolene 顺式 -α- 红没药烯 挥发油成分，未统计基源

α-bisabolene epoxide α- 红没药烯环氧化物 挥发油成分，未统计基源

bisabolene epoxide 红没药烯环氧化物 挥发油成分，未统计基源

cis-*Z*-α-bisabolene epoxide 顺式 -*Z*-α- 红没药烯环氧化物 挥发油成分，未统计基源

bisabolenol A~E 红没药烯醇 A~E 檀香 Santalum album

α-bisabolol α- 红没药醇 挥发油成分，未统计基源

β-bisabolol β- 红没药醇 挥发油成分，未统计基源

bisabolol 红没药醇 挥发油成分，未统计基源

bisabolol oxide A 红没药醇氧化物 A 挥发油成分，未统计基源

bisabolol oxide A-β-D-glucoside 红没药醇氧化物 A-β-D- 葡萄糖苷 挥发油成分，未统计基源

1-bisabolone 1- 红没药酮 挥发油成分，未统计基源

bisabolone 红没药酮 挥发油成分，未统计基源

9,9'-bisacctylneoolivil 9,9'- 双乙酰新橄榄脂素 异株荨麻 Urtica dioica

9,9'-bisacctylneoolivil-4-*O*-β-D-glucopyranoside 9,9'- 双乙酰新橄榄脂素 -4-*O*-β-D- 吡喃葡萄糖苷 异株荨麻 Urtica dioica

1α,5α-bisacetoxy-8-angeloyloxy-3β,4β-epoxy-bisabola-7(14),10-dien-2-one 1α,5α- 二乙酰氧基 -8- 当归酰氧基 -3β,4β- 环氧红没药 -7(14),10- 二烯 -2- 酮 款冬 Tussilago farfara

(4a*R*,6*R*,10*R*,12*S*,13a*R*)-6,12-bisacetyloxy-1,2,3,4,4a,5,6,9,10,11,12,13a-dodecahydro-4,4,13a-trimethyl-9-methylene-10,7-metheno-7*H*-benzocycloundecene-8,13-dione (4a*R*,6*R*,10*R*,12*S*,13a*R*)-6,12- 二乙酰氧基 -1,2,3,4,4a,5,6,9,10,11,12,13a- 十二氢 -4,4,13a- 三甲基 -9- 亚甲基 -10,7- 亚甲基 -7*H*- 苯并环十一烯 -8,13- 二酮 越南巴豆 Croton kongensis

(1β,7α,14*R*)-1,7-bisacetyloxy-14-hydroxy-kaur-16-en-15-one (1β,7α,14*R*)-1,7- 二乙酰氧基 -14- 羟基 - 贝壳杉 -16- 烯 -15- 酮 越南巴豆 Croton kongensis

(1β,7α,14*R*)-1,14-bisacetyloxy-7-hydroxy-17-methoxy-kuran-15-one (1β,7α,14*R*)-1,14- 二乙酰氧基 -7- 羟基 -17- 甲氧基 - 贝壳杉 -15- 酮 越南巴豆 Croton kongensis

(1*β*,7*α*,14*R*)-1,14-bisacetyloxy-7-hydroxy-kaur-16-en-15-one (1*β*,7*α*,14*R*)-1,14- 二乙酰氧基 -7- 羟基 - 贝壳杉 -16- 烯 -15- 酮 越南巴豆 Croton kongensis

(4*β*,7*α*,11*β*)-11,18-bisacetyloxy-7-hydroxy-kaur-16-en-15-one (4*β*,7*α*,11*β*)-11,18- 二乙酰氧基 -7- 羟基 - 贝壳杉 -16- 烯 -15- 酮 越南巴豆 Croton kongensis

(4*β*,7*α*)-7,18-bisacetyloxy-kaur-16-en-15-one (4*β*,7*α*)-7,18- 二乙酰氧基 - 贝壳杉 -16- 烯 -15- 酮 越南巴豆 Croton kongensis

[1a*R*-(1a*α*,4*β*,4a*β*,5*β*,8a*β*,9a*R**)]-5,8a-bisacetyloxy-octahydro-4,4a,6-trimethyl-7*H*-oxireno[8,8a]naphtho[2,3-b]furan-7-one [1a*R*-(1a*α*,4*β*,4a*β*,5*β*,8a*β*,9a*R**)]-5,8a- 二乙酰氧基 - 八氢 -4,4a,6- 三甲基 -7*H*- 环氧乙烷 [8,8a] 萘 [2,3-b] 呋喃 -7- 酮 离舌橐吾 Ligularia veitchiana

bisacumol 红没药姜黄莫醇▲ 印尼莪术 Curcuma zanthorrhiza

bisacurol 红没药姜黄醇▲ 印尼莪术 Curcuma zanthorrhiza

bisacurone 红没药姜黄酮▲ 合蕊五味子 Schisandra propinqua

bisacurone A, B, C 红没药姜黄酮▲A, B, C 印尼莪术 Curcuma zanthorrhiza

bisacurone epoxide 红没药姜黄酮▲环氧化物 印尼莪术 Curcuma zanthorrhiza

bisaknadinine 双桐叶千金藤地宁碱▲ 台湾千金藤 Stephania merrillii

(1*α*,2*β*,3*β*,5*α*,6*β*)-1,8-bisangeloyloxy-2,3-epoxy-5,10-dihydroxy-11-methoxybisabol-7(14)-en-4-one (1*α*,2*β*,3*β*,5*α*,6*β*)-1,8- 二当归酰氧基 -2,3- 环氧 -5,10- 二羟基 -11- 甲氧基红没药 -7(14)- 烯 -4- 酮 齿叶橐吾 Ligularia dentata

2*β*,8-bisangeloyloxy-3*β*,4*β*,10,11-bisepoxybisabol-7(14)-en-1*β*-ol 2*β*,8- 二当归酰氧基 -3*β*,4*β*,10,11- 二环氧红没药 -7(14)- 烯 -1*β*- 醇 洱源橐吾 Ligularia lankongensis

1*β*,8-bisangeloyloxy-3*β*,4*β*,10,11-bisepoxybisabol-7(14)-en-2*β*-ol 1*β*,8- 二当归酰氧基 -3*β*,4*β*,10,11- 二环氧红没药 -7(14)- 烯 -2*β*- 醇 洱源橐吾 Ligularia lankongensis

2*β*,8-bisangeloyloxy-4*α*-chloro-10,11-epoxybisabol-7(14)-en-1*β*,3*β*-diol 2*β*,8- 二当归酰氧基 -4*α*- 氯 -10,11- 环氧红没药 -7(14)- 烯 -1*β*,3*β*- 二醇 洱源橐吾 Ligularia lankongensis

(1*S*,2*R*,6*S*,9*R*)-2,7-bisangeloyloxy-6,9-epoxy-11-hydroxy-6-methoxybisabola-3,10(15)-dien-5-one (1*S*,2*R*,6*S*,9*R*)-2,7- 二当归酰氧基 -6,9- 环氧 -11- 羟基 -6- 甲氧基红没药 -3,10(15)- 二烯 -5- 酮 齿叶橐吾 Ligularia dentata

3*α*,6*β*-bisangeloyloxy-furanoeremophilane-15-carboxylic acid 3*α*,6*β*- 二当归酰氧基 - 呋喃荒漠木 -15- 酸 裸茎千里光 Senecio nudicaulis

8,8''-bisbaicalein 8,8''- 二聚黄芩素 木蝴蝶 Oroxylum indicum

bisbakuchiol A, B 双补骨脂酚 A, B 补骨脂 Cullen corylifolia

bisbenzylisoquinoline 双苄基异喹啉 紫堇叶唐松草 Thalictrum isopyroides

biscarbalexin A 双山小橘咔唑抗素▲A 山小橘 Glycosmis pentaphylla

bischofanin 秋枫素▲ 秋枫 Bischofia javanica, 大狼毒 Euphorbia jolkinii

biscopoletin 二聚东莨菪内酯▲ 芙蓉菊 Crossostephium chinense

6,20-bisdeacetylteupyreinidin 6,20- 二去乙酰比利牛斯香科科定 蒜味香科科 Teucrium scordium

bisdehydroneostemonine 双去氢新百部碱 百部 Stemona japonica

bisdehydroneotuberostemonine 双去氢新对叶百部碱 云南百部 Stemona mairei, 大百部 S. tuberosa

bisdehydroprotostemonine 双去氢原百部碱 百部 Stemona japonica

bisdehydrostemoninine 双去氢百部新碱 直立百部 Stemona sessilifolia

bisdehydrotuberostemonine 双去氢对叶百部碱 云南百部 Stemona mairei, 直立百部 S. sessilifolia

bisdehydrotuberostemonine B, C 双去氢对叶百部碱 B, C 百部 Stemona japonica

bisdemethoxycurcumin 双去甲氧基姜黄素 美丽崖豆藤 Callerya speciosa, 郁金 Curcuma aromatica, 姜黄 C. longa, 川郁金 C. sichuanensis, 温郁金 C. wenyujin, 印尼莪术 C. zanthorrhiza, 蒙自木蓝 Indigofera mengtzeana, 荜拔 Piper longum

(-)-3,3'-bisdemethylpinoresinol (-)-3,3'- 二去甲基松脂酚 海滨木巴戟 Morinda citrifolia

(±)-3,3'-bisdemethylpinoresinol (±)-3,3'- 双去甲基松脂酚 麻疯树 Jatropha curcas

3,3'-bisdemethylpinoresinol 3,3'- 二去甲基松脂酚 海滨木巴戟 Morinda citrifolia, 木犀 Osmanthus fragrans

3.3'-bisdemethylpinoresinol 3.3'- 二去甲基松脂酚 葫芦树 Crescentia cujete

(+)-3,3'-bisdemethyltanegool (+)-3,3'- 二去甲基琉球络石醇▲ 海滨木巴戟 Morinda citrifolia

5,7-bisdeoxycynanchoside 5,7- 二去氧牛皮消猫爪藤苷 葫芦树 Crescentia cujete

7,14-bisdesacylnotonipetrone 7,14- 二去酰石生诺顿菊酮▲ 款冬 Tussilago farfara

(+)-(8*S*,8'*S*)-bisdihydrosyringenin (+)-(8*S*,8'*S*)- 双二氢紫丁香苷元 苏木 Caesalpinia sappan

8,8'-bisdihydrosyringenin 8,8'- 双二氢丁香苷元 刺五加 Eleutherococcus senticosus

8,8'-bisdihydrosyringenin glucopyranoside 8,8'- 双二氢丁香苷元吡喃葡萄糖苷 亚洲络石 Trachelospermum asiaticum

8,8'-bisdihydrosyringeninglucoside 8,8'- 双二氢丁香苷元葡萄糖苷 土茯苓 Smilax glabra

bisdimethoxymethylcurcumin 双二甲氧基甲基姜黄素 姜黄 Curcuma longa

1,3-bis-di-*p*-hydroxyphenyl-4-penten-1-one 1,3- 双 - 二 - 对羟苯基 -4- 戊烯 -1- 酮 天门冬 Asparagus cochinchinensis

bis-dodecylbenzene-1,4-dicarboxylate 双 - 十二烷基苯 -1,4- 二羧酸酯 香莸 Caryopteris odorata

1,11-bis-epiartesin 1,11- 双 - 表蒿辛素▲ 毛莲蒿 Artemisia vestita

bisgerayafoline 双豆叶九里香香叶碱▲ 调料九里香 Murraya koenigii

bisglybomine B 双山小桔明碱 B 山小橘 Glycosmis pentaphylla

bisgravillol 双银桦洛酚▲ 银桦 Grevillea robusta

2,3,4,6-bis-HHDP-*β*-D-glucose 2,3,4,6- 双 -(*S*)- 六羟基联苯二甲酰基 -*β*-D- 葡萄糖 马尾树 Rhoiptelea chiliantha

bishonokiol A 双和厚朴酚 A 荷花木兰 Magnolia grandiflora

bisisodiospyrin 双异柿素 君迁子 Diospyros lotus, 罗浮柿 D. morrisiana
bisjaponin A 双日本香茶菜素 ▲A 毛叶香茶菜 Isodon japonicus, 黄花香茶菜 I. sculponeatus
bisjaponin B 双日本香茶菜素 ▲B 毛叶香茶菜 Isodon japonicus
3,3'-bisjuglone 3,3'- 双胡桃醌 胡桃 Juglans regia
8,8'-biskoenigine 8,8'- 双柯氏九里香碱 调料九里香 Murraya koenigii
bismahanine 双马汉九里香宁碱 调料九里香 Murraya koenigii
bismorphine A, B 双吗啡碱 ▲A, B 罂粟 Papaver somniferum
bismurrangatin 双长叶九里香亭 ▲ 九里香 Murraya exotica
bismurrayafoline A~D 双豆叶九里香碱 ▲A~D 豆叶九里香 Murraya euchrestifolia
bismurrayafoline E 双豆叶九里香碱 ▲E 调料九里香 Murraya koenigii
bismurrayafolinol 双豆叶九里香醇 豆叶九里香 Murraya euchrestifolia
bismurrayaquinone A 双九里香醌 ▲A 调料九里香 Murraya koenigii
15,16-bisnor-13-oxo-8(17),11-labdadien-18-ol 15,16- 二降 -13- 氧代 -8(17),11- 半日花二烯 -18- 醇 台湾杉木 Cunninghamia lanceolata var. konishii
26,27-bisnor-8,14-dioxo-*α*-onocerin 26,27- 二降 -8,14- 二氧代 -*α*- 芒柄花灵 ▲ 玉柏 Lycopodium obscurum
15,16-bisnor-8,17-epoxy-13-oxolabd-11*E*-en-19-oic acid 15,16- 二降 -8,17- 环氧 -13- 氧代半日花 -11*E*- 烯 -19- 酸 圆柏 Juniperus chinensis
(11*E*)-14,15-bisnor-8-hydroxy-11-labden-13-one (11*E*)-14,15- 二降 -8- 羟基 -11- 半日花烯 -13- 酮 冷杉 Abies fabri
(11*E*)-14,15-bisnor-8*α*-hydroxy-11-labden-13-one (11*E*)-14,15- 二去甲 -8*α*- 羟基 -11- 半日花烯 -13- 酮 海南巴豆 Croton laui
17,18-bis-nor-antidesmone 17,18- 二降五月茶酮 小叶五月茶 Antidesma montanum var. microphyllum
bisnordihydrotoxiferine 双降二氢毒马钱碱 ▲ 马钱子 Strychnos nux-vomica, 长籽马钱 S. wallichiana
bisnorhelipyrone 二聚降蜡菊吡喃酮 ▲ 沙生蜡菊 Helichrysum arenarium
(*E*)-15,16-bisnorlabda-8(17),11-dien-13-one (*E*)-15,16- 二降半日花 -8(17),11- 二烯 -13- 酮 距花山姜 Alpinia calcarata, 美山姜 A. formosana, 艳山姜 A. zerumbet, 姜花 Hedychium coronarium, 毛姜花 H. villosum
bisnorstriatol 双降条叶银桦酚 ▲ 银桦 Grevillea robusta
bisnoryangonin 双降卡瓦胡椒宁 ▲ 橘黄裸伞 Gymnopilus spectabilis
bisnoryangonin-4-*O*-*β*-*D*-glucopyra-noside 双降卡瓦胡椒宁 ▲-4-*O*-*β*-*D*- 吡喃葡萄糖苷 苏铁蕨 Brainea insignis
3,6-bis-*O*-digalloyl-1,2,4-tri-*O*-galloyl-*β*-D-glucose 3,6- 二 -*O*- 二没食子酰基 -1,2,4- 三 -*O*- 没食子酰基 -*β*-D- 葡萄糖 火炬树 Rhus typhina
2*β*,3*β*-bis-*O*-isopropylidene-olean-12-en-28 acid 2*β*,3*β*- 二 -*O*- 异亚丙基 - 齐墩果 -12- 烯 -28- 酸 腺花香茶菜 Isodon adenanthus
bisosthenone B 双欧前胡烯酮 ▲B 葡萄柚 Citrus paradisi
(-)-bisparthenolidine (-)- 双小白菊定碱 合果木 Michelia baillonii
bisprioterone A, B, C 双红根草酮 ▲A, B, C 红根草 Salvia prionitis
bispseurata F 双川藏香茶菜萜素 ▲F 川藏香茶菜 Isodon pharicus
bispyrayafoline 双豆叶九里香吡喃碱 ▲ 调料九里香 Murraya koenigii
bisrubescensin A~E 双冬凌草素 A~E 冬凌草 Isodon rubescens
3,3''-bisteppogenin 3,3''- 双草原大戟苷元 ▲ 橙花瑞香 Daphne aurantiaca
3,3''-bisteppogenin-7-*O*-*β*-D-glucopyranoside 3,3''- 双草原大戟苷元 ▲-7-*O*-*β*-D- 吡喃葡萄糖苷 橙花瑞香 Daphne aurantiaca
bisvindoline 双长春多灵 长春花 Catharanthus roseus
biteuvisone A, B 二聚血见愁酮 ▲A, B 血见愁 Teucrium viscidum
bixin 红木素 红木 Bixa orellana
biyoulactone A~E 金丝海棠内酯 ▲A~E 金丝桃 Hypericum monogynum
biyouxanthone A~D 金丝海棠屾酮 ▲A~D 金丝桃 Hypericum monogynum
biyouyanagin A, B 金丝海棠精 ▲A, B 金丝桃 Hypericum monogynum
biyouyanagiol 金丝桃螺醇 ▲ 金丝桃 Hypericum monogynum
(*R*)-5,5'-bi-*γ*-tocopherol (*R*)-5,5'- 二 -*γ*- 生育酚 沙滩黄芩 Scutellaria strigillosa
(*S*)-5,5'-bi-*γ*-tocopherol (*S*)-5,5'- 二 -*γ*- 生育酚 沙滩黄芩 Scutellaria strigillosa
blacknidine 黑夜翠雀定 ▲ 囊距翠雀花 Delphinium brunonianum, 天山翠雀花 D. tianshanicum
blacknine 黑夜翠雀碱 ▲ 卵瓣还亮草 Delphinium anthriscifolium var. savatieri, 云南翠雀花 D. yunnanense
blancoic acid 兰屿红厚壳酸 ▲ 薄叶红厚壳 Calophyllum membranaceum, 滇南红厚壳 C. polyanthum, 黄牛木 Cratoxylum cochinchinense
blandachromene I, II 石蝉草色烯 ▲I, II 石蝉草 Peperomia blanda
blazein 姬松茸素 ▲ 猴头菌 Hericium erinaceus
blechnic acid 乌毛蕨酸 蕨 Pteridium aquilinum var. latiusculum, 东方狗脊蕨 Woodwardia orientalis, 胎生狗脊蕨 W. prolifera
blennin 黏乳菇素 ▲ 美味红菇 Russula delica
blennin A, D 黏乳菇素 ▲A, D 辣味乳菇 Lactarius piperatus
blepharocalyxin A~E 云南草蔻素 A~E 云南草蔻 Alpinia blepharocalyx
blespirol 白及菲螺醇 白及 Bletilla striata
blestrianol A 白及酚 A 白及 Bletilla striata, 石仙桃 Pholidota chinensis
blestrianol B, C 白及酚 B, C 白及 Bletilla striata
blestriarene A 白及联菲 A 白及 Bletilla striata, 手参 Gymnadenia conopsea
blestriarene B 白及联菲 B 小白及 Bletilla formosana, 白及 B. striata, 手参 Gymnadenia conopsea

blestriarene C 白及联菲 C 白及 Bletilla striata, 手参 Gymnadenia conopsea
blestrin A 白及双菲醚 A 白及 Bletilla striata, 石仙桃 Pholidota chinensis
blestrin B, C, D 白及双菲醚 B, C, D 白及 Bletilla striata
blestritin A, B, C 白及亭 A, B, C 白及 Bletilla striata
bletilol A 白及苄醚 A 白及 Bletilla striata, 独蒜兰 Pleione bulbocodioides
bletilol B 白及苄醚 B 白及 Bletilla striata, 独蒜兰 Pleione bulbocodioides
bletilol C 白及苄醚 C 白及 Bletilla striata, 独蒜兰 Pleione bulbocodioides
blinin 苦蒿素 熊胆草 Conyza blinii
blinoside A, B 熊胆草苷▲A, B 熊胆草 Conyza blinii
blinoside A-15-*O*-(3"*R*-hydroxy)octadecanoate 熊胆草苷▲A-15-*O*-(3"*R*- 羟基) 十八酸酯 熊胆草 Conyza blinii
blumeaene A~J 艾纳香烯▲A~J 艾纳香 Blumea balsamifera
blumealactone A, B, C 艾纳香内酯 A, B, C 艾纳香 Blumea balsamifera
blumeatin 艾纳香素 艾纳香 Blumea balsamifera, 车桑子 Dodonaea viscosa, 粗叶榕 Ficus hirta
blumeatin A 艾纳香素 A 艾纳香 Blumea balsamifera
blumeatin B 艾纳香素 B 艾纳香 Blumea balsamifera, 飞机草 Chromolaena odorata
blumeaxanthene 艾纳香呫烯▲ 假东风草 Blumea riparia
blumenol A 布卢竹柏醇 A 较常见成分，至少分布于 30 种以上植物中，见于唇形科、大戟科、冬青科、豆科、番荔枝科、防己科、胡椒科、葫芦科、夹竹桃科、苦木科、藜科、马鞭草科、木兰科、木贼科、千屈菜科、茜草科、蔷薇科、茄科、三白草科、山茱萸科、省沽油科、松科、苋科、香蒲科、玄参科、荨麻科、樟科等
blumenol A-*β*-D-glucopyranoside 布卢竹柏醇 A-*β*-D- 吡喃葡萄糖苷 无翅猪毛菜 Salsola komarovii
blumenol B 布卢竹柏醇 B 沙冬青 Ammopiptanthus mongolicus, 大叶山楝 Aphanamixis grandifolia, 茶 Camellia sinensis, 厚朴 Houpoëa officinalis, 风藤 Piper kadsura, 风龙 Sinomenium acutum
blumenol B-*β*-D-glucopyranoside 布卢竹柏醇 B-*β*-D- 吡喃葡萄糖苷 无翅猪毛菜 Salsola komarovii
blumenol B-9-*O*-*α*-L-rhamnopyranosyl-(1 → 6)-*β*-D-glucopyranoside 布卢竹柏醇 B-9-*O*-*α*-L- 吡喃鼠李糖基 -(1 → 6)-*β*-D- 吡喃葡萄糖苷 榅桲 Cydonia oblonga
blumenol B-9-*O*-*β*-D-apiofuranosyl-(1 → 6)-*β*-D-glucopyranoside 布卢竹柏醇 B-9-*O*-*β*-D- 呋喃芹糖基 -(1 → 6)-*β*-D- 吡喃葡萄糖苷 榅桲 Cydonia oblonga, 无翅猪毛菜 Salsola komarovii
blumenol C 布卢竹柏醇 C 石刁柏 Asparagus officinalis, 月桂 Laurus nobilis, 蝙蝠葛 Menispermum dauricum, 白英 Solanum lyratum, 血见愁 Teucrium viscidum, 雷公藤 Tripterygium wilfordii
blumenol C cellobioside 布卢竹柏醇 C 纤维二糖苷 矛状耳蕨 Polystichum lonchitis
blumenol C glucopyranoside 布卢竹柏醇 C 吡喃葡萄糖苷 背扁黄耆 Astragalus complanatus, 胡桃 Juglans regia, 潺槁木姜子 Litsea glutinosa
blumenol C glucoside 布卢竹柏醇 C 葡萄糖苷 臭冷杉 Abies nephrolepis, 短葶飞蓬 Erigeron breviscapus, 金钱松 Pseudolarix amabilis
blumenol C-9-*O*-*α*-L-rhamnopyranosyl-(1 → 6)-*β*-D-glucopyranoside 布卢竹柏醇 C-9-*O*-*α*-L- 吡喃鼠李糖基 -(1 → 6)-*β*-D- 吡喃葡萄糖苷 榅桲 Cydonia oblonga
blumenol C-9-*O*-*β*-D-apiofuranosyl-(1 → 6)-*β*-D-glucopyranoside 布卢竹柏醇 C-9-*O*-*β*-D- 呋喃芹糖基 -(1 → 6)-*β*-D- 吡喃葡萄糖苷 榅桲 Cydonia oblonga
blumenol C-*O*-*β*-D-glucopyranoside 布卢竹柏醇 C-*O*-*β*-D- 吡喃葡萄糖苷 乌桕 Triadica sebifera, 蓝花参 Wahlenbergia marginata
blumenol C-*β*-D-glucopyranosde 布卢竹柏醇 C-*β*-D- 吡喃葡萄糖苷 辣椒 Capsicum annuum, 香港算盘子 Glochidion zeylanicum
(6*R*,9*R*)-blumenyl-*α*-L-rhamnopyranosyl-(1 → 6)-*β*-D-glucopyranoside (6*R*,9*R*)- 布卢竹柏醇 -*α*-L- 吡喃鼠李糖基 -(1 → 6)-*β*-D- 吡喃葡萄糖苷 棒锤瓜 Neoalsomitra integrifoliola
bocconine 博落回碱 博落回 Macleaya cordata, 两面针 Zanthoxylum nitidum
bocconoline 博落回醇碱 楝叶吴茱萸 Euodia glabrifolia, 荷青花 Hylomecon japonica, 博落回 Macleaya cordata, 飞龙掌血 Toddalia asiatica, 椿叶花椒 Zanthoxylum ailanthoides, 两面针 Z. nitidum, 野花椒 Z. simulans
bodinierin 东紫苏苷 管花肉苁蓉 Cistanche tubulosa, 东紫苏 Elsholtzia bodinieri
bodinierin C 东紫苏苷 C 东紫苏 Elsholtzia bodinieri
bodinierine A 东紫苏素 A 东紫苏 Elsholtzia bodinieri
bodinieriside C 东紫苏瑞苷▲C 东紫苏 Elsholtzia bodinieri
bodinin 短序鹅掌柴宁▲ 短序鹅掌柴 Heptapleurum bodinieri
bodinioside A~D 东紫苏奥苷▲A~D 东紫苏 Elsholtzia bodinieri
bodinitin A~D 短序鹅掌柴亭▲A~D 短序鹅掌柴 Heptapleurum bodinieri
bodinone 短序鹅掌柴酮▲ 短序鹅掌柴 Heptapleurum bodinieri
bodinone glycoside 短序鹅掌柴酮▲糖苷 短序鹅掌柴 Heptapleurum bodinieri
bodirin A, B 短序鹅掌柴灵▲A, B 短序鹅掌柴 Heptapleurum bodinieri
(-)-boehmenan (-)- 苎麻脂素▲ 雁婆麻 Helicteres hirsuta
boehmenan 苎麻脂素▲ 山麻杆 Alchornea davidii, 八角麻 Boehmeria tricuspis, 小木通 Clematis armandii, 裂叶铁线莲 C. parviloba, 榴莲 Durio zibethinus, 台湾芙蓉 Hibiscus taiwanensis
(-)-boehmenan H (-)- 苎麻脂素▲H 雁婆麻 Helicteres hirsuta
boehmeriasine A, B 束序苎麻碱▲A, B 束序苎麻 Boehmeria siamensis
boehmerin 苎麻灵▲ 八角麻 Boehmeria tricuspis

boehmerine 苎叶蒟灵▲ 苎叶蒟 Piper boehmeriifolium
boehmeryl acetate 赤麻醇乙酸酯 阔苞菊 Pluchea indica
boennin 石椒草宁 臭节草 Boenninghausenia albiflora
boeravinone A 黄细心酮 A 黄细心 Boerhavia diffusa, 山紫茉莉 Oxybaphus himalaicus
boeravinone B 黄细心酮 B 黄细心 Boerhavia diffusa, 紫茉莉 Mirabilis jalapa, 山紫茉莉 Oxybaphus himalaicus
boeravinone C 黄细心酮 C 黄细心 Boerhavia diffusa, 紫茉莉 Mirabilis jalapa, 山紫茉莉 Oxybaphus himalaicus
boeravinone D 黄细心酮 D 黄细心 Boerhavia diffusa, 山紫茉莉 Oxybaphus himalaicus
boeravinone E 黄细心酮 E 黄细心 Boerhavia diffusa, 紫茉莉 Mirabilis jalapa, 山紫茉莉 Oxybaphus himalaicus
boeravinone F 黄细心酮 F 黄细心 Boerhavia diffusa, 紫茉莉 Mirabilis jalapa, 山紫茉莉 Oxybaphus himalaicus
boeravinone G, I, K~Q 黄细心酮 G, I, K~Q 黄细心 Boerhavia diffusa
boeravinone H 黄细心酮 H 黄细心 Boerhavia diffusa, 山紫茉莉 Oxybaphus himalaicus
boeravinone J 黄细心酮 J 黄细心 Boerhavia diffusa, 山紫茉莉 Oxybaphus himalaicus
boerhaavic acid 黄细心酸▲ 黄细心 Boerhavia diffusa
boerhadiffusene 黄细心烯▲ 黄细心 Boerhavia diffusa
boerhavilanostenyl benzoate 黄细心羊毛脂烯基苯甲酸酯 黄细心 Boerhavia diffusa
boerhavisterol 黄细心甾醇▲ 黄细心 Boerhavia diffusa
(+)-boldine (+)- 波尔定碱 月桂 Laurus nobilis, 乌药 Lindera aggregata, 山胡椒 L. glauca, 山鸡椒 Litsea cubeba
boldine 波尔定碱 狭叶山胡椒 Lindera angustifolia, 山鸡椒 Litsea cubeba, 潺槁木姜子 L. glutinosa, 圆叶豺皮樟 L. rotundifolia, 豺皮樟 L. rotundifolia var. oblongifolia, 长梗润楠 Machilus duthiei
boldine methochloride 氯化甲基波尔定 樟叶木防己 Cocculus laurifolius
boledulin A, B, C 美味牛肝菌素▲A, B, C 美味牛肝菌 Boletus edulis
bolegrevilol 厚环乳牛肝酚▲ 厚环乳牛肝菌 Suillus grevillei
bolengsu 波棱瓜素 波棱瓜 Herpetospermum pedunculosum
bolesatin 魔王牛肝菌素▲ 细网柄牛肝菌 Boletus satanas
boletol 牛肝菌酚▲ 细网柄牛肝菌 Boletus satanas
bolusanthin III 伯鲁斯花素▲III 青甘锦鸡儿 Caragana tangutica
bolusanthin IV 伯鲁斯花素▲IV 多序岩黄耆 Hedysarum polybotrys
bolusanthol B 树紫藤醇▲B 攀倒甑 Patrinia villosa
bombalin 木棉林素▲ 木棉 Bombax ceiba
bombalin-4-*O*-*β*-D-glucopyranoside 木棉林素▲-4-*O*-*β*-D- 吡喃葡萄糖苷 木棉 Bombax ceiba
bombamalone A~D 木棉马酮▲A~D 木棉 Bombax ceiba
bombamaloside 木棉马苷▲ 木棉 Bombax ceiba
bombaside 木棉苷▲ 木棉 Bombax ceiba
bombasin 木棉辛▲ 木棉 Bombax ceiba
bombaxone 木棉酮▲ 木棉 Bombax ceiba
bombaxquinone B 木棉醌▲B 木棉 Bombax ceiba
bombiprenone 蚕戊烯酮▲ 柔毛鸦胆子 Brucea mollis
bombykal 蚕醛 挥发油成分，未统计基源
bonaroside 香丝草苷▲ 金线草 Antenoron filiforme, 香丝草 Conyza bonariensis, 杠板归 Polygonum perfoliatum
bondenolide 刺果苏木烯内酯▲ 刺果苏木 Caesalpinia bonduc
bonducellin 刺果苏木林素▲ 刺果苏木 Caesalpinia bonduc, 云实 C. decapetala, 肉荚云实 C. digyna, 小叶云实 C. millettii, 含羞云实 C. mimosoides, 金凤花 C. pulcherrima
bonducellpin A 刺果苏木素▲A 刺果苏木 Caesalpinia bonduc, 华南云实 C. crista
bonducellpin B 刺果苏木素▲B 刺果苏木 Caesalpinia bonduc, 华南云实 C. crista
bonducellpin C 刺果苏木素▲C 刺果苏木 Caesalpinia bonduc, 华南云实 C. crista, 喙荚云实 C. minax
bonducellpin D 刺果苏木素▲D 刺果苏木 Caesalpinia bonduc, 喙荚云实 C. minax
bonducellpin E, F, G 刺果苏木素▲E, F, G 刺果苏木 Caesalpinia bonduc
bonvalol 川黔翠雀醇 川黔翠雀花 Delphinium bonvalotii
bonvalone 川黔翠雀酮 川黔翠雀花 Delphinium bonvalotii
bonvalotidine A, B, C 川黔翠雀定▲A, B, C 川黔翠雀花 Delphinium bonvalotii
bonvalotidine A acetone solvate 川黔翠雀定▲A 丙酮化物 川黔翠雀花 Delphinium bonvalotii
bonvalotine 川黔翠雀亭 川黔翠雀花 Delphinium bonvalotii
boonein 伯恩鸡骨常山素▲ 华南龙胆 Gentiana loureiroi, 秦艽 G. macrophylla
borapetol A, B 小瘤青牛胆醇▲A, B 波叶青牛胆 Tinospora crispa
borapetoside A~F 小瘤青牛胆苷▲A~F 波叶青牛胆 Tinospora crispa
borassoside A~F 糖棕苷 A~F 糖棕 Borassus flabellifer
(2*R*,6*S*)-bornane-2,6-diol-2-*O*-*β*-D-apiofuranosyl-(1 → 6)-*β*-D-glucopyranoside (2*R*,6*S*)- 樟脑 -2,6- 二醇 -2-*O*-*β*-D- 呋喃芹糖基 -(1 → 6)-*β*-D- 吡喃葡萄糖苷 珊瑚菜 Glehnia littoralis
(1*R*,2*R*,4*S*,6*R*)-bornane-2,6-diol-2-*O*-*β*-D-glucopyranoside (1*R*,2*R*,4*S*,6*R*)- 莰烷 -2,6- 二醇 -2-*O*-*β*-D- 吡喃葡萄糖苷 缩砂密 Amomum

villosum var. xanthioides
(1*S*,2*S*,4*R*,6*S*)-bornane-2,6-diol-2-*O*-*β*-D-glucopyranoside (1*S*,2*S*,4*R*,6*S*)- 莰烷 -2,6- 二醇 -2-*O*-*β*-D- 吡喃葡萄糖苷 缩砂密 Amomum villosum var. xanthioides

(2*R*)-bornane-2,9-diol-2-*O*-*β*-D-apiofuranosyl-(1 → 6)-*β*-D-glucopyranoside (2*R*)- 樟脑 -2,9- 二醇 -2-*O*-*β*-D- 呋喃芹糖基 -(1 → 6)-*β*-D- 吡喃葡萄糖苷 珊瑚菜 Glehnia littoralis
bornane-5-hydroxy-2-*O*-*β*-D-glucopyranoside 龙脑 -5- 羟基 -2-*O*-*β*-D- 吡喃葡萄糖苷 金线草 Antenoron filiforme
2-bornanol 2- 龙脑醇 千斤拔 Flemingia philippinensis
2-bornene 2- 龙脑烯 挥发油成分，未统计基源
bornene 龙脑烯 挥发油成分，未统计基源
(-)-borneol (-)- 龙脑 挥发油成分，未统计基源
L-borneol L- 龙脑 挥发油成分，未统计基源
α-borneol *α*- 龙脑 挥发油成分，未统计基源
borneol 龙脑 挥发油成分，未统计基源
endo-borneol 内向 - 龙脑 挥发油成分，未统计基源
borneol acetate 龙脑乙酸酯 挥发油成分，未统计基源
L-(+)-bornesitol L-(+)- 婆罗胶肌醇▲ 海杧果 Cerbera manghas
L-bornesitol L- 婆罗胶肌醇▲ 柳叶鼠李 Rhamnus erythroxylum
bornesitol 婆罗胶肌醇▲ 羊蹄甲 Bauhinia purpurea, 洋紫荆 B. variegata, 长春花 Catharanthus roseus, 孩儿参 Pseudostellaria heterophylla, 青檀 Pteroceltis tatarinowii
bornyl 2-methoxy-4-hydroxycinnamate 2- 甲氧基 -4- 羟基桂皮酸龙脑酯 蛇苔 Conocephalum conicum
(-)-bornyl acetate (-)- 乙酸龙脑酯 挥发油成分，未统计基源
l-bornyl acetate *l*- 乙酸龙脑酯 挥发油成分，未统计基源
α-bornyl acetate *α*- 乙酸龙脑酯 挥发油成分，未统计基源
γ-bornyl acetate *γ*- 乙酸龙脑酯 挥发油成分，未统计基源
endo-bornyl acetate 内向 - 乙酸龙脑酯 挥发油成分，未统计基源
bornyl acetate 乙酸龙脑酯 挥发油成分，未统计基源
bornyl angelate 当归酸龙脑酯 挥发油成分，未统计基源
bornyl cinnamate 桂皮酸龙脑酯 挥发油成分，未统计基源
(-)-bornyl ferulate (-)- 阿魏酸龙脑酯 黄苞大戟 Euphorbia sikkimensis
(+)-bornyl ferulate (+)- 阿魏酸龙脑酯 羌活 Notopterygium incisum
l-bornyl ferulate *l*- 阿魏酸龙脑酯 偃松 Pinus pumila
bornyl ferulate 阿魏酸龙脑酯 蛇苔 Conocephalum conicum
bornyl formate 甲酸龙脑酯 挥发油成分，未统计基源
bornyl *p*-coumarate 对香豆酸龙脑酯 鱼子兰 Chloranthus erectus
bornyl *trans*-cinnamate 反式 - 桂皮酸龙脑酯 挥发油成分，未统计基源
bornyl-6-*O*-*β*-D-xylopyranosyl-*β*-D-glucopyranoside 龙脑 -6-*O*-*β*-D- 吡喃木糖基 -*β*-D- 吡喃葡萄糖苷 栀子 Gardenia jasminoides
bornylene 龙脑烯 挥发油成分，未统计基源
bornylmagnolol 龙脑基厚朴酚 厚朴 Houpoëa officinalis
borreriagenin 丰花草苷元▲ 牛白藤 Hedyotis hedyotidea, 女贞 Ligustrum lucidum, 海滨木巴戟 Morinda citrifolia, 木犀 Osmanthus fragrans
boschnaloside 草苁蓉醛苷▲ 草苁蓉 Boschniakia rossica, 小米草 Euphrasia pectinata, 阿拉善马先蒿 Pedicularis alaschanica, 白花甘肃马先蒿 P. kansuensis subsp. kansuensis f. albiflora, 斑唇马先蒿 P. longiflora var. tubiformis, 沼生马先蒿 P. palustris, 轮叶马先蒿 P. verticillata, 北水苦荬 Veronica anagallis-aquatica
boschnarol 草苁蓉醇 草苁蓉 Boschniakia rossica
boschnarol methylether 草苁蓉醇甲醚 草苁蓉 Boschniakia rossica
boschnaside 草苁蓉那苷▲ 草苁蓉 Boschniakia rossica
boschniakine 草苁蓉碱 草苁蓉 Boschniakia rossica, 凌霄 Campsis grandiflora, 美国凌霄 C. radicans, 两头毛 Incarvillea arguta, 直立黄钟花 Tecoma stans
boschniakinic acid 草苁蓉酸 草苁蓉 Boschniakia rossica, 两头毛 Incarvillea arguta, 藏波罗花 I. younghusbandii, 木犀 Osmanthus fragrans
boschnialactone 草苁蓉内酯 草苁蓉 Boschniakia rossica
(+)-boscialin (+)- 博氏木林素▲ 巴豆 Croton tiglium
boscialin 博氏木林素▲ 白英 Solanum lyratum
boscialin-4'-*O*-*β*-D-glucopyranoside 博氏木林素▲-4'-*O*-*β*-D- 吡喃葡萄糖苷 黑面神 Breynia fruticosa
α-boswellic acid *α*- 乳香酸 乳香树 Boswellia carteri, 青钱柳 Cyclocarya paliurus, 萱草 Hemerocallis fulva, 鹊肾树 Streblus asper
β-boswellic acid *β*- 乳香酸 乳香树 Boswellia carteri, 青钱柳 Cyclocarya paliurus, 萱草 Hemerocallis fulva, 鹊肾树 Streblus asper
botcinin D 灰葡萄孢素▲D 白蔹 Ampelopsis japonica
bothrioclinin 沟斜菊素▲ 兔耳一枝箭 Piloselloides hirsuta
bothriodumin 多苞斑种草素▲ 多苞斑种草 Bothriospermum secundum, 滇紫草 Onosma paniculatum
botrydiol 香藜二醇▲ 香藜 Chenopodium botrys
bougainvillein V 叶子花素▲V 光叶子花 Bougainvillea glabra

bougracol A 藤三七醇▲A 落葵薯 Anredera cordifolia
endo-bourbonanol 内向 - 香叶天竺葵烷醇▲ 挥发油成分，未统计基源
α-bourbonene α- 波旁老鹳草烯 挥发油成分，未统计基源
β-bourbonene β- 波旁老鹳草烯 挥发油成分，未统计基源
bourbonene 波旁老鹳草烯 挥发油成分，未统计基源
bourgeanic acid 鲍氏树花酸▲ 茸珊瑚枝 Stereocaulon tomentosum
bourjotinolone A 布约巨盘木醇酮▲A 黄檗 Phellodendron amurense, 秃叶黄檗 P. chinense var. glabriusculum, 红椿 Toona ciliata, 香椿 T. sinensis, 杜楝 Turraea pubescens
bourjotinolone B 布约巨盘木醇酮▲B 臭椿 Ailanthus altissima, 红椿 Toona ciliata, 杜楝 Turraea pubescens
bourneioside A, B 西南忍冬苷 A, B 西南忍冬 Lonicera bournei
boussingoside A_1, A_2 落葵薯苷▲A_1, A_2 喜旱莲子草 Alternanthera philoxeroides
boviquinone-3 乳牛肝菌醌▲-3 色钉菇 Chroogomphus rutilus
boviquinone-4 乳牛肝菌醌▲-4 乳牛肝菌 Suillus bovinus
bowdensine 鲍氏尼润花碱▲ 水鬼蕉 Hymenocallis littoralis
bowdichione 鲍迪豆醌▲ 降香 Dalbergia odorifera
brachyaconitine A~D 短柄乌头碱▲A~D 短柄乌头 Aconitum brachypodum
brachyamide B 短穗胡椒胺▲B 苎叶蒟 Piper boehmeriifolium, 假蒟 P. sarmentosum
brachychromone 短枝菊色原酮▲ 火石花 Gerbera delavayi
brachycoumarin 短枝菊香豆素▲ 火石花 Gerbera delavayi
brachyoside B 短翅黄芪苷▲B 黄耆 Astragalus penduliflorus subsp. mongholicus var. dahuricus
brachyposide A, B 短柄五加苷 A, B 短柄五加 Eleutherococcus brachypus
brachystamide A 短穗胡椒酰胺▲A 大叶蒟 Piper laetispicum
brachystamide B 短穗胡椒酰胺▲B 荜拔 Piper longum, 假蒟 P. sarmentosum
brachystamide D 短穗胡椒酰胺▲D 荜拔 Piper longum
brachystemidine A~G 短瓣花定碱▲A~G 短瓣花 Brachystemma calycinum
brachystemin A~D, F~I 短瓣花素▲A~D, F~I 短瓣花 Brachystemma calycinum
brachystemin E 短瓣花素▲E 短瓣花 Brachystemma calycinum, 狗筋蔓 Silene baccifera
brachystemol A, B, C 短瓣花醇▲A, B, C 短瓣花 Brachystemma calycinum
bracteanolide A, B 大苞水竹叶内酯▲A, B 大苞水竹叶 Murdannia bracteata
bracteatin 麦秆菊素▲ 金鱼草 Antirrhinum majus, 葫芦藓 Funaria hygrometrica
bracteatin-6-*O*-glucoside 麦秆菊素▲-6-*O*- 葡萄糖苷▲ 金鱼草 Antirrhinum majus
bractelactone 多苞瓜馥木内酯▲ 排骨灵 Fissistigma bracteolatum
bracteonin A 九味一枝蒿宁▲A 九味一枝蒿 Ajuga bracteosa
bracteosin A, B, C 九味一枝蒿辛▲A, B, C 九味一枝蒿 Ajuga bracteosa
bractic acid 九味一枝蒿酸▲ 九味一枝蒿 Ajuga bracteosa
bractin A, B 九味一枝蒿亭▲A, B 九味一枝蒿 Ajuga bracteosa
brahmic acid; madecassic acid 积雪草萜酸▲ 积雪草 Centella asiatica
brahminoside 积雪草诺苷▲ 积雪草 Centella asiatica
brahmoside 积雪草莫苷▲ 积雪草 Centella asiatica
brainesteroside A~E 苏铁蕨甾苷 A~E 苏铁蕨 Brainea insignis
brainic acid 苏铁蕨酸 苏铁蕨 Brainea insignis, 蕨 Pteridium aquilinum var. latiusculum, 东方狗脊蕨 Woodwardia orientalis, 胎生狗脊蕨 W. prolifera
brainicin 苏铁蕨辛▲ 苏铁蕨 Brainea insignis
brainoside 苏铁蕨苷▲ 苏铁蕨 Brainea insignis
brainoside B 苏铁蕨苷▲B 苏铁蕨 Brainea insignis, 野茄 Solanum undatum
brainoside C 苏铁蕨苷▲C 苏铁蕨 Brainea insignis
brandioside 来江藤苷 来江藤 Brandisia hancei, 白棠子树 Callicarpa dichotoma, 日本紫珠 C. japonica, 广东紫珠 C. kwangtungensis
brasiliensic acid 巴西红厚壳酸▲ 红厚壳 Calophyllum inophyllum
brasilixanthone 巴西托沃木𠮿酮▲ 红厚壳 Calophyllum inophyllum, 红芽木 Cratoxylum formosum subsp. pruniflorum
brasilixanthone B 巴西托沃木𠮿酮▲B 红厚壳 Calophyllum inophyllum, 薄叶红厚壳 C. membranaceum, 莽吉柿 Garcinia mangostana, 贯叶连翘 Hypericum perforatum
brasixanthone F 巴西红厚壳𠮿酮▲F 薄叶红厚壳 Calophyllum membranaceum
brassicasterol 菜籽甾醇 锦鸡儿 Caragana sinica, 金鱼藻 Ceratophyllum demersum, 光叶闭鞘姜 Costus tonkinensis, 南紫薇 Lagerstroemia subcostata, 微孔草 Microula sikkimensis, 苦蘵 Physalis angulata, 欧洲李 Prunus domestica, 马缨杜鹃花 Rhododendron delavayi, 欧白英 Solanum dulcamara, 白英 S. lyratum, 茸珊瑚枝 Stereocaulon tomentosum, 印度块菌 Tuber indicum
brassicasterol-3-*O*-β-D-galactopyranoside 菜籽甾醇 -3-*O*-β-D- 吡喃半乳糖苷 欧白英 Solanum dulcamara, 白英 S. lyratum
brassinolide 油菜内酯 向日葵 Helianthus annuus
brassinone 芸苔酮▲ 圆叶牵牛 Ipomoea purpurea
braylin 布雷巨盘木素▲ 马桑 Coriaria nepalensis, 睡菜 Menyanthes trifoliata, 千里香 Murraya paniculata, 飞龙掌血 Toddalia asiatica, 椿叶花

椒 Zanthoxylum ailanthoides
braylin I 布雷巨盘木素▲I 牛筋果 Harrisonia perforata
brazilein 巴西苏木红素 苏木 Caesalpinia sappan
brazilide 巴西苏木内酯▲ 苏木 Caesalpinia sappan
brazilide A 巴西苏木内酯▲A 苏木 Caesalpinia sappan
brazilin 巴西苏木素 苏木 Caesalpinia sappan
brediatin A, B 野海棠亭▲A, B 红毛野海棠 Bredia tuberculata
brefeldin A 布雷青霉菌素▲A 当归 Angelica sinensis, 滑桃树 Trevia nudiflora
brein 榄香树脂醇 一品红 Euphorbia pulcherrima
bretschneiderazine A, B 伯乐树嚏嗪▲A, B 伯乐树 Bretschneidera sinensis
bretschneideroside A, B, C 伯乐树苷▲A, B, C 伯乐树 Bretschneidera sinensis
bretschnoside A, B 裂叶翼首花皂苷 A, B 裂叶翼首花 Pterocephalus bretschneideri
brevicornin 心叶淫羊藿素 淫羊藿 Epimedium brevicornu
brevicuspisaponin-3 短尖冬青皂苷▲-3 枸骨 Ilex cornuta
breviflavone A, B 心叶淫羊藿黄酮 A, B 淫羊藿 Epimedium brevicornu
brevifolin 短叶苏木酚 铁苋菜 Acalypha australis, 臭椿 Ailanthus altissima, 鹿仙草 Balanophora dioica, 印度蛇菰 B. indica, 橄榄 Canarium album, 龙眼 Dimocarpus longan, 蛇莓 Duchesnea indica, 芹叶牻牛儿苗 Erodium cicutarium, 地锦 Euphorbia humifusa, 准噶尔大戟 E. soongarica, 鼠掌老鹳草 Geranium sibiricum, 叶下珠 Phyllanthus urinaria, 黄珠子草 P. virgatus, 头花蓼 Polygonum capitatum, 赤胫散 P. runcinatum var. sinense, 乌桕 Triadica sebifera
brevifolincarboxylic acid 短叶苏木酸 红穗铁苋菜 Acalypha hispida, 臭椿 Ailanthus altissima, 红冬蛇菰 Balanophora harlandii, 皱果蛇莓 Duchesnea chrysantha, 蛇莓 D. indica, 牛奶子 Elaeagnus umbellata, 芹叶牻牛儿苗 Erodium cicutarium, 牻牛儿苗 E. stephanianum, 地锦 Euphorbia humifusa, 石岩枫 Mallotus repandus, 叶下珠 Phyllanthus urinaria, 蜜柑草 P. ussuriensis, 赤胫散 Polygonum runcinatum var. sinense, 石榴 Punica granatum, 使君子 Quisqualis indica
brevifolincarboxylic acid ethyl ester 短叶苏木酸乙酯 飞蛾槭 Acer oblongum, 土蜜树 Bridelia tomentosa, 光叶珙桐 Davidia involucrata var. vilmoriniana, 地锦 Euphorbia humifusa, 湖北大戟 E. hylonoma, 准噶尔大戟 E. soongarica, 鼠掌老鹳草 Geranium sibiricum, 叶下珠 Phyllanthus urinaria, 头花蓼 Polygonum capitatum, 赤胫散 P. runcinatum var. sinense, 蓖麻 Ricinus communis, 山乌桕 Triadica cochinchinensis, 乌桕 T. sebifera
brevifolincarboxylic acid methyl ester 短叶苏木酸甲酯 蛇莓 Duchesnea indica, 石生悬钩子 Rubus saxatilis
brevifoliol 短叶紫杉醇▲ 东北红豆杉 Taxus cuspidata, 喜马拉雅红豆杉 T. wallichiana
brevilin A 短叶堆心菊素▲A 石胡荽 Centipeda minima, 堆心菊 Helenium autumnale
breviscapin A, B, C 短葶仙茅素▲A, B, C 短葶仙茅 Curculigo breviscapa
breviscaside A, B 短葶仙茅苷 A, B 短葶仙茅 Curculigo breviscapa
brevitaxin 短叶紫杉素▲ 台湾穗花杉 Amentotaxus formosana
breynceanothanolic acid 黑面神美洲茶酸▲ 黑面神 Breynia fruticosa
breyniaionoside A 黑面神香堇苷▲A 小叶黑面神 Breynia vitis-idaea, 依兰 Cananga odorata
breyniaionoside B~E 黑面神香堇苷▲B~E 小叶黑面神 Breynia vitis-idaea
breynin A 黑面神素 A 小叶黑面神 Breynia vitis-idaea
breynin B 黑面神素 B 黑面神 Breynia fruticosa, 小叶黑面神 B. vitis-idaea
breynin C, D, G 黑面神素 C, D, G 黑面神 Breynia fruticosa
breynin I 黑面神素 I 小叶黑面神 Breynia vitis-idaea
breynioside A 黑面神苷▲A 小叶黑面神 Breynia vitis-idaea, 红茴香 Illicium henryi, 泡核桃 Juglans sigillata
breynioside B 黑面神苷▲B 小叶黑面神 Breynia vitis-idaea
brickellin 布氏菊素▲ 皱叶南蛇藤 Celastrus rugosus
bridelionoside A 土蜜树香堇苷▲A 潺槁木姜子 Litsea glutinosa
bridelionoside B 土蜜树香堇苷▲B 蜡梅 Chimonanthus praecox, 榕树 Ficus microcarpa
bridelionoside C 土蜜树香堇苷▲C 尾穗苋 Amaranthus caudatus
bridelone 土蜜树酮▲ 禾串树 Bridelia balansae
bridelonine 土蜜树碱▲ 禾串树 Bridelia balansae
britanin 欧亚旋覆花素 欧亚旋覆花 Inula britannica, 里海旋覆花 I. caspica, 湖北旋覆花 I. hupehensis
britanlin A~D 欧亚旋覆花灵 A~D 欧亚旋覆花 Inula britannica
britannilactone 欧亚旋覆花内酯 欧亚旋覆花 Inula britannica, 旋覆花 I. japonica
bromelain 菠萝蛋白酶 菠萝 Ananas comosus
1-bromo-2-(1-pentenyl)-benzene 1- 溴 -2-(1- 戊烯基)- 苯 蒿子杆 Glebionis carinatum
3-bromo-3,3-difluoro-1-propene 3- 溴 -3,3- 二氟 -1- 丙烯 挥发油成分，未统计基源
(2*R*,3*R*,4a*S*,6*S*,7*R*)-*rel*-6-bromo-3,4,5,6,7,8-hexahydro-2,5,5-trimethyl-2*H*-2,4a-ethanonaphthalene-3,7-diol (2*R*,3*R*,4a*S*,6*S*,7*R*)- 相对 -6- 溴 -3,4,5,6,7,8-六氢 -2,5,5- 三甲基 -2*H*-2,4a- 桥乙基萘 -3,7- 二醇 鹧鸪菜 Caloglossa leprieurii
2-bromo-3-hydroxy-4*H*-pyran-4-one 2- 溴 -3- 羟基 -4*H*- 吡喃 -4- 酮 一年蓬 Erigeron annuus
2-bromo-4,5-dihydroxybenzylaldehyde 2- 溴 -4,5- 二羟基苯甲醛 挥发油成分，未统计基源
3-bromo-4,5-dihydroxybenzylaldehyde 3- 溴 -4,5- 二羟基苯甲醛 挥发油成分，未统计基源

3-bromo-5-hydroxy-4-methoxy-phenylacetic acid 3- 溴 -5- 羟基 -4- 甲氧基苯乙酸 蜈蚣藻 Grateloupia filicina
2α-bromo-5α-pregnan-3-one 2α- 溴 -5α- 孕甾 -3- 酮 止泻木 Holarrhena pubescens
7-bromo-decahydro-4,8,8-trimethyl-9-methylene-1,4-azulene 7- 溴十氢 -4,8,8- 三甲基 -9- 亚甲基 1,4- 薁 挥发油成分，未统计基源
1-(1-bromoethyl)-4-(1,2-dibromoethyl)-benzene 1-(1- 溴乙基)-4-(1,2- 二溴乙基)- 苯 苍山乌头 Aconitum contortum
bromoform 三溴甲烷 麒麟菜 Eucheuma denticulatum
6''-bromoisoarboreol 6''- 溴化异云南石梓醇▲ 云南石梓 Gmelina arborea
1-bromo-triacontane 1- 溴三十烷 挥发油成分，未统计基源
2-bromo-γ-ionone 2- 溴 -γ- 香堇酮 齐藤凹顶藻 Laurencia saitoi
brosimacutin G 尖叶饱食桑素▲G 补骨脂 Cullen corylifolia
brosimine B 饱食桑明▲B 桑 Morus alba
brosimone H 类饱食桑酮▲H 波罗蜜 Artocarpus heterophyllus, 白桂木 A. hypargyreus, 桂木 A. nitidus subsp. lingnanensis
brosimone I 类饱食桑酮▲I 波罗蜜 Artocarpus heterophyllus
brosiparin 帕拉饱食桑素▲ 椿叶花椒 Zanthoxylum ailanthoides
brossoflurenone A, B 构树芴酮 A, B 构树 Broussonetia papyrifera
broussoaurone A 构树橙酮▲A 构树 Broussonetia papyrifera
broussochalcone A, B 构树查耳酮▲A, B 构树 Broussonetia papyrifera
broussoflavan A 构树黄烷▲A 构树 Broussonetia papyrifera
broussoflavonol A~E 构树黄酮醇 A~E 构树 Broussonetia papyrifera
broussoflavonol F 构树黄酮醇 F 黄杞 Engelhardia roxburghiana, 华桑 Morus cathayana
broussonetine A 构树碱 A 小构树 Broussonetia kazinoki, 构树 B. papyrifera
broussonetine 构树碱 B~J, J_1, J_2, K, L, M, M_1, N~U, U_1, V~Z 小构树 Broussonetia kazinoki
broussonetinine A, B 构树宁碱 A, B 构树 Broussonetia papyrifera
broussonin A 构树宁 A 知母 Anemarrhena asphodeloides, 小构树 Broussonetia kazinoki, 构树 B. papyrifera
broussonin B 构树宁 B 小构树 Broussonetia kazinoki, 构树 B. papyrifera
broussonin F 构树宁 F 构树 Broussonetia papyrifera
broussonol A~D 构树醇▲A~D 小构树 Broussonetia kazinoki
broussonol E 构树醇▲E 小构树 Broussonetia kazinoki, 黄杞 Engelhardia roxburghiana
broussonone A 构树酮 A 小构树 Broussonetia kazinoki
broussonpapyrine 构树灵碱▲ 构树 Broussonetia papyrifera
broussoside A~E 构树苷▲A~E 构树 Broussonetia papyrifera
browniine 布朗翠雀碱▲ 飞燕草 Consolida ajacis, 三出翠雀花 Delphinium biternatum, 囊距翠雀花 D. brunonianum, 峨眉翠雀花 D. omeiense, 康定翠雀花 D. tatsienense, 毛翠雀花 D. trichophorum, 三小叶翠雀花 D. trifoliolatum, 云南翠雀花 D. yunnanense
brownioside 野百合苷▲ 野百合 Lilium brownii, 药百合 L. speciosum var. gloriosoides
bruceacanthinoside 鸦胆子铁屎米碱苷▲ 鸦胆子 Brucea javanica
bruceajavanin A, B, C 鸦胆子宁▲A, B, C 鸦胆子 Brucea javanica
bruceajavaninone A 鸦胆子尼酮▲A 鸦胆子 Brucea javanica
bruceajavanone A, B, C 鸦胆子酮▲A, B, C 鸦胆子 Brucea javanica
bruceajavanone A-7-acetate 鸦胆子酮▲A-7- 乙酸酯 鸦胆子 Brucea javanica
bruceanic acid E, F 抗痢鸦胆子酸▲E, F 鸦胆子 Brucea javanica
bruceanic acid E methyl ester 抗痢鸦胆子酸▲E 甲酯 鸦胆子 Brucea javanica
bruceantarin 抗痢鸦胆子灵▲ 鸦胆子 Brucea javanica
bruceantin 鸦胆子亭 鸦胆子 Brucea javanica, 柔毛鸦胆子 B. mollis
bruceantinol 鸦胆子亭醇 鸦胆子 Brucea javanica, 柔毛鸦胆子 B. mollis
bruceantinol B 鸦胆子亭醇 B 鸦胆子 Brucea javanica
bruceantinoside A 抗痢鸦胆子苷 A 鸦胆子 Brucea javanica
bruceene 鸦胆子烯 鸦胆子 Brucea javanica
bruceine A, C, E, F, H~M 鸦胆子素 A, C, E, F, H~M 鸦胆子 Brucea javanica
bruceine B 鸦胆子素 B 鸦胆子 Brucea javanica, 柔毛鸦胆子 B. mollis
bruceine D 鸦胆子素 D 鸦胆子 Brucea javanica, 柔毛鸦胆子 B. mollis
bruceine *E*-2-β-D-glucopyranoside 鸦胆子素 *E*-2-β-D- 吡喃葡萄糖苷 鸦胆子 Brucea javanica
bruceolline A~O 柔毛鸦胆子碱▲A~O 柔毛鸦胆子 Brucea mollis
bruceoside A, C~F 鸦胆子苦苷 A, C~F 鸦胆子 Brucea javanica
bruceoside B 鸦胆子苦苷 B 鸦胆子 Brucea javanica, 柔毛鸦胆子 B. mollis
brucine 马钱子碱 山茱萸 Cornus officinalis, 华马钱 Strychnos cathayensis, 吕宋果 S. ignatii, 毛柱马钱 S. nitida, 山马钱 S. nux-blanda, 马钱子 S. nux-vomica, 长籽马钱 S. wallichiana
brucine-*N*-oxide 马钱子碱 -*N*- 氧化物 马钱子 Strychnos nux-vomica, 长籽马钱 S. wallichiana
brucojavan 1, 2, 3 鸦胆子萜烷▲1, 2, 3 鸦胆子 Brucea javanica
brugierol 木榄醇 柱果木榄 Bruguiera cylindrica, 木榄 B. gymnorhiza
brugine 木榄碱 柱果木榄 Bruguiera cylindrica, 海莲 B. sexangula

brugnanin 木榄脂宁▲ 木榄 Bruguiera gymnorhiza
bruguierin A, B, C 木榄素▲A, B, C 木榄 Bruguiera gymnorhiza
bruguierol A~D 木榄酚 A~D 木榄 Bruguiera gymnorhiza
bruguiesulfurol 木榄硫醇▲ 木榄 Bruguiera gymnorhiza
brugunin A 木榄脂素▲A 木榄 Bruguiera gymnorhiza
brujavanone A~N 鸦胆子新酮▲A~N 鸦胆子 Brucea javanica
brumollisol A, B, C 柔毛鸦胆子醇▲A, B, C 柔毛鸦胆子 Brucea mollis
brunonine 囊距翠雀碱 囊距翠雀花 Delphinium brunonianum
brusatol 鸦胆子苦醇 鸦胆子 Brucea javanica, 柔毛鸦胆子 B. mollis
brutoxin 鸦胆子毒素 鸦胆子 Brucea javanica
BR-xanthone A, B BR- 吅酮 A, B 莽吉柿 Garcinia mangostana
bryoamaride 泻根阿玛苷▲ 凤瓜 Gymnopetalum integrifolium, 三尖栝楼 Trichosanthes tricuspidata
bryoflavone 真蘚黄酮▲ 细叶真蘚 Bryum capillare
bryonolic acid 泻根醇酸 马桑 Coriaria nepalensis, 云南木鳖 Momordica dioica, 瓜叶栝楼 Trichosanthes cucumerina
bryonolol 泻根醇 甜瓜 Cucumis melo, 黄瓜 C. sativus, 葫芦 Lagenaria siceraria, 王瓜 Trichosanthes cucumeroides, 栝楼 T. kirilowii
bryononic acid 泻根酮酸▲ 葫芦 Lagenaria siceraria, 栝楼 Trichosanthes kirilowii
bryophyllenone 落地生根烯酮 落地生根 Bryophyllum pinnatum
bryophyllin A, B, C 落地生根素 A, B, C 落地生根 Bryophyllum pinnatum
bryophyllol 落地生根甾醇 落地生根 Bryophyllum pinnatum
bryophyllone 落地生根酮 落地生根 Bryophyllum pinnatum
bryophynol 落地生根醇 落地生根 Bryophyllum pinnatum
bubbialidine 布比林仙定▲ 白饭树 Flueggea virosa
buchanin 古钩藤素▲ 古钩藤 Cryptolepis buchananii
buchtormin 岩风素 岩风 Libanotis buchtormensis
buddamine 醉鱼草胺 大叶醉鱼草 Buddleja davidii
cis-buddledin A 顺式 - 醉鱼草定 A 大叶醉鱼草 Buddleja davidii
buddledin A, B, D, E 醉鱼草定 A, B, D, E 大叶醉鱼草 Buddleja davidii
buddledin C 醉鱼草定 C 大叶醉鱼草 Buddleja davidii, 蚤草 Pulicaria vulgaris
buddledone B 球花醉鱼草酮▲B 白背枫 Buddleja asiatica
buddlejasaponin I 醉鱼草皂苷 I 密蒙花 Buddleja officinalis, 藏玄参 Oreosolen wattii, 丹东玄参 Scrophularia kakudensis, 准噶尔毛蕊花 Verbascum songaricum
buddlejasaponin Ia 醉鱼草皂苷 Ia 密蒙花 Buddleja officinalis, 藏玄参 Oreosolen wattii
buddlejasaponin II 醉鱼草皂苷 II 醉鱼草 Buddleja lindleyana, 丹东玄参 Scrophularia kakudensis
buddlejasaponin III 醉鱼草皂苷 III 醉鱼草 Buddleja lindleyana, 密蒙花 B. officinalis, 丹东玄参 Scrophularia kakudensis
buddlejasaponin IV 醉鱼草皂苷 IV 风轮菜 Clinopodium chinense, 细风轮菜 C. gracile, 麻叶风轮菜 C. urticifolium
buddlejasaponin IVa 醉鱼草皂苷 IVa 风轮菜 Clinopodium chinense
buddlejasaponin IVb 醉鱼草皂苷 IVb 风轮菜 Clinopodium chinense, 麻叶风轮菜 C. urticifolium, 繁缕 Stellaria media
buddlejol 醉鱼草甾醇▲ 白背枫 Buddleja asiatica
buddlejone 醉鱼草酮▲ 巴东醉鱼草 Buddleja albiflora, 白背枫 B. asiatica, 皱叶醉鱼草 B. crispa
buddlejoside A, A_2, A_5, B, C 醉鱼草苷 A, A_2, A_5, B, C 皱叶醉鱼草 Buddleja crispa
buddlenoid A 醉鱼草黄酮▲A 土沉香 Aquilaria sinensis
buddlenol A 醉鱼草醇 A 大叶醉鱼草 Buddleja davidii, 钻天柳 Chosenia arbutifolia, 苦树 Picrasma quassioides, 假桂乌口树 Tarenna attenuata
threo-buddlenol B 苏式 - 醉鱼草醇 B 卫矛 Euonymus alatus
buddlenol B 醉鱼草醇 B 大叶醉鱼草 Buddleja davidii, 金樱子 Rosa laevigata
erythro-buddlenol C 赤式 - 醉鱼草醇 C 土沉香 Aquilaria sinensis
threo-buddlenol C 苏式 - 醉鱼草醇 C 土沉香 Aquilaria sinensis
buddlenol C 醉鱼草醇 C 大叶醉鱼草 Buddleja davidii, 红花锦鸡儿 Caragana rosea, 野八角 Illicium simonsii, 苦树 Picrasma quassioides, 金樱子 Rosa laevigata, 假桂乌口树 Tarenna attenuata
(±)-buddlenol D (±)- 醉鱼草醇 D 土沉香 Aquilaria sinensis
buddlenol D 醉鱼草醇 D 大叶醉鱼草 Buddleja davidii, 红花锦鸡儿 Caragana rosea, 野八角 Illicium simonsii, 假桂乌口树 Tarenna attenuata
buddlenol E 醉鱼草醇 E 大叶醉鱼草 Buddleja davidii, 芡实 Euryale ferox, 假桂乌口树 Tarenna attenuata
buddlenol F 醉鱼草醇 F 大叶醉鱼草 Buddleja davidii
buddlenol G 醉鱼草醇 G 接骨木 Sambucus williamsii
buddleoflavonoloside 醉鱼草黄酮醇糖苷 苣荬菜 Sonchus arvensis
buddleoside 蒙花苷 枇杷 Eriobotrya japonica, 准噶尔鸢尾 Iris songarica, 西伯利亚远志 Polygala sibirica
buddleoside A 蒙花苷 A 醉鱼草 Buddleja lindleyana
buddlin 醉鱼草素▲ 白背枫 Buddleja asiatica
buddlindeterpene A 醉鱼草萜▲A 醉鱼草 Buddleja lindleyana, 毛蕊花 Verbascum thapsum
buddlindeterpene B 醉鱼草萜▲B 大叶醉鱼草 Buddleja davidii, 醉鱼草 B. lindleyana, 毛蕊花 Verbascum thapsum

buddlindeterpene C 醉鱼草萜▲C 醉鱼草 Buddleja lindleyana, 毛蕊花 Verbascum thapsum
budlein A 巴德来金眼菊素▲A 菊芋 Helianthus tuberosus
budlein A 2-methylbutyrate 巴德来金眼菊素▲A-2- 甲基丁酸酯 菊芋 Helianthus tuberosus
budlein A isobutyrate 巴德来金眼菊素▲A 异丁酸酯 菊芋 Helianthus tuberosus
budlein A methylacrylate 巴德来金眼菊素▲A 甲基丙烯酸酯 菊芋 Helianthus tuberosus
budlein A tiglate 巴德来金眼菊素▲A 巴豆酸酯 菊芋 Helianthus tuberosus
budlein B 巴德来金眼菊素▲B 多须公 Eupatorium chinense, 菊芋 Helianthus tuberosus, 蓼子朴 Inula salsoloides
buergerinin 北玄参素▲ 北玄参 Scrophularia buergeriana
buergerinin B 北玄参素▲B 北玄参 Scrophularia buergeriana, 玄参 S. ningpoensis
buergerinin C~G 北玄参素▲C~G 北玄参 Scrophularia buergeriana
buergeriside A_1, B_1, B_2 北玄参苷▲A_1, B_1, B_2 北玄参 Scrophularia buergeriana
buergeriside C_1 北玄参苷▲C_1 白背枫 Buddleja asiatica, 北玄参 Scrophularia buergeriana, 爬岩红 Veronicastrum axillare
bufadienolide-3-*O*-α-L-rhamnopyranosyl-(1 → 6)-*O*-β-D-galactopyranoside 蟾蜍二烯内酯 -3-*O*-α-L- 吡喃鼠李糖基 -(1 → 6)-*O*-β-D- 吡喃半乳糖苷 含羞草 Mimosa pudica
bufotenidine 蟾蜍特尼定 芦竹 Arundo donax
bufotenine 蟾毒色胺 芦竹 Arundo donax, 臭辣吴萸 Euodia fargesii, 刺毛黧豆 Mucuna pruriens, 小槐花 Ohwia caudata
bufotenine-5-*O*-β-D-glucopyranoside-*N*-oxide 蟾毒色胺 -5-*O*-β-D- 吡喃葡萄糖苷 -*N*- 氧化物 臭辣吴萸 Euodia fargesii
bufotenine-*N*-oxide 蟾毒色胺 -*N*- 氧化物 臭辣吴萸 Euodia fargesii, 小槐花 Ohwia caudata
bugbanoside A~F 单穗升麻皂苷▲A~F 单穗升麻 Cimicifuga simplex
bukittinggine 浆果乌桕碱▲ 浆果乌桕 Balakata baccata, 牛耳枫 Daphniphyllum calycinum
bulbocapnine 山延胡索宁碱▲ 夏天无 Corydalis decumbens, 刻叶紫堇 C. incisa, 薯根延胡索 C. ledebouriana, 黄堇 C. pallida, 山延胡索 C. solida, 海岛轮环藤 Cyclea insularis, 海罂粟 Glaucium fimbrilligerum, 宝华玉兰 Yulania zenii
(+)-bulbocapnine-β-*N*-oxide (+)- 山延胡索宁碱▲-β-*N*- 氧化物 海罂粟 Glaucium fimbrilligerum
bulbocodin 独蒜兰定▲ 白及 Bletilla striata
bulbocodin C 独蒜兰定▲C 手参 Gymnadenia conopsea, 独蒜兰 Pleione bulbocodioides
bulbocodin D 独蒜兰定▲D 白及 Bletilla striata, 手参 Gymnadenia conopsea, 独蒜兰 Pleione bulbocodioides
bulbocol 独蒜兰酚▲ 白及 Bletilla striata, 手参 Gymnadenia conopsea, 独蒜兰 Pleione bulbocodioides
bulbodione 山延胡索醌碱▲ 山延胡索 Corydalis solida
bulbophyllanthrin 石豆兰菲素▲ 广东石豆兰 Bulbophyllum kwangtungense, 铁皮石斛 Dendrobium officinale
bulbophyllanthrone 石豆兰菲酮▲ 密花石豆兰 Bulbophyllum odoratissimum
bulbophyllinoside 石豆兰苷▲ 密花石豆兰 Bulbophyllum odoratissimum
bulbophylol B 石豆兰酚 B 石仙桃 Pholidota chinensis
bulbophythrin A, B 石豆兰菲灵▲A, B 密花石豆兰 Bulbophyllum odoratissimum
bulgarsenine 保加利亚千里光碱▲ 林荫千里光 Senecio nemorensis
bullatacin 泡番荔枝辛 圆滑番荔枝 Annona glabra, 牛心番荔枝 A. reticulata, 番荔枝 A. squamosa
bullatacinone 泡番荔枝辛酮 牛心番荔枝 Annona reticulata, 番荔枝 A. squamosa
bullatanocin 泡番荔枝诺辛▲ 圆滑番荔枝 Annona glabra
bullatantriol 泡番荔枝三醇▲ 蜡梅 Chimonanthus praecox, 石斛 Dendrobium nobile, 千年健 Homalomena occulta, 假地枫皮 Illicium jiadifengpi, 野八角 I. simonsii, 五味子 Schisandra chinensis, 重瓣五味子 S. plena
bullatencin 泡番荔枝烯辛▲ 圆滑番荔枝 Annona glabra, 番荔枝 A. squamosa
cis-bullatencin 顺式 - 泡番荔枝烯辛▲ 番荔枝 Annona squamosa
bullatine A 一枝蒿碱 A 短柄乌头 Aconitum brachypodum, 宣威乌头 A. nagarum var. lasiandrum
bullatine B, C 一枝蒿碱 B, C 凉山乌头 Aconitum liangshanicum
bullatine G 一枝蒿碱 G 短柄乌头 Aconitum brachypodum
α-bulnesene α- 布藜烯 挥发油成分，未统计基源
bulnesol 布藜醇 挥发油成分，未统计基源
bumaldoside A, B, C 省沽油苷 A, B, C 省沽油 Staphylea bumalda
(+)-bungeanine (+)- 地丁紫堇碱 地丁草 Corydalis bungeana
bungeanool 花椒醇 花椒 Zanthoxylum bungeanum
bungein A 臭牡丹素▲A 白蔹 Ampelopsis japonica, 臭牡丹 Clerodendrum bungei
bungeiside A 白首乌苷▲A 白首乌 Cynanchum bungei, 隔山消 C. wilfordii
bungeiside B, C, D 白首乌苷▲B, C, D 白首乌 Cynanchum bungei
bungeolic acid 新塔花酸 新塔花 Ziziphora bungeana
bungesterol 臭牡丹甾醇 臭牡丹 Clerodendrum bungei
bunginoside A 臭牡丹苷 A 臭牡丹 Clerodendrum bungei
bungnate A, B 臭牡丹酯 A, B 臭牡丹 Clerodendrum bungei
bungone A, B 臭牡丹酮 A, B 臭牡丹 Clerodendrum bungei
bunkankasaponin A~D, F 文冠果皂苷▲A~D, F 文冠果 Xanthoceras sorbifolium
buntanbismine 文旦双碱▲ 文旦 Citrus maxima'Wentan'

buntanine 文旦宁碱▲ 柚 Citrus maxima, 文旦 C. maxima'Wentan'
buntanmine A 文旦明碱▲A 文旦 Citrus maxima'Wentan'
buntansin 文旦辛素▲ 文旦 Citrus maxima'Wentan', 葡萄柚 C. paradisi, 千屈菜 Lythrum salicaria
buntansin A, B, C 文旦辛素▲A, B, C 文旦 Citrus maxima'Wentan'
buphanidrine 非洲箭毒草灵▲ 西南文殊兰 Crinum latifolium
buphanisine 非洲箭毒草辛▲ 花朱顶红 Hippeastrum vittatum
buplerol 柴胡洛酚▲ 朝鲜白头翁 Pulsatilla cernua
bupleurogenin b 柴胡苷元 b 红柴胡 Bupleurum scorzonerifolium
bupleuronol 柴胡酮醇 大叶柴胡 Bupleurum longiradiatum
bupleuroside I 柴胡苷▲I 红柴胡 Bupleurum scorzonerifolium, 长梗喉毛花 Comastoma pedunculatum
bupleuroside 柴胡苷▲ II, IV, V, VI, VII, VIII, IX, X, XI, XII 红柴胡 Bupleurum scorzonerifolium
bupleuroside III 柴胡苷▲III 北柴胡 Bupleurum chinense, 红柴胡 B. scorzonerifolium
bupleuroside XIII 柴胡苷▲XIII 北柴胡 Bupleurum chinense, 红柴胡 B. scorzonerifolium
bupleurotoxin 柴胡毒素 大叶柴胡 Bupleurum longiradiatum
Bupleurum kunmingense saponin BK_1, BK_2, BK_3 韭叶柴胡皂苷 BK_1, BK_2, BK_3 韭叶柴胡 Bupleurum kunmingense
bupleurynol 柴胡炔醇 大叶柴胡 Bupleurum longiradiatum
(+)-burchellin (+)-布氏安尼樟素▲ 石南藤 Piper wallichii
burchellin 布氏安尼樟素▲ 山蒟 Piper hancei, 毛蒟 P. hongkongense, 风藤 P. kadsura, 玉兰 Yulania denudata, 紫玉兰 Y. liliiflora, 武当玉兰 Y. sprengeri
burnamine 乳白仔榄树酯胺▲ 思茅山橙 Melodinus cochinchinensis
burnamine-17-*O*-3',4',5'-trimethoxybenzoate 乳白仔榄树酯胺▲-17-*O*-3',4',5'- 三甲氧基苯甲酸酯 大叶糖胶树 Alstonia macrophylla
burrodin 驴豚草定▲ 湖北旋覆花 Inula hupehensis
(+)-bursanine (+)-布尔萨唐松草碱▲ 亚欧唐松草 Thalictrum minus
bursehernin 裂榄脂素 峨参 Anthriscus sylvestris, 莲叶桐 Hernandia nymphaeifolia, 狼毒 Stellera chamaejasme
burselignan 裂榄木脂素▲ 丁座草 Boschniakia himalaica, 小叶黑面神 Breynia vitis-idaea, 接骨木 Sambucus williamsii
busaliol 柳叶柴胡醇▲ 宜昌荚蒾 Viburnum erosum
5-(but-3-en-1-ynyl)-2,2'-bithiophene 5-(丁烷 -3- 烯 -1- 炔基)-2,2'- 联噻吩 驴欺口 Echinops davuricus, 华东蓝刺头 E. grijsii, 硬叶蓝刺头 E. ritro
erythro-butane-2,3-diol 赤式 - 丁烷 -2,3- 二醇 芸香 Ruta graveolens
(2*R*,3*R*)-butane-2,3-diol-2-*O*-*β*-D-glucopyranoside (2*R*,3*R*)- 丁烷 -2,3- 二醇 -2-*O*-*β*-D- 吡喃葡萄糖苷 管花肉苁蓉 Cistanche tubulosa
butane-2,3-diol-2-*O*-*β*-D-glucopyranoside 丁烷 -2,3- 二醇 -2-*O*-*β*-D- 吡喃葡萄糖苷 珊瑚菜 Glehnia littoralis
meso-butane-2,3-diol-2-*O*-*β*-D-glucopyranoside 内消旋 - 丁烷 -2,3- 二醇 -2-*O*-*β*-D- 吡喃葡萄糖苷 管花肉苁蓉 Cistanche tubulosa
1,4-butanedioic acid 1,4- 丁二酸 金盏银盘 Bidens biternata
butanedioic acid 丁二酸 挥发油成分，未统计基源
butanedioic acid bis[(13*S*)-13-hydroxylabda-8(17),14-dien-19-yl] ester 丁二酸双 [(13*S*)-13- 羟基半日花 -8(17),14- 二烯 -19- 基] 酯 太白红杉 Larix potaninii var. chinensis
butanedioic acid mono[(13*S*)-13-hydroxylabda-8(17),14-dien-19-yl] ester 丁二酸单 [(13*S*)-13- 羟基半日花 -8(17),14- 二烯 -19- 基] 酯 太白红杉 Larix potaninii var. chinensis
2,3-butanediol 2,3- 丁二醇 挥发油成分，未统计基源
4-butanediol monoacrylate 4- 丁二醇 - 丙烯酸酯 鸡矢藤 Paederia foetida
2,3-butanedione 2,3- 丁二酮 啤酒酵母菌 Saccharomyces cerevisiae
2,2'-(1,4-butanediyl)-bis-oxirane 2,2'-(1,4- 丁叉基)- 双 - 环氧乙烷 挥发油成分，未统计基源
4-butanoic acid 4- 丁酸 地黄 Rehmannia glutinosa
butanoic acid 丁酸 挥发油成分，未统计基源
butanoic acid butyl ester 丁酸丁酯 挥发油成分，未统计基源
butanoic acid ethyl ester 丁酸乙酯 挥发油成分，未统计基源
butanoic acid-3-methyl-4-[2,2'-bithiophen]-5-yl-3-butynyl ester 丁酸 -3- 甲基 -4-[2,2'- 联噻吩]-5- 基 -3- 丁炔酯 硬叶蓝刺头 Echinops ritro
1-butanol 1- 丁醇 挥发油成分，未统计基源
butanol 丁醇 日本木瓜 Chaenomeles japonica
1-butanol-2-methyl acetate 2- 甲基 -1- 丁醇乙酸酯 挥发油成分，未统计基源
2*S*-butanol-2-*O*-*β*-D-glucopyranoside 2*S*- 丁醇 -2-*O*-*β*-D- 吡喃葡萄糖苷 益智 Alpinia oxyphylla
(2*S*)-2-butanol-*β*-D-apiofuranosyl-(1-6)-*β*-D-glucopyranoside (2*S*)-2- 丁醇 -*β*-D- 呋喃芹糖基 -(1-6)-*β*-D- 吡喃葡萄糖苷 茴芹 Pimpinella anisum
2-butanone 2- 丁酮 挥发油成分，未统计基源
butein 紫铆因 海红豆 Adenanthera pavonina var. microsperma, 显脉羊蹄甲 Bauhinia glauca subsp. pernervosa, 大狼杷草 Bidens frondosa, 小花鬼针草 B. parviflora, 鬼针草 B. pilosa, 苏木 Caesalpinia sappan, 丰城崖豆藤 Callerya nitida var. hirsutissima, 柠条锦鸡儿 Caragana korshinskii, 两色金鸡菊 Coreopsis tinctoria, 红叶 Cotinus coggygria var. cinerea, 降香 Dalbergia odorifera, 印度黄檀 D. sissoo, 刺槐 Robinia pseudoacacia, 苦豆子 Sophora alopecuroides, 野漆 Toxicodendron succedaneum, 漆 T. vernicifluum, 驱虫斑鸠菊 Vernonia anthelmintica

butein-4-methyl ester 紫铆因 -4- 甲酯 构树 Broussonetia papyrifera
butein-4-methyl ether 紫铆因 -4- 甲醚 显脉羊蹄甲 Bauhinia glauca subsp. pernervosa
butein-4'-*O*-*β*-arabino-*O*-*β*-D-galactoside 紫铆因 -4'-*O*-*β*- 阿拉伯糖基 -*O*-*β*-D- 半乳糖苷 羊蹄甲 Bauhinia purpurea
butein-4'-*O*-*β*-D-glucopyranoside 紫铆因 -4'-*O*-*β*-D- 吡喃葡萄糖苷 苦豆子 Sophora alopecuroides
butein-7-*O*-*β*-D-glucopyranoside 紫铆因 -7-*O*-*β*-D- 吡喃葡萄糖苷 狼杷草 Bidens tripartita
1-[(15*E*)-buten-17-one]-4-methyl-7-isopropylazulene 1-[(15*E*)- 丁烯 -17- 酮]-4- 甲基 -7- 异丙基薁 红汁乳菇 Lactarius hatsudake
5-(3-buten-1-enyl)-2,2'-bithiophene 5-(3- 丁烯 -1- 烯基)-2,2'- 联噻吩 孔雀草 Tagetes patula
5-(3-buten-1-ynyl)-2,2'-bithiophene 5-(3- 丁烯 -1- 炔基)-2,2'- 联噻吩 丝毛蓝刺头 Echinops nanus, 万寿菊 Tagetes erecta
3-buten-2-one 3- 丁烯 -2- 酮 挥发油成分，未统计基源
6-(*trans*-1-buten-3-oxyl)-7-methoxycoumarin 6-(反式 -1- 丁烯 -3- 氧基)-7- 甲氧基香豆素 大管 Micromelum falcatum
(*E*)-2-(1-buten-3-ynyl)tetrahydro-2*H*-pyran (*E*)-2-(1- 丁烯 -3- 炔基) 四氢 -2*H*- 吡喃 北疆风铃草 Campanula glomerata
(*E*)-butenedioic acid (*E*)- 丁烯二酸 鬼针草 Bidens pilosa
2-butenedioic acid 2- 丁烯二羧酸 胡椒 Piper nigrum
cis-butenedioic acid 顺式 - 丁烯二酸 红曲 Monascus purpureus
2-butenedioic acid-1-(2-methylpropyl)ester 2- 丁烯二羧酸 -1-(2- 甲基丙基醇) 酯 胡椒 Piper nigrum
3-butenenitrile 3- 丁烯腈 挥发油成分，未统计基源
9-(2-butenoic acid-4,4-dimethoxy)-angeloylbinankadsurin A 9-(2- 丁酸 -4,4- 二甲氧基)- 当归酰日本南五味子素 ▲A 黑老虎 Kadsura coccinea
3-butenyl isothiocyanate 3- 丁烯基异硫氰酸酯 辣根 Armoracia rusticana, 块茎山萮菜 Eutrema wasabi, 菘蓝 Isatis tinctoria
(*Z*)-1-(1-butenyloxy)-pentane (*Z*)-1-(1- 丁烯氧基)- 戊烷 挥发油成分，未统计基源
9-butenylphthalide 9- 丁烯基苯酞 当归 Angelica sinensis
3-butenylthioglycoside 3- 丁烯基硫苷 播娘蒿 Descurainia sophia
(-)-butin (-)- 紫铆亭 云南九节 Psychotria yunnanensis, 刺槐 Robinia pseudoacacia
butin 紫铆亭 红叶 Cotinus coggygria var. cinerea, 野鸡尾金粉蕨 Onychium japonicum, 密花豆 Spatholobus suberectus, 驱虫斑鸠菊 Vernonia anthelmintica
butin-7-*O*-*β*-D-glucopyranoside 紫铆亭 -7-*O*-*β*-D- 吡喃葡萄糖苷 柳叶鬼针草 Bidens cernua, 狼杷草 B. tripartita, 素馨花 Jasminum grandiflorum
15*α*-butoxy-14,15-dihydronorsecurinine 15*α*- 丁氧基 -14,15- 二氢降一叶萩碱 白饭树 Flueggea virosa
15*β*-butoxy-14,15-dihydronorsecurinine 15*β*- 丁氧基 -14,15- 二氢降一叶萩碱 白饭树 Flueggea virosa
3*β*-butoxy-3,4-dihydroaucubin 3*β*- 丁氧基 -3,4- 二氢桃叶珊瑚苷 中国马先蒿 Pedicularis chinensis
5*β*-butoxy-4*α*-hydroxy-3-methylene-*α*-pyrrolidinone 5*β*- 丁氧基 -4*α*- 羟基 -3- 亚甲基 -*α*- 吡咯烷酮 地锦 Euphorbia humifusa
19*R*-n-butoxy-5*β*,19-epoxy-cucurbita-6,23-diene-3*β*,25-diol-3-*O*-*β*-glucopyranoside 19*R*- 正丁氧基 -5*β*,19- 环氧葫芦 -6,23- 二烯 -3*β*,25- 二醇 -3-*O*-*β*- 吡喃葡萄糖苷 苦瓜 Momordica charantia
6*β*-*n*-butoxy-7,8-dehydropenstemonoside 6*β*- 正丁氧基 -7,8- 去氢钓钟柳诺苷▲ 独一味 Lamiophlomis rotata
(7*S*,7'*R*,8*R*,8'*S*)-7'-butoxy-7,9'-epoxy-4,4',9-trihydroxy-3,3'-dimethoxylignane-9-*O*-*β*-D-glucopyranoside (7*S*,7'*R*,8*R*,8'*S*)-7'- 丁烷氧基 -7,9'- 环氧 -4,4',9- 三羟基 -3,3'- 二甲氧基木脂素 -9-*O*-*β*-D- 吡喃葡萄糖苷 小花草玉梅 Anemone rivularis var. flore-minore
2-butoxyethanol 2- 丁氧基乙醇 挥发油成分，未统计基源
2-(2-butoxyethoxy)ethanol 2-(2- 丁氧基乙氧基) 乙醇 挥发油成分，未统计基源
6*α*-butoxygeniposide 6*α*- 丁氧基京尼平苷 栀子 Gardenia jasminoides
6*β*-butoxygeniposide 6*β*- 丁氧基京尼平苷 栀子 Gardenia jasminoides
2-*n*-butoxymethyl-1,3-dihydroxyanthraquinone 2- 正丁氧甲基 -1,3- 二羟基蒽醌 短小蛇根草 Ophiorrhiza pumila
4-butoxyphenol 4- 丁氧基苯酚 华东唐松草 Thalictrum fortunei
butoxysuccinic acid 丁氧基琥珀酸 山茱萸 Cornus officinalis
n-butyl 1-*O*-*α*-L-rhamnopyranoside 正丁基 -1-*O*-*α*-L- 吡喃鼠李糖苷 飞扬草 Euphorbia hirta
butyl 2-hydroxysuccinate 2- 羟基琥珀酸丁酯 海滨木巴戟 Morinda citrifolia
butyl 3-(2,4-dihydroxy-5-methoxyphenyl)propionate 3-(2,4- 二羟基 -5- 甲氧基苯基) 丙酸丁酯 海滨木巴戟 Morinda citrifolia
n-butyl 3-*O*-feruloylquinate 3-*O*- 阿魏酰奎宁酸正丁酯 黄连 Coptis chinensis
n-butyl 3,4-dihydroxyl-5-hydroxymethyl-4-*O*-[5-(hydroxymethyl)-furan-2-yl]-tetrahydrofuran-2-carboxylate 3,4- 二羟基 -5- 羟甲基 -4-*O*-[5-(羟甲基)- 呋喃 -2- 基]- 四氢呋喃 -2- 羧酸正丁酯 栝楼 Trichosanthes kirilowii
butyl 3,4-dihydroxyphenyllactate 3,4- 二羟基苯乳酸丁酯 黄连 Coptis chinensis, 冬凌草 Isodon rubescens
(3*R*)-butyl 3-hydroxybutanoate-3-*O*-*α*-L-arabinopyranosyl-(1 → 6)-*β*-D-glucopyranoside (3*R*)-3- 羟基丁酸丁酯 -3-*O*-*α*-L- 吡喃阿拉伯糖基 -(1 → 6)-*β*-D- 吡喃葡萄糖苷 灯笼果 Physalis peruviana
(3*S*)-butyl 3-hydroxybutanoate-3-*O*-*α*-L-arabinopyranosyl-(1 → 6)-*β*-D-glucopyranoside (3*S*)-3- 羟基丁酸丁酯 -3-*O*-*α*-L- 吡喃阿拉伯糖基 -(1 → 6)-*β*-D- 吡喃葡萄糖苷 灯笼果 Physalis peruviana
n-butyl-4-ol *n*-propyl phthalate 正丁基 -4- 醇正丙基酞酸酯 虎尾兰 Sansevieria trifasciata
butyl 8-methylnonyl phthalate 8- 甲基壬基酞酸丁酯 挥发油成分，未统计基源
1-butyl acetate 1- 丁基乙酸酯 挥发油成分，未统计基源
butyl acetate 乙酸丁酯 挥发油成分，未统计基源
butyl alcohol-*O*-*α*-D-fructoside 丁醇 -*O*-*α*-D- 果糖苷 赶山鞭 Hypericum attenuatum
butyl benzoate 苯甲酸丁酯 挥发油成分，未统计基源

butyl caprylate 辛酸丁酯 挥发油成分，未统计基源
n-butyl eucomate 凤梨百合酸▲正丁酯 普通仙人掌 Opuntia vulgaris
butyl ferulate 阿魏酸丁酯 乌头 Aconitum carmichaelii, 川黄檗 Phellodendron chinense
n-butyl ferulate 阿魏酸正丁酯 黄连 Coptis chinensis
butyl ganoderate A, B 灵芝酸丁酯 A, B 灵芝 Ganoderma lucidum
butyl glucosinolate 丁基芥子油苷 家独行菜 Lepidium sativum
butyl isobutanoate 异丁酸丁酯 挥发油成分，未统计基源
butyl isobutyl phthalate 酞酸丁酯异丁酯 牛皮消 Cynanchum boudieri, 剑叶龙血树 Dracaena cochinchinensis, 高山龙胆 Gentiana algida, 椭圆叶花锚 Halenia elliptica, 海带 Laminaria japonica, 尖山橙 Melodinus fusiformis
butyl isobutylphthalate 异丁基酞酸丁酯 斜脉暗罗 Polyalthia plagioneura
butyl isoligustrosidate 异女贞苷酸丁酯 白枪杆 Fraxinus malacophylla
sec-butyl isothiocyanate 异硫氰酸仲丁酯 块茎山萮菜 Eutrema wasabi
butyl isowinchal 丁基异盆架树缩醛 盆架树 Alstonia rostrata
butyl lucidenate A, B, N 赤芝酸丁酯 A, B, N 灵芝 Ganoderma lucidum
butyl nicotinate 烟酸丁酯 挥发油成分，未统计基源
butyl octadec-9,12-dienoate 十八碳 -9,12- 二烯酸丁酯 枸杞 Lycium chinense
butyl octyl phthalate 酞酸丁辛酯 萼翅藤 Getonia floribunda
butyl phthalate 酞酸丁酯 挥发油成分，未统计基源
butyl *p*-hydroxybenzoate 对羟基苯甲酸丁酯 莲 Nelumbo nucifera
butyl protocatechuate 原儿茶酸丁酯 尖萼耧斗菜 Aquilegia oxysepala
n-butyl pyroglutamate 焦谷氨酸正丁酯 人参 Panax ginseng
(+)-(*R*)-butyl rosmarinate (+)-(*R*)- 迷迭香酸丁酯 牛至 Origanum vulgare
butyl rosmarinate 迷迭香酸丁酯 攀茎耳草 Hedyotis scandens, 山地香茶菜 Isodon oresbius, 夏枯草 Prunella vulgaris
butyl shikimate 莽草酸丁酯 五味子 Schisandra chinensis
α-L-butyl sorboside *α*-L- 丁基山梨糖苷 肖菝葜 Heterosmilax japonica
butyl thiocyanate 丁基硫氰酸酯 挥发油成分，未统计基源
butyl winchal 丁基盆架树缩醛 盆架树 Alstonia rostrata
4-butyl-(-)-(*R*)-hydroxyeucomate (-)-(*R*)- 羟基红果酸 -4- 丁酯 乌头 Aconitum carmichaelii
butyl-(+)-5'-methoxyisolariciresinol-9'-*O*-*β*-D-xylopyranoside 丁基 -(+)-5- 甲氧基异落叶松树脂醇 -9'-*O*-*β*-D- 吡喃木糖苷 春榆 Ulmus davidiana var. japonica
5-*tert*-butyl-1,3-cyclopentadiene 5- 叔丁基 -1,3- 环戊二烯 挥发油成分，未统计基源
6-butyl-1,4-cycloheptadien 6- 丁基 -1,4- 环七碳二烯 挥发油成分，未统计基源
7-butyl-15-enyl-6,8-dihydroxy-3*R*-pentyl-11-enylisochroman-1-one 7- 丁基 -15- 烯基 -6,8- 二羟基 -3*R*- 戊基 -11- 烯基苯并二氢异吡喃 -1- 酮 野茼蒿 Crassocephalum crepidioides
butyl-1*H*-imidazole-4-carboxylate 1*H*- 咪唑 -4- 羧酸丁酯 骆驼蒿 Peganum nigellastrum
4-butyl-1-methyl-(+)-(*R*)-2-*O*-(4'-hydroxy-3'-methoxybenzoyl)malate (+)-(*R*)-2-*O*-(4'- 羟基 -3'- 甲氧基苯甲酰基) 苹果酸 -1- 甲酯 -4- 丁酯 乌头 Aconitum carmichaelii
2-butyl-1-octanol 2- 丁基 -1- 辛醇 杉木 Cunninghamia lanceolata
n-butyl-1-*O*-*β*-L-rhamnopyranoside 正丁基 -1-*O*-*β*-L- 吡喃鼠李糖苷 飞扬草 Euphorbia hirta
4-butyl-2-chloro-5-formyl-1*H*-imidazole 4- 丁基 -2- 氯 -5- 甲酰基 -1*H*- 咪唑 麻疯树 Jatropha curcas
4-*tert*-butyl-2-oxazolidinone 4- 叔丁基 -2- 口恶唑烷酮 华马钱 Strychnos cathayensis
n-butyl-2,6-dideoxy-*α*-D/L-xylo-hexopyranoside 正丁基 -2,6- 二去氧 -*α*-D/L- 吡喃木己糖苷 思茅藤 Epigynum auritum
n-butyl-3,4-dihydroxyphenyllactate 正丁基 -3,4- 二羟基苯基乳酸酯 荔枝草 Salvia plebeia
2-*sec*-butyl-3-methoxypyrazine 2- 仲 - 丁基 -3- 甲氧基吡嗪 挥发油成分，未统计基源
(5-butyl-3-oxo-2,3-dihydrofuran-2-yl)-acetic acid (5- 丁基 -3- 氧代 -2,3- 二氢呋喃 -2- 基)- 乙酸 一年蓬 Erigeron annuus
3-butyl-4,5,6,7-tetrahydro-3*α*,6*β*,7*β*-trihydroxy-1(3*H*)-isobenzofuranone 3- 丁基 -4,5,6,7- 四氢 -3*α*,6*β*,7*β*- 三羟基 -1(3*H*)- 异苯并呋喃酮 藁本 Ligusticum sinense
3(*S*)-3-butyl-4,5-dihydrophthalide 3(*S*)-3- 丁基 -4,5- 二氢苯酞 川芎 Ligusticum sinense 'Chuanxiong'
3-butyl-4,5-dihydrophthalide 3- 丁基 -4,5- 二氢苯酞 旱芹 Apium graveolens
3(*S*)-3-butyl-4-hydroxyphthalide 3(*S*)-3- 丁基 -4- 羟基苯酞 川芎 Ligusticum sinense 'Chuanxiong'
1-butyl-4-methyl-(+)-(*R*)-2-*O*-(4'-hydroxy-3'-methoxybenzoyl)malate (+)-(*R*)-2-*O*-(4'- 羟基 -3'- 甲氧基苯甲酰基) 苹果酸 -1- 丁酯 -4- 甲酯 乌头 Aconitum carmichaelii
(*S*)-(+)-butyl-4-methylene-5-oxo-pyrrolidin-2-carboxylate (*S*)-(+)-4- 亚甲基 -5- 氧代 - 吡咯 -2- 甲酸丁酯 密花远志 Polygala tricornis
1-*tert*-butyl-5,6,7-trimethoxyisoquinolene 1- 叔丁基 -5,6,7- 三甲氧基异喹啉 红瓜 Coccinia grandis
3*β*,20(*R*)-butyl-5-alkenyl-cholesterol 3*β*,20(*R*)- 丁基 -5- 烯基 - 胆甾醇 巴戟天 Morinda officinalis
7-butyl-6,8-dihydroxy-3*R*-pentyl-11-enylisochroman-1-one 7- 丁基 -6,8- 二羟基 -3*R*- 戊基 -11- 烯基苯并二氢异吡喃 -1- 酮 野茼蒿 Crassocephalum crepidioides
7-butyl-6,8-dihydroxy-3*R*-pentylisochroman-1-one 7- 丁基 -6,8- 二羟基 -3*R*- 戊基苯并二氢异吡喃 -1- 酮 野茼蒿 Crassocephalum crepidioides

9'-butylamericanol A 9'- 丁基美商陆酚 A 滑桃树 Trevia nudiflora
n-butylamine 正丁胺 西洋参 Panax quinquefolius
butylated hydroxyanisole 丁基羟基苯甲醚 艾纳香 Blumea balsamifera
butylated hydroxytoluene 丁基羟基甲苯 艾纳香 Blumea balsamifera
n-butylcaffeate 咖啡酸正丁酯 菊花 Chrysanthemum morifolium
3*α*-(3'-butylcarboxyacetoxy)-12*β*,23-epoxy-23-hydroxy-24-methylen-lanost-8-en-26-carboxylic acid 3*α*-(3'- 丁基羧酸乙酰氧)-12*β*,23- 环氧 -23- 羟基 -24- 亚甲基 - 羊毛脂 -8- 烯 -26- 酸 红肉拟层孔菌 Fomitopsis rosea
sec-butyl-*cis*-1-propenyldisulfane 仲 - 丁基 - 顺式 -1- 丙烯基二硫烷 挥发油成分，未统计基源
1-butylcitrate 1- 丁基柠檬酸酯 杨梅 Myrica rubra
butylconiferin 丁基松柏苷 印度蛇菰 Balanophora indica
2-*sec*-butylcyclopentanone 2- 仲丁基环戊酮 挥发油成分，未统计基源
β-*n*-butyl-D-tagatopyranoside *β*- 正丁基 -D- 吡喃塔格糖苷 菘蓝 Isatis tinctoria
2-(3-butylen-1-ynyl)-5-(1,3-pentadiynyl)thiophene 2-(3- 丁烯 -1- 炔基)-5-(1,3- 戊二炔基) 噻吩 百能葳葳 Blainvillea acmella
(*E*)-(6*R*,7*S*)-3-butylidene-4,5-dihydro-6,7-dihydroxyphthalide (*E*)-(6*R*,7*S*)-4,5- 二氢 -6,7- 二羟基 -3- 丁烯基苯酞 獐牙菜 Swertia bimaculata
3-butylidene-4,5-dihydrophthalide 3- 亚丁基 -4,5- 二氢苯酞 藁本 Ligusticum sinense, 细叶藁本 L. tenuissimum
3-butylidene-4-hydroxyphthalide 3- 亚丁基 -4- 羟基苯酞 当归 Angelica sinensis
(*Z*)-3-butylidene-7-hydroxyphthalide (*Z*)-3- 亚丁基 -7- 羟基苯酞 藁本 Ligusticum sinense, 川芎 L. sinense 'Chuanxiong'
butylidenedihydrophthalide 亚丁基二氢苯酞 挥发油成分，未统计基源
(*E*)-butylidenephthalide (*E*)- 亚丁基苯酞 挥发油成分，未统计基源
3-butylidenephthalide 3- 亚丁基苯酞 尖叶藁本 Ligusticum acuminatum, 藁本 L. sinense, 川芎 L. sinense 'Chuanxiong'
Z-butylidenephthalide *Z*- 亚丁基苯酞 挥发油成分，未统计基源
butylidenephthalide 亚丁基苯酞 细叶藁本 Ligusticum tenuissimum
butylisothiocyanate 异硫氰酸丁酯 弹裂碎米荠 Cardamine impatiens
(7*R*)-*n*-butylmorroniside (7*R*)- 正丁基莫罗忍冬苷 山茱萸 Cornus officinalis
7(*R*)-n-butylmorroniside 7(*R*)- 正丁基莫罗忍冬苷 麻花艽 Gentiana straminea
7(*S*)-n-butylmorroniside 7(*S*)- 正丁基莫罗忍冬苷 麻花艽 Gentiana straminea
n-butyl-*O*-*α*-D-fructofuranoside 正丁基 -*O*-*α*-D- 呋喃果糖苷 洋金花 Datura metel
n-butyl-*O*-*β*-D-fructofuranoside 正丁基 -*O*-*β*-D- 呋喃果糖苷 板栗 Castanea mollissima
butyl-*O*-*β*-D-fructopyranoside 丁基 -*O*-*β*-D- 吡喃果糖苷 苦马豆 Sphaerophysa salsula
n-butyl-*O*-*β*-D-fructopyranoside 正丁基 -*O*-*β*-D- 吡喃果糖苷 短柱肖菝葜 Heterosmilax septemnervia, 鞘柄菝葜 Smilax stans, 黑三棱 Sparganium stoloniferum, 密花豆 Spatholobus suberectus
butyl-*O*-*β*-D-glucopyranoside 丁基 -*O*-*β*-D- 吡喃葡萄糖苷 假荜拔 Piper retrofractum
sec-butyl-*O*-*β*-D-glucopyranoside 仲 - 丁基 -*O*-*β*-D- 吡喃葡萄糖苷 巴戟天 Morinda officinalis
tert-butyl-*p*-cresol 叔丁基对甲酚 挥发油成分，未统计基源
2-*tert*-butylphenol 2- 叔丁基苯酚 云南松 Pinus yunnanensis
4-*tert*-butylphenol 4- 叔丁基苯酚 云南松 Pinus yunnanensis
o-*sec*-butylphenol 邻仲丁基苯酚 大管 Micromelum falcatum
3-*n*-butylphthalide 3-*n*- 丁基苯酞 东当归 Angelica acutiloba
3-butylphthalide 3- 丁基苯酞 欧当归 Levisticum officinale, 尖叶藁本 Ligusticum acuminatum, 藁本 L. sinense, 川芎 L. sinense 'Chuanxiong'
butylphthalide 丁基苯酞 莳萝 Anethum graveolens, 当归 Angelica sinensis, 大叶山楝 Aphanamixis grandifolia, 旱芹 Apium graveolens, 蒿子杆 Glebionis carinatum, 川芎 Ligusticum sinense 'Chuanxiong'
20*R*-*n*-butylpregn-5-en-3*β*-ol 20*R*- 正丁基孕甾 -5- 烯 -3*β*- 醇 鹅绒藤 Cynanchum chinense
tert-butylquinone 叔丁基苯醌 云南松 Pinus yunnanensis
(*R*,*S*)-butylrosmarinate (*R*,*S*)- 迷迭香酸丁酯 甘青青兰 Dracocephalum tanguticum
α-L-*n*-butylsorboside *α*-L- 正丁基山梨糖苷 木香薷 Elsholtzia stauntonii
n-butylsyringin 正丁基丁香苷 黄瑞香 Daphne giraldii
sec-butyl-*trans*-1-propenyldisulfane 仲 - 丁基 - 反式 -1- 丙烯基二硫烷 挥发油成分，未统计基源
sec-butyl-*trans*-2-butenyldisulfane 仲 - 丁基 - 反式 -2- 丁烯基二硫烷 挥发油成分，未统计基源
butylurea 丁基脲 梅 Armeniaca mume
butyl-*α*-D-fructofuranoside 丁基 -*α*-D- 呋喃果糖苷 珊瑚菜 Glehnia littoralis, 土茯苓 Smilax glabra, 春榆 Ulmus davidiana var. japonica
n-butyl-*α*-D-fructofuranoside 正丁基 -*α*-D- 呋喃果糖苷 黑面神 Breynia fruticosa, 锁阳 Cynomorium songaricum, 钩吻 Gelsemium elegans, 厚叶算盘子 Glochidion hirsutum, 滇黄精 Polygonatum kingianum
n-butyl-*α*-D-fructopyranoside 正丁基 -*α*-D- 吡喃果糖苷 蕺菜 Houttuynia cordata
n-butyl-*α*-L-rhamnopyranoside 正丁基 -*α*-L- 吡喃鼠李糖苷 杨梅 Myrica rubra
butyl-*α*-L-sorbopyranoside 丁基 -*α*-L- 吡喃槐糖苷 秦艽 Gentiana macrophylla
n-butyl-*β*-D-fructofuranoside 正丁基 -*β*-D- 呋喃果糖苷 锁阳 Cynomorium songaricum, 厚叶算盘子 Glochidion hirsutum, 滇黄精 Polygonatum kingianum, 土茯苓 Smilax glabra
butyl-*β*-D-fructopyranoside 丁基 -*β*-D- 吡喃果糖苷 海滨木巴戟 Morinda citrifolia, 黄精 Polygonatum sibiricum
1-*n*-butyl-*β*-D-fructopyranoside 1- 正丁基 -*β*-D- 吡喃果糖苷 山麦冬 Liriope spicata

n-butyl-*β*-D-fructopyranoside 正丁基 -*β*-D- 吡喃果糖苷 牛膝 Achyranthes bidentata, 中华猕猴桃 Actinidia chinensis, 金疮小草 Ajuga decumbens, 辽细辛 Asarum heterotropoides var. mandshuricum, 假贝母 Bolbostemma paniculatum, 黑面神 Breynia fruticosa, 板栗 Castanea mollissima, 四川虎刺 Damnacanthus officinarum, 金荞麦 Fagopyrum dibotrys, 苏木蓝 Indigofera carlesii, 总状土木香 Inula racemosa, 鸢尾 Iris tectorum, 菘蓝 Isatis tinctoria, 百合 Lilium brownii var. viridulum, 杨梅 Myrica rubra, 滇黄精 Polygonatum kingianum, 三羽新月蕨 Pronephrium triphyllum, 土茯苓 Smilax glabra, 黄蜡果 Stauntonia brachyanthera, 三角叶荨麻 Urtica triangularis

1-*n*-butyl-*β*-D-fructopyranoside 1- 正丁基 -*β*-D- 吡喃果糖苷 山麦冬 Liriope spicata

n-butyl-*β*-D-glucopyranoside 正丁基 -*β*-D- 吡喃葡萄糖苷 灯油藤 Celastrus paniculatus

butyl-*β*-L-sorbopyranoside 丁基 -*β*-L- 吡喃槐糖苷 腰骨藤 Ichnocarpus frutescens

butyl-*β*-L-sorbopyranoside tetraacetate 丁基 -*β*-L- 吡喃槐糖苷四乙酸酯 腰骨藤 Ichnocarpus frutescens

butyric acid 丁酸 挥发油成分，未统计基源

sec-butyric acid 仲丁酸 挥发油成分，未统计基源

γ-butyrobetaine *γ*- 丁基甜菜碱 条斑紫菜 Porphyra yezoensis

4-butyrolactone 4- 丁内酯 挥发油成分，未统计基源

γ-butyrolactone *γ*- 丁内酯 挥发油成分，未统计基源

butyrolactone I, V 丁内酯 I, V 海漆 Excoecaria agallocha

butyrospermol 牛油果醇▲ 欧洲七叶树 Aesculus hippocastanum, 狼毒大戟 Euphorbia fischeriana, 甘遂 E. kansui, 续随子 E. lathyris, 黄苞大戟 E. sikkimensis, 羽叶白头树 Garuga pinnata, 齿叶橐吾 Ligularia dentata, 窄头橐吾 L. stenocephala, 多花芍药 Paeonia emodi, 毛连菜 Picris hieracioides, 菠菜 Spinacia oleracea

butyrospermol acetate 牛油果醇▲乙酸酯 构树 Broussonetia papyrifera, 飞机草 Chromolaena odorata, 柘树 Cudrania tricuspidata, 华桑 Morus cathayana, 奶桑 M. macroura, 毛连菜 Picris hieracioides

6*β*-butyroxy-3*β*-hydroxy-6,7-seco-6,20-epoxy-7,1*α*-olide-ent-kaur-16-en-15-one 6*β*- 丁酰氧基 -3*β*- 羟基 -6,7- 裂环 -6,20- 环氧 -7,1*α*- 内酯 - 对映 - 贝壳杉 -16- 烯 -15- 酮 毛叶香茶菜 Isodon japonicus

3-butyryl-4-amino ethylcinnamate 3- 丁酰基 -4- 氨基桂皮酸乙酯 狼毒 Stellera chamaejasme

butyrylmallotochromanol 丁酰野桐色烷醇 野梧桐 Mallotus japonicus

butyrylmallotochromene 丁酰野桐色烯 野梧桐 Mallotus japonicus

butyrylmallotojaponin 丁酰野梧桐素 野梧桐 Mallotus japonicus

(12*E*,2*S*,3*S*,4*R*,5*R*,6*S*,9*S*,11*S*,15*R*)-3-butyryloxy-5,15-diacetoxy-6,17-epoxylathyra-12-en-14-one (12*E*,2*S*,3*S*,4*R*,5*R*,6*S*,9*S*,11*S*,15*R*)-3- 丁酰氧基 -5,15- 二乙酰氧基 -6,17- 环氧续随子 -12- 烯 -14- 酮 土瓜狼毒 Euphorbia prolifera

1-butyrylphloroglucinol-*β*-D-glucopyranoside 1- 丁酰根皮酚 -*β*-D- 吡喃葡萄糖苷 香桂 Cinnamomum subavenium

(+)-buxabenzamidienine (+)- 黄杨苯甲酰胺二烯宁碱▲ 锦熟黄杨 Buxus sempervirens

(-)-buxadienine (-)- 黄杨二烯宁碱 锦熟黄杨 Buxus sempervirens

buxaltine 黄杨尔亭 锦熟黄杨 Buxus sempervirens

(+)-buxamidine (+)- 黄杨酰胺定▲ 锦熟黄杨 Buxus sempervirens

buxamine B, E 黄杨胺 B, E 匙叶黄杨 Buxus harlandii

(+)-buxamine F (+)- 黄杨胺 F 锦熟黄杨 Buxus sempervirens

(+)-buxaminol C (+)- 黄杨胺醇 C 锦熟黄杨 Buxus sempervirens

(+)-buxapapillinine (+)- 乳突黄杨宁碱▲ 锦熟黄杨 Buxus sempervirens

(+)-buxaquamarine (+)- 黄杨马灵碱▲ 锦熟黄杨 Buxus sempervirens

buxbodine A~E 雀舌黄杨碱 A~E 雀舌黄杨 Buxus bodinieri

(-)-(*E*)-buxenone (-)-(*E*)- 黄杨烯酮 锦熟黄杨 Buxus sempervirens

(-)-(*Z*)-buxenone (-)-(*Z*)- 黄杨烯酮 锦熟黄杨 Buxus sempervirens

buxifoliadine 酒饼簕定▲ 酒饼簕 Atalantia buxifolia

buxifoliadine A~H 酒饼簕定▲A~H 酒饼簕 Atalantia buxifolia

buxiramine 黄杨拉胺▲ 锦熟黄杨 Buxus sempervirens

buxithienine M 黄杨泰烯宁▲M 锦熟黄杨 Buxus sempervirens

buxmicrophylline A~E 小叶黄杨碱▲A~E 小叶黄杨 Buxus sinica var. parvifolia

buxocyclamine A 黄杨环胺▲A 锦熟黄杨 Buxus sempervirens

(+)-buxoxybenzamine (+)- 黄杨环氧苯甲酰胺 锦熟黄杨 Buxus sempervirens

buxozine C 黄杨口恶嗪▲C 锦熟黄杨 Buxus sempervirens

buxpiine K 黄杨品碱▲K 匙叶黄杨 Buxus harlandii

buxpsiine 黄杨普辛▲ 锦熟黄杨 Buxus sempervirens

buxruguline A~D 皱叶黄杨林碱 A~D 皱叶黄杨 Buxus rugulosa

buxrugulosamine 皱叶黄杨胺 皱叶黄杨 Buxus rugulosa

buxtauine M 黄杨陶因碱▲M 匙叶黄杨 Buxus harlandii

(-)-byakangelicin (-)- 白当归素 红前胡 Peucedanum rubricaule

(+)-byakangelicin (+)- 白当归素 白芷 Angelica dahurica

byakangelicin hydrate 白当归素水合物 白芷 Angelica dahurica

byakangelicin; biacangelicin 白当归素 阿坝当归 Angelica apaensis, 白芷 A. dahurica, 杭白芷 A. dahurica 'Hangbaizhi', 祁白芷 A. dahurica 'Qibaizhi', 峨眉当归 A. omeiensis, 拐芹 A. polymorpha, 太鲁阁当归 A. tarokoensis, 下延叶古当归 Archangelica decurrens, 川明参

Chuanminshen violaceum, 柠檬 Citrus limon, 佛手 C. medica var. sarcodactylis, 思茅独活 Heracleum henryi, 调料九里香 Murraya koenigii, 马甲子 Paliurus ramosissimus, 岩前胡 Peucedanum medicum var. gracile, 榆橘 Ptelea trifoliata, 芸香 Ruta graveolens

byakangelicol; biacangelicol 白当归脑 阿坝当归 Angelica apaensis, 白芷 A. dahurica, 杭白芷 A. dahurica 'Hangbaizhi', 祁白芷 A. dahurica 'Qibaizhi', 林当归 A. sylvestris, 下延叶古当归 Archangelica decurrens, 柠檬 Citrus limon, 调料九里香 Murraya koenigii, 大齿山芹 Ostericum grosseserratum

1,3-bytanediol 1,3- 丁炔二醇 挥发油成分，未统计基源

byzantionoside B 绵毛水苏香堇苷▲B 喙果黑面神 Breynia rostrata, 青荚叶 Helwingia japonica, 山香 Hyptis suaveolens, 胡桃 Juglans regia, 心叶风毛菊 Saussurea cordifolia, 蔓长春花 Vinca major

C

3'-*C*-(1,1-dimethyl-1-propen-3-yl)-kaempferol 3'-*C*-(1,1- 二甲基 -1- 丙烯基)- 山柰酚 悬铃木 Platanus acerifolia

6-*C*-(1,1-dimethyl-1-propen-3-yl)-kaempferol 6-*C*-(1,1- 二甲基 -1- 丙烯基)- 山柰酚 悬铃木 Platanus acerifolia

8-*C*-(1,1-dimethyl-2-propen-1-yl)-4'-methoxy-5,7-dihydroxyflavonol 8-*C*-(1,1- 二甲基 -2- 丙烯基)-4'- 甲氧基 -5,7- 二羟基黄酮醇 悬铃木 Platanus acerifolia

8-*C*-(1,1-dimethyl-2-propen-1-yl)-5,7-dihydroxyflavonol 8-*C*-(1,1- 二甲基 -2- 丙烯基)-5,7- 二羟基黄酮醇 悬铃木 Platanus acerifolia

8-*C*-(1,1-dimethyl-2-propen-1-yl)-kaempferol 8-*C*-(1,1- 二甲基 -2- 丙烯基) 山柰酚 悬铃木 Platanus acerifolia

6-*β*-*C*-(2'-galloylglucopyranosyl)-5,7-dihydroxy-2-isopropylchromone 6-*β*-*C*-(2'- 没食子酰吡喃葡萄糖基)-5,7- 二羟基 -2- 异丙基色酮 岗松 Baeckea frutescens

8-*β*-*C*-(2'-galloylglucopyranosyl)-5,7-dihydroxy-2-isopropylchromone 8-*β*-*C*-(2'- 没食子酰吡喃葡萄糖基)-5,7- 二羟基 -2- 异丙基色酮 岗松 Baeckea frutescens

6-*β*-*C*-(2'-galloylglucopyranosyl)-5,7-dihydroxy-2-methylchromone 6-*β*-*C*-(2'- 没食子酰吡喃葡萄糖基)-5,7- 二羟基 -2- 甲基色酮 岗松 Baeckea frutescens

8-*β*-*C*-(2'-galloylglucopyranosyl)-5,7-dihydroxy-2-methylchromone 8-*β*-*C*-(2'- 没食子酰吡喃葡萄糖基)-5,7- 二羟基 -2- 甲基色酮 岗松 Baeckea frutescens

6-*C*-(6''-*O*-*trans*-caffeoyl-*β*-D-glucopyranosyl)-3',4',5,7-tetrahydroxyflavone 6-*C*-(6''-*O*- 反式 - 咖啡酰基 -*β*-D- 吡喃葡萄糖基)-3',4',5,7- 四羟基黄酮 紫竹 Phyllostachys nigra

8-*C*-(6-*O*-*trans*-sinapoyl)-*β*-glucopyranosylcyanidin-3-*O*-(6-*O*-malonyl-*β*-glucopyranoside) 8-*C*-(6-*O*- 反式 - 芥子酰基)-*β*- 吡喃葡萄糖基矢车菊素 -3-*O*-(6-*O*- 丙二酰基 -*β*- 吡喃葡萄糖苷) 台湾油点草 Tricyrtis formosana

erythro-1-*C*-(*p*-hydroxyheneyl)glycerol 赤式 -1-*C*- 对羟基苯基甘油 冷杉 Abies fabri

threo-1-*C*-(*p*-hydroxyheneyl)glycerol 苏式 -1-*C*- 对羟基苯基甘油 冷杉 Abies fabri

8-*C*-[*α*-L-rhamnopyranosyl-(1 → 4)]-*α*-D-glucopyranosylapigenin 8-*C*-[*α*-L- 吡喃鼠李糖基 -(1 → 4)-*α*-D- 吡喃葡萄糖基芹菜苷元] 柿 Diospyros kaki

6-*C*-[*β*-D-apiofuranosyl-(1 → 2)-*β*-D-glucopyranosyl]-4',5-dihydroxy-7,8-dimethoxyflavone 6-*C*-[*β*-D- 呋喃芹糖基 -(1 → 2)-*β*-D- 吡喃葡萄糖基]-4',5- 二羟基 -7,8- 二甲氧基黄酮 相思子 Abrus precatorius

6-*C*-[*β*-D-apiofuranosyl-(1 → 2)-*β*-D-glucopyranosyl]-4',5-dihydroxy-7-methoxyflavone 6-*C*-[*β*-D- 呋喃芹糖基 -(1 → 2)-*β*-D- 吡喃葡萄糖基]-4',5- 二羟基 -7- 甲氧基黄酮 相思子 Abrus precatorius

C_{19}-obtusilactone dimer C_{19}- 三桠乌药内酯二聚体 三桠乌药 Lindera obtusiloba

C-3/C-8''-biapigenin C-3/C-8''- 双芹菜苷元 荞麦 Fagopyrum esculentum

C-3-*epi*-wilsonione C-3- 表 - 台湾三尖杉碱▲ 台湾三尖杉 Cephalotaxus sinensis var. wilsoniana

(-)-caaverine (-)- 山矾碱 鹅掌楸 Liriodendron chinense

(+)-caaverine (+)- 山矾碱 北美鹅掌楸 Liriodendron tulipifera

d-caaverine *d*- 山矾碱 北美鹅掌楸 Liriodendron tulipifera

caaverine 山矾碱 北美鹅掌楸 Liriodendron tulipifera, 山楠 Phoebe chinensis, 酸枣 Ziziphus jujuba var. spinosa

cabraleadiol-3-acetate 南美楝二醇 -3- 乙酸酯 杨梅 Myrica rubra

cabraleahydroxylactone 南美楝羟基内酯 米仔兰 Aglaia odorata

cabraleahydroxylactone-3*α*-acetate 南美楝羟内酯▲-3*α*- 乙酸酯 杨梅 Myrica rubra

cabralealactone 南美楝内酯▲ 臭椿 Ailanthus altissima, 楝 Melia azedarach, 杨梅 Myrica rubra

cabraleone 南美楝酮▲ 杨梅 Myrica rubra

cabudine 紫堇叶唐松草碱▲ 紫堇叶唐松草 Thalictrum isopyroides

cabufiline 卡布木叶碱▲ 苏门答腊萝芙木 Rauvolfia sumatrana

cacalol 蟹甲草酚 黄帚橐吾 Ligularia virgaurea, 林荫千里光 Senecio nemorensis

cacalone 蟹甲草酮▲ 黄帚橐吾 Ligularia virgaurea

cachineside I 凌霄苷 I 凌霄 Campsis grandiflora, 香果树 Emmenopterys henryi

cachineside III, IV, V 凌霄苷 III, IV, V 凌霄 Campsis grandiflora

cachinol 凌霄醇▲ 凌霄 Campsis grandiflora

cacticin 仙人掌苷 青蒿 Artemisia carvifolia carvifolia, 猪毛蒿 A. scoparia, 臭荠 Coronopus didymus, 烈香杜鹃花 Rhododendron anthopogonoides

cadabicine 卡达巴碱▲ 山柑 Capparis spinosa

cadabicine-26-*O*-*β*-D-glucoside hydrochloride 盐酸卡达巴碱▲-26-*O*-*β*-D- 葡萄糖苷 山柑 Capparis spinosa

cadala-1(10),3,8-triene 卡达 -1(10),3,8- 三烯 挥发油成分，未统计基源
(-)-cadala-1,4,9-triene (-)- 卡达烷 -1,4,9- 三烯 菖蒲 Acorus calamus
cadalene 杜松萘▲ 挥发油成分，未统计基源
cadambagenic acid 团花苷元酸▲ 团花 Neolamarckia cadamba
cadambine 团花碱▲ 香果树 Emmenopterys henryi, 海岸桐 Guettarda speciosa, 团花 Neolamarckia cadamba, 钩藤 Uncaria rhynchophylla, 攀茎钩藤 U. scandens
cadaverine 尸胺 北美鹅掌楸 Liriodendron tulipifera
cadensin A 密花卡瑞藤黄素▲A 地耳草 Hypericum japonicum
cadensin G 密花卡瑞藤黄素▲G 金丝桃 Hypericum monogynum
(-)-cadin-4,10(15)-dien-11-oic acid (-)- 杜松 -4,10(15)- 二烯 -11- 酸 杜鹃兰 Cremastra appendiculata, 二色五味子 Schisandra bicolor
cadina-1(10),4-diene 杜松 -1(10),4- 二烯 挥发油成分，未统计基源
trans-cadina-1(2),4-diene 反式 - 杜松 -1(2),4- 二烯 挥发油成分，未统计基源
cadina-1,3,5-triene 杜松 -1,3,5- 三烯 挥发油成分，未统计基源
cadina-1,4-diene 杜松 -1,4- 二烯 挥发油成分，未统计基源
cadina-3,9-diene 杜松 -3,9- 二烯 挥发油成分，未统计基源
cadina-4,10(15)-dien-3-one 杜松 -4,10(15)- 二烯 -3- 酮 二色五味子 Schisandra bicolor
cadina-4,11-dien-14-al 杜松 -4,11- 二烯 -14- 醛 石地钱 Reboulia hemisphaerica
cadina-4,11-dien-14-oic acid 杜松 -4,11- 二烯 -14- 酸 石地钱 Reboulia hemisphaerica
cadina-4,11-dien-14-ol 杜松 -4,11- 二烯 -14- 醇 石地钱 Reboulia hemisphaerica
cadina-4,7-diene 杜松 -4,7- 二烯 华山松 Pinus armandii
cadina-4,9-diene 杜松 -4,9- 二烯 华山松 Pinus armandii
cadina-9,11(12)-diene 杜松 -9,11(12)- 二烯 挥发油成分，未统计基源
cadinan-3-ene-6,7-diol 杜松 -3- 烯 -6,7- 二醇 紫茎泽兰 Ageratina adenophora
cadinane-4*β*,5*α*,10*β*-triol 杜松 -4*β*,5*α*,10*β*- 三醇 假地枫皮 Illicium jiadifengpi
cadinane-*τ*-cadinol 杜松烷 -*τ*- 杜松醇 二色五味子 Schisandra bicolor
10(15)-cadinen-4-ol 10(15)- 杜香烯 -4- 醇 挥发油成分，未统计基源
(-)-*β*-cadinene (-)-*β*- 杜松烯 挥发油成分，未统计基源
(-)-cadinene (-)- 杜松烯 挥发油成分，未统计基源
(+)-*δ*-cadinene (+)-*δ*- 杜松烯 挥发油成分，未统计基源
(±)-*γ*-cadinene (±)-*γ*- 杜松烯 挥发油成分，未统计基源
Δ-cadinene *Δ*- 杜松烯 挥发油成分，未统计基源
d-cadinene *d*- 杜松烯 挥发油成分，未统计基源
α-cadinene *α*- 杜松烯 挥发油成分，未统计基源
β-cadinene *β*- 杜松烯 挥发油成分，未统计基源
γ-cadinene *γ*- 杜松烯 挥发油成分，未统计基源
δ-cadinene *δ*- 杜松烯 挥发油成分，未统计基源
ε-cadinene *ε*- 杜松烯 马缨丹 Lantana camara, 菊蒿 Tanacetum vulgare
σ-cadinene *σ*- 杜松烯 挥发油成分，未统计基源
τ-cadinene *τ*- 杜松烯 挥发油成分，未统计基源
cadinene 杜松烯 挥发油成分，未统计基源
(+)-cadinenol (+)- 杜松烯醇 挥发油成分，未统计基源
δ-cadinenol *δ*- 杜松烯醇 挥发油成分，未统计基源
(-)-*Δ*-cadinol (-)-*Δ*- 杜松醇 挥发油成分，未统计基源
Δ-cadinol *Δ*- 杜松醇 挥发油成分，未统计基源
t-cadinol *t*- 杜松醇 挥发油成分，未统计基源
α-cadinol *α*- 杜松醇 挥发油成分，未统计基源
γ-cadinol *γ*- 杜松醇 挥发油成分，未统计基源
δ-cadinol *δ*- 杜松醇 挥发油成分，未统计基源
τ-cadinol *τ*- 杜松醇 挥发油成分，未统计基源
cadinol 杜松醇 挥发油成分，未统计基源
α-cadinol ethyl ether *α*- 杜松醇乙醚 野八角 Illicium simonsii
cadiyenol 积雪草二炔醇▲ 积雪草 Centella asiatica
caeruine 蓝翠雀素▲ 蓝翠雀花 Delphinium caeruleum
caeruleoside A, B, C 蓝果忍冬苷▲A, B, C 蓝果忍冬 Lonicera caerulea
caeruline 蓝翠雀灵▲ 蓝翠雀花 Delphinium caeruleum
caesaldecan 十瓣云实素▲ 云实 Caesalpinia decapetala
caesaldekarin a 大云实灵▲a 刺果苏木 Caesalpinia bonduc, 金凤花 C. pulcherrima
caesaldekarin c 大云实灵▲c 刺果苏木 Caesalpinia bonduc
caesaldekarin e 大云实灵▲e 华南云实 Caesalpinia crista

caesaldekarin F 大云实灵▲F 刺果苏木 Caesalpinia bonduc, 华南云实 C. crista
caesaldekarin G 大云实灵▲G 刺果苏木 Caesalpinia bonduc, 华南云实 C. crista
caesaldekarin H, I, J, L 大云实灵▲H, I, J, L 刺果苏木 Caesalpinia bonduc
caesaldekarin K 大云实灵▲K 刺果苏木 Caesalpinia bonduc, 苏木 C. sappan
caesaljapin 日本云实素▲ 云实 Caesalpinia decapetala
caesaljapin B, C 日本云实素▲B, C 华南云实 Caesalpinia crista
caesalmin A, F, H 喙荚云实素▲A, F, H 喙荚云实 Caesalpinia minax
caesalmin B 喙荚云实素▲B 刺果苏木 Caesalpinia bonduc, 华南云实 C. crista, 喙荚云实 C. minax
caesalmin C 喙荚云实素▲C 华南云实 Caesalpinia crista, 喙荚云实 C. minax
caesalmin D 喙荚云实素▲D 刺果苏木 Caesalpinia bonduc, 大叶云实 C. magnifoliolata, 喙荚云实 C. minax
caesalmin E 喙荚云实素▲E 刺果苏木 Caesalpinia bonduc, 华南云实 C. crista, 大叶云实 C. magnifoliolata, 喙荚云实 C. minax
caesalmin G 喙荚云实素▲G 华南云实 Caesalpinia crista, 喙荚云实 C. minax
α-caesalpin *α*- 云实素 刺果苏木 Caesalpinia bonduc, 华南云实 C. crista
β-caesalpin *β*- 云实素 华南云实 Caesalpinia crista
ε-caesalpin *ε*- 云实素 刺果苏木 Caesalpinia bonduc, 喙荚云实 C. minax
ζ-caesalpin *ζ*- 云实素 华南云实 Caesalpinia crista
caesalpin 云实素 刺果苏木 Caesalpinia bonduc, 金凤花 C. pulcherrima
caesalpin F 云实素 F 刺果苏木 Caesalpinia bonduc, 华南云实 C. crista
caesalpin G, H 云实素 G, H 刺果苏木 Caesalpinia bonduc
caesalpin J, P 云实素 J, P 苏木 Caesalpinia sappan
caesalpinianone 云实酮▲ 刺果苏木 Caesalpinia bonduc
caesalpinilinn 云实尼灵▲ 华南云实 Caesalpinia crista
caesalpinin 云实宁▲ 刺果苏木 Caesalpinia bonduc
caesalpinin B 云实宁▲B 刺果苏木 Caesalpinia bonduc
caesalpinin C 云实宁▲C 刺果苏木 Caesalpinia bonduc, 华南云实 C. crista
caesalpinin D~J, L, M, MA~MP, N, O 云实宁▲D~J, L, M, MA~MP, N, O 华南云实 Caesalpinia crista
caesalpinin I 云实宁▲I 刺果苏木 Caesalpinia bonduc, 华南云实 C. crista
caesalpinin K 云实宁▲K 刺果苏木 Caesalpinia bonduc, 华南云实 C. crista
caesalpinin P 云实宁▲P 刺果苏木 Caesalpinia bonduc, 华南云实 C. crista
caesalpinine A, C 云实碱▲A, C 肉荚云实 Caesalpinia digyna
caesalpinista A 华南云实萜素▲A 华南云实 Caesalpinia crista, 苏木 C. sappan
caesalpinista B 华南云实萜素▲B 华南云实 Caesalpinia crista, 苏木 C. sappan
caesalpinolide A~E 云实内酯▲A~E 刺果苏木 Caesalpinia bonduc
caesanine A~D 苏木宁碱▲A~D 苏木 Caesalpinia sappan
caesioside 欧杞柳苷▲ 花锚 Halenia corniculata
cafestol; cafesterol 咖啡萜醇 狗骨柴 Diplospora dubia
(*E*)-caffeic acid (*E*)- 咖啡酸 梅 Armeniaca mume, 宽苞水柏枝 Myricaria bracteata
trans-caffeic acid 反式 - 咖啡酸 蜀葵 Alcea rosea, 假升麻 Aruncus sylvester, 厚叶铁线莲 Clematis crassifolia, 文殊兰 Crinum asiaticum var. sinicum, 槲蕨 Drynaria roosii, 土丁桂 Evolvulus alsinoides, 毛叶香茶菜 Isodon japonicus, 刺楸 Kalopanax septemlobus, 烟草 Nicotiana tabacum, 鳄梨 Persea americana, 夏枯草 Prunella vulgaris, 沙柳 Salix cheilophila, 三叶鼠尾草 Salvia trijuga, 北玄参 Scrophularia buergeriana, 茄 Solanum melongena, 水茄 S. torvum, 南烛 Vaccinium bracteatum, 越桔 V. vitis-idaea, 蜘蛛香 Valeriana jatamansi, 三色堇 Viola tricolor, 蔓荆 Vitex trifolia, 葡萄 Vitis vinifera
caffeic acid 咖啡酸 常见成分，至少分布于 100 种以上植物中
cis-caffeic acid 顺式 - 咖啡酸 假升麻 Aruncus sylvester, 烟草 Nicotiana tabacum, 鳄梨 Persea americana, 夏枯草 Prunella vulgaris, 三叶鼠尾草 Salvia trijuga, 蔓荆 Vitex trifolia
caffeic acid butyl ester 咖啡酸丁酯 蓬子菜 Galium verum
caffeic acid decyl ester 咖啡酸癸酯 梯牧草 Phleum pratense
caffeic acid dimethyl ether 咖啡酸二甲醚 单穗升麻 Cimicifuga simplex
caffeic acid ethenyl ester 咖啡酸乙烯酯 毛萼香茶菜 Isodon eriocalyx, 蓝萼毛叶香茶菜 I. japonicus var. glaucocalyx
caffeic acid ethyl ester 咖啡酸乙酯 较常见成分，至少分布于 30 种以上植物中，见于唇形科、杜鹃花科、杜仲科、金粟兰科、萝藦科、千屈菜科、蔷薇科、茄科、桑科、蛇菰科、紫葳科等
caffeic acid glucitol ester 咖啡酸山梨醇酯 窄叶鲜卑花 Sibiraea angustata
trans-caffeic acid glucose ester 反式 - 咖啡酸葡萄糖基酯 红凤菜 Gynura bicolor
caffeic acid glucosyl ester 咖啡酸葡萄糖基酯 升麻 Cimicifuga foetida
trans-caffeic acid methyl ester 反式 - 咖啡酸甲酯 吴茱萸 Euodia ruticarpa, 金钱松 Pseudolarix amabilis, 玄参 Scrophularia ningpoensis
caffeic acid methyl ester 咖啡酸甲酯 臭椿 Ailanthus altissima, 假东风草 Blumea riparia, 升麻 Cimicifuga foetida, 牛皮消 Cynanchum boudieri, 胡颓子 Elaeagnus pungens, 无梗五加 Eleutherococcus sessiliflorus, 榕树 Ficus microcarpa, 白枪杆 Fraxinus malacophylla, 日本厚朴 Houpoëa obovata, 厚朴 H. officinalis, 硬尖神香草 Hyssopus cuspidatus, 胡桃楸 Juglans mandshurica, 女贞 Ligustrum lucidum, 东方荚果蕨 Matteuccia orientalis, 团花 Neolamarckia cadamba, 木犀 Osmanthus fragrans, 杠板归 Polygonum perfoliatum, 欧洲李 Prunus

domestica, 朝鲜白头翁 Pulsatilla cernua, 大叶藓 Rhodobryum roseum, 水生酸模 Rumex aquaticus, 荔枝草 Salvia plebeia, 蚊母草 Veronica peregrina
caffeic acid *n*-dueicosanyl ester 咖啡酸正二十烷基酯 狼毒 Stellera chamaejasme
caffeic acid *n*-hexadecyl ester 咖啡酸十六醇酯 宽苞十大功劳 Mahonia eurybracteata
caffeic acid *n*-octadecyl ester 咖啡酸正十八酯 粉背南蛇藤 Celastrus hypoleucus, 尖瓣瑞香 Daphne acutiloba
caffeic acid octadecyl ester 咖啡酸十八醇酯 唐古特瑞香 Daphne tangutica
trans-caffeic acid stearyl ester 反式 - 咖啡酰硬脂醇酯 牡丹 Paeonia suffruticosa
caffeic acid sugar ester A, B 咖啡酸糖酯 A, B 毛泡桐 Paulownia tomentosa
caffeic acid tetracosyl ester 咖啡酸二十四酯 红花山竹子 Corethrodendron multijugum, 千斤拔 Flemingia philippinensis
caffeic acid tetramer 咖啡酸四聚体 软紫草 Arnebia euchroma
trans-caffeic acid-1-*O*-rutinose ester 反式 - 咖啡酸 -1-*O*- 芸香糖酯 大籽獐牙菜 Swertia macrosperma
caffeic acid-3,4-diglucoside 咖啡酸 -3,4- 二葡萄糖苷 满江红 Azolla imbricata
caffeic acid-3,4-dihydroxy-phenethyl ester 咖啡酸 -3,4- 二羟基 - 苯乙基酯 长毛香科科 Teucrium pilosum
caffeic acid-3-*O*-*β*-D-glucopyranoside 咖啡酸 -3-*O*-*β*-D- 吡喃葡萄糖苷 紫苏 Perilla frutescens, 回回苏 P. frutescens var. crispa
caffeic acid-4-*O*-*β*-D-glucopyranoside 咖啡酸 -4-*O*-*β*-D- 吡喃葡萄糖苷 过山蕨 Camptosorus sibiricus, 铁冬青 Ilex rotunda, 鸡矢藤 Paederia foetida, 桔梗 Platycodon grandiflorus
caffeic acid-4-*O*-*β*-D-glucoside 咖啡酸 -4-*O*-*β*-D- 葡萄糖苷 槲蕨 Drynaria roosii, 番茄 Lycopersicon esculentum, 荚果蕨 Matteuccia struthiopteris
caffeic anhydride 咖啡酸酐 土木香 Inula helenium, 掌叶梁王茶 Macropanax delavayi
caffeicin B 咖啡素 ▲B 披针新月蕨 Pronephrium penangianum
caffeine 咖啡因 咖啡黄葵 Abelmoschus esculentus, 喙荚云实 Caesalpinia minax, 茶 Camellia sinensis, 普洱茶 C. sinensis var. assamica, 小粒咖啡 Coffea arabica, 可拉 Cola nitida, 卫矛 Euonymus alatus, 冬青卫矛 E. japonicus, 北枳椇 Hovenia dulcis, 千里香 Murraya paniculata, 冬虫夏草 Ophiocordyceps sinensis, 风龙 Sinomenium acutum, 紫椴 Tilia amurensis, 滑桃树 Trevia nudiflora
caffeoxylupeol 咖啡酰羽扇豆醇 柱果木榄 Bruguiera cylindrica
caffeoyl acid-rutinoside 咖啡酸芸香糖苷 炮仗竹 Russelia equisetiformis
caffeoyl malate 咖啡酰苹果酸酯 芸苔 Brassica rapa var. oleifera
6-[(*E*)-caffeoyl]loganic acid 6-[(*E*)- 咖啡酰基] 马钱酸 香果树 Emmenopterys henryi
3-caffeoyl-4-sinapoylquinic acid 3-*O*- 咖啡酰基 -4-*O*- 芥子酰奎宁酸 栀子 Gardenia jasminoides
4-caffeoyl-5-feruloylquinic acid 4- 咖啡酰基 -5- 阿魏酰奎宁酸 菊花 Chrysanthemum morifolium
2'-caffeoyl-6'-jacaranone-D-glucopyranoside 2'- 咖啡酰基 -6'- 蓝花楹酮 -D- 吡喃葡萄糖苷 缺裂千里光 Senecio scandens var. incisus
trans-caffeoyl-6-*O*-gluconic acid 反式 - 咖啡酰基 -6-*O*- 葡萄糖酸 吴茱萸 Euodia ruticarpa
caffeoylarbutin 咖啡酰熊果苷 樟叶越桔 Vaccinium dunalianum
caffeoylcalleryanin 咖啡酰鹿梨苷 豆梨 Pyrus calleryana
1-caffeoylglactose-6-sulphate 1- 咖啡酰半乳糖 -6- 硫酸酯 扇叶铁线蕨 Adiantum flabellulatum
caffeoylglucose 咖啡酰葡萄糖 红冬蛇菰 Balanophora harlandii, 黑茶藨子 Ribes nigrum
caffeoylglycolic acid 咖啡酰乙醇酸 地锦 Parthenocissus tricuspidata
caffeoylglycolic acid methyl ester 咖啡酰乙醇酸甲酯 地锦 Parthenocissus tricuspidata
(+)-(*E*)-caffeoyl-L-malic acid (+)-(*E*)- 咖啡酰基 -L- 苹果酸 欧夏至草 Marrubium vulgare
4'-caffeoyl-luteolin-6-glucopyranoside 4'- 咖啡酰基 - 木犀草素 -6- 葡萄糖苷 白术 Atractylodes macrocephala
(-)-(*E*)-caffeoylmalic acid (-)-(*E*)- 咖啡酰苹果酸 香附子 Cyperus rotundus
caffeoylmalic acid 咖啡酰苹果酸 翼叶山牵牛 Thunbergia alata, 异株荨麻 Urtica dioica
2-(caffeoyloxy)-methyl-3-hydroxy-1-butene-4-*O*-*β*-D-glucopyranoside 2- 咖啡酰氧甲基 -3- 羟基 -1- 丁烯 -4-*O*-*β*-D- 吡喃葡萄糖苷 海南冬青 Ilex hainanensis
2-caffeoyloxy-3-hydroxy-3-(3,4-dihydroxyphenyl)propyl alcohol 2- 咖啡酰氧基 -3- 羟基 -3-(3,4- 二羟基苯基) 丙醇 元宝草 Hypericum sampsonii
29-caffeoyloxyfriedelin 29- 咖啡酰氧基无羁萜 南蛇藤 Celastrus orbiculatus
9-caffeoyloxyhexadecanol 9- 咖啡酰氧十六醇 香柏 Juniperus pingii var. wilsonii
2-caffeoyloxymethyl-3-hydroxyl-1-butene-4-*O*-*β*-D-glucopyranoside 2- 咖啡酰氧基甲基 -3- 羟基 -1- 丁烯 -4-*O*-*β*-D- 吡喃葡萄糖苷 毛冬青 Ilex pubescens
3*β*-*trans*-caffeoyloxyolean-12-en-28-acid 3*β*- 反式 - 咖啡酰氧基齐墩果 -12- 烯 -28- 酸 洋紫荆 Bauhinia variegata
2-caffeoylpiscidic acid 2- 咖啡酰番石榴酸 单穗升麻 Cimicifuga simplex
caffeoylputrescine 咖啡酰腐胺 山莨菪 Anisodus tanguticus
1-caffeoylquinic acid 1- 咖啡酰奎宁酸 菊花 Chrysanthemum morifolium, 青钱柳 Cyclocarya paliurus, 铁冬青 Ilex rotunda
3,5-caffeoylquinic acid 3,5- 咖啡酰奎宁酸 帚状鸦葱 Scorzonera pseudodivaricata
3-caffeoylquinic acid 3- 咖啡酰奎宁酸 菊花 Chrysanthemum morifolium, 青钱柳 Cyclocarya paliurus, 刺楸 Kalopanax septemlobus, 黑茶藨子 Ribes nigrum
4-caffeoylquinic acid 4- 咖啡酰奎宁酸 菟丝子 Cuscuta chinensis, 青钱柳 Cyclocarya paliurus, 茄 Solanum melongena, 沼生水苏 Stachys palustris
5-caffeoylquinic acid 5- 咖啡酰奎宁酸 菟丝子 Cuscuta chinensis, 青钱柳 Cyclocarya paliurus, 榅桲 Cydonia oblonga, 人参 Panax ginseng,

紫萍 Spirodela polyrrhiza, 毛杜仲藤 Urceola huaitingii
5-*cis*-caffeoylquinic acid 5- 顺式 - 咖啡酰奎宁酸 茄 Solanum melongena
caffeoylquinic acid 咖啡酰奎宁酸 刺苋 Amaranthus spinosus, 旱芹 Apium graveolens, 魁蒿 Artemisia princeps, 川续断 Dipsacus asperoides
3-caffeoylquinic acid methyl ester 3- 咖啡酰奎宁酸甲酯 挂金灯 Physalis alkekengi var. francheti
4-caffeoylrutinose 4- 咖啡酰芸香糖 连翘 Forsythia suspensa
5-*trans*-caffeoylshikimic acid 5- 反式咖啡酰莽草酸 宽叶香蒲 Typha latifolia
5-caffeoylshikimic acid 5- 咖啡酰莽草酸 毛杜仲藤 Urceola huaitingii
caffeoylshikimic acid 咖啡酰莽草酸 芦荟 Aloe vera, 越桔 Vaccinium vitis-idaea
3*α*-*E*-caffeoyltaraxerol 3*α*-*E*- 咖啡酰蒲公英赛醇 柱果木榄 Bruguiera cylindrica
3*β*-*E*-caffeoyltaraxerol 3*β*- 反式 - 咖啡酰蒲公英赛醇 红茄苳 Rhizophora mucronata
3*β*-*Z*-caffeoyltaraxerol 3*β*- 顺式 - 咖啡酰蒲公英赛醇 红茄苳 Rhizophora mucronata
caffeoyltartronic acid 咖啡酰丙醇二酸 荆芥 Nepeta cataria
trans-caffeoyltyramine 反式 - 咖啡酰酪胺 番杏 Tetragonia tetragonoides
cis-caffeoyltyramine 顺式 - 咖啡酰酪胺 番杏 Tetragonia tetragonoides
caffeoyl-*β*-D-glucopyranose 咖啡酰基 -*β*-D- 吡喃葡萄糖 蛇菰 Balanophora fungosa
caffeoyl-*β*-D-glucopyranoside 咖啡酰基 -*β*-D- 吡喃葡萄糖苷 软枣猕猴桃 Actinidia arguta
caffeyl alcohol 咖啡醇 岩芋 Remusatia vivipara
caffeyl alcohol-3-*O*-*β*-D-glucopyranoside 咖啡醇 -3-*O*-*β*-D- 吡喃葡萄糖苷 岩芋 Remusatia vivipara
caffic acid-*β*-D-glucoside 咖啡酰 -*β*-D- 葡萄糖酯苷 南方菟丝子 Cuscuta australis
caffoyl-*O*-*β*-D-glucopyranoside 咖啡酰基 -*O*-*β*-D- 吡喃葡萄糖苷 山樱花 Cerasus serrulata
trans-caftaric acid 反式 - 咖啡酰酒石酸 肾茶 Clerodendranthus spicatus, 山葡萄 Vitis amurensis
caftaric acid 咖啡酰酒石酸 刺葡萄 Vitis davidii, 葡萄 V. vinifera
cis-caftaric acid 顺式 - 咖啡酰酒石酸 肾茶 Clerodendranthus spicatus
caftaric acid monomethyl ester 咖啡酰酒石酸单甲酯 山茱萸 Cornus officinalis
cagayanin 台湾肉豆蔻素▲ 台湾肉豆蔻 Myristica cagayanensis
cagayanone 台湾肉豆蔻酮▲ 台湾肉豆蔻 Myristica cagayanensis, 毛叶五味子 Schisandra pubescens
cairicate 五爪金龙酯▲ 五爪金龙 Ipomoea cairica
cairicoside A~F 五爪金龙苷▲A~F 五爪金龙 Ipomoea cairica
cajaflavanone 木豆黄烷酮 木豆 Cajanus cajan, 佛手 Citrus medica var. sarcodactylis, 锈毛鱼藤 Derris ferruginea, 多花胡枝子 Lespedeza floribunda
cajanin 木豆素 木豆 Cajanus cajan, 鬼箭锦鸡儿 Caragana jubata, 青甘锦鸡儿 C. tangutica, 九丁榕 Ficus nervosa, 密花豆 Spatholobus suberectus
cajaninstilbene acid 木豆芪酸▲ 木豆 Cajanus cajan
cajanol 木豆酚 木豆 Cajanus cajan, 毛杭子梢 Campylotropis hirtella
cajanolactone A 木豆内酯 A 木豆 Cajanus cajan
cajanone 木豆酮 木豆 Cajanus cajan, 鹿藿 Rhynchosia volubilis
cajyphenol A, B 乌蔹莓酚▲A, B 乌蔹莓 Cayratia japonica
calabaxanthone 卡拉巴红厚壳呫酮▲ 莽吉柿 Garcinia mangostana
α-calacorene *α*- 白菖考烯 挥发油成分，未统计基源
β-calacorene *β*- 白菖考烯 挥发油成分，未统计基源
γ-calacorene *γ*- 白菖考烯 挥发油成分，未统计基源
calacorene 白菖考烯 挥发油成分，未统计基源
calactin 牛角瓜亭▲ 马利筋 Asclepias curassavica, 牛角瓜 Calotropis gigantea, 钉头果 Gomphocarpus fruticosus
calactinic acid 牛角瓜亭酸▲ 马利筋 Asclepias curassavica, 牛角瓜 Calotropis gigantea
calactinic acid ethyl ester 牛角瓜亭酸▲乙酯 牛角瓜 Calotropis gigantea
calactinic acid methyl ester 牛角瓜亭酸▲甲酯 马利筋 Asclepias curassavica
calactinolactone 牛角瓜亭内酯▲ 马利筋 Asclepias curassavica
calaliukiuenoside 琉球虾脊兰苷▲ 虾脊兰 Calanthe discolor
calamendiol 菖蒲烯二醇 菖蒲 Acorus calamus
calamene 菖蒲烯 挥发油成分，未统计基源
calamenene 菖蒲烃▲ 挥发油成分，未统计基源
trans-calamenene 反式 - 菖蒲烃▲ 挥发油成分，未统计基源
cis-calamenene 顺式 - 菖蒲烃▲ 挥发油成分，未统计基源
calamenene-3,7-diol 菖蒲烃▲-3,7- 二醇 紫茎泽兰 Ageratina adenophora
calamenone 菖蒲醇酮 菖蒲 Acorus calamus
calamensesquiterpinenol 菖蒲倍半萜醇 菖蒲 Acorus calamus
calamistrin A~I 刺果紫玉盘素 A~I 刺果紫玉盘 Uvaria calamistrata
calamonic acid 菖蒲酸 菖蒲 Acorus calamus
calanolide E_2 绵毛红厚壳内酯▲E_2 薄叶红厚壳 Calophyllum membranaceum, 滇南红厚壳 C. polyanthum

calanthoside 虾脊兰苷▲ 虾脊兰 Calanthe discolor
calaphenanthrenol 虾脊兰菲酚▲ 虾脊兰 Calanthe discolor
(+)-calarene (+)- 白菖烯 挥发油成分，未统计基源
calarene 白菖烯 挥发油成分，未统计基源
calarene epoxide 白菖烯环氧化物 挥发油成分，未统计基源
calaustralin 南方红厚壳素 红厚壳 Calophyllum inophyllum
calcaratarin A~E, G, H 距花山姜素 A~E, G, H 距花山姜 Alpinia calcarata
calceolarioside 蒲包花苷 广防风 Anisomeles indica, 密蒙花 Buddleja officinalis
calceolarioside A 蒲包花苷 A 显苞芒毛苣苔 Aeschynanthus bracteatus, 大叶醉鱼草 Buddleja davidii, 珊瑚苣苔 Corallodiscus lanuginosus, 毛地黄 Digitalis purpurea, 水曲柳 Fraxinus mandshurica, 藏波罗花 Incarvillea younghusbandii, 荨麻叶龙头草 Meehania urticifolia, 肥牛草 Primulina hedyotidea, 弄岗苣苔 P. longgangensis
calceolarioside A-2'-*α*-L-rhamnopyranoside 蒲包花苷 A-2'-*α*-L- 吡喃鼠李糖苷 水曲柳 Fraxinus mandshurica
calceolarioside B 蒲包花苷 B 显苞芒毛苣苔 Aeschynanthus bracteatus, 木通 Akebia quinata, 三叶木通 A. trifoliata, 白木通 A. trifoliata subsp. australis, 丁座草 Boschniakia himalaica, 厚叶铁线莲 Clematis crassifolia, 珊瑚苣苔 Corallodiscus lanuginosus, 毛地黄 Digitalis purpurea, 连翘 Forsythia suspensa, 水曲柳 Fraxinus mandshurica, 藏波罗花 Incarvillea younghusbandii, 扭瓦韦 Lepisorus contortus, 车前 Plantago asiatica, 肥牛草 Primulina hedyotidea, 弄岗苣苔 P. longgangensis, 盔状黄芩 Scutellaria galericulata, 黄蜡果 Stauntonia brachyanthera
calceolarioside C 蒲包花苷 C 连翘 Forsythia suspensa, 荨麻叶龙头草 Meehania urticifolia, 弄岗苣苔 Primulina longgangensis
calceolarioside D 蒲包花苷 D 臭牡丹 Clerodendrum bungei, 连翘 Forsythia suspensa, 弄岗苣苔 Primulina longgangensis
calceolarioside E 蒲包花苷 E 显苞芒毛苣苔 Aeschynanthus bracteatus, 马缨丹 Lantana camara
calceolarioside F 蒲包花苷 F 藏波罗花 Incarvillea younghusbandii
calcicolin A, B 灰岩香茶菜素 A, B 腺花香茶菜 Isodon adenanthus
calcium citrate 枸橼酸钙 挥发油成分，未统计基源
calcium mikanin-3-*O*-sulfate 薇甘菊黄素 -3-*O*- 硫酸钙 假泽兰 Mikania cordata
calcoside D 驴蹄草苷 D 钟萼白头翁 Pulsatilla campanella
caldaphnidine A~R 牛耳枫定碱▲A~R 牛耳枫 Daphniphyllum calycinum
calendasaponin A~D 金盏花皂苷▲A~D 金盏花 Calendula officinalis
(9*Z*,12*Z*,15*Z*)-calendic acid ethyl ester (9*Z*,12*Z*,15*Z*)- 十八碳三烯酸乙酯 挥发油成分，未统计基源
calendin 金盏花素 乌蔹莓 Cayratia japonica
calendoflaside 金盏花黄酮苷 金盏花 Calendula officinalis
calendoflavobioside 金盏花黄酮二苷 金盏花 Calendula officinalis
calendoflavoside 金盏菊黄酮苷 金盏花 Calendula officinalis
calenduladiol 金盏花二醇 金盏花 Calendula officinalis
calenduladiol-3-*O*-laurate 金盏花二醇 -3-*O*- 月桂酸酯 金盏花 Calendula officinalis
calenduladiol-3-*O*-myristate 金盏花二醇 -3-*O*- 肉豆蔻酸酯 金盏花 Calendula officinalis
calenduladiol-3-*O*-palmitate 金盏花二醇 -3-*O*- 棕榈酸酯 金盏花 Calendula officinalis
calendulaglycoside A, B 金盏花糖苷▲A, B 金盏花 Calendula officinalis
calendulaglycoside A-6'-*O*-methyl ester 金盏花糖苷 A-6'-*O*- 甲酯 黄毛楤木 Aralia chinensis, 金盏花 Calendula officinalis
calendulaglycoside A-6'-*O*-*n*-butyl ester 金盏花糖苷 A-6'-*O*- 正丁酯 金盏花 Calendula officinalis
calendulaglycoside B-6'-*O*-*n*-butyl ester 金盏花糖苷 B-6'-*O*- 正丁酯 金盏花 Calendula officinalis
calendulaglycoside C 金盏花糖苷▲C 金盏花 Calendula officinalis, 番薯 Ipomoea batatas
calendulaglycoside C-6'-*O*-methyl ester 金盏花糖苷 C-6'-*O*- 甲酯 野楤头 Aralia armata, 金盏花 Calendula officinalis
calendulaglycoside C-6'-*O*-*n*-butyl ester 金盏花糖苷 C-6'-*O*- 正丁酯 金盏花 Calendula officinalis
calenduloside A~D, F 金盏花苷 A~D, F 金盏花 Calendula officinalis
calenduloside E 金盏花苷 E 喜旱莲子草 Alternanthera philoxeroides, 野楤头 Aralia armata, 金盏花 Calendula officinalis, 毛冬青 Ilex pubescens, 盐角草 Salicornia europaea, 蟛蜞菊 Wedelia chinensis
calenduloside E methyl ester 金盏花苷 E 甲酯 野楤头 Aralia armata
calenduloside *E*-6'-methyl ester 金盏花苷 *E*-6'- 甲酯 盐角草 Salicornia europaea
calenduloside F acetate monomethyl ester 金盏花苷 F 乙酸单甲基酯 莲子草 Alternanthera sessilis
calenduloside F-6'-*O*-*n*-butyl ester 金盏花苷 F-6'-*O*- 正丁酯 金盏花 Calendula officinalis
calenduloside G 金盏花苷 G 野楤头 Aralia armata, 金盏花 Calendula officinalis
calenduloside G-6'-*O*-methyl ester 金盏花苷 G-6'-*O*- 甲酯 野楤头 Aralia armata, 金盏花 Calendula officinalis
calenduloside H 金盏花苷 H 土牛膝 Achyranthes aspera, 金盏花 Calendula officinalis
californidine 花菱草尼定▲ 花菱草 Eschscholzia californica
calleryanin 鹿梨苷 豆梨 Pyrus calleryana
callianthaside A 美花鹿蹄草萜苷▲A 鹿蹄草 Pyrola calliantha
callianthone A, B 美花鹿蹄草酮▲A, B 鹿蹄草 Pyrola calliantha
callicarpaolide 紫珠内酯▲ 裸花紫珠 Callicarpa nudiflora
callicarpenal 紫珠烯醛▲ 日本紫珠 Callicarpa japonica

callicarpenol 紫珠烯醇▲ 大叶紫珠 Callicarpa macrophylla
callicarpic acid 紫珠酸▲ 裸花紫珠 Callicarpa nudiflora
callicarpic acid A 紫珠酸▲A 裸花紫珠 Callicarpa nudiflora, 长毛紫珠 C. pilosissima
callicarpic acid B 紫珠酸▲B 长毛紫珠 Callicarpa pilosissima
callicarpone 紫珠酮 白毛紫珠 Callicarpa candicans, 柳杉 Cryptomeria japonica var. sinensis
callicarposide A 紫珠苷▲A 广东紫珠 Callicarpa kwangtungensis
callilongisin A~D 尖尾枫素▲A~D 尖尾枫 Callicarpa longissima
calliphyllin 大叶紫珠素▲ 大叶紫珠 Callicarpa macrophylla
calliterpenone 紫珠萜酮 广东紫珠 Callicarpa kwangtungensis, 长叶紫珠 C. longifolia, 大叶紫珠 C. macrophylla
calliterpenone monoacetate 紫珠萜酮单乙酸酯 长叶紫珠 Callicarpa longifolia, 大叶紫珠 C. macrophylla
callosin 禾叶兰素▲ 栗鳞贝母兰 Coelogyne flaccida
calocin 青蛇藤辛▲ 青蛇藤 Periploca calophylla
calocinin 青蛇藤辛宁▲ 青蛇藤 Periploca calophylla
calocoumarin A, B, C 红厚壳香豆素▲A, B, C 红厚壳 Calophyllum inophyllum
calodendrolide 丽芸木内酯▲ 白鲜 Dictamnus dasycarpus, 黄檗 Phellodendron amurense
calomelanol A~J 粉叶蕨酚 A~J 粉叶蕨 Pityrogramma calomelanos
calonysterone 月光花甾酮▲ 苍白秤钩风 Diploclisia glaucescens
calonysterone-β-sitosterol 月光花甾酮▲-β- 谷甾醇 羊齿天门冬 Asparagus filicinus
calophinone 红厚壳酮▲ 红厚壳 Calophyllum inophyllum, 薄叶红厚壳 C. membranaceum
calophyllic acid 红厚壳酸▲ 薄叶红厚壳 Calophyllum membranaceum
calophyllolide 红厚壳烯酮内酯 红厚壳 Calophyllum inophyllum
calophyllumin A, B, C 红厚壳素▲A, B, C 红厚壳 Calophyllum inophyllum
calophymembranol A, B, C 薄叶红厚壳酚▲A, B, C 薄叶红厚壳 Calophyllum membranaceum
calophymembranside A 薄叶红厚壳酚苷▲A 薄叶红厚壳 Calophyllum membranaceum
calophymembranside B 薄叶红厚壳酚苷▲B 薄叶红厚壳 Calophyllum membranaceum, 辣蓼铁线莲 Clematis terniflora var. mandshurica
calophynic acid 红厚壳尼酸▲ 红厚壳 Calophyllum inophyllum
calopiptin 腺齿木脂素▲ 马蹄香 Saruma henryi, 三白草 Saururus chinensis, 玉兰 Yulania denudata
calopogoniumisoflavone B 毛蔓豆异黄酮 B 海南崖豆藤 Millettia pachyloba
calopolyanic acidl 滇南红厚壳酸▲ 滇南红厚壳 Calophyllum polyanthum
calopolyanolide A~D 滇南红厚壳内酯▲A~D 滇南红厚壳 Calophyllum polyanthum
calotoxin 牛角瓜毒素▲ 马利筋 Asclepias curassavica, 牛角瓜 Calotropis gigantea
calotropagenin 牛角瓜苷元 马利筋 Asclepias curassavica, 牛角瓜 Calotropis gigantea
calotropin 牛角瓜素▲ 马利筋 Asclepias curassavica, 牛角瓜 Calotropis gigantea, 钉头果 Gomphocarpus fruticosus
calotroplupenyl acetate A 牛角瓜羽扇豆醇▲乙酸酯 A 牛角瓜 Calotropis gigantea
calotropone 牛角瓜酮▲ 牛角瓜 Calotropis gigantca
calotroposide A~G 牛角瓜苷▲A~G 牛角瓜 Calotropis gigantea
calotropursenyl acetate B, C, D 牛角瓜熊果烯醇▲乙酸酯 B, C, D 牛角瓜 Calotropis gigantea
caloxanthone A, B, D, E, M~Q 红厚壳𠮿酮 A, B, D, E, M~Q 红厚壳 Calophyllum inophyllum
caloxanthone C 红厚壳𠮿酮 C 红厚壳 Calophyllum inophyllum, 铁力木 Mesua ferrea
caloxanthone I 红厚壳𠮿酮 I 红厚壳 Calophyllum inophyllum, 薄叶红厚壳 C. membranaceum
calthaxanthin 驴蹄草黄素▲ 驴蹄草 Caltha palustris
caltholide 驴蹄草内酯 驴蹄草 Caltha palustris
calvasterone 秃马勃甾酮▲ 秃马勃 Calvatia cyathiformis
calvatic acid 秃马勃酸▲ 紫色秃马勃 Calvatia lilacina, 梨形马勃 Lycoperdon pyriforme
(-)-calycanthidine (-)- 夏蜡梅定 蜡梅 Chimonanthus praecox
calycanthidine 夏蜡梅定 蜡梅 Chimonanthus praecox
(-)-calycanthine (-)- 夏蜡梅碱 山蜡梅 Chimonanthus nitens
calycanthine 夏蜡梅碱 山蜡梅 Chimonanthus nitens, 蜡梅 C. praecox
calycanthoside 夏蜡梅苷▲ 山蜡梅 Chimonanthus nitens, 宽叶金粟兰 Chloranthus henryi
calycilactone A 牛耳枫内酯 A 牛耳枫 Daphniphyllum calycinum
calycine 牛耳枫钦碱▲ 牛耳枫 Daphniphyllum calycinum
calycinine A 牛耳枫碱 A 牛耳枫 Daphniphyllum calycinum, 虎皮楠 D. oldhamii
calycinoxanthone D 显萼金丝桃𠮿酮▲D 尖萼金丝桃 Hypericum acmosepalum, 栽秧花 H. beanii
calycinumine A, B 牛耳枫明碱▲A, B 牛耳枫 Daphniphyllum calycinum
calyciphylline A, D~P 牛耳枫林碱▲A, D~P 牛耳枫 Daphniphyllum calycinum
calyciphylline B 牛耳枫林碱▲B 牛耳枫 Daphniphyllum calycinum, 虎皮楠 D. oldhamii
calycopteretin 萼翅藤亭▲ 菟丝子 Cuscuta chinensis
calycopterin 萼翅藤素▲ 萼翅藤 Getonia floribunda
calycopterone 萼翅藤酮▲ 萼翅藤 Getonia floribunda

calycosin 大萼膜靛素 沙冬青 Ammopiptanthus mongolicus, 紫穗槐 Amorpha fruticosa, 背扁黄耆 Astragalus complanatus, 蒙古黄耆 A. penduliflorus, 黄耆 A. penduliflorus subsp. mongholicus var. dahuricus, 青皮竹 Bambusa textilis, 香花崖豆藤 Callerya dielsiana, 丰城崖豆藤 C. nitida var. hirsutissima, 倒地铃 Cardiospermum halicacabum, 锈毛麻辣仔藤 Erycibe expansa, 胀果甘草 Glycyrrhiza inflata, 刺果甘草 G. pallidiflora, 多序岩黄耆 Hedysarum polybotrys, 朝鲜槐 Maackia amurensis, 镰荚棘豆 Oxytropis falcata, 黄花木 Piptanthus concolor, 鹿藿 Rhynchosia volubilis, 白刺花 Sophora davidii, 苦参 S. flavescens, 砂生槐 S. moorcroftiana, 密花豆 Spatholobus suberectus, 苦马豆 Sphaerophysa salsula, 药用狗牙花 Tabernaemontana bovina, 红车轴草 Trifolium pratense, 胡卢巴 Trigonella foenum-graecum, 藤萝 Wisteria villosa

calycosin glucopyranoside 大萼膜靛素吡喃葡萄糖苷 红车轴草 Trifolium pratense

calycosin-7-*O*-glucopyranoside 大萼膜靛素 -7-*O*- 吡喃葡萄糖苷 背扁黄耆 Astragalus complanatus, 刺果甘草 Glycyrrhiza pallidiflora

calycosin-7-*O*-glucoside 大萼膜靛素 -7-*O*- 葡萄糖苷 小叶锦鸡儿 Caragana microphylla

calycosin-7-*O*-*β*-D-glucopyranoside 大萼膜靛素 -7-*O*-*β*-D- 吡喃葡萄糖苷 紫穗槐 Amorpha fruticosa, 蒙古黄耆 Astragalus penduliflorus, 黄耆 A. penduliflorus subsp. mongholicus var. dahuricus, 金钱松 Pseudolarix amabilis, 苦马豆 Sphaerophysa salsula, 红车轴草 Trifolium pratense

calycosin-7-*O*-*β*-D-glucopyranoside-6''-*O*-malonate 大萼膜靛素 -7-*O*-*β*-D- 吡喃葡萄糖苷 -6''-*O*- 丙二酸酯 红车轴草 Trifolium pratense

calycosin-7-*O*-*β*-D-glucoside 大萼膜靛素 -7-*O*-*β*-D- 葡萄糖苷 梭果黄耆 Astragalus ernestii, 多序岩黄耆 Hedysarum polybotrys, 马棘 Indigofera pseudotinctoria

calycotomine 萼卷豆碱 藤金合欢 Acacia sinuata

calydaphninone 牛耳枫酮▲ 牛耳枫 Daphniphyllum calycinum

calyflorenone A~D 萼翅藤烯酮▲A~D 萼翅藤 Getonia floribunda

calyptoside 桉酚苷▲ 蓝桉 Eucalyptus globulus

calysolin 肾叶打碗花林素▲ I, II, III, IV, V, VI, VII, VIII, IX, X, XI, XII, XIII 肾叶打碗花 Calystegia soldanella

calystegine A_3 打碗花碱▲A_3 旋花 Calystegia sepium, 肾叶打碗花 C. soldanella, 天仙子 Hyoscyamus niger, 枸杞 Lycium chinense, 挂金灯 Physalis alkekengi var. francheti

calystegine A_5 打碗花碱▲A_5 天仙子 Hyoscyamus niger, 枸杞 Lycium chinense, 挂金灯 Physalis alkekengi var. francheti

calystegine A_6 打碗花碱▲A_6 天仙子 Hyoscyamus niger, 枸杞 Lycium chinense

calystegine A_7, B_4, C_2 打碗花碱▲A_7, B_4, C_2 枸杞 Lycium chinense

calystegine B_1 打碗花碱▲B_1 旋花 Calystegia sepium, 肾叶打碗花 C. soldanella, 天仙子 Hyoscyamus niger, 枸杞 Lycium chinense, 挂金灯 Physalis alkekengi var. francheti

calystegine B_2 打碗花碱▲B_2 旋花 Calystegia sepium, 肾叶打碗花 C. soldanella, 天仙子 Hyoscyamus niger, 枸杞 Lycium chinense, 桑 Morus alba, 挂金灯 Physalis alkekengi var. francheti, 毛酸浆 P. philadelphica, 睡茄 Withania somnifera

calystegine B_3 打碗花碱▲B_3 肾叶打碗花 Calystegia soldanella, 天仙子 Hyoscyamus niger, 枸杞 Lycium chinense, 挂金灯 Physalis alkekengi var. francheti

calystegine C_1 打碗花碱▲C_1 枸杞 Lycium chinense, 睡茄 Withania somnifera

calystegine N_1 打碗花碱▲N_1 天仙子 Hyoscyamus niger, 枸杞 Lycium chinense

calyxanthone 毛果翼核果屾酮▲ 狭叶番泻 Cassia angustifolia, 翼核果 Ventilago leiocarpa

calyxin A~M 草蔻素 A~M 云南草蔻 Alpinia blepharocalyx

camaldulenic acid 赤桉酸▲ 榆 Ulmus pumila

camaldulensic acid 钝盖赤桉酸▲ 水红木 Viburnum cylindricum

camaldulenside 赤桉苷▲ 蓝桉 Eucalyptus globulus

camangeloyl acid 马缨丹当归酸▲ 马缨丹 Lantana camara

camaraside 马缨丹黄酮苷 缢苞麻花头 Serratula strangulata

camaric acid 马缨丹酸▲ 马缨丹 Lantana camara

camarinic acid 马缨丹尼酸▲ 马缨丹 Lantana camara

camarinin 马缨丹宁▲ 马缨丹 Lantana camara

camaroside 马缨丹苷▲ 马缨丹 Lantana camara

camaryolic acid 马缨丹醚酸▲ 马缨丹 Lantana camara

cambodianol 柬埔寨龙血树醇▲ 柬埔寨龙血树 Dracaena cambodiana

cambogin 柬埔寨藤黄素▲ 云树 Garcinia cowa, 莽吉柿 G. mangostana, 岭南山竹子 G. oblongifolia, 金丝李 G. paucinervis

camboginol 柬埔寨藤黄醇▲ 岭南山竹子 Garcinia oblongifolia

camelinin 亚麻荠素▲ 蔊菜 Rorippa indica

camelledionol 山茶二酮醇 山茶 Camellia japonica

camellenodiol 山茶烯二醇▲ 山茶 Camellia japonica

camellenodiol-3-*O*-(*β*-D-galactopyranosyl-(1 → 2)[*β*-D-xylopyranosyl-(1 → 2)-*β*-D-galactopyranosyl(1 → 3)]-6'-methoxy-*β*-D-glucuronopyranoside 山茶烯二醇▲-3-*O*-(*β*-D- 吡喃半乳糖基 -(1 → 2)[*β*-D- 吡喃木糖基 -(1 → 2)-*β*-D- 吡喃半乳糖基 -(1 → 3)]-6'- 甲氧基 -*β*-D- 吡喃葡萄糖醛酸苷 山茶 Camellia japonica

camellenodiol-3-*O*-4''-*O*-acetyl-*β*-D-galactopyranosyl-(1 → 2)[*β*-D-xylopyranosyl-(1 → 2)-*β*-D-galactopyranosyl-(1 → 3)]-*β*-D-glucuronopyranoside 山茶烯二醇▲-3-*O*-4''-*O*- 乙酰基 -*β*-D- 吡喃半乳糖基 -(1 → 2)[*β*-D- 吡喃木糖基 -(1 → 2)-*β*-D- 吡喃半乳糖基 -(1 → 3)]-*β*-D- 吡喃葡萄糖醛酸苷 山茶 Camellia japonica

camellenodiol-3-*O*-*β*-D-galactopyranosyl-(1 → 2)[*β*-D-xylopyranosyl-(1 → 2)-*β*-D-galactopyranosyl-(1 → 3)]-*β*-D-glucuronopyranoside 山

茶烯二醇▲-3-*O*-*β*-D- 吡喃半乳糖基 -(1 → 2)[*β*-D- 吡喃木糖基 -(1 → 2)-*β*-D- 吡喃半乳糖基 -(1 → 3)]-*β*-D- 吡喃葡萄糖醛酸苷 山茶 Camellia japonica

camelliagenin A 山茶苷元▲A 山茶 Camellia japonica, 白鼓钉 Polycarpaea corymbosa, 茅莓 Rubus parvifolius, 木荷 Schima superba

camelliagenin B 山茶苷元▲B 山茶 Camellia japonica

camelliagenin C 山茶苷元▲C 山茶 Camellia japonica, 茅莓 Rubus parvifolius

camelliagenin E 山茶苷元▲E 花荵 Polemonium caeruleum

camellianin A 山茶宁素▲A 亮叶杨桐 Adinandra nitida, 茶 Camellia sinensis, 榧树 Torreya grandis

camellianin B 山茶宁素▲B 亮叶杨桐 Adinandra nitida, 茶 Camellia sinensis

camellianoside 山茶诺苷▲ 山茶 Camellia japonica

camelliasaponin A_1, A_2, B_2, C_2 山茶皂苷 A_1, A_2, B_2, C_2 山茶 Camellia japonica

camelliasaponin B_1 山茶皂苷 B_1 山茶 Camellia japonica, 茶 C. sinensis

camelliasaponin C_1 山茶皂苷 C_1 山茶 Camellia japonica, 茶 C. sinensis

camelliaside A 山茶苷 A 油茶 Camellia oleifera, 茶 C. sinensis

camelliaside B 山茶苷 B 油茶 Camellia oleifera, 茶 C. sinensis

camelliaside C 山茶苷 C 笔管草 Equisetum ramosissimum subsp. debile, 假烟叶树 Solanum erianthum

camelliatannin A~H 山茶单宁▲A~H 山茶 Camellia japonica

camellidin I, II 山茶定▲I, II 山茶 Camellia japonica

camelliin A 山茶鞣质 A 山茶 Camellia japonica, 槲栎 Quercus aliena

camelliin B 山茶鞣质 B 山茶 Camellia japonica, 檵木 Loropetalum chinense

camellioside A, B, D, E, F 山茶萜苷▲A, B, D, E, F 山茶 Camellia japonica

camellisin A, B, C 山茶萜素▲A, B, C 茶 Camellia sinensis

cammaconine 卡乌头原碱 苍山乌头 Aconitum contortum, 丽江乌头 A. forrestii, 膝瓣乌头 A. geniculatum, 多根乌头 A. karakolicum, 贡嘎乌头 A. liljestrandii, 黄草乌 A. vilmorinianum

(-)-camoensidine (-)- 卡氏豆定碱▲ 朝鲜槐 Maackia amurensis

camoensine 卡氏豆碱▲ 虎皮楠 Daphniphyllum oldhamii

camolol; kamolol 羽脉阿魏醇▲ 托里阿魏 Ferula krylovii

camolone; kamolone 羽脉阿魏酮▲ 托里阿魏 Ferula krylovii

campanulin 风铃草素 紫斑风铃草 Campanula punctata, 牛皮杜鹃花 Rhododendron aureum

campanuloside 风铃草苷▲ 北疆风铃草 Campanula glomerata

campenoside 凌霄诺苷▲ 凌霄 Campsis grandiflora

campenoside I 凌霄诺苷▲I 臭牡丹 Clerodendrum bungei, 假连翘 Duranta erecta, 平车前 Plantago depressa

campenoside II 凌霄诺苷▲II 臭牡丹 Clerodendrum bungei, 粗壮女贞 Ligustrum robustum subsp. chinense

campest-4-en-3-one 菜油甾 -4- 烯 -3- 酮 老鼠簕 Acanthus ilicifolius, 川芎 Ligusticum sinense 'Chuanxiong'

(20*R*,24*R*)-campest-5-en-3*β*,4*β*-diol (20*R*,24*R*)- 菜油甾 -5- 烯 -3*β*,4*β*- 二醇 鸭舌草 Monochoria vaginalis

campest-5-en-3*β*-ol-7-one 油菜甾 -5- 烯 -3*β*- 醇 -7- 酮 楝 Melia azedarach

campestanol 菜油甾烷醇 大麻 Cannabis sativa, 野菊 Chrysanthemum indicum, 小粒咖啡 Coffea arabica, 湖南稗子 Echinochloa frumentacea

Δ^7-campesterol Δ^7- 菜油甾醇 栝楼 Trichosanthes kirilowii

campesterol 菜油甾醇 常见成分，至少分布于 100 种以上植物中

campesterol ferulate 阿魏酸菜油甾醇酯 稻（模式亚种）Oryza sativa

campesterol glucoside 菜油甾醇葡萄糖苷 小粒咖啡 Coffea arabica

campesterol-3-*O*-*β*-D-galactopyranoside 菜油甾醇 -3-*O*-*β*-D- 吡喃半乳糖苷 欧白英 Solanum dulcamara, 白英 S. lyratum

campesterol-3-*O*-*β*-D-glucopyranoside 菜油甾醇 -3-*O*-*β*-D- 吡喃葡萄糖苷 尼泊尔常春藤 Hedera nepalensis, 半枝莲 Scutellaria barbata, 地桃花 Urena lobata, 草本威灵仙 Veronicastrum sibiricum, 柄果槲寄生 Viscum multinerve

campesteryl glucopyranoside 菜油甾醇吡喃葡萄糖苷 椿叶花椒 Zanthoxylum ailanthoides

campesteryl glucoside 菜油甾醇葡萄糖苷 台琼海桐 Pittosporum pentandrum var. formosanum

campesteryl palmitate 菜油甾醇棕榈酸酯 东方狗脊蕨 Woodwardia orientalis

campesteryl-D-glucoside 菜油甾醇 -D- 葡萄糖苷 败酱 Patrinia scabiosifolia, 东方狗脊蕨 Woodwardia orientalis

campesteryl-D-glucoside-6'-palmitate 菜油甾醇 -D- 葡萄糖苷 -6'- 棕榈酸酯 东方狗脊蕨 Woodwardia orientalis

campestroside 平原龙胆苷▲ 大籽獐牙菜 Swertia macrosperma, 紫红獐牙菜 S. punicea

camphane 樟烷 挥发油成分，未统计基源

2-camphanone 2- 樟酮 挥发油成分，未统计基源

(+)-camphene (+)- 樟烯 挥发油成分，未统计基源

β-camphene *β*- 樟烯 挥发油成分，未统计基源

camphene 樟烯 挥发油成分，未统计基源

camphene hydrate 樟烯水合物 挥发油成分，未统计基源

camphene-2,13-diol 樟烯 -2,13- 二醇 挥发油成分，未统计基源

camphenilone 樟尼酮▲ 挥发油成分，未统计基源

campherenol 樟烯醇 挥发油成分，未统计基源

campherenone 樟烯酮▲ 挥发油成分，未统计基源

α-campholenal *α*- 樟脑烯醛 挥发油成分，未统计基源
γ-campholenal *γ*- 樟脑烯醛 挥发油成分，未统计基源
(-)-camphor (-)- 樟脑 挥发油成分，未统计基源
(+)-camphor (+)- 樟脑 挥发油成分，未统计基源
(1*R*)-camphor (1*R*)- 樟脑 挥发油成分，未统计基源
d-camphor *d*- 樟脑 挥发油成分，未统计基源
l-camphor *l*- 樟脑 挥发油成分，未统计基源
camphor 樟脑 挥发油成分，未统计基源
camphorquinone 樟脑醌 挥发油成分，未统计基源
campneoside 凌霄新苷 密蒙花 Buddleja officinalis
campneoside I 凌霄新苷 I 老鼠簕 Acanthus ilicifolius, 凌霄 Campsis grandiflora, 管花肉苁蓉 Cistanche tubulosa, 苦郎树 Clerodendrum inerme, 密生波罗花 Incarvillea compacta, 弯管列当 Orobanche cernua, 毛泡桐 Paulownia tomentosa, 海滨车前 Plantago camtschatica, 广藿香 Pogostemon cablin
campneoside II 凌霄新苷 II 广防风 Anisomeles indica, 药水苏 Betonica officinalis, 大叶醉鱼草 Buddleja davidii, 密蒙花 B. officinalis, 凌霄 Campsis grandiflora, 沙苁蓉 Cistanche sinensis, 管花肉苁蓉 C. tubulosa, 臭牡丹 Clerodendrum bungei, 密生波罗花 Incarvillea compacta, 弯管列当 Orobanche cernua, 毛泡桐 Paulownia tomentosa, 单色蝴蝶草 Torenia concolor, 马鞭草 Verbena officinalis
campsiketalin 凌霄缩酮素▲ 凌霄 Campsis grandiflora
campsinol 凌霄西醇▲ 凌霄 Campsis grandiflora
campsione 凌霄酮▲ 凌霄 Campsis grandiflora
campsiside 凌霄西苷▲ 凌霄 Campsis grandiflora
camptacumanine 喜树宁碱▲ 喜树 Camptotheca acuminata
camptacumotine 喜树亭碱▲ 喜树 Camptotheca acuminata
camptosoric acid 过山蕨酸▲ 过山蕨 Camptosorus sibiricus
camptothecine 喜树碱 尼泊尔桤木 Alnus nepalensis, 喜树 Camptotheca acuminata, 马比木 Nothapodytes pittosporoides, 短小蛇根草 Ophiorrhiza pumila
camptothin A 喜树鞣质 A 喜树 Camptotheca acuminata, 山茱萸 Cornus officinalis
camptothin B 喜树鞣质 B 喜树 Camptotheca acuminata, 山茱萸 Cornus officinalis, 丘角菱 Trapa japonica
camsibriside A 过山蕨苷▲A 苏铁蕨 Brainea insignis, 过山蕨 Camptosorus sibiricus
camsibriside A 过山蕨苷▲A 野茄 Solanum undatum
camsibriside B, C 过山蕨苷▲B, C 过山蕨 Camptosorus sibiricus
canadensissaponin 1~4 加拿大一枝黄花皂苷 1~4 毛果一枝黄花 Solidago virgaurea
canadensissaponin I, II, III, IV, V, VI, VII, VIII 加拿大一枝黄花皂苷 I, II, III, IV, V, VI, VII, VIII 加拿大一枝黄花 Solidago canadensis
(-)-canadine (-)- 白毛茛定▲ 天仙藤 Fibraurea recisa
L-canadine L- 白毛茛定▲ 亚欧唐松草 Thalictrum minus
canadine 白毛茛定▲ 白屈菜 Chelidonium majus, 地柏枝 Corydalis cheilanthifolia, 堇叶延胡索 C. fumariifolia, 刻叶紫堇 C. incisa, 蛇果黄堇 C. ophiocarpa, 石生黄堇 C. saxicola, 山延胡索 C. solida, 延胡索 C. yanhusuo
(-)-*β*-canadine methohydroxide (-)-*β*- 白毛茛定▲甲羟化物 地柏枝 Corydalis cheilanthifolia
canangafruiticoside E 小依兰苷▲E 依兰 Cananga odorata
canangaionoside 依兰香堇苷▲ 依兰 Cananga odorata
canangaterpene I, II, III, IV, V, VI 依兰萜▲I, II, III, IV, V, VI 依兰 Cananga odorata
canangone 依兰酮▲ 依兰 Cananga odorata
cananodine 依兰碱 依兰 Cananga odorata
canarigenin-3-*O*-*α*-L-rhamnopyranosyl-(1 → 5)-*O*-*β*-D-xylofuranoside 加那利毛地黄苷元▲-3-*O*-*α*-L- 吡喃鼠李糖基 -(1 → 5)-*O*-*β*-D- 呋喃木糖苷 铃兰 Convallaria majalis
canarione 加那利松萝酮▲ 金丝刷 Lethariella cladonioides
canarone 橄榄酮▲ 滇橄 Canarium strictum
canavalin 刀豆素 刀豆 Canavalia gladiata
canavalioside 刀豆萜苷▲ 刀豆 Canavalia gladiata
canavalmine 刀豆胺▲ 豌豆 Pisum sativum
canavanine 刀豆宁碱▲ 野蘑菇 Agaricus campestris, 直生刀豆 Canavalia ensiformis, 刀豆 C. gladiata
candibirin A~H 白亮独活二聚素▲A~H 白亮独活 Heracleum candicans
candicanin 白亮独活素 白亮独活 Heracleum candicans
candicine 白毛花柱碱▲ 大叶山蚂蝗 Desmodium gangeticum, 单叶木蓝 Indigofera linifolia, 黄檗 Phellodendron amurense, 簕欓花椒 Zanthoxylum avicennae
candicopimaric acid 白亮独活海松酸▲ 白亮独活 Heracleum candicans
candidamide A, B 葱兰酰胺▲A, B 葱莲 Zephyranthes candida
candidoside 单条草苷 泽珍珠菜 Lysimachia candida, 细梗香草 L. capillipes, 矮桃 L. clethroides
candidoside A 单条草苷 A 泽珍珠菜 Lysimachia candida
candinol A, B, C 白亮独活酚▲A, B, C 白亮独活 Heracleum candicans

candinoside A~D 白亮独活苷▲A~D 白亮独活 Heracleum candicans
canditetrarin A, B 白亮独活四聚素▲A, B 白亮独活 Heracleum candicans
canditririn A~E 白亮独活三聚素▲A~E 白亮独活 Heracleum candicans
candol A 白毒马草醇▲A 台湾穗花杉 Amentotaxus formosana
candol B 白毒马草醇▲B 台湾穗花杉 Amentotaxus formosana, 越南巴豆 Croton kongensis
canescein 灰毛糖芥苷 灰毛糖芥 Erysimum canescens
canesceol 灰毛糖芥醇▲ 铃兰 Convallaria majalis
canescine 灰毛萝芙木辛碱▲ 吊罗山萝芙木 Rauvolfia tiaolushanensis
cangorinine E-I 冬青叶美登木瑞宁▲E-I 昆明山海棠 Tripterygium hypoglaucum, 雷公藤 T. wilfordii
cangoronine 冬青叶美登木宁▲ 昆明山海棠 Tripterygium hypoglaucum, 雷公藤 T. wilfordii
canin 银灰蒿宁▲ 艾 Artemisia argyi, 魁蒿 A. princeps, 短舌匹菊 Pyrethrum parthenium
caniojane 大齿麻疯树烷▲ 麻疯树 Jatropha curcas
cannabichromene 大麻色烯▲ 大麻 Cannabis sativa
cannabichromeorcin 大麻色烯苔黑素▲ 烈香杜鹃花 Rhododendron anthopogonoides
cannabichromeorcinic acid 大麻色烯苔黑酸▲ 樱草杜鹃 Rhododendron primuliflorum
cannabicitran 大麻柠檬烷▲ 大麻 Cannabis sativa
cannabicyclol 大麻环酚 大麻 Cannabis sativa
cannabidihydrophenanthrene 美人蕉二氢菲▲ 石仙桃 Pholidota chinensis
cannabidiol 大麻二酚 大麻 Cannabis sativa
cannabidivarin 大麻二酚灵▲ 大麻 Cannabis sativa
cannabidivarol 大麻二洛酚▲ 大麻 Cannabis sativa
cannabielsoin 大麻别素▲ 大麻 Cannabis sativa
trans-cannabifolactone A 反式-麻叶千里光内酯 A 千里光 Senecio scandens
cannabifolin A~G 牡荆叶素▲A~G 牡荆 Vitex negundo var. cannabifolia
cannabigerol 大麻香叶酚▲ 大麻 Cannabis sativa
cannabigerolic acid 大麻香叶酚酸▲ 大麻 Cannabis sativa
cannabiglendol 大麻格伦醇▲ 大麻 Cannabis sativa
cannabilactone A 麻叶千里光内酯 A 麻叶千里光 Senecio cannabifolius, 全叶千里光 S. cannabifolius var. integrifolius
cannabiloid B 麻叶千里光碱 B 麻叶千里光 Senecio cannabifolius
cannabinol 大麻酚 大麻 Cannabis sativa
cannabiorcichromenic acid 大麻苔黑色烯酸▲ 烈香杜鹃花 Rhododendron anthopogonoides
cannabiorcicyclolic acid 大麻苔黑环酸▲ 髯花杜鹃 Rhododendron anthopogon, 烈香杜鹃花 R. anthopogonoides
cannabisativine 大麻碱 大麻 Cannabis sativa
cannabiscitrin 大麻槿素▲ 黄蜀葵 Abelmoschus manihot, 背扁黄耆 Astragalus complanatus
cannabiside B, C, E 麻叶千里光苷 B, C, E 麻叶千里光 Senecio cannabifolius
cannabiside D 麻叶千里光苷 D 地黄连 Munronia sinica, 麻叶千里光 Senecio cannabifolius
cannabisin A 大麻素▲A 大麻 Cannabis sativa
cannabisin B 大麻素▲B 番杏 Tetragonia tetragonoides
cannabisin D 大麻素▲D 洋金花 Datura metel, 天仙子 Hyoscyamus niger, 茄 Solanum melongena
cannabisin E 大麻素▲E 洋金花 Datura metel, 天仙子 Hyoscyamus niger
cis-cannabisin E 顺式-大麻素 E 洋金花 Datura metel, 天仙子 Hyoscyamus niger
cannabisin F 大麻素▲F 洋金花 Datura metel, 茄 Solanum melongena
cannabisin G 大麻素▲G 洋金花 Datura metel, 天仙子 Hyoscyamus niger, 茄 Solanum melongena
cannabisin K 大麻素▲K 天仙子 Hyoscyamus niger
cannabisin L 大麻素▲L 洋金花 Datura metel, 天仙子 Hyoscyamus niger
cannabispiran 大麻螺烷▲ 大麻 Cannabis sativa
β-cannabispiranol *β*-大麻螺烷醇▲ 大麻 Cannabis sativa
cannabispirone 大麻螺酮 大麻 Cannabis sativa
(+)-cannabitriol (+)-大麻三醇▲ 大麻 Cannabis sativa
cannabivarol 大麻洛酚▲ 大麻 Cannabis sativa
cannflavin A, B 大麻黄素▲A, B 大麻 Cannabis sativa
canniprene 大麻烯 大麻 Cannabis sativa
cannogenic acid-*α*-L-thevetoside 印第安麻苷元酸▲-*α*-L-黄花夹竹桃糖苷 黄花夹竹桃 Thevetia peruviana
cannogenol 印第安麻苷元醇▲ 见血封喉 Antiaris toxicaria
cannogenol-3-*O*-6'-deoxy-*β*-D-allosido-*α*-L-rhamnoside 印第安麻苷元醇▲-3-*O*-6'-脱氧-*β*-D-阿洛糖苷-*α*-L-鼠李糖苷 铃兰 Convallaria majalis
cannogenol-3-*O*-6'-deoxy-*β*-D-allosido-*β*-D-glucoside 印第安麻苷元醇▲-3-*O*-6'-脱氧-*β*-D-阿洛糖苷-*β*-D-葡萄糖苷 铃兰 Convallaria majalis
cannogenol-3-*O*-*α*-L-rhamnopyranoside 印第安麻苷元醇▲-3-*O*-*α*-L-吡喃鼠李糖苷 见血封喉 Antiaris toxicaria

cannogenol-3-*O*-*β*-D-galactopyranosyl-(1 → 4)-*O*-*α*-L-rhamnopyranoside 印第安麻苷元醇▲-3-*O*-*β*-D- 吡喃半乳糖基 -(1 → 4)-*O*-*α*-L- 吡喃鼠李糖苷 毗黎勒 Terminalia bellirica

canophyllal 海棠果醛 红厚壳 Calophyllum inophyllum, 蓝萼毛叶香茶菜 Isodon japonicus var. glaucocalyx, 变叶美登木 Maytenus diversifolia, 昆明山海棠 Tripterygium hypoglaucum, 雷公藤 T. wilfordii

canophyllalic acid 海棠果酮酸 红厚壳 Calophyllum inophyllum, 雷公藤 Tripterygium wilfordii

canophyllic acid 海棠果酸 红厚壳 Calophyllum inophyllum, 卷柏 Selaginella tamariscina

canophyllol 海棠果醇 红厚壳 Calophyllum inophyllum, 薄叶红厚壳 C. membranaceum, 山茶 Camellia japonica, 青江藤 Celastrus hindsii, 灯油藤 C. paniculatus, 榕树 Ficus microcarpa, 大叶藤黄 Garcinia xanthochymus, 密花美登木 Maytenus confertiflora, 变叶美登木 M. diversifolia, 杨梅 Myrica rubra, 墓头回 Patrinia heterophylla

canthaxanthin 鸡油菌黄质 雨生红球藻 Haematococcus pluvialis, 红盘衣 Ophioparma ventosa

canthic acid 鱼骨木酸▲ 鱼骨木 Canthium dicoccum

canthin-16-one-14-butyric acid 铁屎米 -16- 酮 -14- 丁酸 苦树 Picrasma quassioides

canthin-6-one 铁屎米 -6- 酮 臭椿 Ailanthus altissima, 岭南臭椿 A. triphysa, 柔毛鸦胆子 Brucea mollis, 黄檗 Phellodendron amurense, 川黄檗 P. chinense, 常绿苦树 Picrasma javanica, 苦树 P. quassioides, 绿红菇 Russula virescens, 异叶花椒 Zanthoxylum ovalifolium, 川陕花椒 Z. piasezkii

canthin-6-one-3-oxide 铁屎米 -6- 酮 -3- 氧化物 臭椿 Ailanthus altissima, 岭南臭椿 A. triphysa

canthin-6-one-*N*-oxide 铁屎米 -6- 酮 -*N*- 氧化物 柔毛鸦胆子 Brucea mollis

canthoside A 鱼骨木苷▲A 海滨木巴戟 Morinda citrifolia, 西伯利亚远志 Polygala sibirica

canthoside C 鱼骨木苷▲C 伯乐树 Bretschneidera sinensis, 无翅猪毛菜 Salsola komarovii

cantleyine 坎氏木碱▲ 糖胶树 Alstonia scholaris, 川续断 Dipsacus asperoides, 蓬莱葛 Gardneria multiflora, 华马钱 Strychnos cathayensis, 毛柱马钱 S. nitida, 马钱子 S. nux-vomica

cantleyoside 香茶茱萸苷 川续断 Dipsacus asperoides, 裂叶翼首花 Pterocephalus bretschneideri, 日本蓝盆花 Scabiosa japonica

cantonienol 广东蛇葡萄醇▲ 广东蛇葡萄 Ampelopsis cantoniensis

canusesnol A~J 辣椒倍半萜醇▲A~J 辣椒 Capsicum annuum

caohuoside A, C~F 朝藿苷 A, C~F 朝鲜淫羊藿 Epimedium koreanum

capauridine 金紫堇定▲ 黄堇 Corydalis pallida

capaurimine 金紫堇明碱▲ 黄堇 Corydalis pallida, 珠果黄堇 C. speciosa

(-)-capaurine (-)- 金紫堇碱▲ 天仙藤 Fibraurea recisa

l-capaurine *l*- 金紫堇碱▲ 广西地不容 Stephania kwangsiensis, 小花地不容 S. micrantha

capaurine 金紫堇碱▲ 刻叶紫堇 Corydalis incisa, 黄堇 C. pallida, 珠果黄堇 C. speciosa, 西藏地不容 Stephania glabra

capaurine methyl ether 金紫堇碱▲甲醚 黄堇 Corydalis pallida

capillaridin A~H 茵陈蒿定▲A~H 茵陈蒿 Artemisia capillaris

capillarin 茵陈素 茵陈蒿 Artemisia capillaris, 龙蒿 A. dracunculus, 黑沙蒿 A. ordosica

capillarisin 茵陈色原酮 茵陈蒿 Artemisia capillaris, 牡蒿 A. japonica, 猪毛蒿 A. scoparia, 野火球 Trifolium lupinaster

capillarol 茵陈蒿酚▲ 茵陈蒿 Artemisia capillaris

capillartemisin A 茵陈蒿素 A 茵陈蒿 Artemisia capillaris

capillartemisin B 茵陈蒿素 B 茵陈蒿 Artemisia capillaris, 猪毛蒿 A. scoparia

capillene 茵陈二炔 茵陈蒿 Artemisia capillaris

capillin 茵陈二炔酮 茵陈蒿 Artemisia capillaris

capilliplactone 细梗香草内酯 锁阳 Cynomorium songaricum, 细梗香草 Lysimachia capillipes

capillipnin 细梗香草素▲ 细梗香草 Lysimachia capillipes

capilliposide I, II, A~H, J, K, L 细梗香草苷▲I, II, A~H, J, K, L 细梗香草 Lysimachia capillipes

capillirol B 铁线蕨萜醇 B 铁线蕨 Adiantum capillus-veneris

capillirone 铁线蕨萜酮 铁线蕨 Adiantum capillus-veneris

8-*C*-apiofuranosyl-(1 → 6)-glucopyranosyldaidzein 8-*C*- 吡喃芹糖基 -(1 → 6)- 吡喃葡萄糖基大豆苷元 葛 Pueraria montana var. lobata

8-*C*-apiofuranosyl-(1 → 6)-glucopyranosyldaidzin 8-*C*- 吡喃芹糖基 -(1 → 6)- 吡喃葡萄糖基大豆苷 葛 Pueraria montana var. lobata

8-*C*-apiofuranosyl-(1 → 6)-glucopyranosylgenistin 8-*C*- 吡喃芹糖基 -(1 → 6)- 吡喃葡萄糖基染料木苷 葛 Pueraria montana var. lobata

capitasterone 头花杯苋甾酮 头花杯苋 Cyathula capitata, 苍白秤钩风 Diploclisia glaucescens, 金铁锁 Psammosilene tunicoides

capitatin 头花杜鹃素 大叶芸香 Haplophyllum perforatum, 头花杜鹃 Rhododendron capitatum

capitellataquinone A~D 头状花耳草醌▲A~D 头状花耳草 Hedyotis capitellata

capitelline 头状花耳草碱▲ 头状花耳草 Hedyotis capitellata

capitulatin A, B 大叶仙茅汀 A, B 大叶仙茅 Curculigo capitulata

capituloside 大叶仙茅苷 短葶仙茅 Curculigo breviscapa, 大叶仙茅 C. capitulata

capnoidine 咖诺定 夏天无 Corydalis decumbens, 稀花黄堇 C. dubia

capnolactone 烟叶芹内酯▲ 细叶黄皮 Clausena anisum-olens

cappaprenol 12, 13, 14 山柑异戊烯醇▲12, 13, 14 山柑 Capparis spinosa

capparidisine 老鼠瓜辛▲ 青皮刺 Capparis sepiaria

cappariloside A, B 老鼠瓜苷 A, B 山柑 Capparis spinosa

capparispine 刺山柑碱 山柑 Capparis spinosa

capparispine-26-*O*-*β*-D-glucoside 刺山柑碱 -26-*O*-*β*-D- 葡萄糖苷 山柑 Capparis spinosa
caprarioside 牧羊草苷▲ 火焰花 Phlogacanthus curviflorus
capric acid 羊蜡酸 挥发油成分，未统计基源
n-capric acid 正羊蜡酸 挥发油成分，未统计基源
capric aldehyde; capraldehyde 羊蜡醛 挥发油成分，未统计基源
caproic acid 羊油酸 挥发油成分，未统计基源
2-caproic aldehyde 2- 己醛 赤松 Pinus densiflora
caprolactam 己内酰胺 大叶补血草 Limonium gmelinii, 地桃花 Urena lobata
caproylbinankadsurin A 己酰日本南五味子素▲A 日本南五味子 Kadsura japonica
caprylic acid 羊脂酸 挥发油成分，未统计基源
capsaicin 辣椒素 辣椒 Capsicum annuum, 小米辣 C. frutescens, 蘘荷 Zingiber mioga
capsaicin-*β*-D-glucopyranoside 辣椒素 -*β*-D- 吡喃葡萄糖苷 辣椒 Capsicum annuum
(3*R*,3'*S*,5'*R*)-capsanthin (3*R*,3'*S*,5'*R*)- 辣椒红 山丹 Lilium pumilum
capsanthin 辣椒红素 石刁柏 Asparagus officinalis, 美国凌霄 Campsis radicans, 辣椒 Capsicum annuum
capsanthin-3,6-epoxide 辣椒红素 -3,6- 环氧化物 辣椒 Capsicum annuum
capsanthin-5,6-epoxide 辣椒红素 -5,6- 环氧化物 石刁柏 Asparagus officinalis
capsanthin-dilaurate 辣椒红素 - 双月桂酸酯 辣椒 Capsicum annuum
capsanthin-dipalmitate 辣椒红素 - 二棕榈酸酯 辣椒 Capsicum annuum
capsanthin-laurate 辣椒红素 - 月桂酸酯 辣椒 Capsicum annuum
capsanthin-laurate-myristate 辣椒红素 - 月桂酸酯 - 肉豆蔻酸酯 辣椒 Capsicum annuum
capsanthin-laurate-palmitate 辣椒红素 - 月桂酸酯 - 棕榈酸酯 辣椒 Capsicum annuum
capsanthin-myristate 辣椒红素 - 肉豆蔻酸酯 辣椒 Capsicum annuum
capsanthin-myristate-palmitate 辣椒红素 - 肉豆蔻酸酯 - 棕榈酸酯 辣椒 Capsicum annuum
capsanthin-palmitate 辣椒红素 - 棕榈酸酯 辣椒 Capsicum annuum
capsanthin-palmitate-myristate 辣椒红素 - 棕榈酸酯 - 肉豆蔻酸酯 辣椒 Capsicum annuum
capsanthone 辣椒酮 辣椒 Capsicum annuum
capsanthone-3,6-epoxide 辣椒酮 -3,6- 环氧化物 辣椒 Capsicum annuum
capsianoside 辣椒萜苷 I, II, III, IV, V, VI, VIII, IX, X, XI, XIII, XIV, XV, XVI, XVII, A~H, L 辣椒 Capsicum annuum
capsianoside I methyl ester 辣椒萜苷 I 甲酯 辣椒 Capsicum annuum
capsicastrine 珊瑚豆碱 珊瑚豆 Solanum pseudocapsicum var. diflorum
capsicastrine acetate 珊瑚豆碱乙酸酯 珊瑚豆 Solanum pseudocapsicum var. diflorum
capsicoside V methyl ester 辣椒苷 V 甲酯 辣椒 Capsicum annuum
capsicoside 辣椒苷 A, A_1, A_2, A_3, B, B_1, B_2, B_3, C, C_1, C_2, C_3, D, D_1, E_1 辣椒 Capsicum annuum
capsicuoside A 辣椒黄酮苷 A 辣椒 Capsicum annuum
capsidiol 辣椒二醇 辣椒 Capsicum annuum
capsimine 珊瑚豆明碱 珊瑚豆 Solanum pseudocapsicum var. diflorum
capsimine-3-*O*-*β*-D-glucopyranoside 珊瑚豆明碱 -3-*O*-*β*-D- 吡喃葡萄糖苷 珊瑚豆 Solanum pseudocapsicum var. diflorum
capsin 黄麻素▲ 黄麻 Corchorus capsularis
(3*S*,5*R*,3'*S*,5'*R*)-capsorubin (3*S*,5*R*,3'*S*,5'*R*)- 辣椒玉红素 山丹 Lilium pumilum
capsorubin 辣椒玉红素 石刁柏 Asparagus officinalis, 辣椒 Capsicum annuum
capsorubin-dimyristate 辣椒玉红素 - 二肉豆蔻酸酯 辣椒 Capsicum annuum
capsorubin-laurate 辣椒玉红素 - 月桂酸酯 辣椒 Capsicum annuum
capsorubin-laurate-myristate 辣椒玉红素 - 月桂酸盐 - 肉豆蔻酸酯 辣椒 Capsicum annuum
capsorubin-myristate 辣椒玉红素 - 肉豆蔻酸酯 辣椒 Capsicum annuum
capsorubin-myristate-palmitate 辣椒玉红素 - 肉豆蔻酸酯 - 棕榈酸酯 辣椒 Capsicum annuum
capsugenin-25,30-*O*-*β*-D-diglucopyranoside 黄麻素苷元▲-25,30-*O*-*β*-D- 二吡喃葡萄糖苷 黄麻 Corchorus capsularis, 长蒴黄麻 C. olitorius
capsugenin-30-*O*-*β*-D-glucopyranoside 黄麻素苷元▲-30-*O*-*β*-D- 吡喃葡萄糖苷 黄麻 Corchorus capsularis
(±)-car-3-ene-2,5-dione (±)-3- 蒈烯 -2,5- 二酮 汉城细辛 Asarum sieboldii
6-*C*-arabinopyranosyl-8-*C*-glucopyranosylapigenin 6-*C*- 吡喃阿拉伯糖基 -8-*C*- 葡萄糖基芹菜苷元 毛相思子 Abrus mollis
6-*C*-arabinosyl-8-C-glucosylapigenin 6-*C*- 阿拉伯糖基 -8-*C*- 葡萄糖基芹菜苷元 漆姑草 Sagina japonica
carabrol 天名精内酯醇 天名精 Carpesium abrotanoides, 烟管头草 C. cernuum, 大花金挖耳 C. macrocephalum
carabrol isovalerate 天名精内酯醇异戊酸酯 高原天名精 Carpesium lipskyi
carabrolactone A, B 天名精内酯▲A, B 天名精 Carpesium abrotanoides
carabrone 天名精内酯酮 天名精 Carpesium abrotanoides, 烟管头草 C. cernuum, 大花金挖耳 C. macrocephalum, 土木香 Inula helenium, 水朝阳旋覆花 I. helianthusaquatilis, 湖北旋覆花 I. hupehensis
caraganaphenol A 锦鸡儿苯酚▲A 锦鸡儿 Caragana sinica
caraganin A, B 锦鸡儿素 A, B 小叶锦鸡儿 Caragana microphylla
caraganoside A, B 锦鸡儿苷 A, B 柠条锦鸡儿 Caragana korshinskii
caraganoside C, D 锦鸡儿苷 C, D 小叶锦鸡儿 Caragana microphylla

caragaphenol A 狭叶锦鸡儿苯酚▲A 狭叶锦鸡儿 Caragana stenophylla
caragasinin A, B 锦鸡儿宁▲A, B 锦鸡儿 Caragana sinica
carainterol A 柠条醇 A 一年蓬 Erigeron annuus, 鹿蹄橐吾 Ligularia hodgsonii, 东俄洛橐吾 L. tongolensis
carapanaubine 卡拉帕白坚木碱▲ 长春花 Catharanthus roseus
caraphenol A, B, C 锦鸡儿酚▲A, B, C 锦鸡儿 Caragana sinica
cararosin A 红花锦鸡儿素▲A 红花锦鸡儿 Caragana rosea
cararosinol A 红花锦鸡儿醇 A 红花锦鸡儿 Caragana rosea, 锦鸡儿 C. sinica
cararosinol B, C, D 红花锦鸡儿酚 B, C, D 红花锦鸡儿 Caragana rosea
carasinaurone 锦鸡儿橙酮▲ 锦鸡儿 Caragana sinica
carasinol A~D 锦鸡儿西酚▲A~D 锦鸡儿 Caragana sinica
carasiphenol A~D 锦鸡儿新酚▲A~D 锦鸡儿 Caragana sinica
carayensin A, B, C 山核桃素▲A, B, C 山核桃 Carya cathayensis
carbalexin A 山小橘咔唑抗素▲A 小花山小橘 Glycosmis parviflora, 山小橘 G. pentaphylla
carbalexin B, C 山小橘咔唑抗素▲B, C 小花山小橘 Glycosmis parviflora
1-carbamoylpyrrolidin-2-one 1- 氨基甲酰吡咯 -2- 酮 夜香树 Cestrum nocturnum, 暗罗 Polyalthia suberosa
1-carbamoyl-β-carboline 1- 氨基甲酰基 -β- 咔啉 臭椿 Ailanthus altissima, 岭南臭椿 A. triphysa
carbazole 咔唑 山小橘 Glycosmis pentaphylla
carbazole-3-carboxylic acid 咔唑 -3- 羧酸 调料九里香 Murraya koenigii
carbazole-3-carboxylic acid methyl ester 咔唑 -3- 羧酸甲酯 假黄皮 Clausena excavata
carbazomarin A 假黄皮咔唑香豆素▲A 假黄皮 Clausena excavata
9-carbethoxy-3-methylcarbazole 9- 乙氧羰基 -3- 甲基咔唑 调料九里香 Murraya koenigii
1-carbobutoxy-β-carboline 1- 丁氧羰基 -β- 咔啉 远志 Polygala tenuifolia
1'-carboethoxy-1'-cyano-1,2-dihydro-[1,2]cycloprop-cholest-3-one 1'- 乙氧甲酰基 -1'- 氰基 -1,2- 二氢 -[1,2] 环丙 - 胆甾 -3- 酮 小驳骨 Justicia gendarussa
4-carboethoxy-6-hydroxy-2-quinolone 4- 羰乙氧基 -6- 羟基 -2- 喹诺酮 稻（模式亚种）Oryza sativa
1-carboethoxy-β-carboline 1- 乙氧羰基 -β- 咔啉 远志 Polygala tenuifolia
β-carbolin-1-(4,8-dimethoxy-β-carbolin)-1-ethylketone β- 咔啉 -1-(4,8- 二甲氧基 -β- 咔啉)-1- 乙基甲酮 苦树 Picrasma quassioides
β-carbolin-1-[3-(4,8-dimethoxy-β-carbolin)]-1-methoxypropylketone β- 咔啉 -1-[3-(4,8- 二甲氧基 -β- 咔啉)]-1- 甲氧基丙基甲酮 苦树 Picrasma quassioides
4-(9H-β-carbolin-1-yl)-4-oxo-butyric acid 4-(9H-β- 咔啉 -1- 基)-4- 氧代丁酸 阿尔泰银莲花 Anemone altaica
β-carboline β- 咔啉 长春花 Catharanthus roseus, 藏波罗花 Incarvillea younghusbandii, 骆驼蓬 Peganum harmala, 虎掌 Pinellia pedatisecta, 苏门答腊萝芙木 Rauvolfia sumatrana
β-carboline-1-propionic acid β- 咔啉 -1- 丙酸 臭椿 Ailanthus altissima, 岭南臭椿 A. triphysa, 柔毛鸦胆子 Brucea mollis, 苦树 Picrasma quassioides
β-carboline-3-propionic acid β- 咔啉 -3- 丙酸 苦树 Picrasma quassioides
2-carbomethoxy-1,4-dihydroxy-3-prenylnaphthalene-1,4-O-β-D-glucopyranoside 2- 甲氧羰基 -1,4- 二羟基 -3- 异戊烯基萘 -1,4-O-β-D- 吡喃葡萄糖苷 茜草 Rubia cordifolia
2-carbomethoxy-2,3-epoxy-3-prenyl-1,4-naphthaquinone 2- 甲氧羰基 -2,3- 环氧 -3- 异戊烯基 -1,4- 萘醌 茜草 Rubia cordifolia
4'-carbomethoxy-2'-hydroxyphenylferulate 4'- 甲氧羰基 -2'- 羟基苯基阿魏酸酯 罗勒 Ocimum basilicum
2-carbomethoxy-3-(3'-hydroxy)isopentyl-1,4-naphthohydroquinone-4-O-β-glucopyranoside 2- 甲氧羰基 -3-(3'- 羟基) 异戊烯基 -1,4- 萘氢醌 -4-O-β- 吡喃葡萄糖苷 茜草 Rubia cordifolia
2-carbomethoxy-3-hydroxy-1,4-naphthoquinone 2- 甲氧羰基 -3- 羟基 -1,4- 萘醌 茜草 Rubia cordifolia
2-carbomethoxy-3-prenyl-1,4-naphthohydroquinone-1,4-di-O-β-D-glucopyranoside 2- 甲氧羰基 -3- 异戊烯基 -1,4- 萘氢醌 -1,4- 二 -O-β-D- 吡喃葡萄糖苷 东南茜草 Rubia argyi
2-carbomethoxy-3-prenyl-1,4-naphthohydroquinone-di-β-D-glucopyranoside 2- 甲氧羰基 -3- 异戊烯基 -1,4- 萘氢醌 - 二 -β-D- 吡喃葡萄糖苷 茜草 Rubia cordifolia
4-carbomethoxy-7β,8α-dihydroxy-8β-methyl-1β-D-glucopyranosidyl iridoid 4- 甲氧羰基 -7β,8α- 二羟基 -8β- 甲基 -1β-D- 吡喃葡萄糖苷基环烯醚萜 黄花假杜鹃 Barleria prionitis
2-carbomethoxy-9,10-anthraquinone 2- 甲氧羰基 -9,10- 蒽醌 肥牛草 Primulina hedyotidea, 紫参 Rubia yunnanensis
1-carbomethoxy-carboline 1- 甲氧甲酰咔啉 羊乳 Codonopsis lanceolata
2-carbomethoxyfuromollugin 2- 甲氧羰基呋喃粟猪殃殃素 钩毛茜草 Rubia oncotricha
1-carbomethoxy-β-carboline 1- 甲酯基 -β- 咔啉 岭南臭椿 Ailanthus triphysa, 鸭跖草 Commelina communis
carbon disulfide 二硫化碳 草莓 Fragaria × ananassa
7-carbony-12-hydroxydehydroabietane 7- 羰基 -12- 羟基去氢冷杉烷 南丹参 Salvia bowleyana
3-carbonyl oleanolic acid 3- 羰基齐墩果酸 半枫荷 Semiliquidambar cathayensis
ent-2-carbonyl-16α-hydroxy-kauran-17-β-D-glucoside 对映 -2- 羰基 -16α- 羟基 - 贝壳杉 -17-β-D- 葡萄糖苷 山莓 Rubus corchorifolius
19*R*-carbonyl-25-dimethoxy-5β-5,19-epoxycucrbita-6,23-dien-3-ol-3-O-β-D-glucopyranoside 19*R*- 羰基 -25- 二甲氧基 -5β-5,19- 环氧葫芦 -6,23- 二烯 -3- 醇 -3-O-β-D- 吡喃葡萄糖苷 苦瓜 Momordica charantia
3'''-carbonyl-2''-β-L-quinovosylicariside II 3'''- 羰基 -2''-β-L- 奎诺糖基淫羊藿次苷 II 朝鲜淫羊藿 Epimedium koreanum

3-oxo-4-androstene-17β-carboxylic acid 3- 氧代 -4- 雄甾烯 -17β- 羧酸 帘子藤 Pottsia laxiflora

4-carbonyl-rengyol 4- 羰基 - 连翘醇 木蝴蝶 Oroxylum indicum

2-carbonylscutebarbatine A 2- 羰基半枝莲碱 A 半枝莲 Scutellaria barbata

7-carbonyl-β-daucosterol 7- 羰基 -β- 胡萝卜苷 有齿鞘柄木 Toricellia angulata var. intermedia

7-carbonyl-β-sitosterone 7- 羰基 -β- 谷甾酮 密花豆 Spatholobus suberectus

[1S-(1α,2β,4aβ,8aα)]-5-carboxy-1,2,3,4,4a,7,8,8a-octahydro-1,2,4a-trimethyl-1-naphthaleneacetic acid [1S-(1α,2β,4aβ,8aα)]-5- 羧基 -1,2,3,4,4a,7,8,8a- 八氢 -1,2,4a- 三甲基 -1- 萘乙酸 蓝花楹 Jacaranda mimosifolia

3-carboxy-1,2,3,4-tetrahydro-β-carboline 3- 羧基 -1,2,3,4- 四氢 -β- 咔啉 蒲公英 Taraxacum mongolicum

L-3-carboxy-1,2,3,4-tetrahydro-β-carboline L-3- 羧基 -1,2,3,4- 四氢 -β- 咔啉 刺五加 Eleutherococcus senticosus

(4β)-17-carboxy-16α,24-dihydroxy-28-norolean-12-en-3β-O-β-D-glucopyranosiduronic acid methyl ester (4β)-17- 羧基 -16α,24- 二羟基 -28- 降齐墩果 -12- 烯 -3β-O-β-D- 吡喃葡萄糖醛酸甲酯 夏枯草 Prunella vulgaris

(4β)-17-carboxy-16α,24-dihydroxy-28-norolean-12-en-3β-O-β-D-xylopyranosyl-(1 → 4)-β-D-glucopyranosiduronic acid (4β)-17- 羧基 -16α,24- 二羟基 -28- 降齐墩果 -12- 烯 -3β-O-β-D- 吡喃木糖基 -(1 → 4)-β-D- 吡喃葡萄糖醛酸 夏枯草 Prunella vulgaris

4β-carboxy-17-hydroxy-19-nortotarol 4β- 羧基 -17- 羟基 -19- 降新西兰罗汉松酚▲ 短叶罗汉松 Podocarpus macrophyllus var. maki, 台湾罗汉松 P. nakaii

4β-carboxy-19-nortotarol 4β- 羧基 -19- 降新西兰罗汉松酚▲ 竹柏 Nageia nagi, 罗汉松 Podocarpus macrophyllus

(E)-3-[3-[1-carboxy-2-(3,4-dihydroxyphenyl)ethoxycarbonyl]-7-hydroxy-2-(3,4-dihydroxyphenyl)benzofuran-5-yl]propenoic acid (E)-3-[3-[1- 羧基 -2-(3,4- 二羟基苯) 乙氧羰基]-7- 羟基 -2-(3,4- 二羟基苯基) 苯并呋喃 -5- 基] 丙烯酸 裂叶荆芥 Nepeta tenuifolia

1-carboxy-2-(3,4-dihydroxyphenyl)ethyl-(E)-3-[3-[1-methyoxycarbonyl-2-(3,4-dihydroxyphenyl)ethyoxycarbonyl]-7-hydroxy-2-(3,4-dihydroxyphenyl)-benzofuran-5-yl]propenoatel 1- 羧基 -2-(3,4- 二羟基) 乙基 - 反式 -3-{3-[1- 甲氧羰基 -2-(3,4- 二羟基苯基)- 乙氧羰基]-7- 羟基 -2-(3,4- 二羟基苯基) 苯并呋喃 -5- 基 } 丙烯酸酯 裂叶荆芥 Nepeta tenuifolia

1-carboxy-2-(3,4-ditydroxyphenyl)ethyl-(E)-3-{3-hydroxy-4-[(E)-1-methoxycarbony-2-(3,4-di hydroxyphenyl) ethenoxy]} propenoate 1- 羧基 -2-(3,4- 二羟基苯基)- 乙基 -(E)-3-{3- 羟基 -4-[(E)-1- 甲氧羰基 -2-(3,4- 二羟基苯基)- 乙烯氧基]} 丙烯酸酯 裂叶荆芥 Nepeta tenuifolia

5-carboxy-2,2':5',2''-terthiophene 2,2':5',2''- 三噻吩 -5- 酸 鳢肠 Eclipta prostrata

8-[(5-carboxy-2,9-epoxy)benzyl]-2,5-dihydroxy-1,1,4α,7,8-pentamethyl-1,2,3,4,4α,6,7,8,9,10,10α-dodecahydrophenanthrene 8-[(5- 羧基 -2,9- 环氧) 苄基]-2,5- 二羟基 -1,1,4α,7,8- 五甲基 -1,2,3,4,4α,6,7,8,9,10,10α- 十二氢化三菲 地木耳 Nostoc commune

4-[3-[l-carboxy-2-[2-(3,4-dihydroxyhenyl)-2,3-dihydro-7-hydroxybenzofuran-3-carboxylic acid-l-carboxy-2-(3,4-dihydroxyphenyl)ethylester] ethoxy]-3-oxo-1-propenyl]-2-(3,4-dihydroxyphenyl)-2,3-dihydro-7-hydroxybenzofuran-3-carboxylic acid-l-carboxy-2-(3,4-dihydroxyphenyl) ethyl ester 4-[3-[l- 羧基 -2-[2-(3,4- 二羟基苯基)-2,3- 二氢 -7- 羟基苯并呋喃 -3- 羧酸 -l- 羧基 -2-(3,4- 二羟基苯基) 乙酯] 乙氧基]-3- 氧代 -1- 丙烯基]-2-(3,4- 二羟基苯基)-2,3- 二氢 -7- 羟基苯并呋喃 -3- 羧酸 -l- 羧基 -2-(3,4- 二羟基苯基) 乙酯 青江藤 Celastrus hindsii

(4β)-20α-carboxy-22,23β-dihydroxy-30-norolean-12-en-3β-O-rhamnopyranosyl-(1 → 2)-O-β-D-glucopyranosyl-(1 → 4)-β-D-glucopyranosiduronic acid (4β)-20α- 羧基 -22,23β- 二羟基 -30- 去甲基齐墩果 -12- 烯 -3β-O- 吡喃鼠李糖基 -(1 → 2)-O-β-D- 吡喃葡萄糖基 -(1 → 4)-β-D- 吡喃葡萄糖醛酸 小花棘豆 Oxytropis glabra

3β-17-carboxy-28-norolean-12-en-3-O-β-D-galactopyranosyl-(1 → 3)-O-β-D-glucopyranosyl-(1 → 4)-β-D-glucopyranosiduronic acid 3β-17- 羧基 -28- 降齐墩果 -12- 烯 -3-O-β-D- 吡喃半乳糖基 -(1 → 3)-O-β-D- 吡喃葡萄糖基 -(1 → 4)-β-D- 吡喃葡萄糖醛酸苷 金盏花 Calendula officinalis

(3β)-17-carboxy-28-norolean-12-en-3-O-β-D-galactopyranosyl-β-D-glucopyranosidu-ronic acid-6-butyl ester (3β)-17- 羰基 -28- 降齐墩果 -12- 烯 -3-O-β-D- 吡喃半乳糖基 -β-D- 葡糖醛酸苷 -6- 丁酯 野楤头 Aralia armata

17-carboxy-28-norolean-12-en-3β-O-α-L-arabinofuranosyl-(1 → 4)-O-[β-D-galactopyranosyl-(1 → 2)]-β-D-glucuronopyranoside 17- 羰基 -28- 去甲齐墩果 -12- 烯 -3β-O-α-L- 呋喃阿拉伯糖基 -(1 → 4)-O-[β-D- 吡喃半乳糖基 -(1 → 2)]-β-D- 吡喃葡萄糖醛酸苷 通脱木 Tetrapanax papyrifer

17-carboxy-28-norolean-12-en-3β-O-β-D-galactopyranosyl-(1 → 2)-β-D-glucuronopyranoside 17- 羰基 -28- 去甲齐墩果 -12- 烯 -3β-O-β-D- 吡喃半乳糖基 -(1 → 2)-β-D- 吡喃葡萄糖醛酸苷 通脱木 Tetrapanax papyrifer

7-carboxy-2-hydroxy-1-methyl-5-vinyl-9,10-dihydrophenanthrene 7- 羧基 -2- 羟基 -1- 甲基 -5- 乙烯基 -9,10- 二氢菲 灯心草 Juncus effusus

4-(4-carboxy-2-methoxyphenoxy)-3,5-dimethoxy-benzoic acid 4-(4- 羧基 -2- 甲氧基苯酚)-3,5- 二甲氧基 - 苯甲酸 胡颓子 Elaeagnus pungens

2-carboxy-3,5-dimethoxy-E-stilbene 2- 羧基 -3,5- 二甲氧基 -E- 芪 春蓼 Polygonum persicaria

20β-carboxy-30-noroleana-9(11),12-dien-3β-O-β-D-glucopyranuronosyl-(2 → 1)-β-D-glucopyranosiduronic acid 20β- 羧基 -30- 去甲齐墩果 -9(11),12- 二烯 -3β-O-β-D- 吡喃葡萄糖醛酸基 -(2 → 1)-β-D- 吡喃葡萄糖醛酸 甘草 Glycyrrhiza uralensis

4-carboxy-3-hydroxy-5-methylphenyl 3-methoxy-4-hydroxy-5-methylbenzoate 3- 甲基 -4- 羟基 -5- 甲基苯甲酸 (4- 羧基 -3- 羟基 -5- 甲基苯基) 酯 团花 Neolamarckia cadamba

2S,4R-2-carboxy-4-acetylaminopiperidine 2S,4R-2- 羰基 -4- 乙酰氨基哌啶 朱缨花 Calliandra haematocephala

2-carboxy-4-quinolinone 2- 羧基 -4- 喹啉酮 板栗 Castanea mollissima

3-carboxy-6,7-dihydroxy-1,2,3,4-tetrahydroisoquinoline 3- 羧基 -6,7- 二羟基 -1,2,3,4- 四氢异喹啉 刺毛黧豆 Mucuna pruriens

6-carboxy-7-hydroxycoumarin 6- 羧基 -7- 羟基香豆素 准噶尔前胡 Peucedanum morisonii

20-carboxy-8(18),14(17),15-labdatriene) 20- 羧基 -8(18),14(17),15- 半日花三烯 刺柏 Juniperus formosana

(2S)-8-carboxy-9-hydroxy-2-(2-hydroxypropan-2-yl)-1,2-dihydroanthra[2,1-b]furan-6,11-dione (2S)-8- 羧基 -9- 羟基 -2-(2- 羟基丙烷 -2- 基)-1,2- 二氢蒽 [2,1-b] 呋喃 -6,11- 二酮 红大戟 Knoxia roxburghii

3α-carboxyacetoxy quercinic acid 3α- 羧基乙酰氧基栎辛酸 裂拟迷孔菌 Daedaleopsis confragosa

(+)-21-(carboxyacetoxy)-lanosta-7,9(11),24-trien-3-one (+)-21-(甲酸乙酰氧基)- 羊毛脂 -7,9(11),24- 三烯 -3- 酮 红缘拟层孔菌 Fomitopsis

pinicola
3α-carboxyacetoxy-24-methyl-23-oxolanost-8-en-26-oic acid 3α- 羧基乙酰氧 -24- 甲基 -23- 氧代羊毛脂 -8- 烯 -26- 酸 树舌灵芝 Ganoderma applanatum
3α-carboxyacetoxy-24-methylen-23-oxolanost-8-en-26-oic acid 3α- 羧基乙酰氧 -24- 亚甲基 -23- 氧代羊毛脂 -8- 烯 -26- 酸 树舌灵芝 Ganoderma applanatum
3α-carboxyacetoxy-24-methylene-23-oxolanost-8-en-26-oic acid 3α- 羧基乙酰氧基 -24- 亚甲基 -23- 氧代羊毛脂 -8- 烯 -26- 羧酸 裂拟迷孔菌 Daedaleopsis confragosa
3α-carboxyacetoxyquercinic acid C 3α- 羧酸乙酰氧栎辛酸 C 红肉拟层孔菌 Fomitopsis rosea
13-carboxyblumenol C 13- 羧基布卢竹柏醇 C 泽漆 Euphorbia helioscopia
4-carboxyboonein 4- 羧基伯恩鸡骨常山素▲ 狭叶獐牙菜 Swertia angustifolia
2-[(*E*)-3-carboxybut-2-en-yl]-4-hydroxy-3-methyl-phenyl-*O*-*β*-D-glucopyranoside 2-[(*E*)-3- 羧基丁 -2- 烯基]-4- 羟基 -3- 甲基 - 苯基 -*O*-*β*-D- 吡喃葡萄糖苷 裂叶铁线莲 Clematis parviloba
4*S*,5*S*-2-carboxydihydroxypiperidine hydrochloride 4*S*,5*S*-2- 羰基 - 二羟基哌啶盐酸盐 朱缨花 Calliandra haematocephala
3-carboxyesculetin 3- 羧基七叶树内酯 江南星蕨 Microsorum fortunei
3-carboxyethyl-3-hydroxyglutaric acid-1,5-di-methyl ester 3- 羧乙基 -3- 羟基戊二酸 -1,5- 二甲酯 矮桃 Lysimachia clethroides
6-carboxyethyl-5-hydroxybenzofuran-5-*O*-*β*-D-glucopyranoside 6- 甲酸乙酯 -5- 羟基苯并呋喃 -5-*O*-*β*-D- 吡喃葡萄糖苷 地果 Ficus tikoua
6-carboxyethyl-7-methoxy-5-hydroxybenzofuran-5-*O*-*β*-D-glucopyranoside 6- 甲酸乙酯 -7- 甲氧基 -5- 羟基苯并呋喃 -5-*O*-*β*-D- 吡喃葡萄糖苷 地果 Ficus tikoua
6-carboxyethyl-7-methoxy-5-hydroxy-benzofuran-5-*O*-*β*-D-glucopyranoside 6- 羧乙基 -7- 甲氧基 -5- 羟基苯并呋喃 -5-*O*-*β*-D- 吡喃葡萄糖苷 珊瑚菜 Glehnia littoralis
3-carboxyethyl-phthalide 3- 羧乙基苯酞 川芎 Ligusticum sinense 'Chuanxiong'
carboxyevodiamine 羧基吴茱萸碱 吴茱萸 Euodia ruticarpa
5-carboxyl-3,4-dihydrogen-1H-2-benzopyran-1-one 5- 羧基 -3,4- 二氢 -1*H*-2- 苯并吡喃 -1- 酮 川东獐牙菜 Swertia davidii
2-carboxyl-3,4'-dihydroxy-5-*β*-D-xylopyranosyloxybibenzyl 2- 羧基 -3,4'- 二羟基 -5-*β*-D- 吡喃木糖氧基联苯 蒜叶婆罗门参 Tragopogon porrifolius
2*β*-carboxyl-3*β*-hydroxyl-norlup A(1)-20(29)-en-28-oic acid 2*β*- 羰基 -3*β*- 羟基 - 降羽扇豆 A(1)-20(29)- 烯 -28- 酸 皂荚 Gleditsia sinensis
17-carboxylalstovine-*N*-oxide 17- 羰基鸡骨常山文碱▲-*N*- 氧化物 大叶糖胶树 Alstonia macrophylla
5-carboxylbithiophene 5- 羧基双噻吩 华东蓝刺头 Echinops grijsii
19-carboxylcalactinic acid methyl ester 19- 羧基牛角瓜亭酸▲ 甲酯 牛角瓜 Calotropis gigantea
17-carboxylcompactinervine-*N*-oxide 17- 羰基密脉白坚木碱▲-*N*- 氧化物 大叶糖胶树 Alstonia macrophylla
3-carboxylcoumarin 3- 羧基香豆素 菊芋 Helianthus tuberosus
2-carboxylmethylphenol-1-*O*-*β*-D-glucopyranoside 2- 羧甲基苯酚 -1-*O*-*β*-D- 吡喃葡萄糖苷 余甘子 Phyllanthus emblica
10-carboxyloganin 10- 羧基马钱苷 海杧果 Cerbera manghas
3-carboxylperlolyrine 3- 羧基黑麦草碱 刺五加 Eleutherococcus senticosus
2-(*m*-carboxylphenyl)-3-(*m*-carboxylbenzyl)succinic acid 2-(间羧基苯基)-3-(间羧基苯基) 琥珀酸 海杧果 Cerbera manghas
16-carboxyltotarol 16- 羧基新西兰罗汉松酚▲ 竹柏 Nageia nagi
3α-(4-carboxymethy-3-hydroxy-3-methybutanoyloxy)-lanosta-8,24-diene-21-oic acid 3α-(4- 羧甲基 -3- 羟基 -3- 甲基丁酰氧基)- 羊毛脂 -8,24- 二烯 -21- 酸 红缘拟层孔菌 Fomitopsis pinicola
6-carboxymethyl dihydrochelerythrine 6- 羧甲基二氢白屈菜红碱 椿叶花椒 Zanthoxylum ailanthoides, 两面针 Z. nitidum
carboxymethyl isoferulate 异阿魏酸羧甲酯 阿尔泰银莲花 Anemone altaica
4*β*-carboxymethyl-(-)-epicatechic acid 4*β*- 羧甲基 -(-)- 表儿茶酸 粗茎鳞毛蕨 Dryopteris crassirhizoma
4*β*-carboxymethyl-(-)-epicatechin 4*β*- 羧甲基 -(-)- 表儿茶素 大叶骨碎补 Davallia formosana, 阔叶骨碎补 D. solida
4*β*-carboxymethyl-(-)-epicatechin methyl ester 4*β*- 羧甲基 -(-)- 表儿茶素甲酯 大叶骨碎补 Davallia formosana, 阔叶骨碎补 D. solida
[4*β*-carboxymethyl-(-)-epicatechin]K^+/Na^+ 4*β*- 羧甲基 -(-)- 表儿茶素钾盐 / 钠盐 大叶骨碎补 Davallia formosana
1-carboxymethyl-2-hydroxy-2-methylpyrrolizidine 1- 羧甲基 -2- 羟基 -2- 甲基吡咯里西啶 款冬 Tussilago farfara
(1'*R*,5'*R*)-5-(5'-carboxymethyl-2'-oxocyclopentyl)-3*Z*-pentenyl acetate (1'*R*,5'*R*)-5-(5- 羰甲基 -2'- 氧代环戊基)-3*Z*- 戊烯基乙酸酯 飞扬草 Euphorbia hirta
(1'*R*,5'*R*)-5-(5-carboxymethyl-2-oxocyclopentyl)-3*Z*-pentenyl-*β*-D-(6-*O*-*p*-hydroxybenzoyl)-glucopyranoside (1'*R*,5'*R*)-5-(5- 羰甲基 -2- 氧代环戊基)-3*Z*- 戊烯基 -*β*-D-(6-*O*- 对羟基苯甲酰基)- 吡喃葡萄糖苷 飞扬草 Euphorbia hirta
5-carboxymethyl-4',7-dihydroxyflavone 5- 羧甲基 -4',7- 二羟基黄酮 江南卷柏 Selaginella moellendorffii
5-carboxymethyl-4',7-dihydroxyflavone butyl ester 5- 羧甲基 -4',7- 二羟基黄酮丁酯 江南卷柏 Selaginella moellendorffii
5-carboxymethyl-4',7-dihydroxyflavone ethyl ester 5- 羧甲基 -4',7- 二羟基黄酮乙酯 江南卷柏 Selaginella moellendorffii
5-carboxymethyl-7-hydroxy-2-methylchromone 5- 羧甲基 -7- 羟基 -2- 甲基色酮 何首乌 Polygonum multiflorum, 虎杖 Reynoutria japonica, 单脉大黄 Rheum uninerve, 齿果酸模 Rumex dentatus
8-carboxymethyl-*p*-hydroxycinnamic acid 8- 羧甲基 - 对羟基桂皮酸 泥胡菜 Hemistepta lyrata
8-carboxymethyl-*p*-hydroxycinnamic acid ethyl ester 8- 羧甲基 - 对羟基桂皮酸乙酯 泥胡菜 Hemistepta lyrata
8-carboxymethyl-*p*-hydroxycinnamic acid methyl ester 8- 羧甲基 - 对羟基桂皮酸甲酯 泥胡菜 Hemistepta lyrata
4*β*-carboxynortotarol 4*β*- 羧基降新西兰罗汉松酚▲ 短叶罗汉松 Podocarpus macrophyllus var. maki
3-(3-carboxyphenyl)alanine 3-(3- 羰基苯基)-L- 丙氨酸 溪荪 Iris sanguinea

m-carboxyphenylalanine 间羧基苯丙氨酸 佛手瓜 Sechium edule
3'-carboxyphenylglycine 3'- 羧基苯基甘氨酸 溪荪 Iris sanguinea
3-carboxypyridine 3- 羧基吡啶 大叶马兜铃 Aristolochia kaempferi
5-carboxyresorcinol 5- 羧基树脂苔黑酚▲ 波叶大黄 Rheum rhabarbarum
(5*S*)-5-carboxystrictosidine (5*S*)-5- 羰基直立拉齐木西定▲ 鸡仔木 Sinoadina racemosa
5*α*-carboxystrictosidine 5*α*- 羰基直立拉齐木西定▲ 团花 Neolamarckia cadamba
5*β*-carboxystrictosidine 5*β*- 羰基直立拉齐木西定▲ 乌檀 Nauclea officinalis
5-carboxystrictosidine 5- 羧基直立拉齐木西定▲ 定心藤 Mappianthus iodoides
trans-*β*-carboxystyrene 反式 -*β*- 羧基苯乙烯 望春玉兰 Yulania biondii
6-carboxyumbelliferone 6- 羧基伞形酮 岩木瓜 Ficus tsiangii
5(*S*)-5-carboxyvincoside 5(*S*)-5- 羧基小蔓长春花苷▲ 蔓长春花 Vinca major
6-(2-carboxyvinyl)-7-methoxy-5-hydroxybenzofuran-5-*O*-*β*-D-glucopyranoside 6-(2- 羧基乙烯基)-7- 甲氧基 -5- 羟基苯并呋喃 -5-*O*-*β*-D- 吡喃葡萄糖苷 地果 Ficus tikoua
carcrisine A, B 丝毛飞廉碱▲A, B 丝毛飞廉 Carduus crispus
card-20(22)-enolide 强心甾 -20(22)- 烯内酯 羊角拗 Strophanthus divaricatus
cardamomin; cardamonin 豆蔻明 云南草蔻 Alpinia blepharocalyx, 节鞭山姜 A. conchigera, 草豆蔻 A. hainanensis, 毛瓣山姜 A. malaccensis, 山核桃 Carya cathayensis, 春蓼 Polygonum persicaria, 海南草珊瑚 Sarcandra glabra subsp. brachystachys, 半枝莲 Scutellaria barbata, 韩信草 S. indica, 洋蒲桃 Syzygium samarangense
cardenolide B-$_1$, B-$_2$, B-$_3$ 强心甾烯内酯 B-$_1$, B-$_2$, B-$_3$ 夹竹桃 Nerium oleander
cardiolipin 心磷脂 番木瓜 Carica papaya
cardiopetalidine 心瓣翠雀定▲ 峨眉翠雀花 Delphinium omeiense
cardiospermin-5-(4-hydroxybenzoate) 倒地铃素 -5-(4- 羟基苯甲酸酯) 高丛珍珠梅 Sorbaria arborea, 星毛珍珠梅 S. sorbifolia var. stellipila
cardivin A~D 金挖耳芬 A~D 金挖耳 Carpesium divaricatum
cardopatine 蓝丝菊素▲ 驴欺口 Echinops davuricus, 华东蓝刺头 E. grijsii, 硬叶蓝刺头 E. ritro
2-caren-10-al 2- 蒈烯 -10- 醛 挥发油成分，未统计基源
(+)-2-carene (+)-2- 蒈烯 挥发油成分，未统计基源
(+)-3-carene (+)-3- 蒈烯 挥发油成分，未统计基源
(+)-4-carene (+)-4- 蒈烯 挥发油成分，未统计基源
Δ^3-carene Δ^3- 蒈烯 挥发油成分，未统计基源
Δ^4-carene Δ^4- 蒈烯 挥发油成分，未统计基源
2-carene 2- 蒈烯 挥发油成分，未统计基源
3-carene 3- 蒈烯 挥发油成分，未统计基源
4-carene 4- 蒈烯 挥发油成分，未统计基源
α-carene *α*- 蒈烯 挥发油成分，未统计基源
β-3-carene *β*-3- 蒈烯 挥发油成分，未统计基源
γ-carene *γ*- 蒈烯 挥发油成分，未统计基源
Δ^3-carene Δ^3- 蒈烯 挥发油成分，未统计基源
δ-3-carene *δ*-3- 蒈烯 挥发油成分，未统计基源
δ-4-carene *δ*-4- 蒈烯 挥发油成分，未统计基源
δ-carene *δ*- 蒈烯 挥发油成分，未统计基源
carene 蒈烯 挥发油成分，未统计基源
carene-4 蒈烯 -4 挥发油成分，未统计基源
carenone 假虎刺烯酮▲ 假虎刺 Carissa spinarum
caricaflavonol diester A, B 无花果黄酮醇二酯▲A, B 无花果 Ficus carica
carinatumin B 龙骨石松碱▲B 藤石松 Lycopodiastrum casuarinoides
(-)-carinol (-)- 刺黄果醇▲ 假虎刺 Carissa spinarum, 棣棠花 Kerria japonica
carinoside A~D 肋柱花苷▲A~D 肋柱花 Lomatogonium carinthiacum
cariocal 毛喉鞘蕊花醛▲ 毛萼鞘蕊花 Coleus esquirolii, 毛喉鞘蕊花 C. forskohlii
(-)-carissanol (-)- 假虎刺醇▲ 假虎刺 Carissa spinarum
carissone 假虎刺酮 假虎刺 Carissa spinarum
carlinoside 刺苞菊苷 大麦 Hordeum vulgare, 稻 (模式亚种) Oryza sativa, 香根草 Vetiveria zizanioides
carmabin A, B 加勒比鞘丝藻宾▲A, B 巨大鞘丝藻 Lyngbya majuscula
carmichaeline A 乌头林碱▲A 乌头 Aconitum carmichaelii
carnegine 巨人柱碱▲ 硬萼软紫草 Arnebia decumbens
carnosic acid 肉质鼠尾草酸▲ 香蜂花 Melissa officinalis, 火炬树 Rhus typhina, 迷迭香 Rosmarinus officinalis, 撒尔维亚 Salvia officinalis
carnosiflogenin A 肉花雪胆苷元▲A 肉花雪胆 Hemsleya carnosiflora, 短柄雪胆 H. delavayi, 彭县雪胆 H. pengxianensis
carnosiflogenin B, C 肉花雪胆苷元▲B, C 肉花雪胆 Hemsleya carnosiflora
carnosifloside I 肉花雪胆苷▲I 肉花雪胆 Hemsleya carnosiflora, 短柄雪胆 H. delavayi, 藤三七雪胆 H. panacis-scandens
carnosifloside II 肉花雪胆苷▲II 肉花雪胆 Hemsleya carnosiflora, 短柄雪胆 H. delavayi, 藤三七雪胆 H. panacis-scandens

carnosifloside III 肉花雪胆苷▲III 肉花雪胆 Hemsleya carnosiflora, 短柄雪胆 H. delavayi, 藤三七雪胆 H. panacis-scandens, 彭县雪胆 H. pengxianensis
carnosifloside IV 肉花雪胆苷▲IV 肉花雪胆 Hemsleya carnosiflora
carnosifloside V 肉花雪胆苷▲V 肉花雪胆 Hemsleya carnosiflora, 藤三七雪胆 H. panacis-scandens
carnosifloside VI 肉花雪胆苷▲VI 肉花雪胆 Hemsleya carnosiflora, 藤三七雪胆 H. panacis-scandens, 彭县雪胆 H. pengxianensis
carnosine 肌肽 野蘑菇 Agaricus campestris
carnosol 肉质鼠尾草酚▲ 痢止蒿 Ajuga forrestii, 迷迭香 Rosmarinus officinalis, 毛地黄鼠尾草 Salvia digitaloides, 撒尔维亚 S. officinalis, 荔枝草 S. plebeia, 云南鼠尾草 S. yunnanensis
carolenalin 北卡堆心菊素▲ 堆心菊 Helenium autumnale
carolenalin-4-*O*-β-D-glucoside 北卡堆心菊素▲-4-*O*-β-D- 葡萄糖苷 堆心菊 Helenium autumnale
carolenalol 北卡堆心菊醇▲ 堆心菊 Helenium autumnale
carolenalone 北卡堆心菊酮▲ 堆心菊 Helenium autumnale
carolenin 北卡堆心菊宁▲ 堆心菊 Helenium autumnale
carolenin-3-*O*-tigloylcarolenalin 北卡堆心菊宁▲-3-*O*- 巴豆酰北卡堆心菊素▲ 堆心菊 Helenium autumnale
carolignan A, B 轻木卡罗木脂素▲A, B 野鸦椿 Euscaphis japonica
erythro-carolignan E 赤式 - 轻木卡罗木脂素▲E 小木通 Clematis armandii, 裂叶铁线莲 C. parviloba, 台湾芙蓉 Hibiscus taiwanensis
threo-carolignan E 苏式 - 轻木卡罗木脂素▲E 榴莲 Durio zibethinus, 台湾芙蓉 Hibiscus taiwanensis
threo-carolignan E 苏式 - 轻木卡罗木脂素▲E 小木通 Clematis armandii, 裂叶铁线莲 C. parviloba
threo-carolignan H 苏式 - 轻木卡罗木脂素▲H 小木通 Clematis armandii
caroliniaside A, B, C 野老鹳草苷▲A, B, C 野老鹳草 Geranium carolinianum
carosidine 长春柔西定▲ 长春花 Catharanthus roseus
carosine 长春柔辛▲ 长春花 Catharanthus roseus
carota-1,4-β-oxide 胡萝卜 -1,4-β- 氧化物 野胡萝卜 Daucus carota
13'-*cis*-β-carotene 13'- 顺式 -β- 胡萝卜素 宁夏枸杞 Lycium barbarum
13-*cis*-β-carotene 13- 顺式 -β- 胡萝卜素 盐生杜氏藻 Dunaliella salina, 宁夏枸杞 Lycium barbarum, 杧果 Mangifera indica
15-*cis*-β-carotene 15- 顺式 -β- 胡萝卜素 盐生杜氏藻 Dunaliella salina
9-or 9'-*cis*-β-carotene 9- 或 9'- 顺式 -β- 胡萝卜素 宁夏枸杞 Lycium barbarum
9-*cis*-β,β-carotene 9- 顺式 -β,β- 胡萝卜素 杧果 Mangifera indica
9-*cis*-β-carotene 9- 顺式 -β- 胡萝卜素 拟南芥 Arabidopsis thaliana, 盐生杜氏藻 Dunaliella salina
α-carotene α- 胡萝卜素 落葵 Basella alba, 驴蹄草 Caltha palustris, 柘树 Cudrania tricuspidata, 胡萝卜 Daucus carota var. sativa, 盐生杜氏藻 Dunaliella salina, 顶冰花 Gagea nakaiana, 菊芋 Helianthus tuberosus, 木薯 Manihot esculenta, 泥炭藓 Sphagnum palustre, 粗叶泥炭藓 S. squarrosum, 洋蒲桃 Syzygium samarangense, 万寿菊 Tagetes erecta, 旱金莲 Tropaeolum majus
β,β-carotene β,β- 胡萝卜素 雨生红球藻 Haematococcus pluvialis, 山丹 Lilium pumilum
β-carotene β- 胡萝卜素 植物基础成分，未统计基源
γ-carotene γ- 胡萝卜素 苘麻 Abutilon theophrasti, 柚 Citrus maxima, 胡萝卜 Daucus carota var. sativa, 密花胡颓子 Elaeagnus conferta, 忍冬 Lonicera japonica, 泥炭藓 Sphagnum palustre, 粗叶泥炭藓 S. squarrosum
ζ-carotene ζ- 胡萝卜素 落葵 Basella alba, 南丰蜜橘 Citrus reticulata 'Kinokuni', 温州蜜柑 C. reticulata 'Unshiu', 树番茄 Cyphomandra betacea, 胡萝卜 Daucus carota var. sativa, 野苜蓿 Medicago falcata
η-carotene η- 胡罗卜素 香圆 Citrus grandisjunos
ξ-carotene ξ- 胡萝卜素 忍冬 Lonicera japonica, 直立黄钟花 Tecoma stans
trans-β-carotene 反式 -β- 胡萝卜素 拟南芥 Arabidopsis thaliana
carotene 胡萝卜素 植物基础成分，未统计基源
all-trans-β-carotene 全反式 -β- 胡萝卜素 南丰蜜橘 Citrus reticulata 'Kinokuni', 盐生杜氏藻 Dunaliella salina, 长管萱草 Hemerocallis fulva var. angustifolia, 宁夏枸杞 Lycium barbarum, 杧果 Mangifera indica
β-carotene epoxide β- 环氧胡萝卜素 乌桕 Triadica sebifera
α-carotene-5,6-epoxide α- 胡萝卜素 -5,6- 环氧化物 羊踯躅 Rhododendron molle
carotenoid 类胡萝卜素 植物基础成分，未统计基源
carotol 胡萝卜烯醇 挥发油成分，未统计基源
carpachromene 光果巨盘木色烯▲ 构棘 Cudrania cochinchinensis, 台湾榕 Ficus formosana, 九丁榕 F. nervosa
carpaine 番木瓜碱 番木瓜 Carica papaya, 胡卢巴 Trigonella foenum-graecum
carpalasionin 毛果延命草奥宁▲ 皱叶香茶菜 Isodon rugosus, 溪黄草 I. serra
carpelipine A, B 高原天名精萜▲A, B 高原天名精 Carpesium lipskyi
carpeside A, B 烟管头草苷▲A, B 烟管头草 Carpesium cernuum
carpesilipskyin 高原天名精素▲ 高原天名精 Carpesium lipskyi
carpesiolin 天名精素▲ 天名精 Carpesium abrotanoides, 烟管头草 C. cernuum, 水朝阳旋覆花 Inula helianthusaquatilis, 湖北旋覆花 I. hupehensis
carpesterol 黄果茄甾醇 毛茄 Solanum lasiocarpum, 黄果茄 S. virginianum
carpinontriol A 鹅耳枥三醇▲A 千金榆 Carpinus cordata, 鹅耳枥 C. turczaninowii
carpinontriol B 鹅耳枥三醇▲B 千金榆 Carpinus cordata, 鹅耳枥 C. turczaninowii

carpinusin 鹅耳枥鞣质 泽漆 Euphorbia helioscopia, 大狼毒 E. jolkinii
carposide 番木瓜苷 番木瓜 Carica papaya
carpoxidine 蛇果黄堇定 蛇果黄堇 Corydalis ophiocarpa
carpusin 紫檀辛▲ 藏边大黄 Rheum australe
ι-carrageenan ι- 角叉菜胶 麒麟菜 Eucheuma denticulatum
κ-carrageenan κ- 角叉菜胶 磨芋 Amorphophallus konjac
carrageenan 角叉菜胶 刺枝鱼栖苔 Acanthophora spicifera, 角叉菜 Chondrus ocellatus, 蜈蚣藻 Grateloupia filicina, 冻沙菜 Hypnea japonica, 耳突卡帕藻 Kappaphycus cottonii, 拟鸡毛菜 Pterocladiella capillacea
carriebowmide 加里博鞘丝藻酰胺▲ 巨大鞘丝藻 Lyngbya majuscula
carthamidin 红花素 黄芩 Scutellaria baicalensis, 半枝莲 S. barbata
carthamidin-7-*O*-*β*-D-glucuronide 红花素 -7-*O*-*β*-D- 葡萄糖醛酸苷 黄芩 Scutellaria baicalensis
carthamin 红花苷 红花 Carthamus tinctorius
carthamoside A_1, A_2, B_4, B_6, B_7, B_8 红花莫苷▲A_1, A_2, B_4, B_6, B_7, B_8 红花 Carthamus tinctorius
carthamoside B_5 红花莫苷▲B_5 红花 Carthamus tinctorius, 小果叶下珠 Phyllanthus reticulatus
carthamosterone 鹿草甾酮▲ 华麻花头 Serratula chinensis
carthamosterone A, B 鹿草甾酮▲A, B 鹿草 Stemmacantha carthamoides
cartorimine 红花萜明▲ 红花 Carthamus tinctorius
cartormin 红花明素▲ 红花 Carthamus tinctorius
7*β*-caruilignan C 7*β*- 青蒿木脂素▲C 中亚苦蒿 Artemisia absinthium
caruilignan C 青蒿木脂素▲C 中亚苦蒿 Artemisia absinthium
caruilignan 青蒿木脂素▲ 大叶鱼骨木 Canthium simile
caruilignan D 青蒿木脂素▲D 狼毒 Stellera chamaejasme
carvacrol 葛缕子酚 挥发油成分，未统计基源
carvacrol methyl ether 葛缕子酚甲醚 挥发油成分，未统计基源
carvacrol-2-*O*-*α*-L-rhamnopyranosyl-(1 → 6)-*β*-D-glucopyranoside 葛缕子酚 -2-*O*-*α*-L- 吡喃鼠李糖基 -(1 → 6)-*β*-D- 吡喃葡萄糖苷 南蛇藤 Celastrus orbiculatus
carvenol 葛缕子烯醇 小蓬草 Conyza canadensis
carvenone 葛缕子烯酮 挥发油成分，未统计基源
(*E*)-carveol (*E*)- 葛缕子醇 挥发油成分，未统计基源
L-carveol L- 葛缕子醇 挥发油成分，未统计基源
trans-(+)-carveol 反式 -(+)- 葛缕子醇 挥发油成分，未统计基源
trans-carveol 反式 - 葛缕子醇 挥发油成分，未统计基源
carveol 葛缕子醇 挥发油成分，未统计基源
cis-carveol 顺式 - 葛缕子醇 挥发油成分，未统计基源
carveol acetate 葛缕子醇乙酸酯 挥发油成分，未统计基源
trans-carveol-6-*O*-*β*-glucuronopyranoside 反式 - 葛缕子醇 -6-*O*-*β*- 吡喃葡萄糖醛酸苷 玫瑰茄 Hibiscus sabdariffa
cis-carveyl acetate 顺式 - 葛缕子醇乙酸酯 挥发油成分，未统计基源
carvomenthol 葛缕子薄荷醇 臭常山 Orixa japonica
(+)-carvone (+)- 葛缕子酮 挥发油成分，未统计基源
D-carvone D- 葛缕子酮 挥发油成分，未统计基源
l-carvone *l*- 葛缕子酮 挥发油成分，未统计基源
carvone 葛缕子酮 挥发油成分，未统计基源
carvotanaceton 莳萝艾菊酮 挥发油成分，未统计基源
carvotanacetone 葛缕子艾菊酮 挥发油成分，未统计基源
trans-carvyl acetate 反式 - 葛缕子醇乙酸酯 挥发油成分，未统计基源
caryachine 华厚壳桂碱 花菱草 Eschscholzia californica
caryatin 山核桃亭▲ 黄独 Dioscorea bulbifera, 金荞麦 Fagopyrum dibotrys, 羊踯躅 Rhododendron molle
caryocanolide 兰香草内酯▲ 兰香草 Caryopteris incana
caryocanoside A 兰香草醇苷▲A 兰香草 Caryopteris incana
caryolane-1,9-diol 丁香 -1,9- 二醇 野菊 Chrysanthemum indicum
caryolane-1,9*α*-diol 丁香 -1,9*α*- 二醇 假黄皮 Clausena excavata
(+)-caryolane-1,9*β*-diol (+)- 丁香 -1,9*β*- 二醇 番石榴 Psidium guajava
caryolane-1,9*β*-diol 丁香 -1,9*β*- 二醇 牛筋果 Harrisonia perforata, 野八角 Illicium simonsii, 东俄洛橐吾 Ligularia tongolensis, 心叶风毛菊 Saussurea cordifolia, 大耳叶风毛菊 S. macrota, 金山五味子 Schisandra glaucescens, 杜楝 Turraea pubescens
caryolane-1*β*,9*β*-diol 丁香 -1*β*,9*β*- 二醇 佩兰 Eupatorium fortunei, 华蟹甲 Sinacalia tangutica
caryolanemagnolol 丁香烷厚朴酚▲ 日本厚朴 Houpoëa obovata
β-caryolanol *β*- 丁香烷醇 鸦胆子 Brucea javanica
caryolenol 丁香单烯醇▲ 啤酒花 Humulus lupulus
caryophllusin A 香石竹素▲A 香石竹 Dianthus caryophyllus

caryophylla-4(12),8(13)-dien-5α-ol 丁香 -4(12),8(13)- 二烯 -5α- 醇 挥发油成分，未统计基源
caryophylla-4(12),8(13)-dien-5β-ol 丁香 -4(12),8(13)- 二烯 -5β- 醇 挥发油成分，未统计基源
caryophylla-4(14),8(15)-dien-5-α-ol 丁香 -4(14),8(15)- 二烯 -5-α- 醇 挥发油成分，未统计基源
caryophyllacoside A, B 石竹考苷 ▲A, B 圆锥石头花 Gypsophila paniculata
(-)-β-caryophyllene (-)-β- 丁香烯 挥发油成分，未统计基源
(E)-β-caryophyllene (E)-β- 丁香烯 挥发油成分，未统计基源
(E)-caryophyllene (E)- 丁香烯 挥发油成分，未统计基源
α-caryophyllene α- 丁香烯 挥发油成分，未统计基源
β-caryophyllene β- 丁香烯 挥发油成分，未统计基源
caryophyllene 丁香烯 挥发油成分，未统计基源
trans-caryophyllene 反式 - 丁香烯 挥发油成分，未统计基源
cis-caryophyllene 顺式 - 丁香烯 挥发油成分，未统计基源
caryophyllene acetate 丁香烯乙酸酯 挥发油成分，未统计基源
β-caryophyllene epoxide β- 丁香烯环氧化物 挥发油成分，未统计基源
caryophyllene epoxide 丁香烯环氧化物 挥发油成分，未统计基源
caryophyllene ketone 丁香烯酮 香附子 Cyperus rotundus
(-)-caryophyllene oxide (-)- 丁香烯氧化物 挥发油成分，未统计基源
β-caryophyllene oxide β- 丁香烯氧化物 挥发油成分，未统计基源
caryophyllene oxide 丁香烯氧化物 挥发油成分，未统计基源
β-caryophyllene-1β,10α-epoxide β- 丁香烯 -1β,10α- 环氧化物 阿尔泰狗娃花 Heteropappus altaicus
caryophyllene-4β,5α-oxide 丁香烯 -4β,5α- 氧化物 挥发油成分，未统计基源
β-caryophyllene-6,7-oxide β- 丁香烯 -6,7- 氧化物 香附子 Cyperus rotundus
caryophyllene-β-oxide 丁香烯 -β- 氧化物 枳 Poncirus trifoliata
α-caryophyllenol α- 丁香烯醇 雪岭云杉 Picea schrenkiana
caryophyllenol 丁香烯醇 挥发油成分，未统计基源
caryophyllenol I 丁香烯醇 I 挥发油成分，未统计基源
caryophyllenol II 丁香烯醇 II 挥发油成分，未统计基源
caryophyllenyl alcohol 丁香单烯醇 挥发油成分，未统计基源
caryophyllin 丁子香素 大果刺篱木 Flacourtia ramontchi
caryopterone 莸醌 挥发油成分，未统计基源
caryopteroside A, B 莸酯苷 ▲A, B 兰香草 Caryopteris incana
caryoptin 莸素 莸 Caryopteris divaricata
caryoptin hemiacetal 莸素半缩醛 莸 Caryopteris divaricata
caryoptinol 莸素醇 ▲ 莸 Caryopteris divaricata
caryoptoside 莸苷 ▲ 龙胆 Gentiana scabra, 绣球 Hydrangea macrophylla, 短柄野芝麻 Lamium album, 宝盖草 L. amplexicaule, 藓生马先蒿 Pedicularis muscicola, 轮叶马先蒿 P. verticillata
caryoptoside A 莸苷 ▲A 短茎马先蒿 Pedicularis artselaeri
cascaroside C, D 波希鼠李苷 ▲C, D 藏边大黄 Rheum australe
casegravol 烈味脚骨脆醇 ▲ 葡萄柚 Citrus paradisi, 九里香 Murraya exotica
casimirine 香肉果灵碱 ▲ 香肉果 Casimiroa edulis
casimiroedine 香肉果定碱 ▲ 香肉果 Casimiroa edulis
casimiroidine 香肉果伊定碱 ▲ 香肉果 Casimiroa edulis
casimiroine 香肉果碱 ▲ 香肉果 Casimiroa edulis
cassa-13(14),15-dien-3,12-dione 卡山 -13(14),15- 二烯 -3,12- 二酮 知风草 Eragrostis ferruginea
cassamedine 美洲无根藤定 ▲ 无根藤 Cassytha filiformis
cassameridine 美洲无根藤碱 ▲ 无根藤 Cassytha filiformis, 黑壳楠 Lindera megaphylla, 粉防己 Stephania tetrandra
cassialoin 决明芦荟素 皱叶南蛇藤 Celastrus rugosus, 藏边大黄 Rheum australe, 齿果酸模 Rumex dentatus, 巴天酸模 R. patientia
cassiamin A 铁刀木素 ▲A 铁刀木 Senna siamea, 穿鞘菝葜 Smilax perfoliata
cassiamin B 铁刀木素 ▲B 铁刀木 Senna siamea, 穿鞘菝葜 Smilax perfoliata
cassiamin C 铁刀木素 ▲C 铁刀木 Senna siamea
cassiaoccidentalin A 望江南素 ▲A 无柄感应草 Biophytum umbraculum, 望江南 Senna occidentalis
cassiaoccidentalin B 望江南素 ▲B 含羞草 Mimosa pudica, 望江南 Senna occidentalis
cassiaoccidentalin C 望江南素 ▲C 望江南 Senna occidentalis
cassiarine A~E 铁刀木灵碱 ▲A~E 铁刀木 Senna siamea
cassiaside 决明子苷 决明 Senna tora, 钝叶决明 S. tora var. obtusifolia
cassiatannin A 肉桂鞣质 ▲A 肉桂 Cinnamomum cassia
cassiferaldehyde 肉桂酚醛 ▲ 肉桂 Cinnamomum cassia
cassigarol E 加雷决明酚 ▲E 鬼箭锦鸡儿 Caragana jubata, 毛刺锦鸡儿 C. tibetica
cassigarol G 加雷决明酚 ▲G 毛刺锦鸡儿 Caragana tibetica

cassiglucin 密叶决明苷▲ 密叶决明 Senna multijuga
cassioside 肉桂苷 肉桂 Cinnamomum cassia
cassipoureamide A 卡西波红树胺▲A 竹节树 Carallia brachiata
cassipourol 卡西波红树醇▲ 乳浆大戟 Euphorbia esula
cassyfiline; cassythine 无根藤碱 无根藤 Cassytha filiformis
cassyformin 无根藤素▲ 无根藤 Cassytha filiformis, 台湾含笑 Michelia compressa
cassythic acid 无根藤酸▲ 无根藤 Cassytha filiformis
l-cassythicine *l*- 无根藤辛 地不容 Stephania epigaea
cassythicine 无根藤辛 粉防己 Stephania tetrandra
cassythidine 无根藤定碱 无根藤 Cassytha filiformis
(-)-cassythine (-)- 无根藤碱 云南地不容 Stephania yunnanensis
castalagin 栗鞣精▲ 红毛野海棠 Bredia tuberculata, 苦槠 Castanopsis sclerophylla, 柠檬桉 Eucalyptus citriodora, 千屈菜 Lythrum salicaria, 毛杨梅 Myrica esculenta, 乌冈栎 Quercus phillyraeoides, 夏栎 Q. robur, 使君子 Quisqualis indica, 桃金娘 Rhodomyrtus tomentosa
castamollissin 板栗鞣辛▲ 板栗 Castanea mollissima
castanin 栗木鞣质 板栗 Castanea mollissima
castanin A~H 栗色鼠尾草素▲A~H 栗色鼠尾草 Salvia castanea
castanol A, B 栗色鼠尾草醇▲A, B 栗色鼠尾草 Salvia castanea
castanol C 栗色鼠尾草醇▲C 栗色鼠尾草 Salvia castanea, 云南鼠尾草 S. yunnanensis
castanolide 栗色鼠尾草内酯▲ 栗色鼠尾草 Salvia castanea
castanopsin 锥素▲ 印度椎 Castanopsis indica
castanopsol 锥醇▲ 印度椎 Castanopsis indica, 卷丝苣苔 Corallodiscus kingianus, 油桐 Vernicia fordii
castanopsone 锥酮▲ 印度椎 Castanopsis indica
castanoside 栗苷 马鞭草 Verbena officinalis
castanoside A, B 栗苷 A, B 板栗 Castanea mollissima
castaprenol-12 欧洲七叶树聚戊烯醇▲-12 瓜子金 Polygala japonica
castasterone 栗甾酮 大麻 Cannabis sativa, 向日葵 Helianthus annuus, 圆叶牵牛 Ipomoea purpurea, 葫芦 Lagenaria siceraria
casticin 紫花牡荆素 蓍 Achillea millefolium, 长毛紫珠 Callicarpa pilosissima, 粗叶榕 Ficus hirta, 酸叶胶藤 Urceola rosea, 穗花牡荆 Vitex agnus-castus, 黄荆 V. negundo, 山牡荆 V. quinata, 蔓荆 V. trifolia, 单叶蔓荆 V. trifolia subsp. litoralis
casuarictin 木麻黄鞣亭 红毛野海棠 Bredia tuberculata, 地蔷薇 Chamaerhodos erecta, 榛 Corylus heterophylla, 胡桃 Juglans regia, 展毛野牡丹 Melastoma normale, 翻白草 Potentilla discolor, 番石榴 Psidium guajava, 槲栎 Quercus aliena, 乌冈栎 Q. phillyraeoides, 夏栎 Q. robur, 山刺玫 Rosa davurica, 缫丝花 R. roxburghii, 丁香 Syzygium aromaticum, 丘角菱 Trapa japonica
casuariin 木麻黄鞣质 山茶 Camellia japonica, 板栗 Castanea mollissima, 牛奶子 Elaeagnus umbellata, 千根草 Euphorbia thymifolia, 胡桃 Juglans regia, 大花紫薇 Lagerstroemia speciosa, 展毛野牡丹 Melastoma normale, 金锦香 Osbeckia chinensis, 芍药 Paeonia lactiflora, 草芍药 P. obovata, 化香树 Platycarya strobilacea, 石榴 Punica granatum, 乌冈栎 Quercus phillyraeoides, 使君子 Quisqualis indica, 桃金娘 Rhodomyrtus tomentosa, 马尾树 Rhoiptelea chiliantha, 丁香 Syzygium aromaticum
casuarine A, B 藤石松灵碱▲A, B 藤石松 Lycopodiastrum casuarinoides
casuarinin 木麻黄鞣宁 日本桤木 Alnus japonica, 红毛野海棠 Bredia tuberculata, 山茶 Camellia japonica, 板栗 Castanea mollissima, 榛 Corylus heterophylla, 柔毛路边青 Geum japonicum var. chinense, 胡桃 Juglans regia, 大花紫薇 Lagerstroemia speciosa, 展毛野牡丹 Melastoma normale, 金锦香 Osbeckia chinensis, 化香树 Platycarya strobilacea, 番石榴 Psidium guajava, 石榴 Punica granatum, 槲栎 Quercus aliena, 乌冈栎 Q. phillyraeoides, 马尾树 Rhoiptelea chiliantha, 丁香 Syzygium aromaticum, 丘角菱 Trapa japonica
casuarinine A~J 藤石松宁碱▲A~J 藤石松 Lycopodiastrum casuarinoides
casuarinondiol 木麻黄酮二醇▲ 千金榆 Carpinus cordata, 滇虎榛 Ostryopsis nobilis
casuglaunin A 粗枝木麻黄宁▲A 牛奶子 Elaeagnus umbellata
catacerebroside B 松苞菇脑脂苷▲B 桐棉 Thespesia populnea
catalase 过氧化氢酶 植物基础成分，未统计基源
catalpafurxin 梓呋新 梓 Catalpa ovata
catalpalactone 梓内酯 美国梓 Catalpa bignonioides, 梓 C. ovata
catalpin 梓素▲ 梓 Catalpa ovata
catalpol 梓醇 巴东醉鱼草 Buddleja albiflora, 互叶醉鱼草 B. alternifolia, 白背枫 B. asiatica, 裸花紫珠 Callicarpa nudiflora, 美国梓 Catalpa bignonioides, 梓 C. ovata, 肉苁蓉 Cistanche deserticola, 冬红 Holmskioldia sanguinea, 云南兔耳草 Lagotis yunnanensis, 绵毛鹿茸草 Monochasma savatieri, 胡黄连 Neopicrorhiza scrophulariiflora, 疗齿草 Odontites vulgaris, 藏玄参 Oreosolen wattii, 兰考泡桐 Paulownia elongata, 毛泡桐 P. tomentosa, 芒苞车前 Plantago aristata, 毛平车前 P. depressa subsp. subturczaninowii, 兔儿尾苗 Pseudolysimachion longifolium, 天目地黄 Rehmannia chingii, 地黄 R. glutinosa, 湖北地黄 R. henryi, 炮仗竹 Russelia equisetiformis, 钟形火焰树 Spathodea campanulata, 呆白菜 Triaenophora rupestris, 北水苦荬 Veronica anagallis-aquatica, 阿拉伯婆婆纳 V. persica, 婆婆纳 V. polita, 草本威灵仙 Veronicastrum sibiricum
catalponol 梓酮醇 美国梓 Catalpa bignonioides
catalponone 梓酮 美国梓 Catalpa bignonioides, 梓 C. ovata
catalposide 梓苷 美国梓 Catalpa bignonioides, 梓 C. ovata, 水蔓菁 Pseudolysimachion linariifolium subsp. dilatatum, 兔儿尾苗 P. longifolium, 北水苦荬 Veronica anagallis-aquatica, 长果婆婆纳 V. ciliata, 蚊母草 V. peregrina, 阿拉伯婆婆纳 V. persica, 婆婆纳 V. polita

cataustralin 澳红厚壳素▲ 红厚壳 Calophyllum inophyllum
(-)-catechin (-)- 儿茶素 软枣猕猴桃 Actinidia arguta, 洋紫荆 Bauhinia variegata, 白桦 Betula platyphylla, 三棱枝杭子梢 Campylotropis trigonoclada, 锁阳 Cynomorium songaricum, 窿缘桉 Eucalyptus exserta, 北枳椇 Hovenia dulcis, 毛金丝桃 Hypericum hirsutum, 山紫茉莉 Oxybaphus himalaicus, 地锦 Parthenocissus tricuspidata, 鬼灯檠 Rodgersia podophylla, 酸豆 Tamarindus indica, 黑榆 Ulmus davidiana, 春榆 U. davidiana var. japonica, 山葡萄 Vitis amurensis, 酸枣 Ziziphus jujuba var. spinosa
(±)-catechin (±)- 儿茶素 金露梅 Potentilla fruticosa, 南岭柞木 Xylosma controversa
(2*R*,3*R*)-catechin (2*R*,3*R*)- 儿茶素 红茴香 Illicium henryi
(2*R*,3*S*)-catechin (2*R*,3*S*)- 儿茶素 火索藤 Bauhinia aurea, 文冠果 Xanthoceras sorbifolium
(2*S*,3*R*)-*ent*-catechin (2*S*,3*R*)- 对映 - 儿茶素 美丽马醉木 Pieris formosa, 马醉木 P. japonica
2*R*,3*R*-catechin 2*R*,3*R*- 儿茶素 喜马拉雅红豆杉 Taxus wallichiana
dl-catechin *dl*- 儿茶素 楝 Melia azedarach
d-catechin *d*- 儿茶素 宽叶香蒲 Typha latifolia
l-catechin *l*- 儿茶素 阳桃 Averrhoa carambola
catechin; catechol; (+)-catechin; (+)-catechol 儿茶素 常见成分，至少分布于 100 种以上植物中
(+)-catechin 4-benzylthioether (+)- 儿茶素 -4- 苄基硫醚 假升麻 Aruncus sylvester
(+)-catechin arabinoside (+)- 儿茶素 - 阿拉伯糖苷 金丝桃叶绣线菊 Spiraea hypericifolia
(-)-catechin gallate (-)- 儿茶素没食子酸酯 元宝槭 Acer truncatum
(+)-catechin gallate (+)- 儿茶素没食子酸酯 三球悬铃木 Platanus orientalis
catechin gallate 儿茶素没食子酸酯 橄榄 Canarium album, 虎杖 Reynoutria japonica
(+)-catechin hydrate (+)- 儿茶素水合物 南酸枣 Choerospondias axillaris
catechin lactone A 儿茶素内酯 A 卫矛 Euonymus alatus
(+)-catechin rhamnoside (+)- 儿茶素 - 鼠李糖苷 金丝桃叶绣线菊 Spiraea hypericifolia
(+)-catechin-(-)-epicatechin (+)- 儿茶素 -(-)- 表儿茶素 金丝桃叶绣线菊 Spiraea hypericifolia
(+)-catechin-(4→8'')-(+)-catechin (+)- 儿茶素 -(4→8'')-(+)- 儿茶素 泡核桃 Juglans sigillata
(+)-catechin-(4→8)-(+)-catechin-(4→8)-(-)-epicatechin (+)- 儿茶素 -(4→8)-(+)- 儿茶素 -(4→8)-(-)- 表儿茶素 密花豆 Spatholobus suberectus
catechin-(4*α*→6)-epicatechin 儿茶素 -(4*α*→6)- 表儿茶素 牛尾菜 Smilax riparia
(+)-catechin-(4*α*→8)-(+)-catechin (+)- 儿茶素 -(4*α*→8)-(+)- 儿茶素 中华猕猴桃 Actinidia chinensis
catechin-(4*α*→8)-7-*O*-*β*-xylopyranosyl-catechin 儿茶素 -(4*α*→8)-7-*O*-*β*- 吡喃木糖基 - 儿茶素 垂枝桦 Betula pendula
catechin-(4*α*-6)-catechin 儿茶素 -(4*α*-6)- 儿茶素 箣柊 Scolopia chinensis
catechin-(4*α*-8)-catechin-(4*α*-6)-catechin 儿茶素 -(4*α*-8)- 儿茶素 -(4*α*-6)- 儿茶素 箣柊 Scolopia chinensis
catechin-(4*α*-8)-epicatechin 儿茶素 -(4*α*→8)- 表儿茶素 昆明山海棠 Tripterygium hypoglaucum
catechin-(5,6-e)-4*α*-(3,4-dihydroxyphenyl)-dihydro-2(3*H*)-pyranone 儿茶素 -(5,6-e)-4*α*-(3,4- 二羟苯基)- 二氢 -2(3*H*)- 吡喃酮 菝葜 Smilax china
catechin-(5,6-e)-4*β*-(3,4-dihydroxyphenyl)-dihydro-2(3*H*)-pyranone 儿茶素 -(5,6-e)-4*β*-(3,4- 二羟苯基)- 二氢 -2(3*H*)- 吡喃酮 菝葜 Smilax china
catechin-(6'-8)-catechin 儿茶素 -(6'-8)- 儿茶素 云南土沉香 Excoecaria acerifolia
catechin-(7,8-bc)-4*β*-(3,4-dihydroxyphenyl)-dihydro-2(3*H*)-pyranone 儿茶素 -(7,8-bc)-4*β*-(3,4- 二羟苯基)- 二氢 -2(3*H*)- 吡喃酮 菝葜 Smilax china
catechin-(7,8-bc)-4*β*-(3,4-dihydroxyphenyl)-dihydropyran-2(3*H*)-one 儿茶素 -(7,8-bc)-4*β*-(3,4- 二羟苯基)- 二氢吡喃 -2(3*H*)- 酮 菝葜 Smilax china
catechin-[5,6-e]-4*β*-(3,4-dihydroxyphenyl)dihydro-2(3*H*)-pyranone 儿茶素 -[5,6-e]-4*β*-(3,4- 二羟基苯基) 二氢 -2(3*H*)- 吡喃酮 刺篱木 Flacourtia indica
catechin-[8,7-e]-4*α*-(3,4-dihydroxyphenyl)-dihydro-2(3*H*)-pyranone 儿茶素 -[8,7-e]-4*α*-(3,4- 二羟基苯基)- 二氢 -2(3*H*)- 吡喃酮 罗布麻 Apocynum venetum
catechin-3-gallate 儿茶素 -3- 没食子酸酯 茶 Camellia sinensis
catechin-3-*O*-acetate-(4*α*→8)-catechin-3-*O*-acetate-3'-*O*-*β*-D-glucopyranoside 儿茶素 -3-*O*- 乙酸酯 -(4*α*→8)- 儿茶素 -3-*O*- 乙酸酯 -3'-*O*-*β*-D- 吡喃葡萄糖苷 萹蓄 Polygonum aviculare
catechin-3'-*O*-gallate 儿茶素 -3'-*O*- 没食子酸酯 草芍药 Paeonia obovata
(+)-catechin-3-*O*-gallate (+)- 儿茶素 -3-*O*- 没食子酸酯 何首乌 Polygonum multiflorum, 钝叶酸模 Rumex obtusifolius
catechin-3-*O*-gallate 儿茶素 -3-*O*- 没食子酸酯 油柿 Diospyros oleifera, 草芍药 Paeonia obovata, 虎杖 Reynoutria japonica
catechin-3'-*O*-glucoside 儿茶素 -3'-*O*- 葡萄糖苷 草芍药 Paeonia obovata
catechin-3-*O*-rhamnopyranoside 儿茶素 -3-*O*- 吡喃鼠李糖苷 朱缨花 Calliandra haematocephala
catechin-3-*O*-rhamnosyl-(4*α*→8)-catechin 儿茶素 -3-*O*- 鼠李糖基 -(4*α*→8)- 儿茶素 古柯 Erythroxylum novogranatense
(+)-catechin-3-*O*-*α*-L-rhamnopyranoside (+)- 儿茶素 -3-*O*-*α*-L- 吡喃鼠李糖苷 桂木 Artocarpus nitidus subsp. lingnanensis, 古柯 Erythroxylum novogranatense, 野八角 Illicium simonsii, 沙针 Osyris quadripartita
catechin-3-*O*-*α*-L-rhamnopyranoside 儿茶素 -3-*O*-*α*-L- 吡喃鼠李糖苷 二色波罗蜜 Artocarpus styracifolius, 红淡比 Cleyera japonica, 春榆 Ulmus davidiana var. japonica
(+)-catechin-3-*O*-*β*-D-allopyranoside (+)- 儿茶素 -3-*O*-*β*-D- 吡喃阿洛糖苷 大叶骨碎补 Davallia formosana

catechin-3-O-β-D-glucopyranoside 儿茶素 -3-O-β-D- 吡喃葡萄糖苷 药用大黄 Rheum officinale, 南岭柞木 Xylosma controversa
catechin-3β-hydroxy-(1R-3,4-dihydroxyphenyl)pyranone 儿茶素 -3β- 羟基 -(1R-3,4- 二羟苯基) 吡喃酮 菝葜 Smilax china
catechin-3β-hydroxy-(1S-3,4-dihydroxyphenyl)pyranone 儿茶素 -3β- 羟基 -(1S-3,4- 二羟苯基) 吡喃酮 菝葜 Smilax china
catechin-4'-O-gallate 儿茶素 -4'-O- 没食子酸酯 草芍药 Paeonia obovata
catechin-4'-O-glucoside 儿茶素 -4'-O- 葡萄糖苷 草芍药 Paeonia obovata
catechin-5-O-glucoside 儿茶素 -5-O- 葡萄糖苷 草芍药 Paeonia obovata
(+)-catechin-5-O-β-D-apiofuranoside (+)- 儿茶素 -5-O-β-D- 呋喃芹糖苷 黑榆 Ulmus davidiana
(+)-catechin-5-O-β-D-glucopyranosid (+)- 儿茶素 -5-O-β-D- 吡喃葡萄糖 虎杖 Reynoutria japonica
catechin-5-O-β-D-glucopyranoside 儿茶素 -5-O-β-D- 吡喃葡萄糖苷 小连翘 Hypericum erectum, 南岭柞木 Xylosma controversa
(+)-catechin-6-C-β-D-glucopyranoside (+)- 儿茶酸 -6-C-β-D- 吡喃葡萄糖苷 粗茎鳞毛蕨 Dryopteris crassirhizoma
catechin-7-O-D-apioside 儿茶素 -7-O-D- 芹糖苷 欧亚多足蕨 Polypodium vulgare
catechin-7-O-gallate 儿茶素 -7-O- 没食子酸酯 草芍药 Paeonia obovata
(-)-catechin-7-O-gallate-5-O-(5''''-trans-caffeoyl)-β-D-apiofuranoside (-)- 儿茶素 -7-O- 没食子酸酯 -5-O-(5''''- 反式 - 咖啡酰基)-β-D- 呋喃芹糖苷 黑榆 Ulmus davidiana
(-)-catechin-7-O-gallate-5-O-(5''''-trans-caffeoyl)-β-D-apiofuranoside-3-O-β-D-apiofuranosyl-(1 → 2)-β-D-glucopyranoside (-)- 儿茶素 -7-O- 没食子酸酯 -5-O-(5''''- 反式 - 咖啡酰基)-β-D- 呋喃芹糖苷 -3-O-β-D- 呋喃芹糖基 -(1 → 2)-β-D- 吡喃葡萄糖苷 黑榆 Ulmus davidiana
(-)-catechin-7-O-gallate-5-O-(5''''-trans-caffeoyl)-β-D-apiofuranoside-3-O-β-D-glucopyranoside (-)- 儿茶素 -7-O- 没食子酸酯 -5-O-(5''''- 反式 - 咖啡酰基)-β-D- 呋喃芹糖苷 -3-O-β-D- 吡喃葡萄糖苷 黑榆 Ulmus davidiana
(-)-catechin-7-O-gallate-5-O-β-D-apiofuranoside-3-O-(2''-O-galloyl)-β-D-glucopyranoside (-)- 儿茶素 -7-O- 没食子酸酯 -5-O-β-D- 呋喃芹糖苷 -3-O-(2''-O- 没食子酰基)-β-D- 吡喃葡萄糖苷 黑榆 Ulmus davidiana
catechin-7-O-glucoside 儿茶素 -7-O- 葡萄糖苷 草芍药 Paeonia obovata
(+)-catechin-7-O-α-L-rhamnopyranoside (+)- 儿茶素 -7-O-α-L- 鼠李吡喃糖苷 金丝桃叶绣线菊 Spiraea hypericifolia
catechin-7-O-α-L-rhamnopyranoside 儿茶素 -7-O-α-L- 吡喃鼠李糖苷 春榆 Ulmus davidiana var. japonica, 榔榆 U. parvifolia
(-)-catechin-7-O-β-D-apiofuranoside (-)- 儿茶素 -7-O-β-D- 呋喃芹糖苷 黑榆 Ulmus davidiana
(+)-catechin-7-O-β-D-apiofuranoside (+)- 儿茶素 -7-O-β-D- 呋喃芹糖苷 春榆 Ulmus davidiana var. japonica
catechin-7-O-β-D-apiofuranoside 儿茶素 -7-O-β-D- 呋喃芹糖苷 春榆 Ulmus davidiana var. japonica, 大果榆 U. macrocarpa
(+)-catechin-7-O-β-D-glucopyranoside (+)- 儿茶素 -7-O-β-D- 吡喃葡萄糖苷 牡丹 Paeonia suffruticosa, 圆穗蓼 Polygonum macrophyllum, 春榆 Ulmus davidiana var. japonica, 大果榆 U. macrocarpa, 赤豆 Vigna angularis
(2R,3S)-catechin-7-O-β-D-glucopyranoside (2R,3S)- 儿茶素 -7-O-β-D- 吡喃葡萄糖苷 臭冷杉 Abies nephrolepis
catechin-7-O-β-D-glucopyranoside 儿茶素 -7-O-β-D- 吡喃葡萄糖苷 春榆 Ulmus davidiana var. japonica
(-)-catechin-7-O-β-D-xylopyranoside (-)- 儿茶素 -7-O-β-D- 吡喃木糖苷 白桦 Betula platyphylla
(+)-catechin-7-O-β-D-xylopyranoside (+)- 儿茶素 -7-O-β-D- 吡喃木糖苷 岳桦 Betula ermanii, 垂枝桦 B. pendula, 白桦 B. platyphylla, 春榆 Ulmus davidiana var. japonica
catechin-8-O-β-D-glucopyranoside 儿茶素 -8-O-β-D- 吡喃葡萄糖苷 药用大黄 Rheum officinale
catechin-O-β-D-(6'-O-β-D-apiofuranosyl)glucopyranoside 儿茶素 -O-β-D-(6'-O-β-D- 呋喃芹糖基) 吡喃葡萄糖苷 瓜木 Alangium platanifolium
dl-catechol dl- 儿茶酚 红楠 Machilus thunbergii
(+)-catechol-7-β-D-xylopyranoside (+)- 儿茶酚 -7-β-D- 吡喃木糖苷 欧洲白榆 Ulmus laevis
catecholamine 儿茶酚胺 参薯 Dioscorea alata
catecholase 儿茶酚酶 植物基础成分，未统计基源
catenarin 链蠕孢素 香附子 Cyperus rotundus, 翼核果 Ventilago leiocarpa
cathafiline 无根藤林碱▲ 无根藤 Cassytha filiformis
2(S)-cathafoline 2(S)- 长叶长春花碱▲ 大叶糖胶树 Alstonia macrophylla
cathafoline 长叶长春花碱▲ 大叶糖胶树 Alstonia macrophylla, 蔓长春花 Vinca major
cathaformine 无根藤明碱▲ 无根藤 Cassytha filiformis
catharanthamine 长春花胺 长春花 Catharanthus roseus
catharanthine 长春花碱 长春花 Catharanthus roseus
catharicine 长春日辛 长春花 Catharanthus roseus
catharine 长春灵碱▲ 长春花 Catharanthus roseus
catharoseumine 长春花明碱 长春花 Catharanthus roseus
catharosine 长春花辛▲ 长春花 Catharanthus roseus
catharticoside 药鼠李苷 药鼠李 Rhamnus cathartica
cathayanin A, B, C 华桑素▲A, B, C 华桑 Morus cathayana
cathayanon A~J 华桑酮▲A~J 华桑 Morus cathayana
cathayenone A 山核桃酮 A 山核桃 Carya cathayensis
cathindine sulfate 硫酸长春因定 长春花 Catharanthus roseus
(+)-cathine (+)- 巧茶碱 巧茶 Catha edulis
(-)-cathinone (-)- 巧茶酮 巧茶 Catha edulis
(S)-cathinone (S)- 巧茶酮▲ 草麻黄 Ephedra sinica

cathovaline 卵叶长春花碱▲ 长春花 Catharanthus roseus
cathovalinine 卵叶长春花宁碱▲ 山橙 Melodinus suaveolens
catunaregin 山石榴素 山石榴 Catunaregam spinosa
catunaroside A~H 山石榴苷 A~H 山石榴 Catunaregam spinosa
caucalol 窃衣萜醇▲ 窃衣 Torilis scabra
caucalol diacetate 窃衣萜醇▲二乙酸酯 窃衣 Torilis scabra
caudacoumarin A, B, C 香面叶香豆素▲A, B, C 香面叶 Iteadaphne caudata
caudatin 尾叶牛皮消素▲ 西藏牛皮消 Cynanchum auriculatum, 牛皮消 C. boudieri, 青羊参 C. otophyllum, 昆明杯冠藤 C. wallichii, 隔山消 C. wilfordii
caudatin-3-*O*-*α*-L-cymaropyranosyl-(1 → 4)-*α*-D-oleandropyranosyl-(1 → 4)-*α*-L-cymaropyranosyl-(1 → 4)-*β*-D-glucopyranosyl-(1 → 4)-*α*-D-oleandropyranosyl-(1 → 4)-*β*-D-oleandropyranosyl-(1 → 4)-*β*-D-diginopyranoside 尾叶牛皮消素▲-3-*O*-*α*-L- 吡喃磁麻糖基 -(1 → 4)-*α*-D- 吡喃夹竹桃糖基 -(1 → 4)-*α*-L- 吡喃磁麻糖基 -(1 → 4)-*β*-D- 吡喃葡萄糖基 -(1 → 4)-*α*-D- 吡喃夹竹桃糖基 -(1 → 4)-*β*-D- 吡喃夹竹桃糖基 -(1 → 4)-*β*-D- 吡喃洋地黄糖苷 青羊参 Cynanchum otophyllum
caudatin-3-*O*-*β*-cymaropyranoside 尾叶牛皮消素▲-3-*O*-*β*- 吡喃磁麻糖苷 牛皮消 Cynanchum boudieri
caudatin-3-*O*-*β*-D-cymaropyranosyl-(1 → 4)-*α*-D-oleandropyranosyl-(1 → 4)-*α*-L-cymaropyranosyl-(1 → 4)-*β*-D-glucopyranosyl-(1 → 4)-*β*-D-oleandropyranosyl-(1 → 4)-*β*-D-cymaropyranosyl-(1 → 4)-*β*-D-diginopyranoside 尾叶牛皮消素▲-3-*O*-*β*-D- 吡喃磁麻糖基 -(1 → 4)-*α*-D- 吡喃夹竹桃糖基 -(1 → 4)-*α*-L- 吡喃磁麻糖基 -(1 → 4)-*β*-D- 吡喃葡萄糖基 -(1 → 4)-*β*-D- 吡喃夹竹桃糖基 -(1 → 4)-*β*-D- 吡喃磁麻糖基 -(1 → 4)-*β*-D- 吡喃洋地黄糖苷 青羊参 Cynanchum otophyllum
caudatin-3-*O*-*β*-D-cymaropyranosyl-(1 → 4)-*β*-D-oleandropyranosyl-(1 → 4)-*β*-D-cymaropyranosyl-(1 → 4)-*β*-D-cymaropyranoside 尾叶牛皮消素▲-3-*O*-*β*-D- 吡喃磁麻糖基 -(1 → 4)-*β*-D- 吡喃夹竹桃糖基 -(1 → 4)-*β*-D- 吡喃磁麻糖基 -(1 → 4)-*β*-D- 吡喃磁麻糖苷 牛皮消 Cynanchum boudieri, 青羊参 C. otophyllum
caudatin-3-*O*-*β*-D-digitoxopyranoside 尾叶牛皮消素▲-3-*O*-*β*- 吡喃洋地黄毒糖苷 牛皮消 Cynanchum boudieri
caudatin-3-*O*-*β*-D-glucopyranosyl-(1 → 4)-*β*-D-cymaropyranosyl-(1 → 4)-*β*-D-oleandropyranosyl-(1 → 4)-*β*-D-cymaropyranosyl-(1 → 4)-*β*-D-digitoxopyranoside 尾叶牛皮消素▲-3-*O*-*β*-D- 吡喃葡萄糖基 -(1 → 4)-*β*-D- 吡喃磁麻糖基 -(1 → 4)-*β*-D- 吡喃夹竹桃糖基 -(1 → 4)-*β*-D- 吡喃磁麻糖基 -(1 → 4)-*β*-D- 吡喃洋地黄毒糖苷 昆明杯冠藤 Cynanchum wallichii
caudatin-3-*O*-*β*-D-glucopyranosyl-(1 → 4)-*β*-D-oleandropyranosyl-(1 → 4)-*β*-D-cymaropyranosyl-(1 → 4)-*β*-D-cymaropyranoside 尾叶牛皮消素▲-3-*O*-*β*-D- 吡喃葡萄糖基 -(1 → 4)-*β*-D- 吡喃夹竹桃糖基 -(1 → 4)-*β*-D- 吡喃磁麻糖基 -(1 → 4)-*β*-D- 吡喃磁麻糖苷 青羊参 Cynanchum otophyllum
caudatin-3-*O*-*β*-D-glucopyranosyl-(1 → 4)-*β*-D-oleandropyranosyl-(1 → 4)-*β*-D-cymaropyranosyl-(1 → 4)-*β*-D-digitoxopyranoside 尾叶牛皮消素▲-3-*O*-*β*-D- 吡喃葡萄糖基 -(1 → 4)-*β*-D- 吡喃夹竹桃糖基 -(1 → 4)-*β*-D- 吡喃磁麻糖基 -(1 → 4)-*β*-D- 吡喃洋地黄毒糖苷 昆明杯冠藤 Cynanchum wallichii
caudatin-3-*O*-*β*-D-oleandropyranosyl-(1 → 4)-*β*-D-digitoxopyranosyl-(1 → 4)-*β*-D-cymaropyranoside 尾叶牛皮消素▲-3-*O*-*β*-D- 吡喃夹竹桃糖基 -(1 → 4)-*β*-D- 吡喃洋地黄毒糖基 -(1 → 4)-*β*-D- 吡喃磁麻糖苷 青羊参 Cynanchum otophyllum
caudatin-3-*O*-*β*-D-oleandropyranosyl-(1 → 4)-*β*-D-oleandropyranosyl-(1 → 4)-*β*-D-cymaropyranosyl-(1 → 4)-*β*-D-cymaropyranoside 尾叶牛皮消素▲-3-*O*-*β*-D- 吡喃夹竹桃糖基 -(1 → 4)-*β*-D- 吡喃夹竹桃糖基 -(1 → 4)-*β*-D- 吡喃磁麻糖基 -(1 → 4)-*β*-D- 吡喃磁麻糖苷 青羊参 Cynanchum otophyllum
caudicifolin 夹竹桃叶大戟素▲ 百步回阳 Euphorbia sessiliflora, 大果大戟 E. wallichii
ψ-caudoside *ψ*- 卵萼羊角拗苷▲ 羊角拗 Strophanthus divaricatus
caudoside 卵萼羊角拗苷▲ 卵萼羊角拗 Strophanthus caudatus, 羊角拗 S. divaricatus
cauferidin; kauferidin 宽叶阿魏定▲ 圆锥茎阿魏 Ferula conocaula
cauferin; kauferin 宽叶阿魏素▲ 圆锥茎阿魏 Ferula conocaula
cauferin-4'-*O*-*β*-D-glucopyranosyl-(1 → 6)-*O*-*β*-D-glucopyranoside 宽叶阿魏素▲-4'-*O*-*β*-D- 吡喃葡萄糖基 -(1 → 6)-*O*-*β*-D- 吡喃葡萄糖苷 圆锥茎阿魏 Ferula conocaula
cauferinin 宽叶阿魏宁▲ 圆锥茎阿魏 Ferula conocaula
cauferoside 圆锥茎阿魏苷▲ 圆锥茎阿魏 Ferula conocaula
caulerpine 蕨藻碱▲ 鹧鸪菜 Caloglossa leprieurii, 树状软骨藻 Chondria armata
caulerpinic acid 蕨藻酸▲ 鹧鸪菜 Caloglossa leprieurii
cauleslactone 双叶细辛内酯 挥发油成分，未统计基源
caulesyl acetate 双叶细辛醇乙酸酯 挥发油成分，未统计基源
cauliflorin A, B 干花豆素▲A, B 干花豆 Fordia cauliflora
caulolactone A 双叶细辛内酯 A 挥发油成分，未统计基源
caulolactone B 双叶细辛内酯 B 挥发油成分，未统计基源
caulophine 葳严仙芬 红毛七 Caulophyllum robustum
caulophylline 葳严仙碱 苦豆子 Sophora alopecuroides, 苦参 S. flavescens
caulophylline A~E 葳严仙碱 A~E 红毛七 Caulophyllum robustum
caulophyllogenin 葳严仙皂苷元 红毛七 Caulophyllum robustum, 云南土沉香 Excoecaria acerifolia
caulophyllogenin-3-*O*-*α*-L-arabinopyranoside 葳严仙皂苷元 -3-*O*-*α*-L- 吡喃阿拉伯糖苷 红毛七 Caulophyllum robustum, 南苜蓿 Medicago polymorpha
cauloside A 葳岩仙皂苷 A 红毛七 Caulophyllum robustum, 鹅掌藤 Heptapleurum arboricola, 忍冬 Lonicera japonica

cauloside B, E 葳岩仙皂苷 B, E 红毛七 Caulophyllum robustum
cauloside C 葳岩仙皂苷 C 红毛七 Caulophyllum robustum, 忍冬 Lonicera japonica, 灰毡毛忍冬 L. macranthoides, 红花岩生忍冬 L. rupicola var. syringantha, 狭叶黄精 Polygonatum stenophyllum
cauloside D 葳岩仙皂苷 D 卵叶银莲花 Anemone begoniifolia, 草玉梅 A. rivularis, 小花草玉梅 A. rivularis var. flore-minore, 红毛七 Caulophyllum robustum, 甘青铁线莲 Clematis tangutica, 八角金盘 Fatsia japonica, 鹅掌藤 Heptapleurum arboricola, 鹅掌柴 H. heptaphyllum, 刺楸 Kalopanax septemlobus, 钟萼白头翁 Pulsatilla campanella
cauloside F 葳岩仙皂苷 F 钟萼白头翁 Pulsatilla campanella
cauloside G 葳岩仙皂苷 G 红毛七 Caulophyllum robustum, 八角金盘 Fatsia japonica, 鹅掌藤 Heptapleurum arboricola
cavidilinine 岩黄连灵碱 石生黄堇 Corydalis saxicola
(-)-cavidine (-)- 块茎紫堇定▲ 石生黄堇 Corydalis saxicola
(+)-cavidine (+)- 块茎紫堇定▲ 细叶黄堇 Corydalis meifolia
d-cavidine *d*- 块茎紫堇定▲ 薯根延胡索 Corydalis ledebouriana
L-cavidine L- 块茎紫堇定▲ 籽纹紫堇 Corydalis esquirolii
cavidine 块茎紫堇定▲ 堇叶延胡索 Corydalis fumariifolia, 石生黄堇 C. saxicola, 齿瓣延胡索 C. turtschaninovii
cavincidine sulfate 硫酸长春文西定▲ 长春花 Catharanthus roseus
cavincine 长春文辛▲ 长春花 Catharanthus roseus
cavincine sulfate 硫酸长春文辛▲ 长春花 Catharanthus roseus
caviunin 巴西黑黄檀素▲ 香花崖豆藤 Callerya dielsiana, 印度黄檀 Dalbergia sissoo
caviunin-7-*O*-[*β*-D-apiofuranosyl-(1 → 6)-*β*-D-glucopyranoside] 巴西黑黄檀素▲-7-*O*-[*β*-D- 呋喃芹糖基 -(1 → 6)-*β*-D- 吡喃葡萄糖苷] 印度黄檀 Dalbergia sissoo
caviunin-7-*O*-gentiobioside 巴西黑黄檀素▲-7-*O*- 龙胆二糖苷 印度黄檀 Dalbergia sissoo
caviunin-7-*O*-glucopyranoside 巴西黑黄檀素▲-7-*O*- 葡萄糖苷 印度黄檀 Dalbergia sissoo
caviunin-7-*O*-*β*-D-glucopyranoside 巴西黑黄檀素▲-7-*O*-*β*-D- 吡喃葡萄糖苷 印度黄檀 Dalbergia sissoo
caylobolide A 灰狼礁鞘丝藻内酯▲A 巨大鞘丝藻 Lyngbya majuscula
cayratinin 乌蔹莓素 乌蔹莓 Cayratia japonica
CbTI-1 刺果苏木蛋白酶抑制剂 -1 刺果苏木 Caesalpinia bonduc
ceanothanolic acid 美洲茶醇酸▲ 铜钱树 Paliurus hemsleyanus
ceanothenic acid 美洲茶烯酸 滇刺枣 Ziziphus mauritiana
ceanothetric acid 美洲茶三酸▲ 毛果枳椇 Hovenia trichocarpa
ceanothic acid 美洲茶酸 马甲子 Paliurus ramosissimus, 酸枣 Ziziphus jujuba var. spinosa, 滇刺枣 Z. mauritiana
ceanothic acid-28*β*-glucosyl ester 美洲茶酸 -28*β*- 葡萄糖基酯 马甲子 Paliurus ramosissimus
cearoin 赛州黄檀素▲ 降香 Dalbergia odorifera, 印度黄檀 D. sissoo
cecropiacic acid 伞树酸▲ 紫萼路边青 Geum rivale, 扁核木 Prinsepia utilis
cedeodarin 雪松达灵▲ 雪松 Cedrus deodara
cedr-8-en-14-ol acetate 雪松 -8- 烯 -14- 醇乙酸酯 垂枝柏 Juniperus recurva
cedran-3*α*-ol 雪松 -3*α*- 醇 圆柏 Juniperus chinensis
cedrane-3*β*,12-diol 雪松 -3*β*,12- 二醇 圆柏 Juniperus chinensis
8,14-cedranediol 8,14- 雪松烷二醇 高山柏 Juniperus squamata
8*S*,13-cedranediol 8*S*,13- 雪松烷二醇 垂枝柏 Juniperus recurva
8,14-cedranolide 8,14- 雪松内酯 高山柏 Juniperus squamata
8,14-cedranoxide 8,14- 雪松烷环氧物 高山柏 Juniperus squamata
(-)-cedreanol (-)- 雪松烷醇 胡椒 Piper nigrum
cedrelanol 洋椿醇▲ 日本柳杉 Cryptomeria japonica, 黑老虎 Kadsura coccinea
cedrelone 洋椿酮 红椿 Toona ciliata
cedrelopsin 拟洋椿素▲ 柚 Citrus maxima, 假黄皮 Clausena excavata, 牛筋果 Harrisonia perforata, 鳄梨 Persea americana
8-cedren-13-ol 8- 雪松烯 -13- 醇 挥发油成分，未统计基源
α-cedren-14-ol *α*- 雪松烯 -14- 醇 垂枝柏 Juniperus recurva
β-cedren-9-one *β*- 雪松烯 -9- 酮 伊朗蒿 Artemisia persica
(-)-*α*-cedrene (-)-*α*- 雪松烯 垂枝柏 Juniperus recurva
(+)-*β*-cedrene (+)-*β*- 雪松烯 垂枝柏 Juniperus recurva
α-cedrene *α*- 雪松烯 挥发油成分，未统计基源
β-cedrene *β*- 雪松烯 挥发油成分，未统计基源
cedrene 雪松烯 挥发油成分，未统计基源
cedrene V_6 雪松烯 V_6 挥发油成分，未统计基源
β-cedrenol *β*- 雪松烯醇 挥发油成分，未统计基源
cedrenol 雪松烯醇 挥发油成分，未统计基源
cedrin 雪松素 雪松 Cedrus deodara
cedrinoside 雪松素苷 雪松 Cedrus deodara
(-)-cedrol (-)- 雪松醇 定心藤 Mappianthus iodoides

α-cedrol α-雪松醇 挥发油成分，未统计基源
β-cedrol β-雪松醇 臭冷杉 Abies nephrolepis
cedrol 雪松醇 挥发油成分，未统计基源
cedrolic acid 雪松醇酸 高山柏 Juniperus squamata
cedrusin 雪松脂素▲ 冷杉 Abies fabri, 臭冷杉 A. nephrolepis, 雪松 Cedrus deodara, 连翘 Forsythia suspensa, 黄花香茶菜 Isodon sculponeatus, 云南油杉 Keteleeria evelyniana, 马尾松 Pinus massoniana, 金钱松 Pseudolarix amabilis, 朝鲜白头翁 Pulsatilla cernua, 长鞭红景天 Rhodiola fastigiata, 鹊肾树 Streblus asper
cedrusin-4'-glucoside 雪松脂素▲-4'-葡萄糖苷 雪松 Cedrus deodara
cedrusin-4-*O*-*β*-glucoside 雪松脂素▲-4-*O*-*β*-D-葡萄糖苷 马尾松 Pinus massoniana
cedrusinin 雪松脂宁▲ 臭冷杉 Abies nephrolepis, 雪松 Cedrus deodara
celafolin A_1 冠叶南蛇藤素▲A_1 南蛇藤 Celastrus orbiculatus
celafolin B_3 冠叶南蛇藤素▲B_3 刺苞南蛇藤 Celastrus flagellaris
celahin A 青江藤素▲A 青江藤 Celastrus hindsii
celahin B 青江藤素▲B 苦皮藤 Celastrus angulatus, 青江藤 C. hindsii
celahin C 青江藤素▲C 青江藤 Celastrus hindsii, 五层龙 Salacia prinoides
celahin D 青江藤素▲D 苦皮藤 Celastrus angulatus, 青江藤 C. hindsii
celahinine A 青江藤碱▲A 青江藤 Celastrus hindsii
celahypodiol 粉背南蛇藤二醇▲ 粉背南蛇藤 Celastrus hypoleucus
celallocinnine 南蛇藤别桂皮酰胺碱 雷公藤 Tripterygium wilfordii
celangulatin II, III, IV, A~E, G, H, I 苦皮藤亭 II, III, IV, A~E, G, H, I 苦皮藤 Celastrus angulatus
celangulatin F 苦皮藤亭 F 苦皮藤 Celastrus angulatus, 雷公藤 Tripterygium wilfordii
celangulin 苦皮藤林素▲ I, II, III, IV, V, VI, VII, VIII, IX, X, XI, XII, XIII, XIV, XV, XVI, XVII, XVIII, XIX 苦皮藤 Celastrus angulatus
celapagin 灯油藤精碱▲ 灯油藤 Celastrus paniculatus
celapanigin 灯油藤宁精碱▲ 灯油藤 Celastrus paniculatus
celapanin 灯油藤宁碱▲ 灯油藤 Celastrus paniculatus
celaphanol A 冠叶南蛇藤醇▲A 南蛇藤 Celastrus orbiculatus
celasdin A, B, C 南蛇藤定▲A, B, C 青江藤 Celastrus hindsii
celastolide 南蛇藤内酯▲ 昆明山海棠 Tripterygium hypoglaucum
celastrin A; celastrine A 南蛇藤素 A 苦皮藤 Celastrus angulatus, 刺苞南蛇藤 C. flagellaris, 雷公藤 Tripterygium wilfordii
celastrin B; celastrine B 南蛇藤素 B 刺苞南蛇藤 Celastrus flagellaris
celastrol 南蛇藤醇▲ 粉背南蛇藤 Celastrus hypoleucus, 独子藤 C. monospermus, 南蛇藤 C. orbiculatus, 灯油藤 C. paniculatus, 显柱南蛇藤 C. stylosus, 昆明山海棠 Tripterygium hypoglaucum, 东北雷公藤 T. regelii, 雷公藤 T. wilfordii
celastroline A*α*, A*β*, B*α*, B*β* 南蛇藤醇素▲A*α*, A*β*, B*α*, B*β* 南蛇藤 Celastrus orbiculatus
celebixanthone 西里伯黄牛木屾酮▲ 黄牛木 Cratoxylum cochinchinense
celebixanthone methyl ether 西里伯黄牛木屾酮▲甲醚 黄牛木 Cratoxylum cochinchinense, 红芽木 C. formosum subsp. pruniflorum
celereoin 洋芹素 旱芹 Apium graveolens
celereoside 洋芹素苷 旱芹 Apium graveolens
celerin 芹灵素▲ 旱芹 Apium graveolens
celerioside E 旱芹苷▲E 羌活 Notopterygium incisum
cellobiosyldigigulomethyloside 纤维二糖基洋地黄甲苷 葶苈 Draba nemorosa
cellobiosyl-thevetoside 纤维二糖基黄花夹竹桃糖苷 海杧果 Cerbera manghas
α-/*β*-cellulose *α*-/*β*-纤维素 凝花菜 Gelidiella acerosa
celogenamide A 青葙酰胺▲A 青葙 Celosia argentea
celogentin A~H, J, K 青葙亭▲A~H, J, K 青葙 Celosia argentea
celorbicol ester 南蛇藤柯醇酯▲ 南蛇藤 Celastrus orbiculatus
celosin I, II, C_1, D_1, E~J 青葙苷 I, II, C_1, D_1, E~J 青葙 Celosia argentea
celosin A 青葙苷 A 青葙 Celosia argentea, 鸡冠花 C. cristata
celosin B 青葙苷 B 青葙 Celosia argentea, 鸡冠花 C. cristata
celosin C 青葙苷 C 青葙 Celosia argentea, 鸡冠花 C. cristata
celosin D 青葙苷 D 青葙 Celosia argentea, 鸡冠花 C. cristata
celsiogenin A, B 毛蕊花皂苷元 A, B 毛蕊花 Verbascum thapsum
celsiogenin B-3-*O*-*α*-L-mannopyranoside 毛蕊花皂苷元 B-3-*O*-*α*-L-甘露糖苷 醉鱼草 Buddleja lindleyana
(1*S*,2*E*,4*S*,6*E*,8*S*,11*S*)-2,6,12(20)-cembratriene-4,8,11-triol (1*S*,2*E*,4*S*,6*E*,8*S*,11*S*)-2,6,12(20)-瑞士松三烯-4,8,11-三醇 烟草 Nicotiana tabacum
(1*S*,2*E*,4*R*,6*E*,8*S*,10*E*,12*R*)-2,6,10-cembratriene-4,8,12-triol (1*S*,2*E*,4*R*,6*E*,8*S*,10*E*,12*R*)-2,6,12-瑞士松三烯-4,8,12-三醇 烟草 Nicotiana tabacum
(1*S*,2*E*,4*R*,6*E*,8*S*,10*E*,12*S*)-2,6,10-cembratriene-4,8,12-triol (1*S*,2*E*,4*R*,6*E*,8*S*,10*E*,12*S*)-2,6,12-瑞士松三烯-4,8,12-三醇 烟草 Nicotiana tabacum
(1*S*,2*E*,4*S*,6*E*,8*S*,10*E*,12*R*)-2,6,10-cembratriene-4,8,12-triol (1*S*,2*E*,4*S*,6*E*,8*S*,10*E*,12*R*)-2,6,12-瑞士松三烯-4,8,12-三醇 烟草 Nicotiana tabacum
(1*S*,2*E*,4*S*,6*E*,8*S*,10*E*,12*S*)-2,6,10-cembratriene-4,8,12-triol (1*S*,2*E*,4*S*,6*E*,8*S*,10*E*,12*S*)-2,6,12-瑞士松三烯-4,8,12-三醇 烟草 Nicotiana tabacum
cembrene 瑞士松烯 挥发油成分，未统计基源
cembrene A 瑞士松烯 A 挥发油成分，未统计基源

cembrene C 瑞士松烯 C 挥发油成分，未统计基源
centaureidin 矢车菊黄素 亚洲蓍 Achillea asiatica, 蓍 A. millefolium, 全缘叶蓝刺头 Echinops integrifolius, 大麻叶泽兰 Eupatorium cannabinum, 除虫菊 Pyrethrum cinerariifolium, 短舌匹菊 P. parthenium, 甜叶菊 Stevia rebaudiana
centaurein 矢车菊苷 白花鬼针草 Bidens pilosa var. radiata, 细叶地榆 Sanguisorba tenuifolia, 刺苍耳 Xanthium spinosum
centaurepensin 匍匐矢车菊素▲ 缢苞麻花头 Serratula strangulata
centauriol 百金花醇▲ 美丽百金花 Centaurium pulchellum
centaurione 百金花酮▲ 美丽百金花 Centaurium pulchellum
centcyamine 矢车菊碱▲ 矢车菊 Centaurea cyanus
cis-centcyamine 顺式 - 矢车菊碱▲ 矢车菊 Centaurea cyanus
centdarol 雪松达醇▲ 雪松 Cedrus deodara, 香柏 Juniperus pingii var. wilsonii
centellasapogenol A 积雪草皂醇▲A 积雪草 Centella asiatica
centellasaponin A~D 积雪草皂苷▲A~D 积雪草 Centella asiatica
centellicin 积雪草辛▲ 积雪草 Centella asiatica
centellin 积雪草素▲ 积雪草 Centella asiatica
centellose 积雪草糖 积雪草 Centella asiatica
centelloside A~E 积雪草洛苷▲A~E 积雪草 Centella asiatica
centipedaic acid 石胡荽酸▲ 田基黄 Grangea maderaspatana
(-)-centrolobol (-)- 刺片豆醇▲ 毛果槭 Acer nikoense, 白桦 Betula platyphylla
(+)-centrolobol (+)- 刺片豆醇▲ 辽东桤木 Alnus hirsuta
centrolobol 刺片豆醇▲ 尼泊尔桤木 Alnus nepalensis, 卵叶槲寄生 Viscum album subsp. meridianum
ceparoside A, B 洋葱苷 A, B 洋葱 Allium cepa
cephaeline 吐根酚碱 土坛树 Alangium salviifolium
cephakicine 金线吊乌龟卡辛碱▲ 金线吊乌龟 Stephania cephalantha
cephalancetine A 贡山三尖杉碱▲A 贡山三尖杉 Cephalotaxus lanceolata, 粗榧 C. sinensis
cephalancetine B, C, D 贡山三尖杉碱▲B, C, D 贡山三尖杉 Cephalotaxus lanceolata
cephalezomine M 矮三尖杉明碱▲M 高山三尖杉 Cephalotaxus fortunei var. alpina
cephalin 脑磷脂 木耳 Auricularia auricula
cephalofortuneine 三尖杉因碱▲ 三尖杉 Cephalotaxus fortunei
cephalofortunone 三尖杉二酮碱▲ 三尖杉 Cephalotaxus fortunei
cephalomannine 印度三尖杉碱▲ 海南粗榧 Cephalotaxus mannii, 大理罗汉松 Podocarpus forrestii, 东北红豆杉 Taxus cuspidata, 密叶红豆杉 T. fuana, 喜马拉雅红豆杉 T. wallichiana, 红豆杉 T. wallichiana var. chinensis, 南方红豆杉 T. wallichinana var. mairei
cephalotanin A~D 三尖杉宁▲A~D 粗榧 Cephalotaxus sinensis
cephalotaxinamide 三尖杉酰胺 贡山三尖杉 Cephalotaxus lanceolata, 海南粗榧 C. mannii
cephalotaxine 三尖杉碱 三尖杉 Cephalotaxus fortunei, 贡山三尖杉 C. lanceolata, 海南粗榧 C. mannii, 篦子三尖杉 C. oliveri, 粗榧 C. sinensis, 台湾三尖杉 C. sinensis var. wilsoniana
cephalotaxine-*α*-*N*-oxide 三尖杉碱 -*α*-*N*- 氧化物 三尖杉 Cephalotaxus fortunei, 贡山三尖杉 C. lanceolata
cephalotaxine-*β*-*N*-oxide 三尖杉碱 -*β*-*N*- 氧化物 三尖杉 Cephalotaxus fortunei, 贡山三尖杉 C. lanceolata, 粗榧 C. sinensis
cephalotaxinone 三尖杉酮碱 三尖杉 Cephalotaxus fortunei, 高山三尖杉 C. fortunei var. alpina, 贡山三尖杉 C. lanceolata
cephalotine A, B 三尖杉亭碱▲A, B 贡山三尖杉 Cephalotaxus lanceolata
cephalotine C, D 三尖杉亭碱▲C, D 高山三尖杉 Cephalotaxus fortunei var. alpina
cephalotine E 三尖杉亭碱▲E 贡山三尖杉 Cephalotaxus lanceolata
cephamonine 金线吊乌龟莫宁碱▲ 金线吊乌龟 Stephania cephalantha, 小花地不容 S. micrantha
cephamorphinanine 金线吊乌龟吗啡宁碱▲ 金线吊乌龟 Stephania cephalantha, 血散薯 S. dielsiana, 地不容 S. epigaea, 江南地不容 S. excentrica
cephamuline 金线吊乌龟木林碱▲ 金线吊乌龟 Stephania cephalantha
cepharadione A 金线吊乌龟二酮碱 A 瓜叶马兜铃 Aristolochia cucurbitifolia, 大叶马兜铃 A. kaempferi, 寻骨风 A. mollissima, 台湾含笑 Michelia compressa, 蒌叶 Piper betle, 荜拔 P. longum, 胡椒 P. nigrum, 假蒟 P. sarmentosum, 金线吊乌龟 Stephania cephalantha, 台湾千金藤 S. merrillii
cepharadione B 金线吊乌龟二酮碱 B 蕺菜 Houttuynia cordata, 荜拔 Piper longum, 金线吊乌龟 Stephania cephalantha
cepharamine 金线吊乌龟胺▲ 金线吊乌龟 Stephania cephalantha, 桐叶千金藤 S. japonica var. discolor
cepharanoline 金线吊乌龟诺林碱▲ 金线吊乌龟 Stephania cephalantha, 地不容 S. epigaea
cepharanone A 金线吊乌龟酮碱 A 瓜叶马兜铃 Aristolochia cucurbitifolia, 大叶马兜铃 A. kaempferi, 苎叶蒟 Piper boehmeriifolium, 金线吊乌龟 Stephania cephalantha
cepharanone A-*N*-*β*-D-glucopyranoside 金线吊乌龟酮碱 A-*N*-*β*-D- 吡喃葡萄糖苷 寻骨风 Aristolochia mollissima
cepharanone B 金线吊乌龟酮碱 B 蕺菜 Houttuynia cordata, 苎叶蒟 Piper boehmeriifolium, 黄花胡椒 P. flaviflorum, 荜拔 P. longum, 石南藤 P. wallichii, 金线吊乌龟 Stephania cephalantha
cepharanone C 金线吊乌龟酮碱 C 瓜叶马兜铃 Aristolochia cucurbitifolia
cepharanone D 金线吊乌龟酮碱 D 小叶地不容 Stephania succifera
(+)-cepharanthine (+)- 金线吊乌龟碱▲ 地不容 Stephania epigaea

cepharanthine 金线吊乌龟碱▲ 金线吊乌龟 Stephania cephalantha, 地不容 S. epigaea, 草质千金藤 S. herbacea, 千金藤 S. japonica, 台湾千金藤 S. merrillii, 汝兰 S. sinica
cepharanthine-2α-N-oxide 金线吊乌龟碱▲-2α-N- 氧化物 地不容 Stephania epigaea
cepharanthine-2'α-N-oxide 金线吊乌龟碱▲-2'α-N- 氧化物 地不容 Stephania epigaea
cepharanthine-2β-N-oxide 金线吊乌龟碱▲-2β-N- 氧化物 地不容 Stephania epigaea
cepharanthine-2'β-N-oxide 金线吊乌龟碱▲-2'β-N- 氧化物 地不容 Stephania epigaea
cepharatine A 金线吊乌龟亭碱▲A 风龙 Sinomenium acutum, 金线吊乌龟 Stephania cephalantha
cepharatine B, C, D 金线吊乌龟亭碱▲B, C, D 金线吊乌龟 Stephania cephalantha
cephasamine 金线吊乌龟萨胺▲ 金线吊乌龟 Stephania cephalantha
cephasugine 金线吊乌龟苏精▲ 金线吊乌龟 Stephania cephalantha
cephatonine 金线吊乌龟酮宁碱▲ 风龙 Sinomenium acutum, 金线吊乌龟 Stephania cephalantha
cephatonine-2-O-β-D-glucopyranoside 金线吊乌龟酮宁碱▲-2-O-β-D- 吡喃葡萄糖苷 风龙 Sinomenium acutum
(2R,3S)-ceplignan (2R,3S)- 肥牛树木脂素▲ 毛地黄鼠尾草 Salvia digitaloides
ceplignan 肥牛木脂素 栀子 Gardenia jasminoides
ceplignan-4-O-β-D-glucopyranoside 肥牛树木脂素▲-4-O-β-D- 吡喃葡萄糖苷 地桃花 Urena lobata
ceramide 神经酰胺 羊肚菌 Morchella esculenta
ceramide 4s 神经酰胺 4s 异株荨麻 Urtica dioica
cerarvensin 卷耳素▲ 卷耳 Cerastium arvense subsp. strictum, 临时救 Lysimachia congestiflora
cerarvensin-7-O-glucopyranoside 卷耳素▲-6-C- 木糖 -7-O- 吡喃葡萄糖苷 卷耳 Cerastium arvense subsp. strictum
cerarvensin-7-O-glucoside 卷耳素▲-7-O- 葡萄糖苷 漆姑草 Sagina japonica
ceratoside A 蓝雪花苷▲A 岷江蓝雪花 Ceratostigma willmottianum
cerberalignan D~N 海杧果木脂素 D~N 海杧果 Cerbera manghas
cerberic acid 海杧果酸 海杧果 Cerbera manghas
cerberic acid A 海杧果酸 A 海杧果 Cerbera manghas
cerberic acid B 海杧果酸 B 海杧果 Cerbera manghas, 鸡蛋花 Plumeria rubra 'Acutifolia'
cerberidol 海杧果醇 海杧果 Cerbera manghas
cerberidol-α-D-allopyranoside 海杧果醇 -α-D- 吡喃阿洛糖苷 海杧果 Cerbera manghas
cerberin 海杧果素▲ 海杧果 Cerbera manghas, 阔叶竹桃 Thevetia ahouai, 黄花夹竹桃 T. peruviana
cerberinic acid 海杧果尼酸▲ 海杧果 Cerbera manghas
cerbinal 海杧果醛 海杧果 Cerbera manghas
cercidin 连香树定▲ 连香树 Cercidiphyllum japonicum
cercidinin A, B 连香树宁▲A, B 连香树 Cercidiphyllum japonicum
cercosporin 尾孢菌素 稻尾孢 Cercospora oryzae
cerebroside 脑苷 树舌灵芝 Ganoderma applanatum
cerebroside A 脑苷 A 裂褶菌 Schizophyllum commune
cerebroside AS-1-1~AS-1-5 脑苷 AS-1-1~AS-1-5 蒜 Allium sativum
cerebroside B 脑苷 B 猴头菌 Hericium erinaceus, 荷叶离褶伞 Lyophyllum decastes, 裂蹄木层孔菌 Phellinus linteus, 密褶红菇 Russula densifolia, 印度块菌 Tuber indicum
cerebroside C 脑苷 C 裂褶菌 Schizophyllum commune
cerebroside D 脑苷 D 中华紫芝 Ganoderma sinense, 猴头菌 Hericium erinaceus, 多汁乳菇 Lactarius volemus
(22Z,24S)-cerevisterol (22Z,24S)- 酒酵母甾醇 亚绒白乳菇 Lactarius subvellereus
cerevisterol 酒酵母甾醇 鸡油菌 Cantharellus cibarius, 毛头鬼伞 Coprinus comatus, 葫芦树 Crescentia cujete, 隐孔菌 Cryptoporus volvatus, 木蹄层孔菌 Fomes fomentarius, 中华紫芝 Ganoderma sinense, 橘黄裸伞 Gymnopilus spectabilis, 珊瑚状猴头菌 Hericium coralloides, 猴头菌 H. erinaceus, 斑玉蕈 Hypsizygus marmoreus, 硫黄菌 Laetiporus sulphureus, 东俄洛橐吾 Ligularia tongolensis, 荷叶离褶伞 Lyophyllum decastes, 羊肚菌 Morchella esculenta, 冬虫夏草 Ophiocordyceps sinensis, 木犀 Osmanthus fragrans, 桑黄 Phellinus igniarius, 葡萄色顶枝珊瑚菌 Ramaria botrytis, 啤酒酵母菌 Saccharomyces cerevisiae, 齿叶玄参 Scrophularia dentata, 苦马豆 Sphaerophysa salsula, 皱环球盖菇 Stropharia rugosoannulata, 印度块菌 Tuber indicum, 七星莲 Viola diffusa, 草菇 Volvariella volvacea
cerleaside A, B 海杧果叶苷▲A, B 海杧果 Cerbera manghas
cermizine A, B, C 垂穗石松米碱▲A, B, C 垂穗石松 Palhinhaea cernua
(+)-cermizine D (+)- 垂穗石松米碱▲D 玉柏 Lycopodium obscurum
cermizine D 垂穗石松米碱▲D 垂穗石松 Palhinhaea cernua
(+)-cermizine D-N-oxide (+)- 垂穗石松米碱▲D-N- 氧化物 玉柏 Lycopodium obscurum
cernoside 垂穗石松苷 垂穗石松 Palhinhaea cernua
cernuaside A 朝鲜白头翁新苷▲A 朝鲜白头翁 Pulsatilla cernua, 兴安白头翁 P. dahurica
cernuaside B 朝鲜白头翁新苷▲B 朝鲜白头翁 Pulsatilla cernua, 兴安白头翁 P. dahurica
cernuaside C 朝鲜白头翁新苷▲C 朝鲜白头翁 Pulsatilla cernua, 兴安白头翁 P. dahurica
cernuaside D 朝鲜白头翁新苷▲D 朝鲜白头翁 Pulsatilla cernua, 兴安白头翁 P. dahurica
cernuine 垂穗石松因碱▲ 垂穗石松 Palhinhaea cernua
cernuine-N-oxide 垂穗石松因碱 -N- 氧化物 垂穗石松 Palhinhaea cernua

cernuole 柳叶鬼针草酚▲ 柳叶鬼针草 Bidens cernua

cernuoside 黄花酢浆草苷▲ 木姜叶柯 Lithocarpus litseifolius, 甜茶 Rubus chingii var. suavissimus

cernuoside A 朝鲜白头翁苷 A 朝鲜白头翁 Pulsatilla cernua, 兴安白头翁 P. dahurica

cernuoside B 朝鲜白头翁苷 B 朝鲜白头翁 Pulsatilla cernua, 兴安白头翁 P. dahurica

cernuoside C 朝鲜白头翁苷 C 朝鲜白头翁 Pulsatilla cernua

cerotic acid 蜡酸 锦鸡儿 Caragana sinica, 三桠苦 Euodia lepta, 西南卫矛 Euonymus hamiltonianus, 叉子圆柏 Juniperus sabina, 羽苞藁本 Ligusticum daucoides, 水芹 Oenanthe javanica, 柄果海桐 Pittosporum podocarpum, 荷包山桂花 Polygala arillata, 云南红景天 Rhodiola yunnanensis, 山刺玫 Rosa davurica, 柄果槲寄生 Viscum multinerve

ceryl alcohol 蜡醇 琴叶榕 Ficus pandurata, 猫爪藤 Macfadyena unguis-cati, 吉隆桑 Morus serrata

ceryl behenate 山萮酸蜡醇酯 聚果榕 Ficus racemosa

ceryl cerotinate 蜡醇蜡酸酯 髭脉桤叶树 Clethra barbinervis

ceryl stearate 蜡醇硬脂酸酯 三球悬铃木 Platanus orientalis

cesternoside A, B 夜香树酚苷▲A, B 夜香树 Cestrum nocturnum

cetane 鲸蜡烷 挥发油成分，未统计基源

cetylene 鲸蜡烯 挥发油成分，未统计基源

5*α*,14*α*-cevanine-3-one-6*β*-*O*-*β*-D-glucoside 5*α*,14*α*- 瑟瓦林 -3- 酮 -6*β*-*O*-*β*-D- 葡萄糖苷 裕民贝母 Fritillaria yuminensis

5*α*,14*α*-cevanine-3*α*-hydroxy-6-one 5*α*,14*α*- 瑟瓦林 -3*α*- 羟基 -6- 酮 裕民贝母 Fritillaria yuminensis

6-*C*-galactopyranosyl-4',5,7-trihydroxyflavone 6-*C*- 吡喃葡萄糖基 -4',5,7- 三羟基黄酮 地稔 Melastoma dodecandrum

6-*C*-galactosyl-luteolin 6-*C*- 半乳糖基 - 木犀草素 玉蜀黍 Zea mays

6-*C*-glucopyranosyl-3,3',4',5,7-pentahydroxyflavanone 6-*C*- 吡喃葡萄糖基 -3,3',4',5,7- 五羟基黄烷酮 扁担杆 Grewia biloba

8-*C*-glucopyranosyl-5,7,3',4'-tetrahydroxyflavone 8-*C*- 吡喃葡萄糖基 -5,7,3',4'- 四羟基黄酮 地稔 Melastoma dodecandrum

8-*β*-*C*-glucopyranosyl-5,7-dihydroxy-2-isobutylchromone 8-*β*-*C*- 吡喃葡萄糖基 -5,7- 二羟基 -2- 异丁基色酮 直杆蓝桉 Eucalyptus maidenii

6-*β*-*C*-glucopyranosyl-5,7-dihydroxy-2-isopropylchromone 6-*β*-*C*- 吡喃葡萄糖基 -5,7- 二羟基 -2- 异丙基色酮 岗松 Baeckea frutescens

8-*β*-*C*-glucopyranosyl-5,7-dihydroxy-2-isopropylchromone 8-*β*-*C*- 吡喃葡萄糖基 -5,7- 二羟基 -2- 异丙基色酮 岗松 Baeckea frutescens

6-*β*-*C*-glucopyranosyl-5,7-dihydroxy-2-methylchromone 6-*β*-*C*- 吡喃葡萄糖基 -5,7- 二羟基 -2- 甲基色酮 岗松 Baeckea frutescens

8-*β*-*C*-glucopyranosyl-5,7-dihydroxy-2-methylchromone 8-*β*-*C*- 吡喃葡萄糖基 -5,7- 二羟基 -2- 甲基色酮 岗松 Baeckea frutescens

8-*C*-glucopyranosyl-7,4',5-trihydroxyisoflavone 8-*C*- 吡喃葡萄糖基 -7,4',5- 三羟基异黄酮 海南黄檀 Dalbergia hainanensis

8-*C*-glucopyranosyl-7-methoxy-4',5-dihydroxyisoflavone 8-*C*- 吡喃葡萄糖基 -7- 甲氧基 -4',5- 二羟基异黄酮 海南黄檀 Dalbergia hainanensis

6-*C*-glucopyranosyl-8-*C*-arabinopyranosylapigenin 6-*C*- 吡喃葡萄糖基 -8-*C*- 吡喃阿拉伯糖基芹菜苷元 毛相思子 Abrus mollis, 兴安胡枝子 Lespedeza davurica

6-*C*-glucopyranosyl-8-*C*-arabinosylapigenin 6-*C*- 吡喃葡萄糖基 -8-*C*- 阿拉伯羰基芹菜苷元 广东金钱草 Desmodium styracifolium

6-*C*-glucopyranosyl-8-*C*-glycopyranosylapigenin 6-*C*- 吡喃葡萄糖基 -8-*C*- 吡喃葡萄糖基芹菜苷元 广东金钱草 Desmodium styracifolium

6-*C*-glucopyranosyl-8-*C*-xylosylapigenin 6-*C*- 吡喃葡萄糖基 -8-*C*- 木糖基芹菜苷元 广东金钱草 Desmodium styracifolium

6-*C*-glucopyranosylluteolin 6-*C*- 吡喃葡萄糖基木犀草素 降香 Dalbergia odorifera, 广东金钱草 Desmodium styracifolium

8-*C*-glucopyranosylnoreugenin 8-*C*- 吡喃葡萄糖基降丁香宁 丁香 Syzygium aromaticum

6-*C*-glucopyranosyl-quercetin 6-*C*- 吡喃葡萄糖基槲皮素 扁担杆 Grewia biloba

8-*C*-glucosyl-7-*O*-methylaloediol 8-*C*- 葡萄糖基 -7-*O*- 甲基芦荟二醇 芦荟 Aloe vera

8-*C*-glucosyl-7-*O*-methyl-*S*-aloesol 8-*C*- 葡萄糖基 -7-*O*- 甲基 -*S*- 芦荟醇 芦荟 Aloe vera

8-*C*-glucosylapigenin 8-*C*- 葡萄糖基芹菜苷元 漆姑草 Sagina japonica

C-glucosyl-benzophenone *C*- 葡萄糖基苯甲酮 杧果 Mangifera indica

8-*C*-glucosylcyanidin-3-malonylglucoside 8-*C*- 葡萄糖基矢车菊素 -3- 丙二酰葡萄糖苷 台湾油点草 Tricyrtis formosana

C-glucosylisoliquiritigenin *C*- 葡萄糖基异甘草苷元 翅荚香槐 Cladrastis platycarpa

6-*C*-glucosylnaringenin 6-*C*- 葡萄糖基柚苷元 郁金香 Tulipa gesneriana

8-*C*-glucosylprunetin 8-*C*- 葡萄糖基樱黄素 攀倒甑 Patrinia villosa

6-*C*-glycopyranosyl-5-*O*-rhamnopyranosyltrimethoxywogonin 6-*C*- 吡喃葡萄糖基 -5-*O*- 吡喃鼠李糖基三甲氧基汉黄芩素 黄荆 Vitex negundo

6-*C*-glycopyranosyl-8-C-xyloeylapigenin 6-*C*- 吡喃葡萄糖基 -8-*C*- 吡喃木糖基芹菜苷元 葛枣猕猴桃 Actinidia polygama

(+)-*threo*-1-*C*-guaiacylglycerol (+)- 苏式 -1-*C*- 愈创木基甘油 大叶龙角 Hydnocarpus annamensis

chaboside 短小蛇根草波苷▲ 短小蛇根草 Ophiorrhiza pumila

α-chaconine *α*- 查茄碱 阳芋 Solanum tuberosum

β-1-chaconine *β*-1- 查科马铃薯碱▲ 浙贝母 Fritillaria thunbergii, 狭叶藜芦 Veratrum stenophyllum

chaenomone 异木瓜酮▲ 木瓜 Chaenomeles sinensis

chafuroside A, B 乌龙茶呋苷▲A, B 茶 Camellia sinensis

chaihunaphthone 柴胡萘酮▲ 红柴胡 Bupleurum scorzonerifolium

chaihuxinoside A, B 柴胡新苷 A, B 北柴胡 Bupleurum chinense

2-chain isolectin LtuLI, LtuLII 2- 链异凝集素 LtuLI, LtuLII 玫红山黧豆 Lathyrus tuberosus

chakasaponin I, II, III 茶壳皂苷 I, II, III 茶 Camellia sinensis

chalcomoracin 查耳桑辛素▲ 桑 Morus alba, 鸡桑 M. australis, 奶桑 M. macroura, 蒙桑 M. mongolica

chalconaringenin-2'-*O*-methyl ether 查耳酮柚皮苷元 -2'-*O*- 甲醚 节鞭山姜 Alpinia conchigera

chalconaringenin-hexose-deoxyhexose 柚皮苷元查耳酮 - 己糖 - 去氧己糖 番茄 Lycopersicon esculentum

chalconaringenin-hexose-pentose 柚皮苷元查耳酮 - 己糖 - 戊糖 番茄 Lycopersicon esculentum
chalcone 查耳酮 向日葵 Helianthus annuus, 台湾罗汉松 Podocarpus nakaii
chalcone-2',4-dihydroxy-4'-*O*-*β*-D-glucopyranoside 查耳酮 -2',4- 二羟基 -4'-*O*-*β*-D- 吡喃葡萄糖苷 尼泊尔鼠李 Rhamnus napalensis
chalcononaringenin-2',4'-di-*O*-glucopyranoside 查尔酮柑桔苷元 ▲-2',4'- 二 -*O*- 吡喃葡萄糖苷 马蹄香 Saruma henryi
chalcononaringenin-2',4'-di-*O*-*β*-D-glucopyranoside 查尔酮柑桔苷元 ▲-2',4'- 二 -*O*-*β*-D- 吡喃葡萄糖苷 长茎金耳环 Asarum longerhizomatosum
chalcononaringenin-2'-*O*-glucopyranoside 查尔酮柑桔苷元 ▲-2'-*O*- 吡喃葡萄糖苷 马蹄香 Saruma henryi
chalcononaringenin-2'-*O*-glucoside 查耳酮柚皮苷元 -2'-*O*- 葡萄糖苷 蜡瓣花 Corylopsis sinensis, 香石竹 Dianthus caryophyllus
chalcononaringenin-2'-*O*-*β*-D-glucopyranoside 查尔酮柑桔苷元 ▲-2'-*O*-*β*-D- 吡喃葡萄糖苷 长茎金耳环 Asarum longerhizomatosum
chalepensin 緣瓣芸香素 石椒草 Boenninghausenia sessilicarpa, 细叶黄皮 Clausena anisum-olens, 黄皮 C. lansium, 裸芸香 Psilopeganum sinense, 芸香 Ruta graveolens
chalepin 緣瓣芸香品 ▲ 细叶黄皮 Clausena anisum-olens, 黄皮 C. lansium, 芸香 Ruta graveolens
chalepin acetate 緣瓣芸香品 ▲ 乙酸酯 臭节草 Boenninghausenia albiflora
chalinasterol 指海绵甾醇 ▲ 石花菜 Gelidium amansii
chamaechromone 狼毒色酮 橙花瑞香 Daphne aurantiaca, 狼毒 Stellera chamaejasme
chamaecydin 扁柏定 ▲ 毛喉鞘蕊花 Coleus forskohlii, 日本柳杉 Cryptomeria japonica, 柳杉 C. japonica var. sinensis
chamaeflavone A 狼毒黄酮 A 狼毒 Stellera chamaejasme
chamaejasmenin A 狼毒宁 A 狼毒 Stellera chamaejasme, 了哥王 Wikstroemia indica
(-)-chamaejasmenin B (-)- 狼毒宁 B 狼毒 Stellera chamaejasme
chamaejasmenin B 狼毒宁 B 狼毒 Stellera chamaejasme
(+)-chamaejasmenin C (+)- 狼毒宁 C 狼毒 Stellera chamaejasme
chamaejasmenin C, D 狼毒宁 C, D 狼毒 Stellera chamaejasme
(+)-chamaejasmin (+)- 狼毒素 尖瓣瑞香 Daphne acutiloba, 狼毒 Stellera chamaejasme
chamaejasmin; chamaejasmine 狼毒素 狼毒 Stellera chamaejasme
chamaejasmone A, B, C 狼毒酮 A, B, C 狼毒 Stellera chamaejasme
chamaejasmone D 狼毒酮 D 橙花瑞香 Daphne aurantiaca, 狼毒 Stellera chamaejasme
chamaejasmoside 瑞香狼毒苷 ▲ 山地虎耳草 Saxifraga montana
chamaemeloside 果香菊苷 ▲ 果香菊 Chamaemelum nobile
chamaeneric acid 柳兰酸 ▲ 柳兰 Epilobium angustifolium
chamazulene 母菊薁 挥发油成分，未统计基源
chamazulene carboxylic acid 母菊薁羧酸 蓍 Achillea millefolium
β-chamigrenal *β*- 扁柏螺烯醛 ▲ 五味子 Schisandra chinensis
chamigrenal 扁柏螺烯醛 ▲ 益母草 Leonurus japonicus, 五味子 Schisandra chinensis, 华中五味子 S. sphenanthera
(-)-*β*-chamigrene (-)-*β*- 扁柏螺烯 ▲ 垂枝柏 Juniperus recurva
α-chamigrene *α*- 扁柏螺烯 ▲ 挥发油成分，未统计基源
β-chamigrene *β*- 扁柏螺烯 ▲ 挥发油成分，未统计基源
chamigrene 扁柏螺烯 ▲ 挥发油成分，未统计基源
β-chamigrene-10*α*-ol *β*- 扁柏螺烯 ▲-10*α*- 醇 石地钱 Reboulia hemisphaerica
β-chamigrene-1*β*-ol *β*- 扁柏螺烯 ▲-1*β*- 醇 石地钱 Reboulia hemisphaerica
β-chamigrenic acid *β*- 扁柏螺烯酸 ▲ 高山柏 Juniperus squamata, 五味子 Schisandra chinensis
chamigrenol 扁柏螺烯醇 ▲ 华中五味子 Schisandra sphenanthera
chamissarin 卡米森豚草素 ▲ 麻疯树 Jatropha curcas
chamonixin 叶腹菌素 ▲ 卷边网褶菌 Paxillus involutus
champacaine 黄兰碱 ▲ 黄兰 Michelia champaca
champacol 黄兰醇 毛樱桃 Cerasus tomentosa, 毛蓼 Polygonum barbatum
champalin A, B 鸡蛋花林素 ▲A, B 钝叶鸡蛋花 Plumeria obtusa
champalinin 鸡蛋花林宁 ▲ 钝叶鸡蛋花 Plumeria obtusa
champalinol 鸡蛋花林醇 ▲ 钝叶鸡蛋花 Plumeria obtusa
champalinone 鸡蛋花林酮 ▲ 钝叶鸡蛋花 Plumeria obtusa
changnanic acid 长梗南五味子酸 ▲ 异形南五味子 Kadsura heteroclita, 南五味子 K. longipedunculata, 滇五味子 Schisandra henryi var. yunnanensis
changweikangic acid A 肠胃康酸 A 水蓼 Polygonum hydropiper
changyediyuine I, II, III 长叶地榆苷 I, II, III 长叶地榆 Sanguisorba officinalis var. longifolia
changyne 明党参炔 挥发油成分，未统计基源
chanoclavine 开环麦角碱 ▲ 麦角菌 Claviceps purpurea, 丁香茄 Ipomoea turbinata
chanofruticosinic acid 开环红花蕊木酸 ▲ 蕊木 Kopsia arborea
chantriolide A, B 蒟蒻薯内酯 ▲A, B 箭根薯 Tacca chantrieri
chaparrin 卡斯苦木素 ▲ 臭椿 Ailanthus altissima
(-)-chaparrinone (-)- 卡斯苦木酮 ▲ 臭椿 Ailanthus altissima
chaparrinone 卡斯苦木酮 ▲ 臭椿 Ailanthus altissima, 岭南臭椿 A. triphysa

chaparrolide 卡斯苦木内酯▲ 臭椿 Ailanthus altissima
chapelieric acid 蔡帕里红厚壳酸▲ 薄叶红厚壳 Calophyllum membranaceum, 滇南红厚壳 C. polyanthum
chaplupyrrolidone A, B 假蒟吡咯酮▲A, B 假蒟 Piper sarmentosum
charantadiol A 苦瓜二醇 A 苦瓜 Momordica charantia
charantal 苦瓜醛 苦瓜 Momordica charantia
charantin 苦瓜亭 苦瓜 Momordica charantia
charantin A, B 苦瓜亭 A, B 苦瓜 Momordica charantia
charantoside II, III, IV, VI, VII, VIII, D, E, F 苦瓜苷 II, III, IV, VI, VII, VIII, D, E, F 苦瓜 Momordica charantia
charminarone 查米纳银胶菊酮▲ 银胶菊 Parthenium hysterophorus
chasmaconitine 展花乌头碱 乌头 Aconitum carmichaelii, 丽江乌头 A. forrestii, 大渡乌头 A. franchetii, 多根乌头 A. karakolicum, 贡嘎乌头 A. liljestrandii, 德钦乌头 A. ouvrardianum, 展毛黄草乌 A. vilmorinianum var. patentipilum
chasmanine 展花乌头宁 乌头 Aconitum carmichaelii, 展花乌头 A. chasmanthum, 粗茎乌头 A. crassicaule, 宾川乌头 A. duclouxii, 紫乌头 A. episcopale, 丽江乌头 A. forrestii, 大渡乌头 A. franchetii, 膝瓣乌头 A. geniculatum, 瓜叶乌头 A. hemsleyanum, 工布乌头 A. kongboense, 北乌头 A. kusnezoffii, 贡嘎乌头 A. liljestrandii, 细叶乌头 A. macrorhynchum, 宣威乌头 A. nagarum var. lasiandrum, 德钦乌头 A. ouvrardianum, 伏毛直序乌头 A. richardsonianum var. pseudosessiliflorum, 松潘乌头 A. sungpanense, 直缘乌头 A. transsectum, 秦岭翠雀花 Delphinium giraldii
(*R*)-(+)-chaulmoogric acid (*R*)-(+)- 大风子油酸 南岭柞木 Xylosma controversa
chaulmoogric acid 大风子油酸 柠条锦鸡儿 Caragana korshinskii, 泰国大风子 Hydnocarpus anthelminthicus
chavibetol 蒌叶酚 挥发油成分，未统计基源
chavibetol acetate 蒌叶酚乙酸酯 蒌叶 Piper betle
chavicine 黑椒素 荜拔 Piper longum
chavicol 胡椒酚 挥发油成分，未统计基源
chavicol-1-*O*-*β*-D-glucopyranoside 胡椒酚 -1-*O*-*β*-D- 吡喃葡萄糖苷 棒柄花 Cleidion brevipetiolatum, 鹊肾树 Streblus asper
chavicol-4-*O*-*β*-D-apiofuranosyl-(1 → 6)-*β*-D-glucopyranoside 胡椒酚 -4-*O*-*β*-D- 呋喃芹糖基 -(1 → 6)-*β*-D- 吡喃葡萄糖苷 香桂 Cinnamomum subavenium
chavicol-*β*-D-glucoside 胡椒酚 -*β*-D- 葡萄糖苷 梅 Armeniaca mume
chebulagic acid 诃子精酸▲ 紫锦木 Euphorbia cotinifolia subsp. cotinoides, 血桐 Macaranga tanarius var. tomentosa, 余甘子 Phyllanthus emblica, 银叶诃子 Terminalia argyrophylla, 毗黎勒 T. bellirica, 榄仁树 T. catappa, 诃子 T. chebula
chebulanin 诃子宁 斑地锦 Euphorbia maculata, 余甘子 Phyllanthus emblica, 诃子 Terminalia chebula
chebulic acid 诃子酸 地锦 Euphorbia humifusa, 斑地锦 E. maculata, 余甘子 Phyllanthus emblica, 诃子 Terminalia chebula
chebulinic acid 诃子尼酸▲ 银叶诃子 Terminalia argyrophylla, 毗黎勒 T. bellirica, 诃子 T. chebula
chebuloside I 诃子苷▲I 青杨梅 Myrica adenophora, 诃子 Terminalia chebula
chebuloside II 诃子苷▲II 积雪草 Centella asiatica, 诃子 Terminalia chebula
chebupentol 诃子五醇▲ 诃子 Terminalia chebula
(-)-cheilanthifoline (-)- 碎叶紫堇碱 蓟罂粟 Argemone mexicana, 风龙 Sinomenium acutum
(+)-cheilanthifoline (+)- 碎叶紫堇碱 石生黄堇 Corydalis saxicola
(±)-cheilanthifoline (±)- 碎叶紫堇碱 风龙 Sinomenium acutum
L-cheilanthifoline L- 碎叶紫堇碱 巨紫堇 Corydalis gigantea, 蛇果黄堇 C. ophiocarpa
cheilanthifoline 碎叶紫堇碱 地丁草 Corydalis bungeana, 稀花黄堇 C. dubia, 尼泊尔黄堇 C. hendersonii, 细叶黄堇 C. meifolia, 尖突黄堇 C. mucronifera, 黄紫堇 C. ochotensis, 全叶延胡索 C. repens, 石生黄堇 C. saxicola, 直茎黄堇 C. stricta, 蝙蝠葛 Menispermum dauricum, 风龙 Sinomenium acutum
cheilanthone A 碎米蕨酮▲A 薄叶碎米蕨 Cheilosoria tenuifolia
cheilanthone B 碎米蕨酮▲B 碎米蕨 Cheilosoria mysurensis, 薄叶碎米蕨 C. tenuifolia
cheiranthoside 小花糖芥苷▲ I, II, III, IV, V, VI, VIII, IX, X, XI 小花糖芥 Erysimum cheiranthoides
cheiranthoside VII 小花糖芥苷▲VII 见血封喉 Antiaris toxicaria, 铃兰 Convallaria majalis, 小花糖芥 Erysimum cheiranthoides
cheirotoxin 桂竹香毒素 见血封喉 Antiaris toxicaria
chekiangensoside A, B, D, E 蔓剪草苷 A, B, D, E 蔓剪草 Cynanchum chekiangense
chekiangensoside A isomer 蔓剪草苷 A 异构体 蔓剪草 Cynanchum chekiangense
chekiangensoside C 蔓剪草苷 C 白薇 Cynanchum atratum, 蔓剪草 C. chekiangense
chelerythridimerine 白屈菜红默碱 血水草 Eomecon chionantha
chelerythrine 白屈菜红碱 蓟罂粟 Argemone mexicana, 构树 Broussonetia papyrifera, 白屈菜 Chelidonium majus, 薯根延胡索 Corydalis ledebouriana, 蛇果黄堇 C. ophiocarpa, 石生黄堇 C. saxicola, 荷包牡丹 Dicentra spectabilis, 血水草 Eomecon chionantha, 天山海罂粟 Glaucium elegans, 海罂粟 G. fimbrilligerum, 新疆海罂粟 G. squamigerum, 荷青花 Hylomecon japonica, 博落回 Macleaya cordata, 小果博落回 M. microcarpa, 金罂粟 Stylophorum lasiocarpum, 飞龙掌血 Toddalia asiatica, 椿叶花椒 Zanthoxylum ailanthoides, 簕欓花椒 Z. avicennae, 两面针 Z. nitidum, 花椒簕 Z. scandens, 野花椒 Z. simulans
chelerythrine acetone 白屈菜红碱丙酮 飞龙掌血 Toddalia asiatica
chelerythrine chloride 白屈菜红碱氯化物 两面针 Zanthoxylum nitidum, 野花椒 Z. simulans
chelerythrine-*ϕ*-cyanide 白屈菜红碱 -*ϕ*- 氰化物 飞龙掌血 Toddalia asiatica
chelerythrinium chloride 白屈菜红季铵碱氯化物 飞龙掌血 Toddalia asiatica

chelidimerine 白屈菜默碱 白屈菜 Chelidonium majus
(-)-chelidonine (-)- 白屈菜碱 新疆海罂粟 Glaucium squamigerum
(+)-chelidonine (+)- 白屈菜碱 西伯利亚小檗 Berberis sibirica, 白屈菜 Chelidonium majus, 海罂粟 Glaucium fimbrilligerum, 新疆海罂粟 G. squamigerum, 金罂粟 Stylophorum lasiocarpum
(±)-chelidonine (±)- 白屈菜碱 天山海罂粟 Glaucium elegans
chelidonine 白屈菜碱 白屈菜 Chelidonium majus, 海罂粟 Glaucium fimbrilligerum, 野罂粟 Papaver nudicaule, 金罂粟 Stylophorum lasiocarpum
chelilutine 白屈菜黄碱 博落回 Macleaya cordata, 小果博落回 M. microcarpa, 金罂粟 Stylophorum lasiocarpum
chelirubine 白屈菜宾 白屈菜 Chelidonium majus, 天山海罂粟 Glaucium elegans, 海罂粟 G. fimbrilligerum, 新疆海罂粟 G. squamigerum, 博落回 Macleaya cordata, 小果博落回 M. microcarpa, 金罂粟 Stylophorum lasiocarpum
(+)-chellespontine (+)- 赫勒飞燕草亭碱▲ 船盔乌头 Aconitum naviculare
chenoalbicine 灰藜辛▲ 藜 Chenopodium album
chenoalbuside 灰藜苷▲ 藜 Chenopodium album
chenopanone 藜烷酮▲ 土荆芥 Chenopodium ambrosioides
chenopodienolone 藜二烯醇酮▲ 香藜 Chenopodium botrys
α-chenopodiol α- 藜二醇▲ 香藜 Chenopodium botrys
β-chenopodiol β- 藜二醇▲ 香藜 Chenopodium botrys
α-chenopodiol monoacetate α- 藜二醇▲单乙酸酯 香藜 Chenopodium botrys
chenopodoside A, B 藜苷▲A, B 土荆芥 Chenopodium ambrosioides
chenopotetraol 藜四醇▲ 香藜 Chenopodium botrys
chenopotriol 藜三醇▲ 香藜 Chenopodium botrys
cherimolacyclopeptide B 毛叶番荔枝环肽 B 番荔枝 Annona squamosa
cherimolin-2 毛叶番荔枝素 -2 圆滑番荔枝 Annona glabra
cherylline 车瑞灵 西南文殊兰 Crinum latifolium
chesnatin 栗瘿鞣亭 板栗 Castanea mollissima, 苦槠 Castanopsis sclerophylla
chestanin 栗瘿鞣质 板栗 Castanea mollissima, 苦槠 Castanopsis sclerophylla
chestnutamide 栗酰胺▲ 板栗 Castanea mollissima
chestnutlignansoide 栗木脂苷 板栗 Castanea mollissima
chettaphanin I 白大凤素▲I 白大凤 Cladogynos orientalis, 鸡骨香 Croton crassifolius
chettaphanin II 白大凤素▲II 白大凤 Cladogynos orientalis, 鸡骨香 Croton crassifolius
6-C-hexoyl-8-C-rhamnosylchrysoeriol 6-C- 己糖基 -8-C- 鼠李糖基金圣草酚 匐灯藓 Plagiomnium cuspidatum
(-)-chicanin; (-)-chicanine (-)- 中加五味子宁▲ 百两金 Ardisia crispa, 蜂巢草 Leucas aspera, 女贞 Ligustrum lucidum, 木犀 Osmanthus fragrans, 三白草 Saururus chinensis
(+)-chicanine (+)- 中加五味子宁▲ 金山五味子 Schisandra glaucescens
chicanine 中加五味子宁▲ 五味子 Schisandra chinensis, 铁箍散 S. propinqua var. sinensis, 华中五味子 S. sphenanthera
chichipegenin 墨西哥仙人掌苷元 匙羹藤 Gymnema sylvestre, 白药牛奶菜 Marsdenia griffithii
(+)-chicoric acid (+)- 菊苣酸 朝鲜白头翁 Pulsatilla cernua
L-chicoric acid L- 菊苣酸 白头翁 Pulsatilla chinensis
chiisanogenin 智异山五加苷元▲ 刺五加 Eleutherococcus senticosus, 无梗五加 E. sessiliflorus
chiisanoside 智异山五加苷▲ 刺五加 Eleutherococcus senticosus, 无梗五加 E. sessiliflorus
chikusaikoside 竹柴胡苷▲ 银州柴胡 Bupleurum yinchowense
chikusaikoside I 竹柴胡苷▲I 小叶黑柴胡 Bupleurum smithii var. parvifolium
chikusetsusaponin IVa 竹节参皂苷 IVa 头序楤木 Aralia dasyphylloides, 华中枸骨 Ilex centrochinensis, 猫儿刺 I. pernyi, 蟛蜞菊 Wedelia chinensis
chikusetsusaponin I 竹节参皂苷 I 牛膝 Achyranthes bidentata, 喜旱莲子草 Alternanthera philoxeroides
chikusetsusaponin 竹节参皂苷 Ia, VI, VII, FH_1, FH_2, FK_1~FK_7, FM_1, FT_1~FT_4, L_{10} 竹节参 Panax japonicus
chikusetsusaponin Ib 竹节参皂苷 Ib 辽东楤木 Aralia elata var. glabrescens, 长刺楤木 A. spinifolia, 竹节参 Panax japonicus, 珠子参 P. japonicus var. major, 通脱木 Tetrapanax papyrifer
chikusetsusaponin III 竹节参皂苷 III 人参 Panax ginseng, 竹节参 P. japonicus
chikusetsusaponin IV 竹节参皂苷 IV 牛膝 Achyranthes bidentata, 辽东楤木 Aralia elata var. glabrescens, 长刺楤木 A. spinifolia, 锦鸡儿 Caragana sinica, 刺楸 Kalopanax septemlobus, 羽叶三七 Panax bipinnatifidus, 狭叶假人参 P. bipinnatifidus var. angustifolius, 竹节参 P. japonicus, 珠子参 P. japonicus var. major, 姜状三七 P. zingiberensis, 通脱木 Tetrapanax papyrifer
chikusetsusaponin IV methyl ester 竹节参皂苷 IV 甲酯 辽东楤木 Aralia elata var. glabrescens, 珠子参 Panax japonicus var. major
chikusetsusaponin IVa 竹节参皂苷 IVa 牛膝 Achyranthes bidentata, 喜旱莲子草 Alternanthera philoxeroides, 野楤头 Aralia armata, 东北土当归 A. cantinentalis, 辽东楤木 A. elata var. glabrescens, 栀子 Gardenia jasminoides, 雪胆 Hemsleya chinensis, 长果雪胆 H. dolichocarpa, 马铜铃 H. graciliflora, 彭县雪胆 H. pengxianensis, 伞花冬青 Ilex godajam, 毛冬青 I. pubescens, 铁冬青 I. rotunda, 羽叶三七 Panax bipinnatifidus, 狭叶假人参 P. bipinnatifidus var. angustifolius, 人参 P. ginseng, 竹节参 P. japonicus, 珠子参 P. japonicus var. major, 西洋参 P. quinquefolius, 屏边三七 P. stipuleanatus, 姜状三七 P. zingiberensis, 簇花清风藤 Sabia fasciculata, 印度田菁 Sesbania sesban, 通脱木 Tetrapanax papyrifer

chikusetsusaponin IVa butyl ester 竹节参皂苷 IVa 丁酯 牛膝 Achyranthes bidentata, 五加 Eleutherococcus nodiflorus var. gracilistylus, 栀子 Gardenia jasminoides, 枸骨 Ilex cornuta, 人参 Panax ginseng, 珠子参 P. japonicus var. major

chikusetsusaponin IVa ethyl ester 竹节参皂苷 IVa 乙酯 牛膝 Achyranthes bidentata

chikusetsusaponin IVa methyl ester 竹节参皂苷 IVa 甲酯 牛膝 Achyranthes bidentata, 喜旱莲子草 Alternanthera philoxeroides, 野楤头 Aralia armata, 黄毛楤木 A. chinensis, 辽东楤木 A. elata var. glabrescens, 五加 Eleutherococcus nodiflorus var. gracilistylus, 栀子 Gardenia jasminoides, 长果雪胆 Hemsleya dolichocarpa, 华中枸骨 Ilex centrochinensis, 人参 Panax ginseng, 竹节参 P. japonicus, 珠子参 P. japonicus var. major, 盐角草 Salicornia europaea

chikusetsusaponin V 竹节参皂苷 V 长果雪胆 Hemsleya dolichocarpa, 马铜铃 H. graciliflora, 鹅掌藤 Heptapleurum arboricola, 羽叶三七 Panax bipinnatifidus, 竹节参 P. japonicus, 珠子参 P. japonicus var. major

chikusetsusaponin V methyl ester 竹节参皂苷 V 甲酯 牛膝 Achyranthes bidentata, 黄毛楤木 Aralia chinensis, 铁冬青 Ilex rotunda, 竹节参 Panax japonicus

chikusetsusaponin L_5 竹节参皂苷 L_5 竹节参 Panax japonicus, 三七 P. notoginseng

chikusetsusaponin L_8 竹节参皂苷 L_8 人参 Panax ginseng

chikusetsusaponin L_9a, LM_1~LM_6, LN_4, LT_5, LT_8 竹节参皂苷 L_9a, LM_1~LM_6, LN_4, LT_5, LT_8 竹节参 Panax japonicus

chikusetsusaponin L_{9bc} 竹节参皂苷 L_{9bc} 竹节参 Panax japonicus, 三七 P. notoginseng

chilenine 智利小檗碱▲ 黄连 Coptis chinensis

chilianoside A~L 马尾树皂苷▲A~L 马尾树 Rhoiptelea chiliantha

chilianthin A 马尾树素▲A 白桦 Betula platyphylla, 马尾树 Rhoiptelea chiliantha

chilianthin B 马尾树素▲B 白桦 Betula platyphylla, 马尾树 Rhoiptelea chiliantha

chilianthin C 马尾树素▲C 白桦 Betula platyphylla, 马尾树 Rhoiptelea chiliantha

chilianthin D, E, F 马尾树素▲D, E, F 马尾树 Rhoiptelea chiliantha

chimaphilin 梅笠草素 红花鹿蹄草 Pyrola asarifolia subsp. incarnata, 紫背鹿蹄草 P. atropurpurea, 鹿蹄草 P. calliantha, 绿花鹿蹄草 P. chlorantha, 普通鹿蹄草 P. decorata, 日本鹿蹄草 P. japonica, 小叶鹿蹄草 P. media, 肾叶鹿蹄草 P. renifolia, 圆叶鹿蹄草 P. rotundifolia

chimonamidine 蜡梅米定▲ 蜡梅 Chimonanthus praecox

(-)-chimonanthidine (-)- 蜡梅定 蜡梅 Chimonanthus praecox

chimonanthidine 蜡梅定 蜡梅 Chimonanthus praecox

chimonanthine 蜡梅碱 山蜡梅 Chimonanthus nitens, 蜡梅 C. praecox

meso-chimonanthine 内消旋 - 蜡梅碱 蜡梅 Chimonanthus praecox

chinenciside A 中华青荚叶苷▲A 中华青荚叶 Helwingia chinensis, 青荚叶 H. japonica

chinendihydrochalcone 假鹰爪二氢查耳酮 假鹰爪 Desmos chinensis

chinenicside B 中华青荚叶苷▲B 中华青荚叶 Helwingia chinensis

chinenol A, B, C 中华青荚叶醇▲A, B, C 中华青荚叶 Helwingia chinensis

chinenoside I, II, III, IV, V 薤头皂苷 I, II, III, IV, V 藠头 Allium chinense

chinensin 华南远志素▲ 竹叶柴胡 Bupleurum marginatum, 华南远志 Polygala glomerata

chinensinaphthol 金不换萘酚 红柴胡 Bupleurum scorzonerifolium, 爵床 Justicia procumbens

chinensinaphthol methyl ester 金不换萘酚甲醚 狗肝菜 Dicliptera chinensis, 爵床 Justicia procumbens

chinensioide A~F 中华小苦荬内酯 A~F 中华小苦荬 Ixeridium chinense

chinensiol 圆柏萜醇▲ 圆柏 Juniperus chinensis

chinentaxunin 中国紫杉宁▲ 红豆杉 Taxus wallichiana var. chinensis

Chinese bittersweet alkaloid I, II, III 中华苦皮藤生物碱 I, II, III 苦皮藤 Celastrus angulatus

chinesin I, II 金丝桃萜素▲I, II 金丝桃 Hypericum monogynum

chinexanthone A 金丝桃新吡酮▲A 金丝桃 Hypericum monogynum

chingchengenamide A 青城细辛酰胺▲A 青城细辛 Asarum splendens, 短蒟 Piper mullesua

chingchengenamide B 青城细辛酰胺▲B 青城细辛 Asarum splendens

chinonin 知母宁 知母 Anemarrhena asphodeloides, 木棉 Bombax ceiba

chionaeoside B, C 雪指甲草苷▲B, C 日本石竹 Dianthus japonicus

chionoside H 雪赫柏苷▲H 阿拉伯婆婆纳 Veronica persica

chipericumin A~D 金丝海棠素▲A~D 金丝桃 Hypericum monogynum

chirat-16-en-3-one 印度獐牙菜 -16- 烯 -3- 酮 龙胆 Gentiana scabra

chirat-17(22)-en-3-one 印度獐牙菜 -17(22)- 烯 -3- 酮 龙胆 Gentiana scabra

chiratenol 印度獐牙菜烯醇▲ 条叶龙胆 Gentiana manshurica, 龙胆 G. scabra, 夏枯草 Prunella vulgaris

chiricanin A 奇里卡那矛果豆素▲A 大狼毒 Euphorbia jolkinii

chiritoside C 唇柱苣苔苷▲C 牛耳朵 Primulina eburnea

D-*chiro*-inositol D- 手性肌醇 毛樱桃 Cerasus tomentosa, 苦荞麦 Fagopyrum tataricum

chiro-inositol 手性肌醇 中国沙棘 Hippophae rhamnoides subsp. sinensis

chitanone 白花丹萘酮▲ 白花丹 Plumbago zeylanica

chitinase 几丁质酶 植物基础成分，未统计基源

chitosenine 蓬莱葛宁碱▲ 蓬莱葛 Gardneria multiflora, 卵叶蓬莱葛 G. ovata

chlidanthine 千花碱 网球花 Haemanthus multiflorus

chloculol 氯化千里香醇▲ 千里香 Murraya paniculata
chlojaponilactone A~E 日本金粟兰新内酯▲A~E 银线草 Chloranthus japonicus
chlomultin A, C, D 多穗金粟兰素▲A, C, D 多穗金粟兰 Chloranthus multistachys
chlomultin B 多穗金粟兰素▲B 宽叶金粟兰 Chloranthus henryi, 多穗金粟兰 C. multistachys
chlorabietol A, B, C 金粟兰冷杉醇▲A, B, C 台湾金粟兰 Chloranthus oldhamii
chloracoumarin 金粟兰香豆素▲ 宽叶金粟兰 Chloranthus henryi
chloraeudolide 金粟兰桉内酯▲ 银线草 Chloranthus japonicus, 多穗金粟兰 C. multistachys
chlorafortulide 丝穗金粟兰内酯▲ 丝穗金粟兰 Chloranthus fortunei
chlorahololide A, C, E 全缘金粟兰内酯▲A, C, E 全缘金粟兰 Chloranthus holostegius
chlorahololide B 全缘金粟兰内酯▲B 全缘金粟兰 Chloranthus holostegius, 银线草 C. japonicus, 金粟兰 C. spicatus
chlorahololide D 全缘金粟兰内酯▲D 全缘金粟兰 Chloranthus holostegius, 金粟兰 C. spicatus
chlorahololide F 全缘金粟兰内酯▲F 全缘金粟兰 Chloranthus holostegius, 草珊瑚 Sarcandra glabra
chlorajapolide A~I 日本金粟兰内酯▲A~I 银线草 Chloranthus japonicus
chlorajapolide D 日本金粟兰内酯▲D 银线草 Chloranthus japonicus, 四川金粟兰 C. sessilifolius
chlorajaponilide A~E 日本金粟兰尼内酯▲A~E 银线草 Chloranthus japonicus
chlorajaponol 日本金粟兰醇▲ 银线草 Chloranthus japonicus
chlorajaposide 日本金粟兰苷▲ 银线草 Chloranthus japonicus
chloramultilide A 多穗金粟兰萜酯▲A 狭叶金粟兰 Chloranthus angustifolius, 宽叶金粟兰 C. henryi, 多穗金粟兰 C. multistachys, 及已 C. serratus, 金粟兰 C. spicatus
chloramultilide B 多穗金粟兰萜酯▲B 金粟兰 Chloranthus spicatus
chloramultilide C 多穗金粟兰萜酯▲C 银线草 Chloranthus japonicus, 多穗金粟兰 C. multistachys, 金粟兰 C. spicatus
chloramultilide D 多穗金粟兰萜酯▲D 多穗金粟兰 Chloranthus multistachys, 金粟兰 C. spicatus
chloramultiol A~G 多穗金粟兰醇 A~G 多穗金粟兰 Chloranthus multistachys
chloranerectuslactone V 鱼子兰新内酯▲V 鱼子兰 Chloranthus erectus
chloranoside A 金粟兰诺苷▲A 丝穗金粟兰 Chloranthus fortunei, 银线草 C. japonicus, 金粟兰 C. spicatus, 草珊瑚 Sarcandra glabra
chlorantene A~G 金粟兰烯 A~G 及已 Chloranthus serratus
chloranthalactone A 金粟兰内酯 A 鱼子兰 Chloranthus erectus, 宽叶金粟兰 C. henryi, 银线草 C. japonicus, 金粟兰 C. spicatus
chloranthalactone B 金粟兰内酯 B 银线草 Chloranthus japonicus, 草珊瑚 Sarcandra glabra
chloranthalactone C 金粟兰内酯 C 丝穗金粟兰 Chloranthus fortunei, 全缘金粟兰 C. holostegius, 银线草 C. japonicus, 及已 C. serratus, 金粟兰 C. spicatus
chloranthalactone D 金粟兰内酯 D 银线草 Chloranthus japonicus, 乌药 Lindera aggregata
chloranthalactone E 金粟兰内酯 E 银线草 Chloranthus japonicus, 草珊瑚 Sarcandra glabra
chloranthalactone *E*-8-*O*-*β*-D-glucopyranoside 金粟兰内酯 *E*-8-*O*-*β*-D- 吡喃葡萄糖苷 草珊瑚 Sarcandra glabra
chloranthalactone G 金粟兰内酯 G 草珊瑚 Sarcandra glabra
chloranthalic acid 金粟兰酸▲ 银线草 Chloranthus japonicus
chloranthatone 金粟兰酮▲ 丝穗金粟兰 Chloranthus fortunei
chloranthólide A~F 鱼子兰内酯▲A~F 鱼子兰 Chloranthus erectus
chloranthone A~D 鱼子兰酮▲A~D 鱼子兰 Chloranthus erectus
chlorasessilifol A, B 四川金粟兰二聚醇▲A, B 四川金粟兰 Chloranthus sessilifolius
4'-chloro-1'-(5-penta-1,3-diyn-1-yl-2-thienyl)-but-2'-yn-3'-ol 4'- 氯 -1'-(5- 戊烷 -1,3- 二炔 -1- 基 -2- 噻吩基)- 丁 -2'- 炔 -3'- 醇 顶羽菊 Acroptilon repens
3'-chloro-1'-(5-penta-1,3-diyn-1-yl-2-thienyl)-but-2'-yn-4'-ol 3'- 氯 -1'-(5- 戊烷 -1,3- 二炔 -1- 基 -2- 噻吩基)- 丁 -2'- 炔 -4'- 醇 顶羽菊 Acroptilon repens
7-chloro-1,1',6,8,8'-pentahydroxy-3,3'-dimethyl[2,2'-bianthracene]-9,9',10,10'-tetraone 7- 氯 -1,1',6,8,8'- 五羟基 -3,3'- 二甲基 [2,2'- 双蒽]-9,9',10,10'- 四酮 铁刀木 Senna siamea
3-chloro-1,2-propanediol 3- 氯 -1,2- 丙二醇 卵叶胡椒 Piper attenuatum
1-(4-chloro-1,3-dihydro-1,3-dioxo-2*H*-isoindol-2-yl)-cyclohexanecarboxamide 1-(4- 氯 -1,3- 二氢 -1,3- 二氧代 -2*H*- 异吲哚 -2- 基)- 环己烷羧酰胺 小叶海金沙 Lygodium scandens
2-chloro-1,3-tridecadiene-5,7,9,11-tetrayne 2- 氯 -1,3- 十三碳二烯 -5,7,9,11- 四炔 欧亚矢车菊 Centaurea ruthenica
17-chloro-13,16*β*-dihydroxy-ent-kauran-19-al 17- 氯 -13,16*β*- 二羟基 - 对映 - 贝壳杉 -19- 醛 木榄 Bruguiera gymnorhiza
14-chloro-15-hydroxyvincadiffórmine 14- 氯化 -15- 羟基异形蔓长春花胺 鸡骨常山 Alstonia yunnanensis
3-chloro-1-butyne 3- 氯 -1- 丁炔 挥发油成分，未统计基源
(3*R*,9*R*,10*R*)-10-chloro-1-heptadecene-4,6-diyne-3,9-diol (3*R*,9*R*,10*R*)-10- 氯 - 十七碳 -1- 烯 -4,6- 二炔 -3,9- 二醇 三七 Panax notoginseng
8-chloro-2-(2-phenylethyl)-5,6,7-trihydroxy-5,6,7,8-tetrahydrochromone 8- 氯 -2-(2- 苯乙基)-5,6,7- 三羟基 -5,6,7,8- 四氢色酮 土沉香 Aquilaria sinensis
5-chloro-2-(octa-2,4,6-triynylidene)-5,6-dihydro-2*H*-pyran 5- 氯 -2-(2,4,6- 亚辛三炔基)-5,6- 二氢 -2*H*- 吡喃 珠光香青 Anaphalis margaritacea
6*β*-(3'-chloro-2'-hydroxy-2'-methylbutyloyloxy)-3*β*-hydroxyeremophil-7(11)-en-12,8*β*-olide 6*β*-(3'- 氯 -2'- 羟基 -2'- 甲基丁酰氧基)-3*β*- 羟基荒漠木 -7-(11)- 烯 -12,8*β*- 内酯 蜂斗菜 Petasites japonicus

6β-(3'-chloro-2'-hydroxy-2'-methyl-butyryloxy)-3β,8β-dihydroxyeremophil-7-(11)-en-12,8α-olide 6β-(3'- 氯 -2'- 羟基 -2'- 甲基丁酰氧基)-3β,8β-二羟基荒漠木 -7-(11)- 烯 -12,8α- 内酯 蜂斗菜 Petasites japonicus
8-(3-chloro-2-hydroxy-3-methylbutoxy)-psoralen 8-(3- 氯 -2- 羟基 -3- 甲基丁酰基)- 补骨脂素 黄皮 Clausena lansium
(+)-6-(3-chloro-2-hydroxy-3-methylbutyl)-5,7-dimethoxycoumarin (+)-6-(3- 氯 -2- 羟基 -3- 甲基丁基)-5,7- 二甲氧基香豆素 飞龙掌血 Toddalia asiatica
6-(3-chloro-2-hydroxy-3-methylbutyl)-5,7-dimethoxycoumarin 6-(3- 氯 -2- 羟基 -3- 甲基丁基)-5,7- 二甲氧基香豆素 飞龙掌血 Toddalia asiatica
8-(3-chloro-2-hydroxy-3-methylbutyloxy)psoralen 8-(3- 氯 -2- 羟基 -3- 甲基丁氧基)- 补骨脂素 心叶棱子芹 Pleurospermum rivulorum
12α-chloro-2α,3,13,23-tetrahydroxyolean-28-oic acid-13-lactone 12α- 氯代 -2α,3,13,23- 四羟基齐墩果 -28- 酸 -13- 内酯 中华猕猴桃 Actinidia chinensis
2-chloro-3,11-tridecadiene-5,7,9-triyn-1-ol 2- 氯 -3,11- 十三碳二烯 -5,7,9- 三炔 -1- 醇 欧亚矢车菊 Centaurea ruthenica
2-chloro-3,11-tridecadiene-5,7,9-triyn-1-ol acetate 2- 氯 -3,11- 十三碳二烯 -5,7,9- 三炔 -1- 醇 - 乙酸酯 欧亚矢车菊 Centaurea ruthenica
19(*R*)-chloro-3-oxotabersonine 19(*R*)- 氯化 -3- 氧代柳叶水甘草碱 长春花 Catharanthus roseus
19(*S*)-chloro-3-oxotabersonine 19(*S*)- 氯化 -3- 氧代柳叶水甘草碱 长春花 Catharanthus roseus
1-chloro-3-phenylhex-5-en-3-ol 1- 氯 -3- 苯基己 -5- 烯 -3- 醇 二色五味子 Schisandra bicolor
2-chloro-3-tridecene-5,7,9,11-tetrayn-1-ol 2- 氯 -3- 十三碳烯 -5,7,9,11- 四炔 -1- 醇 欧亚矢车菊 Centaurea ruthenica
2-chloro-3-tridecene-5,7,9,11-tetrayn-1-ol acetate 2- 氯 -3- 十三碳烯 -5,7,9,11- 四炔 -1- 醇乙酸酯 欧亚矢车菊 Centaurea ruthenica
1-chloro-3-tridecene-5,7,9,11-tetrayn-2-ol 1- 氯 -3- 十三碳烯 -5,7,9,11- 四炔 -2- 醇 欧亚矢车菊 Centaurea ruthenica
1-chloro-3-tridecene-5,7,9,11-tetrayn-2-ol acetate 1- 氯 -3- 十三碳烯 -5,7,9,11- 四炔 -2- 醇 - 乙酸酯 欧亚矢车菊 Centaurea ruthenica
6-chloro-4-(6-octene-2,4-diyn-1-ylidene)-3-oxabicyclo[3.1.0]hexane 6- 氯 -4-(6- 辛烯 -2,4- 二炔 -1- 亚基)-3- 氧杂双环 [3.1.0] 己烷 欧亚矢车菊 Centaurea ruthenica
3-chloro-4-hydroxy-2-piperidone 3- 氯 -4- 羟基 -2- 哌啶 山蒟 Piper hancei
1-(3'-chloro-4'-methoxyphenyl)-3-hydroxy-1-propanone 1-(3'- 氯 -4'- 甲氧基苯基)-3- 羟基 -1- 丙酮 亚黑管菌 Bjerkandera fumosa
3β-chloro-4α-hydroxy-2-(2,4-hexadiynylidene)-1,6-dioxaspiro[4.5]decane 3β- 氯 -4α- 羟基 -2-(2,4- 己二炔亚甲基)-1,6- 二氧杂螺 [4.5] 癸烷 白苞蒿 Artemisia lactiflora
6α-chloro-4β,5β,20αF-trihydroxy-1-oxo-22*R*-witha-2,24-dienolide 6α- 氯代 -4β,5β,20αF- 三羟基 -1- 氧代 -22*R*- 睡茄 -2,24- 二烯内酯 睡茄 Withania somnifera
(16β,22α)-6α-chloro-4β,5β-dihydroxy-17β,24*Z*-dimethyl-1-oxo-18-norfurosta-2,13,24-trien-26-oic acid methyl ester (16β,22α)-6α- 氯代 -4β,5β-二羟基 -17β,24*Z*- 二甲基 -1- 氧代 -18- 降呋甾 -2,13,24- 三烯 -26- 酸甲酯 龙珠 Tubocapsicum anomalum
3α-chloro-4β-hydroxy-2-(2,4-hexadiynylidene)-8-isovaleroyloxy-1,6-dioxaspiro[4.5]decane 3α- 氯 -4β- 羟基 -2-(2,4- 己二炔亚甲基)-8- 异戊酰氧基 -1,6- 二氧杂螺 [4.5] 癸烷 白苞蒿 Artemisia lactiflora
8-chloro-5,6,7-trihydroxy-2-(3-hydroxy-4-methoxyphenethyl)-5,6,7,8-tetrahydrochromone 8- 氯 -5,6,7- 三羟基 -2-(3- 羟基 -4- 甲氧基苯乙基)-5,6,7,8- 四氢色酮 土沉香 Aquilaria sinensis
6α-chloro-5β,14,17α,20,22*R*-pentahydroxy-1-oxo-ergosta-2,24-dien-26-oic acid-δ-lactone 6α- 氯代 -5β,14,17α,20,22*R*- 五羟基 -1- 氧代 - 麦角甾 -2,24- 二烯 -26- 酸 -δ- 内酯 睡茄 Withania somnifera
6α-chloro-5β,17α-dihydroxywithaferin A 6α- 氯代 -5β,17α- 二羟基催眠睡茄素 A 睡茄 Withania somnifera
6α-chloro-5β-hydroxywithaferin A 6α- 氯代 -5β- 羟基催眠睡茄素 A 睡茄 Withania somnifera
7-chloro-6-demethylcepharadione B 7- 氯 -6- 去甲基金线吊乌龟二酮碱 B 蕺菜 Houttuynia cordata
8-chloro-6-hydroxy-2-(2-phenylethyl)chromone 8- 氯 -6- 羟基 -2-(2- 苯乙基)- 色酮 土沉香 Aquilaria sinensis
8-chloro-6-hydroxy-2-[2-(4-methoxyphenyl)ethyl]chromone 8- 氯 -6- 羟基 -2-[2-(4- 甲氧基苯乙基] 色酮 土沉香 Aquilaria sinensis
1α-chloro-6β-angeloyloxy-9-oxo-10β-hydroxyfuranoeremophilane 1α- 氯 -6β- 当归酰氧基 -9- 氧代 -10β- 羟基呋喃荒漠木烷 蹄叶橐吾 Ligularia fischeri
1α-chloro-6β-isobutyryloxy-9-oxo-10β-hydroxyfuranoeremophilane 1α- 氯 -6β- 异丁氧基 -9- 氧代 -10β- 羟基呋喃荒漠木 蹄叶橐吾 Ligularia fischeri
6-chloroapigenin 6- 氯芹菜苷元 问荆 Equisetum arvense
7-chloroarctinone 7- 氯化牛蒡酮 漏芦 Stemmacantha uniflora
chloroatranorin 氯代黑茶渍素 大叶梅衣 Parmotrema tinctorum
4-chlorobenzoic acid 4- 氯苯甲酸 金丝桃 Hypericum monogynum
4-chlorobenzoic acid pent-2-en-4-ynyl ester 4- 氯苯甲酸戊 -2- 烯 -4- 炔酯 挥发油成分，未统计基源
6-chlorocatechin 6- 氯代儿茶素 巴天酸模 Rumex patientia
chlorochrymorin 氯菊素 菊花 Chrysanthemum morifolium
24-chlorocycloart-25-en-3β-ol 24- 氯环木菠萝 -25- 烯 -3β- 醇 窄头橐吾 Ligularia stenocephala
3β-chlorodehydrocostuslactone 3β- 氯去氢木香内酯 月桂 Laurus nobilis
25-chlorodeoxycimigenol-3-*O*-β-D-xylopyranoside 25- 氯化去氧升麻醇 -3-*O*-β-D- 吡喃木糖苷 云南升麻 Cimicifuga yunnanensis
(-)-6-chloroepicatechin (-)-6- 氯表儿茶素 草地老鹳草 Geranium pratense
trans-chlorogenic acid 反式 - 绿原酸 鳄梨 Persea americana, 越桔 Vaccinium vitis-idaea
chlorogenic acid 绿原酸 常见成分，至少分布于 100 种以上植物中
cis-chlorogenic acid 顺式 - 绿原酸 鳄梨 Persea americana, 越桔 Vaccinium vitis-idaea
chlorogenic acid butyl ester 绿原酸丁酯 猪毛蒿 Artemisia scoparia, 苦槠 Castanopsis sclerophylla, 黄连花 Lysimachia davurica, 支柱蓼

Polygonum suffultum
chlorogenic acid ethyl ester 绿原酸乙酯 当归 Angelica sinensis, 梅 Armeniaca mume, 皱皮木瓜 Chaenomeles speciosa, 西南忍冬 Lonicera bournei, 黄连花 Lysimachia davurica, 大血藤 Sargentodoxa cuneata, 鸡仔木 Sinoadina racemosa
chlorogenic acid methyl ester 绿原酸甲酯 三叶木通 Akebia trifoliata, 鳝藤 Anodendron affine, 梅 Armeniaca mume, 杜仲 Eucommia ulmoides, 忍冬 Lonicera japonica, 桔梗 Platycodon grandiflorus, 黄花夹竹桃 Thevetia peruviana, 水红木 Viburnum cylindricum
chlorogenin 绿莲皂苷元 龙舌兰 Agave americana, 剑麻 A. sisalana, 四裂算盘子 Glochidion ellipticum, 澳洲茄 Solanum laciniatum, 水茄 S. torvum, 凤尾丝兰 Yucca gloriosa
chlorogenin-3-*O*-*β*-D-xylopyranosyl-(1 → 3)-*β*-D-glucopyranosyl-(1 → 2)-[*β*-D-xyloyranosyl-(1 → 3)]-*β*-D-glucopyranosyl-(1 → 4)-*β*-D-galactopyranoside 绿莲皂苷元 -3-*O*-*β*-D- 吡喃木糖基 -(1 → 3)-*β*-D- 吡喃葡萄糖基 -(1 → 2)-[*β*-D- 吡喃木糖基 -(1 → 3)]-*β*-D- 吡喃葡萄糖基 -(1 → 4)-*β*-D- 吡喃半乳糖苷 晚香玉 Polianthes tuberosa
chlorogenone 绿莲酮 水茄 Solanum torvum
chlorohyssopifolin A, C 氯代线叶矢车菊素 A, C 顶羽菊 Acroptilon repens
4-chloroindole-3-acetic acid 4- 氯吲哚 -3- 乙酸 黑龙江野豌豆 Vicia amurensis
4-chloroindole-3-acetic acid methyl ester 4- 氯吲哚 -3- 乙酸甲酯 黑龙江野豌豆 Vicia amurensis
4-chloroindoleacetic acid methyl ester 4- 氯吲哚乙酸甲酯 救荒野豌豆 Vicia sativa
chloromaloside A 大叶吊兰苷 A 鹭鸶兰 Diuranthera major
chloromaloside E 大叶吊兰苷 E 蒺藜 Tribulus terrestris
chloromarmin 氯化木橘素 木橘 Aegle marmelos
6'-chloromelleolide F 6'- 氯蜜环菌酯▲F 蜜环菌 Armillaria mellea
p-chloromeruribenzoic acid 对氯汞苯甲酸 洋吊钟 Kalanchoe verticillata
3-(chloromethyl)-octahydro-3-hydroxy-9-methyl-6-methylene-azuleno[4,5-b]furan-2,8(3*H*,4*H*)-dione 3-(氯甲基)- 八氢 -3- 羟基 -9- 甲基 -6- 亚甲基 - 薁 [4,5-b] 呋喃 -2,8(3*H*,4*H*)- 二酮 菜蓟 Cynara scolymus
chloromethylschisantherin B 氯化甲基五味子酯 B 华中五味子 Schisandra sphenanthera
chloromycorrhizin A 氯菌根素 A 松下兰 Monotropa hypopitys
chloromycorrhizinol A 氯菌根醇 A 松下兰 Monotropa hypopitys
(+)-3-chloro-*N*-formylnornantenine (+)-3- 氯代 -*N*- 甲酰降南天竹宁 山胡椒 Lindera glauca
1-chlorooctadecane 1- 氯十八烷 挥发油成分，未统计基源
(1*S*,2*S*,2a*R*,3a*R*,4*R*,6a*S*,9a*S*,9b*S*)-2-chlorooctahydro-1,4-dihydroxy-1,4-dimethyl-7-methylene-1*H*-oxireno[1,8a]azuleno[4,5-b]furan-8(4*H*)-one (1*S*,2*S*,2a*R*,3a*R*,4*R*,6a*S*,9a*S*,9b*S*)-2- 氯化八氢 -1,4- 二羟基 -1,4- 二甲基 -7- 亚甲基 -1*H*- 环氧乙烯 [1,8a] 薁 [4,5-b] 呋喃 -8(4*H*)- 酮 短舌匹菊 Pyrethrum parthenium
[1*S*-(1*α*,2*β*,2a*β*,3a*S**,4*β*,6a*α*,9a*β*,9b*α*)]-2-chlorooctahydro-1,4-dihydroxy-1,4-dimethyl-7-methylene-1*H*-oxireno[1,8a]azuleno[4,5-b]furan-8(4*H*)-one [1*S*-(1*α*,2*β*,2a*β*,3a*S**,4*β*,6a*α*,9a*β*,9b*α*)]-2- 氯化八氢 -1,4- 二羟基 -1,4- 二甲基 -7- 亚甲基 -1*H*- 环氧乙烯 [1,8a] 薁 [4,5-b] 呋喃 -8(4*H*)- 酮 短舌匹菊 Pyrethrum parthenium
22*α*-chloroolean-13(18)-en-3*β*,24-diol 22*α*- 氯化齐墩果 -13(18)- 烯 -3*β*,24- 二醇 黄花棘豆 Oxytropis ochrocephala
3-chloro-*p*-anisaldehyde 3- 氯对茴芹醛▲ 簇生垂幕菇 Hypholoma fasciculare
2-chlorophenyl isothiocyanate 2- 氯苯基异硫氰酸酯 挥发油成分，未统计基源
α-chlorophyll *α*- 叶绿素 植物基础成分，未统计基源
β-chlorophyll *β*- 叶绿素 植物基础成分，未统计基源
chlorophyll 叶绿素 植物基础成分，未统计基源
chlorophyll a 叶绿素 a 植物基础成分，未统计基源
chlorophyll b 叶绿素 b 植物基础成分，未统计基源
chlorophyllide a 叶绿酸 a 毛酸浆 Physalis philadelphica
chlorophytoside A 吊兰萜苷 A 小花吊兰 Chlorophytum laxum
chloroquine 氯喹 毛脉蓼 Polygonum ciliinerve
chlororepdiolide 氯化匍匐矢车菊二醇内酯▲ 顶羽菊 Acroptilon repens
chlorosacroratin 氯化白莲蒿亭 白莲蒿 Artemisia sacrorum
chlorosesamone 氯化胡麻酮▲ 芝麻 Sesamum indicum
5-chlorostigmastan-3-yl acetate 5- 氯豆甾 -3- 乙酸酯 翅果油树 Elaeagnus mollis
19(*R*)-chlorotabersonine 19(*R*)- 氯化柳叶水甘草碱 长春花 Catharanthus roseus
19(*S*)-chlorotabersonine 19(*S*)- 氯化柳叶水甘草碱 长春花 Catharanthus roseus
chlorotuberoside 氯化块根糙苏苷 独一味 Lamiophlomis rotata, 萝卜秦艽 Phlomis medicinalis, 块根糙苏 P. tuberosa
chlorovaltrate 氯化缬草三酯 蜘蛛香 Valeriana jatamansi
5-chloro-*α*-terthioph-ene 5- 氯 -*α*- 三噻吩 华东蓝刺头 Echinops grijsii
chlospicate A~E 金粟兰倍半萜▲A~E 金粟兰 Chloranthus spicatus
chloticol 氯化九里香内酯醇 九里香 Murraya exotica
choerospondin 南酸枣苷 蜀葵 Alcea rosea, 南酸枣 Choerospondias axillaris, 青钱柳 Cyclocarya paliurus, 锁阳 Cynomorium songaricum, 胀果甘草 Glycyrrhiza inflata, 沙生蜡菊 Helichrysum arenarium, 厚朴 Houpoëa officinalis
chokorin 梯牧草灵 梯牧草 Phleum pratense
cholamine 胆胺 云木香 Saussurea costus

cholest-14-ene-3,7,24,25-tetrol-21,23-epoxy-21-methoxy-4,4,8-trimethyl-3-(3-methyl-2-butenoate) 胆甾 -14- 烯 -3,7,24,25- 四醇 -21,23- 环氧 -21- 甲氧基 -4,4,8- 三甲基 -3-(3- 甲基 -2- 丁烯酸酯） 红椿 Toona ciliata

cholest-22-en-3-ol 胆甾 -22- 烯 -3- 醇 海滨木巴戟 Morinda citrifolia

cholest-4-en-3-one 胆甾 -4- 烯 -3- 酮 湖南稗子 Echinochloa frumentacea

cholest-4-en-3β-ol 胆甾 -4- 烯 -3β- 醇 马齿苋 Portulaca oleracea

cholest-4-ene-3,6-dione 胆甾 -4- 烯 -3,6- 二酮 刺枝鱼栖苔 Acanthophora spicifera, 木棉 Bombax ceiba

cholest-4α-methyl-7-en-3-one 胆甾 -4α- 甲基 -7- 烯 -3- 酮 剑叶龙血树 Dracaena cochinchinensis

cholest-4α-methyl-7-en-3β-ol 胆甾 -4α- 甲基 -7- 烯 -3β- 醇 剑叶龙血树 Dracaena cochinchinensis

cholest-5,22-dien-3β-ol 胆甾 -5,22- 二烯 -3β- 醇 鹧鸪花 Trichilia connaroides

cholest-5-en-1α,3β,4α-triol 胆甾 -5- 烯 -1α,3β,4α– 三醇 青藏大戟 Euphorbia altotibetica

(22S)-cholest-5-en-1-β,3β,16β,22-hydroxy-1-O-α-L-rhamnopyranosyl-16-O-β-D-glucopyranoside (22S)- 胆甾 -5- 烯 -1-β,3β,16β,22- 羟基 -1-O-α-L- 吡喃鼠李糖基 -16-O-β-D- 吡喃葡萄糖苷 薤白 Allium macrostemon

(22S)-cholest-5-en-1β,3β,16β,22-tetrol-1,16-di-(β-D-glucopyranoside) (22S)- 胆甾 -5- 烯 -1β,3β,16β,22- 四醇 -1,16- 二 -(β-D- 吡喃葡萄糖苷）吉祥草 Reineckea carnea

(22S)-cholest-5-en-1β,3β,16β,22-tetrol-1-O-α-L-rhamnopyranoside-16-O-β-D-glucopyranoside (22S)- 胆甾 -5- 烯 -1β,3β,16β,22- 四醇 -1-O-α-L- 吡喃鼠李糖苷 -16-O-β-D- 吡喃葡萄糖苷 吉祥草 Reineckea carnea

cholest-5-en-1β,4β-diol 胆甾 -5- 烯 -1β,4β- 二醇 青藏大戟 Euphorbia altotibetica

cholest-5-en-2,3,21-triol 胆甾 -5- 烯 -2,3,21- 三醇 金锦香 Osbeckia chinensis

cholest-5-en-2β,4β-diol 胆甾 -5- 烯 -2β,4β- 二醇 青藏大戟 Euphorbia altotibetica

cholest-5-en-3β-D-glucopyranoside 胆甾 -5- 烯 -3β-D- 吡喃葡萄糖苷 兖州卷柏 Selaginella involvens

cholest-5-en-3β-ol 胆甾 -5- 烯 -3β- 醇 刺枝鱼栖苔 Acanthophora spicifera, 尖瓣瑞香 Daphne acutiloba, 巨藻 Macrocystis pyrifera, 马齿苋 Portulaca oleracea

cholest-5-en-3β-oxylhexadecanoate 胆甾 -5- 烯 -3β- 醇十六酸酯 九头狮子草 Peristrophe japonica

cholest-5-ene-3,25-diol 胆甾 -5- 烯 -3,25- 二醇 番石榴 Psidium guajava

cholest-5-ene-3,7-diol 胆甾 -5- 烯 -3,7- 二醇 木蝴蝶 Oroxylum indicum

cholest-5-ene-3β,4β-diol 胆甾 -5- 烯 -3β,4β- 二醇 吊球草 Hyptis rhomboidea

cholest-5-ene-3β,7-diol 胆甾 -5- 烯 -3β,7- 二醇 海桑 Sonneratia caseolaris

cholest-5-ene-3β,7α-diol 胆甾 -5- 烯 -3β,7α- 二醇 黄槿 Hibiscus tiliaceus

(22R)-cholest-5-ene-3β,7β,22-triol-7,22-bis-O-β-D-glucopyranoside (22R)- 胆甾 -5- 烯 -3β,7β,22- 三醇 -7,22- 双 -O-β-D- 吡喃葡萄糖苷 毛轴碎米蕨 Cheilosoria chusana

cholest-5-ene-3β,7β-diol 胆甾 -5- 烯 -3β,7β- 二醇 黄槿 Hibiscus tiliaceus

cholest-7-en-3-ol 胆甾 -7- 烯 -3- 醇 番茄 Lycopersicon esculentum

cholest-7-en-3-one 胆甾 -7- 烯 -3- 酮 剑叶龙血树 Dracaena cochinchinensis

5α-cholest-7-en-3β-ol 5α- 胆甾 -7- 烯 -3β- 醇 臭黄菇 Russula foetens, 稀褶黑红菇 R. nigricans, 点柄臭黄菇 R. senecis

cholest-7-en-3β-ol 胆甾 -7- 烯 -3β- 醇 沙蓬 Agriophyllum squarrosum, 竹叶柴胡 Bupleurum marginatum, 剑叶龙血树 Dracaena cochinchinensis

cholest-7-enol 胆甾 -7- 烯醇 树番茄 Cyphomandra betacea

5α-cholesta-20,24-diene-3β,6α-diol 5α- 胆甾 -20,24- 二烯 -3β,6α- 二醇 毛蓼 Polygonum barbatum

cholesta-4,6-dien-3-one 胆甾 -4,6- 二烯 -3- 酮 羽叶点地梅 Pomatosace filicula

5α-cholesta-7-en-22 ζ -ol-3-palmitate 5α- 胆甾 -7- 烯 -22 ζ - 醇 -3- 棕榈酸酯 蛛丝毛蓝耳草 Cyanotis arachnoidea

5α-cholesta-7-en-3β,22 ζ -diol 5α- 胆甾 -7- 烯 -3β,22 ζ - 二醇 蛛丝毛蓝耳草 Cyanotis arachnoidea

cholestan-3-one 胆甾 -3- 酮 菊三七 Gynura japonica

5α-cholestan-3β-ol 5α- 胆甾 -3β- 醇 巨藻 Macrocystis pyrifera

cholestane 胆甾烷 臭椿 Ailanthus altissima

cholestane-23-one 胆甾 -23- 酮 臭椿 Ailanthus altissima

5α-cholestane-3,6-dione 5α- 胆甾 -3,6- 二酮 刺枝鱼栖苔 Acanthophora spicifera

cholestanic acid 胆甾酸 地笋 Lycopus lucidus

cholestanol 胆甾烷醇 小粒咖啡 Coffea arabica, 湖南稗子 Echinochloa frumentacea, 番茄 Lycopersicon esculentum

4-cholesten-3-one 4- 胆甾烯 -3- 酮 西南五月茶 Antidesma acidum

5-cholesten-3β-ol 5- 胆甾烯 -3β- 醇 西南五月茶 Antidesma acidum

Δ^7-5α-cholesten-3β-ol Δ^7-5α- 胆甾烯 -3β- 醇 穿鞘菝葜 Smilax perfoliata

7-cholestenol 7- 胆甾烯醇 欧亚多足蕨 Polypodium vulgare

cholestenone 胆甾酮 扁江蓠 Gracilaria textorii, 鸡冠菜 Meristotheca papulosa

cholesterine-5,22-en-3β-ol 胆甾醇 -5,22- 烯 -3β- 醇 荨麻 Urtica fissa

cholesterol 胆甾醇 较常见成分，至少分布于 30 种以上植物中，见于百合科、闭鞘姜科、柽柳科、唇形科、大戟科、大麻科、豆科、海膜科、禾本科、胡椒科、葫芦科、夹竹桃科、江蓠科、姜科、金鱼藻科、锦葵科、菊科、卷柏科、蕨藻科、爵床科、藜科、柳叶菜科、龙胆科、牻牛儿苗科、木棉科、木犀科、内枝藻科、茜草科、茄科、伞形科、桑科、珊瑚藻科、芍药科、蛇苔科、十字花科、石竹科、石花菜科、薯蓣科、松叶蕨科、桃金娘科、藤黄科、卫矛科、线形虫草科、小檗科、荨麻科、芸香科等

cholesterol acetate 胆甾醇乙酸酯 安络小皮伞 Marasmius androsaceus

cholesterol-3-O-β-D-galactopyranoside 胆甾醇 -3-O-β-D- 吡喃半乳糖苷 欧白英 Solanum dulcamara, 白英 S. lyratum

cholestery-9,12-octadecadienoate 胆甾烯基亚油酸酯 褚头红 Sarcopyramis nepalensis
cholesteryl hepadecanoate 胆甾醇十七酸酯 褚头红 Sarcopyramis nepalensis
cholesteryl palmitate 胆甾醇棕榈酸酯 大秃马勃 Calvatia gigantea, 青葙 Celosia argentea, 湖北大戟 Euphorbia hylonoma, 冬虫夏草 Ophiocordyceps sinensis
cholestery-*trans*-cinnamate 胆甾醇 - 反式 - 桂皮酸酯 褚头红 Sarcopyramis nepalensis
choline 胆碱 植物基础成分，未统计基源
choline ascorbate 胆碱抗坏血酸酯 旱芹 Apium graveolens
choline chloride 氯化胆碱 螃蟹七 Arisaema fargesii, 曲序南星 A. tortuosum, 蛇果黄堇 Corydalis ophiocarpa, 榆橘 Ptelea trifoliata, 炮仗花 Pyrostegia venusta
choline sulfurate 胆碱硫酸盐 黄花补血草 Limonium aureum
chondrillasterol 鸡肝海绵甾醇▲ 繁穗苋 Amaranthus cruentus, 密蒙花 Buddleja officinalis, 茶 Camellia sinensis, 田基黄 Grangea maderaspatana, 葫芦 Lagenaria siceraria, 人心果 Manilkara zapota, 厚皮香 Ternstroemia gymnanthera
chondrillasterol glucopyranoside 鸡肝海绵甾醇▲吡喃葡萄糖苷 厚皮香 Ternstroemia gymnanthera
chondrillasterol-3-*O*-*β*-D-glucopyranoside 鸡肝海绵甾醇▲-3-*O*-*β*-D- 吡喃葡萄糖苷 繁穗苋 Amaranthus cruentus, 苋 A. tricolor
chondrillasterone 鸡肝海绵甾酮▲ 田基黄 Grangea maderaspatana
chonemorphine 鹿角藤碱 大叶鹿角藤 Chonemorpha fragrans, 羽脉野扇花 Sarcococca hookeriana
chonglouoside VII 重楼甾苷 VII 长药隔重楼 Paris polyphylla var. pseudothibetica
chongzujueside 肿足蕨苷 山东肿足蕨 Hypodematium sinense
(3*β*,5*α*)-5-chorostigmastan-3-ol acetate (3*β*,5*α*)-5- 氯豆甾 -3- 醇乙酸酯 苦豆子 Sophora alopecuroides
chrestifoline A 豆叶九里香科林碱▲A 豆叶九里香 Murraya euchrestifolia, 调料九里香 M. koenigii
chrestifoline B, C, D 豆叶九里香科林碱▲B, C, D 豆叶九里香 Murraya euchrestifolia
chrobisiamone A 铁刀木二色酮▲A 铁刀木 Senna siamea
chromenylacrylic acid 色烯基丙烯酸 台湾榕 Ficus formosana
chromolaevanedione 光滑飞机草二酮▲ 轮叶木姜子 Litsea verticillata
chrysaibol 黄瘤孢肽氨醇▲ 黄瘤孢菌 Sepedonium chrysospermum
chrysandiol 菊二醇 菊花 Chrysanthemum morifolium
chrysanin 菊宁▲ 麻疯树 Jatropha curcas, 菊蒿 Tanacetum vulgare
chrysanolide 菊酮内酯▲ 除虫菊 Pyrethrum cinerariifolium
chrysanthediacetate B, C 野菊花二醇二乙酸酯 B, C 菊花 Chrysanthemum morifolium
chrysanthediol A 野菊花二醇 A 菊花 Chrysanthemum morifolium
trans-chrysanthemal 反式 - 菊花醛 挥发油成分，未统计基源
chrysanthemaxanthin 菊黄质 番木瓜 Carica papaya, 白屈菜 Chelidonium majus, 顶冰花 Gagea nakaiana, 七爪龙 Ipomoea mauritiana, 野苜蓿 Medicago falcata
chrysanthemic acid 菊酸 除虫菊 Pyrethrum cinerariifolium
chrysanthemin 菊色素 柿 Diospyros kaki, 柃木 Eurya japonica, 小果冬青 Ilex micrococca, 北悬钩子 Rubus arcticus, 地榆 Sanguisorba officinalis, 鹿草 Stemmacantha carthamoides
chrysanthemol 野菊花醇 野菊 Chrysanthemum indicum, 除虫菊 Pyrethrum cinerariifolium
chrysanthemolide 菊状千里光内酯▲ 菊状千里光 Senecio laetus
chrysanthemum dicarboxylic acid 菊二酸 除虫菊 Pyrethrum cinerariifolium
trans-chrysanthemumic acid 反式 - 菊酸 挥发油成分，未统计基源
chrysanthemumin C, D 野菊花素▲C, D 野菊 Chrysanthemum indicum
chrysanthemumol I, J, K 野菊花莫醇▲I, J, K 野菊 Chrysanthemum indicum
chrysanthenol 菊醇 短舌匹菊 Pyrethrum parthenium
cis-chrysanthenol 顺式 - 菊醇 野艾蒿 Artemisia lavandulifolia
(-)-*cis*-chrysanthenol-*O*-*β*-D-glucopyranoside (-)- 顺式 - 菊醇 -*O*-*β*-D- 葡萄糖苷 石胡荽 Centipeda minima
chrysanthenone 菊酮 挥发油成分，未统计基源
trans-chrysanthenyl acetate 反式 - 菊醇乙酸酯 挥发油成分，未统计基源
cis-chrysanthenyl acetate 顺式 - 菊醇乙酸酯 挥发油成分，未统计基源
chrysanthenyl acetate 乙酸菊酯 挥发油成分，未统计基源
cis-chrysanthenyl hexanoate 顺式 - 菊醇己酸酯 扁叶刺芹 Eryngium planum
cis-chrysanthenyl octanoate 顺式 - 菊醇辛酸酯 扁叶刺芹 Eryngium planum
chrysantherol 野菊花洛醇▲ 野菊 Chrysanthemum indicum
chrysanthetriol 野菊花三醇 野菊 Chrysanthemum indicum
chrysanthoside 结香甾苷 结香 Edgeworthia chrysantha
chrysarobin 柯桠素 冻绿 Rhamnus utilis, 掌叶大黄 Rheum palmatum, 酸模 Rumex acetosa
chrysartemin A 菊蒿明素▲A 冷蒿 Artemisia frigida, 菊花 Chrysanthemum morifolium
chrysartemin B 菊蒿明素▲B 艾 Artemisia argyi, 菊花 Chrysanthemum morifolium
chrysathain 金花忍冬素 金花忍冬 Lonicera chrysantha
chrysatropic acid 颠茄黄酸▲ 乌桕 Triadica sebifera

chrysin 白杨素 较常见成分，至少分布于 30 种以上植物中，见于茶茱萸科、唇形科、豆科、杜鹃花科、红豆杉科、胡桃科、槲寄生科、姜科、锦葵科、兰科、龙胆科、漆树科、蔷薇科、茄科、伞形科、桑科、松科、西番莲科、小檗科、杨柳科、紫葳科等

chrysin-6-*C*-glucopyranoside 白杨素 -6-*C*- 吡喃葡萄糖苷 番石榴 Psidium guajava

chrysin-6-*C*-*α*-L-arabinopyranosyl-8-*C*-*β*-D-glucopyranoside 白杨素 -6-*C*-*α*-L- 吡喃阿拉伯糖基 -8-*C*-*β*-D- 吡喃葡萄糖苷 黄芩 Scutellaria baicalensis

chrysin-6-*C*-*β*-D-glucopyranoside 白杨素 -6-*C*-*β*-D- 吡喃葡萄糖苷 檀香 Santalum album

chrysin-6-*C*-*β*-D-glucopyranosyl-8-*C*-*α*-L-arabinopyranoside 白杨素 -6-*C*-*β*-D- 吡喃葡萄糖基 -8-*C*-*α*-L- 吡喃阿拉伯糖苷 木蝴蝶 Oroxylum indicum, 滇黄芩 Scutellaria amoena, 黄芩 S. baicalensis

chrysin-6-*C*-*β*-D-glucopyranosyl-8-*O*-*β*-D-glucuronopyranoside 白杨素 -6-*C*-*β*-D- 吡喃葡萄糖基 -8-*O*-*β*-D- 吡喃葡萄糖醛酸苷 木蝴蝶 Oroxylum indicum

chrysin-6-C-*β*-rutinoside 白杨素 -6-C-*β*- 芸香糖苷 鸡蛋果 Passiflora edulis

chrysin-7,8-di-*C*-*β*-D-glucopyranoside 白杨素 -7,8- 二 -*C*-*β*-D- 吡喃葡萄糖苷 鸡蛋果 Passiflora edulis

chrysin-7-glucoside 白杨素 -7- 葡萄糖苷 三叶海棠 Malus sieboldii

chrysin-7-*O*-galactopyranuronoside 白杨素 -7-*O*- 吡喃半乳糖醛酸苷 木蝴蝶 Oroxylum indicum

chrysin-7-*O*-gentiobioside 白杨素 -7-*O*- 龙胆二糖苷 木蝴蝶 Oroxylum indicum

chrysin-7-*O*-glucuronide 白杨素 -7-*O*- 葡萄糖醛酸苷 异色黄芩 Scutellaria discolor, 韩信草 S. indica, 塔头狭叶黄芩 S. regeliana var. ikonnikovii, 棱茎黄芩 S. scandens

chrysin-7-*O*-*β*-D-glucopyranoside 白杨素 -7-*O*-*β*-*D*- 吡喃葡萄糖苷 火索藤 Bauhinia aurea, 木蝴蝶 Oroxylum indicum, 鸡蛋果 Passiflora edulis

chrysin-7-*O*-*β*-D-glucopyranosyl-(1 → 4)-*α*-L-rhamnopyranoside 白杨素 -7-*O*-*β*-D- 吡喃葡萄糖基 -(1 → 4)-*α*-L- 吡喃鼠李糖苷 鸡蛋果 Passiflora edulis

chrysin-7-*O*-*β*-D-glucuronide 白杨素 -7-*O*-*β*-D- 葡萄糖醛酸苷 木蝴蝶 Oroxylum indicum, 黄芩 Scutellaria baicalensis, 盔状黄芩 S. galericulata, 并头黄芩 S. scordifolia

chrysin-7-*O*-*β*-D-glucuronide ethyl ester 白杨素 -7-*O*-*β*-D- 葡萄糖醛酸乙酯苷 木蝴蝶 Oroxylum indicum

chrysin-7-*O*-*β*-D-glucuronopyranoside 白杨素 -7-*O*-*β*-D- 吡喃葡萄糖醛酸苷 黄芩 Scutellaria baicalensis

chrysin-8-*C*-*β*-D-glucopyranoside 白杨素 -8-*C*-*β*-D- 吡喃葡萄糖苷 木蝴蝶 Oroxylum indicum, 檀香 Santalum album, 滇黄芩 Scutellaria amoena

chrysocriol-7-*O*-(6-*O*-*α*-L-arabinofuranosyl)-*β*-D-glucopyranoside 金圣草酚 -7-*O*-(6-*O*-*α*-L- 呋喃阿拉伯糖基)-*β*-D- 吡喃葡萄糖苷 孔雀草 Tagetes patula

chrysodin 黄瘤孢定 黄瘤孢菌 Sepedonium chrysospermum

chrysoeriol 金圣草酚 常见成分，至少分布于 100 种以上植物中

chrysoeriol-(6''-*O*-acetyl)-4'-*β*-D-glucoside 金圣草酚 -(6''-*O*- 乙酰基)-4'-*β*-D- 葡萄糖苷 臭荠 Coronopus didymus

chrysoeriol-4'-*O*-glucopyranoside 金圣草酚 -4'-*O*- 吡喃葡萄糖苷 紫珠 Callicarpa bodinieri

chrysoeriol-4'-*O*-glucoside 金圣草酚 -4'-*O*- 葡萄糖苷 栗寄生 Korthalsella japonica

chrysoeriol-4'-*O*-*β*-D-glucopyranoside 金圣草酚 -4'-*O*-*β*-D- 吡喃葡萄糖苷 薯蓣 Dioscorea polystachya

chrysoeriol-6-*C*-*β*-boivinopyranoside 金圣草酚 -6-*C*-*β*- 吡喃波依文糖苷 玉蜀黍 Zea mays

chrysoeriol-6-*C*-*β*-boivinopyranosyl-7-*O*-*β*-glucopyranoside 金圣草酚 -6-*C*-*β*- 吡喃波依文糖基 -7-*O*-*β*- 葡萄糖苷 喜旱莲子草 Alternanthera philoxeroides, 玉蜀黍 Zea mays

chrysoeriol-7-glucoside 金圣草酚 -7- 葡糖糖苷 银杏 Ginkgo biloba

chrysoeriol-7-glucuronide 金圣草酚 -7- 葡萄糖醛酸苷 秋英 Cosmos bipinnatus, 蚊母草 Veronica peregrina

chrysoeriol-7-*O*-(2''-*O*-*β*-D-glucopyranosyl-6'''-*O*-acetyl-*β*-D-glucopyranoside) 金圣草酚 -7-*O*-(2''-*O*-*β*-D- 吡喃葡萄糖基 -6'''-*O*- 乙酰基 -*β*-D- 吡喃葡萄糖苷) 丝毛飞廉 Carduus crispus

chrysoeriol-7-*O*-(2''-*O*-*β*-D-mannopyranosyl)-*β*-D-allopyranoside 金圣草酚 -7-*O*-(2''-*O*-*β*-D- 吡喃甘露糖基)-*β*-D- 吡喃阿洛糖苷 翅荚决明 Senna alata

chrysoeriol-7-*O*-(6''-*O*-*p*-coumaroyl)-*β*-D-glucopyranoside 金圣草酚 -7-*O*-(6''-*O*- 对香豆酰基)-*β*-*D*- 吡喃葡萄糖苷 南烛 Vaccinium bracteatum

chrysoeriol-7-*O*-[2''-*O*-(5'''-*O*-caffeoyl)-*β*-D-apiofuranosyl]-*β*-D-glucopyranoside 金圣草酚 -7-*O*-[2''-*O*-(5'''-*O*- 咖啡酰基)-*β*-D- 呋喃芹糖基]-*β*-D- 吡喃葡萄糖苷 紫藤 Wisteria sinensis

chrysoeriol-7-*O*-[2''-*O*-(5'''-*O*-feruloyl)-*β*-D-apio-furanosyl]-*β*-D-glucopyranoside 金圣草酚 -7-*O*-[2''-*O*-(5'''-*O*- 阿魏酰基)-*β*-D- 呋喃芹糖基]-*β*-D- 吡喃葡萄糖苷 旱芹 Apium graveolens

chrysoeriol-7-*O*-[2'-*O*-feruloyl-*β*-D-glucuronopyranosyl-(1 → 2)-*O*-*β*-D-glucuronopyranoside] 金圣草酚 -7-*O*-[2'-*O*- 阿魏酰基 -*β*-*D*- 吡喃葡萄糖醛酸基 -(1 → 2)-*O*-*β*-D- 吡喃葡萄糖醛酸苷] 紫苜蓿 Medicago sativa

chrysoeriol-7-*O*-{2'-*O*-feruloyl-[*β*-D-glucuronopyranosyl-(1 → 3)]-*O*-*β*-D-glucuronopyranosyl-(1 → 2)-*O*-*β*-D-glucuronopyranoside} 金圣草酚 -7-*O*-{2'-*O*- 阿魏酰基 -[*β*-D- 吡喃葡萄糖醛酸基 -(1 → 3)]-*O*-*β*-D- 吡喃葡萄糖醛酸基 -(1 → 2)-*O*-*β*-D- 吡喃葡萄糖醛酸苷 } 紫苜蓿 Medicago sativa

chrysoeriol-7-*O*-glucopyranoside 金圣草酚 -7-*O*- 吡喃葡萄糖苷 海榄雌 Avicennia marina, 石竹 Dianthus chinensis

chrysoeriol-7-*O*-glucoside 金圣草酚 -7-*O*- 葡萄糖苷 菹草 Potamogeton crispus, 篦齿眼子菜 P. pectinatus, 穿叶眼子菜 P. perfoliatus, 毛叶藜芦 Veratrum grandiflorum

chrysoeriol-7-*O*-glucuronide 金圣草酚 -7-*O*- 葡萄糖醛酸苷 倒地铃 Cardiospermum halicacabum

chrysoeriol-7-*O*-neohesperidoside 金圣草酚 -7-*O*- 新橙皮糖苷 欧活血丹 Glechoma hederacea, 华南忍冬 Lonicera confusa
chrysoeriol-7-*O*-rutinoside 金圣草酚 -7-*O*- 芸香糖苷 吴茱萸 Euodia ruticarpa, 佛手瓜 Sechium edule
chrysoeriol-7-*O*-α-L-rhamnopyranosyl-(1 → 2)-β-D-glucopyranoside 金圣草酚 -7-*O*-α-L- 吡喃鼠李糖基 -(1 → 2)-β-D- 吡喃葡萄糖苷 锐尖山香圆 Turpinia arguta
chrysoeriol-7-*O*-β-D-glucopyranoside 金圣草酚 -7-*O*-β-D- 吡喃葡萄糖苷 旱芹 Apium graveolens, 猪毛蒿 Artemisia scoparia, 构树 Broussonetia papyrifera, 沙戟 Chrozophora sabulosa, 滇瑞香 Daphne feddei, 薯蓣 Dioscorea polystachya, 刺篱木 Flacourtia indica, 栀子皮 Itoa orientalis, 短筒兔耳草 Lagotis brevituba, 圆穗兔耳草 L. ramalana, 忍冬 Lonicera japonica, 灰毡毛忍冬 L. macranthoides, 广东丝瓜 Luffa acutangula, 莲 Nelumbo nucifera, 欧芹 Petroselinum crispum, 红蓼 Polygonum orientale, 雪兔子 Saussurea gossypiphora, 绵头雪兔子 S. laniceps, 水母雪兔子 S. medusa, 络石 Trachelospermum jasminoides, 栝楼 Trichosanthes kirilowii, 南烛 Vaccinium bracteatum, 披针叶荚蒾 Viburnum lancifolium
chrysoeriol-7-*O*-β-D-glucoside 金圣草酚 -7-*O*-β-D- 葡萄糖苷 心叶兔儿风 Ainsliaea bonatii, 蒌蒿 Artemisia selengensis, 鸭跖草 Commelina communis, 苏门白酒草 Conyza sumatrensis, 千日红 Gomphrena globosa
chrysoeriol-7-*O*-β-D-glucuronide 金圣草酚 -7-*O*-β-D- 葡萄糖醛酸苷 达乌里芯芭 Cymbaria daurica, 斑唇马先蒿 Pedicularis longiflora var. tubiformis, 短舌匹菊 Pyrethrum parthenium, 龙爪柳 Salix matsudana f. tortuosa
chrysoeriol-7-*O*-β-D-glucuronopyranoside 金圣草酚 -7-*O*-β-D- 吡喃葡萄糖醛酸苷 苏门白酒草 Conyza sumatrensis, 旱柳 Salix matsudana
chrysoeriol-7-*O*-β-D-glucuronopyranoside-6''-acetate 金圣草酚 -7-*O*-β-D- 吡喃葡萄糖醛酸苷 -6''- 乙酸酯 苏门白酒草 Conyza sumatrensis
chrysoeriol-7-*O*-β-D-glucuronopyranosyl-4'-*O*-β-D-glucuronopyranoside 金圣草酚 -7-*O*-β-D- 吡喃葡萄糖醛酸基 -4'-*O*-β-D- 吡喃葡萄糖醛酸苷 紫苜蓿 Medicago sativa
chrysoeriol-7-*O*-β-D-neohesperidoside 金圣草酚 -7-*O*-β-D- 新橙皮糖苷 万寿竹 Disporum cantoniense
chrysoeriol-7-*O*-β-glucopyranoside 金圣草酚 -7-*O*-β- 吡喃葡萄糖苷 磨盘草 Abutilon indicum, 栝楼 Trichosanthes kirilowii
chrysoeriol-7-*O*-β-L-arabinofuranosyl-(1 → 2)-β-D-apiofuranoside 金圣草素 -7-*O*-β-L- 呋喃阿拉伯糖基 -(1 → 2)-β-D- 呋喃芹糖苷 海枣 Phoenix dactylifera
chrysoeriol-7-rutinoside 金圣草酚 -7- 芸香糖苷 细梗胡枝子 Lespedeza virgata, 宽叶羌活 Notopterygium franchetii
chrysoeriol-7-sophoroside 金圣草酚 -7- 槐糖苷 丝毛飞廉 Carduus crispus
chrysoeriol-7-β-D-glucopyranoside 金圣草酚 -7-β-D- 吡喃葡萄糖苷 乌药 Lindera aggregata
chrysoeriol-hexosylsulfate 金圣草素 - 己糖基硫酸酯 海枣 Phoenix dactylifera
chrysoeriol-rhamnosyldihexoside 金圣草素 - 鼠李糖基二己糖苷 海枣 Phoenix dactylifera
chrysoeriol-rhamnosylhexoside 金圣草素 - 鼠李糖基己糖苷 海枣 Phoenix dactylifera
chrysoobtusin 黄决明素 决明 Senna tora, 钝叶决明 S. tora var. obtusifolia
chrysoobtusin-2-*O*-β-D-glucopyranoside 黄决明素 -2-*O*-β-D- 吡喃葡萄糖苷 决明 Senna tora, 钝叶决明 S. tora var. obtusifolia
chrysophanein 大黄酚苷 鸦胆子 Brucea javanica, 尖叶番泻 Cassia acutifolia, 腊肠树 C. fistula, 虎杖 Reynoutria japonica, 河套大黄 Rheum hotaoense, 天山大黄 R. wittrockii, 尼泊尔酸模 Rumex nepalensis
chrysophanol 大黄酚 常见成分，至少分布于 100 种以上植物中
chrysophanol anthrone 大黄酚蒽酮 铁刀木 Senna siamea
10,10'-*trans*-chrysophanol bianthrone 10,10'- 反式 - 大黄酚二蒽酮 尼泊尔鼠李 Rhamnus napalensis
10,10'-*cis*-chrysophanol bianthrone 10,10'- 顺式 - 大黄酚二蒽酮 尼泊尔鼠李 Rhamnus napalensis
chrysophanol diacetate 大黄酚二乙酸酯 藏边大黄 Rheum australe
chrysophanol dianthrone 大黄酚二蒽酮 铁刀木 Senna siamea
chrysophanol dimethyl ether 大黄酚二甲醚 铁刀木 Senna siamea
chrysophanol glucopyranoside 大黄酚吡喃葡萄糖苷 望江南 Senna occidentalis
chrysophanol glucoside 大黄酚葡萄糖苷 长柄鼠李 Rhamnus longipes, 齿果酸模 Rumex dentatus
chrysophanol-10,10'-bianthrone 大黄酚 -10-10'- 蒽酮 羊蹄 Rumex japonicus
chrysophanol-10,10'-dianthrone 大黄酚 -10,10'- 二蒽酮 钝叶决明 Senna tora var. obtusifolia
chrysophanol-1-*O*-glucopyranoside 大黄酚 -1-*O*- 吡喃葡萄糖苷 茜草 Rubia cordifolia
chrysophanol-1-*O*-β-D-(6'-*O*-malonyl)-glucopyranoside 大黄酚 -1-*O*-β-D-(6'-*O*- 丙二酰基)- 吡喃葡萄糖苷 掌叶大黄 Rheum palmatum
chrysophanol-1-*O*-β-D-glucopyranoside 大黄酚 -1-*O*-β-D- 吡喃葡萄糖苷 药用大黄 Rheum officinale, 歧穗大黄 R. rhizostachyum, 唐古特大黄 R. tanguticum, 毛脉酸模 Rumex gmelinii, 铁刀木 Senna siamea
chrysophanol-1-*O*-β-D-glucopyranosyl-(1 → 3)-β-D-glucopyranosyl-(1 → 6)-β-D-glucopyranoside 大黄酚 -1-*O*-β-D- 吡喃葡萄糖基 -(1 → 3)-β-D- 吡喃葡萄糖基 -(1 → 6)-β-D- 吡喃葡萄糖苷 钝叶决明 Senna tora var. obtusifolia
chrysophanol-1-*O*-β-D-glucopyranosyl-(1 → 6)-*O*-β-D-glucopyranoside 大黄酚 -1-*O*-β-*D*- 吡喃葡萄糖基 -(1 → 6)-*O*-β-*D*- 吡喃葡萄糖苷 铁刀木 Senna siamea
chrysophanol-1-*O*-β-gentiobioside 大黄酚 -1-*O*-β- 龙胆二糖苷 钝叶决明 Senna tora var. obtusifolia
10-(chrysophanol-7'-yl)-10-hydroxychrysophanol-9-anthrane 10-(大黄酚 -7'- 基)-10- 羟基大黄酚 -9- 蒽烷 多花勾儿茶 Berchemia floribunda
10-(chrysophanol-7'-yl)-10-hydroxychrysophanol-9-anthrone 10-(大黄酚 -7'- 基)-10- 羟基大黄酚 -9- 蒽酮 独尾草 Eremurus chinensis
chrysophanol-8-methyl ether 大黄酚 -8- 甲醚 独尾草 Eremurus chinensis
chrysophanol-8-methyl ether-*O*-L-rhamnopyranoside 大黄酚 -8- 甲醚 -*O*-L- 吡喃鼠李糖苷 铁刀木 Senna siamea
chrysophanol-8-*O*-(6'-*O*-galloyl-β-D-glucopyranoside) 大黄酚 -8-*O*-(6'-*O*- 没食子酰基 -β-D- 吡喃葡萄糖苷) 唐古特大黄 Rheum tanguticum
chrysophanol-8-*O*-β-D-(6'-acetyl)-glucopyranoside 大黄酚 -8-*O*-β-D-(6'- 乙酰基)- 吡喃葡萄糖苷 毛脉酸模 Rumex gmelinii
chrysophanol-8-*O*-β-D-(6'-*O*-acetyl)-glucopyranoside 大黄酚 -8-*O*-β-D-(6'-*O*- 乙酰基)- 吡喃葡萄糖苷 尼泊尔酸模 Rumex nepalensis

chrysophanol-8-*O*-*β*-D-(6'-*O*-galloyl)-glucopyranoside 大黄酚 -8-*O*-*β*-D-(6'-*O*- 没食子酰基)- 吡喃葡萄糖苷 河套大黄 Rheum hotaoense

chrysophanol-8-*O*-*β*-D-(6'-*O*-malonyl)-glucopyranoside 大黄酚 -8-*O*-*β*-D-(6'-*O*- 丙二酸单酰基)- 吡喃葡萄糖苷 掌叶大黄 Rheum palmatum

chrysophanol-8-*O*-*β*-D-galactopyranoside 大黄酚 -8-*O*-*β*-D- 吡喃半乳糖苷 尼泊尔酸模 Rumex nepalensis

chrysophanol-8-*O*-*β*-D-glucopyranoside 大黄酚 -8-*O*-*β*-D- 吡喃葡萄糖苷 费菜 Phedimus aizoon, 何首乌 Polygonum multiflorum, 虎杖 Reynoutria japonica, 藏边大黄 Rheum australe, 河套大黄 R. hotaoense, 卵果大黄 R. moorcroftianum, 矮大黄 R. nanum, 药用大黄 R. officinale, 唐古特大黄 R. tanguticum, 小丛红景天 Rhodiola dumulosa, 茜草 Rubia cordifolia, 酸模 Rumex acetosa, 小酸模 R. acetosella, 皱叶酸模 R. crispus, 毛脉酸模 R. gmelinii, 戟叶酸模 R. hastatus, 羊蹄 R. japonicus, 尼泊尔酸模 R. nepalensis, 巴天酸模 R. patientia, 蟛蜞菊 Wedelia chinensis, 虾子花 Woodfordia fruticosa

chrysophanol-9-anthrone 大黄酚 -9- 蒽酮 皱叶酸模 Rumex crispus, 决明 Senna tora

10,10'-*trans*-chrysophanol-emodin bianthrone 10,10'- 反式 - 大黄酚 - 大黄素二蒽酮 尼泊尔鼠李 Rhamnus napalensis

10,10'-*cis*-chrysophanol-emodin bianthrone 10,10'- 顺式 - 大黄酚 - 大黄素二蒽酮 尼泊尔鼠李 Rhamnus napalensis

chrysosplenetin 金腰素 黄花蒿 Artemisia annua, 白花菜 Cleome gynandra, 白花枝子花 Dracocephalum heterophyllum, 细花线纹香茶菜 Isodon lophanthoides var. graciliflorus, 翼齿六棱菊 Laggera crispata

chrysosplenetin B 金腰素 B 岩蒿 Artemisia rupestris, 岩匙 Berneuxia thibetica, 翼齿六棱菊 Laggera crispata

chrysosplenol B 金腰酚 B 翼齿六棱菊 Laggera crispata, 竹叶西风芹 Seseli mairei, 松叶西风芹 S. yunnanense

chrysosplenol D 金腰酚 D 黄花蒿 Artemisia annua, 三花莸 Caryopteris terniflora, 翼齿六棱菊 Laggera crispata, 穗花牡荆 Vitex agnus-castus, 黄荆 V. negundo, 牡荆 V. negundo var. cannabifolia, 蔓荆 V. trifolia

chrysosplenoside D 金腰苷 D 日本金腰 Chrysosplenium japonicum

chrysosporide 黄瘤孢肽▲ 黄瘤孢菌 Sepedonium chrysospermum

chrysothol 金灌菊醇▲ 羌活 Notopterygium incisum, 华蟹甲 Sinacalia tangutica

chrysothrone 大黄蒽酮▲ 长叶冻绿 Rhamnus crenata

chrysotobibenzyl 鼓槌联苄 束花石斛 Dendrobium chrysanthum, 鼓槌石斛 D. chrysotoxum, 流苏石斛 D. fimbriatum

chrysotoxene 鼓槌菲 鼓槌石斛 Dendrobium chrysotoxum

chrysotoxine 鼓槌石斛素 束花石斛 Dendrobium chrysanthum, 鼓槌石斛 D. chrysotoxum, 流苏石斛 D. fimbriatum

chrysotoxone 鼓槌酮 钩状石斛 Dendrobium aduncum, 鼓槌石斛 D. chrysotoxum

chrysotricine 金毛耳草碱 金毛耳草 Hedyotis chrysotricha

chuanbeinone 川贝酮 川贝母 Fritillaria cirrhosa, 梭砂贝母 F. delavayi, 太白贝母 F. taipaiensis

chuanliansu; toosendanin 川楝素 楝 Melia azedarach, 川楝 M. toosendan

chuanminshenoside 川明参苷 川明参 Chuanminshen violaceum

chuanxingol 川芎酚 川芎 Ligusticum sinense 'Chuanxiong'

chuanxingzine 川芎嗪 川芎 Ligusticum sinense 'Chuanxiong'

chuanxiongdiolide A, B, R_1, R_2 川芎二内酯▲A, B, R_1, R_2 川芎 Ligusticum sinense 'Chuanxiong'

chuanxiongnolide A, B, R_1, R_2 川芎醇内酯 A, B, R_1, R_2 川芎 Ligusticum sinense 'Chuanxiong'

chubularisin A~R 麻楝素▲A~R 麻楝 Chukrasia tabularis

chukfuransin A~D 麻楝呋喃素 A~D 麻楝 Chukrasia tabularis

chukrasin A~E 麻楝拉辛▲A~E 麻楝 Chukrasia tabularis

chukrasine F 麻楝拉辛▲F 毛麻楝 Chukrasia tabularis var. velutina

chukrasone A, B 麻楝素酮▲A, B 麻楝 Chukrasia tabularis

chuktabrin A, B 麻楝伯灵▲A, B 麻楝 Chukrasia tabularis

chuktabrin C~K 麻楝伯灵▲C~K 毛麻楝 Chukrasia tabularis var. velutina

chuktabularin A 麻楝拉灵▲A 麻楝 Chukrasia tabularis, 毛麻楝 C. tabularis var. velutina

chuktabularin B 麻楝拉灵▲B 麻楝 Chukrasia tabularis, 毛麻楝 C. tabularis var. velutina

chuktabularin C 麻楝拉灵▲C 麻楝 Chukrasia tabularis, 毛麻楝 C. tabularis var. velutina

chuktabularin D 麻楝拉灵▲D 麻楝 Chukrasia tabularis, 毛麻楝 C. tabularis var. velutina

chuktabularin E~X 麻楝拉灵▲E~X 毛麻楝 Chukrasia tabularis var. velutina

chuktabularin F 麻楝拉灵▲F 麻楝 Chukrasia tabularis, 毛麻楝 C. tabularis var. velutina

chuktabularin G 麻楝拉灵▲G 麻楝 Chukrasia tabularis, 毛麻楝 C. tabularis var. velutina

chukvelutilide A~H 毛麻楝内酯▲A~H 毛麻楝 Chukrasia tabularis var. velutina

chukvelutin A 毛麻楝素▲A 麻楝 Chukrasia tabularis, 毛麻楝 C. tabularis var. velutina

chukvelutin B, D, E, F 毛麻楝素▲B, D, E, F 毛麻楝 Chukrasia tabularis var. velutina

chukvelutin C 毛麻楝素▲C 麻楝 Chukrasia tabularis, 毛麻楝 C. tabularis var. velutina

chunganenol 东南葡萄酚▲ 东南葡萄 Vitis chunganensis

chushizisin A~I 楮实子辛素 A~I 构树 Broussonetia papyrifera

chymopapain A, B, C 木瓜凝乳蛋白酶 A, B, C 番木瓜 Carica papaya

cibarian 食用黄芪素▲ 花木蓝 Indigofera kirilowii

cibaric acid 鸡油菌酸▲ 鸡油菌 Cantharellus cibarius

cibotiglycerol 金毛狗甘油▲ 金毛狗 Cibotium barometz

cibotinoside 金毛狗诺苷▲ 金毛狗 Cibotium barometz

cibotiumbaroside A, B, D~I 金毛狗苷▲A, B, D~I 金毛狗 Cibotium barometz

cicerarietinuoside A 鹰嘴豆苷 ▲A 鹰嘴豆 Cicer arietinum
cichoralexin 菊苣抗毒素 ▲ 菊苣 Cichorium intybus
cichoric acid; chicoric acid 菊苣酸 狼杷草 Bidens tripartita, 肾茶 Clerodendranthus spicatus, 菜蓟 Cynara scolymus, 双花堇菜 Viola biflora, 黄鹌菜 Youngia japonica
cichoridiol 菊苣二醇 ▲ 菊苣 Cichorium intybus
cichoriin 菊苣苷 欧洲七叶树 Aesculus hippocastanum, 腺毛菊苣 Cichorium glandulosum, 菊苣 C. intybus, 长蒴黄麻 Corchorus olitorius, 凹叶瑞香 Daphne retusa, 白蜡树 Fraxinus chinensis, 花曲柳 F. chinensis subsp. rhynchophylla, 苦枥木 F. insularis, 短毛独活 Heracleum moellendorffii, 鸡桑 Morus australis, 球果堇菜 Viola collina, 大叶堇菜 V. diamantiaca, 东北堇菜 V. mandshurica, 紫花地丁 V. philippica, 早开堇菜 V. prionantha, 斑叶堇菜 V. variegata
cichoriin-6'-*p*-hydroxyphenyl acetate 菊苣苷 -6'- 对 - 羟基苯基乙酸酯 菊苣 Cichorium intybus
cichoriolide A, B, C 菊苣内酯 A, B, C 菊苣 Cichorium intybus
cichorioside B 菊苣萜苷 B 菊苣 Cichorium intybus, 翅果菊 Pterocypsela indica
cichorioside C 菊苣萜苷 C 菊苣 Cichorium intybus, 窄苞蒲公英 Taraxacum bessarabicum
cichosterol 菊苣甾醇 ▲ 菊苣 Cichorium intybus
cichotyboside 菊苣波苷 ▲ 菊苣 Cichorium intybus
cicudiol 毒芹二醇 毒芹 Cicuta virosa
cicutol 毒芹醇 毒芹 Cicuta virosa
cicutoxin 毒芹毒素 毒芹 Cicuta virosa
cignolin 蒽林 掌叶大黄 Rheum palmatum
ciguatoxin 海螺毒素 ▲ 红海束毛藻 Trichodesmium erythraeum
ciliaric acid 睫毛向日葵酸 向日葵 Helianthus annuus
ciliatoside A, B 缘毛爵床苷 ▲A, B 爵床 Justicia procumbens
cilicione B 西里西亚百里香酮 ▲B 山胡椒 Lindera glauca
cilinaphthalide A, B 缘毛爵床萘内酯 ▲A, B 爵床 Justicia procumbens
cimiacernol B; cimiacerogenin B 小升麻苷元醇 B 类叶升麻 Actaea asiatica
cimiaceroside A 小升麻苷 A 小升麻 Cimicifuga japonica
cimiaceroside B 小升麻苷 B 升麻 Cimicifuga foetida, 小升麻 C. japonica, 单穗升麻 C. simplex, 黄三七 Souliea vaginata
cimiaceroside C 小升麻苷 C 升麻 Cimicifuga foetida
cimicidanol 升麻酮醇 升麻 Cimicifuga foetida
cimicidanol-3-*O*-L-arabinopyranoside 升麻酮醇 -3-*O*- 吡喃阿拉伯糖苷 升麻 Cimicifuga foetida
cimicidol-3-*O*-*β*-D-xylopyranoside 升麻二醇 -3-*O*-*β*-D- 吡喃木糖苷 升麻 Cimicifuga foetida
cimicifoetiside A, B 西麻次苷 ▲A, B 升麻 Cimicifuga foetida
cimicifol 升麻次醇 ▲ 升麻 Cimicifuga foetida
cimicifugadine 升麻定 ▲ 升麻 Cimicifuga foetida
cimicifugamide 升麻酰胺 兴安升麻 Cimicifuga dahurica
cimicifugenol 升麻烯醇 小升麻 Cimicifuga japonica
cimicifugic acid 升麻酸 ▲ 兴安升麻 Cimicifuga dahurica, 升麻 C. foetida, 大三叶升麻 C. heracleifolia
cimicifugic acid A 升麻酸 ▲A 兴安升麻 Cimicifuga dahurica, 大三叶升麻 C. heracleifolia, 小升麻 C. japonica, 单穗升麻 C. simplex
cimicifugic acid B 升麻酸 ▲B 兴安升麻 Cimicifuga dahurica, 大三叶升麻 C. heracleifolia, 小升麻 C. japonica, 单穗升麻 C. simplex
cimicifugic acid C 升麻酸 ▲C 兴安升麻 Cimicifuga dahurica, 大三叶升麻 C. heracleifolia, 单穗升麻 C. simplex
cimicifugic acid D 升麻酸 ▲D 兴安升麻 Cimicifuga dahurica, 大三叶升麻 C. heracleifolia, 小升麻 C. japonica, 单穗升麻 C. simplex
cimicifugic acid E 升麻酸 ▲E 兴安升麻 Cimicifuga dahurica, 大三叶升麻 C. heracleifolia, 小升麻 C. japonica, 单穗升麻 C. simplex
cimicifugic acid F 升麻酸 ▲F 兴安升麻 Cimicifuga dahurica, 大三叶升麻 C. heracleifolia, 单穗升麻 C. simplex
cimicifugic acid G 升麻酸 ▲G 兴安升麻 Cimicifuga dahurica, 大三叶升麻 C. heracleifolia, 小升麻 C. japonica
cimicifugic acid H 升麻酸 ▲H 兴安升麻 Cimicifuga dahurica, 大三叶升麻 C. heracleifolia
cimicifugic acid I 升麻酸 ▲I 兴安升麻 Cimicifuga dahurica, 大三叶升麻 C. heracleifolia, 小升麻 C. japonica, 单穗升麻 C. simplex
cimicifugic acid J 升麻酸 ▲J 兴安升麻 Cimicifuga dahurica, 大三叶升麻 C. heracleifolia
cimicifugic acid K 升麻酸 ▲K 小升麻 Cimicifuga japonica, 单穗升麻 C. simplex
cimicifugic acid L 升麻酸 ▲L 小升麻 Cimicifuga japonica, 单穗升麻 C. simplex
cimicifugic acid M 升麻酸 ▲M 小升麻 Cimicifuga japonica, 单穗升麻 C. simplex
cimicifugic acid N 升麻酸 ▲N 单穗升麻 Cimicifuga simplex
cimicifugoside 升麻苷 类叶升麻 Actaea asiatica, 单穗升麻 Cimicifuga simplex
cimicifugoside H_1 升麻苷 H_1 升麻 Cimicifuga foetida, 云南升麻 C. yunnanensis
cimicifugoside H_2 升麻苷 H_2 升麻 Cimicifuga foetida
cimidahurine 兴安升麻灵 ▲ 酸味子 Antidesma japonicum, 兴安升麻 Cimicifuga dahurica, 升麻 C. foetida, 苦榲蓝 Pentacoelium bontioides
cimidahurinine 兴安升麻宁 ▲ 兴安升麻 Cimicifuga dahurica, 升麻 C. foetida, 女贞 Ligustrum lucidum, 回回苏 Perilla frutescens var. crispa, 红花五味子 Schisandra rubriflora
cimidahuside 1, 2, C, D 兴安升麻苷 ▲1, 2, C, D 兴安升麻 Cimicifuga dahurica
cimifetidanol A, B 升麻诺醇 ▲A, B 升麻 Cimicifuga foetida

cimifetidanoside A~H 升麻诺醇苷▲A~H 升麻 Cimicifuga foetida
cimifoetiside I, II, III, IV, V, VI, VII, A, B 西麻苷 I, II, III, IV, V, VI, VII, A, B 升麻 Cimicifuga foetida
cimifoside A~D 升麻佛苷▲A~D 升麻 Cimicifuga foetida
cimifugin 升麻素 类叶升麻 Actaea asiatica, 拐芹 Angelica polymorpha, 升麻 Cimicifuga foetida, 单穗升麻 C. simplex, 麻疯树 Jatropha curcas, 宽萼岩风 Libanotis laticalycina, 紫伞芹 Melanosciadium pimpinelloideum, 防风 Saposhnikovia divaricata
cimifugin glucopyranoside 升麻素葡萄糖苷 升麻 Cimicifuga foetida
cimigenol 升麻醇 类叶升麻 Actaea asiatica, 兴安升麻 Cimicifuga dahurica, 升麻 C. foetida, 小升麻 C. japonica, 单穗升麻 C. simplex, 云南升麻 C. yunnanensis
cimigenol xylopyranoside 升麻醇吡喃木糖苷 升麻 Cimicifuga foetida, 单穗升麻 C. simplex
cimigenol xyloside 升麻醇木糖苷 小升麻 Cimicifuga japonica
cimigenol-12-one 升麻醇-12-酮 升麻 Cimicifuga foetida
cimigenol-3-one 升麻醇-3-酮 类叶升麻 Actaea asiatica, 升麻 Cimicifuga foetida
cimigenol-3-*O*-α-L-arabinopyranoside 升麻醇-3-*O*-α-L-吡喃阿拉伯糖苷 类叶升麻 Actaea asiatica, 兴安升麻 Cimicifuga dahurica, 升麻 C. foetida
cimigenol-3-*O*-β-D-galactopyranoside 升麻醇-3-*O*-β-D-吡喃半乳糖苷 升麻 Cimicifuga foetida, 单穗升麻 C. simplex
cimigenol-3-*O*-β-D-glucopyranosyl-(1 → 2)-β-D-glucopyranosyl-(1 → 2)-β-D-xylopyranoside 升麻醇-3-*O*-β-D-吡喃葡萄糖基-(1 → 2)-β-D-吡喃葡萄糖基-(1 → 2)-β-D-吡喃木糖苷 升麻 Cimicifuga foetida
(23*R*,24*S*)-cimigenol-3-*O*-β-D-xylopyranoside (23*R*,24*S*)-升麻醇-3-*O*-β-D-吡喃木糖苷 升麻 Cimicifuga foetida
cimigenol-3-*O*-β-D-xylopyranoside 升麻醇-3-*O*-β-D-吡喃木糖苷 类叶升麻 Actaea asiatica, 阿尔泰银莲花 Anemone altaica, 兴安升麻 Cimicifuga dahurica, 小升麻 C. japonica, 云南升麻 C. yunnanensis, 黄三七 Souliea vaginata
cimigenol-3-*O*-β-D-xylopyranosyl-(1 → 3)-β-D-xylopyranoside 升麻醇-3-*O*-β-D-吡喃木糖基-(1 → 3)-β-D-吡喃木糖苷 阿尔泰银莲花 Anemone altaica, 黄三七 Souliea vaginata
cimigenoside; cimigoside 升麻醇苷▲ 绵参 Eriophyton wallichii, 黄三七 Souliea vaginata
cimilactone A 升麻内酯 A 兴安升麻 Cimicifuga dahurica, 升麻 C. foetida
cimilactone B 升麻内酯 B 兴安升麻 Cimicifuga dahurica
cimilactone C 升麻内酯 C 云南升麻 Cimicifuga yunnanensis
cimiracemoside A, B 总状升麻苷▲A, B 类叶升麻 Actaea asiatica
cimiracemoside D 总状升麻苷▲D 升麻 Cimicifuga foetida
cimiracemoside E 总状升麻苷▲E 云南升麻 Cimicifuga yunnanensis
cimiracemoside H, I 总状升麻苷▲H, I 类叶升麻 Actaea asiatica
cimiracemoside K 总状升麻苷▲K 云南升麻 Cimicifuga yunnanensis
cimiracemoside M 总状升麻苷▲M 类叶升麻 Actaea asiatica
cimiracemoside P 总状升麻苷▲P 云南升麻 Cimicifuga yunnanensis
cimiside A~D 升麻密苷▲A~D 兴安升麻 Cimicifuga dahurica
cimiside E 升麻密苷▲E 升麻 Cimicifuga foetida
cimisterol A 升麻甾醇▲A 升麻 Cimicifuga foetida
cinamodiol 楝二醇▲ 楝 Melia azedarach, 川楝 M. toosendan
cincholenine A, B 金鸡纳树宁碱 A, B 金鸡纳树 Cinchona calisaya
cincholic acid-28-*O*-β-D-glucopyranosyl ester 金鸡纳酸-28-*O*-β-D-吡喃葡萄糖基酯 滇丁香 Luculia pinceana
cincholic acid-3-*O*-β-D-glucopyranoside 金鸡纳酸-3-*O*-β-D-吡喃葡萄糖苷 滇丁香 Luculia pinceana
cincholic acid-3-*O*-β-D-glucopyranoside-28-*O*-β-D-glucopyranosyl ester 金鸡纳酸-3-*O*-β-D-吡喃葡萄糖苷-28-*O*-β-D-吡喃葡萄糖基酯 滇丁香 Luculia pinceana
cincholic acid-3β-*O*-β-D-glucopyranoside-27-*O*-β-D-glucopyranosyl ester 金鸡纳酸-3β-*O*-β-D-吡喃葡萄糖苷-27-*O*-β-D-吡喃葡萄糖基酯 亚洲络石 Trachelospermum asiaticum
cinchonaglycoside C 金鸡纳糖苷 C 白钩藤 Uncaria sessilifructus
cinchonain Ia 金鸡纳素 Ia 罗布麻 Apocynum venetum, 鸡纳树 Cinchona pubescens, 菝葜 Smilax china
cinchonain Ib 金鸡纳素 Ib 鸡纳树 Cinchona pubescens, 菝葜 Smilax china
cinchonain Ib 金鸡纳素 Ib 云南土沉香 Excoecaria acerifolia
cinchonain Ic 金鸡纳素 Ic 鸡纳树 Cinchona pubescens, 菝葜 Smilax china
cinchonain Id, IIa, IIb, A-2, B-2, B-5, C-1 金鸡纳素 Id, IIa, IIb, A-2, B-2, B-5, C-1 鸡纳树 Cinchona pubescens
cinchonain Id-7-*O*-β-glucopyranoside 辛可耐因 Id-7-*O*-β-吡喃葡萄糖苷 枇杷 Eriobotrya japonica
cinchonain IIb 辛可耐因 IIb 枇杷 Eriobotrya japonica
cinchonamine 金鸡纳胺▲ 金鸡纳树 Cinchona calisaya, 鸡纳树 C. pubescens
cinchonaminone 金鸡纳胺酮 金鸡纳树 Cinchona calisaya, 鸡纳树 C. pubescens
cinchonanine A 金鸡纳宁▲A 金鸡纳树 Cinchona calisaya
cinchonanine B, C 金鸡纳宁▲B, C 鸡纳树 Cinchona pubescens
cinchonanine D 金鸡纳宁▲D 金鸡纳树 Cinchona calisaya, 鸡纳树 C. pubescens
cinchonanine E, F 金鸡纳宁▲E, F 金鸡纳树 Cinchona calisaya
cinchonanine G 金鸡纳宁▲G 金鸡纳树 Cinchona calisaya, 鸡纳树 C. pubescens

cinchonicinol 金鸡纳西醇 金鸡纳树 Cinchona calisaya, 鸡纳树 C. pubescens
cinchonidine 金鸡纳定 金鸡纳树 Cinchona calisaya, 鸡纳树 C. pubescens
cinchonidinone 金鸡纳定酮 金鸡纳树 Cinchona calisaya, 鸡纳树 C. pubescens
cinchonine 金鸡纳碱▲ 金鸡纳树 Cinchona calisaya, 鸡纳树 C. pubescens, 团花 Neolamarckia cadamba
cinchoninone 金鸡纳酮▲ 金鸡纳树 Cinchona calisaya, 鸡纳树 C. pubescens
cinchophyllamine 金鸡纳叶胺▲ 金鸡纳树 Cinchona calisaya
3α,17β-cinchophylline 3α,17β- 金鸡纳叶碱▲ 金鸡纳树 Cinchona calisaya
3β,17α-cinchophylline 3β,17α- 金鸡纳叶碱▲ 金鸡纳树 Cinchona calisaya
cinchophylline 金鸡纳叶碱▲ 金鸡纳树 Cinchona calisaya
cinchotoxine 金鸡纳毒素 鸡纳树 Cinchona pubescens
1,8-cineole; 1,8-cineol; 1,8-eucalyptol 1,8- 桉树脑 挥发油成分，未统计基源
(1*S*,2*S*,4*R*)-*trans*-1,8-cineole-2-*O*-β-D-glucopyranoside (1*S*,2*S*,4*R*)- 反式 -1,8- 桉树脑 -2-*O*-β-D- 葡萄糖苷 芍药 Paeonia lactiflora
1,8-cineole-2-*O*-β-D-glucopyranoside 1,8- 桉树脑 -2-*O*-β-D- 吡喃葡萄糖苷 直杆蓝桉 Eucalyptus maidenii
cineracipadesin A~G 灰毛浆果楝素 A~G 灰毛浆果楝 Cipadessa cinerascens
cinerin I, II 瓜菊酯 I, II 除虫菊 Pyrethrum cinerariifolium
cinnabarine 朱红栓菌碱▲ 红孔菌 Pycnoporus cinnabarinus
cinnabarinic acid 朱红栓菌酸▲ 红孔菌 Pycnoporus cinnabarinus
cinnabutamine 阴香胺 阴香 Cinnamomum burmannii
cinnacaside 肉桂卡苷▲ 肉桂 Cinnamomum cassia
cinnacasol 肉桂卡醇▲ 肉桂 Cinnamomum cassia
cinnacasside A~E 肉桂卡斯苷▲A~E 肉桂 Cinnamomum cassia
cinnacassiol 肉桂卡斯醇▲ 肉桂 Cinnamomum cassia
(*E*)-cinnamaldehyde (*E*)- 桂皮醛 挥发油成分，未统计基源
trans-cinnamaldehyde 反式 - 桂皮醛 挥发油成分，未统计基源
cinnamaldehyde 桂皮醛 挥发油成分，未统计基源
cis-cinnamaldehyde 顺式 - 桂皮醛 挥发油成分，未统计基源
cinnamamide 桂皮酰胺 大叶马兜铃 Aristolochia kaempferi, 黄皮 Clausena lansium, 并头黄芩 Scutellaria scordifolia
(*E*)-cinnamic acid (*E*)- 桂皮酸 挥发油成分，未统计基源
(*Z*)-cinnamic acid (*Z*)- 桂皮酸 云南兔耳草 Lagotis yunnanensis
trans-cinnamic acid 反式 - 桂皮酸 挥发油成分，未统计基源
cinnamic acid 桂皮酸 挥发油成分，未统计基源
cis-cinnamic acid 顺式 - 桂皮酸 香莸 Caryopteris odorata, 三台花 Clerodendrum serratum var. amplexifolium, 刺果紫玉盘 Uvaria calamistrata
cinnamic acid anhydride 桂皮酸酐 斜脉暗罗 Polyalthia plagioneura
cinnamic acid benzyl ester 桂皮酸苯甲酯 多花紫藤 Wisteria floribunda
cinnamic acid ethyl ester 桂皮酸乙酯 挥发油成分，未统计基源
trans-cinnamic acid methyl ester 反式 - 桂皮酸甲酯 挥发油成分，未统计基源
cinnamic acid methyl ester 桂皮酸甲酯 挥发油成分，未统计基源
(*E*)-cinnamic acid-1-*O*-[(*E*)-cinnamoyl-(1 → 3)-[α-L-Rhamnopyranosyl-(1 → 6)]-β-D-glucopyranosyl]ester (*E*)- 桂皮酸 -1-*O*-[*E*- 桂皮酰基 -(1 → 3)-[α-L- 吡喃鼠李糖基 -(1 → 6)]-β-D- 吡喃葡萄糖基] 酯 小果皂荚 Gleditsia australis
cinnamic alcohol 桂皮醇 挥发油成分，未统计基源
β-*trans*-cinnamic alcohol-*O*-(6'-*O*-α-L-arabinofuranosyl)-D-glucopyranoside β- 反式桂皮醇 -*O*-(6'-*O*-α-L- 呋喃阿拉伯糖基)-D- 吡喃葡萄糖苷 库页红景天 Rhodiola sachalinensis
cinnamic alcohol-*O*-β-D-glucopyranoside 桂皮醇 -*O*-β-D- 吡喃葡萄糖苷 鹊肾树 Streblus asper
cinnamic aldehyde cyclic D-galactitol-3'*R*,4'*S*-acetal 桂皮醛环 -D- 半乳糖醇 -3'*R*,4'*S*- 缩醛 肉桂 Cinnamomum cassia
cinnamic aldehyde cyclic syringylglycerol-1,3-acetal 桂皮醛环丁香基甘油 -1,3- 缩醛 阴香 Cinnamomum burmannii
trans-cinnamic anhydride 反式 - 桂皮酸酐 锡兰肉桂 Cinnamomum verum
cinnamicoate 桂皮酸酯 露兜树 Pandanus tectorius
cinnamomumolide 肉桂内酯▲ 肉桂 Cinnamomum cassia
cinnamonol 肉桂诺醇▲ 樟 Cinnamomum camphora, 肉桂 C. cassia
cinnamoside 桂皮苷 肉桂 Cinnamomum cassia
cinnamoyl-1-α-L-rhamnoside 桂皮酰基 -1-α-L- 鼠李糖苷 楝 Melia azedarach
1-cinnamoyl-3,11-dihydroxymeliacarpin 1- 桂皮酰基 -3,11- 二羟基楝卡品素▲ 楝 Melia azedarach
1-cinnamoyl-3-acetyl-11-methoxymeliacarpinin 1- 桂皮酰基 -3- 乙酰基 -11- 甲氧基楝卡品宁▲ 楝 Melia azedarach, 川楝 M. toosendan
1-cinnamoyl-3-hydroxy-11-methoxymeliacarpinin 1- 桂皮酰基 -3- 羟基 -11- 甲氧基楝卡品宁▲ 楝 Melia azedarach
(+)-6-cinnamoyl-6,7-dihydro-7-myrceneol (+)-6- 桂皮酰基 -6,7- 二氢 -7- 月桂烯醇 南五味子 Kadsura longipedunculata
6β-cinnamoyl-7β-hydroxyvouacapen-5α-ol 6β- 桂皮酰基 -7β- 羟基柯桠树烯▲-5α- 醇 金凤花 Caesalpinia pulcherrima
13-cinnamoylbaccatin III 13- 桂皮酰基浆果紫杉素 III 南方红豆杉 Taxus wallichinana var. mairei
10-(*Z*)-cinnamoyl-catalpol 10-(*Z*)- 桂皮酰梓醇 鞭打绣球 Hemiphragma heterophyllum

trans-cinnamoylcocaine 反式 - 桂皮酰古柯碱 古柯 Erythroxylum novogranatense
cis-cinnamoylcocaine 顺式 - 桂皮酰古柯碱 古柯 Erythroxylum novogranatense
6-cinnamoylhernandine 6- 桂皮酰桐叶千金藤碱 千金藤 Stephania japonica
1-cinnamoylmelianolone 1- 桂皮酰楝醇酮▲ 楝 Melia azedarach
2'-cinnamoyl-mussaenoside 2'- 桂皮酰玉叶金花诺苷▲ 海榄雌 Avicennia marina
2'-cinnamoyl-mussaenosidic acid 2'- 桂皮酰玉叶金花苷酸 海榄雌 Avicennia marina
8-cinnamoylmyoporoside 8- 桂皮酰苦槛蓝苷▲ 毛蕊花 Verbascum thapsum
5α-(cinnamoyloxy)-8,12-epoxy-3-methoxy-7βH,8αH-eudesma-3,11-dien-6-one 5α- 桂皮酰氧基 -8,12- 环氧 -3- 甲氧基 -7βH,8αH- 桉叶 -3,11- 二烯 -6- 酮 银线草 Chloranthus japonicus
8β-(cinnamoyloxy)eudesma-4(14),7(11)-dien-12,8-olide 8β- 桂皮酰氧基桉叶 -4(14),7(11)- 二烯 -12,8- 内酯 银线草 Chloranthus japonicus
21β-(*trans*-cinnamoyloxy)-olean-12-ene-3β,16β,23,28-tetraol 21β- 反式 - 桂皮酰氧基 - 齐墩果 -12- 烯 -3β,16β,23,28- 四醇 四裂算盘子 Glochidion ellipticum
21β-(*cis*-cinnamoyloxy)-olean-12-ene-3β,16β,23,28-tetraol 21β- 顺式 - 桂皮酰氧基 - 齐墩果 -12- 烯 -3β,16β,23,28- 四醇 四裂算盘子 Glochidion ellipticum
4α-cinnamoyloxy-2,3-dehydrocarotol 4α- 肉桂酰氧基 -2,3- 去氢胡萝卜醇 百能葳葳 Blainvillea acmella
1β-cinnamoyloxy-2β,6α,8α,9β,12-pentaacetoxy-β-dihydroagarofuran 1β- 桂皮酰氧基 -2β,6α,8α,9β,12- 五乙酰氧基 -β- 二氢沉香呋喃 苦皮藤 Celastrus angulatus
(-)-(6*Z*,12*E*,2*S*,3*S*,4*R*,5*R*,9*S*,11*S*,15*R*)-15-cinnamoyloxy-3,5-di-*O*-isopropylidenelathyra-6,12-dien-14-one (-)-(6*Z*,12*E*,2*S*,3*S*,4*R*,5*R*,9*S*,11*S*,15*R*)-15- 桂皮酰氧基 -3,5- 二 -*O*- 异丙亚基续随子 -6,12- 二烯 -14- 酮 甘青大戟 Euphorbia micractina
(+)-(12*E*,2*S*,3*S*,4*R*,5*R*,6*R*,9*S*,11*S*,15*R*)-3-cinnamoyloxy-5,6-epoxylathyr-12-en-15-ol-14-one (+)-(12*E*,2*S*,3*S*,4*R*,5*R*,6*R*,9*S*,11*S*,15*R*)-3- 桂皮酰氧基 -5,6- 环氧续随子 -12- 烯 -15- 醇 -14- 酮 甘青大戟 Euphorbia micractina
5α-cinnamoyloxy-9α,10β,13α-triacetoxytaxa-4(20),11-diene 5α- 桂皮酰氧基 -9α,10β,13α- 三乙酰氧基紫杉 -4(20),11- 二烯 喜马拉雅红豆杉 Taxus wallichiana
4α-cinnamoyloxycarotol 4α- 肉桂酰氧基胡萝卜醇 百能葳葳 Blainvillea acmella
15-cinnamoyloxylathr-5*E*,12*E*-dien-3,7-diol-14-one 15- 桂皮酰氧基续随子 -5*E*,12*E*- 二烯 -3,7- 二醇 -14- 酮 甘青大戟 Euphorbia micractina
(+)-(5*E*,12*E*,2*S*,3*S*,4*S*,9*S*,11*S*,15*R*)-3-cinnamoyloxylathyra-5,12-dien-15-ol-14-one (+)-(5*E*,12*E*,2*S*,3*S*,4*S*,9*S*,11*S*,15*R*)-3- 桂皮酰氧基续随子 -5,12- 二烯 -15- 醇 -14- 酮 甘青大戟 Euphorbia micractina
(-)-(5*E*,12*E*,2*S*,3*S*,4*S*,9*S*,11*S*,15*R*)-15-cinnamoyloxylathyra-5,12-dien-3-ol-14-one (-)-(5*E*,12*E*,2*S*,3*S*,4*S*,9*S*,11*S*,15*R*)-15- 桂皮酰氧基续随子 -5,12- 二烯 -3- 醇 -14- 酮 甘青大戟 Euphorbia micractina
(+)-(12*E*,2*S*,3*S*,4*R*,5*R*,9*S*,11*S*,15*R*)-15-cinnamoyloxy-lathyra-6(17),12-diene-3,5-diol-14-one (+)-(12*E*,2*S*,3*S*,4*R*,5*R*,9*S*,11*S*,15*R*)-15- 桂皮酰氧基 - 续随子 -6(17),12- 二烯 -3,5- 二醇 -14- 酮 甘青大戟 Euphorbia micractina
(-)-(6*Z*,12*E*,2*S*,3*S*,4*R*,5*R*,9*S*,11*S*,15*R*)-5-cinnamoyloxylathyra-6,12-diene-3,15-diol-14-one (-)-(6*Z*,12*E*,2*S*,3*S*,4*R*,5*R*,9*S*,11*S*,15*R*)-5- 桂皮酰氧基续随子 -6,12- 二烯 -3,15- 二醇 -14- 酮 甘青大戟 Euphorbia micractina
(-)-(6*Z*,12*E*,2*S*,3*S*,4*R*,5*R*,9*S*,11*S*,15*R*)-3-cinnamoyloxylathyra-6,12-diene-5,15-diol-14-one (-)-(6*Z*,12*E*,2*S*,3*S*,4*R*,5*R*,9*S*,11*S*,15*R*)-3- 桂皮酰氧基续随子 -6,12- 二烯 -5,15- 二醇 -14- 酮 甘青大戟 Euphorbia micractina
7-cinnamoylpatrinoside 7- 桂皮酰败酱苷▲ 绣球荚蒾 Viburnum macrocephalum
cinnamoylpiperidine 桂皮酰哌啶 假荜拔 Piper retrofractum
1-cinnamoylpyrrolidine 1- 桂皮酰吡咯烷 复毛胡椒 Piper bonii, 大叶蒟 P. laetispicum
5-cinnamoyltaxin B 5- 桂皮酰基紫杉因▲B 喜马拉雅红豆杉 Taxus wallichiana
12-cinnamoyltayloron-3-*O*-β-D-thevetopyranosyl-(1 → 4)-β-D-oleandropyranosyl-(1 → 4)-β-D-digitoxopyranosyl-(1 → 4)-β-D-cymaropyranoside 12- 桂皮酰泰勒纤冠藤酮▲-3-*O*-β-D- 吡喃磁麻糖基 -(1 → 4)-β-D- 吡喃夹竹桃糖基 -(1 → 4)-β-D- 吡喃洋地黄毒糖基 -(1 → 4)-β-D- 吡喃磁麻糖苷 贯筋藤 Dregea sinensis var. corrugata
7-cinnamoyltoosendanin 7- 桂皮酰川楝素 楝 Melia azedarach
3-cinnamoyltribuloside 3- 桂皮酰刺蒺藜苷 银叶树 Heritiera littoralis
1-cinnamoyl-trichilinin 1- 桂皮酰鹧鸪花宁▲ 川楝 Melia toosendan
cinnamoyltyramine 桂皮酰酪胺 西藏马兜铃 Aristolochia griffithii
cinnamoyl-β-D-glucopyranose 桂皮酰基 -β-D- 吡喃葡萄糖 蛇菰 Balanophora fungosa
1-*p*-cinnamoyl-β-D-glucopyranoside 1- 桂皮酰基 -β-D- 吡喃葡萄糖苷 黑茶藨子 Ribes nigrum
cinnamrutinose A 桂皮醇芸香糖 A 胡杨 Populus euphratica
cinnamtannin A_2, A_3, A_4 桂皮鞣质 A_2, A_3, A_4 肉桂 Cinnamomum cassia
cinnamtannin B_1 桂皮鞣质 B_1 欧洲七叶树 Aesculus hippocastanum, 肉桂 Cinnamomum cassia, 香桂 C. subavenium, 锡兰肉桂 C. verum, 山胡椒 Lindera glauca, 落地梅 Lysimachia paridiformis, 帘子藤 Pottsia laxiflora, 酸模 Rumex acetosa, 钝叶酸模 R. obtusifolius, 腺齿越桔 Vaccinium oldhamii, 越桔 V. vitis-idaea
cinnamtannin B_{-1} 桂皮鞣质 B_{-1} 长节珠 Parameria laevigata
cinnamtannin B_1-3-*O*-gallate 桂皮鞣质 B_1-3-*O*- 没食子酸酯 酸模 Rumex acetosa
cinnamtannin B_2 桂皮鞣质 B_2 欧洲七叶树 Aesculus hippocastanum
cinnamtannin B_{-2}, D_{-1} 桂皮鞣质 B_{-2}, D_{-1} 长节珠 Parameria laevigata
cinnamtannin D_1 桂皮鞣质 D_1 肉桂 Cinnamomum cassia, 香桂 C. subavenium, 山胡椒 Lindera glauca
trans-cinnamyl acetate 反式 - 桂皮醇乙酸酯 挥发油成分，未统计基源

cinnamyl acetate 桂皮醇乙酸酯 挥发油成分，未统计基源
cinnamyl benzoate 苯甲酸桂皮酯 假鹰爪 Desmos chinensis
cinnamyl dihydrocinnamate 桂皮基二氢桂皮酸酯 总状蕨藻 Caulerpa racemosa
cinnamyl-(6'-*O*-β-xylopyranoside)-*O*-β-glucopyranoside 桂皮基 -(6'-*O*-β- 吡喃木糖基)-*O*-β- 吡喃葡萄糖苷 红景天 Rhodiola rosea
trans-cinnamyl-1-phenyl-2-propenyl ether 反式 - 桂皮基 -1- 苯基 -2- 丙烯基醚 总状蕨藻 Caulerpa racemosa
cinnamyl-3-phenyl-1-propenyl ether 桂皮基 -3- 苯基 -1- 丙烯基醚 总状蕨藻 Caulerpa racemosa
trans-cinnamyl-3-phenylpropionate 反式 - 桂皮醇 -3- 苯基丙酸酯 阴香 Cinnamomum burmannii
cinnamyl-*O*-β-D-glucopyranoside 桂皮基 -*O*-β-D- 吡喃葡萄糖苷 库页红景天 Rhodiola sachalinensis
cinnamyl-β-D-glucopyranoside 桂皮基 -β-D- 吡喃葡萄糖苷 红景天 Rhodiola rosea
cinnaretamine 土樟胺▲ 阴香 Cinnamomum burmannii
cinnatriacetin A, B 桂皮酰三乙炔素▲A, B 牛舌菌 Fistulina hepatica
cinncassiol A, B, C_1, C_2, C_3, D_1, D_2, D_3, D_4, E 肉桂新醇 A, B, C_1, C_2, C_3, D_1, D_2, D_3, D_4, E 肉桂 Cinnamomum cassia
cinncassiol A-19-*O*-β-D-glucopyranoside 肉桂新醇 A-19-*O*-β-D- 吡喃葡萄糖苷 肉桂 Cinnamomum cassia
cinncassiol B-19-*O*-β-D-glucopyranoside 肉桂新醇 B-19-*O*-β-D- 吡喃葡萄糖苷 肉桂 Cinnamomum cassia
cinncassiol C_1-19-*O*-β-D-glucopyranoside 肉桂新醇 C_1-19-*O*-β-D- 吡喃葡萄糖苷 肉桂 Cinnamomum cassia
cinncassiol D_1-19-*O*-β-D-glucopyranoside 肉桂新醇 D_1-19-*O*-β-D- 吡喃葡萄糖苷 肉桂 Cinnamomum cassia
cinncassiol D_2-19-*O*-β-D-glucopyranoside 肉桂新醇 D_2-19-*O*-β-D- 吡喃葡萄糖苷 肉桂 Cinnamomum cassia
cinncassiol D_4-19-*O*-β-D-glucopyranoside 肉桂新醇 D_4-19-*O*-β-D- 吡喃葡萄糖苷 肉桂 Cinnamomum cassia
3α-cinnamoyloxy-9β-hydroxy-*ent*-kaur-16-en-19-oic acid 3α- 桂皮酰氧基 -9β- 羟基 - 对映 - 贝壳杉 -16- 烯 -19- 酸 卤地菊 Wedelia prostrata
3α-cinnamoyloxy-*ent*-kaur-16-en-19-oic acid 3α- 桂皮酰氧基 - 对映 - 贝壳杉 -16- 烯 -19- 酸 蟛蜞菊 Wedelia chinensis, 卤地菊 W. prostrata
cinnzeylanin 锡兰肉桂素 肉桂 Cinnamomum cassia, 锡兰肉桂 C. verum
cinnzeylanol 锡兰肉桂醇 肉桂 Cinnamomum cassia, 锡兰肉桂 C. verum
2'*S*-cipadesin 2'*S*- 浆果楝素 浆果楝 Cipadessa baccifera
2'*R*-cipadesin A 2'*R*- 浆果楝素 A 浆果楝 Cipadessa baccifera, 灰毛浆果楝 C. cinerascens
2'*S*-cipadesin A 2'*S*- 浆果楝素 A 浆果楝 Cipadessa baccifera
cipadesin A 浆果楝素 A 浆果楝 Cipadessa baccifera, 灰毛浆果楝 C. cinerascens
cipadesin B 浆果楝素 B 浆果楝 Cipadessa baccifera, 灰毛浆果楝 C. cinerascens
cipadesin C, D, F~I 浆果楝素 C, D, F~I 灰毛浆果楝 Cipadessa cinerascens
cipadesin E 浆果楝素 E 浆果楝 Cipadessa baccifera, 灰毛浆果楝 C. cinerascens
cipadesin J~Q 浆果楝素 J~Q 浆果楝 Cipadessa baccifera
cipadessalide 浆果楝内酯▲ 浆果楝 Cipadessa baccifera
cipadonoid A, C~G 灰毛浆果楝萜▲A, C~G 灰毛浆果楝 Cipadessa cinerascens
cipadonoid B 灰毛浆果楝萜▲B 浆果楝 Cipadessa baccifera, 灰毛浆果楝 C. cinerascens
cipaferen A~D 浆果楝烯▲A~D 浆果楝 Cipadessa baccifera
cipatrijugin A 浆果老虎楝素▲A 浆果楝 Cipadessa baccifera, 灰毛浆果楝 C. cinerascens
cipatrijugin B, C 浆果老虎楝素▲B, C 灰毛浆果楝 Cipadessa cinerascens
cipatrijugin D 浆果老虎楝素▲D 浆果楝 Cipadessa baccifera, 灰毛浆果楝 C. cinerascens
cipatrijugin E, F 浆果老虎楝素▲E, F 浆果楝 Cipadessa baccifera
circinasine A 拳距瓜叶乌头碱▲A 拳距瓜叶乌头 Aconitum hemsleyanum var. circinatum, 岩乌头 A. racemulosum
circinasine B~G 拳距瓜叶乌头碱▲B~G 拳距瓜叶乌头 Aconitum hemsleyanum var. circinatum
cireneol G 蓟烯醇▲G 蓟 Cirsium japonicum
cirensenoside A~D, F~N, P, Q, R, T, U, V 刺人参苷 A~D, F~N, P, Q, R, T, U, V 刺参 Oplopanax elatus
cirensenoside E 刺人参苷 E 鹅掌柴 Heptapleurum heptaphyllum, 刺参 Oplopanax elatus
cirensenoside O 刺人参苷 O 威灵仙 Clematis chinensis, 刺参 Oplopanax elatus
cirenshenoside S 刺人参苷 S 刺参 Oplopanax elatus, 细叶白头翁 Pulsatilla turczaninovii
cirrhopetalanthrin 卷瓣兰菲素▲ 伏生石豆兰 Bulbophyllum reptans, 杜鹃兰 Cremastra appendiculata, 笋兰 Thunia alba
cirsilineol 线叶蓟尼酚▲ 金线兰 Anoectochilus roxburghii, 盐蒿 Artemisia halodendron, 猪毛蒿 A. scoparia, 毛莲蒿 A. vestita, 线叶蓟 Cirsium lineare, 大青 Clerodendrum cyrtophyllum, 小叶马缨丹 Lantana montevidensis, 川山橙 Melodinus hemsleyanus, 圣罗勒 Ocimum sanctum, 露兜树 Pandanus tectorius, 半枝莲 Scutellaria barbata, 阿拉伯婆婆纳 Veronica persica
cirsilineol-4'-*O*-β-D-glucopyranoside 线叶蓟尼酚▲-4'-*O*-β-D- 吡喃葡萄糖苷 大青 Clerodendrum cyrtophyllum
cirsiliol 线叶蓟酚▲ 盐蒿 Artemisia halodendron, 猪毛蒿 A. scoparia, 线叶蓟 Cirsium lineare, 拟缺香茶菜 Isodon excisoides, 鄂西香茶菜 I. henryi, 冬凌草 I. rubescens, 小叶马缨丹 Lantana montevidensis, 欧地笋 Lycopus europaeus, 荔枝草 Salvia plebeia, 一串红 S. splendens
cirsiliol-4'-*O*-β-D-glucopyranoside 线叶蓟酚▲-4'-*O*-β-D- 吡喃葡萄糖苷 甘青青兰 Dracocephalum tanguticum
cirsimarin 滨蓟黄苷 烟管蓟 Cirsium pendulum, 紫毛香茶菜 Isodon enanderianus, 圣罗勒 Ocimum sanctum, 牛至 Origanum vulgare, 迷迭香 Rosmarinus officinalis, 野甘草 Scoparia dulcis
cirsimaritin 滨蓟素 相思子 Abrus precatorius, 银粉背蕨 Aleuritopteris argentea, 茵陈蒿 Artemisia capillaris, 黑沙蒿 A. ordosica, 猪毛蒿 A. scoparia, 毛莲蒿 A. vestita, 香橙 Citrus junos, 海通 Clerodendrum mandarinorum, 毛萼香茶菜 Isodon eriocalyx, 狭基线纹香茶菜 I. lophanthoides var. gerardianus, 小叶香茶菜 I. parvifolius, 疏毛白绒草 Leucas mollissima var. chinensis, 乌药 Lindera aggregata, 老鸦烟筒花 Millingtonia hortensis, 荆芥 Nepeta cataria, 直齿荆芥 N. nuda, 刺尖荆芥 N. pungens, 大花荆芥 N. sibirica, 迷迭香 Rosmarinus

officinalis, 撒尔维亚 Salvia officinalis, 铁箍散 Schisandra propinqua var. sinensis, 穗花香科科 Teucrium japonicum, 长毛香科科 T. pilosum, 金莲花 Trollius chinensis, 短瓣金莲花 T. ledebourii

cirsimaritin-4'-glucoside 滨蓟素 -4'- 葡萄糖苷 海通 Clerodendrum mandarinorum

cirsiumaldehyde 蓟醛▲ 阿尔泰银莲花 Anemone altaica, 小花吊兰 Chlorophytum laxum, 两面刺 Cirsium chlorolepis, 山里红 Crataegus pinnatifida var. major, 绿背桂花 Excoecaria cochinchinensis var. viridis, 云树 Garcinia cowa, 天麻 Gastrodia elata, 半边莲 Lobelia chinensis, 五脉绿绒蒿 Meconopsis quintuplinervia, 川楝 Melia toosendan, 五味子 Schisandra chinensis, 天葵 Semiaquilegia adoxoides

cirsiumoside 两面刺苷 两面刺 Cirsium chlorolepis

cirtrusin A 橙皮素 A 刺五加 Eleutherococcus senticosus

ciryneol A~E, H 蓟炔醇▲A~E, H 蓟 Cirsium japonicum

ciryneone F 蓟炔酮▲F 蓟 Cirsium japonicum

6-*C*-isopentenylpinocembrin 6-*C*- 异戊烯基瑞士五针松素▲ 洋甘草 Glycyrrhiza glabra

cissacapine 好望角锡生藤碱▲ 海岛轮环藤 Cyclea insularis

(-)-cissaglaberrimine (-)- 光滑锡生藤明碱▲ 鹰爪花 Artabotrys hexapetalus

cissogenin 通光藤西索苷元▲ 通光藤 Marsdenia tenacissima

cissuside A, B 白粉藤苷 A, B 白粉藤 Cissus repens

cis-swarnalin 顺式 - 大花菟丝子林素▲ 大花菟丝子 Cuscuta reflexa

cistachlorine 肉苁蓉氯素 盐生肉苁蓉 Cistanche salsa, 管花肉苁蓉 C. tubulosa

cistanin 肉苁蓉素 肉苁蓉 Cistanche deserticola, 盐生肉苁蓉 C. salsa, 管花肉苁蓉 C. tubulosa

cistanoside 肉苁蓉苷 密蒙花 Buddleja officinalis, 藓生马先蒿 Pedicularis muscicola, 玄参 Scrophularia ningpoensis

cis-cistanoside 顺式 - 肉苁蓉苷 藓生马先蒿 Pedicularis muscicola

cistanoside A 肉苁蓉苷 A 醉鱼草 Buddleja lindleyana, 肉苁蓉 Cistanche deserticola, 盐生肉苁蓉 C. salsa, 管花肉苁蓉 C. tubulosa, 圆穗兔耳草 Lagotis ramalana, 地黄 Rehmannia glutinosa

cistanoside B 肉苁蓉苷 B 肉苁蓉 Cistanche deserticola, 盐生肉苁蓉 C. salsa, 夏至草 Lagopsis supina, 短筒兔耳草 Lagotis brevituba, 串铃草 Phlomis mongolica

cistanoside C 肉苁蓉苷 C 野菰 Aeginetia indica, 枇杷叶紫珠 Callicarpa kochiana, 肉苁蓉 Cistanche deserticola, 盐生肉苁蓉 C. salsa, 臭牡丹 Clerodendrum bungei, 独一味 Lamiophlomis rotata, 肉果草 Lancea tibetica, 短茎马先蒿 Pedicularis artselaeri, 毛颏马先蒿 P. lasiophrys, 长花马先蒿 P. longiflora, 半扭卷马先蒿 P. semitorta, 扭旋马先蒿 P. torta, 轮叶马先蒿 P. verticillata

trans-cistanoside D 反式 - 肉苁蓉苷 D 大叶醉鱼草 Buddleja davidii, 玄参 Scrophularia ningpoensis

cistanoside D 肉苁蓉苷 D 枇杷叶紫珠 Callicarpa kochiana, 肉苁蓉 Cistanche deserticola, 盐生肉苁蓉 C. salsa, 臭牡丹 Clerodendrum bungei, 云南兔耳草 Lagotis yunnanensis, 绵毛鹿茸草 Monochasma savatieri, 短茎马先蒿 Pedicularis artselaeri, 毛颏马先蒿 P. lasiophrys, 长花马先蒿 P. longiflora, 半扭卷马先蒿 P. semitorta, 扭旋马先蒿 P. torta, 轮叶马先蒿 P. verticillata, 毛地黄鼠尾草 Salvia digitaloides, 玄参 Scrophularia ningpoensis

cis-cistanoside D 顺式 - 肉苁蓉苷 D 大叶醉鱼草 Buddleja davidii

cistanoside E 肉苁蓉苷 E 老鼠簕 Acanthus ilicifolius, 肉苁蓉 Cistanche deserticola, 盐生肉苁蓉 C. salsa, 臭牡丹 Clerodendrum bungei, 苦郎树 C. inerme, 假连翘 Duranta erecta, 欧活血丹 Glechoma hederacea, 益母草 Leonurus japonicus, 马鞭草 Verbena officinalis

cistanoside F 肉苁蓉苷 F 老鼠簕 Acanthus ilicifolius, 广防风 Anisomeles indica, 密蒙花 Buddleja officinalis, 藤紫珠 Callicarpa integerrima var. chinensis, 肉苁蓉 Cistanche deserticola, 盐生肉苁蓉 C. salsa, 管花肉苁蓉 C. tubulosa, 臭牡丹 Clerodendrum bungei, 弯管列当 Orobanche cernua, 列当 O. coerulescens, 海滨车前 Plantago camtschatica, 平车前 P. depressa, 地黄 Rehmannia glutinosa, 块茎芦莉草 Ruellia tuberosa, 玄参 Scrophularia ningpoensis

cistanoside G, I 肉苁蓉苷 G, I 盐生肉苁蓉 Cistanche salsa

cistanoside H 肉苁蓉苷 H 白棠子树 Callicarpa dichotoma, 肉苁蓉 Cistanche deserticola, 盐生肉苁蓉 C. salsa

cistanoside J~N 肉苁蓉苷 J~N 肉苁蓉 Cistanche deserticola

cistansinenside A, B 沙苁蓉苷▲A, B 沙苁蓉 Cistanche sinensis

cistansinensose A_1, A_2 沙苁蓉低聚糖▲A_1, A_2 沙苁蓉 Cistanche sinensis

cistantubulose A_1, A_2 管花肉苁蓉糖▲A_1, A_2 管花肉苁蓉 Cistanche tubulosa

cistantubuloside A, B_1, B_2, C_1, C_2 管花肉苁蓉苷 A, B_1, B_2, C_1, C_2 管花肉苁蓉 Cistanche tubulosa

cistocardin 大花蒺藜强心苷▲ 大花蒺藜 Tribulus cistoides

citbismine A~F 葡萄柚双碱▲A~F 葡萄柚 Citrus paradisi

citflavanone 柑橘黄烷酮 佛手 Citrus medica var. sarcodactylis, 葡萄柚 C. paradisi, 胀果甘草 Glycyrrhiza inflata, 枳 Poncirus trifoliata

citpressine I 扁平橘碱 I 马蜂橙 Citrus hystrix, 柚 C. maxima, 文旦 C. maxima'Wentan', 葡萄柚 C. paradisi

citpressine II 扁平橘碱 II 柚 Citrus maxima, 文旦 C. maxima'Wentan', 葡萄柚 C. paradisi

citraconic anhydride 柠康酸酐 欧洲李 Prunus domestica

citracridone I 柑橘吖啶酮 I 马蜂橙 Citrus hystrix, 黎檬 C. limonia, 柚 C. maxima, 文旦 C. maxima'Wentan', 葡萄柚 C. paradisi, 小花山小橘 Glycosmis parviflora, 山小橘 G. pentaphylla

citracridone II 柑橘吖啶酮 II 柚 Citrus maxima, 葡萄柚 C. paradisi

citracridone III 柑橘吖啶酮 III 柚 Citrus maxima, 葡萄柚 C. paradisi

(*E*)-citral (*E*)- 柠檬醛 挥发油成分，未统计基源

(*Z*)-citral (*Z*)- 柠檬醛 挥发油成分，未统计基源

trans-citral 反式 - 柠檬醛 挥发油成分，未统计基源

citral 柠檬醛 挥发油成分，未统计基源
cis-citral 顺式 - 柠檬醛 挥发油成分，未统计基源
citramine 柑橘明▲ 马蜂橙 Citrus hystrix, 葡萄柚 C. paradisi
citrauranoside 枳壳色烷苷 酸橙 Citrus aurantium
citreoanthrasteroid 黄绿青霉蒽甾▲ 猴头菌 Hericium erinaceus
citreorosein 红紫青霉素▲ 何首乌 Polygonum multiflorum, 掌叶大黄 Rheum palmatum, 窄叶大黄 R. sublanceolatum, 毛脉酸模 Rumex gmelinii, 戟叶酸模 R. hastatus, 尼泊尔酸模 R. nepalensis, 巴天酸模 R. patientia
citric acid 柠檬酸 洋葱 Allium cepa, 五月茶 Antidesma bunius, 辣椒 Capsicum annuum, 番木瓜 Carica papaya, 甜橙 Citrus sinensis, 野山楂 Crataegus cuneata, 湖北山楂 C. hupehensis, 甘肃山楂 C. kansuensis, 毛叶山楂 C. maximowiczii, 山楂 C. pinnatifida, 山里红 C. pinnatifida var. major, 问荆 Equisetum arvense, 天麻 Gastrodia elata, 山芝麻 Helicteres angustifolia, 枸杞 Lycium chinense, 留兰香 Mentha spicata, 烟草 Nicotiana tabacum, 红花酢浆草 Oxalis corymbosa, 人参 Panax ginseng, 菜豆 Phaseolus vulgaris, 斜脉暗罗 Polyalthia plagioneura, 樱桃李 Prunus cerasifera, 红根须腹菌 Rhizopogon rubescens, 金樱子 Rosa laevigata, 粗叶泥炭藓 Sphagnum squarrosum, 细叶泥炭藓 S. teres, 赤瓟 Thladiantha dubia, 油黄口蘑 Tricholoma equestre, 笃斯越桔 Vaccinium uliginosum
citrifolinin B epimer Ba, Bb 海滨木巴戟宁▲异构体 Ba, Bb 海滨木巴戟 Morinda citrifolia
citrifolinoside A 海滨木巴戟诺苷▲A 海滨木巴戟 Morinda citrifolia
citrinin 橘霉素 红曲 Monascus purpureus
citrinin H_2 橘霉素 H_2 海莲 Bruguiera sexangula
citriodorin 柠檬桉灵▲ 柠檬桉 Eucalyptus citriodora
citromitin 四季橘素▲ 柑橘 Citrus reticulata
β-citronellal *β*- 香茅醛 挥发油成分，未统计基源
citronellal 香茅醛 挥发油成分，未统计基源
β-citronellene *β*- 香茅烯 挥发油成分，未统计基源
(+)-*β*-citronellol (+)-*β*- 香茅醇 挥发油成分，未统计基源
8-citronellol 8- 香茅醇 挥发油成分，未统计基源
β-citronellol *β*- 香茅醇 挥发油成分，未统计基源
citronellol 香茅醇 挥发油成分，未统计基源
citronellol-*β*-D-glucopyranoside 香茅醇 -*β*-D- 葡萄糖苷 法国蔷薇 Rosa gallica
citronellyl acetate 香茅醇乙酸酯 挥发油成分，未统计基源
citronellyl formate 香茅醇甲酸酯 挥发油成分，未统计基源
citronellyl pentanoate 戊酸香茅酯 挥发油成分，未统计基源
citronellyl propionate 香茅醇丙酸酯 挥发油成分，未统计基源
citronin 枸橼苷 甜橙 Citrus sinensis
citropone C 柑橘酮▲C 葡萄柚 Citrus paradisi
citroside A 柑橘苷 A 依兰 Cananga odorata, 温州蜜柑 Citrus reticulata 'Unshiu', 银叶巴豆 Croton cascarilloides, 洋金花 Datura metel, 鱼藤 Derris trifoliata, 华南吴萸 Euodia austrosinensis, 泽漆 Euphorbia helioscopia, 绞股蓝 Gynostemma pentaphyllum, 鹅掌藤 Heptapleurum arboricola, 斜基粗叶木 Lasianthus attenuatus, 月桂 Laurus nobilis, 益母草 Leonurus japonicus, 挂金灯 Physalis alkekengi var. francheti
citroside B 柑橘苷 B 温州蜜柑 Citrus reticulata 'Unshiu', 印度榕 Ficus elastica, 绞股蓝 Gynostemma pentaphyllum, 薄片变豆菜 Sanicula lamelligera
citrostadienol 柠檬甾二烯醇 树番茄 Cyphomandra betacea, 洋金花 Datura metel, 湖南稗子 Echinochloa frumentacea, 蓝桉 Eucalyptus globulus, 南欧大戟 Euphorbia peplus, 地肤 Kochia scoparia, 番茄 Lycopersicon esculentum, 欧亚多足蕨 Polypodium vulgare, 松叶蕨 Psilotum nudum, 欧白英 Solanum dulcamara, 茄 S. melongena, 凤尾丝兰 Yucca gloriosa
citroxanthin 柑橘黄质 香圆 Citrus grandisjunos, 直立黄钟花 Tecoma stans
citroxanthin-like pigment 柑橘黄质样色素 柚 Citrus maxima
citrubuntin 柑橘文旦素 柚 Citrus maxima, 文旦 C. maxima'Wentan'
L-citrulline L- 瓜氨酸 树状软骨藻 Chondria armata, 角叉菜 Chondrus ocellatus
citrulline 瓜氨酸 瓠瓜 Lagenaria siceraria var. depressa, 垂序商陆 Phytolacca americana, 云木香 Saussurea costus, 佛手瓜 Sechium edule
citrumedin A, B 佛手定 A, B 佛手 Citrus medica var. sarcodactylis
citrusamine 柑橘胺▲ 葡萄柚 Citrus paradisi
citrusarin A 佛手灵 A 佛手 Citrus medica var. sarcodactylis, 假黄皮 Clausena excavata
citrusin 柑橘素 香橼 Citrus medica, 佛手 C. medica var. sarcodactylis
citrusin V, VI 柑橘素 V, VI 酸橙 Citrus aurantium
citrusin VII, VIII 柑橘素 VII, VIII 佛手 Citrus medica var. sarcodactylis
citrusin A 柑橘素 A 烟管头草 Carpesium cernuum, 柠檬 Citrus limon, 尖叶假龙胆 Gentianella acuta, 珊瑚菜 Glehnia littoralis, 离舌橐吾 Ligularia veitchiana, 藁本 Ligusticum sinense, 阿拉善马先蒿 Pedicularis alaschanica, 短茎马先蒿 P. artselaeri
citrusin B 柑橘素 B 甘青乌头 Aconitum tanguticum, 臭椿 Ailanthus altissima, 柠檬 Citrus limon, 车前状垂头菊 Cremanthodium ellisii, 绵参 Eriophyton wallichii, 杜仲 Eucommia ulmoides, 毛果枳椇 Hovenia trichocarpa, 离舌橐吾 Ligularia veitchiana, 刺齿马先蒿 Pedicularis armata, 黄檗 Phellodendron amurense, 苦树 Picrasma quassioides, 炮仗竹 Russelia equisetiformis, 山矾 Symplocos sumuntia, 青花椒 Zanthoxylum schinifolium
citrusin C 柑橘素 C 大花金挖耳 Carpesium macrocephalum, 青葙 Celosia argentea, 多穗金粟兰 Chloranthus multistachys, 柠檬 Citrus limon,

青兰 Dracocephalum ruyschiana, 沙生蜡菊 Helichrysum arenarium, 玫瑰茄 Hibiscus sabdariffa, 葎草 Humulus scandens, 番薯 Ipomoea batatas, 荨麻叶龙头草 Meehania urticifolia, 二歧马先蒿 Pedicularis dichotoma, 炮仗竹 Russelia equisetiformis

citrusin C malonate 柑橘素 C 丙二酸酯 荨麻叶龙头草 Meehania urticifolia

citrusinine I 甜橙碱 I 酒饼簕 Atalantia buxifolia, 黎檬 Citrus limonia, 柚 C. maxima, 葡萄柚 C. paradisi

citrusinine II 甜橙碱 II 酒饼簕 Atalantia buxifolia, 葡萄柚 Citrus paradisi

citrusinol 柠檬酚 小槐花 Ohwia caudata, 毛排钱树 Phyllodium elegans, 排钱树 P. pulchellum, 桃儿七 Sinopodophyllum hexandrum

citrusol 柑橘醇▲ 葡萄柚 Citrus paradisi

citrusoside A~D 柑橘奥苷▲A~D 马蜂橙 Citrus hystrix

citrylidenemalonic acid 柠檬叉丙二酸内酯 香青兰 Dracocephalum moldavica

ciwujianoside A 刺五加皂苷 A 甘青铁线莲 Clematis tangutica

ciwujianoside A_1 刺五加皂苷 A_1 木通 Akebia quinata, 白木通 A. trifoliata subsp. australis, 短柄五加 Eleutherococcus brachypus, 刺五加 E. senticosus, 八角金盘 Fatsia japonica, 鹅掌藤 Heptapleurum arboricola

ciwujianoside A_2 刺五加皂苷 A_2 白木通 Akebia trifoliata subsp. australis, 刺五加 Eleutherococcus senticosus

ciwujianoside A_3, A_4, B 刺五加皂苷 A_3, A_4, B 刺五加 Eleutherococcus senticosus

ciwujianoside C 刺五加皂苷 C 兴安白头翁 Pulsatilla dahurica

ciwujianoside C_1, C_2, C_4, D_1, D_2, D_3, E 刺五加皂苷 C_1, C_2, C_4, D_1, D_2, D_3, E 刺五加 Eleutherococcus senticosus

ciwujianoside C_3 刺五加皂苷 C_3 卵叶银莲花 Anemone begoniifolia, 小花草玉梅 A. rivularis var. flore-minore, 威灵仙 Clematis chinensis, 刺五加 Eleutherococcus senticosus, 东紫苏 Elsholtzia bodinieri, 八角金盘 Fatsia japonica, 鹅掌藤 Heptapleurum arboricola, 兴安白头翁 Pulsatilla dahurica

ciwujiatone 刺五加酮 土沉香 Aquilaria sinensis, 黄细心 Boerhavia diffusa, 刺五加 Eleutherococcus senticosus, 红大戟 Knoxia roxburghii, 了哥王 Wikstroemia indica

cladimarin A, B 假黄皮双香豆素▲A, B 假黄皮 Clausena excavata

cladonioidesin 金丝刷素▲ 金丝刷 Lethariella cladonioides

cladrastin 香槐素 香花崖豆藤 Callerya dielsiana, 翅荚香槐 Cladrastis platycarpa

cladrastin-7-*O*-*β*-glucopyranoside 香槐素 -7-*O*-*β*- 吡喃葡萄糖苷 翅荚香槐 Cladrastis platycarpa

cladrin 香槐灵▲ 翅荚香槐 Cladrastis platycarpa

claucavatin A, B 假黄皮瓦亭素▲A, B 假黄皮 Clausena excavata

clauexcavatin A, B 假黄皮亭素▲A, B 假黄皮 Clausena excavata

claulamine A, B 黄皮拉胺 A, B 黄皮 Clausena lansium

claulansine A~J 黄皮辛碱▲A~J 黄皮 Clausena lansium

clausamide I, II 黄皮新酰胺▲I, II 黄皮 Clausena lansium

clausamine A 黄皮胺 A 假黄皮 Clausena excavata

clausantalene 黄皮檀香烯▲ 细叶黄皮 Clausena anisum-olens

clausarin 黄皮灵素▲ 柚 Citrus maxima, 佛手 C. medica var. sarcodactylis, 葡萄柚 C. paradisi, 假黄皮 Clausena excavata

trans-clausarinol 反式 - 黄皮香豆醇▲ 葡萄柚 Citrus paradisi

clausenaexcavin 假黄皮文▲ 假黄皮 Clausena excavata

clausenain I, B 黄皮素▲I, B 细叶黄皮 Clausena anisum-olens

clausenalansamide A, B 黄皮兰酰胺 A, B 黄皮 Clausena lansium

clausenalansimin A, B 黄皮西明▲A, B 黄皮 Clausena lansium

clausenaline A 黄皮林碱 A 黄皮 Clausena lansium

ζ-clausenamide *ζ*- 黄皮酰胺 细叶黄皮 Clausena anisum-olens, 黄皮 C. lansium

clausenamide 黄皮酰胺 细叶黄皮 Clausena anisum-olens, 齿叶黄皮 C. dunniana, 黄皮 C. lansium

clausenamine A 黄皮明碱▲A 假黄皮 Clausena excavata

clausenaquinone A 假黄皮喹诺酮碱▲A 假黄皮 Clausena excavata

clausenarin 黄皮纳灵▲ 假黄皮 Clausena excavata

clausenatine A 假黄皮亭纳亭碱▲A 假黄皮 Clausena excavata

clausenidin 黄皮尼定▲ 细叶黄皮 Clausena anisum-olens, 假黄皮 C. excavata

clausenidin methyl ether 黄皮尼定▲二甲醚 假黄皮 Clausena excavata

clausenidinaric acid 黄皮尼定酸▲ 假黄皮 Clausena excavata

clausenin 黄皮宁▲ 细叶黄皮 Clausena anisum-olens, 假黄皮 C. excavata

clausenlactam 黄皮内酰胺▲ 假黄皮 Clausena excavata

clausenolide 黄皮诺内酯▲ 假黄皮 Clausena excavata

clausenolide-1-ethyl ether 黄皮诺内酯▲-1- 乙醚 假黄皮 Clausena excavata

clausenoside A, B 黄皮苷 A, B 黄皮 Clausena lansium

clausevatine D~G 假黄皮瓦亭碱▲D~G 假黄皮 Clausena excavata

clausindin 印度黄皮素▲ 细叶黄皮 Clausena anisum-olens, 芸香 Ruta graveolens

clausine A, B, C, E~H, J, K, L 黄皮碱 A, B, C, E~H, J, K, L 假黄皮 Clausena excavata

clausine D 黄皮碱 D 假黄皮 Clausena excavata, 黄皮 C. lansium

clausine I 黄皮碱 I 假黄皮 Clausena excavata, 黄皮 C. lansium

clausine O 黄皮碱 O 黄皮 Clausena lansium
clausine TY, Z 黄皮碱 TY, Z 假黄皮 Clausena excavata
clauslactone A~T 黄皮内酯▲A~T 假黄皮 Clausena excavata
(3*R*)-claussequinone (3*R*)- 克氏环裂豆醌▲ 降香 Dalbergia odorifera
clauszoline A~J, L, M 黄皮唑灵▲A~J, L, M 假黄皮 Clausena excavata
clauszoline K 黄皮唑灵▲K 假黄皮 Clausena excavata, 黄皮 C. lansium
clavatine 东北石松碱▲ 东北石松 Lycopodium clavatum
clavatol 东北石松醇▲ 东北石松 Lycopodium clavatum
clavilactone A 棒柄杯伞内酯▲A 软紫草 Arnebia euchroma
clavolonine 东北石松洛宁▲ 高山扁枝石松 Diphasiastrum alpinum, 扁枝石松 D. complanatum, 东北石杉 Huperzia miyoshiana, 蛇足石杉 H. serrata, 东北石松 Lycopodium clavatum, 石松 L. japonicum, 玉柏 L. obscurum, 垂穗石松 Palhinhaea cernua
clavorubin 麦角红素▲ 麦角菌 Claviceps purpurea
clavoxanthin 麦角黄辛▲ 麦角菌 Claviceps purpurea
cleidbrevoid A, B, C 棒柄花萜素▲A, B, C 棒柄花 Cleidion brevipetiolatum
(4*R*,5*S*,8*R*,9*S*,10*S*,14*R*)-cleistanth-12,15-dien-19-oic acid (4*R*,5*S*,8*R*,9*S*,10*S*,14*R*)- 闭花木 -12,15- 二烯 -19- 酸 水珍珠菜 Pogostemon auricularius
cleistanth-13,15-dien-18-oic acid 闭花木 -13,15- 二烯 -18- 酸 水珍珠菜 Pogostemon auricularius
cleistanthin B 闭花木素 B 八角莲 Dysosma versipellis
cleistanthol 闭花木醇▲ 落萼叶下珠 Phyllanthus flexuosus, 小果叶下珠 P. reticulatus
cleistopholine 闭盔木碱▲ 依兰 Cananga odorata
clemahexapetoside A, B 棉团铁线莲苷▲A, B 棉团铁线莲 Clematis hexapetala
clemaphenol A 铁线莲酚▲A 威灵仙 Clematis chinensis, 甘青铁线莲 C. tangutica, 披针叶胡颓子 Elaeagnus lanceolata, 总状土木香 Inula racemosa, 川楝 Melia toosendan, 华中五味子 Schisandra sphenanthera
clemastanin A 直铁线莲宁 A 金钱松 Pseudolarix amabilis
clemastanin B 直铁线莲宁 B 红冬蛇菰 Balanophora harlandii, 菘蓝 Isatis tinctoria, 狼毒 Stellera chamaejasme
clemastanoside 直铁线莲苷▲ 大叶铁线莲 Clematis heracleifolia
clemastanoside D 直铁线莲苷▲D 柱果铁线莲 Clematis uncinata
clematangoside A~D 甘青铁线莲皂苷▲A~D 甘青铁线莲 Clematis tangutica
clematernoside B, C, D, K 三叶铁线莲苷▲B, C, D, K 威灵仙 Clematis chinensis
clematernoside E 三叶铁线莲苷▲E 威灵仙 Clematis chinensis, 柱果铁线莲 C. uncinata
clematibetoside C 西藏铁线莲皂苷▲C 甘青铁线莲 Clematis tangutica
clematichinenol 威灵仙酚▲ 威灵仙 Clematis chinensis
clematichinenoside A 威灵仙苷▲A 威灵仙 Clematis chinensis, 粗齿铁线莲 C. grandidentata, 单叶铁线莲 C. henryi, 大叶铁线莲 C. heracleifolia, 毛蕊铁线莲 C. lasiandra, 辣蓼铁线莲 C. terniflora var. mandshurica
clematichinenoside AR 威灵仙苷▲AR 威灵仙 Clematis chinensis, 辣蓼铁线莲 C. terniflora var. mandshurica
clematichinenoside AR_2 威灵仙苷▲AR_2 威灵仙 Clematis chinensis
clematichinenoside B 威灵仙苷▲B 威灵仙 Clematis chinensis, 大花威灵仙 C. courtoisii, 山木通 C. finetiana, 柱果铁线莲 C. uncinata
clematichinenoside C 威灵仙苷▲C 威灵仙 Clematis chinensis, 大花威灵仙 C. courtoisii, 山木通 C. finetiana, 粗齿铁线莲 C. grandidentata, 吴兴铁线莲 C. huchouensis, 辣蓼铁线莲 C. terniflora var. mandshurica, 柱果铁线莲 C. uncinata
clematiganoside A 扬子铁线莲苷▲A 大火草 Anemone tomentosa, 粗齿铁线莲 Clematis grandidentata, 吴兴铁线莲 C. huchouensis, 扬子铁线莲 C. puberula var. ganpiniana, 辣蓼铁线莲 C. terniflora var. mandshurica, 柱果铁线莲 C. uncinata
clematin; clematine 铁线莲素 拐芹 Angelica polymorpha, 白花枝子花 Dracocephalum heterophyllum, 笔管草 Equisetum ramosissimum subsp. debile, 川楝 Melia toosendan, 红花五味子 Schisandra rubriflora
clematiunicinoside A~H 柱果铁线莲苷▲A~H 柱果铁线莲 Clematis uncinata
clematochinenoside A~J 威灵仙新苷▲A~J 威灵仙 Clematis chinensis
clematomandshurica saponin A, B, D, F~K 东北铁线莲皂苷▲A, B, D, F~K 辣蓼铁线莲 Clematis terniflora var. mandshurica
clematomandshurica saponin C 东北铁线莲皂苷▲C 威灵仙 Clematis chinensis, 辣蓼铁线莲 C. terniflora var. mandshurica
clematomandshurica saponin E 东北铁线莲皂苷▲E 辣蓼铁线莲 Clematis terniflora var. mandshurica, 玄参 Scrophularia ningpoensis
clematoside A, A', B, C 铁线莲苷 A, A', B, C 辣蓼铁线莲 Clematis terniflora var. mandshurica
clematoside S 铁线莲苷 S 粗齿铁线莲 Clematis grandidentata, 黄花铁线莲 C. intricata, 裂叶铁线莲 C. parviloba
clemoarmanoside A, B 小木通诺苷▲A, B 小木通 Clematis armandii
clemochinenoside A 铁线莲内酯苷▲A 棉团铁线莲 Clematis hexapetala
clemochinenoside B 铁线莲内酯苷▲B 小木通 Clematis armandii, 辣蓼铁线莲 C. terniflora var. mandshurica, 紫玉盘 Uvaria microcarpa
clemomandshuricoside A, B, C 东北铁线莲酚苷▲A, B, C 辣蓼铁线莲 Clematis terniflora var. mandshurica
clemomanshurinane A, B 东北铁线莲脂素▲A, B 辣蓼铁线莲 Clematis terniflora var. mandshurica
clemontanoside A, B, E, F 绣球藤苷▲A, B, E, F 绣球藤 Clematis monta var. montana
clemontanoside C 绣球藤苷▲C 绣球藤 Clematis monta var. montana, 川滇无患子 Sapindus delavayi, 无患子 S. saponaria
cleogynol 白花菜醇▲ 白花菜 Cleome gynandra
cleomaldeic acid 黄花草醛酸 黄花草 Cleome viscosa
cleomeolide 黄花草内酯 黄花草 Cleome viscosa

cleomeprenol 9~12 白花菜聚戊烯醇▲9~12 醉蝶花 Cleome hassleriana

cleomiscosin A 黄花草素▲A 咖啡黄葵 Abelmoschus esculentus, 毛果槭 Acer nikoense, 米仔兰 Aglaia odorata, 长柄异木患 Allophylus longipes, 番荔枝 Annona squamosa, 宽叶秦岭藤 Biondia hemsleyana, 鸦胆子 Brucea javanica, 柔毛鸦胆子 B. mollis, 黄杨 Buxus sinica, 小叶黄杨 B. sinica var. parvifolia, 黄花草 Cleome viscosa, 树番茄 Cyphomandra betacea, 车桑子 Dodonaea viscosa, 假连翘 Duranta erecta, 麻辣仔藤 Erycibe obtusifolia, 云南土沉香 Excoecaria acerifolia, 花曲柳 Fraxinus chinensis subsp. rhynchophylla, 台湾芙蓉 Hibiscus taiwanensis, 水柳 Homonoia riparia, 天仙子 Hyoscyamus niger, 白背叶 Mallotus apelta, 青蛇藤 Periploca calophylla, 须药藤 Stelmocrypton khasianum

cleomiscosin B 黄花草素▲B 番荔枝 Annona squamosa, 鸦胆子 Brucea javanica, 柔毛鸦胆子 B. mollis, 黄花草 Cleome viscosa, 麻辣仔藤 Erycibe obtusifolia, 云南土沉香 Excoecaria acerifolia, 花曲柳 Fraxinus chinensis subsp. rhynchophylla, 天仙子 Hyoscyamus niger, 小蜡 Ligustrum sinense, 白背叶 Mallotus apelta, 鸡矢藤 Paederia foetida, 钩藤 Uncaria rhynchophylla, 文冠果 Xanthoceras sorbifolium

cleomiscosin C 黄花草素▲C 咖啡黄葵 Abelmoschus esculentus, 番荔枝 Annona squamosa, 鸦胆子 Brucea javanica, 黄花草 Cleome viscosa, 车桑子 Dodonaea viscosa, 花曲柳 Fraxinus chinensis subsp. rhynchophylla, 台湾芙蓉 Hibiscus taiwanensis, 黄槿 H. tiliaceus

cleomiscosin D 黄花草素▲D 毛果槭 Acer nikoense, 黄花草 Cleome viscosa, 小蜡 Ligustrum sinense, 鸡矢藤 Paederia foetida, 云南清风藤 Sabia yunnanensis, 钩藤 Uncaria rhynchophylla, 簕欓花椒 Zanthoxylum avicennae

cleomiscosin-A-4'-*O*-*β*-D-glucopyranoside 黄花草素▲A-4'-*O*-*β*-D- 吡喃葡萄糖苷 黄杨 Buxus sinica

cleosandrin 黄花草灵▲ 刺天茄 Solanum violaceum

cleospinol A~D 醉蝶花醇▲A~D 醉蝶花 Cleome hassleriana

cleospinol A-3'-hydroxy-2'-methylbutan-10-oate 醉蝶花醇▲A-3'- 羟基 -2'- 甲基丁烷 -10- 酸酯 醉蝶花 Cleome hassleriana

clepogenin 马利筋坡苷元▲ 马利筋 Asclepias curassavica

(-)-clerobungin A (-)- 臭牡丹精▲A 臭牡丹 Clerodendrum bungei

(+)-clerobungin A (+)- 臭牡丹精▲A 臭牡丹 Clerodendrum bungei

clerod-3-en-15-oic acid 克罗 -3- 烯 -15- 酸 齿叶黄皮 Clausena dunniana

clerod-4(18)-en-15-oic acid 克罗 -4(18)- 烯 -15- 酸 齿叶黄皮 Clausena dunniana

ent-3*E*-13-clerodadien-15-oic acid 对映 -3*E*-13- 克罗烷二烯 -15- 酸 加拿大一枝黄花 Solidago canadensis

(+)-3,13-clerodadien-16,15-olid-18-oic acid (+)-3,13- 赪桐二烯 -16,15- 内酯 -18- 酸 假连翘 Duranta erecta

clerodadienol 赪桐二烯醇▲ 穗花牡荆 Vitex agnus-castus

clerodendiod A, B 赪桐酚胺▲A, B 大青 Clerodendrum cyrtophyllum

clerodendranoic acid 肾茶酸▲ 肾茶 Clerodendranthus spicatus

clerodendranthuside B, C 肾茶苷▲B, C 肾茶 Clerodendranthus spicatus

clerodendrin 赪桐素▲ 海州常山 Clerodendrum trichotomum, 活血丹 Glechoma longituba

clerodendrin A 赪桐素▲A 重瓣臭茉莉 Clerodendrum chinense, 海州常山 C. trichotomum

clerodendrin B, E~I 赪桐素▲B, E~I 海州常山 Clerodendrum trichotomum

clerodendrin D 赪桐素▲D 金疮小草 Ajuga decumbens, 海州常山 Clerodendrum trichotomum

clerodendrone 赪桐酮▲ 长管大青 Clerodendrum indicum

clerodendronin A, B 赪桐宁▲A, B 海州常山 Clerodendrum trichotomum

clerodendronoside 赪桐诺苷▲ 臭牡丹 Clerodendrum bungei

clerodenone A 赪桐烯酮▲A 臭牡丹 Clerodendrum bungei, 臭茉莉 C. chinense var. simplex

clerodenoside A 赪桐苷 A 臭茉莉 Clerodendrum chinense var. simplex, 赪桐 C. japonicum, 尖齿臭茉莉 C. lindleyi, 头花马先蒿 Pedicularis cephalantha

clerodermic acid 苦郎树酸▲ 苦郎树 Clerodendrum inerme

clerodermic acid methyl ester 苦郎树酸▲ 甲酯 杜虹花 Callicarpa formosana

clerodin 赪桐定 九味一枝蒿 Ajuga bracteosa, 莸 Caryopteris divaricata, 重瓣臭茉莉 Clerodendrum chinense, 腺茉莉 C. glandulosum, 异色黄芩 Scutellaria discolor

clerodin hemiacetal 赪桐定半缩醛 莸 Caryopteris divaricata, 异色黄芩 Scutellaria discolor

clerodinin A 赪桐定宁▲A 九味一枝蒿 Ajuga bracteosa

clerodinin C, D 赪桐定宁▲C, D 金疮小草 Ajuga decumbens

clerodol 赪桐醇 白花灯笼 Clerodendrum fortunatum

clerodolone 赪桐醇酮▲ 大青 Clerodendrum cyrtophyllum, 白花灯笼 C. fortunatum, 腺茉莉 C. glandulosum, 海州常山 C. trichotomum

clerodone 赪桐杜酮▲ 白花灯笼 Clerodendrum fortunatum, 海州常山 C. trichotomum

cleroindicin A 长管大青素 A 长管大青 Clerodendrum indicum, 连翘 Forsythia suspensa

cleroindicin B 长管大青素 B 长管大青 Clerodendrum indicum, 两头毛 Incarvillea arguta, 红波罗花 I. delavayi, 鸡肉参 I. mairei, 大花鸡肉参 I. mairei var. grandiflora

cleroindicin C 长管大青素 C 长管大青 Clerodendrum indicum, 大花鸡肉参 Incarvillea mairei var. grandiflora

cleroindicin D 长管大青素 D 长管大青 Clerodendrum indicum, 鸡肉参 Incarvillea mairei, 藏波罗花 I. younghusbandii

cleroindicin E 长管大青素 E 臭牡丹 Clerodendrum bungei, 长管大青 C. indicum

cleroindicin F 长管大青素 F 长管大青 Clerodendrum indicum, 红波罗花 Incarvillea delavayi

cleroserroside A 三对节洛苷▲A 三对节 Clerodendrum serratum, 三台花 C. serratum var. amplexifolium

cleroserroside B 三对节洛苷▲B 三对节 Clerodendrum serratum, 三台花 C. serratum var. amplexifolium

clerosterol 赪桐甾醇 大籽筋骨草 Ajuga macrosperma, 红冬蛇菰 Balanophora harlandii, 灰毛莸 Caryopteris forrestii, 毛球莸 C. trichosphaera,

腊肠树 Cassia fistula, 臭牡丹 Clerodendrum bungei, 重瓣臭茉莉 C. chinense, 大青 C. cyrtophyllum, 白花灯笼 C. fortunatum, 腺茉莉 C. glandulosum, 长管大青 C. indicum, 海州常山 C. trichotomum, 刺松藻 Codium fragile, 小粒咖啡 Coffea arabica, 甜瓜 Cucumis melo, 笋瓜 Cucurbita maxima, 秤星树 Ilex asprella, 苦瓜 Momordica charantia, 川黄檗 Phellodendron chinense, 松叶蕨 Psilotum nudum, 川西獐牙菜 Swertia mussotii, 二齿香科科 Teucrium bidentatum, 七星莲 Viola diffusa

clerosterol galactoside 赪桐甾醇半乳糖苷 七星莲 Viola diffusa

C

clerosterol-3-*O*-(6'-*O*-palmitoyl)-*β*-D-glucopyranoside 赪桐甾醇 -3-*O*-(6'-*O*- 棕榈酰基)-*β*-D- 吡喃葡萄糖苷 红冬蛇菰 Balanophora harlandii

clerosterol-3-*O*-*β*-D-galactopyranoside 赪桐甾醇 -3-*O*-*β*-D- 吡喃半乳糖苷 黄檗 Phellodendron amurense

clerosterol-3-*O*-*β*-D-glucopyranoside 赪桐甾醇 -3-*O*-*β*-D- 吡喃葡萄糖苷 臭牡丹 Clerodendrum bungei, 臭茉莉 C. chinense var. simplex, 腺茉莉 C. glandulosum

clerosterol-3-*O*-*β*-D-glucoside 赪桐甾醇 -3-*O*-*β*-D- 葡萄糖苷 秤星树 Ilex asprella

clerspide A, B 猫须草苷 ▲A, B 肾茶 Clerodendranthus spicatus

clethric acid 山柳酸 髭脉桤叶树 Clethra barbinervis, 栀子 Gardenia jasminoides, 团花 Neolamarckia cadamba

clethric acid-28-*O*-*β*-D-glucopyranosyl ester 山柳酸 -28-*O*-*β*-D- 葡萄糖基酯 团花 Neolamarckia cadamba

clethroidoside A~H 矮桃苷 ▲A~H 矮桃 Lysimachia clethroides

cleyeratannin A, B, C 红淡比鞣质 ▲A, B, C 红淡比 Cleyera japonica

clinopodic acid A 风轮菜酸 A 灯笼草 Clinopodium polycephalum, 滇瑞香 Daphne feddei, 细花线纹香茶菜 Isodon lophanthoides var. graciliflorus, 地笋 Lycopus lucidus

clinopodic acid B 风轮菜酸 B 灯笼草 Clinopodium polycephalum, 麻叶风轮菜 C. urticifolium, 地笋 Lycopus lucidus

clinopodic acid C 风轮菜酸 C 灯笼草 Clinopodium polycephalum, 地笋 Lycopus lucidus

clinopodic acid D, G, H 风轮菜酸 D, G, H 灯笼草 Clinopodium polycephalum

clinopodic acid E 风轮菜酸 E 细风轮菜 Clinopodium gracile, 灯笼草 C. polycephalum, 地笋 Lycopus lucidus

clinopodic acid F 风轮菜酸 F 灯笼草 Clinopodium polycephalum, 麻叶风轮菜 C. urticifolium

clinopodic acid I 风轮菜酸 I 细风轮菜 Clinopodium gracile, 灯笼草 C. polycephalum

clinopodic acid J~Q 风轮菜酸 J~Q 细风轮菜 Clinopodium gracile

clinopodiside I, II, III, IV, V 风轮菜苷 I, II, III, IV, V 麻叶风轮菜 Clinopodium urticifolium

clinopodiside A 风轮菜苷 A 风轮菜 Clinopodium chinense, 灯笼草 C. polycephalum

clinopodiside B~H 风轮菜苷 B~H 风轮菜 Clinopodium chinense

clinopodphenol A, B 风轮菜酚 A, B 麻叶风轮菜 Clinopodium urticifolium

clinoposaponin I 风轮菜皂苷 I 细风轮菜 Clinopodium gracile, 长梗喉毛花 Comastoma pedunculatum

clinoposaponin II 风轮菜皂苷 II 细风轮菜 Clinopodium gracile

clinoposaponin III 风轮菜皂苷 III 细风轮菜 Clinopodium gracile, 麻叶风轮菜 C. urticifolium

clinoposaponin IIIb, Vb 风轮菜皂苷 IIIb, Vb 麻叶风轮菜 Clinopodium urticifolium

clinoposaponin IV 风轮菜皂苷 IV 细风轮菜 Clinopodium gracile, 灯笼草 C. polycephalum

clinoposaponin V 风轮菜皂苷 V 细风轮菜 Clinopodium gracile, 灯笼草 C. polycephalum, 麻叶风轮菜 C. urticifolium

clinoposaponin Ⅵ, XIII, XIV 风轮菜皂苷 VI, XIII, XIV 灯笼草 Clinopodium polycephalum

clinoposaponin IX 风轮菜皂苷 IX 风轮菜 Clinopodium chinense, 灯笼草 C. polycephalum

clinoposaponin X 风轮菜皂苷 X 风轮菜 Clinopodium chinense, 灯笼草 C. polycephalum

clinoposaponin XI 风轮菜皂苷 XI 风轮菜 Clinopodium chinense, 灯笼草 C. polycephalum, 麻叶风轮菜 C. urticifolium

clinoposaponin XII 风轮菜皂苷 XII 灯笼草 Clinopodium polycephalum, 长梗喉毛花 Comastoma pedunculatum

clinoposaponin XV 风轮菜皂苷 XV 长梗喉毛花 Comastoma pedunculatum

clinoposaponin XVI 风轮菜皂苷 XVI 风轮菜 Clinopodium chinense

clinoposaponin XVII 风轮菜皂苷 XVII 灯笼草 Clinopodium polycephalum

clinoposaponin XIX 风轮菜皂苷 XIX 风轮菜 Clinopodium chinense

clinoposaponin Ga 风轮菜皂苷 Ga 麻叶风轮菜 Clinopodium urticifolium

clintonioside A, B, C 七筋菇苷 ▲A, B, C 七筋菇 Clintonia udensis

clionasterol 穿贝海绵甾醇 总状蕨藻 Caulerpa racemosa, 远志 Polygala tenuifolia

clionasterol-3-*O*-*β*-D-glucopyranoside 穿贝海绵甾醇 -3-*O*-*β*-D- 吡喃葡萄糖苷 缬草 Valeriana officinalis

clitocine 杯伞碱 ▲ 大白桩菇 Leucopaxillus giganteus

clitocybin 杯伞素 白杯伞 Clitocybe candida

clitocybin A 杯伞素 A 脱皮球马勃 Lasiosphaera fenzlii

clitoriacetal 蝶豆缩醛 ▲ 广东蝶豆 Clitoria hanceana

clitorin 蝶豆素 海杧果 Cerbera manghas, 老鸦柿 Diospyros rhombifolia, 粉报春 Primula farinosa

clivacetine 君子兰瑟亭 君子兰 Clivia miniata

clivatine 君子兰亭 君子兰 Clivia miniata, 垂笑君子兰 C. nobilis

cliviaaline 君子兰阿林碱 ▲ 君子兰 Clivia miniata

cliviahaksine 君子兰哈克碱 ▲ 君子兰 Clivia miniata

cliviamartine 君子兰玛亭 ▲ 君子兰 Clivia miniata

cliviasindhine 君子兰西定 ▲ 君子兰 Clivia miniata

cliviasine; cliviasin 君子兰辛 ▲ 君子兰 Clivia miniata

clividine 君子兰碱 君子兰 Clivia miniata

clivimine 君子兰明 君子兰 Clivia miniata, 垂笑君子兰 C. nobilis

clivisyaline 君子兰西亚碱▲ 君子兰 Clivia miniata

clivonidine 君子兰尼定▲ 君子兰 Clivia miniata

clivonine 君子兰宁 君子兰 Clivia miniata

clivorine 山冈橐吾碱 齿叶橐吾 Ligularia dentata, 鹿蹄橐吾 L. hodgsonii, 大头橐吾 L. japonica, 宽戟橐吾 L. latihastata, 贵州橐吾 L. leveillei

clov-2-ene-9α-ol 丁子香 -2- 烯 -9α- 醇 番石榴 Psidium guajava

trans-clovamide 反式 - 红车轴草酰胺 红车轴草 Trifolium pratense

clovamide 红车轴草酰胺▲ 可可 Theobroma cacao

cis-clovamide 顺式 - 红车轴草酰胺 红车轴草 Trifolium pratense

(-)-clovane-2,9-diol (-)- 丁子香 -2,9- 二醇 香附子 Cyperus rotundus, 野八角 Illicium simonsii, 水蓼 Polygonum hydropiper, 五味子 Schisandra chinensis

clovane-2,9-diol 丁子香 -2,9- 二醇 黄花香茶菜 Isodon sculponeatus

clovane-2β,9α-diol 丁子香 -2β,9α- 二醇 冷杉 Abies fabri, 红厚壳 Calophyllum inophyllum, 黑老虎 Kadsura coccinea, 长叶火绒草 Leontopodium junpeianum, 番石榴 Psidium guajava, 华鼠尾草 Salvia chinensis, 心叶风毛菊 Saussurea cordifolia, 大耳叶风毛菊 S. macrota

clovanediol 丁子香烷二醇 东方泽泻 Alisma orientale, 艾 Artemisia argyi, 贡山三尖杉 Cephalotaxus lanceolata, 野菊 Chrysanthemum indicum, 锡兰肉桂 Cinnamomum verum, 佩兰 Eupatorium fortunei, 金丝桃 Hypericum monogynum, 棱茎黄芩 Scutellaria scandens

clovanedunnianol 丁子香烷红花八角酚 野八角 Illicium simonsii

clovanemagnolol 丁子香烷厚朴酚▲ 日本厚朴 Houpoëa obovata

cloven-2β,9α-diol 丁子香烯 -2β,9α- 二醇 鹰爪花 Artabotrys hexapetalus

clovene 丁子香烯 挥发油成分，未统计基源

cloversaponin I, II, III, IV, V 白车轴草皂苷▲I, II, III, IV, V 白车轴草 Trifolium repens

clovin 白花草木犀素▲ 白花草木犀 Melilotus albus, 草木犀 M. officinalis

clusianone 猪胶树酮▲ 元宝草 Hypericum sampsonii

clusin 克氏胡椒脂素▲ 莲叶桐 Hernandia nymphaeifolia

8-*C*-methyl-5,7,3',4'-tetrahydroxyflavone-3-*O*-α-L-arabinopyranoside 8-*C*- 甲基 -5,7,3',4'- 四羟基黄酮 -3-*O*-α-L- 吡喃阿拉伯糖苷 山楝 Aphanamixis polystachya

2'-*C*-methyl-5'-*O*-galloylmyricetin-3-*O*-α-L-rhamnopyranoside 2'-*C*- 甲基 -5'-*O*- 没食子酰杨梅素 -3-*O*-α-L- 吡喃鼠李糖苷 洋蒲桃 Syzygium samarangense

6-*C*-methyl-7,4',4'''-tri-*O*-methylamentoflavone 6-*C*- 甲基 -7,4',4'''- 三 -*O*- 甲基穗花杉黄酮 贡山三尖杉 Cephalotaxus lanceolata

8-*C*-methyl-7-*O*-prenylpinocembrin 8-*C*- 甲基 -7-*O*- 异戊烯基瑞士松素 悬铃木 Platanus acerifolia

2-*C*-methyl-D-erythritol 2-*C*- 甲基 -D- 赤藓糖醇 田旋花 Convolvulus arvensis, 土丁桂 Evolvulus alsinoides

6-*C*-methylnaringenin 6-*C*- 甲基柚皮苷元 贡山三尖杉 Cephalotaxus lanceolata, 台湾三尖杉 C. sinensis var. wilsoniana

8-*C*-methylquercetin-3-*O*-β-D-xylopyranoside 8-*C*- 甲基槲皮素 -3-*O*-β-D- 吡喃木糖苷 山楝 Aphanamixis polystachya

cneorin-NP36 尼奥木素▲-NP36 川黄檗 Phellodendron chinense

cnidiadin 蛇床子素 异果黄堇 Corydalis heterocarpa

cnidicin 蛇床辛▲ 白芷 Angelica dahurica, 柠檬 Citrus limon, 大齿山芹 Ostericum grosseserratum

cnidilide 蛇床内酯 辽藁本 Ligusticum jeholense, 藁本 L. sinense, 川芎 L. sinense 'Chuanxiong'

cnidilin; knidilin 蛇床素 阿坝当归 Angelica apaensis, 祁白芷 A. dahurica 'Qibaizhi', 大叶当归 A. megaphylla, 珊瑚菜 Glehnia littoralis, 鹤庆独活 Heracleum rapula, 红大戟 Knoxia roxburghii, 宽叶羌活 Notopterygium franchetii, 羌活 N. incisum, 欧芹 Petroselinum crispum, 滨海前胡 Peucedanum japonicum

cnidimarin 蛇床香豆素▲ 蛇床 Cnidium monnieri

cnidimol A~F 蛇床酮醇▲A~F 蛇床 Cnidium monnieri

cnidimonal 蛇床醛▲ 蛇床 Cnidium monnieri

cnidimoside A, B 蛇床酮醇苷▲A, B 蛇床 Cnidium monnieri

cnidiol b, c 蛇床醇▲b, c 蛇床 Cnidium monnieri

cnidioside A 蛇床苷 A 橘红 Citrus maxima 'Tomentosa', 蛇床 Cnidium monnieri, 狭叶白鲜 Dictamnus angustifolius, 珊瑚菜 Glehnia littoralis, 滨海前胡 Peucedanum japonicum, 芸香 Ruta graveolens

cnidioside B 蛇床苷 B 蛇床 Cnidium monnieri, 狭叶白鲜 Dictamnus angustifolius, 苦树 Picrasma quassioides

cnidioside B 蛇床苷 B 火石花 Gerbera delavayi

cnidioside B methyl ester 蛇床苷 B 甲酯 狭叶白鲜 Dictamnus angustifolius, 火石花 Gerbera delavayi

cnidioside C 蛇床苷 C 蛇床 Cnidium monnieri, 青花椒 Zanthoxylum schinifolium

cniforin A 台湾蛇床素 A 蛇床 Cnidium monnieri

coagulin Q 凝血素 Q 睡茄 Withania somnifera

cocaine 古柯碱 古柯 Erythroxylum novogranatense

coccilignan A 绯红南五味子木脂素▲A 黑老虎 Kadsura coccinea

coccineone B, E 绯红黄细心酮▲B, E 黄细心 Boerhavia diffusa

coccinetane E 绯红南五味子烷 木姜叶柯 Lithocarpus litseifolius

coccinic acid 黑老虎酸 狭叶南五味子 Kadsura angustifolia, 黑老虎 K. coccinea, 滇藏五味子 Schisandra neglecta, 毛叶五味子 S. pubescens, 华中五味子 S. sphenanthera
coccinilactone A, B 绯红南五味子内酯▲A, B 黑老虎 Kadsura coccinea
coccinone A 绯红南五味子酮▲A 岷江冷杉 Abies fargesii var. faxoniana, 黑老虎 Kadsura coccinea
coccinone B, C, D 绯红南五味子酮▲B, C, D 黑老虎 Kadsura coccinea
cocclafine 衡州乌药芬碱▲ 樟叶木防己 Cocculus laurifolius
coccoline 樟叶木防己灵▲ 樟叶木防己 Cocculus laurifolius
coccolinine 衡州乌药里宁 樟叶木防己 Cocculus laurifolius
coccudienone 衡州乌药艾酮▲ 樟叶木防己 Cocculus laurifolius
coccudinone; cocculidinone 衡州乌药酮 樟叶木防己 Cocculus laurifolius
cocculidine; coculidine 衡州乌药定 樟叶木防己 Cocculus laurifolius
cocculimine 衡州乌药明 樟叶木防己 Cocculus laurifolius
cocculine 衡州乌药灵 樟叶木防己 Cocculus laurifolius, 木防己 C. orbiculatus
cocculitine 衡州乌药里亭 樟叶木防己 Cocculus laurifolius
cocculitinine 衡州乌药替宁▲ 樟叶木防己 Cocculus laurifolius
cocculolidine 木防己里定▲ 木防己 Cocculus orbiculatus
(+)-coccuorbiculatine A (+)-木防己亭▲A 木防己 Cocculus orbiculatus
coccutrine 木防己春碱▲ 木防己 Cocculus orbiculatus
coccuvine 衡州乌药文碱 樟叶木防己 Cocculus laurifolius
coccuvinine 衡州乌药维宁▲ 樟叶木防己 Cocculus laurifolius
cochinchin 剑叶龙血新木脂素 剑叶龙血树 Dracaena cochinchinensis
cochinchinenene A~D 剑叶龙血芪 A~D 剑叶龙血树 Dracaena cochinchinensis
cochinchinenin B, C 剑叶龙血素 B, C 剑叶龙血树 Dracaena cochinchinensis
cochinchinenone 剑叶龙血酮 剑叶龙血树 Dracaena cochinchinensis
cochinchinol A, B 构棘酚▲A, B 构棘 Cudrania cochinchinensis
cochinchinone A 黄牛茶酮▲A 黄牛木 Cratoxylum cochinchinense, 红芽木 C. formosum subsp. pruniflorum
cochinchinone B 黄牛茶酮▲B 黄牛木 Cratoxylum cochinchinense, 红芽木 C. formosum subsp. pruniflorum
cochinchinone C 黄牛茶酮▲C 黄牛木 Cratoxylum cochinchinense, 红芽木 C. formosum subsp. pruniflorum
cochinchinone D, E, F, J, K, L 黄牛茶酮▲D, E, F, J, K, L 黄牛木 Cratoxylum cochinchinense
cochinchinone G 黄牛茶酮▲G 黄牛木 Cratoxylum cochinchinense, 红芽木 C. formosum subsp. pruniflorum
cochinchinone I 黄牛茶酮▲I 黄牛木 Cratoxylum cochinchinense, 红芽木 C. formosum subsp. pruniflorum
cochinchinoxanthone 黄牛茶新吨酮▲ 黄牛木 Cratoxylum cochinchinense
cochinchiside A, B 天料木酚苷▲A, B 天料木 Homalium cochinchinense
cochinensoxanthone 黄芽木吨酮▲ 黄牛木 Cratoxylum cochinchinense
cochinin A 假鹰爪素 A 假鹰爪 Desmos chinensis
cochinin B 木鳖子蛋白▲B 木鳖子 Momordica cochinchinensis
cochinolide 天料木内酯▲ 天料木 Homalium cochinchinense
cochinolide-*β*-glucopyranoside 天料木内酯▲-*β*-吡喃葡萄糖苷 天料木 Homalium cochinchinense
cochinxanthone A~D 黄牛茶吨酮▲A~D 黄牛木 Cratoxylum cochinchinense
cochliophilin A 螺卷丝囊霉素▲A 苋 Amaranthus tricolor, 鸡冠花 Celosia cristata, 地肤 Kochia scoparia
(+)-1(*R*)-coclaurine (+)-1(*R*)-衡州乌药碱 莲 Nelumbo nucifera
(+)-coclaurine (+)-衡州乌药碱 毛木防己 Cocculus orbiculatus var. mollis, 毛叶轮环藤 Cyclea barbata, 地不容 Stephania epigaea, 江南地不容 S. excentrica, 酸枣 Ziziphus jujuba var. spinosa
(±)-coclaurine (±)-衡州乌药碱 红花疆罂粟 Roemeria refracta
(1*R*)-coclaurine (1*R*)-衡州乌药碱 排骨灵 Fissistigma bracteolatum
coclaurine 衡州乌药碱 牛心番荔枝 Annona reticulata, 樟叶木防己 Cocculus laurifolius, 莲 Nelumbo nucifera, 延药睡莲 Nymphaea nouchali, 枣 Ziziphus jujuba, 无刺枣 Z. jujuba var. inermis
coclobine 木防己宾碱▲ 木防己 Cocculus orbiculatus
cocosamide A, B 可可鞘丝藻酰胺▲A, B 巨大鞘丝藻 Lyngbya majuscula
(+)-cocsoline (+)-垂木防己灵▲ 毛木防己 Cocculus orbiculatus var. mollis
cocsoline 垂木防己灵▲ 崖藤 Albertisia laurifolia
(+)-cocsuline (+)-垂木防己碱▲ 毛木防己 Cocculus orbiculatus var. mollis
cocsuline 垂木防己碱▲ 崖藤 Albertisia laurifolia
cocsulinine 木防己宁碱 尖叶唐松草 Thalictrum acutifolium
coculine 木防己灵▲ 樟叶木防己 Cocculus laurifolius
codaphniphylline 交让木碱 牛耳枫 Daphniphyllum calycinum, 交让木 D. macropodum, 虎皮楠 D. oldhamii
codeine 可待因 麻疯树 Jatropha curcas, 罂粟 Papaver somniferum
codisterol 松藻甾醇 甜瓜 Cucumis melo, 笋瓜 Cucurbita maxima, 松叶蕨 Psilotum nudum
codonolactone 党参内酯 丝穗金粟兰 Chloranthus fortunei, 宽叶金粟兰 C. henryi, 多穗金粟兰 C. multistachys, 温郁金 Curcuma wenyujin,

日本粗叶木 Lasianthus japonicus
codonolaside 轮叶党参苷▲ 羊乳 Codonopsis lanceolata
codonolaside I, II, III 轮叶党参苷▲I, II, III 羊乳 Codonopsis lanceolata
codonoposide 羊乳苷 羊乳 Codonopsis lanceolata
(+)-codonopsine (+)- 党参碱 新疆党参 Codonopsis clematidea
codonopsine 党参碱 新疆党参 Codonopsis clematidea
codonopsinine 党参次碱 新疆党参 Codonopsis clematidea
codonopyrrolidium A, B 党参吡咯盐 A, B 川党参 Codonopsis pilosula subsp. tangshen
codonoside A 羊乳皂苷 A 羊乳 Codonopsis lanceolata, 川党参 C. pilosula subsp. tangshen
codonoside B 羊乳皂苷 B 羊乳 Codonopsis lanceolata, 川党参 C. pilosula subsp. tangshen, 雀斑党参 C. ussuriensis
codonoside C 羊乳皂苷 C 羊乳 Codonopsis lanceolata
codopiloic acid 党参酸 党参 Codonopsis pilosula
codotubulosine A 管花党参碱▲A 党参 Codonopsis pilosula, 川党参 C. pilosula subsp. tangshen, 管花党参 C. tubulosa
codotubulosine B 管花党参碱▲B 管花党参 Codonopsis tubulosa
coelobillardierine 比氏穴果木碱▲ 红波罗花 Incarvillea delavayi
coelogin 贝母兰素 贝母兰 Coelogyne cristata, 长鳞贝母兰 C. ovalis, 节茎石仙桃 Pholidota articulata
coeloginanthridin 贝母兰菲定 贝母兰 Coelogyne cristata
coeloginanthrin 贝母兰菲素 贝母兰 Coelogyne cristata
coeloginin 贝母兰宁素▲ 贝母兰 Coelogyne cristata, 长鳞贝母兰 C. ovalis
coelonin 贝母兰宁 竹叶兰 Arundina graminifolia, 广东石豆兰 Bulbophyllum kwangtungense, 密花石豆兰 B. odoratissimum, 伏生石豆兰 B. reptans, 兜唇石斛 Dendrobium aphyllum, 木犀 Osmanthus fragrans, 石仙桃 Pholidota chinensis, 宿苞石仙桃 P. imbricata, 云南石仙桃 P. yunnanensis, 独蒜兰 Pleione bulbocodioides
coelovirin A 长苞凹舌兰素 A 凹舌兰 Coeloglossum viride, 手参 Gymnadenia conopsea
coelovirin B 长苞凹舌兰素 B 凹舌兰 Coeloglossum viride, 手参 Gymnadenia conopsea
coelovirin C 长苞凹舌兰素 C 凹舌兰 Coeloglossum viride, 手参 Gymnadenia conopsea
coelovirin D 长苞凹舌兰素 D 凹舌兰 Coeloglossum viride, 手参 Gymnadenia conopsea
coelovirin E 长苞凹舌兰素 E 凹舌兰 Coeloglossum viride
coelovirin F 长苞凹舌兰素 F 凹舌兰 Coeloglossum viride, 手参 Gymnadenia conopsea
coelovirin G 长苞凹舌兰素 G 凹舌兰 Coeloglossum viride, 手参 Gymnadenia conopsea
coenzyme Q_9 辅酶 Q_9 参薯 Dioscorea alata
coestinol 细锥香茶菜醇 细锥香茶菜 Isodon coetsa
coetsanoic acid 细锥香茶菜酸 细锥香茶菜 Isodon coetsa
coetsin A 细锥香茶菜素 A 细锥香茶菜 Isodon coetsa
coetsin B 细锥香茶菜素 B 细锥香茶菜 Isodon coetsa, 毛萼香茶菜 I. eriocalyx
coetsoidin A 细锥香茶菜定▲A 假细锥香茶菜 Isodon coetsoides, 毛萼香茶菜 I. eriocalyx
coetsoidin B~G 细锥香茶菜定▲B~G 假细锥香茶菜 Isodon coetsoides
coffeasterol 咖啡甾醇 小粒咖啡 Coffea arabica
coflodiol 金盏花萜二醇▲ 金盏花 Calendula officinalis
cohumulinone 合葎草林酮 啤酒花 Humulus lupulus
cohumulone 合葎草酮 啤酒花 Humulus lupulus
coixan 薏苡多糖 薏米 Coix lacryma-jobi var. ma-yuen
coixenolide 薏苡仁酯 薏米 Coix lacryma-jobi var. ma-yuen
coixinden A, B 薏苡茚 A, B 薏米 Coix lacryma-jobi var. ma-yuen
coixlactam 薏苡内酰胺▲ 薏米 Coix lacryma-jobi var. ma-yuen
coixol 薏苡素 薏米 Coix lacryma-jobi var. ma-yuen, 野甘草 Scoparia dulcis
coixspirolactam A, B, C 薏苡螺内酰胺▲A, B, C 薏米 Coix lacryma-jobi var. ma-yuen
colchicine 秋水仙碱 山茱萸 Cornus officinalis, 嘉兰 Gloriosa superba, 山慈菇 Iphigenia indica, 野百合 Lilium brownii, 百合 L. brownii var. viridulum, 小果雪兔子 Saussurea simpsoniana, 唐古特雪莲 S. tangutica
colchicoside 秋水仙苷 嘉兰 Gloriosa superba
colchiside A 波斯常春藤苷▲A 毛地黄鼠尾草 Salvia digitaloides
colebrin A~E 腺茉莉素▲A~E 腺茉莉 Clerodendrum glandulosum
colebroside A 腺茉莉苷▲A 腺茉莉 Clerodendrum glandulosum
colensanone 柯伦氏泪柏酮 九里香 Murraya exotica
colensenone 柯伦氏泪柏烯酮 九里香 Murraya exotica
coleol 鞘蕊花醇▲ 毛喉鞘蕊花 Coleus forskohlii
coleon C 鞘蕊花酮▲C 毛喉鞘蕊花 Coleus forskohlii
coleon O 鞘蕊花酮▲O 五彩苏 Coleus scutellarioides
coleon S, T 鞘蕊花酮▲S, T 毛喉鞘蕊花 Coleus forskohlii
coleon U 鞘蕊花酮▲U 浙江大青 Clerodendrum kaichianum

coleonol 鞘蕊花诺醇▲ 红背桂花 Excoecaria cochinchinensis
coleonol B~F 鞘蕊花诺醇▲B~F 毛喉鞘蕊花 Coleus forskohlii
coleonolic acid 鞘蕊花酸 毛喉鞘蕊花 Coleus forskohlii, 三叶委陵菜 Potentilla freyniana, 三叶鼠尾草 Salvia trijuga
coleonone 鞘蕊花诺酮▲ 毛喉鞘蕊花 Coleus forskohlii
coleoside 鞘蕊花苷 毛喉鞘蕊花 Coleus forskohlii
coleosol 鞘蕊花索醇▲ 毛喉鞘蕊花 Coleus forskohlii
colladonin 克拉顿芹素▲ 新疆阿魏 Ferula sinkiangensis, 臭阿魏 F. teterrima
α-collatilic acid *α*- 聚岛衣酸▲ 粉缘斑叶 Cetrelia cetrarioides
collinin 丘生巨盘木素 丘陵老鹳草 Geranium collinum, 青花椒 Zanthoxylum schinifolium
collinsogenin 石根草苷元▲ 长蕊石头花 Gypsophila oldhamiana
collinsonidin 二蕊紫苏定▲ 木通 Akebia quinata, 白木通 A. trifoliata subsp. australis, 辽东楤木 Aralia elata var. glabrescens, 鹅掌藤 Heptapleurum arboricola
colocasinol A 芋醇▲A 野芋 Colocasia antiquorum
colquhounoid A, B, C 火把花萜▲A, B, C 火把花 Colquhounia coccinea var. mollis
colubrin 蛇藤素▲ 蛇藤 Colubrina asiatica
α-colubrine *α*- 蛇形马钱碱▲ 马钱子 Strychnos nux-vomica
β-colubrine *β*- 蛇形马钱碱▲ 马钱子 Strychnos nux-vomica, 长籽马钱 S. wallichiana
α-colubrine-chloromethochloride *α*- 蛇形马钱碱▲- 氯代甲氯化物 马钱子 Strychnos nux-vomica
β-colubrine-chloromethochloride *β*- 蛇形马钱碱▲- 氯代甲氯化物 马钱子 Strychnos nux-vomica
colubrinic acid 蛇藤酸▲ 长柄异木患 Allophylus longipes, 黑面神 Breynia fruticosa, 皂荚 Gleditsia sinensis, 铜钱树 Paliurus hemsleyanus, 枣 Ziziphus jujuba
colubrinol 蛇藤醇 滑桃树 Trevia nudiflora
colubrinoside 蛇藤苷 蛇藤 Colubrina asiatica
columbamine 非洲防己碱 星果草 Asteropyrum peltatum, 安徽小檗 Berberis anhweiensis, 甘肃小檗 B. kansuensis, 粉叶小檗 B. pruinosa, 西伯利亚小檗 B. sibirica, 五叶黄连 Coptis quinquefolia, 山延胡索 Corydalis solida, 延胡索 C. yanhusuo, 海罂粟 Glaucium fimbrilligerum, 细柄十大功劳 Mahonia gracilipes, 台湾十大功劳 M. japonica, 尼泊尔十大功劳 M. napaulensis, 高山唐松草 Thalictrum alpinum, 高原唐松草 T. cultratum, 多叶唐松草 T. foliolosum, 金丝马尾连 T. glandulosissimum, 爪哇唐松草 T. javanicum, 亚欧唐松草 T. minus, 波叶青牛胆 Tinospora crispa, 青牛胆 T. sagittata, 云南青牛胆 T. sagittata var. yunnanensis
columbaridione 哥伦鼠尾草二酮▲ 撒尔维亚 Salvia officinalis
columbianadin 哥伦比亚狭缝芹定▲ 重齿当归 Angelica biserrata, 紫花前胡 A. decursiva, 拐芹 A. polymorpha, 毒芹 Cicuta virosa, 蛇床 Cnidium monnieri, 台湾蛇床 C. monnieri var. formosanum, 羽苞藁本 Ligusticum daucoides, 水芹 Oenanthe javanica, 红前胡 Peucedanum rubricaule, 竹叶西风芹 Seseli mairei
(-)-columbianetin (-)- 哥伦比亚狭缝芹亭▲ 川陕花椒 Zanthoxylum piasezkii
(20*S*)-columbianetin (20*S*)- 二氢欧山芹素 异果黄堇 Corydalis heterocarpa
R-(-)-columbianetin *R*-(-)- 哥伦比亚狭缝芹亭▲ 茵芋 Skimmia reevesiana
columbianetin 哥伦比亚狭缝芹亭▲ 重齿当归 Angelica biserrata, 朝鲜当归 A. gigas, 拐芹 A. polymorpha, 金山当归 A. valida, 山茴香 Carlesia sinensis, 茴香 Foeniculum vulgare, 羌活 Notopterygium incisum
columbianetin acetate 哥伦比亚狭缝芹亭▲ 乙酸酯 重齿当归 Angelica biserrata, 紫花前胡 A. decursiva, 异果黄堇 Corydalis heterocarpa
columbianetin propionate 哥伦比亚狭缝芹亭▲ 丙酸酯 重齿当归 Angelica biserrata
(2'*S*)-columbianetin-3'-sulfate (2'*S*)- 二氢欧山芹素 -3'- 硫酸酯 异果黄堇 Corydalis heterocarpa
(20*S*)-columbianetin-*O*-*β*-D-glucopyranoside (20*S*)- 二氢欧山芹素 -*O*-*β*-D- 吡喃葡萄糖苷 异果黄堇 Corydalis heterocarpa
columbianetin-*O*-*β*-D-glucopyranoside 哥伦比亚狭缝芹亭▲-*O*-*β*-D- 吡喃葡萄糖苷 朝鲜当归 Angelica gigas
columbianetin-*β*-D-glucopyranoside 哥伦比亚狭缝芹亭▲-*β*-D- 吡喃葡萄糖苷 重齿当归 Angelica biserrata, 毒芹 Cicuta virosa
columbianetin-*β*-D-glucoside 哥伦比亚狭缝芹亭▲-*β*-D- 葡萄糖苷 朝鲜当归 Angelica gigas
columbianin 哥伦比亚狭缝芹素 重齿当归 Angelica biserrata, 杭白芷 A. dahurica 'Hangbaizhi'
columbianine 哥伦比亚乌头碱▲ 乌头 Aconitum carmichaelii, 黄草乌 A. vilmorinianum
columbianoside 哥伦比亚狭缝芹苷▲ 朝鲜当归 Angelica gigas
columbidine 哥伦比亚乌头定▲ 露蕊乌头 Aconitum gymnandrum, 黄草乌 A. vilmorinianum
columbin 非洲防己素▲ 打碗花 Calystegia hederacea, 波叶青牛胆 Tinospora crispa, 青牛胆 T. sagittata, 云南青牛胆 T. sagittata var. yunnanensis
colupox a 合酒花苦素▲a 啤酒花 Humulus lupulus
colysanoxide 线蕨烷氧化物 线蕨 Colysis elliptica
comanthoside B 绵穗苏苷▲B 块茎芦莉草 Ruellia tuberosa
6-comaroylspinosin 6- 香豆酰酸枣素▲ 酸枣 Ziziphus jujuba var. spinosa
comaruman 沼委陵菜多糖▲ 沼委陵菜 Comarum palustre
comastomasaponin A~H 喉毛花皂苷▲A~H 长梗喉毛花 Comastoma pedunculatum
comastomaside 喉毛花苷 喉毛花 Comastoma pulmonarium
comastomaside A~E 喉毛花苷 A~E 长梗喉毛花 Comastoma pedunculatum
comastomaxanthone A, B, C 喉毛花叫酮▲A, B, C 长梗喉毛花 Comastoma pedunculatum

comatin 鸡腿蘑素 毛头鬼伞 Coprinus comatus
combregenin 风车子苷元 云南风车子 Combretum griffithii var. yunnanense
combreglucoside 风车子葡萄糖苷▲ 马醉木 Pieris japonica
combrequinone A, B, C 风车子醌▲A, B, C 云南风车子 Combretum griffithii var. yunnanense
combretastatin D-$_2$, D-$_3$ 风车子抑素▲D-$_2$, D-$_3$ 青江藤 Celastrus hindsii
combretol 风车子酚 白背枫 Buddleja asiatica, 金刚纂 Euphorbia neriifolia
combretol A~E 风车子酚 A~E 云南风车子 Combretum griffithii var. yunnanense
cis-communal 顺式 - 欧洲刺柏醛▲ 太白红杉 Larix potaninii var. chinensis
(+)-communic acid (+)- 欧洲刺柏酸▲ 西藏柏木 Cupressus torulosa
trans-communic acid 反式 - 欧洲刺柏酸▲ 日本柳杉 Cryptomeria japonica, 圆柏 Juniperus chinensis, 刺柏 J. formosana, 叉子圆柏 J. sabina, 长叶榧树 Torreya jackii
communic acid 欧洲刺柏酸▲ 欧洲刺柏 Juniperus communis, 雪岭云杉 Picea schrenkiana, 白皮松 Pinus bungeana, 日本榧树 Torreya nucifera
cis-communic acid 顺式 - 欧洲刺柏酸▲ 鹿石蕊 Cladonia rangiferina, 日本柳杉 Cryptomeria japonica, 圆柏 Juniperus chinensis, 欧洲刺柏 J. communis, 刺柏 J. formosana, 叉子圆柏 J. sabina, 太白红杉 Larix potaninii var. chinensis
communin A, B 金发藓宁▲A, B 金发藓 Polytrichum commune
comosidine 簇毛石冬青定碱▲ 高山三尖杉 Cephalotaxus fortunei var. alpina
comosimine 簇毛石冬青明碱▲ 三尖杉 Cephalotaxus fortunei
comosine 簇毛石冬青碱▲ 贡山三尖杉 Cephalotaxus lanceolata
compactin 短密青霉素▲ 红曲 Monascus purpureus
compactinervine 密脉白坚木碱▲ 鸡骨常山 Alstonia yunnanensis, 山橙 Melodinus suaveolens, 薄叶山橙 M. tenuicaudatus, 苏门答腊萝芙木 Rauvolfia sumatrana
compesterol 油甾醇 圆瓣姜花 Hedychium forrestii
complanadine A, B 扁枝石松定碱▲A, B 扁枝石松 Diphasiastrum complanatum
complanatin 沙苑子素 背扁黄耆 Astragalus complanatus
complanatin I, II 沙苑子素 I, II 背扁黄耆 Astragalus complanatus
complanatine 扁枝石松碱 扁枝石松 Diphasiastrum complanatum
complanatumol A~D 扁枝石松醇▲A~D 扁枝石松 Diphasiastrum complanatum
complanatuside 沙苑子苷 背扁黄耆 Astragalus complanatus, 蒙古黄耆 A. penduliflorus, 毛唇芋兰 Nervilia fordii
compressanolide 台湾含笑内酯▲ 台湾含笑 Michelia compressa
conaconitine 七星草乌碱 苍山乌头 Aconitum contortum
conamine 止泻木那胺▲ 止泻木 Holarrhena pubescens
conandroside 苦苣苔苷 苦苣苔 Conandron ramondioides, 荨麻叶龙头草 Meehania urticifolia
concanavalin A 伴刀豆素 A 直生刀豆 Canavalia ensiformis, 刀豆 C. gladiata, 海刀豆 C. maritima
conchasin A 孔乔斯银胶菊素▲A 银胶菊 Parthenium hysterophorus
concinnamide 藤金合欢酰胺 藤金合欢 Acacia sinuata
concinnapentadecanyl ester 藤金合欢酸十五基酯 藤金合欢 Acacia sinuata
concinnin 藤金合欢宁素 藤金合欢 Acacia sinuata
concinnoside A 藤金合欢诺苷▲A 毛叶合欢 Albizia mollis
concinnyl ester 藤金合欢酯 藤金合欢 Acacia sinuata
condelphine 易混翠雀花碱 拟黄花乌头 Aconitum anthoroideum, 黄花乌头 A. coreanum, 黄草乌 A. vilmorinianum
condelphine; coldephnine 易混翠雀碱▲ 黄花乌头 Aconitum coreanum
condensamine 密叶马钱胺 长籽马钱 Strychnos wallichiana
condensed tannin 缩合鞣质 香蕉 Musa acuminata 'Dwarf cavendish', 侧柏 Platycladus orientalis
condidymic acid 伴小红石蕊酸 鹿石蕊 Cladonia rangiferina
condurango ester F 南美牛奶藤酯▲F 西藏牛皮消 Cynanchum auriculatum, 牛皮消 C. boudieri
condurangoside Do_1 南美牛奶藤苷▲Do_1 球兰 Hoya carnosa
conduritol 南美牛奶藤醇▲ 通光藤 Marsdenia tenacissima
conduritol A 南美牛奶藤醇▲A 匙羹藤 Gymnema sylvestre, 大叶牛奶菜 Marsdenia koi
conduritol F 南美牛奶藤醇▲F 隔山消 Cynanchum wilfordii
(-)-condylocarpine (-)- 膝果双喙木碱▲ 思茅山橙 Melodinus cochinchinensis
(+)-condylocarpine (+)- 膝果双喙木碱▲ 思茅山橙 Melodinus cochinchinensis
conessidine 止泻木西定▲ 止泻木 Holarrhena pubescens
conessimine 止泻木西明▲ 止泻木 Holarrhena pubescens
conessine 止泻木奈辛▲ 止泻木 Holarrhena pubescens
conferdione 圆锥茎阿魏二酮▲ 圆锥茎阿魏 Ferula conocaula
conferin 圆锥茎阿魏素▲ 圆锥茎阿魏 Ferula conocaula
conferol 圆锥茎阿魏醇▲ 圆锥茎阿魏 Ferula conocaula, 麝香阿魏 F. moschata
conferol acetate 圆锥茎阿魏醇▲乙酸酯 多伞阿魏 Ferula feruloides

conferone 圆锥茎阿魏酮▲ 圆锥茎阿魏 Ferula conocaula
conferoside 圆锥茎阿魏酮苷▲ 圆锥茎阿魏 Ferula conocaula
confertiflorol 密花美登木醇 密花美登木 Maytenus confertiflora
confertifolin 密叶林仙素▲ 水蓼 Polygonum hydropiper
confertin 密花豚草素 湖北旋覆花 Inula hupehensis, 宝华玉兰 Yulania zenii
confluentin 地花菌素▲ 兴安杜鹃花 Rhododendron dauricum
confusameline 山刈碱 铜钱叶白珠 Gaultheria nummularioides, 椿叶花椒 Zanthoxylum ailanthoides
confusarin 毛兰菲 伏生石豆兰 Bulbophyllum reptans, 鼓槌石斛 Dendrobium chrysotoxum, 流苏石斛 D. fimbriatum, 石斛 D. nobile, 铁皮石斛 D. officinale
confusoside 南岭山矾苷▲ 南岭山矾 Symplocos confusa
congmunoside 楤木苷 V, VI, VII, IX, X, XI, XII, XIII, XIV, XV, XVI 辽东楤木 Aralia elata var. glabrescens
congmuyaglycoside I 楤木芽糖苷▲I 辽东楤木 Aralia elata var. glabrescens, 洋金花 Datura metel
congmuyaglycoside II 楤木芽糖苷▲II 辽东楤木 Aralia elata var. glabrescens
congmuyanoside I, A~D 楤木芽苷 I, A~D 辽东楤木 Aralia elata var. glabrescens
congmuyenoside I, II, III, IV, A~E 楤木叶苷 I, II, III, IV, A~E 辽东楤木 Aralia elata var. glabrescens
conhydrine 毒参羟碱▲ 毒参 Conium maculatum
conhydrinone 毒参酮碱▲ 毒参 Conium maculatum
conicaoside 肿柄雪莲苷▲ 无翅猪毛菜 Salsola komarovii
coniceine 毒参亚胺碱▲ 毒参 Conium maculatum
(-)-*α*-conidendrin (-)-*α*- 铁杉脂素 南方红豆杉 Taxus wallichinana var. mairei
α-conidendrin *α*- 铁杉脂素 铁坚油杉 Keteleeria davidiana, 云南油杉 K. evelyniana, 喜马拉雅红豆杉 Taxus wallichiana, 红豆杉 T. wallichiana var. chinensis
β-conidendrin *β*- 铁杉脂素 喜马拉雅红豆杉 Taxus wallichiana
p-coniferaldehyde 对松柏醛 狭叶链珠藤 Alyxia schlechteri
trans-coniferaldehyde 反式 - 松柏醛 薏米 Coix lacryma-jobi var. ma-yuen, 刺楸 Kalopanax septemlobus, 狭叶獐牙菜 Swertia angustifolia, 贵州獐牙菜 S. kouitchensis
coniferaldehyde glucopyranoside 松柏醛吡喃葡萄糖苷 红冬蛇菰 Balanophora harlandii, 花曲柳 Fraxinus chinensis subsp. rhynchophylla
coniferaldehyde; coniferyl aldehyde 松柏醛 较常见成分，至少分布于 30 种以上植物中，见于安息香科、八角科、唇形科、大风子科、大戟科、冬青科、豆科、胡椒科、夹竹桃科、金粟兰科、锦葵科、菊科、苦苣苔科、苦木科、兰科、楝科、龙胆科、罗汉松科、萝藦科、马鞭草科、毛茛科、木兰科、木犀科、蔷薇科、忍冬科、瑞香科、伞形科、桑科、山茶科、山柑科、睡莲科、松科、卫矛科、无患子科、五加科、杨柳科、远志科、芸香科、樟科、紫葳科、醉鱼草科等
coniferaldehyde-4-*O*-*β*-D-glucopyranoside 松柏醛 -4-*O*-*β*-D- 吡喃葡萄糖苷 大果树参 Dendropanax chevalieri
(*E*)-coniferin (*E*)- 松柏苷 当归 Angelica sinensis, 管花肉苁蓉 Cistanche tubulosa
cis-coniferin 顺式 - 松柏苷 密花远志 Polygala tricornis
coniferin; coniferoside 松柏苷 较常见成分，至少分布于 30 种以上植物中，见于柏科、败酱科、翅子藤科、唇形科、大风子科、海榄雌科、苦木科、列当科、龙胆科、木兰科、木犀科、蔷薇科、瑞香科、蛇菰科、松科、天南星科、五加科、玄参科、银杏科、芸香科等
coniferinoside 松柏诺苷▲ 狼毒 Stellera chamaejasme
(*E*)-coniferyl alcohol (*E*)- 松柏醇 山茶 Camellia japonica
trans-coniferyl alcohol 反式 - 松柏醇 天门冬 Asparagus cochinchinensis, 宁夏枸杞 Lycium barbarum, 狭叶獐牙菜 Swertia angustifolia, 贵州獐牙菜 S. kouitchensis, 柚木 Tectona grandis
coniferyl alcohol; coniferol 松柏醇 显苞芒毛苣苔 Aeschynanthus bracteatus, 臭椿 Ailanthus altissima, 土沉香 Aquilaria sinensis, 薏米 Coix lacryma-jobi var. ma-yuen, 山杜英 Elaeocarpus sylvestris, 山芝麻 Helicteres angustifolia, 刚毛橐吾 Ligularia achyrotricha, 苦竹 Pleioblastus amarus, 岩芋 Remusatia vivipara, 黄果茄 Solanum virginianum, 大籽獐牙菜 Swertia macrosperma, 异株荨麻 Urtica dioica, 刺苍耳 Xanthium spinosum
cis-coniferyl alcohol-4-*O*-*β*-D-(6'-*O*-galloyl)-glucopyranoside 顺式 - 松柏醇 -4-*O*-*β*-D-(6'-*O*- 没食子酰基) 吡喃葡萄糖苷 蒙古栎 Quercus mongolica
(*E*)-coniferyl aldehyde (*E*)- 松柏醛 卫矛 Euonymus alatus
coniferyl diangelate 松柏醇当归酸酯 显脉旋覆花 Duhaldea nervosa
coniferyl ferulate 松柏醇阿魏酸酯 当归 Angelica sinensis, 宽叶羌活 Notopterygium franchetii
(*Z*)-coniferyl linoleate (*Z*)- 松柏醇亚油酸酯 榅桲 Cydonia oblonga
(*E*)-coniferyl stearate (*E*)- 松柏醇硬脂酸酯 榅桲 Cydonia oblonga
coniine 毒参碱▲ 毒参 Conium maculatum
conimine 止泻木尼胺▲ 止泻木 Holarrhena pubescens
conkurchine 止泻木克钦▲ 止泻木 Holarrhena pubescens
conkuressine 止泻木瑞辛▲ 止泻木 Holarrhena pubescens
conmaculatine 毒参亭碱▲ 毒参 Conium maculatum
(+)-conocarpan (+)- 锥果藤烷▲ 通城虎 Aristolochia fordiana
conodiparine A~F 锥喉花帕灵▲A~F 伞房狗牙花 Tabernaemontana corymbosa

conodirinine A, B 锥喉花瑞宁▲A, B 伞房狗牙花 Tabernaemontana corymbosa
conodurine 硬锥喉花碱▲ 药用狗牙花 Tabernaemontana bovina, 伞房狗牙花 T. corymbosa
conodurinine 硬锥喉花宁碱▲ 伞房狗牙花 Tabernaemontana corymbosa
conodusarine 硬锥喉花萨灵▲ 狗牙花 Tabernaemontana divaricata
conodutarine A, B 硬锥喉花塔灵▲A, B 伞房狗牙花 Tabernaemontana corymbosa
conoflorine 长花锥喉花碱▲ 亚洲络石 Trachelospermum asiaticum, 络石 T. jasminoides
conofoline 锥喉花弗林▲ 狗牙花 Tabernaemontana divaricata
conoidene 麦瓶草烯▲ 麦瓶草 Silene conoidea
conolidine 锥喉花里定▲ 狗牙花 Tabernaemontana divaricata
conoliferine 锥喉花菲灵▲ 伞房狗牙花 Tabernaemontana corymbosa
conolobine A, B 锥喉花洛宾▲A, B 狗牙花 Tabernaemontana divaricata
conolutinine 锥喉花替宁▲ 伞房狗牙花 Tabernaemontana corymbosa
conomicidine A, B 锥喉花西定▲A, B 伞房狗牙花 Tabernaemontana corymbosa
cononitarine A 锥喉花塔灵▲A 伞房狗牙花 Tabernaemontana corymbosa
cononitarine B 锥喉花塔灵▲B 伞房狗牙花 Tabernaemontana corymbosa, 狗牙花 T. divaricata
conopharyngine 锥喉花碱▲ 药用狗牙花 Tabernaemontana bovina
conophyllidine 锥喉花菲定▲ 药用狗牙花 Tabernaemontana bovina
conophylline 锥喉花菲林▲ 狗牙花 Tabernaemontana divaricata
conophyllinine 锥喉花菲宁▲ 狗牙花 Tabernaemontana divaricata
consperine 斑花黄堇碱▲ 斑花黄堇 Corydalis conspersa
contigoside A, B 黑足金粉蕨苷▲A, B 黑足金粉蕨 Onychium contiguum
continentalic acid 长白楤木酸 东北土当归 Aralia cantinentalis
contorine 苍山乌头灵▲ 苍山乌头 Aconitum contortum
contorsine 苍山乌头碱▲ 苍山乌头 Aconitum contortum
contortine 苍山乌头亭▲ 苍山乌头 Aconitum contortum
contortumine 苍山乌头明▲ 苍山乌头 Aconitum contortum
convallagenin 铃兰皂苷元 弯蕊开口箭 Tupistra wattii
convallagenin B 铃兰皂苷元 B 弯蕊开口箭 Tupistra wattii
convallagenin B-5*β*-*O*-*β*-D-glucopyranoside 铃兰皂苷元 B-5*β*-*O*-*β*-D- 吡喃葡萄糖苷 弯蕊开口箭 Tupistra wattii
convallamaroside 铃兰苦苷 铃兰 Convallaria majalis
convallatoxal 铃兰毒醛 见血封喉 Antiaris toxicaria
convallatoxin 铃兰毒苷 侧金盏花 Adonis amurensis, 辽吉侧金盏花 A. ramosa, 北侧金盏花 A. sibirica, 天山侧金盏花 A. tianschanica, 见血封喉 Antiaris toxicaria, 铃兰 Convallaria majalis
convallatoxol 铃兰毒醇 见血封喉 Antiaris toxicaria, 铃兰 Convallaria majalis
convallatoxoloside 铃兰毒醇苷 铃兰 Convallaria majalis
convalloside 铃兰苷 见血封喉 Antiaris toxicaria, 铃兰 Convallaria majalis
convallotin 铃兰洛亭 铃兰 Convallaria majalis
convicine 伴野豌豆碱▲ 栝楼 Trichosanthes kirilowii, 蚕豆 Vicia faba
convirensic acid 伴绿树发酸 槽枝衣 Sulcaria sulcata
(11*S*)-convolvulinolic acid (11*S*)- 旋花醇酸 南方菟丝子 Cuscuta australis, 菟丝子 C. chinensis
conyzalactone 白酒草内酯▲ 熊胆草 Conyza blinii
conyzapyranone A, B 小蓬草吡喃酮 A, B 小蓬草 Conyza canadensis
conyzasaponin A~Q 白酒草皂苷▲A~Q 熊胆草 Conyza blinii
conyzoflavone 小蓬草黄酮▲ 小蓬草 Conyza canadensis
conyzolide 小蓬草内酯▲ 小蓬草 Conyza canadensis
COP 党参多糖 川党参 Codonopsis pilosula subsp. tangshen
α-copaene *α*- 可巴烯 挥发油成分，未统计基源
β-copaene *β*- 可巴烯 挥发油成分，未统计基源
copaene 可巴烯 挥发油成分，未统计基源
α-copaene alcohol *α*- 可巴烯醇 毛樱桃 Cerasus tomentosa
β-copaene-4*α*-ol *β*- 可巴烯 -4*α*- 醇 挥发油成分，未统计基源
copper omadine 吡啶硫酮铜 陵水暗罗 Polyalthia nemoralis
copteroside B 梯翅蓬苷▲B 刺五加 Eleutherococcus senticosus, 鹅掌藤 Heptapleurum arboricola, 伞花冬青 Ilex godajam
coptisine 黄连碱 较常见成分，至少分布于 30 种以上植物中，常见于罂粟科与毛茛科植物，偶见于防己科、菊科、小檗科、芸香科等
corallocin A, B, C 珊瑚状猴头菌素▲A, B, C 珊瑚状猴头菌 Hericium coralloides
corchioside A 仙茅参苷▲A 仙茅 Curculigo orchioides
corchoionol A 黄麻香堇醇▲A 尾叶香茶菜 Isodon excisus
corchoionol C 黄麻香堇醇▲C 贡山三尖杉 Cephalotaxus lanceolata, 巴豆 Croton tiglium, 卫矛 Euonymus alatus, 拟缺香茶菜 Isodon excisoides

corchoionoside A 黄麻香堇苷▲A 竹节树 Carallia brachiata, 长蒴黄麻 Corchorus olitorius, 鱼藤 Derris trifoliata, 珊瑚菜 Glehnia littoralis
corchoionoside B 黄麻香堇苷▲B 长蒴黄麻 Corchorus olitorius, 华南吴萸 Euodia austrosinensis
corchoionoside C 黄麻香堇苷▲C 台湾银线兰 Anoectochilus formosanus, 黑面神 Breynia fruticosa, 喙果黑面神 B. rostrata, 山柑 Capparis spinosa, 金毛狗 Cibotium barometz, 黄皮 Clausena lansium, 长蒴黄麻 Corchorus olitorius, 笔管草 Equisetum ramosissimum subsp. debile, 野鸦椿 Euscaphis japonica, 硬皮榕 Ficus callosa, 印度榕 F. elastica, 四裂算盘子 Glochidion ellipticum, 台闽算盘子 G. rubrum, 玫瑰茄 Hibiscus sabdariffa, 地黄连 Munronia sinica, 猪毛菜 Salsola collina, 守宫木 Sauropus androgynus, 青皮木 Schoepfia jasminodora
corchoionoside C tetraacetate 黄麻香堇苷▲C 四乙酸酯 水蓼 Polygonum hydropiper
corchorifatty acid A, C, D, F 黄麻脂肪酸▲A, C, D, F 长蒴黄麻 Corchorus olitorius
corchorifatty acid B 黄麻脂肪酸▲B 长蒴黄麻 Corchorus olitorius, 尾叶香茶菜 Isodon excisus
corchorifatty acid E 黄麻脂肪酸▲E 长蒴黄麻 Corchorus olitorius, 卫矛 Euonymus alatus
corchorin 黄麻因 黄麻 Corchorus capsularis
corchoroside 黄麻苷 天山侧金盏花 Adonis tianschanica
corchoroside A 黄麻苷 A 侧金盏花 Adonis amurensis, 长蒴黄麻 Corchorus olitorius, 葶苈 Draba nemorosa, 小花糖芥 Erysimum cheiranthoides, 黄麻 Corchorus capsularis
corchoruside A, B 黄麻如苷▲A, B 长蒴黄麻 Corchorus olitorius
corchorusoside A~E 黄麻索苷▲A~E 长蒴黄麻 Corchorus olitorius
corchoside B, C 黄麻毒苷 B, C 黄麻 Corchorus capsularis
cordacin 荷莲豆草素 荷莲豆草 Drymaria cordata
cordatanine 荷莲豆草碱 荷莲豆草 Drymaria cordata
cordatolide 假泽兰内酯▲ 假泽兰 Mikania cordata
cordialin B 破布木灵▲B 葡萄柚 Citrus paradisi
cordifolioidyne C 心叶党参苷▲C 桔梗 Platycodon grandiflorus
cordycepin 虫草素 蛹虫草 Cordyceps militaris, 冬虫夏草 Ophiocordyceps sinensis
cordycepol A, B, C 虫草醇▲A, B, C 大团囊虫草 Elaphocordyceps ophioglossoides
cordycol 虫草考醇▲ 大团囊虫草 Elaphocordyceps ophioglossoides
cordylagenin 朱蕉皂苷元 剑叶朱蕉 Cordyline stricta
cordylane A 杧果豆烷▲A 刺果苏木 Caesalpinia bonduc
cordylane C 杧果豆烷▲C 苏木 Caesalpinia sappan
coreanoside F_1 插田泡苷 F_1 插田泡 Rubus coreanus
coreopsin 金鸡菊苷 大狼杷草 Bidens frondosa, 卤地菊 Wedelia prostrata
coreximine 縫毛荷包牡丹碱▲ 皱波黄堇 Corydalis crispa, 直茎黄堇 C. stricta
corialactone A~D 马桑内酯▲A~D 马桑 Coriaria nepalensis
corialin A, B 马桑灵素 A, B 马桑 Coriaria nepalensis
coriamyrtin 欧马桑亭▲ 台湾马桑 Coriaria intermedia, 马桑 C. nepalensis, 红花寄生 Scurrula parasitica
coriander lactone 芫荽内酯 芫荽 Coriandrum sativum
coriandrin 芫荽素▲ 芫荽 Coriandrum sativum
coriandrinonediol 芫荽酮二醇▲ 芫荽 Coriandrum sativum
coriandrol 芫荽醇 挥发油成分，未统计基源
coriandrone A~E 芫荽酮▲A~E 芫荽 Coriandrum sativum
corianin 马桑宁 马桑 Coriaria nepalensis, 红花寄生 Scurrula parasitica
corianlactone 马桑安内酯▲ 马桑 Coriaria nepalensis
corianol 马桑醇 马桑 Coriaria nepalensis
coriantone 马桑安酮▲ 马桑 Coriaria nepalensis
coriariin F 马桑鞣灵▲F 苦槠 Castanopsis sclerophylla, 山茱萸 Cornus officinalis
coriatin 马桑亭 马桑 Coriaria nepalensis, 红花寄生 Scurrula parasitica
coriatone 马桑酮 马桑 Coriaria nepalensis
corilagin 鞣皮云实鞣精▲ 较常见成分，至少分布于 30 种以上植物中，常见于大戟科植物，少见于橄榄科、苦木科、牻牛儿苗科、槭树科、三白草科、石榴科、使君子科、睡莲科、桃金娘科、无患子科、芸香科等
(-)-coriolic acid (-)- 马桑酸 蒙古黄耆 Astragalus penduliflorus
corledine 对叶延胡索碱 薯根延胡索 Corydalis ledebouriana
corlumidine 紫堇米定碱 夏天无 Corydalis decumbens, 条裂黄堇 C. linarioides
D-corlumine D- 紫堇明碱 籽纹紫堇 Corydalis esquirolii
corlumine 紫堇明碱 细叶黄堇 Corydalis meifolia
corniculoside 花锚洛苷▲ 花锚 Halenia corniculata
cornin 山茱萸素▲ 山茱萸 Cornus officinalis
cornoside 山茱萸诺苷▲ 毛地黄 Digitalis purpurea, 柃木 Eurya japonica, 连翘 Forsythia suspensa, 红波罗花 Incarvillea delavayi, 老鸦烟筒花 Millingtonia hortensis, 木蝴蝶 Oroxylum indicum, 硬骨凌霄 Tecomaria capensis, 直立婆婆纳 Veronica arvensis
cornulactic acid acetate 单刺蓬酸▲ 乙酸酯 金盏花 Calendula officinalis
cornuside 山茱萸苷▲ 山茱萸 Cornus officinalis

cornuside I, II 山茱萸苷▲I, II 山茱萸 Cornus officinalis
cornusiin A 山茱萸鞣质▲A 喜树 Camptotheca acuminata, 山茱萸 Cornus officinalis, 丘角菱 Trapa japonica
cornusiin B, E, F, G 山茱萸鞣质▲B, E, F, G 山茱萸 Cornus officinalis
cornusiin C 山茱萸鞣质▲C 山茱萸 Cornus officinalis, 丘角菱 Trapa japonica
cornusiin D 山茱萸鞣质▲D 山茱萸 Cornus officinalis, 丘角菱 Trapa japonica
cornuta glycolipid A, B 苦丁茶糖脂 A, B 枸骨 Ilex cornuta
cornutaside A~D 苦丁茶苷 A~D 枸骨 Ilex cornuta
α-corocalene *α*- 白菖卡烯 挥发油成分，未统计基源
coroglaucigenin 灰叶小冠花苷元▲ 马利筋 Asclepias curassavica, 牛角瓜 Calotropis gigantea, 钉头果 Gomphocarpus fruticosus, 白楸 Mallotus paniculatus
coroglaucigenin glucoside 灰叶小冠花苷元▲葡萄糖苷 钉头果 Gomphocarpus fruticosus
coroglaucigenin-3-*O*-*α*-L-rhamnopyranoside 灰叶小冠花苷元▲-3-*O*-*α*-L- 吡喃鼠李糖苷 野梧桐 Mallotus japonicus
coroglaucigenin-3-*O*-*β*-D-glucopyranosyl-(1 → 4)-*α*-L-rhamnopyranoside 灰叶小冠花苷元▲-3-*O*-*β*-D- 吡喃葡萄糖基 -(1 → 4)-*α*-L- 吡喃鼠李糖苷 野梧桐 Mallotus japonicus
corollin 小冠花素▲ 苏木蓝 Indigofera carlesii, 花木蓝 I. kirilowii
coroloside 黄麻洛苷▲ 长蒴黄麻 Corchorus olitorius
coromandelin 科罗曼德黄檀素▲ 山小橘 Glycosmis pentaphylla
coronadiene 姜花二烯▲ 姜花 Hedychium coronarium
coronalactoside I, II 姜花内酯苷▲I, II 姜花 Hedychium coronarium
coronalolide 王冠栀子内酯▲ 大黄栀子 Gardenia sootepensis
coronalolide methyl ester 王冠栀子内酯▲甲酯 大黄栀子 Gardenia sootepensis
coronalonic acid 王冠栀子醇酸▲ 大黄栀子 Gardenia sootepensis
coronarian 小冠花酯▲ 苏木蓝 Indigofera carlesii, 花木蓝 I. kirilowii
(-)-coronaridine (-)- 冠狗牙花定 狗牙花 Tabernaemontana divaricata
coronaridine 冠狗牙花定 长春花 Catharanthus roseus, 海南蕊木 Kopsia hainanensis, 药用狗牙花 Tabernaemontana bovina, 尖蕾狗牙花 T. bufalina, 伞房狗牙花 T. corymbosa, 狗牙花 T. divaricata, 平脉狗牙花 T. pandacaqui, 亚洲络石 Trachelospermum asiaticum, 络石 T. jasminoides
coronaridine hydroxyindolenine 冠狗牙花定羟基伪吲哚 尖蕾狗牙花 Tabernaemontana bufalina, 伞房狗牙花 T. corymbosa, 狗牙花 T. divaricata
coronarin A 姜花素 A 毛瓣山姜 Alpinia malaccensis, 姜花 Hedychium coronarium, 圆瓣姜花 H. forrestii
coronarin B, D, F 姜花素 B, D, F 姜花 Hedychium coronarium
coronarin C 姜花素 C 华山姜 Alpinia oblongifolia, 姜花 Hedychium coronarium
coronarin D ethyl ether 姜花素 D 乙基醚 姜花 Hedychium coronarium
coronarin D methyl ether 姜花素 D 甲醚 姜花 Hedychium coronarium
coronarin E 姜花素 E 毛瓣山姜 Alpinia malaccensis, 华山姜 A. oblongifolia, 艳山姜 A. zerumbet, 姜花 Hedychium coronarium, 草果药 H. spicatum, 毛姜花 H. villosum, 滇姜花 H. yunnanense
coronatasterone 伪泥胡菜甾酮▲ 伪泥胡菜 Serratula coronata
coronopilin 冠裸穗豚草素 香丝草 Conyza bonariensis, 银胶菊 Parthenium hysterophorus
corosin 黄麻辛▲ 黄麻 Corchorus capsularis, 长蒴黄麻 C. olitorius
corosin methyl ester 黄麻辛▲甲酯 黄果悬钩子 Rubus xanthocarpus
corosolic acid 黄麻酸▲ 较常见成分，至少分布于 30 种以上植物中，见于柽柳科、唇形科、大戟科、杜鹃花科、杜仲科、椴树科、胡桃科、虎耳草科、龙胆科、鹿蹄草科、马鞭草科、猕猴桃科、千屈菜科、茜草科、蔷薇科、桑科、山茶科、山矾科、桃金娘科、五加科、紫葳科等
corossolin 刺果番荔枝林素▲ 圆滑番荔枝 Annona glabra
corossolone 刺果番荔枝酮▲ 圆滑番荔枝 Annona glabra
corotoxigenin 小冠花毒苷元▲ 马利筋 Asclepias curassavica
corotoxigenin-3-*O*-*α*-L-rhamnopyranoside 小冠花毒苷元▲-3-*O*-*α*-L- 吡喃鼠李糖苷 野梧桐 Mallotus japonicus
corotoxigenin-3-*O*-*β*-D-glucopyranosyl-(1 → 4)-*α*-L-rhamnopyranoside 小冠花毒苷元▲-3-*O*-*β*-D- 吡喃葡萄糖基 -(1 → 4)-*α*-L- 吡喃鼠李糖苷 野梧桐 Mallotus japonicus
(-)-corpaine (-)- 帕氏紫堇碱▲ 山延胡索 Corydalis solida
corunine 黄海罂粟宁碱 延胡索 Corydalis yanhusuo
corunnine 黄花海罂粟碱 腺毛唐松草 Thalictrum foetidum
(±)-corybulbine (±)- 山延胡索宾碱▲ 山延胡索 Corydalis solida
d-corybulbine *d*- 紫堇鳞茎碱 堇叶延胡索 Corydalis fumariifolia, 延胡索 C. yanhusuo
corybulbine 紫堇鳞茎碱 齿瓣延胡索 Corydalis turtschaninovii
corycavine 紫堇文碱 地丁草 Corydalis bungeana, 苍山黄堇 C. delavayi, 刻叶紫堇 C. incisa, 金钩如意草 C. taliensis, 齿瓣延胡索 C. turtschaninovii
corydaldine 紫堇达定▲ 黄连 Coptis chinensis, 蝙蝠葛 Menispermum dauricum
(+)-corydaline (+)- 紫堇碱 山延胡索 Corydalis solida, 延胡索 C. yanhusuo

d-corydaline *d*- 紫堇碱 堇叶延胡索 Corydalis fumariifolia
corydaline 紫堇碱 古山龙 Arcangelisia gusanlung, 灰绿黄堇 Corydalis adunca, 新疆元胡 C. glaucescens, 刻叶紫堇 C. incisa, 薯根延胡索 C. ledebouriana, 石生黄堇 C. saxicola, 长距元胡 C. schanginii, 三裂紫堇 C. trifoliata, 齿瓣延胡索 C. turtschaninovii, 天仙藤 Fibraurea recisa

(-)-corydalmine (-)- 紫堇达明碱 天仙藤 Fibraurea recisa, 血散薯 Stephania dielsiana, 西藏地不容 S. glabra, 云南地不容 S. yunnanensis
(*S*)-corydalmine (*S*)- 紫堇达明碱 白线薯 Stephania brachyandra
l-corydalmine *l*- 紫堇达明碱 海南地不容 Stephania hainanensis, 河谷地不容 S. intermedia, 云南地不容 S. yunnanensis
corydalmine 紫堇达明碱 夏天无 Corydalis decumbens, 黄堇 C. pallida, 金线吊乌龟 Stephania cephalantha, 西藏地不容 S. glabra, 小叶地不容 S. succifera
corydamine 刻叶紫堇胺 刻叶紫堇 Corydalis incisa, 细果角茴香 Hypecoum leptocarpum
corydamine hydrochoride 刻叶紫堇胺盐酸盐 金钩如意草 Corydalis taliensis
corydayanine 延胡索宁碱 延胡索 Corydalis yanhusuo
corydecumbine 夏天无宾碱▲ 夏天无 Corydalis decumbens, 稀花黄堇 C. dubia
(+)-corydine (+)- 紫堇定 山延胡索 Corydalis solida, 天山海罂粟 Glaucium elegans, 海罂粟 G. fimbrilligerum
d-corydine *d*- 紫堇定 紫金龙 Dactylicapnos scandens
corydine 紫堇定 牛扁 Aconitum barbatum var. puberulum, 牛心番荔枝 Annona reticulata, 番荔枝 A. squamosa, 荷包牡丹 Dicentra spectabilis, 秃疮花 Dicranostigma leptopodum, 海罂粟 Glaucium fimbrilligerum, 新疆海罂粟 G. squamigerum, 蝙蝠葛 Menispermum dauricum, 金线吊乌龟 Stephania cephalantha, 广西地不容 S. kwangsiensis, 黄叶地不容 S. viridiflavens, 云南地不容 S. yunnanensis, 尖叶花椒 Zanthoxylum oxyphyllum
(+)-6*R*,6a*S*-corydine-$N_β$-oxide (+)-6*R*,6a*S*- 紫堇定 -$N_β$- 氧化物 黄叶地不容 Stephania viridiflavens
corydione 紫堇醌碱 山延胡索 Corydalis solida, 粉防己 Stephania tetrandra
coryhumolide 土元胡内酯 土元胡 Corydalis humosa
coryincine 刻叶紫堇碱▲ 地丁草 Corydalis bungeana, 刻叶紫堇 C. incisa
corylidin 补骨脂里定▲ 补骨脂 Cullen corylifolia
corylifol A~E 补骨脂黎酚▲A~E 补骨脂 Cullen corylifolia
corylifolinin 补骨脂宁▲ 补骨脂 Cullen corylifolia, 短梗胡枝子 Lespedeza cyrtobotrya, 镰荚棘豆 Oxytropis falcata
corylifonol 补骨脂酮酚▲ 补骨脂 Cullen corylifolia
corylin 补骨脂林素▲ 补骨脂 Cullen corylifolia
corylinal 补骨脂醛▲ 补骨脂 Cullen corylifolia
α-corymbolol *α*- 伞花莎草醇▲ 羊角天麻 Dobinea delavayi
β-corymbolol *β*- 伞花莎草醇▲ 羊角天麻 Dobinea delavayi
corymbolone 伞房莎草酮▲ 荷花木兰 Magnolia grandiflora
corymboside 伞花刺苞菊苷▲ 显苞芒毛苣苔 Aeschynanthus bracteatus, 猫爪藤 Macfadyena unguis-cati, 白背叶 Mallotus apelta
corymbosin 伞房涡花素▲ 黄荆 Vitex negundo
corymbosin 伞花耳草素 忍冬 Lonicera japonica
corymbosin K_1, K_2, K_3, K_4 红芽大戟素▲K_1, K_2, K_3, K_4 红芽大戟 Knoxia sumatrensis
corymotine 齿瓣延胡索碱 三裂紫堇 Corydalis trifoliata, 齿瓣延胡索 C. turtschaninovii
corynantheidine 柯楠西定碱▲ 大叶钩藤 Uncaria macrophylla
corynanthine 柯楠碱 长春花 Catharanthus roseus
(-)-corynoline (-)- 紫堇灵 金钩如意草 Corydalis taliensis
corynoline 紫堇灵 地丁草 Corydalis bungeana, 斑花黄堇 C. conspersa, 苍山黄堇 C. delavayi, 刻叶紫堇 C. incisa, 条裂黄堇 C. linarioides, 暗绿紫堇 C. melanochlora, 地锦苗 C. sheareri, 珠芽地锦苗 C. sheareri f. bulbillifera, 金钩如意草 C. taliensis, 毛黄堇 C. tomentella, 糙果紫堇 C. trachycarpa, 齿瓣延胡索 C. turtschaninovii
corynoloxine 紫堇洛星碱 斑花黄堇 Corydalis conspersa, 刻叶紫堇 C. incisa
corynoxeine 柯楠赛因碱▲ 大叶钩藤 Uncaria macrophylla, 钩藤 U. rhynchophylla
(4*S*)-corynoxeine-*N*-oxide (4*S*)- 柯楠赛因碱▲-*N*- 氧化物 钩藤 Uncaria rhynchophylla
corynoxidine 紫堇西定碱 珠果黄堇 Corydalis speciosa, 西藏地不容 Stephania glabra, 小叶地不容 S. succifera
corynoxine 柯楠诺辛碱▲ 毛钩藤 Uncaria hirsuta, 大叶钩藤 U. macrophylla, 钩藤 U. rhynchophylla
corynoxine B 柯楠诺辛碱▲B 大叶钩藤 Uncaria macrophylla, 钩藤 U. rhynchophylla
corypalline 黄堇碱 蛇果黄堇 Corydalis ophiocarpa, 黄堇 C. pallida, 石生黄堇 C. saxicola, 珠果黄堇 C. speciosa, 直茎黄堇 C. stricta, 蝙蝠葛 Menispermum dauricum
(-)-corypalmine (-)- 紫堇杷明碱 蛇果黄堇 Corydalis ophiocarpa, 延胡索 C. yanhusuo, 天仙藤 Fibraurea recisa
(+)-corypalmine (+)- 紫堇杷明碱 山延胡索 Corydalis solida
(*S*)-corypalmine (*S*)- 紫堇杷明碱 白线薯 Stephania brachyandra
corypalmine 紫堇杷明碱 金线吊乌龟 Stephania cephalantha, 小花地不容 S. micrantha, 小叶地不容 S. succifera
coryphenanthrine 元胡菲碱 延胡索 Corydalis yanhusuo
coryphidine 黄花乌头芬定▲ 黄花乌头 Aconitum coreanum
coryphine; corifine 黄花乌头芬▲ 黄花乌头 Aconitum coreanum
corysamine 刻叶紫堇明碱 白屈菜 Chelidonium majus, 地丁草 Corydalis bungeana, 迭裂黄堇 C. dasyptera, 刻叶紫堇 C. incisa, 蛇果黄堇

C. ophiocarpa, 山延胡索 C. solida, 博落回 Macleaya cordata, 尼泊尔绿绒蒿 Meconopsis napaulensis, 金罂粟 Stylophorum lasiocarpum
(±)-corysolidine (±)- 山延胡索定碱▲ 山延胡索 Corydalis solida
corytenchine 黄紫堇钦碱 黄紫堇 Corydalis ochotensis, 三裂紫堇 C. trifoliata, 越南巴豆 Croton kongensis
corytenchirine 甲基黄紫堇钦碱 黄紫堇 Corydalis ochotensis, 越南巴豆 Croton kongensis
corytensine 黄紫堇星碱 黄紫堇 Corydalis ochotensis
(+)-corytuberine (+)- 紫堇块茎碱 刻叶紫堇 Corydalis incisa
corytuberine 紫堇块茎碱 秦岭耧斗菜 Aquilegia incurvata, 迭裂黄堇 Corydalis dasyptera, 刻叶紫堇 C. incisa, 厚朴 Houpoëa officinalis, 白线薯 Stephania brachyandra, 药用地不容 S. officinarum, 金罂粟 Stylophorum lasiocarpum
cosmene 波斯菊萜 棉豆 Phaseolus lunatus
cosmosiin; apigenin-7-*O*-*β*-D-glucopyranoside 大波斯菊苷 常见成分，至少分布于 100 种以上植物中
costaclavine 肋麦角碱 麦角菌 Claviceps purpurea
costene 木香烯 云木香 Saussurea costus
β-costic acid *β*- 木香酸 川木香 Dolomiaea souliei, 云木香 Saussurea costus
costic acid 木香酸 臭蒿 Artemisia hedinii, 硬叶蓝刺头 Echinops ritro, 六棱菊 Laggera alata, 翼齿六棱菊 L. crispata, 云木香 Saussurea costus, 雪莲花 S. involucrata
costic acid methyl ester 木香酸甲酯 短舌匹菊 Pyrethrum parthenium
(+)-*β*-costol (+)-*β*- 木香醇 挥发油成分，未统计基源
α-costol *α*- 木香醇 云木香 Saussurea costus
costol 木香醇 云木香 Saussurea costus
(+)-costunolide (+)- 木香内酯 小蛇苔 Conocephalum japonicum
1(10)-*cis*-costunolide 1(10)- 顺式 - 木香内酯 西藏马兜铃 Aristolochia griffithii
costunolide; costus lactone 木香内酯 土沉香 Aquilaria sinensis, 西藏马兜铃 Aristolochia griffithii, 三裂紫堇 Corydalis trifoliata, 闭鞘姜 Costus speciosus, 川木香 Dolomiaea souliei, 土木香 Inula helenium, 月桂 Laurus nobilis, 夜合花 Lirianthe coco, 北美鹅掌楸 Liriodendron tulipifera, 荷花木兰 Magnolia grandiflora, 白兰 Michelia × alba, 台湾含笑 M. compressa, 醉香含笑 M. macclurei, 观光木 M. odora, 天女花 Oyama sieboldii, 短舌匹菊 Pyrethrum parthenium, 云木香 Saussurea costus, 玉兰 Yulania denudata, 宝华玉兰 Y. zenii
costunolide-15-*β*-D-glucopyranoside 木香内酯 -15-*β*-D- 吡喃葡萄糖苷 云木香 Saussurea costus
costusoside I, J 闭鞘姜苷 I, J 闭鞘姜 Costus speciosus
cotinine 可替宁 番木瓜 Carica papaya
cotoneastoleanolic acid 栒子齐墩果酸▲ 小叶栒子 Cotoneaster microphyllus
cotoneastursolic acid 栒子熊果酸▲ 小叶栒子 Cotoneaster microphyllus
α-cotonefuran *α*- 栒子呋喃▲ 灰栒子 Cotoneaster acutifolius
β-cotonefuran *β*- 栒子呋喃▲ 灰栒子 Cotoneaster acutifolius
γ-cotonefuran *γ*- 栒子呋喃▲ 灰栒子 Cotoneaster acutifolius
δ-cotonefuran *δ*- 栒子呋喃▲ 灰栒子 Cotoneaster acutifolius
ε-cotonefuran *ε*- 栒子呋喃▲ 灰栒子 Cotoneaster acutifolius
coumanolignan 香豆木脂素▲ 日本厚朴 Houpoëa obovata
coumaperine 香豆酰哌啶 荜拔 Piper longum
trans-*p*-coumaraldehyde 反式 - 对香豆醛 笋瓜 Cucurbita maxima, 日本厚朴 Houpoëa obovata, 椿叶花椒 Zanthoxylum ailanthoides
coumaran 香豆烷 挥发油成分，未统计基源
l-bornyl-*p*-coumarate *l*- 龙脑 - 对香豆酸酯 偃松 Pinus pumila
(*E*)-*p*-coumaric acid (*E*)- 对香豆酸 梅 Armeniaca mume, 青皮竹 Bambusa textilis, 云南兔耳草 Lagotis yunnanensis, 矮桃 Lysimachia clethroides, 玉蜀黍 Zea mays
(*Z*)-*p*-coumaric acid (*Z*)- 对香豆酸 青皮竹 Bambusa textilis, 云南兔耳草 Lagotis yunnanensis
3-coumaric acid 3- 香豆酸 橘红 Citrus maxima 'Tomentosa'
4-coumaric acid 4- 香豆酸 文殊兰 Crinum asiaticum var. sinicum, 向日葵 Helianthus annuus, 波叶大黄 Rheum rhabarbarum
cis-coumaric acid 顺式 - 香豆酸 白刺 Nitraria tangutorum, 紫竹 Phyllostachys nigra, 三色堇 Viola tricolor
cis-*p*-coumaric acid 顺式 - 对香豆酸 佛手 Citrus medica var. sarcodactylis, 青兰 Dracocephalum ruyschiana, 清香藤 Jasminum lanceolarium, 烟草 Nicotiana tabacum, 人参 Panax ginseng, 紫花地丁 Viola philippica
coumaric acid 香豆酸 草玉梅 Anemone rivularis, 鹿仙草 Balanophora dioica, 疏花蛇菰 B. laxiflora, 莼菜 Brasenia schreberi, 过山蕨 Camptosorus sibiricus, 鸭跖草 Commelina communis, 毛丹麻杆 Discocleidion rufescens, 牛筋草 Eleusine coracana, 单叶木蓝 Indigofera linifolia, 荔枝 Litchi chinensis, 蓝果忍冬 Lonicera caerulea, 穗状狐尾藻 Myriophyllum spicatum, 鸡矢藤 Paederia foetida, 波缘冷水花 Pilea cavaleriei, 瓜子金 Polygala japonica, 树形杜鹃花 Rhododendron arboreum, 迷迭香 Rosmarinus officinalis, 蝉翼藤 Securidaca inappendiculata, 独脚金 Striga asiatica, 细叶糙果芹 Trachyspermum ammi, 鸡树条荚蒾 Viburnum opulus var. calvescens, 槲寄生 Viscum coloratum, 刺葡萄 Vitis davidii
m-coumaric acid 间香豆酸 榅桲 Cydonia oblonga, 蜜楝吴萸 Euodia lenticellata, 番茄 Lycopersicon esculentum, 白环黏奥德蘑 Oudemansiella mucida, 桔梗 Platycodon grandiflorus, 黑茶藨子 Ribes nigrum, 插田泡 Rubus coreanus, 黑果越桔 Vaccinium myrtillus
o-coumaric acid 邻香豆酸 肉桂 Cinnamomum cassia, 蓝蓟 Echium vulgare, 芹叶牻牛儿苗 Erodium cicutarium, 玫瑰茄 Hibiscus sabdariffa, 胡桃 Juglans regia, 白花草木犀 Melilotus albus, 草木犀 M. officinalis, 高山杜鹃花 Rhododendron lapponicum, 黑茶藨子 Ribes nigrum, 黑果越桔 Vaccinium myrtillus

p-coumaric acid 对香豆酸 常见成分，至少分布于 100 种以上植物中
p-E-coumaric acid 对 -*E*- 香豆酸 红鸡蛋花 Plumeria rubra
trans-coumaric acid 反式 - 香豆酸 白刺 Nitraria tangutorum, 三色堇 Viola tricolor
trans-o-coumaric acid 反式 - 邻香豆酸 兰香草 Caryopteris incana
trans-p-coumaric acid 反式 - 对香豆酸 扁桃 Amygdalus communis, 三台花 Clerodendrum serratum var. amplexifolium, 大果树参 Dendropanax chevalieri, 瞿麦 Dianthus superbus, 青兰 Dracocephalum ruyschiana, 福建胡颓子 Elaeagnus oldhamii, 三枝九叶草 Epimedium sagittatum, 杜仲 Eucommia ulmoides, 云南土沉香 Excoecaria acerifolia, 少花米口袋 Gueldenstaedtia verna, 黄海棠 Hypericum ascyron, 清香藤 Jasminum lanceolarium, 宜昌润楠 Machilus ichangensis, 烟草 Nicotiana tabacum, 人参 Panax ginseng, 黑龙骨 Periploca forrestii, 马齿苋 Portulaca oleracea, 北玄参 Scrophularia buergeriana, 蜘蛛香 Valeriana jatamansi, 野豇豆 Vigna vexillata, 紫花地丁 Viola philippica
β-coumaric acid *β*- 香豆酸 西南卫矛 Euonymus hamiltonianus
trans-p-coumaric acid ethyl ester 反式 - 对香豆酸乙酯 土沉香 Aquilaria sinensis
coumaric acid ethyl ester 香豆酸乙酯 半枝莲 Scutellaria barbata
p-coumaric acid glucoside 对香豆酸葡萄糖苷 鸡冠花 Celosia cristata, 小果山龙眼 Helicia cochinchinensis, 唐古特大黄 Rheum tanguticum
coumaric acid glucoside 香豆酸葡萄糖苷 黑茶藨子 Ribes nigrum
coumaric acid glucoside ester 香豆酸葡萄糖基酯 刺葡萄 Vitis davidii
p-coumaric acid glucosyl ester 对香豆酸葡萄糖基酯 臭冷杉 Abies nephrolepis
p-coumaric acid methyl ester 对香豆酸甲酯 黄瓜 Cucumis sativus, 白花蛇舌草 Hedyotis diffusa, 中国绣球 Hydrangea chinensis, 单瓣李叶绣线菊 Spiraea prunifolia var. simpliciflora, 麻叶荨麻 Urtica cannabina
trans-p-coumaric acid methyl ester 反式 - 对香豆酸甲酯 金荞麦 Fagopyrum dibotrys, 华中五味子 Schisandra sphenanthera, 荚蒾 Viburnum dilatatum
trans-coumaric acid methyl ester 反式 - 香豆酸甲酯 胡桃楸 Juglans mandshurica
p-coumaric acid *n*-eicosanyl ester 对香豆酸正二十二烷基酯 狼毒 Stellera chamaejasme
trans-p-coumaric acid-4-*O*-(2'-*O*-*β*-D-apiofuranosyl)-*β*-D-glucopyranoside 反式 - 对香豆酸 -4-*O*-(2'-*O*-*β*-D- 呋喃芹糖基)-*β*-D- 吡喃葡萄糖苷 黑面神 Breynia fruticosa, 撒尔维亚 Salvia officinalis
cis-p-coumaric acid-4-*O*-(2'-*O*-*β*-D-apiofuranosyl)-*β*-D-glucopyranoside 顺式 - 对香豆酸 -4-*O*-(2'-*O*-*β*-D- 呋喃芹糖基)-*β*-D- 吡喃葡萄糖苷 黑面神 Breynia fruticosa, 撒尔维亚 Salvia officinalis
p-coumaric acid-4-*O*-*α*-L-rhamnoside 对香豆酸 -4-*O*-*α*-L- 鼠李糖苷 狗舌草 Tephroseris kirilowii
(*Z*)-4-coumaric acid-4-*O*-*β*-D-glucopyranoside (*Z*)-4- 香豆酸 -4-*O*-*β*-D- 吡喃葡萄糖苷 老鼠簕 Acanthus ilicifolius
p-coumaric acid-4-*O*-*β*-D-glucopyranoside 对香豆酸 -4-*O*-*β*-D- 吡喃葡萄糖苷 船盔乌头 Aconitum naviculare, 荚果蕨 Matteuccia struthiopteris, 大花红景天 Rhodiola crenulata, 红景天 R. rosea, 黑茶藨子 Ribes nigrum
trans-p-coumaric acid-4-*O*-*β*-D-glucopyranoside 反式 - 对香豆酸 -4-*O*-*β*-D- 吡喃葡萄糖苷 过山蕨 Camptosorus sibiricus
cis-p-coumaric acid-4-*O*-*β*-D-glucopyranoside 顺式 - 对香豆酸 -4-*O*-*β*-D- 吡喃葡萄糖苷 乌头 Aconitum carmichaelii, 海榄雌 Avicennia marina, 黑面神 Breynia fruticosa, 喙果黑面神 B. rostrata, 番石榴 Psidium guajava
coumaric acid-4-*O*-*β*-D-glucopyranoside 香豆酸 -4-*O*-*β*-D- 吡喃葡萄糖苷 中华青荚叶 Helwingia chinensis
(*E*)-*p*-coumaric acid-glucose ester (*E*)- 对香豆酸葡萄糖酯 草莓 Fragaria × ananassa
coumarin 香豆素 较常见成分，至少分布于 30 种以上植物中，见于川续断科、刺革菌科、大戟科、豆科、凤仙花科、禾本科、胡桃科、夹竹桃科、堇菜科、菊科、爵床科、蓼科、蔷薇科、茄科、忍冬科、伞形科、桑科、莎草科、桃金娘科、万年藓科、玄参科、芸香科、樟科、紫草科等
coumarin-3-acetic acid 香豆素 -3- 乙酸 黄花铁线莲 Clematis intricata
coumarin-7-*O*-*β*-D-glucopyranoside 香豆素 -7-*O*-*β*-D- 吡喃葡萄糖苷 杠板归 Polygonum perfoliatum
coumarobtusane 香豆酰钝叶鸡蛋花烷 ▲ 钝叶鸡蛋花 Plumeria obtusa
coumarobtusanoic acid 香豆酰钝叶鸡蛋花烷酸 ▲ 钝叶鸡蛋花 Plumeria obtusa
14-coumaroxy-(1*E*,4*E*,8*E*)-4,8,11,11-tetramethylcycloundeca-1,4,8-triene 14- 香豆酰氧基 -(1*E*,4*E*,8*E*)-4,8,11,11- 四甲基环十一碳 -1,4,8- 三烯 垂枝桦 Betula pendula
p-coumaroyl ursolic acid 对香豆酰熊果酸 小白花地榆 Sanguisorba tenuifolia var. alba
6-(*p*-coumaroyl) ajugol 6- 对香豆酰筋骨草醇 呆白菜 Triaenophora rupestris
trans-7-(*p*-coumaroyl)-5-hydroxy-secologanol 反式 -7- 对香豆酰基 -5- 羟基裂环马钱醇 ▲ 雪柳 Fontanesia phillyreoides subsp. fortunei
cis-7-(*p*-coumaroyl)-5-hydroxy-secologanol 顺式 -7- 对香豆酰基 -5- 羟基裂环马钱醇 ▲ 雪柳 Fontanesia phillyreoides subsp. fortunei
1-(*p*-coumaroyl)-*α*-L-rhamnopyranose 1- 对香豆酰基 -*α*-L- 吡喃鼠李糖苷 小叶三点金 Codariocalyx microphyllus
3-(*trans-p*-coumaroyl)-quinic acid 3-(反式 - 对香豆酰基) 奎宁酸 木棉 Bombax ceiba
3-[(*Z*)-coumaroyl]lupeol 3-[(*Z*)- 香豆酰] 羽扇豆醇 柱果木榄 Bruguiera cylindrica
(*E*)-coumaroyl-1-*O*-*β*-D-glucopyranoside (*E*)- 香豆酰基 -1-*O*-*β*-D- 吡喃葡萄糖苷 五层龙 Salacia prinoides
3-*p*-(*E*)-coumaroyl-5-(*E*)-caffeoylquinic acid 3-*E*- 对香豆酰基 -5- 反式 - 咖啡酰奎宁酸 青兰 Dracocephalum ruyschiana
p-coumaroylaloenin 对香豆酰芦荟宁 芦荟 Aloe vera
2''-*p*-coumaroylastragalin 2''- 对羟基桂皮酰紫云英苷 香青兰 Dracocephalum moldavica
10-*p*-coumaroylaucubin 10- 对香豆酰桃叶珊瑚苷 阴行草 Siphonostegia chinensis
p-coumaroyl-D-glucopyranoside 对香豆酰基 -D- 吡喃葡萄糖苷 瓜叶马兜铃 Aristolochia cucurbitifolia
2'-*trans-p*-coumaroyl-dihydropenstemide 2'- 反式 - 对香豆酰二氢钓钟柳次苷 ▲ 金佛山荚蒾 Viburnum chinshanense

p-coumaroyl-D-malic acid-1-merthyl ester 对香豆酰 -D- 苹果酸 -1- 甲酯 野鸦椿 Euscaphis japonica
p-coumaroylglucose 对香豆酰葡萄糖 黑茶藨子 Ribes nigrum
1-*p*-coumaroylglucose-2-sulphate 1- 对香豆酰葡萄糖 -2- 硫酸酯 扇叶铁线蕨 Adiantum flabellulatum
1-*p*-coumaroylglucose-6-sulphate 1- 对香豆酰葡萄糖 -6- 硫酸酯 扇叶铁线蕨 Adiantum flabellulatum
(23*E*)-coumaroylhederagenin (23*E*)- 香豆酰常春藤皂苷元 毛草龙 Ludwigia octovalvis
(23*Z*)-coumaroylhederagenin (23*Z*)- 香豆酰常春藤皂苷元 毛草龙 Ludwigia octovalvis
(3*Z*)-coumaroylhederagenin (3*Z*)- 香豆酰常春藤皂苷元 毛草龙 Ludwigia octovalvis
coumaroylisooxymyrioside 香豆酰异多叶棘豆黄酮苷▲ 多叶棘豆 Oxytropis myriophylla
cis/*trans*-3-*p*-coumaroylkaempferol 顺式 / 反式 -3- 对香豆酰山柰酚 悬铃木 Platanus acerifolia
4''-*trans*-*p*-coumaroyl-kaempferol-3-*O*-*α*-L-rhamnopyranoside 4''- 反式 - 对香豆酰基 - 山柰酚 -3-*O*-*α*-L- 吡喃鼠李糖苷 滇虎榛 Ostryopsis nobilis
4''-*cis*-*p*-coumaroyl-kaempferol-3-*O*-*α*-L-rhamnopyranoside 4''- 顺式 - 对香豆酰基 - 山柰酚 -3-*O*-*α*-L- 吡喃鼠李糖苷 滇虎榛 Ostryopsis nobilis
3-(*E*)-coumaroyllupeol 3-(*E*)- 香豆酰羽扇豆醇 柱果木榄 Bruguiera cylindrica
3*α*-*E*-coumaroyllupeol 3*α*-*E*- 香豆酰羽扇豆醇 柱果木榄 Bruguiera cylindrica
3*α*-*Z*-coumaroyllupeol 3*α*-*Z*- 香豆酰羽扇豆醇 柱果木榄 Bruguiera cylindrica
p-coumaroylmalic acid 对香豆酰苹果酸 翼叶山牵牛 Thunbergia alata
2''-(*E*)-*p*-coumaroylmyricitrin 2''-(*E*)- 对香豆酰杨梅苷 粉叶柿 Diospyros glaucifolia
3''-(*E*)-*p*-coumaroylmyricitrin 3''- 反式 - 对香豆酰杨梅苷 粉叶柿 Diospyros glaucifolia, 柿 D. kaki
2''-(*E*)-*p*-coumaroylmyritrin 2''-(*E*)- 对香豆酰杨梅苷 柿 Diospyros kaki
3-*p*-*trans*-coumaroyloleanolic acid 3- 对 - 反式 - 香豆酰齐墩果酸 羊蹄甲 Bauhinia purpurea
3*β*-(*trans*-*p*-coumaroyloxy)-2*α*,23-dihydroxy-urs-12-en-28-oic acid 3*β*-(反式 - 对香豆酰氧基)-2*α*,23- 二羟基熊果 -12- 烯 -28- 酸 葛枣猕猴桃 Actinidia polygama
27-[(*E*)-*p*-coumaroyloxy]-friedelin-28-carboxylic acid 27-[(*E*)- 对香豆酰氧基]- 无羁萜 -28- 酸 红厚壳 Calophyllum inophyllum
27-[(*Z*)-*p*-coumaroyloxy]-friedelin-28-carboxylic acid 27-[(*Z*)- 对香豆酰氧基]- 无羁萜 -28- 酸 红厚壳 Calophyllum inophyllum
3*β*-*trans*-*p*-coumaroyloxy-2*α*,23-dihydroxyolean-12-en-28-oic acid 3*β*- 反式 - 对香豆酰氧基 -2*α*,23- 二羟基齐墩果 -12- 烯 -28- 酸 青杨梅 Myrica adenophora
23-*cis*-*p*-coumaroyloxy-2*α*,3*β*-dihydroxyolean-12-en-28-oic acid 23- 顺式 - 对香豆酰氧基 -2*α*,3*β*- 二羟基齐墩果 -12- 烯 -28- 酸 桃金娘 Rhodomyrtus tomentosa
23-*trans*-*p*-coumaroyloxy-2*α*,3*β*-dihydroxyolean-12-en-28-oic acid 23- 反式 - 对香豆酰氧基 -2*α*,3*β*- 二羟基齐墩果 -12- 烯 -28- 酸 桃金娘 Rhodomyrtus tomentosa
27-*p*-(*E*)-coumaroyloxyursolic acid 27- 对 -(*E*)- 香豆酰氧基熊果酸 夹竹桃 Nerium oleander
27-*p*-*Z*-coumaroyloxyursolic acid 27- 对 -*Z*- 香豆酰氧基熊果酸 钝叶鸡蛋花 Plumeria obtusa
7-*p*-coumaroylpatrinoside 7- 对香豆酰败酱苷▲ 绣球荚蒾 Viburnum macrocephalum, 皱叶荚蒾 V. rhytidophyllum
3-*p*-coumaroylquinic acid 3- 对香豆酰奎宁酸 菊苣 Cichorium intybus, 胡桃 Juglans regia, 黑茶藨子 Ribes nigrum, 红车轴草 Trifolium pratense
4-coumaroylquinic acid 4- 香豆酰奎宁酸 荚蒾 Viburnum dilatatum
5-*p*-*trans*-coumaroylquinic acid 5- 对 - 反式 - 香豆酰奎宁酸 杏香兔儿风 Ainsliaea fragrans, 旱芹 Apium graveolens, 雪松 Cedrus deodara, 水芹 Oenanthe javanica, 蒺藜 Tribulus terrestris
5-*p*-*cis*-coumaroylquinic acid 5- 对 - 顺式 - 香豆酰奎宁酸 芦荟 Aloe vera, 泡核桃 Juglans sigillata, 蒺藜 Tribulus terrestris
5-*p*-coumaroylquinic acid 5- 对香豆酰奎宁酸 芦荟 Aloe vera, 东北蛇葡萄 Ampelopsis glandulosa var. brevipedunculata, 淡枝沙拐枣 Calligonum leucocladum, 向日葵 Helianthus annuus, 紫萍 Spirodela polyrrhiza
p-coumaroylquinic acid 对香豆酰奎宁酸 欧洲甜樱桃 Cerasus avium, 苹果 Malus pumila, 山葡萄 Vitis amurensis
trans-3-*p*-coumaroylquinic acid 反式 -3- 对香豆酰奎宁酸 倒卵绣球 Hydrangea obovatifolia
coumaroylquinic acid 香豆酰奎宁酸 刺苋 Amaranthus spinosus, 芸苔 Brassica rapa var. oleifera
(*E*)-6-*O*-*p*-coumaroylscandoside methyl ester (*E*)-6-*O*- 对香豆酰鸡矢藤次苷甲酯 白花蛇舌草 Hedyotis diffusa
6'-*E*-*p*-coumaroylsecologanoside 6'-*E*- 对香豆酰裂环马钱诺苷▲ 木犀榄 Olea europaea
6'''-*p*-coumaroylspinosin 6'''- 对香豆酰酸枣素▲ 滇刺枣 Ziziphus mauritiana
3*α*-*E*-coumaroyltaraxerol 3*α*-*E*- 香豆酰蒲公英赛醇 柱果木榄 Bruguiera cylindrica
3*α*-*Z*-coumaroyltaraxerol 3*α*-*Z*- 香豆酰蒲公英赛醇 柱果木榄 Bruguiera cylindrica
trans-*p*-coumaroyltartaric acid 反式 - 对香豆酰酒石酸 山葡萄 Vitis amurensis
24-*trans*-*p*-coumaroyl-tetracosanyl-*trans*-ferulate 24- 反式 - 对香豆酰基 - 二十四烷基 - 反式 - 阿魏酸酯 木竹子 Garcinia multiflora
23-*trans*-*p*-coumaroyltormentic acid 23- 反式 - 对香豆酰委陵菜酸 枇杷 Eriobotrya japonica
23-*cis*-*p*-coumaroyltormentic acid 23- 顺式 - 对香豆酰委陵菜酸 枇杷 Eriobotrya japonica
2''-*p*-coumaroylvitexin-7-glucopyranoside 2''- 对酰牡荆素 -7- 吡喃葡萄糖苷 簇花粟米草 Mollugo oppositifolia
coumaroyl-*β*-D-glucopyranoside 香豆酰 -*β*-D- 吡喃葡萄糖苷 山杨 Populus davidiana
1-*p*-coumaroyl-*β*-D-glucopyranoside) 1- 对香豆酰基 -*β*-D- 吡喃葡萄糖苷 黑茶藨子 Ribes nigrum
trans-*p*-coumaroyl-*β*-D-glucopyranosyl ester 反式 - 对香豆酸 -*β*-D- 葡萄糖基酯 唐古特大黄 Rheum tanguticum
1-*p*-coumaroyl-*β*-D-glucose 1- 对香豆酰基 -*β*-D- 葡萄糖 欧洲大叶杨 Populus candicans

(*E*)-*β*-coumaryl alcohol (*E*)-*β*- 香豆醇 高良姜 Alpinia officinarum
(*E*)-*p*-coumaryl alcohol (*E*)- 对香豆醇 半夏 Pinellia ternata, 椿叶花椒 Zanthoxylum ailanthoides
p-coumaryl alcohol glucoside 对香豆醇葡萄糖苷 老鸦烟筒花 Millingtonia hortensis
trans-*p*-coumaryl alcohol-(2'-*O*-*β*-D-glucopyranosyl)-*β*-D-glucopyranoside 反式 - 对香豆醇 -(2'-*O*-*β*-D- 吡喃葡萄糖基)-*β*-D- 吡喃葡萄糖苷 草苁蓉 Boschniakia rossica
trans-*p*-coumaryl alcohol-1-*O*-*β*-D-glucopyranosyl-(1 → 4)-*α*-L-rhamnopyranosyl-(1 → 3)-*β*-D-glucopyranoside 反式 - 对香豆醇 -1-*O*-*β*-D- 吡喃葡萄糖基 -(1 → 4)-*α*-L- 吡喃鼠李糖基 -(1 → 3)-*β*-D- 吡喃葡萄糖苷 草苁蓉 Boschniakia rossica
(*E*)-*β*-coumaryl alcohol-*γ*-*O*-methyl ether (*E*)-*β*- 香豆醇 -*γ*-*O*- 甲醚 高良姜 Alpinia officinarum
(*E*)-*p*-coumaryl behenoate (*E*)- 对香豆醇山萮酸酯 榅桲 Cydonia oblonga
trans-*p*-coumaryl diacetate 反式 - 对香豆醇二乙酸酯 红豆蔻 Alpinia galanga
(*Z*)-*p*-coumaryl lignoceroate (*Z*)- 对香豆醇二十四酸酯 榅桲 Cydonia oblonga
(*E*)-*p*-coumaryl linoleate (*E*)- 对香豆醇亚油酸酯 榅桲 Cydonia oblonga
(*E*)-*p*-coumaryl oleate (*E*)- 对香豆醇油酸酯 榅桲 Cydonia oblonga
(*E*)-*p*-coumaryl palmitate (*E*)- 对香豆醇棕榈酸酯 榅桲 Cydonia oblonga
(*E*)-*p*-coumaryl stearate (*E*)- 对香豆醇硬脂酸酯 榅桲 Cydonia oblonga
(*E*)-*p*-coumaryl-13-*cis*-docosenoate (*E*)- 对香豆醇 -13- 顺式 - 二十二烯酸酯 榅桲 Cydonia oblonga
(*Z*)-*p*-coumaryl-13-*cis*-docosenoate (*Z*)- 对香豆醇 -13- 顺式 - 二十二烯酸酯 榅桲 Cydonia oblonga
1,3-*p*-coumaryl-2-acetylglycerol 1,3- 对香豆酰基 -2- 乙酰甘油 大叶杨 Populus lasiocarpa
1-*p*-coumaryl-3-caffeyl-2-acetylglycerol 1- 对香豆酰 -3- 咖啡酰基 -2- 乙酰甘油 大叶杨 Populus lasiocarpa
2-*p*-coumarylarbutin 2- 对香豆酰熊果苷 银桦 Grevillea robusta
6-*p*-coumarylarbutin 6- 对香豆酰熊果苷 银桦 Grevillea robusta
2''-*p*-coumarylastragalin 2''- 对香豆酰紫云英苷 木姜叶柯 Lithocarpus litseifolius
2'-*p*-coumarylastragalin 2'- 对香豆酰黄芪苷 甜茶 Rubus chingii var. suavissimus
cis-*p*-coumaryl-hexacosanoate 顺式 - 对香豆酸二十六酯 野核桃 Juglans cathayensis
coumasabin 圆柏香豆素 叉子圆柏 Juniperus sabina
coumestan 香豆醚▲ 蟛蜞菊 Wedelia chinensis
coumestrol 香豆雌酚 补骨脂 Cullen corylifolia, 豆 Glycine soja, 烟豆 G. tabacina, 南苜蓿 Medicago polymorpha, 紫苜蓿 M. sativa, 印度草木犀 Melilotus indicus, 棉豆 Phaseolus lunatus, 白英 Solanum lyratum, 红血藤 Spatholobus sinensis
coumurrayin 千里香素▲ 千里香 Murraya paniculata, 红前胡 Peucedanum rubricaule, 飞龙掌血 Toddalia asiatica
coumurrin 千里香灵▲ 千里香 Murraya paniculata
trans-coutaric acid 反式 - 香豆酰酒石酸 山葡萄 Vitis amurensis, 葡萄 V. vinifera
cis-coutaric acid 顺式 - 香豆酰酒石酸 葡萄 Vitis vinifera
cowabenzophenone A, B 云树苯酮▲A, B 云树 Garcinia cowa
cowadepsidone 云树缩酚酸环醚▲ 云树 Garcinia cowa
cowagarcinone A, C, D, E 云南山竹子酮▲A, C, D, E 云树 Garcinia cowa
cowagarcinone B 云南山竹子酮▲B 云树 Garcinia cowa, 莽吉柿 G. mangostana
cowanin 云树宁▲ 云树 Garcinia cowa
cowanol 云树醇▲ 云树 Garcinia cowa
cowanone 云树烯酮▲ 云树 Garcinia cowa
cowaxanthone 云树咄酮▲ 云树 Garcinia cowa
cowaxanthone A 云树咄酮▲A 云树 Garcinia cowa, 莽吉柿 G. mangostana
cowaxanthone B 云树咄酮▲B 云树 Garcinia cowa, 莽吉柿 G. mangostana
cowaxanthone C~F 云树咄酮▲C~F 云树 Garcinia cowa
6-*C*-pentenylluteolin 6-*C*- 戊烯基木犀草素 千斤拔 Flemingia philippinensis
6-*C*-pentosyl-8-*C*-hexosylapigenin 6-*C*- 戊糖基 -8-*C*- 已糖基芹菜苷元 金花茶 Camellia petelotii
C-phycocyanin C- 藻蓝素 极大节旋藻 Arthrospira maxima, 发状念珠藻 Nostoc flagelliforme
8-*C*-*p*-hydoxybenzylkaempferol 8-*C*- 对羟苄基山柰酚 小白及 Bletilla formosana
6-*C*-prenyl-5,7,2',4'-tetrahydroxydihydroflavanonol 6-*C*- 异戊烯基 -5,7,2',4'- 四羟基二氢黄烷醇 小槐花 Ohwia caudata
8-C-prenyl-5,7,2',4'-tetrahydroxydihydroflavanonol 8-*C*- 异戊烯基 -5,7,2',4'- 四羟基二氢黄烷醇 小槐花 Ohwia caudata
6-C-prenyl-5,7,2',4'-tetrahydroxydihydroflavonol 6-*C*- 异戊烯基 -5,7,2',4'- 四羟基二氢黄酮醇 小槐花 Ohwia caudata
8-*C*-prenyl-5,7,5'-trimethoxy-3',4'-methylenedioxyflavone 8-*C*- 异戊烯基 -5,7,5'- 三甲氧基 -3',4'- 亚甲二氧基黄酮 大叶山蚂蝗 Desmodium gangeticum
2(*R*)-8-C-prenyl-7-methoxy-5,2',4'-trihydroxydihydroflavanonol 2(*R*)-8-*C*- 异戊烯基 -7- 甲氧基 -5,2',4'- 三羟基二氢黄烷醇 小槐花 Ohwia caudata
6-*C*-prenyl-8-*C*-methylpinocembrin 6-*C*- 异戊烯基 -8-*C*- 甲基瑞士松素 悬铃木 Platanus acerifolia
8-*C*-prenyl-chromanochroman 8-*C*- 异戊烯基 - 色烷并色烷 小槐花 Ohwia caudata
8-*C*-prenyldihydroisorhamnetin 8-*C*- 异戊烯基二氢异鼠李素 小槐花 Ohwia caudata
8-*C*-prenyldihydroquercetin 8-*C*- 异戊烯基二氢槲皮素 小槐花 Ohwia caudata
8-*C*-prenyl-eriodictyol 8-*C*- 异戊烯基圣草酚 甘草 Glycyrrhiza uralensis

8-*C*-prenylkaempferol 8-*C*- 异戊烯基山柰酚 越南槐 Sophora tonkinensis
crabbogenin 卡波皂苷元 剑叶朱蕉 Cordyline stricta
cracochinchinone E 黄芽木酮▲E 黄牛木 Cratoxylum cochinchinense
craibiodendronin A 金叶子素▲A 云南假木荷 Craibiodendron yunnanense
craibiotoxin I, II, III, IV, VIII 金叶子毒素 I, II, III, IV, VIII 云南假木荷 Craibiodendron yunnanense
craibiotoxin V 金叶子毒素 V 柳叶假木荷 Craibiodendron henryi, 云南假木荷 C. yunnanense
craibiotoxin VI 金叶子毒素 VI 柳叶假木荷 Craibiodendron henryi, 云南假木荷 C. yunnanense
craibiotoxin VII 金叶子毒素 VII 柳叶假木荷 Craibiodendron henryi, 云南假木荷 C. yunnanense
craibiotoxin IX 金叶子毒素 IX 大白杜鹃花 Rhododendron decorum
craiobioside A, B 金叶子苷 A, B 云南假木荷 Craibiodendron yunnanense
cranioside A 簇序草苷▲A 巴东醉鱼草 Buddleja albiflora, 大叶醉鱼草 B. davidii
crassicaudine 粗茎乌头定▲ 粗茎乌头 Aconitum crassicaule
crassicaulidine 粗茎乌头里定▲ 粗茎乌头 Aconitum crassicaule, 宾川乌头 A. duclouxii
crassicauline 粗茎乌头碱 丽江乌头 Aconitum forrestii
crassicauline I, II, B 粗茎乌头碱 I, II, B 粗茎乌头 Aconitum crassicaule
crassicauline A 粗茎乌头碱 A 乌头 Aconitum carmichaelii, 粗茎乌头 A. crassicaule, 紫乌头 A. episcopale, 丽江乌头 A. forrestii, 膝瓣乌头 A. geniculatum, 细叶乌头 A. macrorhynchum, 德钦乌头 A. ouvrardianum, 直缘乌头 A. transsectum, 展毛黄草乌 A. vilmorinianum var. patentipilum
crassicaulisine 粗茎乌头里辛▲ 粗茎乌头 Aconitum crassicaule
crassicausine 粗茎乌头辛▲ 粗茎乌头 Aconitum crassicaule
crassicautine 粗茎乌头亭▲ 粗茎乌头 Aconitum crassicaule
crassifogenin A, C 绒叶仙茅素 A, C 绒叶仙茅 Curculigo crassifolia
crassifogenin B 绒叶仙茅素 B 短葶仙茅 Curculigo breviscapa, 绒叶仙茅 C. crassifolia
(1*R*,2*R*)-crassifogenin D (1*R*,2*R*)- 绒叶仙茅素 D 绒叶仙茅 Curculigo crassifolia
(1*S*,2*R*)-crassifogenin D (1*S*,2*R*)- 绒叶仙茅素 D 绒叶仙茅 Curculigo crassifolia
crassifolein 鸡骨香碱 鸡骨香 Croton crassifolius
crassifolin A~G 鸡骨香素 A~G 鸡骨香 Croton crassifolius
crassifolioside 肉叶车前苷▲ 块茎芦莉草 Ruellia tuberosa
crassifolius acid 鸡骨香酸 鸡骨香 Croton crassifolius
crassifolius ester 鸡骨香酯 鸡骨香 Croton crassifolius
crassifoside A 绒叶仙茅苷 A 短葶仙茅 Curculigo breviscapa, 绒叶仙茅 C. crassifolia
crassifoside B~E, G 绒叶仙茅苷 B~E, G 绒叶仙茅 Curculigo crassifolia
crassifoside F 绒叶仙茅苷 F 短葶仙茅 Curculigo breviscapa, 绒叶仙茅 C. crassifolia
crassifoside H 绒叶仙茅苷 H 短葶仙茅 Curculigo breviscapa
crassirhizomoside A, B, C 粗茎鳞毛蕨苷▲A, B, C 粗茎鳞毛蕨 Dryopteris crassirhizoma
crassoside 镰叶车前苷▲ 直立黄钟花 Tecoma stans
crataegioside 牛叠肚苷▲ 栽秧泡 Rubus ellipticus var. obcordatus
trans-crataegolic acid 反式 - 山楂酸 小花清风藤 Sabia parviflora
crataegolic acid; maslinic acid 山楂酸 较常见成分，至少分布于 30 种以上植物中，见于柽柳科、唇形科、大戟科、豆科、杜鹃花科、椴树科、海桑科、胡桃科、胡颓子科、槲寄生科、桦木科、夹竹桃科、柳叶菜科、龙胆科、鹿蹄草科、马鞭草科、木通科、千屈菜科、茜草科、蔷薇科、忍冬科、桑科、山茶科、山矾科、省沽油科、石榴科、石竹科、使君子科、睡莲科、桃金娘科、卫矛科、五加科、西番莲科、玄参科、荨麻科、杨梅科、榆科、紫葳科、醉鱼草科等
cratoxylone 黄牛木酮 黄牛木 Cratoxylum cochinchinense
cratoxylumxanthone A~D 黄牛木新呫酮▲A~D 黄牛木 Cratoxylum cochinchinense
cratoxyxanthone 黄牛木呫酮▲ 黄牛木 Cratoxylum cochinchinense, 莽吉柿 Garcinia mangostana
creatinine 肌酐 野蘑菇 Agaricus campestris
(-)-crebanine (-)- 头序千金藤宁▲ 马山地不容 Stephania mashanica, 云南地不容 S. yunnanensis
crebanine 头序千金藤宁▲ 白叶瓜馥木 Fissistigma glaucescens, 白线薯 Stephania brachyandra, 金线吊乌龟 S. cephalantha, 血散薯 S. dielsiana, 海南地不容 S. hainanensis, 河谷地不容 S. intermedia, 药用地不容 S. officinarum, 小叶地不容 S. succifera
crebanine-*N*-oxide 头序千金藤宁▲-*N*- 氧化物 小叶地不容 Stephania succifera
crellisin 1, 2, A, B 车前状垂头菊素▲1, 2, A, B 车前状垂头菊 Cremanthodium ellisii
cremanthodioside 垂头菊苷▲ 车前状垂头菊 Cremanthodium ellisii, 柃木 Eurya japonica, 大叶龙角 Hydnocarpus annamensis
cremastrine 杜鹃兰碱▲ 杜鹃兰 Cremastra appendiculata
crenatidine 圆齿爱舍苦木定▲ 岭南臭椿 Ailanthus triphysa, 常绿苦树 Picrasma javanica
crenatin 日本栗苷 苦槠 Castanopsis sclerophylla
crenatine 圆齿爱舍苦木亭▲ 岭南臭椿 Ailanthus triphysa, 常绿苦树 Picrasma javanica
crenatoside 圆齿列当苷 广防风 Anisomeles indica, 管花肉苁蓉 Cistanche tubulosa, 密生波罗花 Incarvillea compacta, 冠唇花 Microtoena insuavis, 南川冠唇花 M. prainiana, 弯管列当 Orobanche cernua, 列当 O. coerulescens, 广藿香 Pogostemon cablin, 炮仗竹 Russelia equisetiformis, 阴行草 Siphonostegia chinensis

crenatoside 长叶冻绿苷▲ 长叶冻绿 Rhamnus crenata
crenulatin 大花红景天素 马蜂橙 Citrus hystrix, 黎檬 C. limonia, 柚 C. maxima, 文旦 C. maxima'Wentan', 葡萄柚 C. paradisi, 牵牛 Ipomoea nil, 大花红景天 Rhodiola crenulata, 红景天 R. rosea, 城口东俄芹 Tongoloa silaifolia
crenuloside 大花红景天苷 大花红景天 Rhodiola crenulata, 小丛红景天 R. dumulosa, 地桃花 Urena lobata
creosol 木焦油酚 檀香 Santalum album
crepenynic acid 还阳参烯炔酸▲ 龙船花 Ixora chinensis
crepidatin 玫瑰石斛素 束花石斛 Dendrobium chrysanthum, 玫瑰石斛 D. crepidatum, 流苏石斛 D. fimbriatum
crepidiaside A 假还阳参苷 A 菊苣 Cichorium intybus
crepidiaside B 假还阳参苷 B 菊苣 Cichorium intybus, 莴苣 Lactuca sativa, 山莴苣 Lagedium sibiricum
crepiside A 还阳参苷 A 菊苣 Cichorium intybus
crepiside D 还阳参苷 D 黄鹌菜 Youngia japonica
crepiside E 还阳参苷 E 地胆草 Elephantopus scaber
crepiside G 还阳参苷 G 黄鹌菜 Youngia japonica
crepiside H 还阳参苷 H 菊苣 Cichorium intybus
crepiside I 还阳参苷 I 菊苣 Cichorium intybus, 黄鹌菜 Youngia japonica
crescentin I, II, III, IV, V 葫芦树素▲I, II, III, IV, V 葫芦树 Crescentia cujete
crescentoside A, B, C 葫芦树苷▲A, B, C 葫芦树 Crescentia cujete
p-cresol 对甲酚 挥发油成分，未统计基源
cresol 甲酚 挥发油成分，未统计基源
o-cresol 邻甲酚 挥发油成分，未统计基源
cretanin 日本栗鞣质▲ 板栗 Castanea mollissima, 苦槠 Castanopsis sclerophylla
creticoside A 大叶凤尾蕨苷 A 卵叶鳞始蕨 Lindsaea intertexta, 凤尾蕨 Pteris cretica var. nervosa, 指叶凤尾蕨 P. dactylina
creticoside B 大叶凤尾蕨苷 B 凤尾蕨 Pteris cretica var. nervosa, 指叶凤尾蕨 P. dactylina, 井栏边草 P. multifida
8-*C*-rhamnopyranosylapigenin 8-*C*- 吡喃鼠李糖基芹菜苷元 酸橙 Citrus aurantium, 代代 C. aurantium 'Daidai'
crinafolidine 西南文殊兰醛碱 西南文殊兰 Crinum latifolium
crinamidine 文殊兰米定 西南文殊兰 Crinum latifolium
crinamine 文殊兰胺 文殊兰 Crinum asiaticum var. sinicum, 西南文殊兰 C. latifolium
crinamine-*N*-oxide 文殊兰胺 -*N*- 氧化物 文殊兰 Crinum asiaticum var. sinicum
crinine 文殊兰碱 文殊兰 Crinum asiaticum var. sinicum, 西南文殊兰 C. latifolium, 中国石蒜 Lycoris chinensis, 广西石蒜 L. guangxiensis, 长筒石蒜 L. longituba
crinisine 文殊兰星碱 文殊兰 Crinum asiaticum var. sinicum
crinumaquine 文殊兰奎碱▲ 文殊兰 Crinum asiaticum var. sinicum
crispane 欧芹烷▲ 欧芹 Petroselinum crispum
crispanone 欧芹酮▲ 欧芹 Petroselinum crispum
crispin A, B 皱叶醉鱼草素▲A, B 皱叶醉鱼草 Buddleja crispa
crispine A~E 皱叶尼润碱 A~E 丝毛飞廉 Carduus crispus
crispioside B 皱波叶苷 B 向日葵 Helianthus annuus
crispolide 欧菊内酯 菊蒿 Tanacetum vulgare
cristacarpin 鸡冠刺桐紫檀素▲ 鸡冠刺桐 Erythrina crista-galli
cristanine A, B 鸡冠刺桐宁碱▲A, B 鸡冠刺桐 Erythrina crista-galli
cristatain 鸡冠花苷 青葙 Celosia argentea, 鸡冠花 C. cristata
cristatein 鸡冠花黄素▲ 鸡冠花 Celosia cristata
crithmumdiol 海茴香二醇▲ 羌活 Notopterygium incisum
croalbidine 响铃豆碱 响铃豆 Crotalaria albida
croalbinecine 响铃豆辛碱 响铃豆 Crotalaria albida
crocatone 番红水芹酮▲ 峨参 Anthriscus sylvestris
crocaudatol 卵叶巴豆醇▲ 卵叶巴豆 Croton caudatus
α-crocetin *α*- 番红花酸 番红花 Crocus sativus
β-crocetin *β*- 番红花酸 番红花 Crocus sativus
γ-crocetin *γ*- 番红花酸 番红花 Crocus sativus
crocetin 番红花酸 栀子 Gardenia jasminoides, 大黄栀子 G. sootepensis
crocetin dialdehyde 番红花酸二醛 毛喉鞘蕊花 Coleus forskohlii
crocetin diethyl ester 番红花酸二乙酯 柳杉 Cryptomeria japonica var. sinensis
crocetin monoethyl ester 番红花酸单乙酯 柳杉 Cryptomeria japonica var. sinensis
crocetin monogentibiosyl ester 番红花酸单龙胆二糖酯 密蒙花 Buddleja officinalis
crocetin monomethyl ester 番红花酸单甲酯 番红花 Crocus sativus
13-*cis*-crocetin-di(*β*-gentibiosyl)-ester 13- 顺式 - 番红花酸 - 二 (*β*- 龙胆二糖基)- 酯 番红花 Crocus sativus
all-trans-crocetin-mono(*β*-D-glucosyl)-ester 全反式 - 番红花酸 - 单 (*β*-D- 葡萄糖基)- 酯 番红花 Crocus sativus
crocetin-*β*-D-glucosyl-*β*-gentiobiosyl ester 番红花酸 -*β*-D- 葡萄糖基 -*β*- 龙胆二糖基酯苷 栀子 Gardenia jasminoides

13-*cis*-crocetin-β-gentibiosyl-β-D-glucosyl-ester 13- 顺式 - 番红花酸 -β- 龙胆二糖基 -β-D- 葡萄糖基酯 番红花 Crocus sativus
trans-crocetin-β-triglucosyl-β-gentibiosyl-ester 反式 - 番红花酸 -β- 三葡萄糖基 -β- 龙胆二糖基酯 番红花 Crocus sativus
cis-crocetin-β-triglucosyl-β-gentibiosyl-ester 顺式 - 番红花酸 -β- 三葡萄糖基 -β- 龙胆二糖基酯 番红花 Crocus sativus
crocin 番红花苷 红木 Bixa orellana, 栀子 Gardenia jasminoides
crocin 1~4 番红花苷 1~4 番红花 Crocus sativus
crocin A 番红花苷 A 百部 Stemona japonica
crocin-1 番红花苷 -1 栀子 Gardenia jasminoides
crocin-2 番红花苷 -2 栀子 Gardenia jasminoides
crocosmioside A~I 雄黄兰皂苷 A~I 雄黄兰 Crocosmia × crocosmiiflora
crocusatin B, E~L 番红花亭▲B, E~L 番红花 Crocus sativus
crocusatin C 番红花亭▲C 番红花 Crocus sativus, 栀子 Gardenia jasminoides
crocusatin D 番红花亭▲D 密蒙花 Buddleja officinalis, 番红花 Crocus sativus
crocusatin M 番红花亭▲M 密蒙花 Buddleja officinalis
cromedine 假苜蓿定碱 假苜蓿 Crotalaria medicaginea
croomine 金刚大碱 黄精叶钩吻 Croomia japonica
croomionidine 金刚大定 黄精叶钩吻 Croomia japonica
crosatoside A, B 番红花新苷 A, B 番红花 Crocus sativus
crossogumerin A 高氏缨瓣素▲A 云南鼠尾草 Salvia yunnanensis
crossostephin 芙蓉菊属素▲ 芙蓉菊 Crossostephium chinense
crotafuran A, B, C 猪屎豆呋喃▲A, B, C 猪屎豆 Crotalaria pallida
crotafuran D 猪屎豆呋喃▲D 大猪屎豆 Crotalaria assamica
crotafuran E 猪屎豆呋喃▲E 猪屎豆 Crotalaria pallida
crotalarioides xanthone F 西南远志吅酮 F 西南远志 Polygala crotalarioides
crotalarioside A, B 西南远志苷▲A, B 西南远志 Polygala crotalarioides
(+)-crotepoxide (+)- 巴豆环氧素 卵叶胡椒 Piper attenuatum, 风藤 P. kadsura
crotepoxide 巴豆环氧化物 温郁金 Curcuma wenyujin, 海南三七 Kaempferia rotunda, 卵叶胡椒 Piper attenuatum, 山蒟 P. hancei, 石南藤 P. wallichii
(-)-crotepoxide A, B (-)- 巴豆环氧素 A, B 海南三七 Kaempferia rotunda
crotin 巴豆毒素 巴豆 Croton tiglium
crotocascarin A~H, α, β 银叶巴豆素 A~H, α, β 银叶巴豆 Croton cascarilloides
crotocaudin 卵叶巴豆定▲ 卵叶巴豆 Croton caudatus
crotocorylifuran 榛叶巴豆呋喃▲ 三脉紫菀 Aster ageratoides
crotonaldehyde 巴豆醛 挥发油成分，未统计基源
crotoncaudatin 卵叶巴豆素▲ 卵叶巴豆 Croton caudatus, 光叶巴豆 C. laevigatus
crotonine 巴豆宁碱 巴豆 Croton tiglium
crotonionoside A~G 巴豆香堇苷▲A~G 银叶巴豆 Croton cascarilloides
crotonkinensin A, B 越南巴豆辛素 A, B 越南巴豆 Croton kongensis
crotonkinin A, B 越南巴豆宁素 A, B 越南巴豆 Croton kongensis
crotonolide A~J 海南巴豆内酯▲A~J 海南巴豆 Croton laui
crotonoside 巴豆苷 巴豆 Croton tiglium
crotonoylcosiin; crotonoylcosmosiin 巴豆酰大波斯菊苷 葎草 Humulus scandens
crotophorbolone；anhydrophorbol 巴豆佛波醇酮 狼毒大戟 Euphorbia fischeriana
crotsparine 散花巴豆碱▲ 海岛轮环藤 Cyclea insularis
crovatin 列瓦巴豆亭▲ 光叶巴豆 Croton laevigatus
croverin 维氏巴豆素▲ 光叶巴豆 Croton laevigatus, 海南巴豆 C. laui
crusgallin; sawamilletin 稗草素▲ 稗 Echinochloa crusgalli, 荻 Miscanthus sacchariflorus, 甘蔗 Saccharum officinarum
crustaxanthin 甲壳黄质 雨生红球藻 Haematococcus pluvialis
crykonisine 黄果厚壳桂素▲ 莲 Nelumbo nucifera
cryptanoside A~D 白叶藤苷▲A~D 古钩藤 Cryptolepis buchananii
cryptoacetalide 丹参隐螺内酯 甘西鼠尾草 Salvia przewalskii, 云南鼠尾草 S. yunnanensis
cryptoacorone 隐菖蒲螺酮 石菖蒲 Acorus gramineus
cryptocapsin 隐辣椒素 辣椒 Capsicum annuum
cryptochlorogenic acid 隐绿原酸 东北蛇葡萄 Ampelopsis glandulosa var. brevipedunculata, 食用土当归 Aralia cordata, 感应草 Biophytum sensitivum, 山皂荚 Gleditsia japonica, 向日葵 Helianthus annuus, 山芝麻 Helicteres angustifolia, 亚麻 Linum usitatissimum, 番茄 Lycopersicon esculentum, 人心果 Manilkara zapota, 三球悬铃木 Platanus orientalis, 欧洲李 Prunus domestica, 阳芋 Solanum tuberosum, 荚蒾 Viburnum dilatatum
cryptochlorogenic acid methyl ester 隐绿原酸甲酯 三叶木通 Akebia trifoliata, 水红木 Viburnum cylindricum
(+)-cryptodorine (+)- 芳香厚壳桂碱 月桂 Laurus nobilis
cryptoflavin 隐黄素 番木瓜 Carica papaya, 香圆 Citrus grandisjunos, 七爪龙 Ipomoea mauritiana

cryptogenin 延龄草皂苷元 吉林延龄草 Trillium kamtschaticum
cryptojaponol 日本柳杉酚▲ 日本柳杉 Cryptomeria japonica, 柳杉 C. japonica var. sinensis, 刺柏 Juniperus formosana, 杜松 J. rigida
cryptolepine 白叶藤碱 白叶藤 Cryptolepis sinensis, 黄花稔 Sida acuta, 白背黄花稔 S. rhombifolia
cryptolepinone 白叶藤碱酮 黄花稔 Sida acuta, 白背黄花稔 S. rhombifolia
cryptomeridiol 柳杉二醇 挥发油成分，未统计基源
cryptomeridiol-11-α-L-rhamnoside 柳杉二醇 -11-α-L- 鼠李糖苷 依兰 Cananga odorata
cryptomerin A, B 柳杉素 A, B 日本柳杉 Cryptomeria japonica
cryptomerione 柳杉烯酮 日本柳杉 Cryptomeria japonica, 款冬 Tussilago farfara
cryptomerone 柳杉酮 日本柳杉 Cryptomeria japonica
cryptone 隐品酮 挥发油成分，未统计基源
cryptophycin 隐蓝藻素▲ 巨大鞘丝藻 Lyngbya majuscula
cryptopine 隐品碱 蓟罂粟 Argemone mexicana, 夏天无 Corydalis decumbens, 籽纹紫堇 C. esquirolii, 土元胡 C. humosa, 薯根延胡索 C. ledebouriana, 细果角茴香 Hypecoum leptocarpum, 小果博落回 Macleaya microcarpa, 尼泊尔绿绒蒿 Meconopsis napaulensis, 金罂粟 Stylophorum lasiocarpum, 偏翅唐松草 Thalictrum delavayi, 金丝马尾连 T. glandulosissimum
(R)-(-)-cryptopleurine (R)-(-)- 棱籽厚壳桂碱▲ 水苎麻 Boehmeria macrophylla
cryptoporic acid A~G 隐孔菌酸 A~G 隐孔菌 Cryptoporus volvatus
cryptoquinone 柳杉醌▲ 日本柳杉 Cryptomeria japonica
cryptostrobin 隐北美乔松素▲ 洋蒲桃 Syzygium samarangense, 沼泽蕨 Thelypteris palustris
cryptotanshinone 隐丹参酮 土沉香 Aquilaria sinensis, 甘松 Nardostachys jatamansi, 迷迭香 Rosmarinus officinalis, 橙色鼠尾草 Salvia aerea, 栗色鼠尾草 S. castanea, 贵州鼠尾草 S. cavaleriei, 毛地黄鼠尾草 S. digitaloides, 雪山鼠尾草 S. evansiana, 胶质鼠尾草 S. glutinosa, 河南鼠尾草 S. honania, 丹参 S. miltiorrhiza, 皖鄂丹参 S. paramiltiorrhiza, 红根草 S. prionitis, 甘西鼠尾草 S. przewalskii, 三叶鼠尾草 S. trijuga, 云南鼠尾草 S. yunnanensis, 草本威灵仙 Veronicastrum sibiricum
9'-cis-β-cryptoxanthin 9'- 顺式 -β- 隐黄质 宁夏枸杞 Lycium barbarum
9-cis-β-cryptoxanthin 9- 顺式 -β- 隐黄质 宁夏枸杞 Lycium barbarum
α-cryptoxanthin α- 隐黄质 辣椒 Capsicum annuum, 酸浆 Physalis alkekengi, 万寿菊 Tagetes erecta
β-cryptoxanthin β- 隐黄质 辣椒 Capsicum annuum, 树番茄 Cyphomandra betacea, 红果仔 Eugenia uniflora, 菊芋 Helianthus tuberosus, 长管萱草 Hemerocallis fulva var. angustifolia, 七爪龙 Ipomoea mauritiana, 枸杞 Lycium chinense, 酸浆 Physalis alkekengi, 李 Prunus salicina, 西洋梨 Pyrus communis var. sativa, 阳芋 Solanum tuberosum, 泥炭藓 Sphagnum palustre, 粗叶泥炭藓 S. squarrosum, 旱金莲 Tropaeolum majus
all-trans-β-cryptoxanthin 全反式 -β- 隐黄质 南丰蜜橘 Citrus reticulata 'Kinokuni', 温州蜜柑 C. reticulata 'Unshiu', 宁夏枸杞 Lycium barbarum
cis-β-cryptoxanthin 顺式 -β- 隐黄质 酸浆 Physalis alkekengi
cryptoxanthin 隐黄质 石刁柏 Asparagus officinalis, 蕉柑 Citrus reticulata 'Tankan', 黄独 Dioscorea bulbifera, 顶冰花 Gagea nakaiana, 忍冬 Lonicera japonica, 直立黄钟花 Tecoma stans
cryptoxanthin ester 隐黄质酯 酸浆 Physalis alkekengi
β-cryptoxanthin-laurate β- 隐黄质 - 月桂酸酯 辣椒 Capsicum annuum
cryptoxanthin-like pigment 隐黄质样色素 柚 Citrus maxima
β-cryptoxanthin-monopalmitate β- 隐黄质 - 单棕榈酸酯 宁夏枸杞 Lycium barbarum
β-cryptoxanthin-myristate β- 隐黄质 - 肉豆蔻酸酯 辣椒 Capsicum annuum
β-cryptoxanthin-palmitate β- 隐黄质 - 棕榈酸酯 辣椒 Capsicum annuum
crystamidine 鸡冠刺桐嘧啶▲ 鸡冠刺桐 Erythrina crista-galli
erythro-1-C-syringylglycerol 赤式 -1-C- 丁香基甘油 薏米 Coix lacryma-jobi var. ma-yuen, 寄生藤 Dendrotrophe varians
threo-1-C-syringylglycerol 苏式 -1-C- 丁香基甘油 薏米 Coix lacryma-jobi var. ma-yuen, 寄生藤 Dendrotrophe varians, 台湾芙蓉 Hibiscus taiwanensis
cuarassavogenin 马利筋沃苷元▲ 马利筋 Asclepias curassavica
(-)-α-cubeb oil terpene (-)-α- 荜澄茄萜 挥发油成分，未统计基源
cubebamine A 山鸡椒胺 A 山鸡椒 Litsea cubeba
cubebanone 山鸡椒酮▲ 山鸡椒 Litsea cubeba
cubebaol 山鸡椒醇 山鸡椒 Litsea cubeba
α-cubebene α- 荜澄茄烯 挥发油成分，未统计基源
β-cubebene β- 荜澄茄烯 挥发油成分，未统计基源
δ-cubebene δ- 荜澄茄烯 三尖杉 Cephalotaxus fortunei, 飞龙掌血 Toddalia asiatica
cubebene 荜澄茄烯 挥发油成分，未统计基源
α-cubebenoate α- 荜澄茄烯乙酸酯 五味子 Schisandra chinensis
(-)-cubebin (-)- 荜澄茄素 风吹楠 Horsfieldia glabra, 胡椒 Piper nigrum, 羽叶丁香 Syringa pinnatifolia
(8R,8'R,9R)-cubebin (8R,8'R,9R)- 荜澄茄素 大叶醉鱼草 Buddleja davidii, 疏花卫矛 Euonymus laxiflorus
(8R,8'R,9S)-cubebin (8R,8'R,9S)- 荜澄茄素 大叶醉鱼草 Buddleja davidii, 疏花卫矛 Euonymus laxiflorus
cubebin 荜澄茄素 黄樟 Cinnamomum parthenoxylon
(-)-cubebol (-)- 荜澄茄醇 金山五味子 Schisandra glaucescens

cubebol 荜澄茄醇 挥发油成分，未统计基源
cubelin 山鸡椒素▲ 山鸡椒 Litsea cubeba
cubenol 荜澄茄烯醇 挥发油成分，未统计基源
cuchiloside 马钱子洛苷▲ 竹灵消 Cynanchum inamoenum, 马钱子 Strychnos nux-vomica
cucubalactam 狗筋蔓内酰胺▲ 狗筋蔓 Silene baccifera
cucubalactone 狗筋蔓内酯▲ 狗筋蔓 Silene baccifera
cucubaldiol 狗筋蔓二醇▲ 狗筋蔓 Silene baccifera
cucubalol 狗筋蔓醇▲ 狗筋蔓 Silene baccifera
cucubalugenin A 狗筋蔓苷元▲A 狗筋蔓 Silene baccifera
cuculoquinone 皱黄卷岛衣醌▲ 皱黄卷岛衣 Flavocetraria cucullata
cucumber alcohol 胡瓜醇 挥发油成分，未统计基源
cucumegastigmane I 黄瓜大柱香波龙烷 I 栝楼 Trichosanthes kirilowii
cucumerin A, B 黄瓜灵素▲A, B 黄瓜 Cucumis sativus
cucurbita-1(10),5,22,24-tetraen-3α-ol 葫芦 -1(10),5,22,24- 四烯 -3α- 醇 苦瓜 Momordica charantia
cucurbita-5(10),6,23(*E*)-triene-3β,25-diol 葫芦 -5(10),6,23(*E*)- 三烯 -3β,25- 二醇 苦瓜 Momordica charantia
cucurbita-5,23(*E*)-diene-3β,7β,25-triol 葫芦 -5,23(*E*)- 二烯 -3β,7β,25- 三醇 苦瓜 Momordica charantia
(23*E*)-cucurbita-5,23,25-triene-3,7-dione (23*E*)- 葫芦 -5,23,25- 三烯 -3,7- 二酮 苦瓜 Momordica charantia
(23*E*)-cucurbita-5,23,25-triene-3β,7β-diol (23*E*)- 葫芦 -5,23,25- 三烯 -3β,7β- 二醇 苦瓜 Momordica charantia
(23*E*)-cucurbita-5,23-diene-3β,7β,19,25-tetrol-7-*O*-β-D-glucopyranoside (23*E*)- 葫芦 -5,23- 二烯 -3β,7β,19,25- 四醇 -7-*O*-β-D- 吡喃葡萄糖苷 苦瓜 Momordica charantia
10α-cucurbita-5,24-dien-3β-ol 10α- 葫芦 -5,24- 二烯 -3β- 醇 苦瓜 Momordica charantia
cucurbita-5,24-diene-3,7,23-trione 葫芦 -5,24- 二烯 -3,7,23- 三酮 苦瓜 Momordica charantia
cucurbitachrome 南瓜色素▲ 辣椒 Capsicum annuum
cucurbitacin 葫芦素 土沉香 Aquilaria sinensis, 峨眉雪胆 Hemsleya omeiensis
cucurbitacin Ia 葫芦素 Ia 马铜铃 Hemsleya graciliflora
cucurbitacin IIa 葫芦素 IIa 曲莲 Hemsleya amabilis, 杠板归 Polygonum perfoliatum
cucurbitacin IIb 葫芦素 IIb 曲莲 Hemsleya amabilis
cucurbitacin II-glucoside 葫芦素 II- 葡萄糖苷 藤三七雪胆 Hemsleya panacis-scandens
cucurbitacin A 葫芦素 A 甜瓜 Cucumis melo
cucurbitacin A-2-*O*-β-D-glucopyranoside 葫芦素 A-2-*O*-β-D- 吡喃葡萄糖苷 甜瓜 Cucumis melo
cucurbitacin B 葫芦素 B 琉璃繁缕 Anagallis arvensis, 紫背天葵 Begonia fimbristipula, 假贝母 Bolbostemma paniculatum, 日本金腰 Chrysosplenium japonicum, 甜瓜 Cucumis melo, 黄瓜 C. sativus, 山芝麻 Helicteres angustifolia, 火索麻 H. isora, 圆穗兔耳草 Lagotis ramalana, 广东丝瓜 Luffa acutangula, 瓜叶栝楼 Trichosanthes cucumerina, 王瓜 T. cucumeroides, 栝楼 T. kirilowii
cucurbitacin B-2-sulfate 葫芦素 B-2- 硫酸酯 山芝麻 Helicteres angustifolia
cucurbitacin C 葫芦素 C 黄瓜 Cucumis sativus
cucurbitacin D 葫芦素 D 琉璃繁缕 Anagallis arvensis, 土沉香 Aquilaria sinensis, 紫背天葵 Begonia fimbristipula, 连香树 Cercidiphyllum japonicum, 黄瓜 Cucumis sativus, 中华杜英 Elaeocarpus chinensis, 山芝麻 Helicteres angustifolia, 圆穗兔耳草 Lagotis ramalana, 棒锤瓜 Neoalsomitra integrifoliola, 星毛珍珠梅 Sorbaria sorbifolia var. stellipila, 栝楼 Trichosanthes kirilowii
cucurbitacin E 葫芦素 E 盒子草 Actinostemma tenerum, 琉璃繁缕 Anagallis arvensis, 土沉香 Aquilaria sinensis, 假贝母 Bolbostemma paniculatum, 山芝麻 Helicteres angustifolia, 圆穗兔耳草 Lagotis ramalana, 王瓜 Trichosanthes cucumeroides
cucurbitacin *E*-2-*O*-β-D-glucoside 葫芦素 *E*-2-*O*-β-D- 葡萄糖苷 西葫芦 Cucurbita pepo
cucurbitacin F 葫芦素 F 雪胆 Hemsleya chinensis, 椭圆果雪胆 H. ellipsoidea, 巨花雪胆 H. gigantha, 星毛珍珠梅 Sorbaria sorbifolia var. stellipila
cucurbitacin F-25-acetate 葫芦素 F-25- 乙酸酯 马铜铃 Hemsleya graciliflora
cucurbitacin F-25-*O*-acetate 葫芦素 F-25-*O*- 乙酸酯 巨花雪胆 Hemsleya gigantha
cucurbitacin G 葫芦素 G 甜瓜 Cucumis melo, 茑萝松 Ipomoea quamoclit, 棒锤瓜 Neoalsomitra integrifoliola
cucurbitacin H 葫芦素 H 甜瓜 Cucumis melo, 棒锤瓜 Neoalsomitra integrifoliola
cucurbitacin I 葫芦素 I 琉璃繁缕 Anagallis arvensis, 土沉香 Aquilaria sinensis, 黄瓜 Cucumis sativus, 中华杜英 Elaeocarpus chinensis, 山芝麻 Helicteres angustifolia
cucurbitacin J 葫芦素 J 山芝麻 Helicteres angustifolia, 三尖栝楼 Trichosanthes tricuspidata
cucurbitacin J-2-*O*-β-glucopyranoside 葫芦素 J-2-*O*-β- 吡喃葡萄糖苷 三尖栝楼 Trichosanthes tricuspidata
cucurbitacin K 葫芦素 K 三尖栝楼 Trichosanthes tricuspidata
cucurbitacin K-2-*O*-β-glucopyranoside 葫芦素 K-2-*O*-β- 吡喃葡萄糖苷 三尖栝楼 Trichosanthes tricuspidata
cucurbitacin L 葫芦素 L 琉璃繁缕 Anagallis arvensis, 棒锤瓜 Neoalsomitra integrifoliola
cucurbitacin O, Q 葫芦素 O, Q 紫背天葵 Begonia fimbristipula
cucurbitacin R 葫芦素 R 琉璃繁缕 Anagallis arvensis, 甜瓜 Cucumis melo, 棒锤瓜 Neoalsomitra integrifoliola
cucurbitacin U 葫芦素 U 杠板归 Polygonum perfoliatum
cucurbitacin-2-*O*-β-glucopyranoside 葫芦素 -2-*O*-β- 吡喃葡萄糖苷 三尖栝楼 Trichosanthes tricuspidata
cucurbitacin-G-2-*O*-β-D-glucopyranoside 葫芦素 G-2-*O*-β-D– 吡喃葡萄糖苷 山芝麻 Helicteres angustifolia

10-cucurbitadienol 10- 葫芦二烯醇 黄苞大戟 Euphorbia sikkimensis
cucurbitadienol 葫芦二烯醇 栝楼 Trichosanthes kirilowii, 中华栝楼 T. rosthornii
cucurbitaxanthin 南瓜黄质▲ 笋瓜 Cucurbita maxima
cucurbitaxanthin A, B 南瓜黄质▲A, B 辣椒 Capsicum annuum
cucurbitene 南瓜烯 笋瓜 Cucurbita maxima
cucurbitine 南瓜子氨酸 南瓜 Cucurbita moschata
cucurbitoside A~E 南瓜苷▲A~E 南瓜 Cucurbita moschata
cucurbitoside F~M 南瓜苷▲F~M 西葫芦 Cucurbita pepo
cudracuspiphenone A, B 柘树苯甲酮▲A, B 柘树 Cudrania tricuspidata
cudracuspixanthone A~D 柘木屾酮▲A~D 柘树 Cudrania tricuspidata
cudraflavanone A 柘树黄烷酮▲A 柘树 Cudrania tricuspidata
cudraflavanone B 柘树黄烷酮▲B 构棘 Cudrania cochinchinensis
cudraflavanone C~F 柘树黄烷酮▲C~F 柘树 Cudrania tricuspidata
cudraflavone A 柘树黄酮 A 白桂木 Artocarpus hypargyreus, 柘树 Cudrania tricuspidata, 黑桑 Morus nigra
cudraflavone B 柘树黄酮 B 波罗蜜 Artocarpus heterophyllus, 构棘 Cudrania cochinchinensis, 柘树 C. tricuspidata, 桑 Morus alba
cudraflavone B hydroperoxide 柘树黄酮 B 氢过氧化物 桑 Morus alba
cudraflavone C 柘树黄酮 C 波罗蜜 Artocarpus heterophyllus, 白桂木 A. hypargyreus, 胭脂 A. tonkinensis, 柘树 Cudrania tricuspidata, 鸡桑 Morus australis, 黑桑 M. nigra
cudraflavone D, F, G 柘树黄酮 D, F, G 柘树 Cudrania tricuspidata
cudrafrutixanthone A 柘藤屾酮▲A 柘藤 Cudrania fruticosa
cudraisoflavone A 柘树异黄酮 A 构棘 Cudrania cochinchinensis
cudraisoflavone B~K 柘树异黄酮 B~K 柘树 Cudrania tricuspidata
cudranian 1, 2 柘黄素▲1, 2 柘树 Cudrania tricuspidata
cudraniaxanthone 爪哇柘屾酮▲ 构棘 Cudrania cochinchinensis, 柘藤 C. fruticosa
cudranone 柘酮▲ 构棘 Cudrania cochinchinensis
cudraphenone A~D 柘苯酮▲A~D 构棘 Cudrania cochinchinensis
cudrastilbene 柘树芪▲ 柘树 Cudrania tricuspidata
cudratricusxanthone A~D, F~P 柘树屾酮▲A~D, F~P 柘树 Cudrania tricuspidata
cudratricusxanthone E 柘树屾酮▲E 黄牛木 Cratoxylum cochinchinense, 红芽木 C. formosum subsp. pruniflorum, 柘树 Cudrania tricuspidata
cudratrixanthone A~O 柘树三屾酮▲A~O 柘树 Cudrania tricuspidata
cudrauronol 柘橙酮醇▲ 构棘 Cudrania cochinchinensis
cudraxanthone A 柘屾酮▲A 构棘 Cudrania cochinchinensis, 柘树 C. tricuspidata
cudraxanthone B, C, D, F, I~O 柘屾酮▲B, C, D, F, I~O 柘树 Cudrania tricuspidata
cudraxanthone E 柘屾酮▲E 柘藤 Cudrania fruticosa, 柘树 C. tricuspidata
cudraxanthone G 柘屾酮▲G 柘树 Cudrania tricuspidata, 莽吉柿 Garcinia mangostana, 金丝李 G. paucinervis
cudraxanthone H 柘屾酮▲H 柘藤 Cudrania fruticosa, 柘树 C. tricuspidata
cudraxanthone P, Q, R 柘屾酮▲P, Q, R 构棘 Cudrania cochinchinensis
cudraxanthone S 柘屾酮▲S 构棘 Cudrania cochinchinensis, 柘藤 C. fruticosa
cuhuoside 粗藿苷 粗毛淫羊藿 Epimedium acuminatum
(-)-culantraramine (-)- 库兰花椒胺▲ 簕欓花椒 Zanthoxylum avicennae
(-)-culantraramine-*N*-oxide (-)- 库兰花椒胺▲-*N*- 氧化物 簕欓花椒 Zanthoxylum avicennae
(-)-culantraraminol (-)- 库兰花椒胺醇▲ 簕欓花椒 Zanthoxylum avicennae
(-)-culantraraminol-*N*-oxide (-)- 库兰花椒胺醇▲-*N*- 氧化物 簕欓花椒 Zanthoxylum avicennae
(+)-cultithalminine (+)- 高原唐松草米宁 高原唐松草 Thalictrum cultratum
cumaldehyde; cuminaldehyde; cuminyl aldehyde 孜然芹醛▲ 挥发油成分，未统计基源
cumambrin A 库曼豚草素 A 野菊 Chrysanthemum indicum
cumanin 蓝喉豚草素 香丝草 Conyza bonariensis
4-(*p*-cumaroyl)-methyl-*α*-L-rhamnopyranoside 4-(对香豆酰基)- 甲基 -*α*-L- 吡喃鼠李糖苷 黑果枸杞 Lycium ruthenicum
cumene 枯烯 挥发油成分，未统计基源
m-cumenol 间孜然芹酚▲ 挥发油成分，未统计基源
cumic acid; cuminic acid 孜然芹酸▲ 大叶土蜜树 Bridelia retusa, 宽叶杜香 Ledum palustre var. dilatatum
cuminol 孜然芹醇▲ 挥发油成分，未统计基源
cuminyl acetate 孜然芹醇▲乙酸酯 挥发油成分，未统计基源
cumulatin 堆花石斛素▲ 广东石豆兰 Bulbophyllum kwangtungense
cuneataol 野山楂醇 野山楂 Crataegus cuneata
cuneataside A 大血藤苷▲A 白枪杆 Fraxinus malacophylla, 大血藤 Sargentodoxa cuneata
cuneataside B, F 大血藤苷▲B, F 大血藤 Sargentodoxa cuneata
cuneataside C 大血藤苷▲C 无翅猪毛菜 Salsola komarovii, 大血藤 Sargentodoxa cuneata
cuneataside D 大血藤苷▲D 木通 Akebia quinata, 八角枫 Alangium chinense, 海漆 Excoecaria agallocha, 大血藤 Sargentodoxa cuneata

cuneataside E 大血藤苷 ▲E 挂金灯 Physalis alkekengi var. francheti, 大血藤 Sargentodoxa cuneata
γ-cuparenal γ- 柏芳醛 ▲ 华中五味子 Schisandra sphenanthera
(+)-cuparene (+)- 柏芳烃 ▲ 垂枝柏 Juniperus recurva
α-cuparene α- 柏芳烃 ▲ 挥发油成分，未统计基源
cuparene 柏芳烃 ▲ 挥发油成分，未统计基源
cuparenic acid 柏芳酸 ▲ 华中五味子 Schisandra sphenanthera
(-)-γ-cuparenol (-)-γ- 柏芳醇 ▲ 华中五味子 Schisandra sphenanthera
(+)-γ-cuparenol (+)-γ- 柏芳醇 ▲ 南五味子 Kadsura longipedunculata
β-cuparenol β- 柏芳醇 ▲ 圆柏 Juniperus chinensis
δ-cuparenol δ- 柏芳醇 ▲ 华中五味子 Schisandra sphenanthera
(R)-(-)-α-cuparenone (R)-(-)-α- 柏芳酮 ▲ 石地钱 Reboulia hemisphaerica
cupresol 柏木醇 ▲ 柳杉 Cryptomeria japonica var. sinensis
(+)-cupressic acid (+)- 柏木酸 西藏柏木 Cupressus torulosa
cupressuflavone 柏木黄酮 感应草 Biophytum sensitivum, 西藏柏木 Cupressus torulosa, 欧洲刺柏 Juniperus communis, 新疆方枝柏 J. pseudosabina, 垂枝柏 J. recurva, 叉子圆柏 J. sabina, 金花忍冬 Lonicera chrysantha, 红花岩生忍冬 L. rupicola var. syringantha, 侧柏 Platycladus orientalis
cupressuflavone monomethyl ether 柏木黄酮单甲醚 垂枝柏 Juniperus recurva
cupressuflavone-4',4''-dimethylether 柏木黄酮 -4',4''- 二甲醚 叉子圆柏 Juniperus sabina
curacin A~D 库拉索链霉素 ▲A~D 巨大鞘丝藻 Lyngbya majuscula
curarine I 箭毒素 I 南轮环藤 Cyclea tonkinensis
curassavine 海滨天芥菜文碱 ▲ 药用牛舌草 Anchusa officinalis
curassavinine 海滨天芥菜宁碱 ▲ 药用牛舌草 Anchusa officinalis
curassavoside A~F 马利筋沃苷 ▲A~F 马利筋 Asclepias curassavica
curcacyline A, B 麻疯树环肽 A, B 麻疯树 Jatropha curcas
curcapicycloside 大叶仙茅环苷 大叶仙茅 Curculigo capitulata
curcapital 大叶仙茅醛 短葶仙茅 Curculigo breviscapa, 大叶仙茅 C. capitulata, 绒叶仙茅 C. crassifolia, 小金梅草 Hypoxis aurea
curcarabranol A, B 姜黄鹤虱醇 A, B 温郁金 Curcuma wenyujin
curcasinlignan A~D 麻风树木脂素 A~D 麻疯树 Jatropha curcas
curcin 麻风树毒蛋白 麻疯树 Jatropha curcas
curcolone 姜黄醇酮 宽叶金粟兰 Chloranthus henryi, 温郁金 Curcuma wenyujin
curcolonol 姜黄诺醇 ▲ 狭叶金粟兰 Chloranthus angustifolius, 宽叶金粟兰 C. henryi, 多穗金粟兰 C. multistachys, 及已 C. serratus
curcudiol 姜黄二醇 ▲ 裸蒴 Gymnotheca chinensis
curculigenin 仙茅皂苷元 大叶仙茅 Curculigo capitulata
curculigenin A, B, C 仙茅皂苷元 A, B, C 仙茅 Curculigo orchioides
curculigin; curculigine 仙茅素 大叶仙茅 Curculigo capitulata
curculigin; curculigine A~D 仙茅素 A~D 仙茅 Curculigo orchioides
curculigol 仙茅萜醇 仙茅 Curculigo orchioides
curculigosaponin A~J 仙茅皂苷 A~J 仙茅 Curculigo orchioides
curculigoside A~E 仙茅苷 A~E 仙茅 Curculigo orchioides
curculigoside I 仙茅苷 I 绒叶仙茅 Curculigo crassifolia, 仙茅 C. orchioides, 小金梅草 Hypoxis aurea
curcumadiol 姜黄奥二醇 温郁金 Curcuma wenyujin
curcumadione 姜黄奥二酮 温郁金 Curcuma wenyujin
curcumalactone 莪术内酯 温郁金 Curcuma wenyujin
curcumanolide A, B 莪术倍半萜内酯 A, B 温郁金 Curcuma wenyujin
β-(Z)-curcumen-12-ol β-(Z)- 姜黄烯 -12- 醇 挥发油成分，未统计基源
α-curcumene α- 姜黄烯 挥发油成分，未统计基源
β-curcumene β- 姜黄烯 挥发油成分，未统计基源
γ-curcumene γ- 姜黄烯 挥发油成分，未统计基源
curcumene 姜黄烯 挥发油成分，未统计基源
curcumenol 莪术烯醇 莪术 Curcuma phaeocaulis, 温郁金 C. wenyujin
curcumenolactone A, B, C 莪术烯醇内酯 A, B, C 温郁金 Curcuma wenyujin
curcumenone 莪术烯酮 温郁金 Curcuma wenyujin
curcumin 姜黄素 草果 Amomum tsaoko, 郁金 Curcuma aromatica, 姜黄 C. longa, 莪术 C. phaeocaulis, 川郁金 C. sichuanensis, 温郁金 C. wenyujin, 印尼莪术 C. zanthorrhiza, 蒙自木蓝 Indigofera mengtzeana, 合蕊五味子 Schisandra propinqua, 珊瑚姜 Zingiber corallinum
curcumin L 姜黄素 L 姜黄 Curcuma longa
curcuminol A~G 温郁金醇 ▲A~G 温郁金 Curcuma wenyujin
curcumol 莪术醇 郁金 Curcuma aromatica, 广西莪术 C. kwangsiensis, 温郁金 C. wenyujin
curcuphenol 姜黄酚 金顶侧耳 Pleurotus citrinopileatus
curcusecon A~E 麻疯树裂酮 A~E 麻疯树 Jatropha curcas

curcusone A~J 麻疯树萜酮▲A~J 麻疯树 Jatropha curcas
curdione 莪术二酮 郁金 Curcuma aromatica, 广西莪术 C. kwangsiensis, 莪术 C. phaeocaulis, 温郁金 C. wenyujin
curdionolide 温郁金二酮内酯▲ 莪术 Curcuma phaeocaulis, 温郁金 C. wenyujin, 莪术 C. phaeocaulis, 温郁金 C. wenyujin
curdionolide C 温郁金二酮内酰胺▲C 温郁金 Curcuma wenyujin
curine 箭毒碱 毛叶轮环藤 Cyclea barbata, 纤细轮环藤 C. gracillima, 粉叶轮环藤 C. hypoglauca, 铁藤 C. polypetala, 轮环藤 C. racemosa, 南轮环藤 C. tonkinensis, 地不容 Stephania epigaea, 海南地不容 S. hainanensis, 草质千金藤 S. herbacea
curlignan 仙茅木脂素 大叶仙茅 Curculigo capitulata
curuilignan 雪胆木脂素 土沉香 Aquilaria sinensis
curuilignan D 雪胆木脂素 D 土沉香 Aquilaria sinensis, 卵叶槲寄生 Viscum album subsp. meridianum
curvifloruside A~E 火焰花苷▲A~E 火焰花 Phlogacanthus curviflorus
curvifloruside F 火焰花苷▲F 穿心莲 Andrographis paniculata, 火焰花 Phlogacanthus curviflorus
curvulinic acid 弯孢霉酸▲ 红曲 Monascus purpureus
curzerene 莪术烯 广西莪术 Curcuma kwangsiensis, 莪术 C. phaeocaulis, 川郁金 C. sichuanensis, 温郁金 C. wenyujin, 红果仔 Eugenia uniflora, 乐昌含笑 Michelia chapensis
curzerenone 莪术酮 及已 Chloranthus serratus, 广西莪术 Curcuma kwangsiensis, 莪术 C. phaeocaulis, 温郁金 C. wenyujin, 印尼莪术 C. zanthorrhiza
cuscohygrine 红古豆碱 铃铛子 Anisodus luridus, 山莨菪 A. tanguticus, 颠茄 Atropa belladonna, 田旋花 Convolvulus arvensis, 树番茄 Cyphomandra betacea, 毛曼陀罗 Datura inoxia, 洋金花 D. metel, 天仙子 Hyoscyamus niger, 掌叶鱼黄草 Merremia vitifolia, 酸浆 Physalis alkekengi, 灯笼果 P. peruviana, 泡囊草 Physochlaina physaloides, 马尿泡 Przewalskia tangutica, 睡茄 Withania somnifera
cuscutamine 菟丝子胺 菟丝子 Cuscuta chinensis
cuscutaresinol A, B, C 菟丝子树脂醇▲A, B, C 菟丝子 Cuscuta chinensis
cuscutic acid A 菟丝子酸▲A 菟丝子 Cuscuta chinensis
cuscutic acid A_1, A_2, A_3 菟丝子酸▲A_1, A_2, A_3 南方菟丝子 Cuscuta australis
cuscutic acid B, C, D 菟丝子酸▲B, C, D 菟丝子 Cuscuta chinensis
cuscutic resinoside A 菟丝子树脂苷▲A 菟丝子 Cuscuta chinensis
cuscutoside A~D 菟丝子苷 A~D 菟丝子 Cuscuta chinensis
cuse 1~12 菟丝子糖酯▲1~12 菟丝子 Cuscuta chinensis
cusianoside A, B 板蓝苷▲A, B 马蓝 Strobilanthes cusia
cuspidatumin 虎杖明▲ 虎杖 Reynoutria japonica
cuspidiol 凸尖花椒二醇▲ 青花椒 Zanthoxylum schinifolium
cuspinin 尖叶锥鞣素▲ 连香树 Cercidiphyllum japonicum, 化香树 Platycarya strobilacea
cussonoside B 库森木苷▲B 卵叶银莲花 Anemone begoniifolia, 鹅掌草 A. flaccida, 秋牡丹 A. hupehensis var. japonica, 粗齿铁线莲 Clematis grandidentata, 朝鲜白头翁 Pulsatilla cernua, 兴安白头翁 P. dahurica
cussosaponin C 库松木皂苷▲C 朝鲜白头翁 Pulsatilla cernua
C-veratroylglycol *C*- 藜芦酰甘醇 显苞芒毛苣苔 Aeschynanthus bracteatus, 卫矛 Euonymus alatus, 女贞 Ligustrum lucidum, 观光木 Michelia odora, 木犀 Osmanthus fragrans, 檀香 Santalum album, 鲜卑花 Sibiraea laevigata
6-*C*-xylopyranosyl-8-*C*-glucopyranosylluteolin 6-*C*- 吡喃木糖基 -8-*C*- 吡喃葡萄糖基木犀草素 三色堇 Viola tricolor
cyanamide 氰胺 宽卵叶长柄山蚂蝗 Hylodesmum podocarpum subsp. fallax, 尖叶长柄山蚂蝗 H. podocarpum subsp. oxyphyllum
cyananin 矢车菊宁▲ 阳芋 Solanum tuberosum
cyanidenon 矢车菊素酮 槟榔 Areca catechu
cyanidin 矢车菊素 麦仙翁 Agrostemma githago, 金鱼草 Antirrhinum majus, 细叶小檗 Berberis poiretii, 紫珠 Callicarpa bodinieri, 欧洲甜樱桃 Cerasus avium, 日本木瓜 Chaenomeles japonica, 木槿 Hibiscus syriacus, 凤仙花 Impatiens balsamina, 剪红纱花 Lychnis senno, 黄连花 Lysimachia davurica, 山荆子 Malus baccata, 湖北海棠 M. hupehensis, 西府海棠 M. micromalus, 丽江山荆子 M. rockii, 海棠花 M. spectabilis, 大蕉 Musa × paradisiaca, 藏报春 Primula sinensis, 夏枯草 Prunella vulgaris, 李 Prunus salicina, 火棘 Pyracantha fortuneana, 杜鹃花 Rhododendron simsii, 朱唇 Salvia coccinea, 黑果越桔 Vaccinium myrtillus, 蚕豆 Vicia faba, 茜堇菜 Viola phalacrocarpa, 深山堇菜 V. selkirkii, 斑叶堇菜 V. variegata, 马蹄莲 Zantedeschia aethiopica
cyanidin chloride 矢车菊素氯化物 紫背天葵 Begonia fimbristipula, 木芙蓉 Hibiscus mutabilis, 灰毛豆 Tephrosia purpurea
cyanidin galloylhexoside 矢车菊素没食子酰己糖苷 桑 Morus alba
cyanidin glucoside 矢车菊素葡萄糖苷 天山茶藨子 Ribes meyeri, 刚毛柽柳 Tamarix hispida, 蛇婆子 Waltheria indica
cyanidin glycopyranoside 矢车菊素吡喃葡萄糖苷 刺芙蓉 Hibiscus surattensis
cyanidin pentoside 矢车菊素戊糖苷 桑 Morus alba
cyanidin triglucopyranoside 矢车菊素三吡喃葡萄糖苷 麦仙翁 Agrostemma githago
cyanidin-3-*O*-*β*-D-xylopyranosyl-(1 → 2)-*β*-D-galactopyranoside 矢车菊素 -3-*O*-*β*-D- 吡喃木糖基 -(1 → 2)-*β*-D- 吡喃半乳糖苷 毛花猕猴桃 Actinidia eriantha, 黑蕊猕猴桃 A. melanandra, 辽东楤木 Aralia elata var. glabrescens
cyanidin-3-(2''-xylosyl-glucoside)-5-glucoside 矢车菊素 -3-(2''- 木糖基葡萄糖苷)-5- 葡萄糖苷 金银忍冬 Lonicera maackii
cyanidin-3-(3,6-dimalonylglucoside) 矢车菊素 -3-(3,6- 二丙二酰葡萄糖苷) 北葱 Allium schoenoprasum
cyanidin-3-(3'',6''-dimalonyl-glucoside) 矢车菊素 -3-(3'',6''- 二丙二酰葡萄糖苷) 虉草 Phalaris arundinacea
cyanidin-3-(6''-*O*-*trans*-*p*-coumaroyl)-*β*-D-glucoside 矢车菊素 -3-(6''-*O*- 反式 - 对香豆酰基)-*β*-D- 葡萄糖苷 山葡萄 Vitis amurensis
cyanidin-3-(6''-coumaroylglucoside) 矢车菊素 -3-(6''- 香豆酰葡萄糖苷) 黑茶藨子 Ribes nigrum

cyanidin-3-(6''-malonylglucoside) 矢车菊素 -3-(6''- 丙二酰葡萄糖苷) 蒜 Allium sativum, 虉草 Phalaris arundinacea
cyanidin-3-(6-malonylglucoside) 矢车菊素 -3-(6- 丙二酰葡萄糖苷) 北葱 Allium schoenoprasum
cyanidin-3-(caffeoylsophoroside)-5-glucopyranoside 矢车菊素 -3-(咖啡酰槐糖苷)-5- 吡喃葡萄糖苷 五爪金龙 Ipomoea cairica
cyanidin-3-(dicaffeylsophoroside)-5-glucopyranoside 矢车菊素 -3-(二咖啡酰槐糖苷)-5- 吡喃葡萄糖苷 五爪金龙 Ipomoea cairica
cyanidin-3-(*p*-coumarylcaffeylsophoroside)-5-glucopyranoside 矢车菊素 -3-(对香豆酰咖啡酰槐糖苷)-5- 吡喃葡萄糖苷 五爪金龙 Ipomoea cairica
cyanidin-3,4'-di-*O*-*β*-glucopyranoside 矢车菊素 -3,4'- 二 -*O*-*β*- 吡喃葡萄糖苷 洋葱 Allium cepa
cyanidin-3,5-diglucoside 矢车菊素 -3,5- 二葡萄糖苷 籼稻 Oryza sativa subsp. indica
cyanidin-3,5-diglucopyranoside 矢车菊素 -3,5- 二吡喃葡萄糖苷 麦仙翁 Agrostemma githago, 中国无忧花 Saraca dives
cyanidin-3,5-diglucoside 矢车菊素 -3,5- 二葡萄糖苷 香豆蔻 Amomum subulatum, 绿玉树 Euphorbia tirucalli, 玫瑰茄 Hibiscus sabdariffa, 蓝果忍冬 Lonicera caerulea, 月季 Rosa chinensis, 复盆子 Rubus idaeus, 一串红 Salvia splendens, 虾子花 Woodfordia fruticosa
cyanidin-3,5-di-*O*-glucopyranoside 矢车菊素 -3,5- 二 -*O*- 吡喃葡萄糖苷 滇牡丹 Paeonia delavayi, 矮牡丹 P. jishanensis, 卵叶牡丹 P. qiui
cyanidin-3,5-di-*O*-*β*-D-glucopyranoside 矢车菊素 -3,5- 二 -*O*-*β*-D- 吡喃葡萄糖苷 西南山茶 Camellia pitardii, 多齿山茶 C. polyodonta, 滇山茶 C. reticulata, 怒江山茶 C. saluenensis, 地锦 Parthenocissus tricuspidata, 石榴 Punica granatum, 马六甲蒲桃 Syzygium malaccense, 山葡萄 Vitis amurensis
cyanidin-3,5-*O*-diglucopyranoside 矢车菊素 -3,5-*O*- 二吡喃葡萄糖苷 菜豆 Phaseolus vulgaris
cyanidin-3'',6''-dimalonylglucoside 矢车菊素 -3'',6''- 二丙二酰葡萄糖苷 蒜 Allium sativum
cyanidin-3-[3''-(*O*-*β*-D-glucopyranosyl)-6''-(*O*-*α*-L-rhamnopyranosyl)-*O*-*β*-D-glucopyranoside] 矢车菊素 -3-[3''-(*O*-*β*-D- 吡喃葡萄糖基)-6''-(*O*-*α*-L- 吡喃鼠李糖基)-*O*-*β*-D- 吡喃葡萄糖苷] 石刁柏 Asparagus officinalis
cyanidin-3-acetylglucoside 矢车菊素 -3- 乙酰葡萄糖苷 北葱 Allium schoenoprasum
cyanidin-3-acetylrutinoside 矢车菊素 -3- 乙酰芦丁糖苷 柃木 Eurya japonica
cyanidin-3-arabinoside 矢车菊素 -3- 阿拉伯糖苷 黑茶藨子 Ribes nigrum
cyanidin-3-galactoside 矢车菊素 -3- 半乳糖苷 苹果 Malus pumila
cyanidin-3-gentiobioside 矢车菊素 -3- 龙胆二糖苷 蓝果忍冬 Lonicera caerulea
cyanidin-3-glucopyranoside 矢车菊素 -3- 吡喃葡萄糖苷 杨桐 Adinandra millettii, 麦仙翁 Agrostemma githago, 北葱 Allium schoenoprasum, 首阳小檗 Berberis dielsiana, 莽吉柿 Garcinia mangostana, 荔枝 Litchi chinensis, 直根酸模 Rumex thyrsiflorus
cyanidin-3-glucoside 矢车菊素 -3- 葡萄糖苷 蒜 Allium sativum, 桃 Amygdalus persica, 紫背天葵 Begonia fimbristipula, 欧洲甜樱桃 Cerasus avium, 野芋 Colocasia antiquorum, 芋 C. esculenta, 黑果栒子 Cotoneaster melanocarpus, 草莓 Fragaria × ananassa, 野草莓 F. vesca, 蓝果忍冬 Lonicera caerulea, 苹果 Malus pumila, 籼稻 Oryza sativa subsp. indica, 虉草 Phalaris arundinacea, 大薸 Pistia stratiotes, 樱桃李 Prunus cerasifera, 李 P. salicina, 黑刺李 P. spinosa, 火棘 Pyracantha fortuneana, 黑茶藨子 Ribes nigrum, 复盆子 Rubus idaeus, 臭菘 Symplocarpus foetidus, 台湾油点草 Tricyrtis formosana, 绛车轴草 Trifolium incarnatum, 荚蒾 Viburnum dilatatum
cyanidin-3-glucosylrutinoside 矢车菊素 -3- 葡萄糖基芸香糖苷 黑茶藨子 Ribes nigrum
cyanidin-3-lathyroside 矢车菊素 -3- 半乳糖酸基木糖苷 八角金盘 Fatsia japonica
cyanidin-3''-malonylglucoside 矢车菊素 -3''- 丙二酰葡萄糖苷 蒜 Allium sativum
cyanidin-3-malonylglucoside 矢车菊素 -3- 丙二酰葡萄糖苷 台湾油点草 Tricyrtis formosana
cyanidin-3-malonylsambubioside-7-glucoside 矢车菊素 -3- 丙二酰接骨木二糖苷 -7- 葡萄糖苷 多刺绿绒蒿 Meconopsis horridula
cyanidin-3-*O*-(2''-galloyl-6''-*O*-*α*-rhamnopyranosyl-*β*-galactopyranoside) 矢车菊素 -3-*O*-(2''- 没食子酰基 -6''-*O*-*α*- 吡喃鼠李糖基 -*β*- 吡喃半乳糖苷) 红穗铁苋菜 Acalypha hispida
cyanidin-3-*O*-(2''-galloyl-*β*-galactopyranoside) 矢车菊素 -3-*O*-(2''- 没食子酰基 -*β*- 吡喃半乳糖苷) 红穗铁苋菜 Acalypha hispida
cyanidin-3-*O*-(2''-*O*-glucosyl)rutinoside 矢车菊素 -3-*O*-(2''-*O*- 葡萄糖基) 芸香糖苷 复盆子 Rubus idaeus
cyanidin-3-*O*-(2''-*O*-glucosyl)-rutinoside 矢车菊素 -3-*O*-(2''-*O*- 葡萄糖基)- 芸香糖苷 欧洲甜樱桃 Cerasus avium
cyanidin-3-*O*-(2''-*O*-xylosyl-6''-*O*-*E*-*p*-coumaroylglucoside)-5-*O*-glucoside 矢车菊素 -3-*O*-(2''-*O*- 木糖基 -6''-*O*-*E*- 对香豆酰葡萄糖苷)-5-*O*- 葡萄糖苷 西伯利亚接骨木 Sambucus sibirica
cyanidin-3-*O*-(2''-*O*-xylosyl-6''-*O*-*Z*-*p*-coumaroylglucoside)-5-*O*-glucoside 矢车菊素 -3-*O*-(2''-*O*- 木糖基 -6''-*O*-*Z*- 对香豆酰葡萄糖苷)-5-*O*- 葡萄糖苷 西伯利亚接骨木 Sambucus sibirica
cyanidin-3-*O*-(2''-*O*-xylosylglucoside)-5-*O*-glucoside 矢车菊素 -3-*O*-(2''-*O*- 木糖基葡萄糖苷)-5-*O*- 葡萄糖苷 西伯利亚接骨木 Sambucus sibirica
cyanidin-3-*O*-(2-*O*-*β*-D-xylopyranosyl)-*β*-D-galactopyranoside 矢车菊素 -3-*O*-(2-*O*-*β*-D- 吡喃木糖基)-*β*-D- 吡喃半乳糖苷 滇山茶 Camellia reticulata
cyanidin-3-*O*-(2-*O*-*β*-D-xylopyranosyl)-*β*-D-glucopyranoside 矢车菊素 -3-*O*-(2-*O*-*β*-D- 吡喃木糖基)-*β*-D- 吡喃葡糖糖苷 滇山茶 Camellia reticulata
cyanidin-3-*O*-(2-*O*-*β*-D-xylopyranosyl-6-*O*-(*E*)-caffeoyl)-*β*-D-glucopyranoside 矢车菊素 -3-*O*-(2-*O*-*β*-D- 吡喃木糖基 -6-*O*-(*E*)- 咖啡酰基)-*β*-D- 吡喃葡萄糖苷 滇山茶 Camellia reticulata
cyanidin-3-*O*-(2-*O*-*β*-D-xylopyranosyl-6-*O*-acetyl)-*β*-D-galactopyranoside 矢车菊素 -3-*O*-(2-*O*-*β*-D- 吡喃木糖基 -6-*O*- 乙酰基)-*β*-D- 吡喃半乳糖苷 滇山茶 Camellia reticulata
cyanidin-3-*O*-(2-*O*-*β*-D-xylopyranosyl-6-*O*-acetyl)-*β*-D-glucopyranoside 矢车菊素 -3-*O*-(2-*O*-*β*-D- 吡喃木糖基 -6-*O*- 乙酰基)-*β*-D- 吡喃葡萄糖苷 滇山茶 Camellia reticulata
cyanidin-3-*O*-(2-*O*-*β*-D-xylopyranosyl-6-*O*-*cis*-*p*-coumaroyl)-*β*-D-galactopyranoside 矢车菊素 -3-*O*-(2-*O*-*β*-D- 吡喃木糖基 -6-*O*- 顺式 - 对香豆酰基)-*β*-D- 吡喃半乳糖苷 滇山茶 Camellia reticulata

cyanidin-3-*O*-(2-*O*-*β*-D-xylopyranosyl-6-*O*-*cis*-*p*-coumaroyl)-*β*-D-glucopyranoside 矢车菊素 -3-*O*-(2-*O*-*β*-D- 吡喃木糖基 -6-*O*- 顺式 - 对香豆酰基)-*β*-D- 吡喃葡萄糖苷 滇山茶 Camellia reticulata
cyanidin-3-*O*-(2-*O*-*β*-D-xylopyranosyl-6-*O*-*trans*-caffeoyl)-*β*-D-galactopyranoside 矢车菊素 -3-*O*-(2-*O*-*β*-D- 吡喃木糖基 -6-*O*- 反式 - 对香豆酰基)-*β*-D- 吡喃半乳糖苷 滇山茶 Camellia reticulata
cyanidin-3-*O*-(2-*O*-*β*-D-xylopyranosyl-6-*O*-*trans*-caffeoyl)-*β*-D-glucopyranoside 矢车菊素 -3-*O*-(2-*O*-*β*-D- 吡喃木糖基 -6-*O*- 反式 - 咖啡酰基)-*β*-D- 吡喃葡萄糖苷 滇山茶 Camellia reticulata
cyanidin-3-*O*-(2-*O*-*β*-D-xylopyranosyl-6-*O*-*trans*-*p*-coumaroyl)-*β*-D-glucopyranoside 矢车菊素 -3-*O*-(2-*O*-*β*-D- 吡喃木糖基 -6-*O*- 反式 - 对香豆酰基)-*β*-D- 吡喃葡萄糖苷 滇山茶 Camellia reticulata
cyanidin-3-*O*-(2''-xylopyranosyl)-glucopyranoside 矢车菊素 -3-*O*-(2''- 吡喃木糖基)- 吡喃葡萄糖苷 刺五加 Eleutherococcus senticosus
cyanidin-3-*O*-(4''-*O*-sinapolygentiobioside) 矢车菊素 -3-*O*-(4''-*O*- 芥子酰龙胆二糖) 参薯 Dioscorea alata
cyanidin-3-*O*-(4-*p*-*trans*-coumaroyl-*α*-L-rhamnopyranosyl)-(1 → 6)-*O*-*β*-D-glucopyranoside-5-*O*-*β*-D-glucopyranoside 矢车菊素 -3-*O*-(4- 对反式香豆酰基 -*α*-L- 吡喃鼠李糖基)-(1 → 6)-*O*-*β*-D- 吡喃葡萄糖苷 -5-*O*-*β*-D- 葡萄糖苷 玉蝉花 Iris ensata
cyanidin-3-*O*-(6-*O*-(*E*)-caffeoyl)-*β*-D-galactopyranoside 矢车菊素 -3-*O*-(6-*O*-(*E*)- 咖啡酰基)-*β*-D- 吡喃半乳糖苷 南山茶 Camellia semiserrata
cyanidin-3-*O*-(6-*O*-(*E*)-caffeoyl)-*β*-D-glucopyranoside 矢车菊素 -3-*O*-(6-*O*-(*E*)- 咖啡酰基)-*β*-D- 吡喃葡萄糖苷 南山茶 Camellia semiserrata
cyanidin-3-*O*-(6-*O*-(*E*)-*p*-coumaroyl)-*β*-D-galactopyranoside 矢车菊素 -3-*O*-(6-*O*-(*E*)- 对香豆酰基)-*β*-D- 吡喃半乳糖苷 南山茶 Camellia semiserrata
cyanidin-3-*O*-(6-*O*-(*E*)-*p*-coumaroyl)-*β*-D-glucopyranoside 矢车菊素 -3-*O*-(6-*O*-(*E*)- 对香豆酰基)-*β*-D- 吡喃葡萄糖苷 南山茶 Camellia semiserrata
cyanidin-3-*O*-(6-*O*-(*Z*)-*p*-coumaroyl)-*β*-D-galactopyranoside 矢车菊素 -3-*O*-(6-*O*-(*Z*)- 对香豆酰基)-*β*-D- 吡喃半乳糖苷 南山茶 Camellia semiserrata
cyanidin-3-*O*-(6-*O*-(*Z*)-*p*-coumaroyl)-*β*-D-glucopyranoside 矢车菊素 -3-*O*-(6-*O*-(*Z*)- 对香豆酰基)-*β*-D- 吡喃葡萄糖苷 南山茶 Camellia semiserrata
cyanidin-3-*O*-(6-*O*-acetyl)-5-*O*-diglucoside 矢车菊素 -3-*O*-(6-*O*- 乙酰基)-5-*O*- 二葡萄糖苷 山葡萄 Vitis amurensis
cyanidin-3-*O*-(6-*O*-*cis*-*p*-coumaroyl)-*β*-D-galactopyranoside 矢车菊素 -3-*O*-(6-*O*- 顺式 - 对香豆酰基)-*β*-D- 吡喃半乳糖苷 山茶 Camellia japonica
cyanidin-3-*O*-(6-*O*-cis-*p*-coumaroyl)-*β*-D-glucopyranoside 矢车菊素 -3-*O*-(6-*O*- 顺式 - 对香豆酰基)-*β*-D- 吡喃葡萄糖苷 山茶 Camellia japonica, 滇山茶 C. reticulata, 怒江山茶 C. saluenensis
cyanidin-3-*O*-(6-*O*-*cis*-*p*-coumaroyl-*β*-D-glucopyranoside)-5-*O*-*β*-D-glucopyranoside 矢车菊素 -3-*O*-(6-*O*- 顺式 - 对香豆酰基 -*β*-D- 吡喃葡萄糖苷)-5-*O*-*β*-D- 吡喃葡萄糖苷 西南山茶 Camellia pitardii, 多齿山茶 C. polyodonta, 滇山茶 C. reticulata, 怒江山茶 C. saluenensis
cyanidin-3-*O*-(6-*O*-malonyl-*β*-D-glucopyranoside) 矢车菊素 -3-*O*-(6-*O*- 丙二酰基 -*β*-D- 吡喃葡萄糖苷) 打碗花 Calystegia hederacea, 肾叶打碗花 C. soldanella, 菊花 Chrysanthemum morifolium
cyanidin-3-*O*-(6-*O*-*p*-coumaryl)-5-*O*-diglucoside 矢车菊素 -3-*O*-(6-*O*- 对香豆酰基)-5-*O*- 二葡萄糖苷 山葡萄 Vitis amurensis
cyanidin-3-*O*-(6-*O*-*p*-coumaryl)-glucoside 矢车菊素 -3-*O*-(6-*O*- 对香豆酰基)- 葡萄糖苷 山葡萄 Vitis amurensis
cyanidin-3-*O*-(6-*O*-*trans*-caffeoyl)-*β*-D-galactopyranoside 矢车菊素 -3-*O*-(6-*O*- 反式 - 咖啡酰基)-*β*-D- 吡喃半乳糖苷 西南山茶 Camellia pitardii, 多齿山茶 C. polyodonta
cyanidin-3-*O*-(6-*O*-*trans*-caffeoyl)-*β*-D-glucopyranoside 矢车菊素 -3-*O*-(6-*O*- 反式 - 咖啡酰基)-*β*-D- 吡喃葡萄糖苷 山茶 Camellia japonica, 多齿山茶 C. polyodonta, 怒江山茶 C. saluenensis
cyanidin-3-*O*-(6-*O*-*trans*-*p*-coumaroyl)-*β*-D-galactopyranoside 矢车菊素 -3-*O*-(6-*O*- 反式 - 对香豆酰基)-*β*-D- 吡喃半乳糖苷 山茶 Camellia japonica, 西南山茶 C. pitardii, 多齿山茶 C. polyodonta
cyanidin-3-*O*-(6-*O*-*trans*-*p*-coumaroyl)-*β*-D-glucopyranoside 矢车菊素 -3-*O*-(6-*O*- 反式 - 对香豆酰基)-*β*-D- 吡喃葡萄糖苷 滇山茶 Camellia reticulata, 怒江山茶 C. saluenensis
cyanidin-3-*O*-(6-*O*-*trans*-*p*-coumaroyl-*β*-D-glucopyranoside)-5-*O*-*β*-D-glucopyranoside 矢车菊素 -3-*O*-(6-*O*- 反式 - 对香豆酰基 -*β*-D- 吡喃葡萄糖苷)-5-*O*-*β*-D- 吡喃葡萄糖苷 西南山茶 Camellia pitardii, 多齿山茶 C. polyodonta, 滇山茶 C. reticulata, 怒江山茶 C. saluenensis
cyanidin-3-*O*-(6''-*O*-*α*-rhamnopyranosyl-*β*-D-galactopyranoside) 矢车菊素 -3-*O*-(6''-*O*-*α*- 鼠李糖基)-*β*-D- 吡喃半乳糖苷 桑 Morus alba
cyanidin-3-*O*-(6''-*O*-*α*-rhamnopyranosyl-*β*-D-glucopyranoside) 矢车菊素 -3-*O*-(6''-*O*-*α*- 鼠李糖基)-*β*-D- 吡喃葡萄糖苷 桑 Morus alba
cyanidin-3-*O*-(6''-*O*-*α*-rhamnopyranosyl-*β*-glucopyranoside) 矢车菊素 -3-*O*-(6''-*O*-*α*- 吡喃鼠李糖基 -*β*- 吡喃葡萄糖苷) 老鸦瓣 Tulipa edulis
cyanidin-3-*O*-(caffeoyl)-diglucoside 矢车菊素 -3-*O*-(咖啡酰基)- 二葡萄糖苷 白刺 Nitraria tangutorum
cyanidin-3-*O*-(*cis*-*p*-coumaroyl)-diglucoside 矢车菊素 -3-*O*-(顺式 - 对香豆酰基)- 二葡萄糖苷 白刺 Nitraria tangutorum
cyanidin-3-*O*-(*trans*-*p*-coumaroyl)-diglucoside 矢车菊素 -3-*O*-(反式 - 对香豆酰基)- 二葡萄糖苷 白刺 Nitraria tangutorum
cyanidin-3-*O*-[(tri-(glucopyranosylcaffeoyl))-sophoroside] 矢车菊素 -3-*O*-[(三 -(吡喃葡萄糖基咖啡酰基))- 槐糖苷] 圆叶牵牛 Ipomoea purpurea
cyanidin-3-*O*-[2''-*O*-(*β*-D-xylopyranosyl)-6''-*O*-(*α*-L-rhamnopyranosyl)-*β*-D-glucopyranoside 矢车菊素 -3-*O*-[2''-*O*-(*β*-D- 吡喃木糖基)-6''-*O*-(*α*-L- 吡喃鼠李糖基)-*β*-D- 吡喃葡萄糖苷] 四季秋海棠 Begonia cucullata var. hookeri
cyanidin-3-*O*-[2-*O*-(2-*O*-sinapoylxylosyl)-6-*O*-(4-*O*-glucosyl-*p*-coumaroyl)glucosyl]-5-*O*-(6-*O*-malonylglucoside) 矢车菊素 -3-*O*-[2-*O*-(2-*O*- 芥子酰木糖基)-6-*O*-(4-*O*- 葡萄糖基对香豆酰基) 葡萄糖基]-5-*O*-(6-*O*- 丙二酰葡萄糖苷) 拟南芥 Arabidopsis thaliana
cyanidin-3-*O*-[2-*O*-(2-*O*-sinapoylxylosyl)-6-*O*-(4-*O*-glucosyl-*p*-coumaroyl)glucosyl]-5-*O*-glucoside 矢车菊素 -3-*O*-[2-*O*-(2-*O*- 芥子酰木糖基)-6-*O*-(4-*O*- 葡萄糖基对香豆酰) 葡萄糖基]-5-*O*- 葡萄糖苷 拟南芥 Arabidopsis thaliana
cyanidin-3-*O*-[2-*O*-(2-*O*-sinapoylxylosyl)-6-*O*-*p*-coumaroylglucosyl]-5-*O*-(6-*O*-malonylglucoside) 矢车菊素 -3-*O*-[2-*O*-(2-*O*- 芥子酰木糖基)-

6-*O*- 对香豆酰葡萄糖基]-5-*O*-(6-*O*- 丙二酰葡萄糖苷) 拟南芥 Arabidopsis thaliana
cyanidin-3-*O*-[2-*O*-(2-*O*-sinapoylxylosyl-6-*O*-*p*-coumaroyl)glucosyl]-5-*O*-glucoside 矢车菊素 -3-*O*-[2-*O*-(2-*O*- 芥子酰木糖基)-6-*O*- 对 - 香豆酰葡萄糖基]-5-*O*- 葡萄糖苷 拟南芥 Arabidopsis thaliana
cyanidin-3-*O*-[2-*O*-(6-*O*-(*trans*-4-*O*-(6-*O*-(*trans*-3-*O*-(*β*-D-glucopyranosyl)-caffeoyl)-*β*-D-glucopyranosyl)-caffeoyl)-*β*-D-glucopyranosyl)-*β*-D-glucopyranoside 矢车菊素 -3-*O*-[2-*O*-(6-*O*-(反式 -4-*O*-(6-*O*-(反式 -3-*O*-(*β*-D- 吡喃葡萄糖基)- 咖啡酰基)-*β*-D- 吡喃葡萄糖基)- 咖啡酰基)-*β*-D- 吡喃葡萄糖基)-*β*-D- 吡喃葡萄糖苷] 圆叶牵牛 Ipomoea purpurea
cyanidin-3-*O*-[2-*O*-(6-*O*-(*trans*-caffeoyl)-*β*-D-glucopyranosyl)-*β*-D-glucopyranoside 矢车菊素 -3-*O*-[2-*O*-(6-*O*-(反式 - 咖啡酰基)-*β*-D- 吡喃葡萄糖基)-*β*-D- 吡喃葡萄糖苷 圆叶牵牛 Ipomoea purpurea
cyanidin-3-*O*-[2-*O*-(*β*-D-glucopyranosyl)-6-*O*-(*trans*-caffeoyl)-*β*-D-glucopyranoside] 矢车菊素 -3-*O*-[2-*O*-(*β*-D- 吡喃葡萄糖基)-6-*O*-(反式 - 咖啡酰基)-*β*-D- 吡喃葡萄糖苷] 圆叶牵牛 Ipomoea purpurea
cyanidin-3-*O*-[2''-*O*-(*β*-D-glucuronyl)]-*β*-D-glucopyranoside 矢车菊素 -3-*O*-[2''-*O*-(*β*-D- 葡萄糖醛酸基)]-*β*-D- 吡喃葡萄糖苷 雏菊 Bellis perennis
cyanidin-3-*O*-[2-*O*-(*β*-xylopyranosyl)-*β*-galactopyranoside] 矢车菊素 -3-*O*-[2-*O*-(*β*- 吡喃木糖基)-*β*- 吡喃半乳糖苷 中华猕猴桃 Actinidia chinensis
cyanidin-3-*O*-[2-*O*-xylosyl-6-*O*-(4-*O*-glucosyl-*p*-coumaroyl)glucosyl]-5-*O*-(6-*O*-malonylglucoside) 矢车菊素 -3-*O*-[2-*O*- 木糖基 -6-*O*-(4-*O*- 葡萄糖基对香豆酰基) 葡萄糖基]-5-*O*-(6-*O*- 丙二酰葡萄糖苷) 拟南芥 Arabidopsis thaliana
cyanidin-3-*O*-[2-*O*-xylosyl-6-*O*-(*p*-coumaroyl)glucosyl]-5-*O*-(6-*O*-malonylglucoside) 矢车菊素 -3-*O*-[2-*O*- 木糖基 -6-*O*- 对香豆酰基) 葡萄糖基]-5-*O*-(6-*O*- 丙二酰葡萄糖苷) 拟南芥 Arabidopsis thaliana
cyanidin-3-*O*-[2-*O*-*β*-D-xylopyranosyl-6-*O*-(*cis*-*p*-coumaroyl)-*β*-D-glucopyranoside]-5-*O*-*β*-D-glucopyranoside 矢车菊素 -3-*O*-[2-*O*-*β*-D- 吡喃木糖基 -6-*O*-(顺式对香豆酰基 -*β*-D- 吡喃葡萄糖苷)]-5-*O*-*β*-D- 吡喃葡萄糖苷 桂竹香 Erysimum × cheiri
cyanidin-3-*O*-[2-*O*-*β*-D-xylopyranosyl-6-*O*-(*trans*-*p*-coumaroyl)-*β*-D-glucopyranoside]-5-*O*-*β*-D-glucopyranoside 矢车菊素 -3-*O*-[2-*O*-*β*-D- 吡喃木糖基 -6-*O*-(反式对香豆酰基 -*β*-D- 吡喃葡萄糖苷)]-5-*O*-*β*-D- 吡喃葡萄糖苷 桂竹香 Erysimum × cheiri
cyanidin-3-*O*-[4''-*O*-(malonyl)-2''-*O*-(*β*-D-glucuronyl)]-*β*-D-glucopyranoside 矢车菊素 -3-*O*-[4''-*O*-(丙二酰基)-2''-*O*-(*β*-D- 葡萄糖醛酸基)]-*β*-D- 吡喃葡萄糖苷 雏菊 Bellis perennis
cyanidin-3-*O*-[6-*O*-(2-*O*-(*trans*-caffeoyl)-*α*-arabinofuranosyl)-*β*-glucopyranoside]-7,3'-*O*-di-[6-*O*-(*trans*-caffeoyl)-*β*-glucopyranoside] 矢车菊素 -3-*O*-[6-*O*-(2-*O*- 反式咖啡酰基 -*α*- 呋喃阿拉伯糖基)-*β*- 吡喃葡萄糖苷]-7,3'-*O*- 二 -[6-*O*- 反式咖啡酰基 -*β*- 吡喃葡萄糖苷 紫露草 Tradescantia virginiana
cyanidin-3-*O*-[6''-*O*-(2'''-*O*-acetyl-*α*-rhamnopyranosyl)-*β*-glucopyranoside] 矢车菊素 -3-*O*-[6''-*O*-(2'''-*O*- 乙酰基 -*α*- 吡喃鼠李糖基)-*β*- 吡喃葡萄糖苷 老鸦瓣 Tulipa edulis
cyanidin-3-*O*-[6''-*O*-(malonyl)-2''-*O*-(*β*-D-glucuronyl)]-*β*-D-glucopyranoside 矢车菊素 -*O*-[6''-*O*-(丙二酰基)-2''-*O*-(*β*-D- 葡萄糖醛酸基)]-*β*-D- 吡喃葡萄糖苷 雏菊 Bellis perennis
cyanidin-3-*O*-[6-*O*-(*trans*-3-*O*-(*β*-D-glycosyl)caffeyl)-*β*-D-glucoside]-5-*O*-[*β*-D-glucoside] 矢车菊素 -3-*O*-[6-*O*-(反式 -3-*O*-(*β*-D- 葡萄糖基) 咖啡酰基)-*β*-D- 葡萄糖苷]-5-*O*-[*β*-D- 葡萄糖苷] 牵牛 Ipomoea nil
cyanidin-3-*O*-6''-*O*-*α*-rhamnopyranosyl-*β*-D-glucopyranoside 矢车菊素 -3-*O*-6''-*O*-*α*- 吡喃鼠李糖基 -*β*-D- 吡喃葡萄糖苷 常春油麻藤 Mucuna sempervirens
cyanidin-3-*O*-arabinosylglucoside 矢车菊素 -3-*O*- 阿拉伯糖基葡萄糖苷 夏侧金盏花 Adonis aestivalis
cyanidin-3-*O*-dicaffeoylsophoroside 矢车菊素 -3-*O*- 二咖啡酰槐糖苷 圆叶牵牛 Ipomoea purpurea
cyanidin-3-*O*-diglucoside 矢车菊素 -3-*O*- 二葡萄糖苷 白刺 Nitraria tangutorum
cyanidin-3-*O*-galactopyranoside 矢车菊素 -3-*O*- 吡喃半乳糖苷 豇豆 Vigna unguiculata
cyanidin-3-*O*-gentiobioside 矢车菊素 -3-*O*- 龙胆二糖 参薯 Dioscorea alata
cyanidin-3-*O*-glucopyranoside 矢车菊素 -3-*O*- 吡喃葡萄糖苷 异果小檗 Berberis heteropoda, 打碗花 Calystegia hederacea, 豆 Glycine soja, 月桂 Laurus nobilis, 滇牡丹 Paeonia delavayi, 菜豆 Phaseolus vulgaris, 豇豆 Vigna unguiculata
cyanidin-3-*O*-glucoside 矢车菊素 -3-*O*- 葡萄糖苷 香豆蔻 Amomum subulatum, 无花果 Ficus carica, 玫瑰茄 Hibiscus sabdariffa, 千屈菜 Lythrum salicaria, 锦带花 Weigela florida
cyanidin-3-*O*-monoglucoside 矢车菊素 -3-*O*- 单葡萄糖苷 刺葡萄 Vitis davidii
cyanidin-3-*O*-rhamnoglucoside 矢车菊素 -3-*O*- 鼠李葡萄糖苷 鸡纳树 Cinchona pubescens
cyanidin-3-*O*-rutinoside 矢车菊素 -3-*O*- 芸香糖苷 蜀葵 Alcea rosea, 打碗花 Calystegia hederacea, 树番茄 Cyphomandra betacea, 无花果 Ficus carica, 玫瑰茄 Hibiscus sabdariffa, 月桂 Laurus nobilis, 荔枝 Litchi chinensis, 黑桑 Morus nigra, 石榴 Punica granatum
cyanidin-3-*O*-rutinoside-5-glucoside 矢车菊素 -3-*O*- 芸香糖苷 -5- 葡萄糖苷 玉蝉花 Iris ensata
cyanidin-3-*O*-rutinoside-5-*O*-*β*-D-glucopyranoside 矢车菊素 -3-*O*- 芸香糖苷 -5-*O*-*β*-D- 吡喃葡萄糖苷 早开堇菜 Viola prionantha
cyanidin-3-*O*-sambubioside 矢车菊素 -3-*O*- 接骨木二糖苷 无梗五加 Eleutherococcus sessiliflorus, 玫瑰茄 Hibiscus sabdariffa, 黑果越桔 Vaccinium myrtillus
cyanidin-3-*O*-sophoroside 矢车菊素 -3-*O*- 槐糖苷 圆叶牵牛 Ipomoea purpurea, 天山茶藨子 Ribes meyeri
cyanidin-3-*O*-xylosylglucoside 矢车菊素 -3-*O*- 木糖基葡萄糖苷 野鸦椿 Euscaphis japonica
cyanidin-3-*O*-xylosylrutionside 矢车菊素 -3-*O*- 木糖芸香糖苷 插田泡 Rubus coreanus
cyanidin-3-*O*-*α*-L-arabinopyranoside 矢车菊素 -3-*O*-*α*-L- 吡喃阿拉伯糖苷 黑果越桔 Vaccinium myrtillus, 腺齿越桔 V. oldhamii, 笃斯越桔 V. uliginosum
cyanidin-3-*O*-*β*-(2G-xylosylrutinoside) 矢车菊素 -3-*O*-*β*-(2G- 木糖基芸香糖苷) 日本南五味子 Kadsura japonica
cyanidin-3-*O*-*β*-(6-*O*-malonyl)-D-glucopyranoside 矢车菊素 -3-*O*-*β*-(6-*O*- 丙二酰基)-D- 吡喃葡萄糖苷 菊苣 Cichorium intybus

cyanidin-3-*O*-*β*-D-(6''-acetyl)glucoside-5-*β*-D-glucoside 矢车菊素 -3-*O*-*β*-D-(6''- 乙酰基) 葡萄糖苷 -5-*β*-D- 葡萄糖苷 山葡萄 Vitis amurensis
cyanidin-3-*O*-*β*-D-arabinopyranoside 矢车菊素 -3-*O*-*β*-D- 阿拉伯糖苷 杜鹃花 Rhododendron simsii
cyanidin-3-*O*-*β*-D-galactopyranoside 矢车菊素 -3-*O*-*β*-D- 吡喃半乳糖苷 黑蕊猕猴桃 Actinidia melanandra, 浙江山茶 Camellia chekiangoleosa, 山茶 C. japonica, 西南山茶 C. pitardii, 多齿山茶 C. polyodonta, 滇山茶 C. reticulata, 怒江山茶 C. saluenensis, 南山茶 C. semiserrata, 红叶 Cotinus coggygria var. cinerea, 桑 Morus alba, 雪白睡莲 Nymphaea candida, 杜鹃花 Rhododendron simsii, 黑果越桔 Vaccinium myrtillus, 笃斯越桔 V. uliginosum
cyanidin-3-*O*-*β*-D-galactoside 矢车菊素 -3-*O*-*β*-D- 半乳糖苷 茶 Camellia sinensis
cyanidin-3-*O*-*β*-D-glucopyranoside 矢车菊素 -3-*O*-*β*-D- 吡喃葡萄糖苷 黑蕊猕猴桃 Actinidia melanandra, 蜀葵 Alcea rosea, 肾叶打碗花 Calystegia soldanella, 浙江山茶 Camellia chekiangoleosa, 山茶 C. japonica, 西南山茶 C. pitardii, 多齿山茶 C. polyodonta, 滇山茶 C. reticulata, 怒江山茶 C. saluenensis, 南山茶 C. semiserrata, 鸡纳树 Cinchona pubescens, 树番茄 Cyphomandra betacea, 陆地棉 Gossypium hirsutum, 荔枝 Litchi chinensis, 桑 Morus alba, 黑桑 M. nigra, 常春油麻藤 Mucuna sempervirens, 石榴 Punica granatum, 桃金娘 Rhodomyrtus tomentosa, 檀香 Santalum album, 美花风毛菊 Saussurea pulchella, 香苹婆 Sterculia foetida, 马六甲蒲桃 Syzygium malaccense, 黑果越桔 Vaccinium myrtillus, 腺齿越桔 V. oldhamii, 笃斯越桔 V. uliginosum, 山葡萄 Vitis amurensis
cyanidin-3-*O*-*β*-D-glucopyranoside-7-*O*-*α*-L-rhamnopyranoside 矢车菊素 -3-*O*-*β*-D- 吡喃葡萄糖苷 -7-*O*-*α*-L- 吡喃鼠李糖苷 红叶 Cotinus coggygria var. cinerea
cyanidin-3-*O*-*β*-D-sambubioside 矢车菊素 -3-*O*-*β*-D- 接骨木二糖苷 天山茶藨子 Ribes meyeri
cyanidin-3-*O*-*β*-D-xylopyranoside-5-*O*-(6'''-*O*-malonyl-*β*-D-glucopyranoside 矢车菊素 -3-*O*-*β*-D- 吡喃木糖苷 -5-*O*-(6'''-*O*- 丙二酰基 -*β*-D- 吡喃葡萄糖苷 蓖麻 Ricinus communis
cyanidin-3-*O*-*β*-D-xylopyranoside-5-*O*-(6'''-*O*-methylmalonate-*β*-D-glucopyranoside 矢车菊素 -3-*O*-*β*-D- 吡喃木糖苷 -5-*O*-(6'''-*O*- 丙二酸甲酯 -*β*-D- 吡喃葡萄糖苷 蓖麻 Ricinus communis
cyanidin-3-*O*-*β*-D-xylopyranoside-5-*O*-*β*-D-glucopyranoside 矢车菊素 -3-*O*-*β*-D- 吡喃木糖苷 -5-*O*-*β*-D- 吡喃葡萄糖苷 蓖麻 Ricinus communis
cyanidin-3-*O*-*β*-galactopyranoside 矢车菊素 -3-*O*-*β*- 吡喃半乳糖苷 红穗铁苋菜 Acalypha hispida, 中华猕猴桃 Actinidia chinensis, 美味猕猴桃 A. chinensis var. deliciosa
cyanidin-3-*O*-*β*-glucopyranoside 矢车菊素 -3-*O*-*β*- 吡喃葡萄糖苷 美味猕猴桃 Actinidia chinensis var. deliciosa, 杨梅 Myrica rubra
cyanidin-3-*O*-*β*-sophoroside 矢车菊素 -3-*O*-*β*- 槐糖苷 莽吉柿 Garcinia mangostana
cyanidin-3-rhamnoside 矢车菊素 -3- 鼠李糖苷 芋 Colocasia esculenta
cyanidin-3-rutinoside 矢车菊素 -3- 芸香糖苷 杨桐 Adinandra millettii, 石刁柏 Asparagus officinalis, 紫背天葵 Begonia fimbristipula, 肾叶打碗花 Calystegia soldanella, 美国凌霄 Campsis radicans, 板栗 Castanea mollissima, 欧洲甜樱桃 Cerasus avium, 芋 Colocasia esculenta, 蛇莓 Duchesnea indica, 蓝果忍冬 Lonicera caerulea, 小叶忍冬 L. microphylla, 大蕉 Musa × paradisiaca, 樱桃李 Prunus cerasifera, 李 P. salicina, 黑刺李 P. spinosa, 天山茶藨子 Ribes meyeri, 黑茶藨子 R. nigrum, 插田泡 Rubus coreanus, 复盆子 R. idaeus, 臭菘 Symplocarpus foetidus, 台湾油点草 Tricyrtis formosana
cyanidin-3-sambubioside 矢车菊素 -3- 接骨木二糖苷 堇叶延胡索 Corydalis fumariifolia, 黑茶藨子 Ribes nigrum, 插田泡 Rubus coreanus, 复盆子 R. idaeus, 绛车轴草 Trifolium incarnatum, 荚蒾 Viburnum dilatatum
cyanidin-3-sophoroside 矢车菊素 -3- 槐糖苷 黑茶藨子 Ribes nigrum, 复盆子 Rubus idaeus
cyanidin-3-xylcosylrutinoside 矢车菊素 -3- 木糖基芸香糖苷 黑茶藨子 Ribes nigrum
cyanidin-3-xylopyranosyl-galactopyranoside 矢车菊素 -3- 吡喃木糖基 - 吡喃半乳糖苷 食用土当归 Aralia cordata
cyanidin-3-xyloside 矢车菊素 -3- 木糖苷 黑茶藨子 Ribes nigrum
cyanidin-3-xylosylgalactoside 矢车菊素 -3- 木糖基半乳糖苷 软枣猕猴桃 Actinidia arguta
cyanidin-3-xylosylglucoside 矢车菊素 -3- 木糖基葡萄糖苷 鸡树条荚蒾 Viburnum opulus var. calvescens
cyanidin-3-xylosylrutinoside 矢车菊素 -3- 木糖芸香糖苷 复盆子 Rubus idaeus
cyanidin-4'-*O*-*β*-glucoside 矢车菊素 -4'-*O*-*β*- 葡萄糖苷 洋葱 Allium cepa
cyanidin-7-*O*-*β*-D-glucopyranoside 矢车菊素 -7-*O*-*β*-D- 吡喃葡萄糖苷 桑 Morus alba
cyanidin-malonyl-diferuloyl-triglucoside 矢车菊素 - 丙二酰基 - 二阿魏酰三葡萄糖苷 紫背金盘 Ajuga nipponensis
cyanidin-malonyl-*p*-coumaroyl-feruloyl-triglucoside 矢车菊素 - 丙二酰基 - 对香豆酰基 - 阿魏酰三葡萄糖苷 紫背金盘 Ajuga nipponensis
cyanidinoxalylglucoside 矢车菊素草酰葡萄糖苷 二叶兜被兰 Neottianthe cucullata
cyanin 花青苷 石榴 Punica granatum, 北悬钩子 Rubus arcticus
cyanin chloride 氯化矢车菊苷 酢浆草 Oxalis corniculata, 百日菊 Zinnia elegans
cyanin chloride monoacetate 氯化矢车菊苷乙酸酯 百日菊 Zinnia elegans
1-cyano-2,3-epithiopropane 1- 氰基 -2,3- 表硫化丙烷 挥发油成分，未统计基源
3-cyano-2-[(1-oxo-9-octadecenyloxy)methyl]-2-propenyl-(*Z*)-eicosanoic acid ester 3- 氰基 -2-[(1- 氧代 -9- 十八烯氧基) 甲基]-2- 丙烯基 -(*Z*)- 二十酸酯 红毛丹 Nephelium lappaceum
3-cyano-2-[(1-oxo-9-octadecenyloxy)methyl]-2-propenyl-(*Z*,*Z*)-11-eicosenoic acid ester 3- 氰基 -2-[(1- 氧代 -9- 十八烯氧基) 甲基]-2- 丙烯醇 -(*Z*,*Z*)-11- 二十烯酸酯 红毛丹 Nephelium lappaceum
1-cyano-2-hydroxymethylprop-1-ene-3-ol 1- 氰基 -2- 羟甲基丙 -1- 烯 -3- 醇 倒地铃 Cardiospermum halicacabum
1-cyano-2-hydroxymethylprop-2-ene-1-ol 1- 氰基 -2- 羟甲基丙 -2- 烯 -1- 醇 倒地铃 Cardiospermum halicacabum
3-cyano-4-methoxypyridine 3- 氰基 -4- 甲氧基吡啶 莲叶桐 Hernandia nymphaeifolia
cyanoauriculoside A~H 耳叶牛皮消洛苷▲A~H 牛皮消 Cynanchum boudieri
4-cyanobenzaldehyde 4- 氰基苯甲醛 土沉香 Aquilaria sinensis

(3*S*)-cyanocoronaridine (3*S*)- 腈基冠狗牙花定 狗牙花 Tabernaemontana divaricata
cyanodiol 氰二醇 细叶天芥菜 Heliotropium strigosum
cyanogenic-β-rutinoside 氰 -β- 芸香糖苷 鸡蛋果 Passiflora edulis
(3*S*)-cyanoisocoronaridine (3*S*)- 腈基异冠狗牙花定 狗牙花 Tabernaemontana divaricata
β-cyano-L-alanine β- 氰基 -L- 丙氨酸 窄叶野豌豆 Vicia pilosa, 救荒野豌豆 V. sativa
cyanomaclurin 橙桑青素▲ 波罗蜜 Artocarpus heterophyllus
(+)-(*R*)-3-cyanomethyl-3-hydroxyoxoindole (+)-(*R*)-3- 氰甲基 -3- 羟基氧代吲哚 车前 Plantago asiatica
2-cyanomethylene-1,3-propanediyl-(*Z*)-9-octadecenoic acid ester 2- 氰基亚甲基 -1,3- 丙二醇 -(*Z*)-9- 十八烯酸酯 红毛丹 Nephelium lappaceum
4-cyanophenyl-β-D-xylopyranosyl-(1 → 6)-β-D-glucopyranoside 4- 氰基苯基 -β-D- 吡喃木糖基 -(1 → 6)-β-D- 吡喃葡萄糖苷 苍白秤钩风 Diploclisia glaucescens
α-cyano-*p*-hydroxybenzyl glucopyranoside α- 氰基对羟基苯甲醇吡喃葡萄糖苷 蓝堇草 Leptopyrum fumarioides
(*S*)-α-cyano-*p*-hydroxybenzylglucopyranoside (*S*)-α- 氰基 - 对羟基苄基吡喃葡萄糖苷 树参 Dendropanax dentiger
cyanosterone B 蓝耳草甾酮▲B 蛛丝毛蓝耳草 Cyanotis arachnoidea
cyasterone 杯苋甾酮 金疮小草 Ajuga decumbens, 痢止蒿 A. forrestii, 多花筋骨草 A. multiflora, 紫背金盘 A. nipponensis, 头花杯苋 Cyathula capitata, 川牛膝 C. officinalis, 绵参 Eriophyton wallichii
cyasterone-22-acetate 杯苋甾酮 -22- 乙酸酯 紫背金盘 Ajuga nipponensis
cyathadonic acid 黑蛋巢菌酮酸▲ 隆纹黑蛋巢菌 Cyathus striatus
cyathenosin A 番桫椤辛▲A 金毛狗 Cibotium barometz
cyathic acid 黑蛋巢菌酸▲ 隆纹黑蛋巢菌 Cyathus striatus
cyathisterol 杯形秃马勃甾醇▲ 台湾含笑 Michelia compressa, 羽叶点地梅 Pomatosace filicula
cyathusal A, B, C 黑蛋巢菌醛▲A, B, C 粪生黑蛋巢菌 Cyathus stercoreus
cybisterol 真龙虱甾醇▲ 秦岭藤 Biondia chinensis
cycasin 苏铁苷 苏铁 Cycas revoluta
cyclamin 仙客来苷 紫金牛 Ardisia japonica
cyclaminorin 仙客来诺灵▲ 朱砂根 Ardisia crenata, 黄连花 Lysimachia davurica
cyclamiretin A 仙客来亭▲A 少年红 Ardisia alyxiifolia, 九节龙 A. pusilla
cyclamiretin A-3-*O*-α-L-rhamnopyranosyl-(1 → 4)-β-D-glucopyranosyl-(1 → 2)-[β-D-glucopyranosyl-(1 → 4)]-α-L-arabinopyranoside 仙客来亭▲A-3-*O*-α-L- 吡喃鼠李糖基 -(1 → 4)-β-D- 吡喃葡萄糖基 -(1 → 2)-[β-D- 吡喃葡萄糖基 -(1 → 4)]-α-L- 吡喃阿拉伯糖苷 紫金牛 Ardisia japonica
cyclamiretin A-3-*O*-β-D-xylopyranosyl-(1 → 2)-β-D-glucopyranosyl-(1 → 2)-β-D-glucopyranosyl-(1 → 4)-α-L-arabinopyranoside 仙客来亭▲A-3-*O*-β-D- 吡喃木糖基 -(1 → 2)-β-D- 吡喃葡萄糖基 -(1 → 2)-β-D- 吡喃葡萄糖基 -(1 → 4)-α-L- 吡喃阿拉伯糖苷 小果排草 Lysimachia microcarpa
cyclamiretin A-3β-*O*-[α-L-rhamnopyranosyl-(1 → 4)-β-D-glucopyranosyl-(1 → 2)-[β-D-xylopyranosyl-(1 → 4)-β-D-glucopyranosyl-(1 → 4)]-α-l-arabinopyranoside] 仙客来亭▲A-3β-*O*-[α-L- 吡喃鼠李糖基 -(1 → 4)-β-D- 吡喃葡萄糖基 -(1 → 2)-[β-D- 吡喃木糖基 -(1 → 4)-β-D- 吡喃葡萄糖基 -(1 → 4)]-α-L- 吡喃阿拉伯糖苷] 紫金牛 Ardisia japonica
cyclamiretin A-3β-*O*-α-L-rhamnopyranosyl-(1 → 2)-β-D-glucopyranosyl-(1 → 4)-α-L-arabinopyranoside 仙客来亭▲A-3β-*O*-α-L- 吡喃鼠李糖基 -(1 → 2)-β-D- 吡喃葡萄糖基 -(1 → 4)-α-L- 吡喃阿拉伯糖苷 朱砂根 Ardisia crenata
cyclamiretin A-3β-*O*-α-L-rhamnopyranosyl-(1 → 3)-[β-D-glucopyranosyl-(1 → 3)-β-D-xylopyranosyl-(1 → 2)]-β-D-glucopyranosyl-(1 → 4)-[β-D-glucopyranosyl-(1 → 2)]-α-L-arabinopyranoside 仙客来亭▲A-3β-*O*-α-L- 吡喃鼠李糖基 -(1 → 3)-[β-D- 吡喃葡萄糖基 -(1 → 3)-β-D- 吡喃木糖基 -(1 → 2)]-β-D- 吡喃葡萄糖基 -(1 → 4)-[β-D- 吡喃葡萄糖基 -(1 → 2)]-α-L- 吡喃阿拉伯糖苷 走马胎 Ardisia gigantifolia
cyclamiretin A-3β-*O*-α-L-rhamnopyranosyl-(1 → 3)-[β-D-xylopyranosyl-(1 → 2)]-β-D-glucopyranosyl-(1 → 4)-[β-D-6-*O*-acetylglucopyranosyl-(1 → 2)]-α-L-arabinopyranoside 仙客来亭▲A-3β-*O*-α-L- 吡喃鼠李糖基 -(1 → 3)-[β-D- 吡喃木糖基 -(1 → 2)]-β-D- 吡喃葡萄糖基 -(1 → 4)-[β-D-6-*O*- 乙酰吡喃葡萄糖基 -(1 → 2)]-α-L- 吡喃阿拉伯糖苷 走马胎 Ardisia gigantifolia
cyclamiretin A-3β-*O*-α-L-rhamnopyranosyl-(1 → 3)-[β-D-xylopyranosyl-(1 → 2)]-β-D-glucopyranosyl-(1 → 4)-[β-D-glucopyranosyl-(1 → 2)]-α-L-arabinopyranoside 仙客来亭▲A-3β-*O*-α-L- 吡喃鼠李糖基 -(1 → 3)-[β-D- 吡喃木糖基 -(1 → 2)]-β-D- 吡喃葡萄糖基 -(1 → 4)-[β-D- 吡喃葡萄糖基 -(1 → 2)]-α-L- 吡喃阿拉伯糖苷 走马胎 Ardisia gigantifolia
cyclamiretin A-3β-*O*-β-D-xylopyranosyl-(1 → 2)-β-D-glucopyranosyl-(1 → 4)-α-L-arabinopyranoside 仙客来亭▲A-3β-*O*-β-D- 吡喃木糖基 -(1 → 2)-β-D- 吡喃葡萄糖基 -(1 → 4)-α-L- 吡喃阿拉伯糖苷 朱砂根 Ardisia crenata
cyclamiretin C 仙客来亭▲C 九节龙 Ardisia pusilla
cyclamiretin D 仙客来亭▲D 少年红 Ardisia alyxiifolia, 九节龙 A. pusilla
cyclamiretin D-3-*O*-α-L-arabipyranoside 仙客来亭▲D-3-*O*-α-L- 阿拉伯糖苷 九节龙 Ardisia pusilla
cyclamiretin D-3-*O*-β-D-glucopyranosyl-(1 → 2)-α-L-arabipyranoside 仙客来亭▲D-3-*O*-β-D- 吡喃葡萄糖基 -(1 → 2)-α-L- 吡喃阿拉伯糖苷 九节龙 Ardisia pusilla
cyclamiretin D-3-*O*-β-D-xylopyranosyl-(1 → 2)-β-D-glucopyranosyl-(1 → 4)-β-D-glucopyranosyl-(1 → 2)-α-L-arabinopyranoside 仙客来亭▲D-3-*O*-β-D- 吡喃木糖基 -(1 → 2)-β-D- 吡喃葡糖基 -(1 → 4)-[β-D- 吡喃葡糖基 -(1 → 2)]-α-L- 吡喃阿拉伯糖苷 临时救 Lysimachia congestiflora
α-cyclanoline α- 轮环藤酚碱 毛叶轮环藤 Cyclea barbata, 铁藤 C. polypetala, 轮环藤 C. racemosa
β-cyclanoline β- 轮环藤酚碱 毛叶轮环藤 Cyclea barbata, 海南青牛胆 Tinospora hainanensis
cyclanoline 轮环藤酚碱 南轮环藤 Cyclea tonkinensis, 雅丽千金藤 Stephania elegans, 千金藤 S. japonica
cyclanoline chloride 氯化轮环藤酚碱 粉防己 Stephania tetrandra

(+)-cycleabarbatine (+)- 毛叶轮环藤碱▲ 毛叶轮环藤 Cyclea barbata
cycleahomine 轮环藤浩明 粉防己 Stephania tetrandra
(-)-cycleaneonine (-)- 轮环藤新碱 轮环藤 Cyclea racemosa, 四川轮环藤 C. sutchuenensis
cycleaneonine 轮环藤新碱 海岛轮环藤 Cyclea insularis
cycleanine 轮环藤宁碱 毛叶轮环藤 Cyclea barbata, 纤细轮环藤 C. gracillima, 粉叶轮环藤 C. hypoglauca, 海岛轮环藤 C. insularis, 铁藤 C. polypetala, 轮环藤 C. racemosa, 四川轮环藤 C. sutchuenensis, 南轮环藤 C. tonkinensis, 金线吊乌龟 Stephania cephalantha, 雅丽千金藤 S. elegans, 地不容 S. epigaea, 西藏地不容 S. glabra, 草质千金藤 S. herbacea, 粉防己 S. tetrandra
(+)-cycleanorine (+)- 轮环藤诺灵▲ 毛叶轮环藤 Cyclea barbata
cycleanorine 轮环藤诺灵▲ 纤细轮环藤 Cyclea gracillima
(-)-cycleapeltine (-)- 盾叶轮环藤碱 毛叶轮环藤 Cyclea barbata
(*S*)-cyclic 2,3-(4,4',5,5',6,6'-hexahydroxy[1,1'-biphenyl]-2,2'-dicarboxylate)-D-glucose (*S*)- 环 -2,3-(4,4',5,5',6,6'- 六羟基 [1,1'- 二苯基]-2,2'- 二羧酸酯)-D- 葡萄糖 牛奶子 Elaeagnus umbellata
cyclic 4,6-(4,4',5,5',6,6'-hexahydroxy[1,1'-biphenyl]-2,2'-dicarboxylate)-3-[3-(6-carboxy-2,3,4-trihydroxyphenoxy)-4,5-dihydroxybenzoate]-β-D-glucopyranose 环4,6-(4,4',5,5',6,6'- 六羟基 [1,1'- 双苯基]-2,2'- 二羧酸酯)-3-[3-(6- 羰基 -2,3,4- 三羟基苯氧基)-4,5- 二羟基苯甲酸酯]-β-D-吡喃葡萄糖 刚毛柽柳 Tamarix hispida, 短穗柽柳 T. laxa, 多枝柽柳 T. ramosissima
cyclic adenosine monophosphate 环磷酸腺苷 无刺枣 Ziziphus jujuba var. inermis
cyclo(Ala-Ala) 环 (丙氨酸 - 丙氨酸) 金铁锁 Psammosilene tunicoides
cyclo(Ala-Ile) 环 (丙氨酸 - 异亮氨酸) 多蕊商陆 Phytolacca polyandra, 金铁锁 Psammosilene tunicoides
cyclo(Ala-Leu) 环 (丙氨酸 - 亮氨酸) 多蕊商陆 Phytolacca polyandra, 金铁锁 Psammosilene tunicoides
cyclo(Ala-Pro) 环 (丙氨酸 - 脯氨酸) 三七 Panax notoginseng, 罗汉果 Siraitia grosvenorii
cyclo(Ala-Val) 环 (丙氨酸 - 缬氨酸) 金铁锁 Psammosilene tunicoides
cyclo(Ile-Ala) 环 (异亮氨酸 - 丙氨酸) 三七 Panax notoginseng
cyclo(Ile-Val) 环 (异亮氨酸 - 缬氨酸) 三七 Panax notoginseng
cyclo(Leu-Ala) 环 (亮氨酸 - 丙氨酸) 三七 Panax notoginseng
cyclo(Leu-Ile) 环 (亮氨酸 - 异亮氨酸) 牛膝 Achyranthes bidentata, 三七 Panax notoginseng, 繁缕 Stellaria media
cyclo(Leu-Pro) 环 (亮氨酸 - 脯氨酸) 海滨木巴戟 Morinda citrifolia, 五味子 Schisandra chinensis, 罗汉果 Siraitia grosvenorii
cyclo(Leu-Ser) 环 (亮氨酸 - 丝氨酸) 三七 Panax notoginseng
cyclo(Leu-Thr) 环 (亮氨酸 - 苏氨酸 三七 Panax notoginseng
cyclo(Leu-Tyr) 环 (亮氨酸 - 酪氨酸) 三七 Panax notoginseng, 半夏 Pinellia ternata, 马齿苋 Portulaca oleracea
cyclo(Leu-Val) 环 (亮氨酸 - 缬氨酸) 三七 Panax notoginseng
cyclo(Phe-Ala) 环 (苯丙氨酸 - 丙氨酸) 三七 Panax notoginseng
cyclo(Phe-Ile) 环 (苯丙氨酸 - 异亮氨酸) 马齿苋 Portulaca oleracea, 五味子 Schisandra chinensis
cyclo(Phe-Leu) 环 (苯丙氨酸 - 亮氨酸) 五味子 Schisandra chinensis
cyclo(Phe-Phe) 环 (苯丙氨酸 - 苯丙氨酸) 五味子 Schisandra chinensis
cyclo(Phe-Pro) 环 (苯丙氨酸 - 脯氨酸) 五味子 Schisandra chinensis
cyclo(Phe-Ser) 环 (苯丙氨酸 - 丝氨酸) 无花果 Ficus carica
cyclo(Phe-Tyr) 环 (苯丙氨酸 - 酪氨酸) 薯蓣 Dioscorea polystachya, 三七 Panax notoginseng, 半夏 Pinellia ternata
cyclo(Phe-Val) 环 (苯丙氨酸 - 缬氨酸) 三七 Panax notoginseng, 五味子 Schisandra chinensis
cyclo(Pro-Ala) 环 (脯氨酸 - 丙氨酸) 金铁锁 Psammosilene tunicoides
cyclo(Pro-Leu) 环 (脯氨酸 - 亮氨酸) 假东风草 Blumea riparia
cyclo(Pro-Pro) 环 (脯氨酸 - 脯氨酸) 金铁锁 Psammosilene tunicoides
cyclo(Pro-Tyr) 环 (脯氨酸 - 酪氨酸) 多蕊商陆 Phytolacca polyandra
cyclo(Pro-Val) 环 (脯氨酸 - 缬氨酸) 金铁锁 Psammosilene tunicoides
cyclo(Tyr-Ala) 环 (酪氨酸 - 丙氨酸) 马齿苋 Portulaca oleracea
cyclo(Tyr-Leu) 环 (酪氨酸 - 亮氨酸) 牛膝 Achyranthes bidentata
cyclo(tyrosine-aminocaproic acid) 环 (酪氨酸 - 氨基己酸) 挂金灯 Physalis alkekengi var. francheti
cyclo(Tyr-Tyr) 环 (酪氨酸 - 酪氨酸) 薯蓣 Dioscorea polystachya
cyclo(Val-Ala) 环 (缬氨酸 - 丙氨酸) 三七 Panax notoginseng
cyclo(Val-Pro) 环 (缬氨酸 - 脯氨酸) 三七 Panax notoginseng
cyclo(Val-Tyr) 环 (缬氨酸 - 酪氨酸) 半夏 Pinellia ternata, 繁缕 Stellaria media
16,24-cyclo-13,14-secoergost-2-ene-18,26-dioic acid-14:17,14:27-diepoxy-5α,13,20,22-tetrahydroxy-1,15-dioxo-γ-lactone-δ-lactone 16,24- 环 -13,14- 裂环麦角甾 -2- 烯 -18,26- 二羧酸 -14:17,14:27- 二环氧 -5α,13,20,22- 四羟基 -1,15- 二氧代 -γ- 内酯 -δ- 内酯 小酸浆 Physalis minima
16,24-cyclo-13,14-secoergost-2-ene-18,26-dioic acid-14:17,14:27-diepoxy-5α,6β,11β,13,20,22-hexahydroxy-1,15-dioxo-γ-lactone-δ-lactone 16,24- 环 -13,14- 裂环麦角甾 -2- 烯 -18,26- 二羧酸 -14:17,14:27- 二环氧 -5α,6β,11β,13,20,22- 六羟基 -1,15- 二氧代 -γ- 内酯 -δ- 内酯 小酸浆 Physalis minima
16,24-cyclo-13,14-secoergosta-18,26-dioic acid-5,6:14:17,14:27-triepoxy-13,20,22-trihydroxy-3α-methoxy-1,15-dioxo-γ-la 酸浆素 ctone-δ-lactone 16,24- 环 -13,14- 裂环麦角甾 -18,26- 二羧酸 -5,6:14:17,14:27- 三环氧 -13,20,22- 三羟基 -3α- 甲氧基 -1,15- 二氧代 -γ- 内酯 -δ- 内酯 小酸浆 Physalis minima
(14α,16β,22α,25*S*)-16,24-cyclo-13,14-secoergosta-2,4-diene-18,26-dioic acid-14,17:14,27-diepoxy-6,13,20,22-tetrahydroxy-1,15-dioxo-γ-

lactone-δ-lactone (14α,16β,22α,25S)-16,24-环-13,14-裂环麦角甾-2,4-二烯-18,26-二羧酸-14,17:14,27-二环氧-6,13,20,22-四羟基-1,15-二氧代-γ-内酯-δ-内酯 小酸浆 Physalis minima
16,24-cyclo-13,14-secoergosta-2-ene-18,26-dioic acid-14:17,14:27-diepoxy-11β,13,20,22-tetrahydroxy-5α-methoxy-1,15-dioxo-γ-lactone-δ-lactone 16,24-环-13,14-裂环麦角甾-2-烯-18,26-二羧酸-14:17,14:27-二环氧-11β,13,20,22-四羟基-5α-甲氧基-1,15-二氧代-γ-内酯-δ-内酯 小酸浆 Physalis minima
16,24-cyclo-13,14-secoergosta-2-ene-18,26-dioic acid-14:17,14:27-diepoxy-5α,11β,13,20,22-pentahydroxy-1,6,15-trioxo-γ-lactone-δ-lactone 16,24-环-13,14-裂环麦角甾-2-烯-18,26-二羧酸-14:17,14:27-二环氧-5α,11β,13,20,22-五羟基-1,6,15-三氧代-γ-内酯-δ-内酯 小酸浆 Physalis minima
cycloabiesesquine A 环冷杉倍半萜素 A 苍山冷杉 Abies delavayi
cycloaraloside A 环楤木洛苷▲A 黄蓍 Astragalus penduliflorus subsp. mongholicus var. dahuricus
cycloart-16,24-dien-3β-ol 环木菠萝-16,24-二烯-3β-醇 单穗升麻 Cimicifuga simplex
(17E)-cycloart-17,26-dien-3β-ol (17E)-环木菠萝-17,26-二烯-3β-醇 大叶山楝 Aphanamixis grandifolia
cycloart-22(23)-ene-3β-ol 环木菠萝-22(23)-烯-3β-醇 节节草 Equisetum ramosissimum
cycloart-22-ene-3α-25-diol 环木菠萝-22-烯-3α-25-二醇 红鸡蛋花 Plumeria rubra
cycloart-22-ene-3β,25-diol 环木菠萝-22-烯-3β,25-二醇 樫木 Dysoxylum excelsum, 狼毒大戟 Euphorbia fischeriana
cycloart-23E,25-dien-3β-ol 环木菠萝-23E,25-二烯-3β-醇 乳浆大戟 Euphorbia esula, 坚硬女娄菜 Silene firma
cycloart-23E-ene-3β,25-diol 环木菠萝-23E-烯-3β,25-二醇 乳浆大戟 Euphorbia esula, 地锦 E. humifusa, 黄苞大戟 E. sikkimensis, 绿玉树 E. tirucalli
23(E)-cycloart-23-en-25-ethoxy-3β-ol 23(E)-环木菠萝-23-烯-25-乙氧基-3β-醇 地锦 Euphorbia humifusa
(23E)-cycloart-23-en-3β,25-diol (23E)-环木菠萝-23-烯-3β,25-二醇 大叶山楝 Aphanamixis grandifolia
23(Z)-cycloart-23-en-3β,25-diol 23(Z)-环木菠萝-23-烯-3β,25-二醇 狼毒大戟 Euphorbia fischeriana
9,19-23Z-cycloart-23-en-3β,25-diol 9,19-23Z-环木菠萝-23-烯-3β,25-二醇 咖啡黄葵 Abelmoschus esculentus
9,19-cycloart-23-en-3β,25-diol 9,19-环木菠萝-23-烯-3β,25-二醇 一品红 Euphorbia pulcherrima
cycloart-23-ene-3β,24-diol 环木菠萝-23-烯-3β,24-二醇 青藏大戟 Euphorbia altotibetica
cycloart-23-ene-3β,25,28-triol 环木菠萝-23-烯-3β,25,28-三醇 湖北大戟 Euphorbia hylonoma
(23Z)-9,19-cycloart-23-ene-3β,25-diol (23Z)-9,19-环木菠萝-23-烯-3β,25-二醇 苦马豆 Sphaerophysa salsula
(23Z)-cycloart-23-ene-3β,25-diol (23Z)-环木菠萝-23-烯-3β,25-二醇 薜荔 Ficus pumila, 王瓜 Trichosanthes cucumeroides
14(23Z)-cycloart-23-ene-3β,25-diol 14(23Z)-环木菠萝-23-烯-3β,25-二醇 黄瓜 Cucumis sativus
cycloart-23-ene-3β,25-diol 环木菠萝-23-烯-3β,25-二醇 艾 Artemisia argyi, 香港樫木 Dysoxylum hongkongense, 青藏大戟 Euphorbia altotibetica, 绿玉树 E. tirucalli, 羽叶点地梅 Pomatosace filicula, 水黄皮 Pongamia pinnata, 牛耳朵 Primulina eburnea, 华中五味子 Schisandra sphenanthera, 菊状千里光 Senecio laetus, 尖蕾狗牙花 Tabernaemontana bufalina, 毛葡萄 Vitis heyneana
cycloart-23-ene-3β,25-diol 3-acetate 环木菠萝-23-烯-3β,25-二醇-3-乙酸酯 艾 Artemisia argyi
cycloart-23-ene-3β,25-diol monoacetate 环木菠萝-23-烯-3β,25-二醇-单乙酸酯 湖北大戟 Euphorbia hylonoma
cycloart-23Z-ene-3β,25-diol 环木菠萝-23Z-烯-3β,25-二醇 白花枝子花 Dracocephalum heterophyllum, 乳浆大戟 Euphorbia esula, 地锦 E. humifusa, 百步回阳 E. sessiliflora, 对叶大戟 E. sororia, 灯心草 Juncus effusus
cycloart-24(30)-ene-3β-ol 环木菠萝-24(30)-烯-3β-醇 节节草 Equisetum ramosissimum
cycloart-24,25-epoxy-3β-ol 环木菠萝-24,25-环氧-3β-醇 乳浆大戟 Euphorbia esula
cycloart-24-ene-3β,26-diol 环木菠萝-24-烯-3β,26-二醇 长柄异木患 Allophylus longipes
cycloart-24-ene-3β-ol 环木菠萝-24-烯-3β-醇 小叶大戟 Euphorbia makinoi, 乔松 Pinus wallichiana
cycloart-24β-methoxy-3β-ol 环木菠萝-24β-甲氧基-3β-醇 小叶大戟 Euphorbia makinoi
(24R)-9,19-cycloart-25-en-3β,24-diol (24R)-9,19-环木菠萝-25-烯-3β,24-二醇 杠柳 Periploca sepium
(24R)-cycloart-25-en-3β,24-diol (24R)-环木菠萝-25-烯-3β,24-二醇 小叶大戟 Euphorbia makinoi, 灯心草 Juncus effusus, 头花蓼 Polygonum capitatum
(24S)-cycloart-25-en-3β,24-diol (24S)-环木菠萝-25-烯-3β,24-二醇 灯心草 Juncus effusus
9,19-cycloart-25-en-3β,24-diol 9,19-环木菠萝-25-烯-3β,24-二醇 一品红 Euphorbia pulcherrima
(24S)-9,19-cycloart-25-en-3β-24-diol (24S)-9,19-环木菠萝-25-烯-3β-24-二醇 坚硬女娄菜 Silene firma
cycloart-25-ene-3,24-diol 环木菠萝-25-烯-3,24-二醇 咖啡黄葵 Abelmoschus esculentus
(23Z)-9,19-cycloart-25-ene-3β,24-diol (23Z)-9,19-环木菠萝-25-烯-3β,24-二醇 海杧果 Cerbera manghas
(24RS)-cycloart-25-ene-3β,24-diol (24RS)-环木菠萝-25-烯-3β,24-二醇 薜荔 Ficus pumila
(24S)-9,19-cycloart-25-ene-3β,24-diol (24S)-9,19-环木菠萝-25-烯-3β,24-二醇 杠柳 Periploca sepium, 苦马豆 Sphaerophysa salsula
cycloart-25-ene-3β,24-diol 环木菠萝-25-烯-3β,24-二醇 火殃勒 Euphorbia antiquorum, 地锦 E. humifusa, 大狼毒 E. jolkinii, 百步回阳 E. sessiliflora, 榕树 Ficus microcarpa, 蕺菜 Houttuynia cordata, 红鸡蛋花 Plumeria rubra, 尖蕾狗牙花 Tabernaemontana bufalina
cycloart-25-ene-3β,24R-diol 环木菠萝-25-烯-3β,24R-二醇 臭椿 Ailanthus altissima
cycloart-25-ene-3β,24S-diol 环木菠萝-25-烯-3β,24S-二醇 臭椿 Ailanthus altissima, 佩兰 Eupatorium fortunei
cycloart-25-ene-3β,24x-diol 环木菠萝-25-烯-3β,24ξ-二醇 湖北大戟 Euphorbia hylonoma
cycloart-25-ene-3β,24α,27-triol 环木菠萝-25-烯-3β,24α,27-三醇 杧果 Mangifera indica
cycloart-25-ene-3β,24α,27-triol triacetate 环木菠萝-25-烯-3β,24α,27-三醇三乙酸酯 杧果 Mangifera indica
cycloart-25-ene-3β,24α-diol 环木菠萝-25-烯-3β,24α-二醇 杧果 Mangifera indica
cycloart-25-ene-3β,24ζ-diol 环木菠萝-25-烯-3β,24ζ-二醇 臭椿 Ailanthus altissima, 绿玉树 Euphorbia tirucalli

cycloart-25-ene-3β-ol-24-one 环木菠萝 -25- 烯 -3β- 醇 -24- 酮 绿玉树 Euphorbia tirucalli
cycloart-25-on-3β,24α,27-triol triacetate 环木菠萝 -25- 酮 -3β,24α,27- 三醇三乙酸酯 杧果 Mangifera indica
9,19-cycloart-7β,24R,25-triol-1-en-3-one 9,19- 环木菠萝 -7β,24R,25- 三醇 -1- 烯 -3- 酮 苦马豆 Sphaerophysa salsula
9,19-cycloart-7β,24R,25-triol-1-en-3-one-25-O-β-D-glucopynanoside 9,19- 环木菠萝 -7β,24R,25- 三醇 -1- 烯 -3- 酮 -25-O-β-D- 吡喃葡萄糖苷 苦马豆 Sphaerophysa salsula

C

cycloartan-3,24-dione 环木菠萝 -3,24- 二酮 拳参 Polygonum bistorta
(24S)-cycloartan-3β,24,25-triol (24S)- 环木菠萝 -3β,24,25- 三醇 灯心草 Juncus effusus
(24R)-cycloartane-24,25-diol-3-one (24R)- 环木菠萝 -24,25- 二醇 -3- 酮 臭冷杉 Abies nephrolepis
cycloartane-30-ol 环木菠萝 -30- 醇 杧果 Mangifera indica
(24R)-cycloartane-3α,24,25-triol (24R)- 环木菠萝 -3α,24,25- 三醇 臭冷杉 Abies nephrolepis
24R-cycloartane-3α,24R,25-triol 24R- 环木菠萝 -3α,24R,25- 三醇 苦瓜 Momordica charantia
cycloartane-3β,15α,16β,24,25-pentol-3-O-β-D-xylopyranoside 环木菠萝 -3β,15α,16β,24,25- 五醇 -3-O-β-D- 吡喃木糖苷 升麻 Cimicifuga foetida
cycloartane-3β,16β,22,24,25-pentol-3-O-β-D-xylopyranoside 环木菠萝 -3β,16β,22,24,25- 五醇 -3-O-β-D- 吡喃木糖苷 升麻 Cimicifuga foetida
24S-cycloartane-3β,16β,24,25,30-pentaol-3-O-(2-O-β-D-xylopyranosyl)-β-D-xylopyranoside 24S- 环木菠萝 -3β,16β,24,25,30- 五醇 -3-O-(2-O-β-D- 吡喃木糖基)-β-D- 吡喃木糖苷 鞭柱唐松草 Thalictrum smithii
(24S)-cycloartane-3β,16β,24,25,30-pentol-3,25-di-β-D-glucopyranoside (24S)- 环木菠萝 -3β,16β,24,25,30- 五醇 -3,25- 二 -β-D- 吡喃葡萄糖苷 华东唐松草 Thalictrum fortunei
(24S)-24-(acetyloxy)-cycloartane-3β,16β,25,30-tetrol-3,25-di-β-D-glucopyranoside (24S)-24- 乙酰氧基 - 环木菠萝 -3β,16β,25,30- 四醇 -3,25- 二 -β-D- 吡喃葡萄糖苷 华东唐松草 Thalictrum fortunei
(24R)-cycloartane-3β,24,25,28-tetrol (24R)- 环木菠萝 -3β,24,25,28- 四醇 臭冷杉 Abies nephrolepis
(24R)-cycloartane-3β,24,25-triol (24R)- 环木菠萝 -3β,24,25- 三醇 臭冷杉 Abies nephrolepis, 金刚纂 Euphorbia neriifolia, 灯心草 Juncus effusus
cycloartane-3β,24,25-triol 环木菠萝 -3β,24,25- 三醇 百步回阳 Euphorbia sessiliflora
cycloartane-3β,24R,25-triol 环木菠萝 -3β,24R,25- 三醇 杧果 Mangifera indica
cycloartane-3β,24S,25-triol 环木菠萝 -3β,24S,25- 三醇 杧果 Mangifera indica
cycloartane-3β,24ξ,25-triol 环木菠萝 -3β,24ξ,25- 三醇 乳浆大戟 Euphorbia esula
cycloartane-3β,25-diol 环木菠萝 -3β,25- 二醇 大叶山楝 Aphanamixis grandifolia, 杜仲 Eucommia ulmoides, 火殃勒 Euphorbia antiquorum, 匍匐大戟 E. prostrata
cycloartane-3β,30-diol 环木菠萝 -3β,30- 二醇 杧果 Mangifera indica
cycloartanol 环木菠萝烷醇 糖胶树 Alstonia scholaris, 射干 Belamcanda chinensis, 鸦胆子 Brucea javanica, 闭鞘姜 Costus speciosus, 树番茄 Cyphomandra betacea, 火殃勒 Euphorbia antiquorum, 乳浆大戟 E. esula, 泽漆 E. helioscopia, 飞扬草 E. hirta, 甘遂 E. kansui, 续随子 E. lathyris, 南欧大戟 E. peplus, 窄头橐吾 Ligularia stenocephala, 番茄 Lycopersicon esculentum, 欧亚多足蕨 Polypodium vulgare, 松叶蕨 Psilotum nudum, 欧白英 Solanum dulcamara, 黄果茄 S. virginianum, 紫露草 Tradescantia virginiana, 黑果越桔 Vaccinium myrtillus
cycloartanol acetate 环木菠萝烷醇乙酸酯 日本水龙骨 Polypodiodes niponica
cycloartanone 环木菠萝烷酮 光叶闭鞘姜 Costus tonkinensis
25-cycloarten-3,24-dione 25- 环木菠萝烯 -3,24- 二酮 疏花鱼藤 Derris laxiflora
23-cycloarten-3,25-diol 23- 环木菠萝烯 -3,25- 二醇 土瓜狼毒 Euphorbia prolifera
23-cycloarten-3β,25-diol 23- 环木菠萝烯 -3β,25- 二醇 火殃勒 Euphorbia antiquorum
cycloartenol 环木菠萝烯醇 较常见成分，至少分布于 30 种以上植物中，见于闭鞘姜科、大戟科、豆科、杜鹃花科、禾本科、葫芦科、黄杨科、夹竹桃科、江蓠科、桔梗科、菊科、爵床科、藜科、牻牛儿苗科、漆树科、茜草科、蔷薇科、茄科、芍药科、石蒜科、睡莲科、松科、松叶蕨科、桃金娘科、藤黄科、天南星科、仙茅科、紫草科等
cycloartenol acetate 环木菠萝烯醇乙酸酯 艾 Artemisia argyi, 狼毒大戟 Euphorbia fischeriana, 离舌橐吾 Ligularia veitchiana, 友水龙骨 Polypodiodes amoena
cycloartenol palmitate 环木菠萝烯醇棕榈酸酯 加拿大一枝黄花 Solidago canadensis
cycloartenol stearate 环木菠萝烯醇硬脂酸酯 洋蒲桃 Syzygium samarangense
cycloartenone 环木菠萝烯酮 五桠果 Dillenia indica, 南欧大戟 Euphorbia peplus, 异形南五味子 Kadsura heteroclita, 杧果 Mangifera indica
22,24-cycloartenone-3-α-p-hydroxycassia acid 22,24- 环木菠萝烷烯酮 -3-α- 对羟基决明酸 毛唇芋兰 Nervilia fordii
cycloartenyl ferulate 阿魏酸环木菠萝酯 稻（模式亚种）Oryza sativa
cycloartocarpesin 环波罗蜜辛▲ 波罗蜜 Artocarpus heterophyllus, 柘树 Cudrania tricuspidata
cycloartocarpin 环波罗蜜品▲ 波罗蜜 Artocarpus heterophyllus, 柘树 Cudrania tricuspidata
cycloartocarpin A 环波罗蜜品▲A 白桂木 Artocarpus hypargyreus, 桂木 A. nitidus subsp. lingnanensis
cycloastragenol-3-O-glucoside 环黄芪醇 -3-O- 葡萄糖苷 黄耆 Astragalus penduliflorus subsp. mongholicus var. dahuricus
cycloastragenol-3-O-xylopyranoside 环黄芪醇 -3-O- 吡喃木糖苷 黄耆 Astragalus penduliflorus subsp. mongholicus var. dahuricus
cycloastragenol-3-O-xyloside 环黄芪醇 -3-O- 木糖苷 黄耆 Astragalus penduliflorus subsp. mongholicus var. dahuricus
cyclobakuchiol C 环补骨脂酚 C 补骨脂 Cullen corylifolia
cyclobalanol 青冈醇 白及 Bletilla striata
cyclobalanone 青冈酮▲ 奇蒿 Artemisia anomala, 白及 Bletilla striata
cyclobalanyl acetate 环青冈甾烯醇乙酸酯 骨碎补 Davallia mariesii

cyclobrachycoumarin 环短枝菊香豆素▲ 火石花 Gerbera delavayi
cyclobrachycoumarin-3'-epimer 环短枝菊香豆素▲-3'- 表异构体▲ 火石花 Gerbera delavayi
cyclobrahmic acid 环积雪草烷酸▲ 积雪草 Centella asiatica
(-)-(*Z*)-cyclobuxaphylamine (-)-(*Z*)- 环小叶黄杨胺▲ 锦熟黄杨 Buxus sempervirens
(-)-*E*-cyclobuxaphylamine (-)-*E*- 环小叶黄杨胺▲ 锦熟黄杨 Buxus sempervirens
cyclobuxine D 环黄杨辛碱 D 匙叶黄杨 Buxus harlandii, 锦熟黄杨 B. sempervirens
(-)-cyclobuxophylline K (-)- 环小叶黄杨碱▲K 锦熟黄杨 Buxus sempervirens
cyclobuxophylline O 环小叶黄杨碱▲O 皱叶黄杨 Buxus rugulosa
cyclobuxosuffrine K 环亚灌木黄杨碱▲K 皱叶黄杨 Buxus rugulosa
cyclobuxoxazine 环黄杨嗪▲ 锦熟黄杨 Buxus sempervirens
cyclobuxoxazine A 环黄杨嗪▲A 锦熟黄杨 Buxus sempervirens
cyclocaducinol 环早落叶大戟醇▲ 酸叶胶藤 Urceola rosea
cyclocanthoside A 环胶黄芪苷▲A 梭果黄耆 Astragalus ernestii
cyclocanthoside D 环胶黄芪苷▲D 梭果黄耆 Astragalus ernestii, 蒙古黄耆 A. penduliflorus
cyclocanthoside E 环胶黄芪苷▲E 黄耆 Astragalus penduliflorus subsp. mongholicus var. dahuricus
(+)-cyclocapitelline (+)- 环头状花耳草碱▲ 头状花耳草 Hedyotis capitellata
cyclocaric acid A 青钱柳酸 A 青钱柳 Cyclocarya paliurus
cyclocaric acid B 青钱柳酸 B 银莲花 Anemone cathayensis, 青钱柳 Cyclocarya paliurus
cyclocarin A 青钱柳素 A 青钱柳 Cyclocarya paliurus
cyclocarioside I, II, III, A~K 青钱柳苷 I, II, III, A~K 青钱柳 Cyclocarya paliurus
cyclocerberidol 环海杧果醇 海杧果 Cerbera manghas
cyclochlorotine 环氯素 紫菀 Aster tataricus
β-cyclocitral β- 环柠檬醛 挥发油成分，未统计基源
cyclocitral 环柠檬醛 挥发油成分，未统计基源
cycloclausenamide 环黄皮酰胺 细叶黄皮 Clausena anisum-olens, 黄皮 C. lansium
(-)-cyclocolorenone (-)- 环色假林仙烯酮▲ 杜香 Ledum palustre
cyclocommunol 环面包树酚▲ 波罗蜜 Artocarpus heterophyllus, 胭脂 A. tonkinensis, 黑桑 Morus nigra
α-cyclocostunolide α- 环木香内酯 西藏马兜铃 Aristolochia griffithii, 云木香 Saussurea costus
β-cyclocostunolide β- 环木香内酯 川木香 Dolomiaea souliei, 云木香 Saussurea costus
γ-cyclocostunolide γ- 环木香内酯 绒毛戴星草 Sphaeranthus indicus
21,25-cyclodammar-20(22)-en-3α,24*R*-diol 21,25- 环达玛 -20(22)- 烯 -3α,24*R*- 二醇 米仔兰 Aglaia odorata
1,5-cyclodecandine 1,5- 环十碳二烯 挥发油成分，未统计基源
cyclodecanol 环癸醇 挥发油成分，未统计基源
1-cyclodecen 1- 环癸烯 挥发油成分，未统计基源
cyclodicaprylamide 环二辛酰胺 萝芙木 Rauvolfia verticillata
β-cyclodihydrocostunolide β- 环二氢木香内酯 观光木 Michelia odora
cyclododecene 环十二烯 天麻 Gastrodia elata
cycloeicosane 环二十烷 挥发油成分，未统计基源
cycloepiatalantin 环表酒饼簕苦素 酒饼簕 Atalantia buxifolia
9,19-cycloergost-23-en-3,25-diol 9,19- 环麦角甾 -23- 烯 -3,25- 二醇 宽叶毒芹 Cicuta virosa var. latisecta
3α,5-cyclo-ergosta-7,22-dien-6-one 3α,5- 环 - 麦角甾 -7,22- 二烯 -6- 酮 猫爪藤 Macfadyena unguis-cati
cycloethuliacoumarin 环都丽菊香豆素▲ 都丽菊 Ethulia conyzoides
cycloeucalanol 环桉烷醇▲ 漾濞鹿角藤 Chonemorpha griffithii, 光叶闭鞘姜 Costus tonkinensis
cycloeucalanone 环桉烷酮 漾濞鹿角藤 Chonemorpha griffithii, 光叶闭鞘姜 Costus tonkinensis
3β-cycloeucalenol 3β- 环桉烯醇 糖胶树 Alstonia scholaris
cycloeucalenol 环桉烯醇 较常见成分，至少分布于 30 种以上植物中，见于闭鞘姜科、大戟科、豆科、防己科、禾本科、葫芦科、夹竹桃科、姜科、金粟兰科、桔梗科、爵床科、苦木科、藜科、楝科、菱科、萝藦科、牻牛儿苗科、茜草科、蔷薇科、茄科、伞形科、桑科、水龙骨科、松叶蕨科、桃金娘科、苋科、罂粟科、醉鱼草科等
cycloeucalenol acetate 环桉烯醇乙酸酯 友水龙骨 Polypodiodes amoena, 日本水龙骨 P. niponica, 迷果芹 Sphallerocarpus gracilis
cycloeucalenol vernolitate 环桉烯醇斑鸠菊酸酯 柠檬桉 Eucalyptus citriodora
cycloeucalenone 环桉烯酮 秦岭冷杉 Abies chensiensis, 冷杉 A. fabri, 楝 Melia azedarach, 栓皮栎 Quercus variabilis, 波叶青牛胆 Tinospora crispa
5α,7α(*H*)-6,8-cycloeudesma-1β,4β-diol 5α,7α(*H*)-6,8- 环桉叶 -1β,4β- 二醇 金粟兰 Chloranthus spicatus, 望春玉兰 Yulania biondii
21,24-cycloeupha-7-ene-3β,16β,21α,25-tetrol 21,24- 环大戟 -7- 烯 -3β,16β,21α,25- 四醇 楝 Melia azedarach
cycloeuphordenol 环大戟烯醇 绿玉树 Euphorbia tirucalli
cyclofenchene 环茴香烯 挥发油成分，未统计基源
cyclofoetigenin A, B 环香唐松草苷元 A, B 腺毛唐松草 Thalictrum foetidum
cyclofoetoside A, B 环香唐松草苷 A, B 腺毛唐松草 Thalictrum foetidum
5β,24-cyclofriedelan-3-one 5β,24- 无羁萜 -3- 酮 细圆藤 Pericampylus glaucus

cyclogaleginoside A 环山羊豆苷▲A 栾树 Koelreuteria paniculata

cyclogaleginoside B 环山羊豆苷▲B 黄耆 Astragalus penduliflorus subsp. mongholicus var. dahuricus

cycloglycyrrhisoflavone 环西北甘草异黄酮 甘草 Glycyrrhiza uralensis

cyclograndisolide 环巨冷杉内酯▲ 秦岭冷杉 Abies chensiensis, 岷江冷杉 A. fargesii var. faxoniana

1-cycloheptyl-1-methylethanol 1- 环庚基 -1- 甲基乙醇 挥发油成分，未统计基源

cycloheterophyllin 环波罗蜜林素▲ 波罗蜜 Artocarpus heterophyllus

(1,2,5)-cyclohex-3-enetriol (1,2,5)- 环己 -3- 烯三醇 山桂花 Bennettiodendron leprosipes

cyclohexadecane 环十六烷 挥发油成分，未统计基源

1,4-cyclohexadiene 1,4- 环己二烯 挥发油成分，未统计基源

1,2,4/3,5-cyclohexanepentol 1,2,4/3,5- 环己烷基苯 风龙 Sinomenium acutum

cyclohexanepentol 环己五醇 连蕊藤 Parabaena sagittata

cyclohexanone 环己酮 挥发油成分，未统计基源

8-(2'-cyclohexanone)-7,8-dihydrochelerythrine 8-(2'- 环己酮)-7,8- 二氢白屈菜红碱 两面针 Zanthoxylum nitidum

1,3,4/2,5-cyclohexanpentaol 1,3,4/2,5- 环己五醇 柞栎 Quercus dentata

α-2-cyclohexen-1-benzenemethanol *α*-2- 环己烯 -1- 苯甲醇 挥发油成分，未统计基源

(*S*)-2-cyclohexen-1-ol (*S*)-2- 环己烯 -1- 醇 挥发油成分，未统计基源

2-cyclohexen-1-ol 2- 环己烯 -1- 醇 挥发油成分，未统计基源

3-cyclohexen-1-ol 3- 环己烯 -1- 醇 挥发油成分，未统计基源

2-cyclohexen-1-ylideneacetonitrile 2- 环己烯 -1- 亚甲基乙氰 樟叶木防己 Cocculus laurifolius

cyclohexene 环己烯 挥发油成分，未统计基源

4-cyclohexene-1,2,3-triol 4- 环己烯 -1,2,3- 三醇 八角枫 Alangium chinense

1-cyclohexene-1-carboxaldehyde 1- 环己烯 -1- 甲醛 挥发油成分，未统计基源

α-3-cyclohexene-1-ol *α*-3- 环己烯 -1- 醇 挥发油成分，未统计基源

2-cyclohexene-*γ*, *η* ,2,6,6-pentamethyl-1-nonanol 2- 环己烯 -*γ*, *η* ,2,6,6- 五甲基 -1- 壬醇 金丝李 Garcinia paucinervis

cyclohexyl acetate 乙酸环己酯 挥发油成分，未统计基源

1-cyclohexyl-6,7-dimethoxy-1,4-dihydronaphthalene 1- 环己基 -6,7- 二甲氧基 -1,4- 二氢萘 无花果 Ficus carica

cyclohexylamine 环己胺 飞龙掌血 Toddalia asiatica

27-cyclohexylheptacosan-7-ol 27- 环己烷基二十七烷 -7- 醇 土牛膝 Achyranthes aspera

13-cyclohexylhexoacosane 13- 环己基二十六烷 香薷 Elsholtzia ciliata

cyclohomonervilol 环高芋兰醇▲ 毛唇芋兰 Nervilia fordii

cyclohomonervilol-(*E*)-*p*-hydroxycinnamene 环高芋兰醇▲-(*E*)- 对羟基桂皮烯 毛唇芋兰 Nervilia fordii

cyclohopanediol 环何帕烷二醇 石韦 Pyrrosia lingua

cyclohopenol 环何帕烯醇 石韦 Pyrrosia lingua

cycloisobrachycoumarin 环异短枝菊香豆素▲ 火石花 Gerbera delavayi

cycloisosativene 环异蒜头素 挥发油成分，未统计基源

cyclokievitone 环基维酮 棉豆 Phaseolus lunatus, 葫芦茶 Tadehagi triquetrum, 绿豆 Vigna radiata

cyclokievitone hydrate 环基维酮水合物 棉豆 Phaseolus lunatus

cyclokirilodiol 环栝楼二醇▲ 栝楼 Trichosanthes kirilowii

cyclokuraridin 环苦参定 苦参 Sophora flavescens

(3*β*,22*E*)-9,19-cyclolanost-22-en-3,25-diol (3*β*,22*E*)-9,19- 环氧羊毛脂 -22- 烯 -3,25- 二醇 海漆 Excoecaria agallocha

9,19-cyclolanost-23(*Z*)-en-3*β*,25-diol 9,19- 环羊毛脂 -23(*Z*)- 烯 -3*β*,25- 二醇 臭椿 Ailanthus altissima

9,19-cyclolanost-24-en-3-ol 9,19- 环羊毛脂 -24- 烯 -3- 醇 挥发油成分，未统计基源

9,19-cyclolanost-24-en-3-one 9,19- 环羊毛脂 -24- 烯 -3- 酮 宽叶毒芹 Cicuta virosa var. latisecta, 红根草 Lysimachia fortunei, 乌檀 Nauclea officinalis, 花椒 Zanthoxylum bungeanum

9,19-cyclolanost-25-en-3*β*,24-diol 9,19- 环羊毛脂 -25- 烯 -3*β*,24- 二醇 莽吉柿 Garcinia mangostana

9,19-cyclolanost-25-en-3*β*,24*R*-diol 9,19- 环羊毛脂 -25- 烯 -3*β*,24*R*- 二醇 杧果 Mangifera indica

9,19-cyclolanost-25-en-3*β*,24*S*-diol 9,19- 环羊毛脂 -25- 烯 -3*β*,24*S*- 二醇 杧果 Mangifera indica

(24*S*)-9,19-cyclolanost-25-ene-3*β*,24-diol (24*S*)-9,19- 环羊毛脂 -25- 烯 -3*β*,24- 二醇 地锦 Euphorbia humifusa

24(*R*)-9,19-cyclolanostan-3-one-24,25-diol 24(*R*)-9,19- 环羊毛脂 -3- 酮 -24,25- 二醇 洋紫荆 Bauhinia variegata

24(*S*)-9,19-cyclolanostan-3-one-24,25-diol 24(*S*)-9,19- 环羊毛脂 -3- 酮 -24,25- 二醇 洋紫荆 Bauhinia variegata

9*β*,19-cyclolanostan-3*β*-ol 9*β*,19- 环羊毛脂 -3*β*- 醇 火殃勒 Euphorbia antiquorum

9,19-cyclolanostane-3,16,20,24,25-pentol-1*H*,19*H*-cyclopropa[9,10]cyclopenta[a]phenanthrene 9,19- 环羊毛脂烷 -3,16,20,24,25- 五醇 -1*H*,19*H*- 环丙烷 [9,10] 环戊烷 [a] 菲 地角儿苗 Oxytropis bicolor

9,19-cyclolanostane-*β*-D-glucopyranoside 9,19- 环羊毛脂烷 -*β*-D- 吡喃葡萄糖苷 地角儿苗 Oxytropis bicolor

(+)-cyclolariciresinol (+)- 环落叶松树脂醇 云南土沉香 Excoecaria acerifolia

cyclolauden-3*β*-ol 环鸦片烯 -3*β*- 醇 鸭舌草 Monochoria vaginalis

(24*R*)-cyclolaudenol (24*R*)- 环阿片甾烯醇 台湾水龙骨 Polypodiodes formosana

cyclolaudenol 环阿片甾烯醇 万年藓 Climacium dendroides, 水粉杯伞 Clitocybe nebularis, 闭鞘姜 Costus speciosus, 槲蕨 Drynaria roosii, 肾蕨 Nephrolepis auriculata, 欧亚多足蕨 Polypodium vulgare, 松叶蕨 Psilotum nudum, 细叶泥炭藓 Sphagnum teres

(24*R*)-cyclolaudenol acetate (24*R*)- 环阿片甾烯醇乙酸酯 台湾水龙骨 Polypodiodes formosana, 日本水龙骨 P. niponica
(24*R*)-cyclolaudenone (24*R*)- 环阿片甾烯酮 台湾水龙骨 Polypodiodes formosana
cyclolaudenone 环阿片甾烯酮 槲蕨 Drynaria roosii
cyclolaudenyl acetate 环阿片甾烯醇乙酸酯 骨碎补 Davallia mariesii, 友水龙骨 Polypodiodes amoena
cyclolaudenyl palmitate 环鸦片烯醇棕榈酸酯 佩兰 Eupatorium fortunei
5*β*-cyclolavandulyloxypsoralen 5*β*- 环熏衣草基氧化补骨脂素 林当归 Angelica sylvestris
cycloleonurinin 环益母草瑞宁▲ 益母草 Leonurus japonicus
cycloleonuripeptide A, B, C, E, F 环益母多肽▲A, B, C, E, F 益母草 Leonurus japonicus
cycloleucomelone 环白黑多孔菌酮▲ 莲座革菌 Thelephora vialis
cycloleurosine 环长春洛辛▲ 长春花 Catharanthus roseus
cyclolicocoumarone 环甘草香豆酮 甘草 Glycyrrhiza uralensis
cyclolinopeptides A~I 环亚油肽 A~I 亚麻 Linum usitatissimum
cyclomahanimbine 环马汉九里香碱 豆叶九里香 Murraya euchrestifolia, 调料九里香 M. koenigii
cyclomargenol 环水龙骨烯醇 白及 Bletilla striata, 槲蕨 Drynaria roosii, 台湾水龙骨 Polypodiodes formosana
cyclomargenol acetate 环水龙骨烯醇乙酸酯 友水龙骨 Polypodiodes amoena, 台湾水龙骨 P. formosana, 日本水龙骨 P. niponica
cyclomargenone 环水龙骨烯酮 白及 Bletilla striata, 台湾水龙骨 Polypodiodes formosana
cyclomerrillianolide 环滇西八角内酯▲ 红茴香 Illicium henryi
(+)-cyclomicrobuxeine (+)- 环小叶黄杨因碱▲ 锦熟黄杨 Buxus sempervirens
cyclomicrophylline A 环小叶黄杨林碱▲A 锦熟黄杨 Buxus sempervirens
cyclomicrophyllone 环基及树酮▲ 基及树 Carmona microphylla
(-)-cyclomikuranine (-)- 环御藏黄杨宁碱▲ 锦熟黄杨 Buxus sempervirens
cyclomorusin 环桑皮素 粗叶榕 Ficus hirta, 桑 Morus alba, 鸡桑 M. australis, 黑桑 M. nigra
cyclomulberrin 环桑素 桑 Morus alba, 黑桑 M. nigra
cyclomulberrochromene 环桑色烯 桑 Morus alba
cyclomyltaylane-1*β*,5*α*-diol 环小萼苔▲-1*β*,5*α*- 二醇 石地钱 Reboulia hemisphaerica
cyclomyltaylane-5*α*-ol 环小萼苔▲-5*α*- 醇 石地钱 Reboulia hemisphaerica
cyclomyltaylane-5*β*-ol 环小萼苔▲-5*β*- 醇 石地钱 Reboulia hemisphaerica
cycloneolitsol 环新木姜子醇▲ 粉条儿菜 Aletris spicata, 白及 Bletilla striata, 云南石仙桃 Pholidota yunnanensis
cyclonoside A 青钱柳诺苷▲A 青钱柳 Cyclocarya paliurus
cyclooctasulfur 环辛硫 挥发油成分，未统计基源
cyclooctene 环辛烯 挥发油成分，未统计基源
(-)-cycloolivil (-)- 环橄榄脂素 海杧果 Cerbera manghas
(+)-cycloolivil (+)- 环橄榄脂素 朝鲜淫羊藿 Epimedium koreanum, 杜仲 Eucommia ulmoides, 毛冬青 Ilex pubescens, 探春花 Jasminum floridum, 茉莉花 J. sambac, 刺茶美登木 Maytenus variabilis, 羽叶楸 Stereospermum colais, 蜘蛛香 Valeriana jatamansi
cycloolivil 环橄榄脂素 假虎刺 Carissa spinarum, 白蜡树 Fraxinus chinensis, 亚洲石梓 Gmelina asiatica, 接骨木 Sambucus williamsii
(+)-cycloolivil-4'-*O*-*β*-D-glucopyranoside (+)- 环橄榄脂素 -4'-*O*-*β*-D- 吡喃葡萄糖苷 茉莉花 Jasminum sambac
(+)-cycloolivil-6-*O*-*β*-D-glucopyranoside (+)- 环橄榄脂素 -6-*O*-*β*-D- 吡喃葡萄糖苷 毛冬青 Ilex pubescens
cyclo-olivil-9-*O*-*β*-D-glucopyranoside 环橄榄树脂素 -9-*O*-*β*-D- 吡喃葡萄糖苷 黄蜡果 Stauntonia brachyanthera
cycloolivil-9-*O*-*β*-glucopyranoside 环橄榄脂素 -9-*O*-*β*- 吡喃葡萄糖苷 三角叶荨麻 Urtica triangularis
cyclopamine 环巴胺 伊贝母 Fritillaria pallidiflora, 兴安藜芦 Veratrum dahuricum
cycloparvifloralone 环小花茴香酮▲ 红茴香 Illicium henryi, 大八角 I. majus
cycloparviflorolide 环小花茴香内酯▲ 大八角 Illicium majus
cyclopassifloic acid A~G 环西番莲酸 A~G 鸡蛋果 Passiflora edulis
cyclopassifloside 环西番莲苷 I, II, III, IV, V, VI, VII, VIII, IX, X, XI, XII, XIII 鸡蛋果 Passiflora edulis
1*H*-cyclopenta[b]benzofuran-2-carboxamide 1*H*- 环戊烷 [b] 苯并呋喃 -2- 羧胺 米仔兰 Aglaia odorata
(4*Z*,12*Z*)-cyclopentadeca-4,12-dienone (4*Z*,12*Z*)- 环十五碳 -4,12- 二烯酮 粗毛扁担杆 Grewia hirsuta
1,2-cyclopentanedione 1,2- 环戊二酮 金顶侧耳 Pleurotus citrinopileatus
cyclopentaneheneicosanol 环戊烷二十一醇 大叶橐吾 Ligularia macrophylla
cyclopentanepropanoic acid 2-methylpropyl ester 环戊烷基丙酸 -2- 甲基丙酯 木瓜 Chaenomeles sinensis
cyclopentanol 环戊醇 挥发油成分，未统计基源
4-cyclopentene-1,3-dione 4- 环戊烯 -1,3- 二酮 挥发油成分，未统计基源
2-cyclopentene-1-ethyl undecanoate 2- 环戊烯 -1- 乙基 - 十一酸酯 挥发油成分，未统计基源
2-cyclopentenone 2- 环戊烯酮 挥发油成分，未统计基源
2-(2'-cyclopentenyl)-glycine 2-(2'- 环戊烯)- 甘氨酸 八角枫 Alangium chinense
1-cyclopentyl-4-hexacosanone 1- 环戊烷基 -4- 二十六碳酮 大叶橐吾 Ligularia macrophylla
1-cyclopentylacetonitrile 1- 环戊烷基乙腈 挥发油成分，未统计基源
cyclopholidone 环石仙桃萜酮 石仙桃 Pholidota chinensis, 云南石仙桃 P. yunnanensis
cyclopholidonol 环石仙桃萜醇 石仙桃 Pholidota chinensis, 云南石仙桃 P. yunnanensis
cyclopiloselloidone 环毛大丁草酮 兔耳一枝箭 Piloselloides hirsuta

cyclopodmenyl acetate 环多足蕨烯基乙酸酯 东北多足蕨 Polypodium virginianum, 欧亚多足蕨 P. vulgare
cycloposine 藜芦独眼畸形素▲ 伊贝母 Fritillaria pallidiflora
(3*α*,5*R*,6*β*,14*β*,20*R*)-3,5-cyclopregnane-6,8,14,20-tetraol (3*α*,5*R*,6*β*,14*β*,20*R*)-3,5- 环孕甾 -6,8,14,20- 四醇 灰毛川木香 Dolomiaea souliei var. mirabilis
1*H*-cycloprop[e]azulen-7-ol 1*H*- 环丙 [e] 薁 -7- 醇 薄片变豆菜 Sanicula lamelligera
cyclopropane butyric acid 环丙烷丁酸 挥发油成分，未统计基源
(-)-cyclopropanecuparenol (-)- 环丙烷柏芳醇▲ 石地钱 Reboulia hemisphaerica
1*H*-cyclopropazulene 1*H*- 环丙薁 挥发油成分，未统计基源
1-cyclopropene-1-pentanol 1- 环丙烯基 -1- 戊醇 挥发油成分，未统计基源
[1*S*-(1*α*,3*α*,4*α*)]-1-cyclopropyl-4-methyl-1,3-cyclohexanediol [1*S*-(1*α*,3*α*,4*α*)]-1- 环丙基 -4- 甲基 -1,3- 环已烯二醇 阿月浑子 Pistacia vera
(*S*)-1-cyclopropyl-4-methyl-3-cyclohexen-1-ol (*S*)-1- 环丙基 -4- 甲基 -3- 环已烯 -1- 醇 阿月浑子 Pistacia vera
3-cyclopropylcarbonyloxytridecane 3- 环丙基羰氧基十三烷 挥发油成分，未统计基源
cycloprotobuxinamine 环原黄杨胺▲ 小叶黄杨 Buxus sinica var. parvifolia
cycloprotobuxine 环原黄杨辛碱 锦熟黄杨 Buxus sempervirens
cycloprotobuxine A 环原黄杨辛碱 A 锦熟黄杨 Buxus sempervirens
cycloprotobuxine C 环原黄杨辛碱 C 匙叶黄杨 Buxus harlandii, 锦熟黄杨 B. sempervirens
L-cycloprotobuxine D L- 环原黄杨辛碱 D 锦熟黄杨 Buxus sempervirens
cycloprotobuxine D 环原黄杨辛碱 D 匙叶黄杨 Buxus harlandii
β-cyclopyrethrosin *β*- 环除虫菊内酯 除虫菊 Pyrethrum cinerariifolium
cycloreticuline A, B 环牛心果碱▲A, B 牛心番荔枝 Annona reticulata
cyclorivulobirin A, B, C 环心叶棱子芹二聚素▲A, B, C 心叶棱子芹 Pleurospermum rivulorum
cyclorocaglamide 环洛克米仔兰酰胺 米仔兰 Aglaia odorata
cyclosativene 环小麦长蠕孢烃▲ 挥发油成分，未统计基源
cycloschisandrenol 环五味子烯醇 合蕊五味子 Schisandra propinqua
cycloseverinolide 环东风橘内酯▲ 酒饼簕 Atalantia buxifolia
cycloshizukaol A 环银线草醇 A 丝穗金粟兰 Chloranthus fortunei, 银线草 C. japonicus, 多穗金粟兰 C. multistachys, 四川金粟兰 C. sessilifolius, 金粟兰 C. spicatus, 草珊瑚 Sarcandra glabra
cyclosophoside A 环槐叶决明苷▲A 槐叶决明 Senna occidentalis var. sophera
cyclospinosolide 环刺苍耳内酯 刺苍耳 Xanthium spinosum
cyclospirolide 青钱柳螺内酯▲ 青钱柳 Cyclocarya paliurus
cyclosquamosin A, D, E, H, I 番荔枝环素▲A, D, E, H, I 番荔枝 Annona squamosa
cyclotetracontane 环四十烷 蓝耳草 Cyanotis vaga
cyclotetracosane 环二十四烷 挥发油成分，未统计基源
20,24-cyclotirucalla-7(8)-en-16*β*,21*α*,25-trihydroxy-3-one 20,24- 环绿玉树 -7(8)- 烯 -16*β*,21*α*,25- 三羟基 -3- 酮 楝 Melia azedarach
cyclotricuspidoside A, B, C 环三尖栝楼苷▲A, B, C 三尖栝楼 Trichosanthes tricuspidata
cyclotrijuglone 环三胡桃醌 胡桃 Juglans regia
cyclotropine 环托品碱 树番茄 Cyphomandra betacea, 掌叶鱼黄草 Merremia vitifolia
cyclounifolioside B 环单小叶黄芪苷▲B 黄耆 Astragalus penduliflorus subsp. mongholicus var. dahuricus
13,27-cycloursan-3*β*-yl acetate 13,27- 环熊果 -3*β*- 醇乙酸酯 棱果榕 Ficus septica
cyclovariegatin 环杂色亭 厚环乳牛肝菌 Suillus grevillei
cyclovibsanin A 环荚蒾宁 A 日本珊瑚树 Viburnum odoratissimum var. awabuki
cyclovinblastine A, B 环长春碱 A, B 长春花 Catharanthus roseus
cycloviolacin O_1, O_3~O_{11}, O_{13}~O_{25} 环堇菜辛▲O_1, O_3~O_{11}, O_{13}~O_{25} 香堇菜 Viola odorata
cycloviolacin O_{12} 环堇菜辛▲O_{12} 香堇菜 Viola odorata, 紫花地丁 V. philippica
cycloviolacin O_2 环堇菜辛▲O_2 香堇菜 Viola odorata, 紫花地丁 V. philippica, 三色堇 V. tricolor
cycloviolacin VY_1, Y_1~Y_5 环堇菜辛▲VY_1, Y_1~Y_5 紫花地丁 Viola philippica
cycloviolaxanthin 环堇黄质 辣椒 Capsicum annuum
cyclovirobuxeine A, B 环锦熟黄杨烯碱▲A, B 锦熟黄杨 Buxus sempervirens
cyclovirobuxine 环锦熟黄杨辛碱▲ 锦熟黄杨 Buxus sempervirens
cyclovirobuxine C 环锦熟黄杨辛碱▲C 锦熟黄杨 Buxus sempervirens
cycloxanthochymol 环大叶藤黄醇 大叶藤黄 Garcinia xanthochymus
cydonioside A 榅桲苷▲A 榅桲 Cydonia oblonga
cylicodiscic acid 圆盘豆酸▲ 白桦 Betula platyphylla, 山芝麻 Helicteres angustifolia, 幌伞枫 Heteropanax fragrans
cylindol A, B 白茅醇 A, B 白茅 Imperata cylindrica
cylindrene 白茅萜烯 白茅 Imperata cylindrica
cylindrictone A~F 水红木酮▲A~F 水红木 Viburnum cylindricum
cylindrin 白茅素 荩草 Arthraxon hispidus, 毛杆野古草 Arundinella hirta, 白茅 Imperata cylindrica, 淡竹叶 Lophatherum gracile, 五节芒 Miscanthus floridulus, 荻 M. sacchariflorus, 求米草 Oplismenus undulatifolius, 虉草 Phalaris arundinacea, 甘蔗 Saccharum officinarum
cylindrin A, B 白茅素 A, B 水红木 Viburnum cylindricum

cymarin 磁麻苷 夏侧金盏花 Adonis aestivalis, 侧金盏花 A. amurensis, 金黄侧金盏花 A. chrysocyatha, 北侧金盏花 A. sibirica, 天山侧金盏花 A. tianschanica, 见血封喉 Antiaris toxicaria, 白麻 Apocynum pictum, 箭毒羊角拗 Strophanthus hispidus
cymarinic acid 磁麻酸 箭毒羊角拗 Strophanthus hispidus
cymarol 磁麻醇 侧金盏花 Adonis amurensis, 见血封喉 Antiaris toxicaria, 箭毒羊角拗 Strophanthus hispidus
(5*α*)-3*β*-*O*-*β*-cymaropyranosyloxy-8,14*β*,17*α*,20-tetrahydroxypregnan-12*β*-benzoate (5*α*)-3*β*-*O*-*β*- 磁麻糖氧基 -8,14*β*,17*α*,20- 四羟基孕甾 -12*β*-苯甲酸酯 通光藤 Marsdenia tenacissima
(5*α*)-3*β*-*O*-*β*-cymaropyranosyloxy-8,14*β*,17*α*,20-tetrahydroxypregnan-12*β*-cinnamate (5*α*)-3*β*-*O*-*β*- 磁麻糖氧基 -8,14*β*,17*α*,20- 四羟基孕甾 -12*β*- 桂皮酸酯 通光藤 Marsdenia tenacissima
cymbidine A 兰碱 ▲A 春兰 Cymbidium goeringii
cymbinodin A 兰定 ▲A 纹瓣兰 Cymbidium aloifolium, 天麻 Gastrodia elata
cymbodiacetal 香茅二缩醛 青香茅 Cymbopogon caesius
cymbopogonol 香茅甾醇 柠檬草 Cymbopogon citratus
p-cymen-7-ol 对孜然芹烃 ▲-7- 醇 挥发油成分，未统计基源
p-cymen-8-ol 对孜然芹烃 ▲-8- 醇 挥发油成分，未统计基源
m-cymen-8-ol 间孜然芹烃 ▲-8- 醇 挥发油成分，未统计基源
α-cymene *α*- 孜然芹烃 ▲ 挥发油成分，未统计基源
β-cymene *β*- 孜然芹烃 ▲ 挥发油成分，未统计基源
p-cymene 对孜然芹烃 ▲ 挥发油成分，未统计基源
m-cymene 间孜然芹烃 ▲ 挥发油成分，未统计基源
o-cymene 邻孜然芹烃 ▲ 挥发油成分，未统计基源
cymene 孜然芹烃 ▲ 挥发油成分，未统计基源
m-cymenene 间孜然芹烯 ▲ 紫茎泽兰 Ageratina adenophora
p-cymenene 对孜然芹烯 ▲ 挥发油成分，未统计基源
p-cymene-*α*-ol 对孜然芹烃 ▲-*α*- 醇 挥发油成分，未统计基源
cymenol 孜然芹醇 挥发油成分，未统计基源
cynaforroside A~Q 大理白前苷 A~Q 大理白前 Cynanchum forrestii
cynanauriculoside I, II, B, C, D 耳叶牛皮消苷 ▲I, II, B, C, D 牛皮消 Cynanchum boudieri
cynanauriculoside A 耳叶牛皮消苷 ▲A 牛皮消 Cynanchum boudieri, 青羊参 C. otophyllum, 昆明杯冠藤 C. wallichii
cynanauriculoside E 耳叶牛皮消苷 ▲E 牛皮消 Cynanchum boudieri, 青羊参 C. otophyllum
cynanchogenin 鹅绒藤苷元 ▲ 钉头果 Gomphocarpus fruticosus
cynanchone A 鹅绒藤酮 ▲A 西藏牛皮消 Cynanchum auriculatum, 隔山消 C. wilfordii
cynandione A 鹅绒藤二酮 ▲A 牛皮消 Cynanchum boudieri, 昆明杯冠藤 C. wallichii, 隔山消 C. wilfordii, 甘遂 Euphorbia kansui
cynanester A 鹅绒藤酯 ▲A 鹅绒藤 Cynanchum chinense
cynanforidin 隔山消素 ▲ 马利筋 Asclepias curassavica
cynanoneside B 鹅绒藤酮苷 ▲B 隔山消 Cynanchum wilfordii
cynanoside 鹅绒藤苷 ▲ A~H, J, K, L, M, N, O, P_1~P_5, Q_1, Q_2, Q_3, R_1, R_2, R_3, S 白薇 Cynanchum atratum
cynanoside I 鹅绒藤苷 ▲I 白薇 Cynanchum atratum, 变色白前 C. versicolor
cynanoside* A~O 鹅绒藤新苷 ▲A~O 白薇 Cynanchum atratum
cynanotophylloside A~D 青羊参洛苷 ▲A~D 青羊参 Cynanchum otophyllum
cynanotriterpene A 鹅绒藤三萜 ▲A 大理白前 Cynanchum forrestii
cynanside A, B 鹅绒藤南苷 ▲A, B 徐长卿 Cynanchum paniculatum
cynanversicoside A 变色白前苷 ▲A 白薇 Cynanchum atratum, 变色白前 C. versicolor
cynanversicoside B 变色白前苷 ▲B 白薇 Cynanchum atratum, 变色白前 C. versicolor
cynanversicoside C 变色白前苷 ▲C 白薇 Cynanchum atratum, 变色白前 C. versicolor
cynanversicoside D 变色白前苷 ▲D 白薇 Cynanchum atratum, 变色白前 C. versicolor
cynanversicoside E 变色白前苷 ▲E 白薇 Cynanchum atratum, 变色白前 C. versicolor
cynanversicoside F 变色白前苷 ▲F 潮风草 Cynanchum acuminatifolium, 变色白前 C. versicolor
cynanversicoside G 变色白前苷 ▲G 白薇 Cynanchum atratum, 变色白前 C. versicolor
cynapanoside A, B, C 徐长卿苷 A, B, C 徐长卿 Cynanchum paniculatum
cynarasaponin A, B, D, F~K 菜蓟皂苷 ▲A, B, D, F~K 刺苞菜蓟 Cynara cardunculus
cynarasaponin A methyl ester 菜蓟皂苷 ▲A 甲酯 刺苞菜蓟 Cynara cardunculus
cynarasaponin C 菜蓟皂苷 ▲C 刺苞菜蓟 Cynara cardunculus, 扣树 Ilex kaushue, 竹节参 Panax japonicus
cynarasaponin E 菜蓟皂苷 ▲E 刺苞菜蓟 Cynara cardunculus, 枸骨 Ilex cornuta
cynarasaponin E methyl ester 菜蓟皂苷 ▲E 甲酯 枸骨 Ilex cornuta
cynarasaponin H methyl ester 菜蓟皂苷 ▲H 甲酯 刺苞菜蓟 Cynara cardunculus
cynarascoloside A, B, C 洋蓟萜苷 ▲A, B, C 菜蓟 Cynara scolymus
cynaratriol 菜蓟三醇 ▲ 刺苞菜蓟 Cynara cardunculus, 菜蓟 C. scolymus
cynarin 菜蓟素 刺苞菜蓟 Cynara cardunculus, 菜蓟 C. scolymus, 华东蓝刺头 Echinops grijsii, 密脉鹅掌柴 Heptapleurum ellipticum
cynarinin A, B 菜蓟宁 ▲A, B 菜蓟 Cynara scolymus

C

cynarinine 刺苞菜蓟宁▲ 刺苞菜蓟 Cynara cardunculus
cynarolide 菜蓟内酯▲ 菜蓟 Cynara scolymus
cynaropicrin 菜蓟苦素 顶羽菊 Acroptilon repens, 刺苞菜蓟 Cynara cardunculus, 菜蓟 C. scolymus, 龙江风毛菊 Saussurea amurensis, 云木香 S. costus, 美花风毛菊 S. pulchella
cynaroside; cinaroside 菜蓟苷▲ 较常见成分，至少分布于 30 种以上植物中，见于唇形科、大戟科、大麻科、豆科、浮萍科、桔梗科、菊科、龙胆科、蔷薇科、十字花科、无患子科、玄参科等
cynascyroside A, B, E 潮风草苷 A, B, E 潮风草 Cynanchum acuminatifolium
cynascyroside C 潮风草苷 C 潮风草 Cynanchum acuminatifolium, 白薇 C. atratum, 蔓剪草 C. chekiangense
cynascyroside D 潮风草苷 D 潮风草 Cynanchum acuminatifolium, 白薇 C. atratum
cynatraoside A, B 白薇奥苷▲A, B 白薇 Cynanchum atratum
cynatratoside A 白薇苷 A 潮风草 Cynanchum acuminatifolium, 合掌消 C. amplexicaule, 白薇 C. atratum, 大理白前 C. forrestii, 竹灵消 C. inamoenum, 华北白前 C. mongolicum, 变色白前 C. versicolor
cynatratoside B 白薇苷 B 合掌消 Cynanchum amplexicaule, 白薇 C. atratum, 大理白前 C. forrestii, 徐长卿 C. paniculatum, 柳叶白前 C. stauntonii, 变色白前 C. versicolor
cynatratoside C 白薇苷 C 白薇 Cynanchum atratum, 竹灵消 C. inamoenum, 徐长卿 C. paniculatum, 变色白前 C. versicolor
cynatratoside D 白薇苷 D 白薇 Cynanchum atratum, 竹灵消 C. inamoenum, 柳叶白前 C. stauntonii, 变色白前 C. versicolor
cynatratoside E 白薇苷 E 白薇 Cynanchum atratum, 竹灵消 C. inamoenum, 变色白前 C. versicolor
cynatratoside F 白薇苷 F 白薇 Cynanchum atratum, 变色白前 C. versicolor
cynatroside A, B, C 白薇洛苷▲A, B, C 白薇 Cynanchum atratum
cynauricoside A~I 耳叶牛皮消考苷▲A~I 牛皮消 Cynanchum boudieri
cynauricuoside A 耳叶牛皮消奥苷▲A 牛皮消 Cynanchum boudieri, 隔山消 C. wilfordii
cynauricuoside C 耳叶牛皮消奥苷▲C 牛皮消 Cynanchum boudieri, 青羊参 C. otophyllum
cynauricuside A 耳叶牛皮消库苷▲A 牛皮消 Cynanchum boudieri, 白首乌 C. bungei
cynauricuside B 耳叶牛皮消库苷▲B 牛皮消 Cynanchum boudieri, 白首乌 C. bungei
cynauricuside C 耳叶牛皮消库苷▲C 牛皮消 Cynanchum boudieri, 白首乌 C. bungei
cynaustine 澳琉璃草亭▲ 小花琉璃草 Cynoglossum lanceolatum
cynaustraline 澳琉璃草碱▲ 小花琉璃草 Cynoglossum lanceolatum, 琉璃草 C. zeylanicum
cynodivaricatin 大果琉璃草素▲ 大果琉璃草 Cynoglossum divaricatum
cynoterpene 锁阳萜 锁阳 Cynomorium songaricum
cynsaccatol A~H 西藏牛皮消峊醇▲A~H 西藏牛皮消 Cynanchum auriculatum
cypellocarpin A, B, C 山灰桉素▲A, B, C 直杆蓝桉 Eucalyptus maidenii
cypellogin B 山灰桉精▲B 直杆蓝桉 Eucalyptus maidenii
(-)-cypera-2,4(15)-diene (-)- 莎草 -2,4(15)- 二烯 香附子 Cyperus rotundus
cyperene 莎草烯 挥发油成分，未统计基源
cyperenoic acid 莎草烯酸 白大凤 Cladogynos orientalis, 鸡骨香 Croton crassifolius, 香附子 Cyperus rotundus
cyperenol 香附子烯醇 鸡骨香 Croton crassifolius
cyperol 香附醇 挥发油成分，未统计基源
α-cyperone α- 莎草酮 挥发油成分，未统计基源
cyperotundone 香附酮 挥发油成分，未统计基源
cyperusol C 甜莎草醇▲C 及已 Chloranthus serratus, 一年蓬 Erigeron annuus, 陵水暗罗 Polyalthia nemoralis, 薄片变豆菜 Sanicula lamelligera, 杜楝 Turraea pubescens
cyphostemmin A 葡萄叁素▲A 五叶地锦 Parthenocissus quinquefolia
cyphostemmin B 葡萄叁素▲B 五叶地锦 Parthenocissus quinquefolia, 地锦 P. tricuspidata
cypripedin 杓兰素 杓兰 Cypripedium calceolus, 密花石斛 Dendrobium densiflorum
cypripediquinone A 杓兰醌▲A 大花杓兰 Cypripedium macranthos
cypritibetquinone A 西藏杓兰醌 A 西藏杓兰 Cypripedium tibeticum
cypritibetquinone B 西藏杓兰醌 B 斑叶兰 Goodyera schlechtendaliana
cyrtomin 贯众苷 全缘贯众 Cyrtomium falcatum, 贯众 C. fortunei
cyrtominetin 贯众素 全缘贯众 Cyrtomium falcatum, 贯众 C. fortunei
cyrtophyllin 大青素▲ 大青 Clerodendrum cyrtophyllum
cyrtophyllone A 大青酮▲A 臭牡丹 Clerodendrum bungei, 大青 C. cyrtophyllum
cyrtophyllone B 大青酮▲B 大青 Clerodendrum cyrtophyllum
cyrtopterin 贯众蕨苷▲ 全缘贯众 Cyrtomium falcatum
cyrtopterinetin 贯众蕨素▲ 全缘贯众 Cyrtomium falcatum
cystathionine 胱硫醚 野蘑菇 Agaricus campestris, 香菇 Lentinula edodes
L-cysteine L- 半胱氨酸 植物基础成分，未统计基源
cysteine 半胱氨酸 植物基础成分，未统计基源
L-cystine L- 胱氨酸 植物基础成分，未统计基源
cystine 胱氨酸 植物基础成分，未统计基源

cytidine 胞苷 植物基础成分，未统计基源
(-)-cytisine (-)-金雀儿碱 台湾山豆根 Euchresta formosana, 山豆根 E. japonica, 朝鲜槐 Maackia amurensis, 马鞍树 M. hupehensis, 绒毛槐 Sophora tomentosa, 越南槐 S. tonkinensis, 霍州油菜 Thermopsis chinensis, 野决明 T. lupinoides
cytisine 金雀儿碱 伏毛山豆根 Euchresta horsfieldii, 朝鲜槐 Maackia amurensis, 光叶马鞍树 M. tenuifolia, 黄花木 Piptanthus concolor, 尼泊尔黄花木 P. nepalensis, 苦豆子 Sophora alopecuroides, 砂生槐 S. moorcroftiana, 高山野决明 Thermopsis alpina, 紫花野决明 T. barbata, 披针叶野决明 T. lanceolata, 野决明 T. lupinoides
(-)-12-cytisineacetic acid (-)-12-金雀儿碱乙酸 山豆根 Euchresta japonica
(-)-5α-(12-cytisinylmethyl)-6α-hydroxylupanine (-)-5α-(12-金雀儿碱基甲基)-6α-羟基羽扇豆碱 朝鲜槐 Maackia amurensis
cytisoside 金雀儿苷 金柑 Fortunella japonica, 金橘 F. margarita
cytochalasin D 细胞松弛素 D 竹红菌 Hypocrella bambusae
cytochrome C-549, C_6 细胞色素 C-549, C_6 极大节旋藻 Arthrospira maxima
cytokinin ribotide 细胞分裂素核苷酸 甜橙 Citrus sinensis
cytopiloyne 鬼针草聚炔▲ 鬼针草 Bidens pilosa
cytosine 胞嘧啶 植物基础成分，未统计基源
cytosporone C, J~N 壳囊孢酮 C, J~N 红茄苳 Rhizophora mucronata
8-*C*-α-L-arabinosylluteolin 8-*C*-α-L-阿拉伯糖基木犀草素 常春油麻藤 Mucuna sempervirens
6-*C*-α-L-rhamnopyranosyl-(1→2)-β-D-glucopyranosyl-7-*O*-(6-*O*-feruloyl-β-D-glucopyranosyl)-4',5-dihydroxyflavone 6-*C*-α-L-吡喃鼠李糖基-(1→2)-β-D-吡喃葡萄糖基-7-*O*-(6-*O*-阿魏酰基-β-D-吡喃葡萄糖基)-4',5-二羟基黄酮 日本石竹 Dianthus japonicus
6-*C*-β-D-(6'-*O*-galloyl)-glucopyranosylnoreugenin 6-*C*-β-D-(6'-*O*-没食子酰基)-吡喃葡萄糖基降丁香宁 丁香 Syzygium aromaticum
8-*C*-β-D-galactopyranosyl-5,7,4'-trihydroxyflavone 8-*C*-β-D-吡喃半乳糖基-5,7,4'-三羟基黄酮 华北耧斗菜 Aquilegia yabeana
6-*C*-β-D-galactopyranosyl-5,7,8,4'-tetrahydroxy-flavone 6-*C*-β-D-吡喃半乳糖基-5,7,8,4'-四羟基-黄酮 华北耧斗菜 Aquilegia yabeana
8-*C*-β-D-galactopyranosylisovitexin 8-*C*-β-D-吡喃半乳糖基异牡荆素 土沉香 Aquilaria sinensis
6-*C*-β-D-glu-8-*C*-β-D-gal-apigenin 6-*C*-β-D-葡萄糖-8-*C*-β-D-半乳糖芹菜苷元 鹅肠菜 Myosoton aquaticum
2-*C*-β-D-glucopyranosyl-1,3,7-trihydroxyxanthone 2-*C*-β-D-吡喃葡萄糖基-1,3,7-三羟基屾酮 川西獐牙菜 Swertia mussotii
6-*C*-β-D-glucopyranosyl-4',5-dihydroxy-7,8-dimethoxyflavone 6-*C*-β-D-吡喃葡萄糖基-4',5-二羟基-7,8-二甲氧基黄酮 相思子 Abrus precatorius
8-*C*-β-D-glucopyranosyl-5,4'-dihydroxy-6,7-dimethoxy-flavone 8-*C*-β-D-吡喃葡萄糖基-5,4'-二羟基-6,7-二甲氧基-黄酮 华北耧斗菜 Aquilegia yabeana
8-*C*-β-D-glucopyranosyl-5,7,4'-trihydroxy-6-methoxy-flavone 8-*C*-β-D-吡喃葡萄糖基-5,7,4'-三羟基-6-甲氧基-黄酮 华北耧斗菜 Aquilegia yabeana
6-*C*-β-D-glucopyranosyl-7-*O*-[6'''-*O*-(4''''-hydroxy-3'''',5''''-dimethoxyphenyl)-β-D-glucopyranosyl]-4',5-dihydroxyflavone 6-*C*-β-D-吡喃葡萄糖基-7-*O*-[6'''-*O*-(4''''-羟基-3'''',5''''-二甲氧基苯基)-β-D-吡喃葡萄糖基]-4',5-二羟基黄酮 肉果草 Lancea tibetica
6-*C*-β-D-glucopyranosyl-8-*C*-α-L-rhamnopyranosyl-luteolin 6-*C*-β-D-吡喃葡萄糖基-8-*C*-α-L-吡喃鼠李糖基木犀草素 匐灯藓 Plagiomnium cuspidatum
6-*C*-β-D-glucopyranosyl-8-*C*-β-D-galactopyranosyl-apigenin 6-*C*-β-D-吡喃葡萄糖基-8-*C*-β-D-半乳糖基芹菜苷元 穿心莲 Andrographis paniculata
6-*C*-β-D-glucopyranosyl-8-*C*-β-D-xylopyranosylapigenin 6-*C*-β-D-吡喃葡萄糖基-8-*C*-β-D-吡喃木糖基芹菜苷元 伞序臭黄荆 Premna serratifolia
6-*C*-β-D-glucopyranosylapigenin 6-*C*-β-D-吡喃葡萄糖基芹菜苷元 桂叶山牵牛 Thunbergia laurifolia
8-*C*-β-D-glucopyranosylapigenin 8-*C*-β-D-吡喃葡萄糖基芹菜苷元 牛奶菜 Marsdenia sinensis
8-*C*-β-D-glucopyranosylcyanidin-3-*O*-(6-*O*-malonyl)-β-D-glucopyranoside 8-*C*-β-D-吡喃葡萄糖基矢车菊素-3-*O*-(6-*O*-丙二酰基)-β-D-吡喃葡萄糖苷 台湾油点草 Tricyrtis formosana
6-*C*-β-D-glucopyranosyldiosmetin 6-*C*-β-D-葡萄糖基香叶木素 菘蓝 Isatis tinctoria
8-*C*-β-D-glucopyranosylkaempferol-3-*O*-β-D-glucopyranoside 8-*C*-β-D-吡喃葡萄糖基山柰酚-3-*O*-β-D-吡喃葡萄糖苷 石南藤 Piper wallichii
2-*C*-β-D-xybpyranosyl-1,3,6,7tetrahydroxyxanthone 2-*C*-β-D-吡喃木糖基-1,3,6,7-四羟基屾酮 阔叶骨碎补 Davallia solida
6-*C*-β-D-xylopyranosyl-8-*C*-α-L-arabinopyranosylapigenin 6-*C*-β-D-吡喃木糖基-8-*C*-α-L-吡喃阿拉伯糖基芹菜苷元 粟米草 Mollugo stricta
6-*C*-β-glucopyranosyldiosmin 6-*C*-β-吡喃葡萄糖基香叶木苷 柠檬 Citrus limon

D

D:A-friedoolean-5(10)-en-3-acetate D:A-飞齐墩果-5(10)-烯-3-乙酸酯 霸王鞭 Euphorbia royleana
D:C-friedoolean-8-en-3-one D:C-飞齐墩果-8-烯-3-酮 苦豆子 Sophora alopecuroides
D:C-friedours-7-en-3-one D:C-飞熊果-7-烯-3-酮 皂荚 Gleditsia sinensis
dacryhainansterone 海南陆均松甾酮 伪泥胡菜 Serratula coronata
dactylicapnosine 紫金龙辛碱▲ 扭果紫金龙 Dactylicapnos torulosa
dactylicapnosinine 紫金龙宁碱▲ 扭果紫金龙 Dactylicapnos torulosa
dactylidine 紫金龙定碱▲ 扭果紫金龙 Dactylicapnos torulosa

dactyline 紫金龙灵碱▲ 扭果紫金龙 Dactylicapnos torulosa
dactylorhin A 指根兰素▲A 白及 Bletilla striata, 凹舌兰 Coeloglossum viride, 手参 Gymnadenia conopsea
dactylorhin B 指根兰素▲B 凹舌兰 Coeloglossum viride, 手参 Gymnadenia conopsea
dactylorhin E 指根兰素▲E 白及 Bletilla striata, 手参 Gymnadenia conopsea
d-adlumine *d*- 山缘草碱 条裂黄堇 Corydalis linarioides, 尖突黄堇 C. mucronifera
daechualkaloid A 无刺枣碱 A 无刺枣 Ziziphus jujuba var. inermis
daechucyclopeptide-1 无刺枣环肽 -1 无刺枣 Ziziphus jujuba var. inermis
daechuine S_{10} 无刺枣因 S_{10} 酸枣 Ziziphus jujuba var. spinosa
daechuine S_3 无刺枣因 S_3 枣 Ziziphus jujuba, 无刺枣 Z. jujuba var. inermis
daechuine S_6, S_7, S_8 无刺枣因 S_6, S_7, S_8 枣 Ziziphus jujuba
dahurin B 兴安白芷素▲B 白芷 Angelica dahurica
dahurinol 兴安升麻醇 兴安升麻 Cimicifuga dahurica, 小升麻 C. japonica, 单穗升麻 C. simplex, 云南升麻 C. yunnanensis
daidzein 大豆苷元 较常见成分，至少分布于 30 种以上植物中，常见于豆科植物，偶见于百合科、唇形科、冬青科、红曲菌科、葫芦科、菊科、楝科、萝藦科、毛茛科、泡头菌科、茜草科、茄科、伞形科、藤黄科、五味子科、玄参科、醉鱼草科等
daidzein-4',7-diglucoside 大豆苷元 -4',7- 二葡萄糖苷 葛麻姆 Pueraria montana
daidzein-4',7-di-*O*-*β*-D-glucopyranoside 大豆苷元 -4',7- 二 -*O*-*β*-D- 吡喃葡萄糖苷 尼泊尔黄花木 Piptanthus nepalensis
daidzein-4'-*O*-*β*-D-glucopyranoside 大豆苷元 -4'-*O*-*β*-D- 吡喃葡萄糖苷 显脉香茶菜 Isodon nervosus, 镰荚棘豆 Oxytropis falcata
daidzein-7,4'-*O*-glucopyranoside 大豆苷元 -7,4'-*O*- 吡喃葡萄糖苷 葛 Pueraria montana var. lobata
daidzein-7-*O*-methyl ether 大豆苷元 -7-*O*- 甲醚 葛 Pueraria montana var. lobata
daidzein-7-*O*-*β*-D-(6"-*O*-acetylglucopyranoside) 大豆苷元 -7-*O*-*β*-D-(6"-*O*- 乙酰吡喃葡萄糖苷) 大豆 Glycine max
daidzein-7-*O*-*β*-D-glucopyranoside 大豆苷元 -7-*O*-*β*-D- 吡喃葡萄糖苷 黄耆 Astragalus penduliflorus subsp. mongholicus var. dahuricus
daidzein-8-C-apiofuranosyl-(1 → 6)-glucopyranoside 大豆苷元 -8-*C*- 吡喃芹糖基 -(1 → 6)- 吡喃葡萄糖苷 葛 Pueraria montana var. lobata
daidzein-8-*C*-apiopyranosyl-(1 → 6)-glucopyranoside 大豆苷元 -8-*C*- 吡喃芹糖基 -(1 → 6)- 吡喃葡萄糖苷 食用葛 Pueraria edulis
daidzein-di-methyl ether 大豆苷元二甲醚 苦马豆 Sphaerophysa salsula
daidzin 大豆苷 喜旱莲子草 Alternanthera philoxeroides, 补骨脂 Cullen corylifolia, 川牛膝 Cyathula officinalis, 刺五加 Eleutherococcus senticosus, 鸡冠刺桐 Erythrina crista-galli, 大豆 Glycine max, 豆 G. soja, 中华青荚叶 Helwingia chinensis, 紫苜蓿 Medicago sativa, 白花油麻藤 Mucuna birdwoodiana, 大果油麻藤 M. macrocarpa, 花榈木 Ormosia henryi, 豆薯 Pachyrhizus erosus, 尼泊尔黄花木 Piptanthus nepalensis, 豆腐柴 Premna microphylla, 食用葛 Pueraria edulis, 葛麻姆 P. montana, 葛 P. montana var. lobata, 苦葛 P. peduncularis, 须弥葛 P. wallichii, 白英 Solanum lyratum, 槐 Sophora japonica, 亚洲络石 Trachelospermum asiaticum, 红车轴草 Trifolium pratense, 绿豆 Vigna radiata, 野豇豆 V. vexillata
daidzin 6"-*O*-acetate 大豆苷 -6"-*O*- 乙酸酯 红车轴草 Trifolium pratense
daidzin-6"-*O*-malonate 大豆苷 -6"-*O*- 丙二酸酯 红车轴草 Trifolium pratense
dalbergenone 黄檀酮 印度黄檀 Dalbergia sissoo
dalbergichromene 黄檀色烯 印度黄檀 Dalbergia sissoo
dalbergin 黄檀素 降香 Dalbergia odorifera, 印度黄檀 D. sissoo
dalbergioidin 类黄檀素▲ 毛杭子梢 Campylotropis hirtella, 锦鸡儿 Caragana sinica, 大叶山蚂蝗 Desmodium gangeticum, 短梗胡枝子 Lespedeza cyrtobotrya, 绿豆 Vigna radiata
S-dalbergione *S*- 黄檀醌 印度黄檀 Dalbergia sissoo
(*R*)-(+)-dalbergiphenol (*R*)-(+)- 黄檀酚 匍枝毛茛 Ranunculus repens
(*R*)-dalbergiphenol (*R*)- 黄檀苯酚 黄荆 Vitex negundo
R-(+)-dalbergiphenol *R*-(+)- 黄檀酚 降香 Dalbergia odorifera
dalbergiphenol 黄檀酚 印度黄檀 Dalbergia sissoo
dalbergylpyran 黄檀吡喃 印度黄檀 Dalbergia sissoo
dalbinol 阔叶黄檀醇▲ 紫穗槐 Amorpha fruticosa
dalodoriferabiisoflavonoid 降香双异黄酮 I, II, III, IV, V, DO-18~DO-21 降香 Dalbergia odorifera
dalpanitin 圆锥黄檀亭▲ 节果决明 Cassia javanica
dalparvin A 小花黄檀素 A 千斤拔 Flemingia philippinensis
dalsissooside 印度黄檀异黄苷▲ 印度黄檀 Dalbergia sissoo
dalsympathetin 共感黄檀素▲ 朝鲜槐 Maackia amurensis
(*E*)-*β*-damascenone (*E*)-*β*- 突厥蔷薇烯酮▲ 挥发油成分，未统计基源
β-damascenone *β*- 突厥蔷薇烯酮▲ 挥发油成分，未统计基源
trans-*β*-damascenone 反式 -*β*- 突厥蔷薇酮 挥发油成分，未统计基源
damascenone 突厥蔷薇烯酮▲ 挥发油成分，未统计基源
β-damascone *β*- 突厥蔷薇酮▲ 挥发油成分，未统计基源
dambonitol 橡胶肌醇 鳝藤 Anodendron affine, 漾濞鹿角藤 Chonemorpha griffithii, 络石 Trachelospermum jasminoides
dammadienone 达玛二烯酮 高山紫菀 Aster alpinus
dammar-(*E*)-20(22),24-diene-3*β*,6*α*,12*β*-triol 达玛 -(*E*)-20(22),24- 二烯 -3*β*,6*α*,12*β*- 三醇 人参 Panax ginseng
dammar-12,25-dien-3-*β*-acetate 达玛 -12,25- 二烯 -3-*β*- 乙酸酯 波缘鸭跖草 Commelina undulata
3*β*,6*α*,12*β*-dammar-20(21),24-diene-3,6,12-triol 3*β*,6*α*,12*β*- 达玛 -20(21),24- 二烯 -3,6,12- 三醇 人参 Panax ginseng

dammar-20(22),24-diene-3β,6α,12β-triol 达玛 -20(22),24- 二烯 -3β,6α,12β- 三醇 人参 Panax ginseng
dammar-20(22)*E*,24-diene-3β,6α,12β-triol 达玛 -20(22)*E*,24- 二烯 -3β,6α,12β- 三醇 珠子参 Panax japonicus var. major
(20*S*,24*R*)-dammar-20,24-epoxy-3α,6α,12β,25-tetraol (20*S*,24*R*)- 达玛 -20,24- 环氧 -3α,6α,12β,25- 四醇 西洋参 Panax quinquefolius
dammar-20,25-dien-3α,24-diol 达玛 -20,25- 二烯 -3α,24- 二醇 米仔兰 Aglaia odorata
dammar-20-en-3β,24*R*,25-triol 达玛 -20- 烯 -3β,24*R*,25- 三醇 米仔兰 Aglaia odorata
dammar-20-en-3β,24*S*,25-triol 达玛 -20- 烯 -3β,24*S*,25- 三醇 米仔兰 Aglaia odorata
dammar-20-ene-3α,24(*R*),25-triol 达玛 -20- 烯 -3α,24(*R*),25- 三醇 米仔兰 Aglaia odorata
dammar-20-ene-3β,24(*R*),25-triol 达玛 -20- 烯 -3β,24(*R*),25- 三醇 米仔兰 Aglaia odorata
5α-dammar-20-ene-3β,24,25-triol 5α- 达玛 -20- 烯 -3β,24,25- 三醇 米仔兰 Aglaia odorata
dammar-20-enetriol 达玛 -20- 烯三醇 米仔兰 Aglaia odorata
dammar-23-ene-3α,12β,20,25-tetrol 达玛 -23- 烯 -3α,12β,20,25- 四醇 小叶桦 Betula microphylla, 圆叶桦 B. rotundifolia
(20*S*)-dammar-23-ene-3β,20,25,26-tetraol-3-*O*-[β-D-glucopyranosyl-(1 → 2)-α-L-arabinopyranosyl]-20-*O*-β-D-rhamnopyranosyl-26-*O*-glucopyranoside 20*S*- 达玛 -23- 烯 -3β,20,25,26- 四醇 -3-*O*-[β-D- 吡喃葡萄糖基 -(1 → 2)-α-L- 吡喃阿拉伯糖基]-20-*O*-β-D- 吡喃鼠李糖基 -26-*O*- 吡喃葡萄糖苷 绞股蓝 Gynostemma pentaphyllum
dammar-24(25)-ene-3β,6α,12β,20(*S*)-tetraol-20-*O*-β-D-pyranoglucoside 达玛 -24(25)- 烯 -3β,6α,12β,20(*S*)- 四醇 -20-*O*-β-D- 吡喃葡萄糖苷 金钱松 Pseudolarix amabilis
(3β,24*S*)-dammar-24,25-epoxy-20-en-3-*O*-L-rhamnopyranosyl)-4-D-xylopyranoside (3β,24*S*)- 达玛 -24,25- 环氧 -20- 烯 -3-*O*-L- 吡喃鼠李糖基 -4-D- 吡喃木糖苷 山楝 Aphanamixis polystachya
(20*R*)-dammar-24-en-20-ol (20*R*)- 达玛 -24- 烯 -20- 醇 中华双扇蕨 Dipteris chinensis
dammar-24-en-3β,11α,20(*S*)-triol 达玛 -24- 烯 -3β,11α,20(*S*)- 三醇 岳桦 Betula ermanii
dammar-24-en-3β,11α,20(*S*)-triol-3-*O*-β-D-2-*O*-acetylglucopyranoside 达玛 -24- 烯 -3β,11α,20(*S*)- 三醇 -3-*O*-β-D-2-*O*- 乙酰吡喃葡萄糖苷 岳桦 Betula ermanii
dammar-24-en-3-β,20*S*-diol 达玛 -24- 烯 -3β,20*S*- 二醇 杧果 Mangifera indica
dammar-24-en-3β-acetoxy-20*S*-ol 达玛 -24- 烯 -3β- 乙酰氧基 -20*S*- 醇 女贞 Ligustrum lucidum
dammar-24-ene-3α,12β,20-triol-3,12-diacetate 达玛 -24- 烯 -3α,12β,20- 三醇 -3,12- 二乙酸酯 小叶桦 Betula microphylla, 圆叶桦 B. rotundifolia
dammar-24-ene-3β,20-diol 达玛 -24- 烯 -3β,20- 二醇 夏栎 Quercus robur
20(*S*)-dammar-24-ene-3β,20-diol-3-acetate 20(*S*)- 达玛 -24- 烯 -3β,20- 二醇 -3- 乙酸酯 连翘 Forsythia suspensa
dammar-24-ene-3β-acetate-20*S*-ol 达玛 -24- 烯 -3β- 乙酸酯 -20*S*- 醇 连翘 Forsythia suspensa
dammar-24-ene-3β-acetoxy-20-ol 达玛 -24- 烯 -3β- 乙酰氧基 -20- 醇 咖啡黄葵 Abelmoschus esculentus
20(*R*),22(ζ),24(*S*)-dammar-25(26)-ene-3β,6α,12β,20,22,24-hexanol 20(*R*),22(ζ),24(*S*)- 达玛 -25(26)- 烯 -3β,6α,12β,20,22,24- 六醇 人参 Panax ginseng
dammar-25-en-3β,20ζ,24ζ-triol 达玛 -25- 烯 -3β,20ζ,24ζ 三醇 女贞 Ligustrum lucidum
dammar-25-ene-3α,12β,20,24*R*-tetrol 达玛 -25- 烯 -3α,12β,20,24*R*- 四醇 小叶桦 Betula microphylla, 圆叶桦 B. rotundifolia
dammar-25-ene-3α,12β,20,24*S*-tetrol 达玛 -25- 烯 -3α,12β,20,24*S*- 四醇 小叶桦 Betula microphylla, 圆叶桦 B. rotundifolia
20*R*-dammar-25-ene-3β,20,21,24ξ-tetraol-3-*O*-[β-D-glucopyranosyl-(1 → 2)-α-L-arabinopyranosyl]-21-*O*-β-D-glucopyranosy1-24-*O*-rhamnopyranoside 20*R*- 达玛 -25- 烯 -3β,20,21,24ξ- 四醇 -3-*O*-[β-D- 吡喃葡萄糖基 -(1 → 2)-α-L- 吡喃阿拉伯糖基]-21-*O*-β-D- 吡喃葡萄糖基 -24-*O*- 吡喃鼠李糖苷 绞股蓝 Gynostemma pentaphyllum
dammara-(20*E*)22,25-diene-3β,6α,12β,24*S*-tetrol 达玛 -(20*E*)22,25- 二烯 -3β,6α,12β,24*S*- 四醇 人参 Panax ginseng
(20*R*)-dammara-13(17),24-dien-3-one (20*R*)- 达玛 -13(17),24- 二烯 -3- 酮 龙胆 Gentiana scabra
(20*S*)-dammara-13(17),24-dien-3-one (20*S*)- 达玛 -13(17),24- 二烯 -3- 酮 龙胆 Gentiana scabra
dammara-17,21-diene 达玛 -17,21- 二烯 东北多足蕨 Polypodium virginianum, 欧亚多足蕨 P. vulgare
dammara-18(28),21-diene 达玛 -18(28),21- 二烯 倒卵伏石蕨 Lemmaphyllum microphyllum var. obovatum, 石韦 Pyrrosia lingua
dammara-20(21),24-diene-3β,6α,12β-triol 达玛 -20(21),24- 二烯 -3β,6α,12β- 三醇 三七 Panax notoginseng
dammara-20(22),24-dien-3β-ol 达玛 -20(22),24- 二烯 -3β- 醇 活血丹 Glechoma longituba
dammara-20,24-dien-3-ol 达玛 -20,24- 二烯 -3- 醇 香港樫木 Dysoxylum hongkongense
dammara-20,24-dien-3β-acetate 达玛 -20,24- 二烯 -3β- 醇乙酸酯 烈香杜鹃花 Rhododendron anthopogonoides
dammara-20,24-dien-3β-ol 达玛 -20,24- 二烯 -3β- 醇 胡桃楸 Juglans mandshurica, 窄头橐吾 Ligularia stenocephala, 烈香杜鹃花 Rhododendron anthopogonoides
(-)-dammara-20,24-dien-3β-yl acetate (-)- 达玛 -20,24- 二烯 -3β- 乙酸酯 总状土木香 Inula racemosa
dammara-20,24-dien-3β-yl acetate 达玛 -20,24- 二烯 -3β- 乙酸酯 艾 Artemisia argyi
dammara-20,24-diene 达玛 -20,24- 二烯 友水龙骨 Polypodiodes amoena
dammara-20,25-dien-3β,24-diol 达玛 -20,25- 二烯 -3β,24- 二醇 米仔兰 Aglaia odorata
dammara-23-en-3β,25-diol 达玛 -23- 烯 -3β,25- 二醇 木犀 Osmanthus fragrans
dammara-3β,20(*S*),25-triol 达玛 -3β,20(*S*),25- 三醇 钝叶鸡蛋花 Plumeria obtusa
dammaradienol 达玛二烯醇 紫菀 Aster tataricus, 龙血藤 Daemonorops draco, 甘遂 Euphorbia kansui, 羽叶白头树 Garuga pinnata, 向日葵 Helianthus annuus, 细叶小苦荬 Ixeridium gracile
dammaradienyl acetate 达玛二烯醇乙酸酯 高山紫菀 Aster alpinus, 大麻叶泽兰 Eupatorium cannabinum, 马兰 Kalimeris indica, 拳参 Polygonum bistorta

20(*R*)-dammaran-3*β*,6*α*,12*β*,20,25-pentol-6-*O*-*α*-L-rhampyranosyl(1→2)-*O*-*β*-D-glucopyranoside 20(*R*)- 达玛 -3*β*,6*α*,12*β*,20,25- 五醇 -6-*O*-*α*-L- 吡喃鼠李糖基 -(1→2)-*O*-*β*-D- 吡喃葡萄糖苷 人参 Panax ginseng
dammarane-(*E*)-20(22)-ene-3*β*,12*β*,25-triol 达玛 -(*E*)-20(22)- 烯 -3*β*,12*β*,25- 三醇 绞股蓝 Gynostemma pentaphyllum
20(22)*E*-dammarane-20(22)en-3*β*,12*β*,25-panaxatriol 20(22)*E*- 达玛 -20(22) 烯 -3*β*,12*β*,25- 人参三醇 三七 Panax notoginseng
(20*S*)-dammarane-24(25)-ene-3*β*,20,21-tetrol (20*S*)- 达玛 -24(25)- 烯 -3*β*,20,21- 四醇 绞股蓝 Gynostemma pentaphyllum
(20*S*,24*S*)-dammarane-25(26)-ene-3*β*,12*β*,20,24-tetrol (20*S*,24*S*)- 达玛 -25(26)- 烯 -3*β*,12*β*,20,24- 四醇 绞股蓝 Gynostemma pentaphyllum
20(*S*)-dammarane-25(26)-ene-3*β*,12*β*,20-triol 20(*S*)- 达玛 -25(26)- 烯 -3*β*,12*β*,20- 三醇 绞股蓝 Gynostemma pentaphyllum
20(*R*)-dammarane-3*β*,12*β*,20,25-tetrol 20(*R*)- 达玛 -3*β*,12*β*,20,25- 四醇 人参 Panax ginseng, 三七 P. notoginseng
dammarane-3*β*,25-diol-20,24-epoxy-3-acetate 达玛 -3*β*,25- 二醇 -20,24- 环氧 -3- 乙酸酯 咖啡黄葵 Abelmoschus esculentus
20(*R*)-dammarane-3*β*,6*α*,12*β*,20,25-pentol 20(*R*)- 达玛 -3*β*,6*α*,12*β*,20,25- 五醇 人参 Panax ginseng, 三七 P. notoginseng
3*β*,6*α*,12*β*-dammar-*E*-20(22)-ene-3,6,12,25-tetraol 3*β*,6*α*,12*β*- 达玛 -*E*-20(22)- 烯 -3,6,12,25- 四醇 人参 Panax ginseng
dammarenediol 达玛烯二醇 阿月浑子 Pistacia vera
dammarenediol II 达玛烯二醇 II 山茶 Camellia japonica, 杧果 Mangifera indica
dammarenediol II acetate 达玛烯二醇 II 乙酸酯 猫爪草 Ranunculus ternatus
dammarenediol II-3-caffeate 达玛烯二醇 II-3- 咖啡酸酯 岳桦 Betula ermanii, 楝 Melia azedarach, 滇虎榛 Ostryopsis nobilis
dammarenediol II-3-*O*-caffeate 达玛烯二醇 II-3-*O*- 咖啡酸酯 白桦 Betula platyphylla
dammarenediol II-3-*O*-*p*-coumarate 达玛烯二醇 II-3-*O*- 对香豆酸酯 白桦 Betula platyphylla
dammarenediol II-3-*O*-palmitate 达玛烯二醇 II-3-*O*- 棕榈酸酯 万寿菊 Tagetes erecta
dammarenolic acid 达玛烯酸 龙血藤 Daemonorops draco
dammer-(20:21)-en-(24:25)-epoxy-3*β*-*O*-*α*-L-rhamnopyranosyl-(1→4)-*β*-D-xylopyranoside 达玛 -(20:21)- 烯 -(24:25)- 环氧 -3*β*-*O*-*α*-L- 吡喃鼠李糖基 -(1→4)-*β*-D- 吡喃木糖苷 山楝 Aphanamixis polystachya
damnacanthal 虎刺醛 虎刺 Damnacanthus indicus, 伞房花耳草 Hedyotis corymbosa, 毛土连翘 Hymenodictyon orixense, 红大戟 Knoxia roxburghii, 海滨木巴戟 Morinda citrifolia, 南山花 Prismatomeris tetrandra
damnacanthol 虎刺醇 台湾虎刺 Damnacanthus angustifolius, 虎刺 D. indicus, 红大戟 Knoxia roxburghii, 粗叶木 Lasianthus chinensis, 日本粗叶木 L. japonicus, 黄木巴戟 Morinda angustifolia, 海滨木巴戟 M. citrifolia
damnacanthol-11-*O*-*β*-primeveroside 虎刺醇 -11-*O*-*β*- 樱草糖苷 海滨木巴戟 Morinda citrifolia
damnacanthol-3-*O*-*β*-D-glucoside 虎刺醇 -3-*O*-*β*-D- 葡萄糖苷 海滨木巴戟 Morinda citrifolia
damnacanthol-3-*O*-*β*-D-primeveroside 虎刺醇 -3-*O*-*β*-D- 樱草糖苷 日本粗叶木 Lasianthus japonicus, 海滨木巴戟 Morinda citrifolia
damnacanthol-*ω*-ethyl ether 虎刺醇 -*ω*- 乙醚 红大戟 Knoxia roxburghii
damnidin 虎刺尼定 虎刺 Damnacanthus indicus
damsin 二氢豚草素 香丝草 Conyza bonariensis
damulin A~D, L, LI 绞股蓝达玛苷 ▲A~D, L, LI 绞股蓝 Gynostemma pentaphyllum
danshenol A 丹参新醇 A 胶质鼠尾草 Salvia glutinosa, 三叶鼠尾草 S. trijuga, 云南鼠尾草 S. yunnanensis
danshenol C 丹参新醇 C 三叶鼠尾草 Salvia trijuga, 云南鼠尾草 S. yunnanensis
danshenspiroketallactone 丹参螺缩酮内酯 栗色鼠尾草 Salvia castanea, 毛地黄鼠尾草 S. digitaloides, 胶质鼠尾草 S. glutinosa, 丹参 S. miltiorrhiza, 甘西鼠尾草 S. przewalskii, 云南鼠尾草 S. yunnanensis
danshensu 丹参素 肾茶 Clerodendranthus spicatus, 细花线纹香茶菜 Isodon lophanthoides var. graciliflorus, 薄荷 Mentha canadensis, 夏枯草 Prunella vulgaris, 栗色鼠尾草 Salvia castanea, 华鼠尾草 S. chinensis, 雪山鼠尾草 S. evansiana, 丹参 S. miltiorrhiza, 甘西鼠尾草 S. przewalskii, 水飞蓟 Silybum marianum
danshensu ethyl ester 丹参素乙酯 黄连 Coptis chinensis
danshensu methyl ester 丹参素甲酯 黄连 Coptis chinensis
danshenxinkun A 丹参新醌 A 丹参 Salvia miltiorrhiza, 甘西鼠尾草 S. przewalskii, 浙皖丹参 S. sinica, 三叶鼠尾草 S. trijuga
danshenxinkun B 丹参新醌 B 胶质鼠尾草 Salvia glutinosa, 丹参 S. miltiorrhiza, 皖鄂丹参 S. paramiltiorrhiza, 红根草 S. prionitis, 甘西鼠尾草 S. przewalskii, 云南鼠尾草 S. yunnanensis
danshenxinkun C 丹参新醌 C 丹参 Salvia miltiorrhiza
danshenxinkun D 丹参新醌 D 丹参 Salvia miltiorrhiza, 红根草 S. prionitis
dantaxusin A~D 滇紫杉素 ▲A~D 喜马拉雅红豆杉 Taxus wallichiana
daphangustifoline A, B 狭叶虎皮楠碱 ▲A, B 狭叶虎皮楠 Daphniphyllum angustifolium
daphcalycic acid 牛耳枫酸 ▲ 牛耳枫 Daphniphyllum calycinum
daphcalycine 牛耳枫辛碱 ▲ 牛耳枫 Daphniphyllum calycinum
daphcalycinosidine A, C 牛耳枫苷碱 ▲A, C 牛耳枫 Daphniphyllum calycinum
daphcalycinosidine B 牛耳枫苷碱 ▲B 牛耳枫 Daphniphyllum calycinum, 交让木 D. macropodum
daphcalycinosidine F 牛耳枫苷碱 ▲F 交让木 Daphniphyllum macropodum
daphgilin 黄瑞香林素 ▲ 黄瑞香 Daphne giraldii
daphgilin-7'-*O*-*β*-D-glucopyranoside 黄瑞香林素 ▲-7'-*O*-*β*-D- 吡喃葡萄糖苷 滇瑞香 Daphne feddei
daphgraciline 纤细虎皮楠林碱 ▲ 交让木 Daphniphyllum macropodum
daphgracine 纤细虎皮楠碱 ▲ 交让木 Daphniphyllum macropodum
daphhimalenine B 西藏虎皮楠碱 ▲B 交让木 Daphniphyllum macropodum
daphjamilin 瑞香米林 ▲ 黄瑞香 Daphne giraldii, 凹叶瑞香 D. retusa

daphkoreanin 朝鲜瑞香素 朝鲜瑞香 Daphne pseudomezereum var. koreana, 结香 Edgeworthia chrysantha
daphlongamine E 长序虎皮楠胺▲E 交让木 Daphniphyllum macropodum
daphmacrine 交让木灵▲ 交让木 Daphniphyllum macropodum, 虎皮楠 D. oldhamii, 脉叶虎皮楠 D. paxianum
daphmacromine A~O 交让木明▲A~O 交让木 Daphniphyllum macropodum
daphmacropodine 交让木定 牛耳枫 Daphniphyllum calycinum, 交让木 D. macropodum, 虎皮楠 D. oldhamii
daphmacropodosidine A, B 交让木西定▲A, B 交让木 Daphniphyllum macropodum
daphmanidin A 泰氏虎皮楠定▲A 虎皮楠 Daphniphyllum oldhamii
(+)-daphnandrine (+)- 花桂碱▲ 毛叶轮环藤 Cyclea barbata
daphnane-type diterpene ester-7 瑞香烷型二萜酯 -7 芫花 Daphne genkwa, 瑞香 D. odora
daphnauranol A, B, C 橙花瑞香醇▲A, B, C 橙花瑞香 Daphne aurantiaca
daphnecin 瑞香乃辛 云南土沉香 Excoecaria acerifolia
daphnediterp A 瑞香二萜▲A 尖瓣瑞香 Daphne acutiloba
daphneflavan B, C 瑞香黄烷 B, C 唐古特瑞香 Daphne tangutica
daphnegiraldifin 黄瑞香芬▲ 黄瑞香 Daphne giraldii
daphnegiraldigin 黄瑞香精 黄瑞香 Daphne giraldii
daphneligin 瑞香木脂因▲ 大叶山楝 Aphanamixis grandifolia, 唐古特瑞香 Daphne tangutica
daphnelignan A, B 瑞香木脂素 A, B 尖瓣瑞香 Daphne acutiloba
daphnelignan C 瑞香木脂素 C 滇瑞香 Daphne feddei
daphnelnoid A 尖瓣瑞香萜▲A 尖瓣瑞香 Daphne acutiloba
daphnenin 瑞香宁▲ 尖瓣瑞香 Daphne acutiloba
daphnenone 瑞香烯酮 尖瓣瑞香 Daphne acutiloba, 芫花 D. genkwa, 黄瑞香 D. giraldii
daphnenone-2 瑞香烯酮 -2 尖瓣瑞香 Daphne acutiloba
daphneolone 瑞香醇酮 尖瓣瑞香 Daphne acutiloba, 芫花 D. genkwa, 黄瑞香 D. giraldii, 毛瑞香 D. kiusiana var. atrocaulis, 瑞香 D. odora, 山辣子皮 D. papyracea var. crassiuscula, 凹叶瑞香 D. retusa, 唐古特瑞香 D. tangutica
(*S*)-(+)-daphneolone-4'-*O*-*β*-D-glucopyranoside (*S*)-(+)- 瑞香醇酮 -4'-*O*-*β*-D- 吡喃葡萄糖苷 黄瑞香 Daphne giraldii
daphneresiniferin A, B 瑞香树脂灵▲A, B 芫花 Daphne genkwa
daphneresinol 瑞香树脂醇▲ 滇瑞香 Daphne feddei
daphneretusin A, B 凹叶瑞香素▲A, B 凹叶瑞香 Daphne retusa
daphneside 瑞香新苷▲ 台湾瑞香 Daphne arisanensis, 黄瑞香 D. giraldii, 唐古特瑞香 D. tangutica, 散沫花 Lawsonia inermis
daphneticin 瑞香辛 尖瓣瑞香 Daphne acutiloba, 滇瑞香 D. feddei, 黄瑞香 D. giraldii, 毛瑞香 D. kiusiana var. atrocaulis, 瑞香 D. odora, 山辣子皮 D. papyracea var. crassiuscula, 朝鲜瑞香 D. pseudomezereum var. koreana, 凹叶瑞香 D. retusa, 唐古特瑞香 D. tangutica, 结香 Edgeworthia chrysantha, 华蟹甲 Sinacalia tangutica, 狼毒 Stellera chamaejasme
daphneticin-4''-*O*-*β*-D-glucopyranoside 瑞香辛 -4''-*O*-*β*-D- 吡喃葡萄糖苷 滇瑞香 Daphne feddei
daphneticin-4'-*O*-*β*-D-glucopyranoside 瑞香辛 -4'-*O*-*β*-D- 吡喃葡萄糖苷 凹叶瑞香 Daphne retusa
daphnetin 瑞香素 心叶兔儿风 Ainsliaea bonatii, 青蒿 Artemisia carvifolia carvifolia, 尖瓣瑞香 Daphne acutiloba, 滇瑞香 D. feddei, 黄瑞香 D. giraldii, 毛瑞香 D. kiusiana var. atrocaulis, 瑞香 D. odora, 白瑞香 D. papyracea, 山辣子皮 D. papyracea var. crassiuscula, 朝鲜瑞香 D. pseudomezereum var. koreana, 凹叶瑞香 D. retusa, 唐古特瑞香 D. tangutica, 木蹄层孔菌 Fomes fomentarius, 滇丁香 Luculia pinceana, 小叶红叶藤 Rourea microphylla, 云南清风藤 Sabia yunnanensis, 狼毒 Stellera chamaejasme
daphnetin 7-methyl ether 瑞香素 -7 甲醚 湖北旋覆花 Inula hupehensis
daphnetin-7-methyl ether 瑞香素 -7- 甲醚 青花椒 Zanthoxylum schinifolium
daphnetin-8-methyl ether 瑞香素 -8- 甲醚 臭节草 Boenninghausenia albiflora
daphnetin-8-*O*-glucoside 瑞香素 -8-*O*- 葡萄糖苷 芫荽 Coriandrum sativum
daphnetin-8-*O*-*β*-D-glucopyranoside 瑞香素 -8-*O*-*β*-D- 吡喃葡萄糖苷 倒心盾翅藤 Aspidopterys obcordata, 尖瓣瑞香 Daphne acutiloba, 台湾瑞香 D. arisanensis, 滇瑞香 D. feddei, 黄瑞香 D. giraldii, 瑞香 D. odora, 白瑞香 D. papyracea, 凹叶瑞香 D. retusa, 唐古特瑞香 D. tangutica, 小叶红叶藤 Rourea microphylla
daphnetin-8-*O*-*β*-D-glucopyranosyl-(1 → 6)-*O*-*β*-D-glucopyranoside 瑞香素 -8-*O*-*β*-D- 吡喃葡萄糖基 -(1 → 6)-*O*-*β*-D- 吡喃葡萄糖苷 黄瑞香 Daphne giraldii
daphnetin-8-*β*-D-glucopyranoside 瑞香素 -8-*β*-D- 吡喃葡萄糖苷 兔耳一枝箭 Piloselloides hirsuta
daphnetone 瑞香酮▲ 尖瓣瑞香 Daphne acutiloba
daphnetoxin 瑞香毒素 尖瓣瑞香 Daphne acutiloba, 黄瑞香 D. giraldii, 白瑞香 D. papyracea, 唐古特瑞香 D. tangutica
daphnezomic acid 虎皮楠唑酸▲ 虎皮楠 Daphniphyllum oldhamii
daphnezomine B 虎皮楠唑胺▲B 牛耳枫 Daphniphyllum calycinum
daphnezomine H 虎皮楠唑胺▲H 交让木 Daphniphyllum macropodum, 虎皮楠 D. oldhamii
daphnezomine I, K 虎皮楠唑胺▲I, K 交让木 Daphniphyllum macropodum
daphnezomine L, M 虎皮楠唑胺▲L, M 牛耳枫 Daphniphyllum calycinum
daphnezomine R, S 虎皮楠唑胺▲R, S 虎皮楠 Daphniphyllum oldhamii
daphnezomine U 虎皮楠唑胺▲U 交让木 Daphniphyllum macropodum
daphniacetal A 虎皮楠缩醛▲A 交让木 Daphniphyllum macropodum
daphnicadine 牛耳枫卡定碱▲ 牛耳枫 Daphniphyllum calycinum

daphnicaline 牛耳枫卡林碱▲ 牛耳枫 Daphniphyllum calycinum
daphnicamine 牛耳枫胺▲ 牛耳枫 Daphniphyllum calycinum
daphnicyclidine A 虎皮楠环定▲A 牛耳枫 Daphniphyllum calycinum, 长柱虎皮楠 D. longistylum, 脉叶虎皮楠 D. paxianum
daphnicyclidine B 虎皮楠环定▲B 长柱虎皮楠 Daphniphyllum longistylum, 交让木 D. macropodum, 脉叶虎皮楠 D. paxianum
daphnicyclidine D 虎皮楠环定▲D 牛耳枫 Daphniphyllum calycinum, 交让木 D. macropodum, 脉叶虎皮楠 D. paxianum
daphnicyclidine F 虎皮楠环定▲F 长柱虎皮楠 Daphniphyllum longistylum
daphnicyclidine H 虎皮楠环定▲H 牛耳枫 Daphniphyllum calycinum, 交让木 D. macropodum, 脉叶虎皮楠 D. paxianum
daphnicyclidine L 虎皮楠环定▲L 交让木 Daphniphyllum macropodum
daphniglaucin D 粉绿虎皮楠素▲D 交让木 Daphniphyllum macropodum
daphnigraciline 纤细虎皮楠灵碱▲ 虎皮楠 Daphniphyllum oldhamii
daphnigracine 纤细虎皮楠辛碱▲ 虎皮楠 Daphniphyllum oldhamii
daphnilactone A 交让木内酯 A 脉叶虎皮楠 Daphniphyllum paxianum
daphnilactone B 交让木内酯 B 狭叶虎皮楠 Daphniphyllum angustifolium, 牛耳枫 D. calycinum, 交让木 D. macropodum, 虎皮楠 D. oldhamii, 脉叶虎皮楠 D. paxianum
daphnilactone B methyl ester 交让木内酯 B 甲酯 虎皮楠 Daphniphyllum oldhamii
daphnilongeranin A 长序虎皮楠宁碱▲A 牛耳枫 Daphniphyllum calycinum, 脉叶虎皮楠 D. paxianum
daphnilongeranin D 长序虎皮楠宁碱▲D 牛耳枫 Daphniphyllum calycinum, 虎皮楠 D. oldhamii
daphnilongeridine 长序虎皮楠定碱▲ 牛耳枫 Daphniphyllum calycinum
daphnimacropine 交让木品碱▲ 虎皮楠 Daphniphyllum oldhamii
daphnimacropodine A~D 交让木定碱▲A~D 交让木 Daphniphyllum macropodum
daphnin 瑞香苷 多穗金粟兰 Chloranthus multistachys, 尖瓣瑞香 Daphne acutiloba, 台湾瑞香 D. arisanensis, 滇瑞香 D. feddei, 芫花 D. genkwa, 黄瑞香 D. giraldii, 瑞香 D. odora, 白瑞香 D. papyracea, 朝鲜瑞香 D. pseudomezereum var. koreana, 唐古特瑞香 D. tangutica
daphnioldhamine A 虎皮楠哈明碱▲A 虎皮楠 Daphniphyllum oldhamii
daphnioldhanin A, B, C, E, F, H~K 虎皮楠宁碱▲A, B, C, E, F, H~K 虎皮楠 Daphniphyllum oldhamii
daphnioldhanin D 虎皮楠宁碱▲D 牛耳枫 Daphniphyllum calycinum, 虎皮楠 D. oldhamii
daphnioldhanin G 虎皮楠宁碱▲G 牛耳枫 Daphniphyllum calycinum, 虎皮楠 D. oldhamii
daphnipaxianine A~D 脉叶虎皮楠宁碱▲A~D 脉叶虎皮楠 Daphniphyllum paxianum
daphnipaxinin 脉叶虎皮楠宁素▲ 脉叶虎皮楠 Daphniphyllum paxianum
daphniphyllamine 虎皮楠胺▲ 交让木 Daphniphyllum macropodum
daphniphylline 虎皮楠碱 交让木 Daphniphyllum macropodum, 脉叶虎皮楠 D. paxianum
daphniteijsmine 泰氏虎皮楠胺▲ 牛耳枫 Daphniphyllum calycinum
daphniyunnine A 大叶虎皮楠宁碱▲A 牛耳枫 Daphniphyllum calycinum, 脉叶虎皮楠 D. paxianum
daphniyunnine B 大叶虎皮楠宁碱▲B 交让木 Daphniphyllum macropodum
daphniyunnine C, D, E 大叶虎皮楠宁碱▲C, D, E 脉叶虎皮楠 Daphniphyllum paxianum
daphnodorin A 瑞香多灵▲A 尖瓣瑞香 Daphne acutiloba, 橙花瑞香 D. aurantiaca, 滇瑞香 D. feddei, 黄瑞香 D. giraldii, 瑞香 D. odora, 凹叶瑞香 D. retusa, 结香 Edgeworthia chrysantha
daphnodorin B 瑞香多灵▲B 尖瓣瑞香 Daphne acutiloba, 橙花瑞香 D. aurantiaca, 滇瑞香 D. feddei, 芫花 D. genkwa, 黄瑞香 D. giraldii, 瑞香 D. odora, 凹叶瑞香 D. retusa, 结香 Edgeworthia chrysantha, 狼毒 Stellera chamaejasme, 了哥王 Wikstroemia indica, 革叶荛花 W. scytophylla
daphnodorin C 瑞香多灵▲C 尖瓣瑞香 Daphne acutiloba, 橙花瑞香 D. aurantiaca, 滇瑞香 D. feddei, 黄瑞香 D. giraldii, 瑞香 D. odora, 凹叶瑞香 D. retusa, 结香 Edgeworthia chrysantha
daphnodorin C' 瑞香多灵▲C' 尖瓣瑞香 Daphne acutiloba
daphnodorin D 瑞香多灵▲D 瑞香 Daphne odora
daphnodorin D_1 瑞香多灵▲D_1 尖瓣瑞香 Daphne acutiloba, 黄瑞香 D. giraldii, 毛瑞香 D. kiusiana var. atrocaulis, 唐古特瑞香 D. tangutica, 了哥王 Wikstroemia indica
daphnodorin D_2 瑞香多灵▲D_2 尖瓣瑞香 Daphne acutiloba, 毛瑞香 D. kiusiana var. atrocaulis, 唐古特瑞香 D. tangutica, 了哥王 Wikstroemia indica
daphnodorin E 瑞香多灵▲E 尖瓣瑞香 Daphne acutiloba, 瑞香 D. odora, 凹叶瑞香 D. retusa, 唐古特瑞香 D. tangutica
daphnodorin F 瑞香多灵▲F 尖瓣瑞香 Daphne acutiloba, 瑞香 D. odora, 凹叶瑞香 D. retusa, 唐古特瑞香 D. tangutica
daphnodorin G 瑞香多灵▲G 芫花 Daphne genkwa, 瑞香 D. odora
daphnodorin G-3''-methyl ether 瑞香多灵▲G-3''- 甲醚 芫花 Daphne genkwa
daphnodorin H 瑞香多灵▲H 尖瓣瑞香 Daphne acutiloba, 瑞香 D. odora
daphnodorin *H*-3''-methyl ether 瑞香多灵▲*H*-3''- 甲醚 芫花 Daphne genkwa
daphnodorin *H*-3-methyl ether 瑞香多灵▲*H*-3- 甲醚 芫花 Daphne genkwa
daphnodorin I 瑞香多灵▲I 橙花瑞香 Daphne aurantiaca, 滇瑞香 D. feddei, 瑞香 D. odora, 结香 Edgeworthia chrysantha, 狼毒 Stellera chamaejasme
daphnodorin J 瑞香多灵▲J 尖瓣瑞香 Daphne acutiloba, 橙花瑞香 D. aurantiaca, 滇瑞香 D. feddei, 瑞香 D. odora
daphnodorin K 瑞香多灵▲K 尖瓣瑞香 Daphne acutiloba, 瑞香 D. odora
daphnodorin K' 瑞香多灵▲K' 尖瓣瑞香 Daphne acutiloba

daphnodorin L 瑞香多灵▲L 瑞香 Daphne odora
daphnodorin M 瑞香多灵▲M 尖瓣瑞香 Daphne acutiloba, 了哥王 Wikstroemia indica
daphnodorin N 瑞香多灵▲N 尖瓣瑞香 Daphne acutiloba
daphnogirin 黄瑞香素 黄瑞香 Daphne giraldii
daphnogirin A, B 黄瑞香素 A, B 黄瑞香 Daphne giraldii
daphnogitin 黄瑞香亭▲ 黄瑞香 Daphne giraldii, 了哥王 Wikstroemia indica
daphnoldine A, B 虎皮楠定碱▲A, B 虎皮楠 Daphniphyllum oldhamii
daphnolin 瑞香林苷▲ 尖瓣瑞香 Daphne acutiloba, 滇瑞香 D. feddei, 黄瑞香 D. giraldii, 城口东俄芹 Tongoloa silaifolia
daphnolon 瑞香诺酮▲ 黄瑞香 Daphne giraldii
daphnoretin 西瑞香素 菴蔄 Artemisia keiskeana, 臭节草 Boenninghausenia albiflora, 石椒草 B. sessilicarpa, 红花 Carthamus tinctorius, 尖瓣瑞香 Daphne acutiloba, 芫花 D. genkwa, 黄瑞香 D. giraldii, 毛瑞香 D. kiusiana var. atrocaulis, 瑞香 D. odora, 白瑞香 D. papyracea, 山辣子皮 D. papyracea var. crassiuscula, 朝鲜瑞香 D. pseudomezereum var. koreana, 凹叶瑞香 D. retusa, 唐古特瑞香 D. tangutica, 结香 Edgeworthia chrysantha, 滇结香 E. gardneri, 多枝桉 Eucalyptus viminalis, 青藏大戟 Euphorbia altotibetica, 狼毒大戟 E. fischeriana, 芸香 Ruta graveolens, 山地虎耳草 Saxifraga montana, 狼毒 Stellera chamaejasme, 白车轴草 Trifolium repens, 了哥王 Wikstroemia indica
daphnoretin methyl ether 西瑞香素甲醚 芸香 Ruta graveolens
daphnoretin-7-*O*-β-D-glucopyranoside 西瑞香素 -7-*O*-β-D- 吡喃葡萄糖苷 芫花 Daphne genkwa, 了哥王 Wikstroemia indica
daphnorin 瑞香诺灵▲ 尖瓣瑞香 Daphne acutiloba, 芫花 D. genkwa, 黄瑞香 D. giraldii, 毛瑞香 D. kiusiana var. atrocaulis, 朝鲜瑞香 D. pseudomezereum var. koreana, 凹叶瑞香 D. retusa, 唐古特瑞香 D. tangutica, 散沫花 Lawsonia inermis, 白车轴草 Trifolium repens
daphnoside 瑞香诺苷▲ 阿尔泰瑞香 Daphne altaica
daphnotin A, B 瑞香亭▲A, B 橙花瑞香 Daphne aurantiaca
daphnretusic acid 凹叶瑞香酸▲ 凹叶瑞香 Daphne retusa
dapholdhamine A~D 虎皮楠明碱▲A~D 虎皮楠 Daphniphyllum oldhamii
daphtenidine C, D 泰氏虎皮楠定 C, D 交让木 Daphniphyllum macropodum
daphwanin 芫花宁 芫花 Daphne genkwa
daphylloside 交让木苷 狭叶虎皮楠 Daphniphyllum angustifolium, 四叶葎 Galium bungei, 蓬子菜 G. verum, 纤花耳草 Hedyotis tenelliflora, 宝盖草 Lamium amplexicaule, 斜基粗叶木 Lasianthus attenuatus, 鸡矢藤 Paederia foetida, 染色茜草 Rubia tinctorum, 阔叶丰花草 Spermacoce alata
darendoside A 达伦代黄芩苷▲A 臭牡丹 Clerodendrum bungei, 银桦 Grevillea robusta, 黄芩 Scutellaria baicalensis
darendoside B 达伦代黄芩苷▲B 兰香草 Caryopteris incana, 臭牡丹 Clerodendrum bungei, 大青 C. cyrtophyllum, 苦郎树 C. inerme, 二歧马先蒿 Pedicularis dichotoma, 玄参 Scrophularia ningpoensis, 黄芩 Scutellaria baicalensis
darutigenol 豨莶精醇 毛梗豨莶 Sigesbeckia glabrescens, 豨莶 S. orientalis, 腺梗豨莶 S. pubescens, 栝楼 Trichosanthes kirilowii
darutoside 豨莶苷 毛梗豨莶 Sigesbeckia glabrescens, 豨莶 S. orientalis, 腺梗豨莶 S. pubescens
dasycarine 白鲜灵碱▲ 白鲜 Dictamnus dasycarpus
dasycarpol 白鲜苦醇▲ 白鲜 Dictamnus dasycarpus
dasycarpus acid 白鲜酸▲ 白鲜 Dictamnus dasycarpus
dasycarpusenester A 白鲜烯酯▲A 白鲜 Dictamnus dasycarpus
dasycarpusester B 白鲜酯▲B 白鲜 Dictamnus dasycarpus
dasylactone A, B 白鲜萜内酯▲A, B 白鲜 Dictamnus dasycarpus
datumelin 洋金花素▲ 洋金花 Datura metel
datumetelin 白曼陀罗林素 洋金花 Datura metel
datumetine 白曼陀罗碱 洋金花 Datura metel
daturabietatriene 曼陀罗冷杉三烯 洋金花 Datura metel
daturacin 曼陀罗辛▲ 毛曼陀罗 Datura inoxia
daturadiol 曼陀罗二醇 树番茄 Cyphomandra betacea, 毛曼陀罗 Datura inoxia, 洋金花 D. metel, 草鞋木 Macaranga henryi, 油桐 Vernicia fordii
daturalactone 曼陀罗内酯 树番茄 Cyphomandra betacea, 苦蘵 Physalis angulata
daturalactone-2 曼陀罗内酯 -2 假酸浆 Nicandra physalodes
daturalactone-4 曼陀罗内酯 -4 天仙子 Hyoscyamus niger
daturalicin 曼陀罗利辛▲ 毛曼陀罗 Datura inoxia
daturametelin A~J 白曼陀罗素 A~J 洋金花 Datura metel
daturaolone 曼陀罗醇酮 树番茄 Cyphomandra betacea, 毛曼陀罗 Datura inoxia, 洋金花 D. metel
daturataturin A 曼陀罗苷▲A 树番茄 Cyphomandra betacea, 洋金花 Datura metel
daturataturin B 曼陀罗苷▲B 树番茄 Cyphomandra betacea, 洋金花 Datura metel
daturilin 曼陀罗灵 洋金花 Datura metel
daturilinol 曼陀罗灵醇 洋金花 Datura metel
dauca-3,11-dien-2α,15-diol 橙花瑞香 -3,11- 二烯 -2α,15- 二醇 橙花瑞香 Daphne aurantiaca
dauca-3,11-dien-2β,15-diol 胡萝卜 -3,11- 二烯 -2β,15- 二醇 橙花瑞香 Daphne aurantiaca
daucene 胡萝卜烯 挥发油成分，未统计基源
daucoidin A 羽苞藁本素 A 毒芹 Cicuta virosa, 羽苞藁本 Ligusticum daucoides

daucoidin B 羽苞藁本素 B 羽苞藁本 Ligusticum daucoides
daucol 胡萝卜醇 挥发油成分，未统计基源
daucosterin; daucosterol; β-daucosterol 胡萝卜苷 常见成分，至少分布于 100 种以上植物中
daucosterol linoleate 胡萝卜苷亚油酸酯 川赤芍 Paeonia anomala subsp. veitchii
daucosterol palmitate 胡萝卜苷棕榈酸酯 益智 Alpinia oxyphylla, 构树 Broussonetia papyrifera, 细梗胡枝子 Lespedeza virgata, 多枝雾水葛 Pouzolzia zeylanica var. microphylla, 黑三棱 Sparganium stoloniferum
daucosterol-6'-acetate 胡萝卜苷 -6'- 乙酸酯 深绿山龙眼 Helicia nilagirica
daucosterol-6'-linoleate 胡萝卜苷 -6'- 亚油酸酯 板栗 Castanea mollissima, 狭苞橐吾 Ligularia intermedia
daucosterol-6'-malate 胡萝卜苷 -6'- 苹果酸酯 山茱萸 Cornus officinalis
daucosterol-6'-O-eicosanate 胡萝卜苷 -6'-O- 二十酸酯 半夏 Pinellia ternata
daucosterol-6'-O-palmitate 胡萝卜苷 -6'-O- 棕榈酸酯 米仔兰 Aglaia odorata, 羊蹄甲 Bauhinia purpurea, 仪花 Lysidice rhodostegia
daucosterol-6'-O-stearate 胡萝卜苷 -6'-O- 硬脂酸酯 挂金灯 Physalis alkekengi var. francheti
daucosterol-6'-palmitate 胡萝卜苷 -6'- 棕榈酸酯 中国绣球 Hydrangea chinensis, 狭苞橐吾 Ligularia intermedia, 掌叶橐吾 L. przewalskii, 山地虎耳草 Saxifraga montana
daurichromene A~D 兴安杜鹃色烯 ▲A~D 兴安杜鹃花 Rhododendron dauricum
daurichromenic acid 兴安杜鹃色烯酸 ▲ 烈香杜鹃花 Rhododendron anthopogonoides, 兴安杜鹃花 R. dauricum
dauricicoline 蝙蝠葛新可林碱 蝙蝠葛 Menispermum dauricum
dauriciline 蝙蝠葛林碱 ▲ 蝙蝠葛 Menispermum dauricum
dauricine 蝙蝠葛碱 滇丁香 Luculia pinceana, 蝙蝠葛 Menispermum dauricum, 黑龙骨 Periploca forrestii
dauricinoline 蝙蝠葛诺林碱 蝙蝠葛 Menispermum dauricum
dauricoside 北豆根苷 ▲ 蝙蝠葛 Menispermum dauricum
dauricumidine 蝙蝠葛米定 夜花藤 Hypserpa nitida, 蝙蝠葛 Menispermum dauricum
dauricumine 蝙蝠葛明 夜花藤 Hypserpa nitida, 蝙蝠葛 Menispermum dauricum, 风龙 Sinomenium acutum
daurinoline 蝙蝠葛醇灵碱 ▲ 蝙蝠葛 Menispermum dauricum
daurioxoisoporphine A, B, C 蝙蝠葛氧代异朴啡 A, B, C 蝙蝠葛 Menispermum dauricum
daurioxoisoporphine D 蝙蝠葛氧代异朴啡 D 蝙蝠葛 Menispermum dauricum, 桐叶千金藤 Stephania japonica var. discolor
dauriporphine 北豆根朴啡碱 ▲ 蝙蝠葛 Menispermum dauricum, 风龙 Sinomenium acutum
dauriporphinoline 蝙蝠葛朴啡灵 ▲ 蝙蝠葛 Menispermum dauricum, 风龙 Sinomenium acutum
daurisoline 蝙蝠葛苏林碱 蝙蝠葛 Menispermum dauricum
davallene 骨碎补烯 ▲ 铁线蕨 Adiantum capillus-veneris
davallialactone 骨碎补内酯 骨碎补 Davallia mariesii, 桑黄 Phellinus igniarius, 裂蹄木层孔菌 P. linteus
davallic acid 骨碎补酸 大叶骨碎补 Davallia formosana
davallin 骨碎补素 骨碎补 Davallia mariesii
davallioside A, B 骨碎补苷 A, B 骨碎补 Davallia mariesii
davanone 印蒿酮 菊蒿 Tanacetum vulgare
davidianone A, B, C 黑榆酮 ▲A, B, C 黑榆 Ulmus davidiana
davidianoside 山杨苷 山杨 Populus davidiana
davidigenin 川西荚蒾苷元 ▲ 茶梨 Anneslea fragrans, 龙蒿 Artemisia dracunculus, 艾纳香 Blumea balsamifera, 宜昌润楠 Machilus ichangensis
davidigenin-2'-O-(2''-O-4'''-hydroxybenzoyl)-β-D-glucopyranoside 川西荚蒾苷元 ▲-2'-O-(2''-O- 对羟基苯甲酰基)-β-D- 吡喃葡萄糖苷 茶梨 Anneslea fragrans
davidigenin-2'-O-(3''-O-4'''-hydroxybenzoyl)-β-D-glucopyranoside 川西荚蒾苷元 ▲-2'-O-(3''-O-4'''- 对羟基苯甲酰基)-β-D- 吡喃葡萄糖苷 茶梨 Anneslea fragrans
davidigenin-2'-O-(6''-O-4'''-hydroxybenzoyl)-β-D-glucopyranoside 川西荚蒾苷元 ▲-2'-O-(6''-O- 对羟基苯甲酰基)-β-D- 吡喃葡萄糖苷 茶梨 Anneslea fragrans
davidigenin-2'-O-(6''-O-syringoyl)-β-D-glucopyranoside 川西荚蒾苷元 ▲-2'-O-(6''-O- 丁香酰基)-β-D- 吡喃葡萄糖苷 茶梨 Anneslea fragrans
davidiol A 白刺花酚 ▲A 白刺花 Sophora davidii, 葡萄 Vitis vinifera, 网脉葡萄 V. wilsoniae
davidiol B, C, D 白刺花酚 ▲B, C, D 白刺花 Sophora davidii
davidioside 川西荚蒾苷 ▲ 茶梨 Anneslea fragrans, 艾纳香 Blumea balsamifera
davidioside A, B 珙桐苷 ▲A, B 珙桐 Davidia involucrata
davidioside A, B, C 珙桐酯苷 ▲A, B, C 珙桐 Davidia involucrata
davidisine A, B 谷地翠雀辛 ▲A, B 谷地翠雀花 Delphinium davidii
daviditin A 川东獐牙菜素 A 川东獐牙菜 Swertia davidii
davidol 刺葡萄酚 ▲ 刺葡萄 Vitis davidii
davuriciin D_1, D_2, M_1, T_1 刺玫果素 D_1, D_2, M_1, T_1 山刺玫 Rosa davurica
davuricoside C, D, E, H~O 黄连花苷 ▲C, D, E, H~O 黄连花 Lysimachia davurica
dawoensin A 道孚香茶菜素 A 冬凌草 Isodon rubescens
dayecrystal A 大叶晶 A 尾叶香茶菜 Isodon excisus
dayecrystal B 大叶晶 B 冬凌草 Isodon rubescens

dayejijiol 大叶及己醇 宽叶金粟兰 Chloranthus henryi
6-de-(3-acetyl-2,4,6-trihydroxy-5-methylphenyl)-rottlerin 6- 去 -(3- 乙酰基 -2,4,6- 三羟基 -5- 甲基苯基)- 粗糠柴毒素 粗糠柴 Mallotus philippensis
11,12-de(methylenedioxy)danuphylline 11,12- 去 (亚甲二氧基) 毛轴蕊木叶碱▲ 蕊木 Kopsia arborea
de-4'-*O*-methyleudesmin 去 -4'-*O*- 甲基桉脂素 露兜树 Pandanus tectorius
(±)-de-4'-*O*-methylyangambin (±)- 去 -4'-*O*- 甲基扬甘比胡椒素▲ 土肉桂 Cinnamomum osmophloeum
de-4'-*O*-methylyangambin 去 -4'-*O*- 甲基扬甘比胡椒素▲ 卫矛 Euonymus alatus
1-deacetoxy-1-oxocaesalmin C 1- 去乙酰氧基 -1- 氧代喙荚云实素▲C 华南云实 Caesalpinia crista
2-deacetoxy-5-decinnamoyltaxinine J 2- 去乙酰氧基 -5- 去桂皮酰基紫杉宁 J 密叶红豆杉 Taxus fuana
2-deacetoxy-7,9-dideacetyltaxinine J 2- 去乙酰氧基 -7,9- 二去乙酰基紫杉宁 J 喜马拉雅红豆杉 Taxus wallichiana
2'-deacetoxyaustrospicatine 2'- 去乙酰氧基澳紫杉碱▲ 东北红豆杉 Taxus cuspidata, 密叶红豆杉 T. fuana, 喜马拉雅红豆杉 T. wallichiana
17-deacetoxycyclovinblastine 17- 去乙酰氧基环长春碱 长春花 Catharanthus roseus
4-deacetoxycyclovinblastine 4- 去乙酰氧基环长春碱 长春花 Catharanthus roseus
2-deacetoxydecinnamoyltaxinine J 2- 去乙酰氧基去桂皮酰基紫杉宁 J 东北红豆杉 Taxus cuspidata, 密叶红豆杉 T. fuana, 喜马拉雅红豆杉 T. wallichiana, 南方红豆杉 T. wallichinana var. mairei
2-deacetoxydeoxyparguerol 2- 去乙酰基去氧帕尔古拉海兔醇▲ 齐藤凹顶藻 Laurencia saitoi
16-deacetoxy-hyrcamine 16- 去乙酰氧基 - 里海黄杨胺▲ 锦熟黄杨 Buxus sempervirens
3-deacetoxyl-6-acetoxycaesaldekarin e 3- 去乙酰氧基 -6- 乙酰氧基大云实灵▲e 华南云实 Caesalpinia crista
deacetoxymatricarin 去乙酰氧基母菊素 东北丝裂蒿 Artemisia adamsii, 白莲蒿 A. sacrorum
2-deacetoxytaxinine B 2- 去乙酰氧基紫杉宁 B 喜马拉雅红豆杉 Taxus wallichiana
2*α*-deacetoxytaxinine J 2*α*- 去乙酰氧基紫杉宁 J 喜马拉雅红豆杉 Taxus wallichiana
2-deacetoxytaxinine J 2- 去乙酰氧基紫杉宁 J 东北红豆杉 Taxus cuspidata, 密叶红豆杉 T. fuana, 喜马拉雅红豆杉 T. wallichiana, 南方红豆杉 T. wallichinana var. mairei
2-deacetoxytaxuspine C 2- 去乙酰氧基东北紫杉素▲C 喜马拉雅红豆杉 Taxus wallichiana, 南方红豆杉 T. wallichinana var. mairei
12-deacetoxytoonacilin 12- 去乙酰氧基红椿林素▲ 红椿 Toona ciliata
17-deacetoxyvinamidine 17- 去乙酰氧基长春米定 长春花 Catharanthus roseus
deacetyl laurenobiolide 去乙酰月桂烯内酯 月桂 Laurus nobilis
9,10-deacetyl taxinine 9,10- 去乙酰基紫杉宁 东北红豆杉 Taxus cuspidata
10-deacetyl10-oxo-7-epitaxol 10- 去乙酰基 -10- 氧代 -7- 表紫杉醇 红豆杉 Taxus wallichiana var. chinensis
10-deacetyl-10-oxobaccatin V 10- 去乙酰基 -10- 氧代浆果紫杉素 V 红豆杉 Taxus wallichiana var. chinensis
3-deacetyl-11-oxoleukamenin E 3- 去乙酰基 -11- 氧代白花阴生香茶菜素 E 贵州鼠尾草 Salvia cavaleriei
2-deacetyl-11*β*,13-dihydroxyxanthinin 2- 去乙酰基 -11*β*,13- 二羟基苍耳素 肿柄菊 Tithonia diversifolia
16-deacetyl-16-anhydroacoschimperoside P 16- 去乙酰基 -16- 脱水希氏尖药木苷▲P 纽子花 Vallaris solanacea
7-deacetyl-21*α*-methoxydihydrobruceajavanin B 7- 去乙酰基 -21*α*- 甲氧基二氢鸦胆子宁▲B 杜楝 Turraea pubescens
4,21-deacetyl-23-demethyl-deoxyyuzurimine 4,21- 去乙酰基 -23- 去甲基 - 去氧交让木胺 交让木 Daphniphyllum macropodum
18-deacetyl-4-*epi*-henryin A 18- 去乙酰基 -4- 表 - 鄂西香茶菜素 A 贵州鼠尾草 Salvia cavaleriei
(12*β*)-*O*-20-deacetyl-5-deacetyloxy-8,9-didehydro-2-deoxy-8,12-dihydro-9,22-secoyuzurimin-23-oic acid (12*β*)-*O*-20- 去乙酰基 -5- 去乙酰氧基 -8,9- 二去氢 -2- 去氧 -8,12- 二氢 -9,22- 裂环交让木胺 -23- 酸 虎皮楠 Daphniphyllum oldhamii
deacetyl-6-ethoxyasperulosidic acid methyl ester 去乙酰基 -6- 乙氧基车叶草苷酸甲酯 白花蛇舌草 Hedyotis diffusa
10-deacetyl-7-(debenzoyloxy)brevifoliol 10- 去乙酰基 -7- 去苯甲酰氧基短叶紫杉醇▲ 喜马拉雅红豆杉 Taxus wallichiana
10-deacetyl-7-epitaxol 10- 去乙酰基 -7- 表紫杉醇 喜马拉雅红豆杉 Taxus wallichiana, 红豆杉 T. wallichiana var. chinensis, 南方红豆杉 T. wallichinana var. mairei
10-deacetyl-7-epitaxol A 10- 去乙酰基 -7- 表紫杉醇 A 南方红豆杉 Taxus wallichinana var. mairei
10-deacetyl-7-xylosyltaxol 10- 去乙酰基 -7- 木糖基紫杉醇 密叶红豆杉 Taxus fuana
10-deacetyl-7-xylosyltaxol C 10- 去乙酰基 -7- 木糖基紫杉醇 C 密叶红豆杉 Taxus fuana
7,9,13-deacetylabeobaccatin IV 7,9,13- 去乙酰基移浆果紫杉素▲IV 喜马拉雅红豆杉 Taxus wallichiana
14-deacetylajadine 14- 去乙酰洋翠雀定 甘青乌头 Aconitum tanguticum, 飞燕草 Consolida ajacis
6-deacetylajugarin 6- 去乙酰筋骨草灵▲ 齿苞筋骨草 Ajuga lupulina var. major
deacetylajugarin IV 去乙酰筋骨草灵▲IV 筋骨草 Ajuga ciliata
deacetylakuammiline 去乙酰苦籽木林碱▲ 盆架树 Alstonia rostrata
24-deacetylalisol O 24- 去乙酰泽泻醇 O 东方泽泻 Alisma orientale
14-deacetylambiguine 14- 去乙酰飞燕草因碱▲ 飞燕草 Consolida ajacis
deacetylambiguine 去乙酰飞燕草因碱▲ 康定翠雀花 Delphinium tatsienense
deacetylasperuloside 去乙酰车叶草苷 长叶蓬子菜 Galium verum var. asiaticum, 金毛耳草 Hedyotis chrysotricha, 白花蛇舌草 H. diffusa, 牛白藤 H. hedyotidea, 纤花耳草 H. tenelliflora, 海滨木巴戟 Morinda citrifolia, 鸡矢藤 Paederia foetida
10-deacetylasperulosidic acid 10- 去乙酰车叶草苷酸 猪殃殃 Galium spurium, 白花蛇舌草 Hedyotis diffusa, 白马骨 Serissa serissoides
deacetylasperulosidic acid 去乙酰车叶草苷酸 杜仲 Eucommia ulmoides, 蓬子菜 Galium verum, 栀子 Gardenia jasminoides, 金毛耳草 Hedyotis chrysotricha, 宝盖草 Lamium amplexicaule, 日本粗叶木 Lasianthus japonicus, 海滨木巴戟 Morinda citrifolia, 巴戟天 M. officinalis, 鸡矢藤 Paederia foetida, 染色茜草 Rubia tinctorum, 阔叶丰花草 Spermacoce alata

deacetylasperulosidic acid ethyl ester 去乙酰车叶草苷酸乙酯 牛白藤 Hedyotis hedyotidea
deacetylasperulosidic acid methyl ester 去乙酰车叶草苷酸甲酯 栀子 Gardenia jasminoides, 大黄栀子 G. sootepensis, 白花蛇舌草 Hedyotis diffusa, 鸡矢藤 Paederia foetida, 白毛鸡矢藤 P. pertomentosa
deacetylasperulosidic acid sodium salt 去乙酰车叶草苷酸钠盐 纤花耳草 Hedyotis tenelliflora
deacetylated isobruceine 去乙酰异鸦胆子素 柔毛鸦胆子 Brucea mollis
1-deacetylation-1-benzoylevonine 1- 脱乙酰基 -1- 苯甲酰卫矛羰碱 冬青卫矛 Euonymus japonicus
5-deacetylbaccatin I 5- 去乙酰基浆果紫杉素 I 喜马拉雅红豆杉 Taxus wallichiana
10-deacetylbaccatin III 10- 去乙酰基浆果紫杉素 III 粗榧 Cephalotaxus sinensis, 东北红豆杉 Taxus cuspidata, 密叶红豆杉 T. fuana, 喜马拉雅红豆杉 T. wallichiana, 南方红豆杉 T. wallichinana var. mairei
4-deacetylbaccatin III 4- 去乙酰基浆果紫杉素 III 喜马拉雅红豆杉 Taxus wallichiana
10-deacetylbaccatin V 10- 去乙酰基浆果紫杉素 V 红豆杉 Taxus wallichiana var. chinensis
13-deacetylbaccatin VI 13- 去乙酰基浆果紫杉素 VI 喜马拉雅红豆杉 Taxus wallichiana
28-deacetylbelamcandal 28- 去乙酰射干醛 射干 Belamcanda chinensis, 长葶鸢尾 Iris delavayi, 蝴蝶花（模式变型）I. japonica, 鸢尾 I. tectorum
7-deacetylbruceajavanin B 7- 去乙酰鸦胆子宁▲B 杜楝 Turraea pubescens
1-deacetylcaesalmin C 1- 去乙酰喙荚云实素▲C 华南云实 Caesalpinia crista
deacetylcentapicrin 去乙酰百金花苦素▲ 大籽獐牙菜 Swertia macrosperma, 云南獐牙菜 S. yunnanensis, 蛇胆草 Tylophora secamonoides
10-deacetylcephalomannine 10- 去乙酰基印度三尖杉碱▲ 东北红豆杉 Taxus cuspidata, 喜马拉雅红豆杉 T. wallichiana
deacetylchloranthalactone C 去乙酰金粟兰内酯 C 银线草 Chloranthus japonicus, 及已 C. serratus
3-deacetylcipadonoid D 3- 去乙酰灰毛浆果楝萜▲D 灰毛浆果楝 Cipadessa cinerascens
19-deacetylconyzalactone 19- 去乙酰基白酒草内酯▲ 熊胆草 Conyza blinii
25-deacetylcucurbitacin A 25- 去乙酰葫芦素 A 甜瓜 Cucumis melo
deacetylcynanchogenin 去乙酰鹅绒藤苷元▲ 隔山消 Cynanchum wilfordii, 萝藦 Metaplexis japonica
deacetyldaphylloside 去乙酰交让木苷 蓬子菜 Galium verum, 鸡矢藤 Paederia foetida
deacetyldeformopicraline 去乙酰去甲酰苦籽木碱▲ 糖胶树 Alstonia scholaris
4,21-deacetyl-deoxyyuzurimine 4,21- 去乙酰基 - 去氧交让木胺 交让木 Daphniphyllum macropodum
deacetyldihydrobuddledin A 去乙酰二氢醉鱼草定 A 大叶醉鱼草 Buddleja davidii
3-deacetyleupalinin A 3- 去乙酰基林泽兰宁 A 多须公 Eupatorium chinense
deacetylfawcettiine 去乙酰法氏石松碱 东北石松 Lycopodium clavatum, 石松 L. japonicum, 玉柏 L. obscurum
deacetyl-forskolin 去乙酰毛喉鞘蕊花素▲ 毛喉鞘蕊花 Coleus forskohlii
deacetylgedunin 去乙酰葛杜宁 麻楝 Chukrasia tabularis
deacetylglobicin 去乙酰球花母菊素 中亚苦蒿 Artemisia absinthium
deacetylhectochlorin 去乙酰赫克托鞘丝氯素▲ 巨大鞘丝藻 Lyngbya majuscula
deacetylherbolide A 去乙酰白草蒿内酯▲A 蜂斗菜状蟹甲草 Parasenecio petasitoides
deacetylheterophylloidine 去乙酰异叶乌头定 紫乌头 Aconitum episcopale
deacetylisomartynoside 去乙酰异角胡麻苷 藏波罗花 Incarvillea younghusbandii
deacetyllycofawcine 去乙酰法氏石松辛碱 玉柏 Lycopodium obscurum
deacetylmarsformoside 去乙酰台湾牛奶菜苷 台湾牛奶菜 Marsdenia formosana
deacetylmartynoside 去乙酰角胡麻苷 金疮小草 Ajuga decumbens, 地黄 Rehmannia glutinosa
deacetylmatricarin; desacetylmatricarin 去乙酰母菊素 蓍 Achillea millefolium, 多花蒿 Artemisia myriantha, 菊苣 Cichorium intybus, 窄苞蒲公英 Taraxacum bessarabicum
deacetylmatricarin-*β*-glucopyranoside 去乙酰母菊素 -*β*- 吡喃葡萄糖苷 窄苞蒲公英 Taraxacum bessarabicum
deacetylmetaplexigenin 去乙酰萝藦苷元 隔山消 Cynanchum wilfordii, 萝藦 Metaplexis japonica
1-deacetylnimbolinin 1- 去乙酰印楝波力宁▲ 楝 Melia azedarach
1-deacetylnimbolinin A, B 1- 去乙酰印楝波力宁▲A, B 川楝 Melia toosendan
deacetylnomilin 去乙酰柠檬林素▲ 香肉果 Casimiroa edulis, 酸橙 Citrus aurantium, 宜昌橙 C. ichangensis, 香橙 C. junos, 柚 C. maxima, 柑橘 C. reticulata, 红蓼 Polygonum orientale, 杠板归 P. perfoliatum, 枳 Poncirus trifoliata
deacetylnomilin glucoside 去乙酰柠檬林素▲ 葡萄糖苷 酸橙 Citrus aurantium
deacetylnomilin-17-*β*-D-glucopyranoside 去乙酰柠檬林素▲-17-*β*-D- 吡喃葡萄糖苷 香橙 Citrus junos, 葡萄柚 C. paradisi
deacetylnomilin-1-*O*-gallate 去乙酰柠檬林素▲-1-*O*- 没食子酸酯 杠板归 Polygonum perfoliatum
deacetylnomilinic acid 去乙酰柠檬林酸▲ 酸橙 Citrus aurantium, 宜昌橙 C. ichangensis, 香橙 C. junos, 橘红 C. maxima 'Tomentosa', 枳 Poncirus trifoliata
deacetylnomilinic acid glucoside 去乙酰柠檬林酸▲ 葡萄糖苷 酸橙 Citrus aurantium
deacetylnomilinic acid-17-*β*-D-glucopyranoside 去乙酰柠檬林酸▲-17-*β*-D- 吡喃葡萄糖苷 葡萄柚 Citrus paradisi
14-deacetylnudicauline 14- 去乙酰野罂粟碱 康定翠雀花 Delphinium tatsienense, 云南翠雀花 D. yunnanense
deacetylovatifolin 去乙酰卵叶柄花菊素▲ 百能葳葳 Blainvillea acmella, 蓼子朴 Inula salsoloides
12-deacetyloxy-15*α*-hydroxy-23-*epi*-26-deoxyactein 12- 去乙酰氧基 -15*α*- 羟基 -23- 表 -26- 去氧类叶升麻素▲ 黄三七 Souliea vaginata
12-deacetyloxy-23-*epi*-26-deoxyactein 12- 去乙酰氧基 -23- 表 -26- 去氧类叶升麻素▲ 黄三七 Souliea vaginata
6-deacetyloxy-7-deacetylchisochetone 6- 去乙酰氧基 -7- 去乙酰溪桫酮 楝 Melia azedarach

deacetylpeganetin 去乙酰骆驼蓬苷 多裂骆驼蓬 Peganum multisectum
deacetylpicraline 去乙酰苦籽木碱▲ 尖山橙 Melodinus fusiformis
deacetylpicraline-3,4,5-trimethoxybenzoate 去乙酰苦籽木碱▲-3,4,5- 三甲氧基苯甲酸酯 羊角棉 Alstonia mairei, 鸡骨常山 A. yunnanensis
deacetylprotoveratrine A 去乙酰原藜芦碱 A 阿尔泰藜芦 Veratrum lobelianum, 藜芦 V. nigrum, 尖被藜芦 V. oxysepalum
11*S*-deacetylpseudolaric acid A 11*S*- 去乙酰金钱松酸 A 金钱松 Pseudolarix amabilis
deacetylpseudolaric acid A, C_2 去乙酰金钱松酸 A, C_2 金钱松 Pseudolarix amabilis
deacetylpseudolaric acid A-2,3-dihydroxypropyl ester 去乙酰金钱松酸 A-2,3- 二羟基丙酯 金钱松 Pseudolarix amabilis
deacetylpseudolaric acid A-*O*-*β*-D-glucopyranoside 去乙酰金钱松酸 A-*O*-*β*-D- 吡喃葡萄糖苷 金钱松 Pseudolarix amabilis
deacetylpseudolaric acid B-2,3-dihydroxypropyl ester 去乙酰金钱松酸 B-2,3- 二羟基丙酯 金钱松 Pseudolarix amabilis
(+)-5''-deacetylpurpurin (+)-5''- 去乙酰灰毛豆灵▲ 穗序木蓝 Indigofera spicata
deacetylpyretrosin 去乙酰除虫菊内酯 菊蒿 Tanacetum vulgare
deacetylsalannin 去乙酰印楝沙兰宁 楝 Melia azedarach
deacetylsalvianonol 去乙酰鼠尾草酮酚▲ 甘西鼠尾草 Salvia przewalskii
deacetylsarmentamide B 去乙酰假蒟酰胺▲B 假蒟 Piper sarmentosum
29-deacetylsendanin 29- 去乙酰楝素 楝 Melia azedarach
6-deacetylseverinolide 6- 乙酰东风橘内酯▲ 酒饼簕 Atalantia buxifolia
17*α*-deacetyltanghinin 17*α*- 去乙酰海杧果宁▲ 海杧果 Cerbera manghas
17*β*-deacetyltanghinin 17*β*- 去乙酰海杧果宁▲ 海杧果 Cerbera manghas
deacetyltanghinin 去乙酰海杧果宁▲ 海杧果 Cerbera manghas
10-deacetyltaxinine 10- 去乙酰基紫杉宁 南方红豆杉 Taxus wallichinana var. mairei
2-deacetyltaxinine 2- 去乙酰基紫杉宁 南方红豆杉 Taxus wallichinana var. mairei
9-deacetyltaxinine 9- 去乙酰基紫杉宁 南方红豆杉 Taxus wallichinana var. mairei
9-deacetyltaxinine A 9- 去乙酰基紫杉宁 A 喜马拉雅红豆杉 Taxus wallichiana
10-deacetyltaxinine B 10- 去乙酰基紫杉宁 B 东北红豆杉 Taxus cuspidata, 红豆杉 T. wallichiana var. chinensis
9-deacetyltaxinine E 9- 去乙酰基紫杉宁 E 南方红豆杉 Taxus wallichinana var. mairei
10-deacetyltaxol A 10- 去乙酰基紫杉醇 A 东北红豆杉 Taxus cuspidata, 喜马拉雅红豆杉 T. wallichiana, 红豆杉 T. wallichiana var. chinensis, 南方红豆杉 T. wallichinana var. mairei
10-deacetyltaxol C 10- 去乙酰基紫杉醇 C 东北红豆杉 Taxus cuspidata, 南方红豆杉 T. wallichinana var. mairei
10-deacetyltaxuyunnanine 10- 去乙酰基云南紫杉素 喜马拉雅红豆杉 Taxus wallichiana
14-deacetyltaxuyunnanine C 14- 去乙酰基云南紫杉素 C 喜马拉雅红豆杉 Taxus wallichiana
deacetyltetraneurin A 去乙酰四脉银胶菊素▲A 银胶菊 Parthenium hysterophorus
6-deacetylteupyreinidin 6- 去乙酰比利牛斯香科科定 蒜味香科科 Teucrium scordium
1-deacetyltinosineside A 1- 去乙酰中华青牛胆苷▲A 中华青牛胆 Tinospora sinensis
12-deacetyltoosendanin 12- 去乙酰川楝素 楝 Melia azedarach, 川楝 M. toosendan
2,3-deacetyltrifloroside 2,3- 去乙酰三花龙胆苷 龙胆 Gentiana scabra
2-deacetyltrifloroside 2- 去乙酰三花龙胆苷 龙胆 Gentiana scabra
3-deacetyltrifloroside 3- 去乙酰三花龙胆苷 龙胆 Gentiana scabra
deacetylviguiestenin 去乙酰基狭裂金眼菊素▲ 肿柄菊 Tithonia diversifolia
deacetylvincaleukoblastine 去乙酰长春碱 长春花 Catharanthus roseus
deacetylvindoline 去乙酰长春多灵 长春花 Catharanthus roseus
deacetylvitexilactone 去乙酰牡荆内酯 蔓荆 Vitex trifolia
deacetylxanthumin 去乙酰基苍耳明 刺苍耳 Xanthium spinosum
8-deacetylyunaconitine 8- 去乙酰滇乌碱 丽江乌头 Aconitum forrestii, 膝瓣乌头 A. geniculatum, 瓜叶乌头 A. hemsleyanum, 工布乌头 A. kongboense, 贡嘎乌头 A. liljestrandii, 细叶乌头 A. macrorhynchum, 德钦乌头 A. ouvrardianum, 伏毛直序乌头 A. richardsonianum var. pseudosessiliflorum, 直缘乌头 A. transsectum, 黄草乌 A. vilmorinianum
deacetyl-*γ*-cycloepitulipinolide 去乙酰基 - γ - 环表郁金香酯 总状土木香 Inula racemosa
deacylbrownioside 去酰野百合苷▲ 小花盾叶薯蓣 Dioscorea sinoparviflora, 药百合 Lilium speciosum var. gloriosoides
deacylcynaropicrin 去酰基菜蓟苦素 地胆草 Elephantopus scaber
deacylisomartynoside 去酰异角胡麻苷 玄参 Scrophularia ningpoensis
deacylisomartynoside B 去酰异角胡麻苷 B 裸花紫珠 Callicarpa nudiflora
deacyllaserin 去酰基拉色芹素▲ 玉兰 Yulania denudata
deacylmartynoside 去酰角胡麻苷 顶头马蓝 Strobilanthes affinis
deacylpieristoxin B 去酰马醉木毒素 B 马醉木 Pieris japonica
deangeloyloxytorilin 去当归酰氧基窃衣素 小窃衣 Torilis japonica
deangeloylschisantherin F 去当归酰五味子酯 F 狭叶南五味子 Kadsura angustifolia, 日本南五味子 K. japonica
deapioplatycodin D, D_3 去芹糖基桔梗皂苷 D, D_3 桔梗 Platycodon grandiflorus
deapioplatyconic acid A lactone 去芹糖基桔梗苷酸 A 内酯 桔梗 Platycodon grandiflorus
dearabinosyl pneumonanthoside 去阿拉伯糖基肺花龙胆苷▲ 蔓长春花 Vinca major
19-debenzoyl-19-acetyltaxinine M 19- 去苯甲酰基 -19- 乙酰紫杉宁 M 南方红豆杉 Taxus wallichinana var. mairei

2-debenzoyl-2-nicotinoylwilforine 2- 去苯甲酰基 -2- 烟酰雷公藤灵碱 雷公藤 Tripterygium wilfordii
debenzoylalbiflorin 去苯甲酰白芍苷 芍药 Paeonia lactiflora
14-debenzoylfranchetine 14- 去苯甲酰大渡乌头碱 贡嘎乌头 Aconitum liljestrandii
8-debenzoylpaeonidanin 8- 去苯甲酰欧芍药苷▲ 芍药 Paeonia lactiflora, 牡丹 P. suffruticosa
8-debenzoylpaeoniflorin 8- 去苯甲酰芍药苷 芍药 Paeonia lactiflora
debilic acid 青木香酸 木通马兜铃 Aristolochia manshuriensis, 管花马兜铃 A. tubiflora, 单叶细辛 Asarum himalaicum
debilic acid I, II, III, IV 青木香酸 I, II, III, IV 马兜铃 Aristolochia debilis
debilon 青木香酮 甘松 Nardostachys jatamansi
debiloside A 笔管草苷▲A 石栗 Aleurites moluccana, 笔管草 Equisetum ramosissimum subsp. debile
debiloside B, C 笔管草苷▲B, C 笔管草 Equisetum ramosissimum subsp. debile
debromoaplysiatoxin 去溴海兔毒素 巨大鞘丝藻 Lyngbya majuscula
debromogrenadadiene 去溴格林纳达鞘丝藻二烯▲ 巨大鞘丝藻 Lyngbya majuscula
(2*E*,4*E*,7*Z*)-deca-2,4,7-trienoate-2-*O*-*β*-D-glucopyranosyl-*β*-D-glucopyranoside (2*E*,4*E*,7*Z*)- 十烷 -2,4,7- 三烯酸酯 -2-*O*-*β*-D- 吡喃葡萄糖基 -*β*-D- 吡喃葡萄糖苷 海滨木巴戟 Morinda citrifolia
(2*E*,8*E*)-2,8-decadien-4,6-diyn-1,10-diol-1-*O*-*β*-D-glucopyranoside (2*E*,8*E*)-2,8- 癸二烯 -4,6- 二炔 -1,10- 二醇 -1-*O*-*β*-D- 吡喃葡萄糖苷 苍术 Atractylodes lancea
(2*E*,4*E*)-decadienal (2*E*,4*E*)- 癸二烯醛 挥发油成分，未统计基源
(*E*,*E*)-2,4-decadienal (*E*,*E*)-2,4- 癸二烯醛 挥发油成分，未统计基源
2,4-decadienal 2,4- 癸二烯醛 挥发油成分，未统计基源
trans-2,*trans*-4-decadienal 反式 -2, 反式 -4- 癸二烯醛 挥发油成分，未统计基源
2,8-decadiene-4,6-diyn-1-ol 2,8- 十碳二烯 -4,6- 二炔 -1- 醇 欧亚矢车菊 Centaurea ruthenica
trans-2-*cis*-8-decadiene-4,6-diyn-1-ol-isovalerate 反式 -2- 顺式 -8- 癸二烯 4,6- 二炔 -1- 醇异 - 戊酸酯 红花 Carthamus tinctorius
2,4-decadiene-6-yn-4-olide 2,4- 癸二烯 -6- 炔 -4- 内酯 香丝草 Conyza bonariensis
decadienoic acid 葵二烯酸 乌桕 Triadica sebifera
1-[(2*E*,4*E*)-2,4-decadienoyl]pyrrolidine 1-[(2*E*,4*E*)-2,4- 十碳二烯酰基] 吡咯烷 苎叶蒟 Piper boehmeriifolium
4,6-decadiyn-1-ol-isovalerate 4,6- 癸二炔 -1- 醇 - 异戊酸酯 红花 Carthamus tinctorius
4,6-decadiyne-1,3,8,10-tetraol 4,6- 癸二炔 -1,3,8,10- 四醇 橘黄裸伞 Gymnopilus spectabilis
4,6-decadiyne-1,3,8-triol 4,6- 癸二炔 -1,3,8- 三醇 橘黄裸伞 Gymnopilus spectabilis
4,6-decadiyne-1-*O*-*α*-L-rhamnopyranosyl-(1 → 6)-*β*-D-glucopyranoside 4,6- 十碳二炔 -1-*O*-*α*-L- 吡喃鼠李糖基 -(1 → 6)-*β*-D- 吡喃葡萄糖苷 心叶风毛菊 Saussurea cordifolia
4,6-decadiyne-1-*O*-*β*-D-apiofuranosyl-(1 → 6)-*β*-D-glucopyranoside 4,6- 十碳二炔 -1-*O*-*β*-D- 呋喃芹糖基 -(1 → 6)-*β*-D- 吡喃葡萄糖苷 心叶风毛菊 Saussurea cordifolia
(8*E*)-decaene-4,6-diyn-1-*O*-*α*-L-rhamnopyranosyl-(1 → 6)-*β*-D-glucopyranoside (8*E*)- 十碳烯 -4,6- 二炔 -1-*O*-*α*-L- 吡喃鼠李糖基 -(1 → 6)-*β*-D- 吡喃葡萄糖苷 心叶风毛菊 Saussurea cordifolia
2*E*-decaene-4,6-diyn-1-*O*-*β*-D-glucopyranoside 2*E*- 癸烯 -4,6- 二炔 -1-*O*-*β*-D- 吡喃葡萄糖苷 耳叶紫菀 Aster auriculatus
(8*Z*)-decaene-4,6-diyn-1-*O*-*β*-D-apiofuranosyl-(1 → 6)-*β*-D-glucopyranoside (8*Z*)- 十碳烯 -4,6- 二炔 -1-*O*-*β*-D- 呋喃芹糖基 -(1 → 6)-*β*-D- 吡喃葡萄糖苷 心叶风毛菊 Saussurea cordifolia
8*E*-decaene-4,6-diyn-1-*O*-*β*-D-apiofuranosyl-(1'' → 6')-*β*-D-glucopyranoside 8*E*- 癸烯 -4,6- 二炔 -1-*O*-*β*-D- 呋喃芹糖基 -(1'' → 6')-*β*-D- 吡喃葡萄糖苷 耳叶紫菀 Aster auriculatus
8*E*-decaene-4,6-diyn-1-*O*-*β*-D-glucopyranoside 8*E*- 癸烯 -4,6- 二炔 -1-*O*-*β*-D- 吡喃葡萄糖苷 耳叶紫菀 Aster auriculatus
8*E*-decaene-4,6-diyn-1-*O*-*β*-D-glucopyranosyl-(1'' → 2')-*β*-D-glucopyranoside 8*E*- 癸烯 -4,6- 二炔 -1-*O*-*β*-D- 吡喃葡萄糖基 -(1'' → 2')-*β*-D- 吡喃葡萄糖苷 耳叶紫菀 Aster auriculatus
(8*E*)-decaene-4,6-diyn-l-*O*-*β*-D-apiofuranosyl-(1 → 6)-*β*-D-glucopyranoside (8*E*)- 十碳烯 -4,6- 二炔 -l-*O*-*β*-D- 呋喃芹糖基 -(1 → 6)-*β*-D- 吡喃葡萄糖苷 心叶风毛菊 Saussurea cordifolia
decaffeoylacteoside 去咖啡酰洋丁香酚苷 藤紫珠 Callicarpa integerrima var. chinensis, 海州常山 Clerodendrum trichotomum, 暴马丁香 Syringa reticulata subsp. amurensis, 柚木 Tectona grandis
decaffeoylverbascoside 去咖啡酰毛蕊花苷 盐生肉苁蓉 Cistanche salsa, 管花肉苁蓉 C. tubulosa, 苦郎树 Clerodendrum inerme, 小米草 Euphrasia pectinata, 西南猫尾木 Markhamia stipulata, 木犀榄 Olea europaea, 红纹马先蒿 Pedicularis striata, 苦槛蓝 Pentacoelium bontioides, 块根糙苏 Phlomis tuberosa, 炮仗竹 Russelia equisetiformis, 玄参 Scrophularia ningpoensis, 阴行草 Siphonostegia chinensis
decaffeoylverbasoside 去乙酰毛蕊花苷 兰香草 Caryopteris incana, 臭牡丹 Clerodendrum bungei
decahydra-4,8,8-trimethyl-9-methylene-1,4-methanoazulene 十氢 -4,8,8- 三甲基 -9- 亚甲基 -1,4- 亚甲基薁 华山松 Pinus armandii
decahydro-1,1,2',2',7-pentamethyl-spiro[4*H*-cycloprop[e]azulene-4,4'-[1,3]dioxolan]-7-ol 十氢 -1,1,2',2',7- 五甲基 - 螺旋 [4*H*- 环丙 [e] 薁 -4,4'-[1,3] 二氧戊环]-7- 醇 飞蓬 Erigeron acer
[1*R*-(1*α*,4a*β*,8a*α*)]-decahydro-1,4a-dimethyl-7-(1-methylethylidene)-naphthalenol [1*R*-1*α*,4a*β*,8a*α*]- 十氢 -1,4a- 二甲基 -7-(1- 甲基乙叉基)-1- 萘酚 挥发油成分，未统计基源
[1*S*-(1a,2a,3*β*,4a*β*,9*R*)]-decahydro-1,5,5,8a-tetramethly-1,2,4-methenoazulene [1*S*-(1a,2a,3a*β*,4a,8a*β*,9*R*)]- 乙酸十氢 -1,5,5,8a- 四甲基 -1,2,4- 亚甲基薁 樟子松 Pinus sylvestris var. mongolica
(1*S*,2*S*,4a*R*,5*R*,8*R*,8a*S*)-decahydro-1,5,8-trihydroxy-4a,8-dimethyl-9-methylene-10-naphthaleneacetic acid methylester (1*S*,2*S*,4a*R*,5*R*,8*R*,8a*S*)-十氢 -1,5,8- 三羟基 -4a,8- 二甲基 -9- 亚甲基 -10- 萘酸甲酯 月桂 Laurus nobilis

(1S,2S,4aS,7R,8aR)-decahydro-1,7-dihydroxy-4a-methyl-8,9-bis(methylene)-10-naphthaleneacetic acid methylester (1S,2S,4aS,7R,8aR)- 十氢 -1,7- 二羟基 -4a- 甲基 -8,9- 二亚甲基 -10- 萘酸甲酯 月桂 Laurus nobilis

(1S,2S,4aS,6aS,8R,10aR,11aS,13S)-2,3,4,4a,6,6a,7,8,11,11a-decahydro-11a-hydroxy-6a-hydroxylmethyl-1,2,9-trimethyl-6-oxo-1H-8, 10a-epoxy-1,10-methanodibenz[b,e]oxepin-13-yl-(2Z)-2-hydroxymethyl-2-butenoic acid ester (1S,2S,4aS,6aS,8R,10aR,11aS,13S)-2,3,4,4a,6,6a,7,8,11, 11a- 十氢 -11a- 羟基 -6a- 羟甲基 -1,2,9- 三甲基 -6- 氧代 -1H-8,10a- 环氧 -1,10- 甲醇基二苯并 [b,e] 氧杂草 -13- 基 -(2Z)-2- 羟甲基 -2- 丁烯酸酯 箭叶橐吾 Ligularia sagitta

(1S,2S,4aS,6aS,8R,10aR,11aS,13S)-2,3,4,4a,6,6a,7,8,11,11a-decahydro-11a-hydroxy-6a-hydroxymethyl-1,2,9-trimethyl-6-oxo-1H-8,10a-epoxy-1,10-methanodibenz[b,e]oxepin-13-yl-(2Z)-2-methyl-2-butenoic acid ester (1S,2S,4aS,6aS,8R,10aR,11aS,13S)-2,3,4,4a,6,6a,7,8,11,11a- 十氢 -11a- 羟基 -6a- 羟甲基 -1,2,9- 三甲基 -6- 氧代 -1H-8,10a- 环氧 -1,10- 甲醇基二苯并 [b,e] 氧杂草 -13- 基 -(2Z)-2- 甲基 -2- 丁烯酸酯 箭叶橐吾 Ligularia sagitta

(1S,2S,4aS,6aS,8R,10aR,11bS,13S)-2,3,4,4a,6,6a,7,8,11,11a-decahydro-11b-hydroxy-6a-hydroxymethyl-1,2,9-trimethyl-6-oxo-1H-8,10a-epoxy-1,10-methanodibenz[b,e]oxepin-13-yl-2-methyl-2-propenoic acid ester (1S,2S,4aS,6aS,8R,10aR,11bS,13S)-2,3,4,4a,6,6a,7,8,11,11a- 十氢 -11b- 羟基 -6a- 羟甲基 -1,2,9- 三甲基 -6- 氧代 -1H-8,10a- 环氧 -1,10- 甲醇基二苯并 [b,e] 氧杂草 -13- 基 -2- 甲基 -2- 丙烯酸酯 箭叶橐吾 Ligularia sagitta

(1aR,2R,4aS,5S,7aS,7bR)-decahydro-1a,4a,7,7-tetramethyl-1H-cycloprop[e]azulene-2,5-diol (1aR,2R,4aS,5S,7aS,7bR)- 十氢 -1a,4a,7,7- 四甲基 -1H-环丙 p[e] 薁 -2,5- 二醇 甘肃大戟 Euphorbia kansuensis

(1S,2S,4aR,5R,6R,7R,8S,8aS)-decahydro-1-hydroxy-5,6,7,8-diepoxy-4a,8-dimethyl-9-methylene-10-naphthaleneacetic acid methylester (1S,2S,4aR,5R,6R,7R,8S,8aS)- 十氢 -1- 羟基 -5,6,7,8- 二环氧 -4a,8- 二甲基 -9- 亚甲基 -10- 萘酸甲酯 月桂 Laurus nobilis

(1S,2S,4aS,7R,8aR)-decahydro-1-hydroxy-7-acetoxy-4a-methyl-8,9-bis(methylene)-2-naphthaleneacetic acid methylester (1S,2S,4aS,7R,8aR)- 十氢 -1- 羟基 -7- 乙酰氧基 -4a- 甲基 -8,9- 二亚甲基 -10- 萘酸甲酯 月桂 Laurus nobilis

(1S,2S,4aS)-decahydro-1-hydroxy-7-oxo-4a,8-dimethyl-9-methylene-10-naphthaleneacetic acid methylester (1S,2S,4aS)- 十氢 -1- 羟基 -7- 氧代 -4a,8- 二甲基 -9- 亚甲基 -10-10- 萘酸甲酯 月桂 Laurus nobilis

(1S,3R,3aR,6S,7S,9aR)-decahydro-1-hydroxymethyl-1,7-dimethyl-3a,7-methano-3aH-cyclopentacyclooctene (1S,3R,3aR,6S,7S,9aR)- 十氢 -1- 羟甲基 -1,7- 二甲基 -3a,7- 亚甲基 -3aH- 环戊基环辛烯 元宝槭 Acer truncatum

[1R-(1α,2β,4aβ,7β,8aα)]-decahydro-2-(1-hydroxy-1-methylethyl)-4a-methyl-8-methylene-1,7-naphthalenediol [1R-(1α,2β,4aβ,7β,8aα)]- 十氢化 -2-(1- 羟基异丙基)-4a- 甲基 -8- 亚甲基 -1,7- 萘二酚 香藜 Chenopodium botrys

[1R-(1α,2β,4aβ,7α,8aα)]-decahydro-2-(1-hydroxy-1-methylethyl)-4a-methyl-8-methylene-1,7-naphthalenediol-7-acetate [1R-(1α,2β,4aβ,7α,8aα)]- 十氢化 -2-(1- 羟基异丙基)-4a- 甲基 -8- 亚甲基 -1,7- 萘二酚 -7- 乙酸酯 香藜 Chenopodium botrys

[1R-(1α,2β,4aβ,7β,8aα)]-decahydro-2-(1-hydroxy-1-methylethyl)-4a-methyl-8-methylene-1,7-naphthalenediol-7-acetate [1R-(1α,2β,4aβ,7β,8aα)]- 十氢化 -2-(1- 羟基异丙基)-4a- 甲基 -8- 亚甲基 -1,7- 萘二酚 -7- 乙酸酯 香藜 Chenopodium botrys

[2R-(2α,3α,4aβ,10aα,11aβ,11bα)]-2,3,4,4a,5,6,10a,11,11a,11b-decahydro-2,3-dihydroxy-4,4,8,11b-tetramethyl-phenanthro[3,2-b]furan-9(1H)-one [2R-(2α,3α,4aβ,10aα,11aβ,11bα)]-2,3,4,4a,5,6,10a,11,11a,11b- 十氢 -2,3- 二羟基 -4,4,8,11b- 四甲基 - 菲并 [3,2-b] 呋喃 -9(1H)- 酮 泽漆 Euphorbia helioscopia

(2E)-rel-(-)-2-[(1'R,2'R,4'aS,8'aS)-decahydro-2',5',5',8'a-tetramethylspiro[furan-2(3H),1'(2'H)-naphthalen]-5-ylidene]-acetaldehyde (2E)- 相对 -(-)-2-[(1'R,2'R,4'aS,8'aS)- 十氢 -2',5',5',8'a- 四甲基螺环 [呋喃 -2(3H),1'(2'H)- 萘烯]-5- 亚基]- 乙醛 蔓荆 Vitex trifolia

decahydro-2-methoxynaphthalene 十氢 -2- 甲氧基萘 挥发油成分，未统计基源

(3R,5aS,9aS)-2,3,4,5,5a,6,7,8,9,9a-decahydro-3,6,6,9a-tetramethyl-3-[(1R,4E)-1,5,9-trimethyl-4,8-decadien-1-yl]-1H-benz[e]indene (3R,5aS,9aS)-2,3,4,5,5a,6,7,8,9,9a- 十氢 -3,6,6,9a- 四甲基 -3-[(1R,4E)-1,5,9- 三甲基 -4,8- 癸二烯 -1- 基]-1H- 苯并 [e] 茚 友水龙骨 Polypodiodes amoena

(3R,5aS,9aS,9bR)-2,3,5,5a,6,7,8,9,9a,9b-decahydro-3,6,6,9a-tetramethyl-3-[(1R,4E)-1,5,9-trimethyl-4,8-decadien-1-yl]-1H-benz[e]indene (3R,5aS,9aS,9bR)-2,3,5,5a,6,7,8,9,9a,9b- 十氢 -3,6,6,9a- 四甲基 -3-[(1R,4E)-1,5,9- 三甲基 -4,8- 癸二烯 -1- 基]-1H- 苯并 [e] 茚 友水龙骨 Polypodiodes amoena

decahydro-3-methyl-8-methylene-[3R-(3α,3aβ,6aβ,6bα,7aα,8aβ,8bα)]-oxireno[1,2]azuleno[4,5-b]furan-2(3H)-one 十氢 -3- 甲基 -8- 亚甲基 -[3R-(3α,3aβ,6aβ,6bα,7aα,8aβ,8bα)]- 环氧乙烷 [1,2] 薁 [4,5-b] 呋喃 -2(3H)- 酮 大籽蒿 Artemisia sieversiana

[3S-(3α,3aβ,4β,4aβ,5α,8aα,9aβ)]-decahydro-4,4a-dihydroxy-3,5,8a-trimethyl-naphtho[2,3-b]furan-2(3H)-one 3S-(3α,3aβ,4β,4aβ,5α,8aα,9aβ)]- 十氢 -4,4a- 二羟基 -3,5,8a- 三甲基 - 萘 [2,3-b] 呋喃 -2(3H)- 酮 大花金挖耳 Carpesium macrocephalum

[1S-(1a,3aβ,4aβ,9R)]-decahydro-4,8,8-tetramethly-9-methylene-1,4-methenoazulene [1S-(1a,3aβ,4a,8aβ,9R)]- 乙酸十氢 -4,8,8- 三甲基 -9- 次甲基 -1,4- 亚甲基薁 樟子松 Pinus sylvestris var. mongolica

[1S-(1α,3aβ,4α,8aβ)]-decahydro-4,8,8-trimethyl-9-methylene-1,4-methanoazulene [1S-(1α,3aβ,4α,8aβ]- 十氢 -4,8,8- 三甲基 -9- 亚甲基 -1,4- 甲基薁 挥发油成分，未统计基源

[2R-(2α,4α,4aα,8aβ)]-decahydro-4,8a-dihydroxy-4a-methyl-α,8-bis(methylene)-2-naphthaleneacetic acid [2R-(2α,4α,4aα, 8aβ)]- 十氢 -4,8a- 二羟基 -4a- 甲基 -α,8- 二 (亚甲基)-2- 萘乙酸 臭蒿 Artemisia hedinii

(3S,3aR,4aR,7S,8aR,9aR)-decahydro-4a,7-dihydroxy-3,8a-dimethyl-5-methylene-naphtho[2,3-b]furan-2(3H)-one (3S,3aR,4aR,7S,8aR,9aR)- 二氢 -4a,7- 二羟基 -3,8a- 二甲基 -5- 亚甲基 - 萘 [2,3-b] 呋喃 -2(3H)- 酮 大花金挖耳 Carpesium macrocephalum

[2S-(2α,4aα,8aβ)]-decahydro-4a-methyl-α,8-bis(methylene)-4-oxo-2-naphthaleneacetic acid [2S-(2α,4aα,8aβ)]- 十氢 -4a- 甲基 -α,8- 二 (亚甲基)-4- 氧代 -2- 萘乙酸 湿地蒿 Artemisia tournefortiana

[3aS-(3aα,4α,4aα,7aβ,9aβ)]-decahydro-4-hydroxy-3,5,8-tris-(methylene)-azuleno[6,5-b]furan-2(3H)-one [3aS-(3aα,4α,4aα,7aβ,9aβ)]- 十氢 -4- 羟基 -3,5,8- 三亚甲基 - 薁 [6,5-b] 呋喃 -2(3H)- 酮 杯菊 Cyathocline purpurea

(1aR,4S,4aS,7R,7aS,7bR)-decahydro-4-methoxy-1,1,4,7-tetramethyl-1H-cycloprop[e]azulen-7-ol (1aR,4S,4aS,7R,7aS,7bR)- 十氢 -4- 甲氧基 -1,1,4,7-

四甲基 -1*H*- 环丙 [e] 薁 -7- 醇 东风菜 Doellingeria scabra

(1*S*)-1-[2-[(1*R*,4aR,8a*R*)-decahydro-5,5,8a-trimethyl-2-methylene-1-naphthalenyl]ethyl]-1-methyl-2-propen-1-yl-4-acetate-*α*-L-arabinopyranoside (1*S*)-1-[2-[(1*R*,4a*R*,8a*R*)- 十氢 -5,5,8a- 三甲基 -2- 亚甲基 -1- 萘] 乙基]-1- 甲基 -2- 丙烯 -1- 基 -4- 乙酸酯 -*α*-L- 吡喃阿拉伯糖苷 飞蓬 Erigeron acer

(1*R*,4a*S*,5*S*,6*S*,8a*R*)-decahydro-5-hydroxy-8a-methyl-4-methylene-6-(1-methylethyl)-1-naphthalenyl-*β*-D-glucopyranoside (1*R*,4a*S*,5*S*,6*S*,8a*R*)- 十氢 -5- 羟基 -8a- 甲基 -4- 亚甲基 -6-(1- 甲基乙基)-1- 萘 -*β*-D- 吡喃葡萄糖苷 元宝槭 Acer truncatum

[1*S*-(1*α*,4a*β*,6*β*,8a*α*)]-7-[(decahydro-6-hydroxy-5,5,8a-trimethyl-2-methylene-1-naphthalenyl)methoxy]-6,8-dimethoxy-coumarin [1*S*-(1*α*,4a*β*,6*β*,8a*α*)]-7-[(十氢 -6- 羟基 -5,5,8a- 三甲基 -2- 亚甲基 -1- 萘基) 甲氧基]-6,8- 二甲氧基香豆素 青蒿 Artemisia carvifolia carvifolia

[3*S*-(3*α*,3a*α*,6*β*,6a*α*,9a*α*,9b*β*)]-decahydro-6-hydroxy-6-hydroxymethyl-3-methyl-9-methyleneazuleno[4,5-b]furan-2(3*H*)-one [3*S*-(3*α*,3a*α*,6*β*,6a*α*,9a*α*,9b*β*)]- 十氢 -6- 羟基 -6- 羟甲基 -3- 甲基 -9- 亚甲基 - 薁 [4,5-b] 呋喃 -2(3*H*)- 酮 大耳叶风毛菊 Saussurea macrota

[1*S*-(4a*β*)]-decahydro-6*β*-hydroxy-2*α*,5,5,8a*α*-tetramethyl-1*α*-naphthalenecarboxylic acid methyl ester [1*S*-(4a*β*)]- 十氢 -6*β*- 羟基 -2*α*,5,5,8a*α*- 四甲基 -1*α*- 萘羧酸甲酯 毛蕊花 Verbascum thapsum

[1*S*-(1*α*,2*β*,4a*β*,7*β*,8*α*,8a*α*)]-decahydro-7-(1-hydroxy-1-methylethyl)-1,4a-dimethyl-1,2,8-naphthalenetriol [1*S*-(1*α*,2*α*,4a*β*,7*β*,8*α*,8a*α*)]- 十氢化 -7-(1- 羟基异丙基)-1,4a- 二甲基 -1,2,8- 萘三酚 香藜 Chenopodium botrys

[1*S*-(1*α*,2*α*,4a*β*,7*β*,8*α*,8a*α*)]-decahydro-7-(1-hydroxy-1-methylethyl)-1,4a-dimethyl-1,2,8-naphthalenetriol-2-acetate [1*S*-(1*α*,2*α*,4a*β*,7*β*,8*α*,8a*α*)]- 十氢化 -7-(1- 羟基异丙基)-1,4a- 二甲基 -1,2,8- 萘三酚 -2- 乙酸酯 香藜 Chenopodium botrys

(3*S*,3a*R*,4a*S*,6a*R*,7*R*,9a*S*,9b*S*)-decahydro-7-[(1*R*,4*R*)-4-hydroxy-1,5-dimethyl-5-hexen-1-yl]-6a,9a-dimethyl-3-(1-methylethenyl)-1*H*-cyclopenta[a]cyclopropa[e]naphthalene-3a(4*H*)-propanoic acid (3*S*,3a*R*,4a*S*,6a*R*,7*R*,9a*S*,9b*S*)- 十氢 -7-[(1*R*,4*R*)-4- 羟基 -1,5- 二甲基 -5- 己烯 -1- 基]-6a,9a- 二甲基 -3-(1- 甲基乙烯基)-1*H*- 环戊 [a] 环丙 [e] 萘 -3a(4*H*)- 丙酸 地锦 Euphorbia humifusa

(2*Z*)-(2a*R*,3*S*,5a*R*,6a*S*,9b*R*,9c*S*)-2a,3,4,5,5a,6,6a,8,9b,9c-decahydro-9,9c-dimethyl-2,8-dioxo-2*H*-naphtho[1,8-bc: 3,2-b']difuran-3-yl-2-2-methylbutenoyl ester (2*Z*)-(2a*R*,3*S*,5a*R*,6a*S*,9b*R*,9c*S*)-2a,3,4,5,5a,6,6a,8,9b,9c- 十氢 -9,9c- 二甲基 -2,8- 二酮 -2*H*- 萘 [1,8-bc: 3,2-b'] 二呋喃 -3- 基 -2-2- 甲基丁烯氧基酯 东俄洛橐吾 Ligularia tongolensis

(4*S*,4a*S*,5*S*,8a*R*,9a*S*)-2,4,4a,5,6,7,8,8a,9,9a-decahydro-9a-hydroxy-3,4a-dimethyl-4-[(2*Z*)-2-methyl-1-oxo-2-buten-1-yloxy]-2-oxo-naphtho[2,3-b]furan-5-carboxylic acid (4*S*,4a*S*,5*S*,8a*R*,9a*S*)-2,4,4a,5,6,7,8,8a,9,9a- 十氢 -9a- 羟基 -3,4a- 二甲基 -4-[(2*Z*)-2- 甲基 -1- 氧代 -2- 丁烯 -1- 氧基]-2- 氧代 - 萘 [2,3-b] 呋喃 -5- 酸 掌叶橐吾 Ligularia przewalskii

decahydrotetramethylcyclopropazulenol 十氢四甲基环丙薁醇 调料九里香 Murraya koenigii

3,5,7,3',4',3'',5'',7'',3''',4'''-decahydroxy-[8-CH_2-8'']-biflavone 3,5,7,3',4',3'',5'',7'',3''',4'''- 十羟基 -(8-CH_2-8'')- 双黄酮 蓬子菜 Galium verum

decaisneanaside 台湾毛楤木苷▲ 野楤头 Aralia armata

decaisoside A, B, C, E, F 猫儿屎苷▲A, B, C, E, F 猫儿屎 Decaisnea insignis

decaisoside D 猫儿屎苷▲D 猫儿屎 Decaisnea insignis, 刺楸 Kalopanax septemlobus

γ-decalactone *γ*- 癸内酯 挥发油成分，未统计基源

δ-decalactone *δ*- 癸内酯 挥发油成分，未统计基源

(2*Z*,6*Z*,10*Z*,14*Z*,18*Z*,22*Z*,26*Z*,30*E*,34*E*)-3,7,11,15,19,23,27,31,35,39-decamethyl-2,6,10,14,18,22,26,30,34,38-tetracontadecaen-1-ol (2*Z*,6*Z*,10*Z*,14*Z*,18*Z*,22*Z*,26*Z*,30*E*,34*E*)-3,7,11,15,19,23,27,31,35,39- 十甲基 -2,6,10,14,18,22,26,30,34,38- 四十碳十烯 -1- 醇 砂引草 Messerschmidia sibirica

decamine 十齿水柳胺▲ 紫薇 Lagerstroemia indica

decamine-*N*-oxide 十齿水柳胺▲-*N*- 氧化物 紫薇 Lagerstroemia indica

decanal 癸醛 挥发油成分，未统计基源

decandrin B, G 十雄角果木素▲B, G 四川金粟兰 Chloranthus sessilifolius

decane 癸烷 挥发油成分，未统计基源

1,10-decanedicarboxylic acid 1,10- 癸二酸 辽椴 Tilia mandshurica

decanoic acid 癸酸 挥发油成分，未统计基源

1-decanol 1- 癸醇 金顶侧耳 Pleurotus citrinopileatus

decanol 癸醇 挥发油成分，未统计基源

n-decanol 正癸醇 挥发油成分，未统计基源

2-decanone 2- 癸酮 挥发油成分，未统计基源

decanoyl acetaldehyde 癸酰乙醛 蕺菜 Houttuynia cordata

5-decanoyl-2-nonyl pyridine 5- 癸酰基 -2- 壬基吡啶 裸蒴 Gymnotheca chinensis

3-decanoyl-4-nonyl-5-dodecanoyl-1,4-dihydropyridine 3- 癸酰基 -4- 壬基 -5- 月桂酰基 -1,4- 二氢吡啶 蕺菜 Houttuynia cordata

3-decanoyl-6-nonylpyridine 3- 癸酰基 -6- 壬基吡啶 蕺菜 Houttuynia cordata

decapetaloside 十瓣闪星花苷▲ 皱叶荚蒾 Viburnum rhytidophyllum

decarbamoylgonyautoxin 2, 3 去氨甲酰膝沟藻毒素 2, 3 链状亚历山大藻 Alexandrium catenella

16'-decarbo-methoxy-19,20-dihydroconoduramine 16'- 去甲氧羰基 -19,20- 二氢硬锥喉花胺▲ 药用狗牙花 Tabernaemontana bovina

decarbomethoxyisokopsine 去甲氧羰基异蕊木碱▲ 红花蕊木 Kopsia fruticosa

decarbomethoxykopsine 去甲氧羰基蕊木碱▲ 蕊木 Kopsia arborea, 红花蕊木 K. fruticosa

16-decarbomethoxyvincapusine 16- 去甲氧羰基长春普辛 雷打果 Melodinus yunnanensis

16-decarbomethoxyvoacamine 16- 去甲氧羰基伏康树胺▲ 伞房狗牙花 Tabernaemontana corymbosa

2-decarboxy-betanidin-6-*O*-(6'-*O*-feruloyl)-*β*-D-glucopyranoside 2- 脱羧基 - 甜菜素 -6-*O*-(6'-*O*- 阿魏酰基)-*β*-D- 吡喃葡萄糖苷 土人参

Talinum paniculatum
decarboxyellagic acid 去羧基鞣花酸 余甘子 Phyllanthus emblica
decarboxythamnolic acid 去羧基地茶酸 红盘衣 Ophioparma ventosa
decarine 得卡瑞花椒碱 楝叶吴萸 Euodia glabrifolia, 椿叶花椒 Zanthoxylum ailanthoides, 两面针 Z. nitidum, 花椒簕 Z. scandens, 野花椒 Z. simulans
decarine acetate 得卡瑞花椒碱乙酸酯 两面针 Zanthoxylum nitidum
{1a*R*-[1a*α*,1b*β*,4a*β*,7a*α*,7b*α*,8*α*,9*β*(2*E*,4*E*,6*E*),9a*α*]}-2,4,6-decatrienoic acid-9a-(acetyloxy)-1a,1b,4,4a,5,7a,7b,8,9,9a-decahydro-4a,7b-dihydroxy-3-(hydroxymethyl)-1,1,6,8-tetramethyl-5-oxo-1*H*-cyclopropa[3,4]benz[1,2-e]azulen-9-yl ester {1a*R*-[1a*α*,1b*β*,4a*β*,7a*α*,7b*α*,8*α*,9*β*(2*E*,4*E*,6*E*),9a*α*]}-2,4,6-癸三烯酸-9a-乙酰氧基-1a,1b,4,4a,5,7a,7b,8,9,9a-十氢-4a,7b-二羟基-3-(羟甲基)-1,1,6,8-四甲基-5-氧代-1*H*-环丙基[3,4]苯并[1,2-e]薁-9-酯 白木乌桕 Neoshirakia japonica
2*E*-decen-1-ol 2*E*-癸烯-1-醇 挥发油成分，未统计基源
(2*E*)-2-decen-4,6,8-triynoic acid methyl ester (2*E*)-2-癸烯-4,6,8-三炔酸甲酯 中亚苦蒿 Artemisia absinthium
(3*R*,8*E*)-decen-4,6-diyn-1,3,10-triol (3*R*,8*E*)-癸烯-4,6-二炔-1,3,10-三醇 小花鬼针草 Bidens parviflora
(*Z*)-5-decen-4-olide (*Z*)-5-癸烯-4-内酯 晚香玉 Polianthes tuberosa
(*E*)-2-decenal (*E*)-2-癸烯醛 挥发油成分，未统计基源
(*E*)-6-decenal (*E*)-6-癸烯醛 挥发油成分，未统计基源
(*Z*)-2-decenal (*Z*)-2-癸烯醛 挥发油成分，未统计基源
2*E*-decenal 2*E*-癸烯醛 挥发油成分，未统计基源
trans-2-decenal 反式-2-癸烯醛 挥发油成分，未统计基源
1-decene 1-癸烯 挥发油成分，未统计基源
trans-2-decene-4,6,8-triyn-1-ol 反式-2-癸烯-4,6,8-三炔-1-醇 白杯伞 Clitocybe candida
cis-2-decene-4,6,8-triynoic acid methyl ester 顺式-2-癸烯-4,6,8-三炔酸甲酯 加拿大一枝黄花 Solidago canadensis
cis-8-decene-4,6-diyn-1-ol-isovalerate 顺式-8-癸烯-4,6-二炔-1-醇-异戊酸酯 红花 Carthamus tinctorius
(2*E*)-2-decene-4,6-diynyl-(9*Z*,12*Z*)-octadecadienoic acid ester (2*E*)-2-癸烯-4,6-二炔-9*Z*,12*Z*-十八烷二烯酸酯 紫菀 Aster tataricus
2*E*-decenedioic acid 2*E*-十八烯二酸 水粉杯伞 Clitocybe nebularis
decenoic acid 癸酸 挥发油成分，未统计基源
cis-4-decenoic acid 顺式-4-癸烯酸 锈叶新木姜子 Neolitsea cambodiana, 鸭公树 N. chui
2-decenol 2-癸烯醇 挥发油成分，未统计基源
decentapicrin B 去酰百金花苦素▲B 西南獐牙菜 Swertia cincta, 大籽獐牙菜 S. macrosperma
decenylphenanthrene 癸烯基菲 落地生根 Bryophyllum pinnatum
dechloroacutumidine 去氯风龙米定碱▲ 蝙蝠葛 Menispermum dauricum
dechloroacutumine 去氯风龙明碱▲ 夜花藤 Hypserpa nitida, 蝙蝠葛 Menispermum dauricum
decinine 十齿水柳宁▲ 紫薇 Lagerstroemia indica
5*α*-decinnamoyltaxagifine 5*α*-去桂皮酰紫杉吉芬 喜马拉雅红豆杉 Taxus wallichiana
decinnamoyltaxagifine 去桂皮酰基紫杉吉芬 东北红豆杉 Taxus cuspidata, 红豆杉 T. wallichiana var. chinensis, 南方红豆杉 T. wallichinana var. mairei
decinnamoyltaxagifine acetate 去桂皮酰基紫杉吉芬乙酸酯 红豆杉 Taxus wallichiana var. chinensis
decinnamoyltaxinine E 去桂皮酰基紫杉宁 E 南方红豆杉 Taxus wallichinana var. mairei
5-decinnamoyltaxinine J 5-去桂皮酰紫杉宁 J 东北红豆杉 Taxus cuspidata
decinnamoyltaxinine J 去桂皮酰基紫杉宁 J 东北红豆杉 Taxus cuspidata
decodine 十齿水柳碱▲ 紫薇 Lagerstroemia indica
decoroside A, B 大白杜鹃苷▲A, B 大白杜鹃花 Rhododendron decorum
decortinol 脱皮松藻醇▲ 苦瓜 Momordica charantia, 七星莲 Viola diffusa
decortinone 脱皮松藻酮▲ 海州常山 Clerodendrum trichotomum, 苦瓜 Momordica charantia, 七星莲 Viola diffusa
decoumaroylibotanolide 去香豆酰东亚女贞内酯▲ 欧丁香 Syringa vulgaris
decumbenine 夏天无碱 夏天无 Corydalis decumbens
decumbenine B, C 夏天无碱 B, C 夏天无 Corydalis decumbens
decumbensine 夏天无新碱 夏天无 Corydalis decumbens
decumbeside A~D 金疮小草苷▲A~D 金疮小草 Ajuga decumbens
decumbesterone A 金疮小草甾酮 A 金疮小草 Ajuga decumbens
decumbic acid 斜卧青霉酸▲ 毛冬青 Ilex pubescens, 海滨木巴戟 Morinda citrifolia
decuroside I, II, III, IV 鸭脚前胡苷▲I, II, III, IV 紫花前胡 Angelica decursiva
decuroside V 鸭脚前胡苷▲V 紫花前胡 Angelica decursiva, 拐芹 A. polymorpha, 羌活 Notopterygium incisum
decurrenal 下延胡椒醛▲ 通城虎 Aristolochia fordiana
decursidate 紫花前胡酯▲ 紫花前胡 Angelica decursiva
decursidin 紫花前胡定▲ 紫花前胡 Angelica decursiva
(-)-*trans*-decursidinol (-)-反式-紫花前胡定醇▲ 马蜂橙 Citrus hystrix
(+)-*trans*-decursidinol (+)-反式-紫花前胡定醇▲ 紫花前胡 Angelica decursiva, 草龙 Ludwigia hyssopifolia
trans-decursidinol 反式-紫花前胡定醇▲ 葡萄柚 Citrus paradisi

cis-decursidinol 顺式 - 紫花前胡定醇▲ 紫花前胡 Angelica decursiva, 葡萄柚 Citrus paradisi
decursin 紫花前胡素 紫花前胡 Angelica decursiva, 朝鲜当归 A. gigas, 灰叶当归 A. glauca, 紫萼路边青 Geum rivale, 石防风 Peucedanum terebinthaceum, 防风 Saposhnikovia divaricata
(+)-decursinol (+)- 紫花前胡醇 木橘 Aegle marmelos
decursinol 紫花前胡醇 木橘 Aegle marmelos, 紫花前胡 Angelica decursiva, 朝鲜当归 A. gigas, 见血封喉 Antiaris toxicaria
decursinol angelate 紫花前胡醇当归酸酯 朝鲜当归 Angelica gigas, 灰叶当归 A. glauca, 防风 Saposhnikovia divaricata
decursitin B, C, D, F 紫花前胡亭▲B, C, D, F 紫花前胡 Angelica decursiva
decursivine 爬树龙碱▲ 爬树龙 Rhaphidophora decursiva
decussatin 交叶獐牙菜素▲ 穿心草 Canscora lucidissima, 扁蕾 Gentianopsis barbata, 肋柱花 Lomatogonium carinthiacum, 狭叶獐牙菜 Swertia angustifolia, 抱茎獐牙菜 S. franchetiana, 大籽獐牙菜 S. macrosperma, 川西獐牙菜 S. mussotii, 显脉獐牙菜 S. nervosa, 斜茎獐牙菜 S. patens, 紫红獐牙菜 S. punicea, 山黄麻 Trema orientalis
decyl acetate 癸醇乙酸酯 挥发油成分，未统计基源
n-decyl acetate 正癸基乙酸酯 挥发油成分，未统计基源
n-decyl aldehyde 正癸醛 挥发油成分，未统计基源
2-decyl-1-methyl-4(1*H*)-quinolinone 2- 癸基 -1- 甲基 -4(1*H*)- 喹诺酮 芸香 Ruta graveolens
2-decyl-4(1*H*)-quinolinone 2- 癸基 -4(1*H*)- 喹诺酮 芸香 Ruta graveolens
decyl-8-hydroxy-heptadecanoate 8- 羟基 - 十七酸癸酯 滇刺枣 Ziziphus mauritiana
4-decyl-*E*-pentadienal 4- 癸基 -*E*- 戊二烯醛 普通小麦 Triticum aestivum
2-decylhexadecahydro-indeno[2,1-a]indene 2- 葵基十六烷基去氢茚并 [2,1-a] 茚 挥发油成分，未统计基源
8-decyloxy-3-phenyl-2,4,7-trioxabicyclo[4.4.0]dec-9-ene 8- 癸氧基 -3- 苯基 -2,4,7- 三氧双环 -[4.4.0] 癸 -9- 烯 挥发油成分，未统计基源
1-decylsulfonyl-*d*-manitol 1- 十烷基磺酰基 -*d*- 甘露醇 挥发油成分，未统计基源
1,9-dediacetyl-9-angeloylwedeliatrilolactone A 1,9- 去二乙酰基 -9- 当归酰基三裂蟛蜞菊内酯 A 卤地菊 Wedelia prostrata
1,9-dediacetyl-9-tigloylwedeliatrilolactone A 1,9- 去二乙酰基 -9- 巴豆酰基三裂蟛蜞菊内酯 A 卤地菊 Wedelia prostrata
dedydrobruceine B 去氢鸦胆子素 B 鸦胆子 Brucea javanica
5,6-de-epoxy-5-en-7-one-17-hydroxywithaferin A 5,6- 去环氧 -5- 烯 -7- 酮 -17- 羟基催眠睡茄素 A 睡茄 Withania somnifera
2-deethoxy-2-hydroxyphantomolin 2- 去乙氧基 -2- 羟基白花地胆草林素▲ 白花地胆草 Elephantopus tomentosus
2-deethoxy-2-methoxyphantomolin 2- 去乙氧基 -2- 甲氧基白花地胆草林素▲ 白花地胆草 Elephantopus tomentosus
defensin 抗菌肽 胡卢巴 Trigonella foenum-graecum
defensin CM 防卫素 CM 槲寄生 Viscum coloratum
17-defurano-17-oxoohchinin 17- 去呋喃 -17- 氧代日楝宁▲ 楝 Melia azedarach
defuscin 景东厚唇兰素▲ 钩状石斛 Dendrobium aduncum, 束花石斛 D. chrysanthum, 鼓槌石斛 D. chrysotoxum, 密花石斛 D. densiflorum, 流苏石斛 D. fimbriatum, 石斛 D. nobile
degalactotigonin 去半乳糖基替告皂苷 欧白英 Solanum dulcamara
degalloyl-punicacortein A 去没食子酰石榴皮素▲A 金锦香 Osbeckia chinensis
1-degalloylrugosin F 1- 去没食子酰玫瑰鞣质 F 胡桃 Juglans regia
degalloylrugosin F 去没食子酰玫瑰鞣质 F 榛 Corylus heterophylla
deglucocheirotoxin 去葡萄糖桂竹香毒素 见血封喉 Antiaris toxicaria, 铃兰 Convallaria majalis
deglucocheirotoxol 去葡萄糖桂竹香毒醇 见血封喉 Antiaris toxicaria, 铃兰 Convallaria majalis
deglucocyclamin 去葡萄糖基仙客来苷 黄连花 Lysimachia davurica
deglucoerycordin 去葡萄糖基糖芥心苷 小花糖芥 Erysimum cheiranthoides
deglucogelidoside 去葡萄糖基寒原龙胆苷▲ 三花龙胆 Gentiana triflora
deglucohellebrin 去葡萄糖铁筷子素▲ 铁筷子 Helleborus thibetanus
deglucoscabraside 去葡萄糖基糙龙胆苷▲ 龙胆 Gentiana scabra, 三花龙胆 G. triflora
deglucose chikusetsusaponin IVa 去葡萄糖基竹节参皂苷 IVa 牛膝 Achyranthes bidentata, 野楤头 Aralia armata
deglucosylaraloside A 去葡萄糖基楤木洛苷▲A 棘茎楤木 Aralia echinocaulis
(1*S*,5*R*,9*R*)-deglucosyltrifloroside (1*S*,5*R*,9*R*)- 去葡萄糖基三花龙胆苷 三花龙胆 Gentiana triflora
deglucosyltrifloroside 去葡萄糖基三花龙胆苷 龙胆 Gentiana scabra
deglucouzarin; deglucozarin; deglucouzarine 去葡萄糖基波叶刚毛果苷▲ 马利筋 Asclepias curassavica, 钉头果 Gomphocarpus fruticosus
deglycocadambine 去葡萄糖基团花碱▲ 香果树 Emmenopterys henryi
deguelin 鱼藤素 紫穗槐 Amorpha fruticosa, 毛鱼藤 Derris elliptica, 异翅鱼藤 D. malaccensis, 鱼藤 D. trifoliata, 锈毛麻辣仔藤 Erycibe expansa, 木蓝 Indigofera tinctoria, 厚果崖豆藤 Millettia pachycarpa, 扁轴木 Parkinsonia aculeata
(-)-deguoic acid (-)- 毛鱼藤苯并吡喃酸 毛鱼藤 Derris elliptica
dehassiline 莲桂林碱▲ 广西地不容 Stephania kwangsiensis
dehydraisodihydrocadambine 脱水异二氢团花碱▲ 团花 Neolamarckia cadamba
dehydrated benzoylhypaconine 脱水苯甲酰次乌头胺 乌头 Aconitum carmichaelii
dehydrated benzoylmesaconine 脱水苯甲酰中乌头胺 乌头 Aconitum carmichaelii
dehydrated-14-benzoyl-10-hydroxymesaconine 脱水 -14- 苯甲酰基 -10- 羟基中乌头胺 乌头 Aconitum carmichaelii
dehydrdehydroevodiamine 去氢吴茱萸碱 吴茱萸 Euodia ruticarpa, 波氏吴萸 E. ruticarpa var. bodinieri
(3*S*,7*R*)-5,6-dehydro-1,7-bis(4-hydroxyphenyl)-4''-de-*O*-methylcentrolobine (3*S*,7*R*)-5,6- 去氢 -1,7- 二对羟苯基 -4''- 去氧甲基心裂宾 云南草

蔻 Alpinia blepharocalyx
dehydro-1,8-cineole 去氢 -1,8- 桉树脑 挥发油成分，未统计基源
7,8-dehydro-10-*O*-ethylcannabitriol 7,8- 去氢 -10-*O*- 乙基大麻三醇▲ 大麻 Cannabis sativa
4,5-dehydro-12-oxo-affinoside E 4,5- 去氢 -12- 氧代鳝藤苷 E 鳝藤 Anodendron affine
3-dehydro-15-deoxoeucosterol 3- 去氢 -15- 去氧凤梨百合甾醇▲ 绵枣儿 Barnardia japonica
14,15-dehydro-16-epivincamine 14,15- 去氢 -16- 表蔓长春花胺▲ 雷打果 Melodinus yunnanensis
15-dehydro-17-hydroxycyrtophyllone A 15- 去氢 -17- 羟基大青酮▲A 臭牡丹 Clerodendrum bungei
12-dehydro-29-exo-neoazedarachin D 12- 去氢 -29- 外向 - 新苦楝素 D 楝 Melia azedarach
20(29)-dehydro-30-norarjunolic acid 20(29)- 去氢 -30- 阿江榄仁酸 木通 Akebia quinata
6,7-dehydro-3-apotropoyloxytropane 6,7- 去氢 -3- 原托品酰氧基托品烷 树番茄 Cyphomandra betacea
2-dehydro-3-deoxylaetiporic acid A 2- 去氢 -3- 去氧绚孔菌酸▲A 硫黄菌 Laetiporus sulphureus
6,7-dehydro-3-tigloyloxytropane 6,7- 去氢 -3- 巴豆酰氧基托品烷 树番茄 Cyphomandra betacea
17,4'-dehydro-3α-cinchophylline 17,4'- 去氢 -3α- 金鸡纳叶碱▲ 金鸡纳树 Cinchona calisaya
25-dehydro-3β,24ζ-dihydroxycycloartane 25- 去氢 -3β,24ζ- 二羟基环木菠萝烷 顶花板凳果 Pachysandra terminalis
23-dehydro-3β,25-dihydroxycycloartane 23- 去氢 -3β,25- 二羟基环木菠萝烷 榕树 Ficus microcarpa, 顶花板凳果 Pachysandra terminalis
5,6-dehydro-4''-de-*O*-methylcentrolobin 5,6- 去氢 -4''- 去氧甲基心裂宾 云南草蔻 Alpinia blepharocalyx
dehydro-4-*epi*-abietic acid 去氢 -4- 表冷杉酸 雪松 Cedrus deodara
2,3-dehydro-4-oxo-β-ionone 2,3- 去氢 -4- 氧代 -β- 香堇酮 挥发油成分，未统计基源
5-dehydro-8-*epi*-adoxosidic acid 5- 去氢 -8- 表 - 五福花苷酸 染色水锦树 Wendlandia tinctoria
5-dehydro-8-*epi*-mussaenoside 5- 去氢 -8- 表 - 玉叶金花诺苷▲ 染色水锦树 Wendlandia tinctoria
7,8-dehydro-8α-hydroxy-isolongifolene 7,8- 去氢 -8α- 羟基 - 异长叶烯 挥发油成分，未统计基源
8,10-dehydro-9-hydroxythymol 8,10- 去氢 -9- 羟基麝香草酚 湖北旋覆花 Inula hupehensis
dehydroabietal; dehydroabietic aldehyde 去氢冷杉醛 雪松 Cedrus deodara, 雪岭云杉 Picea schrenkiana
dehydroabietan-18-ol 去氢冷杉 -18- 醇 冷杉 Abies fabri
dehydroabietan-7-one 去氢冷杉 -7- 酮 浙江大青 Clerodendrum kaichianum
8,11,13-dehydroabietane 8,11,13- 去氢冷杉烷 红根草 Salvia prionitis
7-dehydroabietanone 7- 去氢冷杉烷酮 圆柏 Juniperus chinensis
dehydroabietic acid 去氢冷杉酸 冷杉 Abies fabri, 臭冷杉 A. nephrolepis, 土沉香 Aquilaria sinensis, 蜜环菌 Armillaria mellea, 乳香树 Boswellia carteri, 贡山三尖杉 Cephalotaxus lanceolata, 龙血藤 Daemonorops draco, 显脉香茶菜 Isodon nervosus, 香柏 Juniperus pingii var. wilsonii, 翼齿六棱菊 Laggera crispata, 太白红杉 Larix potaninii var. chinensis, 松木层孔菌 Phellinus pini, 雪岭云杉 Picea schrenkiana, 华山松 Pinus armandii, 高山松 P. densata, 赤松 P. densiflora, 海南五针松 P. fenzeliana, 红松 P. koraiensis, 华南五针松 P. kwangtungensis, 雅加松 P. massoniana var. hainanensis, 新疆五针松 P. sibirica, 樟子松 P. sylvestris var. mongolica, 黄山松 P. taiwanensis, 黑松 P. thunbergii, 百日青 Podocarpus neriifolius, 胡杨 Populus euphratica
dehydroabietic acid methyl ester 去氢冷杉酸甲酯 茯苓 Wolfiporia extensa
dehydroabietinol 去氢冷杉亭醇 圆柏 Juniperus chinensis
dehydroabietol 去氢冷杉醇 山香 Hyptis suaveolens, 雪岭云杉 Picea schrenkiana
dehydroacosanine 去氢萨彦乌头宁▲ 牛扁 Aconitum barbatum var. puberulum, 白喉乌头 A. leucostomum
dehydroadynerizoside 去氢欧夹竹桃左苷 夹竹桃 Nerium oleander
dehydroagastol 去氢藿香酚 藿香 Agastache rugosa
11-dehydroaloperine 11- 去氢苦豆子碱 苦豆子 Sophora alopecuroides
24(28)-dehydroamarasterone B 24(28)- 去氢紫苋甾酮 B 鹿草 Stemmacantha carthamoides
12a-dehydroamorphigenin 12a- 去氢紫穗槐苷元 紫穗槐 Amorpha fruticosa
dehydroamorphigenin 去氢紫穗槐苷元 印度黄檀 Dalbergia sissoo
dehydroandrographolide 去氢穿心莲内酯 穿心莲 Andrographis paniculata
6α,7-dehydroanonaine 6α,7- 去氢番荔枝碱 台湾含笑 Michelia compressa
dehydroanonaine 去氢番荔枝碱 莲 Nelumbo nucifera
dehydroanthrasesamone A, B 去氢蒽胡麻酮▲A, B 芝麻 Sesamum indicum
(+)-1,2-dehydroapateline (+)-1,2- 去氢无瓣瑞香楠碱▲ 木防己 Cocculus orbiculatus, 毛木防己 C. orbiculatus var. mollis
dehydroapocavidine 去氢离块茎紫堇定▲ 石生黄堇 Corydalis saxicola
dehydroaporphine 去氢阿朴啡 紫堇叶唐松草 Thalictrum isopyroides
dehydroaromadendrene 去氢香树烯 挥发油成分，未统计基源
dehydroascorbic acid 去氢抗坏血酸 菜豆 Phaseolus vulgaris
(+)-1,2-dehydroaspidospermidine (+)-1,2- 去氢白坚木定▲ 小蔓长春花 Vinca minor
dehydroatalantin 去氢酒饼簕苦素 酒饼簕 Atalantia buxifolia
dehydrobaimuxinol 去氢白木香醇 土沉香 Aquilaria sinensis
dehydrobidensyneoside B 去氢鬼针草炔苷▲B 小花鬼针草 Bidens parviflora
dehydrobisgravillol 去氢双银桦洛酚▲ 银桦 Grevillea robusta
7,8-dehydroboschnialactone 7,8- 去氢草苁蓉内酯 绵毛鹿茸草 Monochasma savatieri
7-dehydrobrefeldin A 7- 去氢布雷青霉菌素▲A 滑桃树 Trevia nudiflora

14-dehydrobrowniine 14- 去氢布朗翠雀碱▲ 吉林乌头 Aconitum kirinense, 三小叶翠雀花 Delphinium trifoliolatum, 云南翠雀花 D. yunnanense
dehydrobrowniine 去氢布朗翠雀碱▲ 三出翠雀花 Delphinium biternatum
dehydrobruceantin 去氢鸦胆子亭 柔毛鸦胆子 Brucea mollis
dehydrobruceantinol 去氢鸦胆子亭醇 柔毛鸦胆子 Brucea mollis
dehydrobruceine A, B 去氢鸦胆子素 A, B 鸦胆子 Brucea javanica
dehydrobrusatol 去氢鸦胆子苦醇 鸦胆子 Brucea javanica
dehydrobryogenin glycoside 去氢泻根苷▲ 苦玄参 Picria felterrae
dehydrobufotenine 去氢蟾毒色胺 芦竹 Arundo donax
14(17)-dehydrocaesalmin F 14(17)- 去氢喙荚云实素▲F 华南云实 Caesalpinia crista
14(17)-dehydrocaesalpin F 14(17)- 去氢云实素 F 刺果苏木 Caesalpinia bonduc
7-dehydrocampestanol 7- 去氢菜油甾烷醇 驱虫斑鸠菊 Vernonia anthelmintica
trans-22-dehydrocampesterol 反式 -22- 去氢菜油甾醇 救荒野豌豆 Vicia sativa
dehydrocannabifuran 去氢大麻呋喃 大麻 Cannabis sativa
dehydrocannabispiran 去氢大麻螺烷▲ 大麻 Cannabis sativa
dehydrocapaurinine 去氢金紫堇宁▲ 安徽小檗 Berberis anhweiensis
dehydrocarissone 去氢假虎刺酮 白英 Solanum lyratum, 青杞 S. septemlobum
11,13-dehydrocarolenalin 11,13- 去氢北卡堆心菊素▲ 堆心菊 Helenium autumnale
dehydrocavidine 去氢块茎紫堇定▲ 小叶锦鸡儿 Caragana microphylla, 细叶黄堇 Corydalis meifolia, 石生黄堇 C. saxicola
(-)-1,3,4-dehydrocepharanthine (-)-1,3,4- 去氢金线吊乌龟碱▲ 地不容 Stephania epigaea
(+)-1,3,4-dehydrocepharanthine-2'*β*-*N*-oxide (+)-1,3,4- 去氢金线吊乌龟碱▲-2'*β*-*N*- 氧化物 地不容 Stephania epigaea
(+)-1-dehydrocepharanthine-2'*β*-*N*-oxide (+)-1- 去氢千金藤碱 -2'*β*-*N*- 氧化物 地不容 Stephania epigaea
7,8-dehydrocerberin 7,8- 去氢海杧果素▲ 海杧果 Cerbera manghas
dehydrochebulic acid trimethyl ester 去氢诃子酸三甲酯 高山大戟 Euphorbia stracheyi, 叶下珠 Phyllanthus urinaria
dehydrocheilanthifoline 去氢碎叶紫堇碱 地丁草 Corydalis bungeana, 土元胡 C. humosa, 刻叶紫堇 C. incisa, 石生黄堇 C. saxicola, 博落回 Macleaya cordata, 风龙 Sinomenium acutum
dehydrocheilanthifoline chloride 去氢碎叶紫堇碱盐酸盐 蛇果黄堇 Corydalis ophiocarpa
(22*E*)-dehydrocholesterol (22*E*)- 去氢胆甾醇 巨藻 Macrocystis pyrifera
22-dehydrocholesterol 22- 去氢胆甾醇 冻沙菜 Hypnea japonica
25(27)-dehydrochondrillasterol 25(27)- 去氢鸡肝海绵甾醇▲ 甜瓜 Cucumis melo
22-dehydroclerosterol 22- 去氢赪桐甾醇 臭茉莉 Clerodendrum chinense var. simplex, 大青 C. cyrtophyllum, 海州常山 C. trichotomum
dehydroclerosterol 去氢赪桐甾醇 大籽筋骨草 Ajuga macrosperma
22-dehydroclerosterol-3-*O*-*β*-D-glucopyranoside 22- 去氢赪桐甾醇 -3-*O*-*β*-D- 吡喃葡萄糖苷 大青 Clerodendrum cyrtophyllum
22-dehydroclerosterol-3*β*-*O*-*β*-D-(6'-*O*-margaroyl)-glucopyranoside 22- 去氢赪桐甾醇 -3*β*-*O*-*β*-D-(6'-*O*- 十七烷酰)- 吡喃葡萄糖苷 海州常山 Clerodendrum trichotomum
22-dehydroclerosteryl acetate 22- 去氢赪桐甾醇乙酸酯 臭茉莉 Clerodendrum chinense var. simplex
7,8-dehydrocoelobillardierine 7,8- 去氢比氏穴果木碱▲ 光果莸 Caryopteris tangutica
dehydroconiferyl alcohol 去氢松柏醇 番荔枝 Annona squamosa, 合柄铁线莲 Clematis connata
(7*R*,8*S*)-dehydroconiferyl alcohol-8,5'-dehydroconiferyl aldehyde-9-*O*-*β*-D-glucopyranoside (7*R*,8*S*)- 去氢松柏醇 -8,5'- 去氢松柏醛 -9-*O*-*β*-D- 吡喃葡萄糖苷 大叶紫珠 Callicarpa macrophylla
dehydrocorybulbine 去氢紫堇鳞茎碱 堇叶延胡索 Corydalis fumariifolia, 延胡索 C. yanhusuo
(±)-dehydrocorydaline (±)- 去氢紫堇碱 山延胡索 Corydalis solida
dehydrocorydaline 去氢紫堇碱 灰绿黄堇 Corydalis adunca, 堇叶延胡索 C. fumariifolia, 新疆元胡 C. glaucescens, 长距元胡 C. schanginii, 三裂紫堇 C. trifoliata, 延胡索 C. yanhusuo, 蒲葵 Livistona chinensis, 南天竹 Nandina domestica, 水黄皮 Pongamia pinnata
dehydrocorydaline chloride 氯化去氢紫堇碱 延胡索 Corydalis yanhusuo
dehydrocorydalmine 去氢紫堇达明碱 圆滑番荔枝 Annona glabra, 新疆元胡 Corydalis glaucescens, 长距元胡 C. schanginii, 延胡索 C. yanhusuo, 西藏地不容 Stephania glabra, 河谷地不容 S. intermedia, 小叶地不容 S. succifera, 云南地不容 S. yunnanensis
dehydrocorydine 去氢紫堇定 海罂粟 Glaucium fimbrilligerum
18,19-dehydrocorynoxinic acid 18,19- 去氢柯楠诺辛碱酸▲ 钩藤 Uncaria rhynchophylla
18,19-dehydrocorynoxinic acid B 18,19- 去氢柯楠诺辛碱酸▲B 钩藤 Uncaria rhynchophylla
dehydrocorypalline 去氢黄堇碱 西伯利亚小檗 Berberis sibirica
dehydrocorypalline chloride 去氢黄堇碱盐酸盐 蛇果黄堇 Corydalis ophiocarpa
dehydrocorytenchine 去氢黄紫堇钦碱 圆滑番荔枝 Annona glabra
dehydrocostus lactone 去氢木香内酯 西藏马兜铃 Aristolochia griffithii, 冷蒿 Artemisia frigida, 三裂紫堇 Corydalis trifoliata, 构棘 Cudrania cochinchinensis, 菜蓟 Cynara scolymus, 川木香 Dolomiaea souliei, 鹿角草 Glossocardia bidens, 土木香 Inula helenium, 月桂 Laurus nobilis, 乌药 Lindera aggregata, 云木香 Saussurea costus, 雪莲花 S. involucrata, 蒙古鸦葱 Scorzonera mongolica
dehydrocrebanine 去氢头序千金藤宁▲ 金线吊乌龟 Stephania cephalantha, 海南地不容 S. hainanensis, 台湾千金藤 S. merrillii, 小叶地不容 S. succifera, 云南地不容 S. yunnanensis
dehydrocrenatidine 去氢圆齿爱舍苦木定▲ 岭南臭椿 Ailanthus triphysa, 苦树 Picrasma quassioides
dehydrocrenatine 去氢圆齿爱舍苦木亭▲ 岭南臭椿 Ailanthus triphysa

14,15-dehydrocrepenynic acid 14,15- 去氢还阳参烯炔酸▲ 鸡油菌 Cantharellus cibarius
dehydrocrepenynic acid 去氢还阳参烯炔酸▲ 金黄喇叭菌 Craterellus aureus
11(13)-dehydrocriolin 11(13)- 去氢绵叶菊林素▲ 土木香 Inula helenium
1,2-dehydrocryptotanshinone 1,2- 去氢隐丹参酮 草本威灵仙 Veronicastrum sibiricum
dehydrocurdione 去氢莪术二酮 温郁金 Curcuma wenyujin
22-dehydrocyasterone 22- 去氢杯苋甾酮 金疮小草 Ajuga decumbens, 紫背金盘 A. nipponensis
22-dehydrocyasterone-2-*O*-*β*-D-glucopyranoside 22- 去氢杯苋甾酮 -2-*O*-*β*-D- 吡喃葡萄糖苷 紫背金盘 Ajuga nipponensis
3,4-dehydrocycleanine 3,4- 去氢轮环藤宁碱 金线吊乌龟 Stephania cephalantha
dehydrocycloguanandin 去氢环巴西红厚壳定▲ 薄叶红厚壳 Calophyllum membranaceum
8,9-dehydro-cycloisolongifolene 8,9- 脱氢 - 环异长叶松烯 挥发油成分，未统计基源
dehydrocycloxanthohumol 去氢环酒花黄酚▲ 啤酒花 Humulus lupulus
dehydrocynaropicrin 去氢菜蓟苦素 菜蓟 Cynara scolymus
1,2-dehydrocyperone 1,2- 去氢香附酮 青杞 Solanum septemlobum
15-dehydrocyrtophyllone A 15- 去氢大青酮▲A 臭牡丹 Clerodendrum bungei
dehydrodanshenol A 去氢丹参新醇 A 甘西鼠尾草 Salvia przewalskii
dehydrodaphnigraciline 去氢纤细虎皮楠灵碱▲ 狭叶虎皮楠 Daphniphyllum angustifolium, 虎皮楠 D. oldhamii
6a,12a-dehydrodeguelin 6a,12a- 去氢鱼藤素 紫穗槐 Amorpha fruticosa, 亮叶中南鱼藤 Derris fordii var. lucida, 兰屿鱼藤 D. oblonga, 鱼藤 D. trifoliata, 厚果崖豆藤 Millettia pachycarpa
dehydrodeguelin 去氢鱼藤素 异翅鱼藤 Derris malaccensis, 鱼藤 D. trifoliata, 木蓝 Indigofera tinctoria
6-dehydrodelcorine 6- 去氢伞花翠雀碱▲ 天山翠雀花 Delphinium tianshanicum
14-dehydrodelcosine 14- 去氢琉璃飞燕草碱▲ 吉林乌头 Aconitum kirinense, 翠雀 Delphinium grandiflorum, 云南翠雀花 D. yunnanense
11,13-dehydrodesacetylmatricarin 11,13- 去氢去乙酰母菊素 无毛牛尾蒿 Artemisia dubia var. subdigitata
5,6-dehydrodesepoxyharperforin C_2 5,6- 去氢去环氧牛筋果灵 C_2 牛筋果 Harrisonia perforata
3,3'-dehydrodicaffeic acid 3,3'- 去氢二咖啡酸 一串红 Salvia splendens
dehydrodicatechin A 去氢二聚儿茶素 A 卫矛 Euonymus alatus, 山紫茉莉 Oxybaphus himalaicus
dehydrodicentrine 去氢荷包牡丹碱 黑壳楠 Lindera megaphylla, 白线薯 Stephania brachyandra
7-dehydrodichapetalin E 7- 去氢毒鼠子素▲E 毒鼠子 Dichapetalum gelonioides
7-dehydrodichapetalin G 7- 去氢毒鼠子素▲G 毒鼠子 Dichapetalum gelonioides
(-)-7*R*,8*S*-dehydrodiconiferyl alcohol (-)-7*R*,8*S*- 去氢二松柏醇 刺楸 Kalopanax septemlobus
(-)-dehydrodiconiferyl alcohol (-)- 去氢二松柏醇 见血封喉 Antiaris toxicaria, 卫矛 Euonymus alatus, 红花八角 Illicium dunnianum
(+)-dehydrodiconiferyl alcohol (+)- 去氢二松柏醇 卫矛 Euonymus alatus, 望春玉兰 Yulania biondii
(7*R*,8*S*)-dehydrodiconiferyl alcohol (7*R*,8*S*)- 去氢二松柏醇 小木通 Clematis armandii
dehydrodiconiferyl alcohol 去氢二松柏醇 毛萗子梢 Campylotropis hirtella, 滇瑞香 Daphne feddei, 波棱瓜 Herpetospermum pedunculosum, 朱顶红 Hippeastrum rutilum, 长柄山蚂蝗 Hylodesmum podocarpum, 黑老虎 Kadsura coccinea, 驼绒藜 Krascheninnikovia ceratoides, 台湾含笑 Michelia compressa, 半夏 Pinellia ternata, 毛果杜鹃花 Rhododendron seniavinii, 狭叶五味子 Schisandra lancifolia
(7*R*,8*S*)-dehydrodiconiferyl alcohol-4,9'-di-*O*-*β*-D-glucopyranoside (7*R*,8*S*)- 去氢二松柏醇 -4,9'- 二 -*O*-*β*-D- 吡喃葡萄糖苷 尖叶假龙胆 Gentianella acuta
dehydrodiconiferyl alcohol-4,9'-di-*O*-*β*-D-glucopyranoside 去氢二松柏醇 -4,9'- 二 -*O*-*β*-D- 吡喃葡萄糖苷 桑 Morus alba
(7*R*, 8*S*)-dehydrodiconiferyl alcohol-4,9-di-*O*-*β*-D-glucopyranoside (7*R*,8*S*)- 脱氢二松柏醇 -4,9- 二 -*O*-*β*-D- 吡喃葡萄糖苷 白芷 Angelica dahurica, 藁本 Ligusticum sinense
(7*R*,8*S*)-dehydrodiconiferyl alcohol-4,9-di-*O*-*β*-D-glucoside (7*R*,8*S*)- 去氢二松柏醇 -4,9- 二 -*O*-*β*-D- 葡萄糖苷 珊瑚菜 Glehnia littoralis
(+)-dehydrodiconiferyl alcohol-4,9-*β*-D-glucopyranoside (+)- 去氢二松柏醇 -4,9-*β*-D- 吡喃葡萄糖苷 绵参 Eriophyton wallichii
dehydrodiconiferyl alcohol-4,*γ*'-di-*O*-*β*-D-glucopyranoside 去氢二松柏醇 -4,*γ*'- 二 -*O*-*β*-D- 吡喃二松柏醇葡萄糖苷 黄耆 Astragalus penduliflorus subsp. mongholicus var. dahuricus, 杜仲 Eucommia ulmoides
(+)-dehydrodiconiferyl alcohol-4-*O*-*β*-D-glucopyranoside (+)- 去氢二松柏醇 -4-*O*-*β*-D- 吡喃葡萄糖苷 扭旋马先蒿 Pedicularis torta, 滇刺枣 Ziziphus mauritiana
(7*S*,8*R*)-dehydrodiconiferyl alcohol-4-*O*-*β*-D-glucopyranoside (7*S*,8*R*)- 去氢二松柏醇 -4-*O*-*β*-D- 吡喃葡萄糖苷 毛冬青 Ilex pubescens, 柊树 Osmanthus heterophyllus
dehydrodiconiferyl alcohol-4-*O*-*β*-D-glucopyranoside 去氢二松柏醇 -4-*O*-*β*-D- 吡喃葡萄糖苷 野菰 Aeginetia indica, 臭椿 Ailanthus altissima, 蒙古肉苁蓉 Cistanche mongolica, 栀子皮 Itoa orientalis, 藁本 Ligusticum sinense, 长花马先蒿 Pedicularis longiflora, 鲜黄连 Plagiorhegma dubium, 异株荨麻 Urtica dioica
(7*S*,8*R*)-dehydrodiconiferyl alcohol-4-*O*-*β*-glucopyranoside (7*S*,8*R*)- 去氢二松柏醇 -4-*O*-*β*- 吡喃葡萄糖苷 苦郎树 Clerodendrum inerme
dehydrodiconiferyl alcohol-4-*β*-D-glucoside 去氢二松柏醇 -4-*β*-D- 葡萄糖苷 岩芋 Remusatia vivipara
dehydrodiconiferyl alcohol-4-*β*-D-glucoside hexaacetate 去氢二松柏醇 -*β*-D- 葡萄糖苷六乙酸酯 一年蓬 Erigeron annuus
dehydrodiconiferyl alcohol-4-*β*-glucopyranoside 去氢二松柏醇 -4-*β*- 吡喃葡萄糖苷 柠檬 Citrus limon
(7*S*,8*R*)-dehydrodiconiferyl alcohol-9'-*O*-*β*-*D*-glucopyranoside (7*S*,8*R*)- 去氢二松柏醇 -9'-*O*-*β*-D- 吡喃葡萄糖苷 甘青乌头 Aconitum tanguticum
dehydrodiconiferyl alcohol-9'-*O*-*β*-D-glucopyranoside 去氢二松柏醇 -9'-*O*-*β*-D- 吡喃葡萄糖苷 长梗喉毛花 Comastoma pedunculatum, 块根糙苏 Phlomis tuberosa

(7*S*,8*R*)-dehydrodiconiferyl alcohol-9-*O*-β-glucopyranoside (7*S*,8*R*)- 去氢二松柏醇 -9-*O*-β- 吡喃葡萄糖苷 苦郎树 Clerodendrum inerme

(7*S*,8*R*)-dehydrodiconiferyl alcohol-9'-β-D-glucopyranoside (7*S*,8*R*)- 去氢二松柏醇 -9'-β-D- 吡喃葡萄糖苷 车前 Plantago asiatica

(7*S*,8*R*)-dehydrodiconiferyl alcohol-9'-β-glucopyranoside (7*S*,8*R*)- 去氢二松柏醇 -9'-β- 吡喃葡萄糖苷 阴行草 Siphonostegia chinensis

dehydrodiconiferyl alcohol-γ'-*O*-β-D-glucopyranoside 去氢二松柏醇 -γ'-*O*-β-D- 吡喃葡萄糖苷 蒙古肉苁蓉 Cistanche mongolica, 竹灵消 Cynanchum inamoenum

dehydrodiconiferyl alcohol-γ-*O*-β-D-glucopyranoside 去氢二松柏醇 -γ-*O*-β-D- 吡喃葡萄糖苷 鲜黄连 Plagiorhegma dubium

dehydrodiconiferyl aldehyde 去氢二松柏醛 驼绒藜 Krascheninnikovia ceratoides

dehydrodiconiferyl-9-*O*-β-D-glucopyranoside 去氢二松柏醇 -9-*O*-β-D- 吡喃葡萄糖苷 清明花 Beaumontia grandiflora

dehydrodiepicatechin A 去氢二表儿茶素 A 荔枝 Litchi chinensis

dehydrodieugenol 去氢二丁香酚 薏米 Coix lacryma-jobi var. ma-yuen, 红花八角 Illicium dunnianum, 红毒茴 I. lanceolatum, 肉豆蔻 Myristica fragrans, 丁香 Syzygium aromaticum

dehydrodieugenol B 去氢二丁香酚 B 野八角 Illicium simonsii, 丁香 Syzygium aromaticum

m-dehydrodigallic acid 间去氢二没食子酸 板栗 Castanea mollissima

dehydrodigallic acid 去氢二没食子酸 苦槠 Castanopsis sclerophylla, 准噶尔大戟 Euphorbia soongarica, 黄花委陵菜 Potentilla chrysantha, 刚毛柽柳 Tamarix hispida, 短穗柽柳 T. laxa, 多枝柽柳 T. ramosissima

Δ^{16}-dehydrodigitoxigenin glucopyranoside Δ^{16}- 去氢二羟基洋地黄毒苷元吡喃葡萄糖苷 鳝藤 Anodendron affine

α, β-dehydrodihydromonacolin K α, β- 去氢二氢红曲可林 K 红曲 Monascus purpureus

(+)-*trans*-dehydrodiisoeugenol (+)- 反式 - 去氢二异丁香油酚 通城虎 Aristolochia fordiana

(+)-dehydrodiisoeugenol (+)- 去氢二异丁香酚 肉豆蔻 Myristica fragrans

dehydrodiisoeugenol 去氢二异丁香酚 挥发油成分，未统计基源

4,5-dehydrodiligustilide 4,5- 去氢二藁本内酯 川芎 Ligusticum sinense 'Chuanxiong'

dehydrodiscretamine 去氢稀疏木瓣树胺 ▲ 石生黄堇 Corydalis saxicola, 河谷地不容 Stephania intermedia, 多叶唐松草 Thalictrum foliolosum

dehydrodivanillin 去氢二香荚兰素 越南安息香 Styrax tonkinensis

dehydrodolineone 去氢扁豆酮 豆薯 Pachyrhizus erosus

dehydroeburicoic acid 去氢齿孔酸 药用拟层孔菌 Fomitopsis officinalis, 猪苓 Polyporus umbellatus, 茯苓 Wolfiporia extensa

dehydroeburiconic acid 去氢齿孔酮酸 药用拟层孔菌 Fomitopsis officinalis

dehydroeffusal 去氢灯芯草醛 灯心草 Juncus effusus

dehydroeffusol 去氢灯心草菲酚 灯心草 Juncus effusus

dehydroeldelidine 去氢高翠雀里定 ▲ 天山翠雀花 Delphinium tianshanicum

β-dehydroelsholtzione β- 去氢香薷酮 挥发油成分，未统计基源

dehydroelsholtzione; dehydroelsholtzia ketone 去氢香薷酮 挥发油成分，未统计基源

4-dehydroepiabietol 4- 去氢表松香醇 苏合香 Liquidambar orientalis

14,15-dehydroepivincadine 14,15- 去氢表蔓长春花卡定 ▲ 长春花 Catharanthus roseus

22-dehydroergosterol 22- 去氢麦角甾醇 囊孔菌 Hirschioporus pargamenus

9(11)-dehydroergosterol peroxide 9(11)- 去氢麦角甾醇过氧化物 桦褶孔菌 Lenzites betulina

9,11-dehydroergosterol peroxide 9,11- 去氢麦角甾醇过氧化物 白英 Solanum lyratum

19,20-dehydroervatamine 19,20- 去氢狗牙花碱 伞房狗牙花 Tabernaemontana corymbosa

13,18-dehydroexcelsin 13,18- 去氢高大臭椿素 ▲ 岭南臭椿 Ailanthus triphysa

(3*R*)-dehydrofalcarindiol (3*R*)- 去氢镰叶芹二醇 牡蒿 Artemisia japonica

dehydrofalcarindiol 去氢镰叶芹二醇 食用土当归 Aralia cordata

dehydrofalcarindiol-8-acetate 去氢镰叶芹二醇 -8- 乙酸酯 食用土当归 Aralia cordata

(3*R*)-dehydrofalcarinol (3*R*)- 去氢镰叶芹醇 牡蒿 Artemisia japonica

11,12-dehydrofalcarinol 11,12- 去氢镰叶芹醇 洋常春藤 Hedera helix

6,7-dehydroferruginol 6,7- 去氢锈色罗汉松酚 ▲ 日本柳杉 Cryptomeria japonica

(-)-6,7-dehydroferruginyl methyl ether (-)-6,7- 去氢锈色罗汉松酚 ▲ 甲醚 日本柳杉 Cryptomeria japonica

dehydrofomentariol 去氢木蹄层孔菌醇 ▲ 木蹄层孔菌 Fomes fomentarius

dehydrofukinone 去氢蜂斗菜酮 牛蒡 Arctium lappa, 网脉橐吾 Ligularia dictyoneura

25(27)-dehydrofungisterol 25(27)- 去氢真菌甾醇 甜瓜 Cucumis melo, 笋瓜 Cucurbita maxima

dehydrogeijerin 去氢吉枝木素 祁白芷 Angelica dahurica 'Qibaizhi', 臭节草 Boenninghausenia albiflora

10-dehydrogeniposide 10- 去氢京尼平苷 海杧果 Cerbera manghas, 白花蛇舌草 Hedyotis diffusa

dehydrogeosmin 去氢土味菌素 ▲ 长突仙人掌 Mammillaria longimamma

dehydrogeraniin 去氢老鹳草鞣质 芹叶牻牛儿苗 Erodium cicutarium

1-dehydrogingerdione 1- 去氢姜辣二酮 姜 Zingiber officinale

6-dehydrogingerdione 6- 去氢姜辣二酮 姜 Zingiber officinale

18-dehydroglaucarubinone 18- 去氢乐园树酮 臭椿 Ailanthus altissima

$\Delta^{13(18)}$-dehydroglaucarubinone $\Delta^{13(18)}$- 去氢乐园树酮 臭椿 Ailanthus altissima

dehydroglaucine 去氢海罂粟碱 延胡索 Corydalis yanhusuo, 北美鹅掌楸 Liriodendron tulipifera, 盾叶唐松草 Thalictrum ichangense

dehydroglyasperin C 去氢粗毛甘草素 C 粗毛甘草 Glycyrrhiza aspera

dehydroglyasperin D 去氢粗毛甘草素 D 甘草 Glycyrrhiza uralensis
dehydrogravicycle 去氢银桦环▲ 银桦 Grevillea robusta
dehydrograviphane 去氢银桦酚烷▲ 银桦 Grevillea robusta
9-dehydrohecogenin 9- 去氢海柯皂苷元 龙舌兰 Agave americana
dehydrohecogenin 去氢海柯皂苷元 狭叶龙舌兰 Agave angustifolia
9,11-dehydrohecogenin-3-*O*-glucose-xylose-galactoside 9,11- 去氢海柯皂苷元 -3-*O*- 葡萄糖基 - 木糖基 - 半乳糖苷 晚香玉 Polianthes tuberosa
dehydroheteratisine 去氢异叶乌头碱 毛果甘青乌头 Aconitum tanguticum var. trichocarpum
dehydrohuangshanine 去氢黄山宁碱 大叶唐松草 Thalictrum faberi
6,7-dehydrohyoscyamine 6,7- 去氢天仙子胺 树番茄 Cyphomandra betacea
10-dehydroiliensine 10- 去氢伊犁翠雀碱▲ 三出翠雀花 Delphinium biternatum
14-dehydroiliensine 14- 去氢伊犁翠雀碱▲ 三出翠雀花 Delphinium biternatum
2,3-dehydroillifunone C 2,3- 去氢八角呋酮▲C 少药八角 Illicium oligandrum
dehydroiridodial 去氢虹臭蚁二醛▲ 葛枣猕猴桃 Actinidia polygama
dehydroiridodialo-*β*-D-gentiobioside 去氢虹臭蚁二醛▲-*β*-D- 龙胆二糖苷 葛枣猕猴桃 Actinidia polygama
dehydroiridodiol 去氢虹臭蚁二醇▲ 葛枣猕猴桃 Actinidia polygama
dehydroiridomyrmecin 去氢虹臭蚁素▲ 葛枣猕猴桃 Actinidia polygama
dehydroisoapocavidine 去氢异离块茎紫堇定▲ 石生黄堇 Corydalis saxicola
dehydroisocorypalmine 去氢异紫堇杷明碱 石生黄堇 Corydalis saxicola
dehydroisoderricin 去氢异鱼藤钦素▲ 灰毛豆 Tephrosia purpurea
dehydroisofawcettiine 去氢异法氏石松碱 扁枝石松 Diphasiastrum complanatum, 玉柏 Lycopodium obscurum, 垂穗石松 Palhinhaea cernua
dehydroisofawcettiine-*N*-oxide 去氢异法氏石松碱 -*N*- 氧化物 扁枝石松 Diphasiastrum complanatum
dehydroisolaureline 去氢异月桂碱 北美鹅掌楸 Liriodendron tulipifera, 小花地不容 Stephania micrantha
dehydroisopeucenin 去氢异前胡宁 台湾榕 Ficus formosana
4",5"-dehydroisopsoralidin 4",5"- 去氢异补骨脂定 补骨脂 Cullen corylifolia
dehydro-iso-*α*-lapachone 去氢 - 异 -*α*- 风铃木醌▲ 西南猫尾木 Markhamia stipulata, 菜豆树 Radermachera sinica, 掌叶木 Tabebuia rosea
11(13)-dehydroivaxillin 11(13)- 去氢腋生依瓦菊素 天名精 Carpesium abrotanoides, 烟管头草 C. cernuum, 水朝阳旋覆花 Inula helianthusaquatilis, 湖北旋覆花 I. hupehensis
dehydrojuncuenin A, B, C 去氢野灯芯草素 A, B, C 野灯心草 Juncus setchuensis
5-dehydrokarounidiol 5- 去氢栝楼二醇 甜瓜 Cucumis melo, 黄瓜 C. sativus, 木鳖子 Momordica cochinchinensis, 王瓜 Trichosanthes cucumeroides, 栝楼 T. kirilowii
5,6-dehydrokawain 5,6- 去氢卡瓦胡椒素 云南草蔻 Alpinia blepharocalyx, 脆果山姜 A. globosa, 木姜子 Litsea pungens
2,3-dehydrokievitol 2,3- 去氢基维酚 棉豆 Phaseolus lunatus
2,3-dehydrokievitone 2,3- 去氢基维酮 棉豆 Phaseolus lunatus
dehydrokoumidine 去氢钩吻米定▲ 钩吻 Gelsemium elegans
1,2-dehydrolactarolide A 1,2- 去氢乳菇内酯▲A 绒白乳菇 Lactarius vellereus
11,13-dehydrolanuginolide 11,13- 去氢绒叶含笑内酯▲ 鹅掌楸 Liriodendron chinense, 白兰 Michelia × alba
dehydrolanuginolide 去氢绒叶含笑内酯▲ 南亚含笑 Michelia doltsopa
dehydroledol 去氢杜香醇 挥发油成分，未统计基源
dehydroleucodin 去氢白叶蒿定▲ 多花蒿 Artemisia myriantha, 大麻叶泽兰 Eupatorium cannabinum
dehydrolindestrenolide 去氢乌药烯内酯▲ 乌药 Lindera aggregata
7-dehydrologanin 7- 去氢马钱苷 山茱萸 Cornus officinalis, 忍冬 Lonicera japonica
dehydrologanin 去氢马钱苷 长春花 Catharanthus roseus
(-)-dehydroloiliolide (-)- 去氢黑麦草内酯 罗伞 Brassaiopsis glomerulata
(+)-dehydroloiliolide (+)- 去氢黑麦草内酯 豆腐柴 Premna microphylla
dehydroloiliolide 去氢黑麦草内酯 大叶山楝 Aphanamixis grandifolia, 湖北旋覆花 Inula hupehensis, 柚木 Tectona grandis, 紫花地丁 Viola philippica
α,*β*-dehydrolovastatin *α*,*β*- 去氢洛伐他汀 红曲 Monascus purpureus
20(21)-dehydrolucidenic acid A, N 20(21)- 去氢赤芝酸 A, N 中华紫芝 Ganoderma sinense
dehydrolucidusculine 去氢光泽乌头碱 牛扁 Aconitum barbatum var. puberulum, 吉林乌头 A. kirinense, 铁棒锤 A. pendulum
(+)-5,6-dehydrolupanine (+)-5,6- 去氢羽扇豆碱 朝鲜槐 Maackia amurensis, 霍州油菜 Thermopsis chinensis
5,6-dehydrolupanine 5,6- 去氢羽扇豆碱 朝鲜槐 Maackia amurensis, 披针叶野决明 Thermopsis lanceolata
dehydrolupinifolinol 去氢羽扇豆叶灰毛豆醇▲ 鸡头薯 Eriosema chinense
14,15-dehydrolycoflexine 14,15- 去氢曲石松碱▲ 石松 Lycopodium japonicum
3,4-dehydrolycopen-16-al 3,4- 去氢番茄烯 -16- 醛 欧白英 Solanum dulcamara
5,6-dehydromaackiamine 5,6- 去氢高丽槐碱 朝鲜槐 Maackia amurensis
(*R*)-3,4-dehydromagnocurarine (*R*)-3,4- 去氢木兰箭毒碱 厚朴 Houpoëa officinalis
24(28)-dehydromakisterone A 24(28)- 去氢罗汉松甾酮 A 苍白秤钩风 Diploclisia glaucescens, 鹿草 Stemmacantha carthamoides
24(28)-dehydromakisterone A 24(28)- 去氢罗汉松甾酮 A 粘毛黄花稔 Sida mysorensis

24(28)-dehydromakisterone B 24(28)- 去氢罗汉松甾酮 B 鹿草 Stemmacantha carthamoides
dehydromarmeline 去氢木橘林碱▲ 木橘 Aegle marmelos
2',3'-dehydromarmesin 2',3'- 去氢木橘辛素▲ 三桠苦 Euodia lepta
2'-dehydromarmesin 2'- 去氢木橘辛素▲ 水蛇麻 Fatoua villosa
trans-dehydromatricaria ester 反式 - 去氢母菊炔甲酯 珠光香青 Anaphalis margaritacea
dehydromatricaria lactone 去氢母菊炔内酯 加拿大一枝黄花 Solidago canadensis
dehydromatricarianol 去氢母菊醇 白杯伞 Clitocybe candida
dehydromatricarin 去氢母菊素 阴地蒿 Artemisia sylvatica
dehydromatricarin A 去氢母菊素 A 菊蒿 Tanacetum vulgare
(+)-7,11-dehydromatrine (+)-7,11- 去氢苦参碱 越南槐 Sophora tonkinensis
(+)-5,17-dehydromatrine-*N*-oxide (+)-5,17- 去氢苦参碱 -*N*- 氧化物 山豆根 Euchresta japonica
14,15-dehydromelohenine B 14,15- 去氢思茅山橙宁▲B 雷打果 Melodinus yunnanensis
6*α*,7-dehydromethoxyadiantifoline 6*α*,7- 去氢甲氧基铁线蕨叶唐松草碱▲ 腺毛唐松草 Thalictrum foetidum
dehydromethoxygaertneroside 去氢甲氧基拟九节苷▲ 海滨木巴戟 Morinda citrifolia
12,13-dehydromicromeric acid 12,13- 去氢姜味草酸▲ 牡丹 Paeonia suffruticosa
dehydromicrophyllone 去氢基及树酮▲ 基及树 Carmona microphylla
1-dehydromiltirone 1- 去氢丹参新酮 丹参 Salvia miltiorrhiza, 甘西鼠尾草 S. przewalskii
dehydromiltirone 去氢丹参新酮 红根草 Salvia prionitis
6,7-dehydromoluccanic acid 6,7- 去氢石栗酸▲ 石栗 Aleurites moluccana
dehydromonacolin K, L 去氢红曲可林 K, L 红曲 Monascus purpureus
α, *β*-dehydromonacolin S *α*, *β*- 二氢红曲可林 S 红曲 Monascus purpureus
dehydromorroniside 去氢莫罗忍冬苷 忍冬 Lonicera japonica
2,3-dehydronagilactone A 2,3- 二氢竹柏内酯 A 竹柏 Nageia nagi
dehydronantenine 去氢南天竹宁碱 山延胡索 Corydalis solida, 延胡索 C. yanhusuo, 南天竹 Nandina domestica
dehydronapelline 去氢欧乌头碱 伏毛铁棒锤 Aconitum flavum, 铁棒锤 A. pendulum
dehydro-neoabietic acid 去氢新冷杉酸 思茅松 Pinus kesiya
12-dehydroneoazedarachin D 12- 去氢新苦楝素 D 楝 Melia azedarach
1,2-dehydroneomajucin 1,2- 去氢新大八角素 假地枫皮 Illicium jiadifengpi
2,3-dehydroneomajucin 2,3- 去氢新大八角素 假地枫皮 Illicium jiadifengpi, 大八角 I. majus
dehydroneotenone 去氢新劳塔豆酮▲ 豆薯 Pachyrhizus erosus
5,9-dehydronepetalactone 5,9- 去氢荆芥内酯 挥发油成分，未统计基源
dehydronitraramine 去氢白刺胺▲ 垂花密脉木 Myrioneuron nutans
dehydronuciferine 去氢荷叶碱 莲 Nelumbo nucifera
2,3-dehydro-*O*-(2-pyrrolylcarbonyl)virgiline 2,3- 去氢 -*O*-(2- 吡咯基羧酸) 灌豆碱 金线草 Rubia membranacea
dehydroocoteine 去氢绿心樟碱▲ 紫堇叶唐松草 Thalictrum isopyroides
dehydrooreadone 去氢硬柄小皮伞酮▲ 硬柄小皮伞 Marasmius oreades
trans-dehydroosthole 反式 - 去氢欧前胡醚▲ 九里香 Murraya exotica
cis-dehydroosthole 顺式 - 去氢欧前胡醚▲ 九里香 Murraya exotica
dehydrooxoperezinone 去氢氧代墨西哥菊酮 木通马兜铃 Aristolochia manshuriensis
dehydrooxoperezinone-6-methyl ether 去氢氧代墨西哥菊酮 -6- 甲醚 桐棉 Thespesia populnea
dehydropachymic acid 去氢茯苓酸 猪苓 Polyporus umbellatus, 茯苓 Wolfiporia extensa
dehydropachyrrhizone 去氢豆薯酮 豆薯 Pachyrhizus erosus
dehydro-*p*-asebotin 去氢 - 对 - 马醉木苷 鼠麹草 Gnaphalium affine
dehydropenstemoside 去氢钓钟柳苷 独一味 Lamiophlomis rotata, 萝卜秦艽 Phlomis medicinalis, 螃蟹甲 P. younghusbandii
dehydroperilloxin 去氢紫苏氧杂辛▲ 野生紫苏 Perilla frutescens var. purpurascens
dehydrophanostenine 去氢台湾千金藤宁碱▲ 台湾千金藤 Stephania merrillii
25,27-dehydro-physalin L 25,27- 去氢酸浆素 L 挂金灯 Physalis alkekengi var. francheti
dehydropipernonaline 去氢荜茇纳灵▲ 蒌叶 Piper betle, 荜拔 P. longum, 胡椒 P. nigrum, 假荜拔 P. retrofractum
dehydropodophyllotoxin 去氢鬼臼毒素 南方山荷叶 Diphylleia sinensis, 云南八角莲 Dysosma aurantiocaulis, 六角莲 D. pleiantha, 八角莲 D. versipellis, 侧柏 Platycladus orientalis
25(27)-dehydroporiferasterol 25(27)- 去氢多孔甾醇 臭茉莉 Clerodendrum chinense var. simplex, 甜瓜 Cucumis melo
25-dehydroporiferasterol 25- 去氢多孔甾醇 笋瓜 Cucurbita maxima
7-dehydroporiferasterol 7- 去氢多孔甾醇 盐生杜氏藻 Dunaliella salina
16-dehydropregnenolone 16- 去氢孕烯醇酮 白英 Solanum lyratum
16-dehydropregnenolone-3-*O*-*α*-L-rhamnopyranosyl-(1→2)-*β*-D-glucopyranosiduronic acid 16- 去氢孕烯醇酮 -3-*O*-*α*-L- 吡喃鼠李糖基 -(1→2)-*β*-D- 吡喃葡萄糖醛酸苷 白英 Solanum lyratum
11-dehydropropapyriogenin A_2 11- 去氢原通脱木皂苷元 A_2 通脱木 Tetrapanax papyrifer
dehydroprotopanaxatriol II 去氢原人参三醇 II 人参 Panax ginseng
8,10-dehydropulchelloside 8,10- 去氢美丽马鞭草苷 萝卜秦艽 Phlomis medicinalis

1,2-dehydropyrrolizidine 1,2- 去氢吡咯里西啶 飞机草 Chromolaena odorata
dehydroretrofractamide C 去氢假荜茇酰胺 C 胡椒 Piper nigrum
dehydrorobustol A, B 去氢银桦醚酚▲A, B 银桦 Grevillea robusta
dehydroroemerine 去氢疆罂粟碱▲ 北美鹅掌楸 Liriodendron tulipifera, 台湾含笑 Michelia compressa, 莲 Nelumbo nucifera, 虞美人 Papaver rhoeas, 广西地不容 Stephania kwangsiensis, 台湾千金藤 S. merrillii, 小花地不容 S. micrantha
5'*R*-6a,12a-dehydrorotenone 5'*R*-6a,12a- 去氢鱼藤酮 毛鱼藤 Derris elliptica
6a,12a-dehydrorotenone 6a,12a- 去氢鱼藤酮 兰屿鱼藤 Derris oblonga, 鱼藤 D. trifoliata
dehydrorotenone 去氢鱼藤酮 锈毛鱼藤 Derris ferruginea, 异翅鱼藤 D. malaccensis, 鱼藤 D. trifoliata
6,7-dehydroroyleanone 6,7- 去氢罗氏旋覆花酮▲ 狭基线纹香茶菜 Isodon lophanthoides var. gerardianus, 长叶香茶菜 I. walkeri, 鸡脚参 Orthosiphon wulfenioides, 迷迭香 Rosmarinus officinalis, 新疆鼠尾草 Salvia deserta, 雪山鼠尾草 S. evansiana
11,13-dehydrosantonin 11,13- 去氢蛔蒿素 月桂 Laurus nobilis
5,6-dehydrosarmentogenin-3-*O*-*β*-D-glucopyranosyl-(1→6)-*O*-*β*-D-galactopyranoside 5,6- 去氢沙门苷元 -3-*O*-*β*-D- 吡喃葡萄糖基 -(1→6)-*O*-*β*-D- 吡喃半乳糖苷 吊裙草 Crotalaria retusa
2,3-dehydrosarsalignone 2,3- 去氢柳叶野扇花酮▲ 羽脉野扇花 Sarcococca hookeriana
dehydrosaussurea lactone 去氢云木香内酯▲ 挥发油成分，未统计基源
dehydroschoberine 去氢大白刺碱▲ 大白刺 Nitraria roborowskii
6a,12a-dehydrosermundone 6a,12a- 去氢色蒙酮 紫穗槐 Amorpha fruticosa
8,9-dehydroshizukanolide 8,9- 去氢银线草内酯 银线草 Chloranthus japonicus
dehydroshizukanolide 去氢银线草内酯 银线草 Chloranthus japonicus
10-dehydroshogaol 10- 去氢姜烯酚 姜 Zingiber officinale
6-dehydroshogaol 6- 去氢姜烯酚 姜 Zingiber officinale
8-dehydroshogaol 8- 去氢姜烯酚 姜 Zingiber officinale
2,3-dehydrosilybin 2,3- 去氢水飞蓟宾 头花蓼 Polygonum capitatum
dehydrosilybin 去氢水飞蓟宾 水飞蓟 Silybum marianum
2,3-dehydrosilychristin 2,3- 去氢水飞蓟亭 头花蓼 Polygonum capitatum
Δ^5-dehydroskytanthine Δ^5- 去氢多花藤碱▲ 直立黄钟花 Tecoma stans
2,3-dehydrosomnifericin 2,3- 去氢催眠睡茄辛▲ 睡茄 Withania somnifera
13,14-dehydrosophoranol 13,14- 去氢槐醇 越南槐 Sophora tonkinensis
(-)-13,14-dehydrosophoridine (-)-13,14- 去氢槐定碱 苦参 Sophora flavescens
13,14-dehydrosophoridine 13,14- 去氢槐定碱 苦豆子 Sophora alopecuroides
dehydrosoyasaponin I 去氢大豆皂苷 I 广州相思子 Abrus cantoniensis, 毛相思子 A. mollis, 广东金钱草 Desmodium styracifolium, 多序岩黄耆 Hedysarum polybotrys, 黄金凤 Impatiens siculifer, 紫苜蓿 Medicago sativa, 草木犀 Melilotus officinalis, 藤萝 Wisteria villosa
dehydrostephanine 去氢千金藤碱 金线吊乌龟 Stephania cephalantha, 血散薯 S. dielsiana, 广西地不容 S. kwangsiensis, 粪箕笃 S. longa, 小花地不容 S. micrantha
dehydrostesakine 去氢台湾千金藤碱▲ 血散薯 Stephania dielsiana, 台湾千金藤 S. merrillii
25,26-dehydrostigmasterol 25,26- 去氢豆甾醇 赪桐 Clerodendrum japonicum
7-dehydrostigmasteryl acetate 7- 去氢豆甾醇乙酸酯 黄檗 Phellodendron amurense
Δ^5-dehydrosugiol Δ^5- 去氢柳杉酚 刺柏 Juniperus formosana
5,6-dehydrosugiol 5,6- 去氢柳杉酚 鹿石蕊 Cladonia rangiferina, 浙江大青 Clerodendrum kaichianum, 柳杉 Cryptomeria japonica var. sinensis, 毛地黄鼠尾草 Salvia digitaloides, 云南鼠尾草 S. yunnanensis
dehydrosulphurenic acid 去氢硫色多孔菌酸 药用拟层孔菌 Fomitopsis officinalis
(*S*)-(+)-11-dehydrosydonic acid (*S*)-(+)-11- 去氢赛氏曲霉酸▲ 海漆 Excoecaria agallocha
1-dehydrotanshinone IIA 1- 去氢丹参酮 IIA 丹参 Salvia miltiorrhiza
dehydrotectol 去氢柚木酚▲ 西南猫尾木 Markhamia stipulata, 掌叶木 Tabebuia rosea, 柚木 Tectona grandis
1-dehydrotestosterone 1- 去氢睾酮 调羹树 Heliciopsis lobata
2,3-dehydroteucrin E 2,3- 去氢香科科灵▲E 蒜味香科科 Teucrium scordium
dehydrothalicmine 去氢亚欧唐松草碱▲ 紫堇叶唐松草 Thalictrum isopyroides
dehydrothalictricavine 去氢唐松草卡文碱 山延胡索 Corydalis solida
dehydrothalictrifoline 去氢石生黄堇林碱▲ 小叶锦鸡儿 Caragana microphylla, 堇叶延胡索 Corydalis fumariifolia
dehydrothaliesimidine 去氢箭头唐松草米定碱 盾叶唐松草 Thalictrum ichangense
dehydrothalifaberine 去氢大叶唐松草碱▲ 狭序唐松草 Thalictrum atriplex, 大叶唐松草 T. faberi
8,9-dehydrothymol 8,9- 去氢麝香草酚 挥发油成分，未统计基源
8,9-dehydrothymol isobutyrate 8,9- 去氢麝香草酚异丁酸酯 紫茎泽兰 Ageratina adenophora
8,9-dehydrothymol-3-*O*-(2-methylpropionate) 8,9- 去氢麝香草酚 -3-*O*-(2- 甲基丙酸酯) 佩兰 Eupatorium fortunei
8,9-dehydrothymol-3-*O*-tiglate 8,9- 去氢麝香草酚 -3-*O*- 巴豆酸酯 佩兰 Eupatorium fortunei
dehydrotomatine 去氢番茄碱 番茄 Lycopersicon esculentum
dehydrotomatoside 去氢番茄皂苷 番茄 Lycopersicon esculentum
dehydrotomentosin 去氢假防己素▲ 台湾牛奶菜 Marsdenia formosana
dehydrotrewiasine 去氢滑桃树辛▲ 滑桃树 Trevia nudiflora

1-dehydrotrillenogenin 1- 去氢延龄草烯苷元▲ 四叶重楼 Paris quadrifolia
6,7-dehydrotropine 6,7- 去氢托品碱 挥发油成分，未统计基源
dehydrotumulosic acid 去氢丘陵多孔菌酸▲ 茯苓 Wolfiporia extensa
dehydrotylophorine 去氢娃儿藤碱 棱果榕 Ficus septica
dehydroulmudiol 去氢榆二醇▲ 榆 Ulmus pumila
19-dehydroursolic acid 19- 去氢熊果酸 秤星树 Ilex asprella
11,12-dehydroursolic acid lactone 11,12- 去氢熊果酸内酯 蓝桉 Eucalyptus globulus, 多枝桉 E. viminalis, 尖山橙 Melodinus fusiformis
dehydrouvaol 去氢熊果醇 朱唇 Salvia coccinea
5,6-dehydrouzarigenin 5,6- 去氢波叶刚毛果苷元▲ 马利筋 Asclepias curassavica
dehydroverbascoside 去氢毛蕊花苷 绵毛鹿茸草 Monochasma savatieri
17,18-dehydroviguiepinin 17,18- 去氢羽裂维氏菊内酯▲ 菊芋 Helianthus tuberosus
14,15-dehydrovincamine 14,15- 去氢蔓长春花胺▲ 雷打果 Melodinus yunnanensis, 蔓长春花 Vinca major
14,15-dehydrovincine 14,15- 去氢长春辛 奶子藤 Bousigonia mekongensis
(-)-dehydrovomifoliol (-)- 去氢催吐萝芙木叶醇 胡桃 Juglans regia, 豆腐柴 Premna microphylla
(+)-(*S*)-dehydrovomifoliol (+)-(*S*)- 去氢催吐萝芙木叶醇 灯笼果 Physalis peruviana
(+)-dehydrovomifoliol (+)- 去氢催吐萝芙木叶醇 厚皮菜 Beta vulgaris var. cicla, 密蒙花 Buddleja officinalis, 藜 Chenopodium album, 益母草 Leonurus japonicus, 管花马先蒿 Pedicularis siphonantha, 波缘冷水花 Pilea cavaleriei, 爬树龙 Rhaphidophora decursiva, 红枝崖爬藤 Tetrastigma erubescens, 麻叶荨麻 Urtica cannabina
(6*S*)-dehydrovomifoliol (6*S*)- 去氢催吐萝芙木叶醇 黄桐 Endospermum chinense, 散沫花 Lawsonia inermis, 薄片变豆菜 Sanicula lamelligera, 血见愁 Teucrium viscidum
(*R*)-(-)-dehydrovomifoliol (*R*)-(-)- 去氢催吐萝芙木叶醇▲ 刺枝鱼栖苔 Acanthophora spicifera
(*S*)-(+)-dehydrovomifoliol (*S*)-(+)- 去氢催吐萝芙木叶醇 巴豆 Croton tiglium, 大果榕 Ficus auriculata, 活血丹 Glechoma longituba, 伞房花耳草 Hedyotis corymbosa
(*S*)-dehydrovomifoliol (*S*)- 去氢催吐萝芙木叶醇 小果白刺 Nitraria sibirica
dl-dehydrovomifoliol *dl*- 去氢催吐萝芙木醇 风龙 Sinomenium acutum
dehydrovomifoliol 去氢催吐萝芙木叶醇 灰毛浆果楝 Cipadessa cinerascens, 狗肝菜 Dicliptera chinensis, 朝鲜淫羊藿 Epimedium koreanum, 蕺菜 Houttuynia cordata, 湖北旋覆花 Inula hupehensis, 鸭舌草 Monochoria vaginalis, 华鼠尾草 Salvia chinensis, 龙脷叶 Sauropus spatulifolius, 三白草 Saururus chinensis, 白英 Solanum lyratum, 喜马拉雅红豆杉 Taxus wallichiana, 野豇豆 Vigna vexillata, 葡萄 Vitis vinifera
dehydroxy isocalamendiol 去羟基异菖蒲烯二醇 挥发油成分，未统计基源
2-dehydroxy-15-hydroxyiguestol 2- 去羟基 -15- 羟基布氏鼠尾草醇▲ 柳杉 Cryptomeria japonica var. sinensis
dehydroxy-15-*O*-methylcimigenol 去羟基 -15-*O*- 甲基升麻醇 小升麻 Cimicifuga japonica
6-dehydroxy-1-hydroxyneoanisatin 6- 去羟基 -1- 羟基新莽草素 大八角 Illicium majus
3-dehydroxy-2-*epi*-caniojane 3- 去羟基 -2- 表 - 大齿麻疯树烷▲ 麻疯树 Jatropha curcas
2'''-dehydroxy-3,3''-bisteppogenin 2'''- 去羟基 -3,3''- 双草原大戟苷元▲ 橙花瑞香 Daphne aurantiaca
2'''-dehydroxy-3,3''-bisteppogenin-7-*O*-*β*-D-glucopyranoside 2'''- 去羟基 -3,3''- 双草原大戟苷元▲-7-*O*-*β*-D- 吡喃葡萄糖苷 橙花瑞香 Daphne aurantiaca
2-dehydroxy-5-*O*-methylembelin 2- 去羟基 -5-*O*- 甲基信筒子醌 阳桃 Averrhoa carambola
1*β*-dehydroxybaccatin IV, VI 1*β*- 去羟基浆果紫杉素 IV, VI 南方红豆杉 Taxus wallichinana var. mairei
1-dehydroxybaccatin IV 1- 去羟基浆果紫杉素 IV 喜马拉雅红豆杉 Taxus wallichiana
7-dehydroxycaesaldekarin I 7- 去羟基大云实灵▲I 刺果苏木 Caesalpinia bonduc
8-dehydroxychrysophenol 8- 去羟基大黄烯酚 藏边大黄 Rheum australe
dehydroxycubebin 去羟基荜澄茄素 黄樟 Cinnamomum parthenoxylon, 枪刀药 Hypoestes purpurea
dehydroxydahurinol 去羟基兴安升麻醇 小升麻 Cimicifuga japonica, 单穗升麻 C. simplex
dehydroxyervataminol 去羟基狗牙花醇 狗牙花 Tabernaemontana divaricata
10-dehydroxyflavaconitine 10- 去羟基伏毛铁棒锤碱 保山乌头 Aconitum nagarum
14-dehydroxygelsefuranidine 14- 去羟基钩吻呋喃定▲ 钩吻 Gelsemium elegans
1-dehydroxylbaccatin III 1- 去羟基浆果紫杉素 III 喜马拉雅红豆杉 Taxus wallichiana
14-dehydroxyldaucucarotol 14- 去羟基野胡萝卜醇 麻疯树 Jatropha curcas
dehydroxymacropodumine A 去羟基交让木明胺▲A 交让木 Daphniphyllum macropodum
11-dehydroxymogroside III 11- 去羟基罗汉果苷 III 罗汉果 Siraitia grosvenorii
3''-dehydroxynyasicoside 3''- 去羟基尼亚小金梅草苷▲ 大叶仙茅 Curculigo capitulata
3'-dehydroxy-rosmarinic acid-3-*O*-*β*-D-glucopyranoside 3'- 去羟基 - 迷迭香酸 -3-*O*-*β*-D- 吡喃葡萄糖苷 回回苏 Perilla frutescens var. crispa
1-dehydroxyshanzhigenin methyl ester 1- 去羟基山栀苷元甲酯 萝卜秦艽 Phlomis medicinalis
2''-dehydroxytrifloroside 2''- 去羟基三花龙胆苷 龙胆 Gentiana scabra
9'-dehydroxy-vladinol F 9'- 去羟基 - 川木香醇 F 滇瑞香 Daphne feddei
7-dehydroxyzaluzioside 7- 去羟基南非夜香花苷 独一味 Lamiophlomis rotata
22,23-dehydroxy-*α*-chondrillasterone 22,23- 二氢 -*α*- 鸡肝海绵甾酮▲ 盒子草 Actinostemma tenerum
dehydrozaluzanin C 脱水中美菊素 C 拟南芥 Arabidopsis thaliana

(-)-1,2-dehydro-α-cyperone (-)-1,2- 去氢 -α- 莎草酮 枸杞 Lycium chinense
dehydro-α-isodunnione 去氢 -α- 异邓恩扭果花酮▲ 柚木 Tectona grandis
6a,12a-dehydro-α-isotephrosin 6a,12a- 去氢 -α- 异灰叶素 紫穗槐 Amorpha fruticosa, 鱼藤 Derris trifoliata
dehydro-α-lapachone 去氢 -α- 风铃木醌▲ 梓 Catalpa ovata, 西南猫尾木 Markhamia stipulata, 菜豆树 Radermachera sinica, 灵枝草 Rhinacanthus nasutus, 羽叶楸 Stereospermum colais, 掌叶木 Tabebuia rosea, 柚木 Tectona grandis
12a-dehydro-α-toxicarol 12a- 去氢 -α- 毒灰毛豆酚 毛鱼藤 Derris elliptica
6a,12a-dehydro-α-toxicarol 6a,12a- 去氢 -α- 毒灰毛豆酚 紫穗槐 Amorpha fruticosa, 兰屿鱼藤 Derris oblonga
6a,12a-dehydro-β-toxicarol 6a,12a- 去氢 -β- 毒灰毛豆酚 毛鱼藤 Derris elliptica, 兰屿鱼藤 D. oblonga
21-dehyrodichapetalin Q 21- 去氢毒鼠子素▲Q 毒鼠子 Dichapetalum gelonioides
deidaclin 铁线戴达莲素▲ 龙珠果 Passiflora foetida
3-deisopropenyl rhuscholide A 3- 去异丙烯基盐肤木内酯 A 盐肤木 Rhus chinensis
delajacine 洋翠雀辛▲ 飞燕草 Consolida ajacis, 秦岭翠雀花 Delphinium giraldii
delajacirine 洋翠雀灵▲ 飞燕草 Consolida ajacis
delajadine 洋翠雀加定▲ 飞燕草 Consolida ajacis, 光果翠雀 Delphinium grandiflorum var. leiocarpum
delamide 翠雀酰胺 峨眉翠雀花 Delphinium omeiense
delavaconine 紫草乌头原碱 苍山乌头 Aconitum contortum, 马耳山乌头 A. delavayi
delavaconitine 紫草乌头碱 苍山乌头 Aconitum contortum, 马耳山乌头 A. delavayi
delavaconitine C 紫草乌头碱 C 苍山乌头 Aconitum contortum, 马耳山乌头 A. delavayi
delavaconitine D~G 紫草乌头碱 D~G 马耳山乌头 Aconitum delavayi
delavaine 地不容碱 一文钱 Stephania delavayi, 地不容 S. epigaea
delavaine A 地不容碱 A 须花翠雀花 Delphinium delavayi var. pogonanthum, 光果翠雀 D. grandiflorum var. leiocarpum, 峨眉翠雀花 D. omeiense, 黑水翠雀花 D. potaninii
delavaine B 地不容碱 B 须花翠雀花 Delphinium delavayi var. pogonanthum, 峨眉翠雀花 D. omeiense, 黑水翠雀花 D. potaninii
delavanoside A 短柄雪胆苷 A 短柄雪胆 Hemsleya delavayi, 彭县雪胆 H. pengxianensis
delavanoside B, C, E 短柄雪胆苷 B, C, E 短柄雪胆 Hemsleya delavayi
delavanoside D 短柄雪胆苷 D 短柄雪胆 Hemsleya delavayi, 彭县雪胆 H. pengxianensis
delavayine A, B, C 红波罗花碱▲A, B, C 红波罗花 Incarvillea delavayi
delavayol 红波罗花醇▲ 红波罗花 Incarvillea delavayi
delavidine 梭砂贝母定碱 梭砂贝母 Fritillaria delavayi
delavine 梭砂贝母碱 梭砂贝母 Fritillaria delavayi, 新疆贝母 F. walujewii
delavinone 梭砂贝母酮 川贝母 Fritillaria cirrhosa, 梭砂贝母 F. delavayi, 托里贝母 F. tortifolia, 新疆贝母 F. walujewii, 裕民贝母 F. yuminensis
delbine 翠雀宾 川黔翠雀花 Delphinium bonvalotii
delbiterine 三出翠雀灵▲ 三出翠雀花 Delphinium biternatum
delbonine 川黔翠雀宁碱▲ 川黔翠雀花 Delphinium bonvalotii, 康定翠雀花 D. tatsienense, 云南翠雀花 D. yunnanense
delbotine 川黔翠雀亭碱▲ 川黔翠雀花 Delphinium bonvalotii
delboxine 川黔翠雀新碱▲ 川黔翠雀花 Delphinium bonvalotii
delbruline 囊距翠雀灵 囊距翠雀花 Delphinium brunonianum
delbrunine 囊距翠雀宁 白蓝翠雀花 Delphinium albocoeruleum, 囊距翠雀花 D. brunonianum, 蓝翠雀花 D. caeruleum
delbruninol 囊距翠雀醇▲ 卵瓣还亮草 Delphinium anthriscifolium var. savatieri, 囊距翠雀花 D. brunonianum, 天山翠雀花 D. tianshanicum
delbrusine 囊距翠雀星 囊距翠雀花 Delphinium brunonianum
delcaroline 加罗林翠雀碱▲ 峨眉翠雀花 Delphinium omeiense
delcorine 伞花翠雀碱▲ 卵瓣还亮草 Delphinium anthriscifolium var. savatieri, 天山翠雀花 D. tianshanicum
delcorinine 伞花翠雀宁碱▲ 河南翠雀花 Delphinium honanense
delcosine 琉璃飞燕草碱▲ 细叶黄乌头 Aconitum barbatum, 吉林乌头 A. kirinense, 飞燕草 Consolida ajacis, 三出翠雀花 Delphinium biternatum, 囊距翠雀花 D. brunonianum, 蓝翠雀花 D. caeruleum, 翠雀 D. grandiflorum, 康定翠雀花 D. tatsienense, 云南翠雀花 D. yunnanense
delectine 网果翠雀亭▲ 飞燕草 Consolida ajacis, 峨眉翠雀花 Delphinium omeiense, 黑水翠雀花 D. potaninii
delectinine 网果翠雀宁▲ 峨眉翠雀花 Delphinium omeiense
delelatine 高翠雀碱▲ 伏毛直序乌头 Aconitum richardsonianum var. pseudosessiliflorum, 太白乌头 A. taipeicum, 白蓝翠雀花 Delphinium albocoeruleum, 秦岭翠雀花 D. giraldii, 康定翠雀花 D. tatsienense, 云南翠雀花 D. yunnanense
delfissinol 半裂翠雀醇▲ 船盔乌头 Aconitum naviculare, 太白乌头 A. taipeicum
delgramine 大花飞燕草明▲ 卵瓣还亮草 Delphinium anthriscifolium var. savatieri, 翠雀 D. grandiflorum
delgrandine 大花飞燕草定▲ 翠雀 Delphinium grandiflorum, 康定翠雀花 D. tatsienense
delicial 松乳菇醛 松乳菇 Lactarius deliciosus
delphatine 翠雀亭 飞燕草 Consolida ajacis, 三出翠雀花 Delphinium biternatum, 翠雀 D. grandiflorum, 三小叶翠雀花 D. trifoliolatum
delpheline 翠雀灵 飞燕草 Consolida ajacis, 白蓝翠雀花 Delphinium albocoeruleum, 蓝翠雀花 D. caeruleum
delphidenine 密花翠雀宁▲ 密花翠雀花 Delphinium densiflorum
delphin 飞燕草苷 茄 Solanum melongena

delphinidin 飞燕草素 茶 Camellia sinensis, 金鸡纳树 Cinchona calisaya, 木槿 Hibiscus syriacus, 凤仙花 Impatiens balsamina, 黄连花 Lysimachia davurica, 大蕉 Musa × paradisiaca, 藏报春 Primula sinensis, 夏枯草 Prunella vulgaris, 杜鹃花 Rhododendron simsii, 黑果越桔 Vaccinium myrtillus, 蚕豆 Vicia faba, 茜堇菜 Viola phalacrocarpa, 深山堇菜 V. selkirkii, 斑叶堇菜 V. variegata, 蛇婆子 Waltheria indica

delphinidin acetylhexoside 飞燕草素乙酰己糖苷 桑 Morus alba

delphinidin chloride 飞燕草素氯化物 灰毛豆 Tephrosia purpurea

delphinidin glucopyranoside 飞燕草素吡喃葡萄糖苷 刺芙蓉 Hibiscus surattensis

delphinidin glucoside 飞燕草素葡萄糖苷 天山茶藨子 Ribes meyeri, 刚毛柽柳 Tamarix hispida

delphinidin hexoside 飞燕草素己糖苷 桑 Morus alba

delphinidin rhamnosylhexoside 飞燕草素鼠李糖基己糖苷 桑 Morus alba

delphinidin rutinoside 飞燕草素芸香糖苷 天山茶藨子 Ribes meyeri

delphinidin-3-(6-caffeoylglucoside)-5-(4,6-dimalonylglucoside) 飞燕草素 -3-(6- 咖啡酰葡萄糖苷)-5-(4,6- 二丙二酰葡萄糖苷） 一串红 Salvia splendens

delphinidin-3-(6-caffeoylglucoside)-5-(6-malonylglucoside) 飞燕草素 -3-(6- 咖啡酰葡萄糖苷)-5-(6- 丙二酰葡萄糖苷） 一串红 Salvia splendens

delphinidin-3-(6-caffeoylglucoside)-5-glucoside 飞燕草素 -3-(6- 咖啡酰葡萄糖苷)-5- 葡萄糖苷） 一串红 Salvia splendens

delphinidin-3-(6''-coumaroylglucoside) 飞燕草素 -3-(6''- 香豆酰基)- 葡萄糖苷 黑茶藨子 Ribes nigrum

delphinidin-3-(6-*p*-coumaroylglucoside)-5-(4,6-dimalonylglucoside) 飞燕草素 -3-(6- 对香豆酰葡萄糖苷)-5-(4,6- 二丙二酰葡萄糖苷） 一串红 Salvia splendens

delphinidin-3-(caffeoyl-rutinoside)-5-glucoside 飞燕草素 -3-(咖啡酰芸香糖苷)-5- 葡萄糖苷 番茄 Lycopersicon esculentum

delphinidin-3-(coumaroyl-rutinoside)-5-glucoside 飞燕草素 -3-(香豆酰芸香糖苷)-5- 葡萄糖苷 番茄 Lycopersicon esculentum

delphinidin-3,3'-di-*O*-*β*-D-glucopyranoside 飞燕草素 -3,3'- 二 -*O*-*β*-D- 吡喃葡萄糖苷 山葡萄 Vitis amurensis

delphinidin-3,5-diglucoside 飞燕草素 -3,5- 二葡萄糖苷 蓝花楹 Jacaranda mimosifolia, 一串红 Salvia splendens, 茄 Solanum melongena

delphinidin-3,5-di-*O*-(6-*O*-malonyl-*β*-D-glucoside) 飞燕草素 -3,5- 二 -*O*-(6-*O*- 丙二酰基 -*β*-D- 葡萄糖苷） 菊苣 Cichorium intybus

delphinidin-3,5-di-*O*-*β*-D-glucopyranoside 飞燕草素 -3,5- 二 -*O*-*β*-D- 吡喃葡萄糖苷 石榴 Punica granatum

delphinidin-3,5-di-*O*-*β*-D-glucoside 飞燕草素 -3,5- 二 -*O*-*β*-D- 葡萄糖苷 菊苣 Cichorium intybus

delphinidin-3,5-*O*-diglucopyranoside 飞燕草素 -3,5- 二 -*O*- 吡喃葡萄糖苷 菜豆 Phaseolus vulgaris

delphinidin-3,5-*O*-diglucoside 飞燕草素 -3,5-*O*- 二葡萄糖苷 刺葡萄 Vitis davidii

delphinidin-3-arabinopyranoside 飞燕草素 -3- 吡喃阿拉伯糖苷 紫薇 Lagerstroemia indica

delphinidin-3-caffeoylrutinoside-5-glucoside 飞燕草素 -3- 咖啡酰芦丁糖苷 -5- 葡萄糖苷 茄 Solanum melongena

delphinidin-3-di-caffeoylrutinosyl-5-glucoside 飞燕草素 -3- 双咖啡酰芸香糖基 -5- 葡萄糖苷 桔梗 Platycodon grandiflorus

delphinidin-3-glucoside 飞燕草素 -3- 葡萄糖苷 蓝果忍冬 Lonicera caerulea, 金银忍冬 L. maackii, 黑茶藨子 Ribes nigrum, 茄 Solanum melongena

delphinidin-3-monoglucopyranoside 飞燕草素 -3- 单吡喃葡萄糖苷 葛藟葡萄 Vitis flexuosa

delphinidin-3-*O*-(2-*O*-(6-*O*-*p*-coumaroyl-*β*-D-glucopyranosyl)-6-*O*-*p*-coumaroyl-*β*-D-glucopyranoside)-5-*O*-*β*-D-glucopyranoside 飞燕草素 -3-*O*-(2-*O*-(6-*O*- 对香豆酰基 -*β*-D- 吡喃葡萄糖基)-6-*O*- 对香豆酰基 -*β*-D- 吡喃葡萄糖苷)-5-*O*-*β*-D- 吡喃葡萄糖苷 阿拉伯婆婆纳 Veronica persica

delphinidin-3-*O*-(4-*p*-*trans*-coumaroyl-*α*-L-rhamnopyranosyl)-(1 → 6)-*O*-*β*-D-glucopyranoside-5-*O*-*β*-D-glucopyranoside 飞燕草素 -3-*O*-(4- 对反式香豆酰基 -*α*-L- 吡喃鼠李糖基)-(1 → 6)-*O*-*β*-D- 吡喃葡萄糖苷 -5-*O*-*β*-D- 吡喃葡萄糖苷 玉蝉花 Iris ensata

delphinidin-3-*O*-(6''-*E*-feruloylglucosyl)-(1 → 2)-(6''-*E*-feruloylglucoside)-5-*O*-(6''-malonylglucoside) 飞燕草素 -3-*O*-(6''-*E*- 阿魏酰葡萄糖基)-(1 → 2)-(6''-*E*- 阿魏酰葡萄糖苷)-5-*O*-(6''- 丙二酰葡萄糖苷） 紫背金盘 Ajuga nipponensis

delphinidin-3-*O*-(6''-*E*-feruloylglucosyl)-(1 → 2)-(6''-*E*-*p*-coumaroylglucoside)-5-*O*-(6''-malonylglucoside) 飞燕草素 -3-*O*-(6''-*E*- 阿魏酰葡萄糖基)-(1 → 2)-(6''-*E*- 对香豆酰葡萄糖苷)-5-*O*-(6''- 丙二酰葡萄糖苷） 紫背金盘 Ajuga nipponensis

delphinidin-3-*O*-(6''-*E*-*p*-coumaroylglucosyl)-(1 → 2)-(6''-*E*-*p*-coumaroylglucoside)-5-*O*-(6''-malonylglucoside) 飞燕草素 -3-*O*-(6''-*E*- 对香豆酰葡萄糖基)-(1 → 2)-(6''-*E*- 对香豆酰葡萄糖苷)-5-*O*-(6''- 丙二酰葡萄糖苷） 紫背金盘 Ajuga nipponensis

delphinidin-3-*O*-(6''-feruloylglucosyl)-(1 → 2)-(6''-*p*-coumaroylglucoside)-5-*O*-glucoside 飞燕草素 -3-*O*-(6''- 阿魏酰葡萄糖基)-(1 → 2)-(6''- 对香豆酰葡萄糖苷)-5-*O*- 葡萄糖苷 紫背金盘 Ajuga nipponensis

delphinidin-3-*O*-(6''-*p*-coumaroylglucosyl)-(1 → 2)-(6''-*p*-coumaroylglucoside)-5-*O*-glucoside 飞燕草素 -3-*O*-(6''- 对香豆酰葡萄糖基)-(1 → 2)-(6''- 对香豆酰葡萄糖苷)-5-*O*- 葡萄糖苷 紫背金盘 Ajuga nipponensis

delphinidin-3-*O*-(6-*O*-(*E*)-caffeoyl)-*β*-D-glucopyranoside 飞燕草素 -3-*O*-(6-*O*-(*E*)- 咖啡酰基)-*β*-D- 吡喃葡萄糖苷 南山茶 Camellia semiserrata

delphinidin-3-*O*-(6-*O*-(*E*)-*p*-coumaroyl)-*β*-D-glucopyranoside 飞燕草素 -3-*O*-(6-*O*-(*E*)- 对香豆酰基)-*β*-D- 吡喃葡萄糖苷 南山茶 Camellia semiserrata

delphinidin-3-*O*-(6-*O*-(*Z*)-*p*-coumaroyl)-*β*-D-glucopyranoside 飞燕草素 -3-*O*-(6-*O*-(*Z*)- 对香豆酰基)-*β*-D- 吡喃葡萄糖苷 南山茶 Camellia semiserrata

delphinidin-3-*O*-(6-*O*-acetyl)-glucopyranoside 飞燕草素 -3-*O*-(6-*O*- 乙酰基)- 吡喃葡萄糖苷 黑果枸杞 Lycium ruthenicum

delphinidin-3-*O*-(6-*O*-acetyl)-glucoside 飞燕草素 -3-*O*-(6-*O*- 乙酰基)- 葡萄糖苷 山葡萄 Vitis amurensis

delphinidin-3-*O*-(6-*O*-malonyl-*β*-D-glucoside)-5-*O*-*β*-D-glucoside 飞燕草素 -3-*O*-(6-*O*- 丙二酰基 -*β*-D- 葡萄糖苷)-5-*O*-*β*-D- 葡萄糖苷 菊苣 Cichorium intybus

trans-delphinidin-3-*O*-(6-*O*-*p*-coumaryl)-5-*O*-diglucoside 反式 - 飞燕草素 -3-*O*-(6-*O*- 对香豆酰基)-5-*O*- 二葡萄糖苷 山葡萄 Vitis amurensis cis-delphinidin-3-O-(6-O-p-coumaryl)-5-O-diglucoside 顺式 - 飞燕草素 -3-O-(6-O- 对香豆酰基)-5-O- 二葡萄糖苷 山葡萄 Vitis amurensis

delphinidin-3-O-(6-O-p-coumaryl)-glucoside 飞燕草素 -3-O-(6-O- 对香豆酰基)- 葡萄糖苷 山葡萄 Vitis amurensis

delphinidin-3-O-(6''-O-α-rhamnopyranosyl-β-glucopyranoside) 飞燕草素 -3-O-(6''-O-α- 吡喃鼠李糖基 -β- 吡喃葡萄糖苷) 老鸦瓣 Tulipa edulis

delphinidin-3-O-(caffeoyl)-diglucoside 飞燕草素 -3-O-(咖啡酰基)- 二葡萄糖苷 白刺 Nitraria tangutorum

delphinidin-3-O-[4-(p-coumaroyl)-α-L-rhamnopyranosyl-(1 → 6)-glucopyranoside]-5-O-β-D-glucopyranoside 飞燕草素 -3-O-[4-(对香豆酰)-α-L- 吡喃鼠李糖基 -(1 → 6)- 吡喃葡萄糖苷]-5-O-β-D- 吡喃葡萄糖苷 茄 Solanum melongena

delphinidin-3-O-[6-O-(2-O-(trans-caffeoyl)-α-arabinofuranosyl)-β-glucopyranoside]-7,3'-O-di-[6-O-(trans-caffeoyl)-β-glucopyranoside] 飞燕草色素 -3-O-[6-O-(2-O- 反式咖啡酰基 -α- 呋喃阿拉伯糖基)-β- 吡喃葡萄糖苷]-7,3'-O- 二 -[6-O- 反式咖啡酰基 -β- 吡喃葡萄糖苷 紫露草 Tradescantia virginiana

delphinidin-3-O-feruoyl-rutinoside-5-O-glucoside 飞燕草素 -3-O- 阿魏酰芸香糖苷 -5-O- 葡萄糖苷 木龙葵 Solanum scabrum

delphinidin-3-O-glucopyranoside 飞燕草素 -3-O- 吡喃葡萄糖苷 异果小檗 Berberis heteropoda, 豆 Glycine soja, 黑果枸杞 Lycium ruthenicum, 菜豆 Phaseolus vulgaris, 豇豆 Vigna unguiculata

delphinidin-3-O-glucoside 飞燕草素 -3-O- 葡萄糖苷 玫瑰茄 Hibiscus sabdariffa

delphinidin-3-O-glucuronide 飞燕草素 -3-O- 葡萄糖醛酸苷 插田泡 Rubus coreanus

delphinidin-3-O-p-coumaroyl-rutinoside-5-O-glucoside 飞燕草素 -3-O- 对香豆酰芸香糖苷 -5-O- 葡萄糖苷 木龙葵 Solanum scabrum

delphinidin-3-O-rutinoside 飞燕草素 -3-O- 芸香糖苷 树番茄 Cyphomandra betacea, 玉蝉花 Iris ensata, 阳芋 Solanum tuberosum

delphinidin-3-O-rutinoside-(cis-p-coumaroyl)-5-O-glucopyranoside 飞燕草素 -3-O- 芸香糖苷 -(顺式 - 对香豆酰基)-5-O- 吡喃葡萄糖苷 黑果枸杞 Lycium ruthenicum

delphinidin-3-O-rutinoside-(trans-p-coumaroyl)-5-O-glucopyranoside 飞燕草素 -3-O- 芸香糖苷 -(反式 - 对香豆酰基)-5-O- 吡喃葡萄糖苷 黑果枸杞 Lycium ruthenicum

delphinidin-3-O-rutinoside-5-O-glucoside 飞燕草素 -3-O- 芸香糖苷 -5-O- 葡萄糖苷 木龙葵 Solanum scabrum

delphinidin-3-O-rutinoside-5-O-β-D-glucopyranoside 飞燕草素 -3-O- 芸香糖苷 -5-O-β-D- 吡喃葡萄糖苷 早开堇菜 Viola prionantha

delphinidin-3-O-sambubioside 飞燕草素 -3-O- 接骨木二糖苷 玫瑰茄 Hibiscus sabdariffa, 黑果越桔 Vaccinium myrtillus

delphinidin-3-O-trans-coumaroylglucoside-5-O-glucoside 飞燕草素 -3-O- 反式 - 香豆酰葡萄糖苷 -5-O- 葡萄糖苷 刺葡萄 Vitis davidii

delphinidin-3-O-α-L-arabinopyranoside 飞燕草素 -3-O-α-L- 吡喃阿拉伯糖苷 黑果越桔 Vaccinium myrtillus, 腺齿越桔 V. oldhamii, 笃斯越桔 V. uliginosum

delphinidin-3-O-β-D-(6-(E)-p-coumaryl)galactopyranoside 飞燕草素 -3-O-β-D-[6-(E)- 对香豆酰] 吡喃半乳糖苷 茶 Camellia sinensis

delphinidin-3-O-β-D-(6''-acetyl)glucoside 5-β-D-glucoside 飞燕草素 -3-O-β-D-(6''- 乙酰基) 葡萄糖苷 -5-β-D- 葡萄糖苷 山葡萄 Vitis amurensis

delphinidin-3-O-β-D-galactopyranoside 飞燕草素 -3-O-β-D- 吡喃半乳糖苷 黑蕊猕猴桃 Actinidia melanandra, 红叶 Cotinus coggygria var. cinerea, 雪白睡莲 Nymphaea candida, 黑果越桔 Vaccinium myrtillus, 笃斯越桔 V. uliginosum

delphinidin-3-O-β-D-glucopyranoside 飞燕草素 -3-O-β-D- 吡喃葡萄糖苷 南山茶 Camellia semiserrata, 树番茄 Cyphomandra betacea, 石榴 Punica granatum, 桃金娘 Rhodomyrtus tomentosa, 茄 Solanum melongena, 黑果越桔 Vaccinium myrtillus, 腺齿越桔 V. oldhamii, 笃斯越桔 V. uliginosum, 山葡萄 Vitis amurensis

delphinidin-3-O-β-D-glucoside-5-O-(6-O-malonyl-β-D-glucoside) 飞燕草素 -3-O-β-D- 葡萄糖苷 -5-O-(6-O- 丙二酰基 -β-D- 葡萄糖苷) 菊苣 Cichorium intybus

delphinidin-3-O-β-D-xylopyranosyl-(1 → 2)-β-D-galactopyranoside 飞燕草素 -3-O-β-D- 吡喃木糖基 -(1 → 2)- 吡喃半乳糖苷 黑蕊猕猴桃 Actinidia melanandra

delphinidin-3-O-β-glucoside 飞燕草素 -3-O-β- 葡萄糖苷 玉蝉花 Iris ensata

delphinidin-3-rutinoside 飞燕草素 -3- 芸香糖苷 蓝果忍冬 Lonicera caerulea, 大蕉 Musa × paradisiaca, 白刺 Nitraria tangutorum, 黑茶藨子 Ribes nigrum, 茄 Solanum melongena

delphinidin-3-rutinoside-5-glucoside 飞燕草素 -3- 芸香糖苷 -5- 葡萄糖糖苷 番茄 Lycopersicon esculentum

delphinidin-3-xyloside 飞燕草素 -3- 木糖苷 黑茶藨子 Ribes nigrum

delphinidin-7-O-β-D-galactopyranoside 飞燕草素 -7-O-β-D- 吡喃半乳糖苷 雪白睡莲 Nymphaea candida

delphinidin-7-O-β-D-glucopyranoside 飞燕草素 -7-O-β-D- 吡喃葡萄糖苷 红叶 Cotinus coggygria var. cinerea

delphinium caeruleum lactam 蓝翠雀内酰胺 蓝翠雀花 Delphinium caeruleum

delphisine 翠雀素 飞燕草 Consolida ajacis

delporphine 翠雀朴啡碱▲ 紫堇叶唐松草 Thalictrum isopyroides

delsemine 半须翠雀明▲ 须花翠雀花 Delphinium delavayi var. pogonanthum

delsemine A 半须翠雀明▲A 秦岭翠雀花 Delphinium giraldii, 翠雀 D. grandiflorum, 光果翠雀 D. grandiflorum var. leiocarpum, 拉萨翠雀花 D. gyalanum, 峨眉翠雀花 D. omeiense, 黑水翠雀花 D. potaninii, 康定翠雀花 D. tatsienense, 天山翠雀花 D. tianshanicum, 三小叶翠雀花 D. trifoliolatum, 云南翠雀花 D. yunnanense

delsemine B 半须翠雀明▲B 秦岭翠雀花 Delphinium giraldii, 翠雀 D. grandiflorum, 拉萨翠雀花 D. gyalanum, 峨眉翠雀花 D. omeiense, 黑水翠雀花 D. potaninii, 康定翠雀花 D. tatsienense, 天山翠雀花 D. tianshanicum, 三小叶翠雀花 D. trifoliolatum, 云南翠雀花 D. yunnanense

delsoline 琉璃飞燕草林碱▲ 细叶黄乌头 Aconitum barbatum, 赣皖乌头 A. finetianum, 多根乌头 A. karakolicum, 白喉乌头 A. leucostomum, 紫花高乌头 A. septentrionale, 飞燕草 Consolida ajacis, 秦岭翠雀花 Delphinium giraldii, 翠雀 D. grandiflorum, 峨眉翠雀花 D. omeiense, 黑水翠雀花 D. potaninii, 康定翠雀花 D. tatsienense, 三小叶翠雀花 D. trifoliolatum, 云南翠雀花 D. yunnanense

deltaline 翠雀它灵 飞燕草 Consolida ajacis, 卵瓣还亮草 Delphinium anthriscifolium var. savatieri, 川黔翠雀花 D. bonvalotii, 滇川翠雀花 D. delavayi, 须花翠雀花 D. delavayi var. pogonanthum, 峨眉翠雀花 D. omeiense, 天山翠雀花 D. tianshanicum, 云南翠雀花 D. yunnanense
deltamine 翠雀它明 川黔翠雀花 Delphinium bonvalotii, 须花翠雀花 D. delavayi var. pogonanthum
deltatsine 康定翠雀辛▲ 飞燕草 Consolida ajacis, 翠雀 Delphinium grandiflorum, 峨眉翠雀花 D. omeiense, 黑水翠雀花 D. potaninii, 康定翠雀花 D. tatsienense
(-)-deltoin (-)- 石防风素 台湾前胡 Peucedanum formosanum, 滨海前胡 P. japonicum
deltoin 石防风素 紫花前胡 Angelica decursiva, 川明参 Chuanminshen violaceum, 马山前胡 Peucedanum mashanense, 红前胡 P. rubricaule, 石防风 P. terebinthaceum, 宽叶石防风 P. terebinthaceum var. deltoideum, 防风 Saposhnikovia divaricata
deltonin 三角叶薯蓣苷 北葱 Allium schoenoprasum, 刺苞菜蓟 Cynara cardunculus, 三角叶薯蓣 Dioscorea deltoidea, 小花盾叶薯蓣 D. sinoparviflora, 盾叶薯蓣 D. zingiberensis, 棕竹 Rhapis excelsa
deltoside 三角叶薯蓣皂苷 北葱 Allium schoenoprasum, 三角叶薯蓣 Dioscorea deltoidea, 黄山药 D. panthaica, 小花盾叶薯蓣 D. sinoparviflora
delvestidine 浅裂翠雀定▲ 紫花高乌头 Aconitum septentrionale
5-demethoxy-10-dehydroxymethyl-5-acetyloxy-10-methyl-pubetalin 5- 去甲氧基 -10- 去羟甲基 -5- 乙酰氧基 -10- 甲基 - 腺梗豨莶素▲ 豨莶 Sigesbeckia orientalis
8-demethoxy-10-*O*-methylhostasine 8- 去甲氧基 -10-*O*- 甲基玉簪碱 玉簪 Hosta plantaginea
13-demethoxy-11(*S*),12(*R*)-dihydroprotostemonine 13- 二甲氧基 -11(*S*),12(*R*)- 二氢原百部碱 百部 Stemona japonica
11-demethoxy-11-ethoxydaphylloside 11- 去甲氧基 -11- 乙氧基交让木苷 狭叶虎皮楠 Daphniphyllum angustifolium
9-demethoxy-18-demethylgardneramine 9- 去甲氧基 -18- 去甲基蓬莱葛胺 卵叶蓬莱葛 Gardneria ovata
6-demethoxy-4'-*O*-methylcapillarisin-7-*O*-*β*-D-glucopyranoside 6- 去甲氧基 -4'-*O*- 甲基茵陈色原酮 -7-*O*-*β*-D- 吡喃葡萄糖苷 岩蒿 Artemisia rupestris
4''-demethoxy-7-dihydrodichapetalin W 4''- 去甲氧基 -7- 二氢毒鼠子素▲W 毒鼠子 Dichapetalum gelonioides
6-demethoxy-7-methylcapillarisin 6- 去甲氧基 -7- 甲基茵陈色原酮 龙胆 Gentiana scabra, 川东獐牙菜 Swertia davidii
4-demethoxyaristolochic acid B_{II} 4- 去甲氧基马兜铃酸 B_{II} 单叶细辛 Asarum himalaicum
demethoxyaschantin 去甲氧基几内亚胡椒素▲ 望春玉兰 Yulania biondii
(7'*S*,8'*S*)-5-demethoxybilagrewin (7'*S*,8'*S*)-5- 去甲氧基二片扁担杆素 簕欓花椒 Zanthoxylum avicennae
5'-demethoxycadensin G 5'- 去甲氧基密花卡瑞藤黄素▲G 黄牛木 Cratoxylum cochinchinense, 金丝桃 Hypericum monogynum
6-demethoxycapilarisin 6- 去甲氧基茵陈蒿素 三枝九叶草 Epimedium sagittatum
6-demethoxycapillarisin 6- 去甲氧基茵陈色原酮 龙蒿 Artemisia dracunculus, 猪毛蒿 A. scoparia, 野火球 Trifolium lupinaster
16'-demethoxycarbonyl-19,20-dihydro-20-epivoacamine 16'- 去甲氧羰基 -19,20- 二氢 -20- 表伏康树胺▲ 药用狗牙花 Tabernaemontana bovina
16'-demethoxycarbonylvoacamine 16'- 去甲氧羰基伏康树胺▲ 药用狗牙花 Tabernaemontana bovina
8-demethoxycephatonine 8- 去甲氧基金线吊乌龟酮宁碱▲ 风龙 Sinomenium acutum
17-demethoxycorynoxine B 17- 去甲氧基柯楠诺辛碱▲B 伞房狗牙花 Tabernaemontana corymbosa
demethoxycrinamine 去甲氧基文殊兰胺 网球花 Haemanthus multiflorus
demethoxycurcumin 去甲氧基姜黄素 郁金 Curcuma aromatica, 姜黄 C. longa, 温郁金 C. wenyujin, 蒙自木蓝 Indigofera mengtzeana, 荜拔 Piper longum
3'-demethoxycyclocurcumin 3'- 去甲氧基环姜黄素 印尼莪术 Curcuma zanthorrhiza
5''-demethoxydaphneticin 5''- 去甲氧基瑞香辛 凹叶瑞香 Daphne retusa
5'-demethoxydaphneticin 5'- 去甲氧基瑞香辛 黄瑞香 Daphne giraldii, 朝鲜瑞香 D. pseudomezereum var. koreana, 狼毒 Stellera chamaejasme
demethoxydaphneticin 去甲氧基瑞香辛 滇瑞香 Daphne feddei
demethoxydeacetoxy-pseudolaric acid B 去甲氧基去乙酰金钱松酸 B 金钱松 Pseudolarix amabilis
demethoxyegonol 去甲氧基野茉莉醇 朱红硫黄菌 Laetiporus miniatus
demethoxyegonol-2-methylbutanoate 去甲氧基野茉莉醇 -2- 丁酸甲酯 野茉莉 Styrax japonicus, 玉铃花 S. obassis
(+)-5-demethoxyepiexcelsin (+)-5- 去甲氧基表高大胡椒素▲ 轮叶木姜子 Litsea verticillata
5'-demethoxyepiexcelsin 5'- 去甲氧基表高大胡椒素▲ 竹叶花椒 Zanthoxylum armatum
demethoxyerythratidinone 3- 去甲氧基刺桐替定酮 翅果刺桐 Erythrina subumbrans
18-demethoxygardfloramine 18- 去甲氧基多花蓬莱葛胺 蓬莱葛 Gardneria multiflora
19(*E*)-18-demethoxygardfloramine 19(*E*)-18- 去甲氧基多花蓬莱葛胺 卵叶蓬莱葛 Gardneria ovata
19(*E*)-18-demethoxygardfloramine-N^4-oxide 19(*E*)-18- 去甲氧基多花蓬莱葛胺 -N^4- 氧化物 卵叶蓬莱葛 Gardneria ovata
demethoxygardmultine 去甲氧基多花蓬莱葛亭碱 蓬莱葛 Gardneria multiflora, 卵叶蓬莱葛 G. ovata
18-demethoxygardneramine 18- 去甲氧基蓬莱葛胺 蓬莱葛 Gardneria multiflora, 卵叶蓬莱葛 G. ovata
19(*E*)-18-demethoxygardneramine 19(*E*)-18- 去甲氧基蓬莱葛胺 卵叶蓬莱葛 Gardneria ovata
demethoxyguiaflavine 去甲氧基圭亚那马钱碱▲ 马钱子 Strychnos nux-vomica
2-demethoxyhaleniaside 2- 去甲氧基花锚苷 椭圆叶花锚 Halenia elliptica
demethoxyhaleniaside 去甲氧基花锚苷 花锚 Halenia corniculata
8-demethoxyhostasine 8- 去甲氧基玉簪碱 玉簪 Hosta plantaginea
17-demethoxyhydrocorynoxine B 17- 去甲氧基氢化柯楠诺辛碱▲B 伞房狗牙花 Tabernaemontana corymbosa
17-demethoxyhydroisorhynchophylline 17- 去甲氧基氢化异钩藤碱 伞房狗牙花 Tabernaemontana corymbosa

17-demethoxyhydroisorhynchophylline-*N*-oxide 17- 去甲氧基氢化异钩藤碱 -*N*- 氧化物 伞房狗牙花 Tabernaemontana corymbosa
5'-demethoxyisodahuribirin A 5- 去甲氧基异白芷双香豆素 ▲A 白芷 Angelica dahurica
demethoxyisodaphneticin 去甲氧基异瑞香辛 黄瑞香 Daphne giraldii
demethoxykanugin 去甲氧基水黄皮精素 ▲ 水黄皮 Pongamia pinnata, 盐肤木 Rhus chinensis
2'-demethoxyl leptostachyol acetate 2'- 去甲氧基透骨草醇乙酸酯 透骨草 Phryma leptostachya subsp. asiatica
demethoxymatteucinol; desmethoxymatteucinol 去甲氧基荚果蕨酚 落葵薯 Anredera cordifolia, 羊蹄甲 Bauhinia purpurea, 假鹰爪 Desmos chinensis, 大叶假鹰爪 D. grandifolius, 粗茎鳞毛蕨 Dryopteris crassirhizoma, 东方荚果蕨 Matteuccia orientalis, 荚果蕨 M. struthiopteris, 番石榴 Psidium guajava, 洋蒲桃 Syzygium samarangense
6''-demethoxyneocalycopterone 6''- 去甲氧基新萼翅藤酮 ▲ 萼翅藤 Getonia floribunda
5-demethoxyniranthin 5- 去甲氧基珠子草素 叶下珠 Phyllanthus urinaria
6-demethoxynobiletin 6- 去甲氧基川陈皮素 南丰蜜橘 Citrus reticulata 'Kinokuni', 红枝崖爬藤 Tetrastigma erubescens
10-demethoxynorvincorine 10- 去甲氧基降蔓长春花考灵 ▲ 药用狗牙花 Tabernaemontana bovina
11-demethoxyquaternine 11- 去甲氧基四数鸡骨常山碱 ▲ 大叶糖胶树 Alstonia macrophylla
8-demethoxyrunanine 8- 去甲氧基汝兰宁碱 风龙 Sinomenium acutum
15-demethoxyscupolin I 15- 去甲氧基多齿黄芩素 ▲I 二刺叶兔唇花 Lagochilus diacanthophyllus
demethoxy-secoisolariciresinol 去甲基裂环异落叶松树脂醇 亚麻 Linum usitatissimum
2,3-demethoxysecoisolintetralin acetate 2,3- 去甲氧基裂环异木脂四氢萘乙酸酯 爵床 Justicia procumbens
demethoxysudachitin 去甲氧基酢橘亭 ▲ 大叶石龙尾 Limnophila rugosa
6-demethoxytangeretin 6- 去甲氧基福橘素 南丰蜜橘 Citrus reticulata 'Kinokuni', 红枝崖爬藤 Tetrastigma erubescens
7-demethoxytylophorine 7- 去甲氧基娃儿藤碱 竹灵消 Cynanchum inamoenum, 华北白前 C. mongolicum
7-demethoxytylophorine-*N*-oxide 7- 去甲氧基娃儿藤碱 -*N*- 氧化物 华北白前 Cynanchum mongolicum
10-demethoxyvincorine 10- 去甲氧基蔓长春花考灵 ▲ 大叶糖胶树 Alstonia macrophylla
10-demethoxyvincorine-N^4-oxide 10- 去甲氧基蔓长春花考灵 ▲-N^4- 氧化物 大叶糖胶树 Alstonia macrophylla
27-demethyl-(*E*,*E*)-20(22),23-dien-3*β*,6*α*,12*β*-trihydroxydammar-25-one 27- 去甲基 -(*E*,*E*)-20(22),23- 二烯 -3*β*,6*α*,12*β*- 三羟基达玛 -25- 酮 人参 Panax ginseng
demethyl-2''-epifraxamoside 去甲基 -2''- 表美国白蜡苷 ▲ 素馨花 Jasminum grandiflorum
7-demethyl-6-methoxy-5,6-dihydrochelerythrine 7- 去甲基 -6- 甲氧基 -5,6- 二氢白屈菜红碱 两面针 Zanthoxylum nitidum
(*E*)-4'-demethyl-6-methyleucomin (*E*)-4'- 去甲基 -6- 甲基凤梨百合素 ▲ 知母 Anemarrhena asphodeloides
7-demethyl-7-isopentenylisoaculeatin 7- 去甲基 -7- 异戊烯基异刺飞龙掌血素 ▲ 岩风 Libanotis buchtormensis
8-demethyl-7-ketologanin 8- 去甲基 -7- 氧代马钱苷 女贞 Ligustrum lucidum
3'-demethyl-9-oxo-pinoresinol 3'- 去甲基 -9- 氧代 - 松脂酚 狭叶链珠藤 Alyxia schlechteri
demethylacetovanillochromene 去甲乙酰香草色烯 肿柄菊 Tithonia diversifolia
demethylacrovestone 去甲基毛叶山油柑酮 ▲ 山油柑 Acronychia pedunculata
O-demethylaegeline *O*- 去甲基木橘碱 木橘 Aegle marmelos
demethylalangiside 去甲基八角枫苷 八角枫 Alangium chinense, 毛八角枫 A. kurzii, 瓜木 A. platanifolium, 三裂瓜木 A. platanifolium var. trilobum, 土坛树 A. salviifolium
5'-demethylaquillochin 5'- 去甲基沉香木脂素 云南土沉香 Excoecaria acerifolia, 白背叶 Mallotus apelta
demethylaristofolin C 去甲基瓜叶马兜铃素 ▲C 小叶地不容 Stephania succifera
demethylaristofolin E 去甲基瓜叶马兜铃素 ▲E 木通马兜铃 Aristolochia manshuriensis
demethylbellidifolin 去甲基雏菊叶龙胆素 尖叶假龙胆 Gentianella acuta, 狭叶獐牙菜 Swertia angustifolia, 川东獐牙菜 S. davidii, 贵州獐牙菜 S. kouitchensis, 藏獐牙菜 S. racemosa, 蛇胆草 Tylophora secamonoides
demethylcaesaldekarin C 去甲基大云实灵 ▲C 刺果苏木 Caesalpinia bonduc, 苏木 C. sappan
demethylcalabaxanthone 去甲基卡拉巴红厚壳叫酮 ▲ 莽吉柿 Garcinia mangostana
4-demethylcalycopterone 4- 去甲基萼翅藤酮 ▲ 萼翅藤 Getonia floribunda
6-demethylcapillarisin 6- 去甲茵陈色原酮 猪毛蒿 Artemisia scoparia
(7*S*,8*S*)-demethylcarolignan E (7*S*,8*S*)- 去甲基轻木卡罗木脂素 ▲E 台湾芙蓉 Hibiscus taiwanensis
demethylcephalotaxine 去甲基三尖杉碱 三尖杉 Cephalotaxus fortunei, 高山三尖杉 C. fortunei var. alpina, 海南粗榧 C. mannii
demethylcephalotaxinone 去甲基三尖杉酮碱 三尖杉 Cephalotaxus fortunei, 粗榧 C. sinensis, 台湾三尖杉 C. sinensis var. wilsoniana
4'-demethylchinensinaphthol methyl ether 4'- 去甲基金不换萘酚甲醚 爵床 Justicia procumbens
(±)-demethylcoclaurine (±)- 去甲基衡州乌药碱 石虎 Euodia ruticarpa var. officinalis
(*R*)-demethylcoclaurine (*R*)- 去甲衡州乌药碱 乌头 Aconitum carmichaelii
(*S*)-demethylcoclaurine (*S*)- 去甲基衡州乌药碱 乌头 Aconitum carmichaelii
dl-demethylcoclaurine *dl*- 去甲基衡州乌药碱 吴茱萸 Euodia ruticarpa
3-demethylcolchicine 3- 去甲基秋水仙碱 嘉兰 Gloriosa superba
4'-demethyldehydropodophyllotoxin 4'- 去甲基去氢鬼臼毒素 六角莲 Dysosma pleiantha, 八角莲 D. versipellis
demethyldelavaine 去甲基地不容碱 翠雀 Delphinium grandiflorum
6-demethyldelphatine 6- 去甲基翠雀亭 紫花高乌头 Aconitum septentrionale, 峨眉翠雀花 Delphinium omeiense
4'-demethyldeoxypodophyllotoxin 4'- 去甲基去氧鬼臼毒素 八角莲 Dysosma versipellis, 桃儿七 Sinopodophyllum hexandrum
1-demethyldicentrinone 1- 去甲基荷包牡丹酮 飞龙掌血 Toddalia asiatica

demethylene berberine 去亚甲基小檗碱 爪哇唐松草 Thalictrum javanicum
demethylenedelcorine 去次甲基伞花翠雀碱▲ 牛扁 Aconitum barbatum var. puberulum
4-demethylepipodophyllotoxin-7'-*O*-*β*-D-glucopyranoside 4- 去甲基表鬼臼毒素 -7'-*O*-*β*-D- 吡喃葡萄糖苷 桃儿七 Sinopodophyllum hexandrum
4'-demethyleupatilin 4'- 去甲半齿泽兰林素▲ 菊蒿 Tanacetum vulgare
8-demethylfarrerol 8- 去甲基丁香杜鹃酚▲ 兴安杜鹃花 Rhododendron dauricum, 高山杜鹃花 R. lapponicum
demethylflavasperone gentiobioside 去甲基黄曲霉酮龙胆二糖苷 决明 Senna tora
demethylfuropinnarin 去甲基呋喃羽叶芸香素 宽叶羌活 Notopterygium franchetii, 羌活 N. incisum
18-demethylgardfloramine 18- 去甲基多花蓬莱葛胺 卵叶蓬莱葛 Gardneria ovata
18-demethylgardneramine 18- 去甲基蓬莱葛胺 蓬莱葛 Gardneria multiflora, 卵叶蓬莱葛 G. ovata
demethylglycyrol 去甲基甘草酚 甘草 Glycyrrhiza uralensis
1-demethylhypaconitine 1- 去甲基次乌头碱 伏毛铁棒锤 Aconitum flavum
15-demethylisoplumieride 15- 去甲基异鸡蛋花苷 红鸡蛋花 Plumeria rubra, 鸡蛋花 P. rubra 'Acutifolia'
13a(*S*)-(+)-3-demethyl-isotylocrebrine 13a(*S*)-(+)-3- 去甲基 - 异密花娃儿藤碱▲ 娃儿藤 Tylophora ovata
demethylkamebacetal A 去甲基龟叶香茶菜缩醛▲A 拟缺香茶菜 Isodon excisoides
demethylmacrosporin I 去甲基大孢霉素▲I 钝叶酸模 Rumex obtusifolius
(+)-8-demethylmaritidine (+)-8- 去甲基滨海全能花定▲ 垂笑君子兰 Clivia nobilis, 水鬼蕉 Hymenocallis littoralis
demethylmelibentin 去甲基布氏蜜茱萸素▲ 高山榕 Ficus altissima
demethylmeliternin 去甲基三出蜜茱萸宁▲ 高山榕 Ficus altissima
demethylmussaenoside 去甲基玉叶金花诺苷▲ 绵毛鹿茸草 Monochasma savatieri
demethylneodrupacine 去甲基新核果三尖杉碱▲ 海南粗榧 Cephalotaxus mannii
(7*S*,8*S*)-5-demethylnitidanin (7*S*,8*S*)-5- 去甲基两面针宁▲ 檀香 Santalum album
5-demethylnobiletin 5- 去甲基川陈皮素 柑橘 Citrus reticulata, 九月黄 C. reticulata 'Erythrosa', 南丰蜜橘 C. reticulata 'Kinokuni', 福橘 C. reticulata 'Tangerina', 温州蜜柑 C. reticulata 'Unshiu', 姜味草 Micromeria biflora, 苦槛蓝 Pentacoelium bontioides
demethylnobiletin 去甲基川陈皮素 天台山蜜柑 Citrus reticulata 'Succosa'
(-)-1(*S*)-demethylnorcoclaurine (-)-1(*S*)- 去甲基衡州乌药碱 莲 Nelumbo nucifera
demethyloleuropein 去甲基油橄榄苦苷 素馨花 Jasminum grandiflorum, 木犀榄 Olea europaea, 关东巧玲花 Syringa pubescens subsp. patula, 欧丁香 S. vulgaris
2-demethyl-oxypalmatine 2- 去甲基 - 氧化巴马汀 风龙 Sinomenium acutum
demethylpaxanthonin 去甲基金丝梅屾酮宁▲ 金丝梅 Hypericum patulum
3'-demethylphillyrin 3'- 去甲基连翘苷 中华青牛胆 Tinospora sinensis
demethylphytolaccagenin 去甲基美商陆苷元 商陆 Phytolacca acinosa, 垂序商陆 P. americana
4'-demethylpicropodophyllotoxin 4'- 去甲基苦鬼臼毒素 桃儿七 Sinopodophyllum hexandrum
demethylpiperitol-4-*O*-*β*-D-glucopyranoside 去甲基辣薄荷醇 -4-*O*-*β*-D- 吡喃葡萄糖苷 直杆蓝桉 Eucalyptus maidenii
15-demethylplumieride 15- 去甲基鸡蛋花苷 钝叶鸡蛋花 Plumeria obtusa, 鸡蛋花 P. rubra 'Acutifolia'
4'-demethylpodophyllotoxin 4'- 去甲基鬼臼毒素 南方山荷叶 Diphylleia sinensis, 云南八角莲 Dysosma aurantiocaulis, 小八角莲 D. difformis, 六角莲 D. pleiantha, 八角莲 D. versipellis, 桃儿七 Sinopodophyllum hexandrum
4'-demethylpodophyllotoxin-4-*O*-*β*-D-glucopyranoside 4'- 去甲基鬼臼毒素 -4-*O*-*β*-D- 吡喃葡萄糖苷 八角莲 Dysosma versipellis
4-demethylpodophyllotoxin-7'-*O*-*β*-D-glucopyranoside 4- 去甲基鬼臼毒素 -7'-*O*-*β*-D- 吡喃葡萄糖苷 桃儿七 Sinopodophyllum hexandrum
4'-demethylpodophyllotoxone 4'- 去甲基鬼臼毒酮 六角莲 Dysosma pleiantha
demethylregelin 去甲基东北雷公藤素▲ 五层龙 Salacia prinoides, 东北雷公藤 Tripterygium regelii
11-demethylrhoifoline B 11- 去甲基漆叶花椒碱▲B 飞龙掌血 Toddalia asiatica
demethylrocaglamide-3'-carboxylic acid methyl ester 去甲基洛克米仔兰酰胺 -3'- 羧酸甲酯 米仔兰 Aglaia odorata
7-demethylrutarensin 7- 去甲基阿勒颇芸香素▲ 结香 Edgeworthia chrysantha
5'-demethylsakuraresinol 5'- 去甲基樱花树脂醇 地枫皮 Illicium difengpi
8-demethylsideroxylin 8- 去甲基铁木桉素▲ 米仔兰 Aglaia odorata
demethylsonodione 去甲基莲叶桐二酮 木通马兜铃 Aristolochia manshuriensis
demethylstrictosidine 去甲基直立拉齐木西定▲ 腋花山橙 Melodinus axillaris
7-demethylsuberosin 7- 脱甲基软木花椒素 白芷 Angelica dahurica
demethylsuberosin 去甲基栓质花椒素▲ 木橘 Aegle marmelos, 朝鲜当归 Angelica gigas, 金山当归 A. valida, 黎檬 Citrus limonia, 佛手 C. medica var. sarcodactylis, 葡萄柚 C. paradisi, 马桑 Coriaria nepalensis, 象橘 Feronia limonia, 黄檗 Phellodendron amurense, 椿叶花椒 Zanthoxylum ailanthoides
demethylswertianol 去甲基獐牙菜酚▲ 日本獐牙菜 Swertia diluta var. tosaensis
demethylsyringin 去甲基丁香苷 肉苁蓉 Cistanche deserticola, 蓝花参 Wahlenbergia marginata
16-demethyltenuicausine 16- 去甲基薄叶山橙辛碱▲ 川山橙 Melodinus hemsleyanus
(-)-2-demethylthalimonine (-)-2- 去甲基箭头唐松草莫宁▲ 箭头唐松草 Thalictrum simplex
(-)-9-demethylthalimonine (-)-9- 去甲基箭头唐松草莫宁▲ 箭头唐松草 Thalictrum simplex
demethyltorosaflavone C, D 去甲基珠节决明黄酮▲C, D 豆茶决明 Senna nomame
(-)-4'-demethyltraxillagenin (-)-4'- 去甲基紫花络石苷元 日本榧树 Torreya nucifera

4-demethyltraxillagenin 4-去甲基紫花络石苷元 络石 Trachelospermum jasminoides
demethyltrewiasine 去甲基滑桃树辛▲ 滑桃树 Trevia nudiflora
demethylvestitol 去甲基绒叶军刀豆酚▲ 毛鱼藤 Derris elliptica
6-demethylvignafuran 6-去甲基豇豆呋喃 白花油麻藤 Mucuna birdwoodiana
demethylwedelolactone 去甲基蟛蜞菊内酯 鳢肠 Eclipta prostrata, 小连翘 Hypericum erectum
12-demethylwuweilignan 1 12-去甲基五味木脂素 1 狭叶五味子 Schisandra lancifolia, 红花五味子 S. rubriflora
demethylzeylasteral 去甲基锡兰柯库木萜醛▲ 昆明山海棠 Tripterygium hypoglaucum, 东北雷公藤 T. regelii, 雷公藤 T. wilfordii
demissidine 垂茄定 阳芋 Solanum tuberosum
denbinobin 石斛菲醌 细茎石斛 Dendrobium moniliforme, 石斛 D. nobile, 流苏金石斛 Flickingeria fimbriata
denchrysan A 束花石斛芴素▲A 束花石斛 Dendrobium chrysanthum, 鼓槌石斛 D. chrysotoxum
denchrysan B 束花石斛芴素▲B 束花石斛 Dendrobium chrysanthum
denchryside A, B 束花石斛苷▲A, B 束花石斛 Dendrobium chrysanthum
dencichine 田七氨酸 人参 Panax ginseng, 三七 P. notoginseng, 西洋参 P. quinquefolius
dendocarbin L 疣背枝鳃海牛素▲L 水蓼 Polygonum hydropiper
dendranthemenol 菊炔烯醇▲ 紫花野菊 Chrysanthemum zawadskii
dendranthemoside A 菊苷▲A 银叶巴豆 Croton cascarilloides, 月桂 Laurus nobilis
dendranthemoside B 菊苷▲B 土荆芥 Chenopodium ambrosioides, 银叶巴豆 Croton cascarilloides, 莲 Nelumbo nucifera
dendrazawayne A, B 紫花野菊炔▲A, B 紫花野菊 Chrysanthemum zawadskii
dendrobane A 石斛烷▲A 石斛 Dendrobium nobile
dendrobine 石斛碱 石斛 Dendrobium nobile
dendrobine A, B 石斛碱 A, B 石斛 Dendrobium nobile
dendrobine-*N*-oxide 石槲碱 -*N*- 氧化物 石斛 Dendrobium nobile
dendrobiumane A 细茎石斛素 A 细茎石斛 Dendrobium moniliforme, 石斛 D. nobile
dendrobiumane B~E 细茎石斛素 B~E 细茎石斛 Dendrobium moniliforme
dendrocandin A~I 铁皮石斛素▲A~I 铁皮石斛 Dendrobium officinale
dendrochrysanene 束花石斛烯▲ 束花石斛 Dendrobium chrysanthum, 药鼠李 Rhamnus cathartica
dendrodensiflorol 密花石斛倍半萜醇 密花石斛 Dendrobium densiflorum, 石斛 D. nobile
dendroflorin 密花石斛素▲ 束花石斛 Dendrobium chrysanthum, 鼓槌石斛 D. chrysotoxum, 密花石斛 D. densiflorum, 翅梗石斛 D. trigonopus
dendrolasin 黑蚁素 软枝黄蝉 Allamanda cathartica, 大叶紫珠 Callicarpa macrophylla
dendromoniliside A~E 细茎石斛苷 A~E 细茎石斛 Dendrobium moniliforme
dendronobilin A~N 金钗石斛素 A~N 石斛 Dendrobium nobile
dendronobiline A 金钗石斛碱▲A 石斛 Dendrobium nobile
dendronobiloside A~E 金钗石斛苷▲A~E 石斛 Dendrobium nobile
dendronophenol A, B 石斛诺酚▲A, B 石斛 Dendrobium nobile
dendrophenol 石斛酚 美花石斛 Dendrobium loddigesii, 铁皮石斛 D. officinale
dendroside A 石斛苷 A 细茎石斛 Dendrobium moniliforme, 石斛 D. nobile
dendroside B, D, E, G 石斛苷 B, D, E, G 石斛 Dendrobium nobile
dendroside C 石斛苷 C 细茎石斛 Dendrobium moniliforme, 石斛 D. nobile
dendroside F 石斛苷 F 细茎石斛 Dendrobium moniliforme, 石斛 D. nobile
denfigenin 流苏石斛苷元▲ 流苏石斛 Dendrobium fimbriatum
dengibsin 曲轴石斛素▲ 钩状石斛 Dendrobium aduncum, 束花石斛 D. chrysanthum, 鼓槌石斛 D. chrysotoxum, 密花石斛 D. densiflorum, 曲轴石斛 D. gibsonii, 石斛 D. nobile
dengibsinin 曲轴石斛宁▲ 钩状石斛 Dendrobium aduncum, 曲轴石斛 D. gibsonii
dennstoside A, B 碗蕨苷 A, B 碗蕨 Dennstaedtia scabra
densiflorol A 密花石斛酚▲A 广东石豆兰 Bulbophyllum kwangtungense, 密花石斛 Dendrobium densiflorum
densiflorol B 密花石斛酚▲B 竹叶兰 Arundina graminifolia, 密花石豆兰 Bulbophyllum odoratissimum, 杜鹃兰 Cremastra appendiculata, 密花石斛 Dendrobium densiflorum
densifloroside 密花石斛苷 密花石斛 Dendrobium densiflorum
densispicoside 密穗马先蒿苷▲ 丁座草 Boschniakia himalaica
dentalactone 小苦荬内酯▲ 小苦荬 Ixeridium dentatum, 空桶参 Soroseris erysimoides
dentatiflavone 柞栎黄酮▲ 柞栎 Quercus dentata
dentatin 齿叶黄皮素 齿叶黄皮 Clausena dunniana, 假黄皮 C. excavata, 枳 Poncirus trifoliata
dentatin A, B, C 小苦荬内酯苷▲A, B, C 小苦荬 Ixeridium dentatum
denticin 球花报春辛▲ 滇北球花报春 Primula denticulata subsp. sinodenticulata
denticulaflavonol 中平树黄酮醇▲ 中平树 Macaranga denticulata
denticulatin 球花报春素▲ 滇北球花报春 Primula denticulata subsp. sinodenticulata
denudadione A, B, C 玉兰二酮▲A, B, C 玉兰 Yulania denudata
denudalide 玉兰酚内酯▲ 玉兰 Yulania denudata

denudanolide A~D 玉兰内酯▲A~D 玉兰 Yulania denudata
denudaquinol 玉兰醌酚▲ 玉兰 Yulania denudata
denudatin A 玉兰脂素 A 风藤 Piper kadsura, 玉兰 Yulania denudata, 紫玉兰 Y. liliiflora
(-)-denudatin B (-)-玉兰脂素 B 风藤 Piper kadsura
denudatin B 玉兰脂素 B 山蒟 Piper hancei, 毛蒟 P. hongkongense, 石南藤 P. wallichii, 望春玉兰 Yulania biondii, 玉兰 Y. denudata, 紫玉兰 Y. liliiflora
denudatine 裸翠雀亭 牛扁 Aconitum barbatum var. puberulum, 紫乌头 A. episcopale, 吉林乌头 A. kirinense, 北乌头 A. kusnezoffii, 凉山乌头 A. liangshanicum, 小白撑 A. nagarum var. heterotrichum, 宣威乌头 A. nagarum var. lasiandrum, 紫花高乌头 A. septentrionale, 黄草乌 A. vilmorinianum, 卵瓣还亮草 Delphinium anthriscifolium var. savatieri

D

denudatone 玉兰酮▲ 望春玉兰 Yulania biondii, 玉兰 Y. denudata
3-de-*O*-acetyl-3-*O*-[(*E*)-2-methylbut-2-enoyl]-salannin 3-去-*O*-乙酰基-3-*O*-[(*E*)-2-甲基丁-2-烯酰基]-印楝沙兰宁 川楝 Melia toosendan
25-de-*O*-acetyldichapetalin M 25-去-*O*-乙酰毒鼠子素▲M 毒鼠子 Dichapetalum gelonioides
25-de-*O*-acetyldichapetalin P 25-去-*O*-乙酰毒鼠子素▲P 毒鼠子 Dichapetalum gelonioides
deodarin 雪松灵素▲ 香柏 Juniperus pingii var. wilsonii
deodarin-4'-glucoside 雪松灵素▲-4'-葡萄糖苷 香柏 Juniperus pingii var. wilsonii
deodarone 雪松酮▲ 雪松 Cedrus deodara
de-*O*-ethylsalvonitin 去-*O*-乙基红根草素 红根草 Salvia prionitis
(+)-(*R*)-de-*O*-methyllasiodiplodin (+)-(*R*)-去-*O*-甲基毛色二孢素 榴莲 Durio zibethinus, 大果榕 Ficus auriculata
(*R*)-de-*O*-methyllasiodiplodin (*R*)-去-*O*-甲基毛色二孢素 箭叶秋葵 Abelmoschus sagittifolius
(+)-de-*O*-methylmagnolin (+)-去-*O*-甲基木兰脂素 望春玉兰 Yulania biondii
3-deoxo-1,2-dihydro-3-hydroxy-(2*β*,3*β*)-daphnetoxin 3-去氧-1,2-二氢-3-羟基-(2*β*,3*β*)-瑞香毒素 芫花 Daphne genkwa
12-deoxo-12a-acetoxyelliptone 12-去氧-12a-乙酰氧基-毛鱼藤酮 异翅鱼藤 Derris malaccensis, 兰屿鱼藤 D. oblonga
12-deoxo-12*α*-acetoxyelliptone 12-去氧-12*α*-乙酰氧基毛鱼藤酮 毛鱼藤 Derris elliptica
14-deoxo-14-*O*-acetylorthosiphol Y 14-去氧-14-*O*-乙酰鸡脚参醇 Y 肾茶 Clerodendranthus spicatus
2-deoxo-2-acetyloxy-9-oxoageraphorone 2-去氧-2-乙酰氧基-9-氧代紫茎泽兰酮▲ 紫茎泽兰 Ageratina adenophora
2-deoxo-2*β*-methoxytessaric acid 2-去氧-2*β*-甲氧基特萨菊酸▲ 翼齿六棱菊 Laggera crispata
14-deoxo-3-*O*-propionyl-5,15-di-*O*-acetyl-7-*O*-benzoylmyrsinol-14*β*-nicotinoate 14-去氧-3-*O*-丙酰基-5,15-二-*O*-乙酰基-7-*O*-苯甲酰铁仔酚▲-14*β*-烟酸酯 土瓜狼毒 Euphorbia prolifera
14-deoxo-3-*O*-propionyl-5,15-di-*O*-acetyl-7-*O*-nicotinoylmyrsinol-14*β*-nicotinoate 14-去氧-3-*O*-丙酰基-5,15-二-*O*-乙酰基-7-*O*-烟酰铁仔酚▲-14*β*-烟酸酯 土瓜狼毒 Euphorbia prolifera
11-deoxo-6-oxo-5*α*,6-dihydrojervine 11-去氧-6-氧代-5*α*,6-二氢白藜芦碱 新疆贝母 Fritillaria walujewii
9-deoxo-9*α*-hydroxytaxol A 9-去氧代-9*α*-羟基紫杉醇 A 喜马拉雅红豆杉 Taxus wallichiana
8-deoxoantidesmone 8-去氧五月茶酮 山地五月茶 Antidesma montanum
deoxoaristolone 去氧马兜铃酮 马兜铃 Aristolochia debilis
22-deoxocucurbitacin D 22-去氧葫芦素 D 葫芦 Lagenaria siceraria
deoxodehydrocyclopiloselloidone 去氧去氢环毛大丁草酮 兔耳一枝箭 Piloselloides hirsuta
15-deoxoeucosterol 15-去氧凤梨百合甾醇▲ 绵枣儿 Barnardia japonica
7-deoxogeayine 7-去氧吉氏巴豆素 海漆 Excoecaria agallocha
3-deoxohirsutanonol 3-去氧辽东桤木酮醇▲ 日本桤木 Alnus japonica
3-deoxohirsutanonol-5-*O*-(6-*O*-*β*-D-apiosyl)-*β*-D-glucopyranoside 3-去氧辽东桤木酮醇▲-5-*O*-(6-*O*-*β*-D-芹糖基)-*β*-D-吡喃葡萄糖苷 日本桤木 Alnus japonica
3-deoxohirsutanonol-5-*O*-*β*-D-glucopyranoside 3-去氧辽东桤木酮醇▲-5-*O*-*β*-D-吡喃葡萄糖苷 日本桤木 Alnus japonica
22-deoxoisocucurbitacin D 22-去氧异葫芦素 D 葫芦 Lagenaria siceraria
2-deoxoyuridine 2-去氧尿苷 结香 Edgeworthia chrysantha
1-deoxy-1-(2'-oxo-1'-pyrrolidinyl)-2-n-butyl-*α*-fructofuranoside 1-去氧-1-(2'-氧代-1'-吡咯烷基)-2-正丁基-*α*-呋喃果糖苷 栝楼 Trichosanthes kirilowii
1,4-deoxy-1,4-imino-D-arabinitol 1,4-二去氧-1,4-亚氨基-D-阿拉伯糖醇 桑 Morus alba
14-deoxy-11,12-didehydroandrographiside 14-去氧-11,12-二去氢穿心莲苷▲ 穿心莲 Andrographis paniculata
14-deoxy-11,12-didehydroandrographolide 14-去氧-11,12-二去氢穿心莲内酯 穿心莲 Andrographis paniculata
8-deoxy-11,13-dihydroxygrossheimin 8-去氧-11,13-二羟基大海米菊素 菜蓟 Cynara scolymus
25-deoxy-11,20-dihydroxyecdysone 25-去氧-11,20-二羟基蜕皮素 缢苞麻花头 Serratula strangulata
8-deoxy-11-hydroxy-13-chlorogrossheimin 8-去氧-11-羟基-13-氯代大海米菊素 菜蓟 Cynara scolymus
14-deoxy-11-hydroxyandrographolide 14-去氧-11-羟基穿心莲内酯 穿心莲 Andrographis paniculata
4-deoxy-11-oxo-andrographolide 14-去氧-11-氧代-穿心莲内酯 穿心莲 Andrographis paniculata
14-deoxy-12(*R*)-sulfoandrographolide 14-去氧-12(*R*)-磺酰穿心莲内酯 玄参 Scrophularia ningpoensis
14-deoxy-12-hydroxyandrographolide 14-去氧-12-羟基穿心莲内酯 穿心莲 Andrographis paniculata
14-deoxy-12-methoxyandrographolide 14-去氧-12-甲氧基穿心莲内酯 穿心莲 Andrographis paniculata
8-deoxy-13-dehydroserratinine 8-去氧-13-去氢千层塔宁碱 石松 Lycopodium japonicum, 马尾杉 Phlegmariurus phlegmaria, 粗糙马尾杉 P. squarrosus

11-deoxy-13β,17β-epoxyalisol A 11- 去氧 -13β,17β- 环氧泽泻醇 A 东方泽泻 Alisma orientale
11-deoxy-13β,17β-epoxyalisol B 23-acetate 11- 去氧 -13β,17β- 环氧泽泻醇 B 23- 乙酸酯 东方泽泻 Alisma orientale
14-deoxy-14,15-dehydroandrographolide 14- 去氧 -14,15- 去氢穿心莲内酯 穿心莲 Andrographis paniculata
14-deoxy-15-isopropylidene-11,12-didehydroandrographolide 14- 去氧 -15- 异亚丙基 -11,12- 二去氢穿心莲内酯 穿心莲 Andrographis paniculata
12-deoxy-16-hydroxyphorbol-13-palmitate 12- 去氧 -16- 羟基佛波醇 -13- 棕榈酸酯 斑籽木 Baliospermum solanifolium
(2(7)*E*,6*S*,10*R*,11*R*)-10-deoxy-17-hydroxyiridal (2(7)*E*,6*S*,10*R*,11*R*)-10- 去氧 -17- 羟基鸢尾醛 长葶鸢尾 Iris delavayi
10-deoxy-17-hydroxyiridal 10- 去氧 -17- 羟基鸢尾醛 长葶鸢尾 Iris delavayi, 德国鸢尾 I. germanica
6-deoxy-1-*epi*-grayanotoxin XVII 6- 去氧 -1- 表 - 木藜芦毒素 XVII 照山白 Rhododendron micranthum
6-deoxy-1-hydroxyneoanisatin 6- 去氧 -1- 羟基新莽草素 红毒茴 Illicium lanceolatum
3-deoxy-1β,20-dihydroxyecdysone 3- 去氧 -1β,20- 二羟基 - 蜕皮素 苍白秤钩风 Diploclisia glaucescens
1-deoxy-2,3-dehydronagilactone A 1- 去氧 -2,3- 二氢竹柏内酯 A 竹柏 Nageia nagi
22-deoxy-20-hydroxyecdysone 22- 去氧 -20- 羟基蜕皮素 伪泥胡菜 Serratula coronata
2-deoxy-20-hydroxyecdysone 2- 去氧 -20- 羟基蜕皮素 苍白秤钩风 Diploclisia glaucescens, 蔓茎蝇子草 Silene repens
2-deoxy-20-hydroxyecdysone3-*O*-β-D-glucopyranoside 2- 去氧 -20- 羟基蜕皮素 -3-*O*-β-D- 吡喃葡萄糖苷 云南青牛胆 Tinospora sagittata var. yunnanensis
2-deoxy-2-ribopyranolactone 2- 去氧 -2- 吡喃核糖内酯 紫萁 Osmunda japonica
1-deoxy-2α-hydroxynagilactone A 1- 去氧 -2α- 羟基竹柏内酯 A 竹柏 Nageia nagi
3-deoxy-2α-hydroxynagilactone E 3- 去氧 -2α- 羟基竹柏内酯 E 竹柏 Nageia nagi, 罗汉松 Podocarpus macrophyllus
1-deoxy-2β,3β-epoxynagilactone A 1- 去氧 -2β,3β- 环氧竹柏内酯 A 竹柏 Nageia nagi
3,4-deoxy-3,4-didehydromultiplolide A 3,4- 去氧 -3,4- 二氢多枝炭角菌内酯▲A 喜树 Camptotheca acuminata
1-deoxy-3-*C*-(2-hydroxyethyl)-2-*C*-methylpentitol 1- 去氧 -3-*C*-(2- 羟乙基)-2-*C*- 甲基戊糖醇 黄花夹竹桃 Thevetia peruviana
3-deoxy-3-en-diosgenin 3- 去氧 -3- 烯 - 薯蓣皂苷元 蒺藜 Tribulus terrestris
1D-3-deoxy-3-hydroxymethyl-myo-inositol 1D-3- 去氧 -3- 羟甲基 - 肌肉肌醇 栀子皮 Itoa orientalis
1-deoxy-3-methacrylyl-11-methoxymeliacarpinin 1- 去氧 -3- 甲基丙烯酰基 -11- 甲氧基楝卡品宁▲ 楝 Melia azedarach
1-deoxy-3-tigloyl-11-methoxymeliacarpinin 1- 去氧 -3- 巴豆酰基 -11- 甲氧基楝卡品宁▲ 楝 Melia azedarach
22-deoxy-4''-methoxydichapetalin V 22- 去氧 -4''- 甲氧基毒鼠子素▲V 毒鼠子 Dichapetalum gelonioides
3'-deoxy-4-*O*-methylepisappanol 3'- 去氧 -4-*O* 甲基表苏木醇 苏木 Caesalpinia sappan
3'-deoxy-4-*O*-methylsappanol 3'- 去氧 -4-*O*- 甲基苏木醇 苏木 Caesalpinia sappan
12-deoxy-4β-hydroxyphorbol-13-dodecanoate-20-acetate 12- 去氧 -4β- 羟基佛波醇 -13- 十二酸酯 -20- 乙酸酯 飞扬草 Euphorbia hirta, 铁海棠 E. milii, 金刚纂 E. neriifolia, 千根草 E. thymifolia
12-deoxy-4β-hydroxyphorbol-13-octadecanoate-20-acetate 12- 去氧 -4β- 羟基佛波醇 -13- 十八酸酯 -20- 乙酸酯 铁海棠 Euphorbia milii
12-deoxy-4β-hydroxyphorbol-13-phenylacetate-20-acetate 12- 去氧 -4β- 羟基佛波醇 -13- 苯乙酸酯 -20- 乙酸酯 飞扬草 Euphorbia hirta, 千根草 E. thymifolia
5-deoxy-5-hydroperoxy-telekin 5- 去氧 -5- 氢过氧 - 特勒菊素▲ 总状土木香 Inula racemosa
5'-deoxy-5'-methylsulphinyladenosine 5'- 去氧 -5'- 甲基亚磺酰腺苷 守宫木 Sauropus androgynus
2-deoxy-5β,20-dihydroxyecdysone 2- 去氧 -5β,20- 二羟基 - 蜕皮素 苍白秤钩风 Diploclisia glaucescens
12-deoxy-5β-hydroxyphorbol-13-myristate 12- 去氧 -5β- 羟基佛波醇 -13- 肉豆蔻酸酯 斑籽木 Baliospermum solanifolium
1'-deoxy-6'-*O*-(1-hydroxymethyl-2-hydroxy-1-methoxy)ethylglucopyranoside 1'- 去氧 -6'-*O*-(1- 羟甲基 -2- 羟基 -1- 甲氧基)- 乙基吡喃葡萄糖苷 耳草 Hedyotis auricularia
6-deoxy-6α-acetoxyatalantin acetate 6- 去氧 -6α- 乙酰氧基酒饼簕苦素乙酸酯 酒饼簕 Atalantia buxifolia
6-deoxy-7-demethylmangostanin 6- 去氧 -7- 去甲基倒捻子宁 莽吉柿 Garcinia mangostana
3-deoxy-7α-perhydroxy-12β-methyl-isotelekin 3- 去氧 -7α- 氢过氧 -12β- 甲基 - 异特勒菊素▲ 总状土木香 Inula racemosa
6-deoxy-8-acetylharpagide 6- 去氧 -8- 乙酰钩果草吉苷▲ 突厥益母草 Leonurus turkestanicus
3-deoxy-8-deacetyl-yunaconitine 3- 去氧 -8- 去乙酰滇乌碱 紫乌头 Aconitum episcopale
7-deoxy-8-epiloganic acid 7- 去氧 -8- 表马钱酸 草苁蓉 Boschniakia rossica, 白背枫 Buddleja asiatica, 短茎马先蒿 Pedicularis artselaeri, 白花甘肃马先蒿 P. kansuensis subsp. kansuensis f. albiflora, 斑唇马先蒿 P. longiflora var. tubiformis, 轮叶马先蒿 P. verticillata
6-deoxy-8-isoferuloylharpagide 6- 去氧 -8- 异阿魏酰钩果草吉苷▲ 草本威灵仙 Veronicastrum sibiricum
25-deoxy-9(11)-dehydro-20-hydroxyecdysone-20,22-monoacetonide 25- 去氧 -9(11)- 去氢 -20- 羟基蜕皮素 -20,22- 单丙酮化物 漏芦 Stemmacantha uniflora
27-deoxyacetylacteol 27- 去氧乙酰类叶升麻醇▲ 类叶升麻 Actaea asiatica
3-deoxyaconine-8-linoleate 3- 去氧乌头原碱 -8- 亚油酸酯 伏毛铁棒锤 Aconitum flavum
3-deoxyaconitine 3- 去氧乌头碱 乌头 Aconitum carmichaelii, 敦化乌头 A. dunhuaense, 伏毛铁棒锤 A. flavum, 多根乌头 A. karakolicum, 北乌头 A. kusnezoffii
deoxyaconitine 去氧乌头碱 乌头 Aconitum carmichaelii, 宾川乌头 A. duclouxii, 紫乌头 A. episcopale, 伏毛铁棒锤 A. flavum, 鸭绿乌头 A. jaluense, 多根乌头 A. karakolicum, 小白撑 A. nagarum var. heterotrichum, 宣威乌头 A. nagarum var. lasiandrum, 铁棒锤 A. pendulum, 多裂乌头 A. polyschistum, 拟玉龙乌头 A. pseudostapfianum, 亚东乌头 A. spicatum
26-deoxyactein 26- 去氧类叶升麻素▲ 升麻 Cimicifuga foetida, 云南升麻 C. yunnanensis, 黄三七 Souliea vaginata
27-deoxyactein 27- 去氧类叶升麻素▲ 黄三七 Souliea vaginata

26-deoxyacteinol 26- 去氧类叶升麻素醇▲ 升麻 Cimicifuga foetida

2'-deoxyadenosine 2'- 去氧腺苷 昙花 Epiphyllum oxypetalum

3'-deoxyadenosine 3'- 去氧腺苷 咖啡黄葵 Abelmoschus esculentus

11-deoxyalisol A 11- 去氧泽泻醇 A 东方泽泻 Alisma orientale

11-deoxyalisol B 11- 去氧泽泻醇 B 东方泽泻 Alisma orientale

11-deoxyalisol B 23-acetate 11- 去氧泽泻醇 B 23- 乙酸酯 东方泽泻 Alisma orientale

11-deoxyalisol C 11- 去氧泽泻醇 C 草泽泻 Alisma gramineum, 东方泽泻 A. orientale, 泽泻 A. plantago-aquatica

11-deoxyalisol C 23-acetate 11- 去氧泽泻醇 C 23- 乙酸酯 东方泽泻 Alisma orientale

deoxyalkannin 去氧紫朱草素 软紫草 Arnebia euchroma, 昭苏滇紫草 Onosma echioides

6-deoxyandalusal 6- 去氧保利毒马草醛▲ 台湾杉木 Cunninghamia lanceolata var. konishii

14-deoxyandrographiside 14- 去氧穿心莲苷▲ 穿心莲 Andrographis paniculata

deoxyandrographiside 去氧穿心莲苷▲ 穿心莲 Andrographis paniculata

14-deoxyandrographolide 14- 去氧穿心莲内酯 穿心莲 Andrographis paniculata

5-deoxyantirrhinoside 5- 去氧金鱼草诺苷▲ 绵参 Eriophyton wallichii, 地黄 Rehmannia glutinosa

deoxyartemisnin 脱氧青蒿素 黄花蒿 Artemisia annua

4-deoxyasimicin 4- 去氧泡泡辛▲ 圆滑番荔枝 Annona glabra

3-deoxybetulonic acid 3- 去氧白桦酮酸 白桦 Betula platyphylla

deoxybouvardin 去氧布氏茜素▲ 紫参 Rubia yunnanensis

2-deoxybrassinolide 2- 去氧芸苔素内酯 旱芹 Apium graveolens

deoxycaesaldekarin C 去氧大云实灵▲C 苏木 Caesalpinia sappan

deoxycalyciphylline B 去氧牛耳枫林碱▲B 牛耳枫 Daphniphyllum calycinum, 长柱虎皮楠 D. longistylum, 交让木 D. macropodum, 虎皮楠 D. oldhamii

deoxycalyxin A 脱氧草蔻素 A 云南草蔻 Alpinia blepharocalyx

(*S*)-20-deoxycamptothecine (*S*)-20- 去氧喜树碱 喜树 Camptotheca acuminata

deoxycamptothecine 去氧喜树碱 喜树 Camptotheca acuminata

3'-deoxycapsanthin 3'- 去氧辣椒红素 辣椒 Capsicum annuum

1-deoxycarinatone 1- 去氧苏里南维罗蔻木酮▲ 肉豆蔻 Myristica fragrans

6-deoxycatalpol 6- 去氧梓醇 肉苁蓉 Cistanche deserticola, 蒙古肉苁蓉 C. mongolica, 管花肉苁蓉 C. tubulosa

6-deoxycedrelone 6- 去氧洋椿酮 红椿 Toona ciliata

7-deoxycephalofortuneine 7- 去氧三尖杉因碱▲ 三尖杉 Cephalotaxus fortunei

2-deoxychamaedroxide 2- 去氧粉花香科科醚▲ 血见愁 Teucrium viscidum

26-deoxycimicifugenin 26- 去氧升麻苷元 类叶升麻 Actaea asiatica

26-deoxycimicifugoside 26- 去氧升麻苷 类叶升麻 Actaea asiatica, 单穗升麻 Cimicifuga simplex

deoxyclovamide 去氧红车轴草酰胺 可可 Theobroma cacao

14-deoxycoleon U 14- 去氧鞘蕊花酮▲U 浙江大青 Clerodendrum kaichianum, 毛喉鞘蕊花 Coleus forskohlii, 柳杉 Cryptomeria japonica var. sinensis

12-deoxycrotonolide H 12- 去氧海南巴豆内酯▲H 海南巴豆 Croton laui

2-deoxycrustecdysone 2- 去氧甲壳蜕皮素 云南青牛胆 Tinospora sagittata var. yunnanensis

deoxycrustecdysone 去氧甲壳甾酮 水竹叶 Murdannia triquetra

12-deoxydanshenxinkun B 12- 去氧丹参新醌 B 胶质鼠尾草 Salvia glutinosa

deoxydelsoline 去氧琉璃飞燕草林碱▲ 山地乌头 Aconitum monticola

6-deoxy-D-glucitol 6- 去氧 -D- 山梨醇 蛇床 Cnidium monnieri

22-deoxydichapetalin P 22- 去氧毒鼠子素▲P 毒鼠子 Dichapetalum gelonioides

1-deoxy-D-lyxitol 1- 去氧 -D- 来苏醇 珊瑚菜 Glehnia littoralis

6-deoxy-D-mannono-1,4-lactone 6- 去氧 -D- 甘露 -1,4- 内酯 金莲花 Trollius chinensis

2-deoxy-D-ribono-1,4-lactone 2- 去氧 -D- 核糖酸 -1,4- 内酯 茴芹 Pimpinella anisum

2-deoxy-D-ribono-*γ*-lactone 2- 去氧 -D- 核糖基 -*γ*- 内酯 辣蓼铁线莲 Clematis terniflora var. mandshurica

6-deoxydunnianin 6- 去氧红花八角素 红花八角 Illicium dunnianum

2-deoxyecdysone 2- 去氧蜕皮素 蔓茎蝇子草 Silene repens

2-deoxyecdysone-3-*O*-*β*-D-glucopyranoside 2- 去氧蜕皮素 -3-*O*-*β*-D- 吡喃葡萄糖苷 白背黄花稔 Sida rhombifolia

deoxyelephantopin 去氧地胆草素 地胆草 Elephantopus scaber

3'-deoxyequisetumpyrone-[3,4-hydroxy-6-(4'-hydroxy-D-styryl)-2-pyrone-3-*O*-*β*-D-glucopyranoside] 3'- 去氧问荆吡喃酮▲-(3,4- 羟基 -6-(4'- 羟基 -D- 苯乙烯基)-2- 吡喃酮 -3-*O*-*β*-D- 吡喃葡萄糖苷) 问荆 Equisetum arvense

deoxyerythrolaccin 去氧虫胶红素 小大黄 Rheum pumilum, 窄叶大黄 R. sublanceolatum

10-deoxyeucommiol 10- 去氧杜仲醇 地黄 Rehmannia glutinosa, 毛蕊花 Verbascum thapsum

1-deoxyeucommiol 1- 去氧杜仲醇 杜仲 Eucommia ulmoides

1,10-deoxyeucommioside II 1,10- 去氧杜仲醇苷 II 青木 Aucuba japonica

deoxyeuphorbia factor L_1 去氧大戟因子 L_1 续随子 Euphorbia lathyris

6-deoxyfagomine 6- 去氧荞麦碱 枸杞 Lycium chinense

1-deoxyforskolin 1- 去氧毛喉鞘蕊花素▲ 毛喉鞘蕊花 Coleus forskohlii
7-deoxygardoside 7- 去氧栀子新苷 短茎马先蒿 Pedicularis artselaeri, 头花马先蒿 P. cephalantha, 齿叶玄参 Scrophularia dentata
7-deoxygardoside methyl ester 7- 去氧栀子新苷甲酯 婆婆纳 Veronica polita
8-deoxygartanin 8- 去氧莽吉柿素▲ 莽吉柿 Garcinia mangostana
deoxygartanin 去氧莽吉柿素▲ 莽吉柿 Garcinia mangostana
7-deoxygelsemide 7- 去氧钩吻酰胺 钩吻 Gelsemium elegans
9-deoxygelsemide 9- 去氧钩吻酰胺 钩吻 Gelsemium elegans
10-deoxygeniposidic acid 10- 去氧京尼平苷酸 齿叶玄参 Scrophularia dentata
3β-D-deoxyglucosyloxy-14β,11β-dihydroxy-7α,8α-epoxy-12-oxo-5β-card-20(22)-enolide 3β-D- 去氧葡萄糖氧基 -14β,11β- 二羟基 -7α,8α- 环氧 -12- 氧代 -5β- 强心甾 -20(22)- 烯内酯 古钩藤 Cryptolepis buchananii
11-deoxyglycyrrhetic acid 11- 去氧甘草次酸 胀果甘草 Glycyrrhiza inflata
14-deoxygrayanotoxin VIII 14- 去氧木藜芦毒素 VIII 照山白 Rhododendron micranthum
6-deoxygrayanotoxin XVII 6- 去氧木藜芦毒素 XVII 照山白 Rhododendron micranthum
deoxyguanosine 去氧乌苷 咖啡黄葵 Abelmoschus esculentus
deoxyharringtonic acid 去氧粗榧酸 海南粗榧 Cephalotaxus mannii
deoxyharringtonine 去氧粗榧碱 三尖杉 Cephalotaxus fortunei, 高山三尖杉 C. fortunei var. alpina, 海南粗榧 C. mannii, 粗榧 C. sinensis
14,15-deoxyhavanensin-1,7-diacetate 14,15- 去氧哈湾鹧鸪花素▲-1,7- 二乙酸酯 川楝 Melia toosendan
12-deoxyhuperzine O 12- 去氧石杉碱 O 扁枝石松 Diphasiastrum complanatum, 石松 Lycopodium japonicum, 垂穗石松 Palhinhaea cernua
13-deoxyhypaconitine 13- 去氧次乌头碱 乌头 Aconitum carmichaelii
20-deoxyingenol-3-angelate 20- 去氧巨大戟烯醇▲-3- 当归酸酯 南欧大戟 Euphorbia peplus
3'-deoxyinosine 3'- 去氧肌苷 咖啡黄葵 Abelmoschus esculentus
deoxyisocalyciphylline B 去氧异牛耳枫林碱▲B 牛耳枫 Daphniphyllum calycinum, 长柱虎皮楠 D. longistylum, 交让木 D. macropodum, 虎皮楠 D. oldhamii
11-deoxyisochiisanoside 11- 去氧异智异山五加苷▲ 无梗五加 Eleutherococcus sessiliflorus
12-deoxyisodomedin 12- 去氧中间香茶菜素▲ 川藏香茶菜 Isodon pharicus
12-deoxyisodomedin acetonide 12- 去氧中间香茶菜素▲丙酮化物 川藏香茶菜 Isodon pharicus
6-deoxyisojacareubin 6- 去氧异巴西红厚壳素 柘树 Cudrania tricuspidata, 白花地胆草 Elephantopus tomentosus, 大叶藤黄 Garcinia xanthochymus, 地耳草 Hypericum japonicum, 遍地金 H. wightianum
11-deoxyisomogroside V 11- 去氧异罗汉果苷 V 罗汉果 Siraitia grosvenorii
deoxyisostrychnine chloromethochloride 去氧异番木鳖碱氯代甲氯化物 马钱子 Strychnos nux-vomica
13-deoxyitol A 13- 去氧伊桐醇▲A 栀子皮 Itoa orientalis
1-deoxyivangustin 1- 去氧狭叶依瓦菊素 烟管头草 Carpesium cernuum
6-deoxyjacareubin 6- 去氧巴西红厚壳素 皱盖假芝 Amauroderma rude, 红厚壳 Calophyllum inophyllum, 红芽木 Cratoxylum formosum subsp. pruniflorum, 构棘 Cudrania cochinchinensis, 大叶藤黄 Garcinia xanthochymus, 尖萼金丝桃 Hypericum acmosepalum
9'-deoxyjasminigenin 9'- 去氧素馨苷元▲ 茉莉花 Jasminum sambac
5-deoxykaempferol 5- 去氧山柰酚 牧地山黧豆 Lathyrus pratensis, 百脉根 Lotus corniculatus
5-deoxykaladasterone 5- 去氧番薯甾酮▲ 羊齿天门冬 Asparagus filicinus
5-deoxykievitone 5- 去氧基维酮 棉豆 Phaseolus lunatus, 绿豆 Vigna radiata
14-deoxylactucin 14- 去氧莴苣素 菊蒿 Tanacetum vulgare
8-deoxylactucin 8- 去氧莴苣素 菊苣 Cichorium intybus, 中华小苦荬 Ixeridium chinense, 莴苣 Lactuca sativa, 野莴苣 L. serriola, 山莴苣 Lagedium sibiricum
8-deoxylactucin-15-oxalate 8- 去氧莴苣素 -15- 草酸酯 莴苣 Lactuca sativa
15-deoxylactucin-8-sulfate 15- 去氧莴苣素 -8- 硫酸酯 莴苣 Lactuca sativa
5-deoxylamiol 5- 去氧野芝麻醇▲ 宝盖草 Lamium amplexicaule, 地黄 Rehmannia glutinosa
8-deoxylamiol 8- 去氧野芝麻醇▲ 宝盖草 Lamium amplexicaule
5-deoxylamioside 5- 去氧野芝麻苷 宝盖草 Lamium amplexicaule
6-deoxylamioside 6- 去氧野芝麻苷 宝盖草 Lamium amplexicaule
deoxylapachol 去氧风铃木醇▲ 梓 Catalpa ovata, 柚木 Tectona grandis
9-deoxylappaconitine 9- 去氧拉普乌头碱 赣皖乌头 Aconitum finetianum
1-deoxy-l-erythritol 1- 去氧 -1- 苏糖醇 茴芹 Pimpinella anisum
1-deoxy-l-erythritol-3-O-β-D-glucopyranoside 1- 去氧 -1- 苏糖醇 -3-O-β-D- 吡喃葡萄糖苷 茴芹 Pimpinella anisum
4'-deoxyleurosidine 4'- 去氧异长春碱 长春花 Catharanthus roseus
4'-deoxyleurosidine-N^b-oxide 4'- 去氧异长春碱 -N^b- 氧化物 长春花 Catharanthus roseus
deoxylimonin 去氧柠檬苦素 柚 Citrus maxima
7-deoxyloganic acid 7- 去氧马钱酸 太白龙胆 Gentiana apiata, 蛇根木 Rauvolfia serpentina
deoxyloganin 去氧马钱苷 长春花 Catharanthus roseus, 条纹龙胆 Gentiana striata
deoxymajusculamide D 去氧巨大鞘丝藻酰胺 D 巨大鞘丝藻 Lyngbya majuscula
deoxymalyngamide C 去氧巨大鞘丝藻加酰胺▲C 巨大鞘丝藻 Lyngbya majuscula
1-deoxymannojirimycin 1- 去氧曼野尻霉素 鸭跖草 Commelina communis

3-deoxymaytol 3- 去氧美登木醇 雷公藤 Tripterygium wilfordii
2'-deoxymeranzin hydrate 2'- 去氧橙皮内酯水合物 重齿当归 Angelica biserrata, 蛇床 Cnidium monnieri
deoxymikanolide 去氧薇甘菊内酯 假泽兰 Mikania cordata
11-deoxymogroside III, V, VI 11- 去氧罗汉果苷 III, V, VI 罗汉果 Siraitia grosvenorii
5-deoxymyricanone 5- 去氧杨梅酮 青杨梅 Myrica adenophora, 杨梅 M. rubra
1-deoxynagilactone A 1- 去氧竹柏内酯 A 竹柏 Nageia nagi
7-deoxynarciclasine 7- 去氧水仙环素 水鬼蕉 Hymenocallis littoralis
deoxyneocryptotanshinone 去氧新隐丹参酮 丹参 Salvia miltiorrhiza
6-deoxyneomajucin 6- 去氧新大八角素 大花八角 Illicium macranthum
$\Delta^{3,5}$-deoxyneotigogenin $\Delta^{3,5}$- 去氧新替告皂苷元 叉蕊薯蓣 Dioscorea collettii, 粉背薯蓣 D. collettii var. hypoglauca
(+)-7-deoxynimbidiol (+)-7- 去氧印楝二酚▲ 粉背南蛇藤 Celastrus hypoleucus, 南蛇藤 C. orbiculatus
1-deoxynojirimycin 1- 去氧野尻霉素 鸭跖草 Commelina communis, 桑 Morus alba, 鸡桑 M. australis, 蒙桑 M. mongolica, 美味石耳 Umbilicaria esculenta
deoxynupharidine 去氧萍蓬草定碱 挥发油成分，未统计基源
3-deoxyocotillol 3- 去氧福桂树醇▲ 石韦 Pyrrosia lingua
deoxyoleanolic acid 去氧齐墩果酸 多裂叶荆芥 Nepeta multifida
23-deoxypaeonenolide A 23- 去氧川赤芍烯内酯▲A 紫斑牡丹 Paeonia rockii
deoxyparguerol 去氧帕尔古拉海兔醇▲ 齐藤凹顶藻 Laurencia saitoi
deoxyparguerol-16-acetate 去氧帕尔古拉海兔醇▲-16- 乙酸酯 齐藤凹顶藻 Laurencia saitoi
deoxypeganidine 去氧骆驼蓬定碱 骆驼蓬 Peganum harmala
deoxypeganine 去氧骆驼蓬宁碱▲ 鸭嘴花 Justicia adhatoda, 大白刺 Nitraria roborowskii, 骆驼蓬 Peganum harmala, 骆驼蒿 P. nigellastrum
2-deoxypeganylacetic acid 2- 去氧骆驼蓬乙酸 骆驼蒿 Peganum nigellastrum
(+)-deoxypergularinine (+)- 去氧格架藤宁碱▲ 对叶榕 Ficus hispida
12-deoxyphorbaldehyde-13-acetate 12- 去氧佛波醛 -13- 乙酸酯 狼毒大戟 Euphorbia fischeriana
12-deoxyphorbaldehyde-13-hexadecanoate 12- 去氧佛波醛 -13- 十六烷酸酯 狼毒大戟 Euphorbia fischeriana
4-deoxyphorbol-12-(2,4,6-decatrienoate)-13-isobutyrate 4- 去氧佛波醇 -12-(2,4,6- 癸三烯酸酯)-13- 异丁酸酯 土瓜狼毒 Euphorbia prolifera
4-deoxyphorbol-12-(2,4-decadienoate)-13-isobutyrate 4- 去氧佛波醇 -12-(2,4- 癸二烯酸酯)-13- 异丁酸酯 土瓜狼毒 Euphorbia prolifera
12-deoxyphorbol-13-(3*E*,5*E*-decadienoate) 12- 去氧佛波醇 -13-(3*E*,5*E*- 癸二烯酸酯) 海漆 Excoecaria agallocha
12-deoxyphorbol-13-(9*Z*)-octadecanoate-20-acetate 12- 去氧佛波醇 -13-(9*Z*)- 十八烷酸酯 -20- 乙酸酯 狼毒大戟 Euphorbia fischeriana
12-deoxyphorbol-13,20-diacetate 12- 去氧佛波醇 -13,20- 二乙酸酯 狼毒大戟 Euphorbia fischeriana, 铁海棠 E. milii, 千根草 E. thymifolia
12-deoxyphorbol-13-hexadecanoate 12- 去氧佛波醇 -13- 十六酸酯 狼毒大戟 Euphorbia fischeriana, 油桐 Vernicia fordii
12-deoxyphorbol-13-isobutyrate-20-acetate 12- 去氧佛波醇 -13- 异丁酸酯 -20- 乙酸酯 绿玉树 Euphorbia tirucalli
12-deoxyphorbol-13-*O*-phenylacetate-16-*O*-*α*-methylbutyrate-2-acetate 12- 去氧佛波醇 -13-*O*- 苯乙酸酯 -16-*O*-*α*- 甲基丁酸酯 -2- 乙酸酯 绿玉树 Euphorbia tirucalli
12-deoxyphorbol-13-palmitate 12- 去氧佛波醇 -13- 棕榈酸酯 斑籽木 Baliospermum solanifolium, 狼毒大戟 Euphorbia fischeriana
12-deoxyphorbol-diacetate 12- 去氧佛波醇二乙酸酯 斑籽木 Baliospermum solanifolium
4-deoxyphysalolactone 4- 去氧酸浆内酯 灯笼果 Physalis peruviana
deoxypicropodophyllin 去氧鬼臼苦素 莲叶桐 Hernandia nymphaeifolia, 昆仑多子柏 Juniperus semiglobosa
deoxypicropodophyllotoxin 去氧苦鬼臼毒素 叉子圆柏 Juniperus sabina
13-deoxyplumieride 13- 去氧鸡蛋花苷 鸡蛋花 Plumeria rubra 'Acutifolia'
(-)-deoxypodophyllotoxin (-)- 去氧鬼臼毒素 莲叶桐 Hernandia nymphaeifolia
deoxypodophyllotoxin 去氧鬼臼毒素 峨参 Anthriscus sylvestris, 川八角莲 Dysosma delavayi, 六角莲 D. pleiantha, 八角莲 D. versipellis, 朝鲜白头翁 Pulsatilla cernua, 桃儿七 Sinopodophyllum hexandrum
(-)-deoxypodorhizone (-)- 去氧西藏鬼臼脂酮 峨参 Anthriscus sylvestris
deoxypodorhizone 去氧鬼臼根茎酮▲ 莲叶桐 Hernandia nymphaeifolia
16-deoxyporicoic acid B 16- 去氧茯苓新酸 B 猪苓 Polyporus umbellatus
deoxyproanthocyanidin D-$_\gamma$-I, D-$_\gamma$-II 脱氧原花青素 D-$_\gamma$-I, D-$_\gamma$-II 龙血藤 Daemonorops draco
6-deoxypseudoanisatin 6- 去氧伪莽草素 红花八角 Illicium dunnianum, 红茴香 I. henryi, 大花八角 I. macranthum
5-deoxypulchelloside I 5- 去氧美丽马鞭草苷 I 穗花马先蒿 Pedicularis spicata
3(*R*),3(*S*)-deoxypumiloside 3(*R*),3(*S*)- 去氧短小蛇根草苷▲ 短小蛇根草 Ophiorrhiza pumila
deoxyrhaponticin 去氧土大黄苷 背扁黄耆 Astragalus complanatus
deoxyrhaponticin; desoxyrhaponticin 去氧食用大黄苷 阿尔泰大黄 Rheum altaicum, 丽江大黄 R. likiangense, 波叶大黄 R. rhabarbarum
deoxyrhapontigenin-(6'-*O*-galloyl)-glucoside 去氧食用大黄苷元 -(6'-*O*- 没食子酰基)- 葡萄糖苷 小大黄 Rheum pumilum
deoxyrhapontigenin; desoxyrhapontigenin 去氧食用大黄苷元 阿尔泰大黄 Rheum altaicum, 藏边大黄 R. australe, 波叶大黄 R. rhabarbarum
16-deoxysaikogenin F 16- 去氧柴胡皂苷元 F 白背枫 Buddleja asiatica
3-deoxysappanchalcone 3- 去氧苏木查耳酮 云实 Caesalpinia decapetala, 苏木 C. sappan
3'-deoxysappanone 3'- 去氧苏木酮 剑麻 Agave sisalana
3'-deoxysappanone B 3'- 去氧苏木酮 B 苏木 Caesalpinia sappan
3-deoxysappanone B 3- 去氧苏木酮 B 苏木 Caesalpinia sappan

(+)-deoxyschisandrin (+)-去氧五味子素 风庆南五味子 Kadsura interior, 华中五味子 Schisandra sphenanthera

deoxyschisandrin; deoxyschizandrin 去氧五味子素 黑老虎 Kadsura coccinea, 南五味子 K. longipedunculata, 二色五味子 Schisandra bicolor, 五味子 S. chinensis, 翼梗五味子 S. henryi, 红花五味子 S. rubriflora, 华中五味子 S. sphenanthera, 鹤庆五味子 S. wilsoniana

24-deoxysericoside 24-去氧绢毛榄仁苷 长柔毛委陵菜 Potentilla griffithii var. velutina

8-deoxyserratinidine 8-去氧千层塔尼定碱 马尾杉 Phlegmariurus phlegmaria

8-deoxyserratinine 8-去氧千层塔宁碱 蛇足石杉 Huperzia serrata

8-deoxyshanzhiside 8-去氧山栀苷 独一味 Lamiophlomis rotata

25-deoxyshengmanol-3-*O*-*β*-D-xylopyranoside 25-去氧升麻新醇-3-*O*-*β*-D-吡喃木糖苷 升麻 Cimicifuga foetida

deoxyshikonin 去氧紫草素 硬萼软紫草 Arnebia decumbens, 黄花软紫草 A. guttata, 紫草 Lithospermum erythrorhizon, 密花滇紫草 Onosma confertum, 昭苏滇紫草 O. echioides, 露蕊滇紫草 O. exsertum, 细花滇紫草 O. hookeri, 长花滇紫草 O. hookeri var. longiflorum, 滇紫草 O. paniculatum

5-deoxystansioside 5-去氧直立黄钟花苷▲ 直立黄钟花 Tecoma stans

5-deoxyteuhircoside 5-去氧赫卡尼亚香科科苷▲ 海滨柳穿鱼 Linaria japonica

1-deoxythreitol 1-去氧苏糖醇 茴芹 Pimpinella anisum

2'-deoxythymidine 2'-去氧胸苷 西洋参 Panax quinquefolius, 金铁锁 Psammosilene tunicoides

α-3,5-deoxytigogenin *α*-3,5-去氧替告皂苷元 棕粑叶 Aspidistra zongbayi

$\Delta^{3,5}$-deoxytigogenin $\Delta^{3,5}$-去氧替告皂苷元 蜀葵叶薯蓣 Dioscorea althaeoides, 叉蕊薯蓣 D. collettii, 粉背薯蓣 D. collettii var. hypoglauca, 福州薯蓣 D. futschauensis, 绵萆薢 D. spongiosa, 山萆薢 D. tokoro, 白英 Solanum lyratum

7-deoxy-*trans*-dihydronarciclasine 7-去氧-反式-二氢水仙环素 玉簪 Hosta plantaginea, 水鬼蕉 Hymenocallis littoralis

deoxytrillenoside A, B 去氧延龄草烯苷▲A, B 吉林延龄草 Trillium kamtschaticum

(*S*)-(+)-deoxytylophorinidine (*S*)-(+)-去氧娃儿藤定碱 娃儿藤 Tylophora ovata

2'-deoxyuridine 2'-去氧尿苷 西洋参 Panax quinquefolius, 半夏 Pinellia ternata, 金铁锁 Psammosilene tunicoides

deoxyuridine 去氧尿苷 咖啡黄葵 Abelmoschus esculentus, 爵床 Justicia procumbens

deoxyvasicine 去氧鸭嘴花碱 鸭嘴花 Justicia adhatoda, 多裂骆驼蓬 Peganum multisectum, 骆驼蒿 P. nigellastrum

deoxyvasicinone 去氧鸭嘴花酮碱 芦竹 Arundo donax, 菘蓝 Isatis tinctoria, 鸭嘴花 Justicia adhatoda, 大白刺 Nitraria roborowskii, 骆驼蓬 Peganum harmala, 多裂骆驼蓬 P. multisectum, 骆驼蒿 P. nigellastrum

20'-deoxyvinblastine oxide 20'-去氧长春碱-氧化物 长春花 Catharanthus roseus

27-deoxywithaferin A 27-去氧催眠睡茄素 A 睡茄 Withania somnifera

5,6-deoxywithaferin A 5,6-去氧催眠睡茄素 A 睡茄 Withania somnifera

12-deoxywithastramonolide 12-去氧睡茄曼陀罗内酯▲ 洋金花 Datura metel, 睡茄 Withania somnifera

deoxyyuzurimine 去氧交让木胺 狭叶虎皮楠 Daphniphyllum angustifolium, 交让木 D. macropodum, 虎皮楠 D. oldhamii

1-(2'-deoxy-*α*-D-ribopyranosyl)-*β*-carboline 1-(2'-去氧-*α*-D-吡喃核糖基)-*β*-咔啉 白花酸藤子 Embelia ribes

α-deoxy-*β*-ecdysone *α*-去氧-*β*-蜕皮素 水竹叶 Murdannia triquetra

6-deoxy-*γ*-mangostin 6-去氧-*γ*-倒捻子素 柘树 Cudrania tricuspidata

14-deoxy-*ε*-caesalpin 14-去氧-*ε*-云实素 喙荚云实 Caesalpinia minax

5-deprenyllupulone C 5-去异戊烯基蛇麻酮 C 啤酒花 Humulus lupulus

2-deprenylrheediaxanthone B 2-去异戊烯基瑞地亚木屾酮▲B 红厚壳 Calophyllum inophyllum, 柘树 Cudrania tricuspidata

derricarpin 鱼藤卡品 兰屿鱼藤 Derris oblonga

derrichalcone 鱼藤查耳酮▲ 疏花鱼藤 Derris laxiflora

derriflavanone 鱼藤黄烷酮▲ 疏花鱼藤 Derris laxiflora

derriflavanone B 鱼藤黄烷酮▲B 疏花鱼藤 Derris laxiflora

derriscoumaronochromone 鱼藤香豆色酮 疏花鱼藤 Derris laxiflora

derrisfolin A, B 三叶鱼藤素 A, B 鱼藤 Derris trifoliata

derrisin 鱼藤辛 异翅鱼藤 Derris malaccensis

derrisisoflavone G 鱼藤异黄酮▲G 锈毛鱼藤 Derris ferruginea

derrispisatin 鱼藤豌豆素▲ 疏花鱼藤 Derris laxiflora

derrone 大鱼藤树酮▲ 柘树 Cudrania tricuspidata, 锈毛麻辣仔藤 Erycibe expansa, 榕树 Ficus microcarpa, 毛果锡叶藤 Tetracera scandens

derrone-4'-*O*-methylether 大鱼藤树酮▲-4'-*O*-甲醚 伏毛山豆根 Euchresta horsfieldii

17-desacetoxyleurosine 17-去乙酰氧基环氧长春洛辛▲ 长春花 Catharanthus roseus

desacetoxymatricarin 去乙酰氧基母菊素 无毛牛尾蒿 Artemisia dubia var. subdigitata, 野莴苣 Lactuca serriola

17-desacetoxyvinblastine 17-去乙酰氧基长春碱 长春花 Catharanthus roseus

4-desacetoxyvinblastine 4-去乙酰氧基长春碱 长春花 Catharanthus roseus

17-desacetoxyvinblastine oxide 17-去乙酰氧基长春碱氧化物 长春花 Catharanthus roseus

desacetyl-11*β*,13-dihydroovatifolin 去乙酰基-11*β*,13-二氢卵叶柄花菊素▲ 百能葳葳 Blainvillea acmella

desacetyl-11*β*,13-dihydroovatifolin-8-one 去乙酰基-11*β*,13-二氢卵叶柄花菊素▲-8-酮 百能葳葳 Blainvillea acmella

desacetyl-11*β*,13-dihydroovatifolin-8-*O*-tiglate 去乙酰基-11*β*,13-二氢卵叶柄花菊素▲-8-*O*-巴豆酸酯 百能葳葳 Blainvillea acmella

2-desacetyl-8-*epi*-xanthumanol-4-*O*-*β*-D-galactopyranoside 2-去乙酰基-8-表-苍耳醇-4-*O*-*β*-D-吡喃半乳糖苷 刺苍耳 Xanthium spinosum

4-desacetylanguidin 4-去乙酰蛇形菌素 银柴胡 Stellaria dichotoma var. lanceolata

desacetyleupaserrin 去乙酰锯齿泽兰内酯 菊芋 Helianthus tuberosus

2-desacetylevonin 2- 去乙酰卫矛羰碱 灯油藤 Celastrus paniculatus
desacetylhookerioside 去乙酰胡克车前苷▲ 车前 Plantago asiatica
desacetyl-1α,4β-dihydroxy-bishopsolicepolide 去乙酰基 -1α,4β- 二羟基 - 比梢菊内酯▲ 无毛牛尾蒿 Artemisia dubia var. subdigitata
8-desacetylmatricarin 8- 去乙酰母菊素 亚洲蓍 Achillea asiatica, 蓍 A. millefolium
desacetylmatricarin 去乙酰基母菊素 硬尖神香草 Hyssopus cuspidatus
1-desacetylnimbolinin B 1- 去乙酰印楝波力宁▲B 川楝 Melia toosendan
desacetyluvaricin 去乙酰紫玉盘辛▲ 圆滑番荔枝 Annona glabra, 番荔枝 A. squamosa
1-desacetylwilfordine 1- 去乙酰雷公藤定碱 雷公藤 Tripterygium wilfordii
1-desacetylwilforgine 1- 去乙酰雷公藤晋碱 雷公藤 Tripterygium wilfordii
1-desacetylwilfortrine 1- 去乙酰雷公藤春碱 雷公藤 Tripterygium wilfordii
desacyl jegosaponin 去乙酰野茉莉皂苷 岩匙 Berneuxia thibetica
desacylcynaropicrin 去酰菜蓟苦素 顶羽菊 Acroptilon repens, 美花风毛菊 Saussurea pulchella
desacylepipachysamine A 去乙酰表粉蕊黄杨胺 A 顶花板凳果 Pachysandra terminalis
desacylescin I 去酰七叶树皂苷 I 七叶树 Aesculus chinensis
desacylsenegasaponin B, C 去酰美远志皂苷▲B, C 远志 Polygala tenuifolia
5α-desarogenin 5α- 得撒罗苷元 白楸 Mallotus paniculatus
desarogenin 得撒罗苷元 白楸 Mallotus paniculatus
desaspidin BB 低绵马素 BB 欧洲鳞毛蕨 Dryopteris filix-mas
desaspidin-BB 低绵马素 BB 阔鳞鳞毛蕨 Dryopteris championii
desbenzoylpaeoniflorin 去苯甲酰芍药苷 草芍药 Paeonia obovata
descaffeoylcrenatoside 去咖啡酰圆齿列当苷 列当 Orobanche coerulescens, 顶头马蓝 Strobilanthes affinis
2-descarboxybetanin 2- 脱羧基甜菜苷 量天尺 Hylocereus undatus
2-descarboxyphyllocactin 2- 脱羰基 - 丙二酰昙花亭▲ 量天尺 Hylocereus undatus
descuraini 播娘蒿素▲ 合掌消 Cynanchum amplexicaule
descurainoside 播娘蒿苷 播娘蒿 Descurainia sophia
desgalactotigonin 去半乳糖替告皂苷 蒜 Allium sativum, 毛地黄 Digitalis purpurea, 南苜蓿 Medicago polymorpha, 野海茄 Solanum japonense, 白英 S. lyratum, 龙葵 S. nigrum
1-desgalloyleugeniin 1- 去没食子酰丁香鞣质 苦槠 Castanopsis sclerophylla, 大狼毒 Euphorbia jolkinii, 芍药 Paeonia lactiflora, 使君子 Quisqualis indica, 丁香 Syzygium aromaticum, 榄仁树 Terminalia catappa
l-desgalloyleugeniin *l*- 去没食子酰丁香鞣质 千根草 Euphorbia thymifolia
5-desgalloylstachyurin 5- 去没食子酰旌节花素 千根草 Euphorbia thymifolia, 芍药 Paeonia lactiflora, 化香树 Platycarya strobilacea, 使君子 Quisqualis indica
desgalloylstachyurin 去没食子酰旌节花素 牛奶子 Elaeagnus umbellata
desglucoanagalloside A, B 去葡萄糖基海绿苷 A, B 琉璃繁缕 Anagallis arvensis
desglucocheirotoxin 去葡萄糖桂竹香毒苷 灰毛糖芥 Erysimum canescens
desglucodigitonin 去葡萄糖洋地黄皂苷 毛地黄 Digitalis purpurea
28-desglucosylchikusetsusaponin IV 28- 去葡萄糖基竹节参皂苷 IV 辽东楤木 Aralia elata var. glabrescens, 竹节参 Panax japonicus, 通脱木 Tetrapanax papyrifer
28-desglucosylchikusetsusaponin IVa 28- 去葡萄糖基竹节参皂苷 IVa 竹节参 Panax japonicus
desmal 假鹰爪醇醛▲ 假鹰爪 Desmos chinensis
desmanthin-1 合欢草素 -1 紫荆 Cercis chinensis, 萹蓄 Polygonum aviculare
desmethoxyaniflorine 去甲氧基无柄异唇爵床碱▲ 鸭嘴花 Justicia adhatoda
8-desmethoxyaristolactam-*N*-*β*-D-glucopyranoside 8- 去甲氧基马兜铃内酰胺 -*N*-*β*-D- 吡喃葡萄糖苷 北马兜铃 Aristolochia contorta
8-desmethoxy-aristolactam-*N*-*β*-Dglucopyranoside 8- 去甲氧基 - 马兜铃内酰胺 -*N*-*β*-D- 吡喃葡萄糖苷 辽细辛 Asarum heterotropoides var. mandshuricum
desmethoxycentaureidin 去甲氧基矢车菊定 牛至 Origanum vulgare, 长毛香科科 Teucrium pilosum
desmethoxycentaureidin-7-*O*-*β*-D-glucopyranosid 去甲氧基矢车菊定 -7-*O*-*β*-D- 吡喃葡萄糖苷 块茎芦莉草 Ruellia tuberosa
desmethoxyencecalin 去甲氧基加州脆枝菊素▲ 挥发油成分，未统计基源
desmethoxymajusculamide C 去甲氧基巨大鞘丝藻酰胺 C 巨大鞘丝藻 Lyngbya majuscula
desmethoxymatteucinol-7-methyl ether 去甲氧基荚果蕨酚 -7- 甲醚 假鹰爪 Desmos chinensis
desmethoxypiplartine dime 去甲氧基荜茇亭二聚物 荜拔 Piper longum
desmethylanhydroicaritin 去甲基脱水淫羊藿素 朝鲜淫羊藿 Epimedium koreanum, 巫山淫羊藿 E. wushanense
7-desmethylartemetin 7- 去甲基蒿黄素 蔓荆 Vitex trifolia
1-desmethylaurantioobtusin 1- 去甲基橙黄决明素 钝叶决明 Senna tora var. obtusifolia
1-desmethylaurantioobtusin-2-*O*-*β*-D-glucopyranoside 1- 去甲基橙黄决明素 -2-*O*-*β*-D- 吡喃葡萄糖苷 钝叶决明 Senna tora var. obtusifolia
desmethylcephalotaxinone 脱甲基三尖杉酮碱 海南粗榧 Cephalotaxus mannii
1-desmethylchrysoobtusin 1- 去甲基黄决明素 钝叶决明 Senna tora var. obtusifolia
1-desmethylchrysoobtusin-2-*O*-glucopyranoside 1- 去甲基黄决明素 -2-*O*- 吡喃葡萄糖苷 铁刀木 Senna siamea
8-desmethyl-eucalyptin 8- 去甲基桉树酚 斑皮桉 Eucalyptus maculata

9'-desmethylgarugamblin I 9'-去甲基多花白头树素▲I 羽叶白头树 Garuga pinnata
9'-desmethylgaruganin I 9'-去甲基白头树素 I 羽叶白头树 Garuga pinnata
desmethylicaritin 去甲基淫羊藿素 宝兴淫羊藿 Epimedium davidii, 朝鲜淫羊藿 E. koreanum, 三枝九叶草 E. sagittatum, 巫山淫羊藿 E. wushanense
1-desmethylobtusin 1-去甲基钝叶决明辛▲ 钝叶决明 Senna tora var. obtusifolia
desmethylplumericin 去甲基鸡蛋花素 软枝黄蝉 Allamanda cathartica
desmethylrocaglamide 去甲洛克米仔兰酰胺 米仔兰 Aglaia odorata
6'-desmethylthalifaboramine 6'-去甲大叶唐松草胺▲ 大叶唐松草 Thalictrum faberi
13a(*S*)-(+)-6-desmethyltylophorine 13a(*S*)-(+)-6-去甲基娃儿藤碱 娃儿藤 Tylophora ovata
30-desmethylurs-3-on-20-ol 30-去甲基熊果-3-酮-20-醇 杧果 Mangifera indica
desmethylxanthohumol 去甲基酒花黄酚▲ 啤酒花 Humulus lupulus
desmethylxanthohumol B, J 去甲基酒花黄酚▲B, J 啤酒花 Humulus lupulus
desmocarpin 山蚂蟥紫檀素▲ 大叶山蚂蝗 Desmodium gangeticum
desmodilactone 广金钱草内酯 广东金钱草 Desmodium styracifolium
desmodimine 广金钱草碱 杭白芷 Angelica dahurica 'Hangbaizhi', 广东金钱草 Desmodium styracifolium
desmodin 山蚂蟥素 卷耳 Cerastium arvense subsp. strictum, 大叶山蚂蝗 Desmodium gangeticum, 截叶铁扫帚 Lespedeza cuneata
desmodol 山蚂蝗酚 小槐花 Ohwia caudata
desmosal 假鹰爪醛 假鹰爪 Desmos chinensis, 大叶假鹰爪 D. grandifolius
desmosdumotin A~D 毛叶假鹰爪亭▲A~D 毛叶假鹰爪 Desmos dumosus
desmosflavone 假鹰爪黄酮 落葵薯 Anredera cordifolia, 假鹰爪 Desmos chinensis, 大叶假鹰爪 D. grandifolius
desmosine 假鹰爪碱▲ 毛叶假鹰爪 Desmos dumosus
desmoxyphyllin 尖叶山蚂蝗素 灰毛豆 Tephrosia purpurea
desmoxyphyllin A 尖叶山蚂蝗素 A 千斤拔 Flemingia philippinensis, 尖叶长柄山蚂蝗 Hylodesmum podocarpum subsp. oxyphyllum, 思茅崖豆 Millettia leptobotrya
desmoxyphyllin A-7-*O*-*β*-D-glucopyranoside 尖叶山蚂蝗素 A-7-*O*-*β*-D-吡喃葡萄糖苷 尖叶长柄山蚂蝗 Hylodesmum podocarpum subsp. oxyphyllum
desmoxyphyllin B 尖叶山蚂蝗素 B 尖叶长柄山蚂蝗 Hylodesmum podocarpum subsp. oxyphyllum
desmoxyphyllin B-7-*O*-*β*-D-glucopyranoside 尖叶山蚂蝗素 B-7-*O*-*β*-D-吡喃葡萄糖苷 尖叶长柄山蚂蝗 Hylodesmum podocarpum subsp. oxyphyllum
des-*N*-mefhyl-*β*-obscurine 去-*N*-甲基-*β*-玉柏碱 石松 Lycopodium japonicum
des-*N*-methylacronycine 去-*N*-甲基山油柑碱 小花山小橘 Glycosmis parviflora, 山小橘 G. pentaphylla, 千里香 Murraya paniculata
des-*N*-methylchelerythrine 去-*N*-甲基白屈菜红碱 岭南花椒 Zanthoxylum austrosinense, 花椒 Z. bungeanum, 狭叶花椒 Z. stenophyllum
des-*N*-methylnoracronycine 去-*N*-甲基降山油柑碱 山橘树 Glycosmis cochinchinensis, 小花山小橘 G. parviflora, 山小橘 G. pentaphylla, 千里香 Murraya paniculata
des-*N*-methyl-*α*-obscurine 去-*N*-甲基-*α*-玉柏碱 石松 Lycopodium japonicum, 垂穗石松 Palhinhaea cernua
des-*O*-methylanhydroicaritin 去-*O*-甲基脱水淫羊藿素 绒毛槐 Sophora tomentosa
(3*R*)-des-*O*-methyllasiodiplodin (3*R*)-去-*O*-甲基毛双孢素▲ 金毛狗 Cibotium barometz
des-*O*-methyllasiodiplodin 去-*O*-甲基毛色二孢素 软紫草 Arnebia euchroma, 朝天罐 Osbeckia opipara
des-*O*-methylracemosol 去-*O*-甲基总状花羊蹄甲酚▲ 总状花羊蹄甲 Bauhinia racemosa
14-desoxo-3-*O*-propionyl-5,15-di-*O*-acetyl-7-*O*-nicotinoylmyrsinol-14*β*-acetate 14-去氧-3-*O*-丙酰基-5,15-二-*O*-乙酰基-7-*O*-烟酰铁仔酚▲-14*β*-乙酸酯 土瓜狼毒 Euphorbia prolifera
desoxonarchinol A 去氧合甘松香醇 A 甘松 Nardostachys jatamansi
27-desoxy-24,25-dihydrowithaferin A 27-去氧-24,25-二氢催眠睡茄素 A 睡茄 Withania somnifera
2-desoxy-4-*epi*-pulchellin 2-去氧-4-表-天人菊素▲ 水朝阳旋覆花 Inula helianthusaquatilis
26-desoxyacetylacteol 26-去氧乙酰类叶升麻醇▲ 云南升麻 Cimicifuga yunnanensis
desoxycordifoline 去氧心叶水团花碱▲ 定心藤 Mappianthus iodoides, 团花 Neolamarckia cadamba
desoxyiripallidal 去氧香根鸢尾醛▲ 香根鸢尾 Iris pallida
desoxylacarol 去氧裂叶蒿酚▲ 裂叶蒿 Artemisia tanacetifolia, 月桂茵芋 Skimmia laureola
5-desoxylactarolide B 5-去氧乳菇内酯▲B 亚绒白乳菇 Lactarius subvellereus
(-)-1,6-desoxypipoxide (-)-1,6-去氧胡椒环氧化物▲ 刺果紫玉盘 Uvaria calamistrata
desoxyrhapontigenin-3-*β*-D-glucopyranoside 去氧食用大黄苷元-3-*β*-D-吡喃葡萄糖苷 波叶大黄 Rheum rhabarbarum
5-desoxysesamoside 5-去氧芝麻苷 块根糙苏 Phlomis tuberosa
des-*p*-hydroxybenzoyl kisasagenol B 去对羟基苯甲酰梓实烯醇▲B 梓 Catalpa ovata
des-*p*-hydroxybenzoyl-3-deoxycatalpin 去对羟基苯甲酰基-3-去氧梓素▲ 梓 Catalpa ovata
desrhamnosylacteoside 去鼠李糖基洋丁香酚苷 苦枥木 Fraxinus insularis
desrhamnosylverbascoside 去鼠李糖基毛蕊花苷 海榄雌 Avicennia marina, 毛地黄 Digitalis purpurea, 马缨丹 Lantana camara, 钩萼草 Notochaete hamosa, 车前 Plantago asiatica, 海滨车前 P. camtschatica, 牛耳朵 Primulina eburnea
desulfosinigrin 脱硫芥子苷 块茎山萮菜 Eutrema wasabi
4'-desulphatedatractyloside 4'-去硫酸基苍术苷 刺苍耳 Xanthium spinosum

4'-desulphated-carboxyatractyloside 4'-去硫酸基-羰基苍术苷 刺苍耳 Xanthium spinosum
deterrol 劣乳菇醇▲ 松乳菇 Lactarius deliciosus
detetrahydroconidendrin 去四氢铁杉脂素 鹅绒藤 Cynanchum chinense, 刺柏 Juniperus formosana, 黄荆 Vitex negundo, 牡荆 V. negundo var. cannabifolia, 蔓荆 V. trifolia
deucosterol 胡萝卜甾醇 金丝刷 Lethariella cladonioides
α-deutziogenin *α*-溲疏苷元 台湾溲疏 Deutzia taiwanensis
β-deutziogenin *β*-溲疏苷元 台湾溲疏 Deutzia taiwanensis

deutziol 溲疏醇 台湾溲疏 Deutzia taiwanensis
deutzioside 溲疏醇苷 台湾溲疏 Deutzia taiwanensis
dextrobursehernin 右旋裂榄莲叶桐素▲ 叶下珠 Phyllanthus urinaria
dextropimarinal 右海松醛 雪松 Cedrus deodara
dextrose 葡萄糖 植物基础成分，未统计基源
dexylosyltubeimoside III 去木糖基土贝母苷 III 盒子草 Actinostemma tenerum, 假贝母 Bolbostemma paniculatum
dhasingreoside 芳香白珠苷▲ 芳香白珠 Gaultheria fragrantissima
dhurrin 蜀黍苷 高粱 Sorghum bicolor
dhurrin-6'-glucoside 蜀黍苷-6'-葡萄糖苷 高粱 Sorghum bicolor
4,4'-di(1,3,8-trihydroxy-2-methyl-6-methoxy)anthraquinone 4,4'-二(1,3,8-三羟基-2-甲基-6-甲氧基)蒽醌 毛荚决明 Senna hirsuta
4,4'-di(1,3-dihydroxy-2-methyl-6,8-dimethoxyanthraquinone) 4,4'-二(1,3-二羟基-2-甲基-6,8-二甲氧基蒽醌) 铁刀木 Senna siamea
5,8-di(2,3-dihydroxy-3-methylbutoxy)psoralen 5,8-二(2,3-二羟基-3-甲基丁氧基)补骨脂素 白芷 Angelica dahurica
5,8-di-(2,3-dihydroxy-3-methylbutoxy)-psoralen 5,8-二-(2,3-二羟基-3-甲基丁氧基)-补骨脂素 阿坝当归 Angelica apaensis
di-(2-ethylhexyl)phthalate 酞酸二(2-乙基)己酯 石松 Lycopodium japonicum
5,8-di-(2-hydroxy-3-methoxy-3-methylbutoxy)-psoralen 5,8-二-(2-羟基-3-甲氧基-3-甲基丁氧基)-补骨脂素 阿坝当归 Angelica apaensis
(3*S*,6*S*)-3,6-di-(2-methylpropyl)-2,5-piperazine diketone (3*S*,6*S*)-3,6-二-(2-甲基丙基)-2,5-哌嗪二酮 挂金灯 Physalis alkekengi var. francheti
1,2'-di-(3'',4''-dihydroxy-5''-methoxy)-*O*-*trans*-cinnamoyl gentiobiose 1,2'-二-(3'',4''-二羟基-5''-甲氧基)-*O*-反式-桂皮酰龙胆二糖 块茎山萮菜 Eutrema wasabi
4,2'-di-(3,4-dihydroxybenzyl)-5,3'-dihydroxy-6,7-combine-dihydropyran-3,4-dihydrobenzopyrone 4,2'-二-(3,4-二羟基苯基)-5,3'-二羟基-6,7-骈二氢吡喃-3,4-二氢苯骈吡喃酮 小果蔷薇 Rosa cymosa
trans-1,5-di-(3,4-dihydroxyphenyl)-divinyl ether 反式-1,5-二-(3,4-二羟基苯基)-乙烯醚 冬凌草 Isodon rubescens
2,3-di(3',4'-methyl-endioxy-benzyl)-2-buten-4-olide 2,3-二(3',4'-二甲氧基苄基)-2-丁烯-4-内酯 刺五加 Eleutherococcus senticosus
(2*R*,3*R*)-2,3-di-(3,4-methylenedioxybenzyl)-butyrolactone (2*R*,3*R*)-2,3-二-(3,4-亚甲二氧基苯基)-丁内酯 白簕 Eleutherococcus trifoliatus
4,4'-di(4-hydroxy-3-methoxyphenly)-2,3-dimethylbutanol 4,4'-二(4-羟基-3-甲氧基苯基)-2,3-二甲基丁醇 鹤庆五味子 Schisandra wilsoniana
4,4-di(4-hydroxy-3-methoxyphenyl)-2,3-dimethylbutanol 4,4-二(4-羟基-3-甲氧基苯基)-2,3-二甲基丁醇 滇瑞香 Daphne feddei
(2*S*)-3,3-di-(4-hydroxy-3-methoxyphenyl)-propane-1,2-diol (2*S*)-3,3-二-(4-羟基-3-甲氧基苯基)-1,2-丙二醇 草珊瑚 Sarcandra glabra
(1*R*,2*S*,5*R*,6*R*)-2,6-di-(4-hydroxyphenyl)-3,7-dioxabicyclo[3.3.0]octane (1*R*,2*S*,5*R*,6*R*)-2,6-二-(4-羟基苯基)-3,7-二氧杂双环[3.3.0]辛烷 少药八角 Illicium oligandrum
(1*R*,2*S*,5*R*,6*S*)-2,6-di-(4-hydroxyphenyl)-dioxabicyclo[3.3.0]octane (1*R*,2*S*,5*R*,6*S*)-2,6-二-(4-羟基苯基)-二氧杂双环[3.3.0]辛烷 少药八角 Illicium oligandrum
1*α*,7*β*-di(4-methylsenecioyloxy)-oplopa-3(14)*Z*,8(10)-dien-2-one 1*α*,7*β*-二(4-甲基千里光酰氧基)-日本刺参-3(14)*Z*,8(10)-二烯-2-酮 款冬 Tussilago farfara
di(carbamoyloxyethyl)sulfone 二(氨甲酰氧乙基)砜 鹧鸪菜 Caloglossa leprieurii
3',6-di-(dimethylallyl)-genistein 3',6-二-(二甲基烯丙基)-染料木素 洋甘草 Glycyrrhiza glabra
6,8-di-(dimethylallyl)-genistein 6,8-二-(二甲基烯丙基)-染料木素 洋甘草 Glycyrrhiza glabra
1*β*,6*α*-di(methylbutyryloxy)-2*β*,14-diacetoxy-7*α*-(acetoxymethylsenecioyloxy)-11,12-epoxyoplopa-8(10)-ene 1*β*,6*α*-二(甲基丁酰氧基)-2*β*,14-二乙酰氧基-7*α*-(乙酰氧基甲基千里光酰氧基)-11,12-环氧刺参萜-8(10)-烯 天山橐吾 Ligularia narynensis
3,28-di(*O*-*β*-D-glucopyranoside)medicagenic acid 3,28-二(*O*-*β*-D-吡喃葡萄糖苷)苜蓿酸 紫苜蓿 Medicago sativa
di-(*p*-hydroxybenzyl)-disulfide 二-(对羟基苄基)-二硫醚 手参 Gymnadenia conopsea
(3*S*,3'*S*,5')-3,3'-di(tetradecanoyloxy)-5'-hydroxy-5,6,5',6'-diseco-*β*,*β*-carotene-5,6,6'-trione (3*S*,3'*S*,5')-3,3'-二(四癸酰氧基)-5'-羟基-5,6,5',6'-二开环-*β*,*β*-胡萝卜素-5,6,6'-三酮 海桐 Pittosporum tobira
1*β*,9*α*-di(*β*-furoyloxy)-2*β*-(*α*-methylbutyroyloxyl)-6*α*,13-diacetoxy-4*α*-hydroxy-*β*-dihydroagarofuran 1*β*,9*α*-二(*β*-呋喃氧基)-2*β*-(*α*-甲基丁酰氧基)-6*α*,13-二乙酰氧基-4*α*-羟基-*β*-二氢沉香呋喃 白杜 Euonymus maackii
1*β*,9*α*-di(*β*-furoyloxy)-2*β*,6*α*,13-triacetoxy-4*α*-hydroxy-*β*-dihydroagarofuran 1*β*,9*α*-二(*β*-呋喃酰氧基)-2*β*,6*α*,13-三乙酰氧基-4*α*-羟基-*β*-二氢沉香呋喃 白杜 Euonymus maackii
3',6-di(*γ*,*γ*-dimethylallyl)-4',5,7-trihydroxyflavanone 3',6-二(*γ*,*γ*-二甲基烯丙基)-4',5,7-三羟基黄烷酮 多花胡枝子 Lespedeza floribunda
6,8-di(*γ*,*γ*-dimethylallyl)-4',7-dihydroxyflavanone 6,8-二(*γ*,*γ*-二甲基烯丙基)-4',7-二羟基黄烷酮 多花胡枝子 Lespedeza floribunda
(2*S*)-5,7,2',6'tetrahydroxy-6,8-di-(*γ*,*γ*-dimethylallyl)-flavanone (2*S*)-5,7,2',6'-四羟基-6,8-二异戊烯基黄烷酮 攀倒甑 Patrinia villosa
3,5-di-[1-*O*-(5-caffeoyl)-quinic acid]-4-caffeoylquinic acid 3,5-二[1-*O*-(5-咖啡酰基)奎宁酸]-4-咖啡酰基奎宁酸 小花鬼针草 Bidens parviflora

di-1(2-cyclopentanone)methane 二倍 -1(2- 环戊酮) 甲烷 挥发油成分，未统计基源
(4aS,5R,8aS)5,8a-di-1-propyl-octahydronaphthalen-1-(2H)-one (4aS,5R,8aS)5,8a- 二 -1- 丙基 - 八氢萘烯 -1-(2H)- 酮 细叶糙果芹 Trachyspermum ammi
di-2-ethylhexyl ester palmitic acid 棕榈酸二 -2- 乙基己酯 挥发油成分，未统计基源
di-2-ethylhexylphthalate 酞酸二 (2- 乙基己) 酯 多花筋骨草 Ajuga multiflora, 玄参 Scrophularia ningpoensis
di-2-propenyl trisulfide 二 -2- 丙烯基三硫化物 挥发油成分，未统计基源
di-4-hydroxy-3,3'-methylenecoumarin 二 -4- 羟基 -3,3'- 亚甲基香豆素 小米草 Euphrasia pectinata
1,2-di-9,12,15-octadecatrienoyl-sn-glycerol 1,2- 二 -9,12,15- 十八碳三烯酰 -sn- 甘油 五层龙 Salacia prinoides
dia-aurantiamide acetate 非对映 - 橙黄胡椒酰胺乙酸酯 大叶山楝 Aphanamixis grandifolia, 山石榴 Catunaregam spinosa, 古钩藤 Cryptolepis buchananii
diaboline 魔鬼马钱碱▲ 华马钱 Strychnos cathayensis
diacerhein 二乙酰大黄酸 藏边大黄 Rheum australe
1,2-diacetin 1,2- 二乙酸甘油酯 挥发油成分，未统计基源
(3R,5S)-3,5-diacetoxy-1-(3,4-dimethoxyphenyl)-decane (3R,5S)-3,5- 二乙酰氧基 -1-(3,4- 二甲氧基苯基)- 癸烷 姜 Zingiber officinale
3,5-diacetoxy-1-(4-hydroxy-3,5-dimethoxyphenyl)-7-(4-hydroxy-3-methoxyphenyl)heptane 3,5- 二乙酰氧基 -1-(4- 羟基 -3,5- 二甲氧基苯基)-7-(4- 羟基 -3- 甲氧基苯基)- 庚烷 姜 Zingiber officinale
(3R,5S)-3,5-diacetoxy-1-(4-hydroxy-3-methoxyphenyl)-decane (3R,5S)-3,5- 二乙酰氧基 -1-(4- 羟基 -3- 甲氧基苯基)- 癸烷 姜 Zingiber officinale
meso-3,5-diacetoxy-1,7-bis (4-hydroxy-3-methoxyphengyl)-heptane 内消旋 -3,5- 二乙酰氧基 -1,7- 二 (4- 羟基 -3- 甲氧基苯基)- 庚烷 姜 Zingiber officinale
(3S,5S)-3,5-diacetoxy-1,7-bis(3,4-dihydroxyphenyl)-heptane (3S,5S)-3,5- 二乙酰氧基 -1,7- 二 (3,4- 二羟苯基)- 庚烷 姜 Zingiber officinale
(3S,5S)-3,5-diacetoxy-1,7-bis(4-hydroxy-3-methoxyphenyl)-heptane (3S,5S)-3,5- 二乙酰氧基 -1,7- 二 (4- 羟基 -3- 甲氧基苯基)- 庚烷 姜 Zingiber officinale
3,20-diacetoxy-11-methoxymeliacarpinin 3,20- 二乙酰氧基 -11- 甲氧基楝卡品宁▲ 楝 Melia azedarach
3β,11α-diacetoxy-12-ursene 3β,11α- 双乙酰氧基 -12- 熊果烯 榕树 Ficus microcarpa
6α,7α-diacetoxy-13-hydroxy-8(9),14-labdadiene 6α,7α- 二乙酰氧基 -13- 羟基 -8(9),14- 半日花二烯 蔓荆 Vitex trifolia
6β,7β-diacetoxy-13-hydroxy-labda-8,14-diene 6β,7β- 二乙酰氧基 -13- 羟基 - 半日花 -8,14- 二烯 穗花牡荆 Vitex agnus-castus, 黄荆 V. negundo
(12S,2'S)-12,19-diacetoxy-18-chloro-4α,6α-dihydroxy-1β-(2-methylbutanoyloxy)-neo-clerod-13-en-15,16-olide (12S,2'S)-12,19- 二乙酰氧基 -18- 氯化 -4α,6α- 二羟基 -1β-(2- 甲基丁酰氧基)- 新 - 赪桐 -13- 烯 -15,16- 内酯 筋骨草 Ajuga ciliata
(12S,2"S)-6α,19-diacetoxy-18-chloro-4α-hydroxy-12-(2-methylbutanoyloxy)-neo-clerod-13-en-15,16-olide (12S,2"S)-6α,19- 二乙酰氧基 -18- 氯化 -4α- 羟基 -12-(2- 甲基丁酰氧基)- 新 - 赪桐 -13- 烯 -15,16- 内酯 金疮小草 Ajuga decumbens
(12S)-6α,19-diacetoxy-18-chloro-4α-hydroxy-12-tigloyloxy-neo-clerod-13-en-15,16-olide (12S)-6α,19- 二乙酰氧基 -18- 氯化 -4α- 羟基 -12- 巴豆酰氧基 - 新 - 赪桐 -13- 烯 -15,16- 内酯 金疮小草 Ajuga decumbens
5-(3,4-diacetoxy-1-butenynyl)-2,2'-bithiophene 5-(3,4- 二乙酰氧基 -1- 丁烯炔基)-2,2'- 双联噻吩 硬叶蓝刺头 Echinops ritro
2R,4R-diacetoxy-1-hydroxy-n-heptadeca-16-ene 2R,4R- 二乙酰氧基 -1- 羟基 - 正十七碳 -16- 烯 鳄梨 Persea americana
2R,4R-diacetoxy-1-hydroxy-n-heptadeca-16-yne 2R,4R- 二乙酰氧基 -1- 羟基 - 正十七碳 -16- 炔 鳄梨 Persea americana
4α,5α-diacetoxy-1α-angeloyloxy-11-hydroxybisabol-2,9-diene 4α,5α- 二乙酰氧基 -1α- 当归酰氧基 -11- 羟基红没药 -2,9- 二烯 长叶火绒草 Leontopodium junpeianum
4α,5α-diacetoxy-1α-angeloyloxybisabol-2,9,11-triene 4α,5α- 二乙酰氧基 -1α- 当归酰氧基红没药 -2,9,11- 三烯 长叶火绒草 Leontopodium junpeianum
4α,9α-diacetoxy-1β,5α-guaia-6-ene 4α,9α- 二乙酰氧基 -1β,5α- 愈创木 -6- 烯 莲叶橐吾 Ligularia nelumbifolia
1,4-diacetoxy-2-hydroxyheptadec-16-ene 1,4- 二乙酰氧基 -2- 羟基十七碳 -16- 烯 鳄梨 Persea americana
3-(2',3'-diacetoxy-2'-methylbutyryl)cuauhtemone 3-(2',3'- 二乙酰氧基 -2'- 甲基丁酰基)- 阔苞菊酮 阔苞菊 Pluchea indica
1,4R-diacetoxy-2R-hydroxy-n-heptadec-16-yne 1,4R- 二乙酰氧基 -2R- 羟基 - 正十七碳 -16- 炔 鳄梨 Persea americana
1,4R-diacetoxy-2R-hydroxy-n-heptadeca-16-ene 1,4R- 二乙酰氧基 -2R- 羟基 - 正十七碳 -16- 烯 鳄梨 Persea americana
1β,8β-diacetoxy-2β,12-diisobutyryloxy-9β-benzoyloxy-4α,6β-dihydroxy-β-dihydroagarofuran 1β,8β- 二乙酰氧基 -2β,12- 二异丁酰氧基 -9β- 苯甲酰氧基 -4α,6β- 二羟基 -β- 二氢沉香呋喃 大芽南蛇藤 Celastrus gemmatus
6α,12-diacetoxy-2β,9α-di(β-furancarbonyloxy)-4α-hydroxy-1β-(2-methylbutanoyloxy)-β-dihydroagarofuran 6α,12- 二乙酰氧基 -2β,9α- 二 (β- 呋喃甲酰氧基)-4α- 羟基 -1β-(2- 甲基丁酰氧基)-β- 二氢沉香呋喃 卫矛 Euonymus alatus
1β,6α-diacetoxy-2β-furoyloxy-4α-hydroxy-8β,11-diisobutyryloxy-9β-nicotinoyloxy-β-dihydroagarofuran 1β,6α- 二乙酰氧基 -2β- 呋喃酰氧基 -4α- 羟基 -8β,11- 二异丁酰氧基 -9β- 烟酰氧基 -β- 二氢沉香呋喃 苦皮藤 Celastrus angulatus
1β,11-diacetoxy-2β-isobutyryloxy-4α,6α-dihydroxy-8α-nicotinoyloxy-9β-benzoyloxy-β-dihydroagarofuran 1β,11- 二乙酰氧基 -2β- 异丁酰氧基 -4α,6α- 二羟基 -8α- 烟酰氧基 -9β- 苯甲酰氧基 -β- 二氢沉香呋喃 苦皮藤 Celastrus angulatus
1β,6α-diacetoxy-2β-nicotinoyloxy-8β,13-diisobutanoyloxy-9α-benzoyloxy-4α-hydroxy-β-dihydroagarofuran 1β,6α- 二乙酰氧基 -2β- 烟酰氧基 -8β,13- 二异丁酰氧基 -9α- 苯甲酰氧基 -4α- 羟基 -β- 二氢沉香呋喃 苦皮藤 Celastrus angulatus
(2R,3S,4R,5R,6S,9R,10R,11S,13S,16R)-6,19-diacetoxy-3-[(2R)-2-acetoxy-2-methylbutyryloxy]-4,18:11,16:15,16-triepoxy-15-methoxy-7-clerodene-2-ol (2R,3S,4R,5R,6S,9R,10R,11S,13S,16R)-6,19- 二乙酰氧基 -3-[(2R)-2- 乙酰氧基 -2- 甲基丁酰氧基]-4,18:11,16:15,16- 三环氧 -15- 甲氧基 -7- 赪桐烯 -2- 醇 海州常山 Clerodendrum trichotomum

23,24R-diacetoxy-3β,15α,25-trihydroxy-cycloart-7-en-16-one-3-O-xylopyranoside 23,24R- 二乙酰基 -3β,15α,25- 三羟基 - 环木菠萝 -7- 烯 -16- 酮 -3-O- 吡喃木糖苷 大三叶升麻 Cimicifuga heracleifolia

23,24S-diacetoxy-3β,15α,25-trihydroxy-cycloart-7-en-16-one-3-O-xylopyranoside 23,24S- 二乙酰基 -3β,15α,25- 三羟基 - 环木菠萝 -7- 烯 -16- 酮 -3-O- 吡喃木糖苷 大三叶升麻 Cimicifuga heracleifolia

2α,24-diacetoxy-3β-hydroxyoleanolic acid 2α,24- 二乙酰氧基 -3β- 羟基齐墩果酸 莲 Nelumbo nucifera

1,2R-diacetoxy-4R-hydroxy-n-heptadeca-16-ene 1,2R- 二乙酰氧基 -4R- 羟基 - 正十七碳 -16- 烯 鳄梨 Persea americana

1,2R-diacetoxy-4R-hydroxy-n-heptadeca-16-yne 1,2R- 二乙酰氧基 -4R- 羟基 - 正十七碳 -16- 炔 鳄梨 Persea americana

(12S)-18,19-diacetoxy-4α,6α,12-trihydroxy-1β-tigloyloxy-neo-clerod-13-en-15,16-olide (12S)-18,19- 二乙酰氧基 -4α,6α,12- 三羟基 -1β- 巴豆酰氧基 - 新 - 赪桐 -13- 烯 -15,16- 内酯 金疮小草 Ajuga decumbens

1β,2β-diacetoxy-4α,6α-dihydroxy-8α-isobutanoyloxy-9β-benzoyloxy-15-(α-methyl) butanoyloxy-β-dihydroagrofuran 1β,2β- 二乙酰氧基 -4α,6α- 二羟基 -8α- 异丁酰氧基 -9β- 苯甲酰氧基 -15-(α- 甲基)- 丁酰氧基 -β- 二氢沉香呋喃 苦皮藤 Celastrus angulatus

6α,18-diacetoxy-4α-hydroxy-19-tigloyloxy-neo-clerod-13-en-15,16-olide 6α,18- 二乙酰氧基 -4α- 羟基 -19- 巴豆酰氧基 - 新 - 赪桐 -13- 烯 -15,16- 内酯 筋骨草 Ajuga ciliata

6α,19-diacetoxy-4α-hydroxy-1β-tigloyloxyneo-clerod-12-en-15-oic acid methyl ester-16-aldehyde 6α,19- 二乙酰氧基 -4α- 羟基 -1β- 巴豆酰氧基 - 新 - 赪桐 -12- 烯 -15- 酸甲酯 -16- 醛 金疮小草 Ajuga decumbens

(-)-(12E,2S,3S,4R,5R,6R,9S,11S,15R)-3,15-diacetoxy-5,6-epoxylathyr-12-en-14-one (-)-(12E,2S,3S,4R,5R,6R,9S,11S,15R)-3,15- 二乙酰氧基 -5,6- 环氧续随子 -12- 烯 -14- 酮 甘青大戟 Euphorbia micractina

1α,3β-diacetoxy-5α,7β-dibenzoyloxy-9,14-dioxo-11β,12α-epoxy-2α,8α,15β-trihydroxy-13βH-jatropha-6(17)-ene 1α,3β- 二乙酰氧基 -5α,7β- 二苯甲酰氧基 -9,14- 二酮基 -11β,12α- 环氧 -2α,8α,15β- 三羟基 -13βH- 麻疯树 -6(17)- 烯 乳浆大戟 Euphorbia esula

1β,12-diacetoxy-6,9,12E-trien-oxyeremophilane 1β,12- 二乙酰氧基 -6,9,12E- 三烯 - 氧化荒漠木 箭叶橐吾 Ligularia sagitta

2β,14-diacetoxy-6α-(methylbutyryloxy)-7α-(methylsenecioyloxy)-11,12-epoxyoplopa-8(10)-ene 2β,14- 二乙酰氧基 -6α-(甲基丁酰氧基)-7α-(甲基千里光酰氧基)-11,12- 环氧刺参萜 -8(10)- 烯 天山橐吾 Ligularia narynensis

1β,2β-diacetoxy-6α,9α-dibenzoyloxy-β-dihydroagarofuran 1β,2β- 二乙酰氧基 -6α,9α- 二苯甲酰氧基 -β- 二氢沉香呋喃 南蛇藤 Celastrus orbiculatus

1β,8α-diacetoxy-6α,9α-dibenzoyloxy-β-dihydroagarofuran 1β,8α- 二乙酰氧基 -6α,9α- 二苯甲酰氧基 -β- 二氢沉香呋喃 灯油藤 Celastrus paniculatus

1β,2β-diacetoxy-6α-benzoyloxy-9α-cinnamoyloxy-β-dihydroagarofuran 1β,2β- 二乙酰氧基 -6α- 苯甲酰氧基 -9α- 桂皮酰氧基 -β- 二氢沉香呋喃 刺苞南蛇藤 Celastrus flagellaris, 南蛇藤 C. orbiculatus

1α,2α-diacetoxy-6β,9β,15-tribenzoyloxy-β-dihydroagarofuran 1α,2α- 二乙酰氧基 -6β,9β,15- 三苯甲酰氧基 -β- 二氢沉香呋喃 福建假卫矛 Microtropis fokienensis

3,5-diacetoxy-7-(3,4-dihydroxyphenyl)-1-(4-hydroxy-3-methoxyphenyl)heptane 3,5- 二乙酰氧基 -7-(3,4- 二羟苯基)-1-(4- 羟基 -3- 甲氧基苯基)- 庚烷 姜 Zingiber officinale

1,6-diacetoxy-7-deacetoxyforskolin 1,6- 二乙酰基 -7- 去乙酰毛喉鞘蕊花素▲ 毛喉鞘蕊花 Coleus forskohlii

6,11-diacetoxy-7-oxo-14β,15β-epoxymeliacin-1,5-dien-3-O-β-D-glucopyranoside 6,11- 二乙酰基 -7- 氧代 -14β,15β- 环氧楝三萜 -1,5- 二烯 -3-O-β-D- 吡喃葡萄糖苷 楝 Melia azedarach

3β,4-diacetoxy-8α-(2-methylbutyryloxy)-9α-(4-methylsenecioyloxy)-11α,12-epoxyoplop-10(14)-ene 3β,4- 二乙酰氧基 -8α-(2- 甲基丁酰氧基)-9α-(4- 甲基千里光酰氧基)-11α,12- 环氧日本刺参 -10(14)- 烯 天山橐吾 Ligularia narynensis

1α,6β-diacetoxy-8α-cinnamoyloxy-9α-benzoyloxy-β-dihydroagarofuran 1α,6β- 二乙酰氧基 -8α- 桂皮酰氧基 -9α- 苯甲酰氧基 -β- 二氢沉香呋喃 刺苞南蛇藤 Celastrus flagellaris

1β,13-diacetoxy-8α-hydroxy-9β-benzoyloxy-β-dihydroagarofuran 1β,13- 二乙酰氧基 -8α- 羟基 -9β- 苯甲酰氧基 -β- 二氢沉香呋喃 南蛇藤 Celastrus orbiculatus

1α,2α-diacetoxy-8β-(β-furancarbonyloxy)-9α-benzoyloxy-13-isobutanoyloxy-4β,6β-dihydroxy-β-dihydroagarofuran 1α,2α- 二乙酰氧基 -8β-(β- 呋喃甲酰氧基)-9α- 苯甲酰氧基 -13- 异丁酰氧基 -4β,6β- 二羟基 -β- 二氢沉香呋喃 苦皮藤 Celastrus angulatus

1β,13-diacetoxy-8β,9β-dibenzoyloxy-β-dihydroagarofuran 1β,13- 二乙酰氧基 -8β,9β- 二苯甲酰氧基 -β- 二氢沉香呋喃 南蛇藤 Celastrus orbiculatus

1α,2α-diacetoxy-8β-isobutanoyloxy-9α-benzoyloxy-13-(α-methyl)butanoyloxy-4β,6β-dihydroxy-β-dihydroagarofuran 1α,2α- 二乙酰氧基 -8β- 异丁酰氧基 -9α- 苯甲酰氧基 -13-(α- 甲基) 丁酰氧基 -4β,6β- 二羟基 -β- 二氢沉香呋喃 苦皮藤 Celastrus angulatus

1β,8α-diacetoxy-9-(α-nicotinoyloxy)-12-benzoyloxy-β-dihydroagarofuran 1β,8α- 二乙酰氧基 -9-(α- 烟酰氧基)-12- 苯甲酰氧基 -β- 二氢沉香呋喃 苦皮藤 Celastrus angulatus

1,6-diacetoxy-9-deoxyforskolin 1,6- 二乙酰基 -9- 去氧毛喉鞘蕊花素▲ 毛喉鞘蕊花 Coleus forskohlii

3β,4-diacetoxy-9α-(4-acetoxy-4-methylsenecioyloxy)-2β,8α-di(2-methylbutyryloxy)-11α,12-epoxyoplop-10(14)-ene 3β,4- 二乙酰氧基 -9α-(4- 乙酰氧基 -4- 甲基千里光酰氧基)-2β,8α- 二 (2- 甲基丁酰氧基)-11α,12- 环日本刺参烷 -10(14)- 烯 天山橐吾 Ligularia narynensis

1β,2β-diacetoxy-9α-(β-benzoylepoxybutyryloxy)-β-dihydroagarofuran 1β,2β- 二乙酰氧基 -9α-(β- 苯甲酰环氧丁酰氧基)-β- 二氢沉香呋喃 大芽南蛇藤 Celastrus gemmatus

1β,2β-diacetoxy-9α-benzoyloxy-13-nicotinoyloxy-β-dihydroagarofuran 1β,2β- 二乙酰氧基 -9α- 苯甲酰氧基 -13- 烟酰氧基 -β- 二氢沉香呋喃 南蛇藤 Celastrus orbiculatus

1β,2β-diacetoxy-9α-cinnamoyloxy-β-dihydroagarofuran 1β,2β- 二乙酰氧基 -9α- 桂皮酰氧基 -β- 二氢沉香呋喃 刺苞南蛇藤 Celastrus flagellaris, 南蛇藤 C. orbiculatus

1β,8β-diacetoxy-9β-(β-nicotinoyloxy)-12-benzoyloxy-β-dihydroagarofuran 1β,8β- 二乙酰氧基 -9β-(β- 烟酰氧基)-12- 苯甲酰氧基 -β- 二氢沉

diacetylmangochinine hydroxide 二乙酰桂南木莲碱▲氢氧化物 桂南木莲 Manglietia conifera
4'',6''-diacetylmaritimein 4'',6''- 二乙酰基海滨金鸡菊苷▲ 小舌菊 Microglossa pyrifolia
diacetylmartynoside 二乙酰角胡麻苷 海榄雌 Avicennia marina, 大青 Clerodendrum cyrtophyllum, 齿叶玄参 Scrophularia dentata
3''',4'''-diacetyl-*O*-betonyoside A 3''',4'''- 二乙酰基 -*O*- 药水苏醇苷▲A 马鞭草 Verbena officinalis
4''',6''-diacetyl-*O*-betonyoside A 4''',6''- 二乙酰基 -*O*- 药水苏醇苷▲A 马鞭草 Verbena officinalis
2''',3'''-di-acetyl-*O*-betonyoside D 2''',3'''- 二乙酰基 -*O*- 药水苏醇苷▲D 糙苏 Phlomis umbrosa
3''',4'''-di-acetyl-*O*-betonyoside D 3''',4'''- 二乙酰基 -*O*- 药水苏醇苷▲D 糙苏 Phlomis umbrosa
3''',4'''-diacetyl-*O*-isoverbascoside 3''',4'''- 二乙酰基 -*O*- 异毛蕊花苷 马鞭草 Verbena officinalis
2''',4'''-diacetyl-*O*-verbascoside 2''',4'''- 二乙酰基 -*O*- 毛蕊花苷 马鞭草 Verbena officinalis
7,10-diacetyloxyviburnalloside 7,10- 二乙酰氧基桦叶荚蒾苷 鸡树条荚蒾 Viburnum opulus var. calvescens
10,2'-diacetylpatrinoside 10,2'- 二乙酰败酱苷▲ 金佛山荚蒾 Viburnum chinshanense
3,3'-diacetyl-pyridine-4,4'-dimethoxy-2,2',6,6'-tetrahydroxydiphenylmethane 3,3'- 二乙酰基 - 吡啶 -4,4'- 二甲氧基 -2,2',6,6'- 四羟基二苯基甲烷 狼毒大戟 Euphorbia fischeriana
3,5-diacetyltambulin 3,5- 二乙酰刺花椒素▲ 竹叶花椒 Zanthoxylum armatum
4',5'-diacetyltrenudine 4',5'- 二乙酰滑桃树定▲ 滑桃树 Trevia nudiflora
1,2-diacetyltrichagmalin C 1,2- 二乙酰鹧鸪花内雄楝林素▲C 鹧鸪花 Trichilia connaroides
1,30-diacetyltrichagmalin F 1,30- 二乙酰鹧鸪花内雄楝林素▲F 鹧鸪花 Trichilia connaroides
1,12-diacetyltrichilin B 1,12- 二乙酰鹧鸪花素▲B 楝 Melia azedarach
2'',3'''-diacetylverbascoside 2'',3'''- 二乙酰毛蕊花苷 野菰 Aeginetia indica
(*S*)-1,2-diacyl-3-acetin (*S*)-1,2- 二酰基 -3- 甘油乙酸酯 少花瘤枝卫矛 Euonymus verrucosus var. pauciflorus
diacylglycerylhydroxymethyl trimethyl-*β*-alanine 二酰甘油基羟甲基三甲基 -*β*- 丙氨酸 多穗石松 Lycopodium annotinum
diacylglyceryl-*N*,*N*,*N*-trimethylhomoserine 二酰甘油基 -*N*,*N*,*N*- 三甲基高丝氨酸 布朗耳蕨 Polystichum braunii
diacylglyceryl-*O*-(4''-*N*,*N*,*N*-trimethyl)-homoserine 二酸酯甘油基 -*O*-(4''-*N*,*N*,*N*- 三甲基)- 高丝氨酸 扇叶铁线蕨 Adiantum flabellulatum
1,2-diacylglyceryl-*O*-4'-(*N*,*N*,*N*-trimethy1)-homoserine 1,2- 二酰甘油基 -*O*-4'-(*N*,*N*,*N*- 三甲基)- 高丝氨酸 海金沙 Lygodium japonicum
diacylglyceryl-*O*-4'-(*N*,*N*,*N*-trimethyl)-homoserine 二酰基甘油 -*O*-4'-(*N*,*N*,*N*- 三甲基)- 高丝氨酸 铁线蕨 Adiantum capillus-veneris
diacylglyceryltrimethyl homosserine 二酰甘油基三甲基高丝氨酸 多穗石松 Lycopodium annotinum
diacylphosphatidylcholine 二酰卵磷脂 千年健 Homalomena occulta
(+)-diaeudesmin (+)- 非对映桉脂素 小花八角 Illicium micranthum, 长柄胡椒 Piper sylvaticum
diaeudesmin 非对映桉脂素 荜拔 Piper longum
diallyl disulfide 二烯丙基二硫醚 挥发油成分，未统计基源
diallyl trisulfide 二烯丙基三硫醚 挥发油成分，未统计基源
5,5'-diallyl-2'-(3-methylbut-2-enyloxy)biphenyl-2-ol 5,5'- 二烯丙基 -2'-(3- 甲基丁 -2- 烯氧基) 联苯 -2- 醇 厚朴 Houpoëa officinalis
5,5'-diallyl-2'-(allyloxy)biphenyl-2-ol 5,5'- 二烯丙基 -2'- 烯丙氧基联苯 -2- 醇 厚朴 Houpoëa officinalis
5,5'-diallyl-2,2',3'-trimethoxydiphenyl ether 5,5'- 二烯丙基 -2,2',3'- 三甲氧基二苯醚 红毒茴 Illicium lanceolatum
5,5'-diallyl-2,2'-dihydroxy-3-methoxybiphenyl 5,5'- 二烯丙基 -2,2'- 二羟基 -3- 甲氧基联苯 大叶木兰 Lirianthe henryi
4,4'-diallyl-2,3'-dihydroxybiphenyl ether 4,4'- 二烯丙基 -2,3'- 二羟基联苯醚 日本厚朴 Houpoëa obovata
4',5-diallyl-2-hydroxy-3-methoxybiphenyl ether 4',5- 二烯丙基 -2- 羟基 -3- 甲氧基二苯醚 红毒茴 Illicium lanceolatum, 大叶木兰 Lirianthe henryi
2,4-diamino-3-methylbutanoic acid 2,4- 二氨基 -3- 甲基丁酸 细叶百脉根 Lotus tenuis
2,6-diamino-9-*β*-D-ribofuranosylpurine 2,6- 二氨基 -9-*β*-D- 呋喃核糖基嘌呤 独角莲 Typhonium giganteum
2,4-diaminobutyric acid 2,4- 二氨基丁酸 野蘑菇 Agaricus campestris
diaminopropane 二氨基丙烷 扁豆 Lablab purpureus, 黑果越桔 Vaccinium myrtillus
diaminopropionic acid 二氨基丙酸 海滨山黧豆 Lathyrus japonicus
dianchinenoside A, C, E~H 石竹皂苷 A, C, E~H 石竹 Dianthus chinensis
dianchinenoside B 石竹皂苷 B 石竹 Dianthus chinensis, 肥皂草 Saponaria officinalis
dianchinenoside D 石竹皂苷 D 石竹 Dianthus chinensis, 粘萼蝇子草 Silene viscidula
dianellidin 山菅兰定▲ 山菅兰 Dianella ensifolia
dianellin 酸模素 重瓣萱草 Hemerocallis fulva var. kwanso
3,15-diangeloylgermine 3,15- 二当归酰白藜芦胺▲ 兴安藜芦 Veratrum dahuricum, 牯岭藜芦 V. schindleri
(1*R*,2*R*,3*S*,5*S*,6*R*)-2,8-diangeloyloxy-1,3,5-trihydroxy-bisabola-7(14),10-dien-4-one (1*R*,2*R*,3*S*,5*S*,6*R*)-2,8- 二当归酰氧基 -1,3,5- 三羟基 - 红没药 -7(14),10- 二烯 -4- 酮 齿叶橐吾 Ligularia dentata
3*β*,6*β*-diangeloyloxy-10*α*-hydroxy-8*α*-methoxyeremophilenolide 3*β*,6*β*- 二当归酰氧基 -10*α*- 羟基 -8*α*- 甲氧基艿漠木烯内酯▲ 兔儿风蟹甲草 Parasenecio ainsliaeflorus
(1*S*,2*S*,3*S*,5*R*,6*S*)-1*β*,8-diangeloyloxy-2*β*,10-dihydroxy-3*α*-chloro-6*β*-acetyloxy-11-methoxy-bisabol-7(14)-ene (1*S*,2*S*,3*S*,5*R*,6*S*)-1*β*,8- 二当归酰氧基 -2*β*,10- 二羟基 -3*α*- 氯 -6*β*- 乙酰氧基 -11- 甲氧基 - 红没药 -7(14)- 烯 塔序橐吾 Ligularia thyrsoidea
(1*S*,2*S*,3*S*,5*R*,6*S*)-1*β*,8-diangeloyl-oxy-2*β*,10-dihydroxy-3*α*-chloro-6*β*-acetyloxy-11-ethyloxy-bisabol-7(14)-ene (1*S*,2*S*,3*S*,5*R*,6*S*)-1*β*,8- 二当归酰氧基 -2*β*,10- 二羟基 -3*α*- 氯 -6*β*- 乙酰氧基 -11- 乙氧基 - 红没药 -7(14)- 烯 塔序橐吾 Ligularia thyrsoidea
(1*S*,2*S*,3*S*,5*R*,6*S*)-1*β*,10-diangeloyloxy-2*β*,8,11-trihydroxy-3*α*-chloro-6*β*-acetyloxy-bisabol-7(14)-ene (1*S*,2*S*,3*S*,5*R*,6*S*)-1*β*,10- 二当归酰氧基 -2*β*,8,11- 三羟基 -3*α*- 氯 -6*β*- 乙酰氧基 - 红没药 -7(14)- 烯 塔序橐吾 Ligularia thyrsoidea

基 -5,6- 环氧续随子 -12- 烯 -14- 酮 甘青大戟 Euphorbia micractina
3,29-dibenzoyloxykarounidiol 3,29- 二苯甲酰氧基栝楼二醇 凤瓜 Gymnopetalum integrifolium
2-(4,6-dibenzoyl-*β*-glucopyranosyloxy)-5-hydroxybenzyl alcohol 2-(4,6- 二苯甲酰基 -*β*- 吡喃葡萄糖氧基)-5- 羟基苄醇 箣柊 Scolopia chinensis
dibenzylbutyrolactol 二苄基丁乳醇 雪松 Cedrus deodara
diboside A 金荞麦苷 ▲A 金荞麦 Fagopyrum dibotrys, 苦荞麦 F. tataricum
dibothrioclinin I, II 二聚沟斜菊素 ▲I, II 兔耳一枝箭 Piloselloides hirsuta
diboviquinone-4,4 二乳牛肝菌醌 ▲-4,4 乳牛肝菌 Suillus bovinus

3,5-dibromo-2-amino-benzaldehyde 3,5- 二溴 -2- 氨基苯甲醛 鼓槌石斛 Dendrobium chrysotoxum
dibromo-iodophenol 二溴碘苯酚 昆布 Ecklonia kurome
2,4-dibromophenol 2,4- 二溴苯酚 昆布 Ecklonia kurome
22,23-dibromostigmasterol acetate 22,23- 二溴豆甾醇乙酸酯 对萼猕猴桃 Actinidia valvata
5,5'-dibutoxy-2,2'-bifuran 5,5'- 二丁氧基 -2,2'- 双呋喃 川牛膝 Cyathula officinalis, 茼蒿 Glebionis coronaria
dibutyl oxalate 草酸二丁酯 挥发油成分，未统计基源
dibutyl phthalate 酞酸二丁酯 挥发油成分，未统计基源
dibutyl succinate 二丁基琥珀酸酯 杨梅 Myrica rubra
dibutyl terephthalate 对酞酸二丁酯 挥发油成分，未统计基源
dibutyl-2-hydroxysuccinate 2- 羟基琥珀酸二丁酯 栝楼 Trichosanthes kirilowii
3,5-dibutyl-4-hydroxyl toluene 3,5- 二丁基 -4- 羟基甲苯 地涌金莲 Musella lasiocarpa
dibutylcresol 二叔丁基甲酚 挥发油成分，未统计基源
dibutylhydroxytoluene 二丁基羟基甲苯 挥发油成分，未统计基源
2,6-di-butyl-*p*-cresol 2,6- 二丁基 - 对甲苯酚 欧洲鳞毛蕨 Dryopteris filix-mas
1*β*,4*α*-dibydroxy-6*β*,15-epoxyeudesmane 1*β*,4*α*- 二羟基 -6*β*,15- 环氧桉叶烷 岭南山竹子 Garcinia oblongifolia
3,4-dicaffeoyl-5-(3-hydroxy-3-methyllutaroyl)quinic acid 3,4- 二咖啡酰基 -5-(3- 羟基 -3- 甲基戊二酰) 奎宁酸 栀子 Gardenia jasminoides
(2*E*,2'*E*)-*rel*-(+)-1,2-*O*-dicaffeoylcyclopentan-3-ol (2*E*,2'*E*)- 相对 -(+)-1,2-*O*- 二咖啡酰环戊 -3- 醇 滇瑞香 Daphne feddei
1,3-dicaffeoylepiquinic acid 1,3- 二咖啡酰表奎宁酸 菊花 Chrysanthemum morifolium
3,5-dicaffeoylepiquinic acid 3,5- 二咖啡酰表奎宁酸 菊花 Chrysanthemum morifolium
3,5-dicaffeoylmucoquinic acid 3,5- 二咖啡酰粘奎宁酸 翅果菊 Pterocypsela indica
(-)-3,5-dicaffeoylquinic acid (-)-3,5- 二咖啡酰基奎宁酸 毛果一枝黄花 Solidago virgaurea
1,3-dicaffeoylquinic acid 1,3- 二咖啡酰奎宁酸 青蒿 Artemisia carvifolia carvifolia, 菊花 Chrysanthemum morifolium
1,5-dicaffeoylquinic acid 1,5- 二咖啡酰奎宁酸 菊花 Chrysanthemum morifolium, 糙叶五加 Eleutherococcus henryi, 绵头雪兔子 Saussurea laniceps, 水母雪兔子 S. medusa
3,4-dicaffeoylquinic acid 3,4- 二咖啡酰奎宁酸 菊花 Chrysanthemum morifolium, 青兰 Dracocephalum ruyschiana, 糙叶五加 Eleutherococcus henryi, 枸骨 Ilex cornuta, 大柄冬青 I. macropoda, 铁冬青 I. rotunda, 窄头橐吾 Ligularia stenocephala, 阔苞菊 Pluchea indica, 盐角草 Salicornia europaea, 毛杜仲藤 Urceola huaitingii, 卤地菊 Wedelia prostrata
3,5-dicaffeoylquinic acid 3,5- 二咖啡酰奎宁酸 蓍 Achillea millefolium, 杏香兔儿风 Ainsliaea fragrans, 青蒿 Artemisia carvifolia carvifolia, 菊花 Chrysanthemum morifolium, 大花菟丝子 Cuscuta reflexa, 青兰 Dracocephalum ruyschiana, 糙叶五加 Eleutherococcus henryi, 麻辣仔藤 Erycibe obtusifolia, 山皂荚 Gleditsia japonica, 向日葵 Helianthus annuus, 枸骨 Ilex cornuta, 大柄冬青 I. macropoda, 铁冬青 I. rotunda, 微花藤 Iodes cirrhosa, 窄头橐吾 Ligularia stenocephala, 忍冬 Lonicera japonica, 蜂斗菜 Petasites japonicus, 阔苞菊 Pluchea indica, 盐角草 Salicornia europaea, 茄 Solanum melongena, 川东獐牙菜 Swertia davidii, 卤地菊 Wedelia prostrata
4,5-dicaffeoylquinic acid 4,5- 二咖啡酰奎宁酸 杏香兔儿风 Ainsliaea fragrans, 菊花 Chrysanthemum morifolium, 大花菟丝子 Cuscuta reflexa, 糙叶五加 Eleutherococcus henryi, 麻辣仔藤 Erycibe obtusifolia, 山皂荚 Gleditsia japonica, 洋常春藤 Hedera helix, 忍冬 Lonicera japonica, 茄 Solanum melongena, 蒜叶婆罗门参 Tragopogon porrifolius, 睡茄 Withania somnifera
3,5-dicaffeoylquinic acid butyl ester 3,5- 二咖啡酰奎宁酸丁酯 忍冬 Lonicera japonica
di-caffeoylquinic acid glucoside 二咖啡酰奎宁酸葡萄糖苷 迷果芹 Sphallerocarpus gracilis
3,5-dicaffeoylquinic acid methyl ester 3,5- 二咖啡酰奎宁酸甲酯 麻辣仔藤 Erycibe obtusifolia, 忍冬 Lonicera japonica
4,5-dicaffeoylquinic acid methyl ester 4,5- 二咖啡酰奎宁酸甲酯 麻辣仔藤 Erycibe obtusifolia
3,5-dicaffeoylshikimic acid 3,5- 二咖啡酰莽草酸 铁冬青 Ilex rotunda
1,3-di-caffeyl-2-acetylglycerol 1,3- 二 - 咖啡酰基 -2- 乙酰甘油 大叶杨 Populus lasiocarpa
1,4-dicaffeylquinic acid 1,4- 二咖啡酰奎宁酸 白莲蒿 Artemisia sacrorum, 菊花 Chrysanthemum morifolium
dicaffeyltartaric acid 二咖啡酰酒石酸 菊苣 Cichorium intybus
6,8-di-*C*-arabinopyranosylluteolin 6,8- 二 -*C*- 吡喃阿拉伯糖基木犀草素 香根草 Vetiveria zizanioides
(20*R*,24*S*)-3,16-dicarbonyl-6*α*,25-dihydroxy-20,24-epoxy-23-nitrogen-9,19-cycloadsurgenin (20*R*,24*S*)-3,16- 二羰基 -6*α*,25- 二羟基 -20,24- 环氧 -23- 氮 -9,19- 环斜茎黄芪宁 斜茎黄耆 Astragalus adsurgens
(20*R*,24*S*)-3,16-dicarbonyl-6*α*,25-dihydroxy-20,24-epoxy-9,19-cycloadsurgenin (20*R*,24*S*)-3,16- 二羰基 -6*α*,25- 二羟基 -20,24- 环氧 -9,19- 环斜茎黄芪宁 斜茎黄耆 Astragalus adsurgens
3,5-dicarboxy-2,4-dimethoxyphenanthrene 3,5- 二羧基 -2,4- 二甲氧基菲 铁皮石斛 Dendrobium officinale
dicarboxylic acid-3-deoxytartaric acid 二羧基 -3- 去氧酒石酸 五桠果 Dillenia indica
(-)-dicentrin (-)- 荷包牡丹碱 云南地不容 Stephania yunnanensis

(+)-dicentrine (+)- 荷包牡丹碱 粉防己 Stephania tetrandra

d-dicentrine *d*- 荷包牡丹碱 簕棁 Scolopia chinensis

l-dicentrine *l*- 荷包牡丹碱 马山地不容 Stephania mashanica

dicentrine 荷包牡丹碱 小叶黑面神 Breynia vitis-idaea, 无根藤 Cassytha filiformis, 海岛轮环藤 Cyclea insularis, 荷包牡丹 Dicentra spectabilis, 黑壳楠 Lindera megaphylla, 蝙蝠葛 Menispermum dauricum, 白线薯 Stephania brachyandra, 地不容 S. epigaea, 草质千金藤 S. herbacea, 马山地不容 S. mashanica

dicentrinone 荷包牡丹酮 黑壳楠 Lindera megaphylla, 马山地不容 Stephania mashanica, 飞龙掌血 Toddalia asiatica

6,8-di-*C*-glucopyranosyl-2(*R*)-naringenin 6,8- 二 -*C*- 吡喃葡萄糖基 -2(*R*)- 柚皮苷元 无刺枣 Ziziphus jujuba var. inermis

6,8-di-*C*-glucopyranosyl-2-(*S*)-naringenin 6,8- 二 -*C*- 吡喃葡萄糖基 -2(*S*)- 柚皮苷元 无刺枣 Ziziphus jujuba var. inermis

6,8-di-*C*-glucopyranosyldiosmetin 6,8- 二 -*C*- 吡喃葡萄糖基香叶木素 柠檬 Citrus limon

6,8-di-*C*-glucosylapigenin 6,8- 二 -*C*- 葡萄糖基芹菜苷元 金花茶 Camellia petelotii, 漆姑草 Sagina japonica

dichamanetin 二聚矮紫玉盘素 假蒟 Piper sarmentosum

dichapetalin A, I~L, T~W 毒鼠子素 ▲A, I~L, T~W 毒鼠子 Dichapetalum gelonioides

4,4-dichlorine-5-hydroxy-3-methylphenol-1-*O*-β-D-glucopyranosyl-(1 → 6)-β-D-glucopyranoside 4,4- 二氯 -5- 羟基 -3- 甲基苯酚 -1-*O*-β-D- 吡喃葡萄糖基 -(1 → 6)-β-D- 吡喃葡萄糖苷 仙茅 Curculigo orchioides

2,4-dichloro-1,8-dihydroxy-3-methylnaphthalene-8-*O*-β-D-glucopyranoside 2,4- 二氯 -1,8- 二羟基 -3- 甲基萘 -8-*O*-β-D- 吡喃葡萄糖苷 巴天酸模 Rumex patientia

3,5-dichloro-4-methoxybenzene-1-*ONN*-azoxyformamide 3,5- 二氯 -4- 甲氧基苯 -1-*ONN*- 氧化偶氮甲酰胺 梨形马勃 Lycoperdon pyriforme

erythro-1-(3',5'-dichloro-4'-methoxyphenyl)-1,2-propanediol 赤式 -1-(3',5'- 二氯 -4'- 甲氧基苯基)-1,2- 丙二醇 亚黑管菌 Bjerkandera fumosa

3,5-dichloro-4-metoxybenzyl alcohol 3,5- 二氯 -4- 甲氧基苯甲醇 簇生垂幕菇 Hypholoma fasciculare

2,4-dichloro-5-methoxy-3-methylphenol 2,4- 二氯 -5- 甲氧基 -3- 甲基苯酚 大叶仙茅 Curculigo capitulata

1,3-dichlorobenzene 1,3- 二氯苯 挥发油成分，未统计基源

3,5-dichloro-benzoic acid methyl ester 3,5- 二氯 - 苯甲酸甲酯 挥发油成分，未统计基源

(2,4-dichlorophenyl)-2,4-dichlorobenzoate (2,4- 二氯苯基)-2,4- 二氯苯甲酸酯 石莼 Ulva lactuca

5,5''-dichloro-α-terthiophene 5,5''- 二氯 -α- 三噻吩 华东蓝刺头 Echinops grijsii

dichotomide 银柴胡胺酰胺 I, II, III, IV, V, VI, VII, VIII, IX, X, Ⅺ, XII, XIII, XIV 银柴胡 Stellaria dichotoma var. lanceolata

dichotomin 银柴胡素 火葱 Allium cepa var. aggregatum

dichotomin A~K 银柴胡素 A~K 银柴胡 Stellaria dichotoma var. lanceolata

dichotomine A~L 银柴胡胺 A~L 银柴胡 Stellaria dichotoma var. lanceolata

dichotomitin 白射干素 射干 Belamcanda chinensis, 野鸢尾 Iris dichotoma

dichotomoside A~D 银柴胡苷 ▲A~D 银柴胡 Stellaria dichotoma var. lanceolata

dichotomoside E 银柴胡苷 ▲E 薰衣草 Lavandula angustifolia, 银柴胡 Stellaria dichotoma var. lanceolata

dichrocepholide A~E 鱼眼草内酯 ▲A~E 鱼眼草 Dichrocephala integrifolia

γ-dichroine γ- 常山碱 常山 Dichroa febrifuga

dichromene C, D 二苯骈吡喃 C, D 三桠苦 Euodia lepta

dichrostachine A~R 代儿茶素 ▲A~R 代儿茶 Dichrostachys cinerea

1,6-dicinnamoyl-β-D-glucopyranose 1,6- 二桂皮酰基 -β-D- 吡喃葡萄糖 斑皮桉 Eucalyptus maculata

dicinnamyl ether 二桂皮基醚 总状蕨藻 Caulerpa racemosa

6,8-di-*C*-methylkeampferol-3-*O*-α-L-rhamnopyranoside 6,8- 二 -*C*- 甲基山柰酚 -3-*O*-α-L- 吡喃鼠李糖苷 假烟叶树 Solanum erianthum

6,8-di-*C*-methylquercetin-3-methyl ether 6,8- 二 -*C*- 甲基槲皮素 -3- 甲醚 繁穗苋 Amaranthus cruentus

dicoumarin 双香豆素 狼杷草 Bidens tripartita

3',5'-di-*C*-prenyl-2',4'-4-trihydroxychalcone 3',5'- 二 -*C*- 异戊烯基 -2',4'-4- 三羟基查耳酮 假苜蓿 Crotalaria medicaginea

dicranolomin 锦叶藓素▲ 直叶珠藓 Bartramia ithyphylla

dicranostigmine 秃疮花碱▲ 秃疮花 Dicranostigma leptopodum

dicranostigmone 秃疮花酮▲ 秃疮花 Dicranostigma leptopodum

dictafolin A, B 狭叶白鲜素 ▲A, B 狭叶白鲜 Dictamnus angustifolius

dictagymnin 白鲜醚 狭叶白鲜 Dictamnus angustifolius, 红花八角 Illicium dunnianum, 小花八角 I. micranthum, 野八角 I. simonsii

dictamdiol 白鲜二醇 狭叶白鲜 Dictamnus angustifolius

dictamin A, B, C 白鲜萜素 ▲A, B, C 白鲜 Dictamnus dasycarpus

dictamine; dictamnine 白鲜碱 较常见成分，至少分布于 30 种以上植物中，常见于芸香科植物，偶见于豆科、杜鹃花科、伞形科等

dictamnadiol 白鲜那二醇▲ 白鲜 Dictamnus dasycarpus

dictamnaindiol 白鲜碱二醇▲ 白鲜 Dictamnus dasycarpus

dictamnine-7-β-D-mannopyranoside 白藓碱 -7-β-D- 甘露糖苷 加拿大一枝黄花 Solidago canadensis

dictamnol 白鲜醇 狭叶白鲜 Dictamnus angustifolius, 白鲜 D. dasycarpus

dictamnol A, B 白鲜醇 A, B 白鲜 Dictamnus dasycarpus

dictamnoside A 苦牛至星粟草苷 ▲A 柔软紫菀 Aster flaccidus, 阔苞菊 Pluchea indica, 菊状千里光 Senecio laetus

dictamnoside A~N 白鲜苷 A~N 白鲜 Dictamnus dasycarpus

dictamnusin 白鲜新素▲ 白鲜 Dictamnus dasycarpus

dictangustine A 狭叶白鲜碱 A 狭叶白鲜 Dictamnus angustifolius, 白鲜 D. dasycarpus

dictyophlebine 网脉藤碱▲ 羽脉野扇花 Sarcococca hookeriana, 云南野扇花 S. wallichii
β-dictyopterol β- 网翼藻醇▲ 金挖耳 Carpesium divaricatum, 菊花 Chrysanthemum morifolium, 窄头橐吾 Ligularia stenocephala
(1α,5β,7α)-3,10(18),11-dictytriene-19-acid (1α,5β,7α)-3,10(18),11- 网地藻三烯 -19- 酸 大果大戟 Euphorbia wallichii
dicumarol 双香豆醇 都丽菊 Ethulia conyzoides
dicyclohexyl-1,2-benzene dicarboxylate 双环己基 -1,2- 苯二羧酸 挥发油成分，未统计基源
dicyclokuwanon EA, EB 双环桑酮 EA, EB 鸡桑 Morus australis
dicysteine 二胱氨酸 豌豆 Pisum sativum
6,8-di-C-α-L-arabinosylapigenin 6,8- 二 -C-α-L- 阿拉伯糖基芹菜苷元 常春油麻藤 Mucuna sempervirens
6,8-di-C-β-D-glucopyranosylapigenin 6,8- 二 -C-β-D- 吡喃葡萄糖基芹菜苷元 野甘草 Scoparia dulcis, 桂叶山牵牛 Thunbergia laurifolia
6,8-di-C-β-D-glucopyranosylchrysin 6,8- 二 -C-β-D- 吡喃葡萄糖基白杨素 穿心莲 Andrographis paniculata
3',5'-di-C-β-D-glucopyranosylphloretin 3',5'- 二 -C-β-D- 吡喃葡萄糖基根皮素 枳椇 Hovenia acerba
6,8-di-C-β-glucopyranosyldiosmin 6,8- 二 -C-β- 吡喃葡萄糖基香叶木苷 柠檬 Citrus limon
3',5'-di-C-β-glucopyranosylphloretin 3',5'- 二 -C-β- 吡喃葡萄糖基根皮素 山橘 Fortunella hindsii, 金柑 F. japonica, 金橘 F. margarita, 长叶金桔 F. polyandra
7,9-dideacetylbaccatin IV 7,9- 二去乙酰基浆果紫杉素 IV 南方红豆杉 Taxus wallichinana var. mairei
7,9-dideacetylbaccatin VI 7,9- 二去乙酰基浆果紫杉素 VI 喜马拉雅红豆杉 Taxus wallichiana
dideacetylprotoveratrine A 二去乙酰原藜芦碱 A 尖被藜芦 Veratrum oxysepalum
7,9-dideacetyltaxayuntin 7,9- 二去乙酰基云南紫杉亭▲ 密叶红豆杉 Taxus fuana, 喜马拉雅红豆杉 T. wallichiana
3,5-didecanoyl-4-nonyl-1,4-dihydropyridine 3,5- 二癸酰基 -4- 壬基 -1,4- 二氢吡啶 蕺菜 Houttuynia cordata
5-didecanoylpyridine 5- 二癸酰吡啶 蕺菜 Houttuynia cordata
(2β,16R,19E)-4,5-didehydro-1,2-dihydro-2-hydroxy-16-(hydroxymethyl)-akuammilan-4-ium-17-oate (2β,16R,19E)-4,5- 二去氢 -1,2- 二氢 -2- 羟基 -16- 羟甲基苦籽木▲-4- 季铵碱 -17- 甲酯 糖胶树 Alstonia scholaris
14,15-didehydro-10,11-dimethoxy-16-epivincamine 14,15- 二去氢 -10,11- 二甲氧基 -16- 表蔓长春花胺▲ 药用狗牙花 Tabernaemontana bovina
14,15-didehydro-10,11-dimethoxyvincamine 14,15- 二去氢 -10,11- 二甲氧基蔓长春花胺▲ 药用狗牙花 Tabernaemontana bovina
14,15-didehydro-10-hydroxy-11-methoxy-16-epivincamine 14,15- 二去氢 -10- 羟基 -11- 甲氧基 -16- 表蔓长春花胺▲ 药用狗牙花 Tabernaemontana bovina
14,15-didehydro-10-hydroxy-11-methoxyvincamine 14,15- 二去氢 -10- 羟基 -11- 甲氧基蔓长春花胺▲ 药用狗牙花 Tabernaemontana bovina, 伞房狗牙花 T. corymbosa
(S)-(-)-7,8-didehydro-10-O-demethylxylopininium (S)-(-)-7,8- 二去氢 -10-O- 去甲基木瓣树宁季铵碱 圆滑番荔枝 Annona glabra
14,15-didehydro-16-epivincamine 14,15- 二去氢 -16- 表蔓长春花胺▲ 药用狗牙花 Tabernaemontana bovina
(5α,12β,19α,20R)-2,3-didehydro-16-methoxy-20-[(3,4,5-trimethoxybenzoyl)oxy]-aspidospermidine-3-carboxylic acid methyl ester (5α,12β,19α,20R)-2,3- 二去氢 -16- 甲氧基 -20-[(3,4,5- 三甲氧基苯甲酰) 氧基]- 白坚木定▲-3- 羧酸甲酯 羊角棉 Alstonia mairei
(5α,12β,19α,20R)-2,3-didehydro-16-methoxy-20-[(3-methyl-1-oxo-2-butenyl)oxy]-aspidospermidine-3-carboxylic acid methyl ester (5α,12β,19α,20R)-2,3- 二去氢 -16- 甲氧基 -20-[(3- 甲基 -1- 氧代 -2- 丁烯基) 氧基]- 白坚木定▲-3- 羧酸甲酯 羊角棉 Alstonia mairei
6,16-didehydro-20-episilicine 6,16- 二去氢 -20- 表沙地狗牙花碱▲ 药用狗牙花 Tabernaemontana bovina
16,17-didehydro-23R,24R-O-acetyl-hydroshengmanol-3-O-β-D-galactopyranoside 16,17- 二去氢 -23R,24R-O- 乙酰基 - 氢化升麻新醇 -3-O-β-D- 吡喃半乳糖苷 单穗升麻 Cimicifuga simplex
7,8-didehydro-24-O-acetylhydroshengmanol-3-O-β-D-xylopyranoside 7,8- 二去氢 -24-O- 乙酰氢化升麻新醇 -3-O-β-D- 吡喃木糖苷 大三叶升麻 Cimicifuga heracleifolia, 黄三七 Souliea vaginata
(6R,10S,11S)-16,17-didehydro-26-hydroxyiridal (6R,10S,11S)-16,17- 二去氢 -26- 羟基鸢尾醛 香根鸢尾 Iris pallida
7,8-didehydro-27-deoxyactein 7,8- 二去氢 -27- 去氧类叶升麻素▲ 升麻 Cimicifuga foetida
7R,8R,7'E-7',8'-didehydro-4,7,9,9'-tetrahydroxy-3-methoxy-8-O-4'-neolignan 7R,8R,7'E-7',8'- 二去氢 -4,7,9,9'- 四羟基 -3- 甲氧基 -8-O-4'- 新木脂素 五味子 Schisandra chinensis
7,8-didehydro-4-hydroxy-3,7-dimethoxymorphinan-6-ol 7,8- 二去氢 -4- 羟基 -3,7- 二甲氧基吗啡 -6- 醇 风龙 Sinomenium acutum
2,3-didehydro-5-O-methyl-11-epiillifunone E 2,3- 二去氢 -5-O- 甲基 -11- 表八角呋酮▲E 台湾八角 Illicium arborescens
2,3-didehydro-5-O-methylillifunone E 2,3- 二去氢 -5-O- 甲基八角呋酮▲E 台湾八角 Illicium arborescens
19,20-didehydro-6α-hydroxyervatamine 19,20- 二去氢 -6α- 羟基狗牙花碱 狗牙花 Tabernaemontana divaricata
4,7-didehydro-7-deoxyneophysalin L 4,7- 二去氢 -7 去氧新酸浆素 L 酸浆 Physalis alkekengi
(2,11,12,19)-6,7-didehydro-8,21-dioxo-11,21-cycloaspidospermidine-2-carboxylate (2,11,12,19)-6,7- 去氢 -8,21- 二氧 -11,21 环白坚木定▲-2- 羧酸酯 蕊木 Kopsia arborea
(+)-7,8-didehydroarctigenin (+)-7,8- 二氢牛蒡苷元 牛蒡 Arctium lappa
13,21-didehydrochaparrinone 13,21- 二氢卡斯苦木酮▲ 臭椿 Ailanthus altissima
4,5-didehydrochebulic acid triethyl ester 4,5- 二氢诃子酸三乙酯 橄榄 Canarium album
didehydrocheilanthifoline 二去氢碎叶紫堇碱 黄紫堇 Corydalis ochotensis
7,8-didehydrocimigenol 7,8- 二去氢升麻醇 大三叶升麻 Cimicifuga heracleifolia
7,8-didehydrocimigenol-3-O-α-L-arabinopyranoside 7,8- 二去氢升麻醇 -3-O-α-L- 阿拉伯糖苷 单穗升麻 Cimicifuga simplex
7,8-didehydrocimigenol-3-O-β-D-galactopyranoside 7,8- 二去氢升麻醇 -3-O-β-D- 吡喃半乳糖苷 单穗升麻 Cimicifuga simplex
7,8-didehydrocimigenol-3-O-β-D-xylopyranoside 7,8- 二去氢升麻醇 -3-O-β-D- 吡喃木糖苷 兴安升麻 Cimicifuga dahurica, 单穗升麻

C. simplex

(S)-(-)-7,8-didehydrocorydalminium (S)-(-)-7,8- 二去氢紫堇达明季铵碱 圆滑番荔枝 Annona glabra

3α-1,2-didehydrocrinan-3-ol 3α-1,2- 二去氢文殊兰碱 -3- 醇 西南文殊兰 Crinum latifolium

didehydrocroomine 二去氢金刚大碱 黄精叶钩吻 Croomia japonica

14',15'-didehydrocyclovinblastine 14',15'- 二去氢环长春碱 长春花 Catharanthus roseus

5,6-didehydrocynafogenin 5,6- 二去氢非洲鹅绒藤苷元▲ 球兰 Hoya carnosa

2R-2,3-didehydrodesmodol 2R-2,3- 二去氢山蚂蝗酚 小槐花 Ohwia caudata

19,20-didehydroervatamine 19,20- 二去氢狗牙花碱 药用狗牙花 Tabernaemontana bovina, 狗牙花 T. divaricata

didehydroglaucine 二去氢海罂粟碱 山延胡索 Corydalis solida, 延胡索 C. yanhusuo, 南天竹 Nandina domestica

(6R,10S,11S)-16,17-didehydroiridal (6R,10S,11S)-16,17- 二去氢鸢尾醛 香根鸢尾 Iris pallida

17,29-didehydroiridal 17,29- 二去氢鸢尾醛 长葶鸢尾 Iris delavayi

6,7-didehydroisotuboxenine 6,7- 二去氢异管花多果树赛宁▲ 雷打果 Melodinus yunnanensis

11,13-didehydroivaxillin 11,13- 二去氢腋生依瓦菊素 天名精 Carpesium abrotanoides

didehydrolangduin A 二去氢狼毒因▲A 狼毒大戟 Euphorbia fischeriana

11,12-didehydroleukamenin E 11,12- 二去氢白花阴生香茶菜素 E 贵州鼠尾草 Salvia cavaleriei

α,β-didehydrolovastatin α,β- 二去氢洛伐他汀 红曲 Monascus purpureus

1,10-didehydrolubimin 1,10- 二去氢罗必明 两头毛 Incarvillea arguta

13,14-didehydromatrine 13,14- 二氢苦参碱 苦参 Sophora flavescens

4,7-didehydroneophysalin B 4,7- 二去氢新酸浆素 B 挂金灯 Physalis alkekengi var. francheti

didehydrootobain 二去氢奥托肉豆蔻素 肉豆蔻 Myristica fragrans

didehydroparvistemonine 二去氢细花百部碱 细花百部 Stemona parviflora

4,7-didehydrophysalin B 4,7- 二去氢酸浆素 B 挂金灯 Physalis alkekengi var. francheti

2,3-didehydropicrasin B 2,3- 二去氢苦树素 B 苦树 Picrasma quassioides

didehydroprotostemonine 二去氢原百部碱 百部 Stemona japonica

5,6-didehydropygmaeocin A 5,6- 二去氢千解草素 A 千解草 Pygmaeopremna herbacea

6,7-didehydroroyleanone 6,7- 二去氢罗氏旋覆花酮▲ 狭基线纹香茶菜 Isodon lophanthoides var. gerardianus

2,3-didehydrosomniferícin 2,3- 二去氢催眠睡茄辛▲ 睡茄 Withania somnifera

didehydrostmonine 二去氢百部碱 百部 Stemona japonica

didehydrotuberostemonine 二去氢对叶百部碱 大百部 Stemona tuberosa

8,9,11,14-didehydrovouacapen-5α-ol 8,9,11,14- 二去氢柯桠树烯▲-5α- 醇 金凤花 Caesalpinia pulcherrima

13,14-didehydroxyisogarcinol 13,14- 二去羟基异山竹子素 木竹子 Garcinia multiflora

19,28-didehydroxyrubiarbonol A 19,28- 二去羟基茜草乔木醇 A 紫参 Rubia yunnanensis

(5'R)-3,4-didehydroxy-β,κ-caroten-6'-one (5'R)-3,4- 二去羟基 -β,κ- 胡萝卜烯 -6'- 酮 辣椒 Capsicum annuum

19(E)-9,18-didemethoxygardneramine 19(E)-9,18- 二去甲氧基蓬莱葛胺 卵叶蓬莱葛 Gardneria ovata

didemethoxypinoresinol 二去甲氧基松脂醇 乌墨 Syzygium cumini

didemethyl-5-hydroxypinoresinol 二去甲基 -5- 羟基松脂醇 乌墨 Syzygium cumini

1,2-didemethylcolchicine 1,2- 二去甲基秋水仙碱 嘉兰 Gloriosa superba

2,3-didemethylcolchicine 2,3- 二去甲基秋水仙碱 嘉兰 Gloriosa superba

4',5'-didemethylpodophyllotoxin 4',5'- 二去甲基鬼臼毒素 八角莲 Dysosma versipellis

didemethylpseudoaspidin AA 二去甲基伪绵马素 AA 甘肃大戟 Euphorbia kansuensis

1,5-dideoxy-3-C-(2-hydroxyethyl)-2-C-methylpentitol 1,5- 二去氧 -3-C-(2- 羟乙基)-2-C- 甲基戊糖醇 黄花夹竹桃 Thevetia peruviana

(5α,17α,20R)-3β-O-[(2,6-dideoxy-4-O-(6-deoxy-3-O-methyl-β-D-allopyranosyl)-3-O-methyl-β-D-arabino-hexopyranosyl)oxy]-12-O-(2-methylbutanoyl)-8α,20:11α,20-diepoxypregnane-12β,14β-diol (5α,17α,20R)-3β-O-[(2,6- 二去氧 -4-O-(6- 去氧 -3-O- 甲基 -β-D- 吡喃阿洛糖基)-3-O- 甲基 -β-D- 吡喃阿拉伯己糖) 氧基]-12-O-(2- 甲基丁酰基)-8α,20:11α,20- 二环氧孕甾 -12β,14β- 二 通光藤 Marsdenia tenacissima

(5α,17α,20R)-3β-O-[(2,6-dideoxy-4-O-(6-deoxy-3-O-methyl-β-D-allopyranosyl)-3-O-methyl-β-D-arabino-hexopyranosyl)oxy]-12-O-tigloyl-8α,20:11α,20-diepoxypregnane-12β,14β-diol (5α,17α,20R)-3β-O-[(2,6- 二去氧 -4-O-(6- 去氧 -3-O- 甲基 -β-D- 吡喃阿洛糖基)-3-O- 甲基 -β-D- 吡喃阿拉伯己糖) 氧基]-12-O- 巴豆酰基 -8α,20:11α,20- 二环氧孕甾 -12β,14β- 二醇 通光藤 Marsdenia tenacissima

3-[(2,6-dideoxy-4-O-β-D-glucopyranosyl-3-O-methyl-α-L-ribo-hexopyranosyl)oxy]-14-hydroxy-(3β,5β)-card-20(22)-enolide 3-[(2,6- 二去氧 -4-O-β-D- 吡喃葡萄糖基 -3-O- 甲基 -α-L- 吡喃核己糖氧基 -14- 羟基 -(3β,5β)- 强心 -20(22)- 烯内酯 思茅清明花 Beaumontia murtonii

3β-(2,6-dideoxy-4-O-β-D-glucopyranosyl-3-O-methyl-α-L-ribo-hexopyranosyloxy)-14-hydroxy-(5β,17α)-card-20(22)-enolide 3β-(2,6- 二去氧 -4-O-β-D- 吡喃葡萄糖基 -3-O- 甲基 -α-L- 核己吡喃糖氧基)-14- 羟基 -(5β,17α) 强心甾 -20(22)- 烯内酯 断肠花 Beaumontia brevituba

3β-(2,6-dideoxy-4-O-β-D-glucopyranosyl-3-O-methyl-α-L-ribopyranosyloxy)-14-hydroxy-(5β)-card-20(22)-enolide 3β-(2,6- 二去氧 -4-O-β-D- 吡喃葡萄糖基 -3-O- 甲基 -α- 吡喃核糖氧基)-14- 羟基 -(5β)- 强心甾 -20(22)- 烯内酯 断肠花 Beaumontia brevituba

4,20-dideoxy-5ζ-hydroxyphorbol-12,13-diisobutyrate 4,20- 二去氧 -5ζ- 羟基佛波醇 -12,13- 二异丁酸酯 土瓜狼毒 Euphorbia prolifera

4,20-dideoxy-5ζ-hydroxyphorbol-12-benzoate-13-isobutyrate 4,20- 二去氧 -5ζ- 羟基佛波醇 -12- 苯甲酸酯 -13- 异丁酸酯 土瓜狼毒 Euphorbia prolifera

13,15-dideoxyaconitine 13,15- 二去氧乌头碱 松潘乌头 Aconitum sungpanense

3,13-dideoxyaconitine 3,13- 二去氧乌头碱 乌头 Aconitum carmichaelii

3,14-dideoxyandrographolide 3,14- 二去氧穿心莲内酯 穿心莲 Andrographis paniculata
1,9-dideoxycoleonol B 1,9- 二去氧鞘蕊花诺醇▲B 毛喉鞘蕊花 Coleus forskohlii
1,9-dideoxyforskolin 1,9- 二去氧毛喉鞘蕊花素▲ 毛喉鞘蕊花 Coleus forskohlii
4,20-dideoxyphorbol-12-benzoate-13-isobutyrate 4,20- 二去氧佛波醇 -12- 苯甲酸酯 -13- 异丁酸酯 土瓜狼毒 Euphorbia prolifera
11,11'-dideoxyverticillin A 11,11'- 二去氧轮枝孢素▲A 竹黄 Shiraia bambusicola
7,2'-didesacetoxyaustrospicatine 7,2'- 二去乙酰氧基澳紫杉碱▲ 东北红豆杉 Taxus cuspidata, 密叶红豆杉 T. fuana, 南方红豆杉 T. wallichinana var. mairei

1,9'-didesmethylgaruganin III 1,9'- 二去甲基白头树素 III 羽叶白头树 Garuga pinnata
3',4'-didesulphatedatractyloside 3',4'- 二去硫酸基苍术苷 刺苍耳 Xanthium spinosum
3',4'-didesulphated-carboxyatractyloside 3',4'- 二去硫酸基羰基苍术苷 刺苍耳 Xanthium spinosum
di-D-fructofuranose-1,2':2,3'-dianhydride 二 -D- 呋喃果糖 -1,2':2,3'- 二酐 石蒜 Lycoris radiata
3,5-didodecanoyl-4-nonyl-1,4-dihydropyridine 3,5- 二月桂酰基 -4- 壬基 -1,4- 二氢吡啶 蕺菜 Houttuynia cordata
didodecyl phthalate 酞酸双十二酯 挥发油成分，未统计基源
didymic acid 小红石蕊酸 瘦柄石蕊 Cladonia macilenta, 鹿石蕊 C. rangiferina
didymin 美国薄荷苷▲ 柠檬 Citrus limon, 风轮菜 Clinopodium chinense, 细风轮菜 C. gracile, 灯笼草 C. polycephalum, 麻叶风轮菜 C. urticifolium, 留兰香 Mentha spicata, 牛至 Origanum vulgare
didyronic acid 长穗决明酮酸▲ 长穗决明 Senna didymobotrya
di-*E*-caffeoyl-*meso*-tartaric acid 二 -*E*- 咖啡酰基 - 内消旋 - 酒石酸 翅果菊 Pterocypsela indica
di-*E*-caffeoylmeso-tartaric acid monomethyl ester 二 -*E*- 咖啡酰酒石酸单甲酯 东方泽泻 Alisma orientale
dieckol 二昆布酚 昆布 Ecklonia kurome
dielsianone 香花崖豆藤酮▲ 香花崖豆藤 Callerya dielsiana
6,22-dien-3β-hydroxy-5α,8β-epidioxy-(22*E*,24*R*)-stigmasterol 6,22- 二烯 -3β- 羟基 -5α,8β- 环二氧 -(22*E*,24*R*)- 豆甾醇 蓝雪花 Ceratostigma plumbaginoides
12*Z*,15*Z*-dien-arachidate glyceryl 12*Z*,15*Z*- 二烯花生酸甘油酯 细锥香茶菜 Isodon coetsa
(*E*)-7,9-diene-11-methenylpalmitic acid (*E*)-7,9- 二烯 -11- 次甲基棕榈酸 漏芦 Stemmacantha uniflora
2,5'-diene-2',8'-epoxy-5'-methoxy-8-methyl-4'-oxo-3,4-methylenedioxy-spiro(5,5)-undecane 2,5'- 二烯 -2',8'- 环氧 -5'- 甲氧基 -8- 甲基 -4'- 酮 -3,4- 亚甲二氧基 - 螺环 (5,5)- 十一烷 玉兰 Yulania denudata
(8*Z*)-1,8-diene-4,6-diyne-heptadeca-3,10-diol (8*Z*)-1,8- 二烯 -4,6- 二炔 - 十七碳 -3,10- 二醇 防风 Saposhnikovia divaricata
(*Z*,*Z*)-9,12-diene-octadecanoic acid (*Z*,*Z*)-9,12- 二烯十八酸 挥发油成分，未统计基源
9,12-diene-octadecanoic acid 9,12- 二烯 - 十八酸 小米辣 Capsicum frutescens
9(11),12-dieneolean-3β-ol 9(11),12- 二烯齐墩果 -3β- 醇 宽叶毒芹 Cicuta virosa var. latisecta
diene-urushiol 二烯漆酚 漆 Toxicodendron vernicifluum
3,5-dien-stigmastane 3,5- 二烯豆甾烷 调羹树 Heliciopsis lobata
5,6-diepicapsokarpoxanthin 5,6- 二表辣椒蔷薇果黄质▲ 辣椒 Capsicum annuum
(3α,5α),(8β,11β)-diepidioxy-ergost-22*E*-en-12-one (3α,5α),(8β,11β)- 二环氧 - 麦角甾 -22*E*- 烯 -12- 酮 东方栓菌 Trametes orientalis
5,6-diepikarpoxanthin 5,6- 二表蔷薇果黄质▲ 辣椒 Capsicum annuum
5,6-diepilatoxanthin 5,6- 二表异味蔷薇黄质▲ 辣椒 Capsicum annuum
diepilycocryptol-30-yl-*p*-coumarate 二表柳杉石松醇▲-30- 对香豆酸酯 玉柏 Lycopodium obscurum
diepiserratenediol 二表千层塔烯二醇 东北石松 Lycopodium clavatum
di-*epi*-serratenediol 二表 - 千层塔烯二醇 福氏马尾杉 Phlegmariurus fordii
1,7-di-*epi*-α-cedrene 1,7- 二 - 表 -α- 花侧柏烯 紫茎泽兰 Ageratina adenophora
di-*epi*-α-cedrene 二 - 表 -α- 雪松烯 挥发油成分，未统计基源
di-*epi*-α-cedrene epoxide 二 - 表 -α- 雪松烯环氧化物 挥发油成分，未统计基源
diepomuricanin 二环氧刺果番荔枝宁▲ 牛心番荔枝 Annona reticulata
dieporeticanin -1, -2 二环氧牛心果宁▲-1, -2 牛心番荔枝 Annona reticulata
dieporeticenin 二环氧牛心果烯宁▲ 牛心番荔枝 Annona reticulata
5α,6α;8α,9α-diepoxy-(22*E*)-ergosta-22-ene-3β,7α-diol 5α,6α;8α,9α- 二环氧 -(22*E*)- 麦角甾 -22- 烯 -3β,7α- 二醇 松口蘑 Tricholoma matsutake
5α,6α;8α,9α-diepoxy-(22*E*,24*R*)-ergost-22-en-3β,7α-diol 5α,6α;8α,9α- 二环氧 -(22*E*,24*R*)- 麦角甾 -22- 烯 -3β,7α- 二醇 香菇 Lentinula edodes
5α,6α,8α,9α-diepoxy-(22*E*,24*R*)-ergost-22-ene-3β,7α-diol 5α,6α,8α,9α- 二环氧 -(22*E*,24*R*)- 麦角甾 -22- 烯 -3β,7α- 二醇 斑玉蕈 Hypsizygus marmoreus, 雷丸 Omphalia lapidescens
5α,6α,8α,9α-diepoxy-(22*E*,24*R*)-ergost-22-ene-3β,7β-diol 5α,6α,8α,9α- 二环氧 -(22*E*,24*R*)- 麦角甾 -22- 烯 -3β,7β- 二醇 斑玉蕈 Hypsizygus marmoreus
5α,6α;8α,9α-diepoxy-(22*E*,24*R*)-ergosta-22-ene-3β-7α-diol 5α,6α;8α,9α- 二环氧 -(22*E*,24*R*)- 麦角甾 -22- 烯 -3β-7α- 二醇 猴头菌 Hericium erinaceus
5α,6α;8α,9α-diepoxy-(22*E*,24*R*)-ergosta-22-ene-3β-7β-diol 5α,6α;8α,9α- 二环氧 -(22*E*,24*R*)- 麦角甾 -22- 烯 -3β-7β- 二醇 猴头菌 Hericium erinaceus
1β,4β,4α,5β-diepoxy-10α*H*,11α*H*-xantha-12,8β-olide 1β,4β,4α,5β- 二环氧 -10α*H*,11α*H*- 苍耳 -12,8β- 内酯 长叶天名精 Carpesium longifolium
1,2,3,4-diepoxy-11(13)-eudesmen-12,8-olide 1,2,3,4- 二环氧 -11(13)- 桉叶烯 -12,8- 内酯 北艾 Artemisia vulgaris
8α,9β,11β,14β,16β,23*S*,24*R*)-16,23:24,25-diepoxy-11,20-dihydroxy-dammar-13(17)-en-3-one (8α,9β,11β,14β,16β,23*S*,24*R*)-16,23:24,25- 二环

氧 -11,20- 二羟基 - 达玛 -13(17)- 烯 -3- 酮 东方泽泻 Alisma orientale

(13*R*,14*S*)-*ent*-8a,13;14,15-diepoxy-13-*epi*-labdan-3-one (13*R*,14*S*)- 对映 -8α,13;14,15- 二环氧 -13- 表 - 半日花 -3- 酮 海漆 Excoecaria agallocha

(rel-5*S*,8*R*,9*R*,10*S*,13*S*,15*R*,16*R*)-9,13;15,16-diepoxy-15,16-dimethoxylabdane (相对 -5*S*,8*R*,9*R*,10*S*,13*S*,15*R*,16*R*)-9,13;15,16- 二环氧 -15,16- 二甲氧基半日花烷 单叶蔓荆 Vitex trifolia subsp. litoralis

(rel-5*S*,8*R*,9*R*,10*S*,13*S*,15*R*,16*S*)-9,13;15,16-diepoxy-15,16-dimethoxylabdane (相对 -5*S*,8*R*,9*R*,10*S*,13*S*,15*R*,16*S*)-9,13;15,16- 二环氧 -15,16- 二甲氧基半日花烷 单叶蔓荆 Vitex trifolia subsp. litoralis

(rel-5*S*,8*R*,9*R*,10*S*,13*S*,15*S*,16*R*)-9,13;15,16-diepoxy-15,16-dimethoxylabdane (相对 -5*S*,8*R*,9*R*,10*S*,13*S*,15*S*,16*R*)-9,13;15,16- 二环氧 -15,16- 二甲氧基半日花烷 单叶蔓荆 Vitex trifolia subsp. litoralis

9α,13:15,16-diepoxy-15α-ethoxy-3α,7β-dihydroxylabdan-6-one 9α,13:15,16- 二环氧 -15α- 乙氧基 -3α,7β- 二羟基半日花 -6- 酮 益母草 Leonurus japonicus

9α,13:15,16-diepoxy-15β-ethoxy-3α,7β-dihydroxylabdan-6-one 9α,13:15,16- 二环氧 -15β- 乙氧基 -3α,7β- 二羟基半日花 -6- 酮 益母草 Leonurus japonicus

(3β,4α,11α,12α)-11,12:13,28-diepoxy-23-hydroxyoleanan-3-yl-α-L-arabinopyranoside (3β,4α,11α,12α)-11,12:13,28- 二环氧 -23- 羟基齐墩果 -3-*O*-α-L- 吡喃阿拉伯糖苷 台湾菱叶常春藤 Hedera rhombea var. formosana

(4β,5β,6β,22*R*,24*S*,25*S*)-5,6:24,25-diepoxy-4,20,22-trihydroxy-1-oxo-ergost-2-en-26-oic acid-δ-lactone (4β,5β,6β,22*R*,24*S*,25*S*)-5,6:24,25- 二环氧 -4,20,22- 三羟基 -1- 氧代 - 麦角甾 -2- 烯 -26- 酸 -δ- 内酯 苦蘵 Physalis angulata

1α,2α,3α,4α-diepoxy-5α,6β,7α*H*-eudesma-11(13)-en-12,6-olide 1α,2α,3α,4α- 二环氧 -5α,6β,7α*H*- 桉叶 -11(13)- 烯 -12,6- 内酯 月桂 Laurus nobilis

1β,10α:4α,5β-diepoxy-6β,8α-diacetoxyglechomanolide 1β,10α:4α,5β- 二环氧 -6β,8α- 二乙酰氧基活血丹内酯 栗色鼠尾草 Salvia castanea

1β,10α:4α,5β-diepoxy-6β,8β-diacetoxyglechomanolide 1β,10α:4α,5β- 二环氧 -6β,8β- 二乙酰氧基活血丹内酯 栗色鼠尾草 Salvia castanea

1β,10α,4α,5β-diepoxy-6β-hydroxyglechoman-8α,12-olide 1β,10α,4α,5β- 二环氧 -6β- 羟基活血丹 -8α,12- 内酯 多穗金粟兰 Chloranthus multistachys, 欧活血丹 Glechoma hederacea

1β,10α,4β,5α-diepoxy-7α*H*-germacran-6β-ol 1β,10α,4β,5α- 二环氧 -7α*H*- 大根老鹳草 -6β- 醇 活血丹 Glechoma longituba

1β,10β(8,12)-diepoxy-7β,11β-dihydroxy-8β,12α-dimethoxyeremophilane 1β,10β(8,12)- 二环氧 -7β,11β- 二羟基 -8β,12α- 二甲氧基荒漠木烷 林荫千里光 Senecio nemorensis

1β,10α;4α,5β-diepoxy-8-methoxy-glechoman-8α,12-olide 1β,10α;4α,5β- 二环氧 -8- 甲氧基 - 活血丹 -8α,12- 内酯 欧活血丹 Glechoma hederacea

1β,10α;4α,5β-diepoxy-8β-hydroxy-glechoman-8α,12-olide 1β,10α;4α,5β- 二环氧 -8β- 羟基 - 活血丹 -8α,12- 内酯 欧活血丹 Glechoma hederacea

(-)-6,9:15,16-diepoxy-9α-hydroxy-8,9-seco-13(16),14-labdadiene-7-one (-)-6,9:15,16- 二环氧 -9α- 羟基 -8,9- 裂环 -13(16),14- 半日花二烯 -7- 酮 细叶益母草 Leonurus sibiricus

8α,9α,13α,14α-diepoxyabietan-18-oic acid 8α,9α,13α,14α- 二环氧冷杉 -18- 酸 大叶紫珠 Callicarpa macrophylla

5,6:5',6'-diepoxycryptoxanthin 5,6:5',6'- 二环氧隐黄质 直立黄钟花 Tecoma stans

6,3':7,2'-diepoxy-di-2,3-di-hydroxy-18-norros-1(10),2,4,15-tetraene 6,3':7,2'- 二环氧 - 二 -2,3- 二羟基 -18- 降 - 玫瑰 -1(10),2,4,15- 四烯 甘肃大戟 Euphorbia kansuensis

(1*S*,4*S*,5*S*,10*S*)-1,10:4,5-diepoxygermacrone (1*S*,4*S*,5*S*,10*S*)-1,10:4,5- 二环氧大根老鹳草酮 宽叶金粟兰 Chloranthus henryi

1β,10α;4α,5β-diepoxy-glechoman-8α,12-olide 1β,10α;4α,5β- 二环氧 - 活血丹 -8α,12- 内酯 欧活血丹 Glechoma hederacea

(24*R*)-4α,5α:24,25-diepoxyhelianol (24*R*)-4α,5α:24,25- 二环氧向日葵醇 向日葵 Helianthus annuus

(24*S*)-4α,5α:24,25-diepoxyhelianol (24*S*)-4α,5α:24,25- 二环氧向日葵醇 向日葵 Helianthus annuus

(24*S*)-4α,5α:24,25-diepoxyhelianyl octanoate (24*S*)-4α,5α:24,25- 二环氧向日葵醇辛酸酯 向日葵 Helianthus annuus

(24*R*)-4α,5α:24,25-diepoxyhelianyl octanoate (24*R*)-4α,5α:24,25- 二环氧向日葵醇辛酸酯 向日葵 Helianthus annuus

1,2-15,16-diepoxyhexadecane 1,2-15,16- 二环氧十六烷 挥发油成分，未统计基源

(13α,14β,17α,20*S*)-21,23:24,25-diepoxylanost-7-en-21-ol (13α,14β,17α,20*S*)-21,23:24,25- 二环氧 - 羊毛脂 -7- 烯 -21- 醇 楝 Melia azedarach

trans-1,2:4,5-diepoxy-*p*-menthane 反式 -1,2:4,5- 二环氧萜烷 鸡矢藤 Paederia foetida

5,6-diethenyl-1-methyl-1-cyclohexene 5,6- 二乙烯基 -1- 甲基 -1- 环己烯 挥发油成分，未统计基源

3,4-diethenyl-3-methylcyclohexene 3,4- 二乙烯基 -3- 甲基 - 环己烯 挥发油成分，未统计基源

5,10-diethoxy-2,3,7,8-tetrahydro-1*H*,6*H*-dipyrrolo[1,2-a:1',2'-d]pyrazine 5,10- 二乙氧基 -2,3,7,8- 四氢化 -1*H*,6*H*- 联吡咯 [1,2-a:1',2'-d] 吡嗪 金顶侧耳 Pleurotus citrinopileatus

1,1-diethoxy-ethane 1,1- 二乙氧基乙烷 云南松 Pinus yunnanensis

2,3-diethoxypropionic acid ethyl ester 2,3- 二乙氧基 - 丙酸乙酯 挥发油成分，未统计基源

diethyl acetal 二乙基乙缩醛 蒙古韭 Allium mongolicum

diethyl adipate 已二酸二乙酯 挥发油成分，未统计基源

diethyl malate 苹果酸二乙酯 挥发油成分，未统计基源

diethyl phthalate 酞酸二乙酯 恶味苘麻 Abutilon hirtum, 凹头苋 Amaranthus blitum, 金毛狗 Cibotium barometz, 茅香 Hierochloe odorata, 海棠花 Malus spectabilis, 雾水葛 Pouzolzia zeylanica, 白马骨 Serissa serissoides

3,4-diethyl-1,1'-biphenyl 3,4- 二乙基 -1,1'- 联苯 挥发油成分，未统计基源

diethyl-2,2',3,3',4,4'-hexahydroxybiphenyl-6,6'-dicarboxylate 二乙基 -2,2',3,3',4,4'- 六羟基二苯基 -6,6'- 二羧酸酯 臭椿 Ailanthus altissima

8-(diethylamino)-2-episecurinol A 8-(二乙基氨基 -2- 表一叶萩醇 A 一叶萩 Flueggea suffruticosa

diethylcarbamic acid methyl ester 二乙基氨基甲酸甲酯 挥发油成分，未统计基源
diethylcarbamic chloride 二乙基氨基甲酸 挥发油成分，未统计基源
1,2-diethyl-cyclobutane 1,2- 二乙基环丁烷 中亚苦蒿 Artemisia absinthium
1,2-diethyl-cyclohexadecane 1,2- 二乙基 - 环十六烷 挥发油成分，未统计基源
diethylene glycol monobenzoate 二甘醇单苯甲酸酯 檀香 Santalum album
diethylhexyl phthalate 二乙基己基酞酸酯 飞扬草 Euphorbia hirta
diethylhexylphthalate 二乙基己醇酞酸酯 峨参 Anthriscus sylvestris
8,10-diethyllobelidione 8,10- 二乙基山梗二酮 山梗菜 Lobelia sessilifolia
4,5-diethyl-octane 4,5- 二乙基 - 辛烷 挥发油成分，未统计基源
2,5-diethylphenol 2,5- 二乙基苯酚 挥发油成分，未统计基源
diethyltoluamide 二乙基甲苯酰胺 挥发油成分，未统计基源
difengpilactone 地枫皮内酯 地枫皮 Illicium difengpi
difengpin 地枫皮素 地枫皮 Illicium difengpi, 红毒茴 I. lanceolatum
difengpiol A, B 地枫皮醇 A, B 地枫皮 Illicium difengpi
1,6-diferuloylglucose 1,6- 二阿魏酰葡萄糖 香苹婆 Sterculia foetida
6'',6'''-diferuloylisospinosin 6'',6'''- 二阿魏酰异酸枣素▲ 酸枣 Ziziphus jujuba var. spinosa
(1*E*,22*Z*)-1,22-diferuloyloxydocosane (1*E*,22*Z*)-1,22- 二咖啡酰氧基二十二烷 木竹子 Garcinia multiflora
(1*E*,24*Z*)-1,24-diferuloyloxytetracosane (1*E*,24*Z*)-1,24- 二咖啡酰氧基二十四烷 木竹子 Garcinia multiflora
3,6'-diferuloylsucrose 3,6'- 二阿魏酰蔗糖 麝香百合 Lilium longiflorum var. scabrum
difforlemenine 异形蔓长春花美宁▲ 伞房狗牙花 Tabernaemontana corymbosa
diffractaic acid 环裂松萝酸▲ 长松萝 Usnea longissima
diffusa cyclotide DC_1, DC_2, DC_3 白花蛇舌草环肽 DC_1, DC_2, DC_3 白花蛇舌草 Hedyotis diffusa
diffusarotenoid 黄细心鱼藤素▲ 黄细心 Boerhavia diffusa
diffusoside A 白花蛇舌草苷 A 栀子 Gardenia jasminoides, 白花蛇舌草 Hedyotis diffusa
diffusoside B 白花蛇舌草苷 B 栀子 Gardenia jasminoides, 白花蛇舌草 Hedyotis diffusa
2,5-difluorobenzoic acid-4-dodecyl ester 2,5- 二氟苯甲酸 -4- 十二烷基酯 挥发油成分，未统计基源
2,6-difructose 2,6- 二聚果糖 糙苏 Phlomis umbrosa
1*α*,9*β*-difuroyloxy-2*α*-acetoxy-*β*-dihydroagarofuran 1*α*,9*β*- 二呋喃酰氧基 -2*α*- 乙酰氧基 -*β*- 二氢沉香呋喃 大芽南蛇藤 Celastrus gemmatus
1*α*,9*β*-difuroyloxy-6*β*-acetoxy-*β*-dihydroagarofuran 1*α*,9*β*- 二呋喃酰氧基 -6*β*- 乙酰氧基 -*β*- 二氢沉香呋喃 大芽南蛇藤 Celastrus gemmatus
digacetinin 洋地黄乙酰宁苷▲ 毛地黄 Digitalis purpurea
digalactosyldiacylglycerol 二半乳糖基二酰甘油 黑茶藨子 Ribes nigrum
digalactosyldilinoleylglycerol 二半乳糖基二亚油酰甘油 黄耆 Astragalus penduliflorus subsp. mongholicus var. dahuricus
p-digallic acid 对二没食子酸 栾树 Koelreuteria paniculata, 草芍药 Paeonia obovata
m-digallic acid 间二没食子酸 金合欢 Acacia farnesiana, 栾树 Koelreuteria paniculata, 草芍药 Paeonia obovata, 黄连木 Pistacia chinensis
digalloyl-diglucose 二没食子酰二葡萄糖 龙眼 Dimocarpus longan
3,6-digalloylglucose 3,6- 二没食子酰葡萄糖 拳参 Polygonum bistorta
digalloylglucose 二没食子酰葡萄糖 月见草 Oenothera biennis
digalloyl-HHDP-glucose 二没食子酰基 - 六羟基二苯甲酰葡萄糖 月见草 Oenothera biennis
3,3'-digalloylprocyanidin B_2 3,3'- 二没食子酰原花青素 B_2 狭叶红景天 Rhodiola kirilowii
1,6-digalloyl-*β*-glucoside 1,6- 二没食子酰基 -*β*- 葡萄糖苷 丘角菱 Trapa japonica
7,3'-*O*-di-gallyoltricetiflavan 7,3'- 二 -*O*- 没食子酰小麦黄烷▲ 猴耳环 Pithecellobium clypearia
digalogenin 洋地黄加洛苷元▲ 毛地黄 Digitalis purpurea
digalonin 洋地黄加洛苷▲ 毛地黄 Digitalis purpurea
digicitrin 洋地黄黄酮 毛地黄 Digitalis purpurea
digiferruginol 锈色洋地黄醇▲ 头状花耳草 Hedyotis capitellata, 红大戟 Knoxia roxburghii, 巴戟天 Morinda officinalis, 鸡眼藤 M. parvifolia, 弄岗苣苔 Primulina longgangensis
digiferruginol-11-*O*-*β*-gentiobioside 锈色洋地黄醇▲-11-*O*-*β*- 龙胆二糖苷 四川虎刺 Damnacanthus officinarum, 金剑草 Rubia alata, 钩毛茜草 R. oncotricha, 柄花茜草 R. podantha, 大叶茜草 R. schumanniana, 多花茜草 R. wallichiana
digiferruginol-11-*O*-*β*-primeveroside 锈色洋地黄醇▲-11-*O*-*β*- 樱草糖苷 海滨木巴戟 Morinda citrifolia
digiferruginol-1-methylether-11-*O*-*β*-gentiobioside 锈色洋地黄醇▲-1- 甲醚 -11-*O*-*β*- 龙胆二糖苷 四川虎刺 Damnacanthus officinarum, 海滨木巴戟 Morinda citrifolia
digifolein 洋地黄叶苷▲ 毛地黄 Digitalis purpurea
digifucocellobioside 洋地黄岩藻糖纤维二糖苷 毛地黄 Digitalis purpurea
diginin 洋地黄宁苷▲ 毛地黄 Digitalis purpurea
digiprolactone 洋地黄普内酯▲ 毛地黄 Digitalis purpurea
digipronin 洋地黄普宁苷▲ 毛地黄 Digitalis purpurea
digiproside 洋地黄普苷 毛地黄 Digitalis purpurea
digipurpurin 紫花洋地黄灵苷▲ 毛地黄 Digitalis purpurea
digipurpurogenin 紫花洋地黄灵苷元▲ 毛地黄 Digitalis purpurea

dihydorutaecarpine 二氢吴茱萸次碱 吴茱萸 Euodia ruticarpa
2'-(*o,m*-dihydoxybenzyl)sweroside 2'-(邻 , 间 - 二羟基苯甲酰基)- 樟牙菜苷 滇龙胆草 Gentiana rigescens
1,3-dihydro-1-(1-ethenyl)-6-methoxy-7-hydroxy-9-[(4'*Z*)-dodecen-1'-yn-3'-ol]-naphtho[2,3-c]furan 1,3- 二氢 -1-(1- 乙烯基)-6- 甲氧基 -7- 羟基 -9-[(4'*Z*)- 十二烯 -1'- 炔 -3'- 醇]- 萘 [2,3-c] 呋喃 羌活 Notopterygium incisum
1,3-dihydro-1-(1-nonenyl)-6-methoxy-7-hydroxy-9-(1'-penten-4'-yn-3'-ol)-naphtho[2,3-c]furan 1,3- 二氢 -1-(1- 壬烯基)-6- 甲氧基 -7- 羟基 -9-(1'- 戊烯基 -4'- 炔 -3'- 醇)- 萘 [2,3-c] 呋喃 羌活 Notopterygium incisum
1,2-dihydro-1,1,6-trimethyl-naphthalene 1,2- 二氢 -1,1,6- 三甲基萘 挥发油成分，未统计基源
7',8'-dihydro-1,1'-disinomenine 7',8'- 二羟基 -1,1'- 二青藤碱 风龙 Sinomenium acutum
6,7-dihydro-1,2,3,13-tetramethoxy-6,7-dimethyl-benzo[3,4]cycloocta[1,2-f][1,3]benzodioxol-8(5*H*)-one 6,7- 二氢 -1,2,3,13- 四甲氧基 -6,7- 二甲基 - 苯并 [3,4] 环辛 [1,2-f][1,3] 苯并二噁茂 -8(5*H*)- 酮 铁箍散 Schisandra propinqua var. sinensis, 红花五味子 S. rubriflora
1,2-dihydro-1,2,3-trihydroxy-9-(4-methoxyphenyl)phenalene 1,2- 二氢 -1,2,3- 三羟基 -9-(4- 甲氧基苯基) 菲烯 大蕉 Musa × paradisiaca
3,4-dihydro-1,2-secomicrominutinin 3,4- 二氢 -1,2- 裂环小花小芸木宁▲ 大管 Micromelum falcatum
3,4-dihydro-1,2-secomicrominutinin methyl ester 3,4- 二氢 -1,2- 裂环小花小芸木宁▲甲酯 大管 Micromelum falcatum
3,4-dihydro-1,2-secomicrominutinin-9-*O*-glucoside 3,4- 二氢 -1,2- 裂环小花小芸木宁▲-9-*O*- 葡萄糖苷 大管 Micromelum falcatum
9,10-dihydro-1,3,6-trihydroxy-2-carboxaldehyde-anthraquinone 9,10- 二氢 -1,3,6- 三羟基 -2- 甲醛基 - 蒽醌 红大戟 Knoxia roxburghii
2,3-dihydro-1,4,5-trimethoxy-9-phenyl-1*H*-phenalene 2,3- 氢 -1,4,5- 三甲氧基 -9- 苯基 -1*H*- 菲那烯 凤眼蓝 Eichhornia crassipes
1,2-dihydro-1,4,6-trimethyl-naphthalene 1,2- 二氢 -1,4,6- 三甲基萘 中亚苦蒿 Artemisia absinthium
4',5'-dihydro-1,5,6-trihydroxy-4',4',5'-trimethylfurano(2',3':4,5)xanthone 4',5'- 二氢 -1,5,6- 三羟基 -4',4',5'- 三甲基呋喃并 (2',3':4,5) 咖酮 地耳草 Hypericum japonicum
1,2-dihydro-1,6-dimethyl-furo[3,2-c]naphth[2,1-e]oxepin-10,12-dione 1,2- 二氢 -1,6- 二甲基 - 呋喃并 [3,2-c] 萘 [2,1-e] 氧杂草 -10,12- 二酮 丹参 Salvia miltiorrhiza
1,2-dihydro-1,8,10-trihydroxy-2-(2-hydroxypropan-2-yl)-9-prenyl-furo[3,2-a]xanthen-11-one 1,2- 二氢 -1,8,10- 三羟基 -2-(2- 羟基丙基 -2- 基)-9- 异戊烯基 - 呋喃 [3,2-a] 咄烯 -11- 酮 莽吉柿 Garcinia mangostana
2,3-dihydro-1,8-cineole 2,3- 二氢 -1,8- 桉树脑 挥发油成分，未统计基源
3,4-dihydro-10-hydroxy-7-methoxy-3-(*R*)-methyl-1*H*-3,4-dihydronaphtho-[2,3c]-pyran-1-one-9-*O*-*β*-D-allopyranosyl-(1 → 6)-glucopyranoside 3,4- 二氢 -10- 羟基 -7- 甲氧基 -3(*R*)- 甲基 -1*H*-3,4- 二氢萘 -[2,3c]- 吡喃 -1- 酮 -9-*O*-*β*-D- 吡喃阿洛糖基 -(1 → 6)- 吡喃葡萄糖苷 谷精草 Eriocaulon buergerianum
3,4-dihydro-10-hydroxy-7-methoxy-3(*R*)-methyl-1*H*-3,4-dihydronaphtho-[2,3c]-pyran-1-one-9-*O*-*β*-D-glucopyranoside 3,4- 二氢 -10- 羟基 -7- 甲氧基 -3(*R*)- 甲基 -1 氢 -3,4- 二氢萘 -[2,3c]- 吡喃 -1- 酮 -9-*O*-*β*-D- 吡喃葡萄糖苷 谷精草 Eriocaulon buergerianum
3,4-dihydro-10-hydroxy-7-methoxy-3(*R*)-methyl-1*H*-3,4-dihydronaphtho-[2,3c]-pyran-1-one-9-*O*-*β*-D-glucopyranosyl-(1 → 6)-glucopyranoside 3,4- 二氢 -10- 羟基 -7- 甲氧基 -3(*R*)- 甲基 -1*H*-3,4- 二氢萘 -[2,3c]- 吡喃 -1- 酮 -9-*O*-*β*-D- 吡喃葡萄糖基 -(1 → 6)- 吡喃葡萄糖苷 谷精草 Eriocaulon buergerianum
21,23-dihydro-11*β*,21-dihydroxy-23-oxoobacunone 21,23- 二氢 -11*β*,21- 二羟基 -23- 氧代黄柏酮 假黄皮 Clausena excavata
21,23-dihydro-11*β*,23-dihydroxy-21-oxoobacunone 21,23- 二氢 -11*β*,23- 二羟基 -21- 氧代黄柏酮 假黄皮 Clausena excavata
(12*R*)-12,13-dihydro-12,13-dihydroxyxanthorrhizol (12*R*)-12,13- 二氢 -12,13- 二羟基黄根姜黄醇 印尼莪术 Curcuma zanthorrhiza
(12*S*)-12,13-dihydro-12,13-dihydroxyxanthorrhizol (12*S*)-12,13- 二氢 -12,13- 二羟基黄根姜黄醇 印尼莪术 Curcuma zanthorrhiza
12,13-dihydro-12,13-epoxybakuchiol 12,13- 二氢 -12,13- 环氧补骨脂酚 补骨脂 Cullen corylifolia
16,17-dihydro-12*β*,16*β*-epoxynapelline 16,17- 二氢 -12*β*,16*β*- 环氧欧乌头碱 伏毛铁棒锤 Aconitum flavum, 宣威乌头 A. nagarum var. lasiandrum
9-dihydro-13-acetylbaccatin III 9- 二氢 -13- 乙酰浆果紫杉素 III 南方红豆杉 Taxus wallichinana var. mairei
13,14-dihydro-13-methyl-[1,3]benzodioxolo[5,6-c]-1,3-dioxolo[4,5-i]phenanthridine-14-methanol 13,14- 二氢 -13- 甲基 -[1,3] 二口恶茂苯并 [5,6-c]-1,3- 二口恶茂 [4,5-i] 菲啶 -14- 甲醇 荷青花 Hylomecon japonica
12,13-dihydro-13-*α*-hydroxygypsogenin 12,13- 二氢 -13-*α*- 羟基石头花苷元▲ 大叶石头花 Gypsophila pacifica
14,15-dihydro-14*β*,15*β*-epoxy-10-hydroxyscandine 14,15- 二氢 -14*β*,15*β*- 环氧 -10- 羟基攀援山橙碱▲ 川山橙 Melodinus hemsleyanus
3,4*β*-dihydro-15-dehydrolactucopicrin 3,4*β*- 二氢 -15- 去氢莴苣苦素 菊苣 Cichorium intybus
15,16-dihydro-15-methoxy-16-oxohardwickiic acid 15,16- 二氢 -15- 甲氧基 -16- 氧代哈威豆酸▲ 杜虹花 Callicarpa formosana
14,15-dihydro-15-methoxy-3-epicaryoptin 14,15- 二氢 -15- 甲氧基 -3- 表莸素 苦郎树 Clerodendrum inerme
(16*R*,19*E*)-1,2-dihydro-16-(hydroxymethyl)-5-oxoakuammilan-17-oate (16*R*,19*E*)-1,2- 二氢 -16- 羟甲基 -5- 氧代苦籽木 -17- 甲酯 糖胶树 Alstonia scholaris
2,3-dihydro-16-hydroxynagilactone F 2,3- 二氢 -16- 羟基竹柏内酯 F 竹柏 Nageia nagi
2,3-dihydro-16-hydroxypodolide 2,3- 二氢 -16- 羟基罗汉松内酯 竹柏 Nageia nagi
18,19-dihydro-16*S*-*E*-sitsirikine 16*S*-*E*- 异长春钦碱▲-18,19- 二氢 -16*S*-*E*- 长春钦碱▲ 萝芙木 Rauvolfia verticillata
3,4-dihydro-1*H*,6*H*,8*H*-naphtho-[1,2-c:4,5-c',d']dipyrano-1,8-dione 3,4- 二氢 -1*H*,6*H*,8*H*- 萘并 -[1,2-c:4,5-c',d'] 二吡喃 -1,8- 二酮 三花龙胆 Gentiana triflora, 川西獐牙菜 Swertia mussotii
3,4-dihydro-1-hydroxy-3,4-dioxo-2-naphthalenecarboxylic acid methyl ester 3,4- 二氢 -1- 羟基 -3,4- 二酮 -2- 萘烯甲酯 钩毛茜草 Rubia oncotricha
5,6-dihydro-2(1*H*)-pyridinone 5,6- 二氢 -2(1*H*)- 吡啶酮 荜拔 Piper longum
(-)-2,3-dihydro-2-(1-hydroxy-1-hydroxymethylethyl)-coumarin (-)-2,3- 二氢 -2-(1- 羟基 -1- 羟基甲基乙基)- 香豆素 旱芹 Apium graveolens
2,3-dihydro-2-(1-methylethenyl)-5-benzofurancarboxylic acid 2,3- 二氢 -2-(1- 甲乙烯基)-5- 苯并呋喃酸 高山龙胆 Gentiana algida

2,3-dihydro-2-(1-methylethenyl)-5-benzofurancarboxylic acid methyl ester 2,3- 二氢 -2-(1- 甲乙烯基)-5- 苯并呋喃酸甲酯 高山龙胆 Gentiana algida

3,4-dihydro-2-(2,5-dihydroxyphenyl)-2-dihydro-3,5,7-trihydroxybenzopyran 3,4- 二氢 -2-(2,5- 二羟基苯基)-2- 二氢 -3,5,7- 三羟基苯并吡喃 含羞草 Mimosa pudica

2,3-dihydro-2-(3',5'-dimethoxy)-4'-(2''-n-glyceric acid butyl ester)-3-hydroxymethyl-5-benzofuranpropanol 2,3- 二氢 -2-(3',5'- 二甲氧基)-4'-(2''- 正甘油酰丁酯)-3- 羟甲基 -5- 苯并呋喃丙醇 地枫皮 Illicium difengpi

(2*R*,2*S*)-dihydro-2-(3',5'-dimethoxy-4'-hydroxypenyl)-3-3-hydroxymethyl-7-methoxy-5-acetyl-benzofuran (2*R*,2*S*)- 二氢 -2-(3',5'- 二甲氧基 -4'- 羟基苯基)-3-3- 羟甲基 -7- 甲氧基 -5- 乙酰苯骈呋喃 卷柏 Selaginella tamariscina

2,3-*E*-2,3-dihydro-2-(3'-methoxy-4'-hydroxyphenyl)-3-hydroxymethyl-5-(3''-hydroxypropenyl)-7-*O*-β-D-glucopyranosyl-1-benzo[b]furan 2,3-*E*-2,3- 二氢 -2-(3'- 甲氧基 -4'- 羟基苯基)-3- 羟甲基 -5-(3''- 羟基 - 丙烯基)-7-*O*-β-D- 吡喃葡糖基 -1- 苯骈 [b] 呋喃 红柴胡 Bupleurum scorzonerifolium, 珊瑚菜 Glehnia littoralis

2,3-*E*-2,3-dihydro-2-(3'-methoxy-4'-*O*-β-D-glucopyranosylphenyl)-3-hydroxymethyl-5-(3'-hydroxypropenyl)-7-methoxy-1-benzo[b]furan 2,3-*E*-2,3- 二氢 -2-(3'- 甲氧基 -4'-*O*-β-D- 吡喃葡萄糖基苯基)-3- 羟甲基 -5-(3' 羟基丙烯基)-7- 甲氧基 -1- 苯骈 -[b]- 呋喃 红柴胡 Bupleurum scorzonerifolium

2,3-dihydro-2-(4-hydroxy-3,5-dimethoxyphenyl)-3-hydroxymethyl-5-(2-formylvinyl)-7-methoxybenzofuran 2,3- 二氢 -2-(4- 羟基 -3,5- 二甲氧基苯基)-3- 羟甲基 -5-(2- 甲酰乙烯基)-7- 甲氧基苯并呋喃 钻天柳 Chosenia arbutifolia

2,3-dihydro-2-(4-hydroxy-3,5-dimethoxyphenyl)-3-*p*-hydroxybenzoyl-oxymethyl-5-(2-formylvinyl)-7-methoxybenzofuran 2,3- 二氢 -2-(4- 羟基 -3,5- 二甲氧基苯基)-3- 对羟基苯甲酰基 - 氧代甲基 -5-(2- 甲酰乙烯基)-7- 甲氧基苯并呋喃 钻天柳 Chosenia arbutifolia

2*R*,3*R*-2,3-dihydro-2-(4'-hydroxy-3'-methoxyphenyl)-3-(glucopyranosyloxymethyl)-7-hydroxy-5-benzofuranpropanol 2*R*,3*R*-2,3- 二氢 -2-(4'- 羟基 -3'- 甲氧基苯基)-3-(吡喃葡萄糖氧基甲基)-7- 羟基 -5- 苯并呋喃丙醇 黑面神 Breynia fruticosa

2,3-dihydro-2-(4'-hydroxy-3'-methoxyphenyl)-3-(hydroxymethyl)-7-methoxy-5-benzofuranpropanol-4'-*O*-β-glucopyranoside 2,3- 二氢 -2-(4'- 羟基 -3'- 甲氧基苯基)-3-(羟基甲基)-7- 甲氧基 -5- 苯并呋喃丙醇 -4'-*O*-β- 吡喃葡萄糖苷 撒尔维亚 Salvia officinalis

(2*R*,3*S*)-2,3-dihydro-2-(4'-hydroxy-3'-methoxy-phenyl)-3-(hydroxymethyl)-7-methoxy-5-benzofuran-propanol-4'-*O*-β-glucopyranoside (2*R*,3*S*)-2,3- 二氢 -2-(4'- 羟基 -3'- 甲氧基 - 苯基)-3- 羟甲基 -7- 甲氧基 -5- 苯并呋喃 - 丙醇 -4'-*O*-β- 吡喃葡萄糖苷 海滨木巴戟 Morinda citrifolia

5-[[3-[2,3-dihydro-2-(4-hydroxy-3-methoxyphenyl)-3-(hydroxymethyl)-7-methoxy-5-benzofuranyl]-1-oxo-2-propenyl]oxy]-1,4a,5,6,7,7a-hexahydro-7-hydroxy-7-methylcyclopenta[c]pyran-1-*O*-β-D-glucopyranoside 5-[[3-[2,3- 二氢 -2-(4- 羟基 -3- 甲氧基苯基)-3- 羟甲基 -7- 甲氧基 -5- 苯并呋喃]-1-*O*-2- 丙烯基] 氧基]-1,4a,5,6,7,7a- 六氢 -7- 羟基 -7- 甲基环戊并 [c] 吡喃 -1-*O*-β-D- 吡喃葡萄糖苷 大叶醉鱼草 Buddleja davidii

(2*E*)-3-[(2S,3*R*)-2,3-dihydro-2-(4-hydroxy-3-methoxyphenyl)-3-(hydroxymethyl)-7-methoxy-5-benzofuranyl]-2-propenyl-β-D-glucopyranoside (2*E*)-3-[(2*S*,3*R*)-2,3- 二氢 -2-(4- 羟基 -3- 甲氧基苯基)-3- 羟甲基 -7- 甲氧基 -5- 苯并呋喃]-2- 丙烯基 -β-D- 吡喃葡萄糖苷 锁阳 Cynomorium songaricum

(2*R*-*trans*)-3-[2,3-dihydro-2-(4-hydroxy-3-methoxyphenyl)-3-(hydroxymethyl)-7-methoxy-5-benzofuranyl]-2-propenyl-β-D-glucopyranoside (2*R*- 反式)-3-[2,3- 二氢 -2-(4- 羟基 -3- 甲氧基苯基)-3- 羟甲基 -7- 甲氧基 -5- 苯并呋喃]-2- 丙烯基 -β-D- 吡喃葡萄糖苷 野菰 Aeginetia indica

3-[2,3-dihydro-2-(4-hydroxy-3-methoxyphenyl)-3-(hydroxymethyl)-7-methoxy-5-benzofuranyl]-propyl-*O*-α-L-rhamnopyranoside 3-[2,3- 二氢 -2-(4- 羟基 -3- 甲氧基苯基)-3- 羟甲基 -7- 甲氧基 -5- 苯并呋喃基]- 丙基 -*O*-α-L- 吡喃鼠李糖苷 红花八角 Illicium dunnianum

2,3-(*trans*)-dihydro-2-(4-hydroxy-3-methoxyphenyl)-3-[(β-D-glucopyranosyloxy)methyl]-7-methoxybenzofuran-5-propenoic acid 2,3- 反式 - 二氢 -2-(4- 羟基 -3- 甲氧基苯基)-3-[(β-D- 吡喃葡萄糖氧基) 甲基]-7- 甲氧基苯并呋喃 -5- 丙烯酸 水茄 Solanum torvum

2,3-dihydro-2-(4-hydroxy-3-methoxyphenyl)-3-hydroxymethyl-5-(2-formylvinyl)-7-methylbenzofuran 2,3- 二氢 -2-(4- 羟基 -3- 甲氧基苯基)-3- 羟甲基 -5-(2- 甲酰乙烯基)-7- 甲基苯并呋喃 假桂乌口树 Tarenna attenuata

(*E*)-3-[(2*R*,3*S*)-2,3-dihydro-2-(4'-hydroxy-3'-methoxyphenyl)-3-hydroxymethyl-7-methoxy-1-benzo[b]furan-5-yl]-2-propenal (*E*)-3-[(2*R*,3*S*)-2,3- 二氢 -2-(4'- 羟基 -3'- 甲氧基苯基)-3- 羟甲基 -7- 甲氧基 -1- 苯并 [b] 呋喃 -5- 基]-2- 丙烯醛 山核桃 Carya cathayensis

(*E*)-3-[(2*S*,3*R*)-2,3-dihydro-2-(4'-hydroxy-3'-methoxyphenyl)-3-hydroxymethyl-7-methoxy-1-benzo[b]furan-5-yl]-2-propenal (*E*)-3-[(2*S*,3*R*)-2,3- 二氢 -2-(4'- 羟基 -3'- 甲氧基苯基)-3- 羟甲基 -7- 甲氧基 -1- 苯并 [b] 呋喃 -5- 基]-2- 丙烯醛 山核桃 Carya cathayensis

2*S*,3*R*-2,3-dihydro-2-(4-hydroxy-3-methoxyphenyl)-3-hydroxymethyl-7-methoxybenzofuran-5-*trans*-propen-1-ol-3-*O*-β-glucopyranoside 2*S*,3*R*-2,3- 二氢 -2-(4- 羟基 -3- 甲氧基苯基)-3- 羟甲基 -7- 甲氧基苯并呋喃 -5- 反式 - 丙烯 -1- 醇 -3-*O*-β- 吡喃葡萄糖苷 泽漆 Euphorbia helioscopia

2,3-dihydro-2-(4-hydroxy-3-methoxyphenyl)-3-*p*-hydroxybenzoyl-oxymethyl-5-(2-formylvinyl)-7-methoxybenzofuran 2,3- 二氢 -2-(4- 羟基 -3- 甲氧基苯基)-3- 对羟基苯甲酰基 - 氧代甲基 -5-(2- 甲酰乙烯基)-7- 甲氧基苯并呋喃 钻天柳 Chosenia arbutifolia

2,3-dihydro-2-(4'-hydroxy-3'-methoxyphenyl)-3-β-D-glucopyranosylmethyl-7-hydroxy-5-benzofuranpropanol 2,3- 二氢 -2-(4'- 羟基 -3'- 甲氧基苯基)-3-β-D- 吡喃葡萄糖基甲基 -7- 羟基 -5- 苯骈呋喃丙醇 玫瑰茄 Hibiscus sabdariffa

(2*R*,3*S*)-2,3-dihydro-2-(4-hydroxy-3-methoxyphenyl)-5-(3-hydroxypropyl)-7-methoxy-1-benzofuran-3-yl]methyl-β-D-glucopyranoside (2*R*,3*S*)-2,3- 二氢 -2-(4- 羟基 -3- 甲氧基苯基)-5-(3- 羟丙基)-7- 甲氧基 -1- 苯并呋喃 -3- 基] 甲基 -β-D- 吡楠葡萄糖苷 潺槁木姜子 Litsea glutinosa

[(2*S*,3*R*)-2,3-dihydro-2-(4-hydroxy-3-methoxyphenyl)-5-(3-hydroxypropyl)-7-methoxy-3-benzofuranyl]methyl-β-D-xylopyranoside [(2*S*,3*R*)-2,3- 二氢 -2-(4- 羟基 -3- 甲氧基苯基)-5-(3- 羟丙基)-7- 甲氧基 -3- 苯并呋喃基] 甲基 -β-D- 吡喃木糖苷 珙桐 Davidia involucrata

(2*R*,3*R*)-2,3-dihydro-2-(4-hydroxyphenyl)-7-methoxy-3-methyl-5-(*E*)-propenylbenzofuran (2*R*,3*R*)-2,3- 二氢 -2-(4- 羟基苯基)-7- 甲氧基 -3- 甲基 -5-(*E*)- 丙烯基苯并呋喃 通城虎 Aristolochia fordiana

(*S*)-6,7-dihydro-2-(*p*-hydroxyphenethyl)-4,7-dimethyl-5*H*-2-pyrindinium (*S*)-6,7- 二氢 -2- 对羟基苯乙基 -4,7- 二甲基 -5*H*-2- 吡啶 缬草 Valeriana officinalis

3,4-dihydro-2,2-dimethyl-2*H*-I-benzopyran-4-one-6-carboxaldehyde 3,4- 二氢 -2,2- 二甲基 -2*H*- 苯并吡喃 -4- 酮 -6- 甲醛 松乳菇 Lactarius deliciosus

2,3-dihydro-2,2-dimethyl-7-benzofuranol 2,3- 二氢 -2,2- 二甲基 -7- 苯并呋喃醇 挥发油成分，未统计基源

(2*R*,3*S*)-2,3-dihydro-2,3-dihydroxy-9-phenyl-1*H*-phenalen-1-one (2*R*,3*S*)-2,3- 二氢 -2,3- 二羟基 -9- 苯基 -1*H*- 菲烯 -1- 酮 香蕉 Musa acuminata 'Dwarf cavendish'

cis-(-)-2,3-dihydro-2,3-dihydroxy-9-phenyl-1*H*-phenalen-1-one 顺式 -(-)-2,3- 二氢 -2,3- 二羟基 -9- 苯基 -1*H*- 菲烯 -1- 酮 香蕉 Musa acuminata 'Dwarf cavendish'

(1*R*,2*S*)-1,2-dihydro-2,3-dimethyl-7-hydroxy-6-methoxy-1-(3-methoxy-4-hydroxyphenyl)-naphthalene (1*R*,2*S*)-1,2- 二氢 -2,3- 二甲基 -7- 羟基 -6- 甲氧基 -1-(3- 甲氧基 -4- 羟基苯基)- 萘 帘子藤 Pottsia laxiflora

9,10-dihydro-2,4-dihydroxy-7-methoxyphenanthrene 9,10- 二氢 -2,4- 二羟基 -7- 甲氧基菲 石仙桃 Pholidota chinensis

2,5-dihydro-2,5-dimethyl-furan 2,5- 二氢 -2,5- 二甲基呋喃 挥发油成分，未统计基源

2-(1,4-dihydro-2,6-dimethyl-1,4-dioxo-3-naphthalenyl)-3,4,5-trihydroxy benzoic acid 2-(1,4- 二氢 -2,6- 二甲基 -1,4- 二氧代 -3- 萘基)-3,4,5- 三羟基苯甲酸 鹿蹄草 Pyrola calliantha

10,11-dihydro-2,7-dimethoxy-3,4-methylenedioxydibenzo[b,f]oxepine 10,11- 二氢 -2,7- 二甲氧基 -3,4- 亚甲二氧基二苯并 [b,f] 噁庚英 广东石豆兰 Bulbophyllum kwangtungense

(4a*S*-*cis*)-4a,9b-dihydro-2-[2-hydroxy-5-(2-pro-penyl)phenyl]-8,9b-di-2-propenyl-3(4*H*)-dibenzofuranone (4a*S*- 顺式)-4a,9b- 二氢 -2-[2- 羟基 -5-(2- 丙烯基) 苯基]-8,9b- 二 -2- 丙烯 -3(4*H*)- 二苯并呋喃酮 红花八角 Illicium dunnianum

2,3-dihydro-2-[3'-methoxy-4'-(1",3"-dihydroxy-2"-propyloxy)phenyl]-3-(hydroxymethyl)-7-methoxybenzofuran-5-propanol 2,3- 二氢 -2-[3'- 甲氧基 -4'-(1",3"- 二羟基 -2"- 丙氧基) 苯基]-3- 羟甲基 -7- 甲氧基苯并呋喃 -5- 丙醇 红茴香 Illicium henryi

2,3-dihydro-2-[4-(*β*-glucopyranosyl-(1→2)-[*β*-glucopyranosyl-(1→6)]-*β*-glucopyranosyloxy)-3-methoxyphenyl]-3-(hydroxymethyl)-7-methoxy-5-benzofuranpropanol 2,3- 二氢 -2-[4-(*β*- 吡喃葡萄糖基 -(1 → 2)-[*β*- 吡喃葡萄糖基 -(1 → 6)]-*β*- 吡喃葡萄糖氧基)-3- 甲氧基苯基]-3- 羟甲基 -7- 甲氧基 -5- 苯并呋喃丙醇 锥栗 Castanea henryi

[2,3-dihydro-2-[4-[2-hydroxy-2-(4-hydroxy-3-methoxyphenyl)-1-(hydroxymethyl)ethoxy]-3,5-dimethoxyphenyl]-7-methoxy-5-(3-oxo-1-propen-1-yl)-3-benzofuranyl]methyl-4-hydroxybenzoic acid ester [2,3- 二氢 -2-[4-[2- 羟基 -2-(4- 羟基 -3- 甲氧基苯基)-1- 羟甲基乙氧基]-3,5- 二甲氧基苯基]-7- 甲氧基 -5-(3- 氧代 -1- 丙烯 -1- 基)-3- 苯并呋喃] 甲基 -4- 羟基苯甲酸酯 钻天柳 Chosenia arbutifolia

12,13-dihydro-20,20-dihydrolupeol 12,13- 二氢 -20,20- 二氢羽扇豆醇 欧洲七叶树 Aesculus hippocastanum

1,2*α*-dihydro-20-palmitoyldaphnetoxin 1,2*α*- 二氢 -20- 棕榈酰瑞香毒素 唐古特瑞香 Daphne tangutica

18,19-dihydro-21-oxokoumine 18,19- 二氢 -21- 氧代钩吻明▲ 钩吻 Gelsemium elegans

24,25-dihydro-24-methylenelanosterol acetate 24,25- 二氢 -24- 亚甲基羊毛脂醇乙酯 甘肃雪灵芝 Arenaria kansuensis

23,24-dihydro-25-deacetylcucurbitacin A 23,24- 二氢 -25- 去乙酰葫芦素 A 甜瓜 Cucumis melo

4,5-dihydro-2-amino-4-(2,4-dichlorophenyl)-7-methyl-5-oxo-pyrano[3,2-c]pyran-3-carbonitrile 4,5- 二氢 -2- 氨基 -4-(2,4- 二氯苯基)-7- 甲基 -5- 氧代 - 吡喃 [3,2-c] 吡喃 -3- 甲腈 挥发油成分，未统计基源

2,3-dihydro-2-hexyl-5-methylfuran-3-one 2,3- 二羟基 -2- 己基 -5- 甲基呋喃 -3- 酮 挥发油成分，未统计基源

3-(hydroxymethylene)-dihydro-2*H*-pyran-2,4(3*H*)-dione 3- 羟甲烯基 - 二氢 -2*H*- 吡喃 -2,4(3*H*)- 二酮 西南獐牙菜 Swertia cincta

2,3-dihydro-2-hydroxy-2,4-dimethyl-5-*trans*-propenylfuran-3-one 2,3- 二氢 -2- 羟基 -2,4- 二甲基 -5- 反式 - 丙烯基呋喃 -3- 酮 朝天罐 Osbeckia opipara

(2*R*-*trans*)-2,3-dihydro-2-hydroxy-3-methyl-1,4-naphthalenedione (2*R*- 反式)-2,3- 二氢 -2- 羟基 -3- 甲基 -1,4- 萘二酮 白花丹 Plumbago zeylanica

2,3-di-hydro-2-isopropyl-5,6-dimethoxybenzofuran 2,3- 二氢 -2- 异丙基 -5,6- 二甲氧基 - 苯并呋喃 窄头橐吾 Ligularia stenocephala

4,5-dihydro-2-methyl-1*H*-imidazole 4,5- 二氢 -2- 甲基 -1*H*- 咪唑 挥发油成分，未统计基源

1,4-dihydro-2-methyl-2*H*-3,1-benzoxazine 1,4- 二氢 -2- 甲基 -2*H*-3,1- 苯并噁嗪 挥发油成分，未统计基源

2,3-dihydro-2-methylbenzofuran 2,3- 二氢 -2- 甲基苯并呋喃 挥发油成分，未统计基源

2,3-dihydro-2-*n*-hexyl-5-methylfuran-3-one 2,3- 二氢 -2- 正己基 -5- 甲基呋喃 -3- 酮 挥发油成分，未统计基源

3,4-dihydro-3-(2-hydroxy-3,4-dimethoxyphenyl)-2*H*-1-benzopyran-7-*O*-*β*-D-glucopyranoside 3,4- 二氢 -3-(2- 羟基 -3,4- 二甲氧基苯基)-2*H*-1- 苯并吡喃 -7-*O*-*β*-D- 吡喃葡萄糖苷 梭果黄耆 Astragalus ernestii

3,4-dihydro-3-(3-hydroxybutyl)-1,1-dimethyl-1*H*-2-benzopyran-6,8-diol 3,4- 二氢 -3-(3- 羟基丁基)-1,1- 二甲基 -1*H*-2- 苯并吡喃 -6,8- 二醇 木榄 Bruguiera gymnorhiza

(2*R*-*trans*)-2,3-dihydro-3-(4-hydroxy-3,5-dimethoxyphenyl)-2-(hydroxymethyl)-5-methoxy-8*H*-pyrano[3,2-f]-1,4-benzodioxin-8-one (2*R*- 反式)-2,3- 二氢 -3-(4- 羟基 -3,5- 二甲氧基苯基)-2- 羟甲基 -5- 甲氧基 -8*H*- 吡喃 [3,2-f]-1,4- 苯并二氧 (杂) 芑 -8- 酮 油桐 Vernicia fordii

8,9-dihydro-3-(4-hydroxyphenyl)-8-(1-methylethenyl)-4*H*-furo[2,3-h]-1-benzopyran-4-one 8,9- 二氢 -3-(4- 羟基苯基)-8-(1- 甲基乙烯基)-4*H*- 呋喃 [2,3-h]-1- 苯并吡喃 -4- 酮 野豇豆 Vigna vexillata

trans-(+)-2-[4-[2,3-dihydro-3-(hydroxymethyl)-5-(3-hydroxypropyl)-7-methoxy-2-benzofuranyl]-2-methoxyphenoxy]-1,3-propanediol 反式 -(+)-2-[4-[2,3- 二氢 -3- 羟甲基 -5-(3- 羟基丙基)-7- 甲氧基 -2- 苯并呋喃基]-2- 甲氧基苯氧基]-1,3- 丙二醇 红花八角 Illicium dunnianum

4-[2,3-dihydro-3-(hydroxymethyl)-5-(3-hydroxypropyl)-7-methoxy-2-benzofuranyl]-2-methoxyphenyl-*β*-D-glucopyranoside 4-[2,3- 二氢 -3- 羟甲基 -5-(3- 羟基丙基)-7- 甲氧基 -2- 苯并呋喃基]-2- 甲氧基苯基 -*β*-D- 吡喃葡萄糖苷 锥栗 Castanea henryi

4-[2,3-dihydro-3-(hydroxymethyl)-5-[(1*E*)-3-hydroxy-1-propen-1-yl]-7-methoxy-2-benzofuranyl]-2-methoxyphenyl-*β*-D-glucopyranoside

7] 氮茚并 [8,1-cd] 咔唑 水甘草 Amsonia elliptica
3,4-dihydro-3-vinyl-1,2-dithiin 3,4- 二氢 -3- 乙烯基 -1,2- 二噻英 挥发油成分，未统计基源
11α,13-dihydro-3α,7α-dihydroxyeudesm-4-en-6α,12-olide 11α,13- 二氢 -3α,7α- 二羟基桉叶 -4- 烯 -6α,12- 内酯 绒毛戴星草 Sphaeranthus indicus
18,19-dihydro-3β,17β-cinchophylline 18,19- 二氢 -3β,17β- 金鸡纳叶碱▲ 金鸡纳树 Cinchona calisaya
3, 4-dihydro-3β, 4α-dihydoxysolidagolactone II, III 3, 4- 二氢 -3β, 4α- 二羟基一枝黄花内酯 II, III 毛果一枝黄花 Solidago virgaurea
7,8-dihydro-3β,6α-dihydroxy-α-ionol-9-O-β-D-apiofuranosyl-(1 → 6)-β-D-glucopyranoside 7,8- 二氢 -3β,6α- 二羟基 -α- 香堇醇 -9-O-β-D- 呋喃芹糖基 -(1 → 6)-β-D- 吡喃葡萄糖苷 榅桲 Cydonia oblonga
7,8-dihydro-3β,6α-dihydroxy-α-ionol-9-O-β-D-glucopyranoside 7,8- 二氢 -3β,6α- 二羟基 -α- 香堇醇 -9-O-β-D- 吡喃葡萄糖苷 榅桲 Cydonia oblonga
2,3-dihydro-3β-hydroxywithanone 2,3- 二氢 -3β- 羟基睡茄酮▲ 睡茄 Withania somnifera
3α-dihydro-4(15)-dehydrogrosshemin-α,β-dihydroxyisoburyrate 3α- 二氢 -4(15)- 去氢大海米菊素 -α,β- 二羟基异丁酸酯 美花风毛菊 Saussurea pulchella
(3R,4S)-3,4-dihydro-4-(4-hydroxy-3-methoxyphenyl)-3-(hydroxymethyl)-6,7-dimethoxy-2-naphthalenecarboxaldehyde (3R,4S)-3,4- 二氢 -4-(4- 羟基 -3- 甲氧基苯基)-3- 羟甲基 -6,7- 二甲氧基 -2- 萘醛 牡荆 Vitex negundo var. cannabifolia
3,4-dihydro-4-(4'-hydroxyphenyl)-5,7-dihydroxycoumarin 3,4- 二氢 -4-(4'- 羟基苯基)-5,7- 二羟基香豆素 杠板归 Polygonum perfoliatum
6,7-dihydro-4-(hydroxymethyl)-2-(p-hydroxyphenethyl)-7-methyl-5H-2-pyrindinium 6,7- 二氢 -4- 羟甲基 -2- 对羟基苯乙基 -7- 甲基 -5H-2- 吡啶 缬草 Valeriana officinalis
2,3-dihydro-4,4-dimethyl-11,12-dihydroxy-13-isopropyl anthracone 2,3- 二氢 -4,4- 二甲基 -11,12- 二羟基 -13- 异丙基菲酮 丹参 Salvia miltiorrhiza
2,3-dihydro-4',4'''-di-O-methylamentoflavone 2,3- 二氢 -4',4'''- 二 -O- 甲基穗花杉黄酮 罗汉松 Podocarpus macrophyllus
2,3-dihydro-4,5,7-trimethoxy-l-ethyl-2-methyl-3-(2,4,5-trimethoxyphenyl)indene 2,3- 二氢 -4,5,7- 三甲氧基 -l- 乙基 -2- 甲基 -3-(2,4,5- 三甲氧基苯基) 茚 菖蒲 Acorus calamus
(4R,5S)-dihydro-4,5-dihydroxy-5-methyl-2(3H)-furanone (4R,5S)- 二氢 -4,5- 二羟基 -5- 甲基 -2(3H)- 呋喃酮 珠光香青 Anaphalis margaritacea
(6aR,12aR,4'R,5'S)-4',5'-dihydro-4',5'-dihydroxytephrosin (6aR,12aR,4'R,5'S)-4',5'- 二氢 -4',5'- 二羟基灰叶素 毛鱼藤 Derris elliptica
(3α,4β,5α)-4,5-dihydro-4,5-dimethyl-3-(1-pyrrolyl)-furan-2(3H)-one (3α,4β,5α)-4,5- 二氢 -4,5- 二甲基 -3-(1- 吡咯基)- 呋喃 -2(3H)- 酮 广东金钱草 Desmodium styracifolium
25,27-dihydro-4,7-didehydro-7-deoxyneophysalin A 25,27- 二氢 -4,7- 二去氢 -7- 去氧新酸浆素 A 挂金灯 Physalis alkekengi var. francheti
(4S)-3,4-dihydro-4,8-dihydroxy-1(2H)-naphthalenone (4S)-3,4- 二氢 -4,8- 二羟基 -1(2H)- 萘酮 越南山核桃 Carya tonkinensis
(4S)-3,4-dihydro-4,8-dihydroxy-5-[6-O-(4-hydroxy-3,5-dimethoxybenzoyl)-β-D-glucopyranosyloxy]-1(2H)-naphthalenone (4S)-3,4- 二氢 -4,8- 二羟基 -5-[6-O-(4- 羟基 -3,5- 二甲氧基苯甲酰基)-β-D- 吡喃葡萄糖氧基]-1(2H)- 萘酮 胡桃楸 Juglans mandshurica
9,10-dihydro-4,8-dihydroxy-9,10-dioxoanthracene-2-carboxylic acid 9,10- 二氢 -4,8- 二羟基 -9,10- 二氧代蒽 -2- 羧酸 胡桃楸 Juglans mandshurica
[4S-(4α,4aα,5α,9aα)]-4a,9a-dihydro-4,9a-dihydroxy-3,4a,5-trimethyl-naphtho[2,3-b]furan-2,6(4H,5H)-dione [4S-(4α,4aα,5α,9aα)]-4a,9a- 二氢 -4,9a- 二羟基 -3,4a,5- 三甲基 - 萘 [2,3-b] 呋喃 -2,6(4H,5H)- 二酮 离舌橐吾 Ligularia veitchiana
2,3-dihydro-4,9-dihydroxy-8-methoxy-1-phenylphenalene 2,3- 氢 -4,9- 二羟基 -8- 甲氧基 -1- 苯基菲那烯 凤眼蓝 Eichhornia crassipes
3,4-dihydro-4-butoxy-5-hydroxy-naphthalen-1(2H)-one 3,4- 二氢 -4- 丁氧基 -5- 羟基 - 萘 -1(2H)- 酮 胡桃楸 Juglans mandshurica
11β,13-dihydro-4H-tomentosin 11β,13- 二氢 -4H- 绒毛银胶菊素▲ 水朝阳旋覆花 Inula helianthusaquatilis, 湖北旋覆花 I. hupehensis
7,8-dihydro-4-hydroxy-12,13-methylenedioxy-11-methoxy-dibenz[b,f]oxepine 7,8- 二氢 -4- 羟基 -12,13- 亚甲二氧基 -11- 甲氧基联苯 [b,f] 噁庚英 广东石豆兰 Bulbophyllum kwangtungense
2-[2,3-dihydro-4-hydroxy-2-(2-hydroxy-2-propyl)-5-methoxy-1H-inden-1-yl]-1-(2,4,6-trihydroxyphenyl)ethanone 2-[2,3- 二氢 -4- 羟基 -2-(2- 羟基 -2- 丙基)-5- 甲氧基 -1H- 茚基]-1-(2,4,6- 三羟基苯基) 乙酮 见血封喉 Antiaris toxicaria
dihydro-4-hydroxy-2(3H)-furanone 二氢 -4- 羟基 -2(3H)- 呋喃酮 挥发油成分，未统计基源
(4R)-4-dihydro-4-hydroxy-2,7-dimethylnaphthalen-1(2H)-one (4R)-4- 二氢 -4- 羟基 -2,7- 二甲基萘 -1(2H)- 酮 鹿蹄草 Pyrola calliantha
(4S)-4-dihydro-4-hydroxy-2,7-dimethylnaphthalen-1(2H)-one (4S)-4- 二氢 -4- 羟基 -2,7- 二甲基萘 -1(2H)- 酮 鹿蹄草 Pyrola calliantha
3,4-dihydro-4-hydroxy-2,7-dimethyl-naphthalene-1(2H)-one 3,4- 二氢 -4- 羟基 -2,7- 二甲基萘 -1(2H)- 酮 绿花鹿蹄草 Pyrola chlorantha
2,3-dihydro-4-hydroxy-2-oxoindole-3-acetonitrile 2,3- 二氢 -4- 羟基 -2- 氧代 - 吲哚 -3- 乙腈 菘蓝 Isatis tinctoria
(3R,4R)-3,4-dihydro-4-hydroxy-3-(3-hydroxymethyl-(2Z)-butenyl)-1(2H)-naphthalenone (3R,4R)-3,4- 二氢 -4- 羟基 -3-(3- 羟甲基 -(2Z)- 丁烯基)-1(2H)- 萘酮 木蝴蝶 Oroxylum indicum
(3R,4R)-3,4-dihydro-4-hydroxy-3-(3-methyl-2-butenyl)-1(2H)-naphthalenone (3R,4R)-3,4- 二氢 -4- 羟基 -3-(3- 甲基 -2- 丁烯基)-1(2H)- 萘酮 木蝴蝶 Oroxylum indicum
(4R)-dihydro-4-hydroxy-5,5-dimethyl-2(3H)-furanone (4R)- 二氢 -4- 羟基 -5,5- 二甲基 -2(3H)- 呋喃酮 珠光香青 Anaphalis margaritacea
dihydro-4-hydroxy-5-hydroxymethyl-2(3H)-franone 二氢 -4- 羟基 -5- 羟甲基 -2(3H)- 呋喃酮 威灵仙 Clematis chinensis
9,10-dihydro-4-hydroxy-9,10-dioxo-2-anthracenecarboxylic acid methyl ester 9,10- 二氢 -4- 羟基 -9,10- 二酮 -2- 蒽烯羧酸甲酯 钩毛茜草 Rubia oncotricha
3,4-dihydro-4-hydroxynaphthalene-2-carboxylic acid 3,4- 二氢 -4- 羟基萘 -2- 羧酸 骆驼蒿 Peganum nigellastrum
10,11-dihydro-4-methoxy-dibenz[b,f]oxepin-2-ol 10,11- 二氢 -4- 甲氧基 - 二苯 [b,f] 氧杂草 -2- 醇 薯蓣 Dioscorea polystachya
2'',3''-dihydro-4'-O-methylamentoflavone 2'',3''- 二氢 -4'-O- 甲基穗花杉黄酮 翠云草 Selaginella uncinata

2,3-dihydro-5',3'''-dihydroxyamentoflavone 2,3- 二氢 -5',3'''- 二羟基穗花杉黄酮 匐灯藓 Plagiomnium cuspidatum

6'',7''-dihydro-5',5'''-dicapsaicin 6'',7''- 二羟基 -5',5'''- 双辣椒素 辣椒 Capsicum annuum

dihydro-5,5-dimethyl-4-(3-oxobutyl)-2(3*H*)-furanone 二氢 -5,5- 二甲基 -4-(3- 氧代丁基)-2(3*H*)- 呋喃 糖胶树 Alstonia scholaris

dihydro-5,6-dehydrokawain 二氢 -5,6- 去氢卡瓦胡椒素 美山姜 Alpinia formosana

(1*R*,2*S*)-1,2-dihydro-5,6-dihydroxy-1-(4-hydroxyphenyl)-2,3-naphthalenedicarboxylic acid-2,3-bis(10-canangafruiticoside A)ester (1*R*,2*S*)-1,2- 二氢 -5,6- 二羟基 -1-(4- 羟基苯基)-2,3- 萘二羧酸 -2,3- 二 (10- 小依兰苷 A) 酯 依兰 Cananga odorata

5,6-dihydro-5,6-epoxymultiplolide A 5,6- 二氢 -5,6- 环氧多枝炭角菌内酯 ▲A 喜树 Camptotheca acuminata

2,3-dihydro-5,7,8-trihydroxy-3-methyl-naphtho[1,8-bc]pyran-6,9-dicarboxaldehyde 2,3- 二氢 -5,7,8- 三羟基 -3- 甲基 - 萘并 [1,8-bc] 吡喃 -6,9- 二醛 土坛树 Alangium salviifolium

2,3-dihydro-5,7-dihydroxy-2,6,8-trimethyl-4*H*-1-benzopyran-4-one 2,3- 二氢 -5,7- 二羟基 -2,6,8- 三甲基 -4*H*-1- 苯并吡喃 -4- 酮 白背叶 Mallotus apelta

2,3-dihydro-5,7-dihydroxy-2,6-dimethyl-8-(3-methyl-2-butenyl)-4*H*-1-benzopyran-4-one 2,3- 二氢 -5,7- 二羟基 -2,6- 二甲基 -8-(3- 甲基 -2- 丁烯基)-4*H*-1- 苯并吡喃 -4- 酮 白背叶 Mallotus apelta

2,3-dihydro-5,7-dihydroxy-2,8-dimethyl-6-(3-methyl-2-butenyl)-4*H*-1-benzopyran-4-one 2,3- 二氢 -5,7- 二羟基 -2,8- 二甲基 -6-(3- 甲基 -2- 丁烯基)-4*H*-1- 苯并吡喃 -4- 酮 白背叶 Mallotus apelta

3,4-dihydro-5,7-dihydroxy-4-(4'-methoxyphenyl)coumarin 3,4- 二氢 -5,7- 二羟基 -4-(4'- 甲氧基苯基) 香豆素 杠板归 Polygonum perfoliatum

(1*S*)-1-(1,4-dihydro-5,8-dihydroxy-1,4-dioxo-2-naphthalenyl)-4-methyl-3-penten-1-yl ester-3-(acetyloxy)-3-methyl-butanoic acid (1*S*)-1-(1,4- 二氢 -5,8- 二羟基 -1,4- 二氧 -2- 萘基)-4- 甲基 -3- 戊烯 -1- 酯基 -3-(乙酰氧基)-3- 甲基 - 丁酸 密花滇紫草 Onosma confertum, 滇紫草 O. paniculatum

(1*R*)-1-(1,4-dihydro-5,8-dihydroxy-1,4-dioxo-2-naph-thalenyl)-4-methyl-3-penten-1-yl-ester-3-(acetyloxy)-3-methyl-butanoic acid (1*R*)-1-(1,4- 二氢 -5,8- 二羟基 -1,4- 二氧基 -2- 萘基)-4- 甲基 -3- 戊烯 -1- 酯基 -3-(乙酰氧基)-3- 甲基 – 丁酸 密花滇紫草 Onosma confertum

2,3-dihydro-5,9,11-trihydroxy-3,3-dimethyl-6,10-bis(1-prenyl)-pyrano[3,2-*a*]xanthen-12(1*H*)-one 2,3- 二氢 -5,9,11- 三羟基 -3,3- 二甲基 -6,10- 二 (1- 异戊烯基)- 吡喃并 [3,2-*a*] 呫烯 -12(1*H*)- 酮 莽吉柿 Garcinia mangostana

3,4-dihydro-5,9-dihydroxy-7-(3-hydroxy-3-methylbutyl)-8-methoxy-2,2-dimethyl-2*H*,6*H*-pyrano[3,2-b]xanthen-6-one 3,4- 二氢 -5,9- 二羟基 -7-(3- 羟基 -3- 甲基丁基)-8- 甲氧基 -2,2- 二甲基 -2*H*,6*H*- 吡喃并 [3,2-b] 呫烯 -6- 酮 红芽木 Cratoxylum formosum subsp. pruniflorum

3,4-dihydro-5,9-dihydroxy-8-methoxy-7-(3-methoxy-3-methylbutyl)-2,2-dimethyl-2*H*,6*H*-pyrano-[3,2-b]xanthen-6-one 3,4- 二氢 -5,9- 二羟基 -8- 甲氧基 -7-(3- 甲氧基 -3- 甲基丁基)-2,2- 二甲基 -2*H*,6*H*- 吡喃并 [3,2-b] 呫烯 -6- 酮 红芽木 Cratoxylum formosum subsp. pruniflorum

(4*S*,5*S*)-dihydro-5-[(1*R*,2*R*)-2-hydroxy-2-methyl-5-oxo-3-cyclopenten-1-yl]-3-methylene-4-(3-oxobutyl)-2(3*H*)-furanone (4*S*,5*S*)- 二氢 -5-[(1*R*,2*R*)-2- 羟基 -2- 甲基 -5- 氧代 -3- 环戊烯 -1- 基]-3- 亚甲基 -4-(3- 氧代丁基)-2(3*H*)- 呋喃酮 湘赣艾 Artemisia gilvescens

(4*S*,5*S*)-dihydro-5-[(1*R*,2*S*)-2-hydroxy-2-methyl-5-oxo-3-cyclopenten-1-yl]-3-methylene-4-(3-oxobutyl)-2(3*H*)-furanone (4*S*,5*S*)- 二氢 -5-[(1*R*,2*S*)-2- 羟基 -2- 甲基 -5- 氧代 -3- 环戊烯 -1- 基]-3- 亚甲基 -4-(3- 氧代丁基)-2(3*H*)- 呋喃酮 湘赣艾 Artemisia gilvescens

(4*S*,5*S*)-dihydro-5-[(1*S*,2*R*)-2-hydroxy-2-methyl-5-oxo-3-cyclopenten-1-yl]-3-methylene-4-(3-oxobutyl)-2(3*H*)-furanone (4*S*,5*S*)- 二氢 -5-[(1*S*,2*R*)-2- 羟基 -2- 甲基 -5- 氧代 -3- 环戊烯 -1- 基]-3- 亚甲基 -4-(3- 氧代丁基)-2(3*H*)- 呋喃酮 湘赣艾 Artemisia gilvescens

(4*S*,5*S*)-dihydro-5-[(1*S*,2*S*)-2-hydroxy-2-methyl-5-oxo-3-cyclopenten-1-yl]-3-methylene-4-(3-oxobutyl)-2(3*H*)-furanone (4*S*,5*S*)- 二氢 -5-[(1*S*,2*S*)-2- 羟基 -2- 甲基 -5- 氧代 -3- 环戊烯 -1- 基]-3- 亚甲基 -4-(3- 氧代丁基)-2(3*H*)- 呋喃酮 湘赣艾 Artemisia gilvescens

7,8-dihydro-5-hydroxy-12,13-methylenedioxy-11-methoxy-dibenz[b,f]oxepine 7,8- 二氢 -5- 羟基 -12,13- 亚甲二氧基 -11- 甲氧基联苯 [b,f] 噁庚英 广东石豆兰 Bulbophyllum kwangtungense

(2*R*,3*R*)-2,3-dihydro-5-hydroxy-2,3,8,8-tetramethyl-6-(1-phenylethenyl)-4*H*,8*H*-benzo[1,2-b:3,4-b']dipyran-4-one (2*R*,3*R*)-2,3- 二氢 -5- 羟基 -2,3,8,8- 四甲基 -6-(1- 苯基乙烯基)-4*H*,8*H*- 苯并 [1,2-b:3,4-b'] 二吡喃 -4- 酮 红厚壳 Calophyllum inophyllum

(2*S*,3*R*)-2,3-dihydro-5-hydroxy-2,3,8,8-tetramethyl-6-(1-phenylethenyl)-4*H*,8*H*-benzo[1,2-b:3,4-b']dipyran-4-one (2*S*,3*R*)-2,3- 二氢 -5- 羟基 -2,3,8,8- 四甲基 -6-(1- 苯基乙烯基)-4*H*,8*H*- 苯并 [1,2-b:3,4-b'] 二吡喃 -4- 酮 红厚壳 Calophyllum inophyllum

8,9-dihydro-5-hydroxy-3-(4-hydroxyphenyl)-8-(1-methylethenyl)-4*H*-furo[2,3-h]-1-benzopyran-4-one 8,9- 二氢 -5- 羟基 -3-(4-4- 羟基苯基)-8-(1- 甲基乙烯基)-4*H*- 呋喃 [2,3-h]-1- 苯并吡喃 -4- 酮 野豇豆 Vigna vexillata

(3*S*,5*R*,6*R*)-5,6-dihydro-5-hydroxy-3,6-epoxy-*β*-ionol (3*S*,5*R*,6*R*)-5,6- 二氢 -5- 羟基 -3,6- 环氧 -*β*- 香堇醇 卫矛 Euonymus alatus, 心叶风毛菊 Saussurea cordifolia

3,4-dihydro-5-hydroxy-4-(4'-hydroxyphenyl)-7-methoxycoumarin 3,4- 二氢 -5- 羟基 -4-(4'- 羟基苯基)-7- 甲氧基香豆素 杠板归 Polygonum perfoliatum

(2*R*,3*R*)-2,3-dihydro-5-hydroxy-4',7-dimethoxyflavone (2*R*,3*R*)-2,3- 二氢 -5- 羟基 -4',7- 二甲氧基黄酮 木豆 Cajanus cajan

2,3-dihydro-5-hydroxy-4',7-dimethoxyflavone 2,3- 二氢 -5- 羟基 -4',7- 二甲氧基黄酮 米仔兰 Aglaia odorata

3,4-dihydro-5-hydroxy-7-methoxy-4-(4'-methoxyphenyl)coumarin 3,4- 二氢 -5- 羟基 -7- 甲氧基 -4-(4'- 甲氧基苯基) 香豆素 杠板归 Polygonum perfoliatum

2,3-dihydro-5'-hydroxyamentoflavone 2,3- 二氢 -5'- 羟基穗花杉黄酮 匐灯藓 Plagiomnium cuspidatum

5*R*-dihydro-5-hydroxymethyl-2(3*H*)-furanone 5*R*-5- 羟甲基 -2(3*H*)- 呋喃酮 朝鲜白头翁 Pulsatilla cernua

2,3-dihydro-5'-hydroxyrobustaflavone 2,3- 二氢 -5'- 羟基粗贝壳杉黄酮 匐灯藓 Plagiomnium cuspidatum

3,4-dihydro-5-methoxy-2-methyl-2-(4'-methyl-2'-oxo-3'-pentenyl)-9(7*H*)-oxo-2*H*-furo[3,4-h]benzopyran 3,4- 二氢 -5- 甲氧基 -2- 甲基 -2-(4'- 甲基 -2'- 氧代 -3'- 戊烯基)-9(7*H*)- 氧代 -2*H*- 呋喃 [3,4-h] 苯并吡喃 猴头菌 Hericium erinaceus

5-[2-(2,5-dihydro-5-methoxy-2-oxo-3-furanyl)ethyl]-4a,5,6,7,8,8a-hexahydro-5,6,8a-trimethyl-1-naphthalenecarboxylic acid 5-[2-(2,5- 二氢 -5- 甲氧基 -2- 氧代 -3- 呋喃基) 乙基]-4a,5,6,7,8,8a- 六氢 -5,6,8a- 三甲基 -1- 萘羧酸 田基黄 Grangea maderaspatana

6-[2-(2,5-dihydro-5-methoxy-2-oxo-3-furanyl)ethyl]-6,7-dimethyl-10-methylene-1,3-cyclodecadiene-1-carboxylic acid 6-[2-(2,5- 二氢 -5- 甲氧基 -2- 氧

代 -3- 呋喃基) 乙基]-6,7- 二甲基 -10- 亚甲基 -1,3- 环癸二烯 -1- 酸 田基黄 Grangea maderaspatana

(4a*R*,5*S*,6*R*,8a*R*)-5-[2-(2,5-dihydro-5-methoxy-2-oxofuran-3-yl)ethyl]-3,4,4a,5,6,7,8,8a-octahydro-5,6,8a-trimethylnaphthalene-1-carboxylic acid (4a*R*,5*S*,6*R*,8a*R*)-5-[2-(2,5- 二氢 -5- 甲氧基 -2- 氧代呋喃 -3- 基) 乙基]-3,4,4a,5,6,7,8,8a- 八氢 -5,6,8a- 三甲基萘 -1- 酸 田基黄 Grangea maderaspatana

(7*R*,8*S*,1'*S*)-$\Delta^{8'}$-1',4'-dihydro-5'-methoxy-3,4-methylenedioxy-4'-oxo-7.*O*.2,8.1'-neolignan (7*R*,8*S*,1'*S*)-$\Delta^{8'}$-1',4'- 二氢 -5'- 甲氧基 -3,4- 亚甲二氧基 -4'- 酮 -7.*O*.2,8.1'- 新木脂素 玉兰 Yulania denudata

9,10-dihydro-5-methoxy-3-methyl-2,7-bis(2-propen-1-yloxy)-phenanthrene 9,10- 二氢 -5- 甲氧基 -3- 甲基 -2,7- 二 (2- 正丙烯氧基)- 菲 红柄木犀 Osmanthus armatus

2,3-dihydro-5-methoxy-*α*-(4-methoxyphenyl)-2-methyl-1*H*-isoindole-1-methanol 2,3- 二氢 -5- 甲氧基 -*α*-(4- 甲氧基苯基)-2- 甲基 -1*H*- 异吲哚 -1- 甲醇 独山瓜馥木 Fissistigma cavaleriei

2*α*,3*β*-dihydro-5-pregnen-16-one 2*α*,3*β*- 二氢 -5- 孕甾烯 -16- 酮 楝 Melia azedarach

1,2*α*-dihydro-5*β*-hydroxy-6*α*,7*α*-epoxy-resiniferonol-14-benzoate 1,2*α*- 二氢 -5*β*- 羟基 -6*α*,7*α*- 环氧 - 树脂大戟醇 -14- 苯甲酸酯 唐古特瑞香 Daphne tangutica

1,2*β*-dihydro-5*β*-hydroxy-6*α*,7*α*-epoxy-resiniferonol-14-benzoate 1,2*β*- 二氢 -5*β*- 羟基 -6*α*,7*α*- 环氧 - 树脂大戟醇 -14- 苯甲酸酯 唐古特瑞香 Daphne tangutica

(*Z'*)-3,8-dihydro-6,6',7,3'*α*-diligustilide (*Z'*)-3,8- 二氢 -6,6',7,3'- 二藁本内酯 川芎 Ligusticum sinense 'Chuanxiong'

3,4-dihydro-6,7-dimethoxy-isocarbostyril 3,4- 二氢 -6,7- 二甲氧基 - 异喹诺酮 偏翅唐松草 Thalictrum delavayi

1,2-dihydro-6,8-dimethoxy-7-1-(3,5-dimethoxy-4-hydroxyphenyl)-*N*^{1}, *N*^{2}-bis[2-(4-hydroxyphenyl)ethyl]-2,3-naphthalene dicarboxamide 1,2- 二氢 -6,8- 二甲氧基 -7-1-(3,5- 二甲氧基 -4- 羟基苯基)-*N*^{1}, *N*^{2}- 双 [2-(4- 羟基苯基) 乙基]-2,3- 萘酰胺 山鸡椒 Litsea cubeba

1,2-dihydro-6,8-dimethoxy-7-1-(3,5-dimethoxy-4-hydroxyphenyl)-*N*^{1}, *N*^{2}-bis-[2-(4-hydroxyphenyl)ethyl]-2,3-naphthalene dicarboxamide 1,2- 二氢 -6,8- 二甲氧基 -7-1-(3,5- 二甲氧基 - 对羟苯基)-*N*^{1}, *N*^{2}- 二 -(2- 对羟苯基乙基)-2,3- 萘二酰胺 鸭跖草 Commelina communis

1,2-dihydro-6,8-dimethoxy-7-hydroxy-1-(3,5-dimethoxy-4-hydroxyphenyl)-*N*^{1}, *N*^{2}-bis-[2-(4-hydroxyphenyl)ethyl]-2,3-naphthalene dicarboxamide 1,2- 二氢 -6,8- 二甲氧基 -7- 羟基 -1-(3,5- 二甲氧基 -4- 羟基苯基)-*N*^{1}, *N*^{2}- 二 -[2-(4- 羟基苯基) 乙基]-2,3- 萘二酰胺 石南藤 Piper wallichii, 茄 Solanum melongena

6a,11a-dihydro-6*H*-[1]benzofuro[3,2-c][1,3]dioxolo[4,5-g]chromen-9-ol 6a,11a- 二氢 -6*H*-[1] 苯并呋喃 [3,2-*c*][1,3] 二氧基 [4,5-g] 色烯 -9- 醇 穗花牡荆 Vitex agnus-castus

(2*S*-*trans*)-1-[2,3-dihydro-6-hydroxy-3-methoxy-2-(1-methylethenyl)-5-benzofuranyl]-ethanone (2*S*- 反式)-1-[2,3- 二氢 -6- 羟基 -3- 甲氧基 -2-(1- 甲基乙烯基)-5- 苯并呋喃]- 乙酮 异叶泽兰 Eupatorium heterophyllum

6,7-dihydro-6-hydroxydehydrophysalin B 6,7- 二氢 -6- 羟基去氢酸浆素 B 小酸浆 Physalis minima

5,6-dihydro-6-methoxy-rengyolone 5,6- 二氢 -6- 甲氧基 - 连翘醇酮 木蝴蝶 Oroxylum indicum

5,8-dihydro-6-methyl-1,4-di-*O*-*β*-D-glucopyranosylnaphthalene 5,8- 二氢 -6- 甲基萘 -1,4- 二 -*O*-*β*-D- 吡喃葡萄糖苷 棉团铁线莲 Clematis hexapetala

2,3-dihydro-6-methylginkgetin 2,3- 二氢 -6- 甲基银杏素 贡山三尖杉 Cephalotaxus lanceolata

2,3-dihydro-6-methylsequoiaflavone 2,3- 二氢 -6- 甲基红杉黄酮 贡山三尖杉 Cephalotaxus lanceolata

(*E*)-10,11-dihydro-6-oxoatlantone (*E*)-10,11- 二氢 -6- 氧代大西洋雪松酮▲ 银杏 Ginkgo biloba

8,8a-dihydro-6-phenyl-cyclopropa[a]phenalen-7(7a*H*)-one 8,8a- 二氢 -6- 苯基 - 环戊 [a] 菲烯 -7(7a*H*)- 酮 香蕉 Musa acuminata 'Dwarf cavendish'

5,6-dihydro-6-styryl-2-pyrone 5,6- 二氢 -6- 苏合香烯 -2- 吡喃酮 四方蒿 Elsholtzia blanda

7,8-dihydro-6*α*-hydroxy-*α*-ionol-9-*O*-*β*-D-apiofuranosyl-(1→6)-*β*-D-glucopyranoside 7,8- 二氢 -6*α*- 羟基 -*α*- 香堇醇 -9-*O*-*β*-D- 呋喃芹糖基 -(1→6)-*β*-D- 吡喃葡萄糖苷 榅桲 Cydonia oblonga

6'',7''-dihydro-7''-methylcochinchinone I 6'',7''- 二氢 -7''- 甲基 - 黄牛茶酮▲I 黄牛木 Cratoxylum cochinchinense

(7*R*,8*R*)-7,8-dihydro-7-(3,4-dihydroxyphenyl)-3'-methoxy-8-methyl-1'-(*E*-propenyl)-benzofuran (7*R*,8*R*)-7,8- 二氢 -7-(3,4- 二羟基苯基)-3'- 甲氧基 -8- 甲基 -1'-(*E*- 丙烯基)- 苯并呋喃 肉豆蔻 Myristica fragrans

(2*S*)-1,2-dihydro-7,9-dihydroxy-2-(1-methylethenyl)-anthra[2,1-b]furan-6,11-dione (2*S*)-1,2- 二氢 -7,9- 二羟基 -2-(1- 甲基乙烯基)- 蒽 [2,1-b] 呋喃 -6,11- 二酮 红大戟 Knoxia roxburghii

(1*S*,2*R*)-1,2-dihydro-7-hydroxy-1-(4-hydroxy-3-methoxyphenyl)-3-(hydroxymethyl)-6-methoxy-2-naphthalenecarboxaldehyde (1*S*,2*R*)-1,2- 二氢 -7- 羟基 -1-(4- 羟基 -3- 甲氧基苯基)-3- 羟甲基 -6- 甲氧基 -2- 萘醛 牡荆 Vitex negundo var. cannabifolia

(2*S*,3*R*)-2,3-dihydro-7-hydroxy-2-(4'-hydroxy-3'-methoxyphenyl)-3-(hydroxy-methyl)-5-benzofuranpropanol-4'-*O*-*β*-D-glucopyranoside (2*S*,3*R*)-2,3- 二氢 -7- 羟基 -2-(4'- 羟基 -3'- 甲氧基苯基)-3-(羟基 - 甲基)-5- 苯并呋喃醇 -4'-*O*-*β*-D- 吡喃葡萄糖苷 臭冷杉 Abies nephrolepis

2,3-dihydro-7-hydroxy-2-(4'-hydroxy-3'-methoxyphenyl)-3-hydroxy-methyl-5-benzofuranpropanol-4'-*O*-*α*-L-rhamnopyranoside 2,3- 二氢 -7- 羟基 -2-(4'- 羟基 -3'- 甲氧基苯基)-3- 羟甲基 -5- 苯并呋喃丙醇 -4'-*O*-*α*-L- 吡喃鼠李糖苷 地枫皮 Illicium difengpi

2,3-dihydro-7-hydroxy-2*R**,3*R**-dimethyl-2-[4,8-dimethyl-3(*E*),7-nonadien-6-onyl]furo[3,2-c]coumarin 2,3- 二氢 -7- 羟基 -2*R**,3*R**- 二甲基 -2-[4,8- 二甲基 -3(*E*),7- 壬二烯基 -6- 酮基] 呋喃并 [3,2-c] 香豆素 阜康阿魏 Ferula fukanensis

2,3-dihydro-7-hydroxy-2*R**,3*R**-dimethyl-2-[4,8-dimethyl-3(*E*),7-nonadienyl]-furo[3,2-b]chromone 2,3- 二氢 -7- 羟基 -2*R**,3*R**- 二甲基 -2-[4,8- 二甲基 -3(*E*),7- 壬二烯基]- 呋喃并 [3,2-b] 色酮 多伞阿魏 Ferula feruloides

2,3-dihydro-7-hydroxy-2*R**,3*R**-dimethyl-2-[4,8-dimethyl-3(*E*),7-nonadienyl]-furo[3,2-c]coumarin 2,3- 二氢 -7- 羟基 -2*R**,3*R**- 二甲基 -2-[4,8- 二甲基 -3(*E*),7- 壬二烯基]- 呋喃并 [3,2-c] 香豆素 多伞阿魏 Ferula feruloides

2,3-dihydro-7-hydroxy-2*R**,3*R**-dimethyl-3-[4,8-dimethyl-3(*E*),7-nonadienyl]-furo[3,2-c]coumarin 2,3- 二氢 -7- 羟基 -2*R**,3*R**- 二甲基 -3-[4,8-

(7*R*,8*R*)-7,8- 二氢 -9'- 羟基 -3'- 甲氧基 -8- 羟甲基 -7-(4-*O*-*α*-L- 吡喃鼠李糖氧基 -3- 甲氧基苯基)-1'- 苯并呋喃丙醇 元宝槭 Acer truncatum
(-)-2,3-dihydro-9-*O*-*β*-D-glucosyloxy-2-isopropenylcoumarin (-)-2,3- 二氢 -9-*O*-*β*-D- 葡萄糖氧基 -2- 异丙烯基 - 香豆素 旱芹 Apium graveolens
(-)-dihydroactinidiolide (-)- 二氢猕猴桃内酯 挥发油成分，未统计基源
dihydroactinidiolide 二氢猕猴桃内酯 挥发油成分，未统计基源
dihydroactinolide 二氢黄肉楠内酯 挥发油成分，未统计基源
β-dihydroagarofuran *β*- 二氢沉香萜呋喃 六棱菊 Laggera alata
dihydroagarofuran 二氢沉香呋喃 山姜 Alpinia japonica
trans-dihydroagarofuran 反式 - 二氢沉香呋喃 挥发油成分，未统计基源
dihydroageratone 二氢熊耳草酮▲ 熊耳草 Ageratum houstonianum
dihydroagnosterol 二氢羊毛脂艾格醇▲ 斜萼草 Loxocalyx urticifolius
2-dihydroailanthone 2- 二氢臭椿酮 臭椿 Ailanthus altissima
dihydroajugamarin 二氢筋骨草马灵▲ 紫背金盘 Ajuga nipponensis
14,15-dihydroajugapitin 14,15- 二氢地松筋骨草素▲ 九味一枝蒿 Ajuga bracteosa
4,15-dihydroajugapitin 4,15- 二氢地松筋骨草素▲ 九味一枝蒿 Ajuga bracteosa
dihydroajugapitin 二氢地松筋骨草素▲ 九味一枝蒿 Ajuga bracteosa
19,20-dihydroakuammicine 19,20- 二氢苦籽木辛碱▲ 盆架树 Alstonia rostrata
dihydroalangionoside A 二氢八角枫香堇苷▲A 榕树 Ficus microcarpa
11*α*,13-dihydroalantolactone 11*α*,13- 二氢土木香内酯 烟管头草 Carpesium cernuum, 土木香 Inula helenium
dihydroalantolactone 二氢土木香内酯 大麻叶泽兰 Eupatorium cannabinum, 总状土木香 Inula racemosa
dihydroalatamide 二氢翅柄多子橘酰胺▲ 黄皮 Clausena lansium, 椿叶花椒 Zanthoxylum ailanthoides, 大叶臭花椒 Z. myriacanthum
dihydroalpinumisoflavone 二氢高山毒豆异黄酮▲ 鹦哥花 Erythrina arborescens
20,21-dihydroalstonerine 20,21- 二氢穆氏鸡骨常山碱▲ 大叶糖胶树 Alstonia macrophylla
2,3-dihydroamentoflavone 2,3- 二氢穗花杉黄酮 篦齿苏铁 Cycas pectinata, 苏铁 C. revoluta, 中华卷柏 Selaginella sinensis
2,3-dihydroamentoflavone-7,4',7''-trimethyl ether 2,3- 二氢穗花杉黄酮 -7,4',7''- 三甲醚 薄叶卷柏 Selaginella delicatula
2,3-dihydroamentoflavone-7,4'-dimethyl ether 2,3- 二氢穗花杉黄酮 -7,4'- 二甲醚 薄叶卷柏 Selaginella delicatula
dihydroamoorinin 二氢崖摩宁▲ 山楝 Aphanamixis polystachya
dihydroamorphigenin 二氢紫穗槐苷元 紫穗槐 Amorpha fruticosa
8,14-dihydroamurine 8,14- 二氢黑水罂粟碱 野罂粟 Papaver nudicaule
(-)-dihydroamuronine (-)- 二氢黑水罂粟宁▲ 野罂粟 Papaver nudicaule
18,19-dihydroangustine 18,19- 二氢牛眼马钱亭 乌檀 Nauclea officinalis
3,14-dihydroangustoline 3,14- 二氢牛眼马钱林碱▲ 乌檀 Nauclea officinalis
3*R*-3,4-dihydroangustoline 3*R*-3,4- 二氢牛眼马钱林碱▲ 乌檀 Nauclea officinalis
3*S*-3,4-dihydroangustoline 3*S*-3,4- 二氢牛眼马钱林碱▲ 乌檀 Nauclea officinalis
10,11-dihydroanhydrobarakol 10,11- 二氢脱水铁刀木醇 铁刀木 Senna siamea
dihydroanhydropodorhizol 二氢脱水鬼臼根醇 昆仑多子柏 Juniperus semiglobosa
dihydroantirhine 二氢毛茶碱 长春花 Catharanthus roseus
dihydroapigenin 二氢芹菜苷元 锁阳 Cynomorium songaricum, 浙贝母 Fritillaria thunbergii, 芍药 Paeonia lactiflora
dihydroaplotaxene 二氢单紫杉烯 挥发油成分，未统计基源
dihydroaposcopolamine 二氢离东莨菪碱▲ 树番茄 Cyphomandra betacea
11,13-dihydroarbusculin A 11,13- 二氢矮艾素 A 小蛇苔 Conocephalum japonicum, 云木香 Saussurea costus
dihydro-ar-curcumene 二氢芳姜黄烯 挥发油成分，未统计基源
dihydroaristolone 二氢马兜铃酮 马兜铃 Aristolochia debilis
11,13-dihydroarnifolin 11,13- 二氢多叶山金车素▲ 堆心菊 Helenium autumnale
2,3-dihydroaromaticin) 2,3- 二氢芳香堆心菊素 水朝阳旋覆花 Inula helianthusaquatilis
11,13-dihydroarteglasin A 11,13- 二氢道氏艾素 A 艾 Artemisia argyi
dihydroartemisinic acid 二氢青蒿酸 黄花蒿 Artemisia annua
19-dihydroasclepin 19- 二氢马利筋素▲ 马利筋 Asclepias curassavica
dihydroatisine 二氢阿替新 黄花乌头 Aconitum coreanum
(*E*)-10,11-dihydroatlantone (*E*)-10,11- 二氢大西洋雪松酮▲ 银杏 Ginkgo biloba
(*Z*)-10,11-dihydroatlantone (*Z*)-10,11- 二氢大西洋雪松酮▲ 银杏 Ginkgo biloba
3,4-dihydroaucubin 3,4- 二氢桃叶珊瑚苷 藏玄参 Oreosolen wattii, 车前 Plantago asiatica
dihydroavicine 二氢簕欓花椒碱▲ 飞龙掌血 Toddalia asiatica, 椿叶花椒 Zanthoxylum ailanthoides, 簕欓花椒 Z. avicennae
dihydroayapin 二氢三脉泽兰素 密花石斛 Dendrobium densiflorum
dihydroazulene alcohol 二氢薁醇 松乳菇 Lactarius deliciosus
dihydroazulene alcohol stearic acid ester 二氢薁醇硬脂酸酯 松乳菇 Lactarius deliciosus
dihydrobaicalein 二氢黄芩素 棱茎黄芩 Scutellaria scandens
dihydrobaicalin 二氢黄芩苷 滇黄芩 Scutellaria amoena, 黄芩 S. baicalensis, 盔状黄芩 S. galericulata, 棱茎黄芩 S. scandens, 并头黄芩

S. scordifolia

2,3-dihydrobenzofuran 2,3- 二氢苯并呋喃 挥发油成分，未统计基源

2,3-dihydro-benzofuran-6-ol 2,3- 二氢苯并呋喃 -6- 醇 红波罗花 Incarvillea delavayi

5,6-dihydrobicolorine 5,6- 二氢二色水仙碱 水鬼蕉 Hymenocallis littoralis

1,2-dihydrobis(de-*O*-methyl)curcumin 1,2- 二氢二去甲氧基姜黄素 姜黄 Curcuma longa

1,2-dihydrobis(de-*O*-methyl)-curcumin 1,2- 二氢二去氧甲基姜黄素 云南草蔻 Alpinia blepharocalyx

4,5-dihydroblumenol 4,5- 二氢布卢竹柏醇 喜旱莲子草 Alternanthera philoxeroides, 葎草 Humulus scandens

(5*R*)-4,5-dihydroblumenol A (5*R*)-4,5- 二氢布卢竹柏醇 A 见血封喉 Antiaris toxicaria

4,5-dihydroblumenol A 4,5- 二氢布卢竹柏醇 A 柔毛鸦胆子 Brucea mollis, 茶 Camellia sinensis, 巴豆 Croton tiglium, 泽漆 Euphorbia helioscopia, 榕树 Ficus microcarpa, 月桂 Laurus nobilis, 莲 Nelumbo nucifera

dihydrobonducellin 二氢刺果苏木林素▲ 剑麻 Agave sisalana

22-dihydrobrassicasterol 22- 二氢菜籽甾醇 蛇苔 Conocephalum conicum, 甜瓜 Cucumis melo

dihydrobrassicasterol 二氢菜籽甾醇 扁枝石松 Diphasiastrum complanatum, 冬虫夏草 Ophiocordyceps sinensis

dihydrobruceajavanin A 二氢鸦胆子宁▲A 鸦胆子 Brucea javanica

dihydrobruceine A 二氢鸦胆子素 A 鸦胆子 Brucea javanica

dihydrobrusatol 二氢鸦胆子苦醇 鸦胆子 Brucea javanica

dihydrobuddledin A 二氢醉鱼草定 A 白背枫 Buddleja asiatica

dihydrobuddledin C 二氢醉鱼草定 C 大叶醉鱼草 Buddleja davidii

dihydrobuddlenol B 二氢醉鱼草醇 B 花曲柳 Fraxinus chinensis subsp. rhynchophylla

dihydrobungeanool 二氢花椒醇 花椒 Zanthoxylum bungeanum

2'',3''-dihydrobustaflavone-7,4'-dimethyl ether 2'',3''- 二氢粗贝壳杉黄酮 -7,4'- 二甲醚 薄叶卷柏 Selaginella delicatula

3*α*-dihydrocadambine 3*α*- 二氢团花碱▲ 香果树 Emmenopterys henryi, 团花 Neolamarckia cadamba, 钩藤 Uncaria rhynchophylla

3*β*-dihydrocadambine 3*β*- 二氢团花碱▲ 团花 Neolamarckia cadamba

dihydrocadambine 二氢团花碱▲ 钩藤 Uncaria rhynchophylla

dihydrocaffeic acid 二氢咖啡酸 槲蕨 Drynaria roosii, 活血丹 Glechoma longituba, 枸杞 Lycium chinense, 直立黄钟花 Tecoma stans

dihydrocaffeic acid methyl ester 二氢咖啡酸甲酯 花朱顶红 Hippeastrum vittatum

19-dihydrocalactin 19- 二氢牛角瓜亭▲ 牛角瓜 Calotropis gigantea

dihydrocannabinol 二氢大麻酚 大麻 Cannabis sativa

dihydrocapsaicin 二氢辣椒素 辣椒 Capsicum annuum, 小米辣 C. frutescens

dihydrocapsaicin-*β*-D-glucopyranoside 二氢辣椒素 -*β*-D- 吡喃葡萄糖苷 辣椒 Capsicum annuum

α-dihydrocaranine *α*- 二氢加兰砂石蒜碱▲ 少花米口袋 Gueldenstaedtia verna

dihydrocarinatidin 二氢苏里南维罗蔻木定▲ 肉豆蔻 Myristica fragrans

dihydrocarpalasionin 二氢毛果延命草奥宁▲ 皱叶香茶菜 Isodon rugosus

dihydrocarveol 二氢葛缕子醇 挥发油成分，未统计基源

dihydrocarveyl acetate 二氢葛缕子醇乙酸酯 挥发油成分，未统计基源

dihydrocarvone 二氢葛缕子酮 挥发油成分，未统计基源

trans-dihydrocarvone 反式 - 二氢葛缕子酮 挥发油成分，未统计基源

dihydrocaryoptin 二氢莸素 莸 Caryopteris divaricata

dihydrocatalpolgenin 二氢梓醇苷元 红纹马先蒿 Pedicularis striata

dihydrocedrelone 二氢洋椿酮 红椿 Toona ciliata

22,23-dihydrocerevisterol 22,23- 二氢酒酵母甾醇 斑玉蕈 Hypsizygus marmoreus

dihydrochalcone-2'-*O*-*β*-D-glucopyranoside 二氢查耳酮 -2'-*O*-*β*-D- 吡喃葡萄糖苷 木姜叶柯 Lithocarpus litseifolius

dihydrochalcone-4'-*O*-*β*-D-glucopyranoside 二氢查耳酮 -4'-*O*-*β*-D- 吡喃葡萄糖苷 荔枝 Litchi chinensis, 木姜叶柯 Lithocarpus litseifolius

dihydrochamazulene isomer 二氢母菊薁异构体 挥发油成分，未统计基源

dihydrochelerythrine 二氢白屈菜红碱 白屈菜 Chelidonium majus, 薯根延胡索 Corydalis ledebouriana, 石生黄堇 C. saxicola, 延胡索 C. yanhusuo, 小果博落回 Macleaya microcarpa, 飞龙掌血 Toddalia asiatica, 椿叶花椒 Zanthoxylum ailanthoides, 两面针 Z. nitidum, 野花椒 Z. simulans

dihydrochelerythrinyl-8-acetaldehyde 二氢白屈菜红碱 -8- 乙醛 两面针 Zanthoxylum nitidum

dihydrochelilutine 二氢白屈菜黄碱 白屈菜 Chelidonium majus

dihydrochelirubine 二氢白屈菜宾 白屈菜 Chelidonium majus

5,8-dihydrochimaphilin 5,8- 二氢梅笠草素 日本鹿蹄草 Pyrola japonica

dihydrocinchonidine 二氢金鸡纳定 金鸡纳树 Cinchona calisaya

dihydrocinchonine 二氢金鸡纳碱▲ 金鸡纳树 Cinchona calisaya, 团花 Neolamarckia cadamba

dihydrocinnacasside 二氢肉桂卡斯苷▲ 肉桂 Cinnamomum cassia

dihydrocinnamic acid 二氢桂皮酸 六棱菊 Laggera alata

8-dihydrocinnamoyl-5,7-dihydroxy-4-phenyl-2*H*-1-3,4-dihydrobenzopyran-2-one 8- 二氢桂皮酰基 -5,7- 二羟基 -4- 苯基 -2*H*-1-3,4- 二氢苯并吡喃 -2- 酮 粉叶蕨 Pityrogramma calomelanos

8-or 6-dihydrocinnamoyl-5,7-dihydroxy-4-phenyl-2*H*-1-benzopyran-2-one 8- 或 6- 二氢桂皮酰基 -5,7- 二羟基 -4- 苯基 -2*H*-1- 苯并吡喃 -2- 酮 粉叶蕨 Pityrogramma calomelanos

dihydroclerodin 二氢赪桐定 九味一枝蒿 Ajuga bracteosa, 金疮小草 A. decumbens, 莸 Caryopteris divaricata, 异色黄芩 Scutellaria discolor
(-)-dihydroclusin diacetate (-)- 二氢克氏胡椒素二乙酸酯 爵床 Justicia procumbens
dihydroconduritol 二氢南美牛奶藤醇▲ 通光藤 Marsdenia tenacissima
dihydroconduritol A 二氢南美牛奶藤醇▲A 大叶牛奶菜 Marsdenia koi
19,20-dihydrocondylocarpine 19,20- 二氢膝果双喙木碱▲ 思茅山橙 Melodinus cochinchinensis
dihydroconessine 二氢止泻木奈辛▲ 止泻木 Holarrhena pubescens
dihydroconferin 二氢圆锥茎阿魏素▲ 圆锥茎阿魏 Ferula conocaula
cis-(-)-dihydroconfertifolin 顺式 -(-)- 二氢密叶林仙素▲ 水蓼 Polygonum hydropiper
dihydroconiferin 二氢松柏苷 大花红景天 Rhodiola crenulata, 轮叶蒲桃 Syzygium grijsii
dihydroconiferyl alcohol 二氢松柏醇 肾茶 Clerodendranthus spicatus, 石斛 Dendrobium nobile, 金钱松 Pseudolarix amabilis, 异株荨麻 Urtica dioica
dihydroconiferyl alcohol-*γ*-*O*-*β*-D-glucopyranoside 二氢松柏醇 -*γ*-*O*-*β*-D- 吡喃葡萄糖苷 长鞭红景天 Rhodiola fastigiata
dihydroconiferyl dihydro-*p*-coumarate 二氢松柏醇二氢对香豆酸酯 石斛 Dendrobium nobile, 流苏金石斛 Flickingeria fimbriata
dihydroconiferyl ferulate 二氢松柏醇阿魏酸酯 骆驼蒿 Peganum nigellastrum
dihydroconkuressine 二氢止泻木瑞辛▲ 止泻木 Holarrhena pubescens
dihydrocoriamyrtin 二氢欧马桑亭▲ 马桑 Coriaria nepalensis
dihydrocoriandrin 二氢芫荽素▲ 芫荽 Coriandrum sativum
6*α*-dihydrocornic acid 6*α*- 二氢山茱萸酸 独一味 Lamiophlomis rotata
6*β*-dihydrocornic acid 6*β*- 二氢山茱萸酸 独一味 Lamiophlomis rotata
6*α*-dihydrocornic methyl ester-6'-*O*-*β*-D-glucopyranoside 6*α*- 二氢山茱萸酸甲酯 -6'-*O*-*β*-D- 吡喃葡萄糖苷 独一味 Lamiophlomis rotata
dihydrocornin 二氢山茱萸素▲ 定心藤 Mappianthus iodoides
dihydrocornin aglycon 去氢山茱萸苷元 糙苏 Phlomis umbrosa
5,6-dihydro-cornoside 5,6- 二氢 - 山茱萸诺苷▲ 木蝴蝶 Oroxylum indicum
dihydrocorynantheine 二氢柯楠因碱 大叶钩藤 Uncaria macrophylla, 钩藤 U. rhynchophylla
(-)-dihydrocorynantheol (-)- 二氢柯楠醇 长春花 Catharanthus roseus
11*β*,13-dihydrocostunolide 11*β*,13- 二氢木香内酯 土木香 Inula helenium, 云木香 Saussurea costus
dihydrocostunolide 二氢木香内酯 小蛇苔 Conocephalum japonicum, 台湾含笑 Michelia compressa, 天女花 Oyama sieboldii, 云木香 Saussurea costus
p-dihydrocoumaric acid methyl ester 对二氢香豆酸甲酯 黄花婆罗门参 Tragopogon orientalis
dihydrocoumarone 二氢香豆酮 挥发油成分，未统计基源
10-*p*-dihydrocoumaroyl-6-*α*-hydroxygeniposide 10- 对 - 二氢香豆酰基 -6-*α*- 羟基京尼平苷 长叶蓬子菜 Galium verum var. asiaticum
10-*p*-dihydrocoumaroyl-deacetylasperuloside 10- 对 - 二氢香豆酰基 - 去酰车叶草苷 长叶蓬子菜 Galium verum var. asiaticum
dihydrocroverin 二氢维氏巴豆素▲ 海南巴豆 Croton laui
(-)-dihydrocubebin (-)- 二氢荜澄茄素 风吹楠 Horsfieldia glabra
dihydrocubebin 二氢荜澄茄素 尖瓣瑞香 Daphne acutiloba, 亚麻 Linum usitatissimum, 假桂乌口树 Tarenna attenuata
23,24-dihydrocucurbitacin B 23,24- 二氢葫芦素 B 甜瓜 Cucumis melo, 曲莲 Hemsleya amabilis
dihydrocucurbitacin B 二氢葫芦素 B 雪胆 Hemsleya chinensis, 瓜叶栝楼 Trichosanthes cucumerina
23, 24-dihydrocucurbitacin D 23, 24- 二氢葫芦素 D 栝楼 Trichosanthes kirilowii
23, 24-dihydrocucurbitacin E 23, 24- 二氢葫芦素 E 曲莲 Hemsleya amabilis
dihydrocucurbitacin E 二氢葫芦素 E 土沉香 Aquilaria sinensis
23,24-dihydrocucurbitacin *E*-2-*O*-D-glucopyranoside 23,24- 二氢葫芦素 *E*-2-*O*-D- 吡喃葡萄糖苷 曲莲 Hemsleya amabilis
23,24-dihydrocucurbitacin F 23,24- 二氢葫芦素 F 曲莲 Hemsleya amabilis, 肉花雪胆 H. carnosiflora, 彭县雪胆 H. pengxianensis
dihydrocucurbitacin F 二氢葫芦素 F 雪胆 Hemsleya chinensis, 长果雪胆 H. dolichocarpa, 马铜铃 H. graciliflora, 罗锅底 H. macrosperma, 峨眉雪胆 H. omeiensis, 彭县雪胆 H. pengxianensis
23,24-dihydrocucurbitacin F-16,25-diacetate 23,24- 二氢葫芦素 F-16,25- 二乙酸酯 丽江雪胆 Hemsleya lijiangensis
23,24-dihydrocucurbitacin F-16,25-diacetate-2-*O*-*β*-D-glucopyranoside 23,24- 二氢葫芦素 F-16,25- 二乙酸酯 -2-*O*-*β*-D- 吡喃葡萄糖苷 丽江雪胆 Hemsleya lijiangensis
23,24-dihydrocucurbitacin F-16-acetate 23,24- 二氢葫芦素 F-16- 乙酸酯 丽江雪胆 Hemsleya lijiangensis
23,24-dihydrocucurbitacin F-25-acetate 23,24- 二氢葫芦素 F-25- 乙酸酯 曲莲 Hemsleya amabilis, 彭县雪胆 H. pengxianensis, 云南木鳖 Momordica dioica
dihydrocucurbitacin F-25-*O*-acetate 二氢葫芦素 F-25-*O*- 乙酸酯 雪胆 Hemsleya chinensis, 长果雪胆 H. dolichocarpa, 马铜铃 H. graciliflora, 罗锅底 H. macrosperma
dihydrocucurbitacin F-25-*O*-acetate-2-*O*-*β*-glucoside 二氢葫芦素 F-25-*O*- 乙酸酯 -2-*O*-*β*- 葡萄糖苷 马铜铃 Hemsleya graciliflora
dihydrocucurbitacin F-glucoside 二氢葫芦素 F 葡萄糖苷 藤三七雪胆 Hemsleya panacis-scandens
2,3-dihydrocuminal 2,3- 二氢孜然芹醛▲ 挥发油成分，未统计基源
dihydrocuminal 二氢孜然芹醛▲ 挥发油成分，未统计基源
dihydrocurcumene 二氢姜黄烯 挥发油成分，未统计基源
4*S*-dihydrocurcumenone 4*S*- 二氢莪术双环烯酮 温郁金 Curcuma wenyujin
(1*R*,10*R*)-(-)-1,10-dihydrocurdione (1*R*,10*R*)-(-)-1,10- 二氢莪术二酮 温郁金 Curcuma wenyujin

dihydrocuspidiol 二氢凸尖花椒二醇▲ 两面针 Zanthoxylum nitidum
dihydrocyclobuxine 二氢环黄杨辛碱 锦熟黄杨 Buxus sempervirens
24(*R*/*α*)-dihydrocycloeucalenol-(*E*)-*p*-hydroxycinnamate 24(*R*/*α*)- 二氢环桉烯醇 -(*E*)- 对羟基桂皮酸酯 毛唇芋兰 Nervilia fordii
24(*S*/*β*)-dihydrocycloeucalenol-(*E*)-*p*-hydroxycinnamene 24(*S*/*β*)- 二氢环桉烯醇 -(*E*)- 对羟基桂皮烯 毛唇芋兰 Nervilia fordii
dihydrodaidzein 二氢大豆苷元 毛鱼藤 Derris elliptica, 葫芦 Lagenaria siceraria
dihydrodaidzin 二氢大豆苷 大豆 Glycine max
1,2-dihydrodaphnegiraldifin 1,2- 二氢黄瑞香芬▲ 唐古特瑞香 Daphne tangutica
1,2*α*-dihydrodaphnetoxin 1,2*α*- 二氢瑞香毒素 滇瑞香 Daphne feddei
1,2-dihydrodaphnetoxin 1,2- 二氢瑞香毒素 黄瑞香 Daphne giraldii
dihydrodaphnodorin B 二氢瑞香多灵▲B 橙花瑞香 Daphne aurantiaca, 滇瑞香 D. feddei, 瑞香 D. odora, 狼毒 Stellera chamaejasme
2,3-dihydrodauriporphine 2,3- 二氢北豆根朴啡碱▲ 蝙蝠葛 Menispermum dauricum
(-)-11,13-dihydrodeacylcynaropicrin-3-*O*-*β*-D-glucopyranoside] (-)-11,13- 二氢去酰菜蓟苦素 -3-*O*-*β*-D- 吡喃葡萄糖苷 微花藤 Iodes cirrhosa
19,20-dihydrodecarbomethoxyvobasine 19,20- 二氢去甲氧羰基伏康树辛▲ 药用狗牙花 Tabernaemontana bovina
(7*R*,8*S*)-dihydrodehydroconiferyl alcohol (7*R*,8*S*)- 二氢去氢二松柏醇 少药八角 Illicium oligandrum
2*R*,3*S*-dihydrodehydroconiferyl alcohol 2*R*,3*S*- 二氢去氢松柏醇 台湾含笑 Michelia compressa
2*S*,3*R*-dihydrodehydroconiferyl alcohol 2*S*,3*R*- 二氢去氢松柏醇 台湾含笑 Michelia compressa
(7*R*,8*S*)-dihydrodehydroconiferyl alcohol-4-*O*-*α*-D-rhamnopyranoside (7*R*,8*S*)- 二氢脱氢二松柏醇 -4-*O*-*α*-L- 吡喃鼠李糖苷 少药八角 Illicium oligandrum
dihydrodehydroconiferyl alcohol-4'-*O*-*α*-L-rhamnopyranoside 二氢去氢松柏醇 -4'-*O*-*α*-L- 吡喃鼠李糖苷 大八角 Illicium majus
trans-dihydrodehydroconiferyl alcohol-4'-*O*-*α*-L-rhamnopyranoside 反式 - 二氢去氢松柏醇 -4'-*O*-*α*-L- 吡喃鼠李糖苷 春榆 Ulmus davidiana var. japonica
11*α*,13-dihydrodehydrocostus lactone 11*α*,13- 二氢去氢木香内酯 大耳叶风毛菊 Saussurea macrota
dihydrodehydrocostus lactone 二氢去氢木香内酯 冷蒿 Artemisia frigida, 鹿角草 Glossocardia bidens, 雪莲花 Saussurea involucrata
11*β*,13-dihydrodehydrocostus lactone-8-*O*-[6'-*O*-acetyl-*β*-D-glucopyranoside] 11*β*,13- 二氢去氢木香内酯 -8*α*-*O*-[6'-*O*- 乙酰基 -*β*-D- 吡喃葡萄糖苷] 雪莲花 Saussurea involucrata
11*β*,13-dihydrodehydrocostus lactone-8-*O*-*β*-D-glucoside 11*β*,13- 二氢去氢木香内酯 -8-*O*-*β*-D- 葡萄糖苷 雪莲花 Saussurea involucrata
7*S*,8*R*-dihydrodehydrodiconferyl alcohol-4-*O*-*β*-D-glucopyranoside 7*S*,8*R*- 二氢去氢二松柏醇 -4-*O*-*β*-D- 吡喃葡萄糖苷 日本珊瑚树 Viburnum odoratissimum var. awabuki
dihydrodehydrodico-nifery alcohol 二聚松柏醇 木荷 Schima superba
(-)-(7*R*,8*S*)-dihydrodehydrodiconiferyl alcohol (-)-(7*R*,8*S*)- 二氢去氢二松柏醇 漾濞鹿角藤 Chonemorpha griffithii
(-)-(7*S*,8*R*)-dihydrodehydrodiconiferyl alcohol (-)-(7*S*,8*R*)- 二氢去氢二松柏醇 多穗金粟兰 Chloranthus multistachys, 草珊瑚 Sarcandra glabra
(-)-dihydrodehydrodiconiferyl alcohol (-)- 二氢去氢二松柏醇 红茴香 Illicium henryi, 野八角 I. simonsii, 接骨木 Sambucus williamsii
(+)-dihydrodehydrodiconiferyl alcohol (+)- 二氢去氢二松柏醇 绣球藤 Clematis monta var. montana, 辣蓼铁线莲 C. terniflora var. mandshurica, 卫矛 Euonymus alatus, 云南油杉 Keteleeria evelyniana, 散沫花 Lawsonia inermis, 岭南杜鹃花 Rhododendron mariae, 榧树 Torreya grandis
(7*S*,8*R*)-dihydrodehydrodiconiferyl alcohol (7*S*,8*R*)- 二氢去氢二松柏醇 银线草 Chloranthus japonicus, 辣蓼铁线莲 Clematis terniflora var. mandshurica, 苍白秤钩风 Diploclisia glaucescens, 山芝麻 Helicteres angustifolia, 单叶蔓荆 Vitex trifolia subsp. litoralis
(7'*S*,8'*R*)-dihydrodehydrodiconiferyl alcohol (7'*S*,8'*R*)- 二氢去氢二松柏醇 臭冷杉 Abies nephrolepis
(7*S*,8*S*)-dihydrodehydrodiconiferyl alcohol (7*S*,8*S*)- 二氢去氢二松柏醇 朝鲜白头翁 Pulsatilla cernua
7*R*,8*S*-dihydrodehydrodiconiferyl alcohol 7*R*,8*S*- 二氢去氢二松柏醇 硬皮榕 Ficus callosa, 忍冬 Lonicera japonica
dihydrodehydrodiconiferyl alcohol 二氢去氢二松柏醇 鸦胆子 Brucea javanica, 美丽崖豆藤 Callerya speciosa, 裂叶铁线莲 Clematis parviloba, 黄连 Coptis chinensis, 珙桐 Davidia involucrata, 杜仲 Eucommia ulmoides, 花曲柳 Fraxinus chinensis subsp. rhynchophylla, 山芝麻 Helicteres angustifolia, 台湾芙蓉 Hibiscus taiwanensis, 长柄山蚂蝗 Hylodesmum podocarpum, 红花八角 Illicium dunnianum, 海南蕊木 Kopsia hainanensis, 驼绒藜 Krascheninnikovia ceratoides, 毛叶木姜子 Litsea mollis, 杧果 Mangifera indica, 牛至 Origanum vulgare, 檀香 Santalum album, 五味子 Schisandra chinensis, 日本珊瑚树 Viburnum odoratissimum var. awabuki, 蔓荆 Vitex trifolia
dihydrodehydrodiconiferyl alcohol-3a-*O*-*α*-L-rhamnopyranoside 二氢去氢二松柏醇 -3a-*O*-*α*-L- 吡喃鼠李糖苷 凝毛杜鹃花 Rhododendron phaeochrysum var. agglutinatum
(7*R*,8*S*)-dihydrodehydrodiconiferyl alcohol-4,9'-di-*O*-*β*-D-glucopyranoside (7*R*,8*S*)- 二氢去氢二松柏醇 -4,9'- 二 -*O*-*β*-D- 吡喃葡萄糖苷 刺五加 Eleutherococcus senticosus
(7*S*,8*R*)-dihydrodehydrodiconiferyl alcohol-4-*O*-glucopyranoside (7*S*,8*R*)- 二氢去氢二松柏醇 -4-*O*- 吡喃葡萄糖苷 炮仗竹 Russelia equisetiformis
(-)-(7*S*,8*R*)-dihydrodehydrodiconiferyl alcohol-4-*O*-*α*-D-glucopyranoside (-)-(7*S*,8*R*)- 二氢去氢二松柏醇 -4-*O*-*α*-D- 吡喃葡萄糖苷 草珊瑚 Sarcandra glabra
(+)-dihydrodehydrodiconiferyl alcohol-4-*O*-*α*-L-rhamnopyranoside (+)- 二氢去氢二松柏醇 -4-*O*-*α*-L- 吡喃鼠李糖苷 扭旋马先蒿 Pedicularis torta
(+)-dihydrodehydrodiconiferyl alcohol-4-*O*-*β*-(6''-*O*-galloyl)-glucopyranoside (+)- 二氢去氢二松柏醇 -4-*O*-*β*-(6''-*O*- 没食子酰基)- 吡喃葡萄糖苷 滑桃树 Trevia nudiflora
(7*R*,8*S*)-dihydrodehydrodiconiferyl alcohol-4-*O*-*β*-D-apiofuranosyl-(1 → 6)-*O*-*β*-D-glucopyranoside (7*R*,8*S*)- 二氢去氢二松柏醇 -4-*O*-*β*-D- 呋喃芹糖基 -(1 → 6)-*O*-*β*-D- 吡喃葡萄糖苷 山矾 Symplocos sumuntia

(+)-dihydrodehydrodiconiferyl alcohol-4-O-β-D-glucopyranoside (+)- 二氢去氢二松柏醇 -4-O-β-D- 吡喃葡萄糖苷 三枝九叶草 Epimedium sagittatum, 扭旋马先蒿 Pedicularis torta

(7R,8S)-dihydrodehydrodiconiferyl alcohol-4-O-β-D-glucopyranoside (7R,8S)- 二氢去氢二松柏醇 -4-O-β-D- 吡喃葡萄糖苷 少药八角 Illicium oligandrum, 柊树 Osmanthus heterophyllus

(7S,8R)-dihydrodehydrodiconiferyl alcohol-4-O-β-D-glucopyranoside (7S,8R)- 二氢去氢二松柏醇 -4-O-β-D- 吡喃葡萄糖苷 毛冬青 Ilex pubescens, 柊树 Osmanthus heterophyllus

7R,8S-dihydrodehydrodiconiferyl alcohol-4-O-β-D-glucopyranoside 7R,8S- 二氢去氢二松柏醇 -4-O-β-D- 吡喃葡萄糖苷 五层龙 Salacia prinoides, 日本珊瑚树 Viburnum odoratissimum var. awabuki

dihydrodehydrodiconiferyl alcohol-4-O-β-D-glucopyranoside 二氢去氢二松柏醇 -4-O-β-D- 吡喃葡萄糖苷 连翘 Forsythia suspensa, 欧活血丹 Glechoma hederacea, 香港算盘子 Glochidion zeylanicum, 沙生蜡菊 Helichrysum arenarium, 亚洲络石 Trachelospermum asiaticum

dihydrodehydrodiconiferyl alcohol-4-O-β-D-glucopyranosyl-3,5-di-O-methylgallic acid 二氢去氢二松柏醇 -4-O-β-D- 吡喃葡萄糖苷 -3,5- 二 -O- 甲基没食子酸 臭椿 Ailanthus altissima

(7S,8R)-dihydrodehydrodiconiferyl alcohol-4'-O-β-D-glucoside (7S,8R)- 二氢去氢二松柏醇 -4'-O-β-D- 葡萄糖苷 山矾 Symplocos sumuntia

dihydrodehydrodiconiferyl alcohol-4-O-β-glucopyranoside 二氢去氢二松柏醇 -4-O-β- 吡喃葡萄糖苷 珙桐 Davidia involucrata

(7R,8S)-dihydrodehydrodiconiferyl alcohol-9-O-shikimoyl-4-O-β-D-glucopyranoside (7R,8S)- 二氢去氢二松柏醇 -9-O- 莽草酰基 -4-O-β-D- 吡喃葡萄糖苷 少药八角 Illicium oligandrum

(+)-dihydrodehydrodiconiferyl alcohol-9'-O-sulfate (+)- 二氢去氢二松柏醇 -9'-O- 硫酸酯 大花紫薇 Lagerstroemia speciosa

dihydrodehydrodiconiferyl alcohol-9'-O-sulfate 二氢去氢二松柏醇 -9'-O- 硫酸酯 香港算盘子 Glochidion zeylanicum

(-)-(7S,8R)-dihydrodehydrodiconiferyl alcohol-9'-O-α-D-glucopyranoside (-)-(7S,8R)- 二氢去氢二松柏醇 -9'-O-α-D- 吡喃葡萄糖苷 草珊瑚 Sarcandra glabra

(-)-(7S,8R)-dihydrodehydrodiconiferyl alcohol-9-O-α-D-glucopyranoside (-)-(7S,8R)- 二氢去氢二松柏醇 -9-O-α-D- 吡喃葡萄糖苷 草珊瑚 Sarcandra glabra

dihydrodehydrodiconiferyl alcohol-9-O-α-L-rhamnopyranoside 二氢去氢二松柏醇 -9-O-α-L- 吡喃鼠李糖苷 红茴香 Illicium henryi

dihydrodehydrodiconiferyl alcohol-9-O-β-D-(3''-O-acetyl)-xylopyranoside 二氢去氢二松柏醇 -9-O-β-D-(3''-O- 乙酰基)- 吡喃木糖苷 红茴香 Illicium henryi

(7S,8R)-dihydrodehydrodiconiferyl alcohol-9-O-β-D-apiofuranosyl-(1 → 6)-O-β-D-glucopyranoside (7S,8R)- 二氢去氢二松柏醇 -9-O-β-D- 呋喃芹糖基 -(1 → 6)-O-β-D- 吡喃葡萄糖苷 棒锤瓜 Neoalsomitra integrifoliola

(7R,8S)-dihydrodehydrodiconiferyl alcohol-9'-O-β-D-glucopyranoside (7R,8S)- 二氢去氢二松柏醇 -9'-O-β-D- 吡喃葡萄糖苷 山矾 Symplocos sumuntia

(7S,8R)-dihydrodehydrodiconiferyl alcohol-9'-O-β-D-glucopyranoside (7S,8R)- 二氢去氢二松柏醇 -9'-O-β-D- 吡喃葡萄糖苷 银线草 Chloranthus japonicus, 青兰 Dracocephalum ruyschiana

dihydrodehydrodiconiferyl alcohol-9'-O-β-D-glucopyranoside 二氢去氢二松柏醇 -9'-O-β-D- 吡喃葡萄糖苷 香港算盘子 Glochidion zeylanicum, 块根糙苏 Phlomis tuberosa, 野茉莉 Styrax japonicus, 亚洲络石 Trachelospermum asiaticum

(+)-dihydrodehydrodiconiferyl alcohol-9-O-β-D-glucopyranoside (+)- 二氢去氢二松柏醇 -9-O-β-D- 吡喃葡萄糖苷 异形南五味子 Kadsura heteroclita, 扭旋马先蒿 Pedicularis torta

(7R,8S)-dihydrodehydrodiconiferyl alcohol-9-O-β-D-glucopyranoside (7R,8S)- 二氢去氢二松柏醇 -9-O-β-D- 吡喃葡萄糖苷 茶 Camellia sinensis, 棒锤瓜 Neoalsomitra integrifoliola, 蝴蝶戏珠花 Viburnum plicatum var. tomentosum

(7S,8R)-dihydrodehydrodiconiferyl alcohol-9-O-β-D-glucopyranoside (7S,8R)- 二氢去氢二松柏醇 -9-O-β-D- 吡喃葡萄糖苷 蝴蝶戏珠花 Viburnum plicatum var. tomentosum

7R,8S-dihydrodehydrodiconiferyl alcohol-9-O-β-D-glucopyranoside 7R,8S- 二氢去氢二松柏醇 -9-O-β-D- 吡喃葡萄糖苷吡喃葡萄糖苷 无心菜 Arenaria serpyllifolia

dihydrodehydrodiconiferyl alcohol-9-O-β-D-glucopyranoside 二氢去氢二松柏醇 -9-O-β-D- 吡喃葡萄糖苷 蓍 Achillea millefolium, 珙桐 Davidia involucrata, 直杆蓝桉 Eucalyptus maidenii, 香港算盘子 Glochidion zeylanicum, 块根糙苏 Phlomis tuberosa

(7'R,8'S)-dihydrodehydrodiconiferyl alcohol-9'-O-β-D-xylopyranoside (7'R,8'S)- 二氢去氢二松柏醇 -9'-O-β-D- 吡喃木糖苷 潺槁木姜子 Litsea glutinosa

dihydrodehydrodiconiferyl alcohol-9-O-β-D-xylopyranoside 二氢去氢二松柏醇 -9-O-β-D- 吡喃木糖苷 红茴香 Illicium henryi

(7S,8R)-dihydrodehydrodiconiferyl alcohol-9'-β-D-glucopyranoside (7S,8R)- 二氢去氢二松柏醇 -9'-β-D- 吡喃葡萄糖苷 秤星树 Ilex asprella

(7S,8R)-dihydrodehydrodiconiferyl alcohol-9-β-D-glucopyranoside (7S,8R)- 二氢去氢二松柏醇 -9-β-D- 吡喃葡萄糖苷 银线草 Chloranthus japonicus

dihydrodehydrodiconiferyl alcohol-β-D-(2'-O-p-hydroxybenzoyl)-glucopyranoside 二氢去氢二松柏醇 -β-D-(2'-O- 对羟基苯甲酰基)- 吡喃葡萄糖苷 单叶蔓荆 Vitex trifolia subsp. litoralis

dihydrodehydrodiconiferyl alcohol-β-D-glucopyranoside 二氢去氢二松柏醇 -β-D- 吡喃葡萄糖苷 光叶巴豆 Croton laevigatus, 泽漆 Euphorbia helioscopia

dihydrodehydrodiconiferyl alcohol-β-D-xylopyranoside 二氢去氢二松柏醇 -β-D- 吡喃木糖苷 香桂 Cinnamomum subavenium

11,13-dihydrodeoxyelephantopin 11,13- 二氢去氧地胆草素 地胆草 Elephantopus scaber

17,19-dihydrodeoxyelephantopin 17,19- 二氢去氧地胆草素 地胆草 Elephantopus scaber

11,13-dihydrodesacylcynaropicrin 11,13- 二氢去酰菜蓟苦素 雪莲花 Saussurea involucrata

11β,13-dihydrodesacylcynaropicrin 11β,13- 二氢去酰菜蓟苦素 美花风毛菊 Saussurea pulchella

11β,13-dihydrodesacylcynaropicrin-8-β-D-glucoside 11β,13- 二氢去酰菜蓟苦素 -8-β-D- 葡萄糖苷 刺苞菜蓟 Cynara cardunculus, 菜蓟

C. scolymus, 雪莲花 Saussurea involucrata, 美花风毛菊 S. pulchella
10,11-dihydro-dibenz[*b,f*]oxepin-2,4-diol 10,11- 二氢 - 二苯 [*b,f*] 氧杂䓬 -2,4- 二醇 薯蓣 Dioscorea polystachya
(±)-*trans*-dihydrodiconiferyl alcohol (±)- 反式 - 二氢二松柏醇 雁婆麻 Helicteres hirsuta
3,8-dihydrodiligustilide 3,8- 二氢二藁本内酯 川芎 Ligusticum sinense 'Chuanxiong'
dihydrodiosgenin 二氢薯蓣皂苷元 山萆薢 Dioscorea tokoro
dihydrodiscretamine 二氢稀疏木瓣树胺▲ 波叶青牛胆 Tinospora crispa
dihydroechioidinin 二氢刺穿心莲宁▲ 井栏边草 Pteris multifida
dihydroedulan I 二氢鸡蛋果素 I 无梗五加 Eleutherococcus sessiliflorus, 鸡蛋果 Passiflora edulis
dihydroedulan II 二氢鸡蛋果素 II 鸡蛋果 Passiflora edulis, 瘤果槲寄生 Viscum ovalifolium
dihydroelephantopin 二氢地胆草素 白花地胆草 Elephantopus tomentosus
dihydroeleutheroside B 二氢刺五加苷 B 芫花 Daphne genkwa
(15*R*)-14,15-dihydroepilobscurinol (15*R*)-14,15- 二氢表玉柏石松醇 石松 Lycopodium japonicum
dihydroepinepetalactone 二氢表荆芥内酯 葛枣猕猴桃 Actinidia polygama
dihydroepistephamiersine 二氢表千金藤默星碱 桐叶千金藤 Stephania japonica var. discolor
11,13-dihydroergolide 11,13- 二氢考氏飞蓬内酯▲ 水朝阳旋覆花 Inula helianthusaquatilis
22,23-dihydroergosterol 22,23- 二氢麦角甾醇 木耳 Auricularia auricula
5,6-dihydroergosterol 5,6- 二氢麦角甾醇 中华紫芝 Ganoderma sinense, 尖顶地星 Geastrum triplex
5-dihydroergosterol 5- 二氢麦角甾醇 羊肚菌 Morchella esculenta, 草菇 Volvariella volvacea
α-dihydroergosterol *α*- 二氢麦角甾醇 麦角菌 Claviceps purpurea
22,23-dihydroergosteryl-3-*O*-*β*-D-glucopyranoside 22,23- 二氢麦角甾醇 -3-*O*-*β*-D- 吡喃葡萄糖苷 冬虫夏草 Ophiocordyceps sinensis
19,20-dihydroervahanine A 19,20- 二氢海南狗牙花碱 狗牙花 Tabernaemontana divaricata
dihydroerysovine 二氢刺桐文碱 木防己 Cocculus orbiculatus
3,9-dihydroeucomnalin 3,9- 二氢秋凤梨百合素▲ 绵枣儿 Barnardia japonica
dihydroeuparin 二氢泽兰素 异叶泽兰 Eupatorium heterophyllum
11*β*,13-dihydroeupatolide 11*β*,13- 二氢泽兰内酯 蓼子朴 Inula salsoloides
dihydroevocarpine 二氢吴茱萸卡品碱▲ 吴茱萸 Euodia ruticarpa, 石虎 E. ruticarpa var. officinalis, 伞房狗牙花 Tabernaemontana corymbosa
dihydroferulic acid 二氢阿魏酸 圆锥石头花 Gypsophila paniculata, 孩儿参 Pseudostellaria heterophylla, 拟漆姑 Spergularia marina, 银柴胡 Stellaria dichotoma var. lanceolata
dihydrofisetin 二氢漆黄素 异叶花椒 Zanthoxylum ovalifolium
(-)-8,14-dihydroflavinantine (-)-8,14- 二氢黄巴豆亭 野罂粟 Papaver nudicaule
dihydroflavokawain B 二氢黄卡瓦胡椒素 B 美山姜 Alpinia formosana
dihydroflorilenalin 二氢堆心菊内酯 堆心菊 Helenium autumnale
dihydrofoliamenthin 二氢睡菜辛▲ 睡菜 Menyanthes trifoliata
6,7-dihydrofoliamenthoic acid diglucopyranoside 6,7- 二氢叶酸二吡喃葡萄糖苷 海滨柳穿鱼 Linaria japonica, 草苁蓉 Boschniakia rossica
dihydroformononetin 二氢芒柄花素 槐 Sophora japonica
dihydrofukinolide 二氢蜂斗菜苦内酯 蜂斗菜 Petasites japonicus
6,7-(2'-3'-dihydrofurano)-benzopyran-2-one 6,7-(2'-3'- 二氢呋喃)- 苯并吡喃 -2- 酮 补骨脂 Cullen corylifolia
dihydrofuranocaulesone 二氢呋喃双叶细辛酮 挥发油成分，未统计基源
7,8-dihydrofurocoumarin 7,8- 二氢呋喃香豆素 枳 Poncirus trifoliata
dihydrogadesine 二氢五蕊翠雀碱▲ 秦岭翠雀花 Delphinium giraldii
dihydrogalangol 二氢高良姜醇 高良姜 Alpinia officinarum
dihydrogallic acid 二氢没食子酸 杧果 Mangifera indica
dihydrogenistin 二氢染料木苷 大豆 Glycine max
dihydrogeyerine 二氢盖耶翠雀碱▲ 毛果甘青乌头 Aconitum tanguticum var. trichocarpum
6-dihydrogingerdione 6- 二氢姜辣二酮 姜 Zingiber officinale
11*α*,13-dihydroglucozaluzanin C 11*α*,13- 二氢葡萄糖中美菊素 C 杏香兔儿风 Ainsliaea fragrans, 雪莲花 Saussurea involucrata
11*β*,13-dihydroglucozaluzanin C 11*β*,13- 二氢葡萄糖中美菊素 C 山莴苣 Lagedium sibiricum, 云木香 Saussurea costus
11*βH*,13-dihydroglucozaluzanin C 11*βH*,13- 二氢葡萄糖中美菊素 C 雪莲花 Saussurea involucrata
dihydroglucozaluzanin C 二氢葡萄糖中美菊素 C 小苦荬 Ixeridium dentatum
dihydrogoniothalamin 二氢哥纳香素 井栏边草 Pteris multifida
(-)-dihydroguaiaretic acid (-)- 二氢愈创木酸 三白草 Saururus chinensis, 五味子 Schisandra chinensis
(+)-dihydroguaiaretic acid (+)- 二氢愈创木酸 三白草 Saururus chinensis
dihydroguaiaretic acid 二氢愈创木酸 南五味子 Kadsura longipedunculata, 野茉莉 Styrax japonicus
meso-dihydroguaiaretic acid 内消旋 - 二氢愈创木酸 百两金 Ardisia crispa, 狭叶南五味子 Kadsura angustifolia, 黑老虎 K. coccinea, 异形南五味子 K. heteroclita, 南五味子 K. longipedunculata, 冷饭藤 K. oblongifolia, 蜂巢草 Leucas aspera, 红楠 Machilus thunbergii, 肉豆蔻 Myristica fragrans, 马蹄香 Saruma henryi, 三白草 Saururus chinensis, 阿里山五味子 Schisandra arisanensis, 五味子 S. chinensis, 金山五味子 S. glaucescens, 合蕊五味子 S. propinqua, 铁箍散 S. propinqua var. sinensis, 红花五味子 S. rubriflora, 华中五味子 S. sphenanthera
(+)-dihydroguaiaretic acid) (+)- 二氢愈创木脂酸 大血藤 Sargentodoxa cuneata
dihydrohaplamine 二氢拟芸香胺▲ 大叶芸香 Haplophyllum perforatum

dihydroharmane 二氢骆驼蓬满碱▲ 沙枣 Elaeagnus angustifolia, 东方沙枣 E. angustifolia var. orientalis, 木半夏 E. multiflora, 尖果沙枣 E. oxycarpa, 牛奶子 E. umbellata
dihydrohelenalin 二氢堆心菊素 石胡荽 Centipeda minima
2,3-dihydrohinokiflavone 2,3- 二氢扁柏黄酮 苏铁 Cycas revoluta
(-)-dihydrohomalicine (-)- 二氢天料木辛▲ 斯里兰卡天料木 Homalium ceylanicum
2,7-dihydrohomoerysotrine 2,7- 二氢高刺桐特灵碱 台湾三尖杉 Cephalotaxus sinensis var. wilsoniana
7,4'-dihydrohomoisoflavanone 7,4'- 二氢高异黄烷酮 剑叶龙血树 Dracaena cochinchinensis
8,15-dihydrohuperzinine 8,15- 二氢石杉宁碱▲ 藤石松 Lycopodiastrum casuarinoides
dihydrohydroxydioxonaphthoic acid 二氢羟基二氧代萘甲酸 圆叶茅膏菜 Drosera rotundifolia
5,6-dihydrohyperolactone D 5,6- 二氢金丝桃内酯▲D 金丝桃 Hypericum monogynum
dihydroimpranine 二氢王贝母宁▲ 梭砂贝母 Fritillaria delavayi
11*βH*-11,13-dihydrointegrifolin 11*βH*-11,13- 二氢全缘叶安菊素▲ 小苦荬 Ixeridium dentatum
dihydroinunolide 二氢旋覆花内酯 总状土木香 Inula racemosa
β-dihydroionone *β*- 二氢香堇酮 挥发油成分，未统计基源
2,3-dihydroirigenin 2,3- 二氢野鸢尾苷元 射干 Belamcanda chinensis
11,13-dihydroisoalantolactone 11,13- 二氢异土木香内酯 土木香 Inula helenium, 总状土木香 I. racemosa
11*α*,13-dihydroisoalantolactone 11*α*,13- 二氢异土木香内酯 土木香 Inula helenium, 旋覆花 I. japonica
dihydroisoalantolactone 二氢异土木香内酯 大麻叶泽兰 Eupatorium cannabinum
dihydroisoconessimine 二氢异止泻木西明▲ 止泻木 Holarrhena pubescens
2'',3''-dihydroisocryptomerin-7-methyl ether 2'',3''- 二氢异柳杉素 -7- 甲醚 薄叶卷柏 Selaginella delicatula
23,24-dihydroisocucurbitacin B 23,24- 二氢异葫芦素 B 椭圆果雪胆 Hemsleya ellipsoidea
dihydroisocucurbitacin B 二氢异葫芦素 B 甜瓜 Cucumis melo
dihydroisodocarpin 二氢毛果香茶菜素▲ 皱叶香茶菜 Isodon rugosus
dihydroisoferulic acid 二氢异阿魏酸 槲蕨 Drynaria roosii, 宁夏枸杞 Lycium barbarum
7,8-dihydroisojusticidin B 7,8- 二氢异爵床定 B 宿根亚麻 Linum perenne
2,3-dihydroisoliquiritigenin 2,3- 二氢异甘草苷元 甘草 Glycyrrhiza uralensis
(+)-8,9-dihydroisoorientalinone (+)-8,9- 二氢异东方罂粟酮▲ 紫花疆罂粟 Roemeria hybrida
dihydroisoosmundalin 二氢异紫萁林素▲ 紫萁 Osmunda japonica
dihydroisoparthenin 二氢异银胶菊素 银胶菊 Parthenium hysterophorus
dihydroisoquinamine 二氢异喹胺 喜树 Camptotheca acuminata
(+)-dihydroisorhamnetin (+)- 二氢异鼠李素 五桠果 Dillenia indica
(+)-8,9-dihydroisoroemerialinone (+)-8,9- 二氢异疆罂粟酮▲ 紫花疆罂粟 Roemeria hybrida
dihydroisoscutellarin 二氢异高黄芩苷 并头黄芩 Scutellaria scordifolia
19,20-dihydroisositsirikine 19,20- 二氢异长春钦碱▲ 伞房狗牙花 Tabernaemontana corymbosa
(a*R*,7*R*)-dihydroisosubamol (a*R*,7*R*)- 二氢异香桂醇▲ 香桂 Cinnamomum subavenium
dihydroisotanshinone 二氢异丹参酮 南丹参 Salvia bowleyana, 红根草 S. prionitis
dihydroisotanshinone I 二氢异丹参酮 I 胶质鼠尾草 Salvia glutinosa, 丹参 S. miltiorrhiza, 三叶鼠尾草 S. trijuga, 云南鼠尾草 S. yunnanensis
dihydroisotanshinone II 二氢异丹参酮 II 胶质鼠尾草 Salvia glutinosa
dihydroisovaltrate 二氢异缬草三酯 蜘蛛香 Valeriana jatamansi, 缬草 V. officinalis
dihydroiso-*α*-lapachone 二氢异 -*α*- 风铃木醌▲ 木蝴蝶 Oroxylum indicum
11*α*,13-dihydroivalin 11*α*,13- 二氢依瓦菊素 大花金挖耳 Carpesium macrocephalum
2,3-dihydroixocarpalactone B 2,3- 二氢黏果酸浆内酯▲ 毛酸浆 Physalis philadelphica
3,4-dihydrojacareubin 3,4- 二氢巴西红厚壳素 红芽木 Cratoxylum formosum subsp. pruniflorum
dihydrojasmone 二氢茉莉酮 云南松 Pinus yunnanensis
dihydrojavanicin Z 二氢爪哇苦树素 Z 常绿苦树 Picrasma javanica
14,15-dihydrojodrellin T 14,15- 二氢乔德黄芩素▲T 盔状黄芩 Scutellaria galericulata, 沙滩黄芩 S. strigillosa
dihydrokaempferid 二氢山柰甲黄素 鸢尾 Iris tectorum
dihydrokaempferide 二氢山柰素 飞机草 Chromolaena odorata
(+)-(2*R*,3*R*)-*trans*-dihydrokaempferol (+)-(2*R*,3*R*)- 反式 - 二氢山柰酚 欧洲甜樱桃 Cerasus avium
2,3-*trans*-dihydrokaempferol 2,3- 反式 - 二氢山柰酚 红芽木 Cratoxylum formosum subsp. pruniflorum
dihydrokaempferol 二氢山柰酚 较常见成分，至少分布于 30 种以上植物中，见于八角科、百合科、报春花科、大戟科、豆科、杜鹃花科、海桑科、胡桃科、景天科、苦槛蓝科、木贼科、蔷薇科、肉豆蔻科、桑科、鼠李科、藤黄科、无患子科、仙人掌科、芸香科、樟科、紫金牛科等
dihydrokaempferol-3-glucuronide 二氢山柰酚 -3- 葡萄糖醛酸苷 黄花草 Cleome viscosa
dihydrokaempferol-3-*O*-glucoside 二氢山柰酚 -3-*O*- 葡萄糖苷 刺葡萄 Vitis davidii
dihydrokaempferol-3-*O*-hexoside 二氢山柰酚 -3-*O*- 己糖苷 番茄 Lycopersicon esculentum
dihydrokaempferol-3-*O*-rhamnoside 二氢山柰酚 -3-*O*- 鼠李糖苷 刺葡萄 Vitis davidii
dihydrokaempferol-3-*O*-*α*-L-rhamnopyranoside 二氢山柰酚 -3-*O*-*α*-L- 吡喃鼠李糖苷 少药八角 Illicium oligandrum, 乌药 Lindera aggregata
dihydrokaempferol-3-*O*-*β*-D-glucopyranoside 二氢山柰酚 -3-*O*-*β*-D- 吡喃葡萄糖苷 柘树 Cudrania tricuspidata

2R,3R-dihydrokaempferol-3-O-β-D-glucoside 2R,3R- 二氢山柰酚 -3-O-β-D- 葡萄糖苷 箣柊 Scolopia chinensis
dihydrokaempferol-3-rhamnoside 二氢山柰酚 -3- 鼠李糖苷 蓝桉 Eucalyptus globulus
dihydrokaempferol-3-α-L-rhamnopyranoside-5-O-β-D-glucopyranoside 二氢山柰酚 -3-α-L- 吡喃鼠李糖苷 -5-O-β-D- 吡喃葡萄糖苷 凌霄 Campsis grandiflora
(2R,3R)-dihydrokaempferol-4'-O-β-D-glucopyranoside (2R,3R)- 二氢山柰酚 -4'-O-β-D- 吡喃葡萄糖苷 三枝九叶草 Epimedium sagittatum, 砂珍棘豆 Oxytropis racemosa
dihydrokaempferol-4'-O-β-D-glucopyranoside 二氢山柰酚 -4'-O-β-D- 吡喃葡萄糖苷 地桃花 Urena lobata
dihydrokaempferol-4'-xyloside 二氢山柰酚 -4'- 木糖苷 黄花草 Cleome viscosa
dihydrokaempferol-5-O-β-D-glucopyranoside 二氢山柰酚 -5-O-β-D- 吡喃葡萄糖苷 薜荔 Ficus pumila
dihydrokaempferol-5-O-β-D-glucoside 二氢山柰酚 -5-O-β-D- 葡萄糖苷 菝葜 Smilax china
dihydrokaempferol-7-O-glucopyranoside 二氢山柰酚 -7-O- 吡喃葡萄糖苷 构棘 Cudrania cochinchinensis
dihydrokaempferol-7-O-hexoside 二氢山柰酚 -7-O- 己糖苷 番茄 Lycopersicon esculentum
(2R,3R)-dihydrokaempferol-7-O-β-D-glucopyranoside (2R,3R)- 二氢山柰酚 -7-O-β-D- 吡喃葡萄糖苷 臭冷杉 Abies nephrolepis
dihydrokaempferol-7-O-β-D-glucopyranoside 二氢山柰酚 -7-O-β-D- 吡喃葡萄糖苷 构棘 Cudrania cochinchinensis, 柘树 C. tricuspidata, 薜荔 Ficus pumila
(2R,3R)-dihydrokaempferol-7-O-β-D-glucoside (2R,3R)- 二氢山柰酚 -7-O-β-D- 葡萄糖苷 沙生蜡菊 Helichrysum arenarium
dihydrokamebakaurin 二氢龟叶香茶菜贝壳杉素▲ 溪黄草 Isodon serra
dihydrokanakugiol 二氢红果山胡椒酚▲ 红果山胡椒 Lindera erythrocarpa
dihydrokaranone 二氢卡拉酮 土沉香 Aquilaria sinensis
dihydrokoumine 二氢钩吻明▲ 钩吻 Gelsemium elegans
11β,13-dihydrolactucin 11β,13- 二氢莴苣素 腺毛菊苣 Cichorium glandulosum, 菊苣 C. intybus, 莴苣 Lactuca sativa, 野莴苣 L. serriola, 山莴苣 Lagedium sibiricum, 翅果菊 Pterocypsela indica
3,4-dihydrolactucin 3,4- 二氢莴苣素 菊苣 Cichorium intybus
11β,13-dihydrolactucin acetate 11β,13- 二氢莴苣内酯乙酸酯 高大翅果菊 Pterocypsela elata
11β,13-dihydrolactucopicrin 11β,13- 二氢莴苣苦素 菊苣 Cichorium intybus
3,4-dihydrolactucopicrin 3,4- 二氢莴苣苦素 菊苣 Cichorium intybus
24-dihydrolanosterol 24- 二氢羊毛脂醇 欧白英 Solanum dulcamara
dihydrolanosterol 二氢羊毛脂醇 番茄 Lycopersicon esculentum, 茄 Solanum melongena
dihydroleptinidine 二氢马铃薯叶甲定▲ 白英 Solanum lyratum
dihydrolicoisoflavone A 二氢甘草异黄酮 A 甘草 Glycyrrhiza uralensis
dihydroluciduline 二氢光泽石松碱▲ 东北石杉 Huperzia miyoshiana
dihydroluteolin 二氢木犀草素 广东蛇葡萄 Ampelopsis cantoniensis
8,15-dihydrolycoparin A 8,15- 二氢藤石松碱▲A 藤石松 Lycopodiastrum casuarinoides
dihydrolycopoclavamine A 二氢东北石松明碱▲A 东北石松 Lycopodium clavatum
dihydrolycopodine 二氢石松碱 东北石松 Lycopodium clavatum, 玉柏 L. obscurum
dihydrolyfoline 二氢柳叶黄薇碱▲ 紫薇 Lagerstroemia indica
11β,13-dihydromagnolialide 11β,13- 二氢木兰内酯 土木香 Inula helenium
dihydromarasomone 二氢小皮伞酮▲ 硬柄小皮伞 Marasmius oreades
dihydromasticadienolic acid 二氢熏陆香二烯酮酸 龙船花 Ixora chinensis
11,13-dihydromatricarin 11,13- 二氢母菊素 蒌蒿 Artemisia selengensis
(-)-7,11-dihydromatrine (-)-7,11- 二氢苦参碱 苦参 Sophora flavescens
dihydromelilotoside 二氢草木犀苷 肉桂 Cinnamomum cassia
2,3-dihydromenisporphine 2,3- 二氢蝙蝠葛朴啡碱▲ 蝙蝠葛 Menispermum dauricum
dihydromicromelin A, B 二氢小芸木素 A, B 小芸木 Micromelum integerrimum
12,13-dihydromicromeric acid 12,13- 二氢姜味草酸▲ 神黄豆 Cassia agnes
dihydromikanolide 二氢薇甘菊内酯 假泽兰 Mikania cordata
dihydromollugin 二氢粟猪殃殃素 茜草 Rubia cordifolia
dihydromonacolin K, L 二氢红曲可林 K, L 红曲 Monascus purpureus
dihydromonticamine 二氢山地乌头胺▲ 山地乌头 Aconitum monticola
(±)-2,3-cis-dihydromorin (±)-2,3- 顺式 - 二氢桑黄素 构棘 Cudrania cochinchinensis
2,3-trans-dihydromorin 2,3- 反式 - 二氢桑黄素 构棘 Cudrania cochinchinensis
dihydromorin 二氢桑黄素 波罗蜜 Artocarpus heterophyllus, 柘树 Cudrania tricuspidata, 鸡桑 Morus australis
trans-dihydromorin 反式 - 二氢桑黄素 柘树 Cudrania tricuspidata
dihydromyrcene 二氢月桂烯 挥发油成分，未统计基源
(+)-dihydromyricetin (+)- 二氢杨梅素 连香树 Cercidiphyllum japonicum
(2R,3R)-dihydromyricetin (2R,3R)- 二氢杨梅素 文冠果 Xanthoceras sorbifolium
2,3-dihydromyricetin 2,3- 二氢杨梅素 广东蛇葡萄 Ampelopsis cantoniensis
4-dihydromyricetin 4- 二氢杨梅素 粗糠柴 Mallotus philippensis
dihydromyricetin 二氢杨梅素 广东蛇葡萄 Ampelopsis cantoniensis, 显齿蛇葡萄 A. grossedentata, 玉蕊 Barringtonia racemosa, 雪松 Cedrus

deodara, 头状四照花 Dendrobenthamia capitata, 枳椇 Hovenia acerba, 北枳椇 H. dulcis, 金丝桃 Hypericum monogynum, 人心果 Manilkara zapota, 杨梅 Myrica rubra, 大白杜鹃花 Rhododendron decorum, 樱草杜鹃 R. primuliflorum, 爆仗花 R. spinuliferum, 光宿苞豆 Shuteria involucrata var. glabrata

dihydromyricetin-3'-*O*-*β*-D-glucopyranoside 二氢杨梅素 -3'-*O*-*β*-D- 吡喃葡萄糖苷 紫云英 Astragalus sinicus

dihydromyricetin-3'-*O*-*β*-D-xylopyranoside 二氢杨梅素 -3'-*O*-*β*-D- 吡喃木糖苷 紫云英 Astragalus sinicus

dihydronarchinol A 二氢甘松香醇 A 甘松 Nardostachys jatamansi

trans-dihydronarciclasine 反式 - 二氢水仙环素 葱莲 Zephyranthes candida

dihydro-*N*-caffeoyltyramine 二氢 -*N*- 咖啡酰酪胺 枸杞 Lycium chinense

dihydroneobaicalein 二氢新黄芩素 穿心莲 Andrographis paniculata

dihydroneotanshinlactone 二氢新丹参内酯 毛地黄鼠尾草 Salvia digitaloides, 云南鼠尾草 S. yunnanensis

dihydronepetalactone 二氢荆芥内酯 挥发油成分，未统计基源

6,7-dihydroneridienone A 6,7- 二氢夹竹桃二烯酮▲A 鳝藤 Anodendron affine

dihydroniloticin 二氢尼罗河杜楝素▲ 黄檗 Phellodendron amurense, 川黄檗 P. chinense, 秃叶黄檗 P. chinense var. glabriusculum, 鹧鸪花 Trichilia connaroides, 杜楝 Turraea pubescens

dihydronitidine 二氢两面针碱 飞龙掌血 Toddalia asiatica, 椿叶花椒 Zanthoxylum ailanthoides, 大叶臭花椒 Z. myriacanthum, 两面针 Z. nitidum

dihydronitraraine 二氢白刺拉因 大白刺 Nitraria roborowskii

dihydronitrarine 二氢白刺灵碱▲ 大白刺 Nitraria roborowskii

4,5-dihydroniveusin A 4,5- 二羟基雪叶向日葵素▲A 向日葵 Helianthus annuus

dihydronorsecurinine 二氢降一叶萩碱 白饭树 Flueggea virosa

dihydroobacunone 二氢黄柏酮 白鲜 Dictamnus dasycarpus

2,3-dihydrooenanthetol 2,3- 二氢水芹醇▲ 毒芹 Cicuta virosa, 宽叶毒芹 C. virosa var. latisecta

dihydro-*O*-methylkoenimbine 二氢 -*O*- 甲基柯氏九里香宾碱 细叶黄皮 Clausena anisum-olens

(-)-11,12-dihydroorientalinone (-)-11,12- 二氢东方罂粟酮▲ 紫花疆罂粟 Roemeria hybrida

dihydrooroxylin A 二氢木蝴蝶素 A 沙蓬 Agriophyllum squarrosum, 木蝴蝶 Oroxylum indicum, 滇黄芩 Scutellaria amoena, 黄芩 S. baicalensis, 狭叶黄芩 S. regeliana, 棱茎黄芩 S. scandens

dihydrooroxylin A-7-*O*-*β*-D-methylglucuronide 二氢木蝴蝶素 A-7-*O*-*β*-D- 甲基葡萄糖醛酸苷 木蝴蝶 Oroxylum indicum

dihydro-oxo-demethoxyhaemanthamine 二氢氧代去甲氧基网球花胺 西南文殊兰 Crinum latifolium

3*β*,4*β*-dihydropallenone 3*β*,4*β*- 二氢叶苞菊酮▲ 臭冷杉 Abies nephrolepis

dihydropalmatine 二氢巴马汀 广西地不容 Stephania kwangsiensis

24,25-dihydroparkeol acetate 24,25- 二氢牛油果烯醇▲乙酸酯 聚果榕 Ficus racemosa

11*β*H,13-dihydroparthenin 11*βH*,13- 二氢银胶菊素 银胶菊 Parthenium hysterophorus

dihydroparthenin 二氢银胶菊素 银胶菊 Parthenium hysterophorus

(-)-dihydroparthenolide (-)- 二氢小白菊内酯 合果木 Michelia baillonii

11*α*,13-dihydroparthenolide 11*α*,13- 二氢小白菊内酯 长叶天名精 Carpesium longifolium

dihydroparthenolide 二氢小白菊内酯 台湾含笑 Michelia compressa, 南亚含笑 M. doltsopa, 观光木 M. odora

dihydroparthenolidediol 二氢小白菊内酯二醇 长叶天名精 Carpesium longifolium

dihydropashanone 二氢肾石菖苔酮▲ 红果山胡椒 Lindera erythrocarpa, 中华野独活 Miliusa sinensis

dihydro-*p*-coumaric acid 二氢对香豆酸 流苏金石斛 Flickingeria fimbriata

dihydroperaksine 二氢霹雳萝芙木辛碱 四叶萝芙木 Rauvolfia tetraphylla, 萝芙木 R. verticillata

4'-dihydrophaseic acid 4'- 二氢菜豆酸 东方泽泻 Alisma orientale, 绞股蓝 Gynostemma pentaphyllum

dihydrophaseic acid 二氢菜豆酸 背扁黄耆 Astragalus complanatus, 喙果黑面神 Breynia rostrata, 茶 Camellia sinensis, 胡桃 Juglans regia, 莲 Nelumbo nucifera, 野豇豆 Vigna vexillata

cis,trans-4-dihydrophaseic acid 顺式 , 反式 -4- 二氢菜豆酸 大叶山楝 Aphanamixis grandifolia

dihydrophaseic acid-1-*O*-(6-*O*-acetyl)-glucopyranoside 二氢菜豆酸 -1-*O*-(6-*O*- 乙酰基)- 吡喃葡萄糖苷 胡桃 Juglans regia

dihydrophaseic acid-3-*O*-*β*-D-glucopyranoside 二氢菜豆酸 -3-*O*-*β*-D- 吡喃葡萄糖苷 苦瓜 Momordica charantia

dihydrophaseic acid-4'-*O*-6''-(*β*-ribofuranosyl)-*β*-glucopyranoside 二氢菜豆酸 -4'-*O*-6''-(*β*- 呋喃核糖基)-*β*- 吡喃葡萄糖苷 可可 Theobroma cacao

dihydrophaseic acid-4'-*O*-*β*-D-glucopyranoside 二氢菜豆酸 -4'-*O*-*β*-D- 吡喃葡萄糖苷 波罗蜜 Artocarpus heterophyllus, 臭牡丹 Clerodendrum bungei, 华南吴萸 Euodia austrosinensis, 可可 Theobroma cacao

6'''-dihydrophaseoylspinosin 6'''- 二氢红花菜豆酰酸枣素▲ 滇刺枣 Ziziphus mauritiana

dihydrophellozide 二氢黄檗叶苷▲ 黄檗 Phellodendron amurense

dihydrophenanthrene 二氢菲 百部 Stemona japonica

2,3-dihydrophilonotisflavone 2,3- 二氢泽藓黄酮▲ 直叶珠藓 Bartramia ithyphylla, 泽藓 Philonotis fontana

2,3-dihydrophysalin B 2,3- 二氢酸浆素 B 酸浆 Physalis alkekengi

dihydrophytylplastoquinone 二氢植酰质体醌 闭鞘姜 Costus speciosus

α-dihydropicrotoxinin *α*- 二氢印防己毒内酯 细茎石斛 Dendrobium moniliforme

dihydropinosylvin 二氢欧洲赤松素▲ 羊蹄甲 Bauhinia purpurea, 东方荚果蕨 Matteuccia orientalis, 木蝴蝶 Oroxylum indicum

dihydropinosylvin monomethyl ether 二氢欧洲赤松素▲单甲醚 羊蹄甲 Bauhinia purpurea

(*E*)-dihydropinosylvin-2-carboxyl-5-*O*-*β*-D-glucopyranoside (*E*)-二氢欧洲赤松素▲-2-羧基-5-*O*-*β*-D-吡喃葡萄糖苷 木蝴蝶 Oroxylum indicum

(*E*)-dihydropinosylvin-3-*O*-*β*-D-glucopyranoside (*E*)-二氢欧洲赤松素▲-3-*O*-*β*-D-吡喃葡萄糖苷 木蝴蝶 Oroxylum indicum

dihydropipercide 二氢胡椒杀虫碱▲ 大叶蒟 Piper laetispicum

dihydropiperine 二氢胡椒碱 胡椒 Piper nigrum

5,6-dihydropiperlongumine 5,6-二氢荜茇明碱 假荜拔 Piper retrofractum

dihydropiperlonguminine 二氢荜茇明宁碱 石南藤 Piper wallichii

4,5-dihydropiper-longuminine 4,5-二氢荜茇明宁碱 大叶蒟 Piper laetispicum

8,9-dihydropiplartine 8,9-二氢荜茇亭 毛蒟 Piper hongkongense

β-dihydroplumericin *β*-二氢鸡蛋花素 红鸡蛋花 Plumeria rubra

dihydroplumericin 二氢鸡蛋花素 红鸡蛋花 Plumeria rubra

β-dihydroplumericinic acid *β*-二氢鸡蛋花素酸 红鸡蛋花 Plumeria rubra

2,3-dihydropodolide 2,3-二氢罗汉松内酯 竹柏 Nageia nagi

dihydroponicidin 二氢冬凌草乙素 瘿花香茶菜 Isodon rosthornii

8,9-dihydroprooxocryptochine 8,9-二氢原厚壳桂螺酮碱▲ 多刺绿绒蒿 Meconopsis horridula

2,3-dihydro-propylheptadec-5-enoate 2,3-二氢丙基十七烷-5-烯酸酯 茴香 Foeniculum vulgare

2',3'-dihydroprotogenkwanone 2',3'-二氢原芫花酮▲ 延羽卵果蕨 Phegopteris decursive-pinnata

dihydropseurata F 二氢川藏香茶菜萜素▲F 川藏香茶菜 Isodon pharicus

3,4-dihydropsoralen 3,4-二氢补骨脂素 竹叶榕 Ficus stenophylla

(-)-dihydropyrocurzerenone (-)-二氢原莪术酮 及已 Chloranthus serratus

3,4-dihydropyrrolo[1,2-a]pyrazine 3,4-二氢吡咯骈[1,2a]吡嗪 挥发油成分，未统计基源

(+)-dihydroquercetin (+)-二氢槲皮素 臭辣吴萸 Euodia fargesii, 球核荚蒾 Viburnum propinquum, 酸枣 Ziziphus jujuba var. spinosa

(2*R*,3*R*)-(+)-dihydroquercetin (2*R*,3*R*)-(+)-二氢槲皮素 地果 Ficus tikoua

(2*R*,3*R*)-dihydroquercetin (2*R*,3*R*)-二氢槲皮素 地耳草 Hypericum japonicum, 黑老虎 Kadsura coccinea

dihydroquercetin 二氢槲皮素 臭冷杉 Abies nephrolepis, 广东蛇葡萄 Ampelopsis cantoniensis, 鄂羊蹄甲 Bauhinia glauca subsp. hupehana, 构树 Broussonetia papyrifera, 海杧果 Cerbera manghas, 南酸枣 Choerospondias axillaris, 柘树 Cudrania tricuspidata, 草麻黄 Ephedra sinica, 问荆 Equisetum arvense, 卫矛 Euonymus alatus, 小米草 Euphrasia pectinata, 珍珠莲 Ficus sarmentosa var. henryi, 岭南山竹子 Garcinia oblongifolia, 量天尺 Hylocereus undatus, 落叶松 Larix gmelinii, 西伯利亚落叶松 L. sibirica, 全缘叶绿绒蒿 Meconopsis integrifolia, 五脉绿绒蒿 M. quintuplinervia, 华桑 Morus cathayana, 常春油麻藤 Mucuna sempervirens, 尾叶远志 Polygala caudata, 红蓼 Polygonum orientale, 大白杜鹃花 Rhododendron decorum, 黑茶藨子 Ribes nigrum, 东方肉穗草 Sarcopyramis bodinieri var. delicata, 楮头红 S. nepalensis, 密花豆 Spatholobus suberectus, 木蜡树 Toxicodendron sylvestre, 山葡萄 Vitis amurensis

trans-dihydroquercetin 反式-二氢槲皮素 多花勾儿茶 Berchemia floribunda

cis-dihydroquercetin 顺式-二氢槲皮素 多花勾儿茶 Berchemia floribunda

dihydroquercetin-4'-methyl ether 二氢槲皮素-4'-甲醚 艾纳香 Blumea balsamifera, 假东风草 B. riparia

(2*R*,3*R*)-dihydroquercetin-3,7-*O*-*α*-L-dirhamnoside (2*R*,3*R*)-二氢槲皮素-3,7-*O*-*α*-L-二鼠李糖苷 地耳草 Hypericum japonicum

dihydroquercetin-3-*O*-*α*-L-rhamnopyranoside 二氢槲皮素-3-*O*-*α*-L-吡喃鼠李糖苷 少药八角 Illicium oligandrum

(2*S*,3*S*)-(-)-dihydroquercetin-3-*O*-*β*-D-glucopyranoside (2*S*,3*S*)-(-)-二氢槲皮素-3-*O*-*β*-D-吡喃葡萄糖苷 秀雅杜鹃花 Rhododendron concinnum

(2*R*,3*R*)-(-)-dihydroquercetin-3-*O*-*β*-D-xylopyranoside (2*R*,3*R*)-(-)-二氢槲皮素-3-*O*-*β*-D-吡喃木糖苷 秀雅杜鹃花 Rhododendron concinnum

dihydroquercetin-3-rhamnoside 二羟基槲皮素-3-鼠李糖苷 珍珠花 Lyonia ovalifolia

dihydroquercetin-5-galactopyranoside 二氢槲皮素-5-吡喃半乳糖苷 小花五桠果 Dillenia pentagyna

dihydroquercetin-7,3'-dimethyl ether 二氢槲皮素-7,3'-二甲醚 狭叶白鲜 Dictamnus angustifolius

dihydroquercetin-7,4'-dimethyl ether 二氢槲皮素-7,4'-二甲醚 艾纳香 Blumea balsamifera

(2*R*,3*R*)-dihydroquercetin-7-*O*-*α*-L-rhamnopyranoside (2*R*,3*R*)-二氢槲皮素-7-*O*-*α*-L-吡喃鼠李糖苷 地耳草 Hypericum japonicum

2,3-dihydroquercetin-7-*O*-*β*-D-glucopyranoside 2,3-二氢槲皮素-7-*O*-*β*-D-吡喃葡萄糖苷 构棘 Cudrania cochinchinensis

dihydroquercetin-7-*O*-*β*-D-glucopyranoside 二氢槲皮素-7-*O*-*β*-D-吡喃葡萄糖苷 柘树 Cudrania tricuspidata

dihydroquercetin-*O*-hexoside 二氢槲皮素-*O*-己糖苷 刺葡萄 Vitis davidii

dihydroquercetin-*O*-xyloside 二氢槲皮素-*O*-木糖苷 刺葡萄 Vitis davidii

dihydroquinidine 二氢奎尼丁 金鸡纳树 Cinchona calisaya, 鸡纳树 C. pubescens

dihydroquinine 二氢奎宁 鸡纳树 Cinchona pubescens

dihydroquisqualic acid 二氢使君子酸 使君子 Quisqualis indica

dihydrorabdokunmin C 二氢昆明香茶菜素 C 细锥香茶菜 Isodon coetsa

dihydroranunculinin 二氢毛茛宁▲ 毛茛 Ranunculus japonicus

5,6-dihydro-rengyolone 5,6-二氢-连翘醇酮 木蝴蝶 Oroxylum indicum

dihydroresveratrol 二氢白藜芦醇 黄独 Dioscorea bulbifera, 朝鲜槐 Maackia amurensis, 地锦 Parthenocissus tricuspidata

7,8-dihydroretrohelioxanthin 7,8-二氢倒赛菊芋黄质 宿根亚麻 Linum perenne

11*β*,13-dihydroreynosin 11*β*,13-二氢密花豚草素▲ 土木香 Inula helenium, 云木香 Saussurea costus

dihydroreynosin 二氢密花豚草素▲ 台湾含笑 Michelia compressa

(2*α*,3*β*)-dihydrorhamnetin (2*α*,3*β*)-二氢鼠李素 多枝柽柳 Tamarix ramosissima

α,β-dihydrorhaponticin α,β- 二氢土大黄苷 黄花婆罗门参 Tragopogon orientalis
(+)-dihydrorobinetin (+)- 二氢刺槐亭 刺槐 Robinia pseudoacacia
dihydrorugosanin 二氢皱叶香茶菜素 皱叶香茶菜 Isodon rugosus
8,14-dihydrosalutaridine 8,14- 二氢疗伤巴豆碱▲ 风龙 Sinomenium acutum, 白线薯 Stephania brachyandra
5α,6-dihydrosalviasperanol 5α,6- 二氢粗糙鼠尾草醇 云南鼠尾草 Salvia yunnanensis
(±)-dihydrosamidin (±)- 二氢萨阿米芹定▲ 长前胡 Peucedanum turgeniifolium
dihydrosanguinarine 二氢血根碱 构树 Broussonetia papyrifera, 白屈菜 Chelidonium majus, 灰绿黄堇 Corydalis adunca, 地丁草 C. bungeana, 薯根延胡索 C. ledebouriana, 细叶黄堇 C. meifolia, 石生黄堇 C. saxicola, 山延胡索 C. solida, 珠果黄堇 C. speciosa, 直茎黄堇 C. stricta, 延胡索 C. yanhusuo, 荷包牡丹 Dicentra spectabilis, 海罂粟 Glaucium fimbrilligerum, 细果角茴香 Hypecoum leptocarpum, 小果博落回 Macleaya microcarpa
11,13-dihydrosantamarin 11,13- 二氢短舌匹菊素▲ 台湾含笑 Michelia compressa
11β,13-dihydrosantamarin 11β,13- 二氢短舌匹菊素 土木香 Inula helenium
dihydrosapelin E acetate 二氢柱果内雄楝素▲E 乙酸酯 杜楝 Turraea pubescens
14,15-dihydroscandine 14,15- 二氢攀援山橙碱▲ 山橙 Melodinus suaveolens
dihydroschoberine 二氢东廧碱 小果白刺 Nitraria sibirica
2,3-dihydrosciadopitysin 2,3- 二氢金松素 银杏 Ginkgo biloba, 罗汉松 Podocarpus macrophyllus
dihydroscutellarin 二氢高黄芩苷 并头黄芩 Scutellaria scordifolia
14,15-dihydrosecurinine 14,15- 二氢一叶萩碱 一叶萩 Flueggea suffruticosa
dihydrosecurinine 二氢一叶萩碱 一叶萩 Flueggea suffruticosa
1,2-dihydrosenkirkine 1,2- 二氢克氏千里光碱 全叶千里光 Senecio cannabifolius var. integrifolius
dihydrosepiol 二氢篱笆毒鼠豆酚▲ 印度黄檀 Dalbergia sissoo
(-)-dihydrosesamin (-)- 二氢芝麻素 芫花 Daphne genkwa, 黄瑞香 D. giraldii, 唐古特瑞香 D. tangutica
dihydrosesamin 二氢芝麻素 金丝桃 Hypericum monogynum
dihydrosinapyl alcohol 二氢芥子醇 肾茶 Clerodendranthus spicatus
dihydrosinapyl ferulate 二氢芥子醇阿魏酸酯 骆驼蒿 Peganum nigellastrum
dihydrositsirikine 二氢长春钦碱▲ 长春花 Catharanthus roseus
18,19-dihydro-sitsirikine 18,19- 二氢长春钦碱▲ 萝芙木 Rauvolfia verticillata
dihydroskullcapflavone I 二氢黄芩黄酮 I 穿心莲 Andrographis paniculata
dihydrosolidagenone 二氢一枝黄花烯酮 蔓荆 Vitex trifolia
22,23-dihydrospinasterol 22,23- 二氢菠菜甾醇 甘肃雪灵芝 Arenaria kansuensis, 岩匙 Berneuxia thibetica, 甜菜 Beta vulgaris, 赪桐 Clerodendrum japonicum, 巨花雪胆 Hemsleya gigantha, 帽儿瓜 Mukia maderaspatana, 多枝雾水葛 Pouzolzia zeylanica var. microphylla
22-dihydrospinasterol 22- 二氢菠菜甾醇 甜瓜 Cucumis melo
24-dihydrospinasterol 24- 二氢菠菜甾醇 笋瓜 Cucurbita maxima
dihydrospinasterol 二氢菠甾醇 琉璃繁缕 Anagallis arvensis
22,23-dihydrospinasterol 3-O-β-D-glucoside 22,23- 二氢菠菜甾醇 -3-O-β-D- 葡萄糖苷 巨花雪胆 Hemsleya gigantha, 帽儿瓜 Mukia maderaspatana
22,23-dihydrospinasterol palmitate 22,23- 二氢菠菜甾醇棕榈酸酯 甘肃雪灵芝 Arenaria kansuensis
22,23-dihydrospinasterone 22,23- 二氢菠菜甾酮 甘肃雪灵芝 Arenaria kansuensis, 岩匙 Berneuxia thibetica
1',4'-dihydrospiro[benzofuran-3(2H)-3'-[3H]2]benzopyran]-1',6,6',7'-tetrol 1',4'- 二氢螺环 [苯并呋喃 -3(2H)-3'-[3H]2] 苯并吡喃]-1',6,6',7'- 四醇 苏木 Caesalpinia sappan
dihydrostahlianthusone 二氢姜三七酮 土田七 Stahlianthus involucratus
dihydrostemoninine 二氢百部新碱 直立百部 Stemona sessilifolia
(+)-3',4'-dihydrostephasubine (+)-3', 4'- 二氢千金藤松宾碱 桐叶千金藤 Stephania japonica var. discolor
3',4'-dihydrostephasubine 3',4'- 二氢千金藤松宾碱 地不容 Stephania epigaea
dihydrosterculic acid 二氢苹婆酸 苹婆 Sterculia monosperma, 桐棉 Thespesia populnea
22,23-dihydrostigmasterol 22,23- 二氢豆甾醇 挥发油成分，未统计基源
22-dihydrostigmasterol 22- 二氢豆甾醇 云木香 Saussurea costus
dihydrostigmasterol 二氢豆甾醇 黑鳞耳蕨 Polystichum makinoi
dihydrostizolin 二氢刺巢菊素▲ 北美鹅掌楸 Liriodendron tulipifera
dihydrosyringenin 二氢紫丁香苷元 元宝槭 Acer truncatum, 委陵菜 Potentilla chinensis
dihydrosyringin 二氢丁香苷 构树 Broussonetia papyrifera, 柃木 Eurya japonica, 沙生蜡菊 Helichrysum arenarium, 川西小黄菊 Pyrethrum tatsienense, 五层龙 Salacia prinoides, 窄苞蒲公英 Taraxacum bessarabicum, 蒲公英 T. mongolicum
19,20-dihydrotabernamine 19,20- 二氢狗牙花胺▲ 狗牙花 Tabernaemontana divaricata
dihydrotagetone 二氢万寿菊酮 挥发油成分，未统计基源
7,8-dihydrotaiwanin 7,8- 二氢氢台湾杉素 宿根亚麻 Linum perenne
dihydrotanshinlactone 二氢丹参内酯 丹参 Salvia miltiorrhiza
1,2-dihydrotanshinone 1,2- 二氢丹参酮 丹参 Salvia miltiorrhiza, 云南鼠尾草 S. yunnanensis
1,2-dihydrotanshinone I 1,2- 二氢丹参酮 I 栗色鼠尾草 Salvia castanea, 雪山鼠尾草 S. evansiana, 三叶鼠尾草 S. trijuga
dihydrotanshinone I 二氢丹参酮 I 土沉香 Aquilaria sinensis, 橙色鼠尾草 Salvia aerea, 栗色鼠尾草 S. castanea, 贵州鼠尾草 S. cavaleriei,

毛地黄鼠尾草 S. digitaloides, 胶质鼠尾草 S. glutinosa, 丹参 S. miltiorrhiza, 甘西鼠尾草 S. przewalskii, 浙皖丹参 S. sinica, 三叶鼠尾草 S. trijuga, 云南鼠尾草 S. yunnanensis, 草本威灵仙 Veronicastrum sibiricum

dihydrotanshinone IIA anhydride 二氢丹参酮 IIA 酐 丹参 Salvia miltiorrhiza

1,2-dihydrotanshinquinone 1,2- 二氢丹参醌 甘西鼠尾草 Salvia przewalskii

11,13-dihydrotaraxinic acid-1'-*O*-D-glucopyranoside 11,13- 二氢蒲公英萜酸▲-1'-*O*-*β*-D- 吡喃葡萄糖苷 芜菁还阳参 Crepis napifera

(11*R*)-11, 13-dihydrotatridin A (11*R*)-11,13- 二氢三齿蒿定▲A 除虫菊 Pyrethrum cinerariifolium

1,3-dihydrotaxinine 1,3- 二氢紫杉宁 南方红豆杉 Taxus wallichinana var. mairei

11(13)-dihydrotelekin 11(13)- 二氢特勒菊素▲ 天名精 Carpesium abrotanoides, 烟管头草 C. cernuum

11*α*,13-dihydrotelekin 11*α*,13- 二氢特勒菊素▲ 大花金挖耳 Carpesium macrocephalum

(2*S*)-2,3-dihydrotephroapollin C (2*S*)-2,3- 二氢阿波罗尼亚灰毛豆素 C 穗序木蓝 Indigofera spicata

(2*S*)-2,3-dihydrotephroglabrin (2*S*)-2,3- 二氢半秃灰毛豆呋黄素 穗序木蓝 Indigofera spicata

dihydroteugin 二氢脆叶香科科素▲ 蒜味香科科 Teucrium scordium

11*α*,13-dihydrotomentosin 11*α*,13- 二氢绒毛银胶菊素▲ 水朝阳旋覆花 Inula helianthusaquatilis, 湖北旋覆花 I. hupehensis

dihydrotricin 二氢小麦黄素 毛泡桐 Paulownia tomentosa

dihydrotulipinolide 二氢郁金香内酯 茼蒿 Glebionis coronaria

dihydrotutin 二氢马桑素▲ 马桑 Coriaria nepalensis

11*β*,13-dihydrourospermal A 11*β*,13- 二氢尾喙苣醛▲A 花叶滇苦菜 Sonchus asper

19*α*,24-dihydrours-12-en-28-oic acid-3-*O*-*β*-D-xyloside 19*α*,24- 二羟基熊果 -12- 烯 -28- 酸 -3-*O*-*β*-D- 木糖苷 铁刀木 Senna siamea

12,13-dihydroursolic acid 12,13- 二羟基熊果酸 夹竹桃 Nerium oleander

3,4-dihydroverbenal 3,4- 二氢马鞭草醛 马鞭草 Verbena officinalis

3,4-dihydroverbenalin 3,4- 二氢马鞭草素▲ 马鞭草 Verbena officinalis

6-dihydroverbenalin 6- 二氢马鞭草素▲ 羊舌树 Symplocos glauca

dihydroverticillatine 二氢轮叶十齿水柳碱▲ 紫薇 Lagerstroemia indica

3,4-dihydro-vinyl-1,2-dithiin 3,4- 二氢 - 乙烯基 -1,2- 二噻英 挥发油成分，未统计基源

(-)-dihydrovomifoliol (-)- 二氢催吐萝芙木叶醇 伞房花耳草 Hedyotis corymbosa

7,8-dihydrovomifoliol 7,8- 二氢催吐萝芙木叶醇 血桐 Macaranga tanarius var. tomentosa

dihydrovomifoliol 二氢催吐萝芙木叶醇 麻疯树 Jatropha curcas, 草珊瑚 Sarcandra glabra, 柚木 Tectona grandis

dihydrovomifoliol-3'-*O*-*β*-D-glucopyranoside 二氢催吐萝芙木叶醇 -3'-*O*-*β*-D- 吡喃葡萄糖苷 假荜拔 Piper retrofractum

dihydrovomifoliol-3'-*O*-*β*-glucopyranoside 二氢催吐萝芙木叶醇 -3'-*O*-*β*- 吡喃葡萄糖苷 啤酒花 Humulus lupulus

dihydrovomifoliol-9-*O*-*β*-D-glucopyranoside 二氢催吐萝芙木叶醇 -9-*O*-*β*-D- 吡喃葡萄糖苷 甘青乌头 Aconitum tanguticum

dihydrovomifoliol-9-*β*-D-glucopyranoside 二氢催吐萝芙木叶醇 -9-*β*-D- 吡喃葡萄糖苷 红叶藤 Rourea minor

dihydrovomifoliol-*O*-*β*-D-glucopyranoside 二氢催吐萝芙木叶醇 -*O*-*β*-D- 吡喃葡萄糖苷 洋金花 Datura metel, 草珊瑚 Sarcandra glabra

19,20-dihydrovomilenine 19,20- 二氢催吐萝芙木烯宁▲ 萝芙木 Rauvolfia verticillata

$\Delta^{\alpha,\beta}$-dihydrowisanidine $\Delta^{\alpha,\beta}$- 二氢几内亚胡椒定碱▲ 胡椒 Piper nigrum

$\Delta^{\alpha,\beta}$-dihydrowisanine $\Delta^{\alpha,\beta}$- 二氢几内亚胡椒宁碱▲ 胡椒 Piper nigrum

2,3-dihydrowithaferin A 2,3- 二氢催眠睡茄素 A 睡茄 Withania somnifera

2,3-dihydrowithaferin A-3*β*-*O*-sulfate 2,3- 二氢催眠睡茄素 A-3*β*-*O*- 硫酸盐 睡茄 Withania somnifera

24,25-dihydrowithanolide VI 24,25- 二氢睡茄内酯 VI 睡茄 Withania somnifera

24,25-dihydrowithanolide A 24,25- 二氢睡茄内酯 A 睡茄 Withania somnifera

24,25-dihydrowithanolide D 24,25- 二羟基睡茄内酯 毛酸浆 Physalis philadelphica

dihydrowithanolide D 二氢睡茄内酯 D 睡茄 Withania somnifera

2,3-dihydrowithanolide E 2,3- 二氢睡茄内酯 E 灯笼果 Physalis peruviana

dihydrowithanolide E 二氢睡茄内酯 E 苦蘵 Physalis angulata

2,3-dihydrowithanone-3*β*-*O*-sulfate 2,3- 二氢睡茄酮▲-3*β*-*O*- 硫酸盐 睡茄 Withania somnifera

(-)-dihydrowogonin (-)- 二氢汉黄芩素 欧洲甜樱桃 Cerasus avium

dihydrowogonin 二氢汉黄芩素 山地香茶菜 Isodon oresbius, 锡叶藤 Tetracera sarmentosa

11*α*,13-dihydroxanthalongin 11*α*,13- 二氢长叶山金车素▲ 旋覆花 Inula japonica

11*α*,13-dihydroxanthatin 11*α*,13- 二氢苍耳亭 蒙古苍耳 Xanthium mongolicum

α, *β*-dihydroxanthohumol *α*, *β*- 二氢酒花黄酚▲ 啤酒花 Humulus lupulus

1'',2''-dihydroxanthohumol C 1'',2''- 二氢酒花黄酚▲C 啤酒花 Humulus lupulus

dihydroxanthyletin 二氢花椒内酯 水蛇麻 Fatoua villosa, 岩木瓜 Ficus tsiangii

3,9-dihydroxvcoumestan 3,9- 二羟基香豆雌烷 多序岩黄耆 Hedysarum polybotrys

2,7-dihydroxy-1,6-dimethoxy-9-methyldibenzofuran 2,7- 二羟基 -1,6- 二甲氧基 -9- 甲基二苯并呋喃 蚊母树 Distylium racemosum

6*α*,9-dihydroxy-14*β*-carboxyfuranoeremophil-9(10)-ene 6*α*,9- 二羟基 -14*β*- 羧基呋喃荒漠木 -9(10)- 烯 狭苞橐吾 Ligularia intermedia

2',4'-dihydroxy acetophenone 2',4'- 羟基苯乙酮 挥发油成分，未统计基源

dihydroxy gymnemic triacetate 二羟基匙羹藤酸三乙酯 匙羹藤 Gymnema sylvestre

2',3*β*-dihydroxy oleanolic acid 2',3*β*- 二羟基齐墩果酸 构树 Broussonetia papyrifera

3*β*,6*α*-dihydroxy stigmasterane 3*β*,6*α*- 二羟基豆甾烷 菘蓝 Isatis tinctoria

6,7-dihydroxy-(-)-hardwickiic acid-2'-*β*-D-glucopyranosylbenzyl ester 6,7- 二羟基 -(-)- 哈威豆酸▲-2'-*β*-D- 吡喃葡萄糖基苄基酯 东紫苏

D

Elsholtzia bodinieri

2β,15α-dihydroxy-(-)-kaur-16-ene 2β,15α- 二羟基 -(-)- 贝壳杉 -16- 烯 井栏边草 Pteris multifida

16β,17-dihydroxy-(-)-kauran-19-oic acid-β-D-glucopyranosyl ester 16β,17- 二羟基 -(-)- 贝壳杉 -19- 酸 -β-D- 吡喃葡萄糖基酯苷 三脉紫菀 Aster ageratoides

3β,5α-dihydroxy-(22*E*)-ergosta-7,22-diene-6-one 3β,5α- 二羟基 -(22*E*)- 麦角甾 -7,22- 二烯 -6- 酮 松口蘑 Tricholoma matsutake

3β,5α-dihydroxy-(22*E*,24*R*)-ergosta-7,22-dien-6α-yl palmitate 3β,5α- 二羟基 -(22*E*,24*R*)- 麦角甾 -7,22- 二烯 -6α- 基 - 棕榈酸酯 硬皮地星 Astraeus hygrometricus

3β,27-dihydroxy-(25*S*)-5α-spirost-6-one3-*O*-[β-D-glucopyranosyl-(1 → 4)-*O*-[α-L-arabinopyranosyl-(1 → 6)]-β-D-glucopyranoside 3β,27- 二羟基 -(25*S*)-5α- 螺甾 -6- 酮 3-*O*-[β-D- 吡喃葡萄糖基 -(1 → 4)-*O*-[α-L- 吡喃阿拉伯糖基 -(1 → 6)]-β-D- 吡喃葡萄糖苷 短梗菝葜 Smilax scobinicaulis

3β,27-dihydroxy-(25*S*)-5α-spirostan-6-one-3-*O*-β-D-glucopyranosyl-(1 → 4)-*O*-[α-L-arabinopyranosyl-(1 → 6)]-β-D-glucopyranoside 3β,27- 二羟基 -(25*S*)-5α- 螺甾 -6- 酮 -3-*O*-β-D- 吡喃葡萄糖基 -(1 → 4)-*O*-[α-L- 吡喃阿拉伯糖基 -(1 → 6)]-β-D- 吡喃葡萄糖苷 华东菝葜 Smilax sieboldii

3β,30β-dihydroxy-(3 → 1)-glucosyl-(2 → 1)-glucosyloleanane 3β,30β- 二羟基 -(3 → 1)- 葡萄糖基 -(2 → 1)- 葡萄糖基齐墩果烷 黄精 Polygonatum sibiricum

2,3-dihydroxy-(4-hydroxy-3,5-dimethoxyphenyl)-propan-1-one 2,3- 二羟基 -(4- 羟基 -3,5- 二甲氧基苯基)- 丙烷 -1- 酮 长柱十大功劳 Mahonia duclouxiana

1-(3',5'-dihydroxy)-phenyl-2-(4''-*O*-β-D-glucopyranosyl)-phenylethane 1-(3',5'- 二羟基)- 苯基 -2-(4''-*O*-β-D- 吡喃葡萄糖基)- 苯基乙烷 油茶 Camellia oleifera

2-(3,4-dihydroxy)-phenyl-ethyl-β-D-glucopyranoside 2-(3,4- 二羟基)- 苯乙基 -β-D- 吡喃葡萄糖苷 无翅猪毛菜 Salsola komarovii

2-(1',2'-dihydroxy)-propyl-4-methoxyphenol 2-(1',2'- 二羟基)- 丙基 -4- 甲氧基苯酚 羊红膻 Pimpinella thellungiana

(±)-8,9-dihydroxy-$\Delta^{6a(10a)}$-tetrahydrocannabinol (±)-8,9- 二羟基 -$\Delta^{6a(10a)}$- 四氢大麻酚 大麻 Cannabis sativa

(±)-9,10-dihydroxy-$\Delta^{6a(10a)}$-tetrahydrocannabinol (±)-9,10- 二羟基 -$\Delta^{6a(10a)}$- 四氢大麻酚 大麻 Cannabis sativa

2''(*S*)-5,7-dihydroxy-[2''-methyl-2''-(4-methyl-3-pentenyl)pyrano]-5'',6'':3',4'-isoflavone 2''(*S*)-5,7– 二羟基 -[2''- 甲基 -2''-(4- 甲基 -3- 戊烯基) 吡喃 -5'',6'':3',4'- 异黄酮 毛杭子梢 Campylotropis hirtella

2',4'-dihydroxy-[6'',6''-dimethylpyrano(2'',3'':7,8)]-3-arylcoumarin 2',4'- 二羟基 -[6'',6''- 二甲基吡喃 (2'',3'':7,8)]-3- 芳基香豆素 洋甘草 Glycyrrhiza glabra

5,7-dihydroxy-1-(1-methylpropyl)chromone-8-β-D-glucopyranoside 5,7- 二羟基 -1-(1- 甲基丙基) 色酮 -8-β-D- 吡喃葡萄糖苷 地耳草 Hypericum japonicum

(3*R*,5*R*)-3,5-dihydroxy-1-(3,4-dihydroxyphenyl)-7-(4-hydroxyphenyl)heptane (3*R*,5*R*)-3,5- 二羟基 -1-(3,4- 二羟基苯基)-7-(4- 羟基苯基) 庚烷 箭根薯 Tacca chantrieri

(3*R*,5*R*)-3,5-dihydroxy-1-(3,4-dihydroxyphenyl)-7-(4-hydroxyphenyl)heptane-3-*O*-β-D-glucopyranoside (3*R*,5*R*)-3,5- 二羟基 -1-(3,4- 二羟基苯基)-7-(4- 羟基苯基) 庚烷 -3-*O*-β-D- 吡喃葡萄糖苷 箭根薯 Tacca chantrieri

(3*R*,5*R*)-3,5-dihydroxy-1-(3,4-dihydroxyphenyl)-7-(4-hydroxyphenyl)heptane-5-*O*-β-D-glucopyranoside (3*R*,5*R*)-3,5- 二羟基 -1-(3,4- 二羟基苯基)-7-(4- 羟基苯基) 庚烷 -5-*O*-β-D- 吡喃葡萄糖苷 箭根薯 Tacca chantrieri

4,6-dihydroxy-1(3*H*)-isobenzofuranone 4,6- 二羟基 -1(3*H*)- 异苯并呋喃酮 脱皮球马勃 Lasiosphaera fenzlii

5,7-dihydroxy-1(3*H*)-isobenzofuranone 5,7- 二羟基 -1(3*H*)- 异苯并呋喃酮 脱皮球马勃 Lasiosphaera fenzlii, 虎杖 Reynoutria japonica

2,7-dihydroxy-1-(3-methyl-2-butenyl)-9*H*-carbazole-3-carboxaldehyde 2,7- 二羟基 -1-(3- 甲基 -2- 丁烯基)-9*H*- 咔唑 -3- 甲醛 假黄皮 Clausena excavata

3β,4α-dihydroxy-1-(3-phenylpropanoyl)-piperidine-2-one 3β,4α- 二羟基 -1-(3- 苯基丙酰基)- 哌啶 -2- 酮 荜拔 Piper longum

2,3-dihydroxy-1-(4-hydroxy-3,5-dimethoxyphenyl)-1-propanone 2,3- 二羟基 -1-(4- 羟基 -3,5- 二甲氧基苯基)-1- 丙酮 心叶风毛菊 Saussurea cordifolia

(3*R*,5*S*)-3,5-dihydroxy-1-(4-hydroxy-3,5-dimethoxyphenyl)-7-(4-hydroxy-3-methoxyphenyl)-heptane (3*R*,5*S*)-3,5- 二羟基 -1-(4- 羟基 -3,5- 二甲氧基苯基)-7-(4- 羟基 -3- 甲氧基苯基)- 庚烷 姜 Zingiber officinale

1,3-dihydroxy-1-(4-hydroxy-3,5-dimethoxyphenyl)-propan-2-one 1,3- 二羟基 -1-(4- 羟基 -3,5- 二甲氧苯)- 丙 -2- 酮 显苞芒毛苣苔 Aeschynanthus bracteatus

(3*R*,5*R*)-3,5-dihydroxy-1-(4-hydroxy-3-methoxyphenyl)-7-(3,4-dihydroxyphenyl)heptane-3-*O*-β-D-glucopyranoside (3*R*,5*R*)-3,5- 二羟基 -1-(4- 羟基 -3- 甲氧基苯基)-7-(3,4- 二羟基苯基) 庚烷 -3-*O*-β-D- 吡喃葡萄糖苷 箭根薯 Tacca chantrieri

(3*R*,5*R*)-3,5-dihydroxy-1-(4-hydroxy-3-methoxyphenyl)-7-(4-hydroxyphenyl)heptane-3-*O*-β-D-glucopyranoside (3*R*,5*R*)-3,5- 二羟基 -1-(4- 羟基 -3- 甲氧基苯基)-7-(4- 羟基苯基) 庚烷 -3-*O*-β-D- 吡喃葡萄糖苷 箭根薯 Tacca chantrieri

2,3-dihydroxy-1-(4-hydroxy-3-methoxyphenyl)-propan-1-one 2,3- 二羟基 -1-(4- 羟基 -3- 甲氧基苯基)- 丙烷 -1- 酮 臭椿 Ailanthus altissima, 茶 Camellia sinensis, 楝 Melia azedarach, 山橙 Melodinus suaveolens, 野生紫苏 Perilla frutescens var. purpurascens, 合蕊五味子 Schisandra propinqua

2,7-dihydroxy-1-(4'-hydroxybenzyl)-4-methoxy-9,10-dihydrophenanthrene-4'-*O*-glucoside 2,7- 二羟基 -1-(4'- 羟苄基)-4- 甲氧基 -9,10- 二氢菲 -4'-*O*- 葡萄糖苷 白及 Bletilla striata

(1*S*,2*R*,3*R*,7*E*)-2,3-dihydroxy-1-(hydroxyl-methyl)-7-heptadecen-1-yl-2-hydroxy-docosanoic acid ester (1*S*,2*R*,3*R*,7*E*)-2,3- 二羟基 -1- 羟甲基 - 十七碳 -7- 烯 -1- 醇 -2- 羟基二十二酸酯 山牛蒡 Synurus deltoides

(1*S*,2*R*,3*R*,7*E*)-2,3-dihydroxy-1-(hydroxymethyl)-7-heptadecen-1-yl-2-hydroxy-hexacosanoic acid ester (1*S*,2*R*,3*R*,7*E*)-2,3- 二羟基 -1- 羟甲基 - 十七碳 -7- 烯 -1- 醇 -2- 羟基二十六酸酯 山牛蒡 Synurus deltoides

(1*S*,2*R*,3*R*,7*E*)-2,3-dihydroxy-1-(hydroxymethyl)-7-heptadecen-1-yl-2-hydroxytetracosanoic acid ester (1*S*,2*R*,3*R*,7*E*)-2,3- 二羟基 -1- 羟甲基 - 十七碳 -7- 烯 -1- 醇 -2- 羟基二十四酸酯 山牛蒡 Synurus deltoides
(1*S*,2*R*,3*R*,7*E*)-2,3-dihydroxy-1-(hydroxymethyl)-7-heptadecen-1-yl-hexadecanoic acid ester (1*S*,2*R*,3*R*,7*E*)-2,3- 二羟基 -1- 羟甲基 - 十七碳 -7- 烯 -1- 醇棕榈酸酯 山牛蒡 Synurus deltoides
2,7-dihydroxy-1-(*p*-hydroxybenzoyl)-4-methoxy-9,10-dihydrophenanthrene 2,7- 二羟基 -1-(对羟基苄甲酰基)-4- 甲氧基 -9,10- 二氢菲 白及 Bletilla striata
4,7-dihydroxy-1-(*p*-hydroxybenzyl)-2-methoxy-9,10-dihydrophenanthrene 4,7- 二羟基 -1- 对羟苄基 -2- 甲氧基 -9,10- 二氢菲 白及 Bletilla striata
2,7-dihydroxy-1-(*p*-hydroxybenzyl)-4-dimethoxy-9,10-dihydrophenanthrene 2,7- 二羟基 -1- 对羟苄基 -4- 二甲氧基 -9,10- 二氢菲 独蒜兰 Pleione bulbocodioides
6,7-dihydroxy-1,1-dimethylisochromane 6,7- 二羟基 -1,1- 二甲基异色原烷 三叉蕨 Tectaria subtriphylla
4,8-dihydroxy-1,2,3,6-tetramethoxyxanthone 4,8- 二羟基 -1,2,3,6- 四甲氧基吡酮 青叶胆 Swertia mileensis
6,8-dihydroxy-1,2,3-trimethoxyxanthone 6,8- 二羟基 -1,2,3- 三甲氧基吡酮 西南远志 Polygala crotalarioides
3,8-dihydroxy-1,2,4-trimethoxyxanthone 3,8- 二羟基 -1,2,4- 三甲氧基吡酮 红芽木 Cratoxylum formosum subsp. pruniflorum
3,8-dihydroxy-1,2,6-trimethoxyxanthone 3,8- 二羟基 -1,2,6- 三甲氧基吡酮 瓜子金 Polygala japonica, 西伯利亚远志 P. sibirica
3,6-dihydroxy-1,2,7,8-tetramethoxyxanthone 3,6- 二羟基 -1,2,7,8- 四甲氧基吡酮 西南远志 Polygala crotalarioides
3,6-dihydroxy-1,2,7-trimethoxyxanthone 3,6- 二羟基 -1,2,7- 三甲氧基吡酮 西南远志 Polygala crotalarioides, 瓜子金 P. japonica, 远志 P. tenuifolia
3,6-dihydroxy-1,2,8-trimethoxyxanthone 3,6- 二羟基 -1,2,8- 三甲氧基吡酮 西南远志 Polygala crotalarioides
7,8-dihydroxy-1,2-dimethoxy-3-methylanthraquinone 7,8- 二羟基 -1,2- 二甲氧基 -3- 甲基蒽醌 萱草 Hemerocallis fulva
3,5-dihydroxy-1,2-dimethoxyxanthone 3,5- 二羟基 -1,2- 二甲氧基吡酮 金丝桃 Hypericum monogynum
3,6-dihydroxy-1,2-dimethoxyxanthone 3,6- 二羟基 -1,2- 二甲氧基吡酮 金丝桃 Hypericum monogynum
3,7-dihydroxy-1,2-dimethoxyxanthone 3,7- 二羟基 -1,2- 二甲氧基吡酮 瓜子金 Polygala japonica
6,8-dihydroxy-1,2-dimethoxyxanthone 6,8- 二羟基 -1,2- 二甲氧基吡酮 长梗喉毛花 Comastoma pedunculatum
2,3-dihydroxy-1,2-propanedicarboxylic acid-*cis*-*p*-coumaroyl ester 2,3- 二羟基 -1,2- 丙烷二羧酸 - 顺式 - 对香豆酸酯 麝香百合 Lilium longiflorum var. scabrum
2,3-dihydroxy-1,2-propanedicarboxylic acid-feruloyl ester 2,3- 二羟基 -1,2- 丙烷二羧酸阿魏酸酯 麝香百合 Lilium longiflorum var. scabrum
2,3-dihydroxy-1,2-propanedicarboxylic acid-*trans*-*p*-coumaroyl ester 2,3- 二羟基 -1,2- 丙烷二羧酸 - 反式 - 对香豆酸酯 麝香百合 Lilium longiflorum var. scabrum
2,5-(or 3,5-)dihydroxy-1,3,4-(or-1,2,4-)trimethoxyanthraquinone 2,5-(或 3,5-) 二羟基 -1,3,4-(或 -1,2,4-) 三甲氧基蒽醌 金鸡纳树 Cinchona calisaya
2,7-dihydroxy-1,3-bis(*p*-hydroxybenzyl)-4-methoxy-9,10-dihydrophenanthrene 2,7- 二羟基 -1,3- 二对羟苄基 -4- 甲氧基 -9,10- 二氢菲 白及 Bletilla striata
2,5-dihydroxy-1,3-dimethoxyanthraquinone 2,5- 二羟基 -1,3- 二甲氧基蒽醌 蓬子菜 Galium verum
6,9-dihydroxy-1,3-methylenedioxyxanthone 6,9- 二羟基 -1,3- 亚甲二氧基吡酮 西南远志 Polygala crotalarioides
2,3-dihydroxy-1,4-benzodicarboxylic acid 2,3- 二羟基 -1,4- 苯并二羧酸 紫红獐牙菜 Swertia punicea
3,8-dihydroxy-1,4-dimethoxyxanthone 3,8- 二羟基 -1,4- 二甲氧基吡酮 蝉翼藤 Securidaca inappendiculata
5,8-dihydroxy-1,4-naphthalenedione 5,8- 二羟基 -1,4- 萘二酮 野核桃 Juglans cathayensis
2,5-dihydroxy-1,4-naphthoquinone 2,5- 二羟基 -1,4- 萘醌 胡桃楸 Juglans mandshurica
3,5-dihydroxy-1,4-naphthoquinone 3,5- 二羟基 -1,4- 萘醌 胡桃楸 Juglans mandshurica
5,8-dihydroxy-1,4-naphthoquinone 5,8- 二羟基 -1,4- 萘醌 胡桃楸 Juglans mandshurica
8,9-dihydroxy-1,5,6,10b-tetrahydro-2*H*-pyrrolo[2,1-a]isoquinolin-3-one 8,9- 二羟基 -1,5,6,10b- 四氢 -2*H*- 吡咯 [2,1-a] 异喹啉 -3- 酮 豆瓣绿 Peperomia tetraphylla
9-dihydroxy-1,5,6,10b-tetrahydro-2*H*-pyrrolo[2,1-*α*]isoquinolin-3-one 9- 二羟基 -1,5,6,10b- 四氢 -2*H*- 吡咯 [2,1-*α*] 异喹啉 -3- 酮 五脉绿绒蒿 Meconopsis quintuplinervia
2,8-dihydroxy-1,5,6-trimethoxyxanthone 2,8- 二羟基 -1,5,6- 三甲氧基吡酮 川西獐牙菜 Swertia mussotii
2,6-dihydroxy-1,5,7-trimethoxyphenanthrene 2,6- 二羟基 -1,5,7- 三甲氧基菲 束花石斛 Dendrobium chrysanthum, 密花石斛 D. densiflorum
2,6-dihydroxy-1,5-dimethoxyxanthone 2,6- 二羟基 -1,5- 二甲氧基吡酮 西南远志 Polygala crotalarioides
3,6-dihydroxy-1,5-dimethoxyxanthone 3,6- 二羟基 -1,5- 二甲氧基吡酮 构棘 Cudrania cochinchinensis
5-(3,8-dihydroxy-1,5-dimethyl-6-oxabicyclo[3.2.1]oct-8-yl)-3-methyl-2(*E*),4(*E*)-pentadienoic acid 5-(3,8- 二羟基 -1,5- 二甲基 -6- 氧杂双环 [3.2.1] 辛 -8- 基)-3- 甲基 -2(*E*),4(*E*)- 戊二烯酸 茶 Camellia sinensis
2,8-dihydroxy-1,6-dimethoxyxanthone 2,8- 二羟基 -1,6- 二甲氧基吡酮 双蝴蝶 Tripterospermum chinense
2,7-dihydroxy-1,6-dimethyl-5-vinyl-9,10-dihydrophenanthrene 2,7- 二羟基 -1,6- 二甲基 -5- 乙烯基 -9,10- 二氢菲 灯心草 Juncus effusus
2,8-dihydroxy-1,6-dimethyl-5-vinyl-9,10-dihydrophenanthrene 2,8- 二羟基 -1,6- 二甲基 -5- 乙烯基 -9,10- 二氢菲 灯心草 Juncus effusus
2,7-dihydroxy-1,6-dimethyl-9,10,12,13-tetrahydropyrene 2,7- 二羟基 -1,6- 二甲基 -9,10,12,13- 四氢芘 灯心草 Juncus effusus
2,7-dihydroxy-1,6-dimethylpyrene 2,7- 二羟基 -1,6- 二甲基芘 灯心草 Juncus effusus
(3*R*,5*R*)-3,5-dihydroxy-1,7-bis-(3,4-dihydroxyphenyl)heptane (3*R*,5*R*)-3,5- 二羟基 -1,7- 双 -(3,4- 二羟基苯基) 庚烷 箭根薯 Tacca chantrieri
(3*R*,5*R*)-3,5-dihydroxy-1,7-bis(3,4-dihydroxyphenyl)heptane-3-*O*-*β*-D-glucopyranoside (3*R*,5*R*)-3,5- 二羟基 -1,7- 双 (3,4- 二羟基苯基) 庚烷 -3-*O*-*β*-D- 吡喃葡萄糖苷 箭根薯 Tacca chantrieri

D

(3*R*,5*S*)-3,5-dihydroxy-1,7-bis(4-hydroxy-3-methoxyphenyl)-heptane (3*R*,5*S*)-3,5- 二羟基 -1,7- 二 (4- 羟基 -3- 甲氧基苯基)- 庚烷 姜 Zingiber officinale

(3*S*,5*S*)-3,5-dihydroxy-1,7-bis(4-hydroxy-3-methoxyphenyl)-heptane (3*S*,5*S*)-3,5- 二羟基 -1,7- 二 (4- 羟基 -3- 甲氧基苯基)- 庚烷 姜 Zingiber officinale

(3*R*,5*R*)-3,5-dihydroxy-1,7-bis(4-hydroxy-3-methoxyphenyl)heptane-3-*O*-*β*-D-glucopyranoside (3*R*,5*R*)-3,5- 二羟基 -1,7- 双 (4- 羟基 -3- 甲氧基苯基) 庚烷 -3-*O*-*β*-D- 吡喃葡萄糖苷 箭根薯 Tacca chantrieri

(3*R*,5*R*)-3,5-dihydroxy-1,7-bis(4-hydroxyphenyl)-3,5-heptanediol (3*R*,5*R*)-3,5- 二羟基 -1,7- 双 (4- 羟苯基)-3,5- 庚二醇 薯蓣 Dioscorea polystachya

D

(3*S*,5*R*,6*S*,7*R*)-5,6-dihydroxy-1,7-bis(4-hydroxyphenyl)-4"-de-*O*-methylcentrolobine (3*S*,5*R*,6*S*,7*R*)-5,6- 二羟基 -1,7- 二对羟苯基 -4",2- 去氧甲基心裂宾 云南草蔻 Alpinia blepharocalyx

(3*S*,5*S*,6*R*,7*R*)-5,6-dihydroxy-1,7-bis(4-hydroxyphenyl)-4"-de-*O*-methylcentrolobine (3*S*,5*S*,6*R*,7*R*)-5,6- 二羟基 -1,7- 二对羟苯基 -4"- 去氧甲基心裂宾 云南草蔻 Alpinia blepharocalyx

(3*S*,5*S*,6*S*,7*R*)-5,6-dihydroxy-1,7-bis(4-hydroxyphenyl)-4"-de-*O*-methylcentrolobine (3*S*,5*S*,6*S*,7*R*)-5,6- 二羟基 -1,7- 二对羟苯基 -4"- 去氧甲基心裂宾 云南草蔻 Alpinia blepharocalyx

(3*S*,5*S*)-3,5-dihydroxy-1,7-bis(4-hydroxyphenyl)heptane (3*S*,5*S*)-3,5- 二羟基 -1,7- 二对羟苯基庚烷 云南草蔻 Alpinia blepharocalyx

3,5-dihydroxy-1,7-bis(4-hydroxyphenyl)heptane 3,5- 二羟基 -1,7- 双 (4- 羟基苯基) 庚烷 槲寄生 Viscum coloratum

3,5-dihydroxy-1,7-bis(4-hydroxyphenyl)-heptane 3,5- 二羟基 -1,7- 双 (4- 羟基苯基)- 庚烷 滇虎榛 Ostryopsis nobilis

(3*R*,5*R*)-3,5-dihydroxy-1,7-bis(4-hydroxyphenyl)heptane-3-*O*-*β*-D-glucopyranoside (3*R*,5*R*)-3,5- 二羟基 -1,7- 双 (4- 羟基苯基) 庚烷 -3-*O*-*β*-D- 吡喃葡萄糖苷 箭根薯 Tacca chantrieri

3,6-dihydroxy-1,7-dimethoxyxanthone 3,6- 二羟基 -1,7- 二甲氧基呫酮 金丝桃 Hypericum monogynum

2,6-dihydroxy-1,7-dimethyl-5-vinyl-9,10-dihydrophenanthrene 2,6- 二羟基 -1,7- 二甲基 -5- 乙烯基 -9,10- 二氢菲 灯心草 Juncus effusus

2,8-dihydroxy-1,7-dimethyl-6-vinyl-10,11-dihydro-dibenz[b,f]oxepin 2,8- 二羟基 -1,7- 二甲基 -6- 乙烯基 -10,11- 二氢 - 二苯并 [b,f] 氧杂草 灯心草 Juncus effusus

(3*S*,5*S*)-*trans*-3,5-dihydroxy-1,7-diphenyl-1-hepten-3-one (3*S*,5*S*)- 反式 -3,5- 二羟基 -1,7- 二苯基 -1- 庚烯 -3- 酮 草豆蔻 Alpinia hainanensis

(3*R*,5*S*)-*trans*-3,5-dihydroxy-1,7-diphenyl-1-heptene (3*R*,5*S*)- 反式 -3,5- 二羟基 -1,7- 二苯基 -1- 庚烯 草豆蔻 Alpinia hainanensis

(3*S*,5*S*)-*trans*-3,5-dihydroxy-1,7-diphenyl-1-heptene (3*S*,5*S*)- 反式 -3,5- 二羟基 -1,7- 二苯基 -1- 庚烯 柱穗山姜 Alpinia pinnanensis

(3*S*,5*R*)-3,5-dihydroxy-1,7-diphenylheptane (3*S*,5*R*)-3,5- 二羟基 -1,7- 二苯基庚烷 草豆蔻 Alpinia hainanensis

trans-3,5-dihydroxy-1,7-diphenyl-hept-l-ene 反式 -3,5- 二羟基 -1,7- 二苯基 - 庚 -l- 烯 草豆蔻 Alpinia hainanensis

2*α*,9-dihydroxy-1,8-cineole 2*α*,9- 二羟基 -1,8- 桉树脑 龙葵 Solanum nigrum

2,7-dihydroxy-1,8-dimethoxyxanthone 2,7- 二羟基 -1,8- 二甲氧基呫酮 薄叶红厚壳 Calophyllum membranaceum

2,7-dihydroxy-1,8-dimethyl-5-vinyl-9,10-dihydrophenanthrene 2,7- 二羟基 -1,8- 二甲基 -5- 乙烯基 -9,10- 二氢菲 灯心草 Juncus effusus

3,7-dihydroxy-1,9-dimethyldibenzofuran 3,7- 二羟基 -1,9- 二甲基二苯并呋喃 海漆 Excoecaria agallocha

8,9-dihydroxy-10*E*,12*Z*-octadecadienoic acid 8,9- 二羟基 - 十八烷 -10*E*,12*Z*- 二烯酸 绣球菌 Sparassis crispa

19,21*α*-dihydroxy-10-methoxy-19,20-dihydrovinorine 19,21*α*- 二羟基 -10- 甲氧基 -19,20- 二氢小蔓长春花碱▲ 蔓长春花 Vinca major

1,3-dihydroxy-10-methylacridone 1,3- 二羟基 -10- 甲基吖啶酮 葡萄柚 Citrus paradisi

4*α*,7*β*-dihydroxy-10*βH*-guai-5-en-1*β*,8*β*-endoxide 4*α*,7*β*- 二羟基 -10*βH*- 愈创木 -5- 烯 -1*β*,8*β*- 内氧化物 阿尔泰狗娃花 Heteropappus altaicus

1*β*,6*α*-dihydroxy-10*β*-methyl-5*αH*,7*αH*-eudesm-4-one 1*β*,6*α*- 二羟基 -10*β*- 甲基 -5*αH*,7*αH*- 桉叶 -4- 酮 云南蓍 Achillea wilsoniana

3,8-dihydroxy-11,11-dimethyl-6-(2-methylpropenyl)-6*H*,7*H*,11*H*-bis[1]benzopyrano[4,3-b:6',7'-e]pyran-7-one 3,8- 二羟基 -11,11- 二甲基 -6-(2- 甲基丙烯基)-6H,7H,11*H*- 二 [1] 苯并吡喃 [4,3-b:6',7'-e] 吡喃 -7- 酮 柘树 Cudrania tricuspidata

(1*S*,4*S*)-7,8-dihydroxy-11,12-dehydrocalamenene (1*S*,4*S*)-7,8- 二羟基 -11,12- 去氢菖蒲烃▲ 二色五味子 Schisandra bicolor

2,7-dihydroxy-11,12-dehydrocalamenene 2,7- 二羟基 -11,12- 菖蒲烃▲ 南五味子 Kadsura longipedunculata

8,10-dihydroxy-11-methoxy-5*H*-isochromeno[4,3-b]chromen-7-one 8,10- 二羟基 -11- 甲氧基 -5*H*- 异色原烯 [4,3-b] 色原烯 -7- 酮 耳羽岩蕨 Woodsia polystichoides

(3*β*)-3,27-dihydroxy-11-oxo-olean-12-en-28-oic acid (3*β*)-3,27- 二羟基 -11- 氧代 - 齐墩果 -12- 烯 -28- 酸 马尾树 Rhoiptelea chiliantha

3*β*,6*β*-dihydroxy-11-oxo-olean-12-en-28-oic acid 3*β*,6*β*- 二羟基 -11- 氧代 - 齐墩果 -12- 烯 -28- 酸 越南安息香 Styrax tonkinensis

(3*β*,4*β*,22*β*)-22,23-dihydroxy-11-oxoolean-12-en-3-yl-*O*-6-deoxy-*α*-L-mannopyranosyl-(1 → 2)-*O*-*β*-D-galactopyranosyl-(1 → 2)-*β*-D-glucopyranosiduronic acid (3*β*,4*β*,22*β*)-22,23- 二羟基 -11- 氧代齐墩果 -12- 烯 -3- 基 -*O*-6- 去氧 -*α*-L- 吡喃甘露糖基 -(1 → 2)-*O*-*β*-D- 吡喃半乳糖基 -(1 → 2)-*β*-D- 吡喃葡萄糖醛酸 背扁黄耆 Astragalus complanatus

(3*β*,4*β*,22*β*)-22,23-dihydroxy-11-oxoolean-12-en-3-yl-*O*-6-deoxy-*α*-L-mannopyranosyl-(1 → 2)-*O*-*β*-D-galactopyranosyl-(1 → 2)-*β*-D-glucopyranosiduronic acid methyl ester (3*β*,4*β*,22*β*)-22,23- 二羟基 -11- 氧代齐墩果 -12- 烯 -3- 基 -*O*-6- 去氧 -*α*-L- 吡喃甘露糖基 -(1 → 2)-*O*-*β*-D- 吡喃半乳糖基 -(1 → 2)-*β*-D- 吡喃葡萄糖醛酸甲酯 背扁黄耆 Astragalus complanatus

(3*β*,4*β*,22*β*)-22,23-dihydroxy-11-oxoolean-12-en-3-yl-*O*-6-deoxy-*α*-L-mannopyranosyl-(1 → 2)-*O*-*β*-D-xylopyranosyl-(1 → 2)-*β*-D-glucopyranosiduronic acid methyl ester (3*β*,4*β*,22*β*)-22,23- 二羟基 -11- 氧代齐墩果 -12- 烯 -3- 基 -*O*-6- 去氧 -*α*-L- 吡喃甘露糖基 -(1 → 2)-*O*-*β*-D- 吡喃木糖基 -(1 → 2)-*β*-D- 吡喃葡萄糖醛酸甲酯 背扁黄耆 Astragalus complanatus

2,13-dihydroxy-11-tridecen-3,5,7,9-tetraynyl-1-*O*-*β*-D-glucopyranoside 2,13- 二羟基 -11- 十三碳烯 -3,5,7,9- 四炔 -1-*O*-*β*-D- 吡喃葡萄糖苷 大狼杷草 Bidens frondosa

3*β*,6*β*-dihydroxy-11*α*,12*α*-epoxyolean-28,13*β*-olide 3*β*,6*β*- 二羟基 -11*α*,12*α*- 环氧齐墩果 -28,13*β*- 内酯 越南安息香 Styrax tonkinensis

2*α*,3*β*-dihydroxy-11*α*,12*α*-epoxy-urs-28,13*β*-olide 2*α*,3*β*- 二羟基 -11*α*,12*α*- 环氧 - 熊果 -28,13*β*- 内酯 拟缺香茶菜 Isodon excisoides

1*β*,3*β*-dihydroxy-11*α*,12*α*-oxidotaraxerane 1*β*,3*β*- 二羟基 -11*α*,12*α*- 环氧蒲公英赛烷 禾叶风毛菊 Saussurea graminea

3β,28-dihydroxy-11α,12α-oxidotaraxerane 3β,28- 二羟基 -11α,12α- 环氧蒲公英赛烷 禾叶风毛菊 Saussurea graminea

3β,25-dihydroxy-11α-acetoxy-20S,24R-epoxydammarane 3β,25- 二羟基 -11α- 乙酰氧基 -20S,24R- 环氧达玛烷 小叶桦 Betula microphylla, 圆叶桦 B. rotundifolia

2α,5α-dihydroxy-11αH-eudesma-4(15)-en-12,8β-olide 2α,5α- 二羟基 -11αH- 桉叶 -4(15)- 烯 -12,8β- 内酯 大花金挖耳 Carpesium macrocephalum

3β,8β-dihydroxy-11αH-guaia-4(15),10(14)-dien-12,6α-olide 3β,8β- 二羟基 -11αH- 愈创木 -4(15),10(14)- 二烯 -12,6α- 内酯 空桶参 Soroseris erysimoides

ent-7β,14-dihydroxy-11α-methoxy-18-aldehyde-11β-20-epoxy-kaur-16-en-15-one 对映 -7β,14- 二羟基 -11α- 甲氧基 -18- 醛 -11β-20- 环氧 - 贝壳 -16- 烯 -15- 酮 三花莸 Caryopteris terniflora

3β,28-dihydroxy-11α-methoxyurs-12-ene 3β,28- 二羟基 -11α- 甲氧基熊果 -12- 烯 福建假卫矛 Microtropis fokienensis

3β,14-dihydroxy-11β,13-dihydrocostunolide 3β,14- 二氢 -11β,13- 二氢木香内酯 莴苣 Lactuca sativa

10β,14-dihydroxy-11βH-guai-4-(15)-ene-12,6α-olide-14-O-β-D-glucoside 10β,14- 二羟基 -11βH- 愈创木 -4-(15)- 烯 -12,6α- 内酯 -14-O-β-D- 葡萄糖苷 雪莲花 Saussurea involucrata

6α,11-dihydroxy-12,13-diacetoxyelem-1,3-diene 6α,11- 二羟基 -12,13- 二乙酰氧基 -1,3- 二烯 荷花木兰 Magnolia grandiflora

11,14-dihydroxy-12,16-epoxyabieta-5,8,11,13-tetraen-7-one 11,14- 二羟基 -12,16- 环氧冷杉 -5,8,11,13- 四烯 -7- 酮 伞序臭黄荆 Premna serratifolia

3β,16α-dihydroxy-12-acetoxy-16,22-cyclo-23-ketone-24,25-epoxy-cycloartane-3-O-β-D-galactopyranoside 3β,16α- 二羟基 -12- 乙酰氧基 -16,22- 环 -23- 酮基 -24,25- 环氧 - 环木菠萝 -3-O-β-D- 吡喃半乳糖苷 单穗升麻 Cimicifuga simplex

3β,16α-dihydroxy-12-acetoxy-16,22-cyclo-23-ketone-24,25-epoxy-cycloartane-7-ene-3-O-β-D-xylopyranoside 3β,16α- 二羟基 -12- 乙酰氧基 -16,22- 环 -23- 酮基 -24,25- 环氧 - 环木菠萝 -7- 烯 -3-O-β-D- 吡喃木糖苷 单穗升麻 Cimicifuga simplex

3β,16α-dihydroxy-12-acetoxy-16,22-cyclo-23-ketone-24R,25-epoxycycloartane-7-ene-3-O-β-D-galactopyranoside 3β,16α- 二羟基 -12- 乙酰氧基 -16,22- 环 -23- 酮 -24R,25- 环氧环木菠萝 -7- 烯 -3-O-β-D- 吡喃半乳糖苷 单穗升麻 Cimicifuga simplex

2β,23-dihydroxy-12-ene-28-oleanolic acid 2β,23- 二羟基 -l2- 烯 -28- 齐墩果酸 糙苏 Phlomis umbrosa

11,14-dihydroxy-12-methoxy-7-oxo-8,11,13-abietatrien-19-20β-olide 11,14- 二羟基 -12- 甲氧基 -7- 氧代 -8,11,13- 冷杉三烯 -19-20β- 内酯 硬尖神香草 Hyssopus cuspidatus

(12Z)-9,10-dihydroxy-12-octadecenoic acid (12Z)-9,10- 二羟基 -12- 十八烯酸 水粉杯伞 Clitocybe nebularis

3β,16β-dihydroxy-12-oleanen-28-al 3β,16β- 二羟基 -12- 齐墩果烯 -28- 醛 阿勒泰橐吾 Ligularia altaica, 箭叶橐吾 L. sagitta

2α,3β-dihydroxy-12-oleanen-28-oic acid 2α,3β- 二羟基 -12- 齐墩果烯 -28- 酸 烈香杜鹃花 Rhododendron anthopogonoides

3,23-dihydroxy-12-oleanen-28-oic acid 3,23- 二羟基齐墩果 -12- 烯 -28- 酸 广藿香 Pogostemon cablin

3β,22α-dihydroxy-12-oleanen-29-oic acid 3β,22α- 二羟基 -12- 齐墩果烯 -29- 酸 肉花卫矛 Euonymus carnosus

22β,29-dihydroxy-12-oleanen-3-one 22β,29- 二羟基 -12- 齐墩果烯 -3- 酮 疏花鱼藤 Derris laxiflora

3β,28-dihydroxy-12-oleanene-11-one 3β,28- 羟基 -12- 齐墩果烯 -11- 酮 日本珊瑚树 Viburnum odoratissimum var. awabuki

3β,28-dihydroxy-12-oleanene-1-one 3β,28- 羟基 -12- 齐墩果烯 -1- 酮 日本珊瑚树 Viburnum odoratissimum var. awabuki

3β,6β-dihydroxy-12-oxo-13Hα-olean-28,19β-olide 3β,6β- 二羟基 -12- 氧代 -13Hα- 齐墩果 -28,19β- 内酯 越南安息香 Styrax tonkinensis

23β-H-3β,20ξ-dihydroxy-12-oxo-21,23-epoxydammar-24-ene-3-O-[α-L-rhamnopyranosyl-(1 → 2)][β-D-glucopyranosyl-(1 → 3)]-α-L-arabinopyranoside 23β-H-3β,20ξ- 二羟基 -12- 氧代 -21,23- 环氧达玛 -24- 烯 -3-O-[α-L- 吡喃鼠李糖基 -(1 → 2)][β-D- 吡喃葡萄糖基 -(1 → 3)]-α-L- 吡喃阿拉伯糖苷 绞股蓝 Gynostemma pentaphyllum

2α,3β-dihydroxy-12-ursen-28-oic acid 2α,3β- 二羟基 -12- 熊果烯 -28- 酸 烈香杜鹃花 Rhododendron anthopogonoides

6β,20β-dihydroxy-12-ursen-28-oic acid 6β,20β- 二羟基熊果 -12- 烯 -28- 酸 番石榴 Psidium guajava

3β,28-dihydroxy-12-ursene 3β,28- 二羟基 -12- 熊果烯 球核荚蒾 Viburnum propinquum

3β,20S-dihydroxy-12β,23R-epoxydammar-24-ene-3-O-[β-D-glucopyranosyl-(1 → 2)-β-D-glucopyranosyl]-20-O-β-D-glucopyranoside 3β,20S- 二羟基 -12β,23R- 环氧达玛 -24- 烯 -3-O-[β-D- 吡喃葡萄糖基 -(1 → 2)-β-D- 吡喃葡萄糖基]-20-O-β-D- 吡喃葡萄糖苷 西洋参 Panax quinquefolius

16α,24α-dihydroxy-12β-acetoxy-25,26,27-trinor-16,24-cyclocycloartan-23-one-3β-O-α-L-arabinopyranoside 16α,24α- 二羟基 -12β- 乙酰氧基 -25,26,27- 三降 -16,24- 环环木菠萝 -23- 酮 -3β-O-α-L- 吡喃阿拉伯糖苷 兴安升麻 Cimicifuga dahurica

(3S,5S,8R,9R,10S)-3,9-dihydroxy-13(14)-labdaen-16,15-olide-3-O-β-D-glucopyranoside (3S,5S,8R,9R,10S)-3,9- 二羟基 -13(14)- 半日花烯 -16,15- 内酯 -3-O-β-D- 吡喃葡萄糖苷 穗花牡荆 Vitex agnus-castus

(rel-3S,5S,8R,9R,10S)-3,9-dihydroxy-13(14)-labden-16,15-olide (相对 -3S,5S,8R,9R,10S)-3,9- 二羟基 -13(14)- 半日花烯 -16,15- 内酯 单叶蔓荆 Vitex trifolia subsp. litoralis

ent-8α,14α-dihydroxy-13(15)-en-16(12α)-abietanolide 对映 -8α,14α- 二羟基 -13(15)- 烯 -16(12α)- 冷杉烷内酯 大果大戟 Euphorbia wallichii

ent-8α,14β-dihydroxy-13(15)-en-16(12α)-abietanolide 对映 -8α,14β- 二羟基 -13(15)- 烯 -16(12α)- 冷杉烷内酯 大果大戟 Euphorbia wallichii

3β,16α-dihydroxy-13,28-epoxy-oleanane-3-O-α-L-rhamnopyranosyl-(1 → 2)-β-D-glucopyranosyl-(1 → 4)-β-D-glucopyranosyl-(1 → 2)-α-L-arabinopyranoside 3β,16α- 二羟基 -13,28- 环氧齐墩果 -3-O-α-L- 吡喃鼠李糖基 -(1 → 2)-β-D- 吡喃葡萄糖基 -(1 → 4)-β-D- 吡喃葡萄糖基 -(1 → 2)-α-L- 吡喃阿拉伯糖苷 矮桃 Lysimachia clethroides

8,15-dihydroxy-13E-labdane 8,15- 二羟基 -13E- 半日花烷 灰毛浆果楝 Cipadessa cinerascens

7β,12α-dihydroxy-13-epi-manoyl oxide 7β,12α- 二羟基 -13- 表 - 泪柏醚 宽叶金粟兰 Chloranthus henryi

7β,12α-dihydroxy-13-epimanoyloxide 7β,12α- 二羟基 -13- 表泪柏醚 海南巴豆 Croton laui

3β,12-dihydroxy-13-methyl-5,8,11,13-podocarpatetraen-7-one 3β,12- 二羟基 -13- 甲基 -5,8,11,13- 罗汉松四烯 -7- 酮 一叶萩 Flueggea suffruticosa

3β,12-dihydroxy-13-methyl-6,8,11,13-podocarpatetraen 3β,12- 二羟基 -13- 甲基 -6,8,11,13- 罗汉松四烯 一叶萩 Flueggea suffruticosa

5,7α-dihydroxy-13-normarasman-7-one 5,8α- 二羟基 -13- 降小皮伞 -7- 酮 绒白乳菇 Lactarius vellereus

5,7α-dihydroxy-13-normarasman-8-one 5,7α- 二羟基 -13- 降小皮伞 -8- 酮 绒白乳菇 Lactarius vellereus

3β,8α-dihydroxy-13-pyrrolidine-4(15),10(14)-(1αH,5αH,6βH,11βH)-guaiadien-12,6-olide 3β,8α- 二羟基 -13- 吡咯烷 -4(15),10(14)-(1αH,5αH,6βH,11βH)- 愈创木烷二烯 -12,6- 内酯 顶羽菊 Acroptilon repens

3β,5β-dihydroxy-14-en-card-20(22)-enolide 3β,5β- 二羟基 -14- 烯 - 强心甾 -20(22)- 烯内酯 黑龙骨 Periploca forrestii

8,13-dihydroxy-14-labdene 8,13- 二羟基 -14- 半日花烯 穗花牡荆 Vitex agnus-castus

1β,6α-1,6-dihydroxy-14-O-[(4-hydroxyphenyl)acetyl]eudesma-3,11(13)-dien-12-oic acid-γ-lactone 1β,6α-1,6- 二羟基 -14-O-[(4- 羟苯基) 乙酰基] 桉叶 -3,11(13)- 二烯 -12- 酸 -γ- 内酯 短裂苦苣菜 Sonchus uliginosus

4,13β-dihydroxy-14-oxo-3,4-secoatis-16-en-3-oic acid 4,13β- 二羟基 -14- 氧代 -3,4- 裂环阿替 -16- 烯 -3- 酸 金刚纂 Euphorbia neriifolia

4,13β-dihydroxy-14-oxo-3,4-secoatis-16-en-3-oic acid methyl ester 4,13β- 二羟基 -14- 氧代 -3,4- 裂环阿替 -16- 烯 -3- 酸甲酯 金刚纂 Euphorbia neriifolia

ent-13,3β-dihydroxy-14-oxoatis-16-ene 对映 -13,3β- 二羟基 -14- 氧代阿替 -16- 烯 钩腺大戟 Euphorbia sieboldiana

3β,14-dihydroxy-14β-pregn-5-en-20-one 3β,14- 二羟基 -14β- 孕甾 -5- 烯 -20- 酮 徐长卿 Cynanchum paniculatum

3β-14α-dihydroxy-14β-pregn-5-en-20-one 3β-14α- 二羟基 -14β- 孕甾 -5- 烯 -20- 酮 徐长卿 Cynanchum paniculatum

3α,17-dihydroxy-15(16)-ene-ent-kaur-7-one 3α,17- 二羟基 -15(16)- 烯 - 对映 - 贝壳杉 -7- 酮 毛萼香茶菜 Isodon eriocalyx

(E)-8α,15-dihydroxy-15-(3S-hydroxy-octadecanoyl)-13-labdene-8-O-α-L-arabinopyranoside (E)-8α,15- 二羟基 -15-(3S- 羟基 - 十八烷酰基 -13- 半日花烯 -8-O-α-L- 吡喃阿拉伯糖苷 熊胆草 Conyza blinii

13,14-dihydroxy-15,16-dimethoxy-(-)-6α-hydroxy-5α,8α,9α,10α-cleroda-3-en-18-oic acid 13,14- 二羟基 -15,16- 二甲氧基 -(-)-6α- 羟基 -5α,8α,9α,10α- 赪桐 -3- 烯 -18- 酸 车桑子 Dodonaea viscosa

19,20-dihydroxy-15,16-epoxy-8(17),13(16),14-ent-labdatriene 19,20- 二羟基 -15,16- 环氧 -8(17),13(16),14- 对映 - 半日花三烯 浮叶眼子菜 Potamogeton natans

10α,19-dihydroxy-15,16-epoxy-8(17),13(16),14-nor-ent-labdatriene 10α,19- 二羟基 -15,16- 环氧 -8(17),13(16),14- 降 - 对映 - 半日花三烯 浮叶眼子菜 Potamogeton natans

3β,6β-dihydroxy-15-nor-14-oxo-8(17),12-labdadien-14-al 3β,6β- 二羟基 -15- 降 -14- 氧代 -8(17),12- 半日花二烯 -14- 醛 及已 Chloranthus serratus

ent-7α,9-dihydroxy-15-oxo-16S-kaurane-19,6β-olide 对映 -7α,9- 二羟基 -15- 氧代 -16S- 贝壳杉 -19,6β- 内酯 刺齿半边旗 Pteris dispar

7β,11β-dihydroxy-15-oxo-ent-kaur-16-en-19,6β-olide 7β,11β- 二羟基 -15- 氧代 - 对映 - 贝壳杉 -16- 烯 -19,6β- 内酯 半边旗 Pteris semipinnata

7β,9-dihydroxy-15-oxo-ent-kaur-16-en-19,6β-olide 7β,9- 二羟基 -15- 氧代 - 对映 - 贝壳杉 -16- 烯 -19,6β- 内酯 半边旗 Pteris semipinnata

ent-7α,9-dihydroxy-15-oxokaur-16-en-19,6β-olide 对映 -7α,9- 二羟基 -15- 氧代贝壳杉 -16- 烯 -19,6β- 内酯 刺齿半边旗 Pteris dispar

3β,5α-dihydroxy-15β-cinnamoyloxy-14-oxolathyra-6Z,12E-diene 3β,5α- 二羟基 -15β- 桂皮酰氧基 -14- 氧代续随子 -6 顺式 ,12 反式 - 二烯 甘肃大戟 Euphorbia kansuensis, 甘青大戟 E. micractina

(3β,4α,20α)-3,29-dihydroxy-16,23-dioxo-28-norolean-17-en-3β-O-β-D-galactopyranosyl-(1 → 2)-O-[β-D-galactopyranosyl-(1 → 4)]-β-D-glucopyranuronosidic acid (3β,4α,20α)-3,29- 二羟基 -16,23- 二氧代 -28- 降齐墩果 -17- 烯 -3β-O-β-D- 吡喃半乳糖基 -(1 → 2)-O-[β-D- 吡喃半乳糖基 -(1 → 4)]-β-D- 吡喃葡萄糖醛酸苷 圆锥石头花 Gypsophila paniculata

3α,21α-dihydroxy-16-oxoserrat-14-en-24-yl-p-coumarate 3α,21α- 二羟基 -16- 氧代千层塔 -14- 烯 -24- 基 - 对香豆酸酯 石松 Lycopodium japonicum

7β,17-dihydroxy-16α-ent-kauran-19-oic acid-19-O-β-D-glucopyranoside ester 7β,17- 二羟基 -16α- 对映 - 贝壳杉 -19- 酸 -19-O-β-D- 吡喃葡萄糖苷酯 圆滑番荔枝 Annona glabra

16,17-dihydroxy-16β-(-)-kauran-19-oic acid 16,17- 二羟基 -16β-(-)- 贝壳杉 -19- 酸 秀雅杜鹃花 Rhododendron concinnum

ent-17,18-dihydroxy-16βH-kauran-19-oic acid 对映 -17,18- 二羟基 -16βH- 贝壳杉 -19- 酸 腺梗豨莶 Sigesbeckia pubescens

6,7-dihydroxy-17(20)-cis-5-pregna-16-one 6,7- 二羟基 -17(20)- 顺式 -5- 孕甾 -16- 酮 岭南臭椿 Ailanthus triphysa

7α,14β-dihydroxy-17α-ethoxymethyl-3β-acetoxy-ent-kaur-11,15-dione 7α,14β- 二羟基 -17α- 乙氧基甲基 -3β- 乙酰氧基 - 对映 - 贝壳杉 -11,15- 二酮 贵州鼠尾草 Salvia cavaleriei

7α,14β-dihydroxy-17α-methoxymethyl-18β-acetoxy-ent-kaur-11,15-dione 7α,14β- 二羟基 -17α- 甲氧基甲基 -18β- 乙酰氧基 - 贝壳杉 -11,15- 二酮 贵州鼠尾草 Salvia cavaleriei

7α,14β-dihydroxy-17α-methoxymethyl-ent-kaur-3,11,15-trione 7α,14β- 二羟基 -17α- 甲氧基甲基 - 对映 - 贝壳杉 -3,11,15- 三酮 贵州鼠尾草 Salvia cavaleriei

7α,14β-dihydroxy-17β-ethyoxymethyl-3β-acetoxy-ent-kaur-11,15-dione 7α,14β- 二羟基 -17β- 乙氧基甲基 -3β- 乙酰氧基 - 对映 - 贝壳杉 -11,15- 二酮 贵州鼠尾草 Salvia cavaleriei

7α,14β-dihydroxy-17β-methoxymethyl-18β-acetoxy-ent-kaur-11,15-dione 7α,14β- 二羟基 -17β- 甲氧基甲基 -18β- 乙酰氧基 - 贝壳杉 -11,15- 二酮 贵州鼠尾草 Salvia cavaleriei

7α,14β-dihydroxy-17β-methoxymethyl-3β-acetoxy-ent-kaur-11,15-dione 7α,14β- 二羟基 -17β- 甲氧基甲基 -3β- 乙酰氧基 - 对映 - 贝壳杉 -11,15- 二酮 贵州鼠尾草 Salvia cavaleriei

4α,6α-dihydroxy-18-(4'-methoxy-4'-oxobutyryloxy)-19-tigloyloxy-neo-clerod-13-en-15,16-olide 4α,6α- 二羟基 -18-(4'- 甲氧基 -4'- 氧代丁酰氧基)-19- 巴豆酰氧基 - 新 - 赪桐 -13- 烯 -15,16- 内酯 金疮小草 Ajuga decumbens

2E,10E-1,12-dihydroxy-18-acetoxy-3,7,15-trimethylhexadeca-2,10,14-triene 2E,10E-1,12- 二羟基 -18- 乙酰氧基 -3,7,15- 三甲基十六烷 -2,10,14- 三烯 金挖耳 Carpesium divaricatum

2α,3α-dihydroxy-19-oxo-18,19-seco-urs-11,13(18)-dien-28-oic acid 2α,3α- 二羟基 -19- 氧代 -18,19- 裂环 - 熊果 -11,13(18)- 二烯 -28- 酸

飞龙掌血 Toddalia asiatica

23*β*-*H*-3*β*,20*ξ*-dihydroxy-19-oxo-21,23-epoxydammar-24-ene-3-*O*-[*α*-L-rhamnopyranosyl-(1 → 2)][*β*-D-xylopyranosyl-(1 → 3)]-*α*-L-arabinopyranoside 23*β*-*H*-3*β*,20*ξ*- 二羟基 -19- 氧代 -21,23- 环氧达玛 -24- 烯 -3-*O*-[*α*-L- 吡喃鼠李糖基 -(1 → 2)][*β*-D- 吡喃木糖基 -(1 → 3)]-*α*-L- 吡喃阿拉伯糖苷 绞股蓝 Gynostemma pentaphyllum

5*β*,14*β*-dihydroxy-19-oxo-3*β*-*O*-*α*-L-rhamnopyranosyl-bufa-20,22-dienolide 5*β*,14*β*- 二羟基 -19- 酮 -3*β*-*O*-*α*-L- 吡喃鼠李糖基 - 蟾蜍甾 -20,22- 二烯内酯 铁筷子 Helleborus thibetanus

(20*R*,23*R*)-3*β*,20-dihydroxy-19-oxodammar-24-en-21-oic acid-21,23-lactone-3-*O*-[*α*-L-rhamnopyranosyl-(1→2)][*β*-D-xylopyranosyl-(1→3)]-*α*-L-arabinopyranoside (20*R*,23*R*)-3*β*,20- 二羟基 -19- 氧代达玛 -24- 烯 -21- 酸 -21,23- 内酯 -3-*O*-[*α*-L- 吡喃鼠李糖基 -(1 → 2)][*β*-D- 吡喃木糖基 -(1 → 3)]-*α*-L- 吡喃阿拉伯糖苷 绞股蓝 Gynostemma pentaphyllum

2*α*,15*β*-dihydroxy-19-oxo-uzarigenin 2*α*,15*β*- 二羟基 -19- 氧代波叶刚毛果苷元▲ 牛角瓜 Calotropis gigantea

3*β*,13-dihydroxy-19*αH*-ursan-28-oic acid-*γ*-lactone 3*β*,13- 二羟基 -19*αH*- 熊果烷 -28- 酸 -*γ*- 内酯 水飞蓟 Silybum marianum

3,4-dihydroxy-1-allylbenzene-4-*O*-*α*-L-rhamnopyranosyl-(1 → 6)-*O*-*β*-D-glucopyranoside 3,4- 二羟基 -1- 烯丙基苯 -4-*O*-*α*-L- 吡喃鼠李糖基 -(1 → 6)-*O*-*β*-D- 吡喃葡萄糖苷 剑叶龙血树 Dracaena cochinchinensis

(4*R*,5*S*)-4-[(1*E*,3*R*)-3,4-dihydroxy-1-butenyl]-4-hydroxy-3,3,5-trimethylcyclohexanone (4*R*,5*S*)-4-[(1*E*,3*R*)-3,4- 二羟基 -1- 丁基]-4- 羟基 -3,3,5- 三甲基环己酮 莲子草 Alternanthera sessilis

(4*S*,5*R*)-4-[(1*E*,3*R*)-3,4-dihydroxy-1-butenyl]-4-hydroxy-3,3,5-trimethylcyclohexanone (4*S*,5*R*)-4-[(1*E*,3*R*)-3,4- 二羟基 -1- 丁基]-4- 羟基 -3,3,5- 三甲基环己酮 莲子草 Alternanthera sessilis

(3*R*,4*R*,6*S*)-3,6-dihydroxy-1-menthene (3*R*,4*R*,6*S*)-3,6- 二羟基 -1- 薄荷烯 箭叶橐吾 Ligularia sagitta, 乌药 Lindera aggregata

(3*S*,6*S*)-3,6-dihydroxy-1-menthene (3*S*,6*S*)-3,6- 二羟基 -1- 薄荷烯 华蟹甲 Sinacalia tangutica

8-dihydroxy-1-methoxy-2-methoxymethylene-9,10-anthraquinone 3,8- 二羟基 -1- 甲氧基 -2- 甲氧基亚甲基 -9,10- 蒽醌 水团花 Adina pilulifera

6-(2,3-dihydroxy-1-methoxy-3-methyl-butyl)-7-methoxycoumarin 6-(2,3- 二羟基 -1- 甲氧基 -3- 甲基丁基)-7- 甲氧基香豆素 白芷 Angelica dahurica

2,5-dihydroxy-1-methoxyanthraquinone 2,5- 二羟基 -1- 甲氧基蒽醌 四川虎刺 Damnacanthus officinarum, 蓬子菜 Galium verum

3,6-dihydroxy-1-methoxyanthraquinone 3,6- 二羟基 -1- 甲氧基蒽醌 红大戟 Knoxia roxburghii

2,9-dihydroxy-1-methoxy-dibenz[*cd*,*f*]indol-4(5*H*)-one 2,9- 二羟基 -1- 甲氧基 - 二苯并 [*cd*,*f*] 吲哚酮 -4(5*H*)- 酮 西藏马兜铃 Aristolochia griffithii

2,3-dihydroxy-1-methoxyl-anthraquinone 2,3- 二羟基 -1- 甲氧基蒽醌 鸡矢藤 Paederia foetida

1,7-dihydroxy-1-methoxyxanthone 1,7- 二羟基 -1- 甲氧基𠮿酮 铁力木 Mesua ferrea

2,5-dihydroxy-1-methoxyxanthone 2,5- 二羟基 -1- 甲氧基𠮿酮 大叶藤黄 Garcinia xanthochymus, 金丝桃 Hypericum monogynum

2,7-dihydroxy-1-methoxyxanthone 2,7- 二羟基 -1- 甲氧基𠮿酮 尾叶远志 Polygala caudata, 蝉翼藤 Securidaca inappendiculata

3,5-dihydroxy-1-methoxyxanthone 3,5- 二羟基 -1- 甲氧基𠮿酮 地耳草 Hypericum japonicum, 金丝桃 H. monogynum

3,7-dihydroxy-1-methoxyxanthone 3,7- 二羟基 -1- 甲氧基𠮿酮 构棘 Cudrania cochinchinensis, 钝叶决明 Senna tora var. obtusifolia

4,5-dihydroxy-1-methyl-3-oxo-2-(trichloromethyl)-3*H*-indolium chloride 4,5- 二羟基 -1- 甲基 -3- 氧代 -2-(三氯甲基)-3*H*- 吲哚季铵离子盐酸盐 两面针 Zanthoxylum nitidum

1,7-dihydroxy-1-methyl-6,8-dimethoxy-*β*-carboline 1,7- 二羟基 -1- 甲基 -6,8- 二甲氧基 -*β*- 咔啉 洋金花 Datura metel

2,8-dihydroxy-1-methyl-7-methoxy-5-vinyl-9,10-dihydrophenanthrene 2,8- 二羟基 -1- 甲基 -7- 甲氧基 -5- 乙烯基 -9,10- 二氢菲 灯心草 Juncus effusus

3,8-dihydroxy-1-methyl-9,10-anthracenedione 3,8- 二羟基 -1- 甲基 -9,10- 蒽醌 萱草 Hemerocallis fulva

3,8-dihydroxy-1-methylanthraquinone-2-carboxylic acid 3,8- 二羟基 -1- 甲基蒽醌 -2- 羧酸 萱草 Hemerocallis fulva

7-(1,2-dihydroxy-1-methylethyl)-4-methylazulene-1-carbaldehyde 7-(1,2- 二羟基 -1- 甲基乙基)-4- 甲基薁 -1- 甲醛 松乳菇 Lactarius deliciosus

2-(1',2'-dihydroxy-1'-methylethyl)-6,10-dimethyl-9-hydroxyspiro[4,5]dec-6-en-8-one 2-(1',2'- 二羟基 -1'- 甲基乙基)-6,10- 二甲基 -9- 羟基螺环 [4,5] 癸 -6- 烯 -8- 酮 白英 Solanum lyratum

(1'*R*,2*R*,5*S*,10*R*)-2-(1',2'-dihydroxy-1'-methylethyl)-6,10-dimethylspiro[4,5]dec-6-en-8-one (1'*R*,2*R*,5*S*,10*R*)-2-(1',2'- 二羟基 -1'- 甲基乙基)-6,10- 二甲基螺环 [4,5] 癸 -6- 烯 -8- 酮 白英 Solanum lyratum

(1'*S*,2*R*,5*S*,10*R*)-2-(1',2'-dihydroxy-1'-methylethyl)-6,10-dimethylspiro[4,5]dec-6-en-8-one (1'*S*,2*R*,5*S*,10*R*)-2-(1',2'- 二羟基 -1'- 甲基乙基)-6,10- 二甲基螺环 [4,5] 癸 -6- 烯 -8- 酮 白英 Solanum lyratum

1-[2-(1,2-dihydroxy-1-methylethyl)-6-hydroxy-5-benzofuranyl]-ethanone 1-[2-(1,2- 二羟基 -1- 甲基乙基)-6- 羟基 -5- 苯并呋喃]- 乙酮 异叶泽兰 Eupatorium heterophyllum

(6*β*,10*α*)-6,10-dihydroxy-1-oxoeremophila-7(11),8(9)-dieno-8(12)-lactone (6*β*,10*α*)-6,10- 二羟基 -1- 氧代荒漠木 -7(11),8(9)- 二烯 -8(12)- 内酯 大叶橐吾 Ligularia macrophylla

3*β*,23-dihydroxy-1-oxo-olean-12-en-28-oic acid 3*β*,23- 二羟基 -1- 氧代 - 齐墩果 -12- 烯 -28- 酸 大花紫薇 Lagerstroemia speciosa

3*β*,23-dihydroxy-1-oxo-olean-12-en-28-oic aicd 3*β*,23- 二羟基 -1- 氧代齐墩果 -12- 烯 -28- 酸 野鸦椿 Euscaphis japonica

(20*R*,22*R*-14*α*,20*α*)-dihydroxy-1-oxowitha-2,5,16,24-tetraenolide (20*R*,22*R*-14*α*,20*α*)- 二羟基 -1- 氧代睡茄 -2,5,16,24- 四烯内酯 睡茄 Withania somnifera

7,27-dihydroxy-1-oxowitha-2,5,24-trienolide 7,27- 二羟基 -1- 氧代睡茄 -2,5,24- 三烯内酯 洋金花 Datura metel

7*α*,27-dihydroxy-1-oxo-witha-2,5,24-trienolide 7*α*,27- 二羟基 -1- 氧代 - 睡茄 -2,5,24- 三烯内酯 洋金花 Datura metel

2',3'-dihydroxy-1'-propoxypseudolarate B 2',3'- 二羟基 -1'- 丙氧基金钱松酸酯 B 金钱松 Pseudolarix amabilis *rel*-5-(3*S*,8*S*-dihydroxy-1*R*,5*S*-dimethyl-7-oxa-6-oxobicyclo[3,2,1]oct-8-yl)-3-methyl-2*Z*,4*E*-pentadienoic acid 相对 -5-(3*S*,8*S*- 二羟基 -1*R*,5*S*-二甲基 -7- 氧杂 -6- 氧代双环 [3,2,1] 辛 -8- 基)-3- 甲基 -2*Z*,4*E*- 戊二烯酸 欧洲李 Prunus domestica

rel-5-(3*S*,8*S*-dihydroxy-1*R*,5*S*-dimethyl-7-oxa-6-oxobicyclo[3,2,1]-oct-8-yl)-3-methyl-2*Z*,4*E*-pentadienoic acid 相对 -5-(3*S*,8*S*- 二羟基 -1*R*,5*S*-二甲基 -7- 氧杂 -6- 氧代双环 [3,2,1]- 辛 -8- 基)-3- 甲基 -2*Z*,4*E*- 戊二烯酸 阴行草 Siphonostegia chinensis

rel-5-(3*S*,8*S*-dihydroxy-1*R*,5*S*-dimethyl-7-oxa-6-oxobicyclo[3,2,1]oct-8-yl)-3-methyl-2*Z*,4*E*-pentadienoic acid 3-*O*-*β*-D-glucopyranoside 相对 -5-(3*S*,8*S*- 二羟基 -1*R*,5*S*- 二甲基 -7- 氧杂 -6- 氧代双环 [3,2,1] 辛 -8- 基)-3- 甲基 -2*Z*,4*E*- 戊二烯酸 3-*O*-*β*-D- 吡喃葡萄糖苷 欧洲李 Prunus domestica

D

(4*S*)-4,6-dihydroxy-1-tetralone (4*S*)-4,6- 二羟基 -1- 四氢萘酮 黄杞 Engelhardia roxburghiana

(4*S*)-4,8-dihydroxy-1-tetralone (4*S*)-4,8- 二羟基 -1- 四氢萘酮 枫杨 Pterocarya stenoptera

4,8-dihydroxy-1-tetralone 4,8- 二羟基 -1- 四氢萘酮 胡桃楸 Juglans mandshurica

4*β*,9*β*-dihydroxy-1*α*,5*α*-*H*-guaia-6,10(14)-dien 4*β*,9*β*- 二羟基 -1*α*,5*α*-*H*- 愈创木 -6,10(14)- 二烯 凤庆南五味子 Kadsura interior

4*α*,10*α*-dihydroxy-1*α*,5*α*-*H*-guaia-6-en 4*α*,10*α*- 二羟基 -1*α*,5*α*-*H*- 愈创木 -6- 烯 凤庆南五味子 Kadsura interior

4*β*,6*β*-dihydroxy-1*α*,5*β*(*H*)-guai-9-ene 4*β*,6*β*- 二羟基 -1*α*,5*β*(*H*)- 愈创木 -9- 烯 羌活 Notopterygium incisum

6*β*,14*α*-dihydroxy-1*α*,7*β*-diacetoxy-7*α*,20-epoxy-ent-kaur-16-en-15-one 6*β*,14*α*- 二羟基 -1*α*,7*β*- 二乙酰氧基 -7*α*,20- 环氧 - 对映 - 贝壳杉 -16-烯 -15- 酮 溪黄草 Isodon serra

4*β*,10*β*-dihydroxy-1*αH*,5*αH*-guai-11(13)-en-8*α*,12-olide 4*β*,10*β*- 二羟基 -1*αH*,5*αH*- 愈创木烷 -11(13)- 烯 -8*α*,12- 内酯 大花金挖耳 Carpesium macrocephalum

8*β*,9*β*-dihydroxy-1*β*,10*α*-epoxy-11*β*,13-dihydrocostunolide 8*β*,9*β*- 二羟基 -1*β*,10*α*- 环氧 -11*β*,13- 二氢木香内酯 豨莶 Sigesbeckia orientalis

4*α*,10*β*-dihydroxy-1*β*,5*α*-*H*-guai-6-ene 4*α*,10*β*- 二羟基 -1*β*,5*α*-*H*- 愈创木 -6- 烯 大黄橐吾 Ligularia duciformis

4*β*,10*β*-dihydroxy-1*β*,5*β*-*H*-guaia-6-en 4*β*,10*β*- 二羟基 -1*β*,5*β*-*H*- 愈创木 -6- 烯 凤庆南五味子 Kadsura interior

4*α*,10*α*-dihydroxy-1*βH*,5*βH*-guai-11(13)-en-8*α*,12-olide 4*α*,10*α*- 二羟基 -1*βH*,5*βH*- 愈创木烷 -11(13)- 烯 -8*α*,12- 内酯 大花金挖耳 Carpesium macrocephalum

(2*S*)-2',4'-dihydroxy-2''-(1-hydroxy-1-methylethyl)dihydrofuro[2,3-h]flavanone (2*S*)-2',4'- 二羟基 -2''-(1- 羟基 -1- 甲基乙基) 二氢呋喃 [2,3-h] 黄烷酮 构树 Broussonetia papyrifera

4,2'-dihydroxy-2''-(1'''-methyl)-2'',3''-dihydro-(4'',5'',3',4')furanochalcone 4,2'- 二羟基 -2''-(1'''- 甲基)-2'',3''- 二氢 -(4'',5'',3',4')- 呋喃查耳酮 补骨脂 Cullen corylifolia

2,3-dihydroxy-2-(1-methylethyl)-butanoic acid-(2*S*,3*S*)-[(1*S*,7*αR*)-1-(acetoxy)-2,3,5,7*α*-tetrahydro-1*H*-pyrrolizin-7-yl]methyl ester 2,3- 二羟基 -2- 异丙基 - 甲基丁酸 -(2*S*,3*S*)-[(1*S*,7*αR*)-1-(乙酰氧基)-2,3,5,7*α*- 四氢 -1*H*- 吡咯里西 -7- 基] 甲酯 倒提壶 Cynoglossum amabile

5,7-dihydroxy-2-(1-methylpropyl)chromone-8-*β*-D-glucopyranoside 5,7- 二羟基 -2-(1- 甲基丙基) 色酮 -8-*β*-D- 吡喃葡萄糖苷 地耳草 Hypericum japonicum

1,6-dihydroxy-2-(2-hydroxy-3-methylbut-3-enyl)-3,7-dimethoxy-8-prenyl-xanthone 1,6- 二羟基 -2-(2- 羟基 -3- 甲基丁 -3- 烯基)-3,7- 二甲氧基 -8- 异戊烯基 - 呫酮 莽吉柿 Garcinia mangostana

1,3-dihydroxy-2-(2-hydroxy-3-methylbut-3-enyl)-6,7-dimethoxy-8-prenyl-xanthone 1,3- 二羟基 -2-(2- 羟基 -3- 甲基丁 -3- 烯基)-6,7- 二甲氧基 -8- 异戊烯基 - 呫酮 莽吉柿 Garcinia mangostana

1,3-dihydroxy-2-(2'-methoxypropionyl)-5-methoxy-6-methylbenzene 1,3- 二羟基 -2-(2'- 甲基丙酰基)-5- 甲氧基 -6- 甲基苯 岗松 Baeckea frutescens

1,5-dihydroxy-2-(2'-methylbutanoyl)-3-methoxy-6-methylbenzene 1,5- 二羟基 -2-(2'- 甲基丁酰基)-3- 甲氧基 -6- 甲基苯 栽秧花 Hypericum beanii

1,5-dihydroxy-2-(2'-methylpropionyl)-3-methoxy-6-methylbenzene 1,5- 二羟基 -2-（2'- 甲基丙酰基）-3- 甲氧基 -6- 甲基苯 栽秧花 Hypericum beanii

6,7-dihydroxy-2-(2-phenylethyl)-5,6,7,8-tetrahydrochromone 6,7- 二羟基 -2-(2- 苯乙基)-5,6,7,8- 四氢色酮 土沉香 Aquilaria sinensis

5,8-dihydroxy-2-(2-phenylethyl)chromone 5,8- 二羟基 -2-(2- 苯乙基) 色酮 土沉香 Aquilaria sinensis

5,8-dihydroxy-2-(2-*p*-methoxyphenylethyl)chromone 5,8- 二羟基 -2-(2- 对甲氧基苯乙基) 色酮 土沉香 Aquilaria sinensis

1,5-dihydroxy-2-(3,3-dimethylallyl)-3-methoxyxanthone 1,5- 二羟基 -2-(3,3- 二甲基烯丙基)-3- 甲氧基呫酮 莽吉柿 Garcinia mangostana

7,8-dihydroxy-2-(3,4-dihydroxyphenyl)-1,2-dihydronaphthalene-1,3-dicarboxylic acid 7,8- 二羟基 -2-(3,4- 二羟基苯基)-1,2- 二氢萘 -1,3- 二羧酸 薄荷 Mentha canadensis

6,8-dihydroxy-2-(3'-hydroxy-4'-methoxyphenethyl)chromone 6,8- 二羟基 -2-(3'- 羟基 -4'- 甲氧基苯乙基) 色酮 土沉香 Aquilaria sinensis

3',5-dihydroxy-2-(4-hydroxybenzyl)-3-methoxybibenzyl 3',5- 二羟基 -2-(4- 羟苄基)-3- 甲氧基联苄 白及 Bletilla striata, 杜鹃兰 Cremastra appendiculata, 手参 Gymnadenia conopsea, 云南石仙桃 Pholidota yunnanensis, 独蒜兰 Pleione bulbocodioides, 云南独蒜兰 P. yunnanensis

3,3'-dihydroxy-2-(4-hydroxybenzyl)-5-methoxybibenzyl 3,3'- 二羟基 -2-(4- 羟苄基)-5- 甲氧基联苄 白及 Bletilla striata, 杜鹃兰 Cremastra appendiculata, 手参 Gymnadenia conopsea, 云南石仙桃 Pholidota yunnanensis, 独蒜兰 Pleione bulbocodioides, 云南独蒜兰 P. yunnanensis

5,7-dihydroxy-2-(4-hydroxyphenyl)-3-*O*-(6-*O*-(4-hydroxyphenylcinnamoyl)-*β*-D-fucopyranoxyl)-4*H*-1-benzopyran-4-one 5,7- 二羟基 -2-(4- 羟基苯基)-3-*O*-(6-*O*- 对羟基桂皮酰基 -*β*-D- 吡喃葡萄糖基)-4*H*-1- 苯并吡喃 -4- 酮 刺枝鱼栖苔 Acanthophora spicifera

6,7-dihydroxy-2-(4'-methoxyphenethyl)chromone 6,7- 二羟基 -2-(4'- 甲氧基苯乙基) 色酮 土沉香 Aquilaria sinensis

3-[5,7-dihydroxy-2-(4-methoxyphenyl)-4-oxo-4*H*-chromen-8-yl]-4-methoxybenzoic acid 3-[5,7- 二羟基 -2-(4- 甲氧苯基)-4- 氧代 -4*H*- 色烯 -8-基]-4- 甲氧基苯甲酸 银杏 Ginkgo biloba

5,8-dihydroxy-2-(4-methyl-6-oxo-5,6-dihydro-2*H*-pyran-2-yl)-[1,4]naphthaqquinone 5,8- 二羟基 -2-(4- 甲基 -6- 氧 -5,6- 二氢 -2*H*- 吡喃 -2- 基)-[1,4]- 萘醌 昭苏滇紫草 Onosma echioides

3,5-dihydroxy-2-(hydroxymethyl)-6-(3,4,5-trimethoxyphenoxy)tetrahydro-2*H*-pyran-4-yl-4-hydroxy-3-methoxybenzoate 3,5- 二羟基 -2- 羟甲

基 -6-(3,4,5- 三甲氧基苯氧基) 四氢 -2*H*- 吡喃 -4- 基 -4- 羟基 -3- 甲氧基苯甲酸酯 珠仔树 Symplocos racemosa

(-)-3-[[4,5-dihydroxy-2-(hydroxymethyl)phenyl]methyl]-2,3-dihydro-3,6-benzofurandiol (-)-3-[[4,5- 二羟基 -2- 羟甲基苯基] 甲基]-2,3- 二氢 -3,6- 苯并呋喃二醇 苏木 Caesalpinia sappan

5,7-dihydroxy-2-(*p*-hydroxyphenoxy)-6-prenylchromone 5,7- 二羟基 -2- 对羟基苯氧基 -6- 色酮 朝鲜淫羊藿 Epimedium koreanum

(4*S*,4a*R*,10*R*,10a*R*)-4,10-dihydroxy-2,2-dimethyl-2,3,4,4*α*,10,10*α*-hexahydrobenzo[g]chromen-5-one (4*S*,4a*R*,10*R*,10a*R*)-4,10- 二羟基 -2,2- 二甲基 -2,3,4,4a,10,10a- 六氢苯 [g]- 色烯 -5- 酮 梓 Catalpa ovata

4,9-dihydroxy-2,2-dimethyl-3,4-dihydronaphtho[2,3-b]pyran-5,10-dione 4,9- 二羟基 -2,2- 二甲基 -3,4- 二氢萘并 [2,3-b] 吡喃 -5,10- 二酮 梓 Catalpa ovata

5,4'-dihydroxy-2'',2''-dimethylpyrano[5,6:6,7]isoflavone 5,4'- 二羟基 -2'',2''- 二甲基吡喃 [5,6:6,7] 异黄酮 刺桐 Erythrina variegata

5,3'-dihydroxy-2,3-(methylenedioxy)bibenzyl 5,3'- 二羟基 -2,3- 亚甲二氧基联苄 石仙桃 Pholidota chinensis

1,7-dihydroxy-2,3,4,5-tetramethoxyxanthone 1,7- 二羟基 -2,3,4,5- 四甲氧基𠯤酮 花锚 Halenia corniculata, 椭圆叶花锚 H. elliptica

1,6-dihydroxy-2,3,4,8-tetramethoxyxanthone 1,6- 二羟基 -2,3,4,8- 四甲氧基𠯤酮 花锚 Halenia corniculata

4',6-dihydroxy-2,3',4-trimethoxybenzophenone 4',6- 二羟基 -2,3',4- 三甲氧基苯甲酮 羊角天麻 Dobinea delavayi

4',6'-dihydroxy-2',3',4-trimethoxydihydrochalcone 4',6'- 二羟基 -2',3',4- 三甲氧基二氢查耳酮 中华野独活 Miliusa sinensis

7,5'-dihydroxy-2',3',4'-trimethoxyisoflavane 7,5'- 二羟基 -2',3',4'- 三甲氧基异黄烷 紫苜蓿 Medicago sativa

5,7-dihydroxy-2',3',4'-trimethoxyisoflavanone 5,7- 二羟基 -2',3',4'- 三甲氧基异黄烷酮 广东金钱草 Desmodium styracifolium

5,7-dihydroxy-2',3',4'-trimethoxyisoflavanone-7-*O*-*β*-glucopyranoside 5,7- 二羟基 -2',3',4'- 三甲氧基异黄烷酮 -7-*O*-*β*- 吡喃葡萄糖苷 广东金钱草 Desmodium styracifolium

5,6-dihydroxy-2,3,4-trimethoxystilbene 5,6- 二羟基 -2,3,4- 三甲氧芪 红果山胡椒 Lindera erythrocarpa

1,5-dihydroxy-2,3,4-trimethoxyxanthone 1,5- 二羟基 -2,3,4- 三甲氧基𠯤酮 椭圆叶花锚 Halenia elliptica

1,7-dihydroxy-2,3,4-trimethoxyxanthone 1,7- 二羟基 -2,3,4- 三甲氧基𠯤酮 西伯利亚远志 Polygala sibirica

1,7-dihydroxy-2,3,5-trimethoxyxanthone 1,7- 二羟基 -2,3,5- 三甲氧基𠯤酮 流苏龙胆 Gentiana panthaica, 椭圆叶花锚 Halenia elliptica

2',4'-dihydroxy-2,3',6'-trimethoxychalcone 2',4'- 二羟基 -2,3',6'- 三甲氧基查耳酮 异色黄芩 Scutellaria discolor

4',5-dihydroxy-2',3',7,8-tetramethoxyflavone 4',5- 二羟基 -2',3',7,8- 四甲氧基黄酮 穿心莲 Andrographis paniculata

1,4-dihydroxy-2,3,7-trimethoxyxanthone 1,4- 二羟基 -2,3,7- 三甲氧基𠯤酮 黄秦艽 Veratrilla baillonii

1,5-dihydroxy-2,3,7-trimethoxyxanthone 1,5- 二羟基 -2,3,7- 三甲氧基𠯤酮 花锚 Halenia corniculata, 椭圆叶花锚 H. elliptica, 青叶胆 Swertia mileensis

4,5-dihydroxy-2,3,7-trimethoxyxanthone 4,5- 二羟基 -2,3,7- 三甲氧基𠯤酮 青叶胆 Swertia mileensis

1,7-dihydroxy-2,3,8-trimethoxyxanthone 1,7- 二羟基 -2,3,8- 三甲氧基𠯤酮 川西獐牙菜 Swertia mussotii

1,7-dihydroxy-2,3-[2''-(1-hydroxy-1-methylethyl)-dihydrofurano]-xanthone 1,7- 二羟基 -2,3-[2''-(1- 羟基 -1- 甲基乙基)- 二氢呋喃]- 𠯤酮 金丝桃 Hypericum monogynum

4,8-dihydroxy-2,3-dimethoxy-1-(3-methylbut-2-enyl)-9*H*-xanthen-9-one 4,8- 二羟基 -2,3- 二甲氧基 -1-(3- 甲基丁 -2- 烯基)-9*H*- 𠯤烯 -9- 酮 红芽木 Cratoxylum formosum subsp. pruniflorum

4',5-dihydroxy-2',3'-dimethoxy-7-(5-hydroxyoxychromen-7-yl)-isoflavanone 4',5- 二羟基 -2',3'- 二甲氧基 -7-(5- 羟氧基色烯 -7- 基) 异黄烷酮 美花狸尾豆 Uraria picta

1,4-dihydroxy-2,3-dimethoxyanthraquinone 1,4- 二羟基 -2,3- 二甲氧基蒽醌 丹草 Hedyotis herbacea

5,7-dihydroxy-2,3-dimethoxyflavanone 5,7- 二羟基 -2,3- 二甲氧基黄烷酮 相思子 Abrus precatorius

1,5-dihydroxy-2,3-dimethoxyxanthone 1,5- 二羟基 -2,3- 二甲氧基𠯤酮 花锚 Halenia corniculata, 椭圆叶花锚 H. elliptica, 圆锥花远志 Polygala paniculata, 青叶胆 Swertia mileensis

1,7-dihydroxy-2,3-dimethoxyxanthone 1,7- 二羟基 -2,3- 二甲氧基𠯤酮 花锚 Halenia corniculata, 椭圆叶花锚 H. elliptica, 西南远志 Polygala crotalarioides, 西伯利亚远志 P. sibirica, 苦远志 P. sibirica var. megalopha, 远志 P. tenuifolia, 蝉翼藤 Securidaca inappendiculata

4,5-dihydroxy-2,3-dimethoxyxanthone 4,5- 二羟基 -2,3- 二甲氧基𠯤酮 金丝桃 Hypericum monogynum

4,6-dihydroxy-2,3-dimethoxyxanthone 4,6- 二羟基 -2,3- 二甲氧基𠯤酮 金丝桃 Hypericum monogynum, 贯叶连翘 H. perforatum

4,7-dihydroxy-2,3-dimethoxyxanthone 4,7- 二羟基 -2,3- 二甲氧基𠯤酮 金丝桃 Hypericum monogynum

1,7-dihydroxy-2,3-methylenedioxyxanthone 1,7- 二羟基 -2,3- 亚甲二氧基𠯤酮 荷包山桂花 Polygala arillata, 黄花倒水莲 P. fallax, 香港远志 P. hongkongensis, 西伯利亚远志 P. sibirica, 远志 P. tenuifolia

11*α*,30-dihydroxy-2,3-seco-olean-12-en-2,3-dioic anhydride 11*α*,30- 二羟基 -2,3- 裂环 - 齐墩果 -12- 烯 -2,3- 二酸酐 福建假卫矛 Microtropis fokienensis

3',6-dihydroxy-2,4,4'-trimethoxy-3-(3'',4''-dihydroxybenzyl)chalcone 3',6- 二羟基 -2,4,4'- 三甲氧基 -3-(3'',4''- 二羟苄基) 查耳酮 野鸡尾金粉蕨 Onychium japonicum

3',6-dihydroxy-2,4,4'-trimethoxybenzophenone 3',6- 二羟基 -2,4,4'- 三甲氧基苯酚酮 莽吉柿 Garcinia mangostana

3',6'-dihydroxy-2',4',5',4-tetramethoxychalcone 3',6'- 二羟基 -2',4',5',4- 四甲氧基查耳酮 球穗千斤拔 Flemingia strobilifera

5,7-dihydroxy-2',4',5',7-tetramethoxyisoflavone-7-gentiobioside 5,7- 二羟基 -2',4',5',7- 四甲氧基异黄酮 -7- 龙胆二糖苷 印度黄檀 Dalbergia sissoo

1,3-dihydroxy-2,4,5,7-tetramethoxyxanthone 1,3- 二羟基 -2,4,5,7- 四甲氧基𠯤酮 花锚 Halenia corniculata

3,7-dihydroxy-2,4,6-trimethoxyphenanthrene 3,7- 二羟基 -2,4,6- 三甲氧基菲 密花石豆兰 Bulbophyllum odoratissimum

1,8-dihydroxy-2,4,6-trimethoxyxanthone 1,8- 二羟基 -2,4,6- 三甲氧基𠯤酮 紫红獐牙菜 Swertia punicea

3,8-dihydroxy-2,4,6-trimethoxyxanthone 3,8- 二羟基 -2,4,6- 三甲氧基𠯤酮 木竹子 Garcinia multiflora

3,7-dihydroxy-2,4,8-trimethoxyphenanthrene 3,7- 二羟基 -2,4,8- 三甲氧基菲 笋兰 Thunia alba

(4*S*,5*S*,7*R*,8*R*,14*R*)-8,11-dihydroxy-2,4-cyclo-eudesmane (4*S*,5*S*,7*R*,8*R*,14*R*)-8,11- 二羟基 -2,4- 环桉叶烷 胡桃楸 Juglans mandshurica
2,3-dihydroxy-2,4-cyclopentadien-1-one 2,3- 二羟基 -2,4- 环戊二烯 -1- 酮 白车轴草 Trifolium repens
(2*S*)-5,7-dihydroxy-2',4'-dimethoxy-8-(2,3-epoxy-3-methylbutyl)-flavanone (2*S*)-5,7- 二羟基 -2',4'- 二甲氧基 -8-(2,3- 环氧 -3- 甲基丁基) 黄烷酮 蔓草虫豆 Cajanus scarabaeoides
3,5-dihydroxy-2,4-dimethoxy-9-fluorenone 3,5- 二羟基 -2,4- 二甲氧基 -9- 芴酮 曲轴石斛 Dendrobium gibsonii
1,3-dihydroxy-2,4-dimethoxyanthraquinone 1,3- 二羟基 -2,4- 二甲氧基蒽醌 鸡矢藤 Paederia foetida
1,6-dihydroxy-2,4-dimethoxyanthraquinone 1,6- 二羟基 -2,4- 二甲氧基蒽醌 虎刺 Damnacanthus indicus, 巴戟天 Morinda officinalis
6,3'-dihydroxy-2,4-dimethoxybenzophenone 6,3'- 二羟基 -2,4- 二甲氧基苯酚酮 木竹子 Garcinia multiflora
3,5-dihydroxy-2,4-dimethoxyfluorenone 3,5- 二羟基 -2,4- 二甲氧基芴酮 束花石斛 Dendrobium chrysanthum
(3*R*)-7,3'-dihydroxy-2',4'-dimethoxyisoflavan (3*R*)-7,3'- 二羟基 -2',4'- 二甲氧基异黄烷 黄花棘豆 Oxytropis ochrocephala
3',7-dihydroxy-2',4'-dimethoxyisoflavan 3',7- 二羟基 -2',4'- 二甲氧基异黄烷 镰荚棘豆 Oxytropis falcata, 多叶棘豆 O. myriophylla, 苦马豆 Sphaerophysa salsula
(+)-3',7-dihydroxy-2',4'-dimethoxy-isoflavan (+)-3',7- 二羟基 -2',4'- 二甲氧基 - 异黄烷 小花棘豆 Oxytropis glabra
6,3'-dihydroxy-2',4'-dimethoxyisoflavan-6-*O*-*β*-D-glucopyranoside 6,3'- 二羟基 -2',4'- 二甲氧基异黄烷 -6-*O*-*β*-D- 吡喃葡萄糖苷 梭果黄耆 Astragalus ernestii
3',7-dihydroxy-2',4'-dimethoxyisoflavone 3',7- 二羟基 -2',4'- 二甲氧基异黄酮 杠板归 Polygonum perfoliatum
3,7-dihydroxy-2,4-dimethoxyphenanthrene 3,7- 二羟基 -2,4- 二甲氧基菲 白及 Bletilla striata, 石斛 Dendrobium nobile, 笋兰 Thunia alba
3,7-dihydroxy-2,4-dimethoxyphenanthrene-3-*O*-glucoside 3,7- 二羟基 -2,4- 二甲氧基菲 -3-*O*- 葡萄糖苷 白及 Bletilla striata
1,3-dihydroxy-2,4-dimethoxyxanthone 1,3- 二羟基 -2,4- 二甲氧基𠮿酮 金丝桃 Hypericum monogynum
3,7-dihydroxy-2,4-dimethoxyxanthone 3,7- 二羟基 -2,4- 二甲氧基𠮿酮 金丝桃 Hypericum monogynum
3,8-dihydroxy-2,4-dimethoxyxanthone 3,8- 二羟基 -2,4- 二甲氧基𠮿酮 小连翘 Hypericum erectum
(*S*)-3-(3',5'-dihydroxy-2',4'-dimethyl phenyl)butan-2-one (*S*)-3-(3',5'- 二羟基 -2',4'- 二甲基苯基) 丁 -2- 酮 海莲 Bruguiera sexangula
3,5-dihydroxy-2,4-dimethyl-hexanoic acid-4-hydroxyphenyl ester 3,5- 二羟基 -2,4- 二甲基 - 己酸 -4- 对羟基苯基酯 素馨花 Jasminum grandiflorum
1,3-dihydroxy-2,4-diprenylacridone 1,3- 二羟基 -2,4- 二异戊烯基吖啶酮 酒饼簕 Atalantia buxifolia
1,3-dihydroxy-2,5,6,7-tetramethoxyxanthone 1,3- 二羟基 -2,5,6,7- 四甲氧基𠮿酮 瓜子金 Polygala japonica, 西伯利亚远志 P. sibirica
1(*R*),2(*R*),3(*R*)-1,3-dihydroxy-2,5,7-trimethyl-6-hydroxyethylindane-1-*O*-*β*-D-glycoside 1(*R*),2(*R*),3(*R*)-1,3- 二羟基 -2,5,7- 三甲基 -6- 羟乙基茚满 -1-*O*-*β*-D- 糖苷 西南凤尾蕨 Pteris wallichiana
1,3-dihydroxy-2,5-dimethoxyanthraquinone 1,3- 二羟基 -2,5- 二甲氧基蒽醌 金鸡纳树 Cinchona calisaya
3,3'-dihydroxy-2,5'-dimethoxybibenzyl 3,3'- 二羟基 -2,5'- 二甲氧基二苯乙烷 百部 Stemona japonica
3,5-dihydroxy-2',5'-dimethoxybibenzyl 3,5- 二羟基 -2',5'- 二甲氧基二苯乙烷 直立百部 Stemona sessilifolia
(2*R*,3*R*)-4',7-dihydroxy-2',5-dimethoxydihydroflavonol (2*R*,3*R*)-4',7- 二羟基 -2',5- 二甲氧基二氢黄酮醇 构棘 Cudrania cochinchinensis
4',7-dihydroxy-2',5-dimethoxyflavonol 4',7- 二羟基 -2',5- 二甲氧基黄酮醇 构棘 Cudrania cochinchinensis
[1*R*-[1*α*,1(*E*),2*β*]]-4-(1,2-dihydroxy-2,6,6-trimethylcyclohexyl)-3-buten-2-one [1*R*-[1*α*,1(*E*),2*β*]]-4-(1,2- 二羟基 -2,6,6- 三甲基环己基)-3- 丁烯 -2- 酮 野菰 Aeginetia indica
1,5-dihydroxy-2,6,8-trimethoxyxanthone 1,5- 二羟基 -2,6,8- 三甲氧基𠮿酮 蝉翼藤 Securidaca inappendiculata
5,7-dihydroxy-2,6,8-trimethylchromone 5,7- 二羟基 -2,6,8- 三甲基色酮 山菅兰 Dianella ensifolia
3,3'-dihydroxy-2,6-bis(*p*-hydroxybenzyl)-5-methoxybibenzyl 3,3'- 二羟基 -2,6- 双 (对羟苄基)-5- 甲氧基联苄 手参 Gymnadenia conopsea, 云南石仙桃 Pholidota yunnanensis
3'-dihydroxy-2,6-bis(4-hydroxybenzyl)-5-methoxybibenzyl 3'- 二羟基 -2,6- 二对羟苄基 -5- 甲氧基联苄 云南独蒜兰 Pleione yunnanensis
3,3'-dihydroxy-2',6'-bis(*p*-hydroxybenzyl)-5-methoxybibenzyl 3,3'- 二羟基 -2',6'- 双 (对羟苄基)-5- 甲氧基联苄 白及 Bletilla striata
1,4-dihydroxy-2,6-dimethoxybenzene 1,4- 二羟基 -2,6- 甲氧基苯 异株荨麻 Urtica dioica
4,4'-dihydroxy-2,6-dimethoxydihydrochalcone 4,4'- 二羟基 -2,6- 二甲氧基二氢查耳酮 剑叶龙血树 Dracaena cochinchinensis
5,7-dihydroxy-2',6-dimethoxyisoflavone 5,7- 二羟基 -2',6- 二甲氧基异黄酮 准噶尔鸢尾 Iris songarica, 细叶鸢尾 I. tenuifolia
1,4-dihydroxy-2,6-dimethoxyphenyl-4-*O*-glucopyranoside 1,4- 二羟基 -2,6- 二甲氧基苯基 -4-*O*- 吡喃葡萄糖苷 栀子皮 Itoa orientalis
1,8-dihydroxy-2,6-dimethoxyxanthone 1,8- 二羟基 -2,6- 二甲氧基𠮿酮 长梗喉毛花 Comastoma pedunculatum, 川西獐牙菜 Swertia mussotii
6,8-dihydroxy-2,7-dimethoxy-3-(1,1-dimethylprop-2-enyl)-1,4-naphthoquinone 6,8- 二羟基 -2,7- 二甲氧基 -3-(1,1- 二甲基丙 -2- 烯基)-1,4-萘醌 吊石苣苔 Lysionotus pauciflorus
1,3-dihydroxy-2,7-dimethoxyxanthone 1,3- 二羟基 -2,7- 二甲氧基𠮿酮 黄秦艽 Veratrilla baillonii
1,8-dihydroxy-2,7-dimethyl-3,6-dimethoxyanthraquinone 1,8- 二羟基 -2,7- 二甲基 -3,6- 二甲氧基蒽醌 黄花假杜鹃 Barleria prionitis
4,13-dihydroxy-2,8,9-trimethoxydibenzo[a,g]quinolizinium 4,13- 二羟基 -2,8,9- 三甲氧基二苯并 [a,g] 喹嗪季铵碱 波叶青牛胆 Tinospora crispa
5,7-dihydroxy-2',8-dimethoxyflavone 5,7- 二羟基 -2',8- 二甲氧基黄酮 半枝莲 Scutellaria barbata
5,7-dihydroxy-2,8-dimethylchromone 5,7- 二羟基 -2,8- 二甲基色酮 山菅兰 Dianella ensifolia
1,8-dihydroxy-2-[(1*Z*)-4-methyl-1,3-pentadien-1-yl]-9,10-anthracenedione 1,8- 二羟基 -2-[(1*Z*)-4- 甲基 -1,3- 戊二烯 -1-yl]-9,10- 蒽醌 药鼠李 Rhamnus cathartica
6,8-dihydroxy-2-[2-(3'-methoxy-4'-hydroxylphenylethyl)]chromone 6,8- 二羟基 -2-[2-(3'- 甲氧基 -4'- 羟基苯乙基)] 色酮 土沉香 Aquilaria sinensis
2,6-dihydroxy-2-[3,7,11-trimethyl-2(*E*),6(*E*),10-dodecatrien-1-y l]-3(2*H*)-benzofuranone 2,6- 二羟基 -2-[3,7,11- 三甲基 -2(*E*),6(*E*),10- 十二碳三烯 -1- 基]-3(2*H*)- 苯并呋喃酮 多伞阿魏 Ferula feruloides

[R-(R*,S*)]-4-[1,3-dihydroxy-2-[4-(3-hydroxypropyl)-2-methoxyphenoxy]propyl]-2-methoxyphenyl-β-D-glucopyranoside [R-(R*,S*)]-4-[1,3-二羟基-2-[4-(3-羟丙基)-2-甲氧基苯氧基]丙基]-2-甲氧基苯基-β-D-吡喃葡萄糖苷 番荔枝 Annona squamosa

4-[1,3-dihydroxy-2-[4-(3-hydroxypropyl)-2-methoxyphenoxy]propyl]-2-methoxyphenyl-β-D-glucopyranoside 4-[1,3-二羟基-2-[4-(3-羟丙基)-2-甲氧基苯氧基]丙基]-2-甲氧基苯基-β-D-吡喃葡萄糖苷 日本珊瑚树 Viburnum odoratissimum var. awabuki

(E)-2-(4,5-dihydroxy-2-{3-[(4-hydroxyphenethyl)amino]-3-oxopropyl}phenyl)-3-(4-hydroxy-3,5-dimethoxyphenyl)-N-(4-acetamidobutyl) acrylamide (E)-2-(4,5-二羟基-2-{3-[(4-羟基苯乙基)氨基]-3-氧代丙基}苯基)-3-(4-羟基-3,5-二甲氧基苯基)-N-(4-乙酰胺丁基)丙烯酰胺 枸杞 Lycium chinense

(E)-2-(4,5-dihydroxy-2-{3-[(4-hydroxyphenethyl)amino]-3-oxopropyl}phenyl)-3-(4-hydroxy-3,5-dimethoxyphenyl)-N-(4-hydroxyphenethyl) acrylamide (E)-2-(4,5-二羟基-2-{3-[(4-羟基苯乙基)氨基]-3-氧代丙基}苯基)-3-(4-羟基-3,5-二甲氧基苯基)-N-(4-羟基苯乙基)丙烯酰胺 枸杞 Lycium chinense

(E)-2-(4,5-dihydroxy-2-{3-[(4-hydroxyphenethyl)amino]-3-oxopropyl}phenyl)-3-(4-hydroxy-3-methoxyphenyl)-N-(4-acetamidobutyl) acrylamide (E)-2-(4,5-二羟基-2-{3-[(4-羟基苯乙基)氨基]-3-氧代丙基}苯基)-3-(4-羟基-3-甲氧基苯基)-N-(4-乙酰胺丁基)丙烯酰胺 枸杞 Lycium chinense

5,7-dihydroxy-2',6-dimethoxyisoflavone 5,7-二羟基-2',6-二甲氧基黄酮 天山鸢尾 Iris loczyi

2α,3β-dihydroxy-20(29)-lupen-28-oic acid 2α,3β-二羟基-20(29)-羽扇豆烯-28-酸 黑面神 Breynia fruticosa

(20S,24R)-12β,25-dihydroxy-20,24-epoxydammaran-3-one (20S,24R)-12β,25-二羟基-20,24-环氧达玛-3-酮 臭椿 Ailanthus altissima

(3β,18α,19α)-3,28-dihydroxy-20,28-epoxyurs-24-oic acid (3β,18α,19α)-3,28-二羟基-20,28-环氧熊果-24-酸 多茎委陵菜 Potentilla multicaulis

6α,15α-dihydroxy-20-aldehyde-6,7-seco-6,11α-epoxy-1,7-olide-ent-kaur-16-ene 6α,15α-二羟基-20-醛-6,7-裂环-6,11α-环氧-1,7-内酯-对映-贝壳杉-16-烯 毛叶香茶菜 Isodon japonicus, 瘿花香茶菜 I. rosthornii

6α,15α-dihydroxy-20-aldehyde-6,7-seco-6,11α-epoxy-ent-kaur-16-en-1,7-olide 6α,15α-二羟基-20-醛-6,7-裂环-6,11α-环氧-对映-贝壳杉-16-烯-1,7-内酯 溪黄草 Isodon serra

6α,15α-dihydroxy-20-aldehyde-6,7-seco-6,11α-epoxy-ent-kaur-16-en-1α,7-olide 6α,15α-二羟基-20-醛-6,7-裂环-6,11α-环氧-对映-贝壳杉-16-烯-1α,7-内酯 冬凌草 Isodon rubescens

16,29-dihydroxy-20-enecyclolaudenol 16,29-二羟基-20-烯环阿片甾烯醇 月桂茵芋 Skimmia laureola

3β,23-dihydroxy-20αH-urs-12-en-28-oic acid 3β,23-二羟基-20αH-熊果-12-烯-28-酸 枸骨 Ilex cornuta

3β,19α-dihydroxy-20α-urs-12-en-28-oic acid 3β,19α-二羟基-20α-熊果-12-烯-28-酸 枸骨 Ilex cornuta

3β,19α-dihydroxy-20α-urs-12-en-28-oic acid-3β-O-α-L-arabinopyranoside 3β,19α-二羟基-20α-熊果-12-烯-28-酸-3β-O-α-L-吡喃阿拉伯糖苷 枸骨 Ilex cornuta

3β,19α-dihydroxy-20β-acetate-serrat-14-en-21β-ol 3β,19α-二羟基-20β-乙酸酯-千层塔-14-烯-21β-醇 玉柏 Lycopodium obscurum

3β,12β-dihydroxy-23,24,25,26,27-hexanordammarane-20-one 3β,12β-二羟基-23,24,25,26,27-五降达玛-20-酮 蒙古荚蒾 Viburnum mongolicum

2α,3β-dihydroxy-23-norolean-24(24),12(13)-dien-28-oic acid 2α,3β-二羟基-23-降齐墩果-4(24),12(13)-二烯-28-酸 枫香树 Liquidambar formosana

2α,3β-dihydroxy-23-oxo-30-norolean-12,20(29)-dien-28-oic acid 2α,3β-二羟基-23-氧代-30-去甲齐墩果-12,20(29)-二烯-28-酸 三叶木通 Akebia trifoliata

(3β,4α,11α)-3,11-dihydroxy-23-oxo-lup-20(29)-en-28-oic acid (3β,4α,11α)-3,11-二羟基-23-氧代-羽扇豆-20(29)-烯-28-酸 白簕 Eleutherococcus trifoliatus

3α,11α-dihydroxy-23-oxo-lup-20(29)-en-28-oic acid 3α,11α-二羟基-23-氧代-羽扇豆-20(29)-烯-28-酸 白桦 Betula platyphylla, 罗伞 Brassaiopsis glomerulata, 五加 Eleutherococcus nodiflorus var. gracilistylus

2α,3β-dihydroxy-23-oxo-olean-12-en-28-oic acid 2α,3β-二羟基-23-氧代-齐墩果-12-烯-28-酸 三叶木通 Akebia trifoliata

3β-16α-dihydroxy-23-oxoolean-13(18)-en-28-oic acid 3β,16α-二羟基-23-氧代齐墩果-13(18)-烯-28-酸 坚硬女娄菜 Silene firma

2β,3β-dihydroxy-23-oxours-12-en-28-oic acid 2β,3β-二羟基-23-氧代熊果酸 毛花猕猴桃 Actinidia eriantha

3β,11β-dihydroxy-24,25,26,27-tetranor-cycloart-7-en-23,16β-olide-3-O-β-D-xylopyranoside 3β,11β-二羟基-24,25,26,27-去四甲基-环木菠萝-7-烯-23,16β-内酯-3-O-β-D-吡喃木糖苷 大三叶升麻 Cimicifuga heracleifolia

3β,28ξ-dihydroxy-24-ethylcholesta-5,23-Z-dien 3β,28ξ-二羟基-24-乙基胆甾-5,23-Z-二烯 铁钉菜 Ishige okamurae

(24R,S)-3β,31-dihydroxy-24-methoxy-24-methylcycloartane (24R,S)-3β,31-二羟基-24-甲氧基-24-甲基环木菠萝烷 狼毒大戟 Euphorbia fischeriana

2α,3α-dihydroxy-24-nor-4(23),12-oleanadien-28-oic acid 2α,3α-二羟基-24-降-4(23),12-齐墩果二烯-28-酸 杜仲 Eucommia ulmoides

(3α,4α,11α)-3,11-dihydroxy-24-norlup-20(29)-en-28-oic acid (3α,4α,11α)-3,11-二羟基-24-降羽扇豆-20(29)-烯-28-酸 白簕 Eleutherococcus trifoliatus

3β,12β-dihydroxy-24α-methoxy-25,26,27-trinordammara-20,24-epoxy 3β,12β-二羟基-24α-甲氧基-25,26,27-三降达玛-20,24-环氧物 蒙古荚蒾 Viburnum mongolicum

3β,12β-dihydroxy-25,26,27-trinordammara-22-en-24,20-olide 3β,12β-二羟基-25,26,27-三降达玛-22-烯-24,20-内酯 蒙古荚蒾 Viburnum mongolicum

3β,16-dihydroxy-25-hydroperoxytirucalla-7,23(24)-dien-6-oic acid 3β,16-二羟基-25-过氧羟基绿玉树-7,23(24)-二烯-6-酸 川楝 Melia toosendan

3β,7β-dihydroxy-25-methoxycucurbita-5,(23E)-dien-19-al 3β,7β-二羟基-25-甲氧基葫芦-5,(23E)-二烯-19-醛 苦瓜 Momordica charantia

3β,7β-dihydroxy-25-methoxycucurbita-5,23(E)-dien-19-al 3β,7β-二羟基-25-甲氧基葫芦-5,23(E)-二烯-19-醛 苦瓜 Momordica charantia

(23*E*)-3*β*,7*β*-dihydroxy-25-methoxycucurbita-5,23-dien-19-al-3-*O*-*β*-D-allopyranoside (23*E*)-3*β*,7*β*- 二羟基 -25- 甲氧基葫芦 -5,23- 二烯 -19- 醛 -3-*O*-*β*-D- 吡喃阿洛糖苷 苦瓜 Momordica charantia

2*α*,3*β*-dihydroxy-28-norurs-12,17,19(20),21-tetraen-23-oic acid 2*α*,3*β*- 二羟基 -28- 降熊果 -12,17,19(20),21- 四烯 -23- 酸 地榆 Sanguisorba officinalis

1,3-dihydroxy-2-acetoxyanthraquinone 1,3- 二羟基 -2- 乙酰氧基蒽醌 蓬子菜 Galium verum

1,8-dihydroxy-2-acetyl-3-methylnaphthalene 1,8- 二羟基 -2- 乙酰基 -3- 甲基萘 小黄花菜 Hemerocallis minor

1,8-dihydroxy-2-acetylnaphthalene 1,8- 二羟基 -2- 乙酰萘 欧鼠李 Rhamnus frangula

1,8-dihydroxy-2-acetylnaphthalene glucose or rhamnose 1,8- 二羟基 -2- 乙酰萘葡萄糖苷或鼠李糖苷 欧鼠李 Rhamnus frangula

1,4-dihydroxy-2-carbomethoxy-3-prenylnaphthalene-1-*O*-*β*-D-glucopyranoside 1,4- 二羟基 -2- 甲氧羰基 -3- 异戊烯萘 -1-*O*-*β*-D- 吡喃葡萄糖苷 茜草 Rubia cordifolia

1,4-dihydroxy-2-carboxyanthraquinone 1,4- 二羟基 -2- 羧基蒽醌 茜草 Rubia cordifolia

(-)-5,7-dihydroxy-2-eicosyl-chromone (-)-5,7- 二羟基 -2- 二十烷基 - 色酮 西南五月茶 Antidesma acidum

1,3-dihydroxy-2-ethoxymethyl-9,10-anthraquinone 1,3- 二羟基 -2- 乙氧甲基 -9,10- 蒽醌 茜草 Rubia cordifolia

(2*R*,4*S*)-2',4'-dihydroxy-2*H*-furan-(3",4":8,7)-flavan-4-ol (2*R*,4*S*)-2',4'- 二羟基 -2*H*- 呋喃 -(3",4":8,7)- 黄酮 -4- 醇 桑 Morus alba

3,5-dihydroxy-2-hydroxymethyl-4*H*-pyran-4-one 3,5- 二羟基 -2- 羟甲基 -4*H*- 吡喃 -4- 酮 毛滇白珠 Gaultheria leucocarpa var. crenulata

1,3-dihydroxy-2-hydroxymethyl-6-methoxyanthraquinone 1,3- 二羟基 -2- 羟甲基 -6- 甲氧基蒽醌 蓬子菜 Galium verum, 红大戟 Knoxia roxburghii

1,3-dihydroxy-2-hydroxymethyl-9,10-anthraquinone-3-hydroxy-2-hydroxymethyl-acetonide 1,3- 二羟基 -2- 羟甲基 -9,10- 蒽醌 -3- 羟基 -2- 羟甲基 - 丙酮化物 红大戟 Knoxia roxburghii

1,3-dihydroxy-2-hydroxymethyl-9,10-anthraquinone-3-*O*-*β*-D-glucopyranoside 1,3- 二羟基 -2- 羟甲基 -9,10- 蒽醌 -3-*O*-*β*-D- 吡喃葡萄糖苷 牛白藤 Hedyotis hedyotidea

1,3-dihydroxy-2-hydroxymethylanthraquinone 1,3- 二羟基 -2- 羟甲基蒽醌 巴戟天 Morinda officinalis, 短小蛇根草 Ophiorrhiza pumila

1,4-dihydroxy-2-hydroxymethylanthraquinone 1,4- 二羟基 -2- 羟甲基蒽醌 丹草 Hedyotis herbacea, 牛耳朵 Primulina eburnea, 茜草 Rubia cordifolia, 紫参 R. yunnanensis

1,7-dihydroxy-2-hydroxymethylanthraquinone 1,7- 二羟基 -2- 羟甲基蒽醌 牛耳朵 Primulina eburnea

3,6-dihydroxy-2-hydroxymethylanthraquinone 3,6- 二羟基 -2- 羟甲基蒽醌 红大戟 Knoxia roxburghii

3,8-dihydroxy-2-hydroxyme-thylanthraquinone-3-glucoside 3,8- 二羟基 -2- 羟甲基蒽醌 -3- 葡萄糖苷 染色茜草 Rubia tinctorum

1,3-dihydroxy-2-isobutyryl-anthraquinone 1,3- 二羟基 -2- 异丁酰蒽醌 巴戟天 Morinda officinalis

5,7-dihydroxy-2-isopropylchromone-8-*β*-D-glucopyranoside 5,7- 二羟基 -2- 异丙基色酮 -8-*β*-D- 吡喃葡萄糖苷 地耳草 Hypericum japonicum

6,7-dihydroxy-2-methoxy-1,4-phenanthrenedione 6,7- 二羟基 -2- 甲氧基 -1,4- 菲二酮 薯蓣 Dioscorea polystachya

5,7-dihydroxy-2'-methoxy-2',4'-dimethoxyisoflavanone-7-*O*-*β*-glucopyranoside 5,7- 二羟基 -2'- 甲氧基 -2',4'- 二甲氧基异黄烷酮 -7-*O*-*β*- 吡喃葡萄糖苷 广东金钱草 Desmodium styracifolium

5,7-dihydroxy-2'-methoxy-3',4'-methylenedioxyisoflavanone 5,7- 二羟基 -2'- 甲氧基 -3',4'- 亚甲二氧基异黄烷酮 广东金钱草 Desmodium styracifolium, 猫尾草 Uraria crinita, 美花狸尾豆 U. picta

5,7-dihydroxy-2'-methoxy3',4'-methylenedioxyisoflavanone-7-*O*-*β*-glucopyranoside 5,7- 二羟基 -2'- 甲氧基 -3',4'- 亚甲二氧基异黄烷酮 -7-*O*-*β*- 吡喃葡萄糖苷 广东金钱草 Desmodium styracifolium

4',6'-dihydroxy-2'-methoxy-3',5'-dimethylchalcone 4',6'- 二羟基 -2'- 甲氧基 -3',5'- 二甲基查耳酮 洋蒲桃 Syzygium samarangense

4,6-dihydroxy-2-methoxy-3-methyldihydrochalcone 4,6- 二羟基 -2- 甲氧基 -3- 甲基二氢查尔酮 龙血藤 Daemonorops draco

3,5-dihydroxy-2'-methoxy-4-methylbibenzyl 3,5- 二羟基 -2'- 甲氧基 -4- 甲基二苯乙烷 百部 Stemona japonica, 直立百部 S. sessilifolia

(+)-5,6-dihydroxy-2-methoxy-5-(1-phenyl-2-propen-1-yl)-2-cyclohexen-1,4-dione (+)-5,6- 二羟基 -2- 甲氧基 -5-(1- 苯基 -2- 丙烯 -1- 基)-2- 环己烯 -1,4- 二酮 印度黄檀 Dalbergia sissoo

4',6'-dihydroxy-2'-methoxy-5'-prenylchalcone) 4',6'- 二羟基 -2'- 甲氧基 -5'- 异戊烯基查耳酮 粗糠柴 Mallotus philippensis

5,3'-dihydroxy-2'-methoxy-6,7-methylenedioxyisoflavone 5,3'- 二羟基 -2'- 甲氧基 -6,7- 亚甲二氧基异黄酮 马蔺 Iris lactea

7,4'-dihydroxy-2'-methoxy-6-geranylisoflavanone 7,4'- 二羟基 -2'- 甲氧基 -6- 香叶基异黄烷酮 胡枝子 Lespedeza bicolor

5,4'-dihydroxy-2'-methoxy-8-(3,3-dimethylallyl)-2",2"-dimethylpyrano[5,6:6,7]isoflavanone 5,4'- 二羟基 -2'- 甲氧基 -8-(3,3- 二甲基烯丙基)-2",2"- 二甲基吡喃 [5,6:6,7] 异黄烷酮 刺桐 Erythrina variegata

4,5-dihydroxy-2-methoxy-9,10-dihydrophenanthrene 4,5- 二羟基 -2- 甲氧基 -9,10- 二氢菲 石仙桃 Pholidota chinensis

4,7-dihydroxy-2-methoxy-9,10-dihydrophenanthrene 4,7- 二羟基 -2- 甲氧基 -9,10- 二氢菲 竹叶兰 Arundina graminifolia, 白及 Bletilla striata, 密花石斛 Dendrobium densiflorum, 石斛 D. nobile

4,6-dihydroxy-2-methoxyacetophenone 4,6- 二羟基 -2- 甲氧基苯乙酮 长梗秦艽 Gentiana waltonii, 湖北旋覆花 Inula hupehensis

4,6-dihydroxy-2-methoxy-acetophenone 4,6- 二羟基 -2- 甲氧基 - 苯乙酮 甘肃大戟 Euphorbia kansuensis

1,3-dihydroxy-2-methoxyanthraquinone 1,3- 二羟基 -2- 甲氧基蒽醌 虎刺 Damnacanthus indicus, 蓬子菜 Galium verum, 红大戟 Knoxia roxburghii, 巴戟天 Morinda officinalis, 南山花 Prismatomeris tetrandra

1,6-dihydroxy-2-methoxyanthraquinone 1,6- 二羟基 -2- 甲氧基蒽醌 虎刺 Damnacanthus indicus, 巴戟天 Morinda officinalis

3,5-dihydroxy-2'-methoxybibenzyl 3,5- 二羟基 -2'- 甲氧基二苯乙烷 百部 Stemona japonica, 直立百部 S. sessilifolia

4,4'-dihydroxy-2'-methoxychalcone 4,4'- 二羟基 -2'- 甲氧基查耳酮 剑叶龙血树 Dracaena cochinchinensis

4,4'-dihydroxy-2-methoxychalcone 4,4'- 二羟基 -2- 甲氧基查耳酮 剑叶龙血树 Dracaena cochinchinensis

4,4'-dihydroxy-2'-methoxydianthramide 4,4'- 二羟基 -2'- 甲氧基石竹酰胺▲ 麦蓝菜 Vaccaria hispanica

4,4'-dihydroxy-2-methoxydihydrochalcone 4,4'- 二羟基 -2- 甲氧基二氢查耳酮 剑叶龙血树 Dracaena cochinchinensis

5,7-dihydroxy-2'-methoxyflavone 5,7- 二羟基 -2'- 甲氧基黄酮 沙滩黄芩 Scutellaria strigillosa

(3*R*)-7,4'-dihydroxy-2'-methoxyisoflavan (3*R*)-7,4'- 二羟基 -2'- 甲氧基异黄烷 丰城崖豆藤 Callerya nitida var. hirsutissima

7,4'-dihydroxy-2'-methoxyisoflavan 7,4'- 二羟基 -2'- 甲氧基异黄烷 大花田菁 Sesbania grandiflora

1,3-dihydroxy-2-methoxymethylanthraquinone 1,3- 二羟基 -2- 甲氧甲基蒽醌 茜草 Rubia cordifolia

1,6-dihydroxy-2-methoxymethylanthraquinone 1,6- 二羟基 -2- 甲氧基甲基蒽醌 印度羊角藤 Morinda umbellata

3,6-dihydroxy-2-methoxymethylanthraquinone 3,6- 二羟基 -2- 甲氧甲基蒽醌 红大戟 Knoxia roxburghii

4,6-dihydroxy-2-methoxyphenyl-1-*O*-β-D-glucopyranoside 4,6- 二羟基 -2- 甲氧基苯基 -1-*O*-β-D- 吡喃葡萄糖苷 小连翘 Hypericum erectum, 三桠乌药 Lindera obtusiloba

D

1,3-dihydroxy-2-methoxyxanthone 1,3- 二羟基 -2- 甲氧基𠮿酮 金丝桃 Hypericum monogynum, 荷包山桂花 Polygala arillata, 尾叶远志 P. caudata, 黄花倒水莲 P. fallax

1,5-dihydroxy-2-methoxyxanthone 1,5- 二羟基 -2- 甲氧基𠮿酮 栽秧花 Hypericum beanii

1,7-dihydroxy-2-methoxyxanthone 1,7- 二羟基 -2- 甲氧基𠮿酮 蝉翼藤 Securidaca inappendiculata

1,8-dihydroxy-2-methoxyxanthone 1,8- 二羟基 -2- 甲氧基𠮿酮 红芽木 Cratoxylum formosum subsp. pruniflorum

3,4-dihydroxy-2-methoxyxanthone 3,4- 二羟基 -2- 甲氧基𠮿酮 金丝桃 Hypericum monogynum

8,10-dihydroxy-2-methyl-(2*E*,6*E*)-octadienoyl catalpol 8,10- 二羟基 -2- 甲基 -(2*E*,6*E*)- 辛二烯酰梓醇 菜豆树 Radermachera sinica

5,6-dihydroxy-2-methyl-2-[3',7'*E*]-4',8',12'-trimethyltrideca-3',7',11'-trien]-2(*H*)-chromene 5,6- 二羟基 -2- 甲基 -2-[3',7'*E*]-4',8',12'- 三甲基十三癸 -3',7',11'- 三烯]-2(*H*)- 色烯 点柄乳牛肝菌 Suillus granulatus

1,8-dihydroxy-2-methyl-3,7-dimethoxyanthraquinone 1,8- 二羟基 -2- 甲基 -3,7- 二甲氧基蒽醌 台湾虎刺 Damnacanthus angustifolius, 黄木巴戟 Morinda angustifolia

5,7-dihydroxy-2-methyl-4-chromanone 5,7- 二羟基 -2- 甲基 -4- 色烷酮 大叶山楝 Aphanamixis grandifolia, 黑柄炭角菌 Xylaria nigripes

3,5-dihydroxy-2-methyl-4*H*-pyran-4-one 3,5- 二羟基 -2- 甲基 -4*H*- 吡喃 -4- 酮 挥发油成分，未统计基源

1,4-dihydroxy-2-methyl-5-methoxyanthraquinone 1,4- 二羟基 -2- 甲基 -5- 甲氧基蒽醌 茜草 Rubia cordifolia

1,8-dihydroxy-2-methyl-6-methoxyanthraquinone 1,8- 二羟基 -2- 甲基 -6- 甲氧基蒽醌 含羞草决明 Chamaecrista mimosoides

1,4-dihydroxy-2-methyl-8-methoxyanthraquinone 1,4- 二羟基 -2- 甲基 -8- 甲氧基蒽醌 茜草 Rubia cordifolia

1,6-dihydroxy-2-methyl-9,10-anthraquinone 1,6- 二羟基 -2- 甲基 -9,10- 蒽醌 紫参 Rubia yunnanensis

1,6-dihydroxy-2-methyl-9,10-anthraquinone-3-*O*-[α-L-rhamnopyranosyl-(1 → 2)-β-D-(3',6'-*O*-diacetyl)-glucopyranoside] 1,6- 二羟基 -2- 甲基 -9,10- 蒽醌 -3-*O*-[α-L- 吡喃鼠李糖基 -(1 → 2)-β-D-(3',6'-*O*- 二乙酰基)- 吡喃葡萄糖苷] 茜草 Rubia cordifolia

1,6-dihydroxy-2-methyl-9,10-anthraquinone-3-*O*-[α-L-rhamnopyranosyl-(1 → 2)-β-D-(3'-*O*-acetyl)-glucopyranoside] 1,6- 二羟基 -2- 甲基 -9,10- 蒽醌 -3-*O*-[α-L- 吡喃鼠李糖基 -(1 → 2)-β-D-(3'-*O*- 乙酰基)- 吡喃葡萄糖苷] 茜草 Rubia cordifolia

1,6-dihydroxy-2-methyl-9,10-anthraquinone-3-*O*-[α-L-rhamnopyranosyl-(1 → 2)-β-D-(4',6'-*O*-diacetyl)-glucopyranoside] 1,6- 二羟基 -2- 甲基 -9,10- 蒽醌 -3-*O*-[α-L- 吡喃鼠李糖基 -(1 → 2)-β-D-(4',6'-*O*- 二乙酰基)- 吡喃葡萄糖苷] 茜草 Rubia cordifolia

1,6-dihydroxy-2-methyl-9,10-anthraquinone-3-*O*-β-D-glucopyranoside 1,6- 二羟基 -2- 甲基 -9,10- 蒽醌 -3-*O*-β-D- 吡喃葡萄糖苷 茜草 Rubia cordifolia

1,3-dihydroxy-2-methylanthraquinone 1,3- 二羟基 -2- 甲基蒽醌 台湾虎刺 Damnacanthus angustifolius, 蓬子菜 Galium verum, 红大戟 Knoxia roxburghii, 黄木巴戟 Morinda angustifolia, 巴戟天 M. officinalis, 茜草 Rubia cordifolia, 紫参 R. yunnanensis, 密叶决明 Senna multijuga

1,4-dihydroxy-2-methylanthraquinone 1,4- 二羟基 -2- 甲基蒽醌 虎刺 Damnacanthus indicus, 金剑草 Rubia alata, 东南茜草 R. argyi, 茜草 R. cordifolia, 金线草 R. membranacea, 钩毛茜草 R. oncotricha, 卵叶茜草 R. ovatifolia, 柄花茜草 R. podantha, 大叶茜草 R. schumanniana, 多花茜草 R. wallichiana

1,5-dihydroxy-2-methylanthraquinone 1,5- 二羟基 -2- 甲基蒽醌 茜草 Rubia cordifolia

1,6-dihydroxy-2-methylanthraquinone 1,6- 二羟基 -2- 甲基蒽醌 蓬子菜 Galium verum, 松叶耳草 Hedyotis pinifolia, 红大戟 Knoxia roxburghii

1,7-dihydroxy-2-methylanthraquinone 1,7- 二羟基 -2- 甲基蒽醌 牛耳朵 Primulina eburnea

3,6-dihydroxy-2-methylanthraquinone 3,6- 二羟基 -2- 甲基蒽醌 松叶耳草 Hedyotis pinifolia, 印度羊角藤 Morinda umbellata

1,6-dihydroxy-2-methylanthraquinone-8-*O*-β-D-glucopyranosyl-(1 → 6)-β-L-xylopyranoside 1,6- 二羟基 -2- 甲基蒽醌 -8-*O*-β-D- 吡喃葡萄糖基 -(1 → 6)-β-L- 吡喃木糖苷 牛奶子 Elaeagnus umbellata

1,8-dihydroxy-2-methylanthraquinone-3-neohesperidinoside 1,8- 二羟基 -2- 甲基蒽醌 -3- 新橙皮糖苷 槐叶决明 Senna occidentalis var. sophera

1,8-dihydroxy-2-methylanthraquinone-3-*O*-rutinoside 1,8- 二羟基 -2- 甲基蒽醌 -3-*O*- 芸香糖苷 密叶决明 Senna multijuga

1,8-dihydroxy-2-methylanthraquinone-3-*O*-β-D-galactopyranoside 1,8- 二羟基 -2- 甲基蒽醌 -3-*O*-β-D- 吡喃半乳糖苷 楝 Melia azedarach

1,8-dihydroxy-2-methylanthraquinone-3-*O*-β-D-glucopyranoside 1,8- 二羟基 -2- 甲基蒽醌 -3-*O*-β-D- 吡喃葡萄糖苷 五桠果 Dillenia indica

5,7-dihydroxy-2-methyl-benzopyran-4-one 5,7- 二羟基 -2- 甲基 - 苯并吡喃 -4- 酮 野鸦椿 Euscaphis japonica

(2*R*,3*R*)-2,3-dihydroxy-2-methyl-butanoic acid-γ-lactone (2*R*,3*R*)-2,3- 二羟基 -2- 甲基 -γ- 丁内酯 马蹄金 Dichondra micrantha

5,7-dihydroxy-2-methylchromen-4-one 5,7- 二羟基 -2- 甲基 - 色烯 -4- 酮 升麻 Cimicifuga foetida

5,7-dihydroxy-2-methylchromone 5,7- 二羟基 -2- 甲基色酮 光枝勾儿茶 Berchemia polyphylla var. leioclada, 云木香 Saussurea costus, 珍珠梅 Sorbaria sorbifolia

5,7-dihydroxy-2-methylchromone-7-*O*-β-D-apiofuranosyl-(1 → 6)-β-D-glucopyranoside 5,7- 二羟基 -2- 甲基色酮 -7-*O*-β-D- 呋喃芹糖基 -(1 → 6)-β-D- 吡喃葡萄糖苷 水团花 Adina pilulifera

5,7-dihydroxy-2-methylchromone-7-*O*-β-D-glucopyranoside 5,7- 二羟基 -2- 甲基色酮 -7-*O*-β-D- 吡喃葡萄糖苷 光枝勾儿茶 Berchemia polyphylla var. leioclada

3'S,4'-dihydroxy-2'-methylene-but-1'-enyl caffeate 3'S,4'- 二羟基 -2'- 亚甲基 - 丁 -1'- 烯醇咖啡酸酯 毛冬青 Ilex pubescens

6,7-dihydroxy-2-methylnaphthalene-9,10-dimethylethane-10-*O*-[3'-acetyl-*α*-L-rhamnopyranoside] 6,7- 二羟基 -2- 甲基萘 -9,10- 二甲基乙烷 -10-*O*-[3'- 乙酰基 -*α*-L- 吡喃鼠李糖苷] 无患子 Sapindus saponaria

1,4-dihydroxy-2-methylphenyl ether 1,4- 二羟基 -2- 甲氧基苯 扶芳藤 Euonymus fortunei

1,3-dihydroxy-2-methylxanthone 1,3- 二羟基 -2- 甲基呫酮 黄花倒水莲 Polygala fallax

1,4-dihydroxy-2-naphthalene carboxylic acid methyl ester-4-*O*-*α*-L-rhamnopyranosyl-(1→6)-*β*-D-glucopyranoside 1,4- 二羟基 -2- 萘羧酸甲酯 -4-*O*-*α*-L- 吡喃鼠李糖基 -(1 → 6)-*β*-D- 吡喃葡萄糖苷 弄岗苣苔 Primulina longgangensis

1,4-dihydroxy-2-naphthalenecarboxylic acid methyl ester 1,4- 二羟基 -2- 萘甲酸甲酯 马尾树 Rhoiptelea chiliantha

4,6-dihydroxy-2-*O*-(4'-hydroxybutyl)acetophenone 4,6- 二羟基 -2-*O*-(4'- 羟丁基) 苯乙酮 黄独 Dioscorea bulbifera

(*E*)-11*β*,15-dihydroxy-2-oxo-6*βH*-13-norguaia-3-en-11,6-carbolactone (*E*)-11*β*,15- 二羟基 -2- 氧代 -6*βH*-13- 降愈创木 -3- 烯 -11,6- 羰酰内酯 蜂斗菜状蟹甲草 Parasenecio petasitoides

15,16-dihydroxy-2-oxo-*ent*-pimar-8(14)-ene 15,16- 二羟基 -2- 氧代 - 对映 - 海松 -8(14)- 烯 豨莶 Sigesbeckia orientalis

(-)-1*S*,5*S*,8*S*,10*R*-1,8-dihydroxy-2-oxoeudesman-3,7(11)-dien-8,12-olide (-)-1*S*,5*S*,8*S*,10*R*-1,8- 二羟基 -2- 氧代桉叶 -3,7(11)- 二烯 -8,12- 内酯 血见愁 Teucrium viscidum

4,6-dihydroxy-2-*O*-*β*-D-glucopyranosyl-acetophenone 4,6- 二羟基 -2-*O*-*β*-D- 吡喃葡萄糖基 - 苯乙酮 樱草杜鹃 Rhododendron primuliflorum

3*β*,4*α*-dihydroxy-2-piperidinone 3*β*,4*α*- 二羟基 -2- 哌啶酮 荜拔 Piper longum

1,9-dihydroxy-2-prenyl-3-methoxypterocarpin 1,9- 二羟基 -2- 异戊烯基 -3- 甲氧基紫檀素 印度草木犀 Melilotus indicus

1,5-dihydroxy-2-prenyl-3-methoxyxanthone 1,5- 二羟基 -2- 异戊烯基 -3- 甲氧基呫酮 莽吉柿 Garcinia mangostana

1,7-dihydroxy-2-prenyl-3-methoxyxanthone 1,7- 二羟基 -2- 异戊烯基 -3- 甲氧基呫酮 莽吉柿 Garcinia mangostana

6-(1'',3''-dihydroxy-2''-propoxyl)-inosine 6-(1'',3''- 二羟基 -2''- 丙氧基)- 肌苷 长花马先蒿 Pedicularis longiflora

4*R'S'*,4'*R'S'*-dihydroxy-2*R'S'*,2'*R'S'*-binaphthalene-1,10-dione 4*R'S'*,4'*R'S'*- 二羟基 -2*R'S'*,2'*R'S'*- 双萘 -1,10- 酮 紫参 Rubia yunnanensis

1*α*,3*α*-dihydroxy-2*α*-(2-methylbutanoyloxy)-isoalantolactone 1*α*,3*α*- 二羟基 -2*α*-(2- 甲基丁酰氧基)- 异土木香内酯 密花艾纳香 Blumea densiflora

4,5*β*-dihydroxy-2*β*-(isobutyryloxy)-10*βH*-guai-11(13)-en-12,8*β*-olide 4,5*β*- 二羟基 -2*β*-(异丁酰氧基)-10*βH*- 愈创木 -11(13)- 烯 -12,8*β*- 内酯 石胡荽 Centipeda minima

(5*α*)-17*β*-[1,2-dihydroxy-3-(1-hydroxy-1-methylethyl)-cyclopentyl]-4,4,8,14-tetramethyl-18-norandrostan-3*β*-[*O*-*α*-L-rhamno-pyranosyl-(1 → 2)-*O*-*β*-D-xylopyranosyl-(1 → 3)-*β*-D-glucopyranoside-6-acetate] (5*α*)-17*β*-[1,2- 二羟基 -3-(1- 羟基 -1- 甲基乙基)- 环戊基]-4,4,8,14- 四甲基 -18- 降雄甾 -3*β*-[*O*-*α*-L- 吡喃鼠李糖基 -(1 → 2)-*O*-*β*-D- 吡喃木糖基 -(1 → 3)-*β*-D- 吡喃葡萄糖苷 -6- 乙酸酯] 绞股蓝 Gynostemma pentaphyllum

2',4'-dihydroxy-3'-(2,6-dihydroxybenzyl)-6'-methoxychalcone 2',4'- 二羟基 -3'-(2,6- 二羟基苯基)-6'- 甲氧基查耳酮 假鹰爪 Desmos chinensis

5,7-dihydroxy-3'-(2-hydroxy-3-methyl-3-butenyl)-3,6,4'-trimethoxyflavone 5,7- 二羟基 -3'-(2- 羟基 -3- 甲基 -3- 丁烯基)-3,6,4'- 三甲氧基黄酮 车桑子 Dodonaea viscosa, 假连翘 Duranta erecta

2',6'-dihydroxy-3'-(2-hydroxy-3-methyl-3-butenyl)-4'-methoxychalcone 2',6'- 二羟基 -3'-(2- 羟基 -3- 甲基 -3- 丁烯基)-4'- 甲氧基查耳酮 乳白香青 Anaphalis lactea

3,7-dihydroxy-3'-(2-hydroxy-3-methyl-3-butenyl)-5,6,4'-trimethoxyflavone 3,7- 二羟基 -3'-(2- 羟基 -3- 甲基 -3- 丁烯基)-5,6,4'- 三甲氧基黄酮 假连翘 Duranta erecta

1-[2,4-dihydroxy-3-(2-hydroxy-3-methyl-3-butenyl)phenyl]-3-(4-hydroxyphenyl)-2-propen-1-one 1-[2,4- 二羟基 -3-(2- 羟基 -3- 甲基 -3- 丁烯基) 苯基]-3-(4- 羟基苯基)-2- 丙烯 -1- 酮 补骨脂 Cullen corylifolia

(-)-(2*R*,3*S*)-2,3-dihydroxy-3-(3,4-dihydroxyphenyl)-propionic acid (-)-(2*R*,3*S*)-2,3- 二羟基 -3-(3,4- 二羟基苯基)- 丙酸 苦槠 Castanopsis sclerophylla

5,7-dihydroxy-3-(3-hydroxy-4,5-dimethoxy)-8-methoxyflavone 5,7- 二羟基 -3-(3- 羟基 -4,5- 二甲氧基)-8- 甲氧基黄酮 德国鸢尾 Iris germanica

5,7-dihydroxy-3-(3-hydroxy-4-methoxy)-6-methoxyflavone 5,7- 二羟基 -3-(3- 羟基 -4- 甲氧基)-6- 甲氧基黄酮 德国鸢尾 Iris germanica

5,7-dihydroxy-3-(3-hydroxy-4-methoxybenzyl)-4-chromanone 5,7- 二羟基 -3-(3- 羟基 -4- 甲氧基苄基)-4- 色烷酮 剑麻 Agave sisalana

5,7-dihydroxy-3-(3-hydroxy-4-methoxybenzyl)-6-methoxychroman-4-one 5,7- 二羟基 -3-(3- 羟基 -4- 甲氧基苄基)-6- 甲氧基色烷 -4- 酮 杜鹃兰 Cremastra appendiculata

7,8-dihydroxy-3-(3-hydroxy-4-oxo-4*H*-pyran-2-yl)-coumarin 7,8- 二羟基 -3-(3- 羟基 -4- 氧代 -4*H*- 吡喃基)- 香豆素 撑篙竹 Bambusa pervariabilis

1,8-dihydroxy-3-(3-hydroxybutoxy)xanthone 1,8- 二羟基 -3-(3- 羟基丁氧基) 呫酮 川东獐牙菜 Swertia davidii

5,7-dihydroxy-3-(3-hydroxyl-4,5-dimethoxy)-6-methoxyflavone 5,7- 二羟基 -3-(3- 羟基 -4,5- 二甲氧基)-6- 甲氧基黄酮 德国鸢尾 Iris germanica

5,7-dihydroxy-3'-(3-hydroxymethylbutyl)-3,6,4'-trimethoxyflavone 5,7- 二羟基 -3'-(3- 羟甲基丁基)-3,6,4'- 三甲氧基黄酮 车桑子 Dodonaea viscosa

5,7-dihydroxy-3-(3-methoxy-4-hydroxy)-6-methoxyflavone 5,7- 二羟基 -3-(3- 甲氧基 -4- 羟基)-6- 甲氧基黄酮 德国鸢尾 Iris germanica

5,4-dihydroxy-3-(3-methyl-but-2-enyl)-3,5,6-trimethoxy-flavone-7-*O*-*β*-D-glucopyranoside 5,4- 二羟基 -3-(3- 甲基 - 丁 -2- 烯基)-3,5,6- 三羟基黄酮 -7-*O*-*β*-D- 吡喃葡萄糖苷 象橘 Feronia limonia

1-[2',4'-dihydroxy-3'-(3''-methylbut-2''-enyl)-5'-(1'''-ethoxy-3'''-methylbutyl)-6'-methoxy]phenylethanone 1-[2',4'- 二羟基 -3'-(3''- 甲基丁 -2''- 烯基)-5'-(1'''- 乙氧基 -3'''- 甲基丁基)-6'- 甲氧基] 苯乙酮 山油柑 Acronychia pedunculata

5,7-dihydroxy-3'-(4''-acetoxy-3''-methylbutyl)-3,6,4'-trimethoxyflavone 5,7- 二羟基 -3'-(4''- 乙酰氧基 -3''- 甲基丁基)-3,6,4'- 三甲氧基黄酮 车桑子 Dodonaea viscosa

5,7-dihydroxy-3-(4-hydroxy)-6-methoxyflavone 5,7- 二羟基 -3-(4- 羟基)-6- 甲氧基黄酮 德国鸢尾 Iris germanica

(2*S*,3*R*)-2,3-dihydroxy-3-(4-hydroxy-3,5-dimethoxyphenyl)propyl benzoate (2*S*,3*R*)-2,3- 二羟基 -3-(4- 羟基 -3,5- 二甲氧基苯基) 丙醇苯甲酸酯 刺果卫矛 Euonymus acanthocarpus

(2*R*,3*R*)-2,3-dihydroxy-3-(4-hydroxy-3,5-dimethoxyphenyl)propyl-*β*-D-glucopyranoside (2*R*,3*R*)-2,3- 二羟基 -3-(4- 羟基 -3,5- 二甲氧基苯基) 丙基 -*β*-D- 吡喃葡萄糖苷 微花藤 Iodes cirrhosa

3,7-dihydroxy-3'-(4-hydroxy-3-methylbutyl)-5,6,4'-trimethoxyflavone 3,7- 二羟基 -3'-(4- 羟基 -3- 甲基丁基)-5,6,4'- 三甲氧基黄酮 假连翘 Duranta erecta

5,7-dihydroxy-3-(4'-hydroxy-benzyl)-4-chromanone 5,7- 二羟基 -3-(4'- 羟基苄基)-4- 色烷酮 剑麻 Agave sisalana

3,7-dihydroxy-3-(4'-hydroxybenzyl)-chroman-4-one 3,7- 二羟基 -3-(4'- 对甲基苯)- 色烷 -4- 酮 苏木 Caesalpinia sappan

(*E*)-5,7-dihydroxy-3-(4'-hydroxybenzylidene)chroman-4-one (*E*)-5,7- 二羟基 -3-(4'- 羟基苯亚甲基) 色原烷 -4- 酮 知母 Anemarrhena asphodeloides

5,7-dihydroxy-3-(7-hydroxy-2,2-dimethyl-2*H*-1-benzopyran-6-yl)-4*H*-1-benzopyran-4-one 5,7- 二羟基 -3-(7- 羟基 -2,2- 二甲基 -2*H*-1- 苯并吡喃 -6- 基)-4*H*-1- 苯并吡喃 -4- 酮 绵三七 Eriosema himalaicum

1,8-dihydroxy-3-(hydroxymethyl)anthraquinone triacetate 1,8- 二羟基 -3- 羟甲基蒽醌三乙酸酯 波叶大黄 Rheum rhabarbarum

2,8-dihydroxy-3,10-dimethoxy-6-(2-methyl-1-propen-1-yl)-6*H*,7*H*-[1]benzopyrano[4,3-b][1]-benzopyran-7-one 2,8- 二羟基 -3,10- 二甲氧基 -6-(2- 甲基 -1- 正丙烯基)-6*H*,7*H*-[1] 苯并吡喃 [4,3-b][1]- 苯并吡喃 -7- 酮 波罗蜜 Artocarpus heterophyllus

7*β*,23*ξ*-dihydroxy-3,11,15-trioxolanosta-8,20*E*(22)-dien-26-oic acid 7*β*,23*ξ*- 二羟基 -3,11,15- 三氧羊毛脂 -8,20*E*(22)- 二烯 -26- 酸 树舌灵芝 Ganoderma applanatum

13*β*,19-dihydroxy-3,15-dioxoatis-16-ene 13*β*,19- 二羟基 -3,15- 二氧代阿替 -16- 烯 金刚纂 Euphorbia neriifolia

7'',8''-*threo*-7''',8'''-*erythro*-4'',4'''-dihydroxy-3,3',3'',3''',5,5'-hexamethoxy-7,9',7',9-diepoxy-4,8'',4',8'''-bisoxy-8,8'-dineolignan-7'',7''',9'',9'''-tetraol 7'',8''- 苏式 -7''',8'''- 赤式 -4'',4'''- 二羟基 -3,3',3'',3''',5,5'- 六甲氧基 -7,9',7',9- 二环氧 -4,8'',4',8'''- 二氧代 -8,8'- 二新木脂素 -7'',7''',9'',9'''- 四醇 岭南杜鹃花 Rhododendron mariae

7'',8''-*erythro*-4',4''-dihydroxy-3,3',3'',5,5'-pentamethoxy-7,9',7',9-7'',9''-diol 7'',8''- 赤式 -4',4''- 二羟基 -3,3',3'',5,5'- 五甲氧基 -7,9',7',9-7'',9''- 二醇 岭南杜鹃花 Rhododendron mariae

(+)-(7*R*,7'*R*,7''*R*,7'''*R*,8*S*,8'*S*,8''*S*,8'''*S*)-4'',4'''-dihydroxy-3,3',3'',3''',5,5'-hexamethoxy-7,9':7',9-diepoxy-4,8'':4',8'''-bisoxy-8,8'-dineolignan-7'',7''',9'',9''-tetraol (+)-(7*R*,7'*R*,7''*R*,7'''*R*,8*S*,8'*S*,8''*S*,8'''*S*)-4'',4'''- 二羟基 -3,3',3'',3''',5,5'- 六甲氧基 -7,9':7',9- 二环氧 -4,8'':4',8'''- 二氧 -8,8'- 二新木脂素 -7'',7''',9'',9''- 四醇 中华狸尾豆 Uraria sinensis

(+)-(7*R*,7'*R*,7''*R*,7'''*S*,8*S*,8'*S*,8''*S*,8'''*S*)-4'',4'''-dihydroxy-3,3',3'',3''',5,5'-hexamethoxy-7,9';7',9-diepoxy-4,8'';4',8'''-bisoxy-8,8'-dineolignan-7'',7''',9'',9'''-tetraol (+)-(7*R*,7'*R*,7''*R*,7'''*S*,8*S*,8'*S*,8''*S*,8'''*S*)-4'',4'''- 二羟基 -3,3',3'',3''',5,5'- 六甲氧基 -7,9';7',9- 二环氧 -4,8'';4',8'''- 二氧 -8,8'- 二新木脂素 -7'',7''',9'',9'''- 四醇 刺果卫矛 Euonymus acanthocarpus

(+)-(7*R*,7'*R*,7''*S*,7'''*S*,8*S*,8'*S*,8''*S*,8'''*S*)-4'',4'''-dihydroxy-3,3',3'',3''',5,5'-hexamethoxy-7,9';7',9-diepoxy-4,8'';4',8'''-bisoxy-8,8'-dineolignan-7'',7''',9'',9'''-tetraol (+)-(7*R*,7'*R*,7''*S*,7'''*S*,8*S*,8'*S*,8''*S*,8'''*S*)-4'',4'''- 二羟基 -3,3',3'',3''',5,5'- 六甲氧基 -7,9';7',9- 二环氧 -4,8'';4',8'''- 二氧 -8,8'- 二新木脂素 -7'',7''',9'',9'''- 四醇 刺果卫矛 Euonymus acanthocarpus

(-)-(7*R*,7'*R*,7''*S*,8*S*,8'*S*,8''*S*)-4',4''-dihydroxy-3,3',3'',5,5'-pentamethoxy-7,9':7',9-diepoxy-4,8''-oxy-8,8'-sesquineolignan-7'',9''-diol (-)-(7*R*,7'*R*,7''*S*,8*S*,8'*S*,8''*S*)-4',4''- 二羟基 -3,3',3'',5,5'- 五甲氧基 -7,9':7',9- 二环氧 -4,8''- 氧 -8,8'- 倍半新木脂素 -7'',9''- 二醇 中华狸尾豆 Uraria sinensis

2,2'-dihydroxy-3,3',4,4',7,7'-hexamethoxy-9,9',10,10'-4*H*-1,1'-biphenanthrene 2,2'- 二羟基 -3,3',4,4',7,7'- 六甲氧基 -9,9',10,10'-4*H*-1,1'- 联菲 石斛 Dendrobium nobile

5,7-dihydroxy-3,3',4'-trimethoxyflavone 5,7- 二羟基 -3,3',4'- 三甲氧基黄酮 艾纳香 Blumea balsamifera, 裸花紫珠 Callicarpa nudiflora, 熊胆草 Conyza blinii

4',5-dihydroxy-3,3',5,7-tetramethoxyflavone 4',5- 二羟基 -3,3',5,7- 四甲氧基黄酮 杜香 Ledum palustre

4',5-dihydroxy-3,3',5',7-tetramethoxyflavone 4',5- 二羟基 -3,3',5',7- 四甲氧基黄酮 杜香 Ledum palustre

4,4'-dihydroxy-3,3',5,*α*-tetramethoxybibenzyl 4,4'- 二羟基 -3,3',5,*α*- 四甲氧基联苄 石斛 Dendrobium nobile

7'*E*-4,9-dihydroxy-3,3',5'-trimethoxy-8,4'-oxyneolign-7'-en-9'-al 7'*E*-4,9- 二羟基 -3,3',5'- 三甲氧基 -8,4'- 氧新木脂素 -7'- 烯 -9'- 醛 弄岗苣苔 Primulina longgangensis

(-)-*erythro*-(7*R*,8*S*)-$\Delta^{8'}$-4,7-dihydroxy-3,3',5'-trimethoxy-8-*O*-4'-neolignan (-)- 赤式 -(7*R*,8*S*)-$\Delta^{8'}$-4,7- 二羟基 -3,3',5'- 三甲氧基 -8-*O*-4'- 新木脂素 肉豆蔻 Myristica fragrans

(+)-*erythro*-(7*S*,8*R*)-$\Delta^{8'}$-4,7-dihydroxy-3,3',5'-trimethoxy-8-*O*-4'-neolignan (+)- 赤式 -(7*S*,8*R*)-$\Delta^{8'}$-4,7- 二羟基 -3,3',5'- 三甲氧基 -8-*O*-4'- 新木脂素 肉豆蔻 Myristica fragrans

(+)-*erythro*-(7*S*,8*R*)-$\Delta^{8'}$-4,7-dihydroxy-3,3',5'-trimethoxy-8-*O*-4'-neolignan-8'-ene (+)- 赤式 -(7*S*,8*R*)-$\Delta^{8'}$-4,7- 二羟基 -3,3',5'- 三甲氧基 -8-*O*-4'- 新木脂素 -8'- 烯 肉豆蔻 Myristica fragrans

4,4'-dihydroxy-3,3',5-trimethoxybibenzyl 4,4'- 二羟基 -3,3',5- 三甲氧基联苄 束花石斛 Dendrobium chrysanthum, 美花石斛 D. loddigesii

4,4'-dihydroxy-3,3',5-trimethoxyl bisepoxylignan 4,4'- 二羟基 -3,3',5- 三甲氧基双四氢呋喃木脂素 紫丁香 Syringa oblata

4',5-dihydroxy-3,3',6,7-tetramethoxyflavone 4',5- 二羟基 -3,3',6,7- 四甲氧基黄酮 锦熟黄杨 Buxus sempervirens, 萼翅藤 Getonia floribunda

5,4'-dihydroxy-3,3',6,7-tetramethoxyflavone 5,4'- 二羟基 -3,3',6,7- 四甲氧基黄酮 小叶黄杨 Buxus sinica var. parvifolia

4',5-dihydroxy-3,3',7-trimethoxyflavone 4',5- 二羟基 -3,3',7- 三甲氧基黄酮 广藿香 Pogostemon cablin

5,4'-dihydroxy-3,3',7-trimethoxyflavone 5,4'- 二羟基 -3,3',7- 三甲氧基黄酮 小叶黄杨 Buxus sinica var. parvifolia

(8*R*,8'*R*,9'*R*)-4,4'-dihydroxy-3,3',9'-trimethoxy-9,9'-epoxylignan (8*R*,8'*R*,9'*R*)-4,4'- 二羟基 -3,3',9'- 三甲氧基 -9,9'- 环氧木脂素 羽叶丁香

Syringa pinnatifolia

(8R,8'R,9'S)-4,4'-dihydroxy-3,3',9'-trimethoxy-9,9'-epoxylignan (8R,8'R,9'S)-4,4'- 二羟基 -3,3',9'- 三甲氧基 -9,9'- 环氧木脂素 羽叶丁香 Syringa pinnatifolia

(8R,8'R,9'R)-4,4'-dihydroxy-3,3',9'-trimethoxy-9,9-epoxylignan (8R,8'R,9'R)-4,4'- 二羟基 -3,3',9'- 三甲氧基 -9,9- 环氧木脂素 羽叶丁香 Syringa pinnatifolia

(8R,8'R,9R)-4,4'-dihydroxy-3,3',9-trimethoxy-9,9'-epoxylignan (8R,8'R,9R)-4,4'- 二羟基 -3,3',9- 三甲氧基 -9,9'- 环氧木脂素 羽叶丁香 Syringa pinnatifolia

(8R,8'R,9S)-4,4'-dihydroxy-3,3',9-trimethoxy-9,9'-epoxylignan (8R,8'R,9S)-4,4'- 二羟基 -3,3',9- 三甲氧基 -9,9'- 环氧木脂素 羽叶丁香 Syringa pinnatifolia

4,5-dihydroxy-3,3',α-trimethoxybibenzyl 4,5- 二羟基 -3,3',α- 三甲氧基联苄 石斛 Dendrobium nobile

4',5-dihydroxy-3,3'-dimethoxy-6,7-methylenedioxyflavone 4',5- 二羟基 -3,3'- 二甲氧基 -6,7- 亚甲二氧基黄酮 菠菜 Spinacia oleracea

4',5-dihydroxy-3,3'-dimethoxy-6,7-methylenedioxyflavone-4'-glucuronide 4',5- 二羟基 -3,3'- 二甲氧基 -6,7- 亚甲二氧基黄酮 -4'- 葡萄糖醛酸苷 菠菜 Spinacia oleracea

(7S,8S,7'R,8'S)-4,5'-dihydroxy-3,3'-dimethoxy-7,7'-epoxylignan (7S,8S,7'R,8'S)-4,5'- 二羟基 -3,3'- 二甲氧基 -7,7'- 环氧木脂素 肉豆蔻 Myristica fragrans

(7S,8R)-4,9'-dihydroxy-3,3'-dimethoxy-7,8-dihydrobenzfuran-1'-propylneolignan-9-O-β-D-glucopyranoside (7S,8R)-4,9'- 二羟基 -3,3'- 二甲氧基 -7,8- 二氢苯并呋喃 -1'- 丙基新木脂素 -9-O-β-D- 吡喃葡萄糖苷 马尾松 Pinus massoniana

(7S,8R)-4,9'-dihydroxy-3,3'-dimethoxy-7,8-dihydrobenzofuran-1'-propanolneolignan-9-O-α-L-rhamnopyranoside (7S,8R)-4,9'- 二羟基 -3,3'- 二甲氧基 -7,8- 二氢苯并呋喃 -1'- 丙醇基新木脂素 -9-O-α-L- 吡喃鼠李糖苷 蒙古栎 Quercus mongolica

4,4'-dihydroxy-3,3'-dimethoxy-9-butoxy-9,9'-epoxylignan 4,4'- 二羟基 -3,3'- 二甲氧基 -9- 丁氧基 -9,9'- 环氧木脂素 滇瑞香 Daphne feddei

4,4'-dihydroxy-3,3'-dimethoxy-9-ethoxy-9,9'-epoxylignan 4,4'- 二羟基 -3,3'- 二甲氧基 -9- 乙氧基 -9,9'- 环氧木脂素 尖瓣瑞香 Daphne acutiloba, 滇瑞香 D. feddei, 披针叶荚蒾 Viburnum lancifolium

4',5-dihydroxy-3,3'-dimethoxybibenzyl 4',5- 二羟基 -3,3'- 二甲氧基联苄 翅梗石斛 Dendrobium trigonopus

5,4'-dihydroxy-3,3'-dimethoxybibenzyl 5,4'- 二羟基 -3,3'- 二甲氧基联苄 鼓槌石斛 Dendrobium chrysotoxum

(7R,8S)-4,9'-dihydroxy-3,3'-dimethoxyl-7,8-dihydrobenzofuran-1'-propylneolignan-9-O-β-D-glucopyranoside (7R,8S)-4,9'- 二羟基 -3,3'- 二甲氧基 -7,8- 二氢苯并呋喃 -1'- 丙基新木脂素 -9-O-β-D- 吡喃葡萄糖苷 线纹香茶菜 Isodon lophanthoides

4,4'-dihydroxy-3,3'-dimethoxy-*trans*-stilbene 4,4'- 二羟基 -3,3'- 二甲氧基 - 反式 - 芪 山橘 Fortunella hindsii, 小花山小橘 Glycosmis parviflora

4,4'-dihydroxy-3,3'-dimethoxy-α-truxillic acid 4,4'- 二羟基 -3,3'- 二甲氧基 -α- 秘鲁古柯酸▲ 狗牙根 Cynodon dactylon

(+)-*erythro*-(7S,8R)-$\Delta^{8'}$-7-dihydroxy-3,4,5,3',5'-pentamethoxy-8-O-4'-neolignan-8'-ene (+)- 赤式 -(7S,8R)-$\Delta^{8'}$-7- 二羟基 -3,4,5,3',5'- 五甲氧基 -8-O-4'- 新木脂素 -8'- 烯 肉豆蔻 Myristica fragrans

3',5-dihydroxy-3,4',5',6,7-pentamethoxyflavone 3',5- 二羟基 -3,4',5',6,7- 五甲氧基黄酮 黄花草 Cleome viscosa

2,2'-dihydroxy-3,4,5',6'-tetramethoxy-4',5'-methylenedioxychalcone 2,2'- 二羟基 -3,4,5',6'- 四甲氧基 -4',5'- 亚甲二氧基查耳酮 韩信草 Scutellaria indica

3',5-dihydroxy-3,4',5',7-tetramethoxyflavone 3',5- 二羟基 -3,4',5',7- 四甲氧基黄酮 杠板归 Polygonum perfoliatum, 香蓼 P. viscosum

(3R,4S)-6,8-dihydroxy-3,4,5,7-tetramethylisochroman (3R,4S)-6,8- 二羟基 -3,4,5,7- 四甲基异色烷 海莲 Bruguiera sexangula

5,7-dihydroxy-3',4',5'-trimethoxyflavone 5,7- 二羟基 -3',4',5'- 三甲氧基黄酮 海榄雌 Avicennia marina, 栀子 Gardenia jasminoides, 北枳椇 Hovenia dulcis

7,8-*erythro*-dihydroxy-3,4,5-trimethoxy-phenylpropane-8-O-β-D-glucopyranoside 7,8- 赤式 - 二羟基 -3,4,5- 三甲氧基 - 苯丙烷 -8-O-β-D- 吡喃葡萄糖苷 黑面神 Breynia fruticosa

1,2-dihydroxy-3,4,5-trimethoxyxanthone 1,2- 二羟基 -3,4,5- 三甲氧基屾酮 花锚 Halenia corniculata, 椭圆叶花锚 H. elliptica

1,8-dihydroxy-3,4,5-trimethoxyxanthone 1,8- 二羟基 -3,4,5- 三甲氧基屾酮 辐状肋柱花 Lomatogonium rotatum

(3R,4S)-6,8-dihydroxy-3,4,5-trimethylisocoumarin (3R,4S)-6,8- 二羟基 -3,4,5- 三甲基异香豆素 海莲 Bruguiera sexangula

3,5-dihydroxy-3',4',6,7-tetramethoxyflavone 3,5- 二羟基 -3',4',6,7- 四甲氧基黄酮 翼齿六棱菊 Laggera crispata

3,5-dihydroxy-3',4',6,7-tetramethoxyflavonol 3,5- 二羟基 -3',4',6,7- 四甲氧基黄酮醇 黄荆 Vitex negundo

5,7-dihydroxy-3',4',6,8-tetramethoxyflavone 5,7- 二羟基 -3',4',6,8- 四甲氧基黄酮 野甘草 Scoparia dulcis

2,7-dihydroxy-3,4,6-trimethoxy-9,10-dihydrophenanthrene 2,7- 二羟基 -3,4,6- 三甲氧基 -9,10- 二氢菲 长鳞贝母兰 Coelogyne ovalis

2,7-dihydroxy-3,4,6-trimethoxyphenanthrene 2,7- 二羟基 -3,4,6- 三甲氧基菲 伏生石豆兰 Bulbophyllum reptans, 鼓槌石斛 Dendrobium chrysotoxum

5,6-dihydroxy-3',4',7,8-tetramethoxyflavone 5,6- 二羟基 -3',4',7,8- 四甲氧基黄酮 野拔子 Elsholtzia rugulosa, 山壳骨 Pseuderanthemum latifolium

2,8-dihydroxy-3,4,7-trimethoxy-9,10-dihydrophenanthrene 2,8- 二羟基 -3,4,7- 三甲氧基 -9,10- 二氢菲 石斛 Dendrobium nobile

3',5-dihydroxy-3,4',7-trimethoxyflavone 3',5- 二羟基 -3,4',7- 三甲氧基黄酮 单叶蔓荆 Vitex trifolia subsp. litoralis

2,8-dihydroxy-3,4,7-trimethoxyphenanthrene 2,8- 二羟基 -3,4,7- 三甲氧基菲 石斛 Dendrobium nobile

(3R,4S)-6,8-dihydroxy-3,4,7-trimethylisocoumarin (3R,4S)-6,8- 二羟基 -3,4,7- 三甲基异香豆素 海莲 Bruguiera sexangula

5,7-dihydroxy-3,4',8-trimethoxyflavone 5,7- 二羟基 -3,4',8- 三甲氧基黄酮 小芸木 Micromelum integerrimum

1,6-dihydroxy-3,4,8-trimethoxyxanthone 1,6- 二羟基 -3,4,8- 三甲氧基屾酮 川西獐牙菜 Swertia mussotii

1,7-dihydroxy-3,4,8-trimethoxyxanthone 1,7- 二羟基 -3,4,8- 三甲氧基屾酮 香港远志 Polygala hongkongensis, 贵州獐牙菜 Swertia kouitchensis, 川西獐牙菜 S. mussotii, 紫红獐牙菜 S. punicea

2,8-dihydroxy-3,4,9,10-tetramethoxymedicarpin 2,8- 二羟基 -3,4,9,10- 四甲氧基美迪紫檀素 相思子 Abrus precatorius
2,7-dihydroxy-3,4-dimethoxphenanthrene 2,7- 二羟基 -3,4- 二甲氧基菲 白及 Bletilla striata
(11*S*)-11,17-dihydroxy-3,4-dimethoxy-[7,0]-metacyclophane (11*S*)-11,17- 二羟基 -3,4- 二甲氧基 -[7,0]- 间环芳 胡桃楸 Juglans mandshurica
5,7-dihydroxy-3',4'-dimethoxy-5'-prenylflavanone 5,7- 二羟基 -3',4'- 二甲氧基 -5'- 异戊烯基黄烷酮 白花草木犀 Melilotus albus
5,7-dihydroxy-3',4'-dimethoxy-6,8-diisoprenylflavanone 5,7- 二羟基 -3',4'- 二甲氧基 -6,8- 二异戊烯基黄酮 象橘 Feronia limonia
2',4-dihydroxy-3,4'-dimethoxychalcone 2',4- 二羟基 -3,4'- 二甲氧基查耳酮 水蛇麻 Fatoua villosa
2',6'-dihydroxy-3',4'-dimethoxychalcone 2',6'- 二羟基 -3',4'- 二甲氧基查耳酮 水蓼 Polygonum hydropiper
3,2'-dihydroxy-3',4'-dimethoxychalcone 3,2'- 二羟基 -3',4'- 二甲氧基查耳酮 苦郎树 Clerodendrum inerme
5,7-dihydroxy-3',4'-dimethoxyflavanone 5,7- 二羟基 -3',4'- 二甲氧基黄烷酮 绿茎槲寄生 Viscum nudum
5,7-dihydroxy-3,4'-dimethoxyflavone 5,7- 二羟基 -3,4'- 二甲氧基黄酮 云南土沉香 Excoecaria acerifolia, 胡桃 Juglans regia, 广藿香 Pogostemon cablin
5,7-dihydroxy-3',4'-dimethoxyflavone 5,7- 二羟基 -3',4'- 二甲氧基黄酮 冷蒿 Artemisia frigida, 黑沙蒿 A. ordosica, 飞机草 Chromolaena odorata, 鼬瓣花 Galeopsis bifida, 广藿香 Pogostemon cablin
(3*R*)-7,2'-dihydroxy-3',4'-dimethoxyisoflavan (3*R*)-7,2'- 二羟基 -3',4'- 二甲氧基异黄烷 蒙古黄耆 Astragalus penduliflorus, 黄花棘豆 Oxytropis ochrocephala
7,2'-dihydroxy-3',4'-dimethoxyisoflavan 7,2'- 二羟基 -3',4'- 二甲氧基异黄烷 达乌里黄耆 Astragalus dahuricus
(3*R*)-7,2'-dihydroxy-3',4'-dimethoxy-isoflavan (3*R*)-7,2'- 二羟基 -3',4'- 二甲氧基 - 异黄烷 细叶小苦荬 Ixeridium gracile
(3*R*)-(-)-7,2'-dihydroxy-3',4'-dimethoxyisoflavan-7-*O*-*β*-D-glucopyranoside (3*R*)-(-)-7,2'- 二羟基 -3',4'- 二甲氧基异黄烷 -7-*O*-*β*-D- 吡喃葡萄糖苷 蒙古黄耆 Astragalus penduliflorus
7,2'-dihydroxy-3',4'-dimethoxyisoflavan-7-*O*-*β*-D-glucoside 7,2'- 二羟基 -3',4'- 二甲氧基异黄烷 -7-*O*-*β*-D- 葡萄糖苷 金翼黄耆 Astragalus chrysopterus
2',7-dihydroxy-3',4'-dimethoxyisoflavane 2',7- 二羟基 -3',4'- 二甲氧基异黄烷 苦马豆 Sphaerophysa salsula
2',7-dihydroxy-3',4'-dimethoxyisoflavone 2',7- 二羟基 -3',4'- 二甲氧基异黄酮 滇黄精 Polygonatum kingianum
7,8-dihydroxy-3',4'-dimethoxyisoflavone 7,8- 二羟基 -3',4'- 二甲氧基异黄酮 台湾山豆根 Euchresta formosana
2,5-dihydroxy-3,4-dimethoxyphenanthrene 2,5- 二羟基 -3,4- 二甲氧基菲 铁皮石斛 Dendrobium officinale
1,7-dihydroxy-3,4-dimethoxyxanthone 1,7- 二羟基 -3,4- 二甲氧基𠮿酮 香港远志 Polygala hongkongensis, 瓜子金 P. japonica, 西伯利亚远志 P. sibirica, 蝉翼藤 Securidaca inappendiculata
2,6-dihydroxy-3,4-dimethoxyxanthone 2,6- 二羟基 -3,4- 二甲氧基𠮿酮 金丝桃 Hypericum monogynum
1,8-dihydroxy-3,4-dimethoxyxanthone-7-*O*-*β*-D-glucopyranoside 1,8- 二羟基 -3,4- 二甲氧基𠮿酮 -7-*O*-*β*-D- 吡喃葡萄糖苷 川西獐牙菜 Swertia mussotii
3,2'-dihydroxy-3',4'-dimethylisoflavan-7-*O*-*β*-D-glucopyranoside 3,2'- 二羟基 -3',4'- 二甲氧基异黄烷 -7-*O*-*β*-D- 吡喃葡萄糖苷 蒙古黄耆 Astragalus penduliflorus
(11*R*)-11,17-dihydroxy-3,4-methylenedioxy-[7,0]-metacyclophane (11*R*)-11,17- 二羟基 -3,4- 亚甲二氧基 -[7,0]- 间环芳 胡桃楸 Juglans mandshurica
(7*S*,8*R*,7'*S*)-9,9'-dihydroxy-3,4-methylenedioxy-3',7'-dimethoxy[7-*O*-4',8-5']neolignan (7*S*,8*R*,7'*S*)-9,9'- 二羟基 -3,4- 亚甲二氧基 -3',7'- 二甲氧基 [7-*O*-4',8-5'] 新木脂素 黑面神 Breynia fruticosa
9,9'-dihydroxy-3,4-methylenedioxy-3'-methoxy[7-*O*-4',8-5']neolignan 9,9'- 二羟基 -3,4- 亚甲二氧基 -3'- 甲氧基 [7-*O*-4',8-5'] 新木脂素 黑面神 Breynia fruticosa
5,7-dihydroxy-3',4'-methylenedioxyflavone 5,7- 二羟基 -3',4'- 亚甲二氧基黄酮 铁刀木 Senna siamea
7,5'-dihydroxy-3',4'-methylenedioxyflavonol-7-*O*-*β*-D-glucopyranoside 7,5'- 二羟基 -3',4'- 亚甲二氧基黄酮醇 -7-*O*-*β*-D- 吡喃葡萄糖苷 榅桲 Cydonia oblonga
5,7-dihydroxy-3',4'-methylenedioxyisoflavone 5,7- 二羟基 -3',4'- 亚甲二氧基异黄酮 槐 Sophora japonica
2*β*,30*β*-dihydroxy-3,4-seco-friedelolactone-27-lactone 2*β*,30*β*- 二羟基 -3,4- 裂环 - 无羁萜内酯 -27- 内酯 七星莲 Viola diffusa
2*β*,28*β*-dihydroxy-3,4-seco-friedelolactone-27-oic acid 2*β*,28*β*- 二羟基 -3,4- 裂环 - 无羁萜内酯 -27- 酸 七星莲 Viola diffusa
16*α*,25-dihydroxy-3,4-*seco*-lanosta-4(28),7,9(11),24(31)-tetraen-3,21-dioic acid 16*α*,25- 二羟基 -3,4- 裂环 - 羊毛脂 -4(28),7,9(11),24(31)- 四烯 -3,21- 二酸 猪苓 Polyporus umbellatus
16*α*,25-dihydroxy-3,4-*seco*-lanosta-4(28),7,9(11),24(31)-tetraen-3,21-dioic acid 3-methyl ester 16*α*,25- 二羟基 -3,4- 裂环 - 羊毛脂 -4(28),7,9(11),24(31)- 四烯 -3,21- 二酸 3- 甲酯 猪苓 Polyporus umbellatus
4',5-dihydroxy-3',5',6,7-tetramethoxyflavone 4',5- 二羟基 -3',5',6,7- 四甲氧基黄酮 半枝莲 Scutellaria barbata
(±)-4',5-dihydroxy-3',5',7-trimethoxyflavanone (±)-4',5- 二羟基 -3',5',7- 三甲氧基黄烷酮 槟榔 Areca catechu
4',5-dihydroxy-3',5',7-trimethoxyflavone 4',5- 二羟基 -3',5',7- 三甲氧基黄酮 海榄雌 Avicennia marina
1,8-dihydroxy-3,5,7-trimethoxyxanthone 1,8- 二羟基 -3,5,7- 三甲氧基𠮿酮 狭叶獐牙菜 Swertia angustifolia
4,4'-dihydroxy-3',5,9-trimethoxy-9,9'-epoxy-2,7'-cyclolignan 4,4'- 二羟基 -3',5,9- 三甲氧基 -9,9'- 环氧 -2,7'- 环木脂素 铁杉 Tsuga chinensis
1-[2',4'-dihydroxy-3',5'-di-(3''-methylbut-2''-enyl)-6'-methoxy]phenylethanone 1-[2',4'- 二羟基 -3',5'- 二 -(3''- 甲基丁 -2''- 烯基)-6'- 甲氧基] 苯乙酮 山油柑 Acronychia pedunculata
4',6'-dihydroxy-3',5-dimethoxy-[1,1'-biphenyl]-3-carboxaldehyde 4',6'- 二羟基 -3',5- 二甲氧基 -[1,1'- 联苯]-3- 甲醛 越南香荚兰 Vanilla annamica
4,9-dihydroxy-3,5'-dimethoxy-4',7-epoxy-8,5'-neolignane-9'-yl acetate 4,9- 二羟基 -3,5'- 二甲氧基 -4',7- 环氧 -8,5'- 新木脂素 -9'- 基乙酸酯 木荷 Schima superba

5,4'-dihydroxy-3',5'-dimethoxy-6,7-(2",2"-dimethylpyran)-flavone 5,4'- 二羟基 -3',5'- 二甲氧基 -6,7-(2",2"- 二甲氧基吡喃)- 黄酮 西南鬼灯檠 Rodgersia sambucifolia

5,4'-dihydroxy-3',5'-dimethoxy-7-*O*-[*β*-D-apiose-(1 → 2)]-*β*-D-glucopyranosyl flavonoside 5,4'- 二羟基 -3',5'- 二甲氧基 -7-*O*-[*β*-D- 芹糖基 -(1 → 2)]-*β*-D- 吡喃葡萄糖基黄酮苷 撑篙竹 Bambusa pervariabilis

1,6-dihydroxy-3,5-dimethoxy-9*H*-xanthen-9-one 1,6- 二羟基 -3,5- 二甲氧基 -9*H*-9- 吅酮 穿心草 Canscora lucidissima

3',4-dihydroxy-3,5'-dimethoxybibenzyl 3',4- 二羟基 -3,5'- 二甲氧基联苄 兜唇石斛 Dendrobium aphyllum

2,2'-dihydroxy-3,5-dimethoxybibenzyl 2,2'- 二羟基 -3,5- 二甲氧基联苄 羊蹄甲 Bauhinia purpurea

2',4-dihydroxy-3,5-dimethoxybibenzyl 2',4- 二羟基 -3,5- 二甲氧基二苯乙烷 薯蓣 Dioscorea polystachya

4,4'-dihydroxy-3,5-dimethoxybibenzyl 4,4'- 二羟基 -3,5- 二甲氧基联苄 铁皮石斛 Dendrobium officinale

3,4'-dihydroxy-3',5-dimethoxybibenzyl 3,4'- 二羟基 -3',5- 二甲氧基联苄 石仙桃 Pholidota chinensis, 云南石仙桃 P. yunnanensis

3',4"-dihydroxy-3",5'-dimethoxybibenzyl 3',4"- 二羟基 -3",5'- 二甲氧基联苄 密花石豆兰 Bulbophyllum odoratissimum

3,4'-dihydroxy-3',5-dimethoxydihydrostilbene 3,4'- 二羟基 -3',5- 二甲氧基二氢芪 细茎石斛 Dendrobium moniliforme

7,4'-dihydroxy-3,5-dimethoxyflavone 7,4'- 二羟基 -3,5- 二甲氧基黄酮 黄独 Dioscorea bulbifera

3,5-dihydroxy-3',5'-dimethoxyflavone-7-*O*-*β*-D-glucopyranoside 3,5- 二羟基 -3',5'- 二甲氧基黄酮 -7-*O*-*β*-D- 吡喃葡萄糖苷 婆婆针 Bidens bipinnata

4',5-dihydroxy-3',5'-dimethoxy-flavone-7-*O*-*β*-D-glucopyranuronosyl-(1 → 2)-*β*-D-glucopyranosiduronic acid 4',5- 二羟基 -3',5'- 二甲氧基 - 黄酮 -7-*O*-*β*-D- 吡喃葡萄糖醛酸基 -(1 → 2)-*β*-D- 吡喃葡萄糖醛酸 肉果草 Lancea tibetica

4',5-dihydroxy-3',5'-dimethoxyflavone-7-*β*-D-diglucuronopyranoside 4',5- 二羟基 -3',5'- 二甲氧基黄酮 -7-*β*-D- 二吡喃葡萄糖醛酸苷 紫苜蓿 Medicago sativa

4',5-dihydroxy-3',5'-dimethoxyflavone-7-*β*-D-glucuronopyranoside 4',5- 二羟基 -3',5'- 二甲氧基黄酮 -7-*β*-D- 吡喃葡萄糖醛酸苷 紫苜蓿 Medicago sativa

4',5-dihydroxy-3',5'-dimethoxyflavone-7-*β*-D-triglucuronopyranoside 4',5- 二羟基 -3',5'- 二甲氧基黄酮 -7-*β*-D- 三吡喃葡萄糖醛酸苷 紫苜蓿 Medicago sativa

4',7-dihydroxy-3',5'-dimethoxyflavonol-7-*O*-*β* D-galactopyranoside 4',7- 二羟基 -3',5'- 二甲氧基黄酮醇 -7-*O*-*β*-D- 吡喃半乳糖苷 榅桲 Cydonia oblonga

4',7-dihydroxy-3',5'-dimethoxyflavonol-7-*O*-*β*-D-glucopyranoside 4',7- 二羟基 -3',5'- 二甲氧基黄酮醇 -7-*O*-*β*-D- 吡喃葡萄糖苷 榅桲 Cydonia oblonga

7,4'-dihydroxy-3',5'-dimethoxyisoflavone 7,4'- 二羟基 -3',5'- 二甲氧基异黄酮 灰毛豆 Tephrosia purpurea

(7,8-*cis*-8,8'-*trans*)-2',4'-dihydroxy-3,5-dimethoxylariciresinol (7,8- 顺式 -8,8'- 反式)-2',4'- 二羟基 -3,5- 二甲氧基落叶松树脂醇 刺果卫矛 Euonymus acanthocarpus, 榧树 Torreya grandis

1,8-dihydroxy-3,5-dimethoxyxanthone 1,8- 二羟基 -3,5- 二甲氧基吅酮 穿心草 Canscora lucidissima, 美丽百金花 Centaurium pulchellum, 长梗喉毛花 Comastoma pedunculatum, 喉毛花 C. pulmonarium, 流苏龙胆 Gentiana panthaica, 湿生扁蕾 Gentianopsis paludosa, 椭圆叶花锚 Halenia elliptica, 辐状肋柱花 Lomatogonium rotatum, 二叶獐牙菜 Swertia bifolia, 斜茎獐牙菜 S. patens, 紫红獐牙菜 S. punicea, 万寿菊 Tagetes erecta

1,8-dihydroxy-3,5-dimethoxyxanthone-1-*O*-[2-(4'-hydroxy-3',5'-dimethoxy-*E*-cinnamoyl)]-*β*-D-xylopyranosyl-(1 → 6)-*β*-D-glucopyranoside 1,8- 二羟基 -3,5- 二甲氧基吅酮 -1-*O*-[2-(4'- 羟基 -3',5'- 二甲氧基 -*E*- 桂皮酰基)]-*β*-D- 吡喃木糖基 -(1 → 6)-*β*-D- 吡喃葡萄糖苷 长梗喉毛花 Comastoma pedunculatum

2,6-dihydroxy-3,5-dimethyl-1-(2-methylbutyryl)benzene-4-*O*-*β*-D-glucopyranoside 2,6- 二羟基 -3,5- 二甲基 -1-(2- 甲基丁酰基) 苯 -4-*O*-*β*-D- 吡喃葡萄糖苷 地耳草 Hypericum japonicum

2,6-dihydroxy-3,5-dimethyl-1-isobutyrylbenzene-4-*O*-*β*-D-glucopyranoside 2,6- 二羟基 -3,5- 二甲基 -1- 异丁酰苯 -4-*O*-*β*-D- 吡喃葡萄糖苷 地耳草 Hypericum japonicum

2,6-dihydroxy-3,5-dimethyl-4-*O*-(6"-*O*-galloyl-*β*-D-glucopyranosyl)benzophenone 2,6- 二羟基 -3,5- 二甲基 -4-*O*-(6"-*O*- 没食子酰基 -*β*-D- 吡喃葡萄糖基)- 苯甲酮 番石榴 Psidium guajava

2,6-dihydroxy-3,5-dimethyl-4-*O*-*β*-D-glucopyranosyl-benzophenone 2,6- 二羟基 -3,5- 二甲基 -4-*O*-*β*-D- 吡喃葡萄糖基 - 苯甲酮 番石榴 Psidium guajava

2',4'-dihydroxy-3',5'-dimethyl-6'-methoxychalcone 2',4'- 二羟基 -3',5'- 二甲基 -6'- 甲氧基查耳酮 洋蒲桃 Syzygium samarangense

2,4-dihydroxy-3,5-dimethyl-6-*O*-(6"-*O*-galloyl)-*β*-D-glucopyranosyl-benzophenone 2,4- 二羟基 -3,5- 二甲基 -6-*O*-(6"-*O*- 没食子酰基)-*β*-D- 吡喃葡萄糖基 - 苯甲酮 番石榴 Psidium guajava

5,4'-dihydroxy-3,6,3'-trimethoxy-flavone-7-*O*-*β*-D-glucoside 5,4'- 二羟基 -3,6,3'- 三甲氧基黄酮 -7-*O*-*β*-D- 葡萄糖苷 裸茎金腰 Chrysosplenium nudicaule

5,7-dihydroxy-3,6,4'-trimethoxy-3'-(4-hydroxy-3-methyl-but-2-enyl)-flavone 5,7- 二羟基 -3,6,4'- 三甲氧基 -3'-(4- 羟基 -3- 甲基 - 丁 -2- 烯基)- 黄酮 车桑子 Dodonaea viscosa

5,7-dihydroxy-3,6,4'-trimethoxy-3'-(4-hydroxy-3-methylbutyl)-flavone 5,7- 二羟基 -3,6,4'- 三甲氧基 -3'-(4- 羟基 -3- 甲基丁基)- 黄酮 车桑子 Dodonaea viscosa

4',5-dihydroxy-3,6,7,3',5'-pentamethoxyflavone 4',5- 二羟基 -3,6,7,3',5'- 五甲氧基黄酮 九里香 Murraya exotica

5,4'-dihydroxy-3,6,7,3'-tetramethoxyflavone 5,4'- 二羟基 -3,6,7,3'- 四甲氧基黄酮 穗花牡荆 Vitex agnus-castus

5,3'-dihydroxy-3,6,7,4',5'-pentamethoxyflavone 5,3'- 二羟基 -3,6,7,4',5'- 五甲氧基黄酮 田基黄 Grangea maderaspatana

3',5-dihydroxy-3,6,7,4'-tetramethoxyflavone 3',5- 二羟基 -3,6,7,4'- 四甲氧基黄酮 九里香 Murraya exotica

5,3'-dihydroxy-3,6,7,4'-tetramethoxyflavone 5,3'- 二羟基 -3,6,7,4'- 四甲氧基黄酮 菟丝子 Cuscuta chinensis

6,7-dihydroxy-3,7-dimethyl-oct-2-enoic acid 6,7- 二羟基 -3,7- 二甲基 -2- 辛烯酸 山鸡椒 Litsea cubeba

(2'*R*,3'*R*)-7-(2',3'-dihydroxy-3',7'-dimethylocta-6'-enyloxy)-6,8-dimethoxycoumarin (2'*R*,3'*R*)-7-(2',3'- 二羟基 -3',7'- 二甲基八碳 -6'- 烯氧基)-6,8- 二甲氧基香豆素 臭椿 Ailanthus altissima

5,7-dihydroxy-3,8,4'-trimethoxyflavone 5,7- 二羟基 -3,8,4'- 三甲氧基黄酮 连香树 Cercidiphyllum japonicum, 熊胆草 Conyza blinii, 白酒草 C. japonica

4,9-dihydroxy-3,8-dimethoxy-benzo[4,5]furo[3,2-*C*]-chromen-6-one 4,9- 二羟基 -3,8- 二甲氧基 - 苯并 [4,5] 呋喃 [3,2-C]- 色烯 -6- 酮 番荔枝 Annona squamosa

1,7-dihydroxy-3,8-dimethoxyxanthone 1,7- 二羟基 -3,8- 二甲氧基𠮿酮 扁蕾 Gentianopsis barbata, 细萼扁蕾 G. barbata var. stenocalyx, 湿生扁蕾 G. paludosa, 椭圆叶花锚 Halenia elliptica, 多序岩黄耆 Hedysarum polybotrys, 胡桃楸 Juglans mandshurica, 大钟花 Megacodon stylophorus, 二叶獐牙菜 Swertia bifolia, 大籽獐牙菜 S. macrosperma, 川西獐牙菜 S. mussotii, 苇叶獐牙菜 S. phragmitiphylla, 双蝴蝶 Tripterospermum chinense

(1*R*,3*R*,5*R*,7*S*,8*R*,9*S*)-1,5-dihydroxy-3,8-epoxyvalechlorine (1*R*,3*R*,5*R*,7*S*,8*R*,9*S*)-1,5- 二羟基 -3,8- 环氧氯化缬草三酯 蜘蛛香 Valeriana jatamansi

1,7-dihydroxy-3,9-dimethoxypterocarpene 1,7- 二羟基 -3,9- 二甲氧基紫檀烯 红花山竹子 Corethrodendron multijugum

4,7-dihydroxy-3-[3,7,11-trimethyl-2(*E*),6(*E*),10-dodecatrienyl]coumarin 4,7- 二羟基 -3-[3,7,11- 三甲基 -2(*E*),6(*E*),10- 十二碳三烯基] 香豆素 多伞阿魏 Ferula feruloides

3*α*,28-dihydroxy-30-norlupan-20-one 3*α*,28- 二羟基 -30- 降羽扇豆 -20- 酮 肉花卫矛 Euonymus carnosus

3*β*,11*α*-dihydroxy-30-norlupan-20-one 3*β*,11*α*- 二羟基 -30- 降羽扇豆 -20- 酮 粘毛鼠尾草 Salvia roborowskii

2*β*,3*β*-dihydroxy-30-norolean-12,20(29)-dien-23,28-dioic acid-23,28-di-*O*-*β*-D-glucopyranosyl ester 2*β*,3*β*- 二羟基 -30- 去氧齐墩果 -12,20(29)- 二烯 -23,28- 二酸 -23,28- 二 -*O*-*β*-D- 吡喃葡萄糖基酯 尾穗苋 Amaranthus caudatus

2*β*,3*β*-dihydroxy-30-norolean-12,20(29)-dien-23,28-dioic acid-28-*O*-*β*-D-glucopyranosyl ester 2*β*,3*β*- 二羟基 -30- 去氧齐墩果 -12,20(29)- 二烯 -23,28- 二酸 -28-*O*-*β*-D- 吡喃葡萄糖基酯 尾穗苋 Amaranthus caudatus

3*α*,24-dihydroxy-30-norolean-12,20(29)-dien-28-oic acid 3*α*,24- 二羟基 -30- 降齐墩果 -12,20(29)- 二烯 -28- 酸 木通 Akebia quinata, 尾叶那藤 Stauntonia obovatifoliola subsp. urophylla

3*β*,23-dihydroxy-30-norolean-12,20(29)-dien-28-oic acid 3*β*,23- 二羟基 -30- 去甲基齐墩果 -12,20(29)- 二烯 -28- 酸 芍药 Paeonia lactiflora, 牡丹 P. suffruticosa

2*α*,3*β*-dihydroxy-30-noroleana-12,20(29)-dien-28-oic acid 2*α*,3*β*- 二羟基 -30- 去甲齐墩果 -12,20(29)- 二烯 -28- 酸 三叶木通 Akebia trifoliata

3*β*,23-dihydroxy-30-noroleana-12,20-dien-28-oic acid 3*β*,23- 二羟基 -30- 去甲基齐墩果 -12,20- 二烯 -28- 酸 紫斑牡丹 Paeonia rockii

(24*S*,28*R*)-dihydroxy-36-octatetracontenoic acid (24*S*,28*R*)- 二羟基 -36- 四十八烯酸 药蜀葵 Althaea officinalis

2,4-dihydroxy-3-al-6-methoxyacetophenone 2,4- 二羟基 -3- 醛基 -6- 甲氧基苯乙酮 狼毒大戟 Euphorbia fischeriana

4,7-dihydroxy-3-butylphthalide 4,7- 二羟基 -3- 丁基苯酞 川芎 Ligusticum sinense 'Chuanxiong'

1,8-dihydroxy-3-carboxy-9,10-anthraquinone 1,8- 二羟基 -3- 羧基 -9,10- 蒽醌 桐棉 Thespesia populnea

7,8-dihydroxy-3-carboxymethylcoumarin-5-carboxylic acid 7,8- 二羟基 -3- 羰甲基香豆素 -5- 羧酸 石榴 Punica granatum

5*α*,11-dihydroxy-3-en-eudesman-2-one 5*α*,11- 二羟基 -3- 烯 - 桉叶 -2- 酮 翼齿六棱菊 Laggera crispata

2,6-dihydroxy-3-formaldehyde-5-methyl-4-*O*-(6''-*O*-galloyl-*β*-D-glucopyranosyl)-diphenylmethane 2,6- 二羟基 -3- 甲醛 -5- 甲基 -4-*O*-(6''-*O*- 没食子酰基 -*β*-D- 吡喃葡萄糖基)- 二苯基甲烷 番石榴 Psidium guajava

2,7-dihydroxy-3-formyl-1-(3'-methyl-2'-buenyl)carbazole 2,7- 二羟基 -3- 甲酰基 -1-(3'- 甲基 -2'- 丁烯基) 咔唑 黄皮 Clausena lansium

2,7-dihydroxy-3-formyl-1-(3-methyl-2-butenyl)carbazole 2,7- 二羟基 -3- 甲酰基 -1-(3- 甲基 -2- 丁烯基) 咔唑 假黄皮 Clausena excavata

2,7-dihydroxy-3-formyl-1-(3'-methyl-2'-butenyl)-carzole 2,7- 二羟基 -3- 甲酰基 -1-(3'- 甲基 -2'- 丁烯基)- 咔唑 假黄皮 Clausena excavata

2,5-dihydroxy-3-geranylgeranyl-1,4-benzoquinone 2,5- 二羟基 -3- 香叶基香叶基 -1,4- 苯醌 乳牛肝菌 Suillus bovinus

1,5-dihydroxy-3-hydroxymethylanthraquinone 1,5- 二羟基 -3- 羟甲基蒽醌 小花吊兰 Chlorophytum laxum

1,8-dihydroxy-3-hydroxymethylanthraquinone 1,8- 二羟基 -3- 羟基甲基蒽醌 钝叶决明 Senna tora var. obtusifolia

2,5-dihydroxy-3-isoprenyl-6-(3-methylbut-3-en-1-ynyl)benzaldehyde 2,5- 二羟基 -3- 异戊烯基 -6-(3- 甲基丁 -3- 烯 -1- 炔基) 苯甲醛 毛韧革菌 Stereum hirsutum

5,7-dihydroxy-3-isoprenylflavone 5,7- 二羟基 -3- 异戊烯基黄酮 心叶黄花稔 Sida cordifolia

2,2'-dihydroxy-3-methoxy-1,1'-neolignan 2,2'- 二羟基 -3- 甲氧基 -1,1'- 新木脂素 红毒茴 Illicium lanceolatum

6,8-dihydroxy-3-methoxy-1-methylanthraquinone-2-carboxylic acid 6,8- 二羟基 -3- 甲氧基 -1- 甲基蒽醌 -2- 羧酸 唐菖蒲 Gladiolus × gandavensis

4',5-dihydroxy-3'-methoxy-2'',2''-dimethylpyrano-(5'',6'',7,8)-flavone 4',5- 二羟基 -3'- 甲氧基 -2'',2''- 二甲基吡喃 -(5'',6'',7,8)- 黄酮 酒饼簕 Atalantia buxifolia

1,5-dihydroxy-3-methoxy-2-prenyl-xanthone 1,5- 二羟基 -3- 甲氧基 -2- 异戊烯基 - 𠮿酮 莽吉柿 Garcinia mangostana

1,6-dihydroxy-3-methoxy-2-prenyl-xanthone 1,6- 二羟基 -3- 甲氧基 -2- 异戊烯基 - 𠮿酮 莽吉柿 Garcinia mangostana

1,8-dihydroxy-3-methoxy-3-methylanthraquinone 1,8- 二羟基 -3- 甲氧基 -3- 甲基蒽醌 高山地榆 Sanguisorba alpina

6,7-dihydroxy-3'-methoxy-4',5'-methylenedioxyisoflavone 6,7- 二羟基 -3'- 甲氧基 -4',5'- 亚甲二氧基异黄酮 显齿蛇葡萄 Ampelopsis grossedentata, 日本水龙骨 Polypodiodes niponica, 沙柳 Salix cheilophila

6,7-dihydroxy-3'-methoxy-4',5'-methylenedioxyisoflavone-6-*O*-*α*-L-rhamnopyranoside 6,7- 二羟基 -3'- 甲氧基 -4',5'- 亚甲二氧基异黄酮 -6-*O*-*α*-L- 吡喃鼠李糖苷 显齿蛇葡萄 Ampelopsis grossedentata

6,7-dihydroxy-3'-methoxy-4',5'-methylenedioxyisoflavone-6-*O*-*β*-D-glucopyranoside 6,7- 二羟基 -3'- 甲氧基 -4',5'- 亚甲二氧基异黄酮 -6-*O*-*β*-D- 吡喃葡萄糖苷 显齿蛇葡萄 Ampelopsis grossedentata

6,7-dihydroxy-3'-methoxy-4',5'-methylenedioxyisoflavone-6-*O*-*β*-D-xylopyranosyl-(1-6)-*β*-D-glucopyranoside 6,7- 二羟基 -3'- 甲氧基 -4',5'- 亚甲二氧基异黄酮 -6-*O*-*β*-D- 吡喃木糖基 -(1-6)-*β*-D- 吡喃葡萄糖苷 显齿蛇葡萄 Ampelopsis grossedentata

1,5-dihydroxy-3-methoxy-6',6'-dimethyl-2*H*-pyrano(2',3':6,7)-4-(3-methylbut-2-enyl)xanthone 1,5- 二羟基 -3- 甲氧基 -6',6'- 二甲基 -2*H*- 吡喃并 (2',3':6,7)-4-(3- 甲基丁 -2- 烯基) 呫酮 云树 Garcinia cowa

5,5'-dihydroxy-3-methoxy-6,8,3'',3''-tetranmethylpyran(3',4')flavone-7-*O*-[*β*-D-apiofuranosyl-(1 → 6)]-*β*-D-glucopyranoside 5,5'- 二羟基 -3- 甲氧基 -6,8,3'',3''- 四甲基吡喃 (3',4') 黄酮 -7-*O*-[*β*-D- 呋喃芹糖基 -(1 → 6)]-*β*-D- 吡喃葡萄糖苷 井栏边草 Pteris multifida

1,8-dihydroxy-3-methoxy-6-methyl-2-(3-methyl-2-butenyl)anthraquinone 1,8- 二羟基 -3- 甲氧基 -6- 甲基 -2-(3- 甲基 -2- 丁烯基) 蒽醌 黄牛木 Cratoxylum cochinchinense

1,8-dihydroxy-3-methoxy-6-methyl-9,10-anthraquinone 1,8- 二羟基 -3- 甲氧基 -6- 甲基 -9,10- 蒽醌 桐棉 Thespesia populnea

1,8-dihydroxy-3-methoxy-6-methylanthracene-9,10-dione 1,8- 二羟基 -3- 甲氧基 -6- 甲基蒽 -9,10- 二酮 羊蹄 Rumex japonicus

1,8-dihydroxy-3-methoxy-6-methylanthraquinone 1,8- 二羟基 -3- 甲氧基 -6- 甲基蒽醌 米团花 Leucosceptrum canum, 铁力木 Mesua ferrea, 巴戟天 Morinda officinalis, 高山地榆 Sanguisorba alpina

1,8-dihydroxy-3-methoxy-6-methylxanthone 1,8- 二羟基 -3- 甲氧基 -6- 甲基呫酮 钝叶决明 Senna tora var. obtusifolia

4',5-dihydroxy-3'-methoxy-7-(2-*O*-*α*-L-rhamnopyranosyl-*β*-D-glucopyranosyloxy)-flavanone 4',5- 二羟基 -3'- 甲氧基 -7-(2-*O*-*α*-L- 吡喃鼠李糖基 -*β*-D- 吡喃葡萄糖氧基)- 黄烷酮 槲寄生 Viscum coloratum

4,4'-dihydroxy-3-methoxy-7,7'-epoxylignan 4,4'- 二羟基 -3- 甲氧基 -7,7'- 环氧木脂素 红花五味子 Schisandra rubriflora

1,5-dihydroxy-3-methoxy-7-methylanthraquinone 1,5- 二羟基 -3- 甲氧基 -7- 甲基蒽醌 三枝九叶草 Epimedium sagittatum, 钝叶决明 Senna tora var. obtusifolia

1,5-dihydroxy-3-methoxy-7-methyl-anthraquinone 1,5- 二羟基 -3- 甲氧基 -7- 甲基 - 蒽醌 白英 Solanum lyratum

(2*S*)-4',7-dihydroxy-3'-methoxy-8-methylflavane (2*S*)-4',7- 二羟基 -3'- 甲氧基 -8- 甲基黄烷 忽地笑 Lycoris aurea

1,6-dihydroxy-3-methoxy-8-methylxanthone 1,6- 二羟基 -3- 甲氧基 -8- 甲基呫酮 绵枣儿 Barnardia japonica

1,8-dihydroxy-3-methoxyanthraquinone 1,8- 二羟基 -3- 甲氧基蒽醌 萱草 Hemerocallis fulva

3,4'-dihydroxy-3'-methoxybenzenepentanoic acid 3,4'- 二羟基 -3'- 甲氧基苯戊酸 刺五加 Eleutherococcus senticosus

4,5-dihydroxy-3-methoxybenzoic acid 4,5- 二羟基 -3- 甲氧基苯甲酸 草芍药 Paeonia obovata

2-(2,4-dihydroxy-3-methoxybenzoyl)-3-hydroxy-4-methylbenzoic acid-2-hydroxyethyl ester 2-(2,4- 二羟基 -3- 甲氧基苯甲酰基)-3- 羟基 -4- 甲基苯甲酸 -2- 羟乙基酯 海滨木巴戟 Morinda citrifolia

3-(*α*,4-dihydroxy-3-methoxybenzyl)-4-(4-hydroxy-3-methoxybenzyl)tetrahydrofuran 3-(*α*,4- 二羟基 -3- 甲氧苄基)-4-(4- 羟基 -3- 甲氧苄基) 四氢呋喃 云南含笑 Michelia yunnanensis

4,5-dihydroxy-3-methoxybiphenyl 4,5- 二羟基 -3- 甲氧基联苯 五味子 Schisandra chinensis

6,7-dihydroxy-3-methoxydihydroflavonol 6,7- 二羟基 -3- 甲氧基二氢黄酮醇 番荔枝 Annona squamosa

(±)-4',7-dihydroxy-3'-methoxyflavan (±)-4',7- 二羟基 -3'- 甲氧基黄烷 柬埔寨龙血树 Dracaena cambodiana

4',7-dihydroxy-3'-methoxyflavan 4',7- 二羟基 -3'- 甲氧基黄烷 西南文殊兰 Crinum latifolium

7,4'-dihydroxy-3'-methoxyflavanone 7,4'- 二羟基 -3'- 甲氧基黄烷酮 沙冬青 Ammopiptanthus mongolicus, 小沙冬青 A. nanus

5,4'-dihydroxy-3'-methoxyflavanone-7-(6''-*O*-*β*-L-rhamnopyranosyl)-*β*-D-glucopyranoside 5,4'- 二羟基 -3'- 甲氧基黄烷酮 -7-(6''-*O*-*β*-L- 吡喃鼠李糖基)-*β*-D- 吡喃葡萄糖苷 小木通 Clematis armandii, 中华狸尾豆 Uraria sinensis

(2*S*)-4',5-dihydroxy-3'-methoxyflavanone-7-*O*-*β*-D-apiofuranosyl-(1 → 5)-*O*-*β*-D-apiofuranosyl-(1 → 2)-*β*-D-glucopyranoside (2*S*)-4',5- 二羟基 -3'- 甲氧基黄烷酮 -7-*O*-*β*-D- 呋喃芹糖基 -(1 → 5)-*O*-*β*-D- 呋喃芹糖基 -(1 → 2)-*β*-D- 吡喃葡萄糖苷 槲寄生 Viscum coloratum

5,7-dihydroxy-3-methoxyflavone 5,7- 二羟基 -3- 甲氧基黄酮 香杨 Populus koreana

5,7-dihydroxy-3'-methoxyflavone-4'-*O*-D-glucopyranoside 5,7- 二羟基 -3'- 甲氧基黄酮 -4'-*O*-D- 吡喃葡萄糖苷 河朔荛花 Wikstroemia chamaedaphne

7,4'-dihydroxy-3'-methoxyflavone-5-*O*-rutinoside 7,4'- 二羟基 -3'- 甲氧基黄酮 -5-*O*- 芸香糖苷 多裂骆驼蓬 Peganum multisectum

5,4'-dihydroxy-3'-methoxy-flavone-7-*O*-6''-n-butyryl-*β*-D-glucopyranoside 5,4'- 二羟基 -3'- 甲氧基 - 黄酮 -7-*O*-6''- 正丁酰基 -*β*-D- 吡喃葡萄糖苷 大王马先蒿 Pedicularis rex

4',7-dihydroxy-3'-methoxyisoflavone 4',7- 二羟基 -3'- 甲氧基异黄酮 朝鲜槐 Maackia amurensis, 滇黄精 Polygonatum kingianum, 苦马豆 Sphaerophysa salsula

5',7-dihydroxy-3'-methoxyisoflavone 5',7- 二羟基 -3'- 甲氧基异黄酮 蒙古黄耆 Astragalus penduliflorus

7,4'-dihydroxy-3'-methoxyisoflavone 7,4'- 二羟基 -3'- 甲氧基异黄酮 马棘 Indigofera pseudotinctoria, 朝鲜槐 Maackia amurensis, 镰荚棘豆 Oxytropis falcata, 密花豆 Spatholobus suberectus

7,5'-dihydroxy-3'-methoxyisoflavone 7,5'- 二羟基 -3'- 甲氧基异黄酮 朝鲜槐 Maackia amurensis

7,6'-dihydroxy-3'-methoxyisoflavone 7,6'- 二羟基 -3'- 甲氧基异黄酮 土茯苓 Smilax glabra

4',7-dihydroxy-3'-methoxyisoflavone-7-*O*-*β*-D-glucopyranoside 4',7- 二羟基 -3'- 甲氧基异黄酮 -7-*O*-*β*-D- 吡喃葡萄糖苷 苦马豆 Sphaerophysa salsula

7,5'-dihydroxy-3'-methoxyisoflavone-7-*O*-*β*-D-glucopyranoside 7,5'- 二羟基 -3'- 甲氧基异黄酮 -7-*O*-*β*-D- 吡喃葡萄糖苷 柠条锦鸡儿 Caragana korshinskii

1,4-dihydroxy-3-methoxyphenyl-4-*O*-*β*-D-glucopyranoside 1,4- 二羟基 -3- 甲氧基苯酚 -4-*O*-*β*-D- 吡喃葡萄糖苷 珙桐 Davidia involucrata

7,6'-dihydroxy-3'-methoxypterocarpan 7,6'- 二羟基 -3'- 甲氧基紫檀烷 疏花鱼藤 Derris laxiflora

2,5-dihydroxy-3-methoxytoluene 2,5- 二羟基 -3- 甲氧基甲苯 马缨杜鹃花 Rhododendron delavayi

1,5-dihydroxy-3-methoxyxanthone 1,5- 二羟基 -3- 甲氧基呫酮 薄叶红厚壳 Calophyllum membranaceum, 大叶藤黄 Garcinia xanthochymus, 金丝桃 Hypericum monogynum

1,7-dihydroxy-3-methoxyxanthone 1,7- 二羟基 -3- 甲氧基𠯤酮 薄叶红厚壳 Calophyllum membranaceum, 小花远志 Polygala arvensis, 远志 P. tenuifolia, 钝叶决明 Senna tora var. obtusifolia, 大籽獐牙菜 Swertia macrosperma, 川西獐牙菜 S. mussotii

7,8-dihydroxy-3-methoxyxanthone-1-*O*-*β*-D-glucopyranoside 7,8- 二羟基 -3- 甲氧基𠯤酮 -1-*O*-*β*-D- 吡喃葡萄糖苷 湿生扁蕾 Gentianopsis paludosa

1,8-dihydroxy-3-methoxyxanthone-7-*O*-[*α*-L-rhamnopyranosyl-(1 → 2)-*β*-D-glucopyranoside] 1,8- 二羟基 -3- 甲氧基𠯤酮 -7-*O*-[*α*-L- 吡喃鼠李糖基 -(1 → 2)-*β*-D- 吡喃葡萄糖苷] 川西獐牙菜 Swertia mussotii

1,8-dihydroxy-3-methoxyxanthone-7-*O*-[*α*-L-rhamnopyranosyl-(1 → 3)-*α*-L-rhamnopyranosyl-(1 → 2)-*β*-D-xylopyranoside] 1,8- 二羟基 -3- 甲氧基𠯤酮 -7-*O*-[*α*-L- 吡喃鼠李糖基 -(1 → 3)-*α*-L- 吡喃鼠李糖基 -(1 → 2)-*β*-D- 吡喃木糖苷] 川西獐牙菜 Swertia mussotii

D

1,8-dihydroxy-3-methoxyxanthone-7-*O*-*β*-D-glucopyranoside 1,8- 二羟基 -3- 甲氧基𠯤酮 -7-*O*-*β*-D- 吡喃葡萄糖苷 川西獐牙菜 Swertia mussotii

1,5-dihydroxy-3-methoxyxanthone-8-*O*-*β*-glucopyranoside 1,5- 二羟基 -3- 甲氧基𠯤酮 -8-*O*-*β*- 吡喃葡萄糖苷 美丽獐牙菜 Swertia angustifolia var. pulchella

4,4'-dihydroxy-3-methoxy-*α*-truxillic acid 4,4'- 二羟基 -3- 甲氧基 -*α*- 秘鲁古柯酸 ▲ 狗牙根 Cynodon dactylon

5,8-dihydroxy-3-methyl-3,4-dihydrocoumarin 5,8- 二羟基 -3- 甲基 -3,4- 二氢香豆素 黑柄炭角菌 Xylaria nigripes

2,6-dihydroxy-3-methyl-4-methoxyacetophenone 2,6- 二羟基 -3- 甲基 -4- 甲氧基苯乙酮 野梧桐 Mallotus japonicus

2,6-dihydroxy-3-methyl-4-methoxyanthraquinon 2,6- 二羟基 -3- 甲基 -4- 甲氧基蒽醌 白花蛇舌草 Hedyotis diffusa

2',6'-dihydroxy-3'-methyl-4'-methoxy-dihydrochalcone 2',6'- 二羟基 -3'- 甲基 -4'- 甲氧基 - 二氢查耳酮 斑皮桉 Eucalyptus maculata

2,6-dihydroxy-3-methyl-4-*O*-(6''-*O*-galloyl-*β*-D-glucopyranosyl)-benzophenone 2,6- 二羟基 -3- 甲基 -4-*O*-(6''-*O*- 没食子酰基 -*β*-D- 吡喃葡萄糖基)- 苯甲酮 番石榴 Psidium guajava

2,4-dihydroxy-3-methyl-6-(2-oxopropyl)benzaldehyde 2,4- 二羟基 -3- 甲基 -6-(2- 氧代丙基) 苯甲醛 黄瘤孢菌 Sepedonium chrysospermum

1,8-dihydroxy-3-methyl-6-methoxyanthraquinone 1,8- 二羟基 -3- 甲基 -6- 甲氧基蒽醌 虎刺 Damnacanthus indicus

2',4'-dihydroxy-3'-methyl-6'-methoxychalcone 2',4'- 二羟基 -3'- 甲基 -6'- 甲氧基查耳酮 水翁 Cleistocalyx operculatus

1,2-dihydroxy-3-methylanthraquinone 1,2- 二羟基 -3- 甲基蒽醌 节果决明 Cassia javanica, 巴戟天 Morinda officinalis

1,5-dihydroxy-3-methylanthraquinone 1,5- 二羟基 -3- 甲基蒽醌 苍白秤钩风 Diploclisia glaucescens, 毛冬青 Ilex pubescens, 多花芍药 Paeonia emodi, 皱叶酸模 Rumex crispus

1,8-dihydroxy-3-methylanthraquinone 1,8- 二羟基 -3- 甲基蒽醌 铁刀木 Senna siamea, 百部 Stemona japonica, 翼核果 Ventilago leiocarpa

2,7-dihydroxy-3-methylanthraquinone 2,7- 二羟基 -3- 甲基蒽醌 白花蛇舌草 Hedyotis diffusa

(2'*R*)-4-(2',3'-dihydroxy-3'-methyl-butanoxy)-phenethanol (2'*R*)-4-(2',3'- 二羟基 -3'- 甲基 - 丁氧基)- 苯乙醇 假黄皮 Clausena excavata

9-(2,3-dihydroxy-3-methylbutoxy)-4-(3-methyl-2-butenyloxy)-7*H*-furo[3,2-g][1]benzopyran-7-one 9-(2,3- 二羟基 -3- 甲基丁氧基)-4-(3- 甲基 -2- 丁烯酰氧基)-7*H*- 呋喃 [3,2-g][1] 苯并吡喃 -7- 酮 柠檬 Citrus limon

5-(2,3-dihydroxy-3-methylbutoxy)-7-methoxy-2*H*-1-benzopyran-2-one 5-(2,3- 二羟基 -3- 甲基丁氧基)-7- 甲氧基 -2*H*-1- 苯并吡喃 -2- 酮 柠檬 Citrus limon

7-(2,3-dihydroxy-3-methylbutoxy)-8-(3-methyl-2-butenyl)-coumarin 7-(2,3- 二羟基 -3- 甲基丁氧基)-8-(3- 甲基 -2-butenyl)- 香豆素 紫苜蓿 Medicago sativa

5-(2,3-dihydroxy-3-methylbutoxy)psoralen 5-(2,3- 二羟基 -3- 甲基丁氧基) 补骨脂素 白芷 Angelica dahurica

3-(2,3-dihydroxy-3-methylbutyl)-4,7-dimethoxy-1-methyl-2(1*H*)-quinolinone 3-(2,3- 二羟基 -3- 甲基丁基)-4,7- 二甲氧基 -1- 甲基 -2(1*H*)- 喹诺酮 飞龙掌血 Toddalia asiatica

8-(2,3-dihydroxy-3-methylbutyl)-7-methoxycoumarin 8-(2,3- 二羟基 -3- 甲基丁基)-7- 甲氧基香豆素 葡萄柚 Citrus paradisi

8-(2',3'-dihydroxy-3'-methylbutyl)-umbelliferone 8-(2',3'- 二羟基 -3'- 甲基丁基)- 伞形酮 长前胡 Peucedanum turgeniifolium

5-(2',3'-dihydroxy-3'-methylbutyloxy)-8-(3''-methylbut-2-enyloxy)psoralen 5-(2',3'- 二羟基 -3'- 甲基丁酰氧基)-8-(3''- 甲基丁基 -2- 烯酰氧基) 补骨脂素 白芷 Angelica dahurica

4',7-dihydroxy-3'-methylflavone 4',7- 二羟基 -3'- 甲氧基黄酮 黄细心 Boerhavia diffusa, 鬼箭锦鸡儿 Caragana jubata

1,6-dihydroxy-3-methyl-xanthone-8-acid-1-*O*-*β*-D-glucopyranoside 1,6- 二羟基 -3- 甲基 - 𠯤酮 -8- 酸 -1-*O*-*β*-D- 吡喃葡萄糖苷 翼核果 Ventilago leiocarpa

1,6-dihydroxy-3-methyl-xanthone-8-acid-1-*O*-*β*-D-glucopyranosyl-(1 → 6)-*β*-D-glucopyranoside 1,6- 二羟基 -3- 甲基 - 𠯤酮 -8- 酸 -1-*O*-*β*-D- 吡喃葡萄糖基 -(1 → 6)-*β*-D- 吡喃葡萄糖苷 翼核果 Ventilago leiocarpa

2,6*β*-dihydroxy-3-oxo-11*α*,12*α*-epoxy-24-norursa-1,4-dien-28,13*β*-olide 2,6*β*- 二羟基 -3- 氧代 -11*α*,12*α*- 环氧 -24- 降熊果 -1,4- 二烯 -28,13*β*- 内酯 秤星树 Ilex asprella

2,19*α*-dihydroxy-3-oxo-12-ursen-28-oic acid 2,19*α*- 二羟基 -3- 氧代 - 熊果 -12- 烯 -28- 酸 台湾枇杷 Eriobotrya deflexa

12*β*,15*α*-dihydroxy-3-oxo-17-en-20,21,22-23,24,25,26,27-octanordammanrane 12*β*,15*α*- 二羟基 -3- 酮基 -17-en-20,21,22-23,24,25,26,27- 八降达玛烷 蒙古荚蒾 Viburnum mongolicum

2*α*,19*α*-dihydroxy-3-oxo-24-norolean-12-en-28-oic acid 2*α*,19*α*- 二羟基 -3- 氧代 -24- 降齐墩果 -12- 烯 -28- 酸 锐齿槲栎 Quercus aliena var. acutiserrata

6*β*,19*α*-dihydroxy-3-oxo-24-norolean-12-en-28-oic acid 6*β*,19*α*- 二羟基 -3- 氧代 -24- 降齐墩果 -12- 烯 -28- 酸 平滑钩藤 Uncaria laevigata

6*β*,19*α*-dihydroxy-3-oxo-24-norurs-12-en-28-oic acid 6*β*,19*α*- 二羟基 -3- 氧代 -24- 降熊果 -12- 烯 -28- 酸 平滑钩藤 Uncaria laevigata

4*α*,10*α*-dihydroxy-3-oxo-8*β*-isobutyryloxyguaia-11(13)-en-12,6*α*-olide 4*α*,10*α*- 二羟基 -3- 氧代 -8*β*- 异丁酰氧基愈创木 -11(13)- 烯 -12,6*α*- 内酯 肿柄菊 Tithonia diversifolia

4*β*,10*β*-dihydroxy-3-oxo-8*β*-isobutyryloxyguaia-11(13)-en-6,12-olide 4*β*,10*β*- 二羟基 -3- 氧代 -8*β*- 异丁酰氧基愈创木 -11(13)- 烯 -6,12- 内酯 肿柄菊 Tithonia diversifolia

4β,10α-dihydroxy-3-oxo-8β-isobutyryloxy-guaia-11(13)-en-6,12-olide 4β,10α- 二羟基 -3- 氧代 -8β- 异丁酰氧基愈创木 -11(13)- 烯 -6,12- 内酯 肿柄菊 Tithonia diversifolia

6β,8β-dihydroxy-3-oxoeremophil-7(11)-en-12,8α-olide 6β,8β- 二羟基 -3-3- 氧代荒漠木 -7(11)- 烯 -12,8α- 内酯 蜂斗菜 Petasites japonicus

6β,30-dihydroxy-3-oxolup-20(29)-en-28-oic acid 6β,30- 二羟基 -3- 氧代羽扇豆 -20(29)- 烯 -28- 酸 胶皮枫香树 Liquidambar styraciflua

11α,23-dihydroxy-3-oxo-lup-20(29)-en-28-oic acid 11α,23- 二羟基 -3- 氧代 - 羽扇豆 -20(29)- 烯 -28- 酸 白簕 Eleutherococcus trifoliatus

6α,19α-dihydroxy-3-oxo-olean-12-en-28-oic acid 6α,19α- 二羟基 -3- 氧代 - 齐墩果 -12- 烯 -28- 酸 平滑钩藤 Uncaria laevigata

2α,19α-dihydroxy-3-oxo-olean-12-en-28-oic acid-β-D-glucopyranosyl ester 2α,19α- 二羟基 -3- 氧代 - 齐墩果 -12- 烯 -28- 酸 -β-D- 吡喃葡萄糖基酯 小白花地榆 Sanguisorba tenuifolia var. alba

16,17-dihydroxy-3-oxophyllocladane 16,17- 二羟基 -3- 氧代扁枝杉烷 大叶紫珠 Callicarpa macrophylla, 裸花紫珠 C. nudiflora

16α,17-dihydroxy-3-oxophyllocladane 16α,17- 二羟基 -3- 氧代扁枝杉烷 大叶紫珠 Callicarpa macrophylla

8β,19-dihydroxy-3-oxopimar-15-ene 8β,19- 二羟基 -3- 氧代海松 -15- 烯 粉背南蛇藤 Celastrus hypoleucus, 沙柳 Salix cheilophila

2α,19α-dihydroxy-3-oxo-urs-12-en-28-oic acid 2α,19α- 二羟基 -3- 氧代 - 熊果 -12- 烯 -28- 酸 白叶莓 Rubus innominatus, 灰毛泡 R. irenaeus, 小白花地榆 Sanguisorba tenuifolia var. alba, 平滑钩藤 Uncaria laevigata

6β,19α-dihydroxy-3-oxo-urs-12-en-28-oic acid 6β,19α- 二羟基 -3- 氧代 - 熊果 -12- 烯 -28- 酸 平滑钩藤 Uncaria laevigata

2α,19α-dihydroxy-3-oxo-urs-12-en-28-oic acid-β-D-glucopyranosyl ester 2α,19α- 二羟基 -3- 氧代 - 熊果 -12- 烯 -28- 酸 -β-D- 吡喃葡萄糖基酯 小白花地榆 Sanguisorba tenuifolia var. alba

1,4-dihydroxy-3-prenyl-2-naphtholic acid methyl ester 1,4- 二羟基 -3- 异戊二烯基 -2- 萘酸甲酯 林生茜草 Rubia sylvatica

6,4'-dihydroxy-3'-prenyl-3,5,7,5'-tetramethoxyflavone-6-*O*-α-L-rhamnopyranoside 6,4'- 二羟基 -3'- 异戊烯基 -3,5,7,5'- 四甲氧基黄酮 -6-*O*-α-L- 吡喃鼠李糖苷 羊蹄甲 Bauhinia purpurea

7,4'-dihydroxy-3'-prenylflavan 7,4'- 二羟基 -3'- 异戊烯基黄烷 构树 Broussonetia papyrifera

(2*S*)-7,4'-dihydroxy-3'-prenylflavane (2*S*)-7,4'- 二羟基 -3'- 异戊二烯基黄烷 构树 Broussonetia papyrifera

(*E*)-1-(2,4-dihydroxy-3-prenylphenyl)-3-(8-hydroxy-2,2-dimethyl-2*H*-1-benzopyran-6-yl)-2-propen-1-one (*E*)-1-(2,4- 二羟基 -3- 异戊烯基苯基)-3-(8- 羟基 -2,2- 二甲基 -2*H*-1- 苯并吡喃 -6- 基)-2- 丙烯 -1- 酮 洋甘草 Glycyrrhiza glabra

1,4-dihydroxy-3*R*,5*R*-dicaffeoyloxycyclohexane carboxylic acid methyl ester 1,4- 二羟基 -3*R*,5*R*- 二咖啡酰基环已烷甲酸甲酯 短葶飞蓬 Erigeron breviscapus

2,5-dihydroxy-3-tridecyl-1,4-benzoquinone 2,5- 二羟基 -3- 十三烷基 -1,4- 苯醌 白花酸藤子 Embelia ribes

4',7-dihydroxy-3'-vinyloxyflavan 4',7- 二羟基 -3'- 乙烯氧基黄烷 西南文殊兰 Crinum latifolium

1α,2α-dihydroxy-3α-(2-methylbutanoyloxy)-isoalantolactone 1α,2α- 二羟基 -3α-(2- 甲基丁酰氧基)- 异土木香内酯 密花艾纳香 Blumea densiflora

(+)-12α,28-dihydroxy-3α-(3'-hydroxy-3'-methylglutaryloxy)-24-methyllanosta-8,24(31)-dien-26-oic acid (+)-12α,28- 二羟基 -3α-(3'- 羟基 -3'- 甲基戊二酰氧)-24- 甲基羊毛脂 -8,24(31)- 二烯 -26- 酸 桦剥管菌 Piptoporus betulinus

14β,16-dihydroxy-3α,18-[(1-methylethane-1,1-diyl)dioxy]-ent-abieta-7,15(17)-diene 14β,16- 二羟基 -3α,18-[(1- 甲基乙烷 -1,1- 二基) 二氧基]- 对映 - 冷杉 -7,15(17)- 二烯 小叶香茶菜 Isodon parvifolius

5,4'-dihydroxy-3-α-L-rhamnopyranosyl-(1 → 3)-β-D-xylopyranosyloxybibenzyl 5,4'- 二羟基 -3-α-L- 吡喃鼠李糖基 -(1 → 3)-β-D- 吡喃木糖氧基联苯 蒜叶婆罗门参 Tragopogon porrifolius

8,5'-dihydroxy-3'-α-rhamnopyranosylflavone 8,5'- 二羟基 -3'-α- 吡喃鼠李糖基黄酮 甘草 Glycyrrhiza uralensis

5β,6α-dihydroxy-3β-(β-D-glucoyranosyloxy)-7-megastigmen-9-one 5β,6α- 二羟基 -3β-(β-D- 吡喃葡萄糖氧基)-7- 大柱香波龙烯 -9- 酮 独一味 Lamiophlomis rotata

16(*S*)-7α,14β-dihydroxy-3β,19-diacetoxy-17-methoxy-ent-kaur-12,15-dione 16(*S*)-7α,14β- 二羟基 -3β,19- 二乙酰氧基 -17- 甲氧基 - 对映 - 贝壳杉 -12,15- 二酮 川藏香茶菜 Isodon pharicus

12β,14β-dihydroxy-3β,19-epoxy-3α-methoxy-5α-card-20(22)-enolide 12β,14β- 二羟基 -3β,19- 环氧 -3α- 甲氧基 -5α- 强心甾 -20(22)- 烯内酯 马利筋 Asclepias curassavica

3α,18-dihydroxy-3β,20-epoxykaur-15-ene 3α,18- 二羟基 -3β,20- 环氧贝壳杉 -15- 烯 云南土沉香 Excoecaria acerifolia

3α,20-dihydroxy-3β,25-epoxylupane 3α,20- 二羟基 -3β,25- 环氧羽扇豆烷 火炬树 Rhus typhina

20,23-dihydroxy-3β-[(*O*-α-L-rhamnopyranosyl-(1→2)-α-L-arabinopyranosyl)oxy]lupan-28-oic acid-28-*O*-α-L-rhamnopyranosyl-(1→4)-*O*-β-D-glucopyranosyl-(1 → 6)-β-D-glucopyranosylester 20,23- 二羟基 -3β-[(*O*-α-L- 吡喃鼠李糖基 -(1 → 2)-α-L- 吡喃阿拉伯糖基) 氧基] 羽扇豆 -28- 酸 -28-*O*-α-L- 吡喃鼠李糖基 -(1 → 4)-*O*-β-D- 吡喃葡萄糖基 -(1 → 6)-β-D- 吡喃葡萄糖基酯苷 白头翁 Pulsatilla chinensis

1β,23-dihydroxy-3β-L-α-*O*-arabinopyranosylolean-12-ene 1β,23- 二羟基 -3β-L-α-*O*- 吡喃阿拉伯糖基齐墩果 -12- 烯 珍珠花 Lyonia ovalifolia

14β,16β-dihydroxy-3β-*O*-[β-D-glucopyranosyl-(1 → 4)-β-D-glucopyranosyloxy]-5α-bufa-20,22-dienolide 14β,16β- 二羟基 -3β-*O*-[β-D- 吡喃葡萄糖基 -(1 → 4)-β-D- 吡喃葡萄糖基]-5α- 蟾蜍甾 -20,22- 二烯内酯 铁筷子 Helleborus thibetanus

14β,16β-dihydroxy-3β-*O*-β-D-glucopyranosyl-5α-bufa-20,22-dienolide 14β,16β- 二羟基 -3β-*O*-β-D- 吡喃葡萄糖基 -5α- 蟾蜍甾 -20,22- 二烯内酯 铁筷子 Helleborus thibetanus

5β,6α-dihydroxy-3β-*O*-β-D-glucoyranosyl-7-megastigment-9-one 5β,6α- 二羟基 -3β-*O*-β-D- 吡喃葡萄糖基 -7- 大柱香波龙烯 -9- 酮 胡杨 Populus euphratica

1α,6β-dihydroxy-4(14)-eudesmene 1α,6β- 二羟基 -4(14)- 桉叶烯 柔毛鸦胆子 Brucea mollis

1β,6*R*-dihydroxy-4(14)-eudesmene 1β,6*R*- 二羟基 -4(14)- 桉叶烯 珠子参 Panax japonicus var. major

1β,6β-dihydroxy-4(14)-eudesmene 1β,6β- 二羟基 -4(14)- 桉叶烯 南牡蒿 Artemisia eriopoda

1β,8β-dihydroxy-4(15),11(13)-eudesmadien-12,6α-olide 1β,8β- 二羟基 -4(15),11(13)- 桉叶二烯 -12,6α- 内酯 蓼子朴 Inula salsoloides

(*S*)-1,8-dihydroxy-4-(1-hydroxy-3-oxobutyl)-3-methoxy-9*H*-xanthen-9-one (*S*)-1,8- 二羟基 -4-(1- 羟基 -3- 氧代丁基)-3- 甲氧基 -9*H*- 呫吨 -9-

酮 单花山竹子 Garcinia oligantha

1,8-dihydroxy-4-(2-hydroxyethyl)-3-methoxy-9*H*-xanthen-9-one 1,8- 二羟基 -4-(2- 羟基乙基)-3- 甲氧基 -9*H*- 呫烯 -9- 酮 金丝桃 Hypericum monogynum

3,5-dihydroxy-4-(3,4,5-trihydroxybenzoyloxy)-benzoic acid methyl ester 3,5- 二羟基 -4-(3,4,5- 三羟基苯甲酰氧基)- 苯甲酸甲酯 延药睡莲 Nymphaea nouchali

3,3'-dihydroxy-4-(4-hydroxybenzyl)-5-methoxybibenzyl 3,3'- 二羟基 -4-(4- 羟苄基)-5- 甲氧基联苄 白及 Bletilla striata, 云南石仙桃 Pholidota yunnanensis, 独蒜兰 Pleione bulbocodioides, 云南独蒜兰 P. yunnanensis

3,8-dihydroxy-4,10-dimethoxy-7-oxo-[2]benzopyrano[4,3-b][1]benzopyran-7-(5*H*)-one 3,8- 二羟基 -4,10- 二甲氧基 -7- 氧代 -[2] 苯并吡喃 [4,3-b][1] 苯并吡喃 -7-(5*H*)- 酮 苏木 Caesalpinia sappan

3',5-dihydroxy-4',3-dimethoxyflavone-7-*O*-*β*-D-glucopyranoside 3',5- 二羟基 -4',3- 二甲氧基黄酮 -7-*O*-*β*-D- 吡喃葡萄糖苷 五桠果 Dillenia indica

3*β*,6*β*-dihydroxy-4,4,14*α*-trimethyl-5*α*-pregn-8-en-20-one 3*β*,6*β*- 二羟基 -4,4,14*α*- 三甲基 -5*α*- 孕甾 -8- 烯 -20- 酮 药用拟层孔菌 Fomitopsis officinalis

3,3'-dihydroxy-4,4',5,5'-tetramethoxylignan 3,3'- 二羟基 -4,4',5,5'- 四甲氧基木脂素 红花五味子 Schisandra rubriflora

2',6'-dihydroxy-4,4'-dimethoxychalcone 2',6'- 二羟基 -4,4'- 二甲氧基查耳酮 山牡荆 Vitex quinata

2',6'-dihydroxy-4,4'-dimethoxydihydrochalcone 2',6'- 二羟基 -4,4'- 二甲氧基二氢查耳酮 粉叶蕨 Pityrogramma calomelanos

α,2'-dihydroxy-4,4'-dimethoxydihydrochalcone *α*,2'- 二羟基 -4,4'- 二甲氧基二氢查耳酮 肉豆蔻 Myristica fragrans

3,3'-dihydroxy-4,4'-dimethoxystilbene 3,3'- 二羟基 -4,4'- 二甲氧基芪 橄榄 Canarium album

5,4'-dihydroxy-4",4"-dimethyl-5"-methyl-5"*H*-dihydrofurano[2",3":6,7]flavanone 5,4'- 二羟基 -4",4"- 二甲基 -5"- 甲基 -5"*H*- 二羟基呋喃 [2",3":6,7] 黄烷酮 七指蕨 Helminthostachys zeylanica

2',7-dihydroxy-4',5',5,6-tetramethoxyisoflavone-7-*O*-(5-*O*-*trans*-*p*-coumaroyl)-*β*-D-apiofuranosyl-(1 → 6)-*β*-D-glucopyranoside 2',7- 二羟基 -4',5',5,6- 四甲氧基异黄酮 -7-*O*-(5-*O*- 反式 - 对香豆酰基)-*β*-D- 呋喃芹糖基 -(1 → 6)-*β*-D- 吡喃葡萄糖苷 山小橘 Glycosmis pentaphylla

2',7-dihydroxy-4',5',5,6-tetramethoxyisoflavone-7-*O*-*β*-D-apiofuranosyl-(1 → 6)-*β*-D-glucopyranoside 2',7- 二羟基 -4',5',5,6- 四甲氧基异黄酮 -7-*O*-*β*-D- 呋喃芹糖基 -(1 → 6)-*β*-D- 吡喃葡萄糖苷 山小橘 Glycosmis pentaphylla

4,2'-dihydroxy-4',5',6'-trimethoxychalcone 4,2'- 二羟基 -4',5',6'- 三甲氧基查耳酮 飞机草 Chromolaena odorata

3',7-dihydroxy-4',5,6-trimethoxyisoflavone-7-*O*-(5-*O*-*trans*-*p*-coumaroyl)-*β*-D-apiofuranosyl-(1 → 6)-*β*-D-glucopyranoside 3',7- 二羟基 -4',5,6- 三甲氧基异黄酮 -7-*O*-(5-*O*- 反式 - 对香豆酰基)-*β*-D- 呋喃芹糖基 -(1 → 6)-*β*-D- 吡喃葡萄糖苷 山小橘 Glycosmis pentaphylla

3,3'-dihydroxy-4',5,7-trimethoxyflavone 3,3'- 二羟基 -4',5,7- 三甲氧基黄酮 米仔兰 Aglaia odorata

2',5-dihydroxy-4',5',7-trimethoxyflavone 2',5- 二羟基 -4',5',7- 三甲氧基黄酮 香花崖豆藤 Callerya dielsiana

1,3-dihydroxy-4,5,8-trimethoxyxanthone 1,3- 二羟基 -4,5,8- 三甲氧基𠮿酮 花锚 Halenia corniculata, 椭圆叶花锚 H. elliptica

3,6-dihydroxy-4,5-dimethoxy-1,8-naphalic anhydride 3,6- 二羟基 -4,5- 二甲氧基 -1,8- 萘酐 胡桃楸 Juglans mandshurica

3,4-dihydroxy-4',5-dimethoxybibenzyl 3,4- 二羟基 -4',5- 二甲氧基联苄 细茎石斛 Dendrobium moniliforme

2',7-dihydroxy-4',5'-dimethoxyisoflavone 2',7- 二羟基 -4',5'- 二甲氧基异黄酮 降香 Dalbergia odorifera, 锈毛麻辣仔藤 Erycibe expansa

1,3-dihydroxy-4,5-dimethoxyxanthone 1,3- 二羟基 -4,5- 二甲氧基𠮿酮 獐牙菜 Swertia bimaculata

1,6-dihydroxy-4,5-dimethoxyxanthone 1,6- 二羟基 -4,5- 二甲氧基𠮿酮 大叶藤黄 Garcinia xanthochymus

5,5'-dihydroxy-4',6,7-trimethoxyflavanone 5,5'- 二羟基 -4',6,7- 三甲氧基黄烷酮 单叶蔓荆 Vitex trifolia subsp. litoralis

3,5-dihydroxy-4',6,7-trimethoxyflavone-3'-*O*-*β*-D-glucopyranoside 3,5- 二羟基 -4',6,7- 三甲氧基黄酮 -3'-*O*-*β*-D- 吡喃葡萄糖苷 黄杨 Buxus sinica, 小叶黄杨 B. sinica var. parvifolia

5,8-dihydroxy-4',6,7-trimethoxyflavone-8-*O*-*β*-D-glucopyranoside 5,8- 二羟基 -4',6,7- 三甲氧基黄酮 -8-*O*-*β*-D- 吡喃葡萄糖苷 紫毛香茶菜 Isodon enanderianus

13a(*S*),14(*S*)-(+)-3,14-dihydroxy-4,6,7-trimethoxy-phenanthroindolizidine 13a(*S*),14(*S*)-(+)-3,14- 二羟基 -4,6,7- 三甲氧基 - 氮杂菲并喹喏里西啶 娃儿藤 Tylophora ovata

5,7-dihydroxy-4',6,8-trimethoxyflavone 5,7- 二羟基 -4',6,8- 三甲氧基黄酮 有梗石龙尾 Limnophila indica

2,7-dihydroxy-4,6-dimethoxy-9,10-dihydrophenanthrene 2,7- 二羟基 -4,6- 二甲氧基 -9,10- 二氢菲 纹瓣兰 Cymbidium aloifolium

1,2-dihydroxy-4,6-dimethoxybenzene-1-*O*-*α*-D-rhamnopyranosyl-(1 → 6)-*β*-D-glucopyranoside 1,2- 二羟基 -4,6- 二甲氧基苯 -1-*O*-*α*-D- 吡喃鼠李糖基 -(1 → 6)-*β*-D- 吡喃葡萄糖苷 红花龙胆 Gentiana rhodantha

2',3'-dihydroxy-4',6'-dimethoxychalcone 2',3'- 二羟基 -4',6'- 二甲氧基查耳酮 海南草珊瑚 Sarcandra glabra subsp. brachystachys

2',3'-dihydroxy-4',6'-dimethoxydihydrochalcone 2',3'- 二羟基 -4',6'- 二甲氧基二氢查耳酮 假鹰爪 Desmos chinensis

7,8-dihydroxy-4',6-dimethoxyflavanone 7,8- 二羟基 -4',6- 二甲氧基黄烷酮 直立黄钟花 Tecoma stans

2,2'-dihydroxy-4,7,4',7'-tetramethoxy-1,1'-biphenanthrene 2,2'- 二羟基 -4,7,4',7'- 四甲氧基 -1,1'- 联菲 杜鹃兰 Cremastra appendiculata

5,6-dihydroxy-4',7,8-trimethoxyflavone 5,6- 二羟基 -4',7,8- 三甲氧基黄酮 有梗石龙尾 Limnophila indica

(2*R*,3*S*)-(+)-3',5-dihydroxy-4',7-dimethoxydihydroflavonol (2*R*,3*S*)-(+)-3',5- 二羟基 -4',7- 二甲氧基二氢黄酮醇 厚皮树 Lannea coromandelica

3,5-dihydroxy-4,7-dimethoxyflavanone 3,5- 二羟基 -4,7- 二甲氧基黄烷酮 龙珠果 Passiflora foetida

3,5-dihydroxy-4,7-dimethoxyflavone 3,5- 二羟基 -4,7- 二甲氧基黄酮 齿叶黄皮 Clausena dunniana

3,5-dihydroxy-4',7-dimethoxyflavone 3,5- 二羟基 -4',7- 二甲氧基黄酮 胡颓子 Elaeagnus pungens, 云南兔耳草 Lagotis yunnanensis, 刚毛柽柳 Tamarix hispida

3',5-dihydroxy-4',7-dimethoxyflavone 3',5- 二羟基 -4',7- 二甲氧基黄酮 阔荚合欢 Albizia lebbeck, 长柄胡椒 Piper sylvaticum

5,8-dihydroxy-4',7-dimethoxyflavone 5,8- 二羟基 -4',7- 二甲氧基黄酮 山芝麻 Helicteres angustifolia

2',5-dihydroxy-4',7-dimethoxyisoflavonone 2',5- 二羟基 -4',7- 二甲氧基异黄烷酮 木豆 Cajanus cajan

1,3-dihydroxy-4,7-dimethoxyxanthone 1,3- 二羟基 -4,7- 二甲氧基屾酮 香港远志 Polygala hongkongensis

6,9-dihydroxy-4,7-megastigmadien-3-one 6,9- 二羟基 -4,7- 大柱香波龙二烯 -3- 酮 赶山鞭 Hypericum attenuatum

9,10-dihydroxy-4,7-megastigmadien-3-one 9,10- 二羟基 -4,7- 大柱香波龙二烯 -3- 酮 贡山三尖杉 Cephalotaxus lanceolata

(6S,7E,9R)-6,9-dihydroxy-4,7-megastigmadien-3-one-9-O-[α-L-arabinofuranosyl-(1 → 6)]-β-D-glucopyranoside (6S,7E,9R)-6,9- 二羟基 -4,7- 大柱香波龙二烯 -3- 酮 -9-O-[α-L- 呋喃阿拉伯糖基 -(1 → 6)]-β-D- 吡喃葡萄糖苷 潺槁木姜子 Litsea glutinosa

(6S,7E,9R)-6,9-dihydroxy-4,7-megastigmadien-3-one-9-O-[α-L-arabinopyranosyl-(1 → 6)-β-D-glucopyranoside] (6S,7E,9R)-6,9- 二羟基 -4,7- 大柱香波龙二烯 -3- 酮 -9-O-[α-L- 吡喃阿拉伯糖基 -(1 → 6)-β-D- 吡喃葡萄糖苷] 钩吻 Gelsemium elegans

(6S,7E,9R)-6,9-dihydroxy-4,7-megastigmadien-3-one-9-O-β-D-xylopyranosyl (1 → 6)-glucopyranoside (6S,7E,9R)-6,9- 二羟基 -4,7- 大柱香波龙二烯 -3- 酮 -β-D- 吡喃木糖基 (1 → 6)- 吡喃葡萄糖苷 皱皮木瓜 Chaenomeles speciosa

(3R,6R,7E,9R)-3,9-dihydroxy-4,7-megastigmadiene (3R,6R,7E,9R)-3,9- 二羟基 -4,7- 大柱香波龙二烯 藜 Chenopodium album

2,5-dihydroxy-4,9-dimethoxyphenanthrene 2,5- 二羟基 -4,9- 二甲氧基菲 束花石斛 Dendrobium chrysanthum, 石斛 D. nobile

2,6-dihydroxy-4-[(E)-5-hydroxy-3,7-dimethylocta-2,7-dienyloxy]benzophenone 2,6- 二羟基 -4-[(E)-5- 羟基 -3,7- 二甲基辛 -2,7- 二烯氧基] 苯并酚酮 元宝草 Hypericum sampsonii

2,6-dihydroxy-4-[(E)-7-hydroxy-3,7-dimethylocta-2-enyloxy]benzophenone 2,6- 二羟基 -4-[(E)-7- 羟基 -3,7- 二甲基辛 -2- 烯氧基] 苯并酚酮 元宝草 Hypericum sampsonii

6-(20,30-dihydroxy-40-hydroxymethyl-tetrahydro-furan-10-yl)cyclopentadiene[c]pyrrole-1,3-diol 6-(20,30- 二羟基 -40- 羟甲基 - 四氢呋喃 -10- 基) 环戊二烯 [c] 吡咯 -1,3- 二醇 板栗 Castanea mollissima

1α,6α-dihydroxy-4E,10(14)-germacradien-12,8α-olide 1α,6α- 二羟基 -4 反式 ,10(14)- 吉玛二烯 -12,8α- 内酯 除虫菊 Pyrethrum cinerariifolium

3,5-dihydroxy-4-ethoxy-6-acetyl-7-methoxy-2,2-dimethylchroman 3,5- 二羟基 -4- 乙氧基 -6- 乙酰基 -7- 甲氧基 -2,2- 二甲基色烷 三桠苦 Euodia lepta

3,5-dihydroxy-4-geranyl-bibenzyl 3,5- 二羟基 -4- 香叶基 - 二苯 紫穗槐 Amorpha fruticosa

1,2-dihydroxy-4-glucopyranosyloxynaphthalene 1,2- 二羟基 -4- 吡喃葡萄糖氧基萘 散沫花 Lawsonia inermis

5,7-dihydroxy-4H-4-chromenone 5,7- 二羟基 -4H-4- 色原酮 五脉绿绒蒿 Meconopsis quintuplinervia

5,7-dihydroxy-4H-chromen-4-one-3-O-α-L-arabinopyranoside 5,7- 二羟基色酮 -3-O-β-D- 吡喃阿拉伯糖苷 柃木 Eurya japonica

5,7-dihydroxy-4H-chromen-4-one-3-O-β-D-glucopyranoside 5,7- 二羟基色酮 -3-O-β-D- 吡喃葡萄糖苷 柃木 Eurya japonica

5,7-dihydroxy-4H-chromen-4-one-3-O-β-D-xylopyranoside 5,7- 二羟基色酮 -3-O-β-D- 吡喃木糖苷 柃木 Eurya japonica

5,7-dihydroxy-4'-hydroxyflavone 5,7- 二羟基 -4'- 羟基黄酮 叶穗香茶菜 Isodon phyllostachys

1,8-dihydroxy-4-hydrxymethylanthraquinone 1,8- 二羟基 -4- 羟甲基蒽醌 雷公藤 Tripterygium wilfordii

2α,3α-dihydroxy-4-keto-5α-p-hydroxybenzoyl-jaeschkeanadiol 2α,3α- 二羟基 -4- 酮基 -5α- 对羟基苯甲酰基 - 中亚阿魏二醇 ▲ 中亚阿魏 Ferula jaeschkeana

(6R,9S)-9,10-dihydroxy-4-megastigmen-3-one (6R,9S)-9,10- 二羟基 -4- 大柱香波龙烯 -3- 酮 假黄皮 Clausena excavata

3,9-dihydroxy-4-megastigmene 3,9- 二羟基 -4- 大柱香波龙烯 藜 Chenopodium album

1,7-dihydroxy-4-methoxy-1-(2-oxopropyl)-1H-phenanthren-2-one 1,7- 二羟基 -4- 甲氧基 -1-(2- 丙酮基)-1H- 菲 -2- 酮 杜鹃兰 Cremastra appendiculata

1,3-dihydroxy-4-methoxy-10-methylacridone 1,3- 二羟基 -4- 甲氧基 -10- 甲基吖啶酮 小芸木 Micromelum integerrimum

5,8-dihydroxy-4-methoxy-1-tetralone 5,8- 二羟基 -4- 甲氧基 -1- 四氢萘酮 黄杞 Engelhardia roxburghiana

3',5-dihydroxy-4'-methoxy-2'',2''-dimethylpyran-(5'',6'',6,7)-isoflavone 3',5- 二羟基 -4'- 甲氧基 -2'',2''- 二甲基吡喃 -(5'',6'',6,7)- 异黄酮 假地蓝 Crotalaria ferruginea

(2E)-2',4'-dihydroxy-4-methoxy-3'-(2-hydroxy-3-methylbut-3-enyl)-chalcone (2E)-2',4'- 二羟基 -4- 甲氧基 -3'-(2- 羟基 -3- 甲基丁 -3- 烯基)- 查耳酮 异翅鱼藤 Derris malaccensis

2',3-dihydroxy-4'-methoxy-3'',3''-dimethylpyrano[2'',3'':7,8]isoflavanone 2',3- 二羟基 -4'- 甲氧基 -3'',3''- 二甲基吡喃 [2'',3'':7,8] 异黄烷酮 洋甘草 Glycyrrhiza glabra

(3R)-3,5'-dihydroxy-4'-methoxy-3',4''-oxo-1,7-diphenyl-1-heptene (3R)-3,5'- 二羟基 -4'- 甲氧基 -3',4''- 氧代 -1,7- 二苯基 -1- 庚烯 白桦 Betula platyphylla

1-(2,6-dihydroxy-4-methoxy-3,5-dimethyl-phenyl)-2-methyl-1-butanone 1-(2,6- 二羟基 -4- 甲氧基 -3,5- 二甲基苯基)-2- 甲基 -1- 丁酮 桉 Eucalyptus robusta

1-(2,6-dihydroxy-4-methoxy-3,5-dimethylphenyl)-2-methyl-1-propanone 1-(2,6- 二羟基 -4- 甲氧基 -3,5- 二甲基苯基)-2- 甲基 -1- 丙酮 桉 Eucalyptus robusta

5,7-dihydroxy-4'-methoxy-3'-acetylflavone 5,7- 二羟基 -4'- 甲氧基 -3'- 乙酰黄酮 金发藓 Polytrichum commune

2',7-dihydroxy-4'-methoxy-3-arylcoumarin 2',7- 二羟基 -4'- 甲氧基 -3- 芳基香豆素 刺果甘草 Glycyrrhiza pallidiflora

(2E)-2',4'-dihydroxy-4-methoxy-3'-prenylchalcone (2E)-2',4'- 二羟基 -4- 甲氧基 -3'- 异戊烯基 - 查耳酮 异翅鱼藤 Derris malaccensis

6,7-dihydroxy-4'-methoxy-4-phenylcoumarin 6,7- 二羟基 -4'- 甲氧基 -4- 苯基香豆素 滇南红厚壳 Calophyllum polyanthum

4,2'-dihydroxy-4'-methoxy-5'-(3''',3'''-dimethylallyl)chalcone 4,2'- 二羟基 -4'- 甲氧基 -5'-(3''',3'''- 二甲基烯丙基) 查耳酮 补骨脂 Cullen corylifolia

(-)-(2S)-5,3'-dihydroxy-4'-methoxy-6'',6''-dimethylchromeno-(7,8,2'',3'')-flavanone (-)-(2S)-5,3'- 二羟基 -4'- 甲氧基 -6'',6''- 二甲基色烯并 -(7,8,2'',3'')- 黄烷酮 象橘 Feronia limonia

5,7-dihydroxy-4'-methoxy-6,8-diprenylisoflavone 5,7- 二羟基 -4'- 甲氧基 -6,8- 二异戊烯基异黄酮 细枝山竹子 Corethrodendron scoparium

1-(2,3-dihydroxy-4-methoxy-6-meyhylphenyl)-ethanone 1-(2,3- 二羟基 -4- 甲氧基 -6- 甲基苯基)- 乙酮 挥发油成分，未统计基源

7,8-dihydroxy-4'-methoxy-6-prenylisoflavanone 7,8- 二羟基 -4'- 甲氧基 -6- 异戊烯基异黄烷酮 洋甘草 Glycyrrhiza glabra
5,3-dihydroxy-4-methoxy-7-rutinoside 5,3- 二羟基 -4- 甲氧基 -7- 芸香糖苷 黄盆花 Scabiosa ochroleuca
(2*S*)-3',7-dihydroxy-4'-methoxy-8-methylflavan (2*S*)-3',7- 二羟基 -4'- 甲氧基 -8- 甲基黄烷 柬埔寨龙血树 Dracaena cambodiana
(2*S*)-5,7-dihydroxy-4'-methoxy-8-methylflavan (2*S*)-5,7- 二羟基 -4'- 甲氧基 -8- 甲基黄烷 柬埔寨龙血树 Dracaena cambodiana
2',7-dihydroxy-4'-methoxy-8-prenylflavan 2',7- 二羟基 -4'- 甲氧基 -8- 异戊烯基黄烷 桑 Morus alba
2,7-dihydroxy-4-methoxy-9,10-dihydrophenanthrene 2,7- 二羟基 -4- 甲氧基 -9,10- 二氢菲 白及 Bletilla striata, 杜鹃兰 Cremastra appendiculata
2,7-dihydroxy-4-methoxy-9,10-phenanthrene 2,7- 二羟基 -4- 甲氧基 -9,10- 菲 兜唇石斛 Dendrobium aphyllum
2,5-dihydroxy-4-methoxy-9-fluorenone 2,5- 二羟基 -4- 甲氧基 -9- 芴酮 曲轴石斛 Dendrobium gibsonii
2',6'-dihydroxy-4'-methoxyacetophenone 2',6'- 二羟基 -4'- 甲氧基苯乙酮 长柄异木患 Allophylus longipes, 兴安杜鹃花 Rhododendron dauricum
2,3-dihydroxy-4-methoxyacetophenone 2,3- 二羟基 -4- 甲氧基苯乙酮 徐长卿 Cynanchum paniculatum, 牡丹 Paeonia suffruticosa
2,5-dihydroxy-4-methoxyacetophenone 2,5- 二羟基 -4- 甲氧基苯乙酮 徐长卿 Cynanchum paniculatum, 牡丹 Paeonia suffruticosa
2,6-dihydroxy-4-methoxyacetophenone-3-*C*-*β*-D-(6'-*O*-galloyl)-glucopyranoside 2,6- 二羟基 -4- 甲氧基苯乙酮 -3-*C*-*β*-D-(6'-*O*- 没食子酰基)-吡喃葡萄糖苷 丁香 Syzygium aromaticum
2,6-dihydroxy-4-methoxyacetophenone-3-*C*-*β*-D-glucopyranoside 2,6- 二羟基 -4- 甲氧基苯乙酮 -3-*C*-*β*-D- 吡喃葡萄糖苷 丁香 Syzygium aromaticum
1,3-dihydroxy-4-methoxyanthraquinone 1,3- 二羟基 -4- 甲氧基蒽醌 金鸡纳树 Cinchona calisaya
2,5-dihydroxy-4-methoxybenzaldehyde 2,5- 二羟基 -4- 甲氧基苯甲醛 海滨木巴戟 Morinda citrifolia
3,5-dihydroxy-4-methoxybenzaldehyde 3,5- 二羟基 -4- 甲氧基苯甲醛 麻疯树 Jatropha curcas
1,2-dihydroxy-4-methoxybenzene-1-*O*-*α*-D-rhamnopyranosyl-(1→6)-*β*-D-glucopyranoside 1,2- 二羟基 -4- 甲氧基苯 -1-*O*-*α*-D- 吡喃鼠李糖基 -(1→6)-*β*-D- 吡喃葡萄糖苷 红花龙胆 Gentiana rhodantha
3,5-dihydroxy-4-methoxybenzoic acid 3,5- 二羟基 -4- 甲氧基苯甲酸 元宝槭 Acer truncatum, 滇南红厚壳 Calophyllum polyanthum, 酸藤子 Embelia laeta, 头花蓼 Polygonum capitatum
3,5-dihydroxy-4-methoxybibenzyl 3,5- 二羟基 -4- 甲氧基二苯乙烷 薯蓣 Dioscorea polystachya
2',4-dihydroxy-4'-methoxychalcone 2',4- 二羟基 -4'- 甲氧基查耳酮 镰荚棘豆 Oxytropis falcata
2',6'-dihydroxy-4'-methoxychalcone 2',6'- 二羟基 -4'- 甲氧基查耳酮 宜昌木姜子 Litsea ichangensis
4,2'-dihydroxy-4'-methoxychalcone 4,2'- 二羟基 -4'- 甲氧基查耳酮 镰荚棘豆 Oxytropis falcata
2',4'-dihydroxy-4-methoxychalcone 2',4'- 二羟基 -4- 甲氧基查耳酮 镰荚棘豆 Oxytropis falcata, 多叶棘豆 O. myriophylla
(2',4'-dihydroxy-4-methoxychalcone)-4'-*β*-D-glucoside (2',4'- 羟基 -4- 甲氧基查耳酮)-4'-*β*-D- 葡萄糖苷 鄂羊蹄甲 Bauhinia glauca subsp. hupehana
3,4'-dihydroxy-4-methoxydibenzylether 3,4'- 二羟基 -4- 甲氧基二苄醚 买麻藤 Gnetum montanum
2',6'-dihydroxy-4'-methoxydihydrochalcone 2',6'- 二羟基 -4'- 甲氧基二氢查耳酮 木姜叶柯 Lithocarpus litseifolius, 粉叶蕨 Pityrogramma calomelanos, 香杨 Populus koreana, 草珊瑚 Sarcandra glabra
2,4'-dihydroxy-4-methoxydihydrochalcone 2,4'- 二羟基 -4- 甲氧基二氢查尔酮 忽地笑 Lycoris aurea
2',4'-dihydroxy-4-methoxydihydrochalcone 2',4'- 二羟基 -4- 甲氧基二氢查耳酮 龙蒿 Artemisia dracunculus, 显脉羊蹄甲 Bauhinia glauca subsp. pernervosa
2',4'-dihydroxy-4-methoxydihydrochalcone-4'-*O*-*β*-D-glucopyranoside 2',4'- 二羟基 -4- 甲氧基二氢查耳酮 -4'-*O*-*β*-D- 吡喃葡萄糖苷 显脉羊蹄甲 Bauhinia glauca subsp. pernervosa
2',4-dihydroxy-4'-methoxy-dihydrochalcone-6'-*O*-*β*-D-glucopyranoside 2',4- 二羟基 -4'- 甲氧基 - 二氢查耳酮 -6'-*O*-*β*-D- 吡喃葡萄糖苷 美丽马醉木 Pieris formosa, 马醉木 P. japonica
(±)-3',7-dihydroxy-4'-methoxyflavan (±)-3',7- 二羟基 -4'- 甲氧基黄烷 柬埔寨龙血树 Dracaena cambodiana
(2*S*)-3',7-dihydroxy-4'-methoxyflavan (2*S*)-3',7- 二羟基 -4'- 甲氧基黄烷 文殊兰 Crinum asiaticum var. sinicum, 忽地笑 Lycoris aurea, 葱莲 Zephyranthes candida
(2*S*)-7,3'-dihydroxy-4'-methoxyflavan (2*S*)-7,3'- 二羟基 -4'- 甲氧基黄烷 构树 Broussonetia papyrifera
3',7-dihydroxy-4'-methoxyflavan 3',7- 二羟基 -4'- 甲氧基黄烷 小构树 Broussonetia kazinoki
7,3'-dihydroxy-4'-methoxyflavan 7,3'- 二羟基 -4'- 甲氧基黄烷 构树 Broussonetia papyrifera
3',5-dihydroxy-4'-methoxyflavanone-7-*O*-*α*-L-rhamnosyl-(1→6)-glucoside 3',5- 二羟基 -4'- 甲氧基黄烷酮 -7-*O*-*α*-L- 鼠李糖基 -(1→6)- 葡萄糖苷 马尾松 Pinus massoniana
3',5-dihydroxy-4-methoxyflavanone-7-*O*-*β*-D-glucosyl-(1→2)-*α*-L-rhamnoside 3',5- 二羟基 -4- 甲氧基黄烷酮 -7-*O*-*β*-D- 葡萄糖基 -(1→2)-*α*-L- 鼠李糖苷 马尾松 Pinus massoniana
3,7-dihydroxy-4'-methoxyflavone 3,7- 二羟基 -4'- 甲氧基黄酮 小构树 Broussonetia kazinoki
5,7-dihydroxy-4'-methoxyflavone 5,7- 二羟基 -4'- 甲氧基黄酮 金疮小草 Ajuga decumbens, 毛丹麻杆 Discocleidion rufescens, 东紫苏 Elsholtzia bodinieri, 香薷 E. ciliata, 厚藤 Ipomoea pes-caprae, 石香薷 Mosla chinensis, 思茅豆腐柴 Premna szemaoensis, 丹东玄参 Scrophularia kakudensis, 白背黄花稔 Sida rhombifolia
7,3'-dihydroxy-4'-methoxyflavone 7,3'- 二羟基 -4'- 甲氧基黄酮 小沙冬青 Ammopiptanthus nanus, 棉毛橐吾 Ligularia vellerea, 白刺花 Sophora davidii
7,3'-dihydroxy-4'-methoxyflavone 7-*O*-*β*-(6''-galloyl)-glucopyranoside 7,3'- 二羟基 -4'- 甲氧基黄酮 -7-*O*-*β*-(6''- 没食子酰基)- 吡喃葡萄糖苷 金合欢 Acacia farnesiana

D

5,8-dihydroxy-4-methoxy-*α*-tetralone 5,8- 二羟基 -4- 甲氧基 -*α*- 四氢萘酮 胡桃 Juglans regia
1,8-dihydroxy-4-methylanthraquinone 1,8- 二羟基 -4- 甲基蒽醌 地木耳 Nostoc commune
3,5-dihydroxy-4-methylbibenzyl 3,5- 二羟基 -4- 甲基二苯乙烷 百部 Stemona japonica, 直立百部 S. sessilifolia
(1*S*,32*R*,5S,6*R*,7*R*)-6-((*R*)-3,4-dihydroxy-4-methylpentyl)-2-(2-hydroxypropan-2-yl)-7-isobutyryl-6-methyl-5,9-bis(3-methylbut-2-en-1-yl)-4,5,6,7-tetrahydro-2*H*-32,7-methanocycloocta[*b*]furan-8,10(3*H*)-dione (1*S*,32*R*,5*S*,6*R*,7*R*)-6-((*R*)-3,4- 二羟基 -4- 甲基戊基)-2-(2- 羟基丙烷 -2- 基)-7- 异丁烯基 -6- 甲基 -5,9- 二 (3- 甲基丁 -2- 烯 -1- 基)-4,5,6,7- 四氢 -2*H*-32,7- 甲醇环辛 [*b*] 呋喃 -8,10(3*H*)- 二酮 糙枝金丝桃 Hypericum scabrum
(4*R*,5*R*,7*R*)-4-((*R*)-3,4-dihydroxy-4-methylpentyl)-2,2,4-trimethyl-5,7-bis(3-methyl-but-2-en-1-yl)-7-(5-methylhex-4-enoyl)-4,5,6,7-tetrahydrobenzofuran-3(2*H*)-one (4*R*,5*R*,7*R*)-4-((*R*)-3,4- 二羟基 -4- 甲基戊基)-2,2,4- 三甲基 -5,7- 二 (3- 甲基 - 丁 -2- 烯 -1- 基)-7-(5- 甲基己 -4- 烯酮基)-4,5,6,7- 四氢苯并呋喃 -3(2*H*)- 酮 糙枝金丝桃 Hypericum scabrum
5,3'-dihydroxy-4'-*O*-angeloxyflavone-7-*O*-*β*-D-glucopyranoside 5,3'- 二羟基 -4'-*O*- 当归酰氧基黄酮 -7-*O*-*β*-D- 吡喃葡萄糖苷 萹蓄 Polygonum aviculare, 沙柳 Salix cheilophila
5,7-dihydroxy-4'-*O*-geranylisoflavone 5,7- 二羟基 -4'-*O*- 香叶基异黄酮 毛莸子梢 Campylotropis hirtella
2-(1,6-dihydroxy-4-oxocyclohex-2-enyl)acetic acid 2-(1,6- 二羟基 -4- 氧代环己 -2- 二烯) 乙酸 缺裂千里光 Senecio scandens var. incisus
3,5-dihydroxy-4-*O*-*β*-D-glucopyranosyl-acetophenone 3,5- 二羟基 -4-*O*-*β*-D- 吡喃葡萄糖基 - 苯乙酮 樱草杜鹃 Rhododendron primuliflorum
2,6-dihydroxy-4-*O*-*β*-D-glucopyranosylbenzophenone 2,6- 二羟基 -4-*O*-*β*-D- 吡喃葡萄糖基苯甲酮 番石榴 Psidium guajava
3,5-dihydroxy-4-pent-4'-enoyl-1'-oxymethylbenzoic acid 3,5- 二羟基 -4- 戊 -4'- 烯酰基 -1'- 氧代甲基苯甲酸 月见草 Oenothera biennis
5,7-dihydroxy-4-phenyl-8-(3-phenyl-trans-acryloyl)-3,4-dihydro-1-benzopyran-2-one 5,7- 二羟基 -4- 苯基 -8-(3- 苯基 - 反式 - 丙烯酰)-3,4- 二氢 -1- 苯并吡喃 -2- 酮 华南毛蕨 Cyclosorus parasiticus
1*R*,3*R*-dihydroxy-4*S*,5*R*-dicaffeoyloxycyclohexane carboxylic acid methyl ester 1*R*,3*R*- 二羟基 -4*S*,5*R*- 二咖啡酰基环已烷甲酸甲酯 短葶飞蓬 Erigeron breviscapus
3*α*,5*β*-dihydroxy-4*α*,11-epoxybis-norcadinane 3*α*,5*β*- 二羟基 -4*α*,11- 环氧二降杜松烷 黄花蒿 Artemisia annua
(24*R*)-24,25-dihydroxy-4*α*,5*α*-epoxyhelianol (24*R*)-24,25- 二羟基 -4*α*,5*α*- 环氧向日葵醇 向日葵 Helianthus annuus
(24*S*)-24,25-dihydroxy-4*α*,5*α*-epoxyhelianol (24*S*)-24,25- 二羟基 -4*α*,5*α*- 环氧向日葵醇 向日葵 Helianthus annuus
(24*S*)-24,25-dihydroxy-4*α*,5*α*-epoxyhelianyloctanoate (24*S*)-24,25- 二羟基 -4*α*,5*α*- 环氧向日葵醇辛酸酯 向日葵 Helianthus annuus
(24*R*)-24,25-dihydroxy-4*α*,5*α*-epoxy-helianyloctanoate (24*R*)-24,25- 二羟基 -4*α*,5*α*- 环氧向日葵醇辛酸酯 向日葵 Helianthus annuus
1,6*α*-dihydroxy-4*αH*-1,10-secoeudesma-5(10),11(13)-dien-12,8*β*-olide 1,6*α*- 二羟基 -4*αH*-1,10- 裂环桉叶 -5(10),11(13)- 二烯 -12,8*β*- 内酯 旋覆花 Inula japonica
1*β*,9*β*-dihydroxy-4*αH*-eudesma-5,11(13)-dien-12-oic acid 1*β*,9*β*- 二羟基 -4*αH*- 桉叶 -5,11(13)- 二烯 -12- 酸 翼齿六棱菊 Laggera crispata
3*α*-dihydroxy-4*αH*-eudesma-5,11(13)-dien-12-oic acid 3*α*- 二羟基 -4*αH*- 桉叶 -5,11(13)- 二烯 -12- 酸 翼齿六棱菊 Laggera crispata
3*β*,22*ξ*-dihydroxy-4*α*-methyl-24*ξ*-ethyl-5*α*-cholest-7-en-6-one 3*β*,22*ξ*- 二羟基 -4*α*- 甲基 -24*ξ*- 乙基 -5*α*- 胆甾 -7- 烯 -6- 酮 黄果茄 Solanum virginianum
3*β*,11*α*-dihydroxy-4*β*-methyl-guaia-10(14)-en-12,6*α*-olide 3*β*,11*α*- 二羟基 -4*β*- 甲基愈创木 -10(14)- 烯 -12,6*α*- 内酯 鸦葱 Scorzonera austriaca
4*α*,6*α*-dihydroxy-5 *αH*-eudesma-2(3),11(13)-dien-12,8*β*-olide 4*α*,6*α*- 二羟基 -5*αH*- 桉叶 -2(3),11(13)- 二烯 -12,8*β*- 内酯 湖北旋覆花 Inula hupehensis
3,4-dihydroxy-5-(3,4,5-trihydroxybenzoyloxy)-benzoic acid methyl ester 3,4- 二羟基 -5-(3,4,5- 三羟基苯甲酰氧基)- 苯甲酸甲酯 延药睡莲 Nymphaea nouchali
2,3-dihydroxy-5-(hydroxymethyl)-24-norolean-12-en-28-oic acid 2,3- 二羟基 -5- 羟甲基 -24- 去甲基齐墩果 -12- 烯 -28- 酸 积雪草 Centella asiatica
7*α*,8*α*-dihydroxy-5,13-marasmanolide 7*α*,8*α*- 二羟基 -5,13- 小皮伞内酯 辣味乳菇 Lactarius piperatus
7*α*,8*β*-dihydroxy-5,13-marasmanolide 7*α*,8*β*- 二羟基 -5,13- 小皮伞内酯 辣味乳菇 Lactarius piperatus
3,7-dihydroxy-5,3',4'-trimethoxyflavone 3,7- 二羟基 -5,3',4'- 三甲氧基黄酮 野草果 Amomum koenigii
(2*S*)-7,4'-dihydroxy-5,3'-dimethoxyflavanone (2*S*)-7,4'- 二羟基 -5,3'- 二甲氧基黄烷酮 槲寄生 Viscum coloratum
7,3'-dihydroxy-5,4',5'-trimethoxyisoflavone 7,3'- 二羟基 -5,4',5'- 三甲氧基异黄酮 谷精草 Eriocaulon buergerianum, 千斤拔 Flemingia philippinensis
3,4-dihydroxy-5,4'-dimethoxybibenzyl 3,4- 二羟基 -5,4'- 二甲氧基联苄 铁皮石斛 Dendrobium officinale
3,7-dihydroxy-5,4'-dimethoxyflavone 3,7- 二羟基 -5,4'- 二甲氧基黄酮 野草果 Amomum koenigii
3,3'-dihydroxy-5,6,7,4'-tetramethoxyflavone 3,3'- 二羟基 -5,6,7,4'- 四甲氧基黄酮 穗花牡荆 Vitex agnus-castus
8,3'-dihydroxy-5,6,7,4'-tetramethoxyflavone 8,3'- 二羟基 -5,6,7,4'- 四甲氧基黄酮 柳叶斑鸠菊 Vernonia saligna
1,3-dihydroxy-5,6,7-trimethoxyxanthone 1,3- 二羟基 -5,6,7- 三甲氧基吨酮 苦远志 Polygala sibirica var. megalopha
13,14-dihydroxy-5,6-*cis*-caryophyllen-7-one 13,14- 二羟基 -5,6- 顺式 - 丁香烯 -7- 酮 止痢蚤草 Pulicaria dysenterica
(3*S*,4*S*,5*S*,6*S*,9*R*)-3,4-dihydroxy-5,6-dihydro-*β*-ionol (3*S*,4*S*,5*S*,6*S*,9*R*)-3,4- 二羟基 -5,6- 二氢 -*β*- 香堇醇 绞股蓝 Gynostemma pentaphyllum
(3*S*,4*S*,5*S*,6*S*,9*S*)-3,4-dihydroxy-5,6-dihydro-*β*-ionol (3*S*,4*S*,5*S*,6*S*,9*S*)-3,4- 二羟基 -5,6- 二氢 -*β*- 香堇醇 川桂 Cinnamomum wilsonii
(3*S*,5*R*,6*S*,7*E*,9*R*)-3,6-dihydroxy-5,6-dihydro-*β*-ionol (3*S*,5*R*,6*S*,7*E*,9*R*)-3,6- 二羟基 -5,6- 二氢 -*β*- 香堇醇 见血封喉 Antiaris toxicaria
(3*S*,5*S*,6*S*,9*R*)-3,6-dihydroxy-5,6-dihydro-*β*-ionol (3*S*,5*S*,6*S*,9*R*)-3,6- 二羟基 -5,6- 二氢 -*β*- 香堇醇 川桂 Cinnamomum wilsonii
1,3-dihydroxy-5,6-dimethoxy-2-methylanthraquinone 1,3- 二羟基 -5,6- 二甲氧基 -2- 甲基蒽醌 南山花 Prismatomeris tetrandra
3,3'-dihydroxy-5,6'-dimethoxybibenzyl 3,3'- 二羟基 -5,6'- 二甲氧基二苯乙烷 直立百部 Stemona sessilifolia
3,7-dihydroxy-5,6-dimethoxyflavone-7-*O*-*α*-L-rhamnopyranosyl-(1→3)-*O*-*β*-D-xylopyranosyl-(1→4)-*β*-D-galactopyranoside 3,7- 二羟基 -5,6- 二甲氧基黄酮 -7-*O*-*α*-L- 吡喃鼠李糖基 -(1→3)-*O*-*β*-D- 吡喃木糖基 -(1→4)-*β*-D- 吡喃半乳糖苷 扁豆 Lablab purpureus

Illicium dunnianum
(2*S*)-7,2'-dihydroxy-5-methoxyflavone (2*S*)-7,2'- 二羟基 -5- 甲氧基黄酮 沙滩黄芩 Scutellaria strigillosa
7,4'-dihydroxy-5-methoxyhomoisoflavan 7,4'- 二羟基 -5- 甲氧基高异黄烷 剑叶龙血树 Dracaena cochinchinensis
7,3'-dihydroxy-5'-methoxyisoflavone 7,3'- 二羟基 -5'- 甲氧基异黄酮 丰城崖豆藤 Callerya nitida var. hirsutissima, 鬼箭锦鸡儿 Caragana jubata, 降香 Dalbergia odorifera, 白花油麻藤 Mucuna birdwoodiana, 猫爪草 Ranunculus ternatus
7,3'-dihydroxy-5-methoxyisoflavone 7,3'- 二羟基 -5- 甲氧基异黄酮 青甘锦鸡儿 Caragana tangutica
2-(3,4-dihydroxy-5-methoxyphenyl)-3,5,7-trihydroxy-1-benzopyrylium 2-(3,4- 二羟基 -5- 甲氧基苯)-3,5,7- 三羟基 -1- 苯并吡喃 莸 Caryopteris divaricata
3,4'-dihydroxy-5-methoxy-*p*-styrene 3,4'- 二羟基 -5- 甲氧基对苯乙烯 剑叶龙血树 Dracaena cochinchinensis
3,3'-dihydroxy-5-methoxystilbene 3,3'- 二羟基 -5- 甲氧基芪 笋兰 Thunia alba
cis-3,3'-dihydroxy-5-methoxystilbene 顺式 -3,3'- 二羟基 -5- 甲氧基芪 云南石仙桃 Pholidota yunnanensis
1,3-dihydroxy-5-methoxyxanthone 1,3- 二羟基 -5- 甲氧基呫酮 金丝桃 Hypericum monogynum
1,6-dihydroxy-5-methoxyxanthone 1,6- 二羟基 -5- 甲氧基呫酮 红厚壳 Calophyllum inophyllum, 黄牛木 Cratoxylum cochinchinense, 红芽木 C. formosum subsp. pruniflorum
1,3-dihydroxy-5-methoxyxanthone-4-sulfonate 1,3- 二羟基 -5- 甲氧基呫酮 -4- 硫酸酯 元宝草 Hypericum sampsonii
2,4-dihydroxy-5-methyl-6-*O*-(6''-*O*-galloyl)-*β*-D-glucopyranosyl-benzophenone 2,4- 二羟基 -5- 甲基 -6-*O*-(6''-*O*- 没食子酰基)-*β*-D- 吡喃葡萄糖基苯甲酮 番石榴 Psidium guajava
(3*R*,4*R*,5*S*)-3,4-dihydroxy-5-methyldihydro-furan-2-one (3*R*,4*R*,5*S*)-3,4- 二羟基 -5- 甲基二氢 - 呋喃 -2- 酮 翅子树 Pterospermum acerifolium
6-(3,4-dihydroxy-5-methyl-phenyl)-4-methoxy-pyran-2-one 6-(3,4- 二羟基 -5- 甲基苯基)-4- 甲氧基 - 吡喃 -2- 酮 香椿 Toona sinensis
1,3-dihydroxy-5-*n*-heneicosylbenzene 1,3- 二羟基 -5- 正二十一基苯 二棱大麦 Hordeum distichon
1,3-dihydroxy-5-*n*-nonadecylbenzene 1,3- 二 - 羟基 -5- 正十九基苯 二棱大麦 Hordeum distichon
1,3-dihydroxy-5-*n*-pentacosylbenzene 1,3- 二羟基 -5- 正二十五级苯 二棱大麦 Hordeum distichon
3,7-dihydroxy-5-octanolide 3,7- 二羟基 -5- 辛内酯 野鸦椿 Euscaphis japonica
1,3-dihydroxy-5-*O*-*β*-D-glucopyranosylxanthone-4-sulfonate 1,3- 二羟基 -5-*O*-*β*-D- 吡喃葡萄糖基呫酮 -4- 硫酸酯 元宝草 Hypericum sampsonii
2-(2,4-dihydroxy-5-prenylphenyl)-5,6-methylenedioxybenzofuran 2-(2,4- 二羟基 -5- 异戊烯基苯基)-5,6- 亚甲二氧基苯丙呋喃 苦参 Sophora flavescens
1,3-dihydroxy-5-undecylbenzene 1,3- 二羟基 -5- 十一烷基苯 榄李 Lumnitzera racemosa
4*α*,8*β*-dihydroxy-5*α*(*H*)-eudesm-7(11)-en-8,12-olide 4*α*,8*β*- 二羟基 -5*α*(*H*)- 桉叶 -7(11)- 烯 -8,12- 内酯 狭叶金粟兰 Chloranthus angustifolius, 及已 C. serratus, 金粟兰 C. spicatus
4*β*,8*β*-dihydroxy-5*α*(*H*)-eudesm-7(11)-en-8,12-olide 4*β*,8*β*- 二羟基 -5*α*(*H*)- 桉叶 -7(11)- 烯 -8,12- 内酯 宽叶金粟兰 Chloranthus henryi, 及已 C. serratus
18,19-dihydroxy-5*α*,10*β*-neoclerodadiene butenolide 18,19- 二羟基 -5*α*,10*β*- 新克罗烷二烯 - 丁烯酸内酯 缘毛紫菀 Aster souliei
4*α*,6*α*-dihydroxy-5*α*,11*αH*-eudesma-12,8*β*-olide 4*α*,6*α*- 二羟基 -5*α*,11*αH*- 桉叶 -12,8*β*- 内酯 湖北旋覆花 Inula hupehensis
3*β*,16*α*-dihydroxy-5*α*,17*β*-cholestan-21-carboxylic acid 3*β*,16*α*- 二羟基 -5*α*,17*β*- 胆甾 -21- 羧酸 卷柏 Selaginella tamariscina
1*β*,4*β*-dihydroxy-5*α*,6*β*,7*αH*-eudesma-11(13)-en-12,6-olide 1*β*,4*β*- 二羟基 -5*α*,6*β*,7*αH*- 桉叶 -11(13)- 烯 -12,6- 内酯 月桂 Laurus nobilis
1*α*,2*β*-dihydroxy-5*α*,6*β*,7*αH*-eudesma-3(4),11(13)-dien-12,6-olide 1*α*,2*β*- 二羟基 -5*α*,6*β*,7*αH*- 桉叶 -3(4),11(13)- 二烯 -12,6- 内酯 月桂 Laurus nobilis
1*β*,2*β*-dihydroxy-5*α*,6*β*,7*αH*-eudesma-4(15),11(13)-dien-12,6-olide 1*β*,2*β*- 二羟基 -5*α*,6*β*,7*αH*- 桉叶 -4(15),11(13)- 二烯 -12,6- 内酯 月桂 Laurus nobilis
1*β*,4*α*-dihydroxy-5*α*,8*β*(*H*)-eudesm-7(11)*Z*-en-8,12-olide 1*β*,4*α*- 二羟基 -5*α*,8*β*(*H*)- 桉叶 -7(11)*Z*- 烯 -8,12- 内酯 多穗金粟兰 Chloranthus multistachys, 金粟兰 C. spicatus
1*β*,4*β*-dihydroxy-5*α*,8*β*(*H*)-eudesm-7(11)*Z*-en-8,12-olide 1*β*,4*β*- 二羟基 -5*α*,8*β*(*H*)- 桉叶 -7(11)*Z*- 烯 -8,12- 内酯 多穗金粟兰 Chloranthus multistachys, 金粟兰 C. spicatus
3*β*,16*α*-dihydroxy-5*α*-cholestan-21-oic acid 3*β*,16*α*- 二羟基 -5*α*- 胆甾 -21- 酸 垫状卷柏 Selaginella pulvinata
24(*R*),25-dihydroxy-5*α*-dammar-20-en-3-one 24(*R*),25- 二羟基 -5*α*- 达玛 -20- 烯 -3- 酮 米仔兰 Aglaia odorata
1*β*,15-dihydroxy-5*αH*,7*αH*-eudesma-3,11(13)-dien-12,6*α*-olide 1*β*,15- 二羟基 -5αH,7*αH*- 桉叶 -3,11(13)- 二烯 -12,6*α*- 内酯 月桂 Laurus nobilis
4*β*,10*α*-dihydroxy-5*αH*-guai-1(2),11(13)-dien-12,8*α*-olide 4*β*,10*α*- 二羟基 -5*αH*- 愈创木 -1(2),11(13)- 二烯 -12,8*α*- 内酯 湖北旋覆花 Inula hupehensis
26,27-dihydroxy-5*α*-lanosta-7,9(11)24-triene-3,22-dione 26,27- 二羟基 -5*α*- 羊毛脂 -7,9,(11),24- 三烯 -3,22- 二酮 箣柊 Scolopia chinensis
1*β*,3*α*-dihydroxy-5*α*-pregn-16-en-20-one-3-*O*-*β*-D-glucopyranoside 1*β*,3*α*- 二羟基 -5*α*- 孕甾 -16- 烯 -20- 酮 -3-*O*-*β*-D- 吡喃葡萄糖苷 剑叶朱蕉 Cordyline stricta
2*α*,3*β*-dihydroxy-5*α*-pregnan-16-en-20-one-3-*O*-*β*-D-glucopyranosyl-(1→4)-*β*-D-galactopyranoside 2*α*,3*β*- 二羟基 -5*α*- 孕甾 -16- 烯 -20- 酮 -3-*O*-*β*-D- 吡喃葡萄糖基 -(1→4)-*β*-D- 吡喃半乳糖苷 蒺藜 Tribulus terrestris
2*β*,3*β*-dihydroxy-5*α*-pregnan-17(20)-(*E*)-en-16-one 2*β*,3*β*- 二羟基 -5*α*- 孕甾 -17(20)-(*E*)- 烯 -16- 酮 楝 Melia azedarach
3*β*,12*β*-dihydroxy-5*α*-pregnane-14,16-dien-20-one 3*β*,12*β*- 二羟基 -5*α*- 孕甾 -14,16- 二烯 -20- 酮 香果树 Emmenopterys henryi
3*β*,12*β*-dihydroxy-5*α*-pregnane-16-en-20-one 3*β*,12*β*- 二羟基二羟基 -5*α*- 孕甾 -16- 烯 -20- 酮 香果树 Emmenopterys henryi
12*β*-dihydroxy-5*α*-pregnane-16-en-3,20-dione 12*β*- 二羟基二羟基 -5*α*- 孕甾 -16- 烯 -3,20- 二酮 香果树 Emmenopterys henryi

(25R)-3β,6α-dihydroxy-5α-spirostan-12-one-3,6-di-O-β-D-glucopyranoside (25R)-3β,6α- 二羟基 -5α- 螺甾 -12- 酮 -3,6- 二 -O-β-D- 吡喃葡萄糖苷 龙舌兰 Agave americana

(25R)-3β,6β-dihydroxy-5α-spirostan-23-one (25R)-3β,6β- 二羟基 -5α- 螺甾 -23- 酮 水茄 Solanum torvum

5(R)-3β,17α-dihydroxy-5α-spirostan-6-one-3-O-α-D-rhamnopyranosyl-(1 → 2)-β-D-glucopyranoside 25(R)-3β,17α- 二羟基 -5α- 螺甾 -6- 酮 -3-O-α-D- 吡喃鼠李糖基 -(1 → 2)-β-D- 吡喃葡萄糖苷 山丹 Lilium pumilum

(25R)-3β,17α-dihydroxy-5α-spirostan-6-one-3-O-α-L-rhamnopyranosyl-(1 → 2)-O-[α-L-arabinopyranosyl-(1 → 3)]-α-L-glucopyranoside (25R)-3β,17α- 二羟基 -5α- 螺甾 -6- 酮 -3-O-α-L- 吡喃鼠李糖基 -(1 → 2)-O-[α-L- 吡喃阿拉伯糖基 -(1 → 3)]-α-L- 吡喃葡萄糖苷 毛百合 Lilium dauricum

(25R)-3β,17α-dihydroxy-5α-spirostan-6-one-3-O-α-L-rhamnopyranosyl-(1 → 2)-β-D-glucopyranoside (25R)-3β,17α- 二羟基 -5α- 螺甾 -6- 酮 -3-O-α-L- 吡喃鼠李糖基 -(1 → 2)-β-D- 吡喃葡萄糖苷 毛百合 Lilium dauricum

(25S)-3β,27-dihydroxy-5α-spirostan-6α-yl-O-β-D-glucopyranoside (25S)-3β,27- 二羟基 -5α- 螺甾 -6α-O-β-D- 吡喃葡萄糖苷 水茄 Solanum torvum

(25R)-2α,3β-dihydroxy-5α-spirostane-9(11)-en-12-one (25R)-2α,3β- 二羟基 -5α- 螺甾 -9(11)- 烯 -12- 酮 玉簪 Hosta plantaginea

(25R)-2α,3β-dihydroxy-5α-spirostane-9(11)-en-12-one-3-O-{O-β-D-glucopyranosyl-(1 → 2)-O-[β-D-xylopyranosyl-(1 → 3)]-O-β-D-glucopyranosyl-(1 →4)-β-D-galactopyranoside} (25R)-2α,3β- 二羟基 -5α- 螺甾 -9(11)- 烯 -12- 酮 -3-O-{O-β-D- 吡喃葡萄糖基 -(1 →2)-O-[β-D- 吡喃木糖基 -(1 → 3)]-O-β-D- 吡喃葡萄糖基 -(1 → 4)-β-D- 吡喃半乳糖苷 } 玉簪 Hosta plantaginea

23,25-dihydroxy-5β,19-epoxycucurbit-6-ene-3,24-dione 23,25- 二羟基 -5β,19- 环氧葫芦 -6- 烯 -3,24- 二酮 苦瓜 Momordica charantia

3β,25-dihydroxy-5β,19-epoxycucurbita-6,(23E)-diene 3β,25- 二羟基 -5β,19- 环氧葫芦 -6,(23E)- 二烯 苦瓜 Momordica charantia

(20R,22R,24S,25R)-4β,20β-dihydroxy-5β,6β-epoxy-3β-methoxy-1-oxo-withanolide (20R,22R,24S,25R)-4β,20β- 二羟基 -5β,6β- 环氧 -3β- 甲氧基 -1- 氧代 - 睡茄内酯 睡茄 Withania somnifera

4,16-dihydroxy-5β,6β-epoxyphysagulin D 4,16- 二羟基 -5β,6β- 环氧苦蘵素 D 睡茄 Withania somnifera

4β,9β-dihydroxy-5β,8α-diisobutyryloxy-3-oxo-germacran-7β,12α-olide) 4β,9β- 二羟基 -5β,8α- 二异丁氧基 -3- 氧代 - 吉马 -7β,12α- 内酯 暗花金挖耳 Carpesium triste

4β,8α-dihydroxy-5β-2-methylbutyryloxy-9β-3-methylbutyryloxy-3-oxo-germacran-7β,12α-olide 4β,8α- 二羟基 -5β-2- 甲基丁氧基 -9β-3- 甲基丁氧基 -3- 氧代 - 吉马 -7β,12α- 内酯 暗花金挖耳 Carpesium triste

3β,14-dihydroxy-5β-card-20(22)-enolide 3β,14- 二羟基 -5β- 强心甾 -20(22)- 烯内酯 清明花 Beaumontia grandiflora

3β,8α-dihydroxy-5βH,6βH,7αH,8βH-guai-4(15)-en-6,12-olide 3β,8α- 二羟基 -5βH,6βH,7αH,8βH- 愈创木 -4(15)- 烯 -6,12- 内酯 中亚苦蒿 Artemisia absinthium

4β,10β-dihydroxy-5βH-1,11(13)-guaidien-8α,12-olide 4β,10β- 二羟基 -5βH-1,11(13)- 愈创木烷二烯 -8α,12- 内酯 大花金挖耳 Carpesium macrocephalum

4α,10α-dihydroxy-5βH-gurjun-6-ene 4α,10α- 二羟基 -5βH- 古芸 -6- 烯 东方泽泻 Alisma orientale

4β,8α-dihydroxy-5β-isobutyryloxy-9β-3-methylbutyryloxy-3-oxo-germacran-7β,12α-olide 4β,8α- 二羟基 -5β- 异丁氧基 -9β-3- 甲基丁氧基 -3-氧代 - 吉马 -7β,12α- 内酯 暗花金挖耳 Carpesium triste

1α,3β-dihydroxy-5β-pregn-16-en-20-one-3-O-β-D-glucopyranoside 1α,3β- 二羟基 -5β- 孕甾 -16- 烯 -20- 酮 -3-O-β-D- 吡喃葡萄糖苷 吉祥草 Reineckea carnea

3β,14α-dihydroxy-5β-pregn-7-ene-2,6,20-trione 3β,14α- 二羟基 -5β- 孕甾 -7- 烯 -2,6,20- 三酮 藜 Chenopodium album

3β,20-dihydroxy-5β-pregnane 3β,20- 二羟基 -5β- 孕甾烷 鹊肾树 Streblus asper

5,4'-dihydroxy-6-(2'''-hydroxy-3'''-methyl-3'''-butenyl)-2'',2''-dimethylpyrano[5'',6'':8,7]isoflavone 5,4'- 二羟基 -6-(2'''- 羟基 -3'''- 甲基 -3'''- 丁烯基)-2'',2''- 甲基吡喃 [5'',6'':8,7] 异黄酮 刺桐 Erythrina variegata

5,7-dihydroxy-6-(2''-hydroxy-3''-methylbut-3''-enyl)-4'-methoxylisoflavone 5,7- 二羟基 -6-(2''- 羟基 -3''- 甲基丁 -3''- 烯基)-4'- 甲氧基异黄酮 柘树 Cudrania tricuspidata

5,7-dihydroxy-6-(2-hydroxy-3-methylbut-3-enyl)-8-(2-methyl-1-oxopropyl)-4-phenyl-2H-benzopyran-2-one 5,7- 二羟基 -6-(2- 羟基 -3- 甲基丁 -3- 烯基)-8-(2- 甲基 -1- 氧代丙基)-4- 苯基 -2H- 苯并吡喃 -2- 酮 红雀珊瑚 Pedilanthus tithymaloides

3,7-dihydroxy-6-(2'-methylbutyryloxy)tropane 3,7- 二羟基 -6-(2'- 甲基丁酰氧基) 托品烷 树番茄 Cyphomandra betacea

5,4'-dihydroxy-6-(3,3-dimethylallyl)-2'',2''-dimethylpyrano[5,6:7,8]isoflavone 5,4'- 二羟基 -6-(3,3- 二甲基烯丙基)-2'',2''- 二甲基吡喃 [5,6:7,8] 异黄酮 刺桐 Erythrina variegata

5,7-dihydroxy-6-(3',3'-dimethylallyl)-flavanone 5,7- 二羟基 -6-(3',3'- 二甲基烯丙基)- 黄烷酮 胀果甘草 Glycyrrhiza inflata

3,4-dihydroxy-6-(3',4'-dihydroxy-E-styryl)-2-pyrone-3-O-β-D-glucopyranoside 3,4- 二羟基 -6-(3',4'- 二羟基 -E- 苯乙烯基)-2- 吡喃酮 -3-O-β-D-吡喃葡萄糖苷 问荆 Equisetum arvense

1,5-dihydroxy-6-(3-methyl-2-butenyl)xanthone 1,5- 二羟基 -6-(3- 甲基 -2- 丁烯基) 呫酮 红厚壳 Calophyllum inophyllum

5,4'-dihydroxy-6-(3''-methylbut-2''-enyl)-2'''-(4'''-hydroxy-4'''-methylethyl)-3'''-methoxydihydrofurano-[4''',5''';7,8]isoflavone 5,4'- 二羟基 -6-(3''-甲基丁 -2''- 烯基)-2'''-(4'''- 羟基 -4'''- 甲基乙基)-3'''- 甲氧基二氢呋喃并 -[4''',5''';7,8] 异黄酮 柘树 Cudrania tricuspidata

1,4-dihydroxy-6-(ethoxymethyl)-8-propylanthracene-9,10-dione 1,4- 二羟基 -6- 乙氧甲基 -8- 丙基蒽醌 珠仔树 Symplocos racemosa

1,4-dihydroxy-6-(hydroxymethyl)-8-butylanthracene-9,10-dione 1,4- 二羟基 -6- 羟甲基 -8- 丁基蒽醌 珠仔树 Symplocos racemosa

1,4-dihydroxy-6-(hydroxymethyl)-8-propylanthracene-9,10-dione 1,4- 二羟基 -6- 羟甲基 -8- 丙基蒽醌 珠仔树 Symplocos racemosa

3,4-dihydroxy-6-(N-ethylamino)benzamide 3,4- 二羟基 -6-(N- 乙基氨基) 苯酰胺 胡椒 Piper nigrum

5,7-dihydroxy-6-(γ , γ -dimethylallyl)flavanone 5,7- 二羟基 -6-(γ,γ- 二甲基烯丙基) 黄烷酮 洋甘草 Glycyrrhiza glabra

5,7-dihydroxy-6,2',4',5'-tetramethoxyflavone 5,7- 二羟基 -6,2',4',5'- 四甲氧基黄酮 麻楝 Chukrasia tabularis

5,7-dihydroxy-6,2-'dimethoxyisoflavone 5,7- 二羟基 -6,2'- 二甲氧基异黄酮 马蔺 Iris lactea, 准噶尔鸢尾 I. songarica

5,7-dihydroxy-6,2'-dimethoxyisoflavone-7-O-α-L-rhamnopyranoside 5,7- 二羟基 -6,2'- 二甲氧基异黄酮 -7-O-α-L- 吡喃鼠李糖苷 大花田菁 Sesbania grandiflora

5,7-dihydroxy-6,3',4'-trimethoxyflavone 5,7- 二羟基 -6,3',4'- 三甲氧基黄酮 冷蒿 Artemisia frigida

5,4'-dihydroxy-6,3'-dimethoxyflavone-7-O-β-D-glucopyranoside 5,4'- 二羟基 -6,3'- 二甲氧基黄酮 -7-O-β-D- 吡喃葡萄糖苷 谷精草 Eriocaulon buergerianum

(2R)-7,3'-dihydroxy-6,4'-dimethoxyflavan (2R)-7,3'- 二羟基 -6,4'- 二甲氧基黄烷 丰城崖豆藤 Callerya nitida var. hirsutissima

5,7-dihydroxy-6,4'-dimethoxyflavanone 5,7- 二羟基 -6,4'- 二甲氧基黄烷酮 飞机草 Chromolaena odorata

5,7-dihydroxy-6,4'-dimethoxyflavone 5,7- 二羟基 -6,4'- 二甲氧基黄酮 黑沙蒿 Artemisia ordosica, 马缨丹 Lantana camara, 球花马蓝 Strobilanthes dimorphotricha

7,3'-dihydroxy-6,4'-dimethoxyisoflavon-7-O-β-D-glucopyranoside 7,3'- 二羟基 -6,4'- 二甲氧基异黄酮 -7-O-β-D- 吡喃葡萄糖苷 梭果黄耆 Astragalus ernestii

5,7-dihydroxy-6,5'-dimethoxy-3',4'-methylenedioxyflavanone 5,7- 二羟基 -6,5'- 二甲氧基 -3',4'- 亚甲二氧基黄烷酮 龙舌兰 Agave americana

2,5-dihydroxy-6,6',7,8-tetramethoxyflavone 2',5- 二羟基 -6,6',7,8- 四甲氧基黄酮 海蒿子 Sargassum confusum

7,7'-dihydroxy-6,6'-dimethoxy-3,3'-biscoumarin 7,7'- 二羟基 -6,6'- 二甲氧基 -3,3'- 双香豆素 麻辣仔藤 Erycibe obtusifolia

7,7'-dihydroxy-6,6'-dimethoxy-8,8'-biscoumarin 7,7'- 二羟基 -6,6'- 二甲氧基 -8,8'- 双香豆素 麻辣仔藤 Erycibe obtusifolia

(3E)-4-[(3R,4S)-3,4-dihydroxy-6,6-dimethyl-1-cyclohexen-1-yl]-3-buten-2-one (3E)-4-[(3R,4S)-3,4- 二羟基 -6,6- 二甲基 -1- 环己烯 -1-yl]-3- 丁烯 -2- 酮 巴豆 Croton tiglium

1,4-dihydroxy-6',6'-dimethylpyrano(2',3':5,6)xanthone 1,4- 二羟基 -6',6'- 二甲基吡喃并 (2',3':5,6) 屾酮 大叶藤黄 Garcinia xanthochymus

5,8-dihydroxy-6,7,3',4'-tetramethoxy flavone-8-O-β-D-glucopyranoside 5,8- 二羟基 -6,7,3',4'- 四甲氧基黄酮 -8-O-β-D- 吡喃葡萄糖苷 千里香 Murraya paniculata

3,5-dihydroxy-6,7,3',4'-tetramethoxyflavone 3,5- 二羟基 -6,7,3',4'- 四甲氧基黄酮 牡蒿 Artemisia japonica, 大籽蒿 A. sieversiana, 巴天酸模 Rumex patientia

5,4'-dihydroxy-6,7,3',5'-tetramethoxyflavone 5,4'- 二羟基 -6,7,3',5'- 四甲氧基黄酮 小叶马缨丹 Lantana montevidensis, 黄芩 Scutellaria baicalensis

5,4'-dihydroxy-6,7,3'-trimethoxyflavone 5,4'- 二羟基 -6,7,3'- 三甲氧基黄酮 冷蒿 Artemisia frigida, 叶穗香茶菜 Isodon phyllostachys

5,3'-dihydroxy-6,7,4',5'-tetramethoxyflavone 5,3'- 二羟基 -6,7,4',5'- 四甲氧基黄酮 野菊 Chrysanthemum indicum, 千里香 Murraya paniculata

5,3'-dihydroxy-6,7,4'-trimethoxyflavanone 5,3'- 二羟基 -6,7,4'- 三甲氧基黄烷酮 单叶蔓荆 Vitex trifolia subsp. litoralis

5,3'-dihydroxy-6,7,4'-trimethoxyflavone 5,3'- 二羟基 -6,7,4'- 三甲氧基黄酮 菟丝子 Cuscuta chinensis, 阴行草 Siphonostegia chinensis

5,8-dihydroxy-6,7,4'-trimethoxyflavone 5,8- 二羟基 -6,7,4'- 三甲氧基黄酮 有梗石龙尾 Limnophila indica

5,2'-dihydroxy-6,7,6'-trimethoxyflavanone 5,2'- 二羟基 -6,7,6'- 三甲氧基黄烷酮 异色黄芩 Scutellaria discolor

5,2'-dihydroxy-6,7,8,3'-tetramethoxyflavone 5,2'- 二羟基 -6,7,8,3'- 四甲氧基黄酮 狭叶黄芩 Scutellaria regeliana

5,4'-dihydroxy-6,7,8,3'-tetramethoxyflavone 5,4'- 二羟基 -6,7,8,3'- 四甲氧基黄酮 冬凌草 Isodon rubescens, 苦槛蓝 Pentacoelium bontioides

3,5-dihydroxy-6,7,8,4'-tetramethoxyflavone 3,5- 二羟基 -6,7,8,4'- 四甲氧基黄酮 菊花 Chrysanthemum morifolium

5,3'-dihydroxy-6,7,8,4'-tetramethoxyflavone 5,3'- 二羟基 -6,7,8,4'- 四甲氧基黄酮 细锥香茶菜 Isodon coetsa, 薄荷 Mentha canadensis

5,2'-dihydroxy-6,7,8,6'-tetramethoxyflavanone 5,2'- 二羟基 -6,7,8,6'- 四甲氧基黄烷酮 二刺叶兔唇花 Lagochilus diacanthophyllus

2',5-dihydroxy-6,7,8,6'-tetramethoxyflavone 2',5- 二羟基 -6,7,8,6'- 四甲氧基黄酮 狭叶珍珠菜 Lysimachia pentapetala

1,3-dihydroxy-6,7,8-trimethoxy-2-methylanthraquinone-3-O-α-rhamnopyranosyl-(1 → 6)-β-glucopyranosyl-(1 → 6)-β-galactopyranoside 1,3- 二羟基 -6,7,8- 三甲氧基 -2- 甲基蒽酮 -3-O-α- 吡喃鼠李糖基 -(1 → 6)-β- 吡喃葡萄糖基 -(1 → 6)-β- 吡喃半乳糖苷 望江南 Senna occidentalis

1,5-dihydroxy-6,7,8-trimethoxy-2-methylanthraquinone-3-O-β-D-xylopyranoside 1,5- 二羟基 -6,7,8- 三甲氧基 -2- 甲基蒽醌 -3-O-β-D- 吡喃木糖苷 山楝 Aphanamixis polystachya

3,5-dihydroxy-6,7,8-trimethoxyflavone 3,5- 二羟基 -6,7,8- 三甲氧基黄酮 沙生蜡菊 Helichrysum arenarium

5,2'-dihydroxy-6,7,8-trimethoxyflavone 5,2'- 二羟基 -6,7,8- 三甲氧基黄酮 二刺叶兔唇花 Lagochilus diacanthophyllus, 黄芩 Scutellaria baicalensis, 狭叶黄芩 S. regeliana

5,4'-dihydroxy-6,7,8-trimethoxyflavone 5,4'- 二羟基 -6,7,8- 三甲氧基黄酮 薄荷 Mentha canadensis

2',5-dihydroxy-6',7,8-trimethoxyflavone 2',5- 二羟基 -6',7,8- 三甲氧基黄酮 半枝莲 Scutellaria barbata

1,8-dihydroxy-6,7-dimethoxy-2-methylanthraquinone 1,8- 二羟基 -6,7- 二甲氧基 -2- 甲基蒽醌 节果决明 Cassia javanica

5,4'-dihydroxy-6,7-dimethoxy-8-C-[β-D-xylopyranosyl-(1 → 2)]-β-D-glucopyranosyl-flavonoside 5,4'- 二羟基 -6,7- 二甲氧基 -8-C-[β-D- 吡喃木糖基 -(1 → 2)]-β-D- 吡喃葡萄糖基黄酮苷 旋蒴苣苔 Boea hygrometrica

5,4'-dihydroxy-6,7-dimethoxy-8-C-β-D-glucopyranosylflavone 5,4'- 二羟基 -6,7- 二甲氧基 -8-C-β-D- 吡喃葡萄糖基黄酮苷 旋蒴苣苔 Boea hygrometrica

4',5-dihydroxy-6,7-dimethoxy-8-C-β-D-glucopyranosylflavones 4',5- 二羟基 -6,7- 二甲氧基 -8-C-β-D- 吡喃葡萄糖基黄酮 吊石苣苔 Lysionotus pauciflorus

2(S)-4',5-dihydroxy-6,7-dimethoxyflavanone 2(S)-4',5- 二羟基 -6,7- 二甲氧基黄烷酮 小叶黑面神 Breynia vitis-idaea

4',5-dihydroxy-6,7-dimethoxyflavone 4',5- 二羟基 -6,7- 二甲氧基黄酮 两头毛 Incarvillea arguta

5,4'-dihydroxy-6,7-dimethoxyflavone 5,4'- 二羟基 -6,7- 二甲氧基黄酮 伞房花耳草 Hedyotis corymbosa

5,8-dihydroxy-6,7-dimethoxyflavone 5,8- 二羟基 -6,7 二甲氧基黄酮 黄芩 Scutellaria baicalensis

5,4'-dihydroxy-6,7-dimethoxyflavone-4'-O-β-D-glucopyranoside 5,4'- 二羟基 -6,7- 二甲氧基黄酮 -4'-O-β-D- 吡喃葡萄糖苷 甘青青兰 Dracocephalum tanguticum

3,8-dihydroxy-6-methoxy-1-methylanthraquinone-2-carboxylate 3,8- 二羟基 -6- 甲氧基 -1- 甲基 -2- 羧酸甲酯 唐菖蒲 Gladiolus × gandavensis

3,8-dihydroxy-6-methoxy-1-methylanthraquinone-2-carboxylic acid 3,8- 二羟基 -6- 甲氧基 -1- 甲基蒽醌 -2- 羧酸 唐菖蒲 Gladiolus × gandavensis

3,8-dihydroxy-6-methoxy-1-methylxanthone 3,8- 二羟基 -6- 甲氧基 -1- 甲基呫酮 竹黄 Shiraia bambusicola

1,3-dihydroxy-6-methoxy-2,4-bis(3-methyl-2-buten-1-yl)-xanthone 1,3- 二羟基 -6- 甲氧基 -2,4- 二 (3- 甲基 -2- 丁烯 -1- 基)- 呫酮 单花山竹子 Garcinia oligantha

3,7-dihydroxy-6-methoxy-2,7-dimethyldibenzofuran 3,7- 二羟基 -6- 甲氧基 -2,7- 二甲基二苯并呋喃 蚊母树 Distylium racemosum

1,3-dihydroxy-6-methoxy-2-methoxymethylanthraquinone 1,3- 二羟基 -6- 甲氧基 -2- 甲氧甲基蒽醌 红大戟 Knoxia roxburghii

1,3-dihydroxy-6-methoxy-2-methoxy-methylanthraquinone 1,3- 二羟基 -6- 甲氧基 -2- 甲氧基 - 甲基蒽醌 南山花 Prismatomeris tetrandra

1,3-dihydroxy-6-methoxy-2-methyl-9,10-anthraquinone 1,3- 二羟基 -6- 甲氧基 -2- 甲基 -9,10- 蒽醌 紫参 Rubia yunnanensis

1,3-dihydroxy-6-methoxy-2-methylanthraquinone 1,3- 二羟基 -6- 甲氧基 -2- 甲基蒽醌 红大戟 Knoxia roxburghii

1,5-dihydroxy-6-methoxy-2-methylanthraquinone 1,5- 二羟基 -6- 甲氧基 -2- 甲基蒽醌 木橘 Aegle marmelos

1,7-dihydroxy-6-methoxy-2-methylanthraquinone 1,7- 二羟基 -6- 甲氧基 -2- 甲基蒽醌 牛耳朵 Primulina eburnea, 茴茴蒜 Ranunculus chinensis

1,8-dihydroxy-6-methoxy-2-methylanthraquinone-3-*O*-rutinoside 1,8- 二羟基 -6- 甲氧基 -2- 甲基蒽醌 -3-*O*- 芸香糖苷 密叶决明 Senna multijuga

1-[2,4-dihydroxy-6-methoxy-3,5-bis(3-methylbut-2-en-1-yl)phenyl]ethanone 1-[2,4- 二羟基 -6- 甲氧基 -3,5- 二 (3- 甲基丁 -2- 烯 -1- 基) 苯基] 乙酮 山油柑 Acronychia pedunculata

2',4'-dihydroxy-6'-methoxy-3',5'-dimethylchalcone 2',4'- 二羟基 -6'- 甲氧基 -3',5'- 二甲基查耳酮 水翁 Cleistocalyx operculatus, 华南毛蕨 Cyclosorus parasiticus, 甘遂 Euphorbia kansui, 洋蒲桃 Syzygium samarangense

2,4-dihydroxy-6-methoxy-3,5-dimethylchalcone 2,4- 二羟基 -6- 甲氧基 -3,5- 二甲基查耳酮 水翁 Cleistocalyx operculatus

2',4'-dihydroxy-6'-methoxy-3',5'-dimethyldihydrochalcone 2',4'- 二羟基 -6'- 甲氧基 -3',5'- 二甲基二氢查耳酮 洋蒲桃 Syzygium samarangense

2,4-dihydroxy-6-methoxy-3-aldehyde-acetophenone 2,4- 二羟基 -6- 甲氧基 -3- 醛基 - 苯乙酮 钩腺大戟 Euphorbia sieboldiana

2,4-dihydroxy-6-methoxy-3-formylacetophenone 2,4- 二羟基 -6- 甲氧基 -3- 甲酰苯乙酮 甘肃大戟 Euphorbia kansuensis

1,8-dihydroxy-6-methoxy-3-methyl-9-anthrone 1,8- 二羟基 -6- 甲氧基 -3- 甲基 -9- 蒽酮 海滨木巴戟 Morinda citrifolia

2,4-dihydroxy-6-methoxy-3-methylacetophenone 2,4- 二羟基 -6- 甲氧基 -3- 甲基苯乙酮 黑面神 Breynia fruticosa, 山菅兰 Dianella ensifolia, 狼毒大戟 Euphorbia fischeriana, 甘肃大戟 E. kansuensis

2,4-dihydroxy-6-methoxy-3-methylacetophenone-4-*O*-*β*-D-glucopyranoside 2,4- 二羟基 -6- 甲氧基 -3- 甲基苯乙酮 -4-*O*-*β*-D- 吡喃葡萄糖苷 甘肃大戟 Euphorbia kansuensis

1,8-dihydroxy-6-methoxy-3-methylanthraquinone 1,8- 二羟基 -6- 甲氧基 -3- 甲基蒽醌 腊肠树 Cassia fistula, 百部 Stemona japonica

2',4'-dihydroxy-6'-methoxy-3'-methylchalcone 2',4'- 二羟基 -6'- 甲氧基 -3'- 甲基查耳酮 华南毛蕨 Cyclosorus parasiticus, 甘遂 Euphorbia kansui

2,4-dihydroxy-6-methoxyacetophenone 2,4- 二羟基 -6- 甲氧基苯乙酮 狼毒大戟 Euphorbia fischeriana, 黄苞大戟 E. sikkimensis, 地榆 Sanguisorba officinalis

2,5-dihydroxy-6-methoxyacetophenone 2,5- 二羟基 -6- 甲氧基苯乙酮 多花梣 Fraxinus floribunda

2,4-dihydroxy-6-methoxyacetophenone-2-*β*-D-glucopyranoside 2,4- 二羟基 -6- 甲氧基苯乙酮 -2-*β*-D- 吡喃葡萄糖苷 番红花 Crocus sativus

2,4-dihydroxy-6-methoxyacetophenone-4-*O*-*β*-D-glucoside 2,4- 二羟基 -6- 甲氧基苯乙酮 -4-*O*-*β*-D- 葡萄糖苷 密毛白莲蒿 Artemisia sacrorum var. messerschmidtiana

1,3-dihydroxy-6-methoxyanthraquinone 1,3- 二羟基 -6- 甲氧基蒽醌 红大戟 Knoxia roxburghii

2',4'-dihydroxy-6'-methoxychalcone 2',4'- 二羟基 -6'- 甲氧基查耳酮 柱穗山姜 Alpinia pinnanensis

3,5-dihydroxy-6-methoxydehydro-iso-*α*-lapachone 3,5- 二羟基 -6- 甲氧基去氢 - 异 -*α*- 风铃木醌▲ 菜豆树 Radermachera sinica

2',4'-dihydroxy-6'-methoxydihydrochalcone 2',4'- 二羟基 -6'- 甲氧基二氢查耳酮 泽漆 Euphorbia helioscopia

3,7-dihydroxy-6-methoxydihydroflavonol 3,7- 二羟基 -6- 甲氧基二氢黄酮醇 密花豆 Spatholobus suberectus

(2*S*)-5,7-dihydroxy-6-methoxyflavanone-7-*O*-*β*-D-glucopyranoside (2*S*)-5,7- 二羟基 -6- 甲氧基黄烷酮 -7-*O*-*β*-D- 吡喃葡萄糖苷 黄芩 Scutellaria baicalensis

3,7-dihydroxy-6-methoxyflavone 3,7- 二羟基 -6- 甲氧基黄酮 海刀豆 Canavalia maritima

5,7-dihydroxy-6-methoxyflavone 5,7- 二羟基 -6- 甲氧基黄酮 圆叶薄荷 Mentha suaveolens

5,7-dihydroxy-6-methoxyflavone-5-*O*-*α*-L-rhamnopyranoside 5,7- 二羟基 -6- 甲氧基黄酮 -5-*O*-*α*-L- 吡喃鼠李糖苷 蛇瓜 Trichosanthes anguina

3',4'-dihydroxy-6-methoxyflavone-7-*O*-*α*-L-rhamnopyranoside 3',4'- 二羟基 -6- 甲氧基黄酮 -7-*O*-*α*-L- 吡喃鼠李糖苷 毛杨梅 Myrica esculenta

5,4'-dihydroxy-6-methoxyflavone-7-*O*-*β*-D-xylopyranosyl-(1 → 2)-*β*-D-xylopyranoside 5,4'- 二羟基 -6- 甲氧基黄酮 -7-*O*-*β*-D- 木糖基 -(1 → 2)-*β*-D- 木糖苷 蚂蝗七 Primulina fimbrisepala

3,7-dihydroxy-6-methoxyisoflavone 3,7- 二羟基 -6- 甲氧基异黄酮 相思子 Abrus precatorius

7,2'-dihydroxy-6-methoxyisoflavone 7,2'- 二羟基 -6- 甲氧基异黄酮 盐角草 Salicornia europaea

4',5-dihydroxy-6-methoxyisoflavone-7-*O*-*β*-D-apiofuranosyl-(1 → 6)-*β*-D-glucopyranoside 4',5- 二羟基 -6- 甲氧基异黄酮 -7-*O*-*β*-D- 呋喃芹糖基 -(1 → 6)-*β*-D- 吡喃葡萄糖苷 山小橘 Glycosmis pentaphylla

4',7-dihydroxy-6-methoxyisoflavone-7-*O*-*β*-D-xylopyranosyl-(1 → 6)-*β*-D-glucopyranoside 4',7- 二羟基 -6- 甲氧基异黄酮 -7-*O*-*β*-D- 吡喃木糖基 -(1 → 6)-*β*-D- 吡喃葡萄糖苷 葛 Pueraria montana var. lobata

2-(2,4-dihydroxy-6-methoxyphenyl)-5-hydroxy-7-methoxy-6-(3-methyl-l-buten-l-yl)-3-(3-methyl-2-buten-l-yl)-4*H*-1-benzopyran-4-one 2-(2,4-

二羟基 -6- 甲氧基异戊烯基)-5- 羟基 -7- 甲氧基 -6-(3- 甲基 -1- 丁基)-3-(3- 甲基 -2- 丁基)-4*H*-1- 苯并吡喃 -4- 酮 波罗蜜 Artocarpus heterophyllus

1,3-dihydroxy-6-methoxyxanthone 1,3- 二羟基 -6- 甲氧基屾酮 栽秧花 Hypericum beanii

1,5-dihydroxy-6-methoxyxanthone 1,5- 二羟基 -6- 甲氧基 - 屾酮 红芽木 Cratoxylum formosum subsp. pruniflorum

1,7-dihydroxy-6-methoxyxanthone 1,7- 二羟基 -6- 甲氧基屾酮 金丝桃 Hypericum monogynum

1,7-dihydroxy-6-methyl anthraquinone 1,7- 二羟基 -6- 甲基蒽醌 紫菀 Aster tataricus

2,7-dihydroxy-6-methyl-4-(1-methylethyl)-1-naphthalenecarboxaldehyde 2,7- 二羟基 -6- 甲基 -4- 异丙基 -1- 萘醛 八角枫 Alangium chinense

2,7-dihydroxy-6-methyl-4-(1-methylethyl)-1-naphthalenecarboxylic acid methyl ester 2,7- 二羟基 -6- 甲基 -4- 异丙基 -1- 萘酸甲酯 八角枫 Alangium chinense

2',4'-dihydroxy-6''-methyl-6''-(4'''-methylpent-3-enyl)pyrano(3'',2'':6,7)-isoflavanone 2',4'- 二羟基 -6''- 甲基 -6''-(4'''- 甲基戊 -3- 烯基) 吡喃 (3'', 2'':6,7)- 异黄烷酮 胡枝子 Lespedeza bicolor

(2*S*)-5,7-dihydroxy-6-methyl-8-prenylflavanone (2*S*)-5,7- 二羟基 -6- 甲基 -8- 异戊烯基黄烷酮 粗糠柴 Mallotus philippensis

1,2-dihydroxy-6-methylanthraquinone 1,2- 二羟基 -6- 甲基蒽醌 牛耳朵 Primulina eburnea

1,4-dihydroxy-6-methylanthraquinone 1,4- 二羟基 -6- 甲基蒽醌 茜草 Rubia cordifolia

(2*S*)-5,7-dihydroxy-6-methylflavanone-7-*O*-*β*-D-glucopyranoside (2*S*)-5,7- 二羟基 -6- 甲基黄烷酮 -7-*O*-*β*-D- 吡喃葡萄糖苷 沼泽蕨 Thelypteris palustris

5,7-dihydroxy-6-methylflavanone-7-*O*-*β*-D-xylopyranosyl-(3→1)-*β*-*O*-xylopyranoside 5,7- 二羟基 -6- 甲基黄烷酮 -7-*O*-*β*-D- 吡喃木糖基 -(3→1)-*β*-*O*- 吡喃木糖苷 石香薷 Mosla chinensis

2,4-dihydroxy-6-methylphenylalanine 2,4- 二羟基 -6- 甲基苯丙氨酸 麦仙翁 Agrostemma githago

2,4-dihydroxy-6-methyl-phenylethanone-4-*O*-*β*-D-glucoside 2,4- 二羟基 -6- 甲基 - 苯乙酮 -4-*O*-*β*-D- 葡萄糖苷 臭蚤草 Pulicaria insignis

3*α*,4*β*-dihydroxy-6-oxo-1-cyclohexene-1-acetonitrile 3*α*,4*β*- 二羟基 -6- 氧代 -1- 环己烷 -1- 乙腈 无距耧斗菜 Aquilegia ecalcarata

2,3-dihydroxy-6-oxo-D:A-friedo-24-nor-1,3,5(10),7-oleanatetraen-29-oic acid 2,3- 二羟基 -6- 氧代 -D:A- 飞 -24- 降 -1,3,5(10),7- 齐墩果四烯 -29- 酸 昆明山海棠 Tripterygium hypoglaucum

3*β*,19*α*-dihydroxy-6-oxo-olean-12-en-28-oic acid 3*β*,19*α*- 二羟基 -6- 氧代 - 齐墩果 -12- 烯 -28- 酸 平滑钩藤 Uncaria laevigata

3*β*,19*α*-dihydroxy-6-oxo-urs-12-en-28-oic acid 3*β*,19*α*- 二羟基 -6- 氧代 - 熊果 -12-12- 烯 -28- 酸 平滑钩藤 Uncaria laevigata

2,4-dihydroxy-6-pentylbenzoic acid 2,4- 二羟基 -6- 戊基苯甲酸 粉缘斑叶 Cetrelia cetrarioides, 雀石蕊 Cladonia stellaris

5,7-dihydroxy-6-prenylcoumarin 5,7- 二羟基 -6- 异戊烯基香豆素 水蛇麻 Fatoua villosa

5,7-dihydroxy-6-prenylflavanone 5,7- 二羟基 -6- 异戊烯基黄烷酮 尾叶血桐 Macaranga kurzii

3,7-dihydroxy-6-propionyloxytropane 3,7- 二羟基 -6- 丙酰氧基托品烷 树番茄 Cyphomandra betacea

2,4-dihydroxy-6-propylbenzoic acid 2,4- 二羟基 -6- 丙基苯甲酸 粉缘斑叶 Cetrelia cetrarioides, 肉刺树花 Ramalina roesleri

3*S*,5*R*-dihydroxy-6*S*,7-megastiginadien-9-one 3*S*,5*R*- 二羟基 -6*S*,7- 大柱香波龙二烯 -9- 酮 豆腐柴 Premna microphylla

3,7-dihydroxy-6-tigloyloxytropane 3,7- 二羟基 -6- 巴豆酰氧基托品烷 树番茄 Cyphomandra betacea

6*β*,15*α*-dihydroxy-6*α*,20-epoxy-6,7-seco-ent-kaur-16-en-1*α*,7-olide 6*β*,15*α*- 二羟基 -6*α*,20- 环氧 -6,7- 裂环 - 对映 - 贝壳杉 -16- 烯 -1*α*,7- 内酯 黄花香茶菜 Isodon sculponeatus

5,20*α*-dihydroxy-6*α*,7*α*-epoxy-1-oxo-witha-2,24-dienolid 5,20*α*- 二羟基 -6*α*,7*α*- 环氧 -1- 氧代 - 睡茄 -2,24- 二烯内酯 睡茄 Withania somnifera

(20*S*,22*R*)-5*α*,27-dihydroxy-6*α*,7*α*-epoxy-1-oxowitha-2,24-dienolide (20*S*,22*R*)-5*α*,27- 二羟基 -6*α*,7*α*- 环氧 -1- 氧代睡茄 -2,24- 二烯内酯 睡茄 Withania somnifera

5*α*,20*α*F(*R*)-dihydroxy-6*α*,7*α*-epoxy-1-oxowitha-2,24-dienolide 5*α*,20*α*F(*R*)- 二羟基 -6*α*,7*α*- 环氧 -1- 氧代睡茄 -2,24- 二烯内酯 睡茄 Withania somnifera

1*β*,2*β*-dihydroxy-6*α*-acetoxy-8*β*,9*β*-dibenzoyloxy-*β*-dihydroagarofuran 1*β*,2*β*- 二羟基 -6*α*- 乙酰氧基 -8*β*,9*β*- 二苯甲酰氧基 -*β*- 二氢沉香呋喃 苦皮藤 Celastrus angulatus

3*β*,19*α*-dihydroxy-6*β*,7*β*-epoxyl-urs-12-en-28-oic acid 3*β*,19*α*- 二羟基 -6*β*,7*β*- 环氧 - 熊果 -12- 烯 -28- 酸 平滑钩藤 Uncaria laevigata

3*β*,5*α*-dihydroxy-6*β*-acetoxy-ergosta-7,22-diene 3*β*,5*α*- 二羟基 -6*β*- 乙酰氧基 - 麦角甾 -7,22- 二烯 猴头菌 Hericium erinaceus

1*α*,10*β*-dihydroxy-6*β*-angeloyloxy-9-oxo-furanoeremophylane 1*α*,10*β*- 二羟基 -6*β*- 当归酰基 -9- 氧代呋喃荒漠木烷 林荫千里光 Senecio nemorensis

(*E*,*E*)-2*α*,9*β*-dihydroxy-6*βH*,11*αH*-13-norgermacra-1(10),4-dien-11,6-carbolactone (*E*,*E*)-2*α*,9*β*- 二羟基 -6*βH*,11*αH*-13- 降大根老鹳草 -1(10),4- 二烯 -11,6- 羰酰内酯 蜂斗菜状蟹甲草 Parasenecio petasitoides

(*E*,*E*)-3*α*,9*β*-dihydroxy-6*βH*,11*β*-13-norgermacra-1(10),4-dien-11,6-carbolactone (*E*,*E*)-3*α*,9*β*- 二羟基 -6*βH*,11*β*-13- 降大根老鹳草 -1(10),4- 二烯 -11,6- 羰酰内酯 蜂斗菜状蟹甲草 Parasenecio petasitoides

(*E*,*E*)-2*α*,9*β*-dihydroxy-6*βH*,11*βH*-13-norgermacra-1(10),4-dien-11,6-carbolactone (*E*,*E*)-2*α*,9*β*- 二羟基 -6*βH*,11*βH*-13- 降大根老鹳草 -1(10),4- 二烯 -11,6- 羰酰内酯 蜂斗菜状蟹甲草 Parasenecio petasitoides

15*α*,20*β*-dihydroxy-6*β*-methoxy-6,7-seco-6,20-epoxy-1,7-olide-*ent*-kaur-16-ene 15*α*,20*β*- 二羟基 -6*β*- 甲氧基 -6,7- 裂环 -6,20- 环氧 -1,7- 内酯 - 对映 - 贝壳杉 -16- 烯 瘿花香茶菜 Isodon rosthornii

15*α*,20*β*-dihydroxy-6*β*-methoxy-6,7-seco-6,20-epoxy-*ent*-kaur-16-en-1,7-olide 15*α*,20*β*- 二羟基 -6*β*- 甲氧基 -6,7- 裂环 -6,20- 环氧 - 对映 - 贝壳杉 -16- 烯 -1,7- 内酯 溪黄草 Isodon serra

8*β*,10*β*-dihydroxy-6*β*-methoxyeremophil-7(11)-en-12,8*α*-olide 8*β*,10*β*- 二羟基 -6*β*- 甲氧基荒漠木 -7(11)- 烯 -12,8*α*- 内酯 箭叶橐吾 Ligularia sagitta

3*β*,8*α*-dihydroxy-6*β*-methoxyeremophil-7(11)-en-12,8*β*-olide 3*β*,8*α*- 二羟基 -6*β*- 甲氧基荒漠木 -7(11)- 烯 -12,8*β*- 内酯 蜂斗菜 Petasites japonicus

3β,8β-dihydroxy-6β-tigloyloxyeremophil-7(11)-en-12,8α-olide 3β,8β- 二羟基 -6β- 巴豆酰氧基荒漠木 -7(11)- 烯 -12,8α- 内酯 蜂斗菜 Petasites japonicus

3β,8α-dihydroxy-6β-tigloyloxyeremophil-7(11)-en-12,8β-olide 3β,8α- 二羟基 -6β- 巴豆酰氧基荒漠木 -7(11)- 烯 -12,8β- 内酯 蜂斗菜 Petasites japonicus

(3S,7R,10S)-3,11-dihydroxy-7,10-cyclooxy-3,7,11-trimethyldodeca-1,5-diene-3-O-β-D-glucopyranoside (3S,7R,10S)-3,11- 二羟基 -7,10- 环氧 -3,7,11- 三甲基十二碳 -1,5- 二烯 -3-O-β-D- 吡喃葡萄糖苷 陕西卫矛 Euonymus schensianus

3β,23β-dihydroxy-7,12(14)-dien-5α-veratramin-6-one 3β,23β- 二羟基 -7,12(14)- 二烯 -5α- 藜芦胺 -6- 酮 天目贝母 Fritillaria monantha

14α,18-dihydroxy-7,15-isopimaradiene 14α,18- 二羟基 -7,15- 异海松二烯 大叶紫珠 Callicarpa macrophylla, 云南土沉香 Excoecaria acerifolia

3α,6β-dihydroxy-7,17-dioxo-ent-abieta-15(16)-ene 3α,6β- 二羟基 -7,17- 二氧代 - 对映 - 冷杉 -15(16)- 烯 毛萼香茶菜 Isodon eriocalyx, 内折香茶菜 I. inflexus

(24Z)-3β,27-dihydroxy-7,24-tirucalladien-21-al (24Z)-3β,27- 二羟基 -7,24- 绿玉树二烯 -21- 醛 苦树 Picrasma quassioides

5,3'-dihydroxy-7,2'-dimethoxyflavanone 5,3'- 二羟基 -7,2'- 二甲氧基黄烷酮 细叶鸢尾 Iris tenuifolia

5,8-dihydroxy-7,2'-dimethoxyflavone 5,8- 二羟基 -7,2'- 二甲氧基黄酮 二刺叶兔唇花 Lagochilus diacanthophyllus

3,5-dihydroxy-7,3',4'-trimethoxyflavone 3,5- 二羟基 -7,3',4'- 三甲氧基黄酮 野草果 Amomum koenigii, 中华野独活 Miliusa sinensis, 迷迭香 Rosmarinus officinalis

5,6-dihydroxy-7,3',4'-trimethoxyflavone 5,6- 二羟基 -7,3',4'- 三甲氧基黄酮 艾 Artemisia argyi, 小叶马缨丹 Lantana montevidensis

5,8-dihydroxy-7,3',4'-trimethoxyflavone 5,8- 二羟基 -7,3',4'- 三甲氧基黄酮 熊胆草 Conyza blinii

5,4'-dihydroxy-7,3',5'-trimethoxyflavone 5,4'- 二羟基 -7,3',5'- 三甲氧基黄酮 药水苏 Betonica officinalis, 栀子 Gardenia jasminoides

5,4'-dihydroxy-7,3'-dimenthoxyflavanone 5,4'- 二羟基 -7,3'- 二甲氧基黄烷酮 毛泡桐 Paulownia tomentosa

(2S)-5,4'-dihydroxy-7,3'-dimethoxyflavan (2S)-5,4'- 二羟基 -7,3'- 二甲氧基黄烷 华中枸骨 Ilex centrochinensis

5,4'-dihydroxy-7,3'-dimethoxyflavone 5,4'- 二羟基 -7,3'- 二甲氧基黄酮 土沉香 Aquilaria sinensis, 飞机草 Chromolaena odorata, 千里香 Murraya paniculata, 豆瓣绿 Peperomia tetraphylla, 广藿香 Pogostemon cablin

5,4'-dihydroxy-7,3-dimethoxyflavone 5,4'- 二羟基 -7,3- 二甲氧基黄酮 南苜蓿 Medicago polymorpha

(7S,8R)-2,4-dihydroxy-7,3'-epoxy-8,4'-oxyneolign-7'-ene (7S,8R)-2,4- 二羟基 -7,3'- 环氧 -8,4'- 氧化新木脂素 -7'- 烯 鬼灯檠 Rodgersia podophylla, 西南鬼灯檠 R. sambucifolia

(7S,8S)-2,4-dihydroxy-7,3'-epoxy-8,4'-oxyneolign-7'-ene (7S,8S)-2,4- 二羟基 -7,3'- 环氧 -8,4'- 氧化新木脂素 -7'- 烯 鬼灯檠 Rodgersia podophylla, 西南鬼灯檠 R. sambucifolia

(7S,8R)-2,4-dihydroxy-7,3'-epoxy-8,4'-oxyneolign-7'-ine (7S,8R)-2,4- 二羟基 -7,3'- 环氧 -8,4'- 氧化新木脂素 -7'- 炔 鬼灯檠 Rodgersia podophylla

(7S,8S)-2,4-dihydroxy-7,3'-epoxy-8,4'-oxyneolign-7'-ine (7S,8S)-2,4- 二羟基 -7,3'- 环氧 -8,4'- 氧化新木脂素 -7'- 炔 鬼灯檠 Rodgersia podophylla

5,3'-dihydroxy-7,4',5'-trimethoxyflavone 5,3'- 二羟基 -7,4',5'- 三甲氧基黄酮 栀子 Gardenia jasminoides

5,5''-dihydroxy-7,4',7'',4'''-tetramethoxybiflavone 5,5''- 二羟基 -7,4',7'',4'''- 四甲氧基双黄酮 糙枝金丝桃 Hypericum scabrum

5,3'-dihydroxy-7,4'-dimethoxyflavanone 5,3'- 二羟基 -7,4'- 二甲氧基黄烷酮 龙蒿 Artemisia dracunculus, 龙珠果 Passiflora foetida

3,5-dihydroxy-7,4'-dimethoxyflavone 3,5- 二羟基 -7,4'- 二甲氧基黄酮 广藿香 Pogostemon cablin, 细穗玄参 Scrofella chinensis

5,3'-dihydroxy-7,4'-dimethoxyflavone 5,3'- 二羟基 -7,4'- 二甲氧基黄酮 日本桤木 Alnus japonica, 羊角棉 Alstonia mairei, 千里香 Murraya paniculata, 思茅豆腐柴 Premna szemaoensis

5,6-dihydroxy-7,4'-dimethoxyflavone 5,6- 二羟基 -7,4'- 二甲氧基黄酮 羊角棉 Alstonia mairei, 梓 Catalpa ovata, 酸橙 Citrus aurantium, 荔枝草 Salvia plebeia

5,8-dihydroxy-7,4'-dimethoxyflavone 5,8- 二羟基 -7,4'- 二甲氧基黄酮 火索麻 Helicteres isora

3,5-dihydroxy-7,4'-dimethoxyflavone-3-O-β-D-galactopyranoside 3,5- 二羟基 -7,4'- 二甲氧基 - 黄酮 -3-O-β-D- 吡喃半乳糖苷 瓜子金 Polygala japonica

5,3'-dihydroxy-7,4'-dimethoxyflavone-3-O-β-D-glucopyranoside 5,3'- 二羟基 -7,4'- 二甲氧基黄酮 -3-O-β-D- 吡喃葡萄糖苷 苦远志 Polygala sibirica var. megalopha, 刚毛柽柳 Tamarix hispida

3,5-dihydroxy-7,4'-dimethoxyflavonone 3,5- 二羟基 -7,4'- 二甲氧基黄烷酮 山牡荆 Vitex quinata

(3R)-8,2'-dihydroxy-7,4'-dimethoxyisoflavan (3R)-8,2'- 二羟基 -7,4'- 二甲氧基异黄烷 蒙古黄耆 Astragalus penduliflorus, 黄耆 A. penduliflorus subsp. mongholicus var. dahuricus

8,2'-dihydroxy-7,4'-dimethoxyisoflavan 8,2'- 二羟基 -7,4'- 二甲氧基异黄烷 达乌里黄耆 Astragalus dahuricus

8,3'-dihydroxy-7,4'-dimethoxyisoflavone 8,3'- 二羟基 -7,4'- 二甲氧基异黄酮 黄耆 Astragalus penduliflorus subsp. mongholicus var. dahuricus

6,4'-dihydroxy-7,5'-dimethoxy-coumaronochromone 6,4'- 二羟基 -7,5'- 二甲氧基香豆色酮 毛鱼藤 Derris elliptica

5,2'-dihydroxy-7,5'-dimethoxyflavanone 5,2'- 二羟基 -7,5'- 二甲氧基黄烷酮 飞机草 Chromolaena odorata

5,4'-dihydroxy-7,8,2',3'-tetramethoxyflavone 5,4'- 二羟基 -7,8,2',3'- 四甲氧基黄酮 穿心莲 Andrographis paniculata

5,5'-dihydroxy-7,8,2'-trimethoxyflavone 5,5'- 二羟基 -7,8,2'- 三甲氧基黄酮 穿心莲 Andrographis paniculata

5,3'-dihydroxy-7,8,2'-trimethoxyisoflavone 5,3'- 二羟基 -7,8,2'- 三甲氧基异黄酮 准噶尔鸢尾 Iris songarica

5,6-dihydroxy-7,8,3',4'-tetramethoxyflavone 5,6- 二羟基 -7,8,3',4'- 四甲氧基黄酮 薄荷 Mentha canadensis, 留兰香 M. spicata

5,3'-dihydroxy-7,8,4'-trimethoxyflavanone 5,3'- 二羟基 -7,8,4'- 三甲氧基黄烷酮 黄荆 Vitex negundo

5,3'-dihydroxy-7,8,4'-trimethoxyflavone 5,3'- 二羟基 -7,8,4'- 三甲氧基黄酮 穿心莲 Andrographis paniculata

5,6-dihydroxy-7,8,4'-trimethoxyflavone 5,6- 二羟基 -7,8,4'- 三甲氧基黄酮 薄荷 Mentha canadensis

3,2'-dihydroxy-7,8,4'-trimethoxyflavone-5-O-[β-D-glucopyranosyl-(1 → 2)]-β-D-galactopyranoside 3,2'- 二羟基 -7,8,4'- 三甲氧基黄酮 -5-O-

odoratum

5,4'-dihydroxy-7-methoxy-6-methylflavanone 5,4'- 二羟基 -7- 甲氧基 -6- 甲基黄烷酮 臭冷杉 Abies nephrolepis

1,6-dihydroxy-7-methoxy-8-(3-hydroxy-3-methylbutyl)-6',6'-dimethyl-4',5'-dihydropyrano[2',3':3,2]xanthone 1,6- 二羟基 -7- 甲氧基 -8-(3- 羟基 -3- 甲基丁基)-6',6'- 二甲基 -4',5'- 二氢吡喃 [2',3':3,2] 呫酮 莽吉柿 Garcinia mangostana

1,3-dihydroxy-7-methoxy-8-(3-methyl-2-butenyl)-6-*O*-*α*-L-rhamnopyranosyl-(1 → 6)-[*β*-D-glucopyranosyl-(1 → 6)]-*β*-D-glucopyranosylxanthone 1,3- 二羟基 -7- 甲氧基 -8-(3- 甲基 -2- 丁烯基)-6-*O*-*α*- 吡喃鼠李糖基 -(1 → 6)-[*β*-D- 吡喃葡萄糖基 -(1 → 6)]-*β*-D- 吡喃葡萄糖基呫酮 井栏边草 Pteris multifida

1,6-dihydroxy-7-methoxy-8-(3-methylbut-2-enyl)-6',6'-dimethylpyrano(2',3':3,2)xanthone 1,6- 二羟基 -7- 甲氧基 -8-(3- 甲基丁 -2- 烯基)-6',6'- 二甲基吡喃并 (2',3':3,2) 呫酮 莽吉柿 Garcinia mangostana

D

1,6-dihydroxy-7-methoxy-8-(3-methylbut-3-enyl)-6',6'-dimethyl-4',5'-dihydropyrano[2'3':3,2]xanthone 1,6- 二羟基 -7- 甲氧基 -8-(3- 甲基丁 -3- 烯基)-6',6'- 二甲基 -4',5'- 二氢吡喃并 [2'3':3,2] 呫酮 莽吉柿 Garcinia mangostana

(2*S*)-4',5-dihydroxy-7-methoxy-8-methylflavan (2*S*)-4',5- 二羟基 -7- 甲氧基 -8- 甲基黄烷 剑叶龙血树 Dracaena cochinchinensis

6,4'-dihydroxy-7-methoxy-8-methylflavan 6,4'- 二羟基 -7- 甲氧基 -8- 甲基黄烷 剑叶龙血树 Dracaena cochinchinensis

1,6-dihydroxy-7-methoxy-8-prenyl-6',6'-dimethylpyrano(2',3':3,2)xanthone 1,6- 二羟基 -7- 甲氧基 -8- 异戊烯基 -6',6'- 二甲基吡喃并 (2',3':3,2) 呫酮 莽吉柿 Garcinia mangostana

2',4'-dihydroxy-7'-methoxy-8-prenylflavan 2',4'- 二羟基 -7'- 甲氧基 -8- 异戊烯基黄烷 桑 Morus alba

5,8-dihydroxy-7-methoxycoumarin 5,8- 二羟基 -7- 甲氧基香豆素 细叶小苦荬 Ixeridium gracile

6,8-dihydroxy-7-methoxycoumarin 6,8- 二羟基 -7- 甲氧基香豆素 花曲柳 Fraxinus chinensis subsp. rhynchophylla

5,8-dihydroxy-7-methoxycoumarin-5-*β*-glucopyranoside 5,8- 二羟基 -7- 甲氧基香豆素 -5-*β*- 吡喃葡萄糖苷 仙鹤藓 Atrichum undulatum

3',4'-dihydroxy-7-methoxydihydrochalcone 3',4'- 二羟基 -7- 甲氧基二氢查耳酮 蒙自木蓝 Indigofera mengtzeana

5,6-dihydroxy-7-methoxydihydroflavone 5,6- 二羟基 -7- 甲氧基二氢黄酮 假鹰爪 Desmos chinensis

(2*S*)-5,4'-dihydroxy-7-methoxyflavan (2*S*)-5,4'- 二羟基 -7- 甲氧基黄烷 华中枸骨 Ilex centrochinensis

2*S*-6,4'-dihydroxy-7-methoxyflavan (2*S*)-6,4'- 二羟基 -7- 甲氧基黄烷 降香 Dalbergia odorifera

4',5-dihydroxy-7-methoxyflavanol-*O*-glucopyranoside 4',5- 二羟基 -7- 甲氧基黄烷酮醇 -*O*- 吡喃葡萄糖苷 橄榄 Canarium album

5,4'-dihydroxy-7-methoxyflavanone 5,4'- 二羟基 -7- 甲氧基黄烷酮 黑沙蒿 Artemisia ordosica, 飞机草 Chromolaena odorata, 狼毒 Stellera chamaejasme

3,4'-dihydroxy-7-methoxyflavone 3,4'- 二羟基 -7- 甲氧基黄酮 开口箭 Tupistra chinensis

3',4'-dihydroxy-7-methoxyflavone 3',4'- 二羟基 -7- 甲氧基黄酮 毛相思子 Abrus mollis

3,5-dihydroxy-7-methoxyflavone 3,5- 二羟基 -7- 甲氧基黄酮 阿尔泰藜芦 Veratrum lobelianum

4',5-dihydroxy-7-methoxyflavone 4',5- 二羟基 -7- 甲氧基黄酮 野拔子 Elsholtzia rugulosa, 小齿锥花 Gomphostemma microdon, 两头毛 Incarvillea arguta, 迷迭香 Rosmarinus officinalis

5,4'-dihydroxy-7-methoxyflavone 5,4'- 二羟基 -7- 甲氧基黄酮 金合欢 Acacia farnesiana, 黑沙蒿 Artemisia ordosica, 泰国大风子 Hydnocarpus anthelminthicus, 南苜蓿 Medicago polymorpha, 薄荷 Mentha canadensis, 豆瓣绿 Peperomia tetraphylla, 广藿香 Pogostemon cablin, 思茅豆腐柴 Premna szemaoensis, 山壳骨 Pseuderanthemum latifolium, 卷柏 Selaginella tamariscina, 黄牛奶树 Symplocos laurina

5,6-dihydroxy-7-methoxyflavone 5,6- 二羟基 -7- 甲氧基黄酮 裸蒴 Gymnotheca chinensis, 圆叶薄荷 Mentha suaveolens, 海蒿子 Sargassum confusum

5,8-dihydroxy-7-methoxyflavone 5,8- 二羟基 -7- 甲氧基黄酮 沙滩黄芩 Scutellaria strigillosa, 桐棉 Thespesia populnea

5,4'-dihydroxy-7-methoxyflavone-3-*O*-*β*-D-glucopyranoside 5,4'- 二羟基 -7- 甲氧基黄酮 -3-*O*-*β*-D- 吡喃葡萄糖苷 木犀 Osmanthus fragrans

5,2'-dihydroxy-7-methoxyflavone-4'-*O*-glucoside 5,2'- 二羟基 -7- 甲氧基黄酮 -4'-*O*- 葡萄糖苷 树形杜鹃花 Rhododendron arboreum

5,6-dihydroxy-7-methoxyflavone-6-*O*-*β*-D-xylopyranoside 5,6- 二羟基 -7- 甲氧基黄酮 -6-*O*-*β*-D- 吡喃木糖苷 羊蹄甲 Bauhinia purpurea

4',5-dihydroxy-7-methoxyflavone-8-*O*-*β*-D-glucopyranoside 4',5- 二羟基 -7- 甲氧基黄酮 -8-*O*-*β*-D- 吡喃葡萄糖苷 穿心莲 Andrographis paniculata

5,4'-dihydroxy-7-methoxyflavone-8-*O*-*β*-D-glucopyranoside 5,4'- 二羟基 -7- 甲氧基黄酮 -8-*O*-*β*-D- 吡喃葡萄糖苷 象橘 Feronia limonia

4',5-dihydroxy-7-methoxyflavonol-3-*O*-[6-*O*-(*E*)-3,5-dimethoxy-4-hydroxycinnamoyl-*β*-D-glucopyranoyl]-(1 → 2)-*O*-[*α*-L-rhamnopyranosyl-(1 → 6)]-*β*-D-glucopyranoside 4',5- 二羟基 -7- 甲氧基黄酮醇 -3-*O*-[6-*O*-(*E*)-3,5- 二甲氧基 -4- 羟基桂皮酰基 -*β*-D- 吡喃葡萄糖基]-(1 → 2)-*O*-[*α*-L- 吡喃鼠李糖基 -(1 → 6)]-*β*-D- 吡喃葡萄糖苷 夜香树 Cestrum nocturnum

4',5-dihydroxy-7-methoxyflavonol-3-*O*-*β*-D-xylopyranosyl-(1 → 2)-*O*-[*α*-L-rhamnopyranosyl-(1 → 6)]-*β*-D-glucopyranoside 4',5- 二羟基 -7- 甲氧基黄酮醇 -3-*O*-*β*-D- 吡喃木糖基 -(1 → 2)-*O*-[*α*-L- 吡喃鼠李糖基 -(1 → 6)]-*β*-D- 吡喃葡萄糖苷 夜香树 Cestrum nocturnum

4,5-dihydroxy-7-methoxyisoflavone 4,5- 二羟基 -7- 甲氧基异黄酮 洋甘草 Glycyrrhiza glabra

4',8-dihydroxy-7-methoxyisoflavone 4',8- 二羟基 -7- 甲氧基异黄酮 朝鲜槐 Maackia amurensis

5,4'-dihydroxy-7-methoxyisoflavone 5,4'- 二羟基 -7- 甲氧基异黄酮 川西锦鸡儿 Caragana erinacea

(2*S*)-2',4'-dihydroxy-7-methoxyl-8-butyricflavane (2*S*)-2',4'- 二羟基 -7- 甲氧基 -8- 丁基黄烷 桑 Morus alba

1,8-dihydroxy-7-methoxyxanthone 1,8- 二羟基 -7- 甲氧基呫酮 川西獐牙菜 Swertia mussotii

(2*R*)-6,8-dihydroxy-7-methoxy-*α*-dunnione (2*R*)-6,8- 二羟基 -7- 甲氧基 -*α*- 邓氏链果苣苔醌 ▲ 吊石苣苔 Lysionotus pauciflorus

5,4'-dihydroxy-7-methyl-3-benzylchromone 5,4'- 二羟基 -7- 甲基 -3- 苄基色酮 节果决明 Cassia javanica

5,2'-dihydroxy-7-*O*-glucuronylflavone 5,2'- 二羟基 -7-*O*- 葡萄糖醛酸基黄酮 塔头狭叶黄芩 Scutellaria regeliana var. ikonnikovii

3*α*,29-dihydroxy-7-oxomultiflor-8-ene-3,29-diyldibenzoate 3*α*,29- 二羟基 -7- 氧代多花白树 -8- 烯 -3,29- 二苯甲酸酯 栝楼 Trichosanthes kirilowii

5,6-dihydroxy-7-tridecyl-3-[4-tridecyl-3-hydroxy-5-oxo-2(5*H*)-furylidene]-2-oxo-3(2*H*)-benzofuran 5,6- 二羟基 -7- 十三烷基 -3-[4- 十三烷基 -

3- 羟基 -5- 氧代 -2(5H)- 亚呋喃基]-2- 氧代 -3(2H)- 苯并呋喃 白花酸藤子 Embelia ribes
6β,7β-dihydroxy-7α,20-epoxy-*ent*-kaur-16-en-1α,11β-acetonide 6β,7β- 二羟基 -7α,20- 环氧 - 对映 - 贝壳杉 -16- 烯 -1α,11β- 丙酮化物 冬凌草 Isodon rubescens
3β,25-dihydroxy-7β-methoxycucurbita-5,23(*E*)-diene 3β,25- 二羟基 -7β- 甲氧基葫芦 -5,23(*E*)- 二烯 苦瓜 Momordica charantia
(23*E*)-3β,25-dihydroxy-7β-methoxycucurbita-5,23-dien-19-al (23*E*)-3β,25- 二羟基 -7β- 甲氧基葫芦 -5,23- 二烯 -19- 醛 苦瓜 Momordica charantia
3β,25-dihydroxy-7β-methoxycucurbita-5,23*E*-diene 3β,25- 二羟基 -7β- 甲氧基葫芦 -5,23*E*- 二烯 苦瓜 Momordica charantia
13ξ,14β-dihydroxy-8(17)-labdaen-(15 → 16)-lactone-19-oic acid 13ξ,14β- 二羟基 -8(17)- 半日花烯 -(15 → 16)- 内酯 -19- 酸 腺花香茶菜 Isodon adenanthus
1,6-dihydroxy-8-(2-hydroxy-3-methylbut-3-enyl)-3,7-dimethoxy-2-prenyl)-xanthone 1,6- 二羟基 -8-(2- 羟基 -3- 甲基丁 -3- 烯基)-3,7- 二甲氧基 -2- 异戊烯基 - 呫酮 莽吉柿 Garcinia mangostana
5,7-dihydroxy-8-(2-methylbutyryl)-4-phenylcournarin 5,7- 二羟基 -8- 异丁基酰基 -4- 苯基香豆素 红雀珊瑚 Pedilanthus tithymaloides
(3*R*)-5,7-dihydroxy-8-(2''-*O*-veratroyl-β-D-glucopyranosyl)-3-(4'-hydroxyphenyl)-6-methylchroman-4-one (3*R*)-5,7- 二羟基 -8-(2''-*O*- 藜芦酰基 -β-D- 吡喃葡萄糖基)-3-(4'- 羟基苯基)-6- 甲基色烷 -4- 酮 短柄五加 Eleutherococcus brachypus
5,4'-dihydroxy-8-(3,3-dimethylallyl)-2'',2''-dimethylpyrano[5,6:6,7]isoflavone 5,4'- 二羟基 -8-(3,3- 二甲基烯丙基)-2'',2''- 二甲基吡喃 [5,6:6,7] 异黄酮 刺桐 Erythrina variegata
5,4'-dihydroxy-8-(3,3-dimethyl-allyl)-2''-hydroxymethyl-2''-methylpyrano[5,6:6,7]isoflavone 5,4'- 二羟基 -8-(3,3- 二甲基烯丙基)-2''- 羟甲基 -2''- 甲基吡喃 [5,6:6,7] 异黄酮 刺桐 Erythrina variegata
5,4'-dihydroxy-8-(3,3-dimethylallyl)-2''-methoxyisopropylfurano[4,5:6,7]isoflavone 5,4'- 二羟基 -8-(3,3- 二甲基烯丙基)-2''- 甲氧基异丙基呋喃 [4,5:6,7] 异黄酮 刺桐 Erythrina variegata
5,7-dihydroxy-8-(3,3-dimethylallyl)-dihydroflavone 5,7- 二羟基 -8-(3,3- 二甲基烯丙基)- 二氢黄酮 刺桐 Erythrina variegata
5,7-dihydroxy-8-(3',3'-dimethylallyl)-flavanone 5,7- 二羟基 -8-(3',3'- 二甲基烯丙基)- 黄烷酮 胀果甘草 Glycyrrhiza inflata
4',5-dihydroxy-8-(3,3-dimethylallyl)-flavonol-3-*O*-[β-D-xylopyranosyl-(1 → 3)-α-L-rhamnopyranoside]-7-*O*-β-D-glucopyranoside 4',5- 二羟基 -8-(3,3- 二甲基烯丙基)- 黄酮醇 -3-*O*-[β-D- 吡喃木糖基 -(1 → 3)-α-L- 吡喃鼠李糖苷]-7-*O*-β-D- 吡喃葡萄糖苷 柔毛淫羊藿 Epimedium pubescens
(16*E*)-1,6-dihydroxy-8-(3-hydroxy-3-methylbut-1-enyl)-3,7-dimethoxy-2-prenyl)-xanthone (16*E*)-1,6- 二羟基 -8-(3- 羟基 -3- 甲基丁 -1- 烯基)-3,7- 二甲氧基 -2- 异戊烯基 - 呫酮 莽吉柿 Garcinia mangostana
5,4'-dihydroxy-8-(3'''-methyl-2'''-butenyl)-2'',2''-dimethylpyrano[5'',6'':6,7]isoflavone 5,4'- 二羟基 -8-(3'''- 甲基 -2'''- 丁烯基)-2'',2''- 二甲基吡喃 [5'',6'':6,7] 异黄酮 刺桐 Erythrina variegata
5,4'-dihydroxy-8-(3''-methylbut-2''-enyl)-2'''-(4'''-hydroxy-4'''-methylethyl)furano-[4''',5''';6,7]isoflavone 5,4'- 二羟基 -8-(3''- 甲基丁 -2''- 烯基)-2'''-(4'''- 羟基 -4'''- 甲基乙基) 呋喃并 -[4''',5''';6,7] 异黄酮 柘树 Cudrania tricuspidata
4,9-dihydroxy-8,10-dehydrothymol-1-*O*-β-D-glucopyranoside 4,9- 二羟基 -8-10- 去氢百里香酚 -1-*O*-β-D- 吡喃葡萄糖苷 凤丹 Paeonia ostii
11,12-dihydroxy-8,11,13-abietatrien-7-one 11,12- 二羟基 -8,11,13- 冷杉三烯 -7- 酮 美登木 Maytenus hookeri
13,14-dihydroxy-8,11,13-podocarpatrien-7-one 13,14- 二羟基 -8,11,13- 罗汉松三烯 -7- 酮 灯油藤 Celastrus paniculatus
5,7-dihydroxy-8,2',6'-trimethoxyflavone 5,7- 二羟基 -8,2',6'- 三甲氧基黄酮 异色黄芩 Scutellaria discolor
(2*S*)-5,7-dihydroxy-8,2'-dimethoxyflavanone (2*S*)-5,7- 二羟基 -8,2'- 二甲氧基黄烷酮 韩信草 Scutellaria indica, 沙滩黄芩 S. strigillosa
5,7-dihydroxy-8,2'-dimethoxyflavanone 5,7- 二羟基 -8,2'- 二甲氧基黄烷酮 异色黄芩 Scutellaria discolor
5,7-dihydroxy-8,2'-dimethoxyflavone 5,7- 二羟基 -8,2'- 二甲氧基黄酮 漆姑草 Sagina japonica, 异色黄芩 Scutellaria discolor, 韩信草 S. indica, 沙滩黄芩 S. strigillosa
5,7-dihydroxy-8,2'-dimethoxyflavone-7-*O*-β-glucuronopyranoside 5,7- 二羟基 -8,2'- 二甲氧基黄酮 -7-*O*-β- 吡喃葡萄糖醛酸苷 韩信草 Scutellaria indica
5,2'-dihydroxy-8,3',4'-trimethoxyflavone 5,2'- 二羟基 -8,3',4'- 三甲氧基黄酮 有梗石龙尾 Limnophila indica
5,7-dihydroxy-8,3',5'-trimethoxyflavone 5,7- 二羟基 -8,3',5'- 三甲氧基黄酮 大叶石龙尾 Limnophila rugosa
(2*R*,3*R*)7,4'-dihydroxy-8,3',5'-triprenyldihydroflavonol (2*R*,3*R*)-7,4'- 二羟基 -8,3',5'- 三异戊烯基二氢黄酮醇 印度崖豆 Millettia pulchra
5,7-dihydroxy-8,4'-dimethoxy-3-*O*-glucoside 5,7- 二羟基 -8,4'- 二甲氧基 -3-*O*- 葡萄糖苷 连香树 Cercidiphyllum japonicum
7,3'-dihydroxy-8,4'-dimethoxyisoflavone 7,3'- 二羟基 -8,4'- 二甲氧基异黄酮 黄耆 Astragalus penduliflorus subsp. mongholicus var. dahuricus
(-)-2,3-dihydroxy-8,9-methylenedioxypterocarpan (-)-2,3- 二羟基 -8,9- 亚甲二氧基紫檀烷 翅荚香槐 Cladrastis platycarpa
5,7-dihydroxy-8-*C*-prenyl-4'-methoxyisoflavone 5,7- 二羟基 -8-*C*- 异戊烯基 -4'- 甲氧基异黄酮 红花山竹子 Corethrodendron multijugum
5,7-dihydroxy-8-geranylflavanone 5,7- 二羟基 -8- 香叶基黄烷酮 紫穗槐 Amorpha fruticosa
2,3-dihydroxy-8-methacryloyloxydehydrocostus lactone 2,3- 二羟基 -8- 甲基丙烯酰氧基去氢木香内酯 顶羽菊 Acroptilon repens
5,9-dihydroxy-8-methoxy-2,2-dimethyl-7-(3-methylbut-2-enyl)-2*H*,6*H*-pyrano-[3,2-b]xanthen-6-one 5,9- 二羟基 -8- 甲氧基 -2,2- 二甲基 -7-(3- 甲基丁 -2- 烯基)-2*H*,6*H*- 吡喃并 [3,2-b]- 呫烯 -6- 酮 黄牛木 Cratoxylum cochinchinense
5,9-dihydroxy-8-methoxy-2,2-dimethyl-7-(3-methylbut-2-enyl)-2*H*,6*H*-pyrano[3,2b]xanthone 5,9- 二羟基 -8- 甲氧基 -2,2- 二甲基 -7-(3- 甲基丁 -2- 烯基)-2*H*,6*H*- 吡喃并 [3,2b] 呫酮 红芽木 Cratoxylum formosum subsp. pruniflorum
5,9-dihydroxy-8-methoxy-2,2-dimethyl-7-prenyl-2*H*,6*H*-pyrano[3,2-b]xanthen-6-one 5,9- 二羟基 -8- 甲氧基 -2,2- 二甲基 -7- 异戊烯基 -2*H*,6*H*- 吡喃并 [3,2-b] 呫烯 -6- 酮 莽吉柿 Garcinia mangostana
5,7-dihydroxy-8-methoxy-2-methyl-1,4-naphthoquinone 5,7- 二羟基 -8- 甲氧基 -2- 甲基 -1,4- 萘醌 白花丹 Plumbago zeylanica
1,5-dihydroxy-8-methoxy-2-methyl-anthraquinone-3-*O*-α-L-rhamnopyranoside 1,5- 二羟基 -8- 甲氧基 -2- 甲基蒽醌 -3-*O*-α-L- 吡喃鼠李糖苷 楝 Melia azedarach

1,4-dihydroxy-8-methoxy-2-methylanthraquinone-3-*O*-*β*-D-glucopyranoside 1,4- 二羟基 -8- 甲氧基 -2- 甲基蒽醌 -3-*O*-*β*-D- 吡喃葡萄糖苷 节果决明 Cassia javanica

1,6-dihydroxy-8-methoxy-3-methylanthraquinone 1,6- 二羟基 -8- 甲氧基 -3- 甲基蒽醌 圆穗蓼 Polygonum macrophyllum

6,12-dihydroxy-8-methoxy-7-(3-methyl-2-butenyl)-2,2-dimethylpyrano(20,30:7,8)xanthone 6,12- 二羟基 -8- 甲氧基 -7-(3- 甲基 -2- 丁烯基)-2,2- 二甲基呋喃并 (20,30:7,8) 呫酮 黄牛木 Cratoxylum cochinchinense

3,9-dihydroxy-8-methoxycoumestan 3,9- 二羟基 -8- 甲氧基香豆雌烷 灰毛豆 Tephrosia purpurea

7,4'-dihydroxy-8-methoxyflavane 7,4'- 二羟基 -8- 甲氧基黄烷 剑叶龙血树 Dracaena cochinchinensis

5,7-dihydroxy-8-methoxyflavone 5,7- 二羟基 -8- 甲氧基黄酮 香青 Anaphalis sinica, 珠子参 Panax japonicus var. major, 海蒿子 Sargassum confusum, 半枝莲 Scutellaria barbata, 珍珠梅 Sorbaria sorbifolia, 香椿 Toona sinensis

3,7-dihydroxy-8-methoxyflavone-7-*O*-*β*-D-galactopyranoside 3,7- 二羟基 -8- 甲氧基黄酮 -7-*O*-*β*-D- 吡喃半乳糖苷 大花田菁 Sesbania grandiflora

4,10-dihydroxy-8-methoxyguai-7(11)-en-8,12-olide 4,10- 二羟基 -8- 甲氧基愈创木 -7(11)- 烯 -8,12- 内酯 黄细心 Boerhavia diffusa

7,4'-dihydroxy-8-methoxyisoflavone 7,4'- 二羟基 -8- 甲氧基异黄酮 毛相思子 Abrus mollis, 丁癸草 Zornia diphylla

2,7-dihydroxy-8-methoxyphenanthro[4,5-bcd]pyran-5(5*H*)-one 2,7- 二羟基 -8- 甲氧基菲并 [4,5-bcd] 吡喃 -5(5*H*)- 酮 鼓槌石斛 Dendrobium chrysotoxum

1,7-dihydroxy-8-methoxyxanthone 1,7- 二羟基 -8- 甲氧基 - 呫酮 红芽木 Cratoxylum formosum subsp. pruniflorum

(2*Z*)-3,7-dihydroxy-8-methyl-3',4',5'-trimethoxy-6-[(*Z*)-2-propenoic acid]dihydroflavane (2*Z*)-3,7- 二羟基 -8- 甲基 -3',4',5'- 三甲氧基 -6-[(*Z*)-2- 丙烯酸] 二氢黄烷 白背叶 Mallotus apelta

5,7-dihydroxy-8-methyl-4',6-dimethoxy-homoisoflavanone 5,7- 二羟基 -8- 甲基 -4',6- 二甲氧基 - 高异黄烷酮 玉竹 Polygonatum odoratum

5,7-dihydroxy-8-methyl-4'-methoxyflavanone 5,7- 二羟基 -8- 甲基 -4'- 甲氧基黄烷酮 尾穗苋 Amaranthus caudatus

5,7-dihydroxy-8-methyl-4'-methoxyisoflavone 5,7- 二羟基 -8- 甲基 -4'- 甲氧基异黄酮 尾穗苋 Amaranthus caudatus

5,7-dihydroxy-8-methyl-6-prenylflavanone 5,7- 二羟基 -8- 甲基 -6- 异戊烯基黄烷酮 粗糠柴 Mallotus philippensis

(2*R*)-4',7-dihydroxy-8-methylflavan (2*R*)-4',7- 二羟基 -8- 甲基黄烷 柬埔寨龙血树 Dracaena cambodiana

(2*S*)-4',7-dihydroxy-8-methylflavan (2*S*)-4',7- 二羟基 -8- 甲基黄烷 剑叶龙血树 Dracaena cochinchinensis, 忽地笑 Lycoris aurea

7,4'-dihydroxy-8-methylflavan 7,4'- 二羟基 -8- 甲基黄烷 剑叶龙血树 Dracaena cochinchinensis

(9*R*,10*S*,12*Z*)-9,10-dihydroxy-8-oxo-12-octadecenoic acid (9*R*,10*S*,12*Z*)-9,10- 二羟基 -8- 氧代 -12- 十八烯酸 猴头菌 Hericium erinaceus

(2*R*,3*R*)-5,4'-dihydroxy-8-prenyl-6",6"-dimethylpyrano[2",3":7,6]-flavanonol (2*R*,3*R*)-5,4'- 二羟基 -8- 异戊烯基 -6",6"- 二甲基吡喃 [2",3":7,6]- 黄烷酮醇 厚果崖豆藤 Millettia pachycarpa

3*α*,4*α*-dihydroxy-8*α*-acetoxy-11*βH*-guai-1,9-dien-12,6*α*-olide 3*α*,4*α*- 二羟基 -8*α*- 乙酰氧基 -11*βH*- 愈创木 -1,9- 二烯 -12,6*α*- 内酯 大籽蒿 Artemisia sieversiana

1*α*,4*β*-dihydroxy-8*α*-acetoxy-guaia-2,9,11(13)-triene-6*α*,12-olide 1*α*,4*β*- 二羟基 -8*α*- 乙酰氧基 - 愈创木 -2,9,11(13)- 三烯 -6*α*,12- 内酯 阴地蒿 Artemisia sylvatica

9*α*,15-dihydroxy-8*β*-isobutyryloxy-14-oxo-melampolide 9*α*,15- 二羟基 -8*β*- 异丁酰氧 -14- 氧代黑足菊内酯▲ 豨莶 Sigesbeckia orientalis

9*β*,14-dihydroxy-8*β*-isobutyryloxycostunolide 9*β*,14- 二羟基 -8*β*- 异丁酰氧基木香内酯 豨莶 Sigesbeckia orientalis

1,2-dihydroxy-9(11)-arborinen-3-one 1,2- 二羟基 -9(11)- 乔木山小橘烯▲-3- 酮 金锦香 Osbeckia chinensis

2,3-dihydroxy-9(11)-fernen-23-oic acid 2,3- 二羟基 -9(11)- 羊齿烯 -23- 酸 地菍 Melastoma dodecandrum

8,10-dihydroxy-9(2)-methylbutyryloxythymol 8,10- 二羟基 -9(2)- 甲基异丁酰氧基麝香草酚 石胡荽 Centipeda minima

1,5-dihydroxy-9,10-anthraquinone-2-carboxylic acid methyl ester 1,5- 二羟基 -9,10- 蒽醌 -2- 羧酸甲酯 胡桃楸 Juglans mandshurica

2,6-dihydroxy-9,10-anthraquinone-2-*β*-D-glucopyranoside 2,6- 二羟基 -9,10- 蒽醌 -2-*β*-D- 吡喃葡萄糖苷 肥牛草 Primulina hedyotidea

1,8-dihydroxy-9,10-anthraquinone-3-methyl-(2-hydroxy)propionateester 1,8- 二羟基 -9,10- 蒽酮 -3- 甲基 -(2- 羟基) 丙酸酯 芦荟 Aloe vera

(6a*R*,11a*R*)-3,8-dihydroxy-9,10-dimethoxypterocarpan (6a*R*,11a*R*)-3,8- 二羟基 -9,10- 二甲氧基紫檀烷 镰荚棘豆 Oxytropis falcata

1,3-dihydroxy-9,10-dioxo-9,10-dihydroanthracene-2-carbaldehyde 1,3- 二羟基 -9,10- 二氧代 -9,10- 二氢蒽 -2- 甲醛 海滨木巴戟 Morinda citrifolia

3*β*,22-dihydroxy-9,19-cyclolanost-24*E*-en-26-oic acid 3*β*,22- 二羟基 -9,19- 环羊毛脂 -24*E*- 烯 -26- 酸 杧果 Mangifera indica

3*β*,27-dihydroxy-9,19-cyclolanost-24*E*-en-26-oic acid 3*β*,27- 二羟基 -9,19- 环羊毛脂 -24 反式 - 烯 -26- 酸 杧果 Mangifera indica

(6a*R*,9a*S*,9b*R*)-6-[(acetyloxy)methyl]decahydro-4,6a-dihydroxy-9a-methyl-3-methylene-azuleno[4,5-b]furan-2,9-dione (6a*R*,9a*S*,9b*R*)-6-[(乙酰氧基) 甲基] 十氢 -4,6a- 二羟基 -9a- 甲基 -3- 亚甲基 - 薁 [4,5-b] 呋喃 -2,9- 二酮 银胶菊 Parthenium hysterophorus

(9*S*,10*S*)-3-[7-(3,10-dihydroxy-9-hydroxymethyl-2,5-dimethoxy)-9,10-dihydrophe-nanthrenyl]propenal (9*S*,10*S*)-3-[7-(3,10- 二羟基 -9- 羟基甲基 -2,5- 二甲氧基)-9,10- 二氢菲基] 丙烯醛 山黄麻 Trema orientalis

8,10-dihydroxy-9-isobutyryloxythymol 8,10- 二羟基 -9- 异丁酰氧基麝香草酚 工布乌头 Aconitum kongboense, 石胡荽 Centipeda minima, 水朝阳旋覆花 Inula helianthusaquatilis, 湖北旋覆花 I. hupehensis

5,10-dihydroxy-9-methoxy-12-(1,1-dimethyl-2-propenyl)-2*H*,6*H*-pyrano[3,2-b]xanthen-6-one 5,10- 二羟基 -9- 甲氧基 -12-(1,1- 二甲基 -2- 丙烯基)-2*H*,6*H*- 吡喃并 [3,2-b] 呫烯 -6- 酮 黄牛木 Cratoxylum cochinchinense

5,8-dihydroxy-9-methoxy-2-vinylbenzofuro[4,5-b][1]benzopyrano[4,3-e]pyran-6(12*H*)-one 5,8- 二羟基 -9- 甲氧基 -2- 乙烯基苯并呋喃基 [4,5-b][1] 苯并吡喃基 [4,3-e] 吡喃 -6(12*H*)- 酮 豆薯 Pachyrhizus erosus

5,8-dihydroxy-9-methoxy-2-vinylbenzofuro[4,5-b][1]benzopyrano[4,3-e]pyran-6(12*H*)-one-oxime 5,8- 二羟基 -9- 甲氧基 -2- 乙烯基 - 苯并呋喃基 [4,5-b][1] 苯并吡喃基 [4,3-e] 吡喃 -6(12*H*)- 酮肟 豆薯 Pachyrhizus erosus

3,8-dihydroxy-9-methoxypterocarpan 3,8- 二羟基 -9- 甲氧基紫檀烷 降香 Dalbergia odorifera, 白花草木犀 Melilotus albus

(3*β*,9*β*,10*α*,24*R*)-24,25-dihydroxy-9-methyl-19-norlanost-5-en-3-*O*-*α*-L-rhamnopyranosyl-(1 → 2)-*O*-*β*-D-glucopyranosyl-(1 → 2)-*β*-D-glucopyranoside (3β,9β,10α,24R)-24,25- 二羟基 -9- 甲基 -19- 降羊毛脂 -5- 烯 -3-O-α-L- 吡喃鼠李糖基 -(1→2)-O-β-D- 吡喃葡萄糖基 -(1→2)-β-D- 吡喃葡萄糖苷 王瓜 Trichosanthes cucumeroides

8,10-dihydroxy-9-O-acetyl-3-O-angeloylthymol 8,10- 二羟基 -9-O- 乙酰基 -3-O- 当归酰基麝香草酚 佩兰 Eupatorium fortunei

2β,3α-dihydroxy-9β-angeloxy-germacra-4-en-6α,12-olide 2β,3α- 二羟基 -9β- 当归酰氧基 - 吉马 -4- 烯 -6α,12- 内酯 羊耳菊 Duhaldea cappa

6,12-dihydroxyabieta-5,8,11,13-tetraen-7-one 6,12- 二羟基冷杉 -5,8,11,13- 四烯 -7- 酮 丹参 Salvia miltiorrhiza, 云南鼠尾草 S. yunnanensis

11,12-dihydroxyabieta-7-oxo-8,11,13-trien-15-ol 11,12- 二羟基冷杉 -7- 氧代 -8,11,13- 三烯 -15- 醇 狭基线纹香茶菜 Isodon lophanthoides var. gerardianus

11,14-dihydroxyabieta-8,11,13-trien-7-one 11,14- 二羟基冷杉 -8,11,13- 三烯 -7- 酮 浙江大青 Clerodendrum kaichianum

2,4'-dihydroxyacetophenone 2,4'- 二羟基苯乙酮 显苞芒毛苣苔 Aeschynanthus bracteatus

2,4-dihydroxyacetophenone 2,4- 二羟基苯乙酮 西藏牛皮消 Cynanchum auriculatum, 牛皮消 C. boudieri, 白首乌 C. bungei, 竹灵消 C. inamoenum, 徐长卿 C. paniculatum, 柳叶白前 C. stauntonii, 变色白前 C. versicolor, 隔山消 C. wilfordii, 一年蓬 Erigeron annuus, 准噶尔阿魏 Ferula songarica, 牡丹 Paeonia suffruticosa

2',4'-dihydroxyacetophenone 2',4'- 二羟基苯乙酮 滇丁香 Luculia pinceana

2,5-dihydroxyacetophenone 2,5- 二羟基苯乙酮 西藏牛皮消 Cynanchum auriculatum, 牛皮消 C. boudieri, 白首乌 C. bungei, 青羊参 C. otophyllum, 徐长卿 C. paniculatum, 隔山消 C. wilfordii, 大狼毒 Euphorbia jolkinii, 树舌灵芝 Ganoderma applanatum

3,4-dihydroxyacetophenone 3,4- 二羟基苯乙酮 菊花 Chrysanthemum morifolium, 西藏牛皮消 Cynanchum auriculatum, 野鸡尾金粉蕨 Onychium japonicum, 木犀 Osmanthus fragrans, 地茶衣 Thamnolia vermicularis

4,6-dihydroxyacetophenone-2-O-β-D-glucopyranoside 4,6- 二羟基 - 苯乙酮 -2-O-β-D- 吡喃葡萄糖苷 散沫花 Lawsonia inermis

3,10-dihydroxyacoronene 3,10- 二羟基菖蒲酮烯 吊石苣苔 Lysionotus pauciflorus

1R,3S,4R,5R,10R-3,10-dihydroxyacoronene-3-O-β-D-glucopyranoside 1R,3S,4R,5R,10R-3,10- 二羟基菖蒲酮烯 -3-O-β-D- 吡喃葡萄糖苷 吊石苣苔 Lysionotus pauciflorus

6,8-dihydroxyafzelin 6,8- 二羟基缅茄苷▲ 栾树 Koelreuteria paniculata

19,3'-dihydroxyaglain C 19,3'- 二羟基米仔兰因 C 米仔兰 Aglaia odorata

3,23-dihydroxyakebonic acid 3,32- 二羟基木通萜酸 黄蜡果 Stauntonia brachyanthera

3,4-dihydroxy-alllylbenzene-3-O-α-L-rhamnopyranosyl-(1→2)-β-D-glucopyranoside 3,4- 二羟基 - 烯丙基苯 -3-O-α-L- 吡喃鼠李糖基 -(1→2)-β-D- 吡喃葡萄糖苷 长喙厚朴 Houpoëa rostrata

3,4-dihydroxy-alllylbenzene-3-O-α-L-rhamnopyranosyl-(1→6)-β-D-glucopyranoside 3,4- 二羟基 - 烯丙基苯 -3-O-α-L- 吡喃鼠李糖基 -(1→6)-β-D- 吡喃葡萄糖苷 长喙厚朴 Houpoëa rostrata

3,4-dihydroxyallylbenzene 3,4- 二羟基烯丙基苯 假荜拔 Piper retrofractum

2,4-dihydroxy-allylbenzene-2-O-β-D-glucopyranoside 2,4- 二羟基 - 烯丙基苯 -2-O-β-D- 吡喃葡萄糖苷 红毒茴 Illicium lanceolatum, 野八角 I. simonsii

3,4-dihydroxyallylbenzene-4-O-[α-L-rhamnopyranosyl-(1→6)]-β-D-glucopyranoside 3,4- 二羟基烯丙基苯 4-O-[α-L- 吡喃鼠李糖基 -(1→6)]-β-D- 吡喃葡萄糖苷 剑叶龙血树 Dracaena cochinchinensis

5',3'''-dihydroxyamentoflavone 5',3'''- 二羟基穗花杉黄酮 直叶珠藓 Bartramia ithyphylla

2α,3α-dihydroxyandrostane-16-one-2β,19-hemiketal 2α,3α- 二羟基雄烷 -16- 酮 -2β,19- 半缩醛 灰毛浆果楝 Cipadessa cinerascens

4α,6α-dihydroxyanhydrolycodoline 4α,6α- 二羟基脱水石松灵碱 石松 Lycopodium japonicum

1,2-dihydroxyanthraquinone 1,2- 二羟基蒽醌 海滨木巴戟 Morinda citrifolia, 巴戟天 M. officinalis, 茜草 Rubia cordifolia

1,3-dihydroxyanthraquinone 1,3- 二羟基蒽醌 茜草 Rubia cordifolia, 染色茜草 R. tinctorum

1,4-dihydroxyanthraquinone 1,4- 二羟基蒽醌 虎杖 Reynoutria japonica, 茜草 Rubia cordifolia

1,5-dihydroxyanthraquinone 1,5- 二羟基蒽醌 茜草 Rubia cordifolia

1,8-dihydroxyanthraquinone 1,8- 二羟基蒽醌 金鸡纳树 Cinchona calisaya, 竹红菌 Hypocrella bambusae, 虎杖 Reynoutria japonica, 酸模 Rumex acetosa, 竹黄 Shiraia bambusicola

2,3-dihydroxyanthraquinone 2,3- 二羟基蒽醌 茜草 Rubia cordifolia

2,6-dihydroxyanthraquinone 2,6- 二羟基蒽醌 虎杖 Reynoutria japonica, 茜草 Rubia cordifolia

1,3-dihydroxyanthrone 1,3- 二羟基蒽酮 茜草 Rubia cordifolia

5,6-dihydroxyarcyriaflavin A 5,6- 二羟基团网菌黄素 A 粉瘤菌 Lycogala epidendrum

10α-dihydroxyaromadendrane 10α- 二羟基香树烷 蓝桉 Eucalyptus globulus

4β,10α-dihydroxyaromadendrane 4β,10α- 二羟基香树烷 金粟兰 Chloranthus spicatus, 飞蓬 Erigeron acer

4β,10β-dihydroxyaromadendrane 4β,10β- 二羟基香树烷 飞蓬 Erigeron acer, 穗花牡荆 Vitex agnus-castus

ent-4α,10β-dihydroxyaromadendrane 对映 -4α,10β- 二羟基香橙烷 蔓荆 Vitex trifolia

ent-(3α,5β,8α,9β,10α,11α,12α)-3,11-dihydroxyatis-16-en-14-one 对映 -(3α,5β,8α,9β,10α,11α,12α)-3,11- 二羟基阿替 -16- 烯 -14- 酮 大狼毒 Euphorbia jolkinii

ent-3β,(13S)-dihydroxyatis-16-en-14-one 对映 -3β,(13S)- 二羟基阿替 -16- 烯 -14- 酮 甘肃大戟 Euphorbia kansuensis, 甘青大戟 E. micractina, 大果大戟 E. wallichii

ent-16α,17-dihydroxyatisan-3-one 对映 -16α,17- 二羟基阿替 -3- 酮 甘肃大戟 Euphorbia kansuensis, 大果大戟 E. wallichii

dihydroxybaicalein-7-O-β-D-glucuronide 二羟基黄芩素 -7-O-β-D- 葡萄糖醛酸苷 黄芩 Scutellaria baicalensis

3,4-dihydroxybenzalacetone 3,4- 二羟基亚苄基丙酮 东方荚果蕨 Matteuccia orientalis

2,3-dihydroxybenzaldehyde 2,3- 二羟基苯甲醛 烟草 Nicotiana tabacum

2,4-dihydroxybenzaldehyde 2,4- 二羟基苯甲醛 波罗蜜 Artocarpus heterophyllus, 腊肠树 Cassia fistula, 野鸡尾金粉蕨 Onychium japonicum,

马齿苋 Portulaca oleracea

2,5-dihydroxybenzaldehyde 2,5- 二羟基苯甲醛 肾茶 Clerodendranthus spicatus, 烟草 Nicotiana tabacum

3,4-dihydroxybenzaldehyde 3,4- 二羟基苯甲醛 桂木 Artocarpus nitidus subsp. lingnanensis, 小白及 Bletilla formosana, 山石榴 Catunaregam spinosa, 合柄铁线莲 Clematis connata, 剑叶金鸡菊 Coreopsis lanceolata, 粗茎鳞毛蕨 Dryopteris crassirhizoma, 无梗五加 Eleutherococcus sessiliflorus, 天麻 Gastrodia elata, 石花菜 Gelidium amansii, 粗毛纤孔菌 Inonotus hispidus, 凉粉草 Mesona chinensis, 紫茉莉 Mirabilis jalapa, 烟草 Nicotiana tabacum, 尖裂黄瓜菜 Paraixeris serotina, 裂蹄木层孔菌 Phellinus linteus, 金钱松 Pseudolarix amabilis, 密花葛 Pueraria alopecuroides, 绶草 Spiranthes sinensis, 贵州獐牙菜 Swertia kouitchensis, 昆明山海棠 Tripterygium hypoglaucum, 越南香荚兰 Vanilla annamica

3,5-dihydroxybenzaldehyde 3,5- 二羟基苯甲醛 罗布麻 Apocynum venetum, 青葙 Celosia argentea, 牯岭藜芦 Veratrum schindleri

4,5-dihydroxybenzaldehyde-3-*O*-*β*-D-glucopyranoside 4,5- 二羟基苯甲醛 -3-*O*-*β*-D- 吡喃葡萄糖苷 地蔷薇 Chamaerhodos erecta

3,4-dihydroxybenzamide 3,4- 二羟基苯甲酰胺 金荞麦 Fagopyrum dibotrys

1,2-dihydroxybenzene 1,2- 二羟基苯 黄连 Coptis chinensis

1,4-dihydroxybenzene 1,4- 二羟基苯 胡桃楸 Juglans mandshurica, 峨眉报春 Primula faberi, 合蕊五味子 Schisandra propinqua

p-dihydroxybenzene 对二羟基苯 南酸枣 Choerospondias axillaris, 十齿花 Dipentodon sinicus, 半夏 Pinellia ternata, 独蒜兰 Pleione bulbocodioides

2,5-dihydroxybenzeneacetic acid 2,5- 二羟基苯乙酸 麻叶千里光 Senecio cannabifolius, 全叶千里光 S. cannabifolius var. integrifolius, 千里光 S. scandens

3,4-dihydroxybenzeneacetic acid 3,4- 二羟基苯乙酸 华北耧斗菜 Aquilegia yabeana, 矮桃 Lysimachia clethroides, 全叶千里光 Senecio cannabifolius var. integrifolius

3,4-dihydroxybenzenepropanoic acid-3-(4-hydroxyphenyl)propyl ester 3,4- 二羟基苯丙酸 -3-(4- 羟基苯基) 丙醇酯 榄李 Lumnitzera racemosa

3,4-dihydroxybenzenepropionic acid 3,4- 二羟基苯丙酸 枸杞 Lycium chinense

3,4-dihydroxybenzenepropionic acid methyl ester 3,4- 二羟基苯丙酸甲酯 枸杞 Lycium chinense

3,4-dihydroxybenzenethanol-2-*O*-*β*-D-glucopyranoside 3,4- 二羟基苯乙醇 -2-*O*-*β*-D- 吡喃葡萄糖苷 大血藤 Sargentodoxa cuneata

2,5-dihydroxybenzofuran-5-*O*-*β*-D-xylopyranosyl-(1→6)-*O*-*β*-D-glucopyranoside 2,5- 二羟基苯并呋喃 -5-*O*-*β*-D- 吡喃木糖基 -(1→6)-*O*-*β*-D-吡喃葡萄糖苷 滇龙胆草 Gentiana rigescens

2,3-dihydroxybenzoic acid 2,3- 二羟基苯甲酸 石花菜 Gelidium amansii, 秦艽 Gentiana macrophylla, 秤星树 Ilex asprella, 胡桃 Juglans regia, 红曲 Monascus purpureus, 滇虎榛 Ostryopsis nobilis, 桔梗 Platycodon grandiflorus, 贵州獐牙菜 Swertia kouitchensis, 蔓荆 Vitex trifolia

2,4-dihydroxybenzoic acid 2,4- 二羟基苯甲酸 黄蜀葵 Abelmoschus manihot, 波罗蜜 Artocarpus heterophyllus, 过山蕨 Camptosorus sibiricus, 山柑 Capparis spinosa, 雀石蕊 Cladonia stellaris, 糙枝金丝桃 Hypericum scabrum, 枸骨 Ilex cornuta, 地涌金莲 Musella lasiocarpa, 天葵 Semiaquilegia adoxoides, 苦参 Sophora flavescens

2,5-dihydroxybenzoic acid 2,5- 二羟基苯甲酸 波罗蜜 Artocarpus heterophyllus, 美丽崖豆藤 Callerya speciosa, 西南卫矛 Euonymus hamiltonianus, 树舌灵芝 Ganoderma applanatum, 烟草 Nicotiana tabacum, 牛至 Origanum vulgare, 美观马先蒿 Pedicularis decora, 大花飞蛾藤 Porana spectabilis, 蓖麻 Ricinus communis, 云南清风藤 Sabia yunnanensis, 麻叶千里光 Senecio cannabifolius, 卷毛婆婆纳 Veronica teucrium

2,6-dihydroxybenzoic acid 2,6- 二羟基苯甲酸 三裂瓜木 Alangium platanifolium var. trilobum, 西洋参 Panax quinquefolius, 何首乌 Polygonum multiflorum, 虎杖 Reynoutria japonica, 羊蹄 Rumex japonicus

3,4-dihydroxybenzoic acid 3,4- 二羟基苯甲酸 常见成分，至少分布于 100 种以上植物中

3,5-dihydroxybenzoic acid 3,5- 二羟基苯甲酸 过山蕨 Camptosorus sibiricus, 小蓬草 Conyza canadensis, 矮桃 Lysimachia clethroides, 黄连花 L. davurica, 红曲 Monascus purpureus, 波叶大黄 Rheum rhabarbarum, 红泡刺藤 Rubus niveus, 水红木 Viburnum cylindricum

2,3-dihydroxybenzoic acid ethyl ester 2,3- 二羟基苯甲酸乙酯 高山龙胆 Gentiana algida

3,4-dihydroxybenzoic acid ethyl ester 3,4- 二羟基苯甲酸乙酯 台湾相思 Acacia confusa, 波罗蜜 Artocarpus heterophyllus, 婆婆针 Bidens bipinnata, 抱茎柴胡 Bupleurum longicaule var. amplexicaule, 橄榄 Canarium album, 乌蔹莓 Cayratia japonica, 锁阳 Cynomorium songaricum, 光叶绞股蓝 Gynostemma laxum, 胡桃楸 Juglans mandshurica, 仙人掌 Opuntia stricta var. dillenii, 稻（模式亚种）Oryza sativa, 川西獐牙菜 Swertia mussotii

2,4-dihydroxybenzoic acid methyl ester 2,4- 二羟基苯甲酸甲酯 波罗蜜 Artocarpus heterophyllus

2,5-dihydroxybenzoic acid methyl ester 2,5- 二羟基苯甲酸甲酯 西藏牛皮消 Cynanchum auriculatum, 鸡矢藤 Paederia foetida

3,4-dihydroxybenzoic acid methyl ester 3,4- 二羟基苯甲酸甲酯 罗布麻 Apocynum venetum, 菊苣 Cichorium intybus, 云南獐牙菜 Swertia yunnanensis, 金莲花 Trollius chinensis, 短瓣金莲花 T. ledebourii

3,5-dihydroxybenzoic acid methyl ester 3,5- 二羟基苯甲酸甲酯 西藏牛皮消 Cynanchum auriculatum, 水红木 Viburnum cylindricum

2,3-dihydroxybenzoic acid methyl ester-3-*O*-*β*-D-glucopyranosyl-(1→6)-*β*-D-glucopyranoside 2,3- 二羟基苯甲酸甲酯 -3-*O*-*β*-D- 吡喃葡萄糖基 -(1→6)-*β*-D- 吡喃葡萄糖苷 滇龙胆草 Gentiana rigescens

2,4-dihydroxybenzoic acid-2-*O*-glucoside 2,4- 二羟基苯甲酸 -2-*O*- 葡萄糖苷 盾叶薯蓣 Dioscorea zingiberensis

3,4-dihydroxybenzoic acid-4-*O*-*β*-D-(4'-*O*-methyl)-glucopyranoside 3,4- 二羟基苯甲酸 -4-*O*-*β*-D-(4'-*O*- 甲基)- 吡喃葡萄糖苷 海金沙 Lygodium japonicum

3,5-dihydroxybenzoic acid-4-*O*-*β*-glucopyranoside 3,5- 二羟基苯甲酸 -4-*O*-*β*- 吡喃葡萄糖苷 合蕊五味子 Schisandra propinqua

3,4-dihydroxybenzonitrile 3,4- 二羟基苯乙腈 蜡梅 Chimonanthus praecox

3*S**-(2,4-dihydroxybenzoyl)-4*R**,5*R**-dimethyl-5-(4,8-dimethyl-3(*E*),7(*E*)-nonadien-1-yl)-tetrahydro-2-furanone 3*S**-(2,4- 二羟基苯甲酰基)-4*R**,5*R**- 二甲基 -5-(4,8- 二甲基 -3(*E*),7(*E*)- 壬二烯 -1- 基)- 四氢 -2- 呋喃酮 多伞阿魏 Ferula feruloides

3S*-(2,4-dihydroxybenzoyl)-4R*,5R*-dimethyl-5-[4-methyl-5-(4-methyl-2-furyl)-3(E)-penten-1-yl]tetrahydro-2-furanone 3S*-(2,4- 二羟基苯甲酰基)-4R*,5R*- 二甲基 -5-[4- 甲基 -5-(4- 甲基 -2- 呋喃基)-3(E)- 戊烯 -1- 基]- 四氢 -2- 呋喃酮 多伞阿魏 Ferula feruloides
3S*-(2,4-dihydroxybenzoyl)-4R*,5S*-dimethyl-5-[4-methyl-5-(4-methyl-2-furyl)-3(E)-penten-1-yl]-tetrahydro-2-furanone 3S*-(2,4- 二羟基苯甲酰基)-4R*,5S*- 二甲基 -5-[4- 甲基 -5-(4- 甲基 -2- 呋喃基)-3(E)- 戊烯 -1- 基]- 四氢 -2- 呋喃酮 多伞阿魏 Ferula feruloides
3-(2,4-dihydroxybenzoyl)-4S*,5R*-dimethyl-5-[4,8-dimethyl-3(E),7(E)-nonadien-1-yl]-tetrahydro-2-furanone 3-(2,4- 二羟基苯甲酰基)-4S*,5R*- 二甲基 -5-[4,8- 二甲基 -3(E),7(E)- 壬二烯 -1- 基]- 四氢 -2- 呋喃酮 多伞阿魏 Ferula feruloides
2-(2',6'-dihydroxybenzoyl)-5-methylbenzoic acid-8-O-β-D-glucopyranoside 2-(2',6'- 二羟基苯甲酰基)-5- 甲基苯甲酸 -8-O-β-D- 吡喃葡萄糖苷 尼泊尔酸模 Rumex nepalensis
(4aS,5R,6S)-6-[6-O-(2,3-dihydroxybenzoyl)-D-glucopyranosyloxy]-5-etheny-1,4α,5,6-tetrahydro-1H,3H-pyrano[3,4-c]pyran-1-one (4aS,5R,6S)-6-[[6-O-(2,3- 二羟基苯甲酰)-D- 吡喃葡萄糖氧基]-5- 乙烯基 -1,4α,5,6- 四氢 -1H,3H- 吡喃 [3,4-c] 吡喃 -1- 酮 高山龙胆 Gentiana algida
2'-(2,3-dihydroxybenzoyl)gentiopicroside 2'-(2,3- 二羟基苯甲酰基) 龙胆苦苷 滇龙胆草 Gentiana rigescens
4-[[(3',4'-dihydroxybenzoyl)oxy]methyl]phenyl-O-β-D-[6-O-(3",5"-dimethoxyl-4"-hydroxybenzoyl)]-glucopyranoside 4-[[(3',4'- 二羟基苯甲酰基) 氧基] 甲基] 苯基 -O-β-D-[6-O-(3",5"- 二甲氧基 -4"- 羟基苯甲酰基)]- 吡喃葡萄糖苷 牛至 Origanum vulgare
4-[[(2',5'-dihydroxybenzoyl)oxy]methyl]phenyl-O-β-D-glucopyranoside 4-[[(2',5'- 二羟基苯甲酰基) 氧基] 甲基] 苯基 -O-β-D- 吡喃葡萄糖苷 牛至 Origanum vulgare
5-(3',5'-dihydroxybenzoyl)pyrrole-2-carbonyl-β-glucopyranoside 5-(3',5'- 二羟基苯甲酰基) 吡咯 -2- 羰基 -β- 吡喃葡萄糖苷 甘肃大戟 Euphorbia kansuensis
2'-(2,3-dihydroxybenzoyl)sweroside 2'-(2,3- 二羟基苯甲酰基) 獐牙菜苷 滇龙胆草 Gentiana rigescens, 西藏秦艽 G. tibetica
2'-(o,m-dihydroxybenzoyl)sweroside 2'-(邻 , 间 - 二羟苯甲酰) 獐牙菜苷 麻花艽 Gentiana straminea
3'-(2,3-dihydroxybenzoyl)sweroside 3'-(2,3-2,3- 二羟基苯甲酰基) 獐牙菜苷 滇龙胆草 Gentiana rigescens
6'-(2,3-dihydroxybenzoyl)sweroside 6'-(2,3- 二羟基苯甲酰基) 獐牙菜苷 长梗秦艽 Gentiana waltonii
2'-(2,3-dihydroxybenzoyl)swertiamarin 2'-(2,3- 二羟基苯甲酰基) 獐牙菜苦素 滇龙胆草 Gentiana rigescens
3,4-dihydroxybenzoylaucubin 3,4- 二羟基苯甲酰桃叶珊瑚苷 皱叶醉鱼草 Buddleja crispa
4-(3,4-dihydroxybenzoyloxymethyl)phenyl-O-β-D-glucopyranoside 4-(3,4- 二羟基苯甲酰氧基甲基) 苯基 -O-β-D- 吡喃葡萄糖苷 牛至 Origanum vulgare
3,4-dihydroxybenzyl alcohol 3,4- 二羟基苯甲醇 绶草 Spiranthes sinensis
3,5-dihydroxybenzyl alcohol 3,5- 二羟基苯甲醇 牯岭藜芦 Veratrum schindleri
4,4'-dihydroxybenzyl sulfoxide 4,4'- 二羟苄基亚砜 手参 Gymnadenia conopsea
3-(3,4-dihydroxybenzyl)-5,7-dihydroxy-6-methoxychroman-4-one 3-(3,4- 二羟苄基)-5,7- 二羟基 -6- 甲氧基色原烷 -4- 酮 绵枣儿 Barnardia japonica
3-(3',4'-dihydroxybenzyl)-6,7-dihydroxycoumarin 3-(3',4'- 二羟苄基)-6,7- 二羟基香豆素 野鸡尾金粉蕨 Onychium japonicum
2-(o,m-dihydroxybenzyl)sweroside 2-(邻 , 间 - 二羟基苯基) 獐牙菜苷 三花龙胆 Gentiana triflora
$trans$-(3)E-3-(3,4-dihydroxybenzylidene)-5-(3,4-dihydroxyphenyl)-4-(hydroxymethyl)dihydrofuran-2(3H)-one 反式 -(3)E-3-(3,4- 二羟基苯亚甲基)-5-(3,4- 二羟基苯基)-4-(羟甲基) 二氢呋喃 -2(3H)- 酮 海滨木巴戟 Morinda citrifolia
3-(3,4-dihydroxybenzylidene)-5,7-dihydroxy-6-methoxychroman-4-one 3-(3,4- 二羟基亚苄基)-5,7- 二羟基 -6- 甲氧基色原烷 -4- 酮 绵枣儿 Barnardia japonica
(E)-3-(3,4-dihydroxybenzylidene)-7-hydroxychroman-4-one (E)-3-(3,4- 二羟基苯基亚甲基)-7- 羟基色烷 -4- 酮 苏木 Caesalpinia sappan
3,4-dihydroxybenzyloctadecane 3,4- 二羟基苄基十八烷 药蜀葵 Althaea officinalis
24β,28β-dihydroxybenzyloctatetracont-36-en-1-oic-acid 24β,28β- 二羟基苄基四十八碳 -36- 烯 -1- 酸 药蜀葵 Althaea officinalis
2,4-dihydroxybenzyl-O-α-L-rhamnopyranoside 2,4- 二羟基苄基 -O-α-L- 吡喃鼠李糖苷 光叶绞股蓝 Gynostemma laxum
4,4'-dihydroxybenzylsulfone 4,4'- 二羟基苯亚砜 天麻 Gastrodia elata
(R)-(+)-6',7'-dihydroxybergamottin (R)-(+)-6',7'- 二羟基香柠檬素 马蜂橙 Citrus hystrix
6,7-dihydroxybergamottin 6,7- 二羟基香柠檬素 沙田柚 Citrus maxima 'Shatian Yu', 橘红 C. maxima 'Tomentosa'
2α,3β-dihydroxybetulinic acid 2α,3β- 二羟基白桦脂酸 枳椇 Hovenia acerba, 北枳椇 H. dulcis
3',4'-dihydroxy-biabola-1,10-diene 3',4'- 二羟基 - 红没药 -1,10- 二烯 荜拔 Piper longum
3,5-dihydroxybibenzyl 3,5- 二羟基二苯乙烷 直立百部 Stemona sessilifolia
1α,4β-dihydroxybishopsolicepolide 1α,4β- 二羟基比梢菊内酯▲ 无毛牛尾蒿 Artemisia dubia var. subdigitata
1α,4α-dihydroxy-bishopsolicepolide 1α,4α- 二羟基 - 比梢菊内酯▲ 阴地蒿 Artemisia sylvatica
2α,5β-dihydroxybornane-2-cinnamate 2α,5β- 二羟基龙脑 -2- 桂皮酸酯 蛇苔 Conocephalum conicum
2α,5β-dihydroxybornane-2-cis-p-hydroxycinnamate 2α,5β- 二羟基龙脑 -2- 顺式 - 对羟基桂皮酸酯 蛇苔 Conocephalum conicum
2α,5β-dihydroxybornane-2-p-hydroxycinnamate 2α,5β- 二羟基龙脑 -2- 对羟基桂皮酸酯 蛇苔 Conocephalum conicum
2α,5β-dihydroxybornane-5-acetyl-2-cinnamate 2α,5β- 二羟基龙脑 -5- 乙酰基 -2- 桂皮酸酯 蛇苔 Conocephalum conicum
5β,6β-dihydroxyboschnaloside 5β,6β- 二羟基草苁蓉醛苷▲ 小米草 Euphrasia pectinata
2-(3,4-dihydroxybut-1-yn-1-yl)-5-(penta-1,3-diyn-1-yl)thiophene 2-(3,4- 二羟基正丁炔 -1- 基)-5-(1,3- 戊二炔 -1- 基) 噻吩 阔苞菊 Pluchea indica
5-(3,4-dihydroxybut-1-ynyl)-2,2'-bithiophene 5-(3,4- 二羟基丁烷 -1- 炔基)-2,2'- 联噻吩 驴欺口 Echinops davuricus, 华东蓝刺头 E. grijsii
2-(3,4-dihydroxybut-1-ynyl)-5-(prop-1-ynyl)thiophene 2-(3,4- 二羟基丁炔 -1)-5-(1- 丙炔基) 噻吩 华东蓝刺头 Echinops grijsii
2,3-dihydroxybutanoic acid 2,3- 二羟基丁酸 西洋参 Panax quinquefolius
(R)-(+)-3,4-dihydroxybutanoic acid-γ-lactone (R)-(+)-3,4- 二羟基丁酸 -γ- 内酯 台湾银线兰 Anoectochilus formosanus
8,11-dihydroxybutylidenephthalide 8,11- 二羟基亚丁基苯酞 当归 Angelica sinensis
(3S)-4-dihydroxybutyric acid (3S)-4- 二羟基丁酸 番红花 Crocus sativus

2,7-dihydroxycadalene 2,7- 二羟基杜松萘▲ 八角枫 Alangium chinense
(4α)-8,11β-dihydroxycadina-6,8,10-trien-12-oic acid-γ-lactone (4α)-8,11β- 二羟基杜松 -6,8,10- 三烯 -12- 酸 -γ- 内酯 宽叶金粟兰 Chloranthus henryi
(4α,11β)-8,11-dihydroxycadina-6,8,10-trien-12-oic acid-γ-lactone (4α,11β)-8,11- 二羟基杜松 -6,8,10- 三烯 -12- 酸 -γ- 内酯 宽叶金粟兰 Chloranthus henryi
(4β,11β)-8,11-dihydroxycadina-6,8,10-trien-12-oic acid-γ-lactone (4β,11β)-8,11- 二羟基杜松 -6,8,10- 三烯 -12- 酸 -γ- 内酯 宽叶金粟兰 Chloranthus henryi
8,11β-dihydroxycadina-6,8,10-trien-12-oic acid-γ-lactone 8,11β- 二羟基杜松 -6,8,10- 三烯 -12- 酸 -γ- 内酯 宽叶金粟兰 Chloranthus henryi
6,8α-dihydroxycadina-7(11),10(15)-dien-12-oic acid-γ-lactone 6,8α- 二羟基杜松 -7(11),10(15)- 二烯 -12- 酸 -γ- 内酯 宽叶金粟兰 Chloranthus henryi
(+)-(5S*,6R*,9R*,10S*)-5,6-dihydroxycadinan-3-ene-2,7-dione (+)-(5S*,6R*,9R*,10S*)-5,6- 二羟基杜松 -3- 烯 -2,7- 二酮 紫茎泽兰 Ageratina adenophora
6α,9α-dihydroxycadinan-4-en-3-one 6α,9α- 二羟基杜松 -4- 烯 -3- 酮 异形南五味子 Kadsura heteroclita
4'β,15β-dihydroxycalactin 4'β,15β- 二羟基牛角瓜亭▲ 牛角瓜 Calotropis gigantea
7,8-dihydroxycalamenal 7,8- 二羟基菖蒲醛▲ 土坛树 Alangium salviifolium
(1S,4R)-7,8-dihydroxycalamenene (1S,4R)-7,8- 二羟基菖蒲烃▲ 八角枫 Alangium chinense
5,7-dihydroxycalamenene 5,7- 二羟基菖蒲烃▲ 挥发油成分，未统计基源
(1S,6R,9R,11R)-13,14-dihydroxycaryophyll-2(15)-en-7-one (1S,6R,9R,11R)-13,14- 二羟基丁香 -2(15)- 烯 -7- 酮 止痢蚤草 Pulicaria dysenterica
(1S,5R,9R,11R)-5,12-dihydroxycaryophylla-2(15),6(14)-dien-7-one (1S,5R,9R, 11R)-5,12- 二羟基丁香 -2(15),6(14)- 二烯 -7- 酮 止痢蚤草 Pulicaria dysenterica
(1S,5R,9R,11S)-5,12-dihydroxycaryophylla-2(15),6(14)-dien-7-one (1S,5R,9R,11S)-5,12- 二羟基丁香 -2(15),6(14)- 二烯 -7- 酮 止痢蚤草 Pulicaria dysenterica
dihydroxycaryoptin 二羟基莸素 莸 Caryopteris divaricata
dihydroxycaryoptinol 二羟基莸素醇▲ 莸 Caryopteris divaricata
(3E,7Z,11Z)-17,20-dihydroxycembra-3,7,11,15-tetraen-19-oic acid (3E,7Z,11Z)-17,20- 二羟基西松 -3,7,11,15- 四烯 -19- 酸 黄花草 Cleome viscosa
6,10-dihydroxycembrene-5-one 6,10- 二羟基瑞士松烯 -5- 酮 白背叶 Mallotus apelta
2,2'-dihydroxychalcone 2,2'- 二羟基查耳酮 天山报春 Primula nutans
2',4'-dihydroxychalcone 2',4'- 二羟基查耳酮 显脉羊蹄甲 Bauhinia glauca subsp. pernervosa, 墨江千斤拔 Flemingia chappar, 镰荚棘豆 Oxytropis falcata, 多叶棘豆 O. myriophylla
3,3'-dihydroxychalcone 3,3'- 二羟基查耳酮 大叶报春 Primula macrophylla
4,4'-dihydroxychalcone 4,4'- 二羟基查耳酮 云南草蔻 Alpinia blepharocalyx, 台湾罗汉松 Podocarpus nakaii
trans-2',4'-dihydroxychalcone 反式 -2',4'- 二羟基查耳酮 细叶小苦荬 Ixeridium gracile
3,4-dihydroxychalcone-4-O-β-L-arabinopyranosyl-O-β-D-galactopyranoside 3,4- 二羟基查耳酮 -4-O-β-L- 吡喃阿拉伯糖基 -O-β-D- 吡喃半乳糖苷 羊蹄甲 Bauhinia purpurea
5α,6β-dihydroxycholestanol 5α,6β- 二羟基胆甾烷醇 七星莲 Viola diffusa
3,7-dihydroxychroman-4-one 3,7- 二羟基色烷 -4- 酮 苏木 Caesalpinia sappan
5,7-dihydroxychromone 5,7- 二羟基色酮 落花生 Arachis hypogaea, 鄂羊蹄甲 Bauhinia glauca subsp. hupehana, 羊蹄甲 B. purpurea, 洋紫荆 B. variegata, 白花菜 Cleome gynandra, 柘树 Cudrania tricuspidata, 牛筋条 Dichotomanthes tristaniicarpa, 毛建草 Dracocephalum rupestre, 岩木瓜 Ficus tsiangii, 胡桃楸 Juglans mandshurica, 牛奶菜 Marsdenia sinensis, 木犀 Osmanthus fragrans, 头花蓼 Polygonum capitatum, 红蓼 P. orientale, 春蓼 P. persicaria, 旱柳 Salix matsudana, 虎耳草 Saxifraga stolonifera, 水飞蓟 Silybum marianum, 卵叶槲寄生 Viscum album subsp. meridianum, 槲寄生 V. coloratum, 枫香槲寄生 V. liquidambaricola, 绿茎槲寄生 V. nudum, 黄荆 Vitex negundo
5,7-dihydroxychromone-7-neohesperidoside 5,7- 二羟基色酮 -7- 新橙皮糖苷 蓟罂粟 Argemone mexicana
5,7-dihydroxychromone-7-O-β-D-glucopyranoside 5,7- 二羟基色酮 -7-O-β-D- 吡喃葡萄糖苷 色木槭 Acer pictum subsp. mono, 小花鬼针草 Bidens parviflora, 槲蕨 Drynaria roosii, 厚朴 Houpoëa officinalis
5,7-dihydroxychromone-7-O-β-D-glucoside 5,7- 二羟基色酮 -7-O-β-D- 葡萄糖苷 金花忍冬 Lonicera chrysantha
3,4-dihydroxycinnamaldehyde 3,4- 二羟基桂皮醛 拟缺香茶菜 Isodon excisoides, 烟草 Nicotiana tabacum, 毛裂蜂斗菜 Petasites tricholobus, 滑桃树 Trevia nudiflora
2,4-dihydroxycinnamic acid 2,4- 二羟基桂皮酸 番薯 Ipomoea batatas
2,6-dihydroxycinnamic acid 2,6- 二羟基桂皮酸 川续断 Dipsacus asperoides
3,4-dihydroxycinnamic acid 3,4- 二羟基桂皮酸 淡枝沙拐枣 Calligonum leucocladum, 山柑藤 Cansjera rheedei, 单穗升麻 Cimicifuga simplex, 万年藓 Climacium dendroides, 密花香薷 Elsholtzia densa, 元宝草 Hypericum sampsonii, 枸骨 Ilex cornuta, 驼绒藜 Krascheninnikovia ceratoides, 火绒草 Leontopodium leontopodioides, 木薯 Manihot esculenta, 兴安白头翁 Pulsatilla dahurica
3,5-dihydroxycinnamic acid 3,5- 二羟基桂皮酸 蒙古绣线菊 Spiraea mongolica
trans-2,3-dihydroxycinnamic acid 反式 -2,3- 二羟基桂皮酸 东方泽泻 Alisma orientale
trans-2,5-dihydroxycinnamic acid 反式 -2,5- 二羟基桂皮酸 银桦 Grevillea robusta, 叶穗香茶菜 Isodon phyllostachys
trans-3,4-dihydroxycinnamic acid 反式 -3,4- 二羟基桂皮酸 锈色蛛毛苣苔 Paraboea rufescens
3,4-dihydroxycinnamic acid methyl ester 3,4- 二羟基桂皮酸甲酯 无叶假木贼 Anabasis aphylla, 广防风 Anisomeles indica, 一年蓬 Erigeron annuus
3,4-dihydroxycinnamic acid tetracosyl ester 3,4- 二羟基桂皮酸二十四酯 无叶假木贼 Anabasis aphylla
trans-3,4-dihydroxycinnamic acid-C15-C20-long-chain alcohol ester 反式 -3,4- 羟基桂皮酸 C15-C20 脂肪醇酯 肾叶打碗花 Calystegia soldanella

trans-2,5-dihydroxycinnamic acid-*α*-D-glucopyranosyl ester 反式 -2,5- 二羟基桂皮酸 -*α*-D- 吡喃葡萄糖基酯 银桦 Grevillea robusta

trans-2,5-dihydroxycinnamic acid-*β*-D-glucopyranosyl ester 反式 -2,5- 二羟基桂皮酸 -*β*-D- 吡喃葡萄糖基酯 银桦 Grevillea robusta

2*α*,3*β*-dihydroxycinnamolide 2*α*,3*β*- 二羟基合瓣樟▲内酯 愉悦蓼 Polygonum jucundum

dihydroxycinnamoyl amide 二羟基桂皮酰胺 茄 Solanum melongena

6'-(2,5-dihydroxycinnamoyl)-arbutin 6'-(2,5- 二羟基桂皮酰基)- 熊果苷 调羹树 Heliciopsis lobata

3*β*-*trans*-(3,4-dihydroxycinnamoyloxy)-11*α*-methoxy-12-ursene 3*β*- 反式 -3,4- 二羟基桂皮酰氧基 -11*α*- 甲氧基 -12- 熊果烯 圆叶南蛇藤 Celastrus kusanoi

3,4-dihydroxycinnamyl alcohol 3,4- 二羟基桂皮醇 半夏 Pinellia ternata

3*β*,17-dihydroxycleistantha-12,15-dien-2-one 3*β*,17- 二羟基闭花木 -12,15- 二烯 -2- 酮 滑桃树 Trevia nudiflora

3*α*,4*α*-dihydroxyclerodan-15-oic acid 3*α*,4*α*- 二羟基克罗 -15- 酸 齿叶黄皮 Clausena dunniana

4*α*,18-dihydroxyclerodan-15-oic acid 4*α*,18- 二羟基克罗 -15- 酸 齿叶黄皮 Clausena dunniana

22-dihydroxyclerosterol 22- 二羟基赪桐甾醇 大青 Clerodendrum cyrtophyllum

3,12-dihydroxycoccinic acid 3,12- 二羟基黑老虎酸 黑老虎 Kadsura coccinea

1*β*,6*α*-dihydroxycostic acid ethyl ester 1*β*,6*α*- 二羟基木香酸乙酯 云木香 Saussurea costus

p-dihydroxycoumaric acid 对二羟基香豆酸 三枝九叶草 Epimedium sagittatum

3,4-dihydroxycoumarin 3,4- 二羟基香豆素 茅香 Hierochloe odorata

5,7-dihydroxycoumarin 5,7- 二羟基香豆素 广东蛇葡萄 Ampelopsis cantoniensis, 茶 Camellia sinensis, 桑 Morus alba, 漆姑草 Sagina japonica, 狼毒 Stellera chamaejasme

5,8-dihydroxycoumarin 5,8- 二羟基香豆素 茅香 Hierochloe odorata

6,7-dihydroxycoumarin 6,7- 二羟基香豆素 金疮小草 Ajuga decumbens, 茵陈蒿 Artemisia capillaris, 狼杷草 Bidens tripartita, 岷江蓝雪花 Ceratostigma willmottianum, 菊苣 Cichorium intybus, 合柄铁线莲 Clematis connata, 乳浆大戟 Euphorbia esula, 对叶大戟 E. sororia, 岩木瓜 Ficus tsiangii, 甘草 Glycyrrhiza uralensis, 狭基线纹香茶菜 Isodon lophanthoides var. gerardianus, 冬凌草 I. rubescens, 野核桃 Juglans cathayensis, 大花紫薇 Lagerstroemia speciosa, 独一味 Lamiophlomis rotata, 西南忍冬 Lonicera bournei, 海滨木巴戟 Morinda citrifolia, 水芹 Oenanthe javanica, 木犀 Osmanthus fragrans, 观音草 Peristrophe bivalvis, 天山棱子芹 Pleurospermum lindleyanum, 三羽新月蕨 Pronephrium triphyllum, 地黄 Rehmannia glutinosa, 一串红 Salvia splendens, 羽叶丁香 Syringa pinnatifolia

6,8-dihydroxycoumarin 6,8- 二羟基香豆素 狭叶链珠藤 Alyxia schlechteri

7,8-dihydroxycoumarin 7,8- 二羟基香豆素 婆婆针 Bidens bipinnata, 尖瓣瑞香 Daphne acutiloba, 黄瑞香 D. giraldii, 牛奶子 Elaeagnus umbellata, 城口东俄芹 Tongoloa silaifolia, 紫藤 Wisteria sinensis

5,7-dihydroxycoumarin-7-(6-*O*-*β*-D-apiofuranosyl-*β*-D-glucopyranoside) 5,7- 二羟基香豆素 -7-(6-*O*-*β*-D- 呋喃芹糖基 -*β*-D- 吡喃葡萄糖苷) 桑 Morus alba

5,7-dihydroxycromone-7-*O*-rutinoside 5,7- 二羟基色甘酸 -7-*O*- 芸香糖苷 辣薄荷 Mentha × piperita

3*β*,27-dihydroxycucurbita-5,24-dien-11-one-3-*O*-*β*-D-glucopyranosyl-27-*O*-*β*-D-glucopyranoside 3*β*,27- 二羟基葫芦 -5,24- 二烯 -11- 酮 -3-*O*-*β*-D- 吡喃葡萄糖基 -27-*O*-*β*-D- 吡喃葡萄糖苷 彭县雪胆 Hemsleya pengxianensis

2,3-dihydroxycucurbita-5,24-dien-19-al 2,3- 二羟基葫芦 -5,24- 二烯 -19- 醛 苦瓜 Momordica charantia

11*α*,26-dihydroxycucurbita-5,24-dien-26-*O*-*β*-D-glucopyranosyl-(1 → 6)-*β*-D-glucopyranoside 11*α*,26- 二羟基葫芦 -5,24- 二烯 -26-*O*-*β*-D- 吡喃葡萄糖基 -(1 → 6)-*β*-D- 吡喃葡萄糖苷 彭县雪胆 Hemsleya pengxianensis

3*β*,23-dihydroxycucurbita-5,24-dien-7*β*-*O*-*β*-D-glucopyranoside 3*β*,23- 二羟基葫芦 -5,24- 二烯 -7*β*-*O*-*β*-D- 吡喃葡萄糖苷 苦瓜 Momordica charantia

3*α*,22(*R* or *S*)-dihydroxycycloart-24*E*-en-26-oic acid 3*α*,22(*R* 或 *S*)- 二羟基环木菠萝 -24*E*- 烯 -26- 酸 杧果 Mangifera indica

3*α*,27-dihydroxycycloart-24*E*-en-26-oic acid 3*α*,27- 二羟基环木菠萝 -24*E*- 烯 -26- 酸 杧果 Mangifera indica

3*β*,22(*R* or *S*)-dihydroxycycloart-24*E*-en-26-oic acid 3*β*,22(*R* 或 *S*)- 二羟基环木菠萝 -24*E*- 烯 -26- 酸 杧果 Mangifera indica

3*β*,23(*R* or *S*)-dihydroxycycloart-24*E*-en-26-oic acid 3*β*,23(*R* 或 *S*)- 二羟基环木菠萝 -24*E*- 烯 -26- 酸 杧果 Mangifera indica

(1*S*,2*R*)-dihydroxycycloax-4(15)-ene (1*S*,2*R*)- 二羟基环埃克 -4(15)- 烯 麻疯树 Jatropha curcas

5*β*,6*β*-dihydroxycyclohex-2-en-1-*O*-*β*-D-glucopyranoside 5*β*,6*β*- 二羟基环已 -2- 烯 -1-*O*-*β*-D- 吡喃葡萄糖苷 八角枫 Alangium chinense

2-(1,4-dihydroxycyclohexany1)-acetic acid 2-(1,4- 二羟基环己烷基)- 乙酸 麻叶千里光 Senecio cannabifolius

2-(1,4-dihydroxycyclohexyl)ethyl caffeate 2-(1,4- 二羟基环已基) 乙基咖啡酸酯 红波罗花 Incarvillea delavayi

2-(*trans*-1,4-dihydroxycyclohexyl)ethyl-*β*-D-glucopyranoside 2-(反式 -1,4- 二羟基环已基) 乙基 -*β*-D- 吡喃葡萄糖苷 老鸦烟筒花 Millingtonia hortensis

(2*E*,7*Z*)-2,6-dihydroxycycloocta-2,7-dienone (2*E*,7*Z*)-2,6- 二羟基环辛 -2,7- 二烯酮 毛脉火焰花 Phlogacanthus pubinervius

(*E*)-2,3-dihydroxycyclopentyl-3-(3',4'-dihydroxyphenyl) acrylate (*E*)-2,3- 二羟基环戊基 -3-(3',4'- 二羟基苯基) 丙烯酸酯 水茄 Solanum torvum

3*β*,29-dihydroxy-D:B-friedoolean-5-ene 3*β*,29- 二羟基 -D:B- 表无羁萜 -5- 烯 雷公藤 Tripterygium wilfordii

(20*S*,23*R*)-3*β*,20*β*-dihydroxydamma-24-dien-21-oic acid-21,23-lactone (20*S*,23*R*)-3*β*,20*β*- 二羟基达玛 -24- 二烯 -21- 酸 -21,23- 内酯 绞股蓝 Gynostemma pentaphyllum

3*β*,12*β*-dihydroxydammar-20(22)*E*,24-diene-6-*O*-*β*-D-xylopyranosyl-(1 → 2)-*O*-*β*-D-glucopyranoside 3*β*,12*β*- 二羟基达玛 -20(22)*E*,24- 二烯 -6-*O*-*β*-D- 吡喃木糖基 -(1 → 2)-*O*-*β*-D- 吡喃葡萄糖苷 人参 Panax ginseng

12*β*,25-dihydroxydammar-20(22)*E*-ene-3-*O*-*β*-D-glucopyranosyl-(1 → 2)-*O*-*β*-D-glucopyranoside 12*β*,25- 二羟基达玛 -20(22)*E*- 烯 -3-*O*-*β*-D- 吡喃葡萄糖基 -(1 → 2)-*O*-*β*-D- 吡喃葡萄糖苷 人参 Panax ginseng

3*β*,25-dihydroxydammar-20-en-24-one 3*β*,25- 二羟基达玛 -20- 烯 -24- 酮 米仔兰 Aglaia odorata

24(*R*),25-dihydroxydammar-20-en-3-one 24(*R*),25- 二羟基达玛 -20- 烯 -3- 酮 米仔兰 Aglaia odorata

24,25-dihydroxydammar-20-en-3-one 24,25- 二羟基达玛 -20- 烯 -3- 酮 臭椿 Ailanthus altissima

24(*R*),25-dihydroxy-dammar-20-en-3-one 24(*R*),25- 二羟基 - 达玛 -20- 烯 -3- 酮 米仔兰 Aglaia odorata

(3*β*,6*α*,12*β*,23*E*)-3,12-dihydroxydammar-23-ene-6,20-bis-*O*-*β*-D-glucopyranoside (3*β*,6*α*,12*β*,23*E*)-3,12- 二羟基达玛 -23- 烯 -6,20- 二 -*O*-*β*-D-吡喃葡萄糖苷 三七 Panax notoginseng

3*β*,20(*S*)-dihydroxydammar-24-en-12*β*,23*β*-epoxy-20-*O*-*β*-D-glucopyranoside 3*β*,20(*S*)- 二羟基达玛 -24- 烯 -12*β*,23*β*- 环氧 -20-*O*-*β*-D- 吡喃葡萄糖苷 人参 Panax ginseng

3*β*,20*S*-dihydroxydammar-24-en-21,28-dioic acid 3-*O*-[*α*-L-rhamnopyranosyl-(1→2)-*α*-L-rhamnopyranosyl-(1→6)-*β*-D-glucopyranosyl-(1→3)-*α*-L-arabinopyranosyl]-21-*O*-*β*-D-glucopyranoside 3*β*,20*S*- 二羟基达玛 -24- 烯 -21,28- 二酸 3-*O*-[*α*-L- 吡喃鼠李糖基 -(1→2)-*α*-L-吡喃鼠李糖基 -(1→6)-*β*-D- 吡喃葡萄糖基 -(1→3)-*α*-L- 吡喃阿拉伯糖基]-21-*O*-*β*-D- 吡喃葡萄糖苷 心籽绞股蓝 Gynostemma cardiospermum

3*β*,20*S*-dihydroxydammar-24-en-21,28-dioic acid 3-*O*-[*β*-D-glucopyranosyl-(1→3)-*α*-L-arabinopyranosyl]-21-*O*-*β*-D-glucopyranoside 3*β*,20*S*-二羟基达玛 -24- 烯 -21,28- 二酸 3-*O*-[*β*-D- 吡喃葡萄糖基 -(1→3)-*α*-L- 吡喃阿拉伯糖基]-21-*O*-*β*-D- 吡喃葡萄糖苷 心籽绞股蓝 Gynostemma cardiospermum

3*β*,20*S*-dihydroxydammar-24-en-21,28-dioic acid-3-*O*-[*α*-L-rhamnopyranosyl-(1→2)-*β*-D-glucopyranosyl-(1→3)-*α*-L-arabinopyranosyl]-21-*O*-*β*-D-glucopyranoside 3*β*,20*S*- 二羟基达玛 -24- 烯 -21,28- 二酸 -3-*O*-[*α*-L- 吡喃鼠李糖基 -(1→2)-*β*-D- 吡喃葡萄糖基 -(1→3)-*α*-L- 吡喃阿拉伯糖基]-21-*O*-*β*-D- 吡喃葡萄糖苷 心籽绞股蓝 Gynostemma cardiospermum

3*β*,20*S*-dihydroxydammar-24-en-21,29-dioic acid 3-*O*-[*β*-D-glucopyranosyl-(1→3)-*α*-L-arabinopyranosyl]-21-*O*-*β*-D-glucopyranoside 3*β*,20*S*-二羟基达玛 -24- 烯 -21,29- 二酸 -3-*O*-[*β*-D- 吡喃葡萄糖基 -(1→3)-*α*-L- 吡喃阿拉伯糖基]-21-*O*-*β*-D- 吡喃葡萄糖苷 毛绞股蓝 Gynostemma pubescens

3*β*,20*S*-dihydroxydammar-24-en-21,29-dioic acid-21-*O*-[*β*-D-glucopyranosyl-(1→2)-*α*-L-rhamnopyranosyl-(1→6)-*β*-D-glucopyranoside] 3*β*,20*S*- 二羟基达玛 -24- 烯 -21,29- 二酸 -21-*O*-[*β*-D- 吡喃葡萄糖基 -(1→2)-*α*-L- 吡喃鼠李糖基 -(1→6)-*β*-D- 吡喃葡萄糖苷] 毛绞股蓝 Gynostemma pubescens

3*β*,20*S*-dihydroxydammar-24-en-21,29-dioic acid-3-*O*-[*α*-L-rhamnopyranosyl-(1→6)-*β*-D-glucopyranosyl-(1→3)-*α*-L-arabinopyranosyl]-21-*O*-*β*-D-glucopyranoside 3*β*,20*S*- 二羟基达玛 -24- 烯 -21,29- 二酸 -3-*O*-[*α*-L- 吡喃鼠李糖基 -(1→6)-*β*-D- 吡喃葡萄糖基 -(1→3)]-*α*-L- 吡喃阿拉伯糖基 -21-*O*-*β*-D- 吡喃葡萄糖苷 毛绞股蓝 Gynostemma pubescens

3*β*,20*S*-dihydroxydammar-24-en-21,29-dioic acid-3-*O*-*α*-L-arabinopyranosyl-21-*O*-*β*-D-glucopyranoside 3*β*,20*S*- 二羟基达玛 -24- 烯 -21,29- 二酸 -3-*O*-*α*-L- 吡喃阿拉伯糖基 -21-*O*-*β*-D- 吡喃葡萄糖苷 毛绞股蓝 Gynostemma pubescens

3*β*,20*S*-dihydroxydammar-24-en-21-carboxylic acid-3-*O*-{[*α*-L-rhamnopyanosyl-(1→2)]-[*α*-L-rhamnopyranosyl-(1→3)]-*β*-D-glucopyranosyl}-21-*O*-[*β*-D-glucopyranosyl-(1→2)]-[*α*-L-rhamnopyranosyl-(1→6)]-*β*-D-glucopyranoside 3*β*,20*S*- 二羟基达玛 -24- 烯 -21- 羧酸 -3-*O*-{[*α*-L-吡喃鼠李糖基 -(1→2)]-[*α*-L- 吡喃鼠李糖基 -(1→3)]-*β*-D- 吡喃葡萄糖基 }-21-*O*-[*β*-D- 吡喃葡萄糖基 -(1→2)]-[*α*-L- 吡喃鼠李糖基 -(1→6)]-*β*-D- 吡喃葡萄糖苷 绞股蓝 Gynostemma pentaphyllum

3*β*,20*S*-dihydroxydammar-24-en-21-carboxylic acid-3-*O*-{[*α*-L-rhamnopyranosyl-(1→2)]-[*β*-D-glucopyranosyl-(1→3)]-*β*-D-glucopyranosyl}-21-*O*-[*β*-D-glucopyranosyl-(1→2)]-[*α*-L-rhamnopyranosyl-(1→6)]-*β*-D-glucopyranoside 3*β*,20*S*- 二羟基达玛 -24- 烯 -21- 羧酸 -3-*O*-{[*α*-L-吡喃鼠李糖基 -(1→2)]-[*β*-D- 吡喃葡萄糖基 -(1→3)]-*β*-D- 吡喃葡萄糖基 }-21-*O*-[*β*-D- 吡喃葡萄糖基 -(1→2)]-[*α*-L- 吡喃鼠李糖基 -(1→6)]-*β*-D- 吡喃葡萄糖苷 绞股蓝 Gynostemma pentaphyllum

3*β*,20*S*-dihydroxydammar-24-en-21-carboxylic acid-3-*O*-{[*α*-L-rhamnopyranosyl-(1→2)]-[*β*-D-glucopyranosyl-(1→3)]-*β*-D-glucopyranosyl}-21-*O*-[*β*-D-glucopyranosyl-(1→2)]-*β*-D-glucopyranoside 3*β*,20*S*- 二羟基达玛 -24- 烯 -21- 羧酸 -3-*O*-{[*α*-L- 吡喃鼠李糖基 -(1→2)]-[*β*-D- 吡喃葡萄糖基 -(1→3)]-*β*-D- 吡喃葡萄糖基 }-21-*O*-[*β*-D- 吡喃葡萄糖基 -(1→2)]-*β*-D- 吡喃葡萄糖苷 绞股蓝 Gynostemma pentaphyllum

3*β*,20*S*-dihydroxydammar-24-en-21-carboxylic acid-3-*O*-{[*α*-L-rhamnopyranosyl-(1→2)]-[*β*-D-xylopyranosyl-(1→3)]-*β*-D-glucopyranosyl}-21-*O*-[*β*-D-glucopyranosyl-(1→2)]-[*α*-L-rhamnopyranosyl-(1→6)]-*β*-D-glucopyranoside 3*β*,20*S*- 二羟基达玛 -24- 烯 -21- 羧酸 -3-*O*-{[*α*-L- 吡喃鼠李糖基 -(1→2)]-[*β*-D- 吡喃木糖基 -(1→3)]-*β*-D- 吡喃葡萄糖基 }-21-*O*-[*β*-D- 吡喃葡萄糖基 -(1→2)]-[*α*-L- 吡喃鼠李糖基 -(1→6)]-*β*-D- 吡喃葡萄糖苷 绞股蓝 Gynostemma pentaphyllum

3*β*,20*S*-dihydroxydammar-24-en-29-aldehyde-21-carboxylic acid-3-*O*-[*α*-L-rhamnopyranosyl-(1→2)-*β*-D-glucopyranosyl-(1→2)-*α*-L-rhamnopyranosyl-(1→6)-*β*-D-gluco-pyranosyl-(1→3)-*α*-L-arabinopyranosyl]-21-*O*-*β*-D-glucopyranoside 3*β*,20*S*- 二羟基达玛 -24- 烯 -29- 醛 -21- 羧酸 -3-*O*-[*α*-L- 吡喃鼠李糖基 -(1→2)-*β*-D- 吡喃葡萄糖基 -(1→2)-*α*-L- 吡喃鼠李糖基 (1→6)-*β*-D- 吡喃葡萄糖基 -(1→3)-*α*-L-吡喃阿拉伯糖基]-21-*O*-*β*-D- 吡喃葡萄糖苷 毛绞股蓝 Gynostemma pubescens

(2*α*,20*S*)-2,20-dihydroxydammar-24-en-3-one (2*α*,20*S*)-2,20- 二羟基达玛 -24- 烯 -3- 酮 东京樱桃 Cerasus yedoensis

12*β*,20(*S*)-dihydroxydammar-24-en-3-one 12*β*,20(*S*)- 二羟基达玛 -24- 烯 -3- 酮 臭椿 Ailanthus altissima, 楝 Melia azedarach

12*β*,20*S*-dihydroxydammar-24-en-3-one 12*β*,20*S*- 二羟基达玛 -24- 烯 -3- 酮 臭椿 Ailanthus altissima

11*α*,20*R*-dihydroxy-dammar-24-en-3-one 11*α*,20*R*- 二羟基 - 达玛 -24- 烯 -3- 酮 野核桃 Juglans cathayensis

3*β*,20*S*-dihydroxydammar-24-ene-21-carboxylic acid-3-*O*-[*α*-L-rhamnopyranosyl-(1→2)][*β*-D-glucopyranosyl-(1→3)]-*β*-D-glucopyranoside 3*β*,20*S*- 二羟基达玛 -24- 烯 -21- 羧酸 -3-*O*-[*α*-L- 吡喃鼠李糖基 -(1→2)][*β*-D- 吡喃葡萄糖基 -(1→3)]-*β*-D- 吡喃葡萄糖苷 绞股蓝 Gynostemma pentaphyllum

3*β*,20*S*-dihydroxydammar-24-ene-21-carboxylic acid-3-*O*-{[*α*-L-rhamnopyranosyl-(1→2)][*β*-D-glucopyranosyl-(1→3)]*β*-D-glucopyranosyl}-21-*O*-*β*-D-glucopyranoside 3*β*,20*S*- 二羟基达玛 -24- 烯 -21- 羧酸 -3-*O*-{[*α*-L- 吡喃鼠李糖基 -(1→2)][*β*-D- 吡喃葡萄糖基 -(1→3)]*β*-D-吡喃葡萄糖基 }-21-*O*-*β*-D- 吡喃葡萄糖苷 绞股蓝 Gynostemma pentaphyllum

3β,20S-dihydroxydammar-24-ene-21-carboxylic acid-3-O-{[α-L-rhamnopyranosyl-(1→2)][β-D-glucopyranosyl-(1→6)-β-D-glucopyranosyl-(1→3)]β-D-glucopyranosyl}-21-O-β-D-glucopyranoside 3β,20S- 二羟基达玛 -24- 烯 -21- 羧酸 -3-O-{[α-L- 吡喃鼠李糖基 -(1→2)][β-D- 吡喃葡萄糖基 -(1→6)-β-D- 吡喃葡萄糖基 -(1→3)]β-D- 吡喃葡萄糖基 }-21-O-β-D- 吡喃葡萄糖苷 绞股蓝 Gynostemma pentaphyllum
3β,20S-dihydroxydammar-24-ene-21-carboxylic acid-3-O-{[α-L-rhamnopyranosyl-(1→2)][β-D-xylopyranosyl-(1→3)][β-D-glucopyranosyl-(1→6)]β-D-glucopyranosyl}-21-O-β-D-glucopyranoside 3β,20S- 二羟基达玛 -24- 烯 -21- 羧酸 -3-O-{[α-L- 吡喃鼠李糖基 -(1→2)][β-D- 吡喃木糖基 -(1→3)][β-D- 吡喃葡萄糖基 -(1→6)]β-D- 吡喃葡萄糖基 }-21-O-β-D- 吡喃葡萄糖苷 绞股蓝 Gynostemma pentaphyllum
3β,19,20S-dihydroxydammar-24-ene-3-O-[β-D-glucopyranosyl-(2→1)-β-D-glucopyranosyl]-20-O-[α-L-rhamnopyranosyl-(6→1)-β-D-glucopyranoside] 3β,19,20S- 二羟基达玛 -24- 烯 -3-O-[β-D- 吡喃葡萄糖基 -(2→1)-β-D- 吡喃葡萄糖基]-20-O-[α-L- 吡喃鼠李糖基 (6→1)-β-D- 吡喃葡萄糖苷] 绞股蓝 Gynostemma pentaphyllum
20S,24S-dihydroxy-dammar-25-en-3-one 20S,24S- 二羟基 - 达玛 -25- 烯 -3- 酮 米仔兰 Aglaia odorata
(12β,24S)-12,24-dihydroxydammar-25-ene-3β-O-β-D-glucopyranosyl-(1→2)-O-β-D-glucopyranoside-20-O-α-L-arabinopyranosyl-(1→6)-O-β-D-glucopyranoside (12β,24S)-12,24- 二羟基达玛 -25- 烯 -3β-O-β-D- 吡喃葡萄糖基 -(1→2)-O-β-D- 吡喃葡萄糖苷 -20-O-α-L- 吡喃阿拉伯糖基 -(1→6)-O-β-D- 吡喃葡萄糖苷 西洋参 Panax quinquefolius
6α,20(S)-dihydroxydammar-3,12-dione-24-ene 6α,20(S)- 二羟基达玛 -3,12- 二酮 -24- 烯 人参 Panax ginseng
20(S),24(S)-dihydroxydammara-26-en-3-one 20(S),24(S)- 二羟基 - 达玛 -26- 烯 -3- 酮 蒙古栎 Quercus mongolica
5α,6β-dihydroxydaucosterol 5α,6β- 二羟基胡萝卜苷 马比木 Nothapodytes pittosporoides, 人参 Panax ginseng, 地黄 Rehmannia glutinosa, 喜马拉雅红豆杉 Taxus wallichiana, 宽叶荨麻 Urtica laetevirens
7R,18-dihydroxydehydroabietanol 7R,18- 二羟基去氢冷杉烷醇 秦岭冷杉 Abies chensiensis
7α,18-dihydroxydehydroabietanol 7α,18- 二羟基去氢冷杉醇 香柏 Juniperus pingii var. wilsonii
7β,18-dihydroxydehydroabietanol 7β,18- 二羟基去氢冷杉醇 香柏 Juniperus pingii var. wilsonii
16,7α-dihydroxydehydroabietic acid 16,7α- 二羟基去氢冷杉酸 冷杉 Abies fabri
7α,15-dihydroxydehydroabietic acid 7α,15- 二羟基去氢冷杉酸 土沉香 Aquilaria sinensis, 枇杷叶紫珠 Callicarpa kochiana
7β,15-dihydroxydehydroabietic acid 7β,15- 二羟基去氢冷杉酸 香柏 Juniperus pingii var. wilsonii
2α,9β-dihydroxy-dehydrocostus lactone 2α,9β- 二羟基去氢木香内酯 顶羽菊 Acroptilon repens
erythro-dihydroxydehydrodiconiferyl alcohol 赤式 - 二羟基去氢二松柏醇 杜仲 Eucommia ulmoides, 栀子皮 Itoa orientalis, 滇刺枣 Ziziphus mauritiana
threo-dihydroxydehydrodiconiferyl alcohol 苏式 - 二羟基去氢二松柏醇 山桂花 Bennettiodendron leprosipes, 杜仲 Eucommia ulmoides, 大果刺篱木 Flacourtia ramontchi, 滇刺枣 Ziziphus mauritiana
(2S,3R)-dihydroxydehydrodiconiferyl alcohol-β-D-glucoside (2S,3R)- 二羟基去氢二松柏醇 -β-D- 葡萄糖苷 血桐 Macaranga tanarius var. tomentosa
16α,25-dihydroxydehydroeburicoic acid 16α,25- 二羟基去氢齿孔酸 猪苓 Polyporus umbellatus
4,4'-dihydroxydibenzyl ether 4,4'- 二羟基二苄基醚 凹舌兰 Coeloglossum viride, 天麻 Gastrodia elata
11,19-dihydroxydigitoxigenin-3-O-β-(3'-O-methyl)glucopyranoside 11,19- 二羟基洋地黄毒苷元 -3-O-β-(3'-O- 甲基) 吡喃葡萄糖苷 鹊肾树 Streblus asper
2',4'-dihydroxydihydrochalcone 2',4'- 二羟基二氢查耳酮 细叶小苦荬 Ixeridium gracile, 镰荚棘豆 Oxytropis falcata, 多叶棘豆 O. myriophylla
(E)-6,7-dihydroxydihydroligustilide (E)-6,7- 二羟基二氢藁本内酯 当归 Angelica sinensis
5,6-dihydroxydihydrophysalin B 5,6- 二羟基二氢酸浆素 B 苦蘵 Physalis angulata
2',3'-dihydroxydihydrosuberin 2',3'- 二羟基二氢栓质花椒素▲ 马蜂橙 Citrus hystrix
2,3-dihydroxy-dihydrosuberosin acetonide 2,3- 二羟基二氢栓质花椒素▲丙酮化物 文旦 Citrus maxima'Wentan'
2α,7α-dihydroxydihydrovoaphylline 2α,7α- 二羟基二氢伏康树叶碱▲ 雷打果 Melodinus yunnanensis
2',5-dihydroxy-dihydroxy-6',7-dimethoxy-flavone-2'-O-β-D-glucopyranoside 2',5- 二羟基 -6',7- 二甲氧基 - 黄酮 -2'-O-β-D- 吡喃葡萄糖苷 木蝴蝶 Oroxylum indicum
4,4'-dihydroxydiphenylmethane 4,4'- 二羟基二苯基甲烷 凹舌兰 Coeloglossum viride, 青兰 Dracocephalum ruyschiana, 山珊瑚 Galeola faberi, 天麻 Gastrodia elata
erythro-13,14-dihydroxydocosanoate 赤式 -13,14- 二羟基二十二酸酯 弹裂碎米荠 Cardamine impatiens
2E,4E,9E-8,11-dihydroxy-dodecatriensaureisobutylamide 2E,4E,9E-8,11- 二羟基 - 十二碳三烯饱和异丁酰胺 美形金钮扣 Acmella calva
(5S*,8S*,9S*,10R*,13S*)-3,16-dihydroxydolabr-3-ene-2,15-dione (5S*,8S*,9S*,10R*,13S*)-3,16- 二羟基斧松 -3- 烯 -2,15- 二酮 角果木 Ceriops tagal
10,11-dihydroxydracaenone C 10,11- 二羟基龙血酮 C 剑叶龙血树 Dracaena cochinchinensis
1α,20R-dihydroxyecdysone 1α,20R- 二羟基蜕皮素 轴藜 Axyris amaranthoides
5β,20-dihydroxyecdysone 5β,20- 二羟基蜕皮素 洼瓣花 Lloydia serotina
4β,11-dihydroxyenantioeudesman-1-one 4β,11- 二羟基对映桉叶 -1- 酮 翼齿六棱菊 Laggera crispata
3,20-dihydroxy-ent-1(10),15-rosadiene 3,20- 二羟基 - 对映 -1(10),15- 粉红单端孢二烯▲ 狼毒大戟 Euphorbia fischeriana
3,7-dihydroxy-ent-1(10),15-rosadiene 3,7- 二羟基 - 对映 -1(10),15- 粉红单端孢二烯▲ 狼毒大戟 Euphorbia fischeriana
16α,17-dihydroxy-ent-9(11)-kauren-19-al 16α,17- 二羟基 - 对映 -9(11)- 贝壳杉烯 -19- 醛 木榄 Bruguiera gymnorhiza
16α,17-dihydroxy-ent-9(11)-kauren-19-oic acid 16α,17- 二羟基 - 对映 -9(11)- 贝壳杉烯 -19- 酸 木榄 Bruguiera gymnorhiza
1α,3α-dihydroxy-ent-abieta-8(14),13(15)-dien-16,12-olide 1α,3α- 二羟基 - 对映 - 冷杉 -8(14),13(15)- 二烯 -16,12- 内酯 金刚纂 Euphorbia neriifolia
3α,7β-dihydroxy-ent-abieta-8,11,13-triene 3α,7β- 二羟基 - 对映 - 冷杉 -8,11,13- 三烯 四川金粟兰 Chloranthus sessilifolius

D

16α,17-dihydroxy-*ent*-atisan-19-al 16α,17- 二羟基 - 对映 - 阿替 -19- 醛 滑桃树 Trevia nudiflora
(16α)-17-dihydroxy-*ent*-atisan-19-oic acid methyl ester (16α)-17- 二羟基 - 对映 - 阿替 -19- 酸甲酯 滑桃树 Trevia nudiflora
3α,11β-dihydroxy-*ent*-isopimara-8(14),15-dien-2-one 3α,11β- 二羟基 - 对映 - 异海松 -8(14),15- 二烯 -2- 酮 海漆 Excoecaria agallocha
2β,3α-dihydroxy-*ent*-kaur-15-en-17-oic acid-3-*O*-β-D-glucopyranoside 2β,3α- 二羟基 - 对映 - 贝壳杉 -15- 烯 -17- 酸 -3-*O*-β-D- 吡喃葡萄糖苷 毛叶合欢 Albizia mollis
7β,17-dihydroxy-*ent*-kaur-15-en-19-oic acid-19-*O*-β-D-glucopyranoside ester 7β,17- 二羟基 - 对映 - 贝壳杉 -15- 烯 -19- 酸 -19-*O*-β-D- 吡喃葡萄糖苷酯 圆滑番荔枝 Annona glabra
3α,7β-dihydroxy-*ent*-kaur-16-en-15-one 3α,7β- 二羟基 - 对映 - 贝壳杉 -16- 烯 -15- 酮 腺花香茶菜 Isodon adenanthus
2β,15α-dihydroxy-*ent*-kaur-16-ene 2β,15α- 二羟基 - 对映 - 贝壳杉 -16- 烯 凤尾蕨 Pteris cretica var. nervosa, 指叶凤尾蕨 P. dactylina
16α,17-dihydroxy-*ent*-kauran-19-al 16α,17- 二羟基 - 对映 - 贝壳杉 -19- 醛 番荔枝 Annona squamosa, 木榄 Bruguiera gymnorhiza
16β,17-dihydroxy-*ent*-kauran-19-al 16β,17- 二羟基 - 对映 - 贝壳杉 -19- 醛 圆滑番荔枝 Annona glabra, 番荔枝 A. squamosa
16,17-dihydroxy-*ent*-kauran-19-oic acid 16,17- 二羟基 - 对映 - 贝壳杉 -19- 酸 番荔枝 Annona squamosa
16α,17-dihydroxy-*ent*-kauran-19-oic acid 16α,17- 二羟基 - 对映 - 贝壳杉 -19- 酸 圆滑番荔枝 Annona glabra, 番荔枝 A. squamosa, 食用土当归 Aralia cordata, 龙眼独活 A. fargesii, 中华双扇蕨 Dipteris chinensis
16β,17-dihydroxy-*ent*-kauran-19-oic acid 16β,17- 二羟基 - 对映 - 贝壳杉 -19- 酸 圆滑番荔枝 Annona glabra, 番荔枝 A. squamosa
16,17-dihydroxy-*ent*-kauran-19-oic acid methyl ester 16,17- 二羟基 - 对映 - 贝壳杉 -19- 甲酯 番荔枝 Annona squamosa
16*R*,19-dihydroxy-*ent*-kaurane 16*R*,19- 二羟基 - 对映 - 贝壳杉烷 雷公藤 Tripterygium wilfordii
16α,17-dihydroxy-*ent*-kaurane 16α,17- 二羟基 - 对映 - 贝壳杉烷 圆滑番荔枝 Annona glabra
16α,19-dihydroxy-*ent*-kaurane 16α,19- 二羟基 - 对映 - 贝壳杉烷 飞扬草 Euphorbia hirta
16β,17-dihydroxy-ent-kaurane 16β,17- 二羟基 - 对映 - 贝壳杉烷 圆滑番荔枝 Annona glabra, 浙贝母 Fritillaria thunbergii
2β,16α-dihydroxy-*ent*-kaurane 2β,16α- 二羟基 - 对映 - 贝壳杉烷 飞扬草 Euphorbia hirta, 凤尾蕨 Pteris cretica var. nervosa, 指叶凤尾蕨 P. dactylina
16β,17-dihydroxy-*ent*-kaurane-3-one 16β,17- 二羟基 - 对映 - 贝壳杉 -3- 酮 钩腺大戟 Euphorbia sieboldiana
3α,12α-dihydroxy-*ent*-pimara-8(14),15-diene 3α,12α- 二羟基 - 对映 - 海松 -8(14),15- 二烯 边缘鳞盖蕨 Microlepia marginata
3α,17-dihydroxy-*ent*-pimara-8(14),15-diene 3α,17- 二羟基 - 对映 - 海松 -8(14),15- 二烯 狼毒大戟 Euphorbia fischeriana
4',5'-dihydroxy-epiisocatalponol 4',5'- 二羟基 - 表异梓酮醇 柚木 Tectona grandis
1,8-dihydroxyeremophil-7(11),9(10)-dien-12,8-olide 1,8- 二羟基荒漠木烷 -7(11),9(10)- 二烯 -12,8- 内酯 宽舌橐吾 Ligularia platyglossa
3β,6β-dihydroxyeremophil-7(11)-en-12,8α-olide 3β,6β- 二羟基荒漠木 -7(11)- 烯 -12,8α- 内酯 蜂斗菜 Petasites japonicus
6β,8β-dihydroxyeremophil-7(11)-en-12,8α-olide 6β,8β- 二羟基荒漠木 -7(11)- 烯 -12,8α- 内酯 大黄橐吾 Ligularia duciformis, 黄帚橐吾 L. virgaurea, 五味子 Schisandra chinensis
6β,8β-dihydroxy-eremophil-7(11)-en-12,8α-olide 6β,8β- 二羟基 - 荒漠木 -7(11)- 烯 -12,8α- 内酯 蹄叶橐吾 Ligularia fischeri
6β,8α-dihydroxyeremophil-7(11)-en-12,8β-olide 6β,8α- 二羟基荒漠木 -7(11)- 烯 -12,8β- 内酯 大黄橐吾 Ligularia duciformis, 五味子 Schisandra chinensis
(6α,8α)-6,8-dihydroxy-eremophil-7(11)-en-12-oic acid-12,8-lactone (6α,8α)-6,8- 二羟基荒漠木 -7(11)- 烯 -12- 酸 -12,8- 内酯 离舌橐吾 Ligularia veitchiana
6β,10β-dihydroxyeremophil-7(11)-en-8α,12-olide 6β,10β- 二羟基荒漠木 -7(11)- 烯 -8α,12- 内酯 鹿蹄橐吾 Ligularia hodgsonii
1β,11-dihydroxy-eremophil-9-ene 1β,11- 二羟基 - 荒漠木 -9- 烯 蹄叶橐吾 Ligularia fischeri
9α,14α-dihydroxyergosta-4,7,22-trien-3,6-dione 9α,14α- 二羟基麦角甾 -4,7,22- 三烯 -3,6- 二酮 秃马勃 Calvatia cyathiformis
(22*E*,24*R*)-3β,5α-dihydroxyergosta-7,22-dien-6-one (22*E*,24*R*)-3β,5α- 二羟基麦角甾 -7,22- 烯 -6- 酮 刺松藻 Codium fragile
3β,5α-dihydroxyergosta-7,22-dien-6β-yl linoleate 3β,5α- 二羟基麦角甾 -7,22- 二烯 -6β- 基 - 亚油酸酯 松乳菇 Lactarius deliciosus
3β,5α-dihydroxyergosta-7,22-dien-6β-yl oleate 3β,5α- 二羟基麦角甾 -7,22- 二烯 -6β- 基 - 油酸酯 松乳菇 Lactarius deliciosus
13β-(1,2-dihydroxyethyl)-13-methyl-podocarp-8(14)-en-15-oic acid 13β-(1,2- 二羟乙基)-13- 甲基 - 罗汉松 -8(14)- 烯 -15- 酸 食用土当归 Aralia cordata
5-(1,2-dihydroxyethyl)-2-(*E*)-hept-5-ene-1,3-diynylthiophene 5-(1,2- 二羟基乙基)-2-(*E*)- 庚 -5- 烯 -1,3- 二炔噻吩 鹿草 Stemmacantha carthamoides, 黄缨菊 Xanthopappus subacaulis
1-(1',2'-dihydroxyethyl)-4-methoxy-β-carboline 1-(1',2'- 二羟乙基)-4- 甲氧基 -β- 咔啉 臭椿 Ailanthus altissima
2-(1,2-dihydroxyethyl)-furan 2-(1,2- 二羟基乙基)- 呋喃 红枝崖爬藤 Tetrastigma erubescens
(±)-3,9-dihydroxyeucomin (±)-3,9- 二羟基凤梨百合素▲ 剑麻 Agave sisalana
4α,5α-dihydroxyeudesm-11(13)-en-12-oic acid 4α,5α- 二羟基桉叶 -11(13)- 烯 -12- 酸 翼齿六棱菊 Laggera crispata
(±)-1β,6α-dihydroxyeudesm-4(15)-ene (±)-1β,6α- 二羟基 - 桉叶 -4(15)- 烯 麻疯树 Jatropha curcas
1β,6α-dihydroxyeudesm-4(15)-ene 1β,6α- 二羟基桉叶 -4(15)- 烯 南牡蒿 Artemisia eriopoda, 牡蒿 A. japonica, 北艾 A. vulgaris, 金挖耳 Carpesium divaricatum, 剑叶金鸡菊 Coreopsis lanceolata, 白花枝子花 Dracocephalum heterophyllum, 赶山鞭 Hypericum attenuatum, 大黄橐吾 Ligularia duciformis, 蹄叶橐吾 L. fischeri, 三七 Panax notoginseng, 栗色鼠尾草 Salvia castanea, 合蕊五味子 Schisandra propinqua, 峨眉千里光 Senecio faberi, 华蟹甲 Sinacalia tangutica
1β,6α-dihydroxy-eudesm-4(15)-ene 1β,6α- 二羟基 - 桉叶 -4(15)- 烯 灰毛浆果楝 Cipadessa cinerascens
2β,11α-dihydroxyeudesm-5-en-8β,12-olide 2β,11α- 二羟基 - 桉叶 -5- 烯 -8β,12- 内酯 土木香 Inula helenium
4α,8β-dihydroxyeudesm-7(11)-en-12,8-olide 4α,8β- 二羟基桉叶 -7(11)- 烯 -12,8- 内酯 鱼子兰 Chloranthus erectus
1α,6α-dihydroxyeudesma-3,11(13)-dien-12-carboxylic acid methyl ester 1α,6α- 二羟基桉叶 -3,11(13)- 二烯 -12- 羧酸甲酯 蒌蒿 Artemisia selengensis

1β,5α-dihydroxyeudesma-4(15)-ene 1β,5α- 二羟基桉叶 -4(15)- 烯 一年蓬 Erigeron annuus
1β,7α-dihydroxyeudesma-4(15)-ene 1β,7α- 二羟基桉叶 -4(15)- 烯 一年蓬 Erigeron annuus
1β,3α-dihydroxyeudesma-5,11(13)-dien-12-oic acid 1β,3α- 二羟基桉叶 -5,11(13)- 二烯 -12- 酸 翼齿六棱菊 Laggera crispata
1β,9β-dihydroxyeudesma-5,11(13)-dien-12-oic acid 1β,9β- 二羟基桉叶 -5,11(13)- 二烯 -12- 酸 翼齿六棱菊 Laggera crispata
1α,4α-dihydroxyeudesman-11-ene 1α,4α- 二羟基桉叶 -11- 烯 杜楝 Turraea pubescens
1β,4β-dihydroxyeudesman-11-ene 1β,4β- 二羟基桉叶 -11- 烯 一年蓬 Erigeron annuus, 杜楝 Turraea pubescens
1β,8β-dihydroxy-eudesman-3,7(11)-dien-8α,12-olide 1β,8β- 二羟基 - 桉叶 -3,7(11)- 二烯 -8α,12- 内酯 多穗金粟兰 Chloranthus multistachys
1β,6β-dihydroxy-eudesman-4(14)-ene 1β,6β- 二羟基 - 桉叶 -4(14)- 烯 羊角天麻 Dobinea delavayi
8β,9α-dihydroxyeudesman-4(15),7(11)-dien-8α,12-olide 8β,9α- 二羟基桉叶 -4(15),7(11)- 二烯 -8α,12- 内酯 草珊瑚 Sarcandra glabra
1β,8β-dihydroxy-eudesman-4(15),7(11)-dien-8α,12-olide 1β,8β- 二羟基桉叶 -4(15),7(11)- 二烯 -8α,12- 内酯 宽叶金粟兰 Chloranthus henryi
(1R,5S,6S,7S,10R)-1β,6α-dihydroxyeudesman-4-one (1R,5S,6S,7S,10R)-1β,6α- 二羟基桉叶烷 -4- 酮 一年蓬 Erigeron annuus
4α,6α-dihydroxyeudesman-8,12-olide 4α,6α- 二羟基桉叶 -8,12- 内酯 欧亚旋覆花 Inula britannica
5,7-dihydroxyeudesmanolide 5,7- 二羟基桉叶内酯 绒毛戴星草 Sphaeranthus indicus
3,16-dihydroxyeupha-7,24-dien-21-oic acid methyl ester 3,16- 二羟基大戟 -7,24- 二烯 -21- 酸甲酯 川楝 Melia toosendan
3β,4α-dihydroxyfilicane 3β,4α- 二羟基绵马烷 铁线蕨 Adiantum capillus-veneris
(2S)-4',7-dihydroxyflavan (2S)-4',7- 二羟基黄烷 柬埔寨龙血树 Dracaena cambodiana, 忽地笑 Lycoris aurea, 葱莲 Zephyranthes candida
4',7-dihydroxyflavan 4',7- 二羟基黄烷 西南文殊兰 Crinum latifolium
7,4'-dihydroxyflavan 7,4'- 二羟基黄烷 小构树 Broussonetia kazinoki, 剑叶龙血树 Dracaena cochinchinensis
3,4-dihydroxyflavandiol 3,4- 二羟基黄烷 菊蒿 Tanacetum vulgare
4',7-dihydroxyflavanol 4',7- 二羟基黄酮醇 红叶 Cotinus coggygria var. cinerea
(S)-5,7-dihydroxyflavanone (S)-5,7- 二羟基黄烷酮 镰荚棘豆 Oxytropis falcata
2S-6,7-dihydroxyflavanone 2S-6,7- 二羟基黄烷酮 印度黄檀 Dalbergia sissoo
4',7-dihydroxyflavanone 4',7- 二羟基黄烷酮 假黄皮 Clausena excavata, 洋甘草 Glycyrrhiza glabra
5,7-dihydroxyflavanone 5,7- 二羟基黄烷酮 剑麻 Agave sisalana, 车桑子 Dodonaea viscosa, 细叶小苦荬 Ixeridium gracile, 胡桃楸 Juglans mandshurica, 香杨 Populus koreana
7,8-dihydroxyflavanone 7,8- 二羟基二氢黄酮 草豆蔻 Alpinia hainanensis
4',5-dihydroxy-flavanone 4',5- 二羟基黄烷酮 常山 Dichroa febrifuga
(2S)-2',5'-dihydroxyflavanone-2'-O-β-D-(2''-O-trans-caffeoyl)glucopyranoside (2S)-2',5'- 二羟基黄烷酮 -2'-O-β-D-(2''-O- 反式 - 咖啡酰基)- 吡喃葡萄糖苷 棱茎黄芩 Scutellaria scandens
5,7-dihydroxyflavanone-4'-O-α-L-rhamnopyranosyl-β-D-glucopyranoside 5,7- 二羟基黄烷酮 -4'-O-α-L- 吡喃鼠李糖基 -β-D- 吡喃葡萄糖苷 洋紫荆 Bauhinia variegata
5,7-dihydroxyflavanone-4'-O-β-D-glucopyranoside 5,7- 二羟基二氢黄酮 -4'-O-β-D- 吡喃葡萄糖苷 芍药 Paeonia lactiflora
4',7-dihydroxyflavanone-4'-β-D-glucoside 4',7- 二羟基黄烷酮 -4'-β-D- 葡萄糖苷 洋甘草 Glycyrrhiza glabra
5,2'-dihydroxyflavanone-7,4'-di-O-β-D-glucopyranoside 5,2'- 二羟基黄烷酮 -7,4'- 二 -O-β-D- 吡喃葡萄糖苷 桑 Morus alba
5,4'-dihydroxyflavanone-7-O-α-L-rhamnopyranosyl-(1 → 2)-β-D-glucopyranoside 5,4'- 二羟基黄烷酮 -7-O-α-L- 吡喃鼠李糖基 -(1 → 2)-β-D- 吡喃葡萄糖苷 狭叶虎皮楠 Daphniphyllum angustifolium
4',5-dihydroxyflavanone-7-O-α-L-rhamnosyl-(1 → 2)-β-D-glucoside 4',5- 二羟基黄烷酮 -7-O-α-L- 鼠李糖基 -(1 → 2)-β-D- 葡萄糖苷 马尾松 Pinus massoniana
4',5-dihydroxyflavanone-7-O-β-D-glucopyranoside 4',5- 二羟基二氢黄酮 -7-O-β-D- 吡喃葡萄糖苷 芍药 Paeonia lactiflora
5,4'-dihydroxyflavanone-7-O-β-D-glucopyranoside 5,4'- 二羟基黄烷酮 -7-O-β-D- 吡喃葡萄糖苷 卵叶槲寄生 Viscum album subsp. meridianum
(2S)-5,6-dihydroxyflavanone-7-O-β-D-glucopyranosyl-(1 → 6)-β-D-glucopyranoside (2S)-5,6- 二羟基 - 黄烷酮 -7-O-β-D- 吡喃葡萄糖基 -(1 → 6)-β-D- 吡喃葡萄糖苷 木蝴蝶 Oroxylum indicum
3',4'-dihydroxyflavanone-7-O-β-D-glucoside 3',4'- 二羟基黄烷酮 -7-O-β-D- 葡萄糖苷 小花鬼针草 Bidens parviflora
2',5'-dihydroxyflavone 2',5'- 二羟基黄酮 霞红灯台报春 Primula beesiana, 报春花 P. malacoides, 天山报春 P. nutans
3',4'-dihydroxyflavone 3',4'- 二羟基黄酮 短萼仪花 Lysidice brevicalyx, 霞红灯台报春 Primula beesiana, 无粉报春 P. efarinosa, 报春花 P. malacoides, 天山报春 P. nutans, 藏报春 P. sinensis
3,5-dihydroxyflavone 3,5- 二羟基黄酮 粉报春 Primula farinosa
4',7-dihydroxyflavone 4',7- 二羟基黄酮 文殊兰 Crinum asiaticum var. sinicum, 野百合 Crotalaria sessiliflora, 剑叶龙血树 Dracaena cochinchinensis, 胀果甘草 Glycyrrhiza inflata, 刺果甘草 G. pallidiflora, 圆果甘草 G. squamulosa, 甘草 G. uralensis, 云南甘草 G. yunnanensis, 少花米口袋 Gueldenstaedtia verna, 凤庆南五味子 Kadsura interior, 刺槐 Robinia pseudoacacia, 旱柳 Salix matsudana
5,2'-dihydroxyflavone 5,2'- 二羟基黄酮 霞红灯台报春 Primula beesiana, 滇北球花报春 P. denticulata subsp. sinodenticulata, 无粉报春 P. efarinosa
5,4'-dihydroxyflavone 5,4'- 二羟基黄酮 肉果草 Lancea tibetica
5,7-dihydroxyflavone 5,7- 二羟基黄酮 凹叶瑞香 Daphne retusa, 东紫苏 Elsholtzia bodinieri, 马松子 Melochia corchorifolia, 糙叶败酱 Patrinia scabra, 滇黄芩 Scutellaria amoena
5,8-dihydroxyflavone 5,8- 二羟基黄酮 滇北球花报春 Primula denticulata subsp. sinodenticulata, 无粉报春 P. efarinosa, 粉报春 P. farinosa, 报春花 P. malacoides
7,4'-dihydroxyflavone 7,4'- 二羟基黄酮 毛相思子 Abrus mollis, 金合欢 Acacia farnesiana, 剑叶龙血树 Dracaena cochinchinensis, 大黄栀子

D

Gardenia sootepensis, 大豆 Glycine max, 多序岩黄耆 Hedysarum polybotrys, 紫苜蓿 Medicago sativa, 西洋参 Panax quinquefolius, 山壳骨 Pseuderanthemum latifolium, 白刺花 Sophora davidii, 蚕豆 Vicia faba

8,2'-dihydroxyflavone 8,2'- 二羟基黄酮 霞红灯台报春 Primula beesiana

5,7-dihydroxyflavone-3,4'-di-*O*-*α*-L-rhamnopyranoside 5,7- 二羟基黄酮 -3,4'- 二 -*O*-*α*-L- 吡喃鼠李糖苷 红桑 Acalypha wilkesiana

4',5-dihydroxyflavone-3-*O*-*β*-D-xylopyranosyl-7-*O*-*β*-D-glucopyranoside 4',5- 二羟基黄酮 -3-*O*-*β*-D- 吡喃木糖基 -7-*O*-*β*-D- 吡喃葡萄糖苷 百日菊 Zinnia elegans

5,6-dihydroxyflavone-7-glucuronide 5,6- 二羟基黄酮 -7- 葡萄糖醛酸管 滇黄芩 Scutellaria amoena

D

4',5-dihy-droxyflavone-7-*O*-*α*-L-rhamnopyranosyl-(1 → 4)-*β*-D-glucopyranoside 4',5- 二羟基黄酮 -7-*O*-*α*-L- 吡喃鼠李糖基 -(1 → 4)-*β*-D- 吡喃葡萄糖苷 楝 Melia azedarach

4',7-dihydroxyflavone-7-*O*-*β*-D-glucopyranoside 4',7- 二羟基黄酮 -7-*O*-*β*-D- 吡喃葡萄糖苷 达乌里秦艽 Gentiana dahurica

7,4'-dihydroxyflavone-7-*O*-*β*-D-glucopyranoside 7,4'- 二羟基黄酮 -7-*O*-*β*-D- 吡喃葡萄糖苷 大豆 Glycine max

4',5-dihydroxyflavone-7-*O*-*β*-D-glucuronide 4',5- 二羟基黄酮 -7-*O*-*β*-D- 葡萄糖醛酸苷 羊红膻 Pimpinella thellungiana

5,4'-dihydroxyflavone-7-*O*-*β*-D-pyranglycuronate butylester 5,4'- 二羟基黄酮 -7-*O*-*β*-D- 吡喃葡萄糖醛酸丁酯 短葶飞蓬 Erigeron breviscapus, 薰衣草 Lavandula angustifolia, 留兰香 Mentha spicata

3,3'-dihydroxyflavonol-7-rhamnoside 3,3'- 二羟基黄酮醇 -7- 鼠李糖苷 短柱金丝桃 Hypericum hookerianum

7,4'-dihydroxyflavonone 7,4'- 二羟基黄烷酮 蒙古黄耆 Astragalus penduliflorus

7,8-dihydroxyflavonone 7,8- 二羟基黄烷酮 多叶棘豆 Oxytropis myriophylla

3*α*,13-dihydroxyforesaconitine 3*α*,13- 二羟基丽江乌头碱 丽江乌头 Aconitum forrestii

2,3-dihydroxy-friedel-6,9(11)-en-29-oic acid 2,3- 二羟基 - 无羁萜 -6,9(11)- 烯 -29- 酸 雷公藤 Tripterygium wilfordii

28,29-dihydroxyfriedelan-3-one 28,29- 二羟基无羁萜 -3- 酮 疏花卫矛 Euonymus laxiflorus, 变叶美登木 Maytenus diversifolia

3,15-dihydroxyfriedelane 3,15- 二羟基无羁萜烷 圆盖阴石蕨 Humata tyermanii

21*α*,30-dihydroxyfriedelane-3-one 21*α*,30- 二羟基无羁萜 -3- 酮 五层龙 Salacia prinoides

7*α*,21*α*-dihydroxyfriedelane-3-one 7*α*,21*α*- 二羟基无羁萜 -3- 酮 五层龙 Salacia prinoides

7*α*,29-dihydroxyfriedelane-3-one 7*α*,29- 二羟基无羁萜 -3- 酮 五层龙 Salacia prinoides

3,5-dihydroxyfuran-2(5*H*)-one 3,5- 二羟基呋喃 -2(5*H*)- 酮 绞股蓝 Gynostemma pentaphyllum, 翅子树 Pterospermum acerifolium

17,20-dihydroxygeranylnerol 17,20- 二羟基香叶基橙花醇 肿柄菊 Tithonia diversifolia

(1*R*,5*R*,7*R*)-1,5-dihydroxygermacra-4(15),10(14),11(12)-triene (1*R*,5*R*,7*R*)-1,5- 二羟基大根老鹳草 -4(15),10(14),11(12)- 三烯 红毒茴 Illicium lanceolatum

(1*R*,5*S*,7*R*)-1,5-dihydroxygermacra-4(15),10(14),11(12)-triene (1*R*,5*S*,7*R*)-1,5- 二羟基大根老鹳草 -4(15),10(14),11(12)- 三烯 红毒茴 Illicium lanceolatum

(1*S*,5*R*,7*R*)-1,5-dihydroxygermacra-4(15),10(14),11(12)-triene (1*S*,5*R*,7*R*)-1,5- 二羟基大根老鹳草 -4(15),10(14),11(12)- 三烯 红毒茴 Illicium lanceolatum

(1*S*,5*S*,7*R*)-1,5-dihydroxygermacra-4(15),10(14),11(12)-triene (1*S*,5*S*,7*R*)-1,5- 二羟基大根老鹳草 -4(15),10(14),11(12)- 三烯 红毒茴 Illicium lanceolatum

(3*R*,7*S*,9*S*)-3,9-dihydroxygermacra-4(15),10(14),11(12)-triene (3*R*,7*S*,9*S*)-3,9- 二羟基大根老鹳草 -4(15),10(14),11(12)- 三烯 短果茴芹 Pimpinella brachycarpa

(3*S*,7*S*,9*S*)-3,9-dihydroxygermacra-4(15),10(14),11(12)-triene (3*S*,7*S*,9*S*)-3,9- 二羟基大根老鹳草 -4(15),10(14),11(12)- 三烯 短果茴芹 Pimpinella brachycarpa

4*E*,10*E*-3*β*,11*β*-dihydroxygermacra-4(5),10(1)-dien-12,6*α*-olide 4*E*,10*E*-3*β*,11*β*- 二羟基大根老鹳草 -4(5),10(1)- 二烯 -12,6*α*- 内酯 乳苣 Mulgedium tataricum

dihydroxygirinimbine 二羟基吉九里香碱 豆叶九里香 Murraya euchrestifolia

(1*S*,4*S*,5*R*,7*R*,10*R*)-11,14-dihydroxyguai-3-one-11-*O*-*β*-D-glucopyranoside (1*S*,4*S*,5*R*,7*R*,10*R*)-11,14- 二羟愈创木 -3- 酮 -11-*O*-*β*-D- 吡喃葡萄糖苷 关苍术 Atractylodes japonica

3*β*,8*α*-dihydroxy-guaia-10(14)-en-1*α*,4*α*,5*α*,6*β*,7*α*,11*βH*-12,6*α*-olide 3*β*,8*α*- 二羟基 - 愈创木 -10(14)- 烯 -1*α*,4*α*,5*α*,6*β*,7*α*,11*βH*-12,6*α*- 内酯 血见愁 Teucrium viscidum

3*β*,8*β*-dihydroxy-guaia-10(14)-en-1*α*,4*α*,5*α*,6*β*,7*α*,11*βH*-12,6*α*-olide 3*β*,8*β*- 二羟基 - 愈创木 -10(14)- 烯 -1*α*,4*α*,5*α*,6*β*,7*α*,11*βH*-12,6*α*- 内酯 小苦荬 Ixeridium dentatum

3*β*,8*β*-dihydroxyguaia-4(15),10(14),11(13)-trien-12,6*α*-olide 3*β*,8*β*- 二羟基愈创木 -4(15),10(14),11(13)- 三烯 -12,6*α*- 内酯 空桶参 Soroseris erysimoides

3*β*,10*α*-dihydroxyguaia-4(15),11(13)-dien-12,6-lactone 3*β*,10*α*- 二羟基愈创木 -4(15),11(13)- 二烯 -12,6- 内酯 中华小苦荬 Ixeridium chinense

4*β*,12-dihydroxyguaian-6,10-diene 4*β*,12- 二羟基愈创木 -6,10- 二烯 东方泽泻 Alisma orientale

1*αH*,4*αH*,5*αH*,7*αH*,10*α*,11-dihydroxyguaiane 1*αH*,4*αH*,5*αH*,7*αH*,10*α*,11- 二羟基愈创木烷 麻疯树 Jatropha curcas

1*αH*,4*αH*,5*αH*,7*βH*,10*αH*,5*β*,11-dihydroxyguaiane 1*αH*,4*αH*,5*αH*,7*βH*,10*αH*,5*β*,11- 二羟基愈创木烷 麻疯树 Jatropha curcas

7*α*,12*α*-dihydroxy-hautriwaic acid-19-lactone 7*α*,12*α*- 二羟基车桑子酸 -19- 内酯 阿尔泰狗娃花 Heteropappus altaicus

(24*R*)-24,25-dihydroxyhelianol (24*R*)-24,25- 二羟基向日葵醇 向日葵 Helianthus annuus

(24*S*)-24,25-dihydroxyhelianol (24*S*)-24,25- 二羟基向日葵醇 向日葵 Helianthus annuus

(24*R*)-24,25-dihydroxyhelianyloctanoate (24*R*)-24,25- 二羟基向日葵醇辛酸酯 向日葵 Helianthus annuus

(24*S*)-24,25-dihydroxyhelianyloctanoate (24*S*)-24,25- 二羟基向日葵醇辛酸酯 向日葵 Helianthus annuus

36,47-dihydroxyhenpentacontan-4-one 36,47- 二羟基五十一烷 -4- 酮 土牛膝 Achyranthes aspera

(*R*)-10,16-dihydroxyhexadecanoic acid (*R*)-10,16- 二羟基十六酸 金莲花 Trollius chinensis
8,16-dihydroxyhexadecanoic acid 8,16- 二羟基十六酸 黄瓜 Cucumis sativus
2,5-dihydroxyhexanoic acid 2,5- 二羟基己酸 荔枝 Litchi chinensis
7,4'-dihydroxyhomoisoflavane 7,4'- 二羟基高异黄烷 剑叶龙血树 Dracaena cochinchinensis
7,4'-dihydroxyhomoisoflavanone 7,4'- 二羟基高异黄烷酮 镰荚棘豆 Oxytropis falcata
7,4'-dihydroxyhomoisoflavone 7,4'- 二羟基高异黄酮 剑叶龙血树 Dracaena cochinchinensis
17,24-dihydroxyhopan-28,22-olide 17,24- 二羟基何帕 -28,22- 内酯 单叶双盖蕨 Diplazium subsinuatum
20*α*,22-dihydroxyhopane 20*α*,22- 二羟基何帕烷 地钱 Marchantia polymorpha
21,22-dihydroxyhopane 21,22- 二羟基何帕烷 地钱 Marchantia polymorpha
22,28-dihydroxyhopane 22,28- 二羟基何帕烷 地钱 Marchantia polymorpha
3*β*,22-dihydroxyhopane 3*β*,22- 二羟基何帕 甜槠 Castanopsis eyrei
6*α*,22-dihydroxyhopane 6*α*,22- 二羟基何帕烷 地钱 Marchantia polymorpha
(9*E*)-2,6-dihydroxyhumlan-3(12),7(13),9-triene (9*E*)-2,6- 二羟基葎草 -3(12),7(13),9- 三烯 厚皮香八角 Illicium ternstroemioides
2,6-dihydroxyhumula-3(12),7(13),9(*E*)-triene 2,6- 二羟基葎草 -3(12),7(13),9(*E*)- 三烯 假黄皮 Clausena excavata
2,5-dihydroxyindole 2,5- 二羟吲哚 菘蓝 Isatis tinctoria
5,6-dihydroxyindole-5-*O*-*β*-D-glucopyranoside 5,6- 二吲哚乙酸 -5-*O*-*β*-D- 吡喃葡萄糖苷 土人参 Talinum paniculatum
6-(2,3-dihydroxyisoamyl)-5,7-dimethoxycoumarin 6-(2,3- 二羟基异戊基)-5,7- 二甲氧基香豆素 飞龙掌血 Toddalia asiatica
7,8-dihydroxy-isobutyrylthymol 7,8- 二羟基 - 异丁酰基麝香草酚 显脉旋覆花 Duhaldea nervosa
6*α*,8*α*-dihydroxyisocostic acid methyl ester 6*α*,8*α*- 二羟基异木香酸甲酯 蒙古蒿 Artemisia mongolica
(2S*,6R*)-2,6-dihydroxyisodrimenin (2*S**,6*R**)-2,6- 二羟基异林仙烯宁 ▲ 海芙蓉 Limonium wrightii
4',7-dihydroxyisoflavone 4',7- 二羟基异黄酮 葫芦茶 Tadehagi triquetrum
7,4'-dihydroxyisoflavone 7,4'- 二羟基异黄酮 干花豆 Fordia cauliflora, 丁癸草 Zornia diphylla
7,4'-dihydroxyisoflavone-7-*O*-*β*-D-glucopyranoside 7,4'- 二羟基异黄酮 -7-*O*-*β*-D- 吡喃葡萄糖苷 北柴胡 Bupleurum chinense
7,4'-dihydroxyisoflavone-8-*C*-*β*-D-glucopyranoside 7,4'- 二羟基异黄酮 -8-*C*-*β*-D- 吡喃葡萄糖苷 狭叶虎皮楠 Daphniphyllum angustifolium
7,4'-dihydroxyisoflavone-8-*C*-*β*-glucopyranoside 7,4'- 二羟基异黄酮 -8-*C*-*β*- 吡喃葡萄糖苷 西藏地不容 Stephania glabra
1,6-dihydroxyisojacareubin-5-*O*-*β*-D-glucopyranoside 1,6- 二羟基异巴西红厚壳素 -5-*O*-*β*-D- 吡喃葡萄糖苷 地耳草 Hypericum japonicum
3,4-dihydroxyisolonchocarpin 3,4- 二羟基二氢二甲基苯基苯并二吡喃酮 构树 Broussonetia papyrifera
ent-3*β*,16-dihydroxyisopimar-7-ene-2,15-dione 对映 -3*β*,16- 二羟基异海松 -7- 烯 -2,15- 二酮 大果大戟 Euphorbia wallichii
ent-3*β*,11*α*-dihydroxyisopimara-8(14),15-dien-2-one 对映 -3*β*,11*α*- 二羟基异海松 -8(14),15- 二烯 -2- 酮 海漆 Excoecaria agallocha
(-)-2-(1,2-dihydroxyisopropyl)-5,6-dimethoxybenzofuran (-)-2-(1,2- 二羟基异丙基)-5,6- 二甲氧基苯并呋喃 掌叶橐吾 Ligularia przewalskii
8,9-dihydroxyjasminin 8,9- 二羟基素馨素 ▲ 茉莉花 Jasminum sambac
(1*β*,3*α*,5*β*)-1,3-dihydroxyjervanin-12-en-11-one (1*β*,3*α*,5*β*)-1,3- 二羟基白藜芦宁 -12- 烯 -11- 酮 藜芦 Veratrum nigrum
6,8-dihydroxykaempferol 6,8- 二羟基山柰酚 芫花 Daphne genkwa
2,3-dihydroxykaempferol-3-*O*-rhamnopyranoside 2,3- 二羟基山柰酚 -3-*O*- 吡喃鼠李糖苷 节果决明 Cassia javanica
6,8-dihydroxykaempferol-3-*O*-rutinoside 6,8- 二羟基山柰酚 -3-*O*- 芸香糖苷 睡茄 Withania somnifera
6,8-dihydroxykaempferol-3-*O*-*β*-D-glucopyranoside 6,8- 二羟基山柰酚 -3-*O*-*β*-D- 吡喃葡萄糖苷 地桃花 Urena lobata
dihydroxykaempferol-4'-*O*-*β*-D-glucopyranoside 二羟基山柰酚 -4'-*O*-*β*-D- 吡喃葡萄糖苷 药蜀葵 Althaea officinalis
5,4'-dihydroxykaempferol-7-*O*-*β*-rutinoside 5,4'- 二羟基山柰酚 -7-*O*-*β*- 芸香糖苷 绣球 Hydrangea macrophylla
(4*β*,7*α*)-7,18-dihydroxy-kaur-16-en-15-one (4*β*,7*α*)-7,18- 二羟基 - 贝壳杉 -16- 烯 -15- 酮 越南巴豆 Croton kongensis
(7*α*,14*R*)-7,14-dihydroxy-kaur-16-en-15-one (7*α*,14*R*)-7,14- 二羟基 - 贝壳杉 -16- 烯 -15- 酮 越南巴豆 Croton kongensis
ent-(7*α*,14*β*)-7,14-dihydroxy-*ent*-kaur-16-en-15-one 对映 -(7*α*,14*β*)-7,14- 二羟基 - 对映 - 贝壳杉 -16- 烯 -15- 酮 越南巴豆 Croton kongensis
ent-7*α*,14*β*-dihydroxykaur-16-en-15-one-20-oic acid 对映 -7*α*,14*β*- 二羟基贝壳杉 -16- 烯 -15- 酮 -20- 酸 拟缺香茶菜 Isodon excisoides
ent-11*α*,15*α*-dihydroxykaur-16-en-19-oic acid 对映 -11*α*,15*α*- 二羟基贝壳杉 -16- 烯 -19- 酸 下田菊 Adenostemma lavenia
(5*α*,8*β*,9*α*,10*β*,13*β*)-18,19-dihydroxy-kaur-16-en-2-one (5*α*,8*β*,9*α*,10*β*,13*β*)-18,19- 二羟基 - 贝壳杉 -16- 烯 -2- 酮 金橘 Fortunella margarita
ent-13,17-dihydroxy-kauran-15-en-19-oic acid 对映 -13,17- 二羟基 - 贝壳杉 -15- 烯 -19- 酸 甜茶 Rubus chingii var. suavissimus
(4*α*,13*α*)-15,16-dihydroxykauran-18-oic acid (4*α*,13*α*)-15,16- 二羟基贝壳杉 -18- 酸 向日葵 Helianthus annuus
16*β*,17-dihydroxykauran-18-oic acid 16*β*,17- 二羟基贝壳杉 -18- 酸 东俄洛紫菀 Aster tongolensis, 粗茎鳞毛蕨 Dryopteris crassirhizoma
16*β*,17-dihydroxykauran-18-oic acid-18-*O*-D-glucopyranoside 16*β*,17- 二羟基贝壳杉 -18- 酸 -18-*O*-D- 吡喃葡萄糖苷 东俄洛紫菀 Aster tongolensis
ent-16*α*,17-dihydroxykauran-19-al 对映 -16*α*,17- 二羟基贝壳杉 -19- 醛 番荔枝 Annona squamosa
ent-16*β*,17-dihydroxykauran-19-al 对映 -16*β*,17- 二羟基贝壳杉 -19- 醛 番荔枝 Annona squamosa
16,17-dihydroxykauran-19-oic acid 16,17- 二羟基贝壳杉 -19- 酸 驴蹄草 Caltha palustris
ent-16*α*,17-dihydroxykauran-19-oic acid 对映 -16*α*,17- 二羟基贝壳杉 -19- 酸 甜茶 Rubus chingii var. suavissimus, 腺梗豨莶 Sigesbeckia pubescens
ent-16*β*,17-dihydroxykauran-19-oic acid 对映 -16*β*,17- 二羟基贝壳杉 -19- 酸 甜茶 Rubus chingii var. suavissimus, 毛梗豨莶 Sigesbeckia glabrescens, 豨莶 S. orientalis, 腺梗豨莶 S. pubescens, 卤地菊 Wedelia prostrata
ent-16*α*,17-dihydroxykauran-19-oic acid-16*α*,17-acetonide 对映 -16*α*,17- 二羟基贝壳杉 -19- 酸 -16*α*,17- 丙酮化物 腺梗豨莶 Sigesbeckia pubescens
ent-16*β*,17-dihydroxykauran-19-oic acid-16*β*,17-acetonide 对映 -16*β*,17- 二羟基贝壳杉 -19- 酸 -16*β*,17- 丙酮化物 豨莶 Sigesbeckia orientalis

(4R,5S,8S,9S,10,13R)-16,17-dihydroxykauran-19-oic acid-β-D-glucopyranosyl ester (4R,5S,8S,9S,10,13R)-16,17- 二羟基贝壳杉 -19- 酸 -β-D- 葡萄糖酯苷 东俄洛紫菀 Aster tongolensis

ent-16α,17-dihydroxykauran-3-one 对映 -16α,17- 二羟基贝壳杉 -3- 酮 大叶紫珠 Callicarpa macrophylla, 大果大戟 Euphorbia wallichii

ent-16β,17-dihydroxykauran-3-one 对映 -16β,17- 二羟基贝壳杉 -3- 酮 甜茶 Rubus chingii var. suavissimus

ent-16α,17β-dihydroxykaurane 对映 -16α,17β- 二羟基贝壳杉烷 金合欢 Acacia farnesiana

16β,17-dihydroxy-kaurane 16β,17- 二羟基 - 贝壳杉烷 毛梗豨莶 Sigesbeckia glabrescens

3α,16α-dihydroxykaurane-19-O-β-D-glucoside 3α,16α- 二羟基贝壳杉 -19-O-β-D- 葡萄糖苷 白莲蒿 Artemisia sacrorum

3α,16α-dihydroxykaurane-20-O-β-D-glucoside 3α,16α- 二羟基贝壳杉 -20-O-β-D- 葡萄糖苷 白莲蒿 Artemisia sacrorum

2α,7-dihydroxykessane 2α,7- 二羟基宽叶缬草烷▲ 小窃衣 Torilis japonica

2α,7-dihydroxykessane-2-O-β-D-glucopyranoside 2α,7- 二羟基宽叶缬草烷▲-2-O-β-D- 吡喃葡萄糖苷 小窃衣 Torilis japonica

4,6-dihydroxy-1,5,7-trimethoxyxanthone 4,6- 二羟基 -1,5,7- 三甲氧基叫酮 蝉翼藤 Securidaca inappendiculata

3α,8α-dihydroxyl-11βH-11,13-dihydrodehydrocostus lactone 3α,8α- 二羟基 -11βH-11,13- 二氢去氢木香内酯 雪莲花 Saussurea involucrata

1-[3,6-dihydroxyl-1-methylnaphthalen-8-O-β-D-(2'-O-galloyl)-glucopyranoside-2-yl]ethanone 1-[3,6- 二羟基 -1- 甲基萘 -8-O-β-D-(2'-O- 没食子酰基)- 吡喃葡萄糖苷 -2- 基] 乙酮 虎杖 Reynoutria japonica

1-[(3,6-dihydroxyl-1-methylnaphthalen-8-O-β-D-glucopyranoside)-2-yl]ethanone 1-[(3,6- 二羟基 -1- 甲基萘 -8-O-β-D- 吡喃葡萄糖苷)-2- 基] 乙酮 虎杖 Reynoutria japonica

2,3-dihydroxyl-2-methylbutylro lactone 2,3- 二羟基 -2- 甲基 - 丁内酯 观光木 Michelia odora

5,4'-dihydroxyl-2-O-β-D-glucopyranosyl-3-O-α-L-rhamnopyranosyl-stilbene 5,4'- 二羟基 -2-O-β-D- 吡喃葡萄糖基 -3-O-α-L- 鼠李糖基芪 红蓼 Polygonum orientale

7'',8''-erythro-4,4'-dihydroxyl-3,3',3'',5,5',5''-hexamethoxy-7,9':7',9-diepoxy-4,8''-oxy-8,8'-sesquineolignan-7'',9''-diol 7'',8''- 赤式 -4,4'- 二羟基 -3,3',3'',5,5',5''- 六甲氧基 -7,9':7',9- 二环氧 -4,8''- 氧代 -8,8'- 倍半新木脂素 -7'',9''- 二醇 岭南杜鹃花 Rhododendron mariae

2',6'-dihydroxyl-3',4',5'-trimethoxychalcone 2',6'- 二羟基 -3',4',5'- 三甲氧基查耳酮 排骨灵 Fissistigma bracteolatum

2,5-dihydroxyl-3-pentadecyl-1,4-benzoquinone 2,5- 羟基 -3- 十五烷基 -1,4- 苯醌 白花酸藤子 Embelia ribes

2,5-dihydroxyl-3-undecyl-1,4-benzoquinone 2,5- 二羟基 -3- 十一烷基 -1,4- 苯醌 白花酸藤子 Embelia ribes

6-(2,3-dihydroxyl-4-hydroxymethyl-tetrahydro-furan-1-yl)-cyclopentene[c]pyrrole-1,3-diol 6-(2,3- 二羟基 -4- 羟甲基 - 四氢呋喃)- 环戊烯 [c] 吡咯 -1,3- 二醇 苦瓜 Momordica charantia

5,7-dihydroxyl-4'-methoxylflavonol-3-O-rutinoside 5,7- 二羟基 -4'- 甲氧基黄酮醇 -3-O- 芸香糖苷 银杏 Ginkgo biloba

2R-4',5-dihydroxyl-6,7-di-O-β-D-glucopyranosylflavanone 2R-4',5- 二羟基 -6,7- 二 -O-β-D- 吡喃葡萄糖基黄烷酮 红花 Carthamus tinctorius

2S-5,4'-dihydroxyl-6,7-di-O-β-D-glucopyranosylflavanone 2S-5,4'- 二羟基 -6,7- 二 -O-β-D- 吡喃葡萄糖基黄烷酮 红花 Carthamus tinctorius

1,3-dihydroxyl-6,8-dimethylnaphthalene-1-O-β-D-(2'-O-galloyl)glucopyranoside 1,3- 二羟基 -6,8- 二甲基萘 -1-O-β-D-(2'-O- 没食子酰基)- 吡喃葡萄糖苷 虎杖 Reynoutria japonica

1,3-dihydroxyl-6,8-dimethylnaphthalene-1-O-β-D-glucopyranoside 1,3- 二羟基 -6,8- 二甲基萘 -1-O-β-D- 吡喃葡萄糖苷 虎杖 Reynoutria japonica

2β,8α-dihydroxyl-6β-angloxyeremophil-7(11)-en-12,8β-olide 3β,8α- 二羟基 -6β- 当归酰荒漠木 -7(11)- 烯 -12,8β- 内酯 中华小苦荬 Ixeridium chinense

6β,8β-di-hydroxyl-7(11)-eremophilen-8α,12-olide 6β,8β- 二羟基 -7(11)- 荒漠木烯 -8α,12- 内酯 阿勒泰橐吾 Ligularia altaica

1α,3α-dihydroxyl-7α-tigloyloxy-12α-ethoxylnimbolinin 1α,3α- 二羟基 -7α- 巴豆酰氧基 -12α- 乙氧基印楝波力宁▲ 川楝 Melia toosendan

15,19-dihydroxyl-8(17),13(E)-labdadiene 15,19- 二羟基 -8(17),13(E)- 半日花二烯 刺柏 Juniperus formosana

4',5-dihydroxyl-8-(3,3-dimethylallyl)-flavonol-3-O-[β-D-xylopyranosyl-(1 → 3)-4-O-acetyl-α-L-rhamnopyranoside]-7-O-β-D-glucopyranoside 4',5- 二羟基 -8-(3,3- 二甲基烯丙基)- 黄酮醇 -3-O-[β-D- 吡喃木糖基 -(1 → 3)-4-O- 乙酰基 -α-L- 吡喃鼠李糖苷]-7-O-β-D- 吡喃葡萄糖苷 柔毛淫羊藿 Epimedium pubescens

ent-3β,19-dihydroxylabda-12,14-diene 对映 -3β,19- 二羟基半日花 -12,14- 二烯 海南巴豆 Croton laui

2,17-dihydroxylabda-7,13(E)-dien-15-oic acid 2,17- 二羟基半日花 -7,13(E)- 二烯罗汉柏 -15- 酸 车桑子 Dodonaea viscosa

2,18-dihydroxylabda-7,13(E)-dien-15-oic acid 2,18- 二羟基半日花 -7,13(E)- 二烯 -15- 酸 车桑子 Dodonaea viscosa

(E)-14ξ,15-dihydroxylabda-8(17),12-dien-16-al (E)-14ξ,15- 二羟基半日花 -8(17),12- 二烯 -16- 醛 华山姜 Alpinia oblongifolia

(14S)-14,15-dihydroxylabda-8(17),13(16)-dien-19-oic acid (14S)-14,15- 二羟基半日花 -8(17),13(16)- 二烯 -19- 酸 欧洲刺柏 Juniperus communis

12,15-dihydroxylabda-8(17),13(E)-dien-19-oic acid 12,15- 二羟基半日花 -8(17),13(E)- 二烯 -19- 酸 圆柏 Juniperus chinensis

12,15-dihydroxylabda-8(17),13(Z)-dien-19-oic acid 12,15- 二羟基半日花 -8(17),13(Z)- 二烯 -19- 酸 圆柏 Juniperus chinensis

(12S)-12,15-dihydroxylabda-8(17),13E-dien-19-oic acid (12S)-12,15- 二羟基半日花 -8(17),13E- 二烯 -19- 酸 宽叶金粟兰 Chloranthus henryi

12(R)-12,15-dihydroxylabda-8(17),13E-dien-19-oic acid 12(R)-12,15- 二羟基半日花 -8(17),13E- 二烯 -19- 酸 宽叶金粟兰 Chloranthus henryi

12(S),15-dihydroxylabda-8(17),13E-dien-19-oic acid 12(S),15- 二羟基半日花 -8(17),13E- 二烯 -19- 酸 宽叶金粟兰 Chloranthus henryi, 多穗金粟兰 C. multistachys

12R,15-dihydroxylabda-8(17),13E-dien-19-oic acid 12R,15- 二羟基半日花 -8(17),13E- 二烯 -19- 酸 多穗金粟兰 Chloranthus multistachys

ent-15,18-dihydroxylabda-8(17),13E-diene 对映 -15,18- 二羟基半日花 -8(17),13E- 二烯 海漆 Excoecaria agallocha

12(R),13(R)-dihydroxylabda-8(17),14-dien-19-oic acid 12(R),13(R)- 二羟基半日花 -8(17),14- 二烯 -19- 酸 宽叶金粟兰 Chloranthus henryi

12,13-dihydroxylabda-8(17),14-dien-19-oic acid 12,13- 二羟基半日花 -8(17),14- 二烯 -19- 酸 圆柏 Juniperus chinensis

12R,13S-dihydroxylabda-8(17),14-dien-19-oic acid 12R,13S- 二羟基半日花 -8(17),14- 二烯 -19- 酸 宽叶金粟兰 Chloranthus henryi

(E)-12ξ,15-dihydroxylabda-8(17)-13-dien-16-al (E)-12ξ,15- 二羟基半日花 -8(17),13- 二烯 -16- 醛 华山姜 Alpinia oblongifolia

2α,3β-dihydroxylup-20(29)-ene 2α,3β- 二羟基羽扇豆 -20(29)- 烯 皱叶南蛇藤 Celastrus rugosus, 夏枯草 Prunella vulgaris
3α,28-dihydroxylup-20(29)-ene 3α,28- 二羟基羽扇豆 -20(29)- 烯 肉花卫矛 Euonymus carnosus
3β,28-dihydroxylup-20(29)-ene 3β,28- 二羟基羽扇豆 -20(29)- 烯 薜荔 Ficus pumila, 川西獐牙菜 Swertia mussotii
3β,30-dihydroxylup-20(29)-ene 3β,30- 二羟基羽扇豆 -20(29)- 烯 小叶黄杨 Buxus sinica var. parvifolia, 散沫花 Lawsonia inermis
3β,29-dihydroxylup-20(30)-en-28-al 3β,29- 二羟基羽扇 -20(30)- 烯 -28- 醛 猕猴桃藤山柳 Clematoclethra scandens subsp. actinidioides
(20S)-3α,29-dihydroxylupan-27-oic acid (20S)-3α,29- 二羟基羽扇豆 -27- 酸 翻白草 Potentilla discolor
(20R)-15α,29-dihydroxylupan-3-one (20R)-15α,29- 二羟基羽扇豆 -3- 酮 肉花卫矛 Euonymus carnosus
(20R)-7β,29-dihydroxylupan-3-one (20R)-7β,29- 二羟基羽扇豆 -3- 酮 肉花卫矛 Euonymus carnosus
11α,20-dihydroxy-lupan-3-one 11α,20- 二羟基 - 羽扇豆 -3- 酮 新疆鼠尾草 Salvia deserta
(20S)-3β,30-dihydroxylupane (20S)-3β,30- 二羟基羽扇豆烷 散沫花 Lawsonia inermis
3β,20-dihydroxylupane 3β,20- 二羟基羽扇豆烷 五层龙 Salacia prinoides
3β,28-dihydroxylupane 3β,28- 二羟基羽扇豆烷 栾树 Koelreuteria paniculata
3β,29-dihydroxylupane 3β,29- 二羟基羽扇豆烷 白背叶 Mallotus apelta
dihydroxylupane 二羟基羽扇豆烷 散沫花 Lawsonia inermis
3β,21α-dihydroxylupen-18(19)-ene 3β,21α- 二羟基羽扇豆 -18(19)- 烯 中华小苦荬 Ixeridium chinense
3,28-dihydroxylupeol 3,28- 二羟基羽扇豆醇 黄毛橐吾 Ligularia xanthotricha
3β,16β-dihydroxylupeol-3-myristate 3β,16β- 二羟基羽扇豆醇 -3- 肉豆蔻酸酯 欧亚旋覆花 Inula britannica
3β,16β-dihydroxylupeol-3-palmitate 3β,16β- 二羟基羽扇豆醇 -3- 棕榈酸酯 欧亚旋覆花 Inula britannica
4α,8β-dihydroxylycopodine 4α,8β- 二羟基石松碱 石松 Lycopodium japonicum
6α,8β-dihydroxylycopodine 6α,8β- 二羟基石松碱 石松 Lycopodium japonicum
2α,8α-dihydroxy-lα,l0α-epoxyguaia-3,11(13)-diene-12,6α-olide 2α,8α- 二羟基 -lα,l0α- 环氧愈创木 -3,11(13)- 二烯 -12,6α- 内酯 无毛牛尾蒿 Artemisia dubia var. subdigitata
(2R,3R)-2',4'-dihydroxymaackiaflavanonol (2R,3R)-2',4'- 二羟基马鞍树黄烷酮醇 光叶马鞍树 Maackia tenuifolia
7β,12α-dihydroxymanoyl oxide 7β,12α- 二羟基泪柏醚 宽叶金粟兰 Chloranthus henryi
12β,19-dihydroxymanoyloxide 12β,19- 二羟基泪柏醚 台湾杉木 Cunninghamia lanceolata var. konishii
8α,13-dihydroxy-marasm-5-oic acid-γ-lactone 8α,13- 二羟基小皮伞 -5- 酸 -γ- 内酯 臭黄菇 Russula foetens
9α,13-dihydroxy-marasm-7(8)-en-5-oic acid-7-γ-1actone 9α,13- 二羟基 - 小皮伞 -7(8)- 烯 -5- 酸 -7-γ- 内酯 绒白乳菇 Lactarius vellereus
10β,13-dihydroxy-marasm-7(8)-en-5-oic acid-β-lactone 10β,13- 二羟基 - 小皮伞 -7(8)- 烯 -5- 酸 -β- 内酯 绒白乳菇 Lactarius vellereus
13,14-dihydroxy-marasm-7(8)-en-5-oic acid-γ-lactone 13,14- 二羟基 - 小皮伞 -7(8)- 烯 -5- 酸 -γ- 内酯 绒白乳菇 Lactarius vellereus
13-dihydroxy-marasm-7(8)-en-5-oic acid-γ-lactone 13- 羟基 - 小皮伞 -7(8)- 烯 -5- 酸 -γ- 内酯 绒白乳菇 Lactarius vellereus
2α,13-dihydroxy-marasm-7(8)-en-5-oic acid-γ-lactone 2α,13- 二羟基 - 小皮伞 -7(8)- 烯 -5- 酸 -γ- 内酯 绒白乳菇 Lactarius vellereus
7α,8β-dihydroxy-marasman-5,13-lactone 7α,8β- 二羟基 - 小皮伞 -5,13- 内酯 绒白乳菇 Lactarius vellereus
1α,15-dihydroxymarasmene 1α,15- 二羟基小皮伞烯▲ 硬柄小皮伞 Marasmius oreades
3α,15-dihydroxymarasmene 3α,15- 二羟基小皮伞烯▲ 硬柄小皮伞 Marasmius oreades
5,6-dihydroxymatairesinol 5,6- 二羟基穗罗汉松树脂酚 三桠乌药 Lindera obtusiloba
8R,9R-dihydroxymatricarine methyl ester 8R,9R- 二羟基母菊灵▲ 甲酯 小蓬草 Conyza canadensis
5,9-dihydroxymatridin-15-one 5,9- 二羟基苦参次碱 -15- 酮 伏毛山豆根 Euchresta horsfieldii
(+)-5α,9α-dihydroxymatrine (+)-5α,9α- 二羟基苦参碱 伏毛山豆根 Euchresta horsfieldii, 苦参 Sophora flavescens, 越南槐 S. tonkinensis
6,9-dihydroxymegastigm-7-en-3-one 6,9- 二羟基大柱香波龙 -7- 烯 -3- 酮 葡萄 Vitis vinifera
6,9-dihydroxymegastigm-7-en-3-one-β-D-glucopyranoside 6,9- 二羟基大柱香波龙 -7- 烯 -3- 酮 -β-D- 吡喃葡萄糖苷 葡萄 Vitis vinifera
(7E)-2β,3α-dihydroxy-megastigm-7-en-9-one (7E)-2β,3α- 二羟基大柱香波龙 -7- 烯 -9- 酮 银杏 Ginkgo biloba
(6S,7E)-6,9-dihydroxymegastigma-4,7-dien-3-one (6S,7E)-6,9- 二羟基大柱香波龙 -4,7- 二烯 -3- 酮 鸦胆子 Brucea javanica
6S,7E,9R-6,9-dihydroxymegastigma-4,7-dien-3-one-9-O-β-D-glucopyranoside 6S,7E,9R-6,9- 二羟基大柱香波龙 -4,7- 二烯 -3- 酮 -9-O-β-D- 吡喃葡萄糖苷 喜旱莲子草 Alternanthera philoxeroides
3,9-dihydroxy-megastigma-5-ene 3,9- 二羟基 - 大柱香波龙 -5- 烯 红棕杜鹃花 Rhododendron rubiginosum
(3S,5R,8R)-3,5-dihydroxymegastigma-6,7-dien-9-one (3S,5R,8R)-3,5- 二羟基大柱香波龙 -6,7- 二烯 -9- 酮 冷杉 Abies fabri, 佩兰 Eupatorium fortunei
3,9-dihydroxymegastigman-5-ene 3,9- 二羟基大柱香波龙 -5- 烯 血见愁 Teucrium viscidum
(3S,5R,8R)-3,5-dihydroxymegastigman-6,7-alkenylen-9-one-5-β-D-glucopyranoside (3S,5R,8R)-3,5- 二羟基大柱香波龙 -6,7- 亚烯 -9- 酮 -5-O-β-D- 吡喃葡萄糖苷 毛荒子梢 Campylotropis hirtella
3α,6α-dihydroxymegastigman-7-en-9-one-3-O-β-D-apiofuranosyl-(1→6)-β-D-glucopyranoside 3α,6α- 二羟基大柱香波龙 -7- 烯 -9- 酮 -3-O-β-D- 呋喃芹糖基 -(1→6)-β-D- 吡喃葡萄糖苷 黑面神 Breynia fruticosa
3,9-dihydroxymegastigmast-5-ene-3-O-[β-D-glucopyranosyl-(1→6)]-β-D-glucopyranoside 3,9- 二羟基大柱香波龙 -5- 烯 -3-O-[β-D- 吡喃葡萄糖基 -(1→6)]-β-D- 吡喃葡萄糖苷 榅桲 Cydonia oblonga
6,9-dihydroxymegastigmasta-5,7-dien-3-one-9-O-β-D-gentiobioside 6,9- 二羟基大柱香波龙 -5,7- 二烯 -3- 酮 -9-O-β-D- 龙胆二糖苷 榅桲 Cydonia oblonga
16,22-dihydroxymethyl hopanoate 16,22- 二羟基何帕酸甲酯 山乌桕 Triadica cochinchinensis
5,6-dihydroxymethyl-1,1-dimethylcyclohex-4-enone 5,6- 二羟甲基 -1,1- 二甲基环已 -4- 烯酮 栀子 Gardenia jasminoides
2,5-dihydroxymethyl-3,4-dihydroxypyrrolidine 2,5- 二羟甲基 -3,4- 二羟基吡咯烷 鸭跖草 Commelina communis

3,6-dihydroxymethyl-4,5-dihydroxy-2*E*-ene-octanic acid 3,6- 二羟甲基 -4,5- 二羟基 -2*E*- 烯 - 辛酸 狭苞紫菀 Aster farreri

dihydroxymethyl-bis(3,5-dimethoxy-4-hydroxyphenyl)tetrahydrofuran-9-*O*-*β*-glucopyranoside 二羟基甲基 - 双 (3,5- 二甲氧基 -4- 羟基苯基) 四氢呋喃 -9-*O*-*β*- 吡喃葡萄糖苷 海榄雌 Avicennia marina

(1*S*,3*R*,5*S*)-1,3-dihydroxy-*m*-menth-8-ene (1*S*,3*R*,5*S*)-1,3- 二羟基 - 间薄荷 -8- 烯 红毒茴 Illicium lanceolatum

11,12a-dihydroxymunduserone 11,12a- 二羟基绢毛萌豆酮▲ 水黄皮 Pongamia pinnata

3,4-dihydroxy-*N*-[2-(3,4-dihydroxyphenyl)ethyl]benzamide 3,4- 二羟基 -*N*-[2-(3,4- 二羟基苯基) 乙基] 苯甲酰胺 豆瓣绿 Peperomia tetraphylla

3,4-dihydroxy-*N*-[2-(4-hydroxyphenyl)ethyl]benzamide 3,4- 二羟基 -*N*-[2-(4- 羟基苯基) 乙基] 苯甲酰胺 豆瓣绿 Peperomia tetraphylla

4,8-dihydroxynaphthalene-1-*O*-*β*-D-glucoside 4,8- 二羟基萘 -1-*O*-*β*-D- 葡萄糖苷 化香树 Platycarya strobilacea

4,8-dihydroxynaphthalenyl-1-*O*-*β*-D-[6'-*O*-(3",5"-dimethoxy-4"-hydroxybenzoyl)]-glucopyranoside 4,8- 二羟基萘酚 -1-*O*-*β*-D-[6'-*O*-(3",5"- 二甲氧基 -4"- 羟基苯甲酰基)]- 吡喃葡萄糖苷 胡桃楸 Juglans mandshurica

4,8-dihydroxynaphthalenyl-1-*O*-*β*-glucopyranoside 4,8- 二羟基萘酚 -1-*O*-*β*-D- 吡喃葡萄糖苷 胡桃楸 Juglans mandshurica

4,8-dihydroxynaphthalenyl-*O*-*β*-D-(6'-acetoxyl)-glucopyranoside 4,8- 二羟基萘酚 -1-*O*-*β*-D-(6'- 乙酰氧基)- 吡喃葡萄糖苷 胡桃楸 Juglans mandshurica

dihydroxynaphthoic acid 二羟基萘甲酸 烟草 Nicotiana tabacum

5,8-dihydroxynaphthoquinone 5,8- 二羟基萘醌 窄萼凤仙花 Impatiens stenosepala

1,7-dihydroxy-*N*-methylacridone 1,7- 二羟基 -*N*- 甲基吖啶酮 臭节草 Boenninghausenia albiflora

14α,15β-dihydroxy-*N*-methylaspidospermine 14α,15β- 二羟基 -*N*- 甲基白坚木碱 药用狗牙花 Tabernaemontana bovina

5β,13β-dihydroxynonacosanyl gadoleate 5β,13β- 二羟基二十九烷基鳕烯酸酯 药蜀葵 Althaea officinalis

1,2-dihydroxynonadecone-3 1,2- 二羟基十九酮 -3 何首乌 Polygonum multiflorum

2,4-dihydroxynonane 2,4- 二羟基壬烷 鸭嘴花 Justicia adhatoda

(-)-2α,3β-dihydroxynortropane (-)-2α,3β- 二羟基降托品烷 桑 Morus alba

(-)-2β,3β-dihydroxynortropane (-)-2β,3β- 二羟基降托品烷 桑 Morus alba

(-)-3β,6-exo-dihydroxynortropane (-)-3β,6- 外向 - 二羟基降托品烷 桑 Morus alba

2α,3β-dihydroxynortropane 2α,3β- 二羟基降托品烷 肾叶打碗花 Calystegia soldanella

2α,7β-dihydroxynortropane 2α,7β- 二羟基降托品烷 肾叶打碗花 Calystegia soldanella

(9*S*,10*E*,16*R*)-9,16-dihydroxyoctadec-10-ene-12,14-diyn-1-yl acetate (9*S*,10*E*,16*R*)-9,16- 二羟基十八碳 -10- 烯 -12,14- 二炔 -1- 基 乙酸酯 红椿 Toona ciliata

11(*S*),16(*R*)-dihydroxy-octadeca-9*Z*,17-dien-12,14-diyn-l-yl acetate 11(*S*),16(*R*)- 二羟基 - 十八碳 -9*Z*,17- 二烯 -12,14- 二炔 -l- 基乙酯 重齿当归 Angelica biserrata

11(*S*),16(*R*)-dihydroxy-octadeca-9*Z*,17-diene-12,14-diyn-1-yl acetate 11(*S*),16(*R*)- 二羟基十八碳 -9 顺 ,17- 二烯 -12,14- 二炔 -1- 乙酸酯 当归 Angelica sinensis

9,10-dihydroxy-octadecanoic acid 9,10- 二羟基 - 硬脂酸 毒参 Conium maculatum

3β,19α-dihydroxyolea-12-en-24,28-dioic acid-*O*-*β*-D-glucopyranosyl ester 3β,19α- 二羟基齐墩果 -12- 烯 -24,28- 二酸 -*O*-*β*-D- 吡喃葡萄糖基酯 毛冬青 Ilex pubescens

3β,13β-dihydroxyolean-11-en-28-oic acid 3β,13β- 二羟基齐墩果 -11- 烯 -28- 酸 福建胡颓子 Elaeagnus oldhamii, 夏枯草 Prunella vulgaris

1α,3β-dihydroxyolean-12-en-11-one 1α,3β- 二羟基齐墩果 -12- 烯 -11- 酮 福建假卫矛 Microtropis fokienensis

3β,15α-dihydroxy-olean-12-en-16-one 3β,15α- 二羟基 - 齐墩果 -12- 烯 -16- 酮 苦葛 Pueraria peduncularis

2β,3β-dihydroxyolean-12-en-23,28-dioic acid 2β,3β- 二羟基 - 齐墩果 -12- 烯 -23,28- 二羧酸 唐菖蒲 Gladiolus × gandavensis

2α,3α-dihydroxy-olean-12-en-23,28-dioic acid-3-*O*-*β*-D-glucopyranoside 2α,3α- 二羟基齐墩果 -12- 烯 -23,28- 二羧酸 -3-*O*-*β*-D- 吡喃葡萄糖苷 唐菖蒲 Gladiolus × gandavensis

3β,22β-dihydroxyolean-12-en-24-*O*-*β*-D-glucopyranoside 3β,22β- 二羟基齐墩果 -12- 烯 -24-*O*-*β*-D- 吡喃葡萄糖苷 菜豆 Phaseolus vulgaris

3,22-dihydroxyolean-12-en-25-al 3,22- 二羟基齐墩果 -12- 烯 -25- 醛 水红木 Viburnum cylindricum

3α,24-dihydroxyolean-12-en-27-oic acid 3α,24- 二羟基齐墩果 -12- 烯 -27- 酸 大落新妇 Astilbe grandis

3β,6β-dihydroxyolean-12-en-27-oic acid 3β,6β- 二羟基齐墩果 -12- 烯 -27- 酸 升麻 Cimicifuga foetida

Triptotriterpenic acid B 雷公藤三萜酸 B 灯油藤 Celastrus paniculatus

2α,3α-dihydroxyolean-12-en-28-oic acid 2α,3α- 二羟基齐墩果 -12- 烯 -28- 酸 肾茶 Clerodendranthus spicatus, 白花枝子花 Dracocephalum heterophyllum, 拟缺香茶菜 Isodon excisoides, 粘毛鼠尾草 Salvia roborowskii, 三叶鼠尾草 S. trijuga, 荫生鼠尾草 S. umbratica

2α,3β-dihydroxyolean-12-en-28-oic acid 2α,3β- 二羟基齐墩果 -12- 烯 -28- 酸 中华猕猴桃 Actinidia chinensis, 白木通 Akebia trifoliata subsp. australis, 蔓胡颓子 Elaeagnus glabra, 福建假卫矛 Microtropis fokienensis, 夏枯草 Prunella vulgaris, 地黄 Rehmannia glutinosa, 新疆鼠尾草 Salvia deserta, 荔枝草 S. plebeia, 粘毛鼠尾草 S. roborowskii, 荫生鼠尾草 S. umbratica, 黄荆 Vitex negundo

3α,24-dihydroxyolean-12-en-28-oic acid 3α,24- 二羟基齐墩果 -12- 烯 -28- 酸 马鞭草 Verbena officinalis

3α,25-dihydroxyolean-12-en-28-oic acid 3α,25- 二羟基齐墩果 -12- 烯 -28- 酸 胶皮枫香树 Liquidambar styraciflua

3β,19-dihydroxyolean-12-en-28-oic acid 3β,19- 二羟基齐墩果 -12- 烯 -28- 酸 荫生鼠尾草 Salvia umbratica

3β,23-dihydroxyolean-12-en-28-oic acid 3β,23- 二羟基齐墩果 -12- 烯 -28- 酸 山石榴 Catunaregam spinosa, 尾叶那藤 Stauntonia obovatifoliola subsp. urophylla, 钩藤 Uncaria rhynchophylla

(20α)-3β,29-dihydroxy-olean-12-en-28-oic acid (20α)-3β,29- 二羟基齐墩果 -12- 烯 -28- 二羧酸 尾叶那藤 Stauntonia obovatifoliola subsp. urophylla

3α,24-dihydroxy-olean-12-en-28-oic acid 3α,24- 二羟基 - 齐墩果 -12- 烯 -28- 酸 马鞭草 Verbena officinalis

3β,16α-dihydroxy-olean-12-en-28-oic acid 3β,16α- 二羟基齐墩果 -12- 烯 -28- 酸 香合欢 Albizia odoratissima
3β,19α-dihydroxyolean-12-en-28-oic acid-(28 → 1)-β-D-glucopyranosyl ester 3β,19α- 二羟基齐墩果 -12- 烯 -28- 酸 -(28 → 1)-β-D- 吡喃葡萄糖基酯 玉叶金花 Mussaenda pubescens
2α,3β-dihydroxyolean-12-en-28-oic acid-28-O-β-D-glucopyranoside 2α,3β- 二羟基齐墩果 -12- 烯 -28- 酸 -28-O-β-D- 吡喃葡萄糖苷 云南獐牙菜 Swertia yunnanensis
3β,29-dihydroxy-olean-12-en-28-oic acid-28-O-β-D-glucopyranosyl ester 3β,29- 二羟基 - 齐墩果酸 -28-O-β-D- 吡喃葡萄糖基酯 盐角草 Salicornia europaea

2α,3β-dihydroxyolean-12-en-28-oic acid-28-O-β-D-glucopyranosyl-(1 → 2)-β-D-glucopyranoside 2α,3β- 二羟基齐墩果 -12- 烯 -28- 酸 -28-O-β-D- 吡喃葡萄糖基 -(1 → 2)-β-D- 吡喃葡萄糖苷 云南獐牙菜 Swertia yunnanensis
2β,22β-dihydroxyolean-12-en-29-oic acid 2β,22β- 二羟基齐墩果 -12- 烯 -29- 酸 鹅绒藤 Cynanchum chinense
3β,22α-dihydroxyolean-12-en-29-oic acid 3β,22α- 二羟基齐墩果 -12- 烯 -29- 酸 粉背南蛇藤 Celastrus hypoleucus, 皱叶南蛇藤 C. rugosus, 疏花卫矛 Euonymus laxiflorus, 雷公藤 Tripterygium wilfordii
3β,22β-dihydroxyolean-12-en-29-oic acid 3β,22β- 二羟基齐墩果 -12- 烯 -29- 酸 五层龙 Salacia prinoides, 雷公藤 Tripterygium wilfordii
3α,22α-dihydroxy-olean-12-en-29-oic acid 3α,22α- 二羟基齐敦果 -12- 烯 -29- 酸 血水草 Eomecon chionantha
(3β,16α,20α)-16,28-dihydroxy-olean-12-en-29-oic acid 3-[(O-β-D-glucopyranosyl-(1 → 2)-O-[β-D-glucopyranosyl-(1 → 4)]-α-L-arabinopyranoside] (3β,16α,20α)-16,28- 二羟基齐墩果 -12- 烯 -29- 酸 3-[(O-β-D- 吡喃葡萄糖基 -(1 → 2)-O-[β-D- 吡喃葡萄糖基 -(1 → 4)]-α-L- 吡喃阿拉伯糖苷] 铁仔 Myrsine africana
3β,22β-dihydroxyole-an-12-en-29-oic acid-3-O-α-L-rhamnopyranosyl-(1 → 2)-β-D-galactopyranosyl-(1 → 2)-β-D-glucuronopyranosiduronic acid 3β,22β- 二羟基齐墩果 -12- 烯 -29- 酸 -3-O-α-L- 吡喃鼠李糖基 -(1 → 2)-β-D- 吡喃半乳糖基 -(1 → 2)-β-D- 吡喃葡萄糖醛酸 黄檀 Dalbergia hupeana
2β,24-dihydroxyolean-12-en-3-one 2β,24- 二羟基齐墩果 -12- 烯 -3- 酮 刺桐 Erythrina variegata
22β,23-dihydroxyolean-12-en-3-O-α-L-rhamnopyranosyl-(1 → 2)-O-β-D-glucopyranosyl-(1 → 4)-β-D-glucopyranosiduronic acid 22β,23- 二羟基齐墩果 -12- 烯 -3-O-α-L- 吡喃鼠李糖基 -(1 → 2)-O-β-D- 吡喃葡萄糖基 -(1 → 4)-β-D- 吡喃葡萄糖醛酸 小花棘豆 Oxytropis glabra
9,18-dihydroxyolean-12-en-3β-O-acetate 9,18- 二羟基齐墩果 -12- 烯 -3β-O- 乙酸酯 咖啡黄葵 Abelmoschus esculentus
(4β)-22β,23-dihydroxyolean-12-en-3β-O-α-L-rhamnopyranosyl-(1 → 2)-O-β-D-glucopyranosyl-(1 → 4)-O-[β-D-glucopyranosyl-(1 → 2)]-β-D-glucopyranosiduronic acid (4β)-22β,23- 二羟基齐墩果 -12- 烯 -3β-O-α-L- 吡喃鼠李糖基 -(1 → 2)-O-β-D- 吡喃葡萄糖基 -(1 → 4)-O-[β-D- 吡喃葡萄糖基 -(1 → 2)]-β-D- 吡喃葡萄糖醛酸 小花棘豆 Oxytropis glabra
16β,28-dihydroxyolean-12-en-3β-O-β-D-glucopyranosyl-(1 → 2)-β-D-glucopyranosiduronic acid 16β,28- 二羟基齐墩果 -12- 烯 -3β-O-β-D- 吡喃葡萄糖基 -(1 → 2)-β-D- 吡喃葡萄糖醛酸 广东匙羹藤 Gymnema inodorum
2β,3β-dihydroxyolean-12-ene 2β,3β- 二羟基齐墩果 -12- 烯 西南卫矛 Euonymus hamiltonianus
3α,27-dihydroxyolean-12-ene 3α-27- 二羟基齐墩果 -12- 烯 红鸡蛋花 Plumeria rubra
3β,11α-dihydroxyolean-12-ene 3β,11α- 二羟基齐墩果 -12- 烯 四川清风藤 Sabia schumanniana, 荫生鼠尾草 Salvia umbratica
3β,28-dihydroxyolean-12-ene 3β,28- 二羟基齐墩果 -12- 烯 刺桐 Erythrina variegata, 薜荔 Ficus pumila
3α,21β-dihydroxy-olean-12-ene 3α,21β- 二羟基 - 齐墩果 -12- 烯 紫藤 Wisteria sinensis
2β,3β-dihydroxyolean-12-ene-23,28-dioic acid 2β,3β- 二羟基齐墩果 -12- 烯 -23,28- 二酸 枫杨 Pterocarya stenoptera
3α,16α-dihydroxyolean-12-ene-23,28-dioic acid 3α,16α- 二羟基齐墩果 -12- 烯 -23,28- 二酸 金铁锁 Psammosilene tunicoides
3β,19α-dihydroxyolean-12-ene-23,28-dioic acid 3β,19α- 二羟基齐墩果 -12- 烯 -23,28- 二酸 西伯利亚远志 Polygala sibirica
2,3-dihydroxy-olean-12-ene-23,28-dioic acid 2,3- 二羟基 - 齐墩果 -12- 烯 -23,28- 二羟酸 玉蕊 Barringtonia racemosa
(4α,20α)-3β,29-dihydroxy-olean-12-ene-23,28-dioic acid-28-O-(β-D-galactopyranosyl-(1 → 6)-β-D-glucopyranosyl)ester (4α,20α)-3β,29- 二羟基 - 齐墩果 -12- 烯 -23,28- 二酸 -28-O-(β-D- 吡喃半乳糖基 -(1 → 6)-β-D- 吡喃葡萄糖基) 酯 日本石竹 Dianthus japonicus
3β,19α-dihydroxyolean-12-ene-24,28-dioic acid-28-O-β-D-glucopyranoside 3β,19α- 二羟基齐墩果 -12- 烯 -24,28- 二酸 -28-O-β-D- 吡喃葡萄糖苷 海南冬青 Ilex hainanensis, 毛冬青 I. pubescens
2α,3β-dihydroxyolean-13(18)-en-28-oic acid 2α,3β- 二羟基齐墩果 -13(18)- 烯 -28- 酸 三叶木通 Akebia trifoliata
3β,28-dihydroxyolean-18-en-1-one 3β,28- 二羟基齐墩果 -18- 烯 -1- 酮 福建假卫矛 Microtropis fokienensis
1β,11α-dihydroxyolean-18-en-3-one 1β,11α- 二羟基齐墩果 -18- 烯 -3- 酮 新疆鼠尾草 Salvia deserta
12α,13-dihydroxyolean-3-oxo-28-oic acid 12α,13- 二羟基齐墩果 -3- 氧代 -28- 酸 密脉鹅掌柴 Heptapleurum ellipticum
1β,3β-dihydroxy-olean-9(11),12-dienyl-3-palmitate 1β,3β- 二羟基齐墩果 -9(11),12- 二烯 -3- 棕榈酸酯 短梗南蛇藤 Celastrus rosthornianus
3β,28-dihydroxyoleana-11,13(18)-diene 3β,28- 二羟基齐墩果 -11,13(18)- 二烯 锁阳 Cynomorium songaricum
(3β,21β)-3,21-dihydroxy-oleanan-28-oic acid-γ-lactone (3β,21β)-3,21- 二羟基齐墩果 -28- 酸 -γ- 内酯 驼蹄瓣 Zygophyllum fabago
3β,14-dihydroxy-oleanane-12-ene 3β,24- 二羟基 - 齐墩果 -12- 烯 兴安杜鹃花 Rhododendron dauricum
19α,23α-dihydroxyoleanolic acid 19α,23α- 二羟基齐墩果酸 算盘子 Glochidion puberum
2α,23-dihydroxyoleanolic acid 2α,23- 二羟基齐墩果酸 腺花香茶菜 Isodon adenanthus, 山地香茶菜 I. oresbius
2α,3α-dihydroxyoleanolic acid 2α,3α- 二羟基齐墩果酸 委陵菜 Potentilla chinensis
2α,3β-dihydroxyoleanolic acid 2α,3β- 二羟基齐墩果酸 线叶龙胆 Gentiana farreri, 细锥香茶菜 Isodon coetsa, 寒莓 Rubus buergeri, 半枫荷 Semiliquidambar cathayensis
2β,23α-dihydroxyoleanolic acid 2β,23α- 二羟基齐墩果酸 算盘子 Glochidion puberum
23,27-dihydroxy-oleanolic acid-3-O-α-L-arabinopyranoside 23,27- 二羟基 - 齐墩果酸 -3-O-α-L- 吡喃阿拉伯糖苷 黑水银莲花 Anemone amurensis
24,26-dihydroxypanaxdiol 24,26- 二羟基人参二醇 人参 Panax ginseng

23β,27-dihydroxypennogenin 23β,27- 二羟基偏诺皂苷元 宽瓣重楼 Paris polyphylla var. yunnanensis

3,8-dihydroxypentadeca-1,9,14-trien-4,6-diyne 3,8- 二羟基十五碳 -1,9,14- 三烯 -4,6- 二炔 田基黄 Grangea maderaspatana

3,5-dihydroxy-pentonic acid-γ-lactone 3,5- 二羟基 -γ- 戊内酯 马蹄金 Dichondra micrantha

3-(2S,4S-dihydroxypentyl)-6,8-dihydroxyisocoumarin 3-(2S,4S- 二羟基戊基)-6,8- 二羟基异香豆素 见血封喉 Antiaris toxicaria

(-)-5-(1,2-dihydroxypentyl)benzene-1,3-diol (-)-5-(1,2- 二羟基戊烷基) 苯 -1,3- 二醇 走马胎 Ardisia gigantifolia

(+)-5-(1,2-dihydroxypentyl)-benzene-1,3-diol (+)-5-(1,2- 二羟基戊烷基)- 苯 -1,3- 二醇 走马胎 Ardisia gigantifolia

3,4-dihydroxyphenacyl alcohol 3,4- 二羟基苯甲酰甲醇 肾茶 Clerodendranthus spicatus, 毛萼香茶菜 Isodon eriocalyx

3,4-dihydroxyphenethoxy-8-O-β-D-[6-O-(4-O-β-D-glucopyranosyl)-feruloyl]-glucopyranoside 3,4- 二羟基苯氧基 -8-O-β-D-[6-O-(4-O-β-D- 吡喃葡萄糖基)- 阿魏酰基]- 吡喃葡萄糖苷 甘青乌头 Aconitum tanguticum

D

2-(3,4-dihydroxyphenethy)-O-α-arabinopyranosyl-(1 → 2)-α-L-rhamnopyranosyl-(1 → 3)-6-O-β-D-glucopyranoside 2-(3,4- 二羟基苯乙基)-O-α- 吡喃阿拉伯糖基 -(1 → 2)-α-L- 吡喃鼠李糖基 -(1 → 3)-6-O-β-D- 吡喃葡萄糖苷 益母草 Leonurus japonicus

3,5-dihydroxyphenethyl alchohol-3-O-β-D-glucopyranoside 3,5- 二羟基苯乙醇 -3-O-β-D- 吡喃葡萄糖苷 秃叶黄檗 Phellodendron chinense var. glabriusculum

3,4-dihydroxyphenethyl alcohol 3,4- 二羟基苯乙醇 皱盖假芝 Amauroderma rude, 旋蒴苣苔 Boea hygrometrica, 流苏树 Chionanthus retusus, 珊瑚苣苔 Corallodiscus lanuginosus, 云南假木荷 Craibiodendron yunnanense, 杜鹃兰 Cremastra appendiculata, 花曲柳 Fraxinus chinensis subsp. rhynchophylla, 白枪杆 F. malacophylla, 素馨花 Jasminum grandiflorum, 粗壮女贞 Ligustrum robustum subsp. chinense, 小蜡 L. sinense, 巴戟天 Morinda officinalis, 人参 Panax ginseng, 地黄 Rehmannia glutinosa, 大血藤 Sargentodoxa cuneata, 桃儿七 Sinopodophyllum hexandrum, 紫丁香 Syringa oblata, 欧丁香 S. vulgaris, 金莲花 Trollius chinensis

(R)-(-)-4β-dihydroxyphenethyl ferulate (R)-(-)-4β- 二羟基苯乙基阿魏酸酯 芫荽 Coriandrum sativum

3,4-dihydroxyphenethyl glucoside 3,4- 二羟基苯乙醇葡萄糖苷 显苞芒毛苣苔 Aeschynanthus bracteatus

3,4-dihydroxyphenethyl-5-hydroxy-4-oxopentanoate 5- 羟基 -4- 氧代戊酸 -3,4- 二羟基苯乙酯 合柄铁线莲 Clematis connata

3,4-dihydroxyphenethyl-β-D-glucopyranoside 3,4- 二羟基苯乙基 -β-D- 吡喃葡萄糖苷 女贞 Ligustrum lucidum

(3,4-dihydroxyphenol)-2-ethanol (3,4- 二羟基苯基)-2- 乙醇 马缨杜鹃花 Rhododendron delavayi

3,5-dihydroxyphenol-1-O-β-D-glucopyranoside 3,5- 二羟基苯酚 -1-O-β-D- 吡喃葡萄糖苷 寄生藤 Dendrotrophe varians

8-{[7'-(3',4'-dihydroxypheny1)-9'-oxo-7'-propeny1] oxy}-3-(1''-O-β-D-glucopyranosy1)-4-hydroxy-[R-(E)]-benzenepropanoic acid 8-{[7'-(3',4'- 二羟基苯基)-9'- 氧代 -7'- 丙烯基] 氧基 }-3-(1''-O-β-D- 吡喃葡萄糖基)-4- 羟基 -[R-(E)]- 苯丙酸 甘西鼠尾草 Salvia przewalskii

3,4-dihydroxyphenyl acetate 3,4- 二羟基苯基乙酸酯 酸豆 Tamarindus indica

2,4-dihydroxyphenyl acetic acid methyl ester 2,4- 二羟苯乙酸甲酯 天葵 Semiaquilegia adoxoides

3,4-dihydroxyphenyl ethanol ketone 3,4- 二羟基苯基乙醇酮 活血丹 Glechoma longituba

6-(3,4-dihydroxyphenyl)-hex-3,5-dien-2-one 6-(3,4- 二羟基苯基)- 己 -3,5- 二烯 -2- 酮 桑黄 Phellinus igniarius

7-(3,4-dihydroxyphenyl)-1-(4-hydroxyphenyl)-5-methoxyheptan-3-one 7-(3,4- 二羟基苯基)-1-(4- 羟基苯基)-5- 甲氧基庚烷 -3- 酮 尼泊尔桤木 Alnus nepalensis

(2E)-3-(2'',4''-dihydroxyphenyl)-1-(5'-hydroxy-2',2'-dimethyl-2H-1-benzopyran-6'-yl)-2-propen-1-one (2E)-3-(2'',4''- 二羟基苯基)-1-(5'- 羟基 -2',2'- 二甲基 -2H-1- 苯并吡喃 -6'- 基)-2- 丙烯 -1- 酮 胭脂 Artocarpus tonkinensis

(2S,3R)-2-(3,4-dihydroxyphenyl)-1,2,3,4-tetrahydro-3,5,9,11-tetrahydroxy-benzo[a]xanthylium (2S,3R)-2-(3,4- 二羟基苯基)-1,2,3,4- 四氢 -3,5,9,11- 四羟基 - 苯并 [a] 呫离子 赤豆 Vigna angularis

2-(3',4'-dihydroxyphenyl)-1,3-benzodioxole-5-aldehyde (2-(3',4'- 二羟基苯基)-1,3- 苯并二恶茂 -5- 醛 文殊兰 Crinum asiaticum var. sinicum, 裂蹄木层孔菌 Phellinus linteus, 绶草 Spiranthes sinensis

2-(3',4'-dihydroxyphenyl)-1,3-piperonylcyclo-5-al 2-(3',4'- 二羟基苯基)-1,3- 胡椒环 -5- 醛 大血藤 Sargentodoxa cuneata

1-(2,6-dihydroxyphenyl)-11-phenylundecan-1-one 1-(2,6- 二羟基苯)-11- 十一酚酰 -1- 酮 风吹楠 Horsfieldia glabra

7-(3,4-dihydroxyphenyl)-1-4-hydroxy-3-(methoxyphenyl)-hept-4-en-3-one 7-(3,4- 二羟苯基)-1-4- 羟基 -3-(甲氧基苯基)- 庚 -4- 烯 -3- 酮 姜 Zingiber officinale

1-[2-(3,4-dihydroxyphenyl)-1-carboxy] ethoxycarbonyl-2-(3,4-dihydroxyphenyl)-7,8-dihydroxy-1,2-dihydronaphthalene-3-carboxylic acid 1-[2-(3,4- 二羟基苯基)-1- 羧基] 乙氧羰基 -2-(3,4- 二羟基苯基)-7,8- 二羟基 -1,2- 二氢萘 -3- 羧酸 薄荷 Mentha canadensis

1-[2-(3,4-dihydroxyphenyl)-1-carboxy]ethoxycarbonyl-2-(3,4-dihydroxyphenyl)-3-[2-(3,4-dihydroxyphenyl)-1-methoxycarbonyl] ethoxycarbonyl-7,8-dihydroxy-1,2-dihydronaphthalenel 1-[2-(3,4- 二羟基苯基)-1 羧基] 乙氧羰基 -2-(3,4- 二羟基苯基)-3-[2-(3,4- 二羟基苯基)-1- 甲氧羰基] 乙氧羰基 -7,8- 二羟基 -1,2- 二氢萘 薄荷 Mentha canadensis

(S)-1-(3',4'-dihydroxyphenyl)-1-hydroxypropan-2-one (S)-1-(3',4'- 二羟基苯基)-1- 羟基丙烷 -2- 酮 金莲花 Trollius chinensis

1-[2-(3,4-dihydroxyphenyl)-1-methoxycarbonyl]ethoxycarbonyl-2-(3,4-dihydroxyphenyl)-3-[2-(3,4-dihydroxyphenyl)-1-carboxy]ethoxycarbonyl-7,8-dihydroxy-1,2-dihydronaphthalene 1-[2-(3,4- 二羟基苯基)-1- 甲氧羰基] 乙氧羰基 -2-(3,4- 二羟基苯基)-3-[2-(3,4- 二羟基苯基)-1- 甲氧羰基] 乙氧羰基 -7,8- 二羟基 -1,2- 二氢萘 薄荷 Mentha canadensis

4-[2-[3-(3,4-dihydroxyphenyl)-1-oxo-2-propenoxyl]-2-carboxyl-1-ethyl]-2-(3,4-dihydroxyphenyl)-2,3-dihydro-7-hydroxybenzofuran-3-carboxylic acid-l-carboxy-2-(3,4-dihydroxyphenyl)ethyl ester 4-[2-[3-(3,4- 二羟基苯基)-1- 氧代 -2- 丙烯酵基]-2- 羧基 -1- 乙基]-2-(3,4- 二羟基苯基)-2,3- 二氢 -7- 羟基苯并呋喃 -3- 酸 -1- 羰基 -2-(3,4- 二羟基苯基) 乙酯 青江藤 Celastrus hindsii

(1R,3R,4S,5R)-3-[(2E)-3-(3,4-dihydroxyphenyl)-1-oxo-2-propenyloxy]-1,5-dihydroxy-4-methoxy-cyclohexanecarboxylic acid (1R,3R,4S,5R)-3-[(2E)-3-(3,4- 二羟基苯基)-1- 氧代 -2- 丙烯氧基]-1,5- 二羟基 -4- 甲氧基 - 环己烷羧酸 荚蒾 Viburnum dilatatum

4-(3,4-dihydroxyphenyl)-2-(4-hydroxyphenyl)-2-(2-pyrrolidinone-5-yl)-4-cyclopentene-1,3-dione 4-(3,4- 二羟基苯基)-2-(4- 羟基苯基)-2-(2- 吡咯烷酮 -5- 基)-4- 环戊烯 -1,3- 二酮 卷边网褶菌 Paxillus involutus

4-(3,4-dihydroxyphenyl)-2-(4-hydroxyphenyl)-2-(2-pyrrolidon-5-yl)-4-cyclopentene-1,3-dione 4-(3,4- 二羟苯基)-2-(4- 羟苯基)-2-(2- 吡咯烷

酮 -5- 基)-4- 环戊烯 -1,3- 二酮 卷边网褶菌 Paxillus involutus

(2*R*)-4-(3',4'-dihydroxyphenyl)-2-butanol (2*R*)-4-(3',4'- 二羟基苯基)-2- 丁醇 凝毛杜鹃花 Rhododendron phaeochrysum var. agglutinatum

(2*S*)-4-(3,4-dihydroxyphenyl)-2-butanol (2*S*)-4-(3,4- 二羟基苯基)-2- 丁醇 马缨杜鹃花 Rhododendron delavayi

4-(3,4-dihydroxyphenyl)-2-butanone 4-(3,4- 二羟基苯基)-2- 丁酮 卤蕨 Acrostichum aureum, 无梗五加 Eleutherococcus sessiliflorus

3-(3,5-dihydroxyphenyl)-2*E*-propenoic acid 3-(3,5- 二羟基苯基)-2*E*- 丙烯酸 大花飞蛾藤 Porana spectabilis

2-(3,4-dihydroxyphenyl)-2-ethoxyethyl-*O*-(*α*-L-rhamnopyranosyl-(1 → 3)-{4-[(2*E*)-3-(3,4-dihydroxyphenyl)-2-propenoate]-*β*-D-glucopyranoside} 2-(3,4- 二羟基苯基)-2- 乙氧基乙基 -*O*-(*α*-L- 吡喃鼠李糖基 -(1 → 3)-{4-[(2*E*)-3-(3,4- 二羟基苯基)-2- 丙烯酸酯]-*β*-D-吡喃葡萄糖苷 } 短筒兔耳草 Lagotis brevituba

1-(2',4'-dihydroxyphenyl)-2-hydroxy-3-(4''-hydroxyphenyl)-1-propanone 1-(2',4'- 二羟基苯基)-2- 羟基 -3-(4''- 羟基苯基)-1- 丙酮 洋甘草 Glycyrrhiza glabra

1-(2,4-dihydroxyphenyl)-2-hydroxy-5,9,13-trimethyl-4(*E*),8(*E*),12-tetradecatrien-1-one 1-(2,4- 二羟基苯基)-2- 羟基 -5,9,13- 三甲基 -4(*E*),8(*E*),12-十四碳三烯 -1- 酮 多伞阿魏 Ferula feruloides

3-(3,4-dihydroxyphenyl)-2-isopropoxy-propionic acid 3-(3,4- 二羟基苯基)-2- 异丙氧基 - 丙酸 冬凌草 Isodon rubescens

3-(3,4-dihydroxyphenyl)-2-propen-1-ethanoate 3-(3,4- 二羟基苯基)-2- 丙烯 -1- 乙醇酯 大花菟丝子 Cuscuta reflexa

(2*E*)-3-(3,4-dihydroxyphenyl)-2-propenamide (2*E*)-3-(3,4- 二羟基苯基)-2- 丙烯酰胺 马齿苋 Portulaca oleracea

3-(2,4-dihydroxyphenyl)-2-propenoic acid 3-(2,4- 二羟基苯基)-2- 丙烯酸 镰叶西番莲 Passiflora wilsonii

3-(3,4-dihydroxyphenyl)-2-propenoic acid 3-(3,4- 二羟基苯基)-2- 丙烯酸 人参 Panax ginseng

3*β*-(3',5'-dihydroxyphenyl)-2*α*-(4''-hydroxyphenyl)dihydrobenzofuran-5-carbaldehyde 3*β*-(3',5'- 二羟基苯基)-2*α*-(4''- 羟苯基) 二羟基苯并呋喃 -5- 醛 圆锥菝葜 Smilax bracteata

2-(3,4-dihydroxyphenyl)-3-(6-*O*-*β*-D-glucopyranosyl-*β*-D-glucopyranosyloxy)-5-hydroxy-4-oxo-flavan-7-yl-*β*-D-glucopyranosiduronic acid 2-(3,4- 二羟基苯基)-3-(6-*O*-*β*-D- 吡喃葡萄糖基 -*β*-D- 吡喃葡萄糖氧基)-5- 羟基 -4- 氧代 - 黄烷 -7- 基 -*β*-D- 吡喃葡萄糖醛酸 郁金香 Tulipa gesneriana

2-(3,4-dihydroxyphenyl)-3-(*β*-D-glucopyranosyloxy)-5-hydroxy-4-oxo-flavan-7-yl-*β*-D-glucopyranosiduronic acid 2-(3,4- 二羟基苯基)-3-(*β*-D-吡喃葡萄糖氧基)-5- 羟基 -4- 氧代 - 黄烷 -7- 基 -*β*-D- 吡喃葡萄糖醛酸 郁金香 Tulipa gesneriana

3-(3',4'-dihydroxyphenyl)-3,4-dihydroisocoumarin 3-(3',4'- 二羟苄基)-3,4- 二氢异香豆素 野鸡尾金粉蕨 Onychium japonicum

2-(3,4-dihydroxyphenyl)-3,5,7-trihydroxy-1-benzopyrylium 2-(3,4- 二羟基苯)-3,5,7- 三羟基 -1- 苯并吡喃 莸 Caryopteris divaricata

1-(2,4-dihydroxyphenyl)-3,7,11-trimethyl-3-vinyl-6(*E*),10-dodecadien-1-one 1-(2,4- 二羟苯基)-3,7,11- 三甲基 -3- 乙烯基 -6(反式),10- 十二烷二烯 -1- 酮 阜康阿魏 Ferula fukanensis

1-(2,4-dihydroxyphenyl)-3,7,11-trimethyl-3-vinyl-6(*E*),10-dodecadiene-1,9-dione 1-(2,4- 二羟基苯基)-3,7,11- 三甲基 -3- 乙烯基 -6(*E*),10- 十二碳二烯 -1,9- 二酮 多伞阿魏 Ferula feruloides

1-(2,4-dihydroxyphenyl)-3,7,11-trimethyl-3-vinyl-6(*E*),10-dodecadiene-1-one 1-(2,4- 二羟基苯基)-3,7,11- 三甲基 -3- 乙烯基 -6(*E*),10- 十二碳二烯 -1- 酮 多伞阿魏 Ferula feruloides

1-(2,4-dihydroxyphenyl)-3,7-dimethyl-3-vinyl-8-(4-methyl-2-furyl)-6(*E*)-octen-1-one 1-(2,4- 二羟苯基)-3,7- 二甲基 -3- 乙烯基 -8-(4- 甲基 -2-呋喃基)-6(反式)- 癸烯 -1- 酮 阜康阿魏 Ferula fukanensis

1-(2,4-dihydroxyphenyl)-3,7-dimethyl-3-vinyl-8-(4-methyl-2-furyl)-6(*E*)-octen-1-one 1-(2,4- 二羟基苯基)-3,7- 二甲基 -3- 乙烯基 -8-(4- 甲基 -2- 呋喃基)-6(*E*)- 辛烯 -1- 酮 多伞阿魏 Ferula feruloides

1-(3,4-dihydroxyphenyl)-3-[2-(3,4-dihydroxyphenyl)-1-carboxy]ethoxycarbonyl-6,7-dihydroxy-1,2-dihydronaphthalene-2-carboxylic acid 1-(3,4- 二羟基苯基)-3-[2-(3,4- 二羟基苯基)-1- 羧基] 乙氧羰基 -6,7- 二羟基 -1,2- 二氢萘 -2- 羧酸 薄荷 Mentha canadensis

1-(2,6-dihydroxyphenyl)-3-hydroxy-butanone 1-(2,6- 二羟基苯)-3- 羟基 - 丁酮 黑柄炭角菌 Xylaria nigripes

2-(2'4'-dihydroxyphenyl)-3-methyl-6-methoxybenzofuran 2-(2'4'- 二羟基苯基)-3- 甲基 -6- 甲氧基苯并呋喃 青甘锦鸡儿 Caragana tangutica

2-(3,4-dihydroxyphenyl)-4,6-dihydroxy-2-methoxybenzofuran-3-one 2-(3,4- 二羟基苯基)-4,6- 二羟基 -2- 甲氧基香豆素 -3- 酮 洋葱 Allium cepa

1-(2,6-dihydroxyphenyl)-4-methyl-4-tridecen-1-one 1-(2,6- 二羟基苯)-4- 甲基 -4- 十三烯 -1- 酮 风吹楠 Horsfieldia glabra

2-(3,5-dihydroxyphenyl)-5,6-dihydroxybenzofuran 2-(3,5- 二羟基苯基)-5,6- 二羟基苯并呋喃 奶桑 Morus macroura

2-(2',4'-dihydroxyphenyl)-5,6-methylenedioxybenzofuran 2-(2',4'- 二羟基苯基)-5,6- 亚甲二氧基苯丙呋喃 绒毛槐 Sophora tomentosa

2-(2,4-dihydroxyphenyl)-5,6-methylenedioxybenzofuran 2-(2,4- 二羟基苯基)-5,6- 亚甲二氧基苯并呋喃 五月艾 Artemisia indica

7-(3,4-dihydroxyphenyl)-5-hydroxy-1-(4-hydroxyphenyl)-3-heptanone-5-*O*-*β*-D-xylopyranoside 7-(3,4- 二羟基苯基)-5- 羟基 -1-(4- 羟基苯基)-3- 庚酮 -5-*O*-*β*-D- 吡喃木糖苷 日本桤木 Alnus japonica

7-(3,4-dihydroxyphenyl)-5-hydroxy-1-phenyl-(1*E*)-1-heptene 7-(3,4- 二羟苯基)-5- 羟基 -1- 苯基 -(1 反式)-1- 庚烯 印尼莪术 Curcuma zanthorrhiza

1-(3,4-dihydroxyphenyl)-5-hydroxy-7-(4-hydroxyphenyl)-3-heptanone-5-*O*-*β*-D-xylopyranoside 1-(3,4- 二羟基苯基)-5- 羟基 -7-(4- 羟基苯基)-3- 庚酮 -5-*O*-*β*-D- 吡喃木糖苷 日本桤木 Alnus japonica

1-(3,4-dihydroxyphenyl)-6,7-dihydroxy-1,2-dihydronaphthalene-2,3-dicarboxylic acid 1-(3,4- 二羟基苯基)-6,7- 二羟基 -1,2- 二氢萘 -2,3- 二羧酸 薄荷 Mentha canadensis

1-(3',4'-dihydroxyphenyl)-6,7-dihydroxyisochroman 1-(3',4'- 二羟基苯基)-6,7- 二羟基异色烷 金莲花 Trollius chinensis

2-(2,4-dihydroxyphenyl)-6-hydroxybenzofuran 2-(2,4- 二羟基苯基)-6- 羟基苯并呋喃 短梗胡枝子 Lespedeza cyrtobotrya

(7,8-*trans*-8,8'-*cis*)-7-(3,4-dihydroxyphenyl)-7'-(3,4-methylenedioxyphenyl)-8,8'-dimethylbutan-7-ol (7,8- 反式 -8,8'- 顺式)-7-(3,4- 二羟基苯基)-7'-(3,4- 亚甲二氧基苯基)-8,8'- 二甲基丁烷 -7- 醇 华中五味子 Schisandra sphenanthera

1-(3',4'-dihydroxyphenyl)-7-(4''-hydroxyphenyl)-4-hepten-3-one 1-(3',4'- 二羟苯基)-7-(4''- 羟苯基)-4- 庚烯 -3- 酮 疣果豆蔻 Amomum

2-(3,4-dihydroxyphenyl)ethyl-*O*-D-apio-*β*-D-furanosyl-(1→3)-*O*-[*β*-D-glucopyranosyl-(1→6)]-{4-[(2*E*)-3-(3,4-dihydroxyphenyl)-2-propenoate]-*β*-D-glucopyranoside} 2-(3,4- 二羟基苯基)- 乙基 -*O*-D- 芹糖 -*β*-D- 呋喃基 -(1 → 3)-*O*-[*β*-D- 吡喃葡萄糖基 -(1 → 6)]-{4-[(2*E*)-3-(3,4- 二羟基苯基)-2- 丙烯酸酯]-*β*-D- 吡喃葡萄糖苷 } 短筒兔耳草 Lagotis brevituba

β-(3',4'-dihydroxyphenyl)ethyl-*O*-*α*-L-rhamnopyranosyl-(1→3)-*β*-D-glucopyranoside *β*-(3',4'- 二羟基苯基)- 乙基 -*O*-*α*-L- 吡喃鼠李糖基 -(1→3)-*β*-D- 吡喃葡萄糖苷 美观马先蒿 Pedicularis decora

β-(3,4-dihydroxyphenyl)ethyl-*O*-*β*-D-glucopyranose *β*-(3,4- 二羟基苯基)- 乙基 -*O*-*β*-D- 吡喃葡萄糖 假马齿苋 Bacopa monnieri

2-(3,4-dihydroxyphenyl)-ethyl-*O*-*β*-D-glucopyranoside 2-(3,4- 二羟基苯基)- 乙基 -*O*-*β*-D- 吡喃葡萄糖苷 五脉绿绒蒿 Meconopsis quintuplinervia, 胡黄连 Neopicrorhiza scrophulariiflora

2-(3,4-dihydroxyphenyl)ethyl-*β*-D-allopyranoside 2-(3,4- 二羟基苯基) 乙基 -*β*-D- 吡喃阿洛糖苷 石地钱 Reboulia hemisphaerica

2-(3,4-dihydroxyphenyl)ethyl-*β*-D-glucopyranoside 2-(3,4- 二羟基苯基) 乙基 -*β*-D- 吡喃葡萄糖苷 连翘 Forsythia suspensa, 石地钱 Reboulia hemisphaerica

β-(3,4-dihydroxyphenyl)ethyl-*β*-D-glucopyranoside *β*-(3,4- 二羟基苯基) 乙基 -*β*-D- 吡喃葡萄糖苷 扭瓦韦 Lepisorus contortus

2-(3,4-dihydroxyphenyl)-ethyl-*β*-D-glucopyranoside 2-(3,4- 二羟基苯基)- 乙基 -*β*-D- 吡喃葡萄糖苷 刺儿菜 Cirsium setosum, 黄蜡果 Stauntonia brachyanthera, 马蹄莲 Zantedeschia aethiopica

1-(3,5-dihydroxyphenyl)heptan-1-one 1-(3,5- 二羟基苯基) 庚烷 -1- 酮 纽子果 Ardisia polysticta

3-(3,4-dihydroxyphenyl)-lactic acid 3-(3,4- 二羟基苯基)- 乳酸 细风轮菜 Clinopodium gracile, 康藏荆芥 Nepeta prattii

4-[2-[3-(3,4-dihydroxyphenyl)-l-oxo-2-propenoxy]-2-carboxy-1-ethyl]-2-(3,4-dihydroxyhenyl)-2,3-dihydro-7-hydroxybenzofuran-3-carboxylic acid-l-carboxy-2-[2-(3,4-dihydroxyphenyl)-2,3-dihydro-7-hydroxybenzofuran-3-carboxylic acid-l-carboxy-2-(3,4-dihydroxyl-phenyl)ethyl ester 4-[2-[3-(3,4- 二羟基苯基)-1- 氧代 -2- 丙烯氧基]-2- 羧基 -1- 乙基]-2-(3,4- 二羟基苯基)-2,3- 二氢 -7- 羟基苯并呋喃 -3- 羧酸 -l- 羰基 -2-[2-(3,4- 二羟基苯基)]-2,3- 二氢 -7- 羟基苯并呋喃 -3- 羧酸 -l- 羰基 -2-(3,4- 二羟基苯基) 乙酯 青江藤 Celastrus hindsii

3-(2',4'-dihydroxyphenyl)methyl propionate 3-(2',4'- 二羟基苯基) 丙酸甲酯 绵头雪兔子 Saussurea laniceps

(*E*)-4-(3,4-dihydroxyphenyl)-*N*-(1-hydroxy-2-(4-hydroxyphenyl) ethyl)-2-oxobut-3-enamide (*E*)-4-(3,4- 二羟基苯基)-*N*-(1- 羟基 -2-(4- 羟基苯基) 乙基)-2- 氧代丁 -3- 烯酰胺 木姜叶柯 Lithocarpus litseifolius

7'-(3',4'-dihydroxyphenyl)-*N*-[(4-methoxyphenyl)ethyl]propenamide 7'-(3',4'- 二羟基苯基)-*N*-[(4- 甲氧基苯基) 乙基] 丙烯酰胺 辣椒 Capsicum annuum, 大花菟丝子 Cuscuta reflexa, 瓜馥木 Fissistigma oldhamii

2-(3,4-dihydroxyphenyl)-*N*-[(*E*)-feruloyl]ethanamine 2-(3,4- 二羟基苯基)-*N*-[(*E*)- 阿魏酰基] 乙酰胺 豆瓣绿 Peperomia tetraphylla

(*E*)-3-(3,4-dihydroxyphenyl)-*N*-[2-(3,4-dihydroxyphenyl)ethyl]-2-propenamide (*E*)-3-(3,4- 二羟基苯基)-*N*-[2-(3,4- 二羟基苯基) 乙基]-2- 丙烯酰胺 马齿苋 Portulaca oleracea

(2*E*)-3-(3,4-dihydroxyphenyl)-*N*-[2-(3-hydroxy-4-methoxyphenyl)ethyl]-2-propenamide (2*E*)-3-(3,4- 二羟基苯基)-*N*-[2-(3- 羟基 -4- 甲氧基苯基) 乙基]-2- 丙烯酰胺 马齿苋 Portulaca oleracea

7'-(3',4'-dihydroxyphenyl)-*N*-[4-methoxyphenyl)ethyl]propenamide 7'-(3',4'- 二羟基苯基)-*N*-[4- 甲氧基苯基) 乙基] 丙烯胺 破布叶 Microcos paniculata

1-(3,5-dihydroxyphenyl)nonan-1-one 1-(3,5- 二羟基苯基) 壬烷 -1- 酮 纽子果 Ardisia polysticta

(10*Z*)-1-(2,6-dihydroxyphenyl)octadec-10-en-1-one (10*Z*)-1-(2,6- 二羟基苯基) 十八 -10- 烯 -1- 酮 鸭舌草 Monochoria vaginalis

1-(3,5-dihydroxyphenyl)pentadecan-1-one 1-(3,5- 二羟基苯基) 十五烷 -1- 酮 纽子果 Ardisia polysticta

1-(3,5-dihydroxyphenyl)pentan-1-one 1-(3,5- 二羟基苯基) 戊烷 -1- 酮 纽子果 Ardisia polysticta

3-(3,4-dihydroxyphenyl)-pentyl ester 3-(3,4- 二羟基苯基)- 戊酯 台湾相思 Acacia confusa

3-(3,4-dihydroxyphenyl)propionic acid 3-(3,4- 二羟基苯基) 丙酸 山胡椒 Lindera glauca

3-(3',4'-dihydroxyphenyl)-propyl palmitate 3-(3',4'- 二羟基苯基)- 丙基棕榈酸酯 臭节草 Boenninghausenia albiflora

(*E*)-3-(3,4-dihydroxyphenyl)propyl-3-(3,4-dihydroxyphenyl)acrylate (*E*)-3-(3,4- 二羟基苯基丙基)-3-(3,4- 二羟基苯基) 丙烯酸酯 细叶糙果芹 Trachyspermum ammi

6'-(2,3-dihydroxyphenyl)swertiamarin 6'-(2,3- 二羟基苯) 獐牙菜苦素 高山龙胆 Gentiana algida

3,5-dihydroxyphenyl-1-*O*-(6'-*O*-*trans*-feruloyl)-*β*-D-glucopyranoside 3,5- 二羟基苯基 -1-*O*-(6'-*O*- 反式 - 阿魏酰基)-*β*-D- 吡喃葡萄糖苷 酸橙 Citrus aurantium

(*E*)-3-2,4-dihydroxyphenyl-2-acrylic acid (*E*)-3-2,4- 二羟基苯基 -2- 丙烯酸 活血丹 Glechoma longituba

2,4-dihydroxyphenylacetic acid 2,4- 二羟基苯乙酸 黑种草 Nigella damascena

dihydroxyphenylacetic acid 二羟基苯乙酸 波叶大黄 Rheum rhabarbarum

3,4-dihydroxyphenylacetic acid glycol ester 3,4- 二羟基苯乙酸乙二醇酯 珊瑚苣苔 Corallodiscus lanuginosus

2,4-dihydroxyphenylacetic acid methyl ester 2,4- 二羟基苯乙酸甲酯 黑种草 Nigella damascena, 华东唐松草 Thalictrum fortunei

3,4-dihydroxyphenylacetic acid methyl ester 3,4- 二羟基苯乙酸甲酯 肾茶 Clerodendranthus spicatus

3,4-dihydroxyphenylacetone 3,4- 二羟基苯丙酮 菊花 Chrysanthemum morifolium

3,4-dihydroxyphenylacrylic acid 3,4- 二羟基苯丙烯酸 长毛香科科 Teucrium pilosum

3,4-dihydroxyphenylalanine 3,4- 二羟基苯丙氨酸 刺毛黧豆 Mucuna pruriens

L-3,4-dihydroxyphenylalanine *L*-3,4- 二羟基苯丙氨酸 黧豆 Mucuna pruriens var. utilis

3,4-dihydroxyphenylethanol glucopyranoside 3,4- 二羟基苯乙醇吡喃葡萄糖苷 白枪杆 Fraxinus malacophylla

3,4-dihydroxyphenylethanol-4-glucopyranoside 3,4- 二羟基苯乙醇 -4- 吡喃葡萄糖苷 厚叶算盘子 Glochidion hirsutum

3,4-dihydroxyphenylethanol-6-*O*-caffeoyl-*β*-D-glucopyranoside 3,4- 二羟基苯乙醇 -6-*O*- 咖啡酰基 -*β*-D- 吡喃葡萄糖苷 毛地黄 Digitalis purpurea, 车前 Plantago asiatica

3,4-dihydroxyphenylethanol-8-*O*-[(5-*O*-vanilloyl)-*β*-D-apiofuranosyl-(1 → 2)]-*β*-D-glucopyranoside 3,4- 二羟基苯乙醇 -8-*O*-[(5-*O*- 香荚兰酰

O-[β-D- 吡喃木糖基 -(1 → 3)]-O-β-D- 吡喃葡萄糖基 -(1 → 4)-O-β-D- 吡喃半乳糖苷 龙葵 Solanum nigrum

15α,20β-dihydroxypregn-4-en-3-one 15α,20β- 二羟基孕甾 -4- 烯 -3- 酮 红花 Carthamus tinctorius

(15α,20R)-dihydroxypregn-4-en-3-one-6'-O-acetyl-20-β-cellobioside (15α,20R)- 二羟基孕甾 -4- 烯 -3- 酮 -6'-O- 乙酰基 -20-β- 纤维二糖苷 红花 Carthamus tinctorius

1β,3β-dihydroxypregn-5,16-dien-20-one-1-O-{O-α-L-rhamnopyranosyl-(1 → 2)-O-[β-D-xylopyranosyl-(1 → 3)]-6-O-acetyl-β-D-glucopyranoside} 1β,3β- 二羟基孕甾 -5,16- 二烯 -20- 酮 -1-O-{O-α-L- 吡喃鼠李糖基 -(1 → 2)-O-[β-D- 吡喃木糖基 -(1 → 3)]-6-O- 乙酰基 -β-D- 吡喃葡萄糖苷 } 虎尾兰 Sansevieria trifasciata

1β,3β-dihydroxypregn-5,16-dien-20-one-1-O-{O-α-L-rhamnopyranosyl-(1 → 2)-O-[β-D-xylopyranosyl-(1 → 3)]-α-L-arabinopyranoside} 1β,3β- 二羟基孕甾 -5,16- 二烯 -20- 酮 -1-O-{O-α-L- 吡喃鼠李糖基 -(1 → 2)-O-[β-D- 吡喃木糖基 -(1 → 3)]-α-L- 吡喃阿拉伯糖苷 } 虎尾兰 Sansevieria trifasciata

1β,3β-dihydroxypregn-5,16-dien-20-one-1-O-{O-α-L-rhamnopyranosyl-(1 → 2)-O-[β-D-xylopyranosyl-(1 → 3)]-β-D-glucopyranoside} 1β,3β- 二羟基孕甾 -5,16- 二烯 -20- 酮 -1-O-{O-α-L- 吡喃鼠李糖基 -(1 → 2)-O-[β-D- 吡喃木糖基 -(1 → 3)]-β-D- 吡喃葡萄糖苷 } 虎尾兰 Sansevieria trifasciata

1β,3β-dihydroxypregn-5,16-dien-20-one-1-O-{O-α-L-rhamnopyranosyl-(1 →2)-α-L-arabinopyranoside} 1β,3β- 二羟基孕甾 -5,16- 二烯 -20- 酮 -1-O-{O-α-L- 吡喃鼠李糖基 -(1 → 2)-α-L- 吡喃阿拉伯糖苷 } 虎尾兰 Sansevieria trifasciata

20β,21-dihydroxypregna-4,6-dien-3-one 20β,21- 二羟基孕甾 -4,6- 二烯 -3- 酮 马利筋 Asclepias curassavica

3β,4α-dihydroxypregnan-16-one 3β,4α- 二羟基孕甾 -16- 酮 鹧鸪花 Trichilia connaroides

(3β, 5α,14β,17α)-3,14-dihydroxypregnan-20-one (3β,5α,14β,17α)-3,14- 二羟基孕甾 -20- 酮 牛角瓜 Calotropis gigantea

(3β,5α,14β,17α)-3,14-dihydroxypregnan-20-one (3β,5α,1β,17α)-3,14- 二羟基孕甾 -20- 酮 见血封喉 Antiaris toxicaria

3β,4α-dihydroxypregnan-21-one 3β,4α- 二羟基孕甾 -21- 酮 鹧鸪花 Trichilia connaroides

3α,12β-dihydroxypregnane-16-en-20-one 3α,12β- 二羟基孕甾 -16- 烯 -20- 酮 海杧果 Cerbera manghas

3β,12β-dihydroxypregnane-16-en-20-one 3β,12β- 二羟基孕甾 -16- 烯 -20- 酮 海杧果 Cerbera manghas

3β,12β-dihydroxypregnane-16-ene-20-one 3β,12β- 二羟基孕甾 -16- 烯 -20- 酮醇 川东獐牙菜 Swertia davidii

(5α,20R)-17,20-dihydroxypregnane-3,16-dione (5α,20R)-17,20- 二羟基 - 孕甾 -3,16- 二酮 浆果楝 Cipadessa baccifera

3β,21-dihydroxypregnane-5-en-20S-(22,16)-lactone-1-O-α-L-rhamnopyranosyl-(1 → 2)-[α-D-xylopyranosyl-(1 → 3)]-β-D-glucopyranoside 3β,21- 二羟基孕甾 -5- 烯 -20S-(22,16)- 内酯 -1-O-α-L- 吡喃鼠李糖基 -(1 → 2)-[α-D- 吡喃木糖基 -(1 → 3)]-β-D- 吡喃葡萄糖苷 华重楼 Paris polyphylla var. chinensis

4,5-dihydroxyprenyl caffeate 4,5- 二羟基异戊烯基咖啡酸酯 大柄冬青 Ilex macropoda, 野桂花 Osmanthus yunnanensis

2,3-dihydroxypropanyl hentetracosanate 2,3- 二羟基丙醇四十一酸酯 卫矛 Euonymus alatus

3,4'-dihydroxypropiophenone 3,4'- 二羟基苯丙酮 显苞芒毛苣苔 Aeschynanthus bracteatus, 海杧果 Cerbera manghas

3,4'-dihydroxypropiophenone-3-O-β-D-glucopyranoside 3,4'- 二羟基苯丙酮 -3-O-β-D- 吡喃葡萄糖苷 三角槭 Acer buergerianum

α,β-dihydroxypropiosyringone α,β- 二羟基丙基丁香酮 吊石苣苔 Lysionotus pauciflorus

2,3-dihydroxypropIy-(Z,Z,Z)-9,12,15-octadecatrienoic acid ester (Z,Z,Z)-9,12,15- 十八三烯酸 -2,3- 二羟基丙酯 杉木 Cunninghamia lanceolata

2,3-dihydroxypropyl ester 2,3- 二羟基丙酯 肿柄菊 Tithonia diversifolia

2,3-dihydroxypropyl heptadecoate 2,3- 二羟基丙基十七酸酯 三角叶荨麻 Urtica triangularis

2,3-dihydroxypropyl myristate 2,3- 二羟基丙基肉豆蔻酸酯 挥发油成分，未统计基源

2,3-dihydroxypropyl octacosanoate 2,3- 二羟基丙基二十八酸酯 红鸡蛋花 Plumeria rubra

(9Z,12Z)-2,3-dihydroxypropyl octadeca-9,12-dienoate (9Z,12Z)-2,3- 二羟基丙醇十八烷 -9,12- 二烯酸酯 长花厚壳树 Ehretia longiflora

2,3-dihydroxypropyl octadecanoate 2,3- 二羟基丙基十八酸酯 羊蹄甲 Bauhinia purpurea

2,3-dihydroxypropyl-(Z,Z)-9,12-octadecadienate 2,3- 二羟基丙基 -(Z,Z)-9,12- 十八烷二烯酯 山紫茉莉 Oxybaphus himalaicus

(R)-(+)-5-(2,3-dihydroxypropyl)-1,3-benzodioxole (R)-(+)-5-(2,3- 二羟丙基)-1,3- 亚甲二氧基苯 辽细辛 Asarum heterotropoides var. mandshuricum

3-[4-[[4-(2,3-dihydroxypropyl)-2,6-dimethoxyphenyl]amino]-3-hydroxy-5-methoxyphenyl]propyl-α-L-rhamnopyranoside 3-[4-[[4-(2,3- 二羟基丙基)-2,6- 二甲氧基苯基] 氨]-3- 羟基 -5- 甲氧基苯基] 丙基 -α-L- 吡喃鼠李糖苷 美丽马醉木 Pieris formosa

4-[(1R,2R)-1,2-dihydroxypropyl]phenyl-O-β-D-glucopyranoside 4-[(1R,2R)-1,2- 二羟基丙基] 苯 -O-β-D- 吡喃葡萄糖苷 鹊肾树 Streblus asper

(2'S)-2',3'-dihydroxypropyl-1,6,8-trihydroxy-3-methylanthraquinone-2-carboxylate (2'S)-2',3'- 二羟基丙基 -1,6,8- 三羟基 -3- 甲基蒽醌 -2- 羧酸酯 华南龙胆 Gentiana loureiroi

(R)-2,3-dihydroxypropyl-3,4-dihydroxybenzoate (R)-3,4- 二羟基 - 苯甲酸 -1'- 丙三醇酯 贯叶连翘 Hypericum perforatum

2,3-dihydroxypropyl-9-octadecenoate 2,3- 二羟基丙基 -9- 十八烯酸酯 茉莉花 Jasminum sambac, 粘萼蝇子草 Silene viscidula

(9Z,12Z,15Z)-2,3-dihydroxypropyloctadeca-9,12,15-trienoate (9Z,12Z,15Z)-2,3- 二羟基丙醇十八烷 -9,12,15- 三烯酸酯 长花厚壳树 Ehretia longiflora

(9Z,12Z)-2,3-dihydroxypropyloctadecadienoate (9Z,12Z)-2,3- 二羟基丙基十八碳二烯酸酯 海漆 Excoecaria agallocha

(9Z,12Z,15Z)-2,3-dihydroxypropyloctadecatrienoate (9Z,12Z,15Z)-2,3- 二羟基丙基十八碳三烯酸酯 海漆 Excoecaria agallocha

2,3-dihydroxypropylpalmitate 2,3- 二羟基丙基棕榈酸酯 长花厚壳树 Ehretia longiflora, 甘遂 Euphorbia kansui

dihydroxyprotoberberine 二羟基原小檗碱 秤钩风 Diploclisia affinis

16β,22a-dihydroxypseudotaraxasterol-3β-O-palmitate 16β,22a- 二羟基伪蒲公英萜醇▲-3β-O- 棕榈酸酯 菊花 Chrysanthemum morifolium

3,9-dihydroxypterocarp-6a-ene 3,9- 二羟基紫檀 -6a- 烯 短梗胡枝子 Lespedeza cyrtobotrya

2α,3β-dihydroxypterodontic acid 2α,3β- 二羟基臭灵丹酸 翼齿六棱菊 Laggera crispata

3β,13β-dihydroxyurs-11-en-28-oic acid-13-lactone 3β,13β- 二羟基熊果 -11- 烯 -28- 酸 -13- 内酯 两头毛 Incarvillea arguta, 海桑 Sonneratia caseolaris

2α,3α-dihydroxyurs-12(13)-en-28-oic acid 2α,3α- 二羟基熊果 -12(13)- 烯 -28- 酸 拟缺香茶菜 Isodon excisoides

3β,6β-dihydroxy-urs-12,18(19)-dien-28-oic acid 3β,6β- 二羟基 - 熊果 -12,18(19)- 二烯 -28- 酸 平滑钩藤 Uncaria laevigata

2α,3β-dihydroxyurs-12,19-dien-28-oic acid 2α,3β- 二羟基熊果 -12,19- 二烯 -28- 酸 小金樱 Rosa taiwanensis

2α,3β-dihydroxyurs-12,19-diene-23,28-dioic acid 2α,3β- 二羟基熊果 -12,19- 二烯 -23,28- 二羧酸 毛萼莓 Rubus chroosepalus

2α,3α-dihydroxyurs-12,20(30)-dien-28-oic acid 2α,3α- 二羟基熊果 -12,20(30)- 二烯 -28- 酸 夏枯草 Prunella vulgaris, 甘露子 Stachys sieboldii, 牡荆 Vitex negundo var. cannabifolia

2α,3β-dihydroxyurs-12,20(30)-dien-28-oic acid-3-O-[O-β-D-xylopyranosyl-(1 → 3)-β-D-glucopyranoside] 2α,3β- 二羟基熊果 -12,20(30)- 二烯 -28- 酸 -3-O-[O-β-D- 吡喃木糖基 -(1 → 3)-β-D- 吡喃葡萄糖苷] 刺花莲子草 Alternanthera pungens

2α,3β-dihydroxyurs-12,20(30)-dien-28-oic acid-3-O-{O-α-L-arabinopyranosyl-(1 → 2)-O-[β-D-xylopyranosyl-(1 → 3)]β-D-glucopyranoside} 2α,3β- 二羟基熊果 -12,20(30)- 二烯 -28- 酸 -3-O-{O-α-L- 吡喃阿拉伯糖基 -(1 → 2)-O-[β-D- 吡喃木糖基 -(1 → 3)]β-D- 吡喃葡萄糖苷 } 刺花莲子草 Alternanthera pungens

2α,3β-dihydroxyurs-12,20(30)-dien-28-oic acid-3-O-{O-β-D-glucopyranosyl-(1 → 2)-O-α-L-arabinopyranosyl-(1 → 2)-O-[β-D-xylopyranosyl-(1 → 3)]-β-D-glucopyranoside} 2α,3β- 二羟基熊果 -12,20(30)- 二烯 -28- 酸 -3-O-{O-β-D- 吡喃葡萄糖基 -(1 → 2)-O-α-L- 吡喃阿拉伯糖基 -(1 → 2)-O-[β-D- 吡喃木糖基 -(1 → 3)]-β-D- 吡喃葡萄糖苷 } 刺花莲子草 Alternanthera pungens

2α,3β-dihydroxyurs-12,20(30)-dien-28-oic acid-3-O-{O-β-D-quinovopyranosyl-(1 → 2)-O-α-L-arabinopyranosyl-(1 → 2)-O-[β-D-xylopyranosyl-(1 → 3)]β-D-glucopyranoside} 2α,3β- 二羟基熊果 -12,20(30)- 二烯 -28- 酸 -3-O-{O-β-D- 吡喃鸡纳糖基 -(1 → 2)-O-α-L- 吡喃阿拉伯糖基 -(1 → 2)-O-[β-D- 吡喃木糖基 -(1 → 3)]β-D- 吡喃葡萄糖苷 } 刺花莲子草 Alternanthera pungens

3β,16β-dihydroxyurs-12-en-11-one 3β,16β- 二羟基熊果 -12- 烯 -11- 酮 福建假卫矛 Microtropis fokienensis

2α,3β-dihydroxyurs-12-en-18,19-epoxy-28-oic acid 2α,3β- 二羟基熊果 -12- 烯 -18,19- 环氧 -28- 酸 蛇莓 Duchesnea indica

3β,19α-dihydroxyurs-12-en-24,28-dioic acid-24,28-di-O-β-D-glucopyranoside 3β,19α- 二羟基熊果 -12- 烯 -24,28- 二酸 -24,28- 二 -O-β-D- 吡喃葡萄糖苷 毛冬青 Ilex pubescens

2α,3α-dihydroxyurs-12-en-24-al-28-oic acid 2α,3α- 二羟基熊果 -12- 烯 -24- 醛 -28- 酸 葛枣猕猴桃 Actinidia polygama

3β,6β-dihydroxyurs-12-en-27-oic acid 3β,6β- 二羟基熊果 -12-3β- 羟基熊果 -12- 烯 -27- 酸 落新妇 Astilbe chinensis

2α,3β-dihydroxyurs-12-en-28,30-olide 2α,3β- 二羟基熊果 -12- 烯 -28,30- 内酯 中华猕猴桃 Actinidia chinensis

2β,3α-dihydroxyurs-12-en-28-oate 2β,3α- 二羟基熊果 -12- 烯 -28- 酯 秤星树 Ilex asprella

1β,3β-dihydroxyurs-12-en-28-oic acid 1β,3β- 二羟基熊果 -12 烯 -28- 酸 番石榴 Psidium guajava

2,3-dihydroxyurs-12-en-28-oic acid 2,3- 二羟基熊果 -12- 烯 -28- 酸 杜虹花 Callicarpa formosana, 钩腺大戟 Euphorbia sieboldiana, 穗花牡荆 Vitex agnus-castus

2α,3α-dihydroxyurs-12-en-28-oic acid 2α,3α- 二羟基熊果 -12- 烯 -28- 酸 紫珠 Callicarpa bodinieri, 白透骨消 Glechoma biondiana, 活血丹 G. longituba, 尾叶香茶菜 Isodon excisus, 白花泡桐 Paulownia fortunei, 夏枯草 Prunella vulgaris, 甘西鼠尾草 Salvia przewalskii, 粘毛鼠尾草 S. roborowskii, 牡荆 Vitex negundo var. cannabifolia, 蔓荆 V. trifolia

2α,3β-dihydroxyurs-12-en-28-oic acid 2α,3β- 二羟基熊果 -12- 烯 -28- 酸 中华猕猴桃 Actinidia chinensis, 毛花猕猴桃 A. eriantha, 臭椿 Ailanthus altissima, 紫珠 Callicarpa bodinieri, 柳叶假木荷 Craibiodendron henryi, 头状四照花 Dendrobenthamia capitata, 桉 Eucalyptus robusta, 卫矛 Euonymus alatus, 蓝玉簪龙胆 Gentiana veitchiorum, 活血丹 Glechoma longituba, 攀茎耳草 Hedyotis scandens, 白花鹅掌柴 Heptapleurum leucanthum, 溪黄草 Isodon serra, 福建假卫矛 Microtropis fokienensis, 夏枯草 Prunella vulgaris, 番石榴 Psidium guajava, 红棕杜鹃花 Rhododendron rubiginosum, 荔枝草 Salvia plebeia, 粘毛鼠尾草 S. roborowskii, 荫生鼠尾草 S. umbratica, 柽柳 Tamarix chinensis, 山黄麻 Trema orientalis, 锐尖山香圆 Turpinia arguta, 马鞭草 Verbena officinalis, 单叶蔓荆 Vitex trifolia subsp. litoralis

3,24-dihydroxyurs-12-en-28-oic acid 3,24- 二羟基熊果 -12- 烯 -28- 酸 条叶龙胆 Gentiana manshurica

3α,11β-dihydroxyurs-12-en-28-oic acid 3α,11β- 二羟基熊果 -12- 烯 -28- 酸 蓝玉簪龙胆 Gentiana veitchiorum

3α,23-dihydroxyurs-12-en-28-oic acid 3α,23- 二羟基熊果 -12- 烯 -28- 酸 东方乌檀 Nauclea orientalis

3α,24-dihydroxyurs-12-en-28-oic acid 3α,24- 二羟基熊果 -12- 烯 -28- 酸 马鞭草 Verbena officinalis

3β,19α-dihydroxyurs-12-en-28-oic acid 3β,19α- 二羟基熊果 -12- 烯 -28- 酸 栀子 Gardenia jasminoides, 巴戟天 Morinda officinalis, 锈色蛛毛苣苔 Paraboea rufescens, 番石榴 Psidium guajava

3β,22α-dihydroxyurs-12-en-28-oic acid 3β,22α- 二羟基熊果 -12- 烯 -28- 酸 夏枯草 Prunella vulgaris

3β,23-dihydroxyurs-12-en-28-oic acid 3β,23- 二羟基熊果 -12- 烯 -28- 酸 柳叶假木荷 Craibiodendron henryi, 栀子 Gardenia jasminoides, 大叶冬青 Ilex latifolia, 胡桃楸 Juglans mandshurica, 番石榴 Psidium guajava

3β,24-dihydroxyurs-12-en-28-oic acid 3β,24- 二羟基熊果 -12- 烯 -28- 酸 甘青青兰 Dracocephalum tanguticum, 达乌里秦艽 Gentiana dahurica, 白透骨消 Glechoma biondiana, 胡桃楸 Juglans mandshurica

3α,24-dihydroxy-urs-12-en-28-oic acid 3α,24- 二羟基 - 熊果 -12- 烯 -28- 酸 马鞭草 Verbena officinalis

2α,3β-dihydroxyurs-12-en-28-oic acid(28 → 1)-β-D-glucopyranosyl ester 2α,3β- 二羟基熊果 -12- 烯 -28- 酸 (28 → 1)-β-D- 吡喃葡萄糖基酯 杜仲 Eucommia ulmoides

3β,24-dihydroxyurs-12-en-28-oic acid-24-O-β-D-xylopyranoside 3β,24- 二羟基熊果 -12- 烯 -28- 酸 -24-O-β-D- 吡喃木糖苷 相思子 Abrus precatorius

3β,23-dihydroxyurs-12-en-28-oic acid-28-O-β-D-glucopyranosyl ester 3β,23- 二羟基熊果 -12- 烯 -28- 酸 -28-O-β-D- 吡喃葡萄糖基酯 枸骨 Ilex cornuta

3β,23-dihydroxy-urs-12-en-28-oic acid-3-O-β-D-glucuronopyranoside-6'-O-methyl ester 3β,23- 二羟基熊果 -12- 烯 -28 酸 -3-O-β-D- 吡喃葡萄糖醛酸苷 -6'-O- 甲酯 猫儿刺 Ilex pernyi

H. japonicum, 金丝桃 H. monogynum, 元宝草 H. sampsonii, 糙枝金丝桃 H. scabrum, 绿叶甘橿 Lindera neesiana, 小花远志 Polygala arvensis, 尾叶远志 P. caudata, 香港远志 P. hongkongensis, 密花远志 P. tricornis, 蝉翼藤 Securidaca inappendiculata

2,5-dihydroxyxanthone 2,5- 二羟基呫酮 栽秧花 Hypericum beanii, 金丝桃 H. monogynum

2,6-dihydroxyxanthone 2,6- 二羟基呫酮 柘树 Cudrania tricuspidata

2,7-dihydroxyxanthone 2,7- 二羟基呫酮 金丝桃 Hypericum monogynum

3,4-dihydroxyxanthone 3,4- 二羟基呫酮 薄叶红厚壳 Calophyllum membranaceum

3,5-dihydroxyxanthone 3,5- 二羟基呫酮 薄叶红厚壳 Calophyllum membranaceum

1,5-dihydroxyxanthone-6-*O*-*β*-D-glucopyranoside 1,5- 二羟基呫酮 -6-*O*-*β*-D- 吡喃葡萄糖苷 地耳草 Hypericum japonicum

4,4'-dihydroxy-*Z*-stilbene 4,4'- 二羟基 -*Z*- 芪 大籽獐牙菜 Swertia macrosperma

(2*R*)-6,8-dihydroxy-*α*-dunnione (2*R*)-6,8- 二羟基 -*α*- 邓恩扭果花酮▲ 吊石苣苔 Lysionotus pauciflorus

(*R*)-7,8-dihydroxy-*α*-dunnione (*R*)-7,8- 二羟基 -*α*- 邓恩扭果花酮▲ 牛耳朵 Primulina eburnea

3*β*,6*α*-dihydroxy-*α*-ionol-9-*O*-*β*-D-apiofuranosyl-(1 → 6)-*β*-D-glucopyranoside 3*β*,6*α*- 二羟基 -*α*- 香堇醇 -9-*O*-*β*-D- 呋喃芹糖基 -(1 → 6)-*β*-D-吡喃葡萄糖苷 榅桲 Cydonia oblonga

4,9-dihydroxy-*α*-lapachone 4,9- 二羟基 -*α*- 风铃木醌▲ 梓 Catalpa ovata

(-)-3,4-dihydroxy-*α*-methoxy-benzeneacetic acid methyl ester (-)-3,4- 二羟基 -*α*- 甲氧基 - 苯乙酸甲酯 厚皮香 Ternstroemia gymnanthera

2,4-dihydroxy-*α*-oxo-phenylacetic acid 2,4- 二羟基 -*α*- 氧代 - 苯乙酸 准噶尔阿魏 Ferula songarica

2',3'-dihydroxy-*α*-sanshool 2',3'- 二羟基 -*α*- 山椒素 花椒 Zanthoxylum bungeanum

(10*R*,11*R*)-10,11-dihydroxy-*α*-santalol (10*R*,11*R*)-10,11- 二羟基 -*α*- 檀香醇 檀香 Santalum album

(9*E*)-11,13-dihydroxy-*α*-santalol (9*E*)-11,13- 二羟基 -*α*- 檀香醇 檀香 Santalum album

(4*S*)-4,5-dihydroxy-*α*-tetralone (4*S*)-4,5- 二羟基 -*α*- 四氢萘酮 泡核桃 Juglans sigillata

4,5-dihydroxy-*α*-tetralone 4,5- 二羟基 -*α*- 四氢萘酮 胡桃楸 Juglans mandshurica, 胡桃 J. regia

4*R*-4,8-dihydroxy-*α*-tetralone 4*R*-4,8- 二羟基 -*α*- 四氢萘酮 日本厚朴 Houpoëa obovata

(4*S*)-4,5-dihydroxy-*α*-tetralone-4-*O*-*β*-D-glucopyranoside (4*S*)-4,5- 二羟基 -*α*- 四氢萘酮 -4-*O*-*β*-D- 吡喃葡萄糖苷 胡桃楸 Juglans mandshurica

(4*S*)-4,6-dihydroxy-*α*-tetralone-4-*O*-*β*-D-glucopyranoside (4*S*)-4,6- 二羟基 -*α*- 四氢萘酮 -4-*O*-*β*-D- 吡喃葡萄糖苷 胡桃楸 Juglans mandshurica

4,5-dihydroxy-*α*-tetralone-4-*O*-*β*-D-glucopyranoside 4,5- 二羟基 -*α*- 四氢萘酮 -4-*O*-*β*-D- 吡喃葡萄糖苷 胡桃 Juglans regia

4,4'-dihydroxy-*α*-truxillic acid 4,4'- 二羟基 -*α*- 秘鲁古柯酸▲ 狗牙根 Cynodon dactylon, 白花蛇舌草 Hedyotis diffusa

3,10-dihydroxy-*β*-carboline 3,10- 二羟基 -*β*- 咔啉 苦树 Picrasma quassioides

5,6-dihydroxy-*β*-ionone 5,6- 二羟基 -*β*- 香堇酮 天目地黄 Rehmannia chingii, 地黄 R. glutinosa

3,4-dihydroxy-*β*-methoxyphenethyl alcohol 3,4- 二羟基 -*β*- 甲氧基苯乙醇 素馨花 Jasminum grandiflorum

3,4-dihydroxy-*β*-phenethyl alcohol 3,4- 二羟基 -*β*- 苯乙醇 黑种草 Nigella damascena

3,4-dihydroxy-*β*-phenethyl-*O*-*α*-L-rhamnopyranosyl-(1 → 3)-*O*-*β*-D-galacopyranosyl-(1 → 6)-4-*O*-caffeoyl-*β*-D-glucopyranoside 3,4- 二羟基 -*β*-苯乙基 -*O*-*α*-L- 吡喃鼠李糖基 -(1 → 3)-*O*-*β*-D- 吡喃半乳糖基 -(1 → 6)-4-*O*- 咖啡酰基 -*β*-D- 吡喃葡萄糖苷 地黄 Rehmannia glutinosa

3,4-dihydroxy-*β*-phenethyl-*O*-*β*-D-glucopyranosyl-(1 → 3)-4-*O*-caffeoyl-*β*-D-glucopyranoside 3,4- 二羟基 -*β*- 苯乙基 -*O*-*β*-D- 吡喃葡萄糖基 -(1 → 3)-4-*O*- 咖啡酰基 -*β*-D- 吡喃葡萄糖苷 地黄 Rehmannia glutinosa

3,4-dihydroxy-*β*-phenethyl-*O*-*β*-D-glucopyranosyl-(1 → 3)-*O*-*α*-L-rhamnopyranosyl-(1 → 6)-4-*O*-caffeoyl-*β*-D-glucopyranoside 3,4- 二羟基 -*β*-苯乙基 -*O*-*β*-D- 吡喃葡萄糖基 -(1 → 3)-*O*-*α*-L- 吡喃鼠李糖基 -(1 → 6)-4-*O*- 咖啡酰基 -*β*-D- 吡喃葡萄糖苷 地黄 Rehmannia glutinosa

3,4-dihydroxy-*β*-phenylethoxy-*O*-*α*-L-arabinopyranosyl-(1'''' → 2'')-*α*-L-rhamnopyranosyl-(1''' → 3'')-4''-*O*-caffeoyl-*β*-D-glucopyranoside 3,4-二羟基 -*β*- 苯基乙氧基 -*O*-*α*-L- 吡喃阿拉伯糖基 -(1'''' → 2'')-*α*-L- 吡喃鼠李糖基 -(1''' → 3'')-4''-*O*- 咖啡酰基 -*β*-D- 吡喃葡萄糖苷 绣球防风 Leucas ciliata

3,4-dihydroxy-*β*-phenylethyl-*O*-*β*-D-glucopyranoside 3,4- 二羟基 -*β*- 苯乙基 -*O*-*β*-D- 吡喃葡萄糖苷 欧丁香 Syringa vulgaris

3,5-dihydroxy-*γ*-caprolactone 3,5- 二羟基 -*γ*- 已内酯 披针观音座莲 Angiopteris caudatiformis

3*β*,22*α*-dihydroxy-Δ^{12}-oleanen-29-oic acid 3*β*,22*α*- 二羟基 -Δ^{12}- 齐墩果烯 -29- 酸 昆明山海棠 Tripterygium hypoglaucum

3*β*,22*α*-dihydroxy-Δ^{12}-oleanen-29-oic acid methyl ester 3*β*,22*α*- 二羟基 -Δ^{12}- 齐墩果烯 -29- 酸甲酯 昆明山海棠 Tripterygium hypoglaucum

3*β*,22*α*-dihy-droxy-Δ^{12}-ursen-30-oic acid methyl ester 3*β*,22*α*- 二羟基 -Δ^{12}- 熊果烯 -30- 酸甲酯 昆明山海棠 Tripterygium hypoglaucum

3,4-dihydroy-5-methoxy-*trans*-cinnamic acid 3,4- 二羟基 -5- 甲氧基 - 反式 - 桂皮酸 块茎山萮菜 Eutrema wasabi

3,4-dihydroy-5-methoxy-*trans*-cinnamic acid methyl ester 3,4- 二羟基 -5- 甲氧基 - 反式 - 桂皮酸甲酯 块茎山萮菜 Eutrema wasabi

dihydroyashabushiketol 二氢硬桤木酮醇▲ 缩砂密 Amomum villosum var. xanthioides

2,2-dihydroyergosterol 2,2- 二羟基麦角甾醇 冬虫夏草 Ophiocordyceps sinensis

11,13*α*-dihydrozaluzanin C 11,13*α*- 二氢中美菊素 C 雪莲花 Saussurea involucrata

11,13*β*-dihydrozaluzanin C 11,13*β*- 二氢中美菊素 C 雪莲花 Saussurea involucrata

11,13-dihydrozaluzanin C 11,13- 二氢愈创内酯 C 冷蒿 Artemisia frigida

11*α*,13-dihydrozaluzanin C 11*α*,13- 二氢中美菊素 C 杏香兔儿风 Ainsliaea fragrans, 雪莲花 Saussurea involucrata

4*β*,15,11*α*,13-dihydrozaluzanin C 4*β*,15,11*α*,13- 四氢中美菊素 C 杏香兔儿风 Ainsliaea fragrans

4*β*,15-dihydrozaluzanin C 4*β*,15- 二氢中美菊素 C 杏香兔儿风 Ainsliaea fragrans

11,13-dihydrozaluzanin D 11,13- 二氢愈创内酯 D 冷蒿 Artemisia frigida

dihydrozaluzanin-C 二氢中美菊素 C 雪莲花 Saussurea involucrata

dihydrozeatin 二氢玉米素 大花马齿苋 Portulaca grandiflora

(*R*)-(-)-8,11-dihydro-*α*-cuparenone (*R*)-(-)-8,11- 二氢 -*α*- 柏芳酮▲ 石地钱 Reboulia hemisphaerica

11*α*,13-dihydro-*α*-cyclocostunolide 11*α*,13- 二氢 -*α*- 环木香内酯 土木香 Inula helenium

11β,13-dihydro-α-cyclocostunolide 11β,13- 二氢 -α- 环木香内酯 土木香 Inula helenium
dihydro-α-ionone 二氢 -α- 香堇酮 挥发油成分，未统计基源
11α,13-dihydro-β-cyclocostunilide 11α,13- 二氢 -β- 环木香内酯 土木香 Inula helenium
11β,13-dihydro-β-cyclocostunolide 11β,13- 二氢 -β- 环木香内酯 小蛇苔 Conocephalum japonicum, 土木香 Inula helenium
dihydro-β-cyclopyrethrosin 二氢 -β- 环除虫菊内酯 除虫菊 Pyrethrum cinerariifolium
dihydro-β-ionone 二氢 -β- 香堇酮 挥发油成分，未统计基源
(*R*)-4,7-dihyroxy-3-methoxybenzeneacetic acid ethyl ester (*R*)-4,7- 二羟基 -3- 甲氧基苯乙酸乙酯 云南土沉香 Excoecaria acerifolia
(*S*)-4,7-dihyroxy-3-methoxybenzeneacetic acid ethyl ester (*S*)-4,7- 二羟基 -3- 甲氧基苯乙酸乙酯 云南土沉香 Excoecaria acerifolia
diincarvilone A 二聚角蒿隆酮▲A 两头毛 Incarvillea arguta, 地黄 Rehmannia glutinosa
diincarvilone B, C, D 二聚角蒿隆酮▲B, C, D 两头毛 Incarvillea arguta
diinnovanoside A, B 二聚新吴茱萸叶五加苷▲A, B 橙花瑞香 Daphne aurantiaca
1β,2β-diisobutanoyloxy-6α,15-diacetoxy-9α-benzoyloxy-4α-hydroxy-dihydro-β-agarofuran 1β,2β- 二异丁酰氧基 -6α,15- 二乙酰氧基 -9α- 苯甲酰氧基 -4α- 羟基 - 二氢 -β- 沉香呋喃 矮卫矛 Euonymus nanus
5,5'-diisobutoxy-2,2'-bifuran 5,5'- 二异丁氧基 -2,2'- 双呋喃 川牛膝 Cyathula officinalis, 卫矛 Euonymus alatus, 四角蒲桃 Syzygium tetragonum
diisobutyl adipate 肥酸二异丁酯 挥发油成分，未统计基源
diisobutyl phthalate 酞酸二异丁酯 挥发油成分，未统计基源
7α-diisobutyroyloxy-3α-nicotinoyloxy-5β,8α,9α,15β-tetraacetoxyjatropha-6(17),11*E*-diene-14-one 7α- 二异丁酰氧基 -3α- 烟酰氧基 -5β,8α,9α,15β- 四乙酰氧基麻疯树 -6(17),11*E*- 二烯 -14- 酮 对叶大戟 Euphorbia sororia
diisoheptyl phthalate 酞酸二异庚酯 千屈菜 Lythrum salicaria
diisononyl phthalate 酞酸二异壬酯 千屈菜 Lythrum salicaria
diisooctyl hexanedioate 己二酸二异辛酯 挥发油成分，未统计基源
diisooctyl phthalate 酞酸二异辛酯 宽叶毒芹 Cicuta virosa var. latisecta, 地锦 Euphorbia humifusa, 茸毛木蓝 Indigofera stachyodes, 千屈菜 Lythrum salicaria
diisooctyl-1,2-benzenedicarboxylate 二异辛基 -1,2- 苯二羧酸酯 水芹 Oenanthe javanica
6,8-diisoprenyl-5,7,4'-trihydroxyisoflavone 6,8- 二异戊烯基 -5,7,4'- 三羟基异黄酮 甘草 Glycyrrhiza uralensis
(3*S*,6*S*)-3,6-di-isopropyl-2,5-piperazine diketone (3*S*,6*S*)-3,6- 二异丙基 -2,5- 哌嗪二酮 挂金灯 Physalis alkekengi var. francheti
3,6-diisopropyl-2,5-piperazinedione 3,6- 二异丙基 -2,5- 哌嗪二酮 虎掌 Pinellia pedatisecta, 两面针 Zanthoxylum nitidum
(±)-diisovaleryl-*cis*-khellactone (±)- 双异戊酰基 - 顺式 - 阿米芹内酯▲ 长前胡 Peucedanum turgeniifolium
(±)-diisovalerylkhellactone (±)- 双异戊酰阿米芹内酯▲ 长前胡 Peucedanum turgeniifolium
3',4'-diisovalerylkhellactone 3',4'- 二异戊酰阿米芹内酯▲ 滨海前胡 Peucedanum japonicum
cis-3',4'-diisovalerylkhellactone 顺式 -3',4'- 二异缬酰阿米芹内酯▲ 少毛北前胡 Peucedanum harry-smithii var. subglabrum
dilaspirolactone 荚蒾螺内酯 荚蒾 Viburnum dilatatum
(3*Z*)-(3a*R*,6*S*,3'*R*,8'*S*)-3a.8',6.3'-diligustilide (3*Z*)-(3a*R*,6*S*,3'*R*,8'*S*)-3a.8',6.3'- 二藁本内酯 当归 Angelica sinensis
(3'*Z*)-(3*R*,8*S*,3a'*R*,6'*S*)-3,3a':8,6'-diligustilide (3'*Z*)-(3*R*,8*S*,3a'*R*,6'*S*)-3,3a':8,6'- 二藁本内酯 当归 Angelica sinensis
(3*Z*,3'*Z*)-6.8',7.3'-diligustilide (3*Z*,3'*Z*)-6.8',7.3'- 二藁本内酯 当归 Angelica sinensis
(*Z*)-6,8',7,3'-diligustilide (*Z*)-6,8',7,3'- 二藁本内酯 川芎 Ligusticum sinense 'Chuanxiong'
(*Z*,*Z*')-3.3',8.8'-diligustilide (*Z*,*Z*')-3.3',8.8'- 二藁本内酯 当归 Angelica sinensis
(*Z*,*Z*')-6,6',7,3a-diligustilide (*Z*,*Z*')-6,6',7,3a- 二藁本内酯 川芎 Ligusticum sinense 'Chuanxiong'
(*Z*,*Z*')-6,7,3',8'-diligustilide (*Z*,*Z*')-6,7,3',8'- 二藁本内酯 兴安柴胡 Bupleurum sibiricum
(*Z*,*Z*')-6,7,3a',6'-diligustilide (*Z*,*Z*')-6,7,3a',6'- 二藁本内酯 兴安柴胡 Bupleurum sibiricum
diligustilide 二藁本内酯 鞘山芎 Conioselinum vaginatum
1,2-dilinolenoyl-3-galactosylglycerol 1,2- 二亚油酰基 -3- 半乳糖基甘油 辣根 Armoracia rusticana
2,3-dilinolenoylglycerol-1-*O*-β-D-galacopyranoside 2,3- 二亚麻酰甘油 -1-*O*-β-D- 吡喃半乳糖苷 人参 Panax ginseng
1,2-dilinolenyl-3-*O*-(α-D-galactopyranosyl-(1→6)-*O*-β-D-galactopyranosyl)-glycerol 1,2- 二亚麻醇 -3-*O*-(α-D- 吡喃半乳糖基 -(1→6)-*O*-β-D- 吡喃半乳糖基)- 甘油 竹节树 Carallia brachiata
1,2-dilinolenyl-3-*O*-β-galactopyranosylglycerol 1,2- 二亚麻醇 -3-*O*-β- 吡喃半乳糖基甘油 竹节树 Carallia brachiata
1,3-dilinoleoyl-2-decanoylglycerol 1,3- 二亚油酰基 -2- 癸酰甘油 牛蹄豆 Pithecellobium dulce
2,3-dilinoleoylglycerol-1-*O*-β-D-galacopyranoside 2,3- 二亚油酰甘油 -1-*O*-β-D- 吡喃半乳糖苷 人参 Panax ginseng
dill apiole 莳萝芹脑 挥发油成分，未统计基源
dill ether 莳萝醚 挥发油成分，未统计基源
dillanol 莳萝酚▲ 莳萝 Anethum graveolens
dillanoside 莳萝苷▲ 莳萝 Anethum graveolens
dillapiol 莳萝油脑 挥发油成分，未统计基源
dillapiole 莳萝芹菜脑 挥发油成分，未统计基源
dillapional 莳萝芹菜脑醛 挥发油成分，未统计基源
dillenetin 五桠果素 飞机草 Chromolaena odorata, 五桠果 Dillenia indica, 宽苞水柏枝 Myricaria bracteata
dillenetin-3-*O*-(6''-*O*-*p*-coumaroyl)-β-D-glucopyranoside 五桠果素 -3-*O*-(6''-*O*- 对香豆酰基)-β-D- 吡喃葡萄糖苷 野甘草 Scoparia dulcis
dillenic acid B 五桠果酸 B 肉果草 Lancea tibetica

D

dimeresculetin 二聚七叶树内酯 紫花地丁 Viola philippica
(+)-dimeric coniferyl acetate (+)- 二聚松柏醇乙酸酯 岭南杜鹃花 Rhododendron mariae
dimeric proanthocyanidin 二聚原花青素 日本木瓜 Chaenomeles japonica
dimeric procyanidin 二聚原矢车菊素 金荞麦 Fagopyrum dibotrys
dimerumic acid 二孢镰刀菌酸▲ 红曲 Monascus purpureus
6,6-dimethly-2-methlyene-bicyclo[2,2,1]-heptan-one) 6,6- 二甲基 -2- 次甲基二环 -[2,2,1]- 庚 -3- 酮 樟子松 Pinus sylvestris var. mongolica
trans-3,5-dimethoxy alkyne cinnaldehyde 反式 -3,5- 二甲氧基桂皮炔醛 挥发油成分，未统计基源
3,3'-dimethoxy ellagic acid-4'-*β*-*O*-xylopyranoside 3,3'- 二 - 甲氧基鞣花酸 -4'-*β*- 氧 - 吡喃木糖苷 山乌桕 Triadica cochinchinensis
4,4'-dimethoxy vulpinic acid 4,4'- 二甲氧基狐衣酸 橙黄硬皮马勃 Scleroderma citrinum
4,4'-dimethoxy-(1,1'-biphenanthrene)-2,2',7,7'-tetrol 4,4'- 二甲氧基 -2,2',7,7'- 四羟基 -1,1'- 联菲 白及 Bletilla striata
3',4'-dimethoxy(2",3":7,8)furanoflavone 3',4'- 二甲氧基 (2",3":7,8) 呋喃黄酮 水黄皮 Pongamia pinnata
8-(3',6'-dimethoxy)-4,5-cyclohexadiene-($\Delta^{11,12}$-dioxidemethylene)-dense-dihydrogen-isocoumarin 8-(3',6'- 二甲氧基)-4,5- 环己二烯 -($\Delta^{11,12}$- 二氧亚甲基)- 稠二氢异香豆素 北柴胡 Bupleurum chinense
1-[(3,4-dimethoxy)-phenyl]-1-propanone 1-[(3,4- 二甲氧基)- 苯]-1- 丙酮 大叶马蹄香 Asarum maximum
1-(3',5'-dimethoxy)-phenyl-2-(4"-hydroxy)-phenylethane 1-(3',5'- 二甲氧基)- 苯基 -2-(4"- 羟基)- 苯基乙烷 油茶 Camellia oleifera
1-(3',5'-dimethoxy)-phenyl-2-(4"-*O*-*β*-D-glucopyranosyl)-phenylethane 1-(3',5'- 二甲氧基)- 苯基 -2-(4"-*O*-*β*-D- 吡喃葡萄糖基)- 苯基乙烷 油茶 Camellia oleifera
1-(3',5'-dimethoxy)-phenyl-2-[4"-*O*-*β*-D-glucopyranosyl-(6→1)-*O*-*α*-L-rhamnopyranosyl]-phenylethane 1-(3',5'- 二甲氧基)- 苯基 -2-[4"-*O*-*β*-D- 吡喃葡萄糖基 -(6→1)-*O*-*α*-L- 吡喃鼠李糖基]- 苯基乙烷 油茶 Camellia oleifera
1,3-dimethoxy-[1,3]benzodioxolo[5,6-c]phenanthridine 1,3- 二甲氧基 -[1,3] 苯并二噁唑并 [5,6-c] 菲啶 大叶臭花椒 Zanthoxylum myriacanthum
3,6-dimethoxy[4",5":8,7]furanoflavone 3,6- 二甲氧基 [4",5":8,7] 呋喃黄酮 闹鱼崖豆 Millettia ichthyochtona
4,8-dimethoxy-1-(2-methoxyethyl)-*β*-carboline 4,8- 二甲氧基 -1-(2- 甲氧基乙基)-*β*- 咔啉 苦树 Picrasma quassioides
5,6-dimethoxy-1-(or-4-)hydroxy-2-(or-3-)hydroxymethylanthraquinone 5,6- 二甲氧基 -1-(或 -4-) 羟基 -2-(或 -3-) 羟甲基蒽醌 金鸡纳树 Cinchona calisaya
4,5-dimethoxy-1,2-benzoquinone 4,5- 二甲氧基 -1,2- 邻苯醌 中华青荚叶 Helwingia chinensis
2,3-dimethoxy-1,4,5-trihydroxy-10-methylacridone 2,3- 二甲氧基 -1,4,5- 三羟基 -10- 甲基吖啶酮 酒饼簕 Atalantia buxifolia
2,6-dimethoxy-1,4-benzenediol 2,6- 二甲氧基 -1,4- 苯二酚 苦槠 Castanopsis sclerophylla
2,5-dimethoxy-1,4-benzoquinone 2,5- 二甲氧基 -1,4- 苯醌 西南五月茶 Antidesma acidum, 浙贝母 Fritillaria thunbergii, 喙柱牛奶菜 Marsdenia oreophila, 弄岗苣苔 Primulina longgangensis
2,6-dimethoxy-1,4-benzoquinone 2,6- 二甲氧基 -1,4- 苯醌 磨盘草 Abutilon indicum, 阴香 Cinnamomum burmannii, 黄杞 Engelhardia roxburghiana, 窿缘桉 Eucalyptus exserta, 地果 Ficus tikoua, 银桦 Grevillea robusta, 菊三七 Gynura japonica, 金毛耳草 Hedyotis chrysotricha, 微花藤 Iodes cirrhosa, 红花鸢尾 Iris milesii, 福建假卫矛 Microtropis fokienensis, 蒲桃 Syzygium jambos, 黄荆 Vitex negundo, 两面针 Zanthoxylum nitidum
7,8-dimethoxy-1,4-dimethyldibenzofuran 7,8- 二甲氧基 -1,4- 二甲基二苯并呋喃 窄头橐吾 Ligularia stenocephala
3,8-dimethoxy-1,7-dihydroxyxanthone 3,8- 二甲氧基 -1,7- 二羟基屾酮 蛇胆草 Tylophora secamonoides
4,5-dimethoxy-10-hydroxy-canthin-6-one 4,5- 二甲氧基 -10- 羟基铁屎米 -6- 酮 苦树 Picrasma quassioides
(6a*R*,11a*R*)-3,9-dimethoxy-10-hydroxypterocarpane (6a*R*,11a*R*)-3,9- 二甲氧基 -10- 羟基紫檀烷 黄耆 Astragalus penduliflorus subsp. mongholicus var. dahuricus
6*β*,8*β*-dimethoxy-10*β*-hydroxyeremophil-7(11)-en-12,8*α*-olide 6*β*,8*β*- 二甲氧基 -10*β*- 羟基荒漠木 -7(11)- 烯 -12,8*α*- 内酯 箭叶橐吾 Ligularia sagitta
6*β*,8*β*-dimethoxy-10*β*-hydroxyeremophil-7(11)-en-8*β*,12-olide 6*β*,8*β*- 二甲氧基 -10*β*- 羟基荒漠木 -7(11)- 烯 -8*β*,12- 内酯 羊角天麻 Dobinea delavayi
(1*S*,5*S*,6*S*,9*R*,11*S*)-5,14-dimethoxy-12-acetoxycaryophyll-2(15)-en-7-one (1*S*,5*S*,6*S*,9*R*,11*S*)-5,14- 二甲氧基 -12- 乙酰氧基丁香 -2(15)- 烯 -7- 酮 止痢蚤草 Pulicaria dysenterica
(1*S*,5*S*,6*S*,9*R*,11*S*)-5,14-dimethoxy-12-hydroxycaryophyll-2(15)-en-7-one (1*S*,5*S*,6*S*,9*R*,11*S*)-5,14- 二甲氧基 -12- 羟基丁香 -2(15)- 烯 -7- 酮 止痢蚤草 Pulicaria dysenterica
10,11-dimethoxy-19-epiajmalicine 10,11- 二甲氧基 -19- 表 - 阿吉马蛇根辛碱▲ 催吐萝芙木 Rauvolfia vomitoria
4,8-dimethoxy-1-ethyl-*β*-carboline 4,8- 二甲氧基 -1- 乙基 -*β*- 咔啉 苦树 Picrasma quassioides
6,7-dimethoxy-1-hydroxy-3-methylcarbazole 6,7- 二甲氧基 -1- 羟基 -3- 甲基咔唑 调料九里香 Murraya koenigii
4,8-dimethoxy-1-methyl-3-(3-methylbut-2-en-1-yl)quinolin-2(1*H*)-one 4,8- 二甲氧基 -1- 甲基 -3-(3- 甲基丁 -2- 烯 -1- 基) 喹啉 -2(1*H*)- 酮 山小橘 Glycosmis pentaphylla
10,11-dimethoxy-1-methyldeacetylpicraline-3',4',5'-trimethoxy-benzoate 10,11- 二甲氧基 -1- 甲基去乙酰苦籽木碱▲-3',4',5'- 三甲氧 - 苯甲酸酯 大叶糖胶树 Alstonia macrophylla
6*β*,8*β*-dimethoxy-1-oxoeremophila-7(11),9-dieno-12,8*α*-lactone 6*β*,8*β*- 二甲氧基 -1- 氧代荒漠木 -7(11),9- 二烯 -12,8*α*- 内酯 林荫千里光 Senecio nemorensis
5,6-dimethoxy-2-(2,3,5-trimethoxyphenyl)-4(1*H*)-quinolinone 5,6- 二甲氧基 -2-(2,3,5- 三甲氧基苯基)-4(1*H*)- 喹啉酮 香肉果 Casimiroa edulis
5,6-dimethoxy-2-(2,3,6-trimethoxyphenyl)-4(1*H*)-quinolinone 5,6- 二甲氧基 -2-(2,3,6- 三甲氧基苯基)-4(1*H*)- 喹啉酮 香肉果 Casimiroa

siamea
5,7-dimethoxy-2-methylbezopyran-4-one 5,7- 二甲氧基 -2- 甲基苯骈吡喃 -4- 酮 水虎尾 Dysophylla stellata
5,7-dimethoxy-2-methylchromone 5,7- 二甲氧基 -2- 甲基色酮 唐菖蒲 Gladiolus × gandavensis
5,7-dimethoxy-2-methyl-chromone 5,7- 二甲氧基 -2- 甲基 - 色酮 丁香 Syzygium aromaticum
5,7-dimethoxy-2-methyl-chromone-8-*O*-*β*-D-(6'-*O*-galloyl)-glucopyranoside 5,7- 二甲氧基 -2- 甲基 - 二甲氧基 -8-*O*-*β*-D-(6'-*O*- 没食子酰基)- 吡喃葡萄糖苷 丁香 Syzygium aromaticum
6,7-dimethoxy-2-methyl-isocarbostyril 6,7- 二甲氧基 -2- 甲基 - 异喹诺酮 偏翅唐松草 Thalictrum delavayi

D

6,7-dimethoxy-2-methylisoquinolinium 6,7- 二甲氧基 -2- 甲基异喹啉季铵碱 番荔枝 Annona squamosa
6,7-dimethoxy-2-naphthalene ethanol 6,7- 二甲氧基 -2- 萘乙醇 藏波罗花 Incarvillea younghusbandii
trans-3,5-dimethoxy-2-prenylstilbene 反式 -3,5- 二甲氧基 -2- 异戊烯基芪 尾叶血桐 Macaranga kurzii
6,12-dimethoxy-3-(1,2-dihydroxylethyl)-*β*-carboline 6,12- 二甲氧基 -3-(1,2- 二羟乙基)-*β*- 咔啉 苦树 Picrasma quassioides
6,12-dimethoxy-3-(1-hydroxylethyl)-*β*-carboline 6,12- 二甲氧基 -3-(1- 羟乙基)-*β*- 咔啉 苦树 Picrasma quassioides
2,4'-dimethoxy-3'-(2-hydroxy-3-methyl-3-butenyl)acetophenone 2,4'- 二甲氧基 -3'(2- 羟基 -3- 甲基 -3- 丁烯基)- 苯乙酮 假连翘 Duranta erecta
6,12-dimethoxy-3-(2-hydroxylethyl)-*β*-carboline 6,12- 二甲氧基 -3-(2- 羟乙基)-*β*- 咔啉 苦树 Picrasma quassioides
4,4-dimethoxy-3-(methoxymethyl)-butyric acid methyl ester 4,4- 二甲氧基 -3-(甲氧甲基)- 丁酸甲酯 倒地铃 Cardiospermum halicacabum
(*R**,3*R**,6*S**,7*R**,8*R**,10*R**)-1,3-dimethoxy-3,10-epoxy-8-(2-methylpropanoy1oxy)-germacra-4,11(13)-dien-6,12-olide (*R**,3*R**,6*S**,7*R**,8*R**,10*R**)-1,3- 二甲氧基 -3,10- 环氧 -8-(2- 甲基丙酰氧基)- 大根老鹳草 -4,11(13)- 二烯 -6,12- 内酯 肿柄菊 Tithonia diversifolia
2,2'-dimethoxy-3,3'-dihydroxy-5,5'-oxo-6,6'-biphenylformic anhydride 2,2'- 二甲氧基 -3,3'- 二羟基 -5,5'- 氧代 -6,6'- 联苯甲酸酐 大戟 Euphorbia pekinensis
(3*R*,4*R*,3'*R*,4'*R*)-6,6'-dimethoxy-3,4,3',4'-tetrahydro-2*H*,2'*H*-[3,3']bichromenyl-4,4'-diol (3*R*,4*R*,3'*R*,4'*R*)-6,6'- 二甲氧基 -3,4,3',4'- 四氢 -2*H*,2'*H*-[3,3'] 二色烯基 -4,4'- 二醇 黄樟 Cinnamomum parthenoxylon
3,7-dimethoxy-3',4',5,6-tetrahydroxyflavone 3,7- 二甲氧基 -3',4',5,6- 四羟基黄酮 银胶菊 Parthenium hysterophorus
5,7-dimethoxy-3,4,5-trihydroxyflavanone 5,7- 二甲氧基 -3,4,5- 三羟基黄烷酮 总序大黄 Rheum racemiferum
(7'*S**,8*R**,8'*R**)-3,5'-dimethoxy-3',4,9'-trihydroxy-7',9-epoxy-8,8'-lignan (7'*S**,8*R**,8'*R**)-3,5'- 二甲氧基 -3',4,9'- 三羟基 -7',9- 环氧 -8,8'- 木脂素 紫玉兰 Yulania liliiflora
(7*S*,8*S*,8'*R*)-3',4'-dimethoxy-3,4,-methylenedioxylignan-7-ol (7*S*,8*S*,8'*R*)-3',4'- 二甲氧基 -3,4,- 亚甲二氧基木脂素 -7- 醇 红楠 Machilus thunbergii
2,5-dimethoxy-3,4:3',4'-bis(dimethylenedioxy)bibenzyl 2,5- 二甲氧基 -3,4:3',4'- 二 (二亚甲二氧基) 联苄 石仙桃 Pholidota chinensis
(-)-3,4-dimethoxy-3,4-desmethylenedioxycubebin (-)-3,4- 二甲氧基 -3,4- 去亚甲二氧基荜澄茄素 胡椒 Piper nigrum
(-)-3',4'-dimethoxy-3',4'-desmethylenedioxycubebin (-)-3',4'- 二甲氧基 -3',4'- 去亚甲二氧基荜澄茄素 胡椒 Piper nigrum
6,7-dimethoxy-3,4-dihydro-2*H*-isoquinolin-1-one 3,4- 二氢 -6,7- 二甲氧基异喹诺酮 黄连 Coptis chinensis
6,7-dimethoxy-3',4'-dihydroxyflavan 6,7- 二甲氧基 -3',4'- 二羟基黄烷 青江藤 Celastrus hindsii
6,7-dimethoxy-3',4'-methylendioxyisoflavone 6,7- 二甲氧基 -3',4'- 亚甲二氧基异黄酮 葛 Pueraria montana var. lobata
(7*S*,8*R*,1'*S*,2'*R*)-$\Delta^{8'}$-1',2'-dimethoxy-3,4-methylenedioxy-1',2',3',4'-tetrahydro-4'-oxo-7.*O*.2',8.1'-neolignan (7*S*,8*R*,1'*S*,2'*R*)-$\Delta^{8'}$-1',2'- 二甲氧基 -3,4- 亚甲二氧基 -1',2',3',4'- 四氢 -4'- 酮 -7.*O*.2',8.1'- 新木脂素 玉兰 Yulania denudata
(7*S*,8*S*,7'*R*,8'*R*)-3',4'-dimethoxy-3,4-methylenedioxy-7,7'-epoxylignan (7*S*,8*S*,7'*R*,8'*R*)-3',4'- 二甲氧基 -3,4- 亚甲二氧基 -7,7'- 环氧脂素 百两金 Ardisia crispa
(7'*R*,8'*S*)-3,4-dimethoxy-3',4'-methylenedioxy-7,8-seco-7,7'-epoxylignan-7,8-dione (7'*R*,8'*S*)-3,4- 二甲氧基 -3',4'- 亚甲二氧基 -7,8- 裂环 -7,7'- 环氧木脂素 -7,8- 二酮 金山五味子 Schisandra glaucescens
(-)-*trans*-5,7-dimethoxy-3',4'-methylenedioxyflavan-3-ol (-)- 反式 -5,7- 二甲氧基 -3',4'- 亚甲二氧基黄烷 -3- 醇 樟 Cinnamomum camphora
5,7-dimethoxy-3',4'-methylenedioxyflavan-3-ol 5,7- 二甲氧基 -3',4'- 亚甲二氧基黄烷 -3- 醇 樟 Cinnamomum camphora, 红楠 Machilus thunbergii
7,8-dimethoxy-3',4'-methylenedioxyflavone 7,8- 二甲氧基 -3',4'- 亚甲二氧基黄酮 香合欢 Albizia odoratissima
(2*S*)-5,7-dimethoxy-3',4'-methyleneflavanone (2*S*)-5,7- 二甲氧基 -3',4'- 亚甲二氧基黄烷酮 洋紫荆 Bauhinia variegata
7,5'-dimethoxy-3,5,2'-trihydroxyflavone 7,5'- 二甲氧基 -3,5,2'- 三羟基黄酮 酢浆草 Oxalis corniculata
(2*R*,3*R*)-7,5'-dimethoxy-3,5,2'-trihydroxyflavonone (2*R*,3*R*)-7,5'- 二甲氧基 -3,5,2'- 三羟基黄烷酮 艾纳香 Blumea balsamifera
8,3'-dimethoxy-3,5,4'-trihydroxyflavone-7-*O*-*β*-D-(6''-acetyl)glucopyranoside 8,3'- 二甲氧基 -3,5,4'- 三羟基黄酮 -7-*O*-*β*-D-(6''- 乙酰基) 吡喃葡萄糖苷 大叶芸香 Haplophyllum perforatum
6,4'-dimethoxy-3,5,7-trihydroxyflavone 6,4'- 二甲氧基 -3,5,7- 三羟基黄酮 水飞蓟 Silybum marianum
1,7-dimethoxy-3,6-dihydroxyxanthone 1,7- 二甲氧基 -3,6- 二羟基屾酮 黄牛木 Cratoxylum cochinchinense
2,4-dimethoxy-3,7-dibenzofurandiol 2,4- 二甲氧基 -3,7- 二苯基呋喃二醇 石南藤 Piper wallichii
(3*S*)-2',4'-dimethoxy-3,7-dihydroxyisoflavanone (3*S*)-2',4'- 二甲氧基 -3,7- 二羟基异黄烷酮 降香 Dalbergia odorifera
6,12-dimethoxy-3-formyl-*β*-carboline 6,12- 二甲氧基 -3- 甲酰基 -*β*- 咔啉 苦树 Picrasma quassioides
4',5-dimethoxy-3-hydroxy-6,7-methylenedioxyisoflavone 4',5- 二甲氧基 -3- 羟基 -6,7- 亚甲二氧基异黄酮 卷鞘鸢尾 Iris potaninii
4,4'-dimethoxy-3'-hydroxy-7,9',7',9-diepoxyligan-3-*O*-*β*-D-glucopyranoside 4,4'- 二甲氧基 -3'- 羟基 -7,9',7',9- 二环氧木脂素 -3-*O*-*β*-D- 吡喃葡萄糖苷 泽漆 Euphorbia helioscopia
4,4'-dimethoxy-3'-hydroxy-7,9':7',9-diepoxylignan-3-*O*-*β*-D-glucopyranoside 4,4'- 二甲氧基 -3'- 羟基 -7,9':7',9- 二环氧木脂素 -3-*O*-*β*-D- 吡喃葡萄糖苷 大叶仙茅 Curculigo capitulata
7,4'-dimethoxy-3'-hydroxyflavone 7,4'- 二甲氧基 -3'- 羟基黄酮 香合欢 Albizia odoratissima

2',4'-dimethoxy-3'-hydroxyisoflavan-6-O-β-D-glucopyranoside 2',4'- 二甲氧基 -3'- 羟基异黄烷 -6-O-β-D- 吡喃葡萄糖苷 乌拉特黄耆 Astragalus hoantchy, 蒙古黄耆 A. penduliflorus

(6aR,11aR)-4,9-dimethoxy-3-hydroxypterocarpan (6aR,11aR)-3- 羟基 -4,9- 二甲氧基紫檀烷 川西锦鸡儿 Caragana erinacea

4,9-dimethoxy-3-hydroxypterocarpan 3- 羟基 -4,9- 二甲氧基紫檀烷 降香 Dalbergia odorifera

5,4'-dimethoxy-3'-isopropenyl-acetyl-6,7-methylenedioxyflavone-3-O-[β-D-xylopyranoxyl-(1 → 6)]-β-D-glucopyranoside 5,4'- 二甲氧基 -3'- 异丙烯基乙酰基 -6,7- 二氧亚甲基黄酮 -3-O-[β-D- 吡喃木糖基 -(1 → 6)]-β-D- 吡喃葡萄糖苷 圆穗蓼 Polygonum macrophyllum

2,5-dimethoxy-3-O-β-D-glucopyranosylcinnamic alcohol 2,5- 二甲氧基 -3-O-β-D- 吡喃葡萄糖基桂皮醇 花曲柳 Fraxinus chinensis subsp. rhynchophylla

5,4'-dimethoxy-3'-prenylbiochanin-7-O-β-D-galactoside 5,4'- 二甲氧基 -3'- 异戊二烯基鹰嘴豆芽素 -7-O-β-D- 半乳糖苷 绒毛戴星草 Sphaeranthus indicus

2,5-dimethoxy-3-undecylphenol 2,5- 二甲氧基 -3- 十一烷基苯酚 阳桃 Averrhoa carambola

6,12-dimethoxy-3-vinyl-β-carboline 6,12- 二甲氧基 -3- 乙烯基 -β- 咔啉 苦树 Picrasma quassioides

2,6-dimethoxy-4-(2-hydroxyethyl)phenol-1-O-β-D-glucopyranoside 2,6- 二甲氧基 -4-(2- 羟乙基) 苯酚 -1-O-β-D- 吡喃葡萄糖苷 五层龙 Salacia prinoides

2,6-dimethoxy-4-(2-hydroxyethyl)-phenol-1-O-β-D-glucopyranoside 2,6- 二甲氧基 -4-(2- 羟乙基)- 苯酚 -1-O-β-D- 吡喃葡萄糖苷 柃木 Eurya japonica, 余甘子 Phyllanthus emblica

(αR)-α-[(1S)-1-[2,6-dimethoxy-4-(2-propen-1-yl)phenoxy]ethyl]-3,4-dimethoxy-benzenemethanol-1-acetate (αR)-α-[(1S)-1-[2,6- 二甲氧基 -4-(2- 丙烯 -1- 基) 苯氧基] 乙基]-3,4- 二甲氧基 - 苯甲醇 -1- 乙酸酯 肉豆蔻 Myristica fragrans

1,2-dimethoxy-4-(2-propenyl)benzene 1,2- 二甲氧基 -4-(2- 丙烯基) 苯 挥发油成分，未统计基源

1,2-dimethoxy-4-(2-propenyl)-benzene 1,2- 二甲氧基 -4-(2- 丙烯基)- 苯 挥发油成分，未统计基源

2,6-dimethoxy-4-(2-propenyl)-phenol) 2,6- 二甲氧基 -4-(2- 丙烯基 - 苯酚) 挥发油成分，未统计基源

2,6-dimethoxy-4-(2-propenyl)phenol-6-O-β-D-glucopyranosyl-β-D-glucopyranoside 2,6- 二甲氧基 -4-(2- 丙烯基) 苯酚 -6-O-β-D- 吡喃葡萄糖基 -β-D- 吡喃葡萄糖苷 五层龙 Salacia prinoides

α-[1-[2,6-dimethoxy-4-(2-propenyl)phenoxy]ethyl]-1,3-benzodioxole-5-methanol acetate α-[1-[2,6- 二甲氧基 -4-(2- 丙烯基) 苯氧基] 乙基]-1,3- 苯并二茂 -5- 甲醇乙酸酯 肉豆蔻 Myristica fragrans

[S-(R*,S*)]-α-[1-[2,6-dimethoxy-4-(2-propenyl)phenoxy]ethyl]-3,4-dimethoxy-benzenemethanol [S-(R*,S*)]-α-[1-[2,6- 二甲氧基 -4-(2- 丙烯基) 苯氧基] 乙基]-3,4- 二甲氧基 - 苯甲醇 肉豆蔻 Myristica fragrans

α-[1-[2,6-dimethoxy-4-(2-propenyl)phenoxy]ethyl]-3,4-dimethoxy-benzenemethanol acetate α-[1-[2,6- 二甲氧基 -4-(2- 丙烯基) 苯氧基] 乙基]-3,4- 二甲氧基 - 苯甲醇乙酸酯 肉豆蔻 Myristica fragrans

2,6-dimethoxy-4-(2-propenyl)phenyl-β-D-glucopyranoside 2,6- 二甲氧基 -4-(2- 丙烯基) 苯基 -β-D- 吡喃葡萄糖苷 假黄皮 Clausena excavata

2,6-dimethoxy-4-(3-hydroxy-propen-1-yl)phenyl-4-O-α-L-rhamnopyranosyl-(1→6)-β-D-glucopyranoside 2,6- 二甲氧基 -4-(3- 羟基 - 烯丙基 -1- 基)- 苯基 -4-O-α-L- 吡喃鼠李糖基 -(1 → 6)-β-D- 吡喃葡萄糖苷 棉团铁线莲 Clematis hexapetala

2,6-dimethoxy-4-(3-hydroxy-propen-1-yl)-phenyl-4-O-α-L-rhamnopyranosyl-(1 → 6)-β-D-glucopyranoside 2,6- 二甲氧基 -4-(3- 羟基丙烯基)- 苯基 -1-O-α-L- 吡喃鼠李糖基 -(1 → 6)-β-D- 吡喃葡萄糖苷 刺五加 Eleutherococcus senticosus

2,6-dimethoxy-4-(prop-2-enyl]phenyl-O-α-L-rhamnopyranosyl-(1 → 6)-β-D-glucopyranoside 2,6- 二甲氧基 -4-(丙 -2- 烯基)- 苯 -O-α-L- 吡喃鼠李糖基 -(1 → 6)-β-D- 吡喃葡萄糖苷 狭叶虎皮楠 Daphniphyllum angustifolium

(7S,8R,8'R)-3,3'-dimethoxy-4,4,',8'-trihydroxy-9-acetoxy-7,9-exopylignan (7S,8R,8'R)-3,3'- 二甲氧基 -4,4,',8'- 三羟基 -9- 乙酰氧基 -7,9- 环氧木脂素 光叶淫羊藿 Epimedium sagittatum var. glabratum

3,3'-dimethoxy-4,4',9,9'-tetrahydroxy simple lignan 3,3'- 二甲氧基 -4,4',9,9'- 四羟基简单木脂素 羽叶丁香 Syringa pinnatifolia

(8R)-3,3'-dimethoxy-4,4',9,9'-tetrahydroxy-5',8-lignan-3'-O-β-D-glucopyranoside (8R)-3,3'- 二甲氧基 -4,4',9,9'- 四羟基 -5',8- 木脂素 -3'-O-β-D- 吡喃葡萄糖苷 毛蕊铁线莲 Clematis lasiandra

3,5-dimethoxy-4,4'-dihydroxy-bibenzyl 3,5- 二甲氧基 -4,4'- 二羟基 - 联苄 兜唇石斛 Dendrobium aphyllum

2',6'-dimethoxy-4,4'-dihydroxychalcone 2',6'- 二甲氧基 -4,4'- 二羟基查耳酮 云南草蔻 Alpinia blepharocalyx, 啤酒花 Humulus lupulus

2,6-dimethoxy-4,4'-dihydroxydihydrochalcone 2,6- 二甲氧基 -4,4'- 二羟基二氢查耳酮 剑叶龙血树 Dracaena cochinchinensis

(E)-3,3'-dimethoxy-4,4'-dihydroxystilbene (E)-3,3'- 二甲氧基 -4,4'- 二羟基芪 苏木 Caesalpinia sappan, 美丽崖豆藤 Callerya speciosa, 亚麻 Linum usitatissimum, 楝 Melia azedarach

3',3-dimethoxy-4',5,7-trihydroxyflavone 3',3- 二甲氧基 -4',5,7- 三羟基黄酮 竹叶花椒 Zanthoxylum armatum

3',5'-dimethoxy-4',5,7-trihydroxyflavone 3',5'- 二甲氧基 -4',5,7- 三羟基黄酮 高山大戟 Euphorbia stracheyi

3,3'-dimethoxy-4',5,7-trihydroxy-flavone 3,3'- 二甲氧基 -4',5,7- 三羟基 - 黄酮 浙贝母 Fritillaria thunbergii

3',7-dimethoxy-4',5-dihydroxyflavone 3',7- 二甲氧基 -4',5- 二羟基黄酮 芫花 Daphne genkwa

2',7-dimethoxy-4',5'-methylenedioxyisoflavone 2',7- 二甲氧基 -4',5'- 亚甲二氧基异黄酮 思茅崖豆 Millettia leptobotrya

1,3-dimethoxy-4,6,11-trimethylnaphthofuran 1,3- 二甲氧基 -4,6,11- 三甲基萘并呋喃 掌叶橐吾 Ligularia przewalskii

(7R,8S)-7'-3,3'-dimethoxy-4,7,9,9'-tetrahydroxy-8-O-4'-neolignan-7-O-β-D-glucopyranoside (7R,8S)-7'-3,3'- 二甲氧基 -4,7,9,9'- 四羟基 -8-O-4'- 新木脂素 -7-O-β-D- 吡喃葡萄糖苷 岩芋 Remusatia vivipara

3,3'-dimethoxy-4,8'-oxyneoligna-9,4',7',9'-tetraol 3,3'- 二甲氧基 -4,8'- 氧代新木脂素 -9,4',7',9'- 四醇 刺五加 Eleutherococcus senticosus, 葎草 Humulus scandens

3,3'-dimethoxy-4,9,9'-trihydroxy-4',7-epoxy-5',8-lignan-4,9-bis-O-β-D-glucopyranoside 3,3'- 二甲氧基 -4,9,9'- 三羟基 -4',7- 环氧 -5',8- 木脂素 -4,9- 二 -O-β-D- 吡喃葡萄糖苷 刺参 Oplopanax elatus

(7S,8R)-3,3'-dimethoxy-4,9,9'-trihydroxy-4',7-epoxy-5',8-lignan-9'-O-β-D-glucopyranoside (7S,8R)-3,3'- 二甲氧基 -4,9,9'- 三羟基 -4',7- 环氧 -5',

8- 木脂素 -9'-*O*-*β*-D- 吡喃葡萄糖苷　毛蕊铁线莲 Clematis lasiandra

(7*S*,8*R*)-3,3'-dimethoxy-4,9,9'-trihydroxy-4',7-epoxy-5',8-lignan-9-*O*-*β*-D-glucopyranoside (7*S*,8*R*)-3,3'- 二甲氧基 -4,9,9'- 三羟基 -4',7- 环氧 -5',8- 木脂素 -9-*O*-*β*-D- 吡喃葡萄糖苷　毛蕊铁线莲 Clematis lasiandra

3,4'-dimethoxy-4,9,9'-trihydroxy-benzofuranneolignan-7'-ene 3,4'- 二甲氧基 -4,9,9'- 三羟基 - 苯并呋喃新木脂素 -7'- 烯　贯筋藤 Dregea sinensis var. corrugata

2,6-dimethoxy-4-[(1*E*)-3,3-dimethoxy-1-propenyl]phenyl-*β*-D-glucopyranoside 2,6- 二氧甲基 -4-[(1*E*)-3,3- 二氧甲基 -1- 丙烯基] 苯基 -*β*-D- 吡喃葡萄糖苷　刺五加 Eleutherococcus senticosus

2,6-dimethoxy-4-[(1*E*)-prop-1-enyl]phenyl-*O*-*α*-L-rhamnopyranosyl-(1→6)-*β*-D-glucopyranoside 2,6- 二甲氧基 -4-(1 反式)- 丙 -1- 烯基)- 苯 -*O*-*α*-L- 吡喃鼠李糖基 -(1→6)-*β*-D- 吡喃葡萄糖苷　狭叶虎皮楠 Daphniphyllum angustifolium

2,6-dimethoxy-4-[(1*S*)-3-methoxypropyl]phenol 2,6- 二甲氧基 -4-[(1*S*)-3- 甲氧基丙醇] 苯酚　元宝槭 Acer truncatum

2,6-dimethoxy-4-[tetrahydro-4-[(4-hydroxy-3,5-dimethoxyphenyl)methyl]-3-(hydroxymethyl)-2-furanyl]phenyl-*β*-D-glucopyranoside 2,6- 二甲氧基 -4-{ 四氢 -4-[(4- 羟基 -3,5- 二甲氧基苯基) 甲基]-3- 羟甲基 -2- 呋喃基 } 苯基 -*β*-D- 吡喃葡萄糖苷　黄檗 Phellodendron amurense

1,2-dimethoxy-4-allylbenzene 2- 甲氧基 -4- 烯丙基苯　辽细辛 Asarum heterotropoides var. mandshuricum

6,7-dimethoxy-4-chromanone 6,7- 二甲氧基 -4- 色烷酮　鱼藤 Derris trifoliata

6,7-dimethoxy-4*H*-1-benzopyran-7-ol 6,7- 二甲氧基 -4*H*-1- 苯并吡喃 -7- 醇　紫藤 Wisteria sinensis

3,5-dimethoxy-4-hydrophenyl-1-*O*-*β*-D-apiosyl-(1→6)-*O*-*β*-D-glucopyranoside 3,5- 二甲氧基 -4- 羟基苯基 -1-*O*-*β*-D- 芹糖基 -(1→6)-*O*-*β*-D- 吡喃葡萄糖苷　毛杭子梢 Campylotropis hirtella

2,6-dimethoxy-4-hydroquinone-1-*O*-*β*-D-glucopyranoside 2,6- 二甲氧基 -4- 氢醌 -1-*O*-*β*-D- 吡喃葡萄糖苷　贯叶连翘 Hypericum perforatum

6,7-dimethoxy-4-hydroxy-1-naphthoic acid 6,7- 二甲氧基 -4- 羟基 -1- 萘酚酸　沙生蜡菊 Helichrysum arenarium

3,5-dimethoxy-4-hydroxy-1-*O*-glucoside 3,5- 二甲氧基 -4- 羟基 -1-*O*- 葡萄糖苷　短柱肖菝葜 Heterosmilax septemnervia

3',5'-dimethoxy-4'-hydroxyacetophenone 3',5'- 二甲氧基 -4'- 羟基苯乙酮　玄参 Scrophularia ningpoensis

3,5-dimethoxy-4-hydroxyacetophenone 3,5- 二甲氧基 -4- 羟基苯乙酮　云木香 Saussurea costus

3,5-dimethoxy-4-hydroxybenzaldehyde 3,5- 二甲氧基 -4- 羟基苯甲醛　皱叶南蛇藤 Celastrus rugosus, 杜鹃兰 Cremastra appendiculata, 海南黄檀 Dalbergia hainanensis, 海南大风子 Hydnocarpus hainanensis, 淡竹叶 Lophatherum gracile, 大管 Micromelum falcatum, 海南玉叶金花 Mussaenda hainanensis, 云木香 Saussurea costus, 球花马蓝 Strobilanthes dimorphotricha

2,6-dimethoxy-4-hydroxybenzoic acid 2,6- 二甲氧基 -4- 羟基苯甲酸　羊蹄 Rumex japonicus

3,5-dimethoxy-4-hydroxybenzoic acid 3,5- 二甲氧基 -4- 羟基苯甲酸　蜀葵 Alcea rosea, 韭菜 Allium tuberosum, 东北蛇葡萄 Ampelopsis glandulosa var. brevipedunculata, 显脉羊蹄甲 Bauhinia glauca subsp. pernervosa, 过山枫 Celastrus aculeatus, 弯管花 Chassalia curviflora, 毛建草 Dracocephalum rupestre, 酸藤子 Embelia laeta, 胡桃楸 Juglans mandshurica, 留兰香 Mentha spicata, 钩萼草 Notochaete hamosa, 黑龙骨 Periploca forrestii, 华鼠尾草 Salvia chinensis, 合蕊五味子 Schisandra propinqua, 云芝 Trametes versicolor, 雷公藤 Tripterygium wilfordii

3,5-dimethoxy-4-hydroxybenzoic acid-1-*O*-*β*-D-glucopyranoside 3,5- 二甲氧基 -4- 羟基苯甲酸 -1-*O*-*β*-D- 吡喃葡萄糖苷　毛冬青 Ilex pubescens

3,5-dimethoxy-4-hydroxy-benzoic acid-4-*β*-D-glucoside 3,5- 二甲氧基 -4- 羟基苯甲酸 -4-*β*-D- 葡萄糖　灯油藤 Celastrus paniculatus

3,5-dimethoxy-4-hydroxybenzoic acid-*O*-glucoside 3,5- 二甲氧基 -4- 羟基苯甲酸 -*O*- 葡萄糖苷　短柱肖菝葜 Heterosmilax septemnervia

3,5-dimethoxy-4-hydroxybenzoic acid-*O*-*β*-D-glucopyranoside 3,5- 二甲氧基 -4- 羟基苯甲酸 -*O*-*β*-D- 吡喃葡萄糖苷　地果 Ficus tikoua

2,3-dimethoxy-4-hydroxybenzophenone 2,3- 二甲氧基 -4- 羟基二苯甲酮　绿叶甘橿 Lindera neesiana

2,6-dimethoxy-4-hydroxybenzyl alcohol-1-*O*-*β*-D-glucopyranoside 2,6- 二甲氧基 -4- 羟基苯甲醇 -1-*O*-*β*-D- 吡喃葡萄糖苷　贯叶连翘 Hypericum perforatum

3,5-dimethoxy-4-hydroxybenzyl alcohol-4-*O*-*β*-D-glucoside 3,5- 二甲氧基 -4- 羟基苯乙醇 -4-*O*-*β*-D- 吡喃葡萄糖苷　马醉木 Pieris japonica

1-(3,5-dimethoxy-4-hydroxybenzyl)-6-*O*-galloyl-1-*O*-*β*-D-glucopyranoside 1-(3,5- 二甲氧基 -4- 羟基苄基)-6-*O*- 没食子酰基 -1-*O*-*β*-D- 吡喃葡萄糖苷　海漆 Excoecaria agallocha

3,5-dimethoxy-4-hydroxybenzyl-1-*O*-*β*-D-glucopyranoside 3,5- 二甲氧基 -4- 羟基苄基 -1-*O*-*β*-D- 吡喃葡萄糖苷　海漆 Excoecaria agallocha

3,5-dimethoxy-4-hydroxybenzyl-alcohol-4-*O*-*β*-D-glucopyranoside 3,5- 二甲氧基 -4- 羟基苄醇 -4-*O*-*β*-D- 吡喃葡萄糖苷　阴行草 Siphonostegia chinensis

(*E*)-3-(3',5'-dimethoxy-4'-hydroxybenzylidene)-2-indolinone (*E*)- 二甲氧羟苄吲哚酮　菘蓝 Isatis tinctoria

3,4-dimethoxy-4-hydroxybibenzyl 3,4- 二甲氧基 -4- 羟基联苄　盔瓣耳叶苔 Frullania muscicola

3,5-dimethoxy-4-hydroxycinnamaldehyde 3,5- 二甲氧基 -4- 羟基桂皮醛　疏花卫矛 Euonymus laxiflorus, 宽苞水柏枝 Myricaria bracteata, 紫丁香 Syringa oblata

3,5-dimethoxy-4-hydroxycinnamic acid 3,5- 二甲氧基 -4- 羟基桂皮酸　淡枝沙拐枣 Calligonum leucocladum, 穗状狐尾藻 Myriophyllum spicatum

trans-3,5-dimethoxy-4-hydroxy-cinnamic aldehyde 反式 -3,5- 二甲氧基 -4- 羟基 - 桂皮醛　黄荆 Vitex negundo

2,4-dimethoxy-4'-hydroxydihydrochalcone 2,4- 二甲氧基 -4'- 羟基二氢查耳酮　剑叶龙血树 Dracaena cochinchinensis

(2*S*)-7,3'-dimethoxy-4'-hydroxyflavan (2*S*)-7,3'- 二甲氧基 -4'- 羟基黄烷　青江藤 Celastrus hindsii

5,7-dimethoxy-4'-hydroxyflavan 5,7- 二甲氧基 -4'- 羟基黄烷　锈毛麻辣仔藤 Erycibe expansa

5,7-dimethoxy-4'-hydroxyflavone 5,7- 二甲氧基 -4'- 羟基黄酮　木香薷 Elsholtzia stauntonii, 石香薷 Mosla chinensis, 糙苏 Phlomis umbrosa, 杠板归 Polygonum perfoliatum, 日本马蓝 Strobilanthes japonica

7,3'-dimethoxy-4'-hydroxyflavone-5-*O*-glucopyranoside 7,3'- 二甲氧基 -4'- 羟基黄酮 -5-*O*- 吡喃葡萄糖苷　土沉香 Aquilaria sinensis

3,5-dimethoxy-4-hydroxyphenethyl alcohol 3,5- 二甲氧基 -4- 羟基苯乙醇　旱柳 Salix matsudana

香 Excoecaria acerifolia
5,7-dimethoxy-6-(2-isopentenyl)coumarin 5,7- 二甲氧基 -6-(2- 异戊烯基) 香豆素 飞龙掌血 Toddalia asiatica
4,5-dimethoxy-6-(2-propenyl)-1,3-benzodioxole 4,5- 二甲氧基 -6-(2- 丙烯基)-1,3- 亚甲二氧基苯 红花八角 Illicium dunnianum
2,3-dimethoxy-6-(3-oxo-butyl)-7,9,10,11,11*α*,12-hexahydrobenzo[f]pyrrolo[1,2-b]isquinoline 2,3- 二甲氧基 -6-(3- 氧代丁基)-7,9,10,11,11*α*,12-六氢苯并 [f] 吡咯 [1,2-b] 异喹啉 华北白前 Cynanchum mongolicum
(2*S*)-7,3'-dimethoxy-6,4'-dihydroxyflavan (2*S*)-7,3'- 二甲氧基 -6,4'- 二羟基黄烷 青江藤 Celastrus hindsii
3,6-dimethoxy-6'',6''-dimethchromene-(7,8,2'',3'')-flavone 3,6- 二甲氧基 -6'',6''- 二甲基色烯 -(7,8,2'',3'')- 黄酮 活血丹 Glechoma longituba
4,4'-dimethoxy-6,6'-dimethyl-8,8'-dihydroxy-2,2'-binaphthyl-1,1'-quinone 4,4'- 二甲氧基 -6,6'- 二甲基 -8,8'- 二羟基 -2,2'- 二萘基 -1,1'- 醌 野柿 Diospyros kaki var. silvestris
3,6-dimethoxy-6'',6''-dimethylchromene-(7,8,2'',3'')-flavone 3,6- 二甲氧基 -6'',6''- 二甲基苯并吡喃 -(7,8,2'',3'')- 黄酮 土人参 Talinum paniculatum
4',5'-dimethoxy-6,6-dimethylpyranoisoflavone 4',5'- 二甲氧基 -6,6- 二甲基吡喃异黄酮 厚果崖豆藤 Millettia pachycarpa
5,2'-dimethoxy-6,7-methylene dioxyflavanone 5,2'- 二甲氧基 -6,7- 二氧亚甲基黄烷酮 四方蒿 Elsholtzia blanda
5,8-dimethoxy-6,7-methylenedioxycoumarin 5,8- 二甲氧基 -6,7- 亚甲二氧基香豆素 猪毛蒿 Artemisia scoparia
5,4'-dimethoxy-6,7-methylenedioxyflavanone 5,4'- 二甲氧基 -6,7- 亚甲二氧基黄烷酮 尼泊尔蓼 Polygonum nepalense
7,7'-dimethoxy-6,8'-bicoumarin 7,7'- 二甲氧基 -6,8'- 双香豆素 臭节草 Boenninghausenia albiflora, 石椒草 B. sessilicarpa
1,8-dimethoxy-6-hydroxy-7-methyldibenz[b,f]oxepin 1,8- 二甲氧基 -6- 羟基 -7- 甲基二苯 [b,f] 氧杂草 紫荆 Cercis chinensis
5,7-dimethoxy-6-hydroxycoumarin 5,7- 二甲氧基 -6- 羟基香豆素 兴安白头翁 Pulsatilla dahurica
2,3-dimethoxy-6-methylanthraquinone 2,3- 二甲氧基 -6- 甲基蒽醌 白花蛇舌草 Hedyotis diffusa
(2'*R*,3'*R*,4'*S*,5'*S*)-6,8-dimethoxy-7-(3',7'-dimethyl-4',5'-epoxy-2'-hydroxyocta-6'-enyloxy)-coumarin (2'*R*,3'*R*,4'*S*,5'*S*)-6,8- 二甲氧基 -7-(3',7'- 二甲基 -4',5'- 环氧 -2'- 羟基八碳 -6'- 烯氧基)- 香豆素 臭椿 Ailanthus altissima
6,8-dimethoxy-7-(3',7'-dimethylocta-2',6'-dienyloxy)-coumarin 6,8- 二甲氧基 -7-(3',7'- 二甲基八碳 -2',6'- 二烯氧基)- 香豆素 臭椿 Ailanthus altissima
6,3'-dimethoxy-7,5'-dihydroxyisoflavone 6,3'- 二甲氧基 -7,5'- 二羟基异黄酮 锦鸡儿 Caragana sinica
(7*R*,7'*S*,8*R*,8'*S*)-3,3'-dimethoxy-7,7'-epoxylignan-4,4',9-triol (7*R*,7'*S*,8*R*,8'*S*)-3,3'- 二甲氧基 -7,7'- 环氧木脂素 -4,4',9- 三醇 五味子 Schisandra chinensis
(7*R*,7'*S*,8*S*,8'*R*)-3,3'-dimethoxy-7,7'-epoxylignan-4,4',9-triol (7*R*,7'*S*,8*S*,8'*R*)-3,3'- 二甲氧基 -7,7'- 环氧木脂素 -4,4',9- 三醇 五味子 Schisandra chinensis
5,6-dimethoxy-7,8-methylenedioxycoumarin 5,6- 二甲氧基 -7,8- 亚甲二氧基香豆素 青蒿 Artemisia carvifolia carvifolia
4,8-dimethoxy-7-hydroxy-5-methylcoumarin 4,8- 二甲氧基 -7- 羟基 -5- 甲基香豆素 红椿 Toona ciliata
5,6-dimethoxy-7-hydroxycoumarin 5,6- 二甲氧基 -7- 羟基香豆素 树番茄 Cyphomandra betacea
5,8-dimethoxy-7-isopentenyloxycoumarin 5,8- 二甲氧基 -7- 异戊烯基氧香豆素 飞龙掌血 Toddalia asiatica
4,5-dimethoxy-7-methylcoumarin 4,5- 二甲氧基 -7- 甲基香豆素 大火草 Anemone tomentosa
5,5'-dimethoxy-7-oxolariciresinol 5,5'- 二甲氧基 -7- 氧代落叶松树脂醇 合欢 Albizia julibrissin, 风龙 Sinomenium acutum
5,5'-dimethoxy-7-oxolariciresinol-4'-*O*-*β*-D-glucopyranoside 5,5'- 二甲氧基 -7- 氧代落叶松树脂醇 -4'-*O*-*β*-D- 吡喃葡萄糖苷 山桂花 Bennettiodendron leprosipes
(8*R**,7'*S**,8'*R**)-5,5'-dimethoxy-7-oxolariciresinol-9'-*O*-*β*-D-xylopyranoside (8*R**,7'*S**,8'*R**)-5,5'- 二甲氧基 -7- 氧代落叶松树脂醇 -9'-*O*-*β*-D-吡喃木糖苷 棒锤瓜 Neoalsomitra integrifoliola
4',8-dimethoxy-7-*O*-*β*-D-glucopyranosylisoflavone 4',8- 二甲氧基 -7-*O*-*β*-D- 吡喃葡糖基异黄酮 葛 Pueraria montana var. lobata
5,7-dimethoxy-8-(3'-hydroxy-3'-methyl-1'-butene)-coumarin 5,7- 二甲氧基 -8-(3'- 羟基 -3'- 甲基 -1'- 丁烯)- 香豆素 飞龙掌血 Toddalia asiatica
5,7-dimethoxy-8-(3-methyl-2-butenoxy)coumarin 5,7- 二甲氧基 -8-(3- 甲基 -2- 丁烯氧基)- 香豆素 两面针 Zanthoxylum nitidum
5,7-dimethoxy-8-(3-methyl-2-keto-butyl)coumarin 5,7- 二甲氧基 -8-(3- 甲基 -2- 氧代 - 丁基) 香豆素 千里香 Murraya paniculata
5,7-dimethoxy-8-(3'-methyl-2'-oxobutyl)coumarin 5,7- 二甲氧基 -8-(3'- 甲基 -2'- 氧代丁基) 香豆素 千里香 Murraya paniculata
5,7-dimethoxy-8-(3'-methyl-2'-oxo-butyl)-coumarin 5,7- 二甲氧基 -8-(3'- 甲基 -2'- 氧代丁基)- 香豆素 千里香 Murraya paniculata
5,7-dimethoxy-8-(3-methyl-2-oxobutyl)-coumarin 5,7- 二甲氧基 -8-(3- 甲基 -2- 氧代丁基) 香豆素 酒饼簕 Atalantia buxifolia
7,4'-dimethoxy-8,3',5'-trihydroxy-6-*O*-*β*-D-glucopyranosylisoflavone 7,4'- 二甲氧基 -8,3',5'- 三羟基 -6-*O*-*β*-D- 吡喃葡萄糖苷异黄酮 卷鞘鸢尾 Iris potaninii
7,7'-dimethoxy-8,8'-bicoumarin 7,7'- 二甲氧基 -8,8'- 双香豆素 臭节草 Boenninghausenia albiflora, 石椒草 B. sessilicarpa
3,6-dimethoxy-8,8-dimethyl-2-phenyl-4*H*,8*H*-benzo[1,2-b:3,4-b']dipyran-4-one 3,6- 二甲氧基 -8,8- 二甲基 -2- 苯基 -4*H*,8*H*- 苯 [1,2-b:3,4-b'] 二吡喃 -4- 酮 干花豆 Fordia cauliflora
3,3'-dimethoxy-8,9-epoxylignan-4,4',9'-triol 3,3'- 二甲氧基 -8,9- 环氧木脂素 -4,4',9'- 三醇 五味子 Schisandra chinensis
5,7-dimethoxy-8-[(*Z*)-3'-methylbutan-1',3'-dienyl]-coumarin 5,7- 二甲氧基 -8-[(*Z*)-3'- 甲基丁烷 -1',3'- 二烯基]- 香豆素 千里香 Murraya paniculata
4*α*,5-dimethoxy-8-formyl-7-hydroxy-6-methylflavan 4*α*,5- 二甲氧基 -8- 甲醛基 -7- 羟基 -6- 甲基黄烷 华蟹甲 Sinacalia tangutica
1,2-dimethoxy-8-hydroxy-3-methyl-9,10-anthraquinone 1,2- 二甲氧基 -8- 羟基 -3- 甲基 -9,10- 蒽醌 决明 Senna tora
5,7-dimethoxy-8-hydroxycoumarin 5,7- 二甲氧基 -8- 羟基香豆素 半边莲 Lobelia chinensis
6,7-dimethoxy-8-hydroxycoumarin 6,7- 二甲氧基 -8- 羟基香豆素 云南土沉香 Excoecaria acerifolia, 花曲柳 Fraxinus chinensis subsp. rhynchophylla
1,3-dimethoxy-8-hydroxyxanthone 1,3- 二甲氧基 -8- 羟基吨酮 川西獐牙菜 Swertia mussotii

3,5-dimethoxybenzylalcohol-4-*O*-*β*-D-glucopyranoside 3,5- 二甲氧基 - 苄醇 -4-*O*-*β*-D- 吡喃葡萄糖苷 光叶铁仔 Myrsine stolonifera
3,4-dimethoxybenzyl-*β*-D-glucopyranoside 3,4- 二甲氧基苄基 -*β*-D- 吡喃葡萄糖苷 三角槭 Acer buergerianum
3,4-dimethoxybenzyl-*β*-D-glucoside 3,4- 二甲氧基苄基 -*β*-D- 葡萄糖苷 西葫芦 Cucurbita pepo
3,5-dimethoxybibenzyl 3,5- 二甲氧基联苄 白及 Bletilla striata
5,4'-dimethoxybibenzyl-3,3'-diol 5,4'- 二甲氧基联苄 -3,3'- 二醇 白及 Bletilla striata
3,5-dimethoxybiphenyl 3,5- 二甲氧基联苯 绿叶甘橿 Lindera neesiana
3',5'-dimethoxybiphenyl-3,4'-diol 3',5'- 二甲氧基联苯 -3,4'- 二酚 石南藤 Piper wallichii
2,2-dimethoxybutane 2,2- 二甲氧基丁烷 挥发油成分，未统计基源
4,5-dimethoxycanthin-6-one 4,5- 二甲氧基铁屎米 -6- 酮 八角枫 Alangium chinense, 苦树 Picrasma quassioides
(5*R**R**)-4,6-dimethoxycarbonyl-5-[2',3',4'-trihydroxy-6'-(methoxycarbonyl)-phenyl]-5,6-dihydro-2*H*-pyran-2-one (5*R**R**)-4,6- 二甲氧基羰基 -5-[2',3',4'- 三羟基 -6'-(甲氧基羰基)- 苯基]-5,6- 二氢 -2*H*- 吡喃 -2- 酮 小果叶下珠 Phyllanthus reticulatus
6,7-dimethoxychromone 6,7- 二甲氧基色酮 盐角草 Salicornia europaea
2,4-dimethoxycinnamic acid 2,4- 二甲氧基桂皮酸 歧茎蒿 Artemisia igniaria
3,4-dimethoxycinnamic acid 3,4- 二甲氧基桂皮酸 假马齿苋 Bacopa monnieri, 淡枝沙拐枣 Calligonum leucocladum, 单穗升麻 Cimicifuga simplex, 东北玉簪 Hosta ensata, 葫芦 Lagenaria siceraria, 云南兔耳草 Lagotis yunnanensis, 刺茶美登木 Maytenus variabilis, 桔梗 Platycodon grandiflorus, 远志 Polygala tenuifolia, 黑茶藨子 Ribes nigrum, 龙脷叶 Sauropus spatulifolius, 窄叶鲜卑花 Sibiraea angustata, 银柴胡 Stellaria dichotoma var. lanceolata, 爬岩红 Veronicastrum axillare, 草本威灵仙 V. sibiricum
trans-3,4-dimethoxycinnamic acid 反式 -3,4- 二甲氧基桂皮酸 挥发油成分，未统计基源
cis-3,4-dimethoxycinnamyl aldehyde 顺式 -3,4- 二甲氧基桂皮醛 挥发油成分，未统计基源
3,4-dimethoxycinnamyl methyl ether 3,4- 二甲氧基桂皮醇甲醚 圆萼刺参 Morina chinensis
3',4'-dimethoxycinnamyl-(*Z*)-2-angeloyloxy-methyl-2-butenoate 3',4'- 二甲氧基桂皮基 -(*Z*)-2- 当归酰氧基 - 甲基 -2- 丁烯酯 峨参 Anthriscus sylvestris
3',4'-dimethoxycinnamyl-(*Z*)-2-tigloyloxy-methyl-2-butenoate 3',4'- 二甲氧基桂皮基 - 顺式 -2- 巴豆酰氧基 - 甲基 -2- 丁烯酯 峨参 Anthriscus sylvestris
3,4-dimethoxycinnamyl-*β*-D-glucopyranoside 3,4- 二甲氧基桂皮酰基 -*β*-D- 吡喃葡萄糖苷 蜀葵 Alcea rosea, 云南兔耳草 Lagotis yunnanensis
(*E*)-3,4-dimethoxycinnamyl- ω -hydroxylinoleate (*E*)-3,4- 二甲氧基桂皮基 - ω - 羟基亚油酸酯 榅桲 Cydonia oblonga
5,7-dimethoxycoumarin 5,7- 二甲氧基香豆素 臭节草 Boenninghausenia albiflora, 石椒草 B. sessilicarpa, 来檬 Citrus aurantiifolia, 佛手 C. medica var. sarcodactylis, 结香 Edgeworthia chrysantha, 一品红 Euphorbia pulcherrima, 半边莲 Lobelia chinensis, 枳 Poncirus trifoliata, 漆姑草 Sagina japonica, 飞龙掌血 Toddalia asiatica
5,8-dimethoxycoumarin 5,8- 二甲氧基香豆素 青蒿 Artemisia carvifolia carvifolia, 粟 Setaria italica, 月桂茵芋 Skimmia laureola
6,7-dimethoxycoumarin 6,7- 二甲氧基香豆素 沙蓬 Agriophyllum squarrosum, 石栗 Aleurites moluccana, 东北丝裂蒿 Artemisia adamsii, 青蒿 A. carvifolia carvifolia, 牡蒿 A. japonica, 猪毛蒿 A. scoparia, 构树 Broussonetia papyrifera, 麻楝 Chukrasia tabularis, 香橼 Citrus medica, 葡萄柚 C. paradisi, 大花菟丝子 Cuscuta reflexa, 川牛膝 Cyathula officinalis, 假连翘 Duranta erecta, 刺五加 Eleutherococcus senticosus, 象橘 Feronia limonia, 钩吻 Gelsemium elegans, 黄花补血草 Limonium aureum, 漏斗泡囊草 Physochlaina infundibularis, 葛 Pueraria montana var. lobata, 兴安白头翁 Pulsatilla dahurica, 金樱子 Rosa laevigata, 粟 Setaria italica, 乔木茵芋 Skimmia arborescens, 茄 Solanum melongena, 鹊肾树 Streblus asper, 紫花地丁 Viola philippica, 青花椒 Zanthoxylum schinifolium
6,8-dimethoxycoumarin 6,8- 二甲氧基香豆素 枳 Poncirus trifoliata
7,8-dimethoxycoumarin 7,8- 二甲氧基香豆素 青蒿 Artemisia carvifolia carvifolia, 牡蒿 A. japonica, 佛手 Citrus medica var. sarcodactylis, 黄瑞香 Daphne giraldii, 朝鲜瑞香 D. pseudomezereum var. koreana, 月桂茵芋 Skimmia laureola
7*β*,25-dimethoxycucurbita-5(6),23*E*-dien-19-al-3-*O*-*β*-D-allopyranoside 7*β*,25- 二甲氧基葫芦 -5(6),23*E*- 二烯 -19- 醛 -3-*O*-*β*-D- 吡喃阿洛糖苷 苦瓜 Momordica charantia
p-2,5-dimethoxycymene 对 -2,5- 二甲氧基孜然芹烃▲ 柳叶旋覆花 Inula salicina
2,5-dimethoxy-cymene 2,5- 二甲氧基孜然芹烃▲ 地笋 Lycopus lucidus
(2*R*)-5,6-dimethoxydehydro-iso-*α*-lapachone (2*R*)-5,6- 二甲氧基去氢 - 异 -*α*- 风铃木醌▲ 葫芦树 Crescentia cujete
3,6-dimethoxydehydro-iso-*α*-lapachone 3,6- 二甲氧基去氢 - 异 -*α*- 风铃木醌▲ 菜豆树 Radermachera sinica
5,7-dimethoxydihydromyricetin-3-*O*-*α*-L-xylopyranosyl-4-*O*-*β*-D-glucopyranoside 5,7- 二甲氧基二氢杨梅素 -3-*O*-*α*-L- 吡喃木糖基 -4-*O*-*β*-D- 吡喃葡萄糖苷 仙茅 Curculigo orchioides
2*β*,13*α*-dimethoxy-dihydroparthenin 2*β*,13*α*- 二甲氧基 - 二氢银胶菊素 银胶菊 Parthenium hysterophorus
2,3-dimethoxyellagic acid 2,3- 二甲氧基鞣花酸 霸王鞭 Euphorbia royleana
3,3'-dimethoxyellagic acid 3,3'- 二甲氧基鞣花酸 浆果乌桕 Balakata baccata, 玉蕊 Barringtonia racemosa, 橄榄 Canarium album, 棒柄花 Cleidion brevipetiolatum, 毛丹麻杆 Discocleidion rufescens, 火殃勒 Euphorbia antiquorum, 地锦 E. humifusa, 大狼毒 E. jolkinii, 三春水柏枝 Myricaria paniculata, 白木乌桕 Neoshirakia japonica, 山乌桕 Triadica cochinchinensis, 乌桕 T. sebifera
4,4'-dimethoxyellagic acid 4,4'- 二甲氧基鞣花酸 乌桕 Triadica sebifera
3,3'-dimethoxyellagic acid 4'-*β*-D-glucopyranoside 3,3'- 二甲氧基鞣花酸 -4'-*β*-D- 吡喃葡萄糖苷 地锦 Euphorbia humifusa
3,3'-dimethoxyellagic acid-4-glucopyranoside 3,3'- 二甲氧基鞣花酸 -4- 吡喃葡萄糖苷 三春水柏枝 Myricaria paniculata
3,3'-dimethoxy-ellagic acid-4-*O*-(5'-*O*-acetyl)-*α*-L-arabinofuranoside 3,3'- 二甲氧基鞣花酸 -4-*O*-(5'-*O*- 乙酰基)-*α*-L- 呋喃阿拉伯糖苷 山麻杆 Alchornea davidii
3,3'-dimethoxyellagic acid-4-*O*-*α*-D-arabinofuranoside 3,3'- 二甲氧基鞣花酸 -4-*O*-*α*-D- 呋喃阿拉伯糖苷 白木乌桕 Neoshirakia japonica

3,3'-dimethoxyellagic acid-4-O-α-L-arabinofuranoside 3,3'- 二甲氧基鞣花酸 -4-O-α-L- 呋喃阿拉伯糖苷 山麻杆 Alchornea davidii

3,3'-dimethoxyellagic acid-4'-O-β-D-glucopyranoside 3,3'- 二甲氧基鞣花酸 -4'-O-β-D- 吡喃葡萄糖苷 毛丹麻杆 Discocleidion rufescens

3,3'-dimethoxyellagic acid-4-O-β-D-glucopyranoside 3,3'- 二甲氧基鞣花酸 -4-O-β-D- 吡喃葡萄糖苷 叉须崖爬藤 Tetrastigma hypoglaucum, 狭叶崖爬藤 T. serrulatum, 乌桕 Triadica sebifera

3,3'-dimethoxyellagic acid-4'-O-β-D-xylopyranoside 3,3'- 二甲氧基鞣花酸 -4'-O-β-D- 吡喃木糖苷 毛丹麻杆 Discocleidion rufescens

3,3'-dimethoxyellagic acid-4-O-β-D-xylopyranoside 3,3'- 二甲氧基鞣花酸 -4-O-β-D- 吡喃木糖苷 白木乌桕 Neoshirakia japonica, 乌桕 Triadica sebifera

3,4-dimethoxyellagic acid-4'-rutinoside 3,4- 二甲氧基鞣花酸 -4'- 芸香糖苷 金刚纂 Euphorbia neriifolia

3,3'-dimethoxyellagic acid-4'-β-D-xy1oside 3,3'- 二甲氧基鞣花酸 -4'-β-D- 木糖苷 大狼毒 Euphorbia jolkinii

(5α)-3,3-dimethoxyergosta-7,22-diene (5α)-3,3- 二甲氧基麦角甾 -7,22- 二烯 木蹄层孔菌 Fomes fomentarius

5,8-dimethoxyethane-3,4-epoxy-furanocoumarin 5,8- 二甲氧基乙烷 -3,4- 环氧呋喃香豆素 蚬壳花椒 Zanthoxylum dissitum

3,4-dimethoxy-ethylphenylketone 3,4- 二甲氧基 -3'- 羟基苯丙酮 重齿风毛菊 Saussurea katochaete

5,7-dimethoxyflaone-4'-O-α-L-rhamnosyl-(1 → 2)-β-D-glucoside 5,7- 二甲氧基黄酮 -4'-O-α-L- 鼠李糖基 -(1 → 2)-β-D- 葡萄糖苷 石香薷 Mosla chinensis

7,8-dimethoxyflavanone 7,8- 二甲氧基黄烷酮 番杏 Tetragonia tetragonoides

5,7-dimethoxyflavanone-4'-O-α-L-rhamnopyranosyl-β-D-glucopyranoside 5,7- 二甲氧基黄烷酮 -4'-O-α-L- 吡喃鼠李糖基 -β-D- 吡喃葡萄糖苷 洋紫荆 Bauhinia variegata

2',5'-dimethoxyflavone 2',5'- 二甲氧基黄酮 硕萼报春 Primula veris subsp. macrocalyx

3',4'-dimethoxyflavone 3',4'- 二甲氧基黄酮 汉荭鱼腥草 Geranium robertianum, 散沫花 Lawsonia inermis, 报春花 Primula malacoides, 硕萼报春 P. veris subsp. macrocalyx

5,6-dimethoxyflavone 5,6- 二甲氧基黄酮 香肉果 Casimiroa edulis

5,7-dimethoxyflavone 5,7- 二甲氧基黄酮 金凤花 Caesalpinia pulcherrima, 鸡冠花 Celosia cristata

7,4'-dimethoxyflavone-5-O-glucopyranoside 7,4'- 二甲氧基黄酮 -5-O- 吡喃葡萄糖苷 土沉香 Aquilaria sinensis

6,14-dimethoxyforesticine 6,14- 二甲氧基丽乌辛 ▲ 白喉乌头 Aconitum leucostomum

4,7-dimethoxy-furan quinoline 4,7- 二甲氧基呋喃喹啉 三桠苦 Euodia lepta

2',β-dimethoxy-furan-[2",3":4',3']dihydrochalcone 2',β- 二甲氧基呋喃 [2",3":4',3'] 二氢查耳酮 印度崖豆 Millettia pulchra

(2S)-1-[(6,7-dimethoxyfuro[2,3-b]quinolin-4-yl)oxy]-3-methylbutane-2,3-diol (2S)-1-[(6,7- 二甲氧基呋喃并 [2,3-b] 喹啉 -4- 基)- 氧]-3- 甲基丁烷 -2,3- 二醇 齿叶黄皮 Clausena dunniana

4,8-dimethoxyfuro[2,3-b]quinoline 4,8- 二甲氧基呋喃 [2,3-b] 喹啉 山小橘 Glycosmis pentaphylla

2',5'-dimethoxyfuro[8,7:4",5"]flavone 2',5'- 二甲氧基呋喃并 [8,7:4",5"] 黄酮 水黄皮 Pongamia pinnata

5,8-dimethoxyfurocoumarin 5,8- 二甲氧基呋喃香豆素 高山龙胆 Gentiana algida

3,5-dimethoxygallic acid-4-O-β-D-glucopyranoside 3,5- 二甲氧基没食子酸 -4-O-β-D- 吡喃葡萄糖苷 长叶水麻 Debregeasia longifolia, 水麻 D. orientalis

(3R)-(-)-8,9-dimethoxygeibalansine (3R)-(-)-8,9- 二甲氧基巴兰吉枝木碱 ▲ 白鲜 Dictamnus dasycarpus

2',5'-dimethoxygenistein-7-O-β-D-apiofuranosyl-(1'"→6")-O-β-D-glucopyranoside 2',5'- 二甲氧基染料木素 -7-O-β-D- 呋喃芹糖基 -(1'"→6")-O-β-D- 吡喃葡萄糖苷 水黄皮 Pongamia pinnata

11,12-dimethoxyhenningsamine 11,12- 二甲氧基亨氏马钱胺 ▲ 华马钱 Strychnos cathayensis

3,7-dimethoxyherbacetin 3,7- 二甲氧基草棉素 亚麻 Linum usitatissimum

(7S*,8R*,7'S*,8'R*)-4,4'-dimethoxyhuazhongilexin-9-O-α-L-arabinopyranoside (7S*,8R*,7'S*,8'R*)-4,4'- 二甲氧基华中冬青素 -9-O-α-L- 吡喃阿拉伯糖苷 棒锤瓜 Neoalsomitra integrifoliola

(7S*,8R*,7'S*,8'R*)-4,4'-dimethoxyhuazhongilexin-9-O-β-D-xylopyranoside (7S*,8R*,7'S*,8'R*)-4,4'- 二甲氧基华中冬青素 -9-O-β-D- 吡喃木糖苷 棒锤瓜 Neoalsomitra integrifoliola

5',5"-dimethoxyhydnocarpin D 5',5"- 二甲氧基大风子素 D 三枝九叶草 Epimedium sagittatum

6,7-dimethoxyhydrastine 6,7- 二甲氧基白毛茛碱 臭檀吴萸 Euodia daniellii

2,5-dimethoxyhydroquinone 2,5- 二甲氧基氢醌 徐长卿 Cynanchum paniculatum

2,6-dimethoxyhydroquinone 2,6- 二甲氧基氢醌 臭椿 Ailanthus altissima

3,5-dimethoxyhydroquinone 3,5- 二甲氧基氢醌 徐长卿 Cynanchum paniculatum

3',5'-dimethoxyirisolone-4'-O-β-D-glucoside 3',5'- 二甲氧基尼鸢尾黄素 -4'-O-β-D- 葡萄糖苷 射干 Belamcanda chinensis

5,6-dimethoxyisocoumarin 5,6- 二甲氧基异香豆素 青蒿 Artemisia carvifolia carvifolia

5,8-dimethoxyisocoumarin 5,8- 二甲氧基异香豆素 青蒿 Artemisia carvifolia carvifolia

7,8-dimethoxyisocoumarin 7,8- 二甲氧基异香豆素 青蒿 Artemisia carvifolia carvifolia

3',7-dimethoxyisoflavanone-4',5-di-O-β-D-glucopyranoside 3',7- 二甲氧基异黄烷酮 -4',5- 二 -O-β-D- 吡喃葡萄糖苷 络石 Trachelospermum jasminoides

4,7-dimethoxyisoflavone 4,7- 二甲氧基异黄酮 尼泊尔鼠李 Rhamnus napalensis

4',7-dimethoxyisoflavone 4',7- 二甲氧基异黄酮 刺果甘草 Glycyrrhiza pallidiflora, 苦马豆 Sphaerophysa salsula

7,4'-dimethoxyisoflavone 7,4'- 二甲氧基异黄酮 紫穗槐 Amorpha fruticosa, 丁癸草 Zornia diphylla

7',4-dimethoxyisoflavone 7',4- 二甲氧基异黄酮 紫穗槐 Amorpha fruticosa

4',6-dimethoxyisoflavone-7-O-β-D-apiofuranosyl-(1 → 6)-β-D-glucopyranoside 4',6- 二甲氧基异黄酮 -7-O-β-D- 吡喃芹糖基 -(1 → 6)-β-D- 吡喃葡萄糖苷 朝鲜槐 Maackia amurensis

3,4'-dimethoxyisoflavone-7-*O*-*β*-D-glucopyranoside 3,4'- 二甲氧基异黄酮 -7-*O*-*β*-D- 吡喃葡萄糖苷 柠条锦鸡儿 Caragana korshinskii
4',6-dimethoxyisoflavone-7-*O*-*β*-D-glucopyranoside 4',6- 二甲氧基异黄酮 -7-*O*-*β*-D- 吡喃葡萄糖苷 紫穗槐 Amorpha fruticosa
8,4'-dimethoxyisoflavone-7-*O*-*β*-D-glucopyranoside 8,4'- 二甲氧基异黄酮 -7-*O*-*β*-D- 吡喃吡喃葡萄糖苷 毛相思子 Abrus mollis
4',6-dimethoxyisoflavone-7-*O*-*β*-D-glucopyranosyl-(1→6)-*β*-D-glucopyranoside 4',6- 二甲氧基异黄酮 -7-*O*-*β*-D- 吡喃葡萄糖基 -(1→6)-*β*-D- 吡喃葡萄糖苷 朝鲜槐 Maackia amurensis
3,6-dimethoxykaempferide 3,6- 二甲氧基山柰素 岳桦 Betula ermanii
3,4'-dimethoxykaempferol 3,4'- 二甲氧基山柰酚 岳桦 Betula ermanii, 龙珠果 Passiflora foetida
3,5-dimethoxykaempferol 3,5- 二甲氧基山柰酚 黄独 Dioscorea bulbifera
4',7-dimethoxykaempferol 4',7- 二甲氧基山柰酚 岳桦 Betula ermanii, 光叶绞股蓝 Gynostemma laxum
7,4'-dimethoxykaempferol 7,4'- 二甲氧基山柰酚 野拔子 Elsholtzia rugulosa, 多枝柽柳 Tamarix ramosissima
6,4'-dimethoxykaempferol-3-*O*-*β*-D-glucopyranosyl-(1'''→2'')-*β*-D-glucopyranosyl-[6''''-(*E*)-caffeoyl]-7-*O*-*β*-D-glucopyranoside 6,4'- 二甲氧基山柰酚 -3-*O*-*β*-D- 吡喃葡萄糖基 -(1'''→2'')-*β*-D- 吡喃葡萄糖基 -[6''''-(*E*)- 咖啡酰基]-7-*O*-*β*-D- 吡喃葡萄糖苷 番杏 Tetragonia tetragonoides
3,5-dimethoxykaempferol-7-*O*-*β*-D-glucoside 3,5- 二甲氧基山柰酚 -7-*O*-*β*-D- 葡萄糖苷 白刺 Nitraria tangutorum
3,3'-dimethoxyl quercetin-4'-*O*-glucoside 3,3'- 二甲氧基槲皮素 -4'-*O*- 葡萄糖苷 宽叶香蒲 Typha latifolia
2,6-dimethoxy-1,4-benzoquinone 2,6- 二甲氧基 -1,4 苯醌 铁苋菜 Acalypha australis
1,3-dimethoxyl-2,5-benzenediol-5-*O*-*β*-D-glucopyranoside 1,3- 二甲氧基 -2,5- 苯二酚 -5-*O*-*β*-D- 吡喃葡萄糖苷 头花蓼 Polygonum capitatum
5,7-dimethoxyl-3',4'-di-*O*-methylene-(±)-epicatechin 5,7- 二甲氧基 -3',4'- 二 -*O*- 亚甲基 -(±)- 表儿茶素 肉桂 Cinnamomum cassia
6,12-dimethoxyl-3-ethyl-*β*-carboline 6,12- 二甲氧基 -3- 乙基 -*β*- 咔啉 苦树 Picrasma quassioides
3,4'-dimethoxyl-4,9,9'-trihydroxy-benzofuranneolignan-7'-ene 3,4'- 二甲氧基 -4,9,9'- 三羟基 - 苯并呋喃木脂素 -7'- 烯 苦绳 Dregea sinensis
3,5-dimethoxyl-4-hydroxybenzoic acid-7-*O*-*β*-D-glucopyranoside 3,5- 二甲氧基 -4- 羟基苯甲酸 -7-*O*-*β*-D- 吡喃葡萄糖苷 黄蜡果 Stauntonia brachyanthera
4,7-dimethoxyl-5-formyl-6-hydroxycoumarin 4,7- 二甲氧基 -5- 甲酰基 -6- 羟基香豆素 多被银莲花 Anemone raddeana
4',7-dimethoxyl-5-hydroxyflavone 4',7- 二甲氧基 -5- 羟基黄酮 翠雀 Delphinium grandiflorum
4,7-dimethoxyl-5-methyl-6-hydroxycoumarin 4,7- 二甲氧基 -5- 甲基 -6- 羟基香豆素 多被银莲花 Anemone raddeana
(+)-5,5'-dimethoxylariciresinol (+)-5,5'- 二甲氧基落叶松树脂醇 番荔枝 Annona squamosa, 见血封喉 Antiaris toxicaria, 山胡椒 Lindera glauca, 红花木莲 Manglietia insignis, 台湾含笑 Michelia compressa, 青花椒 Zanthoxylum schinifolium
(±)-5,5'-dimethoxylariciresinol (±)-5,5'- 二甲氧基落叶松树脂醇 黄檗 Phellodendron amurense, 川黄檗 P. chinense
5,5'-dimethoxylariciresinol 5,5'- 二甲氧基落叶松树脂醇 红花锦鸡儿 Caragana rosea, 藜 Chenopodium album, 沙针 Osyris quadripartita
5,5'-dimethoxylariciresinol-4'-*O*-*β*-D-glucopyranoside 5,5'- 二甲氧基落叶松树脂醇 -4'-*O*-*β*-D- 吡喃葡萄糖苷 阔叶十大功劳 Mahonia bealei
(8*R*,7'*S*,8'*R*)-5,5'-dimethoxylariciresinol-9'-*O*-*β*-D-(6-*O*-*E*-4-hydroxy-3,5-dimethoxycinnamoyl)-glucopyranoside (8*R*,7'*S*,8'*R*)-5,5'- 二甲氧基落叶松树脂醇 -9'-*O*-*β*-D-(6-*O*-*E*-4- 羟基 -3,5- 二甲氧基桂皮酰基)- 吡喃葡萄糖苷 马利筋 Asclepias curassavica
(8*R*,7'*S*,8'*R*)-5,5'-dimethoxylariciresinol-9'-*O*-*β*-D-(6-*O*-*E*-4-hydroxy-3-methoxycinnamoyl)-glucopyranoside (8*R*,7'*S*,8'*R*)-5,5'- 二甲氧基落叶松树脂醇 -9'-*O*-*β*-D-(6-*O*-*E*-4- 羟基 -3- 甲氧基桂皮酰基)- 吡喃葡萄糖苷 马利筋 Asclepias curassavica
(8*R*,7'*S*,8'*R*)-5,5'-dimethoxylariciresinol-9'-*O*-*β*-D-(6-*O*-*E*-4-hydroxycinnamoyl)-glucopyranoside (8*R*,7'*S*,8'*R*)-5,5'- 二甲氧基落叶松树脂醇 -9'-*O*-*β*-D-(6-*O*-*E*-4- 羟基桂皮酰基)- 吡喃葡萄糖苷 马利筋 Asclepias curassavica
(8*R*,7'*S*,8'*R*)-5,5'-dimethoxylariciresinol-9'-*O*-*β*-D-(6-*O*-*Z*-4-hydroxy-3-methoxycinnamoyl)-glucopyranoside (8*R*,7'*S*,8'*R*)-5,5'- 二甲氧基落叶松树脂醇 -9'-*O*-*β*-D-(6-*O*-*Z*-4- 羟基 -3- 甲氧基桂皮酰基)- 吡喃葡萄糖苷 马利筋 Asclepias curassavica
3',3''-dimethoxylarreatricin 3',3''- 二甲氧基三齿拉瑞木辛▲ 板栗 Castanea mollissima
cis-2,6-dimethoxylchalcone 顺式 -2,6- 二甲氧基查耳酮 疏叶崖豆 Millettia pulchra var. laxior
3-(1,1-dimethoxylmethyl)-*β*-carboline 3-(1,1- 二甲氧基甲基)-*β*- 咔啉 苦树 Picrasma quassioides
7,3'-dimethoxyluteolin 7,3'- 二甲氧基木犀草素 小叶马缨丹 Lantana montevidensis
7,4'-dimethoxyluteolin 7,4'- 二甲氧基木犀草素 日本桤木 Alnus japonica
dimethoxymatteucinol 二甲氧基荚果蕨酚 假鹰爪 Desmos chinensis
dimethoxymethylenedioxyflavanone 二甲氧基亚甲二氧基黄烷酮 树形杜鹃花 Rhododendron arboreum
3',4'-dimethoxymyricetin 3',4'- 二甲氧基杨梅素 挂金灯 Physalis alkekengi var. francheti
3',5'-dimethoxymyricetin-3-*O*-rhamnopyranoside 3',5'- 二甲氧基杨梅素 -3-*O*- 鼠李糖苷 假黄皮 Clausena excavata
5,7-dimethoxymyricetin-3-*O*-*α*-L-xylopyranosyl-(4→1)-*O*-*β*-D-glucopyranoside 5,7- 二甲氧基杨梅素 -3-*O*-*α*-L- 吡喃木糖基 -(4→1)-*O*-*β*-D- 吡喃葡萄糖苷 银合欢 Leucaena leucocephala
7,8-dimethoxymyrtopsine 7,8- 二甲氧基拟香桃木碱▲ 白鲜 Dictamnus dasycarpus
3,4-dimethoxy-*N*,*N*-dimethylbenzamide 3,4- 二甲氧基 -*N*,*N*- 二甲基苯甲酰胺 大叶马兜铃 Aristolochia kaempferi
3,3'-(4,5-dimethoxynaphthalene-2,7-diyl)bis(1-nitropropan-1-one) 3,3'-(4,5- 二甲氧基萘 -2,7- 二基)- 二 (1- 硝基丙烷 -1- 酮) 金铁锁 Psammosilene tunicoides
6,7-dimethoxynaphthalene-2-carboxylic acid 6,7- 二甲氧基萘 -2- 酸 藏波罗花 Incarvillea younghusbandii
10,11-dimethoxynareline 10,11- 二甲氧基糖胶树林碱▲ 大叶糖胶树 Alstonia macrophylla
4',7-dimethoxynaringenin 4',7- 二甲氧基柚皮苷元 岳桦 Betula ermanii, 龙珠果 Passiflora foetida
5,7-dimethoxynaringenin 5,7- 二甲氧基柚皮苷元 臭冷杉 Abies nephrolepis
7,4'-dimethoxynaringenin-5-*O*-*α*-L-rhamnopyranoside 7,4'- 二甲氧基柚皮苷元 -5-*O*-*α*-L- 吡喃鼠李糖苷 山楝 Aphanamixis polystachya
5,5'-dimethoxy-nectandrin B 5,5'- 二甲氧基 - 甘蜜树素▲B 三白草 Saururus chinensis
11,12-dimethoxy-*N*-methoxycarbonylkopsinaline 11,12- 二甲氧基 -*N*- 甲氧羰基药用蕊木碱▲ 思茅山橙 Melodinus cochinchinensis

6,7-dimethoxy-*N*-methyl-3,4-dioxo-1(2*H*)-isoquinolinone 6,7- 二甲氧基 -*N*- 甲基 -3,4- 二氧代 -1(2*H*)- 异喹啉 蝙蝠葛 Menispermum dauricum

3,4-dimethoxy-*N*-methylaristolactam 3,4- 二甲氧基 -*N*- 甲基马兜铃内酰胺 蕺菜 Houttuynia cordata

5,6-dimethoxy-*N*-methylphthalimide 5,6- 二甲基 -*N*- 甲基酞亚胺 蝙蝠葛 Menispermum dauricum

2,5-dimethoxy-*p*-benzoquinone 2,5- 二甲氧基 - 对苯醌 山鸡椒 Litsea cubeba

2,6-dimethoxy-*p*-benzoquinone 2,6- 二甲氧基对苯醌 臭椿 Ailanthus altissima, 日本桤木 Alnus japonica, 大叶鱼骨木 Canthium simile, 南蛇藤 Celastrus orbiculatus, 弯管花 Chassalia curviflora, 刺五加 Eleutherococcus senticosus, 酸藤子 Embelia laeta, 白蜡树 Fraxinus chinensis, 云南石梓 Gmelina arborea, 山芝麻 Helicteres angustifolia, 密脉鹅掌柴 Heptapleurum ellipticum, 山胡椒 Lindera glauca, 北美鹅掌楸 Liriodendron tulipifera, 山鸡椒 Litsea cubeba, 蓝叶藤 Marsdenia tinctoria, 红鸡蛋花 Plumeria rubra, 灵枝草 Rhinacanthus nasutus, 红树 Rhizophora apiculata, 木荷 Schima superba, 齿叶玄参 Scrophularia dentata, 白马骨 Serissa serissoides, 狼毒 Stellera chamaejasme, 球花马蓝 Strobilanthes dimorphotricha, 飞龙掌血 Toddalia asiatica, 乌桕 Triadica sebifera, 槲寄生 Viscum coloratum, 两面针 Zanthoxylum nitidum

2,5-dimethoxy-*p*-cymene 2,5- 二甲氧基对孜然芹烃▲ 挥发油成分，未统计基源

3,4-dimethoxyphenanthrene-2,7-diol 3,4- 二甲氧基菲 -2,7- 二醇 白及 Bletilla striata

2,4-dimethoxyphenanthrene-3,7-diol 2,4- 二甲氧基菲 -3,7- 二醇 白及 Bletilla striata

9,10-2*H*-3,7-dimethoxyphenanthrene-4,5-diol 9,10-2*H*-3,7- 二甲氧基菲 -4,5- 二醇 石斛 Dendrobium nobile

3,5-dimethoxyphenethyl alcohol-4-*O*-β-D-glucopyranoside 3,5- 二甲氧基苯乙醇 -4-*O*-β-D- 吡喃葡萄糖苷 密花石豆兰 Bulbophyllum odoratissimum

5-(2,3-dimethoxyphenethyl)-6-methylbenzo[d][1,3]dioxole 5-(2,3- 二甲氧基苯乙基)-6- 甲基苯并 [d][1,3] 二氧杂环戊烯 广东石豆兰 Bulbophyllum kwangtungense

2,4-dimethoxyphenol 2,4- 二甲氧基苯酚 海漆 Excoecaria agallocha

2,6-dimethoxyphenol 2,6- 二甲氧基苯酚 潺槁木姜子 Litsea glutinosa, 白花油麻藤 Mucuna birdwoodiana, 珠子参 Panax japonicus var. major

3,4-dimethoxyphenol 3,4- 二甲氧基苯酚 挥发油成分，未统计基源

3,5-dimethoxyphenol 3,5- 二甲氧基苯酚 华中五味子 Schisandra sphenanthera

3,5-dimethoxyphenol-1-*O*-β-D-apiofuranosyl-(1 → 2)-β-D-glucopyranoside 3,5- 二甲氧基苯酚 -1-*O*-β-D- 呋喃芹糖基 -(1 → 2)-β-D- 吡喃葡萄糖苷 波缘冷水花 Pilea cavaleriei

3,4-dimethoxyphenol-β-D-apiofuranosyl-(1 → 6)-β-D-glucopyranoside 3,4- 二甲氧基苯酚 -β-D- 呋喃芹糖基 -(1 → 6)-β-D- 吡喃葡萄糖苷 厚朴 Houpoëa officinalis, 乌檀 Nauclea officinalis, 山矾 Symplocos sumuntia

3,4-dimethoxyphenol-β-D-glucopyranoside 3,4- 二甲氧基苯酚 -β-D- 吡喃葡萄糖苷 灵枝草 Rhinacanthus nasutus

3,4-dimethoxyphenyl-(6'-*O*-α-L-rhamnopyranosyl)-β-D-glucopyranoside 3,4- 二甲氧基苯基 -1-*O*-α-L- 吡喃鼠李糖 -(1 → 6)-β-D- 吡喃葡萄糖苷 红背山麻杆 Alchornea trewioides

[(3,4-dimethoxyphenyl)[2-(1-ethyl-2-oxopropyl)-4,5-dimethoxyphenyl]methylene]hydrazide propanoic acid [(3,4- 二甲氧基苯基)[2-(1- 乙基 -2- 丙酮基)-4,5- 二甲氧基苯基] 亚甲基] 酰肼丙酸 水蓼 Polygonum hydropiper

1-(3',4'-dimethoxyphenyl)-1-hydroxy-2-propene 1-(3',4'- 二甲氧基苯基)-1- 羟基 -2- 丙烯 峨参 Anthriscus sylvestris

3-(3,4-dimethoxyphenyl)-1,2-propanediol 3-(3,4- 二甲氧基苯基)-1,2- 丙二醇 肉豆蔻 Myristica fragrans

1-(3,4-dimethoxyphenyl)-1,3-propanediol 1-(3,4- 二甲氧基苯基)-1,3- 丙二醇 显苞芒毛苣苔 Aeschynanthus bracteatus

erythro-1-(3,4-dimethoxyphenyl)-2-(2-methoxy-4(*E*)-propenylphenoxy)-propan-1-ol 赤式 -1-(3,4- 二甲氧基苯基)-2-(2- 甲氧基 -4(*E*)- 丙烯基苯氧基)- 丙烷 -1- 醇 甘松 Nardostachys jatamansi

1-(3,4-dimethoxyphenyl)-2-(4-alllyl-2,6-dimethoxyphenoxy)propan-1-ol acetate 1-(3,4- 二甲氧基苯基)-2-(4- 烯丙基 -2,6- 二甲氧基苯氧基)- 丙烷 1- 乙酸酯 肉豆蔻 Myristica fragrans

1-(3,4-dimethoxyphenyl)-2-(4-allyl-2,6-dimethoxyphenoxy)propan-1-acetone 1-(3,4- 二甲氧基苯基)-2-(4- 烯丙基 -2,6- 二甲氧基苯氧基)-1- 丙酮 肉豆蔻 Myristica fragrans

1-(3,4-dimethoxyphenyl)-2-(4-allyl-2,6-dimethoxyphenoxy)propan-1-ol 1-(3,4- 二甲氧基苯基)-2-(4- 烯丙基 -2,6- 二甲氧基苯氧基)-1- 丙醇 肉豆蔻 Myristica fragrans

1-(3,4-dimethoxyphenyl)-2-(4-allyl-2,6-dimethoxyphenoxy)propanol 1-(3,4- 二甲氧基苯基)-2-(4- 烯丙基 -2,6- 二甲氧基苯氧基) 丙醇 使君子 Quisqualis indica

1-(3,4-dimethoxyphenyl)-2-(4-allyl-2,6-dimethoxyphenoxy)propanol-1-acetate 1-(3,4- 二甲氧基苯基)-2-(4- 烯丙基 -2,6- 二甲氧基苯氧基) 丙醇 -1- 乙酸酯 使君子 Quisqualis indica

(*S*)-2-(2,4-dimethoxyphenyl)-2,3-dihydro-5-methoxy-7,7-dimethyl-10-(3-methyl-2-butenyl)-benzo[1,2-b:4,5-b']dipyran-4(7*H*)-one (*S*)-2-(2,4- 二甲氧基苯基)-2,3- 二氢 -5- 甲氧基 -7,7- 二甲基 -10-(3- 甲基 -2- 丁烯基)- 苯并 [1,2-b:4,5-b'] 二吡喃 -4(7*H*)- 酮 绵三七 Eriosema himalaicum

(2*S*-*trans*)-2-(3,4-dimethoxyphenyl)-2,3-dihydro-7-hydroxy-3-hydroxymethyl-5-benzofuranpropanol (2*S*- 反式)-2-(3,4- 二甲氧基苯基)-2,3- 二氢 -7- 羟基 -3- 羟甲基 -5- 苯并呋喃丙醇 虎皮楠 Daphniphyllum oldhamii

5-[(2*S*,3*R*)-4-(3,4-dimethoxyphenyl)-2,3-dimethylbutyl]-1,3-benzodioxole 5-[(2*S*,3*R*)-4-(3,4- 二甲氧基苯基)-2,3- 二甲基丁基]-1,3- 苯并二茂 金山五味子 Schisandra glaucescens

4-[(2*R*,3*S*)-4-(3,4-dimethoxyphenyl)-2,3-dimethylbutyl]-2-methoxyphenol 4-[(2*R*,3*S*)-4-(3,4- 二甲氧基苯基)-2,3- 二甲基丁基]-2- 甲氧基苯酚 狭叶五味子 Schisandra lancifolia, 铁箍散 S. propinqua var. sinensis, 红花五味子 S. rubriflora

4-[4-(3,4-dimethoxyphenyl)-2,3-dimethylbutyl]-2-methoxyphenol 4-[4-(3,4- 二甲氧基苯基)-2,3- 二甲基丁基]-2- 甲氧基苯酚 南五味子 Kadsura longipedunculata, 野茉莉 Styrax japonicus

(7*R*,8*S*)-1-(3,4-dimethoxyphenyl)-2-[4-(3-hydroxy-1-propenyl)-2-methoxyphenoxy]-propane-1,3-diol (7*R*,8*S*)-1-(3,4- 二甲氧基苯基)-2-[4-(3-

羟基 -1- 丙烯基)-2- 甲氧基苯氧基]- 丙烷 -1,3- 二醇 望春玉兰 Yulania biondii

(1*S*,3*R*)-1-(3,4-dimethoxyphenyl)-2-[4-(3-hydroxypropyl)-2-methoxyphenoxy]-propane-1,3-diol (1*S*,3*R*)-1-(3,4- 二甲氧基苯基)-2-[4-(3- 羟基丙基)-2- 甲氧基苯氧基]- 丙烷 -1,3- 二醇 紫玉兰 Yulania liliiflora

(1*S*,2*S*)-1-(3,4-dimethoxyphenyl)-2-[4-[(1*E*)-3-hydroxy-1-propen-1-yl]-2-methoxyphenoxy]-1,3-propanediol (1*S*,2*S*)-1-(3,4- 二甲氧基苯基)-2-[4-[(1*E*)-3- 羟基 -1- 丙烯 -1- 基]-2- 甲氧基苯氧基]-1,3- 丙二醇 望春玉兰 Yulania biondii

(7*R*,8*S*)-1-(3,4-dimethoxyphenyl)-2-*O*-(2-methoxy-4-omegahydroxypropylphenyl)propane-1,3-diol (7*R*,8*S*)-1-(3,4- 二甲氧基苯基)-2-*O*-(2- 甲氧基 -4-*ω* 羟基丙基苯基) 丙烷 -1,3- 二醇 木荷 Schima superba

D

1-(3,4-dimethoxyphenyl)-2-*O*-(2-methoxy-4-omegahydroxypropylphenyl)propane-1,3-diol 1-(3,4- 二甲氧基苯基)-2-*O*-(2- 甲氧基 -4-*ω*- 羟基丙基苯基) 丙烷 -1,3- 二醇 木荷 Schima superba

(7*S*,8*R*)-1-(3,4-dimethoxyphenyl)-2-*O*-(2-methoxy-4-omega-hydroxypropylphenyl)propane-1,3-diol (7*S*,8*R*)-1-(3,4- 二甲氧基苯基)-2-*O*-(2- 甲氧基 -4-*ω*- 羟基丙基苯基) 丙烷 -1,3- 二醇 望春玉兰 Yulania biondii

3-(3,4-dimethoxyphenyl)-2-propenal 3-(3,4- 二甲氧基苯基)-2- 丙烯醛 山芝麻 Helicteres angustifolia, 红毛丹 Nephelium lappaceum

(2*E*)-3-(3,4-dimethoxyphenyl)-2-propenoic acid octacosyl ester 2*E*-3-(3,4- 二甲氧基苯基)-2- 丙烯酸二十八酯 飞扬草 Euphorbia hirta

(2*R*,3*R*,4*S*)-4-(3,4-dimethoxyphenyl)-3,4-dihydro-6,7-dimethoxy-2,3-dimethyl-1(2*H*)-naphthalenone (2*R*,3*R*,4*S*)-4-(3,4- 二甲氧基苯基)-3,4- 二氢 -6,7- 二甲氧基 -2,3- 二甲基 -1(2*H*)- 萘酮 华中五味子 Schisandra sphenanthera

1-(3,4-dimethoxyphenyl)-4(3,4-methylenedioxyphenyl)-2,3-dimethylbutane 1-(3,4- 二甲氧基苯基)-4(3,4- 亚甲二氧基苯基)-2,3- 二甲基丁烷 铁箍散 Schisandra propinqua var. sinensis

erythro-1-(3,4-dimethoxyphenyl)-4-(3,4-methylenedioxyphenyl)-2,3-dimethylbutane 赤式 -1-(3,4- 二甲氧基苯基)-4-(3,4- 亚甲二氧基苯基)-2,3- 二甲基丁烷 金山五味子 Schisandra glaucescens

erythro-1-(3'',4''-dimethoxyphenyl)-4-(3',4'-methylenedioxyphenyl)-2,3-dimethylbutane 赤式 -1-(3'',4''- 二甲氧基苯基)-4-(3',4'- 亚甲二氧基苯基)-2,3- 二甲基丁烷 华中五味子 Schisandra sphenanthera

2-(2,3-dimethoxyphenyl)-5,8-dimethoxy-3-propyl-4(1*H*)-quinolinone 2-(2,3- 二甲氧基苯基)-5,8- 二甲氧基 -3- 丙基 -4(1*H*)- 喹啉酮 香肉果 Casimiroa edulis

2-(3,4-dimethoxyphenyl)-5,8-dimethoxy-3-propyl-4(1*H*)-quinolinone 2-(3,4- 二甲氧基苯基)-5,8- 二甲氧基 -3- 丙基 -4(1*H*)- 喹啉酮 香肉果 Casimiroa edulis

[1*S*-(6-exo,7-endo)]-7-(3,4-dimethoxyphenyl)-5-methoxy-6-methyl-3-(2-propenyl)-bicyclo[3.2.1]-oct-3-ene-2,8-dione [1*S*-(6- 外向 ,7- 内向)]-7-(3,4- 二甲氧基苯基)-5- 甲氧基 -6- 甲基 -3-(2- 丙烯基)- 双环 [3.2.1]- 辛 -3- 烯 -2,8- 二酮 紫玉兰 Yulania liliiflora

(+)-2-(3,4-dimethoxyphenyl)-6-(3,4-dihydroxyphenyl)-3,7-dioxabicyclo[3,3,0]octane (+)-2-(3,4- 二甲氧基苯基)-6-(3,4- 二羟基苯基)-3,7- 二氧杂双环 [3,3,0] 辛烷 小木通 Clematis armandii

(1*R*,2*R*,5*R*,6*S*)-2-(3,4-dimethoxyphenyl)-6-(3,4-dihydroxyphenyl)-3,7-dioxabicyclo[3.3.0]octane (1*R*,2*R*,5*R*,6*S*)-2-(3,4- 二甲氧基苯基)-6-(3,4- 二羟基苯基)-3,7- 二氧杂双环 [3.3.0] 辛烷 芡实 Euryale ferox

(1*R**,2*R**,5*R**,6*S**)-2-(3,5-dimethoxyphenyl)-6-(3,4-methylenedioxyphenyl)-3,7-dioxabicyclo[3.3.0]octane (1*R**,2*R**,5*R**,6*S**)-2-(3,5- 二甲氧基苯基)-6-(3,4- 亚甲二氧基苯基)-3,7- 二氧代双环 [3.3.0] 辛烷 紫玉兰 Yulania liliiflora

(1*S**,2*R**,5*S**,6*S**)-2-(3,5-dimethoxyphenyl)-6-(3,4-methylenedioxyphenyl)-3,7-dioxabicyclo[3.3.0]octane (1*S**,2*R**,5*S**,6*S**)-2-(3,5- 二甲氧基苯基)-6-(3,4- 亚甲二氧基苯基)-3,7- 二氧代双环 [3.3.0] 辛烷 紫玉兰 Yulania liliiflora

(*E*)-5-(3,4-dimethoxyphenyl)-6-[2-(3,4-dimethoxyphenyl)ethenyl]-2,8,10-trimethoxy-9*H*-benzo[a]xanthen-9-one] (*E*)-5-(3,4- 二甲氧基苯基)-6-[2-(3,4- 二甲氧基苯基) 乙烯基]-2,8,10- 三甲氧基 -9*H*- 苯并 [a] 氧杂蒽 -9- 酮] 人参 Panax ginseng

4-(3,4-dimethoxyphenyl)-6-hydroxy-5-methoxynaphtho[2,3-*c*]furan-1(3*H*)-one 4-(3,4- 二甲氧基苯基)-6- 羟基 -5- 甲氧基萘并 [2,3-*c*] 呋喃 -1(3*H*)- 酮 牡荆 Vitex negundo var. cannabifolia

4-(3,4-dimethoxyphenyl)-6-hydroxy-7-methoxynaphtho[2,3-*c*]furan-1(3*H*)-one 4-(3,4- 二甲氧基苯基)-6- 羟基 -7- 甲氧基萘并 [2,3-*c*] 呋喃 -1(3*H*)- 酮 牡荆 Vitex negundo var. cannabifolia

10-(3,4-dimethoxyphenyl)-6-hydroxyfuro[3',4':6,7]naphtho[1,2-d]-1,3-dioxol-9(7*H*)-one 10-(3,4- 二甲氧苯基)-6- 羟基呋喃 [3',4':6,7] 萘并 [1,2-d]-1,3- 间二氧杂环戊烯 -9(7*H*)- 酮 竹叶柴胡 Bupleurum marginatum

(+)-2*α*-(3',4'-dimethoxyphenyl)-6*α*-(3''-hydroxy-4'',5''-dimethoxyphenyl)-3,7-dioxabicyclo[3.3.0]octane (+)-2*α*-(3',4'- 二甲氧基苯基)-6*α*-(3''- 羟基 -4'',5''- 二甲氧基苯基)-3,7- 二氧代双环 [3.3.0] 辛烷 紫玉兰 Yulania liliiflora

7'-(3',4'-dimethoxyphenyl)-8,8'-dimethyl-7-(3-methoxy-4-hydroxyphenyl)-butane 7'-(3',4'- 二甲氧基苯基)-8,8'- 二甲基 -7-(3- 甲氧基 -4- 羟基苯基)- 丁烷 肉豆蔻 Myristica fragrans

(*trans*)-4-[2-(3,5-dimethoxyphenyl)ethenyl]-1,2-benzenediol （反式)-4-[2-(3,5- 二甲氧基苯基) 乙烯基]-1,2- 苯二酚 苦马豆 Sphaerophysa salsula

(*trans*)-4-[2-(3,5-dimethoxyphenyl)ethenyl]-2-methoxyphenol （反式)-4-[2-(3,5- 二甲氧基苯基) 乙烯基]-2- 甲氧基苯酚 苦马豆 Sphaerophysa salsula

2-[2-(3,5-dimethoxyphenyl)ethyl]phenol 2-[2-(3,5- 二甲氧基苯基) 乙基] 苯酚 羊蹄甲 Bauhinia purpurea

(3*R*,4*R*)-4-[(3,4-dimethoxyphenyl)methyl]-3-[4-(*β*-D-glucopyranosyloxy)-3-methoxyphenyl]dihydro-2(3*H*)-furanone (3*R*,4*R*)-4-[(3,4- 二甲氧基苯基) 甲基]-3-[[4-(*β*-D- 吡喃葡萄糖基)-3- 甲氧基苯基] 二氢化 -2(3*H*)- 呋喃酮 五爪金龙 Ipomoea cairica

[2*S*-(2*α*,3*β*,4*β*)]-4-[(3,4-dimethoxyphenyl)-methyl]-tetrahydro-2-(4-hydroxy-3-methoxyphenyl)-3-furanmethanol [2*S*-(2*α*,3*β*,4*β*)]-4-[(3,4- 二甲氧基苯基)- 甲基]- 四氢 -2-(4- 羟基 -3- 甲氧基苯基)-3- 呋喃甲醇 大叶山楝 Aphanamixis grandifolia

erythro-1-(3,4-dimethoxyphenyl)propane-1,2-diol 赤式 -1-(3,4- 二甲氧基苯基) 丙烷 -1,2- 二醇 鱼子兰 Chloranthus erectus

2(*R*)-(3,4-dimethoxyphenyl)-propane-1,3-diol-1-*O*-*β*-D-glucopyranoside 2(*R*)-(3,4- 二甲氧基苯基)- 丙烷 -1,3- 二醇 -1-*O*-*β*-D- 吡喃葡萄糖苷 羌活 Notopterygium incisum

[2*S*-(2*α*,3*α*,4*α*,5*α*)]-5-[5-(3,4-dimethoxyphenyl)tetrahydro-3,4-dimethyl-2-furanyl]-1,3-benzodioxole [2*S*-(2*α*,3*α*,4*α*,5*α*)]-5-[5-(3,4- 二甲氧基苯基) 四氢 -3,4- 二甲基 -2- 呋喃基]-1,3- 苯并二噁茂 铁箍散 Schisandra propinqua var. sinensis

5-[(2*R*,3*S*,4*S*,5*S*)-5-(3,4-dimethoxyphenyl)tetrahydro-3,4-dimethyl-2-furanyl]-1,3-benzodioxole 5-[(2*R*,3*S*,4*S*,5*S*)-5-(3,4- 二甲氧基苯基) 四氢 -3,4- 二甲基 -2- 呋喃基]-1,3- 亚甲二氧基苯 玉兰 Yulania denudata

5-[(2*R*,3*S*,4*S*,5*S*)-5-(3,4-dimethoxyphenyl)-tetrahydro-3,4-dimethyl-2-furanyl]-1,3-benzodioxole 5-[(2*R*,3*S*,4*S*,5*S*)-5-(3,4- 二甲氧基苯基)- 四氢 -3,4- 二甲基 -2- 呋喃]-1,3- 苯并二亚甲二氧基苯 玉兰 Yulania denudata

3,4-dimethoxyphenyl-1-*O*-*β*-D-[5-*O*-(4-hydroxybenzoyl)]-apiofuranosyl-(1 → 6)-*O*-*β*-D-glucopyranoside 3,4- 二甲氧基苯基 -1-*O*-*β*-D-[5-*O*-(4- 羟基苯甲酰基)]- 呋喃芹糖基 -(1 → 6)-*O*-*β*-D- 吡喃葡萄糖苷 臭牡丹 Clerodendrum bungei

3,4-dimethoxyphenyl-1-*O*-*β*-D-apiofuranosyl-(1'' → 3')-*O*-*β*-D-glucopyranoside 3,4- 二甲氧基苯基 -1-*O*-*β*-D- 呋喃芹糖基 -(1'' → 3')-*O*-*β*-D- 吡喃葡萄糖苷 黄细心 Boerhavia diffusa

3,4-dimethoxyphenyl-1-*O*-*β*-D-glucopyranoside 3,4- 二甲氧基苯基 -1-*O*-*β*-D- 吡喃葡萄糖苷 红茴香 Illicium henryi

3,5-dimethoxyphenyl-2-propen-1-ol 3,5- 二甲氧基苯基 -2- 丙烯 -1- 醇 雷公藤 Tripterygium wilfordii

(*Z*)-5-(3',5'-dimethoxyphenyl-4-hydroxy)-2-ene pentanoate (*Z*)-5-(3',5'- 二甲氧基苯基 -4- 羟基)-2- 烯戊酸酯 思茅藤 Epigynum auritum

3,4-dimethoxyphenyl-4-*β*-D-glucopyranoside 3,4- 二甲氧基苯基 -4-*β*-D- 吡喃葡萄糖苷 合蕊五味子 Schisandra propinqua

3,4-dimethoxyphenyl-6-*O*-(*α*-L-rhamnopyranosyl)-*β*-D-glucopyranoside 3,4- 二甲氧基苯基 -6-*O*-(*α*-L- 吡喃鼠李糖基)-*β*-D- 吡喃葡萄糖苷 木通 Akebia quinata, 南蛇藤 Celastrus orbiculatus, 大果刺篱木 Flacourtia ramontchi

3,4-dimethoxyphenyl-*O*-*β*-D-glucopyranoside 3,4- 二甲氧基苯基 -*O*-*β*-D- 吡喃葡萄糖苷 珙桐 Davidia involucrata

2,6-dimethoxyphenyl-*β*-D-glucopyranoside 2,6- 二甲氧基苯基 -*β*-D- 吡喃葡萄糖苷 红花五味子 Schisandra rubriflora

3,4-dimethoxyphenyl-*β*-D-glucopyranoside 3,4- 二甲氧基苯基 -*β*-D- 吡喃葡萄糖苷 黄细心 Boerhavia diffusa, 柃木 Eurya japonica, 四裂算盘子 Glochidion ellipticum, 乌檀 Nauclea officinalis, 昆明山海棠 Tripterygium hypoglaucum

2,6-dimethoxy-*p*-hydroquinone-1-*O*-*β*-D-glucopyranoside 2,6- 二甲氧基对氢醌 -1-*O*-*β*-D- 吡喃葡萄糖苷 酸味子 Antidesma japonicum, 苦郎树 Clerodendrum inerme, 薏米 Coix lacryma-jobi var. ma-yuen, 鱼藤 Derris trifoliata, 细叶益母草 Leonurus sibiricus

3,5-dimethoxy-*p*-hydroxybenzyl alcohol 3,5- 二甲氧基对羟基苄醇 奶桑 Morus macroura

7,8-dimethoxyplatydesmine 7,8- 二甲氧基阔果芸香碱 白鲜 Dictamnus dasycarpus

5,8-dimethoxypsoralen 5,8- 二甲氧基补骨脂素 旱芹 Apium graveolens, 川明参 Chuanminshen violaceum, 来檬 Citrus aurantiifolia, 前胡 Peucedanum praeruptorum, 黄荆 Vitex negundo

3,9-dimethoxypterocarpan 3,9- 二甲氧基紫檀烷 鬼箭锦鸡儿 Caragana jubata

(6a*R*,11a*R*)-9,10-dimethoxypterocarpan-3-*O*-*β*-*D*-glucopyranoside (6a*R*,11a*R*)-9,10- 二甲氧基紫檀烷 -3-*O*-*β*-*D*- 吡喃葡萄糖苷 蒙古黄耆 Astragalus penduliflorus

9,10-dimethoxypterocarpan-3-*O*-*β*-D-glucopyranoside 9,10- 二甲氧基紫檀烷 -3-*O*-*β*-*D*- 吡喃葡萄糖苷 达乌里黄耆 Astragalus dahuricus, 黄耆 A. penduliflorus subsp. mongholicus var. dahuricus

3,6-dimethoxyquercetagetin 3,6- 二甲氧基槲皮万寿菊素 线叶菊 Filifolium sibiricum

3,3'-dimethoxyquercetin 3,3'- 二甲氧基槲皮素 胡颓子 Elaeagnus pungens, 鹿草 Stemmacantha carthamoides, 孪花蟛蜞菊 Wedelia biflora

3',4'-dimethoxyquercetin 3',4'- 二甲氧基槲皮素 婆婆针 Bidens bipinnata, 水蓼 Polygonum hydropiper

3,7-dimethoxyquercetin 3,7- 二甲氧基槲皮素 马缨丹 Lantana camara, 滇牡丹 Paeonia delavayi, 加拿大杨 Populus canadensis

3',7-dimethoxyquercetin 3',7- 二甲氧基槲皮素 孪花蟛蜞菊 Wedelia biflora

5,7-dimethoxyquercetin 5,7- 二甲氧基槲皮素 万寿菊 Tagetes erecta

7,3'-dimethoxyquercetin-3-*O*-glucopyranoside 7,3'- 二甲氧基槲皮素 -3-*O*- 吡喃葡萄糖苷 白柳 Salix alba

3',4'-dimethoxyquercetin-3-*O*-*β*-D-galactopyranoside 3',4'- 二甲氧基槲皮素 -3-*O*-*β*-*D*- 吡喃半乳糖苷 臭棘豆 Oxytropis microphylla

3',4-dimethoxy-quercetin-7-glucoside 3',4- 二甲氧基槲皮素 -7- 葡萄糖苷 花椒 Zanthoxylum bungeanum

3,4'-dimethoxyquercetin-7-*O*-*β*-D-glucopyranoside 3,4'- 二甲氧基槲皮素 -7-*O*-*β*-D- 吡喃葡萄糖苷 蔓荆 Vitex trifolia

3',4'-dimethoxyquercetin-7-*O*-*β*-glucopyranoside 3',4'- 二甲氧基槲皮素 -7-*O*-*β*- 吡喃葡萄糖苷 欧亚旋覆花 Inula britannica

3',4'-dimethoxyquercitrin 3',4'- 二甲氧基槲皮苷 藜芦 Veratrum nigrum

3,7-dimethoxyquercitrin 3,7- 二甲氧基槲皮苷 柄果海桐 Pittosporum podocarpum

2,6-dimethoxyquinone 2,6- 二甲氧基醌 结香 Edgeworthia chrysantha

7,9-dimethoxyrhododendrol 7,9- 二甲氧基杜鹃醇 红棕杜鹃花 Rhododendron rubiginosum

5,5'-dimethoxy-saucernetin 5,5'- 二甲氧基 - 三白草亭▲ 三白草 Saururus chinensis

6,4'-dimethoxyscutellarin 6,4'- 二甲氧基高黄芩苷 盔瓣耳叶苔 Frullania muscicola

(-)-8,8'-dimethoxysecoisolariciresinol-1-*O*-*β*-D-glucopyranoside (-)-8,8'- 二甲氧基 - 裂环异落叶松树脂醇 -1-*O*-*β*-D- 吡喃葡萄糖苷 异叶翅子树 Pterospermum heterophyllum

2,5-dimethoxysorgoleone 2,5- 二甲基高粱酮 高粱 Sorghum bicolor

5*α*-3,3-dimethoxystigmastan-6-one 5*α*-3,3- 二甲氧基豆甾 -6- 酮 茭白黑粉菌 Ustilago esculenta

(5*α*)-3,3-dimethoxystigmastane (5*α*)-3,3- 二甲氧基豆甾烷 乔松 Pinus wallichiana

trans-3,5-dimethoxystilbene 反式 -3,5- 二甲氧基芪 尾叶血桐 Macaranga kurzii

cis-3,5-dimethoxystilbene 顺式 -3,5- 二甲氧基芪 尾叶血桐 Macaranga kurzii

3,4-dimethoxystyrene 3,4- 二甲氧基苯乙烯 挥发油成分，未统计基源

2,5-dimethoxyterephthalic acid 2,5- 二甲氧基对酞酸 川东獐牙菜 Swertia davidii

2,5-dimethoxythymol 2,5- 二甲氧基麝香草酚 金挖耳 Carpesium divaricatum

dimethoxytoluene 二甲氧基甲苯 挥发油成分，未统计基源

3,4-dimethoxy-*trans*-cinnamic acid 3,4- 二甲氧基 - 反式 - 桂皮酸 块茎山萮菜 Eutrema wasabi
3,4-dimethoxy-trans-cinnamic acid-9-*O*-*β*-D-allopyranoside 3,4- 二甲氧基 - 反式 - 桂皮酸 -9-*O*-*β*-D- 吡喃阿洛糖苷 甘青乌头 Aconitum tanguticum
4,4'-dimethoxy-trans-stilbene 4,4'- 二甲氧基 - 反式 - 芪 黄荆 Vitex negundo
1,2-dimethoxyxanthone 1,2- 二甲氧基叫酮 红厚壳 Calophyllum inophyllum, 薄叶红厚壳 C. membranaceum
1,7-dimethoxyxanthone 1,7- 二甲氧基叫酮 小花远志 Polygala arvensis, 密花远志 P. tricornis, 蝉翼藤 Securidaca inappendiculata
2,3-dimethoxyxanthone 2,3- 二甲氧基叫酮 柄果海桐 Pittosporum podocarpum

D

5,7-dimethoxyxanthopurpurin 5,7- 二甲氧基黄紫茜素 万寿菊 Tagetes erecta
5,8-dimethoxyxanthyletin 5,8- 二甲氧基美洲花椒素 臭节草 Boenninghausenia albiflora
3,4-dimethoxy-*α*-[[3-[2-[(2*E*)-3-(4-methoxyphenyl)-1-oxo-2-propenyl]amino]ethyl]-1*H*-indol-5-yl]oxy]-oxo-benzenepropanoic acid ethyl ester 3,4- 二甲氧基 -*α*-[[3-[2-[(2*E*)-3-(4- 甲氧基苯基)-1- 氧代 -2- 丙烯基] 氨] 乙基]-1*H*- 吲哚 -5- 基] 氧基]- 氧代 - 苯丙酸乙酯 小心叶薯 Ipomoea obscura
10,11-dimethoxy-*α*-yohimbine 10,11- 二甲氧基 -*α*- 育亨宾碱 催吐萝芙木 Rauvolfia vomitoria
2,6-dimethoxy-*β*-benzoquinone 2,6- 二甲氧基 -*β*- 苯醌 大叶龙角 Hydnocarpus annamensis
1,3-dimethy-(4-methoxyphenyl)naphthalene-1,8-dicarboxylate 1,3- 二甲基 -(4- 甲氧基苯基) 萘 -1,8- 二羧酸酯 凤眼蓝 Eichhornia crassipes
2,7-dimethy]naphthalene 2,7- 二甲基萘 云南松 Pinus yunnanensis
dimethyl (+)-(*R*)-2-*O*-(4'-hydroxy-3'-methoxybenzoyl)malate (+)-(*R*)-2-*O*-(4'- 羟基 -3'- 甲氧基苯甲酰基) 苹果酸二甲酯 乌头 Aconitum carmichaelii
dimethyl (+)-(*R*)-2-*O*-(4'-hydroxybenzoyl)malate (+)-(*R*)-2-*O*-(4'- 羟基苯甲酰基) 苹果酸二甲酯 乌头 Aconitum carmichaelii
dimethyl (2)-(*R*)-eucomate (2)-(*R*)- 红果酸二甲酯 乌头 Aconitum carmichaelii
dimethyl (2*E*,6*E*,10*E*)-3,7,11-trimethyl-2,6,10-dodecatrienedioate (2*E*,6*E*,10*E*)-3,7,11- 三甲基 -2,6,10- 十二碳三烯酸二甲酯 挥发油成分，未统计基源
dimethyl 3,4-bis(4-hydroxyphenyl)-1,2-cyclobutanedicarboxylate 3,4- 二 (4- 羟基苯基)-1,2- 环丁烷二羧酸二甲酯 假荜拔 Piper retrofractum
dimethyl 3-carboxyl-3-hydroxypentanedioate 3- 羧基 -3- 羟基戊二酸二甲酯 挥发油成分，未统计基源
dimethyl 4,4'-dihydroxy-3,3'-dimethoxy-*β*-truxinate 4,4'- 二羟基 -3,3'- 二甲氧基 -*β*- 秘鲁古柯尼酸 ▲ 二甲酯 东北玉簪 Hosta ensata
dimethyl 4,4'-dimethoxy-5,6,5',6'-di(methylenedioxy)-biphenyl-2,2'-dicarboxylate 4,4'- 二甲氧基 -5,6,5',6'- 二 (亚甲二氧基)- 二苯基 -2,2'- 二羧酸二甲酯 黑蕊虎耳草 Saxifraga melanocentra
7,8-dimethyl alloxazine 7,8- 二甲基咯嗪 龙眼 Dimocarpus longan
dimethyl benzoquinone-2,5-dicarboxylate 苯醌 -2,5- 二甲酸二甲酯 毛丹麻杆 Discocleidion rufescens
dimethyl caffeoyltartaric acid ester 咖啡酰酒石酸二甲酯 地锦 Parthenocissus tricuspidata
dimethyl caffeoyltartronic acid ester 咖啡酰羟基丙二酸二甲酯 地锦 Parthenocissus tricuspidata
dimethyl *cis*-tetrahydrofuran-2,5-dicarboxylate 顺式 - 四氢呋喃 -2,5- 二羧酸二甲酯 山茱萸 Cornus officinalis
1,5-dimethyl citrate 1,5- 二甲基柠檬酸酯 酸藤子 Embelia laeta
dimethyl citrate 柠檬酸二甲酯 薯蓣 Dioscorea polystachya
dimethyl disulfide 二甲基二硫醚 挥发油成分，未统计基源
dimethyl ethenylbenzene 二甲基乙烯基苯 樟子松 Pinus sylvestris var. mongolica
di-methyl gallate 二聚没食子酸甲酯 红叶 Cotinus coggygria var. cinerea
4-dimethyl heptanedioic acid 4- 二甲基庚二酸 络石 Trachelospermum jasminoides
dimethyl hexanedioate 已二酸二甲酯 苏木 Caesalpinia sappan
dimethyl lithospermate 紫草酸二甲酯 肾茶 Clerodendranthus spicatus, 丹参 Salvia miltiorrhiza
9',9'''-dimethyl lithospermate B 紫草酸 B-9',9'''- 二甲酯 云南鼠尾草 Salvia yunnanensis
dimethyl lithospermate B 紫草酸 B 二甲酯 肾茶 Clerodendranthus spicatus, 华鼠尾草 Salvia chinensis, 甘西鼠尾草 S. przewalskii
dimethyl phthalate 酞酸二甲酯 挥发油成分，未统计基源
dimethyl succinate 琥珀酸二甲酯 挥发油成分，未统计基源
dimethyl sulfide 二甲基硫醚 挥发油成分，未统计基源
dimethyl sulfone 二甲基砜 犬问荆 Equisetum palustre, 木蝴蝶 Oroxylum indicum
dimethyl terephthalate 对酞酸二甲酯 曲轴石斛 Dendrobium gibsonii, 大叶藤黄 Garcinia xanthochymus, 长管萱草 Hemerocallis fulva var. angustifolia, 藁本 Ligusticum sinense, 树形杜鹃花 Rhododendron arboreum
dimethyl trisulfide 二甲基三硫醚 挥发油成分，未统计基源
rel-(8*R*,8'*R*)-dimethyl-(7*S*,7'*R*)-bis(3,4-methylenedioxyphenyl)tetrahydrofuran 相对 -(8*R*,8'*R*)- 二甲基 -(7*S*,7'*R*)- 双 (3,4- 亚甲二氧基苯基) 四氢呋喃 百两金 Ardisia crispa, 三白草 Saururus chinensis
(1*S*,2*R*,3*S*)-dimethyl-1,2,3,4-tetrahydro-3,6,7-trihydroxy-1-(3',4'-dihydroxyphenyl)-naphthalene-2,3-dicarboxylate (1*S*,2*R*,3*S*)- 二甲基 -1,2,3,4- 四氢 -3,6,7- 三羟基 -1-(3',4'- 二羟基苯基)- 萘 -2,3- 二羧酸酯 朝鲜白头翁 Pulsatilla cernua
1,1-dimethyl-1,2,3,4-tetrahydroisoquinoline-3-oic acid 1,1- 二甲基 -1,2,3,4- 四氢异喹啉 -3- 酸 刺毛黧豆 Mucuna pruriens
3,7-dimethyl-1,2,6,7-tetrahydroxyoct-3(10)-ene 3,7- 二甲基 -1,2,6,7- 四羟基辛烷 -3(10)- 烯 蛇床 Cnidium monnieri
2,6-dimethyl-1,3,5,7-octatetraene 2,6- 二甲基 -1,3,5,7- 辛四烯 挥发油成分，未统计基源
(*E*)-3,7-dimethyl-1,3,6-octatriene (*E*)-3,7- 二甲基 -1,3,6- 辛三烯 挥发油成分，未统计基源
(*E*)-*β*-3,7-dimethyl-1,3,6-octatriene (*E*)-*β*-3,7- 二甲基 - 辛 -1,3,6- 三烯 挥发油成分，未统计基源
(*Z*)-3,7-dimethyl-1,3,6-octatriene (*Z*)-3,7- 二甲基 -1,3,6- 十八碳三烯 挥发油成分，未统计基源

3,7-dimethyl-1,3,6-octatriene 3,7- 二甲基 -1,3,6- 辛三烯 挥发油成分，未统计基源
(E)-4,8-dimethyl-1,3,7-nonatriene (E)-4,8- 二甲基 -1,3,7- 壬三烯 挥发油成分，未统计基源
3,7-dimethyl-1,3,7-octatriene 3,7- 二甲基 -1,3,7- 辛三烯 挥发油成分，未统计基源
4,5-dimethyl-1,3-benzenediol 4,5- 二甲基 -1,3- 间苯二酚 杉木 Cunninghamia lanceolata
α,α-dimethyl-1,4-benzenedimethanol α,α- 二甲基 -1,4- 苯二甲醇 蓝桉 Eucalyptus globulus
2,3-dimethyl-1,4-bis(3,4-methylenedioxyphenyl)butan-1-ol 2,3- 二甲基 -1,4- 双 (3,4- 亚甲二氧苯基)- 丁烷 -1- 醇 肉豆蔻 Myristica fragrans
2,7-dimethyl-1,4-dihydronaphthalene-5,8-diol-5-O-β-D-xylopyranosyl-(1→6)-β-D-glucopyranoside 2,7- 二甲基 -1,4- 二氢萘 -5,8- 二醇 5-O-β-D- 吡喃木糖基 -(1→6)-β-D- 吡喃葡萄糖苷 日本鹿蹄草 Pyrola japonica
4-(1,5-dimethyl-1,4-hexadienyl)-1-methyl-cyclohexene 4-(1,5- 二甲基 -1, 4- 己二烯基)-1- 甲基 - 环己烯 挥发油成分，未统计基源
4-[(1E)-3,3-dimethyl-1,4-pentadienyl]phenol 4-[(1E)-3,3- 二甲基 -1,4- 戊二烯]- 苯酚 补骨脂 Cullen corylifolia
3,7-dimethyl-1,5,7-octatrien-3-ol 3,7- 二甲基 -1,5,7- 辛三烯 -3- 醇 挥发油成分，未统计基源
2,5-dimethyl-1,5-hexadiene 2,5- 二甲基 -1,5- 己二烯 挥发油成分，未统计基源
trans-3,7-dimethyl-1,6-octadien-3,8-diol 反式 -3,7- 二甲基 -1,6- 辛二烯 -3,8- 二醇 柚木 Tectona grandis
3,7-dimethyl-1,6-octadien-3-ol 3,7- 二甲基 -1,6- 辛二烯 -3- 醇 挥发油成分，未统计基源
3,7-dimethyl-1,6-octadien-3-ol-2-aminobenzoate 2- 氨基苯甲酸 -3,7- 二甲基 -1,6- 辛二烯 -3- 酯 挥发油成分，未统计基源
2,7-dimethyl-1,6-octadiene 2,7- 二甲基 -1,6- 辛二烯 挥发油成分，未统计基源
4,4'-dimethyl-1,7-heptanedioic acid 4,4'- 二甲基 -1,7- 庚二酸 蝉翼藤 Securidaca inappendiculata
(2S,6R)-2,6-dimethyl-1,8-octanediol (2S,6R)-2,6- 二甲基 -1,8- 辛二醇 红波罗花 Incarvillea delavayi
(1R)-1,5-dimethyl-1-[(1S)-4-methyl-3-cyclohexen-1-yl]-4-hexenyl-β-D-lyxopyranoside (1R)-1,5- 二甲基 -1-[(1S)-4- 甲基 -3- 环己烯 -1- 基]-4- 己烯基 -β-D- 吡喃来苏糖苷 熏倒牛 Biebersteinia heterostemon
(2E,6E)-3,7-dimethyl-10-(6-methylhept-5-en-2-yl)cyclodeca-2,6-diene-1,4-diol (2E,6E)-3,7- 二甲基 -10-(6- 甲基庚烷 -5- 烯 -2- 基)- 环十 -2,6- 二烯 -1,4- 二醇 叉开网地藻 Dictyota divaricata
(2E,6E)-3,7-dimethyl-10-(6-methylhept-5-en-2-yl)cyclodeca-2,6-diene-1-ol (2E,6E)-3,7- 二甲基 -10-(6- 甲基庚烷 -5- 烯 -2- 基)- 环十 -2,6- 二烯 -1- 醇 叉开网地藻 Dictyota divaricata
(1R,3R,5E,10S)-2,3-dimethyl-10-hydroxy-6,10-dimethyl-3-(1-methylethyl)-4,9-dioxo-5-cyclodecen-1-yl-oxiranecarboxylic acid ester (1R,3R,5E,10S)-2,3- 二甲基 -10- 羟基 -6,10- 二甲基 -3-(1- 甲基乙基)-4,9- 二氧代 -5- 环癸烯 -1- 基环氧乙烷羧酸酯 艾纳香 Blumea balsamifera
4,6-dimethyl-11-dimethoxymethyl-1-oxo-4H,2,3-dihydronaphthofuran 4,6- 二甲基 -11- 二甲氧基甲基 -1- 氧代 -4H,2,3- 二氢萘呋喃 黄荆 Vitex negundo
6-dimethyl-11-formyl-1-oxo-4H,2,3-dihydronaphthofuran 6- 二甲基 -11- 甲酰基 -1- 氧代 -4H,2,3- 二氢萘呋喃 黄荆 Vitex negundo
2,6-dimethyl-1-cyclohexen-1-ol acetate 2,6- 二甲基 -1- 环己烯 -1- 醇乙酸酯 挥发油成分，未统计基源
6,7-dimethyl-1-D-ribityl-quinoxaline-2,3(1H,4H)-dione-5'-O-β-D-glucopyranoside 6,7- 二甲基 -1-D- 核糖基 - 喹喔啉 -2,3(1H,4H)- 二酮 -5'-O-β-D- 吡喃葡萄糖苷 洋金花 Datura metel
2,4-dimethyl-1-heptene 2,4- 二甲基 -1- 庚烯 杉木 Cunninghamia lanceolata
3,6-dimethyl-1-isopentenyl-carbazole 3,6- 二甲基 -1- 异戊烯基咔唑 调料九里香 Murraya koenigii
4,7-dimethyl-1-isopropyl-1,2,4a,5,8,8a-hexahydro-1S-(1α,4aβ,8aα)-naphthalene 4,7- 二甲基 -1- 异丙基 -1,2,4a,5,8,8a- 六氢 -1S-(1α,4aβ,8aα)- 萘 石菖蒲 Acorus gramineus
(E)-3,7-dimethyl-1-O-(α-L-arabinofuranosyl-(1→6)-β-D-glucopyranosyl)-oct-2-en-7-ol (E)-3,7- 二甲基 -1-O-(α-L- 呋喃阿拉伯糖基 -(1→6)-β-D- 吡喃葡萄糖基)- 辛 -2- 烯 -7- 醇 西南鬼灯檠 Rodgersia sambucifolia
(E)-3,7-dimethyl-1-O-(α-L-rhamnopyranosyl-(1→6)-β-D-glucopyranosyl)-oct-2-en-7-ol (E)-3,7- 二甲基 -1-O-(α-L- 吡喃鼠李糖基 -(1→6)-β-D- 吡喃葡萄糖基)- 辛 -2- 烯 -7- 醇 西南鬼灯檠 Rodgersia sambucifolia
(E)-3,7-dimethyl-1-O-[α-L-arabinofuranosyl-(1→6)-β-D-glucopyranosyl]-oct-2-en-7-ol (E)-3,7- 二甲基 -1-O-[α-L- 吡喃阿拉伯糖基 -(1→6)-β-D- 吡喃葡萄糖基]- 辛 -2- 烯 -7- 醇 羽叶鬼灯檠 Rodgersia pinnata
(E)-3,7-dimethyl-1-O-[α-L-rhamnopyranosyl-(1→6)-β-D-glucopyranosyl]-oct-2-en-7-ol (E)-3,7- 二甲基 -1-O-[α-L- 吡喃鼠李糖基 -(1→6)-β-D- 吡喃葡萄糖基]- 辛 -2- 烯 -7- 醇 羽叶鬼灯檠 Rodgersia pinnata
6,7-dimethyl-1-ribitol-1-yl-1,4-dihydroquinoxaline-2,3-dione 6,7- 二甲基 -1- 核糖醇 -1- 基 -1,4- 二氢喹恶啉 -2,3- 二酮 蕺菜 Houttuynia cordata
2R,2'R-dimethyl-1S,1'S-di(2,4,5-trimethoxylbenzenyl)cyclobutane 2R,2'R- 二甲基 -1S,1'S- 二 (2,4,5- 三甲氧基苯基) 环丁烷 迷果芹 Sphallerocarpus gracilis
4,7-dimethyl-1-tetralone 4,7- 二甲基 -1- 四氢萘酮 挥发油成分，未统计基源
3,7-dimethyl-2(E),6-octadien-5-one-1-O-β-D-glucoside 3,7- 二甲基 -2(E),6- 辛二烯 -5- 酮 -1-O-β-D- 葡萄糖苷 麻叶绣线菊 Spiraea cantoniensis
3β,6-dimethyl-2,3-dihydrobenzofuran-2α-ol 3β,6- 二甲基 -2,3- 二氢苯并呋喃 -2α- 醇 佩兰 Eupatorium fortunei
3β,6-dimethyl-2,3-dihydrobenzofuran-2α-yl acetate 3β,6- 二甲基 -2,3- 二氢苯并呋喃 -2α- 乙酸酯 佩兰 Eupatorium fortunei
3β,6-dimethyl-2,3-dihydrobenzofuran-2β-ol 3β,6- 二甲基 -2,3- 二氢苯并呋喃 -2β- 醇 佩兰 Eupatorium fortunei
3β,6-dimethyl-2,3-dihydrobenzofuran-2β-O-β-D-glucopyranoside 3β,6- 二甲基 -2,3- 二氢苯并呋喃 -2β-O-β-D- 吡喃葡萄糖苷 佩兰 Eupatorium fortunei
3β,6-dimethyl-2,3-dihydrobenzofuran-2β-yl acetate 3β,6- 二甲基 -2,3- 二氢苯并呋喃 -2β- 乙酸酯 佩兰 Eupatorium fortunei
2,3-dimethyl-2,4,6-cycloheptatrien-1-one 2,3- 二甲基 -2,4,6- 环庚三烯 -1- 酮 鸡矢藤 Paederia foetida

2*E*-3-{4-[(2*E*,5*E*-3,7-dimethyl-2,5,7-octatrien-1-yl)oxy]-3,5-dimethoxyphenyl}-2-propen-1-ol 2*E*-3-[4-(2*E*,5*E*-3,7- 二甲基 -2,5,7- 辛三烯 -1- 氧基)-3,5- 二甲氧基苯基]-2- 丙烯 -1- 醇 大黄橐吾 Ligularia duciformis

2*β*-(3,4-dimethyl-2,5-dihydro-1*H*-pyrrol-2-yl)-1'-methylethylpentanoate 2*β*-(3,4- 二甲基 -2,5- 二氢 -1*H*- 吡咯 -2- 基)-1'- 甲基乙基戊酸酯 洋金花 Datura metel

3,6-dimethyl-2,5-dihydroxypyrazine 3,6- 二甲基 -2,5- 二羟基吡嗪 西洋参 Panax quinquefolius

1,4-dimethyl-2,5-diisopropylbenzene 1,4- 二甲基 -2,5- 二异丙基苯 挥发油成分，未统计基源

[(1*S*,4*R*,8*R*)-9,9-dimethyl-2,5-dimethylenebicyclo[6.2.0]decan-4-yl]-methanol [(1*S*,4*R*,8*R*)-9,9- 二甲基 -2,5- 二亚甲基双环 [6.2.0] 癸烷 -4- 基]- 甲醇 垂枝桦 Betula pendula

3,4-dimethyl-2,5-dioxo-2,5-dihydrothiophene 3,4- 二甲基 -2,5- 二氧代 -2,5- 二羟基噻吩 挥发油成分，未统计基源

(2*E*)-2,6-dimethyl-2,5-heptadienoic acid (2*E*)-2,6- 二甲基 -2,5- 庚二烯酸 挥发油成分，未统计基源

(2*E*)-2,6-dimethyl-2,5-heptadienoic acid-*β*-D-glucopyranosyl ester (2*E*)-2,6- 二甲基 -2,5- 庚二烯酸 -*β*-D- 吡喃葡萄糖酯 大果西番莲 Passiflora quadrangularis

6,11-dimethyl-2,6,10-dodecatrien-1-ol 6,11- 二甲基 -2,6,10- 十二碳三烯 -1- 醇 挥发油成分，未统计基源

(1*R**,5*S**,8*E*)-10,10-dimethyl-2,6-bis(methylene)-8-cycloundecene-1,5-diol (1*R**,5*S**,8*E*)-10,10- 二甲基 -2,6- 二亚甲基 -8- 环十一烯 -1,5- 二醇 短果茴芹 Pimpinella brachycarpa

10,10-dimethyl-2,6-dimethylenebicyclo[7.2.0]undecan-5-ol 10,10- 二甲基 -2,6- 二亚甲基二环 [7.2.0]-5- 十一醇 挥发油成分，未统计基源

10,10-dimethyl-2,6-dimethylenebiyclo[7.2.0]undecn-5beta-ol 10,10- 二甲基 -2,6- 二亚甲基双环 [7.2.0] 十一烷 -5*β*- 醇 樟子松 Pinus sylvestris var. mongolica

3,7-dimethyl-2,6-octadien-1-ol 3,7- 二甲基 -2,6- 辛二烯 -1- 醇 挥发油成分，未统计基源

(*Z*)-3,7-dimethyl-2,6-octadien-1-ol acetate (*Z*)-3,7- 二甲基 -2,6- 辛二烯 -1- 醇乙酸酯 挥发油成分，未统计基源

2-(3,7-dimethyl-2,6-octadien-1-yl)-8-(3-methyl-2-buten-1-yl)-1,3,6-trihydroxy-7-methoxy-xanthone 2-(3,7- 二甲基 -2,6- 辛二烯 -1- 基)-8-(3- 甲基 -2- 丁烯 -1- 基)-1,3,6- 三羟基 -7- 甲氧基叫酮 黄牛木 Cratoxylum cochinchinense

(2*E*)-3-{4-[(2*E*-3,7-dimethyl-2,6-octadien-1-yl)oxy]-3-methoxyphenyl}-2-propen-1-ol (2*E*)-3-{4-(2*E*-3,7- 二甲基 -2,6- 辛二烯 -1- 氧基)-3- 甲氧基苯基 }-2- 丙烯 -1- 醇 大黄橐吾 Ligularia duciformis

7-{[(2*E*)-3,7-dimethyl-2,6-octadien-1-yl]oxy}-1,3-dihydroxy-xanthone 7-{[(2*E*)-3,7- 二甲基 -2,6- 辛二烯 -1- 基] 氧基 }-1,3- 二羟基 - 叫酮 黄牛木 Cratoxylum cochinchinense

(*E*)-3,7-dimethyl-2,6-octadienal (*E*)-3,7- 二甲基 -2,6- 辛二烯醛 挥发油成分，未统计基源

(*Z*)-3,7-dimethyl-2,6-octadienal (*Z*)-3,7- 二甲基 -2,6- 辛二烯醛 挥发油成分，未统计基源

cis-2,6-dimethyl-2,6-octadiene 顺式 -2,6- 二甲基 -2,6- 辛二烯 挥发油成分，未统计基源

3'-(3'',7''-dimethyl-2'',6''-octadiene)-8-*C*-*β*-D-glucopyranosyl-kaempferol-3-*O*-*β*-D-glucopyranoside 3'-(3'',7''- 二甲基 -2'',6''- 十八碳二烯)-8-*C*-*β*-D- 吡喃葡萄糖基山柰酚 -3-*O*-*β*-D- 吡喃葡萄糖苷 心叶黄花稔 Sida cordifolia

3'-(3'',7''-dimethyl-2'',6''-octadiene)-8-*C*-*β*-D-glucopyranosyl-kaempferol-3-*O*-*β*-D-glucopyranosyl-[1 → 4]-*β*-D-glucopyranoside 3'-(3'',7''- 二甲基 -2'',6''- 十八碳二烯)-8-*C*-*β*-D- 吡喃葡萄糖基 - 山柰酚 -3-*O*-*β*-D- 吡喃葡萄糖基 -[1 → 4]-*β*-D- 吡喃葡萄糖苷 心叶黄花稔 Sida cordifolia

2-[(2*Z*)-3,7-di-methyl-2,6-octadienyl)]-6-methyl-2,5-cyclohexadiene-1,4-dione 2-[(2*Z*)-3,7- 二甲基 -2,6- 辛二烯)]-6- 甲基 -2,5- 环己二烯 -1,4- 二酮 朝鲜苍术 Atractylodes koreana

(*E*)-7-(3,7-dimethyl-2,6-octadienyl)-3,4-dihydro-3,8,9-trihydroxy-6-methoxy-3-methyl-1(2*H*)-anthracenone (*E*)-7-(3,7- 二甲基 -2,6- 辛二烯基)-3,4- 二氢 -3,8,9- 三羟基 -6- 甲氧基 -3- 甲基 -1(2*H*)- 蒽酮 黄牛木 Cratoxylum cochinchinense

(*E*,*E*)-3-[4-[(3,7-dimethyl-2,6-octadienyl)oxy]-3,5-dimethoxyphenyl]-2-propenyl-(9*Z*,12*Z*)-9,12-octadecadienoic acid ester (*E*,*E*)-3-[4-(3,7- 二甲基 -2,6- 辛二烯氧基)-3,5- 二甲氧基苯基]-2- 丙烯 -(9*Z*,12*Z*)-9,12- 十八碳二烯酸酯 莲叶橐吾 Ligularia nelumbifolia

4-[3',7'-dimethyl-2',6'-octadienyl]-2-formyl-3-hydroxy-5-methoxybenzyl alcohol 4-[3',7'- 二甲基 -2',6'- 辛二烯基]-2- 甲酰基 -3- 羟基 -5- 甲氧基苄醇 猴头菌 Hericium erinaceus

2-[(2'*E*)-3',7'-dimethyl-2',6'-octadienyl]-4-methoxy-6-methylphenol 2-(2'*E*-3',7' 二甲基 -2',6'- 辛二烯基)-4- 甲氧基 -6- 甲基苯酚 苍术 Atractylodes lancea

7-[(2*E*)-3,7-dimethyl-2,6-octadienyl]-6-methoxycoumarin 7-[(2*E*)-3,7- 二甲基 -2,6- 辛二烯基]-6- 甲氧基香豆素 酒饼簕 Atalantia buxifolia

2-[(2*E*)-3,7-dimethyl-2,6-octadienyl]-6-methyl-2,5-cyclohexadien-1,4-dione 2-(2*E*-3,7- 二甲基 -2,6- 癸二炔)-6- 甲基 -2,5- 环已烷二烯 -1,4- 二酮 苍术 Atractylodes lancea

2-[(2*E*)-3,7-dimethyl-2,6-octadienyl]-6-methyl-2,5-cyclohexadiene-1,4-dione [2-(2*E*-3,7- 二甲基 -2,6- 辛二烯)-6- 甲基 -2,5- 环已二烯 -1,4- 二酮] 朝鲜苍术 Atractylodes koreana

7-[[(2*E*)-3,7-dimethyl-2,6-octadienyl]oxy]-1,3-dihydroxyxanthone 7-[[(2*E*)-3,7- 二甲基 -2,6- 辛二烯基] 氧基]-1,3- 二羟基叫酮 黄牛木 Cratoxylum cochinchinense

5-(3,7-dimethyl-2,6-octadienyloxy)-2*H*-1-benzopyran-2-one 5-[(3,7- 二甲基 -2,6- 辛二烯氧基]-2*H*-1- 苯并吡喃 -2- 酮 柑橘 Citrus reticulata

7-(3,7-dimethyl-2,6-octadienyloxy)-6-methoxly-coumarim 7-(3,7- 二甲基 -2,6- 辛二烯氧基)-6- 甲氧基香豆精 羌活 Notopterygium incisum

5-[(2*E*)-3,7-dimethyl-2,6-octadienyloxy]-7-hydroxycoumarin 5-[(2*E*)-3,7- 二甲基 -2,6- 辛二烯氧基]-7- 羟基香豆素 假黄皮 Clausena excavata

(2*E*)-2,6-dimethyl-2,7-octadien-1,6-diol-6-*O*-*β*-glucopyranoside (2*E*)-2,6- 二甲基 -2,7- 辛二烯 -1,6- 二醇 -6-*O*-*β*- 吡喃葡萄糖苷 蓬子菜 Galium verum

2(*E*)-2,6-dimethyl-2,7-octadien-6-hydroxy-1-glycoside 2(*E*)-2,6- 二甲基 -2,7- 辛二烯 -6- 羟基 -1- 糖苷 秤星树 Ilex asprella

(6*RS*)-(*E*)-2,6-dimethyl-2,7-octadiene-1,6-diol (6*RS*)-(*E*)-2,6- 二甲基 -2,7- 辛二烯 -1,6- 二醇 猫儿刺 Ilex pernyi

D

(3*S*,4a*R*,10b*R*)-2,2-dimethyl-3-hydroxy-3,4,4a,10b-tetrahydro-5*H*-naphtho[1,2-b]pyran-5-one (3*S*,4a*R*,10b*R*)-2,2- 二甲基 -3- 羟基 -3,4,4a,10b-四氢 -5*H*- 萘并 [1,2-b] 吡喃 -5- 酮 木蝴蝶 Oroxylum indicum

2',2'-dimethyl-3'-methoxy-3',4'-dihydropyranocoumarin 2',2'- 二甲基 -3'- 甲氧基 -3',4'- 二氢吡喃香豆素 甘松 Nardostachys jatamansi

2,2'-(1",1"-dimethyl-3"-methoxy-3"-methyl-1",3"-propanediyl)bis(5,6-dimethoxybenzofuran 2,2'-(1",1"- 二甲基 -3"- 甲氧基 -3"- 甲基 -1",3"- 丙烷二基) 二 (5,6- 二甲氧基苯并呋喃 窄头橐吾 Ligularia stenocephala

(*E*)-7,11-dimethyl-3-methylene-1,6,10-dodecatriene (*E*)-7,11- 二甲基 -3- 亚甲基 -1,6,10- 十二碳三烯 挥发油成分，未统计基源

7,11-dimethyl-3-methylene-1,6-dodecadien-10,11-diol-10-*O*-*β*-D-glucopyranosyl-(1 → 4)-*O*-*β*-D-glucopyranoside 7,11- 二甲基 -3- 亚甲基 -1,6-十二碳二烯 -10,11- 二醇 -10-*O*-*β*-D- 吡喃葡萄糖基 -(1 → 4)-*O*-*β*-D- 吡喃葡萄糖苷 吉林延龄草 Trillium kamtschaticum, 延龄草 T. tschonoskii

5a,9-dimethyl-3-methylene-3,3a,4,5,5a,6,7,8-octahydro-1-oxacyclopenta[c]azulen-2-one 5a,9- 二甲基 -3- 亚甲基 -3,3a,4,5,5a,6,7,8- 八氢 -1- 氧杂环戊 [c] 薁 -2- 酮 月桂 Laurus nobilis

6,6-dimethyl-3-methylene-bicyclo[3.1.1]heptane 6,6- 二甲基 -3- 亚甲基双环 [3.1.1] 庚烷 云南松 Pinus yunnanensis

(*E*)-5-(2,3-dimethyl-3-nortricyclyl)pent-3-en-2-one (*E*)-5-(2,3- 二甲基 -3- 降三环) 戊 -3- 烯 -2- 酮 檀香 Santalum album

(3*E*)-3,7-dimethyl-3-octene-1,2,6,7-tetrol (3*E*)-3,7- 二甲基 -3- 辛烯 -1,2,6,7- 四醇 大果西番莲 Passiflora quadrangularis

(*E*)-4-(1,5-dimethyl-3-oxo-1,4-hexadienyl)benzoic acid (*E*)-4-(1,5- 二甲基 -3- 氧代 -1,4- 己二烯) 苯甲酸 大叶土蜜树 Bridelia retusa

(*E*)-4-(1,5-dimethyl-3-oxo-1-hexenyl)benzoic acid (*E*)-4-(1,5- 二甲基 -3- 氧代 -1- 己烯基) 苯甲酸 大叶土蜜树 Bridelia retusa

(*R*)-4-(1,5-dimethyl-3-oxo-4-hexenyl)benzoic acid (*R*)-4-(1,5- 二甲基 -3- 酮 -4- 己烯基) 苯甲酸 大叶土蜜树 Bridelia retusa

(*R*)-4-(1,5-dimethyl-3-oxohexyl)benzoic acid (*R*)-4-(1,5- 二甲基 -3- 酮己基) 苯甲酸 大叶土蜜树 Bridelia retusa

rel-5-(1*R*,5*S*-dimethyl-3*R*,4*R*,8*S*-trihydroxy-7-oxa-6-oxobicyclo-[3,2,1]oct-8-yl)-3-methyl-2*Z*,4*E*-pentadienoic acid 相对 -5-(1*R*,5*S*- 二甲基 -3*R*,4*R*,8*S*- 三羟基 -7- 氧杂 -6- 氧代双环 [3,2,1] 辛 -8- 基)-3- 甲基 -2*Z*,4*E*- 戊二烯酸 欧洲李 Prunus domestica

rel-5-(1*R*,5*S*-dimethyl-3*R*,4*R*,8*S*-trihydroxy-7-oxabicyclo[3,2,1]-oct-8-yl)-3-methyl-2*Z*,4*E*-pentadienoic acid 相对 -5-(1*R*,5*S*- 二甲基 -3*R*,4*R*,8*S*-三羟基 -7- 氧杂双环 [3,2,1] 辛 -8- 基)-3- 甲基 -2*Z*,4*E*- 戊二烯酸 欧洲李 Prunus domestica

1,2-dimethyl-4(1*H*)-quinolone 1,2- 二甲基 -4(1*H*)- 喹诺酮 小花山小橘 Glycosmis parviflora

1,7-dimethyl-4-(1-methylethyl)spiro[4.5]dec-6-en-8-one 1,7- 二甲基 -4- 异丙基 - 螺旋 [4,5] 癸 -6- 烯 -8- 酮 挥发油成分，未统计基源

(7'*S*,8'*S*,8*R*)-(8*β*,8'*α*)-dimethyl-4,4'-dihydroxy-5,3'-dimethoxy-5'-cyclolignan (7'*S*,8'*S*,8*R*)-(8*β*,8'*α*)- 二甲基 -4,4'- 二羟基 -5,3'- 二甲氧基 -5'- 环木脂素 黑老虎 Kadsura coccinea

dimethyl 4,4-dimethoxy-5,6,5',6'-dimethylenedioxybiphenyl-2,2-dicarboxylate 4,4- 二甲氧基 -5,6,5',6'- 二亚甲二氧基联苯 -2,2- 二羧二甲酯 蒙古黄耆 Astragalus penduliflorus

4,4-dimethyl-tetracyclo[6.3.2.0(2,5).0(1,8)]tridecan-9-ol 4,4- 二甲基 - 四环 [6.3.2.0(2,5).0(1,8)] 十三烷 -9- 醇 臭常山 Orixa japonica

6,8-dimethyl-4',5,7-trihydroxyhomoisoflavone 6,8- 二甲基 -4',5,7- 三羟基高异黄酮 黄精 Polygonatum sibiricum

6",6"-dimethyl-4',5-dihydroxy-3'-methoxypyrano[2",3":7,6]isoflavone 6",6"- 二甲基 -4',5- 二羟基 -3'- 甲氧基吡喃 [2",3":7,6] 异黄酮 厚果崖豆藤 Millettia pachycarpa

2,2-dimethyl-4,5-epoxy-2-(2-hydroxyethylidene)-cyclohexanone 2,2- 二甲基 -4,5- 环氧 -2-(2- 羟基亚乙基)- 环已酮 滨海前胡 Peucedanum japonicum

5,9-dimethyl-4,8-decadien-3-ol 5,9- 二甲基 -4,8- 癸二烯 -3- 醇 挥发油成分，未统计基源

1,2-dimethyl-4-ethenylbenzene 1,2- 二甲基 -4- 乙烯基苯 沙生风毛菊 Saussurea arenaria

7-(1,5-dimethyl-4-hexen-1-yl)-5-methyl-2,3-dioxabicyclo [2.2.2]oct-5-ene 7-(1,5- 二甲基 -4- 己烯 -1- 基)-5- 甲基 -2,3- 二氧杂双环 [2.2.2] 辛 -5-烯 蒌蒿 Artemisia selengensis

2,5-dimethyl-4-hydroxy-3(2*H*)-furanone 2,5- 二甲基 -4- 羟基 -3(2*H*)- 呋喃酮 挥发油成分，未统计基源

2,5-dimethyl-4-hydroxy-3(2*H*)-furanone-*β*-D-glucopyranoside 2,5- 二甲基 -4- 羟基 -3(2*H*)- 呋喃酮基 -*β*-D- 吡喃葡萄糖苷 番茄 Lycopersicon esculentum, 大果西番莲 Passiflora quadrangularis

5,5-dimethyl-4-hydroxy-tetrahydrofuran-2-one 5,5- 二甲基 -4- 羟基 - 四氢呋喃 -2- 酮 赶山鞭 Hypericum attenuatum

1,6-dimethyl-4-isopropyl-7,8-dihydronaphthalene 1,6- 二甲基 -4- 异丙基 -7,8- 二氢萘 樟 Cinnamomum camphora

1,6-dimethyl-4-isopropylnaphthalene 1,6- 二甲基 -4- 异丙基萘 挥发油成分，未统计基源

1,8-dimethyl-4-isopropyl-spiro[4.5]deca-8-en-7-one 1,8- 二甲基 -4- 异丙基 - 螺环 [4.5] 十碳 -8- 烯 -7- 酮 重齿当归 Angelica biserrata

2,5-dimethyl-4-methoxy-2,3-dihydro-3-furanone 2,5- 二甲基 -4- 甲氧基 -2,3- 二氢 -3- 呋喃酮 挥发油成分，未统计基源

2,5-dimethyl-4-methoxy-3(2*H*)-furanone 2,5- 二甲基 -4- 甲氧基 -3(2*H*)- 呋喃酮 挥发油成分，未统计基源

(1*S**,5*S**,10a*R**)-1-[(8'*S**,8a'*R**)-8',8a'-dimethyl-4'-oxo-1',4',6',7',8',8a'-hexahydronaphthalen-2'-yl]-4-hydroxy-1,4,5,10a-tetramethyl-1,2,3,4,5,6,7,9,10,10a-decahydroanthracen-9-one (1*S**,5*S**,10a*R**)-1-[(8'*S**,8a'*R**)-8',8a'- 二甲基 -4'- 氧代 -1',4',6',7',8',8a'- 六氢萘 -2'- 基]-4- 羟基 -1,4,5,10a- 四甲基 -1,2,3,4,5,6,7,9,10,10a- 十氢蒽 -9- 酮 茉莉花 Jasminum sambac

1,2-dimethyl-4-terbutylimidazole 1,2- 二甲基 -4- 叔丁基咪唑 挥发油成分，未统计基源

6,10-dimethyl-4-undecanol 6,10- 二甲基 -4- 十一醇 挥发油成分，未统计基源

3,8-dimethyl-5-(1-methylethylidene)-1,2,3,4,5,6,7,8-octahydroazulene-6-one 3,8- 二甲基 -5-(1- 甲基乙叉)-1,2,3,4,5,6,7,8- 八氢薁 -6- 酮 挥发油成分，未统计基源

(5*E*)-2,6-dimethyl-5,7-octadiene-2,3-diol (5*E*)-2,6- 二甲基 -5,7- 辛二烯 -2,3- 二醇 大果西番莲 Passiflora quadrangularis

(*E*,*E*)-6,10-dimethyl-5,9-dodecadien-2-one (*E*,*E*)-6,10- 二甲基 -5,9- 十四碳二烯 -2- 酮 挥发油成分，未统计基源

(*E*)-6,10-dimethyl-5,9-undecadien-2-one (*E*)-6,10- 二甲基 -5,9- 十一烷双烯 -2- 酮 挥发油成分，未统计基源

6,10-dimethyl-5,9-undecadienone 6,10- 二甲基 -5,9- 十一碳二烯酮 挥发油成分，未统计基源

6,7-dimethyl-5-benzofuranol 6,7- 二甲基 -5- 苯并呋喃酚 棱茎黄芩 Scutellaria scandens

(6R)-2-trans-2,6-dimethyl-6-O-β-D-quinovosyl-2,7-menthiafolic acid (6R)-2- 反式 -2,6- 二甲基 -6-O-β-D- 吡喃鸡纳糖基 -2,7- 睡菜酸▲ 合欢 Albizia julibrissin

(6S)-2-trans-2,6-dimethyl-6-O-β-D-quinovosyl-2,7-menthiafolic acid (6S)-2- 反式 -2,6- 二甲基 -6-O-β-D- 吡喃鸡纳糖基 -2,7- 睡菜酸▲ 合欢 Albizia julibrissin

1,5-dimethyl-6-phenyl-1,2-dihydro-1,2,4-triazin-3(2H)-one 1,5- 二甲基 -6- 苯基 -1,2- 二氢 -1,2,4- 三嗪 -3(2H)- 酮 马齿苋 Portulaca oleracea

4,8-dimethyl-6-quinolinol 4,8- 二甲基 -6- 喹啉酚 巨大鞘丝藻 Lyngbya majuscula

4,8-dimethyl-6-quinolinyl-2,4-di-O-methyl-β-D-xylopyranoside 4,8- 二甲基 -6- 喹啉酚 -2,4- 二 -O- 甲基 -β-D- 吡喃木糖苷 巨大鞘丝藻 Lyngbya majuscula

4,4-dimethyl-7,8-dihydroxy-3,5-dioxabicyclo[4.3.1]dec-1-en-2-one 4,4- 二甲基 -7α,8β- 二羟基 -3,5- 二氧代二环 [4.3.1] 癸 -1(10) 烯 -2- 酮 美丽金丝桃 Hypericum bellum

2,5-dimethyl-7-hydroxychromone 2,5- 二甲基 -7- 羟基色酮 抱茎柴胡 Bupleurum longicaule var. amplexicaule, 欧地笋 Lycopus europaeus, 白花丹 Plumbago zeylanica, 何首乌 Polygonum multiflorum, 藏边大黄 Rheum australe, 单脉大黄 R. uninerve, 齿果酸模 Rumex dentatus, 杯萼海桑 Sonneratia alba

2,5-dimethyl-7-hydroxychromone-7-O-β-D-(6'-O-galloyl)-glucopyranoside 2,5- 二甲基 -7- 羟基色酮 -7-O-β-D-(6'-O- 没食子酰基)- 吡喃葡萄糖苷 窄叶大黄 Rheum sublanceolatum

2,5-dimethyl-7-hydroxychromone-7-O-β-D-glucopyranoside 2,5- 二甲基 -7- 羟基色酮 -7-O-β-D- 吡喃葡萄糖基苷 唐古特大黄 Rheum tanguticum

2,5-dimethyl-7-hydroxychromone-7-O-β-glucopyranoside 2,5- 二甲基 -7- 羟基色酮 -7-O-β- 吡喃葡萄糖苷 毛脉酸模 Rumex gmelinii

8-(4'β,10'α-dimethyl-7'-isopropenyl-4'α-hydroxy-6'-oxo-decalin)-coumarin 8-(4'β,10'α- 二甲基 -7'- 异丙烯基 -4'α- 羟基 -6'- 氧代 - 十氢化萘)- 香豆素 木橘 Aegle marmelos

8-(4'β,10'α-dimethyl-7'-isopropynyl-4'α,5'β-dihydroxy-6'-oxo-decalin)-coumarin 8-(4'β,10'α- 二甲基 -7'- 异丙炔基 -4'α,5'β- 二羟基 -6'- 氧代 - 十氢化萘)- 香豆素 木橘 Aegle marmelos

2,5-dimethyl-8-C-β-D-glucopyranosyl-7-hydroxychromone 2,5- 二甲基 -8-C-β-D- 吡喃葡萄糖基 -7- 羟基色酮 芦荟 Aloe vera

(2E,6R)-2,6-dimethyl-8-hydroxy-2-octenoic acid-8-O-[6'-O-(E)-p-coumaroyl]-β-D-glucopyranoside (2E,6R)-2,6- 二甲基 -8- 羟基 -2- 辛烯酸 -8-O-[6'-O-(E)- 对香豆酰基]-β-D- 吡喃葡萄糖苷 梓 Catalpa ovata

(2E,6E)-3,7-dimethyl-8-hydroxyoctadien-1-O-β-D-glucopyranoside (2E,6E)-3,7- 二甲基 -8- 羟基辛二烯 -1-O-β-D- 吡喃葡萄糖苷 肉苁蓉 Cistanche deserticola, 管花肉苁蓉 C. tubulosa, 绵参 Eriophyton wallichii

(2E,6E)-3,7-dimethyl-8-hydroxyoctadien-1-O-β-D-glucoside (2E,6E)-3,7- 二甲基 -8- 羟基辛二烯 -1-O-β-D- 葡萄糖苷 灰毡毛忍冬 Lonicera macranthoides

(2E,6Z)-2,6-dimethyl-8-β-D-glucosyloxy-2,6-octadienoic acid (2E,6Z)-2,6- 二甲基 -8-β-D- 葡萄糖氧基 -2,6- 辛二烯酸 白桦 Betula platyphylla

24,24-dimethyl-9,19-cyclo-9β-lanost-25-en-3β-acetate 24,24- 二甲基 -9,19- 环 -9β- 羊毛脂 -25- 烯 -3β- 乙酸酯 友水龙骨 Polypodiodes amoena

4α,4α-dimethyl-9,19-cyclocholestan-20-en-3-one 4α,4α- 二甲基 -9,19- 环胆甾 -20- 烯 -3- 酮 大蕉 Musa × paradisiaca

4,14-dimethyl-9,19-cycloergost-24(28)-en-3-ol 4,14- 二甲基 -9,19- 环麦角甾 -24(28)- 烯 -3- 醇 乔松 Pinus wallichiana

(3β,4α,5α)-4,14-dimethyl-9,19-cycloergost-24(28)-en-3-ol acetate (3β,4α,5α)-4,14- 二甲基 -9,19- 环麦角甾 -24(28)- 烯 -3- 醇乙酸酯 大戟 Euphorbia pekinensis

24,24-dimethyl-9,19-cyclolanost-25-en-3-ol acetate 24,24- 二甲基 -9,19- 环羊毛脂 -25- 烯 -3- 醇乙酸酯 日本水龙骨 Polypodiodes niponica

(E)-6,10-dimethyl-9-methyleneundec-5-en-2-one (E)-6,10- 二甲基 -9- 亚甲基 -5- 十一碳烯 -2- 酮 挥发油成分，未统计基源

2,4-dimethylacetophenone 2,4- 二甲基苯乙酮 挥发油成分，未统计基源

β,β-dimethylacrylalkannin β,β- 二甲基丙烯酰紫朱草素 软紫草 Arnebia euchroma, 密花滇紫草 Onosma confertum, 滇紫草 O. paniculatum

22β-dimethylacryloyloxylantanolic acid 22β- 二甲基丙烯酰氧基马缨丹醇酸▲ 马缨丹 Lantana camara

β,β-dimethylacrylshikonin β,β- 二甲基丙烯酰紫草素 紫草 Lithospermum erythrorhizon, 密花滇紫草 Onosma confertum, 露蕊滇紫草 O. exsertum, 细花滇紫草 O. hookeri, 长花滇紫草 O. hookeri var. longiflorum, 滇紫草 O. paniculatum

4,4-dimethyladamantan-2-ol 4,4- 二甲基金刚烷 -2- 醇 挥发油成分，未统计基源

1,1-dimethylallyl alcohol-β-glucoside 1,1- 二甲基烯丙醇 -β- 葡萄糖苷 大蕉 Musa × paradisiaca

2-(3,3-dimethylallyl)-1,3,5,6-tetrahydroxyxanthone 2-(3,3- 二甲基烯丙基)-1,3,5,6- 四羟基𠮿酮 红厚壳 Calophyllum inophyllum

2-(3,3-dimethylallyl)-1,3,5-trihydroxyxanthone 2-(3,3- 二甲基烯丙基)-1,3,5- 三羟基𠮿酮 红厚壳 Calophyllum inophyllum

2-(γ,γ-dimethylallyl)-1,7-dihydroxy-3-methoxyxanthone 2-(γ,γ- 二甲基烯丙基)-1,7- 二羟基 -3- 甲氧基𠮿酮 莽吉柿 Garcinia mangostana

2-(γ,γ-dimethylallyl)-1,7-dihydroxy-3-methoxy-xanthone 2-(γ,γ- 二甲基烯丙基)-1,7- 二羟基 -3- 甲氧基 -𠮿酮 莽吉柿 Garcinia mangostana

(2R,3R)-8-(3,3-dimethylallyl)-2,3-dihydro-4',5,7-trihydroxyflavonol-7-[O-β-D-glucopyranosyl-(1→2)-β-D-glucopyranoside] (2R,3R)-8-(3,3- 二甲基烯丙基)-2,3- 二氢 -4',5,7- 三羟基黄酮醇 -7-[O-β-D- 吡喃葡萄糖基 -(1→2)-β-D- 吡喃葡萄糖苷] 朝鲜淫羊藿 Epimedium koreanum

8-(3,3-dimethylallyl)-4',5,7-trihydroxyflavonol-3-[O-6-O-acetyl-β-D-glucopyranosyl-(1→3)-4-O-acetyl-α-L-rhamnopyranoside]-7-(β-D-glucopyranoside) 8-(3,3- 二甲基烯丙基)-4',5,7- 三羟基黄酮醇 -3-[O-6-O- 乙酰基 -β-D- 吡喃葡萄糖基 -(1→3)-4-O- 乙酰基 -α-L- 吡喃鼠李糖苷]-7-(β-D- 吡喃葡萄糖苷) 朝鲜淫羊藿 Epimedium koreanum

8-(3,3-dimethylallyl)-4',5,7-trihydroxyflavonol-7-[O-β-D-glucopyranosyl-(1→2)-β-D-glucopyranoside] 8-(3,3- 二甲基烯丙基)-4',5,7- 三羟基黄酮醇 -7-[O-β-D- 吡喃葡萄糖基 -(1→2)-β-D- 吡喃葡萄糖苷] 朝鲜淫羊藿 Epimedium koreanum

3-(3',3'-dimethylallyl)-4,8-dimethoxy-N-methylquinolin-2-one 3-(3',3'- 二甲基烯丙基)-4,8- 二甲氧基 -N- 甲基喹啉 -2- 酮 山小橘 Glycosmis pentaphylla

3-(3,3-dimethylallyl)-5-(3-acetyl-2,4-dihydroxy-5-methyl-6-methoxybenzyl)-phloracetophenone 3-(3,3- 二甲基烯丙基) 异戊烯基 -5-(3- 乙酰

基 -2,4- 二羟基 -5- 甲基 -6- 甲氧基苯基)- 根皮苯乙酮 野梧桐 Mallotus japonicus

8-(1,1-dimethylallyl)-5'-(3-methylbut-2-enyl)-3',4',5,7-tetrahydroxy-flavonol 8-(1,1- 二甲基烯丙基)-5'-(3- 甲基 -2- 丁烯基)-3',4',5,7- 四羟基黄酮醇 构树 Broussonetia papyrifera

8-(*γ*,*γ*-dimethylallyl)-5,7,2',4'-tetrahydroxy-(2*R*,3*S*)-dihydroflavonol 8-(*γ*,*γ*- 二甲基烯丙基)-5,7,2',4'- 四羟基 -(2*R*,3*S*)- 二氢黄酮醇 小槐花 Ohwia caudata

5'-(1'',1''-dimethylallyl)-5,7,2',4'-tetrahydroxyflavone 5'-(1'',1''- 二甲基烯丙基)-5,7,2',4'- 四羟基黄酮 蒙桑 Morus mongolica

8-(*γ*,*γ*-dimethylallyl)-5,7,4'-trihydroxydihydroflavonol 8-(*γ*,*γ*- 二甲基烯丙基)-5,7,4'- 三羟基二氢黄酮醇 小槐花 Ohwia caudata

8-(3,3-dimethylallyl)-5,7-dihydroxy-4'-methoxyflavonol-3-[*O*-2-C-carboxy-3,5-di-deoxy-*β*-D-*erythro*-pentofuranosyl-(1 → 2)-*α*-L-rhamnopyranoside]-7-*β*-D-glucopyranoside 8-(3,3- 二甲基烯丙基)-5,7- 二羟基 -4'- 甲氧基黄酮醇 -3-[*O*-2-*C*- 羧氧基 -3,5- 二去氧 -*β*-D-赤式 - 呋喃戊糖基 -(1 → 2)-*α*-L- 吡喃鼠李糖苷]-7-*β*-D- 吡喃葡萄糖苷 朝鲜淫羊藿 Epimedium koreanum

8-(3,3-dimethylallyl)-5,7-dihydroxy-4'-methoxyflavonol-3-[*O*-3,5-dideoxy-2-C-(ethoxycarbonyl)-*β*-D-*erythro*-pentofuranosyl-(1 → 2)-*α*-L-rhamnopyranoside]-7-*β*-D-glucopyranoside 8-(3,3- 二甲基烯丙基)-5,7- 二羟基 -4'- 甲氧基黄酮醇 -3-[*O*-3,5- 二 - 去氧 -2-*C*-(乙氧羰基)-*β*-D-赤式 - 呋喃戊糖基 -(1 → 2)-*α*-L- 吡喃鼠李糖苷]-7-*β*-D- 吡喃葡萄糖苷 朝鲜淫羊藿 Epimedium koreanum

8-(3,3-dimethylallyl)-6,7-dimethoxycoumarin 8-(3,3- 二甲基烯丙基)-6,7- 二甲氧基香豆素 飞龙掌血 Toddalia asiatica

2-(*γ*,*γ*-dimethylallyl)-6a-hydroxyphaseollidin 2-(*γ*,*γ*- 二甲基烯丙基)-6a- 羟基菜豆定 鸡冠刺桐 Erythrina crista-galli, 棉豆 Phaseolus lunatus

3-(1',1'-dimethylallyl)-7-hydroxy-8-methoxy-coumarin 3-(1',1'- 二甲基烯丙基)-7- 羟基 -8- 甲氧基 - 香豆素 枳 Poncirus trifoliata

3-(1',1'-dimethylallyl)-8-(3'',3''-dimethylallyl)xanthyletine 3-(1',1'- 二甲基烯丙基)-8-(3'',3''- 二甲基烯丙基) 花椒亭 芸香 Ruta graveolens

5-(3'',3''-dimethylallyl)-8-methoxyfuranocoumarin 5-(3'',3''- 二甲基烯丙基)-8- 甲氧基呋喃香豆素 密花香薷 Elsholtzia densa

8-(1,1-dimethylallyl)-genistein 8-(1,1- 二甲基烯丙基)- 染料木素 千斤拔 Flemingia philippinensis

3-(1,1-dimethylallyl)-herniarin 3-(1,1- 二甲基烯丙基)- 治疝草素 ▲ 芸香 Ruta graveolens

3'-(*γ*,*γ*-dimethylallyl)-kievitone 3'-(*γ*,*γ*- 二甲基烯丙基)- 基维酮 甘草 Glycyrrhiza uralensis, 棉豆 Phaseolus lunatus

2-(*γ*,*γ*-dimethylallyl)-phaseollidin 2-(*γ*,*γ*- 二甲基烯丙基)- 菜豆定 棉豆 Phaseolus lunatus

4-(*γ*,*γ*-dimethylallyl)-phaseollidin 4-(*γ*,*γ*- 二甲基烯丙基)- 菜豆定 棉豆 Phaseolus lunatus

3-(1,1-dimethylallyl)-scopoletin 3-(1,1- 二甲基烯丙基)- 东莨菪内酯 西南五月茶 Antidesma acidum

3-(1,1-dimethylallyl)-scopoletin-7-*O*-*β*-D-glucopyranoside 3-(1,1- 二甲基烯丙基)- 东莨菪内酯 -7-*O*-*β*-D- 吡喃葡萄糖苷 芸香 Ruta graveolens

8-(*γ*,*γ*-dimethylallyl)-wighteone 8-(*γ*,*γ*- 二甲基烯丙基)- 怀特大豆酮 ▲ 甘草 Glycyrrhiza uralensis

3-(1,1-dimethylallyl)xanthyletin 3-(1,1- 二甲基烯丙基) 美洲花椒素 细叶黄皮 Clausena anisum-olens, 齿叶黄皮 C. dunniana, 九里香 Murraya exotica, 调料九里香 M. koenigii

3-(1',1'-dimethylallyl)xanthyletin 3-(1',1'- 二甲基烯丙基) 美洲花椒素 臭节草 Boenninghausenia albiflora

3-(1',1'-dimethylallyl)-xanthyletin 3-(1',1'- 二甲基烯丙基)- 美洲花椒素 臭节草 Boenninghausenia albiflora

3'-dimethylallylgenistein 3'- 二甲基烯丙基染料木素 粗毛甘草 Glycyrrhiza aspera

4'-*γ*,*γ*-dimethylallyloxy-5,7-dihydroxyisoflavone 4'-*γ*,*γ*- 二甲基烯丙氧基 -5,7- 二羟基异黄酮 思茅崖豆 Millettia leptobotrya

7-*γ*,*γ*-dimethylallyloxy-5-hydroxy-4'-methoxyisoflavone 7-*γ*,*γ*- 二甲基烯丙氧基 -5- 羟基 -4'- 甲氧基异黄酮 印度黄檀 Dalbergia sissoo

4'-*γ*,*γ*-dimethylallyloxy-5-hydroxy-7-methoxyisoflavone 4'-*γ*,*γ*- 二甲基烯丙氧基 -5- 羟基 -7- 甲氧基异黄酮 思茅崖豆 Millettia leptobotrya

8-*γ*,*γ*-dimethylallylwighteone 8-*γ*,*γ*- 二甲基烯丙基怀特大豆酮 ▲ 千斤拔 Flemingia philippinensis, 胀果甘草 Glycyrrhiza inflata

(20*S*)-20-(*N*,*N*-dimethylamino)-16*α*,17*α*-epoxy-3*β*-methoxy-pregn-5-ene (20*S*)-20-(*N*,*N*- 二甲基氨基)-16*α*,17*α*- 环氧 -3*β*- 甲氧基 - 孕甾 -5- 烯 双蕊野扇花 Sarcococca hookeriana var. digyna

(20*S*)-20-(*N*,*N*-dimethylamino)-3*β*-methoxy-pregn-5-ene (20*S*)-20-(*N*,*N*- 二甲基氨基)-3*β*- 甲氧基 - 孕甾 -5- 烯 双蕊野扇花 Sarcococca hookeriana var. digyna

(20*S*)-20-(*N*,*N*-dimethylamino)-3*β*-tigloylamino-5*α*-pregn-11*β*-ol (20*S*)-20-(*N*,*N*- 二甲基氨基)-3*β*- 巴豆酰氨基 -5*α*- 孕甾 -11*β*- 醇 双蕊野扇花 Sarcococca hookeriana var. digyna

20*α*-dimethylamino-2*α*-hydroxyl-3*β*-tigloylamino-5*α*-pregnane 20*α*- 二甲基氨基 -2*α*- 羟基 -3*β*- 巴豆酰氨基 -5*α*- 孕甾烷 野扇花 Sarcococca ruscifolia

Δ^{16}-20*α*-dimethylamino-3*β*,4*α*-diol-5*α*-pregnane Δ^{16}-20*α*- 二甲基氨基 -3*β*,4*α*- 二醇 -5*α*- 孕甾烷 野扇花 Sarcococca ruscifolia

p-dimethylaminobenzaldehyde 对二甲氨基苯甲醛 狭叶番泻 Cassia angustifolia

dimethylammonium 二甲基铵 芦竹 Arundo donax

3,4'-dimethylangoroside A 3,4'- 二甲基安卡拉玄参苷 ▲A 玄参 Scrophularia ningpoensis

4',7-dimethylapigenin 4',7- 二甲基芹菜苷元 芫花 Daphne genkwa, 杜香 Ledum palustre

7,4'-dimethylapigenin 7, 4'- 二甲基芹菜素 细裂叶莲蒿 Artemisia gmelinii

7,4'-dimethylapigenin-5-*O*-xylopyranosylglucopyranoside 7,4'- 二甲基芹菜苷元 -5-*O*- 吡喃木糖基吡喃葡萄糖苷 土沉香 Aquilaria sinensis

7,4'-dimethyl-apigenin-6-*C*-*β*-D-glucopyranosyl-2''-*O*-*α*-L-arabinopyranoside 7,4'- 二甲基 - 芹菜苷元 -6-*C*-*β*-D- 吡喃葡萄糖基 -2''-*O*-*α*-L- 吡喃阿拉伯糖苷 假烟叶树 Solanum erianthum

7,4'-dimethylaromadendrin 7,4'- 二甲基香树素 黑沙蒿 Artemisia ordosica, 飞机草 Chromolaena odorata, 百日青 Podocarpus neriifolius

7,4'-dimethylaromadendrin-5-*O*-glucoside 7,4'- 二甲基香树素 -5-*O*- 葡萄糖苷 百日青 Podocarpus neriifolius

dimethylbatatasin IV 二甲基山药素 IV 黄独 Dioscorea bulbifera

2,4-dimethyl-benzaldehyde 2,4- 二甲基苯甲醛 挥发油成分，未统计基源

3,4-dimethylbenzenamine 3,4- 二甲基苯胺 挥发油成分，未统计基源

1,3-dimethylbenzene 1,3- 二甲基苯 挥发油成分，未统计基源

m-dimethylbenzene 间二甲基苯 藏边大黄 Rheum australe
2,4-dimethylbenzenemethanol 2,4- 二甲基苯甲醇 挥发油成分，未统计基源
α,4-dimethyl-benzenemethanol *α*,4- 二甲基苯甲醇 挥发油成分，未统计基源
6,7-dimethylbenzofuranol-5-*O*-*β*-D-xylopyranosyl-(1 → 6)-*β*-D-glucopyranoside 6,7- 二甲基苯并呋喃醇 -5-*O*-*β*-D- 吡喃木糖基 -(1 → 6)-*β*-D-吡喃葡萄糖苷 喙果黑面神 Breynia rostrata
3,4-dimethylbenzoic acid 3,4- 二甲基苯甲酸 挥发油成分，未统计基源
6,6-dimethyl-bicycio[3,1,1]-heptane 6,6- 二甲基 - 二环 [3,1,1] 庚烷 挥发油成分，未统计基源
6,6-dimethyl-bicyclo-(3,1,1)-hept-2-en-2-carboxaldehyde 6,6- 二甲基 - 双环 -(3,1,1)- 庚 -2- 烯 -2- 甲醛 挥发油成分，未统计基源

D

6,6-dimethylbicyclo[3,1,1]hept-2-en-2-carboxaldehyde 6,6- 二甲基二环 [3,1,1] 庚 -2- 烯 -2- 羧醛 益智 Alpinia oxyphylla
6,6-dimethyl-bicyclo[3.1.1]hept-2-en-ethanol 6,6- 二甲基 - 双环 [3.1.1] 庚 -2- 烯 - 乙醇 挥发油成分，未统计基源
(+)-(6*S*,10*S*)-6,10-dimethylbicyclo[4.4.0]dec-1-en-3-one (+)-(6*S*,10*S*)-6,10- 二甲基二环 [4.4.0] 十 -1- 烯 -3- 酮 香根草 Vetiveria zizanioides
(+)-(1*S*,10*R*)-1,10-dimethylbicyclo[4.4.0]dec-6-en-3-one (+)-(1*S*,10*R*)-1,10- 二甲基二环 [4.4.0] 十 -6- 烯 -3- 酮 香根草 Vetiveria zizanioides
4,4'-(2*R*,3*S*)-2,3-dimethylbutane-1,4-diyl)bis(1,2-dimethoxybenzene) 4,4'-(2*R*,3*S*)-2,3- 二甲基丁烷 -1,4- 二基) 二 (1,2- 二甲氧基苯) 狭叶五味子 Schisandra lancifolia
4',6'-dimethylchalconaringenin 4',6'- 二甲基查耳酮柚皮苷元 柱穗山姜 Alpinia pinnanensis
4*α*,24-dimethylcholest-7-en-3*β*-ol 3*β*-D-glucoside 4*α*,24- 二甲基胆甾 -7- 烯 -3*β*- 醇 -3*β*-D- 葡萄糖苷 含羞草 Mimosa pudica
4,4-dimethylcholesta-6,22,24-triene 4,4- 二甲基胆甾 -6,22,24- 三烯 半枝莲 Scutellaria barbata
20,23-dimethylcholesta-6,22-dien-3*β*-ol 20,23- 二甲基胆甾 -6,22- 二烯 -3*β*- 醇 磨盘草 Abutilon indicum
2,2-dimethylchroman-6-carboxylic acid 2,2- 二甲基色烷 -6- 酸 瓦松 Orostachys fimbriata
2,2-dimethylchromene 2,2- 二甲基色烯 黑乳菇 Lactarius picinus
2,2-dimethylchromene-7-*O*-*β*-glucopyranoside 2,2- 二甲基色烯 -7-*O*-*β*- 吡喃葡萄糖苷 霍香蓟 Ageratum conyzoides
2,5-dimethylchromone-7-*O*-*β*-D-glucopyranoside 2,5- 二甲基色酮 -7-*O*-*β*-D- 吡喃葡萄糖苷 藏边大黄 Rheum australe
6,7,2,2-dimethylchromono-8-*γ*,*γ*-dimethyl-allylflavanone 6,7,2,2- 二甲基色酮 -8-*γ*,*γ*- 二甲基 - 烯丙基黄烷酮 水黄皮 Pongamia pinnata
6,8-dimethylchrysin 6,8- 二甲基白杨素 羊蹄甲 Bauhinia purpurea
1,2-dimethylcitrate 1,2- 二甲基柠檬酸酯 杨梅 Myrica rubra
1,5-dimethylcitrate 1,5- 柠檬酸二甲酯 挂金灯 Physalis alkekengi var. francheti
dimethylcyclobuxine 二甲基环黄杨辛碱 锦熟黄杨 Buxus sempervirens
1,4-dimethylcyclohex-3-enyl methyl ketone 1,4- 二甲基环己 -3- 烯基甲基酮 挥发油成分，未统计基源
2,4-dimethylcyclohexanol 2,4- 二甲基环己醇 挥发油成分，未统计基源
2,6-dimethylcyclohexanol 2,6- 二甲基环己醇 挥发油成分，未统计基源
2,3-dimethyl-cyclohexanol 2,3- 二甲基 - 环己醇 挥发油成分，未统计基源
1,2-dimethyl-cyclohexene 1,2- 二甲基 - 环己烯 挥发油成分，未统计基源
3,5-dimethyl-cyclohexene 3,5- 二甲基环己烯 挥发油成分，未统计基源
1,3-dimethylcyclopentane 1,3- 二甲基环戊烷 沙生风毛菊 Saussurea arenaria
1,1-dimethyl-cyclopropane 1,1- 二甲基环丙烷 挥发油成分，未统计基源
dimethylcyclovirobuxine 二甲基环锦熟黄杨辛碱▲ 锦熟黄杨 Buxus sempervirens
2,9-dimethyldeca-2,8-diene 2,9- 二甲基 -2,8- 葵二烯 海南大风子 Hydnocarpus hainanensis
3,7-dimethyldecane 3,7- 二甲基癸烷 绿玉树 Euphorbia tirucalli
5,6-dimethyldecane 5,6- 二甲基癸烷 挥发油成分，未统计基源
5,6-dimethyl-decane 5,6- 二甲基 - 癸烷 挥发油成分，未统计基源
5,7-dimethyldelphinidin-3-*O*-*α*-rhamnopyranoside 5,7- 二甲基飞燕草素 -3-*O*-*α*- 吡喃鼠李糖苷 蓝花丹 Plumbago auriculata
5,7-dimethyldelphinidin-3-*O*-*β*-galactopyranoside 5,7- 二甲基飞燕草素 -3-*O*-*β*- 吡喃半乳糖苷 蓝花丹 Plumbago auriculata
2'',2''-dimethyldihydropyran-(5'',6'':7,8)-5,2',4'-trihydroxy-(2*R*,3*R*)-dihydroflavonol 2'',2''- 二甲基二氢吡喃 -(5'',6'':7,8)-5,2',4'- 三羟基 -(2*R*,3*R*)-二氢黄酮醇 小槐花 Ohwia caudata
(2*S*)-6,7-(2,2-dimethyldihydropyrano)-8-prenyl-4'-hydroxyflavanone (2*S*)-6,7-(2,2- 二甲基二氢吡喃)-8- 异戊烯基 -4'- 羟基黄烷酮 云南甘草 Glycyrrhiza yunnanensis
4,6-dimethyldodecane 4,6- 二甲基十二烷 挥发油成分，未统计基源
3,3'-dimethylellagic acid 3,3'- 二甲基鞣花酸 苦郎藤 Cissus assamica, 狼毒大戟 Euphorbia fischeriana, 湖北大戟 E. hylonoma
3,3'-dimethylellagic acid-4-*O*-sulfate 3,3'- 二甲基鞣花酸 -4-*O*- 硫酸酯 准噶尔大戟 Euphorbia soongarica
3,3'-dimethylellagic acid-4'-*β*-D-xylopyranosid 3,3'- 二甲基鞣花酸 -4'-*β*-D- 吡喃木糖苷 湖北大戟 Euphorbia hylonoma
2,3,9,10-dimethylenedioxy-1,8-dihydroxyprotoberberine 2,3,9,10- 二亚甲二氧基 -1,8- 二羟基原小檗碱 偏翅唐松草 Thalictrum delavayi
rel-(7*R*,8*S*,7'*S*,8'*S*)-4,5,4',5'-dimethylenedioxy-3,3'-dimethoxy-7,7'-epoxylignan 相对 -(7*R*,8*S*,7'*S*,8'*S*)-4,5,4',5'- 二亚甲二氧基 -3,3'- 二氧基 -7,7'-环氧木脂素 石蝉草 Peperomia blanda
(-)-6,7-dimethylenedioxy-3',4'-dimethoxy-*α*-carbonyl-2'-carboxybenzylisoquinoline (-)-6,7- 二亚基二氧基 -3',4'- 二甲氧基 -*α*- 羰基 -2'- 羰基苄基异喹啉 庐山小檗 Berberis virgetorum
(8*S*,8'*R*)-3,4,3',4'-dimethylenedioxy-7-oxo-8,8'-neolignan (8*S*,8'*R*)-3,4,3',4'- 二亚甲二氧基 -7- 氧代 -8,8'- 新木脂素 三白草 Saururus chinensis
2,3,9,10-dimethylenedioxy-8-oxoprotoberberine 2,3,9,10- 二亚甲二氧基 -8- 氧代原小檗碱 偏翅唐松草 Thalictrum delavayi
(2,3,10,11)-dimethylenedioxytetrahydroprotoberberine (2,3,10,11)- 二亚甲二氧基四氢原小檗碱 飞龙掌血 Toddalia asiatica
3*β*,4*α*,14*α*,20*R*,24*R*-4,14-dimethylergost-9(11)-en-3-ol 3*β*,4*α*,14*α*,20*R*,24*R*-4,14- 二甲基麦角甾 -9(11)- 烯 -3- 醇 垂盆草 Sedum sarmentosum

4,14-dimethylergosta-7,9(11),24(28)-trien-3*β*-ol 4,14- 二甲基麦角甾 -7,9(11),24(28)- 三烯 -3*β*- 醇 地锦 Euphorbia humifusa
6,7-dimethylesculetin 6,7- 二甲基七叶树内酯 茵陈蒿 Artemisia capillaris, 西南牡蒿 A. parviflora, 猪毛蒿 A. scoparia, 柑橘 Citrus reticulata
2-(1,1-dimethylethyl)-3-methyloxirane 2-(1,1- 二甲基乙基)-3- 环氧丙烷 挥发油成分，未统计基源
2-(1,1-dimethylethyl)-5-methyl-phenol 2-(1,1- 二甲基乙基)-5- 甲基 - 苯酚 挥发油成分，未统计基源
2-(1,1-dimethylethyl)-phenol 2-(1,1- 二甲基乙基)- 苯酚 挥发油成分，未统计基源
2,25-di-methylformate-kadsuracoccinic acid A 2,25- 二 - 甲酸甲酯 - 绯红南五味子酸 A 黑老虎 Kadsura coccinea
2'',2''-dimethyl-furan-[2'',3'':7,8]flavone 2'',2''- 二甲基呋喃 [2'',3'':7,8] 黄酮 印度崖豆 Millettia pulchra
dimethylgomisin J 二甲基北五味子素 ▲J 益母草 Leonurus japonicus, 红花五味子 Schisandra rubriflora
3,8-dimethylhendecane 3,8- 二甲基任烷 楝 Melia azedarach
2,16-dimethylheptadecane 2,16- 二甲基十七烷 挥发油成分，未统计基源
2,6-dimethylheptadecane 2,6- 二甲基十七碳烷 挥发油成分，未统计基源
dimethylheptadienoic acid 二甲基庚二烯酸 挥发油成分，未统计基源
2,6-dimethylheptenol 2,6- 二甲基庚烯醇 挥发油成分，未统计基源
10,10-dimethylhexacosan-7-one 10,10- 二甲基二十六 -7- 酮 白苞猩猩草 Euphorbia heterophylla
2,3a-dimethylhexahydrobenzofuran-7a-ol 2,3a- 二甲基六氢苯并呋喃 -7a- 醇 挥发油成分，未统计基源
2,4-dimethylhexane 2,4- 二甲基已烷 挥发油成分，未统计基源
dimethylhexyl phthalate 酞酸二甲基己酯 巴戟天 Morinda officinalis
7,8-dimethylisoalloxazine 7,8- 二甲基异咯嗪 毛地黄鼠尾草 Salvia digitaloides
3,7-dimethylkaempferol 3,7- 二甲基山柰酚 胡颓子 Elaeagnus pungens
4',7-dimethylkaempferol 4',7- 二甲基山柰酚 滑叶山姜 Alpinia tonkinensis
7,4-dimethylkaempferol 7,4- 二甲基山柰酚 野拔子 Elsholtzia rugulosa
6,8-dimethylkaempferol-3,7-dimethyl ether 6,8- 二甲基山柰酚 -3,7- 二甲醚 臭冷杉 Abies nephrolepis
6,8-dimethylkaempferol-3-*O*-*α*-L-rhamnopyranoside 6,8- 二甲基山柰酚 -3-*O*-*α*-L- 吡喃鼠李糖苷 岗松 Baeckea frutescens
24,24-dimethyllanosta-9(11),25-dien-3-one 24,24- 二甲基羊毛脂 -9(11),25- 二烯 -3- 酮 土蜜树 Bridelia tomentosa
1,2-dimethyl-l*H*-imidazole 1,2- 二甲基 -l*H*- 咪唑 挥发油成分，未统计基源
3,7-dimethyllicoflavonol 3,7- 二甲基甘草黄酮醇 甘草 Glycyrrhiza uralensis
4',7-dimethylluteolin 4',7- 二甲基木犀草素 金合欢 Acacia farnesiana
7,4'-dimethylluteolin 7,4'- 二甲基木犀草素 土沉香 Aquilaria sinensis
5,7-dimethylmalvidin-3-*O*-*α*-rhamnopyranoside 5,7- 二甲基锦葵素 -3-*O*-*α*- 吡喃鼠李糖苷 蓝花丹 Plumbago auriculata
5,7-dimethylmalvidin-3-*O*-*β*-galactopyranoside 5,7- 二甲基锦葵素 -3-*O*-*β*- 吡喃半乳糖苷 蓝花丹 Plumbago auriculata
dimethylmatairesinol 二甲基穗罗汉松树脂酚 峨参 Anthriscus sylvestris, 樟 Cinnamomum camphora
21*α*,25-dimethylmelianodiol 21*α*,25- 二甲基楝酮二醇 楝 Melia azedarach, 枳 Poncirus trifoliata
21*β*,25-dimethylmelianodiol 21*β*,25- 二甲基楝酮二醇 楝 Melia azedarach
2*α*,25-dimethylmelianodiol-[(21*R*,23*R*)-epoxy-24-hydroxy-21*α*,25-methoxy]tirucalla-7-en-3-one 2*α*,25- 二甲基楝酮二醇 -[(21*R*,23*R*)- 环氧 -24- 羟基 -21*α*,25- 甲氧基] 绿玉树 -7- 烯 -3- 酮 秃叶黄檗 Phellodendron chinense var. glabriusculum
5,15-dimethylmorindol 5,15- 二甲基巴戟酚 ▲ 海滨木巴戟 Morinda citrifolia
1,3-dimethylnaphthalene 1,3- 二甲基萘 挥发油成分，未统计基源
1,5-dimethylnaphthalene 1,5- 二甲基萘 挥发油成分，未统计基源
1,6-dimethylnaphthalene 1,6- 二甲基萘 挥发油成分，未统计基源
1,7-dimethylnaphthalene 1,7- 二甲基萘 挥发油成分，未统计基源
1,8-dimethylnaphthalene 1,8- 二甲基萘 挥发油成分，未统计基源
2,3-dimethylnaphthalene 2,3- 二甲基萘 挥发油成分，未统计基源
2,6-dimethylnaphthalene 2,6- 二甲基萘 挥发油成分，未统计基源
dimethylnaphthalene 二甲基萘 挥发油成分，未统计基源
2,6-dimethylnonane 2,6- 二甲基壬烷 绿玉树 Euphorbia tirucalli
endo-2,*endo*-3-dimethylnorbornan-exo-2-ol 内向 -2, 内向 -3- 二甲基降龙脑 - 外向 -2- 醇 挥发油成分，未统计基源
3,7-dimethyloct-1-en-3,8-diol-8-*O*-*β*-D-glucopyranoside 3,7- 二甲基辛 -1- 烯 -3,8- 二醇 -8-*O*-*β*-D- 吡喃葡萄糖苷 大叶橐吾 Ligularia macrophylla
3,7-dimethyloct-2*E*-en-1,6,7-triol 3,7- 二甲基 -2- 辛烯 -1,6,7- 三醇 胡椒 Piper nigrum
(6,7-*erythro*)-3,7-dimethyloct-3(10)-ene-1,2,6,7,8-pentol (6,7- 赤式)-3,7- 二甲基辛烷 -3(10)- 烯 -1,2,6,7,8- 五醇 蛇床 Cnidium monnieri
3,7-dimethyloct-3(10)-ene-1,2,6,7-tetrol 3,7- 二甲基辛烷 -3(10)- 烯 -1,2,6,7- 四醇 珊瑚菜 Glehnia littoralis
(*E*)-5-(3,7-dimethylocta-2,6-dien-1-yl)-4-hydroxy-6-methoxy-2-phenethylisoindolin-1-one (*E*)-5-(3,7- 二甲基辛烷 -2,6- 二烯 -1- 基)-4- 羟基 -6- 甲氧基 -2- 苯乙基异吲哚啉 -1- 酮 猴头菌 Hericium erinaceus
(2*E*)-3,7-dimethylocta-2,6-dienoate-6-*O*-*α*-L-arabinopyranosyl-(1 → 6)-*β*-D-glucopyranoside (2*E*)-3,7- 二甲基辛 -2,6- 二烯酯 -6-*O*-*α*-L- 吡喃阿拉伯糖基 -(1 → 6)-*β*-D- 吡喃葡萄糖苷 无梗五加 Eleutherococcus sessiliflorus
4-(3',7'-dimethylocta-2',6'-dienyl)-1,3,5-trihydroxy-9*H*-xanthen-9-one 4-(3',7'- 二甲基辛 -2',6'- 二烯基)-1,3,5- 三羟基 -9*H*- 呫烯 -9- 酮 黄牛木 Cratoxylum cochinchinense
5,7-dimethyloctahydroindolizine 5,7- 二甲基八氢吲嗪 报春石斛 Dendrobium primulinum
3,6-dimethyl-octan-2-one 3,6- 二甲基 - 辛 -2- 酮 挥发油成分，未统计基源

(6,7-*threo*)-3,7-dimethyloctane-1,2,6,7-tetrol 6,7- 苏式 -3,7- 二甲基辛烷 -1,2,6,7- 四醇 蛇床 Cnidium monnieri

(3*R*,5*R*,9*R*,10*R*,13*S*,14*S*,17*S*)-17-{(2*R*,3*S*,5*R*)-5-[(2*S*)-3,3-dimethyloxiran-2-yl]-2,3,4,5-tetrahydro-2,5-dimethoxyfuran-3-yl}4,4,10,13,14-pentamethyl-2,3,4,5,6,9,10,11,12,13,14,15,16,17-tetradecahydro-1*H*-cyclopenta[a]phenanthren-3-ol 3*R*,5*R*,9*R*,10*R*,13*S*,14*S*,17*S*)-17-{(2*R*,3*S*,5*R*)-5-[(2*S*)-3,3- 二甲基环氧乙烷 -2-]-2,3,4,5- 四氢 -2,5- 二甲氧基呋喃 -3- 基 }4,4,10,13,14- 五甲基 -2,3,4,5,6,9,10,11,12,13,14,15,16,17- 十四氢化 -1*H*- 环戊 [a] 菲 -3- 醇 大叶山楝 Aphanamixis grandifolia

(5*R*,9*R*,10*R*,13*S*,14*S*,17*S*)-17-{(2*R*,3*S*,5*R*)-5-[(2*S*)-3,3-dimethyloxiran-2-yl]-2,5-dimethoxytetrahydrofuran-3-yl}-1,2,4,5,6,9,10,11,12,13,14,15,16,17-tetradecahydro-4,4,10,13,14-pentamethyl-3*H*-cyclopenta[a]phenanthren-3-one (5*R*,9*R*,10*R*,13*S*,14*S*,17*S*)-17-{(2*R*,3*S*,5*R*)-5-[(2*S*)-3,3-二甲基环氧乙烷 -2- 基]-2,5- 二甲氧基四氢呋喃 -3- 基 }-1,2,4,5,6,9,10,11,12,13,14,15,16,17- 十四氢化 -4,4,10,13,14- 五甲基 -3*H*- 环戊 [a] 菲 -3- 酮 大叶山楝 Aphanamixis grandifolia

D

2,2-dimethyloxirane 2,2- 二甲基环氧乙烷 挥发油成分，未统计基源

cis-2,3-dimethyloxirane 顺式 -2,3- 二甲基环氧乙烷 挥发油成分，未统计基源

9-[5-(3,3-dimethyloxiranyl)-3-methyl-2-pentenyloxy]-7*H*-furo[3,2-g][1]benzopyran-7-one 9-[5-(3,3- 二甲基环氧乙基)-3- 甲基 -2- 丁烯酰氧基]-7*H*- 呋喃 [3,2-g][1] 苯并吡喃 -7- 酮 柠檬 Citrus limon

1-(3,3-dimethyloxiranyl)-7-hydroxy-3,7-dimethyl-3,5,8-nonatrienyl-2-methyl-2-butenoic acid ester] 1-(3,3- 二甲基环氧乙基)-7- 羟基 -3,7- 二甲基 -3,5,8- 壬三烯基 -2- 甲基 -2- 丁酸酯 异叶泽兰 Eupatorium heterophyllum

9-[(3,3-dimethyloxiranyl)methoxy]-4-(3-methyl-2-butenyloxy)-7*H*-furo[3,2-g][1]benzopyran-7-one 9-[(3,3- 二甲基环氧乙基) 甲氧基]-4-(3-甲基 -2- 丁烯酰氧基)-7*H*- 呋喃并 [3,2-g][1] 苯并吡喃 -7- 酮 柠檬 Citrus limon

5-[(3,3-dimethyloxiranyl)methoxy]-7-methoxy-2*H*-1-benzopyran-2-one 5-[(3,3- 二甲基环氧乙基) 甲氧基]-7- 甲氧基 -2*H*-1- 苯并吡喃 -2- 酮 柠檬 Citrus limon

3-[(3,3-dimethyloxiranyl)methyl]-4-hydroxy-7-methoxy-1-methyl-2(1*H*)-quinolinone 3-[(3,3- 二甲基环氧乙基) 甲基]-4- 羟基 -7- 甲氧基 -1-甲基 -2(1*H*)- 喹诺酮 飞龙掌血 Toddalia asiatica

6,8-dimethyl-oxy-7-hydroxycoumarin 6,8- 二甲氧基 -7- 羟基香豆素 荷花木兰 Magnolia grandiflora

1,3-dimethyloxy-7-hydroxymethyl-4-(3-methyl-butyryloxymethyl)-1-hydrocyclopenta-4,7-diene[c]pyran-6-one 1,3- 二甲氧基 -7- 羟甲基 -4-(3-甲基 - 丁酰氧甲基)-1- 氢化环戊烷 -4,7- 二烯 [c] 吡喃 -6- 酮 糙叶败酱 Patrinia scabra

1,3-dimethyloxy-7-hydroxymethyl-4-methyloxymethyl-1-hydrocyclopenta-4,7-diene[c]pyran-6-one 1,3- 二甲氧基 -7- 羟甲基 -4- 甲氧基甲基 -1-氢化环戊 -4,7- 二烯 [c] 吡喃 -6- 酮 糙叶败酱 Patrinia scabra

dimethylpaxanthonin 二甲基金丝梅屾酮宁 ▲ 短柄小连翘 Hypericum petiolulatum

4-(*trans*-3,3-dimethylpenta-1,4-dienyl)-phenol 4-(反式 -3,3- 二甲基戊 -1,4- 二烯基)- 苯酚 西南五月茶 Antidesma acidum

2,4-dimethylpentanal 2,4- 二甲基庚醛 挥发油成分，未统计基源

5,7-dimethylpetunidin-3-*O*-*α*-rhamnopyranoside 5,7- 二甲基碧冬茄素 -3-*O*-*α*- 吡喃鼠李糖苷 蓝花丹 Plumbago auriculata

5,7-dimethylpetunidin-3-*O*-*β*-galactopyranoside 5,7- 二甲基碧冬茄素 -3-*O*-*β*- 吡喃半乳糖苷 蓝花丹 Plumbago auriculata

2,3-dimethylphenol 2,3- 二甲基苯酚 挥发油成分，未统计基源

2,4-dimethylphenol 2,4- 二甲基苯酚 挥发油成分，未统计基源

2,6-dimethylphenol 2,6- 二甲基苯酚 挥发油成分，未统计基源

3-(2,5-dimethylphenyl)-1-(2-hydroxyphenyl)-propenone 3-(2,5- 二甲基苯基)-1-(2- 羟基苯基)- 丙烯酮 白花丹 Plumbago zeylanica

2-(2,5-dimethylphenyl)-acrylic acid 2-(2,5- 二甲基苯基) 丙烯酸 挥发油成分，未统计基源

2,5-dimethylphenyl-1-*O*-*β*-D-glucopyranoside 2,5- 二甲基苯基 -1-*O*-*β*-D- 吡喃葡萄糖苷 红花八角 Illicium dunnianum

dimethylpinoresinol 二甲基松脂醇 乌墨 Syzygium cumini

1,4-dimethyl-piperazine 1,4- 二甲基 - 哌嗪 挥发油成分，未统计基源

3,6-dimethylpiperazine-2,5-dione 3,6- 二甲基哌嗪 -2,5- 二酮 石莼 Ulva lactuca

2,6-dimethylpiperidine 2,6- 二甲基吡啶 小蓬 Nanophyton erinaceum

4-(1,1-dimethyl-prop-2-enyl)-1,5,6-trihydroxy-3-methoxy-2-(3-methylbut-2-enyl)xanthone 4-(1,1- 二甲基 - 丙 -2- 烯基)-1,5,6- 三羟基 -3- 甲氧基 -2-(3- 甲基丁 -2- 烯基) 屾酮 云树 Garcinia cowa

2'',2''-dimethylpyran-(5'',6'':7,8)-3'-methoxy-5,2',4'-trihydroxy-(2*R*,3*R*)-dihydroflavonol 2'',2''- 二甲基吡喃 -(5'',6'':7,8)-3'- 甲氧基 -5,2',4'- 三羟基 -(2*R*,3*R*)- 二氢黄酮醇 小槐花 Ohwia caudata

2'',2''-dimethylpyran-(5'',6'':7,8)-4'-methoxy-5-hydroxy-(2*R*,3*R*)-dihydroflavonol 2'',2''- 二甲基吡喃 -(5'',6'':7,8)-4'- 甲氧基 -5- 羟基 -(2*R*,3*R*)-二氢黄酮醇 小槐花 Ohwia caudata

2'',2''-dimethylpyran-(5'',6'':7,8)-6-methyl-5,4'-dihydroxy-(2*R*,3*R*)-dihydroflavonol 2'',2''- 二甲基吡喃 -(5'',6'':7,8)-6- 甲基 -5,4'- 二羟基 -(2*R*,3*R*)-二氢黄酮醇 小槐花 Ohwia caudata

7,8-(2'',2''-dimethylpyran)-5,3',4'-trihydroxy-3-methoxyflavone 7,8-(2'',2''- 二甲基吡喃)-5,3',4'- 三羟基 -3- 甲氧基黄酮 遍地金 Hypericum wightianum

6'',6''-dimethylpyrano(2'',3'':7,6)-5-hydroxy-8-methylflavanone 6'',6''- 二甲基吡喃 (2'',3'':7,6)-5- 羟基 -8- 甲基黄烷酮 粗糠柴 Mallotus philippensis

(2*S*)-6'',6''-dimethylpyrano(2'',3'':8,7)-5-hydroxy-6-methylflavanone (2*S*)-6'',6''- 二甲基吡喃 (2'',3'':8,7)-5- 羟基 -6- 甲基黄烷酮 粗糠柴 Mallotus philippensis

7,8-(2'',2''-dimethylpyrano)-5,3',4'-trihydroxy-3-methoxyflavone 7,8-(2'',2''- 二甲基吡喃并)-5,3',4'- 三羟基 -3- 甲氧基黄酮 地耳草 Hypericum japonicum

7,8-(2'',2''-dimethylpyrano)-5,3',4'-trihydroxy-3-methoxylflavone 7,8-(2'',2''- 二甲基吡喃)-5,3',4'- 三羟基 -3- 甲氧基黄酮 尖萼金丝桃 Hypericum acmosepalum

2,5-dimethylpyrazine 2,5- 二甲基吡嗪 挥发油成分，未统计基源
2,6-dimethylpyrazine 2,6- 二甲基吡嗪 挥发油成分，未统计基源
7,8-dimethylpyrazino-[2,3-g]quinazolin-2,4-(1*H*,3*H*)-dione 7,8- 二甲基吡嗪 -[2,3-g] 喹唑啉 -2,4-(1*H*,3*H*)- 二酮 红花 Carthamus tinctorius
3,6-dimethylquercetagetin 3,6- 二甲基槲皮万寿菊素 菊蒿 Tanacetum vulgare
3,3'-dimethylquercetin 3,3'- 二甲基槲皮素 仙人掌 Opuntia stricta var. dillenii
3,7-dimethylquercetin 3,7- 二甲基槲皮素 栗柄金粉蕨 Onychium japonicum var. lucidum, 豨莶 Sigesbeckia orientalis, 穗花牡荆 Vitex agnus-castus
2,6-dimethylquinoline 2,6- 二甲基喹啉 前胡 Peucedanum praeruptorum
dimethylsciadinonate 二甲基金松酮酸酯▲ 鳄梨 Persea americana
dimethylsecoisolariciresinol 二甲基裂环异落叶松树脂醇 樟 Cinnamomum camphora
dimethylsecologanoside 二甲基裂环马钱诺苷▲ 忍冬 Lonicera japonica
2,4-dimethylstyrene 2,4- 二甲基苯乙烯 挥发油成分，未统计基源
α,4-dimethylstyrene *α*,4- 二甲基苯乙烯 挥发油成分，未统计基源
α, *p*-dimethylstyrene *α*, *p*- 二甲基苯乙烯 挥发油成分，未统计基源
dimethylswertianol 二甲基獐牙菜酚▲ 日本獐牙菜 Swertia diluta var. tosaensis
dimethylswertianolin 二甲基獐牙菜酚素▲ 日本獐牙菜 Swertia diluta var. tosaensis
4',7-dimethyltectorigenin 4',7- 二甲基鸢尾黄素 粉葛 Pueraria montana var. thomsonii
dimethyltectorigenin 二甲基鸢尾黄素 射干 Belamcanda chinensis, 鸢尾 Iris tectorum
dimethyltetrahydrofuroguaiacin 二甲基四氢呋喃愈创木素 狭叶五味子 Schisandra lancifolia
2,4-dimethylthiophene 2,4- 二甲基噻吩 挥发油成分，未统计基源
dimethylthujaplicatin 二甲基北美乔柏脂素▲ 峨参 Anthriscus sylvestris
19,21-dimethyltriacont-17,22,24,26,28-pentaene-1-oic acid 19,21- 二甲基三十碳 -17,22,24,26,28- 五烯 -1- 酸 枸杞 Lycium chinense
1-(2,3-dimethyltricyclo[2.2.1.02,6]hept-3-yl)-4-methyl-3-pentanone 1-(2,3- 二甲基三环 [2.2.1.02,6] 庚烷 -3- 基)-4- 甲基 -3- 戊酮 酒饼簕 Atalantia buxifolia
1-(2,3-dimethyltricyclo[2.2.1.02,6]hept-3-yl)-4-methyl-4-penten-2-one 1-(2,3- 二甲基三环 [2.2.1.02,6] 庚烷 -3- 基)-4- 甲基 -4- 戊烯 -2- 酮 酒饼簕 Atalantia buxifolia
4,8-dimethyltridecane 4,8- 二甲基十三烷 樟子松 Pinus sylvestris var. mongolica
6,10-dimethyl-undecanone 6,10- 二甲基 - 十一酮 槲蕨 Drynaria roosii
dimethylwulignan A_1 二甲基五脂素 A_1 华中五味子 Schisandra sphenanthera
1,7-dimethylxanthine 1,7- 二甲基黄嘌呤 风龙 Sinomenium acutum
2,3-dimethyl-*β*-methylenetricyclo[2.2.1.02,6]heptan-3-pentanol 2,3- 二甲基 -*β*- 亚甲基 - 三环 [2.2.1.02,6] 庚烷 -3- 戊醇 酒饼簕 Atalantia buxifolia
3,6-dimethyl-*β*-resorcylaldehyde 3,6- 二甲基 -*β*-2,4- 二羟基苯甲醛 黄瘤孢菌 Sepedonium chrysospermum
diminazene aceturate 重氮氨苯脒乙酰甘氨酸盐 鸦胆子 Brucea javanica
dimmer-catechin 二聚儿茶素 掌叶大黄 Rheum palmatum
dimoracin 二聚桑辛素 蒙桑 Morus mongolica
dimyristyl ketone 双肉豆蔻酮 红茄苳 Rhizophora mucronata
dinactin 二活菌素 滑桃树 Trevia nudiflora
dinatin 毛花毛地黄亭▲ 毛地黄 Digitalis purpurea
3*β*-3,5-dinitrobenzoyl-*β*-sitosterol 3*β*-3,5- 二硝基苯酰基 -*β*- 谷甾醇 拳参 Polygonum bistorta
2,4-dinitrophenylhydrazone 2,4- 二硝基苯腙 挥发油成分，未统计基源
di-*n*-octyl phthalate 酞酸二正辛酯 挥发油成分，未统计基源
18,20-dinor-1,3,5(10),6,8,13-abietahexaene-11,12-dione 18,20- 二降 -1,3,5(10),6,8,13- 冷杉六烯 -11,12- 二酮 胶质鼠尾草 Salvia glutinosa
14,15-dinor-13-oxolabda-8(17),11*E*-dien-18-oic acid 14,15- 去二甲基 -13- 氧代半日花 -8(17),11*E*- 二烯 -18- 酸 鱼子兰 Chloranthus erectus
15,16-dinor-8(17),11-labdadien-13-one 15,16- 二降 -8(17),11- 半日花二烯 -13- 酮 台湾杉木 Cunninghamia lanceolata var. konishii
14,15-dinor-8(17),11-labdandien-18-one 14,15- 二降 -8(17),11- 半日花二烯 -18- 酮 杉木 Cunninghamia lanceolata
14,15-dinorclerod-3-en-2,13-dione 14,15- 二降克罗 -3- 烯 -2,13- 二酮 齿叶黄皮 Clausena dunniana
(24*R*)-28,29-dinorcycloart-3*β*,24,25-triol (24*R*)-28,29- 二去甲 - 环木菠萝 -3*β*,24,25- 三醇 毛麻楝 Chukrasia tabularis var. velutina
dinordihydrocapsaicin 二降二氢辣椒素 小米辣 Capsicum frutescens
14,15-dinor-labdan-13-one-8-*O*-*α*-L-arabinopyranoside 14,15- 二降半日花烷 -13- 酮 -8-*O*-*α*-L- 吡喃阿拉伯糖苷 熊胆草 Conyza blinii
(3*β*,8*β*,14*α*,21*α*)-26,27-dinoronocerane-3,8,14,21-tetrol (3*β*,8*β*,14*α*,21*α*)-26,27- 二降芒柄花 -3,8,14,21- 四醇 石松 Lycopodium japonicum
(3*β*,8*β*,14*α*,21*β*)-26,27-dinoronocerane-3,8,14,21-tetrol (3*β*,8*β*,14*α*,21*β*)-26,27- 二降芒柄花 -3,8,14,21- 四醇 石松 Lycopodium japonicum
(3*α*,8*β*,14*α*,21*β*)-26,27-dinoronocerane-3,8,14,21-tetrol 3*α*,8*β*,14*α*,21*β*)-26,27- 二降芒柄花 -3,8,14,21- 四醇 石松 Lycopodium japonicum
26,27-dinoronocerane-3*α*,8*β*,14*α*,21*β*-tetrol 26,27- 二降 -*α*- 芒柄花 -3*α*,8*β*,14*α*,21*β*- 四醇 玉柏 Lycopodium obscurum
26,27-dinoronocerane-3*β*,8*β*,14*α*,21*α*-tetrol 26,27- 二降 -*α*- 芒柄花 -3*β*,8*β*,14*α*,21*α*- 四醇 玉柏 Lycopodium obscurum
16,17-dinorpisferal A 16,17- 二降日本花柏醛▲A 毛地黄鼠尾草 Salvia digitaloides
1,2-di-*O*-galloyl-4,6-*O*-(*S*)-hexahydroxydiphenoyl-*β*-D-glucopyranoside 1,2- 二 -*O*- 没食子酰基 -4,6-*O*-(*S*)- 六羟基联苯甲酰基 -*β*-D- 吡喃葡萄糖苷 石榴 Punica granatum
3,4-di-*O*-(3-nitropropanoyl)-*α*-D-glucopyranose 3,4- 二 -*O*-(3- 硝基丙酰基)-*α*-D- 吡喃葡萄糖 花木蓝 Indigofera kirilowii

3,4-di-*O*-(3-nitropropanoyl)-β-D-glucopyranose 3,4- 二 -*O*-(3- 硝基丙酰基)-β-D- 吡喃葡萄糖 花木蓝 Indigofera kirilowii

4,5-di-*O*-(4-hydroxy-3,5-methoxy-benzoyl)-shikimic acid 4,5- 二 -*O*-(4- 羟基 -3,5- 甲氧基 - 苯甲酰基)- 莽草酸 荨麻叶龙头草 Meehania urticifolia

1,2-di-*O*-(9*Z*,12*Z*,15*Z*-octadecatrienoyl)-3-*O*-[α-D-glucose(1 → 6)-β-D-allose]-glycerol 1,2- 二 -*O*-(9*Z*,12*Z*,15*Z*- 十八碳三烯酰)-3-*O*-[α-D- 葡萄糖基 -(1 → 6)-β-D- 阿洛糖基]- 甘油 缢苞麻花头 Serratula strangulata

3,29-di-*O*-(*p*-methoxybenzoyl)multiflora-8-ene-3α,29-diol-7-one 3,29- 二 -*O*-(对甲氧基苯甲酰基) 多花白树 -8- 烯 -3α,29- 二醇 -7- 酮 木鳖子 Momordica cochinchinensis

(25*R*)-3,6-di-*O*-(β-D-glucopyranosyl)-5α-spirostan-3β,6α-diol (25*R*)-3,6- 二 -*O*-(β-D- 吡喃葡萄糖基)-5α- 螺甾 -3β,6α- 二醇 落地梅 Lysimachia paridiformis

(25*R*)-3,6-di-*O*-(β-D-glucopyranosyl)-5α-spirostan-3β,6α,23α-triol (25*R*)-3,6- 二 -*O*-(β-D- 吡喃葡萄糖基)-5α- 螺甾 -3β,6α,23α- 三醇 落地梅 Lysimachia paridiformis

(2*S*)-1,2-di-*O*-[(9*Z*,12*Z*,15*Z*)-octadeca-9,12,15-trienoyl]-3-*O*-[α-D-galctopyranosyl-(1'' → 6')-*O*-β-D-galactopyranosyl]glycerol (2*S*)-1,2- 二 -*O*-[(9*Z*,12*Z*,15*Z*)- 十八碳 -9,12,15- 三烯酰基]-3-*O*-[α-D- 吡喃半乳糖基 -(1'' → 6')-*O*-β-D- 吡喃半乳糖基] 甘油 钟形火焰树 Spathodea campanulata

2,3-di-*O*-[(*S*)-4,5,6,4',5',6'-hexahydroxybiphenyl-2,2'-diyldicarbonyl]-α-D-glucopyranose 2,3- 二 -*O*-[(*S*)-4,5,6,4',5',6'- 六羟基二苯基 -2,2'- 二基二羰基]-α-D- 吡喃葡萄糖 千果榄仁 Terminalia myriocarpa

2,3-di-*O*-[(*S*)-4,5,6,4',5',6'-hexahydroxybiphenyl-2,2'-diyldicarbonyl]-β-D-glucopyranose 2,3- 二 -*O*-[(*S*)-4,5,6,4',5',6'- 六羟基二苯基 -2,2'- 二基二羰基]-β-D- 吡喃葡萄糖 千果榄仁 Terminalia myriocarpa

1,7-di-*O*-acetyl-14,15-deoxyhavanensin 1,7- 二 -*O*- 乙酰基 -14,15- 去氧哈湾鹧鸪花素 ▲ 川楝 Melia toosendan

11,12-di-*O*-acetyl-17β-marsdenin 11,12- 二 -*O*- 乙酰基 -17β- 牛奶菜宁 球兰 Hoya carnosa

6α,19-di-*O*-acetyl-2,19:4,18:11,16:15,16-tetraepoxyneoclerodane-6,15,19-triol 6α,19- 二 -*O*- 乙酰基 -2,19:4,18:11,16:15,16- 四环氧新核桐 -6,15,19- 三醇 异色黄芩 Scutellaria discolor

3,12-di-*O*-acetyl-8-*O*-benzoylingol 3,12- 二 -*O*- 乙酰基 -8-*O*- 苯甲酰巨大戟醇 ▲ 火殃勒 Euphorbia antiquorum

3,12-di-*O*-acetyl-8-*O*-tigloylingol 3,12- 二 -*O*- 乙酰基 -8-*O*- 巴豆酰巨大戟醇 ▲ 火殃勒 Euphorbia antiquorum, 金刚纂 E. neriifolia

6,7-di-*O*-acetylbarbatin A 6,7- 二 -*O*- 乙酰半枝莲亭素 ▲A 半枝莲 Scutellaria barbata, 沙滩黄芩 S. strigillosa

15,16-di-*O*-acetyldarutoside 15,16- 二 -*O*- 乙酰基豨莶苷 豨莶 Sigesbeckia orientalis

2',3'-di-*O*-acetylfrangulin A 2',3'- 二 -*O*- 乙酰基欧鼠李苷 A 尼泊尔鼠李 Rhamnus napalensis

2',3'-di-*O*-acetylhenryoside 2',3'- 二 -*O*- 乙酰巴东荚蒾苷 ▲ 水红木 Viburnum cylindricum

2',6'-di-*O*-acetylhenryoside 2',6'- 二 -*O*- 乙酰巴东荚蒾苷 ▲ 水红木 Viburnum cylindricum

3'',4''-di-*O*-acetylmartynoside 3'',4''- 二 -*O*- 乙酰角胡麻苷 臭牡丹 Clerodendrum bungei

2',6'-di-*O*-acetylscopolin 2',6'- 二 -*O*- 乙酰东莨菪苷 日本珊瑚树 Viburnum odoratissimum var. awabuki

3',6'-di-*O*-acetylscopolin 3',6'- 二 -*O*- 乙酰东莨菪苷 日本珊瑚树 Viburnum odoratissimum var. awabuki

1,12-di-*O*-acetyltrichilin B 1,12- 二 -*O*- 乙酰鹧鸪花素 ▲B 楝 Melia azedarach

14,18-di-*O*-acetylwithaphysalin C 14,18- 二 -*O*- 乙酰基睡茄酸浆素 C 小酸浆 Physalis minima

2-[(2,3-di-*O*-acetyl-β-D-glucopyranosyl)oxy]-6-hydroxybenzoic acid 2-(2,3- 二 -*O*- 乙酰基 -β-D- 吡喃葡萄糖氧基)-6- 羟基苯甲酸 水红木 Viburnum cylindricum

1,2-di-*O*-acyl-3-*O*-β-D-galactopyranosylglycerol 1,2- 二 -*O*- 乙酰基 -3-*O*-β-D- 吡喃半乳糖基甘油 葡萄 Vitis vinifera

21β,22α-di-*O*-angeloylbarrigenol R1 21β,22α- 二 -*O*- 当归酰玉蕊精醇 ▲R1 油茶 Camellia oleifera

21β,22α-di-*O*-angeloylbarringtogenol C 21β,22α- 二 -*O*- 当归酰玉蕊皂醇 ▲C 油茶 Camellia oleifera

3,6'-di-*O*-benzoyl-2'-*O*-acetylsucrose 3,6'- 二 -*O*- 苯甲酰基 -2'-*O*- 乙酰蔗糖 越南叶下珠 Phyllanthus cochinchinensis

3,6'-di-*O*-benzoyl-3'-*O*-acetylsucrose 3,6'- 二 -*O*- 苯甲酰基 -3'-*O*- 乙酰蔗糖 越南叶下珠 Phyllanthus cochinchinensis

2α,14α-di-*O*-benzoyl-3β,5α,7β,10,15β-penta-*O*-acetyl-10,18-dihydromyrsinol 2α,14α- 二 -*O*- 苯甲酰基 -3β,5α,7β,10,15β- 五 -*O*- 乙酰基 -10,18- 二氢铁仔酚 ▲ 土瓜狼毒 Euphorbia prolifera

3,6'-di-*O*-benzoyl-4'-*O*-acetylsucrose 3,6'- 二 -*O*- 苯甲酰基 -4'-*O*- 乙酰蔗糖 越南叶下珠 Phyllanthus cochinchinensis

6,7-di-*O*-benzoylnyctanthoside 6,7- 二 -*O*- 苯甲酰夜花苷 ▲ 夜花 Nyctanthes arbor-tristis

3,6'-di-*O*-benzoylsucrose 3,6'- 二 -*O*- 苯甲酰蔗糖 越南叶下珠 Phyllanthus cochinchinensis

3,5-di-*O*-caffeoyl-4-*O*-(3-hydroxy-3-methyl)glutaroylquinic acid 3,5- 二 -*O*- 咖啡酰基 -4-*O*-(3- 羟基 -3- 甲基) 戊二酰奎宁酸 栀子 Gardenia jasminoides

3,5-di-*O*-caffeoyl-epiquinic acid 3,5- 二 -*O*- 咖啡酰表奎宁酸 一年蓬 Erigeron annuus

3,5-di-*O*-caffeoyl-*muco*-quinic acid 3,5- 二 -*O*- 咖啡酰粘奎宁酸 东风菜 Doellingeria scabra

1,3-di-*O*-caffeoylquinic acid 1,3- 二 -*O*- 咖啡酰奎宁酸 忍冬 Lonicera japonica

1,5-di-*O*-caffeoylquinic acid 1,5- 二 -*O*- 咖啡酰奎宁酸 魁蒿 Artemisia princeps, 北艾 A. vulgaris, 积雪草 Centella asiatica, 蓟 Cirsium japonicum, 旋覆花 Inula japonica

3,4-di-*O*-caffeoylquinic acid 3,4- 二 -*O*- 咖啡酰奎宁酸 魁蒿 Artemisia princeps, 小花鬼针草 Bidens parviflora, 积雪草 Centella asiatica, 栀子 Gardenia jasminoides, 向日葵 Helianthus annuus, 毛冬青 Ilex pubescens, 黄褐毛忍冬 Lonicera fulvotomentosa, 忍冬 L. japonica, 海南玉叶金花 Mussaenda hainanensis, 翅果菊 Pterocypsela indica, 阴行草 Siphonostegia chinensis, 加拿大一枝黄花 Solidago canadensis, 蒲公英 Taraxacum mongolicum

3,5-di-*O*-caffeoylquinic acid 3,5- 二 -*O*- 咖啡酰奎宁酸 和尚菜 Adenocaulon himalaicum, 食用土当归 Aralia cordata, 中亚苦蒿 Artemisia absinthium, 魁蒿 A. princeps, 北艾 A. vulgaris, 白术 Atractylodes macrocephala, 小花鬼针草 Bidens parviflora, 树锦鸡儿 Caragana arborescens, 积雪草 Centella asiatica, 石胡荽 Centipeda minima, 菊花 Chrysanthemum morifolium, 栀子 Gardenia jasminoides, 翼齿六棱菊 Laggera crispata, 箭叶橐吾 Ligularia sagitta, 细毡毛忍冬 Lonicera similis, 白花刺参 Morina nepalensis var. alba, 剑叶凤尾蕨 Pteris ensiformis, 台湾翅果菊 Pterocypsela formosana, 翅果菊 P. indica, 加拿大一枝黄花 Solidago canadensis, 碱蓬 Suaeda glauca, 菊蒿 Tanacetum vulgare, 蒲公英 Taraxacum mongolicum, 三叉蕨 Tectaria subtriphylla, 肿柄菊 Tithonia diversifolia, 款冬 Tussilago farfara, 山牡荆 Vitex quinata, 黄鹌菜 Youngia japonica

4,5-di-*O*-caffeoylquinic acid 4,5- 二 -*O*- 咖啡酰奎宁酸 中亚苦蒿 Artemisia absinthium, 龙蒿 A. dracunculus, 魁蒿 A. princeps, 白术 Atractylodes macrocephala, 婆婆针 Bidens bipinnata, 小花鬼针草 B. parviflora, 积雪草 Centella asiatica, 向日葵 Helianthus annuus, 毛冬青 Ilex pubescens, 翼齿六棱菊 Laggera crispata, 黄褐毛忍冬 Lonicera fulvotomentosa, 白花刺参 Morina nepalensis var. alba, 剑叶凤尾蕨 Pteris ensiformis, 翅果菊 Pterocypsela indica, 加拿大一枝黄花 Solidago canadensis, 甜叶菊 Stevia rebaudiana, 蒲公英 Taraxacum mongolicum, 山牡荆 Vitex quinata

3,5-di-*O*-caffeoylquinic acid butyl ester 3,5- 二 -*O*- 咖啡酰奎宁酸丁酯 猫儿刺 Ilex pernyi

4,5-di-*O*-caffeoylquinic acid butyl ester 4,5- 二 -*O*- 咖啡酰奎宁酸丁酯 猫儿刺 Ilex pernyi, 野桂花 Osmanthus yunnanensis

1,3-di-*O*-caffeoylquinic acid methyl ester 1,3- 二 -*O*- 咖啡酰奎宁酸甲酯 土丁桂 Evolvulus alsinoides

3,4-di-*O*-caffeoylquinic acid methyl ester 3,4- 二 -*O*- 咖啡酰奎宁酸甲酯 栀子 Gardenia jasminoides, 忍冬 Lonicera japonica, 金钟藤 Merremia boisiana

3,5-di-*O*-caffeoylquinic acid methyl ester 3,5- 二 -*O*- 咖啡酰奎宁酸甲酯 婆婆针 Bidens bipinnata, 一年蓬 Erigeron annuus, 金钟藤 Merremia boisiana

4,5-di-*O*-caffeoylquinic acid methyl ester 4,5- 二 -*O*- 咖啡酰奎宁酸甲酯 栀子 Gardenia jasminoides, 黄褐毛忍冬 Lonicera fulvotomentosa

1,6-di-*O*-caffeoyl-*β*-D-glucopyranoside 1,6- 二 -*O*- 咖啡酰基 -*β*-D- 吡喃葡萄糖苷 山樱花 Cerasus serrulata

diocanol 异株荨麻酚▲ 异株荨麻 Urtica dioica

1,5-di-*O*-*cis*-*p*-coumaroylquinic acid 1,5- 二 -*O*- 顺式 - 对香豆酰奎宁酸 短果茴芹 Pimpinella brachycarpa

dioctadecyl sulfide 双十八烷基硫醚 挥发油成分，未统计基源

dioctyl phthalate 酞酸二辛酯 挥发油成分，未统计基源

2,3-di-*O*-decanoyl sucrose 2,3- 二 -*O*- 癸酰葡萄糖 毛酸浆 Physalis philadelphica

2,3-di-*O*-decanoyl-1'-*O*-(2-methylbutyryl)-sucrose 2,3- 二 -*O*- 癸酰基 -1'-*O*-(2- 甲基丁酰基)- 葡萄糖 毛酸浆 Physalis philadelphica

2,3-di-*O*-decanoyl-1'-*O*-isobutyryl sucrose 2,3- 二 -*O*- 癸酰基 -1'-*O*- 异丁酰葡萄糖 毛酸浆 Physalis philadelphica

9,9'-di-*O*-feruloyl-(-)-secoisolariciresinol 9,9'- 二 -*O*- 阿魏酰左旋裂环异落叶松树脂醇 岳桦 Betula ermanii

9,9'-di-*O*-feruloyl-(+)-5,5'-dimethoxysecoisolariciresinol 9,9'- 二 -*O*- 阿魏酰基 -(+)-5,5'- 二甲氧基裂环异落叶松树脂醇 土肉桂 Cinnamomum osmophloeum

3,6-di-*O*-feruloylsucrose 3,6- 二氧阿魏酰基蔗糖 一年蓬 Erigeron annuus

3,4-di-*O*-galloyl-(-)-shikimic acid 3,4- 二 -*O*- 没食子酰基 -(-)- 莽草酸 牻牛儿苗 Erodium stephanianum

3,5-di-*O*-galloyl-(-)-shikimic acid 3,5- 二 -*O*- 没食子酰基 -(-)- 莽草酸 牻牛儿苗 Erodium stephanianum

2,4-di-*O*-galloyl-1,5-anhydro-D-glucitol 2,4- 二 -*O*- 没食子酰基 -1,5- 酐 -D- 山梨糖醇 茶条槭 Acer tataricum subsp. ginnala

1,6-di-*O*-galloyl-2-*O*-caffeoyl-*β*-D-glucopyranose 1,6- 二 -*O*- 没食子酰基 -2-*O*- 咖啡酰基 -*β*-D- 吡喃葡萄糖 菱 Trapa bispinosa

1,6-di-*O*-galloyl-2-*O*-cinnamoyl-*β*-D-glucopyranose 1,6- 二 -*O*- 没食子酰基 -2-*O*- 桂皮酰基 -*β*-D- 吡喃葡萄糖 唐古特大黄 Rheum tanguticum

1,2-di-*O*-galloyl-3-*O*-digalloyl-4,6-*O*-(*S*)-hexahydroxydiphenoy-*β*-D-glucose 1,2- 二 -*O*- 没食子酰基 -3-*O*- 二没食子酰基 -4,6-*O*-(*S*)- 六羟基二苯甲酰基 -*β*-D- 葡萄糖 丁香 Syzygium aromaticum

1,3-di-*O*-galloyl-4,6-(*S*)-hexahydroxydiphenoyl-*β*-D-glucopyranose 1,3- 二 -*O*- 没食子酰基 -4,6-(*S*)- 六羟基联苯二甲酰基 -*β*-D- 吡喃葡萄糖 筒鞘蛇菰 Balanophora involucrata, 疏花蛇菰 B. laxiflora, 多蕊蛇菰 B. polyandra

1,3-di-*O*-galloyl-4,6-(*S*)-hexahydroxydiphenoyl-*β*-D-glucose 1,3- 二 -*O*- 没食子酰基 -4,6-(*S*)- 六羟基二苯甲酰基 -*β*-D- 葡萄糖 红毛野海棠 Bredia tuberculata

2',3'-di-*O*-galloyl-4',6'-*O*-(*S*)-hexahydroxydiphenoyl ester 2',3'- 二 -*O*- 没食子酰基 -4',6'-*O*-(*S*)- 六羟基联苯甲酸酯 丁香 Syzygium aromaticum

1,2-di-*O*-galloyl-6-*O*-*trans*-*p*-coumaroyl-*β*-D-glucopyranoside 1,2- 二 -*O*- 没食子酰基 -6-*O*- 反式 - 对香豆酰基 -*β*-D- 吡喃葡萄糖苷 柠檬桉 Eucalyptus citriodora

3,4-di-*O*-galloylbergenin 3,4- 二 -*O*- 没食子酰岩白菜素 野梧桐 Mallotus japonicus

4,11-di-*O*-galloylbergenin 4,11- 二 -*O*- 没食子酰岩白菜素 四川蜡瓣花 Corylopsis willmottiae, 野梧桐 Mallotus japonicus

2,3-di-*O*-galloyl-D-glucopyranose 2,3- 二 -*O*- 没食子酰基 -D- 吡喃葡萄糖 千根草 Euphorbia thymifolia

3,4-di-*O*-galloyl-D-glucopyranose 3,4- 二 -*O*- 没食子酰基 -D- 吡喃葡萄糖 血桐 Macaranga tanarius var. tomentosa

4,6-di-*O*-galloyl-D-glucopyranose 4,6- 二 -*O*- 没食子酰基 -D- 吡喃葡萄糖 日本桤木 Alnus japonica

2,3-di-*O*-galloyl-D-glucose 2,3- 二 -*O*- 没食子酰基 -D- 葡萄糖 苦槠 Castanopsis sclerophylla, 大狼毒 Euphorbia jolkinii, 丁香 Syzygium aromaticum, 刚毛柽柳 Tamarix hispida, 短穗柽柳 T. laxa, 多枝柽柳 T. ramosissima

1,6-di-*O*-galloylglucose 1,6- 二 -*O*- 没食子酰葡萄糖 刀豆 Canavalia gladiata, 柳叶菜 Epilobium hirsutum, 胡桃楸 Juglans mandshurica, 鹿藿 Rhynchosia volubilis

2,3-di-*O*-galloylglucose 2,3- 二 -*O*- 没食子酰葡萄糖 柳叶菜 Epilobium hirsutum, 血桐 Macaranga tanarius var. tomentosa

di-*O*-galloylglucose 二 -*O*- 没食子酰葡萄糖 小大黄 Rheum pumilum, 总序大黄 R. racemiferum, 窄叶大黄 R. sublanceolatum

3',6'-di-*O*-galloylpaeoniflorin 3',6'- 二 -*O*- 没食子酰芍药苷 草芍药 Paeonia obovata

3, 3'-di-*O*-galloylprodelphinidin B_1, B_2, B_5 3, 3'- 二 -*O*- 没食子酰原飞燕草素 B_1, B_2, B_5 杨梅 Myrica rubra

3,4-di-*O*-galloylquinic acid 3,4- 二 -*O*- 没食子酰奎宁酸 飞扬草 Euphorbia hirta, 血桐 Macaranga tanarius var. tomentosa, 化香树 Platycarya strobilacea

3,5-di-*O*-galloylquinic acid 3,5- 二 -*O*- 没食子酰奎宁酸 化香树 Platycarya strobilacea

4,5-di-*O*-galloylquinic acid 4,5- 二 -*O*- 没食子酰奎宁酸 清香木 Pistacia weinmanniifolia

4',6'-di-*O*-galloylsalicin 4',6'- 二 -*O*- 没食子酰水杨苷 八角枫 Alangium chinense

7,4'-di-*O*-galloyltricetifavan 7,4'- 二 -*O*- 没食子酰小麦黄烷▲ 猴耳环 Pithecellobium clypearia

1,3-di-*O*-galloyl-*β*-D-glucopyranose 1,3- 二 -*O*- 没食子酰基 -*β*-D- 吡喃葡萄糖 红冬蛇菰 Balanophora harlandii, 筒鞘蛇菰 B. involucrata, 疏花蛇菰 B. laxiflora, 多蕊蛇菰 B. polyandra

1,4-di-*O*-galloyl-*β*-D-glucopyranose 1,4- 二 -*O*- 没食子酰基 -*β*-D- 吡喃葡萄糖 红冬蛇菰 Balanophora harlandii, 血桐 Macaranga tanarius var. tomentosa

1,6-di-*O*-galloyl-*β*-D-glucopyranose 1,6- 二 -*O*- 没食子酰基 -*β*-D- 吡喃葡萄糖 红冬蛇菰 Balanophora harlandii, 柳兰 Epilobium angustifolium, 紫地榆 Geranium strictipes, 野梧桐 Mallotus japonicus

2,6-di-*O*-galloyl-*β*-D-glucopyranose 2,6- 二 -*O*- 没食子酰基 -*β*-D- 吡喃葡萄糖 大狼毒 Euphorbia jolkinii

1,2-di-*O*-galloyl-*β*-D-glucopyranoside 1,2- 二氧没食子酰基 -*β*-D- 吡喃葡萄糖苷 梣叶槭 Acer negundo

di-*O*-galloyl-*β*-D-glucopyranoside 二 -*O*- 没食子酰基 -*β*-D- 吡喃葡萄糖苷 月季 Rosa chinensis

1,2-di-*O*-galloyl-*β*-D-glucose 1,2- 二 -*O*- 没食子酰基 -*β*-D- 葡萄糖 山茱萸 Cornus officinalis

1,6-di-*O*-galloyl-*β*-D-glucose 1,6- 二 -*O*- 没食子酰基 -*β*-D- 葡萄糖 大狼毒 Euphorbia jolkinii, 化香树 Platycarya strobilacea, 石榴 Punica granatum, 槐 Sophora japonica

3,6-di-*O*-galloyl-*β*-D-glucose 3,6- 二 -*O*- 没食子酰基 -*β*-D- 葡萄糖 石榴 Punica granatum

1,4-di-*O*-galloyl-*β*-glucopyranose 1,4- 二 -*O*- 没食子酰基 -D- 吡喃葡萄糖 日本桤木 Alnus japonica

1,6-di-*O*-glucopyranosyl-D-mannitol 1,6- 二 -*O*- 吡喃葡萄糖基 -D- 甘露醇 绳藻 Chorda filum

2,7-di-*O*-glucoside-1,6-dimethyl-5-vinyl-9,10-dihydrophenanthrene 2,7- 二 -*O*- 葡萄糖苷 -1,6- 二甲基 -5- 乙烯基 -9,10- 二氢菲 灯心草 Juncus effusus

3,28-di-*O*-glucosyl-19*α*-hydroxyasiatic acid 3,28- 二 -*O*- 葡萄糖基 -19*α*- 羟基积雪草酸 亚洲络石 Trachelospermum asiaticum

2,3-di-*O*-hexanoyl-*α*-glucopyranose 2,3- 二 -*O*- 己酰基 -*α*- 吡喃葡萄糖 洋金花 Datura metel

3*β*,26-diol-25(*R*)-$\Delta^{5,20(22)}$-dien-furost-26-*O*-*β*-D-glucopyranoside 3*β*,26- 二醇 -25(*R*)-$\Delta^{5,20(22)}$- 二烯 - 呋甾 -26-*O*-*β*-D- 吡喃葡萄糖苷 黄山药 Dioscorea panthaica

1*α*,2*α*-diol-4*α*-ethoxy-1,2,3,4-tetrahydronaphthalene 1*α*,2*α*- 二醇 -4*α*- 乙氧基 -1,2,3,4- 四氢萘 凤仙花 Impatiens balsamina

dioleolinolin 二油酰亚油精 刺天茄 Solanum violaceum

2,3-dioleoylglycerol-1-*O*-*β*-D-galacopyranoside 2,3- 二油酰甘油 -1-*O*-*β*-D- 吡喃半乳糖苷 人参 Panax ginseng

3',4'-di-*O*-methyl-3,4-methylenedioxyflavellagic acid 3',4'- 二 -*O*- 甲基 -3,4- 亚甲二氧基黄素鞣花酸 大花紫薇 Lagerstroemia speciosa

7,7''-di-*O*-methylamentoflavone 7,7''- 二 -*O*- 甲基穗花杉黄酮 深绿卷柏 Selaginella doederleinii, 粗叶卷柏 S. trachyphylla

di-*O*-methylamentoflavone 二 -*O*- 甲基穗花杉双黄酮 金银忍冬 Lonicera maackii

7,4'-di-*O*-methylapigenin-5-*O*-xylopyranosylglucopyranoside 7,4'- 二 -*O*- 甲基芹菜苷元 -5-*O*- 吡喃木糖基吡喃葡萄糖苷 土沉香 Aquilaria sinensis

(-)-3',4-di-*O*-methylcedrusin (-)-3',4- 二 -*O*- 甲基雪松脂素▲ 玉兰 Yulania denudata

4',6'-di-*O*-methylchalconaringenin 4',6'- 二 -*O*- 甲基查耳酮柚皮苷元 啤酒花 Humulus lupulus

di-*O*-methylcrenatin 二 -*O*- 甲基日本栗苷 小叶黑面神 Breynia vitis-idaea, 柔毛鸦胆子 Brucea mollis, 蜡梅 Chimonanthus praecox, 柃木 Eurya japonica, 草珊瑚 Sarcandra glabra

7,7''-di-*O*-methylcupressuflavone 7,7''- 二 -*O*- 甲基柏木黄酮 垂枝柏 Juniperus recurva

4',7-di-*O*-methyldaidzein 4',7- 二 -*O*- 甲基大豆苷元 花榈木 Ormosia henryi

di-*O*-methyldaidzein 二 -*O*- 甲基大豆苷元 朝鲜槐 Maackia amurensis, 光叶马鞍树 M. tenuifolia, 尼泊尔鼠李 Rhamnus napalensis, 槐 Sophora japonica

di-*O*-methyldehydrodieugenol 二 -*O*- 甲基去氢二丁香酚 红毒茴 Illicium lanceolatum

(2*R*,3*R*)-(+)-4',7-di-*O*-methyldihydrokaempferol (2*R*,3*R*)-(+)-4',7- 二 -*O*- 甲基二氢山柰酚 厚皮树 Lannea coromandelica

(2*R*,3*R*)-(+)-4',7-di-*O*-methyldihydroquercetin (2*R*,3*R*)-(+)-4',7- 二 -*O*- 甲基二氢槲皮素 厚皮树 Lannea coromandelica

2,4-di-*O*-methyldivaric acid 2,4- 二 -*O*- 甲基柔扁枝衣瑞酸▲ 柔扁枝衣 Evernia divaricata

3,3'-di-*O*-methylellagic acid 3,3'- 二 -*O*- 甲基鞣花酸 假芝 Amauroderma rugosum, 南酸枣 Choerospondias axillaris, 红淡比 Cleyera japonica, 十齿花 Dipentodon sinicus, 茅膏菜 Drosera peltata, 窿缘桉 Eucalyptus exserta, 大戟 Euphorbia pekinensis, 准噶尔大戟 E. soongarica, 对叶大戟 E. sororia, 绿玉树 E. tirucalli, 野鸦椿 Euscaphis japonica, 胡桃楸 Juglans mandshurica, 大花紫薇 Lagerstroemia speciosa, 牡丹 Paeonia suffruticosa, 火炭母 Polygonum chinense, 杠板归 P. perfoliatum, 赤胫散 P. runcinatum var. sinense, 东方肉穗草 Sarcopyramis bodinieri var. delicata, 滑桃树 Trevia nudiflora

3,4'-di-*O*-methylellagic acid 3,4'- 二 -*O*- 甲基鞣花酸 地榆 Sanguisorba officinalis

3,4-di-*O*-methylellagic acid 3,4- 二 -*O*- 甲基鞣花酸 乌桕 Triadica sebifera

4,4'-di-*O*-methylellagic acid 4,4'- 二 -*O*- 甲基鞣花酸 八角枫 Alangium chinense, 十齿花 Dipentodon sinicus

3,3'-di-*O*-methylellagic acid-4-*O*-glucoside 3,3'- 二 -*O*- 甲基鞣花酸 -4-*O*- 葡萄糖苷 三裂蛇葡萄 Ampelopsis delavayana

3,3'-di-*O*-methylellagic acid-4-*O*-xyloside 3,3'- 二 -*O*- 甲基鞣花酸 -4-*O*- 木糖苷 化香树 Platycarya strobilacea

3,3'-di-*O*-methylellagic acid-4'-*O*-*α*-D-arabinofuranoside 3,3'- 二 -*O*- 甲基鞣花酸 -4'-*O*-*α*-D- 呋喃阿拉伯糖苷 准噶尔大戟 Euphorbia soongarica, 野鸦椿 Euscaphis japonica, 多枝柽柳 Tamarix ramosissima

3,3'-di-O-methylellagic acid-4'-O-α-L-rhamnopyranoside 3,3'- 二 -O- 甲基鞣花酸 -4'-O-α-L- 吡喃鼠李糖苷 糙叶树 Aphananthe aspera, 十齿花 Dipentodon sinicus, 东方肉穗草 Sarcopyramis bodinieri var. delicata

3,3'-di-O-methylellagic acid-4-O-α-L-rhamnoside 3,3'- 二 -O- 甲基鞣花酸 -4-O-α-L- 鼠李糖苷 滑桃树 Trevia nudiflora

3,3'-di-O-methylellagic acid-4'-O-β-D-glucopyranoside 3,3'- 二 -O- 甲基鞣花酸 -4'-O-β-D- 吡喃葡萄糖苷 十齿花 Dipentodon sinicus, 大狼毒 Euphorbia jolkinii, 大戟 E. pekinensis, 野鸦椿 Euscaphis japonica, 赤胫散 Polygonum runcinatum var. sinense

3,3'-di-O-methylellagic acid-4-O-β-D-glucopyranoside 3,3'- 二 -O- 甲基鞣花酸 -4-O-β-D- 吡喃葡萄糖苷 准噶尔大戟 Euphorbia soongarica, 红蓼 Polygonum orientale, 多枝柽柳 Tamarix ramosissima

3,3'-di-O-methylellagic acid-4'-O-β-D-xylofuranoside 3,3'- 二 -O- 甲基鞣花酸 -4'-O-β-D- 呋喃木糖苷 红淡比 Cleyera japonica

3,3'-di-O-methylellagic acid-4'-O-β-D-xylopyranoside 3,3'- 二 -O- 甲基鞣花酸 -4'-O-β-D- 吡喃木糖苷 糙叶树 Aphananthe aspera, 狼毒大戟 Euphorbia fischeriana, 大戟 E. pekinensis, 准噶尔大戟 E. soongarica, 野鸦椿 Euscaphis japonica, 枫杨 Pterocarya stenoptera

3,3'-di-O-methylellagic acid-4-O-β-D-xylopyranoside 3,3'- 二 -O- 甲基鞣花酸 -4-O-β-D- 吡喃木糖苷 马蹄参 Diplopanax stachyanthus, 准噶尔大戟 Euphorbia soongarica

3,4'-di-O-methylellagic acid-4-O-β-D-xyloside 3,4'- 二 -O- 甲基鞣花酸 -4-O-β-D- 木糖苷 地榆 Sanguisorba officinalis

7,4'-di-O-methyleriodictyol 7,4'- 二 -O- 甲基圣草酚 广藿香 Pogostemon cablin

5,4'-di-O-methyleriodictyol-7-O-β-D-glucopyranoside 5,4'- 二 -O- 甲基圣草酚 -7-O-β-D- 吡喃葡萄糖苷 黄花草 Cleome viscosa

2,3-2H-4',7-di-O-methylkaempferol 2,3-2H-4',7- 二 -O- 甲基山柰酚 滑叶山姜 Alpinia tonkinensis

7,3'-di-O-methylluteolin-5-O-β-D-glucopyranoside 7,3'- 二 -O- 甲基木犀草素 -5-O-β-D- 吡喃葡萄糖苷 土沉香 Aquilaria sinensis

5,7-di-O-methylluteone 5,7- 二 -O- 甲基羽扇豆异黄酮 甘草 Glycyrrhiza uralensis

5,15-di-O-methylmorindol 5,15- 二 -O- 甲基巴戟酚▲ 海滨木巴戟 Morinda citrifolia

7,4'-di-O-methylnaringenin 7,4'- 二 -O- 甲基柚皮苷元 鱼子兰 Chloranthus erectus

3',3-di-O-methylneoolivil-3-O-glucopyranoside 3',3- 二 -O- 甲基新橄榄脂素 -3-O- 吡喃葡萄糖苷 异株荨麻 Urtica dioica

3,9-di-O-methylnissolin 3,9- 二 -O- 甲基尼氏山黧豆素▲ 蒙古黄耆 Astragalus penduliflorus

7,3'-di-O-methylorobol 7,3'- 二 -O- 甲基香豌豆酚▲ 槐 Sophora japonica

1,10-di-O-methylpakistanine 1,10- 二 -O- 甲基巴基斯坦小檗碱▲ 西伯利亚小檗 Berberis sibirica

3'4'-di-O-methylquercetin-3-O-α-L-rhamnopyranosyl-(1→2)-O-β-D-glucopyranoside 3'4'- 二 -O- 甲基槲皮素 -3-O-α-L- 吡喃鼠李糖基 -(1→2)-O-β-D- 吡喃葡萄糖苷 多疣猪屎豆 Crotalaria verrucosa

3,7-di-O-methylquercetin-5-O-glucoside 3,7- 二 -O- 甲基槲皮素 -5-O- 葡萄糖苷 玉蜀黍 Zea mays

(2S)-di-O-methylquiritigenin (2S)- 二 -O- 甲基甘草苷元 牛心番荔枝 Annona reticulata

7,7''-di-O-methylrobustaflavone 7,7''- 二 -O- 甲基粗贝壳杉黄酮 江南卷柏 Selaginella moellendorffii

9,12-di-O-methylsubamol 9,12- 二 -O- 甲基香桂醇▲ 香桂 Cinnamomum subavenium

di-O-methyltetrahydrofuriguaiacin 二 -O- 甲基四氢呋喃愈创木素 三白草 Saururus chinensis

di-O-methyltetrahydrofuriguaiacin B 二 -O- 甲基四氢呋喃愈创木素 B 三白草 Saururus chinensis

15,18-di-O-methylvibsanin H 15,18- 二 -O- 甲基荚蒾宁 H 日本珊瑚树 Viburnum odoratissimum var. awabuki

3,5-dion-1,7-bis(4-hydroxy-3-methoxyphenyl)-heptane 3,5- 二酮 -1,7- 双 (4- 羟基 -3- 甲氧基苯基)- 庚烷 姜 Zingiber officinale

9,10-dione-3,4-methylenedioxy-8-methoxy-9,10-dihydrophenanthrinic acid 9,10- 二酮 -3,4- 亚甲二氧基 -8- 甲氧基 -9,10- 二氢菲酸 前胡 Peucedanum praeruptorum

6,7-di-O-nicotinoylscutebarbatine G 6,7- 二 -O- 烟酰半枝莲碱 G 半枝莲 Scutellaria barbata, 沙滩黄芩 S. strigillosa

1,6-di-O-octanoyl-β-D-glucopyranose 1,6- 二 -O- 辛酰基 -β-D- 吡喃葡萄糖 海滨木巴戟 Morinda citrifolia

1,6-di-O-p-hydroxybenzoyl-β-D-glucopyranoside 1,6- 二 -O- 对羟基苯甲酰基 -β-D- 吡喃葡萄糖苷 山茶 Camellia japonica, 美国梓 Catalpa bignonioides, 梓 C. ovata

diorcinol 双苔黑酚 海漆 Excoecaria agallocha

diosbulbin B 黄独素 B 黄独 Dioscorea bulbifera, 五叶薯蓣 D. pentaphylla, 漏芦 Stemmacantha uniflora

diosbulbin D~M 黄独素 D~M 黄独 Dioscorea bulbifera

diosbulbinoside D, F, G 黄独苷▲D, F, G 黄独 Dioscorea bulbifera

dioscin 薯蓣皂苷 较常见成分，至少分布于 30 种以上植物中，常见于百合科与薯蓣科植物，少见于闭鞘姜科、蒺藜科、龙舌兰科、棕榈科等

dioscin prosapogenin A 薯蓣次苷 A 苺笋花 Costus lacerus, 闭鞘姜 C. speciosus

dioscin prosapogenin B 薯蓣次苷 B 苺笋花 Costus lacerus, 闭鞘姜 C. speciosus

dioscoran A~F 薯蓣多糖 A~F 日本薯蓣 Dioscorea japonica

dioscorea sapotoxin 薯蓣皂毒苷 山萆薢 Dioscorea tokoro

dioscorea sapotoxin A, B 薯蓣皂毒苷 A, B 山萆薢 Dioscorea tokoro

dioscoreside A, B, D 黄山药皂苷 A, B, D 黄山药 Dioscorea panthaica

dioscoreside C 黄山药皂苷 C 福州薯蓣 Dioscorea futschauensis, 黄山药 D. panthaica

dioscoreside E 黄山药皂苷 E 福州薯蓣 Dioscorea futschauensis, 黄山药 D. panthaica

dioscorin 山药储存性蛋白 参薯 Dioscorea alata

dioscorine 薯蓣碱 白薯茛 Dioscorea hispida

dioscorone A 薯蓣酮 A 福州薯蓣 Dioscorea futschauensis

dioseptemloside A~H 七裂薯蓣苷▲A~H 绵萆薢 Dioscorea spongiosa

diosgenin 薯蓣皂苷元 较常见成分，至少分布于 30 种以上植物中，常见于百合科与薯蓣科植物，少见于闭鞘姜科、唇形科、葫芦科、

D

蒺藜科、爵床科、兰科、龙舌兰科、毛茛科、茄科、梧桐科、玄参科、棕榈科等

diosgenin acetate 薯蓣皂苷元乙酸酯 粉背薯蓣 Dioscorea collettii var. hypoglauca

diosgenin diglucoside 薯蓣皂苷元双葡萄糖苷 小花盾叶薯蓣 Dioscorea sinoparviflora, 盾叶薯蓣 D. zingiberensis

diosgenin glucopyranoside 薯蓣皂苷元吡喃葡萄糖苷 胡卢巴 Trigonella foenum-graecum

diosgenin glucopyranosyl-dirhamnopyranoside 薯蓣皂苷元吡喃葡萄糖基 - 二吡喃鼠李糖苷 胡卢巴 Trigonella foenum-graecum

diosgenin glucopyranosyl-rhamnopyranoside 薯蓣皂苷元吡喃葡萄糖基 - 吡喃鼠李糖苷 胡卢巴 Trigonella foenum-graecum

diosgenin palmitate 薯蓣皂苷元棕榈酸酯 蜀葵叶薯蓣 Dioscorea althaeoides, 叉蕊薯蓣 D. collettii, 粉背薯蓣 D. collettii var. hypoglauca, 福州薯蓣 D. futschauensis, 绵萆薢 D. spongiosa

diosgenin-3-*O*-[α-L-arabinopyranosyl-(1 → 2)]-β-D-glucopyranoside 薯蓣皂苷元 -3-*O*-[α-L- 吡喃阿拉伯糖基 -(1 → 2)]-β-D- 吡喃葡萄糖苷 防己叶菝葜 Smilax menispermoidea

diosgenin-3-*O*-[α-L-arabinopyranosyl-(1 → 4)]-β-D-glucopyranoside 薯蓣皂苷元 -3-*O*-[α-L- 吡喃阿拉伯糖基 -(1 → 4)]-β-D- 吡喃葡萄糖苷 防己叶菝葜 Smilax menispermoidea

diosgenin-3-*O*-[α-L-rhamnopyranosyl-(1 → 2)][β-D-xylopyranosyl-(1 → 3)]-β-D-glucopyranoside 薯蓣皂苷元 -3-*O*-[α-L- 吡喃鼠李糖基 -(1 → 2)][β-D- 吡喃木糖基 -(1 → 3)]-β-D- 吡喃葡萄糖苷 阔叶山麦冬 Liriope muscari

diosgenin-3-*O*-[α-L-rhamnopyranosyl-(1 → 2)]-β-D-glucopyranoside 薯蓣皂苷元 -3-*O*-[α-L- 吡喃鼠李糖基 -(1 → 2)]-β-D- 吡喃葡萄糖苷 黄山药 Dioscorea panthaica, 黑叶菝葜 Smilax nigrescens

diosgenin-3-*O*-[α-L-rhamnopyranosyl-(1 → 3)-α-L-rhamnopyranosyl-(1 → 4)-α-L-rhamnopyranosyl-(1 → 4)]-β-D-glucopyranoside 薯蓣皂苷元 -3-*O*-[α-L- 吡喃鼠李糖基 -(1 → 3)-α-L- 吡喃鼠李糖基 -(1 → 4)-α-L- 吡喃鼠李糖基 -(1 → 4)]-β-D- 吡喃葡萄糖苷 穿龙薯蓣 Dioscorea nipponica

diosgenin-3-*O*-[α-L-rhamnopyranosyl-(1 → 4)]-β-D-glucopyranoside 薯蓣皂苷元 -3-*O*-[α-L- 吡喃鼠李糖基 -(1 → 4)]-β-D- 吡喃葡萄糖苷 黄山药 Dioscorea panthaica, 黑叶菝葜 Smilax nigrescens

diosgenin-3-*O*-[β-D-glucopyranosyl-(1 → 4)]-β-D-glucopyranoside 薯蓣皂苷元 -3-*O*-[β-D- 吡喃葡萄糖 -(1 → 4)]-β-D- 吡喃葡萄糖苷 盾叶薯蓣 Dioscorea zingiberensis

diosgenin-3-*O*-{*O*-α-L-rhamnopyranosyl-(1 → 2)-*O*-[*O*-α-L-rhamnopyranosyl-(1 → 4)-α-L-rhamnopyranosyl-(1 → 4)]-β-D-glucopyanoside} 薯蓣皂苷元 -3-*O*-{*O*-α-L- 吡喃鼠李糖基 -(1 → 2)-*O*-[*O*-α-L- 吡喃鼠李糖基 -(1 → 4)-α-L- 吡喃鼠李糖基 -(1 → 4)]-β-D- 吡喃葡萄糖苷 } 山韭 Allium senescens

diosgenin-3-*O*-{*O*-α-L-rhamnopyranosyl-(1 → 2)-*O*-[β-D-glucopyranosyl-(1 → 3)]-β-D-glucopyranoside} 薯蓣皂苷元 -3-*O*-{*O*-α-L- 吡喃鼠李糖基 -(1 → 2)-*O*-[β-D- 吡喃葡萄糖基 -(1 → 3)]-β-D- 吡喃葡萄糖苷 } 山韭 Allium senescens

diosgenin-3-*O*-acetate 薯蓣皂苷元 -3-*O*- 乙酰化物 防己叶菝葜 Smilax menispermoidea

diosgenin-3-*O*-α-L-arabinofuranosyl-(1 → 2)-[α-L-arabinofuranosyl-(1 → 3)]-β-D-glucopyranoside 薯蓣皂苷元 -3-*O*-α-L- 呋喃阿拉伯糖基 -(1 → 2)-[α-L- 呋喃阿拉伯糖基 -(1 → 3)]-β-D- 吡喃葡萄糖苷 华重楼 Paris polyphylla var. chinensis

diosgenin-3-*O*-α-L-arabinofuranosyl-(1 → 3)-[α-L-rhamnopyranosyl-(1 → 2)]-β-D-glucopyranoside 薯蓣皂苷元 -3-*O*-α-L- 呋喃阿拉伯糖基 -(1 → 3)-[α-L- 吡喃鼠李糖基 -(1 → 2)]-β-D- 吡喃葡萄糖苷 华重楼 Paris polyphylla var. chinensis

diosgenin-3-*O*-α-L-arabinofuranosyl-(1 → 4)-β-D-glucopyranoside 薯蓣皂苷元 -3-*O*-α-L- 呋喃阿拉伯糖基 -(1 → 4)-β-D- 吡喃葡萄糖苷 巴山重楼 Paris bashanensis, 凌云重楼 P. cronquistii, 竹根七 P. dunniana, 七叶一枝花 P. polyphylla, 华重楼 P. polyphylla var. chinensis, 黑籽重楼 P. thibetica

diosgenin-3-*O*-α-L-arabinofuranosyl-(1 → 4)-β-D-glucoside 薯蓣皂苷元 -3-*O*-α-L- 呋喃阿拉伯糖基 -(1 → 4)-β-D- 葡萄糖苷 宽瓣重楼 Paris polyphylla var. yunnanensis

diosgenin-3-*O*-α-L-rhamnopyranosyl-(1 → 2)-[α-L-arabinofuranosyl-(1 → 3)]-β-D-glucopyranoside 薯蓣皂苷元 -3-*O*-α-L- 吡喃鼠李糖基 -(1 → 2)-α-L- 呋喃阿拉伯糖基 -(1 → 3)-β-D- 吡喃葡萄糖苷 中华青荚叶 Helwingia chinensis

diosgenin-3-*O*-α-L-rhamnopyranosyl-(1 → 2)-[α-L-rhamnopyranosyl-(1 → 4)]-β-D-glucopyranoside 薯蓣皂苷元 -3-*O*-α-L- 吡喃鼠李糖基 -(1 → 2)-[α-L- 吡喃鼠李糖基 -(1 → 4)]-β-D- 吡喃葡萄糖苷 丫蕊花 Ypsilandra thibetica

diosgenin-3-*O*-α-L-rhamnopyranosyl-(1 → 2)-*O*-[α-L-arabinopyranosyl-(1 → 3)]-β-D-glucopyranoside 薯蓣皂苷元 -3-*O*-α-L- 吡喃鼠李糖基 -(1 → 2)-*O*-[α-L- 吡喃阿拉伯糖基 -(1 → 3)]-β-D- 吡喃葡萄糖苷 毛百合 Lilium dauricum

diosgenin-3-*O*-α-L-rhamnopyranosyl-(1 → 2)-*O*-β-D-glucopyranoside 薯蓣皂苷元 -3-*O*-α-L- 吡喃鼠李糖基 -(1 → 2)-*O*-β-D- 吡喃葡萄糖苷 北葱 Allium schoenoprasum

diosgenin-3-*O*-α-L-rhamnopyranosyl-(1 → 2)-β-D-glucopyranoside 薯蓣皂苷元 -3-*O*-α-L- 吡喃鼠李糖基 -(1 → 2)-β-D- 吡喃葡萄糖苷 糖棕 Borassus flabellifer

diosgenin-3-*O*-α-L-rhamnopyranosyl-(1 → 2)-β-D-glucopyranosiduronic acid 薯蓣皂苷元 -3-*O*-α-L- 吡喃鼠李糖基 -(1 → 2)-β-D- 吡喃葡萄糖醛酸 白英 Solanum lyratum

diosgenin-3-*O*-α-L-rhamnopyranosyl-(1 → 2)-β-D-glucuroniduronic acid 薯蓣皂苷元 -3-*O*-α-L- 吡喃鼠李糖基 -(1 → 2)-β-D- 吡喃葡萄糖醛酸苷 白英 Solanum lyratum

diosgenin-3-*O*-α-L-rhamnopyranosyl-(1 → 2)-β-D-glucuroniduronic acid methyl ester 薯蓣皂苷元 -3-*O*-α-L- 吡喃鼠李糖基 -(1 → 2)-β-D- 吡喃葡萄糖醛酸甲酯 白英 Solanum lyratum

diosgenin-3-*O*-α-L-rhamnopyranosyl-(1 → 4)-[α-L-rhamnopyranosyl-(1 → 2)]-β-D-glucopyranoside 薯蓣皂苷元 -3-*O*-α-L- 吡喃鼠李糖基 -(1 → 4)-[α-L- 吡喃鼠李糖基 -(1 → 2)]-β-D- 吡喃葡萄糖苷 毛重楼 Paris mairei, 宽瓣重楼 P. polyphylla var. yunnanensis

diosgenin3-*O*-α-L-rhamnopyranosyl-(1 → 4)-α-L-rhamnopyranosyl-(1 → 2)-β-D-glucopyranoside 薯蓣皂苷元 -3-*O*-α-L- 吡喃鼠李糖基 -(1 → 4)-α-L- 吡喃鼠李糖基 -(1 → 2)-β-D- 吡喃葡萄糖苷 糖棕 Borassus flabellifer

diosgenin-3-*O*-α-L-rhamnopyranosyl-(1 → 4)-α-L-rhamnopyranosyl-(1 → 4)-[α-L-rhamnopyranosyl-(1 → 2)]-β-D-glucopyranoside 薯蓣皂

苷元 -3-O-α-L- 吡喃鼠李糖基 -(1 → 4)-α-L- 吡喃鼠李糖基 -(1 → 4)-[α-L- 吡喃鼠李糖基 -(1 → 2)]-β-D- 吡喃葡萄糖苷 糖棕 Borassus flabellifer

diosgenin-3-O-α-L-rhamnopyranosyl-(1 → 4)-α-L-rhamnopyranosyl-(1 → 4)-β-D-glucopyranoside 薯蓣皂苷元 -3-O-α-L- 吡喃鼠李糖基 -(1 → 4)-α-L- 吡喃鼠李糖基 -(1 → 4)-β-D- 吡喃葡萄糖苷 糖棕 Borassus flabellifer, 丫蕊花 Ypsilandra thibetica

diosgenin-3-O-α-L-rhamnopyranosyl-(1 → 4)-β-D-glucopyranoside 薯蓣皂苷元 -3-O-α-L- 吡喃鼠李糖基 -(1 → 4)-β-D- 吡喃葡萄糖苷 糖棕 Borassus flabellifer, 蒺藜 Tribulus terrestris

diosgenin-3-O-β-D-glucopyranoside 薯蓣皂苷元 -3-O-β-D- 吡喃葡萄糖苷 糖棕 Borassus flabellifer

diosgenin-3-O-β-D-glucopyranosyl-(1 → 2)-β-D-glucopyranosyl-(1 → 4)-β-D-galactopyranoside 薯蓣皂苷元 -3-O-β-D- 吡喃葡萄糖基 -(1 → 2)-β-D- 吡喃葡萄糖基 -(1 → 4)-β-D- 吡喃半乳糖苷 白英 Solanum lyratum

diosgenin-3-O-β-D-glucopyranosyl-(1 → 3)-β-D-glucopyranoside 薯蓣皂苷元 -3-O-β-D- 吡喃葡萄糖基 -(1 → 3)-β-D- 吡喃葡萄糖苷 闭鞘姜 Costus speciosus

diosgenin-3-O-β-D-glucopyranosyl-(1 → 3)-β-D-glucopyranosyl-(1 → 4)-[α-L-rhamnopyranosyl-(1 → 2)]-β-D-glucopyranoside 薯蓣皂苷元 -3-O-β-D- 吡喃葡萄糖基 -(1 → 3)-β-D- 吡喃葡萄糖基 -(1 → 4)-[α-L- 吡喃鼠李糖基 -(1 → 2)]-β-D- 吡喃葡萄糖苷 小花盾叶薯蓣 Dioscorea sinoparviflora, 盾叶薯蓣 D. zingiberensis

diosgenin-3-O-β-D-glucuroniduronic acid 薯蓣皂苷元 -3-O-β-D- 吡喃葡萄糖醛酸 白英 Solanum lyratum

diosgenin-3-O-β-D-glucuroniduronic acid methyl ester 薯蓣皂苷元 -3-O-β-D- 吡喃葡萄糖醛酸甲酯 白英 Solanum lyratum

diosgenin-3-O-β-L-arabinofuranosyl-(1 → 4)-β-D-glucoside 薯蓣皂苷元 -3-O-β-L- 呋喃阿拉伯糖基 -(1 → 4)-β-D- 葡萄糖苷 宽瓣重楼 Paris polyphylla var. yunnanensis

diosgenin-3β-O-α-L-rhamnopyranosyl-(1 → 4)-α-L-rhamnopyranosyl-(1 → 4)-[α-L-rhamnopyranosyl-(1 → 2)]-β-D-glucopyranoside 薯蓣皂苷元 -3β-O-α-L- 吡喃鼠李糖基 -(1 → 4)-α-L- 吡喃鼠李糖基 -(1 → 4)-[α-L- 吡喃鼠李糖基 -(1 → 2)]-β-D- 吡喃葡萄糖苷 夜香树 Cestrum nocturnum

diosgenin-α-L-rhamnopyranosyl-(1 → 2)-β-D-glucopyranoside 薯蓣皂苷元 -α-L- 吡喃鼠李糖基 -(1 → 2)-β-D- 葡萄糖苷 宽瓣重楼 Paris polyphylla var. yunnanensis

diosgenin-α-L-rhamnopyranosyl-(1 → 4)-β-D-glucopyranoside 薯蓣皂苷元 -α-L- 吡喃鼠李糖基 -(1 → 4)-β-D- 吡喃葡萄糖苷 宽瓣重楼 Paris polyphylla var. yunnanensis

diosgenone 薯蓣皂苷元酮 闭鞘姜 Costus speciosus

6,6'-di-O-sinapoylsurcose 6,6'- 二 -O- 芥子酰蔗糖 合掌消 Cynanchum amplexicaule

diosmetin 香叶木素 较常见成分，至少分布于 30 种以上植物中，见于败酱科、唇形科、大戟科、豆科、防己科、桔梗科、菊科、列当科、马鞭草科、茜草科、忍冬科、瑞香科、伞形科、桑科、石竹科、玄参科、芸香科等

diosmetin-6,8-di-C-glucopyranoside 香叶木素 -6,8- 二 -C- 吡喃葡萄糖苷 代代 Citrus aurantium 'Daidai'

diosmetin-6-C-β-glucopyranoside 香叶木素 -6-C-β- 吡喃葡萄糖苷 酸橙 Citrus aurantium, 代代 C. aurantium 'Daidai', 扁轴木 Parkinsonia aculeata

diosmetin-7-(6"-O-p-hydroxyphenylacetyl)-O-β-D-glucopyranoside 香叶木素 -7-(6"-O- 对羟基苯乙酰基)-O-β-D- 吡喃葡萄糖苷 菊花 Chrysanthemum morifolium

diosmetin-7-O-gentiobioside 香叶木素 -7-O- 龙胆二糖苷 蓬子菜 Galium verum

diosmetin-7-O-glucopyranoside 香叶木素 -7-O- 吡喃葡萄糖苷 兴安胡枝子 Lespedeza davurica

diosmetin-7-O-glucoside 香叶木素 -7-O- 葡萄糖苷 鼠李 Rhamnus davurica

diosmetin-7-O-neohesperidoside 香叶木素 -7-O- 新橙皮糖苷 香青兰 Dracocephalum moldavica

diosmetin-7-O-rhamnopyranoside 香叶木素 -7-O- 吡喃鼠李糖苷 清明花 Beaumontia grandiflora

diosmetin-7-O-rhamnosyl-(1 → 6)-glucoside 香叶木素 -7-O- 鼠李糖 -(1 → 6)- 葡萄糖苷 灯心草 Juncus effusus

diosmetin-7-O-rutinoside 香叶木素 -7-O- 芸香糖苷 白花枝子花 Dracocephalum heterophyllum, 散沫花 Lawsonia inermis, 荨麻叶龙头草 Meehania urticifolia, 佛手瓜 Sechium edule

diosmetin-7-O-α-L-rhamnopyranosyl-(1 → 2)-[β-D-xylopyranosyl-(1 → 6)]-β-D-glucopyranoside 香叶木素 -7-O-α-L- 吡喃鼠李糖基 -(1 → 2)-[β-D- 吡喃木糖基 -(1 → 6)]-β-D- 吡喃葡萄糖苷 蓬子菜 Galium verum

diosmetin-7-O-β-D-galacturonopyranoside 香叶木素 -7-O-β-D- 吡喃半乳糖醛酸苷 硬骨凌霄 Tecomaria capensis

diosmetin-7-O-β-D-glucopyranoside 香叶木素 -7-O-β-D- 吡喃葡萄糖苷 旱芹 Apium graveolens, 野菊 Chrysanthemum indicum, 菊花 C. morifolium, 鸭儿芹 Cryptotaenia japonica, 毛丹麻杆 Discocleidion rufescens, 白花枝子花 Dracocephalum heterophyllum, 吴茱萸 Euodia ruticarpa, 蓬子菜 Galium verum, 忍冬 Lonicera japonica, 欧芹 Petroselinum crispum, 胀果芹 Phlojodicarpus sibiricus, 广藿香 Pogostemon cablin, 旱柳 Salix matsudana, 直立黄钟花 Tecoma stans, 栝楼 Trichosanthes kirilowii

diosmetin-7-O-β-D-glucopyranosyl-(1 → 2)-6-O-acetyl-β-D-glucopyranosyl-(1 → 2)-[α-L-rhamnopyranosyl-(1 → 6)]-β-D-glucopyranoside 香叶木素 -7-O-β-D- 吡喃葡萄糖基 -(1 → 2)-6-O- 乙酰基 -β-D- 吡喃葡萄糖基 -(1 → 2)-[α-L- 吡喃鼠李糖基 -(1 → 6)]-β-D- 吡喃葡萄糖苷 青兰 Dracocephalum ruyschiana

diosmetin-7-O-β-D-glucopyranosyl-(1 → 2)-β-D-glucopyranosyl-(1 → 2)-[α-L-rhamnopyranosyl-(1 → 6)]-β-D-glucopyranoside 香叶木素 -7-O-β-D- 吡喃葡萄糖基 -(1 → 2)-β-D- 吡喃葡萄糖基 -(1 → 2)-[α-L- 吡喃鼠李糖基 -(1 → 6)]-β-D- 吡喃葡萄糖苷 青兰 Dracocephalum ruyschiana, 骆驼蒿 Peganum nigellastrum

diosmetin-7-O-β-D-glucoside 香叶木素 -7-O-β-D- 葡萄糖苷 红花岩生忍冬 Lonicera rupicola var. syringantha, 新疆缬草 Valeriana fedtschenkoi

diosmetin-7-O-β-D-glucoside-6"-malonyl ester 香叶木素 -7-O-β-D- 葡萄糖苷 -6"- 丙二酰酯 细叶真藓 Bryum capillare

diosmetin-7-O-β-D-glucuronide 香叶木素 -7-O-β-D- 葡萄糖醛酸苷 香青兰 Dracocephalum moldavica, 菊蒿 Tanacetum vulgare

diosmetin-7-*O*-*β*-D-glucuronide methyl ester 香叶木素 -7-*O*-*β*-D- 葡萄糖醛酸苷甲酯 丝瓜 Luffa cylindrica
diosmetin-7-*O*-*β*-D-glucuronopyranoside 香叶木素 -7-*O*-*β*-D- 吡喃葡萄糖醛酸苷 华西龙头草 Meehania fargesii, 直立黄钟花 Tecoma stans
diosmetin-7-*O*-*β*-D-glucuronopyranoside methyl ester 香叶木素 -7-*O*-*β*-D- 吡喃葡萄糖醛酸苷甲酯 华西龙头草 Meehania fargesii, 直立黄钟花 Tecoma stans
diosmetin-7-*O*-*β*-D-glucuronopyranosyl-(1→2)[*α*-L-rhamnopyranosyl-(1→6)]-*β*-D-glucopyranoside 香叶木素 -7-*O*-*β*-D- 吡喃葡萄糖醛酸基 -(1→2)[*α*-L- 吡喃鼠李糖基 -(1→6)]-*β*-D- 吡喃葡萄糖醛酸苷 刺槐 Robinia pseudoacacia
diosmetin-7-*O*-*β*-glucuronide 香叶木素 -7-*O*-*β*- 葡萄糖醛酸苷 菊花 Chrysanthemum morifolium
diosmetin-8-*C*-(4''-*O*-*α*-L-rhamnopyranosyl)-*β*-D-glucopyranoside 香叶木素 -8-*C*-(4''-*O*-*α*-L- 吡喃鼠李糖基)-*β*-D- 吡喃葡萄糖苷 麦瓶草 Silene conoidea
diosmetin-8-*C*-glucopyranoside 香叶木素 -8-*C*- 吡喃葡萄糖苷 酸橙 Citrus aurantium, 代代 C. aurantium 'Daidai'
diosmin 香叶木苷 臭冷杉 Abies nephrolepis, 朝鲜当归 Angelica gigas, 白背枫 Buddleja asiatica, 酸橙 Citrus aurantium, 代代 C. aurantium 'Daidai', 柠檬 C. limon, 佛手 C. medica var. sarcodactylis, 葡萄柚 C. paradisi, 九月黄 C. reticulata 'Erythrosa', 南丰蜜橘 C. reticulata 'Kinokuni', 天台山蜜柑 C. reticulata 'Succosa', 福橘 C. reticulata 'Tangerina', 蕉柑 C. reticulata 'Tankan', 温州蜜柑 C. reticulata 'Unshiu', 狭叶白鲜 Dictamnus angustifolius, 吴茱萸 Euodia ruticarpa, 蓬子菜 Galium verum, 硬尖神香草 Hyssopus cuspidatus, 鸡眼草 Kummerowia striata, 半边莲 Lobelia chinensis, 海金沙 Lygodium japonicum, 辣薄荷 Mentha × piperita, 迷迭香 Rosmarinus officinalis, 簕欓花椒 Zanthoxylum avicennae, 异叶花椒 Z. ovalifolium
diosmtin-*β*-D-glucopyranosyl-(2→1)-*α*-L-arabinopyranoside 香叶木素 -*β*-D- 吡喃葡萄糖基 -(2→1)- 吡喃阿拉伯糖苷 蓬子菜 Galium verum
diospongin A, B, C 绵萆薢素 A, B, C 绵萆薢 Dioscorea spongiosa
diospyrin 柿素 柿 Diospyros kaki, 君迁子 D. lotus
1,6-di-*O*-syringoyl-*β*-D-glucopyranose 1,6- 二 -*O*- 丁香酰基 -*β*-D- 吡喃葡萄糖 益母草 Leonurus japonicus
diotigenin 地奥替皂苷元 细柄薯蓣 Dioscorea tenuipes
diotigenin-2,4-diacetate 地奥替皂苷元 -2,4- 二乙酸酯 细柄薯蓣 Dioscorea tenuipes
diotigenin-2-acetate 地奥替皂苷元 -2- 乙酸酯 细柄薯蓣 Dioscorea tenuipes
diotigenin-4-acetate 地奥替皂苷元 -4- 乙酸酯 细柄薯蓣 Dioscorea tenuipes
11,12-di-*O*-tigloyltenacigenin B 11,12- 二 -*O*- 巴豆酰通光藤苷元 B 通光藤 Marsdenia tenacissima
1,3-di-*O*-*trans*-caffeoyl-4,6-(*S*)-HHDP-*β*-D-glucopyranose 1,3- 二 -*O*- 反式 - 咖啡酰基 -4,6-(*S*)- 六羟基联苯二甲酰基 -*β*-D- 吡喃葡萄糖 疏花蛇菰 Balanophora laxiflora
1,6-di-*O*-*trans*-*p*-coumaroyl-*β*-D-glucopyranoside 1,6- 二 -*O*- 反式 - 对香豆酰基 -*β*-D- 吡喃葡萄糖苷 梓 Catalpa ovata
1,2'-di-*O*-*trans*-sinapoyl gentiobiose 1,2'- 二 -*O*- 反式 - 芥子酰龙胆二糖 块茎山萮菜 Eutrema wasabi
1,2-di-*O*-vanilloyl-*β*-D-glucopyranoside 1,2- 二 -*O*- 香荚兰酰基 -*β*-D- 吡喃葡萄糖苷 珊瑚菜 Glehnia littoralis
1,6-di-*O*-vanilloyl-*β*-D-glucopyranoside 1,6- 二 -*O*- 香荚兰酰基 -*β*-D- 吡喃葡萄糖苷 珊瑚菜 Glehnia littoralis
1,3-dioxetotarol 1,3- 二氧新西兰罗汉松酚▲ 圆柏 Juniperus chinensis
2,3(*S*);22(*S*),23-dioxidosqualene 2,3(*S*);22(*S*),23- 二氧杂角鲨烯 米仔兰 Aglaia odorata
12-[2'-(1',4'-dioxin-5',6'-dione)]-8''*E*-undecenyl-dodecanoate 12-[2'-(1',4'- 二氧杂芑 -5',6'- 二酮)]-8''*E*- 十一醇 - 十二酸酯 散沫花 Lawsonia inermis
dioxinoacrimarine A 二氧并吖啶香豆素碱 A 福橘 Citrus reticulata 'Tangerina'
9,16-dioxo-10,12,14-octadecatrienoic acid 9,16- 二氧代 -10,12,14- 十八碳三烯酸 腺花香茶菜 Isodon adenanthus, 苦玄参 Picria felterrae
8,14-dioxo-11*β*,13-dihydroacanthospermolide 8,14- 二氧代 -11*β*,13- 二氢刺苞菊内酯 百能葳葳 Blainvillea acmella
8,13-dioxo-14-butoxycanadine 8,13- 二氧代 -14- 丁氧基白毛茛定▲ 川黄檗 Phellodendron chinense
8,13-dioxo-14-hydroxycanadine 8,13- 二氧代 -14- 羟基白毛茛定▲ 古山龙 Arcangelisia gusanlung
8,13-dioxo-14-methoxycanadine 8,13- 二氧代 -14- 甲氧基白毛茛定▲ 古山龙 Arcangelisia gusanlung
1,6-dioxo-2(3),9(10)-dehydrofuranoeremophilane 1,6- 二氧代 -2(3),9(10)- 去氢呋喃荒漠木烷 黄荆 Vitex negundo
3,7-dioxo-23,24,25,26,27-pentanorcucurbit-5-en-22-oic acid 3,7- 二氧代 -23,24,25,26,27- 五降葫芦 -5- 烯 -22- 酸 苦瓜 Momordica charantia
3,22-dioxo-29-normoretane 3,22- 二氧代 -29- 降莫烷 五层龙 Salacia prinoides
1-(1,6-dioxo-2*E*,4*E*-decadienyl)piperidine 1-(1,6- 二氧代 -2*E*,4*E*- 十碳二烯基) 哌啶 胡椒 Piper nigrum
11,21-dioxo-2*β*,3*β*,15-trihydroxyurs-12-ene-2-*O*-*β*-D-glucopyranoside 11,21- 二酮 -2*β*,3*β*,15- 三羟基熊果 -12- 烯 -2-*O*-*β*-D- 吡喃葡萄糖苷 旱芹 Apium graveolens
2,5-dioxo-3-tetratriacont-3'-enyl-1,4-dioxane 2,5- 二氧代 -3- 三十四碳 -3'- 烯基 -1,4- 二氧六环 睡茄 Withania somnifera
11,21-dioxo-3*β*,15,24-trihydroxyolean-12-ene-24-*O*-*β*-D-glucopyranoside 11,21- 二氧代 -3*β*,15,24- 三羟基齐墩果 -12- 烯 -24-*O*-*β*-D- 吡喃葡萄糖苷 旱芹 Apium graveolens
11,21-dioxo-3*β*,15,24-trihydroxyurs-12-ene-24-*O*-*β*-D-glucopyranoside 11,21- 二酮 -3*β*,15,24- 三羟基熊果 -12- 烯 -24-*O*-*β*-D- 吡喃葡萄糖苷 旱芹 Apium graveolens
1,4-dioxo-3*β*,25,26-trihydroxyergost-24(28)-ene 1,4- 二氧代 -3*β*,25,26- 三羟基麦角甾 -24(28)- 烯 睡茄 Withania somnifera
(2,5-dioxo-4-imidazolidinyl)-carbamic acid 2,5- 二氧代 -4- 咪唑烷基 - 氨基甲酸 盐生肉苁蓉 Cistanche salsa
2,5-dioxo-4-imidazolidinyl-carbamic acid 2,5- 二氧代 -4- 咪唑烷基 - 氨甲酸 肉苁蓉 Cistanche deserticola
8,14-dioxo-7,11-dehydro-11,13-dihydroacanthospermolide 8,14- 二氧代 -7,11- 去氢 -11,13- 二氢刺苞菊内酯 百能葳葳 Blainvillea acmella
α,*α*'-dioxo-7'-*O*-demethylstebisimine *α*,*α*'- 二氧代 -7'-*O*- 去甲基千金藤双亚胺 樟叶木防己 Cocculus laurifolius
4,5-dioxoartacinatine 4,5- 二氧代鹰爪花碱 鹰爪花 Artabotrys hexapetalus

ent-(5β,8α,9β,10α, 11α,12α)-3,14-dioxoatis-16-en-11-yl acetate 对映 -(5β,8α,9β,10α,11α,12α)-3,14- 二氧代阿替 -16- 烯 -11- 醇乙酯 大狼毒 Euphorbia jolkinii

1,3-dioxo-D:A-friedooleanan-26-al 1,3- 二氧代 -D:A- 飞齐墩果 -26- 醛 五层龙 Salacia prinoides

1,3-dioxo-D:A-friedooleanan-26-oic acid 1,3- 氧代 -D:A- 飞齐墩果 -26- 酸 五层龙 Salacia prinoides

4,5-dioxodehydroasimilobine 4,5- 二氧代去氢三裂泡泡碱▲ 北马兜铃 Aristolochia contorta, 瓜叶马兜铃 A. cucurbitifolia, 大叶马兜铃 A. kaempferi, 寻骨风 A. mollissima, 蕺菜 Houttuynia cordata, 三白草 Saururus chinensis, 紫玉盘 Uvaria microcarpa

4,5-dioxodehydronantenine 4,5- 二氧去氢南天竹宁 南天竹 Nandina domestica

7,11-dioxodihydrokarounidiol 7,11- 二氧代二氢栝楼二醇 王瓜 Trichosanthes cucumeroides

ent-5α,3,15-dioxodolabr-4(18)-en-16,18-diol 对映 -5α,3,15- 二氧代斧松 -4(18)- 烯 -16,18- 二醇 角果木 Ceriops tagal

(+)-10,11-dioxoepierythratidine (+)-10,11- 二氧代表刺桐替定碱 翅果刺桐 Erythrina subumbrans

(+)-10,11-dioxoerythratidinone (+)-10,11- 二氧代刺桐替定酮 翅果刺桐 Erythrina subumbrans

(+)-10,11-dioxoerythratine (+)-10,11- 二氧代刺桐阿亭碱 翅果刺桐 Erythrina subumbrans

3,24-dioxofridelan-29-oic acid 3,24- 二氧代无羁萜 -29- 酸 雷公藤 Tripterygium wilfordii

3,12-dioxofriedelane 3,12- 二氧代无羁萜烷 独子藤 Celastrus monospermus

5,18-dioxokopsane 5,18- 二氧蕊木烷 蕊木 Kopsia arborea

5,22-dioxokopsane 5,22- 二氧代蕊木烷 蕊木 Kopsia arborea, 海南蕊木 K. hainanensis

8,11-dioxol-6-en-9α,10α-epoxy-8β-hydroxyeremophilane 8,11- 二氧 -6- 烯 -9α,10α- 环氧 -8β- 羟基荒漠木烷 千里光 Senecio scandens

3,7-dioxo-lanosta-8,24-dien-26-oic acid 3,7- 二氧代 - 羊毛脂 -8,24- 二烯 -26- 酸 南五味子 Kadsura longipedunculata

(-)-3,16-dioxolanosta-8,24-diene-21-oic acid (-)-3,16- 二氧羊毛脂 -8,24- 二烯 -21- 酸 红缘拟层孔菌 Fomitopsis pinicola

3,11-dioxoleukamenin E 3,11- 二氧代白花阴生香茶菜素 E 贵州鼠尾草 Salvia cavaleriei

6-([1,3]dioxolo[4,5-g]isoquinoline-5-carbonyl)-2,3-dimethoxy-benzoic acid methyl ester 6-([1,3] 二氧杂环戊烷并 [4,5-g] 异喹啉 -5- 甲酰基)-2,3- 二甲氧基苯甲酸甲酯 黄连 Coptis chinensis

(10*Z*,14*Z*)-9,16-dioxooctadec-10,12,14-trienoic acid (10*Z*,14*Z*)-9,16- 二氧代十八碳 -10,12,14- 三烯酸 冬凌草 Isodon rubescens

3,11-dioxoolean-12-en-28-oic acid 3,11- 二氧代齐墩果 -12- 烯 -28- 酸 胶皮枫香树 Liquidambar styraciflua

3,11-dioxo-olean-12-ene 3,11- 二氧代齐墩果 -12- 烯 四川清风藤 Sabia schumanniana

3,24-dioxo-urs-12-en-28-oic acid 3,24- 二氧代熊果 -12- 烯 -28- 酸 马缨丹 Lantana camara

3,11-dioxo-β-amyrene 3,11- 二氧代 -β- 香树脂烯 疏花卫矛 Euonymus laxiflorus, 榕树 Ficus microcarpa

1α,5α-dioxy-11α-hydroxyurs-12-en-3-one 1α,5α- 二氧 -11α- 羟基熊果 -12- 烯 -3- 酮 灰毛川木香 Dolomiaea souliei var. mirabilis

5,22-dioxykop-sane (5,22)- 二氧蕊木烷 海南蕊木 Kopsia hainanensis

(7α,7'α,8α,8'α)-3,4-dioxymethylene-3',4'-dimethoxy-7,9',7',9-diepoxylignan-5'-ol (7α,7'α,8α,8'α)-3,4- 亚甲二氧基 -3',4'- 二甲氧基 -7,9',7',9- 二环氧木脂素 -5'- 醇 乌墨 Syzygium cumini

5,5'-dioxymethylfurfural 5,5'- 双氧甲基呋喃醛 栝楼 Trichosanthes kirilowii

1,2-di-*O*-α-linolenoyl-3-*O*-β-D-galactopyranosyl-*sn*-glycerol 1,2- 二氧 -α- 亚麻酰基 -3-*O*-β-D- 吡喃半乳糖基 -*sn*- 甘油 黑茶藨子 Ribes nigrum

1,2-di-*O*-α-linolenoyl-3-*O*-β-D-galactopyranosyl-glycerol 1,2- 二 -*O*-α- 亚麻酰基 -3-*O*-β- 吡喃半乳糖基甘油 马蜂橙 Citrus hystrix

7,4'-di-*O*-β-D-allopyranosylapigenin 7,4'- 二 -*O*-β-D- 吡喃阿洛糖基芹菜苷元 亚欧唐松草 Thalictrum minus, 东亚唐松草 T. minus var. hypoleucum

2,3-di-*O*-β-D-galactosyl-α-D-galactose 2,3- 二 -*O*-β-D- 半乳糖基 -α-D- 半乳糖 狗枣猕猴桃 Actinidia kolomikta

5,7-di-*O*-β-D-glucopyranosyl-2(*S*)-naringenin 5,7- 二 -*O*-β-D- 吡喃葡萄糖基 -2(*S*)- 柚皮苷元 辽细辛 Asarum heterotropoides var. mandshuricum, 大花细辛 A. macranthum

2,7-di-*O*-β-D-glucopyranosyl-2,7-dihydroxy-1,6-dimethyl-9,10,12,13-tetrahydropyrene 2,7- 二 -*O*-β-D- 吡喃葡萄糖基 -2,7- 二羟基 -1,6- 二甲基 -9,10,12,13- 四氢芘 灯心草 Juncus effusus

2',4'-di-*O*-β-D-glucopyranosyl-4,6'-dihydroxychalcone 2',4'- 二 -*O*-β-D- 吡喃葡萄糖基 -4,6'- 二羟基查耳酮 大花细辛 Asarum macranthum

1,2-di-*O*-β-D-glucopyranosyl-4-allylbenzene 1,2- 二 -*O*-β-D- 吡喃葡萄糖基 -4- 烯丙基苯 高良姜 Alpinia officinarum, 假荜拔 Piper retrofractum, 鹊肾树 Streblus asper

6,7-di-*O*-β-D-glucopyranosylesculetin 6,7- 二 -*O*-β-D- 吡喃葡萄糖基七叶树内酯 小蜡 Ligustrum sinense

2-[(2,6-di-*O*-β-D-glucopyranosyl-*O*-benzoyl)methyl]phenyl-β-D-glucopyranoside 2-[(2,6- 二 -*O*-β-D- 吡喃葡萄糖基 -*O*- 苯甲酰基) 甲基] 苯基 -β-D- 吡喃葡萄糖苷 八角枫 Alangium chinense

3',5'-di-*O*-β-D-glucopyranosylphloretin 3',5'- 二 -*O*-β-D- 吡喃葡萄糖基根皮素 草果 Amomum tsaoko

5,7-di-*O*-β-D-glucpyranosylnaringenin 5,7- 二 -*O*-β-D- 吡喃葡萄糖基柚皮苷元 辽细辛 Asarum heterotropoides var. mandshuricum

3,5-di-*O*-β-glucopyranosyl-cyanidin-6''-*O*-4,6'''-*O*-1-cyclicmalate 3,5- 二 -*O*-β- 吡喃葡萄糖基矢车菊素 -6''-*O*-4,6'''-*O*-1- 环苹果酸酯 香石竹 Dianthus caryophyllus

3,5-di-*O*-β-glucopyranosyl-pelargonidin-6''-*O*-4,6'''-*O*-1-cyclicmalate 3,5- 二 -*O*-β- 吡喃葡萄糖基天竺葵素 -6''-*O*-4,6'''-*O*-1- 环苹果酸酯 香石竹 Dianthus caryophyllus

dipalmitin 二棕榈酸甘油酯 红花 Carthamus tinctorius

1,2-dipalmitoyl-3-beta-galactosylglycerol 1,2- 二棕榈酰氧 -3-β- 半乳糖基甘油 块茎山萮菜 Eutrema wasabi

2,3-dipalmitoylglycerol-1-*O*-β-D-galacopyranoside 2,3- 二棕榈酰甘油 -1-*O*-β-D- 吡喃半乳糖苷 人参 Panax ginseng

dipalmitoylphosphatidylcholine 二棕榈酰磷脂酰胆碱 石蒜 Lycoris radiata

4,5-di-*p*-*cis*-coumaroylquinic acid 4,5- 二 - 对 - 顺式 - 香豆酰奎宁酸 蒺藜 Tribulus terrestris

1,3-di-*p*-coumaryl-2-acetylglycerol 1,3- 二 - 对香豆酰 -2- 乙酰甘油 大叶杨 Populus lasiocarpa
dipentadecyl ketone 双十五烷基甲酮 楝 Melia azedarach
dipentene 二戊烯 挥发油成分，未统计基源
dipetalolactone 二瓣花椒内酯▲ 马蜂橙 Citrus hystrix
diphaladine A 扁枝石松定▲A 扁枝石松 Diphasiastrum complanatum, 石松 Lycopodium japonicum
1,1-diphenhydrazine 1,1- 二苯基肼 樟子松 Pinus sylvestris var. mongolica
diphenyl carbonate 碳酸二苯酯 挥发油成分，未统计基源

trans-trans-1,7-diphenyl-1,3-heptadien-4-one 反式 , 反式 -1,7- 二苯基 -1,3- 庚二烯 -4- 酮 印尼莪术 Curcuma zanthorrhiza
trans,trans-1,7-diphenyl-1,3-heptadien-5-ol 反式 , 反式 -1,7- 二苯基 -1,3- 庚二烯 -5- 醇 印尼莪术 Curcuma zanthorrhiza
1,4-diphenyl-1,4-butanedione 1,4- 二苯基 -1,4- 丁二酮 珠芽艾麻 Laportea bulbifera
1,5-diphenyl-1,4-pentadiene 1,5- 二苯基 -1,4- 戊二烯 总状蕨藻 Caulerpa racemosa
trans-1,7-diphenyl-1-hepten-5-ol 反式 -1,7- 二苯基 -1- 庚烯 -5- 醇 印尼莪术 Curcuma zanthorrhiza
1,5-diphenyl-1-pentanone 1,5- 二苯基 -1- 戊酮 狼毒 Stellera chamaejasme
1,5-diphenyl-2(*E*)-penten-1-one 1,5- 二苯基 -2(*E*)- 戊烯 -1- 酮 狼毒 Stellera chamaejasme
2*E*-2,4-diphenyl-2-butenal 2*E*-2,4- 二苯基 -2- 丁烯醛 水粉杯伞 Clitocybe nebularis
1,3-diphenyl-2-propen-1-one 1,3- 二苯基 -2 丙烯 -1- 酮 罗伞 Brassaiopsis glomerulata
(3*S*,5*S*)-*trans*-1,7-diphenyl-3,5-dihydroxy-1-heptene (3*S*,5*S*)- 反式 -1,7- 二苯基 -3,5- 二羟基 -1- 庚烯 草豆蔻 Alpinia hainanensis
(3*R*,5*R*)-1,7-diphenyl-3,5-heptanediol (3*R*,5*R*)-1,7- 二苯基 -3,5- 庚二醇 高良姜 Alpinia officinarum
(*S*)-(+)-1,5-diphenyl-3-hydroxy-1-pentanone (*S*)-(+)-1,5- 二苯基 -3- 羟基 -1- 戊酮 青藏大戟 Euphorbia altotibetica
(4*E*,6*E*)-1,7-diphenyl-4,6-heptadien-3-one (4*E*,6*E*)-1,7- 二苯基 -4,6- 庚二烯 -3- 酮 草豆蔻 Alpinia hainanensis
1,7-diphenyl-4,6-heptadien-3-one 1,7- 二苯基 -4,6- 庚二烯 -3- 酮 草豆蔻 Alpinia hainanensis
trans,trans-1,7-diphenyl-4,6-heptadien-3-one 反式 , 反式 -1,7- 二苯基 -4,6- 庚二烯 -3- 酮 草豆蔻 Alpinia hainanensis
1,7-diphenyl-4*E*-hepten-3-one 1,7- 二苯基 -4 反式 - 庚烯 -3- 酮 高良姜 Alpinia officinarum
2,4-diphenyl-4-methyl-2(*E*)-pentene 2,4- 联苯 -4- 甲基 -2(*E*)- 戊烯 挥发油成分，未统计基源
trans,trans-1,7-diphenyl-5,6-heptadien-3-one 反式 , 反式 -1,7- 二苯基 -5,6- 庚二烯 -3- 酮 草豆蔻 Alpinia hainanensis
trans-1,7-diphenyl-5-hydroxy-1-heptene 反式 -1,7- 二苯基 -5- 羟基 -1- 庚烯 草豆蔻 Alpinia hainanensis
(5*R*)-1,7-diphenyl-5-hydroxy-3-heptanone (5*R*)-1,7- 二苯基 -5- 羟基 -3- 庚酮 高良姜 Alpinia officinarum
1,7-diphenyl-5-hydroxy-4,6-heptadien-3-one 1,7- 二苯基 -5- 羟基 -4,6- 庚二烯 -3- 酮 草豆蔻 Alpinia hainanensis
(5*R*)-*trans*-1,7-diphenyl-5-hydroxy-6-hepten-3-one (5*R*)- 反式 -1,7- 二苯基 -5- 羟基 -6- 庚烯 -3- 酮 草豆蔻 Alpinia hainanensis
(5*S*)-1,7-diphenyl-5-methoxy-3-heptanone (5*S*)-1,7- 二苯基 -5- 甲氧基 -3- 庚酮 高良姜 Alpinia officinarum
diphenylamine 二苯胺 挥发油成分，未统计基源
1,4-diphenylbutanedione 1,4- 二苯基丁二酮 肉桂 Cinnamomum cassia
diphenylethanedione 二苯基乙二酮 挥发油成分，未统计基源
1,7-diphenyl-hept-4-en-3-one 1,7- 二苯基 - 庚 -4- 烯 -3- 酮 高良姜 Alpinia officinarum
1,7-diphenylheptan-3,5-diol 1,7- 二苯基庚烷 -3,5- 二醇 东北桤木 Alnus mandshurica
1,3-diphenylisobenzofuran 1,3- 联苯基异苯并呋喃 皱叶酸模 Rumex crispus
2,5-diphenyloxazole 2,5- 二苯基氧杂唑 腋花山橙 Melodinus axillaris
diphenylpicrylhydrazyl 二苯基苦味酸肼 萹蓄 Polygonum aviculare
2,3-diphenylpyrrole 2,3- 二苯基吡咯 买麻藤 Gnetum montanum
2,4-diphenylpyrrole 2,4- 二苯基吡咯 木藤蓼 Polygonum aubertii
diphosphatidylglycerol 二磷脂酰甘油 黑茶藨子 Ribes nigrum
2',3'-diphosphoryl-1'-propanoxy-*β*-D-glucopyranoside 2',3'- 二磷酰基 -1'- 丙氧基 -*β*-D- 吡喃葡萄糖苷 多脂鳞伞 Pholiota adiposa
diphthiocol 双萘醌酚 凤仙花 Impatiens balsamina
diphyllin 山荷叶素 尖瓣瑞香 Daphne acutiloba, 南方山荷叶 Diphylleia sinensis, 云南八角莲 Dysosma aurantiocaulis, 六角莲 D. pleiantha, 八角莲 D. versipellis, 大叶芸香 Haplophyllum perforatum, 爵床 Justicia procumbens, 方枝守宫木 Sauropus quadrangularis
diphyllin cinnamte 山荷叶素桂皮酸酯 方枝守宫木 Sauropus quadrangularis
diphyllin-1-*O*-*β*-D-apiofuranoside 山荷叶素 -1-*O*-*β*-D- 呋喃芹糖苷 爵床 Justicia procumbens
diphyllin-4-*O*-*β*-D-glucopyranoside 山荷叶素 -4-*O*-*β*-D- 吡喃葡萄糖苷 八角莲 Dysosma versipellis
diphylline 二叶金罂粟碱▲ 大叶芸香 Haplophyllum perforatum
diphyllin-pentosido-hexoside 山荷叶素 - 戊糖苷 - 己糖苷 宿根亚麻 Linum perenne, 野亚麻 L. stelleroides
diphylloside A 二叶淫羊藿苷 A 朝鲜淫羊藿 Epimedium koreanum, 巫山淫羊藿 E. wushanense
diphylloside B 二叶淫羊藿苷 B 粗毛淫羊藿 Epimedium acuminatum, 四川淫羊藿 E. sutchuenense, 巫山淫羊藿 E. wushanense
β-D-(3,4-dipinapoyl)-frucofuranosyl-*R*-D-(6-sinapoyl)-glucopyranoside *β*-D-(3,4- 二芥子酰基)- 呋喃果糖基 -*R*-D-(6- 芥子酰基)- 吡喃葡萄糖苷 萝卜 Raphanus sativus
dipiperamide A 双胡椒酰胺 A 黄花胡椒 Piper flaviflorum, 胡椒 P. nigrum
dipiperamide B, C, E 双胡椒酰胺 B, C, E 胡椒 Piper nigrum
2,3-dipiperonyl-1,4-butanediol 2,3- 二胡椒基 -1,4- 丁二醇 羽叶丁香 Syringa pinnatifolia
diplacone 沟酸浆酮▲ 白花泡桐 Paulownia fortunei, 毛泡桐 P. tomentosa
diplazioside I, II, III, IV, V, VI, VII 双盖蕨苷▲I, II, III, IV, V, VI, VII 单叶双盖蕨 Diplazium subsinuatum

diplazioside VII monoacetate 双盖蕨苷▲VII 单乙酸酯 单叶双盖蕨 Diplazium subsinuatum
diploclisin 秤钩风素▲ 苍白秤钩风 Diploclisia glaucescens
diploflavone 双龙瓣豆黄酮▲ 干花豆 Fordia cauliflora
diploptene 里白烯 单盖铁线蕨 Adiantum monochlamys, 桫椤 Alsophila spinulosa, 过山蕨 Camptosorus sibiricus, 槲蕨 Drynaria roosii, 粗茎鳞毛蕨 Dryopteris crassirhizoma, 肾蕨 Nephrolepis auriculata, 台湾水龙骨 Polypodiodes formosana, 日本水龙骨 P. niponica, 金发藓 Polytrichum commune, 蕤核 Prinsepia uniflora, 华北石韦 Pyrrosia davidii, 石韦 P. lingua, 有柄石韦 P. petiolosa, 庐山石韦 P. sheareri
diplopterol 里白醇 掌叶铁线蕨 Adiantum pedatum, 桫椤 Alsophila spinulosa, 里白 Diplopterygium glaucum, 槲蕨 Drynaria roosii, 粗茎鳞毛蕨 Dryopteris crassirhizoma, 扭瓦韦 Lepisorus contortus, 台湾水龙骨 Polypodiodes formosana, 日本水龙骨 P. niponica
dipoloic acid 小花五桠果醇酸▲ 小花五桠果 Dillenia pentagyna
dippinine A~D 伞房狗牙花匹宁▲A~D 伞房狗牙花 Tabernaemontana corymbosa
2,7-diprenyl-1,3,8-trihydroxy-4-methyl-xanthone 2,7- 二异戊烯基 -1,3,8- 三羟基 -4- 甲基 - 吨酮 莽吉柿 Garcinia mangostana
2,4-diprenyl-1,3,8-trihydroxy-5-methoxyxanthone 2,4- 二异戊烯基 -1,3,8- 三羟基 -5- 甲氧基吨酮 莽吉柿 Garcinia mangostana
6,8-diprenyl-7,4'-dihydroxyflavanone 6,8- 二异戊烯基 -7,4'- 二羟基黄烷酮 云南甘草 Glycyrrhiza yunnanensis
2,8-diprenyl-7-carboxy-1,3-dihydroxyxanthone 2,8- 二异戊烯基 -7- 羧基 -1,3- 二羟基吨酮 莽吉柿 Garcinia mangostana
6,8-diprenylapigenin 6,8- 二异戊烯基芹菜苷元 云南甘草 Glycyrrhiza yunnanensis
6,8-diprenyleriodictyol 6,8- 二异戊烯基圣草酚 锈毛鱼藤 Derris ferruginea, 疏花鱼藤 D. laxiflora
3',5'-diprenylgenistein 3',5'- 二异戊烯基染料木素 毛果锡叶藤 Tetracera scandens
6,8-diprenylgenistein 6,8- 二异戊烯基染料木素 柘树 Cudrania tricuspidata, 伏毛山豆根 Euchresta horsfieldii, 毛果锡叶藤 Tetracera scandens
6,8-diprenylkaempferol 6,8- 二异戊烯基山柰酚 刺桐 Erythrina variegata
6,5'-diprenylluteolin 6,5'- 二戊烯基木犀草素 甘草 Glycyrrhiza uralensis
6,8-diprenylnaringenin 6,8- 二异戊烯基柚皮苷元 象橘 Feronia limonia, 大叶千斤拔 Flemingia macrophylla, 千斤拔 F. philippinensis, 啤酒花 Humulus lupulus
6,8-diprenylorobol 6,8- 二异戊烯基香豌豆酚▲ 柘树 Cudrania tricuspidata, 千斤拔 Flemingia philippinensis, 甘草 Glycyrrhiza uralensis, 厚果崖豆藤 Millettia pachycarpa
8,2'-diprenylquercetin-3-methyl ether 8,2'- 二异戊烯基槲皮素 -3- 甲醚 桃儿七 Sinopodophyllum hexandrum
6,8-diprenylumbelliferone 6,8- 二异戊烯基伞形酮 细叶黄皮 Clausena anisum-olens
dipropyl disulphide 二丙基二硫醚 薤头 Allium chinense, 野葱 A. chrysanthum, 葱 A. fistulosum
dipropyl trisulfide 二丙基三硫醚 挥发油成分，未统计基源
dipsacoside A 天蓝续断苷▲A 忍冬 Lonicera japonica
dipsacoside B 天蓝续断苷▲B 木通 Akebia quinata, 刺楸 Kalopanax septemlobus, 华南忍冬 Lonicera confusa, 水忍冬 L. dasystyla, 忍冬 L. japonica, 灰毡毛忍冬 L. macranthoides, 朝鲜白头翁 Pulsatilla cernua
dipsacus saponin VI 续断皂苷▲VI 败酱 Patrinia scabiosifolia
dipsacus saponin A 续断皂苷▲A 川续断 Dipsacus asperoides, 灰毡毛忍冬 Lonicera macranthoides
dipsacus saponin B, C, J, K 续断皂苷▲B, C, J, K 川续断 Dipsacus asperoides
dipsanoside A~G 续断苷 A~G 川续断 Dipsacus asperoides
dipterinoid A 双扇蕨萜▲A 中华双扇蕨 Dipteris chinensis
dipterocarpol 龙脑香醇 东京樱桃 Cerasus yedoensis, 龙血藤 Daemonorops draco, 阿月浑子 Pistacia vera, 夏栎 Quercus robur
diptoindonesin D 印尼龙脑香素▲D 皱盖假芝 Amauroderma rude
4,5-di-*p*-*trans*-coumaroylquinic acid 4,5- 二 - 对 - 反式 - 香豆酰奎宁酸 蒺藜 Tribulus terrestris
2,4'-dipyridyl 2,4'- 联吡啶 烟草 Nicotiana tabacum
4,4'-dipyridyl 4,4'- 联吡啶 烟草 Nicotiana tabacum
2,5-dirnethylphenol 2,5- 二甲基苯酚 杉木 Cunninghamia lanceolata
(+)-disaminyl ether (+)- 芝麻素醚 芝麻 Sesamum indicum
(-)-discretamine (-)- 稀疏木瓣树胺▲ 排骨灵 Fissistigma bracteolatum
(*S*)-discretamine (*S*)- 稀疏木瓣树胺▲ 白线薯 Stephania brachyandra
l-discretamine *l*- 稀疏木瓣树胺▲ 河谷地不容 Stephania intermedia
discretamine 稀疏木瓣树胺▲ 毛叶假鹰爪 Desmos dumosus, 白叶瓜馥木 Fissistigma glaucescens, 金线吊乌龟 Stephania cephalantha, 小叶地不容 S. succifera
(9,11),(18,19)-disecoolean-12-en-28-oic acid (9,11),(18,19)- 二裂环齐墩果酸 垂叶榕 Ficus benjamina
disemicarbazone polygodial 二缩氨基脲蓼二醛▲ 水蓼 Polygonum hydropiper
cis-3',4'-disenecioyl-3',4'-dihydroseselin 顺式 -3',4'- 二千里光酰基 -3',4'- 二氢邪蒿素 前胡 Peucedanum praeruptorum
cis-3',4'-disenecioylkhellactone 顺式 -3',4'- 双异戊酰阿米芹内酯▲ 前胡 Peucedanum praeruptorum
diseselin A, B 二聚邪蒿素▲A, B 光滑黄皮 Clausena lenis
β-D-(3,4-*O*-disinapoyl)-fructofuranosyl-*α*-D-(6-*O*-sinapoyl)-glucopyranoside *β*-D-(3,4-*O*- 二芥子酰基)- 呋喃果糖基 -*α*-D-(6-*O*- 芥子酰基)- 吡喃葡萄糖苷 蝉翼藤 Securidaca inappendiculata
β-D-(3,4-disinapoyl)fructofuranosyl-*α*-D-(6-sinapoyl)glucopyranoside *β*-D-(3,4- 二芥子酰基) 呋喃果糖基 -*α*-D-(6- 芥子酰基)- 吡喃葡萄糖苷 绿叶甘橿 Lindera neesiana
1,2-disinapoylgentiobiose 1,2- 二芥子酰龙胆二糖 播娘蒿 Descurainia sophia, 葶苈 Draba nemorosa
1,3-disinapoylgentiobiose 1,3- 二芥子酰龙胆二糖 葶苈 Draba nemorosa

1,2-disinapoylglucose 1,2- 二芥子酰葡萄糖 播娘蒿 Descurainia sophia
1,3-disinapoylglucose 1,3- 二芥子酰葡萄糖 播娘蒿 Descurainia sophia
3',6-*O*-disinapoylsucrose 3',6-*O*- 二芥子酰蔗糖 密花远志 Polygala tricornis
3',6-disinapoylsucrose 3',6- 二芥子酰蔗糖 华南远志 Polygala glomerata, 香港远志 P. hongkongensis, 西伯利亚远志 P. sibirica, 远志 P. tenuifolia, 芸香 Ruta graveolens
1,2-disinapoyl-*β*-D-glucopyranoside 1,2- 二芥子酰基 -*β*-D- 吡喃葡萄糖苷 葶苈 Draba nemorosa, 萝卜 Raphanus sativus
1,1'-disinomenine 1,1'- 二青藤碱 风龙 Sinomenium acutum
2,2'-disinomenine 2,2'- 二青藤碱 风龙 Sinomenium acutum
disinomenine 二聚青藤碱 蝙蝠葛 Menispermum dauricum, 风龙 Sinomenium acutum
d-isolaureline *d*- 异月桂碱 北美鹅掌楸 Liriodendron tulipifera
dispegatrine 二聚斯氏白坚木春▲ 萝芙木 Rauvolfia verticillata
disporopsin 竹根七素▲ 散斑竹根七 Disporopsis aspersa, 滇黄精 Polygonatum kingianum, 玉竹 P. odoratum
disporoside A~D 竹根七皂苷▲A~D 深裂竹根七 Disporopsis pernyi
distearin 双硬脂酸甘油酯 弹裂碎米荠 Cardamine impatiens
distichin 落羽杉苷 小花糖芥 Erysimum cheiranthoides
distylin 蚊母树素▲ 蚊母树 Distylium racemosum, 马尾松 Pinus massoniana
disulfuretin 双硫黄菊素 红叶 Cotinus coggygria var. cinerea
disyringin ether 二丁香醚 铁冬青 Ilex rotunda
1,3-di-t-butylbenzene 1,3- 二叔丁基苯 五加 Eleutherococcus nodiflorus var. gracilistylus
7,9-di-tert-butyl-1-oxaspiro(4,5)deca-6,9-diene-2,8-dione 7,9- 二 - 叔丁基 -1- 氧杂螺环 (4,5) 十碳 -6,9- 二烯 -2,8- 酮 挥发油成分，未统计基源
4,6-di-tert-butyl-2-methylphenol 4,6- 二叔丁基 -2- 甲基苯酚 挥发油成分，未统计基源
2,6-di-*tert*-butyl-4,4-dimethyl-2,5-cyclohexadien-1-one 2,6- 二叔丁基 -4- 羟基 -4,4- 二甲基 -2,5- 环己二烯 -1- 酮 挥发油成分，未统计基源
2,6-di-*tert*-butyl-4-hydroxy-4-methyl-2,5-cyclohexadien-1-one 2,6- 二叔丁基 -4- 羟基 -4- 甲基 -2,5- 环己二烯 -1- 酮 挥发油成分，未统计基源
2,6-di-*tert*-butyl-4-methylphenol 2,6- 二 - 叔 - 丁基 -4- 甲基苯酚 挥发油成分，未统计基源
2,6-di-*tert*-butyl-*p*-benzoquinone 2,6- 二叔丁基对醌 挥发油成分，未统计基源
2,6-di-*tert*-butyl-*p*-cresol 2,6- 二叔丁基对甲酚 挥发油成分，未统计基源
2,4-di-*tert*-butylphenol 2,4- 二叔丁基苯酚 挥发油成分，未统计基源
2,6-di-*tert*-butylphenol 2,6- 二叔丁基苯酚 挥发油成分，未统计基源
3,5-di-tert-butylphenol 3,5- 二叔丁基苯酚 挥发油成分，未统计基源
dithermamine 双黄华明 披针叶野决明 Thermopsis lanceolata
2,2'-dithiobisbenzothiazole 2,2'- 二硫二苯并噻唑 过山蕨 Camptosorus sibiricus
3,3''-dithiodipropionate 3,3''- 二硫代二丙酸酯 楝 Melia azedarach
2,2'-dithiodipyridine 2,2'- 二硫基吡啶 陵水暗罗 Polyalthia nemoralis
1*α*,7*α*-ditigloyloxy-3*α*-acetoxyl-12*α*-ethoxylnimbolinin 1*α*,7*α*- 二巴豆酰氧基 -3*α*- 乙酰氧基 -12*α*- 乙氧基印楝波力宁▲ 川楝 Melia toosendan
3*α*,6*β*-ditigloyloxy-7*β*-hydroxytropane 3*α*,6*β*- 双巴豆酰氧基 -7*β*- 羟基托品烷 树番茄 Cyphomandra betacea
3*β*,6*β*-ditigloyloxy-7*β*-hydroxytropane 3*β*,6*β*- 二巴豆酰氧基 -7*β*- 羟基托品烷 树番茄 Cyphomandra betacea
(-)-3*α*,6*β*-ditigloyloxytropane (-)-3*α*,6*β*- 双巴豆酰氧托品烷 洋金花 Datura metel
3,6-ditigloyloxytropane 3,6- 二巴豆酰氧基托品烷 树番茄 Cyphomandra betacea, 木本曼陀罗 Datura arborea
ditigloyloxytropane 二巴豆酰氧基托品烷 洋金花 Datura metel
3*α*,6*β*-ditigloyloxytropane-7-ol 3*α*,6*β*- 双巴豆酰氧托品 -7- 醇 洋金花 Datura metel
diuranthoside A, B, C 鹭鸶草苷 A, B, C 鹭鸶兰 Diuranthera major
divanillyl tetrahydrofuran 二香荚兰基四氢呋喃 台湾含笑 Michelia compressa
2,3-divanillyl-1,4-butanediol 2,3- 二香荚兰基 -1,4- 丁二醇 羽叶丁香 Syringa pinnatifolia
divanillyltetrahydrofuran ferulate 二香荚兰酰四氢呋喃阿魏酸酯 柿 Diospyros kaki
divaric acid 柔扁枝衣瑞酸▲ 柔扁枝衣 Evernia divaricata
divaricataester A 防风酯▲A 桑 Morus alba, 防风 Saposhnikovia divaricata
divaricataester B, C 防风酯▲B, C 防风 Saposhnikovia divaricata
divaricatic acid 柔扁枝衣酸 日本绵腹衣 Anzia japonica, 柔扁枝衣 Evernia divaricata, 扁枝衣 E. mesomorpha, 红盘衣 Ophioparma ventosa, 大叶梅衣 Parmotrema tinctorum
divaricatinic acid 柔扁枝衣尼酸▲ 柔扁枝衣 Evernia divaricata, 大叶梅衣 Parmotrema tinctorum
divaricatol 防风醇▲ 福参 Angelica morii, 拐芹 A. polymorpha, 防风 Saposhnikovia divaricata
divaricin A, C 金挖耳素▲A, C 金挖耳 Carpesium divaricatum
divaricin B 金挖耳素▲B 金挖耳 Carpesium divaricatum, 羊耳菊 Duhaldea cappa
17*H*-divaricoside 17*H*- 羊角拗苷 羊角拗 Strophanthus divaricatus
17*βH*-divaricoside 17*βH*- 羊角拗苷 羊角拗 Strophanthus divaricatus
divaricoside 羊角拗苷 卵萼羊角拗 Strophanthus caudatus, 羊角拗 S. divaricatus
divarine 大果琉璃草碱▲ 大果琉璃草 Cynoglossum divaricatum, 卵叶蓬莱葛 Gardneria ovata

(+)-divaroside (+)- 两歧五加苷 无梗五加 Eleutherococcus sessiliflorus

diversifolide 肿柄菊内酯▲ 肿柄菊 Tithonia diversifolia

diversifolin 肿柄菊素▲ 肿柄菊 Tithonia diversifolia

diversifolol 肿柄菊醇▲ 肿柄菊 Tithonia diversifolia

diversoside 异纹阿魏苷▲ 宽叶羌活 Notopterygium franchetii

diviniferin B 二聚葡萄素 B 网脉葡萄 Vitis wilsoniae

7,8a-divinyl-2,4a,4b,5,6,7,8,8a,9,9a-decahydro-1*H*-fluorene-2,4a,4b,9a-tetraol 7,8a- 二乙烯基 -2,4a,4b,5,6,7,8,8a,9,9a- 十氢 -1*H*- 芴 -2,4a,4b,9a-四醇 东北土当归 Aralia cantinentalis

17*β**H*-divostroside 17*β**H*- 羊角拗异苷 羊角拗 Strophanthus divaricatus

divostroside 羊角拗异苷 羊角拗 Strophanthus divaricatus

4,6-diyne-1,8-diol-2,9-decadiene 4,6- 二炔基 -1,8- 二醇 -2,9- 十二烯 有齿鞘柄木 Toricellia angulata var. intermedia

4,6-diyne-1,8-diol-2-decene 4,6- 二炔基 -1,8- 二醇 -2- 癸烯 有齿鞘柄木 Toricellia angulata var. intermedia

5,5'-di-*α*-furaldehyde dimethyl ether 5,5'- 二呋喃醛基二甲醚 金荞麦 Fagopyrum dibotrys

di-*α*-phosphatidylcholine 二 -*α*- 磷脂酰胆碱 华黄耆 Astragalus chinensis

3',5'-di-*β*-D-glucopyranosylphloretin 3',5'- 二 -*β*-D- 吡喃葡萄糖基根皮素 枣 Ziziphus jujuba

dmetelin A~D 洋金花林素▲A~D 洋金花 Datura metel

dobinin A, B, C 羊角天麻素 A, B, C 羊角天麻 Dobinea delavayi

dobiniside A 羊角天麻苷 A 羊角天麻 Dobinea delavayi

n-docos-11-enoic acid 正二十二碳 -11- 烯酸 绿穗苋 Amaranthus hybridus

(*Z*)-4-(docos-13-enoyloxy)benzoic acid (*Z*)-4-(二十烷 -13- 烯酰氧基)- 苯甲酸 榅桲 Cydonia oblonga

5-[1'-(docosa-2'*E*,5'*E*-dienyl)]-1,4-dioxin-2,3-dione 5-[1'-(二十二碳 -2'*E*,5'*E*- 二烯基)]-1,4- 二氧杂芑 -2,3- 二酮 散沫花 Lawsonia inermis

docosahexaenoic acid; DHA 二十二碳六烯酸 马齿苋 Portulaca oleracea

docosane 二十二烷 挥发油成分，未统计基源

n-docosane 正二十二烷 挥发油成分，未统计基源

docosanoic acid 二十二酸 挥发油成分，未统计基源

1,2-docosanoic acid diester-propanetriol 丙三醇 -1,2- 二十二酸二酯 杉木 Cunninghamia lanceolata

docosanoic acid oxiranylmethyl ester 二十二酸环氧乙烷甲酯 天麻 Gastrodia elata

docosanoic acid-2,3-dihydroxypropyl ester 二十二酸 -2,3- 二羟基丙酯 锡金岩黄耆 Hedysarum sikkimense

1-docosanoic acid-2,3-propanediol ester 1- 二十二酸 -2,3- 丙二醇酯 杉木 Cunninghamia lanceolata

1-docosanol 1- 二十二醇 雪岭云杉 Picea schrenkiana

docosanol 二十二醇 挥发油成分，未统计基源

1-docosanoyl-2,3-isopropylideneglycerol 1- 二十二酰基 -2,3- 异亚丙基甘油 甘草 Glycyrrhiza uralensis

8-docosanoyl-benzoylaconine 8- 二十二烷酰基 - 苯甲酰乌头原碱 乌头 Aconitum carmichaelii

docosanyl *trans*-4'-hydroxycinnamate 反式 -4'- 羟基桂皮酸二十二酯 红花山竹子 Corethrodendron multijugum

6-*cis*-docosenamide 6- 顺式 - 芥酸酰胺 紫参 Rubia yunnanensis

docosenamide 二十二烯酰胺 挥发油成分，未统计基源

1-docosene 1- 二十二烯 挥发油成分，未统计基源

docosenoic acid 二十二烯酸 挥发油成分，未统计基源

docosyl caffeate 咖啡酸二十二酯 小叶云实 Caesalpinia millettii, 芫花 Daphne genkwa, 唐古特瑞香 D. tangutica, 车桑子 Dodonaea viscosa, 山豆根 Euchresta japonica, 胀果甘草 Glycyrrhiza inflata, 甘草 G. uralensis, 花木蓝 Indigofera kirilowii

docosyl ferulate 阿魏酸二十二酯 积雪草 Centella asiatica, 剑叶龙血树 Dracaena cochinchinensis, 头花蓼 Polygonum capitatum

n-docosyl ferulate 阿魏酰二十二醇酯 石斛 Dendrobium nobile

cis-docosyl ferulate 顺式 - 阿魏酰二十二醇酯 小连翘 Hypericum erectum

docosyl hexylate 己酸二十二酯 砂仁 Amomum villosum

docosyl *trans*-caffeate 反式 - 咖啡酸二十二酯 无叶假木贼 Anabasis aphylla, 毛瑞香 Daphne kiusiana var. atrocaulis

docosyl *trans*-ferulate 反式 - 阿魏酸二十二酯 黄樟 Cinnamomum parthenoxylon, 黄杞 Engelhardia roxburghiana, 小连翘 Hypericum erectum, 莲叶橐吾 Ligularia nelumbifolia, 珠子参 Panax japonicus var. major, 海南青牛胆 Tinospora hainanensis

(*E*)-docosyl-3-(4-hydroxy-3-methoxyphenyl) acrylate (*E*)- 二十二烷基 -3-(4- 羟基 -3- 甲氧基苯基) 丙烯酸酯 青杞 Solanum septemlobum

(*E*)-docosyl-3,4-dihydroxycinnamate (*E*)- 二十二烷基 -3,4- 二羟基桂皮酸酯 大黄橐吾 Ligularia duciformis

docosyl-3,4-dihydroxy-*trans*-cinnamate 二十二烷基 -3,4- 二羟基 - 反式 - 桂皮酸酯 宽苞水柏枝 Myricaria bracteata, 革叶荛花 Wikstroemia scytophylla

(*E*)-docosyl-3-methoxy-4-hydroxyferulate (*E*)- 二十二烷基 -3- 甲氧基 -4- 羟基阿魏酸酯 大黄橐吾 Ligularia duciformis

docosylferulate 二十二醇阿魏酸酯 白英 Solanum lyratum

cis-3,*cis*-5-dodecadien-1-ol 顺式 -3, 顺式 -5- 十二碳二烯 -1- 醇 挥发油成分，未统计基源

(*Z*,*Z*)-6,9-dodecadien-4-olide (*Z*,*Z*)-6,9- 十二碳二烯 -4- 内酯 晚香玉 Polianthes tuberosa

2,4-dodecadienamide 2,4- 十二碳二烯酰胺 假蒟 Piper sarmentosum

2,10-dodecadiene-4,6,8-triyn-1-ol 2,10- 十二碳二烯 -4,6,8- 三炔 -1- 醇 欧亚矢车菊 Centaurea ruthenica

[(2*E*,4*E*)-dodecadienoyl]-*N*-isobutylamide [(2*E*,4*E*)- 十二碳二烯酰基]-*N*- 异丁基酰胺 胡椒 Piper nigrum

[(2*E*,4*E*)-dodecadienoyl]pyrrolidine [(2*E*,4*E*)- 十二碳二烯酰] 吡咯烷 胡椒 Piper nigrum

1-[(2*E*,4*E*)-2,4-dodecadienoyl]pyrrolidine 1-[(2*E*,4*E*)-2,4- 十二碳二烯酰基] 吡咯烷 芦叶蒟 Piper boehmeriifolium
cis-3,*cis*-5-dodecadienyl acetate 顺式 -3, 顺式 -5- 十二碳二烯酰乙酸酯 挥发油成分，未统计基源
(2*E*,4*E*)-(1*R*,3*R*,4*R*,4a*R*,4b*S*,5a*R*,6*S*,6a*S*,9a*S*,9b*R*)-1,2,3,4,4a,4b,5a,6,6a,7,9a,9b-dodecahydro-4,6,6a,9b-tetrahydroxy-5a-(hydroxymethyl)-1,8-dimethyl-3-(1-methylethenyl)-7-oxobenz[7,8]azuleno[5,6-b]oxiren-3-yl-2,4-pentadecadienoic acid ester (2*E*,4*E*)-(1*R*,3*R*,4*R*,4a*R*,4b*S*,5a*R*,6*S*,6a*S*,9a*S*,9b*R*)-1,2,3,4,4a,4b,5a,6,6a,7,9a,9b- 十二氢 -4,6,6a,9b- 四羟基 -5a-(羟甲基)-1,8- 二甲基 -3-(1- 甲基乙烯基)-7- 氧杂苯并 [7,8] 薁并 [5,6-b] 环氧乙烷 -3- 基 -2,4- 十五碳二烯酸酯 狼毒 Stellera chamaejasme
1(6),11(12),13(14),1'(6'),11'(12'),13'(14')-dodecahydro-*β*-caroten-4*β*,4'*β*-diol-4*β*-L-arabinopyranosyl-(2a→1b)-*β*-L-arabinopyranosyl-(2b→1c)-*β*-D-arabinopyranosido-4'*β*-L-arabinopyranosyl-(2d → 1e)-*β*-L-arabinopyranosyl-(2e → 1f)-*β*-D-arabinopyranoside 1(6),11(12),13(14),1'(6'),11'(12'),13'(14')- 十二氢 -*β*- 胡萝卜烯 -4*β*,4'*β*- 二醇 -4*β*-L- 吡喃阿拉伯糖基 -(2a → 1b)-*β*-L- 阿拉伯糖基 -(2b → 1c)-*β*-D- 阿拉伯糖苷 -4'*β*-L- 阿拉伯糖基 -(2d → 1e)-*β*-L- 阿拉伯糖基 -(2e → 1f)-*β*-D- 阿拉伯糖苷 枸杞 Lycium chinense
(*Z*,*Z*,*Z*,*Z*,*Z*,*Z*,*Z*,*Z*,*Z*,*Z*,*E*,*E*)-3,7,11,15,19,23,27,31,35,39,43,47-dodecamethyl-2,6,10,14,18,22,26,30,34,38,42,46-octatetracontadodecaen-1-ol (*Z*,*Z*,*Z*,*Z*,*Z*,*Z*,*Z*,*Z*,*Z*,*Z*,*E*,*E*)-3,7,11,15,19,23,27,31,35,39,43,47- 十二甲基 -2,6,10,14,18,22,26,30,34,38,42,46- 十二异戊烯 -1- 醇 红瓜 Coccinia grandis
dodecanal 十二醛 挥发油成分，未统计基源
dodecane 十二烷 挥发油成分，未统计基源
n-dodecane 正十二烷 挥发油成分，未统计基源
dodecanoic acid 十二酸 挥发油成分，未统计基源
dodecanoic acid methyl ester 十二酸甲酯 挥发油成分，未统计基源
1-dodecanol 1- 十二醇 挥发油成分，未统计基源
6-dodecanol 6- 十二醇 西洋参 Panax quinquefolius
5-dodecanolide 5- 癸内酯 挥发油成分，未统计基源
6-dodecanone 6- 十二酮 槲蕨 Drynaria roosii
3*β*-dodecanoyl-28-hydroxylolean-18-ene 3*β*- 十二酰基 -28- 羟基 - 齐墩果 -18- 烯 蒙古鸦葱 Scorzonera mongolica
3-dodecanoyloxy-2-isobutyryloxy-4-methylpentanoic acid 3- 月桂酰氧基 -2- 异丁酰氧基 -4- 甲基戊酸 毛梗豨莶 Sigesbeckia glabrescens
dodecanyl oroxylopterocarpan 十二烷基木蝴蝶紫檀烷 木蝴蝶 Oroxylum indicum
5-dodecanyl-4-hydroxy-4-methyl-2-cyclopentenone 5- 十二烷基 -4- 羟基 -4- 甲基 -2- 环戊烯酮 樟 Cinnamomum camphora
1,6,10-dodecatrien-3-ol 1,6,10- 十二碳三烯 -3- 醇 挥发油成分，未统计基源
5*Z*,7*E*-dodecatriene 5*Z*,7*E*- 十二碳三烯 挥发油成分，未统计基源
2,4,10-dodecatriene-6,8-diynal 2,4,10- 十二碳三烯 -6,8- 二炔醛 欧亚矢车菊 Centaurea ruthenica
1-[(2*E*,4*E*,6*E*)-2,4,6-dodecatrienoyl]-pyrrolidine 1-[(2*E*,4*E*,6*E*)-2,4,6- 十二碳三烯酰基] 吡咯烷 芦叶蒟 Piper boehmeriifolium
(*Z*)-9-dodecen-12-olide (*Z*)-9- 十二碳烯 -12- 内酯 挥发油成分，未统计基源
11-dodecen-1-al 11- 十二烯 -1- 醛 挥发油成分，未统计基源
3-dodecen-1-yne 3- 十二烯 -1- 炔 臭冷杉 Abies nephrolepis
(*Z*)-6-dodecen-4-olide (*Z*)-6- 十二烯 -4- 内酯 晚香玉 Polianthes tuberosa
2-dodecenal 2- 十二烯醛 挥发油成分，未统计基源
2-dodecene-4,6,8,10-tetrayn-1-ol 2- 十二碳烯 -4,6,8,10- 四炔 -1- 醇 欧亚矢车菊 Centaurea ruthenica
2-dodecene-4,6,8,10-tetraynal 2- 十二碳烯 -4,6,8,10- 四炔醛 欧亚矢车菊 Centaurea ruthenica
3(*Z*)-dodecenedioic acid 3(*Z*)- 十二碳烯双酸 北枳椇 Hovenia dulcis
cis-4-dodecenoic acid 顺式 -4- 十二烯酸 挥发油成分，未统计基源
(2*E*,3*R*,4*R*)-2-(11-dodecenylidene)-3-hydroxy-4-methoxy-4-methylbutanolide (2*E*,3*R*,4*R*)-2-(11- 十二烯亚基)-3- 羟基 -4- 甲氧基 -4- 甲基丁内酯 三桠乌药 Lindera obtusiloba
(2*Z*,3*S*,4*S*)-2-(11-dodecenylidene)-3-hydroxy-4-methylbutanolide (2*Z*,3*S*,4*S*)-2-(11- 十二烯亚基)-3- 羟基 -4- 甲基丁内酯 三桠乌药 Lindera obtusiloba
(3*S*,2*E*)-2-(11-dodecenylidene)-3-methoxy-4-methylenebutanolide (3*S*,2*E*)-2-(11- 亚十二烯基)-3- 甲氧基 -4- 亚甲基丁内酯 山胡椒 Lindera glauca
n-dodecyl alcohol 正十二醇 挥发油成分，未统计基源
dodecyl caffeate 咖啡酸十二酯 越南槐 Sophora tonkinensis
4-dodecyl-1,2-benzenediol 4- 十二烷基 -1,2- 苯二酚 马鞭草 Verbena officinalis
2-dodecylcyclobutanone 2- 十二烷基环丁酮 腰果 Anacardium occidentale
dodecyl-oxirane 十二烷基环氧乙烷 挥发油成分，未统计基源
9-dodecyltetradecahydrophenanthrene 9- 十二烷基十四氢菲 挥发油成分，未统计基源
(3*S*,2*E*)-2-(11-dodecynylidene)-3-methoxy-4-methylenebutanolide (3*S*,2*E*)-2-(11- 亚十二炔基)-3- 甲氧基 -4- 亚甲基丁内酯 山胡椒 Lindera glauca
dodoneaside A, B 车桑子苷 ▲A, B 车桑子 Dodonaea viscosa
dodonic acid 车桑子尼酸 ▲ 车桑子 Dodonaea viscosa
dodonolide 车桑子内酯 ▲ 车桑子 Dodonaea viscosa
dodonoside A, B 车桑子诺苷 ▲A, B 车桑子 Dodonaea viscosa
dodoviscin A~J 车桑子素 A~J 车桑子 Dodonaea viscosa
dodovislactone A, B 车桑子维内酯 ▲A, B 车桑子 Dodonaea viscosa

dodovisone A~D 车桑子酮▲A~D 车桑子 Dodonaea viscosa
(1*R*,3*E*,7*E*,10*S*,11*S*,12*R*)-dolabella-3,7-dien-10,18-diol (1*R*,3*E*,7*E*,10*S*,11*S*,12*R*)- 海兔 -3,7- 二烯 -10,18- 二醇 米仔兰 Aglaia odorata
(1*R*,3*E*,7*E*,11*S*,12*R*)-dolabella-3,7-dien-18-ol (1*R*,3*E*,7*E*,11*S*,12*R*)- 海兔 -3,7- 二烯 -18- 醇 米仔兰 Aglaia odorata
(1*R*,3*E*,7*R*,11*S*,12*R*)-dolabella-3,8(17)-dien-7,18-diol (1*R*,3*E*,7*R*,11*S*,12*R*)- 海兔 -3,8(17)- 二烯 -7,18- 二醇 米仔兰 Aglaia odorata
(1*R*,3*R*,7*E*,11*S*,12*R*)-dolabella-4(16),7,18-trien-3-ol (1*R*,3*R*,7*E*,11*S*,12*R*)- 海兔 -4(16),7,18- 三烯 -3- 醇 米仔兰 Aglaia odorata
(1*R*,3*R*,7*E*,11*S*,12*R*)-dolabella-4(16),7-dien-3,18-diol (1*R*,3*R*,7*E*,11*S*,12*R*)- 海兔 -4(16),7- 二烯 -3,18- 二醇 米仔兰 Aglaia odorata
(1*R*,3*S*,7*E*,11*S*,12*R*)-dolabella-4(16),7-dien-3,18-diol (1*R*,3*S*,7*E*,11*S*,12*R*)- 海兔 -4(16),7- 二烯 -3,18- 二醇 米仔兰 Aglaia odorata
dolabellin 截尾海兔素▲ 巨大鞘丝藻 Lyngbya majuscula
(5*S**,8*S**,9*S**,10*R**,13*S**)-dolabr-3-ene-15,16-diol (5*S**,8*S**,9*S**,10*R**,13*S**)- 斧松 -3- 烯 -15,16- 二醇 角果木 Ceriops tagal
(5*S**,8*S**,9*S**,10*R**,13*S**)-dolabr-4(18)-ene-15,16-diol (5*S**,8*S**,9*S**,10*R**,13*S**)- 斧松 -4(18)- 烯 -15,16- 二醇 角果木 Ceriops tagal
ent-5*α*-dolabr-4(18)-ene-15*S*,16-diol 对映 -5*α*- 斧松 -4(18)- 烯 -15*S*,16- 二醇 角果木 Ceriops tagal
dolabradiene 罗汉柏二烯 挥发油成分，未统计基源
dolaconine 嘟啦碱 弯喙乌头 Aconitum campylorrhynchum, 苍山乌头 A. contortum, 丽江乌头 A. forrestii
dolastatin 12, 16, 3, G 截尾海兔抑素▲12, 16, 3, G 巨大鞘丝藻 Lyngbya majuscula
dolichocymboside A, B, C 长舟马先蒿苷▲A, B, C 长舟马先蒿 Pedicularis dolichocymba
dolichocymboside D 长舟马先蒿苷▲D 长舟马先蒿 Pedicularis dolichocymba, 炮仗竹 Russelia equisetiformis
dolicholide 镰扁豆内酯▲ 扁豆 Lablab purpureus
dolineone 扁豆酮 豆薯 Pachyrhizus erosus
doliroside A 镰扁豆苷▲A 镰扁豆 Dolichos trilobus
dolomiaeasin A, B 川木香素▲A, B 川木香 Dolomiaea souliei
(-)-domesticine (-)- 南天竹碱 山延胡索 Corydalis solida
domesticine 南天竹碱 南天竹 Nandina domestica
domoic acid 软骨藻酸 树状软骨藻 Chondria armata
domoilactone A, B 软骨藻内酯 A, B 树状软骨藻 Chondria armata
donasine 芦竹辛 芦竹 Arundo donax
donaxanine 芦竹赛宁▲ 芦竹 Arundo donax
donaxaridine 芦竹瑞定▲ 芦竹 Arundo donax
donaxarine 芦竹灵 芦竹 Arundo donax
donaxine 芦竹碱 芦竹 Arundo donax, 虉草 Phalaris arundinacea
donbutocin 田方骨四醇素▲ 田方骨 Goniothalamus donnaiensis
dongbeinine 东贝宁 东贝母 Fritillaria thunbergii var. chekiangensis
dongbeirine 东贝素 东贝母 Fritillaria thunbergii var. chekiangensis
donglingine 冬凌草碱 冬凌草 Isodon rubescens
dongnoside A~E 剑麻东皂苷 A~E 剑麻 Agave sisalana
donhepocin 田方骨七醇素▲ 田方骨 Goniothalamus donnaiensis
donhexocin 田方骨六醇素▲ 田方骨 Goniothalamus donnaiensis
donine 芦竹宁▲ 芦竹 Arundo donax
donnaienin A~D 田方骨素▲A~D 田方骨 Goniothalamus donnaiensis
(-)-dopa (-)- 多巴 蚕豆 Vicia faba
(*R*)-*β*-dopa (*R*)-*β*- 多巴胺 紫绒丝膜菌 Cortinarius violaceus
L-DOPA L- 多巴 白花油麻藤 Mucuna birdwoodiana, 黄毛黧豆 M. bracteata, 大果油麻藤 M. macrocarpa, 刺毛黧豆 M. pruriens, 黧豆 M. pruriens var. utilis, 常春油麻藤 M. sempervirens
dopa 多巴 马齿苋 Portulaca oleracea
dopamine 多巴胺 牛心番荔枝 Annona reticulata, 青葙 Celosia argentea, 马齿苋 Portulaca oleracea, 阳芋 Solanum tuberosum
dopamine-betaxanthin 多巴胺 - 甜菜黄素 厚皮菜 Beta vulgaris var. cicla, 鸡冠花 Celosia cristata
dopaol 多巴醇 花曲柳 Fraxinus chinensis subsp. rhynchophylla
doriasenine 多里亚千里光碱▲ 林荫千里光 Senecio nemorensis
dormantinol 藜芦芽醇▲ 毛叶藜芦 Veratrum grandiflorum
doronine 多榔菊碱 一点红 Emilia sonchifolia
dorsmanin I 曼尼琉桑素▲I 锈毛鱼藤 Derris ferruginea, 千斤拔 Flemingia philippinensis
dorspoinsettifolin 一品红叶琉桑素▲ 厚果崖豆藤 Millettia pachycarpa
(+)-dorsteniol (+)- 琉桑醇▲ 台湾前胡 Peucedanum formosanum
doryphornine 香皮茶宁碱 蝙蝠葛 Menispermum dauricum
dotetracont-15-en-9-ol 四十二烷 -15- 烯 -9- 醇 洋紫荆 Bauhinia variegata
n-dotetracontanoic acid 正四十二酸 假地蓝 Crotalaria ferruginea
dothiorelone B 小穴壳菌酮▲B 红茄苳 Rhizophora mucronata
dotorioside II 麻栎苷▲II 牛叠肚 Rubus crataegifolius
n-dotriacont-10-ene 正三十二碳 -10- 烯 胡卢巴 Trigonella foenum-graecum
dotriacontane 三十二烷 挥发油成分，未统计基源

n-dotriacontane 正三十二烷 黑面神 Breynia fruticosa
(6*R*,8*S*)-dotriacontanediol (6*R*,8*S*)- 三十二烷二醇 红花 Carthamus tinctorius
(7*R*,9*S*)-dotriacontanediol (7*R*,9*S*)- 三十二烷二醇 红花 Carthamus tinctorius
dotriacontanoic acid 三十二酸 挥发油成分，未统计基源
n-dotriacontanoic acid 正三十二酸 杏香兔儿风 Ainsliaea fragrans, 假地蓝 Crotalaria ferruginea, 槲蕨 Drynaria roosii, 猪毛菜 Salsola collina
1-dotriacontanol 1- 三十二醇 木竹子 Garcinia multiflora, 雪岭云杉 Picea schrenkiana, 大叶蒟 Piper laetispicum
dotriacontanol 三十二醇 水苋菜 Ammannia baccifera, 卵叶巴豆 Croton caudatus, 菊三七 Gynura japonica, 蜂巢草 Leucas aspera, 樟子松 Pinus sylvestris var. mongolica

n-dotriacontanol 正三十二醇 小叶地锦 Euphorbia heyneana, 瓜子金 Polygala japonica, 驼蹄瓣 Zygophyllum fabago
dotriacontanyl acetate 三十二烷基乙酸酯 柽柳 Tamarix chinensis
dotriacontanyl palmitate 三十二醇棕榈酸酯 假人参 Panax pseudoginseng
trans-dotriacontyl-coumarate 反式 - 香豆酸三十二酯 蓬子菜 Galium verum
douglanin 道氏蒿素 蒌蒿 Artemisia selengensis, 刺苍耳 Xanthium spinosum
doviscogenin 车桑子苷元▲ 车桑子 Dodonaea viscosa
D-pantothenic acid D- 泛酸 樟叶西番莲 Passiflora laurifolia
D-primeversylgenkwanine D- 樱草糖基芫花宁素▲ 了哥王 Wikstroemia indica
drabanemoroside 葶苈苷▲ 播娘蒿 Descurainia sophia, 葶苈 Draba nemorosa
dracaenogenin A, B 龙血树苷元 A, B 剑叶龙血树 Dracaena cochinchinensis
dracaenoside A~R 龙血树苷▲A~R 剑叶龙血树 Dracaena cochinchinensis
dracagenin A 柬埔寨龙血树皂苷▲A 柬埔寨龙血树 Dracaena cambodiana
dracocephaloside 青兰苷▲ 多节青兰 Dracocephalum nodulosum, 千斤拔 Flemingia philippinensis, 沙生蜡菊 Helichrysum arenarium
2*R*, 5''*R*-dracocephin A 2*R*, 5''*R*- 青兰素▲A 毛建草 Dracocephalum rupestre
2*R*, 5''*S*-dracocephin A 2*R*, 5''*S*- 青兰素▲A 毛建草 Dracocephalum rupestre
2*S*, 5''*R*-dracocephin A 2*S*, 5''*R*- 青兰素▲A 毛建草 Dracocephalum rupestre
2*S*, 5''*S*-dracocephin A 2*S*, 5''*S*- 青兰素▲A 毛建草 Dracocephalum rupestre
2*R*, 5''*R*-dracocephin B 2*R*, 5''*R*- 青兰素▲B 毛建草 Dracocephalum rupestre
2*R*, 5''*S*-dracocephin B 2*R*, 5''*S*- 青兰素▲B 毛建草 Dracocephalum rupestre
2*S*, 5''*R*-dracocephin B 2*S*, 5''*R*- 青兰素▲B 毛建草 Dracocephalum rupestre
2*S*, 5''*S*-dracocephin B 2*S*, 5''*S*- 青兰素▲B 毛建草 Dracocephalum rupestre
2*R*, 5''*R*-dracocephin C 2*R*, 5''*R*- 青兰素▲C 毛建草 Dracocephalum rupestre
2*R*, 5''*S*-dracocephin C 2*R*, 5''*S*- 青兰素▲C 毛建草 Dracocephalum rupestre
2*S*, 5''*R*-dracocephin C 2*S*, 5''*R*- 青兰素▲C 毛建草 Dracocephalum rupestre
2*S*, 5''*S*-dracocephin C 2*S*, 5''*S*- 青兰素▲C 毛建草 Dracocephalum rupestre
2*R*, 5''*R*-dracocephin D 2*R*, 5''*R*- 青兰素▲D 毛建草 Dracocephalum rupestre
2*R*, 5''*S*-dracocephin D 2*R*, 5''*S*- 青兰素▲D 毛建草 Dracocephalum rupestre
2*S*, 5''*R*-dracocephin D 2*S*, 5''*R*- 青兰素▲D 毛建草 Dracocephalum rupestre
2*S*, 5''*S*-dracocephin D 2*S*, 5''*S*- 青兰素▲D 毛建草 Dracocephalum rupestre
dracoflavan A 血竭黄烷 A 龙血藤 Daemonorops draco
draconic acid 大茴香酸 银叶巴豆 Croton cascarilloides, 越南巴豆 C. kongensis
draconin A, B 龙血树宁 A, B 龙血藤 Daemonorops draco
draconin C 龙血树宁 C 海枣 Phoenix dactylifera
dracooxepine 血竭二氧杂庚醚 龙血藤 Daemonorops draco
dracoresino tannol 血竭树脂鞣醇 龙血藤 Daemonorops draco
dracorhodin 血竭素 龙血藤 Daemonorops draco
dracorubin 血竭红素 龙血藤 Daemonorops draco
dracotanoside A~D 甘青青兰苷▲A~D 甘青青兰 Dracocephalum tanguticum
dracunculin 龙蒿林素▲ 菴蔺 Artemisia keiskeana
dragomabin 龙口湾鞘丝藻宾▲ 巨大鞘丝藻 Lyngbya majuscula
dragonamide A, B, E 龙口湾鞘丝藻酰胺▲A, B, E 巨大鞘丝藻 Lyngbya majuscula
drahebenine 异叶青兰宁碱▲ 白花枝子花 Dracocephalum heterophyllum
drahebephin A, B 异叶青兰芬碱▲A, B 白花枝子花 Dracocephalum heterophyllum
drebyssogenin G 阿比西尼亚南山藤苷元▲G 南山藤 Dregea volubilis
drebyssogenin J 阿比西尼亚南山藤苷元▲J 球兰 Hoya carnosa
dregamine 德氏伏康树胺▲ 药用狗牙花 Tabernaemontana bovina, 伞房狗牙花 T. corymbosa, 狗牙花 T. divaricata, 平脉狗牙花 T. pandacaqui
dregealol 南山藤醇▲ 南山藤 Dregea volubilis
dregeana 1 德氏鹧鸪花素▲1 山楝 Aphanamixis polystachya
dregeanin 南山藤宁▲ 南山藤 Dregea volubilis
dregeoside 南山藤苷▲ 贯筋藤 Dregea sinensis var. corrugata
dregeoside A 南山藤苷▲A 贯筋藤 Dregea sinensis var. corrugata

dregeoside A_{11}, Aal 南山藤苷▲A_{11}, Aal 南山藤 Dregea volubilis
dregeoside A_{01} 南山藤苷▲A_{01} 南山藤 Dregea volubilis, 球兰 Hoya carnosa
dregeoside Ap_1 南山藤苷▲Ap_1 南山藤 Dregea volubilis, 球兰 Hoya carnosa
dregeoside B, C 南山藤苷▲B, C 贯筋藤 Dregea sinensis var. corrugata
dregeoside C_{11} 南山藤苷▲C_{11} 南山藤 Dregea volubilis
dregeoside D 南山藤苷▲D 苦绳 Dregea sinensis
dregeoside Da_1, Dp_1 南山藤苷▲Da_1, Dp_1 南山藤 Dregea volubilis
dregeoside E 南山藤苷▲E 苦绳 Dregea sinensis
dregeoside Ga_1, Gp_1, H, Ka_1, Kp_1 南山藤苷▲Ga_1, Gp_1, H, Ka_1, Kp_1 南山藤 Dregea volubilis
dregoside A 南山藤勾苷▲A 南山藤 Dregea volubilis
dresgenin 苦绳苷元 贯筋藤 Dregea sinensis var. corrugata
dresibioside 苦绳双糖苷 苦绳 Dregea sinensis
dresigenin A, B 苦绳苷元 A, B 苦绳 Dregea sinensis
dresioside I 苦绳苷 I 苦绳 Dregea sinensis
dresitetraoside 苦绳四糖苷 苦绳 Dregea sinensis
dresitrioside 苦绳三糖苷 苦绳 Dregea sinensis
drevogenin I, II 南山藤伏苷元▲I, II 贯筋藤 Dregea sinensis var. corrugata
drevogenin A 南山藤伏苷元▲A 南山藤 Dregea volubilis, 球兰 Hoya carnosa
drevogenin D 南山藤伏苷元▲D 南山藤 Dregea volubilis
drevogenin P 南山藤伏苷元▲P 球兰 Hoya carnosa
drevogenin Q 南山藤伏苷元▲Q 通光藤 Marsdenia tenacissima
drevoside A~D 南山藤伏苷▲A~D 南山藤 Dregea volubilis
drimane 林仙烷▲ 水蓼 Polygonum hydropiper
drimartol B 林仙蒿醇▲B 中亚阿魏 Ferula jaeschkeana
7-drimen-11-ol 7-辛辣木烯-11-醇 光叶马鞍树 Maackia tenuifolia
7-drimen-3β,11-diol-3-*O*-β-D-glucopyranoside 7-林仙烯-3β,11-二醇-3-*O*-β-D-吡喃葡萄糖苷 见血封喉 Antiaris toxicaria
drimendiol 林仙烯二醇▲ 水蓼 Polygonum hydropiper
drimene 林仙烯▲ 草果药 Hedychium spicatum
drimenin 林仙烯宁▲ 海芙蓉 Limonium wrightii
drimenol 林仙烯醇▲ 挥发油成分，未统计基源
droserone 茅膏菜酮 茅膏菜 Drosera peltata, 紫花丹 Plumbago indica, 白花丹 P. zeylanica
droserone-5-*O*-glucopyranoside 茅膏菜酮-5-*O*-吡喃葡萄糖苷 圆叶茅膏菜 Drosera rotundifolia
droserone-5-*O*-β-D-glucopyranoside 茅膏菜酮-5-*O*-β-D-吡喃葡萄糖苷 茅膏菜 Drosera peltata
15α-droxycimicidol-3-*O*-β-D-xylopyranoside 15α-羟基升麻二醇-3-*O*-β-D-吡喃木糖苷 升麻 Cimicifuga foetida
drummondol 德氏田菁醇▲ 辣椒 Capsicum annuum, 假酸浆 Nicandra physalodes, 云南九节 Psychotria yunnanensis, 狗筋蔓 Silene baccifera, 龙葵 Solanum nigrum
drummondol-11-*O*-β-D-glucopyranoside 德氏田菁醇▲-11-*O*-β-D-吡喃葡萄糖苷 狗筋蔓 Silene baccifera
drupacine 核果三尖杉碱▲ 三尖杉 Cephalotaxus fortunei, 高山三尖杉 C. fortunei var. alpina, 贡山三尖杉 C. lanceolata, 海南粗榧 C. mannii, 粗榧 C. sinensis
drynaether A 槲蕨醚▲A 团叶槲蕨 Drynaria bonii
dryobalanolide 龙脑香内酯 赤桉 Eucalyptus camaldulensis
dryobalanone 龙脑香二醇酮 葡萄柚 Citrus paradisi
dryocrassin 东北贯众素 苏铁蕨 Brainea insignis, 紫萁 Osmunda japonica, 狗脊蕨 Woodwardia japonica, 单芽狗脊蕨 W. unigemmata
dryocrassin ABBA, ABBP 东北贯众素 ABBA, ABBP 粗茎鳞毛蕨 Dryopteris crassirhizoma
dryocrassol 东北贯众醇 骨碎补 Davallia mariesii, 粗茎鳞毛蕨 Dryopteris crassirhizoma, 曲轴海金沙 Lygodium flexuosum, 台湾水龙骨 Polypodiodes formosana, 日本水龙骨 P. niponica
dryocrassol acetate 东北贯众醇乙酸酯 粗茎鳞毛蕨 Dryopteris crassirhizoma, 台湾水龙骨 Polypodiodes formosana, 日本水龙骨 P. niponica
dryopteric acid A, B 鳞毛蕨酸▲A, B 粗茎鳞毛蕨 Dryopteris crassirhizoma
dryopterin 鳞毛蕨素▲ 欧洲鳞毛蕨 Dryopteris filix-mas
dryopteroside 鳞毛蕨苷 粗茎鳞毛蕨 Dryopteris crassirhizoma
DS-4-(β-D-glucopyranosyldisulfanyl)butyl glucosinolate 脱硫-4-(β-D-吡喃葡萄糖基二硫醚)丁基芥子油苷 芝麻菜 Eruca vesicaria
DS-4-methoxyglucobrassicin 脱硫-4-甲氧基葡萄糖芸苔素 芝麻菜 Eruca vesicaria
DS-dimeric 4-mercaptobutyl glucosinolate 脱硫-二聚4-巯丁基芥子油苷 芝麻菜 Eruca vesicaria
DS-glucobrassicin 脱硫-葡萄糖芸苔素 芝麻菜 Eruca vesicaria
DS-glucoerucin 脱硫-芝麻菜苷 芝麻菜 Eruca vesicaria
DS-glucoraphanin 脱硫-萝卜硫苷 芝麻菜 Eruca vesicaria
dshamirone 沙生阿魏酮▲ 多伞阿魏 Ferula feruloides, 阜康阿魏 F. fukanensis
DSP 毛胶薯蓣多糖胶 毛胶薯蓣 Dioscorea subcalva
duanbanhuain A, B, C 短瓣花因▲A, B, C 短瓣花 Brachystemma calycinum

dubamine 疑芸香胺▲ 狭叶白鲜 Dictamnus angustifolius

dubiamine 稀花紫堇碱▲ 稀花黄堇 Corydalis dubia

dubiin 疑狮耳花素▲ 细叶益母草 Leonurus sibiricus

dubinidine 疑芸香定 大叶芸香 Haplophyllum perforatum

dubione B 岭南楝树酮▲B 楝 Melia azedarach

dubioside A~F 赤瓟苷▲A~F 赤瓟 Thladiantha dubia

ducheside A, B 蛇莓苷 A, B 蛇莓 Duchesnea indica

duciformine 大黄橐吾碱▲ 大黄橐吾 Ligularia duciformis

ducloudine A~F 宾乌定 A~F 宾川乌头 Aconitum duclouxii

duclouxine 宾川乌头碱▲ 宾川乌头 Aconitum duclouxii

dugesialactone 杜格菊内酯▲ 土木香 Inula helenium

dulcidiol 野甘草西二醇▲ 野甘草 Scoparia dulcis

dulcin 牛蹄豆素▲ 牛蹄豆 Pithecellobium dulce

dulcinodal 野甘草诺醛▲ 野甘草 Scoparia dulcis

dulcinodal-13-one 野甘草诺醛▲-13- 酮 野甘草 Scoparia dulcis

dulcinodiol 野甘草诺二醇▲ 野甘草 Scoparia dulcis

dulcinol 野甘草诺醇▲ 野甘草 Scoparia dulcis

dulcioic acid 野甘草萜酸▲ 忍冬 Lonicera japonica, 野甘草 Scoparia dulcis, 东北雷公藤 Tripterygium regelii

dulcisflavan 甜山竹子黄烷▲ 多花紫藤 Wisteria floribunda

dulcisxanthone B 甜山竹子叫酮▲B 黄牛木 Cratoxylum cochinchinense, 红芽木 C. formosum subsp. pruniflorum

dulcisxanthone F 甜山竹子叫酮▲F 黄牛木 Cratoxylum cochinchinense, 红芽木 C. formosum subsp. pruniflorum, 莽吉柿 Garcinia mangostana

dulcitol 卫矛醇 海红豆 Adenanthera pavonina var. microsperma, 多被银莲花 Anemone raddeana, 来江藤 Brandisia hancei, 沙拐枣 Calligonum mongolicum, 过山蕨 Camptosorus sibiricus, 过山枫 Celastrus aculeatus, 结香 Edgeworthia chrysantha, 扶芳藤 Euonymus fortunei, 大花卫矛 E. grandiflorus, 西南卫矛 E. hamiltonianus, 陕西卫矛 E. schensianus, 七指蕨 Helminthostachys zeylanica, 密花美登木 Maytenus confertiflora, 豆薯 Pachyrhizus erosus, 昆明山海棠 Tripterygium hypoglaucum, 东北雷公藤 T. regelii, 雷公藤 T. wilfordii, 阿拉伯婆婆纳 Veronica persica

dulcoside A, B 甜叶苷▲A, B 甜叶菊 Stevia rebaudiana

dulxanthone A 甜竹叫酮▲A 云树 Garcinia cowa

dulxanthone B 甜竹叫酮▲B 岭南山竹子 Garcinia oblongifolia

dulxanthone D 甜竹叫酮▲D 莽吉柿 Garcinia mangostana

dumoside 灌木天门冬苷▲ 绵萆薢 Dioscorea spongiosa, 龙葵 Solanum nigrum

dunalianoside A, B, E~I 樟叶越桔苷▲A, B, E~I 樟叶越桔 Vaccinium dunalianum

dunalianoside C 樟叶越桔苷▲C 三叶木通 Akebia trifoliata, 樟叶越桔 Vaccinium dunalianum

dunalianoside D 樟叶越桔苷▲D 三叶木通 Akebia trifoliata, 樟叶越桔 Vaccinium dunalianum

dunniana acid A, B 齿叶黄皮酸▲A, B 齿叶黄皮 Clausena dunniana

dunniane 红花八角烷 红花八角 Illicium dunnianum

dunnianeolignan A, B 红花八角木脂素 A, B 红花八角 Illicium dunnianum

dunnianin 红花八角素 红花八角 Illicium dunnianum, 少药八角 I. oligandrum

dunnianol 红花八角酚 红花八角 Illicium dunnianum, 野八角 I. simonsii

dunnianolide A, B, D 红花八角内酯▲A, B, D 红花八角 Illicium dunnianum

dunnianolide C 红花八角内酯▲C 短柱八角 Illicium brevistylum, 红花八角 I. dunnianum

dunnianoside A~J 红花八角苷 A~J 红花八角 Illicium dunnianum

(*R*)-*α*-dunnione (*R*)-*α*- 邓恩扭果花酮▲ 牛耳朵 Primulina eburnea

dunnisin 绣球茜素▲ 栀子 Gardenia jasminoides

dunnisinin 绣球茜宁▲ 绣球茜草 Dunnia sinensis

dunnisinoside 绣球茜苷▲ 绣球茜草 Dunnia sinensis

durantanin I, II, III, IV, V 假连翘宁▲I, II, III, IV, V 假连翘 Duranta erecta

duranterectoside A, B 直立假连翘苷▲A, B 假连翘 Duranta erecta

durantin A 假连翘亭▲A 假连翘 Duranta erecta, 天仙子 Hyoscyamus niger

durantin B, C 假连翘亭▲B, C 假连翘 Duranta erecta

durantioside I, II 假连翘奥苷▲I, II 假连翘 Duranta erecta

durantioside I pentaacetate 假连翘奥苷▲I 五乙酸酯 假连翘 Duranta erecta

durantioside I tetraacetate 假连翘奥苷▲I 四乙酸酯 假连翘 Duranta erecta

durantioside II tetraacetate 假连翘奥苷▲II 四乙酸酯 假连翘 Duranta erecta

durantioside IV tetraacetate 假连翘奥苷▲IV 四乙酸酯 假连翘 Duranta erecta

durantoside I, II, III, IV, V 假连翘苷▲I, II, III, IV, V 假连翘 Duranta erecta

durenol 杜烯酚 挥发油成分，未统计基源

durmillone 杜拉崖豆藤酮▲ 香花崖豆藤 Callerya dielsiana, 海南崖豆藤 Millettia pachyloba

durupcoside A, B, C 龙牙楤木苷▲A, B, C 辽东楤木 Aralia elata var. glabrescens

dustanin 尘曲霉素▲ 木橘 Aegle marmelos, 印度田菁 Sesbania sesban
α-4,8,13-duvatriene-1,3-diol α-4,8,13- 杜法三烯 -1,3- 二醇 烟草 Nicotiana tabacum
dysidenamide 倔海绵酰胺▲ 巨大鞘丝藻 Lyngbya majuscula
dysoanthraquinone 八角莲蒽醌 云南八角莲 Dysosma aurantiocaulis
dysodensiol D 密花樫木醇▲D 樫木 Dysoxylum excelsum
dysosmajol 八角莲酮醇 六角莲 Dysosma pleiantha
dysosmarol 八角莲醇 八角莲 Dysosma versipellis
dyvariabilin H 多变铿木素▲H 红椿 Toona ciliata

E

EAFP1 杜仲抗真菌肽▲1 杜仲 Eucommia ulmoides
EAFP2 杜仲抗真菌肽▲2 杜仲 Eucommia ulmoides
ebeiedine; edpetilidine 鄂贝啶碱 甘肃贝母 Fritillaria przewalskii
ebeiedinone 鄂贝啶酮碱▲ 额敏贝母 Fritillaria meleagroides, 甘肃贝母 F. przewalskii
ebeiensine 鄂贝辛碱 天目贝母 Fritillaria monantha
ebeinine 鄂贝宁碱▲ 天目贝母 Fritillaria monantha
ebelin lactone 厄比林内酯 假马齿苋 Bacopa monnieri
ebenifoline E-II 乌木叶美登木碱▲E-II 疏花卫矛 Euonymus laxiflorus, 雷公藤 Tripterygium wilfordii
ebenifoline E-IV, W-I 乌木叶美登木碱▲E-IV, W-I 冬青卫矛 Euonymus japonicus
ebractelatinoside B, C 月腺大戟苷 B, C 甘肃大戟 Euphorbia kansuensis
ebracteolata B 月腺大戟化合物 B 钩腺大戟 Euphorbia sieboldiana
ebracteolatain A 月腺大戟因▲A 狼毒大戟 Euphorbia fischeriana, 甘肃大戟 E. kansuensis
ebracteolatain B 月腺大戟因▲B 甘肃大戟 Euphorbia kansuensis
ebracteolatanolide A, B 月腺大戟内酯 A, B 甘肃大戟 Euphorbia kansuensis
eburenine 乳白仔榄树碱▲ 奶子藤 Bousigonia mekongensis
eburical 齿孔醛 药用拟层孔菌 Fomitopsis officinalis
eburicodiol 齿孔二醇 药用拟层孔菌 Fomitopsis officinalis
eburicoic acid 齿孔酸 药用拟层孔菌 Fomitopsis officinalis, 长毛囊孔菌 Hirschioporus versatilis, 硫黄菌 Laetiporus sulphureus, 猪苓 Polyporus umbellatus, 茯苓 Wolfiporia extensa
eburicol 齿孔醇 甘肃雪灵芝 Arenaria kansuensis, 药用拟层孔菌 Fomitopsis officinalis, 冷饭藤 Kadsura oblongifolia, 松叶蕨 Psilotum nudum
eburnamenine 乳白仔榄树烯宁▲ 奶子藤 Bousigonia mekongensis, 蕊木 Kopsia arborea, 海南蕊木 K. hainanensis, 小蔓长春花 Vinca minor
(+)-eburnamine (+)- 乳白仔榄树胺▲ 思茅山橙 Melodinus cochinchinensis
Δ^{14}-eburnamine Δ^{14}- 乳白仔榄树胺▲ 思茅山橙 Melodinus cochinchinensis, 薄叶山橙 M. tenuicaudatus
eburnamine 乳白仔榄树胺▲ 海南蕊木 Kopsia hainanensis, 腋花山橙 Melodinus axillaris, 小蔓长春花 Vinca minor
(+)-eburnamonine (+)- 乳白仔榄树宁▲ 华马钱 Strychnos cathayensis
(±)-eburnamonine (±)- 乳白仔榄树宁▲ 小蔓长春花 Vinca minor
ecdysanrosin A 酸叶胶藤素▲A 酸叶胶藤 Urceola rosea
ecdysanthblic acid 酸叶胶藤酸▲ 酸叶胶藤 Urceola rosea
ecdysantherin 酸叶胶藤灵▲ 酸叶胶藤 Urceola rosea
ecdysantherol A, B, C 酸叶胶藤醇▲A, B, C 酸叶胶藤 Urceola rosea
α-ecdysone α- 蜕皮素 乌苏里瓦韦 Lepisorus ussuriensis, 剪秋罗 Lychnis fulgens, 蕨 Pteridium aquilinum var. latiusculum, 伪泥胡菜 Serratula coronata, 拔毒散 Sida szechuensis, 鹿草 Stemmacantha carthamoides
ecdysone; ecdysterone; β-ecdysone; β-ecdysterone 蜕皮素；蜕皮甾酮 较常见成分，至少分布于 30 种以上植物中，见于百合科、唇形科、防己科、红豆杉科、金粟兰科、锦葵科、旌节花科、菊科、蕨科、藜科、罗汉松科、马鞭草科、茜草科、石竹科、实蕨科、水龙骨科、蹄盖蕨科、乌毛蕨科、苋科、旋花科、鸭跖草科、紫萁科等
β-ecdysone-2,3,22,25-tetraacetate β- 蜕皮素 -2,3,22,25- 四乙酸酯 伪泥胡菜 Serratula coronata
β-ecdysone-2,3,22-triacetate β- 蜕皮素 -2,3,22- 三乙酸酯 伪泥胡菜 Serratula coronata
β-ecdysone-20,22-monoacetonide β- 蜕皮素 -20,22- 单丙酮化物 西域旌节花 Stachyurus himalaicus
β-ecdysone-2-acetate β- 蜕皮素 -2- 乙酸酯 蛛丝毛蓝耳草 Cyanotis arachnoidea, 伪泥胡菜 Serratula coronata
ecdysone-3-*O*-β-D-glucopyranoside 蜕皮素 -3-*O*-β-D- 吡喃葡萄糖苷 白背黄花稔 Sida rhombifolia
ecdysoside A~H 酸叶胶藤苷▲A~H 酸叶胶藤 Urceola rosea
ecdysterone diacetonide 蜕皮甾酮二丙酮化物 伪泥胡菜 Serratula coronata
ecdysterone monoacetonide 蜕皮甾酮单丙酮化物 伪泥胡菜 Serratula coronata
ecdysterone-2,3-monoacetonide 蜕皮甾酮 -2,3- 单丙酮化物 鹿草 Stemmacantha carthamoides
ecdysterone-20,22-monoacetonide 蜕皮甾酮 -20,22- 单丙酮化物 鹿草 Stemmacantha carthamoides, 漏芦 S. uniflora
ecdysterone-25-*O*-β-D-glucopyranoside 蜕皮甾酮 -25-*O*-β-D- 吡喃葡萄糖苷 漏芦 Stemmacantha uniflora
ecdysterone-3-*O*-D-galactopyranoside 脱皮甾酮 -3-*O*-D- 吡喃半乳糖苷 红纹马先蒿 Pedicularis striata
ecdysterone-3-*O*-β-D-glucopyranoside 蜕皮甾酮 -3-*O*-β-D- 吡喃葡萄糖苷 漏芦 Stemmacantha uniflora

ecdysteroside 蜕皮甾苷 海金沙 Lygodium japonicum

echimidine 蓝蓟定 蓝蓟 Echium vulgare, 聚合草 Symphytum officinale

echimidine-*N*-oxide 蓝蓟定 -*N*- 氧化物 蓝蓟 Echium vulgare

echimiplatine-*N*-oxide 车前蓝蓟亭▲-*N*- 氧化物 蓝蓟 Echium vulgare

echinacin 棘刺蓝刺头素▲ 糙苏 Phlomis umbrosa

cis-echinacoside 顺式 - 松果菊苷 暴马丁香 Syringa reticulata subsp. amurensis

echinacoside 松果菊苷 醉鱼草 Buddleja lindleyana, 密蒙花 B. officinalis, 白棠子树 Callicarpa dichotoma, 肉苁蓉 Cistanche deserticola, 蒙古肉苁蓉 C. mongolica, 盐生肉苁蓉 C. salsa, 沙苁蓉 C. sinensis, 管花肉苁蓉 C. tubulosa, 迎春花 Jasminum nudiflorum, 短筒兔耳草 Lagotis brevituba, 圆穗兔耳草 L. ramalana, 粗壮女贞 Ligustrum robustum subsp. chinense, 天女花 Oyama sieboldii, 甘肃马先蒿 Pedicularis kansuensis, 红纹马先蒿 P. striata, 地黄 Rehmannia glutinosa, 巧玲花 Syringa pubescens, 欧丁香 S. vulgaris

E

echinatic acid 刺甘草酸▲ 醉鱼草 Buddleja lindleyana

echinatin 刺甘草素▲ 泽漆 Euphorbia helioscopia, 粗毛甘草 Glycyrrhiza aspera, 洋甘草 G. glabra, 胀果甘草 G. inflata, 刺果甘草 G. pallidiflora, 圆果甘草 G. squamulosa, 甘草 G. uralensis

echinatine 刺翅果草碱▲ 霍香蓟 Ageratum conyzoides, 倒提壶 Cynoglossum amabile, 红花琉璃草 C. officinale, 琉璃草 C. zeylanicum, 大麻叶泽兰 Eupatorium cannabinum

echinatine-*N*-oxide 刺翅果草碱▲-*N*- 氧化物 红花琉璃草 Cynoglossum officinale

echinenone 海胆烯酮 雨生红球藻 Haematococcus pluvialis

echinine 蓝刺头宁碱 硬叶蓝刺头 Echinops ritro

echinocidin A 木齿菌西定▲A 茶银耳 Tremella foliacea

echinocystic acid 刺囊酸 海红豆 Adenanthera pavonina var. microsperma, 黄毛楤木 Aralia chinensis, 耳叶紫菀 Aster auriculatus, 羊乳 Codonopsis lanceolata, 雀斑党参 C. ussuriensis, 鳢肠 Eclipta prostrata, 多舌飞蓬 Erigeron multiradiatus, 长蕊石头花 Gypsophila oldhamiana, 帽果雪胆 Hemsleya mitrata, 盐角草 Salicornia europaea

echinocystic acid methyl ester 刺囊酸甲酯 云南紫菀 Aster yunnanensis

echinocystic acid-3-*O*-(6'-*O*-methyl)-β-D-glucuronopyranoside 刺囊酸 -3-*O*-(6'-*O*- 甲基)-β-D- 吡喃葡萄糖醛酸苷 鳢肠 Eclipta prostrata

echinocystic acid-3-*O*-[-*O*-α-L-rhamnosyl-(1 → 2)-α-L-arabinoside] 刺囊酸 -3-*O*-[*O*-α-L- 吡喃鼠李糖基 -(1 → 2)-α-L- 吡喃阿拉伯糖苷] 南苜蓿 Medicago polymorpha

echinocystic acid-3-*O*-[β-D-glucopyranosyl-(1 → 2)-α-L-arabinopyranosyl]-28-*O*-[β-D-glucopyranosyl-(1 → 6)-β-D-glucopyranoside] 刺囊酸 -3-*O*-[β-D- 吡喃葡萄糖基 -(1 → 2)-α-L- 吡喃阿拉伯糖基]-28-*O*-[β-D- 吡喃葡萄糖基 -(1 → 6)-β-D- 吡喃葡萄糖苷] 南苜蓿 Medicago polymorpha

echinocystic acid-3-*O*-α-arabinopyranoside-28-*O*-α-L-rhamnopyranosyl-(1 → 4)-*O*-β-D-glucopyranosyl-(1 → 4)-*O*-β-D-glucopyranosyl ester 刺囊酸 -3-*O*-α- 吡喃阿拉伯糖苷 -28-*O*-α-L- 吡喃鼠李糖基 -(1 → 4)-*O*-β-D- 吡喃葡萄糖基 -(1 → 4)-*O*-β-D- 吡喃葡萄糖基酯 八角金盘 Fatsia japonica

echinocystic acid-3-*O*-α-L-arabinopyranoside 刺囊酸 -3-*O*-α-L- 吡喃阿拉伯糖苷 红毛七 Caulophyllum robustum, 八角金盘 Fatsia japonica, 洋常春藤 Hedera helix, 南苜蓿 Medicago polymorpha

echinocystic acid-3-*O*-α-L-arabinopyranosyl-28-*O*-[β-D-glucopyranosyl-(1 → 6)-β-D-glucopyranoside] 刺囊酸 -3-*O*-α-L- 吡喃阿拉伯糖基 -28-*O*-[β-D- 吡喃葡萄糖基 -(1 → 6)-β-D- 吡喃葡萄糖苷] 南苜蓿 Medicago polymorpha

echinocystic acid-3-*O*-α-L-arabinopyranosyl-28-*O*-β-D-glucopyranoside 刺囊酸 -3-*O*-α-L- 吡喃阿拉伯糖基 -28-*O*-β-D- 吡喃葡萄糖苷 南苜蓿 Medicago polymorpha

echinocystic acid-3-*O*-α-L-rhamnopyranosyl-(1 → 4)-*O*-β-D-glucuronopyranoside 刺囊酸 -3-*O*-α-L- 吡喃鼠李糖基 -(1 → 4)-*O*-β-D- 吡喃葡萄糖醛酸苷 鹅掌藤 Heptapleurum arboricola

echinocystic acid-3-*O*-β-D-galactopyranosyl-(1 → 2)-*O*-α-L-arabinopyranoside 刺囊酸 -3-*O*-β-D- 吡喃半乳糖基 -(1 → 2)-*O*-α-L- 吡喃阿拉伯糖苷 通脱木 Tetrapanax papyrifer

echinocystic acid-3-*O*-β-D-glucopyranosyl-(1→2)-α-L-arabinopyranoside-28-*O*-α-L-rhamnopyranosyl-(1→4)-β-D-glucopyranosyl-(1→4)-β-D-glucopyranoside 刺囊酸 -3-*O*-β-D- 吡喃葡萄糖基 -(1 → 2)-α-L- 吡喃阿拉伯糖苷 -28-*O*-α-L- 吡喃鼠李糖基 -(1 → 4)-β-D- 吡喃葡萄糖基 -(1 → 4)-β-D- 吡喃葡萄糖苷 牛蹄豆 Pithecellobium dulce

echinocystic acid-3-*O*-β-D-glucopyranosyl-(1 → 3)-β-D-glucuronopyranoside-6'-*O*-butyl ester 刺囊酸 -3-*O*-β-D- 吡喃葡萄糖基 -(1 → 3)-β-D- 吡喃葡萄糖醛酸苷 -6'-*O*- 丁酯 辽东楤木 Aralia elata var. glabrescens

echinocystic acid-3-*O*-β-D-glucuronopyranoside 刺囊酸 -3-*O*-β-D- 吡喃葡萄糖醛酸苷 耳叶紫菀 Aster auriculatus, 羊乳 Codonopsis lanceolata

echinocystic acid-3-*O*-β-D-methylpyranglycuronate 刺囊酸 -3-*O*-β-D- 吡喃葡萄糖醛酸甲酯苷 羊乳 Codonopsis lanceolata

echinocystic acid-3-*O*-β-D-xylopyranosyl-(l → 2)-α-L-arabinopyranosyl-(1 → 6)-[β-D-glucopyranosyl-(l → 2)]-β-D-glucopyranoside 刺囊酸 -3-*O*-β-D- 吡喃木糖基 -(l → 2)-α-L- 吡喃阿拉伯糖基 -(1 → 6)-[β-D- 吡喃葡萄糖基 -(l → 2)]-β-D- 吡喃葡萄糖苷 牛蹄豆 Pithecellobium dulce

echinocystic acid-3-β-D-glucuronopyranoside 刺囊酸 -3-β-D- 吡喃葡萄糖醛酸苷 髭脉桤叶树 Clethra barbinervis

echinolignan A 蓝刺头木脂素 A 华东蓝刺头 Echinops grijsii

echinophylline C 大叶皇冠草碱▲C 杜虹花 Callicarpa formosana

echinopsidine 蓝刺头定碱 硬叶蓝刺头 Echinops ritro

echinopsine 蓝刺头碱 硬叶蓝刺头 Echinops ritro, 蓝刺头 E. sphaerocephalus

echinoramine 蓝刺头胺 硬叶蓝刺头 Echinops ritro

echinorine 蓝刺头醚碱 硬叶蓝刺头 Echinops ritro

echinothiophenegenol 蓝刺头噻吩烯醇▲ 华东蓝刺头 Echinops grijsii
echinoynethiophene A 蓝刺头炔噻吩▲A 华东蓝刺头 Echinops grijsii, 阔苞菊 Pluchea indica
echinulin 刺孢曲霉素 木蝴蝶 Oroxylum indicum
echioidin 刺穿心莲苷 短柄五加 Eleutherococcus brachypus
echioidinin-2'-*O*-β-D-(2''-*O*-acetyl)glucopyranoside 刺穿心莲黄素 -2'-*O*-β-D-(2''-*O*- 乙酰基) 吡喃葡萄糖苷 羽萼木 Colebrookea oppositifolia
echitamidine 糖胶树定▲ 盆架树 Alstonia rostrata, 糖胶树 A. scholaris
echitamidine-*N*-oxide 糖胶树定▲-*N*- 氧化物 糖胶树 Alstonia scholaris
echitamidine-*N*-oxide-19-*O*-β-D-glucopyranoside 糖胶树定▲-*N*- 氧化物 -19-*O*-β-D- 葡萄糖苷 糖胶树 Alstonia scholaris
echitamine 糖胶树胺▲ 竹叶羊角棉 Alstonia neriifolia, 糖胶树 A. scholaris
echitaminic acid 糖胶树胺酸▲ 糖胶树 Alstonia scholaris
echitin 蓝刺头黄素▲ 甘青铁线莲 Clematis tangutica, 栀子皮 Itoa orientalis
echitoserpidine 毒鸡骨常山血平定▲ 羊角棉 Alstonia mairei, 鸡骨常山 A. yunnanensis
echitovenaldine 毒鸡骨常山那定▲ 羊角棉 Alstonia mairei
echitovenidine 毒鸡骨常山尼定▲ 羊角棉 Alstonia mairei, 鸡骨常山 A. yunnanensis
(-)-echitoveniline (-)- 毒鸡骨常山林碱▲ 鸡骨常山 Alstonia yunnanensis
echitoveniline 毒鸡骨常山林碱▲ 羊角棉 Alstonia mairei
(-)-echitovenine (-)- 毒鸡骨常山宁碱▲ 羊角棉 Alstonia mairei
echiuplatine 车前蓝蓟酯亭▲ 蓝蓟 Echium vulgare
echiuplatine-*N*-oxide 车前蓝蓟酯亭▲-*N*- 氧化物 蓝蓟 Echium vulgare
echivulgarine 蓝蓟碱▲ 蓝蓟 Echium vulgare
echivulgarine-*N*-oxide 蓝蓟碱▲-*N*- 氧化物 蓝蓟 Echium vulgare
echujin 伯氏亚丁花素▲ 断肠花 Beaumontia brevituba, 思茅清明花 B. murtonii
eckol 昆布酚 昆布 Ecklonia kurome
eclalbasaponin I 墨旱莲皂苷 I 辽东楤木 Aralia elata var. glabrescens, 鳢肠 Eclipta prostrata
eclalbasaponin 墨旱莲皂苷 II, III, IV, V, VI, VII, VIII, IX, X, XI, XII 鳢肠 Eclipta prostrata
eclalbasaponin XIII 墨旱莲皂苷 XIII 羊乳 Codonopsis lanceolata
ecliptal 鳢肠醛 鳢肠 Eclipta prostrata
ecliptasaponin B 鳢肠皂苷 B 辽东楤木 Aralia elata var. glabrescens
ecliptasaponin C 鳢肠皂苷 C 鳢肠 Eclipta prostrata
edgechrin A~D 结香灵▲A~D 结香 Edgeworthia chrysantha
edgeworic acid 结香酸 结香 Edgeworthia chrysantha
edgeworin 结香沃灵▲ 结香 Edgeworthia chrysantha, 滇结香 E. gardneri, 了哥王 Wikstroemia indica
edgeworoside A 结香苷 A 凹叶瑞香 Daphne retusa, 结香 Edgeworthia chrysantha, 滇结香 E. gardneri
edgeworoside B 结香苷 B 结香 Edgeworthia chrysantha
edgeworoside C 结香苷 C 黄瑞香 Daphne giraldii, 凹叶瑞香 D. retusa, 结香 Edgeworthia chrysantha
edgeworthin 结香素▲ 滇结香 Edgeworthia gardneri, 红波罗花 Incarvillea delavayi
eduardine 爱氏贝母定▲ 浙贝母 Fritillaria thunbergii
edudiol 可食新劳塔豆二酚▲ 甘草 Glycyrrhiza uralensis
edulan I 鸡蛋果素 I 准噶尔阿魏 Ferula songarica, 鸡蛋果 Passiflora edulis
edulan II 鸡蛋果素 II 鸡蛋果 Passiflora edulis
eduleine; edulein 香肉果因碱▲ 香肉果 Casimiroa edulis
edulilic acid 鸡蛋果酸▲ 八角枫 Alangium chinense
eduline 香肉果林碱▲ 香肉果 Casimiroa edulis
(-)-edulinine (-)- 香肉果宁碱▲ 三桠苦 Euodia lepta, 野花椒 Zanthoxylum simulans
edulinine 香肉果宁碱▲ 香肉果 Casimiroa edulis, 臭常山 Orixa japonica, 两面针 Zanthoxylum nitidum
edulitine 香肉果亭碱▲ 香肉果 Casimiroa edulis, 千里香 Murraya paniculata, 椿叶花椒 Zanthoxylum ailanthoides, 簕欓花椒 Z. avicennae, 两面针 Z. nitidum, 野花椒 Z. simulans
edultin 食用当归素 蛇床 Cnidium monnieri, 台湾蛇床 C. monnieri var. formosanum, 香芹 Libanotis seseloides, 雪莲花 Saussurea involucrata
(-)-edunol (-)- 可食新劳塔豆酚▲ 镰荚棘豆 Oxytropis falcata
effusanin A 疏展香茶菜宁 A 毛叶香茶菜 Isodon japonicus, 歧伞香茶菜 I. macrophyllus, 显脉香茶菜 I. nervosus, 小叶香茶菜 I. parvifolius, 叶穗香茶菜 I. phyllostachys, 瘿花香茶菜 I. rosthornii, 冬凌草 I. rubescens, 皱叶香茶菜 I. rugosus, 溪黄草 I. serra
effusanin B 疏展香茶菜宁 B 毛萼香茶菜 Isodon eriocalyx, 长管香茶菜 I. longitubus, 小叶香茶菜 I. parvifolius, 皱叶香茶菜 I. rugosus, 牛尾草 I. ternifolius
effusanin C 疏展香茶菜宁 C 毛叶香茶菜 Isodon japonicus
effusanin D 疏展香茶菜宁 D 毛萼香茶菜 Isodon eriocalyx, 毛叶香茶菜 I. japonicus
effusanin E 疏展香茶菜宁 E 长管香茶菜 Isodon longitubus, 歧伞香茶菜 I. macrophyllus, 显脉香茶菜 I. nervosus, 小叶香茶菜 I. parvifolius, 冬凌草 I. rubescens, 皱叶香茶菜 I. rugosus, 溪黄草 I. serra, 牛尾草 I. ternifolius
effusanin F 疏展香茶菜宁 F 溪黄草 Isodon serra
effusenone A 灯芯草酮 A 灯心草 Juncus effusus

effuside I, II, III, IV, V 灯芯草苷 ▲I, II, III, IV, V 灯心草 Juncus effusus
effusin 疏展香茶菜素 紫毛香茶菜 Isodon enanderianus
effusol 灯心草菲酚 灯心草 Juncus effusus
(-)-egenine (-)- 短梗烟堇宁 ▲ 连翘 Forsythia suspensa
egonol 野茉莉醇 莽吉柿 Garcinia mangostana, 朱红硫黄菌 Laetiporus miniatus, 大耳叶风毛菊 Saussurea macrota, 野茉莉 Styrax japonicus, 玉铃花 S. obassis
egonol acetate 野茉莉醇乙酸酯 灰叶安息香 Styrax calvescens, 玉铃花 S. obassis, 芬芳安息香 S. odoratissimus
egonol gentiobioside 野茉莉醇龙胆二糖苷 朱红硫黄菌 Laetiporus miniatus
egonol gentiotrioside 野茉莉醇龙胆三糖苷 灰叶安息香 Styrax calvescens, 芬芳安息香 S. odoratissimus
egonol glucoside 野茉莉醇葡萄糖苷 朱红硫黄菌 Laetiporus miniatus, 灰叶安息香 Styrax calvescens, 芬芳安息香 S. odoratissimus
egonol-2-methylbutanoate 野茉莉醇 -2- 甲基丁酸酯 野茉莉 Styrax japonicus, 玉铃花 S. obassis
egonol-*O*-*β*-D-glucopyranoside 野茉莉醇 -*O*-*β*-D- 吡喃葡萄糖苷 野茉莉 Styrax japonicus
egonol-*β*-gentiobioside 野茉莉醇 -*β*- 龙胆二糖苷 灰叶安息香 Styrax calvescens, 玉铃花 S. obassis, 芬芳安息香 S. odoratissimus
ehletianol C 厚壳树醇 ▲C 见血封喉 Antiaris toxicaria, 荔枝 Litchi chinensis, 栝楼 Trichosanthes kirilowii
ehretiamide 厚壳树酰胺 ▲ 长花厚壳树 Ehretia longiflora
ehretianone 厚壳树酮 ▲ 基及树 Carmona microphylla
ehretiate 厚壳树酸酯 ▲ 长花厚壳树 Ehretia longiflora
ehreticoumarin 厚壳树香豆素 ▲ 长花厚壳树 Ehretia longiflora
ehretilactone A, B 厚壳树内酯 ▲A, B 长花厚壳树 Ehretia longiflora
ehretine 厚壳树亭 ▲ 长花厚壳树 Ehretia longiflora
ehretiolide 厚壳树萜内酯 ▲ 长花厚壳树 Ehretia longiflora, 树脂桉 Eucalyptus resinifera
ehretioside B 厚壳树苷 ▲B 活血丹 Glechoma longituba, 天葵 Semiaquilegia adoxoides
ehretiquinone 厚壳树醌 ▲ 长花厚壳树 Ehretia longiflora
trans-eicosa-14-enoic acid 反式 - 二十碳 -14- 烯酸 钝叶决明 Senna tora var. obtusifolia
1-(eicosa-2*E*,14*Z*-dienoyl)piperidine 1-(二十碳 -2*E*,14*Z*- 二烯酰基) 哌啶 假荜拔 Piper retrofractum
1-(eicosa-2*E*,4*E*,14*Z*-trienoyl)piperidine 1-(二十碳 -2*E*,4*E*,14*Z*- 三烯酰) 哌啶 假荜拔 Piper retrofractum
1-(eicosa-2*E*,4*E*-dienoyl)piperidine 1-(二十碳 -2*E*,4*E*- 二烯酰基) 哌啶 假荜拔 Piper retrofractum
(6Z,8*E*,17*E*)-eicosa-6,8,17-trien-l0-ol (6*Z*,8*E*,17*E*)- 二十烷 -6,8,17- 三烯 -l0- 醇 尖山橙 Melodinus fusiformis
11,14-eicosadienoic acid 11,14- 二十碳二烯酸 红厚壳 Calophyllum inophyllum
eicosadienoic acid 二十碳二烯酸 巴豆 Croton tiglium
cis,cis-11,14-eicosadienoic acid 顺式 , 顺式 -11,14- 二十碳二烯酸 竹柏 Nageia nagi
11,13-eicosadienoic acid methyl ester 11,13- 二十碳二烯酸甲酯 甘遂 Euphorbia kansui
11,14-eicosadienoic acid methyl ester 11,14- 二十碳二烯酸甲酯 挥发油成分，未统计基源
1-[(12*E*,16*E*)-12,16-eicosadienoyl]-2-[(*E*,*E*)-7,11-octadecadienoyl]-3-stearoylglycerol 1-[(12*E*,16*E*)-12,16- 二十碳二烯酰基]-2-[(*E*,*E*)-7,11- 十八碳二烯酰基]-3- 硬脂酰甘油 头花蓼 Polygonum capitatum
8-eicosadienoyl-benzoylhypaconine 8- 二十碳二烯酰基 - 苯甲酰次乌头胺 乌头 Aconitum carmichaelii
eicosane 二十烷 挥发油成分，未统计基源
n-eicosane 正二十烷 挥发油成分，未统计基源
1,4-eicosane-diene 1,4- 二十烷二烯 挥发油成分，未统计基源
eicosanoic acid 二十酸 福建观音座莲 Angiopteris fokiensis
eicosanoid 类二十酸 巨大鞘丝藻 Lyngbya majuscula
1-eicosanol 1- 二十醇 挥发油成分，未统计基源
eicosanol 二十醇 挥发油成分，未统计基源
n-eicosanoyl-*β*-D-arabinopyranoside 正二十酰基 -*β*-D- 吡喃阿拉伯糖苷 蓖麻 Ricinus communis
eicosanyl caffeate 二十烷基咖啡酸酯 芫花 Daphne genkwa
eicosanyl-(*E*)-caffeate 二十烷基 -(*E*)- 咖啡酸酯 革叶荛花 Wikstroemia scytophylla
eicosanyl-(*E*)-*p*-coumarate 二十烷基 -(*E*)- 对香豆酸酯 荜拔 Piper longum
eicosanyl-*trans*-*p*-coumarate 反式 - 对香豆酸二十酯 厚藤 Ipomoea pes-caprae
eicosapentaenoic acid; EPA 二十碳五烯酸 尖叶匐灯藓 Plagiomnium acutum, 马齿苋 Portulaca oleracea
8-eicosapentaenoyl-10-hydroxy-benzoylaconine 8- 二十碳五烯酰基 -10- 羟基 - 苯甲酰乌头原碱 乌头 Aconitum carmichaelii
8-eicosapentaenoyl-benzoylhypaconine 8- 二十碳五烯酰基 - 苯甲酰次乌头胺 乌头 Aconitum carmichaelii
5*Z*,11*Z*,14*Z*,17*Z*-eicosatetraenoic acid 5*Z*,11*Z*,14*Z*,17*Z*- 二十碳四烯酸 驴蹄草 Caltha palustris
all-cis-5,8,11,14-eicosatetraenoic acid 全顺式 -5,8,11,14- 花生四烯酸 松叶蕨 Psilotum nudum
11,14,17-eicosatrienoic acid 11,14,17- 二十碳三烯酸 马齿苋 Portulaca oleracea
5*Z*,11*Z*,14*Z*-eicosatrienoic acid 5*Z*,11*Z*,14*Z*- 二十碳三烯酸 驴蹄草 Caltha palustris
eicosatrienoic acid 二十碳三烯酸 毒参 Conium maculatum
all-cis-5,11,14-eicosatrienoic acid 全顺式 -5,11,14- 二十碳三烯酸 竹柏 Nageia nagi
11,14,17-eicosatrienoic acid methyl ester 11,14,17- 二十碳三烯酸甲酯 檀香 Santalum album
11-eicosenoic acid 11- 二十烯酸 苹果 Malus pumila

14,15-eicosenoic acid 14,15- 二十碳二烯酸 栾树 Koelreuteria paniculata
eicosenoic acid 二十烯酸 巴豆 Croton tiglium, 草莓 Fragaria × ananassa, 乌药 Lindera aggregata, 苹果 Malus pumila, 延药睡莲 Nymphaea nouchali, 黄刺玫 Rosa xanthina
cis-11-eicosenoic acid 顺式 -11- 二十烯酸 驴蹄草 Caltha palustris
cis-5-eicosenoic acid 顺式 -5- 二十烯酸 驴蹄草 Caltha palustris
11-eicosenoic acid methyl ester 11- 二十烯酸甲酯 挥发油成分，未统计基源
8-eicosenoyl-10-hydroxy-benzoylmesaconine 8- 二十碳烯酰基 -10- 羟基 - 苯甲酰中乌头胺 乌头 Aconitum carmichaelii
8-eicosenoyl-benzoyldeoxyaconine 8- 二十碳烯酰基 - 苯甲酰去氧乌头原碱 乌头 Aconitum carmichaelii
8-eicosenoyl-benzoylhypaconine 8- 二十碳烯酰基 - 苯甲酰次乌头胺 乌头 Aconitum carmichaelii
8-eicosenoyl-benzoylmesaconine 8- 二十碳烯酰基 - 苯甲酰中乌头胺 乌头 Aconitum carmichaelii
eicosyl caffeate 咖啡酸二十酯 大狼毒 Euphorbia jolkinii, 花木蓝 Indigofera kirilowii
eicosyl *cis*-caffeate 顺式 - 咖啡酸二十酯 无叶假木贼 Anabasis aphylla
eicosyl ferulate 阿魏酸二十酯 绶草 Spiranthes sinensis
cis-eicosyl ferulate 顺式 - 阿魏酰十二醇酯 小连翘 Hypericum erectum
eicosyl *trans*-caffeate 反式 - 咖啡酸二十酯 无叶假木贼 Anabasis aphylla
eicosyl *trans*-ferulate 反式 - 阿魏酸二十酯 无叶假木贼 Anabasis aphylla, 小连翘 Hypericum erectum
ejap 冬青卫矛倍半萜▲ -2, -5, -6, -7, -10, -12, -13, -14 冬青卫矛 Euonymus japonicus
ejap-3 冬青卫矛倍半萜▲-3 冬青卫矛 Euonymus japonicus, 雷公藤 Tripterygium wilfordii
ejap-4 冬青卫矛倍半萜▲-4 冬青卫矛 Euonymus japonicus, 雷公藤 Tripterygium wilfordii
ekanpenoid A, B 甘肃大戟萜▲A, B 甘肃大戟 Euphorbia kansuensis
elaeagnatin A~G 胡颓子亭 A~G 牛奶子 Elaeagnus umbellata
elaeagnoside A~G 胡颓子苷▲A~G 沙枣 Elaeagnus angustifolia
elaeocarpidine 杜英定碱 圆果杜英 Elaeocarpus angustifolius
(+)-elaeocarpiline (+)- 杜英林碱 圆果杜英 Elaeocarpus angustifolius
(±)-elaeocarpine (±)- 杜英碱 圆果杜英 Elaeocarpus angustifolius
(±)-elaeocarpine-*N*-oxide (±)- 杜英碱 -*N*- 氧化物 圆果杜英 Elaeocarpus angustifolius
elaeocarpucin A~H 杜英辛▲A~H 中华杜英 Elaeocarpus chinensis
elaeocarpusin 杜英素 泽漆 Euphorbia helioscopia
elaidic acid 反油酸 盒子草 Actinostemma tenerum
elasticoside 印度榕苷▲ 印度榕 Ficus elastica
elatoside A 辽东楤木苷▲A 辽东楤木 Aralia elata var. glabrescens, 北柴胡 Bupleurum chinense
elatoside B~E 辽东楤木苷▲B~E 辽东楤木 Aralia elata var. glabrescens
elatoside F 辽东楤木苷▲F 黄毛楤木 Aralia chinensis, 辽东楤木 A. elata var. glabrescens
elatoside K methyl ester 辽东楤木苷▲K 甲酯 黄毛楤木 Aralia chinensis
eleagnine 胡颓子碱 芦竹 Arundo donax
eleganene A, B 秀丽水柏枝烯▲A, B 秀丽水柏枝 Myricaria elegans
eleganin 优雅风毛菊素▲ 龙江风毛菊 Saussurea amurensis, 盐地风毛菊 S. salsa
eleganoside A 胡蔓藤萜苷▲A 钩吻 Gelsemium elegans
eleganoside A, B 胡蔓藤苷▲A, B 钩吻 Gelsemium elegans
elegansamine 钩吻萨胺▲ 钩吻 Gelsemium elegans
elegantine 优雅风毛菊碱▲ 盐地风毛菊 Saussurea salsa
elegin 优雅风毛菊宁▲ 顶羽菊 Acroptilon repens
elemanolide 榄香内酯 北美鹅掌楸 Liriodendron tulipifera
(-)-*β*-elemene (-)-*β*- 榄香烯 挥发油成分，未统计基源
(+)-*β*-elemene (+)-*β*- 榄香烯 黑种草 Nigella damascena
Δ-elemene *Δ*- 榄香烯 挥发油成分，未统计基源
α-elemene *α*- 榄香烯 挥发油成分，未统计基源
β-elemene *β*- 榄香烯 挥发油成分，未统计基源
γ-elemene *γ*- 榄香烯 挥发油成分，未统计基源
δ-elemene *δ*- 榄香烯 挥发油成分，未统计基源
τ-elemene τ- 榄香烯 挥发油成分，未统计基源
elemene 榄香烯 挥发油成分，未统计基源
7-elemenol 7- 榄香烯醇 杜香 Ledum palustre
elemenol 橄香烯醇 挥发油成分，未统计基源
β-elemenone *β*- 榄香烯酮 挥发油成分，未统计基源
elemicin 榄香素 挥发油成分，未统计基源
α-elemol *α*- 榄香醇 挥发油成分，未统计基源
β-elemol *β*- 榄香醇 挥发油成分，未统计基源
γ-elemol *γ*- 榄香醇 挥发油成分，未统计基源

E

δ-elemol *δ*- 榄香醇 樟子松 Pinus sylvestris var. mongolica
elemol 榄香醇 挥发油成分，未统计基源
elemol acetate 榄香醇乙酸酯 挥发油成分，未统计基源
elenolic acid 木犀榄酸▲ 木犀榄 Olea europaea
elenolide 木犀榄内酯▲ 木犀榄 Olea europaea
α-eleostearic acid *α*- 桐酸 绞股蓝 Gynostemma pentaphyllum, 苦瓜 Momordica charantia, 云南木鳖 M. dioica, 油桐 Vernicia fordii
β-eleostearic acid *β*- 桐酸 蓖麻 Ricinus communis, 油桐 Vernicia fordii, 木油桐 V. montana
eleostearic acid 桐酸 石栗 Aleurites moluccana
elescaberin 地胆头素▲ 地胆草 Elephantopus scaber
eletefine 极光锡生藤芬碱▲ 粪箕笃 Stephania longa
eleutherazine A, B 刺五加嗪▲A, B 刺五加 Eleutherococcus senticosus
eleutheroside A, B_2 刺五加苷 A, B_2 刺五加 Eleutherococcus senticosus
eleutheroside B 刺五加苷 B 芫花 Daphne genkwa, 糙叶五加 Eleutherococcus henryi, 刺五加 E. senticosus, 四川五加 E. setchuenensis, 白簕 E. trifoliatus
eleutheroside B_1 刺五加苷 B_1 当归 Angelica sinensis, 芫花 Daphne genkwa, 刺五加 Eleutherococcus senticosus, 前胡 Peucedanum praeruptorum, 草珊瑚 Sarcandra glabra
eleutheroside D 刺五加苷 D 五加 Eleutherococcus nodiflorus var. gracilistylus, 刺五加 E. senticosus
eleutheroside E 刺五加苷 E 圆锥铁线莲 Clematis terniflora, 芫花 Daphne genkwa, 糙叶五加 Eleutherococcus henryi, 刺五加 E. senticosus, 四川五加 E. setchuenensis, 白簕 E. trifoliatus, 小驳骨 Justicia gendarussa, 槲寄生 Viscum coloratum
eleutheroside E_1 刺五加苷 E_1 四川五加 Eleutherococcus setchuenensis, 夜合花 Lirianthe coco, 大血藤 Sargentodoxa cuneata
eleutheroside E_2 刺五加苷 E_2 海榄雌 Avicennia marina, 刺五加 Eleutherococcus senticosus, 五层龙 Salacia prinoides
eleutheroside K 刺五加苷 K 西南银莲花 Anemone davidii, 鹅掌草 A. flaccida, 多被银莲花 A. raddeana, 草玉梅 A. rivularis, 刺五加 Eleutherococcus senticosus, 八月瓜 Holboellia latifolia, 刺楸 Kalopanax septemlobus, 腺毛黑种草 Nigella glandulifera
eleutheroside M 刺五加苷 M 刺楸 Kalopanax septemlobus
elgonica dimer A 埃尔贡芦荟二聚素 A 大芦荟 Aloe arborescens var. natalensis, 芦荟 A. vera
elgonica dimer B 埃尔贡芦荟二聚素 B 大芦荟 Aloe arborescens var. natalensis, 芦荟 A. vera
elixene 洋常春藤烯▲ 挥发油成分，未统计基源
ellagic acid 鞣花酸 常见成分，至少分布于 100 种以上植物中
ellagic acid 3,3'-dimethyl ether 鞣花酸 3,3'- 二甲醚 台湾马桑 Coriaria intermedia, 石榴 Punica granatum
ellagic acid acetylarabinoside 鞣花酸乙酰阿拉伯糖苷 复盆子 Rubus idaeus
3,3-ellagic acid dimethyl ether 3,3- 鞣花酸二甲醚 蓝桉 Eucalyptus globulus
ellagic acid pentose conjugate 鞣花酸戊糖轭合物 复盆子 Rubus idaeus
ellagic acid rhamnoside 鞣花酸鼠李糖苷 石榴 Punica granatum
3,4,3',4'-ellagic acid tetramethyl ether 3,4,3',4'- 鞣花酸三甲醚 蓝桉 Eucalyptus globulus
ellagic acid tetramethyl ether 鞣花酸四甲醚 多花桉 Eucalyptus polyanthemos
3,4,3'-ellagic acid trimethyl ether 3,4,3'- 鞣花酸三甲醚 蓝桉 Eucalyptus globulus
ellagic acid-3,3',4-trimethoxy 4'-*O*-*α*-L-rhamnopyranoside 鞣花酸 -3,3',4- 甲氧基 -4'-*O*-*α*-L- 吡喃鼠李糖苷 方榄 Canarium bengalense
ellagic acid-3,3',4'-trimethyl ether 鞣花酸 -3,3',4'- 三甲醚 黄龙尾 Agrimonia pilosa var. nepalensis
ellagic acid-3,3',4-trimethyl ether 鞣花酸 -3,3',4- 三甲醚 多花桉 Eucalyptus polyanthemos, 翻白草 Potentilla discolor, 多裂委陵菜 P. multifida, 桃金娘 Rhodomyrtus tomentosa
ellagic acid-3,3',4-trimethyl ether-4'-*O*-*β*-glucopyranoside 鞣花酸 -3,3',4- 三甲基 -4'-*O*-*β*- 吡喃葡萄糖苷 翻白草 Potentilla discolor
ellagic acid-3,3'-dimethyl ether 鞣花酸 -3,3'- 二甲醚 多花桉 Eucalyptus polyanthemos, 翻白草 Potentilla discolor, 多裂委陵菜 P. multifida, 多枝柽柳 Tamarix ramosissima
ellagic acid-3,3'-dimethyl ether-4-*O*-*β*-D-glucopranoside 鞣花酸 -3,3'- 二甲醚 -4-*O*-*β*-D- 吡喃葡萄糖苷 多裂委陵菜 Potentilla multifida
ellagic acid-3,3'-dimethyl ether-4-*O*-*β*-D-xylopranoside 鞣花酸 -3,3'- 二甲醚 -4-*O*-*β*-D- 吡喃木糖苷 多裂委陵菜 Potentilla multifida
ellagic acid-3-methyl ether 鞣花酸 -3- 甲醚 翻白草 Potentilla discolor
ellagic acid-3-methyl ether-4'-*O*-*α*-rhamnopyranoside 鞣花酸 -3- 甲氧基 -4'-*O*-*α*- 吡喃鼠李糖苷 翻白草 Potentilla discolor
ellagic acid-3-methyl ether-7-*α*-D-rhamnopyranoside 鞣花酸 -3- 甲醚 -7-*α*-D- 吡喃鼠李糖苷 黄龙尾 Agrimonia pilosa var. nepalensis
ellagic acid-4,4'-dimethyl ether 鞣花酸 -4,4'- 二甲醚 海桑 Sonneratia caseolaris
ellagic acid-4-acetylarabinoside 鞣花酸 -4- 乙酰阿拉伯糖苷 复盆子 Rubus idaeus
ellagic acid-4-acetylxyloside 鞣花酸 -4- 乙酰木糖苷 复盆子 Rubus idaeus
ellagic acid-4-*O*-xylopyranoside 鞣花酸 -4-*O*- 吡喃木糖苷 胡桃 Juglans regia
ellagic acid-4-*O*-xyloside 鞣花酸 -4-*O*- 木糖苷 化香树 Platycarya strobilacea
ellagic acid-4-*O*-*α*-L-2''-acetylrhamnopyranoside 鞣花酸 -4-*O*-*α*-L-2''- 乙酰吡喃鼠李糖苷 乌墨 Syzygium cumini
ellagic acid-4-*O*-*β*-D-glucopyranoside 鞣花酸 -4-*O*-*β*-D- 吡喃葡萄糖苷 番石榴 Psidium guajava
ellagic acid-4-*O*-*β*-D-xylopyranoside-3,3'-dimethyl ether 鞣花酸 -4-*O*-*β*-D- 吡喃木糖苷 -3,3'- 二甲醚 胡桃楸 Juglans mandshurica
ellagic acid-4-*O*-*β*-D-xylopyraoside 鞣花酸 -4-*O*-*β*-D- 吡喃木糖苷 龙芽草 Agrimonia pilosa
ellagic acid-pentose conjugate 鞣花酸戊糖结合物 龙眼 Dimocarpus longan
ellagitannin 鞣花酸鞣质 金花茶 Camellia petelotii, 准噶尔大戟 Euphorbia soongarica, 千屈菜 Lythrum salicaria, 粗叶悬钩子 Rubus

alceifolius
trans-elliotinoic acid 反式 - 湿地松酸 雪岭云杉 Picea schrenkiana
elliotinoic acid 湿地松酸 高山松 Pinus densata, 思茅松 P. kesiya, 雅加松 P. massoniana var. hainanensis, 新疆五针松 P. sibirica, 黄山松 P. taiwanensis, 黑松 P. thunbergii
ellipsoidone A, B 椭圆果雪胆酮 A, B 椭圆果雪胆 Hemsleya ellipsoidea
elliptic acid 鱼藤酸 椭圆悬钩子 Rubus ellipticus
ellipticol 椭圆叶花锚酚▲ 椭圆叶花锚 Halenia elliptica
ellipticoside 椭圆叶花锚苷▲ 椭圆叶花锚 Halenia elliptica
elliptinol 毛鱼藤醇 毛鱼藤 Derris elliptica
elliptinone 椭圆叶柿酮▲ 紫花丹 Plumbago indica
elliptoic acid 毛鱼藤酸 毛鱼藤 Derris elliptica
elliptone 毛鱼藤酮 异翅鱼藤 Derris malaccensis, 扁轴木 Parkinsonia aculeata
elsholtzidiol 香薷二醇 挥发油成分，未统计基源
elsholtzione; elsholtzia ketone 香薷酮 挥发油成分，未统计基源
elshtzitol 香薷醇 挥发油成分，未统计基源
elsinochrome A 痂囊腔菌色素 A 竹红菌 Hypocrella bambusae
elymoclavine 披碱草麦角碱▲ 麦角菌 Claviceps purpurea
emarginatine A 台湾美登木碱▲A 青江藤 Celastrus hindsii
emarginatine E 台湾美登木碱▲E 青江藤 Celastrus hindsii, 疏花卫矛 Euonymus laxiflorus
emarginatine H 台湾美登木碱▲H 变叶美登木 Maytenus diversifolia
embelamide 酸藤子酰胺▲ 白花酸藤子 Embelia ribes
embeliaribyl ester 白花酸藤子酸酯▲ 白花酸藤子 Embelia ribes
embelin; emberine 酸藤子素 紫金牛 Ardisia japonica, 长叶酸藤子 Embelia longifolia, 白花酸藤子 E. ribes, 瘤皮孔酸藤子 E. scandens, 铁仔 Myrsine africana, 针齿铁仔 M. semiserrata, 鸡矢藤 Paederia foetida
embelinol 酸藤子醇▲ 白花酸藤子 Embelia ribes
embeliol 酸藤子酚▲ 白花酸藤子 Embelia ribes
embinin 鸢尾比宁▲ 玉蝉花 Iris ensata, 蝴蝶花（模式变型）I. japonica, 鸢尾 I. tectorum
embinoidin 鸢尾诺定▲ 假烟叶树 Solanum erianthum
ememogin 延命草精▲ 黄花香茶菜 Isodon sculponeatus, 溪黄草 I. serra
eminensin A 突柄裂菊素 A 大麻叶泽兰 Eupatorium cannabinum
emodic acid 大黄素酸 中华猕猴桃 Actinidia chinensis, 皱黄卷岛衣 Flavocetraria cucullata
emodin 大黄素 常见成分，至少分布于 100 种以上植物中
emodin anthranol 大黄素蒽酚 赶山鞭 Hypericum attenuatum, 延伸金丝桃 H. elongatum, 突脉金丝桃 H. przewalskii
emodin anthrone 大黄素蒽酮 赶山鞭 Hypericum attenuatum, 美丽金丝桃 H. bellum, 延伸金丝桃 H. elongatum, 突脉金丝桃 H. przewalskii, 匙萼金丝桃 H. uralum, 尼泊尔鼠李 Rhamnus napalensis, 掌叶大黄 Rheum palmatum, 酸模 Rumex acetosa
10,10'-*trans*-emodin bianthrone 10,10'- 反式 - 大黄素二蒽酮 尼泊尔鼠李 Rhamnus napalensis
10,10'-*cis*-emodin bianthrone 10,10'- 顺式 - 大黄素二蒽酮 尼泊尔鼠李 Rhamnus napalensis
emodin glucopyranoside 大黄素吡喃葡萄糖苷 望江南 Senna occidentalis, 决明 S. tora
emodin glucopyranoside B 大黄素吡喃葡萄糖苷 B 藏边大黄 Rheum australe
emodin glucoside B 大黄素葡萄糖苷 B 光茎大黄 Rheum glabricaule
emodin monoglycoside 大黄素单葡萄糖苷 砂仁 Amomum villosum
emodin monomethyl ether 大黄素单甲醚 了哥王 Wikstroemia indica
emodin trimethyl ether 大黄素三甲醚 虎杖 Reynoutria japonica
emodin-1,6-dimethyl ether 大黄素 -1,6- 二甲醚 何首乌 Polygonum multiflorum, 虎杖 Reynoutria japonica, 巴天酸模 Rumex patientia
emodin-1,6-dimethyl ether-1-*O*-*β*-D-glucopyranoside 大黄素 -1,6- 二甲醚 -1-*O*-*β*-D- 吡喃葡萄糖苷 虎杖 Reynoutria japonica
emodin-1-glucopyranosyl-(1 → 4)-rhamnopyranoside 大黄素 -1- 吡喃葡萄糖基 -(1 → 4)- 吡喃鼠李糖苷 网果酸模 Rumex chalepensis
emodin-1-*O*-glucopyranoside 大黄素 -1-*O*- 吡喃葡萄糖苷 波叶大黄 Rheum rhabarbarum, 歧穗大黄 R. rhizostachyum, 茜草 Rubia cordifolia
emodin-1-*O*-*β*-D-gentiobioside 大黄素 -1-*O*-*β*-D- 龙胆双糖苷 欧鼠李 Rhamnus frangula
emodin-1-*O*-*β*-D-glucopyranoside 大黄素 -1-*O*-*β*-D- 吡喃葡萄糖苷 虎杖 Reynoutria japonica, 长叶冻绿 Rhamnus crenata, 药用大黄 Rheum officinale, 掌叶大黄 R. palmatum, 小大黄 R. pumilum, 总序大黄 R. racemiferum, 窄叶大黄 R. sublanceolatum, 酸模 Rumex acetosa, 毛脉酸模 R. gmelinii
emodin-1-*O*-*β*-gentiobioside 大黄素 -1-*O*-*β*- 龙胆二糖苷 钝叶决明 Senna tora var. obtusifolia
emodin-3-*O*-*α*-L-rhamnopyranoside 大黄素 -3-*O*-*α*-L- 吡喃鼠李糖苷 光枝勾儿茶 Berchemia polyphylla var. leioclada
emodin-6,8-dimethyl ether 大黄素 -6,8- 二甲醚 翼核果 Ventilago leiocarpa
emodin-6-*O*-*β*-D-glucopyranoside 大黄素 -6-*O*-*β*-D- 吡喃葡萄糖苷 南蛇藤 Celastrus orbiculatus, 巴天酸模 Rumex patientia
emodin-6-*O*-*β*-gentiobioside 大黄素 -6-*O*-*β*- 龙胆二糖苷 钝叶决明 Senna tora var. obtusifolia
emodin-8-methyl ether 大黄素 -8- 甲醚 望江南 Senna occidentalis
emodin-8-*O*-sophoroside 大黄素 -8-*O*- 槐糖苷 狭叶番泻 Cassia angustifolia
emodin-8-*O*-*β*-D-(6'-*O*-acetyl)-glucopyranoside 大黄素 -8-*O*-*β*-D-(6'-*O*- 乙酰基)- 吡喃葡萄糖苷 尼泊尔酸模 Rumex nepalensis

emodin-8-*O*-*β*-D-glucopyranoside 大黄素 -8-*O*-*β*-D- 吡喃葡萄糖苷 中华猕猴桃 Actinidia chinensis, 白蔹 Ampelopsis japonica, 光枝勾儿茶 Berchemia polyphylla var. leioclada, 尖叶番泻 Cassia acutifolia, 狭叶番泻 C. angustifolia, 柳叶蜡梅 Chimonanthus salicifolius, 瞿麦 Dianthus superbus, 金荞麦 Fagopyrum dibotrys, 冬凌草 Isodon rubescens, 细梗胡枝子 Lespedeza virgata, 玉柏 Lycopodium obscurum, 黑龙骨 Periploca forrestii, 瓜子金 Polygala japonica, 椭圆叶蓼 Polygonum ellipticum, 何首乌 P. multiflorum, 虎杖 Reynoutria japonica, 药鼠李 Rhamnus cathartica, 欧鼠李 R. frangula, 长柄鼠李 R. longipes, 藏边大黄 Rheum australe, 卵果大黄 R. moorcroftianum, 矮大黄 R. nanum, 小大黄 R. pumilum, 总序大黄 R. racemiferum, 窄叶大黄 R. sublanceolatum, 唐古特大黄 R. tanguticum, 酸模 Rumex acetosa, 水生酸模 R. aquaticus, 皱叶酸模 R. crispus, 齿果酸模 R. dentatus, 毛脉酸模 R. gmelinii, 戟叶酸模 R. hastatus, 羊蹄 R. japonicus, 尼泊尔酸模 R. nepalensis, 巴天酸模 R. patientia, 翼核果 Ventilago leiocarpa

emodin-8-*O*-*β*-D-glucopyranoside-6-*O*-sulfate 大黄素 -8-*O*-*β*-D- 吡喃葡萄糖苷 -6-*O*- 硫酸酯 藏边大黄 Rheum australe

emodin-8-*O*-*β*-gentiobioside 大黄素 -8-*O*-*β*- 龙胆二糖苷 药鼠李 Rhamnus cathartica

emodin-8-*O*-*β*-primveroside 大黄素 -8-*O*-*β*- 樱草糖苷 药鼠李 Rhamnus cathartica

emodin-9-anthrone 大黄素 -9- 蒽酮 长叶冻绿 Rhamnus crenata, 豆茶决明 Senna nomame

emodinol 多花芍药醇▲ 胡颓子 Elaeagnus pungens, 多花芍药 Paeonia emodi

emodin-*O*-*β*-D-galloylglucopyranoside 大黄素 -*O*-*β*-D- 没食子酰吡喃葡萄糖苷 窄叶大黄 Rheum sublanceolatum

emodin-*O*-*β*-D-glucopyranoside 大黄素 -*O*-*β*-D- 吡喃葡萄糖苷 小大黄 Rheum pumilum, 总序大黄 R. racemiferum

16-en-27-deoxywithaferin A 16- 烯 -27- 去氧催眠睡茄素 A 睡茄 Withania somnifera

1(10)-en-2-oxo-7*α*-isopropanol-eremophilane 1(10)- 烯 -2- 氧代 -7*α*- 异丙醇 - 荒漠木 离舌橐吾 Ligularia veitchiana

4-en-3-keto-stigmasterol 4- 烯 -3- 酮 - 豆甾醇 米团花 Leucosceptrum canum

12-en-3-one-methyl-oleanolicate 12- 烯 -3- 酮 - 齐墩果酸甲酯 红车轴草 Trifolium pratense

(19*α*)-urs-20(30)-en-3*β*,16*β*-diol-3-hexadecanoate 19*α*- 熊果 -20(30)- 烯 -3*β*,16*β*- 二醇 -3- 十六酸酯 川西小黄菊 Pyrethrum tatsienense

4-en-6*β*,7*α*-eudesmanolide 4- 烯 -6*β*,7*α*- 桉叶内酯 绒毛戴星草 Sphaeranthus indicus

6-en-9*α*,10*α*-epoxy-11-hydroxy-8-oxoeremophilane 6- 烯 -9*α*,10*α*- 环氧 -11- 羟基 -8- 氧代荒漠木烷 千里光 Senecio scandens

7(11)-en-9*α*,10*α*-epoxy-8-oxoeremophilane 7(11)- 烯 -9*α*,10*α*- 环氧 -8- 氧代荒漠木烷 千里光 Senecio scandens

enanderianin A, B, C, F~O 紫毛香茶菜素 A, B, C, F~O 紫毛香茶菜 Isodon enanderianus

enanderianin P 紫毛香茶菜素 P 紫毛香茶菜 Isodon enanderianus, 小叶香茶菜 I. parvifolius

enanthic acid 庚酸 挥发油成分，未统计基源

encecalin 加州脆枝菊素▲ 紫茎泽兰 Ageratina adenophora, 霍香蓟 Ageratum conyzoides

encecanescin 灰毛脆枝菊素▲ 霍香蓟 Ageratum conyzoides

7(8)-en-cimigenol-3-*O*-*α*-L-arabinopyranoside 7(8)- 烯 - 升麻醇 -3-*O*-*α*-L- 吡喃阿拉伯糖苷 云南升麻 Cimicifuga yunnanensis

25-en-cycloartenol 25- 烯 - 环木菠萝烯醇 闭鞘姜 Costus speciosus

24-en-cycloartenone 24- 烯 - 环木菠萝烯酮 白钩藤 Uncaria sessilifructus

endecaphyllacin B 十一叶雪胆素▲B 土沉香 Aquilaria sinensis

endocrocin 内黄肾岛衣素▲ 麦角菌 Claviceps purpurea, 皱黄卷岛衣 Flavocetraria cucullata, 齿果酸模 Rumex dentatus

endoperoxide G_3 内过氧化物 G_3 桃金娘 Rhodomyrtus tomentosa

10*α*,11-endopero-xide-1(2)-en-7*α*-hydroeremophilane 10*α*,11- 内过氧 -1(2)-en-7*α*- 羟基荒漠木 离舌橐吾 Ligularia veitchiana

(24*S*)-5-ene-3*β*-sitosterol (24*S*)-5- 烯 -3*β*- 谷甾醇 刺枝鱼栖苔 Acanthophora spicifera

13(14)-ene-8,12-epoxy-18-abietic acid 13(14)- 烯 -8,12- 环氧 -18- 冷杉酸 思茅松 Pinus kesiya

engeletin; engelitin 黄杞苷 滇山茶 Camellia reticulata, 黄杞 Engelhardia roxburghiana, 蓝桉 Eucalyptus globulus, 直杆蓝桉 E. maidenii, 沙针 Osyris quadripartita, 地锦 Parthenocissus tricuspidata, 马醉木 Pieris japonica, 菝葜 Smilax china, 长托菝葜 S. ferox, 土茯苓 S. glabra, 葡萄 Vitis vinifera

engelhardic acid 黄杞酸▲ 黄杞 Engelhardia roxburghiana

engelhardiol A, B 黄杞醇▲A, B 黄杞 Engelhardia roxburghiana

engelhardione 黄杞酮▲ 黄杞 Engelhardia roxburghiana

engelharolide 黄杞内酯▲ 黄杞 Engelhardia roxburghiana

engelharquinone 黄杞醌▲ 黄杞 Engelhardia roxburghiana, 野核桃 Juglans cathayensis

engelharquinone epoxide 黄杞醌▲环氧化物 黄杞 Engelhardia roxburghiana

engelharquinonol 黄杞醌醇▲ 黄杞 Engelhardia roxburghiana

engelheptanoxide A~D 黄杞庚烷氧化物▲A~D 黄杞 Engelhardia roxburghiana

6-en-harringtonolide 6- 烯 - 粗榧内酯 海南粗榧 Cephalotaxus mannii

(*Z*)-11-en-hexadecanoic acid (*Z*)-11- 烯十六酸 挥发油成分，未统计基源

enmein 延命草素 毛萼香茶菜 Isodon eriocalyx, 毛叶香茶菜 I. japonicus, 长管香茶菜 I. longitubus, 线纹香茶菜 I. lophanthoides, 冬凌草 I. rubescens, 黄花香茶菜 I. sculponeatus, 溪黄草 I. serra

enmein-3-acetate 延命草素 -3- 乙酸酯 毛叶香茶菜 Isodon japonicus

enmelol 延命草洛醇▲ 毛萼香茶菜 Isodon eriocalyx, 冬凌草 I. rubescens

enmenol 延命草醇 拟缺香茶菜 Isodon excisoides, 毛叶香茶菜 I. japonicus, 大萼香茶菜 I. macrocalyx, 歧伞香茶菜 I. macrophyllus, 显脉香茶菜 I. nervosus, 叶穗香茶菜 I. phyllostachys, 冬凌草 I. rubescens, 黄花香茶菜 I. sculponeatus

enmenol-1-*O*-*β*-D-glucopyranoside 延命草醇 -1-*O*-*β*-D- 吡喃葡萄糖苷 冬凌草 Isodon rubescens

enmenol-1*α*-*O*-*β*-D-glucopyraoside 延命草醇 -1*α*-*O*-*β*-D- 吡喃葡萄糖苷 冬凌草 Isodon rubescens

enmenol-glucoside 延命草醇 - 葡萄糖苷 尾叶香茶菜 Isodon excisus
enokipodin A~D 金针菇定 ▲A~D 金针菇 Flammulina velutipes
enshicine 恩施五味子辛 翼梗五味子 Schisandra henryi
enshizhisu 恩施五味子脂素 翼梗五味子 Schisandra henryi
(25*ξ*)-5-en-solaniden-3*β*,23*β*-diol-3-*O*-*β*-D-glucopyranosyl-(1 → 2)-[*β*-D-xylopyranosyl-(1 → 3)]-*O*-*β*-D-glucopyranosyl-(1 → 4)-*β*-D-galactopyranoside] (25*ξ*)-5- 烯 - 茄甾烯 -3*β*,23*β*- 二醇 -3-*O*-*β*-D- 吡喃葡萄糖基 -(1 → 2)-[*β*-D- 吡喃木糖基 -(1 → 3)]-*O*-*β*-D- 吡喃葡萄糖基 -(1 → 4)-*β*-D- 吡喃半乳糖苷] 白英 Solanum lyratum
(25*ξ*)-5-en-solaniden-3*β*,23*β*-diol-3-*O*-*β*-D-glucopyranosyl-(1 → 2)-*O*-*β*-D-glucopyranosyl-(1 → 4)-*β*-D-galactopyranoside (25*ξ*)-5- 烯 - 茄甾烯 -3*β*,23*β*- 二醇 -3-*O*-*β*-D- 吡喃葡萄糖基 -(1 → 2)-*O*-*β*-D- 吡喃葡萄糖基 -(1 → 4)-*β*-D- 吡喃半乳糖苷 白英 Solanum lyratum
entada saponin II, III, IV 榼藤皂苷 II, III, IV 榼藤 Entada phaseoloides
entadamide A, B, C 榼藤酰胺 A, B, C 榼藤 Entada phaseoloides
entadamide A-*β*-D-glucopyranoside 榼藤酰胺 A-*β*-D- 葡萄糖苷 榼藤 Entada phaseoloides
entagenic acid 榼藤酸 榼藤 Entada phaseoloides
enterocarpam I, II 肠果澄广花内酰胺 ▲I, II 紫玉盘 Uvaria microcarpa
8(14)-enyl-pimar-2'(3')-en-4'(18')-en-15'(16')-en-dolabr-16,15,2',3'-oxoan-16-one 8(14)- 烯基 - 海松 -2'(3')- 烯 -4'(18')- 烯 -15'(16')- 烯 - 斧松 -16,15,2',3'- 氧杂 -16- 酮 角果木 Ceriops tagal
en-yn-dicycloether 烯炔二环醚 挥发油成分，未统计基源
5*α*,6*α*-epdioxy-(22*E*)-ergosta-6,22-triene-3*β*-ol 5*α*,8*α*- 环二氧 -(22*E*)- 麦角甾 -6,22- 三烯 -3*β*- 醇 松口蘑 Tricholoma matsutake
ephedradine A~D 麻黄根碱 A~D 草麻黄 Ephedra sinica
ephedrannin A 麻黄根素 A 狭叶虎皮楠 Daphniphyllum angustifolium, 草麻黄 Ephedra sinica
ephedrannin B, D_1, D_2, D_3, D_4, D_5, D_6, D_7, Te_1, Te_2, Te_3, Te_4, Te_5, Tr_1, Tr_2 麻黄根素 B, D_1, D_2, D_3, D_4, D_5, D_6, D_7, Te_1, Te_2, Te_3, Te_4, Te_5, Tr_1, Tr_2 草麻黄 Ephedra sinica
(1*R*,2*S*)-ephedrine (1*R*,2*S*)- 麻黄碱 草麻黄 Ephedra sinica
L-ephedrine L- 麻黄碱 半夏 Pinellia ternata
ψ-ephedrine *ψ*- 麻黄碱 心叶黄花稔 Sida cordifolia
ephedrine 麻黄碱 木贼麻黄 Ephedra equisetina, 雌雄麻黄 E. fedtschenkoae, 山岭麻黄 E. gerardiana, 中麻黄 E. intermedia, 西藏中麻黄 E. intermedia var. tibetica, 丽江麻黄 E. likiangensis, 矮麻黄 E. minuta, 异株矮麻黄 E. minuta var. dioeca, 单子麻黄 E. monosperma, 膜果麻黄 E. przewalskii, 细子麻黄 E. regeliana, 藏麻黄 E. saxatilis, 草麻黄 E. sinica, 黄花稔 Sida acuta, 心叶黄花稔 S. cordifolia, 马钱子 Strychnos nux-vomica
ephedroxane 麻黄口恶唑酮 双穗麻黄 Ephedra distachya, 山岭麻黄 E. gerardiana, 中麻黄 E. intermedia
ephemeranthol C 金石斛酚 ▲C 流苏金石斛 Flickingeria fimbriata
ephemeranthoquinone 金石斛醌 ▲ 竹叶兰 Arundina graminifolia, 细叶石仙桃 Pholidota cantonensis
7-*epi*-10-deacetylcephalomannine 7- 表 -10- 去乙酰基印度三尖杉碱 ▲ 喜马拉雅红豆杉 Taxus wallichiana
7-*epi*-10-deacetyltaxol 7- 表 -10- 去乙酰基紫杉醇 喜马拉雅红豆杉 Taxus wallichiana, 南方红豆杉 T. wallichinana var. mairei
8-*epi*-11*β*,13-dihydrodentatin A 8- 表 -11*β*,13- 二氢齿叶黄皮素 A 蓼子朴 Inula salsoloides
epi-13-manool 表 -13- 泪柏醇 挥发油成分，未统计基源
3-*epi*-14,15-dihydrocaryoptin 3- 表 -14,15- 二氢莸素 九味一枝蒿 Ajuga bracteosa
12-*epi*-15-*O*-acetylnapelline 12- 表 -15-*O*- 乙酰欧乌头碱 工布乌头 Aconitum kongboense
14-*epi*-15-*O*-methylneovibsanin F 14- 表 -15-*O*- 甲基新荚蒾宁 F 日本珊瑚树 Viburnum odoratissimum var. awabuki
20-*epi*-16'-decarbomethoxy-19,20-dihydroconoduramine 20- 表 -16'- 去甲氧羰基 -19,20- 二氢硬锥喉花胺 ▲ 药用狗牙花 Tabernaemontana bovina
11-*epi*-16*α*,17-dihydroxylepenine 11- 表 -16*α*,17- 二羟基雷波乌头碱 宣威乌头 Aconitum nagarum var. lasiandrum
1-*epi*-16*β*-hydroxycardiopetaline 1- 表 -16*β*- 羟基心瓣翠雀碱 黄草乌 Aconitum vilmorinianum
20-*epi*-19,20-dihydro-decarbomethoxyvobasine 20- 表 -19,20- 二氢去甲氧羰基伏康树辛 ▲ 药用狗牙花 Tabernaemontana bovina
12-*epi*-19-dehydrolucidusculine 12- 表 -19- 去氢光泽乌头碱 工布乌头 Aconitum kongboense
12-*epi*-19-dehydronapelline 12- 表 -19- 去氢欧乌头碱 工布乌头 Aconitum kongboense, 宣威乌头 A. nagarum var. lasiandrum
3'-*epi*-19-norafroside 3'- 表 -19- 降钉头果洛苷 ▲ 马利筋 Asclepias curassavica
20-*epi*-19-oxodihydroakuammicine 20- 表 -19- 氧代二氢苦籽木辛碱 ▲ 糖胶树 Alstonia scholaris
16-*epi*-19*S*-vindolinine 16- 表 -19*S*- 长春里宁 长春花 Catharanthus roseus
16-*epi*-19*S*-vindolinine-*N*-oxide 16- 表长春里宁 -*N*- 氧化物 长春花 Catharanthus roseus
3-*epi*-20-hydroxyecdysone 3- 表 -20- 羟基蜕皮素 伪泥胡菜 Serratula coronata
24-*epi*-24-*O*-acetyl-7,8-didehydrohydroshengmanol-3-*O*-(2'-*O*-malonyl)-*β*-D-xylopyranoside 24- 表 -24-*O*- 乙酰基 -7,8- 去二氢氢化升麻新醇 3-*O*-(2'-*O*- 丙二酰基 -*β*-D- 吡喃木糖苷 单穗升麻 Cimicifuga simplex
24-*epi*-24-*O*-acetyl-7,8-didehydrohydroshengmanol-3-*O*-*α*-L-arabinopyranoside 24- 表 -24-*O*- 乙酰基 -7,8- 去二氢氢化升麻新醇 -3-*O*-*α*-L- 吡喃阿拉伯糖苷 单穗升麻 Cimicifuga simplex
24-*epi*-24-*O*-acetyl-7,8-didehydrohydroshengmanol-3-*O*-*β*-D-galactopyranoside 24- 表 -24-*O*- 乙酰基 -7,8- 二去氢氢化升麻新醇 -3-*O*-*β*-D- 吡喃半乳糖苷 单穗升麻 Cimicifuga simplex
24-*epi*-24-*O*-acetyl-7,8-didehydrohydroshengmanol-3-*O*-*β*-D-xylopyranoside 24- 表 -24-*O*- 乙酰基 -7,8- 去二氢氢化升麻新醇 -3-*O*-*β*-D- 吡喃

木糖苷 单穗升麻 Cimicifuga simplex
24-*epi*-24-*O*-acetyl-7,8-didehydro-hydroshengmanol-3-*O*-*β*-D-xylopyranoside 24- 表 -24-*O*- 乙酰基 -7,8- 二去氢 - 氢化升麻新醇 -3-*O*-*β*-D-吡喃木糖苷 大三叶升麻 Cimicifuga heracleifolia
24-*epi*-24-*O*-acetyl-7,8-didehydroshengmaol-3-*O*-*β*-D-xylopyranoside 24- 表 -24-*O*- 乙酰基 -7,8- 二去氢升麻新醇 -3-*O*-*β*-D- 吡喃木糖苷 小升麻 Cimicifuga japonica
24-*epi*-24-*O*-acetylhydroshengmanol-3-*O*-*β*-D-galactopyranoside 24- 表 -24-*O*- 乙酰氢化升麻新醇 -3-*O*-*β*-D- 吡喃半乳糖苷 单穗升麻 Cimicifuga simplex
24-*epi*-24-*O*-hydroxy-7,8-didehydrohydroshengmanol-3-*O*-*β*-D-galactopyranoside 24- 表 -24-*O*- 羟基 -7,8- 二去氢氢化升麻新醇 -3-*O*-*β*-D- 吡喃半乳糖苷 单穗升麻 Cimicifuga simplex
23-*epi*-26-deoxyactein 23- 表 -26- 去氧类叶升麻素▲ 类叶升麻 Actaea asiatica, 升麻 Cimicifuga foetida, 黄三七 Souliea vaginata
1,3-*epi*-29-(2-methylbutanoyloxy)-2*α*-hydroxyamoorastatone 1,3- 表 -29-(2- 甲基丁酰氧基)-2*α*- 羟基崖摩抑酮▲ 川楝 Melia toosendan
1,3-*epi*-29-(2-methylpropanoyloxy)-2*α*-hydroxyamoorastatone 1,3- 表 -29-(2- 甲基丙酰氧基)-2*α*- 羟基崖摩抑酮▲ 川楝 Melia toosendan
2'-*epi*-2'-*O*-acetylthevetin B 2'- 表 -2'-*O*- 乙酰黄花夹竹桃素▲B 海杧果 Cerbera manghas
13-*epi*-2-oxokolavelool 13- 表 -2- 氧代羽叶哈威豆洛醇▲ 单叶蔓荆 Vitex trifolia subsp. litoralis
epi-2-pupukeanone 表 -2- 普普科亚膜海绵酮▲ 皖鄂丹参 Salvia paramiltiorrhiza
3-*epi*-30-norolean-12,20(29)-dien-28-oic acid 3- 表 -30- 降齐墩果 -12,20(29)- 二烯 -28- 酸 木通 Akebia quinata
19-*epi*-3-isoajmalicine 19- 表 -3- 异 - 阿吉马蛇根辛碱▲ 毛钩藤 Uncaria hirsuta
epi-3-quinamine 表 -3- 奎胺 金鸡纳树 Cinchona calisaya, 鸡纳树 C. pubescens
15-*epi*-4*E*-jatrogrossidentadione 15- 表 -4*E*- 大齿麻疯树萜二酮 麻疯树 Jatropha curcas, 佛肚树 J. podagrica
15-*epi*-4*Z*-jatrogrossidentadione 15- 表 -4*Z*- 大齿麻疯树萜二酮 佛肚树 Jatropha podagrica
19-*epi*-5-oxovoacristine 19- 表 -5- 氧代伏康树斯亭▲ 药用狗牙花 Tabernaemontana bovina
10-*epi*-5*α*-hydroperoxy-*β*-eudesmol 10- 表 -5*α*- 氢过氧基 -*β*- 桉叶油醇 山姜 Alpinia japonica
10-*epi*-5*β*-hydroperoxy-*β*-eudesmol 10- 表 -5*β*- 氢过氧基 -*β*- 桉叶油醇 山姜 Alpinia japonica
4,10-*epi*-5*β*-hydroxydihydroeudesmol 4,10- 表 -5*β*- 羟基二氢桉叶油醇 山姜 Alpinia japonica
9-*epi*-6*α*-methoxygeniposidic acid 9- 表 -6*α*- 甲氧基 - 京尼平苷酸 海滨木巴戟 Morinda citrifolia
24-*epi*-7(8)-en-cimigenol-3-*O*-*α*-L-arabinopyranoside 24- 表 -7(8)- 烯 - 升麻醇 -3-*O*-*α*-L- 吡喃阿拉伯糖苷 云南升麻 Cimicifuga yunnanensis
24-*epi*-7(8)-en-cimigenol-3-*O*-*β*-D-xylopyranoside 24- 表 -7(8)- 烯 - 升麻醇 -3-*O*-*β*-D- 吡喃木糖苷 云南升麻 Cimicifuga yunnanensis
24-*epi*-7,8-didehydrocimigenol 24- 表 -7,8- 二去氢升麻醇 大三叶升麻 Cimicifuga heracleifolia
24-*epi*-7,8-didehydrocimigenol-3-ketone 24- 表 -7,8- 二去氢升麻醇 -3- 酮 大三叶升麻 Cimicifuga heracleifolia
24-*epi*-7,8-didehydrocimigenol-3-*O*-*β*-D-xylopyranoside 24- 表 -7,8- 二去氢升麻醇 -3-*O*-*β*-D- 吡喃木糖苷 兴安升麻 Cimicifuga dahurica, 大三叶升麻 C. heracleifolia, 单穗升麻 C. simplex
8-*epi*-7-deoxyloganin 8- 表 -7- 去氧马钱苷 独一味 Lamiophlomis rotata
5-*epi*-7-*epi*-*α*-eudesmol 5- 表 -7- 表 -*α*- 桉叶油醇 挥发油成分，未统计基源
(7*S*)-4-*epi*-7-hydroxyscoparic acid A (7*S*)-4- 表 -7- 羟基野甘草酸▲A 野甘草 Scoparia dulcis
7'-*epi*-7''*R*,8''*S*-4''-demethylsaucerneol 7'- 表 -7''*R*,8''*S*-4''- 去甲基三白草醇▲ 三白草 Saururus chinensis
4-*epi*-7*α*,15-dihydroxydehydroabietic acid 4- 表 -7*α*,15- 二羟基去氢冷杉酸 假地枫皮 Illicium jiadifengpi
4-*epi*-7*α*-hydroxydulcinodal-13-one 4- 表 -7*α*- 羟基野甘草诺醛▲-13- 酮 野甘草 Scoparia dulcis
4-*epi*-7*α*-*O*-acetylscoparic acid A 4- 表 -7*α*-*O*- 乙酰野甘草酸▲A 野甘草 Scoparia dulcis
24-*epi*-7*β*-hydroxy-24-*O*-acetylhydroshengmanol-3-*O*-*β*-D-xylopyranoside 24- 表 -7*β*- 羟基 -24-*O*- 乙酰氢化升麻新醇 -3-*O*-*β*-D- 吡喃木糖苷 单穗升麻 Cimicifuga simplex
ent-13-*epi*-8,13-epoxy-14*S*,15-dihydroxylabdan-1,14-dien-3-one 对映 -13- 表 -8,13- 环氧 -14*S*,15- 二羟基半日花 -1,14- 二烯 -3- 酮 海漆 Excoecaria agallocha
ent-13-*epi*-8,13-epoxy-2,3-secolabd-14-en-2,3-dioic acid 3-methyl ester 对映 -13- 表 -8,13- 环氧 -2,3- 裂环半日花 -14- 烯 -2,3- 二酸 -3- 甲酯 海漆 Excoecaria agallocha
ent-13-*epi*-8,13-epoxy-2-hydroxylabdan-1,14-dien-3-one 对映 -13- 表 -8,13- 环氧 -2- 羟基半日花 -1,14- 二烯 -3- 酮 海漆 Excoecaria agallocha
ent-13-*epi*-8,13-epoxy-2-oxa-3-oxo-labd-14-en-1*R*-carboxylic acid 对映 -13- 表 -8,13- 环氧 -2- 氧杂 -3- 氧代 - 半日花 -14- 烯 -1*R*- 羧酸 海漆 Excoecaria agallocha
6-*epi*-8-*O*-acetylharpagide 6- 表 -8-*O*- 乙酰钩果草吉苷▲ 穿心莲 Andrographis paniculata
8-*epi*-8-tiglylrupicolin A 8- 表 -8- 巴豆酰岩生三裂蒿素▲A 无毛牛尾蒿 Artemisia dubia var. subdigitata
8-*epi*-8-tiglylrupicolin B 8- 表 -8- 巴豆酰岩生三裂蒿素▲B 无毛牛尾蒿 Artemisia dubia var. subdigitata
6-*epi*-8*β*-acetoxylycoclavine 6- 表 -8*β*- 乙酰氧基东北石松文碱▲ 扁枝石松 Diphasiastrum complanatum, 石松 Lycopodium japonicum
13-*epi*-9-deoxyforskolin 13- 表 -9- 去氧毛喉鞘蕊花素▲ 毛喉鞘蕊花 Coleus forskohlii
4-*epi*-abietal 4- 表 - 冷杉醛 垂枝柏 Juniperus recurva, 叉子圆柏 J. sabina
4-*epi*-abietic acid 4- 表 - 冷杉酸 假地枫皮 Illicium jiadifengpi
10',11'-epiabsinthin 10',11'- 表苦艾素 大籽蒿 Artemisia sieversiana
epiabsinthin 表苦艾素 大籽蒿 Artemisia sieversiana
24-*epi*-acerinol 24- 表 - 小升麻醇 大三叶升麻 Cimicifuga heracleifolia
3-*epi*-acetoxyurs-12-en-28-al 3- 表 - 乙酰氧基熊果 -12- 烯 -28- 醛 丁座草 Boschniakia himalaica

epiacetylaleuritolic acid 表乙酰石栗萜酸▲ 商陆 Phytolacca acinosa
12-epiacetyldehydrolucidusculine 12- 表乙酰去氢光泽乌头碱 铁棒锤 Aconitum pendulum
3-epiacetylleptocarpin 3- 表乙酰基薄果菊素▲ 肿柄菊 Tithonia diversifolia
1-epiaconine 1- 表乌头原碱 宣威乌头 Aconitum nagarum var. lasiandrum
epiacorone 表菖蒲酮 菖蒲 Acorus calamus
epiacoronene 表菖蒲螺酮烯 菖蒲 Acorus calamus
16-epiaffinine 16- 表拟佩西木宁碱▲ 古巴萝芙木 Rauvolfia cubana, 药用狗牙花 Tabernaemontana bovina
3'-epiafroside 3'- 表钉头果洛苷▲ 钉头果 Gomphocarpus fruticosus
3'-epiafroside acetate 3'- 表钉头果洛苷▲ 乙酸酯 钉头果 Gomphocarpus fruticosus
(-)-(2*R*,3*R*)-epiafzelechin (-)-(2*R*,3*R*)- 表缅茄儿茶素▲ 榕树 Ficus microcarpa
(-)-epiafzelechin (-)- 表缅茄儿茶素▲ 中华猕猴桃 Actinidia chinensis, 毛叶合欢 Albizia mollis, 白桂木 Artocarpus hypargyreus, 神黄豆 Cassia agnes, 腊肠树 C. fistula, 南蛇藤 Celastrus orbiculatus, 槲蕨 Drynaria roosii, 草麻黄 Ephedra sinica, 红花八角 Illicium dunnianum, 蒲葵 Livistona chinensis, 珠仔树 Symplocos racemosa, 多花紫藤 Wisteria floribunda, 酸枣 Ziziphus jujuba var. spinosa
epiafzelechin 表缅茄儿茶素▲ 紫背天葵 Begonia fimbristipula, 皱叶南蛇藤 Celastrus rugosus, 橙花瑞香 Daphne aurantiaca, 紫荆木 Madhuca pasquieri, 狼毒 Stellera chamaejasme
epiafzelechin-(4→8)-epicatechin 表缅茄儿茶素▲-(4→8)- 表儿茶素▲ 中国无忧花 Saraca dives
ent-epiafzelechin-(4α→8,2α→*O*→7)-kaempferol 对映 - 表缅茄儿茶素▲-(4α→8,2α→*O*→7)- 山柰酚 帚枝鼠李 Rhamnus virgata
epiafzelechin-(4β→6)-epicatechin-3-*O*-gallate 表缅茄儿茶素▲-(4β→6)- 表儿茶素 -3-*O*- 没食子酸酯 酸模 Rumex acetosa
(-)-epiafzelechin-(4β→8)-(-)-epiafzelchin (-)- 表缅茄儿茶素▲-(4β→8)-(-)- 表缅茄儿茶素▲ 中华猕猴桃 Actinidia chinensis
epiafzelechin-(4β→8)-epicatechin 表缅茄儿茶素▲-(4β→8)- 表儿茶素 酸模 Rumex acetosa
epiafzelechin-(4β→8)-epicatechin-(4β→8)-epicatechin 表缅茄儿茶素▲-(4β→8)- 表儿茶素 -(4β→8)- 表儿茶素 酸模 Rumex acetosa
epiafzelechin-(4β→8)-epicatechin-3-*O*-gallate 表缅茄儿茶素▲-(4β→8)- 表儿茶素 -3-*O*- 没食子酸酯 酸模 Rumex acetosa
epiafzelechin-(4β→8)-epicatechin-3-*O*-β-D-allopyranosid 表缅茄儿茶素▲-(4β→8)- 表儿茶素 -3-*O*-β-D- 吡喃阿洛糖苷 大叶骨碎补 Davallia formosana
(-)-epiafzelechin-3,5-di-*O*-β-D-apiofuranoside (-)- 表缅茄儿茶素▲-3,5- 二 -*O*-β-D- 呋喃亲糖苷 金鸡脚假瘤蕨 Phymatopteris hastata
epiafzelechin-3-*O*-gallate-(4β→8)-epicatechin-3-*O*-gallate 表缅茄儿茶素▲-3-*O*- 没食子酸酯 -(4β→8)- 表儿茶素 -3-*O*- 没食子酸酯 酸模 Rumex acetosa
(-)-epiafzelechin-3-*O*-*p*-coumarate (-)- 表缅茄儿茶素▲-3-*O*- 对香豆酸酯 卷茎蓼 Polygonum convolvulus
(-)-epiafzelechin-3-*O*-β-D-allopyranoside (-)- 表缅茄儿茶素▲-3-*O*-β-D- 吡喃阿洛糖苷 槲蕨 Drynaria roosii
(-)-epiafzelechin-7-*O*-β-D-glucopyranoside (-)- 表缅茄儿茶素▲-7-*O*-β-D- 吡喃葡萄糖苷 狭叶虎皮楠 Daphniphyllum angustifolium, 狼毒 Stellera chamaejasme, 珠仔树 Symplocos racemosa, 多花紫藤 Wisteria floribunda
epiafzelechin-epicatechin 表缅茄儿茶素▲- 表儿茶素 地果 Ficus tikoua
4-epiagathadiol 4- 表贝壳杉二醇▲ 榧树 Torreya grandis
3-epiagladupol D 3- 表四季米仔兰醇 楝 Melia azedarach
19-*epi*-ajmalicine 19- 表 - 阿吉马蛇根辛碱▲ 糖胶树 Alstonia scholaris, 鸡骨常山 A. yunnanensis, 萝芙木 Rauvolfia verticillata, 催吐萝芙木 R. vomitoria
7-epialdovibsanin A 7- 表醛荚蒾宁 珊瑚树 Viburnum odoratissimum
epialisol A 表泽泻醇 A 泽泻 Alisma plantago-aquatica
(+)-epialloelaeocarpiline (+)- 表别杜英林碱 圆果杜英 Elaeocarpus angustifolius
3-epialphitolic acid 3- 表麦珠子酸 三叶委陵菜 Potentilla freyniana
epialpinolide 表山姜内酯 光叶山姜 Alpinia intermedia
4-*epi*-alyxialactone 4- 表 - 链珠藤内酯▲ 蒙古芯芭 Cymbaria mongolica
7-*epi*-amiteol 7- 表黑冢白蚁醇▲ 香藜 Chenopodium botrys
3α-epiamyrin 3α- 表香树脂醇 羽叶白头树 Garuga pinnata
β-epiamyrin acetate β- 表香树脂醇乙酸酯 万丈深 Crepis phoenix
6-epiangustifolin 6- 表狭叶香茶菜素 紫毛香茶菜 Isodon enanderianus, 冬凌草 I. rubescens
epianhydrobelachinal 表脱水射干呋喃醛 射干 Belamcanda chinensis
20-*epi*-antirhine 20- 表毛茶碱 大叶糖胶树 Alstonia macrophylla
epi-anwuweizic acid 表 - 安五味子酸 五味子 Schisandra chinensis
(+)-4-*epi*-arbusculin A (+)-4- 表 - 矮艾素 A 小蛇苔 Conocephalum japonicum
(-)-8-*epi*-aristoligone (-)-8- 表 - 马兜铃环木脂酮 华中五味子 Schisandra sphenanthera
epiarjunic acid 表阿江榄仁酸 腺叶蔷薇 Rosa kokanica
3-*epi*-armefolin 3- 表 - 墨西哥蒿素 菊蒿 Tanacetum vulgare
(+)-epiaschantin (+)- 表刚果荜澄茄脂素 莲叶桐 Hernandia nymphaeifolia
epiaschantin 表几内亚胡椒素▲ 中亚苦蒿 Artemisia absinthium, 大籽蒿 A. sieversiana, 竹叶花椒 Zanthoxylum armatum
4-epiashantin 4- 表艾山亭 大籽蒿 Artemisia sieversiana
epiasperuloside 表车叶草苷 染木树 Saprosma ternata
8-epiasterolide 8- 表紫菀内酯▲ 金粟兰 Chloranthus spicatus
3-*epi*-astrahygrol 3- 表 - 硬皮地星醇▲ 硬皮地星 Astraeus hygrometricus

10-*epi*-atractyloside A 10- 表苍术苷 A 关苍术 Atractylodes japonica
(-)-epibaptifoline (-)- 表贯叶厘靛碱▲ 朝鲜槐 Maackia amurensis, 马鞍树 M. hupehensis, 光叶马鞍树 M. tenuifolia
4-*epi*-barbinervic acid 4- 表 - 髭脉桤叶树酸▲ 马鞭草 Verbena officinalis
epiberberine 表小檗碱 三裂紫堇 Corydalis trifoliata, 天仙藤 Fibraurea recisa, 风龙 Sinomenium acutum
3-epibetulin 3- 表白桦脂醇 鱼骨木 Canthium dicoccum, 角果木 Ceriops tagal
3-epibetulinic acid 3- 表白桦脂酸 大籽筋骨草 Ajuga macrosperma, 伯乐树 Bretschneidera sinensis, 滇南红厚壳 Calophyllum polyanthum, 少叶黄杞 Engelhardia fenzelii, 黄杞 E. roxburghiana, 蓝玉簪龙胆 Gentiana veitchiorum, 牛白藤 Hedyotis hedyotidea, 长节耳草 H. uncinella, 尾叶那藤 Stauntonia obovatifoliola subsp. urophylla, 槲寄生 Viscum coloratum
epibetulinic acid 表白桦脂酸 角果木 Ceriops tagal, 五加 Eleutherococcus nodiflorus var. gracilistylus, 鹅掌藤 Heptapleurum arboricola, 鹅掌柴 H. heptaphyllum, 蓝果树 Nyssa sinensis, 洋蒲桃 Syzygium samarangense
3α-*epi*-betulinic acid 3α- 表白桦树脂酸 短柄小连翘 Hypericum petiolulatum
3-*epi*-betulinic acid acetate 3- 表 - 白桦脂酸乙酰酯 少叶黄杞 Engelhardia fenzelii, 黄杞 E. roxburghiana
3-*epi*-betulinic acid-28-*O*-α-L-rhamnopyranosyl-(1 → 4)-*O*-β-D-glucopyranosyl-(1 → 6)-β-D-glucopyranoside 3- 表 - 白桦脂酸 -28-*O*-α-L- 吡喃鼠李糖基 -(1 → 4)-*O*-β-D- 吡喃葡萄糖基 -(1 → 6)-β-D- 吡喃葡萄糖苷 鹅掌柴 Heptapleurum heptaphyllum
3-*epi*-betulinic acid-28-*O*-α-L-rhamnopyranosyl-(1 → 4)-β-D-glucopyranosyl-(1 → 6)-β-D-glucopyranosyl ester 3- 表 - 白桦脂酸 -28-*O*-α-L- 吡喃鼠李糖基 -(1 → 4)-β-D- 吡喃葡萄糖基 -(1 → 6)-β-D- 吡喃葡萄糖基酯 五加 Eleutherococcus nodiflorus var. gracilistylus, 刺参 Oplopanax elatus
3-*epi*-betulinic acid-3-*O*-sulfate 3- 表 - 白桦脂酸 -3-*O*- 硫酸酯 鹅掌柴 Heptapleurum heptaphyllum
3-*epi*-betulinic acid-3-*O*-sulfate-28-*O*-[α-L-rhamnopyranosyl-(1 → 4)-*O*-β-D-glucopyranosyl-(1 → 6)]-β-D-glucopyranoside 3- 表 - 白桦脂酸 -3-*O*- 硫酸酯 -28-*O*-[α-L- 吡喃鼠李糖基 -(1 → 4)-*O*-β-D- 吡喃葡萄糖基 -(1 → 6)]-β-D- 吡喃葡萄糖苷 鹅掌柴 Heptapleurum heptaphyllum
3-*epi*-betulinic acid-3-*O*-β-D-6'-acetylglucopyranoside-28-[α-L-rhamnopyranosyl-(1 → 4)-*O*-β-D-glucopyranosyl-(1 → 6)]-β-D-glycopyranoside 3- 表 - 白桦脂酸 -3-*O*-β-D-6'- 乙酰吡喃葡萄糖苷 -28-[α-L- 吡喃鼠李糖基 -(1 → 4)-*O*-β-D- 吡喃葡萄糖基 -(1 → 6)]-β-D- 吡喃葡萄糖苷 鹅掌柴 Heptapleurum heptaphyllum
3-*epi*-betulinic acid-3-*O*-β-D-glucopyranoside 3- 表 - 白桦脂酸 -3-*O*-β-D- 吡喃葡萄糖苷 鹅掌柴 Heptapleurum heptaphyllum
1-epibicyclosesquiphellandrene 1- 表二环倍半水芹烯 挥发油成分，未统计基源
(+)-*epi*-bicyclosesquiphellandrene (+)- 表 - 双环倍半水芹烯 挥发油成分，未统计基源
epi-bicyclosesquiphellandrene 表 - 双环倍半水芹烯 挥发油成分，未统计基源
7-epiblechnic acid 7- 表乌毛蕨酸 华西龙头草 Meehania fargesii, 东方狗脊蕨 Woodwardia orientalis, 胎生狗脊蕨 W. prolifera
8-epiblechnic acid 8- 表乌毛蕨酸 乌毛蕨 Blechnum orientale, 细风轮菜 Clinopodium gracile, 东方狗脊蕨 Woodwardia orientalis, 胎生狗脊蕨 W. prolifera
epiblechnic acid 表乌毛蕨酸 苏铁蕨 Brainea insignis
9-*epi*-blumenol B 9- 表 - 布卢竹柏醇 B 卫矛 Euonymus alatus
4-epiborreriagenin 4- 表丰花草苷元▲ 白花蛇舌草 Hedyotis diffusa
24-epibrassinolide 24- 表芸苔素内酯 木橘 Aegle marmelos
epibreynin B, D~H 表黑面神素 B, D~H 黑面神 Breynia fruticosa
20-epibryonolic acid 20- 表泻根醇酸 菲律宾朴 Celtis philippensis, 台湾马桑 Coriaria intermedia, 葫芦 Lagenaria siceraria
3-epibryonolol 3- 表泻根醇 王瓜 Trichosanthes cucumeroides, 栝楼 T. kirilowii
4-*epi*-bullatantriol 4- 表泡番荔枝三醇▲ 蜡梅 Chimonanthus praecox
3-epicabraleadiol 3- 表南美楝二醇 山茶 Camellia japonica
epicacalone 表蟹甲草酮▲ 黄帚橐吾 Ligularia virgaurea
epicaltholide 表驴蹄草内酯 驴蹄草 Caltha palustris
6''-epicalyflorenone B, C 6''- 表萼翅藤烯酮▲B, C 萼翅藤 Getonia floribunda
3-epicalyxin B 3- 表草蔻素 B 云南草蔻 Alpinia blepharocalyx
epicalyxin B, C, D, F~K, M 表草蔻素 B, C, D, F~K, M 云南草蔻 Alpinia blepharocalyx
30-epicambogin 30- 表柬埔寨藤黄素▲ 云树 Garcinia cowa, 木竹子 G. multiflora, 金丝李 G. paucinervis
5-*epi*-canadensene 5- 表 - 加拿大紫杉烯▲ 南方红豆杉 Taxus wallichinana var. mairei
epicandicandiol 表白毒马草二醇▲ 小叶香茶菜 Isodon parvifolius
epicarissone 表假虎刺酮 小花八角 Illicium micranthum
(*E*)-9-*epi*-caryophyllene (*E*)-9- 表丁香烯 挥发油成分，未统计基源
3-*epi*-caryoptin 3- 表 - 莸素 九味一枝蒿 Ajuga bracteosa, 化石树 Clerodendrum calamitosum
epicastanolide 表栗色鼠尾草内酯▲ 栗色鼠尾草 Salvia castanea
epicatalpin 表梓素▲ 梓 Catalpa ovata
epicatalponol 表梓酮醇 美国梓 Catalpa bignonioides
(+)-epicatechin (+)- 表儿茶素 阳桃 Averrhoa carambola, 三棱枝杭子梢 Campylotropis trigonoclada, 欧洲甜樱桃 Cerasus avium, 黄独 Dioscorea bulbifera, 苹果 Malus pumila, 芍药 Paeonia lactiflora, 叉分蓼 Polygonum divaricatum, 迎红杜鹃花 Rhododendron mucronulatum, 鸡树条荚蒾 Viburnum opulus var. calvescens, 赤豆 Vigna angularis
(2*R*,3*R*)-epicatechin (2*R*,3*R*)- 表儿茶素 火索藤 Bauhinia aurea
1-epicatechin 1- 表儿茶素 云南红景天 Rhodiola yunnanensis
epicatechin; (-)-epicatechin 表儿茶素 常见成分，至少分布于 100 种以上植物中

(-)-epicatechin 3-*O*-*β*-D-(3''-*trans*-cinnamoyl)-allopyranoside (-)-表儿茶素-3-*O*-*β*-D-(3''-反式-桂皮酰基)-吡喃阿洛糖苷 大叶骨碎补 Davallia formosana
(-)-epicatechin 4-benzylthioether (-)-表儿茶素-4-苄基硫醚 假升麻 Aruncus sylvester
epicatechin acid 表儿茶酸 蓝果忍冬 Lonicera caerulea
(-)-epicatechin gallate (-)-表儿茶素没食子酸酯 元宝槭 Acer truncatum, 白蔹 Ampelopsis japonica, 龙须藤 Bauhinia championii, 直立老鹳草 Geranium rectum, 三球悬铃木 Platanus orientalis, 金露梅 Potentilla fruticosa, 红花鹿蹄草 Pyrola asarifolia subsp. incarnata, 长白蔷薇 Rosa koreana, 直根酸模 Rumex thyrsiflorus, 山葡萄 Vitis amurensis
epicatechin gallate 表儿茶素没食子酸酯 橄榄 Canarium album, 鳄梨 Persea americana, 钝叶酸模 Rumex obtusifolius
(-)-epicatechin-(-)-epicatechin (-)-表儿茶素-(-)-表儿茶素 金丝桃叶绣线菊 Spiraea hypericifolia
ent-epicatechin-(2*α*,7,4*α*,8)-catechin 对映-表儿茶素-(2*α*,7,4*α*,8)-儿茶素 黑刺李 Prunus spinosa
epicatechin-(2*β*→7,4*β*→8)-epiafzelechin-(4*α*→8)-epicatechin 表儿茶素-(2*β*→7,4*β*→8)-表缅茄儿茶素▲-(4*α*→8)-表儿茶素 酸模 Rumex acetosa
epicatechin-(2*β*→*O*→7,4*β*→8)-*ent*-epicatechin 表儿茶素-(2*β*→*O*→7,4*β*→8)-对映-表儿茶素 美丽马醉木 Pieris formosa, 马醉木 P. japonica, 马缨杜鹃花 Rhododendron delavayi
epicatechin-(2*β*→O→7,4*β*→8)-epiafzelechin-(4*α*→8)-epicatechin 表儿茶素-(2*β*→*O*→7,4*β*→8)-表缅茄儿茶素▲-(4*α*→8)-表儿茶素 荔枝 Litchi chinensis
epicatechin-(4→8)-epicatechin-(4→8,2→*O*→7)-epicatechin-(4→8)-epicatechin 表儿茶素-(4→8)-表儿茶素-(4→8,2*β*→*O*→7)-表儿茶素-(4→8)-表儿茶素 杜仲藤 Urceola micrantha
epicatechin-(4→8,2→*O*→7)-epicatechin-(4→8)-*epi*catechin 表儿茶素-(4→8,2→*O*→7)-表儿茶素-(4→8)-表儿茶素 杜仲藤 Urceola micrantha
epicatechin-(4*α*,8)-epicatechin-(4*β*,8;2*β*,7)-epicatechin 表儿茶素-(4*α*,8)-表儿茶素-(4*β*,8;2*β*,7)-表儿茶素 欧洲七叶树 Aesculus hippocastanum
epicatechin-(4*β*,6)-epicatechin-(4*β*,6)-epicatechin 表儿茶素-(4*β*,6)-表儿茶素-(4*β*,6)-表儿茶素 欧洲七叶树 Aesculus hippocastanum
epicatechin(4*β*,8)-epicatechin-(4*β*,8;2*β*,8)-epicatechin 表儿茶素-(4*β*,8)-表儿茶素-(4*β*,8;2*β*,8)-表儿茶素 欧洲七叶树 Aesculus hippocastanum
epicatechin-(4*β*,8;2*β*,7)-catechin-(4*β*,8)-epicatechin 表儿茶素-(4*β*,8;2*β*,7)-儿茶素-(4*β*,8)-表儿茶素 欧洲七叶树 Aesculus hippocastanum
epicatechin-(4*β*,8;2*β*,7)-epicatechin-(4*α*,8)-ent-epicatechin 表儿茶素-(4*β*,8;2*β*,7)-表儿茶素-(4*α*,8)-对映-表儿茶素 欧洲七叶树 Aesculus hippocastanum
epicatechin-(4*β*→6)-epicatechin-(4*β*→8)-epicatechin-(4*β*→6)-epicatechin 表儿茶素-(4*β*→6)-表儿茶素-(4*β*→8)-表儿茶素-(4*β*→6)-表儿茶素 大叶骨碎补 Davallia formosana, 骨碎补 D. mariesii
(-)-epicatechin-(4*β*→8)-(-)-*epi*-catechin (-)-表儿茶素-(4*β*→8)-(-)-表儿茶素 中华猕猴桃 Actinidia chinensis
epicatechin-(4*β*→8)-4*β*-carboxymethylepicatechin 表儿茶素(4*β*→8)-4*β*-羧甲基表儿茶素 大叶骨碎补 Davallia formosana
epicatechin-(4*β*→8)-epicatechin-(4*β*→6)-epicatechin 表儿茶素-(4*β*→8)-表儿茶素-(4*β*→6)-表儿茶素 骨碎补 Davallia mariesii, 红楠 Machilus thunbergii
epicatechin-(4*β*→8)-epicatechin-(4*β*→8)-catechin 表儿茶素-(4*β*→8)-表儿茶素-(4*β*→8)-儿茶素 酸模 Rumex acetosa
epicatechin-(4*β*→8)-epicatechin-(4*β*→8)-catechin-3-*O*-*β*-D-allopyranoside 表儿茶素-(4*β*→8)-表儿茶素-(4*β*→8)-儿茶素-3-*O*-*β*-D-吡喃阿洛糖苷 大叶骨碎补 Davallia formosana
epicatechin-(4*β*→8)-epicatechin-(4*β*→8,2*β*→*O*→7)-catechin 表儿茶素-(4*β*→8)-表儿茶素-(4*β*→8,2*β*→*O*→7)-儿茶素 越桔 Vaccinium vitis-idaea
epicatechin-(4*β*→8)-epigallocatechin-3-*O*-gallate 表儿茶素-(4*β*→8)-表没食子儿茶素-3-*O*-没食子酸酯 余甘子 Phyllanthus emblica
epicatechin-(4*β*→8)-gallocatechin 表儿茶素-(4*β*→8)-没食子儿茶素 余甘子 Phyllanthus emblica
epicatechin-(4*β*-6)-epicatechin-(4*β*-8)-catechin 表儿茶素-(4*β*-6)-表儿茶素-(4*β*-8)-儿茶素 啤酒花 Humulus lupulus
(-)-epicatechin-(4-*β*-8)-(-)-epicatechin (-)-表儿茶素-(4-*β*-8)-表没食子儿茶素 三球悬铃木 Platanus orientalis
epicatechin-(4*β*-8)-catechin 表儿茶素-(4*β*-8)-儿茶素 乌药 Lindera aggregata
epicatechin-(4*β*-8)-epicatechin-(4*β*-8)-catechin 表儿茶素-(4*β*-8)-表儿茶素-(4*β*-8)-儿茶素 啤酒花 Humulus lupulus
(-)-epicatechin-(4-*β*-8)-epigallocatechin gallate (-)-表儿茶素-(4-*β*-8)-表没食子儿茶素没食子酸酯 三球悬铃木 Platanus orientalis
(-)-epicatechin-(4*β*-8)-gallocatechin (-)-表儿茶素-(4*β*-8)-没食子儿茶素 骆驼刺 Alhagi camelorum
epicatechin-(4*β*-8,2-*O*-7)-catechin 表儿茶素-(4*β*-8,2-*O*-7)-儿茶素 乌药 Lindera aggregata
epicatechin-(4*β*-8,2-*O*-7)-epicatechin 表儿茶素-(4*β*-8,2-*O*-7)-表儿茶素 乌药 Lindera aggregata
(-)-epicatechin-(7,8-bc)-4*α*-(3,4-dihydroxyphenyl)-dihydro-2(3*H*)-pyranone (-)-表儿茶素-(7,8-bc)-4*α*-(3,4-二羟基苯基)-二氢-2(3*H*)-吡喃酮 小连翘 Hypericum erectum
epicatechin-(7,8-bc)-4*β*-(4-hydroxyphenyl)-dihydro-2(3*H*)-pyranone 表儿茶素-(7,8-bc)-4*β*-(4-羟基苯基)-二氢-2(3*H*)-吡喃酮 荔枝 Litchi chinensis
(-)-epicatechin-[2-(3,4-dihydroxyphenyl]-3,4-dihydro-2*H*-chromene-3,5,7-triol (-)-表儿茶素[2-(3,4-二羟基苯基)-3,4-二氢-2*H*-色烯-3,5,7-三醇 杧果 Mangifera indica
epicatechin-[8,7-e]-4*β*-(4-hydroxyphenyl)-3,4-dihydroxyl-2(3*H*)-pyranone 表儿茶素-[8,7-e]-4*β*-(4-羟基苯基)-3,4-二羟基-2(3*H*)-吡喃酮 地菍 Melastoma dodecandrum
(-)-epicatechin-3-(3-*O*-methyl)gallate (-)-表儿茶素-3-(3-*O*-甲基)-没食子酸酯 锡叶藤 Tetracera sarmentosa
epicatechin-3,5-digallate 表儿茶素-3,5-二没食子酸酯 日本瓦松 Orostachys japonica
(-)-epicatechin-3-gallate (-)-表儿茶素-3-没食子酸酯 走马胎 Ardisia gigantifolia, 淡枝沙拐枣 Calligonum leucocladum, 木麻黄 Casuarina equisetifolia, 荔枝 Litchi chinensis, 兴安杜鹃花 Rhododendron dauricum

epicatechin-3-gallate 表儿茶素 -3- 没食子酸酯 茶 Camellia sinensis, 日本瓦松 Orostachys japonica
(-)-epicatechin-3-*O*-(*E*)-caffeate (-)- 表儿茶素 -3-*O*-(*E*)- 咖啡酸酯 虎杖 Reynoutria japonica
(-)-epicatechin-3-*O*-curvulinate (-)- 表儿茶素 -3-*O*- 弯孢菌酸酯 虎杖 Reynoutria japonica
(-)-epicatechin-3-*O*-gallate (-)- 表儿茶素 -3-*O*- 没食子酸酯 短毛金线草 Antenoron filiforme var. neofiliforme, 阳桃 Averrhoa carambola, 紫荆 Cercis chinensis, 山茱萸 Cornus officinalis, 锁阳 Cynomorium songaricum, 金荞麦 Fagopyrum dibotrys, 仪花 Lysidice rhodostegia, 云南杨梅 Myrica nana, 余甘子 Phyllanthus emblica, 头花蓼 Polygonum capitatum, 虎杖 Reynoutria japonica, 唐古特大黄 Rheum tanguticum, 狭叶红景天 Rhodiola kirilowii, 尼泊尔酸模 Rumex nepalensis
(+)-epicatechin-3-*O*-gallate (+)- 表儿茶素 -3-*O*- 没食子酸酯 唐古特大黄 Rheum tanguticum
epicatechin-3-*O*-gallate 表儿茶素 -3-*O*- 没食子酸酯 广东蛇葡萄 Ampelopsis cantoniensis, 三裂蛇葡萄 A. delavayana, 鞍叶羊蹄甲 Bauhinia brachycarpa, 草芍药 Paeonia obovata, 药用大黄 Rheum officinale, 酸模 Rumex acetosa, 锡叶藤 Tetracera sarmentosa, 红枝崖爬藤 Tetrastigma erubescens, 刺葡萄 Vitis davidii

E

epicatechin-3-*O*-gallate-(4$\beta\rightarrow$6)-epicatechin-3-*O*-gallate 表儿茶素 -3-*O*- 没食子酸酯 -(4$\beta\rightarrow$6)- 表儿茶素 -3-*O*- 没食子酸酯 酸模 Rumex acetosa
epicatechin-3-*O*-gallate-(4$\beta\rightarrow$8)-epicatechin-3-*O*-gallate 表儿茶素 -3-*O*- 没食子酸酯 -(4$\beta\rightarrow$8)- 表儿茶素 -3-*O*- 没食子酸酯 酸模 Rumex acetosa
epicatechin-3-*O*-gallate-(4$\beta\rightarrow$8)-epicatechin-3-*O*-gallate-(4$\beta\rightarrow$8)-epicatechin-3-*O*-gallate 表儿茶素 -3-*O*- 没食子酸酯 -(4$\beta\rightarrow$8)- 表儿茶素 -3-*O*- 没食子酸酯 -(4$\beta\rightarrow$8)- 表儿茶素 -3-*O*- 没食子酸酯 酸模 Rumex acetosa
(-)-epicatechin-3-*O*-*p*-hydroxybenzoate (-)- 表儿茶素 -3-*O*- 对羟基苯甲酸酯 虎杖 Reynoutria japonica
(-)-epicatechin-3-*O*-β-D-(2''-*O*-vanillyl)-allopyranoside (-)- 表儿茶素 -3-*O*-β-D-(2''-*O*- 香荚兰酰基)- 吡喃阿洛糖苷 大叶骨碎补 Davallia formosana
(-)-epicatechin-3-*O*-β-D-(2''-*trans*-cinnamoyl)-allopyranoside (-)- 表儿茶素 -3-*O*-β-D-(2''- 反式 - 桂皮酰基)- 吡喃阿洛糖苷 大叶骨碎补 Davallia formosana
(-)-epicatechin-3-*O*-β-D-(3''-*O*-vanillyl)-allopyranoside (-)- 表儿茶素 -3-*O*-β-D-(3''-*O*- 香荚兰酰基)- 吡喃阿洛糖苷 大叶骨碎补 Davallia formosana
(-)-epicatechin-3-*O*-β-*D*-allopyranoside (-)- 表儿茶素 -3-*O*-β-D- 吡喃阿洛糖苷 骨碎补 Davallia mariesii
(-)-epicatechin-3-*O*-β-D-glucopyranoside (-)- 表儿茶素 -3-*O*-β-D- 吡喃葡萄糖苷 肉桂 Cinnamomum cassia
epicatechin-3-*O*-β-D-xylopyranoside 表儿茶素 -3-*O*-β-D- 吡喃木糖苷 桂火绳 Eriolaena kwangsiensis
(-)-epicatechin-3-*O*-β-glucopyranoside (-)- 表儿茶素 -3-*O*-β- 吡喃葡萄糖苷 杧果 Mangifera indica
(-)-epicatechin-5-gallate (-)- 表儿茶素 -5- 没食子酸酯 日本瓦松 Orostachys japonica
(-)-epicatechin-5-*O*-β-*D*-glucopyranosid (-)- 表儿茶素 -5-*O*-β-D- 吡喃葡萄苷 骨碎补 Davallia mariesii
(-)-epicatechin-5-*O*-β-D-glucopyranoside (-)- 表儿茶素 -5-*O*-β-D- 吡喃葡萄糖苷 中华猕猴桃 Actinidia chinensis, 圆穗蓼 Polygonum macrophyllum
epicatechin-5-*O*-β-D-glucopyranoside 表儿茶素 -5-*O*-β-D- 吡喃葡萄糖苷 小连翘 Hypericum erectum
(-)-epicatechin-5-*O*-β-D-glucopyranosyl-3-benzoate (-)- 表儿茶素 -5-*O*-β-D- 吡喃葡萄糖基 -3- 苯甲酸酯 南蛇藤 Celastrus orbiculatus
(-)-epicatechin-6-*C*-β-D-glucopyranoside (-)- 表儿茶素 -6-*C*-β-D- 吡喃葡萄糖苷 肉桂 Cinnamomum cassia
(-)-epicatechin-7-*O*-β-D-glucoside (-)- 表儿茶素 -7-*O*-β-D- 葡萄糖苷 瓦韦 Lepisorus thunbergianus
(-)-epicatechin-8-*C*-β-D-glucopyranoside (-)- 表儿茶素 -8-*C*-β-D- 吡喃葡萄糖苷 茶 Camellia sinensis, 肉桂 Cinnamomum cassia, 荔枝 Litchi chinensis
(-)-epicatechol (-)- 表儿茶酚 中华猕猴桃 Actinidia chinensis, 中华抱茎蓼 Polygonum amplexicaule var. sinense, 叉分蓼 P. divaricatum
epicatechol 表儿茶酚 红花八角 Illicium dunnianum, 钝叶酸模 Rumex obtusifolius
(-)-epicatechol gallate (-)- 表儿茶酚没食子酸酯 叉分蓼 Polygonum divaricatum
epicatunaregin 表山石榴素 山石榴 Catunaregam spinosa
epiceanothic acid 表美洲茶酸 酸枣 Ziziphus jujuba var. spinosa
epicedranediol 表雪松烷二醇 高山柏 Juniperus squamata
2-epicephalofortuneine 2- 表三尖杉因碱 ▲ 三尖杉 Cephalotaxus fortunei
epicephalotaxine 表三尖杉碱 三尖杉 Cephalotaxus fortunei, 海南粗榧 C. mannii
6-epicerevisterol 6- 表酒酵母甾醇 斑玉蕈 Hypsizygus marmoreus
epicerin acetate 表 -2- 羟基软木三萜酮乙酸酯 楝 Melia azedarach
6-epichasmanine 6- 表展花乌头宁 北乌头 Aconitum kusnezoffii
16-epichikusaikoside 16- 表竹柴胡苷 ▲ 汶川柴胡 Bupleurum wenchuanense
16-epichikusaikoside I 16- 表竹柴胡苷 ▲I 汶川柴胡 Bupleurum wenchuanense
epicholestanol 表胆甾烷醇 问荆 Equisetum arvense
24-epicimigenol-3-*O*-α-L-arabinopyranoside 24- 表升麻醇 -3-*O*-α-L- 吡喃阿拉伯糖苷 升麻 Cimicifuga foetida
24-epicimigenol-3-*O*-β-D-xylopyranoside 24- 表升麻醇 -3-*O*-β-D- 吡喃木糖苷 升麻 Cimicifuga foetida
34-*epi*-*cis*-goniodonin 34- 表 - 顺式 - 田方骨宁 ▲ 田方骨 Goniothalamus donnaiensis
7-epiclusianone 7- 表猪胶树酮 ▲ 元宝草 Hypericum sampsonii, 糙枝金丝桃 H. scabrum
4-epicommunic acid 4- 表欧洲刺柏酸 ▲ 鱼子兰 Chloranthus erectus, 赤松 Pinus densiflora
3-epicomosimine 3- 表簇毛石冬青明碱 ▲ 粗榧 Cephalotaxus sinensis
3-epicomosine 3- 表簇毛石冬青碱 ▲ 高山三尖杉 Cephalotaxus fortunei var. alpina

epicorazine A 附球菌嗪 A 轴灰包 Podaxis pistillaris, 毛韧革菌 Stereum hirsutum

epicorazine B 附球菌嗪 B 轴灰包 Podaxis pistillaris, 毛韧革菌 Stereum hirsutum

epicorazine C 附球菌嗪 C 轴灰包 Podaxis pistillaris, 毛韧革菌 Stereum hirsutum

3-epicorosolic acid 3- 表黄麻酸▲ 中华猕猴桃 Actinidia chinensis, 枇杷 Eriobotrya japonica, 康藏荆芥 Nepeta prattii, 野生紫苏 Perilla frutescens var. purpurascens, 厚皮香 Ternstroemia gymnanthera, 穗花牡荆 Vitex agnus-castus, 黄荆 V. negundo

3-epicorosolic acid lactone 3- 表黄麻酸▲内酯 厚皮香 Ternstroemia gymnanthera

(+)-13-epicorynoline (+)-13- 表紫堇灵 地丁草 Corydalis bungeana

(+)-14-epicorynoline (+)-14- 表紫堇灵 刻叶紫堇 Corydalis incisa

11-epicorynoline 11- 表紫堇灵 地丁草 Corydalis bungeana

epicryptoacetalide 表丹参隐螺内酯 丹参 Salvia miltiorrhiza, 甘西鼠尾草 S. przewalskii, 云南鼠尾草 S. yunnanensis

epicubebol 表荜澄茄醇 挥发油成分，未统计基源

4-*epi*-cubebol 4- 表 - 荜澄茄醇 挥发油成分，未统计基源

(+)-*ent*-epicubenol (+)- 对映 - 表荜澄茄烯醇 二色五味子 Schisandra bicolor, 金山五味子 S. glaucescens

1-epicubenol 1- 表荜澄茄烯醇 挥发油成分，未统计基源

epicubenol 表荜澄茄烯醇 挥发油成分，未统计基源

1-*epi*-cubenol 1- 表橙椒醇 挥发油成分，未统计基源

13-epicupressic acid 13- 表柏木酸 太白红杉 Larix potaninii var. chinensis

epi-curcumenol 表莪术烯醇 温郁金 Curcuma wenyujin

4-*epi*-curcusone E 4- 表 - 麻疯树萜酮▲E 麻疯树 Jatropha curcas

epicurzerenone 表莪术呋喃酮 温郁金 Curcuma wenyujin

epi-curzerenone 表莪术酮 挥发油成分，未统计基源

epicyasterone 表杯苋甾酮 头花杯苋 Cyathula capitata

28-*epi*-cyasterone 28- 表 - 杯苋甾酮 绵参 Eriophyton wallichii

3-epicycloeucalenol 3- 表环桉烯醇 栓皮栎 Quercus variabilis

3-epicycloeucalenyl acetate 3- 表环桉烯醇乙酸酯 栓皮栎 Quercus variabilis

3-epicycloeucalenyl-24-one 3- 表环桉烯基 -24- 酮 栓皮栎 Quercus variabilis

2'-epicycloisobrachycoumarin 2'- 表环异短枝菊香豆素▲ 火石花 Gerbera delavayi

3-*epi*-cyclolaudenol 3- 表 - 环阿片甾烯醇 九里香 Murraya exotica

15-epidanshenol A 15- 表丹参新醇 A 胶质鼠尾草 Salvia glutinosa

epidanshenspiroketallactone 表丹参螺缩酮内酯 栗色鼠尾草 Salvia castanea, 胶质鼠尾草 S. glutinosa, 丹参 S. miltiorrhiza, 云南鼠尾草 S. yunnanensis

1-*epi*-deacetylaconitine 1- 表 - 去乙酰乌头碱 林地乌头 Aconitum nemorum

16-epideacetylakuammiline 16- 表去乙酰苦籽木林碱▲ 红花蕊木 Kopsia fruticosa

1-epidechloroacutumine 1- 表去氯风龙明碱▲ 蝙蝠葛 Menispermum dauricum

3'-epidecursinol 3'- 表紫花前胡醇 竹叶西风芹 Seseli mairei

4-epidehydroabietal 4- 表去氢冷杉醛 樟子松 Pinus sylvestris var. mongolica

4-*epi*-dehydroabietic acid 4- 表 - 去氢冷杉酸 假地枫皮 Illicium jiadifengpi, 大八角 I. majus

4-epidehydroabietol 4- 表去氢冷杉醇 雪岭云杉 Picea schrenkiana

12-epidehydronapelline 12- 表去氢欧乌头碱 牛扁 Aconitum barbatum var. puberulum, 铁棒锤 A. pendulum, 准噶尔乌头 A. soongaricum

3-*epi*-dehydropachymic acid 3- 表 - 去氢茯苓酸 猪苓 Polyporus umbellatus, 茯苓 Wolfiporia extensa

3-*epi*-dehydrotrametenolic acid 3- 表 - 去氢栓菌烯醇酸▲ 猪苓 Polyporus umbellatus

3-*epi*-dehydrotumulosic acid 3- 表 - 去氢丘陵多孔菌酸▲ 猪苓 Polyporus umbellatus, 茯苓 Wolfiporia extensa

1,5,9-epideoxyloganic acid 1,5,8- 表去氧马钱酸 荆芥 Nepeta cataria

5-epideoxyloganic acid 5- 表去氧马钱酸 荆芥 Nepeta cataria

8-epideoxyloganic acid 8- 表去氧马钱酸 盐生肉苁蓉 Cistanche salsa, 管花肉苁蓉 C. tubulosa, 两头毛 Incarvillea arguta, 红波罗花 I. delavayi, 齿叶玄参 Scrophularia dentata

7-epideoxynupharidine 7- 表去氧萍蓬草定碱 萍蓬草 Nuphar pumila

epiderriflavanone 表鱼藤黄烷酮▲ 疏花鱼藤 Derris laxiflora

6-*epi*-desacetylisotenulin 6- 表 - 去乙酰异细叶堆心菊素 水朝阳旋覆花 Inula helianthusaquatilis

8-epidesacylcynaropicrin glucoside 8- 表去酰菜蓟苦素葡萄糖苷 小苦荬 Ixeridium dentatum, 空桶参 Soroseris erysimoides

8-epidesacylcynaropicrin-3-*O*-*β*-D-glucoside 8- 表去酰菜蓟苦素 -3-*O*-*β*-D- 葡萄糖苷 菊苣 Cichorium intybus, 中华小苦荬 Ixeridium chinense

epidesoxyharringtonine 表去氧粗榧碱 高山三尖杉 Cephalotaxus fortunei var. alpina

3-epidigitoxigenin 3- 表洋地黄毒苷元 钝叶鸡蛋花 Plumeria obtusa

epidihydrocornin 表二氢山茱萸素 海滨木巴戟 Morinda citrifolia

3-*epi*-dihydrocorymine-17-acetate 3- 表 - 二氢紫堇明 -17- 乙酸酯 糖胶树 Alstonia scholaris

3''-*epi*-dihydrodaphnodorin B 3''- 表二氢瑞香多灵▲B 橙花瑞香 Daphne aurantiaca

epi-dihydrofawcettidine 表二氢法氏石松定碱 马尾杉 Phlegmariurus phlegmaria

5-*epi*-dihydrolyfoline 5- 表 - 二氢柳叶黄薇碱▲ 紫薇 Lagerstroemia indica

5-*epi*-dihydrolyfoline-*N*-oxide 5- 表 - 二氢柳叶黄薇碱▲-*N*- 氧化物 紫薇 Lagerstroemia indica

epidihydrophaseic acid 表二氢菜豆酸 显苞芒毛苣苔 Aeschynanthus bracteatus

(1'*R*,3'*R*,5'*R*,8'*S*)-*epi*-dihydrophaseic acid-*O*-*β*-D-glucopyranoside (1'*R*,3'*R*,5'*R*,8'*S*)- 表二氢菜豆酸 -*O*-*β*-D- 吡喃葡萄糖苷 鳄梨 Persea americana

(1'*R*,3'*R*,5'*R*,8'*S*)-*epi*-dihydrophaseic acid-*β*-D-glucoside (1'*R*,3'*R*,5'*R*,8'*S*)- 表 - 二氢菜豆酸 -*β*-D- 葡萄糖苷 泡核桃 Juglans sigillata

(+)-epidihydrotecomanine (+)- 表二氢黄钟花宁▲ 红波罗花 Incarvillea delavayi

epidihydrotutin 表二氢马桑素▲ 木奶果 Baccaurea ramiflora

4-*epi*-6*α*,10*β*-dihydroxy-artabotrol 4- 表 -6*α*,10*β*- 二羟基 - 鹰爪花醇 樫木 Dysoxylum excelsum

8-epidiosbulbin *E* acetate 8- 表黄独素 *E* 乙酸酯 黄独 Dioscorea bulbifera

3-*epi*-diosgenin 3-*β*-D-glucopyranoside 3- 表 - 薯蓣皂苷元 3-*β*-D- 吡喃葡萄糖苷 菊三七 Gynura japonica

13*α*-*epi*-dioxiabiet-8(14)-en-18-ol 13*α*- 表 - 二环氧冷杉 -8(14)- 烯 -18- 醇 山香 Hyptis suaveolens

5*α*,8*α*-epidioxy-(20*S*,22*E*,24*R*)-ergosta-6,22-dien-3*β*-ol 5*α*,8*α*- 环二氧 -(20*S*,22*E*,24*R*)- 麦角甾 -6,22- 二烯 -3*β*- 醇 香附子 Cyperus rotundus

5*α*,9*α*-epidioxy-(22*E*)-ergosta-7,22-diene-3*β*,6*β*-diol 5*α*,9*α*- 环二氧 -(22*E*)- 麦角甾 -7,22- 二烯 -3*β*,6*β*- 二醇 紫丁香蘑 Lepista nuda, 松口蘑 Tricholoma matsutake

5*α*,8*α*-epidioxy-(22*E*,24*R*)-23-methylergosta-6,22-dien-3*β*-ol 5*α*,8*α*- 环二氧 -(22*E*,24*R*)-23- 甲基麦角甾 -6,22- 二烯 -3*β*- 醇 香菇 Lentinula edodes

5*α*,8*α*-epidioxy-(22*E*,24*R*)-ergosta-6,22-dien-3*β*-ol 5*α*,8*α*- 环二氧 -(22*E*,24*R*)- 麦角甾 -6,22- 二烯 -3*β*- 醇 梭果黄耆 Astragalus ernestii, 乌拉特黄耆 A. hoantchy, 葫芦树 Crescentia cujete, 刺齿贯众 Cyrtomium caryotideum, 无梗五加 Eleutherococcus sessiliflorus, 黄苞大戟 Euphorbia sikkimensis, 金针菇 Flammulina velutipes, 红汁乳菇 Lactarius hatsudake, 香菇 Lentinula edodes, 紫丁香蘑 Lepista nuda, 天女花 Oyama sieboldii, 猪苓 Polyporus umbellatus, 蓝黄红菇 Russula cyanoxantha, 绿红菇 R. virescens, 橙黄硬皮马勃 Scleroderma citrinum, 蒙古鸦葱 Scorzonera mongolica, 酸枣 Ziziphus jujuba var. spinosa

5*α*,8*β*-epidioxy-(22*E*,24*R*)-ergosta-6,22-dien-3*β*-ol 5*α*,8*β*- 环二氧 -(22*E*,24*R*)- 麦角甾 -6,22- 二烯 -3*β*- 醇 朝天罐 Osbeckia opipara

5*α*,8*α*-epidioxy-(24*S*)-ergost-6-en-3*β*-ol 5*α*,8*α*- 环二氧 -(24*S*)- 麦角甾 -6- 烯 -3*β*- 醇 香菇 Lentinula edodes, 金针菇 Flammulina velutipes, 红汁乳菇 Lactarius hatsudake, 蓝黄红菇 Russula cyanoxantha

8,12*α*-epidioxy-13-abieten-18-oic acid 8,12*α*- 环二氧 -13- 冷杉烯 -18- 酸 冷杉 Abies fabri

(2*β*,3*β*,4*β*)-3,25-epidioxy-2,23-dihydroxy-ursa-12,20(30)-dien-28-oic acid (2*β*,3*β*,4*β*)-3,25- 环二氧 -2,23- 二羟基 - 熊果 -12,20(30)- 二烯 -28- 酸 刺芒龙胆 Gentiana aristata

(2*β*,3*β*,4*β*)-3,25-epidioxy-2,23-dihydroxyursolic acid (2*β*,3*β*,4*β*)-3,25- 环二氧 -2,23- 二羟基 - 熊果酸 刺芒龙胆 Gentiana aristata

5*α*,8*α*-epidioxy-22*E*-ergosta-6,22-dien-3*β*-ol 5*α*,8*α*- 环二氧 -22*E*- 麦角甾 -6,22- 二烯 -3*β*- 醇 桦褶孔菌 Lenzites betulina, 桑黄 Phellinus igniarius

5*α*,8*α*-epidioxy-24(*R*)-methylcholesta-6,22-dien-3*β*-ol 5*α*,8*α*- 环二氧 -24(*R*)- 甲基胆甾 -6,22- 二烯 -3*β*- 醇 鼓槌石斛 Dendrobium chrysotoxum, 云南石仙桃 Pholidota yunnanensis, 罗汉果 Siraitia grosvenorii

5*α*,8*α*-epidioxy-24(*ξ*)-methylcholesta-6,22-diene-3*β*-ol 5*α*,8*α*- 环二氧 -24(*ξ*)- 甲基胆甾 -6,22- 二烯 -3*β*- 醇 双环林地蘑菇 Agaricus placomyces, 红肉拟层孔菌 Fomitopsis rosea

5*α*,8*α*-epidioxy-24-ethylcholesta-6,22-dien-3*β*-ol 5*α*,8*α*- 环二氧 -24- 乙基胆甾 -6,22- 二烯 -3*β*- 醇 毛地黄鼠尾草 Salvia digitaloides

(22*E*,24*S*)-5*α*,8*α*-epidioxy-24-methylcholesta-6,22-dien-3*β*-ol (22*E*,24*S*)-5*α*,8*α*- 环二氧 -24- 甲基胆甾 -6,22- 二烯 -3*β*- 醇 川楝 Melia toosendan

(22*E*,24*R*)-5*α*,8*α*-epidioxy-24-methyl-cholesta-6,22-dien-3*β*-ol (22*E*,24*R*)-5*α*,8*α*- 环二氧 -24- 甲基 - 胆甾 -6,22- 二烯 -3*β*- 醇 木蹄层孔菌 Fomes fomentarius

(22*E*,24*S*)-5*α*,8*α*-epidioxy-24-methyl-cholesta-6,22-dien-3*β*-ol (22*E*,24*S*)-5*α*,8*α*- 环二氧 -24- 甲基 - 胆甾 -6,22- 二烯 -3*β*- 醇 楝 Melia azedarach

5*α*,8*α*-epidioxy-24-methylcholesta-6,22*E*-dien-3*β*-ol 5*α*,8*α*- 环二氧 -24- 甲基胆甾 -6,22*E*- 二烯 -3*β*- 醇 二色补血草 Limonium bicolor

(22*E*,24*R*)-5*α*,8*α*-epidioxy-24-methyl-cholesta-6,9(11),22-trien-3*β*-ol (22*E*,24*R*)-5*α*,8*α*- 环二氧 -24- 甲基 - 胆甾 -6,9(11),22- 三烯 -3*β*- 醇 草玉梅 Anemone rivularis

5*α*,8*α*-epidioxy-24-methylcholesta-6,9,22*E*-trien-3*β*-ol 5*α*,8*α*- 环二氧 -24- 甲基胆甾 -6,9,22*E*- 三烯 -3*β*- 醇 二色补血草 Limonium bicolor

(22*E*,24*S*)-5*α*,8*α*-epidioxy-24-methylcholesta-6,9,22-trien-3*β*-ol (22*E*,24*S*)-5*α*,8*α*- 环二氧 -24- 甲基胆甾 -6,9,22- 三烯 -3*β*- 醇 川楝 Melia toosendan

5*α*,9*α*-epidioxy-3*β*-hydroxy-(22*E*,24*R*)-ergosta-7,22-dien-6-one 5*α*,9*α*- 环二氧 -3*β*- 羟基 -(22*E*,24*R*)- 麦角甾 -7,22- 二烯 -6- 酮 斑玉蕈 Hypsizygus marmoreus

5*α*,9*α*-epidioxy-3*β*-hydroxy-(24*S*)-ergost-7-en-6-one 5*α*,9*α*- 环二氧 -3*β*- 羟基 -(24*S*)- 麦角甾 -7- 烯 -6- 酮 斑玉蕈 Hypsizygus marmoreus

(22*E*)-5*α*,9*α*-epidioxy-3*β*-hydroxy-ergosta-7,22-dien-6-one (22*E*)-5*α*,9*α*- 环二氧 -3*β*- 羟基 - 麦角甾 -7,22- 二烯 -6- 酮 皱环球盖菇 Stropharia rugosoannulata

5,8-epidioxy-5*α*,8*α*-ergosta-6,22*E*-dien-3*β*-ol 5,8- 环二氧 -5*α*,8*α*- 麦角甾 -6,22*E*- 二烯 -3*β*- 醇 腺花香茶菜 Isodon adenanthus, 叶穗香茶菜 I. phyllostachys, 地茶衣 Thamnolia vermicularis

5,8-epidioxy-5*α*,8*α*-ergosta-6,9,22*E*-tien-3*β*-ol 5,8- 环二氧 -5*α*,8*α*- 麦角甾 -6,9,22*E*- 三烯 -3*β*- 醇 地茶衣 Thamnolia vermicularis

5,8-epidioxy-6,22-dien-3-*O*-*β*-D-glucopyranoside 5,8- 环二氧麦角甾 -6,22- 二烯 -3-*O*-*β*-D- 吡喃葡萄糖苷 冬虫夏草 Ophiocordyceps sinensis

9,13*α*-epidioxy-8(14)-abieten-18-oic acid 9,13*α*- 环二氧 -8(14)- 冷杉烯 -18- 酸 冷杉 Abies fabri

9,13*β*-epidioxy-8(14)-abieten-18-oic acid 9,13*β*- 环二氧 -8(14)- 冷杉烯 -18- 酸 冷杉 Abies fabri

5*α*,8*α*-epidioxycholesta-6,22-dien-3*β*-ol 5*α*,8*α*- 环二氧胆甾 -6,22- 二烯 -3*β*- 醇 大叶藓 Rhodobryum roseum

5α,8α-epidioxycholesta-6,9,22-trien-3β-ol 5α,8α-环二氧胆甾-6,9,22-二烯-3β-醇 大叶藓 Rhodobryum roseum
5α,8α-epidioxyergost-22-dien-3β-ol 5α,8α-环二氧麦角甾-22-烯-3β-醇 咖啡黄葵 Abelmoschus esculentus
(24S)-5α,8α-epidioxyergost-6-en-3β-ol (24S)-5α,8α-环二氧麦角甾-6-烯-3β-醇 斑玉蕈 Hypsizygus marmoreus
(22E,24R)-5α,8α-epidioxyergosta-3,22-dien-3β-ol (22E,24R)-5α,8α-环二氧麦角甾-3,22-二烯-3β-醇 硬皮地星 Astraeus hygrometricus
(3β,5α,8α)-5,8-epidioxyergosta-6,22-dien-3-ol (3β,5α,8α)-5,8-环二氧麦角甾-6,22-二烯-3-醇 米仔兰 Aglaia odorata
(3β,5α,8α,22E,24R)-5,8-epidioxyergosta-6,22-dien-3-ol (3β,5α,8α,22E,24R)-5,8-环二氧麦角甾-6,22-二烯-3-醇 见血封喉 Antiaris toxicaria
5,8-epidioxyergosta-6,22-dien-3-ol 5,8-环二氧麦角甾-6,22-二烯-3-醇 木蹄层孔菌 Fomes fomentarius, 冬虫夏草 Ophiocordyceps sinensis
5α,8α-epidioxyergosta-6,22-dien-3-ol 5α,8α-桥二氧麦角甾-6,22-双烯-3-醇 半夏 Pinellia ternata
(3β,5α,8α,22E)-5,8-epidioxy-ergosta-6,22-dien-3-ol (3β,5α,8α,22E)-5,8-环二氧麦角甾-6,22-二烯-3-醇 茴香 Foeniculum vulgare
5,8-epidioxy-ergosta-6,22-dien-3-ol 5,8-环二氧-麦角甾-6,22-二烯-3-醇 象橘 Feronia limonia
(22E,20S,24R)-5α,8α-epidioxyergosta-6,22-dien-3β-ol (22E,20S,24R)-5α,8α-环二氧麦角甾-6,22-二烯-3β-醇 吐烟花 Pellionia repens, 松潘棱子芹 Pleurospermum franchetianum, 球花马蓝 Strobilanthes dimorphotricha
(22E,24R)-5α,8α-epidioxyergosta-6,22-dien-3β-ol (22E,24R)-5α,8α-环二氧麦角甾-6,22-二烯-3β-醇 刺松藻 Codium fragile, 益母草 Leonurus japonicus, 滑桃树 Trevia nudiflora, 紫藤 Wisteria sinensis
22E-5α,8α-epidioxyergosta-6,22-dien-3β-ol 22E-5α,8α-环二氧麦角甾烷-6,22-二烯-3β-醇 茼蒿 Glebionis coronaria
5α,8α-epidioxyergosta-6,22-dien-3β-ol 5α,8α-环二氧麦角甾-6,22-二烯-3β-醇 臭椿 Ailanthus altissima, 喜旱莲子草 Alternanthera philoxeroides, 白蔹 Ampelopsis japonica, 山石榴 Catunaregam spinosa, 裂拟迷孔菌 Daedaleopsis confragosa, 芫花 Daphne genkwa, 假连翘 Duranta erecta, 香港桎木 Dysoxylum hongkongense, 长花厚壳树 Ehretia longiflora, 刺五加 Eleutherococcus senticosus, 锈毛麻辣仔藤 Erycibe expansa, 木蹄层孔菌 Fomes fomentarius, 松杉灵芝 Ganoderma tsugae, 铁钉菜 Ishige okamurae, 驼绒藜 Krascheninnikovia ceratoides, 多汁乳菇 Lactarius volemus, 楝 Melia azedarach, 红曲 Monascus purpureus, 多根硬皮马勃 Scleroderma polyrhizum, 华蟹甲 Sinacalia tangutica, 点柄乳牛肝菌 Suillus granulatus, 尖蕾狗牙花 Tabernaemontana bufalina, 栝楼 Trichosanthes kirilowii, 马鞭草 Verbena officinalis
5α,8β-epidioxyergosta-6,22-dien-3β-ol 5α,8β-环二氧麦角甾-6,22 二烯-3β-醇 旱生卷柏 Selaginella stauntoniana
5β,8β-epidioxyergosta-6,22-dien-3β-ol 5β,8β-环二氧麦角甾-6,22-二烯-3β-醇 多汁乳菇 Lactarius volemus, 宽叶香蒲 Typha latifolia
9α,11α-epidioxyergosta-6,22-dien-3β-ol 9α,11α-环二氧麦角甾-6,22-二烯-3β-醇 青杞 Solanum septemlobum
epidioxyergosta-6,22-dine-3β-ol 环二氧麦角甾-6,22-二烯-3β-醇 葎草 Humulus scandens
(3β,5α,8α,22E,24R)-5,8-epidioxyergosta-6,9(11),22-trien-3-ol (3β,5α,8α,22E,24R)-5,8-环二氧麦角甾-6,9(11),22-三烯-3-醇 见血封喉 Antiaris toxicaria
(22E,24R)-5α,8α-epidioxyergosta-6,9(11),22-trien-3β-ol (22E,24R)-5α,8α-环二氧麦角甾-6,9(11),22-三烯-3β-醇 刺松藻 Codium fragile, 益母草 Leonurus japonicus, 滑桃树 Trevia nudiflora
5α,8α-epidioxyergosta-6,9(11),22-trien-3β-ol 5α,8α-环二氧麦角甾-6,9(11),22-三烯-3β-醇 臭椿 Ailanthus altissima, 假连翘 Duranta erecta, 松杉灵芝 Ganoderma tsugae, 槽枝衣 Sulcaria sulcata, 栝楼 Trichosanthes kirilowii, 宽叶香蒲 Typha latifolia
5α,8α-epidioxyergosta-6,9(11),22-trien-3β-one 5α,8α-环二氧麦角甾-6,9(11),22-三烯-3β-酮 树舌灵芝 Ganoderma applanatum
5α,8α-epidioxyergosterol 5α,8α-环二氧麦角甾醇 细齿草木犀 Melilotus dentatus
(20α)-5α,8α-epidioxymultiflora-6,9(11)-diene-3α,29-diol-3,29-dibenzoate (20α)-5α,8α-环二氧多花白树-6,9(11)-二烯-3α,29-二醇-3,29-二苯甲酸酯 栝楼 Trichosanthes kirilowii
epidioxysterol 环二氧甾醇 毛韧革菌 Stereum hirsutum
34-*epi*-donhepocin 34-表-田方骨七醇素▲ 田方骨 Goniothalamus donnaiensis
34-*epi*-donnaienin A~D 34-表-田方骨素▲A~D 田方骨 Goniothalamus donnaiensis
4-*epi*-dunnisinin 4-表-绣球茜宁▲ 海滨木巴戟 Morinda citrifolia
16-epiechinocystic acid-3-*O*-α-L-arabinopyranoside 16-表刺囊酸-3-*O*-α-L-吡喃阿拉伯糖苷 八角金盘 Fatsia japonica
(-)-epielaeocarpiline (-)-表杜英林碱 圆果杜英 Elaeocarpus angustifolius
epienshicine 表恩施五味子辛 翼梗五味子 Schisandra henryi
epienshicine methyl ether 表恩施五味子辛甲酯 翼梗五味子 Schisandra henryi
3,4-epiepoxy-2-(2,4-hexadiynylidene)-1,6-dioxaspiro[4.5]decane 3,4-表环氧-2-(2,4-己二炔亚甲基)-1,6-二氧杂螺[4.5]癸烷 白苞蒿 Artemisia lactiflora
ent-13-*epi*-8,13-epoxy-2,3-secolabd-14-ene-2,3-dioic acid 对映-13-表-8,13-环氧-2,3-裂环半日花-14-烯-2,3-二酸 海漆 Excoecaria agallocha
epieriocalyxin A 表毛萼香茶菜素 A 毛萼香茶菜 Isodon eriocalyx
20-epiervatamine 20-表狗牙花碱 伞房狗牙花 Tabernaemontana corymbosa, 狗牙花 T. divaricata
epierythratidine 表刺桐替定碱 鸡冠刺桐 Erythrina crista-galli, 刺桐 E. variegata
epieucommiol 表杜仲醇 杜仲 Eucommia ulmoides
7-*epi*-eudesm-4(15)-ene-1α,6α-diol 7-表-桉叶-4(15)-烯-1α,6α-二醇 柚木 Tectona grandis
5,7-epieudesm-4(15)-ene-1β,6β-diol 5,7-表桉叶-4(15)-烯-1β,6β-二醇 佩兰 Eupatorium fortunei
5-*epi*-eudesm-4(15)-ene-1β,6β-diol 5-表-桉叶-4(15)-烯-1β,6β-二醇 轮叶木姜子 Litsea verticillata
7-*epi*-eudesm-4(15)-ene-1β,6β-diol 7-表-桉叶-4(15)-烯-1β,6β-二醇 轮叶木姜子 Litsea verticillata, 荜拔 Piper longum
7-*epi*-eudesm-4(15)-ene-lβ,6α-diol 7-表-桉叶-4(15)-烯-lβ,6α-二醇 华蟹甲 Sinacalia tangutica
5-*epi*-eudesma-4(15)-en-1β,6β-diol 5-表桉叶-4(15)-烯-1β,6β-二醇 柠条锦鸡儿 Caragana korshinskii
(-)-epieudesmin (-)-表桉脂素 夜合花 Lirianthe coco, 望春玉兰 Yulania biondii

(+)-epieudesmin (+)- 表桉脂素 莲叶桐 Hernandia nymphaeifolia, 刺花椒 Zanthoxylum acanthopodium
epieudesmin 表桉脂素 中亚苦蒿 Artemisia absinthium, 云南石梓 Gmelina arborea, 尖叶花椒 Zanthoxylum oxyphyllum
epieuphoscopin 表泽漆平▲ 泽漆 Euphorbia helioscopia
epieuphoscopin A, B 表泽漆平▲A, B 泽漆 Euphorbia helioscopia
epieustomoside 表丽钵花苷▲ 狭叶獐牙菜 Swertia angustifolia, 大籽獐牙菜 S. macrosperma, 紫红獐牙菜 S. punicea
(+)-epiexcelsin (+)- 表高大胡椒素▲ 轮叶木姜子 Litsea verticillata
12-epifaradiol 12- 表款冬二醇 金盏花 Calendula officinalis
6*α*-*epi*-feretoside 6*α*- 表 - 菲瑞木苷▲ 染色茜草 Rubia tinctorum
6-epiforesticine 6- 表丽乌辛▲ 瓜叶乌头 Aconitum hemsleyanum, 贡嘎乌头 A. liljestrandii
3-epifortuneine 3- 表三尖杉烯碱▲ 三尖杉 Cephalotaxus fortunei
2''-epifraxamoside 2''- 表美国白蜡苷▲ 素馨花 Jasminum grandiflorum
epi-friedelan-3-ol 表无羁萜 -3- 醇 扁担杆 Grewia biloba
3-*epi*-friedelanol 3- 表 - 无羁萜醇 千日红 Gomphrena globosa
epifriedelanol; epifriedelinol 表无羁萜醇 较常见成分，至少分布于 30 种以上植物中，见于柽柳科、唇形科、大风子科、大戟科、大麻科、豆科、杜鹃花科、槲蕨科、虎耳草科、黄杨科、金虎尾科、堇菜科、菊科、爵床科、壳斗科、口蘑科、蓼科、马鞭草科、毛茛科、泡头菌科、葡萄科、漆树科、茜草科、蔷薇科、瑞香科、桑科、山茶科、芍药科、粟米草科、藤黄科、卫矛科、旋花科、荨麻科、榆科、鸢尾科、紫金牛科等
4-epifriedelin 4- 表无羁萜 榕叶冬青 Ilex ficoidea, 五层龙 Salacia prinoides
epifriedelin 表无羁萜 雀梅藤 Sageretia thea
3-epifriedelinol 3- 表无羁萜醇 扶芳藤 Euonymus fortunei
epifriedelinol acetate 表无羁萜醇乙酸酯 秋枫 Bischofia javanica, 火殃勒 Euphorbia antiquorum, 红凤菜 Gynura bicolor, 白子菜 G. divaricata, 红雀珊瑚 Pedilanthus tithymaloides, 光叶石楠 Photinia glabra, 花叶滇苦菜 Sonchus asper
7-epifuranovibsanin B 7- 表呋喃荚蒾宁 B 日本珊瑚树 Viburnum odoratissimum var. awabuki
epifurohyperforin isomer 1 表呋喃并贯叶金丝桃素异构体 1 赶山鞭 Hypericum attenuatum
(-)-epifustin (-)- 表黄栌素▲ 漆 Toxicodendron vernicifluum
(-)-epifustin-3-*O*-gallate (-)- 表黄栌素▲-3-*O*- 没食子酸酯 漆 Toxicodendron vernicifluum
epigalanthamine 表加兰他敏 鹿葱 Lycoris squamigera
d-epigalbacin *d*- 表浆果瓣蕊花素▲ 异形南五味子 Kadsura heteroclita, 南五味子 K. longipedunculata, 三白草 Saururus chinensis, 五味子 Schisandra chinensis, 华中五味子 S. sphenanthera
epigalbacin 表浆果瓣蕊花素▲ 金山五味子 Schisandra glaucescens, 重瓣五味子 S. plena
(-)-epigallocatechin (-)- 表没食子儿茶素 较常见成分，至少分布于 30 种以上植物中，见于白花丹科、报春花科、叉蕨科、翅子藤科、大戟科、豆科、胡桃科、胡颓子科、夹竹桃科、景天科、壳斗科、蓼科、牻牛儿苗科、木麻黄科、槭树科、蔷薇科、山茶科、山榄科、鼠李科、无患子科、悬铃木科、杨梅科、樟科等
(+)-epigallocatechin (+)- 表没食子儿茶素 铁包金 Berchemia lineata, 三球悬铃木 Platanus orientalis
(±)-epigallocatechin (±)- 表没食子儿茶素 珠芽艾麻 Laportea bulbifera, 无刺枣 Ziziphus jujuba var. inermis
epigallocatechin 表没食子儿茶素 较常见成分，至少分布于 30 种以上植物中，见于唇形科、酢浆草科、大戟科、豆科、橄榄科、胡颓子科、虎耳草科、蓼科、萝藦科、麻黄科、葡萄科、桑科、山茶科、山茱萸科、使君子科、卫矛科、杨梅科、银杏科、紫金牛科等
(-)-epigallocatechin gallate (-)- 表没食子儿茶素没食子酸酯 元宝槭 Acer truncatum, 骆驼刺 Alhagi camelorum, 日本木瓜 Chaenomeles japonica, 金露梅 Potentilla fruticosa, 翼蓼 Pteroxygonum giraldii, 异齿红景天 Rhodiola heterodonta
epigallocatechin gallate 表没食子儿茶素没食子酸酯 橄榄 Canarium album, 桑 Morus alba, 铁仔 Myrsine africana
(+)-epigallocatechin-(2*α*→*O*→7,4*α*→8)-(+)-catechin (+)- 表没食子儿茶素 -(2*α*→*O*→7,4*α*→8)-(+)- 儿茶素 草麻黄 Ephedra sinica
epigallocatechin-(4*β*→6)-catechin 表没食子儿茶素 -(4*β*→6)- 儿茶素 银杏 Ginkgo biloba
epigallocatechin-(4*β*→8)-catechin 表没食子儿茶素 -(4*β*→8)- 儿茶素 银杏 Ginkgo biloba
epigallocatechin-(4*β*→8)-epigallocatechin 表没食子儿茶素 -(4*β*→8)- 表儿茶素 银杏 Ginkgo biloba
epigallocatechin-(4*β*→8)-epigallocatechin 3-*O*-gallate 表没食子儿茶素 -(4*β*→8)- 表没食子儿茶素 3-*O*- 没食子酸酯 毛杨梅 Myrica esculenta
epigallocatechin-(4*β*→8)-epigallocatechin-(4*β*→8)-catechin 表没食子儿茶素 -(4*β*→8)- 表没食子儿茶素 -(4*β*→8)- 儿茶素 银杏 Ginkgo biloba
epigallocatechin-(4*β*→8,2*β*→*O*-7)-epicatechin 表没食子儿茶素 -(4*β*→8,2*β*→*O*-7)- 表儿茶素 文冠果 Xanthoceras sorbifolium
(-)-epigallocatechin-(4*β*-8)-(-)-epicatechin (-)- 表没食子儿茶素 -(4*β*-8)-(-)- 表儿茶素 骆驼刺 Alhagi camelorum
(-)-epigallocatechin-3-gallate (-)- 表没食子儿茶素 -3- 没食子酸酯 木麻黄 Casuarina equisetifolia
1-epigallocatechin-3-gallate 1- 表没食子儿茶素 -3- 没食子酸酯 云南红景天 Rhodiola yunnanensis
epigallocatechin-3-gallate 表没食子儿茶素 -3- 没食子酸酯 茶 Camellia sinensis
(-)-epigallocatechin-3-*O*-gallate (-)- 表没食子儿茶素 -3-*O*- 没食子酸酯 紫金牛 Ardisia japonica, 阳桃 Averrhoa carambola, 茶 Camellia sinensis, 普洱茶 C. sinensis var. assamica, 紫荆 Cercis chinensis, 大叶补血草 Limonium gmelinii, 补血草 L. sinense, 云南杨梅 Myrica nana, 杨梅 M. rubra, 余甘子 Phyllanthus emblica, 化香树 Platycarya strobilacea, 狭叶红景天 Rhodiola kirilowii, 洋蒲桃 Syzygium samarangense
epigallocatechin-3-*O*-gallate 表没食子儿茶素 -3-*O*- 没食子酸酯 毛杨梅 Myrica esculenta, 铁仔 Myrsine africana, 红景天 Rhodiola rosea,

酸模 Rumex acetosa

epigallocatechin-3-*O*-syringate 表没食子儿茶素 -3-*O*- 丁香酸酯 落地生根 Bryophyllum pinnatum

(-)-epigallocatechin-7-*O*-gallate (-)- 表没食子儿茶素 -7-*O*- 没食子酸酯 猴耳环 Pithecellobium clypearia

epigallocatechin-epigallocatechin-3-*O*-gallate 表没食子儿茶素 - 表没食子儿茶素 -3-*O*- 没食子酸酯 异齿红景天 Rhodiola heterodonta

(-)-epigallocatechol (-)- 表没食子儿茶酚 叉分蓼 Polygonum divaricatum

(-)-epigallocatechol gallate (-)- 表没食子儿茶酚没食子酸酯 叉分蓼 Polygonum divaricatum

10-epigazaniolide 10- 表勋章菊内酯▲ 月桂 Laurus nobilis

epigeoside 思茅藤苷 思茅藤 Epigynum auritum

epiglaufidine 表海罂粟菲定碱 海罂粟 Glaucium fimbrilligerum

epiglobulol 表蓝桉醇 挥发油成分，未统计基源

3-epiglochidiol 3- 表算盘子二醇 鹅绒藤 Cynanchum chinense

epiglucobarbarin 表葡萄糖山芥素▲ 沼生蔊菜 Rorippa palustris

epiglutinol 表欧洲桤木醇▲ 臭牡丹 Clerodendrum bungei, 岭南山竹子 Garcinia oblongifolia, 攀茎耳草 Hedyotis scandens

epigoitrin 表告伊春 菘蓝 Isatis tinctoria

epigomisin O 表北五味子素▲O 阿里山五味子 Schisandra arisanensis, 五味子 S. chinensis, 滇藏五味子 S. neglecta, 红花五味子 S. rubriflora, 华中五味子 S. sphenanthera, 鹤庆五味子 S. wilsoniana

34-*epi*-goniodonin 34- 表 - 田方骨宁▲ 田方骨 Goniothalamus donnaiensis

epigonyautoxin 8 表膝沟藻毒素 8 链状亚历山大藻 Alexandrium catenella

8-*epi*-grandifloric acid 8- 表 - 大花山牵牛酸▲ 桂叶山牵牛 Thunbergia laurifolia

epigrandisin 表大木姜子素▲ 爬树龙 Rhaphidophora decursiva, 三白草 Saururus chinensis

1-*epi*-grayanotoxin II 1- 表 - 木藜芦毒素 II 照山白 Rhododendron micranthum

1-*epi*-grayanotoxin IV 1- 表 - 木藜芦毒素 IV 照山白 Rhododendron micranthum

8-epigrossheimin 8- 表大海米菊素 菜蓟 Cynara scolymus

epi-guaidiol A 表 - 愈创二醇 A 香附子 Cyperus rotundus

4-epigummadiol-4-*O*-*β*-D-glucopyranoside 4- 表云南石梓二醇▲-4-*O*-*β*-D- 吡喃葡萄糖苷 云南石梓 Gmelina arborea, 伞序臭黄荆 Premna serratifolia

epigynoside A, B, C 思茅藤诺苷▲A, B, C 思茅藤 Epigynum auritum

epigypsogenin 表石头花苷元▲ 金铁锁 Psammosilene tunicoides

epihakonanediol 表单盖铁线蕨烷二醇▲ 单盖铁线蕨 Adiantum monochlamys

4-epihederagenin 4- 表常春藤皂苷元 海漆 Excoecaria agallocha, 刺芒龙胆 Gentiana aristata, 金银忍冬 Lonicera maackii, 紫参 Rubia yunnanensis, 沙滩黄芩 Scutellaria strigillosa

epihederagenin 表常春藤皂苷元 板栗 Castanea mollissima, 多裂委陵菜 Potentilla multifida

8-epihelenalin 8- 表堆心菊素 欧亚旋覆花 Inula britannica, 水朝阳旋覆花 I. helianthusaquatilis, 湖北旋覆花 I. hupehensis

4-*epi*-henryin A 4- 表 - 鄂西香茶菜素 A 细锥香茶菜 Isodon coetsa, 鄂西香茶菜 I. henryi, 贵州鼠尾草 Salvia cavaleriei

epihernandolinol 表桐叶千金藤醇碱▲ 雅丽千金藤 Stephania elegans

3-epiheteroconessine 3- 表异止泻木奈辛▲ 止泻木 Holarrhena pubescens

19-*epi*-heyneanine 19- 表 - 海涅狗牙花碱▲ 尖蕾狗牙花 Tabernaemontana bufalina, 伞房狗牙花 T. corymbosa

epihirsutanonol 表辽东桤木酮醇▲ 日本桤木 Alnus japonica

2-epihydroxyisojatrogrossidione 2- 表羟基大齿麻疯树二酮 佛肚树 Jatropha podagrica

2-*epi*-hydroxyisojatrogrossidione 2- 表 - 羟基异大齿麻疯树二酮 麻疯树 Jatropha curcas

4-*epi*-hydroxyperoxide-13-hydroxy-19-norlabda-8(17),14-diene 4- 表羟基过氧 -13- 羟基 -19- 降半日花 -8-(17),14- 二烯 祁连圆柏 Juniperus przewalskii

epiikshusterol 表甘蔗甾醇 玉柏 Lycopodium obscurum, 甘蔗 Saccharum officinarum

4-*epi*-illicinone-*E*-12-shikimate 4- 表 - 八角呋酮 -*E*-12- 莽草酸酯 野八角 Illicium simonsii

1-*epi*-integristerone A 1- 表 - 全缘叶漏芦甾酮▲A 粘萼蝇子草 Silene viscidula

8-epiinuviscolide 8- 表粘性旋覆花内酯 水朝阳旋覆花 Inula helianthusaquatilis, 湖北旋覆花 I. hupehensis

epiisobacunoic acid-17-*O*-*β*-D-glucopyranoside 表异黄柏酸 -17-*O*-*β*-D- 吡喃葡萄糖苷 葡萄柚 Citrus paradisi

8-*epi*-isobutyrylrupicolin B 8- 表 - 异丁酰岩生三裂蒿素▲B 无毛牛尾蒿 Artemisia dubia var. subdigitata

3-*epi*-isocucurbitacin D 3- 表 - 异葫芦素 D 中华杜英 Elaeocarpus chinensis

4-*epi*-isodauc-6-ene-10*β*,14-diol 4- 表 - 异胡萝卜 -6- 烯 -10*β*,14- 二醇 樫木 Dysoxylum excelsum

(+)-epiisoelaeocarpiline (+)- 表异杜英林碱 圆果杜英 Elaeocarpus angustifolius

5'-*epi*-isoethuliacoumarin A, B 5'- 表 - 异都丽菊香豆素▲A, B 都丽菊 Ethulia conyzoides

4-epiisoinuviscolide 4- 表异粘性旋覆花内酯 湖北旋覆花 Inula hupehensis

4-*epi*-isoinuviscolide 4- 表 - 异粘性旋覆花内酯 旋覆花 Inula japonica

8-epiisolipidiol 8- 表异利皮珀菊二醇▲ 小苦荬 Ixeridium dentatum

4-*epi*-isopimaric acid 4- 表 - 异海松酸 假地枫皮 Illicium jiadifengpi

epiisorosmanol 表异迷迭香酚 痢止蒿 Ajuga forrestii

epiisoshinanolone 表异信浓山柿酮▲ 小蓝雪花 Ceratostigma minus, 岷江蓝雪花 C. willmottianum, 茅膏菜 Drosera peltata, 蓝花丹 Plumbago auriculata

19-*epi*-isovoacristine 19- 表 - 异伏康树斯亭▲ 伞房狗牙花 Tabernaemontana corymbosa, 狗牙花 T. divaricata
8-epiivangustin 8- 表狭叶依瓦菊素 欧亚旋覆花 Inula britannica, 总状土木香 I. racemosa
11-epiivaxillin 11- 表腋生依瓦菊素 烟管头草 Carpesium cernuum
epijasminoside A, H 表栀子诺苷▲A, H 栀子 Gardenia jasminoides
2-*epi*-jatrogrossidione 2- 表 - 大齿麻疯树二酮 麻疯树 Jatropha curcas
epi-jatrophaldehyde 表 - 麻疯树醛 麻疯树 Jatropha curcas
epi-jatrophol 表 - 麻疯树醇 麻疯树 Jatropha curcas
epikansenone 表甘遂烯酮 甘遂 Euphorbia kansui
3-epikarounidiol 3- 表栝楼二醇 葫芦 Lagenaria siceraria, 栝楼 Trichosanthes kirilowii
3,6-epikarpoxanthin 3,6- 表蔷薇果黄质▲ 辣椒 Capsicum annuum

20-epikatonic acid 20- 表山道楝酸▲ 皱叶南蛇藤 Celastrus rugosus
3-epikatonic acid 3- 表山道楝酸▲ 昆明山海棠 Tripterygium hypoglaucum, 东北雷公藤 T. regelii, 雷公藤 T. wilfordii
epikatonic acid 表山道楝酸▲ 青钱柳 Cyclocarya paliurus
3-epikatonic acid methyl ester 3- 表山道楝酸▲甲酯 昆明山海棠 Tripterygium hypoglaucum
epikhusinol 表香根草醇▲ 滇榄 Canarium strictum
8-epikingiside 8- 表莫罗忍冬吉苷▲ 龙胆 Gentiana scabra, 素馨花 Jasminum grandiflorum, 多花素馨 J. polyanthum, 女贞 Ligustrum lucidum, 金花忍冬 Lonicera chrysantha, 团花 Neolamarckia cadamba, 川东獐牙菜 Swertia davidii, 欧丁香 Syringa vulgaris, 双蝴蝶 Tripterospermum chinense
16-epikopsinine 16- 表蕊木宁 红花蕊木 Kopsia fruticosa
15-*epi*-lagopsin C, D 15- 表 - 夏至草素▲C, D 夏至草 Lagopsis supina
7-epilamalbide 7- 表短柄野芝麻萜苷▲ 萝卜秦艽 Phlomis medicinalis
(-)-epilamprolobine (-)- 表辉片豆碱▲ 绒毛槐 Sophora tomentosa
(-)-epilamprolobine-*β*-*N*-oxide (-)- 表辉片豆碱▲-*β*-*N*- 氧化物 绒毛槐 Sophora tomentosa
3,2'-epilarixinol 3,2'- 表落叶松诺醇▲ 秦岭冷杉 Abies chensiensis
3-epilarixinol 3- 表落叶松诺醇▲ 秦岭冷杉 Abies chensiensis
15-epileoheteronone B, D, E 15- 表益母草酮 B, D, E 益母草 Leonurus japonicus
15-epileopersin B, C 15- 表波斯益母草素▲B, C 益母草 Leonurus japonicus
15-*epi*-leosibirone B 15- 表 - 细叶益母草酮 B 细叶益母草 Leonurus sibiricus
3-*epi*-litsenolide D_2 3- 表木姜子烯醇内酯▲D_2 轮叶木姜子 Litsea verticillata
epilobamide A 柳叶菜酰胺▲A 柳叶菜 Epilobium hirsutum
epilobscurinol 表玉柏石松醇 玉柏 Lycopodium obscurum
8-epiloganic acid 8- 表马钱酸 肉苁蓉 Cistanche deserticola, 蒙古肉苁蓉 C. mongolica, 盐生肉苁蓉 C. salsa, 沙苁蓉 C. sinensis, 管花肉苁蓉 C. tubulosa, 绵参 Eriophyton wallichii, 绣球 Hydrangea macrophylla, 短筒兔耳草 Lagotis brevituba, 刺齿马先蒿 Pedicularis armata, 短茎马先蒿 P. artselaeri, 白花甘肃马先蒿 P. kansuensis subsp. kansuensis f. albiflora, 轮叶马先蒿 P. verticillata, 兔儿尾苗 Pseudolysimachion longifolium, 地黄 Rehmannia glutinosa, 炮仗竹 Russelia equisetiformis, 川西獐牙菜 Swertia mussotii
epiloganic acid 表马钱酸 中亚兔耳草 Lagotis integrifolia, 海滨车前 Plantago camtschatica, 呆白菜 Triaenophora rupestris
7-epiloganin 7- 表马钱苷 忍冬 Lonicera japonica, 蛇根木 Rauvolfia serpentina
8-epiloganin 8- 表马钱苷 沙苁蓉 Cistanche sinensis, 野胡麻 Dodartia orientalis, 绣球 Hydrangea macrophylla, 马缨丹 Lantana camara, 忍冬 Lonicera japonica, 短茎马先蒿 Pedicularis artselaeri, 甘肃马先蒿 P. kansuensis, 毛颏马先蒿 P. lasiophrys, 沼生马先蒿 P. palustris, 扭旋马先蒿 P. torta, 鸡仔木 Sinoadina racemosa, 阴行草 Siphonostegia chinensis
7-*epi*-loganin 7- 表 - 马钱苷 独一味 Lamiophlomis rotata
(-)-epiloliolide (-)- 表黑麦草内酯 荔枝草 Salvia plebeia
(+)-epiloliolide (+)- 表黑麦草内酯 朝鲜淫羊藿 Epimedium koreanum
7-epiloliolide 7- 表黑麦草内酯 密蒙花 Buddleja officinalis, 水朝阳旋覆花 Inula helianthusaquatilis, 湖北旋覆花 I. hupehensis, 三角叶风毛菊 Saussurea deltoidea
epiloliolide 表黑麦草素 蒙古栎 Quercus mongolica
epilotaustralin 表百脉根苷 库页红景天 Rhodiola sachalinensis
13-epiloxocalyxin A 13- 表斜萼草素 A 斜萼草 Loxocalyx urticifolius
3-epilupeol 3- 表羽扇豆醇 肉花卫矛 Euonymus carnosus, 毛果算盘子 Glochidion eriocarpum, 艾胶算盘子 G. lanceolarium, 枸骨 Ilex cornuta
epilupeol 表羽扇豆醇 木橘 Aegle marmelos, 乳香树 Boswellia carteri, 柱果木榄 Bruguiera cylindrica, 刺桐 Erythrina variegata, 卫矛 Euonymus alatus, 狼毒大戟 Euphorbia fischeriana, 海漆 Excoecaria agallocha, 千里香 Murraya paniculata, 西洋梨 Pyrus communis var. sativa, 短绒槐 Sophora velutina
epilupeol acetate 表羽扇豆醇乙酸酯 乳香树 Boswellia carteri
(+)-epilupinine (+)- 表羽扇豆宁 马鞍树 Maackia hupehensis, 光叶马鞍树 M. tenuifolia, 紫花野决明 Thermopsis barbata
epilupinine 表羽扇豆宁 紫花野决明 Thermopsis barbata
15-*epi*-lupulin A 15- 表 - 白苞筋骨草素▲A 金疮小草 Ajuga decumbens
15-*epi*-lupulin B 15- 表 - 白苞筋骨草素▲B 九味一枝蒿 Ajuga bracteosa
3'-epilutein 3'- 表叶黄素 驴蹄草 Caltha palustris

epiluteoforol 表木犀草黄醇▲ 锁阳 Cynomorium songaricum
epiluteoxanthin 表黄体黄质 白屈菜 Chelidonium majus
3-epilycoclavanol 3- 表东北石松诺醇▲ 石松 Lycopodium japonicum
21-epilycocryptol 21- 表柳杉石松醇▲ 高山扁枝石松 Diphasiastrum alpinum, 扁枝石松 D. complanatum, 多穗石松 Lycopodium annotinum
12-epilycodoline 12- 表石松灵碱 东北石杉 Huperzia miyoshiana
12-epilycodoline-*N*-oxide 12- 表石松灵碱 -*N*- 氧化物 石松 Lycopodium japonicum
epilycoramine 表石蒜胺 中国石蒜 Lycoris chinensis
12-*epi*-lyngbyatoxin A 12- 表 - 鞘丝藻毒素 A 巨大鞘丝藻 Lyngbya majuscula
2-epilyocorine 2- 表石蒜碱 西南文殊兰 Crinum latifolium
(-)-4-epilyoniresinol (-)-4- 表南烛树脂醇 石南藤 Piper wallichii
epilyoniresinol 表南烛树脂醇 银桦 Grevillea robusta
epilyoniresinol-2-*O*-glucopyranoside 表南烛树脂醇 -2-*O*- 吡喃葡萄糖苷 银桦 Grevillea robusta
(-)-4-*epi*-lyoniresinol-3*α*-*O*-*β*-D-glucopyranoside (-)-4- 表 - 南烛树脂醇 -3*α*-*O*-*β*-D- 吡喃葡萄糖苷 光叶海桐 Pittosporum glabratum
(-)-7'-*epi*-lyoniresinol-4,9'-di-*O*-*β*-D-glucopyranoside (-)-7'- 表 - 南烛树脂醇 -4,9'- 二 -*O*-*β*-D- 吡喃葡萄糖苷 青竿竹 Bambusa tuldoides
(-)-7'-*epi*-lyoniresinol-9'-*O*-*β*-D-glucopyranoside (-)-7'- 表 - 南烛树脂醇 -9'-*O*-*β*-D- 吡喃葡萄糖苷 青竿竹 Bambusa tuldoides
(+)-epimagnolin (+)- 表木兰脂素 莲叶桐 Hernandia nymphaeifolia
epimagnolin 表木兰脂素 望春玉兰 Yulania biondii
(+)-epimagnolin A (+)- 表木兰脂素 A 望春玉兰 Yulania biondii
epimagnolin A 表木兰脂素 A 望春玉兰 Yulania biondii
epimagnolin B 表木兰脂素 B 望春玉兰 Yulania biondii, 玉兰 Y. denudata
24-*epi*-makisterone A 24- 表 - 罗汉松甾酮 A 苍白秤钩风 Diploclisia glaucescens
8-*epi*-malyngamide C 8- 表 - 巨大鞘丝藻加酰胺▲C 巨大鞘丝藻 Lyngbya majuscula
13-epimanool 13- 表泪柏醇 太白红杉 Larix potaninii var. chinensis
8-*epi*-manoyl oxide 8- 表 - 泪柏醚 穗花牡荆 Vitex agnus-castus
13-*epi*-manoyl oxide-18-oic acid 13- 表 - 泪柏醚 -18- 酸 雷公藤 Tripterygium wilfordii
ent-13-*epi*-manoyl oxide-3-one 对映 -13- 表 - 泪柏醚 -3- 酮 米念芭 Tirpitzia ovoidea
13-*epi*-manoyloxide-18-oic acid 13- 表 - 泪柏醚 -18- 羧酸 矮慈姑 Sagittaria pygmaea
13-*epi*-manoyloxide-18-ol 13- 表 - 泪柏醚 -18- 醇 矮慈姑 Sagittaria pygmaea
13-*epi*-manoyloxide-18-*O*-*α*-L-2',5'-diacetoxyarabinofuranoside 13- 表 - 泪柏醚 -18-*O*-*α*-L-2',5'- 二乙酰呋喃阿拉伯糖苷 矮慈姑 Sagittaria pygmaea
epi-maoecrystal P 表毛萼晶 P 毛萼香茶菜 Isodon eriocalyx
3-epimaslinic acid 3- 表山楂酸 肉果草 Lancea tibetica, 地笋 Lycopus lucidus, 柠檬留兰香 Mentha citrata, 康藏荆芥 Nepeta prattii, 野生紫苏 Perilla frutescens var. purpurascens, 夏枯草 Prunella vulgaris, 厚皮香 Ternstroemia gymnanthera, 单色蝴蝶草 Torenia concolor, 穗花牡荆 Vitex agnus-castus, 牡荆 V. negundo var. cannabifolia
epimedin A 淫羊藿定 A 淫羊藿 Epimedium brevicornu, 朝鲜淫羊藿 E. koreanum, 三枝九叶草 E. sagittatum, 巫山淫羊藿 E. wushanense
epimedin B 淫羊藿定 B 淫羊藿 Epimedium brevicornu, 川鄂淫羊藿 E. fargesii, 湖南淫羊藿 E. hunanense, 朝鲜淫羊藿 E. koreanum, 三枝九叶草 E. sagittatum, 巫山淫羊藿 E. wushanense
epimedin C 淫羊藿定 C 粗毛淫羊藿 Epimedium acuminatum, 淫羊藿 E. brevicornu, 川西淫羊藿 E. elongatum, 川鄂淫羊藿 E. fargesii, 湖南淫羊藿 E. hunanense, 朝鲜淫羊藿 E. koreanum, 黔岭淫羊藿 E. leptorrhizum, 柔毛淫羊藿 E. pubescens, 三枝九叶草 E. sagittatum, 光叶淫羊藿 E. sagittatum var. glabratum, 单叶淫羊藿 E. simplicifolium, 四川淫羊藿 E. sutchuenense, 巫山淫羊藿 E. wushanense, 匙羹藤 Gymnema sylvestre, 香港远志 Polygala hongkongensis
epimedin K 淫羊藿定 K 朝鲜淫羊藿 Epimedium koreanum
epimediphine 朝鲜淫羊藿碱 朝鲜淫羊藿 Epimedium koreanum
epimedokoreanin A~D 朝鲜淫羊藿素▲A~D 朝鲜淫羊藿 Epimedium koreanum
epimedokoreanone A 朝鲜淫羊藿酮▲A 朝鲜淫羊藿 Epimedium koreanum
epimedokoreanoside 东北淫羊藿苷▲ 朝鲜淫羊藿 Epimedium koreanum
epimedokoreanoside I, II 东北淫羊藿苷▲I, II 朝鲜淫羊藿 Epimedium koreanum
epimedonin A~D 朝藿宁素▲A~D 朝鲜淫羊藿 Epimedium koreanum
epimedoside A 淫羊藿新苷 A 粗毛淫羊藿 Epimedium acuminatum, 川鄂淫羊藿 E. fargesii, 朝鲜淫羊藿 E. koreanum, 三枝九叶草 E. sagittatum, 巫山淫羊藿 E. wushanense
epimedoside B 淫羊藿新苷 B 三枝九叶草 Epimedium sagittatum
epimedoside C 淫羊藿新苷 C 朝鲜淫羊藿 Epimedium koreanum, 柔毛淫羊藿 E. pubescens, 三枝九叶草 E. sagittatum, 巫山淫羊藿 E. wushanense, 楝叶吴萸 Euodia glabrifolia
epimedoside E 淫羊藿新苷 E 巫山淫羊藿 Epimedium wushanense
3-epimelianol 3- 表楝醇 楝 Melia azedarach
19-epimeloscandonine 19- 表攀援山橙酮碱▲ 腋花山橙 Melodinus axillaris, 思茅山橙 M. cochinchinensis, 川山橙 M. hemsleyanus
19-*epi*-meloscandonine 19- 表 - 攀援山橙酮碱▲ 尖山橙 Melodinus fusiformis, 山橙 M. suaveolens
epimeloscine 表攀援山橙辛碱▲ 奶子藤 Bousigonia mekongensis
epimeric cucurbitachrome 1, 2 差向异构南瓜色素▲1, 2 辣椒 Capsicum annuum

6-epimeric roseoside 6- 差向异构长春花苷 蓝花参 Wahlenbergia marginata
epimeridinoside A 广防风苷 A 广防风 Anisomeles indica, 肉苁蓉 Cistanche deserticola, 绵毛鹿茸草 Monochasma savatieri, 平车前 Plantago depressa
epimethoxynaucleaorine 表甲氧基东方乌檀灵▲ 东方乌檀 Nauclea orientalis
3-epimethylschelhammericine B 3- 表甲基谢氏百合辛碱▲ 三尖杉 Cephalotaxus fortunei
16-epimicrolepin 16- 表鳞盖蕨苷 边缘鳞盖蕨 Microlepia marginata
4-epimicrolepin 4- 表鳞盖蕨苷 边缘鳞盖蕨 Microlepia marginata
22,26-epimino-16β,23-ethoxy-23α-ethoxy-5α,25αH-cholest-22(N)-ene-3β,20α-diol 22,26- 环亚胺 -16β,23- 乙氧基 -23α- 乙氧基 -5α,25αH- 胆甾 -22(N)- 烯 -3β,20α- 二醇 番茄 Lycopersicon esculentum
22,26-epimino-l6β,23-epoxy-5α,22βH,25αH-cholestane-3β,23α-diol 22,26- 环亚胺 -16β,23- 乙氧基 -5α,22βH,25αH- 胆甾 -3β,20α- 二醇 番茄 Lycopersicon esculentum

E

3-epimoretenol 3- 表莫顿湾无花果烯醇▲ 乌桕 Triadica sebifera
8-*epi*-mussaenoside 8- 表 - 玉叶金花诺苷▲ 染色水锦树 Wendlandia tinctoria
α-epimuurolol α- 表欧洲赤松醇▲ 挥发油成分，未统计基源
3-epinagi1actone 3- 表竹柏内酯 C 竹柏 Nageia nagi
12-epinapelline 12- 表欧乌头碱 伏毛铁棒锤 Aconitum flavum, 多根乌头 A. karakolicum, 宣威乌头 A. nagarum var. lasiandrum, 林地乌头 A. nemorum, 准噶尔乌头 A. soongaricum
1-epinapelline 1- 表欧乌头碱 伏毛铁棒锤 Aconitum flavum
19-*epi*-naucleidinal 19- 表 - 乌檀定醛▲ 东方乌檀 Nauclea orientalis
epi-*N*-demethyllycoramine 表 -*N*- 去甲石蒜胺 假水仙 Narcissus pseudonarcissus
epineochrome 表新有色质▲ 白屈菜 Chelidonium majus
1-epineoisoshinanolone 1- 表新异信浓山柿酮▲ 白花丹 Plumbago zeylanica
3-epineoruscogenin 3- 表新假叶树皂苷元▲ 菊三七 Gynura japonica, 橙花开口箭 Tupistra aurantiaca, 开口箭 T. chinensis
7-epineovibsanin D 7- 表新荚蒾宁 D 日本珊瑚树 Viburnum odoratissimum var. awabuki
14-epineovibsanin G 14- 表新荚蒾宁 G 日本珊瑚树 Viburnum odoratissimum var. awabuki
9-epinepetalactone 9- 表荆芥内酯 挥发油成分，未统计基源
10-*epi*-nidoresedic acid 10- 表 - 巢菊酸▲ 田基黄 Grangea maderaspatana
4-*epi*-niga-ichigoside F_1 4- 表 - 苦莓苷 F_1 地埂鼠尾草 Salvia scapiformis
epinodosin 表香茶菜辛▲ 拟缺香茶菜 Isodon excisoides, 鄂西香茶菜 I. henryi, 毛叶香茶菜 I. japonicus, 蓝萼毛叶香茶菜 I. japonicus var. glaucocalyx, 歧伞香茶菜 I. macrophyllus, 冬凌草 I. rubescens, 黄花香茶菜 I. sculponeatus, 溪黄草 I. serra
epinodosinol 表香茶菜辛醇▲ 拟缺香茶菜 Isodon excisoides, 尾叶香茶菜 I. excisus, 毛叶香茶菜 I. japonicus, 蓝萼毛叶香茶菜 I. japonicus var. glaucocalyx, 小叶香茶菜 I. parvifolius, 冬凌草 I. rubescens, 黄花香茶菜 I. sculponeatus, 溪黄草 I. serra
(-)-epinortrachelogenin (-)- 表降络石苷元 尖瓣瑞香 Daphne acutiloba
(-)-*epi*-nortrachelogenin (-)- 表 - 降络石苷元 云南油杉 Keteleeria evelyniana
7-epinupharidine 7- 表萍蓬草定碱 萍蓬草 Nuphar pumila
epiocotillol 表福桂树醇▲ 小叶桦 Betula microphylla, 圆叶桦 B. rotundifolia
3-epiocotillol acetate 3- 表福桂树醇▲乙酸酯 猫爪草 Ranunculus ternatus
3-epioleanolic acid 3- 表齐墩果酸 三叶木通 Akebia trifoliata, 草苁蓉 Boschniakia rossica, 苦苣苔 Conandron ramondioides, 苏合香 Liquidambar orientalis, 异色黄芩 Scutellaria discolor, 棱茎黄芩 S. scandens, 沙滩黄芩 S. strigillosa, 马鞭草 Verbena officinalis
epioleanolic acid 表齐墩果酸 透茎冷水花 Pilea pumila
10-*epi*-olguine 10- 表 - 奥古山香素▲ 牛尾草 Isodon ternifolius
epiorientin 表荭草素 香附子 Cyperus rotundus, 扁轴木 Parkinsonia aculeata
epipachysamine 表粉蕊黄杨胺 多毛板凳果 Pachysandra axillaris var. stylosa
epipachysamine A 表粉蕊黄杨胺 A 板凳果 Pachysandra axillaris, 顶花板凳果 P. terminalis
epipachysamine B 表粉蕊黄杨胺 B 板凳果 Pachysandra axillaris, 顶花板凳果 P. terminalis, 双蕊野扇花 Sarcococca hookeriana var. digyna
epipachysamine D, E 表粉蕊黄杨胺 D, E 顶花板凳果 Pachysandra terminalis
epipachysamine-*E*-5-en-4-one 表粉蕊黄杨胺 -*E*-5- 烯 -4- 酮 羽脉野扇花 Sarcococca hookeriana
epipachysandrine A 表粉蕊黄杨碱 A 顶花板凳果 Pachysandra terminalis
epipaederoside 表鸡矢藤苷 染木树 Saprosma ternata
epipaederosidic acid 表鸡矢藤苷酸 染木树 Saprosma ternata
9-*epi*-paeonidanin 9- 表欧芍药苷▲ 块根芍药 Paeonia intermedia
4-*epi*-palustric acid-9α,13α-endoperoxide 4- 表 - 长叶松酸 -9α,13α- 桥过氧化物 叉子圆柏 Juniperus sabina
2-epipancrassidine 2- 表全能花西定 西南文殊兰 Crinum latifolium
3-*epi*-papyriogenin C 3- 表 - 通脱木皂苷元 C 通脱木 Tetrapanax papyrifer
(±)-5-*epi*-paradisiol (±)-5- 表 - 葡萄柚醇 挥发油成分，未统计基源
3-*epi*-periplogenin 3- 表杠柳苷元 夏侧金盏花 Adonis aestivalis
7-epiphlomiol 7- 表糙苏醇▲ 块根糙苏 Phlomis tuberosa, 毛地黄鼠尾草 Salvia digitaloides
4-epiphyllanthine 4- 表叶下珠辛碱▲ 一叶萩 Flueggea suffruticosa
epiphyllocoumarin 表扁枝杉香豆素 锁阳 Cynomorium songaricum

14-*epi*-physagulin P 14- 表 - 苦蘵素 P 毛苦蘵 Physalis angulata var. villosa

4-epipinfaensin 4- 表红毛悬钩子素 显苞芒毛苣苔 Aeschynanthus bracteatus

(-)-epipinoresinol (-)- 表松脂酚 小木通 Clematis armandii, 忍冬 Lonicera japonica, 蒙古栎 Quercus mongolica, 椿叶花椒 Zanthoxylum ailanthoides

(+)-epipinoresinol (+)- 表松脂酚 柔毛鸦胆子 Brucea mollis, 流苏树 Chionanthus retusus, 辣蓼铁线莲 Clematis terniflora var. mandshurica, 朝鲜淫羊藿 Epimedium koreanum, 杜仲 Eucommia ulmoides, 连翘 Forsythia suspensa, 金钟花 F. viridissima, 莲 Nelumbo nucifera, 木犀 Osmanthus fragrans, 石南藤 Piper wallichii, 槲寄生 Viscum coloratum, 河朔荛花 Wikstroemia chamaedaphne

(±)-epipinoresinol (±)- 表松脂酚 石刁柏 Asparagus officinalis

epipinoresinol 表松脂酚 辽细辛 Asarum heterotropoides var. mandshuricum, 汉城细辛 A. sieboldii, 海榄雌 Avicennia marina, 鱼子兰 Chloranthus erectus, 威灵仙 Clematis chinensis, 花曲柳 Fraxinus chinensis subsp. rhynchophylla, 蓬子菜 Galium verum, 菘蓝 Isatis tinctoria, 肉果草 Lancea tibetica, 川楝 Melia toosendan, 露兜树 Pandanus tectorius, 狼毒 Stellera chamaejasme, 青花椒 Zanthoxylum schinifolium

(+)-epipinoresinol-4''-*β*-D-glucopyranoside (+)- 表松脂酚 -4''-*β*-D- 吡喃葡萄糖苷 金钟花 Forsythia viridissima

epipinoresinol-4,4'-di-*O*-D-glucopyranoside 表松脂酚 -4,4'- 二 -*O*-*β*-D- 吡喃葡萄糖苷 苦瓜 Momordica charantia

epipinoresinol-4'-*O*-*β*-D-glucopyranoside 表松脂酚 -4'-*O*-*β*-D- 吡喃葡萄糖苷 连翘 Forsythia suspensa

(+)-epipinoresinol-4-*O*-*β*-D-glucopyranoside (+)- 表松脂酚 -4-*O*-*β*-D- 吡喃葡萄糖苷 柊树 Osmanthus heterophyllus, 紫丁香 Syringa oblata

epipinoresinol-4-*O*-*β*-D-glucopyranoside 表松脂酚 -4-*O*-*β*-D- 吡喃葡萄糖苷 连翘 Forsythia suspensa

(+)-epipinoresinol-*β*-D-glucopyranoside (+)- 表松脂酚 -*β*-D- 吡喃葡萄糖苷 连翘 Forsythia suspensa

18-epipiptanthine 18- 表黄花木碱 牛栓藤 Connarus paniculatus

24-epipiscidinol A 24- 表毒鱼割舌树醇 ▲A 柔毛鸦胆子 Brucea mollis

epipleiocarpamine-N^4-oxide 表多果树胺 ▲-N^4- 氧化物 小蔓长春花 Vinca minor

epiplumeridoid C 表鸡蛋花环烯醚萜 C 红鸡蛋花 Plumeria rubra

3-epipomolic acid 3- 表果渣酸 ▲ 苦苣苔 Conandron ramondioides, 两头毛 Incarvillea arguta

13-*epi*-preleoheterin 13- 表 - 前益母草灵素 ▲ 益母草 Leonurus japonicus

13-*epi*-preleosibirone A 13- 表 - 前细叶益母草酮 A 细叶益母草 Leonurus sibiricus

3-epipseurata B 3- 表川藏香茶菜萜素 ▲B 川藏香茶菜 Isodon pharicus

3-epipseurata B acetonide 3- 表川藏香茶菜萜素 ▲B 丙酮化物 川藏香茶菜 Isodon pharicus

epipterosin L 表蕨素 L 凤丫蕨 Coniogramme japonica

24-*epi*-pterosterone 24- 表蕨甾酮 禾秆蹄盖蕨 Athyrium yokoscense

24-epipterosterone-2,3,20,22-diacetonide 24- 表蕨甾酮 -2,3,20,22- 二丙酮化物 多穗金粟兰 Chloranthus multistachys

4-epipulchellin-2-*O*-acetate 4- 表 - 天人菊素 ▲-2-*O*- 乙酸酯 水朝阳旋覆花 Inula helianthusaquatilis

3-epipumiloside 3- 表短小蛇根草苷 ▲ 乌檀 Nauclea officinalis

epipunicacortein A 表石榴皮素 ▲A 大花紫薇 Lagerstroemia speciosa, 槲栎 Quercus aliena

16-epipyroaconine 16- 表焦乌头原碱 宣威乌头 Aconitum nagarum var. lasiandrum

16-*epi*-pyroaconitine 16- 表 - 焦乌头碱 铁棒锤 Aconitum pendulum

16-*epi*-pyrodeoxyaconitine 16- 表 - 焦去氧乌头碱 铁棒锤 Aconitum pendulum

16-*epi*-pyromesaconitine 16- 表 - 焦中乌头碱 光梗鸭绿乌头 Aconitum jaluense var. glabrescens

(+)-*epi*-quercitol (+)- 表栎醇 扁枝槲寄生 Viscum articulatum

3-epiquinamine 3- 表奎胺 鸡纳树 Cinchona pubescens

9-epiquinidine 9- 表奎尼丁 金鸡纳树 Cinchona calisaya

9-epiquinine 9- 表奎宁 金鸡纳树 Cinchona calisaya

17-*epi*-rauvovertine A 17- 表萝芙木碱 ▲A 萝芙木 Rauvolfia verticillata

17-*epi*-rauvovertine B 17- 表萝芙木碱 ▲B 萝芙木 Rauvolfia verticillata

1-*epi*-reynosin 1- 表 - 密花豚草素 ▲ 甘青蒿 Artemisia tangutica

epirhododendrin 表杜鹃素 臭冷杉 Abies nephrolepis, 毛果槭 Acer nikoense, 白桦 Betula platyphylla, 鹿角杜鹃花 Rhododendron latoucheae

12-epirockogenin 12- 表洛柯皂苷元 龙舌兰 Agave americana, 剑麻 A. sisalana

epirosmanol 表迷迭香酚 痢止蒿 Ajuga forrestii, 迷迭香 Rosmarinus officinalis, 撒尔维亚 Salvia officinalis, 荔枝草 S. plebeia

3-epiruscogenin 3- 表假叶树皂苷元 ▲ 菊三七 Gynura japonica, 橙花开口箭 Tupistra aurantiaca, 开口箭 T. chinensis

epirutin 表芦丁 沙戟 Chrozophora sabulosa, 泡囊草 Physochlaina physaloides

16-*epi*-saikogenin C 16- 表 - 柴胡皂苷元 C 通脱木 Tetrapanax papyrifer

16-*epi*-saikogenin C-28-*O*-*β*-D-glucopyranosyl-3-*O*-*β*-D-glucopyranosyl-(1 → 6)-[*α*-L-rhamnopyranosyl-(1 → 4)]-*β*-D-glucopyranoside 16- 表 - 柴胡皂苷元 C-28-*O*-*β*-D- 吡喃葡萄糖基 -3-*O*-*β*-D- 吡喃葡萄糖基 -(1 → 6)-[*α*-L- 吡喃鼠李糖基 -(1 → 4)]-*β*-D- 吡喃葡萄糖苷 多枝柴胡 Bupleurum polyclonum

16-*epi*-saikogenin C-3-*O*-*β*-D-glucopyranosyl-(1 → 6)-[*α*-L-rhamnopyranosyl-(1 → 4)]-*β*-D-glucopyranoside 16- 表 - 柴胡皂苷元 C-3-*O*-*β*-D- 吡喃葡萄糖基 -(1 → 6)-[*α*-L- 吡喃鼠李糖基 -(1 → 4)]-*β*-D- 吡喃葡萄糖苷 多枝柴胡 Bupleurum polyclonum

episamarcandin 表撒马尔罕阿魏素 ▲ 新疆阿魏 Ferula sinkiangensis

4-*epi*-sandaracopimaric acid 4- 表 - 山达海松酸 假地枫皮 Illicium jiadifengpi

3-episapelin A 3- 表柱果内雄楝素 ▲A 红椿 Toona ciliata, 杜楝 Turraea pubescens

episappanol 表苏木醇 苏木 Caesalpinia sappan

16-*epi*-sarpagine 16- 表蛇根精 鸡骨常山 Alstonia yunnanensis
episarsasapogenin 表洋菝葜皂苷元▲ 叉蕊薯蓣 Dioscorea collettii
1'-*epi*-sauchinone 1'- 表 - 三白草酮 三白草 Saururus chinensis
6-*epi*-scandoside methyl ester 6- 表 - 鸡屎藤苷甲酯 婆婆纳 Veronica polita
3-*epi*-sceptrumgenin-3-*β*-D-glucopyranoside 3- 表 - 旌节等唇花皂苷元▲-3-*β*-D- 吡喃葡萄糖苷 菊三七 Gynura japonica
3-epischelhammericine 3- 表谢氏百合辛碱▲ 三尖杉 Cephalotaxus fortunei, 高山三尖杉 C. fortunei var. alpina, 贡山三尖杉 C. lanceolata, 海南粗榧 C. mannii, 台湾三尖杉 C. sinensis var. wilsoniana
epischelhammericine 表谢氏百合辛碱▲ 海南粗榧 Cephalotaxus mannii
3-epischelhammeridine 3- 表谢氏百合定▲ 贡山三尖杉 Cephalotaxus lanceolata
epischisandrone 表五味子酮 翼梗五味子 Schisandra henryi, 毛叶五味子 S. pubescens
19-*epi*-scholaricine 19- 表 - 糖胶树辛碱▲ 糖胶树 Alstonia scholaris
13-episclareol 13- 表欧丹参醇▲ 毛喉鞘蕊花 Coleus forskohlii
13-*epi*-sclareol 13- 表 - 欧丹参醇▲ 臭冷杉 Abies nephrolepis
8-*epi*-sclareol 8- 表 - 欧丹参醇▲ 穗花牡荆 Vitex agnus-castus, 黄荆 V. negundo
4-*epi*-scopadulcic acid 4- 表 - 野甘草西酸▲ 野甘草 Scoparia dulcis
4-*epi*-scopadulcic acid B 4- 表 - 野甘草西酸▲B 野甘草 Scoparia dulcis
episcopalidine 紫乌定 苍山乌头 Aconitum contortum, 紫乌头 A. episcopale
episcopalisine 紫乌生 紫乌头 Aconitum episcopale
episcopalisinine 紫乌宁 紫乌头 Aconitum episcopale
episcopalitine 紫乌亭 紫乌头 Aconitum episcopale
2-episecurinol A 2- 表一叶萩醇 A 一叶萩 Flueggea suffruticosa
episellowin C 表塞氏罗汉松素 C 竹柏 Nageia nagi
21-episerratenediol 21- 表千层塔烯二醇 扁枝石松 Diphasiastrum complanatum, 蛇足石杉 Huperzia serrata, 东北石松 Lycopodium clavatum, 石松 L. japonicum, 玉柏 L. obscurum, 福氏马尾杉 Phlegmariurus fordii
21-episerratenediol-3-acetate 21- 表千层塔烯二醇 -3- 乙酸酯 蛇足石杉 Huperzia serrata
21-episerratriol 21- 表千层塔三醇 高山扁枝石松 Diphasiastrum alpinum, 矮小扁枝石松 D. veitchii, 多穗石松 Lycopodium annotinum, 东北石松 L. clavatum, 垂穗石松 Palhinhaea cernua
(+)-episesamin (+)- 表芝麻素 樟 Cinnamomum camphora, 无梗五加 Eleutherococcus sessiliflorus, 三桠乌药 Lindera obtusiloba, 刺花椒 Zanthoxylum acanthopodium, 椿叶花椒 Z. ailanthoides
d-episesamin *d*- 表芝麻素 两面针 Zanthoxylum nitidum
episesamin 表芝麻素 汉城细辛 Asarum sieboldii, 夜合花 Lirianthe coco, 芝麻 Sesamum indicum, 蚬壳花椒 Zanthoxylum dissitum, 两面针 Z. nitidum
episesamin dicatechol 表芝麻素二儿茶酚 麻疯树 Jatropha curcas
episesamin-2,6-dicatechol 表芝麻素 -2,6- 二儿茶酚 海滨木巴戟 Morinda citrifolia
2-episesaminol-2-*O*-*β*-D-glucopyranoside 2- 表芝麻素酚 -2-*O*-*β*-D- 吡喃葡萄糖苷 直杆蓝桉 Eucalyptus maidenii
(+)-episesaminol-6-catechol (+)- 表芝麻素酚 -6- 儿茶酚 芝麻 Sesamum indicum
(+)-episesaminone (+)- 表芝麻素酮 芝麻 Sesamum indicum, 河朔荛花 Wikstroemia chamaedaphne, 椿叶花椒 Zanthoxylum ailanthoides
episesaminone 表芝麻素酮▲ 辽细辛 Asarum heterotropoides var. mandshuricum
(+)-episesaminone-9-*O*-*β*-D-sophoroside (+)- 表芝麻素酮 -9-*O*-*β*-D- 槐糖苷 芝麻 Sesamum indicum
episesartemin A, B 表艾脂麻素 A, B 中亚苦蒿 Artemisia absinthium
1-epishanzhigenin methyl ester 1- 表山栀苷元甲酯 糙苏 Phlomis umbrosa
epishionol 表紫菀醇 灰枝紫菀 Aster poliothamnus, 紫菀 A. tataricus
epishyobunone 表白菖酮 菖蒲 Acorus calamus
15-*epi*-sibiricinone D, E 15- 表 - 细叶益母草新酮▲D, E 细叶益母草 Leonurus sibiricus
16,20-episilicine 16,20- 表沙地狗牙花碱▲ 药用狗牙花 Tabernaemontana bovina
20-episilicine 20- 表沙地狗牙花碱▲ 药用狗牙花 Tabernaemontana bovina
epismilagenin 表菝葜皂苷元 叉蕊薯蓣 Dioscorea collettii, 盾叶薯蓣 D. zingiberensis
episolacapine 表珊瑚樱品碱▲ 珊瑚樱 Solanum pseudocapsicum
epi-solidagenone ether 表一枝黄花二萜烯酮醚 加拿大一枝黄花 Solidago canadensis
epistephamiersine 表千金藤默星碱 千金藤 Stephania japonica, 桐叶千金藤 S. japonica var. discolor
epistephanine 表千金藤碱 蝙蝠葛 Menispermum dauricum, 桐叶千金藤 Stephania japonica var. discolor
episterol 表甾醇 湖南稗子 Echinochloa frumentacea, 松木层孔菌 Phellinus pini
6-*epi*-stilbericoside 6- 表 - 石南密穗草苷▲ 翼叶山牵牛 Thunbergia alata
epistriatic acid 表隆纹黑蛋巢菌酸▲ 隆纹黑蛋巢菌 Cyathus striatus
11-*epi*-sundiversifolide 11- 表 - 向日葵肿柄菊内酯▲ 水朝阳旋覆花 Inula helianthusaquatilis, 湖北旋覆花 I. hupehensis
episwercinctolide B 表西南獐牙菜内酯▲B 滇龙胆草 Gentiana rigescens
3-*epi*-swertiajaposide C 3- 表 - 日本当药苷▲C 太白龙胆 Gentiana apiata
9-episwertiamarin 9- 表獐牙菜苦素 西南獐牙菜 Swertia cincta
(-)-episyringaresinol (-)- 表丁香树脂酚 裂叶铁线莲 Clematis parviloba, 辣蓼铁线莲 C. terniflora var. mandshurica, 南天竹 Nandina

domestica
(+)-episyringaresinol (+)- 表丁香树脂酚 秦艽 Gentiana macrophylla
episyringaresinol 表丁香树脂酚 长距石斛 Dendrobium longicornu, 阔叶十大功劳 Mahonia bealei, 观光木 Michelia odora
episyringaresinol-4''-*O*-*β*-D-glucopyranoside 表丁香树脂酚 -4''-*O*-*β*-D- 吡喃葡萄糖苷 长距石斛 Dendrobium longicornu
episyringaresinol-4'-*O*-*β*-D-glucopyranoside 表丁香树脂酚 -4'-*O*-*β*-D- 吡喃葡萄糖苷 刺五加 Eleutherococcus senticosus
(+)-episyringaresinol-4-*O*-*β*-D-glucopyranoside (+)- 表丁香树脂酚 -4-*O*-*β*-D- 吡喃葡萄糖苷 辣蓼铁线莲 Clematis terniflora var. mandshurica, 紫薇 Lagerstroemia indica
3-epitaraxerol 3- 表蒲公英赛醇 黄苞大戟 Euphorbia sikkimensis, 西南獐牙菜 Swertia cincta, 贵州獐牙菜 S. kouitchensis, 云南獐牙菜 S. yunnanensis
epitaraxerol 表蒲公英赛醇 鸡骨香 Croton crassifolius, 霸王鞭 Euphorbia royleana, 千根草 E. thymifolia, 海漆 Excoecaria agallocha, 椭圆叶花锚 Halenia elliptica, 鸭嘴花 Justicia adhatoda, 中平树 Macaranga denticulata, 白背叶 Mallotus apelta, 商陆 Phytolacca acinosa, 白檀 Symplocos paniculata
1-*epi*-tatridin B 1- 表 - 三齿蒿定 ▲B 菊蒿 Tanacetum vulgare
(-)-epitaxifolin-3-*O*-*β*-D-xylopyranoside (-)- 表花旗松素 -3-*O*-*β*-D- 吡喃木糖苷 柃木 Eurya japonica
(+)-epitaxifolin-3-*O*-*β*-D-xylopyranoside (+)- 表花旗松素 -3-*O*-*β*-D- 吡喃木糖苷 柃木 Eurya japonica
7-epitaxol 7- 表紫杉醇 南方红豆杉 Taxus wallichinana var. mairei
epitazettine; criwelline 表多花水仙碱 文殊兰 Crinum asiaticum var. sinicum
3-*epi*-ternstroemic acid 3- 表 - 厚皮香酸 ▲ 云南假木荷 Craibiodendron yunnanense, 厚皮香 Ternstroemia gymnanthera
epitetraphyllin B_4 sulfate 表四雄西番莲素 ▲B_4 硫酸酯 西番莲 Passiflora caerulea
7-epiteucrenone 7- 表香科酮 益智 Alpinia oxyphylla
12-epiteucvidin 12- 表血见愁素 ▲ 铁轴草 Teucrium quadrifarium
3-*epi*-thurberogenin 3- 表 - 瑟伯群戟柱苷元 ▲ 福建假卫矛 Microtropis fokienensis
epitinophylloloside 表菲律宾大叶藤苷 ▲ 云南青牛胆 Tinospora sagittata var. yunnanensis
11-*epi*-toonacilin 11- 表红椿林素 ▲ 杜楝 Turraea pubescens
8-epitorilolone-8-*O*-*β*-D-glucopyranoside 8- 表窃衣醇酮 -8-*O*-*β*-D- 吡喃葡萄糖苷 小窃衣 Torilis japonica
2*β*,19*α*-2-*epi*-tormentic acid 2*β*,19*α*-2- 表委陵菜酸 山刺玫 Rosa davurica
13-*epi*-torreferol 13- 表 - 日本榧树醇 台湾杉木 Cunninghamia lanceolata var. konishii
13-epitorulosal 13- 表西藏柏木醛 ▲ 杠板归 Polygonum perfoliatum
13-epitorulosol 13- 表西藏柏木醇 ▲ 宽叶金粟兰 Chloranthus henryi, 太白红杉 Larix potaninii var. chinensis
10-epitrenudine 10- 表滑桃树定 ▲ 滑桃树 Trevia nudiflora
epitrillenoside C-PA 表延龄草烯苷 ▲C-PA 吉林延龄草 Trillium kamtschaticum
2-epitripdiolide 2- 表雷公二醇内酯 雷公藤 Tripterygium wilfordii
12-epitriptriolide 12- 表雷公藤三醇内酯 雷公藤 Tripterygium wilfordii
epitulipinolide 表北美鹅掌楸内酯 鹅掌楸 Liriodendron chinense, 北美鹅掌楸 L. tulipifera
epitulipinolide diepoxide 表北美鹅掌楸内酯二环氧化物 鹅掌楸 Liriodendron chinense, 北美鹅掌楸 L. tulipifera
3-epiursolic acid 3- 表熊果酸 臭椿 Ailanthus altissima, 丁座草 Boschniakia himalaica, 苦苣苔 Conandron ramondioides, 薰衣草 Lavandula angustifolia, 毛杨梅 Myrica esculenta, 异色黄芩 Scutellaria discolor, 沙滩黄芩 S. strigillosa, 马鞭草 Verbena officinalis, 蔓荆 Vitex trifolia, 单叶蔓荆 V. trifolia subsp. litoralis
epiursolic acid 表熊果酸 金露梅 Potentilla fruticosa
2'-*epi*-uscharin 2'- 表白花牛角瓜灵 ▲ 牛角瓜 Calotropis gigantea
epiutililactone 表青刺果酮 ▲ 扁核木 Prinsepia utilis
epiverazine 表藜芦嗪 藜芦 Veratrum nigrum
5-epivibsanin C, E 5- 表荚蒾宁 C, E 日本珊瑚树 Viburnum odoratissimum var. awabuki
5-epivibsanin G 5- 表荚蒾宁 G 珊瑚树 Viburnum odoratissimum
5-epivibsanin H 5- 表荚蒾宁 H 珊瑚树 Viburnum odoratissimum, 日本珊瑚树 V. odoratissimum var. awabuki
5-epivibsanin K 5- 表荚蒾宁 K 日本珊瑚树 Viburnum odoratissimum var. awabuki
16-epivincamine 16- 表蔓长春花胺 ▲ 奶子藤 Bousigonia mekongensis
Δ^{14}-16-epivincamine Δ^{14}-16- 表蔓长春花胺 ▲ 水甘草 Amsonia elliptica, 思茅山橙 Melodinus cochinchinensis
epivincamine 表蔓长春花胺 ▲ 小蔓长春花 Vinca minor
epivincanol 表蔓长春花醇 ▲ 奶子藤 Bousigonia mekongensis
20-epivindolinine 20- 表长春里宁 长春花 Catharanthus roseus
epi-vindolinine-N_b-oxide 表 - 长春里宁 -N_b- 氧化物 薄叶山橙 Melodinus tenuicaudatus
20-epivindolinine-*N*-oxide 20- 表长春里宁 -*N*- 氧化物 长春花 Catharanthus roseus
epivirgauride 表黄帚橐吾内酯 ▲ 黄帚橐吾 Ligularia virgaurea
19-*epi*-voacangarine 19- 表 - 伏康树灵碱 ▲ 亚洲络石 Trachelospermum asiaticum, 络石 T. jasminoides
16-epivoacarpine 16- 表伏康树卡品 ▲ 钩吻 Gelsemium elegans
19*E*-16-*epi*-voacarpine 19*E*-16- 表伏康树卡品 ▲ 钩吻 Gelsemium elegans
19*R*-epivoacristine 19*R*- 表伏康树斯亭 ▲ 药用狗牙花 Tabernaemontana bovina
19-*epi*-voacristine 19- 表 - 伏康树斯亭 ▲ 伞房狗牙花 Tabernaemontana corymbosa

16-epivobasenal 16- 表伏康树烯醛 伞房狗牙花 Tabernaemontana corymbosa
16-epivobasine 16- 表伏康树辛▲ 伞房狗牙花 Tabernaemontana corymbosa
7-epivogeloside 7- 表沃格闭花木苷▲ 中国绣球 Hydrangea chinensis, 金花忍冬 Lonicera chrysantha, 忍冬 L. japonica
epivogeloside 表沃格闭花木苷▲ 椭圆叶花锚 Halenia elliptica, 绣球 Hydrangea macrophylla, 滇丁香 Luculia pinceana, 鸡仔木 Sinoadina racemosa, 大籽獐牙菜 Swertia macrosperma
3-epiwilsonine 3- 表台湾三尖杉碱 粗榧 Cephalotaxus sinensis, 台湾三尖杉 C. sinensis var. wilsoniana
epiwilsonine 表台湾三尖杉碱 三尖杉 Cephalotaxus fortunei
epiwulignan A_1 表五脂素 A_1 翼梗五味子 Schisandra henryi, 红花五味子 S. rubriflora
8-*epi*-xanthatin-1β,5β-epoxide 8- 表 - 苍耳亭 -1β,5β- 环氧化物 湖北旋覆花 Inula hupehensis
8-*epi*-xanthatin-1β-epoxide 8- 表 - 苍耳亭 -1β- 环氧化物 水朝阳旋覆花 Inula helianthusaquatilis
(+)-epiyangambin (+)- 表几内亚胡椒脂素 莲叶桐 Hernandia nymphaeifolia
epiyangambin 表扬甘比胡椒素▲ 中亚苦蒿 Artemisia absinthium, 大籽蒿 A. sieversiana, 白兰 Michelia × alba
epizanthocadinanine A, B 表花椒杜松碱▲A, B 两面针 Zanthoxylum nitidum
epi-zanthomuurolanine 表花椒欧洲赤松碱▲ 两面针 Zanthoxylum nitidum
1-epizeylenol 1- 表锡兰紫玉盘烯醇▲ 山椒子 Uvaria grandiflora
16-*epi*-*Z*-isositsirikine 16- 表 -*Z*- 异长春钦碱▲ 长春花 Catharanthus roseus
epizonarene 表带状网翼藻烯▲ 挥发油成分，未统计基源
3-*epi*-α-amyrin 3- 表 -α- 香树脂醇 石榴 Punica granatum
epi-α-amyrin 表 -α- 香树脂醇 海漆 Excoecaria agallocha, 迷迭香 Rosmarinus officinalis
epi-α-bisabolol 表 -α- 红没药醇 挥发油成分，未统计基源
epi-α-cadinol 表 -α- 杜松醇 挥发油成分，未统计基源
6-*epi*-α-cubebene 6- 表 -α- 荜澄茄烯 加拿大一枝黄花 Solidago canadensis
epi-α-decumbensine 表 -α- 夏天无新碱 夏天无 Corydalis decumbens
7-*epi*-α-eudesmol 7- 表 -α- 桉叶油醇 挥发油成分，未统计基源
epi-α-muurolol 表 -α- 欧洲赤松醇▲ 挥发油成分，未统计基源
epi-α-patchoulene 表 -α- 绿叶烯 挥发油成分，未统计基源
7-*epi*-α-selinene 7- 表 -α- 芹子烯 挥发油成分，未统计基源
3-*epi*-α-yohimbine 3- 表 -α- 育亨宾碱 长春花 Catharanthus roseus
epi-β-amyrin 表 -β- 香树脂醇 海漆 Excoecaria agallocha
epi-β-bisabolol 表 -β- 红没药醇 挥发油成分，未统计基源
6-*epi*-β-cubebene 6- 表 -β- 荜澄茄烯 加拿大一枝黄花 Solidago canadensis
7-*epi*-β-eudesm-4(15)-ene-1α,6α-diol 7- 表 -β- 桉叶 -4(15)- 烯 -1α,6α- 二醇 轮叶木姜子 Litsea verticillata
7-*epi*-β-eudesmol 7- 表 -β- 桉叶油醇 六棱菊 Laggera alata
epi-β-santalene 表 -β- 檀香烯 挥发油成分，未统计基源
epi-β-santalol 表 -β- 檀香醇 挥发油成分，未统计基源
trans-*cis*-*epi*-β-santalol 反式 - 顺式 - 表 -β- 檀香醇 檀香 Santalum album
10-*epi*-γ-eudesmol 10- 表 -γ- 桉叶油醇 挥发油成分，未统计基源
7-*epi*-γ-eudesmol 7- 表 -γ- 桉叶油醇 挥发油成分，未统计基源
epi-γ-eudesmol 表 -γ- 桉叶油醇 挥发油成分，未统计基源
16-*epi*-Δ^{14}-vincamine 16- 表 -Δ^{14}- 蔓长春花胺▲ 思茅山橙 Melodinus cochinchinensis
16-*epi*-Δ^{14}-vincanol 16- 表 -Δ^{14}- 蔓长春花醇▲ 奶子藤 Bousigonia mekongensis
3-*epi*-δ-amyrin 3- 表 -δ- 香树脂醇 垂盆草 Sedum sarmentosum
epi-ψ-taraxastanediol 表 -ψ- 蒲公英赛二醇 滇橄 Canarium strictum
epi-ψ-taraxastanediol monoacetate 表 -ψ- 蒲公英赛二醇单乙酸酯 滇橄 Canarium strictum
epi-ψ-taraxastanonol 表 -ψ- 蒲公英赛酮醇 滇橄 Canarium strictum
2',3'-epoxide alloimperatorin 2',3'- 环氧别欧前胡素 美国凌霄 Campsis radicans
13,14-epoxide,9,11,12-tri-hydroxyptolide 13,14- 环氧 -9,11,12- 三羟基雷公藤内酯 雷公藤 Tripterygium wilfordii
(7*S*,8*S*,7'*R*,8'*S*)-7,8-epoxide-7-(3,4-methylenedioxyphenyl)-8-methyl-8'-methyl-7'-(3',4'-dimethoxyphenyl)-tetrahydrofuran (7*S*,8*S*,7'*R*,8'*S*)-7,8-环氧化物 -7-(3,4- 亚甲二氧基苯基)-8- 甲基 -8'- 甲基 -7'-(3',4'- 二甲氧基苯基)- 四氢呋喃 华中五味子 Schisandra sphenanthera
(7*S*,8*S*,7'*R*,8'*S*)-7,8-epoxide-7-(3,4-methylenedioxyphenyl)-8-methyl-8'-methyl-7'-(4'-hydroxy-3'-methoxyphenyl)-tetrahydrofuran (7*S*,8*S*,7'*R*,8'*S*)-7,8- 环氧化物 -7-(3,4- 亚甲二氧基苯基)-8- 甲基 -8'- 甲基 -7'-(4'- 羟基 -3'- 甲氧基苯基)- 四氢呋喃 华中五味子 Schisandra sphenanthera
1β,10α-epoxide-8β-acetoxy-9β-hydroxy-eupatolide 1β,10α- 环氧化 -8β- 乙酰氧基 -9β- 羟基 - 泽兰内酯 湖北旋覆花 Inula hupehensis
(1*R*,10*R*)-epoxy-(-)-1,10-dihydrocurdine (1*R*,10*R*)- 环氧 -(-)-1,10- 二氢姜黄定 温郁金 Curcuma wenyujin
5α,6α-epoxy-(22*E*,24*R*)-ergosta-7,22-dien-3β-ol 5α,6α- 环氧 -(22*E*,24*R*)- 麦角甾 -7,22- 二烯 -3β- 醇 猴头菌 Hericium erinaceus
5α,6α-epoxy-(22*E*,24*R*)-ergosta-8(14),22-diene-3β,7α-diol 5α,6α- 环氧 -(22*E*,24*R*)- 麦角甾 -8(14),22- 二烯 -3β,7α- 二醇 苦瓜 Momordica charantia, 雷丸 Omphalia lapidescens, 松口蘑 Tricholoma matsutake
5α,6α-epoxy-(22*E*,24*R*)-ergosta-8(14),22-diene-3β,7β-diol 5α,6α- 环氧 -(22*E*,24*R*)- 麦角甾 -8(14),22- 二烯 -3β,7β- 二醇 猴头菌 Hericium erinaceus
5α,6α-epoxy-(22E,24*R*)-ergosta-8,22-diene-3β,7α-diol 5α,6α- 环氧 -(22*E*,24*R*)- 麦角甾 -8,22- 二烯 -3β,7α- 二醇 苦瓜 Momordica charantia

5α,6α-epoxy-(22E,24R)-ergosta-8,22-diene-3β,7β,14α-triol 5α,6α- 环氧 -(22E,24R)- 麦角甾 -8,22- 二烯 -3β,7β,14α- 三醇 香菇 Lentinula edodes

5α,6α-epoxy-(22E,24R)-ergosta-8,22-diene-3β,7β-diol 5α,6α- 环氧 -(22E,24R)- 麦角甾 -8,22- 二烯 -3β,7β- 二醇 苦瓜 Momordica charantia

5,6-epoxy-(3β,5α,6α,7β,22E)-ergosta-8,22-diene-3,7,14-triol 5,6- 环氧 -(3β,5α,6α,7β,22E)- 麦角甾 -8,22- 二烯 -3,7,14- 三醇 皱环球盖菇 Stropharia rugosoannulata

5,6-epoxy-(3β,5α,6α,7β,22E)-ergosta-8,22-diene-3,7-diol 5,6- 环氧 -(3β,5α,6α,7β,22E)- 麦角甾 -8,22- 二烯 -3,7- 二醇 皱环球盖菇 Stropharia rugosoannulata

4α,5α-epoxy-1(10),7(11)-dienegermacr-8α,12-olide 4α,5α- 环氧 -1(10),7(11)- 二烯大根老鹳草 -8α,12- 内酯 金粟兰 Chloranthus spicatus

4,5-epoxy-1(10)E,11(13)-germacradien-12,6-olide 4,5- 环氧 -1(10)E,11(13)- 大根老鹤草二烯 -12,6- 内酯 荷花木兰 Magnolia grandiflora

(3R)-3',4''-epoxy-1-(4-hydroxyphenyl)-7-(3-methoxyphenyl)-heptan-3-ol (3R)-3',4''- 环氧 -1-(4- 羟基苯基)-7-(3- 甲氧基苯基)- 庚烷 -3- 醇 黄杞 Engelhardia roxburghiana

1α,2α-epoxy-10(H)α-dauca-11(12)-ene-7α,14-diol 1α,2α- 环氧 -10(H)α- 橙花瑞香 -11(12)- 烯 -7α,14- 二醇 橙花瑞香 Daphne aurantiaca

1β,2β-epoxy-10(H)α-dauca-11(12)-ene-7α,14-diol 1β,2β- 环氧 -10(H)α- 橙花瑞香 -11(12)- 烯 -7α,14- 二醇 橙花瑞香 Daphne aurantiaca

(2(7)E,6S,10R,11R)-18,19-epoxy-10-deoxy-17-hydroxyiridal (2(7)E,6S,10R,11R)-18,19- 环氧 -10- 去氧 -17- 羟基鸢尾醛 长葶鸢尾 Iris delavayi

(6S,10R,11R)-18,19-epoxy-10-deoxy-17-hydroxyiridal (6S,10R,11R)-18,19- 环氧 -10- 去氧 -17- 羟基鸢尾醛 长葶鸢尾 Iris delavayi

18,19-epoxy-10-deoxyiridal 18,19- 环氧 -10- 去氧鸢尾醛 德国鸢尾 Iris germanica

8,9-epoxy-10-isobutyryloxythymyl isobutyrate 8,9- 环氧 -10- 异丁酰氧基百里香酚异丁酸酯 湖北旋覆花 Inula hupehensis

12,13-epoxy-10-tridecene-2,4,6,8-tetrayne 12,13- 环氧 -10- 十三碳烯 -2,4,6,8- 四炔 欧亚矢车菊 Centaurea ruthenica

4α,5α-epoxy-10α,14-dihydroinuviscolide 4α,5α- 环氧 -10α,14- 二氢粘性旋覆花内酯▲ 天名精 Carpesium abrotanoides

4α,5α-epoxy-10α,14-H-inuviscolide 4α,5α- 环氧 -10α,14-H- 粘性旋覆花内酯 土木香 Inula helenium

(16R)-12,16-epoxy-11,14,17-trihydroxy-17(15→16)-abeo-8,11,13-abietatrien-7-one (16R)-12,16- 环氧 -11,14,17- 三羟基 -17(15→16)- 移 -8,11,13- 冷杉三烯 -7- 酮 浙江大青 Clerodendrum kaichianum

12,16-epoxy-11,14,17-trihydroxy-6-methoxy-17(15→16)-abeo-abieta-5,8,11,13-tetraene-7-one 12,16- 环氧 -11,14,17- 三羟基 -6- 甲氧基 -17(15→16)- 移 - 冷杉 -5,8,11,13- 四烯 -7- 酮 臭牡丹 Clerodendrum bungei

12,16-epoxy-11,14-dihydroxy-6-methoxy-17(15→16)-abeo-abieta-5,8,11,13,15-pentaene-3,7-dione 12,16- 环氧 -11,14- 二羟基 -6- 甲氧基 -17(15→16)- 移 - 冷杉 -5,8,11,13,15- 五烯 -3,7- 二酮 臭牡丹 Clerodendrum bungei, 海州常山 C. trichotomum

(10R,16S)-12,16-epoxy-11,14-dihydroxy-6-methoxy-17(15→16)-abeo-abieta-5,8,11,13-tetraene-3,7-dione (10R,16S)-12,16- 环氧 -11,14- 二羟基 -6- 甲氧基 -17(15→16)- 移 - 冷杉 -5,8,11,13- 四烯 -3,7- 二酮 海州常山 Clerodendrum trichotomum

(15R)-12,16-epoxy-11,14-dihydroxy-8,11,13-abietatrien-7-one (15R)-12,16- 环氧 -11,14- 二羟基 -8,11,13- 冷杉三烯 -7- 酮 蛇足石杉 Huperzia serrata

1αH,4βH,5αH,7β,10β-epoxy-11-hydroxyguaiane 1αH,4βH,5αH,7β,10β- 环氧 -11- 羟基愈创木烷 麻疯树 Jatropha curcas

14,15α-epoxy-11-hydroxytabersonine 14,15α- 环氧 -11- 羟基柳叶水甘草碱 川山橙 Melodinus hemsleyanus, 薄叶山橙 M. tenuicaudatus

13,28-epoxy-11-oleanene-3-one 13,28- 环氧 -11- 齐墩果烯 -3- 酮 日本珊瑚树 Viburnum odoratissimum var. awabuki

(1R)-1,4-epoxy-11α,22α-dihydroxy-3,4-secolupane-20(30)-ene-3,28-dioic acid (1R)-1,4- 环氧 -11α,22α- 二羟基 -3,4- 裂环羽扇豆 -20(30)- 烯 -3,28- 二羧酸 无梗五加 Eleutherococcus sessiliflorus

(1R)-1,4-epoxy-11α-hydroxy-3,4-secolupane-20(30)-ene-3,28-dioic acid (1R)-1,4- 环氧 -11α- 羟基 -3,4- 裂环羽扇豆 -20(30)- 烯 -3,28- 二羧酸 无梗五加 Eleutherococcus sessiliflorus

15,16-epoxy-12(R)-acetoxy-8(17),13(16),14-ent-labdatrien-19-oic acid 15,16- 环氧 -12(R)- 乙酰氧基 -8(17),13(16),14- 对映 - 半日花三烯 -19- 羧酸 篦齿眼子菜 Potamogeton pectinatus

12,15-epoxy-12,14-labdadiene-8-ol 12,15- 环氧 -12,14- 半日花二烯 -8- 醇 烟草 Nicotiana tabacum

19,20-epoxy-12-methoxy-11,14,19-trihydroxy-7-oxo-8,11,13-abietatriene 19,20- 环氧 -12- 甲氧基 -11,14,19- 三羟基 -7- 氧代 -8,11,13- 冷杉三烯 硬尖神香草 Hyssopus cuspidatus

15α,16α-epoxy-12-oleanen-3-one 15α,16α- 环氧 -12- 齐墩果烯 -3- 酮 疏花鱼藤 Derris laxiflora

15,16-epoxy-12-oxo-8(17),13(16),14-ent-labdatrien-19,20-olide 15,16- 环氧 -12- 氧代 -8(17),13(16),14- 对映 - 半日花三烯 -19,20- 内酯 浮叶眼子菜 Potamogeton natans

15,16-epoxy-12-oxo-8(17),13(16),14-ent-labdatrien-20,19-olide 15,16- 环氧 -12- 氧代 -8(17),13(16),14- 对映 - 半日花三烯 -20,19- 内酯 浮叶眼子菜 Potamogeton natans

15,16-epoxy-12-oxo-8(17),13(16),14-labdatrien-20,19-olide 15,16- 环氧 -12- 氧代 -8(17),13(16),14- 半日花三烯 -20,19- 内酯 竹叶眼子菜 Potamogeton malaianus

(1S,4S,6S,7R)-15,16-epoxy-12-oxo-ent-halima-5(10),13(16),14-trien-18,2β-olide (1S,4S,6S,7R)-15,16- 环氧 -12- 氧代 - 对映 - 海蔷薇 -5(10),13(16),14- 三烯 -18,2β- 内酯 鸡骨香 Croton crassifolius

20,25-epoxy-12β,23S,24R-trihydroxydammaran-3β-(2-O-β-D-glucopyranosyl-β-D-xylopyranoside) 20,25- 环氧 -12β,23S,24R- 三羟基达玛 -3β-(2-O-β-D- 吡喃葡萄糖基 -β-D- 吡喃木糖苷) 绞股蓝 Gynostemma pentaphyllum

20,25-epoxy-12β,23S,24R-trihydroxydammaran-3β-(2-O-β-D-xylopyranosyl-β-D-glucopyranoside) 20,25- 环氧 -12β,23S,24R- 三羟基达玛烷 -3β-(2-O-β-D- 吡喃木糖基 -β-D- 吡喃葡萄糖苷) 绞股蓝 Gynostemma pentaphyllum

20,25-epoxy-12β,23S,24R-trihydroxydammaran-3β-[O-β-D-glucopyranosyl-(1→2)-O-β-D-xylopyranosyl-(1→6)-β-D-glucopyranoside] 20,25- 环氧 -12β,23S,24R- 三羟基达玛 -3β-[O-β-D- 吡喃葡萄糖基 -(1→2)-O-β-D- 吡喃木糖基 -(1→6)-β-D- 吡喃葡萄糖苷] 绞股蓝 Gynostemma pentaphyllum

20,25-epoxy-12β,23S,24R-trihydroxydammaran-3β-[O-β-D-xylopyranosyl-(1 → 2)-O-β-D-xylopyranosyl-(1 → 6)-β-D-glucopyranoside] 20,25- 环氧 -12β,23S,24R- 三羟基达玛 -3β-[O-β-D- 吡喃木糖基 -(1 → 2)-O-β-D- 吡喃木糖基 -(1 → 6)-β-D- 吡喃葡萄糖苷] 绞股蓝 Gynostemma pentaphyllum

20,24-epoxy-12β,23S,25S-trihydroxydammaran-3β-(2-O-β-D-xylopyranosyl-β-D-glucopyranoside) 20,24- 环氧 -12β,23S,25S- 三羟基达玛 -3β-(2-O-β-D- 吡喃木糖基 -β-D- 吡喃葡萄糖苷) 绞股蓝 Gynostemma pentaphyllum

8α,12-epoxy-13,14,15,16-tetranorlabdan-12-yl methyl ether 8α,12- 环氧 -13,14,15,16- 四降半日花 -12- 甲醚 冷杉 Abies fabri

13,15-epoxy-13-epi-taxayunnansin A 13,15- 环氧 -13- 表 - 云南紫杉辛▲A 红豆杉 Taxus wallichiana var. chinensis

(12R,13E)-8,12-epoxy-13-labden-15-ol (12R,13E)-8,12- 环氧 -13- 半日花烯 -15- 醇 臭冷杉 Abies nephrolepis

(12S,13E)-8,12-epoxy-13-labden-15-ol (12S,13E)-8,12- 环氧 -13- 半日花烯 -15- 醇 臭冷杉 Abies nephrolepis

(5R,8R,14R)-8,14-epoxy-13-oxo-11-podocarpen-18-oic acid (5R,8R,14R)-8,14- 环氧 -13- 氧代 -11- 罗汉松烯 -18- 酸 冷杉 Abies fabri

4,5-epoxy-14-hydroxysinomenine-N-oxide 4,5- 环氧 -14- 羟基青藤碱 -N- 氧化物 风龙 Sinomenium acutum

(1R,4R,5S,9S)-epoxy-14-hydroxy-β-caryophyll-8(15)-ene (1R,4R,5S,9S)- 环氧 -14- 羟基 -β- 石竹 -8(15)- 烯 垂枝桦 Betula pendula

(1R,4S,5R,9S)-4,5-epoxy-14-hydroxy-β-caryophyll-8(15)-ene (1R,4S,5R,9S)-4,5- 环氧 -14- 羟基 -β- 石竹 -8(15)- 烯 垂枝桦 Betula pendula

(12R,13R)-8,13-epoxy-14-labden-12-ol (12R,13R)-8,13- 环氧 -14- 半日花烯 -12- 醇 烟草 Nicotiana tabacum

(12R,13S)-8,13-epoxy-14-labden-12-ol (12R,13S)-8,13- 环氧 -14- 半日花烯 -12- 醇 烟草 Nicotiana tabacum

(12S,13S)-8,13-epoxy-14-labden-12-ol (12S,13S)-8,13- 环氧 -14- 半日花烯 -12- 醇 烟草 Nicotiana tabacum

(12R,13R)-8,12-epoxy-14-labden-13-ol (12R,13R)-8,12- 环氧 -14- 半日花烯 -13- 醇 秦岭冷杉 Abies chensiensis

(8R,12R,13R)-8,12-epoxy-14-labden-13-ol (8R,12R,13R)-8,12- 环氧 -14- 半日花烯 -13- 醇 冷杉 Abies fabri

(8R,12R,13S)-8,12-epoxy-14-labden-13-ol (8R,12R,13S)-8,12- 环氧 -14- 半日花烯 -13- 醇 冷杉 Abies fabri

8,13-epoxy-15,16-dinorlab-12-ene 8,13- 环氧 -15,16- 去二甲基半日花 -12- 烯 挥发油成分，未统计基源

15,16-epoxy-15-ethoxy-6β,13-dihydroxylabd-8-en-7-one 15,16- 环氧 -15- 乙氧基 -6β,13- 二羟基半日花 -8- 烯 -7- 酮 益母草 Leonurus japonicus

8β,(17)-epoxy-15-hydroxy-12(E)-labden-16-al 8β,(17)- 环氧 -15- 羟基 -12 反式 - 半日花烯 -16- 醛 蘘荷 Zingiber mioga

(9R,10S)-epoxy-16-heptadecene-4,6-diyne-3-one (9R,10S)- 环氧 -16- 环氧十七烯 -4,6- 二炔 -3- 酮 人参 Panax ginseng

16(R)-13,17-epoxy-16-hydroxy-ent-kaur-9(11)-en-19-al 16(R)-13,17- 环氧 -16- 羟基 - 对映 - 贝壳杉 -9(11)- 烯 -19- 醛 红树 Rhizophora apiculata

9,13-epoxy-16-norlabda-13E-en-15-al 9,13- 环氧 -16- 降半日花 -13E- 烯 -15- 醛 单叶蔓荆 Vitex trifolia subsp. litoralis

13,28S-epoxy-16α,28-dihydroxy-22α-(3-methyl-1-oxobutoxy)oleanan-3β-O-β-D-xylopyranosyl-(1 → 2)-O-β-D-glucopyranosyl-(1 → 4)-O-[β-D-glucopyranosyl-(1 → 2)]-α-L-arabinopyranoside 13,28S- 环氧 -16α,28- 二羟基 -22α-(3- 甲基 -1- 氧代丁酰氧基) 齐墩果 -3β-O-β-D- 吡喃木糖基 -(1 → 2)-O-β-D- 吡喃葡萄糖基 -(1 → 4)-O-[β-D- 吡喃葡萄糖基 -(1 → 2)]-α-L- 吡喃阿拉伯糖苷 细梗香草 Lysimachia capillipes

15,16-epoxy-17-hydroxy-ent-kauran-19-oic acid 15,16- 环氧 -17- 羟基 - 对映 - 贝壳杉 -19- 酸 东北土当归 Aralia cantinentalis

15α,16α-epoxy-17-hydroxy-ent-kauran-19-oic acid 15α,16α- 环氧 -17- 羟基 - 对映 - 贝壳杉 -19- 酸 食用土当归 Aralia cordata

(15α)-15,16-epoxy-17-hydroxy-ent-kauran-19-oic acid 15α,16- 环氧 -17- 羟基 - 对映 - 贝壳杉 -19- 酸 番荔枝 Annona squamosa

ent-15β,16β-epoxy-17-hydroxykauran-19-oic acid 对映 -15β,16β- 环氧 -17- 羟基贝壳杉 -19- 酸 卤地菊 Wedelia prostrata

(4α,15α)-15,16-epoxy-17-oxo-kauran-18-oic acid (4α,15α)-15,16- 环氧 -17- 氧代 - 贝壳杉 -18- 酸 向日葵 Helianthus annuus

(5β,19R)-epoxy-19,25-dimethoxycucurbita-6,23E-dien-3β-ol (5β,19R)- 环氧 -19,25- 二甲氧基葫芦 -6,23E- 二烯 -3β- 醇 苦瓜 Momordica charantia

(19R,23E)-5β,19-epoxy-19-ethoxycucurbita-6,23-diene-3β,25-diol (19R,23E)-5β,19- 环氧 -19- 乙氧基葫芦 -6,23- 二烯 -3β,25- 二醇 苦瓜 Momordica charantia

15,16-epoxy-19-hydroxy-1,3,13(16),14-clerodatetraen-18-oic acid 15,16- 环氧 -19- 羟基 -1,3,13(16),14- 赪桐四烯 -18- 酸 车桑子 Dodonaea viscosa

(19R,23E)-5β,19-epoxy-19-methoxycucurbita-6,23,25-trien-3β-ol (19R,23E)-5β,19- 环氧 -19- 甲氧基葫芦 -6,23,25- 三烯 -3β- 醇 苦瓜 Momordica charantia

(19R,23E)-5β,19-epoxy-19-methoxycucurbita-6,23-diene-3β,25-diol (19R,23E)-5β,19- 环氧 -19- 甲氧基葫芦 -6,23- 二烯 -3β,25- 二醇 苦瓜 Momordica charantia

(19S,23E)-5β,19-epoxy-19-methoxycucurbita-6,23-diene-3β,25-diol (19S,23E)-5β,19- 环氧 -19- 甲氧基葫芦 -6,23- 二烯 -3β,25- 二醇 苦瓜 Momordica charantia

5β,19R-epoxy-19-methoxycucurbita-6,23E,25-trien-3β-ol 5β,19R- 环氧 -19- 甲氧基葫芦 -6,23E,25- 三烯 -3β- 醇 苦瓜 Momordica charantia

5β,19S-epoxy-19-methoxycucurbita-6,23E-diene-3β,25-diol 5β,19S- 环氧 -19- 甲氧基葫芦 -6,23E- 二烯 -3β,25- 二醇 苦瓜 Momordica charantia

5β,19R-epoxy-19-methoxy-cucurbita-6,23E-diene-3β,25-diol 5β,19R- 环氧 -19- 甲氧基葫芦 -6,23E- 二烯 -3β,25- 二醇 苦瓜 Momordica charantia

5β,19-epoxy-19R-methoxycucurbita-6,23E-diene-3β,25-diol 5β,19- 环氧 -19R- 甲氧基葫芦 -6,23E- 二烯 -3β,25- 二醇 苦瓜 Momordica charantia

6α,7α-epoxy-1α,3β,4β,13β-tetrahydroxy-24,30-dinor-olean-20-en-28,13β-olide 6α,7α- 环氧 -1α,3β,4β,13β- 四羟基 -24,30- 去二甲基齐墩果 -20- 烯 -28,13β- 内酯 多花芍药 Paeonia emodi

8,12-epoxy-1α-hydroxy-4αH,5αH-eudesma-7,11-diene-6,9-dione 8,12- 环氧 -1α- 羟基 -4αH,5αH- 桉叶 -7,11- 二烯 -6,9- 二酮 银线草 Chloranthus japonicus

8,12-epoxy-1α-methoxy-4αH,5αH-eudesma-7,11-diene-6,9-dione 8,12- 环氧 -1α- 甲氧基 -4αH,5αH- 桉叶 -7,11- 二烯 -6,9- 二酮 银线草

Chloranthus japonicus

6α,15α-epoxy-1β,4β-dihydroxyeudesmane 6α,15α- 环氧 -1β,4β- 二羟基桉叶烷 大叶仙茅 Curculigo capitulata

8,12-epoxy-1β-hydroxyeudesma-4(15),7,11-trien-6-one 8,12- 环氧 -1β- 羟基桉叶 -4(15),7,11- 三烯 -6- 酮 宽叶金粟兰 Chloranthus henryi

3,4-epoxy-2-(2,4-hexadiynylidene)-1,6-dioxaspiro[4.5]decane 3,4- 环氧 -2-(2,4- 己二炔亚甲基)-1,6- 二氧杂螺 [4.5] 癸烷 白苞蒿 Artemisia lactiflora

3,4-epoxy-2-(2,4-hexadiynylidene)-8-acetoxy-1,6-dioxaspiro[4.5]decane 3,4- 环氧 -2-(2,4- 己二炔亚甲基)-8- 乙酰氧基 -1,6- 二氧杂螺 [4.5] 癸烷 白苞蒿 Artemisia lactiflora

3,4-epoxy-2-(2,4-hexadiynylidene)-8-isovaleroyloxy-1,6-dioxaspiro[4.5] decane 3,4- 环氧 -2-(2,4- 己二炔亚甲基)-8- 异戊酰氧基 -1,6- 二氧杂螺 [4.5] 癸烷 白苞蒿 Artemisia lactiflora

12,13-epoxy-2,10-tridecadiene-4,6,8-triyne 12,13- 环氧 -2,10- 十三碳二烯 -4,6,8- 三炔 欧亚矢车菊 Centaurea ruthenica

(S)-12,13-epoxy-2,4,6,8,10-tridecapentayne (S)-12,13- 环氧 -2,4,6,8,10- 十三碳五炔 牛蒡 Arctium lappa

11α,12α-epoxy-2,6β,13-trihydroxy-3-oxo-24-norursa-1,4-dien-28-oic acid-γ-lactone 11α,12α- 环氧 -2,6β,13- 三羟基 -3- 酮基 -24- 降熊果 -1,4- 二烯 -28- 羧酸 -γ- 内酯 大头续断 Dipsacus chinensis

(1S,2E,4S,6R,7E,10R,11R)-10,11-epoxy-2,7,12(20)-cembratriene-4,6-diol (1S,2E,4S,6R,7E,10R,11R)-10,11- 环氧 -2,7,12(20)- 瑞士松三烯 -4,6- 二醇 烟草 Nicotiana tabacum

(1S,2E,4S,6R,7E,10S,11S)-10,11-epoxy-2,7,12(20)-cembratriene-4,6-diol (1S,2E,4S,6R,7E,10S,11S)-10,11- 环氧 -2,7,12(20)- 瑞士松三烯 -4,6- 二醇 烟草 Nicotiana tabacum

5,12-epoxy-2,7,8-trihydroxycadalene-14,15-dial 5,12- 环氧 -2,7,8- 三羟基杜松萘▲-14,15- 二醛 土坛树 Alangium salviifolium

(1S,2E,4R,6R,7E,11R,12R)-11,12-epoxy-2,7-cembradiene-4,6-diol (1S,2E,4R,6R,7E,11R,12R)-11,12- 环氧 -2,7- 瑞士松二烯 -4,6- 二醇 烟草 Nicotiana tabacum

(1S,2E,4S,6R,7E,11R,12R)-11,12-epoxy-2,7-cembradiene-4,6-diol (1S,2E,4S,6R,7E,11R,12R)-11,12- 环氧 -2,7- 瑞士松二烯 -4,6- 二醇 烟草 Nicotiana tabacum

2H,12H-6,12α-epoxy-2,7α-methanoindolo[2,3-a]quinolizine-14-carboxylic acid 2H,12H-6,12α- 环氧 -2,7α- 甲醇吲哚并 [2,3-a]- 喹嗪 -14- 羧酸 鸡骨常山 Alstonia yunnanensis

(3β,20ξ)-21,23-epoxy-20,21-dihydroxydammar-24-en-3-O-α-L-rhamnopyranosyl-(1 → 2)-O-[β-D-xylopyranosyl-(1 → 3)]-β-D-glucopyranoside (3β,20ξ)-21,23- 环氧 -20,21- 二羟基达玛 -24- 烯 -3-O-α-L- 吡喃鼠李糖基 -(1 → 2)-O-[β-D- 吡喃木糖基 -(1 → 3)]-β-D- 吡喃葡萄糖苷 绞股蓝 Gynostemma pentaphyllum

(3β,20ξ)-21,23-epoxy-20,21-dihydroxydammar-24-en-3-O-α-L-rhamnopyranosyl-(1 → 2)-O-[β-D-xylo-pyranosyl-(1 → 3)]-β-D-glucopyranoside-6-acetate (3β,20ξ)-21,23- 环氧 -20,21- 二羟基达玛 -24- 烯 -3-O-α-L- 吡喃鼠李糖基 -(1 → 2)-O-[β-D- 吡喃木糖基 -(1 → 3)]-β-D- 吡喃葡萄糖苷 -6- 乙酸酯 绞股蓝 Gynostemma pentaphyllum

(20R,25S)-12β,25-epoxy-20,26-cyclodammaran-3β-ol (20R,25S)-12β,25- 环氧 -20,26- 环达玛 -3β- 醇 绞股蓝 Gynostemma pentaphyllum

(20R,25S)-12β,25-epoxy-20,26-cyclodammarane-2α,3β-diol (20R,25S)-12β,25- 环氧 -20,26- 环达玛 -2α,3β- 二醇 绞股蓝 Gynostemma pentaphyllum

21S,23R-epoxy-21,24S,25-trihydroxy-apotirucalla-7-ene-3-one 21S,23R- 环氧 -21,24S,25- 三羟基 - 原绿玉树 -7- 烯 -3- 酮 马甲子 Paliurus ramosissimus

(3β,20ξ)-21,23-epoxy-21-ethoxy-20-hydroxydammar-24-en-3-O-α-L-rhamnopyranosyl-(1 → 2)-O-[β-D-xylopyranosyl-(1 → 3)]-β-D-glucopyranoside (3β,20ξ)-21,23- 环氧 -21- 乙氧基 -20- 羟基达玛 -24- 烯 -3-O-α-L- 吡喃鼠李糖基 -(1 → 2)-O-[β-D- 吡喃木糖基 -(1 → 3)]-β-D- 吡喃葡萄糖苷 绞股蓝 Gynostemma pentaphyllum

(13α,14β,17α,20S,21R,23R,24S)-21,23-epoxy-21-ethoxy-24,25-dihydroxy-lanost-7-en-3-one (13α,14β,17α,20S,21R,23R,24S)-21,23- 环氧 -21- 乙氧基 -24,25- 二羟基 - 羊毛脂 -7- 烯 -3- 酮 红椿 Toona ciliata

21R,23R-epoxy-21-ethoxy-24S,25-dihydroxy-apotirucalla-7-ene-3-one) 21R,23R- 环氧 -21- 乙氧基 -24S,25- 二羟基 - 原绿玉树 -7- 烯 -3- 酮 马甲子 Paliurus ramosissimus

21,23-epoxy-21-methoxy-17H-lanost-7-ene-3,24,25-triol 21,23- 环氧 -21- 甲氧基 -17H- 羊毛脂 -7- 烯 -3,24,25- 三醇 楝 Melia azedarach

21,23-epoxy-21α,24,25-trihydroxytirucalla-7-en-3-one 21,23- 环氧 -21α,24,25- 三羟基绿玉树 -7- 烯 -3- 酮 秃叶黄檗 Phellodendron chinense var. glabriusculum

21R,23R-epoxy-21α-ethoxy-24S,25-dihydroxyapotirucalla-7-en-3-one 21R,23R- 环氧 -21α- 乙氧基 -24S,25- 二羟基阿朴绿玉树 -7- 烯 -3- 酮 枳 Poncirus trifoliata, 红椿 Toona ciliata

21R,23R-epoxy-21α-methoxy-7,24,25-trihydroxy-14-apotirucallen-3-one 21R,23R- 环氧 -21α- 甲氧基 -7,24,25- 三羟基 -14- 阿朴绿玉树烯 -3- 酮 枳 Poncirus trifoliata

13β,14β-epoxy-21α-methoxyserratan-3-one 13β,14β- 环氧 -21α- 甲氧基千层塔 -3- 酮 长白鱼鳞云杉 Picea jezoensis var. komarovii

13,28-epoxy-21β,23-dihydroxy-11-oleanen-3-one 13,28- 环氧 -21β,23- 二羟基 -11- 齐墩果烯 -3- 酮 白背枫 Buddleja asiatica

21S,23R-epoxy-21β-methoxy-7,24,25-trihydroxy-14-apotirucallen-3-one 21S,23R- 环氧 -21β- 甲氧基 -7,24,25- 三羟基 -14- 阿朴绿玉树烯 -3- 酮 枳 Poncirus trifoliata

13β,28-epoxy-22α,23-dihydroxyolean-3,16-dione 13β,28- 环氧 -22α,23- 二羟基齐墩果 -3,16- 二酮 小叶珍珠菜 Lysimachia parvifolia

5β,19-epoxy-23(R)-methoxycucurbita-6,24-dien-3β-ol 5β,19- 环氧 -23(R)- 甲氧基葫芦 -6,24- 二烯 -3β- 醇 苦瓜 Momordica charantia

5β,19-epoxy-23(S)-methoxycucurbita-6,24-dien-3β-ol 5β,19- 环氧 -23(S)- 甲氧基葫芦 -6,24- 二烯 -3β- 醇 苦瓜 Momordica charantia

13,28-epoxy-23-hydroxy-11-oleanen-3-one 13,28- 环氧 -23- 羟基 -11- 齐墩果烯 -3- 酮 白背枫 Buddleja asiatica

5α,6α-epoxy-24(R)-methylcholesta-7,22-dien-3β-ol 5α,6α- 环氧 -24(R)- 甲基胆甾 -7,22- 二烯 -3β- 醇 蜜环菌 Armillaria mellea

24R,28R-epoxy-24-ethylcholesterol 24R,28R- 环氧 -24- 乙基胆甾醇 羊栖菜 Hizikia fusiformis

24*S*,28*S*-epoxy-24-ethylcholesterol 24*S*,28*S*- 环氧 -24- 乙基胆甾醇 羊栖菜 Hizikia fusiformis

(13*α*,14*β*,17*α*,20*S*,21*R*,23*R*,24*S*)-21,23-epoxy-24-hydroxy-21,25-dimethoxy-lanost-7-en-3-one (13*α*,14*β*,17*α*,20*S*,21*R*,23*R*,24*S*)-21,23- 环氧 -24- 羟基 -21,25- 二甲氧基 - 羊毛脂 -7- 烯 -3- 酮 枳 Poncirus trifoliata

(13*α*,14*β*,17*α*,20*S*,21*S*,23*R*,24*S*)-21,23-epoxy-24-hydroxy-21,25-dimethoxy-lanost-7-en-3-one (13*α*,14*β*,17*α*,20*S*,21*S*,23*R*,24*S*)-21,23- 环氧 -24- 羟基 -21,25- 二甲氧基 - 羊毛脂 -7- 烯 -3- 酮 枳 Poncirus trifoliata

(24*R*,*S*)-3*β*-24,31-epoxy-24-methylcycloartane (24*R*,*S*)-3*β*-24,31- 环氧 -24- 甲基环木菠萝烷 狼毒大戟 Euphorbia fischeriana

20*R*,24*R*-epoxy-25-dammaren-3-one 20*R*,24*R*- 环氧 -25- 达玛烯 -3- 酮 香港樫木 Dysoxylum hongkongense

(23*E*)-5*β*,19-epoxy-25-methoxy-cucurbita-6,23-dien-3*β*-ol (23*E*)-5*β*,19- 环氧 -25- 甲氧基葫芦 -6,23- 二烯 -3*β*- 醇 苦瓜 Momordica charantia

5*β*,19-epoxy-25-methoxycucurbita-6,23-diene-3*β*,19-diol 5*β*,19- 环氧 -25- 甲氧基葫芦 -6,23- 二烯 -3*β*,19- 二醇 苦瓜 Momordica charantia

(25*S*)-22*α*,25-epoxy-26-[(*O*-*β*-D-glucopyranosyl)oxy]-3*β*-hydroxyfurosta-5-en-1*β*-*O*-*α*-L-arabinopyranoside (25*S*)-22*α*,25- 环氧 -26-[(*O*-*β*-D- 吡喃葡萄糖基] 氧基]-3*β*- 羟基呋甾 -5- 烯 -1*β*-*O*-*α*-L- 吡喃阿拉伯糖苷 铁筷子 Helleborus thibetanus

(2*R*)-3',4''-epoxy-2-hydroxy-1-(4-hydroxyphenyl)-7-(3-methoxyphenyl)-heptan-3-one (2*R*)-3',4''- 环氧 -2- 羟基 -1-(4- 羟基苯基)-7-(3- 甲氧基苯基)- 庚烷 -3- 酮 黄杞 Engelhardia roxburghiana

(2*R*,5*R*,6*R*,8*S*,9*S*,10*S*,12*S*)-15,16-epoxy-2-hydroxy-6-*O*-[*β*-D-glucopyranosyl-(1 → 6)-*α*-D-xylopyranosyl]-cleroda-3,13(16),14-trien-17,12-olid-18-oic acid methyl ester (2*R*,5*R*,6*R*,8*S*,9*S*,10*S*,12*S*)-15,16- 环氧 -2- 羟基 -6-*O*-[*β*-D- 吡喃葡萄糖基 -(1 → 6)-*α*-D- 吡喃木糖基]- 克罗登 -3,13(16),14- 三烯 -17,12- 内酯 -18- 酸甲酯 波叶青牛胆 Tinospora crispa

(2*R*,5*R*,6*R*,8*R*,9*S*,10*S*,12*S*)-15,16-epoxy-2-hydroxy-6-*O*-*β*-D-glucopyranosylcleroda-3,13(16),14-trien-17,12-olid-18-oic acid methyl ester (2*R*,5*R*,6*R*,8*R*,9*S*,10*S*,12*S*)-15,16- 环氧 -2- 羟基 -6-*O*-*β*-D- 吡喃葡萄糖基 - 克罗登 -3,13(16),14- 三烯 -17,12- 内酯 -18- 酸甲酯 波叶青牛胆 Tinospora crispa

(2*R*,5*R*,6*S*,9*S*,10*S*,12*S*)-15,16-epoxy-2-hydroxy-6-*O*-*β*-D-glucopyranosylcleroda-3,7,13(16),14-tetraen-17,12-olid-18-oic acid methyl ester (2*R*,5*R*,6*S*,9*S*,10*S*,12*S*)-15,16- 环氧 -2- 羟基 -6-*O*-*β*-D- 吡喃葡萄糖基克罗登 -3,7,13(16),14- 四烯 -17,12- 内酯 -18- 酸甲酯 波叶青牛胆 Tinospora crispa

6-(2,3-epoxy-2-isopropyl-*n*-propoxyl)-barbatin C 6-(2,3- 环氧 -2- 异丙基 - 正丙氧基)- 半枝莲亭素▲C 半枝莲 Scutellaria barbata

(5*R*,6*R*,8*S*,9*R*,10*R*,12*S*)-15,16-epoxy-2-oxo-6-*O*-*β*-D-glucopyranosylcleroda-3,13(16),14-trien-17,12-olid-18-oic acid methyl ester (5*R*,6*R*,8*S*,9*R*,10*R*,12*S*)-15,16- 环氧 -2- 氧代 -6-*O*-*β*-D- 吡喃葡萄糖基克罗登 -3,13(16),14- 三烯 -17,12- 内酯 -18- 酸甲酯 波叶青牛胆 Tinospora crispa

(5*R*,6*R*,8*S*,9*R*,10*S*,12*S*)-15,16-epoxy-2-oxo-6-*O*-*β*-D-glucopyranosylcleroda-3,13(16),14-trien-17,12-olid-18-oic acid methyl ester (5*R*,6*R*,8*S*,9*R*,10*S*,12*S*)-15,16- 环氧 -2- 氧代 -6-*O*-*β*-D- 吡喃葡萄糖基克罗登 -3,13(16),14- 三烯 -17,12- 内酯 -18- 酸甲酯 波叶青牛胆 Tinospora crispa

(5*R*,6*S*,9*S*,10*S*,12*S*)-15,16-epoxy-2-oxo-6-*O*-*β*-D-glucopyranosylcleroda-3,7,13(16),14-tetraen-17,12-olid-18-oic acid methylester (5*R*,6*S*,9*S*,10*S*,12*S*)-15,16- 环氧 -2- 氧代 -6-*O*-*β*-D- 吡喃葡萄糖基克罗登 -3,7,13(16),14- 四烯 -17,12- 内酯 -18- 酸甲酯 波叶青牛胆 Tinospora crispa

4(*R*),23-epoxy-2*α*,3*α*,19*α*-trihydroxy-24-norurs-12-en-28-oic acid 4(*R*),23- 环氧 -2*α*,3*α*,19*α*- 三羟基 -24- 降熊果 -12- 烯 -28- 酸 羊蹄 Rumex japonicus

5*α*,6*α*-epoxy-2*α*-acetoxy-4*α*-hydroxy-1*β*,7*α*-guaia-11(13)-en-12,8*α*-olide 5*α*,6*α*- 环氧 -2*α*- 乙酰氧基 -4*α*- 羟基 -1*β*,7*α*- 愈创木 -11(13)- 烯 -12,8*α*- 内酯 湖北旋覆花 Inula hupehensis

1*α*,11*α*-epoxy-2*β*,11*β*,12*α*,20-tetrahydroxypicrasa-3,13(21)-dien-16-one 1*α*,11*α*- 环氧 -2*β*,11*β*,12*α*,20- 四羟基黄树 -3,13(21)- 二烯 -16- 酮 臭椿 Ailanthus altissima

ent-12*α*,16-epoxy-2*β*,15*α*,19-trihydroxypimar-8(14)-ene 对映 -12*α*,16- 环氧 -2*β*,15*α*,19- 三羟基海松 -8(14)- 烯 豨莶 Sigesbeckia orientalis

ent-12*α*,16-epoxy-2*β*,15*α*,19-trihydroxypimar-8-ene 对映 -12*α*,16- 环氧 -2*β*,15*α*,19- 三羟基海松 -8- 烯 豨莶 Sigesbeckia orientalis

(5*β*)-22*R*,25-epoxy-2*β*,3*β*,14,20-tetrahydroxy-cholest-7-en-6-one; shidasterone (5*β*)-22*R*,25- 环氧 -2*β*,3*β*,14,20- 四羟基 - 胆甾 -7- 烯 -6- 酮 牛膝 Achyranthes bidentata

16*α*,23*α*-epoxy-2*β*,3*β*,7*β*,20*β*,26-pentahydroxy-10*α*,23*α*-cucurbit-5,24-(*E*)-dien-11-one 16*α*,23*α*- 环氧 -2*β*,3*β*,7*β*,20*β*,26- 五羟基 -10*α*,23*α*- 葫芦 -5,24-(*E*)- 二烯 -11- 酮 甜瓜 Cucumis melo

16*α*,23*α*-epoxy-2*β*,3*β*,7*β*,20*β*,26-pentahydroxy-10*α*,23*α*-cucurbit-5,24-(*E*)-dien-11-one-2-*O*-*β*-D-glucopyranoside 16*α*,23*α*- 环氧 -2*β*,3*β*,7*β*,20*β*,26- 五羟基 -10*α*,23*α*- 葫芦 -5,24-(*E*)- 二烯 -11- 酮 -2-*O*-*β*-D- 吡喃葡萄糖苷 甜瓜 Cucumis melo

2,5-epoxy-2*β*-hydroxy-4*α*-methoxy-8*α*-(2-methylpropenoyloxy)-10(14),11(13)-germacradien-12,6*α*-olide 2,5- 环氧 -2*β*- 羟基 -4*α*- 甲氧基 -8*α*-(2- 甲基丙烯酰氧基)-10(14),11(13)- 大根香叶二烯 -12,6*α*- 内酯 白花地胆草 Elephantopus tomentosus

8,9-epoxy-3,10-diisobutanoyloxy-*p*-cymene 8,9- 环氧 -3,10- 二异丁酰氧基 - 对孜然芹烃▲ 旋覆花 Inula japonica

8,9-epoxy-3,10-diisobutyryloxythymol 8,9- 环氧 -3,10- 二异丁酰氧基麝香草酚 水朝阳旋覆花 Inula helianthusaquatilis

(2*S**,3*S**,6*S**,7*R**,8*R**,l0*R**)-3,10-epoxy-3,10-hydroxy-2-methoxy-8-(2-methylpropanoyoxy)-germacra-4,11(13)-dien-6,12-olide (2*S**,3*S**,6*S**,7*R**,8*R**,l0*R**)-3,10- 环氧 -3,10- 羟基 -2- 甲氧基 -8-(2- 甲基丙酰氧基)- 大根老鹳草 -4,11(13)- 二烯 -6,12- 内酯 肿柄菊 Tithonia diversifolia

(3*β*,6*α*,12*β*,20*S*)-20,25-epoxy-3,12-dihydroxy-dammaran-6-*O*-*β*-D-glucopyranoside (3*β*,6*α*,12*β*,20*S*)-20,25- 环氧 -3,12- 二羟基达玛 -6-*O*-*β*-D- 吡喃葡萄糖苷 三七 Panax notoginseng

8*α*,17*β*-epoxy-3,19-dihydroxy-11,13-*ent*-labdatrien-15,16-olide 8*α*,17*β*- 环氧 -3,19- 二羟基 -11,13- 对映 - 半日花三烯 -15,16- 内酯 穿心莲 Andrographis paniculata

(4*α*)-13,28-epoxy-3,23-[(1-methylethylidene)bis(oxy)]-olean-11-ene (4*α*)-13,28- 环氧 -3,23-[(1- 甲基乙亚基) 二氧]- 齐墩果 -11- 烯 白背枫 Buddleja asiatica

13,28-epoxy-3,23-oleananediol-16-one 13,28- 环氧 -3,23- 齐墩果 -16- 酮 长蕊珍珠菜 Lysimachia lobelioides

13,28-epoxy-3,30-dihyroxy-16-oleananone 13,28- 环氧 -3,30- 二羟基 -16- 齐墩果酮 羽叶点地梅 Pomatosace filicula

(3*β*,4*β*,22*S*,24*S*,25*R*)-5,6-epoxy-3,4,20,22,24,25-hexahydroxy-1-oxo-ergostan-26-oic acid-*δ*-lactone (3*β*,4*β*,22*S*,24*S*,25*R*)-5,6- 环氧 -3,4,20,22,

24,25- 六羟基 -1- 氧代 - 麦角甾 -26- 酸 -δ- 内酯 苦蘵 Physalis angulata

(3R,4R,5R,6S,8R,9S,10S,12S)-15,16-epoxy-3,4-epoxy-6-O-β-D-glucopyranosylcleroda-3,13(16),14-trien-17,12-olid-18-oic acid methyl ester (3R,4R,5R,6S,8R,9S,10S,12S)-15,16- 环氧 -3,4- 环氧 -6-O-β-D- 吡喃葡萄糖基克罗登 -3,13(16),14- 三烯 -17,12- 内酯 -18- 酸甲酯 波叶青牛胆 Tinospora crispa

4,7'-epoxy-3',5,-dimethoxy-4',9,9'-trihydroxy-3,8'-bilign-7-ene 4,7'- 环氧 -3',5,- 二甲氧基 -4',9,9'- 三羟基 -3,8'- 二木脂 -7- 烯 獐牙菜 Swertia bimaculata

(3S,16R)-12,16-epoxy-3,6,11,14,17-pentahydroxy-17(15 → 16)-abeo-5,8,11,13-abietatetraen-7-one (3S,16R)-12,16- 环氧 -3,6,11,14,17- 五羟基 -17(15 → 16)- 移 -5,8,11,13- 冷杉四烯 -7- 酮 浙江大青 Clerodendrum kaichianum

11α,12α-epoxy-3,6β,13-trihydroxy-2-oxo-24-norurs-3-en-28-oic acid-γ-lactone 11α,12α- 环氧 -3,6β,13- 三羟基 -2- 酮基 -24- 降熊果 -3- 烯 -28- 羧酸 -γ- 内酯 大头续断 Dipsacus chinensis

(17S,23S)-17,23-epoxy-3,7-dioxo-8,24-lanostadien-26,23-olide (17S,23S)-17,23- 环氧 -3,7- 二酮 -8,24- 羊毛脂二烯 -26,23- 内酯 冷杉 Abies fabri

(3S,5R,6S,7E,9R)-5,6-epoxy-3,9-dihydroxy-7-megastigmene (3S,5R,6S,7E,9R)-5,6- 环氧 -3,9- 二羟基 -7- 大柱香波龙烯 豆腐柴 Premna microphylla, 血见愁 Teucrium viscidum

5,6-epoxy-3-hydroxy-(22E)-ergosta-8(14),22-dien-7-one 5,6- 环氧 -3- 羟基 -(22E)- 麦角甾 -8(14),22- 二烯 -7- 酮 葡萄色顶枝瑚菌 Ramaria botrytis

1,5-epoxy-3-hydroxy-1-(3,4-dihydroxy-5-methoxyphenyl)-7-(3,4-dihydroxyphenyl)-heptane 1,5- 环氧 -3- 羟基 -1-(3,4- 二羟基 -5- 甲氧基苯基)-7-(3,4- 二羟苯基)- 庚烷 姜 Zingiber officinale

1,5-epoxy-3-hydroxy-1-(3,4-dihydroxy-5-methoxyphenyl)-7-(4-hydroxy-3-methoxyphenyl)-heptane 1,5- 环氧 -3- 羟基 -1-(3,4- 二羟基 -5- 甲氧基苯基)-7-(4- 羟基 -3- 甲氧基苯基)- 庚烷 姜 Zingiber officinale

1,5-epoxy-3-hydroxy-1-(4-hydroxy-3,5-dimethoxyphenyl)-7-(4-hydroxy-3-methoxyphenyl)-heptane 1,5- 环氧 -3- 羟基 -1-(4- 羟基 -3,5- 二甲氧基苯基)-7-(4- 羟基 -3- 甲氧基苯基)- 庚烷 姜 Zingiber officinale

5-[(2,5)-epoxy-3-hydroxy-3,7-dimethyl-6-octenoxy]psoralene 5-[(2,5)- 环氧 -3- 羟基 -3,7- 二甲基 -6- 辛烯氧基] 补骨脂素 羌活 Notopterygium incisum

5,6-epoxy-3-hydroxy-7-megastigmen-9-ene 5,6- 环氧 -3- 羟基 -7- 大柱香波龙 -9- 烯 百蕊草 Thesium chinense

(3S,5R,6S,7E)-5,6-epoxy-3-hydroxy-7-megastigmen-9-one (3S,5R,6S,7E)-5,6- 环氧 -3- 羟基 -7- 大柱香波龙烯 -9- 酮 金疮小草 Ajuga decumbens, 莲 Nelumbo nucifera, 荚蒾 Viburnum dilatatum

5,6-epoxy-3-hydroxy-7-megastigmen-9-one 5,6- 环氧 -3- 羟基 -7- 大柱香波龙烯 -9- 酮 翅果菊 Pterocypsela indica

(1S,3S,5R,6R,7E)-5,11-epoxy-3-hydroxymegastigman-7-en-9-one-3-O-β-D-glucopyranoside (1S,3S,5R,6R,7E)-5,11- 环氧 -3- 羟基大柱香波龙 -7- 烯 -9- 酮 -3-O-β-D- 吡喃葡萄糖苷 老鼠簕 Acanthus ilicifolius

(3R,5R,6S,9ξ)-5,6-epoxy-3-hydroxy-β-ionol (3R,5R,6S,9ζ)-5,6- 环氧 -3- 羟基 -β- 香堇醇 宽叶香蒲 Typha latifolia

8,9-epoxy-3-isobutyryloxy-10-(2-methylbutanoyl)thymol 8,9- 环氧 -3- 异丁酰氧基 -10-(2- 甲基丁酰基) 麝香草酚 水朝阳旋覆花 Inula helianthusaquatilis

11,13-epoxy-3-ketodehydrocostus lactone 11,13- 环氧 -3- 酮基 - 去氢木香内酯 云木香 Saussurea costus

(7S,8S)-3',7-epoxy-3-methoxy-8,4'-oxyneolignane-4,9,9'-triol (7S,8S)-3',7- 环氧 -3- 甲氧基 -8,4'- 氧化新木脂素 -4,9,9'- 三醇 臭冷杉 Abies nephrolepis

(7S,8S)-3',7-epoxy-3-methoxy-8,4'-oxyneolignane-4,9-diol-9'-O-β-D-glucoside (7S,8S)-3',7- 环氧 -3- 甲氧基 -8,4'- 氧化新木脂素 -4,9- 二醇 -9'-O-β-D- 葡萄糖苷 臭冷杉 Abies nephrolepis

2-(2',3'-epoxy-3'-methylbutyl)-3-methylfuran 2-(2',3'- 环氧 -3'- 甲基丁基)-3- 甲基呋喃 挥发油成分，未统计基源

(17S,23R,25R)-17,23-epoxy-3-oxo-7-lanosten-26,23-olide (17S,23R,25R)-17,23- 环氧 -3- 氧代 -7- 羊毛脂烯 -26,23- 内酯 冷杉 Abies fabri

(17S,23S,25R)-17,23-epoxy-3-oxo-7-lanosten-26,23-olide (17S,23S,25R)-17,23- 环氧 -3- 氧代 -7- 羊毛脂烯 -26,23- 内酯 冷杉 Abies fabri

3β,25-epoxy-3α,21α-dihydroxy-22β-angeloyloxyolean-12-ene-28-oic acid 3β,25- 环氧 -3α,21α- 二羟基 -22β- 当归酰氧基齐墩果 -12- 烯 -28- 酸 马缨丹 Lantana camara

3β,25-epoxy-3α,22β,23α-trihydroxy-olean-12-en-28-oic acid 3β,25- 环氧 -3α,22β,23α- 三羟基 - 齐墩果 -12- 烯 -28- 酸 小叶马缨丹 Lantana montevidensis

12β,23-epoxy-3α,23-hydroxy-24-methylen-lanost-8-en-26-carboxylic acid 12β,23- 环氧 -23- 羟基 -24- 亚甲基 -23- 羊毛脂 -8- 烯 -26- 酸 红肉拟层孔菌 Fomitopsis rosea

3β,20-epoxy-3α,6α-dihydroxy-18-norbeyer-15-ene 3β,20- 环氧 -3α,6α- 二羟基 -18- 降贝叶 -15- 烯 云南土沉香 Excoecaria acerifolia

15,16-epoxy-3α,6β,9α-trihydroxylabda-13(16),14-dien-7-one 15,16- 环氧 -3α,6β,9α- 三羟基半日花 -13(16),14- 二烯 -7- 酮 益母草 Leonurus japonicus

3β,25-epoxy-3α-hydroxylup-20(29)-en-28-oic acid 3β,25- 环氧 -3α- 羟基羽扇豆 -20(29)- 烯 -28- 酸 胶皮枫香树 Liquidambar styraciflua

3β,25-epoxy-3α-hydroxyolean-12-en-28-oic acid 3β,25- 环氧 -3α- 羟基齐墩果 -12- 烯 -28- 酸 胶皮枫香树 Liquidambar styraciflua

(24R)-20,24-epoxy-3β,12β,25-trihydroxydammaran-6α-O-α-L-rhamnopyranosyl-(1 → 2)-O-β-D-6-acetylglucopyranoside (24R)-20,24- 环氧 -3β,12β,25- 三羟基达玛 -6α-O-α-L- 吡喃鼠李糖基 -(1 → 2)-O-β-D-6- 乙酰吡喃葡萄糖苷 西洋参 Panax quinquefolius

20,24-epoxy-3β,12β,25-trihydroxydammaran-6α-O-β-D-glucopyranoside 20,24- 环氧 -3β,12β,25- 三羟基达玛 -6α-O-β-D- 吡喃葡萄糖苷 西洋参 Panax quinquefolius

(23R,24R,25R)-23,26-epoxy-3β,14α,21α,22α-tetrahydroxyergost-7-en-6-one (23R,24R,25R)-23,26- 环氧 -3β,14α,21α,22α- 四羟基麦角甾 -7- 烯 -6- 酮 猪苓 Polyporus umbellatus

(20S,22R,24R)-16,22-epoxy-3β,14α,23β,25-tetrahydroxyergost-7-en-6-one (20S,22R,24R)-16,22- 环氧 -3β,14α,23β,25- 四羟基麦角甾 -7- 烯 -6-

E

E

酮 猪苓 Polyporus umbellatus

13β,28-epoxy-3β,16β-dihydroxyurs-11-ene 13β,28- 环氧 -3β,16β- 二羟基熊果 -11- 烯 福建假卫矛 Microtropis fokienensis

16α,23α-epoxy-3β,20β-dihydroxy-10αH,23βH-cucurbit-5,24-dien-11-one 16α,23α- 环氧 -3β,20β- 二羟基 -10αH,23βH- 葫芦 -5,24- 二烯 -11-酮 中华杜英 Elaeocarpus chinensis

13β,28-epoxy-3β,22α,23-trihydroxyolean-16-one 13β,28- 环氧 -3β,22α,23- 三羟基齐墩果 -16- 酮 小叶珍珠菜 Lysimachia parvifolia

13,28-epoxy-3β,23-dihydroxy-11-oleanene 13,28- 环氧 -3β,23- 二羟基 -11- 齐墩果烯 醉鱼草 Buddleja lindleyana

11α,12α-epoxy-3β,23-dihydroxy-30-norolean-20(29)-en-28,13β-olide 11α,12α- 环氧 -3β,23- 二羟基 -30- 去甲基齐墩果 -20(29)- 烯 -28,13β-内酯 芍药 Paeonia lactiflora, 紫斑牡丹 P. rockii

5β,19-epoxy-3β,25-dihydroxycucurbita-6,23E-diene 5β,19- 环氧 -3β,25- 二羟基葫芦 -6,23E- 二烯 苦瓜 Momordica charantia

11α,12α-epoxy-3β,4β-dihydroxy-24-nor-olean-28-oic acid 11α,12α- 环氧 -3β,4β- 二羟基 -24- 去甲基齐墩果 -28- 酸 多花芍药 Paeonia emodi

6α,7α-epoxy-3β,5α,20β-trihydroxy-1-oxowitha-24-enolide 6α,7α- 环氧 -3β,5α,20β- 三羟基 -1- 氧代睡茄 -24- 烯内酯 睡茄 Withania somnifera

11,14-epoxy-3β,5α,7β,8α,9α,15β-hexaacetoxy-12-oxo-13αH-jatropha-6(17)-ene 11,14- 环氧 -3β,5α,7β,8α,9α,15β- 六乙酰氧基 -12- 氧代 -13αH-麻疯树 -6(17)- 烯 乳浆大戟 Euphorbia esula

(22E,24R)-7β,8β-epoxy-3β,5α,9α-trihydroxyergosta-22-en-6-one (22E,24R)-7β,8β- 环氧 -3β,5α,9α- 三羟基 -22- 烯 -6- 酮 刺松藻 Codium fragile

2α,10α-epoxy-3β,5β,6β,14β,16β-hexahydroxygrayanae 2α,10α- 环氧 -3β,5β,6β,14β,16β- 五羟基 - 木藜烷 羊踯躅 Rhododendron molle

5α,6α-epoxy-3β,8β,14α-trihydroxy-5α-ergost-22E-en-7-one 5α,6α- 环氧 -3β,8β,14α- 三羟基 -5α- 麦角甾 -22E- 烯 -7- 酮 东方栓菌 Trametes orientalis

11α,12α-epoxy-3β-[(O-β-D-glucuronopyranoside-6'-O-methyl ester)oxy]olean-28,13-olide 11α,12α- 环氧 -3β-[(O-β-D- 吡喃葡萄糖醛酸苷 -6'-O-甲酯) 氧] 齐墩果 -28,13- 内酯 栀子 Gardenia jasminoides

5α,6α-epoxy-3β-hydroxy-(22E,24R)-ergosta-8,22-dien-7-one 5α,6α- 环氧 -3β- 羟基 -(22E,24R)- 麦角甾 -8,22- 二烯 -7- 酮 苦瓜 Momordica charantia

11α,12α-epoxy-3β-hydroxy-24-nor-olean-4(23)-en-28,13β-olide 11α,12α- 环氧 -3β- 羟基 -24- 去甲齐墩果 -4(23)- 烯 -28,13β- 内酯 波缘冷水花 Pilea cavaleriei

5α,6α-epoxy-3β-hydroxyergosta-22-ene-7-one 5α,6α- 环氧 -3β- 羟基麦角甾 -22- 烯 -7- 酮 马槟榔 Capparis masaikai, 猴头菌 Hericium erinaceus

5,13-epoxy-3β-hydroxy-lactara-2(9),5,7(13)-trien-4,8-dione 5,13- 环氧 -3β- 羟基 - 乳菇 -2(9),5,7(13)- 三烯 -4,8- 二酮 绒白乳菇 Lactarius vellereus

5α,6α-epoxy-3β-hydroxymegastigm-7-en-9-one 5α,6α- 环氧 -3β- 羟基大柱香波龙 -7- 烯 -9- 酮 巴豆 Croton tiglium

13β,28-epoxy-3β-hydroxyolean-11-ene 13β,28- 环氧 -3β- 羟基齐墩果 -11- 烯 福建假卫矛 Microtropis fokienensis

21,22β-epoxy-3β-hydroxyolean-12-en-28-oic acid 21,22β- 环氧 -3β- 羟基齐墩果 -12- 烯 -28- 酸 马缨丹 Lantana camara

13β,28-epoxy-3β-hydroxyurs-11-ene 13β,28- 环氧 -3β- 羟基熊果 -11- 烯 福建假卫矛 Microtropis fokienensis

14β,15β-epoxy-3β-methoxyserratan-21-one 14β,15β- 环氧 -3β- 甲氧基千层塔 -21- 酮 长白鱼鳞云杉 Picea jezoensis var. komarovii

13β,14β-epoxy-3β-methoxyserratan-21β-ol 13β,14β- 环氧 -3β- 甲氧基千层塔 -21β- 醇 长白鱼鳞云杉 Picea jezoensis var. komarovii

14β,15β-epoxy-3β-methoxyserratan-21β-ol 14β,15β- 环氧 -3β- 甲氧基千层塔 -21β- 醇 长白鱼鳞云杉 Picea jezoensis var. komarovii

(2R,4S,4aS,8aS)-4,4α-epoxy-4,4α-dihydroedulan (2R,4S,4aS,8aS)-4,4α- 环氧 -4,4α- 二氢鸡蛋果素 鸡蛋果 Passiflora edulis

4,2'-epoxy-4',5-dihydroxy-7,5'-dimethoxy-3-phenylcoumarin 4,2'- 环氧 -4',5- 二羟基 -7,5'- 二甲氧基 -3- 苯基香豆素 千斤拔 Flemingia philippinensis

1β,10α-epoxy-4,8-dihydroxy-glechoma-5-en-olide 1β,10α- 环氧 -4,8- 二羟基 - 活血丹 -5- 烯 - 内酯 欧活血丹 Glechoma hederacea

2β,3β-epoxy-4-acetyl-5α,8,10,-triisobutyryl-1,11-dihydroxybisabolene 2β,3β- 环氧 -4- 乙酰基 -5α,8,10,- 三异丁酰基 -1,11- 二羟基红没药烯 车前状垂头菊 Cremanthodium ellisii

13β,14β-epoxy-4-hydroxy-19-norabiet-7-en-6-one 13β,14β- 环氧 -4- 羟基 -19- 降冷杉 -7- 烯 -6- 酮 挥发油成分，未统计基源

19,28-epoxy-4-hydroxy-3,4-seco-24-noroleanan-3-oic acid methyl ester 19,28- 环氧 -4- 羟基 -3,4- 裂环 -24- 降齐敦果 -3- 酸甲酯 千根草 Euphorbia thymifolia

1α,10β-epoxy-4-hydroxy-glechoma-5-en-olide 1α,10β- 环氧 -4- 羟基 - 活血丹 -5- 烯 - 内酯 欧活血丹 Glechoma hederacea

(1R,4S,5R,8S,9R,10S,12S)-15,16-epoxy-4-O-β-D-glucopyranosylcleroda-2,13(16),14-triene-17(12),18(1)-diolide (1R,4S,5R,8S,9R,10S,12S)-15,16- 环氧 -4-O-β-D- 吡喃葡萄糖基克罗登 -2,13(16),14- 三烯 -17(12),18(1)- 二内酯 波叶青牛胆 Tinospora crispa

8β,9β-epoxy-4α-hydroxy-5αH-lindan-7(11)-en-8α,12-olide-15-O-β-D-glucopyranoside 8β,9β- 环氧 -4α- 羟基 -5αH- 林丹 -7(11)- 烯 -8α,12- 内酯 -15-O-β-D- 吡喃葡萄糖苷 草珊瑚 Sarcandra glabra

4,10-epoxy-4β,10β-dimethyl-1α,8β-diisobutyryl-5α-angeloyl-3α,6α,9β-trihydroxy-7β-isopropenyl cyclohexane 4,10- 环氧 -4β,10β- 二甲基 -1α,8β-二异丁酰基 -5α- 当归酰基 -3α,6α,9β- 三羟基 -7β- 异丙烯基环己烷 车前状垂头菊 Cremanthodium ellisii

(20S,22R)-5β,6β-epoxy-4β,14β,15α-trihydroxy-1-oxowitha-2,24-dienolide (20S,22R)-5β,6β- 环氧 -4β,14β,15α- 三羟基 -1- 氧代睡茄 -2,24- 二烯内酯 灯笼果 Physalis peruviana

5β,6β-epoxy-4β,17α,27-trihydroxy-1-oxowitha-2,24-dienolide 5β,6β- 环氧 -4β,17α,27- 三羟基 -1- 氧代睡茄 -2,24- 二烯内酯 睡茄 Withania somnifera

(20S,22R)-3α,6α-epoxy-4β,5β,27-trihydroxy-1-oxowitha-24-enolide (20S,22R)-3α,6α- 环氧 -4β,5β,27- 三羟基 -1- 氧代睡茄 -24- 烯内酯 睡茄 Withania somnifera

5β,6β-epoxy-4β-hydroxy-1-oxowitha-2,14,24-trienolide 5β,6β- 环氧 -4β- 羟基 -1- 氧代睡茄 -2,14,24- 三烯内酯 睡茄 Withania somnifera

2β,5-epoxy-5,10-dihydroxy-6α-angeloyloxy-9β-isobutyloxy-germacran-8α,12-olide 2β,5- 环氧 -5,10- 二羟基 -6α- 当归酰氧基 -9β- 异丁酰氧基 - 吉马烷 -8α,12- 内酯 金挖耳 Carpesium divaricatum

2α,5-epoxy-5,10-dihydroxy-6α-angeloyloxy-9β-isobutyryloxy-germacran-8α,12-olide 2α,5- 环氧 -5,10- 二羟基 -6α- 当归酰氧基 -9β- 异丁酰氧基 - 吉马烷 -8α,12- 内酯 金挖耳 Carpesium divaricatum

(5α,6α,7α,22R,25R)-6,7-epoxy-5,14,20,22-tetrahydroxy-1-oxo-ergost-2-en-26-oic acid-δ-lactone (5α,6α,7α,22R,25R)-6,7- 环氧 -5,14,20,22- 四羟基 -1- 氧代 - 麦角甾 -2- 烯 -26- 酸 -δ- 内酯 苦蘵 Physalis angulata

2a,3a-epoxy-5,7,3',4'-tetrahydroxyflavan-(4b → 8)-epicatechin 2a,3a- 环氧 -5,7,3',4'- 四羟基黄烷 -(4b → 8)- 表儿茶素 黄牛木 Cratoxylum cochinchinense

2β,3β-epoxy-5,7,3',4'-tetrahydroxyflavan-(4α-8-epicatechin) 2β,3β- 环氧 -5,7,3',4'- 四羟基黄烷 -(4α-8- 表儿茶素) 荔枝 Litchi chinensis

2α,3α-epoxy-5,7,3',4'-tetrahydroxyflavan-(4β → 8)-epicatechin 2α,3α- 环氧 -5,7,3',4'- 四羟基黄烷 -(4β → 8)- 表儿茶素 茸毛木蓝 Indigofera stachyodes, 细叶小苦荬 Ixeridium gracile

2α,3α-epoxy-5,7,3',4'-tetrahydroxyflavan-(4β-8)-epicatechin 2α,3α- 环氧 -5,7,3',4'- 四羟基黄烷 -(4β-8)- 表儿茶素 荔枝 Litchi chinensis

2α,3α-epoxy-5,7,3',4'-tetrahydroxyflavan-(4β-8-catechin) 2α,3α- 环氧 -5,7,3',4'- 四羟基黄烷 -(4β-8- 儿茶素) 荔枝 Litchi chinensis

5,16-epoxy-5,9-diepicleroda-3,13(16),14-trien-20,19-olide 5,16- 环氧 -5,9- 二表赪桐 -3,13(16),14- 三烯 -20,19- 内酯 车桑子 Dodonaea viscosa

3,4-epoxy-5-hydroxy-1-cyclohexenecarboxylic acid 3,4- 环氧 -5- 羟基 -1- 环己烯羧酸 地耳草 Hypericum japonicum

6,7-epoxy-5-hydroxyhumula-2,9-diene 6,7- 环氧 -5- 羟基蛇麻 -2,9- 二烯 耳羽岩蕨 Woodsia polystichoides

3,4-epoxy-5-hydroxymethylbenzoate-2-C-β-glucoside 3,4- 环氧 -5- 羟甲基苯甲酸 -2-C-β- 葡萄糖苷 鸭跖草 Commelina communis

6α,7α-epoxy-5α,14α,17α,23β-tetrahydroxy-1-oxo-22R-witha-2,24-dienolide 6α,7α- 环氧 -5α,14α,17α,23β- 四羟基 -1- 氧代 -22R- 睡茄 -2,24- 二烯内酯 睡茄 Withania somnifera

6α,7α-epoxy-5α,17α-dihydroxy-1-oxo-22R-witha-2,24-dienolide 6α,7α- 环氧 -5α,17α, 二羟基 -1- 氧代 -22R- 睡茄 -2,24- 二烯内酯 睡茄 Withania somnifera

6α,7α-epoxy-5α,20β-dihydroxy-1-oxowitha-2,24-dienolide 6α,7α- 环氧 -5α,20β- 二羟基 -1- 氧代睡茄 -2,24- 二烯内酯 睡茄 Withania somnifera

(23S)-21,23-epoxy-5α-cycloart-24-en-3β-ol (23S)-21,23- 环氧 -5α- 环木菠萝 -24- 烯 -3β- 醇 大叶山楝 Aphanamixis grandifolia

24(S),25-epoxy-5α-dammar-20-en-3-one 24(S),25- 环氧 -5α- 达玛 -20- 烯 -3- 酮 米仔兰 Aglaia odorata

5α,6α-epoxy-5α-ergosta-8(14),22E-diene-3β,7α-diol 5α,6α- 环氧 -5α- 麦角甾 -8(14),22E- 二烯 -3β,7α- 二醇 东方栓菌 Trametes orientalis

12,15-epoxy-5αH,9βH-labda-8(17),13-dien-19-oic acid 12,15- 环氧 -5αH,9βH- 半日花 -8(17),13- 二烯 -19- 酸 宽叶金粟兰 Chloranthus henryi

2β,3β-epoxy-5α-pregnane 2β,3β- 环氧 -5α- 孕烷 止泻木 Holarrhena pubescens

24(S),25-epoxy-5α-protost-20,25-dien-3-one 24(S),25- 环氧 -5α- 原萜 -20,25- 二烯 -3- 酮 米仔兰 Aglaia odorata

1β,4β-epoxy-5β-hydroxy-10αH-xantha-11(13)-en-12,8β-olide 1β,4β- 环氧 -5β- 羟基 -10αH- 苍耳 -11(13)- 烯 -12,8β- 内酯 长叶天名精 Carpesium longifolium

5,8-epoxy-6,7-dimethyl-2',3',2'',3''-dimethylenedioxy-4',1''-dimethoxy-1,2:3,4-dibenzo-1,3-cyclooctadiene 5,8- 环氧 -6,7- 二甲基 -2',3',2'',3''- 亚甲二氧基 -4',1''- 二甲氧基 -1,2:3,4- 二苯基 -1,3- 环辛二烯 黑老虎 Kadsura coccinea

5,12-epoxy-6,9-dihydroxy-7-megastigmen-3-one 5,12- 环氧 -6,9- 二羟基 -7- 大柱香波龙烯 -3- 酮 贡山三尖杉 Cephalotaxus lanceolata

1,4-epoxy-6-deoxypseudoanisatin 1,4- 环氧 -6- 去氧伪莽草素 红花八角 Illicium dunnianum

(1E,6R,8E)-4,5-epoxy-6-hydroxy-4,8,11,11-tetramethylcycloundeca-1,8-diene (1E,6R,8E)-4,5- 环氧 -6- 羟基 -4,8,11,11- 四甲基环十一碳 -1,8- 二烯 垂枝桦 Betula pendula

(1E,4S,5S,6R,8E)-4,5-epoxy-6-hydroxy-4,8,11,11-tetramethyl-1,8-cycloundecadiene (1E,4S,5S,6R,8E)-4,5- 环氧 -6- 羟基 -4,8,11,11- 四甲基 -1,8- 环十一碳二烯 垂枝桦 Betula pendula

1,10-epoxy-6-hydroxyeuryopsin 1,10- 环氧 -6- 羟基阔眼菊素▲ 大叶橐吾 Ligularia macrophylla

(1R,4S,5S,6R,9S)-4,5-epoxy-6-hydroxy-β-caryophyl1-8(15)-ene (1R,4S,5S,6R,9S)-4,5- 环氧 -6- 羟基 -β- 石竹 -8(15)- 烯 垂枝桦 Betula pendula

(1R,4R,5R,9S)-epoxy-6-hydroxy-β-caryophyll-8(15)-ene (1R,4R,5R,9S)- 环氧 -6- 羟基 -β- 石竹 -8(15)- 烯 垂枝桦 Betula pendula

(3S,5R,8S)-5,8-epoxy-6-megastigmadien-3,9-diol (3S,5R,8S)-5,8- 环氧 -6- 大柱香波龙烯 -3,9- 二醇 贡山三尖杉 Cephalotaxus lanceolata

3α,4α-epoxy-6α-(2'-methylacryloyl)oxy-8α-ethoxyeremophil-7(11)-en-8β,12-olide 3α,4α- 环氧 -6α-(2'- 甲基丙烯酰基) 氧基 -8α- 乙氧基荒漠木 -7(11)- 烯 -8β,12- 内酯 黄帚橐吾 Ligularia virgaurea

3α,4α-epoxy-6α-(2'-methylacryloyl)oxy-8α-methoxyeremophil-7(11)-en-8β,12-olide 3α,4α- 环氧 -6α-(2'- 甲基丙烯酰基) 氧基 -8α- 甲氧基荒漠木 -7(11)- 烯 -8β,12- 内酯 黄帚橐吾 Ligularia virgaurea

(12S)-1α,19-epoxy-6α,18-diacetoxy-4α,12-dihydroxy-neo-clerod-13-en-15,16-olide (12S)-1α,19- 环氧 -6α,18- 二乙酰氧基 -4α,12- 二羟基 - 新 - 赪桐 -13- 烯 -15,16- 内酯 金疮小草 Ajuga decumbens

5,7α-epoxy-6α,20α–dihydroxy-1-oxowitha-2,24-dienolide 5,7α- 环氧 -6α,20α– 二羟基 -1- 氧代睡茄 -2,24- 二烯内酯 睡茄 Withania somnifera

7α,8α-epoxy-6α-hydroxyabieta-9(11),13-dien-12-one 7α,8α- 环氧 -6α- 羟基冷杉 -9(11),13- 二烯 -12- 酮 日本柳杉 Cryptomeria japonica

1β,10β-epoxy-6β-(2'-hydroxymethylacryloyloxy)-8β-ethoxyeremophila-7(11)-en-12,8α-olide 1β,10β- 环氧 -6β-(2'- 羟甲基丙烯酰氧基)-8β- 乙氧基荒漠木 -7(11)-en-12,8α- 内酯 离舌橐吾 Ligularia veitchiana

1β,10β-epoxy-6β-(2'-hydroxymethylacryloyloxy)-8β-hydroxyeremophila-7(11)-en-12,8α-olide 1β,10β- 环氧 -6β-(2'- 羟甲基丙烯酰氧基)-8β- 羟基荒漠木 -7(11)- 烯 -12,8α- 内酯 离舌橐吾 Ligularia veitchiana

1β,10β-epoxy-6β-(2'-methylacryloyl)oxy-8β-methoxyeremophil-7(11)-en-8α,12-olide 1β,10β- 环氧 -6β-(2'- 甲基丙烯酰基) 氧基 -8β- 甲氧基荒漠木 -7(11)- 烯 -8α,12- 内酯 黄帚橐吾 Ligularia virgaurea

1β,10β-epoxy-6β-(2'-semialdehyde-acetal-hydroxymethylacryloyloxy)-8β-ethoxyeremophil-7(11)-en-12,8α-olide 1β,10β- 环氧 -6β-(2'- 半缩醛

E

羟甲基丙烯酰氧基)-8β- 乙氧基荒漠木 -7(11)- 烯 -12,8α- 内酯 离舌橐吾 Ligularia veitchiana

7α,20-epoxy-6β,11β-dihydroxy-7β,14β-[(1-methylethylidene)-bis-oxy]-*ent*-kaur-16-en-15-one 7α,20- 环氧 -6β,11β- 二羟基 -7β,14β-[(1- 甲基乙亚基)- 二 - 氧基]- 对映 - 贝壳杉 -16- 烯 -15- 酮 瘿花香茶菜 Isodon rosthornii

1β,10β-epoxy-6β,8β-dihydroxyeremophil-7(11)-en-12,8α-olide 1β,10β- 环氧 -6β,8β- 二羟基荒漠木 -7(11)- 烯 -12,8α- 内酯 箭叶橐吾 Ligularia sagitta

15,16-epoxy-6β,9α-dihydroxylabda-13(16),14-dien-3,7-dione 15,16- 环氧 -6β,9α- 二羟基半日花 -13(16),14- 二烯 -3,7- 二酮 益母草 Leonurus japonicus

1β,10β-epoxy-6β-acetoxy-3β-angeloyloxy-8β-hydroxyeremophil-7(11)-en-8,12α-olide 1β,10β- 环氧 -6β- 乙酰氧基 -3β- 当归酰氧基 -8β- 羟基荒漠木 -7(11)- 烯 -8,12α- 内酯 箭叶橐吾 Ligularia sagitta

1β,10β-epoxy-6β-angeloyloxy-8β-methoxyeremophil-7(11)-en-8α,12-olide 1β,10β- 环氧 -6β- 当归酰氧基 -8β- 甲氧基荒漠木 -7(11)- 烯 -8α,12- 内酯 黄帚橐吾 Ligularia virgaurea

1β,10β-epoxy-6β-angeloyloxy-9-oxo-furanoeremophilane 1β,10β- 环氧 -6β- 当归酰基 -9- 氧代呋喃荒漠木烷 林荫千里光 Senecio nemorensis

1,10β-epoxy-6β-isobutanoyloxy-9-oxofuranoeremophilane 1,10β- 环氧 -6β- 异丁酰氧基 -9- 氧化呋喃荒漠木烷 离舌橐吾 Ligularia veitchiana

1β,10β-epoxy-7(11)-en-6α-hydroxy-8-oxo-eremophil-12-oic acid 1β,10β- 环氧 -7(11)- 烯 -6α- 羟基 -8- 氧代 - 荒漠木 -12- 酸 箭叶橐吾 Ligularia sagitta

1,8-epoxy-7(11)-germacren-5-one-12,8-olide 1,8- 环氧 -7(11)- 大根老鹳草烯 -5- 酮 -12,8- 内酯 欧活血丹 Glechoma hederacea, 活血丹 G. longituba

22*R*,24-epoxy-7α,25-dihydroxy-ergosta-1,4-dien-3-one 22*R*,24- 环氧 -7α,25- 二羟基 - 麦角甾 -1,4- 二烯 -3- 酮 碧冬茄 Petunia hybrida

24*S*,25-epoxy-7α-hydroxy-22*R*-(3-methoxy-1,3-dioxopropoxy)-ergosta-1,4-dien-3-one 24*S*,25- 环氧 -7α- 羟基 -22*R*-(3- 甲氧基 -1,3- 二氧代丙氧基)- 麦角甾 -1,4- 二烯 -3- 酮 碧冬茄 Petunia hybrida

5α,6α-epoxy-7α-methoxyergosta-8(14),22*E*-dien-3β-ol 5α,6α- 环氧 -7α- 甲氧基麦角甾 -8(14),22*E*- 二烯 -3β- 醇 皱盖假芝 Amauroderma rude

1β,2β-epoxy-7β-hydroxy-1α-methoxymethyl-8α-pyrrolizidine 1β,2β- 环氧 -7β- 羟基 -1α- 甲氧基甲基 -8α- 吡咯里西啶 假苜蓿 Crotalaria medicaginea

1β,10β-epoxy-7β-hydroxy-8α-methoxy-eremophil-11α*H*-12,8β-olide 1β,10β- 环氧 -7β- 羟基 -8α- 甲氧基荒漠木 -11α*H*-12,8β- 内酯 林荫千里光 Senecio nemorensis

5,6β-epoxy-7β-hydroxy-8β-methyl-1β-D-rhamnosidyl iridoid 5,6β- 环氧 -7β- 羟基 -8β- 甲基 -1β-D- 鼠李糖苷基环烯醚萜 黄花假杜鹃 Barleria prionitis

4,5-epoxy-8(14)-caryophyllene 4,5- 环氧 -8(14)- 丁香烯 云实 Caesalpinia decapetala

(12*S*)-15,16-epoxy-8(17),13(16),14-labdatrien-12-ol (12*S*)-15,16- 环氧 -8(17),13(16),14- 半日花三烯 -12- 醇 滑叶山姜 Alpinia tonkinensis

12,15-epoxy-8(17),13-labdadien-18-oic acid 12,15- 环氧 -8(17),13- 半日花二烯 -18- 酸 台湾杉木 Cunninghamia lanceolata var. konishii

12,15-epoxy-8,13-labdadien-19-ol 12,15- 环氧 -8,13-l 半日花二烯 -19- 醇 安徽贝母 Fritillaria anhuiensis

6β,7β-epoxy-8-*epi*-splendoside 6β,7β- 环氧 -8- 表 - 福桂树苷▲ 海滨木巴戟 Morinda citrifolia

(1β,3β,8β,10β)-3-(angeloyloxy)-1,10-epoxy-8-hydroxy-eremophil-7(11)-en-8,12α-olide (1β,3β,8β,10β)-3- 当归酰氧基 -1,10- 环氧 -8- 羟基荒漠木 -7(11)- 烯 -8,12α- 内酯 箭叶橐吾 Ligularia sagitta

ent-14β,16-epoxy-8-pimarene-2α,15α,19-triol 对映 -14β,16- 环氧 -8- 海松烯 -2α,15α,19- 三醇 豨莶 Sigesbeckia orientalis

ent-14β,16-epoxy-8-pimarene-3β,15α-diol 对映 -14β,16- 环氧 -8- 海松烯 -3β,15α- 二醇 豨莶 Sigesbeckia orientalis

1,10α-epoxy-8α-hydroxyachillin 1,10α- 环氧 -8α- 羟基蓍素 冷蒿 Artemisia frigida

3β,4β-epoxy-8α-isobutyryloxy-6β*H*,7α*H*,8β*H*-guaia-1(10),11(13)-dien-12,6α-olide 3β,4β- 环氧 -8α- 异丁酰氧基 -6β*H*,7α*H*,8β*H*- 愈创木 -1(10),11(13)- 二烯 -12,6α- 内酯 魁蒿 Artemisia princeps

1β,10β-epoxy-8α-methoxy-eremophil-7(11)-en-10α*H*-12,8β-olide 1β,10β- 环氧 -8α- 甲氧基 - 荒漠木 -7(11)- 烯 -10α*H*-12,8β- 内酯 林荫千里光 Senecio nemorensis

1α,11α-epoxy-8β,2β,11β,12β,20-tetrahydroxypicrasa-3,13(21)-dien-16-one 1α,11α- 环氧 -8β,2β,11β,12β,20- 四羟基苦树 -3,13(21)- 二烯 -16- 酮 臭椿 Ailanthus altissima

1β,10β-epoxy-8β-ethoxy-6β-(2-methylacryloyloxy)eremophil-7(11)-en-12,8α-olide 1β,10β- 环氧 -8β- 乙氧基 -6β-(2- 甲基烯丙酰氧基)- 荒漠木 -7(11)- 烯 -12,8α- 内酯 黄帚橐吾 Ligularia virgaurea

8,13-epoxy-8β*H*-cedrane 8,13- 环氧 -8β*H*- 雪松烷 垂枝柏 Juniperus recurva

4α,5β-epoxy-8β-hydroxy-14-oxoacanthospermolide 4α,5β- 环氧 -8β- 羟基 -14- 氧代 - 刺苞菊内酯 蓼子朴 Inula salsoloides

6α,15β-epoxy-8β-hydroxy-7(11)-en-8α,12-olide 6α,15β- 环氧 -8β- 羟基 - 荒漠木 -7(11)- 烯 -8α,12- 内酯 大叶橐吾 Ligularia macrophylla

4α,5β-epoxy-8β-isovaleroyloxy-14-oxoacanthospermolide 4α,5β- 环氧 -8β- 异戊酰 -14- 氧代 - 刺苞菊内酯 蓼子朴 Inula salsoloides

5,12-epoxy-9-hydroxy-7-megastigmen-3-one 5,12- 环氧 -9- 羟基 -7- 大柱香波龙烯 -3- 酮 贡山三尖杉 Cephalotaxus lanceolata

7β,11-epoxy-9α,10α-epoxy-8-oxoeremophilane 7β,11- 环氧 -9α,10α- 环氧 -8- 氧代荒漠木烷 千里光 Senecio scandens

ent-15,16-epoxy-9α*H*-labda-13(16),14-diene-3β,8α-diol 对映 -15,16- 环氧 -9α*H*- 半日花 -13(16),14- 二烯 -3β,8α- 二醇 车桑子 Dodonaea viscosa

epoxyacyldiacylglycerol 环氧酰基甘油二酯 鼬瓣花 Galeopsis bifida

epoxyacylglyceride 环氧酰基甘油酯 鼬瓣花 Galeopsis bifida

3β,4β-epoxyagarofuran 3β,4β- 环氧沉香呋喃 山姜 Alpinia japonica

2,3-epoxyakichenol 2,3- 环氧山地阿魏烯醇▲ 中亚阿魏 Ferula jaeschkeana

5α,6α-epoxyalantolactone 5α,6α- 环氧土木香内酯 总状土木香 Inula racemosa

5α-epoxyalantolactone 5α- 环氧土木香内酯 土木香 Inula helenium

13,17-epoxyalisol A 13,17- 环氧泽泻醇 A 东方泽泻 Alisma orientale
13β,17β-epoxyalisol A 13β,17β- 环氧泽泻醇 A 东方泽泻 Alisma orientale
13β,17β-epoxyalisol B 13β,17β- 环氧泽泻醇 B 东方泽泻 Alisma orientale
13β,17β-epoxyalisol B 23-acetate 13β,17β- 环氧泽泻醇 B 23- 乙酸酯 东方泽泻 Alisma orientale
1β,2β-epoxyambelline 1β,2β- 环氧安贝灵 西南文殊兰 Crinum latifolium
5,8-epoxyamorpha-3,7(11)-diene 5,8- 环氧紫槐穗 -3,7(11)- 二烯 挥发油成分，未统计基源
trans-4,10-epoxy-amorphane 反式 -4,10- 环氧 - 艾莫烷 挥发油成分，未统计基源
(2''R,3''R)-epoxyangeloyldecursinol (2''R,3''R)- 环氧当归酰紫花前胡醇 朝鲜当归 Angelica gigas
(2''S,3''S)-epoxyangeloyldecursinol (2''S,3''S)- 环氧当归酰紫花前胡醇 朝鲜当归 Angelica gigas
6β-epoxyangeloyloxy-3β-hydroxyeremophil-7(11)-en-12,8α-olide 6β- 环氧当归酰氧基 -3β- 羟基荒漠木 -7(11)- 烯 -12,8α- 内酯 蜂斗菜 Petasites japonicus
6β-epoxyangeloyloxy-3β-hydroxyeremophil-7(11)-en-12,8β-olide 6β- 环氧当归酰氧基 -3β- 羟基荒漠木 -7(11)- 烯 -12,8β- 内酯 蜂斗菜 Petasites japonicus
2',3'-epoxyanisolactone 2',3'- 环氧细叶黄皮内酯 黄皮 Clausena lansium
9,17-epoxyarnebinol 9,17- 环氧软紫草醇▲ 软紫草 Arnebia euchroma
epoxyartemorin 环氧南艾蒿灵▲ 短舌匹菊 Pyrethrum parthenium, 菊蒿 Tanacetum vulgare
14α,15α-epoxyaspidofractinine 14α,15α- 环氧急折白坚木宁▲ 羊角棉 Alstonia mairei
(±)-epoxyaurapten (±)- 环氧橙皮油烯 葡萄柚 Citrus paradisi
(+)-epoxyauraptene (+)- 环氧橙皮油烯 木橘 Aegle marmelos
epoxyauraptene 环氧橙皮油烯 木橘 Aegle marmelos, 酸橙 Citrus aurantium, 沙田柚 C. maxima 'Shatian Yu', 橘红 C. maxima 'Tomentosa'
2,3-epoxybakuchiol 2,3- 环氧补骨脂酚 补骨脂 Cullen corylifolia
6,7-epoxybergamottin 6,7- 环氧香柠檬素 沙田柚 Citrus maxima 'Shatian Yu'
6',7'-epoxybergamottin 6',7'- 环氧香柠檬素 酸橙 Citrus aurantium
epoxybergamottin 环氧香柠檬素 橘红 Citrus maxima 'Tomentosa'
(-)-(1S*,4S*,9S*)-1,9-epoxybisabola-2,10-diene-4-ol (-)-(1S*,4S*,9S*)-1,9- 环氧红没药 -2,10- 二烯 -4- 醇 益母草 Leonurus japonicus
(3R,4R,6S)-3,4-epoxy-bisabola-7(14),10-dien-2-one (3R,4R,6S)-3,4- 环氧红没药 -7(14),10- 二烯 -2- 酮 款冬 Tussilago farfara
(24R)-24,25-epoxybutyrospermol (24R)-24,25- 环氧牛油果醇▲ 山茶 Camellia japonica
(24S)-24,25-epoxybutyrospermol (24S)-24,25- 环氧牛油果醇▲ 山茶 Camellia japonica
18,20-epoxycalotropin 18,20- 环氧牛角瓜素▲ 牛角瓜 Calotropis gigantea
9,10-epoxycalycine A 9,10- 环氧牛耳枫碱 A 牛耳枫 Daphniphyllum calycinum
(±)-6,7-*trans*-epoxycannabigerol (±)-6,7- 反式 - 环氧大麻香叶酚▲ 大麻 Cannabis sativa
(±)-6,7-*cis*-epoxycannabigerol (±)-6,7- 顺式 - 环氧大麻香叶酚▲ 大麻 Cannabis sativa
(±)-6,7-*trans*-epoxycannabigerolic acid (±)-6,7- 反式 - 环氧大麻香叶酚酸▲ 大麻 Cannabis sativa
(±)-6,7-*cis*-epoxycannabigerolic acid (±)-6,7- 顺式 - 环氧大麻香叶酚酸▲ 大麻 Cannabis sativa
9,10-epoxycannabitriol 9,10- 环氧大麻三醇▲ 大麻 Cannabis sativa
epoxycaryophyllene 环氧丁香烯 挥发油成分，未统计基源
4α,β-epoxy-caryopyll-8(14)-one 4α,β- 环氧 - 丁香 -8(14)- 酮 野生紫苏 Perilla frutescens var. purpurascens
epoxycerberidol 环氧海杧果醇 海杧果 Cerbera manghas
(3β,4α,7α,15α,16β)-4,9-epoxycevane-3,4,7,14,15,16,20-heptol-15-[(2Z)-2-methyl-2-butenoate]-3-(3,4-dimethoxybenzoate) (3β,4α,7α,15α,16β)-4,9- 环氧瑟烷 -3,4,7,14,15,16,20- 七醇 -15-[(2Z)-2- 甲基 -2- 丁烯酸酯]-3-(3,4- 二甲氧基苯甲酸酯）兴安藜芦 Veratrum dahuricum
(3β,4α,7α,15α,16β)-4,9-epoxycevane-3,4,7,14,15,16,20-heptol-15-[(2Z)-2-methyl-2-butenoate]-3,7-diacetate (3β,4α,7α,15α,16β)-4,9- 环氧瑟烷 -3,4,7,14,15,16,20- 七醇 -15-[(2Z)-2- 甲基 -2- 丁烯酸酯]-3,7- 二乙酸酯 兴安藜芦 Veratrum dahuricum
(3β,4α,7α,15α,16β)-4,9-epoxycevane-3,4,7,14,15,16,20-heptol-15-[(2Z)-2-methyl-2-butenoate]-3-acetate (3β,4α,7α,15α,16β)-4,9- 环氧瑟烷 -3,4,7,14,15,16,20- 七醇 -15-[(2Z)-2- 甲基 -2- 丁烯酸酯]-3- 乙酸酯 兴安藜芦 Veratrum dahuricum
(3β,4α,7α,15α,16β)-4,9-epoxy-cevane-3,4,7,14,15,16,20-heptol-3-(3,4-dimethoxybenzoate) (3β,4α,7α,15α,16β)-4,9- 环氧瑟烷 -3,4,7,14,15,16,20- 七醇 -3-(3,4- 二甲氧基苯甲酸酯）兴安藜芦 Veratrum dahuricum
cis-9,10-epoxy-*cis*-12-octadecenoic acid 顺式 -9,10- 环氧 - 顺式 -12- 十八烯酸 鼬瓣花 Galeopsis bifida
epoxyconiferyl alcohol 环氧松柏醇 见血封喉 Antiaris toxicaria, 槟榔 Areca catechu, 牛角瓜 Calotropis gigantea
5β,19β-epoxycucurbita-6,22,24-trien-3α-ol 5β,19β- 环氧葫芦 -6,22,24- 三烯 -3α- 醇 苦瓜 Momordica charantia
5β,19-epoxycucurbita-6,23,25-trien-3-ol-3-*O*-allopyranoside 5β,19- 环氧葫芦 -6,23,25- 三烯 -3- 醇 -3-*O*- 吡喃阿洛糖苷 苦瓜 Momordica charantia
5β,19-epoxycucurbita-6,23,25-trien-3-ol-3-*O*-glucopyranoside 5β,19- 环氧葫芦 -6,23,25- 三烯 -3- 醇 -3-*O*- 吡喃葡萄糖苷 苦瓜 Momordica charantia
19R-5β,19-epoxycucurbita-6,23,25-trien-3β,19-diol 19R-5β,19- 环氧葫芦 -6,23,25- 三烯 -3β,19- 二醇 苦瓜 Momordica charantia
19S-5β,19-epoxycucurbita-6,23,25-trien-3β,19-diol 19S-5β,19- 环氧葫芦 -6,23,25- 三烯 -3β,19- 二醇 苦瓜 Momordica charantia
(23E)-5β,19-epoxycucurbita-6,23,25-triene-3β-ol (23E)-5β,19- 环氧葫芦 -6,23,25- 三烯 -3β- 醇 苦瓜 Momordica charantia
5β,19-epoxycucurbita-6,23-diene-3β,19,25-triol 5β,19- 环氧葫芦 -6,23- 二烯 -3β,19,25- 三醇 苦瓜 Momordica charantia
(23E)-5β,19-epoxycucurbita-6,23-diene-3β,25-diol (23E)-5β,19- 环氧葫芦 -6,23- 二烯 -3β,25- 二醇 苦瓜 Momordica charantia

5β,19-epoxycucurbita-6,23-diene-3β,25-diol 5β,19- 环氧葫芦 -6,23- 二烯 -3β,25- 二醇 苦瓜 Momordica charantia
5β,19-epoxycucurbita-6,23E-diene-3β,19,25-triol 5β,19- 环氧葫芦 -6,23E- 二烯 -3β,19,25- 三醇 苦瓜 Momordica charantia
6β,10β-epoxycupar-3-ene 6β,10β- 环氧柏芳▲-3- 烯 石地钱 Reboulia hemisphaerica
(24R)-24,25-epoxycycloartanol (24R)-24,25- 环氧环木菠萝烷醇 灯心草 Juncus effusus
(24S)-24,25-epoxycycloartanol (24S)-24,25- 环氧环木菠萝烷醇 灯心草 Juncus effusus
24S,25-epoxydammar-20-en-3-one 24S,25- 环氧达玛 -20- 烯 -3- 酮 米仔兰 Aglaia odorata
12β,23(R)-epoxydammara-24-ene-3β,6α,20(S)-triol 12β,23(R)- 环氧达玛 -24- 烯 -3β,6α,20(S)- 三醇 人参 Panax ginseng
20S,24R-epoxydammaran-11α,25-diol-3-one 20S,24R- 环氧达玛 -11α,25- 二醇 -3- 酮 小叶桦 Betula microphylla, 圆叶桦 B. rotundifolia
20S,24S-epoxydammarane-25-ol-3α-acetate 20S,24S- 环氧达玛 -25- 醇 -3α- 羟基乙酸酯 连翘 Forsythia suspensa
20,24R-epoxydammarane-3α,11α,25-triol-11-acetate 20,24R- 环氧达玛 -3α,11α,25- 三醇 -11- 乙酸酯 小叶桦 Betula microphylla, 圆叶桦 B. rotundifolia
20(S),24(R)-epoxydammarane-3α,17α,25-triol 20(S),24(R)- 环氧达玛 -3α,17α,25- 三醇 白桦 Betula platyphylla
20,24-epoxy-dammarane-3α,24,25-triol 20,24- 环氧 - 达玛 -3α,24,25- 三醇 米仔兰 Aglaia odorata
20,24S-epoxydammarane-3α,25-diol-3-(hydrogenpropanedioate) 20,24S- 环氧 - 达玛 -3α,25- 二醇 3- 丙二酸单酯 杨梅 Myrica rubra
20,24R-epoxy-dammarane-3β,11α,25-triol 20,24R- 环氧 - 达玛 -3β,11α,25- 三醇 小叶桦 Betula microphylla, 圆叶桦 B. rotundifolia
(20S,24R)-20,24-epoxydammarane-3β,12β,25-triol (20S,24R)-20,24- 环氧达玛 -3β,12β,25- 三醇 青钱柳 Cyclocarya paliurus
(20S,24S)-20,24-epoxydammarane-3β,12β,25-triol (20S,24S)-20,24- 环氧达玛 -3β,12β,25- 三醇 绞股蓝 Gynostemma pentaphyllum
20,24-epoxy-dammarane-3β,25-diol 20,24- 环氧 - 达玛 -3β,25- 二醇 西洋参 Panax quinquefolius
20,24-epoxy-dammarane-3β,6α,25-triol 20,24- 环氧达玛 -3β,6α,25- 三醇 岳桦 Betula ermanii
20(S),24(R)-epoxydammmaran-3β,11α-25-triol 20(S),24(R)- 环氧达玛 -3β,11α-25- 三醇 岳桦 Betula ermanii
20(S),24(R)-epoxydammmaran-3β,11α-25-triol-3-O-β-D-glucopyranoside 20(S),24(R)- 环氧达玛 -3β,11α-25- 三醇 -3-O-β-D- 吡喃葡萄糖苷 岳桦 Betula ermanii
20(S),24(R)-epoxydammmaran-3β,11α-25-triol-3-O-β-D-glucopyranoside-11,2'-diacetate 20(S),24(R)- 环氧达玛 -3β,11α-25- 三醇 -3-O-β-D- 吡喃葡萄糖苷 -11,2'- 二乙酯 岳桦 Betula ermanii
20(S),24(R)-epoxydammmaran-3β,11α-25-triol-3-O-β-D-glucopyranoside-2'-acetate 20(S),24(R)- 环氧达玛 -3β,11α-25- 三醇 -3-O-β-D- 吡喃葡萄糖苷 -2'- 乙酯 岳桦 Betula ermanii
trans-2,3-epoxydeca-4,6,8-triyn-1-ol 反式 -2,3- 环氧癸 -4,6,8- 三炔 -1- 醇 绒毛栓菌 Trametes pubescens
11,13-epoxydehydrocostus lactone 11,13- 环氧去氢木香内酯 云木香 Saussurea costus
11,13-epoxydehydroisozaluzanin C 11,13- 环氧去氢异中美菊素 C 云木香 Saussurea costus
1β,10β-epoxydehydroleucodin 1β,10β- 环氧去氢白叶蒿定▲ 多花蒿 Artemisia myriantha
4α,5β-epoxydesacetylovatifolin 4α,5β- 环氧去乙酰卵叶柄花菊素▲ 欧亚旋覆花 Inula britannica, 蓼子朴 I. salsoloides
(3β,11α,12α)-11,12-epoxy-D-friedours-14-en-3-ol (3β,11α,12α)-11,12- 环氧 -D- 飞熊果 -14- 烯 -3- 醇 灰毛川木香 Dolomiaea souliei var. mirabilis
(20S)-18,20-epoxydigitoxigenin-α-L-thevetoside (20S)-18,20- 环氧洋地黄毒苷元 -α-L- 黄花夹竹桃糖苷 黄花夹竹桃 Thevetia peruviana
(20R)-18,20-epoxy-digitoxigenin-α-L-thevetoside (20R)-18,20- 环氧洋地黄毒苷元 -α-L- 黄花夹竹桃糖苷 黄花夹竹桃 Thevetia peruviana
(20R)-18,20-epoxy-digitoxigenin-β-D-glucosyl-(1 → 4)-α-L-thevetoside (20R)-18,20- 环氧洋地黄毒苷元 -β-D- 葡萄糖基 -(1 → 4)-α-L- 黄花夹竹桃糖苷 黄花夹竹桃 Thevetia peruviana
(1R,3E,7R,8R,11S,12R)-7,8-epoxydolabella-3-en-18-ol (1R,3E,7R,8R,11S,12R)-7,8- 环氧海兔 -3- 烯 -18- 醇 米仔兰 Aglaia odorata
(1R,3S,4S,7E,11S,12R)-3,4-epoxydolabella-7-en-18-ol (1R,3S,4S,7E,11S,12R)-3,4- 环氧海兔 -7- 烯 -18- 醇 米仔兰 Aglaia odorata
14,17-epoxyeburnamine 14,17- 环氧乳白仔榄树胺▲ 思茅山橙 Melodinus cochinchinensis
16α,17-epoxy-*ent*-kaurane 16α,17- 环氧 - 对映 - 贝壳杉烷 浙贝母 Fritillaria thunbergii
epoxyeremopetasinorol 环氧荒漠木蜂斗菜素醇▲ 蜂斗菜 Petasites japonicus
6α,15β-epoxyeremophila-7(11)-en-8α,12-olide 6α,15β- 环氧荒漠木 -7(11)- 烯 -8α,12- 内酯 大叶橐吾 Ligularia macrophylla, 日本水龙骨 Polypodiodes niponica
8,12-epoxyeremophila-7,11-dien-14-oic acid 8,12- 环氧荒漠木烷 -7,11- 二烯 -14- 酸 塔序橐吾 Ligularia thyrsoidea
(7α,9α,10α)-9,10-epoxy-eremophilan-11-ol (7α,9α,10α)-9,10- 环氧 - 荒漠木 -11- 醇 离舌橐吾 Ligularia veitchiana
7α,8α-epoxyeremophilan-12β,8β(14β,6α)-diolide 7α,8α- 环氧荒漠木 -12β,8β(14β,6α)- 二内酯 狭苞橐吾 Ligularia intermedia
17β,20β-epoxyergosta-5,24(28)-diene-3β,16β,22α-triol 17β,20β- 环氧麦角甾 -5,24(28)- 二烯 -3β,16β,22α- 三醇 楝 Melia azedarach
5α,8α-epoxyergosta-6,22E-dien-3β-ol 5α,8α- 环氧麦角甾 -6,22E- 二烯 -3β- 醇 黄花香茶菜 Isodon sculponeatus
6,9-epoxyergosta-7,22-dien-3-ol 6,9- 环氧麦角甾 -7,22- 二烯 -3β- 醇 蜜环菌 Armillaria mellea
6,9-epoxy-ergosta-7,22-dien-3-ol 6,9- 环氧 - 麦角甾 -7,22- 二烯 -3- 醇 多叶棘豆 Oxytropis myriophylla
5,6-epoxyergosta-7,22-dien-3-O-ol 5,6- 环氧麦角甾 -7,22- 二烯 -3-O- 醇 冬虫夏草 Ophiocordyceps sinensis
(3β,5α,6α,7α,22E)-5,6-epoxyergosta-8(14),22-diene-3,7-diol (3β,5α,6α,7α,22E)-5,6- 环氧麦角甾 -8(14),22- 二烯 -3,7- 二醇 见血封喉 Antiaris toxicaria, 海莲 Bruguiera sexangula
5α,6α-epoxyergosta-8(14),22-diene-3β,7α-diol 5α,6α- 环氧麦角甾 -8(14),22- 二烯 -3β,7α- 二醇 咖啡黄葵 Abelmoschus esculentus, 松乳菇 Lactarius deliciosus
22E,24R-5α,6α-epoxyergosta-8(14),22-diene-3β,7α-diol] 22E,24R-5α,6α- 环氧麦角甾 -8(14),22- 二烯 -3β,7α- 二醇 多汁乳菇 Lactarius volemus
22E,24R-5α,6α-epoxyergosta-8,22-diene-3β,7α-diol 22E,24R-5α,6α- 环氧麦角甾 -8,22- 二烯 -3β,7α- 二醇 多汁乳菇 Lactarius volemus

5α,6α-epoxyergosta-8,22-diene-3β,7α-diol 5α,6α- 环氧麦角甾 -8,22- 二烯 -3β,7α- 二醇 皱盖假芝 Amauroderma rude, 松乳菇 Lactarius deliciosus

(22E,24R)-5α,6α-epoxyergosta-8,22-diene-3β,7β-diol (22E,24R)-5α,6α- 环氧麦角甾 -8,22- 二烯 -3β,7β- 二醇 斑玉蕈 Hypsizygus marmoreus

5,6-epoxyergosterol 5,6- 环氧麦角甾醇 蜜环菌 Armillaria mellea

14,5α-epoxyeudesm-11(13)-en-12-oic acid 14,5α- 环氧桉叶 -11(13)- 烯 -12- 酸 翼齿六棱菊 Laggera crispata

6β,14-epoxyeudesm-4(15)-en-1β-ol 6β,14- 环氧桉叶 -4(15)- 烯 -1β- 醇 短果茴芹 Pimpinella brachycarpa

4α,15-epoxyeudesmane-1β,6α-diol 4α,15- 环氧桉烷 -1β,6α- 二醇 小窃衣 Torilis japonica

4α,5β-epoxyeupatolide 4α,5β- 环氧泽兰内酯 欧亚旋覆花 Inula britannica, 蓼子朴 I. salsoloides, 北美鹅掌楸 Liriodendron tulipifera

9-epoxy-falcarindiol 9- 环氧 - 镰叶芹二醇 羌活 Notopterygium incisum

epoxyfarnachrol 环氧金合欢黄白蓍草酯▲ 中亚阿魏 Ferula jaeschkeana

3α,4α-epoxyfilicane 3α,4α- 环氧绵马烷 铁线蕨 Adiantum capillus-veneris, 扇叶铁线蕨 A. flabellulatum

2α,3α-epoxyflavan-5,7,3',4'-tetraol-(4β → 8)-flavan-5",7",4"'-triol 2α,3α- 环氧黄烷 -5,7,3',4'- 四醇 -(4β → 8)- 黄烷 -5",7",4"'- 三醇 茸毛木蓝 Indigofera stachyodes

3β,23-epoxy-friedelan-28-oic acid 3β,23- 环氧 - 无羁萜 -28- 酸 红厚壳 Calophyllum inophyllum

1β,10β-epoxyfuranoeremophilan-6β-ol 1β,10β- 环氧呋喃荒漠木 -6β- 醇 蹄叶橐吾 Ligularia fischeri

1β,10β-epoxyfuranoeremophilan-6β-yl-2-hydroxymethylprop-2-enoate 1β,10β- 环氧呋喃荒漠木 -6β- 基 -2- 羟甲基丙烯 -2- 羧酸酯 蹄叶橐吾 Ligularia fischeri

6α,15-epoxyfuranoeremophilane 6α,15- 环氧呋喃荒漠木烷 塔序橐吾 Ligularia thyrsoidea, 棉毛橐吾 L. vellerea

9β,10β-epoxyfuranomexicanan-8-one 9β,10β- 环氧呋喃墨西哥烷 -8- 酮 黄帚橐吾 Ligularia virgaurea

epoxyganoderiol A, B, C 环氧灵芝醇 A, B, C 灵芝 Ganoderma lucidum

3,10-epoxyglutinane 3,10- 环氧欧洲桤木烷 树形杜鹃花 Rhododendron arboreum

4α,7α-epoxyguaiane-10α,11-diol 4α,7α- 环氧愈创木 -10α,11- 二醇 苍术 Atractylodes lancea

10β,11β-epoxyguaiane-1α,4α,7α-triol 10β,11β- 环氧愈创木 -1α,4α,7α- 三醇 苍术 Atractylodes lancea

10β,11β-epoxyguaiane-1α,4α-diol 10β,11β- 环氧愈创木 -1α,4α- 二醇 苍术 Atractylodes lancea

7α,10α-epoxyguaiane-4α,11-diol 7α,10α- 环氧愈创木 -4α,11- 二醇 苍术 Atractylodes lancea

7,10-epoxy-hedyosminolide 7,10- 环氧 - 雪香兰素内酯▲ 雪香兰 Hedyosmum orientale

4α,5α-epoxyhelianol 4α,5α- 环氧向日葵醇 向日葵 Helianthus annuus

4R,5R-epoxyhelianyloctanoate 4R,5R- 环氧向日葵醇辛酸酯 向日葵 Helianthus annuus

cis-8,9-epoxyheptadeca-1-en-11,13-diyn-10-ol 顺式 -8,9- 环氧十七碳 -1- 烯 -11,13- 二炔 -10- 醇 蓟 Cirsium japonicum

(9R,10S)-epoxyheptadecan-4,6-diyn-3-one (9R,10S)- 环氧十七碳 -4,6- 二炔 -3- 酮 人参 Panax ginseng

22,28-epoxyhopan-30-ol 22,28- 环氧何帕 -30- 醇 石韦 Pyrrosia lingua

17β,21β-epoxyhopan-3-one 17β,21β- 环氧何帕 -3- 酮 龙胆 Gentiana scabra

17,21-epoxyhopane 17,21- 环氧何帕烷 欧亚多足蕨 Polypodium vulgare

17,29-epoxyhopane 17,29- 环氧何帕烷 铁线蕨 Adiantum capillus-veneris

17β,21β-epoxyhopane 17β,21β- 环氧何帕烷 鞭叶铁线蕨 Adiantum caudatum, 日本水龙骨 Polypodiodes niponica

22,28-epoxyhopane 22,28- 环氧何帕烷 石韦 Pyrrosia lingua

(1S,6S,7S)-6,7-epoxyhumul-2(Z)-en-1-ol (1S,6S,7S)-6,7- 环氧葎草 -2(Z)- 烯 -1- 醇 窃衣 Torilis scabra

13,14-epoxyimbricatolic acid 13,14- 环氧覆瓦南洋杉醇酸 欧洲刺柏 Juniperus communis

2',3'-epoxyindicolactone 2',3'- 环氧印度黄皮内酯 调料九里香 Murraya koenigii

epoxy-isoacoragermacrone 环氧异菖蒲大根老鹳草酮 菖蒲 Acorus calamus

epoxyisoalantolactone 环氧异土木香内酯 总状土木香 Inula racemosa

(1S:2S:3R:4R)-(-)-1,2-epoxyisomenthyl acetate (1S:2S:3R:4R)-(-)-1,2- 环氧异薄荷醇乙酸酯 圆叶薄荷 Mentha suaveolens

4, (15)-α-epoxyisotelekin 4,(15)-α- 环氧异特勒菊素▲ 总状土木香 Inula racemosa

11,13-epoxyisozaluzanin C 11,13- 环氧异中美菊素 C 云木香 Saussurea costus

2,3-epoxyjaeschkeanadiol-5α-vanillate 2,3- 环氧中亚阿魏二醇▲-5α- 香荚兰酸酯 中亚阿魏 Ferula jaeschkeana

ent-7β,20-epoxykaur-16-ene-1β,6α,7α,14α,15α-pentanol-1-O-β-D-glucopyranoside 对映 -7β,20- 环氧贝壳杉 -16- 烯 -1β,6α,7α,14α,15α- 五醇 -1-O-β-D- 吡喃葡萄糖苷 冬凌草 Isodon rubescens

ent-7β,20-epoxy-kaur-16-ene-1β,6α,7α,14α,15α-pentanol-1-O-β-D-glucopyranoside 对映 -7β,20- 环氧 - 贝壳杉 -16- 烯 -1β,6α,7α,14α,15α- 五醇 -1-O-β-D- 吡喃葡萄糖苷 冬凌草 Isodon rubescens

(4α,15α)-15,16-epoxykauran-18-oic acid (4α,15α)-15,16- 环氧贝壳杉 -18- 酸 向日葵 Helianthus annuus

ent-16,17-epoxykauran-3α-ol 对映 -16,17- 环氧贝壳杉 -3α- 醇 天目贝母 Fritillaria monantha

14α,15α-epoxykopsinine 14α,15α- 环氧蕊木宁 山橙 Melodinus suaveolens

8,13-epoxylabd-14-en-11-one 8,13- 环氧半日花 -14- 烯 -11- 酮 毛喉鞘蕊花 Coleus forskohlii

ent-8,13-epoxylabd-14-en-19-oic acid 对映 -8,13- 环氧半日花 -14- 烯 -19- 酸 马尾松 Pinus massoniana

(E)-8β(17)-epoxylabda-12-en-15,16-dial (E)-8β(17)- 环氧半日花 -12- 烯 -15,16- 二醛 蘘荷 Zingiber mioga

8β(17)-epoxylabda-12-en-15,16-dial 8β(17)- 环氧半日花 -12- 烯 -15,16- 二醛 草豆蔻 Alpinia hainanensis

15,16-epoxylabda-13(16),14-diene-6β,7β,9α-triol 15,16- 环氧半日花 -13(16),14- 二烯 -6β,7β,9α- 三醇 夏至草 Lagopsis supina

(E)-15,16-epoxylabda-8(17),11,13-trien-16-ol (E)-15,16- 环氧半日花 -8(17),11,13- 三烯 -16- 醇 华山姜 Alpinia oblongifolia

(E)-14ξ,15-epoxylabda-8(17),12-dien-16-al (E)-14ξ,15- 环氧半日花 -8(17),12- 二烯 -16- 醛 华山姜 Alpinia oblongifolia

E

12,13-epoxylabda-8(17),14-dien-19-oic acid 12,13- 环氧半日花 -8(17),14- 二烯 -19- 酸 圆柏 Juniperus chinensis
12,15-epoxylabda-8(20),13-dien-18-oic acid 12,15- 环氧半日花 -8(20),13- 二烯 -18- 酸 宽叶金粟兰 Chloranthus henryi
3α,7α-epoxy-lanost-5,25-dien-3β-ol 3α,7α- 环氧 - 羊毛脂 -5,25- 二烯 -3β- 醇 盒果藤 Operculina turpethum
(3β,13α,14β,17α,20S,23R,24R)-21,24-epoxylanost-7-en-3,23,25-triol 3-dodecanoate (3β,13α,14β,17α,20S,23R,24R)-21,24- 环氧羊毛脂 -7- 烯 -3,23,25- 三醇 -3- 十二酸酯 鹧鸪花 Trichilia connaroides
(3β,13α,14β,17α,20S,23R,24R)-21,24-epoxy-lanost-7-en-3,23,25-triol 3-hexadecanoate (3β,13α,14β,17α,20S,23R,24R)-21,24- 环氧羊毛脂 -7- 烯 -3,23,25- 三醇 3- 十六酸酯 鹧鸪花 Trichilia connaroides
(3β,13α,14β,17α,20S,23R,24R)-21,24-epoxy-lanost-7-en-3,23,25-triol 3-octadecanoate (3β,13α,14β,17α,20S,23R,24R)-21,24- 环氧羊毛脂 -7- 烯 -3,23,25- 三醇 3- 十八酸酯 鹧鸪花 Trichilia connaroides
(3β,13α,14β,17α,20S,23R,24R)-21,24-epoxylanost-7-en-3,23,25-triol 3-tetradecanoate (3β,13α,14β,17α,20S,23R,24R)-21,24- 环氧羊毛脂 -7- 烯 -3, 23,25- 三醇 3- 十四酸酯 鹧鸪花 Trichilia connaroides
(13α,14β,17α,23Z)-21,23-epoxylanosta-7,20(22),23,25-tetraene-3,21-dione (13α,14β,17α,23Z)-21,23- 环氧羊毛脂 -7,20(22),23,25- 四烯 -3,21- 二酮 大叶山楝 Aphanamixis grandifolia
epoxylathyrol 环氧续随子醇 续随子 Euphorbia lathyris
6,20-epoxylathyrol phenylacetate diacetate 6,20- 环氧续随子醇苯乙酸酯二乙酸酯 续随子 Euphorbia lathyris, 千金子 Leptochloa chinensis
6:20-epoxylathyrol-5,10-diacetate 3-phenylacetate 6:20- 环氧续随子醇 -5,10- 二乙酸酯 -3- 苯乙酸酯 血桐 Macaranga tanarius var. tomentosa
1,10-epoxylepidozenal 1,10- 环氧指叶苔烯醛▲ 大叶马兜铃 Aristolochia kaempferi, 寻骨风 A. mollissima
11α,12α-epoxyleukamenin E 11α,12α- 环氧白花阴生香茶菜素 E 贵州鼠尾草 Salvia cavaleriei
epoxylignan 环氧木脂素 腺梗豨莶 Sigesbeckia pubescens
(Z)-6,7-epoxyligustilide (Z)-6,7- 环氧藁本内酯 当归 Angelica sinensis
epoxylinalool 环氧芳樟醇 挥发油成分，未统计基源
epoxy-linalool oxide 环氧芳樟醇氧化物 挥发油成分，未统计基源
19,21β-epoxylup-20(29)-en-3β-O-acetate 19,21β- 环氧羽扇豆 -20(29)- 烯 -3β-O- 乙酸酯 咖啡黄葵 Abelmoschus esculentus
epoxylupeol 环氧羽扇豆醇 飞机草 Chromolaena odorata
epoxymalabaricol 环氧岭南臭椿醇▲ 岭南臭椿 Ailanthus triphysa
8α-epoxymethacryloxy-11,13-dihydroparthenin 8α- 环氧异丁烯酰氧基 -11,13- 二氢银胶菊素 银胶菊 Parthenium hysterophorus
8α-epoxymethacryloxyambrosin 8α- 环氧异丁烯酰氧基豚草素 银胶菊 Parthenium hysterophorus
8α-epoxymethacryloxyparthenin 8α- 环氧异丁烯酰氧基银胶菊素 银胶菊 Parthenium hysterophorus
8α-epoxymethacryloyloxy-hirsutinolide-13-O-acetate 8α- 环氧丙烯酰氧基硬毛钩藤内酯 -13-O- 乙酸酯 夜香牛 Vernonia cinerea
epoxymollugin 环氧粟猪殃殃素 茜草 Rubia cordifolia
(1S:2S:3S:4R)-(-)-1,2-epoxyneoisomenthyl acetate (1S:2S:3S:4R)-(-)-1,2- 环氧新异薄荷醇乙酸酯 圆叶薄荷 Mentha suaveolens
(1R,2S)-1,2-epoxyneomajucin (1R,2S)-1,2- 环氧新大八角素 假地枫皮 Illicium jiadifengpi, 小花八角 I. micranthum
epoxyocimene 环氧罗勒烯 挥发油成分，未统计基源
9,10-epoxyoctadecanoic acid 9,10- 环氧十八酸 大翅蓟 Onopordum acanthium
cis-9,10-epoxyoctadecanoic acid 顺式 -9,10- 环氧十八酸 鼬瓣花 Galeopsis bifida
cis-(+)-12,13-epoxyoctadec-cis-9-enoic acid 顺式 -(+)-12,13- 环氧十八碳 - 顺式 -9- 烯酸 鼬瓣花 Galeopsis bifida
13,28-epoxy-olean-11-en-3β-acetate 13,28- 环氧 - 齐墩果 -11- 烯 -3β- 乙酸酯 枸骨 Ilex cornuta
12,13ξ-epoxy-oleanan-3β-ol 12,13ξ- 环氧 - 齐墩果 -3β- 醇 金盏花 Calendula officinalis
(3β,16α,22α,28S)-13,28-epoxy-oleanane-3,16,22,23,28-pentol (3β,16α,22α,28S)-13,28- 环氧 - 齐墩果 -3,16,22,23,28- 五醇 琉璃繁缕 Anagallis arvensis
(3β,16α,22α)-13,28-epoxy-oleanane-3,16,22,23-tetrol (3β,16α,22α)-13,28- 环氧 - 齐墩果 -3,16,22,23- 四醇 琉璃繁缕 Anagallis arvensis
(3β,16α,22α,28S)-13,28-epoxy-oleanane-3,16,22,28-tetrol (3β,16α,22α,28S)-13,28- 环氧 - 齐墩果 -3,16,22,28- 四醇 琉璃繁缕 Anagallis arvensis
4α,5β-epoxyovatifolin 4α,5β- 环氧卵叶柄花菊素▲ 蓼子朴 Inula salsoloides
4,5-epoxyovatodiolide 4,5- 环氧广防风二内酯▲ 广防风 Anisomeles indica
5α,6α-epoxyphysalin B 5α,6α- 环氧酸浆素 B 酸浆 Physalis alkekengi
28,29-epoxyplukenetione A 28,29- 环氧普氏猪胶树酮▲A 元宝草 Hypericum sampsonii
2β,3β-epoxypodolide 2β,3β- 环氧罗汉松内酯 竹柏 Nageia nagi
14,15β-epoxyprieurianin 14,15β- 环氧热非三唇楝素 云南地黄连 Munronia delavayi
epoxyrepdiolide 环氧匍匐矢车菊二醇内酯▲ 顶羽菊 Acroptilon repens
epoxyrolin B 环氧罗林果素▲B 圆滑番荔枝 Annona glabra, 番荔枝 A. squamosa
3α,4α-epoxyrupicolin A 3α,4α- 环氧岩生三裂蒿素▲A 无毛牛尾蒿 Artemisia dubia var. subdigitata
epoxysalviacoccin 环氧朱唇素▲ 荔枝草 Salvia plebeia
epoxysantamarin 环氧短舌匹菊素▲ 短舌匹菊 Pyrethrum parthenium
14,15-β-epoxyscandine 14,15-β- 环氧攀援山橙碱▲ 山橙 Melodinus suaveolens
14,15-epoxyscandine 14,15- 环氧攀援山橙碱▲ 川山橙 Melodinus hemsleyanus
2,3-epoxysesamone 2,3- 环氧胡麻酮▲ 芝麻 Sesamum indicum
3α,7α-epoxy-stigmast-(Z)-5,20,22-trien-28-oic acid-3β-hexadecanoate 3α,7α- 环氧 - 豆甾 -(Z)-5,20,22- 三烯 -28- 酸 -3β- 十六酸酯 盒果藤 Operculina turpethum

3α,7α-epoxy-stigmast-5,20-dien-3β-hexadecanoate 3α,7α- 环氧 - 豆甾 -5,20- 二烯 -3β- 十六酸酯 盒果藤 Operculina turpethum
5,6-epoxystigmastan-3-ol 5,6- 环氧豆甾烷醇 -3- 醇 毛叶木姜子 Litsea mollis
8α,9α-epoxysuaveolic acid 8α,9α- 环氧山香酸▲ 山香 Hyptis suaveolens
14β,15β-epoxytabersonine 14β,15β- 环氧柳叶水甘草碱 狗牙花 Tabernaemontana divaricata
1β,2α-epoxytagitinin C 1β,2α- 环氧万寿肿柄菊素▲C 肿柄菊 Tithonia diversifolia
11α,12α-epoxytaraxerone 11α,12α- 环氧蒲公英赛酮 风毛菊 Saussurea japonica
4, (15)-α-epoxytelekin 4,(15)-α- 环氧特勒菊素▲ 总状土木香 Inula racemosa
24,25-epoxy-tirucall-7,20(E)-diene-3,23-dione 24,25- 环氧 - 绿玉树 -7,20(E)- 二烯 -3,23- 二酮 大叶山楝 Aphanamixis grandifolia
22,23-epoxytirucall-7-en-3β,24,25-triol 22,23- 环氧大戟 -7- 烯 -3β,24,25- 三醇 云南地黄连 Munronia delavayi
(22S,23R)-22,23-epoxytirucall-7-ene-3α,24,25-triol (22S,23R)-22,23- 环氧绿玉树 -7- 烯 -3α,24,25- 三醇 川楝 Melia toosendan
22,23-epoxytirucall-7-ene-3β,24,25-triol 22,23- 环氧绿玉树 -7- 烯 -3β,24,25- 三醇 川楝 Melia toosendan
22S,23R-epoxy-tirucalla-7-ene-3α,24,25-triol 22S,23R- 环氧 - 绿玉树 -7- 烯 -3α,24,25- 三醇 马甲子 Paliurus ramosissimus
24,25-epoxytirucallane-7-ene-3,23-dione 24,25- 环氧绿玉树 -7- 烯 -3,23- 二酮 大叶山楝 Aphanamixis grandifolia
epoxytuberostemonone 环氧对叶百部酮 云南百部 Stemona mairei
13,28-epoxy-urs-11-en-3β-ol 13,28- 环氧 - 熊果 -11- 烯 -3β- 醇 枸骨 Ilex cornuta
(E)-(-)-3β,4β-epoxyvalerenal (E)-(-)-3β,4β- 环氧缬草烯醛 缬草 Valeriana officinalis
(-)-3β,4β-epoxyvalerenic acid (-)-3β,4β- 环氧缬草烯酸 缬草 Valeriana officinalis
(E)-(-)-3β,4β-epoxyvalerenyl acetate (E)-(-)-3β,4β- 环氧缬草烯醇乙酸酯 缬草 Valeriana officinalis
14R,15-epoxyvibsanin C 14R,15- 环氧荚蒾宁 C 珊瑚树 Viburnum odoratissimum
14S,15-epoxyvibsanin C 14S,15- 环氧荚蒾宁 C 珊瑚树 Viburnum odoratissimum
16β,21β-epoxyvincadine 16β,21β- 环氧蔓长春花卡定▲ 思茅山橙 Melodinus cochinchinensis, 雷打果 M. yunnanensis
24,25-epoxywithanolide D 24,25- 环氧睡茄内酯 D 苦蘵 Physalis angulata
5α,6α-epoxywithaphysalin A 5α,6α- 环氧睡茄酸浆素 A 小酸浆 Physalis minima
7β,8β-epoxyzuonin A 7β,8β- 环氧香润楠宁▲A 华中五味子 Schisandra sphenanthera
13,28-epoxy-α-amyrin 13,28- 环氧 -α- 香树脂醇 扣树 Ilex kaushue
16,19-epoxy-Δ^{14}-vincanol 16,19- 环氧 -Δ^{14}- 蔓长春花醇▲ 雷打果 Melodinus yunnanensis
equisetrin 问荆素▲ 问荆 Equisetum arvense
equisetumone 问荆酮▲ 犬问荆 Equisetum palustre
equisetumoside A, B, C 问荆苷▲A, B, C 问荆 Equisetum arvense
equisetumpyrone 问荆吡喃酮▲ 问荆 Equisetum arvense
eranthemoside 喜花草苷 可爱花 Eranthemum pulchellum
erectone A, B 小连翘酮▲A, B 小连翘 Hypericum erectum
erectquione A, B, C 小连翘醌酮▲A, B, C 小连翘 Hypericum erectum
eremanthin 荒漠菊素▲ 闭鞘姜 Costus speciosus, 月桂 Laurus nobilis, 云木香 Saussurea costus
eremofarfugin A 荒漠木大吴风草素▲A 大吴风草 Farfugium japonicum
eremofarfugin D, E 荒漠木大吴风草素▲D, E 棉毛橐吾 Ligularia vellerea
eremofukinone 荒漠木蜂斗菜酮 蜂斗菜 Petasites japonicus
eremoligenol 荒漠木橐吾烯醇▲ 蹄叶橐吾 Ligularia fischeri
eremopetasidione 荒漠木蜂斗菜素二酮▲ 蜂斗菜 Petasites japonicus
eremopetasinorol 荒漠木蜂斗菜素醇▲ 蜂斗菜 Petasites japonicus
eremopetasinorone A, B 荒漠木蜂斗菜素酮▲A, B 蜂斗菜 Petasites japonicus
eremopetasinsulfoxide 荒漠木蜂斗菜素亚砜▲ 蜂斗菜 Petasites japonicus
eremopetasitenin A_1, A_2, B_1, B_2 荒漠木蜂斗菜素▲A_1, A_2, B_1, B_2 蜂斗菜 Petasites japonicus
eremopetasitenin B_3 荒漠木蜂斗菜素▲B_3 大吴风草 Farfugium japonicum
eremopetasitenin C_1, C_2, C_3, D_1, D_2, D_3 荒漠木蜂斗菜素▲C_1, C_2, C_3, D_1, D_2, D_3 蜂斗菜 Petasites japonicus
eremophil-1(10),7(11),8(9)-trien-12,8-olide 荒漠木 -1(10),7(11),8(9)- 三烯 -12,8- 内酯 宽舌橐吾 Ligularia platyglossa
8βH-eremophil-3,7(11)-dien-12,8α(14,6α)-diolide 8βH- 荒漠木 -3,7(11)- 二烯 -12,8α(14,6α)- 二内酯 东俄洛橐吾 Ligularia tongolensis
8βH-eremophil-3,7(11)-dien-12,8α(15,6α)-diolide 8βH- 荒漠木 -3,7(11)- 二烯 -12,8α(15,6α)- 二内酯 牛蒡叶橐吾 Ligularia lapathifolia
eremophil-6-en-11-ol 荒漠木 -6- 烯 -11- 醇 离舌橐吾 Ligularia veitchiana
eremophil-7(11),8(9)-dien-12,8(14β,6α)-diolide 荒漠木 -7(11),8(9)- 二烯 -12,8(14β,6α)- 二内酯 狭苞橐吾 Ligularia intermedia
eremophil-7(11)-en-6α,15β-olide 荒漠木 -7(11)- 烯 -6α,15β- 内酯 大叶橐吾 Ligularia macrophylla
eremophil-7(11)-ene-12,8α;14β,6α-diolide 荒漠木 -7(11)- 烯 -12,8α;14β,6α- 二内酯 大叶橐吾 Ligularia macrophylla, 掌叶橐吾 L. przewalskii
eremophil-7(8)-en-12,8(14β,6α)-diolide 荒漠木 -7(8)- 烯 -12,8(14β,6α)- 二内酯 狭苞橐吾 Ligularia intermedia
eremophil-7(8)-ene-12,8(4β,6β)-diolide 荒漠木 -7(8)- 烯 -12,8(4β,6β)- 二内酯 狭苞橐吾 Ligularia intermedia
eremophil-8(9)7,(11)-dien-6α, 15;8,12-diolide 荒漠木 -8(9)7,(11)- 二烯 -6α,15;8,12- 二内酯 掌叶橐吾 Ligularia przewalskii
eremophila-1(10),11-diene 荒漠木 -1(10),11- 二烯 棉毛橐吾 Ligularia vellerea
eremophila-10,11-diene-7-α,13-diol 荒漠木 -10,11- 二烯 -7-α,13- 二醇 红纹马先蒿 Pedicularis striata
eremophila-9(10),11(13)-dien-12-oic acid 荒漠木烷 -9(10),11(13)- 二烯 -12- 酸 栉叶蒿 Neopallasia pectinata
7R-eremophila-9,11-dien-8-one 7R- 荒漠木 -9,11- 二烯 -8- 酮 膜苞垂头菊 Cremanthodium stenactinium

7*S*-eremophila-9,11-dien-8-one 7*S*- 荒漠木 -9,11- 二烯 -8- 酮 膜苞垂头菊 Cremanthodium stenactinium
eremophila-9,11-dien-8-one 荒漠木 -9,11- 二烯 -8- 酮 华蟹甲 Sinacalia tangutica
4*α*,5*α*,7*β*-1(10),11-eremophiladiene 4*α*,5*α*,7*β*-1(10),11- 荒漠木二烯 挥发油成分，未统计基源
eremophilane 荒漠木烷 橐吾 Ligularia sibirica
eremophilanolide 荒漠木内酯▲ 离舌橐吾 Ligularia veitchiana
$\Delta^{11(12)}$-eremophilen-10*β*-ol $\Delta^{11(12)}$- 荒漠木烯 -10*β*- 醇 光叶山姜 Alpinia intermedia
7(11)-eremophilen-8-one 7(11)- 荒漠木烯 -8- 酮 网脉橐吾 Ligularia dictyoneura
7(11)-eremophilen-8*α*,12-olide 7(11)- 荒漠木烯 -8*α*,12- 内酯 阿勒泰橐吾 Ligularia altaica
eremophilene 荒漠木烯 挥发油成分，未统计基源
$\Delta^{9(10)}$-eremophilene-11-ol $\Delta^{9(10)}$- 荒漠木烯 -11- 醇 山姜 Alpinia japonica

E

eremophilenolide 荒漠木烯内酯▲ 鹿蹄橐吾 Ligularia hodgsonii, 蜂斗菜 Petasites japonicus
eremosulfoxinolide A, B 荒漠木亚砜内酯▲A, B 蜂斗菜 Petasites japonicus
ergobasine 麦角巴辛 麦角菌 Claviceps purpurea
ergobine 麦角宾碱 麦角菌 Claviceps purpurea
ergobutine 麦角丁碱▲ 麦角菌 Claviceps purpurea
ergobutyrine 麦角丁灵▲ 麦角菌 Claviceps purpurea
ergochrome AA, AB, AC, AD, BB, BC, BD, CC, CD, DD 麦角色素 AA, AB, AC, AD, BB, BC, BD, CC, CD, DD 麦角菌 Claviceps purpurea
ergochrysin A, B 麦角黄素 A, B 麦角菌 Claviceps purpurea
ergocornine 麦角考宁 麦角菌 Claviceps purpurea
ergocorninine 麦角异考宁 麦角菌 Claviceps purpurea
ergocristine 麦角晶亭▲ 麦角菌 Claviceps purpurea
ergocristinine 麦角异晶亭▲ 麦角菌 Claviceps purpurea
α-ergocryptine *α*- 麦角隐亭碱 麦角菌 Claviceps purpurea
β-ergocryptine *β*- 麦角隐亭碱 麦角菌 Claviceps purpurea
ergocryptine; *α*-ergocryptine 麦角隐亭 麦角菌 Claviceps purpurea
ergocryptinine; *α*-ergocryptinine 麦角异隐亭 麦角菌 Claviceps purpurea
ergoladinine 麦角拉宁碱▲ 麦角菌 Claviceps purpurea
ergolide 考氏飞蓬内酯▲ 欧亚旋覆花 Inula britannica, 土木香 I. helenium, 水朝阳旋覆花 I. helianthusaquatilis, 湖北旋覆花 I. hupehensis
ergoline 麦角灵 单柱菟丝子 Cuscuta monogyna
ergometrine 麦角新碱 麦角菌 Claviceps purpurea
ergometrinine 麦角异新碱 麦角菌 Claviceps purpurea
ergone 麦角酮 猪苓 Polyporus umbellatus
ergonine 麦角宁碱 麦角菌 Claviceps purpurea
ergoptine 麦角坡亭碱 麦角菌 Claviceps purpurea
ergosecalinine 麦角黑麦宁碱▲ 麦角菌 Claviceps purpurea
ergosine 麦角辛 麦角菌 Claviceps purpurea
ergosinine 麦角异辛 麦角菌 Claviceps purpurea
5*β*-ergost-22,23-ene-3*α*-ol 5*β*- 麦角甾 -22,23- 烯 -3*α*- 醇 雪岭云杉 Picea schrenkiana
22*E*-5*α*-ergost-7,9(11),22-trien-3*β*-ol 22*E*-5*α*- 麦角甾 -7,9(11),22- 三烯 -3*β*- 醇 红缘拟层孔菌 Fomitopsis pinicola
(24*S*)-ergost-7-en-3*β*-ol (24*S*)- 麦角甾 -7- 烯 -3*β*- 醇 金针菇 Flammulina velutipes, 斑玉蕈 Hypsizygus marmoreus, 海滨木巴戟 Morinda citrifolia, 光帽鳞伞 Pholiota nameko
(5*α*)-ergost-7-en-3*β*-ol (5*α*)- 麦角甾 -7- 烯 -3*β*- 醇 向日葵 Helianthus annuus
ergosta-4,24(28)-diene-3-one 麦角甾 -4,24(28)- 二烯 -3- 酮 柽柳 Tamarix chinensis
ergosta-4,6,22-trien-3*α*-ol 麦角甾 -4,6,22- 三烯 -3*α*- 醇 半枝莲 Scutellaria barbata
ergosta-4,6,22-trien-3*β*-ol 麦角甾 -4,6,22- 三烯 -3*β*- 醇 半枝莲 Scutellaria barbata
(24*S*)-ergosta-4,6,8(14),22-tetraen-3-one (24*S*)- 麦角甾 -4,6,8(14),22- 四烯 -3- 酮 越南枫杨 Pterocarya tonkinensis
ergosta-4,6,8(14),22-tetraen-3-one 麦角甾 -4,6,8(14),22- 四烯 -3- 酮 中华猕猴桃 Actinidia chinensis, 臭椿 Ailanthus altissima, 山楝 Aphanamixis polystachya, 软紫草 Arnebia euchroma, 秃马勃 Calvatia cyathiformis, 葫芦树 Crescentia cujete, 药用拟层孔菌 Fomitopsis officinalis, 树舌灵芝 Ganoderma applanatum, 尖顶地星 Geastrum triplex, 珊瑚状猴头菌 Hericium coralloides, 黄槿 Hibiscus tiliaceus, 脱皮球马勃 Lasiosphaera fenzlii, 二色补血草 Limonium bicolor, 楝 Melia azedarach, 红曲 Monascus purpureus, 木犀 Osmanthus fragrans, 桑黄 Phellinus igniarius, 松木层孔菌 P. pini, 猪苓 Polyporus umbellatus, 多根硬皮马勃 Scleroderma polyrhizum, 昆明山海棠 Tripterygium hypoglaucum
(22*E*,24*R*)-ergosta-4,6,8(14),22-tetraen-3*β*-one (22*E*,24*R*)- 麦角甾 -4,6,8(14),22- 四烯 -3*β*- 酮 硬皮地星 Astraeus hygrometricus
(22*E*)-ergosta-4,6,8,22-tetraen-3-one (22*E*)- 麦角甾 -4,6,8,22- 四烯 -3- 酮 猴头菌 Hericium erinaceus
ergosta-4,6-dien-3-one 麦角甾 -4,6- 二烯 -3- 酮 毛地黄鼠尾草 Salvia digitaloides
ergosta-4,7,22-triene-3,6-dione 麦角甾 -4,7,22- 三烯 -3,6- 二酮 秃马勃 Calvatia cyathiformis
ergosta-4-en-3-one 麦角甾 -4- 烯 -3- 酮 牛耳朵 Primulina eburnea
ergosta-4-ene-3,6-dione 麦角甾 -4- 烯 -3,6- 二酮 金线吊乌龟 Stephania cephalantha
ergosta-5,14,25-trien-3*β*-ol 麦角甾 -5,14,25- 三烯 -3*β*- 醇 土瓜狼毒 Euphorbia prolifera

ergosta-5,22(*E*)-dien-3β-ol 麦角甾 -5,22(*E*)- 二烯 -3β- 醇 巨藻 Macrocystis pyrifera
(3β,22*E*)-ergosta-5,22-dien-3-ol acetic ester (3β,22*E*)- 麦角甾 -5,22- 二烯 -3- 醇乙酸酯 杉木 Cunninghamia lanceolata
ergosta-5,22-dien-3β,7β-diol 麦角甾 -5,22- 双烯 -3β,7β- 二醇 牛耳朵 Primulina eburnea
(22*E*,24*R*)-ergosta-5,22-dien-3β-ol (22*E*,24*R*)- 麦角甾 -5,22- 二烯 -3β- 醇 刺松藻 Codium fragile
24ζ-ergosta-5,22-dien-3β-ol 24ζ- 麦角甾 -5,22- 二烯 -3β- 醇 松叶蕨 Psilotum nudum
ergosta-5,24(28)-dien-3-ol 麦角甾 -5,24(28)- 二烯 -3- 醇 木蹄层孔菌 Fomes fomentarius
ergosta-5,24(28)-diene-3β,23*S*-diol 麦角甾 -5,24(28)- 二烯 -3β,23*S*- 二醇 苦蘵 Physalis angulata
ergosta-5,24(28)-diene-3β-ol 麦角甾 -5,24(28)- 二烯 -3β- 醇 巨藻 Macrocystis pyrifera, 苦蘵 Physalis angulata
ergosta-5,24-dien-3α-ol 麦角甾 -5,24- 二烯 -3α- 醇 林当归 Angelica sylvestris
ergosta-5,25(26)-diene-3,24ζ-diol 麦角甾 -5,25(26)- 二烯 -3β,24ξ- 二醇 苦蘵 Physalis angulata
ergosta-5,25-diene-3β,24ξ-diol 麦角甾 -5,25- 二烯 -3β,24ξ- 二醇 挂金灯 Physalis alkekengi var. francheti
ergosta-5,7,22-trien-3β-ol 麦角甾 -5,7,22- 三烯 -3β- 醇 野蘑菇 Agaricus campestris, 脱皮球马勃 Lasiosphaera fenzlii, 点柄乳牛肝菌 Suillus granulatus
ergosta-5,7,22-trien-3β-*O*-β-D-glucopyranoside 麦角甾 -5,7,22- 三烯 -3β-*O*-β-D- 吡喃葡萄糖苷 点柄乳牛肝菌 Suillus granulatus
(3β,22*E*)-ergosta-5,7,22-triene-3-ol (3β,22*E*)- 麦角甾 -5,7,22- 三烯 -3- 醇 见血封喉 Antiaris toxicaria
(22*E*,24*R*)-ergosta-5,7,22-triene-3β-ol (22*E*,24*R*)- 麦角甾 -5,7,22- 三烯 -3β- 醇 红汁乳菇 Lactarius hatsudake, 紫丁香蘑 Lepista nuda, 绿红菇 Russula virescens, 橙黄硬皮马勃 Scleroderma citrinum, 紫藤 Wisteria sinensis
(24*S*)-ergosta-5,7,9(11),22-tetraen-3β-ol (24*S*)- 麦角甾 -5,7,9(11),22- 四烯 -3β- 醇 光帽鳞伞 Pholiota nameko
(22*E*,24*R*)-ergosta-5,7,9(11),22-tetraen-3β-ol) (22*E*,24*R*)- 麦角甾 -5,7,9(11),22- 四烯 -3β- 醇 金针菇 Flammulina velutipes
(24*S*)-ergosta-5,7-dien-3β-ol (24*S*)- 麦角甾 -5,7- 二烯 -3β- 醇 斑玉蕈 Hypsizygus marmoreus, 光帽鳞伞 Pholiota nameko
ergosta-5,7-dien-3β-ol 麦角甾 -5,7- 二烯 -3β- 醇 野蘑菇 Agaricus campestris, 臭黄菇 Russula foetens, 稀褶黑红菇 R. nigricans, 点柄臭黄菇 R. senecis, 银耳 Tremella fuciformis
(3β,22*E*)-ergosta-5,8(14),22-triene-7-one (3β,22*E*)- 麦角甾 -5,8(14),22- 三烯 -7- 酮 猴头菌 Hericium erinaceus
ergosta-5,8,22-dien-3β,15-diol 麦角甾 -5,8,22- 三烯 -3β,15- 二醇 树舌灵芝 Ganoderma applanatum
ergosta-5,8,22*E*-trien-3β-ol 麦角甾 -5,8,22*E*- 三烯 -3- 醇 地茶衣 Thamnolia vermicularis
(22*E*,24*R*)-ergosta-5,8,22-trien-3β-ol (22*E*,24*R*)- 麦角甾 -5,8,22- 三烯 -3β- 醇 光帽鳞伞 Pholiota nameko
ergosta-5,8,22-trien-3β-ol 麦角甾 -5,8,22- 三烯 -3β- 醇 金针菇 Flammulina velutipes
ergosta-5-en-3-ol 麦角甾 -5- 稀 -3- 醇 毛蓼 Polygonum barbatum
ergosta-5-en-3β-ol 麦角甾 -5- 烯 -3β- 醇 翅果油树 Elaeagnus mollis, 苦豆子 Sophora alopecuroides
ergosta-5α,8α-epidioxy-6,22-dien-3β-ol 麦角甾 -5α,8α- 环二氧 -6,22- 二烯 -3β- 醇 脱皮球马勃 Lasiosphaera fenzlii, 网纹马勃 Lycoperdon perlatum
ergosta-5α,8α-epidioxy-6,9(11),22-trien-3β-ol 麦角甾 -5α,8α- 环二氧 -6,9(11),22- 三烯 -3β- 醇 网纹马勃 Lycoperdon perlatum
ergosta-6,22-dien-3β,5α,8α-triol 麦角甾 -6,22- 二烯 -3β,5α,8α- 三醇 板栗 Castanea mollissima, 盘花垂头菊 Cremanthodium discoideum, 东风菜 Doellingeria scabra, 节节草 Equisetum ramosissimum, 齿叶橐吾 Ligularia dentata, 东俄洛橐吾 L. tongolensis, 岩败酱 Patrinia rupestris, 石蝉草 Peperomia blanda, 少花风毛菊 Saussurea oligantha
ergosta-6,22-dien-5,8-epidioxy-3β-ol 麦角甾 -6,22- 二烯 -5,8- 环二氧 -3β- 醇 海榄雌 Avicennia marina
ergosta-6,22-dien-5α,8α-epidioxy-3β-ol 麦角甾 -6,22- 二烯 -5α,8α- 环二氧 -3β- 醇 节节草 Commelina diffusa
ergosta-6,22*E*-dien-3β,5β,8β-triol 麦角甾 -6,22*E*- 二烯 -3β,5β,8β- 三醇 皱盖假芝 Amauroderma rude
(3β,5α,22*E*)-ergosta-6,8(14),22-triene-3,5-diol (3β,5α,22*E*)- 麦角甾 -6,8(14),22- 三烯 -3,5- 二醇 猴头菌 Hericium erinaceus
(22*E*)-ergosta-6,9,22-triene-3β,5α,8α-triol (22*E*)- 麦角甾 -6,9,22- 三烯 -3β,5α,8α- 三醇 益母草 Leonurus japonicus
ergosta-7,22-dien-2β,3α,9α-triol 麦角甾 -7,22- 二烯 -2β,3α,9α- 三醇 中华紫芝 Ganoderma sinense
ergosta-7,22-dien-2β,4α-diol 麦角甾 -7,22- 二烯 -2β,4α- 二醇 中华紫芝 Ganoderma sinense
ergosta-7,22-dien-3,5,6-triol 麦角甾 -7,22- 二烯 -3,5,6- 三醇 冬虫夏草 Ophiocordyceps sinensis
ergosta-7,22-dien-3-ol 麦角甾 -7,22- 二烯 -3- 醇 咖啡黄葵 Abelmoschus esculentus, 木蹄层孔菌 Fomes fomentarius, 亚绒白乳菇 Lactarius subvellereus
(22*E*,24*R*)-ergosta-7,22-dien-3-one (22*E*,24*R*)- 麦角甾 -7,22- 二烯 -3 酮 猪苓 Polyporus umbellatus
5α-ergosta-7,22-dien-3-one 5α- 麦角甾 -7,22- 二烯 -3- 酮 大秃马勃 Calvatia gigantea, 淡黄木层孔菌 Phellinus gilvus, 桑黄 P. igniarius
ergosta-7,22-dien-3-one 麦角甾 -7,22- 二烯 -3- 酮 葫芦树 Crescentia cujete, 木蹄层孔菌 Fomes fomentarius, 树舌灵芝 Ganoderma applanatum, 珊瑚状猴头菌 Hericium coralloides, 脱皮球马勃 Lasiosphaera fenzlii, 桦褶孔菌 Lenzites betulina, 木犀 Osmanthus fragrans, 桑黄 Phellinus igniarius
ergosta-7,22-dien-3-palmitate 麦角甾 -7,22- 二烯 -3- 棕榈酸酯 木蹄层孔菌 Fomes fomentarius
ergosta-7,22-dien-3α,3β,6α-triol 麦角甾 -7,22- 二烯 -3α,3β,6α- 三醇 黑柄炭角菌 Xylaria nigripes
(22*E*,24*R*)-ergosta-7,22-dien-3β,5α,6α-triol (22*E*,24*R*)- 麦角甾 -7,22- 二烯 -3β,5α,6α- 三醇 木蹄层孔菌 Fomes fomentarius, 香菇 Lentinula edodes
(22*E*,24*R*)-ergosta-7,22-dien-3β,5α,6β-triol (22*E*,24*R*)- 麦角甾 -7,22- 二烯 -3β,5α,6β- 三醇 刺松藻 Codium fragile, 金针菇 Flammulina velutipes, 红汁乳菇 Lactarius hatsudake, 香菇 Lentinula edodes, 天女花 Oyama sieboldii, 侧耳 Pleurotus ostreatus, 巴天酸模 Rumex patientia, 蓝黄红菇 Russula cyanoxantha, 绿红菇 R. virescens
22*E*,24*R*-ergosta-7,22-dien-3β,5α,6β-triol 22*E*,24*R*- 麦角甾 -7,22- 二烯 -3β,5α,6β- 三醇 多汁乳菇 Lactarius volemus
(22*E*,24*R*)-ergosta-7,22-dien-3β-ol (22*E*,24*R*)- 麦角甾 -7,22- 二烯 -3β- 醇 硬皮地星 Astraeus hygrometricus, 葫芦树 Crescentia cujete, 光帽

鳞伞 Pholiota nameko, 猪苓 Polyporus umbellatus, 紫藤 Wisteria sinensis

(22*E*,24*S*)-5α-ergosta-7,22-dien-3β-ol (22*E*,24*S*)-5α- 麦角甾 -7,22- 二烯 -3β- 醇 黄瓜 Cucumis sativus

ergosta-7,22-dien-3β-ol 麦角甾 -7,22- 二烯 -3β- 醇 野蘑菇 Agaricus campestris, 珍珠伞 Ardisia maculosa, 木蹄层孔菌 Fomes fomentarius, 药用拟层孔菌 Fomitopsis officinalis, 红缘拟层孔菌 F. pinicola, 树舌灵芝 Ganoderma applanatum, 松杉灵芝 G. tsugae, 珊瑚状猴头菌 Hericium coralloides, 脱皮球马勃 Lasiosphaera fenzlii, 榄李 Lumnitzera racemosa, 淡黄木层孔菌 Phellinus gilvus, 红树 Rhizophora apiculata, 坚硬女娄菜 Silene firma, 云芝 Trametes versicolor, 水红木 Viburnum cylindricum

ergosta-7,22-dien-3β-*O*-β-glucopyranoside 麦角甾 -7,22- 二烯 -3β-*O*-β- 吡喃葡萄糖苷 毛叶合欢 Albizia mollis

ergosta-7,22-dien-3β-yl palmitate 麦角甾 -7,22- 二烯 -3β- 基 - 棕榈酸酯 树舌灵芝 Ganoderma applanatum, 中华紫芝 G. sinense, 珊瑚状猴头菌 Hericium coralloides, 云芝 Trametes versicolor

(3β,5α,6β,22*E*)-ergosta-7,22-diene-3,5,6,9-tetrol (3β,5α,6β,22*E*)- 麦角甾 -7,22- 二烯 -3,5,6,9- 四醇 皱环球盖菇 Stropharia rugosoannulata

(3β,5α,6β,22*E*)-ergosta-7,22-diene-3,5,6-triol (3β,5α,6β,22*E*)- 麦角甾 -7,22- 二烯 -3,5,6- 三醇 海莲 Bruguiera sexangula

(3β,5α,6α,22*E*)-ergosta-7,22-diene-3,5,6-triol 6-linoleate (3β,5α,6α,22*E*)- 麦角甾 -7,22- 二烯 -3,5,6- 三醇 -6- 亚油酸酯 猴头菌 Hericium erinaceus

(3β,5α,6α,22*E*)-ergosta-7,22-diene-3,5,6-triol-6-oleate (3β,5α,6α,22*E*)- 麦角甾 -7,22- 二烯 -3,5,6- 三醇 -6- 油酸酯 猴头菌 Hericium erinaceus

(3β,5α,6α,22*E*)-ergosta-7,22-diene-3,5,6-triol-6-palmitate (3β,5α,6α,22*E*)- 麦角甾 -7,22- 二烯 -3,5,6- 三醇 -6- 棕榈酸酯 猴头菌 Hericium erinaceus

ergosta-7,22-diene-3,6-dione 麦角甾 -7,22- 二烯 -3,6- 二酮 秃马勃 Calvatia cyathiformis, 木蹄层孔菌 Fomes fomentarius, 脱皮球马勃 Lasiosphaera fenzlii

ergosta-7,22-diene-3-*O*-β-D-glucopyranoside 麦角甾 -7,22- 二烯 -3-*O*-β-D- 吡喃葡萄糖苷 羽叶点地梅 Pomatosace filicula

ergosta-7,22-diene-3β,5α,3β-triol 麦角甾 -7,22- 二烯 -3β,5α,3β- 三醇 咖啡黄葵 Abelmoschus esculentus

(22*E*)-ergosta-7,22-diene-3β,5α,6α,9α-tetrol (22*E*)- 麦角甾 -7,22- 二烯 -3β,5α,6α,9α- 四醇 松口蘑 Tricholoma matsutake

(22*E*,24*R*)-ergosta-7,22-diene-3β,5α,6α,9α-tetrol (22*E*,24*R*)- 麦角甾 -7,22- 二烯 -3β,5α,6α,9α- 四醇 斑玉蕈 Hypsizygus marmoreus, 金针菇 Flammulina velutipes, 香菇 Lentinula edodes, 光帽鳞伞 Pholiota nameko, 侧耳 Pleurotus ostreatus

(22*E*,24*R*)-ergosta-7,22-diene-3β,5α,6β,9α-tetrol (22*E*,24*R*)- 麦角甾 -7,22- 二烯 -3β,5α,6β,9α- 四醇 木蹄层孔菌 Fomes fomentarius, 香菇 Lentinula edodes, 雷丸 Omphalia lapidescens

ergosta-7,22-diene-3β,5α,6α-triol 麦角甾 -7,22- 二烯 -3β,5α,6α- 三醇 猴头菌 Hericium erinaceus

(22*E*,24*R*)-ergosta-7,22-diene-3β,5α,6β,9α-tetraol 22*E*,24*R*)- 麦角甾 -7,22- 二烯 -3β,5α,6β,9α- 四醇 猴头菌 Hericium erinaceus

22*E*,24*R*-ergosta-7,22-diene-3β,5α,6β,9α-tetraol 22*E*,24*R*- 麦角甾 -7,22- 二烯 -3β,5α,6β,9α- 四醇 多汁乳菇 Lactarius volemus

ergosta-7,22-diene-3β,5α,6β,9α-tetraol 麦角甾 -7,22- 二烯 -3β,5α,6β,9α- 四醇 中华紫芝 Ganoderma sinense

(22*E*)-ergosta-7,22-diene-3β,5α,6β,9α-tetrol (22*E*)- 麦角甾 -7,22- 二烯 -3β,5α, 6β,9α- 四醇 松口蘑 Tricholoma matsutake

(22*E*)-ergosta-7,22-diene-3β,5α,6β-triol (22*E*)- 麦角甾 -7,22- 二烯 -3β,5α,6β- 三醇 松口蘑 Tricholoma matsutake

ergosta-7,22-diene-3β,5α,6β-triol 麦角甾 -7,22- 二烯 -3β,5α,6β- 三醇 牛膝 Achyranthes bidentata, 红曲 Monascus purpureus, 猪苓 Polyporus umbellatus, 暖地大叶藓 Rhodobryum giganteum

(22*E*,24*R*)-ergosta-7,22-diene-6-one-3β,5α,9α-triol (22*E*,24*R*)- 麦角甾 -7,22- 二烯 -6- 酮 -3β,5α,9α- 三醇 红曲 Monascus purpureus

ergosta-7,22-dienol 麦角甾 -7,22- 二烯醇 美味牛肝菌 Boletus edulis

ergosta-7,22*E*-dien-3β,5α,6β-triol 麦角甾 -7,22*E*- 二烯 -3β,5α,6β- 三醇 皱盖假芝 Amauroderma rude

5α-ergosta-7,22*E*-dien-3β-ol 5α- 麦角甾 -7,22*E*- 二烯 -3- 醇 地茶衣 Thamnolia vermicularis

ergosta-7,22*E*-dien-3β-ol 麦角甾 -7,22*E*- 二烯 -3β- 醇 皱盖假芝 Amauroderma rude

(3β,5α,6β,22*E*)-ergosta-7,22-triene-3,5,6-triol (3β,5α,6β,22*E*)- 麦角甾 -7,22- 三烯 -3- 醇 见血封喉 Antiaris toxicaria

ergosta-7,24(28)-dien-3-ol 麦角甾 -7,24(28)- 二烯 -3- 醇 沙蓬 Agriophyllum squarrosum, 松木层孔菌 Phellinus pini

ergosta-7,24(28)-diene-3β,5α,6β-triol 麦角甾 -7,24(28)- 二烯 -3β,5α,6β- 三醇 斑玉蕈 Hypsizygus marmoreus

ergosta-7,5-dienol 麦角甾 -7,5- 二烯醇 美味牛肝菌 Boletus edulis

(22*E*,24*R*)-ergosta-7,9(11),22-trien-3β,5α,6β-triol (22*E*,24*R*)- 麦角甾 -7,9(11),22- 三烯 -3β,5α,6β- 三醇 木蹄层孔菌 Fomes fomentarius

(22*E*,24*R*)-ergosta-7,9(11),22-triene-3β,5α,6β-triol (22*E*,24*R*)- 麦角甾 -7,9(11),22– 三烯 -3β,5α,6β- 三醇 雷丸 Omphalia lapidescens

(22*E*)-ergosta-7,9,22-trien-3β-ol-β-D-glucopyranoside (22*E*)- 麦角甾 -7,9,22- 三烯 -3β-ol-β-D- 吡喃葡萄糖苷 青藏大戟 Euphorbia altotibetica

ergosta-7-en-3-ol 麦角甾 -7- 烯 -3- 醇 亚绒白乳菇 Lactarius subvellereus

ergosta-7-en-3β-ol 麦角甾 -7- 烯 -3β- 醇 野蘑菇 Agaricus campestris, 野拔子 Elsholtzia rugulosa, 银耳 Tremella fuciformis, 毛蕊花 Verbascum thapsum

(24*S*)-ergosta-7-ene-3β,5α,6β-triol (24*S*)- 麦角甾 -7- 烯 -3β,5α,6β- 三醇 金针菇 Flammulina velutipes, 斑玉蕈 Hypsizygus marmoreus, 香菇 Lentinula edodes, 光帽鳞伞 Pholiota nameko, 蓝黄红菇 Russula cyanoxantha

ergosta-7-ene-3β,5α,6β-triol 麦角甾 -7- 烯 -3β,5α,6β- 三醇 松口蘑 Tricholoma matsutake

(3β,7α,22*E*)-ergosta-8(14),22-diene-3,7-diol (3β,7α,22*E*)- 麦角甾 -8(14),22- 二烯 -3,7- 二醇 猴头菌 Hericium erinaceus

ergostadien-3β,5α,6β-triol 麦角甾二烯 -3β,5α,6β- 三醇 白花丹 Plumbago zeylanica

$\Delta^{5,24(28)}$-ergostadien-3β-ol $\Delta^{5,24(28)}$- 麦角甾二烯 -3β- 醇 假马齿苋 Bacopa monnieri

(20*S*)-5,24(28)-ergostadiene-3β,7α,16β,20-tetrol (20*S*)-5,24(28)- 麦角甾二烯 -3β,7α,16β,20- 四醇 楝 Melia azedarach

7,24(28)-ergostadienol 7,24(28)- 麦角二烯甾醇 微孔草 Microula sikkimensis

ergostadienol acetate 麦角甾二烯醇乙酸酯 淡黄木层孔菌 Phellinus gilvus

(24*R*)-5α-ergostan-3-one (24*R*)-5α- 麦角甾 -3- 酮 毛蕊花 Verbascum thapsum

ergostan-3-one 麦角甾 -3- 酮 菊三七 Gynura japonica

5α-ergostane 5α- 麦角甾烷 臭椿 Ailanthus altissima
ergostane 麦角甾烷 雪岭云杉 Picea schrenkiana
ergostane-22-methyl-23-one 麦角甾 -22- 甲基 -23- 酮 臭椿 Ailanthus altissima
ergostane-23-one 麦角甾 -23- 酮 臭椿 Ailanthus altissima
ergostane-24-methyl-23-one 麦角甾 -24- 甲基 -23- 酮 臭椿 Ailanthus altissima
ergostane-28-ol 麦角甾 -28- 醇 臭椿 Ailanthus altissima
(24*S*)-ergostane-3β,5α,6β-triol (24*S*)- 麦角甾 -3β,5α,6β- 三醇 金毛耳草 Hedyotis chrysotricha
ergostanol 麦角甾烷醇 蓝桉 Eucalyptus globulus
(20*S*)-5-ergostene-3β,7α,16β,20-tetrol (20*S*)-5- 麦角甾烯 -3β,7α,16β,20- 四醇 楝 Melia azedarach, 川楝 M. toosendan
γ-ergostenol γ- 麦角甾烯醇 草菇 Volvariella volvacea
Δ^5-ergostenol Δ^5- 麦角甾醇 驱虫斑鸠菊 Vernonia anthelmintica
Δ^7-ergostenol glucoside Δ^7- 麦角甾烯醇葡萄糖苷 银柴胡 Stellaria dichotoma var. lanceolata
β-ergosterol β- 麦角甾醇 九头狮子草 Peristrophe japonica
ergosterol 麦角甾醇 真菌基础成分，未统计基源
ergosterol peroxide 麦角甾醇过氧化物 较常见成分，至少分布于 30 种以上植物中，常见于真菌、地衣植物，亦见于大戟科、豆科、凤梨科、禾本科、红树科、胡椒科、葫芦科、菊科、爵床科、兰科、楝科、蓼科、马鞭草科、毛茛科、茄科、瑞香科、伞形科、桑科、石竹科、卫矛科、梧桐科、五加科、五味子科、玄参科、芸香科、泽泻科、樟科等
ergosterol-5α,8α-peroxide 麦角甾醇 -5α,8α- 过氧化物 皱盖假芝 Amauroderma rude
ergosterol-5β,8β-peroxide 麦角甾醇 -5β,8β- 过氧化物 长松萝 Usnea longissima
ergosteryl palmitate 麦角甾醇棕榈酸酯 猴头菌 Hericium erinaceus
ergosteryl stearate 麦角甾醇硬脂酸酯 猴头菌 Hericium erinaceus
ergosteryl-3-*O*-β-D-glucopyranoside 麦角甾醇 -3-*O*-β-D- 吡喃葡萄糖苷 毛头鬼伞 Coprinus comatus, 猴头菌 Hericium erinaceus, 斑玉蕈 Hypsizygus marmoreus, 荷叶离褶伞 Lyophyllum decastes, 冬虫夏草 Ophiocordyceps sinensis
ergostine 麦角斯亭 麦角菌 Claviceps purpurea
ergostinine 麦角异斯亭 麦角菌 Claviceps purpurea
ergotamine 麦角胺 麦角菌 Claviceps purpurea
ergotaminine 麦角异胺 麦角菌 Claviceps purpurea
ergothioneine 麦角硫因 麦角菌 Claviceps purpurea, 点柄乳牛肝菌 Suillus granulatus
ergotsteroid-6,22-diene-3,5,8-tri-ethanol 麦角甾 -6,22- 二烯 -3,5,8- 三醇 荚果蕨 Matteuccia struthiopteris
ergovaline 麦角缬碱 麦角菌 Claviceps purpurea
ergoxanthin 麦角黄质 麦角菌 Claviceps purpurea
erianin 毛兰素 鼓槌石斛 Dendrobium chrysotoxum
erianthridin 毛兰菲定▲ 鼓槌石斛 Dendrobium chrysotoxum, 石仙桃 Pholidota chinensis
eriantic acid A 毛花猕猴桃酸 A 毛花猕猴桃 Actinidia eriantha
eriantic acid B 毛花猕猴桃酸 B 软枣猕猴桃 Actinidia arguta, 毛花猕猴桃 A. eriantha, 毛叶香茶菜 Isodon japonicus
erigearide A 飞蓬酚苷 A 一年蓬 Erigeron annuus
erigeracerin A, B 飞蓬呋内酯 A, B 飞蓬 Erigeron acer
erigerenone A, B, C 飞蓬烯酮 A, B, C 一年蓬 Erigeron annuus
erigeroflavanone 飞蓬黄烷酮 一年蓬 Erigeron annuus
erigeroside 飞蓬苷 缘毛紫菀 Aster souliei, 飞蓬 Erigeron acer, 一年蓬 E. annuus, 短葶飞蓬 E. breviscapus
erigeside I, II, A, E 灯盏花苷 I, II, A, E 短葶飞蓬 Erigeron breviscapus
erigeside B 灯盏花苷 B 木奶果 Baccaurea ramiflora, 短葶飞蓬 Erigeron breviscapus
erigeside C 灯盏花苷 C 红背山麻杆 Alchornea trewioides, 显脉羊蹄甲 Bauhinia glauca subsp. pernervosa, 白花枝子花 Dracocephalum heterophyllum, 厚朴 Houpoëa officinalis, 野八角 Illicium simonsii, 微花藤 Iodes cirrhosa, 三桠乌药 Lindera obtusiloba, 青蛇藤 Periploca calophylla
erigeside D 灯盏花苷 D 一年蓬 Erigeron annuus, 短葶飞蓬 E. breviscapus
erigoster A 飞蓬酯 A 短葶飞蓬 Erigeron breviscapus
erinacene D 猴头烯▲D 猴头菌 Hericium erinaceus
erinaceolactone A~H 猴头菌内酯▲A~H 猴头菌 Hericium erinaceus
erinacerin A~L 猴头菌灵▲A~L 猴头菌 Hericium erinaceus
erinarol A~J 猴头菌醇▲A~J 猴头菌 Hericium erinaceus
eriobofuran 枇杷呋喃 五味子 Schisandra chinensis
eriocalyxin A~E 毛萼香茶菜素▲A~E 毛萼香茶菜 Isodon eriocalyx
eriocarpin A, B, C 毛果鱼藤素▲A, B, C 毛果鱼藤 Derris eriocarpa
eriocaside A 毛萼香茶菜苷 A 毛萼香茶菜 Isodon eriocalyx, 毛叶香茶菜 I. japonicus
eriocasin B~E 毛萼香茶菜辛▲B~E 毛萼香茶菜 Isodon eriocalyx
eriocatisin A 毛萼香茶菜替辛▲A 毛萼香茶菜 Isodon eriocalyx
eriocaulin A 谷精草素▲A 毛谷精草 Eriocaulon australe
eriocauloside A, B, C 谷精草苷▲A, B, C 毛谷精草 Eriocaulon australe

E

eriocitrin 圣草芸香糖苷 代代 Citrus aurantium 'Daidai', 柠檬 C. limon, 柚 C. maxima, 橘红 C. maxima 'Tomentosa', 南丰蜜橘 C. reticulata 'Kinokuni', 天台山蜜柑 C. reticulata 'Succosa', 福橘 C. reticulata 'Tangerina', 温州蜜柑 C. reticulata 'Unshiu', 金柑 Fortunella japonica, 辣薄荷 Mentha × piperita, 枳 Poncirus trifoliata

(-)-eriodictyol (-)- 圣草酚 胀果甘草 Glycyrrhiza inflata, 黄芩 Scutellaria baicalensis

(+)-eriodictyol (+)- 圣草酚 虎皮楠 Daphniphyllum oldhamii

(2*R*)-eriodictyol (2*R*)- 圣草酚 筒鞘蛇菰 Balanophora involucrata

(2*S*)-eriodictyol (2*S*)- 圣草酚 筒鞘蛇菰 Balanophora involucrata

eriodictyol 圣草酚 较常见成分，至少分布于 30 种以上植物中，见于白花丹科、报春花科、唇形科、刺革菌科、大戟科、灯心草科、豆科、骨碎补科、禾本科、胡桃科、槲寄生科、槲蕨科、金缕梅科、菊科、卷柏科、买麻藤科、木犀科、葡萄科、茜草科、蔷薇科、茄科、忍冬科、桑科、蛇菰科、使君子科、鼠李科、粟米草科、桃金娘科、梧桐科、旋花科、芸香科等

eriodictyol chalcone 圣草酚查耳酮 番茄 Lycopersicon esculentum

eriodictyol chalcone-hexose 圣草酚查耳酮己糖 番茄 Lycopersicon esculentum

eriodictyol dihexose 圣草酚二己糖 番茄 Lycopersicon esculentum

eriodictyol glucoside 圣草酚葡萄糖苷 乌苏里瓦韦 Lepisorus ussuriensis

eriodictyol hexose 圣草酚己糖 番茄 Lycopersicon esculentum

eriodictyol-3'-*O*-β-D-glucopyranoside 圣草酚 -3'-*O*-β-D- 吡喃葡萄糖苷 牛筋条 Dichotomanthes tristaniicarpa

eriodictyol-5,7-dimethyl ether-4'-*O*-β-D-arabinopyranoside 圣草酚 -5,7- 二甲醚 -4'-*O*-β-D- 吡喃阿拉伯糖苷 木芙蓉 Hibiscus mutabilis

eriodictyol-5-*O*-methyl ether-7-*O*-β-D-glucopyranosyl-(1→4)-*O*-β-D-galactopyranoside 圣草酚 -5-*O*- 甲醚 -7-*O*-β-D- 吡喃葡萄糖基 -(1→4)-*O*-β-D- 吡喃半乳糖苷 荞麦 Fagopyrum esculentum

eriodictyol-5-*O*-methyl ether-7-*O*-β-D-xylopyranosyl-β-D-arabinopyranoside 圣草酚 -5-*O*- 甲醚 -7-*O*-β-D- 吡喃木糖基 -β-D- 吡喃阿拉伯糖苷 乌桕 Triadica sebifera

eriodictyol-5-*O*-methyl-7-rhamnoside 圣草酚 -5-*O*- 甲基 -7- 鼠李糖苷 黄花草 Cleome viscosa

(2*R*)-eriodictyol-5-*O*-β-D-glucopyranoside (2*R*)- 圣草酚 -5-*O*-β-D- 吡喃葡萄糖苷 筒鞘蛇菰 Balanophora involucrata

(2*S*)-eriodictyol-5-*O*-β-D-glucopyranoside (2*S*)- 圣草酚 -5-*O*-β-D- 吡喃葡萄糖苷 筒鞘蛇菰 Balanophora involucrata

(2*R*)-eriodictyol-5-*O*-β-D-glucoside (2*R*)- 圣草酚 -5-*O*-β-D- 葡萄糖苷 沙生蜡菊 Helichrysum arenarium

eriodictyol-5-rhamnoside 圣草酚 -5- 鼠李糖苷 黄花草 Cleome viscosa

eriodictyol-6,8-di-*C*-glycopyranoside 圣草酚 -6,8- 二 -*C*- 吡喃葡萄糖苷 葡萄柚 Citrus paradisi

eriodictyol-7-(6''-*O*-galloyl-β-D-glucopyranoside) 圣草酚 -7-(6''-*O*- 没食子酰基 -β-D- 吡喃葡萄糖苷) 红冬蛇菰 Balanophora harlandii

eriodictyol-7,3',4'-trimethylether 圣草酚 -7,3',4'- 三甲醚 飞机草 Chromolaena odorata

eriodictyol-7,3'-dimethylether 圣草酚 -7,3'- 二甲醚 假东风草 Blumea riparia

eriodictyol-7,4'-dimethylether 圣草酚 -7,4'- 二甲醚 假东风草 Blumea riparia, 飞机草 Chromolaena odorata

(2*R*)-eriodictyol-7,4'-di-*O*-β-D-glucopyranoside (2*R*)- 圣草酚 -7,4'- 二 -*O*-β-D- 吡喃葡萄糖苷 槲寄生 Viscum coloratum

eriodictyol-7-glucopyranoside 圣草酚 -7- 吡喃葡萄糖苷 日本粗叶木 Lasianthus japonicus

eriodictyol-7-methyl ether 圣草酚 -7-*O*- 甲醚 银桦 Grevillea robusta

eriodictyol-7-methylether 圣草酚 -7- 甲醚 盐蒿 Artemisia halodendron, 假东风草 Blumea riparia

eriodictyol-7-*O*-(6''-feruloyl)-β-D-glucopyranoside 圣草酚 -7-*O*-(6''- 阿魏酰基)-β-D- 吡喃葡萄糖苷 东紫苏 Elsholtzia bodinieri

(*S*)-eriodictyol-7-*O*-(6''-*O*-galloyl)-β-D-glucopyranoside (*S*)- 圣草酚 -7-*O*-(6''-*O*- 没食子酰基)-β-D- 吡喃葡萄糖苷 余甘子 Phyllanthus emblica

(*S*)-eriodictyol-7-*O*-(6''-*O*-*trans*-*p*-coumaroyl)-β-D-glucopyranoside (*S*)- 圣草酚 -7-*O*-(6''-*O*- 反式对香豆酰基)-β-D- 吡喃葡萄糖苷 余甘子 Phyllanthus emblica

eriodictyol-7-*O*-[6''-(3'''-hydroxy-4'''-methoxycinnamoyl)]-β-D-glucopyranoside 圣草酚 -7-*O*-[6''-(3'''- 羟基 -4'''- 甲氧基桂皮酰基)]-β-D- 吡喃葡萄糖苷 东紫苏 Elsholtzia bodinieri

eriodictyol-7-*O*-glucoside 圣草酚 -7-*O*- 葡萄糖苷 番茄 Lycopersicon esculentum, 香蜂花 Melissa officinalis

eriodictyol-7-*O*-rutinoside 圣草酚 -7-*O*- 芸香糖苷 云南小膜盖蕨 Araiostegia yunnanensis, 酸橙 Citrus aurantium, 欧地笋 Lycopus europaeus

eriodictyol-7-*O*-β-D-(6'-ethyl ester)-glucuronopyranoside 圣草酚 -7-*O*-β-D-(6'- 乙酯)- 吡喃葡萄糖醛酸苷 牛筋条 Dichotomanthes tristaniicarpa

eriodictyol-7-*O*-β-D-(6'-methyl ester)-glucuronopyranoside 圣草酚 -7-*O*-β-D-(6'- 甲酯)- 吡喃葡萄糖醛酸苷 牛筋条 Dichotomanthes tristaniicarpa

(2*R*)-eriodictyol-7-*O*-β-D-glucopyranoside (2*R*)- 圣草酚 -7-*O*-β-D- 吡喃葡萄糖苷 筒鞘蛇菰 Balanophora involucrata

(2*S*)-eriodictyol-7-*O*-β-D-glucopyranoside (2*S*)- 圣草酚 -7-*O*-β-D- 吡喃葡萄糖苷 筒鞘蛇菰 Balanophora involucrata, 兰香草 Caryopteris incana, 槲寄生 Viscum coloratum

eriodictyol-7-*O*-β-D-glucopyranoside 圣草酚 -7-*O*-β-D- 吡喃葡萄糖苷 色木槭 Acer pictum subsp. mono, 水团花 Adina pilulifera, 红冬蛇菰 Balanophora harlandii, 筒鞘蛇菰 B. involucrata, 流苏树 Chionanthus retusus, 菊花 Chrysanthemum morifolium, 甘青青兰 Dracocephalum tanguticum, 东紫苏 Elsholtzia bodinieri, 海南冬青 Ilex hainanensis, 欧地笋 Lycopus europaeus, 余甘子 Phyllanthus emblica, 秀雅杜鹃花 Rhododendron concinnum, 大果榆 Ulmus macrocarpa, 扁枝槲寄生 Viscum articulatum, 枫香槲寄生 V. liquidambaricola

(2*R*)-eriodictyol-7-*O*-β-D-glucopyranosiduronic acid (2*R*)- 圣草酚 -7-*O*-β-D- 吡喃葡萄糖醛酸苷 野菊 Chrysanthemum indicum

(2*S*)-eriodictyol-7-*O*-β-D-glucopyranosiduronic acid (2*S*)- 圣草酚 -7-*O*-β-D- 吡喃葡萄糖醛酸苷 野菊 Chrysanthemum indicum

eriodictyol-7-*O*-β-D-glucoside 圣草酚 -7-*O*-β-D- 葡萄糖苷 毛建草 Dracocephalum rupestre

(±)-eriodictyol-7-*O*-β-*D*-glucuronide (±)- 圣草酚 -7-*O*-β-D- 葡萄糖醛酸苷 骨碎补 Davallia mariesii

eriodictyol-7-*O*-*β*-D-glucuronide 圣草酚 -7-*O*-*β*-D- 吡喃葡糖醛酸苷 有柄石韦 Pyrrosia petiolosa
eriodictyol-8-*C*-*β*-D-glucopyranoside 圣草酚 -8-*C*-*β*-D- 吡喃葡萄糖苷 阔叶骨碎补 Davallia solida, 三叉蕨 Tectaria subtriphylla
erioflorin 柄花菊素 菊芋 Helianthus tuberosus
eriojaposide A, B 枇杷苷 A, B 枇杷 Eriobotrya japonica
eriophytonoide 绵参碱苷▲ 绵参 Eriophyton wallichii
eriosemaone A 鸡头薯酮▲A 鸡头薯 Eriosema chinense, 绵三七 E. himalaicum
eriosemaone B, C, D 鸡头薯酮▲B, C, D 绵三七 Eriosema himalaicum
eriosemaside A, B, C 鸡头薯苷▲A, B, C 绵三七 Eriosema himalaicum
eriosematin 鸡头薯亭▲ 绵三七 Eriosema himalaicum, 千斤拔 Flemingia philippinensis
eriosematin A~F 鸡头薯亭▲A~F 绵三七 Eriosema himalaicum
eritadenine 香菇腺嘌呤 香菇 Lentinula edodes
ermanin; ermanine 岳桦素 岩蒿 Artemisia rupestris, 岳桦 Betula ermanii, 广东紫珠 Callicarpa kwangtungensis, 广藿香 Pogostemon cablin, 西伯利亚远志 Polygala sibirica
ermanin-3-*O*-*β*-D-glucopyranoside 岳桦素 -3-*O*-*β*-D- 吡喃葡萄糖苷 西伯利亚远志 Polygala sibirica
erodiol 牻牛儿苗酚▲ 芹叶牻牛儿苗 Erodium cicutarium
erosone 凉薯酮 豆薯 Pachyrhizus erosus
eruberin A, B, C 方杆蕨素▲A, B, C 披针新月蕨 Pronephrium penangianum
eruboside B 紫蒜苷 B 蒜 Allium sativum
erucamide 芝麻菜酰胺▲ 香橼 Citrus medica
erucic acid 芝麻菜酸▲ 土牛膝 Achyranthes aspera, 鞘山芎 Conioselinum vaginatum, 家独行菜 Lepidium sativum, 马齿苋 Portulaca oleracea, 旱金莲 Tropaeolum majus
erucin 芝麻菜素 芝麻菜 Eruca vesicaria, 萝卜 Raphanus sativus
ervachinine A 中国狗牙花碱▲A 伞房狗牙花 Tabernaemontana corymbosa, 狗牙花 T. divaricata
ervachinine B 中国狗牙花碱▲B 伞房狗牙花 Tabernaemontana corymbosa, 狗牙花 T. divaricata
ervachinine C 中国狗牙花碱▲C 伞房狗牙花 Tabernaemontana corymbosa, 狗牙花 T. divaricata
ervachinine D, E 中国狗牙花碱▲D, E 伞房狗牙花 Tabernaemontana corymbosa
ervadivaricatine A, B 单瓣狗牙花碱▲A, B 狗牙花 Tabernaemontana divaricata
ervafolidine 狗牙花叶定碱▲ 平脉狗牙花 Tabernaemontana pandacaqui
ervafoline 狗牙花叶碱▲ 平脉狗牙花 Tabernaemontana pandacaqui
ervahaimine A, B 海南狗牙花胺 A, B 尖蕾狗牙花 Tabernaemontana bufalina
ervahainamidine A, B 海南狗牙花米定碱 A, B 尖蕾狗牙花 Tabernaemontana bufalina
ervahainanmine 海南狗牙花明 尖蕾狗牙花 Tabernaemontana bufalina
ervahainine A 海南狗牙花宁 A 尖蕾狗牙花 Tabernaemontana bufalina
ervahanine A 海南狗牙花碱 A 尖蕾狗牙花 Tabernaemontana bufalina, 伞房狗牙花 T. corymbosa
ervahanine B, C 海南狗牙花碱 B, C 尖蕾狗牙花 Tabernaemontana bufalina
ervaoffine A~D 药用狗牙花芬碱▲A~D 药用狗牙花 Tabernaemontana bovina
ervataine 狗牙花因▲ 伞房狗牙花 Tabernaemontana corymbosa
ervatamine 狗牙花碱 伞房狗牙花 Tabernaemontana corymbosa, 狗牙花 T. divaricata, 平脉狗牙花 T. pandacaqui
ervatamisin 狗牙花素▲ 尖蕾狗牙花 Tabernaemontana bufalina
ervayunine 云南狗牙花碱 伞房狗牙花 Tabernaemontana corymbosa
ervine 直立长春花碱▲ 阿尔泰藜芦 Veratrum lobelianum, 蔓长春花 Vinca major
erybidine 比氏刺桐碱▲ 鸡冠刺桐 Erythrina crista-galli
erybraedin A 麦氏刺桐素▲A 翅果刺桐 Erythrina subumbrans, 短梗胡枝子 Lespedeza cyrtobotrya, 多花胡枝子 L. floribunda
erybraedin B 麦氏刺桐素▲B 翅果刺桐 Erythrina subumbrans, 多花胡枝子 Lespedeza floribunda
erybraedin C 麦氏刺桐素▲C 短梗胡枝子 Lespedeza cyrtobotrya
erychroside 桂竹香糖芥草苷 小花糖芥 Erysimum cheiranthoides
erychrosol 小花糖芥醇▲ 小花糖芥 Erysimum cheiranthoides
erycibelline 凹脉丁公藤碱 九来龙 Erycibe elliptilimba
erycibenin A~F 麻辣仔藤宁▲A~F 锈毛麻辣仔藤 Erycibe expansa
erycorchoside 糖芥黄麻苷▲ 灰毛糖芥 Erysimum canescens, 小花糖芥 E. cheiranthoides, 山柳菊叶糖芥 E. hieraciifolium
erycordin 糖芥心苷 小花糖芥 Erysimum cheiranthoides
erycristagallin 鸡冠刺桐素▲ 鸡冠刺桐 Erythrina crista-galli, 翅果刺桐 E. subumbrans, 刺桐 E. variegata
erycristanol A, B, C 鸡冠刺桐酚▲A, B, C 鸡冠刺桐 Erythrina crista-galli
erycristin 鸡冠刺桐亭▲ 鸡冠刺桐 Erythrina crista-galli
erydiffuside 灰毛糖芥苷▲ 灰毛糖芥 Erysimum canescens
erysenegalensein E 塞内加尔刺桐素▲E 柘树 Cudrania tricuspidata
erysimoside 糖芥苷 黄麻 Corchorus capsularis, 长蒴黄麻 C. olitorius, 播娘蒿 Descurainia sophia, 葶苈 Draba nemorosa, 灰毛糖芥 Erysimum canescens, 小花糖芥 E. cheiranthoides, 山柳菊叶糖芥 E. hieraciifolium
erysimosol 糖芥苷醇 小花糖芥 Erysimum cheiranthoides

erysodienone 刺桐二烯酮 翅果刺桐 Erythrina subumbrans, 刺桐 E. variegata
erysodine 刺桐定碱 龙牙花 Erythrina corallodendron, 鸡冠刺桐 E. crista-galli, 翅果刺桐 E. subumbrans, 刺桐 E. variegata
erysodinophorine 刺桐狄诺福灵碱 鹦哥花 Erythrina arborescens
erysonine 刺桐宁碱 刺桐 Erythrina variegata
erysophorine 刺桐福灵碱 鹦哥花 Erythrina arborescens
erysopine 刺桐平碱 刺桐 Erythrina variegata
erysopinophorine 刺桐匹诺福灵碱 鹦哥花 Erythrina arborescens
erysopitine 刺桐匹亭碱 刺桐 Erythrina variegata
erysotine 刺桐亭碱 刺桐 Erythrina variegata
erysotramidine 刺桐特拉米定▲ 鹦哥花 Erythrina arborescens, 刺桐 E. variegata
erysotramidine I, II, III 刺桐特拉米定▲I, II, III 鹦哥花 Erythrina arborescens
erysotrine 刺桐特灵碱 龙牙花 Erythrina corallodendron, 鸡冠刺桐 E. crista-galli, 翅果刺桐 E. subumbrans, 刺桐 E. variegata
erysovine 刺桐文碱 鸡冠刺桐 Erythrina crista-galli, 刺桐 E. variegata
erystagallin A 鸡冠刺桐林素▲A 鸡冠刺桐 Erythrina crista-galli, 翅果刺桐 E. subumbrans
erystagallin B, C 鸡冠刺桐林素▲B, C 鸡冠刺桐 Erythrina crista-galli
erysubin F 翅果刺桐素 F 翅果刺桐 Erythrina subumbrans
erythlaurine 刺桐衡州乌药碱▲ 樟叶木防己 Cocculus laurifolius
erythrabine 刺桐宾碱 鹦哥花 Erythrina arborescens
erythrabyssin I 阿比西尼亚刺桐素 I 翅果刺桐 Erythrina subumbrans
erythrabyssin II 阿比西尼亚刺桐素 II 鸡冠刺桐 Erythrina crista-galli, 翅果刺桐 E. subumbrans, 刺桐 E. variegata, 多花胡枝子 Lespedeza floribunda, 棉豆 Phaseolus lunatus
erythraddison Z 阿德森刺桐酮▲Z 朝鲜槐 Maackia amurensis
erythraline 刺桐灵碱 龙牙花 Erythrina corallodendron, 鸡冠刺桐 E. crista-galli, 翅果刺桐 E. subumbrans, 刺桐 E. variegata
erythramide 刺桐酰胺 樟叶木防己 Cocculus laurifolius
erythrane 红果山胡椒烷▲ 红果山胡椒 Lindera erythrocarpa
erythrascine 刺桐星碱 鹦哥花 Erythrina arborescens
erythratidine 刺桐替定碱 鸡冠刺桐 Erythrina crista-galli, 翅果刺桐 E. subumbrans, 刺桐 E. variegata
erythratidinone 刺桐替定酮 翅果刺桐 Erythrina subumbrans
erythratine 刺桐阿亭碱 鸡冠刺桐 Erythrina crista-galli, 翅果刺桐 E. subumbrans, 刺桐 E. variegata
erythricin 红百金花辛▲ 美丽百金花 Centaurium pulchellum
erythrinarbine 刺桐那宾碱 鹦哥花 Erythrina arborescens
erythrinasinate 刺桐酯▲ 准噶尔大戟 Euphorbia soongarica, 佛肚树 Jatropha podagrica
erythrinasinate B 刺桐酯▲B 刺桐 Erythrina variegata, 海漆 Excoecaria agallocha
erythrinin 刺桐素 刺果甘草 Glycyrrhiza pallidiflora
erythrinin A 刺桐素 A 补骨脂 Cullen corylifolia, 刺桐 Erythrina variegata
erythrinin B 刺桐素 B 柘树 Cudrania tricuspidata, 锈毛麻辣仔藤 Erycibe expansa, 刺桐 Erythrina variegata
erythrinin C 刺桐素 C 柘树 Cudrania tricuspidata, 刺桐 Erythrina variegata, 黄花木 Piptanthus concolor
erythrinine 刺桐碱▲ 鸡冠刺桐 Erythrina crista-galli, 翅果刺桐 E. subumbrans
erythriside 桂竹糖芥苷 小花糖芥 Erysimum cheiranthoides
erythritol 赤藓醇 番荔枝 Annona squamosa, 珊瑚菜 Glehnia littoralis, 千年健 Homalomena occulta, 陵水暗罗 Polyalthia nemoralis, 白英 Solanum lyratum, 苦马豆 Sphaerophysa salsula
erythrivarone A, B 刺桐酮▲A, B 刺桐 Erythrina variegata
(±)-*erythro*-1-(1-oxo-4,5-dihydroxy-2*E*-decaenyl)piperidine (±)- 赤式 -1-(1- 氧代 -4,5- 二羟基 -2*E*- 十碳烯基) 哌啶 胡椒 Piper nigrum
(±)-*threo*-1-(1-oxo-4,5-dihydroxy-2*E*-decaenyl)piperidine (±)- 苏式 -1-(1- 氧代 -4,5- 二羟基 -2*E*- 十碳烯基) 哌啶 胡椒 Piper nigrum
(+)-*erythro*-1,2-bis(4-hydroxy-3-methoxyphenyl)-1,3-propandiol (+)- 赤式 -1,2- 二 (4- 羟基 -3- 甲氧基苯基)-1,3- 丙二醇 小木通 Clematis armandii
erythrocentauric acid 红百金花酸 秦艽 Gentiana macrophylla, 川西獐牙菜 Swertia mussotii
erythrocentaurin 红百金花素▲ 美丽百金花 Centaurium pulchellum, 秦艽 Gentiana macrophylla, 麻花艽 G. straminea, 肋柱花 Lomatogonium carinthiacum, 辐状肋柱花 L. rotatum, 狭叶獐牙菜 Swertia angustifolia, 西南獐牙菜 S. cincta, 丽江獐牙菜 S. delavayi, 贵州獐牙菜 S. kouitchensis, 大籽獐牙菜 S. macrosperma, 青叶胆 S. mileensis, 川西獐牙菜 S. mussotii, 云南獐牙菜 S. yunnanensis
erythrocentaurin dimethylacetal 红百金花素▲二甲缩醛 丽江獐牙菜 Swertia delavayi, 贵州獐牙菜 S. kouitchensis
erythroculine 刺桐枯林碱 樟叶木防己 Cocculus laurifolius
(+)-erythrodiol (+)- 古柯二醇 甘青大戟 Euphorbia micractina
3*β*-erythrodiol 3*β*- 古柯二醇 小蓬草 Conyza canadensis, 枸骨 Ilex cornuta, 茑萝松 Ipomoea quamoclit, 苦苣菜 Sonchus oleraceus
erythrodiol 古柯二醇 较常见成分，至少分布于 30 种以上植物中，见于柽柳科、翅子藤科、川续断科、大戟科、冬青科、豆科、杜鹃花科、古柯科、葫芦科、槲寄生科、景天科、菊科、壳斗科、马鞭草科、木犀科、葡萄科、千屈菜科、茜草科、蔷薇科、清风藤科、忍冬科、山茶科、山柑科、桃金娘科、仙人掌科等
erythrodiol-28-acetate 古柯二醇 -28- 乙酸酯 三色堇 Viola tricolor
erythrodiol-3-acetate 古柯二醇 -3- 乙酸酯 日本桤木 Alnus japonica, 毛果巴豆 Croton lachnocarpus, 枸骨 Ilex cornuta, 白背叶 Mallotus

apelta, 野茉莉 Styrax japonicus, 黄牛奶树 Symplocos laurina
erythrodiol-3-caffeate 古柯二醇 -3- 咖啡酸酯 滇虎榛 Ostryopsis nobilis
erythrodiol-3-*O*-acetate 古柯二醇 -3-*O*- 乙酸酯 藿香 Agastache rugosa
erythrodiol-3-*O*-palmitate 古柯二醇 -3-*O*- 棕榈酸酯 秃疮花 Dicranostigma leptopodum, 红花龙胆 Gentiana rhodantha, 龙胆 G. scabra, 狭叶獐牙菜 Swertia angustifolia, 贵州獐牙菜 S. kouitchensis, 川西獐牙菜 S. mussotii
erythrodiol-3-palmitate 古柯二醇 -3- 棕榈酸酯 细圆藤 Pericampylus glaucus
erythroglaucin 红灰青霉素▲ 小叶红叶藤 Rourea microphylla
α-erythroidine *α*- 刺桐定碱 翅果刺桐 Erythrina subumbrans
β-erythroidine *β*- 刺桐定碱 翅果刺桐 Erythrina subumbrans
erythromotidienone 刺桐甲氧二烯酮▲ 刺桐 Erythrina variegata
erythrosotidienone 刺桐亚氧二烯酮▲ 刺桐 Erythrina variegata
erythrotriol 古柯三醇 小槐花 Ohwia caudata
erythroxydiol Y 古柯萜二醇▲Y 角果木 Ceriops tagal
erythroxyl-4(17),15(16)-dien-3-one 古柯 -4(17),15(16)- 二烯 -3- 酮 角果木 Ceriops tagal
eryvariestyrene 刺桐苯乙烯 刺桐 Erythrina variegata
eryvarin A 刺桐灵素▲A 翅果刺桐 Erythrina subumbrans, 刺桐 E. variegata
eryvarin B 刺桐灵素▲B 柘树 Cudrania tricuspidata, 刺桐 Erythrina variegata
eryvarin C, D, F~K, M~U 刺桐灵素▲C, D, F~K, M~U 刺桐 Erythrina variegata
eryvarin L 刺桐灵素▲L 刺桐 Erythrina variegata, 白花油麻藤 Mucuna birdwoodiana
eryvarinol A, B 刺桐醇▲A, B 刺桐 Erythrina variegata
escholtzine 花菱草碱▲ 花菱草 Eschscholzia californica
eschscholtzidine 花菱草定 花菱草 Eschscholzia californica, 亚欧唐松草 Thalictrum minus
eschscholtzine 花菱草嗪 花菱草 Eschscholzia californica
(-)-eschscholtzinol (-)- 花菱草醇▲ 红花疆罂粟 Roemeria refracta
(-)-eschscholtzinone (-)- 花菱草酮▲ 红花疆罂粟 Roemeria refracta
escin Ia 七叶树皂苷 Ia 七叶树 Aesculus chinensis, 浙江七叶树 A. chinensis var. chekiangensis, 欧洲七叶树 A. hippocastanum, 日本七叶树 A. turbinata, 天师栗 A. wilsonii
escin Ib 七叶树皂苷 Ib 七叶树 Aesculus chinensis, 浙江七叶树 A. chinensis var. chekiangensis, 欧洲七叶树 A. hippocastanum, 日本七叶树 A. turbinata, 天师栗 A. wilsonii
escin IIa 七叶树皂苷 IIa 欧洲七叶树 Aesculus hippocastanum, 日本七叶树 A. turbinata
escin IIb, IIIb, IV 七叶树皂苷 IIb, IIIb, IV 欧洲七叶树 Aesculus hippocastanum
escin IIIa 七叶树皂苷 IIIa 七叶树 Aesculus chinensis, 欧洲七叶树 A. hippocastanum, 天师栗 A. wilsonii
escin IVc 七叶树皂苷 IVc 七叶树 Aesculus chinensis, 浙江七叶树 A. chinensis var. chekiangensis, 日本七叶树 A. turbinata
escin IVd 七叶树皂苷 IVd 七叶树 Aesculus chinensis, 浙江七叶树 A. chinensis var. chekiangensis
escin IVe 七叶树皂苷 IVe 七叶树 Aesculus chinensis, 浙江七叶树 A. chinensis var. chekiangensis
escin IVf, IVg 七叶树皂苷 IVf, IVg 七叶树 Aesculus chinensis
escin IVh 七叶树皂苷 IVh 七叶树 Aesculus chinensis, 浙江七叶树 A. chinensis var. chekiangensis
escin V, VI 七叶树皂苷 V, VI 欧洲七叶树 Aesculus hippocastanum
escin VIb 七叶树皂苷 VIb 七叶树 Aesculus chinensis
esculentagenic acid 商陆苷元酸 商陆 Phytolacca acinosa
esculentagenin 商陆苷元 商陆 Phytolacca acinosa
esculentic acid 商陆酸 连翘 Forsythia suspensa, 商陆 Phytolacca acinosa, 垂序商陆 P. americana, 夏枯草 Prunella vulgaris, 甘露子 Stachys sieboldii
esculentin 尖槐藤亭▲ 尖槐藤 Oxystelma esculentum
esculentoic acid A, B 木薯酸▲A, B 木薯 Manihot esculenta
esculentoside A 商陆苷 A 商陆 Phytolacca acinosa, 垂序商陆 P. americana
esculentoside B 商陆苷 B 商陆 Phytolacca acinosa, 垂序商陆 P. americana
esculentoside C~G, I, J, K, L_1, N, O, Q, R, T 商陆苷 C~G, I, J, K, L_1, N, O, Q, R, T 商陆 Phytolacca acinosa
esculentoside H 商陆苷 H 商陆 Phytolacca acinosa, 垂序商陆 P. americana
esculentoside L 商陆苷 L 商陆 Phytolacca acinosa, 垂序商陆 P. americana
esculentoside M 商陆苷 M 商陆 Phytolacca acinosa, 垂序商陆 P. americana
esculentoside P 商陆苷 P 商陆 Phytolacca acinosa, 垂序商陆 P. americana
esculentoside S 商陆苷 S 商陆 Phytolacca acinosa, 垂序商陆 P. americana
esculeoside A, B 番茄奥苷▲A, B 番茄 Lycopersicon esculentum
esculetin dimethyl ether 七叶树内酯二甲醚 黄毛楤木 Aralia chinensis, 芫荽 Coriandrum sativum, 华马钱 Strychnos cathayensis
esculetin-6-*O*-*β*-glucoside 七叶树内酯 -6-*O*-*β*- 葡萄糖苷 菜蓟 Cynara scolymus
esculin 七叶树苷 较常见成分，至少分布于 30 种以上植物中，见于杜鹃花科、夹竹桃科、堇菜科、锦葵科、菊科、猕猴桃科、木棉科、木犀科、七叶树科、茜草科、茄科、忍冬科、伞形科、桑科、十字花科、粟米草科、亚麻科等
esculin-6'-*O*-gallate 七叶树苷 -6'-*O*- 没食子酸酯 乌冈栎 Quercus phillyraeoides

espatulenol 匙叶桉油烯醇 挥发油成分，未统计基源
espedezaflavonone 细梗胡枝子黄烷酮 细梗胡枝子 Lespedeza virgata
esquirolin A~D 毛萼鞘蕊花素 A~D 毛萼鞘蕊花 Coleus esquirolii
estafiatin 墨西哥蒿素 甘青蒿 Artemisia tangutica
estafiatin-8-*O*-angelate 墨西哥蒿素 -8-*O*- 当归酸酯 短舌匹菊 Pyrethrum parthenium
estafiatone 墨西哥蒿酮▲ 黄鹌菜 Youngia japonica
estragole 龙蒿脑 挥发油成分，未统计基源
estragole-3-*O*-β-D-glucopyranoside 龙蒿脑 -3-*O*-β-D- 吡喃葡萄糖苷 工布乌头 Aconitum kongboense
estragonoside 龙蒿苷▲ 龙蒿 Artemisia dracunculus
estriol 雌三醇 海枣 Phoenix dactylifera
esulatin A 乳浆大戟亭▲A 乳浆大戟 Euphorbia esula, 南欧大戟 E. peplus
esulatin B 乳浆大戟亭▲B 乳浆大戟 Euphorbia esula, 南欧大戟 E. peplus
esulatin C, E~M 乳浆大戟亭▲C, E~M 乳浆大戟 Euphorbia esula
esulatin D 乳浆大戟亭▲D 乳浆大戟 Euphorbia esula, 南欧大戟 E. peplus
esulone A, B 乳浆大戟酮▲A, B 乳浆大戟 Euphorbia esula
ethane-1,2-diol-1-*O*-β-D-glucopyranoside 乙烷 -1,2- 二醇 -1-*O*-β-D- 吡喃葡萄糖苷 茴芹 Pimpinella anisum
6,6'-(ethane-1,2-diylbis(oxy))bis(5-methoxycyclohexane-1,2,3,4-tetraol) 6,6'-(乙烷 -1,2- 二氧基)- 双 (5- 甲氧基环己烷 -1,2,3,4- 四醇) 山槐 Albizia kalkora
ethanethioamide 乙硫酰胺 杭白芷 Angelica dahurica 'Hangbaizhi'
ethanol 乙醇 挥发油成分，未统计基源
1-ethanol-5-hydroxy-2,3-dimethyl-2-cyclopentene 1- 乙醇基 -5- 羟基 -2,3- 二甲基 -2- 环戊烯 青木 Aucuba japonica
ethanolamine 乙醇胺 枸杞 Lycium chinense
2-ethenyl-1,1-dimethyl-3-methylene-cyclohexane 2- 乙烯基 -1,1- 二甲基 -3- 亚甲基 - 环己烷 挥发油成分，未统计基源
7-ethenyl-1,2,3,4,4a,4b,5,6,7,9,10,10a-dodecahydro-6-hydroxy-1,4a,7-trimethyl-1-phenanthrenecarboxylic acid 7- 乙烯基 -1,2,3,4,4a,4b,5,6,7,9,10,10a- 十二氢 -6- 羟基 -1,4a,7- 三甲基 -1- 菲羧酸 雪松 Cedrus deodara
4-ethenyl-1,2-dimethoxybenzene 4- 乙烯基 -1,2- 二甲氧基苯 挥发油成分，未统计基源
{3*S*-[3α(2*E*,7*S**,11*S**),4β,21β]}-9-ethenyl-14-ethyl-21-hydroxy-21-(methoxycarbonyl)-4,8,13,18-tetramethyl-20-oxo-3-phorbinepropanoic acid-3,7,11,15-tetramethyl-2-hexadecenyl ester {3*S*-[3α(2*E*,7*S**,11*S**),4β,21β]}-9- 乙烯基 -14- 乙基 -21- 羟基 -21-(甲氧基羰基)-4,8,13,18- 四甲基 -20- 氧代 -3- 焦脱镁叶绿酸 -3,7,11,15- 四甲基 -2- 十六烯酸酯 寻骨风 Aristolochia mollissima
1-ethenyl-1-methyl-2-(1-methylethenyl)-4-(1-methylethylidene)-cyclohexane 1- 乙烯基 -1- 甲基 -2-(1- 甲基乙烯基)-4-(1- 甲基亚乙基) 环已烷 挥发油成分，未统计基源
1-ethenyl-1-methyl-2,4-bis(1-methenethyl)-cyclohexane 1- 乙烯基 -1- 甲基 -2,4- 二 (1- 亚甲乙基)- 环已烷 挥发油成分，未统计基源
1-ethenyl-1-methyl-2,4-di(1-methylethenyl)-cyclohexane 1- 乙烯基 -1- 甲基 -2,4- 二 (1- 甲基乙烯基)- 环已烷 挥发油成分，未统计基源
(2*S*,3*R*,4*S*)-3-ethenyl-2-(β-D-glucopyranosyloxy)-3,4-dihydro-4-[[(1*R*)-1,2,3,4-tetrahydro-7-hydroxy-6-methoxy-1-isoquinolinyl]methyl]-2*H*-pyran-5-carboxylic acid (2*S*,3*R*,4*S*)-3- 乙烯基 -2-(β-D- 吡喃葡萄糖氧基)-3,4- 二氢 -4-[[(1*R*)-1,2,3,4- 四氢 -7- 羟基 -6- 甲氧基 -1- 异喹啉基] 甲基]-2*H*- 吡喃 -5- 羧酸 毛八角枫 Alangium kurzii
[2*S*-[2α,3β,4β(*E*)]]-3-ethenyl-2-(β-D-glucopyranosyloxy)-3,4-dihydroxy-4-[2-[[3-(4-hydroxy-3-methoxyphenyl)-1-oxo-2-propenyl]oxy]ethyl]-2*H*-pyran-5-carboxylic acid methyl ester [2*S*-[2α,3β,4β(*E*)]]-3- 乙烯基 -2-(β-D- 葡萄糖氧基)-3,4- 二羟基 -4-[2-[[3-(4- 羟基 -3- 甲氧基苯基)-1- 氧代 -2- 丙烯基] 氧基] 乙基]-2*H*- 吡喃 -5- 羧酸甲酯 藻百年 Exacum tetragonum
4-ethenyl-2-methoxyphenol 4- 乙烯基 -2- 甲氧基苯酚 挥发油成分，未统计基源
3-ethenyl-2-methylene-cyclopentanecarboxylic acid 3- 乙烯基 -2- 亚甲基 - 环戊甲酸 挥发油成分，未统计基源
2-ethenyl-3,6-dihydro-2,6,6-trimethyl-2*H*-pyran 2- 乙烯基 -3,6- 二氢 -2,6,6- 三甲基 -2*H*- 吡喃 球花马蓝 Strobilanthes dimorphotricha
1-ethenyl-3-methylene-cyclopentane 1- 乙烯基 -3- 亚甲基 - 环戊烷 挥发油成分，未统计基源
2-ethenyl-6-methyl-5-hepten-1-ol 2- 乙烯基 -6- 甲基 -5- 庚烯 -1- 醇 挥发油成分，未统计基源
3-ethenyldecahydro-3,4a,7,7,10a-pentamethyl-1*H*-naphtho[2,1-b]pyran-8(4a*H*)-one 3- 乙烯基十氢 -3,4a,7,7,10a- 五甲基 -1*H*- 萘 [2,1-b] 吡喃 -8(4a*H*)- 酮 海漆 Excoecaria agallocha
(1*R*)-(3-ethenylphenyl)-1,2-ethanediol (1*R*)-(3- 乙烯苯基)-1,2- 乙二醇 木蹄层孔菌 Fomes fomentarius
[3*R*-[3α,3[*S*(2*S*,5*R*)],5α]]-3-[1-(5-ethenyl-tetrahydro-5-methyl-2-furanyl)ethyl]-5-(1-methylethyl)-1,2-dioxolan-3-ol 3*R*-[3α,3[*S*(2*S*,5*R*)],5α]]-3-[1-(5- 乙烯基四氢 -5- 甲基 -2- 呋喃基) 乙基 }-5-(1- 甲基乙基)-1,2- 二口恶烷 -3- 醇 东北蛔蒿 Seriphidium finitum
4-ethenyl-α,α,4-trimethyl-3-(1-methylethenyl)-[1*R*-(1α,3α,4β)]-cyclohexanemethanol 4- 乙烯基 -α,α,4- 三甲基 -3-(1- 甲基乙烯基)-[1*R*-(1,2,3,α,4, β)] 环已甲醇 挥发油成分，未统计基源
4-ethenyl-α,α-4-trimethyl-3-(1-methylethyl)-cyclohexenemethanol 4- 乙烯基 -α,α-4- 三甲基 -3-(1- 甲基乙基)- 环已烯甲醇 挥发油成分，未统计基源
p-ethoxy benzoic acid 对乙氧基苯甲酸 青甘锦鸡儿 Caragana tangutica
5-(1-ethoxy)-2,7-dihydroxy-1,8-dimethyl-9,10-dihydrophenanthrene 5-(1- 乙氧基)-2,7- 二羟基 -1,8- 二甲基 -9,10- 二氢菲 灯心草 Juncus effusus
4-[1-ethoxy-1-(4'-hydroxy-3'-methoxy)benzyl]methyl-2-(4-hydroxy-3-methoxy)benzyl-3-hydroxymethyl-tetrahydrofuran 4-[1- 乙氧基 -1-(4'- 羟基 -3'- 甲氧基) 苯基] 甲基 -2-(4- 羟基 -3- 甲氧基) 苯基 -3- 羟甲基四氢呋喃 糙叶败酱 Patrinia scabra

23-ethoxy-1,2,21,23-tetrahydro-1α,11β-dihydroxy-21-oxoobacunone 23- 乙氧基 -1,2,21,23- 四氢 -1α,11β- 二羟基 -21- 氧代黄柏酮 假黄皮 Clausena excavata
(-)-15β-ethoxy-14,15-dihydroviroallosecurinine (-)-15β- 乙氧基 -14,15- 二氢别白饭树瑞宁▲ 一叶萩 Flueggea suffruticosa
8-ethoxy-14-benzoylmesaconine 8- 乙氧基 -14- 苯甲酰中乌头原碱 乌头 Aconitum carmichaelii
15α-ethoxy-14-hydroclerodin 15α- 乙氧基 -14- 氢赪桐定 异色黄芩 Scutellaria discolor
15β-ethoxy-14-hydroclerodin 15β- 乙氧基 -14- 氢赪桐定 异色黄芩 Scutellaria discolor
3*R*/*S*-ethoxy-19-*epi*-heyneanine 3*R*/*S*- 乙氧基 -19- 表 - 海涅狗牙花碱▲ 伞房狗牙花 Tabernaemontana corymbosa
2-ethoxy-1-hydroxyanthraquinone 2- 乙氧基 -1- 羟基蒽醌 海滨木巴戟 Morinda citrifolia
4-(3-ethoxy-1-propenyl)-2,6-dimethoxyphenyl-β-D-glucopyranoside 4-(3- 乙氧基 -1- 丙烯基)-2,6- 二甲氧基苯基 -β-D- 吡喃葡萄糖苷 雀斑党参 Codonopsis ussuriensis
2α-ethoxy-2,3-secotirucalla-2,29-epoxy-7-ene-23-oxo-3-oic acid 2α- 乙氧基 -2,3- 裂环绿玉树 -2,29- 环氧 -7- 烯 -23- 酮 -3- 酸 大叶山楝 Aphanamixis grandifolia
21*R*-ethoxy-24*S*,25-dihydroxyapotirucalla-7-en-3-one 21*R*- 乙氧基 -24*S*,25- 二羟基阿朴绿玉树 -7- 烯 -3- 酮 红椿 Toona ciliata
5-ethoxy-2-hydroxy-3-[(10*Z*)-pentadec-10-en-1-yl][1,4]benzoquinone 5- 乙氧基 -2- 羟基 -3-[(10*Z*)- 十五碳 -10- 烯 -1- 基][1,4] 苯醌 紫金牛 Ardisia japonica
5-ethoxy-2-hydroxy-3-[(8*Z*)-tridec-8-en-1-yl][1,4]benzoquinone 5- 乙氧基 -2- 羟基 -3-[(8*Z*)- 十三碳 -8- 烯 -1- 基][1,4] 苯醌 紫金牛 Ardisia japonica
8-(*S*)-(3-ethoxy-2-hydroxy-3-methylbutyl)-7-methoxy-coumarin 8-(*S*)-(3- 乙氧基 -2- 羟基 -3- 甲基丁基)-7- 甲氧基 - 香豆素 九里香 Murraya exotica
(-)-3-[(2*R*,3*R*)-2-ethoxy-3-(hydroxymethyl)-7-methoxy-2,3-dihydrobenzofuran-5-yl]-propan-1-ol (-)-3-[(2*R*,3*R*)-2- 乙氧基 -3- 羟甲基 -7- 甲氧基 -2,3- 二氢苯并呋喃 -5- 基]- 丙烷 -1- 醇 岭南杜鹃花 Rhododendron mariae
(+)-3-[(2*S*,3*S*)-2-ethoxy-3-(hydroxymethyl)-7-methoxy-2,3-dihydrobenzofuran-5-yl]-propan-1-ol (+)-3-[(2*S*,3*S*)-2- 乙氧基 -3- 羟甲基 -7- 甲氧基 -2,3- 二氢苯并呋喃 -5- 基 -5-yl]- 丙烷 -1- 醇 岭南杜鹃花 Rhododendron mariae
7-ethoxy-3,4-dimethylcoumarin 7- 乙氧基 -3,4- 二甲基香豆素 滇结香 Edgeworthia gardneri
(3α,13α,14β,17α,20*S*,23*R*)-23-ethoxy-3-hydroxy-21,23-epoxylanost-7-en-24-one (3α,13α,14β,17α,20*S*,23*R*)-23- 乙氧基 -3- 羟基 -21,23- 环氧羊毛脂 -7- 烯 -24- 酮 大叶山楝 Aphanamixis grandifolia
8-(2'-ethoxy-3'-hydroxy-3'-methyl-butyl)-7-methoxy-coumarin 8-(2'- 乙氧基 -3'- 羟基 -3'- 甲基丁基)-7- 甲氧基 - 香豆素 九里香 Murraya exotica
4-ethoxy-3-hydroxy-5-methoxy-benzaldehyde 4- 乙氧基 -3- 羟基 -5- 甲氧基苯甲醛 柑橘 Citrus reticulata
4-ethoxy-3-hydroxybenzoic acid 4- 乙氧基 -3- 羟基苯甲酸 台湾罗汉松 Podocarpus nakaii
4-ethoxy-3-hydroxymethylphenol 4- 乙氧基 -3- 羟甲基苯酚 大叶仙茅 Curculigo capitulata
3-(4-ethoxy-3-hydroxyphenyl)acrylic acid 3-(4- 乙氧基 -3- 羟基苯基) 丙烯酸 连翘 Forsythia suspensa
3-(4-ethoxy-3-hydroxyphenyl)-acrylic acid 3-(4- 乙氧基 -3- 羟基 - 苯基)- 丙烯酸 凉粉草 Mesona chinensis
(8*R*,9*S*,22*R*)-3-ethoxy-3-oxo-9,19-cyclo-3,4-secolanosta-4(28),24-dien-26-oic acid-22,26-lactone (8*R*,9*S*,22*R*)-3- 乙氧基 -3- 氧代 -9,19- 环 -3,4- 裂环羊毛脂 -4(28),24- 二烯 -26- 酸 -22,26- 内酯 异形南五味子 Kadsura heteroclita
(8*R*,9*S*,22*R*)-3-ethoxy-3-oxo-9,19-cyclo-3,4-secolanosta-4(28),6,24-trien-26-oic acid-22,26-lactone (8*R*,9*S*,22*R*)-3- 乙氧基 -3- 氧代 -9,19- 环 -3,4- 裂环羊毛脂 -4(28),6,24- 三烯 -26- 酸 -22,26- 内酯 异形南五味子 Kadsura heteroclita
(8*R*,9*S*,22*R*)-3-ethoxy-3-oxo-9,19-cyclo-3,4-secolanosta-4,24-dien-26-oic acid-22,26-lactone (8*R*,9*S*,22*R*)-3- 乙氧基 -3- 氧代 -9,19- 环 -3,4- 裂环羊毛脂 -4,24- 二烯 -26- 酸 -22,26- 内酯 异形南五味子 Kadsura heteroclita
7β-ethoxy-3β-hydroxy-25-methoxycucurbita-5,23(*E*)-dien-19-al 7β- 乙氧基 -3β- 羟基 -25- 甲氧基葫芦 -5,23(*E*)- 二烯 -19- 醛 苦瓜 Momordica charantia
2-ethoxy-4,5-dihydroxybenzaldehyde 2- 乙氧基 -4,5- 二羟基苯甲醛 台湾紫丹 Tournefortia sarmentosa
2-ethoxy-4,5-dihydroxybenzoic acid 2- 乙氧基 -4,5- 二羟基苯甲酸 台湾紫丹 Tournefortia sarmentosa
3-ethoxy-4-hydroxybenzoic acid 3- 乙氧基 -4- 羟基苯甲酸 雷公藤 Tripterygium wilfordii
7β-ethoxy-6α-hydroxy-1,4-dioxacyclooctane 7β- 乙氧基 -6α- 羟基 -1,4- 二氧杂环辛烷 黄花铁线莲 Clematis intricata
5α-ethoxy-6β-hydroxy-5,6-dihydrophysalin B 5α- 乙氧基 -6β- 羟基 -5,6- 二氢酸浆素 B 苦萌 Physalis angulata
2-ethoxy-7-methyljuglone 2- 乙氧基 -7- 甲基胡桃醌 乌材 Diospyros eriantha
3-ethoxy-7-methyljuglone 3- 乙氧基 -7- 甲基胡桃醌 乌材 Diospyros eriantha
15-ethoxy-8,11,13-abietatrien-18-ol 15- 乙氧基 -8,11,13- 冷杉三烯 -18- 醇 冷杉 Abies fabri
4-ethoxy-8-[4-(3-hydroxy-1-propen-1-yl)-2,6-dimethoxyphenoxy]-2,6-dimethyl-4,6-octadien-2-ol 4- 乙氧基 -8-[4-(3- 羟基 -1- 丙烯 -1- 基)-2,6- 二甲氧基苯氧基]-2,6- 二甲基 -4,6- 辛二烯 -2- 醇 莲叶橐吾 Ligularia nelumbifolia
4-ethoxy-8-hydroxy-α-tetralone 4- 乙氧基 -8- 羟基 -α- 四氢萘酮 胡桃 Juglans regia
(1*R*,6*S*,8*R*,9*R*)-1-ethoxy-8-methyl-1,5,6,7,8,9-hexahydrocyclopenta[c]pyran-4-carboxaldehyde (1*R*,6*S*,8*R*,9*R*)-1- 乙氧基 -8- 甲基 -1,5,6,7,8,9- 六氢环戊 [c] 吡喃 -4- 醛 藏波罗花 Incarvillea younghusbandii
(3β,23*E*)-25-ethoxy-9,19-cyclolanost-23-en-3-ol (3β,23*E*)-25- 乙氧基 -9,19- 环羊毛脂 -23- 烯 -3- 醇 地锦 Euphorbia humifusa
(-)-10-ethoxy-9-hydroxy-$\Delta^{6a(10a)}$-tetrahydrocannabinol (-)-10- 环氧 -9- 羟基 -$\Delta^{6a(10a)}$- 四氢大麻酚 大麻 Cannabis sativa
2*E*-3-ethoxyacrylic acid 2*E*-3- 乙氧基丙烯酸 忍冬 Lonicera japonica
9-ethoxy-aristolactone 9- 乙氧基马兜铃内酰胺 寻骨风 Aristolochia mollissima
4-ethoxybenzoic acid 4- 乙氧基苯甲酸 狼毒 Stellera chamaejasme, 石莼 Ulva lactuca

1-ethoxybutane 1- 乙氧基丁烷 挥发油成分，未统计基源
2-ethoxy-butane 2- 乙氧基 - 丁烷 挥发油成分，未统计基源
2-ethoxycarbonyl-1-hydroxyanthraquinone 2- 乙氧羰基 -1- 羟基蒽醌 东南茜草 Rubia argyi
4-ethoxycarbonyl-2-quinolone 4- 乙氧甲酰基 -2- 喹诺酮 鸦胆子 Brucea javanica
4-ethoxycarbonyloxy-3,3',4'-trimethoxyellagic acid 4- 乙氧甲酰氧基 -3,3',4'- 三甲氧基鞣花酸 棒柄花 Cleidion brevipetiolatum
5-ethoxycarbonylsinoracutine 5- 乙氧羰基风龙亭碱▲ 风龙 Sinomenium acutum
1-ethoxycarbonyl-*β*-carboline 1- 乙氧甲酰基 -*β*- 咔啉 苦树 Picrasma quassioides
6-ethoxychelerythrine 6- 乙氧基白屈菜红碱 两面针 Zanthoxylum nitidum
4-ethoxycinnamic acid 4- 乙氧基桂皮酸 光果莸 Caryopteris tangutica

E

19-ethoxycoronaridine 19- 乙氧基冠狗牙花定 狗牙花 Tabernaemontana divaricata
3*R*-ethoxycoronaridine 3*R*- 乙氧基冠狗牙花定 伞房狗牙花 Tabernaemontana corymbosa
3*S*-ethoxycoronaridine 3*S*- 乙氧基冠狗牙花定 伞房狗牙花 Tabernaemontana corymbosa
3*R*/*S*-ethoxy-coronaridine 3*R*/*S*- 乙氧基 - 冠狗牙花定 伞房狗牙花 Tabernaemontana corymbosa
ethoxycoronarin D 乙氧基姜花素 D 姜花 Hedychium coronarium
(-)-(1*S**,2*S**,3*R**)-3-ethoxycupar-5-ene-1,2-diol (-)-(1*S**,2*S**,3*R**)-3- 乙氧柏芳 -5- 烯 -1,2- 二醇 益母草 Leonurus japonicus
6-ethoxydihydrochelerythrine 6- 乙氧基二氢白屈菜红碱 白屈菜 Chelidonium majus
6-ethoxydihydrosanguinarine 6- 乙氧基二氢血根碱 白屈菜 Chelidonium majus
8*β*-ethoxyeremophil-3,7(11)-dien-8*α*,12(6*α*,15)-diolide 8*β*- 乙氧基艾漠木 -3,7(11)- 二烯 -8*α*,12(6*α*,15)- 二内酯 牛蒡叶橐吾 Ligularia lapathifolia
1,1-ethoxy-ethane 1,1- 乙氧基乙烷 挥发油成分，未统计基源
3-(1-ethoxyethoxy)-2-methyl-1-butanol 3-(1- 乙氧基乙氧基)-2- 甲基 -1- 丁醇 挥发油成分，未统计基源
6-(1-ethoxyethyl)-7-methoxy-2,2-dimethylchromene 6-(1- 乙氧乙基)-7- 甲氧基 -2,2- 二甲基色烯 霍香蓟 Ageratum conyzoides
4-[(1*R*,3*R*,3a*S*,4*S*,6a*R*)-3-ethoxyhexahydro-6a-methyl-4-(1-methylethyl)-1*H*-cyclopenta[c]furan-1-yl]-2-butanone 4-[(1*R*,3*R*,3a*S*,4*S*,6a*R*)-3- 乙氧基六氢 -6a- 甲基 -4- 异丙基 -1*H*- 环戊 [c] 呋喃 -1- 基]-2- 丁酮 千年健 Homalomena occulta
3*R*/*S*-ethoxyheyneanine 3*R*/*S*- 乙氧基海涅狗牙花碱▲ 伞房狗牙花 Tabernaemontana corymbosa
2-ethoxyjuglone 2- 乙氧基胡桃醌 野核桃 Juglans cathayensis, 胡桃 J. regia
3-ethoxyjuglone 3- 乙氧基胡桃醌 胡桃 Juglans regia
2-ethoxyl-2-(4-hydroxyphenyl)ethanol 2- 乙氧基 -2-(4- 羟苯基) 乙醇 紫伞芹 Melanosciadium pimpinelloideum
4-ethoxyl-6-hydroxymethyl-*α*-pyrone 4- 乙氧基 -6- 羟甲基 -*α*- 吡喃酮 仙人掌 Opuntia stricta var. dillenii
ent-15*ξ*-ethoxy-labdan-3*α*,8*β*-dihydroxy-13(14)-en-15,16-olide 对映 -15*ξ*- 乙氧基 - 半日花 -3*α*,8*β*- 二羟基 -13(14)- 烯 -15,16- 内酯 车桑子 Dodonaea viscosa
2-ethoxylpropane 2- 乙氧基丙烷 挥发油成分，未统计基源
(+)-7-ethoxymatairesinol (+)-7- 乙氧基穗罗汉松树脂酚 尖瓣瑞香 Daphne acutiloba
21*β*-ethoxymelianodiol 21*β*- 乙氧基楝酮二醇 楝 Melia azedarach
4-ethoxy-methyl phenol 4- 乙氧甲基苯酚 天麻 Gastrodia elata
5-(ethoxymethyl)furfural 5-(乙氧基甲基) 糠醛 毛蕊花 Verbascum thapsum
5-ethoxymethyl-1-carboxylpropyl-1*H*-pyrrole-2-carbaldehyde 5- 乙氧甲基 -1- 羧丙基 -1*H*- 吡咯 -2- 醛 栝楼 Trichosanthes kirilowii
5-ethoxymethyl-2-furaldehyde 5- 乙氧甲基 -2- 糠醛 小花吊兰 Chlorophytum laxum
α-ethoxymethyl-4-hydroxy-benzenemethanol *α*- 乙氧甲基 -4- 羟基 - 苄醇 鞘山芎 Conioselinum vaginatum
3-ethoxymethyl-5,6,7,8-tetrahydro-8-indolizinone 3- 乙氧甲基 -5,6,7,8- 四氢 -8- 吲嗪酮 滇黄精 Polygonatum kingianum, 黄精 P. sibiricum
2-ethoxymethylanthraquinone 2- 乙氧基甲基蒽醌 染色茜草 Rubia tinctorum
2-ethoxy-methylknoxiavaledin 2- 乙氧甲基红大戟定▲ 红大戟 Knoxia roxburghii
4-ethoxymethylphenyl-4'-hydroxybenzyl ether 4- 乙氧基甲苯基 -4'- 羟苄基醚 天麻 Gastrodia elata
p-ethoxymethylphenyl-*O*-*β*-D-glucoside 对乙氧基甲基苯 -*O*-*β*-D- 葡萄糖苷 天麻 Gastrodia elata
12-ethoxynimbolinin A~D 12- 乙氧基印楝波力宁▲A~D 川楝 Melia toosendan
2-ethoxypentane 2- 乙氧基戊烷 挥发油成分，未统计基源
17c-ethoxypheaophorbide a, b 17c- 乙氧基脱镁叶绿酸 a, b 冬凌草 Isodon rubescens
4-ethoxyphenol 4- 乙氧基苯酚 芡实 Euryale ferox
4-ethoxyphenol-2-methoxybenzene-1,3-diol 4- 乙氧基苯酚 -2- 甲氧基苯 -1,3- 二醇 芡实 Euryale ferox
2-(4'-ethoxy-phenyl)-ethanol 2-(4'- 乙氧基苯基)- 乙醇 红波罗花 Incarvillea delavayi
173-ethoxypheophorbide A 173- 乙氧基脱镁叶绿酸 A 白背黄花稔 Sida rhombifolia
173-ethoxypheophorbide B 173- 乙氧基脱镁叶绿酸 B 白背黄花稔 Sida rhombifolia
4-[(*E*)-3-ethoxyprop-1-enyl]-2-methoxyphenol} 4-[(*E*)-3- 乙氧基丙 -1- 烯基]-2- 甲氧基苯酚 越南安息香 Styrax tonkinensis
4-(*E*)-3-ethoxyprop-1-enyl-2-methoxyphenol 4-(*E*)-3- 乙氧丙 -1- 烯基 -2- 甲氧基苯酚 挥发油成分，未统计基源
2-ethoxypropyl-2-ethylhexanoate 2- 乙氧基丙基 -2- 乙基己酸酯 蓬子菜 Galium verum
7-ethoxyquercetin 7- 乙氧基槲皮素 扁担杆 Grewia biloba
7-ethoxyrosmanol 7- 乙氧基迷迭香酚 痢止蒿 Ajuga forrestii, 迷迭香 Rosmarinus officinalis
5-ethoxysorgoleone 5- 乙氧基高粱酮 高粱 Sorghum bicolor
3-ethoxysyringin 3- 乙氧基丁香苷 心叶风毛菊 Saussurea cordifolia

ethoxyvalerianol 乙氧基缬草醇 小缬草 Valeriana tangutica
11-ethoxyviburtinal 11- 乙氧基地中海荚蒾醛▲ 岩败酱 Patrinia rupestris
(3R/3S)-ethoxyvoacangine (3R/3S)- 乙氧基伏康树碱▲ 狗牙花 Tabernaemontana divaricata
ethuliaconyzophenone 都丽菊苯酮 都丽菊 Ethulia conyzoides
ethuliacoumarin 都丽菊香豆素▲ 都丽菊 Ethulia conyzoides
ethuliconyzone 都丽菊酮 都丽菊 Ethulia conyzoides
3-ethxoycarbonyl-β-carboline 3- 乙氧基羰基 -β- 咔啉 苦树 Picrasma quassioides
ethyl (E)-1-(2,4-dihydroxyphenyl)acrylate (E)-1-(2,4- 二羟苯基) 丙烯酸乙酯 黑龙骨 Periploca forrestii
ethyl (E)-8-oxo-9-octadecenoate (E)-8- 氧代 -9- 十八碳烯酸乙酯 大团囊虫草 Elaphocordyceps ophioglossoides
ethyl (S)-3-[2-(3,4-dihydroxybenzoyl)-4,5-dihydroxyphenyl]-2-hydroxypropanoate (S)-3-[2-(3,4- 二羟基苯甲酰基)-4,5- 二羟基苯基]-2- 羟基丙酸乙酯 猫爪草 Ranunculus ternatus
ethyl (Z)-4,7-octadienoate (Z)-4,7- 辛二烯酸乙酯 挥发油成分，未统计基源
ethyl (Z)-9-octadecenoate (Z)-9- 十八烯酸乙酯 地胆草 Elephantopus scaber
ethyl 1,2-dihydro-2-oxoquinoline-4-carboxylic acid ester 1,2- 二氢 -2- 氧代喹啉 -4- 羧酸乙酯 地锦 Parthenocissus tricuspidata
ethyl 2-(1-hydroxy-4-oxocyclohexa-2,5-dienyl) acetate 2-(1- 羟基 -4- 氧代环己 -2,5- 二烯基) 乙酸乙酯 千里光 Senecio scandens
ethyl 2-(1-hydroxy-4-oxocyclohexyl)acetate 2-(1- 羟基 -4- 氧代环己基) 乙酸乙酯 千里光 Senecio scandens
ethyl 2,4,6-trihydroxybenzoate 2,4,6- 三羟基苯甲酸乙酯 紫弹树 Celtis biondii, 宽托叶老鹳草 Geranium wallichianum
ethyl 2,4-dihydroxy-6-methylbenzoate 2,4- 二羟基 -6- 甲基苯甲酸乙酯 毛叶木姜子 Litsea mollis
ethyl 2,4-dihydroxybenzote 2,4- 二羟基苯甲酸乙酯 红血藤 Spatholobus sinensis
ethyl 2,5-dihydroxybenzeneacetate 2,5- 二羟基苯乙酸乙酯 全叶千里光 Senecio cannabifolius var. integrifolius
ethyl 2,5-dihydroxybenzoate 2,5- 二羟基苯甲酸乙酯 川西獐牙菜 Swertia mussotii
ethyl 2,5-dihydroxycinnamate 2,5- 二羟基桂皮酸乙酯 牛尾蒿 Artemisia dubia
ethyl 2-methyl-2,3-dihydroxypropionate 2- 甲基 -2,3- 二羟基丙酸乙酯 多序岩黄耆 Hedysarum polybotrys
ethyl 2-methyl-2-butenoate 2- 甲基丁烯酸乙酯 挥发油成分，未统计基源
ethyl 2-methylbutyrate 2- 甲基丁酸乙酯 挥发油成分，未统计基源
ethyl 2-pyrrolidinone-5-carboxylate 2- 吡咯烷酮 -5- 羧酸乙酯 云木香 Saussurea costus
ethyl 3-(3,4-dihydroxyphenyl)lactate 3-(3,4- 二羟基苯基) 乳酸乙酯 康藏荆芥 Nepeta prattii
ethyl 3-(4-O-β-D-glucopyranosyl-3-methoxyphenyl)propionate 3-(4-O-β-D- 吡喃葡萄糖基 -3- 甲氧基苯基) 丙酸乙酯 红花 Carthamus tinctorius
ethyl 3,4,5-trimethoxybenzoate 3,4,5- 三甲氧基苯甲酸乙酯 红波罗花 Incarvillea delavayi, 萝芙木 Rauvolfia verticillata
ethyl 3,4,5-trimethoxycinnamate 3,4,5- 三甲氧基桂皮酸乙酯 萝芙木 Rauvolfia verticillata
ethyl 3,4-dihydroxyphenyllactate 3,4- 二羟基苯基乳酸乙酯 肾茶 Clerodendranthus spicatus, 夏枯草 Prunella vulgaris
ethyl 3,5-dihydroxy-4-methoxybenzoate 3,5- 二羟基 -4- 甲氧基苯甲酸乙酯 甘青大戟 Euphorbia micractina
ethyl 3,5-di-O-caffeoylquinate 3,5- 二 -O- 咖啡酰奎宁酸乙酯 西南忍冬 Lonicera bournei
ethyl 3-butenoate 3- 甲基 - 丁烯酸甲酯 挥发油成分，未统计基源
ethyl 3-hydroxybutanoate 3- 羟基丁酸乙酯 挥发油成分，未统计基源
ethyl 3-hydroxyoctanoate-3-O-β-D-glucopyranosyl-(1 → 6)-β-D-glucopyranoside 3- 羟基辛酸乙酯 -3-O-β-D- 吡喃葡萄糖基 -(1 → 6)-β-D- 吡喃葡萄糖苷 灯笼果 Physalis peruviana
ethyl 3-methoxy-4-hydroxybenzoate 3- 甲氧基 -4- 羟基苯甲酸乙酯 胡桃楸 Juglans mandshurica
ethyl 3-methylbutyrate 3- 甲基丁酸乙酯 挥发油成分，未统计基源
ethyl 3-nitropropanoate 3- 硝基丙酸乙酯 花木蓝 Indigofera kirilowii
ethyl 3-O-feruloyl quinate 3-O- 阿魏酰奎尼酸乙酯 百部 Stemona japonica
ethyl 3β-hydroxy-30-noroleana-12,18-dien-29-oate 3β- 羟基 -30- 降齐墩果 -12,18- 二烯 -29- 乙酯 落葵薯 Anredera cordifolia
ethyl 4,5-di-O-caffeoylquinate 4,5- 二 -O- 咖啡酰奎宁酸乙酯 西南忍冬 Lonicera bournei
ethyl 4-hydroxy-3,5-dimethoxy-benzoate 4- 羟基 -3,5- 二甲氧基 - 苯甲酸乙酯 半枝莲 Scutellaria barbata
ethyl 4-hydroxy-3-methoxycinnamate 4- 羟基 -3- 甲氧基桂皮酰乙酯 龙葵 Solanum nigrum
ethyl 4-hydroxybenzoate 4- 羟基苯甲酸乙酯 台湾相思 Acacia confusa, 文殊兰 Crinum asiaticum var. sinicum, 莲 Nelumbo nucifera, 华中五味子 Schisandra sphenanthera
ethyl 4-hydroxyphenylacetate 4- 羟基苯乙酸乙酯 菊苣 Cichorium intybus, 驴欺口 Echinops davuricus
ethyl 4-O-caffeoylquinate 4-O- 咖啡酰奎宁酸乙酯 西南忍冬 Lonicera bournei
ethyl 4-O-feruloylquinate 4-O- 阿魏酰奎宁酸乙酯 黄连 Coptis chinensis, 百部 Stemona japonica
ethyl 5-ethoxy-2-hydroxy-benzoate 5- 乙氧基 -2- 羟基苯甲酸乙酯 槲蕨 Drynaria roosii
ethyl 5-O-caffeoylquinate 5-O- 咖啡酰奎宁酸乙酯 西南忍冬 Lonicera bournei
ethyl 7-oxo-8,11,13-abietatrien-18-yl succinate 7- 氧代 -8,11,13- 冷杉三烯 -18- 琥珀酸乙酯 冷杉 Abies fabri
ethyl 9,12-octadecadienoate 9,12- 十八二烯酸乙酯 挥发油成分，未统计基源
ethyl 9-hexadecenoate 9- 十六烯酸乙酯 金毛狗 Cibotium barometz
ethyl acetate 乙酸乙酯 挥发油成分，未统计基源
ethyl allophanate 脲基甲酸乙酯 小花棘豆 Oxytropis glabra
ethyl apigenin-7-O-glucuronate 芹菜苷元 -7-O- 葡萄糖醛酸乙酯 半枝莲 Scutellaria barbata

ethyl arachidonate 花生四烯酸乙酯 决明 Senna tora
ethyl benzoate 苯甲酸乙酯 挥发油成分，未统计基源
ethyl betulinate 白桦脂酸乙酯 角果木 Ceriops tagal
ethyl caffeate 咖啡酸乙酯 较常见成分，至少分布于 30 种以上植物中，见于百合科、唇形科、大戟科、豆科、葫芦科、菊科、蓝果树科、蓼科、萝藦科、马钱科、毛茛科、葡萄科、蔷薇科、伞形科、鼠李科、五加科、旋花科、荨麻科、鸢尾科、芸香科、紫草科、紫葳科等
ethyl caffeate-3-*O*-*α*-glucopyranosyl-(1 → 3)-*α*-D-glucopyranoside 咖啡酸乙酯 -3-*O*-*α*- 吡喃葡萄糖基 -(1 → 3)-*α*-D- 吡喃葡萄糖苷 南方菟丝子 Cuscuta australis
ethyl caprate 癸酸乙酯 挥发油成分，未统计基源
ethyl chaulmoograte 大风子油酸乙酯 柠条锦鸡儿 Caragana korshinskii, 泰国大风子 Hydnocarpus anthelminthicus
ethyl *cis*-*p*-hydroxycinnamate 顺式 - 对羟基桂皮酸乙酯 蔓荆 Vitex trifolia
ethyl clerod-3-en-15-oate 克罗 -3- 烯 -15- 酸乙酯 齿叶黄皮 Clausena dunniana
ethyl clerod-4(18)-en-15-oate 克罗 -4(18)- 烯 -15- 酸乙酯 齿叶黄皮 Clausena dunniana
ethyl crotonate 巴豆酸甲酯 挥发油成分，未统计基源
ethyl dehydrocrepenynate 去氢还阳参烯炔酸▲乙酯 金黄喇叭菌 Craterellus aureus
ethyl dihydrocaffeate 二氢咖啡酸乙酯 华鼠尾草 Salvia chinensis
ethyl divaricatinate 柔扁枝衣酸乙酯 扁枝衣 Evernia mesomorpha
ethyl docosanoate 二十二酸乙酯 合欢 Albizia julibrissin
ethyl dodecanoic acid ester 十二酸乙酯 杉木 Cunninghamia lanceolata
ethyl eicosanoate 二十酸乙酯 剑叶龙血树 Dracaena cochinchinensis
ethyl everninate 扁枝衣宁酸乙酯 长松萝 Usnea longissima
ethyl ferulate 阿魏酸乙酯 海榄雌 Avicennia marina, 活血丹 Glechoma longituba
ethyl formate 甲酸乙酯 挥发油成分，未统计基源
ethyl fumarate 富马酸乙酯 穿心莲 Andrographis paniculata
ethyl galactoside 半乳糖乙苷 红泡刺藤 Rubus niveus
ethyl gallate 没食子酸乙酯 较常见成分，至少分布于 30 种以上植物中，见于白花丹科、柽柳科、翅子藤科、唇形科、大戟科、豆科、橄榄科、虎耳草科、火筒树科、金缕梅科、锦葵科、旌节花科、景天科、苦木科、楝科、蓼科、柳叶菜科、龙胆科、牻牛儿苗科、葡萄科、漆树科、槭树科、千屈菜科、桑寄生科、山茶科、芍药科、使君子科、睡莲科、桃金娘科、天南星科、无患子科、紫金牛科、酢浆草科等
ethyl ganoderate F 灵芝酸 F 乙酯 灵芝 Ganoderma lucidum
ethyl ganoderate J 灵芝酸 J 乙酯 灵芝 Ganoderma lucidum
ethyl glucoside 葡萄糖乙苷 桑黄 Phellinus igniarius
ethyl glycyrrhetate 甘草次酸乙酯 胀果甘草 Glycyrrhiza inflata
ethyl haematommate; ethyl hematommate 赤星衣酸乙酯 雀石蕊 Cladonia stellaris, 卷梢亚铃孢衣 Heterodermia boryi, 金丝刷 Lethariella cladonioides, 金丝带 L. zahlbruckneri, 雪岭云杉 Picea schrenkiana, 槽枝衣 Sulcaria sulcata, 长松萝 Usnea longissima
ethyl heptanoate 庚酸乙酯 挥发油成分，未统计基源
ethyl hexadecanoate 十六酸乙酯 挥发油成分，未统计基源
ethyl hexanoate 己酸乙酯 挥发油成分，未统计基源
ethyl hexatriacontanoate 三十六酸乙酯 卵叶巴豆 Croton caudatus
ethyl isopimarate 异海松酸乙酯 云南松 Pinus yunnanensis
ethyl lactate 乳酸乙酯 挥发油成分，未统计基源
ethyl laurate 月桂酸乙酯 挥发油成分，未统计基源
ethyl levulinate 乙酰丙酸乙酯 挥发油成分，未统计基源
ethyl linalool 乙基芳樟醇 挥发油成分，未统计基源
ethyl linoleate 亚油酸乙酯 挥发油成分，未统计基源
ethyl linolenate 亚麻酸乙酯 挥发油成分，未统计基源
ethyl lithospermate 紫草酸乙酯 丹参 Salvia miltiorrhiza
9'-ethyl lithospermate B 紫草酸 B-9'- 乙酯 云南鼠尾草 Salvia yunnanensis
ethyl lithospermate B 紫草酸 B 乙酯 丹参 Salvia miltiorrhiza
ethyl maltol 乙基麦芽醇 挥发油成分，未统计基源
ethyl margarate 十七酸乙酯 挥发油成分，未统计基源
ethyl *m*-digallate 间二没食子酸乙酯 栾树 Koelreuteria paniculata
ethyl methacrylate 甲基丙烯酸乙酯 挥发油成分，未统计基源
ethyl myristate 肉豆蔻酸乙酯 挥发油成分，未统计基源
ethyl *N*-docosanoylanthranilate *N*- 二十二酰基邻氨基苯甲酸乙酯 西藏秦艽 Gentiana tibetica
ethyl nonanoate 壬酸乙酯 挥发油成分，未统计基源
ethyl octacosate 二十八酸乙酯 砂仁 Amomum villosum
(9*E*,12*E*,15*E*)-ethyl octadeca-9,12,15-trienoate (9*E*,12*E*,15*E*)- 十八碳 -9,12,15- 三烯酸乙酯 挥发油成分，未统计基源
(9*E*,12*E*)-ethyl octadeca-9,12-dienoate (9*E*,12*E*)- 十八碳 -9,12- 二烯酸乙酯 挥发油成分，未统计基源

ethyl octadecanoate 十八酸乙酯 挥发油成分，未统计基源
ethyl octanoate; ethyl caprylate 辛酸乙酯 挥发油成分，未统计基源
ethyl oleate 油酸乙酯 挥发油成分，未统计基源
ethyl olivetolate 橄榄斑叶酚酸▲乙酯 雀石蕊 Cladonia stellaris
ethyl orsellinate 苔色酸乙酯 密花石豆兰 Bulbophyllum odoratissimum, 刺楸 Kalopanax septemlobus, 金丝带 Lethariella zahlbruckneri, 光肺衣 Lobaria kurokawae, 大叶梅衣 Parmotrema tinctorum, 地茶衣 Thamnolia vermicularis, 滑桃树 Trevia nudiflora, 美味石耳 Umbilicaria esculenta, 红腹石耳衣 U. hypococcinea, 长松萝 Usnea longissima
ethyl paederosidate 鸡矢藤苷酸乙酯 鸡矢藤 Paederia foetida
ethyl palmitate 棕榈酸乙酯 挥发油成分，未统计基源
ethyl palmitoleate 棕榈油酸乙酯 挥发油成分，未统计基源
ethyl *p*-digallate 对二没食子酸乙酯 栾树 Koelreuteria paniculata
ethyl phenylacetate 苯乙酸乙酯 挥发油成分，未统计基源
ethyl *p*-heptagallate 对七没食子酸乙酯 栾树 Koelreuteria paniculata
ethyl *p*-hydroxybenzoate 对羟基苯甲酸乙酯 弯茎还阳参 Crepis flexuosa, 剑叶龙血树 Dracaena cochinchinensis, 蔓荆 Vitex trifolia, 两面针 Zanthoxylum nitidum
ethyl *p*-hydroxyphenylacetate 对羟基苯乙酸乙酯 木犀 Osmanthus fragrans
ethyl *p*-methoxycinnamate 对甲氧基桂皮酸乙酯 挥发油成分，未统计基源
ethyl propyl disulfide 乙基丙基二硫醚 葱 Allium fistulosum
ethyl protocatechuate 原儿茶酸乙酯 广州相思子 Abrus cantoniensis, 洋紫荆 Bauhinia variegata, 大叶仙茅 Curculigo capitulata, 头花蓼 Polygonum capitatum, 云南九节 Psychotria yunnanensis
ethyl protodioscin 乙基原薯蓣皂苷 湖北黄精 Polygonatum zanlanscianense
ethyl *p*-trigallate 对三没食子酸乙酯 栾树 Koelreuteria paniculata
ethyl pyroglutamate 焦谷氨酸乙酯 人参 Panax ginseng
ethyl pyrophaeophorbide a 焦脱镁叶绿酸 a 乙酯 菘蓝 Isatis tinctoria
ethyl rosmarinate 迷迭香酸乙酯 白花枝子花 Dracocephalum heterophyllum, 香青兰 D. moldavica, 康藏荆芥 Nepeta prattii, 牛至 Origanum vulgare, 夏枯草 Prunella vulgaris, 朝鲜白头翁 Pulsatilla cernua, 栗色鼠尾草 Salvia castanea, 华鼠尾草 S. chinensis, 粘毛鼠尾草 S. roborowskii, 草珊瑚 Sarcandra glabra
ethyl salicylate 水杨酸乙酯 挥发油成分，未统计基源
ethyl salvianolate A 丹酚酸 A 乙酯 云南鼠尾草 Salvia yunnanensis
ethyl shikimate 莽草酸乙酯 毛地钱 Dumortiera hirsuta, 红花八角 Illicium dunnianum, 荔枝 Litchi chinensis
ethyl sorbate 山梨酸乙酯 挥发油成分，未统计基源
ethyl stearate 硬脂酸乙酯 挥发油成分，未统计基源
ethyl succinate 琥珀酸乙酯 西洋参 Panax quinquefolius
ethyl tetradecanoate 十四酸乙酯 挥发油成分，未统计基源
ethyl tiglate 巴豆酸乙酯 挥发油成分，未统计基源
ethyl *trans*-1-(3,4-dihydroxyphenyl)-acrylate 反式 -1-(3,4- 二羟基苯基)- 丙烯酸乙酯 楮头红 Sarcopyramis nepalensis
ethyl *trans*-3,4-dihydroxycinnamate 反式咖啡酸乙酯 台湾相思 Acacia confusa, 总状土木香 Inula racemosa
ethyl *trans*-caffeate 反式 - 咖啡酸乙酯 乌蔹莓 Cayratia japonica, 龙葵 Solanum nigrum
ethyl *trans*-cinnamate 反式 - 桂皮酸乙酯 挥发油成分，未统计基源
ethyl *trans*-ferulate 反式 - 阿魏酸乙酯 千里香 Murraya paniculata
ethyl *trans*-*p*-hydroxycinnamate 反式 - 对羟基桂皮酸乙酯 蔓荆 Vitex trifolia
ethyl *trans*-*p*-methoxycinnamate 反式 - 对甲氧基桂皮酸乙酯 山柰 Kaempferia galanga
ethyl valerate 戊酸乙酯 挥发油成分，未统计基源
ethyl vanillate 香荚兰酸乙酯 钩吻 Gelsemium elegans
ethyl winchal 乙基盆架树缩醛 盆架树 Alstonia rostrata
ethyl α-linolenate α- 亚麻酸乙酯 水芹 Oenanthe javanica
ethyl β-carboline-1-carboxylate β- 咔啉 -1- 甲酸乙酯 人参 Panax ginseng
ethyl β-D-glucopyranoside β-D- 吡喃葡萄糖乙苷 管花肉苁蓉 Cistanche tubulosa
ethyl β-D-thevetopyranosyl-(1 → 4)-α-D-oleandropyranoside β-D- 吡喃黄花夹竹桃糖基 -(1 → 4)-α-D- 吡喃夹竹桃糖基乙苷 龙葵 Solanum nigrum
ethyl β-D-thevetopyranosyl-(1 → 4)-β-D-oleandropyranoside β-D- 吡喃黄花夹竹桃糖基 -(1 → 4)-β-D- 吡喃夹竹桃糖基乙苷 龙葵 Solanum nigrum
ethyl-(+)-cyanidan-3-ol-8-carboxylate (+)- 矢车菊 -3- 醇 -8- 甲酸乙酯 云南土沉香 Excoecaria acerifolia
ethyl-(6-*O*-*p*-hydroxybenzoyl)-β-D-glucopyranoside 乙基 -6-*O*- 对羟基苯甲酰基 -β-D- 吡喃葡萄糖苷 梓 Catalpa ovata
ethyl-(*E*)-cinnamate (*E*)- 桂皮酸乙酯 挥发油成分，未统计基源
ethyl-(*E*)-crotonate (*E*)- 巴豆酸乙酯 挥发油成分，未统计基源
2-(ethoxy-ethyl)-1-hydroxyanthraquinone 2-(乙氧 - 乙基)-1- 羟基蒽醌 海滨木巴戟 Morinda citrifolia
24-ethyl-Δ^5-cholesten-3β-ol 24- 乙基 -Δ^5- 胆甾烯 -3β- 醇 亚东乌头 Aconitum spicatum
2-ethyl-1,2,3,4-tetrahydro-6-hydroxymethylisoquinoline 2- 乙基 -1,2,3,4- 四氢 -6- 羟甲基异喹啉 大尾摇 Heliotropium indicum

4-ethyl-1,2-dimethoxybenzene 4- 乙基 -1,2- 二甲氧基苯 挥发油成分，未统计基源
5-ethyl-1,3-dimethyl-2,4,6(1H,3H,5H)pyrimidinetrione 5- 乙基 -1,3- 二甲基 -2,4,6(1H,3H,5H) 嘧啶三酮 挥发油成分，未统计基源
3-ethyl-1,5-octadiene 3- 乙基 -1,5- 二辛烯 挥发油成分，未统计基源
3-ethyl-1-butanol 3- 乙基 -1- 丁醇 挥发油成分，未统计基源
2-ethyl-1-hexanol 2- 乙基 -1- 已醇 挥发油成分，未统计基源
1-ethyl-1-phenyldecane 1- 乙基 -1- 苯基癸烷 使君子 Quisqualis indica
ethyl-2,5-dihydroxyphenyl acetate 乙基 -2,5- 二羟基苯乙酸酯 榼藤 Entada phaseoloides
4-ethyl-2,6-dimethoxyacetophenone 4- 乙基 -2,6- 二甲氧基苯乙酮 昆仑多子柏 Juniperus semiglobosa
3-ethyl-2,7-dihydroxynaphthazarin 3- 乙基 -2,7- 二羟基萘茜 岛衣 Cetraria islandica
24-ethyl-20-hydroxyecdysone 24- 乙基 - 羟基 - 蜕皮素 苍白秤钩风 Diploclisia glaucescens
(24S)-ethyl-22-cholesten-3,6-dione (24S)- 乙基 -22- 胆甾烯 -3,6- 二酮 节节草 Commelina diffusa
24-ethyl-22-dehydrocholesterol 24- 乙基 -22- 去氢胆甾醇 皱果苋 Amaranthus viridis
24-ethyl-22-dehydrolathosterol 24- 乙基 -22- 去氢羊毛索甾醇▲ 皱果苋 Amaranthus viridis, 鸡冠花 Celosia cristata
3-ethyl-23-methyl-22-β-rutinosyloxy-5-pentacosanolide 3- 乙基 -23- 甲基 -22-(β- 芸香糖氧基)-5- 二十五烷内酯 节果决明 Cassia javanica
23S-ethyl-24-methyl-cycloart-24(24)-3β-acetate 23S- 乙基 -24- 甲基 - 环木菠萝 -24(24)-3β- 乙酸酯 九里香 Murraya exotica
23S-ethyl-24-methyl-cycloart-24(24)-en-3β-ol 23S- 乙基 -24- 甲基 - 环木菠萝 -24(24)- 烯 -3β- 醇 九里香 Murraya exotica
24β-ethyl-25(27)-dehydrolathosterol 24β- 乙基 -25(27)- 去氢 -7- 烯胆甾醇 甜瓜 Cucumis melo
24β-ethyl-25(27)-dehydrolophenol 24β- 乙基 -25(27)- 去氢鸡冠柱烯醇▲ 黄瓜 Cucumis sativus, 葫芦 Lagenaria siceraria
24β-ethyl-25-dehydrolophenol 24β- 乙基 -25- 去氢鸡冠柱烯醇▲ 苦郎树 Clerodendrum inerme
24-ethyl-25-hydroxycholesterol 24- 乙基 -25- 羟基胆甾醇 落地生根 Bryophyllum pinnatum
17-ethyl-28-norolean-12-en-3β-O-acetate 17- 乙基 -28- 降齐墩果 -12- 烯 -3β-O- 乙酸酯 蒙椴 Tilia mongolica
4-ethyl-2-hydroxy-6-methoxyacetophenone 4- 乙基 -2- 羟基 -6- 甲氧基苯乙酮 昆仑多子柏 Juniperus semiglobosa
4-ethyl-2-methoxy-phenol 4- 乙基 -2- 甲氧基 - 苯酚 挥发油成分，未统计基源
3-ethyl-2-methyl-hexane 3- 乙基 -2- 甲基 - 已烷 挥发油成分，未统计基源
(2E)-2-ethyl-2-nonacosenal (2E)-2- 乙基 -2- 二十九烯醛 鸡蛋参 Codonopsis convolvulacea
24β-ethyl-31-norlanosta-8,25(27)-dien-3β-ol 24β- 乙基 -31- 降羊毛脂 -8,25(27)- 二烯 -3β- 醇 黄瓜 Cucumis sativus, 葫芦 Lagenaria siceraria
3-ethyl-3-hydroxy-5α-androstan-17-one 3- 乙基 -3- 羟基 -5α- 雄甾 -17- 酮 挥发油成分，未统计基源
1-(6-ethyl-3-hydroxypyridin-2-yl)-ethanone 1-(6- 乙基 -3- 羟基吡啶 -2- 基)- 乙酮 黄葵 Abelmoschus moschatus
cis-1-ethyl-3-methyl-cyclohexane 顺式 -1- 乙基 -3- 甲基 - 环己烷 挥发油成分，未统计基源
3-ethyl-3-methyldecane 3- 乙基 -3- 甲基癸烷 挥发油成分，未统计基源
2-ethyl-3-methylmaleimide-N-glucopyranoside 2- 乙基 -3- 甲基马来酰亚胺 -N- 吡喃葡萄糖苷 省沽油 Staphylea bumalda
2-ethyl-3-methylmaleimide-N-β-D-glucopyranoside 2- 乙基 -3- 甲基马来酰亚胺 -N-β-D- 吡喃葡萄糖苷 莽吉柿 Garcinia mangostana, 矮桃 Lysimachia clethroides
2-ethyl-3-methylsuccinic anhydride 2- 乙基 -3- 甲基琥珀酸水合物 大叶山楝 Aphanamixis grandifolia
(22E,24α)-24-ethyl-3-oxocholesta-4,22(23)-dien-25-ol (22E,24α)-24- 乙基 -3- 氧代胆甾 -4,22(23)- 烯 -25- 醇 假连翘 Duranta erecta
(24R)-ethyl-3β,5α,6β-trihydroxycholestane (24R)- 乙基 -3β,5α,6β- 三羟基胆甾烷 菘蓝 Isatis tinctoria
1-ethyl-4,8-dimethoxy-β-carboline 1- 乙基 -4,8- 二甲氧基 -β- 咔啉 苦树 Picrasma quassioides
(4R*,5S*,6E,8Z)-ethyl-4-[(E)-but-1-enyl]-5-hydroxypentdeca-6,8-dienoate (4R*,5S*,6E,8Z)- 乙基 -4-[(E)- 丁 -1- 烯基]-5- 羟基十五烷基 -6,8- 二烯酸酯 钝叶决明 Senna tora var. obtusifolia
1-ethyl-4-methoxy-β-carboline 1- 乙基 -4- 甲氧基 -β- 咔啉 岭南臭椿 Ailanthus triphysa, 苦树 Picrasma quassioides
2-ethyl-5,8-dihydroxy-9-methoxybenzofuro[4,5-b][1]benzopyrano[4,3-e]pyran-6(12H)-one 2- 乙基 -5,8- 二羟基 -9- 甲氧基 - 苯并呋喃基 [4,5-b][1] 苯并吡喃基 [4,3-e] 吡喃 -6(12H)- 酮 豆薯 Pachyrhizus erosus
2-ethyl-5,8-dihydroxy-9-methoxybenzofuro[4,5-b][1]benzopyrano[4,3-e]pyran-6(12H)-one-oxime 2- 乙基 -5,8- 二羟基 -9- 甲氧基苯并呋喃基 [4,5-b][1] 苯并吡喃基 [4,3-e] 吡喃 -6(12H)- 酮肟 豆薯 Pachyrhizus erosus
6-ethyl-5-hydroxy-2,7-dimethoxy-1,4-naphthoquinone 6- 乙基 -5- 羟基 -2,7- 二甲氧基 -1,4- 萘醌 合蕊五味子 Schisandra propinqua, 鹊肾树 Streblus asper
(2β,4β)-2-ethyl-5-hydroxy-5-methoxycarbonyl-4,5-dimethylpentano-4-lactone (2β,4β)-2- 乙基 -5- 羟基 -5- 羰甲氧基 -4,5- 二甲基戊烷醇 -4- 内酯 齿叶橐吾 Ligularia dentata
2-ethyl-5-methylphenol 2- 乙基 -5- 甲基苯酚 杉木 Cunninghamia lanceolata
(+)-ethyl-5-O-feruloylquinate (+)-5-O- 阿魏酰奎宁酸乙酯 川黄檗 Phellodendron chinense
24ζ-ethyl-5α-cholest-7-en-3β-ol 24ζ- 乙基 -5α- 胆甾 -7- 烯 -3β- 醇 葫芦 Lagenaria siceraria
24α-ethyl-5α-cholest-8(14)-en-3β-ol 24α- 乙基 -5α- 胆甾 -8(14)- 烯 -3β- 醇 木豆 Cajanus cajan, 鹰嘴豆 Cicer arietinum
24-ethyl-5α-cholesta-7,22(E)-dien-3-one 24- 乙基 -5α- 胆甾 -7,22(E)- 二烯 -3- 酮 山血丹 Ardisia lindleyana, 红根草 Lysimachia fortunei
24-ethyl-5α-cholesta-7,22(E)-dien-3β-ol 24- 乙基 -5α- 胆甾 -7,22(E)- 二烯 -3β- 醇 山血丹 Ardisia lindleyana, 红根草 Lysimachia fortunei
24β-ethyl-5α-cholesta-7,22,25(27)-trien-3β-ol 24β- 乙基 -5α- 胆甾 -7,22,25(27)- 三烯 -3β- 醇 笋瓜 Cucurbita maxima
24ξ-ethyl-5α-cholesta-7,22,25-triene 24ξ- 乙基 -5α- 胆甾 -7,22,25- 三烯 黄瓜 Cucumis sativus
24ξ-ethyl-5α-cholesta-7,22-dien-3β-ol 24ξ- 乙基 -5α- 胆甾 -7,22- 二烯 -3β- 醇 黄瓜 Cucumis sativus
24-ethyl-5α-cholesta-7,24(28)Z-diene)] 24- 乙基 -5α- 胆甾 -7,24(28)Z- 二烯 黄瓜 Cucumis sativus
24β-ethyl-5α-cholesta-7,25(27)-dien-3β-ol 24β- 乙基 -5α- 胆甾 -7,25(27)- 二烯 -3β- 醇 笋瓜 Cucurbita maxima

24ξ-ethyl-5α-cholesta-7,25-diene 24ξ- 乙基 -5α- 胆甾 -7,25- 二烯 黄瓜 Cucumis sativus
24β-ethyl-5α-cholesta-7,trans-22,25(27)-trien-3β-ol 24β- 乙基 -5α- 胆甾 -7, 反式 -22,25(27)- 三烯 -3β- 醇 苦瓜 Momordica charantia
24β-ethyl-5α-cholesta-7,trans-22E,25(27)-trien-3β-O-β-D-glucopyranoside 24β- 乙基 -5α- 胆甾 -7, 反式 -22E,25(27)- 三烯 -3β-O-β-D- 吡喃葡萄糖苷 苦瓜 Momordica charantia
24ξ-ethyl-5α-cholesta-7-ene 24ξ- 乙基 -5α- 胆甾 -7- 烯 黄瓜 Cucumis sativus
24β-ethyl-5α-cholesta-7-trans-22-dien-3β-ol 24β- 乙基 -5α- 胆甾 -7, 反式 -22- 二烯 -3β- 醇 苦瓜 Momordica charantia
24β-ethyl-5α-cholesta-8,22,25(27)-trien-3β-ol 24β- 乙基 -5α- 胆甾 -8,22,25(27)- 三烯 -3β- 醇 黄瓜 Cucumis sativus
24α-ethyl-5α-cholesta-8,22-dien-3β-ol 24α- 乙基 -5α- 胆甾 -8,22- 二烯 -3β- 醇 黄瓜 Cucumis sativus
24β-ethyl-5α-cholesta-8,22-dien-3β-ol 24β- 乙基 -5α- 胆甾 -8,22- 二烯 -3β- 醇 黄瓜 Cucumis sativus
24β-ethyl-5α-cholesta-8,25(27)-dien-3β-ol 24β- 乙基 -5α- 胆甾 -8,25(27)- 二烯 -3β- 醇 黄瓜 Cucumis sativus
24-ethyl-5α-cholestan-3-one 24- 乙基 -5α- 胆甾 -3- 酮 延药睡莲 Nymphaea nouchali, 毛蕊花 Verbascum thapsum
24α-ethyl-5α-cholestan-3β-ol 24α- 乙基 -5α- 胆甾 -3β- 醇 绞股蓝 Gynostemma pentaphyllum
(24R)-24-ethyl-5α-cholestane-3β,5,6β-triol (24R)-24- 乙基 -5α- 胆甾 -3β,5,6β- 三醇 楝 Melia azedarach
(24R)-24-ethyl-5α-cholestane-3β,5α,6β-triol (24R)-24- 乙基 -5α- 胆甾 -3β,5α,6β- 三醇 窿缘桉 Eucalyptus exserta
24R-ethyl-5α-cholestane-3β,6α-diol 24R- 乙基 -5α- 胆甾 -3β,6α- 二醇 尖山橙 Melodinus fusiformis, 镰叶西番莲 Passiflora wilsonii, 光叶山黄麻 Trema cannabina, 异株荨麻 Urtica dioica
2-ethyl-6-methyl-pyridine 2- 乙基 -6- 甲基 - 吡啶 挥发油成分，未统计基源
24-ethyl-7,22-dienecholesterol 24- 乙基 -7,22- 二烯胆甾醇 风藤 Piper kadsura
24-ethyl-7,22E-cholestadien-3-ol 24- 乙基 -7,22E- 胆甾二烯 -3- 醇 黄花倒水莲 Polygala fallax
24-ethyl-7-oxocholesta-5,22(E),25-trien-3β-ol 24- 乙基 -7- 氧代胆甾 -5,22(E),25- 三烯 -3β- 醇 海州常山 Clerodendrum trichotomum
1-ethyl-8-methoxy-β-carboline 1- 乙基 -8- 甲氧基 -β- 咔啉 苦树 Picrasma quassioides
ethyl-9Z,12Z-dien-palmitate 9Z,12Z- 二烯肉豆蔻酸乙酯 细锥香茶菜 Isodon coetsa
24S-ethyl-9β-cyclolanost-25-en-3β-ol 24S- 乙基 -9β- 环羊毛脂 -25- 烯 -3β- 醇 九里香 Murraya exotica
9'-ethylamericanol A 9'- 乙基美商陆酚 A 滑桃树 Trevia nudiflora
ethylbenzene 乙基苯 挥发油成分，未统计基源
1-ethylbrachiose-3'-acetate 1- 乙基异麦芽糖 -3'- 乙酸酯 珠仔树 Symplocos racemosa
4-ethylcatechol 4- 乙基儿茶酚 活血丹 Glechoma longituba, 茄 Solanum melongena
(E)-24ζ-ethyl-cholest-22-en-3α-ol (E)-24ζ- 乙基 - 胆甾 -22- 烯 -3α- 醇 铁破锣 Beesia calthifolia
23-ethyl-cholest-23-en-3-ol 23- 乙基胆甾 -23- 烯 -3- 醇 丹草 Hedyotis herbacea
(24S)-24-ethylcholest-4,22-dien-3-one (24S)-24- 乙基胆甾 -4,22- 二烯 -3- 酮 牛角瓜 Calotropis gigantea
(24R)-24-ethylcholest-4-en-3-one (24R)-24- 乙基胆甾 -4- 烯 -3- 酮 牛角瓜 Calotropis gigantea
(24R)-24-ethyl-cholest-4-en-6β-ol-3-one (24R)-24- 乙基 - 胆甾 -4- 烯 -6β- 醇 -3- 酮 马蹄莲 Zantedeschia aethiopica
(24S)-24-ethylcholest-5,22(E),25-trien-3β-ol (24S)-24- 乙基胆甾 -5,22(E),25- 三烯 -3β- 醇 钝叶决明 Senna tora var. obtusifolia
24-ethylcholest-5,22-dien-3β-ol 24- 乙基胆甾 -5,22- 二烯 -3β- 醇 大叶山蚂蝗 Desmodium gangeticum, 三点金 D. triflorum, 栝楼 Trichosanthes kirilowii
(24R)-24-ethyl-cholest-5-en-3β,7α-diol (24R)-24- 乙基 - 胆甾 -5- 烯 -3β,7α- 二醇 马蹄莲 Zantedeschia aethiopica
(24R)-24-ethyl-cholest-5-en-3β,7β-diol (24R)-24- 乙基 - 胆甾 -5- 烯 -3β,7β- 二醇 马蹄莲 Zantedeschia aethiopica
(24ζ)-24-ethylcholest-5-en-3β-ol (24ζ)-24- 乙基胆甾 -5- 烯 -3β- 醇 中国无忧花 Saraca dives
24-ethylcholest-5-en-3β-ol 24- 乙基胆甾 -5- 烯 -3β- 醇 大叶山蚂蝗 Desmodium gangeticum, 三点金 D. triflorum
(24R)-24-ethyl-cholest-5-en-3β-ol (24R)-24- 乙基胆甾 -5- 烯 -3β- 醇 马蹄莲 Zantedeschia aethiopica
(24R)-24-ethyl-cholest-5-en-3β-ol-7-one (24R)-24- 乙基 - 胆甾 -5- 烯 -3β- 醇 -7- 酮 马蹄莲 Zantedeschia aethiopica
24β-ethylcholest-5-en-3β-O-α-cellobioside 24β- 乙基胆甾 -5- 烯 -3β-O-α- 纤维素二糖 翅子树 Pterospermum acerifolium
24-ethylcholest-5-ene-3β,4β,22α-triol 24- 乙基胆甾 -5- 烯 -3β,4β,22α- 三醇 川桂 Cinnamomum wilsonii
24-ethylcholest-5-enyl-3β-O-pyranoglucoside 24- 乙基胆甾 -5- 烯 -3β-O- 吡喃葡萄糖苷 芡实 Euryale ferox
24(R)-ethylcholest-6-ene-5-ol-3-O-β-D-glucopyranoside 24(R)- 乙基胆甾 -6- 烯 -5-ol-3-O-β-D- 吡喃葡萄糖苷 莲 Nelumbo nucifera
(24R)-α-ethyl-cholest-6β-hydroxy-4-en-3-one (24R)-α- 乙基 -6β- 羟基 -4- 胆甾烯醇 -3- 酮 黑老虎 Kadsura coccinea
24-ethylcholest-7,22-dien-3β-ol 24- 乙基胆甾 -7,22- 二烯 -3β- 醇 月月红 Ardisia faberi
24-ethylcholest-7-en-3-one 24- 乙基胆甾 -7- 烯 -3- 酮 毛蕊花 Verbascum thapsum
24-ethyl-cholest-7-ene-3β,5α,6β-triol 24- 乙基 - 胆甾 -7- 烯 -3β,5α,6β- 三醇 赶山鞭 Hypericum attenuatum
(24R)-24-ethylcholesta-4,22-dien-3-one (24R)-24- 豆甾 -4,22- 二烯 -3- 酮 红大戟 Knoxia roxburghii
(24S)-ethylcholesta-5,22,25-trien-3β-ol (24S)- 乙基胆甾 -5,22,25- 三烯 -3β- 醇 腺茉莉 Clerodendrum glandulosum, 尖齿臭茉莉 C. lindleyi
(22E,24ζ)-24-ethylcholesta-5,22-dien-3β-ol (22E,24ζ)-24- 乙基胆甾 -5,22- 二烯 -3β- 醇 中国无忧花 Saraca dives
24ζ-ethylcholesta-5,22-dien-3β-ol 24ζ- 乙基胆甾 -5,22- 二烯 -3β- 醇 甜菜 Beta vulgaris
(24S)-24-ethyl-cholesta-5,22-dien-3β-ol (24S)-24- 乙基 - 胆甾 -5,22- 二烯 -3β- 醇 马蹄莲 Zantedeschia aethiopica
24-ethylcholesta-5,22-dien-3β-ol-palmitic acid ester 24- 乙基胆甾 -5,22- 二烯 -3β- 醇 - 棕榈酸酯 沙针 Osyris quadripartita, 春榆 Ulmus davidiana var. japonica
24-ethylcholesta-5,22E-dienyl-3β-O-pyranoglucoside 24- 乙基胆甾 -5,22E- 二烯 -3β-O- 吡喃葡萄糖苷 芡实 Euryale ferox
24-ethylcholesta-5,25-diene-3β-ol 24- 乙基胆甾 -5,25- 二烯 -3β- 醇 栝楼 Trichosanthes kirilowii
24β-ethylcholesta-5,9(11),22E-trien-3β-ol 24β- 乙基胆甾 -5,9(11),22E- 三烯 -3β- 醇 苦郎树 Clerodendrum inerme

(3α,5α,22E)-24-ethylcholesta-7,22,25(27)-trien-3-ol (3α,5α,22E)-24- 乙基胆甾 -7,22,25- 三烯 -3β- 醇 栝楼 Trichosanthes kirilowii

24-ethylcholesta-7,22,25-triene-3β-ol 24- 乙基胆甾 -7,22,25- 三烯 -3β- 醇 栝楼 Trichosanthes kirilowii

24ξ-ethylcholesta-7,22-dien-3β-ol 24ξ- 乙基胆甾 -7,22- 二烯 -3β- 醇 长梗喉毛花 Comastoma pedunculatum

24ζ-ethyl-cholesta-7,22-dien-3β-ol 24ζ- 乙基胆甾 -7,22- 二烯 -3β- 醇 中亚苦蒿 Artemisia absinthium

24-ethylcholesta-7,24(25)-diene-3β-ol 24- 乙基胆甾 -7,24(25)- 二烯 -3β- 醇 栝楼 Trichosanthes kirilowii

24-ethylcholestan-3-ol 24- 乙基胆甾 -3- 醇 猪毛菜 Salsola collina

24 ξ -ethylcholestanol 24 ξ - 乙基胆甾烷醇 驱虫斑鸠菊 Vernonia anthelmintica

24ξ-ethylcholesterol 24ξ- 乙基胆甾醇 黄瓜 Cucumis sativus

24-ethylcholesterol 24- 乙基胆甾醇 皱果苋 Amaranthus viridis, 巴戟天 Morinda officinalis

E

7β-(3-ethyl-*cis*-crotonoyloxy)-14-hydroxy-1α-(2-methylbutyryloxy)-notonipetranone 7β-(3- 乙基 - 顺式 - 巴豆酰氧基)-14- 羟基 -1α-(2- 甲基丁酰氧基)- 石生诺顿菊酮▲ 款冬 Tussilago farfara

7β-(3-ethyl-*cis*-crotonoyloxy)-14-hydroxy-notonipetranone 7β-(3- 乙基 - 顺式 - 巴豆酰氧基)-14- 羟基 - 石生诺顿菊酮▲ 款冬 Tussilago farfara

7β-(3-ethyl-*cis*-crotonoyloxy)-1α-(2-methylbutyryloxy)-3,14-dehydro-*Z*-notonipetranone 7β-(3- 乙基 - 顺式 - 巴豆酰氧基)-1α-(2- 甲基丁酰氧基)-3,14- 去氢 -Z- 石生诺顿菊酮▲ 毛裂蜂斗菜 Petasites tricholobus, 款冬 Tussilago farfara

1α-(3''-ethyl-*cis*-crotonoyloxy)-8-angeloyloxy-3β,4β-epoxybisabola-7(14),10-diene 1α-(3''- 乙基 - 顺式 - 巴豆酰氧基)-8- 当归酰氧基 -3β,4β- 环氧红没药 -7(14),10- 二烯 款冬 Tussilago farfara

ethylconiferin 乙基松柏苷 探春花 Jasminum floridum

24-ethylcoprostanone 24- 乙基粪甾酮 毛蕊花 Verbascum thapsum

7β-(3'-ethylcrotonoyloxy)-1α-(2'-methylbutyryloxy)-3,14-dehydro-*E*-notonipetranone 7β-(3'- 乙基巴豆酰氧基)-1α-(2'- 甲基丁酰)-3,14- 去氢 -Z- 石生诺顿菊酮▲ 毛裂蜂斗菜 Petasites tricholobus, 款冬 Tussilago farfara

7β-[3′-ethylcrotonoyloxy]-lα-[2′-methylbutyryloxy]-3,14-dehydro-*E*-notonipetranone 7β-(3'- 乙基巴豆酰氧基)-1α-(2'- 甲基丁酰)-3,14-E- 去氢石生诺顿菊酮▲ 款冬 Tussilago farfara

4-(4-ethylcyclohexyl)-1-pentyl-cyclohexene 4-(4- 乙基环己基)-1- 戊基 - 环己烯 雪松 Cedrus deodara

2-ethyldecanoic acid 2- 乙基癸酸 地枫皮 Illicium difengpi

24-ethyldemosterol 24- 乙基去氢胆甾醇 湖南稗子 Echinochloa frumentacea

α-ethyl-D-galactopyranoside α- 乙基 -D- 吡喃半乳糖苷 亚麻 Linum usitatissimum

α-ethyl-D-glucopyranoside α- 乙基 -D- 呋喃葡糖苷 白枪杆 Fraxinus malacophylla

ethylene glycol dihexadecanoate 乙二醇二十六酸酯 长毛香科科 Teucrium pilosum

ethylene glycolmono-octadecanoate 乙二醇十八酸单酯 长毛香科科 Teucrium pilosum

ethylene glycolmono-tetracosanoate 乙二醇二十四酸单酯 长毛香科科 Teucrium pilosum

2-ethylene-3,5,6-trimethyl-4-phenol-1-*O*-β-D-xylopyranosyl-(1 → 6)-β-D-glucopyranoside 2- 乙烯 -3,5,6- 三甲基 -4- 苯酚 -1-O-β-D- 吡喃木糖基 -(1 → 6)-β-D- 吡喃葡萄糖苷 地果 Ficus tikoua

13,13-ethylenedioxy-15,16-dinorlabd-7-en-6β-ol 13,13- 乙二氧基 -15,16- 二去甲半日花 -7- 烯 -6β- 醇 石松 Lycopodium japonicum

3',4'-ethylenedioxy-5-hydroxy-3-(1-hydroxy-1-methylethyl)-6,7-dimethyl-5'-methoxyflavone-8-carboxylic acid 3',4'- 乙二氧基 -5- 羟基 -3-(1- 羟基 -1- 甲基乙基)-6,7- 二甲基 -5'- 甲氧基黄酮 -8- 羧酸 有梗石龙尾 Limnophila indica

ethyleneglycol-1',1'',2',2''-diribofuranoside 乙二醇 -1',1'',2',2''- 二呋喃核糖苷 晚香玉 Polianthes tuberosa

2-ethylfuran 2- 乙基呋喃 挥发油成分，未统计基源

3-ethylgallic acid 3- 乙基没食子酸 余甘子 Phyllanthus emblica

α-ethylglucoside α- 葡萄糖乙苷 蒌叶 Piper betle

p-ethylguaiacol 对乙基愈创木酚 檀香 Santalum album

2-ethylhexanoic acid 2- 乙基 - 己酸 挥发油成分，未统计基源

2-ethylhexanol 2- 乙基己醇 挥发油成分，未统计基源

2-ethylhexyl *p*-methoxycinnamate 2- 乙基己基 - 对甲氧基桂皮酸酯 挥发油成分，未统计基源

3-(2-ethylhexyloxy)-propylamine 3- 异辛氧基丙胺 挥发油成分，未统计基源

(2S,3Z,6S,7αS,12αR,12βS,14R)-3-ethylidene-1,3,4,6,7,12β-hexahydro-14-[(3,4,5-trimethoxybenzoyl)oxy]-methyl ester (2S,3Z,6S,7αS,12αR,12βS,14R)-3- 亚乙烯基 -1,3,4,6,7,12β- 六氢 -14-(3,4,5- 三甲氧基苯甲酰氧基)- 甲酯 鸡骨常山 Alstonia yunnanensis

trans-3-ethylidene-2-pyrrolidone 反式 -3- 亚乙基 -2- 吡咯酮 珠果黄堇 Corydalis speciosa

(*Z*)-5-ethylidene-3,4,5,6-tetrahydro-cis-6,8-dimethoxy-1*H*,8*H*-pyrano-[3,4-c]pyran-1-one (Z)-5- 亚乙基 -3,4,5,6- 四氢 - 顺式 -6,8- 二甲氧基 -1H, 8H- 吡喃 -[3,4-c] 吡喃 -1- 酮 川西獐牙菜 Swertia mussotii, 云南獐牙菜 S. yunnanensis

(*Z*)-2-ethylidene-3-methylsuccinic acid (Z)-2- 甲基乙烯基 -3- 甲基琥珀酸 绿茎还阳参 Crepis lignea

(5Z,6α,8α)-5-ethylidene-4,5,6,8-tetrahydro-6,8-dimethoxy-1*H*,3*H*-pyrano[3,4-c]pyran-1-one (5Z,6α,8α)-5- 亚乙基 -4,5,6,8- 四氢 -6,8- 二甲氧基 -1H,3H- 吡喃并 [3,4-c] 吡喃 -1- 酮 秦艽 Gentiana macrophylla

(2E,4R,5S)-2-ethylidene-5-methoxycarbonyl-4-methylhexano-5-lactone (2E,4R,5S)-2- 亚乙基 -5- 羰甲氧基 -4- 甲基己醇 -5- 内酯 齿叶橐吾 Ligularia dentata

(1*E*)-1-ethylidene-7α-methyloctahydro-1*H*-indene (1E)-1- 亚乙基 -7α- 甲基八氢 -1H- 茚 挥发油成分，未统计基源

α-ethylidenebenzeneacetaldehyde α- 亚乙基苯乙醛 挥发油成分，未统计基源

24-ethylidenecholesterol 24- 乙亚基胆甾醇 金鱼藻 Ceratophyllum demersum

24(*E*)-ethylidenecycloartan-3β-ol 24(E)- 亚乙基环木菠萝 -3β- 醇 拳参 Polygonum bistorta

24(*E*)-ethylidenecycloartanone 24(*E*)- 亚乙基环木菠萝烷酮 拳参 Polygonum bistorta
L-*γ*-ethylideneglutamic acid L-*γ*- 亚乙基谷氨酸 洁小菇 Mycena pura
2,23-ethylidenehederagenin 2,23- 亚乙基常春藤皂苷元 无患子 Sapindus saponaria
24-ethylidenelathosterol 24- 乙亚基羊毛索甾醇▲ 鸡冠花 Celosia cristata
24-ethylidenelophenol 24- 亚乙基鸡冠柱烯醇▲ 锦熟黄杨 Buxus sempervirens, 甘蔗 Saccharum officinarum, 白英 Solanum lyratum
1-ethylideneoctahydro-7a-methyl-(1*Z*,3a*α*,7a,*β*)-1*H*-indene 1- 亚乙基八氢 -7a- 甲基 -(1*Z*,3a,*α*,7a,*β*)-1*H*- 茚 挥发油成分，未统计基源
3*E*-ethylidenetetrahydro-2-oxo-2*H*-pyran-4-acetic acid methyl ester 3*E*- 乙烯基四氢 -2- 氧代 -2*H*- 吡喃 -4- 乙酸甲酯 女贞 Ligustrum lucidum
3-ethyl-1,4-hexadiene 3- 乙基 -1,4- 已二烯 挥发油成分，未统计基源
24-ethyllathosterol 24- 乙基羊毛索甾醇▲ 皱果苋 Amaranthus viridis, 鸡冠花 Celosia cristata, 湖南稗子 Echinochloa frumentacea, 地肤 Kochia scoparia
ethylleptol A, B 乙基三桠苦醇 A, B 三桠苦 Euodia lepta
24-ethyllophenol 24- 乙基鸡冠柱烯醇▲ 甘蔗 Saccharum officinarum, 茄 Solanum melongena
ethyllucidone 乙基赤芝酮 乌药 Lindera aggregata
9-ethyl-neopaeoniaflorin A 9- 乙基新芍药苷 A 芍药 Paeonia lactiflora
2-ethyl-*n*-hexyl benzoate 2- 乙基正己醇苯甲酸酯 香莸 Caryopteris odorata
2-ethyl-n-hexyl-*trans*-cinnamate 2-2- 乙基 - 正己基 - 反式 - 桂皮酸酯 香莸 Caryopteris odorata
ethylnotopterol 乙基羌活醇 羌活 Notopterygium incisum
[2*S*-[2*α*(9*Z*,12*E*),3*α*]]-14-(3-ethyloxiranyl)-9,12-tetradecadienoic acid [2*S*-[2*α*(9*Z*,12*E*),3*α*]]-14-(3- 乙基环氧乙烷)-9,12- 十四碳二烯酸 鼬瓣花 Galeopsis bifida
ethyloxyethene 乙氧基乙烯 挥发油成分，未统计基源
ethyl-*O*-*β*-(6'-galloyl)-glucopyranoside 乙基 -*O*-*β*-(6'- 没食子酰基)- 吡喃葡萄糖苷 滑桃树 Trevia nudiflora
ethyl-*O*-*β*-(6'-*O*-galloyl)-glucopyranoside 乙基 -*O*-*β*-(6'-*O*- 没食子酰基)- 吡喃葡萄糖苷 显脉羊蹄甲 Bauhinia glauca subsp. pernervosa
4-ethylpaeoniflorin 4- 乙基芍药苷 芍药 Paeonia lactiflora
ethylphenol 乙基苯酚 挥发油成分，未统计基源
5-ethyl-phenol 4- 乙基苯酚 杉木 Cunninghamia lanceolata
(3-ethylphenyl)-1,2-ethanediol (3- 乙基苯基)-1,2- 乙二醇 木蹄层孔菌 Fomes fomentarius
ethylradiatine 乙基红花石蒜碱▲ 石蒜 Lycoris radiata
ethylrhoeagenine 乙基丽春花宁碱 野罂粟 Papaver nudicaule
ethylsyringin 乙基丁香苷 红花 Carthamus tinctorius
14'-ethyltetrahydrohuratoxin 14'- 乙基四氢响盒子毒素▲ 尖瓣瑞香 Daphne acutiloba
ethylthioglycolate 巯基糖苷乙酯 披针观音座莲 Angiopteris caudatiformis
ethyl-*α*-D-arabinofuranoside 乙基 -*α*-D- 呋喃阿拉伯糖苷 咖啡黄葵 Abelmoschus esculentus, 白英 Solanum lyratum
ethyl-*α*-D-fructofuranoside 乙基 -*α*-D- 呋喃果糖苷 东方泽泻 Alisma orientale, 宽瓣重楼 Paris polyphylla var. yunnanensis
ethyl-*α*-D-galactoside 乙基 -*α*-D- 半乳糖苷 晚香玉 Polianthes tuberosa, 孩儿参 Pseudostellaria heterophylla, 繁缕 Stellaria media
7-ethyl-*α*-D-glucose 7- 乙基 -*α*-D- 葡萄糖 雪松 Cedrus deodara
ethyl-*α*-D-glucoside 乙基 -*α*-D- 葡萄糖苷 披针观音座莲 Angiopteris caudatiformis, 胡卢巴 Trigonella foenum-graecum
ethyl-*α*-D-lyxofuranoside 乙基 -*α*-D- 呋喃来苏糖苷 红花 Carthamus tinctorius
ethyl-*α*-L-rhamnopyranosyl-(1 → 6)-*O*-*β*-D-glucopyranoside 乙基 -*α*-L- 吡喃鼠李糖基 -(1 → 6)-*O*-*β*-D- 吡喃葡萄糖基苷 光叶绞股蓝 Gynostemma laxum
1-ethyl-*β*-carboline 1- 乙基 -*β*- 咔啉 岭南臭椿 Ailanthus triphysa, 柔毛鸦胆子 Brucea mollis, 常绿苦树 Picrasma javanica
ethyl-*β*-D-fructofuranoside 乙基 -*β*-D- 呋喃果糖苷 东方泽泻 Alisma orientale, 短瓣花 Brachystemma calycinum
ethyl-*β*-D-fructopyranoside 乙基 -*β*-D- 吡喃果糖苷 黑面神 Breynia fruticosa, 总状土木香 Inula racemosa
1-ethyl-*β*-D-galacetoside 1- 乙基 -*β*-D- 半乳糖苷 地黄 Rehmannia glutinosa
ethyl-*β*-D-galactopyranoside 乙基 -*β*-D- 半乳糖苷 晚香玉 Polianthes tuberosa
1-ethyl-*β*-D-glucopyranoside 1- 乙基 -*β*-D- 吡喃葡萄糖苷 密褶红菇 Russula densifolia
ethyl-*β*-D-glucopyranoside 乙基 -*β*-D- 吡喃葡萄糖苷 冬瓜 Benincasa hispida, 薜荔 Ficus pumila, 麻花艽 Gentiana straminea, 珊瑚菜 Glehnia littoralis, 细叶鸢尾 Iris tenuifolia, 竹柏 Nageia nagi, 甘松 Nardostachys jatamansi, 茴芹 Pimpinella anisum, 陵水暗罗 Polyalthia nemoralis
ethyl-*β*-D-glucopyranosyltuberonate 乙基 -*β*-D- 吡喃葡萄糖基马铃薯酮酸酯▲ 撒尔维亚 Salvia officinalis
ethyl-*β*-D-xyloside 乙基 -*β*-D- 木糖苷 咖啡黄葵 Abelmoschus esculentus
ethyl-*β*-fructopyranoside 乙基 -*β*- 吡喃果糖乙苷 山刺玫 Rosa davurica
etioline 藜芦黄化碱▲ 珊瑚豆 Solanum pseudocapsicum var. diflorum, 旋花茄 S. spirale
euasarone 欧细辛脑 小叶马蹄香 Asarum ichangense
eucaglobulin 蓝桉素 蓝桉 Eucalyptus globulus
eucalbanin C 白桉鞣宁 C 蓝桉 Eucalyptus globulus
eucalmaidin A~F 直杆蓝桉素▲A~F 直杆蓝桉 Eucalyptus maidenii
eucalmainoside C, D, E 直杆蓝桉苷▲C, D, E 直杆蓝桉 Eucalyptus maidenii
eucalyptal A~E 桉酚醛▲A~E 蓝桉 Eucalyptus globulus
eucalyptin 桉树素 繁穗苋 Amaranthus cruentus, 苦郎树 Clerodendrum inerme, 柠檬桉 Eucalyptus citriodora, 蓝桉 E. globulus, 斑皮桉 E. maculata, 树脂桉 E. resinifera

eucalyptin A 桉树素 A 蓝桉 Eucalyptus globulus
eucalyptol; cineole 桉树脑 挥发油成分，未统计基源
eucalyptolic acid 桉醇酸▲ 番石榴 Psidium guajava
eucalyptone 桉酮▲ 蓝桉 Eucalyptus globulus
eucalyptone G 桉酮▲G 蓝桉 Eucalyptus globulus
eucanbin 大麻叶泽兰素 大麻叶泽兰 Eupatorium cannabinum
eucarvone 优葛缕子酮 挥发油成分，未统计基源
euchrenone a_1 山豆根酮 a_1 山豆根 Euchresta japonica, 管萼山豆根 E. tubulosa
euchrenone a_{10} 山豆根酮 a_{10} 台湾山豆根 Euchresta formosana
euchrenone a_{11} 山豆根酮 a_{11} 台湾山豆根 Euchresta formosana, 山豆根 E. japonica
euchrenone a_{12} 山豆根酮 a_{12} 台湾山豆根 Euchresta formosana, 山豆根 E. japonica
euchrenone a_{14}, a_{15} 山豆根酮 a_{14}, a_{15} 管萼山豆根 Euchresta tubulosa
euchrenone a_{16}, a_{17} 山豆根酮 a_{16}, a_{17} 台湾山豆根 Euchresta formosana
euchrenone a_2 山豆根酮 a_2 台湾山豆根 Euchresta formosana, 山豆根 E. japonica, 椿叶花椒 Zanthoxylum ailanthoides
euchrenone a_3 山豆根酮 a_3 山豆根 Euchresta japonica, 多花胡枝子 Lespedeza floribunda
euchrenone a_4 山豆根酮 a_4 山豆根 Euchresta japonica, 管萼山豆根 E. tubulosa
euchrenone a_5 山豆根酮 a_5 台湾山豆根 Euchresta formosana, 洋甘草 Glycyrrhiza glabra
euchrenone a_6 山豆根酮 a_6 台湾山豆根 Euchresta formosana, 山豆根 E. japonica
euchrenone a_7 山豆根酮 a_7 构树 Broussonetia papyrifera, 伏毛山豆根 Euchresta horsfieldii, 光叶马鞍树 Maackia tenuifolia, 奶桑 Morus macroura
euchrenone a_8, a_9 山豆根酮 a_8, a_9 伏毛山豆根 Euchresta horsfieldii
euchrenone b_1 山豆根酮 b_1 台湾山豆根 Euchresta formosana, 山豆根 E. japonica, 朝鲜槐 Maackia amurensis
euchrenone b_{10} 山豆根酮 b_{10} 柘树 Cudrania tricuspidata, 刺桐 Erythrina variegata, 伏毛山豆根 Euchresta horsfieldii, 山豆根 E. japonica
euchrenone b_{11}, b_{12}, b_{13}, b_{14}, b_{15} 山豆根酮 b_{11}, b_{12}, b_{13}, b_{14}, b_{15} 山豆根 Euchresta japonica
euchrenone b_{16} 山豆根酮 b_{16} 台湾山豆根 Euchresta formosana, 山豆根 E. japonica
euchrenone b_{17}, b_{18} 山豆根酮 b_{17}, b_{18} 管萼山豆根 Euchresta tubulosa
euchrenone b_2 山豆根酮 b_2 台湾山豆根 Euchresta formosana, 山豆根 E. japonica, 管萼山豆根 E. tubulosa
euchrenone b_3, b_4, b_5 山豆根酮 b_3, b_4, b_5 山豆根 Euchresta japonica
euchrenone b_6, b_7 山豆根酮 b_6, b_7 伏毛山豆根 Euchresta horsfieldii
euchrenone b_8 山豆根酮 b_8 柘树 Cudrania tricuspidata, 伏毛山豆根 Euchresta horsfieldii
euchrenone b_9 山豆根酮 b_9 柘树 Cudrania tricuspidata, 伏毛山豆根 Euchresta horsfieldii
euchrestaflavanone 山豆根黄烷酮 砂生槐 Sophora moorcroftiana
euchrestaflavanone A 山豆根黄烷酮 A 台湾山豆根 Euchresta formosana, 山豆根 E. japonica
euchrestaflavanone B 山豆根黄烷酮 B 柘树 Cudrania tricuspidata, 台湾山豆根 Euchresta formosana, 山豆根 E. japonica
euchrestaflavanone C 山豆根黄烷酮 C 柘树 Cudrania tricuspidata, 台湾山豆根 Euchresta formosana, 山豆根 E. japonica
euchrestafuran 山豆根呋喃▲ 管萼山豆根 Euchresta tubulosa
euchrestine A, C, D, E 豆叶九里香亭碱▲A, C, D, E 豆叶九里香 Murraya euchrestifolia
euchrestine B 豆叶九里香亭碱▲B 豆叶九里香 Murraya euchrestifolia, 调料九里香 M. koenigii
euchretin A 山豆根亭▲A 台湾山豆根 Euchresta formosana, 山豆根 E. japonica, 管萼山豆根 E. tubulosa
euchretin B 山豆根亭▲B 台湾山豆根 Euchresta formosana, 山豆根 E. japonica, 管萼山豆根 E. tubulosa
euchretin C 山豆根亭▲C 台湾山豆根 Euchresta formosana, 山豆根 E. japonica, 管萼山豆根 E. tubulosa
euchretin D 山豆根亭▲D 台湾山豆根 Euchresta formosana, 管萼山豆根 E. tubulosa
euchretin E 山豆根亭▲E 台湾山豆根 Euchresta formosana, 管萼山豆根 E. tubulosa
euchretin F 山豆根亭▲F 台湾山豆根 Euchresta formosana, 山豆根 E. japonica
euchretin G 山豆根亭▲G 台湾山豆根 Euchresta formosana, 山豆根 E. japonica
euchretin H 山豆根亭▲H 台湾山豆根 Euchresta formosana, 山豆根 E. japonica
euchretin I 山豆根亭▲I 台湾山豆根 Euchresta formosana, 管萼山豆根 E. tubulosa
euchretin J~N 山豆根亭▲J~N 台湾山豆根 Euchresta formosana
euchroquinol A, B, C 软紫草醌酚▲A, B, C 软紫草 Arnebia euchroma
(2)-(*R*)-eucomic acid (2)-(*R*)- 红果酸 乌头 Aconitum carmichaelii
eucomic acid 凤梨百合酸▲ 单穗升麻 Cimicifuga simplex, 野百合 Crotalaria sessiliflora, 普通仙人掌 Opuntia vulgaris
eucomin 凤梨百合素▲ 小叶云实 Caesalpinia millettii
eucomman A 杜仲多糖 杜仲 Eucommia ulmoides
eucommidiol 杜仲二醇 杜仲 Eucommia ulmoides
eucommin A 杜仲素 A 管花肉苁蓉 Cistanche tubulosa, 滇瑞香 Daphne feddei, 杜仲 Eucommia ulmoides
eucommiol 杜仲醇 青木 Aucuba japonica, 杜仲 Eucommia ulmoides, 蔓荆 Vitex trifolia
eucommioside 杜仲醇苷 杜仲 Eucommia ulmoides
eucommioside I 杜仲醇苷 I 青木 Aucuba japonica, 杜仲 Eucommia ulmoides
eucommioside II 杜仲醇苷 II 青木 Aucuba japonica

eucomoside A, B, C 杜仲莫苷▲A, B, C 杜仲 Eucommia ulmoides
eucryphin 蜜藏花素▲ 假鹰爪 Desmos chinensis, 榴莲 Durio zibethinus, 黄杞 Engelhardia roxburghiana, 云南黄杞 E. spicata, 葡萄 Vitis vinifera
eudalene 桉叶油萘▲ 甘松 Nardostachys jatamansi
eudeshonokiol A, B 桉醇和厚朴酚 A, B 日本厚朴 Houpoëa obovata
eudesm-11-en-2,4α-diol 桉叶 -11- 烯 -2,4α- 二醇 甘松 Nardostachys jatamansi
eudesm-11-en-4-α-O-β-D-3-senecioyloxy-6-deoxyglucopyranoside 桉叶 -11- 烯 -4-α-O-β-D-3- 千里光酰氧基 -6- 去氧葡萄糖苷 台琼海桐 Pittosporum pentandrum var. formosanum
eudesm-11-en-4-α-O-β-D-3-tigloyloxy-6-deoxyglucopyranoside 桉叶 -11- 烯 -4-α-O-β-D-3- 巴豆酰氧基 -6- 去氧葡萄糖苷 台琼海桐 Pittosporum pentandrum var. formosanum
eudesm-3-ene-1β,7,11-triol 桉叶 -3- 烯 -1β,7,11- 三醇 及已 Chloranthus serratus
(-)-eudesm-3β,4β,7α-triol (-)- 桉叶 -3β,4β,7α- 三醇 臭冷杉 Abies nephrolepis
(1β,6α)-eudesm-4(14)-ene-1,6-diol (1β,6α)- 桉叶 -4(14)- 烯 -1,6- 二醇 冷杉 Abies fabri
eudesm-4(14)-ene-1,6-diol 桉叶 -4(14)- 烯 -1,6- 二醇 枫香树 Liquidambar formosana
eudesm-4(14)-ene-1β,5α-diol 桉叶 -4(14)- 烯 -1β,5α- 二醇 佩兰 Eupatorium fortunei
eudesm-4(15),11(13)-dien-12,5β-olide 桉叶 -4(15),11(13)- 二烯 -12,5β- 内酯 六棱菊 Laggera alata
(5R,10S)-eudesm-4(15),7-dien-11-ol-9-one (5R,10S)- 桉叶 -4(15),7- 二烯 -11- 醇 -9- 酮 苍术 Atractylodes lancea
eudesm-4(15),7-dien-9α,11-diol) 桉叶 -4(15),7- 二烯 -9α,11- 二醇 苍术 Atractylodes lancea
eudesm-4(15)-en-1β,8α-diol 桉叶 -4(15)- 烯 -1β,8α- 二醇 柠条锦鸡儿 Caragana korshinskii
eudesm-4(15)-ene-1β,6α-diol 桉叶 -4(15)- 烯 -1β,6α- 二醇 东方泽泻 Alisma orientale, 滇南红厚壳 Calophyllum polyanthum, 温郁金 Curcuma wenyujin, 黄杞 Engelhardia roxburghiana, 一年蓬 Erigeron annuus, 小连翘 Hypericum erectum, 轮叶木姜子 Litsea verticillata, 荜拔 Piper longum, 柚木 Tectona grandis
eudesm-4(15)-ene-1β,7,11-triol 桉叶 -4(15)- 烯 -1β,7,11- 三醇 及已 Chloranthus serratus
eudesm-4(15)-ene-1β,8α-diol-8-O-β-D-xylopyranosyl-(1 → 6)-β-D-glucopyranoside 桉叶 -4(15)- 烯 -1β,8α- 二醇 -8-O-β-D- 吡喃木糖基 -(1 → 6)-β-D- 吡喃葡萄糖苷 井栏边草 Pteris multifida
eudesm-4(15)-ene-7α,11-diol 桉叶 -4(15)- 烯 -7α,11- 二醇 苍术 Atractylodes lancea, 宽叶金粟兰 Chloranthus henryi
eudesm-7(11)-en-4-ol 桉叶 -7(11)- 烯 -4- 醇 挥发油成分，未统计基源
eudesma-1,3,11(13)-trien-12-oic acid 桉叶 -1,3,11(13)- 三烯 -12- 酸 向日葵 Helianthus annuus
eudesma-3,7(11)-diene 桉叶 -3,7(11)- 二烯 挥发油成分，未统计基源
eudesma-4(14),11-dien-1β-ol 桉叶烷 -4(14),11- 二烯 -1β- 醇 毛果一枝黄花 Solidago virgaurea
eudesma-4(14),11-dien-3β-ol 桉叶 -4(14),11- 二烯 -3β- 醇 香附子 Cyperus rotundus
5β,10α-eudesma-4(14),11-diene 5β,10α- 桉叶 -4(14),11- 二烯 挥发油成分，未统计基源
eudesma-4(14),11-diene 桉叶 -4(14),11- 二烯 挥发油成分，未统计基源
8βH-eudesma-4(14),7(11)-dien-12,8-olide 8βH- 桉叶 -4(14),7(11)- 二烯 -12,8- 内酯 宽叶金粟兰 Chloranthus henryi
eudesma-4(14),7(11)-diene 桉叶 -4(14),7(11)- 二烯 挥发油成分，未统计基源
5αH-eudesma-4(15),11(13)-dien-12,8β-olide 5αH- 桉叶 -4(15),11(13)- 二烯 -12,8β- 内酯 烟管头草 Carpesium cernuum, 大花金挖耳 C. macrocephalum
eudesma-4(15),7(11),9-trien-12-olide 桉叶 -4(15),7(11),9- 三烯 -12- 内酯 金粟兰 Chloranthus spicatus
eudesma-4(15),7-dien-1β-ol 桉叶 -4(15),7- 二烯 -1β- 醇 挥发油成分，未统计基源
5α,11αH-eudesma-4(15)-en-12,8β-olide 5α,11αH- 桉叶 -4(15)- 烯 -12,8β- 内酯 大花金挖耳 Carpesium macrocephalum
(-)-eudesma-4(15)-en-3β,11-diol (-)- 桉叶 -4(15)- 烯 -3β,11- 二醇 香藜 Chenopodium botrys
eudesma-4,11(13)-dien-8,12-olide 桉叶 -4,11(13)- 二烯 -8,12- 内酯 总状土木香 Inula racemosa
eudesma-4,11-dien-1β-ol 桉叶 -4,11- 二烯 -1β- 醇 膜苞垂头菊 Cremanthodium stenactinium
eudesma-4,11-diene 桉叶 -4,11- 二烯 挥发油成分，未统计基源
eudesma-5,11(13)-dien-8,12-olid 桉叶 -5,11(13)- 二烯 -8,12- 内酯 总状土木香 Inula racemosa
4(15),11-eudesmadiene 4(15),11- 桉叶二烯 苍术 Atractylodes lancea
eudesmagnolol 桉醇厚朴酚 日本厚朴 Houpoëa obovata
5αH,7αH-eudesman-4α,6α,11,12-tetraol 5αH,7αH- 桉叶 -4α,6α,11,12- 四醇 月桂 Laurus nobilis
4β(H)-eudesmane 4β(H)- 桉叶烷 湿地蒿 Artemisia tournefortiana
eudesmane 桉叶烷 挥发油成分，未统计基源
eudesmane-3α,4α,11-triol-11-O-β-D-glucopyranoside 桉烷 -3α,4α,11- 三醇 -11-O-β-D- 吡喃葡萄糖苷 羌活 Notopterygium incisum
7α(H)-eudesmane-4,11(12)-diene-3-one-2β-hydroxy-13-β-D-glucopyranoside 7α(H)- 桉叶 -4,11(12)- 二烯 -3- 酮 -2β- 羟基 -13-β-D- 吡喃葡萄糖苷 益母草 Leonurus japonicus
eudesmane-4β,11-diol 桉叶 -4β,11- 二醇 马蜂橙 Citrus hystrix
eudesmanediol 桉叶烷二醇 芸香草 Cymbopogon distans
(3β,5α,6β,7β,14β)-eudesmen-3,5,6,11-tetrol (3β,5α,6β,7β,14β)- 桉叶烯 -3,5,6,11- 四醇 野菊 Chrysanthemum indicum
11-eudesmen-4-ol 11- 桉叶烯 -4- 醇 挥发油成分，未统计基源
ent-7(11)-eudesmen-4-ol 对映 -7(11)- 烯 - 桉叶 -4- 醇 翼齿六棱菊 Laggera crispata
β-eudesmene β- 桉叶烯 挥发油成分，未统计基源

eudesmene 桉叶烯 挥发油成分，未统计基源

4(15)-eudesmene-1α,7β-diol 4(15)- 桉叶烯 -1α,7β- 二醇 薄片变豆菜 Sanicula lamelligera

3-eudesmene-1β,11-diol 3- 桉叶烯 -1β,11- 二醇 乌药 Lindera aggregata

4(15)-eudesmene-1β,11-diol 4(15)- 桉叶烯 -1β,11- 二醇 蜡梅 Chimonanthus praecox

5-eudesmene-1β,4α-diol 5- 桉叶烯 -1β,4α- 二醇 金粟兰 Chloranthus spicatus

4(15)-eudesmene-1β,5α-diol 4(15)- 桉叶烯 -1β,5α- 二醇 长柄异木患 Allophylus longipes, 柠条锦鸡儿 Caragana korshinskii, 樫木 Dysoxylum excelsum, 小窃衣 Torilis japonica

4(15)-eudesmene-1β,6α-diol 4(15)- 桉叶烯 -1β,6α- 二醇 山楝 Aphanamixis polystachya, 柠条锦鸡儿 Caragana korshinskii, 小窃衣 Torilis japonica

ent-4(15)-eudesmene-1β,6α-diol 对映 -4(15)- 桉叶烯 -1β,6α- 二醇 长柄异木患 Allophylus longipes, 乌药 Lindera aggregata

3-eudesmene-1β,7,11-triol 3- 桉叶烯 -1β,7,11- 三醇 草珊瑚 Sarcandra glabra

4(15)-eudesmene-1β,7α-diol 4(15)- 桉叶烯 -1β,7α- 二醇 柠条锦鸡儿 Caragana korshinskii, 剑叶金鸡菊 Coreopsis lanceolata, 樫木 Dysoxylum excelsum

4(15)-eudesmene-1β,7β-diol 4(15)- 桉叶烯 -1β,7β- 二醇 柠条锦鸡儿 Caragana korshinskii

4(15)-eudesmene-1β,8α-diol 4(15)- 桉叶烯 -1β,8α- 二醇 长柄异木患 Allophylus longipes

4(14)-eudesmene-8α,11-diol 4(14)- 桉叶烯 -8α,11- 二醇 浆果楝 Cipadessa baccifera

3-eudesmen-lβ,11-diol 3- 桉叶烯 -lβ,11- 二醇 蜡梅 Chimonanthus praecox

4-eudesmen-lβ,11-diol 4- 桉叶烯 -lβ,11- 二醇 蜡梅 Chimonanthus praecox

eudesmic acid 桉酸 磨盘草 Abutilon indicum

(-)-eudesmin (-)- 桉脂素 毛蕊老鹳草 Geranium platyanthum, 北美鹅掌楸 Liriodendron tulipifera, 狼毒 Stellera chamaejasme, 蚬壳花椒 Zanthoxylum dissitum

(+)-eudesmin (+)- 桉脂素 苦瓜 Momordica charantia, 望春玉兰 Yulania biondii, 刺花椒 Zanthoxylum acanthopodium

eudesmin 桉脂素 石菖蒲 Acorus gramineus, 米仔兰 Aglaia odorata, 毛叶合欢 Albizia mollis, 滇瑞香 Daphne feddei, 大叶芸香 Haplophyllum perforatum, 红大戟 Knoxia roxburghii, 北美鹅掌楸 Liriodendron tulipifera, 露兜树 Pandanus tectorius, 望春玉兰 Yulania biondii, 玉兰 Y. denudata, 竹叶花椒 Zanthoxylum armatum, 尖叶花椒 Z. oxyphyllum

eudesmin A 桉脂素 A 高山杜鹃花 Rhododendron lapponicum

(+)-β-eudesmol (+)-β- 桉叶油醇 日本薯蓣 Dioscorea japonica

α-eudesmol α- 桉叶油醇 挥发油成分，未统计基源

β-eudesmol β- 桉叶油醇 挥发油成分，未统计基源

γ-eudesmol γ- 桉叶油醇 挥发油成分，未统计基源

δ-eudesmol δ- 桉叶油醇 挥发油成分，未统计基源

eudesmol 桉叶油醇 挥发油成分，未统计基源

α-eudesmol acetate α- 桉叶油醇乙酸酯 挥发油成分，未统计基源

β-eudesmol acetate β- 桉叶油醇乙酸酯 挥发油成分，未统计基源

γ-eudesmol acetate γ- 桉叶油醇乙酸酯 挥发油成分，未统计基源

γ-eudesmol-11-α-L-rhamnoside γ- 桉叶油醇 -11-α-L- 鼠李糖苷 依兰 Cananga odorata

3-eudesmol-1β,11-diol 3- 桉叶 -1β,11- 二醇 柳杉 Cryptomeria japonica var. sinensis

eudesobovatol A, B 桉醇日本厚朴酚▲A, B 日本厚朴 Houpoëa obovata

eugeniin 丁香鞣质 苦槠 Castanopsis sclerophylla, 地蔷薇 Chamaerhodos erecta, 千根草 Euphorbia thymifolia, 石岩枫 Mallotus repandus, 芍药 Paeonia lactiflora, 草芍药 P. obovata, 化香树 Platycarya strobilacea, 槲栎 Quercus aliena, 乌冈栎 Q. phillyraeoides, 使君子 Quisqualis indica, 丁香 Syzygium aromaticum, 丘角菱 Trapa japonica

eugenin 丁香宁 红柴胡 Bupleurum scorzonerifolium, 唐菖蒲 Gladiolus × gandavensis, 牛筋果 Harrisonia perforata, 蕨叶藁本 Ligusticum pteridophyllum, 临时救 Lysimachia congestiflora, 喙柱牛奶菜 Marsdenia oreophila, 滨海前胡 Peucedanum japonicum, 豆腐柴 Premna microphylla, 丁香 Syzygium aromaticum, 白钩藤 Uncaria sessilifructus

eugenitin 丁子香亭 朝天罐 Osbeckia opipara, 丁香 Syzygium aromaticum

eugenol 丁香酚 挥发油成分，未统计基源

p-eugenol 对丁香酚 挥发油成分，未统计基源

eugenol acetate 丁香酚乙酸酯 挥发油成分，未统计基源

eugenol methyl ether 丁香酚甲醚 挥发油成分，未统计基源

eugenol rutinoside 丁香酚芸香糖苷 树参 Dendropanax dentiger, 无患子 Sapindus saponaria

eugenol-4-O-β-D-(6'-O-galloyl)glucopyranoside 丁香酚 -4-O-β-D-(6'-O- 没食子酰基)- 吡喃葡萄糖苷 丁香 Syzygium aromaticum

eugenone 丁香酮 挥发油成分，未统计基源

eugenyl vicianoside 丁香酚巢菜糖苷 五层龙 Salacia prinoides

eugenyl-4''-O-acetyl-β-rutinoside 丁香酚 -4''-O- 乙酰基 -β- 芸香糖苷 松乳菇 Lactarius deliciosus

eugenyl-O-β-apiofuranosyl-(1'' → 6')-O-β-glucopyranoside 丁香酚 -O-β- 呋喃芹糖基 -(1'' → 6')-O-β- 吡喃葡萄糖苷 唐古红景天 Rhodiola algida var. tangutica

eugenyl-O-β-apiofuranosyl-(1 → 6)-O-β-glucopyranoside 丁香酚 -O-β- 呋喃芹糖基 -(1 → 6)-O-β- 吡喃葡萄糖苷 鸡冠花 Celosia cristata

eugenyl-β-D-glucopyranoside 丁香酚 -β-D- 吡喃葡萄糖苷 梅 Armeniaca mume, 香丝草 Conyza bonariensis, 长距石斛 Dendrobium longicornu, 一年蓬 Erigeron annuus, 卫矛 Euonymus alatus, 番薯 Ipomoea batatas, 川藏香茶菜 Isodon pharicus, 香子含笑 Michelia gioi,

圣罗勒 Ocimum sanctum, 水芹 Oenanthe javanica, 紫苏 Perilla frutescens, 阔苞菊 Pluchea indica, 粘毛鼠尾草 Salvia roborowskii, 三叶鼠尾草 S. trijuga, 野甘草 Scoparia dulcis, 棱茎黄芩 Scutellaria scandens

eugenyl-*β*-rutinoside 丁香酚 -*β*- 芸香糖苷 四川五加 Eleutherococcus setchuenensis, 雾水葛 Pouzolzia zeylanica, 炮仗竹 Russelia equisetiformis

euglobal 蓝桉醛 川赤芍 Paeonia anomala subsp. veitchii

euglobal 蓝桉醛 Ia, Ia$_1$, Ia$_2$, Ic, In$_3$, III, IV, IVa, IVb, V, VII, Ⅸ 蓝桉 Eucalyptus globulus

euglobal I$_b$ 蓝桉醛 I$_b$ 蓝桉 Eucalyptus globulus, 桉 E. robusta

euglobal II$_a$ 蓝桉醛 II$_a$ 蓝桉 Eucalyptus globulus, 桉 E. robusta

euglobal II$_b$ 蓝桉醛 II$_b$ 蓝桉 Eucalyptus globulus, 桉 E. robusta

euglobal II$_c$ 蓝桉醛 II$_c$ 蓝桉 Eucalyptus globulus, 细叶桉 E. tereticornis

euglobal BI-$_1$, G$_{10}$, G$_{12}$, R$_1$, R$_2$ 蓝桉醛 BI-$_1$, G$_{10}$, G$_{12}$, R$_1$, R$_2$ 桉 Eucalyptus robusta

euglobal T$_1$ 蓝桉醛 T$_1$ 桉 Eucalyptus robusta, 细叶桉 E. tereticornis

eugnone 云南乌桕蒽醌 山乌桕 Triadica cochinchinensis

eukovoside 罗氏小米草苷▲ 短腺小米草 Euphrasia regelii

eulophiol 美冠兰酚▲ 石仙桃 Pholidota chinensis, 云南石仙桃 P. yunnanensis

eumaculin A 斑地锦素▲A 地锦 Euphorbia humifusa

eumaculin B, D, E 斑地锦素▲B, D, E 斑地锦 Euphorbia maculata

euodionoside A, F, G 吴茱萸香堇苷▲A, F, G 潺槁木姜子 Litsea glutinosa

euojaponine A 冬青卫矛碱 A 冬青卫矛 Euonymus japonicus, 雷公藤 Tripterygium wilfordii

euojaponine B, D, G, J~N 冬青卫矛碱 B, D, G, J~N 冬青卫矛 Euonymus japonicus

euojaponine C 冬青卫矛碱 C 冬青卫矛 Euonymus japonicus, 疏花卫矛 E. laxiflorus, 栓翅卫矛 E. phellomanus

euojaponine F 冬青卫矛碱 F 灯油藤 Celastrus paniculatus, 冬青卫矛 Euonymus japonicus

euojaponine I 冬青卫矛碱 I 灯油藤 Celastrus paniculatus, 扶芳藤 Euonymus fortunei, 冬青卫矛 E. japonicus

euojaposphingoside A, B, C 冬青卫矛鞘脂苷▲A, B, C 冬青卫矛 Euonymus japonicus

euolalin 卫矛林素▲ 卫矛 Euonymus alatus

euonidiol 卫矛二醇▲ 西南卫矛 Euonymus hamiltonianus

euonine 卫矛宁碱▲ 灯油藤 Celastrus paniculatus, 皱叶南蛇藤 C. rugosus, 雷公藤 Tripterygium wilfordii

euoniside 卫矛尼苷▲ 蜡梅 Chimonanthus praecox, 西南卫矛 Euonymus hamiltonianus

euonymine 卫矛碱 灯油藤 Celastrus paniculatus, 皱叶南蛇藤 C. rugosus, 卫矛 Euonymus alatus, 昆明山海棠 Tripterygium hypoglaucum, 雷公藤 T. wilfordii

euonymoside A 卫矛苷▲A 卫矛 Euonymus alatus

euonymusoside A 卫矛索苷▲A 卫矛 Euonymus alatus

euophelline 栓翅卫矛碱▲ 栓翅卫矛 Euonymus phellomanus

euosmoside A, B 清香木姜子苷▲A, B 毛叶木姜子 Litsea mollis

euoverrine A 疣点卫矛碱▲A 栓翅卫矛 Euonymus phellomanus

euoverrine B 疣点卫矛碱▲B 扶芳藤 Euonymus fortunei, 栓翅卫矛 E. phellomanus

eupachifolin A, B, C, E 白头婆素 A, B, C, E 白头婆 Eupatorium japonicum

eupachifolin D 白头婆素 D 多须公 Eupatorium chinense, 白头婆 E. japonicum

eupachinilide A~J 华泽兰内酯 A~J 多须公 Eupatorium chinense

eupafolin 楔叶泽兰素 东北丝裂蒿 Artemisia adamsii, 冷蒿 A. frigida, 魁蒿 A. princeps, 猪毛蒿 A. scoparia, 北艾 A. vulgaris, 长管大青 Clerodendrum indicum, 大麻叶泽兰 Eupatorium cannabinum, 向日葵 Helianthus annuus, 旋覆花 Inula japonica, 鄂西香茶菜 Isodon henryi, 小叶马缨丹 Lantana montevidensis, 半边莲 Lobelia chinensis, 撒尔维亚 Salvia officinalis, 荔枝草 S. plebeia, 沙生风毛菊 Saussurea arenaria, 雪莲花 S. involucrata, 菊蒿 Tanacetum vulgare

eupafolin-3'-*O*-*β*-D-glucopyranoside 楔叶泽兰素 -3'-*O*-*β*-D- 吡喃葡萄糖苷 迷迭香 Rosmarinus officinalis

eupafolin-4'-*O*-*β*-D-glucopyranoside 楔叶泽兰素 -4'-*O*-*β*-D- 吡喃葡萄糖苷 迷迭香 Rosmarinus officinalis

eupafolin-7-*O*-*β*-D-glucopyranoside 楔叶泽兰素 -7-*O*-*β*-D- 吡喃葡萄糖苷 荔枝草 Salvia plebeia

eupaformonin 台湾泽兰内酯 台湾泽兰 Eupatorium formosanum

eupaformosanin 台湾泽兰宁▲ 台湾泽兰 Eupatorium formosanum

eupalestin 破坏草素▲ 霍香蓟 Ageratum conyzoides, 熊耳草 A. houstonianum

eupalinilide B 林泽兰内酯 B 多须公 Eupatorium chinense

eupalinilide K, L, M 林泽兰内酯 K, L, M 林泽兰 Eupatorium lindleyanum

eupalinin A 林泽兰宁 A 多须公 Eupatorium chinense, 林泽兰 E. lindleyanum

eupalinin B, C, D 林泽兰宁 B, C, D 林泽兰 Eupatorium lindleyanum

eupalinolide A~E 野马追内酯 A~E 林泽兰 Eupatorium lindleyanum

eupalitin-3-*O*-sulfate 女贞泽兰亭▲-3-*O*- 硫酸酯 假泽兰 Mikania cordata

eupalitin-3-*O*-*β*-D-galactopyranoside 女贞泽兰亭▲-3-*O*-*β*-D- 吡喃半乳糖苷 黄细心 Boerhavia diffusa

eupalitin-3-*O*-*β*-D-galactopyranosyl-(1''→2'')-*O*-*β*-D-galactopyranoside 女贞泽兰亭▲-3-*O*-*β*-D- 吡喃半乳糖基 -(1''→2'')-*O*-*β*-D- 吡喃半乳糖苷 黄细心 Boerhavia diffusa

eupalitin-3-*O*-*β*-D-glucoside 女贞泽兰亭▲-3-*O*-*β*-D- 葡萄糖苷 假泽兰 Mikania cordata, 柳叶斑鸠菊 Vernonia saligna

E

euparin 泽兰素 台湾泽兰 Eupatorium formosanum, 异叶泽兰 E. heterophyllum, 白头婆 E. japonicum, 林泽兰 E. lindleyanum, 狭苞橐吾 Ligularia intermedia, 掌叶橐吾 L. przewalskii, 窄头橐吾 L. stenocephala, 离舌橐吾 L. veitchiana

euparone 泽兰酮▲ 异叶泽兰 Eupatorium heterophyllum

eupaserrin 锯齿泽兰内酯 多须公 Eupatorium chinense

eupatilin 半齿泽兰林素▲ 短叶假木贼 Anabasis brevifolia, 奇蒿 Artemisia anomala, 艾 A. argyi, 冷蒿 A. frigida, 蒙古蒿 A. mongolica, 魁蒿 A. princeps, 灰苞蒿 A. roxburghiana, 野菊 Chrysanthemum indicum, 菊花 C. morifolium, 马缨丹 Lantana camara, 飞蛾藤 Porana racemosa, 白茎绢蒿 Seriphidium terraealbae, 菊蒿 Tanacetum vulgare

eupatobenzofuran 泽兰苯并呋喃 台湾泽兰 Eupatorium formosanum

eupatochinilide I, II, III, IV, V, VI, VII 华泽兰新内酯▲I, II, III, IV, V, VI, VII 多须公 Eupatorium chinense

eupatolide 泽兰内酯 台湾泽兰 Eupatorium formosanum, 蓼子朴 Inula salsoloides

eupatolitin 女贞泽兰素▲ 茵陈蒿 Artemisia capillaris, 黑沙蒿 A. ordosica

eupatorenone 紫茎泽兰烯酮▲ 紫茎泽兰 Ageratina adenophora

eupatorin 半齿泽兰素 相思子 Abrus precatorius, 肾茶 Clerodendranthus spicatus, 菘蓝 Isatis tinctoria, 小叶马缨丹 Lantana montevidensis, 绣球防风 Leucas ciliata, 荔枝草 Salvia plebeia, 菊蒿 Tanacetum vulgare, 柳叶斑鸠菊 Vernonia saligna

eupatoriopicrin 泽兰苦素 大麻叶泽兰 Eupatorium cannabinum

eupatrin 泽兰黄素 茵陈蒿 Artemisia capillaris

eupatriol-9-*O*-*β*-D-apiofuranosyl-(1 → 6)-*β*-D-glucopyranoside 泽兰三醇 -9-*O*-*β*-D- 呋喃芹糖基 -(1 → 6)-*β*-D- 吡喃葡萄糖苷 烟管头草 Carpesium cernuum

9-euph-7-en-3-one 9- 大戟萜 -7- 烯 -3- 酮 菠菜 Spinacia oleracea

eupha-7,21-diene 大戟 -7,21- 二烯 倒卵伏石蕨 Lemmaphyllum microphyllum var. obovatum

(20*R*,23*E*)-eupha-8,23-diene-3*β*,25-diol (20*R*,23*E*)- 大戟 -8,23- 二烯 -3*β*,25- 二醇 甘遂 Euphorbia kansui

(+)-(24*S*)-eupha-8,25-dien-3*β*,24-diol-7-one (+)-(24*S*)- 大戟 -8,25- 二烯 -3*β*,24- 二醇 -7- 酮 甘青大戟 Euphorbia micractina

(20*R*)-eupha-8,25-diene-3*β*,24-diol (20*R*)- 大戟 -8,25- 二烯 -3*β*,24- 二醇 甘遂 Euphorbia kansui

euphactin A~F 甘青大戟亭▲A~F 甘青大戟 Euphorbia micractina

euphane-25-en-3*α*-ol 大戟 -25- 烯 -3*α*- 醇 绿玉树 Euphorbia tirucalli

euphane-3*β*,20-dihydroxy-24-ene 大戟 -3*β*,20- 二羟基 -24- 烯 甘遂 Euphorbia kansui

euphococcinine 大戟瓢虫碱▲ 海滨大戟 Euphorbia atoto

euphodendriane A 万年大戟烷 A 大狼毒 Euphorbia jolkinii

euphohelionone 泽漆酮▲ 泽漆 Euphorbia helioscopia

euphohelioscopin A, B 泽漆素▲A, B 泽漆 Euphorbia helioscopia

euphoheliosnoid A~D 泽漆萜▲A~D 泽漆 Euphorbia helioscopia

α-euphol *α*- 大戟二烯醇 甘遂 Euphorbia kansui

euphol acetate 大戟二烯醇乙酸酯 杜香 Ledum palustre

euphol; euphadienol 大戟二烯醇 火殃勒 Euphorbia antiquorum, 紫锦木 E. cotinifolia subsp. cotinoides, 乳浆大戟 E. esula, 狼毒大戟 E. fischeriana, 湖北大戟 E. hylonoma, 大狼毒 E. jolkinii, 甘遂 E. kansui, 甘青大戟 E. micractina, 铁海棠 E. milii, 金刚纂 E. neriifolia, 大戟 E. pekinensis, 霸王鞭 E. royleana, 准噶尔大戟 E. soongarica, 绿玉树 E. tirucalli, 杜香 Ledum palustre, 决明 Senna tora, 菠菜 Spinacia oleracea, 油桐 Vernicia fordii

euphol-3-*O*-cinnamate 大戟二烯醇 -3-*O*- 桂皮酸酯 火殃勒 Euphorbia antiquorum

euphol-3-*O*-*β*-D-glucopyranoside 大戟醇 -3-*O*-*β*-D- 吡喃葡萄糖苷 白背枫 Buddleja asiatica

euphone 大戟二烯酮 金刚纂 Euphorbia neriifolia

euphonerin A~G 金刚纂素▲A~G 金刚纂 Euphorbia neriifolia

euphopeplin A 南欧大戟素▲A 南欧大戟 Euphorbia peplus

euphoractin A~F, F_1, G, G_1, H~O 甘青大戟素 A~F, F_1, G, G_1, H~O 甘青大戟 Euphorbia micractina

euphorbetin 大戟亭▲ 戟叶堇菜 Viola betonicifolia, 球果堇菜 V. collina, 紫花堇菜 V. grypoceras, 长萼堇菜 V. inconspicua, 白花地丁 V. patrinii, 紫花地丁 V. philippica, 早开堇菜 V. prionantha, 斑叶堇菜 V. variegata

euphorbia factor 大戟因子 L_1~L_5, L_7a, L_7b, L_8~L_{11} 续随子 Euphorbia lathyris

euphorbia factor N_1, N_2 大戟因子 N_1, N_2 大狼毒 Euphorbia jolkinii

euphorbia lathyris A 续随子二萜▲A 续随子 Euphorbia lathyris

euphorbia substance SPr_5 大戟物质 SPr_5 土瓜狼毒 Euphorbia prolifera

euphorbialoid A, B, D~N 大戟萜▲A, B, D~N 土瓜狼毒 Euphorbia prolifera

euphorbialoid C 大戟萜▲C 大狼毒 Euphorbia jolkinii, 土瓜狼毒 E. prolifera

euphorbiane 大戟萜烷▲ 绿玉树 Euphorbia tirucalli

euphorbiaproliferin A~J 土瓜狼毒素▲A~J 土瓜狼毒 Euphorbia prolifera

euphorbin A 大戟素 A 红穗铁苋菜 Acalypha hispida, 地锦 Euphorbia humifusa, 甘肃大戟 E. kansuensis, 斑地锦 E. maculata, 绿玉树 E. tirucalli

euphorbin B 大戟素 B 红穗铁苋菜 Acalypha hispida, 地锦 Euphorbia humifusa, 斑地锦 E. maculata

euphorbin D 大戟素 D 红穗铁苋菜 Acalypha hispida, 大狼毒 Euphorbia jolkinii, 斑地锦 E. maculata

euphorbin E 大戟素 E 飞扬草 Euphorbia hirta

euphorbin F 大戟素 F 绿玉树 Euphorbia tirucalli

euphorbin G, H 大戟素 G, H 小叶大戟 Euphorbia makinoi
α-euphorbol α- 大戟醇 火殃勒 Euphorbia antiquorum
euphorbol 大戟醇 海杧果 Cerbera manghas, 甘遂 Euphorbia kansui, 铁海棠 E. milii, 金刚纂 E. neriifolia, 千根草 E. thymifolia, 黑柄炭角菌 Xylaria nigripes
euphorbol hexacosanoate 大戟醇二十六酸酯 飞扬草 Euphorbia hirta, 铁海棠 E. milii, 绿玉树 E. tirucalli
euphorbosterol 大戟甾醇 绿玉树 Euphorbia tirucalli
euphorcinol 大戟辛醇▲ 绿玉树 Euphorbia tirucalli
euphorginol 大戟精醇▲ 绿玉树 Euphorbia tirucalli, 野茉莉 Styrax japonicus, 紫玉盘 Uvaria microcarpa
euphorheliosin A, B 泽漆辛素 A, B 泽漆 Euphorbia helioscopia
euphormisin M_1, M_2 地锦草素 ▲M_1, M_2 地锦 Euphorbia humifusa
euphormisin M_3 地锦草素 ▲M_3 地锦 Euphorbia humifusa, 斑地锦 E. maculata
euphornin 大戟宁 泽漆 Euphorbia helioscopia
euphornin A~L, N 大戟宁 A~L, N 泽漆 Euphorbia helioscopia
euphorprolitherin A, C 鸡肠狼毒素 A, C 土瓜狼毒 Euphorbia prolifera
euphorprolitherin B 鸡肠狼毒素 B 大狼毒 Euphorbia jolkinii, 土瓜狼毒 E. prolifera
euphorprolitherin D 鸡肠狼毒素 D 大狼毒 Euphorbia jolkinii, 土瓜狼毒 E. prolifera
euphosalicin 柳叶大戟素▲ 乳浆大戟 Euphorbia esula
euphoscopin A~L 泽漆平 ▲A~L 泽漆 Euphorbia helioscopia
euphpekinensin 京大戟辛▲ 大戟 Euphorbia pekinensis
euphroside 小米草苷▲ 小米草 Euphrasia pectinata, 阿拉善马先蒿 Pedicularis alaschanica, 刺齿马先蒿 P. armata, 头花马先蒿 P. cephalantha, 甘肃马先蒿 P. kansuensis, 白花甘肃马先蒿 P. kansuensis subsp. kansuensis f. albiflora, 藓生马先蒿 P. muscicola, 沼生马先蒿 P. palustris, 大王马先蒿 P. rex, 半扭卷马先蒿 P. semitorta, 轮叶马先蒿 P. verticillata
eupomatenoid 5, 6, 13 帽花木脂素 ▲5, 6, 13 通城虎 Aristolochia fordiana
eupomatenoid 7 帽花木脂素 ▲7 通城虎 Aristolochia fordiana, 管花马兜铃 A. tubiflora
eupomatenoid-6 帽花木脂素 ▲-6 狭叶虎皮楠 Daphniphyllum angustifolium
euponin 白头婆宁▲ 多须公 Eupatorium chinense, 白头婆 E. japonicum
euprostin A 匍匐大戟鞣素 ▲A 胡桃 Juglans regia
euroabienol 欧地笋冷杉醇▲ 欧地笋 Lycopus europaeus
europine 欧天芥菜碱 硬萼软紫草 Arnebia decumbens, 大尾摇 Heliotropium indicum
eurostoside 罗氏小米草托苷▲ 玄参 Scrophularia ningpoensis, 穗花牡荆 Vitex agnus-castus
euryalin A, B, C 芡实素 A, B, C 芡实 Euryale ferox
euryanoside 柃木苷▲ 柃木 Eurya japonica
eurycarpin A, B 黄甘草素 A, B 胀果甘草 Glycyrrhiza inflata
euscamine A, B 野鸦椿胺 ▲A, B 野鸦椿 Euscaphis japonica
euscaphic acid 野鸦椿酸 较常见成分，至少分布于 30 种以上植物中，常见于蔷薇科植物，少见于唇形科、豆科、杜鹃花科、桦木科、爵床科、马鞭草科、猕猴桃科、木犀科、山茶科、省沽油科、桃金娘科、芸香科、紫金牛科、紫葳科等
euscaphic acid A~L 野鸦椿酸 A~L 野鸦椿 Euscaphis japonica
euscaphic acid-28-glucoside 野鸦椿酸 -28- 葡萄糖苷 紫萼路边青 Geum rivale
(+)-euscaphic acid-28-*O*-*β*-D-glucopyranoside (+)- 野鸦椿酸 -28-*O*-*β*-D- 吡喃葡萄糖苷 软枣猕猴桃 Actinidia arguta
euscaphic acid-3,4-monoacetonide 野鸦椿酸 -3,4- 单丙酮化物 绢毛蔷薇 Rosa sericea
euscaphinin 野鸦椿鞣宁▲ 野鸦椿 Euscaphis japonica
euscapholide 野鸦椿内酯 野鸦椿 Euscaphis japonica
euscapholide-*O*-*β*-D-glucopyranoside 野鸦椿内酯 -*O*-*β*-D- 吡喃葡萄糖苷 野鸦椿 Euscaphis japonica
eusiderin 铁樟素▲ 井栏边草 Pteris multifida
eusiderin N 铁樟素 ▲N 柃木 Eurya japonica
eustifoline A 豆叶九里香优林碱 ▲A 大管 Micromelum falcatum, 豆叶九里香 Murraya euchrestifolia
eustifoline B, D 豆叶九里香优林碱 ▲B, D 豆叶九里香 Murraya euchrestifolia
eustifoline C 豆叶九里香优林碱 ▲C 豆叶九里香 Murraya euchrestifolia, 调料九里香 M. koenigii
eustomorusside 罗素丽钵花苷▲ 西南獐牙菜 Swertia cincta
eustomoside 丽钵花苷▲ 狭叶獐牙菜 Swertia angustifolia, 西南獐牙菜 S. cincta
eutigoside A 小柃木苷 A 大叶醉鱼草 Buddleja davidii, 盐生肉苁蓉 Cistanche salsa, 大花鸡肉参 Incarvillea mairei var. grandiflora, 粗壮女贞 Ligustrum robustum subsp. chinense
euvimal-1 多枝桉醛 -1 多枝桉 Eucalyptus viminalis
euxanthone 优叫酮 苏木 Caesalpinia sappan, 红厚壳 Calophyllum inophyllum, 黄牛木 Cratoxylum cochinchinense, 岭南山竹子 Garcinia oblongifolia, 元宝草 Hypericum sampsonii, 铁力木 Mesua ferrea, 远志 Polygala tenuifolia, 钝叶决明 Senna tora var. obtusifolia
euxanthone-7-methyl ether 优叫酮 -7- 甲醚 铁力木 Mesua ferrea
evatromonoside 暗紫卫茅单糖苷 毛地黄 Digitalis purpurea
everlastoside A~M 沙生蜡菊托苷 ▲A~M 沙生蜡菊 Helichrysum arenarium
evernic acid 扁枝衣酸▲ 雀石蕊 Cladonia stellaris, 短柄五加 Eleutherococcus brachypus, 大叶梅衣 Parmotrema tinctorum, 长松萝 Usnea

longissima
evernínic acid 扁枝衣宁酸 蜜环菌 Armillaria mellea, 地茶衣 Thamnolia vermicularis, 长松萝 Usnea longissima
evernínic acid methyl ester-2-*O*-*β*-D-xylopyranosyl-(1 → 6)-*β*-D-glucopyranoside 扁枝衣尼酸▲甲酯 -2-*O*-*β*-D- 吡喃木糖基 -(1 → 6)-*β*-D- 吡喃葡萄糖苷 羊踯躅 Rhododendron molle
evobioside 卫矛二糖苷 播娘蒿 Descurainia sophia
evocarpine 吴茱萸卡品碱 吴茱萸 Euodia ruticarpa, 伞房狗牙花 Tabernaemontana corymbosa
evodiamide 吴茱萸酰胺 吴茱萸 Euodia ruticarpa, 石虎 E. ruticarpa var. officinalis
evodiamine 吴茱萸碱 酒饼簕 Atalantia buxifolia, 三桠苦 Euodia lepta, 吴茱萸 E. ruticarpa, 波氏吴萸 E. ruticarpa var. bodinieri, 石虎 E. ruticarpa var. officinalis, 多裂骆驼蓬 Peganum multisectum
evodiaxinine 吴茱萸新碱 吴茱萸 Euodia ruticarpa
evodine 吴茱萸定碱▲ 吴茱萸 Euodia ruticarpa, 大叶芸香 Haplophyllum perforatum, 茵芋 Skimmia reevesiana
evodione 吴茱萸酮 三桠苦 Euodia lepta
evodionol 吴茱萸酮酚 吴茱萸 Euodia ruticarpa
evodioside B 吴茱萸苷▲B 臭檀吴萸 Euodia daniellii, 黄檗 Phellodendron amurense, 苦树 Picrasma quassioides
evodirutaenin 吴茱萸宁▲ 吴茱萸 Euodia ruticarpa
evodol 吴茱萸醇 白鲜 Dictamnus dasycarpus, 楝叶吴萸 Euodia glabrifolia, 吴茱萸 E. ruticarpa
evoeuropine 欧洲卫矛碱▲ 黄兰 Michelia champaca
evofolin A 楝叶吴萸素 A 楝叶吴萸 Euodia glabrifolia, 黄花稔 Sida acuta, 柚木 Tectona grandis
(-)-evofolin B (-)- 楝叶吴萸素 B 大叶山楝 Aphanamixis grandifolia
(±)-evofolin B (±)- 楝叶吴萸素 B 三角叶风毛菊 Saussurea deltoidea
evofolin B 楝叶吴萸素 B 显苞芒毛苣苔 Aeschynanthus bracteatus, 见血封喉 Antiaris toxicaria, 山核桃 Carya cathayensis, 山石榴 Catunaregam spinosa, 海杧果 Cerbera manghas, 滇瑞香 Daphne feddei, 楝叶吴萸 Euodia glabrifolia, 卫矛 Euonymus alatus, 泰国大风子 Hydnocarpus anthelminthicus, 两头毛 Incarvillea arguta, 红花木莲 Manglietia insignis, 川楝 Melia toosendan, 石南藤 Piper wallichii, 台湾罗汉松 Podocarpus nakaii, 心叶风毛菊 Saussurea cordifolia, 黄花稔 Sida acuta, 黄果茄 Solanum virginianum, 酸叶胶藤 Urceola rosea, 椿叶花椒 Zanthoxylum ailanthoides
evofolin C 楝叶吴萸素 C 楝叶吴萸 Euodia glabrifolia
evolidine 吴茱萸里定 吴茱萸 Euodia ruticarpa
evolimorutanin 吴茱萸塔宁 波氏吴萸 Euodia ruticarpa var. bodinieri
evolitrine 吴茱萸春碱 山油柑 Acronychia pedunculata, 三桠苦 Euodia lepta, 吴茱萸 E. ruticarpa, 臭常山 Orixa japonica, 椿叶花椒 Zanthoxylum ailanthoides
evolvoside C, D, E 土丁桂苷▲C, D, E 土丁桂 Evolvulus alsinoides
evolvuside B 土丁桂苷▲B 莲子草 Alternanthera sessilis
evomeliaefolin 楝叶吴萸素▲ 楝叶吴萸 Euodia glabrifolia
evomonoside 卫矛单糖苷 假虎刺 Carissa spinarum, 播娘蒿 Descurainia sophia, 独行菜 Lepidium apetalum, 阔叶竹桃 Thevetia ahouai, 黄花夹竹桃 T. peruviana
evonimine 卫矛酯胺▲ 矮卫矛 Euonymus nanus
evonine 卫矛羰碱 卫矛 Euonymus alatus, 冬青卫矛 E. japonicus, 矮卫矛 E. nanus, 昆明山海棠 Tripterygium hypoglaucum
evonoside 卫矛诺苷▲ 长蒴黄麻 Corchorus olitorius, 阔叶竹桃 Thevetia ahouai
(-)-evonymitol (-)- 卫矛醇 臭椿 Ailanthus altissima
evorubodinin 波氏吴萸素▲ 波氏吴萸 Euodia ruticarpa var. bodinieri
(-)-evoxine (-)- 花椒吴萸碱▲ 月桂茵芋 Skimmia laureola, 多脉茵芋 S. multinervia
evoxine 花椒吴萸碱▲ 茵芋 Skimmia reevesiana
evoxoidine 花椒吴萸定▲ 大叶芸香 Haplophyllum perforatum
excamonoterpene 假黄皮单萜▲ 假黄皮 Clausena excavata
excavacoumarin A 假黄皮香豆素▲A 假黄皮 Clausena excavata, 光滑黄皮 C. lenis
excavacoumarin B, D, E, H, I 假黄皮香豆素▲B, D, E, H, I 假黄皮 Clausena excavata
excavacoumarin C 假黄皮香豆素▲C 假黄皮 Clausena excavata, 光滑黄皮 C. lenis
excavacoumarin F 假黄皮香豆素▲F 假黄皮 Clausena excavata, 光滑黄皮 C. lenis
excavacoumarin G 假黄皮香豆素▲G 假黄皮 Clausena excavata, 光滑黄皮 C. lenis
excavarin A 假黄皮灵素▲A 假黄皮 Clausena excavata
excavatin A, B, C, H~M 假黄皮素▲A, B, C, H~M 假黄皮 Clausena excavata
excavatin D 假黄皮素▲D 假黄皮 Clausena excavata, 光滑黄皮 C. lenis
excavatin E 假黄皮素▲E 假黄皮 Clausena excavata, 光滑黄皮 C. lenis
excavatin F 假黄皮素▲F 假黄皮 Clausena excavata, 光滑黄皮 C. lenis
excavatin G 假黄皮素▲G 假黄皮 Clausena excavata, 光滑黄皮 C. lenis
excavatine A, B, C 假黄皮亭碱▲A, B, C 假黄皮 Clausena excavata
excecoitine I, II 紫花高乌头亭▲I, II 紫花高乌头 Aconitum septentrionale
excelsin 高大臭椿素▲ 臭椿 Ailanthus altissima
excelsine 紫花高乌头辛▲ 吉林乌头 Aconitum kirinense, 紫花高乌头 A. septentrionale, 高乌头 A. sinomontanum

excentricine 江南地不容碱▲ 江南地不容 Stephania excentrica

excisanin A 尾叶香茶菜素 A 尾叶香茶菜 Isodon excisus, 内折香茶菜 I. inflexus, 大萼香茶菜 I. macrocalyx, 溪黄草 I. serra

excisanin B 尾叶香茶菜素 B 尾叶香茶菜 Isodon excisus, 毛叶香茶菜 I. japonicus, 大萼香茶菜 I. macrocalyx

excisanin C 尾叶香茶菜素 C 越南巴豆 Croton kongensis, 尾叶香茶菜 Isodon excisus

excisanin D~L 尾叶香茶菜素 D~L 尾叶香茶菜 Isodon excisus

excisoidesin 拟缺香茶菜素 拟缺香茶菜 Isodon excisoides, 鄂西香茶菜 I. henryi

excisoidesin A 拟缺香茶菜素 A 拟缺香茶菜 Isodon excisoides

excisoidone 拟缺香茶菜酮 拟缺香茶菜 Isodon excisoides

excisusin A~F 尾叶香茶菜辛▲A~F 尾叶香茶菜 Isodon excisus

excoagallochaol A~D 海漆新醇▲A~D 海漆 Excoecaria agallocha

excocarinol A~G 海漆诺醇▲A~G 云南土沉香 Excoecaria acerifolia

excoecafolinol A, B 云南土沉香醇▲A, B 云南土沉香 Excoecaria acerifolia

excoecanol A, B 海漆卡诺醇▲A, B 云南土沉香 Excoecaria acerifolia

excoecaria factor O_1 海漆因子 O_1 尖瓣瑞香 Daphne acutiloba

excoecarianin 海漆宁▲ 红穗铁苋菜 Acalypha hispida, 地锦 Euphorbia humifusa, 大狼毒 E. jolkinii, 斑地锦 E. maculata

excoecariatoxin 海漆毒素 尖瓣瑞香 Daphne acutiloba, 唐古特瑞香 D. tangutica

excoecarin A~E 海漆卡灵▲A~E 海漆 Excoecaria agallocha

excoecarin F 海漆卡灵▲F 云南土沉香 Excoecaria acerifolia, 海漆 E. agallocha

excoecarin F dimethyl ester 海漆卡灵▲F 二甲酯 海漆 Excoecaria agallocha

excoecarin G 海漆卡灵▲G 云南土沉香 Excoecaria acerifolia

excoecarin 海漆卡灵▲ G_1, G_2, K, M, N, R_1, R_2, S, T_1, T_2, V_1, V_2, V_3 海漆 Excoecaria agallocha

excoecarin H 海漆卡灵▲H 云南土沉香 Excoecaria acerifolia, 海漆 E. agallocha

excoecarin M dimethyl ester 海漆卡灵▲M 二甲酯 海漆 Excoecaria agallocha

excoecarioside A, B 海漆苷▲A, B 红背桂花 Excoecaria cochinchinensis

excolabdone A, B, C 海漆半日花酮▲A, B, C 红背桂花 Excoecaria cochinchinensis

exidonin 鄂西香茶菜宁▲ 鄂西香茶菜 Isodon henryi, 长管香茶菜 I. longitubus, 冬凌草 I. rubescens

exiguaflavanone A, B 稀见槐黄烷酮▲A, B 五月艾 Artemisia indica

exiguaflavanone K 稀见槐黄烷酮▲K 胀果甘草 Glycyrrhiza inflata

16,17-exoepoxide-oridonin 16,17- 外环氧 - 冬凌草甲素 冬凌草 Isodon rubescens

exoticin 九里香替辛▲ 九里香 Murraya exotica, 千里香 M. paniculata

exozoline 九里香唑林碱▲ 九里香 Murraya exotica

expansol A~F 扩展青霉酚 A~F 海漆 Excoecaria agallocha

5α,6α-expoxy-β-ionone-3-*O*-β-D-glucopyranoside 5α,6α- 环氧 -β- 香堇酮 -3-*O*-β-D- 吡喃葡萄糖苷 节节草 Equisetum ramosissimum

exserolide D, F 突脐蠕孢内酯▲D, F 香面叶 Iteadaphne caudata

extensumside A, B 翅果藤苷▲A, B 翅果藤 Myriopteron extensum

F

fabagoin 驼蹄瓣素▲ 驼蹄瓣 Zygophyllum fabago

faberidine 大叶唐松草定碱 大叶唐松草 Thalictrum faberi

faberonine 大叶唐松草诺宁碱 大叶唐松草 Thalictrum faberi

fabiatrin 石南茄苷▲ 铃铛子 Anisodus luridus, 碧冬茄 Petunia hybrida, 漏斗泡囊草 Physochlaina infundibularis, 泡囊草 P. physaloides, 马尿泡 Przewalskia tangutica, 白刺花 Sophora davidii, 华东唐松草 Thalictrum fortunei

trans-fagaramide 反式 - 崖椒酰胺 假荜拔 Piper retrofractum

cis-fagaramide 顺式 - 崖椒酰胺 假荜拔 Piper retrofractum

γ-fagarine γ- 崖椒碱 木橘 Aegle marmelos, 香肉果 Casimiroa edulis, 黄皮 Clausena lansium, 狭叶白鲜 Dictamnus angustifolius, 白鲜 D. dasycarpus, 臭辣吴萸 Euodia fargesii, 楝叶吴萸 E. glabrifolia, 山橘树 Glycosmis cochinchinensis, 小花山小橘 G. parviflora, 山小橘 G. pentaphylla, 臭常山 Orixa japonica, 黄檗 Phellodendron amurense, 川黄檗 P. chinense, 芸香 Ruta graveolens, 飞龙掌血 Toddalia asiatica, 椿叶花椒 Zanthoxylum ailanthoides, 簕欓花椒 Z. avicennae, 蚬壳花椒 Z. dissitum, 刺壳花椒 Z. echinocarpum, 两面针 Z. nitidum, 尖叶花椒 Z. oxyphyllum, 花椒簕 Z. scandens, 野花椒 Z. simulans

fagomine 荞麦碱 荞麦 Fagopyrum esculentum, 枸杞 Lycium chinense, 桑 Morus alba, 蒙桑 M. mongolica, 多裂骆驼蓬 Peganum multisectum

fagovatin 灰莉素▲ 灰莉 Fagraea ceilanica

(+)-falcarindiol (+)- 镰叶芹二醇 重齿当归 Angelica biserrata

(3*R*,8*S*)-falcarindiol (3*R*,8*S*)- 镰叶芹二醇 当归 Angelica sinensis, 迷果芹 Sphallerocarpus gracilis

3(*R*),8(*S*),9(*Z*)-falcarindiol 3(*R*),8(*S*),9(*Z*)- 镰叶芹二醇 川芎 Ligusticum sinense 'Chuanxiong'

falcarindiol 镰叶芹二醇 莳萝 Anethum graveolens, 东当归 Angelica acutiloba, 白芷 A. dahurica, 峨参 Anthriscus sylvestris, 旱芹 Apium graveolens, 食用土当归 Aralia cordata, 龙眼独活 A. fargesii, 毒芹 Cicuta virosa, 宽叶毒芹 C. virosa var. latisecta, 珊瑚菜 Glehnia littoralis, 平截独活 Heracleum vicinum, 卧龙独活 H. wolongense, 欧当归 Levisticum officinale, 宽萼岩风 Libanotis laticalycina, 羽苞藁本 Ligusticum daucoides, 蕨叶藁本 L. pteridophyllum, 滇芹 Meeboldia yunnanensis, 宽叶羌活 Notopterygium franchetii, 羌活 N. incisum,

水芹 Oenanthe javanica, 刺参 Oplopanax elatus, 三七 Panax notoginseng, 七叶一枝花 Paris polyphylla, 台湾前胡 Peucedanum formosanum, 广西前胡 P. guangxiense, 滨海前胡 P. japonicum, 西藏棱子芹 Pleurospermum hookeri var. thomsonii, 防风 Saposhnikovia divaricata, 竹叶西风芹 Seseli mairei, 松叶西风芹 S. yunnanense

falcarindiol-8-acetate 镰叶芹二醇 -8- 乙酸酯 食用土当归 Aralia cordata

falcarindiol-8-ferulate 镰叶芹二醇 -8- 阿魏酸酯 羌活 Notopterygium incisum

(3*R*)-(-)-falcarinol (3*R*)-(-)- 镰叶芹醇 珠子参 Panax japonicus var. major

falcarinol 镰叶芹醇 挥发油成分，未统计基源

falcarinolone 镰叶芹醇酮 东当归 Angelica acutiloba

falcatin A, B 镰形棘豆素 A, B 镰荚棘豆 Oxytropis falcata

fallacinal 拟石黄衣素▲ 皱黄卷岛衣 Flavocetraria cucullata

fallacinol 拟石黄衣醇▲ 虎杖 Reynoutria japonica, 长穗决明 Senna didymobotrya

fallaxose A~E 黄花倒水莲糖▲A~E 黄花倒水莲 Polygala fallax

fallaxsaponin A 黄花倒水莲皂苷 A 黄花倒水莲 Polygala fallax

fangchinoline 防己诺林碱 毛叶轮环藤 Cyclea barbata, 纤细轮环藤 C. gracillima, 地不容 Stephania epigaea, 草质千金藤 S. herbacea, 粉防己 S. tetrandra

fangfengalpyrimidine 防风嘧啶 防风 Saposhnikovia divaricata

faradiol 款冬二醇 金盏花 Calendula officinalis, 款冬 Tussilago farfara

faradiol fatty acid ester 款冬二醇脂肪酸酯 菊花 Chrysanthemum morifolium

faradiol-3-myristic acid ester 款冬二醇 -3- 肉豆蔻酸酯 金盏花 Calendula officinalis

faradiol-3-*O*-laurate 款冬二醇 -3-*O*- 月桂酸酯 金盏花 Calendula officinalis

faradiol-3-palmitic acid ester 款冬二醇 -3- 棕榈酸酯 金盏花 Calendula officinalis

faradion 款冬二酮 金盏花 Calendula officinalis

farfaratin 款冬花素 款冬 Tussilago farfara

farfugin A 大吴风草素 A 大吴风草 Farfugium japonicum, 大叶橐吾 Ligularia macrophylla, 黄帚橐吾 L. virgaurea

farfugin B 大吴风草素 B 大吴风草 Farfugium japonicum

farfugine 大吴风草碱▲ 大吴风草 Farfugium japonicum

fargenin 野八角烯宁▲ 野八角 Illicium simonsii

fargenin A~D 华西龙头草素▲A~D 华西龙头草 Meehania fargesii

fargenin B-6″,3‴-dimethyl ester 华西龙头草素▲B-6″,3‴- 甲酯 华西龙头草 Meehania fargesii

fargenone A, B 野八角烯酮▲A, B 野八角 Illicium simonsii

fargesiichromone A 望春玉兰色酮▲A 望春玉兰 Yulania biondii

fargesilignan A 望春玉兰木脂素▲A 望春玉兰 Yulania biondii

(-)-fargesin (-)- 辛夷脂素 竹叶花椒 Zanthoxylum armatum

fargesin 辛夷脂素 中亚苦蒿 Artemisia absinthium, 夜合花 Lirianthe coco, 华南胡椒 Piper austrosinense, 短蒟 P. mullesua, 望春玉兰 Yulania biondii, 玉兰 Y. denudata, 武当玉兰 Y. sprengeri, 刺花椒 Zanthoxylum acanthopodium, 蚬壳花椒 Z. dissitum, 大叶臭花椒 Z. myriacanthum

fargesine 臭辣吴萸碱 臭辣吴萸 Euodia fargesii

fargesiphenol A, B, C 望春玉兰苯酚▲A, B, C 望春玉兰 Yulania biondii

(-)-fargesol (-)- 望春玉兰醇▲ 望春玉兰 Yulania biondii

fargesone A 望春玉兰酮▲A 望春玉兰 Yulania biondii, 玉兰 Y. denudata, 武当玉兰 Y. sprengeri

fargesone B 望春玉兰酮▲B 望春玉兰 Yulania biondii, 玉兰 Y. denudata, 武当玉兰 Y. sprengeri

fargesone C 望春玉兰酮▲C 日本厚朴 Houpoëa obovata, 望春玉兰 Yulania biondii, 武当玉兰 Y. sprengeri

fargesone D 望春玉兰酮▲D 武当玉兰 Yulania sprengeri

fargoside A~E 五月瓜藤皂苷▲A~E 五月瓜藤 Holboellia angustifolia

farnes-5,15-olide 金合欢 -5,15- 内酯 杧果 Mangifera indica

farnes-7(14)-en-9,12-diol 金合欢 -7(14)- 烯 -9,12- 二醇 杧果 Mangifera indica

cis-farnesal 顺式 - 金合欢醛 挥发油成分，未统计基源

(*E*)-*β*-farnesene (*E*)-*β*- 金合欢烯 挥发油成分，未统计基源

(*E*,*E*)-*α*-farnesene (*E*,*E*)-*α*- 金合欢烯 挥发油成分，未统计基源

(*E*,*Z*)-*α*-farnesene (*E*,*Z*)-*α*- 金合欢烯 挥发油成分，未统计基源

(*Z*)-*α*-farnesene (*Z*)-*α*- 金合欢烯 挥发油成分，未统计基源

(*Z*)-*β*-farnesene (*Z*)-*β*- 金合欢烯 挥发油成分，未统计基源

(*Z*,*E*)-*α*-farnesene (*Z*,*E*)-*α*- 金合欢烯 挥发油成分，未统计基源

(*Z*,*Z*)-*α*-farnesene (*Z*,*Z*)-*α*- 金合欢烯 挥发油成分，未统计基源

α-farnesene *α*- 金合欢烯 挥发油成分，未统计基源

β-farnesene *β*- 金合欢烯 挥发油成分，未统计基源

trans-*α*-farnesene 反式 -*α*- 金合欢烯 挥发油成分，未统计基源

trans-*β*-farnesene 反式 -*β*- 金合欢烯 挥发油成分，未统计基源

farnesene 金合欢烯 挥发油成分，未统计基源

cis-*β*-farnesene 顺式 -*β*- 金合欢烯 挥发油成分，未统计基源

(*E*)-farnesene epoxide (*E*)- 金合欢烯环氧化物 挥发油成分，未统计基源
farnesiaside 鸭皂树萜苷▲ 金合欢 Acacia farnesiana
farnesiferol A 金合欢基阿魏醇▲A 里海阿魏 Ferula caspica
farnesiferol B 金合欢基阿魏醇▲B 新疆阿魏 Ferula sinkiangensis
farnesiferol C 金合欢基阿魏醇▲C 里海阿魏 Ferula caspica, 大果阿魏 F. lehmannii, 新疆阿魏 F. sinkiangensis
farnesirane A, B 鸭皂树萜▲A, B 金合欢 Acacia farnesiana
(2*E*,6*E*)-farnesol (2*E*,6*E*)- 金合欢醇 挥发油成分，未统计基源
(*E*)-farnesol (*E*)- 金合欢醇 挥发油成分，未统计基源
(*E*,*E*)-farnesol (*E*,*E*)- 金合欢醇 挥发油成分，未统计基源
(*E*,*Z*)-farnesol (*E*,*Z*)- 金合欢醇 挥发油成分，未统计基源
(*Z*,*E*)-farnesol (*Z*,*E*)- 金合欢醇 挥发油成分，未统计基源
(*Z*,*Z*)-farnesol (*Z*,*Z*)- 金合欢醇 挥发油成分，未统计基源
2-*cis*-6-*trans*-farnesol 2- 顺式 -6- 反式 - 金合欢醇 番茄 Lycopersicon esculentum
trans, *trans*-farnesol 反式 , 反式 - 金合欢醇 挥发油成分，未统计基源
farnesol 金合欢醇 挥发油成分，未统计基源
trans,*trans*-farnesol acetate 反式 , 反式 - 金合欢醇乙酸酯 挥发油成分，未统计基源
(*E*,*E*)-farnesyl acetate (*E*,*E*)- 金合欢醇乙酸酯 挥发油成分，未统计基源
(*Z*,*E*)-farnesyl acetate (*Z*,*E*)- 金合欢醇乙酸酯 挥发油成分，未统计基源
farnesyl acetate 金合欢醇乙酸酯 挥发油成分，未统计基源
(5*Z*,9*E*)-farnesyl acetone (5*Z*,9*E*)- 金合欢基丙酮 挥发油成分，未统计基源
(*E*,*E*)-farnesyl acetone (*E*,*E*)- 金合欢基丙酮 挥发油成分，未统计基源
farnesyl acetone 金合欢基丙酮 挥发油成分，未统计基源
2-farnesyl-5-methylbenzoquinone 2- 金合欢基 -5- 甲基苯醌 松木层孔菌 Phellinus pini
2-farnesyl-6-methylbenzoquinone 2- 金合欢基 -6- 甲基苯醌 川芎 Ligusticum sinense 'Chuanxiong'
trans-farnesylacetate 反式 - 金合欢基乙酸酯 挥发油成分，未统计基源
(*E*,*E*)-farnesylacetone (*E*,*E*)- 法尼基丙酮 挥发油成分，未统计基源
7-farnesyloxycoumarin 7- 金合欢氧基香豆素 莳萝 Anethum graveolens
farnisin 金合欢辛素▲ 沙冬青 Ammopiptanthus mongolicus, 少花米口袋 Gueldenstaedtia verna
(-)-farrerol (-)- 丁香杜鹃酚▲ 小连翘 Hypericum erectum, 革叶荛花 Wikstroemia scytophylla
farrerol 丁香杜鹃酚▲ 耳基水苋菜 Ammannia arenaria, 显脉羊蹄甲 Bauhinia glauca subsp. pernervosa, 橙花瑞香 Daphne aurantiaca, 东方荚果蕨 Matteuccia orientalis, 兴安杜鹃花 Rhododendron dauricum, 丁香杜鹃花 R. farrerae, 高山杜鹃花 R. lapponicum, 满山红 R. mariesii, 樱草杜鹃 R. primuliflorum, 爆仗花 R. spinuliferum
farrerol A~F 丁香杜鹃酚▲A~F 白毛杜鹃花 Rhododendron vellereum
(2*R*)-farrerol-7-*O*-glucopyranoside (2*R*)- 丁香杜鹃酚▲-7-*O*-*β*-D- 吡喃葡萄糖苷 秀雅杜鹃花 Rhododendron concinnum
fascicularone A~K 簇生垂幕菇酮▲A~K 簇生垂幕菇 Hypholoma fasciculare
fasciculic acid A~F 簇生垂幕菇酸▲A~F 簇生垂幕菇 Hypholoma fasciculare
fasciculol A~F 簇生垂幕菇醇▲A~F 簇生垂幕菇 Hypholoma fasciculare
fastigitin A 长鞭红景天素 A 长鞭红景天 Rhodiola fastigiata
(+)-fatouain A (+)- 水蛇麻因▲A 水蛇麻 Fatoua villosa
(-)-fatouain B (-)- 水蛇麻因▲B 水蛇麻 Fatoua villosa
fatsiaside A_1 八角金盘苷▲A_1 卵叶银莲花 Anemone begoniifolia, 八角金盘 Fatsia japonica
fatsiaside B_1, D, D_1, E, F 八角金盘苷▲B_1, D, D_1, E, F 八角金盘 Fatsia japonica
fatsiaside B_1-28-*O*-*β*-gentiobiosyl ester 八角金盘苷▲B_1-28-*O*-*β*- 龙胆二糖基酯 八角金盘 Fatsia japonica
fatsiaside C_1 八角金盘苷▲C_1 八角金盘 Fatsia japonica, 鹅掌藤 Heptapleurum arboricola
fatsiaside G 八角金盘苷▲G 朝鲜白头翁 Pulsatilla cernua
fatsioside A 八角金盘萜苷▲A 八角金盘 Fatsia japonica
faurinone 日缬草酮 缬草 Valeriana officinalis
fawcettidine 法氏石松定碱 石松 Lycopodium japonicum, 马尾杉 Phlegmariurus phlegmaria, 粗糙马尾杉 P. squarrosus
fawcettiine 法氏石松碱 多穗石松 Lycopodium annotinum, 东北石松 L. clavatum, 玉柏 L. obscurum
fawcettimine 法氏石松明碱 东北石松 Lycopodium clavatum, 石松 L. japonicum, 垂穗石松 Palhinhaea cernua, 粗糙马尾杉 Phlegmariurus squarrosus
Fe(III)-(*R*)-*β*-dopa complex (*R*)-*β*- 多巴胺三价铁离子复合物 紫绒丝膜菌 Cortinarius violaceus
febrifugin 印度红椿素▲ 浆果楝 Cipadessa baccifera, 灰毛浆果楝 C. cinerascens, 红椿 Toona ciliata
febrifugine; *β*-dichroine 常山碱 常山 Dichroa febrifuga, 中国绣球 Hydrangea chinensis, 倒卵绣球 H. obovatifolia
feddeiketone A, B, C 滇瑞香酮 A, B, C 滇瑞香 Daphne feddei
feddeinoid A 滇瑞香黄素 A 滇瑞香 Daphne feddei
feddeiphenol A, B, C 滇瑞香酚▲A, B, C 滇瑞香 Daphne feddei
feddeiticin 滇瑞香素▲ 滇瑞香 Daphne feddei
fekolone 科佩特阿魏酮▲ 阜康阿魏 Ferula fukanensis

fekrol 托里阿魏醇▲ 托里阿魏 Ferula krylovii
fekrynol 托里阿魏诺醇▲ 托里阿魏 Ferula krylovii, 大果阿魏 F. lehmannii, 新疆阿魏 F. sinkiangensis
fekrynol acetate 托里阿魏诺醇▲乙酸酯 托里阿魏 Ferula krylovii
[1*R*-(1*α*,3*αα*,6*α*,8*αα*)]-felikiol [1*R*-(1*α*,3*αα*,6*α*,8*αα*)]- 林克阿魏醇 橙花瑞香 Daphne aurantiaca
δ-fenchane *δ*- 小茴香烷 楔叶菊 Chrysanthemum naktongense
α-fenchene *α*- 茴香烯 挥发油成分，未统计基源
α-fenchol *α*- 茴香醇 挥发油成分，未统计基源
fenchol; fenchyl alcohol 茴香醇 挥发油成分，未统计基源
fenchone 茴香酮 挥发油成分，未统计基源
α-fenchyl acetate *α*- 茴香醇乙酸酯 挥发油成分，未统计基源
fenchyl acetate 茴香醇乙酸酯 挥发油成分，未统计基源
endo-fenchyl acetate 内向 - 茴香醇乙酸酯 挥发油成分，未统计基源
β-fenchyl alcohol *β*- 茴香醇 挥发油成分，未统计基源
fenfangjine A 粉防己碱 A 粉防己 Stephania tetrandra
fenfangjine D hydrochloride 盐酸粉防己碱 D 粉防己 Stephania tetrandra
feniculin 茴香灵 挥发油成分，未统计基源
fenzhimin A, B 粉枝莓素 A, B 粉枝莓 Rubus biflorus
feralolide 好望角芦荟内酯 芦荟 Aloe vera
fercomin 大阿魏素▲ 中亚阿魏 Ferula jaeschkeana
feretoside 菲瑞木苷▲ 栀子 Gardenia jasminoides
fern-22(29)-en-3*α*,12*β*-diol 羊齿 -22(29)- 烯 -3*α*,12*β*- 二醇 垂枝桦 Betula pendula
fern-22(29)-en-3*β*,12*β*-diol 羊齿 -22(29)- 烯 -3*β*,12*β*- 二醇 垂枝桦 Betula pendula
fern-7-en-19*α*-o1 羊齿 -7- 烯 -19*α*- 醇 阔叶骨碎补 Davallia solida
fern-7-en-3-ol 羊齿 -7- 烯 -3- 醇 扇叶铁线蕨 Adiantum flabellulatum
fern-7-en-3*α*-ol 羊齿 -7- 烯 -3*α*- 醇 铁线蕨 Adiantum capillus-veneris
fern-7-ene 羊齿 -7- 烯 铁线蕨 Adiantum capillus-veneris, 鞭叶铁线蕨 A. caudatum, 普通铁线蕨 A. edgeworthii, 扇叶铁线蕨 A. flabellulatum, 单盖铁线蕨 A. monochlamys, 掌叶铁线蕨 A. pedatum, 骨碎补 Davallia mariesii, 友水龙骨 Polypodiodes amoena, 台湾水龙骨 P. formosana, 日本水龙骨 P. niponica
fern-8-ene 羊齿 -8- 烯 鞭叶铁线蕨 Adiantum caudatum, 掌叶铁线蕨 A. pedatum, 台湾水龙骨 Polypodiodes formosana, 日本水龙骨 P. niponica
fern-9(11)-en-12-one 羊齿 -9(11)- 烯 -12- 酮 铁线蕨 Adiantum capillus-veneris, 粗茎鳞毛蕨 Dryopteris crassirhizoma
fern-9(11)-en-12*β*-ol 羊齿 -9(11)- 烯 -12*β*- 醇 铁线蕨 Adiantum capillus-veneris
fern-9(11)-en-19*α*-o1 羊齿 -9(11)- 烯 -19*α*- 醇 阔叶骨碎补 Davallia solida
fern-9(11)-en-25-oic acid 羊齿 -9(11)- 烯 -25- 酸 普通铁线蕨 Adiantum edgeworthii
fern-9(11)-en-28-ol 羊齿 -9(11)- 烯 -28- 醇 铁线蕨 Adiantum capillus-veneris, 扇叶铁线蕨 A. flabellulatum
fern-9(11)-en-3-ol 羊齿 -9(11)- 烯 -3- 醇 扇叶铁线蕨 Adiantum flabellulatum
fern-9(11)-en-3*α*-ol 羊齿 -9(11)- 烯 -3*α*- 醇 铁线蕨 Adiantum capillus-veneris, 五节芒 Miscanthus floridulus
fern-9(11)-ene 羊齿 -9(11)- 烯 铁线蕨 Adiantum capillus-veneris, 鞭叶铁线蕨 A. caudatum, 普通铁线蕨 A. edgeworthii, 单盖铁线蕨 A. monochlamys, 掌叶铁线蕨 A. pedatum, 骨碎补 Davallia mariesii, 黑心蕨 Doryopteris concolor, 石莲姜槲蕨 Drynaria propinqua, 槲蕨 D. roosii, 江南星蕨 Microsorum fortunei, 肾蕨 Nephrolepis auriculata, 友水龙骨 Polypodiodes amoena
ferna-7,18-diene 羊齿 -7,18- 二烯 阔叶骨碎补 Davallia solida
ferna-7,9(11)-diene 羊齿 -7,9(11)- 二烯 铁线蕨 Adiantum capillus-veneris, 鞭叶铁线蕨 A. caudatum, 掌叶铁线蕨 A. pedatum, 日本水龙骨 Polypodiodes niponica
ferna-9(11),18-diene 羊齿 -9(11),18- 二烯 阔叶骨碎补 Davallia solida
7,9(11)-fernadiene 7,9(11)- 羊齿二烯 扇叶铁线蕨 Adiantum flabellulatum
fernandoside 厚膜树苷▲ 光叶海桐 Pittosporum glabratum, 假桂乌口树 Tarenna attenuata
9(11)-fernene 9(11)- 羊齿烯 粗茎鳞毛蕨 Dryopteris crassirhizoma, 欧亚多足蕨 Polypodium vulgare
fernene 羊齿烯 掌叶铁线蕨 Adiantum pedatum, 友水龙骨 Polypodiodes amoena, 欧亚多足蕨 Polypodium vulgare
9-(11)-fernenol 9-(11)- 羊齿烯醇 苹 Marsilea quadrifolia
α-fernenol *α*- 羊齿烯醇 北艾 Artemisia vulgaris
fernenol 羊齿烯醇 杏香兔儿风 Ainsliaea fragrans, 荩草 Arthraxon hispidus, 铁包金 Berchemia lineata, 光枝勾儿茶 B. polyphylla var. leioclada, 海南大风子 Hydnocarpus hainanensis, 白茅 Imperata cylindrica, 五节芒 Miscanthus floridulus, 芒 M. sinensis, 稻（模式亚种）Oryza sativa, 硬质早熟禾 Poa sphondylodes, 长毛香科科 Teucrium pilosum
fernenone 羊齿烯酮 甘肃雪灵芝 Arenaria kansuensis
fernolin 象橘灵▲ 象橘 Feronia limonia
ferocerebroside A, B 芡实脑苷 A, B 芡实 Euryale ferox
ferocolicin 圆锥茎阿魏辛▲ 圆锥茎阿魏 Ferula conocaula
ferocolidin 圆锥茎阿魏定▲ 圆锥茎阿魏 Ferula conocaula
ferocolin 圆锥茎阿魏灵▲ 圆锥茎阿魏 Ferula conocaula

ferocolinin 圆锥茎阿魏宁▲ 圆锥茎阿魏 Ferula conocaula
ferotocodimer A 芡实生育酚二聚体 A 芡实 Euryale ferox
ferotocotrimer C, D, E 芡实生育酚三聚体 C, D, E 芡实 Euryale ferox
feroxidin 好望角芦荟定▲ 印度榕 Ficus elastica
ferredoxin 铁氧还蛋白 人参 Panax ginseng
(+)-ferruginol (+)- 锈色罗汉松酚▲ 西藏柏木 Cupressus torulosa
ferruginol 锈色罗汉松酚▲ 台湾穗花杉 Amentotaxus formosana, 点地梅 Androsace umbellata, 酒饼簕 Atalantia buxifolia, 重阳木 Bischofia polycarpa, 粉背南蛇藤 Celastrus hypoleucus, 日本柳杉 Cryptomeria japonica, 柳杉 C. japonica var. sinensis, 西藏柏木 Cupressus torulosa, 溪黄草 Isodon serra, 圆柏 Juniperus chinensis, 台湾含笑 Michelia compressa, 栗色鼠尾草 Salvia castanea, 新疆鼠尾草 S. deserta, 毛地黄鼠尾草 S. digitaloides, 河南鼠尾草 S. honania, 丹参 S. miltiorrhiza, 红根草 S. prionitis, 三叶鼠尾草 S. trijuga, 云南鼠尾草 S. yunnanensis, 日本榧树 Torreya nucifera, 草本威灵仙 Veronicastrum sibiricum, 单叶蔓荆 Vitex trifolia subsp. litoralis
ferruginol acetate 锈色罗汉松酚▲乙酸酯 台湾穗花杉 Amentotaxus formosana
ferruol A 铁力木香酚▲A 铁力木 Mesua ferrea
ferrxanthone 铁力木新吅酮▲ 贯叶连翘 Hypericum perforatum, 铁力木 Mesua ferrea
trans-fertaric acid 反式 - 阿魏酰酒石酸 山葡萄 Vitis amurensis
ferugin 阿魏精▲ 中亚阿魏 Ferula jaeschkeana
feruginidin 阿魏尼定▲ 中亚阿魏 Ferula jaeschkeana
feruginin 阿魏精宁▲ 中亚阿魏 Ferula jaeschkeana
ferujaesenol 中亚阿魏烯醇▲ 中亚阿魏 Ferula jaeschkeana
ferujol 中亚阿魏酚▲ 中亚阿魏 Ferula jaeschkeana
ferukrin 托里阿魏素▲ 托里阿魏 Ferula krylovii
ferulactone A, B 多伞阿魏内酯▲A, B 多伞阿魏 Ferula feruloides
ferulaeone A~H 多伞阿魏酚酮▲A~H 多伞阿魏 Ferula feruloides
(*E*)-ferulaldehyde (*E*)- 阿魏醛 茶 Camellia sinensis, 藁本 Ligusticum sinense
trans-ferulaldehyde 反式 - 阿魏醛 阴香 Cinnamomum burmannii, 茄 Solanum melongena, 球花马蓝 Strobilanthes dimorphotricha
ferulaldehyde; ferulic aldehyde; ferulyl aldehyde 阿魏醛 当归 Angelica sinensis, 疏花蛇菰 Balanophora laxiflora, 山石榴 Catunaregam spinosa, 山茱萸 Cornus officinalis, 花曲柳 Fraxinus chinensis subsp. rhynchophylla, 牛筋果 Harrisonia perforata, 台湾含笑 Michelia compressa, 丁香 Syzygium aromaticum
(*E*)-ferulic acid (*E*)- 阿魏酸 梅 Armeniaca mume, 卫矛 Euonymus alatus, 藁本 Ligusticum sinense, 宽苞水柏枝 Myricaria bracteata
ferulic acid 阿魏酸 常见成分，至少分布于 100 种以上植物中
trans-ferulic acid 反式 - 阿魏酸 扁桃 Amygdalus communis, 当归 Angelica sinensis, 旱芹 Apium graveolens, 假升麻 Aruncus sylvester, 竹叶兰 Arundina graminifolia, 黄芦木 Berberis amurensis, 芸苔 Brassica rapa var. oleifera, 米面蓊 Buckleya henryi, 辣椒 Capsicum annuum, 地柏枝 Corydalis cheilanthifolia, 唐古特瑞香 Daphne tangutica, 青兰 Dracocephalum ruyschiana, 厚壳树 Ehretia thyrsiflora, 福建胡颓子 Elaeagnus oldhamii, 块茎山萮菜 Eutrema wasabi, 少花米口袋 Gueldenstaedtia verna, 量天尺 Hylocereus undatus, 箭叶橐吾 Ligularia sagitta, 川芎 Ligusticum sinense 'Chuanxiong', 千里香 Murraya paniculata, 烟草 Nicotiana tabacum, 宽叶羌活 Notopterygium franchetii, 羌活 N. incisum, 鸡矢藤 Paederia foetida, 人参 Panax ginseng, 白花泡桐 Paulownia fortunei, 挂金灯 Physalis alkekengi var. francheti, 西藏棱子芹 Pleurospermum hookeri var. thomsonii, 抱茎蓼 Polygonum amplexicaule, 马齿苋 Portulaca oleracea, 玫瑰 Rosa rugosa, 北玄参 Scrophularia buergeriana, 酸豆 Tamarindus indica, 番杏 Tetragonia tetragonoides, 荚蒾 Viburnum dilatatum
cis-ferulic acid 顺式 - 阿魏酸 当归 Angelica sinensis, 假升麻 Aruncus sylvester, 芸苔 Brassica rapa var. oleifera, 米面蓊 Buckleya henryi, 川芎 Ligusticum sinense 'Chuanxiong', 千里香 Murraya paniculata, 烟草 Nicotiana tabacum, 人参 Panax ginseng, 玫瑰 Rosa rugosa, 酸豆 Tamarindus indica, 番杏 Tetragonia tetragonoides, 荚蒾 Viburnum dilatatum
(*E*)-ferulic acid ethyl ester (*E*)- 阿魏酸乙酯 萝卜 Raphanus sativus
ferulic acid ethyl ester 阿魏酸乙酯 和尚菜 Adenocaulon himalaicum, 汉荭鱼腥草 Geranium robertianum
ferulic acid glucoside 阿魏酸葡萄糖苷 小果山龙眼 Helicia cochinchinensis
ferulic acid hexacosyl ester 阿魏酸二十六烷酯 紫菀 Aster tataricus
ferulic acid hexose ester 阿魏酸己糖酯 刺葡萄 Vitis davidii
trans-ferulic acid methyl ester 反式 - 阿魏酸甲酯 块茎山萮菜 Eutrema wasabi
(*E*)-ferulic acid nonacosyl ester (*E*)- 阿魏酸二十九酯 小叶红叶藤 Rourea microphylla
(*E*)-ferulic acid tetracosyl ester (*E*)- 阿魏酸二十四酯 云南油杉 Keteleeria evelyniana
trans-ferulic acid tricosyl ester 反式 - 阿魏酸二十三酯 竹叶兰 Arundina graminifolia
trans-ferulic acid-22-hydroxydocosanoic acid ester 反式 - 阿魏酸 -22- 羟基二十二酸酯 宽苞水柏枝 Myricaria bracteata
trans-ferulic acid-4-*O*-*β*-*D*-allopyranoside 反式 - 阿魏酸 -4-*O*-*β*-D- 吡喃阿洛糖苷 甘青乌头 Aconitum tanguticum
ferulic acid-4-*O*-*β*-D-glucopyranoside 阿魏酸 -4-*O*-*β*-D- 吡喃葡萄糖苷 船盔乌头 Aconitum naviculare
ferulic acid-4-*O*-*β*-D-glucoside 阿魏酸 -4-*O*-*β*-D- 葡萄糖苷 番茄 Lycopersicon esculentum
trans-ferulic acid-4-*O*-*β*-glucopysoside 反式 - 阿魏酸 -4-*O*-*β*-D- 吡喃葡萄糖苷 薰衣草 Lavandula angustifolia, 甘青乌头 Aconitum tanguticum
trans-ferulic acid-docosyl ester 反式 - 阿魏酸 - 二十二酯 竹叶兰 Arundina graminifolia
trans-ferulic acid-hexacosyl ester 反式 - 阿魏酸二十六酯 竹叶兰 Arundina graminifolia
trans-ferulic acid-octacosyl ester 反式 - 阿魏酸二十八酯 束花石斛 Dendrobium chrysanthum, 鼓槌石斛 D. chrysotoxum
ferulic acid-*β*-D-glucopyranoside 阿魏酸 -*β*-D- 吡喃葡萄糖苷 雪松 Cedrus deodara, 槲蕨 Drynaria roosii, 欧洲李 Prunus domestica

trans-ferulic acid-*β*-D-glucopyranoside 反式 - 阿魏酸 -*β*-D- 吡喃葡萄糖苷 骆驼蒿 Peganum nigellastrum
ferulic acid-*β*-D-glucopyranosyl ester 阿魏酸 -*β*-D- 吡喃葡萄糖酯 苦槛蓝 Pentacoelium bontioides
ferulic acid-*β*-D-glucoside 阿魏酸 -*β*-D- 葡萄糖苷 岩蒿 Artemisia rupestris
ferulin A~E 多伞阿魏素▲A~E 多伞阿魏 Ferula feruloides
6-feruloyl ajugol 6- 阿魏酰筋骨草醇 呆白菜 Triaenophora rupestris
feruloyl hexadecayl ester 阿魏酸十六酯 伏毛山豆根 Euchresta horsfieldii
feruloyl malate 阿魏酰苹果酸酯 芸苔 Brassica rapa var. oleifera, 卫矛 Euonymus alatus
β-D-(3-*O*-feruloyl)-fructofuranosyl-*α*-D-(6-*O*-feruloyl)glucopyranoside *β*-D-(3-*O*- 阿魏酰基)- 呋喃果糖基 -*α*-D-(6-*O*- 阿魏酰基)- 吡喃葡萄糖苷 蝉翼藤 Securidaca inappendiculata
β-D-(3-*O*-feruloyl)fructofuranosyl-*α*-D-(6-*O*-sinapoyl)-glucopyranoside *β*-D-(3-*O*- 阿魏酰基)- 呋喃果糖基 -*α*-D-(6-*O*- 芥子酰基)- 吡喃葡萄糖苷 蝉翼藤 Securidaca inappendiculata
3-feruloyl-4-acetyl-6'-(13'-*O*-*β*-D-glucopyranosyl)feruloylsucrose 3- 阿魏酰基 -4- 乙酰基 -6'-(13'-*O*-*β*-D- 吡喃葡萄糖基) 阿魏酰蔗糖 麝香百合 Lilium longiflorum var. scabrum

F

trans-feruloyl-4-*O*-*β*-D-glucopyranoside 反式 - 阿魏酸 -4-*O*-*β*-D- 吡喃葡萄糖苷 乌头 Aconitum carmichaelii
cis-feruloyl-4-*O*-*β*-D-glucopyranoside 顺式 - 阿魏酸 -4-*O*-*β*-D- 吡喃葡萄糖苷 乌头 Aconitum carmichaelii
trans-feruloyl-6-*O*-gluconic acid 反式 - 阿魏酰基 -6-*O*- 葡萄糖酸 吴茱萸 Euodia ruticarpa
feruloyl-6'-*O*-*α*-D-glucopyranoside 阿魏酰基 -6'-*O*-*α*-D- 吡喃葡萄糖苷 阿尔泰银莲花 Anemone altaica
feruloyl-6'-*O*-*β*-Dglucopyranoside 阿魏酰基 -6'-*O*-*β*-D- 吡喃葡萄糖苷 阿尔泰银莲花 Anemone altaica
feruloylagmatine 阿魏酰鲱精胺 石生黄堇 Corydalis saxicola
trans-feruloylcampestanol 反式 - 阿魏酰菜油甾烷醇 薏米 Coix lacryma-jobi var. ma-yuen
(-)-6-feruloylcatalpol (-)-6- 阿魏酰梓醇 羽叶楸 Stereospermum colais
1-(*ω*-feruloyldocosanoyl)glycerol 1-(*ω*- 阿魏酰二十二碳酰基) 甘油 狼毒 Stellera chamaejasme
2-feruloylfukiic acid-1-methyl ester 2- 阿魏酰蜂斗酸 -1- 甲酯 单穗升麻 Cimicifuga simplex
1-feruloylglucose 1- 阿魏酰葡萄糖 紫萍 Spirodela polyrrhiza
feruloylglucose 阿魏酰葡萄糖 假马齿苋 Bacopa monnieri, 黑茶藨子 Ribes nigrum, 沙柳 Salix cheilophila
1-feruloylglycerol 1- 阿魏酰甘油醇 参薯 Dioscorea alata
(23*E*)-feruloylhederagenin (23*E*)- 阿魏酰常春藤皂苷元 毛草龙 Ludwigia octovalvis
(23*Z*)-feruloylhederagenin (23*Z*)- 阿魏酰常春藤皂苷元 毛草龙 Ludwigia octovalvis
feruloylhexose 阿魏酰己糖 黑茶藨子 Ribes nigrum
6'''-feruloylisospinosin 6'''- 阿魏酰异酸枣素▲ 酸枣 Ziziphus jujuba var. spinosa
feruloylmalic acid 阿魏酰苹果酸 翼叶山牵牛 Thunbergia alata
3-*trans*-feruloylmaslinic acid 3- 反式 - 阿魏酰山楂酸 破布叶 Microcos paniculata
10-*O*-*E*-feruloylmonotropein 10-*O*- 反式 - 阿魏酰水晶兰苷 鸡矢藤 Paederia foetida
ω-feruloyloxy docosanoic acid *ω*- 阿魏酰氧基二十二酸 萱草 Hemerocallis fulva
3*α*-[(*E*)-feruloyloxy]-D:C-friedooleana-7,9(11)-dien-29-oic acid 3*α*-[(*E*)- 阿魏酰氧基]-D:C- 飞齐墩果 -7,9(11)- 二烯 -29- 酸 苦瓜 Momordica charantia
3*β*-[(*E*)-feruloyloxy]-D:C-friedooleana-7,9(11)-dien-29-oic acid 3*β*-[(*E*)- 阿魏酰氧基]-D:C- 飞齐墩果 -7,9(11)- 二烯 -29- 酸 苦瓜 Momordica charantia
3*β*-*trans*-feruloyloxy-16*β*-hydroxylup-20(29)-ene 3*β*- 反式 - 阿魏酰氧基 -16*β*- 羟基羽扇豆羽扇豆 -20(29)- 烯 菲律宾朴 Celtis philippensis, 人参 Panax ginseng
3*β*-*cis*-feruloyloxy-16*β*-hydroxylup-20(29)-ene 3*β*- 顺式阿魏酰氧基 -16*β*- 羟基羽扇豆 -20(29)- 烯 人参 Panax ginseng
3*β*-feruloyloxy-20-taraxastene-16*β*,28-diol 3*β*- 阿魏酰氧基 -20- 蒲公英萜烯 -16*β*,28- 二醇 宽叶毒芹 Cicuta virosa var. latisecta
1-feruloyloxy-2-methoxycinnamic acid 1- 阿魏酰基 -2- 甲氧基桂皮酸 川郁金 Curcuma sichuanensis
3*α*-*trans*-feruloyloxy-2*α*-hydroxyursolic acid 3*α*- 反式 - 阿魏酰氧基 -2*α*- 羟基熊果酸 枇杷 Eriobotrya japonica
3*α*-*trans*-feruloyloxy-2*α*-*O*-acetylurs-12-en-28-oic acid 3*α*- 反式 - 阿魏酰氧基 -2*α*-*O*- 乙酰熊果 -12- 烯 -28- 酸 白蔹 Ampelopsis japonica
1-feruloyloxycinnamic acid 1- 阿魏酰桂皮酸 川郁金 Curcuma sichuanensis
trans-feruloyloxyhexacosanoic acid 反式 - 阿魏酰氧基二十六酸 台湾含笑 Michelia compressa
16-feruloyloxypalmitic acid 16- 阿魏酰棕榈酸 翠云草 Selaginella uncinata
2-feruloyl-*O*-*α*-D-glucopyranoyl-(1'→2)-3,6-*O*-feruloyl-*β*-D-fructofuranoside 2- 阿魏酰基 -*O*-*α*-D- 吡喃葡萄糖基 -(1'→2)-3,6-*O*- 阿魏酰基 -*β*-D- 呋喃果糖苷 宽瓣重楼 Paris polyphylla var. yunnanensis
2-feruloylpiscidic acid 2- 阿魏酰番石榴酸 单穗升麻 Cimicifuga simplex
2-feruloylpiscidic acid-1-methyl ester 2- 阿魏酰番石榴酸 -1- 甲酯 单穗升麻 Cimicifuga simplex
feruloylpodospermic acid A, B 阿魏酰柄球菊酸▲A, B 拐轴鸦葱 Scorzonera divaricata
3-feruloylquinic acid 3- 阿魏酰奎宁酸 白术 Atractylodes macrocephala, 菊苣 Cichorium intybus, 刺五加 Eleutherococcus senticosus
4-feruloylquinic acid 4- 阿魏酰基奎宁酸 中亚紫菀木 Asterothamnus centraliasiaticus
5-feruloylquinic acid 5- 阿魏酰奎宁酸 芦荟 Aloe vera, 向日葵 Helianthus annuus, 花椒 Zanthoxylum bungeanum
feruloylquinic acid 阿魏酰奎宁酸 刺苋 Amaranthus spinosus
(*E*)-6-*O*-feruloylscandoside methyl ester (*E*)-6-*O*- 阿魏酰鸡矢藤次苷甲酯 白花蛇舌草 Hedyotis diffusa
(*E*)-6-*O*-*p*-feruloylscandoside methyl ester (*E*)-6-*O*- 对阿魏酰鸡矢藤次苷甲酯 白花蛇舌草 Hedyotis diffusa

6'''-feruloylspinosin 6'''- 阿魏酰酸枣素▲ 酸枣 Ziziphus jujuba var. spinosa, 滇刺枣 Z. mauritiana
6-feruloylspinosin 6- 阿魏酰酸枣素▲ 酸枣 Ziziphus jujuba var. spinosa
trans-feruloylstigmastanol 反式 - 阿魏酰豆甾烷醇 薏米 Coix lacryma-jobi var. ma-yuen
feruloylsucrose 阿魏酰蔗糖 刺五加 Eleutherococcus senticosus
3*α*-*E*-feruloyltaraxerol 3*α*-*E*- 阿魏酰蒲公英赛醇 柱果木榄 Bruguiera cylindrica
3*α*-*Z*-feruloyltaraxerol 3*α*-*Z*- 阿魏酰蒲公英赛醇 柱果木榄 Bruguiera cylindrica
3*β*-*E*-feruloyltaraxerol 3*β*-*E*- 阿魏酰蒲公英赛醇 柱果木榄 Bruguiera cylindrica
3*β*-*Z*-feruloyltaraxerol 3*β*-*Z*- 阿魏酰蒲公英赛醇 柱果木榄 Bruguiera cylindrica
feruloyltyramine 阿魏酰酪胺 大麻 Cannabis sativa, 东北玉簪 Hosta ensata, 小花角茴香 Hypecoum parviflorum
trans-feruloyl-*β*-D-[1'-*O*-(2'',3'',4''-trihydroxybutyl)glucopyranoside]ester 反式 - 阿魏酰基 -*β*-D-[1'-*O*-(2'',3'',4''- 三羟基丁基) 吡喃葡萄糖苷] 酯 鸡矢藤 Paederia foetida
1-feruloyl-*β*-D-glucopyranoside 1- 阿魏酰基 -*β*-D- 吡喃葡萄糖苷 萝卜 Raphanus sativus, 洋蒲桃 Syzygium samarangense
trans-*p*-feruloyl-*β*-D-glucopyranoside 反式 - 对阿魏酰基 -*β*-D- 吡喃葡萄糖苷 辣椒 Capsicum annuum, 柠檬 Citrus limon
1-feruloyl-*β*-D-glucopyranosyl ester 1- 阿魏酰基 -*β*-D- 吡喃葡萄糖基酯 阿尔泰大黄 Rheum altaicum
trans-*p*-ferulyl alcohol-4-*O*-[6-(2-methyl-3-hydroxypropionyl)]-glucopyranoside 反式 - 对阿魏醇 -4-*O*-[6-(2- 甲基 -3- 羟基丙酰基)]- 吡喃葡萄糖苷 辣椒 Capsicum annuum
(*E*)-*p*-ferulyl palmitate (*E*)- 对阿魏醇棕榈酸酯 榅桲 Cydonia oblonga
(*E*)-*p*-ferulyl stearate (*E*)- 对阿魏醇硬脂酸酯 榅桲 Cydonia oblonga
ferulylaldehyde-4-*O*-*β*-D-glucopyranoside 阿魏醛 -4-*O*-*β*-D- 吡喃葡萄糖苷 蓟 Cirsium japonicum
feruone 阿魏酮▲ 中亚阿魏 Ferula jaeschkeana
feruoyl-di-*O*-galloyl-glucose 阿魏酰基 - 二 -*O*- 没食子酰葡萄糖 小大黄 Rheum pumilum
feruperine 阿魏胡椒碱▲ 胡椒 Piper nigrum
ferutidin 阿魏替定▲ 中亚阿魏 Ferula jaeschkeana
ferutin 阿魏亭▲ 中亚阿魏 Ferula jaeschkeana
ferutinianin 中亚阿魏宁▲ 中亚阿魏 Ferula jaeschkeana
ferutinin 阿魏亭宁▲ 中亚阿魏 Ferula jaeschkeana
ferutinone 中亚阿魏萜酮▲ 中亚阿魏 Ferula jaeschkeana
ferutriol-5*α*-(*p*-hydroxybenzyl)ester 中亚阿魏三醇▲-5*α*- 对羟基苯甲酸酯 中亚阿魏 Ferula jaeschkeana
feselol; fezelol 麝香阿魏洛醇▲ 圆锥茎阿魏 Ferula conocaula, 麝香阿魏 F. moschata
feshurin 史特阿魏素▲ 臭阿魏 Ferula teterrima
feshurin acetate 史特阿魏素▲乙酸酯 臭阿魏 Ferula teterrima
festuclavine 羊茅麦角碱 麦角菌 Claviceps purpurea
feterin 臭阿魏素▲ 圆锥茎阿魏 Ferula conocaula, 臭阿魏 F. teterrima
fetidine 腺毛唐松草碱▲ 腺毛唐松草 Thalictrum foetidum
fetisinine 贝母辛宁 梭砂贝母 Fritillaria delavayi
F-gitonin F- 吉托宁 蒜 Allium sativum, 毛地黄 Digitalis purpurea, 粉叶玉簪 Hosta sieboldiana
fibercisine 天仙藤辛碱▲ 天仙藤 Fibraurea recisa
fibleucin 绿白黄藤素 云南青牛胆 Tinospora sagittata var. yunnanensis
fibralactone 黄藤内酯 天仙藤 Fibraurea recisa
fibrarecisin 天仙藤皂素▲ 天仙藤 Fibraurea recisa
fibrecisine 黄藤碱▲ 云南地不容 Stephania yunnanensis
fibrinolytic enzyme 纤溶酶 植物基础成分，未统计基源
ficalloside 硬皮榕苷▲ 硬皮榕 Ficus callosa
ficaprenol-10 无花果异戊烯醇▲-10 香桂 Cinnamomum subavenium
ficaprenol -11, -12, -13 无花果异戊烯醇▲-11, -12, -13 波叶异木患 Allophylus caudatus
ficaprenol-11 无花果异戊烯醇▲-11 香桂 Cinnamomum subavenium
ficuflavoside 榕黄酮苷▲ 榕树 Ficus microcarpa
ficuformodiol A, B 台湾榕二醇▲A, B 台湾榕 Ficus formosana
ficuisoflavone 榕异黄酮 榕树 Ficus microcarpa
ficumegasoside 榕大柱香波龙苷▲ 榕树 Ficus microcarpa
(7*R*,8*S*)-ficusal (7*R*,8*S*)- 榕醛 山石榴 Catunaregam spinosa
ficusal 榕醛 野菰 Aeginetia indica, 见血封喉 Antiaris toxicaria, 榕树 Ficus microcarpa, 栀子 Gardenia jasminoides, 红茴香 Illicium henryi, 两头毛 Incarvillea arguta, 红花木莲 Manglietia insignis, 观光木 Michelia odora, 茄 Solanum melongena, 滑桃树 Trevia nudiflora, 穗花牡荆 Vitex agnus-castus, 单叶蔓荆 V. trifolia subsp. litoralis
ficusamide 榕酰胺▲ 印度榕 Ficus elastica
ficuscarpanoside A, B 榕树苷▲A, B 黄蜡果 Stauntonia brachyanthera
ficuschlorin A~D 榕绿素▲A~D 榕树 Ficus microcarpa
ficuselastic acid 印度榕酸▲ 印度榕 Ficus elastica
ficuseptamine A, B, C 棱果榕胺▲A, B, C 棱果榕 Ficus septica

ficuseptine 棱果榕碱▲ 棱果榕 Ficus septica
ficuseptine A~N 棱果榕碱▲A~N 棱果榕 Ficus septica
ficusesquilignan A 榕倍半木脂素 A 狭叶链珠藤 Alyxia schlechteri, 红花锦鸡儿 Caragana rosea, 古钩藤 Cryptolepis buchananii, 黄桐 Endospermum chinense, 榕树 Ficus microcarpa, 花曲柳 Fraxinus chinensis subsp. rhynchophylla, 野八角 Illicium simonsii, 观光木 Michelia odora, 假桂乌口树 Tarenna attenuata, 单叶蔓荆 Vitex trifolia subsp. litoralis
threo-ficusesquilignan A 苏式 - 榕树倍半木脂素 A 土沉香 Aquilaria sinensis
ficusesquilignan B 榕倍半木脂素 B 黄桐 Endospermum chinense
ficusic acid 榕酸 古钩藤 Cryptolepis buchananii
ficusin A, B 榕素▲A, B 棱果榕 Ficus septica
ficusine A, B, C 榕辛素▲A, B, C 大果榕 Ficus auriculata
ficusmicrochlorin A, B, C 榕树绿素▲A, B, C 榕树 Ficus microcarpa
ficusol 榕醇▲ 海杧果 Cerbera manghas, 台湾芙蓉 Hibiscus taiwanensis, 小槐花 Ohwia caudata
ficusolide 榕内酯▲ 榕树 Ficus microcarpa
ficusolide diacetate 榕内酯▲二乙酸酯 榕树 Ficus microcarpa
ficusone 榕酮▲ 榕树 Ficus microcarpa
ficusoside 榕苷▲ 印度榕 Ficus elastica
ficuspirolide 榕螺内酯▲ 榕树 Ficus microcarpa
ficustikousin A, B 地果素▲A, B 地果 Ficus tikoua
ficustriol 榕三醇▲ 构树 Broussonetia papyrifera, 对叶榕 Ficus hispida
filiasparoside A~D 羊齿天冬洛苷▲A~D 羊齿天门冬 Asparagus filicinus
filic-3,18,20-triene 绵马 -3,18,20- 三烯 阔叶骨碎补 Davallia solida
filic-3,18-diene 绵马 -3,18- 二烯 阔叶骨碎补 Davallia solida
filic-3-en-19*α*-o1 绵马 -3- 烯 -19*α*- 醇 阔叶骨碎补 Davallia solida
filic-3-ene 绵马 -3- 烯 铁线蕨 Adiantum capillus-veneris, 鞭叶铁线蕨 A. caudatum, 普通铁线蕨 A. edgeworthii, 掌叶铁线蕨 A. pedatum, 友水龙骨 Polypodiodes amoena
filicenal 绵马烯醛 掌叶铁线蕨 Adiantum pedatum
filicene 绵马烯 单盖铁线蕨 Adiantum monochlamys, 掌叶铁线蕨 A. pedatum, 粗茎鳞毛蕨 Dryopteris crassirhizoma
filicenoic acid 绵马烯酸 掌叶铁线蕨 Adiantum pedatum
filicenol A, B 绵马烯醇 A, B 单盖铁线蕨 Adiantum monochlamys
filicic acid 绵马次酸▲ 金冠鳞毛蕨 Dryopteris chrysocoma, 狭顶鳞毛蕨 D. lacera
filicinoside A, B 羊齿天冬诺苷▲A, B 羊齿天门冬 Asparagus filicinus
filifolin 兔毛蒿素 线叶菊 Filifolium sibiricum
filifolone 丝叶蒿酮▲ 挥发油成分，未统计基源
filiformine 无根藤胺▲ 无根藤 Cassytha filiformis
filixic acid 绵马酸 欧洲鳞毛蕨 Dryopteris filix-mas
filixic acid ABA 绵马酸 ABA 粗茎鳞毛蕨 Dryopteris crassirhizoma, 欧洲鳞毛蕨 D. filix-mas
filixic acid ABB 绵马酸 ABB 粗茎鳞毛蕨 Dryopteris crassirhizoma, 欧洲鳞毛蕨 D. filix-mas
filixic acid ABP 绵马酸 ABP 粗茎鳞毛蕨 Dryopteris crassirhizoma, 欧洲鳞毛蕨 D. filix-mas
filixic acid BBB 绵马酸 BBB 广布鳞毛蕨 Dryopteris expansa, 欧洲鳞毛蕨 D. filix-mas
filixic acid PBB 绵马酸 PBB 欧洲鳞毛蕨 Dryopteris filix-mas
filixic acid PBP 绵马酸 PBP 粗茎鳞毛蕨 Dryopteris crassirhizoma, 欧洲鳞毛蕨 D. filix-mas
filoboletic acid 小管菌酸▲ 绣球菌 Sparassis crispa
fimbriatone 流苏石斛酮 流苏石斛 Dendrobium fimbriatum, 石斛 D. nobile
fimbriol A, B 流苏金石斛酚▲A, B 流苏金石斛 Flickingeria fimbriata
finaconitine 赣皖乌头碱▲ 赣皖乌头 Aconitum finetianum
finetiadine 赣皖乌头定▲ 赣皖乌头 Aconitum finetianum
firetianine 赣皖乌头宁▲ 赣皖乌头 Aconitum finetianum
firmianone A, B, C 梧桐醌▲A, B, C 梧桐 Firmiana simplex
fischeria A 狼毒大戟降二萜内酯▲A 狼毒大戟 Euphorbia fischeriana
fischeriana A, B 狼毒大戟萜内酯▲A, B 狼毒大戟 Euphorbia fischeriana
fischeroside A, B, C 狼毒大戟苷▲A, B, C 狼毒大戟 Euphorbia fischeriana
fisetin 漆黄素 鄂羊蹄甲 Bauhinia glauca subsp. hupehana, 红叶 Cotinus coggygria var. cinerea, 降香 Dalbergia odorifera, 伞花假木豆 Dendrolobium umbellatum, 山皂荚 Gleditsia japonica, 皂荚 G. sinensis, 美国皂荚 G. triacanthos, 鸡眼草 Kummerowia striata, 宽舌橐吾 Ligularia platyglossa, 百脉根 Lotus corniculatus, 苦树 Picrasma quassioides, 黄连木 Pistacia chinensis, 刺槐 Robinia pseudoacacia, 硕苞蔷薇 Rosa bracteata, 菊状千里光 Senecio laetus, 野漆 Toxicodendron succedaneum, 漆 T. vernicifluum
fisetin-3-(6''-acetyl)-*O*-*β*-D-glucopyranoside 漆黄素 -3-(6''- 乙酰基)-*O*-*β*-D- 吡喃葡萄糖苷 豆梨 Pyrus calleryana
fisetin-3-*O*-*β*-D-glucopyranoside 漆黄素 -3-*O*-*β*-D- 吡喃葡萄糖苷 豆梨 Pyrus calleryana
(+)-fisetinidol (+)- 黄栌醇▲ 缅茄 Afzelia xylocarpa
(-)-fisetinidol-(4*α*→8)-catechin (-)- 黄栌醇▲-(4*α*→8)- 儿茶素 豆茶决明 Senna nomame

(+)-fisetinidol-(4*β* → 8)-catechin (+)- 黄栌醇▲-(4*β* → 8)- 儿茶素 豆茶决明 Senna nomame
(-)-fisetinidol-4*α*-ol (-)- 黄栌醇▲-4*α*- 醇 漆 Toxicodendron vernicifluum
(-)-fisetinidol-4*β*-ol (-)- 黄栌醇▲-4*β*- 醇 漆 Toxicodendron vernicifluum
fissicesine 白叶瓜馥木碱 白叶瓜馥木 Fissistigma glaucescens
fissicesine-*N*-oxide 白叶瓜馥木碱 -*N*- 氧化物 白叶瓜馥木 Fissistigma glaucescens
fissilandione 多脉瓜馥木二酮▲ 排骨灵 Fissistigma bracteolatum
fissistigamide A, B 瓜馥木酰胺▲A, B 瓜馥木 Fissistigma oldhamii
fissistigine A, B, C 瓜馥木碱 A, B, C 瓜馥木 Fissistigma oldhamii
fissistigmatin A~D 瓜馥木亭▲A~D 排骨灵 Fissistigma bracteolatum
fissistigmine 瓜馥木胺▲ 瓜馥木 Fissistigma oldhamii
fissistigmoside 瓜馥木苷▲ 多花瓜馥木 Fissistigma polyanthum, 黄花列当 Orobanche pycnostachya
fissohamione 瓜馥木酯酮▲ 瓜馥木 Fissistigma oldhamii
fissoldhimine 瓜馥木嗪胺▲ 瓜馥木 Fissistigma oldhamii
fissoldine 瓜馥木定碱▲ 瓜馥木 Fissistigma oldhamii
fistuloside A, B, C 管葱皂苷▲A, B, C 葱 Allium fistulosum
fistulosine 水同木碱▲ 水同木 Ficus fistulosa
flabelliferin F-II, FB, FC, FD 糖棕素▲F-II, FB, FC, FD 糖棕 Borassus flabellifer
flabelliformine 扇形石松碱 扁枝石松 Diphasiastrum complanatum, 东北石杉 Huperzia miyoshiana, 玉柏 Lycopodium obscurum
flabellin 扇叶菊蒿素▲ 三角叶风毛菊 Saussurea deltoidea
flabelline 折扇石松林碱▲ 石松 Lycopodium japonicum
flaccidin 林荫银莲素 粟鳞贝母兰 Coelogyne flaccida, 伏毛蓼 Polygonum pubescens
flaccidinin 林荫银莲宁 粟鳞贝母兰 Coelogyne flaccida
flaccidoside I, III, IV, V, VI, VII 鹅掌草苷▲I, III, IV, V, VI, VII 鹅掌草 Anemone flaccida
flaccidoside II 鹅掌草苷▲II 鹅掌草 Anemone flaccida, 粗齿铁线莲 Clematis grandidentata
flacoside A 刺篱木考苷▲A 大果刺篱木 Flacourtia ramontchi, 栀子皮 Itoa orientalis
flacoside B, C 刺篱木考苷▲B, C 大果刺篱木 Flacourtia ramontchi
flacourside 刺篱木苷▲ 刺篱木 Flacourtia indica
flacourticin 刺篱木辛▲ 刺篱木 Flacourtia indica
(-)-flacourtin (-)- 刺篱木素▲ 刺篱木 Flacourtia indica
flacourtin 刺篱木素▲ 构树 Broussonetia papyrifera
flacourtoside A~F 刺篱木托苷▲A~F 大果刺篱木 Flacourtia ramontchi
flagelignanin A 刺苞木脂素 A 扶芳藤 Euonymus fortunei
flammein A 红轮千里光素▲A 一年蓬 Erigeron annuus
flammin 金针菇明▲ 金针菇 Flammulina velutipes
flammulin 金针菇素▲ 金针菇 Flammulina velutipes
flammutoxin 金针菇毒素 金针菇 Flammulina velutipes
flaniostatin 柘黄酮抑素▲ 柘树 Cudrania tricuspidata
flavaconitine 伏毛铁棒锤碱 伏毛铁棒锤 Aconitum flavum, 宣威乌头 A. nagarum var. lasiandrum
flavadine 伏毛铁棒锤定▲ 伏毛铁棒锤 Aconitum flavum
flavamine 伏毛铁棒锤胺▲ 伏毛铁棒锤 Aconitum flavum
flavan-3-ol 黄烷 -3- 醇 扁桃 Amygdalus communis, 桃 A. persica, 落地生根 Bryophyllum pinnatum, 山葡萄 Vitis amurensis
(+)-3,3',4,4',5',7-flavanhexol (+)-3,3',4,4',5',7- 黄烷六醇 刺槐 Robinia pseudoacacia
flavanomarein 海滨金鸡菊黄烷酮苷▲ 两色金鸡菊 Coreopsis tinctoria
flavanone 黄烷酮 扁桃 Amygdalus communis
flavanone-7-*O*-glycosides 黄烷酮 -7-*O*- 葡萄糖苷 酸橙 Citrus aurantium
(+)-3,3',4,4',7-flavanpentol (+)-3,3',4,4',7- 黄烷五醇 刺槐 Robinia pseudoacacia
flavanthrin 白绵毛兰菲素▲ 伏生石豆兰 Bulbophyllum reptans, 兜唇石斛 Dendrobium aphyllum, 石仙桃 Pholidota chinensis, 笋兰 Thunia alba
flavanthrinin 白绵毛兰菲宁▲ 伏生石豆兰 Bulbophyllum reptans, 杜鹃兰 Cremastra appendiculata, 石斛 Dendrobium nobile
flavaspidic acid 黄绵马酸 阔鳞鳞毛蕨 Dryopteris championii, 金冠鳞毛蕨 D. chrysocoma, 欧洲鳞毛蕨 D. filix-mas, 狭顶鳞毛蕨 D. lacera
flavaspidic acid AB, BB, PB 黄绵马酸 AB, BB, PB 粗茎鳞毛蕨 Dryopteris crassirhizoma
flavenochromane A, B, C 苦参色满▲A, B, C 苦参 Sophora flavescens
flavesone 淡黄薄子木酮▲ 地耳草 Hypericum japonicum
flavidin 淡黄贝母兰素▲ 长鳞贝母兰 Coelogyne ovalis, 节茎石仙桃 Pholidota articulata, 宿苞石仙桃 P. imbricata
flavidinin 淡黄贝母兰宁▲ 长鳞贝母兰 Coelogyne ovalis
flavifloramide A, B 黄花胡椒胺 A, B 黄花胡椒 Piper flaviflorum
flavifloside A 黄花胡椒苷▲A 黄花胡椒 Piper flaviflorum
(-)-flavinantine (-)- 黄巴豆亭 野罂粟 Papaver nudicaule
(+)-flavinantine (+)- 黄巴豆亭 鹰爪花 Artabotrys hexapetalus, 红花疆罂粟 Roemeria refracta

flavocommelin 鸭跖黄酮苷 鸭跖草 Commelina communis
flavogallonic acid 黄没食子酮酸▲ 使君子 Quisqualis indica, 东方肉穗草 Sarcopyramis bodinieri var. delicata, 千果榄仁 Terminalia myriocarpa
flavoglaucin 灰绿曲霉黄素 石南藤 Piper wallichii
flavokawain A 黄卡瓦胡椒素 A 米仔兰 Aglaia odorata, 波罗蜜 Artocarpus heterophyllus, 鱼子兰 Chloranthus erectus, 宽叶金粟兰 C. henryi
flavokawain B 黄卡瓦胡椒素 B 山核桃 Carya cathayensis
flavokawin B 卡瓦胡椒黄素▲B 节鞭山姜 Alpinia conchigera, 红叶木姜子 Litsea rubescens, 春蓼 Polygonum persicaria
flavone 黄酮 霞红灯台报春 Primula beesiana, 无粉报春 P. efarinosa, 粉报春 P. farinosa, 报春花 P. malacoides, 天山报春 P. nutans, 藏报春 P. sinensis
flavonol 黄酮醇 水蕨 Ceratopteris thalictroides, 肾叶山蚂蝗 Desmodium renifolium
flavonol glycoside K 黄酮醇苷 K 银杏 Ginkgo biloba
flavonol-3-*O*-diglycoside 黄酮醇 -3-*O*- 二糖苷 零余虎耳草 Saxifraga cernua
flavonol-3-*O*-monoglycoside 黄酮醇 -3-*O*- 单糖苷 零余虎耳草 Saxifraga cernua
flavonol-3-*O*-triglycoside 黄酮醇 -3-*O*- 三糖苷 零余虎耳草 Saxifraga cernua
flavonol-3-*O*-*β*-D-glucopyranoside 黄酮醇 -3-*O*-*β*-D- 吡喃葡萄糖苷 狼毒大戟 Euphorbia fischeriana
flavosorbin 珍珠梅黄酮苷▲ 珍珠梅 Sorbaria sorbifolia
flavovilloside 白花败酱黄酮苷▲ 攀倒甑 Patrinia villosa
flavoviolet 黄紫碱 毛地黄鼠尾草 Salvia digitaloides
(9'*Z*)-flavoxanthin (9'*Z*)- 毛茛黄素 白屈菜 Chelidonium majus
flavoxanthin 毛茛黄质 白屈菜 Chelidonium majus, 顶冰花 Gagea nakaiana, 菊芋 Helianthus tuberosus, 野苜蓿 Medicago falcata
flavoyadorinin B 槲寄生黄素▲B 忍冬 Lonicera japonica, 南烛 Vaccinium bracteatum
flazin; flazine 酒粕黄嗪▲ 当归 Angelica sinensis, 鸦胆子 Brucea javanica, 紫茉莉 Mirabilis jalapa, 头花蓼 Polygonum capitatum, 鹊肾树 Streblus asper, 点柄乳牛肝菌 Suillus granulatus
flemichapparin 墨江千斤拔素▲ 墨江千斤拔 Flemingia chappar
flemichapparin A, C 墨江千斤拔素▲A, C 墨江千斤拔 Flemingia chappar
flemichapparin B 墨江千斤拔素▲B 锦鸡儿 Caragana sinica, 毛鱼藤 Derris elliptica, 疏花鱼藤 D. laxiflora, 墨江千斤拔 Flemingia chappar, 槐 Sophora japonica
flemichin A, B, C, E 千斤拔素 A, B, C, E 云南千斤拔 Flemingia wallichii
flemichin D 千斤拔素 D 鸡头薯 Eriosema chinense, 绵三七 E. himalaicum, 大叶千斤拔 Flemingia macrophylla, 千斤拔 F. philippinensis, 云南千斤拔 F. wallichii
flemicoumarin A 千斤拔香豆素 A 千斤拔 Flemingia philippinensis
flemicoumestan A 千斤拔香豆雌烷 A 千斤拔 Flemingia philippinensis
flemiculosin 灌木千斤拔素▲ 球穗千斤拔 Flemingia strobilifera
flemingichalcone 千斤拔查耳酮▲ 大叶千斤拔 Flemingia macrophylla
flemingichromone 千斤拔色酮▲ 大叶千斤拔 Flemingia macrophylla
flemingin X, Y, Z 千斤拔精▲X, Y, Z 球穗千斤拔 Flemingia strobilifera
fleminginin 千斤拔宁▲ 大叶千斤拔 Flemingia macrophylla
flemingoside 千斤拔苷 千斤拔 Flemingia philippinensis
flemingsin 千斤拔辛素 千斤拔 Flemingia philippinensis
flemiphilippinin A~F 蔓性千斤拔素 A~F 千斤拔 Flemingia philippinensis
flemiphilippinin G 蔓性千斤拔素 G 柘树 Cudrania tricuspidata, 千斤拔 Flemingia philippinensis
flemiphilippininside 蔓性千斤拔苷 千斤拔 Flemingia philippinensis
flemiphilippinone A 千斤拔酮▲A 千斤拔 Flemingia philippinensis
flemiphyllin 大叶千斤拔素▲ 大叶千斤拔 Flemingia macrophylla
flemiphyllin B 大叶千斤拔素▲B 台湾山豆根 Euchresta formosana
flemiwallichin A~F 云南千斤拔素▲A~F 云南千斤拔 Flemingia wallichii
flexicorine 反折萝芙木灵碱▲ 苏门答腊萝芙木 Rauvolfia sumatrana
flexuosin A 弯曲堆心菊素 A 堆心菊 Helenium autumnale
flexuosol A 葛藟葡萄酚▲A 葛藟葡萄 Vitis flexuosa
flidersiachromone; flindersiachromone 巨盘木色酮▲ 白茅 Imperata cylindrica
flindersine 巨盘木碱 大叶芸香 Haplophyllum perforatum, 两面针 Zanthoxylum nitidum, 野花椒 Z. simulans
flindulatin 斑巨盘木亭▲ 醉蝶花 Cleome hassleriana
floralginsenoside 人参花皂苷▲ A~K, Ka, Kb, Kc, La, Lb, M, N, P, Ta, Tb 人参 Panax ginseng
floralginsenoside O 人参花皂苷▲O 人参 Panax ginseng, 三七 P. notoginseng
floralginsenoside Tc 人参花皂苷▲Tc 人参 Panax ginseng, 三七 P. notoginseng
floralginsenoside Td 人参花皂苷▲Td 人参 Panax ginseng, 三七 P. notoginseng
floralquinquenoside A~E 西洋参花皂苷▲A~E 西洋参 Panax quinquefolius
floralquinquenoside E 西洋参花皂苷▲E 竹节参 Panax japonicus
floranotoginsenoside A~D 三七花皂苷▲A~D 三七 Panax notoginseng

floratheasaponin A, B, C 花茶皂苷 A, B, C 茶 Camellia sinensis
floribin 多花白蜡树素▲ 多花梣 Fraxinus floribunda
floribundiquinone A 多花勾儿茶醌 A 多花勾儿茶 Berchemia floribunda, 铁包金 B. lineata, 光枝勾儿茶 B. polyphylla var. leioclada
floribundiquinone B 多花勾儿茶醌 B 多花勾儿茶 Berchemia floribunda, 光枝勾儿茶 B. polyphylla var. leioclada
floribundiquinone C 多花勾儿茶醌 C 多花勾儿茶 Berchemia floribunda, 铁包金 B. lineata, 光枝勾儿茶 B. polyphylla var. leioclada
floribundiquinone D 多花勾儿茶醌 D 多花勾儿茶 Berchemia floribunda, 铁包金 B. lineata, 光枝勾儿茶 B. polyphylla var. leioclada
floribundiquinone E 多花勾儿茶醌 E 多花勾儿茶 Berchemia floribunda
floribundone 1 光叶决明酮▲1 光叶决明 Cassia floribunda, 槐叶决明 Senna occidentalis var. sophera
floridoside 红藻苷 珊瑚藻 Corallina officinalis, 条斑紫菜 Porphyra yezoensis
florilenalin 堆心菊内酯 堆心菊 Helenium autumnale, 水朝阳旋覆花 Inula helianthusaquatilis
florilenalin angelate 堆心菊内酯当归酸酯 石胡荽 Centipeda minima
florilenalin isobutyrate 堆心菊内酯异丁酸酯 石胡荽 Centipeda minima
florilenalin isovalerate 堆心菊内酯异戊酸酯 石胡荽 Centipeda minima
florilenalin-2*α*-*O*-tiglate 堆心菊内酯 -2*α*-*O*- 巴豆酸酯 石胡荽 Centipeda minima
floripavidine 多花罂粟碱 风龙 Sinomenium acutum
flosin A 大花紫薇素▲A 日本桤木 Alnus japonica, 大花紫薇 Lagerstroemia speciosa
flosin B 大花紫薇素▲B 大花紫薇 Lagerstroemia speciosa
flueggedine A 白饭树定碱▲A 白饭树 Flueggea virosa
flueggeine 白饭树碱 白饭树 Flueggea virosa
flueggenine A~D 白饭树宁碱▲A~D 白饭树 Flueggea virosa
flueggine A, B 白饭树精碱▲A, B 白饭树 Flueggea virosa
fluevirosine A~D 白饭树辛碱▲A~D 白饭树 Flueggea virosa
fluevirosinine A 白饭树辛宁▲A 白饭树 Flueggea virosa
fluggeaine ether 白饭树醚碱 白饭树 Flueggea virosa
fluggeainol 白饭树醇碱 白饭树 Flueggea virosa
1-fluomethyl-3-nitronaphthalene 1- 氟代甲基 -3- 硝基萘 挥发油成分，未统计基源
fluorene 芴 白刺 Nitraria tangutorum
1-fluoro-3-isothiocyanato-benzene 1- 氟 -3- 异硫氰基 - 苯 挥发油成分，未统计基源
fluoroacetic acid 氟乙酸 洋吊钟 Kalanchoe verticillata
fluorocarpamine 荧光多果树胺▲ 大叶糖胶树 Alstonia macrophylla, 长春花 Catharanthus roseus
fluorocarpamine-*N*-oxide 荧光多果树胺▲-*N*- 氧化物 长春花 Catharanthus roseus
5-fluorodeoxyuridine 5- 氟脱氧尿核苷 少根紫萍 Spirodela oligorrhiza
5-fluorouracil 5- 氟尿嘧啶 少根紫萍 Spirodela oligorrhiza
foeniculin 茴香苷 花椒 Zanthoxylum bungeanum
foeniculoside 茴香苷 I, II, III, IV, V, VI, VII, VIII, IX, X, XI 茴香 Foeniculum vulgare
foenin 胡卢巴素 胡卢巴 Trigonella foenum-graecum
foenumoside A~E 灵香草苷▲A~E 灵香草 Lysimachia foenum-graecum
foetidinol 绿升麻醇▲ 升麻 Cimicifuga foetida
foetidinol-3-*O*-*β*-D-xylopyranoside 绿升麻醇▲-3-*O*-*β*-D- 吡喃木糖苷 升麻 Cimicifuga foetida
foetidinol-3-*O*-*β*-D-xylopyranosyl-(1 → 3)-*β*-D-xylopyranoside 绿升麻醇▲-3-*O*-*β*-D- 吡喃木糖基 (1 → 3)-*β*-D- 吡喃木糖苷 升麻 Cimicifuga foetida
foetidinoside A~E 绿升麻苷▲A~E 升麻 Cimicifuga foetida
foetidissimoside A 臭瓜苷▲A 缘毛紫菀 Aster souliei, 紫菀 A. tataricus, 云南紫菀 A. yunnanensis, 新疆党参 Codonopsis clematidea, 羊乳 C. lanceolata, 东风菜 Doellingeria scabra
foetoside C 香唐松草苷 C 腺毛唐松草 Thalictrum foetidum
fokienagarofuran A~D 福建假卫矛沉香呋喃 A~D 福建假卫矛 Microtropis fokienensis
folerogenin 弗莱罗甘草苷元▲ 桑黄 Phellinus igniarius
foliachinenoside 中国五层龙叶苷▲ A_1, A_2, A_3, B_1, B_2, D~I 五层龙 Salacia prinoides
foliachinenoside C 中国五层龙叶苷▲C 红花龙胆 Gentiana rhodantha, 五层龙 Salacia prinoides
foliamenthin 睡菜辛▲ 睡菜 Menyanthes trifoliata
foliasalacin 五层龙叶素▲ A_1~A_4, B_1, B_2, B_3, C, D_1, D_2, D_3 五层龙 Salacia prinoides
foliasalacioside 五层龙叶苷▲ A_1, A_2, C, D, E_1, E_2, E_3, F~L 五层龙 Salacia prinoides
foliasalacioside B1 五层龙叶苷▲B1 杜仲 Eucommia ulmoides, 钩吻 Gelsemium elegans, 五层龙 Salacia prinoides
foliasalacioside B_2 五层龙叶苷▲B_2 酸味子 Antidesma japonicum, 五层龙 Salacia prinoides
foliatheasaponin I, II, III, IV, V 茶叶皂苷 I, II, III, IV, V 茶 Camellia sinensis
folic acid 叶酸 毛樱桃 Cerasus tomentosa, 石花菜 Gelidium amansii, 扁江蓠 Gracilaria textorii
folicanthine 美国蜡梅叶碱▲ 蜡梅 Chimonanthus praecox
folifine 密叶拟芸香芬▲ 月桂茵芋 Skimmia laureola
folimine 密叶拟芸香明▲ 大叶芸香 Haplophyllum perforatum

folinic acid 亚叶酸 石花菜 Gelidium amansii, 扁江蓠 Gracilaria textorii
foliosidine 密叶拟芸香定▲ 大叶芸香 Haplophyllum perforatum
folitenol 榕叶新劳塔豆酚▲ 多花胡枝子 Lespedeza floribunda
fomeffic acid 阿里红酸▲ 药用拟层孔菌 Fomitopsis officinalis
fomefficinic acid A~G 药用拟层孔菌酸▲A~G 药用拟层孔菌 Fomitopsis officinalis
fomefficinin 药用拟层孔菌素▲ 药用拟层孔菌 Fomitopsis officinalis
fomefficinol A, B 药用拟层孔菌醇▲A, B 药用拟层孔菌 Fomitopsis officinalis
fomentaric acid 木蹄层孔菌酸▲ 木蹄层孔菌 Fomes fomentarius
fomentarinin 木蹄素 木蹄层孔菌 Fomes fomentarius
fomentariol 木蹄层孔菌醇▲ 木蹄层孔菌 Fomes fomentarius
fomentarol A 木蹄层孔菌甾醇▲A 木蹄层孔菌 Fomes fomentarius, 猴头菌 Hericium erinaceus
fomentarol B, C, D 木蹄层孔菌甾醇▲B, C, D 木蹄层孔菌 Fomes fomentarius

F

fomitopinic acid A, B 拟层孔菌酸▲A, B 红缘拟层孔菌 Fomitopsis pinicola
fomitopsin A, C 拟层孔菌素▲A, C 药用拟层孔菌 Fomitopsis officinalis
fomitoside A~J 拟层孔菌苷▲A~J 红缘拟层孔菌 Fomitopsis pinicola
fomlactone A, B, C 拟层孔菌内酯▲A, B, C 药用拟层孔菌 Fomitopsis officinalis
fontanesioside 雪柳苷▲ 雪柳 Fontanesia phillyreoides subsp. fortunei
forbesoside 羌活苷 宽叶羌活 Notopterygium franchetii, 羌活 N. incisum
fordianaquinone A, B 大叶过路黄醌▲A, B 大叶过路黄 Lysimachia fordiana
fordianin A, B 大叶过路黄素▲A, B 大叶过路黄 Lysimachia fordiana
fordianol 大叶过路黄酚▲ 大叶过路黄 Lysimachia fordiana
fordianoside 通城虎碱苷▲ 通城虎 Aristolochia fordiana
fordimine 福氏马尾杉明碱▲ 福氏马尾杉 Phlegmariurus fordii
fordioside 南方荚蒾苷▲ 南方荚蒾 Viburnum fordiae
foresaconitine 丽江乌头碱 乌头 Aconitum carmichaelii, 紫乌头 A. episcopale, 丽江乌头 A. forrestii, 伏毛直序乌头 A. richardsonianum var. pseudosessiliflorum, 直缘乌头 A. transsectum
foresticine 丽乌辛▲ 丽江乌头 Aconitum forrestii, 北乌头 A. kusnezoffii, 船盔乌头 A. naviculare
forestine 丽乌亭▲ 粗茎乌头 Aconitum crassicaule, 丽江乌头 A. forrestii, 贡嘎乌头 A. liljestrandii, 直缘乌头 A. transsectum
foritin 牛筋果利亭 牛筋果 Harrisonia perforata
forkienin 福建假卫矛素▲ 福建假卫矛 Microtropis fokienensis
formic acid 甲酸 烟草 Nicotiana tabacum
formic acid ethenyl ester 甲酸乙烯酯 挥发油成分，未统计基源
15β-formic ether-6-oxo-furanoeremophilane 15β- 甲醛醚 -6- 氧代 - 呋喃荒漠木烷 大叶橐吾 Ligularia macrophylla
formidiol 蚁大青二酚▲ 海州常山 Clerodendrum trichotomum
1-[5-(2-formlfuryl)methyl]dihydrogen-2-hydroxypropane-1,2,3-tricarboxylate-2,3-diethyl ester 1-[5-(2- 甲酰呋喃基) 甲基] 二氢 -2- 羟基丙烷 -1,2,3- 三羧酸酯 -2,3- 二乙酯 桑 Morus alba
formononetin 芒柄花素 较常见成分，至少分布于 30 种以上植物中，常见于豆科植物，偶见于冬青科、黑三棱科、鹿蹄草科、萝藦科、毛茛科、木犀科、茄科、瑞香科、五味子科、旋花科、远志科等
formononetin sodium 芒柄花素钠 密花豆 Spatholobus suberectus
formononetin-7-(2''-*p*-hydroxybenzoyl)-*O*-β-D-glucopyranoside 芒柄花素 -7-(2''- 对羟基苯甲酰基)-*O*-β-D- 吡喃葡萄糖苷 白车轴草 Trifolium repens
formononetin-7-*O*-(6''-malonyl-glucopyranoside) 芒柄花素 -7-*O*-(6''- 丙二酰吡喃葡萄糖苷) 刺果甘草 Glycyrrhiza pallidiflora
formononetin-7-*O*-glucopyranoside 芒柄花素 -7-*O*- 吡喃葡萄糖苷 红车轴草 Trifolium pratense
formononetin-7-*O*-glucopyranoside-6''-*O*-malonate 芒柄花素 -7-*O*- 吡喃葡萄糖苷 -6''-*O*- 丙二酸酯 红车轴草 Trifolium pratense, 白车轴草 T. repens
formononetin-7-*O*-rutinoside 芒柄花素 -7-*O*- 芸香糖苷 树锦鸡儿 Caragana arborescens
formononetin-7-*O*-β-D-(2'',6''-*O*-diacetyl)glucopyranoside 芒柄花素 -7-*O*-β-D-(2'',6''-*O*- 二乙酰基)- 吡喃葡萄糖苷 大豆 Glycine max
formononetin-7-*O*-β-D-apiofuranosyl-(1 → 6)-β-D-glucopyranoside 芒柄花素 -7-*O*-β-D- 呋喃芹糖基 -(1 → 6)-β-D- 吡喃葡萄糖苷 糖胶树 Alstonia scholaris, 丰城崖豆藤 Callerya nitida var. hirsutissima, 山小橘 Glycosmis pentaphylla
formononetin-7-*O*-β-D-galactopyranoside 芒柄花素 -7-*O*-β-D- 吡喃半乳糖苷 红车轴草 Trifolium pratense
formononetin-7-*O*-β-D-glucopyranoside 芒柄花素 -7-*O*-β-D- 吡喃葡萄糖苷 黄耆 Astragalus penduliflorus subsp. mongholicus var. dahuricus
formononetin-7-*O*-β-D-glucopyranoside-6''-*O*-acetate 芒柄花素 -7-*O*-β-D- 吡喃葡萄糖苷 -6''-*O*- 乙酸酯 红车轴草 Trifolium pratense
formononetin-7-*O*-β-D-glucopyranoside-6''-*O*-malonate 芒柄花素 -7-*O*-β-D- 吡喃葡萄糖苷 -6''-*O*- 丙二酸酯 红车轴草 Trifolium pratense
formononetin-7-*O*-β-D-glucoside 芒柄花素 -7-*O*-β-D- 葡萄糖苷 甘草 Glycyrrhiza uralensis, 马棘 Indigofera pseudotinctoria
formononetin-7-*O*-β-D-glucuronide 芒柄花素 -7-*O*-β-D- 葡萄糖醛酸苷 并头黄芩 Scutellaria scordifolia
formononetin-7-*O*-β-glucopyranosylglucopyranoside 芒柄花素 -7-*O*-β- 吡喃葡萄糖基吡喃葡萄糖苷 翅荚香槐 Cladrastis platycarpa
formononetin-8-C-[β-D-apiofuranosyl-(1 → 6)]-β-D-glucopyranoside 芒柄花素 -8-*C*-[β-D- 呋喃芹糖基 -(1 → 6)]-β-D- 吡喃葡萄糖苷 葛 Pueraria montana var. lobata
formononetin-8-C-[β-D-xylopyranosyl-(1 → 6)]-β-D-glucopyranoside 芒柄花素 -8-*C*-[β-D- 吡喃木糖基 -(1 → 6)]-β-D- 吡喃葡萄糖苷

葛 Pueraria montana var. lobata
formosanatin A~D 台湾山豆根亭▲A~D 台湾山豆根 Euchresta formosana
formosanin 刺柏素▲ 刺柏 Juniperus formosana
formosaninol 刺柏素酚▲ 日本柳杉 Cryptomeria japonica, 刺柏 Juniperus formosana
formosanol 刺柏酚 台湾杉木 Cunninghamia lanceolata var. konishii, 刺柏 Juniperus formosana
formosumone A 红芽木黄酮▲A 红芽木 Cratoxylum formosum subsp. pruniflorum
formoxanthone A 越南黄牛木𠮿酮▲A 红芽木 Cratoxylum formosum subsp. pruniflorum, 金丝李 Garcinia paucinervis
formoxanthone B, C 越南黄牛木𠮿酮▲B, C 红芽木 Cratoxylum formosum subsp. pruniflorum
4-formyl lupenone 4- 甲酰羽扇豆酮 圆盖阴石蕨 Humata tyermanii
2-formyl-1,1,5-trimethylcyclohexa-2,4-dien-6-ol 2- 甲酰基 -1,1,5- 三甲基环六烷 -2,4- 二烯 -6- 醇 挥发油成分，未统计基源
2-formyl-1,3,8-trihydroxyanthraquinone 2- 甲酰基 -1,3,8- 三羟基蒽醌 翅荚决明 Senna alata
(1α,4α,4β,10β)-10-formyl-1,4α-dimethyl-8-methylene-gibbane-1-carboxylic acid (1α,4α,4β,10β)-10- 甲酰基 -1,4α- 二甲基 -8- 亚甲基赤霉素 -1- 酸 牵牛 Ipomoea nil
3-formyl-1,6-dimethoxycarbazole 3- 甲酰基 -1,6- 二甲氧基咔唑 黄皮 Clausena lansium
3-formyl-1,8-dimethoxycarbazole 3- 甲酰基 -1,8- 二甲氧基咔唑 调料九里香 Murraya koenigii
3β-formyl-13α-methyl-27-norolean-14-en-28-oic acid methyl ester 3β- 甲酰基 -13α- 甲基 -27- 降齐墩果 -14- 烯 -28- 甲酯 长穗柽柳 Tamarix elongata, 短穗柽柳 T. laxa
2-formyl-1H-pyrrole-1-butanoic acid 2- 甲酰基 -1H- 吡咯 -1- 丁酸 桑 Morus alba
3-formyl-1-hydroxy-8-methoxyanthraquinone 3- 甲酰基 -1- 羟基 -8- 甲氧基蒽醌 腊肠树 Cassia fistula
2-formyl-1-hydroxyanthraquinone 2- 甲酰 -1- 羟基蒽醌 海滨木巴戟 Morinda citrifolia
5-formyl-2,3-dihydroisocoumarin 5- 醛基 -2,3- 二氢异香豆素 大钟花 Megacodon stylophorus
5'-formyl-2',4-dihydroxy-4'-methoxychalcone 5'- 甲酰基 -2',4- 二羟基 -4'- 甲氧基查耳酮 补骨脂 Cullen corylifolia
6-formyl-2,5,7,-trihydroxy-8-methylflavanone 6- 甲酰基 -2,5,7- 三羟基 -8- 甲基黄烷酮 假鹰爪 Desmos chinensis
3-formyl-2,7-dimethoxycarbazole 3- 甲酰基 -2,7- 二甲氧基咔唑 假黄皮 Clausena excavata
α,α'-(bis-5-formyl-2-furanyl)dimethylether α,α'-(双 -5- 甲酰基 -2- 呋喃基) 二甲基醚 肖菝葜 Heterosmilax japonica
1-formyl-2-hydroxy-5-methoxy-6-methylindoline 1- 甲酰基 -2- 羟基 -5- 甲氧基 -6- 甲基二氢吲哚 石生黄堇 Corydalis saxicola
3-formyl-2-methoxy-9H-carbazole 3- 甲酰基 -2- 甲氧基 -9H- 咔唑 黄皮 Clausena lansium
8-(2-formyl-2-methylpropyl)-7-methoxycoumarin 8-(2- 甲酰基 -2- 甲基丙基)-7- 甲氧基香豆素 千里香 Murraya paniculata
8-formyl-3',4',5'-trihydroxy-6,7-dimethoxyflavonoid 8- 甲酰基 -3',4',5'- 三羟基 -6,7- 二甲氧基黄酮 油茶 Camellia oleifera
2-formyl-3-hydroxyphenylpropanol 2- 甲酰基 -3- 羟基苯基丙醇 山核桃 Carya cathayensis
1-formyl-3-methoxy-6-methylcarbazole 1- 甲酰基 -3- 甲氧基 -6- 甲基咔唑 调料九里香 Murraya koenigii
9-formyl-3-methylcarbazole 9- 甲酰基 -3- 甲基咔唑 调料九里香 Murraya koenigii
2-formyl-3β,19-dihydroxy-ursolic acid 2- 甲酰基 -3β,19- 二羟基熊果酸 白叶莓 Rubus innominatus
2-formyl-4,5-dimethoxyanthraquinone 2- 甲酰基 -4,5- 二甲氧基蒽醌 腊肠树 Cassia fistula
3-formyl-4,5-dimethyl-8-oxo-5H-6,7-dihydronaphtho[2,3-b]furan 3- 甲酰基 -4,5- 二甲基 -8- 酮 -5H-6,7- 二氢萘 [2,3- 呋喃 黄荆 Vitex negundo
1-formyl-4-methoxy-β-carboline 1- 甲酰基 -4- 甲氧基 -β- 咔啉 苦树 Picrasma quassioides
2-formyl-5-(3',4'-dimethoxybenzoyloxy)-3-methyl-2-cyclopentene-1-acetaldehyde 2- 甲酰基 -5-(3',4'- 二甲氧基苯甲酰氧基)-3- 甲基 -2- 环戊烯 -1- 乙醛 掌叶木 Tabebuia rosea
2-formyl-5-(4'-methoxybenzoyloxy)-3-methyl-2-cyclopentene-1-acetaldehyde 2- 甲酰基 -5-(4'- 甲氧基苯甲酰氧基)-3- 甲基 -2- 环戊烯 -1- 乙醛 掌叶木 Tabebuia rosea
4-[formyl-5-(hydroxymethyl)-1H-pyrrol-1-yl]butanoic acid 4-[甲酰基 -5-(羟基甲基)-1H- 吡咯 -1- 基] 丁酸 通城虎 Aristolochia fordiana, 黄连 Coptis chinensis, 宁夏枸杞 Lycium barbarum
4-[formyl-5-(hydroxymethyl)-1H-pyrrol-1-yl]butanoic acid methyl ester 4-(甲酰基 -5-(羟基甲基)-1H- 吡咯 -1- 基) 丁酸甲酯 桑 Morus alba
2-formyl-5-(hydroxymethyl)-1H-pyrrole-1-butanoic acid 2- 甲酰基 -5- 羟基甲基 -1H- 吡咯 -1- 丁酸 桑 Morus alba
2-[2-formyl-5-(hydroxymethyl)-1-pyrrolyl]-3-methylpentanoic acid lactone 2-(2- 甲酰基 -5- 羟基甲基 -1- 吡咯基)-3- 甲基戊酸内酯 桑 Morus alba
4-[formyl-5-(methoxymethyl)-1H-pyrrol-1-yl]butanoic acid 4-[甲酰基 -5-(甲氧基甲基)-1H- 吡咯 -1- 基] 丁酸 宁夏枸杞 Lycium barbarum, 枸杞 L. chinense, 桑 Morus alba
4-[formyl-5-(methoxymethyl)-1H-pyrrol-1-yl]butanoic acid methyl ester 4-[甲酰基 -5-(甲氧基甲基)-1H- 吡咯 -1- 基] 丁酸甲酯 枸杞 Lycium chinense, 桑 Morus alba
2-formyl-5-(methoxymethyl)-1H-pyrrole-1-butanoic acid 2- 甲酰基 -5- 甲氧基甲基 -1H- 吡咯 -1- 丁酸 桑 Morus alba
2-formyl-5-(methoxymethyl)-1H-pyrrole-1-butanoic acid methyl ester 2- 甲酰基 -5-(甲氧基甲基)-1H- 吡咯 -1- 丁酸甲酯 茭白黑粉菌 Ustilago esculenta
(2S)-8-formyl-5-hydroxy-7-methoxy-6-methylflavanone (2S)-8- 甲酰基 -5- 羟基 -7- 甲氧基 -6- 甲基黄烷酮 水翁 Cleistocalyx operculatus
4-(formyl-5-hydroxymethyl-1H-pyrrol-1-yl)butanoic acid 4-[甲酰基 -5- 羟基甲基 -1H- 吡咯基] 丁酸 枸杞 Lycium chinense
4-(formyl-5-hydroxymethyl-1H-pyrrol-1-yl)butanoic acid methyl ester 4-[甲酰基 -5- 羟基甲基 -1H- 吡咯基] 丁酸甲酯 枸杞 Lycium chinense
2-formyl-5-hydroxymethylfuran 2- 甲酰基 -5- 羟基甲基呋喃 耳草 Hedyotis auricularia, 白花蛇舌草 H. diffusa, 毛萼香茶菜 Isodon eriocalyx

4-(2-formyl-5-hydroxymethylpyrrol-1-yl)butyric acid 4-(2- 甲酰基 -5- 羟基甲基吡咯 -1- 基) 丁酸 葱 Allium fistulosum
1-formyl-5-methoxy-6-methyl-indoline 1- 甲酰基 -5- 甲氧基 -6- 甲基 - 二氢吲哚 石生黄堇 Corydalis saxicola
2-formyl-5-methoxyfuran 2- 甲酰基 -5- 甲氧基呋喃 番红花 Crocus sativus
2-(2-formyl-5-methoxymethylpyrrol-1-yl)-3-phenylpropionic acid methyl ester 2-(2- 甲酰基 -5- 甲氧基甲基吡咯 -1- 基)-3- 苯基丙酸甲酯 假贝母 Bolbostemma paniculatum
4-(2-formyl-5-methoxymethyl-pyrrol-1-yl)butyric acid methyl ester 4-(2- 甲酰基 -5- 甲氧基甲基吡咯 -1- 基) 丁酸甲酯 假贝母 Bolbostemma paniculatum
2-formyl-5-pentylthiophene 2- 甲酰基 -5- 戊烷基噻吩 挥发油成分，未统计基源
(*E*)-16-formyl-5*α*-methoxystrictamine (*E*)-16- 甲酰基 -5*α*- 甲氧基直立拉齐木胺▲ 糖胶树 Alstonia scholaris
(*Z*)-16-formyl-5*α*-methoxystrictamine (*Z*)-16- 甲酰基 -5*α*- 甲氧基直立拉齐木胺▲ 糖胶树 Alstonia scholaris
5-formyl-6,7-dimethoxycoumarin 5- 甲酰基 -6,7- 二甲氧基香豆素 大管 Micromelum falcatum
3-formyl-6-hydroxy-2,4,4-trimethyl-2,5-cyclohexadien-1-one 3- 甲酰基 -6- 羟基 -2,4,4- 三甲基 -2,5- 环己二烯 -1- 酮 番红花 Crocus sativus
3-formyl-6-methoxycarbazole 3- 甲酰基 -6- 甲氧基咔唑 黄皮 Clausena lansium
3-formyl-6-methoxy-*β*-carboline 3- 甲酰基 -6- 甲氧基 -*β*- 咔啉 苦树 Picrasma quassioides
(22*R*)-5*β*-formyl-6*β*,27-dihydroxy-1-oxo-4-norwith-24-enolide (22*R*)-5*β*- 甲酰基 -6*β*,27- 二羟基 -1- 氧代 -4- 降睡茄 -24- 烯内酯 睡茄 Withania somnifera
3-formyl-7-dimethoxycarbazole 3- 甲酰基 -7- 二甲氧基咔唑 假黄皮 Clausena excavata
8-formyl-7-hydroxy-5-isopropyl-2-methoxy-3-methyl-1,4-naphthaquinone 8- 甲酰基 -7- 羟基 -5- 异丙基 -2- 甲氧基 -3- 甲基 -1,4- 蒽醌 木棉 Bombax ceiba
8-formyl-7-hydroxy-5-isopropyl-2-methoxy-3-methyl-1,4-naphthoquinone 8- 甲酰基 -7- 羟基 -5- 异丙基 -2- 甲氧基 -3- 甲基 -1,4- 萘醌 木棉 Bombax ceiba
3-formyl-7-hydroxy-9*H*-carbazole 3- 甲酰基 -7- 羟基 -9*H*- 咔唑 豆叶九里香 Murraya euchrestifolia
6-formyl-7-methoxycoumarin 6- 甲酰基 -7- 甲氧基香豆素 大管 Micromelum falcatum
(2*S*)-6-formyl-8-methyl-7-*O*-methylpinocembrin (2*S*)-6- 甲酰基 -8- 甲基 -7-*O*- 甲基瑞士五针松素▲ 水翁 Cleistocalyx operculatus
3-formyl-9*H*-carbazole 3- 甲酰基 -9*H*- 咔唑 黄皮 Clausena lansium
2-formylanthracene 2- 甲酰基蒽 腊肠树 Cassia fistula
2-formylanthraquinone 2- 甲酰蒽醌 海滨木巴戟 Morinda citrifolia
3-formylcarbazole 3- 甲酰咔唑 假黄皮 Clausena excavata, 黄皮 C. lansium, 山小橘 Glycosmis pentaphylla, 豆叶九里香 Murraya euchrestifolia, 调料九里香 M. koenigii
p-formylcinnamic acid 对甲酰桂皮酸 蓝侧金盏花 Adonis coerulea, 斑唇马先蒿 Pedicularis longiflora var. tubiformis
formyldihydorutaecarpine 甲酰二氢吴茱萸次碱 吴茱萸 Euodia ruticarpa
19-formyl-*ent*-kauran-17-oic acid 19- 甲酰基 - 对映 - 贝壳杉 -17- 酸 番荔枝 Annona squamosa
5-formyl-furan-2-carboxylic acid 5- 甲酰呋喃 -2- 羧酸 秦艽 Gentiana macrophylla
(5-formylfuran-2-yl)-methyl-4-hydroxy-2-methylenebutanoate (5- 甲酰呋喃 -2- 基)- 甲基 -4- 羟基 -2- 亚甲基丁酸酯 密花远志 Polygala tricornis
3'-formylgenistein 3'- 甲酰染料木素 毛萙子梢 Campylotropis hirtella
5'-formylglabridin 5'- 甲酰光果甘草定 洋甘草 Glycyrrhiza glabra
3*β*-formylglabrolide 3*β*- 甲酰光果甘草内酯 甘草 Glycyrrhiza uralensis
2-formylhexadecane 2- 甲酰十六烷 挥发油成分，未统计基源
3-formylindole 3- 甲酰吲哚 韭菜 Allium tuberosum, 乌蔹莓 Cayratia japonica, 白花地胆草 Elephantopus tomentosus, 湖北旋覆花 Inula hupehensis, 菘蓝 Isatis tinctoria, 九里香 Murraya exotica, 蒲公英 Taraxacum mongolicum
2-formylknoxiavaledin 2- 甲酰红大戟定▲ 红大戟 Knoxia roxburghii
16-formyllabda-8(17),12-dien-15,11-olide 16- 甲酰半日花 -8(17),12- 二烯 -15,11- 内酯 姜花 Hedychium coronarium
6-formyllimettin 6- 甲酰柠檬油素 飞龙掌血 Toddalia asiatica
8-formyllimettin 8- 甲酰柠檬油素 飞龙掌血 Toddalia asiatica
28-formyloxy-3-acetoxy-urs-12-ene 28- 甲酰氧基 -3- 乙酰氧基 - 熊果 -12- 烯 枸骨 Ilex cornuta
28-formyloxy-3-hydroxy-urs-12-ene 28- 甲酰氧基 -3- 羟基 - 熊果 -12- 烯 枸骨 Ilex cornuta
2*β*-formyloxyclerod-3-en-15-oic acid 2*β*- 甲酰氧基 - 克罗 -3- 烯 -15- 酸 齿叶黄皮 Clausena dunniana
3-(4'-formylphenoxy)-4-methoxybenzaldehyde 3-(4'- 甲酰酚氧基)-4- 甲氧基苯甲醛 齿叶橐吾 Ligularia dentata
(1*R*)-(3-formylphenyl)-1,2-ethanediol (1*R*)-(3- 甲酰苯基)-1,2- 乙二醇 木蹄层孔菌 Fomes fomentarius
4-formylphenyl-*O*-*β*-D-glucopyranoside 4- 甲醛苯基 -*O*-*β*-D- 吡喃葡萄糖苷 深绿山龙眼 Helicia nilagirica
formyltanshinone 甲酰丹参酮 丹参 Salvia miltiorrhiza
α-formyl-terthienyl *α*- 醛基三聚噻吩 鳢肠 Eclipta prostrata
6-formylumbelliferone 6- 甲酰伞形酮 木橘 Aegle marmelos, 葡萄柚 Citrus paradisi
3*β*-formylursolic acid 3*β*- 甲酰熊果酸 薰衣草 Lavandula angustifolia
5-formylxanthotoxol 5- 甲酰花椒毒素 蛇床 Cnidium monnieri
1-formyl-*β*-carboline 1- 甲酰基 -*β*- 咔啉 苦树 Picrasma quassioides
3-formyl-*β*-carboline 3- 甲酰基 -*β*- 咔啉 苦树 Picrasma quassioides
forrestin A 圆瓣姜花素 A 圆瓣姜花 Hedychium forrestii, 滇姜花 H. yunnanense

forrestin C 紫萼香茶菜亭▲C 腺花香茶菜 Isodon adenanthus
forrestine 昆明山海棠亭碱▲ 昆明山海棠 Tripterygium hypoglaucum
forskoditerpenoside A~E 毛喉鞘蕊花二萜苷▲A~E 毛喉鞘蕊花 Coleus forskohlii
forskolin 毛喉鞘蕊花素▲ 毛喉鞘蕊花 Coleus forskohlii
forskolin A~L 毛喉鞘蕊花素▲A~L 毛喉鞘蕊花 Coleus forskohlii
forsythenside A, B, F~L 连翘烯苷 A, B, F~L 连翘 Forsythia suspensa
forsythialanside A~D 连翘兰苷▲A~D 连翘 Forsythia suspensa
forsythiayanoside A, B 连翘扬苷▲A, B 连翘 Forsythia suspensa
forsythigenin 连翘苷元 猫爪草 Ranunculus ternatus
forsythin 连翘素 流苏树 Chionanthus retusus
forsythol 连翘酚 连翘 Forsythia suspensa
forsythoside A; forsythiaside 连翘酯苷 A 毛地黄 Digitalis purpurea, 连翘 Forsythia suspensa, 金钟花 F. viridissima, 地黄 Rehmannia glutinosa, 欧丁香 Syringa vulgaris
forsythoside B 连翘酯苷 B 花叶假杜鹃 Barleria lupulina, 药水苏 Betonica officinalis, 大叶醉鱼草 Buddleja davidii, 密蒙花 B. officinalis, 白棠子树 Callicarpa dichotoma, 藤紫珠 C. integerrima var. chinensis, 日本紫珠 C. japonica, 枇杷叶紫珠 C. kochiana, 广东紫珠 C. kwangtungensis, 尖尾枫 C. longissima, 大叶紫珠 C. macrophylla, 裸花紫珠 C. nudiflora, 迎春花 Jasminum nudiflorum, 独一味 Lamiophlomis rotata, 欧夏至草 Marrubium vulgare, 甘肃马先蒿 Pedicularis kansuensis, 块根糙苏 Phlomis tuberosa, 糙苏 P. umbrosa, 松蒿 Phtheirospermum japonicum, 对叶车前 Plantago arenaria, 块茎芦莉草 Ruellia tuberosa, 毛地黄鼠尾草 Salvia digitaloides, 四齿四棱草 Schnabelia tetrodonta, 巧玲花 Syringa pubescens, 暴马丁香 S. reticulata subsp. amurensis
forsythoside C, D, H, I, J 连翘酯苷 C, D, H, I, J 连翘 Forsythia suspensa
forsythoside E 连翘酯苷 E 梧桐 Firmiana simplex, 连翘 Forsythia suspensa
forsythoside F 连翘酯苷 F 连翘 Forsythia suspensa, 金钟花 F. viridissima
forsythoside G 连翘酯苷 G 连翘 Forsythia suspensa, 金钟花 F. viridissima
fortunate A 柳杉酯▲A 柳杉 Cryptomeria japonica var. sinensis
fortuneanoside A~E, G~L 牛鼻栓苷 A~E, G~L 火棘 Pyracantha fortuneana
fortunearoside 牛鼻栓苷 牛鼻栓 Fortunearia sinensis
fortuneine 三尖杉烯碱▲ 三尖杉 Cephalotaxus fortunei
fortuneine A, B, C 扶芳藤碱 A, B, C 扶芳藤 Euonymus fortunei
fortunellin 金橘苷▲ 金柑 Fortunella japonica, 金橘 F. margarita
fortunin A~U 柳杉宁▲A~U 柳杉 Cryptomeria japonica var. sinensis
fortunine 三尖杉宁碱▲ 三尖杉 Cephalotaxus fortunei, 高山三尖杉 C. fortunei var. alpina, 贡山三尖杉 C. lanceolata
fortunolide A 三尖杉内酯▲A 三尖杉 Cephalotaxus fortunei, 高山三尖杉 C. fortunei var. alpina
fortunolide B 三尖杉内酯▲B 三尖杉 Cephalotaxus fortunei, 高山三尖杉 C. fortunei var. alpina
frachinoside 白蜡树诺苷▲ 白蜡树 Fraxinus chinensis
fragilin 爆竹柳素▲ 爆竹柳 Salix fragilis, 五蕊柳 S. pentandra
fragransin A_1, A_2, B_2, B_3, C_1, C_2, C_3a, C_3b, D_1, D_2, D_3, E_1 肉豆蔻素 A_1, A_2, B_2, B_3, C_1, C_2, C_3a, C_3b, D_1, D_2, D_3, E_1 肉豆蔻 Myristica fragrans
fragransin B1 肉豆蔻素 B1 南五味子 Kadsura longipedunculata, 肉豆蔻 Myristica fragrans
fragransol A~D 肉豆蔻酚 A~D 肉豆蔻 Myristica fragrans
francheline 大渡乌头灵▲ 宣威乌头 Aconitum nagarum var. lasiandrum
franchetianone A, B 隐舌橐吾酮 A, B 隐舌橐吾 Ligularia franchetiana
franchetine 大渡乌头碱 大渡乌头 Aconitum franchetii, 工布乌头 A. kongboense, 展毛黄草乌 A. vilmorinianum var. patentipilum
franganine 欧鼠李碱 马松子 Melochia corchorifolia
frangufoline 欧鼠李叶碱 马松子 Melochia corchorifolia, 滇刺枣 Ziziphus mauritiana
frangulaemodin 欧鼠素大黄素▲ 赶山鞭 Hypericum attenuatum
frangulanine 欧鼠李宁碱▲ 北枳椇 Hovenia dulcis, 无刺枣 Ziziphus jujuba var. inermis, 酸枣 Z. jujuba var. spinosa
frangulin 欧鼠李苷 赶山鞭 Hypericum attenuatum, 延伸金丝桃 H. elongatum, 突脉金丝桃 H. przewalskii, 长叶冻绿 Rhamnus crenata
frangulin A, B 欧鼠李苷 A, B 欧鼠李 Rhamnus frangula
frangulin A peracetate 欧鼠李苷 A 过乙酸酯 尼泊尔鼠李 Rhamnus napalensis
fraxetin 白蜡树亭 毛果槭 Acer nikoense, 中华猕猴桃 Actinidia chinensis, 链珠藤 Alyxia sinensis, 沙戟 Chrozophora sabulosa, 树番茄 Cyphomandra betacea, 洋金花 Datura metel, 车桑子 Dodonaea viscosa, 准噶尔大戟 Euphorbia soongarica, 小叶梣 Fraxinus bungeana, 白蜡树 F. chinensis, 花曲柳 F. chinensis subsp. rhynchophylla, 多花梣 F. floribunda, 水曲柳 F. mandshurica, 秦岭梣 F. paxiana, 宿柱梣 F. stylosa, 佛肚树 Jatropha podagrica, 胡桃楸 Juglans mandshurica, 散沫花 Lawsonia inermis, 杜香 Ledum palustre, 小蜡 Ligustrum sinense, 头花杜鹃 Rhododendron capitatum, 千里香杜鹃花 R. thymifolium, 云南清风藤 Sabia yunnanensis, 草珊瑚 Sarcandra glabra, 刺天茄 Solanum violaceum, 乌桕 Triadica sebifera, 雷公藤 Tripterygium wilfordii, 地桃花 Urena lobata, 文冠果 Xanthoceras sorbifolium
fraxetin dimethyl ether 白蜡树亭二甲醚 乌桕 Triadica sebifera
fraxetin-8-*O*-(6'-*O*-galloyl)-*β*-D-galactopyranoside 白蜡树亭 -8-*O*-(6'-*O*- 没食子酰基)-*β*-D- 吡喃半乳糖苷 准噶尔大戟 Euphorbia soongarica
fraxetol 白蜡树醇▲ 文冠果 Xanthoceras sorbifolium
fraxidin 白蜡树定 长柄异木患 Allophylus longipes, 大火草 Anemone tomentosa, 菴蒿 Artemisia keiskeana, 榴莲 Durio zibethinus, 云南土沉香 Excoecaria acerifolia, 白蜡树 Fraxinus chinensis, 花曲柳 F. chinensis subsp. rhynchophylla, 佛肚树 Jatropha podagrica, 枸杞 Lycium

chinese, 防风 Saposhnikovia divaricata, 草珊瑚 Sarcandra glabra, 毛果一枝黄花 Solidago virgaurea
fraxidin-8-*O*-*β*-D-glucopyranoside 白蜡树定 -8-*O*-*β*-D- 吡喃葡萄糖苷 全缘金粟兰 Chloranthus holostegius, 云南土沉香 Excoecaria acerifolia
fraxiformoside 台湾白蜡树苷 白枪杆 Fraxinus malacophylla
fraximalacoside 白枪杆苷▲ 白枪杆 Fraxinus malacophylla
fraxin 白蜡树苷 毛果槭 Acer nikoense, 中华猕猴桃 Actinidia chinensis, 美味猕猴桃 A. chinensis var. deliciosa, 沙戟 Chrozophora sabulosa, 楝叶吴萸 Euodia glabrifolia, 准噶尔大戟 Euphorbia soongarica, 云南土沉香 Excoecaria acerifolia, 小叶梣 Fraxinus bungeana, 白蜡树 F. chinensis, 花曲柳 F. chinensis subsp. rhynchophylla, 多花梣 F. floribunda, 水曲柳 F. mandshurica, 秦岭梣 F. paxiana, 宿柱梣 F. stylosa, 杜香 Ledum palustre, 小蜡 Ligustrum sinense, 羌活 Notopterygium incisum, 烈香杜鹃花 Rhododendron anthopogonoides, 迎红杜鹃花 R. mucronulatum, 草珊瑚 Sarcandra glabra, 辽椴 Tilia mandshurica, 大果榆 Ulmus macrocarpa, 越桔 Vaccinium vitis-idaea, 文冠果 Xanthoceras sorbifolium
fraxinellone 白鲜酮▲ 狭叶白鲜 Dictamnus angustifolius, 白鲜 D. dasycarpus, 铜钱叶白珠 Gaultheria nummularioides, 楝 Melia azedarach
fraxinellonone 白鲜双酮▲ 狭叶白鲜 Dictamnus angustifolius, 白鲜 D. dasycarpus, 铜钱叶白珠 Gaultheria nummularioides, 楝 Melia azedarach
fraxinol 白蜡树酚▲ 水曲柳 Fraxinus mandshurica, 胡桃楸 Juglans mandshurica
(+)-fraxiresinol (+)- 梣树脂酚▲ 尖山橙 Melodinus fusiformis, 三叶鼠尾草 Salvia trijuga
(+)-fraxiresinol-1-*O*-*β*-D-glucopyranoside (+)- 水曲柳脂酚 -1-*O*-*β*-D- 吡喃葡萄糖苷 秤星树 Ilex asprella, 毛冬青 I. pubescens
fraxisecoside 白蜡树裂苷▲ 花曲柳 Fraxinus chinensis subsp. rhynchophylla
fraxuhdoside 墨西哥白蜡树苷▲ 花曲柳 Fraxinus chinensis subsp. rhynchophylla
friedel-3-ene 无羁萜 -3- 烯 紫菀 Aster tataricus, 血桐 Macaranga tanarius var. tomentosa, 友水龙骨 Polypodiodes amoena, 台湾水龙骨 P. formosana, 日本水龙骨 P. niponica
friedel-4(23)-ene 无羁萜 -4(23)- 烯 友水龙骨 Polypodiodes amoena
friedelalactone 无羁萜内酯 冬青卫矛 Euonymus japonicus
friedelan-3-one 无羁萜 -3- 酮 红厚壳 Calophyllum inophyllum, 南蛇藤 Celastrus orbiculatus, 树参 Dendropanax dentiger, 楝叶吴萸 Euodia glabrifolia, 飞扬草 Euphorbia hirta, 木竹子 Garcinia multiflora, 菊三七 Gynura japonica
friedelan-3*α*-ol 无羁萜 -3*α*- 醇 金刚纂 Euphorbia neriifolia, 翅子树 Pterospermum acerifolium
friedelan-3*β*-ol; friedelin-3*β*-ol 无羁萜 -3*β*- 醇 银柴 Aporosa dioica, 倒心盾翅藤 Aspidopterys obcordata, 黑面神 Breynia fruticosa, 土蜜树 Bridelia tomentosa, 香花崖豆藤 Callerya dielsiana, 亮叶崖豆藤 C. nitida, 丰城崖豆藤 C. nitida var. hirsutissima, 红厚壳 Calophyllum inophyllum, 西南卫矛 Euonymus hamiltonianus, 金刚纂 Euphorbia neriifolia, 木竹子 Garcinia multiflora, 算盘子 Glochidion puberum, 白背算盘子 G. wrightii, 菊三七 Gynura japonica, 血桐 Macaranga tanarius var. tomentosa, 杧果 Mangifera indica, 林生杧果 M. sylvatica, 厚果崖豆藤 Millettia pachycarpa, 小果叶下珠 Phyllanthus reticulatus, 密花豆 Spatholobus suberectus
friedelan-3*β*-ol-27-oic acid 无羁萜 -3*β*- 醇 -27- 羧酸 白花鬼针草 Bidens pilosa var. radiata
friedelan-4*α*-methyl-3*β*-ol 无羁萜 -4*α*- 甲基 -3*β*- 醇 马齿苋 Portulaca oleracea
friedelan-7-one 无羁萜 -7- 酮 耳叶紫菀 Aster auriculatus
friedelane 无羁萜烷 土沉香 Aquilaria sinensis, 糯米团 Gonostegia hirta
friedelane-2*α*,3*β*-diol 无羁萜 -2*α*,3*β*- 二醇 雀儿舌头 Leptopus chinensis
friedelane-3,12-diol 无羁萜 -3,21- 二醇 多毛板凳果 Pachysandra axillaris var. stylosa
friedelane-3,15-dione 无羁萜 -3,15- 二酮 飞扬草 Euphorbia hirta
friedelane-3-one-29-ol 无羁萜 -3- 酮 -29- 醇 粉背南蛇藤 Celastrus hypoleucus, 独子藤 C. monospermus, 银叶树 Heritiera littoralis, 五层龙 Salacia prinoides
friedelane-3-one-30-ol 无羁萜 -3- 酮 -30- 醇 独子藤 Celastrus monospermus
3*α*-friedelanol 3*α*- 无羁萜醇 紫麻 Oreocnide frutescens
3-friedelanol 3- 无羁萜醇 五蕊寄生 Dendrophthoe pentandra
1-friedelen-3-one 1- 无羁萜烯 -3- 酮 翅子树 Pterospermum acerifolium
friedelin 无羁萜 常见成分，至少分布于 100 种以上植物中
friedelin-3,4-lacton 无羁萜 -3,4- 内酯 滇南红厚壳 Calophyllum polyanthum
friedeline-3*α*-acetate 无羁萜 -3*α*- 乙酸酯 秋枫 Bischofia javanica
friedelinol acetate 无羁萜醇乙酸酯 秋枫 Bischofia javanica
friedelinol; friedelanol 无羁萜醇 较常见成分，至少分布于 30 种以上植物中，见于白花丹科、唇形科、大戟科、大麻科、豆科、杜鹃花科、禾本科、夹竹桃科、景天科、桔梗科、菊科、壳斗科、蓼科、木贼科、蔷薇科、桑科、山榄科、藤黄科、卫矛科、旋花科等
3-*β*-D-friedoolean-14-en-3-ol 3-*β*-D- 飞齐墩果 -14- 烯 -3- 醇 蓝果树 Nyssa sinensis
D-friedoolean-14-en-3-ol D- 飞齐墩果 -14- 烯 -3- 醇 小舌紫菀 Aster albescens
D-friedoolean-14-en-3-one D- 飞齐墩果 -14- 烯 -3- 酮 芙蓉菊 Crossostephium chinense
friedoolean-14-en-3-one 飞齐墩果 -14- 烯 -3- 酮 臭椿 Ailanthus altissima
D-friedoolean-14-en-3*β*-ol D- 飞齐墩果 -14- 烯 -3*β*- 醇 芙蓉菊 Crossostephium chinense, 毛杨梅 Myrica esculenta
friedoolean-7-one 飞齐墩果 -7- 酮 狭苞紫菀 Aster farreri
20*α*-D:A-friedooleanane-3*β*,29-diol 20*α*-D:A- 飞齐墩果 -3*β*,29- 二醇 火殃勒 Euphorbia antiquorum
20*α*-D:A-friedooleanane-3*β*,29-diol-29-acetate 20*α*-D:A- 飞齐墩果 -3*β*,29- 二醇 -29- 乙酸酯 火殃勒 Euphorbia antiquorum
20*α*-D:A-friedooleanane-3*β*,29-diol-3-acetate 20*α*-D:A- 飞齐墩果 -3*β*,29- 二醇 -3- 乙酸酯 火殃勒 Euphorbia antiquorum

20*α*-D:A-friedooleanane-3*β*,29-diol-diacetate 20*α*-D:A- 飞齐墩果 -3*β*,29- 二醇 - 二乙酸酯 火殃勒 Euphorbia antiquorum
D-friedours-14-en-11*α*,12*α*-epoxy-3*β*-yl-palmitate D- 飞熊果 -14- 烯 -11*α*,12*α*- 环氧 -3*β*- 基 - 棕榈酸酯 酸叶胶藤 Urceola rosea
friedours-7-en-3-ol 飞熊果 -7- 烯 -3- 醇 黑果越桔 Vaccinium myrtillus
frigin A, B, C 冷蒿素 ▲A, B, C 冷蒿 Artemisia frigida
friginoside A, B 冷蒿苷 ▲A, B 冷蒿 Artemisia frigida
fritillahupehin 湖贝杉素 天目贝母 Fritillaria monantha
fritillarine 贝母拉灵 ▲ 砂贝母 Fritillaria karelinii, 黄花贝母 F. verticillata
fritillarinol A, B 浙贝萜 ▲A, B 浙贝母 Fritillaria thunbergii
fritillarizine 贝母立辛碱 黄花贝母 Fritillaria verticillata
fritillaziebinol 鄂贝新醇 天目贝母 Fritillaria monantha
fritilleinide A, C, D 鄂贝缩醛 A, C, D 天目贝母 Fritillaria monantha
fritilline 贝母灵 黄花贝母 Fritillaria verticillata
fructans 果聚糖 龙舌兰 Agave americana
D-fructofuranose D- 呋喃果糖 杨梅 Myrica rubra
α-D-fructofuranose *α*-D- 呋喃果糖 东方泽泻 Alisma orientale, 冬凌草 Isodon rubescens
β-D-fructofuranose *β*-D- 呋喃果糖 东方泽泻 Alisma orientale
1F-fructofuranosyl nystose 1F- 果呋喃糖基耐斯糖 巴戟天 Morinda officinalis
1^F(1-*β*-fructofuranosyl)$_2$-6^G(1-*β*-fructofuranosyl)$_2$-sucrose 1^F(1-*β*- 呋喃果糖基)$_2$-6^G(1-*β*- 呋喃果糖基)$_2$- 蔗糖 石刁柏 Asparagus officinalis
1^F-*β*-fructofuranosyl-6^G(1-*β*-fructofuranosyl)$_3$-sucrose 1^F-*β*- 呋喃果糖基 -6^G(1-*β*- 呋喃果糖基)$_3$- 蔗糖 石刁柏 Asparagus officinalis
β-D-fructofuranosyl-6-*O*-(*p*-hydroxybenzoyl)-*α*-D-glucopyranoside *β*-D- 呋喃果糖基 -6-*O*- 对羟基苯甲酰基 -*α*-D- 吡喃葡萄糖苷 葫芦树 Crescentia cujete
β-D-fructofuranosyl-*α*-D-(6-*O*-sinapoyl)-glucopyranoside *β*-D- 呋喃果糖基 -*α*-D-(6-*O*- 芥子酰基)- 吡喃葡萄糖苷 葶苈 Draba nemorosa
β-D-fructofuranosyl-*α*-D-(6-*O*-*trans*-sinapoyl)-glucopyranoside *β*-D- 呋喃果糖基 -*α*-D-(6-*O*- 反式 - 芥子酰基)- 吡喃葡萄糖苷 兰香草 Caryopteris incana, 华北白前 Cynanchum mongolicum
β-D-fructofuranosyl-*α*-D-(6-vanilloyl)-glucopyranoside *β*-D- 呋喃果糖基 -*α*-D-(6- 香荚兰酰)- 吡喃葡萄糖苷 臭牡丹 Clerodendrum bungei
β-D-fructofuranosyl-*α*-D-glucoside *β*-D- 呋喃果糖基 -*α*-D- 葡萄糖苷 山槐 Albizia kalkora
fructooligosaccharides 果糖寡糖 牛蒡 Arctium lappa
D-fructopyranose D- 吡喃果糖 杨梅 Myrica rubra
D-fructose D- 果糖 植物基础成分，未统计基源
fructose 果糖 植物基础成分，未统计基源
frugoside 钉头果勾苷 ▲ 马利筋 Asclepias curassavica, 牛角瓜 Calotropis gigantea, 钉头果 Gomphocarpus fruticosus, 滑桃树 Trevia nudiflora
(-)-frullanolide (-)- 耳叶苔内酯 田基黄 Grangea maderaspatana
frustulosin 丛片木革菌素 ▲ 毛韧革菌 Stereum hirsutum, 丛片木革菌 Xylobolus frustulatus
frustulosinol 丛片木革菌醇 ▲ 毛韧革菌 Stereum hirsutum, 丛片木革菌 Xylobolus frustulatus
frutescin 木茼蒿素 ▲ 紫穗槐 Amorpha fruticosa
fruticosamine 红花蕊木胺 ▲ 红花蕊木 Kopsia fruticosa
fruticoside A~G 黑面神甾苷 A~G 黑面神 Breynia fruticosa
fruticosine 红花蕊木碱 ▲ 红花蕊木 Kopsia fruticosa
L-fuco-4-*O*-methyl-D-glucurono-D-xylan L- 岩藻 -4-*O*- 甲基 -D- 葡萄糖醛酸 -D- 木聚糖 山香 Hyptis suaveolens
fucoidan; fucoidin 墨角藻多糖 绳藻 Chorda filum, 昆布 Ecklonia kurome, 羊栖菜 Hizikia fusiformis, 海带 Laminaria japonica, 巨藻 Macrocystis pyrifera, 海蕴 Nemacystus decipiens, 鹿角菜 Silvetia siliquosa, 裙带菜 Undaria pinnatifida
β-D-fucopyranosyl-(1 → 4)-(*β*-D-glucuronopyranosyl)-(1 → 3)-oleanolic acid *β*-D- 吡喃果糖基 -(1 → 4)-(*β*-D- 吡喃葡萄糖醛酸基)-(1 → 3)- 齐墩果酸 土牛膝 Achyranthes aspera
8-{7'-[(*α*-D-fucopyranosyl)oxy]-2-oxo-2*H*-1-benzopyran-8'-yl}-7-hydroxy-3-[(2-oxo-2*H*-1-benzopyran-7''-yl)oxy]-2*H*-1-benzopyran-2-one 8-{7'-[(*α*-D- 吡喃岩藻糖基) 氧基]-2- 酮 -2*H*-1- 苯并吡喃 -8'-yl}-7- 羟基 -3-[(2- 氧代 -2*H*-1- 苯并吡喃 -7''- 基) 氧基]-2*H*-1- 苯并吡喃 -2- 酮 凹叶瑞香 Daphne retusa
(23*S*,24*S*)-24-[(*O*-*β*-D-fucopyranosyl)oxy]-3*β*,23-dihydroxyspirosta-5,25(27)-dien-1*β*-*O*-(4-*O*-acetyl-*α*-L-rhamnopyranosyl)-(1 → 2)-*O*-[*β*-D-xylopyranosyl-(1 → 3)]-*α*-L-arabinopyranoside (23*S*,24*S*)-24-[(*O*-*β*-D- 吡喃岩藻糖基] 氧基]-3*β*,23- 二羟基螺甾 -5,25(27)- 二烯 -1*β*-*O*-(4-*O*- 乙酰基 -*α*-L- 吡喃鼠李糖基)-(1 → 2)-*O*-[*β*-D- 吡喃木糖基 -(1 → 3)]-*α*-L- 吡喃阿拉伯糖苷 铁筷子 Helleborus thibetanus
L-fucose L- 墨角藻糖 山香 Hyptis suaveolens
β-fucosterol *β*- 墨角藻甾醇 挥发油成分，未统计基源
fucosterol 墨角藻甾醇 海芋 Alocasia odora, 总状蕨藻 Caulerpa racemosa, 小粒咖啡 Coffea arabica, 榅桲 Cydonia oblonga, 三点金 Desmodium triflorum, 湖南稗子 Echinochloa frumentacea, 蓝桉 Eucalyptus globulus, 蜈蚣藻 Grateloupia filicina, 七指蕨 Helminthostachys zeylanica, 羊栖菜 Hizikia fusiformis, 铁钉菜 Ishige okamurae, 葫芦 Lagenaria siceraria, 巨藻 Macrocystis pyrifera, 微孔草 Microula sikkimensis, 烟草 Nicotiana tabacum, 欧亚多足蕨 Polypodium vulgare, 海蒿子 Sargassum confusum, 萱藻 Scytosiphon lomentaria, 槐叶决明 Senna occidentalis var. sophera, 鹿角菜 Silvetia siliquosa, 裙带菜 Undaria pinnatifida
fucosterol-3-*O*-*β*-D-glucopyranoside 墨角藻甾醇 -3-*O*-*β*-D- 吡喃葡萄糖苷 榅桲 Cydonia oblonga
9'-*cis*-fucoxanthin 9'- 顺式 - 墨角藻黄质 ▲ 珊瑚藻 Corallina officinalis
fucoxanthin 墨角藻黄质 ▲ 珊瑚藻 Corallina officinalis, 海带 Laminaria japonica, 萱藻 Scytosiphon lomentaria, 裙带菜 Undaria pinnatifida

9'-*cis*-fucoxanthinol 9'- 顺式 - 墨角藻黄醇▲ 珊瑚藻 Corallina officinalis
fucoxanthinol 墨角藻黄醇▲ 珊瑚藻 Corallina officinalis
(+)-fuegin (+)- 火地林仙素▲ 水蓼 Polygonum hydropiper
fujikinetin 翅荚香槐柰亭▲ 翅荚香槐 Cladrastis platycarpa
fujikinin 翅荚香槐宁▲ 翅荚香槐 Cladrastis platycarpa
fukanedone A~E 阜康阿魏萜酮▲A~E 阜康阿魏 Ferula fukanensis
fukanefurochromone A~E 阜康阿魏色酮▲A~E 阜康阿魏 Ferula fukanensis
fukanefuromarin A~M 阜康阿魏呋喃香豆素▲A~M 阜康阿魏 Ferula fukanensis
fukaneketoester A 阜康阿魏酮酯▲A 阜康阿魏 Ferula fukanensis
fukanemarin A, B 阜康阿魏香豆素▲A, B 阜康阿魏 Ferula fukanensis
fukiic acid 蜂斗酸 单穗升麻 Cimicifuga simplex
fukinanolide 蜂斗菜次螺内酯 牛蒡 Arctium lappa, 鹿蹄橐吾 Ligularia hodgsonii, 蜂斗菜 Petasites japonicus
fukinolic acid 蜂斗菜酸 兴安升麻 Cimicifuga dahurica, 大三叶升麻 C. heracleifolia, 小升麻 C. japonica, 单穗升麻 C. simplex, 蜂斗菜 Petasites japonicus
fukinolide 蜂斗菜苦内酯 蜂斗菜 Petasites japonicus
fukinone 蜂斗菜酮 挥发油成分，未统计基源
fukinoside A 蜂斗菜醇苷▲A 蜂斗菜 Petasites japonicus
fukinotoxin 蜂斗菜毒素 蜂斗菜 Petasites japonicus
(±)-fukugetin (±)- 福木素 大叶藤黄 Garcinia xanthochymus
(±)-fukugiside (±)- 福木苷 大叶藤黄 Garcinia xanthochymus
fukugiside 福木苷 云树 Garcinia cowa, 木竹子 G. multiflora, 岭南山竹子 G. oblongifolia
fukujusone 福寿草酮 侧金盏花 Adonis amurensis, 北柴胡 Bupleurum chinense
fukujusonorone 福寿草降甾酮▲ 侧金盏花 Adonis amurensis
fulvanine A~E 萱草宁 A~E 重瓣萱草 Hemerocallis fulva var. kwanso
fulvanol 萱草醇 重瓣萱草 Hemerocallis fulva var. kwanso
fulvoplumierin 黄鸡蛋花素 红鸡蛋花 Plumeria rubra, 鸡蛋花 P. rubra 'Acutifolia'
fulvotomentoside A 黄褐毛忍冬皂苷甲 黄褐毛忍冬 Lonicera fulvotomentosa
fulvotomentoside B 黄褐毛忍冬皂苷乙 黄褐毛忍冬 Lonicera fulvotomentosa
fumaric acid 富马酸 霍香蓟 Ageratum conyzoides, 尖尾芋 Alocasia cucullata, 鹰爪花 Artabotrys hexapetalus, 野燕麦 Avena fatua, 四季秋海棠 Begonia cucullata var. hookeri, 北柴胡 Bupleurum chinense, 辣椒 Capsicum annuum, 木瓜 Chaenomeles sinensis, 土肉桂 Cinnamomum osmophloeum, 甜橙 Citrus sinensis, 蛇莓 Duchesnea indica, 问荆 Equisetum arvense, 木贼 E. hyemale, 狼毒大戟 Euphorbia fischeriana, 枸杞 Lycium chinense, 长柱十大功劳 Mahonia duclouxiana, 烟草 Nicotiana tabacum, 裂蹄木层孔菌 Phellinus linteus, 太白棱子芹 Pleurospermum giraldii, 庐山石韦 Pyrrosia sheareri, 红根须腹菌 Rhizopogon rubescens, 蓝黄红菇 Russula cyanoxantha, 天葵 Semiaquilegia adoxoides, 狼毒 Stellera chamaejasme, 油黄口蘑 Tricholoma equestre, 栝楼 Trichosanthes kirilowii, 昆明山海棠 Tripterygium hypoglaucum, 阿尔泰藜芦 Veratrum lobelianum
fumaric acid monomethyl ester 富马酸单甲酯 蛇莓 Duchesnea indica
fumaricine 蓝堇辛 延胡索 Corydalis yanhusuo
fumaroprotocetraric acid 富马原冰岛衣酸 岛衣 Cetraria islandica, 鹿石蕊 Cladonia rangiferina
fumitremorgin B, C 烟曲霉震颤素▲B, C 无花果 Ficus carica
fumotoshidin A, B, C 边缘鳞盖蕨素 A, B, C 边缘鳞盖蕨 Microlepia marginata
fumotoshidin arabinoside 边缘鳞盖蕨素阿拉伯糖苷 边缘鳞盖蕨 Microlepia marginata
fungisterol 真菌甾醇 硫黄菌 Laetiporus sulphureus
funkioside D 玉簪苷 D 高大鹿药 Smilacina atropurpurea
funoran 海萝聚糖 海萝 Gloiopeltis furcata
funtumafrine C 非洲丝胶树碱▲C 大叶鹿角藤 Chonemorpha fragrans, 双蕊野扇花 Sarcococca hookeriana var. digyna
fupenzic acid 覆盆子酸 刺茶美登木 Maytenus variabilis, 翻白草 Potentilla discolor, 野蔷薇 Rosa multiflora, 白叶莓 Rubus innominatus, 灰毛泡 R. irenaeus
furacridone 呋喃吖啶酮 芸香 Ruta graveolens
3-furaldehyde 3- 呋喃甲醛 云南松 Pinus yunnanensis
furan-[2",3":7,8]flavone 呋喃 [2",3":7,8] 黄酮 印度崖豆 Millettia pulchra
furan-[4",5",8,7]-flavone 呋喃 -[4",5",8,7]- 黄酮 干花豆 Fordia cauliflora
3,6-furan-1,7-diphenyl-heptane 3,6- 呋喃 -1,7- 二苯基庚烷 高良姜 Alpinia officinarum
furan-2,5-diyldim-ethanol 2,5- 二羟甲基呋喃 栝楼 Trichosanthes kirilowii
furan-2-carbonyl-*C*-glucopyranoside 呋喃 -2- 羰基 -*C*- 吡喃葡萄糖苷 寄生藤 Dendrotrophe varians
furan-2-carboxylic acid 呋喃 -2- 羧酸 川西獐牙菜 Swertia mussotii
1-[2-(furan-2-yl)-2-oxoethyl]-5-oxopyrrolidine-2-carboxylic acid 1-[2-(呋喃 -2- 基)-2- 氧代乙基]-5- 氧代吡咯 -2- 羧酸 桑 Morus alba
1-[2-(furan-2-yl)-2-oxoethyl]pyrrolidin-2-one 1-[2-(呋喃 -2- 基)-2- 氧代乙基] 吡咯 -2- 酮 桑 Morus alba
furan-2-yl-2-(4-hydroxyphenyl)-ethanone 2- 呋喃基 -2- 对羟苯基 - 乙酮 天麻 Gastrodia elata

furan-3-carboxylic acid 呋喃 -3- 羧酸 密褶红菇 Russula densifolia, 银柴胡 Stellaria dichotoma var. lanceolata

6-[2-(furan-3-yl)-2-oxoethyl]-1,5,6-trimethyl-10-oxatricyclo[7.2.1.$0^{2,7}$]dodec-2(7)-en-11-one 6-[2-(呋喃 -3- 基)-2- 氧代乙基]-1,5,6- 三甲基 -10- 氧杂三环 [7.2.1.$0^{2,7}$] 十二 -2(7)- 烯 -11- 酮 白大凤 Cladogynos orientalis

5-[2-(furan-3-yl)ethyl]-1,5,6-trimethyl-1,2,3,4,5,6,7,8-octahydronaphthalene-1-carboxylic acid 5-[2-(呋喃 -3- 基) 乙基]-1,5,6- 三甲基 -1,2,3,4,5,6,7,8- 八氢萘 -1- 羧酸 白大凤 Cladogynos orientalis

6-[2-(furan-3-yl)ethyl]-1,5,6-trimethyl-10-oxatricyclo[7.2.1.$0^{2,7}$]dodec-2(7)-en-11-one 6-[2-(呋喃 -3- 基) 乙基]-1,5,6- 三甲基 -10- 氧杂三环 [7.2.1.$0^{2,7}$] 十二 -2(7)- 烯 -11- 酮 白大凤 Cladogynos orientalis

3,6-furan-7-(4"-hydroxy-3"-methoxyphenyl)-1-phenylheptane 3,6- 呋喃 -7-(4"- 羟基 -3"- 甲氧基苯基)-1- 苯基庚烷 高良姜 Alpinia officinarum

α-D-furanallulose α-D- 呋喃阿卢糖 金发藓 Polytrichum commune

2-furancarboxaldehyde 2- 呋喃甲醛 挥发油成分，未统计基源

1β-(β-)furancarboxy-2β,6α-diacetoxy-4α-hydroxy-9α,15-di(α-methyl)butanoyl-β-dihydroagarofuran 1β-(β-) 呋喃甲酰氧基 -2β,6α- 二乙酰氧基 -4α- 羟基 -9α,15- 二 (α- 甲基) 丁氧基 -β- 二氢沉香呋喃 栓翅卫矛 Euonymus phellomanus

3-furancarboxylic acid 3- 呋喃羧酸 短瓣花 Brachystemma calycinum

β-furancarboxylic acid β- 糠酸 甘肃大戟 Euphorbia kansuensis

2,5-furandicarboxaldehyde 2,5- 呋喃二甲醛 挥发油成分，未统计基源

2,4-furandicarboxylic acid 2,4- 呋喃二羧酸 人参 Panax ginseng

furandiol 呋喃二醇 亚绒白乳菇 Lactarius subvellereus, 美味红菇 Russula delica, 毒红菇 R. emetica

2,5-furandione 2,5- 呋喃二酮 挥发油成分，未统计基源

furaneol 呋喃酮醇 挥发油成分，未统计基源

2-furanmethanol 2- 呋喃甲醇 挥发油成分，未统计基源

2-furanmethanol acetate 2- 呋喃甲醇乙酸酯 一把伞南星 Arisaema erubescens

3-furanmethanol-β-D-glucopyranoside 3- 羟基甲基呋喃 -β-D- 吡喃葡萄糖苷 南蛇藤 Celastrus orbiculatus

1-[5-(2-furanmethyl)-2-furan]-ketene 1-[5-(2- 呋喃甲基)-2- 呋喃] 乙烯酮 挥发油成分，未统计基源

3-furanmethyl-β-D-glucopyranoside 3- 呋喃甲醇 -β-D- 吡喃葡萄糖苷 赤豆 Vigna angularis

furano(2",3",7,6)-4'-hydroxylflavanone 呋喃并 (2",3",7,6)-4'- 羟基黄烷酮 补骨脂 Cullen corylifolia

furanocaulesone A, B, C 呋喃双叶细辛酮 A, B, C 双叶细辛 Asarum caulescens

furanodiene 莪术呋喃二烯 挥发油成分，未统计基源

furanodienone 莪术呋喃二烯酮 挥发油成分，未统计基源

furanoeremophil-1(10)-en-2,9-dione 呋喃荒漠木 -1(10)- 烯 -2,9- 二酮 宽舌橐吾 Ligularia platyglossa

furanoeremophilan-14β,6α-olide 呋喃荒漠木 -14β,6α- 内酯 狭苞橐吾 Ligularia intermedia, 大叶橐吾 L. macrophylla

furanoeremophilan-15,6α-olide 呋喃荒漠木 -15,6α- 内酯 塔序橐吾 Ligularia thyrsoidea, 棉毛橐吾 L. vellerea

furanoeremophilan-6α,15-olide 呋喃荒漠木 -6α,15- 内酯 网脉橐吾 Ligularia dictyoneura

furanoeremophilane 呋喃荒漠木烷 网脉橐吾 Ligularia dictyoneura, 蹄叶橐吾 L. fischeri

furanoeremophilane-6β,10β-diol 呋喃荒漠木 -6β,10β- 二醇 大头橐吾 Ligularia japonica

furanoeremophylan-14β-6α-olide 呋喃荒漠木 -6α,14β- 内酯 帕米尔橐吾 Ligularia alpigena

furanoeudesmane B 呋喃桉叶烷 B 苦槛蓝 Pentacoelium bontioides

(2S)-(2",3":7,8)-furanoflavanone (2S)-(2",3":7,8)- 呋喃并黄烷酮 水黄皮 Pongamia pinnata

furanoflavone 呋喃黄酮 朱槿 Hibiscus rosa-sinensis

furanofukinol 呋喃蜂斗菜醇 蜂斗菜 Petasites japonicus

furanoganoderic acid 呋喃灵芝酸 树舌灵芝 Ganoderma applanatum

furanojaponin 呋喃蜂斗菜宁 ▲ 蜂斗菜 Petasites japonicus

furanokoumine 呋喃钩吻明 ▲ 钩吻 Gelsemium elegans

furanokurzin 呋喃尾叶血桐素 ▲ 尾叶血桐 Macaranga kurzii

furanoligularenone 呋喃橐吾酮 蹄叶橐吾 Ligularia fischeri

furanomexican-9-en-8-one 呋喃墨西哥烷 -9- 烯 -8- 酮 黄帚橐吾 Ligularia virgaurea

furanone 呋喃酮 复盆子 Rubus idaeus

furanovibsanin A~G 呋喃荚蒾宁 A~G 日本珊瑚树 Viburnum odoratissimum var. awabuki

1-(2-furanyl)-2-(4-methoxyphenyl)-ethanone 1-(2- 呋喃)-2-(4- 甲氧基苯基)- 乙酮 荚蒾 Viburnum dilatatum

17-(2-furanyl)-3,7,9-heptadecadien-6-ol 17-(2- 呋喃基)-7,9- 十七碳二烯 -6- 醇 浆果楝 Cipadessa baccifera

17-(2-furanyl)-3,7,9-heptade-catrien-6-ol 17-(2- 呋喃基)-3,7,9- 十七碳三烯 -6- 醇 浆果楝 Cipadessa baccifera

[4aS-(4aα,5α,6α,8aβ)]-5-[2-(3-furanyl)ethyl]-4a,5,6,7,8,8a-hexahydro-5,6,8a-trimethyl-1-naphthalene carboxylic acid [4aS-(4aα,5α,6α,8aβ)]- 5-[2-(3- 呋喃) 乙基]-4a,5,6,7,8,8a- 六氢 -5,6,8a- 三甲基 -1- 萘羧酸 田基黄 Grangea maderaspatana

[4aS-(4aα,5β,6α,8aα)]-5-[2-(3-furanyl)ethyl]-4a,5,6,7,8,8a-hexahydro-5,6,8a-trimethyl-1-naphthalenecarboxylic acid [4aS-(4aα,5β,6α,8aα)]-5-[2-(3- 呋喃基) 乙基]-4a,5,6,7,8,8a- 六氢 -5,6,8a- 三甲基 -1- 萘酸 田基黄 Grangea maderaspatana

[4aR-(4aα,5α,6β,8aβ)]-5-[2-(3-furanyl)ethyl]-4a,5,6,7,8,8a-hexahy-dro-5,6,8a-trimethyl-1-naphthalenecarboxylic acid [4aR-(4aα,5α,6β,8aβ)]-5-[2-(3- 呋喃基) 乙基]-4a,5,6,7,8,8a- 六氢 -5,6,8a- 三甲基 -1- 萘羧酸 田基黄 Grangea maderaspatana

furcatin 假绣球素 ▲ 荚蒾 Viburnum dilatatum

furcatoside A 分枝荚蒾苷 ▲A 鸡树条荚蒾 Viburnum opulus var. calvescens

F

furfural 糠醛 挥发油成分，未统计基源
2-furfural; 2-furfuraldehyde 2- 糠醛 挥发油成分，未统计基源
furfurol 糠醇 挥发油成分，未统计基源
3-furfuryl pyrole-2-carboxylate 吡咯 -2- 羧酸 -3- 呋喃甲酯 短瓣花 Brachystemma calycinum, 孩儿参 Pseudostellaria heterophylla
2-furfuryl-5-methylfuran 2- 糠基 -5- 甲基呋喃 一把伞南星 Arisaema erubescens
2*H*-furo[2',3'-h][1-]benzopyran-2-one 2*H*- 呋喃 [2',3'-h][1-] 苯并吡喃 -2- 酮 补骨脂 Cullen corylifolia
2*H*-furo[3',2'-g][2']benzopyran-2-one 2*H*- 呋喃 [3',2'-g][2'] 苯并吡喃 -2- 酮 补骨脂 Cullen corylifolia
furo[8,7:4'',5'']flavone 呋喃并 [8,7:4'',5''] 黄酮 水黄皮 Pongamia pinnata
furoadhyperforin 呋喃并加贯叶金丝桃素 赶山鞭 Hypericum attenuatum
furoclausine A, B, C, E, F, J, K, M~W 呋喃黄皮碱 ▲A, B, C, E, F, J, K, M~W 假黄皮 Clausena excavata
6,7-furocoumarin 6,7- 呋喃香豆素 狭基线纹香茶菜 Isodon lophanthoides var. gerardianus
furocrotinsulolide A 呋喃海岛巴豆内酯 ▲A 海南巴豆 Croton laui
furofoline I, II 小花山小橘呋喃碱 ▲I, II 小花山小橘 Glycosmis parviflora
furohyperforin 呋喃并贯叶金丝桃素 赶山鞭 Hypericum attenuatum
furohyperforin isomer 1 呋喃并贯叶金丝桃素异构体 1 赶山鞭 Hypericum attenuatum
3-furoic acid 3- 糠酸 雷公藤 Tripterygium wilfordii
furoic acid 呋喃甲酸 假东风草 Blumea riparia
2-furoic acid; 2-furancarboxylic acid 2- 糠酸 挥发油成分，未统计基源
furomollugin 呋喃粟猪殃殃素 钩毛茜草 Rubia oncotricha
furopelargone A 呋喃天竺葵酮 A 光叶山姜 Alpinia intermedia, 益智 A. oxyphylla
furopelargone B 呋喃天竺葵酮 B 美山姜 Alpinia formosana, 光叶山姜 A. intermedia
furosardonin 呋喃辣红菇素 ▲ 辣味乳菇 Lactarius piperatus
furosin 中日老鹳草素 ▲ 铁苋菜 Acalypha australis, 红穗铁苋菜 A. hispida, 秋枫 Bischofia javanica, 泽漆 Euphorbia helioscopia, 大狼毒 E. jolkinii, 血桐 Macaranga tanarius var. tomentosa, 石岩枫 Mallotus repandus, 白木乌桕 Neoshirakia japonica, 余甘子 Phyllanthus emblica, 桃金娘 Rhodomyrtus tomentosa
furost-5,20(22),25(27)-trien-1β,3β,26-triol-1-*O*-[α-L-rhamnopyranosyl-(1 → 2)-α-L-arabinopyranoside]-26-*O*-β-D-glucopyranoside 呋甾 -5,20(22),25(27)- 三烯 -1β,3β,26- 三醇 -1-*O*-[α-L- 吡喃鼠李糖基 -(1 → 2)-α-L- 吡喃阿拉伯糖苷 -26-*O*-β-D- 葡萄糖苷 长花龙血树 Dracaena angustifolia
furost-5-en-3β,22,26-triol 呋甾 -5- 烯 -3β,22,26- 三醇 蓝胡卢巴 Trigonella caerulea
furostifoline 呋喃豆叶九里香碱 ▲ 豆叶九里香 Murraya euchrestifolia
5β-furost-$\Delta^{25(27)}$-en-1β,2β,3β,4β,5β,6β,7α,22ζ,26-nonaol-26-*O*-β-D-glucopyranoside 5β- 呋甾 -$\Delta^{25(27)}$- 烯 -1β,2β,3β,4β,5β,6β,7α,22ζ,26- 九醇 -26-*O*-β-D- 吡喃葡萄糖苷 开口箭 Tupistra chinensis
5β-furost-$\Delta^{25(27)}$-en-1β,2β,3β,4β,5β,7α,22ζ,26-octaol-6-one-26-*O*-β-D-glucopyranoside 5β- 呋甾 -$\Delta^{25(27)}$- 烯 -1β,2β,3β,4β,5β,7α,22ζ,26- 八醇 -6- 酮 -26-*O*-β-D- 吡喃葡萄糖苷 开口箭 Tupistra chinensis
furowanin B 呋喃台湾崖豆藤素 ▲B 厚果崖豆藤 Millettia pachycarpa
1α-furoyloxy-6β-acetoxy-9β-benzoyloxy-β-dihydroagarofuran 1α- 呋喃酰氧基 -6β- 乙酰氧基 -9β- 苯甲酰氧基 -β- 二氢沉香呋喃 大芽南蛇藤 Celastrus gemmatus
1-(2-furyl)-(7*E*)-nonen-3,5-diyn-1,2-diacetate 1-(2- 呋喃基)-(7*E*)- 壬烯 -3,5- 二炔 -1,2- 二乙酸酯 苍术 Atractylodes lancea
23-(2-furyl)-tricosa-5,7-diynoic acid 23-(2- 呋喃基)- 二十五碳 -5,7- 二炔酸 暗罗 Polyalthia suberosa
2-furylcarbinol-(5'-11)-1,3-cyclopentadiene[5,4-c]-1*H*-cinnoline 2- 糠醇 -(5'-11)-1,3- 环戊二烯 [5,4-c]-1*H*- 邻二氮杂萘 宁夏枸杞 Lycium barbarum
fuscaxanthone A, C 淡褐藤黄叫酮 ▲A, C 云树 Garcinia cowa
fuscaxanthone E 淡褐藤黄叫酮 ▲E 黄牛木 Cratoxylum cochinchinense
fuseine 扶沙木碱 ▲ 簇花清风藤 Sabia fasciculata, 清风藤 S. japonica, 小花清风藤 S. parviflora, 四川清风藤 S. schumanniana
(-)-fustin (-)- 黄栌素 ▲ 漆 Toxicodendron vernicifluum
(+)-fustin (+)- 黄栌素 ▲ 刺槐 Robinia pseudoacacia
fustin 黄栌素 ▲ 红叶 Cotinus coggygria var. cinerea, 柠檬桉 Eucalyptus citriodora, 山皂荚 Gleditsia japonica, 美国皂荚 G. triacanthos, 黄连木 Pistacia chinensis, 野漆 Toxicodendron succedaneum
(-)-fustin-3-*O*-gallate (-)- 黄栌素 ▲-3-*O*- 没食子酸酯 漆 Toxicodendron vernicifluum
futoamide 风藤酰胺 华南胡椒 Piper austrosinense, 山蒟 P. hancei, 荜拔 P. longum, 石南藤 P. wallichii
futoenone 风藤酮 风藤 Piper kadsura, 石南藤 P. wallichii, 紫玉兰 Yulania liliiflora, 武当玉兰 Y. sprengeri
futokadsurin A, B, C 风藤灵 ▲A, B, C 风藤 Piper kadsura
futokadsurin C 风藤灵 ▲C 三白草 Saururus chinensis
futoquinol 风藤奎脑 ▲ 麻叶风轮菜 Clinopodium urticifolium, 风藤 Piper kadsura, 石南藤 P. wallichii
futronolide 林仙内酯 ▲ 水蓼 Polygonum hydropiper
fuzhuanin A, B 茯砖茶素 ▲A, B 茶 Camellia sinensis
fuziline 附子灵 短柄乌头 Aconitum brachypodum, 乌头 A. carmichaelii
fuzitine 附子亭 乌头 Aconitum carmichaelii, 腺毛黑种草 Nigella glandulifera, 粪箕笃 Stephania longa

G

gadain 棉叶麻疯树因▲ 大叶醉鱼草 Buddleja davidii
gadoleic acid 鳕烯酸 闭鞘姜 Costus speciosus, 茶条木 Delavaya toxocarpa, 复羽叶栾树 Koelreuteria bipinnata
(Z,Z,Z)-9,12,15-gaducenenol (Z,Z,Z)-9,12,15- 十八碳三烯醇 挥发油成分，未统计基源
gaertneroside 拟九节苷▲ 南山花 Prismatomeris tetrandra
gagaimol-7-mether 萝藦醇 -7- 甲酯 萝藦 Metaplexis japonica
gagamine 萝藦胺▲ 牛皮消 Cynanchum boudieri, 昆明杯冠藤 C. wallichii, 隔山消 C. wilfordii
gagamine-3-O-β-D-oleandropyranosyl-(1 → 4)-β-D-cymaropyranosyl-(1 → 4)-β-D-cymaropyranoside 萝藦胺▲-3-O-β-D- 吡喃夹竹桃糖基 -(1 → 4)-β-D- 吡喃磁麻糖基 -(1 → 4)-β-D- 吡喃磁麻糖苷 青羊参 Cynanchum otophyllum
gagaminine 萝藦米宁 乳突果 Adelostemma gracillimum, 蓝叶藤 Marsdenia tinctoria
gagaminine-3-O-α-L-cymaropyranosyl-(1 → 4)-β-D-cymaropyranosyl-(1 → 4)-α-L-diginopyranosyl-(1 → 4)-β-D-cymaropyranoside 萝藦米宁 -3-O-α-L- 吡喃磁麻糖基 -(1 → 4)-β-D- 吡喃磁麻糖基 -(1 → 4)-α-L- 吡喃洋地黄糖基 -(1 → 4)-β-D- 吡喃磁麻糖苷 牛皮消 Cynanchum boudieri
gagaminine-3-O-α-L-cymaropyranosyl-(1 → 4)-β-D-oleandropyranosyl-(1 → 4)-β-D-digitoxopyranoside 萝藦米宁 -3-O-α-L- 吡喃磁麻糖基 -(1 → 4)-β-D- 吡喃夹竹桃糖基 -(1 → 4)-β-D- 吡喃洋地黄毒糖苷 西藏牛皮消 Cynanchum auriculatum
gagaminine-3-O-β-L-cymaropyranosyl-(1 → 4)-β-D-cymaropyranosyl-(1 → 4)-α-L-diginopyranosyl-(1 → 4)-β-D-cymaropyranoside 萝藦米宁 -3-O-β-L- 吡喃磁麻糖基 -(1 → 4)-β-D- 吡喃磁麻糖基 -(1 → 4)-α-L- 吡喃洋地黄糖基 -(1 → 4)-β-D- 吡喃磁麻糖苷 白首乌 Cynanchum bungei
gagaminine-3-O-β-L-cymaropyranosyl-(1 → 4)-β-D-cymaropyranosyl-(1 → 4)-α-L-diginopyranosyl-(1 → 4)-β-D-digitoxopyranoside 萝藦米宁 -3-O-β-L- 吡喃磁麻糖基 -(1 → 4)-β-D- 吡喃磁麻糖基 -(1 → 4)-α-L- 吡喃洋地黄糖基 -(1 → 4)-β-D- 吡喃洋地黄毒糖苷 白首乌 Cynanchum bungei
gaillardin 天人菊内酯 霸王鞭 Euphorbia royleana, 欧亚旋覆花 Inula britannica, 湖北旋覆花 I. hupehensis, 旋覆花 I. japonica
galactinol 肌醇半乳糖苷 黄茅 Heteropogon contortus
D-galactitol D- 半乳糖醇 构树 Broussonetia papyrifera, 西南山茶 Camellia pitardii, 千年健 Homalomena occulta
galactitol 半乳糖醇 肉苁蓉 Cistanche deserticola, 沙苁蓉 C. sinensis, 芝麻 Sesamum indicum, 葫芦茶 Tadehagi triquetrum
galactobuxin 半乳糖黄杨素▲ 锦熟黄杨 Buxus sempervirens
galacto-glycerolipid 半乳糖基甘油酯 酢浆草 Oxalis corniculata
galactomannan 半乳甘露聚糖 紫穗槐 Amorpha fruticosa, 狭叶番泻 Cassia angustifolia, 甘草 Glycyrrhiza uralensis, 扁轴木 Parkinsonia aculeata, 海枣 Phoenix dactylifera, 翅荚决明 Senna alata, 印度田菁 Sesbania sesban, 杂种车轴草 Trifolium hybridum, 胡卢巴 Trigonella foenum-graecum
galactomannoglycan 半乳甘露葡聚糖 糖棕 Borassus flabellifer
galactonic acid-γ-lactone 半乳糖酸 -γ- 内酯 栝楼 Trichosanthes kirilowii
2,3,4,6-α-D-galactopyranose tetramethyl ether 2,3,4,6-α-D- 半乳吡喃糖四甲醚 黄花列当 Orobanche pycnostachya
p-D-galactopyrano-stigmast-5-ene 对 -D- 吡喃半乳糖基 - 豆甾 -5- 烯 杉木 Cunninghamia lanceolata
α-D-galactopyranosyl-(1 → 1')-myoinositol α-D- 吡喃半乳糖基 -(1 → 1')- 肌肉肌醇 救荒野豌豆 Vicia sativa
3β-[O-β-D-galactopyranosyl-(1 → 2)-O-[β-D-xylopyranosyl-(1 → 3)]-O-β-D-glucopyranosyl]quillaic acid methyl ester 3β-{O-β-D- 吡喃半乳糖基 -(1 → 2)-O-[β-D- 吡喃半乳糖基 -(1 → 3)]-O-β-D- 吡喃葡萄糖基 }- 皂皮树酸甲酯 圆锥石头花 Gypsophila paniculata
3β-[O-β-D-galactopyranosyl-(1 → 2)-O-[β-D-xylopyranosyl-(1 → 3)]-β-D-glucuronopyranosyl]-quillaic acid-28-[O-β-D-xylopyranosyl-(1 → 3)-O-β-D-xylopyranosyl-(1→4)-O-α-L-rhamnopyranosyl-(1→2)-O-[3,4-di-O-acetyl-β-D-quinovopyranosyl-(1→4)]-β-D-fucopyranosyl]ester 3β-{O-β-D- 吡喃半乳糖基 -(1 → 2)-O-[β-D- 吡喃木糖基 -(1 → 3)]-β-D- 吡喃葡萄糖醛酸基 }- 皂皮树酸 -28-{O-β-D- 吡喃木糖基 -(1 → 3)-O-β-D- 吡喃木糖基 -(1 → 4)-O-α-L- 鼠李糖基 -(1 → 2)-O-[3,4- 二 -O- 乙酰基 -β-D- 吡喃鸡纳糖基 -(1 → 4)]-β-D- 吡喃岩藻糖基] 酯 圆锥石头花 Gypsophila paniculata
3-[O-β-D-galactopyranosyl-(1 → 4)-O-[β-D-glucopyranosyl-(1 → 2)]-O-β-D-glucopyranuronosyl]quillaic acid 3-[O-β-D- 吡喃半乳糖基 -(1 → 4)-O-[β-D- 吡喃葡萄糖基 -(1 → 2)]-O-β-D- 吡喃葡萄糖醛酸基]- 皂皮树酸 圆锥石头花 Gypsophila paniculata
α-D-galactopyranosyl-(1 → 6)-α-D-galactopyranosyl-(1 → 1')-myoinositol α-D- 吡喃半乳糖基 -(1 → 6)-α-D- 吡喃半乳糖基 (1 → 1')- 肌肉肌醇 救荒野豌豆 Vicia sativa
β-D-galactopyranosyl-(3 → 3)-O-β-D-galactopyranose β-D- 吡喃半乳糖基 -(3 → 3)-O-β-D- 吡喃半乳糖 算盘子 Glochidion puberum
3-(β-D-galactopyranosyloxy)-4H-pyran-4-one 3-(β-D- 吡喃半乳糖氧基)-4H- 吡喃 -4- 酮 一年蓬 Erigeron annuus
1-({[5-(α-D-galactopyranosyloxy)methyl]-1H-pyrrole-2-carbaldehyde-1-yl}-ethyl)-1H-pyrazole 1-({[5-(α-D- 吡喃半乳糖氧基) 甲基]-1H- 吡咯 -2- 醛基 -1- 基 }- 乙基)-1H- 吡唑 西瓜 Citrullus lanatus
galactopyranosyl-α-6-(fucopyranosyl-α-2)-galactopyranosyl-β-6-mannopyranosyl-β-2-inositol-1-phosphoceramide 吡喃半乳糖 -α-6-[吡喃岩藻糖 -α-2]- 吡喃半乳糖 -β-6- 吡喃甘露糖 -β-2- 肌醇 -1- 磷酰神经酰胺 双孢蘑菇 Agaricus bisporus
galactopyranosyl-α-6-galactopyranosyl-α-6-(fucopyranosyl-α-2)-galactopyranosyl-β-6-mannopyranosyl-β-2-inositol-1-phosphoceramide 吡喃半乳糖 -α-6- 吡喃半乳糖 -α-6-(吡喃岩藻糖 -α-2)- 吡喃半乳糖 -β-6- 吡喃甘露糖 -β-2- 肌醇 -1- 磷酰神经酰胺 双孢蘑菇 Agaricus bisporus
galactopyranosyl-α-6-galactopyranosyl-α-6-galactopyranosyl-α-6-[fucopyranosyl-α-2]-galactopyranosyl-β-6-mannopyranosyl-β-2-inositol-1-phosphoceramide 吡喃半乳糖 -α-6- 吡喃半乳糖 -α-6- 吡喃半乳糖 -α-6-(吡岩藻糖 -α-2)- 吡喃半乳糖 -β-6- 吡喃甘露糖 -β-2- 肌醇 -1- 磷酰神经酰胺 双孢蘑菇 Agaricus bisporus
D-galactose D- 半乳糖 植物基础成分，未统计基源

galactose 半乳糖 植物基础成分，未统计基源
galactosyl diglycerides 半乳糖基甘油二酯 救荒野豌豆 Vicia sativa
galactosylmartynoside 半乳糖基角胡麻苷 金疮小草 Ajuga decumbens
D-galacturonic acid D- 半乳糖醛酸 番木瓜 Carica papaya, 浮萍 Lemna minor, 盒果藤 Operculina turpethum
galacturonic acid 半乳糖醛酸 花朱顶红 Hippeastrum vittatum
galanal A, B 高良姜萜醛 A, B 蘘荷 Zingiber mioga
galangin 高良姜素 菖蒲 Acorus calamus, 红豆蔻 Alpinia galanga, 高良姜 A. officinarum, 狭苞紫菀 Aster farreri, 碗蕨 Dennstaedtia scabra, 洋甘草 Glycyrrhiza glabra, 甘草 G. uralensis, 沙生蜡菊 Helichrysum arenarium, 红花八角 Illicium dunnianum, 香芸火绒草 Leontopodium haplophylloides, 尾叶血桐 Macaranga kurzii, 银胶菊 Parthenium hysterophorus, 乔松 Pinus wallichiana, 羽叶点地梅 Pomatosace filicula, 山杨 Populus davidiana, 阿尔泰藜芦 Veratrum lobelianum
galangin-3-methyl ether 高良姜素 -3- 甲醚 高良姜 Alpinia officinarum
galangin-3-*O*-*β*-D-glucopyranoside-8-sulfonate 高良姜素 -3-*O*-*β*-D- 吡喃葡萄糖苷 -8- 磺酸酯 黄珠子草 Phyllanthus virgatus
galangin-3-*O*-*β*-D-glucopyranosyl-7-*O*-*β*-L-rhamnopyranoside 高良姜素 -3-*O*-*β*-D- 吡喃葡萄糖基 -7-*O*-*β*-L- 吡喃鼠李糖苷 菖蒲 Acorus calamus
galangin-8-sulfonate 高良姜素 -8- 磺酸酯 黄珠子草 Phyllanthus virgatus
galanolactone 高良姜萜内酯 蘘荷 Zingiber mioga
(-)-galanthamine (-)- 加兰他敏 假水仙 Narcissus pseudonarcissus
galanthamine 加兰他敏 网球花 Haemanthus multiflorus, 朱顶红 Hippeastrum rutilum, 水鬼蕉 Hymenocallis littoralis, 乳白石蒜 Lycoris albiflora, 忽地笑 L. aurea, 中国石蒜 L. chinensis, 广西石蒜 L. guangxiensis, 石蒜 L. radiata, 鹿葱 L. squamigera, 长寿花 Narcissus jonquilla, 假水仙 N. pseudonarcissus
galanthamine-*N*-oxide 加兰他敏 -*N*- 氧化物 石蒜 Lycoris radiata
galanthine 雪花莲碱 韭莲 Zephyranthes grandiflora
(-)-galbacin (-)- 浆果瓣蕊花素 ▲ 肉豆蔻 Myristica fragrans, 玉兰 Yulania denudata
(+)-galbacin (+)- 浆果瓣蕊花素 ▲ 红楠 Machilus thunbergii
galbacin 浆果瓣蕊花素 ▲ 三白草 Saururus chinensis
galbanic acid 古蓬阿魏酸 ▲ 新疆阿魏 Ferula sinkiangensis
(-)-galbelgin (-)- 瓣蕊花素 ▲ 卵叶胡椒 Piper attenuatum, 石南藤 P. wallichii
(+)-galbelgin (+)- 瓣蕊花素 ▲ 红楠 Machilus thunbergii
(-)-galcatin (-)- 浆果瓣蕊花亭 ▲ 金山五味子 Schisandra glaucescens
galdosol 加那利鼠尾草酚 ▲ 撒尔维亚 Salvia officinalis, 云南鼠尾草 S. yunnanensis
galegine 山羊豆碱 熏倒牛 Biebersteinia heterostemon
galeobdoside 小野芝麻苷 小野芝麻 Galeobdolon chinense
(+)-galeon (+)- 香杨梅酮 野核桃 Juglans cathayensis, 青杨梅 Myrica adenophora
galeon 香杨梅酮 野核桃 Juglans cathayensis, 胡桃楸 J. mandshurica
(+)-galeopsin (+)- 鼬瓣花素 ▲ 细叶益母草 Leonurus sibiricus
galeopsin 鼬瓣花素 ▲ 益母草 Leonurus japonicus
galericulin 盔状黄芩林素 ▲ 盔状黄芩 Scutellaria galericulata
galeroside 盔状黄芩苷 ▲ 盔状黄芩 Scutellaria galericulata
(±)-galgravin (±)- 瓣蕊花格拉文 ▲ 玉兰 Yulania denudata
galgravin 瓣蕊花格拉文 ▲ 石菖蒲 Acorus gramineus, 毛蒟 Piper hongkongense, 风藤 P. kadsura, 短蒟 P. mullesua, 石南藤 P. wallichii, 合蕊五味子 Schisandra propinqua, 铁箍散 S. propinqua var. sinensis
galinsoside A, B 牛膝菊苷 ▲A, B 牛膝菊 Galinsoga parviflora
galioside 拉拉藤苷 ▲ 白花蛇舌草 Hedyotis diffusa
galiosin 拉拉藤辛 ▲ 蓬子菜 Galium verum
gallaldehyde; gallic aldehyde 没食子醛 印度羊角藤 Morinda umbellata, 刚毛柽柳 Tamarix hispida, 短穗柽柳 T. laxa, 多枝柽柳 T. ramosissima
gallic acid 没食子酸 常见成分，至少分布于 100 种以上植物中
gallic acid butyl ester 没食子酸丁酯 中华抱茎蓼 Polygonum amplexicaule var. sinense
gallic acid methyl ester; methyl gallate 没食子酸甲酯 较常见成分，至少分布于 30 种以上植物中，见于白花丹科、柽柳科、唇形科、大戟科、豆科、橄榄科、海桑科、胡桃科、虎耳草科、夹竹桃科、金缕梅科、景天科、壳斗科、苦木科、楝科、蓼科、菱科、柳叶菜科、牻牛儿苗科、葡萄科、漆树科、槭树科、蔷薇科、忍冬科、山茱萸科、芍药科、蛇菰科、石榴科、使君子科、柿科、睡莲科、桃金娘科、无患子科、五加科、野牡丹科、芸香科等
gallic acid methyl ester-3-*O*-*β*-D-(6'-*O*-galloyl)-glucose 没食子酸甲酯 -3-*O*-*β*-D-(6'-*O*- 没食子酰基)- 葡萄糖 乌冈栎 Quercus phillyraeoides
gallic acid methyl ester-4-*O*-*β*-D-glucopyranoside 没食子酸甲酯 -4-*O*-*β*-D- 吡喃葡萄糖苷 绢毛蔷薇 Rosa sericea
gallic acid-3-monomethyl ether 没食子酸 -3- 甲酯 兴安杜鹃花 Rhododendron dauricum
gallic acid-3-*O*-(6'-*O*-galloyl)-*β*-D-glucose 没食子酸 -3-*O*-(6'-*O*- 没食子酰基)-*β*-D- 葡萄糖 化香树 Platycarya strobilacea
gallic acid-3-*O*-*β*-D-(6'-*O*-galloyl)-glucopyranoside 没食子酸 -3-*O*-*β*-D-(6'-*O*- 没食子酰基)- 吡喃葡萄糖苷 石榴 Punica granatum
gallic acid-3-*β*-glucopyranoside 没食子酸 -3-*β*- 吡喃葡萄糖苷 葡萄 Vitis vinifera
gallic acid-4-methyl ester 没食子酸 -4- 甲酯 麻疯树 Jatropha curcas

gallic acid-4-*O*-(6'-*O*-galloyl)-*β*-D-glucose 没食子酸 -4-*O*-(6'-*O*- 没食子酰基)-*β*-D- 葡萄糖 泽漆 Euphorbia helioscopia

gallic acid-4-*O*-*β*-D-(6'-*O*-galloyl)-glucopyranoside 没食子酸 -4-*O*-*β*-D-(6'-*O*- 没食子酰基)- 吡喃葡萄糖苷 苦槠 Castanopsis sclerophylla, 山茱萸 Cornus officinalis

gallic acid-4-*O*-*β*-D-glucopyranoside 没食子酸 -4-*O*-*β*-D- 吡喃葡萄糖苷 山茱萸 Cornus officinalis

gallic acid-4-*β*-glucopyranoside 没食子酸 -4-*β*- 吡喃葡萄糖苷 葡萄 Vitis vinifera

gallic glucoside 没食子葡萄糖苷 楝叶吴萸 Euodia glabrifolia, 紫锦木 Euphorbia cotinifolia subsp. cotinoides

gallicoside A, B, C 没食子苷 A, B, C 法国蔷薇 Rosa gallica

(-)-gallocatechin (-)- 没食子儿茶素 元宝槭 Acer truncatum, 茶 Camellia sinensis, 普洱茶 C. sinensis var. assamica, 南五味子 Kadsura longipedunculata, 珠芽艾麻 Laportea bulbifera, 荔枝 Litchi chinensis, 金钱松 Pseudolarix amabilis, 长白蔷薇 Rosa koreana, 铁箍散 Schisandra propinqua var. sinensis, 酸枣 Ziziphus jujuba var. spinosa

(+)-gallocatechin (+)- 没食子儿茶素 骆驼刺 Alhagi camelorum, 白蔹 Ampelopsis japonica, 罗布麻 Apocynum venetum, 三棱枝杭子梢 Campylotropis trigonoclada, 木麻黄 Casuarina equisetifolia, 头状四照花 Dendrobenthamia capitata, 越南咀签 Gouania leptostachya var. tonkinensis, 北枳椇 Hovenia dulcis, 荔枝 Litchi chinensis, 潺槁木姜子 Litsea glutinosa, 矮桃 Lysimachia clethroides, 紫荆木 Madhuca pasquieri, 人心果 Manilkara zapota, 莲 Nelumbo nucifera, 清香木 Pistacia weinmanniifolia, 三球悬铃木 Platanus orientalis, 化香树 Platycarya strobilacea, 麻栎 Quercus acutissima, 柞栎 Q. dentata, 夏栎 Q. robur, 毛梾 Swida walteri, 三叉蕨 Tectaria subtriphylla, 滑桃树 Trevia nudiflora, 酸枣 Ziziphus jujuba var. spinosa

G

(±)-gallocatechin (±)- 没食子儿茶素 余甘子 Phyllanthus emblica

7-*O*-gallocatechin 7-*O*- 没食子儿茶素 鹿藿 Rhynchosia volubilis

gallocatechin 没食子儿茶素 西南五月茶 Antidesma acidum, 茶 Camellia sinensis, 橄榄 Canarium album, 灯油藤 Celastrus paniculatus, 小蓝雪花 Ceratostigma minus, 油柿 Diospyros oleifera, 草麻黄 Ephedra sinica, 一叶萩 Flueggea suffruticosa, 直立老鹳草 Geranium rectum, 银杏 Ginkgo biloba, 厚叶算盘子 Glochidion hirsutum, 银合欢 Leucaena leucocephala, 大叶补血草 Limonium gmelinii, 百脉根 Lotus corniculatus, 桑 Morus alba, 香蕉 Musa acuminata 'Dwarf cavendish', 地锦 Parthenocissus tricuspidata, 余甘子 Phyllanthus emblica, 杏李 Prunus simonii, 番石榴 Psidium guajava, 黑茶藨子 Ribes nigrum, 酸模 Rumex acetosa, 五味子 Schisandra chinensis, 密花豆 Spatholobus suberectus, 葡萄 Vitis vinifera, 文冠果 Xanthoceras sorbifolium

(-)-gallocatechin gallate (-)- 没食子儿茶素没食子酸酯 亮叶猴耳环 Pithecellobium lucidum

gallocatechin gallate 没食子儿茶素没食子酸酯 元宝槭 Acer truncatum, 橄榄 Canarium album, 桑 Morus alba

(+)-gallocatechin-(4*α*,8)-catechin (+)- 没食子儿茶素 -(4*α*,8)- 儿茶素 莲 Nelumbo nucifera

(+)-gallocatechin-(4*α*→6)-(+)-catechin (+)- 没食子儿茶素 -(4*α*→6)-(+)- 儿茶素 柞栎 Quercus dentata

gallocatechin-(4*α*→8)-catechin 没食子儿茶素 -(4*α*→8)- 儿茶素 番石榴 Psidium guajava

gallocatechin-(4*α*→8)-gallocatechin 没食子儿茶素 -(4*α*→8)- 没食子儿茶素 番石榴 Psidium guajava

gallocatechin-3-gallate 没食子儿茶素 -3- 没食子酸酯 茶 Camellia sinensis

(-)-gallocatechin-3-*O*-gallate (-)- 没食子儿茶素 -3-*O*- 没食子酸酯 茶 Camellia sinensis, 普洱茶 C. sinensis var. assamica

gallocatechin-3-*O*-gallate 没食子儿茶素 -3-*O*- 没食子酸酯 油柿 Diospyros oleifera

(+)-gallocatechol (+)- 没食子儿茶酚 叉分蓼 Polygonum divaricatum

gallotannin 没食子鞣质 罗布麻 Apocynum venetum, 山茱萸 Cornus officinalis, 黄连木 Pistacia chinensis, 火炬树 Rhus typhina

gallotannin 8 没食子鞣质 8 匍匐大戟 Euphorbia prostrata

galloylalbiflorin 没食子酰白芍苷 芍药 Paeonia lactiflora

galloylcatechin 没食子酰儿茶素 扶芳藤 Euonymus fortunei

galloylepicatechin 没食子酰表儿茶素 栾树 Koelreuteria paniculata

3-galloylgallic acid 3- 没食子酰没食子酸 盐肤木 Rhus chinensis

4-galloylgallic acid 4- 没食子酰没食子酸 盐肤木 Rhus chinensis

galloylgeraniin 没食子酰老鹳草鞣质 血桐 Macaranga tanarius var. tomentosa

1,2,3,4,6-galloylglucopyranose 1,2,3,4,6- 五没食子酰吡喃葡萄糖 芍药 Paeonia lactiflora

1-galloylglucose 1- 没食子酰葡萄糖 乌墨 Syzygium cumini

3-galloylglucose 3- 没食子酰葡萄糖 乌墨 Syzygium cumini

6-galloylglucose 6- 没食子酰葡萄糖 石榴 Punica granatum

galloylglucose 没食子酰葡萄糖 月见草 Oenothera biennis, 抱茎蓼 Polygonum amplexicaule, 小大黄 Rheum pumilum, 总序大黄 R. racemiferum, 窄叶大黄 R. sublanceolatum, 地榆 Sanguisorba officinalis, 毗黎勒 Terminalia bellirica

galloyl-HHDP-glucopyranose 没食子酰基六羟基联苯甲酰吡喃葡萄糖 龙眼 Dimocarpus longan, 月见草 Oenothera biennis

6''-galloylmyricetin-3-*O*-*β*-D-galactopyranoside 6''- 没食子酰杨梅素 -3-*O*-*β*-D- 吡喃半乳糖苷 黄花补血草 Limonium aureum

2''-galloylmyricitrin 2''- 没食子酰杨梅苷 萹蓄 Polygonum aviculare

galloyloxypaeoniflorin 没食子酰氧化芍药苷 草芍药 Paeonia obovata, 牡丹 P. suffruticosa

galloylpaeoniflorin 没食子酰芍药苷 川赤芍 Paeonia anomala subsp. veitchii, 块根芍药 P. intermedia, 芍药 P. lactiflora, 草芍药 P. obovata, 牡丹 P. suffruticosa

galloylpunicafolin 没食子酰石榴叶素▲ 血桐 Macaranga tanarius var. tomentosa

3'-galloylquercitrin 3'- 没食子酰槲皮素 栾树 Koelreuteria paniculata

galloyl-*β*-D-glucopyranoside 没食子酰基 -*β*-D- 吡喃葡萄糖苷 显齿蛇葡萄 Ampelopsis grossedentata, 月季 Rosa chinensis

1-galloyl-*β*-glucose 1- 没食子酰基 -*β*- 葡萄糖 野梧桐 Mallotus japonicus

galuteolin 山羊豆木犀草素▲ 芫花 Daphne genkwa, 野拔子 Elsholtzia rugulosa, 泽漆 Euphorbia helioscopia, 圣罗勒 Ocimum sanctum, 天山

棱子芹 Pleurospermum lindleyanum, 红蓼 Polygonum orientale, 阴行草 Siphonostegia chinensis
gamabufotalin 和蟾蜍他灵 铁筷子 Helleborus thibetanus
gamatin 水黄皮玛亭▲ 水黄皮 Pongamia pinnata
gambogenone 大叶藤黄精酮▲ 大叶藤黄 Garcinia xanthochymus
gammacer-16-en-3-one 伽马蜡 -16- 烯 -3- 酮 毛连菜 Picris hieracioides
gammacer-16-en-3α-ol 伽马蜡 -16- 烯 -3α- 醇 毛连菜 Picris hieracioides
gammacer-16-en-3β-ol 伽马蜡 -16- 烯 -3β- 醇 毛连菜 Picris hieracioides
gammacer-16-en-3β-yl acetate 伽马蜡 -16- 烯 -3β- 醇乙酸酯 毛连菜 Picris hieracioides
gamnamoside 柿莫苷▲ 柿 Diospyros kaki
ganbajunin B, D, E 干巴菌素▲B, D, E 莲座革菌 Thelephora vialis
gancaonin A 甘草宁 A 柘树 Cudrania tricuspidata, 甘草 Glycyrrhiza uralensis
gancaonin B 甘草宁 B 柘树 Cudrania tricuspidata, 甘草 Glycyrrhiza uralensis
gancaonin C, D, E, I, N, O, P 甘草宁 C, D, E, I, N, O, P 甘草 Glycyrrhiza uralensis
gancaonin G 甘草宁 G 洋甘草 Glycyrrhiza glabra, 甘草 G. uralensis
gancaonin H 甘草宁 H 洋甘草 Glycyrrhiza glabra, 甘草 G. uralensis
gancaonin L 甘草宁 L 洋甘草 Glycyrrhiza glabra, 甘草 G. uralensis
gancaonin M 甘草宁 M 红花山竹子 Corethrodendron multijugum, 甘草 Glycyrrhiza uralensis
gancaonin P-3'-methylether 甘草宁 P-3'- 甲醚 甘草 Glycyrrhiza uralensis
gancaonin W 甘草宁 W 粗毛甘草 Glycyrrhiza aspera
gancaonin Z 甘草宁 Z 胀果甘草 Glycyrrhiza inflata
gancaonin-3'-*O*-methyl ether 甘草宁 -3'-*O*- 甲醚 小槐花 Ohwia caudata
gancaonol A, B, C 甘草诺酚▲A, B, C 甘草 Glycyrrhiza uralensis
gandavensin A~H 唐菖蒲素 A~H 唐菖蒲 Gladiolus × gandavensis
gandharamine 犍陀罗小檗明碱▲ 臭檀吴萸 Euodia daniellii
ganervosin A, B 甘肃显脉香茶菜素 A, B 显脉香茶菜 Isodon nervosus
gangenoid 大叶山蚂蝗碱▲ 大叶山蚂蝗 Desmodium gangeticum
gangetial 大叶山蚂蝗醛▲ 大叶山蚂蝗 Desmodium gangeticum
gangetin 大叶山蚂蟥素▲ 大叶山蚂蝗 Desmodium gangeticum
gangetinin 大叶山蚂蝗宁▲ 大叶山蚂蝗 Desmodium gangeticum, 短梗胡枝子 Lespedeza cyrtobotrya
ganhuangemin 甘黄芩素 甘肃黄芩 Scutellaria rehderiana
ganhuangenin 甘黄芩苷元 甘肃黄芩 Scutellaria rehderiana
ganoderenic acid A 灵芝烯酸 A 树舌灵芝 Ganoderma applanatum, 灵芝 G. lucidum
ganoderenic acid B 灵芝烯酸 B 树舌灵芝 Ganoderma applanatum, 灵芝 G. lucidum
ganoderenic acid C, E, H, K 灵芝烯酸 C, E, H, K 灵芝 Ganoderma lucidum
ganoderenic acid D 灵芝烯酸 D 树舌灵芝 Ganoderma applanatum, 灵芝 G. lucidum, 松杉灵芝 G. tsugae
ganoderenic acid F 灵芝烯酸 F 树舌灵芝 Ganoderma applanatum, 灵芝 G. lucidum
ganoderenic acid G 灵芝烯酸 G 树舌灵芝 Ganoderma applanatum, 灵芝 G. lucidum
ganoderic acid A 灵芝酸 A 灵芝 Ganoderma lucidum, 中华紫芝 G. sinense, 松杉灵芝 G. tsugae
ganoderic acid AM_1 灵芝酸 AM_1 灵芝 Ganoderma lucidum
ganoderic acid AP_2, AP_3 灵芝酸 AP_2, AP_3 树舌灵芝 Ganoderma applanatum
ganoderic acid B 灵芝酸 B 灵芝 Ganoderma lucidum, 中华紫芝 G. sinense, 松杉灵芝 G. tsugae
ganoderic acid B_8, B_9, C_2 灵芝酸 B_8, B_9, C_2 灵芝 Ganoderma lucidum
ganoderic acid C 灵芝酸 C 灵芝 Ganoderma lucidum, 松杉灵芝 G. tsugae
ganoderic acid C_1 灵芝酸 C_1 灵芝 Ganoderma lucidum, 中华紫芝 G. sinense
ganoderic acid C_5 灵芝酸 C_5 松杉灵芝 Ganoderma tsugae
ganoderic acid C_6 灵芝酸 C_6 灵芝 Ganoderma lucidum, 松杉灵芝 G. tsugae
ganoderic acid D 灵芝酸 D 灵芝 Ganoderma lucidum, 中华紫芝 G. sinense, 松杉灵芝 G. tsugae
ganoderic acid D_2, F 灵芝酸 D_2, F 灵芝 Ganoderma lucidum
ganoderic acid DM 灵芝酸 DM 灵芝 Ganoderma lucidum, 中华紫芝 G. sinense
ganoderic acid E 灵芝酸 E 灵芝 Ganoderma lucidum, 松杉灵芝 G. tsugae
ganoderic acid G 灵芝酸 G 灵芝 Ganoderma lucidum, 中华紫芝 G. sinense, 松杉灵芝 G. tsugae
ganoderic acid GS-1, GS-2, GS-3 灵芝酸 GS-1, GS-2, GS-3 中华紫芝 Ganoderma sinense
ganoderic acid 灵芝酸 H, I, J, Ja, Jb, K, L, LM_2, M_1, M_2, M_3, Ma~Ml, N, O, P, P_2, Q, R, S, Sz, T, T-Q, TR, TR_1, V, V_1, W, X, Y, α, γ, δ, ε, ζ, η, θ 灵芝 Ganoderma lucidum
ganoderic acid U 灵芝酸 U 灵芝 Ganoderma lucidum, 五味子 Schisandra chinensis
ganoderic acid Z 灵芝酸 Z 乳香树 Boswellia carteri, 灵芝 Ganoderma lucidum, 窄叶鲜卑花 Sibiraea angustata
ganoderic acid β 灵芝酸 β 灵芝 Ganoderma lucidum, 中华紫芝 G. sinense
ganoderic aldehyde TR 灵芝醛 TR 灵芝 Ganoderma lucidum
ganoderiol A 灵芝醇 A 灵芝 Ganoderma lucidum, 中华紫芝 G. sinense, 松杉灵芝 G. tsugae, 箣柊 Scolopia chinensis

G

ganoderiol A triacetate 灵芝醇 A 三乙酸酯 中华紫芝 Ganoderma sinense
ganoderiol B, C, E, G, H, I 灵芝醇 B, C, E, G, H, I 灵芝 Ganoderma lucidum
ganoderiol D 灵芝醇 D 灵芝 Ganoderma lucidum, 中华紫芝 G. sinense
ganoderiol F 灵芝醇 F 灵芝 Ganoderma lucidum, 中华紫芝 G. sinense, 箣柊 Scolopia chinensis
ganoderma aldehyde 灵芝醛 树舌灵芝 Ganoderma applanatum
ganodermadiol 灵芝二醇 灵芝 Ganoderma lucidum, 中华紫芝 G. sinense, 箣柊 Scolopia chinensis
ganodermanondiol 灵芝酮二醇 灵芝 Ganoderma lucidum, 中华紫芝 G. sinense, 松杉灵芝 G. tsugae
ganodermanontriol 灵芝酮三醇 灵芝 Ganoderma lucidum, 中华紫芝 G. sinense, 松杉灵芝 G. tsugae, 箣柊 Scolopia chinensis
ganodermatriol 灵芝三醇 灵芝 Ganoderma lucidum, 中华紫芝 G. sinense, 松杉灵芝 G. tsugae
ganoderol A, B 灵芝洛醇▲A, B 灵芝 Ganoderma lucidum
ganodone 灵芝酮▲ 松杉灵芝 Ganoderma tsugae
ganolactone B 灵芝内酯 中华紫芝 Ganoderma sinense
ganolucidic acid A~E 红芝酸▲A~E 灵芝 Ganoderma lucidum
ganosinensic acid A, B 紫芝酸 A, B 中华紫芝 Ganoderma sinense
ganosinensin A, B, C 紫芝素▲A, B, C 中华紫芝 Ganoderma sinense
ganosporelactone A, B 灵芝孢子内酯 A, B 灵芝 Ganoderma lucidum
ganosporeric acid A 灵芝孢子酸 A 灵芝 Ganoderma lucidum
ganschisandrin 甘五味子素▲ 翼梗五味子 Schisandra henryi, 铁箍散 S. propinqua var. sinensis, 华中五味子 S. sphenanthera
gansongol 甘松根醇 甘松 Nardostachys jatamansi
gansongone 甘松根酮 甘松 Nardostachys jatamansi
ganwuweizic acid; schisandronic acid 甘五味子酸 五味子 Schisandra chinensis, 翼梗五味子 S. henryi, 球蕊五味子 S. sphaerandra
ganxinoside A 甘西鼠尾草苷 A 甘西鼠尾草 Salvia przewalskii
ganxintriol A, B 甘西鼠尾草三醇 A, B 甘西鼠尾草 Salvia przewalskii
(-)-garbanzol (-)-鹰嘴豆醇 漆 Toxicodendron vernicifluum
garbanzol 鹰嘴豆醇 鹰嘴豆 Cicer arietinum, 小槐花 Ohwia caudata
garccowaside A, B, C 云树苷▲A, B, C 云树 Garcinia cowa
garcibiphenyl C 兰屿福木联苯 C 石南藤 Piper wallichii
garcicowanone A, B 云树新酮▲A, B 云树 Garcinia cowa
garcicowin A, B, D 云树素▲A, B, D 云树 Garcinia cowa
garcicowin C 云树素▲C 云树 Garcinia cowa, 金丝李 G. paucinervis
garcihombronone C 山凤果酮▲C 岭南山竹子 Garcinia oblongifolia
garcimangosone A, B, C 莽吉柿酮▲A, B, C 莽吉柿 Garcinia mangostana
garcimangosone D 莽吉柿酮▲D 直杆蓝桉 Eucalyptus maidenii, 莽吉柿 Garcinia mangostana, 栽秧花 Hypericum beanii, 石南藤 Piper wallichii, 密花远志 Polygala tricornis, 火棘 Pyracantha fortuneana
garcimangostanol 莽吉柿酚▲ 莽吉柿 Garcinia mangostana
garcimangosxanthone A~G 倒捻子呫吨酮▲A~G 莽吉柿 Garcinia mangostana
garcimultiflorone A~G 木竹子酮▲A~G 木竹子 Garcinia multiflora
garcinenone A~F, X, Y 藤黄烯酮▲A~F, X, Y 大叶藤黄 Garcinia xanthochymus
garcinexanthone A~F 大叶藤黄呫酮▲A~F 大叶藤黄 Garcinia xanthochymus
garcinia acid diethyl ester 藤黄酸▲二乙酯 玫瑰茄 Hibiscus sabdariffa
garciniacowol 云树酚▲ 云树 Garcinia cowa
garciniacowone 云树酮▲ 云树 Garcinia cowa
garciniafuran 藤黄呋喃▲ 莽吉柿 Garcinia mangostana
garciniagifolone A 岭南山竹子酮▲A 岭南山竹子 Garcinia oblongifolia
garcinialone 藤黄洛酮▲ 木竹子 Garcinia multiflora
garcinianin A, B 木竹子色素▲A, B 木竹子 Garcinia multiflora
garcinianone A 藤黄诺酮▲A 云树 Garcinia cowa, 木竹子 G. multiflora
garcinianone B 藤黄诺酮▲B 木竹子 Garcinia multiflora
garciniaxanthone E, H 藤黄呫酮▲E, H 大叶藤黄 Garcinia xanthochymus
garcinone 藤黄新酮▲ 云树 Garcinia cowa
garcinone A 藤黄新酮▲A 黄牛木 Cratoxylum cochinchinense, 莽吉柿 Garcinia mangostana
garcinone B 藤黄新酮▲B 黄牛木 Cratoxylum cochinchinense, 红芽木 C. formosum subsp. pruniflorum, 莽吉柿 Garcinia mangostana, 金丝梅 Hypericum patulum
garcinone C 藤黄新酮▲C 莽吉柿 Garcinia mangostana
garcinone D 藤黄新酮▲D 黄牛木 Cratoxylum cochinchinense, 莽吉柿 Garcinia mangostana
garcinone E 藤黄新酮▲E 莽吉柿 Garcinia mangostana, 岭南山竹子 G. oblongifolia
garciobioxanthone 岭南山竹子双呫酮▲ 岭南山竹子 Garcinia oblongifolia
gardaloside 栀子醛苷▲ 栀子 Gardenia jasminoides
gardenal I, II, III 栀子烯醛▲I, II, III 栀子 Gardenia jasminoides

gardenamide 栀子酰胺 栀子 Gardenia jasminoides
(5*R*,9*R*)-gardenate A (5*R*,9*R*)- 栀子酸酯 ▲A 栀子 Gardenia jasminoides
(5*S*,9*S*)-gardenate A (5*S*,9*S*)- 栀子酸酯 ▲A 栀子 Gardenia jasminoides
(10*R*,11*R*)-gardendiol (10*R*,11*R*)- 栀子二醇 栀子 Gardenia jasminoides
(10*S*,11*S*)-gardendiol (10*S*,11*S*)- 栀子二醇 栀子 Gardenia jasminoides
gardendiol 栀子二醇 蒙古芯芭 Cymbaria mongolica
gardenianan A 栀子脂素 ▲A 栀子 Gardenia jasminoides
gardenic acid 栀子酸 栀子 Gardenia jasminoides
gardenin A 栀子素 A 栀子 Gardenia jasminoides, 千里香 Murraya paniculata, 黄荆 Vitex negundo
gardenin B 栀子素 B 甜橙 Citrus sinensis, 香青兰 Dracocephalum moldavica, 栀子 Gardenia jasminoides, 紫苏草 Limnophila aromatica, 黄荆 Vitex negundo
gardenin C 栀子素 C 栀子 Gardenia jasminoides, 千里香 Murraya paniculata
gardenin D 栀子素 D 栀子 Gardenia jasminoides, 冬凌草 Isodon rubescens
gardenin E 栀子素 E 栀子 Gardenia jasminoides, 千里香 Murraya paniculata
gardeniside A, B, C 栀子尼苷 ▲A, B, C 栀子 Gardenia jasminoides
gardenolic acid A, B 栀子花酸 A, B 栀子 Gardenia jasminoides
gardenoside 栀子苷 狗肝菜 Dicliptera chinensis, 栀子 Gardenia jasminoides, 白花蛇舌草 Hedyotis diffusa, 短花水金京 Wendlandia formosana subsp. breviflora
gardenosidic acid 栀子苷酸 四叶葎 Galium bungei
gardfloramine 多花蓬莱葛胺 蓬莱葛 Gardneria multiflora, 卵叶蓬莱葛 G. ovata
gardfloramine-9-*O*-*β*-D-glucopyranoside 多花蓬莱葛胺 -9-*O*-*β*-D- 吡喃葡萄糖苷 卵叶蓬莱葛 Gardneria ovata
gardfloramine-N^4-oxide 多花蓬莱葛胺 -N^4- 氧化物 卵叶蓬莱葛 Gardneria ovata
α-gardiol *α*- 栀子酯二醇 ▲ 皱叶醉鱼草 Buddleja crispa, 栀子 Gardenia jasminoides, 毛蕊花 Verbascum thapsum, 水红木 Viburnum cylindricum
β-gardiol *β*- 栀子酯二醇 ▲ 皱叶醉鱼草 Buddleja crispa, 栀子 Gardenia jasminoides, 毛蕊花 Verbascum thapsum, 水红木 Viburnum cylindricum
gardmultimine A 蓬莱葛明碱 ▲A 蓬莱葛 Gardneria multiflora
gardmultine 多花蓬莱葛亭碱 蓬莱葛 Gardneria multiflora, 卵叶蓬莱葛 G. ovata
gardmutine A~F 蓬莱葛亭碱 ▲A~F 蓬莱葛 Gardneria multiflora
gardneramine 蓬莱葛胺 蓬莱葛 Gardneria multiflora, 卵叶蓬莱葛 G. ovata
gardneramine-N^4-oxide 蓬莱葛胺 -N^4- 氧化物 卵叶蓬莱葛 Gardneria ovata
gardoside 栀子新苷 绵参 Eriophyton wallichii, 栀子 Gardenia jasminoides, 中亚兔耳草 Lagotis integrifolia, 海滨车前 Plantago camtschatica, 兔儿尾苗 Pseudolysimachion longifolium, 地黄 Rehmannia glutinosa
gardoside methyl ester 栀子新苷甲酯 栀子 Gardenia jasminoides, 短茎马先蒿 Pedicularis artselaeri, 长舟马先蒿 P. dolichocymba, 甘肃马先蒿 P. kansuensis, 沼生马先蒿 P. palustris, 穗花马先蒿 P. spicata, 扭旋马先蒿 P. torta
gardovatine 卵叶蓬莱葛碱 ▲ 卵叶蓬莱葛 Gardneria ovata
garjasmin 栀子明 ▲ 水红木 Viburnum cylindricum, 栀子 Gardenia jasminoides
gartanin 莽吉柿素 ▲ 莽吉柿 Garcinia mangostana
garuganin I, III, IV, V, VI 白头树素 I, III, IV, V, VI 羽叶白头树 Garuga pinnata
gastrodamine 天麻羟胺 天麻 Gastrodia elata
gastrodianin 天麻宁 天麻 Gastrodia elata
gastrodigenin 天麻苷元 黄花白及 Bletilla ochracea, 天麻 Gastrodia elata
gastrodin 天麻苷 黄花白及 Bletilla ochracea, 丁座草 Boschniakia himalaica, 凹舌兰 Coeloglossum viride, 杜鹃兰 Cremastra appendiculata, 短柄五加 Eleutherococcus brachypus, 山珊瑚 Galeola faberi, 天麻 Gastrodia elata, 手参 Gymnadenia conopsea
gastrodin A 天麻苷 A 天麻 Gastrodia elata
gastrodioside 天麻醚苷 天麻 Gastrodia elata
gastrol A 天麻酚 ▲A 天麻 Gastrodia elata
gaudichaudione H 戈氏藤黄二酮 ▲H 单花山竹子 Garcinia oligantha
gaultherialine A 白珠树林碱 ▲A 铜钱叶白珠 Gaultheria nummularioides
gaultherin 白株树苷 黑果越桔 Vaccinium myrtillus
gaultherin A~D 滇白珠素 A~D 白果白珠 Gaultheria leucocarpa
gaultheroside A 滇白珠苷 A 白果白珠 Gaultheria leucocarpa
gaylussacin 佳露果素 ▲ 棱茎黄芩 Scutellaria scandens
gazaniolide 勋章菊内酯 ▲ 月桂 Laurus nobilis
GB -1, -1a, -2, -2a 布氏藤黄双黄酮 -1, -1a, -2, -2a 红芽木 Cratoxylum formosum subsp. pruniflorum
gehuain 葛花素 ▲ 朝鲜槐 Maackia amurensis, 葛 Pueraria montana var. lobata
geibalansine 巴兰耶伊木碱 ▲ 文旦 Citrus maxima'Wentan'
geijerene 耶伊木烯 ▲ 挥发油成分，未统计基源
gein; geoside 路边青苷 ▲ 唐古红景天 Rhodiola algida var. tangutica, 无患子 Sapindus saponaria

geissoschizine methyl ether 叠籽木裂嗪▲甲醚 钩藤 Uncaria rhynchophylla, 攀茎钩藤 U. scandens
geissoschizine methyl ether-*N*-oxide 叠籽木裂嗪▲甲醚 -*N*- 氧化物 钩藤 Uncaria rhynchophylla
geissoschizol 叠籽木裂醇▲ 蛇根木 Rauvolfia serpentina, 萝芙木 R. verticillata, 尖蕾狗牙花 Tabernaemontana bufalina
7*R*-geissoschizol oxindole 7*R*- 叠籽木裂醇▲氧化吲哚 伞房狗牙花 Tabernaemontana corymbosa
7*S*-geissoschizol oxindole 7*S*- 叠籽木裂醇▲氧化吲哚 伞房狗牙花 Tabernaemontana corymbosa
geleboline A, B, C 钩吻咔啉▲A, B, C 钩吻 Gelsemium elegans
gelegamine D 钩吻胺 D 钩吻 Gelsemium elegans
geleganamide 钩吻甘酰胺▲ 钩吻 Gelsemium elegans
geleganidine A, B, C 钩吻加尼定▲A, B, C 钩吻 Gelsemium elegans
geleganimine A, B 钩吻尼明▲A, B 钩吻 Gelsemium elegans
geleganoid A~F 钩吻萜▲A~F 钩吻 Gelsemium elegans
geleganoside A, B 钩吻诺苷▲A, B 钩吻 Gelsemium elegans
gelidolin 长鳞红景天素▲ 长鳞红景天 Rhodiola gelida
gelidoside 寒原龙胆苷▲ 龙胆 Gentiana scabra, 管花秦艽 G. siphonantha
gelolin 长鳞红景天洛素▲ 长鳞红景天 Rhodiola gelida
gelomulide G 多花白树内酯▲G 海南巴豆 Croton laui
gelsamydine 钩吻麦定 钩吻 Gelsemium elegans
gelsecrotonidine 钩吻巴豆定▲ 钩吻 Gelsemium elegans
gelsedilam 钩吻二内酰胺▲ 钩吻 Gelsemium elegans
gelsedine 钩吻定碱 钩吻 Gelsemium elegans
gelsefuranidine 钩吻呋喃定▲ 钩吻 Gelsemium elegans
gelsegamine A~E 钩吻加明▲A~E 钩吻 Gelsemium elegans
gelseganine A~D 钩吻加宁▲A~D 钩吻 Gelsemium elegans
gelseiridone 钩吻环烯醚酮▲ 钩吻 Gelsemium elegans
gelselegine 钩吻精碱 钩吻 Gelsemium elegans
gelselenidine 钩吻尼定▲ 钩吻 Gelsemium elegans
gelsemamide 钩吻酰胺 钩吻 Gelsemium elegans
gelsemine 钩吻碱 钩吻 Gelsemium elegans
4-(*R*)-gelsemine-*N*-oxide 4-(*R*)- 钩吻碱 -*N*- 氧化物 钩吻 Gelsemium elegans
4-(*S*)-gelsemine-*N*-oxide 4-(*S*)- 钩吻碱 -*N*- 氧化物 钩吻 Gelsemium elegans
gelsemine-*N*-oxide 钩吻碱 -*N*- 氧化物 钩吻 Gelsemium elegans
gelsemolenine A, B 钩吻烯宁▲A, B 钩吻 Gelsemium elegans
gelsemoxonine 钩吻醚宁▲ 钩吻 Gelsemium elegans
gelsenicine 钩吻尼辛▲ 钩吻 Gelsemium elegans
gelsenine 钩吻宁碱 钩吻 Gelsemium elegans
gelseoxazolidinine 钩吻口恶唑宁▲ 钩吻 Gelsemium elegans
gelsesyringalidine 钩吻丁香定▲ 钩吻 Gelsemium elegans
gelsevanillidine 钩吻香荚兰定▲ 钩吻 Gelsemium elegans
gelsevirine 常绿钩吻灵▲ 钩吻 Gelsemium elegans
(4*R*)-gelsevirine-N_4-oxide (4*R*)- 常绿钩吻灵▲-N_4- 氧化物 钩吻 Gelsemium elegans
gelseziridine 钩吻氧氮丙啶▲ 钩吻 Gelsemium elegans
gelsochalotine 钩吻夏洛亭▲ 钩吻 Gelsemium elegans
gemichalcone A, B 双花金丝桃查耳酮▲A, B 波罗蜜 Artocarpus heterophyllus
gemin A 路边青素▲A 柔毛路边青 Geum japonicum var. chinense, 翻白草 Potentilla discolor
gemin D 路边青素▲D 日本桤木 Alnus japonica, 喜树 Camptotheca acuminata, 板栗 Castanea mollissima, 苦槠 Castanopsis sclerophylla, 山茱萸 Cornus officinalis, 柳兰 Epilobium angustifolium, 直杆蓝桉 Eucalyptus maidenii, 千根草 Euphorbia thymifolia, 胡桃 Juglans regia, 化香树 Platycarya strobilacea, 石榴 Punica granatum, 丁香 Syzygium aromaticum, 丘角菱 Trapa japonica, 虾子花 Woodfordia fruticosa
gemin G 路边青素▲G 柔毛路边青 Geum japonicum var. chinense
genameside B, D 美洲京尼帕木苷▲B, D 栀子 Gardenia jasminoides
genameside C 美洲京尼帕木苷▲C 栀子 Gardenia jasminoides, 地黄 Rehmannia glutinosa
geniconitine 膝瓣乌头碱 膝瓣乌头 Aconitum geniculatum, 直缘乌头 A. transsectum
geniculatine A~D 膝瓣乌头亭▲A~D 膝瓣乌头 Aconitum geniculatum
geniculine 膝瓣乌头林碱▲ 膝瓣乌头 Aconitum geniculatum
genicunine A 膝瓣乌头宁▲A 膝瓣乌头 Aconitum geniculatum, 贡嘎乌头 A. liljestrandii
genicunine B, C 膝瓣乌头宁▲B, C 膝瓣乌头 Aconitum geniculatum
(+)-genipin (+)- 京尼平 毛蕊花 Verbascum thapsum
genipin 京尼平 皱叶醉鱼草 Buddleja crispa, 杜仲 Eucommia ulmoides, 栀子 Gardenia jasminoides
genipin gentiobioside 京尼平龙胆二糖苷 栀子 Gardenia jasminoides, 地黄 Rehmannia glutinosa
genipin-1,10-di-*O*-*β*-D-glucopyranoside 京尼平 -1,10- 二 -*O*-*β*-D- 吡喃葡萄糖苷 栀子 Gardenia jasminoides

genipin-1-*O*-*α*-D-xylopyranosyl-(1 → 6)-*β*-D-glucopyranoside 京尼平 -1-*O*-*α*-D- 吡喃木糖基 -(1 → 6)-*β*-D- 吡喃葡萄糖苷 栀子 Gardenia jasminoides

genipin-1-*O*-*α*-L-rhamnopyranosyl-(1 → 6)-*β*-D-glucopyranoside 京尼平 -1-*O*-*α*-L- 吡喃鼠李糖苷 -(1 → 6)-*β*-D- 吡喃葡萄糖苷 栀子 Gardenia jasminoides

genipin-1-*O*-*β*-D-apiofuranosyl-(1 → 6)-*β*-D-glucopyranoside 京尼平 -1-*O*-*β*-D- 呋喃芹糖基 -(1 → 6)-*β*-D- 吡喃葡萄糖苷 栀子 Gardenia jasminoides

genipin-1-*O*-*β*-D-gentiobioside 京尼平 -1-*O*-*β*-D- 龙胆二糖苷 栀子 Gardenia jasminoides

genipin-1-*O*-*β*-D-isomaltoside 京尼平 -1-*O*-*β*-D- 异麦芽糖苷 栀子 Gardenia jasminoides

geniposide 京尼平苷 牛膝 Achyranthes bidentata, 熏倒牛 Biebersteinia heterostemon, 山石榴 Catunaregam spinosa, 肉苁蓉 Cistanche deserticola, 沙苁蓉 C. sinensis, 大青 Clerodendrum cyrtophyllum, 党参 Codonopsis pilosula, 隔山消 Cynanchum wilfordii, 杜仲 Eucommia ulmoides, 蓬子菜 Galium verum, 栀子 Gardenia jasminoides, 大黄栀子 G. sootepensis, 马缨丹 Lantana camara, 鸡矢藤 Paederia foetida, 地黄 Rehmannia glutinosa, 玄参 Scrophularia ningpoensis, 百部 Stemona japonica, 云南青牛胆 Tinospora sagittata var. yunnanensis, 牡荆 Vitex negundo var. cannabifolia

geniposidic acid 京尼平苷酸 盐生肉苁蓉 Cistanche salsa, 管花肉苁蓉 C. tubulosa, 杜仲 Eucommia ulmoides, 疏花卫矛 Euonymus laxiflorus, 小米草 Euphrasia pectinata, 蓬子菜 Galium verum, 栀子 Gardenia jasminoides, 白花蛇舌草 Hedyotis diffusa, 龙船花 Ixora chinensis, 海滨木巴戟 Morinda citrifolia, 阿拉善马先蒿 Pedicularis alaschanica, 刺齿马先蒿 P. armata, 短茎马先蒿 P. artselaeri, 甘肃马先蒿 P. kansuensis, 白花甘肃马先蒿 P. kansuensis subsp. kansuensis f. albiflora, 长花马先蒿 P. longiflora, 藓生马先蒿 P. muscicola, 轮叶马先蒿 P. verticillata, 松蒿 Phtheirospermum japonicum, 芒苞车前 Plantago aristata, 车前 P. asiatica, 海滨车前 P. camtschatica, 平车前 P. depressa, 大车前 P. major, 齿叶玄参 Scrophularia dentata, 北水苦荬 Veronica anagallis-aquatica, 染色水锦树 Wendlandia tinctoria

2'-genistein 2'- 染料木素 绿豆 Vigna radiata

genistein 染料木素 较常见成分，至少分布于 30 种以上植物中，见于豆科、红曲菌科、马齿苋科、毛茛科、泡头菌科、茜草科、蔷薇科、茄科、伞形科、桑科、石竹科、藤黄科、梧桐科、五味子科、五桠果科、旋花科、荨麻科、鸢尾科等

genistein-4',7-di-*O*-*β*-D-glucopyranoside 染料木素 -4',7- 二 -*O*-*β*-D- 吡喃葡萄糖苷 尼泊尔黄花木 Piptanthus nepalensis

genistein-4'-*O*-(6'''-*O*-*α*-L-rhamnopyranosyl)-*β*-sophoroside 染料木素 -4'-*O*-(6'''-*O*-*α*-L- 吡喃鼠李糖基)-*β*- 槐糖苷 槐 Sophora japonica

genistein-4'-*O*-(6''-*O*-*α*-L-rhamnopyranosyl)-*β*-sophoroside 染料木素 -4'-*O*-(6''-*O*-*α*-L- 吡喃鼠李糖基)-*β*- 槐糖苷 槐 Sophora japonica

genistein-4'-*O*-glucopyranoside 染料木素 -4'-*O*- 吡喃葡萄糖苷 砂珍棘豆 Oxytropis racemosa

genistein-4'-*O*-*α*-L-rhamnopyranoside 染料木素 -4'-*O*-*α*-L- 吡喃鼠李糖苷 牛蹄豆 Pithecellobium dulce

genistein-4'-*O*-*β*-D-glucopyranoside 染料木素 -4'-*O*-*β*-D- 吡喃葡萄糖苷 镰荚棘豆 Oxytropis falcata

genistein-4'-*O*-*β*-glucopyranoside 染料木素 -4'-*O*-*β*- 吡喃葡萄糖苷 小叶三点金 Codariocalyx microphyllus

genistein-4'-*β*-D-glucopyranoside 染料木素 -4'-*β*-D- 吡喃葡萄糖苷 尼泊尔黄花木 Piptanthus nepalensis

genistein-5-methylether-7-*O*-*α*-rhamnopyranosyl-(1 → 6)-*O*-*β*-D-glucopyranoside 染料木素 -5- 甲醚 -7-*O*-*α*- 吡喃鼠李糖基 -(1 → 6)-*O*-*β*-D- 吡喃葡萄糖苷 丰城崖豆藤 Callerya nitida var. hirsutissima

genistein-5-*O*-*β*-D-glucopyranoside 染料木素 -5-*O*-*β*-D- 吡喃葡萄糖苷 木瓜 Chaenomeles sinensis

genistein-7-(2''-*p*-coumaroylglucoside) 染料木素 -7-(2''- 对香豆酰葡萄糖苷) 白车轴草 Trifolium repens

genistein-7,4'-di-*O*-*β*-D-glucopyranoside 染料木素 -7,4'- 二 -*O*-*β*-D- 葡萄糖苷 槐 Sophora japonica

genistein-7,4'-di-*O*-*β*-D-glucoside 染料木素 -7,4'- 二葡萄糖苷 槐 Sophora japonica

genistein-7-*O*-glucopyranoside 染料木素 -7-*O*- 吡喃葡萄糖苷 烟豆 Glycine tabacina, 红车轴草 Trifolium pratense

genistein-7-*O*-glucoside-6''-*O*-malonate 染料木素 -7-*O*- 葡萄糖苷 -6''-*O*- 丙二酸酯 杂种车轴草 Trifolium hybridum

genistein-7-*O*-*α*-L-rhamnopyranoside-4'-*O*-(6'''-*O*-*α*-L-rhamnopyranosyl)-*β*-sophoroside 染料木素 -7-*O*-*α*-L- 吡喃鼠李糖基 -4'-*O*-(6'''-*O*-*α*-L- 吡喃鼠李糖基 -*β*- 槐糖苷 槐 Sophora japonica

genistein-7-*O*-*α*-L-rhamnopyranoside-4'-*O*-[(*α*-L-rhamnopyranosyl)-(1→2)-*β*-D-glucopyranoside] 染料木素 -7-*O*-*α*-L- 吡喃鼠李糖苷 -4'-*O*-[(*α*-L- 吡喃鼠李糖基)-(1 → 2)-*β*-D- 吡喃葡萄糖苷] 槐 Sophora japonica

genistein-7-*O*-*α*-L-rhamnopyranoside-4'-*O*-[(*β*-D-glucopyranosyl)-(1 → 2)-*β*-D-glucopyranoside] 染料木素 -7-*O*-*α*-L- 吡喃鼠李糖苷 -4'-*O*-[(*β*-D- 吡喃葡萄糖基)-(1 → 2)-*β*-D- 吡喃葡萄糖苷] 槐 Sophora japonica

genistein-7-*O*-*β*-(6''-*O*-succinyl)-D-glucoside 染料木素 -7-*O*-*β*-(6''-*O*- 琥珀酰基)-D- 葡萄糖苷 大豆 Glycine max

genistein-7-*O*-*β*-D-(6''-*O*-acetylglucopyranoside) 染料木素 -7-*O*-*β*-D-(6''-*O*- 乙酰吡喃葡萄糖苷) 大豆 Glycine max

genistein-7-*O*-*β*-D-apiofuranosyl-(1 → 6)-*O*-*β*-D-glucopyranoside 染料木素 -7-*O*-*β*-D- 呋喃芹糖基 -(1 → 6)-*O*-*β*-D- 吡喃葡萄糖苷 绵三七 Eriosema himalaicum

genistein-7-*O*-*β*-D-galactopyranoside 染料木素 -7-*O*-*β*-D- 吡喃半乳糖苷 红车轴草 Trifolium pratense

genistein-7-*O*-*β*-D-glucopyranoside 染料木素 -7-*O*-*β*-D- 吡喃葡萄糖苷 木瓜 Chaenomeles sinensis

genistein-7-*O*-*β*-D-glucopyranoside-4'-*O*-(6'''-*O*-*α*-L-rhamnopyranosyl)-*β*-sophoroside 染料木素 -7-*O*-*β*-D- 吡喃葡萄糖苷 -4'-*O*-(6'''-*O*-*α*-L- 吡喃鼠李糖基)-*β*- 槐糖苷 槐 Sophora japonica

genistein-7-*O*-*β*-D-glucopyranoside-4'-*O*-[(*α*-L-rhamnopyranosyl)-(1 → 2)-*β*-D-glucopyranoside] 染料木素 -7-*O*-*β*-D- 吡喃葡萄糖苷 -4'-*O*-[(*α*-L- 吡喃鼠李糖基)-(1 → 2)-*β*-D- 吡喃葡萄糖苷 槐 Sophora japonica

genistein-7-*O*-*β*-D-glucopyranoside-4'-*O*-[(*β*-D-glucopyranosyl)-(1 → 2)-*β*-D-glucopyranoside] 染料木素 -7-*O*-*β*-D- 吡喃葡萄糖苷 -4'-*O*-[(*β*-D- 吡喃葡萄糖基)-(1 → 2)-*β*-D- 吡喃葡萄糖苷] 槐 Sophora japonica

genistein-7-*O*-*β*-D-glucopyranoside-4'-*O*-*β*-D-glucopyranoside 染料木素 -7-*O*-*β*-D- 吡喃葡萄糖苷 -4'-*O*-*β*-D- 吡喃葡萄糖苷 槐 Sophora japonica

genistein-7-*O*-*β*-D-glucoside-4'-*O*-*α*-L-rhamnosyl-(1 → 2)-*β*-D-glucoside 染料木素 -7-*O*-*β*-D- 葡萄糖苷 -4'-*O*-*α*-L- 鼠李糖基 -(1 → 2)-*β*-D-

葡萄糖苷 槐 Sophora japonica
genistein-7-*O*-*β*-D-glucoside-4'-*O*-*β*-D-glucoside 染料木素 -7-*O*-*β*-D- 葡萄糖苷 -4'-*O*-*β*-D- 葡萄糖苷 槐 Sophora japonica
genistein-8-C-apiofuranosyl-(1 → 6)-glucopyranoside 染料木素 -8-*C*- 吡喃芹糖基 -(1 → 6)- 吡喃葡萄糖苷 葛 Pueraria montana var. lobata
genistein-8-*C*-glucopyranoside 染料木素 -8-*C*- 吡喃葡萄糖苷 山香 Hyptis suaveolens
genistein-8-*C*-*β*-apiofuranosyl-(1 → 6)-*O*-*β*-glucopyranoside 染料木素 -8-*C*- 呋喃芹糖基 -(1 → 6)-*O*-*β*- 吡喃葡萄糖苷 丰城崖豆藤 Callerya nitida var. hirsutissima
genistein-8-*C*-*β*-D-glucopyranoside 染料木素 -8-*C*-*β*-D- 吡喃葡萄糖苷 印度黄檀 Dalbergia sissoo
genistin 染料木苷 较常见成分，至少分布于 30 种以上植物中，常见于豆科植物，偶见于冬青科、杜鹃花科、卷柏科、萝藦科、泡头菌科、茄科、桑科、鸢尾科等
genistin-6''-*O*-malonate 染料木苷 -6''-*O*- 丙二酸酯 红车轴草 Trifolium pratense
genkdaphin 芫花芬▲ 芫花 Daphne genkwa
genkwadane A~D 芫花萜烷▲A~D 芫花 Daphne genkwa
genkwadaphnin 芫花酯宁▲ 橙花瑞香 Daphne aurantiaca, 滇瑞香 D. feddei, 芫花 D. genkwa
genkwanin 芫花素 较常见成分，至少分布于 30 种以上植物中，常见于唇形科与瑞香科植物，少见于豆科、防己科、槲寄生科、菊科、爵床科、马鞭草科、毛茛科、木贼科、蔷薇科、忍冬科、桑科、杨柳科、银杏科等
genkwanin-4'-*O*-*β*-D-glucopyranoside 芫花素 -4'-*O*-*β*-D- 吡喃葡萄糖苷 亚麻 Linum usitatissimum
genkwanin-4'-*O*-*β*-D-rutinoside 芫花素 -4'-*O*-*β*-D- 芸香糖苷 芫花 Daphne genkwa, 蒲公英 Taraxacum mongolicum
genkwanin-4'-*O*-*β*-glucopyranosyl-(1 → 2)-*O*-*α*-rhamnopyranoside 芫花素 -4'-*O*-*β*- 吡喃葡萄糖基 -(1 → 2)-*O*-*α*- 吡喃鼠李糖苷 倒挂铁角蕨 Asplenium normale
genkwanin-5-*O*-*β*-D-glucopyranoside 芫花素 -5-*O*-*β*-D- 吡喃葡萄糖苷 土沉香 Aquilaria sinensis, 橙花瑞香 Daphne aurantiaca, 滇瑞香 D. feddei, 芫花 D. genkwa, 问荆 Equisetum arvense, 节节草 E. ramosissimum, 伞序臭黄荆 Premna serratifolia
genkwanin-5-*O*-*β*-D-primeveroside 芫花素 -5-*O*-*β*-D- 樱草糖苷 芫花 Daphne genkwa
genkwanin-5-*O*-*β*-D-xylopyranosyl-(1 → 6)-*β*-D-glucopyranoside 芫花素 -5-*O*-*β*-D- 吡喃木糖基 -(1 → 6)-*β*-D- 吡喃葡萄糖苷 滇瑞香 Daphne feddei
genkwanin-6-*C*-glucopyranoside 芫花素 -6-*C*- 吡喃葡萄糖苷 扁蕾 Gentianopsis barbata
genkwanine VII, VIII 芫花宁素▲VII, VIII 尖瓣瑞香 Daphne acutiloba
genkwanine A~O 芫花宁素▲A~O 芫花 Daphne genkwa
genkwanol A 芫花醇 A 芫花 Daphne genkwa, 了哥王 Wikstroemia indica
genkwanol B 芫花醇 B 滇瑞香 Daphne feddei, 芫花 D. genkwa
genkwanol C 芫花醇 C 滇瑞香 Daphne feddei, 芫花 D. genkwa
(3*S*,9*R*,10*R*)-gensenoyne C (3*S*,9*R*,10*R*)- 珠子参炔烯 C 珠子参 Panax japonicus var. major
gentiabavaroside 巴伐利亚龙胆苷▲ 扁蕾 Gentianopsis barbata
gentiacaulein 无茎龙胆素▲ 扁蕾 Gentianopsis barbata, 湿生扁蕾 G. paludosa, 狭叶獐牙菜 Swertia angustifolia, 川东獐牙菜 S. davidii, 抱茎獐牙菜 S. franchetiana, 黄花獐牙菜 S. kingii, 贵州獐牙菜 S. kouitchensis, 青叶胆 S. mileensis, 川西獐牙菜 S. mussotii, 显脉獐牙菜 S. nervosa, 紫红獐牙菜 S. punicea, 藏獐牙菜 S. racemosa
gentialutine 欧龙胆碱 睡菜 Menyanthes trifoliata
gentianal 龙胆醛 粗茎秦艽 Gentiana crassicaulis, 秦艽 G. macrophylla, 滇龙胆草 G. rigescens
gentiananine 龙胆那宁 膜边獐牙菜 Swertia marginata
gentiananoside A~D 龙胆诺苷▲A~D 粗茎秦艽 Gentiana crassicaulis
gentianaside 龙胆苷 龙胆 Gentiana scabra
gentianidine 龙胆尼定▲ 达乌里秦艽 Gentiana dahurica, 秦艽 G. macrophylla, 滇龙胆草 G. rigescens, 睡菜 Menyanthes trifoliata
gentianine 龙胆碱 美丽百金花 Centaurium pulchellum, 粗茎秦艽 Gentiana crassicaulis, 达乌里秦艽 G. dahurica, 中亚秦艽 G. kaufmanniana, 秦艽 G. macrophylla, 滇龙胆草 G. rigescens, 天山秦艽 G. tianschanica, 睡菜 Menyanthes trifoliata, 狭叶獐牙菜 Swertia angustifolia, 川东獐牙菜 S. davidii, 膜边獐牙菜 S. marginata, 云南獐牙菜 S. yunnanensis, 胡卢巴 Trigonella foenum-graecum
(*R*)-gentianol (*R*)- 龙胆醇▲ 狭叶獐牙菜 Swertia angustifolia, 川西獐牙菜 S. mussotii
gentianol 龙胆醇▲ 达乌里秦艽 Gentiana dahurica
gentianopfluorenone 扁蕾芴酮 湿生扁蕾 Gentianopsis paludosa
gentianose 龙胆糖 高山龙胆 Gentiana algida, 扁蕾 Gentianopsis barbata
gentiaphyllide A, B, C 大叶龙胆酯▲A, B, C 秦艽 Gentiana macrophylla
gentiaphyllide D 大叶龙胆酯▲D 秦艽 Gentiana macrophylla, 麻花艽 G. straminea
gentiaphyllide E 大叶龙胆酯▲E 秦艽 Gentiana macrophylla, 麻花艽 G. straminea
gentiascabraside A 粗糙龙胆苷▲A 龙胆 Gentiana scabra
gentiatibetine 西藏龙胆碱 粗茎秦艽 Gentiana crassicaulis, 睡菜 Menyanthes trifoliata
gentiatriculin 黄花龙胆三萜酯 黄花龙胆 Gentiana flavomaculata
gentimacroside 大叶龙胆洛苷▲ 秦艽 Gentiana macrophylla
gentiobiosyl glucosyl crocetin 龙胆二糖基葡萄糖基番红花酸 栀子 Gardenia jasminoides
gentiobiosyl thevetoside 龙胆双糖基黄花夹竹桃糖苷 海杧果 Cerbera manghas
β-D-gentiobiosyl-(1 → 4)-*α*-L-acofrioside *β*-D- 龙胆二糖基 -(1 → 4)-*α*-L- 弗氏尖药木苷▲ 黄花夹竹桃 Thevetia peruviana
β-gentiobiosylpaeoniflorin *β*- 龙胆二糖基芍药苷 滇牡丹 Paeonia delavayi, 芍药 P. lactiflora, 草芍药 P. obovata, 凤丹 P. ostii, 卵叶牡丹

P. qiui, 紫斑牡丹 P. rockii, 牡丹 P. suffruticosa
gentiobiosylsterol 龙胆二糖甾醇苷 赤豆 Vigna angularis
gentiocrasine A, B 粗茎龙胆碱 A, B 粗茎秦艽 Gentiana crassicaulis
(*Z*)-gentiocrucine (*Z*)- 十字龙胆碱▲ 狭叶獐牙菜 Swertia angustifolia, 大籽獐牙菜 S. macrosperma
gentiocrucine 十字龙胆碱▲ 贵州獐牙菜 Swertia kouitchensis
gentiocrucine A 十字龙胆碱▲A 狭叶獐牙菜 Swertia angustifolia, 贵州獐牙菜 S. kouitchensis, 大籽獐牙菜 S. macrosperma
gentiocrucine B 十字龙胆碱▲B 狭叶獐牙菜 Swertia angustifolia, 贵州獐牙菜 S. kouitchensis, 大籽獐牙菜 S. macrosperma
gentiocrucine C 十字龙胆碱▲C 狭叶獐牙菜 Swertia angustifolia, 大籽獐牙菜 S. macrosperma
gentiocrucine D 十字龙胆碱▲D 狭叶獐牙菜 Swertia angustifolia, 大籽獐牙菜 S. macrosperma
gentiocrucine E 十字龙胆碱▲E 狭叶獐牙菜 Swertia angustifolia, 大籽獐牙菜 S. macrosperma
gentioflavine 龙胆黄碱 龙胆 Gentiana scabra, 膜边獐牙菜 Swertia marginata
gentiogenal 龙胆苷元醛▲ 狭叶獐牙菜 Swertia angustifolia, 青叶胆 S. mileensis
(-)-gentiolactone (-)- 龙胆内酯 西南獐牙菜 Swertia cincta
(±)-gentiolactone (±)- 龙胆内酯 紫红獐牙菜 Swertia punicea, 云南獐牙菜 S. yunnanensis
(*R*)-(-)-gentiolactone (*R*)-(-)- 龙胆内酯 川西獐牙菜 Swertia mussotii
(*R*)-gentiolactone (*R*)- 龙胆内酯 粗茎秦艽 Gentiana crassicaulis
(*S*)-(+)-gentiolactone (*S*)-(+)- 龙胆内酯 川西獐牙菜 Swertia mussotii
gentiolactone 龙胆内酯 管花秦艽 Gentiana siphonantha, 三花龙胆 G. triflora, 长梗秦艽 G. waltonii, 狭叶獐牙菜 Swertia angustifolia, 青叶胆 S. mileensis
gentioluteol 黄龙胆醇▲ 南天竹 Nandina domestica
gentiopicroside tetraacetate 龙胆苦苷▲四乙酸酯 龙胆 Gentiana scabra
gentiopicroside; gentiopicrin 龙胆苦苷 较常见成分，至少分布于 30 种以上植物中，常见于龙胆科植物，偶见于唇形科、菊科、马鞭草科、毛茛科、玄参科等
gentiorigenoside A 坚龙胆苷 A 滇龙胆草 Gentiana rigescens
gentioside 龙胆苷▲ 黄花假杜鹃 Barleria prionitis
gentiotetraosylsterol 龙胆四糖甾醇苷 赤豆 Vigna angularis
gentiotrifloroside 三花龙胆洛苷 三花龙胆 Gentiana triflora
gentiotriosylsterol 龙胆三糖甾醇苷 赤豆 Vigna angularis
gentiournoside A~E 乌奴龙胆苷 A~E 乌奴龙胆 Gentiana urnula
gentioxepine 龙胆氧杂䓬 三花龙胆 Gentiana triflora
gentirigenic acid 坚龙胆酸▲ 滇龙胆草 Gentiana rigescens
gentirigeoside A~E 坚龙胆吉苷▲A~E 滇龙胆草 Gentiana rigescens
gentisaldehyde 龙胆酚醛 淡枝沙拐枣 Calligonum leucocladum
gentisic acid 龙胆酸 较常见成分，至少分布于 30 种以上植物中，见于报春花科、豆科、杜鹃花科、虎耳草科、堇菜科、菊科、苦苣苔科、木棉科、牛肝菌科、葡萄科、蔷薇科、茄科、忍冬科、桑科、松科、五加科、小二仙草科、玄参科、野牡丹科、紫葳科、棕榈科等
gentisic acid-3-*O*-*β*-D-(6'-*O*-galloyl)-glucopyranoside 龙胆酸 -3-*O*-*β*-D-(6'-*O*- 没食子酰基)- 吡喃葡萄糖苷 苦槠 Castanopsis sclerophylla
gentisic acid-5-*O*-*β*-D-(6'-*O*-galloyl)-glucopyranoside 龙胆酸 -5-*O*-*β*-D-(6'-*O*- 没食子酰基)- 吡喃葡萄糖苷 苦槠 Castanopsis sclerophylla, 麻栎 Quercus acutissima
gentisic acid-5-*O*-*β*-D-(6'-salicylyl)-glucopyranoside 龙胆酸 -5-*O*-*β*-D-(6'- 水杨酰基)- 吡喃葡萄糖苷 薄荷 Mentha canadensis, 夏枯草 Prunella vulgaris
gentisic acid-5-*O*-*β*-D-glucopyranoside 龙胆酸 -5-*O*-*β*-D- 吡喃葡萄糖苷 苦槠 Castanopsis sclerophylla, 矮桃 Lysimachia clethroides
gentiside A~K 龙胆替苷▲A~K 滇龙胆草 Gentiana rigescens
gentisin 龙胆素 紫红獐牙菜 Swertia punicea, 云南獐牙菜 S. yunnanensis, 华东唐松草 Thalictrum fortunei, 蛇胆草 Tylophora secamonoides
6'-gentisoyl-8-epikingiside 6'- 龙胆糖基 -8- 表莫罗忍冬吉苷▲ 管花秦艽 Gentiana siphonantha
2'-gentisoyl-gelidoside 2'- 龙胆糖基寒原龙胆苷▲ 管花秦艽 Gentiana siphonantha
gentistraminoside A, B 麻花艽苷▲A, B 麻花艽 Gentiana straminea
gentrogenin 小穗花薯蓣皂苷元▲ 剑麻 Agave sisalana, 棕粑叶 Aspidistra zongbayi
geosmin 土味菌素▲ 长突仙人掌 Mammillaria longimamma
geraldol 杰拉尔顿三叶草酚▲ 百脉根 Lotus corniculatus
geranial 香叶醛 挥发油成分，未统计基源
trans-geranic acid 反式 - 香叶酸 柠檬草 Cymbopogon citratus
cis-geranic acid 顺式 - 香叶酸 柠檬草 Cymbopogon citratus
geranic acid 香叶酸 挥发油成分，未统计基源
geraniin 老鹳草鞣质 毛果槭 Acer nikoense, 秋枫 Bischofia javanica, 芹叶牻牛儿苗 Erodium cicutarium, 牻牛儿苗 E. stephanianum, 泽漆 Euphorbia helioscopia, 地锦 E. humifusa, 大狼毒 E. jolkinii, 大戟 E. pekinensis, 匍匐大戟 E. prostrata, 千根草 E. thymifolia, 绿玉树 E. tirucalli, 一叶萩 Flueggea suffruticosa, 野老鹳草 Geranium carolinianum, 尼泊尔老鹳草 G. nepalense, 草地老鹳草 G. pratense, 直立老鹳草 G. rectum, 老鹳草 G. wilfordii, 血桐 Macaranga tanarius var. tomentosa, 野梧桐 Mallotus japonicus, 石岩枫 M. repandus, 白木乌桕 Neoshirakia japonica, 红毛丹 Nephelium lappaceum, 睡莲 Nymphaea tetragona, 余甘子 Phyllanthus emblica, 叶下珠 P. urinaria, 蜜柑草

P. ussuriensis, 榄仁树 Terminalia catappa

geraniin a 老鹳草鞣质 a 铁苋菜 Acalypha australis, 红穗铁苋菜 A. hispida, 红桑 A. wilkesiana

geraniin b 老鹳草鞣质 b 铁苋菜 Acalypha australis, 红穗铁苋菜 A. hispida, 红桑 A. wilkesiana

β-geraniol *β*- 香叶醇 毛蓼 Polygonum barbatum

trans-geraniol 反式 - 香叶醇 挥发油成分，未统计基源

geraniol 香叶醇 挥发油成分，未统计基源

(*E*)-geraniol) (*E*)- 香叶醇 挥发油成分，未统计基源

geraniol-1-*O*-*α*-L-arabinofuranosyl-(1 → 6)-*β*-D-glucopyranoside 香叶醇 -1-*O*-*α*-L- 呋喃阿拉伯糖基 -(1 → 6)-*β*-D- 吡喃葡萄糖苷 红景天 Rhodiola rosea, 羽叶鬼灯檠 Rodgersia pinnata, 西南鬼灯檠 R. sambucifolia

geraniol-1-*O*-*α*-L-arabinopyranosyl-(1 → 6)-*β*-D-glucopyranoside 香叶醇 -1-*O*-*α*-L- 吡喃阿拉伯糖基 -(1 → 6)-*β*-D- 吡喃葡萄糖苷 羽叶鬼灯檠 Rodgersia pinnata, 西南鬼灯檠 R. sambucifolia

geraniol-1-*O*-*α*-L-rhamnopyranosyl-(1 → 6)-*β*-D-glucopyranoside 香叶醇 -1-*O*-*α*-L- 吡喃鼠李糖基 -(1 → 6)-*β*-D- 吡喃葡萄糖苷 羽叶鬼灯檠 Rodgersia pinnata, 西南鬼灯檠 R. sambucifolia

geraniol-1-*O*-*β*-D-xylopyranosyl-(1 → 6)-*β*-D-glucopyranoside 香叶醇 -1-*O*-*β*-D- 吡喃木糖基 -(1 → 6)-*β*-D- 吡喃葡萄糖苷 羽叶鬼灯檠 Rodgersia pinnata, 西南鬼灯檠 R. sambucifolia

G

geraniol-*β*-D-glucopyranoside 香叶醇 -*β*-D- 吡喃葡萄糖苷 法国蔷薇 Rosa gallica

5-geranoxy-7-methoxycoumarin 5- 香叶氧基 -7- 甲氧基香豆素 柚 Citrus maxima, 两面针 Zanthoxylum nitidum

8-geranoxypsoralen 8- 马丁香茅醇基补骨脂素 白芷 Angelica dahurica

geranyl acetate 乙酸香叶酯 挥发油成分，未统计基源

(*E*)-geranyl acetone (*E*)- 香叶基丙酮 挥发油成分，未统计基源

cis-geranyl acetone 顺式 - 香叶基丙酮 挥发油成分，未统计基源

geranyl butyrate 丁酸香叶酯 挥发油成分，未统计基源

geranyl formate 甲酸香叶酯 挥发油成分，未统计基源

geranyl isobutyrate 异丁酸香叶酯 挥发油成分，未统计基源

geranyl isovalerate 异缬草酸香叶酯 挥发油成分，未统计基源

geranyl *n*-butyrate 正丁酸香叶酯 挥发油成分，未统计基源

geranyl propionate 丙酸香叶酯 挥发油成分，未统计基源

2-geranyl-1,3,6-trihydroxy-4-(3,3-dimethylallyl)-xanthone 2- 香叶基 -1,3,6- 三羟基 -4-(3,3- 二甲基烯丙基)- 呫酮 黄牛木 Cratoxylum cochinchinense

2-geranyl-1,3,7-trihydroxy-4-(3,3-dimethylallyl)-xanthone 2- 香叶基 -1,3,7- 三羟基 -4-(3,3- 二甲基烯丙基)- 呫酮 黄牛木 Cratoxylum cochinchinense

2-geranyl-1,3,7-trihydroxy-4-(3-methylbut-2-enyl)xanthone 2- 香叶基 -1,3,7- 三羟基 -4-(3- 甲基丁 -2- 烯基) 呫酮 黄牛木 Cratoxylum cochinchinense

2-geranyl-1,4-nathphoquinone 2- 香叶 -1,4- 萘醌 芝麻 Sesamum indicum

2-geranyl-2',3,4',5-tetrahydroxy-*cis*-stilbene 2- 香叶基 -2',3,4',5- 四羟基 - 顺式 - 芪 波罗蜜 Artocarpus heterophyllus

2*R*,3*R*-3'-geranyl-2,3-*trans*-5,7,4'-trihydroxyflavonol 2*R*,3*R*-3'- 香叶基 -2,3- 反式 -5,7,4'- 三羟基黄酮醇 毛菰子梢 Campylotropis hirtella

5-geranyl-2-methyl-1,4-benzoquinone 5- 牻牛儿基 -2- 甲基 -1,4- 苯醌 小叶鹿蹄草 Pyrola media

6-geranyl-3,3',4',5,7-pentahydroxyflavanone 6- 香叶 -3,3',4',5,7- 五羟基黄烷酮 毛泡桐 Paulownia tomentosa

6-geranyl-3,3',5,7-tetrahydroxy-4'-methoxyflavanone 6- 香叶 -3,3',5,7- 四羟基 -4'- 甲氧基黄烷酮 白花泡桐 Paulownia fortunei, 毛泡桐 P. tomentosa

6-geranyl-3,4',5,7-tetrahydroxy-3'-methoxyflavanone 6- 香叶 -3,4',5,7- 四羟基 -3'- 甲氧基黄烷酮 毛泡桐 Paulownia tomentosa

6-geranyl-3',4',5,7-tetrahydroxyflavanone 6- 香叶 -3',4',5,7- 四羟基黄烷酮 毛泡桐 Paulownia tomentosa

3'-geranyl-3,5,7,2',4'-pentahydroxyflavonol 3'- 香叶基 -3,5,7,2',4'- 五羟基黄酮醇 毛菰子梢 Campylotropis hirtella

6-geranyl-3',5,7-trihydroxy-4'-methoxyflavanone 6- 香叶 -3',5,7- 三羟基 -4'- 甲氧基黄烷酮 毛泡桐 Paulownia tomentosa

3'-geranyl-3-prenyl-2',4',5,7-tetrahydroxyflavone 3'- 香叶基 -3- 异戊烯基 -2',4',5,7- 四羟基黄酮 鸡桑 Morus australis

6-geranyl-4',5,5',7-tetrahydroxy-3'-methoxyflavanone 6- 香叶 -4',5,5',7- 四羟基 -3'- 甲氧基黄烷酮 毛泡桐 Paulownia tomentosa

6-geranyl-4',5,7-trihydroxy-3',5'-dimethoxyflavanone 6- 香叶 -4',5,7- 三羟基 -3',5'- 二甲氧基黄烷酮 毛泡桐 Paulownia tomentosa

6-geranyl-4',5,7-trihydroxy-3'-methoxyflavanone 6- 香叶 -4',5,7- 三羟基 -3'- 甲氧基黄烷酮 毛泡桐 Paulownia tomentosa

3-geranyl-4-hydroxy-5-(3'-methyl-2'-butenyl)benzoic acid 3- 香叶基 -4- 羟基 -5-(3'- 甲基 -2'- 丁烯基) 苯甲酸 密花树 Myrsine seguinii

3-geranyl-4-hydroxy-5-(hydroxylmethyl)coumarin 3- 香叶基 -4- 羟基 -5- 羟基甲基香豆素 火石花 Gerbera delavayi

3'-geranyl-4'-methoxy-5,7,2'-trihydroxyisoflavanone 3'- 香叶基 -4'- 甲氧基 -5,7,2'- 三羟基异黄烷酮 毛菰子梢 Campylotropis hirtella

3'-geranyl-4'-methoxy-5,7,2'-trihydroxyisoflavone 3'- 香叶基 -4'- 甲氧基 -5,7,2'- 三羟基异黄酮 毛菰子梢 Campylotropis hirtella

3'-geranyl-5,7,2',4'-tetrahydroxyisoflavanone 3'- 香叶基 -5,7,2',4'- 四羟基异黄烷酮 毛菰子梢 Campylotropis hirtella

3'-geranyl-5,7,2',5'-tetrahydroxyisoflavone 3'- 香叶基 -5,7,2',5'- 四羟基异黄酮 毛菰子梢 Campylotropis hirtella

3'-geranyl-5,7,4',5'-tetrahydroxyisoflavone 3'- 香叶基 -5,7,4',5'- 四羟基异黄酮 毛菰子梢 Campylotropis hirtella

6-geranyl-5,7-dihydroxy-3',4'-dimethoxyflavanone 6- 香叶基 -5,7- 二羟基 -3',4'- 二甲氧基黄烷酮 毛泡桐 Paulownia tomentosa

8-geranyl-5-methoxypsoralen 8- 香叶基 -5- 甲氧基补骨脂 柠檬 Citrus limon, 宽叶羌活 Notopterygium franchetii

8-geranyl-7-hydroxycoumarin 8- 香叶基 -7- 羟基香豆素 酒饼簕 Atalantia buxifolia

trans-geranylacetone 反式 - 香叶基丙酮 挥发油成分，未统计基源

geranylacetone 香叶基丙酮 挥发油成分，未统计基源
6-geranylapigenin 6-香叶基芹菜苷元 桑 Morus alba
3'-geranylchalconaringenin 3'-香叶基查耳酮柚皮苷元 啤酒花 Humulus lupulus
geranylgeraniol 香叶基香叶醇 挥发油成分，未统计基源
3-geranylgeranyl-1,2-dihydroxy-4-methoxybenzene 3-香叶基香叶基-1,2-羟基-4-甲氧基苯 点柄乳牛肝菌 Suillus granulatus
6-geranylgeranyl-2,4-dihydroxy-1-methoxybenzene 6-香叶基香叶基-2,4-二羟基-1-甲氧基苯 点柄乳牛肝菌 Suillus granulatus
6-geranylnorartocarpetin 6-香叶基降波罗蜜亭▲ 桑 Morus alba
4-geranyloxy-1-(2-methylbutanoyl)-phloroglucinol 4-香叶氧基-1-(2-甲基丁氧基)-间苯三酚 元宝草 Hypericum sampsonii
4-geranyloxy-1-(2-methylpropanoyl)-phloroglucinol 4-香叶氧基-1-(2-甲基丙氧基)-间苯三酚 元宝草 Hypericum sampsonii
(*E*)-7-geranyloxy-1,3,7-trihydroxyxanthone (*E*)-7-香叶氧基-1,3,7-三羟基咄酮 黄牛木 Cratoxylum cochinchinense
7-geranyloxy-1,3-dihydroxyxanthone 7-香叶氧基-1,3-二羟基咄酮 黄牛木 Cratoxylum cochinchinense
3-geranyloxy-1,7-dihydroxyxanthone 3-香叶氧基-1,7-二羟基咄酮 黄牛木 Cratoxylum cochinchinense
4-geranyloxy-2,6-dihydroxybenzophenone 4-香叶氧基-2,6-二羟基苯并酚酮 元宝草 Hypericum sampsonii
8-geranyloxy-5,7-dimethoxycoumarin 8-香叶氧基-5,7-二甲氧基香豆素 飞龙掌血 Toddalia asiatica
7-geranyloxy-5-methoxy-coumarin 7-香叶氧基-5-甲氧基香豆素 飞龙掌血 Toddalia asiatica
4-geranyloxy-5-methylcoumarin 4-香叶氧基-5-甲基香豆素 火石花 Gerbera delavayi
3-geranyloxy-6-methyl-1,8-dihydroxyanthraquinone 3-香叶氧基-6-甲基-1,8-二羟基蒽醌 红芽木 Cratoxylum formosum subsp. pruniflorum
5-geranyloxy-7-hydroxycoumarin 5-香叶氧基-7-羟基香豆素 假黄皮 Clausena excavata
5-geranyloxy-7-methoxycoumarin 5-香叶氧基-7-甲氧基香豆素 来檬 Citrus aurantiifolia, 柠檬 C. limon, 羌活 Notopterygium incisum
7-geranyloxycoumarin 7-香叶氧基香豆素 柑橘 Citrus reticulata, 枳 Poncirus trifoliata, 飞龙掌血 Toddalia asiatica
5-geranyloxypsoralen 5-香叶氧基补骨脂素 来檬 Citrus aurantiifolia
8-geranyloxypsoralen 8-香叶氧基补骨脂素 柠檬 Citrus limon, 黄皮 Clausena lansium, 黄苞大戟 Euphorbia sikkimensis, 珊瑚菜 Glehnia littoralis, 白亮独活 Heracleum candicans, 鹤庆独活 H. rapula, 调料九里香 Murraya koenigii, 心叶棱子芹 Pleurospermum rivulorum, 月桂茵芋 Skimmia laureola
geranylscopoletin 香叶基东莨菪内酯 酒饼簕 Atalantia buxifolia
8-geranylumbelliferone 8-香叶基伞形酮 酒饼簕 Atalantia buxifolia
geranyl-*β*-D-glucopyranoside 香叶基-*β*-D-吡喃葡萄糖苷 草麻黄 Ephedra sinica
geranyl-*β*-glucopyranoside 香叶醇-*β*-吡喃葡萄糖苷 狭叶红景天 Rhodiola kirilowii
gerardianin A 狭基线纹香茶菜素 A 狭基线纹香茶菜 Isodon lophanthoides var. gerardianus
gerberinol 大丁草醇▲ 柿 Diospyros kaki
gerdelavin A_1, B_1 火石花素▲A_1, B_1 火石花 Gerbera delavayi
gericudranin A~E 吉利柘树素 A~E 柘树 Cudrania tricuspidata
germacra-1(10),4,11(13)-trien-12-al 大根老鹳草-1(10),4,11(13)-三烯-12-醛 云木香 Saussurea costus
germacra-1(10),4,11(13)-trien-12-oic acid 大根老鹳草-1(10),4,11(13)-三烯-12-酸 云木香 Saussurea costus
germacra-1(10),4,7(11)-trien-9-ol 大根老鹳草-1(10),4,7(11)-三烯-9-醇 挥发油成分，未统计基源
(-)-germacra-4(15),5(*E*),10(14)-trien-1*β*-ol (-)-大根老鹳草烷▲-4(15),5(*E*),10(14)-三烯-1*β*-醇 小窃衣 Torilis japonica
ent-germacra-4(15),5,10(14)-trien-1*β*-ol 对映-大根老鹳草-4(15),5,10(14)-三烯-1*β*-醇 风藤 Piper kadsura
germacra-5,10(14)-dien-1*β*,4*β*-diol 大根老鹳草-5,10(14)-二烯-1*β*,4*β*-二醇 风藤 Piper kadsura
germacra-5*E*,10(14)-dien-1*β*,4*β*-diol 大根老鹳草-5E,10(14)-二烯-1*β*,4*β*-二醇 金粟兰 Chloranthus spicatus
(-)-germacral (-)-大根老鹳草醛▲ 叉子圆柏 Juniperus sabina
germacrane 大根老鹳草烷 土木香 Inula helenium
germacranolide 大根老鹳草内酯 高原天名精 Carpesium lipskyi, 豨莶 Sigesbeckia orientalis, 菊蒿 Tanacetum vulgare
germacratriene 大根老鹳草三烯 挥发油成分，未统计基源
δ-germacrene *δ*-大根老鹳草烯 挥发油成分，未统计基源
germacrene A 大根老鹳草烯 A 挥发油成分，未统计基源
(+)-germacrene A (+)-大根老鹳草烯 A 云木香 Saussurea costus
germacrene B 大根老鹳草烯 B 挥发油成分，未统计基源
germacrene C 大根老鹳草烯 C 挥发油成分，未统计基源
germacrene D 大根老鹳草烯 D 挥发油成分，未统计基源
(-)-germacrene D (-)-大根老鹳草烯 D 挥发油成分，未统计基源
(+)-germacrene D (+)-大根老鹳草烯 D 挥发油成分，未统计基源
germacrene D-4-ol 大根老鹳草烯 D-4-醇 挥发油成分，未统计基源
germacrenone 大根老鹳草烯酮 假虎刺 Carissa spinarum
germacrone 大根老鹳草酮 挥发油成分，未统计基源
trans,trans-germacrone 反式, 反式-大根老鹳草酮 温郁金 Curcuma wenyujin
cis,trans-germacrone 顺式, 反式-大根老鹳草酮 温郁金 Curcuma wenyujin
germacrone-4,5-epoxide 大根老鹳草酮-4,5-环氧物 挥发油成分，未统计基源
germanaism A~G 德国鸢尾素 A~G 德国鸢尾 Iris germanica
germanicene 毒莴苣烯▲ 台湾水龙骨 Polypodiodes formosana, 日本水龙骨 P. niponica

germanicol 毒莴苣醇▲ 玉蕊 Barringtonia racemosa, 锦熟黄杨 Buxus sempervirens, 朴树 Celtis sinensis, 问荆 Equisetum arvense, 卫矛 Euonymus alatus, 一品红 Euphorbia pulcherrima, 金草 Hedyotis acutangula, 黄槿 Hibiscus tiliaceus, 窄叶小苦荬 Ixeridium gramineum, 毛连菜 Picris hieracioides, 金铁锁 Psammosilene tunicoides, 迷迭香 Rosmarinus officinalis

germanicol acetate 毒莴苣醇▲乙酸酯 猩猩草 Euphorbia cyathophora, 白苞猩猩草 E. heterophylla, 大狼毒 E. jolkinii, 一品红 E. pulcherrima, 褐冠小苦荬 Ixeridium laevigatum, 苦瓜 Momordica charantia, 毛连菜 Picris hieracioides, 台湾水龙骨 Polypodiodes formosana, 日本水龙骨 P. niponica

germanicol C 毒莴苣醇▲C 凤庆南五味子 Kadsura interior

germanicone 毒莴苣酮▲ 玉蕊 Barringtonia racemosa, 海漆 Excoecaria agallocha, 毛连菜 Picris hieracioides, 滑桃树 Trevia nudiflora

germanitrine 流苏藜芦林碱▲ 毛穗藜芦 Veratrum maackii, 牯岭藜芦 V. schindleri

germbudine 绿藜芦布定▲ 阿尔泰藜芦 Veratrum lobelianum

germerine 白藜芦任▲ 醉马草 Achnatherum inebrians, 阿尔泰藜芦 Veratrum lobelianum, 藜芦 V. nigrum, 尖被藜芦 V. oxysepalum

germichrysone 计米大黄蒽酮 望江南 Senna occidentalis

germidine 绿藜芦定▲ 毛穗藜芦 Veratrum maackii, 藜芦 V. nigrum, 牯岭藜芦 V. schindleri

germinaline 阿尔泰藜芦胺林▲ 阿尔泰藜芦 Veratrum lobelianum

germinalinine 阿尔泰藜芦胺宁▲ 阿尔泰藜芦 Veratrum lobelianum

germine 白藜芦胺▲ 兴安藜芦 Veratrum dahuricum, 阿尔泰藜芦 V. lobelianum, 大理藜芦 V. taliense

germitetrine 白藜芦特林▲ 阿尔泰藜芦 Veratrum lobelianum

germitrine 绿藜芦林碱▲ 牯岭藜芦 Veratrum schindleri

gerniarin 母菊内酯 丝毛飞廉 Carduus crispus

gerontoisoflavone A 构棘异黄酮▲A 谷精草 Eriocaulon buergerianum

gerontoxanthone A 构棘𠮿酮▲A 构棘 Cudrania cochinchinensis, 柘藤 C. fruticosa, 柘树 C. tricuspidata

gerontoxanthone B 构棘𠮿酮▲B 红厚壳 Calophyllum inophyllum, 构棘 Cudrania cochinchinensis, 柘藤 C. fruticosa

gerontoxanthone C 构棘𠮿酮▲C 红厚壳 Calophyllum inophyllum, 构棘 Cudrania cochinchinensis, 柘藤 C. fruticosa, 柘树 C. tricuspidata

gerontoxanthone D, H 构棘𠮿酮▲D, H 构棘 Cudrania cochinchinensis

gerontoxanthone E 构棘𠮿酮▲E 构棘 Cudrania cochinchinensis, 柘藤 C. fruticosa

gerontoxanthone G 构棘𠮿酮▲G 构棘 Cudrania cochinchinensis, 柘藤 C. fruticosa

gerontoxanthone I 构棘𠮿酮▲I 红芽木 Cratoxylum formosum subsp. pruniflorum, 构棘 Cudrania cochinchinensis, 柘藤 C. fruticosa

geshoidin 圣栎鼠李素▲ 药鼠李 Rhamnus cathartica

gesneroidin 苣苔香茶菜素▲ 细锥香茶菜 Isodon coetsa

geyerinine 盖耶翠雀宁碱▲ 毛果甘青乌头 Aconitum tanguticum var. trichocarpum

gibberellin A_{1} 赤霉素 A_{1} 食用土当归 Aralia cordata, 温州蜜柑 Citrus reticulata 'Unshiu'

gibberellin A_{12} methyl ester 赤霉素 A_{12} 甲酯 海金沙 Lygodium japonicum

gibberellin A_{15} 赤霉素 A_{15} 食用土当归 Aralia cordata

gibberellin A_{19} 赤霉素 A_{19} 食用土当归 Aralia cordata, 温州蜜柑 Citrus reticulata 'Unshiu'

gibberellin A_{20} 赤霉素 A_{20} 食用土当归 Aralia cordata, 温州蜜柑 Citrus reticulata 'Unshiu', 牵牛 Ipomoea nil

gibberellin A_{24}, A_{25} 赤霉素 A_{24}, A_{25} 温州蜜柑 Citrus reticulata 'Unshiu'

gibberellin A_{26}, A_{27} 赤霉素 A_{26}, A_{27} 牵牛 Ipomoea nil

gibberellin A_{3} 赤霉素 A_{3} 牵牛 Ipomoea nil, 决明 Senna tora

gibberellin A_{37} 赤霉素 A_{37} 食用土当归 Aralia cordata

gibberellin A_{4} 赤霉素 A_{4} 食用土当归 Aralia cordata, 温州蜜柑 Citrus reticulata 'Unshiu', 决明 Senna tora

gibberellin A_{44} 赤霉素 A_{44} 食用土当归 Aralia cordata, 温州蜜柑 Citrus reticulata 'Unshiu'

gibberellin A_{5} 赤霉素 A_{5} 牵牛 Ipomoea nil

gibberellin A_{53} 赤霉素 A_{53} 食用土当归 Aralia cordata, 温州蜜柑 Citrus reticulata 'Unshiu'

gibberellin A_{7} 赤霉素 A_{7} 决明 Senna tora

gibberellin A_{73} methyl ester 赤霉素 A_{73} 甲酯 海金沙 Lygodium japonicum

gibberellin A_{9} 赤霉素 A_{9} 温州蜜柑 Citrus reticulata 'Unshiu'

gibberellin A_{9} methyl ester 赤霉素 A_{9} 甲酯 海金沙 Lygodium japonicum

gibberellin glucoside F-I, F-II, F-III, F-IV, F-V, F-VI, F-VII 赤霉素葡萄糖苷 F-I, F-II, F-III, F-IV, F-V, F-VI, F-VII 牵牛 Ipomoea nil

gibberodione 驼峰短指软珊瑚二酮▲ 香桂 Cinnamomum subavenium

gigactonine 巨乌头碱 吉林乌头 Aconitum kirinense, 紫花高乌头 A. septentrionale, 草地乌头 A. umbrosum, 飞燕草 Consolida ajacis

giganteaside D 大聚首花苷▲D 鹅掌草 Anemone flaccida, 败酱 Patrinia scabiosifolia

giganteaside G 大聚首花苷▲G 鹅掌草 Anemone flaccida

giganticine 牛角瓜辛▲ 牛角瓜 Calotropis gigantea

gigantol 大叶兰酚 密花石豆兰 Bulbophyllum odoratissimum, 春兰 Cymbidium goeringii, 兜唇石斛 Dendrobium aphyllum, 束花石斛 D. chrysanthum, 密花石斛 D. densiflorum, 美花石斛 D. loddigesii, 长距石斛 D. longicornu, 石斛 D. nobile, 铁皮石斛 D. officinale, 翅梗石斛 D. trigonopus, 云南石仙桃 Pholidota yunnanensis

gigartinine 杉藻氨酸 扇形拟伊藻 Ahnfeltiopsis flabelliformis, 石花菜 Gelidium amansii, 扁江蓠 Gracilaria textorii, 冻沙菜 Hypnea japonica, 海柏 Polyopes polyideoides

gigasol 朝鲜当归醇 朝鲜当归 Angelica gigas

gilvsin A 淡黄木层孔菌素▲A 淡黄木层孔菌 Phellinus gilvus, 桑黄 P. igniarius
gilvsin B, D 淡黄木层孔菌素▲B, D 淡黄木层孔菌 Phellinus gilvus
gilvsin C 淡黄木层孔菌素▲C 淡黄木层孔菌 Phellinus gilvus, 桑黄 P. igniarius
gindaricine 印度地不容辛▲ 西藏地不容 Stephania glabra
gindarine 印度地不容灵▲ 西藏地不容 Stephania glabra
gindarinine 印度地不容宁▲ 西藏地不容 Stephania glabra
gindarudine 印度地不容定▲ 西藏地不容 Stephania glabra
6-gingerdiol 6- 姜二醇 姜 Zingiber officinale
gingerenone A, B, C 姜烯酮 A, B, C 姜 Zingiber officinale
gingerglycolipid A 姜糖脂 A 黄耆 Astragalus penduliflorus subsp. mongholicus var. dahuricus, 栀子皮 Itoa orientalis, 紫茉莉 Mirabilis jalapa, 姜 Zingiber officinale
gingerglycolipid B 姜糖脂 B 黄耆 Astragalus penduliflorus subsp. mongholicus var. dahuricus, 锡兰肉桂 Cinnamomum verum, 榕树 Ficus microcarpa, 地稔 Melastoma dodecandrum, 人参 Panax ginseng, 苣荬菜 Sonchus arvensis, 狼毒 Stellera chamaejasme, 姜 Zingiber officinale

gingerglycolipid C 姜糖脂 C 锡兰肉桂 Cinnamomum verum, 千年健 Homalomena occulta, 荔枝 Litchi chinensis, 姜 Zingiber officinale
n-gingerol *n*- 姜酚 姜 Zingiber officinale
6-gingesulfonic acid 6- 姜辣磺酸 姜 Zingiber officinale
ginkgetin 银杏素 贡山三尖杉 Cephalotaxus lanceolata, 朝鲜淫羊藿 Epimedium koreanum, 银杏 Ginkgo biloba, 合蕊五味子 Schisandra propinqua, 江南卷柏 Selaginella moellendorffii, 中华卷柏 S. sinensis, 鹊肾树 Streblus asper, 密叶红豆杉 Taxus fuana
ginkgetin-7''-*O*-*β*-D-glycopyranoside 银杏素 -7''-*O*-*β*-D- 吡喃葡萄糖苷 银杏 Ginkgo biloba
ginkgol 银杏酚 银杏 Ginkgo biloba
ginkgolic acid I, II 银杏酸 I, II 银杏 Ginkgo biloba
ginkgolide A 银杏内酯 A 银杏 Ginkgo biloba, 毛酸浆 Physalis philadelphica
ginkgolide B 银杏内酯 B 银杏 Ginkgo biloba, 毛酸浆 Physalis philadelphica
ginkgolide C, J~N, P, Q 银杏内酯 C, J~N, P, Q 银杏 Ginkgo biloba
ginkgoneolic acid 银杏新酸▲ 银杏 Ginkgo biloba
ginkgotoxin 银杏毒素 银杏 Ginkgo biloba
ginkgotoxin-5'-glucoside 银杏毒素 -5'- 葡萄糖苷 银杏 Ginkgo biloba
ginnalin A, B, C 茶条槭素 A, B, C 茶条槭 Acer tataricum subsp. ginnala
ginnol 银杏醇 银杏 Ginkgo biloba, 忍冬 Lonicera japonica, 灰毡毛忍冬 L. macranthoides, 百日青 Podocarpus neriifolius
ginsenan PA, PB 人参聚糖 PA, PB 人参 Panax ginseng
ginseng glycoprotein F-2, LRC 人参糖蛋白 F-2, LRC 人参 Panax ginseng
ginsenine 人参宁碱 人参 Panax ginseng
ginsenjilinol 吉林人参醇▲ 人参 Panax ginseng
ginsenol 人参新萜醇 人参 Panax ginseng
ginsenoside I 人参皂苷 I 人参 Panax ginseng, 西洋参 P. quinquefolius
ginsenoside Ia 人参皂苷 Ia 人参 Panax ginseng, 西洋参 P. quinquefolius
ginsenoside Ib, IV, A_1 人参皂苷 Ib, IV, A_1 人参 Panax ginseng
ginsenoside II 人参皂苷 II 人参 Panax ginseng, 三七 P. notoginseng, 西洋参 P. quinquefolius
ginsenoside III 人参皂苷 III 人参 Panax ginseng, 西洋参 P. quinquefolius
ginsenoside B_2 人参皂苷 B_2 山茱萸 Cornus officinalis
ginsenoside C-K 人参皂苷 C-K 人参 Panax ginseng, 三七 P. notoginseng
ginsenoside F 人参皂苷 F 人参 Panax ginseng
ginsenoside F_1 人参皂苷 F_1 喙果绞股蓝 Gynostemma yixingense, 羽叶三七 Panax bipinnatifidus, 人参 P. ginseng, 竹节参 P. japonicus, 三七 P. notoginseng, 西洋参 P. quinquefolius
ginsenoside F_2 人参皂苷 F_2 积雪草 Centella asiatica, 绞股蓝 Gynostemma pentaphyllum, 羽叶三七 Panax bipinnatifidus, 人参 P. ginseng, 三七 P. notoginseng, 西洋参 P. quinquefolius
ginsenoside F_3 人参皂苷 F_3 羽叶三七 Panax bipinnatifidus, 人参 P. ginseng, 竹节参 P. japonicus, 西洋参 P. quinquefolius
(20*E*)-ginsenoside F_4 (20*E*)- 人参皂苷 F_4 西洋参 Panax quinquefolius
20(22)*E*-ginsenoside F_4 20(22)*E*- 人参皂苷 F_4 人参 Panax ginseng
20(*E*)-ginsenoside F_4 20(*E*)- 人参皂苷 F_4 人参 Panax ginseng
ginsenoside F_4 人参皂苷 F_4 人参 Panax ginseng, 三七 P. notoginseng
ginsenoside F_5 人参皂苷 F_5 人参 Panax ginseng, 竹节参 P. japonicus
ginsenoside F_6 人参皂苷 F_6 竹节参 Panax japonicus
ginsenoside Fc 人参皂苷 Fc 三七 Panax notoginseng
ginsenoside Ki, Km, La, M_7cd 人参皂苷 Ki, Km, La, M_7cd 人参 Panax ginseng
20(*S*)-ginsenoside Mc 20(*S*)- 人参皂苷 Mc 三七 Panax notoginseng
ginsenoside Mc 人参皂苷 Mc 积雪草 Centella asiatica, 三七 Panax notoginseng
ginsenoside R_0 人参皂苷 R_0 野楤头 Aralia armata

ginsenoside R_{10} 人参皂苷 R_{10} 三七 Panax notoginseng
ginsenoside Ra_0 人参皂苷 Ra_0 三七 Panax notoginseng, 西洋参 P. quinquefolius
ginsenoside Ra_1 人参皂苷 Ra_1 人参 Panax ginseng, 西洋参 P. quinquefolius
ginsenoside Ra_2, Ra_4, Ra_5, Ra_6, Ra_7, Ra_8, Ra_9, Re_1, Re_2, Re_3, Re_5, Re_6 人参皂苷 Ra_2, Ra_4, Ra_5, Ra_6, Ra_7, Ra_8, Ra_9, Re_1, Re_2, Re_3, Re_5, Re_6 人参 Panax ginseng
ginsenoside Ra_3 人参皂苷 Ra_3 人参 Panax ginseng, 三七 P. notoginseng
ginsenoside Rb_1 人参皂苷 Rb_1 长梗绞股蓝 Gynostemma longipes, 喙果绞股蓝 G. yixingense, 刺楸 Kalopanax septemlobus, 草龙 Ludwigia hyssopifolia, 羽叶三七 Panax bipinnatifidus, 人参 P. ginseng, 竹节参 P. japonicus, 珠子参 P. japonicus var. major, 三七 P. notoginseng, 假人参 P. pseudoginseng, 西洋参 P. quinquefolius, 屏边三七 P. stipuleanatus, 姜状三七 P. zingiberensis, 滇黄精 Polygonatum kingianum
ginsenoside Rb_2 人参皂苷 Rb_2 人参 Panax ginseng, 珠子参 P. japonicus var. major, 三七 P. notoginseng, 西洋参 P. quinquefolius, 屏边三七 P. stipuleanatus
ginsenoside Rb_3 人参皂苷 Rb_3 绞股蓝 Gynostemma pentaphyllum, 羽叶三七 Panax bipinnatifidus, 人参 P. ginseng, 竹节参 P. japonicus, 珠子参 P. japonicus var. major, 三七 P. notoginseng, 西洋参 P. quinquefolius
ginsenoside Rc 人参皂苷 Rc 喙果绞股蓝 Gynostemma yixingense, 羽叶三七 Panax bipinnatifidus, 人参 P. ginseng, 竹节参 P. japonicus, 珠子参 P. japonicus var. major, 三七 P. notoginseng, 西洋参 P. quinquefolius, 屏边三七 P. stipuleanatus, 滇黄精 Polygonatum kingianum
ginsenoside Rd 人参皂苷 Rd 绞股蓝 Gynostemma pentaphyllum, 喙果绞股蓝 G. yixingense, 羽叶三七 Panax bipinnatifidus, 狭叶假人参 P. bipinnatifidus var. angustifolius, 人参 P. ginseng, 竹节参 P. japonicus, 珠子参 P. japonicus var. major, 三七 P. notoginseng, 西洋参 P. quinquefolius, 屏边三七 P. stipuleanatus
ginsenoside Rd_2 人参皂苷 Rd_2 积雪草 Centella asiatica, 人参 Panax ginseng, 珠子参 P. japonicus var. major
ginsenoside Re 人参皂苷 Re 丝瓜 Luffa cylindrica, 羽叶三七 Panax bipinnatifidus, 人参 P. ginseng, 竹节参 P. japonicus, 三七 P. notoginseng, 西洋参 P. quinquefolius
ginsenoside Re_4 人参皂苷 Re_4 人参 Panax ginseng, 三七 P. notoginseng
20(*R*)-ginsenoside Rf 20(*R*)- 人参皂苷 Rf 人参 Panax ginseng
ginsenoside Rf 人参皂苷 Rf 人参 Panax ginseng, 珠子参 P. japonicus var. major, 三七 P. notoginseng, 西洋参 P. quinquefolius
20(*S*)-ginsenoside Rf-1a 20(*S*)- 人参皂苷 Rf-1a 人参 Panax ginseng
20(*R*)-ginsenoside Rg_1 20(*R*)- 人参皂苷 Rg_1 三七 Panax notoginseng
ginsenoside Rg_1 人参皂苷 Rg_1 丝瓜 Luffa cylindrica, 羽叶三七 Panax bipinnatifidus, 狭叶假人参 P. bipinnatifidus var. angustifolius, 人参 P. ginseng, 竹节参 P. japonicus, 珠子参 P. japonicus var. major, 三七 P. notoginseng, 西洋参 P. quinquefolius, 姜状三七 P. zingiberensis
(20*R*)-ginsenoside Rg_2 (20*R*)- 人参皂苷 Rg_2 西洋参 Panax quinquefolius
20(*R*)-ginsenoside Rg_2 20(*R*)- 人参皂苷 Rg_2 人参 Panax ginseng
20(*S*)-ginsenoside Rg_2 20(*S*)- 人参皂苷 Rg_2 人参 Panax ginseng, 三七 P. notoginseng
20*R*-ginsenoside Rg_2 20*R*- 人参皂苷 Rg_2 喙果绞股蓝 Gynostemma yixingense
20*S*-ginsenoside Rg_2 20*S*- 人参皂苷 Rg_2 喙果绞股蓝 Gynostemma yixingense
ginsenoside Rg_2 人参皂苷 Rg_2 羽叶三七 Panax bipinnatifidus, 人参 P. ginseng, 竹节参 P. japonicus, 三七 P. notoginseng, 西洋参 P. quinquefolius
(20*R*)-ginsenoside Rg_3 (20*R*)- 人参皂苷 Rg_3 积雪草 Centella asiatica, 珠子参 Panax japonicus var. major, 西洋参 P. quinquefolius
(20*S*)-ginsenoside Rg_3 (20*S*)- 人参皂苷 Rg_3 积雪草 Centella asiatica, 珠子参 Panax japonicus var. major
20(*R*)-ginsenoside Rg_3 20(*R*)- 人参皂苷 Rg_3 人参 Panax ginseng, 三七 P. notoginseng, 西洋参 P. quinquefolius
20(*R/S*)-ginsenoside Rg_3 20(*R/S*)- 人参皂苷 Rg_3 三七 Panax notoginseng
20(*S*)-ginsenoside Rg_3 20(*S*)- 人参皂苷 Rg_3 三七 Panax notoginseng, 西洋参 P. quinquefolius
ginsenoside Rg_3 人参皂苷 Rg_3 人参 Panax ginseng, 三七 P. notoginseng
ginsenoside Rg_4, Rg_7 人参皂苷 Rg_4, Rg_7 人参 Panax ginseng
ginsenoside Rg_5 人参皂苷 Rg_5 积雪草 Centella asiatica, 人参 Panax ginseng, 珠子参 P. japonicus var. major, 三七 P. notoginseng
ginsenoside Rg_6 人参皂苷 Rg_6 人参 Panax ginseng, 西洋参 P. quinquefolius
ginsenoside Rg_8 人参皂苷 Rg_8 西洋参 Panax quinquefolius
(20*Z*)-ginsenoside Rg_9 (20*Z*)- 人参皂苷 Rg_9 人参 Panax ginseng
20(22)*E*-ginsenoside Rg_9 20(22)*E*- 人参皂苷 Rg_9 人参 Panax ginseng
ginsenoside Rg_{10} 人参皂苷 Rg_{10} 人参 Panax ginseng
(20*R*)-ginsenoside Rh_1 (20*R*)- 人参皂苷 Rh_1 西洋参 Panax quinquefolius
20(*R*)-ginsenoside Rh1 20(*R*)- 人参皂苷 Rh_1 人参 Panax ginseng, 三七 P. notoginseng
20(*S*)-ginsenoside Rh_1 20(*S*)- 人参皂苷 Rh_1 三七 Panax notoginseng, 西洋参 P. quinquefolius
20*R*-ginsenoside Rh_1 20*R*- 人参皂苷 Rh_1 喙果绞股蓝 Gynostemma yixingense
20*S*-ginsenoside Rh_1 20*S*- 人参皂苷 Rh_1 喙果绞股蓝 Gynostemma yixingense
ginsenoside Rh_1 人参皂苷 Rh_1 狭叶假人参 Panax bipinnatifidus var. angustifolius, 人参 P. ginseng, 竹节参 P. japonicus, 三七 P. notoginseng, 西洋参 P. quinquefolius, 姜状三七 P. zingiberensis
20(*R*)-ginsenoside Rh2 20(*R*)- 人参皂苷 Rh_2 人参 Panax ginseng, 三七 P. notoginseng
20(*S*)-ginsenoside Rh2 20(*S*)- 人参皂苷 Rh_2 人参 Panax ginseng, 三七 P. notoginseng
ginsenoside Rh_2 人参皂苷 Rh_2 人参 Panax ginseng, 三七 P. notoginseng, 西洋参 P. quinquefolius
ginsenoside Rh_3 人参皂苷 Rh_3 人参 Panax ginseng, 三七 P. notoginseng, 西洋参 P. quinquefolius

G

20(22)*Z*-ginsenoside Rh_4 20(22)*Z*- 人参皂苷 Rh_4 人参 Panax ginseng
ginsenoside Rh_4 人参皂苷 Rh_4 人参 Panax ginseng, 三七 P. notoginseng
ginsenoside Rh_5, Rh_6, Rh_7, Rh_8, Rh_9, Rh_{11}, Rh_{12}, Rh_{13}, Rh_{14}, Rh_{15}, Rh_{16}, Rh_{17}, Rh_{18}, Rh_{19}, Rh_{20}, Ri 人参皂苷 Rh_5, Rh_6, Rh_7, Rh_8, Rh_9, Rh_{11}, Rh_{12}, Rh_{13}, Rh_{14}, Rh_{15}, Rh_{16}, Rh_{17}, Rh_{18}, Rh_{19}, Rh_{20}, Ri 人参 Panax ginseng
ginsenoside Rk_1 人参皂苷 Rk_1 积雪草 Centella asiatica, 人参 Panax ginseng, 三七 P. notoginseng
ginsenoside Rk_2, Rs_3, Rs_4, Rs_5 人参皂苷 Rk_2, Rs_3, Rs_4, Rs_5 三七 Panax notoginseng
ginsenoside Rk_3 人参皂苷 Rk_3 人参 Panax ginseng, 三七 P. notoginseng
ginsenoside Ro 人参皂苷 Ro 牛膝 Achyranthes bidentata, 羽叶三七 Panax bipinnatifidus, 狭叶假人参 P. bipinnatifidus var. angustifolius, 人参 P. ginseng, 竹节参 P. japonicus, 珠子参 P. japonicus var. major, 假人参 P. pseudoginseng, 西洋参 P. quinquefolius, 姜状三七 P. zingiberensis, 蟛蜞菊 Wedelia chinensis
ginsenoside Ro methyl ester 人参皂苷 Ro- 甲酯 人参 Panax ginseng
ginsenoside Ro methyle ester 人参皂苷 Ro 甲酯 人参 Panax ginseng
ginsenoside Ro-6'-butyl ester 人参皂苷 Ro-6'- 丁酯 人参 Panax ginseng
ginsenoside Rs_1 人参皂苷 Rs_1 人参 Panax ginseng, 珠子参 P. japonicus var. major, 西洋参 P. quinquefolius
ginsenoside Rs_2 人参皂苷 Rs_2 人参 Panax ginseng, 珠子参 P. japonicus var. major
20(*R*)-ginsenoside Rs_3 20(*R*)- 人参皂苷 Rs_3 人参 Panax ginseng, 三七 P. notoginseng
20(*R*/*S*)-ginsenoside Rs_3 20(*R*/*S*)- 人参皂苷 Rs_3 三七 Panax notoginseng
20(*S*)-ginsenoside Rs_3 20(*S*)- 人参皂苷 Rs_3 三七 Panax notoginseng
20(22)*Z*-ginsenoside Rs_4 20(22)*Z*- 人参皂苷 Rs_4 人参 Panax ginseng
ginsenoside RS_9, V 人参皂苷 RS_9, V 人参 Panax ginseng
ginsenoside Y 人参皂苷 Y 积雪草 Centella asiatica
ginsenoyne A 人参炔 A 人参 Panax ginseng
ginsenoyne A linoleate 人参炔 A 亚油酸酯 人参 Panax ginseng
ginsenoyne E 人参炔 E 三七 Panax notoginseng
ginsenoyne G 人参炔 G 西洋参 Panax quinquefolius
ginsinsene 人参萜烯▲ 人参 Panax ginseng
giraldiin A, B 翼蓼素▲A, B 翼蓼 Pteroxygonum giraldii
giraldine A~F, H, I 秦岭翠雀碱▲A~F, H, I 秦岭翠雀花 Delphinium giraldii
giraldine G 秦岭翠雀碱▲G 秦岭翠雀花 Delphinium giraldii, 三小叶翠雀花 D. trifoliolatum
giraldoid A 黄瑞香苷 A 滇瑞香 Daphne feddei, 黄瑞香 D. giraldii
girinimbilol 调料九里香酚▲ 调料九里香 Murraya koenigii
girinimbilyl acetate 调料九里香酚▲乙酸酯 调料九里香 Murraya koenigii
girinimbine 吉九里香碱 洋紫荆 Bauhinia variegata, 齿叶黄皮 Clausena dunniana, 假黄皮 C. excavata, 豆叶九里香 Murraya euchrestifolia, 九里香 M. exotica, 调料九里香 M. koenigii
gitaloxigenin bisdigitoxoside 吉他洛苷元双洋地黄毒糖苷 毛地黄 Digitalis purpurea
gitaloxin 吉他洛苷 毛地黄 Digitalis purpurea
githagoside 麦仙翁苷 麦仙翁 Agrostemma githago
gitogenin 芰脱皂苷元 龙舌兰 Agave americana, 玉簪 Hosta plantaginea, 蒺藜 Tribulus terrestris, 凤尾丝兰 Yucca gloriosa
gitogenin-3-*O*-{*O*-*β*-D-glucopyranosyl-(1→2)-*O*-[*O*-*β*-D-apiofuranosyl-(1→4)-*β*-D-glucopyranosyl-(1→3)]-*O*-*β*-D-glucopyranosyl-(1→4)-*β*-D-glactopyranoside}} 芰脱皂苷元 -3-*O*-{*O*-*β*-D- 吡喃葡萄糖基 -(1→2)-*O*-[*O*-*β*-D- 呋喃芹菜糖基 -(1→4)-*β*-D- 吡喃葡萄糖基 -(1→3)]-*O*-*β*-D- 吡喃葡萄糖基 -(1→4)-*β*-D- 吡喃半乳糖苷 } 吊兰 Chlorophytum comosum
gitogenin-3-*O*-{*O*-*β*-D-glucopyranosyl-(1→2)-*O*-[*β*-D-glucopyranosyl-(1→3)]-*O*-*β*-D-glucopyranosyl-(1→4)-*β*-D-galactopyranoside} 芰脱皂苷元 -3-*O*-{*O*-*β*-D- 吡喃葡萄糖基 -(1→2)-*O*-[*β*-D- 吡喃葡萄糖基 -(1→3)]-*O*-*β*-D- 吡喃葡萄糖基 -(1→4)-*β*-D- 吡喃半乳糖苷 } 吊兰 Chlorophytum comosum
gitogenin-3-*O*-{*O*-*β*-D-glucopyranosyl-(1→2)-*O*-*β*-D-xylopyranosyl-(1→3)]-*O*-*β*-D-glucopyranosyl-(1→4)-*β*-D-galactopyranoside} 芰脱皂苷元 -3-*O*-{*O*-*β*-D- 吡喃葡萄糖基 -(1→2)-*O*-*β*-D- 吡喃木糖基 -(1→3)]-*O*-*β*-D- 吡喃葡萄糖基 -(1→4)-*β*-D- 吡喃半乳糖苷 } 吊兰 Chlorophytum comosum
gitogenin-3-*O*-{*β*-D-glucopyranosyl-(1→2)-*O*-[*α*-L-rhamnopyranosyl-(1→4)-*β*-D-xylopyranosyl-(1→3)]-*O*-*β*-D-glucopyranosyl-(1→4)-*β*-D-galactopyranoside} 芰脱皂苷元 -3-*O*-*β*-D- 吡喃葡萄糖基 -(1→2)-*O*-[*α*-L- 吡喃鼠李糖基 -(1→4)-*β*-D- 吡喃木糖基 -(1→3)]-*O*-*β*-D- 吡喃葡萄糖基 -(1→4)-*β*-D- 吡喃半乳糖苷 玉簪 Hosta plantaginea
gitogenin-3-*O*-{*β*-D-glucopyranosyl-(1→2)-*O*-[*β*-D-xylopyranosyl-(1→3)]-*O*-*β*-D-glucoyranosyl-(1→4)-*β*-D-galactopyranoside} 芰脱皂苷元 -3-*O*-{*β*-D- 吡喃葡萄糖基 -(1→2)-*O*-[*β*-D- 吡喃木糖基 -(1→3)]-*O*-*β*-D- 吡喃葡萄糖基 -(1→4)-*β*-D- 吡喃半乳糖苷 } 玉簪 Hosta plantaginea
gitogenin-3-*O*-{*β*-D-xylopyranosyl-(1→4)-*β*-D-glucopyranosyl-(1→2)-[*β*-D-xylopyranosyl-(1→3)]-*O*-*β*-D-glucopyranosyl-(1→4)-*β*-D-galactopyranoside} 芰脱皂苷元 -3-*O*-{*β*-D- 吡喃木糖基 -(1→4)-*β*-D- 吡喃葡萄糖基 -(1→2)-[*β*-D- 吡喃木糖基 (1→3)]-*O*-*β*-D- 吡喃葡萄糖基 -(1→4)-*β*-D- 吡喃半乳糖苷 } 玉簪 Hosta plantaginea
gitogenin-3-*O*-lycotetroside 芰脱皂苷元 -3-*O*- 石蒜四糖 茖葱 Allium victorialis
gitogenin-3-*O*-*α*-L-rhamnopyranosyl-(1→2)-*β*-D-galactopyranoside 芰脱皂苷元 -3-*O*-*α*-L- 吡喃鼠李糖基 -(1→2)-*β*-D- 吡喃半乳糖苷 韭菜 Allium tuberosum, 玉簪 Hosta plantaginea

gitogenin-3-*O*-*α*-L-rhamnopyranosyl-*β*-lycotetraoside 芰脱皂苷元 -3-*O*-*α*-L- 吡喃木糖基 -*β*- 石蒜四糖苷 凤尾丝兰 Yucca gloriosa
gitogenin-3-*O*-*β*-D-galactopyranoside 芰脱皂苷元 -3-*O*-*β*-D- 吡喃半乳糖苷 玉簪 Hosta plantaginea
gitogenin-3-*O*-*β*-D-glucopyranosyl-(1→2)-*β*-D-glucopyranosyl-(1→4)-*β*-D-galactopyranoside 芰脱皂苷元 -3-*O*-*β*-D- 吡喃葡萄糖基 -(1→2)-*β*-D- 吡喃葡萄糖基 -(1→4)-*β*-D- 吡喃半乳糖苷 玉簪 Hosta plantaginea
gitogenin-3-*O*-*β*-D-glucopyranosyl-(1→4)-*O*-[*α*-L-rhamnopyranosyl-(1→2)]-*β*-D-galactopyranoside 芰脱皂苷元 -3-*O*-*β*-D- 吡喃葡萄糖基 -(1→4)-*O*-[*α*-L- 吡喃鼠李糖基 (1→2)]-*β*-D- 吡喃半乳糖苷 玉簪 Hosta plantaginea
gitogenin-3-*O*-*β*-D-glucopyranosyl-(1→4)-*β*-D-galactopyranoside 芰脱皂苷元 -3-*O*-*β*-D- 吡喃葡萄糖基 -(1→4)-*β*-D- 吡喃半乳糖苷 玉簪 Hosta plantaginea
gitogenin-3-*O*-*β*-D-xylopyranosyl-*β*-lycotetraoside 芰脱皂苷元 -3-*O*-*β*-D- 吡喃木糖基 -*β*- 石蒜四糖苷 凤尾丝兰 Yucca gloriosa
gitorin 吉托林 毛地黄 Digitalis purpurea
gitorocellobioside 吉托纤维二糖苷 毛地黄 Digitalis purpurea
gitoroside 吉托苷 毛地黄 Digitalis purpurea
gitostin 吉托司廷 毛地黄 Digitalis purpurea
gitoxigenin bisdigitoxoside 吉托辛苷元双洋地黄毒糖苷 毛地黄 Digitalis purpurea
5*α*-gitoxigenin-3-*α*-L-rhamnopyranoside 5*α*- 羟基洋地黄毒苷元 -3-*α*-L- 鼠李糖苷 滑桃树 Trevia nudiflora
gitoxin 吉托辛 毛地黄 Digitalis purpurea
gitoxin cellobioside 吉托辛纤维二糖苷 毛地黄 Digitalis purpurea
glabcensin C 无毛狭叶香茶菜素 C 腺花香茶菜 Isodon adenanthus
glabcensin V 无毛狭叶香茶菜素 V 冬凌草 Isodon rubescens
glaberide 秃毛冬青素 长毛紫珠 Callicarpa pilosissima
(+)-glaberide I (+)- 秃毛冬青素 I 爬树龙 Rhaphidophora decursiva
glaberide I 秃毛冬青素 I 亚麻 Linum usitatissimum, 观光木 Michelia odora, 风龙 Sinomenium acutum
glabra I 光水黄皮呋喃 ▲I 水黄皮 Pongamia pinnata
glabra II 光水黄皮呋喃 ▲II 长波叶山蚂蝗 Desmodium sequax, 水黄皮 Pongamia pinnata
glabrachromene 光水黄皮色烯 ▲ 水黄皮 Pongamia pinnata
glabrachromene II 光水黄皮色烯 ▲II 水黄皮 Pongamia pinnata
glabracin A, B 圆滑番荔枝辛 ▲A, B 圆滑番荔枝 Annona glabra
glabradine 西藏地不容定碱 ▲ 西藏地不容 Stephania glabra
glabralactone 光叶当归内酯 ▲ 水蛇麻 Fatoua villosa
glabranin 光果甘草宁 珠光香青 Anaphalis margaritacea, 洋甘草 Glycyrrhiza glabra, 甘草 G. uralensis, 尾叶血桐 Macaranga kurzii, 绒毛槐 Sophora tomentosa
glabranin 圆滑番荔枝宁 ▲ 圆滑番荔枝 Annona glabra, 番荔枝 A. squamosa
glabranin isomer 光果甘草宁异构体 洋甘草 Glycyrrhiza glabra
glabranol A, B 草珊瑚醇 ▲A, B 草珊瑚 Sarcandra glabra
glabraoside C 草珊瑚苷 C 草珊瑚 Sarcandra glabra
glabratephrin 半秃灰毛豆灵 ▲ 木蓝 Indigofera tinctoria, 灰毛豆 Tephrosia purpurea
glabratolide 光刺苞菊内酯 蓼子朴 Inula salsoloides
glabredelphinine 展毛翠雀碱 展毛翠雀花 Delphinium kamaonense var. glabrescens
glabrencin A, B 圆滑番荔枝烯辛 ▲A, B 圆滑番荔枝 Annona glabra
glabrene 光果甘草素 洋甘草 Glycyrrhiza glabra, 甘草 G. uralensis
glabridin 光果甘草定 洋甘草 Glycyrrhiza glabra, 甘草 G. uralensis
glabrin A~D 圆滑番荔枝灵 ▲A~D 圆滑番荔枝 Annona glabra
glabrisoflavone 光果甘草异黄酮 洋甘草 Glycyrrhiza glabra
glabrocoumarin 光果甘草香豆灵 ▲ 洋甘草 Glycyrrhiza glabra
glabrol 光果甘草酚 翅果刺桐 Erythrina subumbrans, 台湾山豆根 Euchresta formosana, 伏毛山豆根 E. horsfieldii, 山豆根 E. japonica, 洋甘草 Glycyrrhiza glabra, 苦豆子 Sophora alopecuroides, 越南槐 S. tonkinensis
glabrolide 光果甘草内酯 粗毛甘草 Glycyrrhiza aspera
glabrone 光果甘草酮 泽漆 Euphorbia helioscopia, 洋甘草 Glycyrrhiza glabra, 胀果甘草 G. inflata, 甘草 G. uralensis
glacin A, B 圆滑番荔枝次辛 ▲A, B 圆滑番荔枝 Annona glabra
gladiatoside A-1, A-2, A-3, B-1, B-2, B-3, C-1, C-2 刀豆苷 ▲A-1, A-2, A-3, B-1, B-2, B-3, C-1, C-2 刀豆 Canavalia gladiata
glandulone A, B, C 向日葵腺毛酮 A, B, C 向日葵 Helianthus annuus
glansreginin A, B 胡桃鞣宁 ▲A, B 胡桃 Juglans regia
glansrin A~D 胡桃鞣灵 ▲A~D 胡桃 Juglans regia
glaucamine 海罂粟胺 野罂粟 Papaver nudicaule
glaucanol A 格劳卡醇 A 掌叶铁线蕨 Adiantum pedatum
glaucarubin 乐园树素 臭椿 Ailanthus altissima
glaucarubinone 乐园树酮 臭椿 Ailanthus altissima
glaucarubol 乐园树醇 臭椿 Ailanthus altissima
$\Delta^{13,18}$-glaucarubolone $\Delta^{13,18}$- 乐园树醇酮 ▲ 臭椿 Ailanthus altissima

glaucarubolone 乐园树醇酮▲ 臭椿 Ailanthus altissima
glaucenamide 白叶瓜馥木酰胺▲ 白叶瓜馥木 Fissistigma glaucescens
glaucic acid 山胡椒酸 挥发油成分，未统计基源
(-)-glaucine (-)- 海罂粟碱 北美鹅掌楸 Liriodendron tulipifera
(+)-glaucine (+)- 海罂粟碱 樟叶木防己 Cocculus laurifolius, 紫金龙 Dactylicapnos scandens
d-glaucine *d*- 海罂粟碱 延胡索 Corydalis yanhusuo, 北美鹅掌楸 Liriodendron tulipifera
glaucine 海罂粟碱 牛心番荔枝 Annona reticulata, 番荔枝 A. squamosa, 异果小檗 Berberis heteropoda, 豪猪刺 B. julianae, 日本小檗 B. thunbergii, 山延胡索 Corydalis solida, 三裂紫堇 C. trifoliata, 天山海罂粟 Glaucium elegans, 日本厚朴 Houpoëa obovata, 北美鹅掌楸 Liriodendron tulipifera, 南天竹 Nandina domestica, 贝加尔唐松草 Thalictrum baicalense, 黄唐松草 T. flavum, 腺毛唐松草 T. foetidum, 盾叶唐松草 T. ichangense, 小果唐松草 T. microgynum, 亚欧唐松草 T. minus
glaucinone 海罂粟酮碱▲ 山延胡索 Corydalis solida
glaucocalactone 蓝萼香茶菜内酯 鄂西香茶菜 Isodon henryi, 毛叶香茶菜 I. japonicus, 瘿花香茶菜 I. rosthornii
glaucocalyxin A 蓝萼香茶菜素 A 香茶菜 Isodon amethystoides, 拟缺香茶菜 I. excisoides, 毛叶香茶菜 I. japonicus, 蓝萼毛叶香茶菜 I. japonicus var. glaucocalyx, 川藏香茶菜 I. pharicus, 总序香茶菜 I. racemosus, 药用狗牙花 Tabernaemontana bovina
glaucocalyxin B 蓝萼香茶菜素 B 香茶菜 Isodon amethystoides, 毛叶香茶菜 I. japonicus, 蓝萼毛叶香茶菜 I. japonicus var. glaucocalyx, 川藏香茶菜 I. pharicus
glaucocalyxin C 蓝萼香茶菜素 C 香茶菜 Isodon amethystoides, 拟缺香茶菜 I. excisoides, 毛叶香茶菜 I. japonicus, 蓝萼毛叶香茶菜 I. japonicus var. glaucocalyx
glaucocalyxin D 蓝萼香茶菜素 D 毛叶香茶菜 Isodon japonicus, 蓝萼毛叶香茶菜 I. japonicus var. glaucocalyx
glaucocalyxin E 蓝萼香茶菜素 E 毛叶香茶菜 Isodon japonicus, 蓝萼毛叶香茶菜 I. japonicus var. glaucocalyx
glaucocalyxin F, G, H, I, J, X 蓝萼香茶菜素 F, G, H, I, J, X 蓝萼毛叶香茶菜 Isodon japonicus var. glaucocalyx
glaucocalyxoside 蓝萼香茶菜苷 蓝萼毛叶香茶菜 Isodon japonicus var. glaucocalyx
glaucogenin A 白前苷元▲A 潮风草 Cynanchum acuminatifolium, 合掌消 C. amplexicaule, 白薇 C. atratum, 白前 C. glaucescens, 华北白前 C. mongolicum, 徐长卿 C. paniculatum, 柳叶白前 C. stauntonii, 变色白前 C. versicolor
glaucogenin A-3-*O*-*α*-D-oleandropyranosyl-(1 → 4)-*β*-D-digitoxopyranosyl-(1 → 4)-*β*-D-oleandropyranoside 白前苷元▲A-3-*O*-*α*-D- 吡喃夹竹桃糖基 -(1 → 4)-*β*-D- 吡喃洋地黄毒糖基 -(1 → 4)-*β*-D- 吡喃夹竹桃糖苷 白薇 Cynanchum atratum
glaucogenin A-3-*O*-*α*-L-cymaropyranosyl-(1→4)-*β*-D-cymaropyranosyl-(1→4)-*β*-D-cymaropyranoside 白前苷元▲A-3-*O*-*α*-L- 吡喃磁麻糖基 -(1 → 4)-*β*-D- 吡喃磁麻糖基 -(1 → 4)-*β*-D- 吡喃磁麻糖苷 白薇 Cynanchum atratum
glaucogenin A-3-*O*-*α*-L-cymaropyranosyl-(1 → 4)-*β*-D-cymaropyranosyl-(1 → 4)-*β*-D-oleandropyranoside 白前苷元▲A-3-*O*-*α*-L- 吡喃磁麻糖基 -(1 → 4)-*β*-D- 吡喃磁麻糖基 -(1 → 4)-*β*-D- 吡喃夹竹桃糖苷 白薇 Cynanchum atratum
glaucogenin A-3-*O*-*α*-L-cymaropyranosyl-(1 → 4)-*β*-D-digitoxopyranosyl-(1 → 4)-*β*-D-cymaropyranoside 白前苷元▲A-3-*O*-*α*-L- 吡喃磁麻糖基 -(1 → 4)-*β*-D- 吡喃洋地黄毒糖基 -(1 → 4)-*β*-D- 吡喃磁麻糖苷 白薇 Cynanchum atratum
glaucogenin A-3-*O*-*α*-L-cymaropyranosyl-(1 → 4)-*β*-D-digitoxopyranosyl-(1 → 4)-*β*-D-digitoxopyranoside 白前苷元▲A-3-*O*-*α*-L- 吡喃磁麻糖基 -(1 → 4)-*β*-D- 吡喃洋地黄毒糖基 -(1 → 4)-*β*-D- 吡喃洋地黄毒糖苷 白薇 Cynanchum atratum
glaucogenin A-3-*O*-*α*-L-oleandropyranosyl-(1 → 4)-*β*-D-digitoxopyranosyl-(1 →)-*β*-D-oleandropyranoside 白前苷元▲A-3-*O*-*α*-L- 吡喃夹竹桃糖基 -(1 → 4)-*β*-D- 吡喃洋地黄毒糖基 -(1 →)-*β*-D- 吡喃夹竹桃糖苷 白薇 Cynanchum atratum
glaucogenin A-3-*O*-*β*-D-cymaropyranosyl-(1→4)-*α*-L-diginopyranosyl-(1→4)-*β*-D-cymaropyranoside 白前苷元▲A-3-*O*-*β*-D- 吡喃磁麻糖基 -(1 → 4)-*α*-L- 吡喃洋地黄糖基 -(1 → 4)-*β*-D- 吡喃磁麻糖苷 白薇 Cynanchum atratum
glaucogenin A-3-*O*-*β*-D-digitoxopyranoside 白前苷元▲A-3-*O*-*β*-D- 吡喃洋地黄毒糖苷 白薇 Cynanchum atratum
glaucogenin A-3-*O*-*β*-D-digitoxopyranosyl-(1 → 4)-*β*-D-cymaropyranoside 白前苷元▲A-3-*O*-*β*-D- 吡喃洋地黄毒糖基 -(1 → 4)-*β*-D- 吡喃磁麻糖苷 白薇 Cynanchum atratum
glaucogenin A-3-*O*-*β*-D-glucopyranosyl-(1 → 4)-*α*-L-cymaropyranosyl-(1 → 4)-*β*-D-digitoxopyranosyl-(1 → 4)-*β*-D-cymaropyranoside 白前苷元▲A-3-*O*-*β*-D- 吡喃葡萄糖基 -(1 → 4)-*α*-L- 吡喃磁麻糖基 -(1 → 4)-*β*-D- 吡喃洋地黄毒糖基 -(1 → 4)-*β*-D- 吡喃磁麻糖苷 白薇 Cynanchum atratum
glaucogenin A-3-*O*-*β*-D-glucopyranosyl-(1 → 4)-*β*-D-glucopyranosyl-(1 → 4)-*β*-D-oleandropyranoside 白前苷元▲A-3-*O*-*β*-D- 吡喃葡萄糖基 -(1 → 4)-*β*-D- 吡喃葡萄糖基 -(1 → 4)-*β*-D- 吡喃夹竹桃糖苷 白薇 Cynanchum atratum
glaucogenin A-3-*O*-*β*-D-glucopyranosyl-(1 → 4)-*β*-D-oleandropyranoside 白前苷元▲A-3-*O*-*β*-D- 吡喃葡萄糖基 -(1 → 4)-*β*-D- 吡喃夹竹桃糖苷 白薇 Cynanchum atratum
glaucogenin A-3-*O*-*β*-D-oleandropyranoside 白前苷元▲A-3-*O*-*β*-D- 吡喃夹竹桃糖苷 白薇 Cynanchum atratum
glaucogenin A-3-*O*-*β*-D-oleandropyranosyl-(1 → 4)-*β*-D-digitoxopyranosyl-(1 → 4)-*β*-D-oleandropyranoside 白前苷元▲A-3-*O*-*β*-D- 吡喃夹竹桃糖基 -(1 → 4)-*β*-D- 吡喃洋地黄毒糖基 -(1 → 4)-*β*-D- 吡喃夹竹桃糖苷 白薇 Cynanchum atratum
glaucogenin B 白前苷元▲B 合掌消 Cynanchum amplexicaule, 白前 C. glaucescens
glaucogenin C 白前苷元▲C 白薇 Cynanchum atratum, 华北白前 C. mongolicum, 徐长卿 C. paniculatum, 变色白前 C. versicolor
glaucogenin C 白前苷元▲C 竹灵消 Cynanchum inamoenum
glaucogenin C-3-*O*-*α*-D-oleandropyranosyl-(1 → 4)-*β*-D-digitoxopyranosyl-(1 → 4)-*α*-D-oleandropyranoside 白前苷元▲C-3-*O*-*α*-D- 吡喃夹竹桃糖基 -(1 → 4)-*β*-D- 吡喃洋地黄毒糖基 -(1 → 4)-*α*-D- 吡喃夹竹桃糖苷 白薇 Cynanchum atratum
glaucogenin C-3-*O*-*α*-D-oleandropyranosyl-(1 → 4)-*β*-D-digitoxopyranosyl-(1 → 4)-*β*-D-oleandropyranoside 白前苷元▲C-3-*O*-*α*-D- 吡喃夹竹桃糖基 -(1 → 4)-*β*-D- 吡喃洋地黄毒糖基 -(1 → 4)-*β*-D- 吡喃夹竹桃糖苷 白薇 Cynanchum atratum
glaucogenin C-3-*O*-*α*-L-cymaropyranosyl-(1 → 4)-*β*-D-cymaropyranosyl-(1 → 4)-*β*-D-oleandropyranoside 白前苷元▲C-3-*O*-*α*-L- 吡喃磁麻糖

基 -(1 → 4)-β-D- 吡喃磁麻糖基 -(1 → 4)-β-D- 吡喃夹竹桃糖苷 白薇 Cynanchum atratum
glaucogenin C-3-O-α-L-cymaropyranosyl-(1 → 4)-β-D-digitoxopyranosy-(1 → 4)-β-D-oleandropyranoside 白前苷元 ▲C-3-O-α-L- 吡喃磁麻糖基 -(1 → 4)-β-D- 吡喃洋地黄毒糖基 -(1 → 4)-β-D- 吡喃夹竹桃糖苷 白薇 Cynanchum atratum
glaucogenin C-3-O-α-L-cymaropyranosyl-(1 → 4)-β-D-digitoxopyranosyl-(1 → 4)-β-D-thevetopyranoside 白前苷元 ▲C-3-O-α-L- 吡喃磁麻糖基 -(1 → 4)-β-D- 吡喃洋地黄毒糖基 -(1 → 4)-β-D- 吡喃黄花夹竹桃糖苷 白薇 Cynanchum atratum
glaucogenin C-3-O-α-L-cymaropyranosyl-(1 → 4)-β-D-digtoxopyransyl-(1 → 4)-β-D-canaropyranoside 白前苷元 ▲C-3-O-α-L- 吡喃磁麻糖基 -(1 → 4)-β-D- 吡喃洋地黄毒糖基 -(1 → 4)-β-D- 吡喃加那利毛地黄糖苷 柳叶白前 Cynanchum stauntonii
glaucogenin C-3-O-α-L-diginopyranosyl-(1 → 4)-β-D-thevetopyranoside 白前苷元 ▲C-3-O-α-L- 吡喃洋地黄糖基 -(1 → 4)-β-D- 吡喃黄花夹竹桃糖苷 白薇 Cynanchum atratum
glaucogenin C-3-O-β-D-cymaropyranosyl-(1 → 4)-α-L-diginopyranosyl-(1 → 4)-β-D-cymaropyranoside 白前苷元 ▲C-3-O-β-D- 吡喃磁麻糖基 -(1 → 4)-α-L- 吡喃洋地黄糖基 -(1 → 4)-β-D- 吡喃磁麻糖苷 白薇 Cynanchum atratum
glaucogenin C-3-O-β-D-cymaropyranosyl-(1 → 4)-α-L-diginopyranosyl-(1 → 4)-β-D-thevetopyranoside 白前苷元 ▲C-3-O-β-D- 吡喃磁麻糖基 -(1 → 4)-α-L- 吡喃洋地黄糖基 -(1 → 4)-β-D- 吡喃黄花夹竹桃糖苷 白薇 Cynanchum atratum
glaucogenin C-3-O-β-D-oleandropyranoside 白前苷元 ▲C-3-O-β-D- 吡喃夹竹桃糖苷 白薇 Cynanchum atratum
glaucogenin C-3-O-β-D-thevetopyranoside 白前苷元 ▲C-3-O-β-D- 吡喃黄花夹竹桃糖苷 白薇 Cynanchum atratum, 变色白前 C. versicolor
glaucogenin C-3-O-β-D-thevetoside 白前苷元 ▲C-3-O-β-D- 黄花夹竹桃糖苷 潮风草 Cynanchum acuminatifolium, 白前 C. glaucescens, 徐长卿 C. paniculatum
glaucogenin C-mono-D-thevetoside 白前苷元 ▲C- 单 -D- 黄花夹竹桃糖苷 合掌消 Cynanchum amplexicaule, 柳叶白前 C. stauntonii
glaucogenin D 白前苷元 ▲D 徐长卿 Cynanchum paniculatum
glaucogenin E 白前苷元 ▲E 柳叶白前 Cynanchum stauntonii
glaucogenin H 白前苷元 ▲H 变色白前 Cynanchum versicolor
glaucolide E 灰青斑鸠菊内酯 E 夜香牛 Vernonia cinerea
glaucoside A 白前苷 ▲A 合掌消 Cynanchum amplexicaule, 白薇 C. atratum, 白前 C. glaucescens
glaucoside B, E, F, I, J 白前苷 ▲B, E, F, I, J 白前 Cynanchum glaucescens
glaucoside C 白前苷 ▲C 白薇 Cynanchum atratum, 白前 C. glaucescens
glaucoside D 白前苷 ▲D 白薇 Cynanchum atratum, 白前 C. glaucescens
glaucoside G 白前苷 ▲G 白前 Cynanchum glaucescens, 柳叶白前 C. stauntonii
glaucoside H 白前苷 ▲H 白薇 Cynanchum atratum, 蔓剪草 C. chekiangense, 白前 C. glaucescens, 变色白前 C. versicolor
(+)-glaufidine (+)- 海罂粟菲定碱 海罂粟 Glaucium fimbrilligerum
glaunidine 海罂粟尼定碱 海罂粟 Glaucium fimbrilligerum
glaunine 海罂粟宁碱 海罂粟 Glaucium fimbrilligerum
glauvine 黄花海罂粟碱 北美鹅掌楸 Liriodendron tulipifera
(+)-glaziovine (+)- 格氏绿心樟碱▲ 西伯利亚小檗 Berberis sibirica
glaziovine 格氏绿心樟碱▲ 北美鹅掌楸 Liriodendron tulipifera, 山鸡椒 Litsea cubeba, 风龙 Sinomenium acutum
glecholone 连钱草酮 金疮小草 Ajuga decumbens, 活血丹 Glechoma longituba
glechomanolide 欧亚活血丹内酯 银线草 Chloranthus japonicus, 及已 C. serratus, 温郁金 Curcuma wenyujin
glechomol A, B, C 连钱草酚 A, B, C 活血丹 Glechoma longituba
gledistside A, B, C 皂荚苷 A, B, C 滇皂荚 Gleditsia japonica var. delavayi
gleditschiaside A, D, E 小果皂荚苷 A, D, E 小果皂荚 Gleditsia australis
gleditsia saponin B 皂荚皂苷 B 山皂荚 Gleditsia japonica, 皂荚 G. sinensis
gleditsia saponin C 皂荚皂苷 C 山皂荚 Gleditsia japonica, 皂荚 G. sinensis
gleditsia saponin C' 皂荚皂苷 C' 皂荚 Gleditsia sinensis
gleditsia saponin D_2, E 皂荚皂苷 D_2, E 山皂荚 Gleditsia japonica
gleditsia saponin E' 皂荚皂苷 E' 皂荚 Gleditsia sinensis
gleditsia saponin G, I 皂荚皂苷 G, I 山皂荚 Gleditsia japonica
gleditsin 皂荚素 山皂荚 Gleditsia japonica
gleditsioside A~K, N~Q, Z 皂荚萜苷 ▲A~K, N~Q, Z 皂荚 Gleditsia sinensis
gleenol 格伦云杉烯醇▲ 日本柳杉 Cryptomeria japonica
glehlinoside A~J 珊瑚菜苷 ▲A~J 珊瑚菜 Glehnia littoralis
glehnilate 珊瑚菜酯▲ 珊瑚菜 Glehnia littoralis
glepidotin A 鳞叶甘草素 A 尾叶血桐 Macaranga kurzii
gliadin 麦胶蛋白 条斑紫菜 Porphyra yezoensis
glicoisoflavanone 甘草新异黄烷酮▲ 甘草 Glycyrrhiza uralensis
glicophenone 甘草酚酮 甘草 Glycyrrhiza uralensis
glicoricone 甘草瑞酮 甘草 Glycyrrhiza uralensis
glinuside A~I 星粟草苷 ▲A~I 星毛粟米草 Mollugo lotoides
gliricidin 毒鼠豆素 丰城崖豆藤 Callerya nitida var. hirsutissima
glisoflavanone 乌拉尔甘草异黄烷酮▲ 甘草 Glycyrrhiza uralensis
glisoflavone 西北甘草新异黄酮▲ 甘草 Glycyrrhiza uralensis

G

globeflowery acid 金莲酸 长瓣金莲花 Trollius macropetalus
globoidnan A 球桉木脂素 ▲A 北重楼 Paris verticillata
globularicisin 球花辛苷 ▲ 鞭打绣球 Hemiphragma heterophyllum, 云南兔耳草 Lagotis yunnanensis
globularimin 球花明苷 ▲ 云南兔耳草 Lagotis yunnanensis
globularin 球花苷 ▲ 鞭打绣球 Hemiphragma heterophyllum, 革叶兔耳草 Lagotis alutacea, 云南兔耳草 L. yunnanensis
(-)-globulol (-)- 蓝桉醇 挥发油成分，未统计基源
(+)-globulol (+)- 蓝桉醇 挥发油成分，未统计基源
globulol 蓝桉醇 挥发油成分，未统计基源
globuxanthone 小球合蕊木吡酮 ▲ 大叶藤黄 Garcinia xanthochymus
glochicoccin D 红算盘子素 ▲D 算盘子 Glochidion puberum
glochidiatusamide 弯齿盾果草酰胺 ▲ 弯齿盾果草 Thyrocarpus glochidiatus
glochidicine 算盘子辛碱 甜叶算盘子 Glochidion philippicum
glochidine 算盘子碱 甜叶算盘子 Glochidion philippicum
glochidioboside 倒卵叶算盘子苷 ▲ 珙桐 Davidia involucrata, 硬皮榕 Ficus callosa, 显脉香茶菜 Isodon nervosus, 潺槁木姜子 Litsea glutinosa, 柊树 Osmanthus heterophyllus
glochidiol 算盘子二醇 臭牡丹 Clerodendrum bungei, 隆纹黑蛋巢菌 Cyathus striatus, 四裂算盘子 Glochidion ellipticum, 毛果算盘子 G. eriocarpum, 厚叶算盘子 G. hirsutum, 艾胶算盘子 G. lanceolarium, 算盘子 G. puberum, 圆果算盘子 G. sphaerogynum, 白背算盘子 G. wrightii, 香港算盘子 G. zeylanicum
glochidiol diacetate 算盘子二醇二乙酸酯 隆纹黑蛋巢菌 Cyathus striatus
glochidionionoside A 算盘子香堇苷 ▲A 台闽算盘子 Glochidion rubrum, 香港算盘子 G. zeylanicum
glochidionionoside B 算盘子香堇苷 ▲B 红背桂花 Excoecaria cochinchinensis, 台闽算盘子 Glochidion rubrum, 香港算盘子 G. zeylanicum
glochidionionoside C 算盘子香堇苷 ▲C 台闽算盘子 Glochidion rubrum, 香港算盘子 G. zeylanicum
glochidionionoside D 算盘子香堇苷 ▲D 香港算盘子 Glochidion zeylanicum
glochidionolactone A~D, F 算盘子内酯 ▲A~D, F 香港算盘子 Glochidion zeylanicum
glochidionolactone E 算盘子内酯 ▲E 毛果算盘子 Glochidion eriocarpum, 香港算盘子 G. zeylanicum
glochidioside E 算盘子苷 ▲E 毛果算盘子 Glochidion eriocarpum
glochidol 算盘子醇 毛果算盘子 Glochidion eriocarpum
glochidone 算盘子酮 黑面神 Breynia fruticosa, 臭牡丹 Clerodendrum bungei, 隆纹黑蛋巢菌 Cyathus striatus, 四裂算盘子 Glochidion ellipticum, 毛果算盘子 G. eriocarpum, 厚叶算盘子 G. hirsutum, 艾胶算盘子 G. lanceolarium, 算盘子 G. puberum, 台闽算盘子 G. rubrum, 白背算盘子 G. wrightii, 香港算盘子 G. zeylanicum, 落萼叶下珠 Phyllanthus flexuosus, 枫杨 Pterocarya stenoptera, 艾堇 Sauropus bacciformis
glochidonol 算盘子酮醇 白桦 Betula platyphylla, 黑面神 Breynia fruticosa, 臭牡丹 Clerodendrum bungei, 隆纹黑蛋巢菌 Cyathus striatus, 白饭树 Flueggea virosa, 毛果算盘子 Glochidion eriocarpum, 厚叶算盘子 G. hirsutum, 艾胶算盘子 G. lanceolarium, 算盘子 G. puberum, 台闽算盘子 G. rubrum, 圆果算盘子 G. sphaerogynum, 白背算盘子 G. wrightii, 香港算盘子 G. zeylanicum, 小果叶下珠 Phyllanthus reticulatus
glochierioside A~F 毛果算盘子苷 ▲A~F 毛果算盘子 Glochidion eriocarpum
glochiflavanoside A, C, D 算盘子黄烷醇苷 ▲A, C, D 香港算盘子 Glochidion zeylanicum
glochiflavanoside B 算盘子黄烷醇苷 ▲B 香港算盘子 Glochidion zeylanicum, 钝叶鸡蛋花 Plumeria obtusa
glochiin C_1, M_1, M_2 算盘子鞣素 C_1, M_1, M_2 台闽算盘子 Glochidion rubrum
glochilocudiol 多孔算盘子二醇 艾胶算盘子 Glochidion lanceolarium, 三叶鼠尾草 Salvia trijuga
glochinin A 算盘子宁 ▲A 算盘子 Glochidion puberum
glochitriol 算盘子三醇 艾胶算盘子 Glochidion lanceolarium
gloeosteretriol 榆耳三醇 榆耳 Gloeostereum incarnatum
glomeraside A~N 球序卷耳苷 ▲A~N 球序卷耳 Cerastium glomeratum
glomeratide A~D 华南远志碳苷 ▲A~D 华南远志 Polygala glomerata
glomeratose A 华南远志糖 ▲A 华南远志 Polygala glomerata, 西伯利亚远志 P. sibirica, 远志 P. tenuifolia, 密花远志 P. tricornis, 蛇根木 Rauvolfia serpentina
glomeratose B, C, F, G 华南远志糖 ▲B, C, F, G 华南远志 Polygala glomerata
glomeratose D 华南远志糖 ▲D 华南远志 Polygala glomerata, 香港远志 P. hongkongensis
glomeratose E 华南远志糖 ▲E 荷包山桂花 Polygala arillata, 华南远志 P. glomerata
gloriogenin 凤尾丝兰皂苷元 剑麻 Agave sisalana, 凤尾丝兰 Yucca gloriosa
gloriogenin-3-*O*-*β*-D-glucopyranosyl-(1 → 2)-[*β*-D-glucopyranosyl-(1 → 3)]-*β*-D-galactopyranosid 凤尾丝兰皂苷元 -3-*O*-*β*-D- 吡喃葡萄糖基 -(1 → 2)-[*β*-D- 吡喃葡萄糖基 -(1 → 3)]-*β*-D- 吡喃半乳糖苷 凤尾丝兰 Yucca gloriosa
gloriogenin-3-*O*-*β*-D-glucopyranosyl-(1 → 2)-[*β*-D-glucopyranosyl-(1 → 3)]-*β*-D-glucopyranoside 凤尾丝兰皂苷元 -3-*O*-*β*-D- 吡喃葡萄糖基 -(1 → 2)-[*β*-D- 吡喃葡萄糖基 -(1 → 3)]-*β*-D- 吡喃葡萄糖苷 凤尾丝兰 Yucca gloriosa
gloriosaol A~E 凤尾丝兰酚 A~E 凤尾丝兰 Yucca gloriosa
glossogin 鹿角草素 ▲ 鹿角草 Glossocardia bidens
gluanol acetate 聚果榕醇 ▲ 乙酸酯 对叶榕 Ficus hispida, 聚果榕 F. racemosa
(1 → 3)-*β*-D-glucan (1 → 3)-*β*-D- 葡聚糖 海枣 Phoenix dactylifera

α-D-glucan *α*-D- 葡聚糖 海枣 Phoenix dactylifera
glucan A, B 水溶性葡聚糖 A, B 西南文殊兰 Crinum latifolium
gluco-(1 → 6)-olitoriside 葡萄糖基 -(1 → 6)- 长蒴黄麻苷 黄麻 Corchorus capsularis
glucoacetosyringone 葡萄糖基乙酰丁香酮 地黄连 Munronia sinica
glucoalyssin 葡萄糖庭荠素 臭荠 Coronopus didymus, 芝麻菜 Eruca vesicaria
glucoarabin 葡萄糖南芥素▲ 沼生蔊菜 Rorippa palustris
glucoaurantioobtusin 葡萄糖基橙黄决明素 钝叶决明 Senna tora var. obtusifolia
glucobipindogulomethyloside 葡萄糖毕平多古洛甲基糖苷 铃兰 Convallaria majalis
glucobrassicanapin 葡萄糖欧洲油菜素▲ 臭荠 Coronopus didymus, 芝麻菜 Eruca vesicaria
glucobrassicin 葡萄糖芸苔素 山柑 Capparis spinosa, 白花菜 Cleome gynandra, 醉蝶花 C. hassleriana, 芝麻菜 Eruca vesicaria, 沼生蔊菜 Rorippa palustris
glucocaffeic acid 咖啡酸葡萄糖苷 欧亚多足蕨 Polypodium vulgare
glucocapparin 白花菜苷 山柑 Capparis spinosa, 白花菜 Cleome gynandra, 醉蝶花 C. hassleriana, 黄花草 C. viscosa
glucocleomin 葡萄糖醉蝶花素 醉蝶花 Cleome hassleriana, 黄花草 C. viscosa
glucoconvallatoxoloside 葡萄铃兰毒醇苷 铃兰 Convallaria majalis
glucoconvalloside 葡萄铃兰苷 铃兰 Convallaria majalis
glucodehydroerucin 去氢芝麻菜苷 萝卜 Raphanus sativus
glucodichotomine B 葡萄糖银柴胡胺 B 银柴胡 Stellaria dichotoma var. lanceolata
glucodigifolein 葡萄糖洋地黄叶苷▲ 毛地黄 Digitalis purpurea
glucodigifucoside 洋地黄毒苷元葡萄糖岩藻糖苷 毛地黄 Digitalis purpurea, 小花糖芥 Erysimum cheiranthoides
glucodiginin 葡萄糖洋地黄宁苷▲ 毛地黄 Digitalis purpurea
(2*R*,3*R*)-(+)-glucodistylin (2*R*,3*R*)-(+)- 葡萄糖蚊母树素▲ 臭冷杉 Abies nephrolepis, 柃木 Eurya japonica
(2*S*,3*S*)-(-)-glucodistylin (2*S*,3*S*)-(-)- 蚊母树苷 柃木 Eurya japonica
glucodistylin 葡萄糖蚊母树素 筒鞘蛇菰 Balanophora involucrata, 麻栎 Quercus acutissima
glucoemodin 葡萄糖大黄素 掌叶大黄 Rheum palmatum, 唐古特大黄 R. tanguticum, 尼泊尔酸模 Rumex nepalensis
glucoerucin 芝麻菜苷 芝麻菜 Eruca vesicaria
glucoerysimoside 葡萄糖糖芥苷 小花糖芥 Erysimum cheiranthoides
glucoerysolin 葡萄糖糖芥素 芝麻菜 Eruca vesicaria
glucoevatromonoside 葡萄糖暗紫卫茅单糖苷 长蒴黄麻 Corchorus olitorius, 毛地黄 Digitalis purpurea
glucoferulic acid 葡萄糖阿魏酸 刺五加 Eleutherococcus senticosus
glucoferulic aldehyde 葡萄糖基阿魏醛 刺楸 Kalopanax septemlobus
glucofrangulin A 葡萄糖欧鼠李苷 A 药鼠李 Rhamnus cathartica, 欧鼠李 R. frangula, 雀梅藤 Sageretia thea
glucofrangulin B 葡萄糖欧鼠李苷 B 欧鼠李 Rhamnus frangula, 皱叶酸模 Rumex crispus
glucofrugoside 葡萄糖基钉头果勾苷▲ 钉头果 Gomphocarpus fruticosus
β-D-glucogallin *β*-D- 葡萄糖没食子苷 板栗 Castanea mollissima
β-glucogallin *β*- 葡萄糖没食子苷 八角枫 Alangium chinense, 波叶大黄 Rheum rhabarbarum, 宽刺蔷薇 Rosa platyacantha
glucogallin 葡萄糖没食子苷 白饭树 Flueggea virosa, 石岩枫 Mallotus repandus, 掌叶大黄 Rheum palmatum
glucogenkwanin 葡萄糖基芫花素 高盆樱桃 Cerasus cerasoides, 黄瑞香 Daphne giraldii
20-glucoginsenoside Rf 20- 葡萄糖基人参皂苷 Rf 人参 Panax ginseng
glucogitaloxin 葡萄糖吉他洛苷 毛地黄 Digitalis purpurea
glucogitofucoside 葡萄糖吉托岩藻糖苷 毛地黄 Digitalis purpurea
glucogitoroside 葡萄糖吉托苷 毛地黄 Digitalis purpurea
glucohirsutin 葡萄糖硬毛南芥素▲ 沼生蔊菜 Rorippa palustris
glucoiberin 葡萄糖屈曲花素 白花菜 Cleome gynandra, 掌叶大黄 Rheum palmatum
glucoindican 靛草素苷 虾脊兰 Calanthe discolor
glucoisoliquiritin apioside 葡萄糖基芹糖异甘草苷 粗毛甘草 Glycyrrhiza aspera
glucoliquiritin apioside 葡萄糖基芹糖甘草苷 甘草 Glycyrrhiza uralensis
glucolokundjoside 葡萄糖洛孔羊角拗苷▲ 铃兰 Convallaria majalis
glucomannan 葡甘露聚糖 磨芋 Amorphophallus konjac, 白马骨 Serissa serissoides
gluconapin 葡萄糖油菜素▲ 芝麻菜 Eruca vesicaria
gluconapoleiferin 葡萄糖甘蓝型油菜素▲ 芝麻菜 Eruca vesicaria
gluconasturtiin 水田芥苷 芝麻菜 Eruca vesicaria
gluconic acid 葡萄糖酸 问荆 Equisetum arvense
glucoobtusifolin 葡萄糖基钝叶决明素 萱草 Hemerocallis fulva, 钝叶决明 Senna tora var. obtusifolia
gluco-olitoriside 葡萄糖长蒴黄麻苷 长蒴黄麻 Corchorus olitorius
glucopanoside 葡萄糖白楸苷▲ 野梧桐 Mallotus japonicus, 白楸 M. paniculatus
α-D-glucopyranose *α*-D- 吡喃葡萄糖 圆穗兔耳草 Lagotis ramalana
β-D-glucopyranose-1,2,3,6-tetragallate *β*-D- 吡喃葡萄糖 -1,2,3,6- 四没食子酸酯 紫锦木 Euphorbia cotinifolia subsp. cotinoides
β-D-glucopyranose-1,3,6-trigallate *β*-D- 吡喃葡萄糖 -1,3,6- 三没食子酸酯 紫锦木 Euphorbia cotinifolia subsp. cotinoides

β-D-glucopyranose-1,6-bis(1-hydroxy-4-oxo-2,5-cyclohexadiene-1-acetate) *β*-D- 吡喃葡萄糖 -1,6- 二 (1- 羟基 -4- 氧代 -2,5- 环己二烯 -1- 乙酸酯) 蓝花楹 Jacaranda mimosifolia

β-D-glucopyranose-1-ferulate *β*-D- 吡喃葡萄糖 -1- 阿魏酸酯 海滨柳穿鱼 Linaria japonica

α-D-glucopyranose-1-hexadecanoate *α*-D- 吡喃葡糖 -1- 十六酸酯 前胡 Peucedanum praeruptorum

β-D-glucopyranose-2-benzeneacetate-1-(1-hydroxy-4-oxo-2,5-cyclohexadiene-1-acetate) *β*-D- 吡喃葡萄糖 -2- 苯乙酸酯 -1-(1- 羟基 -4- 氧代 -2,5- 环己二烯 -1- 乙酸酯) 蓝花楹 Jacaranda mimosifolia

D-glucopyranose-6-[(2*E*)-3-(4-hydroxyphenyl)prop-2-enoate] D- 吡喃葡萄糖 -6-[(2*E*)-3-(4- 羟基苯基) 丙 -2- 烯酯] 木犀 Osmanthus fragrans

(7*S*,8*R*)dehydrodiconiferyl alcohol-9'-glucopyranoside (7*S*,8*R*)- 去氢二松柏醇 -9'- 吡喃葡萄糖苷 显苞芒毛苣苔 Aeschynanthus bracteatus

β-D-glucopyranosyl 2,3-*endo*-dimethyl-3-hydroxyl-10-norbornanoate *β*-D- 吡喃葡萄糖基 -2,3- 内向 - 二甲基 -3- 羟基 l-10- 降龙脑酸酯 臭冷杉 Abies nephrolepis

(+)-*β*-D-glucopyranosyl abscisate (+)-*β*-D- 吡喃葡萄糖基脱落酸酯 欧洲李 Prunus domestica

β-D-glucopyranosyl ferulate *β*-D- 吡喃葡萄糖基阿魏酸酯 暴马丁香 Syringa reticulata subsp. amurensis

β-D-glucopyranosyl menthiafolate *β*-D- 吡喃葡萄糖基睡菜酸酯▲ 粗壮女贞 Ligustrum robustum subsp. chinense

1-[4-(*β*-glucopyranosyl-(1 → 2)-[*β*-glucopyranosyl-(1 → 6)]-*β*-glucopyranosyloxy)-3-methoxyphenyl]-2-[4-(3-hydroxypropyl)-2-methoxyphenoxy]-1,3-propanediol 1-[4-(*β*- 吡喃葡萄糖基 -(1→2)-[*β*- 吡喃葡萄糖基 -(1→6)]-*β*- 吡喃葡萄糖氧基)-3- 甲氧基苯基]-2-[4-(3- 羟基丙基)-2- 甲氧基苯氧基]-1,3- 丙二醇 锥栗 Castanea henryi

[3-*O*-[*β*-D-glucopyranosyl-(1 → 2)]-*β*-D-glucopyranosyl-(1 → 3)]-*β*-D-glucopyranosyl-(1 → 4)-*β*-D-galactopyranosyl]-neotigogenin [3-*O*-[*β*-D- 吡喃葡萄糖基 -(1 → 2)]-*β*-D- 吡喃葡萄糖基 -(1 → 3)]-*β*-D- 吡喃葡萄糖基 -(1 → 4)-*β*-D- 吡喃半乳糖基]- 新替告皂苷元 大花蒺藜 Tribulus cistoides

(24*R*,25*S*)-26-[(*O*-*β*-D-glucopyranosyl-(1 → 2)-*O*-[*O*-*β*-D-glucopyranosyl-(1 → 4)-*β*-D-glucopyranosyl-(1 → 6)]-*β*-D-glucopyranosyl)oxy] ergost-5-en-3*β*-*O*-*β*-D-glucopyranside (24*R*,25*S*)-26-[(*O*-*β*-D- 吡喃葡糖基 -(1 → 2)-*O*-[*O*-*β*-D- 吡喃葡糖基 -(1 → 4)-*β*-D- 吡喃葡糖基 -(1 → 6)]-*β*-D- 吡喃葡糖基) 氧基] 麦角甾 -5- 烯 -3*β*- 基 -*β*-D- 吡喃葡萄糖苷 箭根薯 Tacca chantrieri

3-*β*-[(*β*-D-glucopyranosyl-(1 → 2)-*O*-[*β*-D-glucopyranosyl-(1 → 3)-*O*-]-*α*-L-arabinopyranos yl)oxy]-olean-12-en-28-oic acid 3-*β*-[(*β*-D- 吡喃葡萄糖基 -(1 → 2)-*O*-[*β*-D- 吡喃葡萄糖基 -(1 → 3)-*O*-]-*α*-L- 吡喃阿拉伯糖基) 氧基]- 齐墩果 -12- 烯 -28- 酸 白木通 Akebia trifoliata subsp. australis

3-*β*-[(*β*-D-glucopyranosyl-(1 → 2)-*O*-[*β*-D-glucopyranosyl-(1 → 3)-*O*-]-*α*-L-arabinopyranosyl)oxy]-30-norolean-12-en-28-oic acid 3-*β*-[(*β*-D- 吡喃葡萄糖基 -(1 → 2)-*O*-[*β*-D- 吡喃葡萄糖基 -(1 → 3)-*O*-]-*α*-L- 吡喃阿拉伯糖基) 氧基]-30- 降齐墩果 -12- 烯 -28- 酸 白木通 Akebia trifoliata subsp. australis

3-[*O*-*β*-D-glucopyranosyl-(1 → 2)-*O*-[*β*-D-xylopyranosyl-(1 → 3)]-*O*-*β*-D-glucopyranuronosyl]quillaic acid 3-{*O*-*β*-D- 吡喃葡萄糖基 -(1 → 2)-*O*-[*β*-D- 吡喃木糖基 -(1 → 3)]-*O*-*β*-D- 吡喃葡萄糖醛酸基 }- 皂皮树酸 圆锥石头花 Gypsophila paniculata

3-*β*-[(*β*-D-glucopyranosyl-(1 → 2)-*O*-*α*-L-arabinopyranosyl)oxy]-30-norolean-12-en-28-oic acid 3-*β*-[(*β*-D- 吡喃葡萄糖基 -(1 → 2)-*O*-*α*-L- 吡喃阿拉伯糖基) 氧基]-30- 降齐墩果 -12- 烯 -28- 酸 白木通 Akebia trifoliata subsp. australis

β-D-glucopyranosyl-(1 → 2)-*β*-D-glucopyranoside *β*-D- 吡喃葡萄糖基 -(1 → 2)-*β*-D- 吡喃葡萄糖苷 过山蕨 Camptosorus sibiricus

28-*β*-D-glucopyranosyl-(1 → 2)-*β*-D-glucopyranosiduronic acid-oleanolate-3-*O*-*β*-D-glucopyranoside 28-*β*-D- 吡喃葡萄糖基 -(1 → 2)-*β*-D- 吡喃葡萄糖醛酸齐墩果酸酯 -3-*O*-*β*-D- 吡喃葡萄糖苷 小藜 Chenopodium ficifolium

β-D-glucopyranosyl-(1 → 2)-*β*-D-glucopyranosyl-(1 → 2)-*β*-D-glucopyranosyl-(1 → 3)-*α*-spinasterol *β*-D- 吡喃葡萄糖基 -(1 → 2)-*β*-D- 吡喃葡萄糖基 -(1 → 2)-*β*-D- 吡喃葡萄糖基 -(1 → 3)-*α*- 菠菜甾醇 刺苋 Amaranthus spinosus

β-D-glucopyranosyl-(1 →2)-*β*-D-glucopyranosyl-15,16-epoxy-12-oxo-8(17),13(16),14-*ent*-labdatrien-19-oate *β*-D- 吡喃葡萄糖基 -(1 →2)-*β*-D- 吡喃葡萄糖基 -15,16- 环氧 -12- 氧代 -8(17),13(16),14- 对映 - 半日花三烯 -19- 酸酯 菹草 Potamogeton crispus, 篦齿眼子菜 P. pectinatus, 穿叶眼子菜 P. perfoliatus

(24*R*,25*S*)-26-[(*O*-*β*-D-glucopyranosyl-(1 → 3)-*O*-[*O*-*β*-D-glucopyranosyl-(1 → 4)-*β*-D-glucopyranosyl-(1 → 6)]-*β*-D-glucopyranosyl)oxy]ergost-5-en-3*β*-*β*-D-glucopyranoside (24*R*,25*S*)-26-[(*O*-*β*-D- 吡喃葡糖基 -(1 → 3)-*O*-[*O*-*β*-D- 吡喃葡糖基 -(1 → 4)-*β*-D- 吡喃葡糖基 -(1 → 6)]-*β*-D- 吡喃葡糖基) 氧基] 麦角甾 -5- 烯 -3*β*-*O*-*β*-D- 吡喃葡萄糖苷 箭根薯 Tacca chantrieri

3-[(*O*-*β*-D-glucopyranosyl-(1 → 3)-*O*-*α*-L-rhamnopyranosyl-(1 → 2)-*α*-L-arabinopyranosyl)-oxy]-oleanolic acid-28-*O*-(6-*O*-*β*-D-glucopyranosyl-*β*-D-glucopyranosyl) ester 3-[(*O*-*β*-D- 吡喃葡萄糖基 -(1 → 3)-*O*-*α*-L- 吡喃鼠李糖基 -(1 → 2)-*α*-L- 吡喃阿拉伯糖氧基]- 齐墩果酸 -28-*O*-(6-*O*-*β*-D- 吡喃葡萄糖基 -*β*-D- 吡喃葡萄糖基) 酯苷 灰毡毛忍冬 Lonicera macranthoides

(3*β*,5*α*,25*R*)-3-[(*O*-*β*-D-glucopyranosyl-(1→3)-*O*-*β*-D-glucopyranosyl-(1→2)-*O*-[*β*-D-xylopyranosyl-(1→3)]-*O*-*β*-D-glucopyranosyl-(1→4)-*β*-D-galactopyranosyl)oxy]-spirostan-12-one (3*β*,5*α*,25*R*)-3-[(*O*-*β*-D- 吡喃葡萄糖基 -(1 → 3)-*O*-*β*-D- 吡喃葡萄糖基 -(1 → 2)-*O*-[*β*-D- 吡喃木糖基 -(1 → 3)]-*O*-*β*-D- 吡喃葡萄糖基 -(1 → 4)-*β*-D- 半乳糖氧基]- 螺甾 -12- 酮 晚香玉 Polianthes tuberosa

1-[(*β*-D-glucopyranosyl-(1 → 3)-*O*-*β*-D-glucopyranosyl-(1 → 6)-*O*-*β*-D-glucopyranosyl)oxy]-8-hydroxy-3-methyl-9,10-anthraquinone 1-[(*β*-D- 吡喃葡萄糖基 -(1 → 3)-*O*-*β*-D- 吡喃葡萄糖基 -(1 → 6)-*O*-*β*-D- 吡喃葡萄糖氧基]-8- 羟基 -3- 甲基 -9,10- 蒽醌 决明 Senna tora

(25*S*)-16(*S*)-[*β*-D-glucopyranosyl-(1 → 3)-*β*-D-galactopyranosyloxy]-22(*S*),26-dihydroxycholest-4-en-3-one (25*S*)-16(*S*)-[*β*-D- 吡喃葡萄糖基 -(1 → 3)-*β*-D- 吡喃半乳糖氧基]-22(*S*),26- 二羟基胆甾 -4- 烯 -3- 酮 大花蒺藜 Tribulus cistoides

16(*S*)-[*β*-D-glucopyranosyl-(1 → 3)-*β*-D-galactopyranosyloxy]-22(*S*)-hydroxycholest-4-en-3-one 16(*S*)-[*β*-D- 吡喃葡萄糖基 -(1 → 3)-*β*-D- 吡喃半乳糖氧基]-22(*S*)- 羟基 - 胆甾 -4- 烯 -3- 酮 大花蒺藜 Tribulus cistoides

(25*S*)-16(*S*)-[*β*-D-glucopyranosyl-(1→3)-*β*-D-galactopyranosyloxy]-26-hydroxycholest-4-en-3,22-dione (25*S*)-16(*S*)-[*β*-D- 吡喃葡萄糖基 -(1→3)-*β*-D- 吡喃半乳糖氧基]-26- 羟基 - 胆甾 -4- 烯 -3,22- 二酮 大花蒺藜 Tribulus cistoides

(-)-4-[*β*-D-glucopyranosyl-(1 → 3)-*β*-D-glucopyranosyloxy]benzyl alcohol (-)-4-[*β*-D- 吡喃葡萄糖基 -(1 → 3)-*β*-D- 吡喃葡萄糖氧基] 苯甲醇 手参 Gymnadenia conopsea

(-)-4-[β-D-glucopyranosyl-(1 → 3)-β-D-glucopyranosyloxy]benzyl ethyl ether (-)-4-[β-D- 吡喃葡萄糖基 -(1 → 3)-β-D- 吡喃葡萄糖氧基] 苄乙醚 手参 Gymnadenia conopsea

(-)-(2*R*,3*S*)-1-{4-[β-D-glucopyranosyl-(1 → 3)-β-D-glucopyranosyloxy]benzyl}-2-*O*-β-D-glucopyranosyl-4-(4-β-D-glucopyranosyloxybenzyl)-2-isobutyltartrate (-)-(2*R*,3*S*)-1-{4-[β-D- 吡喃葡萄糖基 -(1 → 3)-β-D- 吡喃葡萄糖基] 苄基 }-2-*O*-β-D- 吡喃葡萄糖基 -4-(4-β-D- 吡喃葡萄糖氧苄基)-2- 异丁基酒石酸酯 手参 Gymnadenia conopsea

(6*S*,13*E*)-6-[β-D-glucopyranosyl-(1 → 4)-*O*-α-L-rhamnopyranosyl]-cleroda-3,13-dien-15-ol (6*S*,13*E*)-6-[β-D- 吡喃葡萄糖基 -(1 → 4)-*O*-α-L- 吡喃鼠李糖基]- 赪桐 -3,13- 二烯 -15- 醇 大芒萁 Dicranopteris ampla

(6*S*,13*S*)-6-[β-D-glucopyranosyl-(1 → 4)-*O*-α-L-rhamnopyranosyl]-cleroda-3,14-dien-13-ol (6*S*,13*S*)-6-[β-D- 吡喃葡萄糖基 -(1 → 4)-*O*-α-L- 吡喃鼠李糖基]- 赪桐 -3,14- 二烯 -13- 醇 大芒萁 Dicranopteris ampla

(24*R*,25*S*)-26-[(*O*-β-D-glucopyranosyl-(1→4)-*O*-β-D-glucopyranosyl-(1→2)-*O*-[*O*-β-D-glucopyranosyl-(1→4)-β-D-glucopyranosyl-(1→6)]-β-D-glucopyranosyl)oxy]ergost-5-en-3β-β-D-glucopyranoside (24*R*,25*S*)-26-[(*O*-β-D- 吡喃葡糖基 -(1 → 4)-*O*-β-D- 吡喃葡糖基 -(1 → 2)-*O*-[*O*-β-D- 吡喃葡糖基 -(1 → 4)-β-D- 吡喃葡糖基 -(1 → 6)]-β-D- 吡喃葡糖基) 氧基] 麦角甾 -5- 烯 -3β-β-D- 吡喃葡萄糖苷 箭根薯 Tacca chantrieri

(22*R*,24*R*,25*S*)-3β-[(*O*-β-D-glucopyranosyl-(1 → 4)-*O*-β-D-glucopyranosyl-(1 → 2)-*O*-[β-D-glucopyranosyl-(1 → 6)]-β-D-glucopyranosyl)oxy]-22-hydroxyergost-5-en-26-oic acid-δ-lactone (22*R*,24*R*,25*S*)-3β-[(*O*-β-D- 吡喃葡糖基 -(1 → 4)-*O*-β-D- 吡喃葡糖基 -(1 → 2)-*O*-[β-D- 吡喃葡糖基 -(1 → 6)]-β-D- 吡喃葡糖基) 氧基]-22- 羟基麦角甾 -5- 烯 -26- 羧酸 -δ- 内酯 箭根薯 Tacca chantrieri

(24*R*,25*S*)-26-[(*O*-β-D-glucopyranosyl-(1 → 4)-*O*-β-D-glucopyranosyl-(1 → 2)-*O*-[β-D-glucopyranosyl-(1 → 6)]-β-D-glucopyranosyl)oxy] ergost-5-en-3β-*O*-β-D-glucopyranoside (24*R*,25*S*)-26-[(*O*-β-D- 吡喃葡糖基 -(1→4)-*O*-β-D- 吡喃葡糖基 -(1→2)-*O*-[β-D- 吡喃葡糖基 -(1→6)]-β-D- 吡喃葡糖基) 氧基] 麦角甾 -5- 烯 -3β-*O*-β-D- 吡喃葡萄糖苷 箭根薯 Tacca chantrieri

(24*R*,25*S*)-26-[(*O*-β-D-glucopyranosyl-(1 → 4)-*O*-β-D-glucopyranosyl-(1 → 2)-*O*-[β-D-glucopyranosyl-(1 → 6)]-β-D-glucopyranosyl)oxy] ergost-5-en-3β-*O*-β-D-glucopyranosyl-(1 → 4)-*O*-β-D-glucopyranosyl-(1 → 2)-β-D-glucopyranoside (24*R*,25*S*)-26-[(*O*-β-D- 吡喃葡糖基 -(1 → 4)-*O*-β-D- 吡喃葡糖基 -(1 → 2)-*O*-[β-D- 吡喃葡糖基 -(1 → 6)]-β-D- 吡喃葡糖基) 氧基] 麦角甾 -5- 烯 -3β-*O*-β-D- 吡喃葡糖基 -(1 → 4)-*O*-β-D- 吡喃葡糖基 -(1 → 2)-β-D- 吡喃葡萄糖苷 箭根薯 Tacca chantrieri

(24*R*,25*S*)-26-[(*O*-β-D-glucopyranosyl-(1 → 4)-*O*-β-D-glucopyranosyl-(1 → 2)-β-D-glucopyranosyl)oxy]ergost-5-en-3β-β-D-glucopyranoside (24*R*,25*S*)-26-[(*O*-β-D- 吡喃葡糖基 -(1 → 4)-*O*-β-D- 吡喃葡糖基 -(1 → 2)-β-D- 吡喃葡糖基) 氧基] 麦角甾 -5- 烯 -3β-β-D- 吡喃葡萄糖苷 箭根薯 Tacca chantrieri

(24*R*,25*S*)-26-[(*O*-β-D-glucopyranosyl-(1→4)-*O*-β-D-glucopyranosyl-(1→4)-*O*-β-D-glucopyranosyl-(1→2)-*O*-[*O*-β-D-glucopyranosyl-(1→4)-β-D-glucopyranosyl-(1→6)]-β-D-glucopyranosyl)oxy]ergost-5-en-3β-β-D-glucopyranoside (24*R*,25*S*)-26-[(*O*-β-D- 吡喃葡糖基 -(1→4)-*O*-β-D- 吡喃葡糖基 -(1 → 4)-*O*-β-D- 吡喃葡糖基 -(1 → 2)-*O*-[*O*-β-D- 吡喃葡糖基 -(1 → 4)-β-D- 吡喃葡糖基 -(1 → 6)]-β-D- 吡喃葡糖基) 氧基] 麦角甾 -5- 烯 -3β-β-D- 吡喃葡萄糖苷 箭根薯 Tacca chantrieri

β-D-glucopyranosyl-(1 → 4)-α-L-rhamnopyranosyl-(1 → 3)-β-D-(4-*O*-*trans*-caffeoyl)-glucopyranose β-D- 吡喃葡萄糖基 -(1 → 4)-α-L- 吡喃鼠李糖基 -(1 → 3)-β-D-(4-*O*- 反式 - 咖啡酰基)- 吡喃葡萄糖 草苁蓉 Boschniakia rossica

(23*S*,24*S*)-24-{[*O*-β-D-glucopyranosyl-(1 → 4)-β-D-fucopyranosyl]oxy}-3β,23-dihydroxyspirosta-5,25(27)-dien-1β-*O*-(4-*O*-acetyl-α-L-rhamnopyranosyl)-(1→2)-*O*-[β-D-xylopyranosyl-(1→3)]-α-L-arabinopyranoside (23*S*,24*S*)-24-{[*O*-β-D- 吡喃葡萄糖基 -(1→4)-β-D- 吡喃岩藻糖基] 氧基 }-3β,23- 二羟基螺甾 -5,25(27)- 二烯 -1β-*O*-(4-*O*- 乙酰基 -α-L- 吡喃鼠李糖基)-(1→2)-*O*-[β-D- 吡喃木糖基 -(1→3)]-α-L- 吡喃阿拉伯糖苷 铁筷子 Helleborus thibetanus

(23*S*,24*S*)-24-{[*O*-β-D-glucopyranosyl-(1 → 4)-β-D-fucopyranosyl]oxy}-3β,23-dihydroxyspirosta-5,25(27)-dien-1β-*O*-β-D-apiofuranosyl-(1→3)-*O*-(4-*O*-acetyl-α-L-rhamnopyranosyl)-(1→2)-*O*-[β-D-xylopyranosyl-(1→3)]-α-L-arabinopyranoside (23*S*,24*S*)-24-{[*O*-β-D- 吡喃葡萄糖基 -(1 → 4)-β-D- 吡喃岩藻糖基] 氧基 }-3β,23- 二羟基螺甾 -5,25(27)- 二烯 -1β-*O*-β-D- 呋喃芹糖基 -(1 → 3)-*O*-(4-*O*- 乙酰基 -α-L- 吡喃鼠李糖基)-(1 → 2)-*O*-[β-D- 吡喃木糖基 -(1 → 3)]-α-L- 吡喃阿拉伯糖苷 铁筷子 Helleborus thibetanus

(23*S*,24*S*)-24-{[*O*-β-D-glucopyranosyl-(1 → 4)-β-D-fucopyranosyl]oxy}-3β,23-dihydroxyspirosta-5,25(27)-dien-1β-*O*-β-D-apiofuranosyl-(1→3)-*O*-(4-*O*-acetyl-α-L-rhamnopyranosyl)-(1→2)-*O*-α-L-arabinopyranoside (23*S*,24*S*)-24-{[*O*-β-D- 吡喃葡萄糖基 -(1→4)-β-D- 吡喃岩藻糖基] 氧基 }-3β,23- 二羟基螺甾 -5,25(27)- 二烯 -1β-*O*-β-D- 呋喃芹糖基 -(1 → 3)-*O*-(4-*O*- 乙酰基 -α-L- 吡喃鼠李糖基)-(1 → 2)-*O*-α-L- 吡喃阿拉伯糖苷 铁筷子 Helleborus thibetanus

β-D-glucopyranosyl-(1 → 4)-β-D-glucopyranosyl(1 → 3)-α-spinasterol β-D- 吡喃葡萄糖基 -(1 → 4)-β-D- 吡喃葡萄糖基 -(1 → 3)-α- 菠菜甾醇 刺苋 Amaranthus spinosus

β-D-glucopyranosyl-(1 → 4)-β-D-glucopyranosyl-(1 → 4)-β-D-glucuronopyranosyl-(1 → 3)-oleanolic acid β-D- 吡喃葡萄糖基 -(1 → 4)-β-D- 吡喃葡萄糖基 -(1 → 4)-β-D- 吡喃葡萄糖醛酸基 -(1 → 3)- 齐墩果酸 刺苋 Amaranthus spinosus

(-)-4-[β-D-glucopyranosyl-(1 → 4)-β-D-glucopyranosyloxy]benzyl alcohol (-)-4-[β-D- 吡喃葡萄糖基 -(1 → 4)-β-D- 吡喃葡萄糖氧基] 苯甲醇 手参 Gymnadenia conopsea

(+)-4-[α-D-glucopyranosyl-(1 → 4)-β-D-glucopyranosyloxy]benzyl alcohol (+)-4-[α-D- 吡喃葡萄糖基 -(1 → 4)-β-D- 吡喃葡萄糖氧基] 苯甲醇 手参 Gymnadenia conopsea

β-D-glucopyranosyl-(1 → 6)-[β-D-xylopyranosyl-(1 → 2)]-β-D-galactopyranosyl-(1 → 3)-*O*-cyanidin β-D- 吡喃葡萄糖基 -(1 → 6)-[β-D- 吡喃木糖基 -(1 → 2)]-β-D- 半乳糖基 -(1 → 3)-*O*- 矢车菊素 野胡萝卜 Daucus carota

glucopyranosyl-(1 → 6)-martynoside 吡喃葡萄糖基 -(1 → 6)- 角胡麻苷 海滨柳穿鱼 Linaria japonica

(3β,5β,14β)-3-[*O*-β-D-glucopyranosyl-(1 → 6)-*O*-β-D-glucopyranosyl-(1 → 4)-6-deoxy-3-*O*-methyl-β-L-mannopyranosyloxy]-21-β-D-glucopyranosyloxy-14-hydroxypregnan-20-one (3β,5β,14β)-3-[*O*-β-D- 吡喃葡萄糖基 -(1→6)-*O*-β-D- 吡喃葡萄糖基 -(1→4)-6- 去氧 -3-*O*- 甲基 -β-L- 甘露糖氧基]-21-β-D- 吡喃葡萄糖基 -14- 羟基孕甾 -20- 酮 黄花夹竹桃 Thevetia peruviana

9-[(β-D-glucopyranosyl-(1 → 6)-*O*-β-D-glucopyranosyl)oxy]-10-hydroxy-7-methoxy-3-methyl-1*H*-naphtho[2,3-c]pyran-1-one 9-[(β-D- 吡喃葡

G

萄糖基 -(1 → 6)-*O*-β-D- 吡喃葡萄糖氧基]-10- 羟基 -7- 甲氧基 -3- 甲基 -1*H*- 萘 [2,3-c] 吡喃 -1- 酮 决明 Senna tora

1-[(β-D-glucopyranosyl-(1 → 6)-*O*-β-glucopyranosyl-(1 → 3)-*O*-β-D-glucopyranosyl-(1 → 6)-*O*-β-D-glucopyranosyl)oxy]-8-hydroxy-3-methyl-9,10-anthraquinone 1-[(β-D- 吡喃葡萄糖基 -(1 → 6)-*O*-β- 吡喃葡萄糖基 -(1 → 3)-*O*-β-D- 吡喃葡萄糖基 -(1 → 6)-*O*-β-D- 吡喃葡萄糖氧基]-8- 羟基 -3- 甲基 -9,10- 蒽醌 决明 Senna tora

β-D-glucopyranosyl-(1 → 6)-β-D-glucopyranosyl-(1 → 4)-β-D-glucopyranoside β-D- 吡喃葡萄糖基 -(1 → 6)-β-D- 吡喃葡萄糖基 -(1 → 4)-β-D- 吡喃葡萄糖苷 黄连花 Lysimachia davurica

(25*S*)-26-[(*O*-β-D-glucopyranosyl-(1 → 6)-β-D-glucopyranosyl)oxy]-22α-methoxyfurost-5-en-3β-*O*-α-Lrhamnopyranosyl-(1 → 2)-*O*-[*O*-β-D-glucopyranosyl-(1 → 4)-α-L-rhamnopyranosyl-(1 → 3)]-β-D-glucopyranoside (25*S*)-26-[(*O*-β-D- 吡喃葡糖基 -(1 → 6)-β-D- 吡喃葡糖基) 氧基]-22α- 甲基呋甾 -5- 烯 -3β-*O*-α-L 吡喃鼠李糖基 -(1 → 2)-*O*-[*O*-β-D- 吡喃葡糖基 -(1 → 4)-α-L- 吡喃鼠李糖基 -(1 → 3)]-β-D- 吡喃葡萄糖苷 箭根薯 Tacca chantrieri

α-D-glucopyranosyl-(2 → 1)-α-D-glucopyranoside α-D- 吡喃葡萄糖基 -(2 → 1)-α-D- 吡喃葡萄糖苷 云南青牛胆 Tinospora sagittata var. yunnanensis

26-*O*-β-D-glucopyranosyl-(25*R*)-5α-furostan-20(22)-en-2α,3β,26-triol-3-*O*-{β-D-glucopyranosyl-(1 → 2)-*O*-β-D-glucopyranosyl-(1 → 4)-β-D-galactopyranoside} 26-*O*-β-D- 吡喃葡萄糖基 -(25*R*)-5α- 呋甾 -20(22)- 烯 -2α,3β,26- 三醇 -3-*O*-{β-D- 吡喃葡萄糖基 -(1 → 2)-*O*-β-D- 吡喃葡萄糖基 -(1 → 4)-β-D- 吡喃半乳糖苷 } 蒺藜 Tribulus terrestris

4-β-D-glucopyranosyl(hydroxymethylphenyl)-5-*O*-benzoyl-β-D-apiofuranosyl-(1 → 2)-β-D-glucopyranoside 4-β-D- 吡喃葡萄糖基羟基甲基苯基 -5-*O*- 苯甲酰基 -β-D- 呋喃芹糖基 -(1 → 2)-β-D- 吡喃葡萄糖苷 南瓜 Cucurbita moschata

1-(1-β-glucopyranosyl)-1*H*-indole-3-carbaldehyde 1-(1-β- 吡喃葡萄糖基)-1*H*- 吲哚 -3- 醛 柔毛鸦胆子 Brucea mollis

(2*S*,3*S*,4*R*,10*E*)-1-(β-D-glucopyranosyl)-2-[(2'*R*)-2-hydroxytetracosanoylamino]-10-octadecene-1,3,4-triol (2*S*,3*S*,4*R*,10*E*)-1-(β-D- 葡萄糖基)-2-[(2'*R*)-2- 羟基二十四碳酰氨基]-10- 十八烯 -1,3,4- 三醇 黄瓜 Cucumis sativus

(*R*)-1-*O*-(β-D-glucopyranosyl)-2-[2-methoxy-4-(ω-hydroxypropyl)-phenoxyl]-propan-3-ol (*R*)-1-*O*-(β-D- 吡喃葡萄糖基)-2-[2- 甲氧基 -4-(ω- 羟基丙基)- 苯氧基]- 丙烷 -3- 醇 山矾 Symplocos sumuntia

(25*S*)-26-(β-D-glucopyranosyl)-22ξ-hydroxyfurost-12-one-3β-*O*-α-L-rhamnopyranosyl-(1 → 4)-β-D-glucopyranosyl-(1 → 3)-*O*-[*O*-β-D-glucopyranosyl-(1 → 2)]-*O*-β-D-glucopyranosyl-(1 → 4)-β-D-galactopyranoside (25*S*)-26-(β-D- 吡喃葡萄糖基)-22ξ- 羟基呋甾 -12- 酮 -3β-*O*-α-L- 吡喃鼠李糖基 -(1 → 4)-β-D- 吡喃葡萄糖基 -(1 → 3)-*O*-[*O*-β-D- 吡喃葡萄糖基 -(1 → 2)]-*O*-β-D- 吡喃葡萄糖基 -(1 → 4)-β-D- 吡喃半乳糖苷 剑麻 Agave sisalana

(25*S*)-26-(β-D-glucopyranosyl)-22ξ-hydroxyfurost-5-en-12-one-3β-*O*-α-L-rhamnopyranosyl-(1 → 4)-β-D-glucopyranosyl-(1 → 3)-*O*-[*O*-β-D-glucopyranosyl-(1 → 2)]-*O*-β-D-glucopyranosyl-(1 → 4)-β-D-galactopyranoside (25*S*)-26-(β-D- 吡喃葡萄糖基)-22ξ- 羟基呋甾 -5- 烯 -12- 酮 -3β-*O*-α-L- 吡喃鼠李糖基 -(1 → 4)-β-D- 吡喃葡萄糖基 -(1 → 3)-*O*-[*O*-β-D- 吡喃葡萄糖基 -(1 → 2)]-*O*-β-D- 吡喃葡萄糖基 -(1 → 4)-β-D- 吡喃半乳糖苷 剑麻 Agave sisalana

(2*S*,3*S*,4*R*,8*E*)-1-(β-D-glucopyranosyl)-3,4-dihydroxy-2-[(*R*)-2'-hydroxypalmitoyl]amino-8-heptadecaene (2*S*,3*S*,4*R*,8*E*)-1-(β-D- 吡喃葡萄糖基)-3,4- 二羟基 -2-[(*R*)-2'- 羟基棕榈酰基] 氨 -8- 十七烯 漆姑草 Sagina japonica

(2*S*,3*R*,4*E*,8*E*)-1-(β-D-glucopyranosyl)-3-hydroxy-2-(palmitoyl)amino-4,8-octadecadiene (2*S*,3*R*,4*E*,8*E*)-1-(β-D- 吡喃葡萄糖基)-3- 羟基 -2-(棕榈酰基) 氨基 -4,8- 十八二烯 漆姑草 Sagina japonica

(2*S*,3*R*,4*E*,8*E*,10*E*)-1-(β-D-glucopyranosyl)-3-hydroxy-2-[(*R*)-2'-hydroxypalmitoyl]amino-4,8,10-octadecatriene (2*S*,3*R*,4*E*,8*E*,10*E*)-1-(β-D- 吡喃葡萄糖基)-3- 羟基 -2-[(*R*)-2'- 羟基棕榈酰基] 氨基 -4,8,10- 十八三烯 漆姑草 Sagina japonica

(2*S*,3*R*,8*E*)-1-(β-D-glucopyranosyl)-3-hydroxy-2-[(*R*)-2'-hydroxypalmitoyl]amino-8-octadecaene (2*S*,3*R*,8*E*)-1-(β-D- 吡喃葡萄糖基)-3- 羟基 -2-[(*R*)-2'- 羟基棕榈酰基] 氨 -8- 十七烯 漆姑草 Sagina japonica

(22*S*)-1β-(*O*-β-D-glucopyranosyl)-3β,22-dihydroxycholest-5-en-16β-β-D-apiofuranoside (22*S*)-1β-(*O*-β-D- 吡喃葡萄糖基)-3β,22- 二羟基胆甾 -5- 烯 -16β-β-D- 呋喃芹糖苷 晚香玉 Polianthes tuberosa

3β-(β-D-glucopyranosyl)isopimara-7,15-diene-11α,12α-diol 3β-(β-D- 吡喃葡萄糖基) 异海松 -7,15- 二烯 -11α,12α- 二醇 臭牡丹 Clerodendrum bungei

(25*R*)-26-[(β-D-glucopyranosyl)oxy]-12α-hydroxy-3β-[(*O*-α-L-rhamnopyranosyl-(1 → 2)-*O*-[α-L-rhamnopyranosyl-(1 → 4)]-β-D-glucopyranosyl)oxy]cholest-5-en-16,22-dione (25*R*)-26-[(β-D- 吡喃葡萄糖基) 氧基]-12α- 羟基 -3β-[(*O*-α-L- 吡喃鼠李糖基 -(1 → 2)-*O*-[α-L- 吡喃鼠李糖基 -(1 → 4)]-β-D- 吡喃葡萄糖基) 氧基] 胆甾 -5- 烯 -16,22- 二酮 七筋菇 Clintonia udensis

(25*R*)-26-[(β-D-glucopyranosyl)oxy]-1α-hydroxy-22α-methoxyfurost-5-en-3β-*O*-α-L-rhamnopyranosyl-(1 → 2)-*O*-[α-L-rhamnopyranosyl-(1 → 4)]-β-D-glucopyranoside (25*R*)-26-[(β-D- 吡喃葡萄糖基) 氧基]-1α- 羟基 -22α- 甲氧基呋甾 -5- 烯 -3β-*O*-α-L- 吡喃鼠李糖基 -(1 → 2)-*O*-[α-L- 吡喃鼠李糖基 -(1 → 4)]-β-D- 吡喃葡萄糖苷 七筋菇 Clintonia udensis

(20*S*,22*Z*,25ξ)-26-[(β-D-glucopyranosyl)oxy]-20-hydroxyfurost-5,22-dien-3β-*O*-α-L-rhamnopyranosyl-(1 → 2)-*O*-[α-L-rhamnopyranosyl-(1 → 3)]-β-D-glucopyranoside (20*S*,22*Z*,25ξ)-26-[(β-D- 吡喃葡糖基) 氧基]-20- 羟基呋甾 -5,22- 二烯 -3β-*O*-α-L- 吡喃鼠李糖基 -(1 → 2)-*O*-[α-L- 吡喃鼠李糖基 -(1 → 3)]-β-D- 吡喃葡萄糖苷 箭根薯 Tacca chantrieri

(20*S*,22*Z*,25ξ)-26-[(β-D-glucopyranosyl)oxy]-20-hydroxyfurost-5,22-dien-3β-*O*-β-D-glucopyranosyl-(1 → 4)-α-L-rhamnopyranosyl-(1 → 3)-*O*-[α-L-rhamnopyranosyl-(1 → 2)]-β-D-glucopyranoside (20*S*,22*Z*,25ξ)-26-[(β-D- 吡喃葡糖基) 氧基]-20- 羟基呋甾 -5,22- 二烯 -3β-*O*-β-D- 吡喃葡糖基 -(1 → 4)-α-L- 吡喃鼠李糖基 -(1 → 3)-*O*-[α-L- 吡喃鼠李糖基 -(1 → 2)]-β-D- 吡喃葡萄糖苷 箭根薯 Tacca chantrieri

(25*S*)-26-[(β-D-glucopyranosyl)oxy]-22α-methoxyfurost-5,20(22)-dien-3β-*O*-α-L-rhamnopyranosyl-(1 → 2)-*O*-[*O*-β-D-glucopyranosyl-(1 → 4)-α-L-rhamnopyranosyl-(1 → 3)]-6-*O*-acetyl-β-D-glucopyranoside (25*S*)-26-[(β-D- 吡喃葡糖基) 氧基]-22α- 甲氧基呋甾 -5,20(22)- 二烯 -3β-*O*-α-L- 吡喃鼠李糖基 -(1 → 2)-*O*-[*O*-β-D- 吡喃葡糖基 -(1 → 4)-α-L- 吡喃鼠李糖基 -(1 → 3)]-6-*O*- 乙酰基 -β-D- 吡喃葡萄糖苷 箭根薯 Tacca chantrieri

(25*S*)-26-[(β-D-glucopyranosyl)oxy]-22α-methoxyfurost-5-en-3β-*O*-α-L-rhamnopyranosyl-(1 → 2)-*O*-[*O*-β-D-glucopyranosyl-(1 → 4)-α-L-rhamnopyranosyl-(1 → 3)]-6-O-acetyl-β-D-glucopyranoside (25S)-26-[(β-D- 吡喃葡糖基) 氧基]-22α- 甲基呋甾 -5- 烯 -3β-O-α-L- 吡喃鼠李糖基 -(1 → 2)-O-[O-β-D- 吡喃葡糖基 -(1 → 4)-α-L- 吡喃鼠李糖基 -(1 → 3)]-6-O- 乙酰基 -β-D- 吡喃葡萄糖苷 箭根薯 Tacca chantrieri

(25S)-26-[(β-D-glucopyranosyl)oxy]-22α-methoxyfurost-5-en-3β-O-α-L-rhamnopyranosyl-(1 → 2)-O-[O-β-D-glucopyranosyl-(1 → 4)-α-L-rhamnopyranosyl-(1 → 3)]-β-D-glucopyranoside (25S)-26-[(β-D- 吡喃葡糖基) 氧基]-22α- 甲氧基呋甾 -5- 烯 -3β-O-α-L- 吡喃鼠李糖基 -(1 → 2)-O-[O-β-D- 吡喃葡糖基 -(1 → 4)-α-L- 吡喃鼠李糖基 -(1 → 3)]-β-D- 吡喃葡萄糖苷 箭根薯 Tacca chantrieri

(25R)-26-[(β-D-glucopyranosyl)oxy]-22α-methoxyfurost-5-en-3β-O-α-L-rhamnopyranosyl-(1 → 2)-O-[α-L-rhamnopyranosyl-(1 → 4)]-β-D-glucopyranoside (25R)-26-[(β-D- 吡喃葡萄糖基) 氧基]-22α- 甲氧基呋甾 -5- 烯 -3β-O-α-L- 吡喃鼠李糖基 -(1 → 2)-O-[α-L- 吡喃鼠李糖基 -(1 → 4)]-β-D- 吡喃葡萄糖苷 七筋菇 Clintonia udensis

(22S)-1β-[(β-D-glucopyranosyl)oxy]-3β,22-dihydroxycholest-5-en-16β-α-L-rhamnopyranoside (22S)-1β-[(β-D- 吡喃葡萄糖基) 氧基]-3β,22- 二羟基胆甾 -5- 烯 -16β-α-L- 吡喃鼠李糖苷 晚香玉 Polianthes tuberosa

(23S,24S)-24-[(O-β-D-glucopyranosyl)oxy]-3β,23-dihydroxyspirosta-5,25(27)-dien-1β-O-(4-O-acetyl-α-L-rhamnopyranosyl)-(1 → 2)-O-[β-D-xylopyranosyl-(1→3)]-α-L-arabinopyranoside (23S,24S)-24-[(O-β-D- 吡喃葡萄糖基) 氧基]-3β,23- 二羟基螺甾 -5,25(27)- 二烯 -1β-O-(4-O- 乙酰基 -α-L- 吡喃鼠李糖基)-(1 → 2)-O-[β-D- 吡喃木糖基 -(1 → 3)]-α-L- 吡喃阿拉伯糖苷 铁筷子 Helleborus thibetanus

(25R)-26-[(β-D-glucopyranosyl)oxy]-3β-[(O-α-L-rhamnopyranosyl-(1 → 2)-O-[α-L-rhamnopyranosyl-(1 → 4)]-β-D-glucopyranosyl)oxy]cholest-5-en-16,22-dione (25R)-26-[(β-D- 吡喃葡萄糖基) 氧基]-3β-[(O-α-L- 吡喃鼠李糖基 -(1 → 2)-O-[α-L- 吡喃鼠李糖基 -(1 → 4)]-β-D- 吡喃葡萄糖基) 氧基] 胆甾 -5- 烯 -16,22- 二酮 七筋菇 Clintonia udensis

G

(25S)-26-[(β-D-glucopyranosyl)oxy]furost-5,20(22)-dien-3β-O-α-L-rhamnopyranosyl-(1 → 2)-O-[O-β-D-glucopyranosyl-(1 → 4)-α-L-rhamnopyranosyl-(1 → 3)]-β-D-glucopyranoside (25S)-26-[(β-D- 吡喃葡糖基) 氧基] 呋甾 -5,20(22)- 二烯 -3β-O-α-L- 吡喃鼠李糖基 -(1 → 2)-O-[O-β-D- 吡喃葡糖基 -(1 → 4)-α-L- 吡喃鼠李糖基 -(1 → 3)]-β-D- 吡喃葡萄糖苷 箭根薯 Tacca chantrieri

(25S)-26-[(β-D-glucopyranosyl)oxy]furost-5,20(22)-dien-3β-O-α-L-rhamnopyranosyl-(1 → 2)-O-[α-L-rhamnopyranosyl-(1 → 3)]-β-D-glucopyranoside (25S)-26-[(β-D- 吡喃葡糖基) 氧基] 呋甾 -5,20(22)- 二烯 -3β-O-α-L- 吡喃鼠李糖基 -(1 → 2)-O-[α-L- 吡喃鼠李糖基 -(1 → 3)]-β-D- 吡喃葡萄糖苷 箭根薯 Tacca chantrieri

(25R)-26-[(O-β-D-glucopyranosyl)oxy]-furosta-5,20(22)-dien-3β-O-α-L-rhamnopyranosyl-(1 → 2)-O-[β-D-glucopyranosyl-(1 → 4)]-β-D-galactopyranoside (25R)-26-[(O-β-D- 吡喃葡萄糖基] 氧基]- 呋甾 -5,20(22)- 二烯 -3β-O-α-L- 吡喃鼠李糖基 -(1 → 2)-O-[β-D- 吡喃葡萄糖基 -(1 → 4)]-β-D- 吡喃半乳糖苷 铁筷子 Helleborus thibetanus

(6R,7S,8S)-7α-[(β-D-glucopyranosyl)oxy]lyoniresinol (6R,7S,8S)-7α-β-D- 吡喃葡萄糖氧基南烛树脂醇 顶头马蓝 Strobilanthes affinis

(8S,8'R,7'R)-9'-[(β-glucopyranosyl)oxy]lyoniresinol (8S,8'R,7'R)-9'-β- 吡喃葡萄糖氧基南烛树脂醇 无翅猪毛菜 Salsola komarovii

(3S,5R,6R,7E,9S)-9-[(β-D-glucopyranosyl)oxy]-megastigm-7-ene-3,5,6-triol (3S,5R,6R,7E,9S)-9-(β-D- 吡喃葡萄糖氧基)- 大柱香波龙 -7- 烯 -3,5,6- 三醇 笔管草 Equisetum ramosissimum subsp. debile

(6S,7E,9S)-9-[(β-D-glucopyranosyl)-oxy]megastigma-4,7-dien-3-one (6S,7E,9S)-9-β-D- 吡喃葡萄糖氧基 - 大柱香波龙 -4,7- 二烯 -3- 酮 洋金花 Datura metel

β-D-glucopyranosyl-1-(3,4-dihydroxycinnamate) β-D- 吡喃葡萄糖基 -1-(3,4- 二羟基桂皮酸酯) 东北蛇葡萄 Ampelopsis glandulosa var. brevipedunculata

β-D-glucopyranosyl-1-(3,7-dimethyl-2-*trans*-6-octadienoate) β-D- 吡喃葡萄糖基 -1-(3,7- 二甲基 -2- 反式 -6- 辛二烯酸酯) 草苁蓉 Boschniakia rossica

β-D-glucopyranosyl-1-(p-hydroxycinnamate) β-D- 吡喃葡萄糖基 -1-(对羟基桂皮酸酯) 东北蛇葡萄 Ampelopsis glandulosa var. brevipedunculata

(2E,6E)-10-β-glucopyranosyl-1,10,11-trihydroxy-3,7,11-trimethyldodeca-2,6-diene (2E,6E)-10-β- 吡喃葡萄糖基 -1,10,11- 三羟基 -3,7,11- 三甲基十二烷 -2,6- 二烯 喙果绞股蓝 Gynostemma yixingense

1,4-glucopyranosyl-1',4'-glucopyranosyl-1',4'-glucopyranoside 1,4- 吡喃葡萄糖基 -1',4'- 吡喃葡萄糖基 -1',4'- 吡喃葡萄糖苷 多脂鳞伞 Pholiota adiposa

7β-D-glucopyranosyl-11-methyloleoside 7β-D- 吡喃葡萄糖基 -11- 甲基木犀榄苷 ▲ 紫丁香 Syringa oblata, 欧丁香 S. vulgaris

β-D-glucopyranosyl-13S-hydroxy-7-oxo-labda-8,14-diene-18-oate β-D- 吡喃葡萄糖基 -13S- 羟基 -7- 氧代 - 半日花 -8,14- 二烯 -18- 酯 小花草玉梅 Anemone rivularis var. flore-minore

β-D-glucopyranosyl-15α-hydroxy-ent-16-kauren-19-oate β-D- 吡喃葡萄糖基 -15α- 羟基 - 对映 -16- 贝壳烯 -19- 酯 臭牡丹 Clerodendrum bungei

3-β-D-glucopyranosyl-1-hydroxy-6-(E)-tetradecen-8,10,12-triyne 3-β-D- 葡萄糖基 -1- 羟基 -6-(E)- 四烯 -8,10,12- 三炔 婆婆针 Bidens bipinnata

3-β-D-glucopyranosyl-1-hydroxy-6(E)-tetradecene-8,10,12-triyne 3-β-D- 吡喃葡萄糖基 -1- 羟基 -6(E)- 十四烯 -8,10,12- 三炔 小舌菊 Microglossa pyrifolia

β-D-glucopyranosyl-1-N-methylpyrrole-2-carboxylate N- 甲基吡咯 -2- 羧酸 -1-β-D- 吡喃葡萄糖酯 土坛树 Alangium salviifolium

glucopyranosyl-1-octadec-9',12',15'-trienoyl-6-octadec-9",12"-dienoate 吡喃葡萄糖基 -1- 十八碳 -9',12',15'- 三烯酰基 -6- 十八碳 -9",12"- 二烯酸酯 枸杞 Lycium chinense

β-D-glucopyranosyl-1-O-*trans*-cinnamate β-D- 吡喃葡萄糖基 -1-O- 反式 - 桂皮酸酯 爆竹柳 Salix fragilis

1-β-D-glucopyranosyl-2,6-dimethoxy-4-propenylbenzene 1-β-D- 吡喃葡萄糖基 -2,6- 二甲氧基 -4- 丙烯基苯 白簕 Eleutherococcus trifoliatus

β-D-glucopyranosyl-2-gallate β-D- 吡喃葡萄糖基 -2- 没食子酸酯 刚毛柽柳 Tamarix hispida, 短穗柽柳 T. laxa, 多枝柽柳 T. ramosissima

(2S)-2-O-β-D-glucopyranosyl-2-hydroxyphenylacetic acid (2S)-2-O-β-D- 吡喃葡萄糖基 -2- 羟基苯乙酸 阳桃 Averrhoa carambola

28-β-D-glucopyranosyl-2α,3β,19α,23-tetrahydroxyolean-12-ene-24,28-dioic acid 28-β-D- 吡喃葡萄糖基 -2α,3β,19α,23- 四羟基齐墩果 -12- 烯 -24,28- 二酸 夏栎 Quercus robur β-D-glucopyranosyl-2α,3β,19α-trihydroxyurs-12-en-28-oate β-D- 吡喃葡萄糖基 -2α,3β,19α- 三羟基熊果 -12- 烯 -28- 酯苷 小金樱 Rosa taiwanensis

1-β-D-glucopyranosyl-3,4,5-trimethoxybenzene 1-β-D- 吡喃葡萄糖基 -3,4,5- 三甲氧基苯 木瓜 Chaenomeles sinensis, 野生紫苏 Perilla frutescens var. purpurascens

16β-(β-D-glucopyranosyl-3,8,-dihydroxylanostan-5,22-dien-11-methoxy-1-[6-O-(2,3-dimethoxybenzoyl)-β-D-glucuronopyranoside] 16β-(β-D-吡喃葡萄糖基)-3,8,- 二羟基羊毛脂 -5,22- 二烯 -11- 甲氧基 -1-[6-O-(2,3- 二甲氧基苯甲酰基)-β-D- 吡喃葡萄糖醛酸 假马鞭 Stachytarpheta jamaicensis

(1S,2R)-1-(4'-O-β-D-glucopyranosyl-3'-methoxyphenyl)-2-(4''-hydroxy-3''-methoxyphenyl)-1,3-propanediol (1S,2R)-1-(4'-O-β-D- 吡喃葡萄糖基 -3'- 甲氧基苯基)-2-(4''- 羟基 -3''- 甲氧基苯基)-1,3- 丙二醇 山矾 Symplocos sumuntia

β-D-glucopyranosyl-3-O-[(O-β-D-glucopyranosyl-(1 → 2)-α-L-rhamnopyranosyl-(1 → 3)-β-D-glucuronopyranosyl]oleanolate β-D- 吡喃葡萄糖基 3-O-[(O-β-D- 吡喃葡萄糖基 -(1 → 2)-α-L- 吡喃鼠李糖基 -(1 → 3)-β-D- 吡喃葡萄糖醛酸基]- 齐墩果酸酯 印度田菁 Sesbania sesban

β-D-glucopyranosyl-3-O-[(O-β-D-xylopyranosyl-(1 → 2)-O-α-L-rhamnopyranosyl-(1 → 3)-β-D-glucuronopyranosyl]oleanolate β-D- 吡喃葡萄糖基 -3-O-[(O-β-D- 吡喃木糖基 -(1 → 2)-O-α-L- 吡喃鼠李糖基 -(1 → 3)-β-D- 吡喃葡萄糖醛酸基]- 齐墩果酸酯 印度田菁 Sesbania sesban

β-D-glucopyranosyl-3-O-[O-β-D-xylopyranosyl-(1 → 2)-β-D-glucuronopyranosyl] oleanolate 3-O-[O-β-D- 吡喃木糖基 -(1 → 2)-β-D- 吡喃葡萄糖醛酸基]- 齐墩果酸 -28-O-β-D- 吡喃葡萄糖基酯苷 蟛蜞菊 Wedelia chinensis

β-D-glucopyranosyl-3-O-[α-L-rhamnopyranosyl-(1 → 3)-β-D-glucuronopyranosyl]oleanolate β-D- 吡喃葡萄糖基 -3-O-[α-L- 吡喃鼠李糖基 -(1 → 3)-β-D- 吡喃葡萄糖醛酸基]- 齐墩果酸酯 印度田菁 Sesbania sesban

8-β-D-glucopyranosyl-4',5,7-trihydroxyflavone 8-β-D- 吡喃葡萄糖基 -4',5,7- 三羟基黄酮 皂荚 Gleditsia sinensis

8-glucopyranosyl-4',5,7-trihydroxyflavone 8- 吡喃葡萄糖基 -4',5,7- 三羟基黄酮 落葵薯 Anredera cordifolia

2β-D-glucopyranosyl-4,6-dihydroxyphenyl phenyl ketone 2β-D- 吡喃葡萄糖基 -4,6- 二羟基苯基苯酮 元宝草 Hypericum sampsonii

(1R,7R,10S)-11-O-β-D-glucopyranosyl-4-guaien-3-one (1R,7R,10S)-11-O-β-D- 吡喃葡萄糖基 -4- 愈创木烯 -3- 酮 栀子 Gardenia jasminoides

β-D-glucopyranosyl-6'-(β-D-apiopyranosyl)columbianetin β-D- 吡喃葡萄糖基 -6'-(β-D- 吡喃芹糖基) 哥伦比亚狭缝芹亭 ▲ 杭白芷 Angelica dahurica 'Hangbaizhi'

α-D-glucopyranosyl-6'-O-hexadecanoate α-D- 吡喃葡萄糖基 -6'-O- 十六酸酯 矮陀陀 Munronia pinnata

4'-β-D-glucopyranosyl-7-rutinosylnaringenin 4'-β-D- 吡喃葡萄糖基 -7- 芸香糖基柚皮苷元 葡萄柚 Citrus paradisi

4'-β-D-glucopyranosyl-7-β-neohesperidosylnaringenin 4'-β-D- 吡喃葡萄糖基 -7-β- 新橙皮糖基柚皮苷元 葡萄柚 Citrus paradisi

β-D-glucopyranosyl-8(17),13-ent-labdadien-16,15-olid-18-oate β-D- 吡喃葡萄糖基 -8(17),13- 对映 - 半日花二烯 -16,15- 内酯 -18- 酸酯 菹草 Potamogeton crispus, 篦齿眼子菜 P. pectinatus, 穿叶眼子菜 P. perfoliatus

β-D-glucopyranosylabscisate β-D- 吡喃葡萄糖基脱落酸酯苷 草珊瑚 Sarcandra glabra

7-β-D-glucopyranosylapigenin 7-β-D- 吡喃葡萄糖基芹菜苷元 木犀榄 Olea europaea

28-β-D-glucopyranosylbartogenic acid 28-β-D- 吡喃葡萄糖基玉蕊精酸 ▲ 夏栎 Quercus robur

β-D-glucopyranosylbenzoate β-D- 吡喃葡萄糖基苯甲酸酯 葫芦树 Crescentia cujete

7-β-D-glucopyranosylchrysoeriol 7-β-D- 葡萄糖基金圣草酚 木犀榄 Olea europaea

4-β-D-glucopyranosylcoumaric acid ethyl ester 4-β-D- 吡喃葡萄糖基 - 香豆酸乙酯 亚麻 Linum usitatissimum

α-D-glucopyranosyl-α-D-glucopyranoside α-D- 吡喃葡萄糖基 -α-D- 吡喃葡萄糖苷 亚麻 Linum usitatissimum

β-D-glucopyranosyl-ent-2-oxo-15,16-dihydroxypimar-8(14)-en-19-oiclate β-D- 吡喃葡萄糖基 - 对映 -2- 氧代 -15,16- 二羟基海松 -8(14)- 烯 -19- 羧酸酯 豨莶 Sigesbeckia orientalis

8-C-glucopyranosylgenistein 8-C- 吡喃葡萄糖基染料木素 节果决明 Cassia javanica

4'-β-D-glucopyranosylluteolin 4'-β-D- 吡喃葡萄糖基木犀草素 木犀榄 Olea europaea

1-β-D-glucopyranosyl-N-(1-oxohexyl)-L-tryptophan 1-β-D- 吡喃葡萄糖基 -N-(1- 氧代己基)-L- 色氨酸 葛 Pueraria montana var. lobata

β-D-glucopyranosyloleanate-3-O-[α-L-arabinofuranosyl-(1 → 4)]-[β-D-galactopyranosyl-(1 → 2)]-methyl-(β-D-glucopyranosid)uronate β-D- 吡喃葡萄糖基齐墩果酸酯苷 -3-O-[α-L- 呋喃阿拉伯糖基 -(1 → 4)]-[β-D- 吡喃半乳糖基 -(1 → 2)]- 甲基 -(β-D- 吡喃葡萄糖基) 醛酸酯 通脱木 Tetrapanax papyrifer

β-D-glucopyranosyloleanate-3-O-β-D-galactopyranosyl-(1 → 2)-methyl-(β-D-glucopyranosid)uronate β-D- 吡喃葡萄糖基齐墩果酸酯苷 -3-O-β-D- 吡喃半乳糖基 -(1 → 2)- 甲基 -(β-D- 吡喃葡萄糖基) 醛酸酯 通脱木 Tetrapanax papyrifer

28-β-D-glucopyranosyloleanolate-3-O-β-D-glucopyranosiduronic acid 28-β-D- 吡喃葡萄糖基齐墩果酸酯 -3-O-β-D- 吡喃葡萄糖醛酸苷 小藜 Chenopodium ficifolium

(1α,3β,22R,24E)-3-(β-D-glucopyranosyloxy)-1,22-dihydroxy-ergosta-5,24-dien-26-oic acid-26-O-(6'-O-acetyl-β-D-glucopyranosyl)-(1 → 2)-β-D-glucopyranosyl ester (1α,3β,22R,24E)-3-(β-D- 吡喃葡萄糖氧基)-1,22- 二羟基麦角甾 -5,24- 二烯 -26- 酸 -26-O-(6'-O- 乙酰基 -β-D- 吡喃葡萄糖基)-(1 → 2)-β-D- 吡喃葡萄糖基酯苷 灯笼果 Physalis peruviana

(1α,3β,22R,24E)-3-(β-D-glucopyranosyloxy)-1,22-dihydroxy-ergosta-5,24-dien-26-oic acid-26-O-β-D-glucopyranosyl ester (1α,3β,22R,24E)-3-(β-D- 吡喃葡萄糖氧基)-1,22- 二羟基麦角甾 -5,24- 二烯 -26- 酸 -26-O-β-D- 吡喃葡萄糖基酯苷 灯笼果 Physalis peruviana

(1α,3β,22R,24E)-3-(β-D-glucopyranosyloxy)-1,22-dihydroxy-ergosta-5,24-dien-26-oic acid-26-O-β-D-glucopyranosyl-(1 → 4)-O-(6''-O-acetyl-β-D-glucopyranosyl)-(1 → 2)-(6'-O-acetyl-β-D-glucopyranosyl) ester (1α,3β,22R,24E)-3-(β-D- 吡喃葡萄糖氧基)-1,22- 二羟基麦角甾 -5,24- 二烯 -26- 酸 -26-O-β-D- 吡喃葡萄糖基 -(1 → 4)-O-(6''-O- 乙酰基 -β-D- 吡喃葡萄糖基)-(1 → 2)-(6'-O- 乙酰基 -β-D- 吡喃葡萄糖基) 酯苷 灯笼果 Physalis peruviana

(1α,3β,22R,24E)-3-(β-D-glucopyranosyloxy)-1,22-dihydroxy-ergosta-5,24-dien-26-oic acid-26-O-β-D-glucopyranosyl-(1 → 4)-O-β-D-glucopyranosyl-(1 → 2)-(6'-O-acetyl-β-D-glucopyranosyl) ester (1α,3β,22R,24E)-3-(β-D- 吡喃葡萄糖氧基)-1,22- 二羟基麦角甾 -5,24- 二

烯 -26- 酸 -26-*O*-β-D- 吡喃葡萄糖基 -(1 → 4)-*O*-β-D- 吡喃葡萄糖基 -(1 → 2)-(6'-*O*- 乙酰基 -β-D- 吡喃葡萄糖基) 酯苷 灯笼果 Physalis peruviana

(1α,3β,22*R*,24*E*)-3-(β-D-glucopyranosyloxy)-1,22-dihydroxy-ergosta-5,24-dien-26-oic acid-26-*O*-β-D-glucopyranosyl-(1 → 2)-β-D-glucopyranosyl ester (1α,3β,22*R*,24*E*)-3-(β-D- 吡喃葡萄糖氧基)-1,22- 二羟基麦角甾 -5,24- 二烯 -26- 酸 -26-*O*-β-D- 吡喃葡萄糖基 -(1 → 2)-β-D- 吡喃葡萄糖基酯苷 灯笼果 Physalis peruviana

[1*S*-[1α,4aα,6α(*E*),7α,7aα]]-1-(β-D-glucopyranosyloxy)-1,4a,5,6,7,7a-hexahydro-6-[[3-(4-hydroxy-3-methoxyphenyl)-1-oxo-2-propenyloxy]-7-methyl-cyclopenta[c]pyran-4-carboxylic acid [1*S*-[1α,4aα,6α(*E*),7α,7aα]]-1-(β-D- 吡喃葡萄糖氧基)-1,4a,5,6,7,7a- 六氢 -6-[3-(4- 羟基 -3-甲氧基苯基)-1- 氧代 -2- 丙烯氧基]-7- 甲基 - 环戊 [c] 吡喃 -4- 羧酸 三裂瓜木 Alangium platanifolium var. trilobum

[1*S*-[1α,4aα,6α(*Z*),7α,7aα]]-1-(β-D-glucopyranosyloxy)-1,4a,5,6,7,7a-hexahydro-6-[3-(4-hydroxy-3-methoxyphenyl)-1-oxo-2-propenyloxy]-7-methyl-cyclopenta[c]pyran-4-carboxylic acid [1*S*-[1α,4aα,6α(*Z*),7α,7aα]]-1-(β-D- 吡喃葡萄糖氧基)-1,4a,5,6,7,7a- 六氢 -6-[3-(4- 羟基 -3-甲氧基苯基)-1- 氧代 -2- 丙烯氧基]-7- 甲基 - 环戊 [c] 吡喃 -4- 羧酸 三裂瓜木 Alangium platanifolium var. trilobum

(4a*S*,6*R*,7*R*,7a*S*)-6-(β-D-glucopyranosyloxy)-1,4a,5,6,7,7a-hexahydro-7-methyl-cyclopenta[c]pyran-4-carboxaldehyde (4a*S*,6*R*,7*R*,7a*S*)-6-β-D-吡喃葡萄糖氧基 -1,4a,5,6,7,7a- 六氢 -7- 甲基 - 环戊 [c] 吡喃 -4- 甲醛 刺芒龙胆 Gentiana aristata

2-(β-D-glucopyranosyloxy)-1,4-naphthoquinone 2-β-D- 葡萄糖氧基 -1,4- 萘醌 散沫花 Lawsonia inermis

1-(β-D-glucopyranosyloxy)-1,4α,7,7α-tetrahydro-7-hydroxy-cyclopenta[c]pyran-4,7-dicarboxylic acid 1-β-D- 吡喃葡萄糖氧基 -1,4α,7,7α- 四氢 -7- 羟基 - 环戊 [c] 吡喃 -4,7- 二羧酸 四叶葎 Galium bungei

3-(β-D-glucopyranosyloxy)-1,8-dihydroxy-5-methoxyxanthone 3-(β-D- 吡喃葡萄糖氧基)-1,8- 二羟基 -5- 甲氧基吡酮 川西獐牙菜 Swertia mussotii

3β-(β-D-glucopyranosyloxy)-14-hydroxy-5α-bufa-20,22-dienolide 3β-(β-D- 吡喃葡萄糖氧基)-14- 羟基 -5α- 蟾蜍甾 -20,22- 二烯酯 铁筷子 Helleborus thibetanus

(3α,5β)-3-(β-D-glucopyranosyloxy)-14-hydroxy-carda-16,20(22)-dienolide (3α,5β)-3-(β-D- 吡喃葡萄糖氧基)-14- 羟基 - 强心甾 -16,20(22)-二烯内酯 鳝藤 Anodendron affine

[1a*S*-[1aα,1bβ,2β,5aβ,6β(*Z*),6aα]]-2-(β-D-glucopyranosyloxy)-1a,1b,2,5a,6,6a-hexahydro-1a-(hydroxymethyl)oxireno[4,5]cyclopenta[1,2-c]pyran-6-yl-2-*O*-(α-L-rhamnopyranosyl)-4-{[3-(4-methoxyphenyl)-2-propenoate]-*O*-β-D-glucopyranoside} [1a*S*-[1aα,1bβ,2β,5aβ,6β(*Z*),6aα]]-2-(β-D- 吡喃葡萄糖氧基)-1a,1b,2,5a,6,6a- 六氢 -1a-(羟基甲基) 环氧乙烷 [4,5] 环戊并 [1,2-c] 吡喃 -6- 基 -2-*O*-(α-L- 吡喃鼠李糖基)-4-{[3-(4- 甲氧基苯基)-2- 丙烯酸酯]-*O*-β-D- 吡喃葡萄糖苷 } 大叶醉鱼草 Buddleja davidii

4-(β-D-glucopyranosyloxy)-1-hydroxy-3-(3-methyl-2-butenyl)-2-naphthalenecarboxylic acid methyl ester 4-(β-D- 吡喃葡萄糖氧基)-1- 羟基 -3-(3- 甲基 -2- 丁烯基)-2- 萘烯甲酯 钩毛茜草 Rubia oncotricha

(3*E*)-4-[(4*R*)-4-(β-D-glucopyranosyloxy)-2,6,6-trimethyl-cyclohex-1-enyl]but-3-en-2-one (3*E*)-4-[(4*R*)-4-(β-D- 吡喃葡萄糖氧基)-2,6,6- 三甲基 -环己 -1- 烯基] 丁 -3- 烯 -2- 酮 心叶风毛菊 Saussurea cordifolia

21-(β-D-glucopyranosyloxy)-20-hydroxydammar-24-en-3β-*O*-α-L-rhamnopyranosyl-(1 → 2)-*O*-[β-D-glucopyranosyl-(1 → 3)]-β-D-glucopyranoside 21-(β-D- 吡喃葡萄糖氧基)-20- 羟基达玛 -24- 烯 -3β-*O*-α-L- 吡喃鼠李糖基 -(1 → 2)-*O*-[β-D- 吡喃葡萄糖基 -(1 → 3)]-β-D- 吡喃葡萄糖苷 绞股蓝 Gynostemma pentaphyllum

21-(β-D-glucopyranosyloxy)-20-hydroxydammar-24-en-3β-*O*-α-L-rhamnopyranosyl-(1 → 2)-*O*-[β-D-xylopyranosyl-(1 → 3)]-β-D-glucopyranoside 21-(β-D- 吡喃葡萄糖氧基)-20- 羟基达玛 -24- 烯 -3β-*O*-α-L- 吡喃鼠李糖基 -(1 → 2)-*O*-[β-D- 吡喃木糖基 -(1 → 3)]-β-D- 吡喃葡萄糖苷 绞股蓝 Gynostemma pentaphyllum

21-(β-D-glucopyranosyloxy)-20-hydroxydammar-24-en-3β-*O*-α-L-rhamnopyranosyl-(1 → 2)-*O*-[β-D-xylopyranosyl-(1 → 3)]-β-D-glucopyranoside-6-acetate 21-(β-D- 吡喃葡萄糖氧基)-20- 羟基达玛 -24- 烯 -3β-*O*-α-L- 吡喃鼠李糖基 -(1 → 2)-*O*-[β-D- 吡喃木糖基 -(1 → 3)]-β-D- 吡喃葡萄糖苷 -6- 乙酸酯 绞股蓝 Gynostemma pentaphyllum

(3β,5α,22α,25*R*)-26-(β-D-glucopyranosyloxy)-22-hydroxyfurostan-3-*O*-β-D-glucopyranosyl-(1 → 2)-β-D-galactopyranoside (3β,5α,22α,25*R*)-26-(β-D- 吡喃葡萄糖氧基)-22- 羟基呋甾 -3-*O*-β-D- 吡喃葡萄糖基 -(1 → 2)-β-D- 吡喃半乳糖苷 枸杞 Lycium chinense

(3β,4β,22β)-22-(β-D-glucopyranosyloxy)-23-hydroxyolean-12-en-3-yl-*O*-6-deoxy-α-L-mannopyranosyl-(1 → 2)-*O*-β-D-galactopyranosyl-(1 → 2)-β-D-glucopyranosiduronic acid methyl ester (3β,4β,22β)-22-(β-D- 吡喃葡萄糖氧基)-23- 羟基齐墩果 -12- 烯 -3- 基 -*O*-6- 去氧 -α-L- 吡喃甘露糖基 -(1 → 2)-*O*-β-D- 吡喃半乳糖基 -(1 → 2)-β-D- 吡喃葡萄糖醛酸甲酯 背扁黄耆 Astragalus complanatus

(3β,4β,22β)-22-(β-D-glucopyranosyloxy)-23-hydroxyolean-12-en-3-yl-*O*-6-deoxy-α-L-mannopyranosyl-(1 → 2)-*O*-β-D-xylopyranosyl-(1 → 2)-β-D-glucopyranosiduronic acid methyl ester (3β,4β,22β)-22-(β-D- 吡喃葡萄糖氧基)-23- 羟基齐墩果 -12- 烯 -3- 基 -*O*-6- 去氧 -α-L- 吡喃甘露糖基 -(1 → 2)-*O*-β-D- 吡喃木糖基 -(1 → 2)-β-D- 吡喃葡萄糖醛酸甲酯 背扁黄耆 Astragalus complanatus

(3β,9β,10α,24*R*)-25-(β-D-glucopyranosyloxy)-24-hydroxy-9-methyl-19-norlanost-5-en-3-*O*-α-L-rhamnopyranosyl-(1 → 2)-*O*-β-D-gluco-pyranosyl-(1 → 2)-β-D-glucopyranoside (3β,9β,10α,24*R*)-25-(β-D- 吡喃葡萄糖氧基)-24- 羟基 -9- 甲基 -19- 降羊毛脂 -5- 烯 -3-*O*-α-L- 吡喃鼠李糖基 -(1 → 2)-*O*-β-D- 吡喃葡萄糖基 -(1 → 2)-β-D- 吡喃葡萄糖苷 王瓜 Trichosanthes cucumeroides

(3β)-28-(β-D-glucopyranosyloxy)-28-oxoolean-12-en-3-*O*-β-D-galactopyranosyl-(1 → 3)-*O*-[β-D-xylopyranosyl-(1 → 2)]-β-D-glucopyranosiduronic acid methyl ester (3β)-28-(β-D- 吡喃葡萄糖氧基)-28- 氧代齐墩果 -12- 烯 -3-*O*-β-D- 吡喃半乳糖基 -(1 → 3)-*O*-[β-D- 吡喃木糖基 -(1 → 2)]-β-D- 吡喃葡萄糖醛酸甲酯 黄毛楤木 Aralia chinensis

3β-28-(β-D-glucopyranosyloxy)-28-oxoolean-12-en-3-*O*-β-D-galactopyranosyl-(1 → 3)-*O*-β-D-glucopyranosyl-(1 → 4)-β-D-glucopyranosiduronic acid 3β-28-(β-D- 葡萄糖氧基)-28- 氧代齐墩果 -12- 烯 -3-*O*-β-D- 吡喃半乳糖基 -(1 → 3)-*O*-β-D- 吡喃葡萄糖基 -(1 → 4)-β-D- 吡喃葡萄糖醛酸苷 金盏花 Calendula officinalis

28-(β-D-glucopyranosyloxy)-28-oxoolean-12-en-3β-*O*-α-L-arabinofuranosyl-(1 → 4)-*O*-[β-D-galactopyranosyl-(1 → 2)]-β-D-glucuronopyranoside 28-(β-D- 吡喃葡萄糖氧基)-28- 氧代齐墩果 -12- 烯 -3β-*O*-α-L- 呋喃阿拉伯糖基 -(1 → 4)-*O*-[β-D- 吡喃半乳糖基 -(1 → 2)]-β-D- 吡喃葡萄糖醛酸苷 通脱木 Tetrapanax papyrifer

G

1-[4-(β-D-glucopyranosyloxy)-2-hydroxy-6-methoxy-3-methylphenyl]-ethanone 1-[4-(β-D- 吡喃葡萄糖氧基)-2- 羟基 -6- 甲氧基 -3- 甲基苯基]- 乙酮 甘肃大戟 Euphorbia kansuensis

29-(β-D-glucopyranosyloxy)-3,23-dihydroxy-olean-12-en-28-oic acid 29-(β-D- 吡喃葡萄糖氧基)-3,23- 二羟基齐墩果 -12- 烯 -28- 酸 一年蓬 Erigeron annuus

3-[4-(β-D-glucopyranosyloxy)-3,5-dimethoxyphenyl]-(E)-2-propenal 3-[4-(β-D- 吡喃葡萄糖基)-3,5- 二甲氧基苯基]-(反式)-2- 丙烯醛 黄檗 Phellodendron amurense

(E)-3-[4-(β-D-glucopyranosyloxy)-3,5-dimethoxyphenyl]-2-propenal (E)-3-[4-(β-D- 吡喃葡萄糖氧基)-3,5- 二甲氧基苯基]-2- 丙烯醛 管花肉苁蓉 Cistanche tubulosa, 厚朴 Houpoëa officinalis, 黄兰 Michelia champaca

2-(β-D-glucopyranosyloxy)-3,7,8-trihydroxy-[1]benzopyrano[5,4,3-cde][1]benzopyran-5,10-dione 2-(β-D- 吡喃葡萄糖氧基)-3,7,8- 三羟基 -[1] 苯并吡喃 [5,4,3-cde][1] 苯并吡喃 -5,10- 二酮 地锦 Euphorbia humifusa

4-[4-(β-D-glucopyranosyloxy)-3-hydroxyphenyl]-2-butanone 4-(4-β-D- 吡喃葡萄糖氧基 -3- 羟基苯基)-2- 丁酮 牡荆 Vitex negundo var. cannabifolia

4-[4-(β-D-glucopyranosyloxy)-3-methoxyphenyl)-2-butanone 4-[4-(β-D- 吡喃葡萄糖氧基)-3- 甲氧基苯基)-2- 丁酮 唐古特大黄 Rheum tanguticum

3-[4-(β-D-glucopyranosyloxy)-3-methoxyphenyl]-N-[2-(4-hydroxyl-3-methoxyphenyl)ethyl]-2-propenamide 3-[4-(β-D- 吡喃葡萄糖氧基)-3- 甲氧基苯基]-N-[2-(4- 羟基 -3- 甲氧基苯基) 乙基]-2- 丙胺 猪毛菜 Salsola collina

G

[4aR-(4aα,5α,6β)]-6-(β-D-glucopyranosyloxy)-4,4a,5,6,7,8-hexahydro-4a,5-dimethyl-3-(1-methylethenyl)-2(3H)-naphthalenone [4aR-(4aα,5α,6β)]-6-(β-D- 葡萄糖氧基)-4,4a,5,6,7,8- 六氢 -4a,5- 二甲基 -3-(1- 甲基乙烯基)-2(3H)- 萘酮 蜂斗菜 Petasites japonicus

1-[2-(β-D-glucopyranosyloxy)-4,6-dihydroxyphenyl]-1-butanone 1-[2-(β-D- 吡喃葡萄糖氧基)-4,6- 二羟基苯基]-1- 丁酮 华中五味子 Schisandra sphenanthera

2-(β-D-glucopyranosyloxy)-4-hydroxybenzeneacetonitrile 2-β-D- 吡喃葡萄糖氧基 -4- 羟基苯乙腈 天葵 Semiaquilegia adoxoides

(3R)-3-(β-D-glucopyranosyloxy)-4-hydroxybutanoic acid (3R)-3-(β-D- 吡喃葡萄糖基)-4- 羟基丁酸 台湾银线兰 Anoectochilus formosanus

(3R)-3-(β-D-glucopyranosyloxy)-4-hydroxybutanolide (3R)-3-(β-D- 吡喃葡萄糖氧基)-4- 羟基丁内酯 台湾银线兰 Anoectochilus formosanus

(E)-4-[3-(β-D-glucopyranosyloxy)-4-hydroxyphenyl]-3-buten-2-one (E)-4-[3-(β-D- 吡喃葡萄糖氧基)-4- 羟基苯基]-3- 丁烯 -2- 酮 沙生蜡菊 Helichrysum arenarium

16β-{[(4S)-5-(β-D-glucopyranosyloxy)-4-methyl-1-oxopentyl]oxy}-3β-{(O-α-L-rhamnopyranosyl-(1→2)-O-[O-β-D-glucopyranosyl-(1→4)-α-L-rhamnopyranosyl-(1→3)]-β-D-glucopyranosyl)oxy}pregn-5-en-20-one 16β-{[(4S)-5-(β-D- 吡喃葡糖氧基)-4- 甲基 -1- 氧代戊基] 氧基 }-3β-{(O-α-L- 吡喃鼠李糖基 -(1→2)-O-[O-β-D- 吡喃葡糖基 -(1→4)-α-L- 吡喃鼠李糖基 -(1→3)]-β-D- 吡喃葡糖基) 氧基 } 孕甾 -5- 烯 -20- 酮 箭根薯 Tacca chantrieri

16β-{[(4S)-5-(β-D-glucopyranosyloxy)-4-methyl-1-oxopentyl]oxy}-3β-{{O-α-L-rhamnopyranosyl-(1→2)-O-[α-L-rhamnopyranosyl-(1→3)]-β-D-glucopyranosyl}oxy}-pregn-5-en-20-one 16β-{[(4S)-5-(β-D- 吡喃葡糖基氧基)-4- 甲基 -1- 氧代戊基] 氧基 }-3β-{{O-α-L- 吡喃鼠李糖基 -(1→2)-O-[α-L- 吡喃鼠李糖基 -(1→3)]-β-D- 吡喃葡糖基 } 氧基 }- 孕甾 -5- 烯 -20- 酮 箭根薯 Tacca chantrieri

(3β,5β,17α)-3-(β-D-glucopyranosyloxy)-5,14-dihydroxy-card-20(22)-enolide (3β,5β,17α)-3-(β-D-吡喃葡糖糖氧基)-5,14-二羟基-强心甾-20(22)-烯 秦岭藤 Biondia chinensis

3-(β-D-glucopyranosyloxy)-5-hydroxy-2-(4-hydroxyphenyl)-4-oxo-flavan-7-yl-β-D-glucopyranosiduronic acid 3-(β-D- 吡喃葡萄糖氧基)-5- 羟基 -2-(4- 羟基苯基)-4- 氧代 - 黄烷 -7- 基 -β-D- 吡喃葡萄糖醛酸 郁金香 Tulipa gesneriana

7-(β-D-glucopyranosyloxy)-5-methoxyphthalide 7-(β-D- 吡喃葡萄糖氧基)-5- 甲氧基 - 苯酞 沙生蜡菊 Helichrysum arenarium

3β-(β-D-glucopyranosyloxy)-5α-bufa-20,22-dienolide 3β-(β-D- 吡喃葡萄糖氧基)-5α- 蟾蜍甾 -20,22- 二烯酯 铁筷子 Helleborus thibetanus

6-(β-glucopyranosyloxy)-7-[(2-oxo-2H-1-benzopyran-7-yl)oxy]-2H-1-benzopyran-2-one 6-(β- 吡喃葡萄糖氧基)-7-[(2- 氧代 -2H-1- 苯并吡喃 -7- 基) 氧基]-2H-1- 苯并吡喃 -2- 酮 滇瑞香 Daphne feddei

7'-(α-D-glucopyranosyloxy)-7-hydroxy-3-[(2-oxo-2H-1-benzopyran-7-yl)oxy-8,8'-bi-2H-1-benzopyran]-2,2'-dione 7'-(α-D- 吡喃葡萄糖氧基)-7- 羟基 -3-[(2- 氧代 -2H-1- 苯并吡喃 -7- 基) 氧代 -8,8'- 双 -2H-1- 苯并吡喃 -2,2'- 二酮 凹叶瑞香 Daphne retusa

4-(β-glucopyranosyloxy)benzoic acid 4-(β- 吡喃葡萄糖氧基基) 苯甲酸 刺齿枝子花 Dracocephalum peregrinum

2-[3-(β-D-glucopyranosyloxy)benzoyloxy]-5-hydroxy-benzoic acid 2-[3-(β-D- 吡喃葡萄糖氧基) 苯甲酰氧基]-5- 羟基苯甲酸 辐状肋柱花 Lomatogonium rotatum

4-(β-D-glucopyranosyloxy)benzyl alcohol 4-(β-D- 吡喃葡萄糖基氧基) 苯甲醇 台湾银线兰 Anoectochilus formosanus

(24S)-24-(acetyloxy)-3β-(β-D-glucopyranosyloxy)-cycloartane-16β,25,30-triol-25-[β-D-glucopyranosyl-(1→4)-β-D-glucopyranoside] (24S)-24- 乙酰氧基 -3β-(β-D- 吡喃葡萄糖氧基)- 环木菠萝 -16β,25,30- 三醇 -25-[β-D- 吡喃葡萄糖基 -(1→4)-β-D- 吡喃葡萄糖苷] 华东唐松草 Thalictrum fortunei

(24S)-24-(acetyloxy)-3β-(β-D-glucopyranosyloxy)-cycloartane-16β,25,30-triol-25-[β-D-glucopyranosyl-(1→6)-β-D-glucopyranoside] (24S)-24- 乙酰氧基 -3β-(β-D- 吡喃葡萄糖氧基)- 环木菠萝 -16β,25,30- 三醇 -25-[β-D- 吡喃葡萄糖基 -(1→6)-β-D- 吡喃葡萄糖苷] 华东唐松草 Thalictrum fortunei

4-[2-(β-D-glucopyranosyloxy)ethyl]-4,5-dihydroxy-2-cyclohexen-1-one 4-[2-(β-D- 吡喃葡萄糖氧基) 乙基]-4,5- 二羟基 -2- 环己烯 -1- 酮 老鸦烟筒花 Millingtonia hortensis

4-[2-(β-D-glucopyranosyloxy)ethyl]-4-hydroxy-2-cyclohexen-1-one 4-[2-(β-D- 吡喃葡萄糖氧基) 乙基]-4- 羟基 -2- 环已烯 -1- 酮 老鸦烟筒花 Millingtonia hortensis

4-[2-(β-D-glucopyranosyloxy)ethyl]-4-hydroxy-5-methoxy-2-cyclohexen-1-one 4-[2-(β-D- 吡喃葡萄糖氧基) 乙基]-4- 羟基 -5- 甲氧基 -2- 环已烯 -1- 酮 老鸦烟筒花 Millingtonia hortensis

(6R,7R,8R)-7α-[(β-D-glucopyranosyl)oxy]lyoniresinol (6R,7R,8R)-7α-[(β-D- 吡喃葡萄糖基) 氧基] 南烛树脂醇 紫椿 Toona microcarpa

(6*R*,7*S*,8*S*)-7*α*-[(*β*-D-glucopyranosyl)oxy]lyoniresinol (6*R*,7*S*,8*S*)-7*α*-[(*β*-D- 吡喃葡萄糖基) 氧基] 南烛树脂醇 紫椿 Toona microcarpa
(6*S*,7*R*,8*R*)-7*α*-[(*β*-D-glucopyranosyl)oxy]lyoniresinol (6*S*,7*R*,8*R*)-7*α*-[(*β*-D- 吡喃葡萄糖基) 氧基] 南烛树脂醇 酸枣 Ziziphus jujuba var. spinosa
(6*R*,9*S*)-9-(*β*-D-glucopyranosyloxy)megastigma-4,7-dien-3-one (6*R*,9*S*)-9-(*β*-D- 吡喃葡萄糖氧基) 大柱香波龙 -4,7- 二烯 -3- 酮 台湾银线兰 Anoectochilus formosanus
(3*R*,4*S*)-4-[(1*R*)-1-[(*β*-D-glucopyranosyloxy)methyl]-2-propenyl]tetrahydro-3-hydroxymethyl-2*H*-pyran-2-one (3*R*,4*S*)-4-[(1*R*)-1-[(*β*-D- 吡喃葡萄糖氧基) 甲基]-2- 丙基] 四氢 -3- 羟基甲基 -2*H*- 吡喃 -2- 酮 高山龙胆 Gentiana algida
(2*S*,4*R*)-4-(*β*-D-glucopyranosyloxy)-pentan-2-yl-(2*E*)-*p*-coumarate (2*S*,4*R*)-4-*β*-D- 吡喃葡萄糖氧基 - 戊烷 -(2*E*)- 对香豆酸酯 黑果越桔 Vaccinium myrtillus
4-[4-(*β*-D-glucopyranosyloxy)-phenyl]-2-butanone 4-[4-(*β*-D- 吡喃葡萄糖氧基)- 苯基]-2- 丁酮 红景天 Rhodiola rosea
3-[4-(*β*-D-glucopyranosyloxy)-phenyl]propionic acid 3-[4-(*β*-D- 吡喃葡萄糖氧基)- 苯基] 丙烯酸 芒苞车前 Plantago aristata
2-(4'-*β*-D-glucopyranosyloxy)-phenylethanol 2-(4'-*β*-D- 吡喃葡萄糖氧基)- 苯乙醇 野八角 Illicium simonsii
3-*β*-D-glucopyranosyloxy-1-(4-hydroxyphenyl)-1-butanone 3-*β*-D- 吡喃葡萄糖氧基 -1-(4- 羟基苯基)-1- 丁酮 垂枝桦 Betula pendula
3-*β*-glucopyranosyloxy-1-(4-hydroxyphenyl)-butanone 3-*β*- 吡喃葡萄糖氧基 -1-(4- 羟基苯基)- 丁酮 垂枝桦 Betula pendula
8-*β*-D-glucopyranosyloxy-1,2-dihydroxy-6-methoxyxanthone 8-*β*-D- 吡喃葡萄糖氧基 -1,2- 二羟基 -6- 甲氧基屾酮 瘤毛獐牙菜 Swertia pseudochinensis
8-*β*-D-glucopyranosyloxy-1,3,5-trimethoxyxanthone 8-*β*-D- 吡喃葡萄糖氧基 -1,3,5- 三甲氧基屾酮 紫红獐牙菜 Swertia punicea
6-*β*-D-glucopyranosyloxy-1,3,7-trihydroxy-xanthone 6-*β*-D- 吡喃葡萄糖基 -1,3,7- 三羟基屾酮 台湾肺形草 Tripterospermum taiwanense
8-*β*-D-glucopyranosyloxy-1,5-dihydroxy-3-methoxyxanthone 8-*β*-D- 吡喃葡萄糖氧基 -1,5- 二羟基 -3- 甲氧基屾酮 紫红獐牙菜 Swertia punicea
5-*β*-D-glucopyranosyloxy-1,8-dihydroxy-3-methoxyxanthone 5-*β*-D- 吡喃葡萄糖氧基 -1,8- 二羟基 -3- 甲氧基屾酮 紫红獐牙菜 Swertia punicea
3-*β*-D-glucopyranosyloxy-16-hydroxyolean-12-en-28-oic acid methyl ester 3-*β*-D- 葡萄糖氧基 -16- 羟基齐墩果 -12- 烯 -28- 羧酸甲酯 云南紫菀 Aster yunnanensis
21-*β*-D-glucopyranosyloxy-19,20-dihydroxydammar-24-en-3*β*-*O*-*α*-L-rhamnopyranosyl-(1 → 2)-*O*-*β*-D-xylopyranosyl-(1 → 3)-*β*-D-glucopyranoside 21-*β*-D- 吡喃葡萄糖氧基 -19,20- 二羟基达玛 -24- 烯 -3*β*-*O*-*α*-L- 吡喃鼠李糖基 -(1 → 2)-*O*-*β*-D- 吡喃木糖基 -(1 → 3)-*β*-D- 吡喃葡萄糖苷 绞股蓝 Gynostemma pentaphyllum
[4-(3-*β*-D-glucopyranosyloxy-1-*E*-propenyl)-2,6-dimethoxyphenyl]-6-*O*-*β*-D-glucopyranosyl-*β*-D-glucopyranoside [4-(3-*β*-D- 吡喃葡萄糖氧基 -1-*E*- 丙烯基)-2,6- 二甲氧基苯基]-6-*O*-*β*-D- 吡喃葡萄糖基 -*β*-D- 吡喃葡萄糖苷 狼毒 Stellera chamaejasme
3-*β*-glucopyranosyloxy-1-hydroxy-6*E*-tetradecene-8,10,12-triyne 3-*β*- 吡喃葡萄糖氧基 -1- 羟基 -6*E*- 十四烯 -8,10,12- 三炔 鬼针草 Bidens pilosa
1-*β*-D-glucopyranosyloxy-1-phenylmethane 1-*β*-D- 吡喃葡萄糖氧基 -1- 苯基甲烷 黄细心 Boerhavia diffusa
1-*β*-D-glucopyranosyloxy-2-(3-methoxy-4-hydroxyphenyl-propane-1,3-diol 1-*β*-D- 吡喃葡萄糖氧基 -2-(3- 甲氧基 -4- 羟基苯基 - 丙烷 -1,3- 二醇 珊瑚菜 Glehnia littoralis
(2*β*,3*β*,4*α*)-3-*β*-D-glucopyranosyloxy-2,23-dihydroxyolean-12-en-28-oic acid methyl ester (2*β*,3*β*,4*α*)-3-*β*-D- 葡萄糖氧基 -2,23- 二羟基齐墩果 -12- 烯 -28- 羧酸甲酯 云南紫菀 Aster yunnanensis
(2*E*,6*E*)-8-*β*-D-glucopyranosyloxy-2,6-dimethyl-2,6-octadienoic acid-1,6'-lactone (2*E*,6*E*)-8-*β*-D- 吡喃葡萄糖氧基 -2,6- 二甲基 -2,6- 辛二烯酸 -1,6'- 内酯 紫红獐牙菜 Swertia punicea
(2*E*,4*E*)-8-*β*-glucopyranosyloxy-2,7-dimethyl-2,4-decadiene-1,10-dioic acid (2*E*,4*E*)-8-*β*- 吡喃葡萄糖氧基 -2,7- 二甲基 -2,4- 辛二烯 -1,10- 二酸 啤酒花 Humulus lupulus
(2*Z*,4*E*)-8-*β*-D-glucopyranosyloxy-2,7-dimethyl-2,4-decadiene-1,10-dioic acid (2*Z*,4*E*)-8-*β*-D- 吡喃葡萄糖氧基 -2,7- 二甲基 -2,4- 癸二烯 -1,10- 二羧酸 榅桲 Cydonia oblonga
(2*Z*,4*Z*)-8-*β*-D-glucopyranosyloxy-2,7-dimethyl-2,4-decadiene-1,10-dioic acid (2*Z*,4*Z*)-8-*β*-D- 吡喃葡萄糖氧基 -2,7- 二甲基 -2,4- 癸二烯 -1,10- 二羧酸 榅桲 Cydonia oblonga
(3*β*,25*R*)-26-*β*-D-glucopyranosyloxy-22-hydroxyfurost-5-en-3-*O*-*α*-L-rhamnopyranosyl-(1 → 2)-*O*-*α*-L-rhamnopyranosyl-(1 → 4)-*β*-D-glucopyranoside (3*β*,25*R*)-26-*β*-D- 吡喃葡萄糖氧基 -22- 羟基呋甾 -5- 烯 -3-*O*-*α*-L- 吡喃鼠李糖基 -(1 → 2)-*O*-*α*-L- 吡喃鼠李糖基 -(1 → 4)-*β*-D- 吡喃葡萄糖苷 蒺藜 Tribulus terrestris
(3*β*,5*α*,22*α*,25*S*)-26-*β*-D-glucopyranosyloxy-22-methoxyfurostan-3-*O*-*β*-D-xylopyranosyl-(1 → 2)-*O*-*β*-D-xylopyranosyl-(1 → 3)-*O*-*β*-D-glucopyranosyl-(1 → 4)-*O*-*α*-L-rhamnopyranosyl-(1 → 2)-*β*-D-galactopyranoside (3*β*,5*α*,22*α*,25*S*)-26-*β*-D- 吡喃葡萄糖氧基 -22- 甲氧基呋甾 -3-*O*-*β*-D- 吡喃木糖基 -(1 → 2)-*O*-*β*-D- 吡喃木糖基 -(1 → 3)-*O*-*β*-D- 吡喃葡萄糖基 -(1 → 4)-*O*-*α*-L- 吡喃鼠李糖基 -(1 → 2)-*β*-D- 吡喃半乳糖苷 蒺藜 Tribulus terrestris
26-*β*-D-glucopyranosyloxy-22*α*-methoxyfurost-5-en-3*β*-*O*-*α*-L-rhamnopyranosyl)-(1 → 2)-*β*-D-glucopyranosiduronic acid 26-*β*-D- 吡喃葡萄糖氧基 -22*α*- 甲氧基呋甾 -5- 烯 -3*β*-*O*-*α*-L- 吡喃鼠李糖基)-(1 → 2)-*β*-D- 吡喃葡萄糖醛酸 白英 Solanum lyratum
28-*β*-D-glucopyranosyloxy-28-oxo-30-noroleana-12,20(29)-dien-3*β*-*O*-*β*-D-glucopyranoside 28-*β*-D- 吡喃葡萄糖氧基 -28- 氧代 -30- 降齐墩果 -12,20(29)- 二烯 -3*β*-*O*-*β*-D- 吡喃葡萄糖苷 喜旱莲子草 Alternanthera philoxeroides
28-*β*-D-glucopyranosyloxy-28-oxo-30-noroleana-12,20(29)-dien-3*β*-*O*-*β*-D-glucopyranosiduronic acid 28-*β*-D- 吡喃葡萄糖氧基 -28- 氧代 -30- 降齐墩果 -12,20(29)- 二烯 -3*β*-*O*-*β*-D- 吡喃葡萄糖醛酸 喜旱莲子草 Alternanthera philoxeroides
28-*β*-D-glucopyranosyloxy-28-oxo-30-noroleana-12,20(29)-dien-3*β*-*O*-*β*-D-glucopyranosiduronic acid methyl ester 28-*β*-D- 吡喃葡萄糖氧基 -28- 氧代 -30- 降齐墩果 -12,20(29)- 二烯 -3*β*-*O*-*β*-D- 吡喃葡萄糖醛酸甲酯 喜旱莲子草 Alternanthera philoxeroides

28-β-D-glucopyranosyloxy-28-oxoolean-12-en-3β-O-β-D-glucopyranosyl-(1→3)-β-D-glucopyranosiduronic acid methyl ester 28-β-D- 吡喃葡萄糖氧基 -28- 氧代齐墩果 -12- 烯 -3β-O-β-D- 吡喃葡萄糖基 -(1→3)-β-D- 吡喃葡萄糖醛酸甲酯 牛膝 Achyranthes bidentata

3-β-D-glucopyranosyloxy-2-hydroxy-1-(4-hydroxy-3-methoxyphenyl)-propan-1-one 3-β-D- 吡喃葡萄糖氧基 -2- 羟基 -1-(4- 羟基 -3- 甲氧基苯基)- 丙烷 -1- 酮 垂枝桦 Betula pendula

8-(3-β-D-glucopyranosyloxy-2-hydroxy-3-methylbutyl)-7-methoxycoumarin 8-(3-β-D- 葡萄糖氧基 -2- 羟基 -3- 甲基丁基)-7- 甲氧基香豆素 柚 Citrus maxima

5-β-D-glucopyranosyloxy-2-hydroxy-*m*-cymene 5-β-D- 吡喃葡萄糖氧基 -2- 羟基 - 间孜然芹烃▲ 台湾荠苧 Mosla formosana

8-β-D-glucopyranosyloxy-2-hydroxymethyl-7-methyl-1,4-dihydronaphthalene-5-ol 8-β-D- 吡喃葡萄糖氧基 -2- 羟基甲基 -7- 甲基 -1,4- 二氢萘 -5- 醇 鹿蹄草 Pyrola calliantha

(2β,3β,4α)-3-β-D-glucopyranosyloxy-2-hydroxy-olean-12-en-23,28-dioic acid-28-[2-O-(α-L-rhamnopyranosyl)-α-L-arabinopyranosyl]ester (2β,3β,4α)-3-β-D- 吡喃葡萄糖氧基 -2- 羟基齐墩果 -12- 烯 -23,28- 二羧酸 -28-[2-O-(α-L- 鼠李糖基)-α-L- 吡喃阿拉伯糖基]- 酯苷 小舌紫菀 Aster albescens

(2β,3β,4α)-3-β-D-glucopyranosyloxy-2-hydroxy-olean-12-en-23,28-dioic acid-28-O-β-D-xylopyranosyl-(1→4)-6-O-α-L-rhamnopyranosyl-(1→2)-α-L-arabinopyranosyl) ester (2β,3β,4α)-3-β-D- 吡喃葡萄糖氧基 -2- 羟基 - 齐墩果 -12- 烯 -23,28- 二羧酸 -28-O-β-D- 吡喃木糖基 -(1→4)-6-O-α-L- 吡喃鼠李糖基 -(1→2)-α-L- 吡喃阿拉伯糖基酯苷 小舌紫菀 Aster albescens

G

1-β-D-glucopyranosyloxy-2-methoxy-4-ethanoylbenzene 1-β-D- 吡喃葡萄糖氧基 -2- 甲氧基 -4- 乙酰苯 黄细心 Boerhavia diffusa

1-β-D-glucopyranosyloxy-2-phenylethane 1-β-D- 吡喃葡萄糖氧基 -2- 苯基乙烷 黄细心 Boerhavia diffusa

3'-β-D-glucopyranosyloxy-3,4',5,7-tetrahydroxyflavone 3'-β-D- 吡喃葡萄糖氧基 -3,4',5,7- 四羟基黄酮 旋果蚊子草 Filipendula ulmaria

1-β-D-glucopyranosyloxy-3,4-dimethoxybenzene 1-β-D- 吡喃葡萄糖氧基 -3,4- 二甲氧基 -4- 羟基苯 黄细心 Boerhavia diffusa

1-β-D-glucopyranosyloxy-3,5-dimethoxy-4-hydroxybenzene 1-β-D- 吡喃葡萄糖氧基 -3,5- 二甲氧基 -4- 羟基苯) 黄细心 Boerhavia diffusa

3-(4β-D-glucopyranosyloxy-3,5-dimethoxyphenyl)-2*E*-propenol 3-(4β-D- 吡喃葡萄糖氧基 -3,5- 二甲氧基苯基)-2*E*- 丙烯醇 马蹄莲 Zantedeschia aethiopica

2-β-D-glucopyranosyloxy-3-hydroxybenzoic acid 2-β-D- 吡喃葡萄糖氧基 -3- 羟基苯甲酸 红花龙胆 Gentiana rhodantha

3-(4-β-D-glucopyranosyloxy-3-methoxy)-phenyl-2*E*-propenol 3-(4-β-D- 吡喃葡萄糖氧基 -3- 甲氧基)- 苯基 -2*E*- 丙烯醇 秦岭梣 Fraxinus paxiana

9-β-D-glucopyranosyloxy-3'-methoxy-3,4-methylenedioxy-7,9'-epoxylignan-4'-ol 9-(β-D- 吡喃葡萄糖氧基)-3'- 甲氧基 -3,4- 亚甲二氧基 -7,9'- 环氧木脂素 -4'- 醇 南五味子 Kadsura longipedunculata

1-β-D-glucopyranosyloxy-3-methoxy-4-hydroxybenzene 1-β-D- 吡喃葡萄糖氧基 -3- 甲氧基 -4- 羟基苯 桂竹 Phyllostachys bambusoides

1-β-D-glucopyranosyloxy-3-methoxy-5-hydroxybenzene 1-β-D- 吡喃葡萄糖氧基 -3- 甲氧基 -5- 羟基苯 水红木 Viburnum cylindricum

3-(4β-D-glucopyranosyloxy-3-methoxyphenyl)-2*E*-propenol 3-(4β-D- 吡喃葡萄糖氧基 -3- 甲氧基苯基)-2*E*- 丙烯醇 马蹄莲 Zantedeschia aethiopica

2β-glucopyranosyloxy-3-methyl-(2*R*)-butyronitrile 2β- 吡喃葡萄糖氧基 -3- 甲基 -(2*R*)- 丁腈 大麦 Hordeum vulgare

(25*S*)-26-β-D-glucopyranosyloxy-3-oxo-22α-methoxy-5α-furostan-6α-yl-O-β-D-xylopyranoside (25*S*)-26-β-D- 吡喃葡萄糖氧基 -3- 氧代 -22α- 甲氧基 -5α- 呋甾 -6α-O-β-D- 吡喃木糖苷 水茄 Solanum torvum

(25*S*)-26-β-D-glucopyranosyloxy-3-oxo-5α-furost-20(22)-en-6α-yl-O-β-D-xylopyranoside (25*S*)-26-β-D- 吡喃葡萄糖氧基 -3- 氧代 -5α- 呋甾 -20(22)- 烯 -6α-O-β-D- 吡喃木糖苷 水茄 Solanum torvum

19-glucopyranosyloxy-3β,5,14-trihydroxy-5β-card-20(22)-enolide 19- 吡喃葡萄糖氧基 -3β,5,14- 三羟基 -5β- 强心甾 -20(22)- 烯内酯 见血封喉 Antiaris toxicaria

(25*S*)-26-β-D-glucopyranosyloxy-3β-hydroxy-22α-methoxy-5α-furostan-6α-yl-O-α-L-rhamnopyranosyl-(1→3)-β-D-glucopyranoside (25*S*)-26-β-D- 吡喃葡萄糖氧基 -3β- 羟基 -22α- 甲氧基 -5α- 呋甾 -6α-O-α-L- 吡喃鼠李糖基 -(1→3)-β-D- 吡喃葡萄糖苷 水茄 Solanum torvum

1-(3-α-D-glucopyranosyloxy-4,5-dihydroxyphenyl)-ethanone 1-(3-α-D- 吡喃葡萄糖氧基 -4,5- 二羟基苯基)- 乙酮 卫矛 Euonymus alatus

3-β-D-glucopyranosyloxy-4,5-dimethoxybenzoic acid 3-β-D- 吡喃葡萄糖氧基 -4,5- 二甲氧基苯甲酸 短萼仪花 Lysidice brevicalyx

(2*R*)-2-β-D-glucopyranosyloxy-4,7-dimethoxy-2*H*-1,4-benzoxazin-3(4*H*)-one (2*R*)-2-β-D- 吡喃葡萄糖氧基 -4,7- 二甲氧基 -2*H*-1,4- 苯并噁嗪 -3(4*H*)- 酮 普通小麦 Triticum aestivum

3-(*R*)-3-β-D-glucopyranosyloxy-4-hydroxybutanoic acid 3-(*R*)-3-β-D- 吡喃葡萄糖氧基 -4 羟基丁酸 台湾银线兰 Anoectochilus formosanus

2-β-D-glucopyranosyloxy-4-*p*-hydroxybenzoyloxy-3-methylenebutyronitrile 2-β-D- 吡喃葡萄糖氧基 -4- 对羟基苯甲酰氧基 -3- 亚甲基丁腈 高丛珍珠梅 Sorbaria arborea

2-β-D-glucopyranosyloxy-5-butoxyphenylacetic acid 2-β-D- 吡喃葡萄糖氧基 -5- 丁氧基苯乙酸 榼藤 Entada phaseoloides

2-β-D-glucopyranosyloxy-5-hydroxy-*m*-cymene 2-β-D- 吡喃葡萄糖氧基 -5- 羟基 - 间孜然芹烃▲ 台湾荠苧 Mosla formosana

2-β-D-glucopyranosyloxy-5-hydroxyphenylacetic acid methyl ester 2-β-D- 吡喃葡萄糖氧基 -5- 羟基苯乙酸甲酯 日本鹿蹄草 Pyrola japonica

4-β-D-glucopyranosyloxy-5-hydroxyprenyl caffeate 4-β-D- 吡喃葡萄糖氧基 -5- 羟基异戊烯基咖啡酸酯 大柄冬青 Ilex macropoda, 野桂花 Osmanthus yunnanensis

4-β-D-glucopyranosyloxy-5-methylcoumarin 4-β-D- 吡喃葡萄糖氧基 -5- 甲基香豆素 火石花 Gerbera delavayi, 大丁草 Leibnitzia anandria

1β-D-glucopyranosyloxy-6α-hydroxyeudesman-4(15)-ene 1β-D- 吡喃葡萄糖氧基 -6α- 羟基桉叶烷 -4(15)- 烯 一年蓬 Erigeron annuus

5-β-D-glucopyranosyloxy-7-hydroxy-2-methyl-benzopyranone 5-β-D- 吡喃葡萄糖氧基 -7- 羟基 -2- 甲基 - 苯并吡喃酮 大叶山楝 Aphanamixis grandifolia

7'-α-D-glucopyranosyloxy-7-hydroxy-3-[(2-oxo-2*H*-1-benzopyran-7-yl)oxy]-[8,8'-bi-2*H*-1-benzopyran]-2,2'-dione 7'-(α-D- 吡喃葡萄糖氧基)-7- 羟基 -3-[(2- 氧代 -2*H*-1- 苯并吡喃 -7- 基) 氧基]-8,8'- 二 -2*H*-1- 苯并吡喃]-2,2'- 二酮 结香 Edgeworthia chrysantha

18-β-D-glucopyranosyloxy-8(17),13-*ent*-labdadien-16,15-olide 18-β-D- 吡喃葡萄糖氧基 -8(17),13- 对映 - 半日花二烯 -16,15- 内酯 蒾草

Potamogeton crispus, 篦齿眼子菜 P. pectinatus, 穿叶眼子菜 P. perfoliatus

2-*β*-D-glucopyranosyloxy-8-hydroxy-3-methyl-1-methoxy-9,10-anthraquinone 2-*β*-D- 吡喃葡萄糖氧基 -8- 羟基 -3- 甲基 -1- 甲氧基 -9,10- 蒽醌 决明 Senna tora

(-)-(2*R*,3*S*)-1-(4-*β*-D-glucopyranosyloxybenzyl)-2-*O*-*β*-D-glucopyranosyl-4-{4-[*α*-D-glucopyranosyl-(1 → 4)-*β*-D-glucopyranosyloxy]benzyl}-2-isobutyltartrate (-)-(2*R*,3*S*)-1-(4-*β*-D- 吡喃葡萄糖氧基苄基)-2-*O*-*β*-D- 吡喃葡萄糖基 -4-{4-[*α*-D- 吡喃葡萄糖基 -(1 → 4)-*β*-D- 吡喃葡萄糖氧基] 苄基 }-2- 异丁基酒石酸酯 手参 Gymnadenia conopsea

(-)-(2*R*,3*S*)-1-(4-*β*-D-glucopyranosyloxybenzyl)-2-*O*-*β*-D-glucopyranosyl-4-{4-[*β*-D-glucopyranosyl-(1 → 3)-*β*-D-glucopyranosyloxy]benzyl}-2-isobutyltartrate (-)-(2*R*,3*S*)-1-(4-*β*-D-吡喃葡萄糖氧苄基)-2-*O*-*β*-D-吡喃葡萄糖-4-{4-[*β*-D-吡喃葡萄糖基-(1→3)-*β*-D-吡喃葡萄糖氧基]苄基}-2- 异丁基酒石酸酯 手参 Gymnadenia conopsea

(-)-(2*R*,3*S*)-1-(4-*β*-D-glucopyranosyloxybenzyl)-4-{4-[*β*-D-glucopyranosyl-(1 → 6)-*β*-D-glucopyranosyloxy]benzyl}-2-isobutyltartrate (-)-(2*R*,3*S*)-1-(4-*β*-D- 吡喃葡萄糖氧苄基)-4-{4-[*β*-D- 吡喃葡萄糖基 -(1 → 6)-*β*-D- 吡喃葡萄糖氧基] 苄基 }-2- 异丁基酒石酸酯 手参 Gymnadenia conopsea

(-)-(2*R*,3*S*)-1-(4-*β*-D-glucopyranosyloxybenzyl)-4-methyl-2-isobutyltartrate (-)-(2*R*,3*S*)-1-(4-*β*-D- 吡喃葡萄糖氧苄基)-4- 甲基 -2- 异丁基酒石酸酯 手参 Gymnadenia conopsea

(*S*)-3-(4-*β*-glucopyranosyloxybenzyl)-7-hydroxy-5-methoxyphthalide (*S*)-3-(4-*β*- 吡喃葡萄糖氧基苯基)-7- 羟基 -5- 甲氧基苯酞 黄花婆罗门参 Tragopogon orientalis

3-*S*-3-*β*-D-glucopyranosyloxybutanolide 3-*S*-3-*β*-D- 吡喃葡萄糖基氧化丁内酯 番红花 Crocus sativus

(-)-5'-*β*-D-glucopyranosyloxyjasmonic acid (-)-5'-*β*-D- 吡喃葡萄糖氧基茉莉酸 黑面神 Breynia fruticosa, 喙果黑面神 B. rostrata, 小叶黑面神 B. vitis-idaea

5'-*β*-D-glucopyranosyloxyjasmonic acid 5'-*β*-D- 吡喃葡萄糖氧基茉莉酮酸 薰衣草 Lavandula angustifolia

(-)-5'-*β*-D-glucopyranosyloxyjasmonic acid methyl ester (-)-5'-*β*-D- 吡喃葡萄糖氧基茉莉酸甲酯 黑面神 Breynia fruticosa

5'-*β*-D-glucopyranosyloxyjasmonic butylester 5'-*β*-D- 吡喃葡萄糖氧基茉莉酮酸丁酯 薰衣草 Lavandula angustifolia

(25*R*)-26-*β*-D-glucopyranosyloxyl-2*α*-hydroxy-22*α*-methoxyfurost-5-en-3*β*-*O*-*β*-D-glucopyranosyl-(1 → 3)-*O*-*β*-D-glucopyranosyl-(1 → 2)-*O*-[*β*-D-xylopyranosyl-(1 → 3)]-*O*-*β*-D-glucopyranosyl-(1 → 4)-*β*-D-galactopyranoside (25*R*)-26-*β*-D- 吡喃葡萄糖氧基 -2*α*- 羟基 -22*α*- 甲氧基呋甾 -5- 烯 -3*β*-*O*-*β*-D- 吡喃葡萄糖基 -(1 → 3)-*O*-*β*-D- 吡喃葡萄糖基 -(1 → 2)-*O*-[*β*-D- 吡喃木糖基 -(1 → 3)]-*O*-*β*-D- 吡喃葡萄糖基 -(1 → 4)-*β*-D- 吡喃半乳糖苷 夜香树 Cestrum nocturnum

(25*R*)-26-*β*-D-glucopyranosyloxyl-2*α*-hydroxyfurosta-5,20(22)-dien-3*β*-*O*-*β*-D-glucopyranosyl-(1 → 3)-*O*-*β*-D-glucopyranosyl-(1 → 2)-*O*-[*β*-D-xylopyranosyl-(1 → 3)]-*O*-*β*-D-glucopyranosyl-(1 → 4)-*β*-D-galactopyranoside (25*R*)-26-*β*-D- 吡喃葡萄糖氧基 -2*α*- 羟基呋甾 -5,20(22)- 二烯 -3*β*-*O*-*β*-D- 吡喃葡萄糖基 -(1 → 3)-*O*-*β*-D- 吡喃葡萄糖基 -(1 → 2)-*O*-[*β*-D- 吡喃木糖基 -(1 → 3)]-*O*-*β*-D- 吡喃葡萄糖基 -(1 → 4)-*β*-D- 吡喃半乳糖苷 夜香树 Cestrum nocturnum

(24*S*,25*S*)-24-*β*-D-glucopyranosyloxyl-2*α*-hydroxyspirost-5-en-3*β*-*O*-*β*-D-glucopyranosyl-(1 → 3)-*O*-*β*-D-glucopyranosyl-(1 → 2)-*O*-[*β*-D-xylopyranosyl-(1 → 3)]-*O*-*β*-D-glucopyranosyl-(1 → 4)-*β*-D-galactopyranoside (24*S*,25*S*)-24-*β*-D- 吡喃葡萄糖氧基 -2*α*- 羟基螺甾 -5- 烯 -3*β*-*O*-*β*-D- 吡喃葡萄糖基 -(1 → 3)-*O*-*β*-D- 吡喃葡萄糖基 -(1 → 2)-*O*-[*β*-D- 吡喃木糖基 -(1 → 3)]-*O*-*β*-D- 吡喃葡萄糖基 -(1 → 4)-*β*-D- 吡喃半乳糖苷 夜香树 Cestrum nocturnum

19-*β*-D-glucopyranosyloxy-lab-13(*E*)-en-8a,15-diol 19-*β*-D- 吡喃葡萄糖氧基 - 半日花 -13(*E*)- 烯 -8a,15- 二醇 三对节 Clerodendrum serratum

p-glucopyranosyloxymandelonitrile 对吡喃葡萄糖氧基扁桃腈 唐松草 Thalictrum aquilegiifolium var. sibiricum

p-glucopyranosyloxymandelonitrile-*β*-glucopyranoside 对吡喃葡萄糖氧基扁桃腈 -*β*- 吡喃葡萄糖苷 唐松草 Thalictrum aquilegiifolium var. sibiricum

3-(*β*-D-glucopyranosyloxymethyl)-2-(4-hydroxy-3-methoxyphenyl)-5-(3-acetoxypropyl)-7-methoxy-(2*R*,3*S*)-dihydrobenzofuran 3-(*β*-D- 吡喃葡萄糖氧基甲基)-2-(4- 羟基 -3- 甲氧基苯基)-5-(3- 乙酰氧基丙基)-7- 甲氧基 -(2*R*,3*S*)- 二氢苯并呋喃 无心菜 Arenaria serpyllifolia

3-(*β*-D-glucopyranosyloxymethyl)-2-(4-hydroxy-3-methoxyphenyl)-5-(3-hydroxypropyl)-7-methoxy-(2*R*,3*S*)-dihydrobenzofuran 3-(*β*-D- 吡喃葡萄糖氧基甲基)-2-(4- 羟基 -3- 甲氧基苯基)-5-(3- 羟基丙基)-7- 甲氧基 -(2*R*,3*S*)- 二氢苯并呋喃 欧洲李 Prunus domestica

3-(*β*-D-glucopyranosyloxymethyl)-2-(4-hydroxy-3-methoxy-phenyl)-5-(3-hydroxypropyl)-7-methoxy-dihydrobenzofuran 3-(*β*-D- 氧甲基吡喃葡萄糖基)-2-(4- 羟基 -3- 甲氧基苯基)-5-(3- 羟基丙基)-7- 甲氧基 - 二氢苯并呋喃 翅果菊 Pterocypsela indica

2-(*β*-D-glucopyranosyloxymethyl)-5-hydroxymethylfuran 2-(*β*-D- 葡萄糖氧甲基)-5- 羟基甲基呋喃 台湾银线兰 Anoectochilus formosanus

1-(4-*β*-D-glucopyranosyloxyphenyl)-2-(*β*-D-glucopyranosyloxy)-ethane 1-(4-*β*-D- 吡喃葡萄糖氧基苯基)-2-(*β*-D- 吡喃葡萄糖氧基)- 乙烷 番荔枝 Annona squamosa

α-D-glucopyranosyl-*β*-D-fructofuranoside *α*-D- 吡喃葡萄糖基 -*β*-D- 呋喃果糖 升麻 Cimicifuga foetida

(2*β*,3*β*,4*β*)-3-(2-*O*-*β*-D-glucopyranosyl-*β*-D-glucopyranosyloxy)-2,27-dihydroxy-olean-12-ene-23,28-dioic acid-28-(*O*-*β*-D-xylopyranosyl-(1 → 4)-*O*-*α*-L-rhamnopyranosyl-(1 → 2)-6-deoxy-*β*-D-galactopyranosyl)ester (2*β*,3*β*,4*β*)-3-(2-*O*-*β*-D- 吡喃葡萄糖基 -*β*-D- 吡喃葡萄糖氧基)-2,27- 二羟基 - 齐敦果 -12- 烯 -23,28- 二酸 -28-(*O*-*β*-D- 吡喃木糖基 -(1 → 4)-*O*-6-*α*-L- 吡喃李糖基基 -(1 → 2)-6- 去氧 -*β*-D- 吡喃半乳糖基) 酯苷 黄花倒水莲 Polygala fallax

α-D-glucopyranosyl-*β*-fructofuranose *α*-D- 吡喃葡萄糖基 -*β*- 呋喃果糖 亚麻 Linum usitatissimum

α-D-glucopyranosyl-*β*-L-rhamnopyranoside *α*-D- 吡喃葡萄糖基 -*β*-L- 吡喃鼠李糖苷 小叶三点金 Codariocalyx microphyllus

1-(2-*β*-D-glucopyranoxyl-4-methoxy-6-hydroxyphenyl)-3-hydroxy-1-propanone 1-(2-*β*-D- 葡萄糖氧基 -4- 甲氧基 -6- 羟基苯基)-3- 羟基 -1- 丙酮 马醉木 Pieris japonica

glucoraphanin 萝卜硫苷 芝麻菜 Eruca vesicaria, 萝卜 Raphanus sativus

glucoraphenin 萝卜烯硫苷 萝卜 Raphanus sativus

glucorhein 葡萄糖大黄酸 尖叶番泻 Cassia acutifolia, 掌叶大黄 Rheum palmatum, 唐古特大黄 R. tanguticum

glucosamine 葡萄糖胺 多花紫藤 Wisteria floribunda
D-glucose D- 葡萄糖 植物基础成分，未统计基源
α-D-glucose α-D- 葡萄糖 四川虎刺 Damnacanthus officinarum
α-glucose α- 葡萄糖 披针观音座莲 Angiopteris caudatiformis, 睡茄 Withania somnifera
β-D-glucose β-D- 葡萄糖 四川虎刺 Damnacanthus officinarum
β-glucose β- 葡萄糖 睡茄 Withania somnifera
glucose 葡萄糖 植物基础成分，未统计基源
β-D-glucose-(2 → 1)-β-D-glucoside β-D- 葡萄糖基 -(2 → 1)-β-D- 葡萄糖苷 假贝母 Bolbostemma paniculatum
glucose-6'-phenylacetic acid ester 葡萄糖 -6'- 苯乙酸酯 蓝花楹 Jacaranda mimosifolia
glucosinolate 芥子油苷 番木瓜 Carica papaya
β-D-glucositosterol β-D- 葡萄糖基谷甾醇 圆滑番荔枝 Annona glabra
glucostrophalloside 葡萄糖羊角拗阿洛糖苷▲ 见血封喉 Antiaris toxicaria
glucostrophanthidin 葡萄糖羊角拗定▲ 见血封喉 Antiaris toxicaria
β-glucosyl oleanolate β- 葡萄糖基齐墩果酸酯 雪胆 Hemsleya chinensis, 马铜铃 H. graciliflora, 罗锅底 H. macrosperma

β-D-glucosyl-(1 → 4)-α-L-thevetoside β-D- 葡萄糖基 -(1 → 4)-α-L- 黄花夹竹桃糖苷 黄花夹竹桃 Thevetia peruviana
7-glucosyl-11-methyl oleoside 7- 吡喃葡萄糖基木犀榄苷▲-11- 甲酯 素馨花 Jasminum grandiflorum
glucosyl-1-swertianin 葡萄糖基 -1- 獐牙菜宁▲ 狭叶獐牙菜 Swertia angustifolia
3-β-D-glucosyl-7-rhamnosylquercetin 3-β-D- 葡萄糖基 -7- 鼠李糖基槲皮素 林木贼 Equisetum sylvaticum
4'-β-D-glucosyl-7-β-rutinosylnaringenin 4'-β-D- 吡喃葡萄糖基 -7-β- 芸香糖基柚皮苷元 代代 Citrus aurantium 'Daidai'
glucosyl-8-hydroxy-2,6-dimethyl-(2E,6E)-octadienoate 葡萄糖基 -8- 羟基 -2,6- 二甲基 -(2E,6E)- 辛二烯酸酯 菜豆树 Radermachera sinica
5-glucosyl-antirrhinoside 5- 葡萄糖基金鱼草诺苷▲ 金鱼草 Antirrhinum majus
6-(3-glucosylcaffeoyl)aesculetin 6-(3- 葡萄糖基咖啡酰基) 七叶树内酯 满江红 Azolla imbricata
p-glucosylcinnamic acid 对葡萄糖基桂皮酸 蛇菰 Balanophora fungosa
glucosyldivaricoside 葡萄糖基羊角拗苷 羊角拗 Strophanthus divaricatus
glucosylgofruside 葡萄糖基钉头果伏苷▲ 钉头果 Gomphocarpus fruticosus
glucosylisorhamnetin 葡萄糖基异鼠李素 金花茶 Camellia petelotii
(Z)-6α-(β-D-glucosyloxy)-4α,5α-dihydroxy-2-cyclohexene-Δ^1-α-acetonitrile (Z)-6α-(β-D- 葡萄糖氧基)-4α,5α- 二羟基 -2- 环己烯 -Δ^1-α- 乙腈 天葵 Semiaquilegia adoxoides
(Z)-6α-(β-D-glucosyloxy)-4α-hydroxy-2-cyclohexene-Δ^1-α-acetonitrile (Z)-6α-(β-D- 葡萄糖氧基)-4α- 羟基 -2- 环己烯 -Δ^1-α- 乙腈 天葵 Semiaquilegia adoxoides
1-β-D-glucosyloxy-2-(3-methoxy-4-hydroxyphenyl)propane-1,3-diol 1-β-D- 葡萄糖氧基 -2-(3- 甲氧基 -4- 羟基苯基) 丙烷 -1,3- 二醇 水红木 Viburnum cylindricum
1-glucosyloxy-2-[2-hydroxy-4-(3-hydroxy-propyl)-phenoxyl-1-(4-hydroxy-3-methoxyphenyl)-propan-3-ol 1- 葡萄糖氧基 -2-[2- 羟基 -4-(3- 羟基丙基)- 苯氧基 -1-(4- 羟基 -3- 甲氧基苯基)- 丙烷 -3- 醇 冷杉 Abies fabri
2β-glucosyloxy-3,16,20,22-tetrahydroxy-9-methyl-19-norlanosta-5,24-diene 2β- 葡萄糖氧基 -3,16,20,22- 四羟基 -9- 甲基 -19- 降羊毛脂 -5,24- 二烯 胡黄连 Neopicrorhiza scrophulariiflora
2-β-glucosyloxy-3,16,20,25-tetrahydroxy-9-methyl-19-norlanosta-5,23,diene-22-one 2β- 葡萄糖氧基 -3,16,20,25- 四羟基 -9- 甲基 -19- 降羊毛脂 -5,23- 二烯 -22- 酮 胡黄连 Neopicrorhiza scrophulariiflora
4-β-D-glucosyloxy-3-methoxy-benzoic acid 4-β-D- 葡萄糖氧基 -3- 甲氧基 - 苯甲酸 大叶马兜铃 Aristolochia kaempferi
19-glucosyloxy-3β,5,14-trihydroxy-5β-card-20(22)-enolide 19- 葡萄糖氧基 -3β,5,14- 三羟基 -5β- 强心 -20(22)- 烯内酯 见血封喉 Antiaris toxicaria
4-glucosyloxybenzoic acid 4- 葡萄糖氧基苯甲酸 羽叶点地梅 Pomatosace filicula
p-β-D-glucosyloxybenzoic acid 对 -β-D- 葡萄糖氧基苯甲酸 磨盘草 Abutilon indicum
9-β-D-glucosyloxycamptothecin 9-β-D- 喜树碱葡萄糖苷 短小蛇根草 Ophiorrhiza pumila
4-β-D-glucosyloxyferulic acid 4-β-D- 葡萄糖氧基阿魏酸 大叶马兜铃 Aristolochia kaempferi
4-β-D-glucosyloxyferulic acid methyl ester 4-β-D- 葡萄糖基氧化阿魏酸甲醚 红花鸢尾 Iris milesii
glucosylthevetoside 葡萄糖基黄花夹竹桃糖苷 海杧果 Cerbera manghas
glucosyltormentate 葡萄糖基委陵菜酸酯 亮叶杨桐 Adinandra nitida, 迷迭香 Rosmarinus officinalis
glucosyringic acid 葡萄糖丁香酸 红背山麻杆 Alchornea trewioides, 阿尔泰银莲花 Anemone altaica, 鳝藤 Anodendron affine, 瓜叶马兜铃 Aristolochia cucurbitifolia, 显脉羊蹄甲 Bauhinia glauca subsp. pernervosa, 木棉 Bombax ceiba, 南蛇藤 Celastrus orbiculatus, 肉桂 Cinnamomum cassia, 刺五加 Eleutherococcus senticosus, 四方蒿 Elsholtzia blanda, 多花瓜馥木 Fissistigma polyanthum, 红花龙胆 Gentiana rhodantha, 贯叶连翘 Hypericum perforatum, 花木蓝 Indigofera kirilowii, 刺楸 Kalopanax septemlobus, 兔耳一枝箭 Piloselloides hirsuta, 密花远志 Polygala tricornis, 羊踯躅 Rhododendron molle, 雀梅藤 Sageretia thea, 草珊瑚 Sarcandra glabra, 大血藤 Sargentodoxa cuneata, 山地虎耳草 Saxifraga montana, 红花五味子 Schisandra rubriflora, 地桃花 Urena lobata
glucotricin 葡萄糖小麦黄素 硬皮榕 Ficus callosa
glucotropaeolin 旱金莲苷 番木瓜 Carica papaya, 臭荠 Coronopus didymus, 家独行菜 Lepidium sativum, 北美独行菜 L. virginicum
glucoveracintine 葡萄糖藜芦辛亭▲ 阿尔泰藜芦 Veratrum lobelianum
glucoverodoxin 葡萄糖渥洛多苷 毛地黄 Digitalis purpurea
glucozaluzanin C 葡萄糖中美菊素 C 杏香兔儿风 Ainsliaea fragrans, 菊苣 Cichorium intybus, 地胆草 Elephantopus scaber, 空桶参 Soroseris

erysimoides
D-glucuronic acid D- 葡萄糖醛酸 植物基础成分，未统计基源
β-D-glucuronopyranosylsoyasapogenol B β-D- 吡喃葡萄糖醛酸基大豆皂醇 B 白车轴草 Trifolium repens
gluroside 鼬瓣花葡萜苷▲ 盐生肉苁蓉 Cistanche salsa, 管花肉苁蓉 C. tubulosa
glut-5(10)-en-1-one 欧洲桤木 -5(10)- 烯 -1- 酮 金刚纂 Euphorbia neriifolia
glut-5(6)-en-3β-acetate 欧洲桤木 -5(6)- 烯 -3β- 乙酸酯 人心果 Manilkara zapota
glut-5-en-3-one 欧洲桤木 -5- 烯 -3- 酮 黄苞大戟 Euphorbia sikkimensis, 费菜 Phedimus aizoon
glut-5-en-3β,28-diol 欧洲桤木 -5- 烯 -3β,28- 二醇 昆明山海棠 Tripterygium hypoglaucum
glut-5-en-3β-ol 欧洲桤木 -5- 烯 -3β- 醇 镰叶西番莲 Passiflora wilsonii
glut-5-en-3β-yl acetate 欧洲桤木 -5- 烯 -3β- 醇乙酸酯 艾 Artemisia argyi, 斑地锦 Euphorbia maculata, 奶桑 Morus macroura
glutamate dehydrogenase 谷氨酸脱氢酶 植物基础成分，未统计基源
L-glutamic acid L- 谷氨酸 植物基础成分，未统计基源
glutamic acid 谷氨酸 植物基础成分，未统计基源
glutamic acid-betaxanthin 谷氨酸 - 甜菜黄素 厚皮菜 Beta vulgaris var. cicla
L-glutamic acid-γ-(4-hydroxyanilide) L- 谷氨酸 -γ-(4- 羟基苯胺) 双孢蘑菇 Agaricus bisporus
L-glutamine L- 谷氨酰胺 植物基础成分，未统计基源
glutamine 谷氨酰胺 植物基础成分，未统计基源
glutamine-betaxanthin 谷氨酰胺 - 甜菜黄素 厚皮菜 Beta vulgaris var. cicla
γ-glutamyl-(cis-S-1-propenyl)-cysteine γ- 谷氨酰基 -(顺式 -S-1- 丙烯基)- 半胱胺酸 香椿 Toona sinensis
(S,S)-γ-glutamyl-(cis-S-1-propenyl)-thioglycine (S,S)-γ- 谷氨酰基 -(顺式 -S-1- 丙烯基)- 巯基甘氨酸 香椿 Toona sinensis
(S,S)-γ-glutamyl-(trans-S-1-propenyl)-thioglycine (S,S)-γ- 谷氨酰基 -(反式 -S-1- 丙烯基)- 巯基甘氨酸 香椿 Toona sinensis
γ-glutamylhistidine γ- 谷氨酰组氨酸 香菇 Lentinula edodes, 垂序商陆 Phytolacca americana
γ-L-glutamyl-L-lathyrine γ-L- 谷氨酰基 -L- 山黧豆碱▲ 海滨山黧豆 Lathyrus japonicus
γ-L-glutamyl-L-phenylalanine γ-L- 谷氨酰基 -L- 苯丙氨酸 百脉根 Lotus corniculatus
γ-L-glutamyl-L-tyrosine γ-L- 谷氨酰基 -L- 酪氨酸 百脉根 Lotus corniculatus
γ-glutamylnicotianine γ- 谷氨酰烟草宁碱▲ 香菇 Lentinula edodes
γ-glutamylpeptide γ- 谷氨酰肽 香菇 Lentinula edodes
γ-glutamylphenylalanine γ- 谷氨酰苯丙氨酸 镰扁豆 Dolichos trilobus
γ-L-glutamyl-trans-S-1-propenyl-L-cysteine sulfoxide γ-L- 谷氨酰基 - 反式 -S-1- 丙烯 -L- 半胱氨酸亚砜 洋葱 Allium cepa
γ-glutamyl-α-lysine γ- 谷氨酰基 -α- 赖氨酸 香菇 Lentinula edodes
γ-glutamyl-α-ornithine γ- 谷氨酰基 -α- 鸟氨酸 香菇 Lentinula edodes
glutathione 谷胱甘肽 感应草 Biophytum sensitivum, 莲 Nelumbo nucifera
glutelin 谷蛋白 扁轴木 Parkinsonia aculeata, 条斑紫菜 Porphyra yezoensis
5-gluten-3β-yl acetate 5- 欧洲桤木烯 -3β- 醇乙酸酯 冬瓜 Benincasa hispida
glutin 潺槁木姜子素▲ 潺槁木姜子 Litsea glutinosa
2β,15α,21β-glutin-11-en-2,15,21-triol 2β,15α,21β- 欧洲桤木 -11- 烯 -2,15,21- 三醇 西南卫矛 Euonymus hamiltonianus
glutin-5-en-3-ol 欧洲桤木 -5- 烯 -3- 醇 东北桤木 Alnus mandshurica, 齿叶黄皮 Clausena dunniana, 野鸦椿 Euscaphis japonica
19α-glutin-5-ene-19-ol 19α- 欧洲桤木 -5- 烯 -19- 醇 西南卫矛 Euonymus hamiltonianus
2β,19α-glutin-7,21-dien-2,19-diol 2β,19α- 欧洲桤木 -7,21- 二烯 -2,19- 二醇 西南卫矛 Euonymus hamiltonianus
3β-glutinanol 3β- 欧洲桤木烷醇▲ 歧茎蒿 Artemisia igniaria
glutinic acid 粘叶莸酸 粘叶莸 Caryopteris glutinosa
β-glutinol β- 欧洲桤木醇▲ 黄槿 Hibiscus tiliaceus
glutinol 欧洲桤木醇▲ 较常见成分，至少分布于 30 种以上植物中，见于唇形科、大风子科、大戟科、豆科、杜鹃花科、葫芦科、桦木科、景天科、桔梗科、菊科、爵床科、壳斗科、蓼科、马鞭草科、梅衣科、木麻黄科、泡头菌科、桑科、山茱萸科、玄参科、芸香科、紫金牛科等
glutinol acetate 欧洲桤木醇▲乙酸酯 木麻黄 Casuarina equisetifolia, 霸王鞭 Euphorbia royleana
glutinolic acid 地黄酸▲ 地黄 Rehmannia glutinosa
glutinone 欧洲桤木酮▲ 日本桤木 Alnus japonica, 广防风 Anisomeles indica, 木麻黄 Casuarina equisetifolia, 苦郎树 Clerodendrum inerme, 绿玉树 Euphorbia tirucalli, 金荞麦 Fagopyrum dibotrys, 日本瓦松 Orostachys japonica, 硬质早熟禾 Poa sphondylodes, 南烛 Vaccinium bracteatum
glutinosalactone A, B, C 地黄内酯▲A, B, C 地黄 Rehmannia glutinosa
glutinoside 地黄诺苷▲ 地黄 Rehmannia glutinosa, 炮仗竹 Russelia equisetiformis, 粘毛黄花稔 Sida mysorensis
glyasperin A 粗毛甘草素 A 粗毛甘草 Glycyrrhiza aspera, 甘草 G. uralensis
glyasperin B, E, G, I~L, N 粗毛甘草素 B, E, G, I~L, N 粗毛甘草 Glycyrrhiza aspera
glyasperin C 粗毛甘草素 C 粗毛甘草 Glycyrrhiza aspera, 甘草 G. uralensis
glyasperin D 粗毛甘草素 D 粗毛甘草 Glycyrrhiza aspera, 甘草 G. uralensis
glyasperin F 粗毛甘草素 F 粗毛甘草 Glycyrrhiza aspera, 甘草 G. uralensis, 华桑 Morus cathayana
glyasperin H 粗毛甘草素 H 粗毛甘草 Glycyrrhiza aspera, 苦马豆 Sphaerophysa salsula
glyasperin M 粗毛甘草素 M 粗毛甘草 Glycyrrhiza aspera, 洋甘草 G. glabra

glybomine A, B, C 山小橘明碱▲A, B, C 山小橘 Glycosmis pentaphylla
glyceollin III, VI 大豆菜豆素▲III, VI 豆 Glycine soja
2-(glycer-2-yl)-5-(2-hydroxyethyl)-phenyl-*O*-*β*-D-galactopyranoside 2-(甘油 -2- 基)-5-(2- 羟基乙基)- 苯基 -*O*-*β*-D- 吡喃半乳糖苷 康藏荆芥 Nepeta prattii
2-(glycer-2-yl)-5-(2-hydroxyethyl)-phenyl-*O*-*β*-D-glucopyranoside 2-(甘油 -2- 基)-5-(2- 羟基乙基)- 苯基 -*O*-*β*-D- 吡喃葡萄糖苷 康藏荆芥 Nepeta prattii
glyceric acid 甘油酸 问荆 Equisetum arvense, 枸杞 Lycium chinense, 白车轴草 Trifolium repens
glyceride-1,3-dimyristic-2-sorbate 甘油 -1,3- 二肉豆蔻酸 -2- 山梨酸酯 宽叶荨麻 Urtica laetevirens
glyceride-1,3-dipalmito-2-sorbate 1,3- 二棕榈酸 -2- 山梨酸 - 甘油酯 地梢瓜 Cynanchum thesioides
glycerin 1,3-dilinoleate 1,3- 二亚油酸甘油酯 卵叶紫菀 Aster ageratoides var. oophyllus
glycerin palmitate 棕榈酰甘油酯 尼泊尔十大功劳 Mahonia napaulensis
glycerin; glycerol 甘油 植物基础成分，未统计基源
glycerin-docosanate 二十二酸甘油酯 云南兔耳草 Lagotis yunnanensis
1-glycerinhexadecylate 1- 甘油十六酸酯 硬毛地笋 Lycopus lucidus var. hirtus
glycerol hexacosanoate 甘油二十六酸酯 假木豆 Dendrolobium triangulare
glycerol linoleate-diooleate 甘油亚油酸二油酸酯 灰喇叭菌 Craterellus cornucopioides
glycerol linolenate 甘油亚麻酸酯 乳浆大戟 Euphorbia esula
glycerol mono-(*E*)-8,11,12-trihydroxy-9-octadecenoate (*E*)-8,11,12- 三羟基 -9- 十八碳烯酸甘油单酯 葱 Allium fistulosum
glycerol monopalmitate; monopalmitin 甘油单棕榈酸酯 蒙古黄耆 Astragalus penduliflorus, 山石榴 Catunaregam spinosa, 明党参 Changium smyrnioides, 金荞麦 Fagopyrum dibotrys, 千斤拔 Flemingia philippinensis, 多序岩黄耆 Hedysarum polybotrys, 长毛囊孔菌 Hirschioporus versatilis, 竹红菌 Hypocrella bambusae, 小驳骨 Justicia gendarussa, 马兰 Kalimeris indica, 铁箍散 Schisandra propinqua var. sinensis, 蒺藜 Tribulus terrestris, 胡卢巴 Trigonella foenum-graecum, 石莼 Ulva lactuca, 木油桐 Vernicia montana
glycerol monostearate; monostearin 甘油单硬脂酸酯 喜旱莲子草 Alternanthera philoxeroides, 疏花蛇菰 Balanophora laxiflora, 黄瑞香 Daphne giraldii, 挂金灯 Physalis alkekengi var. francheti, 铁箍散 Schisandra propinqua var. sinensis
glycerol palmitate 棕榈酸甘油酯 挥发油成分，未统计基源
glycerol phosphate 甘油磷酸酯 多脂鳞伞 Pholiota adiposa
glycerol tridehydrocrepenynate 甘油三去氢还阳参烯炔酸酯▲ 鸡油菌 Cantharellus cibarius, 灰喇叭菌 Craterellus cornucopioides
glycerol trilinoleate 甘油三亚油酸酯 腊肠树 Cassia fistula
glycerol trioleate 甘油三油酸酯 灰喇叭菌 Craterellus cornucopioides
glycerol tristridec-9-enoate 甘油 - 三 - 十三碳 -9- 烯酸酯 楝 Melia azedarach
glycerol-1,2,3-trisdodec-9-enoate 甘油 -1,2,3- 三 - 十二烷 -9- 烯酸酯 楝 Melia azedarach
glycerol-1,2-dihexadecanoate-3-*O*-*β*-D-galactopyranoside 甘油 -1,2- 二棕榈酸酯 -3-*O*-*β*-D- 吡喃半乳糖苷 五蕊寄生 Dendrophthoe pentandra
glycerol-1,3-bisoleate 甘油 -1,3- 油酸双酯 鸦胆子 Brucea javanica
glycerol-1,3-bis-undec-9-enoate-2-dodec-9-enoate 甘油 -1,3- 二 - 十一碳 -9- 烯酸酯 -2- 十二碳 -9- 烯酸酯 楝 Melia azedarach
glycerol-1,3-dihexadecanoate 甘油 -1,3- 二棕榈酸酯 菜蕨 Callipteris esculenta
glycerol-1,6,8-trihydroxy-3-methyl-9,10-dioxo-2-anthracenecarboxylate 甘油基 -1,6,8- 三羟基 -3- 甲基 -9,10- 二氧代 -2- 蒽羧酸酯 灯笼草 Clinopodium polycephalum
(-)-*R*,*Z*-glycerol-1-9-octadecenoate (-)-*R*,*Z*- 甘油醇 -1-9- 十八烯酸酯 凤仙花 Impatiens balsamina
glycerol-1-hexacosanoate 甘油 -1- 二十六酸酯 喜旱莲子草 Alternanthera philoxeroides, 狭叶南五味子 Kadsura angustifolia, 大果油麻藤 Mucuna macrocarpa, 苦葛 Pueraria peduncularis, 铁箍散 Schisandra propinqua var. sinensis, 白刺花 Sophora davidii, 槐 S. japonica
glycerol-1-hexadecanoate 甘油 -1- 十六酸酯 茶 Camellia sinensis, 地锦 Euphorbia humifusa, 岭南山竹子 Garcinia oblongifolia, 滑桃树 Trevia nudiflora
glycerol-1-octacosanoate 甘油 -1- 二十八酸酯 梓 Catalpa ovata, 天山橐吾 Ligularia narynensis
glycerol-1-octadec-9',12',15'-trienoyl-2-octadec-9'',12''-dienoyl-3-hexadecanoate 甘油 -1- 十八碳 -9',12',15'- 三烯酰基 -2- 十八碳 -9'',12''- 二烯酰基 -3- 十六酸酯 枸杞 Lycium chinense
glycerol-1-octadec-9',12',15'-trienoyl-2-octadec-9''-enoyl-3-eicosanoate 甘油 -1- 十八碳 -9',12',15'- 三烯酰基 -2- 十八碳 -9''- 烯酰基 -3- 二十酸酯 枸杞 Lycium chinense
glycerol-1-octadecanoate 甘油 -1- 十八酸酯 土人参 Talinum paniculatum
glycerol-1-*O*-*α*-D-glucuronide-3-*O*-benzoyl ester 甘油 -1-*O*-*α*-D- 葡萄糖醛酸苷 -3-*O*- 苯甲酸酯 海岸桐 Guettarda speciosa
glycerol-1-*O*-*β*-D-galacopyranoside 甘油 -1-*O*-*β*-D- 吡喃半乳糖苷 人参 Panax ginseng
glycerol-1-palmitate 甘油 -1- 棕榈酸酯 羊角天麻 Dobinea delavayi, 银杏 Ginkgo biloba, 肖菝葜 Heterosmilax japonica, 短柱肖菝葜 H. septemnervia, 花木蓝 Indigofera kirilowii, 商陆 Phytolacca acinosa, 荷包山桂花 Polygala arillata
glycerol-1-pentacosanoate 甘油 -1- 二十五酸酯 云实 Caesalpinia decapetala, 大果油麻藤 Mucuna macrocarpa
glycerol-1-stearate 甘油 -1- 硬脂酸酯 瓜叶马兜铃 Aristolochia cucurbitifolia
glycerol-1-tetracosanoate 甘油 -1- 二十四酸酯 喜旱莲子草 Alternanthera philoxeroides, 竹叶兰 Arundina graminifolia, 醉鱼草 Buddleja lindleyana, 甘草 Glycyrrhiza uralensis, 深绿山龙眼 Helicia nilagirica, 胡桃 Juglans regia, 大果油麻藤 Mucuna macrocarpa, 矮陀陀 Munronia pinnata, 食用葛 Pueraria edulis, 葛 P. montana var. lobata, 铁箍散 Schisandra propinqua var. sinensis
glycerol-2-(3-methoxy-4-hydroxybenzoic acid)ether 甘油 -2-(3- 甲氧基 -4- 羟基苯甲酸) 醚 扁担藤 Tetrastigma planicaule
glycerol-2-lacceroate 甘油 -2- 虫漆蜡酸酯 岭南臭椿 Ailanthus triphysa

glycerol-2-*O*-*α*-L-fucopyranoside 甘油 -2-*O*-*α*-L- 岩藻糖苷 蛇床 Cnidium monnieri
glycerol-9'-*Z*-octadecaenate 甘油 -9'-*Z*- 十八烯酸酯 云南兔耳草 Lagotis yunnanensis
(*R*)-glycerol-monolinoleate (*R*)- 甘油单亚麻油酸酯 三白草 Saururus chinensis
(*R*)-glycerol-monostearate (*R*)- 甘油单硬脂酸酯 三白草 Saururus chinensis
glycerol-*α*-docosanoate 甘油 -*α*- 二十二酸酯 西伯利亚远志 Polygala sibirica
glycerol-*α*-monobehenate 甘油 -*α*- 单山嵛酸酯 腺茉莉 Clerodendrum glandulosum
glycerol-*α*-monolinolate 甘油 -*α*- 亚油酸酯 沙芥 Pugionium cornutum
glycerol-*α*-pentacosanoate 甘油 -*α*- 二十五酸酯 密花豆 Spatholobus suberectus, 长毛香科科 Teucrium pilosum
glycerol-*α*-tetradecanoate 甘油 -*α*- 十四酸酯 西伯利亚远志 Polygala sibirica
glyceryl 1-tetracosanoate 1- 二十四酸甘油酯 云南兔耳草 Lagotis yunnanensis, 大黄橐吾 Ligularia duciformis
glyceryl ferulate 阿魏酸甘油酯 爬岩红 Veronicastrum axillare
glyceryl linoleate 亚麻油酸甘油酯 蕺菜 Houttuynia cordata
glyceryl monooleate 油酸甘油酯 挥发油成分，未统计基源
glyceryl monopalmitate 单棕榈酸甘油酯 滇牡丹 Paeonia delavayi, 毛梗豨莶 Sigesbeckia glabrescens
glyceryl monostearate 硬脂酸甘油酯 菊三七 Gynura japonica
glyceryl-1-hexacosanoate 甘油 -1- 二十六酸酯 铁钉菜 Ishige okamurae, 荔枝草 Salvia plebeia
glyceryl 26-hydroxyhexacosanoate 26- 羟基二十六酸甘油酯 假木豆 Dendrolobium triangulare
1-glyceryllinoleate 1- 甘油基亚油酸酯 穗花牡荆 Vitex agnus-castus
glyceryl-*α*-linocerate *α*- 亚油酸甘油酯 木通马兜铃 Aristolochia manshuriensis
α-glyceryl-*α*-mannoside-4-ammonium salt *α*- 甘油基 -*α*- 甘露糖苷 -4- 铵盐 鹧鸪菜 Caloglossa leprieurii
glycestrone 甘草斯特酮 洋甘草 Glycyrrhiza glabra
glychalcone A, B 山小橘查耳酮▲A, B 小花山小橘 Glycosmis parviflora
glychionide A 甘草葡萄糖醛酸苷▲A 洋甘草 Glycyrrhiza glabra, 塔头狭叶黄芩 Scutellaria regeliana var. ikonnikovii
glychionide B 甘草葡萄糖醛酸苷▲B 洋甘草 Glycyrrhiza glabra
glycidol 环氧丙醇 红木荷 Schima wallichii
L-glycine L- 甘氨酸 植物基础成分，未统计基源
glycine 甘氨酸 植物基础成分，未统计基源
glycine-betaxanthin 甘氨酸 - 甜菜黄素 厚皮菜 Beta vulgaris var. cicla
(-)-glycinol (-)- 大豆醇 葛 Pueraria montana var. lobata
glycitein 黄豆黄素 沙冬青 Ammopiptanthus mongolicus, 大豆 Glycine max, 朝鲜槐 Maackia amurensis, 红曲 Monascus purpureus, 葛 Pueraria montana var. lobata, 藤萝 Wisteria villosa
glycitein-7-*O*-*β*-(6''-*O*-succinyl)-D-glucoside 黄豆黄素 -7-*O*-*β*-(6''-*O*- 琥珀酰基)-D- 吡喃葡萄糖苷 大豆 Glycine max
glycitein-7-*O*-*β*-D-(6''-*O*-acetyl)glycopyranoside 黄豆黄素 -7-*O*-*β*-D-(6''-*O*- 乙酰基)- 吡喃葡萄糖苷 大豆 Glycine max
glycitin 黄豆黄苷 大豆 Glycine max, 朝鲜槐 Maackia amurensis, 葛 Pueraria montana var. lobata
glycoamide A, B 山小橘酰胺▲A, B 山橘树 Glycosmis cochinchinensis
glycobismine A~G 山小橘双碱▲A~G 小花山小橘 Glycosmis parviflora
glycoborine 乔木山小橘碱▲ 山小橘 Glycosmis pentaphylla
glycoborinine 乔木山小橘宁碱▲ 小花山小橘 Glycosmis parviflora, 山小橘 G. pentaphylla
glycocitlone A, B 小花山小橘酮▲A, B 小花山小橘 Glycosmis parviflora
glycocitlone C 小花山小橘酮▲C 小花山小橘 Glycosmis parviflora, 山小橘 G. pentaphylla
glycocitridine 小花山小橘喹定碱▲ 小花山小橘 Glycosmis parviflora
glycocitrine I 小花山小橘春碱▲I 酒饼簕 Atalantia buxifolia, 柚 Citrus maxima, 葡萄柚 C. paradisi, 小花山小橘 Glycosmis parviflora
glycocitrine II, IV, V, VI 小花山小橘春碱▲II, IV, V, VI 小花山小橘 Glycosmis parviflora
glycocitrine III 小花山小橘春碱▲III 小花山小橘 Glycosmis parviflora, 山小橘 G. pentaphylla
glycoflavanone A, B 山小橘新黄烷酮▲A, B 山小橘 Glycosmis pentaphylla
glycofoline 小花山小橘碱▲ 小花山小橘 Glycosmis parviflora
glycofolinine 小花山小橘宁▲ 酒饼簕 Atalantia buxifolia, 小花山小橘 Glycosmis parviflora
glycohaplopine 葡萄糖拟芸香品碱 大叶芸香 Haplophyllum perforatum
1,1'-glycol dipalmitate 1,1'- 棕榈酸乙 1,1'- 乙二醇二棕榈酸酯 羊角天麻 Dobinea delavayi
glycol monopalmitate 甘醇单棕榈酸酯 旱芹 Apium graveolens
glycolic acid 甘醇酸 枸杞 Lycium chinense, 菜豆 Phaseolus vulgaris, 粗叶泥炭藓 Sphagnum squarrosum
glycolone 山小橘新喹诺酮碱▲ 山小橘 Glycosmis pentaphylla
glycomaurrol 毛里求斯山小橘酚▲ 山小橘 Glycosmis pentaphylla
glycopentaphyllone 五叶山小橘酮▲ 山小橘 Glycosmis pentaphylla
glycoperine 糖基大叶芸香任▲ 大叶芸香 Haplophyllum perforatum
glycophylone 五叶山小橘吡喃酮碱▲ 小花山小橘 Glycosmis parviflora, 山小橘 G. pentaphylla
glycophymoline 五叶山小橘林碱▲ 山小橘 Glycosmis pentaphylla
glycoquinone 山小橘苯醌▲ 山小橘 Glycosmis pentaphylla
glycoric acid 山小橘酸▲ 山橘 Fortunella hindsii, 小花山小橘 Glycosmis parviflora

glycorine 山小橘碱 山小橘 Glycosmis pentaphylla
glycoside H_2 糖苷 H_2 杠柳 Periploca sepium, 通脱木 Tetrapanax papyrifer
glycoside 糖苷 St-A, St-B, St-C_1, St-C_2, St-D_1, St-D_2, St-E, St-E_2, St-F_2 通脱木 Tetrapanax papyrifer
glycoside St-$G_{0\text{-}2}$ 糖苷 St-$G_{0\text{-}2}$ 鹅掌草 Anemone flaccida
glycoside St-I_2 糖苷 St-I_2 通脱木 Tetrapanax papyrifer
glycoside St-I_4a 糖苷 St-I_4a 鹅掌草 Anemone flaccida
glycoside St-I_4b, St-J_2, St-K_2 糖苷 St-I_4b, St-J_2, St-K_2 通脱木 Tetrapanax papyrifer
glycoside St-J 糖苷 St-J 鹅掌草 Anemone flaccida, 通脱木 Tetrapanax papyrifer
glycosides of polygalacic acid 远志酸糖苷 阿尔泰狗娃花 Heteropappus altaicus
glycosinine 山小橘宁碱▲ 山小橘 Glycosmis pentaphylla
glycosmicine 山小橘辛 山小橘 Glycosmis pentaphylla
glycosminine 山小橘米宁碱▲ 山小橘 Glycosmis pentaphylla
glycosmisacridone 山小橘吖啶酮▲ 山橘树 Glycosmis cochinchinensis
glycosmisic acid 山小橘脂酸 青羊参 Cynanchum otophyllum, 栀子 Gardenia jasminoides, 小花山小橘 Glycosmis parviflora, 云南清风藤 Sabia yunnanensis, 黄果茄 Solanum virginianum, 鹊肾树 Streblus asper, 假桂乌口树 Tarenna attenuata
glycosmisindole 山小橘吲哚▲ 山橘树 Glycosmis cochinchinensis
glycosolone 山小橘酮▲ 小花山小橘 Glycosmis parviflora, 山小橘 G. pentaphylla
glycosphingolipid 鞘糖脂 大叶山蚂蝗 Desmodium gangeticum
glycothiomin A, B 山小橘硫明▲A, B 小花山小橘 Glycosmis parviflora
glycozolicine 山小橘唑辛碱▲ 山小橘 Glycosmis pentaphylla
glycozolidal 山小橘唑醛▲ 假黄皮 Clausena excavata, 黄皮 C. lansium, 山小橘 Glycosmis pentaphylla
glycozolidine 山小橘唑定▲ 山小橘 Glycosmis pentaphylla
glycozolidol 山小橘唑酚▲ 山小橘 Glycosmis pentaphylla
glycozoline 山小橘唑灵▲ 黄皮 Clausena lansium, 山小橘 Glycosmis pentaphylla, 调料九里香 Murraya koenigii
glycozolinine 山小橘唑宁▲ 山小橘 Glycosmis pentaphylla
glycozolone A, B 山小橘唑酮▲A, B 山橘树 Glycosmis cochinchinensis
glycybenzofuran 甘草苯并呋喃 甘草 Glycyrrhiza uralensis
glycycarpan 甘草紫檀烷 甘草 Glycyrrhiza uralensis
glycycoumarin 甘草香豆素 粗毛甘草 Glycyrrhiza aspera, 甘草 G. uralensis
L-glycyl-L-proline anhydride L-甘氨酰-L-脯氨酸酐 虎掌 Pinellia pedatisecta
glycyrdione A 胀果甘草二酮▲A 洋甘草 Glycyrrhiza glabra, 胀果甘草 G. inflata
glycyrdione B, C 胀果甘草二酮▲B, C 胀果甘草 Glycyrrhiza inflata
glycyrin 甘草灵▲ 甘草 Glycyrrhiza uralensis
glycyrol 甘草酚 粗毛甘草 Glycyrrhiza aspera, 甘草 G. uralensis
glycyroside 黄甘草苷 胀果甘草 Glycyrrhiza inflata, 甘草 G. uralensis
glycyrrhetic acid monoglucuronide 甘草次酸单葡萄糖醛酸苷 甘草 Glycyrrhiza uralensis
glycyrrhetic acid; glycyrrhetinic acid 甘草次酸 洋甘草 Glycyrrhiza glabra, 胀果甘草 G. inflata, 甘草 G. uralensis
glycyrrhisoflavanone 西北甘草异黄烷酮▲ 甘草 Glycyrrhiza uralensis
glycyrrhisoflavone 西北甘草异黄酮 甘草 Glycyrrhiza uralensis
glycyrrhiza flavonol A 东北甘草黄酮醇▲A 甘草 Glycyrrhiza uralensis
glycyrrhiza isoflavone A, B, C 东北甘草异黄酮▲A, B, C 甘草 Glycyrrhiza uralensis
glycyrrhizan UA, UC 甘草多糖 UA, UC 甘草 Glycyrrhiza uralensis
glycyrrhizic acid; glycyrrhizin 甘草酸 美丽崖豆藤 Callerya speciosa, 粗毛甘草 Glycyrrhiza aspera, 洋甘草 G. glabra, 胀果甘草 G. inflata, 甘草 G. uralensis
18α-glycyrrhizin 18α-甘草酸 甘草 Glycyrrhiza uralensis
glycyrrhizin 甘草甜素 粗毛甘草 Glycyrrhiza aspera, 洋甘草 G. glabra, 胀果甘草 G. inflata, 甘草 G. uralensis
glycyrrhizol A, B 甘草紫檀酚 A, B 甘草 Glycyrrhiza uralensis
glycyrurol 乌拉尔甘草新醇▲ 甘草 Glycyrrhiza uralensis
glyeurysaponin 黄甘草皂苷▲ 胀果甘草 Glycyrrhiza inflata
glyflavanone A, B 山小橘黄烷酮▲A, B 小花山小橘 Glycosmis parviflora
glyfoline 小花山小橘灵▲ 小花山小橘 Glycosmis parviflora
glyinflanin A, C~F, H, I, J 胀果甘草宁 A, C~F, H, I, J 胀果甘草 Glycyrrhiza inflata
glyinflanin B 胀果甘草宁 B 洋甘草 Glycyrrhiza glabra, 胀果甘草 G. inflata
glyinflanin G 胀果甘草宁 G 洋甘草 Glycyrrhiza glabra, 胀果甘草 G. inflata
glyinflanin K 胀果甘草宁 K 洋甘草 Glycyrrhiza glabra, 胀果甘草 G. inflata
glypallichalcone 刺果甘草查耳酮 刺果甘草 Glycyrrhiza pallidiflora
glypallidifloric acid 刺果甘草酸 刺果甘草 Glycyrrhiza pallidiflora
glypensin A 水松素▲A 水松 Glyptostrobus pensilis
glypentoside A, B 五叶山小橘苷▲A, B 山小橘 Glycosmis pentaphylla

glypentoside C 五叶山小橘苷 ▲C 肾茶 Clerodendranthus spicatus, 山小橘 Glycosmis pentaphylla
glysapinol 无患子叶山小橘酚 ▲ 小槐花 Ohwia caudata
glysojanin 野大豆素 豆 Glycine soja
glyuranolide 乌拉尔甘草内酯 甘草 Glycyrrhiza uralensis
glyyunnanenine 云甘定 云南甘草 Glycyrrhiza yunnanensis
glyyunnanin 云甘宁 云南甘草 Glycyrrhiza yunnanensis
glyyunnansapogenin A, B, B_1, B_2, C~I 云南甘草皂苷元 A, B, B_1, B_2, C~I 云南甘草 Glycyrrhiza yunnanensis
glyzarin 甘草扎灵 洋甘草 Glycyrrhiza glabra
gmelanone 石梓酮 ▲ 云南石梓 Gmelina arborea
gmeliniin A 砂蓝刺头素 ▲A 砂蓝刺头 Echinops gmelinii
gmelinol 石梓醇 ▲ 云南石梓 Gmelina arborea
gmelinoside A 石梓苷 ▲A 云南石梓 Gmelina arborea, 炮仗竹 Russelia equisetiformis
gmelinoside B~K, M, N 石梓苷 ▲B~K, M, N 云南石梓 Gmelina arborea
gmelinoside I 石梓苷 ▲I 云南石梓 Gmelina arborea, 大叶补血草 Limonium gmelinii
gmelinoside L 石梓苷 ▲L 云南石梓 Gmelina arborea, 云南兔耳草 Lagotis yunnanensis
gmelofuran 石梓呋喃 云南石梓 Gmelina arborea
gmephiloside 菲律宾石梓苷 ▲ 条纹龙胆 Gentiana striata
gnaphaliin 鼠曲草黄素 繁穗苋 Amaranthus cruentus
gnaphalin 鼠曲草林素 鼠麹草 Gnaphalium affine
gnetifolin A, D, F, K 小叶买麻藤素 ▲A, D, F, K 小叶买麻藤 Gnetum parvifolium
gnetifolin B 小叶买麻藤素 ▲B 痢止蒿 Ajuga forrestii, 小叶买麻藤 Gnetum parvifolium
gnetifolin C 小叶买麻藤素 ▲C 海南买麻藤 Gnetum hainanense, 小叶买麻藤 G. parvifolium
gnetifolin E 小叶买麻藤素 ▲E 小叶买麻藤 Gnetum parvifolium, 垂子买麻藤 G. pendulum
(+)-gnetin A (+)- 买麻藤素 ▲A 葛藟葡萄 Vitis flexuosa
gnetin C 买麻藤素 ▲C 矮大黄 Rheum nanum
gnetin D 买麻藤素 ▲D 垂子买麻藤 Gnetum pendulum
(+)-gnetin H (+)- 买麻藤素 ▲H 东南葡萄 Vitis chunganensis
gnetin H 买麻藤素 ▲H 芍药 Paeonia lactiflora, 紫斑牡丹 P. rockii, 牡丹 P. suffruticosa, 山葡萄 Vitis amurensis, 网脉葡萄 V. wilsoniae
cis-gnetin H 顺式 - 买麻藤素 ▲H 牡丹 Paeonia suffruticosa
gnetol 买麻藤醇 海南买麻藤 Gnetum hainanense, 小叶买麻藤 G. parvifolium, 垂子买麻藤 G. pendulum
gnetuhainin A 海南买麻藤素 ▲A 海南买麻藤 Gnetum hainanense, 垂子买麻藤 G. pendulum
gnetuhainin B~S 海南买麻藤素 ▲B~S 海南买麻藤 Gnetum hainanense
gnetuhainin E 海南买麻藤素 ▲E 海南买麻藤 Gnetum hainanense, 小叶买麻藤 G. parvifolium
gnetulin 尤拉买麻藤素 ▲ 海南买麻藤 Gnetum hainanense, 小叶买麻藤 G. parvifolium, 垂子买麻藤 G. pendulum
gnetumelin A, B, C 大子买麻藤素 ▲A, B, C 买麻藤 Gnetum montanum
gnetumontanin A~D 买麻藤宁 ▲A~D 买麻藤 Gnetum montanum
gnetupendin A~D 垂子买麻藤素 ▲A~D 垂子买麻藤 Gnetum pendulum
gnidicin 南香辛 ▲ 尖瓣瑞香 Daphne acutiloba, 黄瑞香 D. giraldii, 白瑞香 D. papyracea, 唐古特瑞香 D. tangutica
gnididin 南香定 ▲ 尖瓣瑞香 Daphne acutiloba
gnidimacrin 南香大环素 ▲ 狼毒 Stellera chamaejasme
gnidioidine 瑞香石松碱 ▲ 石松 Lycopodium japonicum, 垂穗石松 Palhinhaea cernua
gniditrin 南香春 ▲ 尖瓣瑞香 Daphne acutiloba, 橙花瑞香 D. aurantiaca, 黄瑞香 D. giraldii, 瑞香 D. odora, 白瑞香 D. papyracea, 唐古特瑞香 D. tangutica
gobicusin A, B 戈壁天门冬素 A, B 戈壁天门冬 Asparagus gobicus
gochnatiolide 白菊木内酯 ▲ 长穗兔儿风 Ainsliaea henryi
godoside A~D 伞花冬青苷 A~D 伞花冬青 Ilex godajam
gofruside 钉头果伏苷 ▲ 马利筋 Asclepias curassavica, 牛角瓜 Calotropis gigantea, 钉头果 Gomphocarpus fruticosus
goitrin 告伊春 弹裂碎米荠 Cardamine impatiens
goldfussin A, B 金足草素 ▲A, B 球花马蓝 Strobilanthes dimorphotricha
goldfussinol 金足草醇 ▲ 波罗蜜 Artocarpus heterophyllus, 球花马蓝 Strobilanthes dimorphotricha
gomaline 高马长春碱 ▲ 长春花 Catharanthus roseus
gomerol 戈梅拉毒马草醇 ▲ 甜橙 Citrus sinensis
gomisin A 北五味子素 ▲A 凤庆南五味子 Kadsura interior, 人参 Panax ginseng, 五味子 Schisandra chinensis, 合蕊五味子 S. propinqua, 华中五味子 S. sphenanthera, 鹤庆五味子 S. wilsoniana, 血散薯 Stephania dielsiana
gomisin B 北五味子素 ▲B 阿里山五味子 Schisandra arisanensis, 五味子 S. chinensis, 滇藏五味子 S. neglecta, 合蕊五味子 S. propinqua, 毛叶五味子 S. pubescens, 红花五味子 S. rubriflora, 华中五味子 S. sphenanthera, 鹤庆五味子 S. wilsoniana, 血散薯 Stephania dielsiana
gomisin C 北五味子素 ▲C 凤庆南五味子 Kadsura interior, 五味子 Schisandra chinensis, 红花五味子 S. rubriflora, 华中五味子 S. sphenanthera, 鹤庆五味子 S. wilsoniana
gomisin D 北五味子素 ▲D 五味子 Schisandra chinensis, 滇藏五味子 S. neglecta, 红花五味子 S. rubriflora, 鹤庆五味子 S. wilsoniana

gomisin E 北五味子素▲E 五味子 Schisandra chinensis, 滇藏五味子 S. neglecta, 鹤庆五味子 S. wilsoniana
gomisin F 北五味子素▲F 阿里山五味子 Schisandra arisanensis, 二色五味子 S. bicolor, 五味子 S. chinensis, 滇藏五味子 S. neglecta, 华中五味子 S. sphenanthera
(-)-gomisin G (-)-北五味子素▲G 华中五味子 Schisandra sphenanthera
gomisin G 北五味子素▲G 凤庆南五味子 Kadsura interior, 阿里山五味子 Schisandra arisanensis, 二色五味子 S. bicolor, 五味子 S. chinensis, 翼梗五味子 S. henryi, 小花五味子 S. micrantha, 红花五味子 S. rubriflora, 华中五味子 S. sphenanthera
gomisin H 北五味子素▲H 南五味子 Kadsura longipedunculata, 二色五味子 Schisandra bicolor, 五味子 S. chinensis, 滇藏五味子 S. neglecta, 鹤庆五味子 S. wilsoniana
gomisin J 北五味子素▲J 黑老虎 Kadsura coccinea, 凤庆南五味子 K. interior, 五味子 Schisandra chinensis, 狭叶五味子 S. lancifolia, 滇藏五味子 S. neglecta, 红花五味子 S. rubriflora, 华中五味子 S. sphenanthera, 鹤庆五味子 S. wilsoniana
(+)-gomisin K (+)-北五味子素▲K 滇藏五味子 Schisandra neglecta, 鹤庆五味子 S. wilsoniana
(-)-gomisin K_1 (-)-北五味子素▲K_1 益母草 Leonurus japonicus, 五味子 Schisandra chinensis
(+)-gomisin K2 (+)-北五味子素▲K2 五味子 Schisandra chinensis, 狭叶五味子 S. lancifolia, 毛叶五味子 S. pubescens, 鹤庆五味子 S. wilsoniana
(+)-gomisin K_3 (+)-北五味子素▲K_3 阿里山五味子 Schisandra arisanensis, 二色五味子 S. bicolor, 五味子 S. chinensis, 毛叶五味子 S. pubescens, 红花五味子 S. rubriflora, 鹤庆五味子 S. wilsoniana
gomisin K_3 北五味子素▲K_3 小花五味子 Schisandra micrantha, 华中五味子 S. sphenanthera
(-)-gomisin L1 (-)-北五味子素▲L1 五味子 Schisandra chinensis, 滇藏五味子 S. neglecta, 毛叶五味子 S. pubescens
gomisin L_1 北五味子素▲L_1 五味子 Schisandra chinensis
(-)-gomisin L_2 (-)-北五味子素▲L_2 五味子 Schisandra chinensis, 毛叶五味子 S. pubescens, 鹤庆五味子 S. wilsoniana
(-)-gomisin M_1 (-)-北五味子素▲M_1 五味子 Schisandra chinensis
(+)-gomisin M_1 (+)-北五味子素▲M_1 五味子 Schisandra chinensis, 红花五味子 S. rubriflora
(±)-gomisin M_1 (±)-北五味子素▲M_1 黑老虎 Kadsura coccinea, 五味子 Schisandra chinensis, 滇藏五味子 S. neglecta, 红花五味子 S. rubriflora
(*R*)-(+)-gomisin M_1 (*R*)-(+)-北五味子素▲M_1 南五味子 Kadsura longipedunculata
(+)-gomisin M_2 (+)-北五味子素▲M_2 五味子 Schisandra chinensis, 红花五味子 S. rubriflora
gomisin M_2 北五味子素▲M_2 南五味子 Kadsura longipedunculata
gomisin N 北五味子素▲N 人参 Panax ginseng, 五味子 Schisandra chinensis, 狭叶五味子 S. lancifolia, 合蕊五味子 S. propinqua, 红花五味子 S. rubriflora, 鹤庆五味子 S. wilsoniana
gomisin O 北五味子素▲O 异形南五味子 Kadsura heteroclita, 五味子 Schisandra chinensis, 滇藏五味子 S. neglecta, 合蕊五味子 S. propinqua, 毛叶五味子 S. pubescens, 红花五味子 S. rubriflora, 华中五味子 S. sphenanthera, 鹤庆五味子 S. wilsoniana
gomisin P 北五味子素▲P 五味子 Schisandra chinensis
gomisin Q 北五味子素▲Q 红花五味子 Schisandra rubriflora
gomisin R 北五味子素▲R 狭叶南五味子 Kadsura angustifolia, 黑老虎 K. coccinea, 五味子 Schisandra chinensis, 滇藏五味子 S. neglecta, 红花五味子 S. rubriflora, 鹤庆五味子 S. wilsoniana
gomisin S 北五味子素▲S 冷饭藤 Kadsura oblongifolia, 五味子 Schisandra chinensis, 毛叶五味子 S. pubescens, 红花五味子 S. rubriflora, 华中五味子 S. sphenanthera, 鹤庆五味子 S. wilsoniana
gomisin T 北五味子素▲T 五味子 Schisandra chinensis, 滇藏五味子 S. neglecta, 红花五味子 S. rubriflora, 鹤庆五味子 S. wilsoniana
gomisin U 北五味子素▲U 异形南五味子 Kadsura heteroclita, 华中五味子 Schisandra sphenanthera, 鹤庆五味子 S. wilsoniana
gomphoside 钉头果苷 钉头果 Gomphocarpus fruticosus
gomphotin 钉头果亭▲ 钉头果 Gomphocarpus fruticosus
gomphotoxin 钉头果毒素▲ 钉头果 Gomphocarpus fruticosus
gomphrenin I 千日红素 I 落葵 Basella alba, 光叶子花 Bougainvillea glabra, 千日红 Gomphrena globosa, 垂序商陆 Phytolacca americana
gomphrenin II 千日红素 II 落葵 Basella alba, 千日红 Gomphrena globosa
gomphrenin III 千日红素 III 落葵 Basella alba, 千日红 Gomphrena globosa
gomphrenoside 千日红苷▲ 千日红 Gomphrena globosa
gomphsterol-*β*-D-glucoside 千日红甾醇-*β*-D-葡萄糖苷▲ 千日红 Gomphrena globosa
gondoic acid 异鳕油酸▲ 旱金莲 Tropaeolum majus
gongrine 叉枝藻氨酸 扇形拟伊藻 Ahnfeltiopsis flabelliformis
gongroneside A 纤冠藤苷▲A 纤冠藤 Gongronema napalense
cis-goniodonin 顺式-田方骨宁▲ 田方骨 Goniothalamus donnaiensis
goniodonin 田方骨宁▲ 田方骨 Goniothalamus donnaiensis
goniopedaline 呗半哥纳香碱▲ 紫玉盘 Uvaria microcarpa
goniothalactam 哥纳香内酰胺▲ 白叶瓜馥木 Fissistigma glaucescens, 瓜馥木 F. oldhamii, 石南藤 Piper wallichii
(+)-goniothalamin (+)-哥纳香素▲ 狭叶链珠藤 Alyxia schlechteri
gonocaryoside A 琼榄苷▲A 粗丝木 Gomphandra tetrandra
gonyautoxin 1~6, 8 膝沟藻毒素 1~6, 8 链状亚历山大藻 Alexandrium catenella
goodyerin 斑叶兰素▲ 台湾银线兰 Anoectochilus formosanus, 斑叶兰 Goodyera schlechtendaliana
goodyeroside A 斑叶兰苷▲A 台湾银线兰 Anoectochilus formosanus, 斑叶兰 Goodyera schlechtendaliana

goodyeroside B 斑叶兰苷 ▲B 台湾银线兰 Anoectochilus formosanus, 斑叶兰 Goodyera schlechtendaliana
goreishic acid 五灵脂萜酸 木莓 Rubus swinhoei
goreishic acid I 五灵脂萜酸 I 华鼠尾草 Salvia chinensis
(1β,4β,6α)-gorgonane-1,4,11-triol (1β,4β,6α)- 柳珊瑚烷 ▲-1,4,11- 三醇 假地枫皮 Illicium jiadifengpi
(1β,4β,6β)-gorgonane-1,4,11-triol (1β,4β,6β)- 柳珊瑚烷 ▲-1,4,11- 三醇 假地枫皮 Illicium jiadifengpi
gorgonolide 哥贡蒿内酯 ▲ 东北丝裂蒿 Artemisia adamsii
gorlic acid 刺果鼻烟盒树酸 ▲ 雪岭云杉 Picea schrenkiana
goshuyuamide I 吴茱萸果酰胺 I 吴茱萸 Euodia ruticarpa, 波氏吴萸 E. ruticarpa var. bodinieri, 石虎 E. ruticarpa var. officinalis
goshuyuamide II 吴茱萸果酰胺 II 吴茱萸 Euodia ruticarpa
gossweilone 高斯核果木酮 ▲ 麻疯树 Jatropha curcas
gossypetin 棉花素 莼菜 Brasenia schreberi, 茅膏菜 Drosera peltata, 木贼 Equisetum hyemale, 草棉 Gossypium herbaceum, 刺芙蓉 Hibiscus surattensis, 杜香 Ledum palustre, 百脉根 Lotus corniculatus, 堪察加景天 Phedimus kamtschaticus, 番石榴 Psidium guajava, 红景天 Rhodiola rosea, 小果荨麻 Urtica atrichocaulis, 蛇婆子 Waltheria indica
gossypetin-3',7-di-O-β-D-glucopyranoside 棉花素 -3',7- 二 -O-β-D- 吡喃葡萄糖苷 陆地棉 Gossypium hirsutum
gossypetin-3-glucuronide-8-glucoside 棉花素 -3- 葡萄糖苷酸 -8- 葡萄糖苷 紫花疆罂粟 Roemeria hybrida
gossypetin-3-O-β-D-galacoside 棉花素 -3-O-β-D- 吡喃半乳糖苷 樱草杜鹃 Rhododendron primuliflorum
gossypetin-3-O-β-D-glucopyranoside 棉花素 -3-O-β-D- 吡喃葡萄糖苷 陆地棉 Gossypium hirsutum, 黄槿 Hibiscus tiliaceus
gossypetin-3-O-β-galactoside 棉花素 -3-O-β- 半乳糖苷 烈香杜鹃花 Rhododendron anthopogonoides
gossypetin-3'-O-β-glucopyranoside 棉花素 -3'-O-β- 吡喃葡萄糖苷 黄蜀葵 Abelmoschus manihot
gossypetin-3-O-β-glucopyranoside-8-O-β-glucuronopyranoside 棉花素 -3-O-β- 吡喃葡萄糖苷 -8-O-β- 吡喃葡萄糖醛酸苷 黄蜀葵 Abelmoschus manihot
gossypetin-6-galactopyranoside 棉花素 -6- 吡喃半乳糖苷 羊踯躅 Rhododendron molle
gossypetin-7,4'-dimethyl ether 棉花素 -7,4'- 二甲醚 刺花椒 Zanthoxylum acanthopodium
gossypetin-7,8,3'-trimethyl ether 棉花素 -7,8,3'- 三甲醚 白花菜 Cleome gynandra
gossypetin-7-O-β-D-glucopyranoside 棉花素 -7-O-β-D- 吡喃葡萄糖苷 海岛棉 Gossypium barbadense, 陆地棉 G. hirsutum
gossypetin-8,3'-dimethylether-3-O-β-D-galactopyranoside 棉花素 -8,3'- 二甲醚 -3-O-β-D- 吡喃半乳糖苷 水翁 Cleistocalyx operculatus
gossypetin-8-O-α-D-lyxopyranoside 棉花素 -8-O-α-D- 吡喃来苏糖苷 日本瓦松 Orostachys japonica
gossypetin-8-O-α-L-rhamnopyranoside 棉花素 -8-O-α-L- 吡喃鼠李糖苷 树棉 Gossypium arboreum
gossypetin-8-O-β-D-glucopyranoside 棉花素 -8-O-β-D- 吡喃葡萄糖苷 茅膏菜 Drosera peltata, 树棉 Gossypium arboreum, 陆地棉 G. hirsutum
gossypetin-8-O-β-D-glucuronopyranoside 棉花素 -8-O-β-D- 吡喃葡萄糖醛酸苷 黄蜀葵 Abelmoschus manihot, 蛇婆子 Waltheria indica
gossypetin-di-O-glucoside 棉花素 - 二 -O- 葡萄糖苷 红景天 Rhodiola rosea
gossypin 棉花皮苷 茅膏菜 Drosera peltata, 圆叶茅膏菜 D. rotundifolia, 堪察加景天 Phedimus kamtschaticus
gossypitrin 棉花苷 茅膏菜 Drosera peltata, 圆叶茅膏菜 D. rotundifolia, 南茼蒿 Glebionis segetum, 草棉 Gossypium herbaceum, 玫瑰茄 Hibiscus sabdariffa, 刺芙蓉 H. surattensis, 野罂粟 Papaver nudicaule
(-)-gossypol (-)- 棉酚 草棉 Gossypium herbaceum
(+)-gossypol (+)- 棉酚 草棉 Gossypium herbaceum, 桐棉 Thespesia populnea
gossypol 棉酚 陆地棉 Gossypium hirsutum, 玫瑰茄 Hibiscus sabdariffa
gossyvertin 棉轮枝孢素 ▲ 台湾芙蓉 Hibiscus taiwanensis
gouguside 1~7 枸骨苷 1~7 枸骨 Ilex cornuta
gouwenoside A 钩吻苷 A 钩吻 Gelsemium elegans
goyaglycoside a~h 日本苦瓜糖苷 ▲a~h 苦瓜 Momordica charantia
goyasaponin I, II, III 日本苦瓜皂苷 ▲I, II, III 苦瓜 Momordica charantia
gracigenin 乳突果苷元 乳突果 Adelostemma gracillimum
graciliflorin A~F 细花线纹香茶菜素 A~F 细花线纹香茶菜 Isodon lophanthoides var. graciliflorus
gracilixanthone 细柄红厚壳呫吨酮 ▲ 薄叶红厚壳 Calophyllum membranaceum
gracillin 纤细薯蓣皂苷 乌头 Aconitum carmichaelii, 莴笋花 Costus lacerus, 闭鞘姜 C. speciosus, 蜀葵叶薯蓣 Dioscorea althaeoides, 粉背薯蓣 D. collettii var. hypoglauca, 圆果三角叶薯蓣 D. deltoidea var. orbiculata, 福州薯蓣 D. futschauensis, 纤细薯蓣 D. gracillima, 穿龙薯蓣 D. nipponica, 黄山药 D. panthaica, 小花盾叶薯蓣 D. sinoparviflora, 绵草薢 D. spongiosa, 山草薢 D. tokoro, 盾叶薯蓣 D. zingiberensis, 柬埔寨龙血树 Dracaena cambodiana, 剑叶龙血树 D. cochinchinensis, 巴山重楼 Paris bashanensis, 凌云重楼 P. cronquistii, 竹根七 P. dunniana, 球药隔重楼 P. fargesii, 毛重楼 P. mairei, 七叶一枝花 P. polyphylla, 华重楼 P. polyphylla var. chinensis, 长药隔重楼 P. polyphylla var. pseudothibetica, 狭叶重楼 P. polyphylla var. stenophylla, 宽瓣重楼 P. polyphylla var. yunnanensis, 黑籽重楼 P. thibetica, 滇黄精 Polygonatum kingianum, 湖北黄精 P. zanlanscianense, 菝葜 Smilax china
gracillisquinone A, B 迷果芹醌 ▲A, B 迷果芹 Sphallerocarpus gracilis
gracilloside A~F 乳突果苷 ▲A~F 乳突果 Adelostemma gracillimum
gramine 禾草碱 华马钱 Strychnos cathayensis
gramine methohydroxide 禾草碱甲基羟化物 芦竹 Arundo donax
graminone A 禾草酮 ▲A 山麻杆 Alchornea davidii, 白茅 Imperata cylindrica, 西域旌节花 Stachyurus himalaicus
graminone B 禾草酮 ▲B 白茅 Imperata cylindrica
gramisterol 禾本甾醇 苦郎树 Clerodendrum inerme, 树番茄 Cyphomandra betacea, 地肤 Kochia scoparia, 黄连木 Pistacia chinensis, 欧白英

Solanum dulcamara
gramrione 木榄酮▲ 木榄 Bruguiera gymnorhiza
granatin A 石榴亭 A 石榴 Punica granatum
granatin B 石榴亭 B 斑地锦 Euphorbia maculata, 石榴 Punica granatum, 榄仁树 Terminalia catappa
grandifloricine 大花飞燕草辛▲ 翠雀 Delphinium grandiflorum
grandifloritine 大花飞燕草亭▲ 翠雀 Delphinium grandiflorum
grandidentatin 大齿杨素▲ 山杨 Populus davidiana
grandifloracin 大花紫玉盘辛▲ 刺果紫玉盘 Uvaria calamistrata, 山椒子 U. grandiflora
grandiflorenic acid 大花和尚菊烯酸▲ 蟛蜞菊 Wedelia chinensis, 卤地菊 W. prostrata
grandifloric acid 大花和尚菊酸▲ 向日葵 Helianthus annuus, 毛梗豨莶 Sigesbeckia glabrescens, 腺梗豨莶 S. pubescens
grandifloric acid 大花山牵牛酸▲ 大花山牵牛 Thunbergia grandiflora, 桂叶山牵牛 T. laurifolia
grandiflorine 大花飞燕草碱▲ 翠雀 Delphinium grandiflorum
grandiflorol 大花田菁醇 大花田菁 Sesbania grandiflora
grandiflorone 大花紫玉盘酮▲ 山椒子 Uvaria grandiflora
grandifloroside 大花闭花木苷▲ 水忍冬 Lonicera dasystyla, 鸡仔木 Sinoadina racemosa, 巧玲花 Syringa pubescens, 莛子藨 Triosteum pinnatifidum
grandifloroside-11-methyl ester 大花闭花木苷▲-11- 甲酯 鸡仔木 Sinoadina racemosa, 巧玲花 Syringa pubescens
grandifoliolenone 大叶卡雅楝烯酮▲ 杜楝 Turraea pubescens
grandine A, B, C 巨楠定▲A, B, C 鸡蛋花 Plumeria rubra 'Acutifolia'
grandinin 大丁香鞣宁▲ 板栗 Castanea mollissima, 乌冈栎 Quercus phillyraeoides, 夏栎 Q. robur
grandione 榧树酮▲ 榧树 Torreya grandis
grandisimine 柚明碱▲ 柚 Citrus maxima, 文旦 C. maxima'Wentan'
grandisin 大木姜子素 南五味子 Kadsura longipedunculata, 爬树龙 Rhaphidophora decursiva, 玉兰 Yulania denudata
grandisine I, II 柚辛碱▲I, II 柚 Citrus maxima
grandisinine 柚宁碱▲ 柚 Citrus maxima, 葡萄柚 C. paradisi
grandisol 墨西哥棉铃象醇▲ 挥发油成分，未统计基源
grandiuvarin A, B, C 大花紫玉盘灵▲A, B, C 山椒子 Uvaria grandiflora
grandiuvarin C 大花紫玉盘灵▲C 紫玉盘 Uvaria microcarpa
grandiuvarone A 大花紫玉盘酯酮▲A 山椒子 Uvaria grandiflora
trans-grandmarin 反式 - 沙田柚马灵▲ 葡萄柚 Citrus paradisi
cis-grandmarin 顺式 - 沙田柚马灵▲ 葡萄柚 Citrus paradisi
grandoside 桔梗醇苷▲ 筒鞘蛇菰 Balanophora involucrata
grangolide 田基黄内酯▲ 田基黄 Grangea maderaspatana, 绒毛戴星草 Sphaeranthus indicus
granilin 大叶土木香内酯 天名精 Carpesium abrotanoides
grasshopper ketone 蚱蜢酮 显苞芒毛苣苔 Aeschynanthus bracteatus, 刺苋 Amaranthus spinosus, 罗布麻 Apocynum venetum, 月月红 Ardisia faberi, 土荆芥 Chenopodium ambrosioides, 巴豆 Croton tiglium, 洋金花 Datura metel, 结香 Edgeworthia chrysantha, 卫矛 Euonymus alatus, 银桦 Grevillea robusta, 湖北旋覆花 Inula hupehensis, 短果茴芹 Pimpinella brachycarpa, 华中五味子 Schisandra sphenanthera, 白英 Solanum lyratum
grassypeptolide F, G 绿茵礁鞘丝藻肽内酯▲F, G 巨大鞘丝藻 Lyngbya majuscula
graucin A 格劳卡吴萸素▲A 楝叶吴萸 Euodia glabrifolia, 吴茱萸 E. ruticarpa
gravacridonechlorine 氯化芸香吖啶酮 芸香 Ruta graveolens
gravacridonediol 芸香吖啶酮二醇 芸香 Ruta graveolens
gravacridonediol acetate 芸香吖啶酮二醇乙酸酯 芸香 Ruta graveolens
gravacridonediol monoglucoside 芸香吖啶酮二醇单葡萄糖苷 芸香 Ruta graveolens
gravacridonetriol 芸香吖啶酮三醇 芸香 Ruta graveolens
gravacridonetriol monoglucoside 芸香吖啶酮三醇单葡萄糖苷 芸香 Ruta graveolens
gravacridonol 芸香吖啶酮醇 芸香 Ruta graveolens
gravacridonolchlorine 氯化芸香吖啶酮醇 芸香 Ruta graveolens
gravelliferone 芸香内酯 臭节草 Boenninghausenia albiflora, 黄皮 Clausena lansium, 芸香 Ruta graveolens
gravelliferone methyl ether 芸香内酯甲醚 芸香 Ruta graveolens
gravenolic acid 芸香酸 芸香 Ruta graveolens
graveobioside 芹菜双糖苷 矢车菊 Centaurea cyanus
graveolide 烈香旋覆花内酯▲ 湖北旋覆花 Inula hupehensis
graveoline 芸香碱 大叶芸香 Haplophyllum perforatum, 芸香 Ruta graveolens
graveolinine 芸香宁碱 芸香 Ruta graveolens
graveolone 莳萝酮▲ 莳萝 Anethum graveolens, 构树 Broussonetia papyrifera, 欧芹 Petroselinum crispum
gravicycle 银桦环▲ 银桦 Grevillea robusta
graviphane 银桦酚烷▲ 银桦 Grevillea robusta
graviquinone 银桦醌▲ 银桦 Grevillea robusta

grayanoside 木藜芦苷 云南假木荷 Craibiodendron yunnanense
grayanoside B 木藜芦苷 B 云南假木荷 Craibiodendron yunnanense, 美丽马醉木 Pieris formosa
grayanoside C 木藜芦苷 C 美丽马醉木 Pieris formosa
grayanotoxin I 木藜芦毒素 I 美丽马醉木 Pieris formosa, 头花杜鹃 Rhododendron capitatum, 大白杜鹃花 R. decorum, 照山白 R. micranthum, 羊踯躅 R. molle, 陇蜀杜鹃花 R. przewalskii
grayanotoxin II 木藜芦毒素 II 美丽马醉木 Pieris formosa, 马醉木 P. japonica, 头花杜鹃 Rhododendron capitatum, 照山白 R. micranthum, 羊踯躅 R. molle
grayanotoxin III 木藜芦毒素 III 云南假木荷 Craibiodendron yunnanense, 美丽马醉木 Pieris formosa, 马醉木 P. japonica, 照山白 Rhododendron micranthum, 羊踯躅 R. molle
grayanotoxin IV 木藜芦毒素 IV 头花杜鹃 Rhododendron capitatum, 大白杜鹃花 R. decorum, 照山白 R. micranthum
grayanotoxin VII 木藜芦毒素 VII 马醉木 Pieris japonica, 照山白 Rhododendron micranthum
grayanotoxin VIII 木藜芦毒素 VIII 大白杜鹃花 Rhododendron decorum, 照山白 R. micranthum
grayanotoxin IX, X, XIX 木藜芦毒素 IX, X, XIX 照山白 Rhododendron micranthum
grayanotoxin XVIII 木藜芦毒素 XVIII 柳叶假木荷 Craibiodendron henryi, 云南假木荷 C. yunnanense, 美丽马醉木 Pieris formosa, 马醉木 P. japonica, 照山白 Rhododendron micranthum
grayanotoxin XXI 木藜芦毒素 XXI 大白杜鹃花 Rhododendron decorum, 照山白 R. micranthum
grayanotoxin XXII 木藜芦毒素 XXII 美丽马醉木 Pieris formosa
grebustol A, B 银桦托酚 ▲A, B 银桦 Grevillea robusta
grenadadiene 格林纳达鞘丝藻二烯 ▲ 巨大鞘丝藻 Lyngbya majuscula
grenadamide A, B, C 格林纳达鞘丝藻酰胺 ▲A, B, C 巨大鞘丝藻 Lyngbya majuscula
grenoblone 悬铃木酮 ▲ 悬铃木 Platanus acerifolia
greveichromenol 格雷拟洋椿色烯醇 ▲ 牛筋果 Harrisonia perforata
grevillic acid 银桦酸 银桦 Grevillea robusta, 调羹树 Heliciopsis lobata, 藏波罗花 Incarvillea younghusbandii
grevillin 厚环乳牛肝菌素 点柄乳牛肝菌 Suillus granulatus
grevillin A, B, C 厚环乳牛肝菌素 A, B, C 厚环乳牛肝菌 Suillus grevillei
grevillol 银桦酚 银杏 Ginkgo biloba, 小茄 Lysimachia japonica
grevillone 银铧内酯 银桦 Grevillea robusta, 调羹树 Heliciopsis lobata
grevilloside A~F, H~Q 银桦洛苷 ▲A~F, H~Q 银桦 Grevillea robusta
grevilloside E methyl ester 银桦洛苷 ▲E 甲酯 银桦 Grevillea robusta
grevilloside G 银桦洛苷 ▲G 银桦 Grevillea robusta, 攀茎耳草 Hedyotis scandens, 黄荆 Vitex negundo
grevirobstol A, B, C 银桦酚 ▲A, B, C 银桦 Grevillea robusta
griffipavixanthone 格氏小叶藤黄呫酮 ▲ 岭南山竹子 Garcinia oblongifolia
griffithane D 西南风车子烷 ▲D 青江藤 Celastrus hindsii
griffithol 大白药醇 白药牛奶菜 Marsdenia griffithii
griffonilide 格里芬豆内酯 ▲ 天葵 Semiaquilegia adoxoides
grifolin 奇果菌素 ▲ 兴安杜鹃花 Rhododendron dauricum
grijisone A 华东蓝刺头酮 ▲A 华东蓝刺头 Echinops grijsii
grijisyne A 华东蓝刺头炔 ▲A 华东蓝刺头 Echinops grijsii
grilactone 格里阿魏内酯 ▲ 羌活 Notopterygium incisum
GRIR -1, -2, -3 钩吻醚萜 -1, -2, -3 钩吻 Gelsemium elegans
10-griselinosidic acid 10- 夷茱萸苷酸 ▲ 有齿鞘柄木 Toricellia angulata var. intermedia
(+)-griseofulvin (+)- 灰黄霉素 竹黄 Shiraia bambusicola
griseophenone A 灰黄霉酚酮 ▲A 竹黄 Shiraia bambusicola
groenlandicine 格陵兰黄连碱 ▲ 天仙藤 Fibraurea recisa, 金丝马尾连 Thalictrum glandulosissimum
grosmomoside I 罗汉果莫苷 ▲I 罗汉果 Siraitia grosvenorii
grossamide 菜椒酰胺 ▲ 辣椒 Capsicum annuum, 天仙子 Hyoscyamus niger, 茄 Solanum melongena
grossamide K 菜椒酰胺 ▲K 洋金花 Datura metel, 茄 Solanum melongena
cis-grossamide K 顺式 - 克罗酰胺 K 野芋 Colocasia antiquorum
grossheimin 大海米菊素 刺苞菜蓟 Cynara cardunculus, 菜蓟 C. scolymus, 黄鹌菜 Youngia japonica
grossmizin 高加索蒿素 ▲ 东北蛔蒿 Seriphidium finitum
grossypetin pentamethylether 棉花素五甲醚 菊花 Chrysanthemum morifolium
grosulfeimin 大海米菊硫素 ▲ 菜蓟 Cynara scolymus
grosvenorin; grosvenorine 罗汉果素 罗汉果 Siraitia grosvenorii
guadial A, B, C 番石榴瓜二醛 ▲A, B, C 番石榴 Psidium guajava
guai-10(14)-en-11-ol 愈创木 -10(14)- 烯 -11- 醇 麻疯树 Jatropha curcas
(1β,5α)-guai-10(14)-ene-3β,4α,6α,8α-tetrol-3,6,8-triacetate (1β,5α)- 愈创木 -10(14)- 烯 -3β,4α,6α,8α- 四醇 -3,6,8- 三乙酸酯 粘毛鼠尾草 Salvia roborowskii
1α,5β-guai-10(14)-ene-4α,6β-diol 1α,5β- 愈创木 -10(14)- 烯 -4α,6β- 二醇 活血丹 Glechoma longituba
14α,15β,1(*H*)α,5(*H*)α,7(*H*)α-guai-11(13)-ene-8β,12-diol 14α,15β,1(*H*)α,5(*H*)α,7(*H*)α- 愈创木 -11(13)- 烯 -8β,12- 二醇 橙花瑞香 Daphne

aurantiaca
guai-3-en-10α-ol 愈创木 -3- 烯 -10α- 醇 异形南五味子 Kadsura heteroclita
1αH-guai-4(15)-en-6α-12-olide-10α-O-β-D-glucopyranoside 1αH- 愈创木 -4(15)- 烯 -6α-12- 内酯 -10α-O-β-D- 吡喃葡萄糖苷 白背兔儿风 Ainsliaea pertyoides var. albotomentosa
4α,5β-guai-9(10),7(11)-diene-12,8-olide-1α,7α-diol 4α,5β- 愈创木 -9(10),7(11)- 二烯 -12,8- 内酯 -1α,7α- 二醇 橙花瑞香 Daphne aurantiaca
4α,5αH-guai-9,7(11)-dien-12,8-olide-1α,8α-diol 4α,5αH- 愈创木 -9,7(11)- 二烯 -12,8- 内酯 -1α,8α- 二醇 橙花瑞香 Daphne aurantiaca
4α,5βH-guai-9,7(11)-dien-12,8-olide-1α,8α-diol 4α,5βH- 愈创木 -9,7(11)- 二烯 -12,8- 内酯 -1α,8α- 二醇 橙花瑞香 Daphne aurantiaca
guaia-1(10),2,4,11(13)-tetraen-12,6ζ-olide 愈创木 -1(10),2,4,11(13)- 四烯 -12,6ζ- 内酯 多花蒿 Artemisia myriantha
(11S)-guaia-1(10),3-dieno-13,6α-lactone (11S)- 愈创木 -1(10),3- 二烯醇 -13,6α- 内酯 东北丝裂蒿 Artemisia adamsii
1α,7α,10αH-guaia-4,11-dien-3-one 1α,7α,10αH- 愈创木 -4,11- 二烯 -3- 酮 橙花瑞香 Daphne aurantiaca, 了哥王 Wikstroemia indica
guaia-6,10(14)-dien-4-ol 愈创木 -6,10(14)- 二烯 -4- 醇 栽秧花 Hypericum beanii
(5β,9β)-guaia-6,10(14)-dien-9-ol (5β,9β)- 愈创木 -6,10(14)- 二烯 -9- 醇 大叶橐吾 Ligularia macrophylla
guaiacin 愈创木素 肉豆蔻 Myristica fragrans
o-guaiacol 邻愈创木酚 挥发油成分，未统计基源
guaiacol 愈创木酚 挥发油成分，未统计基源
guaiacyl glycerol-8-O-β-D-glucoside 愈创木酚甘油 -8-O-β-D- 葡萄糖苷 小花鬼针草 Bidens parviflora
guaiacyl glycerol-β-O-6'-(2-methoxy)cinnamyl alcohol ether 愈创木基甘油 -β-O-6'-(2- 甲氧基) 桂皮醇醚 鸦胆子 Brucea javanica
guaiacyl-2,3-propanediol 愈创木基 -2,3- 丙烷二醇 羊蹄甲 Bauhinia purpurea
(3S)-5-guaiacyl-3-hydroxypentanoic acid (3S)-5- 愈创木基 -3- 羟基戊酸 直杆蓝桉 Eucalyptus maidenii
(+)-(7S,8R)-guaiacylglycerol (+)-(7S,8R)- 愈创木基甘油 酸叶胶藤 Urceola rosea
(±)-erythro-guaiacylglycerol (±)- 赤式 - 愈创木基甘油 杜仲 Eucommia ulmoides
(±)-threo-guaiacylglycerol (±)- 苏式 - 愈创木基甘油 杜仲 Eucommia ulmoides
(1'R,2'R)-guaiacylglycerol (1'R,2'R)- 愈创木基甘油 卫矛 Euonymus alatus, 硬皮榕 Ficus callosa, 大叶龙角 Hydnocarpus annamensis, 海南大风子 H. hainanensis
(1'S,2'R)-guaiacylglycerol (1'S,2'R)- 愈创木基甘油 大叶龙角 Hydnocarpus annamensis, 海南大风子 H. hainanensis
(7R,8R)-guaiacylglycerol (7R,8R)- 愈创木基甘油 流苏树 Chionanthus retusus
erythro-guaiacylglycerol 赤式 - 愈创木基甘油 寄生藤 Dendrotrophe varians, 山小橘 Glycosmis pentaphylla, 单叶蔓荆 Vitex trifolia subsp. litoralis, 南岭柞木 Xylosma controversa
threo-1',2'-guaiacylglycerol 苏式 -1',2'- 愈创木基甘油 大叶龙角 Hydnocarpus annamensis
threo-guaiacylglycerol 苏式 - 愈创木基甘油 寄生藤 Dendrotrophe varians, 山小橘 Glycosmis pentaphylla, 川楝 Melia toosendan, 单叶蔓荆 Vitex trifolia subsp. litoralis, 南岭柞木 Xylosma controversa
guaiacylglycerol 愈创木基甘油 冷杉 Abies fabri, 当归 Angelica sinensis, 大叶山楝 Aphanamixis grandifolia, 滇瑞香 Daphne feddei, 直杆蓝桉 Eucalyptus maidenii, 假桂乌口树 Tarenna attenuata
erythro-guaiacylglycerol β-O-4'-(5')-methoxylariciresinol 赤式 - 愈创木基甘油 -β-O-4'-(5')- 甲氧基落叶松树脂醇 毛杭子梢 Campylotropis hirtella
(-)-(7R,8R)-guaiacylglycerol-7-O-β-D-glucopyranoside (-)-(7R,8R)- 愈创木基甘油 -7-O-β-D- 吡喃葡萄糖苷 微花藤 Iodes cirrhosa
7R,8S-guaiacylglycerol-8-O-4'-(coniferyl alcohol) ether 7R,8S- 愈创木基甘油 -8-O-4'-(松柏醇) 醚 卫矛 Euonymus alatus
7S,8R-guaiacylglycerol-8-O-4'-(coniferyl alcohol)ether 7S,8R- 愈创木基甘油 -8-O-4'-(松柏醇) 醚 卫矛 Euonymus alatus
7S,8S-guaiacylglycerol-8-O-4'-(synapyl alcohol)ether 7S,8S- 愈创木基甘油 -8-O-4'-(芥子醇) 醚 卫矛 Euonymus alatus
threo-guaiacyl-glycerol-8-O-4'-sinapyl ether-7-O-β-D-glucopyranoside 苏式 - 愈创木基甘油 -8-O-4'- 芥子酰醚 -7-O-β-D- 吡喃葡萄糖苷 山小橘 Glycosmis pentaphylla
(7R,8R)-threo-guaiacylglycerol-8-O-4'-sinapyl ether-7-O-β-D-glucopyranoside (7R,8R)- 苏式 - 愈创木基甘油 -8-O-4'- 芥子酰醚 -7-O-β-D- 吡喃葡萄糖苷 柊树 Osmanthus heterophyllus
(7S,8R)-guaiacylglycerol-8-O-4'-sinapyl ether-9'-O-β-D-glucopyranoside (7S,8R)- 愈创木基甘油 -8-O-4'- 芥子醚 -9'-O-β-D- 吡喃葡萄糖苷 关东巧玲花 Syringa pubescens subsp. patula
D-threo-guaiacylglycerol-8-O-β-D-(6'-O-galloyl)-glucopyranoside D- 苏式 - 愈创木基甘油 -8-O-β-D-(6'-O- 没食子酰基) 吡喃葡萄糖苷 蒙古栎 Quercus mongolica
L-threo-guaiacylglycerol-8-O-β-D-(6'-O-galloyl)-glucopyranoside L- 苏式 - 愈创木基甘油 -8-O-β-D-(6'-O- 没食子酰基) 吡喃葡萄糖苷 蒙古栎 Quercus mongolica
(-)-(7R,8S)-guaiacylglycerol-8-O-β-D-glucopyranoside (-)-(7R,8S)- 愈创木基甘油 -8-O-β-D- 吡喃葡萄糖苷 微花藤 Iodes cirrhosa
(+)-(7S,8S)-guaiacylglycerol-8-O-β-D-glucopyranoside (+)-(7S,8S)- 愈创木基甘油 -8-O-β-D- 吡喃葡萄糖苷 微花藤 Iodes cirrhosa
L-threo-guaiacylglycerol-8-O-β-D-glucopyranoside L- 苏式 - 愈创木基甘油 -8-O-β-D- 吡喃葡萄糖苷 小连翘 Hypericum erectum
erythro-guaiacylglycerol-8'-vanillin ether 赤式 - 愈创木基甘油 -8'- 香荚兰素醚 观光木 Michelia odora
threo-guaiacylglycerol-8'-vanillin ether 苏式 - 愈创木基甘油 -8'- 香荚兰素醚 观光木 Michelia odora
(-)-(7R,8R)-guaiacylglycerol-9-O-β-D-glucopyranoside (-)-(7R,8R)- 愈创木基甘油 -9-O-β-D- 吡喃葡萄糖苷 微花藤 Iodes cirrhosa
(-)-(7S,8R)-guaiacylglycerol-9-O-β-D-glucopyranoside (-)-(7S,8R)- 愈创木基甘油 -9-O-β-D- 吡喃葡萄糖苷 微花藤 Iodes cirrhosa
threo-guaiacylglycerol-α-O-methyl-β-O-4-syringaresinol ether 苏式 - 愈创木基甘油 -α-O- 甲基 -β-O-4- 丁香树脂酚醚 藜 Chenopodium album
erythro-guaiacylglycerol-β-coniferyl aldehyde ether 赤式 - 愈创木基甘油 -β- 松柏醛醚 山石榴 Catunaregam spinosa, 杜仲 Eucommia

ulmoides, 大籽獐牙菜 Swertia macrosperma
threo-guaiacylglycerol-*β*-coniferyl aldehyde ether 苏式 - 愈创木基甘油 -*β*- 松柏醛醚 山石榴 Catunaregam spinosa, 杜仲 Eucommia ulmoides, 大籽獐牙菜 Swertia macrosperma
guaiacylglycerol-*β*-coniferyl aldehyde ether 愈创木基甘油 -*β*- 松柏醛醚 野花椒 Zanthoxylum simulans
erythro-guaiacylglycerol-*β*-coniferyl ether 赤式 - 愈创木基甘油 -*β*- 松柏醇醚 土沉香 Aquilaria sinensis, 山石榴 Catunaregam spinosa, 小木通 Clematis armandii
threo-guaiacylglycerol-*β*-coniferyl ether 苏式 - 愈创木基甘油 -*β*- 松柏醇醚 土沉香 Aquilaria sinensis, 山石榴 Catunaregam spinosa, 小木通 Clematis armandii
erythro-guaiacylglycerol-*β*-ferulic acid ether 赤式 - 愈创木基甘油 -*β*- 阿魏酸醚 海榄雌 Avicennia marina, 山石榴 Catunaregam spinosa
threo-guaiacylglycerol-*β*-ferulic acid ether 苏式 - 愈创木基甘油 -*β*- 阿魏酸醚 海榄雌 Avicennia marina, 山石榴 Catunaregam spinosa
guaiacylglycerol-*β*-ferulic acid ether 愈创木基甘油 -*β*- 阿魏酸醚 显苞芒毛苣苔 Aeschynanthus bracteatus, 仙人掌 Opuntia stricta var. dillenii, 龙葵 Solanum nigrum
erythro-guaiacylglycerol-*β*-*O*-4'-coniferyl alcohol 赤式 - 愈创木基甘油 -*β*-*O*-4'- 松柏醇 酸叶胶藤 Urceola rosea
(-)-guaiacylglycerol-*β*-*O*-4'-coniferyl ether (-)- 愈创木基甘油 -*β*-*O*-4'- 松柏醇醚 刺五加 Eleutherococcus senticosus
erythro-guaiacylglycerol-*β*-*O*-4'-coniferyl ether 赤式 - 愈创木基甘油 -*β*-*O*-4'- 松柏醇醚 臭椿 Ailanthus altissima, 毛荒子梢 Campylotropis hirtella
threo-guaiacylglycerol-*β*-*O*-4'-coniferyl ether 苏式 - 愈创木基甘油 -*β*-*O*-4'- 松柏醇醚 毛荒子梢 Campylotropis hirtella
threo-guaiacylglycerol-*β*-*O*-4'-dihydroconiferyl ether 苏式 - 愈创木基甘油 -*β*-*O*-4'- 二氢松柏醇醚 臭椿 Ailanthus altissima
erythro-guaiacylglycerol-*β*-*O*-4'-sinapyl ether 赤式 - 愈创木基甘油 -*β*-*O*-4'- 芥子酰醚 马槟榔 Capparis masaikai, 半夏 Pinellia ternata, 接骨木 Sambucus williamsii
threo-guaiacylglycerol-*β*-*O*-4'-sinapyl ether 苏式 - 愈创木基甘油 -*β*-*O*-4'- 芥子醇醚 臭椿 Ailanthus altissima
threo-guaiacylglycerol-*β*-*O*-4-syringaresinol ether 苏式 - 愈创木基甘油 -*β*-*O*-4- 丁香树脂酚醚 藜 Chenopodium album
3,7-guaiadiene 3,7- 愈创木二烯 挥发油成分，未统计基源
guaiane-1(5),11-diene 愈创木 -1(5),11- 二烯 蕈树 Altingia chinensis
1*α*,5*β*-guaiane-4*α*,6*β*,10*α*-triol 1*α*,5*β*- 愈创木 -4*α*,6*β*,10*α*- 三醇 活血丹 Glechoma longituba
(1*S**,4*S**,5*S**,10*R**)-4,10-guaianediol (1*S**,4*S**,5*S**,10*R**)-4,10- 愈创木烷二醇 栽秧花 Hypericum beanii
1*S*,4*S*,5S,10*R*-4,10-guaianediol 1*S*,4*S*,5S,10*R*-4,10- 愈创木尼二醇▲ 山楝 Aphanamixis polystachya
guaianediol 愈创木尼二醇▲ 浆果楝 Cipadessa baccifera, 东风菜 Doellingeria scabra, 樫木 Dysoxylum excelsum, 凤庆南五味子 Kadsura interior, 重瓣五味子 Schisandra plena
guaianin N 愈创木宁▲N 木通 Akebia quinata, 白木通 A. trifoliata subsp. australis, 鹅掌藤 Heptapleurum arboricola, 败酱 Patrinia scabiosifolia
guaianolide 愈创木内酯 云木香 Saussurea costus
3,7(11),10(14)-guaiatrien-1*β*,5*β*(*H*)-12,6*β*-olide 3,7(11),10(14)- 愈创木三烯 -1*β*,5*β*(*H*)-12,6*β*- 交内酯 羌活 Notopterygium incisum
4,10,11-guaiatrien-3-one-14-oic acid 4,10,11- 愈创木三烯 -3- 酮 -14- 酸 了哥王 Wikstroemia indica
guaiazulene 愈创木薁 挥发油成分，未统计基源
guaidiol 愈创木二醇 杜楝 Turraea pubescens
guaidiol A 愈创木二醇 A 香附子 Cyperus rotundus
(*Z*)-*β*-guaiene (*Z*)-*β*- 愈创木烯 挥发油成分，未统计基源
Δ-guaiene *Δ*- 愈创木烯 挥发油成分，未统计基源
α-guaiene *α*- 愈创木烯 挥发油成分，未统计基源
β-guaiene *β*- 愈创木烯 挥发油成分，未统计基源
γ-guaiene *γ*- 愈创木烯 挥发油成分，未统计基源
δ-guaiene *δ*- 愈创木烯 挥发油成分，未统计基源
guaiene 愈创木烯 挥发油成分，未统计基源
5-guaiene-11-ol 5- 愈创木烯 -11- 醇 挥发油成分，未统计基源
guaijaverin; guajavarin 番石榴素▲ 萝藦 Metaplexis japonica, 小叶黑柴胡 Bupleurum smithii var. parvifolium, 小花糖芥 Erysimum cheiranthoides, 红楠 Machilus thunbergii, 萹蓄 Polygonum aviculare, 拳参 P. bistorta, 番石榴 Psidium guajava, 柞栎 Quercus dentata, 雀梅藤 Sageretia thea, 洋蒲桃 Syzygium samarangense
guaiol 愈创木醇 挥发油成分，未统计基源
guajadial 番石榴酚二醛▲ 番石榴 Psidium guajava
guajadial B~F 番石榴酚二醛▲B~F 番石榴 Psidium guajava
guajavolide 番石榴内酯▲ 番石榴 Psidium guajava
guan fu diterpenoid A 关附二萜 A 黄花乌头 Aconitum coreanum
guanandin 巴西红厚壳定▲ 红厚壳 Calophyllum inophyllum
guan-fu aminealcohol 关附胺醇 黄花乌头 Aconitum coreanum
guan-fu base A, A_1, B~Y 关附碱 A, A_1, B~Y 黄花乌头 Aconitum coreanum
guan-fu base Z 关附碱 Z 黄花乌头 Aconitum coreanum, 毛果甘青乌头 A. tanguticum var. trichocarpum
guan-fu base *Z*-*N*-oxide 关附碱 *Z*-*N*- 氧化物 黄花乌头 Aconitum coreanum
guan-fu-base F-*N*-oxide 关附碱 F-*N*- 氧化物 黄花乌头 Aconitum coreanum

guangsangon A, C~O 光叶桑酮▲A, C~O 奶桑 Morus macroura
guangsangon B 光叶桑酮▲B 奶桑 Morus macroura, 蒙桑 M. mongolica
guanidine 胍 黄檗 Phellodendron amurense
4-guanidino-1-butanol 4- 胍基 -1- 丁醇 细叶益母草 Leonurus sibiricus
γ-guanidinobutyric acid γ- 胍基丁酸 扇形拟伊藻 Ahnfeltiopsis flabelliformis, 牛蒡 Arctium lappa
4-guanidino-butyric acid 4- 胍基 - 丁酸 细叶益母草 Leonurus sibiricus
γ-guanidinooxypropylamine γ- 胍氧基丙胺 多花紫藤 Wisteria floribunda
guanine 鸟嘌呤 植物基础成分，未统计基源
guanosine 鸟苷 植物基础成分，未统计基源
guanyeliaoine I, II 贯叶蓼素 I, II 杠板归 Polygonum perfoliatum
guapsidial A 番石榴瓜西二醛▲A 番石榴 Psidium guajava
guavenoic acid 番石榴酸▲ 番石榴 Psidium guajava, 短药蒲桃 Syzygium globiflorum
guavinoside A~F 番石榴酚苷▲A~F 番石榴 Psidium guajava
(+)-guayarol (+)- 柳叶柴胡洛酚▲ 绣球藤 Clematis monta var. montana, 狼毒 Stellera chamaejasme
guayewuanine A 瓜叶乌头碱 A 瓜叶乌头 Aconitum hemsleyanum, 工布乌头 A. kongboense
guayewuanine B, C 瓜叶乌头碱 B, C 瓜叶乌头 Aconitum hemsleyanum
guazijinxanthone 瓜子金叫酮 瓜子金 Polygala japonica
guettardionoside 海岸桐香堇苷▲ 海岸桐 Guettarda speciosa
(2*R*,3*S*)-guibourtinidol-3-*O*-α-D-apiofuranosyl-(1 → 6)-*O*-β-D-glucopyranoside (2*R*,3*S*)- 短缩决明酚 -3-*O*-α-D- 呋喃芹糖基 -(1 → 6)-*O*-β-D-吡喃葡萄糖苷 桑 Morus alba
guidongnin A 贵州冬凌草素 A 线纹香茶菜 Isodon lophanthoides, 冬凌草 I. rubescens
guidongnin B~H 贵州冬凌草素 B~H 冬凌草 Isodon rubescens
guineamide A~G 几内亚鞘丝藻酰胺▲A~G 巨大鞘丝藻 Lyngbya majuscula
guineensine 几内亚胡椒碱 卵叶胡椒 Piper attenuatum, 蒌叶 P. betle, 苎叶蒟 P. boehmeriifolium, 黄花胡椒 P. flaviflorum, 山蒟 P. hancei, 荜拔 P. longum, 胡椒 P. nigrum, 裸果胡椒 P. nudibaccatum, 毛叶胡椒 P. puberulilimbum, 假荜拔 P. retrofractum, 假蒟 P. sarmentosum, 长柄胡椒 P. sylvaticum
D-gulonic acid D- 古洛糖酸 积雪草 Centella asiatica
gulonic acid-γ-lactone 古洛糖酸 -γ- 内酯 椴叶扁担杆 Grewia tiliifolia
1-guluronic acid 1- 古洛糖醛酸 海带 Laminaria japonica
gummadiol 云南石梓二醇▲ 云南石梓 Gmelina arborea
gummosogenin 多胶箭仙人柱苷元▲ 窄头橐吾 Ligularia stenocephala
(-)-α-gurjunene (-)-α- 龙脑香烯▲ 挥发油成分，未统计基源
(+)-γ-gurjunene (+)-γ- 龙脑香烯▲ 挥发油成分，未统计基源
α-gurjunene α- 龙脑香烯▲ 挥发油成分，未统计基源
β-gurjunene β- 龙脑香烯▲ 挥发油成分，未统计基源
γ-gurjunene γ- 龙脑香烯▲ 挥发油成分，未统计基源
τ-gurjunene τ- 龙脑香烯▲ 挥发油成分，未统计基源
gurjunene 龙脑香烯▲ 挥发油成分，未统计基源
τ-gurjunenepoxide-(1) τ- 龙脑香烯▲环氧化物 -(1) 挥发油成分，未统计基源
gurmarin 匙羹藤灵▲ 匙羹藤 Gymnema sylvestre
gusanlung A 古山龙碱 A 古山龙 Arcangelisia gusanlung, 小驳骨 Justicia gendarussa
gusanlung B 古山龙碱 B 古山龙 Arcangelisia gusanlung, 小驳骨 Justicia gendarussa
gusanlung C 古山龙碱 C 古山龙 Arcangelisia gusanlung, 风龙 Sinomenium acutum
gusanlung D, E 古山龙碱 D, E 古山龙 Arcangelisia gusanlung
gusanlungionoside A~D 古山龙苷▲A~D 古山龙 Arcangelisia gusanlung
gutta percha 杜仲胶 西南卫矛 Euonymus hamiltonianus
guttiferone B 藤黄酮 B 云树 Garcinia cowa, 岭南山竹子 G. oblongifolia
guttiferone E 藤黄酮 E 木竹子 Garcinia multiflora, 金丝李 G. paucinervis, 大叶藤黄 G. xanthochymus
guttiferone F 藤黄酮 F 云树 Garcinia cowa, 木竹子 G. multiflora
guttiferone H 藤黄酮 H 大叶藤黄 Garcinia xanthochymus
guttiferone I 藤黄酮 I 莽吉柿 Garcinia mangostana, 金丝李 G. paucinervis
(+)-guttiferone K (+)- 藤黄酮 K 金丝李 Garcinia paucinervis
guttiferone K 藤黄酮 K 云树 Garcinia cowa
guvacine 槟榔辛碱▲ 槟榔 Areca catechu
guvacoline 槟榔林碱▲ 槟榔 Areca catechu
gweicurculactone 桂莪术内酯 挥发油成分，未统计基源
gyalanine A, B 拉萨翠雀碱 A, B 拉萨翠雀花 Delphinium gyalanum
gylongiposide I 长梗绞股蓝坡苷▲I 长梗绞股蓝 Gynostemma longipes, 绞股蓝 G. pentaphyllum
gylongoside A, B 长梗绞股蓝苷▲A, B 长梗绞股蓝 Gynostemma longipes

gymconopin A, B 手参素 A, B 手参 Gymnadenia conopsea
gymconopin C 手参素 C 手参 Gymnadenia conopsea, 石仙桃 Pholidota chinensis
gymconopin D 手参素 D 白及 Bletilla striata, 手参 Gymnadenia conopsea, 独蒜兰 Pleione bulbocodioides
gymnaconitine 露蕊乌头碱▲ 露蕊乌头 Aconitum gymnandrum
gymnantheraic acid 厚皮香萜酸▲ 厚皮香 Ternstroemia gymnanthera
gymnemagenin 匙羹藤苷元 匙羹藤 Gymnema sylvestre, 蓝叶藤 Marsdenia tinctoria
gymnemagenol 匙羹藤精醇▲ 匙羹藤 Gymnema sylvestre
gymnemaroside A, B 匙羹藤洛苷▲A, B 云南匙羹藤 Gymnema yunnanense
gymnemarsgenin 匙羹藤斯苷元▲ 云南匙羹藤 Gymnema yunnanense
gymnemasaponin I, II, III, IV, V 匙羹藤皂苷 I, II, III, IV, V 匙羹藤 Gymnema sylvestre
gymnemaside I, III, IV, V, VII 匙羹藤苷▲I, III, IV, V, VII 匙羹藤 Gymnema sylvestre
gymnemaside II 匙羹藤苷▲II 匙羹藤 Gymnema sylvestre, 绞股蓝 Gynostemma pentaphyllum
gymnemaside VI 匙羹藤苷▲VI 匙羹藤 Gymnema sylvestre, 绞股蓝 Gynostemma pentaphyllum
gymnemasin A~D 匙羹藤素▲A~D 匙羹藤 Gymnema sylvestre
gymnemic acid 匙羹藤酸 I, II, III, IV, V, VI, VII, VIII, IX, X, XI, XII, XV, XVI, XVII, XVIII, A, A_1~A_4, B, C, D 匙羹藤 Gymnema sylvestre
gymnemoside A~F, W_1, W_2 匙羹藤莫苷▲A~F, W_1, W_2 匙羹藤 Gymnema sylvestre
gymnestrogenin 匙羹藤托苷元▲ 匙羹藤 Gymnema sylvestre
gymnocladus saponin A~D, D_1, E, F_1, F_2, G 肥皂荚皂苷 A~D, D_1, E, F_1, F_2, G 肥皂荚 Gymnocladus chinensis
gymnomitr-8(12)-en-4-one 全萼苔▲-8(12)- 烯 -4- 酮 石地钱 Reboulia hemisphaerica
(+)-gymnomitr-8(12)-en-9α-ol (+)- 全萼苔▲-8(12)- 烯 -9α- 醇 石地钱 Reboulia hemisphaerica
gymnomitrol 全萼苔醇▲ 石地钱 Reboulia hemisphaerica
gymnopilene 裸伞烯▲ 橘黄裸伞 Gymnopilus spectabilis
gymnopilin A_9, A_{10}, B_{11}, K 裸伞素 A_9, A_{10}, B_{11}, K 橘黄裸伞 Gymnopilus spectabilis
gymnoprenol A, A_9, B, D 裸伞异戊烯醇▲A, A_9, B, D 橘黄裸伞 Gymnopilus spectabilis
gymnopusin 线瓣石豆兰素▲ 伏生石豆兰 Bulbophyllum reptans
gymnorrhizol 木榄环硫醇▲ 木榄 Bruguiera gymnorhiza
gymnoside I 手参苷▲I 白及 Bletilla striata, 手参 Gymnadenia conopsea
gymnoside II 手参苷▲II 白及 Bletilla striata, 手参 Gymnadenia conopsea
gymnoside III, IV, V, VI, VII, VIII, IX, X 手参苷▲III, IV, V, VI, VII, VIII, IX, X 手参 Gymnadenia conopsea
gymnothedelignan A, B 裸蒴降木脂素▲A, B 裸蒴 Gymnotheca chinensis
gymnothelignan A~W, X_1, X_2, Y_1, Y_2 裸蒴木脂素▲A~W, X_1, X_2, Y_1, Y_2 裸蒴 Gymnotheca chinensis
gymnothespirolignan A, B 白苞裸蒴螺木脂素▲A, B 白苞裸蒴 Gymnotheca involucrata
gymnothol A 裸蒴酚 A 裸蒴 Gymnotheca chinensis
gymsylvestroside A~D 匙羹藤托苷▲A~D 匙羹藤 Gymnema sylvestre
gynocardic acid 大风子酸 麻疯树 Jatropha curcas
gynogenin II 绞股蓝苷元 II 绞股蓝 Gynostemma pentaphyllum
gynosaponin I, II, III, IV, O, TN-1, TR_1, V, VI 绞股蓝皂苷 I, II, III, IV, O, TN-1, TR_1, V, VI 绞股蓝 Gynostemma pentaphyllum
gynosaponin TN-2 绞股蓝皂苷 TN-2 匙羹藤 Gymnema sylvestre, 绞股蓝 Gynostemma pentaphyllum
gynoside A~E 绞股蓝诺苷▲A~E 绞股蓝 Gynostemma pentaphyllum
gynostemoside A~E 绞股蓝莫苷▲A~E 绞股蓝 Gynostemma pentaphyllum
gynuramide I 菊三七酰胺▲I 菊三七 Gynura japonica, 荷叶离褶伞 Lyophyllum decastes
gynuramide II 菊三七酰胺▲II 白鹃梅 Exochorda racemosa, 菊三七 Gynura japonica, 荷叶离褶伞 Lyophyllum decastes
gynuramide III 菊三七酰胺▲III 菊三七 Gynura japonica, 荷叶离褶伞 Lyophyllum decastes
gynuramide IV 菊三七酰胺▲IV 菊三七 Gynura japonica, 荷叶离褶伞 Lyophyllum decastes
(-)-gynuraone (-)- 菊三七酮▲ 菊三七 Gynura japonica
gynuraoside 菊三七苷▲ 白子菜 Gynura divaricata
gynurenol 菊三七烯醇▲ 小花八角 Illicium micranthum
gypenbioside A, B 绞股蓝二糖苷 A, B 绞股蓝 Gynostemma pentaphyllum
gypenoside 绞股蓝苷 I, III, IV, VN_1~VN_7, VI, VII, Ⅷ, X, XI, XIV, XV, XVI, XVIII, XIX, XX, XXI, XXII, XXIII, XXIV, XXV, XXVI, XXVII, XXIX, XXX, XXXI, XXXII, XXXIII, XXXIV, XXXV, XXXVI, XXXVIII, XXXIX, XL, XLI, XLV_4-Ed, XLVIII, L, LI, LIII, LIV, LVI, LVII, LVIII, LIX, LX, LXI, LXIV, LXV, LXVI, LXVII, LXVIII, LXX, LXXII, LXXIII, LXXV, LXXVI, LXXVII, LXXVIII, LXXIX, GC_1~GC_7, GD_1~GD_5 绞股蓝 Gynostemma pentaphyllum
gypenoside II 绞股蓝苷 II 匙羹藤 Gymnema sylvestre, 绞股蓝 Gynostemma pentaphyllum
gypenoside V 绞股蓝苷 V 匙羹藤 Gymnema sylvestre, 绞股蓝 Gynostemma pentaphyllum
gypenoside IX 绞股蓝苷 IX 绞股蓝 Gynostemma pentaphyllum, 人参 Panax ginseng, 珠子参 P. japonicus var. major, 三七 P. notoginseng, 西洋参 P. quinquefolius
gypenoside XIII 绞股蓝苷 XIII 绞股蓝 Gynostemma pentaphyllum, 三七 Panax notoginseng
gypenoside XVII 绞股蓝苷 XVII 绞股蓝 Gynostemma pentaphyllum, 羽叶三七 Panax bipinnatifidus, 人参 P. ginseng, 竹节参 P. japonicus, 三七 P. notoginseng, 西洋参 P. quinquefolius

gypenoside XXVIII 绞股蓝苷 XXVIII 匙羹藤 Gymnema sylvestre, 绞股蓝 Gynostemma pentaphyllum
gypenoside XXXVII 绞股蓝苷 XXXVII 匙羹藤 Gymnema sylvestre, 绞股蓝 Gynostemma pentaphyllum
gypenoside XLII 绞股蓝苷 XLII 绞股蓝 Gynostemma pentaphyllum, 喙果绞股蓝 G. yixingense
gypenoside XLIII 绞股蓝苷 XLIII 匙羹藤 Gymnema sylvestre, 绞股蓝 Gynostemma pentaphyllum
gypenoside XLIV 绞股蓝苷 XLIV 绞股蓝 Gynostemma pentaphyllum, 喙果绞股蓝 G. yixingense
gypenoside XLV 绞股蓝苷 XLV 匙羹藤 Gymnema sylvestre, 绞股蓝 Gynostemma pentaphyllum
gypenoside XLVI 绞股蓝苷 XLVI 绞股蓝 Gynostemma pentaphyllum, 喙果绞股蓝 G. yixingense
gypenoside XLVII 绞股蓝苷 XLVII 匙羹藤 Gymnema sylvestre, 绞股蓝 Gynostemma pentaphyllum
gypenoside XLIX 绞股蓝苷 XLIX 长梗绞股蓝 Gynostemma longipes, 绞股蓝 G. pentaphyllum
gypenoside LV 绞股蓝苷 LV 匙羹藤 Gymnema sylvestre, 绞股蓝 Gynostemma pentaphyllum
gypenoside LXII 绞股蓝苷 LXII 匙羹藤 Gymnema sylvestre, 绞股蓝 Gynostemma pentaphyllum
gypenoside LXIII 绞股蓝苷 LXIII 匙羹藤 Gymnema sylvestre, 绞股蓝 Gynostemma pentaphyllum
gypenoside LXIX 绞股蓝苷 LXIX 绞股蓝 Gynostemma pentaphyllum, 三七 Panax notoginseng, 西洋参 P. quinquefolius
gypenoside LXXI 绞股蓝苷 LXXI 绞股蓝 Gynostemma pentaphyllum, 三七 Panax notoginseng, 西洋参 P. quinquefolius
gypenoside LXXIV 绞股蓝苷 LXXIV 匙羹藤 Gymnema sylvestre, 绞股蓝 Gynostemma pentaphyllum
gypenoside M 绞股蓝苷 M 三七 Panax notoginseng
gypenoside η, ιβ 绞股蓝苷 η, ιβ 积雪草 Centella asiatica
gypensapogenin A~L 绞股蓝皂苷元 A~L 绞股蓝 Gynostemma pentaphyllum
gypoldoside A 长蕊石头花皂苷 ▲A 长蕊石头花 Gypsophila oldhamiana
gypsogenic acid 石头花苷元酸 ▲ 三叶木通 Akebia trifoliata, 长蕊石头花 Gypsophila oldhamiana, 白花蛇舌草 Hedyotis diffusa, 金铁锁 Psammosilene tunicoides, 瘤果槲寄生 Viscum ovalifolium
gypsogenic acid-28-*O*-*β*-D-glucopyranosyl-(1 → 6)-*β*-D-glucopyranosyl-(1 → 6)-[*β*-D-glucopyranosyl-(1 → 3)]-*β*-D-glucopyranosyl ester 石头花苷元酸 ▲-28-*O*-*β*-D- 吡喃葡萄糖基 -(1 → 6)-*β*-D- 吡喃葡萄糖基 -(1 → 6)-[*β*-D- 吡喃葡萄糖基 -(1 → 3)]-*β*-D- 吡喃葡萄糖酯苷 大叶石头花 Gypsophila pacifica
gypsogenin 石头花苷元 ▲ 浆果苋 Deeringia amaranthoides, 长蕊石头花 Gypsophila oldhamiana, 大叶石头花 G. pacifica, 云南木鳖 Momordica dioica, 金铁锁 Psammosilene tunicoides, 盐角草 Salicornia europaea
gypsogenin-28-*O*-[*β*-D-glucopyranosyl-(1 → 2)-*β*-D-galactopyranosyl-(1 → 3)]-[*β*-D-glucopyranosyl-(1 → 6)]-*β*-D-galactopyranoside 石头花苷元 ▲-28-*O*-[*β*-D- 吡喃葡萄糖基 -(1 → 2)-*β*-D- 吡喃半乳糖基 -(1 → 3)]-[*β*-D- 吡喃葡萄糖基 -(1 → 6)]-*β*-D- 吡喃半乳糖苷 圆锥石头花 Gypsophila paniculata
gypsogenin-28-*O*-*α*-D-galactopyranosyl-(1 → 6)-*β*-D-glucopyranosyl-(1 → 6)-[*β*-D-glucopyranosyl-(1 → 3)]-*β*-D-glucopyranosyl ester 石头花苷元 ▲-28-*O*-*α*-D- 吡喃半乳糖基 -(1 → 6)-*β*-D- 吡喃葡萄糖糖基 -(1 → 6)-[*β*-D- 吡喃葡萄糖基 -(1 → 3)]-*β*-D- 吡喃葡萄糖基酯 长蕊石头花 Gypsophila oldhamiana
gypsogenin-3-*O*-glucuronopyranoside 石头花苷元 ▲-3-*O*- 吡喃葡萄糖醛酸苷 长蕊石头花 Gypsophila oldhamiana
gypsogenin-3-*O*-*β*-D-galactopyranosyl-(1 → 2)-[*α*-L-rhamnopyranosyl-(1 → 3)]-*β*-D-glucuronopyranoside 石头花苷元 ▲-3-*O*-*β*-D- 吡喃半乳糖基 -(1 → 2)-[*α*-L- 吡喃鼠李糖基 -(1 → 3)]-*β*-D- 吡喃葡萄糖醛酸苷 木鳖子 Momordica cochinchinensis
gypsogenin-3-*O*-*β*-D-glucopyranosyl-(1 → 3)-*α*-L-rhamnopyranosyl-(1 → 2)[*β*-D-glucopyranosyl-(1 → 4)]-*α*-L-arabinopyranosyl-28-*O*-*α*-L-rhamnopyranosyl-(1 → 4)-*β*-D-glucopyranosyl-(1 → 6)-*β*-D-glucopyranosyl ester 石头花苷元 ▲-3-*O*-*β*-D- 吡喃葡萄糖基 -(1 → 3)-*α*-L- 吡喃鼠李糖基 -(1 → 2)[*β*-D- 吡喃葡萄糖基 -(1 → 4)]-*α*-L- 吡喃阿拉伯糖基 -28-*O*-*α*-L- 吡喃鼠李糖基 -(1 → 4)-*β*-D- 吡喃葡萄糖基 -(1 → 6)-*β*-D- 吡喃葡萄糖基酯苷 朝鲜白头翁 Pulsatilla cernua, 兴安白头翁 P. dahurica
gypsogenin-lactone 石头花苷元 ▲ 内酯 大叶石头花 Gypsophila pacifica
gypsophin A~F 石头花素 ▲A~F 长蕊石头花 Gypsophila oldhamiana
gypsoside 石头花苷 ▲ 大叶石头花 Gypsophila pacifica
gyrophoric acid 石耳酸 大叶梅衣 Parmotrema tinctorum, 肉刺树花 Ramalina roesleri, 美味石耳 Umbilicaria esculenta, 红腹石耳衣 U. hypococcinea

H

haedoxan A, B, D, E, J 透骨草脂素 ▲A, B, D, E, J 透骨草 Phryma leptostachya subsp. asiatica
haedoxan C acetate 透骨草脂素 ▲C 乙酸酯 透骨草 Phryma leptostachya subsp. asiatica
haedoxan F acetate 透骨草脂素 ▲F 乙酸酯 透骨草 Phryma leptostachya subsp. asiatica
haedoxan G acetate 透骨草脂素 ▲G 乙酸酯 透骨草 Phryma leptostachya subsp. asiatica
haedoxan H acetate 透骨草脂素 ▲H 乙酸酯 透骨草 Phryma leptostachya subsp. asiatica
haedoxancoside A 透骨草脂素苷 ▲A 透骨草 Phryma leptostachya subsp. asiatica
haemagglutinin; hemagglutinin 血凝素 豆 Glycine soja, 多花紫藤 Wisteria floribunda
(+)-haemanthamine (+)- 网球花胺 玉簪 Hosta plantaginea, 假水仙 Narcissus pseudonarcissus
haematommic acid 赤星衣酸 金丝刷 Lethariella cladonioides
haematopodine 红汁小菇定 ▲ 红汁小菇 Mycena haematopus
haematopodine B 红汁小菇定 ▲B 红汁小菇 Mycena haematopus
haemoventosin 红盘衣素 ▲ 红盘衣 Ophioparma ventosa

haginin A~D 胡枝子宁▲A~D 短梗胡枝子 Lespedeza cyrtobotrya
haifengtenoside A, B 海枫藤苷▲A, B 海枫藤 Marsdenia officinalis
hainanenside 海南冬青苷 石竹 Dianthus chinensis, 海南冬青 Ilex hainanensis
hainanensine 海南粗榧新碱 海南粗榧 Cephalotaxus mannii
hainaneoside A 海南牛奶菜新苷▲A 海枫藤 Marsdenia officinalis
hainanervatacine 海南狗牙花辛 尖蕾狗牙花 Tabernaemontana bufalina
hainanervatasine 海南狗牙花素 尖蕾狗牙花 Tabernaemontana bufalina
α-hainanine α- 海南轮环藤碱▲ 铁藤 Cyclea polypetala
hainanmurpanin 海南九里香宁 九里香 Murraya exotica, 千里香 M. paniculata
hainanolide 海南粗榧内酯 三尖杉 Cephalotaxus fortunei, 贡山三尖杉 C. lanceolata, 海南粗榧 C. mannii, 粗榧 C. sinensis
hainanolidol 海南粗榧内酯醇 高山三尖杉 Cephalotaxus fortunei var. alpina, 海南粗榧 C. mannii
haitinosporine 海南青牛胆碱 粪箕笃 Stephania longa, 海南青牛胆 Tinospora hainanensis
hakonanediol 单盖铁线蕨烷二醇▲ 单盖铁线蕨 Adiantum monochlamys
haleniaside 花锚苷 椭圆叶花锚 Halenia elliptica
halenic acid A 花锚酸▲A 椭圆叶花锚 Halenia elliptica, 大钟花 Megacodon stylophorus
halenic acid B, C 花锚酸▲B, C 椭圆叶花锚 Halenia elliptica
halenichromone A, B, C 花锚色酮▲A, B, C 椭圆叶花锚 Halenia elliptica
halenin A, B 花锚素▲A, B 椭圆叶花锚 Halenia elliptica
halicerebroside A 蜂海绵脑苷▲A 思茅藤 Epigynum auritum, 酸叶胶藤 Urceola rosea
hallactone B 豪氏罗汉松内酯▲B 短叶罗汉松 Podocarpus macrophyllus var. maki
halleridone 吊钟木酮▲ 凌霄 Campsis grandiflora, 柃木 Eurya japonica, 过江藤 Phyla nodiflora, 硬骨凌霄 Tecomaria capensis
hallerone 吊钟木酯酮▲ 凌霄 Campsis grandiflora
halogenated acetic acid 卤代乙酸 紫杉状海门冬 Asparagopsis taxiformis
halogenated acrylic acid 卤代丙烯酸 紫杉状海门冬 Asparagopsis taxiformis
halophilol A, B 喜盐鸢尾酚▲A, B 喜盐鸢尾 Iris halophila
halshalin 哈尔萨堆心菊素 堆心菊 Helenium autumnale
(-)-hamaudol (-)- 日本当归醇▲ 滨海前胡 Peucedanum japonicum
(±)-hamaudol (+)- 日本当归醇▲ 福参 Angelica morii
3'(*R*)-(+)-hamaudol 3'(*R*)-(+)- 日本当归醇▲ 拐芹 Angelica polymorpha, 马山前胡 Peucedanum mashanense
3'(*S*)-(-)-hamaudol 3'(*S*)-(-)- 日本当归醇▲ 马山前胡 Peucedanum mashanense
3'*R*-(+)-hamaudol 3'*R*-(+)- 日本当归醇▲ 福参 Angelica morii
3'*S*-(-)-hamaudol 3'*S*-(-)- 日本当归醇▲ 福参 Angelica morii
hamaudol 日本当归醇▲ 阿坝当归 Angelica apaensis, 宽萼岩风 Libanotis laticalycina, 岩前胡 Peucedanum medicum var. gracile, 防风 Saposhnikovia divaricata
hamaudol-7-acetate 日本当归醇▲-7- 乙酸酯 宽萼岩风 Libanotis laticalycina
hamayne 扁担叶碱 文殊兰 Crinum asiaticum var. sinicum, 西南文殊兰 C. latifolium, 韭莲 Zephyranthes grandiflora
hanabiratakelide A, B, C 绣球菌内酯▲A, B, C 绣球菌 Sparassis crispa
hanagokenol A, B 鹿石蕊酚▲A, B 鹿石蕊 Cladonia rangiferina
hanalpinol 汉山姜醇 光叶山姜 Alpinia intermedia, 山姜 A. japonica
hanalpinol peroxide 汉山姜醇过氧化物 光叶山姜 Alpinia intermedia
hanalpinone 汉山姜酮 光叶山姜 Alpinia intermedia, 山姜 A. japonica
hanamyol 汉山姜米醇 山姜 Alpinia japonica, 羌活 Notopterygium incisum
hancinol 山蒟醇 山蒟 Piper hancei
hancinone 山蒟酮 山蒟 Piper hancei, 玉兰 Yulania denudata
hancinone B 山蒟酮 B 山蒟 Piper hancei, 石南藤 P. wallichii
hancinone C 山蒟酮 C 山蒟 Piper hancei, 石南藤 P. wallichii
hancinone D 山蒟酮 D 山蒟 Piper hancei, 石南藤 P. wallichii
hancockinol 华北白前醇 合掌消 Cynanchum amplexicaule, 华北白前 C. mongolicum, 柳叶白前 C. stauntonii
hancogenin B 华北白前苷元 B 华北白前 Cynanchum mongolicum
hancolupenol 华北白前羽扇醇▲ 华北白前 Cynanchum mongolicum, 多花娃儿藤 Tylophora floribunda
hancolupenol octacosanate 华北白前羽扇醇▲二十八酸酯 华北白前 Cynanchum mongolicum
hancolupenone 华北白前羽扇烯酮▲ 华北白前 Cynanchum mongolicum, 多花娃儿藤 Tylophora floribunda
hancoside A 华北白前苷 A 合掌消 Cynanchum amplexicaule, 大理白前 C. forrestii, 华北白前 C. mongolicum
handianol 汉迪亚大戟醇▲ 向日葵 Helianthus annuus, 华蟹甲 Sinacalia tangutica
hanliuin 旱柳素 旱柳 Salix matsudana
hanliuin I 旱柳素▲ 日本水龙骨 Polypodiodes niponica
hanliuin IV 旱柳素 IV 沙柳 Salix cheilophila
hannokinin 日本桤木素▲ 日本桤木 Alnus japonica
(+)-hannokinol (+)- 日本桤木醇▲ 辽东桤木 Alnus hirsuta, 草果 Amomum tsaoko

meso-hannokinol 内消旋 - 日本桤木醇▲ 草果 Amomum tsaoko
hannokinol 日本桤木醇▲ 日本桤木 Alnus japonica, 滇虎榛 Ostryopsis nobilis
hantupeptin A, B, C 韩都鞘丝藻肽素▲A, B, C 巨大鞘丝藻 Lyngbya majuscula
hanultarin 栝楼脂素 黄芦木 Berberis amurensis, 金丝桃 Hypericum monogynum, 栝楼 Trichosanthes kirilowii
hapepunine 黑百合宁碱▲ 浙贝母 Fritillaria thunbergii
hapepunine-3-*O*-*α*-L-rhamnopyranosyl-(1 → 2)-*β*-D-glucopyranoside 黑百合宁碱▲-3-*O*-*α*-L- 吡喃鼠李糖基 -(1 → 2)-*β*-D- 吡喃葡萄糖苷 浙贝母 Fritillaria thunbergii
hapepunine-3-*O*-*β*-cellobioside 黑百合宁碱▲-3-*O*-*β*- 纤维二糖 轮叶贝母 Fritillaria maximowiczii
haperforine A, B_1, B_3, C_2, D~G 牛筋果福灵▲A, B_1, B_3, C_2, D~G 牛筋果 Harrisonia perforata
haplacutine A~F 尖叶芸香碱▲A~F 大叶芸香 Haplophyllum perforatum
haplafine 大叶芸香芬碱▲ 大叶芸香 Haplophyllum perforatum
haplamine 拟芸香胺▲ 大叶芸香 Haplophyllum perforatum
haplociliatic acid 缘毛单冠菊酸▲ 齿叶黄皮 Clausena dunniana
(-)-haplomyrfolin (-)- 番樱桃叶拟芸香素▲ 狼毒 Stellera chamaejasme
haplomyrfolin 番樱桃叶拟芸香素▲ 尖瓣瑞香 Daphne acutiloba
haploperine 大叶芸香灵▲ 大叶芸香 Haplophyllum perforatum
haploperoside A 大叶芸香苷▲A 黄皮 Clausena lansium, 大叶芸香 Haplophyllum perforatum
haploperoside B~ 大叶芸香苷▲B~E 大叶芸香 Haplophyllum perforatum
haplophydine 大叶芸香定▲ 大叶芸香 Haplophyllum perforatum
haplophyllidine 大叶芸香利定▲ 大叶芸香 Haplophyllum perforatum
haplopine 拟芸香品碱 木橘 Aegle marmelos, 狭叶白鲜 Dictamnus angustifolius, 白鲜 D. dasycarpus, 大叶芸香 Haplophyllum perforatum, 月桂茵芋 Skimmia laureola, 多脉茵芋 S. multinervia, 茵芋 S. reevesiana, 飞龙掌血 Toddalia asiatica, 椿叶花椒 Zanthoxylum ailanthoides, 花椒 Z. bungeanum, 蚬壳花椒 Z. dissitum, 两面针 Z. nitidum, 花椒簕 Z. scandens, 野花椒 Z. simulans
haplosamine 拟芸香萨明▲ 大叶芸香 Haplophyllum perforatum
haploside A~F 拟芸香苷▲A~F 大叶芸香 Haplophyllum perforatum
haplosidine 拟芸香定碱▲ 大叶芸香 Haplophyllum perforatum
haplosinine 拟芸香宁碱▲ 大叶芸香 Haplophyllum perforatum
(-)-hardwickiic acid (-)- 哈威豆酸▲ 田基黄 Grangea maderaspatana, 阿尔泰狗娃花 Heteropappus altaicus
(+)-hardwickiic acid (+)- 哈威豆酸▲ 车桑子 Dodonaea viscosa, 假连翘 Duranta erecta
hardwickiic acid 哈威豆酸▲ 杜虹花 Callicarpa formosana
harmalicidine 骆驼蓬西定碱 骆驼蓬 Peganum harmala
harmaline 骆驼蓬碱 散沫花 Lawsonia inermis, 骆驼蓬 Peganum harmala, 多裂骆驼蓬 P. multisectum, 骆驼蒿 P. nigellastrum, 蒺藜 Tribulus terrestris
harmalol 骆驼蓬洛酚▲ 骆驼蓬 Peganum harmala, 华马钱 Strychnos cathayensis, 蒺藜 Tribulus terrestris
harman; harmane 骆驼蓬满碱▲ 鸭跖草 Commelina communis, 番红花 Crocus sativus, 沙枣 Elaeagnus angustifolia, 东方沙枣 E. angustifolia var. orientalis, 木半夏 E. multiflora, 尖果沙枣 E. oxycarpa, 牛奶子 E. umbellata, 地肤 Kochia scoparia, 乌檀 Nauclea officinalis, 鸡蛋果 Passiflora edulis, 骆驼蓬 Peganum harmala, 骆驼蒿 P. nigellastrum, 白花丹 Plumbago zeylanica, 远志 Polygala tenuifolia, 苏门答腊萝芙木 Rauvolfia sumatrana, 萝芙木 R. verticillata, 催吐萝芙木 R. vomitoria, 华马钱 Strychnos cathayensis, 四川山矾 Symplocos setchuensis, 蒺藜 Tribulus terrestris, 毛钩藤 Uncaria hirsuta, 驼蹄瓣 Zygophyllum fabago
γ-harmine *γ*- 骆驼蓬明碱▲ 骆驼蓬 Peganum harmala
harmine 骆驼蓬明碱▲ 小蓬草 Conyza canadensis, 地肤 Kochia scoparia, 散沫花 Lawsonia inermis, 骆驼蓬 Peganum harmala, 多裂骆驼蓬 P. multisectum, 骆驼蒿 P. nigellastrum, 柽柳 Tamarix chinensis, 腺毛唐松草 Thalictrum foetidum, 蒺藜 Tribulus terrestris, 驼蹄瓣 Zygophyllum fabago
harmol 骆驼蓬酚 骆驼蓬 Peganum harmala, 多裂骆驼蓬 P. multisectum, 骆驼蒿 P. nigellastrum, 驼蹄瓣 Zygophyllum fabago
harpagide 钩果草吉苷▲ 多花筋骨草 Ajuga multiflora, 兰香草 Caryopteris incana, 蒙古莸 C. mongholica, 大青 Clerodendrum cyrtophyllum, 香青兰 Dracocephalum moldavica, 纤花耳草 Hedyotis tenelliflora, 突厥益母草 Leonurus turkestanicus, 藏玄参 Oreosolen wattii, 北玄参 Scrophularia buergeriana, 齿叶玄参 S. dentata, 玄参 S. ningpoensis, 沼生水苏 Stachys palustris, 甘露子 S. sieboldii
harpagide acetate 钩果草吉苷▲乙酸酯 香青兰 Dracocephalum moldavica
(*E*)-harpagoside (*E*)- 钩果草苷 北玄参 Scrophularia buergeriana
Z-harpagoside *Z*- 钩果草苷 北玄参 Scrophularia buergeriana
trans-harpagoside 反式 - 钩果草苷 齿叶玄参 Scrophularia dentata
harpagoside 钩果草苷 大青 Clerodendrum cyrtophyllum, 秦艽 Gentiana macrophylla, 纤花耳草 Hedyotis tenelliflora, 藏玄参 Oreosolen wattii, 火焰花 Phlogacanthus curviflorus, 北玄参 Scrophularia buergeriana, 玄参 S. ningpoensis, 穗花玄参 S. spicata, 沼生水苏 Stachys palustris, 毛蕊花 Verbascum thapsum
cis-harpagoside 顺式 - 钩果草苷 齿叶玄参 Scrophularia dentata
harperamone 牛筋果色酮▲ 牛筋果 Harrisonia perforata
harperfolide 牛筋果内酯▲ 牛筋果 Harrisonia perforata
harperforatin 牛筋果亭▲ 牛筋果 Harrisonia perforata
harperforin C_2 牛筋果灵 C_2 牛筋果 Harrisonia perforata

harringtonine 粗榧碱 三尖杉 Cephalotaxus fortunei, 贡山三尖杉 C. lanceolata, 海南粗榧 C. mannii, 篦子三尖杉 C. oliveri, 粗榧 C. sinensis, 华南鳞盖蕨 Microlepia hancei

harrisonin 牛筋果宁 牛筋果 Harrisonia perforata

harrisonol A 牛筋果醇 A 牛筋果 Harrisonia perforata

harrisotone A~E 牛筋果酮 A~E 牛筋果 Harrisonia perforata

harrpernoid B, C 牛筋果萜▲B, C 牛筋果 Harrisonia perforata

(*E*)-hasmigone (*E*)- 氧杂环十六烯 -2- 酮 挥发油成分，未统计基源

hassanidin 八朔柑橘定▲ 葡萄柚 Citrus paradisi

trans-hassanin 反式 - 八朔柑橘宁▲ 葡萄柚 Citrus paradisi

hassanon 八朔柑橘酮▲ 蛇床 Cnidium monnieri

hastatoside 矛叶马鞭草苷▲ 马鞭草 Verbena officinalis

hastatuside A, B 川滇土大黄苷▲A, B 戟叶酸模 Rumex hastatus

hasubanonine 日本千金藤碱▲ 雅丽千金藤 Stephania elegans, 千金藤 S. japonica, 桐叶千金藤 S. japonica var. discolor

hautriwaic acid 车桑子酸 车桑子 Dodonaea viscosa, 阿尔泰狗娃花 Heteropappus altaicus

hautriwaic acid lactone 车桑子酸内酯 阿尔泰狗娃花 Heteropappus altaicus

hautriwaic lactone 车桑子内酯 车桑子 Dodonaea viscosa

hayatine 哈亚锡生藤碱▲ 铁藤 Cyclea polypetala

hazaleamide 海萨崖椒酰胺▲ 椿叶花椒 Zanthoxylum ailanthoides

hazuntine 哈宗藤碱▲ 山橙 Melodinus suaveolens, 薄叶山橙 M. tenuicaudatus

4''-hdroxy-*E*-globularinin 4''- 羟基 -*E*- 球花宁▲ 伞序臭黄荆 Premna serratifolia

heavenly blue anthocyanin 天蓝花青素 牵牛 Ipomoea nil

hebeiabinin 河北冬凌草冷杉素▲ 细锥香茶菜 Isodon coetsa, 黄花香茶菜 I. sculponeatus

hebeiabinin A, C, D, E 河北冬凌草冷杉素▲A, C, D, E 冬凌草 Isodon rubescens

hebeiabinin B 河北冬凌草冷杉素▲B 显脉香茶菜 Isodon nervosus, 冬凌草 I. rubescens

hebeirubescensin A~G, I, J, K 河北冬凌草素 A~G, I, J, K 冬凌草 Isodon rubescens

hebeirubescensin H 河北冬凌草素 H 瘿花香茶菜 Isodon rosthornii, 冬凌草 I. rubescens

hebeirubescensin L 河北冬凌草素 L 小叶香茶菜 Isodon parvifolius, 冬凌草 I. rubescens

hebitol II, III 赫柏托醇▲II, III 胡黄连 Neopicrorhiza scrophulariiflora

$\Delta^{9(11)}$-hecogenin $\Delta^{9(11)}$- 海柯皂苷元 剑麻 Agave sisalana

hecogenin 海柯皂苷元 元宝槭 Acer truncatum, 龙舌兰 Agave americana, 狭叶龙舌兰 A. angustifolia, 马盖麻 A. cantula, 剑麻 A. sisalana, 金荞麦 Fagopyrum dibotrys, 萱草 Hemerocallis fulva, 火炭母 Polygonum chinense, 蒺藜 Tribulus terrestris, 虾子花 Woodfordia fruticosa, 凤尾丝兰 Yucca gloriosa

hecogenin-3-*O*-{*O*-β-D-glucopyranosyl-(1→2)-*O*-[*O*-β-D-apiofuranosyl-(1→4)-β-D-glucopyranosyl-(1→3)]-*O*-β-D-glucopyranosyl-(1→4)-β-D-galactopyranoside} 海柯皂苷元 -3-*O*-{*O*-β-D- 吡喃葡萄糖基 -(1→2)-*O*-[*O*-β-D- 呋喃芹菜糖基 -(1→4)-β-D- 吡喃葡萄糖基 -(1→3)]-*O*-β-D- 吡喃葡萄糖基 -(1→4)-β-D- 吡喃半乳糖苷 } 吊兰 Chlorophytum comosum

hecogenin-3-*O*-{*O*-β-D-glucopyranosyl-(1→2)-*O*-[*O*-β-D-apiofuranosyl-(1→4)-β-D-xylopyranosyl-(1→3)]-*O*-β-D-glucopyranosyl-(1→4)-β-D-galactopyranoside} 海柯皂苷元 -3-*O*-{*O*-β-D- 吡喃葡萄糖基 -(1→2)-*O*-[*O*-β-D- 呋喃芹菜糖基 -(1→4)-β-D- 吡喃木糖基 -(1→3)]-*O*-β-D- 吡喃葡萄糖基 -(1→4)-β-D- 吡喃半乳糖苷 } 吊兰 Chlorophytum comosum

hecogenin-3-*O*-{*O*-β-D-glucopyranosyl-(1→2)-*O*-[β-D-xylopyranosyl-(1→3)]-*O*-β-D-glucopyranosyl-(1→4)-β-D-galactopyranoside} 海柯皂苷元 -3-*O*-{*O*-β-D- 吡喃葡萄糖基 -(1→2)-*O*-[β-D- 吡喃葡萄糖基 -(1→3)]-*O*-β-D- 吡喃葡萄糖基 -(1→4)-β-D- 吡喃半乳糖苷 } 吊兰 Chlorophytum comosum

hecogenin-3-*O*-β-D-galactopyranosyl-[(1→2)-β-D-xylopyranosyl-(1→3)]-β-D-glucopyranosyl-(1→4)-β-D-galactopyranoside 海柯皂苷元 -3-*O*-β-D- 吡喃半乳糖基 -[(1→2)-β-D- 吡喃木糖基 -(1→3)]-β-D- 吡喃葡萄糖基 -(1→4)-β-D- 吡喃半乳糖苷 蒺藜 Tribulus terrestris

hecogenin-3-*O*-β-D-glucopyranosyl-(1→2)-[β-D-xylopyranosyl-(1→3)]-β-D-glucopyranosyl-(1→4)-β-D-galactopyranoside 海柯皂苷元 -3-*O*-β-D- 吡喃葡萄糖基 -(1→2)-[β-D- 吡喃木糖基 -(1→3)]-β-D- 吡喃葡萄糖基 -(1→4)-β-D- 吡喃半乳糖苷 龙舌兰 Agave americana, 晚香玉 Polianthes tuberosa

hecogenin-3-*O*-β-D-glucopyranosyl-(1→2)-β-D-glucopyranosyl-(1→4)-β-D-galactopyranoside 海柯皂苷元 -3-*O*-β-D- 吡喃葡萄糖基 -(1→2)-β-D- 吡喃葡萄糖基 -(1→4)-β-D- 吡喃半乳糖苷 龙舌兰 Agave americana, 晚香玉 Polianthes tuberosa

hecogenin-3-*O*-β-D-glucopyranosyl-(1→2)-β-D-xylopyranosyl-(1→3)-β-D-glucopyranosyl-(1→4)-β-D-galactopyranoside 海柯皂苷元 -3-*O*-β-D- 吡喃葡萄糖基 -(1→2)-β-D- 吡喃木糖基 -(1→3)-β-D- 吡喃葡萄糖基 -(1→4)-β-D- 吡喃半乳糖苷 蒺藜 Tribulus terrestris

hecogenin-3-*O*-β-D-glucopyranosyl-(1→4)-β-D-galactopyranoside 海柯皂苷元 -3-*O*-β-D- 吡喃葡萄糖基 -(1→4)-β-D- 吡喃半乳糖苷 蒺藜 Tribulus terrestris

hecogenin-3-*O*-β-D-xyloyranosyl-(1→3)-β-D-glucopyranosyl-(1→2)-[β-D-xyloyranosyl-(1→3)]-β-D-glucopyranosyl-(1→4)-β-D-galactopyranoside 海柯皂苷元 -3-*O*-β-D- 吡喃木糖基 -(1→3)-β-D- 吡喃葡萄糖基 -(1→2)-[β-D- 吡喃木糖基 -(1→3)]-β-D- 吡喃葡萄糖基 -(1→4)-β-D- 吡喃半乳糖苷 晚香玉 Polianthes tuberosa

hecogenin-3-*O*-β-glucopyranosyl-(1→2)-β-glucopyranosyl-(1→4)-β-galactopyranoside 海柯皂苷元 -3-*O*-β- 吡喃葡萄糖基 -(1→2)-β- 吡喃葡萄糖基 -(1→4)-β- 吡喃半乳糖苷 蒺藜 Tribulus terrestris

hecogenin-3-*O*-β-glucopyranosyl-(1→4)-β-galactopyranoside 海柯皂苷元 -3-*O*-β- 吡喃葡萄糖基 -(1→4)-β- 吡喃半乳糖苷 蒺藜 Tribulus terrestris hecogenin-3-*O*-*β*-xylopyranosyl-(1 → 3)-*β*-glucopyranosyl-(1 → 4)-*β*-galactopyranoside 海柯皂苷元 -3-*O*-*β*- 吡喃木糖基 -(1 → 3)-*β*- 吡喃葡萄糖基 -(1 → 4)-*β*- 吡喃半乳糖苷 蒺藜 Tribulus terrestris

hecogenone 海柯酮 蒺藜 Tribulus terrestris

hectochlorin 赫克托鞘丝氯素▲ 巨大鞘丝藻 Lyngbya majuscula

(+)-hecubine (+)- 狗牙花宾碱▲ 伞房狗牙花 Tabernaemontana corymbosa

hecubine 狗牙花宾碱▲ 药用狗牙花 Tabernaemontana bovina, 狗牙花 T. divaricata

hedanthroside A~E 牛白藤蒽醌苷▲A~E 牛白藤 Hedyotis hedyotidea

hederacaucaside B 高加索常春藤苷▲B 兴安白头翁 Pulsatilla dahurica

hederacine A, B 欧活血丹碱▲A, B 欧活血丹 Glechoma hederacea

hederacolchiside A 科尔基斯常春藤苷▲A 枸骨 Ilex cornuta

hederacolchiside E 科尔基斯常春藤苷▲E 西南银莲花 Anemone davidii, 多被银莲花 A. raddeana, 朝鲜白头翁 Pulsatilla cernua, 白头翁 P. chinensis

hederacolchiside F 科尔基斯常春藤苷▲F 木通 Akebia quinata, 多被银莲花 Anemone raddeana, 山木通 Clematis finetiana, 甘青铁线莲 C. tangutica, 柱果铁线莲 C. uncinata, 朝鲜白头翁 Pulsatilla cernua

hederacoside A 常春藤萜苷▲A 洋常春藤 Hedera helix

hederacoside B 常春藤萜苷▲B 洋常春藤 Hedera helix, 朝鲜白头翁 Pulsatilla cernua

hederacoside C 常春藤萜苷▲C 洋常春藤 Hedera helix, 兴安白头翁 Pulsatilla dahurica

hederagenic acid 常春藤酸 驴蹄草 Caltha palustris, 榅桲 Cydonia oblonga, 红荚蒾 Viburnum erubescens

hederagenin 常春藤皂苷元 较常见成分，至少分布于 30 种以上植物中，见于败酱科、报春花科、川续断科、唇形科、冬青科、豆科、海桐花科、胡桃科、葫芦科、槲寄生科、夹竹桃科、旌节花科、菊科、苦苣苔科、马鞭草科、毛茛科、木通科、牛栓藤科、茜草科、忍冬科、瑞香科、桑科、芍药科、省沽油科、石竹科、卫矛科、无患子科、五加科、荨麻科、远志科、紫葳科等

hederagenin-3-*O*-(4-*O*-acetyl-*α*-L-arabinopyranosyl)-(1 → 3)-*α*-L-rhamnopyranosyl-(1 → 2)-*α*-L-arabinopyranoside 常春藤皂苷元 -3-*O*-(4-*O*-乙酰基 -*α*-L- 吡喃阿拉伯糖基)-(1 → 3)-*α*-L- 吡喃鼠李糖基 -(1 → 2)-*α*-L- 吡喃阿拉伯糖苷 红毛丹 Nephelium lappaceum

hederagenin-28-*O*-[*β*-D-glucopyranosyl-(1 → 6)-*β*-D-glucopyranosyl]ester 常春藤皂苷元 -28-*O*-*β*-D- 吡喃葡萄糖基 -(1 → 6)-*β*-D- 吡喃葡萄糖基酯苷 灰毡毛忍冬 Lonicera macranthoides

hederagenin-28-*O*-*α*-L-rhamnopyranosyl-(1 → 4)-*β*-D-glucopyranosyl-(1 → 6)-*β*-D-glucopyranosyl ester 常春藤皂苷元 -28-*O*-*α*-L- 吡喃鼠李糖基 -(1 → 4)-*β*-D- 吡喃葡萄糖基 -(1 → 6)-*β*-D- 吡喃葡萄糖基酯苷 白头翁 Pulsatilla chinensis, 兴安白头翁 P. dahurica

hederagenin-28-*O*-*β*-D-glucopyranoside 常春藤皂苷元 -28-*O*-*β*-D- 吡喃葡萄糖苷 东北土当归 Aralia cantinentalis, 枸骨 Ilex cornuta, 刺楸 Kalopanax septemlobus

hederagenin-28-*O*-*β*-D-glucopyranosyl ester 常春藤皂苷元 -28-*O*-*β*-D- 吡喃葡萄糖基酯 牛膝 Achyranthes bidentata, 小花草玉梅 Anemone rivularis var. flore-minore

hederagenin-28-*O*-*β*-D-glucopyranosyl-(1 → 6)-*O*-*β*-D-glucopyranosyl ester 常春藤皂苷元 -28-*O*-*β*-D- 吡喃葡萄糖基 -(1 → 6)-*O*-*β*-D- 吡喃葡萄糖基酯 刺楸 Kalopanax septemlobus

hederagenin-28-*O*-*β*-D-glucopyranosyl-(1 → 6)-*β*-D-glucopyranoside 常春藤皂苷元 -28-*O*-*β*-D- 吡喃葡萄糖基 -(1 → 6)-*β*-D- 吡喃葡萄糖苷 三叶木通 Akebia trifoliata

hederagenin-28-*O*-*β*-D-glucopyranosyl-(6 → 1)-*O*-*β*-D-glucopyranosyl ester 常春藤皂苷元 -28-*O*-*β*-D- 吡喃葡萄糖基 -(6 → 1)-*O*-*β*-D- 吡喃葡萄糖基酯 华南忍冬 Lonicera confusa

hederagenin-28-*O*-*β*-D-glucuronopyranosyl-(1 → 4)-*β*-D-glucopyranoside 常春藤皂苷元 -28-*O*-*β*-D- 吡喃葡萄糖醛酸基 -(1 → 4)-*β*-D- 吡喃葡萄糖苷 头序楤木 Aralia dasyphylloides, 川牛膝 Cyathula officinalis

hederagenin-28-*α*-L-rhamnopyranosyl-(1 → 4)-*β*-D-glucopyranosyl-(1 → 6)-*β*-D-glucopyranoxyl ester 常春藤皂苷元 -28-*α*-L- 吡喃鼠李糖基 -(1 → 4)-*β*-D- 吡喃葡萄糖基 -(1 → 6)-*β*-D- 吡喃葡萄糖基酯 红毛五加 Eleutherococcus giraldii

hederagenin-3-*O*-(2,3-di-*O*-acetyl-*α*-L-arabinofuranosyl)-(1 → 3)-[*α*-L-rhamnopyranosyl-(1 → 2)]-*β*-L-arabinopyranoside 常春藤皂苷元 -3-*O*-(2,3-二 -*O*- 乙酰基 -*α*-L- 呋喃阿拉伯糖基)-(1 → 3)-[*α*-L- 吡喃鼠李糖基 -(1 → 2)]-*β*-L- 吡喃阿拉伯糖苷 红毛丹 Nephelium lappaceum

hederagenin-3-*O*-(2,4-di-*O*-acetyl-*α*-L-arabinopyranosyl)-(1 → 3)-*α*-L-rhamnopyranosyl-(1 → 2)-*α*-L-arabinopyranoside 常春藤皂苷元 -3-*O*-(2,4-二 -*O*- 乙酰基 -*α*-L- 吡喃阿拉伯糖基)-(1 → 3)-*α*-L- 吡喃鼠李糖基 -(1 → 2)-*α*-L- 吡喃阿拉伯糖苷 毛瓣无患子 Sapindus rarak

hederagenin-3-*O*-(2,4-*O*-diacetyl-*α*-L-arabinopyranoside)-(1 → 3)-*α*-L-rhamnopyranosyl-(1 → 2)-*α*-L-arabinopyranoside 常春藤皂苷元 -3-*O*-(2,4-*O*- 二 - 乙酰基 -*α*-L- 吡喃阿拉伯糖苷)-(1 → 3)-*α*-L- 吡喃鼠李糖基 -(1 → 2)-*α*-L- 吡喃阿拉伯糖苷 无患子 Sapindus saponaria

hederagenin-3-*O*-(2'-*O*-acetyl-*α*-L-arabinopyranoside 常春藤皂苷元 -3-*O*-(2'-*O*- 乙酰基 -*α*-L- 吡喃阿拉伯糖苷) 败酱 Patrinia scabiosifolia

hederagenin-3-*O*-(2-*O*-acetyl-*β*-D-xylopyranosyl)-(1 → 3)-*α*-L-rhamnopyranosyl-(1 → 2)-*α*-L-arabinopyranoside 常春藤皂苷元 -3-*O*-(2-*O*- 乙酰基 -*β*-D- 吡喃木糖基)-(1 → 3)-*α*-L- 吡喃鼠李糖基 -(1 → 2)-*α*-L- 吡喃阿拉伯糖苷 毛瓣无患子 Sapindus rarak

hederagenin-3-*O*-(3,4-di-*O*-acetyl-*α*-L-arabinopyranosyl)-(1 → 3)-*α*-L-rhamnopyranosyl-(1 → 2)-*α*-L-arabinopyranoside 常春藤皂苷元 -3-*O*-(3,4-二 -*O*- 乙酰基 -*α*-L- 吡喃阿拉伯糖基)-(1 → 3)-*α*-L- 吡喃鼠李糖基 -(1 → 2)-*α*-L- 吡喃阿拉伯糖苷 毛瓣无患子 Sapindus rarak

hederagenin-3-*O*-(3,4-di-*O*-acetyl-*β*-D-xylopyranosyl)-(1 → 3)-*α*-L-rhamnopyranosyl-(1 → 2)-*α*-L-arabinopyranoside 常春藤皂苷元 -3-*O*-(3,4-二 -*O*- 乙酰基 -*β*-D- 吡喃木糖基)-(1 → 3)-*α*-L- 吡喃鼠李糖基 -(1 → 2)-*α*-L- 吡喃阿拉伯糖苷 毛瓣无患子 Sapindus rarak

hederagenin-3-*O*-(3,4-*O*-di-acetyl-*α*-L-arabinopyranoside)-(1 → 3)-*α*-L-rhamnopyranosyl-(1 → 2)-*α*-L-arabinopyranoside 常春藤皂苷元 -3-*O*-(3,4-*O*- 二 - 乙酰基 -*α*-L- 吡喃阿拉伯糖苷)-(1 → 3)-*α*-L- 吡喃鼠李糖基 -(1 → 2)-*α*-L- 吡喃阿拉伯糖苷 无患子 Sapindus saponaria

hederagenin-3-*O*-(3,4-*O*-di-acetyl-*β*-D-xylopyranosyl)-(1 → 3)-*α*-L-rhamnopyranosyl-(1 → 2)-*α*-L-arabinopyranoside 常春藤皂苷元 -3-*O*-(3,4-*O*-二 - 乙酰基 -*β*-D- 吡喃木糖基)-(1 → 3)-*α*-L- 吡喃鼠李糖基 -(1 → 2)-*α*-L- 吡喃阿拉伯糖苷 无患子 Sapindus saponaria

hederagenin-3-*O*-(3,5-di-*O*-acetyl-*α*-L-arabinofuranosyl)-(1 → 3)-*α*-L-rhamnopyranosyl-(1 → 2)-*α*-L-arabinopyranoside 常春藤皂苷元 -3-*O*-(3,5-

二-O-乙酰基-α-L-呋喃阿拉伯糖基)-(1→3)-α-L-吡喃鼠李糖基-(1→2)-α-L-吡喃阿拉伯糖苷 毛瓣无患子 Sapindus rarak

hederagenin-3-O-(3-O-acetyl-α-L-arabinofuranosyl)-(1→3)-[α-L-rhamnopyranosyl-(1→2)]-β-L-arabinopyranoside 常春藤皂苷元-3-O-(3-O-乙酰基-α-L-呋喃阿拉伯糖基)-(1→3)-[α-L-吡喃鼠李糖基-(1→2)]-β-L-吡喃阿拉伯糖苷 红毛丹 Nephelium lappaceum

hederagenin-3-O-(3-O-acetyl-β-D-xylopyranosyl)-(1→3)-α-L-arabinopyranoside 常春藤皂苷元-3-O-(3-O-乙酰基-β-D-吡喃木糖基)-(1→3)-α-L-吡喃阿拉伯糖苷 红毛丹 Nephelium lappaceum

hederagenin-3-O-(3-O-acetyl-β-D-xylopyranosyl)-(1→3)-α-L-rhamnopyranosyl-(1→2)-α-L-arabinopyranoside 常春藤皂苷元-3-O-(3-O-乙酰基-β-D-吡喃木糖基)-(1→3)-α-L-吡喃鼠李糖基-(1→2)-α-L-吡喃阿拉伯糖苷 川滇无患子 Sapindus delavayi, 无患子 S. saponaria

hederagenin-3-O-(4-O-acetyl-β-D-xylopyranosyl)-(1→3)-α-L-rhamnopyranosyl-(1→2)-α-L-arabinopyranoside 常春藤皂苷元-3-O-(4-O-乙酰基-β-D-吡喃木糖基)-(1→3)-α-L-吡喃鼠李糖基-(1→2)-α-L-吡喃阿拉伯糖苷 无患子 Sapindus saponaria

hederagenin-3-O-(6-O-caffeyl-β-D-glucopyranosyl)-(1→4)-O-β-D-xylopyranosyl-(1→3)-O-α-L-rhamnopyranosyl-(1→2)-O-α-L-arabinopyranoside 常春藤皂苷元-3-O-(6-O-咖啡酰基-β-D-吡喃葡萄糖基)-(1→4)-O-β-D-吡喃木糖基-(1→3)-O-α-L-吡喃鼠李糖基-(1→2)-O-α-L-吡喃阿拉伯糖苷 刺楸 Kalopanax septemlobus

hederagenin-3-O-(6-O-caffeyl-β-D-glucopyranosyl)-(1→4)-O-β-D-xylopyranosyl-(1→3)-O-α-L-rhamnopyranosyl-(1→2)-O-α-L-arabinopyranoside-28-O-α-L-rhamnopyranosyl-(1→4)-O-(6-O-acetyl-β-D-glucopyranosyl)-(1→6)-O-β-D-glucopyranosyl ester 常春藤皂苷元-3-O-(6-O-咖啡酰基-β-D-吡喃葡萄糖基)-(1→4)-O-β-D-吡喃木糖基(1→3)-O-α-L-吡喃鼠李糖基-(1→2)-O-α-L-吡喃阿拉伯糖苷-28-O-α-L-吡喃鼠李糖基-(1→4)-O-(6-O-acetyl-β-D-吡喃葡萄糖基)-(1→6)-O-β-D-吡喃葡萄糖基酯 刺楸 Kalopanax septemlobus

hederagenin-3-O-(6-O-caffeyl-β-D-glucopyranosyl)-(1→4)-O-β-D-xylopyranosyl-(1→3)-O-α-L-rhamnopyranosyl-(1→2)-O-α-L-arabinopyranoside-28-O-α-L-rhamnopyranosyl-(1→4)-β-D-glucopyranosyl-(1→6)-O-β-D-glucopyranosyl ester 常春藤皂苷元-3-O-(6-O-咖啡酰基-β-D-吡喃葡萄糖基)-(1→4)-O-β-D-吡喃木糖基-(1→3)-O-α-L-吡喃鼠李糖基-(1→2)-O-α-L-吡喃阿拉伯糖苷-28-O-α-L-吡喃鼠李糖基-(1→4)-β-D-吡喃葡萄糖基-(1→6)-O-β-D-吡喃葡萄糖基酯 刺楸 Kalopanax septemlobus

hederagenin-3-O-(α-L-arabinopyranosyl-(1→3)-α-L-rhamnopyranosyl-(1→2)-α-L-arabinopyranoside 常春藤皂苷元-3-O-(α-L-吡喃阿拉伯糖基-(1→3)-α-L-吡喃鼠李糖基-(1→2)-α-L-吡喃阿拉伯糖苷 无患子 Sapindus saponaria

hederagenin-3-O-[α-L-arabinopyranosyl-(1→2)-β-D-glucopyranosyl-(1→2)-α-L-arabinopyranoside] 常春藤皂苷元-3-O-[α-L-吡喃阿拉伯糖基-(1→2)-β-D-吡喃葡萄糖基-(1→2)-α-L-吡喃阿拉伯糖苷] 紫苜蓿 Medicago sativa

hederagenin-3-O-[α-L-rhamnopyranosyl-(1→2)-α-L-arabinopyranoside] 常春藤皂苷元-3-O-[α-L-吡喃鼠李糖基-(1→2)-α-L-吡喃阿拉伯糖苷] 南苜蓿 Medicago polymorpha

hederagenin-3-O-[α-L-rhamnopyranosyl-(1→2)-α-L-arabinopyranosyl]-28-O-[β-D-glucopyranosyl-(1→6)-β-D-glucopyranoside] 常春藤皂苷元-3-O-[α-L-吡喃鼠李糖基-(1→2)-α-L-吡喃阿拉伯糖基]-28-O-[β-D-吡喃葡萄糖基-(1→6)-β-D-吡喃葡萄糖苷] 南苜蓿 Medicago polymorpha

hederagenin-3-O-[β-D-glucopyranosyl-(1→2)-α-L-arabinopyranosyl]-28-O-[β-D-glucopyranoside] 常春藤皂苷元-3-O-[β-D-吡喃葡萄糖基-(1→2)-α-L-吡喃阿拉伯糖基]-28-O-[β-D-吡喃葡萄糖苷] 南苜蓿 Medicago polymorpha

hederagenin-3-O-[β-D-glucopyranosyl-(1→2)-α-L-arabinoside] 常春藤皂苷元-3-O-β-D-吡喃葡萄糖基-(1→2)-α-L-阿拉伯糖苷 紫苜蓿 Medicago sativa

hederagenin-3-O-glycoside 常春藤皂苷元-3-O-糖苷 木通 Akebia quinata

hederagenin-3-O-α-L-arabinofuranosyl-(1→3)-[α-L-rhamnopyranosyl-(1→2)]-β-L-arabinopyranoside 常春藤皂苷元-3-O-α-L-呋喃阿拉伯糖基-(1→3)-[α-L-吡喃鼠李糖基-(1→2)]-β-L-吡喃阿拉伯糖苷 红毛丹 Nephelium lappaceum

hederagenin-3-O-α-L-arabinofuranosyl-(1→3)-α-L-rhamnopyranosyl-(1→2)-α-L-arabinopyranoside 常春藤皂苷元-3-O-α-L-呋喃阿拉伯糖基-(1→3)-α-L-吡喃鼠李糖基-(1→2)-α-L-吡喃阿拉伯糖苷 毛瓣无患子 Sapindus rarak

hederagenin-3-O-α-L-arabinopyranoside 常春藤皂苷元-3-O-α-L-吡喃阿拉伯糖苷 木通 Akebia quinata, 大火草 Anemone tomentosa, 驴蹄草 Caltha palustris, 红毛七 Caulophyllum robustum, 红毛五加 Eleutherococcus giraldii, 狭叶五加 E. wilsonii, 鹅掌藤 Heptapleurum arboricola, 忍冬 Lonicera japonica, 南苜蓿 Medicago polymorpha, 朝鲜白头翁 Pulsatilla cernua, 兴安白头翁 P. dahurica, 无患子 Sapindus saponaria, 尾叶那藤 Stauntonia obovatifoliola subsp. urophylla, 瘤果槲寄生 Viscum ovalifolium

hederagenin-3-O-α-L-arabinopyranoside-28-O-α-L-rhamnopyranosyl-(1→4)-O-(6-O-acetyl-β-D-glucopyranosyl)-(1→6)-O-β-D-glucopyranosyl ester 常春藤皂苷元-3-O-α-L-吡喃阿拉伯糖苷-28-O-α-L-吡喃鼠李糖基-(1→4)-O-(6-O-乙酰基-β-D-吡喃葡萄糖基)-(1→6)-O-β-D-吡喃葡萄糖基酯 刺楸 Kalopanax septemlobus

hederagenin-3-O-α-L-arabinopyranoside-28-O-α-L-rhamnopyranosyl-(1→4)-O-β-D-glucopyranosyl-(1→6)-O-β-D-glucopyranosyl ester 常春藤皂苷元-3-O-α-L-吡喃阿拉伯糖苷-28-O-α-L-吡喃鼠李糖基-(1→4)-O-β-D-吡喃葡萄糖基-(1→6)-O-β-D-吡喃葡萄糖基酯 八角金盘 Fatsia japonica

hederagenin-3-O-α-L-arabinopyranosyl-(1→3)-α-L-rhamnopyranosyl-(1→2)-α-L-arabinopyranoside 常春藤皂苷元-3-O-α-L-吡喃阿拉伯糖基-(1→3)-α-L-吡喃鼠李糖基-(1→2)-α-L-吡喃阿拉伯糖苷 红毛丹 Nephelium lappaceum, 毛瓣无患子 Sapindus rarak

hederagenin-3-O-α-L-arabinopyranosyl-(1→3)-α-L-rhamnopyranosyl-(1→4)-β-D-glucopyranoside 常春藤皂苷元-3-O-α-L-吡喃阿拉伯糖基-(1→3)-α-L-吡喃鼠李糖基-(1→4)-β-D-吡喃葡萄糖苷 甘青铁线莲 Clematis tangutica

hederagenin-3-O-α-L-arabinopyranosyl-(1→3)-β-D-xylopyranoside 常春藤皂苷元-3-O-α-L-吡喃阿拉伯糖基-(1→3)-β-D-吡喃木糖苷 败酱 Patrinia scabiosifolia

hederagenin-3-O-α-L-arabinopyranosyl-(2→1)-O-α-L-rhamnopyranoside 常春藤皂苷元-3-O-α-L-吡喃阿拉伯糖基-(2→1)-O-α-L-吡喃鼠李糖苷 华南忍冬 Lonicera confusa

hederagenin-3-O-α-L-arabinopyranosyl-(2→1)-α-L-rhamnopyranosyl-(3→1)-β-D-xylopyranosyl-(3→1)-β-D-xylopyranosyl-(1→3)-glucopyranoside 常春藤皂苷元-3-O-α-L-吡喃阿拉伯糖基-(2→1)-α-L-吡喃鼠李糖基-(3→1)-β-D-吡喃木糖基-(3→1)-β-D-吡喃

H

木糖基 -(1 → 3)- 吡喃葡萄糖苷 无患子 Sapindus saponaria

hederagenin-3-*O*-α-L-arabinopyranosyl-28-*O*-[β-D-glucopyranosyl-(1 → 6)-β-D-glucopyranosyl]ester 常春藤皂苷元 -3-*O*-α-L- 吡喃阿拉伯糖基 -28-*O*-β-D- 吡喃葡萄糖基 -(1 → 6)-β-D- 吡喃葡萄糖基酯苷 灰毡毛忍冬 Lonicera macranthoides

hederagenin-3-*O*-α-L-arabinopyranosyl-28-*O*-α-L-rhamnopyranosyl-(1 → 4)-*O*-6-*O*-acetyl-β-D-glucopyranosyl-(1 → 6)-*O*-β-D-glucopyranosyl ester 常春藤皂苷元 -3-*O*-α-L- 吡喃阿拉伯糖基 -28-*O*-α-L- 吡喃鼠李糖基 -(1 → 4)-*O*-6-*O*- 乙酰基 -β-D- 吡喃葡萄糖基 -(1 → 6)-*O*-β-D- 吡喃葡萄糖基酯 八角金盘 Fatsia japonica

hederagenin-3-*O*-α-L-arabinopyranosyl-28-*O*-α-L-rhamnopyranosyl-(1→4)-β-D-glucopyranosyl-(1→6)-β-D-glucopyranoside 常春藤皂苷元 -3-*O*-α-L- 吡喃阿拉伯糖基 -28-*O*-α-L- 吡喃鼠李糖基 -(1 → 4)-β-D- 吡喃葡萄糖基 -(1 → 6)-β-D- 吡喃葡萄糖苷 红毛五加 Eleutherococcus giraldii

hederagenin-3-*O*-α-L-arabinopyranosyl-28-*O*-β-D-glucopyranoside 常春藤皂苷元 -3-*O*-α-L- 吡喃阿拉伯糖基 -28-*O*-β-D- 吡喃葡萄糖苷 南苜蓿 Medicago polymorpha

hederagenin-3-*O*-α-L-arabinopyranosyl-28-*O*-β-D-glucopyranosyl ester 常春藤皂苷元 -3-*O*-α-L- 吡喃阿拉伯糖基 -28-*O*-β-D- 吡喃葡萄糖基酯苷 兴安白头翁 Pulsatilla dahurica

hederagenin-3-*O*-α-L-arabinopyranoyl-(2 → 1)-*O*-β-D-glucopyranoside 常春藤皂苷元 -3-*O*-α-L- 吡喃阿拉伯糖基 -(2 → 1)-β-D- 吡喃葡萄糖苷 瘤果槲寄生 Viscum ovalifolium

hederagenin-3-*O*-α-L-rhamnopyranoside 常春藤皂苷元 -3-*O*-α-L- 吡喃鼠李糖苷 三叶木通 Akebia trifoliata

hederagenin-3-*O*-α-L-rhamnopyranosyl-(1→2)-[β-D-glucopyranosyl-(1→4)]-α-L-arabinopyranoside 常春藤皂苷元 -3-*O*-α-L- 吡喃鼠李糖基 -(1 → 2)-[β-D- 吡喃葡萄糖基 -(1 → 4)]-α-L- 吡喃阿拉伯糖苷 兴安白头翁 Pulsatilla dahurica

hederagenin-3-*O*-α-L-rhamnopyranosyl-(1 → 2)-*O*-[β-D-glucopyranosyl-(1 → 4)]-α-L-arabinopyranoside 常春藤皂苷元 -3-*O*-α-L- 吡喃鼠李糖基 -(1 → 2)-*O*-[β-D- 吡喃葡萄糖基 -(1 → 4)]-α-L- 吡喃阿拉伯糖苷 白头翁 Pulsatilla chinensis

hederagenin-3-*O*-α-L-rhamnopyranosyl-(1 → 2)-*O*-α-L-arabinopyranoside 常春藤皂苷元 -3-*O*-α-L- 吡喃鼠李糖基 -(1 → 2)-*O*-α-L- 吡喃阿拉伯糖苷 水忍冬 Lonicera dasystyla

hederagenin-3-*O*-α-L-rhamnopyranosyl-(1 → 2)-*O*-α-L-arabinopyranoside-28-*O*-β-D-glucopyranosyl-(1 → 6)-*O*-β-D-glucopyranosyl ester 常春藤皂苷元 -3-*O*-α-L- 吡喃鼠李糖基 -(1 → 2)-*O*-α-L- 吡喃阿拉伯糖苷 -28-*O*-β-D- 吡喃葡萄糖基 -(1 → 6)-*O*-β-D- 吡喃葡萄糖基酯 刺楸 Kalopanax septemlobus

hederagenin-3-*O*-α-L-rhamnopyranosyl-(1 → 2)-*O*-β-D-glucopyranoside 常春藤皂苷元 -3-*O*-α-L- 吡喃鼠李糖基 -(1 → 2)-*O*-β-D- 吡喃葡萄糖苷 猫儿刺 Ilex pernyi

hederagenin-3-*O*-α-L-rhamnopyranosyl-(1 → 2)-α-L-arabinopyranoside 常春藤皂苷元 -3-*O*-α-L- 吡喃鼠李糖基 -(1 → 2)-α-L- 吡喃阿拉伯糖苷 木通 Akebia quinata, 三叶木通 A. trifoliata, 驴蹄草 Caltha palustris, 红毛五加 Eleutherococcus giraldii, 八月瓜 Holboellia latifolia, 忍冬 Lonicera japonica, 灰毡毛忍冬 L. macranthoides, 白头翁 Pulsatilla chinensis, 尾叶那藤 Stauntonia obovatifoliola subsp. urophylla

hederagenin-3-*O*-α-L-rhamnopyranosyl-(1 → 2)-α-L-pyranarabinoside 常春藤皂苷元 -3-*O*-α-L- 吡喃鼠李糖基 -(1 → 6)2-α-L- 吡喃阿拉伯糖苷 素馨花 Jasminum grandiflorum

hederagenin-3-*O*-α-L-rhamnopyranosyl-(1 → 2)-β-D-xylopyranoside 常春藤皂苷元 -3-*O*-α-L- 吡喃鼠李糖基 -(1 → 2)-β-D- 吡喃木糖苷 忍冬 Lonicera japonica

hederagenin-3-*O*-α-L-rhamnopyranosyl-(1 → 4)-β-D-glucopyranoside 常春藤皂苷元 -3-*O*-α-L- 吡喃鼠李糖基 -(1 → 4)-β-D- 吡喃葡萄糖苷 甘青铁线莲 Clematis tangutica

hederagenin-3-*O*-α-L-rhamnopyranosyl-(3 → 1)-[2,4-*O*-diacetyl-α-L-arabinopyranosyl]-28-*O*-β-D-glucopyranosyl-(2 → 1)[3-*O*-acetyl-β-D-glucopyranosyl]ester 常春藤皂苷元 -3-*O*-α-L- 吡喃鼠李糖基 -(3 → 1)-[2,4-*O*- 二乙酰基 -α-L- 吡喃阿拉伯糖基]-28-*O*-β-D- 吡喃葡萄糖基 -(2 → 1)[3-*O*- 乙酰基 -β-D- 吡喃葡萄糖基] 酯 无患子 Sapindus saponaria

hederagenin-3-*O*-β-(2'-acetyl)-arabinopyranoside 常春藤皂元 -3-*O*-β-(2'- 乙酰基)- 吡喃阿拉伯糖苷 败酱 Patrinia scabiosifolia

hederagenin-3-*O*-β-D-galactopyranosyl-(1 → 2)-*O*-α-L-arabinopyranoside 常春藤皂苷元 -3-*O*-β-D- 吡喃半乳糖基 -(1 → 2)-*O*-α-L- 吡喃阿拉伯糖苷 八角金盘 Fatsia japonica

hederagenin-3-*O*-β-D-glucopyranoside 常春藤皂苷元 -3-*O*-β-D- 吡喃葡萄糖苷 八角金盘 Fatsia japonica, 尼泊尔常春藤 Hedera nepalensis, 天蓝苜蓿 Medicago lupulina

hederagenin-3-*O*-β-D-glucopyranoside-28-*O*-β-gentiobiosyl ester 常春藤皂苷元 -3-*O*-β-D- 吡喃葡萄糖苷 -28-*O*-β- 龙胆二糖基酯 八角金盘 Fatsia japonica

hederagenin-3-*O*-β-D-glucopyranosyl-(1→2)-*O*-α-L-arabinopyranoside-28-*O*-α-L-rhamnopyranosyl-(1→4)-*O*-β-D-glucopyranosyl-(1→6)-*O*-β-D-glucopyranosyl ester 常春藤皂苷元 -3-*O*-β-D- 吡喃葡萄糖基 -(1→2)-*O*-α-L- 吡喃阿拉伯糖苷 -28-*O*-α-L- 吡喃鼠李糖基 -(1→4)-*O*-β-D- 吡喃葡萄糖基 -(1 → 6)-*O*-β-D- 吡喃葡萄糖基酯 八角金盘 Fatsia japonica

hederagenin-3-*O*-β-D-glucopyranosyl-(1 → 2)-*O*-β-D-glucopyranoside 常春藤皂苷元 -3-*O*-β-D- 吡喃葡萄糖基 -(1 → 2)-*O*-β-D- 吡喃葡萄糖苷 猫儿刺 Ilex pernyi

hederagenin-3-*O*-β-D-glucopyranosyl-(1 → 2)-α-L-arabinopyranoside 常春藤皂苷元 -3-*O*-β-D- 吡喃葡萄糖基 -(1 → 2)-α-L- 吡喃阿拉伯糖苷 木通 Akebia quinata, 白木通 A. trifoliata subsp. australis, 红毛七 Caulophyllum robustum, 红毛五加 Eleutherococcus giraldii, 猫儿刺 Ilex pernyi, 兴安白头翁 Pulsatilla dahurica

hederagenin-3-*O*-β-D-glucopyranosyl-(1 → 2)-β-D-glucopyranoside 常春藤皂苷元 -3-*O*-β-D- 吡喃葡萄糖基 (1 → 2)-β-D- 吡喃葡萄糖苷 瓜子金 Polygala japonica

hederagenin-3-*O*-β-D-glucopyranosyl-(1 → 2)-β-D-glucopyranosyl-(1 → 6)-β-D-galactopyranoside 常春藤皂苷元 -3-*O*-β-D- 吡喃葡萄糖基 -(1 → 2)-β-D- 吡喃葡萄糖基 -(1 → 6)-β-D- 吡喃半乳糖苷 掌叶白头翁 Pulsatilla patens var. multifida

hederagenin-3-*O*-β-D-glucopyranosyl-(1 → 3')-(2'-*O*-acetyl)-α-L-arabinopyranoside 常春藤皂苷元 -3-*O*-β-D- 吡喃葡萄糖基 -(1 → 3')-(2'-*O*-

乙酰基)-α-L- 吡喃阿拉伯糖苷 败酱 Patrinia scabiosifolia

hederagenin-3-*O*-β-D-glucopyranosyl-(1 → 3)-*O*-α-L-rhamnopyranosyl-(1 → 2)-α-L-arabinopyranoside 常春藤皂苷元 -3-*O*-β-D- 吡喃葡萄糖基 -(1 → 3)-α-L- 吡喃鼠李糖基 -(1 → 2)-α-L- 吡喃阿拉伯糖苷 朝鲜白头翁 Pulsatilla cernua, 白头翁 P. chinensis

hederagenin-3-*O*-β-D-glucopyranosyl-(1 → 3)-α-L-arabinopyranoside 常春藤皂苷元 -3-*O*-β-D- 吡喃葡萄糖基 -(1 → 3)-α-L- 吡喃阿拉伯糖苷 素馨花 Jasminum grandiflorum

hederagenin-3-*O*-β-D-glucopyranosyl-(1 → 3)-α-L-arabinopyranoside-28-*O*-β-D-glucopyranosylester 长春藤皂苷元 -3-*O*-β-D- 吡喃葡萄糖基 -(1 → 3)-α-L- 吡喃阿拉伯糖基 -28-*O*-β-D- 吡喃葡萄糖基酯苷 萱草 Hemerocallis fulva

hederagenin-3-*O*-β-D-glucopyranosyl-(1 → 3)-α-L-rhamnopyranosyl-(1 → 2)[α-L-rhamnopyranosyl-(1 → 2)-β-D-glucopyranosyl-(1 → 4)]-α-L-arabinopyranosyl-28-*O*-α-L-rhamnopyranosyl-(1 → 4)-β-D-glucopyranosyl-(1 → 6)-β-D-glucopyranosyl ester 常春藤皂苷元 -3-*O*-β-D- 吡喃葡萄糖基 -(1 → 3)-α-L- 吡喃鼠李糖基 -(1 → 2)[α-L- 吡喃鼠李糖基 -(1 → 2)-β-D- 吡喃葡萄糖基 -(1 → 4)]-α-L- 吡喃阿拉伯糖基 -28-*O*-α-L- 吡喃鼠李糖基 -(1 → 4)-β-D- 吡喃葡萄糖基 -(1 → 6)-β-D- 吡喃葡萄糖基酯苷 兴安白头翁 Pulsatilla dahurica

hederagenin-3-*O*-β-D-glucopyranosyl-(1 → 3)-α-L-rhamnopyranosyl-(1 → 2)-[β-D-glucopyranosyl-(1 → 4)]-α-L-arabinopyranoside 常春藤皂苷元 -3-*O*-β-D- 吡喃葡萄糖基 -(1 → 3)-α-L- 吡喃鼠李糖基 -(1 → 2)-[β-D- 吡喃葡萄糖基 -(1 → 4)]-α-L- 吡喃阿拉伯糖苷 兴安白头翁 Pulsatilla dahurica

hederagenin-3-*O*-β-D-glucopyranosyl-(1 → 3)-α-L-rhamnopyranosyl(1 → 2)-α-L-arabinopyranoside 常春藤皂苷元 -3-*O*-β-D- 吡喃葡萄糖基 (1 → 3)-α-L- 吡喃鼠李糖基 -(1 → 2)-α-L- 吡喃阿拉伯糖苷 辽东楤木 Aralia elata var. glabrescens

hederagenin-3-*O*-β-D-glucopyranosyl-(1 → 3)-α-L-rhamnopyranosyl-(1 → 2)-α-L-arabinopyranoside 常春藤皂苷元 -3-*O*-β-D- 吡喃葡萄糖基 -(1 → 3)-α-L- 吡喃鼠李糖基 -(1 → 2)-α-L- 吡喃阿拉伯糖基苷 刺通草 Trevesia palmata

hederagenin-3-*O*-β-D-glucopyranosyl-(1 → 3)-α-L-rhamnopyranosyl-(1 → 2)-α-L-arabinopyranosyl-28-*O*-β-D-glucopyranoside 常春藤皂苷元 -3-*O*-β-D- 吡喃葡萄糖基 -(1 → 3)-α-L- 吡喃鼠李糖基 -(1 → 2)-α-L- 吡喃阿拉伯糖基 -28-*O*-β-D- 吡喃葡萄糖基酯苷 灰毡毛忍冬 Lonicera macranthoides

hederagenin-3-*O*-β-D-glucopyranosyl-(1 → 3)-α-L-rhamnopyranosyl-(1 → 4)-β-D-xylopyranoside 常春藤皂苷元 -3-*O*-β-D- 吡喃葡萄糖基 -(1 → 3)-α-L- 吡喃鼠李糖基 -(1 → 4)-β-D- 吡喃木糖苷 红毛丹 Nephelium lappaceum

hederagenin-3-*O*-β-D-glucopyranosyl-(1 → 4)-*O*-β-D-glucopyranoside 常春藤皂苷元 -3-*O*-β-D- 吡喃葡萄糖基 -(1 → 4)-*O*-β-D- 吡喃葡萄糖苷 八角金盘 Fatsia japonica

hederagenin-3-*O*-β-D-glucopyranosyl-(1 → 4)-α-L-arabinopyranoside 常春藤皂苷元 -3-*O*-β-D- 吡喃葡萄糖基 -(1 → 4)-α-L- 吡喃阿拉伯糖苷 八角金盘 Fatsia japonica, 朝鲜白头翁 Pulsatilla cernua, 白头翁 P. chinensis

hederagenin-3-*O*-β-D-glucopyranosyl-(1 → 4)-β-D-glucopyranosyl-(1 → 3)-α-L-rhamnopyranosyl-(1 → 2)-α-L-arabinopyranoside 常春藤皂苷元 -3-*O*-β-D- 吡喃葡萄糖基 -(1 → 4)-β-D- 吡喃葡萄糖基 -(1 → 3)-α-L- 吡喃鼠李糖基 -(1 → 2)-α-L- 吡喃阿拉伯糖苷 朝鲜白头翁 Pulsatilla cernua, 兴安白头翁 P. dahurica

hederagenin-3-*O*-β-D-glucopyranosyl-(1 → 4)-β-D-glucopyranosyl-(1 → 4)-β-D-xylopyranosyl-(1 → 3)-α-L-rhamnopyranosyl-(1 → 2)-α-L-arabinopyranoside 常春藤皂苷元 -3-*O*-β-D- 吡喃葡萄糖基 -(1 → 4)-β-D- 吡喃葡萄糖基 -(1 → 4)-β-D- 吡喃木糖基 -(1 → 3)-α-L- 吡喃鼠李糖基 -(1 → 2)-α-L- 吡喃阿拉伯糖苷 威灵仙 Clematis chinensis

hederagenin-3-*O*-β-D-glucopyranosyl-(1 → 4)-β-D-xylopyranosyl-(1 → 3)-α-L-rhamnopyranosyl-(1 → 2)-α-L-arabinopyranoside 常春藤皂苷元 -3-*O*-β-D- 吡喃葡萄糖基 -(1 → 4)-β-D- 吡喃木糖基 -(1 → 3)-α-L- 吡喃鼠李糖基 -(1 → 2)-α-L- 吡喃阿拉伯糖苷 威灵仙 Clematis chinensis

hederagenin-3-*O*-β-D-glucopyranosyl-(6 → 1)-*O*-β-D-glucopyranoside 常春藤皂苷元 -3-*O*-β-D- 吡喃葡萄糖基 -(6 → 1)-*O*-β-D- 吡喃葡萄糖苷 黄毛楤木 Aralia chinensis

hederagenin-3-*O*-β-D-glucuronopyranoside 常春藤皂苷元 -3-*O*-β-D- 吡喃葡萄糖醛酸苷 喜旱莲子草 Alternanthera philoxeroides, 尼泊尔常春藤 Hedera nepalensis

hederagenin-3-*O*-β-D-glucuronopyranoside 6'-*O*-methyl ester 常春藤皂苷元 -3-*O*-β-D- 葡萄糖醛酸苷 6'-*O*- 甲酯 野楤头 Aralia armata

hederagenin-3-*O*-β-D-glucuronopyranoside-6'-*O*-methyl ester 常春藤皂苷元 -3-*O*-β-D- 吡喃葡萄糖醛酸苷 -6'-*O*- 甲酯 喜旱莲子草 Alternanthera philoxeroides, 栀子 Gardenia jasminoides

hederagenin-3-*O*-β-D-glucuronopyranosyl methyl ester 常春藤皂苷元 -3-*O*-β-D- 吡喃葡萄糖醛酸甲酯苷 黄毛楤木 Aralia chinensis

hederagenin-3-*O*-β-D-xylopyranosyl-(1 → 2)-α-L-arabinopyranoside 常春藤皂苷元 -3-*O*-β-D- 吡喃木糖基 -(1 → 2)-α-L- 吡喃阿拉伯糖苷 木通 Akebia quinata, 白木通 A. trifoliata subsp. australis

hederagenin-3-*O*-β-D-xylopyranosyl-(1 → 3)-*O*-α-L-rhamnopyranosyl-(1 → 2)-*O*-α-L-arabinopyranoside-28-*O*-α-L-rhamnopyranosyl-(1 → 4)-*O*-(6-*O*-acetyl-β-D-glucopyranosyl)-(1 → 6)-*O*-β-D-glucopyranosyl ester 常春藤皂苷元 -3-*O*-β-D- 吡喃木糖基 -(1 → 3)-*O*-α-L- 吡喃鼠李糖基 -(1 → 2)-*O*-α-L- 吡喃阿拉伯糖苷 -28-*O*-α-L- 吡喃鼠李糖基 -(1 → 4)-*O*-(6-*O*- 乙酰基 -β-D- 吡喃葡萄糖基)-(1 → 6)-*O*-β-D- 吡喃葡萄糖基酯 刺楸 Kalopanax septemlobus

hederagenin-3-*O*-β-D-xylopyranosyl-(1 → 3)-α-L-arabinopyranoside 常春藤皂苷元 -3-*O*-β-D- 吡喃木糖基 -(1 → 3)-α-L- 吡喃阿拉伯糖苷 狭叶五加 Eleutherococcus wilsonii

hederagenin-3-*O*-β-D-xylopyranosyl-(1 → 3)-α-L-rhamnopyranosyl-(1 → 2)-α-L-arabinopyranoside 常春藤皂苷元 -3-*O*-β-D- 吡喃木糖基 -(1 → 3)-α-L- 吡喃鼠李糖基 -(1 → 2)-α-L- 吡喃阿拉伯糖苷 素馨花 Jasminum grandiflorum, 无患子 Sapindus saponaria

hederagenin-3-*O*-β-D-xylopyranosyl-(2 → 1)-[3-*O*-acetyl-α-L-arabinopyranosyl-28-*O*-α-L-rhamnopyranosylester] 常春藤皂苷元 -3-*O*-β-D- 吡喃木糖基 -(2 → 1)-[3-*O*- 乙酰基 -α-L- 吡喃阿拉伯糖基 -28-*O*-α-L- 吡喃鼠李糖基酯] 无患子 Sapindus saponaria

hederagenin-3-*O*-β-glucuronopyranoside 常春藤皂苷元 -3-*O*-β- 吡喃葡萄糖醛酸苷 刺五加 Eleutherococcus senticosus

hederagenin-3-*O*-β-ribopyranosyl-(1 → 3)-α-rhamnopyranosyl-(1 → 2)-α-arabinopyranoside 常春藤皂苷元 -3-*O*-β- 吡喃核糖基 -(1 → 3)-α- 吡喃鼠李糖基 -(1 → 2)-α- 吡喃阿拉伯糖苷 绣球藤 Clematis monta var. montana hederagenin-3-*O*-*β*-sophoroside 常春藤皂苷元 -3-*O*-*β*- 槐糖苷 八角金盘 Fatsia japonica

hederagenin-3-*O*-*β*-sophoroside-28-*O*-*α*-L-rhamnopyranosyl-(1 → 4)-*O*-*β*-gentiobioside 常春藤皂苷元 -3-*O*-*β*- 槐糖苷 -28-*O*-*α*-L- 鼠李糖基 -(1 → 4)-*O*-*β*- 龙胆二糖基酯 八角金盘 Fatsia japonica

hederagenin-3-*O*-*β*-sophoroside-28-*O*-*β*-gentiobiosyl ester 常春藤皂苷元 -3-*O*-*β*- 槐糖苷 -28-*O*-*β*- 龙胆二糖基酯 八角金盘 Fatsia japonica

hederagenin-3*β*,23-acetonide 常春藤皂苷元 -3*β*,23- 丙酮化物 川赤芍 Paeonia anomala subsp. veitchii

hederagenin-3*β*-*O*-*α*-L-arabinopyranoside 常春藤皂苷元 -3*β*-*O*-*α*-L- 吡喃阿拉伯糖苷 扬子铁线莲 Clematis puberula var. ganpiniana

hederageniun-3-*O*-*α*-L-arabinopyranoside-28-*O*-*β*-glucopyranosyl ester 常春藤皂苷元 -3-*O*-*α*-L- 吡喃阿拉伯糖苷 -28-*O*-*β*- 吡喃葡萄糖基酯 尼泊尔常春藤 Hedera nepalensis

hederagonic acid 常春藤酮酸 刺楸 Kalopanax septemlobus, 朝鲜白头翁 Pulsatilla cernua, 白头翁 P. chinensis, 兴安白头翁 P. dahurica

hederagonic acid-28-*O*-*β*-D-glucopyranoside 常春藤酮酸 -28-*O*-*β*-D- 吡喃葡萄糖苷 刺楸 Kalopanax septemlobus

hederasaponin B 常春藤皂苷 B 西南银莲花 Anemone davidii, 鹅掌草 A. flaccida, 多被银莲花 A. raddeana, 大火草 A. tomentosa, 铁破锣 Beesia calthifolia, 威灵仙 Clematis chinensis, 柱果铁线莲 C. uncinata, 刺五加 Eleutherococcus senticosus, 洋常春藤 Hedera helix, 多蕊木 Heptapleurum calyptratum, 朝鲜白头翁 Pulsatilla cernua

hederasaponin C 常春藤皂苷 C 洋常春藤 Hedera helix, 败酱 Patrinia scabiosifolia, 朝鲜白头翁 Pulsatilla cernua, 白头翁 P. chinensis

hederasaponin D 常春藤皂苷 D 洋常春藤 Hedera helix, 朝鲜白头翁 Pulsatilla cernua, 兴安白头翁 P. dahurica

hederasaponin E~I 常春藤皂苷 E~I 洋常春藤 Hedera helix

α-hederin *α*- 常春藤素 辽东楤木 Aralia elata var. glabrescens, 裂叶铁线莲 Clematis parviloba, 扬子铁线莲 C. puberula var. ganpiniana, 甘青铁线莲 C. tangutica, 狭叶五加 Eleutherococcus wilsonii, 洋常春藤 Hedera helix, 尼泊尔常春藤 H. nepalensis, 黄褐毛忍冬 Lonicera fulvotomentosa, 灰毡毛忍冬 L. macranthoides, 败酱 Patrinia scabiosifolia

β-hederin *β*- 常春藤素 粗齿铁线莲 Clematis grandidentata, 甘青铁线莲 C. tangutica, 洋常春藤 Hedera helix, 鹅掌藤 Heptapleurum arboricola, 多蕊木 H. calyptratum, 刺楸 Kalopanax septemlobus, 败酱 Patrinia scabiosifolia

δ-hederin *δ*- 常春藤素 洋常春藤 Hedera helix, 尼泊尔常春藤 H. nepalensis, 刺楸 Kalopanax septemlobus

hederoside A_2 常春藤苷 A_2 药用牛舌草 Anchusa officinalis, 山石榴 Catunaregam spinosa

hederoside B, F, H_2 常春藤苷 B, F, H_2 洋常春藤 Hedera helix

hederoside E_2 常春藤苷 E_2 山石榴 Catunaregam spinosa, 洋常春藤 Hedera helix

hederoside I 常春藤苷 I 八角金盘 Fatsia japonica, 洋常春藤 Hedera helix, 西南忍冬 Lonicera bournei

hediridoside A, B 牛白藤醚萜苷 ▲A, B 牛白藤 Hedyotis hedyotidea

hedycaryol 甜核树醇 ▲ 挥发油成分，未统计基源

hedychenone 姜花烯酮 圆瓣姜花 Hedychium forrestii, 草果药 H. spicatum, 滇姜花 H. yunnanense

hedychilactone A 姜花内酯 ▲A 姜花 Hedychium coronarium

hedychilactone B 姜花内酯 ▲B 姜花 Hedychium coronarium, 草果药 H. spicatum

hedychilactone C 姜花内酯 ▲C 姜花 Hedychium coronarium, 草果药 H. spicatum

hedychilactone D 姜花内酯 ▲D 草果药 Hedychium spicatum

hedychiol A 姜花醇 ▲A 缩砂密 Amomum villosum var. xanthioides, 姜花 Hedychium coronarium

hedychiol B-8,9-diacetate 姜花醇 ▲B-8,9- 二乙酸酯 姜花 Hedychium coronarium

hedycoryside A, B, C 伞房花耳草苷 ▲A, B, C 伞房花耳草 Hedyotis corymbosa

hedyforrestin B 圆瓣姜花亭 ▲B 毛瓣山姜 Alpinia malaccensis, 圆瓣姜花 Hedychium forrestii

hedyforrestin C, D 圆瓣姜花亭 ▲C, D 圆瓣姜花 Hedychium forrestii

hedyoside 耳草苷 金毛耳草 Hedyotis chrysotricha

hedyosumin A~F 雪香兰素 ▲A~F 雪香兰 Hedyosmum orientale

hedyotide B_1, B_2, B_5, B_6, B_7, B_8, B_9 耳草环肽 ▲B_1, B_2, B_5, B_6, B_7, B_8, B_9 双花耳草 Hedyotis biflora

hedyotiscone A 耳草酮 A 双花耳草 Hedyotis biflora, 伞房花耳草 H. corymbosa

hedyotiscone B, C 耳草酮 B, C 双花耳草 Hedyotis biflora

hedyotisol A 耳草脂醇 ▲A 马槟榔 Capparis masaikai, 阔苞菊 Pluchea indica, 假桂乌口树 Tarenna attenuata

hedyotisol B 耳草脂醇 ▲B 马槟榔 Capparis masaikai, 卫矛 Euonymus alatus, 阔苞菊 Pluchea indica

hedyotisol C 耳草脂醇 ▲C 刺五加 Eleutherococcus senticosus, 卫矛 Euonymus alatus

hedyotol A 耳草醇 ▲A 臭冷杉 Abies nephrolepis

hedyotol C 耳草醇 ▲C 马槟榔 Capparis masaikai, 卫矛 Euonymus alatus, 花曲柳 Fraxinus chinensis subsp. rhynchophylla

hedyotol C-4'',4'''-di-*O*-*β*-D-glucopyranoside 耳草醇 ▲C-4'',4'''- 二 -*O*-*β*-D- 吡喃葡萄糖苷 杜仲 Eucommia ulmoides

hedyotol C-4''-*O*-*β*-D-glucopyranoside 耳草醇 ▲C-4''-*O*-*β*-D- 吡喃葡萄糖苷 尖齿臭茉莉 Clerodendrum lindleyi

hedyotoside 耳草托苷 ▲ 牛白藤 Hedyotis hedyotidea

hedyotoside A~E 耳草托苷 ▲A~E 攀茎耳草 Hedyotis scandens

hedysalignan A 岩黄芪木脂素 A 多序岩黄耆 Hedysarum polybotrys

hedysarimbenzofuran A, B 岩黄芪苯并呋喃 A, B 红花山竹子 Corethrodendron multijugum

hedysarimcoumestan A, C, D, F, H 岩黄芪香豆雌烷 A, C, D, F, H 红花山竹子 Corethrodendron multijugum

hedysarimcoumestan B 岩黄芪香豆雌烷 B 红花山竹子 Corethrodendron multijugum, 甘草 Glycyrrhiza uralensis

hedysarimcoumestan E 岩黄芪香豆雌烷 E 红花山竹子 Corethrodendron multijugum, 甘草 Glycyrrhiza uralensis

hedysarimpterocarpene B, C 岩黄芪紫檀烯 B, C 红花山竹子 Corethrodendron multijugum

hedytriol 滇姜花三醇 ▲ 白花地胆草 Elephantopus tomentosus, 羌活 Notopterygium incisum heilonine 黑龙贝母碱 平贝母 Fritillaria ussuriensis

hekumarin A, B 细叶黄皮香豆灵▲A, B 细叶黄皮 Clausena anisum-olens

hekumarone 细叶黄皮香豆酮▲ 细叶黄皮 Clausena anisum-olens

helenalin 堆心菊素 石胡荽 Centipeda minima, 堆心菊 Helenium autumnale, 九节 Psychotria asiatica

helenien 堆心菊烯 孔雀草 Tagetes patula

heliamine 莲叶桐胺 日本小檗 Berberis thunbergii

(*Z,Z*)-heliangin (*Z,Z*)-向日葵精 向日葵 Helianthus annuus

heliangin 向日葵精 菊芋 Helianthus tuberosus

helianol 向日葵醇 向日葵 Helianthus annuus

helianthol A 向日葵次醇 A 菊芋 Helianthus tuberosus

helianthoside 1, 2, 3, A, B, C 向日葵皂苷 1, 2, 3, A, B, C 向日葵 Helianthus annuus

helianthoside prosapogenin 向日葵皂苷原皂苷元 向日葵 Helianthus annuus

heliantriol A_1, B_0, B_1 向日葵三醇 A_1, B_0, B_1 向日葵 Helianthus annuus

heliantriol B_2 向日葵三醇 B_2 金盏花 Calendula officinalis, 向日葵 Helianthus annuus

heliantriol C 向日葵三醇 C 金盏花 Calendula officinalis, 向日葵 Helianthus annuus

heliantriol C-3*β*-*O*-myristate 向日葵三醇 C-3*β*-*O*-肉豆蔻酸酯 菊花 Chrysanthemum morifolium

heliantriol C-3*β*-*O*-palmitate 向日葵三醇 C-3*β*-*O*-棕榈酸酯 菊花 Chrysanthemum morifolium

heliantriol F 向日葵三醇 F 金盏花 Calendula officinalis, 向日葵 Helianthus annuus

helianyloctanoate 向日葵醇辛酸酯 向日葵 Helianthus annuus

helichromanochalcone 蜡菊色烷查耳酮▲ 乳白香青 Anaphalis lactea

helichrysetin 蜡菊亭▲ 云南草蔻 Alpinia blepharocalyx, 鼠麹草 Gnaphalium affine

(2*R*)-helichrysin (2*R*)-蜡菊素▲ 臭冷杉 Abies nephrolepis

(2*S*)-helichrysin (2*S*)-蜡菊素▲ 臭冷杉 Abies nephrolepis

(2*R*)-helichrysin A (2*R*)-蜡菊素▲A 旱柳 Salix matsudana

(2*S*)-helichrysin A (2*S*)-蜡菊素▲A 旱柳 Salix matsudana

helichrysin B 蜡菊素▲B 沙生蜡菊 Helichrysum arenarium

helichrysoside 蜡菊苷 番红花 Crocus sativus, 翼齿六棱菊 Laggera crispata, 矮桃 Lysimachia clethroides

helicia cerebroside A, B 山龙眼脑苷▲A, B 深绿山龙眼 Helicia nilagirica

helicianeoside A, C 山龙眼新苷▲A, C 深绿山龙眼 Helicia nilagirica

helicianeoside B 山龙眼新苷▲B 深绿山龙眼 Helicia nilagirica, 清风藤 Sabia japonica

helicide 山龙眼苷▲ 深绿山龙眼 Helicia nilagirica, 潞西山龙眼 H. tsaii

helicidol 山龙眼苷醇▲ 小果山龙眼 Helicia cochinchinensis, 深绿山龙眼 H. nilagirica

helicioside A 山龙眼酚苷▲A 沙生蜡菊 Helichrysum arenarium, 小果山龙眼 Helicia cochinchinensis

helicioside B 山龙眼酚苷▲B 小果山龙眼 Helicia cochinchinensis

heliclactone 山芝麻内酯 山芝麻 Helicteres angustifolia

helicoside L_5a, L_5b, L_6d, L_8a, L_8c 洋常春藤苷▲L_5a, L_5b, L_6d, L_8a, L_8c 洋常春藤 Hedera helix

helicquinone 山芝麻醌 山芝麻 Helicteres angustifolia

helicteric acid 山芝麻酸 山芝麻 Helicteres angustifolia

helicterilic acid 山芝麻宁酸 山芝麻 Helicteres angustifolia, 黄连花 Lysimachia davurica

helicterin A~F 山芝麻素▲A~F 火索麻 Helicteres isora

helicterone A 山芝麻酮碱 A 山芝麻 Helicteres angustifolia

heliespirone A, B, C 向日葵螺酮▲A, B, C 向日葵 Helianthus annuus

helieudesmanolide A 向日葵桉叶烷内酯 A 向日葵 Helianthus annuus

heligenin A, B 山芝麻苷元▲A, B 山芝麻 Helicteres angustifolia

helikauranoside A 向日葵贝壳杉苷▲A 向日葵 Helianthus annuus

helindicine 大尾摇辛碱▲ 大尾摇 Heliotropium indicum

heliobuphthalmin 牛眼赛菊芋素▲ 灵枝草 Rhinacanthus nasutus

heliohoustine 天芥菜熊耳草碱▲ 熊耳草 Ageratum houstonianum

heliolactam 泽漆内酰胺 泽漆 Euphorbia helioscopia

helional 新洋茉莉醛 挥发油成分，未统计基源

helioscopin A, B, D 泽漆品 A, B, D 泽漆 Euphorbia helioscopia

helioscopinin A 泽漆宁 A 泽漆 Euphorbia helioscopia, 大狼毒 E. jolkinii

helioscopinin B 泽漆宁 B 泽漆 Euphorbia helioscopia, 大狼毒 E. jolkinii, 一叶萩 Flueggea suffruticosa

helioscopinolide A 泽漆内酯 A 狼毒大戟 Euphorbia fischeriana, 泽漆 E. helioscopia, 甘青大戟 E. micractina, 钩腺大戟 E. sieboldiana, 大果大戟 E. wallichii

helioscopinolide B 泽漆内酯 B 泽漆 Euphorbia helioscopia, 甘青大戟 E. micractina

helioscopinolide C 泽漆内酯 C 大果大戟 Euphorbia wallichii

helioscopinolide E 泽漆内酯 E 甘青大戟 Euphorbia micractina, 大戟 E. pekinensis, 大果大戟 E. wallichii

helioside 天芥菜苷▲ 大尾摇 Heliotropium indicum

heliosupine 平卧天芥菜品碱▲ 大果琉璃草 Cynoglossum divaricatum, 红花琉璃草 C. officinale, 大尾摇 Heliotropium indicum
heliosupine-*N*-oxide 平卧天芥菜品碱▲-*N*- 氧化物 红花琉璃草 Cynoglossum officinale
heliotridine 天芥菜定 红花琉璃草 Cynoglossum officinale, 琉璃草 C. zeylanicum
heliotrine 天芥菜碱 硬萼软紫草 Arnebia decumbens, 大尾摇 Heliotropium indicum
heliotropamide 天芥菜酰胺▲ 天仙子 Hyoscyamus niger
helioxanthin 赛菊芋黄质 无梗五加 Eleutherococcus sessiliflorus, 枪刀药 Hypoestes purpurea, 芸香 Ruta graveolens
helipyrone 蜡菊吡喃酮▲ 香青 Anaphalis sinica, 沙生蜡菊 Helichrysum arenarium
helisorin 火索麻灵素▲ 火索麻 Helicteres isora
helisterculin A, B 火索麻林素▲A, B 火索麻 Helicteres isora
helivypolide A, B, F~J 向日葵萜内酯 A, B, F~J 向日葵 Helianthus annuus
hellebocoside A 铁筷子苷 A 铁筷子 Helleborus thibetanus
hellebrigenin 铁筷子苷元▲ 铁筷子 Helleborus thibetanus
hellebrigenin-3-*O*-*β*-D-glucopyranoside 铁筷子苷元▲-3-*O*-*β*-D- 吡喃葡萄糖苷 铁筷子 Helleborus thibetanus
hellebrin 铁筷子素▲ 铁筷子 Helleborus thibetanus
hellicoside 车前酯苷 车前 Plantago asiatica
helminthosporin 长蠕孢素 望江南 Senna occidentalis
helonioside A 胡麻花皂苷▲A 杠板归 Polygonum perfoliatum, 齿果酸模 Rumex dentatus, 圆锥菝葜 Smilax bracteata, 菝葜 S. china, 吉林延龄草 Trillium kamtschaticum
helonioside B 胡麻花皂苷▲B 杠板归 Polygonum perfoliatum, 圆锥菝葜 Smilax bracteata, 菝葜 S. china
helveticoside 黄白糖芥苷 夏侧金盏花 Adonis aestivalis, 黄麻 Corchorus capsularis, 长蒴黄麻 C. olitorius, 播娘蒿 Descurainia sophia, 葶苈 Draba nemorosa, 灰毛糖芥 Erysimum canescens, 小花糖芥 E. cheiranthoides, 山柳菊叶糖芥 E. hieraciifolium
helveticosol 黄白糖芥苷醇 小花糖芥 Erysimum cheiranthoides
helvolic acid 蜜黄烟曲霉酸▲ 无花果 Ficus carica
hemanthamine; haemanthamine 网球花胺 朱顶红 Hippeastrum rutilum, 花朱顶红 H. vittatum, 水鬼蕉 Hymenocallis littoralis, 忽地笑 Lycoris aurea, 石蒜 L. radiata, 长寿花 Narcissus jonquilla, 假水仙 N. pseudonarcissus, 葱莲 Zephyranthes candida, 韭莲 Z. grandiflora
hemanthidine; haemanthidine 网球花定 网球花 Haemanthus multiflorus, 玉簪 Hosta plantaginea, 水鬼蕉 Hymenocallis littoralis, 忽地笑 Lycoris aurea, 中国石蒜 L. chinensis, 石蒜 L. radiata, 葱莲 Zephyranthes candida
hematoxylin 采木素▲ 苏木 Caesalpinia sappan
hematoxylol 采木醇▲ 刺果苏木 Caesalpinia bonduc
hemerocal 黄花蒽醌 黄花菜 Hemerocallis citrina
hemerocallal A 萱草萜 A 萱草 Hemerocallis fulva
hemerocallin 萱草素 北黄花菜 Hemerocallis lilioasphodelus, 小黄花菜 H. minor
hemerocallone 萱草酮 小黄花菜 Hemerocallis minor
hemerocalloside 萱草苷 萱草 Hemerocallis fulva
hemeroside A, B 萱草皂苷 A, B 重瓣萱草 Hemerocallis fulva var. kwanso
hemialboside 短柄野芝麻半萜苷▲ 短柄野芝麻 Lamium album
hemicellulose 半纤维素 菠萝 Ananas comosus
hemicellulose A-2 半纤维素 A-2 新疆黄精 Polygonatum roseum
hemiphloin 半皮桉苷▲ 显苞芒毛苣苔 Aeschynanthus bracteatus, 华南青皮木 Schoepfia chinensis
hemiphroside A 鞭打绣球苷 A 鞭打绣球 Hemiphragma heterophyllum, 胡黄连 Neopicrorhiza scrophulariiflora
hemiphroside B, C 鞭打绣球苷 B, C 鞭打绣球 Hemiphragma heterophyllum
hemisceramide 泥湖菜神经酰胺▲ 中华紫芝 Ganoderma sinense, 泥胡菜 Hemistepta lyrata, 猴头菌 Hericium erinaceus, 云南油杉 Keteleeria evelyniana
hemislienoside 泥胡菜木烯苷 泥胡菜 Hemistepta lyrata
hemistepsin 泥胡菜素▲ 泽漆 Euphorbia helioscopia
hemistepsin A, B 泥胡菜素▲A, B 泥胡菜 Hemistepta lyrata
hemistriterpene ether 泥胡菜三萜醚 泥胡菜 Hemistepta lyrata
hemitectol 半柚木酚▲ 柚木 Tectona grandis
hemoside 华萝藦苷▲ 华萝藦 Metaplexis hemsleyana
hemoside A~D 华萝藦苷▲A~D 华萝藦 Metaplexis hemsleyana
hemsamabilinin B 曲莲宁▲B 曲莲 Hemsleya amabilis, 雪胆 H. chinensis
hemsgiganoside A 巨花雪胆苷▲A 巨花雪胆 Hemsleya gigantha
hemsgiganoside B 巨花雪胆苷▲B 鹅掌草 Anemone flaccida, 髭脉桤叶树 Clethra barbinervis, 巨花雪胆 Hemsleya gigantha, 竹节参 Panax japonicus
hemsine A 铜钱树辛▲A 铜钱树 Paliurus hemsleyanus, 滇刺枣 Ziziphus mauritiana
hemsine B, C, D 铜钱树辛▲B, C, D 铜钱树 Paliurus hemsleyanus
hemslecin A 雪胆素 A 肉花雪胆 Hemsleya carnosiflora, 雪胆 H. chinensis, 短柄雪胆 H. delavayi, 巨花雪胆 H. gigantha
hemslecin A-2-*O*-*β*-D-glucopyranoside 雪胆素 A-2-*O*-*β*-D- 吡喃葡萄糖苷 雪胆 Hemsleya chinensis
hemslecin A-2-*O*-*β*-D-glucoside 雪胆素 A-2-*O*-*β*-D- 葡萄糖苷 短柄雪胆 Hemsleya delavayi

hemslecin B 雪胆素 B 肉花雪胆 Hemsleya carnosiflora, 雪胆 H. chinensis, 短柄雪胆 H. delavayi, 巨花雪胆 H. gigantha
hemslecin G 雪胆素 G 巨花雪胆 Hemsleya gigantha
hemslepenside A 彭县雪胆苷 A 彭县雪胆 Hemsleya pengxianensis
hemsleyaconitine A 瓜叶乌头尼亭▲A 瓜叶乌头 Aconitum hemsleyanum, 拳距瓜叶乌头 A. hemsleyanum var. circinatum
hemsleyaconitine B 瓜叶乌头尼亭▲B 瓜叶乌头 Aconitum hemsleyanum, 拳距瓜叶乌头 A. hemsleyanum var. circinatum
hemsleyaconitine C~G 瓜叶乌头尼亭▲C~G 瓜叶乌头 Aconitum hemsleyanum
hemsleyanine 瓜叶乌头宁▲ 瓜叶乌头 Aconitum hemsleyanum
hemsleyanine C 瓜叶乌头宁▲C 拳距瓜叶乌头 Aconitum hemsleyanum var. circinatum, 岩乌头 A. racemulosum
hemsleyanine D~G 瓜叶乌头宁▲D~G 拳距瓜叶乌头 Aconitum hemsleyanum var. circinatum
hemsleyanoside 三叶崖爬藤苷 三叶崖爬藤 Tetrastigma hemsleyanum
hemsleyatine 瓜叶乌头亭▲ 瓜叶乌头 Aconitum hemsleyanum, 拳距瓜叶乌头 A. hemsleyanum var. circinatum
hemslonin A 雪胆皂苷 A 鹅掌草 Anemone flaccida, 粗齿铁线莲 Clematis grandidentata, 雪胆 Hemsleya chinensis
hemsloside Am_1 雪胆苷 Am_1 曲莲 Hemsleya amabilis
hemsloside G_1 雪胆苷 G_1 马铜铃 Hemsleya graciliflora, 彭县雪胆 H. pengxianensis
hemsloside G_2 雪胆苷 G_2 马铜铃 Hemsleya graciliflora
hemsloside G_2 methyl ester 雪胆苷 G_2 甲酯 黄毛楤木 Aralia chinensis
hemsloside H_1 雪胆苷 H_1 雪胆 Hemsleya chinensis, 马铜铃 H. graciliflora, 彭县雪胆 H. pengxianensis
hemsloside Ma_1 雪胆苷 Ma_1 曲莲 Hemsleya amabilis, 长果雪胆 H. dolichocarpa, 马铜铃 H. graciliflora, 罗锅底 H. macrosperma, 彭县雪胆 H. pengxianensis
hemsloside Ma_2 雪胆苷 Ma_2 罗锅底 Hemsleya macrosperma, 屏边三七 Panax stipuleanatus
hemsloside Ma_3 雪胆苷 Ma_3 锦鸡儿 Caragana sinica, 曲莲 Hemsleya amabilis, 雪胆 H. chinensis, 马铜铃 H. graciliflora, 罗锅底 H. macrosperma
hendecanoic acid 十一酸 挥发油成分，未统计基源
henderine 尼泊尔黄堇碱▲ 毛黄堇 Corydalis tomentella
12,15-heneicosadiene-1,2,4-triol-1-acetate 12,15- 二十一碳二烯 -1,2,4- 三醇 -1- 乙酸酯 鳄梨 Persea americana
heneicosane 二十一烷 挥发油成分，未统计基源
(6*R*,8*S*)-heneicosanediol (6*R*,8*S*)- 二十一烷二醇 红花 Carthamus tinctorius
heneicosanoic acid 二十一酸 挥发油成分，未统计基源
heneicosanol 二十一醇 挥发油成分，未统计基源
heneicosanol tetracosanoate 二十四酸二十一酯 羊乳 Codonopsis lanceolata
8-heneicosapentaenoyl-benzoylaconine 8- 二十一碳五烯酰基 - 苯甲酰乌头原碱 乌头 Aconitum carmichaelii
8-heneicosatetraenoyl-benzoyldeoxyaconine 8- 二十一碳四烯酰基 - 苯甲酰去氧乌头原碱 乌头 Aconitum carmichaelii
8-heneicosatetraenoyl-benzoylhypaconine 8- 二十一碳四烯酰基 - 苯甲酰次乌头胺 乌头 Aconitum carmichaelii
1-heneicosene 1- 二十一碳烯 挥发油成分，未统计基源
heneicosene 二十一烯 挥发油成分，未统计基源
(*Z*)-10-heneicosenoic acid (*Z*)-10- 二十一烯酸 月月红 Ardisia faberi
heneicosyl ferulate 阿魏酸二十一酯 绶草 Spiranthes sinensis
henicosa-6-yn-20-en-1-oic acid 二十一烷 -6- 炔 -20- 烯 -1- 酸 毛土连翘 Hymenodictyon orixense
hennadiol 散沫花二醇 散沫花 Lawsonia inermis, 白背叶 Mallotus apelta
henningsoline 亨氏马钱林碱▲ 华马钱 Strychnos cathayensis
henricin 翼梗五味子素▲ 三白草 Saururus chinensis, 翼梗五味子 Schisandra henryi
henricin A 翼梗五味子素▲A 翼梗五味子 Schisandra henryi, 铁箍散 S. propinqua var. sinensis, 华中五味子 S. sphenanthera
henricin B 翼梗五味子素▲B 翼梗五味子 Schisandra henryi, 合蕊五味子 S. propinqua
henridilactone A 翼梗五味子二内酯▲A 大花五味子 Schisandra grandiflora, 翼梗五味子 S. henryi, 滇五味子 S. henryi var. yunnanensis, 狭叶五味子 S. lancifolia, 滇藏五味子 S. neglecta, 合蕊五味子 S. propinqua, 红花五味子 S. rubriflora, 华中五味子 S. sphenanthera, 鹤庆五味子 S. wilsoniana
henridilactone B 翼梗五味子二内酯▲B 大花五味子 Schisandra grandiflora, 滇五味子 S. henryi var. yunnanensis, 狭叶五味子 S. lancifolia, 滇藏五味子 S. neglecta, 合蕊五味子 S. propinqua, 红花五味子 S. rubriflora
henridilactone C 翼梗五味子二内酯▲C 翼梗五味子 Schisandra henryi, 滇五味子 S. henryi var. yunnanensis, 狭叶五味子 S. lancifolia, 红花五味子 S. rubriflora
henridilactone D 翼梗五味子二内酯▲D 五味子 Schisandra chinensis, 翼梗五味子 S. henryi, 滇五味子 S. henryi var. yunnanensis, 狭叶五味子 S. lancifolia, 合蕊五味子 S. propinqua
henrilabdane A, C 宽叶金粟兰半日花烷▲A, C 宽叶金粟兰 Chloranthus henryi
henrilabdane B 宽叶金粟兰半日花烷▲B 宽叶金粟兰 Chloranthus henryi, 多穗金粟兰 C. multistachys
henrin A 狭叶凤尾蕨素▲A 狭叶凤尾蕨 Pteris henryi
henriol A 宽叶金粟兰醇▲A 狭叶金粟兰 Chloranthus angustifolius, 宽叶金粟兰 C. henryi, 及已 C. serratus
henriol B, C 宽叶金粟兰醇▲B, C 宽叶金粟兰 Chloranthus henryi
henriol D 宽叶金粟兰醇▲D 丝穗金粟兰 Chloranthus fortunei, 宽叶金粟兰 C. henryi, 草珊瑚 Sarcandra glabra
henrischinin A 翼梗五味子宁▲A 五味子 Schisandra chinensis, 翼梗五味子 S. henryi

henrischinin B 翼梗五味子宁 ▲B 五味子 Schisandra chinensis, 翼梗五味子 S. henryi
henrischinin C 翼梗五味子宁 ▲C 五味子 Schisandra chinensis, 翼梗五味子 S. henryi
henrycinol A, B 思茅山橙西醇 ▲A, B 思茅山橙 Melodinus cochinchinensis
henrydione 鄂西香茶菜二酮 ▲ 鄂西香茶菜 Isodon henryi
henryin 鄂西香茶菜素 毛萼香茶菜 Isodon eriocalyx, 鄂西香茶菜 I. henryi, 冬凌草 I. rubescens
henryin A 鄂西香茶菜素 A 拟缺香茶菜 Isodon excisoides, 鄂西香茶菜 I. henryi
henryioside A~E 管花鹿药苷 ▲A~E 管花鹿药 Smilacina henryi
henrylactone A~G 红茴香内酯 ▲A~G 红茴香 Illicium henryi
henryoside 巴东荚蒾苷 ▲ 八角枫 Alangium chinense, 瓜木 A. platanifolium, 三裂瓜木 A. platanifolium var. trilobum, 水红木 Viburnum cylindricum, 巴东荚蒾 V. henryi, 皱叶荚蒾 V. rhytidophyllum
henryoside-6'-*O*-*β*-D-glucopyranoside 巴东荚蒾苷 ▲-6'-*O*-*β*-D- 吡喃葡萄糖苷 瓜木 Alangium platanifolium
1-hentetracontanol 1- 四十一醇 假地豆 Desmodium heterocarpon, 小新塔花 Ziziphora tenuior
hentriacontan-6-ol 三十一烷 -6- 醇 长苞香蒲 Typha angustata
hentriacontane 三十一烷 挥发油成分，未统计基源
n-hentriacontane 正三十一烷 挥发油成分，未统计基源
hentriacontane-16-one 三十一烷 -6- 酮 挥发油成分，未统计基源
(6*R*,8*S*)-hentriacontanediol (6*R*,8*S*)- 三十一烷二醇 红花 Carthamus tinctorius
(8*R*,10*S*)-hentriacontanediol (8*R*,10*S*)- 三十一烷二醇 红花 Carthamus tinctorius
8,10-hentriacontanedione 8,10- 三十一烷二酮 锦熟黄杨 Buxus sempervirens
hentriacontanoic acid 三十一酸 天麻 Gastrodia elata
12-hentriacontanol 12- 三十一醇 柽柳 Tamarix chinensis
1-hentriacontanol 1- 三十一醇 蓝侧金盏花 Adonis coerulea, 构树 Broussonetia papyrifera, 三尖杉 Cephalotaxus fortunei
5-hentriacontanol 5- 三十一醇 甘松 Nardostachys jatamansi
8-hentriacontanol 8- 三十一醇 卵叶胡椒 Piper attenuatum
hentriacontanol 三十一醇 仙茅 Curculigo orchioides, 大叶石龙尾 Limnophila rugosa
n-hentriacontanol 正三十一醇 假地蓝 Crotalaria ferruginea, 五桠果 Dillenia indica, 钩吻 Gelsemium elegans, 三球悬铃木 Platanus orientalis, 朱唇 Salvia coccinea
16-hentriacontanone 16- 三十一酮 三球悬铃木 Platanus orientalis
hentriacontanone 三十一酮 羽叶参 Aralia leschenaultii, 山香 Hyptis suaveolens
16-hentriacotanone 16- 三十一烷酮 鞭叶铁线蕨 Adiantum caudatum
heptacos-3-en-25-one 二十七碳 -3- 烯 -25- 酮 九味一枝蒿 Ajuga bracteosa
heptacosane 二十七烷 挥发油成分，未统计基源
n-heptacosane 正二十七烷 挥发油成分，未统计基源
(6*R*,8*S*)-heptacosanediol (6*R*,8*S*)- 二十七烷二醇 红花 Carthamus tinctorius
(8*R*,10*S*)-heptacosanediol (8*R*,10*S*)- 二十七烷二醇 红花 Carthamus tinctorius
heptacosanoic acid 二十七酸 五蕊寄生 Dendrophthoe pentandra
heptacosanoic acid-1-glyceryl ester 二十七酸 -1- 甘油酯 桂火绳 Eriolaena kwangsiensis
1-heptacosanol 1- 二十七醇 银杏 Ginkgo biloba
heptacosanol 二十七醇 大叶拿身草 Desmodium laxiflorum, 对叶大戟 Euphorbia sororia, 毛梗豨莶 Sigesbeckia glabrescens
n-heptacosanol 正二十七醇 毛叶合欢 Albizia mollis, 短叶决明 Chamaecrista leschenaultiana, 鹧鸪花 Trichilia connaroides
2-heptacosanone 2- 二十七酮 霸王 Zygophyllum xanthoxylon
n-heptacosanyl octadec-9-oate 十八烷 -9- 酸正二十七酯 蓖麻 Ricinus communis
heptacosanyl pentanoate 戊酸二十七酯 甘松 Nardostachys jatamansi
heptacosyl *trans*-ferulate 反式 - 阿魏酸二十七酯 黄樟 Cinnamomum parthenoxylon
heptacosylferulate 阿魏酸二十七酯 绶草 Spiranthes sinensis
2-[(*Z*)-heptadec-11-enyl]-6-hydroxybenzoic acid 2-[(*Z*)-11- 十七烯]-6- 羟基苯甲酸 千年健 Homalomena occulta
heptadec-1-ene-4,6-diyne-3,9-diol 十七碳 -1- 烯 -4,6- 二炔 -3,9- 二醇 人参 Panax ginseng
(3*R*,8*E*,10*S*)-heptadec-8-ene-4,6-diyne-3,10-diol (3*R*,8*E*,10*S*)- 十七碳 -8- 烯 -4,6- 二炔 -3,10- 二醇 红椿 Toona ciliata
5-(*Z*-heptadec-8-enyl)resorcinol 5-(*Z*- 十七碳 -8- 烯基) 树脂苔黑酚 ▲ 珍珠伞 Ardisia maculosa
heptadeca-1,4-dien-6,8-diyne-3,10-diol 十七碳 -1,4- 二烯 -6,8- 二炔 -3,10- 二醇 人参 Panax ginseng
(8*Z*,15*Z*)-heptadeca-1,8,15-trien-11,13-diyne (8*Z*,15*Z*)- 十七碳 -1,8,15- 三烯 -11,13- 二炔 牛蒡 Arctium lappa
8*E*-heptadeca-1,8-dien-4,6-diyn-3,10-diol 8(*E*)- 十七碳 -1,8- 二烯 -4,6- 二炔 -3,10- 二醇 珊瑚菜 Glehnia littoralis
heptadeca-1,8-diene-4,6-diyne-3,10-diol 十七碳 -1,8- 二烯 -4,6- 二炔 -3,10- 二醇 人参 Panax ginseng, 三七 P. notoginseng, 西洋参 P. quinquefolius
heptadeca-1-en-9,10-epoxy-4,6-diyne-3,8-diol 十七碳 -1- 烯 -9,10- 环氧 -4,6- 二炔 -3,8- 二醇 当归 Angelica sinensis
heptadeca-2*E*,8*E*,10*E*,16-tetraen-4,6-diyne 十七烷 -2*E*,8*E*,10*E*,16- 四烯 -4,6- 二炔 鬼针草 Bidens pilosa
2-[(6*Z*,9*Z*,12*Z*)-heptadeca-6,9,12-trienyl]-6-hydroxybenzoic acid 2-[(6*Z*,9*Z*,12*Z*)-6,9,12- 十七烯]-6- 羟基苯甲酸 千年健 Homalomena occulta
2-[(9*Z*,12*Z*)-heptadeca-9,12-dienyl]-6-hydroxybenzoic acid 2-[(9*Z*,12*Z*)-9,12- 十七烯]-6- 羟基苯甲酸 千年健 Homalomena occulta
(2*E*,9*Z*)-heptadecadiene-4,6-diyn-1-ol (2*E*,9*Z*)- 十七碳二烯 -4,6- 二炔 -1- 醇 羌活 Notopterygium incisum

(Z,Z)-2,9-heptadecadiene-4,6-diyn-1-ol (Z,Z)-2,9- 十七碳二烯 -4,6- 二炔 -1- 醇 大叶柴胡 Bupleurum longiradiatum
2Z,9Z-heptadecadiene-4,6-diyn-1-ol 2Z,9Z- 十七碳二烯 -4,6- 二炔 -1- 醇 羌活 Notopterygium incisum
1,8-heptadecadiene-4,6-diyne-3,10-diol 1,8- 十七碳二烯 -4,6- 二炔 -3,10- 二醇 宽萼岩风 Libanotis laticalycina, 华山前胡 Peucedanum ledebourielloides
(9Z)-1,9-heptadecadiene-4,6-diyne-3,8,11-triol 9Z-1,9- 十七碳二烯 -4,6- 二炔 -3,8,11- 三醇 旱芹 Apium graveolens
(10E)-1,10-heptadecadiene-4,6-diyne-3,8,9-triol 10E- 十七碳 -1,10- 二烯 -4,6- 二炔 -3,8,9- 三醇 羌活 Notopterygium incisum
5-(8Z,11Z-heptadecadienyl)-1,3-benzenediol 5-(8Z,11Z- 十七碳二烯基)-1,3- 苯二酚 白花酸藤子 Embelia ribes
2-(8Z,11E-heptadecadienyl)furan 2-(8Z,11E- 十五碳二烯基) 呋喃 鳄梨 Persea americana
2-(8Z,11Z-heptadecadienyl)furan 2-(8Z,11Z- 十五碳二烯基) 呋喃 鳄梨 Persea americana
5-(8'Z,11'Z-heptadecadienyl)-resorcinol 5-(8'Z,11'Z- 十七碳二烯基) 树脂苔黑酚▲ 杧果 Mangifera indica
10'(Z),13'(E)-heptadecadienylhydroquinone 10'(Z),13'(E)- 十七碳二烯基氢醌 野漆 Toxicodendron succedaneum
heptadecane 十七烷 挥发油成分，未统计基源
n-heptadecane 正十七烷 挥发油成分，未统计基源
heptadecanoic acid 十七酸 挥发油成分，未统计基源
n-heptadecanoic acid 正十七酸 紫背贵州鼠尾草 Salvia cavaleriei var. erythrophylla
heptadecanoic acid-2,3-dihydroxypropyl ester 十七酸 -2,3- 二羟基丙酯 鼓槌石斛 Dendrobium chrysotoxum
heptadecanoic amine 十七烷胺 两面针 Zanthoxylum nitidum
heptadecanoin 十七烷酸甘油酯 菊三七 Gynura japonica
1-heptadecanol 1- 十七醇 大叶山蚂蝗 Desmodium gangeticum, 浙贝母 Fritillaria thunbergii
2-heptadecanol 2- 十七醇 挥发油成分，未统计基源
2-heptadecanone 2- 十七酮 挥发油成分，未统计基源
8-heptadecanoyl-benzoylaconine 8- 十七烷酰基 - 苯甲酰乌头原碱 乌头 Aconitum carmichaelii
8-heptadecanoyl-benzoylhypaconine 8- 十七烷酰基 - 苯甲酰次乌头胺 乌头 Aconitum carmichaelii
8-heptadecanoyl-benzoylmesaconine 8- 十七烷酰基 - 苯甲酰中乌头胺 乌头 Aconitum carmichaelii
1-heptadecanoylglycerol 1- 十七酰甘油酯 高山大戟 Euphorbia stracheyi
heptadecanyl ferulate 阿魏酸十七酯 小叶锦鸡儿 Caragana microphylla
(2E,4E,8E,10E)-heptadecatetraen-6-yn-1-yl acetate (2E,4E,8E,10E)- 十七碳四烯 -6- 炔 -1- 乙酸酯 大叶柴胡 Bupleurum longiradiatum
(Z,Z,Z)-1,8,11,14-heptadecatetraene (Z,Z,Z)-1,8,11,14- 十七碳四烯 红花 Carthamus tinctorius
1,7,9,15-heptadecatetraene-11,13-diyne 1,7,9,15- 十七碳四烯 -11,13- 二炔 欧亚矢车菊 Centaurea ruthenica
(1,8E,13Z,16)-heptadecatetraene-4,6-diyn-3,11,12-triol (1,8E,13Z,16)- 十七碳四烯 -4,6- 二炔 -3,11,12- 三醇 南牡蒿 Artemisia eriopoda
(1,8E,12E,14Z)-heptadecatetraene-4,6-diyn-3,11-diol (1,8E,12E,14Z)- 十七碳四烯 -4,6- 二炔 -3,11- 二醇 南牡蒿 Artemisia eriopoda
[R-(Z,Z)]-1,9,11,16-heptadecatetraene-4,6-diyn-3-ol [R-(Z,Z)]-1,9,11,16- 十七碳四烯 -4,6- 炔 -3- 醇 洋常春藤 Hedera helix
(1,8E/Z,10E,12E)-heptadecatetraene-4,6-diyn-3-ol 1,8E/Z,10E,12E)- 十七碳四烯 -4,6- 二炔 -3- 醇 毒芹 Cicuta virosa
(2E,4E,9Z)-heptadecatrien-6-yn-1-yl acetate (2E,4E,9Z)- 十七碳三烯 -6- 炔 -1- 乙酸酯 大叶柴胡 Bupleurum longiradiatum
1,7,9-heptadecatriene-11,13,15-triyne 1,7,9- 十七碳三烯 -11,13,15- 三炔 大丽花 Dahlia pinnata
(1,8E,10E)-heptadecatriene-4,6-diyn-3-ol (1,8E,10E)- 十七碳三烯 -4,6- 二炔 -3- 醇 毒芹 Cicuta virosa
[R-(Z,Z)]-1,9,11-heptadecatriene-4,6-diyn-3-ol [R-(Z,Z)]-1,9,11- 十七碳三烯 -4,6- 炔 -3- 醇 洋常春藤 Hedera helix
2-(1E,8Z,11Z-heptadecatrienyl)furan 2-(1E,8Z,11Z- 十五碳三烯基) 呋喃 鳄梨 Persea americana
10'(Z),13'(E),15'(E)-heptadecatrienylhydroquinone 10'(Z),13'(E),15'(E)- 十七碳三烯基氢醌 野漆 Toxicodendron succedaneum
5-(8'Z)-8-heptadecen-1-yl-7-hydroxy-8-methyl-coumarin 5-(8'Z)-8- 十七烯 -1- 基 -7- 羟基 -8- 甲基 - 香豆素 走马胎 Ardisia gigantifolia
(E)-15-heptadecenal (E)-15- 十七烯醛 挥发油成分，未统计基源
1-heptadecene 1- 十七烯 挥发油成分，未统计基源
8-heptadecene 8- 十七碳烯 挥发油成分，未统计基源
16-heptadecene-1,2,4-triol-1-acetate 16- 十七烯 -1,2,4- 三醇 -1- 乙酸酯 鳄梨 Persea americana
1-heptadecene-11,13-diyn-8,9,10-triol 1- 十七烯 -11,13- 二炔 -8,9,10- 三醇 蓟 Cirsium japonicum
9Z-heptadecene-4,6-diyn-1-ol 9Z- 十七烯 -4,6- 二炔 -1- 醇 羌活 Notopterygium incisum
(8E)-heptadecene-4,6-diyne-1,10-diol 2,3- 二氢 8E- 十七烯 -4,6- 二炔 1,10- 二醇 毒芹 Cicuta virosa
8-heptadecenoyl-benzoylhypaconine 8- 十七碳烯酰基 - 苯甲酰次乌头胺 乌头 Aconitum carmichaelii
8-heptadecenoyl-benzoylmesaconine 8- 十七碳烯酰基 - 苯甲酰中乌头胺 乌头 Aconitum carmichaelii
5-(8Z-heptadecenyl)-1,3-benzenediol 5-(8Z- 十七烯基)-1,3- 苯二酚 白花酸藤子 Embelia ribes
2-(1E-heptadecenyl)furan 2-(1E- 十七烯基) 呋喃 鳄梨 Persea americana
2-(1Z-heptadecenyl)furan 2-(1Z- 十七烯基) 呋喃 鳄梨 Persea americana
5-(8'Z-heptadecenyl)resorcinol 5-(8'Z- 十七烯基) 树脂苔黑酚▲ 走马胎 Ardisia gigantifolia
5-(11'Z-heptadecenyl)-resorcinol 5-(11'Z- 十七烯基)- 树脂苔黑酚▲ 杧果 Mangifera indica
3-[1''(Z)-heptadecenyl]phenol 3-[1''(Z)- 十七烯基] 酚 四角蒲桃 Syzygium tetragonum
6-[1''(Z)-heptadecenyl]salicylic acid 6-[1''(Z)- 十七烯基] 水杨酸 四角蒲桃 Syzygium tetragonum
10'(Z)-heptadecenylhydroquinone 10'(Z)- 十七烯基氢醌 野漆 Toxicodendron succedaneum
2-heptadecyl-4,6-dimethoxyphenol 2- 十七烷基 -4,6- 二甲氧基苯酚 天山鸢尾 Iris loczyi
(E,E)-2,4-heptadienal (E,E)-2,4- 庚二烯醛 挥发油成分，未统计基源

2,4-heptadienal 2,4- 庚二烯醛 挥发油成分，未统计基源
heptadiene 庚二烯 麻疯树 Jatropha curcas
α-1,3-heptadiynyl-3-(6-heptenyl)-oxiranemethanol α-1,3- 庚二炔 -3-(6- 庚烯基) 缩水甘油 蓟 Cirsium japonicum
heptagalloylglucose 七没食子酰葡萄糖 红叶 Cotinus coggygria var. cinerea, 龙眼 Dimocarpus longan, 檵木 Loropetalum chinense
5,7,4',3'',5'',7'',4'''-heptahydroxy-(3-8'')-biflavanone 5,7,4',3'',5'',7'',4'''- 七羟基 -(3-8'')- 双二氢黄酮 大叶藤黄 Garcinia xanthochymus
1α,2α,4β,6β,8α,9β,13-heptahydroxy-β-dihydroagarofuran 1α,2α,4β,6β,8α,9β,13- 七羟基 -β- 二氢沉香呋喃 苦皮藤 Celastrus angulatus
1α,2α,4β,6β,8β,9α,13-heptahydroxy-β-dihydroagarofuran 1α,2α,4β,6β,8β,9α,13- 七羟基 -β- 二氢沉香呋喃 冬青卫矛 Euonymus japonicus
heptalactone 庚内酯 挥发油成分，未统计基源
heptaldehyde 正庚醛 挥发油成分，未统计基源
5,6,7,2',3',4',5'-heptamethoxyflavanone 5,6,7,2',3',4',5'- 七甲氧基黄烷酮 尼泊尔蓼 Polygonum nepalense, 韩信草 Scutellaria indica
3,3',4',5,5',6,7-heptamethoxyflavone 3,3',4',5,5',6,7-七甲氧基黄酮 千里香 Murraya paniculata
3,3',4',5,6,7,8-heptamethoxyflavone 3,3',4',5,6,7,8- 七甲氧基黄酮 月桂 Laurus nobilis
3,5,6,7,3',4',5'-heptamethoxyflavone 3,5,6,7,3',4',5'- 七甲氧基黄酮 九里香 Murraya exotica, 千里香 M. paniculata
3,5,6,7,8,3',4'-heptamethoxyflavone 3,5,6,7,8,3',4'- 七甲氧基黄酮 柠檬 Citrus limon, 柑橘 C. reticulata, 茶枝柑 C. reticulata 'Chachiensis', 南丰蜜橘 C. reticulata 'Kinokuni', 天台山蜜柑 C. reticulata 'Succosa', 福橘 C. reticulata 'Tangerina', 温州蜜柑 C. reticulata 'Unshiu', 甜橙 C. sinensis, 棉团铁线莲 Clematis hexapetala, 卵叶巴豆 Croton caudatus, 光叶巴豆 C. laevigatus
3,5,6,8,3',4',5'-heptamethoxyflavone 3,5,6,8,3',4',5'- 七甲氧基黄酮 九里香 Murraya exotica
3,5,7,8,3',4',5'-heptamethoxyflavone 3,5,7,8,3',4',5'- 七甲氧基黄酮 九里香 Murraya exotica, 千里香 M. paniculata
5,6,7,8,3',4',5'-heptamethoxyflavone 5,6,7,8,3',4',5'- 七甲氧基黄酮 霍香蓟 Ageratum conyzoides, 九里香 Murraya exotica, 千里香 M. paniculata, 黄荆 Vitex negundo
3,5,6,7,8,3',4'-heptamethoxyflavonol 3,5,6,7,8,3',4'- 七甲氧基黄酮醇 温州蜜柑 Citrus reticulata 'Unshiu'
heptanal 庚醛 挥发油成分，未统计基源
heptane 庚烷 挥发油成分，未统计基源
heptane-2-thiol 庚烷 -2- 硫醇 挥发油成分，未统计基源
2,4-heptane-dithiol 2,4- 庚烷 - 二硫醇 挥发油成分，未统计基源
heptanoic acid 庚酸 挥发油成分，未统计基源
1-heptanol 1- 庚醇 挥发油成分，未统计基源
2-heptanol 2- 庚醇 挥发油成分，未统计基源
heptanol 庚醇 挥发油成分，未统计基源
2-heptanone 2- 庚酮 挥发油成分，未统计基源
hepta-O-galloylglucopyranose 七 -O- 没食子酰吡喃葡萄糖 杧果 Mangifera indica
4-heptaol 4- 庚醇 挥发油成分，未统计基源
heptaose 庚糖 毛蕊花 Verbascum thapsum
heptaphylline 七叶黄皮碱 假黄皮 Clausena excavata, 黄皮 C. lansium
heptatriacontane 三十七烷 挥发油成分，未统计基源
heptatriacontane-12,13-diol 三十七烷 -12,13- 二醇 洋紫荆 Bauhinia variegata
heptatriacontanoic acid 1,3-dihydroxypropyl ester 三十七酸 -1,3- 二羟基丙酯 黑果山姜 Alpinia nigra
heptatriacontanoic acid 2,3-dihydroxypropyl ester 三十七酸 -2,3- 二羟基丙酯 黑果山姜 Alpinia nigra
1-heptatriacotanol 1- 三十七醇 挥发油成分，未统计基源
heptazoline 七叶黄皮唑碱▲ 假黄皮 Clausena excavata
hept-cis-2-enal 庚 -2- 顺式 - 烯醛 挥发油成分，未统计基源
2-(3E)-3-hepten-1-yl-3,6-dihydroxy-5-(3-methyl-2-buten-1-yl)-benzaldehyde 2-(3E)-3- 庚烯 -1- 基 -3,6- 二羟基 -5-(3- 甲基 -2- 丁烯 -1- 基)-苯甲醛 石南藤 Piper wallichii
(3E)-3-hepten-2-one (3E)-3- 庚烯 -2- 酮 挥发油成分，未统计基源
(E,E)-4-hepten-2-one (E,E)-4- 庚烯 -2- 酮 挥发油成分，未统计基源
1-hepten-3-ol 1- 庚烯 -3- 醇 挥发油成分，未统计基源
1-hepten-3-one 1- 庚烯 -3- 酮 挥发油成分，未统计基源
(E)-2-heptenal (E)-2- 庚烯醛 挥发油成分，未统计基源
(Z)-2-heptenal (Z)-2- 庚烯醛 挥发油成分，未统计基源
2-heptenal 2- 庚烯醛 酢浆草 Oxalis corniculata
(E)-3-heptene-2-thiol (E)-3- 庚烯 -2- 硫醇 挥发油成分，未统计基源
(E)-4-heptene-2-thiol (E)-4- 庚烯 -2- 硫醇 挥发油成分，未统计基源
(Z)-4-heptene-2-thiol (Z)-4- 庚烯 -2- 硫醇 挥发油成分，未统计基源
heptyl isothiocyanate 庚基异硫氰酸酯 挥发油成分，未统计基源
heptyl oroxylopterocarpan 庚基木蝴蝶紫檀烷 木蝴蝶 Oroxylum indicum
heptyl-(E)-caffeate 庚基 -(E)- 咖啡酸酯 革叶荛花 Wikstroemia scytophylla
10-heptyl-10-octyleicosane 10- 庚基 -10- 辛基 - 二十烷 疏叶当归 Angelica laxifoliata
3-heptyl-2-methylisoquinolin-1(2H)-one 3- 庚基 -2- 甲基异喹啉 -1(2H)- 酮 青花椒 Zanthoxylum schinifolium
1-[(2S,3R)-3-heptyl-2-oxiranyl]-7-octene-2,4-diyne-1R,6R-diol 1-[(2S,3R)-3- 庚基 -2- 环氧乙烷基]-7- 辛烯 -2,4- 二炔 -1R,6R- 二醇 羌活

Notopterygium incisum
(2*E*)-heptyl-3-(3,4-dihydroxyphenyl)-acrylate (2*E*)- 庚基 -3-(3,4- 二羟基苯基)- 丙烯酸酯 刺篱木 Flacourtia indica
α-*n*-heptyl-4-methoxyquinoline α-*n*- 庚基 -4- 甲氧基喹啉 簕欓花椒 Zanthoxylum avicennae
1-(3-heptyloxiranyl)-7-octene-2,4-diyne-1,6-diol 1-(3- 庚环氧乙烷)-7- 辛烯 -2,4- 二炔 -1,6- 二醇 三七 Panax notoginseng
heracleifolinol 大三叶升麻醇 大三叶升麻 Cimicifuga heracleifolia
heraclenin 独活素 阿坝当归 Angelica apaensis, 拐芹 A. polymorpha, 香肉果 Casimiroa edulis, 柠檬 Citrus limon, 黄皮 Clausena lansium, 白亮独活 Heracleum candicans, 鹤庆独活 H. rapula, 调料九里香 Murraya koenigii, 枳 Poncirus trifoliata, 月桂茵芋 Skimmia laureola
heraclenol 独活醇 阿坝当归 Angelica apaensis, 白芷 A. dahurica, 祁白芷 A. dahurica 'Qibaizhi', 臭节草 Boenninghausenia albiflora, 香肉果 Casimiroa edulis, 柠檬 Citrus limon, 黄皮 Clausena lansium, 白亮独活 Heracleum candicans, 鹤庆独活 H. rapula, 藏波罗花 Incarvillea younghusbandii, 调料九里香 Murraya koenigii, 心叶棱子芹 Pleurospermum rivulorum, 黄花稔 Sida acuta, 月桂茵芋 Skimmia laureola
heraclenol-3'-methyl ether 独活醇 -3'- 甲醚 枳 Poncirus trifoliata
heraclenol-3-methyl ether 独活醇 -3- 甲醚 拐芹 Angelica polymorpha
heraclenol-*tert*-*O*-β-glucopyranoside 独活醇 - 叔 -*O*- 吡喃葡萄糖苷 白亮独活 Heracleum candicans
heratomol-6-*O*-β-D-glucopyranoside 汤姆森独活酚▲-6-*O*-β-D- 吡喃葡萄糖苷 短毛独活 Heracleum moellendorffii
herbacetin 草棉素 黄樟 Cinnamomum parthenoxylon, 茅膏菜 Drosera peltata, 草麻黄 Ephedra sinica, 木贼 Equisetum hyemale, 草棉 Gossypium herbaceum, 亚麻 Linum usitatissimum, 红景天 Rhodiola rosea, 紫花疆罂粟 Roemeria hybrida, 蛇婆子 Waltheria indica
herbacetin 8-methyl ether-3-*O*-β-D-sophoroside 草棉素 -8- 甲醚 -3-*O*-β-D- 槐糖苷 蕨麻 Potentilla anserina
herbacetin-3,8-*O*-diglucopyranoside 草棉素 -3,8-*O*- 二吡喃葡萄糖苷 亚麻 Linum usitatissimum
herbacetin-3-*O*-glucoside 草棉素 -3-*O*- 葡萄糖苷 茅膏菜 Drosera peltata
herbacetin-3-*O*-β-D-glucopyranosyl-7-*O*-α-L-rhamnopyranoside 草棉素 -3-*O*-β-D- 吡喃葡萄糖基 -7-*O*-α-L- 吡喃鼠李糖苷 库页红景天 Rhodiola sachalinensis
herbacetin-7-*O*-glucoside 草棉素 -7-*O*- 葡萄糖苷 茅膏菜 Drosera peltata, 草麻黄 Ephedra sinica
herbacetin-7-*O*-neohesperidoside 草棉素 -7-*O*- 新橙皮苷 草麻黄 Ephedra sinica
herbacetin-7-*O*-α-L-rhamnopyranoside 草棉素 -7-*O*-α-L- 吡喃鼠李糖苷 库页红景天 Rhodiola sachalinensis
herbacetin-7-*O*-β-D-glucopyranoside 草棉素 -7-*O*-β-D- 吡喃葡萄糖苷 木槿 Hibiscus syriacus
herbacetin-8,4'-dimethyl ether 草棉素 -8,4'- 二甲醚 刺花椒 Zanthoxylum acanthopodium
herbacetin-8-methyl ether 草棉素 -8- 甲醚 小丛红景天 Rhodiola dumulosa, 红景天 R. rosea
herbacetin-8-methylether 3-glucoside 草棉素 -8- 甲醚 -3- 葡萄糖苷 草麻黄 Ephedra sinica
herbacetin-8-*O*-α-D-lyxopyranoside 草棉素 -8-*O*-α-D- 来苏糖苷 长鞭红景天 Rhodiola fastigiata
herbacetin-8-*O*-β-D-glucuronide 草棉素 -8-*O*-β-D- 葡萄糖醛酸苷 蛇婆子 Waltheria indica
herbacin 草棉辛▲ 蜀葵 Alcea rosea, 草棉 Gossypium herbaceum
herbacitrin 草棉苷 草棉 Gossypium herbaceum
herbamide B 草质倔海绵酰胺▲ 巨大鞘丝藻 Lyngbya majuscula
herboxine 草本蔓长春花辛碱▲ 蔓长春花 Vinca major
hericene A 猴头菌烯▲A 珊瑚状猴头菌 Hericium coralloides, 猴头菌 H. erinaceus
hericene B 猴头菌烯▲B 猴头菌 Hericium erinaceus
hericene C 猴头菌烯▲C 珊瑚状猴头菌 Hericium coralloides, 猴头菌 H. erinaceus
hericenone A~I, K 猴头菌烯酮▲A~I, K 猴头菌 Hericium erinaceus
hericenone J 猴头菌烯酮▲J 珊瑚状猴头菌 Hericium coralloides, 猴头菌 H. erinaceus
hericerin 猴头菌素▲ 珊瑚状猴头菌 Hericium coralloides, 猴头菌 H. erinaceus
hericerin A 猴头菌素▲A 猴头菌 Hericium erinaceus
hericirine 猴头菌碱▲ 猴头菌 Hericium erinaceus
heritianin 银叶树宁▲ 银叶树 Heritiera littoralis
heritol 银叶树醇▲ 银叶树 Heritiera littoralis
heritonin 银叶树素▲ 银叶树 Heritiera littoralis
hermitamide A, B 赫米特鞘丝藻酰胺▲A, B 巨大鞘丝藻 Lyngbya majuscula
hernagine 莲叶桐精 莲叶桐 Hernandia nymphaeifolia
(+)-hernandaline (+)- 莲叶桐林碱▲ 莲叶桐 Hernandia nymphaeifolia
(+)-hernandezine (+)- 赫氏唐松草碱 偏翅唐松草 Thalictrum delavayi, 金丝马尾连 T. glandulosissimum
hernandezine 赫氏唐松草碱 偏翅唐松草 Thalictrum delavayi, 黄唐松草 T. flavum, 腺毛唐松草 T. foetidum, 箭头唐松草 T. simplex
hernandine 桐叶千金藤碱 鼎湖钓樟 Lindera chunii, 桐叶千金藤 Stephania japonica var. discolor
hernandoline 桐叶千金藤诺林碱▲ 桐叶千金藤 Stephania japonica var. discolor
hernandolinol 桐叶千金藤醇碱▲ 桐叶千金藤 Stephania japonica var. discolor
hernandonine 莲叶桐宁碱▲ 鼎湖钓樟 Lindera chunii
hernangerine; nandigerine 莲叶桐碱 莲叶桐 Hernandia nymphaeifolia, 厚朴 Houpoëa officinalis, 乌药 Lindera aggregata, 鼎湖钓樟 L. chunii, 云和新木姜子 Neolitsea aurata var. paraciculata
hernanol 莲叶桐醇▲ 莲叶桐 Hernandia nymphaeifolia
hernanymphine 莲叶桐芬碱 莲叶桐 Hernandia nymphaeifolia
herniarin 治疝草素▲ 奇蒿 Artemisia anomala, 龙蒿 A. dracunculus, 岩蒿 A. rupestris, 狭叶白鲜 Dictamnus angustifolius, 宽托叶老鹳草

H

Geranium wallichianum, 南茼蒿 Glebionis segetum, 母菊 Matricaria recutita, 草木犀 Melilotus officinalis, 阴行草 Siphonostegia chinensis, 花椒 Zanthoxylum bungeanum

(-)-hernone (-)- 莲叶桐酮 莲叶桐 Hernandia nymphaeifolia

(+)-hernovine (+)- 莲叶桐文碱▲ 莲叶桐 Hernandia nymphaeifolia, 小花青藤 Illigera parviflora

hernovine 莲叶桐文碱▲ 云和新木姜子 Neolitsea aurata var. paraciculata

hernsubanine A~D 桐叶千金藤宁碱 A~D 桐叶千金藤 Stephania japonica var. discolor

herpecaudin 波棱瓜定▲ 波棱瓜 Herpetospermum pedunculosum

herpepentol 波棱瓜五聚醇▲ 波棱瓜 Herpetospermum pedunculosum

herpepropenal 波棱瓜丙烯醛▲ 波棱瓜 Herpetospermum pedunculosum

herpetal 波棱瓜醛 波棱瓜 Herpetospermum pedunculosum

herpetenol 波棱瓜烯醇▲ 波棱瓜 Herpetospermum pedunculosum

herpetetradione 波棱瓜四聚二酮▲ 波棱瓜 Herpetospermum pedunculosum

herpetetrol 波棱瓜四聚醇 波棱瓜 Herpetospermum pedunculosum

herpetetrone 波棱瓜四聚酮▲ 波棱瓜 Herpetospermum pedunculosum

herpetfluorenone 波棱芴酮 波棱瓜 Herpetospermum pedunculosum

herpetin 波棱瓜亭▲ 土沉香 Aquilaria sinensis, 波棱瓜 Herpetospermum pedunculosum

herpetol 波棱瓜醇▲ 波棱瓜 Herpetospermum pedunculosum

herpetolide A, B 波棱瓜内酯▲A, B 波棱瓜 Herpetospermum pedunculosum

herpetone 波棱瓜酮 波棱瓜 Herpetospermum pedunculosum

herpetosperin A, B 波棱瓜灵▲A, B 波棱瓜 Herpetospermum pedunculosum

herpetotriol 波棱瓜三聚托醇▲ 波棱瓜 Herpetospermum pedunculosum

herpetriol 波棱瓜三聚醇▲ 波棱瓜 Herpetospermum pedunculosum

herpetrione 波棱瓜三聚酮▲ 波棱瓜 Herpetospermum pedunculosum

hersaponin 假马齿苋皂宁▲ 假马齿苋 Bacopa monnieri

hesperetin 橙皮素 欧洲甜樱桃 Cerasus avium, 菊花 Chrysanthemum morifolium, 酸橙 Citrus aurantium, 代代 C. aurantium 'Daidai', 香橙 C. junos, 柠檬 C. limon, 香橼 C. medica, 棉团铁线莲 Clematis hexapetala, 薜荔 Ficus pumila, 铜钱叶白珠 Gaultheria nummularioides, 华中枸骨 Ilex centrochinensis, 木蓝 Indigofera tinctoria, 鸡眼草 Kummerowia striata, 半边莲 Lobelia chinensis, 香蜂花 Melissa officinalis, 东北薄荷 Mentha sachalinensis, 白花泡桐 Paulownia fortunei, 鹿草 Stemmacantha carthamoides, 蒲公英 Taraxacum mongolicum

hesperetin B 橙皮素 B 刺五加 Eleutherococcus senticosus

hesperetin dihydrochalcone-4'-*O*-*β*-D-glucopyranoside 橙皮素二氢查耳酮 -4'-*O*-*β*-D- 吡喃葡萄糖苷 红冬蛇菰 Balanophora harlandii

hesperetin-5-glucopyranoside 橙皮素 -5-*O*- 吡喃葡萄糖苷 鸡眼草 Kummerowia striata

hesperetin-5-*O*-*β*-D-glucoside 橙皮素 -5-*O*-*β*-D- 葡萄糖苷 山桃 Amygdalus davidiana

hesperetin-7-*O*-(2'',6''-di-*O*-*α*-rhamnopyranosyl)-*β*-glucopyranoside 橙皮素 -7-*O*-(2'',6''- 二 -*O*-*α*- 吡喃鼠李糖基)-*β*- 吡喃葡萄糖苷 香橙 Citrus junos

hesperetin-7-*O*-rutinoside 橙皮素 -7-*O*- 芸香糖苷 缘毛紫菀 Aster souliei

hesperetin-7-*O*-*β*-D-glucopyranoside 橙皮素 -7-*O*-*β*-D- 吡喃葡萄糖苷 菊花 Chrysanthemum morifolium, 酸橙 Citrus aurantium, 风轮菜 Clinopodium chinense, 薄荷 Mentha canadensis, 留兰香 M. spicata

hesperidin 橙皮苷 较常见成分，至少分布于 30 种以上植物中，见于百合科、报春花科、唇形科、冬青科、豆科、杜鹃花科、桦木科、堇菜科、桔梗科、菊科、蓼科、萝藦科、麻黄科、马齿苋科、木棉科、茜草科、忍冬科、伞形科、桑寄生科、桑科、杉科、卫矛科、五加科、玄参科、芸香科、紫草科、紫葳科等

hesperidin methyl chalone 橙皮苷甲基查耳酮 枳 Poncirus trifoliata

hesperin 香花芥素▲ 块茎山萮菜 Eutrema wasabi

hesperitin-7-glucopyranoside 橙皮素 -7- 吡喃葡萄糖苷 黄花夹竹桃 Thevetia peruviana

heteragenin-28-*O*-*α*-L-rhamnopyranosyl-(1 → 4)-*O*-*β*-D-glucopyranosyl-(1 → 6)-*O*-*β*-D-glucopyranosyl ester 常春藤皂苷元 -28-*O*-*α*-L- 吡喃鼠李糖基 -(1 → 4)-*O*-*β*-D- 吡喃葡萄糖基 -(1 → 6)-*O*-*β*-D- 吡喃葡萄糖基酯 尼泊尔常春藤 Hedera nepalensis

heteraltaic acid 阿尔泰狗娃花酸▲ 阿尔泰狗娃花 Heteropappus altaicus

heteratisine 异叶乌头碱 美丽乌头 Aconitum pulchellum, 甘青乌头 A. tanguticum, 毛果甘青乌头 A. tanguticum var. trichocarpum

heteroartonin A 波罗蜜酚宁▲A 波罗蜜 Artocarpus heterophyllus

heterobetulinic acid-3-*O*-*β*-D-glucopyranosyl-(1 → 2)-*β*-D-xylopyranoside 杂白桦脂酸 -3-*O*-*β*-D- 吡喃葡萄糖基 -(1 → 2)-*β*-D- 吡喃木糖苷 毛冬青 Ilex pubescens

heterobryoflavone 异真藓黄酮▲ 细叶真藓 Bryum capillare

heteroclic acid 异形南五味子酸▲ 黑老虎 Kadsura coccinea, 异形南五味子 K. heteroclita

heteroclitalactone A~N 异形南五味子内酯 A~N 异形南五味子 Kadsura heteroclita

heteroclitalignan A 异形南五味子木脂素▲A 异形南五味子 Kadsura heteroclita, 冷饭藤 K. oblongifolia

heteroclitalignan B, D 异形南五味子木脂素▲B, D 异形南五味子 Kadsura heteroclita

heteroclitalignan C 异形南五味子木脂素▲C 异形南五味子 Kadsura heteroclita, 冷饭藤 K. oblongifolia

heteroclitin A 异形南五味子素 A 黑老虎 Kadsura coccinea, 异形南五味子 K. heteroclita, 合蕊五味子 Schisandra propinqua

heteroclitin B 异形南五味子素 B 黑老虎 Kadsura coccinea, 异形南五味子 K. heteroclita, 冷饭藤 K. oblongifolia, 红花五味子 Schisandra rubriflora

heteroclitin C 异形南五味子素 C 异形南五味子 Kadsura heteroclita, 红花五味子 Schisandra rubriflora
heteroclitin D 异形南五味子素 D 黑老虎 Kadsura coccinea, 异形南五味子 K. heteroclita, 凤庆南五味子 K. interior, 红花五味子 Schisandra rubriflora
heteroclitin E 异形南五味子素 E 黑老虎 Kadsura coccinea, 异形南五味子 K. heteroclita
heteroclitin F 异形南五味子素 F 异形南五味子 Kadsura heteroclita, 凤庆南五味子 K. interior, 日本南五味子 K. japonica
heteroclitin G, H, I, K, L, N, O, R, S 异形南五味子素 G, H, I, K, L, N, O, R, S 异形南五味子 Kadsura heteroclita
heteroclitin J 异形南五味子素 J 异形南五味子 Kadsura heteroclita, 冷饭藤 K. oblongifolia
heteroclitin P 异形南五味子素 P 异形南五味子 Kadsura heteroclita, 冷饭藤 K. oblongifolia
heteroclitin Q 异形南五味子素 Q 异形南五味子 Kadsura heteroclita, 冷饭藤 K. oblongifolia
heterodendrin 鹇鹕木苷▲ 圣地红景天 Rhodiola sacra, 高丛珍珠梅 Sorbaria arborea
heterodontoside 异齿红景天苷▲ 异齿红景天 Rhodiola heterodonta
heterogenoside A~E 黑腺珍珠菜苷▲A~E 黑腺珍珠菜 Lysimachia heterogenea
heteroglycan F 杂葡聚糖 F 人参 Panax ginseng
heteromine A~H 醉魂藤碱 A~H 醉魂藤 Heterostemma brownii
heteronone A, B 益母草萜酮▲A, B 益母草 Leonurus japonicus
heteropappussaponin 5, 7, 8 狗娃花皂苷▲5, 7, 8 阿尔泰狗娃花 Heteropappus altaicus
heteropeucenin-5-methoxy-7-methyl ether 异前胡宁 -5- 甲氧基 -7- 甲醚 牛筋果 Harrisonia perforata
heteropeucenin-7-methyl ether 异前胡宁 -7- 甲醚 牛筋果 Harrisonia perforata
heterophyllidine 异叶乌头非定 毛果甘青乌头 Aconitum tanguticum var. trichocarpum
heterophylliin A 榛鞣质▲A 山茶 Camellia japonica, 榛 Corylus heterophylla, 胡桃 Juglans regia, 虾子花 Woodfordia fruticosa
heterophylliin B, C, E, G 榛鞣质▲B, C, E, G 榛 Corylus heterophylla
heterophylliin D 榛鞣质▲D 榛 Corylus heterophylla, 胡桃 Juglans regia, 丁香 Syzygium aromaticum
heterophylliin F 榛鞣质▲F 榛 Corylus heterophylla, 胡桃 Juglans regia
heterophyllin 波罗蜜林素▲ 波罗蜜 Artocarpus heterophyllus, 二色波罗蜜 A. styracifolius
heterophyllin A, B, C 太子参素▲A, B, C 孩儿参 Pseudostellaria heterophylla
heterophylline 异叶乌头林碱▲ 毛果甘青乌头 Aconitum tanguticum var. trichocarpum
heterophylline 异叶同心结碱▲ 海南同心结 Parsonsia alboflavescens
heterophylline-*N*-oxide 异叶同心结碱▲-*N*- 氧化物 海南同心结 Parsonsia alboflavescens
heterophylloidine 异叶乌头洛定▲ 紫乌头 Aconitum episcopale
heterosmioside B 肖菝葜苷 B 短柱肖菝葜 Heterosmilax septemnervia
heterotropan 高尾细辛脂素▲ 长茎金耳环 Asarum longerhizomatosum
heterotropatrione 高尾细辛三酮▲ 小叶马蹄香 Asarum ichangense, 大花细辛 A. macranthum
heteroxylan 异木聚糖 海枣 Phoenix dactylifera
hetisine 核替生 乌头 Aconitum carmichaelii, 黄花乌头 A. coreanum, 须花翠雀花 Delphinium delavayi var. pogonanthum, 峨眉翠雀花 D. omeiense, 康定翠雀花 D. tatsienense
hetisinone 核替生酮 黄花乌头 Aconitum coreanum, 船盔乌头 A. naviculare, 甘青乌头 A. tanguticum, 须花翠雀花 Delphinium delavayi var. pogonanthum, 康定翠雀花 D. tatsienense, 毛翠雀花 D. trichophorum
hetranthin A 河川木蓝素▲A 花木蓝 Indigofera kirilowii
heudelotinone 拟蓖麻酮▲ 麻疯树 Jatropha curcas
heveaflavone 橡胶树黄酮 台湾罗汉松 Podocarpus nakaii, 深绿卷柏 Selaginella doederleinii, 小翠云 S. kraussiana, 细叶卷柏 S. labordei, 卷柏 S. tamariscina, 粗叶卷柏 S. trachyphylla
(*E*)-hex-2-en-1-ol-*O*-*β*-D-glucopyranosyl-(1″ → 6′)-*β*-D-glucopyranoside (*E*)- 己 -2- 烯 -1- 醇 -*O*-*β*-D- 吡喃葡萄糖基 -(1″ → 6′)-*β*-D- 吡喃葡萄糖苷 省沽油 Staphylea bumalda
(*Z*)-hex-3-en-1-ol *β*-D-xylopyranosyl-(1 → 6)-*β*-D-glucopyranoside (*Z*)- 六碳 -3- 烯 -1- 醇 *β*-D- 吡喃木糖基 -(1 → 6)-*β*-D- 吡喃葡萄糖苷 绣球 Hydrangea macrophylla
hex-3-en-1-ol-1-*O*-*β*-D-glucopyranoside 己 -3- 烯 -1- 醇 -1-*O*-*β*-D- 吡喃葡萄糖苷 苦瓜 Momordica charantia
Z-hex-3-en-1-ol-1-*O*-*β*-D-glucopyranoside 顺式 - 己 -3- 烯 -1- 醇 -1-*O*-*β*-D- 吡喃葡萄糖苷 瓜木 Alangium platanifolium
(*Z*)-hex-3-en-1-ol-*O*-*β*-apiofuranosyl-(1″ → 6′)-*β*-D-glucopyranoside (*Z*)- 己 -3- 烯 -1- 醇 -*O*-*β*- 呋喃芹糖基 -(1″ → 6′)-*β*-D- 吡喃葡萄糖苷 省沽油 Staphylea bumalda
Z-hex-3-en-1-ol-xylopyranosyl-(1 → 6)-glucopyranoside 顺式 - 己 -3- 烯 -1- 醇吡喃木糖基 -(1 → 6)- 吡喃葡萄糖苷 三裂瓜木 Alangium platanifolium var. trilobum
(*Z*)-hex-3-en-1-ol-*α*-L-arabinofuranosyl-(1 → 6)-*β*-D-glucopyranoside (*Z*)- 己 -3- 烯 -1- 醇 -*α*-L- 呋喃阿拉伯糖基 -(1 → 6)-*β*-D- 吡喃葡萄糖苷 酸味子 Antidesma japonicum
(*Z*)-hex-3-en-1-ol-*β*-D-xylopyranosyl-(1 → 6)-*β*-D-glucopyranoside (*Z*)- 己 -3- 烯 -1- 醇 -*β*-D- 吡喃木糖基 -(1 → 6)-*β*-D- 吡喃葡萄糖苷 八角枫 Alangium chinense
(*Z*)-hex-3-enal (*Z*)- 己 -3- 烯醛 挥发油成分，未统计基源
trans-2-(hexa-2,4-diyn-1-ylidene)-1,6-dioxaspiro[4.4]non-3-ene 反式 -2-(六碳 -2,4- 二炔 -1- 亚甲基)-1,6- 二氧杂螺 [4.4] 壬 -3- 烯 紫花野菊 Chrysanthemum zawadskii
2-(hexa-2,4-diyn-1-ylidene)-1,6-dioxaspiro[4.5]dec-3-ene 2-(六碳 -2,4- 二炔 -1- 亚甲基)-1,6- 二氧杂螺 [4.5] 癸 -3- 烯 紫花野菊

Chrysanthemum zawadskii
rel-(2R,3R,6S,7R,8R,9S,13S,15R)-(4E,11E)-2,6,7,8,9,15-hexaacetoxy-3-(benzoyloxy)-14-oxojatropha-4,11-diene 相对 -(2R,3R,6S,7R,8R,9S,13S,15R)-(4E,11E)-2,6,7,8,9,15- 六乙酰氧基 -3- 苯甲酰氧基 -14- 氧代麻疯树 -4,11- 二烯 细齿大戟 Euphorbia bifida
(2R*,3R*,4S*,5R*,7S*,8S*,9S*,13S*,14S*,15R*)-2,5,7,8,9,14-hexaacetoxy-3-benzoyloxy-15-hydroxyjatropha-6(17),11E-diene (2R*,3R*,4S*,5R*,7S*,8S*,9S*,13S*,14S*,15R*)-2,5,7,8,9,14- 六乙酰氧基 -3- 苯甲酰氧基 -15- 羟基麻疯树 -6(17),11E- 烯 南欧大戟 Euphorbia peplus
1α,7,8β,9β,14α,15β-hexaacetoxy-3β-benzoyloxy-5β-hydroxyjatropha-6(7),12-dien 1α,7,8β,9β,14α,15β- 六乙酰氧基 -3β- 苯甲酰氧基 -5β- 羟基麻疯树 -6(7),12- 二烯 红雀珊瑚 Pedilanthus tithymaloides
1α,7,8β,9β,14α,15β-hexaacetoxy-3β-nicotinoyloxy-5,13β,11,12β-diepoxyjatropha-6(7)-ene 1α,7,8β,9β,14α,15β- 六乙酰氧基 -3β- 烟酰氧基 -5,13β,11,12β- 双环氧麻疯树 -6(7)- 烯 红雀珊瑚 Pedilanthus tithymaloides
1β,2β,3α,6α,9β,15-hexacetoxy-8β-benzoyloxy-β-dihydroagarofuran 1β,2β,3α,6α,9β,15- 六乙酰氧基 -8β- 苯甲酰氧基 -β- 二氢沉香呋喃 冬青卫矛 Euonymus japonicus
1,1,1,7,7,7-hexachloro-2,6-dihydroxy-4-heptanone 1,1,1,7,7,7- 六氯 -2,6- 二羟基 -4- 庚酮 小花棘豆 Oxytropis glabra
n-hexacos-11-enoic acid 正二十六烷 -11- 烯酸 土牛膝 Achyranthes aspera
n-hexacos-14-enoic acid 正二十六烷 -14- 烯酸 土牛膝 Achyranthes aspera
n-hexacos-17-enoic acid 正二十六烷 -17- 烯酸 土牛膝 Achyranthes aspera
hexacos-3-en-25-one 二十六烷 -3- 烯 -2,5- 酮 九味一枝蒿 Ajuga bracteosa
n-hexacos-5,8,11-trienoic acid 正二十六 -5,8,11- 三烯酸 枸杞 Lycium chinense
(17Z,20Z)-hexacosa-17,20-dien-9-one (17Z,20Z)- 二十六 -17,20- 二烯 -9- 酮 大叶山蚂蝗 Desmodium gangeticum
n-hexacosan-1-ol 正二十六 -1- 醇 木橘 Aegle marmelos
hexacosan-4-olide 二十六烷 -4- 内酯 雪莲花 Saussurea involucrata
n-hexacosan-5-ol-1-propionate 正二十六烷 -5- 醇 -1- 丙酸酯 印度黄檀 Dalbergia sissoo
hexacosanal 二十六醛 羊蹄甲 Bauhinia purpurea
hexacosane 二十六烷 挥发油成分，未统计基源
9-hexacosanediene 9- 二十六烯 麻疯树 Jatropha curcas
hexacosanoic acid 二十六酸 挥发油成分，未统计基源
n-hexacosanoic acid 正二十六酸 蒙古莸 Caryopteris mongholica, 多序岩黄耆 Hedysarum polybotrys, 密脉鹅掌柴 Heptapleurum ellipticum, 滇藏海桐 Pittosporum napaulense
hexacosanoic alcohol-3-(4-hydroxy-3-methoxybenzol)-trans-acryliceylenate 二十六醇 -3- 反式 - 阿魏酸酯 白及 Bletilla striata
1-hexacosanol 1- 二十六醇 飞扬草 Euphorbia hirta, 黄苞大戟 E. sikkimensis, 云南红景天 Rhodiola yunnanensis, 繁缕 Stellaria media, 土人参 Talinum paniculatum
hexacosanol 二十六醇 挥发油成分，未统计基源
n-hexacosanol 正二十六醇 杏香兔儿风 Ainsliaea fragrans, 构树 Broussonetia papyrifera, 腊肠树 Cassia fistula, 一点红 Emilia sonchifolia, 大山黧豆 Lathyrus davidii, 胡黄连 Neopicrorhiza scrophulariiflora
1-hexacosanol-3-hydroxyolean-12-en-28-oate 1- 二十六醇 -3- 羟基 - 齐墩果 -12- 烯 -28- 酸酯 扁枝槲寄生 Viscum articulatum
hexacosanyl caffeate 二十六基咖啡酸酯 台湾芙蓉 Hibiscus taiwanensis
1-hexacosanyl cerotate 1- 二十六醇蜡酸酯 云南红景天 Rhodiola yunnanensis
n-hexacosanyl propaneate 正二十六烷醇丙酸酯 甘松 Nardostachys jatamansi
9-hexacosene 9- 二十六碳烯 挥发油成分，未统计基源
hexacosene 二十六烯 挥发油成分，未统计基源
hexacosyl 4-hydroxy-3-methoxycinnamate 4- 羟基 -3- 甲氧基桂皮酸二十六酯 毛叶香茶菜 Isodon japonicus
hexacosyl ferulate 阿魏酸二十六酯 软紫草 Arnebia euchroma, 梓 Catalpa ovata, 角果木 Ceriops tagal, 剑叶龙血树 Dracaena cochinchinensis, 绶草 Spiranthes sinensis
hexacosyl p-coumarate 对香豆酸己酯 掌叶复盆子 Rubus chingii
hexacosyl trans-ferulate 反式 - 阿魏酸二十六酯 黄樟 Cinnamomum parthenoxylon, 黄杞 Engelhardia roxburghiana, 大狼毒 Euphorbia jolkinii
hexacosyl-(E)-ferulate (E)- 阿魏酸二十六酯 黄腺香青 Anaphalis aureopunctata, 丝毛蓝刺头 Echinops nanus
hexacosyl-3-caffeate 二十六烷基 -3- 咖啡酸酯 柽柳 Tamarix chinensis
hexadec-(4Z)-enoic acid 十六烷 -(4Z)- 烯酸 竹叶花椒 Zanthoxylum armatum
hexadec-5-enylcyclohexane 十六烷 -5- 烯基环己烷 鸭螂草 Paspalum scrobiculatum
(9Z)-hexadec-9-enoic acid (9Z)- 十六碳 -9- 烯酸 海带 Laminaria japonica
trans-hexadec-9-enoic acid 反式 - 十六碳 -9- 烯酸 蜜楝吴萸 Euodia lenticellata
cis-hexadeca-9-enoic acid 顺式 - 十六碳 -9- 烯酸 蜜楝吴萸 Euodia lenticellata
9-cis-12-cis-hexadecadienoic acid 9- 顺式 -12- 顺式 - 十六碳二烯酸 北点地梅 Androsace septentrionalis
hexadecanal 十六醛 挥发油成分，未统计基源
hexadecane 十六烷 挥发油成分，未统计基源
n-hexadecane 正十六烷 挥发油成分，未统计基源
hexadecane-1,16-diol-7-caffcoyloxy 十六烷 -1,16- 二醇 -7- 咖啡酸酯 香柏 Juniperus pingii var. wilsonii
(R)-(+)-1,2-hexadecanediol (R)-(+)-1,2- 十六烷二醇 挥发油成分，未统计基源
2,15-hexadecanedione 2,15- 十六二酮 挥发油成分，未统计基源

H

hexadecanoic acid 十六酸 挥发油成分，未统计基源
n-hexadecanoic acid 正十六酸 挥发油成分，未统计基源
7-hexadecanoic acid ethyl ester 7- 十六酸乙酯 挥发油成分，未统计基源
hexadecanoic acid ethyl ester 十六酸乙酯 挥发油成分，未统计基源
hexadecanoic acid methyl ester; methyl hexadecanoate 十六酸甲酯 挥发油成分，未统计基源
hexadecanoic acid-2,3-dihydroxypropyl ester 十六酸 -2,3- 二羟基丙酯 青荚叶 Helwingia japonica, 玉簪 Hosta plantaginea, 罗勒 Ocimum basilicum, 合蕊五味子 Schisandra propinqua
1-hexadecanol 1- 十六醇 挥发油成分，未统计基源
hexadecanol 十六醇 挥发油成分，未统计基源
n-hexadecanol 正十六醇 挥发油成分，未统计基源
3*β*-(3-hexadecanoyloxy)-29-norlupan-20-one 3*β*-(3- 十六烷酰氧基)-29- 降羽扇豆 -20- 酮 加拿大一枝黄花 Solidago canadensis
3*β*-hexadecanoyloxy-lup-20(29)-en-21-ol 3*β*- 十六碳酰氧基 - 羽扇豆 -20(29)- 烯 -21- 醇 催吐萝芙木 Rauvolfia vomitoria
hexadecanoylpyrrolidine 十六烷酰吡咯烷 胡椒 Piper nigrum
(1*E*,8*Z*)-10-hexadecatriene (1*E*,8*Z*)-10- 十六碳三烯 白刺 Nitraria tangutorum
(8*E*,10*Z*)-1,8,10-hexadecatriene (8*E*,10*Z*)-1,8,10- 十六碳三烯 白刺 Nitraria tangutorum
7,10,13-hexadecatrienoic acid methyl ester 7,10,13- 十六碳三烯酸甲酯 金毛狗 Cibotium barometz
hexadecatrienoic acid methyl ester 十六碳三烯酸乙酯 金毛狗 Cibotium barometz
(11*Z*)-hexadecenal (11*Z*)- 十六烯醛 鳄梨 Persea americana
(*E*)-14-hexadecenal (*E*)-14- 十六烯醛 挥发油成分，未统计基源
(*Z*)-7-hexadecenal (*Z*)-7- 十六烯醛 挥发油成分，未统计基源
(*Z*)-3-hexadecene (*Z*)-3- 十六烯 挥发油成分，未统计基源
1-hexadecene 1- 十六烯 挥发油成分，未统计基源
3-hexadecene 3- 十六烯 挥发油成分，未统计基源
5,5'-[8(*Z*)-hexadecene-diyl]bisresorcinol 5,5'-[8(*Z*)- 十六烯 - 二基] 双树脂苔黑酚 ▲ 银桦 Grevillea robusta
(9*Z*)-9-hexadecenoic acid (9*Z*)-9- 十六烯酸 狗娃花 Heteropappus hispidus
(*Z*)-9-hexadecenoic acid (*Z*)-9- 十六烯酸 挥发油成分，未统计基源
11-*cis*-hexadecenoic acid 11- 顺式 - 十六烯酸 北点地梅 Androsace septentrionalis
9-hexadecenoic acid 9- 十六烯酸 挥发油成分，未统计基源
ω-hexadecenoic acid *ω*- 十六烯酸 挥发油成分，未统计基源
trans-3-hexadecenoic acid 反式 -3- 十六烯酸 翠菊 Callistephus chinensis
trans-5-hexadecenoic acid 反式 -5- 十六烯酸 大叶山蚂蝗 Desmodium gangeticum
hexadecenoic acid 十六烯酸 挥发油成分，未统计基源
cis-7-hexadecenoic acid 顺式 -7- 十六烯酸 挥发油成分，未统计基源
(*Z*)-9-hexadecenoic acid methyl ester (*Z*)-9- 十六烯酸甲酯 挥发油成分，未统计基源
9-hexadecenoic acid methyl ester 9- 十六烯酸甲酯 挥发油成分，未统计基源
cis-9-hexadecenoic acid methyl ester 顺式 -9- 十八烯酸甲酯 挥发油成分，未统计基源
7-(*Z*)-hexadecenolide 7-(*Z*)- 十六烯内酯 黄葵 Abelmoschus moschatus
hexadecyl 3-methoxy-4-hydroxybenzeneacrylate 3- 甲氧基 -4- 羟基苯丙烯酸十六酯 湖北大戟 Euphorbia hylonoma
hexadecyl ferulate 阿魏酸十六酯 多序岩黄耆 Hedysarum polybotrys, 苦参 Sophora flavescens
hexadecyl oxirane 十六烷基环氧乙烷 挥发油成分，未统计基源
hexadecyl palmitate 棕榈酸十六酯 罗布麻 Apocynum venetum, 小果排草 Lysimachia microcarpa
(*E*)-hexadecyl *p*-hydroxycinnamate (*E*)- 十六烷基对羟基桂皮酸酯 长果颈黄耆 Astragalus englerianus
hexadecyl salicylate 水杨酸十六酯 小叶三点金 Codariocalyx microphyllus
hexadecyl sinapate 芥子酸十六酯 苦参 Sophora flavescens
hexadecyl *trans*-caffeate 反式 - 咖啡酸十六酯 无叶假木贼 Anabasis aphylla
(3*R*,4*S*,5*S*)-2-hexadecyl-3-hydroxy-4-methylbutanolide (3*R*,4*S*,5*S*)-2- 十六烷基 -3- 羟基 -4- 甲基丁内酯 潺槁木姜子 Litsea glutinosa
2-hexadecylfuran 2- 十六烷基呋喃 鳄梨 Persea americana
2-hexadecyl-octadecanoic acid 2- 十六烷基 - 十八酸 凉粉草 Mesona chinensis
[12*β*(*E*),22*E*,24*E*,26*E*]-22,23,24,25,26,27-hexadehydro-12-[(1-oxo-3-phenyl-2-propenyl)oxy]-simplexin [12*β*(*E*),22*E*,24*E*,26*E*]-22,23,24,25,26,27- 六氢 -12-[(1- 氧代 -3- 苯基 -2- 丙烯基) 氧基]- 单茎稻花素 ▲ 瑞香 Daphne odora
(6*R*,10*S*,11*S*,14*S*,26*R*)-15,16,17,18,19,20-hexadehydro-14,15,18,19-tetrahydro-26,28-dihydroxy-26,14-cycloiridal (6*R*,10*S*,11*S*,14*S*,26*R*)-15,16,17,18,19,20- 六去氢 -14,15,18,19- 四氢 -26,28- 二羟基 -26,14- 环鸢尾醛 香根鸢尾 Iris pallida
hexadesacetyleuonynine 六去乙酰卫矛碱 雷公藤 Tripterygium wilfordii
(*Z*)-(*E*,*E*)-2,4-hexadienal (*Z*)-(*E*,*E*)-2,4- 己二烯醛 挥发油成分，未统计基源
2,4-hexadienal 2,4- 己二烯醛 挥发油成分，未统计基源
(*Z*)-3,5-hexadienyl butyrate (*Z*)-3,5- 己二烯醛丁酸酯 挥发油成分，未统计基源
(2*E*)-2-(2,4-hexadiyn-1-ylidene)-1,6-dioxaspiro[4.4]non-3-ene (2*E*)-2-(2,4- 己二炔 -1- 亚甲基)-1,6- 二氧杂螺旋 [4.4] 壬 -3- 烯 中亚苦蒿 Artemisia absinthium
(2*E*)-2-(2,4-hexadiyn-1-ylidene)-1,6-dioxaspiro[4.5]dec-3-ene (2*E*)-2-(2,4- 己二炔 -1- 亚甲基)-1,6- 二氧杂螺旋 [4.5] 癸 -3- 烯 中亚苦蒿

H

Artemisia absinthium

cis-2-(2,4-hexadiynylidene)-1,6-dioxaspiro[4.4]non-3-ene 顺式 -2-(六碳 -2,4- 二炔亚甲基)-1,6- 二氧杂螺 [4.4] 壬 -3- 烯 紫花野菊 Chrysanthemum zawadskii

(*Z*)-2-(2,4-hexadiynylidene)-1,6-dioxaspiro[4.5]dec-3-ene (*Z*)-2-(2,4- 己二炔亚甲基)-1,6- 二氧杂螺 [4.5] 癸 -3- 三烯 灰苞蒿 Artemisia roxburghiana

4-(2,4-hexadiynylidene)tetrahydro-spiro[3,6-dioxabicyclo[3.1.0]hexane-2,2'-[2*H*]pyran] 4-(2,4- 六碳二炔亚甲基) 四氢 - 螺旋 [3,6- 二氧杂双环 [3.1.0] 己烷 -2,2'-[2*H*] 吡喃] 紫花野菊 Chrysanthemum zawadskii

hexagalloylglucose 六没食子酰葡萄糖 红叶 Cotinus coggygria var. cinerea, 龙眼 Dimocarpus longan, 檵木 Loropetalum chinense

2,4,5,6,7,8-hexahydro-1,4,9,9-tetramethyl-3*H*-3a,7-methano azulene 2,4,5,6,7,8- 六羟基 -1,4,9,9- 四甲基 -3*H*-3a,7- 桥亚甲基薁 挥发油成分，未统计基源

[1*S*-(1*α*,4a*β*,5*β*,7*β*,7a*β*)]-1,4a,5,6,7,7a-hexahydro-1,5-dihydroxy-7-methyl-cyclopenta[c]pyran-4-carboxylic acid methyl ester [1*S*-(1*α*,4a*β*,5*β*,7*β*,7a*β*)]-1,4a,5,6,7,7a- 六氢 -1,5- 二羟基 -7- 甲基 - 环戊并 [c] 吡喃 -4- 羧酸酸甲酯 糙苏 Phlomis umbrosa

[6*R*-(6*α*,6a*α*,11b*α*)]-1,2,3,6,6a,11b-hexahydro-11b-hydroxy-9,11-dimethoxy-6a-(4-methoxyphenyl)-6-phenyl-5*H*-benzofuro[2',3':4,5]cyclopenta[1,2-d]pyrrolo[1,2-a]pyrimidin-5-one [6*R*-(6*α*,6a*α*,11b*α*)]-1,2,3,6,6a,11b- 六氢 -11b- 羟基 -9,11- 二甲氧基 -6a-(4- 甲氧基苯基)-6- 苯基 -5*H*- 苯并呋喃 [2',3':4,5] 环戊 [1,2-d] 吡咯 [1,2-a] 嘧啶 -5- 酮 米仔兰 Aglaia odorata

[1*R*-(1*α*,3a*S*,4a*β*,6a*α*,7*α*,9a*β*,9b*α*)]-5,6,6a,7,9a,9b-hexahydro-1-hydroperoxy-1,4a,7-trimethyl-1*H*-oxireno[8,8a]azuleno[4,5-b]furan-8(4a*H*)-one [1*R*-(1*α*,3a*S*,4a*β*,6a*α*,7*α*,9a*β*,9b*α*)]-5,6,6a,7,9a,9b- 六氢 -1- 氢过氧 -1,4a,7- 三甲基 -1*H*- 环氧乙烷 [8,8a] 薁 [4,5-b] 呋喃 -8(4a*H*)- 酮 东北丝裂蒿 Artemisia adamsii

(1*S*,2*S*)-1,2,3,4,7,8-hexahydro-1-methyl-2-(1-methylethenyl)-6-(1-methylethyl)-1-naphthalenepropanoic acid methyl ester (1*S*,2*S*)-1,2,3,4,7,8- 六氢 -1- 甲基 -2-(1- 甲基乙烯基)-6-(1- 甲基乙基)-1- 萘丙酸甲酯 长毛紫珠 Callicarpa pilosissima

(2*R**,3a*R**,5*S**,9b*R**)-2,3,3a,4,5,9b-hexahydro-2-(1-hydroxy-1-methylethyl)-5-naphtho[1,2-b]furanol (2*R**,3a*R**,5*S**,9b*R**)-2,3,3a,4,5,9b- 六氢 -2-(1- 羟基 -1- 甲基乙基)-5- 萘并 [1,2-b] 呋喃醇 木蝴蝶 Oroxylum indicum

2,5,6,6a,7,9a-hexahydro-2-hydroperoxy-1,4a,7-trimethyl-3*H*-oxireno[8,8a]azuleno[4,5-b]furan-8(4a*H*)-one 2,5,6,6a,7,9a- 六氢 -2- 氢过氧 -1,4a,7- 三甲基 -3*H*- 环氧乙烷 [8,8a] 薁 [4,5-b] 呋喃 -8(4a*H*)- 酮 东北丝裂蒿 Artemisia adamsii

2,5,6,6a,7,9a-hexahydro-2-hydroxy-1,4a,7-trimethyl-3*H*-oxireno[8,8a]azuleno[4,5-b]furan-8(4a*H*)-one 2,5,6,6a,7,9a- 六氢 -2- 羟基 -1,4a,7- 三甲基 -3*H*- 环氧乙烷 [8,8a] 薁 [4,5-b] 呋喃 -8(4a*H*)- 酮 东北丝裂蒿 Artemisia adamsii

(5*S*)-5,6,7,7a,7b,12b-hexahydro-3,4,5,11,12b-pentamethyl-10-[(3*E*)-pent-3-en-1-yl-furo[3'',2'': 6',7']naphtho[1',8': 4,5,6] pyrano[3,2-b] benzofuran-9-ol (5*S*)-5,6,7,7a,7b,12b- 六氢 -3,4,5,11,12b- 五甲基 -10-[(3*E*)- 戊 -3- 烯 -1- 基 - 呋喃 [3'',2'': 6',7'] 萘 [1',8': 4,5,6] 吡喃 [3,2-b] 苯并呋喃 -9- 醇 黄帚橐吾 Ligularia virgaurea

2,4a,5,6,7,8-hexahydro-3,5,5,9-tetramethylbenzepine 2,4a,5,6,7,8- 六氢 -3,5,5,9- 四甲基 - 苯并环庚三烯 挥发油成分，未统计基源

[3*S*-(3*α*,3a*α*,5a*β*,9b*α*)]-3a,5a,6,7,8,9b-hexahydro-3,5a,9-trimethyl-naphtho[1,2-b]furan-2,5(3*H*,4*H*)-dione [3*S*-(3*α*,3a*α*,5a*β*,9b*α*)]-3a,5a,6,7,8,9b- 六氢 -3,5a,9- 三甲基 - 萘 [1,2-b] 呋喃 -2,5(3*H*,4*H*)- 二酮 湿地蒿 Artemisia tournefortiana

2,3,4,7,8,8a-hexahydro-3,6,8,8-1*H*-3a,7-methanoazulene 2,3,4,7,8,8a- 六氢 -3,6,8,8-1*H*-3a,7- 亚甲基薁 挥发油成分，未统计基源

[3*R*-(3*α*,3a*β*,7*β*,8*β*,8a*α*)]-2,3,4,7,8,8a-hexahydro-3,6,8-trimethyl-1*H*-3a,7-methanoazulene-8-carboxaldehyde [3*R*-(3*α*,3a*β*,7*β*,8*β*,8a*α*)]-2,3,4,7,8,8a- 六氢 -3,6,8- 三甲基 -1*H*-3a,7- 甲基薁 -8- 醛 垂枝柏 Juniperus recurva

1-[(3a*R*,4*S*,7a*R*)-3a,4,5,6,7a-hexahydro-3a,4-dimethyl-1*H*-inden-2-yl] ethanone 1-[(3a*R*,4*S*,7a*R*)-3a,4,5,6,7a- 六氢 -3a,4- 二甲基 -1*H*- 茚 -2- 基] 乙酮 棉毛橐吾 Ligularia vellerea

(3a*R*,6*R*,7a*S*)-rel-hexahydro-3a,6(4*H*)-benzofurandiol (3a*R*,6*R*,7a*S*)-rel- 六氢 -3a,6(4*H*)- 苯并呋喃二醇 老鸦烟筒花 Millingtonia hortensis

(3a*R*,6*S*,7a*S*)-rel-hexahydro-3a,6(4*H*)-benzofurandiol (3a*R*,6*S*,7a*S*)-rel- 六氢 -3a,6(4*H*)- 苯并呋喃二醇 老鸦烟筒花 Millingtonia hortensis

(3a*R*,9*S*,9a*R*,9b*S*)-3a,7,8,9,9a,9b-hexahydro-3a-hydroxy-3,9,9a-trimethyl-naphtho[1,2-b]furan-4,6-dione (3a*R*,9*S*,9a*R*,9b*S*)-3a,7,8,9,9a,9b- 六氢 -3a- 羟基 -3,9,9a- 三甲基 - 萘 [1,2-b] 呋喃 -4,6- 二酮 离舌橐吾 Ligularia veitchiana

(3a*R*,7a*S*)-rel-hexahydro-3a-hydroxy-6(2*H*)-benzofuranone (3a*R*,7a*S*)-rel- 六氢 -3a- 羟基 -6(2*H*)- 苯并呋喃酮 老鸦烟筒花 Millingtonia hortensis

6a*S*-[4(*E*),6a*α*,9*β*,10a*α*]}-1-[6a,7,8,9,10,10a-hexahydro-3-hydroxy-6,6,9-trimethyl-2-(3-methyl-2-butenyl)-1,9-epoxy-6*H*-dibenzo[b,d]pyran-4-yl]-3-phenyl-2-propen-1-one 6a*S*-[4(*E*),6a*α*,9*β*,10a*α*]}-1-[6a,7,8,9,10,10a- 六氢 -3- 羟基 -6,6,9- 三甲基 -2-(3- 甲基 -2- 丁烯基)-1,9- 环氧 -6*H*- 二苯并 [b,d] 吡喃 -4- 基]-3- 苯基 -2- 丙烯 -1- 酮 粗糠柴 Mallotus philippensis

(5*S*,8a*R*,9a*R*)-6,7,8,8a,9,9a-hexahydro-3-hydroxylmethyl-5,8a-dimethyl-naphtho[2,3-b]furan-2(5*H*)-one (5*S*,8a*R*,9a*R*)-6,7,8,8a,9,9a- 六氢 -3- 羟基甲基 -5,8a- 二甲基 - 萘 [2,3-b] 呋喃 -2(5*H*)- 酮 烟管头草 Carpesium cernuum

(5*S*-*cis*)-2,3,5,6,11,11b-hexahydro-3-oxo-1*H*-indolizino[8,7-b]indole-5-carboxylic acid (5*S*- 顺式 -)-2,3,5,6,11,11b- 六氢 -3- 氧代 -1*H*- 氮茚并 [8,7-b] 吲哚 -5- 羧酸 海州常山 Clerodendrum trichotomum

(5*S*,11b*S*)-2,3,5,6,11,11b-hexahydro-3-oxo-1*H*-indolizino-[8,7-b]indole-5-carboxylic acid (5*S*,11b*S*)-2,3,5,6,11,11b- 六氢 -3- 氧代 -1*H*- 氮茚并 [8,7-b] 吲哚 -5- 羧酸 海州常山 Clerodendrum trichotomum

1a*R*-[1a*α*,4*β*,4a*β*,5*β*(*Z*),9a*S**]-1a,2,4,4a,5,9-hexahydro-4,4a,6-trimethyl-9-oxo-3*H*-oxireno[8,8a]naphtho[2,3-b]furan-5-yl-2-(2-methyl butenoic acid)ester 1a*R*-[1a*α*,4*β*,4a*β*,5*β*(*Z*),9a*S**]-1a,2,4,4a,5,9- 六氢 -4,4a,6- 三甲基 -9- 氧代 -3*H*- 环氧乙烷 [8,8a] 萘 [2,3-b] 呋喃 -5- 基 -2-(2- 甲基丁烯酸) 酯 大叶橐吾 Ligularia macrophylla

(1*S*-*cis*)-1,2,3,5,6,8a-hexahydro-4,7-dimethyl-1-(1-methylethenly)-naphthalene (1*S*- 顺式)-1,2,3,5,6,8a- 六氢 -4,7- 二甲基 -1-(1- 甲基乙基)- 萘 樟子松 Pinus sylvestris var. mongolica

1,2,3,5,6,8a-hexahydro-4,7-dimethyl-1-(1-methylethyl)-(1*S*-*cis*)-naphthalene 1,2,3,5,6,8a- 六氢 -4,7- 二甲基 -1-(1- 甲基乙基)-(1*S*- 顺式)- 萘 红松 Pinus koraiensis

(1*S*-*cis*)-1,2,3,5,6,8a-hexahydro-4,7-dimethyl-1-(1-methylethyl)naphthalene (1*S*- 顺式)-1,2,3,5,6,8a- 六氢 -4,7- 二甲基 -1-(1- 甲基乙基) 萘 使君子 Quisqualis indica

1,2,3,5,6,8,*α*-hexahydro-4,7-dimethyl-1-(1-methylethyl)-naphthalene 1,2,3,5,6,8,*α*- 六氢 -4,7- 二甲基 -1-(1- 甲基乙基)- 萘 挥发油成分，未统计基源

1,2,3,5,6,8a-hexahydro-4,7-dimethyl-1-(1-methylethyl)-naphthalene 1,2,3,5,6,8a- 六氢 -4,7- 二甲基 -1-(1- 甲乙基)- 萘 挥发油成分，未统计基源

(1*E*,4*α*,4a*α*,8a*α*)-2-[3,4,4a,5,6,8a-hexahydro-4,7-dimethyl-1(2*H*)-naphthalenylidene]-propanal (1*E*,4*α*,4a*α*,8a*α*)-2-[3,4,4a,5,6,8a- 六氢 -4,7- 二甲基 -1(2*H*)- 萘亚甲基]- 丙醛 黄花蒿 Artemisia annua

3,5,6,7,8,8a-hexahydro-4,8a-dimethyl-6-(1-methylethenyl)-(1*H*)naphthalenone 3,5,6,7,8,8a- 六氢 -4,8a- 二甲基 -6-[1- 甲乙烯基]-2(1*H*) 萘酮 挥发油成分，未统计基源

[3*S*-(3*α*,4a*β*,5*β*)]-4,4a,5,6,7,8-hexahydro-4a,5-dimethyl-3-(1-methylethenyl)-2(3*H*)-naphthalenone [3*S*-(3*α*,4a*β*,5*β*)]-4,4a,5,6,7,8- 六氢 -4a,5- 二甲基 -3-(1- 甲基乙烯基)-2(3*H*)- 萘酮 网脉橐吾 Ligularia dictyoneura

(2*R*,4a*S*)-1,2,3,4,4a,7-hexahydro-4a,8-dimethyl-*α*-methylene-7-oxo-2-naphthaleneacetic acid (2*R*,4a*S*)-1,2,3,4,4a,7- 六氢 -4a,8- 二甲基 -*α*- 亚甲基 -7- 氧代 -2- 萘乙酸 北艾 Artemisia vulgaris

4,4a*β*,5*β*,6,7*α*,7a-hexahydro-4-methoxy-7a*β*-methyl-8-methylene-2*α*,5-methanocyclopenta-*m*-dioxin-7-ol 4,4a*β*,5*β*,6,7*α*,7a- 六氢 -4- 甲氧基 -7a*β*- 甲基 -8- 亚甲基 -2*α*,5- 亚甲基环戊烷 - 间 - 二噁英 -7- 醇 蜘蛛香 Valeriana jatamansi

4,4*α*,5,6,7,8,-hexahydro-4*α*,5-dimethyl-3-(1-methyl-ethylene)-2(3*H*)-naphthalenone 4,4*α*,5,6,7,8- 六氢 -4*α*,5- 二甲基 -3-(1- 甲基乙烯基)-2(3*H*)- 萘酮 挥发油成分，未统计基源

[4a*R*-(4a*α*,5*α*,6*β*,8a*β*)]-4a,5,6,7,8,8a-hexahydro-5-hydroxy-6-(1-hydroxy-1-methylethyl)-4,8a-dimethyl-2(1*H*)-naphthalenone [4a*R*-(4a*α*,5*α*,6*β*,8a*β*)]-4a,5,6,7,8,8a- 六氢 -5- 羟基 -6-(1- 羟基 -1- 甲基乙烯基)-4,8a- 二甲基 -2(1*H*)- 萘酮 香藜 Chenopodium botrys

3a,5,8,10,11,11a-hexahydro-6,10-dimethyl-3-methylene-cyclodeca[b]furan-2,9(3*H*,4*H*)-dione 3a,5,8,10,11,11a- 六氢 -6,10- 二甲基 -3- 亚甲基 - 环癸烷 [b] 呋喃 -2,9(3*H*,4*H*)- 二酮 菊蒿 Tanacetum vulgare

2,3,4,4a,10,10a-hexahydro-6,8-dihydroxy-7-(1-hydroxy-1-methylethyl)-5-methoxy-2,4a-dimethyl-1-methylene-9(1*H*)-phenanthrenone 2,3,4,4a,10,10a- 六氢 -6,8- 二羟基 -7-(1- 羟基 -1- 甲基乙基)-5- 甲氧基 -2,4a- 二甲基 -1- 亚甲基 -9(1*H*)- 菲酮 藿香 Agastache rugosa

(1*S*,4a*S*,6*S*,7*S*,7a*S*)-1,4a,5,6,7,7a-hexahydro-6-hydroxy-1-[[2-*O*-(4-hydroxybenzoyl)-*β*-D-glucopyranosyl]oxy]-7-methyl-cyclopenta[c]pyran-4-carboxylic acid (1*S*,4a*S*,6*S*,7*S*,7a*S*)-1,4a,5,6,7,7a- 六氢 -6- 羟基 -1-[[2-*O*-(4- 羟基苯甲酰基)-*β*-D- 吡喃葡萄糖] 氧基]-7- 甲基 - 环戊 [*c*] 吡喃 -4- 羧酸 黄荆 Vitex negundo

(1*S*,4a*S*,6*S*,7*R*,7a*S*)-1,4a,5,6,7,7a-hexahydro-6-hydroxy-1-[[2-*O*-[(2*E*)-3-(4-hydroxyphenyl)-1-oxo-2-propen-1-yl]-*β*-D-glucopyranosyl]oxy]-7-methyl-cyclopenta[c]pyran-4-carboxylic acid (1*S*,4a*S*,6*S*,7*R*,7a*S*)-1,4a,5,6,7,7a- 六氢 -6- 羟基 -1-[[2-*O*-[(2*E*)-3-(4- 羟基苯基)-1- 氧代 -2- 丙烯 -1- 基]-*β*-D- 吡喃葡萄糖] 氧基]-7- 甲基 - 环戊 [*c*] 吡喃 -4- 羧酸 黄荆 Vitex negundo

[4*R*-(4*α*,4a*α*,6*β*,7*α*,7a*α*)]-hexahydro-6-hydroxy-4,7-dimethyl-cyclopenta[c]pyran-1(3*H*)-one [4*R*-(4*α*,4a*α*,6*β*,7*α*,7a*α*)]- 六氢 -6- 羟基 -4,7- 二甲基 - 环戊 [c] 吡喃 -1(3*H*)- 酮 刺芒龙胆 Gentiana aristata

(2*S*,4*E*,6*S*,9*S*)-2,3,6,7,8,9-hexahydro-6-hydroxy-4-[(4-hydroxybenzoyl)oxy]-9-methoxy-2-oxoninyl-*β*-D-glucopyranoside (2*S*,4*E*,6*S*,9*S*)-2,3,6,7,8,9- 六氢 -6- 羟基 -4-(4- 羟基苯酰氧基)-9- 甲氧基 -2- 氧杂九元环 -*β*-D- 吡喃葡萄糖苷 牡荆 Vitex negundo var. cannabifolia

(3*R*,4a*R*,5*R*,6*R*)-3,4,4a,5,6,7-hexahydro-6-hydroxy-4a,5-dimethyl-3-(1-methylethenyl)-1(2*H*)-naphthalenone (3*R*,4a*R*,5*R*,6*R*)-3,4,4a,5,6,7- 六氢 -6- 羟基 -4a,5- 二甲基 -3-(1- 甲基乙烯基)-1(2*H*)- 萘酮 硬尖神香草 Hyssopus cuspidatus

2*R*-2*α*,4a*β*,5*α*,7*β*,7a*β*,8*S**-hexahydro-7a,8-dimethyl-2,5-methanocyclopenta-1,3-dioxin-7-ol 2*R*-2*α*,4a*β*,5*α*,7*β*,7a*β*,8*S**- 六氢 -7a,8- 二甲基 -2,5- 亚甲基环戊烷 -1,3- 二噁英 -7- 醇 蜘蛛香 Valeriana jatamansi

2*S*-2*α*,4a*β*,5*α*,7*α*,7a*β*,8*R**-hexahydro-7a,8-dimethyl-2,5-methanocyclopenta-1,3-dioxin-7-ol 2*S*-2*α*,4a*β*,5*α*,7*β*,7a*β*,8*R**- 六氢 -7a,8- 二甲基 -2,5- 亚甲基环戊烷 -1,3- 二噁英 -7- 醇 蜘蛛香 Valeriana jatamansi

(1*S*,4a*S*,7*S*,7a*S*)-1,4a,5,6,7,7a-hexahydro-7-hydroxy-1-[[6-*O*-(4-hydroxybenzoyl)-*β*-D-glucopyranosyl]oxy]-7-methyl-cyclopenta[*c*]pyran-4-carboxylic acid (1*S*,4a*S*,7*S*,7a*S*)-1,4a,5,6,7,7a- 六氢 -7- 羟基 -1-[[6-*O*-(4- 羟基苯甲酰基)-*β*-D- 吡喃葡萄糖] 氧基]-7- 甲基 - 环戊 [*c*] 吡喃 -4- 羧酸 黄荆 Vitex negundo

(1*S*,4a*R*,5*R*,7*S*,7a*S*)-1,4a,5,6,7,7a-hexahydro-7-hydroxy-5-[[(2*E*)-3-[4-[(1*S*,2*R*)-2-hydroxy-2-(4-hydroxy-3-methoxyphenyl)-1-(hydroxymethyl) ethoxy]-3-methoxyphenyl]-1-oxo-2-propenyl]oxy]-7-methylcyclopenta[c]pyran-1-*O*-*β*-D-glucopyranoside (1*S*,4a*R*,5*R*,7*S*,7a*S*)-1,4a,5,6,7,7a- 六氢 -7- 羟基 -5-[[(2*E*)-3-[4-[(1*S*,2*R*)-2- 羟基 -2-(4- 羟基 -3- 甲氧基苯基)-1-(羟基甲基) 乙氧基]-3- 甲氧基苯基]-1- 氧代 -2- 丙烯基] 氧基]-7-7- 甲基环戊并 [c] 吡喃 -1-*O*-*β*-D- 吡喃葡萄糖苷 大叶醉鱼草 Buddleja davidii

1,4a,5,6,7,7a-hexahydro-7-hydroxy-5-[[3-[4-[2-hydroxy-2-(4-hydroxy-3-methoxyphenyl)-1-(hydroxymethyl)ethoxy]-3-methoxyphenyl]-1-oxo-2-propenyl]oxy]-7-methylcyclopenta[c]pyran-1-*O*-*β*-D-glucopyranoside 1,4a,5,6,7,7a- 六氢 -7- 羟基 -5-[[3-[4-[2- 羟基 -2-(4- 羟基 -3- 甲氧基苯基)-1-(羟基甲基) 乙氧基]-3- 甲氧基苯基]-1-*O*-2- 丙烯基] 氧基]-7- 甲基环戊并 [c] 吡喃 -1-*O*-*β*-D- 吡喃葡萄糖苷 大叶醉鱼草 Buddleja davidii

[1*S*-[1*α*,4a*α*,5*α*[*E*(1*S**,2*R**)],7*α*,7a*α*]]-1,4a,5,6,7,7a-hexahydro-7-hydroxy-5-[[3-[4-[2-hydroxy-2-(4-hydroxy-3-methoxyphenyl)-1-(hydroxymethyl) ethoxy]-3-methoxyphenyl]-1-oxo-2-propenyl]oxy]-7-methylcyclopenta[c]pyran-1-*O*-*β*-D-glucopyranoside [1*S*-[1*α*,4a*α*,5*α*[*E*(1*S**,2*R**)],7*α*,7a*α*]]-1,4a,5,6,7,7a- 六氢 -7- 羟基 -5-[[3-[4-[2- 羟基 -2-(4- 羟基 -3- 甲氧基苯基)-1-(羟基甲基) 乙氧基]-3- 甲氧基苯基]-1-*O*-2- 丙烯基] 氧基]-7- 甲基环戊并 [c] 吡喃 -1-*O*-*β*-D- 吡喃葡萄糖苷 大叶醉鱼草 Buddleja davidii

[3,4,4a,9,10,10a-hexahydro-8-hydroxy-l-(hydroxymethyl)-l,4a-dimethyl-7-(1-methylethyl)-2(1*H*)-phenanthrene [3,4,4a,9,10,10a- 六氢 -8- 羟基 -l- 羟基甲基 -l,4a- 二甲基 -7-(1- 甲基乙基)-2(1*H*)- 菲 雷公藤 Tripterygium wilfordii

(1*S*,2*S*,8a*S*)-1,2,3,7,8,8a-hexahydro-8*α*-hydroxy-1-methyl-2-(1-methylethenyl)-6-(1-methylethyl)-1-naphthalenepropanoic acid (1*S*,2*S*,8a*S*)-1,2,3,7,8,8a- 六氢 -8*α*- 羟基 -1- 甲基 -2-(1- 甲基乙烯基)-6-(1- 甲基乙基)-1- 萘丙酸 长毛紫珠 Callicarpa pilosissima

H

hexahydroaplotaxene 六氢单紫杉烯 挥发油成分，未统计基源
1,2,3,4,5,6-hexahydrochrysene 1,2,3,4,5,6- 六氢白杨烯 挥发油成分，未统计基源
hexahydrocurcumin 六氢姜黄素 姜 Zingiber officinale
hexahydrofarnesol 六氢金合欢醇 挥发油成分，未统计基源
hexahydrofarnesyl acetone 六氢金合欢基丙酮 挥发油成分，未统计基源
1,2,3,4,4a,8a-hexahydronaphthalene 1,2,3,4,4a,8a- 六氢萘 挥发油成分，未统计基源
hexahydrophenznthridinone 六氢菲啶酮 挥发油成分，未统计基源
hexahydropseudoionone 六氢假香堇酮 马蹄莲 Zantedeschia aethiopica
5-[(1*S*)-4,4',5,5',6,6'-hexahydroxy(1,1'-biphenyl)-2,2'-dicarboxylate]cyclic-3,6-anhydro-D-mannose 5-[(1*S*)-4,4',5,5',6,6'- 六羟基 (1,1'- 二苯基)-2,2'- 二羰基] 环 -3,6- 脱水 -D- 甘露糖 大狼毒 Euphorbia jolkinii
5,7,4',5'',7'',4'''-hexahydroxy-(3,8'')-biflavanone 5,7,4',5'',7'',4'''- 七羟基 -(3,8'')- 双二氢黄酮 大叶藤黄 Garcinia xanthochymus
4',4''',5,5'',7,7''-hexahydroxy-3,3''-biflavone 4',4''',5,5'',7,7''- 六羟基 -3,3''- 双黄酮 狼毒 Stellera chamaejasme
2,4,7,8,9,10-hexahydroxy-3-methoxyanthracene-6-*O*-*α*-L-rhamnopyranoside 2,4,7,8,9,10- 六羟基 -3- 甲氧基蒽 -6-*O*-*α*-L- 吡喃鼠李糖苷 桃金娘 Rhodomyrtus tomentosa
2*β*,3*α*,16*α*,20(*R*),24(*S*),25-hexahydroxy-9-methyl-19-norlanost-5-en-11,22-dione 2*β*,3*α*,16*α*,20(*R*),24(*S*),25- 六羟基 -9- 甲基 -19- 降羊毛脂 -5- 烯 -11,22- 酮 曲莲 Hemsleya amabilis
hexahydroxyamentoflavone 六羟基穗花杉双黄酮 金银忍冬 Lonicera maackii
hexahydroxycholest-7-en-6-one 六羟基胆甾 -7- 烯 -6- 酮 大理白前 Cynanchum forrestii
4,4',5,5',6,6'-hexahydroxydiphenic acid dilactone 4,4',5,5',6,6'- 六羟基二酚酸二内酯 千果榄仁 Terminalia myriocarpa
4,6-(hexahydroxydiphenoyl)glucose 4,6-(六羟基联苯二甲酰基) 葡萄糖 多花桉 Eucalyptus polyanthemos, 乌墨 Syzygium cumini
2,3-[(*S*)-4,4',5,5',6,6'-hexahydroxydiphenoyl]-D-glucose 2,3-[(*S*)-4,4',5,5',6,6'- 六羟基二酚]-D- 葡萄糖 榄仁树 Terminalia catappa
hexahydroxydiphenoyl-1-(*O*-2-*O*-galloyl-*β*-D-glucopyranoside)-1-(*O*-*β*-D-xylopyranoside)diester 六羟基二苯氧基 -1-(*O*-2-*O*- 没食子酰基 -*β*-D- 吡喃葡萄糖苷)-1-(*O*-*β*-D- 吡喃木糖苷) 二酯 大车前 Plantago major
hexahydroxydiphenoyl-1-(*O*-*β*-D-glucopyranoside)-2-(*O*-4-*O*-galloyl-*β*-D-glucopyranoside)diester 六羟基二苯氧基 -1-(*O*-*β*-D- 吡喃葡萄糖苷)-2-(*O*-4-*O*- 没食子酰基 -*β*-D- 吡喃葡萄糖苷) 二酯 大车前 Plantago major
2,3-hexahydroxydiphenoylglucose 2,3- 六羟基联苯甲酰葡萄糖 多花桉 Eucalyptus polyanthemos
3,6-hexahydroxydiphenoyl-glucose 3,6- 六羟基联苯甲酰葡萄糖 乌墨 Syzygium cumini
(-)-2,3-*cis*-3,4-*cis*-3,3',4,4',7,8-hexahydroxyflavan (-)-2,3- 顺式 -3,4- 顺式 -3,3',4,4',7,8- 六羟基黄烷 台湾相思 Acacia confusa
3,3',4,4',5,7-hexahydroxyflavan 3,3',4,4',5,7- 六羟基黄烷 槟榔 Areca catechu
2',3,4',5,5',7-hexahydroxyflavone 2',3,4',5,5',7- 六羟基黄酮 大叶补血草 Limonium gmelinii
3',4',5',5,6,7-hexahydroxyflavone 3',4',5',5,6,7- 六羟基黄酮 化香树 Platycarya strobilacea
3,5,8,3',4',5'-hexahydroxyflavone 3,5,8,3',4',5'- 六羟基黄酮 决明 Senna tora
3,3',4',5,5',7-hexahydroxyflavone-3-*O*-*β*-D-glucuronopyranoside 3,3',4',5,5',7- 六羟基黄酮 -3-*O*-*β*-D- 吡喃葡萄糖醛酸苷 粉叶柿 Diospyros glaucifolia
3',4',5',5,7,8-hexahydroxyflavone-7-*O*-*β*-D-glucopyranosiduronic acid 3',4',5',5,7,8- 六羟基黄酮 -7-*O*-*β*-D- 吡喃葡萄糖糖醛酸苷 野甘草 Scoparia dulcis
3',4',5',6,7,8-hexahydroxyflavone-8-*β*-D-glucopyranoside 3',4',5',6,7,8- 六羟基黄酮 -8-*β*-D- 吡喃葡萄糖苷 蔓草虫豆 Cajanus scarabaeoides
1,2,3,16,19,20-hexahydroxyolean-12-en-28-oic acid 1,2,3,16,19,20- 六羟基齐墩果 -12- 烯 -28- 酸 甘肃马先蒿 Pedicularis kansuensis
1*β*,2*β*,3*β*,4*β*,5*β*,7*α*-hexahydroxyspirost-25(27)-en-6-one 1*β*,2*β*,3*β*,4*β*,5*β*,7*α*- 六羟基螺甾 -25(27)- 烯 -6- 酮 橙花开口箭 Tupistra aurantiaca
2*α*,3*β*,6*β*,20*β*,23,30-hexahydroxyurs-12-en-28-oic acid 2*α*,3*β*,6*β*,20*β*,23,30- 六羟基熊果 -12- 烯 -28- 酸 番石榴 Psidium guajava
2*β*,3*α*,6*α*,20,23,30-hexahydroxyurs-12-en-28-oic acid 2*β*,3*α*,6*α*,20,23,30- 六羟基熊果 -12- 烯 -28- 酸 对萼猕猴桃 Actinidia valvata
2*β*,3*α*,20,23,24,30-hexahydroxyurs-12-en-28-oic acid-*O*-*β*-D-glucopyranosyl ester 2*β*,3*α*,20,23,24,30- 六羟基熊果 -12- 烯 -28- 酸 -*O*-*β*-D- 吡喃葡萄糖基酯苷 对萼猕猴桃 Actinidia valvata
γ-hexalactone *γ*- 已内酯 挥发油成分，未统计基源
4,4'',8,8'',9,9''-hexamethoxy-1,1''-diphenyl-2,2'',3,3''-tetrahydro-7,7''-bi(1*H*-phenalene) 4,4'',8,8'',9,9''- 六甲氧基 -1,1''- 二苯基 -2,2'',3,3''- 四氢 -7,7''- 双 (1*H*- 菲那烯) 凤眼蓝 Eichhornia crassipes
3,4,3',4',5',6'-hexamethoxy-2'-hydroxychalcone 3,4,3',4',5',6'- 六甲氧基 -2'- 羟基查耳酮 南丰蜜橘 Citrus reticulata 'Kinokuni'
2,3,4,5,2',6'-hexamethoxy-4',5'-methylenedioxychalcone 2,3,4,5,2',6'- 六甲氧基 -4',5'- 亚甲二氧基查耳酮 韩信草 Scutellaria indica
5,6,7,8,3',5'-hexamethoxy-4'-hydroxyflavone 5,6,7,8,3',5'- 六甲氧基 -4'- 羟基黄酮 霍香蓟 Ageratum conyzoides
5,6,7,3',4',5'-hexamethoxy-8-hydroxyflavone 5,6,7,3',4',5'- 六甲氧基 -8- 羟基 - 黄酮 霍香蓟 Ageratum conyzoides
5,6,7,3',4',5'-hexamethoxy-8-hydroxyflavone-8-*O*-*α*-rhamnoside 5,6,7,3',4',5'- 六甲氧基 -8- 羟基黄酮 -8-*O*-*α*- 鼠李糖苷 霍香蓟 Ageratum conyzoides
(2*S*)-5,6,7,3',4',5'-hexamethoxydihydroflavone (2*S*)-5,6,7,3',4',5'- 六甲氧基二氢黄酮 千里香 Murraya paniculata
3',4',5,5',7,8-hexamethoxyflavone 3',4',5,5',7,8- 六甲氧基黄酮 千里香 Murraya paniculata
3,5,6,7,3',4'-hexamethoxyflavone 3,5,6,7,3',4'- 六甲氧基黄酮 长毛紫珠 Callicarpa pilosissima, 南丰蜜橘 Citrus reticulata 'Kinokuni', 甜橙 C. sinensis
3,5,6,8,3',4'-hexamethoxyflavone 3,5,6,8,3',4'- 六甲氧基黄酮 柑橘 Citrus reticulata
3,5,7,3',4',5'-hexamethoxyflavone 3,5,7,3',4',5'- 六甲氧基黄酮 九里香 Murraya exotica, 千里香 M. paniculata
3,5,7,8,3',4'-hexamethoxyflavone 3,5,7,8,3',4'- 六甲氧基黄酮 千里香 Murraya paniculata

5,6,7,3',4',5'-hexamethoxyflavone 5,6,7,3',4',5'- 六甲氧基黄酮 霍香蓟 Ageratum conyzoides, 熊耳草 A. houstonianum, 鞍叶羊蹄甲 Bauhinia brachycarpa, 龙须藤 B. championii, 绿花崖豆藤 Callerya championii, 九里香 Murraya exotica, 千里香 M. paniculata
5,6,7,8,3',4'-hexamethoxyflavone 5,6,7,8,3',4'- 六甲氧基黄酮 九里香 Murraya exotica, 栝楼 Trichosanthes kirilowii
5,6,8,3',4',5'-hexamethoxyflavone 5,6,8,3',4',5'- 六甲氧基黄酮 九里香 Murraya exotica
5,7,8,3',4',5'-hexamethoxyflavone 5,7,8,3',4',5'- 六甲氧基黄酮 千里香 Murraya paniculata
5,6,7,8,3',4'-hexamethoxyflavonol 5,6,7,8,3',4'- 六甲氧基黄酮醇 大叶冬青 Ilex latifolia
(2*R*,4*S*)-4,5,6,7,8,4'-hexamethoxylflavanone (2*R*,4*S*)-4,5,6,7,8,4'- 六甲氧基黄烷酮 韩信草 Scutellaria indica
hexamethoxyquercetagetin 六甲氧基槲皮万寿菊素 酸橙 Citrus aurantium
2,6,10,15,19,23-hexamethyl-1,6,10,14,18,22-tetracosahexaen-3-ol 2,6,10,15,19,23- 六甲基 -1,6,10,14,18,22- 二十四碳六烯 -3- 醇 挥发油成分，未统计基源
(2*E*,6*E*,10*E*,14*E*,18*E*)-2,6,10,15,19,23-hexamethyl-2,6,10,14,18,22-tetracosahexaen-1-ol (2*E*,6*E*,10*E*,14*E*,18*E*)-2,6,10,15,19,23- 六甲基 -2,6,10,14,18,22- 二十四碳六烯 -1- 醇 窄头橐吾 Ligularia stenocephala
8-(2',6',10',14',18',22'-hexamethyl-22-methoxymethylene-tetracos-1',3',5',7',11'-pentaene-9'*β*-ol-13'*β*-methoxy-14'-oxy)-coumarin 8-(2',6',10',14',18',22'- 六甲基 -22- 甲氧基亚甲基 - 二十四碳 -1',3',5',7',11'- 五烯 -9'*β*- 醇 -13'*β*- 甲氧基 -14'- 氧基)- 香豆素 木橘 Aegle marmelos
2,6,10,15,19,23-hexamethyl-2*E*,6*E*,10*E*,14*E*,18*E*-22-tetracoshexaene 2,6,10,15,19,23- 六甲基 -2*E*,6*E*,10*E*,14*E*,18*E*-22- 二十四碳六烯 挥发油成分，未统计基源
(3*E*,6*E*,10*E*,14*E*,18*E*)-2,6,10,15,19,23-hexamethyl-3,6,10,14,18,22-tetracosahexaen-2-ol (3*E*,6*E*,10*E*,14*E*,18*E*)-2,6,10,15,19,23- 六甲基 -3,6,10,14,18,22- 二十四碳六烯 -2- 醇 金挖耳 Carpesium divaricatum, 窄头橐吾 Ligularia stenocephala
8-(2',6',10',14',18',22-hexamethyltetracos-1',13',17',21'-tetraene-10'-oxy)-coumarin 8-(2',6',10',14',18',22- 六甲基二十四碳 -1',13',17',21'- 四烯 -10'- 氧基)- 香豆素 木橘 Aegle marmelos
hexanal 己醛 挥发油成分，未统计基源
n-hexanal 正己醛 挥发油成分，未统计基源
hexandraside E 六雄范氏小檗苷▲E 朝鲜淫羊藿 Epimedium koreanum, 黄檗 Phellodendron amurense
hexandraside F 六雄范氏小檗苷▲F 朝鲜淫羊藿 Epimedium koreanum, 三枝九叶草 E. sagittatum
hexane-1,5-diol-1-*O*-*β*-D-glucopyranoside 己烷 -1,5- 二醇 -1-*O*-*β*-D- 吡喃葡萄糖苷 茴芹 Pimpinella anisum
hexanedioic acid 己二酸 挥发油成分，未统计基源
hexanoic acid 己酸 挥发油成分，未统计基源
1-hexanol 1- 己醇 挥发油成分，未统计基源
2-hexanol 2- 己醇 挥发油成分，未统计基源
3-hexanol 3- 己醇 挥发油成分，未统计基源
hexanol 己醇 挥发油成分，未统计基源
cis-3-hexanol 顺式 -3- 己醇 挥发油成分，未统计基源
n-hexanol 正己醇 挥发油成分，未统计基源
hexanol-*β*-D-glucopyranoside 己醇 -*β*-D- 吡喃葡萄糖苷 桂叶山牵牛 Thunbergia laurifolia
2-hexanone 2- 己酮 挥发油成分，未统计基源
3-hexanone 3- 己酮 挥发油成分，未统计基源
hexanorcucurbitacin D 六降葫芦素 D 甜瓜 Cucumis melo, 棒锤瓜 Neoalsomitra integrifoliola
hexanorcucurbitacin D-2-*O*-*β*-D-glucopyranoside 六降葫芦素 D-2-*O*-*β*-D- 吡喃葡萄糖苷 甜瓜 Cucumis melo
hexanorcucurbitacin F 六降葫芦素 F 彭县雪胆 Hemsleya pengxianensis, 苦玄参 Picria felterrae
hexanorcucurbitacin I 六降葫芦素 I 土沉香 Aquilaria sinensis, 山芝麻 Helicteres angustifolia
hexanoside A 光里白己酸苷▲A 光里白 Diplopterygium laevissimum
2-hexanoylfuran 2- 己酰呋喃 挥发油成分，未统计基源
hexa-*O*-galloylglucopyranose 六 -*O*- 没食子酰吡喃葡萄糖 杧果 Mangifera indica
18-crown ether-6 18- 冠醚 -6 野花椒 Zanthoxylum simulans
hexascosporin 六环尾孢素▲ 竹黄 Shiraia bambusicola
n-hexatetracontanol 正四十六醇 胡卢巴 Trigonella foenum-graecum
n-hexatriacont-14-ene 正三十六碳 -14- 烯 蓖麻 Ricinus communis
hexatriacontane 三十六烷 挥发油成分，未统计基源
n-hexatriacontane 正三十六烷 使君子 Quisqualis indica
(6*R*,8*S*)-hexatriacontanediol (6*R*,8*S*)- 三十六烷二醇 红花 Carthamus tinctorius
(7*R*,9*S*)-hexatriacontanediol (7*R*,9*S*)- 三十六烷二醇 红花 Carthamus tinctorius
1-hexatriacontanol 1- 三十六醇 胡杨 Populus euphratica
5-hexatriacontanone 5- 三十六酮 水茄 Solanum torvum
(*E*)-2-hexen-1-ol (*E*)-2- 己烯 -1- 醇 挥发油成分，未统计基源
(*E*)-3-hexen-1-ol (*E*)-3- 己烯 -1- 醇 挥发油成分，未统计基源
(*Z*)-3-hexen-1-ol (*Z*)-3- 己烯 -1- 醇 挥发油成分，未统计基源
2-hexen-1-ol 2- 己烯 -1- 醇 挥发油成分，未统计基源
3-hexen-1-ol 3- 己烯 -1- 醇 挥发油成分，未统计基源
4-hexen-1-ol 4- 己烯 -1- 醇 挥发油成分，未统计基源

trans-3-hexen-1-ol 反式 -3- 己烯 -1- 醇 挥发油成分，未统计基源
hexen-1-ol 己烯 -1- 醇 挥发油成分，未统计基源
cis-3-hexen-1-ol 顺式 -3- 己烯 -1- 醇 挥发油成分，未统计基源
(*Z*)-3-hexen-1-ol acetate (*Z*)-3- 己烯 -1- 醇乙酸酯 高粱 Sorghum bicolor
2-hexen-1-ol acetate 2- 己烯 -1- 醇乙酸酯 挥发油成分，未统计基源
cis-3-hexen-1-ol acetate 顺式 -3- 己烯 -1- 醇乙酸酯 挥发油成分，未统计基源
3-hexen-1-ol benzoate 3- 己烯 -1- 醇苯甲酸酯 挥发油成分，未统计基源
(3*Z*)-3-hexen-1-ol-6-*O*-*α*-L-arabinopyranosyl-*β*-D-glucopyranoside (3*Z*)-3- 己烯 -1- 醇 -6-*O*-*α*-L- 吡喃阿拉伯糖基 -*β*-D- 吡喃葡萄糖苷 五层龙 Salacia prinoides
(*Z*)-3-hexen-1-ol-acetate (*Z*)-3- 己烯 -1- 醇 - 乙酸酯 挥发油成分，未统计基源
hexen-2-al 己烯 -2- 醛 挥发油成分，未统计基源
hexen-3-ol 己烯 -3- 醇 挥发油成分，未统计基源
(*E*)-(*Z*)-3-hexenal (*E*)-(*Z*)-3- 己烯醛 挥发油成分，未统计基源
(*E*)-2-hexenal (*E*)-2- 己烯醛 挥发油成分，未统计基源
(*Z*)-2-hexenal (*Z*)-2- 己烯醛 挥发油成分，未统计基源
(*Z*)-3-hexenal (*Z*)-3- 己烯醛 挥发油成分，未统计基源
2-hexenal 2- 己烯醛 挥发油成分，未统计基源
trans-2-hexenal 反式 -2- 己烯醛 挥发油成分，未统计基源
cis-3-hexenal 顺式 -3- 己烯醛 中亚苦蒿 Artemisia absinthium
3-hexenoic acid ethyl ester 3- 己烯酸乙酯 挥发油成分，未统计基源
D-*erythro*-2-hexenoic acid-*γ*-lactone D- 赤式 -2- 己烯酸 -*γ*- 内酯 椴叶扁担杆 Grewia tiliifolia
(*E*)-2-hexenol (*E*)-2- 己烯醇 挥发油成分，未统计基源
(*Z*)-3-hexenol (*Z*)-3- 己烯醇 挥发油成分，未统计基源
β,*γ*-hexenol *β*,*γ*- 己烯醇 挥发油成分，未统计基源
trans-2-hexenol 反式 -2- 己烯醇 挥发油成分，未统计基源
trans-3-hexenol 反式 -3- 己烯醇 挥发油成分，未统计基源
cis-3-hexenol 顺式 -3- 己烯醇 挥发油成分，未统计基源
cis-3-hexenyl 2-methylbutanoate 顺式 -2- 甲基丁酸 3- 己烯酯 芝麻菜 Eruca vesicaria
cis-3-hexenyl acetate 顺式 -3- 己烯基乙酸酯 挥发油成分，未统计基源
cis-3-hexenyl butanoate 顺式 -3- 己烯基丁酸酯 芝麻菜 Eruca vesicaria
5-hexenyl isothiocyanate 5- 己烯基异硫氰酸酯 挥发油成分，未统计基源
(*E*)-2-hexenyl-1-*O*-*β*-D-glucopyranoside (*E*)-2- 己烯基 -1-*O*-*β*-D- 吡喃葡萄糖苷 波缘冷水花 Pilea cavaleriei
(2*E*)-2-hexenyl-2-*O*-*β*-D-glucopyranosyl-*β*-D-glucopyranoside (2*E*)-2- 己烯 -2-*O*-*β*-D- 吡喃葡萄糖基 -*β*-D- 吡喃葡萄糖苷 川党参 Codonopsis pilosula subsp. tangshen
(*E*)-2-hexenyl-6-*O*-*α*-L-arabinopyranosyl-*β*-D-glucopyranoside (*E*)-2- 己烯基 -6-*O*-*α*-L- 吡喃阿拉伯糖基 -*β*-D- 吡喃葡萄糖苷 新疆党参 Codonopsis clematidea, 川党参 C. pilosula subsp. tangshen
(*E*)-2-hexenyl-D-glucopyranoside (*E*)-2- 己烯基 -D- 吡喃葡萄糖苷 算盘子 Glochidion puberum
(*Z*)-3-hexenyl-D-glucopyranoside (*Z*)-3- 己烯基 -D- 吡喃葡萄糖苷 算盘子 Glochidion puberum
cis-3-hexenylglucoside 顺式 -3- 己烯葡萄糖苷 阔苞菊 Pluchea indica
3-hexenyl-*O*-*β*-D-glucopyranoside 3- 己烯 -*O*-*β*-D-*Z*- 吡喃葡萄糖苷 月桂 Laurus nobilis
(*Z*)-3-hexenyl-*O*-*β*-D-glucopyranosyl-(1''→6')-*β*-D-glucopyranoside (*Z*)-3- 己烯 -*O*-*β*-D- 吡喃葡萄糖基 -(1''→6')-*β*-D- 吡喃葡萄糖苷 省沽油 Staphylea bumalda
(*E*)-2-hexenyl-*β*-D-glucopyranoside (*E*)-2- 己烯基 -*β*-D- 吡喃葡萄糖苷 省沽油 Staphylea bumalda, 桂叶山牵牛 Thunbergia laurifolia
(*Z*)-3-hexenyl-*β*-D-glucopyranoside (*Z*)-3- 己烯 -*β*-D- 吡喃葡萄糖苷 和尚菜 Adenocaulon himalaicum, 雏菊 Bellis perennis, 银叶树 Heritiera littoralis, 心叶风毛菊 Saussurea cordifolia, 省沽油 Staphylea bumalda
3-hexenyl-*β*-D-glucopyranoside 3- 己烯基 -*β*-D- 吡喃葡萄糖苷 香桂 Cinnamomum subavenium
(*E*)-2-hexenyl-*β*-D-glucoside (*E*)-2- 己烯基 -*β*-D- 葡萄糖苷 血桐 Macaranga tanarius var. tomentosa
(*Z*)-3-hexenyl-*β*-D-glucoside (*Z*)-3- 己烯基 -*β*-D- 葡萄糖苷 血桐 Macaranga tanarius var. tomentosa, 山苦茶 Mallotus peltatus
(*Z*)-3-hexenyl-*β*-glucopyranoside (*Z*)-3- 己烯基 -*β*- 吡喃葡萄糖苷 苦郎树 Clerodendrum inerme
(*Z*)-3-hexenyl-*β*-primeveroside (*Z*)-3- 己烯 -*β*- 樱草糖苷 罗布麻 Apocynum venetum
(*E*)-2-hexenyl-*β*-sophoroside (*E*)-2- 己烯基 -*β*- 槐糖苷 白花甘肃马先蒿 Pedicularis kansuensis subsp. kansuensis f. albiflora
hexosyltricin 己糖基小麦黄素 毛茛 Ranunculus japonicus
1-hexyl acetate 1- 己基乙酸酯 挥发油成分，未统计基源
hexyl acetate 乙酸己酯 挥发油成分，未统计基源
hexyl benzoate 苯甲酸己酯 挥发油成分，未统计基源
hexyl formate 甲酸己酯 挥发油成分，未统计基源
hexyl glucoside 己基葡萄糖苷 伞序臭黄荆 Premna serratifolia
n-hexyl glucosinolate 正己基芥子油苷 芝麻菜 Eruca vesicaria
hexyl isothiocyanate 异硫氰酸己酯 辣根 Armoracia rusticana

hexyl nicotinate 烟酸己酯 挥发油成分，未统计基源
hexyl oroxylopterocarpan 己基木蝴蝶紫檀烷 木蝴蝶 Oroxylum indicum
hexyl *O*-*β*-D-glucopyranoside 己基 -*O*-*β*-D- 吡喃葡萄糖苷 海滨木巴戟 Morinda citrifolia
hexyl *p*-hydroxycinnamate 对羟基桂皮酸己酯 皱叶醉鱼草 Buddleja crispa
2-hexyl-1-decanol 2- 己基 -1- 癸醇 挥发油成分，未统计基源
4-hexyl-2,5-dihydro-2,5-dioxo-3-furannacetic acid 4- 己基 -2,5- 二氢 -2,5- 二氧代 -3- 呋喃乙酸 槲蕨 Drynaria roosii
hexyl-2-*O*-*β*-D-glucopyranosyl-*β*-D-glucopyranoside 己基 -2-*O*-*β*-D- 吡喃葡萄糖基 -*β*-D- 吡喃葡萄糖苷 川党参 Codonopsis pilosula subsp. tangshen
5-hexylcyclopenta-1,3-dione 5- 己基环戊 -1,3- 二酮 洋葱 Allium cepa
2-hexylidene-3-methylsuccinic acid 2- 亚己基 -3- 甲基琥珀酸 伞序臭黄荆 Premna serratifolia
n-hexyl-*O*-*β*-D-glucopyranosyl-(1''→6')-*β*-D-glucopyranoside 正己基 -*O*-*β*-D- 吡喃葡萄糖基 -(1''→6')-*β*-D- 吡喃葡萄糖苷 省沽油 Staphylea bumalda
n-hexyl-*O*-*β*-D-glucopyranosyl-(1''→6')-*β*-D-glucopyranoside 正己基 -*O*-*β*-D- 吡喃葡萄糖基 -(1''→6')-*β*-D- 吡喃葡萄糖苷 川党参 Codonopsis pilosula subsp. tangshen
n-hexyl-*β*-D-glucopyranoside 正己基 -*β*-D- 吡喃葡萄糖苷 鱼藤 Derris trifoliata
hexyl-*β*-glucopyranoside 正己醇 -*β*- 吡喃葡萄糖苷 狭叶红景天 Rhodiola kirilowii
1-hexyn-3-ol 1- 己炔 -3- 醇 杉木 Cunninghamia lanceolata
19*S*-heyneanine 19*S*- 海涅狗牙花碱▲ 药用狗牙花 Tabernaemontana bovina, 尖蕾狗牙花 T. bufalina, 伞房狗牙花 T. corymbosa, 狗牙花 T. divaricata
19-heyneanine 19- 海涅狗牙花碱▲ 尖蕾狗牙花 Tabernaemontana bufalina
heyneanine 海涅狗牙花碱▲ 海南蕊木 Kopsia hainanensis, 药用狗牙花 Tabernaemontana bovina, 尖蕾狗牙花 T. bufalina, 伞房狗牙花 T. corymbosa, 狗牙花 T. divaricata
heyneanine hydroxyindolenine 海涅狗牙花碱▲羟基伪吲哚 尖蕾狗牙花 Tabernaemontana bufalina
heyneanol A 毛葡萄酚▲A 山葡萄 Vitis amurensis, 桦叶葡萄 V. betulifolia, 刺葡萄 V. davidii, 毛葡萄 V. heyneana, 网脉葡萄 V. wilsoniae
heyneanone C 海尼姜黄酮▲C 莪术 Curcuma phaeocaulis
heynic acid 鹧鸪花酸 鹧鸪花 Trichilia connaroides
heytrijunolide A 鹧鸪花苦内酯▲A 鹧鸪花 Trichilia connaroides, 茸果鹧鸪花 T. sinensis
heytrijunolide B 鹧鸪花苦内酯▲B 鹧鸪花 Trichilia connaroides, 茸果鹧鸪花 T. sinensis
heytrijunolide C 鹧鸪花苦内酯▲C 鹧鸪花 Trichilia connaroides, 茸果鹧鸪花 T. sinensis
heytrijunolide D 鹧鸪花苦内酯▲D 鹧鸪花 Trichilia connaroides, 茸果鹧鸪花 T. sinensis
heytrijunolide E 鹧鸪花苦内酯▲E 鹧鸪花 Trichilia connaroides
4,6-(*S*)-HHDP-2,3-di-*O*-galloylglucose 4,6-(*S*)- 六羟基联苯二甲酰基 -2,3- 二 -*O*- 没食子酰葡萄糖 板栗 Castanea mollissima, 乌冈栎 Quercus phillyraeoides
2,3-HHDP-4,6-valoneoylglucose 2,3- 六羟基联苯二甲酰基 -4,6- 橡椀酰葡萄糖 板栗 Castanea mollissima
2,3-HHDP-4-*O*-galloylglucose 2,3- 六羟基联苯二甲酰基 -4-*O*- 没食子酰葡萄糖 板栗 Castanea mollissima
(*S*)-2,3-HHDP-D-glucopyranose (*S*)-2,3-HHDP-D- 吡喃葡萄糖 榄李 Lumnitzera racemosa
2,3-(*S*)-HHDP-D-glucose 2,3-(*S*)- 六羟基联苯二甲酰基 -D- 葡萄糖 日本桤木 Alnus japonica, 苦槠 Castanopsis sclerophylla, 千根草 Euphorbia thymifolia, 大花紫薇 Lagerstroemia speciosa, 金锦香 Osbeckia chinensis, 芍药 Paeonia lactiflora, 草芍药 P. obovata, 余甘子 Phyllanthus emblica, 化香树 Platycarya strobilacea, 槲栎 Quercus aliena, 乌冈栎 Q. phillyraeoides, 缫丝花 Rosa roxburghii
3,6-(*S*)-HHDP-D-glucose 3,6-(*S*)- 六羟基联苯二甲酰基 -D- 葡萄糖 血桐 Macaranga tanarius var. tomentosa
4,6-(*S*)-HHDP-D-glucose 4,6-(*S*)- 六羟基联苯二甲酰基 -D- 葡萄糖 金锦香 Osbeckia chinensis, 化香树 Platycarya strobilacea
HHDP-digalloyl-glucose 六羟基联二苯甲酰基二没食子酰葡萄糖 桃金娘 Rhodomyrtus tomentosa
HHDP-galloylglucopyranoside 六羟基二苯甲酰基没食子酰吡喃葡萄糖苷 月季 Rosa chinensis
HHDP-galloyl-glucose 六羟基联二苯甲酰基没食子酰葡萄糖 桃金娘 Rhodomyrtus tomentosa
HHDP-trigalloyl-glucose 六羟基联二苯甲酰基三没食子酰葡萄糖 桃金娘 Rhodomyrtus tomentosa
(+)-hibaene (+)- 日罗汉柏烯 雪松 Cedrus deodara
(-)-hibalactone (-)- 盾叶扁柏内酯▲ 枪刀药 Hypoestes purpurea
hibicusin 木槿素 台湾芙蓉 Hibiscus taiwanensis
hibicuslide A, B, C 木槿内酯▲A, B, C 台湾芙蓉 Hibiscus taiwanensis
hibifolin 葡萄叶木槿素▲ 马松子 Melochia corchorifolia
hibiscetin 木槿黄素 玫瑰茄 Hibiscus sabdariffa
hibiscetin heptamethyl ether 木槿亭七甲醚 九里香 Murraya exotica
hibiscetin-3-*O*-*β*-D-glucopyranoside 木槿黄素 -3-*O*-*β*-D- 吡喃葡萄糖苷 黄蜀葵 Abelmoschus manihot
hibiscitrin 木槿苷 玫瑰茄 Hibiscus sabdariffa
hibiscolactone A 木槿内酯 A 黄槿 Hibiscus tiliaceus
hibiscone A 木槿酮 A 小槐花 Ohwia caudata
hibiscone B 木槿酮 B 箭叶秋葵 Abelmoschus sagittifolius
hibiscone C 木槿酮 C 台湾芙蓉 Hibiscus taiwanensis, 翅果麻 Kydia calycina
hibiscone D 木槿酮 D 木槿 Hibiscus syriacus, 小槐花 Ohwia caudata

hibiscoquinone B 木槿醌 B 翅果麻 Kydia calycina
hibiscus acid diethyl ester 木槿酸二乙酯 玫瑰茄 Hibiscus sabdariffa
hibiscusamide 木槿酰胺▲ 喜旱莲子草 Alternanthera philoxeroides
hibiscuwanin A, B 台湾芙蓉素▲A, B 台湾芙蓉 Hibiscus taiwanensis
hibispeptin A, B 木槿环肽▲A, B 木槿 Hibiscus syriacus
hibtherin A 木芙蓉萜素▲A 木芙蓉 Hibiscus mutabilis
hierochin B 含生草脂素▲B 滑桃树 Trevia nudiflora
higenamine 和乌胺 小叶买麻藤 Gnetum parvifolium, 南天竹 Nandina domestica
hikiokoshin A~I 毛叶香茶菜新素▲A~I 毛叶香茶菜 Isodon japonicus
α-himachalene *α*- 喜马雪松烯▲ 挥发油成分，未统计基源
β-himachalene *β*- 喜马雪松烯▲ 挥发油成分，未统计基源
γ-himachalene *γ*- 喜马雪松烯▲ 挥发油成分，未统计基源
himachalene 喜马雪松烯▲ 挥发油成分，未统计基源
β-himachalene oxide *β*- 喜马雪松烯▲氧化物 挥发油成分，未统计基源
himachalol 喜马雪松醇▲ 雪松 Cedrus deodara, 香柏 Juniperus pingii var. wilsonii
himadarol 喜马雪松达醇▲ 雪松 Cedrus deodara
himalain A 喜马拉雅紫茉莉素▲A 山紫茉莉 Oxybaphus himalaicus
himaloside A, B 丁座草苷▲A, B 丁座草 Boschniakia himalaica
himasecolon 喜马雪松裂酮▲ 雪松 Cedrus deodara
himeradine A 中华石杉拉定▲A 中华石杉 Huperzia chinensis
hindsiilactone A 青江藤内酯▲A 青江藤 Celastrus hindsii
hindsiipropane A, B, C 青江藤丙烷▲A, B, C 青江藤 Celastrus hindsii
hindsiiquinoflavan B 青江藤醌黄烷▲B 青江藤 Celastrus hindsii
hinesol 苍术醇 挥发油成分，未统计基源
hinokiflavone 扁柏黄酮 点地梅 Androsace umbellata, 日本柳杉 Cryptomeria japonica, 杉木 Cunninghamia lanceolata, 柏木 Cupressus funebris, 苏铁 Cycas revoluta, 欧洲刺柏 Juniperus communis, 新疆方枝柏 J. pseudosabina, 杜松 J. rigida, 叉子圆柏 J. sabina, 水杉 Metasequoia glyptostroboides, 侧柏 Platycladus orientalis, 小翠云 Selaginella kraussiana, 细叶卷柏 S. labordei, 江南卷柏 S. moellendorffii, 中华卷柏 S. sinensis, 旱生卷柏 S. stauntoniana, 卷柏 S. tamariscina, 野漆 Toxicodendron succedaneum
hinokiic acid 扁柏酸 高山柏 Juniperus squamata
(-)-hinokinin (-)- 扁柏脂素 峨参 Anthriscus sylvestris, 瓜叶马兜铃 Aristolochia cucurbitifolia, 无梗五加 Eleutherococcus sessiliflorus, 风吹楠 Horsfieldia glabra, 昆仑多子柏 Juniperus semiglobosa, 黄珠子草 Phyllanthus virgatus, 长叶榧树 Torreya jackii, 椿叶花椒 Zanthoxylum ailanthoides
(+)-hinokinin (+)- 扁柏脂素 了哥王 Wikstroemia indica, 椿叶花椒 Zanthoxylum ailanthoides
hinokinin 扁柏脂素 大叶醉鱼草 Buddleja davidii, 樟 Cinnamomum camphora, 黄樟 C. parthenoxylon, 枪刀药 Hypoestes purpurea, 野花椒 Zanthoxylum simulans
(+)-hinokiol (+)- 扁柏醇 东紫苏 Elsholtzia bodinieri
3*α*-hinokiol 3*α*- 扁柏醇 狭基线纹香茶菜 Isodon lophanthoides var. gerardianus, 细花线纹香茶菜 I. lophanthoides var. graciliflorus
hinokiol 扁柏醇 日本柳杉 Cryptomeria japonica, 杉木 Cunninghamia lanceolata, 台湾杉木 C. lanceolata var. konishii, 西藏柏木 Cupressus torulosa, 鄂西香茶菜 Isodon henryi, 圆柏 Juniperus chinensis, 高山柏 J. squamata, 南方红豆杉 Taxus wallichinana var. mairei, 榧树 Torreya grandis, 日本榧树 T. nucifera, 雷公藤 Tripterygium wilfordii
cis-hinokiresinol 顺式 - 扁柏脂酚 欧菱 Trapa natans
hippacine 朱顶红星碱 文殊兰 Crinum asiaticum var. sinicum
hippadine 朱顶红定 文殊兰 Crinum asiaticum var. sinicum, 西南文殊兰 C. latifolium, 网球花 Haemanthus multiflorus, 花朱顶红 Hippeastrum vittattum
hippafine 朱顶红芬碱▲ 花朱顶红 Hippeastrum vittatum
hippagine 朱顶红精碱 花朱顶红 Hippeastrum vittatum
hippeastrine 朱顶红碱▲ 君子兰 Clivia miniata, 西南文殊兰 Crinum latifolium, 网球花 Haemanthus multiflorus, 朱顶红 Hippeastrum rutilum, 花朱顶红 H. vittatum, 水鬼蕉 Hymenocallis littoralis, 忽地笑 Lycoris aurea, 中国石蒜 L. chinensis, 石蒜 L. radiata, 鹿葱 L. squamigera, 长寿花 Narcissus jonquilla, 假水仙 N. pseudonarcissus
hippeastrine *N*-oxide 朱顶红碱▲*N*- 氧化物 石蒜 Lycoris radiata
hippocaesculin 欧洲七叶树苷▲ 欧洲七叶树 Aesculus hippocastanum
hippomanin A 马疯木素▲A 苦槠 Castanopsis sclerophylla, 大狼毒 Euphorbia jolkinii, 石榴 Punica granatum
hippophaenin A, B 沙棘宁 A, B 牛奶子 Elaeagnus umbellata
hippophin C~F, K, L, M 沙棘素▲C~F, K, L, M 中国沙棘 Hippophae rhamnoides subsp. sinensis
hippophoside A~D 沙棘苷▲A~D 中国沙棘 Hippophae rhamnoides subsp. sinensis
hiravanone 乳橘酮▲ 佛手 Citrus medica var. sarcodactylis, 疏花鱼藤 Derris laxiflora
hircinol 蜥蜴兰醇▲ 兜唇石斛 Dendrobium aphyllum, 翅梗石斛 D. trigonopus, 薯蓣 Dioscorea polystachya, 石仙桃 Pholidota chinensis
hirsutanine A, B, C 毛钩藤宁▲A, B, C 毛钩藤 Uncaria hirsuta
(-)-hirsutanol A, C (-)- 毛韧革菌诺醇▲A, C 榆耳 Gloeostereum incarnatum

hirsutanone 辽东桤木酮▲ 辽东桤木 Alnus hirsuta, 日本桤木 A. japonica

hirsutanonol 辽东桤木酮醇▲ 辽东桤木 Alnus hirsuta, 日本桤木 A. japonica, 尼泊尔桤木 A. nepalensis, 弄岗苣苔 Primulina longgangensis

hirsutanonol-5-*O*-(6-*O*-galloyl)-*β*-D-glucopyranoside 辽东桤木酮醇▲-5-*O*-(6-*O*- 没食子酰基)-*β*-D- 吡喃葡萄糖苷 日本桤木 Alnus japonica

hirsutanonol-5-*O*-*β*-D-glucopyranoside 辽东桤木酮醇▲-5-*O*-*β*-D- 吡喃葡萄糖苷 辽东桤木 Alnus hirsuta, 日本桤木 A. japonica, 弄岗苣苔 Primulina longgangensis

hirsutaside A, D 毛钩藤苷▲A, D 毛钩藤 Uncaria hirsuta

hirsuteine 毛帽蕊木烯碱▲ 大叶钩藤 Uncaria macrophylla, 钩藤 U. rhynchophylla, 华钩藤 U. sinensis

hirsuteine-*N*-oxide 毛帽蕊木烯碱▲-*N*- 氧化物 钩藤 Uncaria rhynchophylla

hirsutenol A~F 毛韧革菌烯醇▲A~F 毛韧革菌 Stereum hirsutum

hirsutenone 辽东桤木烯酮▲ 辽东桤木 Alnus hirsuta, 日本桤木 A. japonica, 尼泊尔桤木 A. nepalensis

hirsutic acid 毛韧革菌酸▲ 毛韧革菌 Stereum hirsutum

hirsutic acid D, E 毛韧革菌酸▲D, E 毛韧革菌 Stereum hirsutum

hirsutidin 粗毛报春定▲ 长春花 Catharanthus roseus

hirsutidin-3,5-di-*O*-*β*-D-glucopyranoside 粗毛报春定▲-3,5- 二 -*O*-*β*-D- 吡喃葡萄糖苷 夏枯草 Prunella vulgaris

hirsutin 硬毛南芥素▲ 烈香杜鹃花 Rhododendron anthopogonoides, 蔊菜 Rorippa indica

hirsutine 毛帽蕊木碱▲ 铜钱叶白珠 Gaultheria nummularioides, 大叶钩藤 Uncaria macrophylla, 钩藤 U. rhynchophylla, 攀茎钩藤 U. scandens, 华钩藤 U. sinensis

hirsutinolide-13-*O*-acetate 硬毛钩藤内酯 -13-*O*- 乙酸酯 夜香牛 Vernonia cinerea

hirsutissimiside A, B, C, F 丰城鸡血藤苷▲A, B, C, F 丰城崖豆藤 Callerya nitida var. hirsutissima

hirsutoside 辽东桤木苷▲ 日本桤木 Alnus japonica

hirsutrin 陆地棉苷 岩蒿 Artemisia rupestris, 马利筋 Asclepias curassavica, 小花柳叶菜 Epilobium parviflorum, 多枝桉 Eucalyptus viminalis, 杜仲 Eucommia ulmoides, 红背桂花 Excoecaria cochinchinensis, 无花果 Ficus carica, 野老鹳草 Geranium carolinianum, 灰背老鹳草 G. wlassovianum, 海岛棉 Gossypium barbadense, 陆地棉 G. hirsutum, 白子菜 Gynura divaricata, 沙生蜡菊 Helichrysum arenarium, 番薯 Ipomoea batatas, 爵床 Justicia procumbens, 西伯利亚落叶松 Larix sibirica, 截叶铁扫帚 Lespedeza cuneata, 萝藦 Metaplexis japonica, 山蓼 Oxyria digyna, 香港远志 Polygala hongkongensis, 头花蓼 Polygonum capitatum, 柞栎 Quercus dentata, 高山大黄 Rheum nobile, 樱草杜鹃 Rhododendron primuliflorum, 爆仗花 R. spinuliferum, 毛果一枝黄花 Solidago virgaurea, 天山花楸 Sorbus tianschanica, 乌桕 Triadica sebifera, 蜘蛛香 Valeriana jatamansi, 百日菊 Zinnia elegans

hirtellanine A, C~J 毛杭子梢素▲A, C~J 毛杭子梢 Campylotropis hirtella

hirtellanine B 毛杭子梢素▲B 毛杭子梢 Campylotropis hirtella, 粗叶榕 Ficus hirta

hirtellin T_1, T_2, T_3 硬毛红砂素 T_1, T_2, T_3 山茶 Camellia japonica

hirundicoside C 催吐白前考苷▲C 白薇 Cynanchum atratum

hirundoside A 催吐白前苷▲A 柳叶白前 Cynanchum stauntonii

hishoushi saponin A 皮哨子皂苷 A 川滇无患子 Sapindus delavayi, 毛瓣无患子 S. rarak

hishoushi saponin Ee 皮哨子皂苷 Ee 毛瓣无患子 Sapindus rarak, 无患子 S. saponaria

hispaconitine 西伯利亚乌头碱▲ 吉林乌头 Aconitum kirinense

hispaglabridin A, B 欧甘草素 A, B 洋甘草 Glycyrrhiza glabra

(-)-hispanolone (-)- 西班牙巴洛草醇酮▲ 细叶益母草 Leonurus sibiricus

hispanolone 西班牙巴洛草醇酮▲ 益母草 Leonurus japonicus

(+)-hispanone (+)- 西班牙巴洛草酮▲ 细叶益母草 Leonurus sibiricus

hispanone 西班牙巴洛草酮▲ 益母草 Leonurus japonicus

hispidacin 南苜蓿素▲ 南苜蓿 Medicago polymorpha

hispidacine 对叶榕辛碱▲ 对叶榕 Ficus hispida

hispidanin A~D 刚毛香茶菜素▲A~D 刚毛香茶菜 Isodon hispidus

hispidin 粗毛纤孔菌素▲ 橘黄裸伞 Gymnopilus spectabilis, 粗毛纤孔菌 Inonotus hispidus, 裂蹄木层孔菌 Phellinus linteus

hispidin-4-*O*-*β*-*D*-glucopyranoside 粗毛纤孔菌素▲-4-*O*-*β*-*D*- 吡喃葡萄糖苷 苏铁蕨 Brainea insignis, 剑叶凤尾蕨 Pteris ensiformis

(*S*)-(+)-hispidine (*S*)-(+)- 对叶榕碱▲ 娃儿藤 Tylophora ovata

hispidine 对叶榕碱▲ 对叶榕 Ficus hispida

hispidol A 刚毛鹧鸪花醇▲A 大叶山楝 Aphanamixis grandifolia

hispidol B 刚毛鹧鸪花醇▲B 臭椿 Ailanthus altissima, 黄檗 Phellodendron amurense, 川黄檗 P. chinense, 杜楝 Turraea pubescens

hispidone 刚毛鹧鸪花酮▲ 黄檗 Phellodendron amurense, 红椿 Toona ciliata, 杜楝 Turraea pubescens

hispidulin 粗毛豚草素 较常见成分，至少分布于 30 种以上植物中，见于车前科、唇形科、大戟科、豆科、谷精草科、菊科、苦苣苔科、藜科、马鞭草科、蔷薇科、玄参科、鸢尾科、紫葳科等

hispidulin-4'-sulfate 粗毛豚草素 -4'- 硫酸酯 过江藤 Phyla nodiflora

hispidulin-7-(6-*E*-*p*-coumaroyl-*β*-D-glucopyranoside) 粗毛豚草素 -7-(6-*E*- 对香豆酰基 -*β*-D- 吡喃葡萄糖苷) 谷精草 Eriocaulon buergerianum

hispidulin-7,4'-disulfate 粗毛豚草素 -7,4'- 二硫酸酯粗毛豚草素 -7,4'- 二硫酸酯 过江藤 Phyla nodiflora

hispidulin-7-glucoside 粗毛豚草素 -7- 葡萄糖苷 欧亚旋覆花 Inula britannica

hispidulin-7-neohesperidoside 粗毛豚草素 -7- 新橙皮糖苷 圆叶牵牛 Ipomoea purpurea

hispidulin-7-*O*-glucoside 粗毛豚草素 -7-*O*- 葡萄糖苷 谷精草 Eriocaulon buergerianum, 老鸦烟筒花 Millingtonia hortensis, 鼠麯雪兔子

Saussurea gnaphalodes
hispidulin-7-*O*-glucuronide methyl ester 粗毛豚草素 -7-*O*- 葡萄糖醛酸苷甲酯 老鸦烟筒花 Millingtonia hortensis
hispidulin-7-*O*-α-L-rhamnopyranosyl-(1‴ → 2″)-*O*-β-D-glucuronopyranoside 粗毛豚草素 -7-*O*-α-L- 吡喃鼠李糖基 -(1‴ → 2″)-*O*-β-D- 吡喃葡萄糖醛酸苷 块茎芦莉草 Ruellia tuberosa
hispidulin-7-*O*-β-D-(6-*O*-coumaroyl)glucopyranoside 粗毛豚草素 -7-*O*-β-D-(6-*O*- 香豆酰基) 吡喃葡萄糖苷 毛谷精草 Eriocaulon australe
hispidulin-7-*O*-β-D-glucopyranoside 粗毛豚草素 -7-*O*-β-D- 吡喃葡萄糖苷 毛谷精草 Eriocaulon australe, 谷精草 E. buergerianum, 吊石苣苔 Lysionotus pauciflorus, 荔枝草 Salvia plebeia
hispidulin-7-*O*-β-D-glucuronide 粗毛豚草素 -7-*O*-β-D- 葡萄糖醛酸苷 重瓣臭茉莉 Clerodendrum chinense, 长管大青 C. indicum, 荔枝草 Salvia plebeia
hispidulin-7-*O*-β-D-glucuronopyranoside 粗毛豚草素 -7-*O*-β-D- 吡喃葡萄糖醛酸苷 块茎芦莉草 Ruellia tuberosa
hispidulin-7-sulfate 粗毛豚草素 -7- 硫酸酯 过江藤 Phyla nodiflora
hispolon 粗毛纤孔菌酮▲ 粗毛纤孔菌 Inonotus hispidus, 桑黄 Phellinus igniarius
histamine 组胺 垂序商陆 Phytolacca americana
L-histidine L- 组氨酸 植物基础成分，未统计基源
histidine 组氨酸 植物基础成分，未统计基源
histidine-betaxanthin 组氨酸 - 甜菜黄素 厚皮菜 Beta vulgaris var. cicla
HN saponin F 尼泊尔常春藤皂苷 F 小花草玉梅 Anemone rivularis var. flore-minore
HN saponin H 尼泊尔常春藤皂苷 H 柱果铁线莲 Clematis uncinata
hoduloside 北拐枣苷 北枳椇 Hovenia dulcis
hoduloside III 北拐枣苷 III 北枳椇 Hovenia dulcis
hoduloside XI, XII 北拐枣苷 XI, XII 毛果枳椇 Hovenia trichocarpa
hofmeisterin II 霍夫菊素▲II 台湾泽兰 Eupatorium formosanum
hoiamide A 霍亚鞘丝藻酰胺▲ 巨大鞘丝藻 Lyngbya majuscula
hokbusine A 北海道乌头碱▲A 乌头 Aconitum carmichaelii, 鸭绿乌头 A. jaluense
hokbusine B 北海道乌头碱▲B 乌头 Aconitum carmichaelii
holacetine 止泻木西亭 止泻木 Holarrhena pubescens
holacimine 止泻木西胺 止泻木 Holarrhena pubescens
holacine 止泻木星碱 止泻木 Holarrhena pubescens
holadiene 止泻木二烯▲ 止泻木 Holarrhena pubescens
holadysamine 止泻木胺 止泻木 Holarrhena pubescens
holadysenterine 止泻木灵▲ 止泻木 Holarrhena pubescens
holadysine 止泻木达辛 止泻木 Holarrhena pubescens
holadysone 止泻木酮▲ 止泻木 Holarrhena pubescens
holamide 止泻木酰胺▲ 止泻木 Holarrhena pubescens
holantosine A~F 止泻木托辛▲A~F 止泻木 Holarrhena pubescens
holarrhenol 止泻木醇▲ 止泻木 Holarrhena pubescens
holarrhenosterol 止泻木甾醇 止泻木 Holarrhena pubescens
holarrhidine 止泻木定 止泻木 Holarrhena pubescens
holarrhimine 止泻木明 止泻木 Holarrhena pubescens
holarrhine 止泻木碱 止泻木 Holarrhena pubescens
holarricine 止泻木立星 止泻木 Holarrhena pubescens
holocellulose 棕纤维素 臭冷杉 Abies nephrolepis
holonamine 止泻木酮胺▲ 止泻木 Holarrhena pubescens
(-)-holostyligone (-)- 全柱花木脂酮▲ 阿里山五味子 Schisandra arisanensis
homalicine 天料木辛▲ 斯里兰卡天料木 Homalium ceylanicum
homalomenol 千年健醇 千年健 Homalomena occulta
homalomenol A 千年健醇 A 蜡梅 Chimonanthus praecox, 金粟兰 Chloranthus spicatus, 望春玉兰 Yulania biondii
homalomenol C 千年健醇 C 蜡梅 Chimonanthus praecox, 金粟兰 Chloranthus spicatus, 千年健 Homalomena occulta
homalomenol E, F 千年健醇 E, F 千年健 Homalomena occulta
homaloside A, B, C, E, F 天料木苷 A, B, C, E, F 斯里兰卡天料木 Homalium ceylanicum
homaloside D 天料木苷 D 刺篱木 Flacourtia indica, 斯里兰卡天料木 Homalium ceylanicum, 栀子皮 Itoa orientalis
D-homo-1,4,6-androstatrien-3,17-dione D- 高 -1,4,6- 雄甾三烯 -3,17- 二酮 合掌消 Cynanchum amplexicaule
13-homo-13-oxa-6a,12a-dehydrodeguelin 13- 高 -13- 氧杂 -6a,12a- 去氢鱼藤素 毛鱼藤 Derris elliptica, 厚果崖豆藤 Millettia pachycarpa
1-homoacevaltrate 1- 高乙酰缬草三酯 蜘蛛香 Valeriana jatamansi
homoadonivernite 异春侧金盏花苷▲ 截叶铁扫帚 Lespedeza cuneata
homoarbutin 高熊果苷 伞形喜冬草 Chimaphila umbellata, 红花鹿蹄草 Pyrola asarifolia subsp. incarnata, 鹿蹄草 P. calliantha, 绿花鹿蹄草 P. chlorantha, 普通鹿蹄草 P. decorata, 日本鹿蹄草 P. japonica, 圆叶鹿蹄草 P. rotundifolia
homoarecoline 高槟榔碱 槟榔 Areca catechu
L-homoarginine L- 高精氨酸 家山黧豆 Lathyrus sativus

H

(+)-homoaromoline (+)- 高芳香花桂林碱▲ 毛叶轮环藤 Cyclea barbata

homoaromoline 高芳香花桂林碱▲ 毛叶轮环藤 Cyclea barbata, 纤细轮环藤 C. gracillima, 尼泊尔十大功劳 Mahonia napaulensis, 地不容 Stephania epigaea, 草质千金藤 S. herbacea

homobaldrinal 高缬草醛 岩败酱 Patrinia rupestris, 蜘蛛香 Valeriana jatamansi

β-homobetaine *β*- 高甜菜碱 礁膜 Monostroma nitidum

homocapsaicin 高辣椒素 辣椒 Capsicum annuum

homochasmanine 高展花乌头宁 展花乌头 Aconitum chasmanthum

(+)-homochelidonine (+)- 高白屈菜碱 白屈菜 Chelidonium majus

homochelidonine 高白屈菜碱 白屈菜 Chelidonium majus

homoclausenamide 高黄皮酰胺 细叶黄皮 Clausena anisum-olens, 黄皮 C. lansium

homocystine 高胱氨酸 野蘑菇 Agaricus campestris

homodihydrocapsaicin 高二氢辣椒素 辣椒 Capsicum annuum

homodihydroisovaltrate 高二氢缬草三酯 蜘蛛香 Valeriana jatamansi

homodolastatin 3, 16 同截尾海兔抑素▲3, 16 巨大鞘丝藻 Lyngbya majuscula

(2*S*)-homoeriodictyol (2*S*)- 高圣草酚 扁枝槲寄生 Viscum articulatum, 槲寄生 V. coloratum

homoeriodictyol 高圣草酚 北艾 Artemisia vulgaris, 显脉羊蹄甲 Bauhinia glauca subsp. pernervosa, 风轮菜 Clinopodium chinense, 降香 Dalbergia odorifera, 密花石斛 Dendrobium densiflorum, 珍珠莲 Ficus sarmentosa var. henryi, 铜钱叶白珠 Gaultheria nummularioides, 汉荭鱼腥草 Geranium robertianum, 小叶买麻藤 Gnetum parvifolium, 黄花补血草 Limonium aureum, 补血草 L. sinense, 川楝 Melia toosendan, 白花泡桐 Paulownia fortunei, 披针新月蕨 Pronephrium penangianum, 卵叶槲寄生 Viscum album subsp. meridianum, 槲寄生 V. coloratum, 绿茎槲寄生 V. nudum

homoeriodictyol-3-*O*-*β*-D-glucopyranoside 高圣草酚 -3-*O*-*β*-D- 吡喃葡萄糖苷 柄果槲寄生 Viscum multinerve

(2*S*)-homoeriodictyol-7,4'-di-*O*-*β*-D-glucopyranoside (2*S*)- 高圣草酚 -7,4'- 二 -*O*-*β*-D- 吡喃葡萄糖苷 槲寄生 Viscum coloratum

(2*S*)-homoeriodictyol-7-*O*-*β*-D-apiofuranosyl-(1 → 2)-*β*-D-glucopyranoside (2*S*)- 高圣草酚 -7-*O*-*β*-D- 呋喃芹糖基 -(1 → 2)-*β*-D- 吡喃葡萄糖苷 槲寄生 Viscum coloratum

(2*S*)-homoeriodictyol-7-*O*-*β*-D-glucopyranoside (2*S*)- 高圣草酚 -7-*O*-*β*-D- 吡喃葡萄糖苷 扁枝槲寄生 Viscum articulatum, 槲寄生 V. coloratum

homoeriodictyol-7-*O*-*β*-D-glucopyranoside 高圣草酚 -7-*O*-*β*-D- 吡喃葡萄糖苷 黄花补血草 Limonium aureum, 卵叶槲寄生 Viscum album subsp. meridianum, 扁枝槲寄生 V. articulatum, 槲寄生 V. coloratum

homoflemingin 高千斤拔精▲ 云南千斤拔 Flemingia wallichii

homofukinolide 高蜂斗菜苦内酯 蜂斗菜 Petasites japonicus, 毛裂蜂斗菜 P. tricholobus

homogentisic acid 高龙胆酸 美味牛肝菌 Boletus edulis, 半夏 Pinellia ternata

homoglycosolone 高山小橘酮▲ 山小橘 Glycosmis pentaphylla

homoharringtonine 高粗榧碱 三尖杉 Cephalotaxus fortunei, 高山三尖杉 C. fortunei var. alpina, 贡山三尖杉 C. lanceolata, 海南粗榧 C. mannii, 篦子三尖杉 C. oliveri, 粗榧 C. sinensis, 华南鳞盖蕨 Microlepia hancei

homohexamine 均己胺 救荒野豌豆 Vicia sativa

11-homohydroxydihydrovaltrate 11- 高羟基二氢缬草三酯 蜘蛛香 Valeriana jatamansi

1-homo-isoacevaltrate 1- 高异乙酰缬草三酯 蜘蛛香 Valeriana jatamansi

7,4'-homoisoflavane 7,4'- 高异黄烷 剑叶龙血树 Dracaena cochinchinensis

homoisoharringtonine 高异粗榧碱 高山三尖杉 Cephalotaxus fortunei var. alpina

(+)-homolycorine (+)- 高石蒜碱 假水仙 Narcissus pseudonarcissus

homolycorine 高石蒜碱 朱顶红 Hippeastrum rutilum, 花朱顶红 H. vittatum, 水鬼蕉 Hymenocallis littoralis, 乳白石蒜 Lycoris albiflora, 忽地笑 L. aurea, 中国石蒜 L. chinensis, 石蒜 L. radiata, 鹿葱 L. squamigera, 长寿花 Narcissus jonquilla, 假水仙 N. pseudonarcissus

homolycorine-*N*-oxide 高石蒜碱 -*N*- 氧化物 石蒜 Lycoris radiata

homomangiferin 高杧果苷 杧果 Mangifera indica

α-homonojirimycin *α*- 高野尻霉素 鸭跖草 Commelina communis

(±)-homononactic acid (±)- 高无活菌酸 滑桃树 Trevia nudiflora

homoorientin 高荭草素 圆锥石头花 Gypsophila paniculata, 毛金丝桃 Hypericum hirsutum, 玉蝉花 Iris ensata, 桂竹 Phyllostachys bambusoides

(±)-homoormosanine (±)- 高红豆萨宁 沙冬青 Ammopiptanthus mongolicus

homoormosanine 高红豆宁碱▲ 牛栓藤 Connarus paniculatus

homopentamine 均戊胺 救荒野豌豆 Vicia sativa

(-)-homopiptanthine (-)- 高黄花木碱 沙冬青 Ammopiptanthus mongolicus

homoplantaginin 高车前苷 车前 Plantago asiatica, 毛平车前 P. depressa subsp. subturczaninowii, 迷迭香 Rosmarinus officinalis, 撒尔维亚 Salvia officinalis, 荔枝草 S. plebeia, 野甘草 Scoparia dulcis, 玄参 Scrophularia ningpoensis

homopodopetaline 高足瓣豆碱▲ 牛栓藤 Connarus paniculatus

homoprotocatechuic acid 高原儿茶酸 假升麻 Aruncus sylvester, 毛黄连花 Lysimachia vulgaris, 波叶大黄 Rheum rhabarbarum

homopterocarpin 高紫檀素 美丽崖豆藤 Callerya speciosa, 锈毛麻辣仔藤 Erycibe expansa, 刺果甘草 Glycyrrhiza pallidiflora, 云南甘草 G. yunnanensis, 朝鲜槐 Maackia amurensis

homorapanone 高密花树醌▲ 毛黄连花 Lysimachia vulgaris

homosekikaic acid 同石树花酸▲ 鹿石蕊 Cladonia rangiferina, 肉刺树花 Ramalina roesleri
homosenkyunolide H, I 高川芎内酯 H, I 当归 Angelica sinensis
dl-homoserine *dl*- 高丝氨酸 三叶鼠尾草 Salvia trijuga
homoserine 高丝氨酸 野蘑菇 Agaricus campestris
homosilphiperfoloic acid 高串叶松香草酸▲ 积雪草 Centella asiatica
homospermidine 高精脒 檀香 Santalum album
homospermine 高精胺 救荒野豌豆 Vicia sativa
homosyringaldehyde 高丁香醛 徐长卿 Cynanchum paniculatum
homothalicrine 高唐松草任碱 东亚唐松草 Thalictrum minus var. hypoleucum
homothermopsine 高野决明碱 披针叶野决明 Thermopsis lanceolata
homotrilobine 高木防己碱 木防己 Cocculus orbiculatus
homovaltrate 高缬草三酯 蜘蛛香 Valeriana jatamansi
homovanillic acid 高香荚兰酸 挥发油成分，未统计基源
homovanillyl alcohol 高香荚兰醇 玄参 Scrophularia ningpoensis, 异株荨麻 Urtica dioica
homovanillyl alcohol-4-*O*-*β*-D-glucopyranoside 高香荚兰醇 -4-*O*-*β*-D- 吡喃葡萄糖苷 异株荨麻 Urtica dioica
homozelkoserratone 高榉树酮▲ 榉树 Zelkova serrata
honatisine 河南翠雀碱▲ 河南翠雀花 Delphinium honanense
hongdoushan A, B, C 红豆杉萜▲A, B, C 喜马拉雅红豆杉 Taxus wallichiana
hongencaotone 红根草酮▲ 红根草 Salvia prionitis
hongguanggenin 红光皂苷元 龙舌兰 Agave americana, 剑麻 A. sisalana
honghelotrioside A 洪赫尔亚丁花三糖苷▲A 断肠花 Beaumontia brevituba
hongkongenin 香港远志苷元▲ 香港远志 Polygala hongkongensis
honokiol 和厚朴酚 乌头 Aconitum carmichaelii, 日本厚朴 Houpoëa obovata, 厚朴 H. officinalis, 长喙厚朴 H. rostrata, 野八角 Illicium simonsii, 荷花木兰 Magnolia grandiflora, 桂南木莲 Manglietia conifera, 木莲 M. fordiana, 红花木莲 M. insignis, 四川木莲 M. szechuanica, 西康天女花 Oyama wilsonii, 鹊肾树 Streblus asper
erythro-honokitriol 赤式 - 和厚朴三醇 厚朴 Houpoëa officinalis
threo-honokitriol 苏式 - 和厚朴三醇 厚朴 Houpoëa officinalis
honyucitrin 红柚橘黄素▲ 柚 Citrus maxima
honyudisin 红柚迪辛▲ 柚 Citrus maxima
honyumine 红柚明碱▲ 柚 Citrus maxima, 文旦 C. maxima'Wentan'
(-)-hookerianamide A (-)- 羽脉野扇花酰胺 A 羽脉野扇花 Sarcococca hookeriana
(+)-hookerianamide B (+)- 羽脉野扇花酰胺 B 羽脉野扇花 Sarcococca hookeriana
hookerianamide B 羽脉野扇花酰胺 B 双蕊野扇花 Sarcococca hookeriana var. digyna
(-)-hookerianamide C (-)- 羽脉野扇花酰胺 C 羽脉野扇花 Sarcococca hookeriana
hookerianamide D~O 羽脉野扇花酰胺 D~O 羽脉野扇花 Sarcococca hookeriana
(-)-hookerianamine A (-)- 羽脉野扇花胺 A 羽脉野扇花 Sarcococca hookeriana
hookeroside A 匙叶翼首花苷 A 匙叶翼首花 Pterocephalus hookeri, 华北蓝盆花 Scabiosa tschiliensis
hookeroside B 匙叶翼首花苷 B 匙叶翼首花 Pterocephalus hookeri, 华北蓝盆花 Scabiosa tschiliensis
hookeroside C, D 匙叶翼首花苷 C, D 匙叶翼首花 Pterocephalus hookeri
hop-13(18)-ene 何帕 -13(18)- 烯 友水龙骨 Polypodiodes amoena
hop-16-ene 何帕 -16- 烯 骨碎补 Davallia mariesii
hop-17(21)-en-3-ol 何帕 -17(21)- 烯 -3- 醇 龙胆 Gentiana scabra
hop-17(21)-en-3-one 何帕 -17(21)- 烯 -3- 酮 龙胆 Gentiana scabra
hop-17(21)-en-3*β*-yl acetate 何帕 -17(21)- 烯 -3*β*- 基 - 乙酸酯 阔苞菊 Pluchea indica, 支柱蓼 Polygonum suffultum
hop-17(21)-ene 何帕 -17(21)- 烯 骨碎补 Davallia mariesii, 苹 Marsilea quadrifolia
hop-21-ene 何帕 -21- 烯 大叶骨碎补 Davallia formosana, 骨碎补 D. mariesii, 槲蕨 Drynaria roosii, 崖姜 Pseudodrynaria coronans
hop-22(29)-en-28-al 何帕 -22(29)- 烯 -28- 醛 石韦 Pyrrosia lingua
hop-22(29)-en-28-ol 何帕 -22(29)- 烯 -28- 醇 石韦 Pyrrosia lingua
hop-22(29)-en-30-ol 何帕 -22(29)- 烯 -30- 醇 石韦 Pyrrosia lingua
hop-22(29)-en-3*β*-ol 何帕 -22(29)- 烯 -3*β*- 醇 卫矛 Euonymus alatus
hop-22(29)-ene 何帕 -22(29)- 烯 铁线蕨 Adiantum capillus-veneris, 普通铁线蕨 A. edgeworthii, 扇叶铁线蕨 A. flabellulatum, 大叶骨碎补 Davallia formosana, 骨碎补 D. mariesii, 黑心蕨 Doryopteris concolor, 粗茎鳞毛蕨 Dryopteris crassirhizoma, 苹 Marsilea quadrifolia, 友水龙骨 Polypodiodes amoena, 菜头肾 Strobilanthes sarcorrhiza
21-*αH*-hop-22(29)-ene-3*β*,30-diol 21*αH*- 何帕 -22(29)- 烯 -3*β*,30- 二醇 五层龙 Salacia prinoides
21*αH*-hopan-22-ol 21*αH*- 何帕 -22- 醇 东北多足蕨 Polypodium virginianum, 欧亚多足蕨 P. vulgare
hopan-28(22)-olide 何帕 -28(22)- 内酯 铁线蕨 Adiantum capillus-veneris
hopan-29-ol acetate 何帕 -29- 醇乙酸酯 石莲姜槲蕨 Drynaria propinqua
hopan-3-ol 何帕 -3- 醇 芦荟 Aloe vera
28-nor-17*α*(*H*)-hopane 28- 降 -17*αH*- 何帕烷 臭椿 Ailanthus altissima

H

hopane-1β,3β,22-triol 何帕 -1β,3β,22- 三醇 杧果 Mangifera indica
hopane-22,29-diol-29-formate 何帕 -22,29- 二醇 -29- 甲酸酯 石蕨 Saxiglossum angustissimum
hopane-22,30-diol 何帕 -22,30- 二醇 石韦 Pyrrosia lingua
hopane-3-one-22-ol 何帕 -3- 酮 -22- 醇 臭椿 Ailanthus altissima
hopane-6α,22-diol 何帕 -6α,22- 二醇 萱草 Hemerocallis fulva
6,22-hopanediol 6,22- 何柏烷二醇 黔岭淫羊藿 Epimedium leptorrhizum
29-hopanol 29- 何帕醇 粗茎鳞毛蕨 Dryopteris crassirhizoma
hopeafuran 坡垒呋喃▲ 紫斑牡丹 Paeonia rockii
(+)-hopeaphenol (+)- 坡垒酚▲ 山葡萄 Vitis amurensis, 东南葡萄 V. chunganensis, 葡萄 V. vinifera
hopeaphenol 坡垒酚▲ 桦叶葡萄 Vitis betulifolia, 刺葡萄 V. davidii, 葛藟葡萄 V. flexuosa, 毛葡萄 V. heyneana, 葡萄 V. vinifera, 网脉葡萄 V. wilsoniae
17(21)-hopene 17(21)- 何帕烯 地钱 Marchantia polymorpha
22(29)-hopene 22(29)- 何帕烯 铁角蕨 Asplenium trichomanes
22-hopene 22- 何帕烯 欧亚多足蕨 Polypodium vulgare
hopene 何帕烯 友水龙骨 Polypodiodes amoena
hopene I 何帕烯 I 台湾水龙骨 Polypodiodes formosana, 日本水龙骨 P. niponica
hopene II 何帕烯 II 掌叶铁线蕨 Adiantum pedatum, 日本水龙骨 Polypodiodes niponica
hopene a 何帕烯 a 台湾水龙骨 Polypodiodes formosana, 日本水龙骨 P. niponica
hopenol B 何帕烯醇 B 续随子 Euphorbia lathyris, 细圆藤 Pericampylus glaucus
hopenone 何帕烯酮 软紫草 Arnebia euchroma
hopenone B 何帕烯酮 B 细圆藤 Pericampylus glaucus
(+)-hopeyhopin (+)- 马德拉香树素▲ 马蜂橙 Citrus hystrix
hopeyhopin 马德拉香树素▲ 葡萄柚 Citrus paradisi, 小芸木 Micromelum integerrimum
hordenine 大麦芽碱 船盔乌头 Aconitum naviculare, 甘青乌头 A. tanguticum, 大叶山蚂蝗 Desmodium gangeticum, 排骨灵 Fissistigma bracteolatum, 单叶木蓝 Indigofera linifolia, 稷 Panicum miliaceum, 虉草 Phalaris arundinacea, 纤细雀梅藤 Sageretia gracilis, 钩刺雀梅藤 S. hamosa, 细叶卷柏 Selaginella labordei, 粗叶卷柏 S. trachyphylla, 酸豆 Tamarindus indica
(*E*)-hordenine-*O*-[(6-cinnamoyl)-β-D-glucopyranosyl-(1 → 3)-α-L-rhamnopyranoside (*E*)- 大麦芽碱 -*O*-[(6- 桂皮酰基 -β-D- 吡喃葡萄糖基 -(1 → 3)-α-L- 吡喃鼠李糖苷] 粗叶卷柏 Selaginella trachyphylla
hordenine-*O*-[(6''-*O*-*trans*-cinnamoyl)-4'-*O*-β-D-glucopyranosyl-α-L-rhamnopyranoside] 大麦芽碱 -*O*-[(6''-*O*- 反式 - 桂皮酰基)-4'-*O*-β-D- 吡喃葡萄糖基 -α-L- 吡喃鼠李糖苷] 深绿卷柏 Selaginella doederleinii, 粗叶卷柏 S. trachyphylla
(*E*)-hordenine-*O*-[6-(4-hydroxycinnamoyl)-β-D-glucopyranosyl)-(1 → 3)-α-L-rhamnopyranoside (*E*)- 大麦芽碱 -*O*-[6-(4- 羟基桂皮酰基 -β-D- 吡喃葡萄糖基 -(1 → 3)-α-L- 吡喃鼠李糖苷] 粗叶卷柏 Selaginella trachyphylla
hordenine-*O*-[6-*O*-*t*-cinnamoyl-β-glucosyl-(1 → 4)-α-rhamnoside] 大麦芽碱 -*O*-[6-*O*- 反式 - 桂皮酰基 -β- 葡萄糖基 -(1 → 4)-α- 鼠李糖苷] 粗叶卷柏 Selaginella trachyphylla
hordenine-*O*-α-L-rhamnopyranoside 大麦芽碱 -*O*-α-L- 吡喃鼠李糖苷 深绿卷柏 Selaginella doederleinii, 粗叶卷柏 S. trachyphylla
horhammericine 剑叶长春花辛碱▲ 长春花 Catharanthus roseus
horminone 荷茗草酮▲ 狭基线纹香茶菜 Isodon lophanthoides var. gerardianus, 溪黄草 I. serra, 迷迭香 Rosmarinus officinalis, 新疆鼠尾草 Salvia deserta, 一串红 S. splendens
horsfieldin 风吹楠素▲ 肉果草 Lancea tibetica, 假蒟 Piper sarmentosum, 竹叶花椒 Zanthoxylum armatum, 两面针 Z. nitidum
hortiacine 荷蒂芸香碱 楝叶吴萸 Euodia glabrifolia
hortiamide 荷蒂芸香酰胺 楝叶吴萸 Euodia glabrifolia
hosenkol A 凤仙花醇▲A 凤仙花 Impatiens balsamina
hosenkoside A~O 凤仙花苷▲A~O 凤仙花 Impatiens balsamina
hostasine 玉簪碱 玉簪 Hosta plantaginea
hostasinine A 玉簪宁 A 玉簪 Hosta plantaginea
hostasolide A 东北玉簪内酯▲A 东北玉簪 Hosta ensata
hotrienol 樟三烯醇▲ 挥发油成分，未统计基源
houpulin A~D 厚朴脂素▲A~D 厚朴 Houpoëa officinalis
houttuynamide A 蕺菜酰胺▲A 蕺菜 Houttuynia cordata
houttuynoid A~E 蕺菜黄素▲A~E 蕺菜 Houttuynia cordata
houttuynoside A 蕺菜苷▲A 蕺菜 Houttuynia cordata
hovacerboside A_1, C_2 枳椇波苷▲A_1, C_2 枳椇 Hovenia acerba
hovenia saponin C_2, D, E, G, H 枳椇皂苷 C_2, D, E, G, H 北枳椇 Hovenia dulcis
hovenic acid 枳椇酸 北枳椇 Hovenia dulcis, 毛果枳椇 H. trichocarpa
hovenidulcioside A_1, A_2, B_1, B_2 北枳椇苷 A_1, A_2, B_1, B_2 北枳椇 Hovenia dulcis
hovenin A~D 枳椇素 A~D 枳椇 Hovenia acerba
hovenine A, B 枳椇碱 A, B 北枳椇 Hovenia dulcis
hovenitin 枳椇亭▲ 北枳椇 Hovenia dulcis
hovenodulinol 北枳椇醇 北枳椇 Hovenia dulcis

hovenoside I, D, G, I 枳椇苷 I, D, G, I 北枳椇 Hovenia dulcis
hovetrichoside A 毛果枳椇苷▲A 三角槭 Acer buergerianum, 毛果枳椇 Hovenia trichocarpa, 小果叶下珠 Phyllanthus reticulatus, 五层龙 Salacia prinoides, 披针叶荚蒾 Viburnum lancifolium
hovetrichoside B 毛果枳椇苷▲B 三角槭 Acer buergerianum, 胡颓子 Elaeagnus pungens, 毛果枳椇 Hovenia trichocarpa
hovetrichoside C 毛果枳椇苷▲C 木瓜 Chaenomeles sinensis, 毛果枳椇 Hovenia trichocarpa, 贯叶连翘 Hypericum perforatum, 海芙蓉 Limonium wrightii, 金钱松 Pseudolarix amabilis, 石榴 Punica granatum
hovetrichoside D~H 毛果枳椇苷▲D~H 毛果枳椇 Hovenia trichocarpa
howiicin A 海南哥纳香素▲A 斜脉暗罗 Polyalthia plagioneura
hoyacarnoside A~T 球兰苷▲A~T 球兰 Hoya carnosa
huajiaosimuline 野花椒碱▲ 野花椒 Zanthoxylum simulans
huangqiyenin A~F 黄芪叶苷 A~F 黄耆 Astragalus penduliflorus subsp. mongholicus var. dahuricus
huangshanine 黄山宁碱 大叶唐松草 Thalictrum faberi
huazhongilexin 华中冬青素 华中枸骨 Ilex centrochinensis, 狭叶落地梅 Lysimachia paridiformis var. stenophylla, 棒锤瓜 Neoalsomitra integrifoliola
(7*S**,8*R**,7'*S**,8'*R**)-huazhongilexin-9-*O*-(2-feruloyl)-*β*-D-xylopyranoside (7*S**,8*R**,7'*S**,8'*R**)- 华中冬青素 -9-*O*-(2- 阿魏酰基)-*β*-D- 吡喃木糖苷 棒锤瓜 Neoalsomitra integrifoliola
huazhongilexol 华中冬青醇 华中枸骨 Ilex centrochinensis
huazhongilexone 华中冬青酮 五脉绿绒蒿 Meconopsis quintuplinervia
huazhongilexone-7-*O*-*β*-D-glucopyranoside 华中冬青酮▲-7-*O*-*β*-D- 吡喃葡萄糖苷 海南冬青 Ilex hainanensis
hubeirubesin A, B 湖北冬凌草素 A, B 冬凌草 Isodon rubescens
hulupinic acid 啤酒花酸 啤酒花 Humulus lupulus
humantendine 胡蔓藤定▲ 钩吻 Gelsemium elegans
humantenine 胡蔓藤宁▲ 钩吻 Gelsemium elegans
(4*R*)-humantenine-N_4-oxide (4*R*)- 胡蔓藤宁▲-N_4- 氧化物 钩吻 Gelsemium elegans
(4*S*)-humantenine-N^4-oxide (4*S*)- 胡蔓藤宁▲-N^4- 氧化物 钩吻 Gelsemium elegans
humantenine-N^4-oxide 胡蔓藤宁▲-N^4- 氧化物 钩吻 Gelsemium elegans
humantenirine 胡蔓藤尼灵▲ 钩吻 Gelsemium elegans
humantenmine 胡蔓藤明▲ 钩吻 Gelsemium elegans
humantenoxenine 胡蔓藤氧杂宁▲ 钩吻 Gelsemium elegans
humantenrine 胡蔓藤灵▲ 钩吻 Gelsemium elegans
humarain 胡玛拉因 石榴 Punica granatum
humifusane A, B 地锦萜烷 A, B 地锦 Euphorbia humifusa
humilinolide E 墨西哥桃花心木内酯▲E 茸果鹧鸪花 Trichilia sinensis
humosine A, B 土元胡碱 A, B 土元胡 Corydalis humosa
humuladienone 葎草二烯酮▲ 挥发油成分，未统计基源
humulane-1,6-dien-3-ol 葎草 -1,6- 二烯 -3- 醇 挥发油成分，未统计基源
3(12),7(13),9(*E*)-humula-trien-2,6-diol 3(12),7(13),9(*E*)- 葎草三烯 -2,6- 二醇 益智 Alpinia oxyphylla
2,6(12),10-humulatrien-7*β*-ol-1-one 2,6(12),10- 葎草三烯 -7*β*- 醇 -1- 酮 大叶醉鱼草 Buddleja davidii
3(12),7(13),9(*E*)-humulatriene-2,6-diol 3(12),7(13),9(*E*)- 葎草烷三烯 -2,6- 二醇 小窃衣 Torilis japonica
α-humulene *α*- 葎草烯 挥发油成分，未统计基源
β-humulene *β*- 葎草烯 挥发油成分，未统计基源
γ-humulene *γ*- 葎草烯 裸茎千里光 Senecio nudicaulis
humulene 葎草烯 挥发油成分，未统计基源
humulene epoxide 葎草烯环氧化物 挥发油成分，未统计基源
humulene epoxide I 葎草烯环氧化物 I 挥发油成分，未统计基源
α-humulene epoxide II *α*- 葎草烯环氧化物 II 挥发油成分，未统计基源
humulene epoxide II 葎草烯环氧化物 II 挥发油成分，未统计基源
humulene oxide 葎草烯氧化物 挥发油成分，未统计基源
(9*E*)-humulene-2,3;6,7-diepoxide (9*E*)- 葎草烯 -2,3;6,7- 二环氧化物 益智 Alpinia oxyphylla
humulene-6,7-epoxide 葎草烯 -6,7- 环氧化物 挥发油成分，未统计基源
humulenone II 葎草烯酮▲II 啤酒花 Humulus lupulus
humulinone 葎草林酮 啤酒花 Humulus lupulus
humulol 葎草醇▲ 挥发油成分，未统计基源
humulone 葎草酮 啤酒花 Humulus lupulus
humulusol 葎草酚▲ 啤酒花 Humulus lupulus
hupcrispatine 皱边石杉碱▲ 皱边石杉 Huperzia crispata
hupehemonoside 湖贝苷 天目贝母 Fritillaria monantha
hupehenidine 湖贝啶 天目贝母 Fritillaria monantha
hupeheninate 湖贝甲素乙酸酯 天目贝母 Fritillaria monantha

hupehenine 湖贝甲素 天目贝母 Fritillaria monantha, 平贝母 F. ussuriensis
hupeheninoside 湖贝甲素苷 天目贝母 Fritillaria monantha, 平贝母 F. ussuriensis
hupehenirine 湖贝乙素 天目贝母 Fritillaria monantha, 平贝母 F. ussuriensis
hupehenisine 湖贝辛 天目贝母 Fritillaria monantha
hupehenizine 湖贝嗪 天目贝母 Fritillaria monantha, 平贝母 F. ussuriensis
hupehenolide B, E, M 湖北旋覆花内酯▲B, E, M 湖北旋覆花 Inula hupehensis
hupehensis saponin A~E, G 打破碗花花皂苷▲A~E, G 打破碗花花 Anemone hupehensis
hupehensis saponin F 打破碗花花皂苷▲F 打破碗花花 Anemone hupehensis, 秋牡丹 A. hupehensis var. japonica
(+)-hupeol (+)-湖北马鞍树醇▲ 马鞍树 Maackia hupehensis
huperzine A 石杉碱 A 中华石杉 Huperzia chinensis, 峨眉石杉 H. emeiensis, 小杉兰 H. selago, 蛇足石杉 H. serrata, 龙骨马尾杉 Phlegmariurus carinatus, 喜马拉雅马尾杉 P. hamiltonii, 美丽马尾杉 P. pulcherrimus, 粗糙马尾杉 P. squarrosus, 台湾马尾杉 P. taiwanensis
huperzine B 石杉碱 B 东北石杉 Huperzia miyoshiana, 蛇足石杉 H. serrata, 藤石松 Lycopodiastrum casuarinoides
huperzine C, D 石杉碱 C, D 藤石松 Lycopodiastrum casuarinoides
(7*S*,12*S*,13*R*)-huperzine D-16-*O*-*β*-D-glucopyranoside (7*S*,12*S*,13*R*)-石杉碱 D-16-*O*-*β*-D-吡喃葡萄糖苷 藤石松 Lycopodiastrum casuarinoides
huperzine E 石杉碱 E 蛇足石杉 Huperzia serrata, 石松 Lycopodium japonicum, 垂穗石松 Palhinhaea cernua
huperzine F 石杉碱 F 蛇足石杉 Huperzia serrata
huperzinine 石杉宁碱▲ 蛇足石杉 Huperzia serrata, 藤石松 Lycopodiastrum casuarinoides, 石松 Lycopodium japonicum, 粗糙马尾杉 Phlegmariurus squarrosus
huperzinine-*N*-oxide 石杉宁碱▲-*N*-氧化物 藤石松 Lycopodiastrum casuarinoides
huratoxin 响盒子毒素▲ 滇瑞香 Daphne feddei, 狼毒 Stellera chamaejasme
huzhangoside A 虎掌草皂苷 A 秋牡丹 Anemone hupehensis var. japonica, 草玉梅 A. rivularis, 无患子 Sapindus saponaria
huzhangoside B 虎掌草皂苷 B 打破碗花花 Anemone hupehensis, 秋牡丹 A. hupehensis var. japonica, 草玉梅 A. rivularis, 大火草 A. tomentosa, 威灵仙 Clematis chinensis, 大花威灵仙 C. courtoisii, 山木通 C. finetiana, 粗齿铁线莲 C. grandidentata, 吴兴铁线莲 C. huchouensis, 黄花铁线莲 C. intricata, 辣蓼铁线莲 C. terniflora var. mandshurica, 柱果铁线莲 C. uncinata, 无患子 Sapindus saponaria
huzhangoside C 虎掌草皂苷 C 草玉梅 Anemone rivularis, 大火草 A. tomentosa, 粗齿铁线莲 Clematis grandidentata, 柱果铁线莲 C. uncinata
huzhangoside D 虎掌草皂苷 D 打破碗花花 Anemone hupehensis, 秋牡丹 A. hupehensis var. japonica, 草玉梅 A. rivularis, 大火草 A. tomentosa, 威灵仙 Clematis chinensis, 大花威灵仙 C. courtoisii, 山木通 C. finetiana, 粗齿铁线莲 C. grandidentata, 单叶铁线莲 C. henryi, 大叶铁线莲 C. heracleifolia, 吴兴铁线莲 C. huchouensis, 柱果铁线莲 C. uncinata
2-(5-hxeylen-1,3-diynyl)-5-(1-propynyl)thiophene 2-(5-已烯-1,3-二炔基)-5-(1-丙炔基)噻吩 百能葳葳 Blainvillea acmella
hyacinthin 风信子醛苷 挥发油成分，未统计基源
(-)-hydnocarpin (-)-大风子素 鸦胆子 Brucea javanica
hydnocarpin 大风子素 藤紫珠 Callicarpa integerrima var. chinensis, 三枝九叶草 Epimedium sagittatum, 泰国大风子 Hydnocarpus anthelminthicus, 五脉绿绒蒿 Meconopsis quintuplinervia
hydnocarpin D 大风子素 D 三枝九叶草 Epimedium sagittatum, 泰国大风子 Hydnocarpus anthelminthicus, 忍冬 Lonicera japonica
1-*p*-hydorxybenzoyl-glucopyranose 1-对羟基苯甲酰吡喃葡萄糖 海榄雌 Avicennia marina
2*α*-hydoxymethyl hardwickate 2*α*-羟基甲基哈威豆酸酯▲ 车桑子 Dodonaea viscosa
2*α*-hydoxysolidagolactone II, III 2*α*-羟基一枝黄花内酯 II, III 毛果一枝黄花 Solidago virgaurea
2*β*-hydoxysolidagolactone V 2*β*-羟基一枝黄花内酯 V 毛果一枝黄花 Solidago virgaurea
hydrachine A, B 中国绣球碱▲A, B 中国绣球 Hydrangea chinensis
hydrachoside A, B 中国绣球苷▲A, B 中国绣球 Hydrangea chinensis
hydracyanoside A~F 绣球氰苷▲A~F 绣球 Hydrangea macrophylla
hydramicromelin A 水合小芸木素 A 大管 Micromelum falcatum, 小芸木 M. integerrimum
hydramicromelin B, C, D 水合小芸木素 B, C, D 小芸木 Micromelum integerrimum
hydrangeifolin I 绣球叶柯萨木素▲I 海漆 Excoecaria agallocha, 山桐子 Idesia polycarpa, 栀子皮 Itoa orientalis, 顶头马蓝 Strobilanthes affinis
hydrangenol 绣球酚 中国绣球 Hydrangea chinensis, 绣球 H. macrophylla, 柔毛绣球 H. villosa, 挂苦绣球 H. xanthoneura
hydrangenol-4'-*O*-*β*-D-glucopyranoside 绣球酚-4'-*O*-*β*-D-吡喃半乳糖苷 绣球 Hydrangea macrophylla
hydrangenol-8-*O*-*β*-D-glucopyranoside 绣球酚-8-*O*-*β*-D-吡喃半乳糖苷 绣球 Hydrangea macrophylla
hydrangenoside A 绣球萜苷▲A 中国绣球 Hydrangea chinensis, 绣球 H. macrophylla
hydrangenoside B, C, D 绣球萜苷▲B, C, D 绣球 Hydrangea macrophylla
hydrangenoside E 绣球萜苷▲E 中国绣球 Hydrangea chinensis
hydrangetin 绣球亭 葡萄柚 Citrus paradisi, 黄瑞香 Daphne giraldii, 山辣子皮 D. papyracea var. crassiuscula, 唐古特瑞香 D. tangutica, 华蟹甲 Sinacalia tangutica, 椿叶花椒 Zanthoxylum ailanthoides
hydrangin 绣球苷 马桑 Coriaria nepalensis, 圆锥绣球 Hydrangea paniculata
hydranitriloside A_1, A_2, B_1, B_2 绣球腈苷▲A_1, A_2, B_1, B_2 绣球 Hydrangea macrophylla
β-hydrastine *β*-白毛茛碱 小花清风藤 Sabia parviflora
hydrastine 白毛茛碱 稀花黄堇 Corydalis dubia, 直茎黄堇 C. stricta
hydrastinine 白毛茛分碱 夏天无 Corydalis decumbens, 刻叶紫堇 C. incisa
hydrastinine chloride 氯化白毛茛分碱 扭果紫金龙 Dactylicapnos torulosa

1-hydrate-3-deoxy-α-D-tagatofuranose 1- 水合 -3- 去氧 -α-D- 呋喃塔格糖 紫红獐牙菜 Swertia punicea
14-hydro-15-hydroxyajugapitin 14- 氢 -15- 羟基地松筋骨草素▲ 九味一枝蒿 Ajuga bracteosa
14-hydro-15α-hydroxyclerodin 14- 氢 -15α- 羟基赪桐定 异色黄芩 Scutellaria discolor
16α-hydro-17-acetoxy-ent-kauran-19-al 16α- 氢 -17- 乙酰氧基 - 对映 - 贝壳杉 -19- 醛 圆滑番荔枝 Annona glabra
16α-hydro-17-hydroxy-ent-kauran-19-al 16α- 氢 -17- 羟基 - 对映 - 贝壳杉 -19- 醛 圆滑番荔枝 Annona glabra
16β-hydro-17-hydroxy-ent-kauran-19-al 16β- 氢 -17- 羟基 - 对映 - 贝壳杉 -19- 醛 圆滑番荔枝 Annona glabra
16α-hydro-19-al-ent-kauran-17-methyl ester 16α- 氢 -19- 醛 - 对映 - 贝壳杉 -17- 甲酯 圆滑番荔枝 Annona glabra
16α-hydro-19-al-ent-kauran-17-oic acid 16α- 氢 -19- 醛 - 对映 - 贝壳杉 -17- 酸 圆滑番荔枝 Annona glabra, 牛心番荔枝 A. reticulata, 番荔枝 A. squamosa
16α-hydro-19-ol-ent-kauran-17-oic acid 16α- 氢 -19- 醇 - 对映 - 贝壳杉 -17- 酸 圆滑番荔枝 Annona glabra
(15R)-14-hydro-2,15-dihydroxy-3β-isobutyryloxyclerodin (15R)-14- 氢 -2,15- 二羟基 -3β- 异丁酰氧基赪桐定 九味一枝蒿 Ajuga bracteosa
15S)-14-hydro-2,15-dihydroxy-3β-isobutyryloxyclerodin (15S)-14- 氢 -2,15- 二羟基 -3β- 异丁酰氧基赪桐定 九味一枝蒿 Ajuga bracteosa
hydrocaffeic acid 氢化咖啡酸 有柄石韦 Pyrrosia petiolosa, 茄 Solanum melongena
hydrochloric acid lignin 盐酸木素 酸模 Rumex acetosa
12β-hydrocimigenol 12β- 氢化升麻醇 云南升麻 Cimicifuga yunnanensis
12-β-hydrocimigenol-1-en-3-one 12-β- 羟基升麻醇 -1- 烯 -3- 酮 云南升麻 Cimicifuga yunnanensis
12-β-hydrocimigenol-3-one 12-β- 羟基升麻醇 -3- 酮 云南升麻 Cimicifuga yunnanensis
12-β-hydrocimigenol-3-O-β-D-xylopyranoside 12-β- 羟基升麻醇 -3-O-β-D- 吡喃木糖苷 云南升麻 Cimicifuga yunnanensis
12β-hydrocimigenol-7(8)-3-one 12β- 氢化升麻醇 -7(8)-3- 酮 云南升麻 Cimicifuga yunnanensis
12β-hydrocimigenol-7(8)-en 12β- 氢化升麻醇 -7(8)- 烯 云南升麻 Cimicifuga yunnanensis
7β-hydrocimigenol-xylopyranoside 7β- 羟基升麻醇吡喃木糖苷 升麻 Cimicifuga foetida
12β-hydrocimilactone 12β- 氢化升麻内酯 云南升麻 Cimicifuga yunnanensis
hydrocinnamic acid 氢化桂皮酸 西洋参 Panax quinquefolius, 假蒟 Piper sarmentosum
hydrocinnamic acid methyl ester 氢化桂皮酸甲酯 挥发油成分，未统计基源
2-hydrocinnamoyl-6-hydroxy-5-amino-3-methoxy-1,4-benzoquinone 2- 氢肉桂酰 -6- 羟基 -5- 氨基 -3- 甲氧基 -1,4- 苯醌 排骨灵 Fissistigma bracteolatum
1-hydrocortisone 1- 氢化可的松 麻疯树 Jatropha curcas
hydrocosisaponin A~F 天胡荽皂苷▲A~F 天胡荽 Hydrocotyle sibthorpioides
hydrocotyloside I, II, III, IV, V, VI, VII 天胡荽苷▲I, II, III, IV, V, VI, VII 天胡荽 Hydrocotyle sibthorpioides
hydrocyanic acid 氢氰酸 榆叶梅 Amygdalus triloba, 龙竹 Dendrocalamus giganteus, 蓝堇草 Leptopyrum fumarioides, 角孢离褶伞 Lyophyllum transforme, 灰假杯伞 Pseudoclitocybe cyathiformis
hydrodehydrodiconiferyl alcohol 氢化去氢二松柏醇 野茉莉 Styrax japonicus
16α-hydro-ent-kauran-17,19-dimethyl ester 16α- 氢 - 对映 - 贝壳杉 -17,19- 二甲酯 圆滑番荔枝 Annona glabra
16α-hydro-ent-kauran-17,19-dioic acid 16α- 氢 - 对映 - 贝壳杉 -17,19- 二酸 圆滑番荔枝 Annona glabra, 牛心番荔枝 A. reticulata, 番荔枝 A. squamosa
16β-hydro-ent-kauran-17,19-dioic acid 16β- 氢 - 对映 - 贝壳杉 -17,19- 二酸 番荔枝 Annona squamosa
16α-hydro-ent-kauran-17-oic acid 16α- 氢 - 对映 - 贝壳杉 -17- 酸 圆滑番荔枝 Annona glabra
16β-hydro-ent-kauran-17-oic acid 16β- 氢 - 对映 - 贝壳杉 -17- 酸 圆滑番荔枝 Annona glabra
8β-hydroeremophil-7(11)-en-8α,12β(6α,14β)-diolide 8β- 氢荒漠木 -7(11)- 烯 -8α,12β(6α,14β)- 二内酯 阿勒泰橐吾 Ligularia altaica
hydroferulic acid 氢化阿魏酸 辣椒 Capsicum annuum
hydrogen sulfide 硫化氢 草莓 Fragaria × ananassa
16α-hydrogen-17-isovaleryloxy-ent-kauran-19-oic acid 16αH-17- 异戊酰氧基 - 对映 - 贝壳杉 -19- 酸 食用土当归 Aralia cordata
18α-hydrogen-urs-12-ene-3-O-β-D-glucopyranoside 18αH- 熊果 -12- 烯 -3-O- 吡喃葡萄糖苷 土木香 Inula helenium
hydroginkgol 氢化银杏酚 银杏 Ginkgo biloba
hydroginkgolic acid 氢化银杏酸 银杏 Ginkgo biloba
hydroginkgolinic acid 氢化银杏尼酸▲ 银杏 Ginkgo biloba
hydrohydrastinine 氢化白毛莨宁碱 硬萼软紫草 Arnebia decumbens
α-hydrojuglone-4-glucopyranoside α- 氢化胡桃醌 -4- 吡喃葡萄糖苷 胡桃楸 Juglans mandshurica
hydrolytichazaleanin A 水解雷兹崖椒宁▲A 顶头马蓝 Strobilanthes affinis
αβ-hydromonacolin Q αβ- 氢化红曲可林 Q 红曲 Monascus purpureus
5-hydro-N-methylcorydalidine 5- 氢 -N- 甲基紫堇里定▲ 偏翅唐松草 Thalictrum delavayi
hydro-p-coumaroyl-di-O-galloyl-glucose 氢化对香豆酰基 - 二 -O- 没食子酰葡萄糖 小大黄 Rheum pumilum
hydro-p-coumaroyl-O-galloyl-glucose 氢化对香豆酰基 -O- 没食子酰基 - 葡萄糖 总序大黄 Rheum racemiferum
hydroperoxide-magnolialide 氢过氧化木兰内酯 月桂 Laurus nobilis
25-hydroperoxy-12β-hydroxy-20-(6-O-β-D-xylopyranosyl-β-D-glucopyranosyloxy)-dammar-23E-en-3β-(2-O-β-D-glucopyranosyl-β-D-glucopyranoside) 25- 氢过氧 -12β- 羟基 -20-[(6-O-β-D- 吡喃木糖基 -β-D- 吡喃葡萄糖氧基)- 达玛 -23E- 烯 -3β-(2-O-β-D- 吡喃葡萄糖基 -β-D- 吡喃葡萄糖苷) 绞股蓝 Gynostemma pentaphyllum
(23E)-25-hydroperoxy-12β-hydroxy-dammar-23-en-3β-O-β-D-glucopyranosyl-(1→2)-O-β-D-glucopyranoside-20-O-β-D-xylopyranosyl-(1→6)-O-β-D-glucopyranoside (23E)-25- 氢过氧 -12β- 羟基 - 达玛 -23- 烯 -3β-O-β-D- 吡喃葡萄糖基 -(1 → 2)-O-β-D- 吡喃葡萄糖苷 -20-O-β-D-

吡喃木糖基-(1→6)-O-β-D-吡喃葡萄糖苷 三七 Panax notoginseng
4-hydroperoxy-19-norabieta-8,11,13-trien-7-one 4-氢过氧基-19-降冷杉-8,11,13-三烯-7-酮 圆柏 Juniperus chinensis
24-hydroperoxy-24-vinylcholesterol 24-氢过氧基-24-乙烯基胆甾醇 钩吻 Gelsemium elegans, 羊栖菜 Hizikia fusiformis
24ξ-hydroperoxy-24-vinyl-cholesterol 24ξ-过氧羟基-24-乙烯基-胆甾醇 楝 Melia azedarach
24ξ-hydroperoxy-24-vinyl-lathosterol 24ξ-过氧羟基-24-乙烯基-7-烯胆甾烷醇 楝 Melia azedarach
2E-3-{[4-(2E,5E-7-hydroperoxy-3,7-dimethyl-2,5-octadien-1-yl)oxy]-3-methoxyphenyl}-2-propen-1-ol 2E-3-[4-(2E,5E-7-氢过氧-3,7-二甲基-2,5-辛二烯-1-氧基)-3-甲氧基苯基]-2-丙烯-1-醇 大黄橐吾 Ligularia duciformis
2E-3-{4-[(2E-6-hydroperoxy-3,7-dimethyl-2,7-octadien-1-yl)]oxy}-3-methoxyphenyl]-2-propen-1-ol 2E-3-[4-(2E-6-氢过氧-3,7-二甲基-2,7-辛二烯-1-氧基)-3-甲氧基苯基]-2-丙烯-1-醇 大黄橐吾 Ligularia duciformis
(E,E)-4-(7-hydroperoxy-3,7-dimethylocta-2,5-dienyloxy)-syringenin (E,E)-4-(7-氢过氧-3,7-二甲基辛-2,5-二烯酰氧基)-丁香苷元 狭苞橐吾 Ligularia intermedia
(E)-8-(6-hydroperoxy-3,7-dimethylocta-2,7-dienyloxy)-psoralen (E)-8-(6-过氧羟基-3,7,-二甲基辛-2,7-二烯氧基)-补骨脂素 黄皮 Clausena lansium
(E)-4-(6-hydroperoxy-3,7-dimethylocta-2,7-dienyloxy)-syringenin (E)-4-(6-氢过氧-3,7-二甲基辛-2,7-二烯酰氧基)-丁香苷元 狭苞橐吾 Ligularia intermedia
4E-1β-hydroperoxy-3β,11β-dihydroxygermacra-4(5),10(14)-dien-12,6α-olide 4E-1β-氢过氧-3β,11β-二羟基大根老鹳草-4(5),10(14)-二烯-12,6α-内酯 乳苣 Mulgedium tataricum
2α-hydroperoxy-3β-hydroxy-urs-12-en-28-oic acid 2α-过氧羟基-3β-羟基熊果-12-烯-28-酸 锐尖山香圆 Turpinia arguta
1α-hydroperoxy-4α-hydroxybishopsolicepolide 1α-氢过氧-4α-羟基比梢菊内酯▲ 阴地蒿 Artemisia sylvatica
1α-hydroperoxy-4β-hydroxy-8α-acetoxy-guaia-2,9,11(13)-triene-6α,12-olide 1α-氢过氧-4β-羟基-8α-乙酰氧基-愈创木-2,9,11(13)-三烯-6α,12-内酯 阴地蒿 Artemisia sylvatica
4α-hydroperoxy-5-en-ovatodiolide 4α-氢过氧-5-烯-广防风二内酯▲ 广防风 Anisomeles indica, 黄花香茶菜 Isodon sculponeatus
1β-hydroperoxy-6α-hydroxy-eudesm-4(15)-ene 1β-氢过氧-6α-羟基-桉叶-4(15)-烯 灰毛浆果楝 Cipadessa cinerascens
3-hydroperoxyawabukinol 3-过氧氢日本珊瑚树醇▲ 日本珊瑚树 Viburnum odoratissimum var. awabuki
4-hydroperoxyawabukinol 4-过氧氢日本珊瑚树醇▲ 日本珊瑚树 Viburnum odoratissimum var. awabuki
5α-hydroperoxycostic acid 5α-羟基过氧木香酸 酸叶胶藤 Urceola rosea
25-hydroperoxycycloart-23E-en-3β-ol 25-过氧羟基环木菠萝-23E-烯-3β-醇 乳浆大戟 Euphorbia esula
24-hydroperoxycycloart-25-en-3β-ol 24-氢过氧环木菠萝-25-烯-3β-醇 乳浆大戟 Euphorbia esula
α-hydroperoxydiethylether α-羟基过氧二乙醚 挥发油成分，未统计基源
(1R,3S,7E,11S,12R)-3-hydroperoxydolabella-4(16),7-dien-18-ol (1R,3S,7E,11S,12R)-3-氢过氧海兔-4(16),7-二烯-18-醇 米仔兰 Aglaia odorata
(+)-(24S),24-hydroperoxyeupha-8,25-dien-3β-ol-7-one (+)-(24S),24-过氧羟基-大戟-8,25-二烯-3β-醇-7-酮 甘青大戟 Euphorbia micractina
(13^2R)-hydroperoxypheophytin a (13^2R)-羟基脱镁叶绿素 a 榕树 Ficus microcarpa
(1R,4S)-1-hydroperoxy-p-menth-2-en-8-ol acetate (1R,4S)-1-过氧羟基-对薄荷-2-烯-8-醇乙酸酯 月桂 Laurus nobilis
1α-hydroperoxy-rupicolin A acetate 1α-氢过氧-岩生三裂蒿素▲A 乙酸酯 阴地蒿 Artemisia sylvatica
(3β,7α)-7-hydroperoxystigmast-5-en-3-ol] (3β,7α)-7-过氧氢-豆甾-5-烯-3 醇 菊三七 Gynura japonica
29-hydroperoxy-stigmast-7,24(28)E-dien-3β-ol 29-过氧羟基-豆甾-7,24(28)E-二烯-3β-醇 楝 Melia azedarach
(22E,24S)-7α-hydroperoxystigmasta-5,22-dien-3β-ol (22E,24S)-7α-过氧氢豆甾-5,22-二烯-3β-醇 菊三七 Gynura japonica
29-hydroperoxystigmasta-5,24(28)-dien-3β-ol 29-氢过氧基豆甾-5,24(28)-二烯-3β-醇 羊栖菜 Hizikia fusiformis
21α-hydroperoxy-taraxasterol 21α-氢过氧-蒲公英萜醇▲ 黄鹌菜 Youngia japonica
25-hydroperoxytirucalla-7,23(24)-diene-3,6-dion-21,16-olide 25-过氧羟基基绿玉树-7,23(24)-二烯-3,6-二酮-21,16-内酯 楝 Melia azedarach
(+)-(23E),25-hydroperoxy-tirucalla-8,23-dien-3β-ol-7,11-dione (+)-(23 E),25-过氧羟基-绿玉树-8,23-二烯-3β-醇-7,11-二酮 甘青大戟 Euphorbia micractina
(-)-(23E),25-hydroperoxytirucalla-8,23-dien-3β-ol-7-one (-)-(23E),25-过氧羟基-绿玉树-8,23-二烯-3β-醇-7-酮 甘青大戟 Euphorbia micractina
(-)-(24R),24-hydroperoxytirucalla-8,25-dien-3β-ol-7-one (-)-(24R),24-过氧羟基-绿玉树-8,25-二烯-3β-醇-7-酮 甘青大戟 Euphorbia micractina
(-)-(24S),24-hydroperoxytirucalla-8,25-dien-3β-ol-7-one (-)-(24S),24-过氧羟基-绿玉树-8,25-二烯-3β-醇-7-酮 甘青大戟 Euphorbia micractina
hydropiperoside 氢化胡椒苷 云南杨梅 Myrica nana, 酸模叶蓼 Polygonum lapathifolium, 杠板归 P. perfoliatum
hydropiperoside A, B 氢化胡椒苷 A, B 水蓼 Polygonum hydropiper
hydroprotopine 氢化原阿片碱 土元胡 Corydalis humosa
hydro-Q9-chromene 氢-Q9-色烯 参薯 Dioscorea alata
p-hydroquinone 对氢醌 挥发油成分，未统计基源
hydroquinone 氢醌 挥发油成分，未统计基源
hydroquinone dimethyl ether 氢醌二甲醚 挥发油成分，未统计基源
hydroquinone-1-O-β-D-glucopyranoside 氢醌-1-O-β-D-吡喃葡萄糖苷 珊瑚樱 Solanum pseudocapsicum

H

hydroquinone-O-[6-(3-hydroxyisobutanoyl)]-β-D-galactopyranoside 氢醌 -O-[6-(3- 羟基异丁酰基)]-β-D- 吡喃半乳糖苷 黑面神 Breynia fruticosa
hydrothymoquinone dimethyl ether 百里香氢醌二甲醚 佩兰 Eupatorium fortunei
19-hydrovincanol 19- 氢蔓长春花醇▲ 奶子藤 Bousigonia mekongensis
5-hydroxy bornyl-2-O-β-D-glucopyranoside 5- 羟基龙脑 -2-O-β-D- 吡喃葡萄糖苷 胡椒 Piper nigrum
hydroxy coriander lactone 羟基芫荽内酯 芫荽 Coriandrum sativum
4-hydroxy derricin 4- 羟基鱼藤素 绣球菌 Sparassis crispa
5-hydroxy glucobrassicin 5- 羟基葡萄糖芸苔素 芝麻菜 Eruca vesicaria
2-hydroxy hexacosanoic acid ethyl ester 2- 羟基二十六酸乙酯 木蹄层孔菌 Fomes fomentarius
(2E,4E,9Z)-1-hydroxy octadeca trien-6-yn-18-yl acetate (2E,4E,9Z)-1- 羟基 - 十八碳三烯 -6- 炔 -18- 乙酸酯 大叶柴胡 Bupleurum longiradiatum
7α-hydroxy-β-sitosterol 7α- 羟基 -β- 谷甾醇 菊三七 Gynura japonica
19-hydroxy-(-)-eburnamonine 19- 羟基 -(-)- 乳白仔榄树宁▲ 蕊木 Kopsia arborea
6-hydroxy-(-)-hardwickiic acid-2'-β-D-glucopyranosylbenzyl ester 6- 羟基 -(-)- 哈威豆酸▲-2'-β-D- 吡喃葡萄糖基苄基酯 东紫苏 Elsholtzia bodinieri
16α-hydroxy-(-)-kauran-19-oic acid 16α- 羟基 -(-)- 贝壳杉 -19- 酸 东北土当归 Aralia cantinentalis, 食用土当归 A. cordata, 龙眼独活 A. fargesii
16β-hydroxy-(-)-kauran-19-oic acid 16β- 羟基 -(-)- 贝壳杉 -19- 酸 牛心番荔枝 Annona reticulata
18-hydroxy-(-)-manool 18- 羟基 -(-)- 泪柏醇 地构叶 Speranskia tuberculata
9-hydroxy-(10E)-octadecenoic acid 9- 羟基 -(10E)- 十八碳烯酸 薏米 Coix lacryma-jobi var. ma-yuen
9-hydroxy-(10E,12E)-octadecadienoic acid 9- 羟基 -(10E,12E)- 十八碳二烯酸 薏米 Coix lacryma-jobi var. ma-yuen
9-hydroxy-(10E,12Z)-octadecadienoic acid 9- 羟基 -(10E,12Z)- 十八碳二烯酸 欧活血丹 Glechoma hederacea, 异株荨麻 Urtica dioica
9-hydroxy-(10E,12Z)-octadecadienoic acid methyl ester 9- 羟基 -(10E,12Z)- 十八碳二烯酸甲酯 古钩藤 Cryptolepis buchananii
9-hydroxy-(10Z,12E)-octadecadienoic acid 9- 羟基 -(10Z,12E)- 十八碳二烯酸 小蓬草 Conyza canadensis
13^2-hydroxy-(13^2-R)-phaeophytin a 13^2- 羟基 -(13^2-R)- 脱镁叶绿素 a 假黄皮 Clausena excavata, 鳄嘴花 Clinacanthus nutans, 浒苔 Enteromorpha prolifera
13^2-hydroxy-(13^2-R)-phaeophytin b 13^2- 羟基 -(13^2-R)- 脱镁叶绿素 b 鳄嘴花 Clinacanthus nutans, 蒲公英 Taraxacum mongolicum
13^2-hydroxy-(13^2-S)-phaeophytin a 13^2- 羟基 -(13^2-S)- 脱镁叶绿素 a 鳄嘴花 Clinacanthus nutans, 浒苔 Enteromorpha prolifera
13^2-hydroxy-(13^2-S)-phaeophytin b 13^2- 羟基 -(13^2-S)- 脱镁叶绿素 b 浒苔 Enteromorpha prolifera
(6R,10S,11R)-26ζ-hydroxy-(13R)-oxaspiroirid-16-enal (6R,10S,11R)-26ζ- 羟基 -(13R)- 氧杂螺鸢尾醛 -16- 烯醛 射干 Belamcanda chinensis
(6R)-hydroxy-(1E,4E,8E)-4,8,11,11-tetramethylcycloundeca-1,4,8-triene (6R)- 羟基 -(1E,4E,8E)-4,8,11,11- 四甲基环十一碳 -1,4,8- 三烯 垂枝桦 Betula pendula
11-hydroxy-(20S)-camptothecine 11- 羟基 -(20S)- 喜树碱 喜树 Camptotheca acuminata
3β-hydroxy-(22E,24R)-ergosta-5,8,22-trien-7-one 3β- 羟基 -(22E,24R)- 麦角甾 -5,8,22- 三烯 -7- 酮 苦瓜 Momordica charantia
20-hydroxy-(25-acetyl)-ecdysone-3-O-β-D-glucopyranoside 20- 羟基 -(25- 乙酰基)- 蜕皮素 -3-O-β-D- 吡喃葡萄糖苷 白背黄花稔 Sida rhombifolia
2-hydroxy-(2'E)-prenylbenzoate-2,4'-di-O-β-D-glucopyranoside 2- 羟基 -(2'E)- 苯甲酰异戊烯酯 -2,4'- 二 -O-β-D- 吡喃葡萄糖苷 波缘冷水花 Pilea cavaleriei
2-hydroxy-(2'E)-prenylbenzoate-2-O-α-L-arabinopyranosyl-(1 → 6)-β-D-glucopyranoside 2- 羟基 -(2'E)- 苯甲酰异戊烯酯 -2-O-α-L- 吡喃阿拉伯糖基 -(1 → 6)-β-D- 吡喃葡萄糖苷 波缘冷水花 Pilea cavaleriei
4-hydroxy-(2-trans-3',7'-dimethyl-octa-2',6'-dienyl)-6-methoxyacetophenone 4- 羟基 -(2- 反式 -3',7'- 二甲基 - 八 -2',6'- 二烯基)-6- 甲氧基苯乙酮 黄独 Dioscorea bulbifera
3β-hydroxy-(3 → 1)-glucosyl-(2 → 1)-glucosyl-oleanolic acid 3β- 羟基 -(3 → 1)- 葡萄糖基 -(2 → 1)- 葡萄糖基 - 齐墩果酸 黄精 Polygonatum sibiricum
3β-hydroxy-(3 → 1)-glucosyl-(4 → 1)-glucosyl-(28 → 1)-arabinosyl-(2 → 1)-arabinosyl-oleanolic acid 3β- 羟基 -(3 → 1)- 葡萄糖基 -(4 → 1)- 葡萄糖基 -(28 → 1)- 阿拉伯糖基 -(2 → 1)- 阿拉伯糖基 - 齐墩果酸 黄精 Polygonatum sibiricum
3β-hydroxy-(3 → 1)-glucosyl-(4 → 1)-glucosyl-(4 → 1)-glucosyloleanane 3β- 羟基 -(3 → 1)- 葡萄糖基 -(4 → 1)- 葡萄糖基 -(4 → 1)- 葡萄糖基齐墩果烷 黄精 Polygonatum sibiricum
α-hydroxy-(4-hydroxyphenyl)acetonitrile α- 羟基 -(4- 羟基苯基) 乙腈 十齿花 Dipentodon sinicus
10-hydroxy-(8E)-octadecenoic acid 10- 羟基 -(8E)- 十八碳烯酸 薏米 Coix lacryma-jobi var. ma-yuen
8-hydroxy-(9E)-octadecenoic acid 8- 羟基 -(9E)- 十八碳烯酸 薏米 Coix lacryma-jobi var. ma-yuen
11-hydroxy-(9Z)-octadecenoic acid 11- 羟基 -(9Z)- 十八碳烯酸 薏米 Coix lacryma-jobi var. ma-yuen
7β-hydroxy-(E)-labda-8(17),12-diene-15,16-dial 7β- 羟基 -(E)- 半日花 -8(17),12- 二烯 -15,16- 二醛 姜花 Hedychium coronarium
3β-(p-hydroxy)-benzoyloxy-22α-hydroxy-4α-methyl-5α-stigmast-7-en-6-one 3β- 对羟基苯甲酰氧基 -22α- 羟基 -4α- 甲基 -5α- 豆甾 -7- 烯 -6- 酮 刺天茄 Solanum violaceum
3-(3-hydroxy)-phenoxy-2-propenal 3-(3- 羟基)- 苯氧基 -2- 丙烯醛 牛尾蒿 Artemisia dubia
4-hydroxy-1-(2-nitroethyl)-benzene-4-O-(6'-O-β-D-xylopyranosyl)-β-D-glucopyranoside 4- 羟基 -1-(2- 硝基乙基)- 苯 -4-O-(6'-O-β-D- 吡喃木糖基)-β-D- 吡喃葡萄糖苷 天葵 Semiaquilegia adoxoides
7-hydroxy-1-(3,4-dihydroxy)-N^2,N^3-bis(4-hydroxyphenethyl)-6,8-dimethoxy-1,2-dihydronaphthalene-2,3-dicarboxamide 7- 羟基 -1-(3,4- 二羟基)-N^2,N^3- 二 (4- 羟基苯乙基)-6,8- 二甲氧基 -1,2- 二氢萘 -2,3- 二羧酰胺 枸杞 Lycium chinense

5-hydroxy-1-(3,4-dihydroxy-5-methoxyphenyl)-7-(4-hydroxy-3-methoxyphenyl)-heptan-3-one 5- 羟基 -1-(3,4- 二羟基 -5- 甲氧基苯基)-7-(4-羟基 -3- 甲氧基苯基)- 庚烷 -3- 酮 姜 Zingiber officinale

(5*S*)-hydroxy-1-(3,4-dihydroxyphenyl)-7-(4-hydroxyphenyl)-hepta-1*E*-en-3-one (5*S*)- 羟基 -1-(3,4- 二羟基苯基)-7-(4- 羟基苯基)- 庚 -1*E*- 烯 -3-酮 辽东桤木 Alnus hirsuta

3-hydroxy-1-(3,5-dimethoxy-4-hydroxyphenyl)propan-1-one 3- 羟基 -1-(3,5- 二甲氧基 -4- 羟基苯基) 丙烷 -1- 酮 云南九节 Psychotria yunnanensis, 深绿卷柏 Selaginella doederleinii, 粗叶卷柏 S. trachyphylla

1-hydroxy-1-(3'-methoxy-4',5'-methylenedioxy)-phenylpropanol 1-(3'- 甲氧基 -4',5'- 亚甲二氧基)- 苯丙醇 银柴胡 Stellaria dichotoma var. lanceolata

1-hydroxy-1-(3-methoxy-4-hydroxyphenyl) ethane 1- 羟基 -1-(3- 甲氧基 -4- 羟基苯基) 乙烷 川芎 Ligusticum sinense 'Chuanxiong'

3-hydroxy-1-(3-methoxy-4-hydroxyphenyl)propan-1-one 3- 羟基 -1-(3- 甲氧基 -4- 羟基苯基) 丙烷 -1- 酮 苦绳 Dregea sinensis, 贯筋藤 D. sinensis var. corrugata, 卫矛 Euonymus alatus, 深绿卷柏 Selaginella doederleinii, 粗叶卷柏 S. trachyphylla

3-hydroxy-1-(4-hydroxy-3,5-dimethoxyphenyl)-1-propanone 3- 羟基 -1-(4- 羟基 -3,5- 二甲氧基苯基)-1- 丙酮 见血封喉 Antiaris toxicaria, 牛皮消 Cynanchum boudieri, 刺果卫矛 Euonymus acanthocarpus, 秦岭梣 Fraxinus paxiana, 观光木 Michelia odora, 管花马先蒿 Pedicularis siphonantha, 檀香 Santalum album, 心叶风毛菊 Saussurea cordifolia, 鲜卑花 Sibiraea laevigata, 柚木 Tectona grandis

5-hydroxy-1-(4-hydroxy-3,5-dimethoxyphenyl)-7-(4-hydroxy-3-methoxyphenyl)-3-heptanone 5- 羟基 -1-(4- 羟基 -3,5- 二甲氧基苯基)-7-(4-羟基 -3- 甲氧基苯基)-3- 庚酮 姜 Zingiber officinale

(*R*)-2-hydroxy-1(4-hydroxy-3-methoxypheny)propan-1-one (*R*)-2- 羟基 -1(4- 羟基 -3- 甲氧基苯基) 丙烷 -1- 酮 牛皮消 Cynanchum boudieri

(-)-3-hydroxy-1-(4-hydroxy-3-methoxyphenyl)-1-propanone-3-*O*-*β*-D-glucopyranoside (-)-3- 羟基 -1-(4- 羟基 -3- 甲氧基苯基)-1- 丙酮 -3-*O*-*β*-D- 吡喃葡萄糖苷 微花藤 Iodes cirrhosa

3-hydroxy-1-(4-hydroxy-3-methoxyphenyl)-2-[3-(3-hydroxy-1-propenyl)-5-methoxyphenoxy]-propyl-*β*-D-glucopyranoside 3- 羟基 -1-(4- 羟基 -3- 甲氧基苯基)-2-[3-(3- 羟基 -1- 丙烯基)-5- 甲氧基苯氧基]- 丙基 -*β*-D- 吡喃葡萄糖苷 异株荨麻 Urtica dioica

3-hydroxy-1-(4-hydroxy-3-methoxyphenyl)-2-[4-(3-hydroxy-1-(*E*)-propenyl)-2-methoxyphenoxy]propyl-*β*-D-glucopyranoside 3- 羟基 -1-(4- 羟基 -3- 甲氧基苯基)-2-[4-(3- 羟基 -1-(*E*)- 丙烯基)-2- 甲氧基苯氧基] 丙基 -*β*-D- 吡喃葡萄糖苷 珊瑚菜 Glehnia littoralis, 块茎芦莉草 Ruellia tuberosa

3-hydroxy-1-(4-hydroxy-3-methoxyphenyl)-2-[4-(3-hydroxy-1-(*E*)-propenyl)-2-methoxyphenoxylpropyl-*β*-D-glucopyranoside 3- 羟基 -1-(4- 羟基 -3- 甲氧基苯基)-2-[4-(3- 羟基 -1-(*E*)- 丙烯基)-2- 甲氧基苯氧基丙基 -*β*-D- 吡喃葡萄糖苷 大青 Clerodendrum cyrtophyllum

3-hydroxy-1-(4-hydroxy-3-methoxyphenyl)-2-[4-(3-hydroxypropyl)-2-methoxyphenoxy]propyl-*β*-D-glucopyranoside 3- 羟基 -1-(4- 羟基 -3- 甲氧基苯基)-2-[4-(3- 羟基丙基)-2- 甲氧基苯氧基] 丙烷 -*β*-D- 吡喃葡萄糖苷 日本珊瑚树 Viburnum odoratissimum var. awabuki

5-hydroxy-1-(4-hydroxy-3-methoxyphenyl)-7-(3,4-dihydroxy-5-methoxyphenyl)-heptan-3-one 5- 羟基 -1-(4- 羟基 -3- 甲氧基苯基)-7-(3,4- 二羟基 -5- 甲氧基苯基)- 庚烷 -3- 酮 姜 Zingiber officinale

(5*R*)-5-hydroxy-1-(4-hydroxy-3-methoxyphenyl)-7-(4,5-dihydroxy-3-methoxyphenyl)-3-heptanone (5*R*)-5- 羟基 -1-(4- 羟基 -3- 甲氧基苯基)-7-(4,5- 二羟基 -3- 甲氧基苯基)-3- 庚酮 高良姜 Alpinia officinarum

3-hydroxy-1-(4-hydroxy-3-methoxyphenyl)acetone 3- 羟基 -1-(4- 羟基 -3- 甲氧基苯基) 丙酮 云实 Caesalpinia decapetala

3-hydroxy-1-(4-hydroxy-3-methoxyphenyl)propan-1-one 3- 羟基 -1-(4- 羟基 -3- 甲氧基苯基) 丙烷 -1- 酮 臭椿 Ailanthus altissima, 直杆蓝桉 Eucalyptus maidenii

(*R*)-2-hydroxy-1-(4-hydroxy-3-methoxyphenyl)-propan-1-one (*R*)-2- 羟基 -1-(4- 羟基 -3- 甲氧基苯基)- 丙 -1- 酮 显苞芒毛苣苔 Aeschynanthus bracteatus

2-hydroxy-1-(4-hydroxy-3-methoxyphenyl)-propan-1-one 2- 羟基 -1-(4- 羟基 -3- 甲氧基苯基)- 丙 -1- 酮 紫花地丁 Viola philippica

3-hydroxy-1-(4-hydroxy-3-methoxyphenyl)propan-l-one 3- 羟基 -1-(4- 羟基 -3- 甲氧基苯基) 丙烷 -l- 酮 贯筋藤 Dregea sinensis var. corrugata

3-hydroxy-1-(4-hydroxyphenyl)-1-propanone 3- 羟基 -1-(4- 羟基苯基)-1- 丙酮 方榄 Canarium bengalense, 枸杞 Lycium chinense

1-hydroxy-1-(4-hydroxyphenyl)-2-propanone 1- 羟基 -1-(4- 羟基苯基)-2- 丙酮 异株荨麻 Urtica dioica

3-hydroxy-1-(4-hydroxyphenyl)-2-propanone 3- 羟基 -1-(4- 羟基苯基)-2- 丙酮 金钱松 Pseudolarix amabilis

(5*S*)-5-hydroxy-1-(4-hydroxyphenyl)-7-(3,4-dihydroxyphenyl)-3-heptanone (5*S*)-5- 羟基 -1-(4- 羟基苯基)-7-(3,4- 二羟基苯基)-3- 庚酮 辽东桤木 Alnus hirsuta, 尼泊尔桤木 A. nepalensis

(5*R*)-5-hydroxy-1-(4-hydroxyphenyl)-7-(4-hydroxy-3-methoxyphenyl)-3-heptanone (5*R*)-5- 羟基 -1-(4- 羟基苯基)-7-(4- 羟基 -3- 甲氧基苯基)-3- 庚酮 高良姜 Alpinia officinarum

5-hydroxy-1-(4'-hydroxyphenyl)-7-phenyl-hepta-6-en-3-one 5- 羟基 -1-(4'- 羟基苯基)-7- 苯基 - 庚 -6- 烯 -3- 酮 草豆蔻 Alpinia hainanensis

5-hydroxy-1-(4-hydroxyphenyl)-7-phenylheptan-3-one 5- 羟基 -1-(4- 羟基苯基)-7- 苯基庚烷 -3- 酮 高良姜 Alpinia officinarum

3-hydroxy-1-(4-hydroxyphenyl)propan-1-one 3- 羟基 -1-(4- 羟基苯基) 丙烷 -1- 酮 大叶龙角 Hydnocarpus annamensis

3-hydroxy-1-(4-hydroxyphenyl)-propan-1-one 3- 羟基 -1-(4- 羟基苯基)- 丙 -1- 酮 臭椿 Ailanthus altissima

1-hydroxy-1-(4-hydroxyphenyl-3-methoxyphenyl)-2-propanone 1- 羟基 -1-(4- 羟基苯基 -3- 甲氧基苯基)-2- 丙酮 异株荨麻 Urtica dioica

3-hydroxy-1-(4-*O*-*β*-D-glucopyranosyl-3-methoxyphenyl)propan-1-one 3- 羟基 -1-(4-*O*-*β*-D- 吡喃葡萄糖基 -3- 甲氧基苯基) 丙烷 -1- 酮 地果 Ficus tikoua

2-hydroxy-1-(5-hydroxy-1-pentenyl)-7-nonene-3,5-diynyl-*β*-D-glucopyranoside 2- 羟基 -1-(5- 羟基 -1- 戊烯基)-7- 壬烯 -3,5- 二炔 -*β*-D- 吡喃葡萄糖苷 川党参 Codonopsis pilosula subsp. tangshen

2-hydroxy-1-(hydroxymethyl)-9,12-octadecadienoic acid 2- 羟基 -1-(羟基甲基)-9,12- 十八碳二烯酸 明党参 Changium smyrnioides

4-hydroxy-1,1,5-trimethyl-2-formyl-cyclohexadien-(2,5)-[*α*-acetoxymethyl-cis-crotonate] 4- 羟基 -1,1,5- 三甲基 -2- 甲酰基 - 环己二烯 -(2,5)-[*α*-乙酰氧基甲基 - 顺式 - 巴豆酸酯] 刺芹 Eryngium foetidum

(6*R*)-hydroxy-1,1,5-trimethylcyclohex-4-enone (6*R*)- 羟基 -1,1,5- 三甲基环己 -4- 烯酮 密蒙花 Buddleja officinalis
12*β*-hydroxy-1,10-secowithametelin B 12*β*- 羟基 -1,10- 裂环睡茄白曼陀罗素 ▲B 洋金花 Datura metel
7*α*-hydroxy-1,16-diketo-apian-8,14(15)-dien-(20,6)-olide 7*α*- 羟基 -1,16- 二酮基 - 阿派 -8,14(15)- 二烯 -(20,6)- 内酯 西南鬼灯檠 Rodgersia sambucifolia
4-hydroxy-1,2,3,7-tetramethoxyxanthone 4- 羟基 -1,2,3,7- 四甲氧基吨酮 青叶胆 Swertia mileensis
7-hydroxy-1,2,3,8-tetramethoxyxanthone 7- 羟基 -1,2,3,8- 四甲氧基吨酮 蝉翼藤 Securidaca inappendiculata
2-hydroxy-1,2,3-propanetricarboxylic acid-1,3-dibutyl ester 2- 羟基 -1,2,3- 丙三羧酸 -1,3- 二丁酯 杨梅 Myrica rubra
7-hydroxy-1,2,3-trimethoxyxanthone 7- 羟基 -1,2,3- 三甲氧基吨酮 西南远志 Polygala crotalarioides
8-hydroxy-1,2,3-trimethoxyxanthone 8- 羟基 -1,2,3- 三甲氧基吨酮 黄牛木 Cratoxylum cochinchinense
8-hydroxy-1,2,4,6-tetramethoxyxanthone 8- 羟基 -1,2,4,6- 四甲氧基吨酮 紫红獐牙菜 Swertia punicea
3-hydroxy-1,2,5,6,7-pentamethoxyxanthone 3- 羟基 -1,2,5,6,7- 五甲氧基吨酮 瓜子金 Polygala japonica, 西伯利亚远志 P. sibirica
3-hydroxy-1,2,5,8-tetramethoxyxanthone 3- 羟基 -1,2,5,8- 四甲氧基吨酮 蝉翼藤 Securidaca inappendiculata
8-hydroxy-1,2,6-trimethoxyxanthone 8- 羟基 -1,2,6- 三甲氧基吨酮 长梗喉毛花 Comastoma pedunculatum, 大籽獐牙菜 Swertia macrosperma, 双蝴蝶 Tripterospermum chinense
3-hydroxy-1,2,7-trimethoxyxanthone 3- 羟基 -1,2,7- 三甲氧基吨酮 西南远志 Polygala crotalarioides, 西伯利亚远志 P. sibirica
7-hydroxy-1,2,8-trimethoxy-3-methylanthraquinone 7- 羟基 -1,2,8- 三甲氧基 -3- 甲基蒽醌 萱草 Hemerocallis fulva
5*α*-hydroxy-1,2-dehydro-5,10-dihydroprintzianic acid methyl ester 5*α*- 羟基 -1,2- 去氢 -5,10- 二氢普林茨菊酸 ▲ 甲酯 车桑子 Dodonaea viscosa
20*S*-hydroxy-1,2-dehydropseudoaspidospermidine 20*S*- 羟基 -1,2- 去氢伪白坚木定 ▲ 药用狗牙花 Tabernaemontana bovina
1*β*-hydroxy-1,2-dihydro-*α*-santonin 1*β*- 羟基 -1,2- 二氢 -*α*- 山道年 白英 Solanum lyratum
3-hydroxy-1,2-dimethoxyanthraquinone 3- 羟基 -1,2- 二甲氧基蒽醌 巴戟天 Morinda officinalis
3-hydroxy-1,2-dimethoxyxanthone 3- 羟基 -1,2- 二甲氧基吨酮 尾叶远志 Polygala caudata, 黄花倒水莲 P. fallax
5-hydroxy-1,2-dimethoxyxanthone 5- 羟基 -1,2- 二甲氧基吨酮 大叶藤黄 Garcinia xanthochymus
7-hydroxy-1,2-dimethoxyxanthone 7- 羟基 -1,2- 二甲氧基吨酮 尾叶远志 Polygala caudata
4-hydroxy-1,2-dithiolane 4- 羟基 -1,2- 二硫戊环 柱果木榄 Bruguiera cylindrica
5-hydroxy-1,2-methylenedioxyanthraquinone 5- 羟基 -1,2- 亚甲二氧基蒽醌 虎刺 Damnacanthus indicus
2-hydroxy-1,3,4-trimethoxyanthraquinone 2- 羟基 -1,3,4- 三甲氧基蒽醌 金鸡纳树 Cinchona calisaya
(+)-1-hydroxy-1,3,5-bisabolatrien-10-one (+)-1- 羟基 -1,3,5- 红没药三烯 -10- 酮 烟草 Nicotiana tabacum
8-hydroxy-1,3,5-trimethoxyxanthone 8- 羟基 -1,3,5- 三甲氧基吨酮 喉毛花 Comastoma pulmonarium, 辐状肋柱花 Lomatogonium rotatum, 川西獐牙菜 Swertia mussotii
5-hydroxy-1,3,6,7-tetramethoxyxanthone 5- 羟基 -1,3,6,7- 四甲氧基吨酮 青叶胆 Swertia mileensis
5-hydroxy-1,3-benzenodicarboxylic acid 5- 羟基 -1,3- 苯二羧酸 黄荆 Vitex negundo
(*E*)-{(1*R*,3*R*,5*S*,6*S*,8*S*)-6-hydroxy-1,3-dimethoxy-2-oxaspiro[4.5]-decan-8-ylmethyl} caffeate (*E*)-{(1*R*,3*R*,5*S*,6*S*,8*S*)-6- 羟基 -1,3- 二甲氧基 -2- 氧杂螺环 [4.5]- 癸烷 -8- 甲醇基 } 咖啡酸酯 依兰 Cananga odorata
2-hydroxy-1,3-dimethoxyanthraquinone 2- 羟基 -1,3- 二甲氧基蒽醌 蓬子菜 Galium verum
5-hydroxy-1,3-dimethoxyxanthone 5- 羟基 -1,3- 二甲氧基吨酮 大叶藤黄 Garcinia xanthochymus
7-hydroxy-1,3-dimethoxyxanthone 7- 羟基 -1,3- 二甲氧基吨酮 红厚壳 Calophyllum inophyllum
2-hydroxy-1,3-propanediyl octadecanoic acid ester 2- 羟基 -1,3- 丙二基十八酸酯 杉木 Cunninghamia lanceolata
7-hydroxy-1,4a-dimethyl-1,2,3,4,4a,9,10,10a-octahydro-phenanthrene-1-carboxylic acid 7- 羟基 -1,4a- 二甲基 -1,2,3,4,4a,9,10,10a- 八氢 - 菲 -1- 羧酸 大八角 Illicium majus
2-hydroxy-1,4-dimethoxyanthraquinone 2- 羟基 -1,4- 二甲氧基蒽醌 鸡矢藤 Paederia foetida
7-hydroxy-1,4-dimethoxyxanthone 7- 羟基 -1,4- 二甲氧基吨酮 蝉翼藤 Securidaca inappendiculata
2-hydroxy-1,4-naphthoquinone 2- 羟基 -1,4- 萘醌 水金凤 Impatiens nolitangere, 小花凤仙花 I. parviflora, 胡桃楸 Juglans mandshurica, 散沫花 Lawsonia inermis
5-hydroxy-1,4-naphthoquinone 5- 羟基 -1,4- 萘醌 苏木 Caesalpinia sappan, 胡桃楸 Juglans mandshurica, 化香树 Platycarya strobilacea
8-hydroxy-1,4-naphthoquinone 8- 羟基 -1,4- 萘醌 石榴 Punica granatum
3-hydroxy-1,5,6-trimethoxy-2-methylanthraquinone 3- 羟基 -1,5,6- 三甲氧基 -2- 甲基蒽醌 南山花 Prismatomeris tetrandra
6-hydroxy-1,5-dimethoxy-xanthone 6- 羟基 -1,5- 二甲氧基 - 吨酮 红厚壳 Calophyllum inophyllum
[1*R*-[1a,5a,8*S**(2*Z*,4*E*)]]-1-[5-(8-hydroxy-1,5-dimethyl-3-oxo-6-oxabicyclo[3.2.1]oct-8-yl)-3-methyl-2,4-pentadienoate]-*β*-D-glucopyranoside [1*R*-[1a,5a,8*S**(2*Z*,4*E*)]]-1-[5-(8- 羟基 -1,5- 二甲基 -3- 氧代 -6- 氧杂双环 [3.2.1] 辛 -8- 基)-3- 甲基 -2,4- 戊二烯酸酯]-*β*-D- 吡喃葡萄糖苷 五层龙 Salacia prinoides
(+)-3-hydroxy-1,5-diphenyl-1-pentanone (+)-3- 羟基 -1,5- 二苯基 -1- 戊酮 尖瓣瑞香 Daphne acutiloba
(*S*)-(+)-3-hydroxy-1,5-diphenyl-1-pentanone (*S*)-(+)-3- 羟基 -1,5- 二苯基 -1- 戊酮 狼毒 Stellera chamaejasme
10*α*-hydroxy-1,5*αH*-guaia-3,7(11)-dien-8*α*,12-olide 10*α*- 羟基 -1,5*αH*- 愈创木 -3,7(11)- 二烯 -8*α*,12- 内酯 雪香兰 Hedyosmum orientale
2-hydroxy-1,6,7-trimethoxy-9-methyl-dibenzofuran 2- 羟基 -1,6,7- 三甲氧基 -9- 甲基 - 二苯并呋喃 蚊母树 Distylium racemosum
2-hydroxy-1,6,7-trimethoxyxanthone 2- 羟基 -1,6,7- 三甲氧基吨酮 尾叶远志 Polygala caudata
8-hydroxy-1,6-dimethyl-2-methoxy-5-vinyl-9,10-dihydrophenanthrene 8- 羟基 -1,6- 二甲基 -2- 甲氧基 -5- 乙烯基 -9,10- 二氢菲 灯心草 Juncus effusus
(1*ξ*)-1-hydroxy-1,7-bis(4-hydroxy-3-methoxyphenyl)-1-heptene-3,5-dione (1 ξ)-1- 羟基 -1,7- 二 (4- 羟基 -3- 甲氧基苯基)-1- 庚烯 -3,5- 二酮

印尼莪术 Curcuma zanthorrhiza

5-hydroxy-1,7-bis(4-hydroxyphenyl)-3-heptanone 5- 羟基 -1,7- 双 (4- 羟基苯基)-3- 庚酮 日本桤木 Alnus japonica

(5*S*)-5-hydroxy-1,7-bis(4-hydroxyphenyl)-3-heptanone-5-*O*-β-D-apiofuranosyl-(1 → 6)-β-D-glucopyranoside (5*S*)-5- 羟基 -1,7- 双 (4- 羟基苯基)-3- 庚酮 -5-*O*-β-D- 呋喃芹糖基 -(1 → 6)-β-D- 吡喃葡萄糖苷 辽东桤木 Alnus hirsuta, 垂枝桦 Betula pendula, 白桦 B. platyphylla

2-hydroxy-1,7-bis(4-hydroxyphenyl)-3-hepten-5-one 2- 羟基 -1,7- 双 (4- 羟基苯基)-3- 庚烯 -5- 酮 白桦 Betula platyphylla

2-hydroxy-1,7-dimethoxy-5,8-diphenanthrenequinone 2- 羟基 -1,7- 二甲氧基 -5,8- 二菲醌 束花石斛 Dendrobium chrysanthum

2-hydroxy-1,7-dimethoxyxanthone 2- 羟基 -1,7- 二甲氧基叫酮 尾叶远志 Polygala caudata, 蝉翼藤 Securidaca inappendiculata

2-hydroxy-1,7-dimethyl-9,10-dihydrophenanthro-[5,6-*b*]-4',5'-dihydro-4',5'-dihydroxyfuran 2- 羟基 -1,7- 二甲基 -9,10- 二氢菲并 -[5,6-*b*]-4',5'- 二氢 -4',5'- 二羟基呋喃 灯心草 Juncus effusus

5-hydroxy-1,7-diphenyl-3-heptanone 5- 羟基 -1,7- 二苯基 -3- 庚酮 高良姜 Alpinia officinarum

(4*Z*,6*E*)-5-hydroxy-1,7-diphenyl-4,6-heptadien-3-one (4*Z*,6*E*)-5- 羟基 -1,7- 二苯基 -4,6- 庚二烯 -3- 酮 草豆蔻 Alpinia hainanensis

(1*S*,2*S*,4*R*)-*trans*-2-hydroxy-1,8-cineole (1*S*,2*S*,4*R*)- 反式 -2- 羟基 -1,8- 桉树脑 芍药 Paeonia lactiflora

exo-2-hydroxy-1,8-cineole acetate 外环 -2- 羟基 -1,8- 桉叶素乙酸酯 挥发油成分，未统计基源

(1*S*,2*S*,4*R*)-2-hydroxy-1,8-cineole-*O*-β-D-glucopyranoside (1*S*,2*S*,4*R*)-2- 羟基 -1,8- 桉树脑 -*O*-β-D- 吡喃葡萄糖苷 毛杨梅 Myrica esculenta

(1*S*,2*S*,4*R*)-2-hydroxy-1,8-cineole-α-L-rhamnopyranosyl-(1 → 6)-β-D-glucopyranoside (1*S*,2*S*,4*R*)-2- 羟基 -1,8- 桉树脑 -α-L- 吡喃鼠李糖基 -(1 → 6)-β-D- 吡喃葡萄糖苷 南蛇藤 Celastrus orbiculatus

(1*S*,2*R*,4*S*)-2-hydroxy-1,8-cineole-β-D-apiofuranosyl-(1 → 6)-β-D-glucopyranoside (1*S*,2*R*,4*S*)-2- 羟基 -1,8- 桉树脑 -β-D- 呋喃芹菜糖基 -(1 → 6)-β-D- 吡喃葡萄糖苷 小窃衣 Torilis japonica

(1*S*,2*S*,4*R*)-2-hydroxy-1,8-cineole-β-D-apiofuranosyl-(1 → 6)-β-D-glucopyranoside (1*S*,2*S*,4*R*)-2- 羟基 -1,8- 桉树脑 -β-D- 呋喃芹糖基 -(1 → 6)-β-D- 吡喃葡萄糖苷 南蛇藤 Celastrus orbiculatus

(1*R*,2*R*,4*S*)-2-hydroxy-1,8-cineole-β-D-glucopyranoside (1*R*,2*R*,4*S*)-2- 羟基 -1,8- 桉叶素 -β-D- 吡喃葡萄糖苷 关苍术 Atractylodes japonica, 苍术 A. lancea

(1*R*,2*R*,4*S*)-*trans*-2-hydroxy-1,8-cineole-β-D-glucopyranoside (1*R*,2*R*,4*S*)- 反式 -2- 羟基 -1,8- 桉树脑 -β-D- 吡喃葡萄糖苷 康藏荆芥 Nepeta prattii

(1*R*,3*S*,4*S*)-*trans*-3-hydroxy-1,8-cineole-β-D-glucopyranoside (1*R*,3*S*,4*S*)- 反式 -3- 羟基 -1,8- 桉树脑 -β-D- 吡喃葡萄糖苷 高良姜 Alpinia officinarum

(1*S*,2*S*,4*R*)-2-hydroxy-1,8-cineole-β-D-glucopyranoside (1*S*,2*S*,4*R*)-2- 羟基 -1,8- 桉叶素 -β-D- 吡喃葡萄糖苷 苍术 Atractylodes lancea

(1*S*,2*S*,4*R*)-*trans*-2-hydroxy-1,8-cineole-β-D-glucopyranoside (1*S*,2*S*,4*R*)- 反式 -2- 羟基 -1,8- 桉树脑 -β-D- 吡喃葡萄糖苷 康藏荆芥 Nepeta prattii

2-hydroxy-1,8-dimethoxyxanthone 2- 羟基 -1,8- 二甲氧基 - 叫酮 红厚壳 Calophyllum inophyllum

9*S*-hydroxy-10(*E*),12(*Z*),15(*Z*)-octadecatrienoic acid 9*S*- 羟基 -10(*E*),12(*Z*),15(*Z*)- 十八碳三烯酸 假烟叶树 Solanum erianthum

11-hydroxy-10,11-dihydroeuparin 11- 羟基 -10,11- 二氢泽兰素 紫菀 Aster tataricus, 阿勒泰橐吾 Ligularia altaica

(10*E*,12*Z*,15*Z*)-9-hydroxy-10,12,15-octadecatrienoic acid methyl ester (10*E*,12*Z*,15*Z*)-9- 羟基 -10,12,15- 十八碳三烯酸甲酯 粗糠树 Ehretia macrophylla

10α-hydroxy-10,14-dihydro-desacylcynaropicrin 10α- 羟基 -10,14- 二氢 - 去酰菜蓟苦素 中华小苦荬 Ixeridium chinense

14β-hydroxy-10-deacetylbaccatin III 14β- 羟基 -10- 去乙酰基浆果紫杉素 III 喜马拉雅红豆杉 Taxus wallichiana

8α-hydroxy-10-deoxycyclomerrillianolide 8α- 羟基 -10- 去氧环滇西八角内酯▲ 野八角 Illicium simonsii

8-hydroxy-10-hydrosweroside 8- 羟基 -10- 氢獐牙菜苷 龙胆 Gentiana scabra, 西藏秦艽 G. tibetica, 川西獐牙菜 Swertia mussotii, 紫红獐牙菜 S. punicea

19-hydroxy-10-methoxy-19,20-dihydrovinorine 19- 羟基 -10- 甲氧基 -19,20- 二氢小蔓长春花碱▲ 蔓长春花 Vinca major

11-hydroxy-10-methoxy-2,3-methylenedioxytetrahydroprotoberberine 11- 羟基 -10- 甲氧基 -2,3- 亚甲二氧基四氢原小檗碱 飞龙掌血 Toddalia asiatica

1-hydroxy-10-methylacridone 1- 羟基 -10- 甲基吖啶酮 芸香 Ruta graveolens

5-hydroxy-10-*O*-angeloyl-3-oxodauc-8-ene 5- 羟基 -10-*O*- 当归酰基 -3- 氧代胡萝卜 -8- 烯 滇芹 Meeboldia yunnanensis

5-hydroxy-10-*O*-cinnamoyloxytarennoside 5- 羟基 -10-*O*- 桂皮酰氧基乌口树苷▲ 三对节 Clerodendrum serratum

1-hydroxy-10-oxo-sinomenine 1- 羟基 -10- 氧代 - 青藤碱 风龙 Sinomenium acutum

ent-4β-hydroxy-10α-methoxyaromadendrane 对映 -4β- 羟基 -10α- 甲氧基香树烷 东风菜 Doellingeria scabra

6α-hydroxy-10β-methoxy-7α,8α-epoxy-5-oxocasbane-20,10-olide 6α- 羟基 -10β- 甲氧基 -7α,8α- 环氧 -5- 氧代蓖麻子 -20,10- 内酯 蓖麻 Ricinus communis

4β-hydroxy-11(13)-eudesmene-12-al 4β- 羟基 -11(13)- 桉叶烷 -12- 醛 云木香 Saussurea costus

1β-hydroxy-11(*R*,*S*)-8-oxoeremophil-6,9-dien-12-al 1β- 羟基 -11(*R*,*S*)-8- 氧代荒漠木 -6,9- 二烯 -12- 醛 大叶橐吾 Ligularia macrophylla

2-hydroxy-11,12-dehydrocalamenene 2- 羟基 -11,12- 菖蒲烃▲ 二色五味子 Schisandra bicolor, 金山五味子 S. glaucescens

3β-hydroxy-11,12-dehydroursolic acid-28,13β-lactone 3β- 羟基 -11,12- 去氢熊果 -28,13β- 内酯 辐状肋柱花 Lomatogonium rotatum

3β-hydroxy-11,12-*O*-isopropyldrimene 3β- 羟基 -11,12-*O*- 异丙基林仙烯 硫黄菌 Laetiporus sulphureus

9α-hydroxy-11,13-dehydroleucodin 9α- 羟基 -11,13- 去氢白叶蒿定▲ 翼柄翅果菊 Pterocypsela triangulata

2-hydroxy-11,13-diacetyl-hetisine 2- 羟基 -11,13- 二乙酰核替生 毛翠雀花 Delphinium trichophorum

11-hydroxy-11,13-dihydrocostol 11- 羟基 -11,13- 二氢木香醇 三角叶风毛菊 Saussurea deltoidea

3-hydroxy-11,13-dihydroisoalantolactone 3- 羟基 -11,13- 二氢异土木香内酯 土木香 Inula helenium

3β-hydroxy-11,14-oxo-abieta-8,12-diene 3β- 羟基 -11,14- 氧代 - 冷杉 -8,12- 二烯 圆叶南蛇藤 Celastrus kusanoi

11b-hydroxy-11b,1-dihydromaackiain 11b- 羟基 -11b,1- 二氢高丽槐素 锈毛麻辣仔藤 Erycibe expansa
11b-hydroxy-11b,1-dihydromedicarpin 11b- 羟基 -11b,1- 二氢美迪紫檀素 锈毛麻辣仔藤 Erycibe expansa, 黄花木 Piptanthus concolor
24-hydroxy-11-deoxoglabrolide 24- 羟基 -11- 去氧光果甘草内酯 镰荚棘豆 Oxytropis falcata
8*α*-hydroxy-11*E*,13*Z*-labdadien-15-al 8*α*- 羟基 -11*E*,13*Z*- 半日花二烯 -15- 醛 台湾杉木 Cunninghamia lanceolata var. konishii
3-hydroxy-11-en-28,13-olide-11,12-dehydrursolic acid lactone 3- 羟基 -11- 烯 -11,12- 去氢 -28,13- 熊果酸内酯 委陵菜 Potentilla chinensis
7-hydroxy-11*H*-11,13-dihydrodehydrocostus lactone 7- 羟基 -11*H*-11,13- 二氢去氢木香内酯 冷蒿 Artemisia frigida
1-hydroxy-11-methoxycanthin-6-one 1- 羟基 -11- 甲氧基铁屎米 -6- 酮 柔毛鸦胆子 Brucea mollis
3*β*-hydroxy-11-noreremophila-6(7),9(10)-diene-8,11-dione 3*β*- 羟基 -11- 降荒漠木 -6(7),9(10)- 二烯 -8,11- 二酮 大头橐吾 Ligularia japonica
(1*R*,2*S*,4*S*,5*R*,6*R*,9*S*)-2-hydroxy-11-oxoallo-cedra-13-oic acid-13-*O*-*β*-D-glucopyranosyl ester (1*R*,2*S*,4*S*,5*R*,6*R*,9*S*)-2- 羟基 -11- 氧代别 - 雪松 -13- 酸 -13-*O*-*β*-D- 吡喃葡萄糖基酯 假地枫皮 Illicium jiadifengpi
20-hydroxy-11-oxomogroside IA$_1$ 20- 羟基 11- 氧代罗汉果苷 IA$_1$ 罗汉果 Siraitia grosvenorii
17-hydroxy-11-oxo-nor-*β*-amyrone 17- 羟基 -11- 氧代 - 降 -*β*- 香树脂酮 假虎刺 Carissa spinarum
3*α*-hydroxy-11-oxoolean-12-en-28-oic acid 3*α*- 羟基 -11- 氧代齐墩果 -12- 烯 -28- 酸 胶皮枫香树 Liquidambar styraciflua
3*β*-hydroxy-11-oxo-olean-12-en-28-oic acid 3*β*- 羟基 -11- 氧代 - 齐墩果 -12- 烯 -28- 酸 连翘 Forsythia suspensa
(20*β*)-29-hydroxy-11-oxoolean-12-en-3*β*-*O*-*β*-D-glucopyranuronosyl-(2→1)-*β*-D-glucopyranosiduronic acid (20*β*)-29- 羟基 -11- 酮基齐墩果 -12- 烯 -3*β*-*O*-*β*-D- 吡喃葡萄糖醛酸基 -(2→1)-*β*-D- 吡喃葡萄糖醛酸 甘草 Glycyrrhiza uralensis
3*β*-hydroxy-11-oxo-olean-12-enyl palmitate 3*β*- 羟基 -11- 氧代齐墩果 -12- 烯 - 棕榈酸酯 微花藤 Iodes cirrhosa
3*β*-hydroxy-11-oxo-olean-12-enyl-3-palmitate 3*β*- 羟基 -11- 氧代齐墩果 -12- 烯 -3- 棕榈酸酯 短梗南蛇藤 Celastrus rosthornianus
3*β*-hydroxy-11-oxours-12-en-28-oic acid 3*β*- 羟基 -11- 氧代熊果 -12- 烯 -28- 酸 毛土连翘 Hymenodictyon orixense
3*β*-hydroxy-11-oxours-12-ene 3*β*- 羟基 -11- 氧代熊果 -12- 烯 榕树 Ficus microcarpa
(1*R*,7*R*,10*S*)-7-hydroxy-11-*O*-*β*-D-glucopyranosyl-4-guaien-3-one (1*R*,7*R*,10*S*)-7- 羟基 -11-*O*-*β*-D- 吡喃葡萄糖基 -4- 愈创木烯 -3- 酮 栀子 Gardenia jasminoides
3*α*-hydroxy-11-peroxyl-eremophila-6,9-dien-8-one 3*α*- 羟基 -11- 过氧基 - 荒漠木 -6,9- 二烯 -8- 酮 华蟹甲 Sinacalia tangutica
3*β*-hydroxy-11*α*,12*α*-epoxy-13*β*,28-ursolide 3*β*- 羟基 -11*α*,12*α*- 环氧 -13*β*,28- 熊果内酯 黄花夹竹桃 Thevetia peruviana
3*β*-hydroxy-11*α*,12*α*-epoxyurs-13*β*,28-olide 3*β*- 羟基 -11*α*,12*α*- 环氧熊果 -13*β*,28- 内酯 毛土连翘 Hymenodictyon orixense
3*β*-hydroxy-11*α*,12*α*-oxidotaraxerane 3*β*- 羟基 -11*α*,12*α*- 环氧蒲公英赛烷 禾叶风毛菊 Saussurea graminea
3*β*-hydroxy-11*α*,12*α*-oxidotaraxerane-28-al 3*β*- 羟基 -11*α*,12*α*- 环氧蒲公英赛烷 -28- 醛 禾叶风毛菊 Saussurea graminea
28-hydroxy-11*α*,12*α*-oxidotaraxerane-3-one 28- 羟基 -11*α*,12*α*- 环氧蒲公英赛烷 -3- 酮 禾叶风毛菊 Saussurea graminea
3*β*-hydroxy-11*α*,13-dihydrocostunolide 3*β*- 羟基 -11*α*,13- 二氢木香内酯 蓍 Achillea millefolium
8*α*-hydroxy-11*α*,13-dihydroglucozaluzanin C 8*α*- 羟基 -11*α*,13- 二氢葡萄糖中美菊素 C 杏香兔儿风 Ainsliaea fragrans
8*α*-hydroxy-11*α*,13-dihydro-zaluzanin C 8*α*- 羟基 -11*α*,13- 二氢中美菊素 C 杏香兔儿风 Ainsliaea fragrans
8*β*-hydroxy-11*α*-acetoxylycopodine 8*β*- 羟基 -11*α*- 乙酰氧基石松碱 石松 Lycopodium japonicum
3*β*-hydroxy-11*α*-ethoxyurs-l2-ene 3*β*- 羟基 -11*α*- 乙氧基熊果 -l2- 烯 昆明山海棠 Tripterygium hypoglaucum
3*β*-hydroxy-11*αH*-guaia-4(15),10(14)-dien-12,6*α*-olide 3*β*- 羟基 -11*αH*- 愈创木 -4(15),10(14)- 二烯 -12,6*α*- 内酯 大耳叶风毛菊 Saussurea macrota
3*α*-hydroxy-11*αH*-guaia-4(15),10(14)-diene-12,6*α*-olide 3*α*- 羟基 -11*αH*- 愈创木 -4(15),10(14)- 二烯 -12,6*α*- 内酯 大耳叶风毛菊 Saussurea macrota
3*β*-hydroxy-11*α*-hydroperoxy-12-ursene 3*β*- 羟基 -11*α*- 过氧氢 -12- 熊果烯 榕树 Ficus microcarpa
3*β*-hydroxy-11*α*-methoxy-olean-12-ene 3*β*- 羟基 -11*α*- 甲氧基 - 齐墩果 -12- 烯 荫生鼠尾草 Salvia umbratica
3*β*-hydroxy-11*α*-methoxyolean-l2-ene-28-oic acid 3*β*- 羟基 -11*α*- 甲氧基齐墩果 -12- 烯 -28- 酸 昆明山海棠 Tripterygium hypoglaucum
3*β*-hydroxy-11*α*-methoxyurs-12-ene 3*β*- 羟基 -11*α*- 甲氧基熊果 -12- 烯 枸骨 Ilex cornuta, 福建假卫矛 Microtropis fokienensis
3*β*-hydroxy-11*α*-methoxy-urs-12-ene 3*β*- 羟基 -11*α*- 甲氧基 - 熊果 -12- 烯 荫生鼠尾草 Salvia umbratica
3*β*-hydroxy-11*α*-methoxyurs-l2-ene 3*β*- 羟基 -11*α*- 甲氧基熊果 -l2- 烯 昆明山海棠 Tripterygium hypoglaucum
3*α*-hydroxy-11*β*,13-dihydro-8*α*-*O*-*β*-D-glucozaluzanin C 3*α*- 羟基 -11*β*,13- 二氢 -8*α*-*O*-*β*-D- 葡萄糖中美菊素 C 杏香兔儿风 Ainsliaea fragrans
3*β*-hydroxy-11*β*,13-dihydro-8*α*-*O*-*β*-D-glucozaluzanin C 3*β*- 羟基 -11*β*,13- 二氢 -8*α*-*O*-*β*-D- 葡萄糖中美菊素 C 杏香兔儿风 Ainsliaea fragrans
8*β*-hydroxy-11*β*,13-dihydrozaluzanin C 8*β*- 羟基 -11*β*,13- 二氢中美菊素 C 北方还阳参 Crepis crocea
3*α*-hydroxy-11*βH*-11,13-dihydrodehydrocostus lactone-8-*O*-*β*-D-glucoside 3*α*- 羟基 -11*βH*-11,13- 二氢去氢木香内酯 -8-*O*-*β*-D- 葡萄糖苷 雪莲花 Saussurea involucrata
15-hydroxy-11*βH*-eudesm-4-en-8*β*,12-olide 15- 羟基 -11*βH*- 桉叶 -4- 烯 -8*β*,12- 内酯 土木香 Inula helenium
3*α*-hydroxy-11*βH*-eudesm-5-en-8*β*,12-olide 3*α*- 羟基 -11*βH*- 桉叶 -5- 烯 -8*β*,12- 内酯 土木香 Inula helenium
3*α*-hydroxy-11*βH*-guaia-4(15),10(14)-dien-12,6*α*-olide 3*α*- 羟基 -11*βH*- 愈创木 -4(15),10(14)- 二烯 -12,6*α*- 内酯 大耳叶风毛菊 Saussurea macrota
10*α*-hydroxy-11*βH*-guaia-4(15)-en-12,6-lactone 10*α*- 羟基 -11*βH*- 愈创木 -4(15)- 烯 -12,6- 内酯 中华小苦荬 Ixeridium chinense
15-hydroxy-11 ξ ,14 ξ -peroxylabda-8(17),12-dien-16-al 15- 羟基 -11 ξ ,14 ξ - 过氧半日花 -8(17),12- 二烯 -16- 醛 华山姜 Alpinia oblongifolia
5-hydroxy-12-oxofarnesol 5- 羟基 -12- 氧代法尼醇 蓼子朴 Inula salsoloides
(12*E*,14*E*,17*E*)-11-hydroxy-12,14,17-eicosatrienoic acid (12*E*,14*E*,17*E*)-11- 羟基 -12,14,17- 二十碳三烯酸 全缘冬青 Ilex integra
3-hydroxy-12,14-diene-27-nor-oleane-28-oic acid 3- 羟基 -12,14- 二烯 -27- 降齐墩果 -28- 酸 金铁锁 Psammosilene tunicoides

3-hydroxy-12,17-diene-28-norolean-23-al 3- 羟基 -12,17- 二烯 -28- 降齐墩果 -23- 醛 金铁锁 Psammosilene tunicoides
ent-12-hydroxy-12[*R*]-abieta-8(14),13(15)-dien-16,12-olide 对映 -12- 羟基 -12[*R*]- 冷杉 -8(14),13(15)- 二烯 -16,12- 内酯 百步回阳 Euphorbia sessiliflora
(1*S*,9*R*,11*S*)-14-hydroxy-12-acetoxycaryophylla-2(15),5*E*-dien-7-ol (1*S*,9*R*,11*S*)-14- 羟基 -12- 乙酰氧基丁香 -2(15),5*E*- 二烯 -7- 醇 止痢蚤草 Pulicaria dysenterica
(1*S*,9*R*,11*S*)-14-hydroxy-12-acetoxycaryophylla-2(15),5*Z*-dien-7-one (1*S*,9*R*,11*S*)-14- 羟基 -12- 乙酰氧基丁香 -2(15),5*Z*- 二烯 -7- 酮 止痢蚤草 Pulicaria dysenterica
3-hydroxy-12-acetoxycoccinic acid 3- 羟基 -12- 乙酰氧基黑老虎酸 黑老虎 Kadsura coccinea
6-hydroxy-12-carboxy-blumenol A-*β*-D-glucopyranoside 6- 羟基 -12- 羧基布卢竹柏醇 A-*β*-D- 吡喃葡萄糖苷 山柑 Capparis spinosa
11*β*-hydroxy-12-epilycodoline 11*β*- 羟基 -12- 表石松灵碱 石松 Lycopodium japonicum
(1*S*,9*R*,11*S*)-14-hydroxy-12-hydroxycaryophylla-2(15),5*Z*-dien-7-one (1*S*,9*R*,11*S*)-14- 羟基 -12- 羟基丁香 -2(15),5*Z*- 二烯 -7- 酮 止痢蚤草 Pulicaria dysenterica
3*β*-hydroxy-12-keto-9(11)-ursen-28,13*β*-olide 3*β*- 羟基 -12- 酮基 - 熊果 -9(11)- 烯 -28,13*β*- 内酯 石楠 Photinia serratifolia
(5*β*,10*α*)-13-hydroxy-12-methoxypodocarpa-8,11,13-trien-3-one (5*β*,10*α*)-13- 羟基 -12- 甲氧基罗汉松 -8,11,13- 三烯 -3- 酮 石栗 Aleurites moluccana
(1*E*)-4-hydroxy-12-methoxy-tricyclo[13.2.2.13,7]eicosa-4,9,11,15,17,18-hexaen-6-one (1*E*)-4- 羟基 -12- 甲氧基 - 三环 [13.2.2.13,7] 二十碳 -4,9,11,15,17,18- 六烯 -6- 酮 羽叶白头树 Garuga pinnata
(4*α*)-8-hydroxy-12-norcardina-6,8,10-trien-11-one (4*α*)-8- 羟基 -12- 去甲杜松 -6,8,10- 三烯 -11- 酮 宽叶金粟兰 Chloranthus henryi
7*α*-hydroxy-12-*O*-benzoyldeacetylmetaplexigenin 7*α*- 羟基 -12-*O*- 苯甲酰去乙酰萝藦苷元 萝藦 Metaplexis japonica
3-hydroxy-12-oleanane-3-*O*-*β*-D-glucopyranoside 3- 羟基 -12- 齐墩果 -3-*O*-*β*-D- 吡喃葡萄糖苷 线柱苣苔 Rhynchotechum ellipticum
29-hydroxy-12-oleanen-3,22-dione 29- 羟基 -12- 齐墩果烯 -3,22- 二酮 疏花鱼藤 Derris laxiflora
22*β*-hydroxy-12-oleanen-3-one 22*β*- 羟基 -12- 齐墩果烯 -3- 酮 疏花鱼藤 Derris laxiflora
6*α*-hydroxy-12-oleanen-3-one 6*α*- 羟基 -12- 齐墩果烯 -3- 酮 粉背南蛇藤 Celastrus hypoleucus
3*β*-hydroxy-12-oxo-13*Hα*-olean-28,19*β*-olide 3*β*- 羟基 -12- 氧代 -13*Hα*- 齐墩果 -28,19*β*- 内酯 越南安息香 Styrax tonkinensis
11-hydroxy-12-oxo-7,9,13-abietatriene 11- 羟基 -12- 氧代 -7,9,13- 冷杉三烯 柳杉 Cryptomeria japonica var. sinensis
15-hydroxy-12-oxolabda-8(17),13*E*-dien-19-oic acid 15- 羟基 -12- 氧代半日花 -8(17),13*E*- 二烯 -19- 酸 宽叶金粟兰 Chloranthus henryi
3*β*-hydroxy-12-*O*-*β*-D-glucopyranosyl-8,11,13-abietatrien-7-one 3*β*- 羟基 -12-*O*-*β*-D- 吡喃葡萄糖基 -8,11,13- 冷杉三烯 -7- 酮 风轮菜 Clinopodium chinense
3-hydroxy-12-ursen 3- 羟基 -12- 熊果烯 白背叶 Mallotus apelta
24-hydroxy-12*β*-acetoxy-25,26,27-trinorcycloartan-16,23-dinone-3*β*-*O*-*α*-L-arabinopyranoside 24- 羟基 -12*β*- 乙酰氧基 -25,26,27- 三降环木菠萝 -16,23- 二酮 -3*β*-*O*-*α*-L- 吡喃阿拉伯糖苷 兴安升麻 Cimicifuga dahurica
9-hydroxy-13(14)-labden-15,16-olide 9- 羟基 -13(14)- 半日花烯 -15,16- 内酯 蔓荆 Vitex trifolia
9*α*-hydroxy-13(14)-labden-16,15-amide 9*α*- 羟基 -13(14)- 半日花烯 -16,15- 酰胺 穗花牡荆 Vitex agnus-castus
8*α*-hydroxy-13(16),14-labdadien-19-al 8*α*- 羟基 -13(16),14- 半日花二烯 -19- 醛 台湾杉木 Cunninghamia lanceolata var. konishii
11-hydroxy-13(17),25(27)-dehydro-protostane-3,24-dione 11- 羟基 -13(17),25(27)- 去氢 - 原萜 -3,24- 二酮 东方泽泻 Alisma orientale
3-hydroxy-13(18)-ene-28-oleanolic acid 3- 羟基 -13(18)- 烯 -28- 齐墩果酸 桐棉 Thespesia populnea
(3*R*,6*R*,7*E*,9*E*,11*E*)-3-hydroxy-13-apo-*α*-caroten-13-one (3*R*,6*R*,7*E*,9*E*,11*E*)-3- 羟基 -13- 阿朴 -*α*- 胡萝卜素 -13- 酮 藜 Chenopodium album
11*β*-hydroxy-13-chloromikanolide 11*β*- 羟基 -13- 氯化薇甘菊内酯 假泽兰 Mikania cordata
ent-3*β*-hydroxy-13-*epi*-manoyl oxide 对映 -3*β*- 羟基 -13- 表 - 泪柏醚 海漆 Excoecaria agallocha, 米念芭 Tirpitzia ovoidea
(5*β*,10*α*)-12-hydroxy-13-methoxypodocarpa-8,11,13-trien-3-one (5*β*,10*α*)-12- 羟基 -13- 甲氧基罗汉松 -8,11,13- 三烯 -3- 酮 石栗 Aleurites moluccana
2-hydroxy-13-methyl-17-norkaura-1,15-dien-3,12-dione 2- 羟基 -13- 甲基 -17- 降贝壳杉 -1,15- 二烯 -3,12- 二酮 海漆 Excoecaria agallocha
(5*α*,9*α*,10*β*)-2-hydroxy-13-methyl-17-norkaura-1,15-diene-3,12-dione (5*α*,9*α*,10*β*)-2- 羟基 -13- 甲基 -17- 降贝壳杉 -1,15- 二烯 -3,12- 二酮 海漆 Excoecaria agallocha
12-hydroxy-13-methylpodocarpa-8,11,13-trien-3-one 12- 羟基 -13- 甲基罗汉松 -8,11,13- 三烯 -3- 酮 石栗 Aleurites moluccana, 麻疯树 Jatropha curcas
α-hydroxy-13*α*-ursan-28,12*β*-olide 3*α*- 羟基 -13*α*- 熊果 -28,12*β*- 内酯 石岩枫 Mallotus repandus
3*β*-hydroxy-13*α*-methyl-norurs-7-en-28-oic acid 3*β*- 羟基 -13*α*- 甲基 - 去甲基熊果 -7- 烯 -28- 酸 铜钱叶白珠 Gaultheria nummularioides
3*β*-hydroxy-13*α*-ursan-28,12*β*-olide 3*β*- 羟基 -13*α*- 熊果 -28,12*β*- 内酯 石岩枫 Mallotus repandus
3*α*-hydroxy-13*α*-ursan-28,12*β*-olide-3-benzoate 3*α*- 羟基 -13*α*- 熊果 -28,12*β*- 内酯 -3- 苯甲酸酯 石岩枫 Mallotus repandus
3*α*-hydroxy-13*α*-ursan-28-oic acid 3*α*- 羟基 -13*α*- 熊果 -28- 酸 石岩枫 Mallotus repandus
3*α*-hydroxy-13*β*-furan-11-keto-apian-8-en-(20,6)-olide 3*α*- 羟基 -13*β*- 呋喃 -11- 酮基 - 蜜蜂鼠尾草▲-8- 烯 -(20,6)- 内酯 杠板归 Polygonum perfoliatum
11-hydroxy-14,15a-epoxytabersonine 11- 羟基 -14,15a- 环氧柳叶水甘草碱 尖山橙 Melodinus fusiformis
15*β*-hydroxy-14,15-dihydroscandine 15*β*- 羟基 -14,15- 二氢攀援山橙碱▲ 山橙 Melodinus suaveolens
17-hydroxy-14,15-dihydrotabersonine 17- 羟基 -14,15- 二氢柳叶水甘草碱 雷打果 Melodinus yunnanensis
15(*S*)-hydroxy-14,15-dihydrovindolinine 15(*S*)- 羟基 -14,15- 二氢长春里宁 长春花 Catharanthus roseus
18-hydroxy-14,15-dihydroxy-7-oxo-*ent*-atis-16-ene 18- 羟基 -14,15- 二羟基 -7- 酮基 - 对映 - 阿替 -16- 烯 狼毒大戟 Euphorbia fischeriana
17*β*-hydroxy-14,20-epoxy-1-oxo-(22*R*)-3*β*-(*O*-*β*-D-glucopyranosyl)-witha-5,24-dienolide 17*β*- 羟基 -14,20- 环氧 -1- 氧代 -(22*R*)-3*β*-(*O*-*β*-D-

吡喃葡萄糖酰基)- 睡茄 -5,24- 二烯内酯 灯笼果 Physalis peruviana

17β-hydroxy-14,20-epoxy-1-oxo-(22R)-witha-3,5,24-trienolide 17β- 羟基 -14,20- 环氧 -1- 氧代 -(22R)- 睡茄 -3,5,24- 三烯内酯 灯笼果 Physalis peruviana

11-hydroxy-14-methoxy-8,11,13-abietatrien-19-acid 11- 羟基 -14- 甲氧基 -8,11,13- 冷杉三烯 -19- 酸 灯油藤 Celastrus paniculatus

11-hydroxy-14-methoxy-abietyl-8,11,13-triene-3-one 11- 羟基 -14- 甲氧基 - 冷杉 -8,11,13- 三烯 -3- 酮 雷公藤 Tripterygium wilfordii

8β-hydroxy-14-oxo-11β,13-dihydroacanthospermolide 8β- 羟基 -14- 氧代 -11β,13- 二氢刺苞菊内酯 百能葳葳 Blainvillea acmella

28-hydroxy-14-taraxeren-3-one 28- 羟基 -14- 蒲公英烯 -3- 酮 三春水柏枝 Myricaria paniculata

8β-hydroxy-14β-methyl-7-oxopodocarp-5-en-13-(19α-hydroxy-19,22,22-trimethylheptyl)-22-O-(β-D-glucopyranosyl)-(4 → 1)-β-D-glucopyranoside 8β- 羟基 -14β- 甲基 -7- 氧代罗汉松 -5- 烯 -13-(19α- 羟基 -19,22,22- 三甲基庚烷基)-22-O-β-D- 吡喃葡萄糖基 -(4 → 1)-β-D- 吡喃葡萄糖苷 刺酸模 Rumex maritimus

(16R)-ent-11α-hydroxy-15-oxokauran-19-oic acid 16R)- 对映 -11α- 羟基 -15- 氧代贝壳杉 -19- 酸 下田菊 Adenostemma lavenia

ent-2β-hydroxy-15,16-epoxy-3,13(16),14-cleroda-trien-18-oic acid 对映 -2β- 羟基 -15,16- 环氧 -3,13(16),14- 克罗三烯 -18- 酸 白酒草 Conyza japonica

syn-3,4-seco-12R-hydroxy-15,16-epoxy-4(18),8(17),13(16),14(15)-labdatetraen-3-oic acid 顺式 -3,4- 裂 -12R- 羟基 -15,16- 环氧 -4(18),8(17),13(16),14(15)- 半日花四烯 -3- 酸 裸花紫珠 Callicarpa nudiflora

syn-3,4-seco-12S-hydroxy-15,16-epoxy-4(18),8(17),13(16),14(15)-labdatetraen-3-oic acid 顺式 -3,4- 裂 -12S- 羟基 -15,16- 环氧 -4(18),8(17),13(16),14(15)- 半日花四烯 -3- 酸 裸花紫珠 Callicarpa nudiflora

H

2β-hydroxy-15,16-epoxy-5β,8β,9β,10α-cleroda-3,13(16),14-trien-18-oic acid 2β- 羟基 -15,16- 环氧 -5β,8β,9β,10α- 赪桐 -3,13(16),14- 三烯 -18- 酸 假连翘 Duranta erecta

6β-hydroxy-15,16-epoxy-5β,8β,9β,10α-cleroda-3,13(16),14-trien-18-oic acid 6β- 羟基 -15,16- 环氧 -5β,8β,9β,10α- 赪桐 -3,13(16),14- 三烯 -18- 酸 车桑子 Dodonaea viscosa, 假连翘 Duranta erecta

12(S)-hydroxy-15,16-epoxy-8(17),13(16),14-ent-labdatrien-20,19-olide 12(S)- 羟基 -15,16- 环氧 -8(17),13(16),14- 对映 - 半日花三烯 -20,19- 内酯 浮叶眼子菜 Potamogeton natans

6-hydroxy-15,16-epoxylabda-5,8,13(16),14-tetraen-7-one 6- 羟基 -15,16 南烛树脂醇 - 环氧半日花 -5,8,13(16),14- 四烯 -7- 酮 益母草 Leonurus japonicus

(+)-6β-hydroxy-15,16-epoxylabda-8,13(16),14-trien-7-one (+)-6β- 羟基 -15,16- 环氧半日花 -8,13(16),14- 三烯 -7- 酮 细叶益母草 Leonurus sibiricus

6β-hydroxy-15,16-epoxylabda-8,13(16),14-trien-7-one 6β- 羟基 -15,16- 环氧半日花 -8,13(16),14- 三烯 -7- 酮 益母草 Leonurus japonicus

ent-3β-hydroxy-15-beyeren-2-one 对映 -3β- 羟基 -15- 贝叶烯 -2- 酮 海漆 Excoecaria agallocha

30-hydroxy-15-deoxoeucosterol 30- 羟基 -15- 去氧凤梨百合甾醇▲ 绵枣儿 Barnardia japonica

12β-hydroxy-15-deoxycimigenol 12β- 羟基 -15- 去氧升麻醇 升麻 Cimicifuga foetida

(12S*,13E)-12-hydroxy-15-methoxylabda-8(17),13-dien-18-oic acid (12S*,13E)-12- 羟基 -15- 甲氧基半日花 -8(17),13- 二烯 -18- 酸 金粟兰 Chloranthus spicatus

(6R,10S,11S,14S,26R)-26-hydroxy-15-methylidene-spiroirid-16-enal (6R,10S,11S,14S,26R)-26- 羟基 -15- 亚甲基 - 螺鸢尾醛 -16- 烯醛 射干 Belamcanda chinensis

3β-hydroxy-15-nor-14-oxo-8(17),12-labdadien-14-al 3β- 羟基 -15- 去甲基 -14- 氧代 -8(17),12- 半日花二烯 -14- 醛 及已 Chloranthus serratus

3-hydroxy-15-O-methylcyclovibsanin A 3- 羟基 -15-O- 甲基环荚蒾宁 A 日本珊瑚树 Viburnum odoratissimum var. awabuki

ent-11α-hydroxy-15-oxo-16R-kaurane-19-carboxylic acid 对映 -11α- 羟基 -15- 氧代 -16R- 贝壳杉 -19- 酸 刺齿半边旗 Pteris dispar

ent-11α-hydroxy-15-oxo-16S-kaurane-19-carboxylic acid 对映 -11α- 羟基 -15- 氧代 -16S- 贝壳杉 -19- 酸 刺齿半边旗 Pteris dispar

11β-hydroxy-15-oxo-ent-kaur-16-en-19-oic acid 11β- 羟基 -15- 氧代 - 对映 - 贝壳杉 -16- 烯 -19- 酸 半边旗 Pteris semipinnata

12β-hydroxy-15-oxo-ent-kaur-16-en-19-oic acid-β-D-glucopyranosyl ester 12β- 羟基 -15- 氧代 - 对映 - 贝壳杉 -16- 烯 -19- 酸 -β-D- 吡喃葡萄糖甲酯 井栏边草 Pteris multifida

ent-7β-hydroxy-15-oxokaur-16-en-18-yl-acetate 对映 -7β- 羟基 -15- 氧化贝壳杉 -16- 烯 -18- 乙酸酯 越南巴豆 Croton kongensis

ent-11α-hydroxy-15-oxokaur-16-en-19-oic acid 对映 -11α- 羟基 -15- 氧代贝壳杉 -16- 烯 -19- 酸 下田菊 Adenostemma lavenia, 刺齿半边旗 Pteris dispar

ent-11α-hydroxy-15-oxo-kaur-16-en-19-oic acid 对映 -11α- 羟基 -15- 酮基 - 贝壳杉 -16- 烯 -19- 酸 美人蕉 Canna indica

(4α)-11β-hydroxy-15-oxo-kauran-18-oic acid-β-D-glucopyranosyl ester (4α)-11β- 羟基 -15- 氧代 - 贝壳杉 -18- 酸 -β-D- 吡喃葡萄糖酯苷 刺齿半边旗 Pteris dispar

10α-hydroxy-15-oxo-α-cadinol 10α- 羟基 -15- 氧代 -α- 杜松醇 麻疯树 Jatropha curcas

ent-11α-hydroxy-15α-acetoxykaur-16-en-19-oic acid 对映 -11α- 羟基 -15α- 乙酰氧基贝壳杉 -16- 烯 -19- 酸 下田菊 Adenostemma lavenia

6-hydroxy-15β-acetoxy-3α,20-epoxy-16β,17-epoxy-5(6)-ene-ent-kaur-1,7-dione 6- 羟基 -15β- 乙酰氧基 -3α,20- 环氧 -16β,17- 环氧 -5(6)- 烯 - 对映 - 贝壳杉 -1,7- 二酮 毛萼香茶菜 Isodon eriocalyx

16S-hydroxy-16,22-dihydro-(+)-apparicine 16S- 羟基 -16,22- 二氢 -(+)- 白坚木瑞辛▲ 狗牙花 Tabernaemontana divaricata

ent-13S-hydroxy-16-atisene-3,14-dione 对映 -13S- 羟基 -16- 阿替烯 -3,14- 二酮 火殃勒 Euphorbia antiquorum, 狼毒大戟 E. fischeriana

15α-hydroxy-16-dehydroxy-16(24)-en-foetidinol-3-O-β-D-xylopyranoside 15-α- 羟基 -16- 去羟基 -16(24)- 烯 - 绿升麻醇▲-3-O-β-D- 吡喃木糖苷 升麻 Cimicifuga foetida

13-hydroxy-16-ent-kauren-19-al 13- 羟基 -16- 对映 - 贝壳杉烯 -19- 醛 木榄 Bruguiera gymnorhiza

10-hydroxy-16-epiaffinine 10- 羟基 -16- 表拟佩西木宁碱▲ 思茅山橙 Melodinus cochinchinensis, 萝芙木 Rauvolfia verticillata

30-hydroxy-16-epi-saikogenin C-3-O-β-D-glucopyranosyl-(1 → 6)-[α-L-rhamnopyranosyl-(1 → 4)]-β-D-glucopyranoside 30- 羟基 -16- 表 - 柴

胡皂苷元 C-3-O-β-D- 吡喃葡萄糖基 -(1 → 6)-[α-L- 吡喃鼠李糖基 -(1 → 4)]-β-D- 吡喃葡萄糖苷 多枝柴胡 Bupleurum polyclonum
30-hydroxy-16-epi-saikogenin C-3-O-β-D-glucopyranosyl-(1 → 6)-α-L-rhamnopyranosyl-(1 → 4)-β-D-glucopyranoside 30- 羟基 -16- 表 - 柴胡皂苷元 C-3-O-β-D- 吡喃葡萄糖基 -(1 → 6)-α-L- 吡喃鼠李糖基 -(1 → 4)-β-D- 吡喃葡萄糖苷 汶川柴胡 Bupleurum wenchuanense
19S-hydroxy-16-epi-tacamine 19S- 羟基 -16- 表 - 狗牙花明▲ 伞房狗牙花 Tabernaemontana corymbosa
(5S*,8S*,9S*,10R*,13S*)-3-hydroxy-16-nor-2-oxodolabr-3-en-15-oic acid (5S*,8S*,9S*,10R*,13S*)-3- 羟基 -16- 降 -2- 氧代斧松 -3- 烯 -15- 酸 角果木 Ceriops tagal
(5S*,8S*,9S*,10R*,13S*)-2-hydroxy-16-nor-3-oxodolabr-1,4(18)-dien-15-oic acid (5S*,8S*,9S*,10R*,13S*)-2- 羟基 -16- 降 -3- 氧代斧松 -1,4(18)- 二烯 -15- 酸 角果木 Ceriops tagal
15-hydroxy-16-oxo-15,16H-hardwickiic acid 15- 羟基 -16- 氧代 -15,16H- 哈威豆酸▲ 田基黄 Grangea maderaspatana
15-hydroxy-16-oxo-15,16H-hardwickiic acid methyl ester 15- 羟基 -16- 氧代 -15,16H- 哈威豆酸▲甲酯 田基黄 Grangea maderaspatana
(4β)-24-hydroxy-16-oxo-28-norolean-12-en-3β-O-β-D-xylopyranosyl-(1 → 4)-β-D-glucopyranosiduronic acid (4β)-24- 羟基 -16- 氧代 -28- 降齐墩果 -12- 烯 -3β-O-β-D- 吡喃木糖基 -(1 → 4)-β-D- 吡喃葡萄糖醛酸 夏枯草 Prunella vulgaris
(4R,5S,8R,9R,10S,13S)-ent-17-hydroxy-16-oxobeyeran-19-al (4R,5S,8R,9R,10S,13S)- 对映 -17- 羟基 -16- 氧代贝叶 -19- 醛 木榄 Bruguiera gymnorhiza
(-)-3β-hydroxy-16-oxolanosta-7,9(11),24-trien-21-oic acid (-)-3β- 羟基 -16- 氧代羊毛脂 -7,9(11),24- 三烯 -21- 酸 红缘拟层孔菌 Fomitopsis pinicola
3β-hydroxy-16-oxo-olean-11,13(18)-dien-30-oic acid 3β- 羟基 -16- 氧代 - 齐墩果 -11,13(18)- 二烯 -30- 酸 云南甘草 Glycyrrhiza yunnanensis
(-)-17-hydroxy-16R-kauran-19-oic acid (-)-17- 羟基 -16R- 贝壳杉 -19- 酸 雷公藤 Tripterygium wilfordii
17-hydroxy-16α-ent-kauran-19-oic acid 17- 羟基 -16α- 对映 - 贝壳杉 -19- 酸 番荔枝 Annona squamosa, 旋覆花 Inula japonica
17-hydroxy-16αH-kauran-19-oic acid 17- 羟基 -16αH- 贝壳杉 -19- 酸 刺五加 Eleutherococcus senticosus
ent-17-hydroxy-16αH-kauran-19-oic acid 对映 -17- 羟基 -16αH- 贝壳杉 -19- 酸 腺梗豨莶 Sigesbeckia pubescens
ent-17-hydroxy-16α-kaur-3-one 对映 -17- 羟基 -16α- 贝壳杉 -3- 酮 米念芭 Tirpitzia ovoidea
17-hydroxy-16β-ent-kauran-19-al 17- 羟基 -16β- 对映 - 贝壳杉 -19- 醛 番荔枝 Annona squamosa
17-hydroxy-16β-ent-kauran-19-oic acid 17- 羟基 -16β- 对映 - 贝壳杉 -19- 酸 番荔枝 Annona squamosa
(4α)-16-hydroxy-17-(3-methyl-1-oxobutoxy)-kauran-18-oic acid (4α)-16- 羟基 -17-(3- 甲基 -1- 氧代丁氧基)- 贝壳杉 -18- 酸 白簕 Eleutherococcus trifoliatus
16β-hydroxy-17-acetoxy-(-)-kauran-19-oic acid-β-D-glucopyranosylester 16β- 羟基 -17- 乙酰氧基 -(-)- 贝壳杉 -19- 酸 -β-D- 吡喃葡萄糖基酯苷 三脉紫菀 Aster ageratoides
16β-hydroxy-17-acetoxy-(-)-kaurane-19-oic acid 16β- 羟基 -17- 乙酰氧基 - 左旋 - 贝壳杉 -19- 酸 三脉紫菀 Aster ageratoides
16-hydroxy-17-acetoxy-3-oxophyllocladan 16- 羟基 -17- 乙酰氧基 -3- 氧代扁枝杉烷 大叶紫珠 Callicarpa macrophylla
16-hydroxy-17-acetoxy-3-oxophyllocladane 16α- 羟基 -17- 乙酰氧基 -3- 氧代扁枝杉烷 大叶紫珠 Callicarpa macrophylla
16α-hydroxy-17-acetoxy-ent-kauran-19-oic acid 16α- 羟基 -17- 乙酰氧基 - 对映 - 贝壳杉 -19- 酸 圆滑番荔枝 Annona glabra, 旋覆花 Inula japonica
16β-hydroxy-17-acetoxy-ent-kauran-19-oic acid 16β- 羟基 -17- 乙酰氧基 - 对映 - 贝壳杉 -19- 酸 圆滑番荔枝 Annona glabra, 番荔枝 A. squamosa
16β-hydroxy-17-acetoxykauran-18-oic acid 16β- 羟基 -17- 乙酰氧基贝壳杉 -18- 酸 东俄洛紫菀 Aster tongolensis
16β-hydroxy-17-acetoxykauran-18-oic acid 18-O-D-glucopyranoside 16β- 羟基 -17- 乙酰氧基贝壳杉 -18- 酸 -18-O-D- 吡喃葡萄糖苷 东俄洛紫菀 Aster tongolensis
3β-hydroxy-17-carboxy-28-norolean-12-en-3-O-β-D-galactopyranosyl-(1 → 3)-O-β-D-glucopyranosyl-(1 → 4)-β-D-glucopyranosiduronic acid 3β- 羟基 -17- 羧基 -28- 降齐墩果 -12- 烯 -3-O-β-D- 吡喃半乳糖基 -(1 → 3)-O-β-D- 吡喃葡萄糖基 -(1 → 4)-β-D- 吡喃葡萄糖醛酸苷 金盏花 Calendula officinalis
16α-hydroxy-17-isopropylidino-3-oxo-phyllocladane 16α- 羟基 -17- 异亚丙基 -3- 氧代 - 扁枝杉烷 大叶紫珠 Callicarpa macrophylla
16α-hydroxy-17-isovaleryloxy-ent-kauran-19-oic acid 16α- 羟基 -17- 异戊酰氧基 - 对映 - 贝壳杉 -19- 酸 食用土当归 Aralia cordata, 龙眼独活 A. fargesii, 刺五加 Eleutherococcus senticosus
4-hydroxy-17-methoxy-2-oxatricyclo[13.2.2.13,7]icosa-1(17),3(20),4,6,15,18-hexaene-9-one 4- 羟基 -17- 甲氧基 -2- 氧杂三环 [13.2.2.13,7] 二十碳 -1(17),3(20),4,6,15,18- 六烯 -9- 酮 野核桃 Juglans cathayensis
17α-hydroxy-17β-cyano-preg-4-en-3-one 17α- 羟基 -17β- 氰基 - 孕甾 -4- 烯 -3- 酮 挥发油成分，未统计基源
3β-hydroxy-17β-dammaranic acid 3β- 羟基 -17β- 达玛烷酸 绞股蓝 Gynostemma pentaphyllum
8β-hydroxy-17β-digitoxigenin-L-thevetoside 8β- 羟基 -17β- 洋地黄毒苷元 -L- 黄花夹竹桃糖苷 海杧果 Cerbera manghas
3β-hydroxy-18(19)-en-oleanane-28-formic acid 3β- 羟基 -18(19)- 烯 - 齐墩果 -28- 甲酸 枳椇 Hovenia acerba
(-)-(1S)-15-hydroxy-18-carboxycembrene (-)-(1S)-15- 羟基 -18- 羧基瑞士松烯 大戟 Euphorbia pekinensis
3β-hydroxy-18-methyl-polygalic-13(14)-en-28-acid-28-O-[α-L-rhamnopyranosyl-(1 → 4)-O-β-D-glucopyranosyl-(1 → 6)]-β-D-glucopyranoside 3β- 羟基 -18- 甲基 - 远志 -13(14)- 烯 -28- 酸 -28-O-[α-L- 吡喃鼠李糖基 -(1 → 4)-O-β-D- 吡喃葡萄糖基 -(1 → 6)]-β-D- 吡喃葡萄糖苷 短序鹅掌柴 Heptapleurum bodinieri
4-hydroxy-18-norabieta-8,11,13-trien-7-one 4- 羟基 -18- 降冷杉 -8,11,13- 三烯 -7- 酮 圆柏 Juniperus chinensis
16β-hydroxy-18βH-oleanoic acid 16β- 羟基 -18βH- 齐墩果酸 头序楤木 Aralia dasyphylloides
16β-hydroxy-18βH-oleanoic acid-28-O-β-D-glucopyranoside 16β- 羟基 -18βH- 齐墩果酸 -28-O-β-D- 吡喃葡萄糖苷 头序楤木 Aralia dasyphylloides
10-hydroxy-19,20-dihydroisositsirikine 10- 羟基 -19,20- 二氢异长春钦碱▲ 伞房狗牙花 Tabernaemontana corymbosa

(13*S*)-13-hydroxy-19-methoxy-5α*H*-8(17),14-labdadien (13*S*)-13- 羟基 -19- 甲氧基 -5α*H*-8(17),14- 半日花二烯 宽叶金粟兰 Chloranthus henryi

4-hydroxy-19-methyl-16,19-seco-12,24-seco-strychnidine-10,16-dione 4- 羟基 -19- 甲基 -16,19- 裂环 -12,24- 裂环 - 马钱碱 -10,16- 二酮 马钱子 Strychnos nux-vomica

7α-hydroxy-19-norabieta-8,11,13-trien-4-hydroperoxide 7α- 羟基 -19- 降冷杉 -8,11,13- 三烯 -4- 氢过氧化物 挥发油成分，未统计基源

4-hydroxy-19-norabieta-8,11,13-trien-7-one 4- 羟基 -19- 降冷杉 -8,11,13- 三烯 -7- 酮 圆柏 Juniperus chinensis

4α-hydroxy-19-nor-*ent*-kauran-17-oic acid 4α- 羟基 -19- 降 - 对映 - 贝壳杉 -17- 酸 圆滑番荔枝 Annona glabra, 番荔枝 A. squamosa

16-hydroxy-19-oxomanoyloxide 16- 羟基 -19- 氧代泪柏醚 台湾杉木 Cunninghamia lanceolata var. konishii

16-hydroxy-19*R*-vindolinine 16- 羟基 -19*R*- 长春里宁 川山橙 Melodinus hemsleyanus

16-hydroxy-19*S*-vincadifformine 16- 羟基 -19*S*- 异形蔓长春花胺 川山橙 Melodinus hemsleyanus

16-hydroxy-19*S*-vindolinine 16- 羟基 -19*S*- 长春里宁 川山橙 Melodinus hemsleyanus

16-hydroxy-19*S*-vindollinine-*N*-oxide 16- 羟基 -19*S*- 长春里宁 -*N*- 氧化合物 川山橙 Melodinus hemsleyanus

21α-hydroxy-19α-hydrogentaraxasterol-20(30)-ene 21α- 羟基 -19α- 氢化蒲公英萜醇▲-20(30)- 烯 中华小苦荬 Ixeridium chinense

11α-hydroxy-1-cinnamoyl-3-feruloylmeliacarpin 11α- 羟基 -1- 桂皮酰基 -3- 阿魏酰楝卡品素▲ 楝 Melia azedarach

3α-hydroxy-1-deoxyartemisinin 3α- 羟基 -1- 去氧青蒿素 黄花蒿 Artemisia annua

4-(2-hydroxy-1-ethoxyethyl)-phenol 4-(2- 羟基 -1- 乙氧乙基)- 苯酚 当归 Angelica sinensis

11-hydroxy-1-isomangostin 11- 羟基 -1- 异倒捻子素 黄牛木 Cratoxylum cochinchinense, 莽吉柿 Garcinia mangostana

2-hydroxy-1-linoleic acid-propaneyl ester 2- 羟基 -1- 亚油酰丙醇酯 川赤芍 Paeonia anomala subsp. veitchii

2-hydroxy-1-linolenic acid-propaneyl ester 2- 羟基 -1- 亚麻酰丙醇酯 川赤芍 Paeonia anomala subsp. veitchii

8-hydroxy-1-methoxy-(*Z*)-9-heptadecene-4,6-diyn-3-one 8- 羟基 -1- 甲氧基 -(*Z*)-9- 十七烯 -4,6- 二炔 -3- 酮 羌活 Notopterygium incisum

1-(2-hydroxy-1-methoxy)ethyl-4-methoxy-β-carboline 1-(2- 羟基 -1- 甲氧基) 乙基 -4- 甲氧基 -β- 咔啉 臭椿 Ailanthus altissima

6-hydroxy-1-methoxy-2,3-methylenedioxyxanthone 6- 羟基 -1- 甲氧基 -2,3- 亚甲二氧基𠮿酮 黄花倒水莲 Polygala fallax

7-hydroxy-1-methoxy-2,3-methylenedioxyxanthone 7- 羟基 -1- 甲氧基 -2,3- 亚甲二氧基𠮿酮 荷包山桂花 Polygala arillata, 黄花倒水莲 P. fallax, 香港远志 P. hongkongensis, 瓜子金 P. japonica

3-hydroxy-1-methoxy-2-methylanthraquinone 3- 羟基 -1- 甲氧基 -2- 甲基蒽醌 虎刺 Damnacanthus indicus, 巴戟天 Morinda officinalis, 南山花 Prismatomeris tetrandra

6-hydroxy-1-methoxy-2-methylanthraquinone 6- 羟基 -1- 甲氧基 -2- 甲基蒽醌 海滨木巴戟 Morinda citrifolia

8-(2-hydroxy-1-methoxy-3-methyl-3-butenyl)-7-methoxycoumarin 8-(2- 羟基 -1- 甲氧基 -3- 甲基 -3- 丁烯基)-7- 甲氧基 - 香豆素 千里香 Murraya paniculata

6-hydroxy-1-methoxy-3-methyl-9,10-anthracenedione 6- 羟基 -1- 甲氧基 -3- 甲基蒽二酮 木橘 Aegle marmelos

2-hydroxy-1-methoxy-4,5-dioxo-6a,7-dehydroaporphine 2- 羟基 -1- 甲氧基 -4,5- 二酮 -6a,7- 去氢阿朴啡 大叶马兜铃 Aristolochia kaempferi

2-hydroxy-1-methoxy-4,5-dioxoaprophine 2- 羟基 -1- 甲氧基 -4,5- 二氧代阿朴啡 排骨灵 Fissistigma bracteolatum

2-hydroxy-1-methoxy-4*H*-dibenzo[de,g]quinoline-4,5-(6*H*)-dione 2- 羟基 -1- 甲氧基 -4*H*- 二苯并 [de,g] 喹啉 -4,5-(6*H*)- 二酮 荜拔 Piper longum

8-hydroxy-1-methoxy-9-heptadecene-4,6-diyn-3-one 8- 羟基 -1- 甲氧基 -9- 十七烯 -4,6- 二炔 -3- 酮 当归 Angelica sinensis

2-hydroxy-1-methoxyanthraquinone 2- 羟基 -1- 甲氧基蒽醌 四川虎刺 Damnacanthus officinarum, 巴戟天 Morinda officinalis

11-hydroxy-1-methoxycanthin-6-one 11- 羟基 -1- 甲氧基铁屎米 -6- 酮 柔毛鸦胆子 Brucea mollis

4-(2-hydroxy-1-methoxyethyl)-phenol 4-(2- 羟基 -1- 甲氧乙基)- 苯酚 当归 Angelica sinensis

2-hydroxy-1-methoxyl-anthraquinone 2- 羟基 -1- 甲氧基 - 蒽醌 喜旱莲子草 Alternanthera philoxeroides

7-hydroxy-1-methoxymethyl-1,2-dehydropyrrolizidine 7- 羟基 -1- 甲氧基甲基 -1,2- 去氢吡咯里西啶 假苜蓿 Crotalaria medicaginea

4,4'-((1*R*,2*R*)-3-hydroxy-1-methoxypropane-1,2-diyl)bis(2-methoxyphenol) 4,4'-((1*R*,2*R*)-3- 羟基 -1- 甲氧基丙烷 -1,2- 二基) 二 (2- 甲氧基苯酚) 刺果卫矛 Euonymus acanthocarpus

2-hydroxy-1-methoxyxanthen-9-one 2- 羟基 -1- 甲氧基𠮿烯 -9- 酮 薄叶红厚壳 Calophyllum membranaceum

2-hydroxy-1-methoxyxanthone 2- 羟基 -1- 甲氧基𠮿酮 红厚壳 Calophyllum inophyllum, 薄叶红厚壳 C. membranaceum, 金丝桃 Hypericum monogynum

5-hydroxy-1-methoxyxanthone 5- 羟基 -1- 甲氧基𠮿酮 铁力木 Mesua ferrea

7-hydroxy-1-methoxyxanthone 7- 羟基 -1- 甲氧基𠮿酮 尾叶远志 Polygala caudata

2-hydroxy-1-methoxy-xanthone 2- 羟基 -1- 甲氧基 -𠮿酮 红厚壳 Calophyllum inophyllum

6-hydroxy-1-methyl-1,2,3,4-tetrahydro-β-carboline 6- 羟基 -1- 甲基 -1,2,3,4- 四氢 -β- 咔啉 欧洲李 Prunus domestica

(3*R*)-3-hydroxy-1-methyl-2-pyrrolidinone (3*R*)-3- 羟基 -1- 甲基 -2- 吡咯烷酮 管花肉苁蓉 Cistanche tubulosa

4-hydroxy-1-methyl-3-(2'-oxo-3'-methylbutyl)-2-quinolone 4- 羟基 -1- 甲基 -3-(2'- 氧 -3'- 甲基丁基)-2- 喹诺酮 月桂茵芋 Skimmia laureola

3-hydroxy-1-methyl-3-(2-oxo-propyl)quinoline-2,4(1*H*,3*H*)-dione 3- 羟基 -1- 甲基 -3-(2- 氧代丙基) 喹啉 -2,4(1*H*,3*H*)- 二酮 大管 Micromelum falcatum

4-(1-hydroxy-1-methylethyl)-1-methyl-(1,2)-cyclohexanediol 4-（1- 羟基 -1- 甲基乙基）-1- 甲基 -(1,2)- 环己二醇 糖胶树 Alstonia scholaris

(2*R**,3a*R**,9b*R**)-2-(1-hydroxy-1-methylethyl)-2,3,3a,9b-tetrahydro-4*H*-naphtho[1,2-b]furan-5-one (2*R**,3a*R**,9b*R**)-2-(1- 羟基 -1- 甲基乙基)-2,3,3a,9b- 四氢 -4*H*- 萘并 [1,2-b] 呋喃 -5- 酮 木蝴蝶 Oroxylum indicum

7-(1-hydroxy-1-methylethyl)-4-methylazulene-1-carbaldehyde 7-(1- 羟基 -1- 甲基乙基)-4- 甲基薁 -1- 甲醛 红汁乳菇 Lactarius hatsudake

2-[{2'-(1-hydroxy-1-methylethyl)-7'-(3-methyl-2-butenyl)-2',3'-dihydrobenzofuran}-5'-yl]-7-hydroxy-8-(3-methyl-2-butenyl)chroman-4-one 2-[{2'-(1- 羟基 -1- 甲基乙基)-7'-(3- 甲基 -2- 丁烯基)-2',3'- 二氢苯并呋喃 }-5'- 基]-7- 羟基 -8-(3- 甲基 -2- 丁烯基) 色烷 -4- 酮 越南槐

Sophora tonkinensis
2-(1-hydroxy-1-methyl-ethyl)-9-methoxy-1,8-dioxa-dicyclopenta[b,g]naphthalene-4,10-dione 2-(1- 羟基 -1- 甲基乙基)-9- 甲氧基 -1,8- 二氧杂 - 双环戊 [b,g] 萘 -4,10- 二酮 白花丹 Plumbago zeylanica
4-(1-hydroxy-1-methylethyl)benzoic acid 4-(1- 羟基 -1- 甲基乙基) 苯甲酸 佩兰 Eupatorium fortunei
2-hydroxy-1-methylpropyl-β-D-glucopyranoside 2- 羟基 -1- 甲丙基 -β-D- 吡喃葡萄糖苷 槲寄生 Viscum coloratum
8β-hydroxy-1-oxo-(14α,15α)-eremophil-7(11),9(10)-dien-12,8α-olide 8β- 羟基 -1- 氧代 -(14α,15α)- 荒漠木 -7(11),9(10)- 二烯 -12,8α- 内酯 宽舌橐吾 Ligularia platyglossa
20β-hydroxy-1-oxo-(22R)-witha-2,5,24-trienolide 20β- 羟基 -1- 氧代 -(22R)- 睡茄 -2,5,24- 三烯内酯 睡茄 Withania somnifera
(4β,16β)-16-hydroxy-1-oxo-24-norolean-12-en-28-oic acid (4β,16β)-16- 羟基 -1- 氧代 -24- 降齐墩果 -12- 烯 -28- 酸 木鳖子 Momordica cochinchinensis
19-hydroxy-1-oxo-2-nor-2,3-secours-12-ene-3,28-dioic acid 19- 羟基 -1- 氧代 -2- 降 -2,3- 裂环熊果 -12- 烯 -3,28- 二酸 多茎委陵菜 Potentilla multicaulis
4-(24'-hydroxy-1'-oxo-5'-n-propyltetracosanyl)-phenol 4-(24'- 羟基 -1'- 氧代 -5'- 正丙基二十四烷基)- 苯酚 蜂巢草 Leucas aspera
10α-hydroxy-1-oxoeremophil-7(11),8(9)-dien-12,8-olide 10α- 羟基 -1- 氧代荒漠木 -7(11),8(9)- 二烯 -12,8- 内酯 宽舌橐吾 Ligularia platyglossa
10α-hydroxy-1-oxoeremophil-7(11),8-dien-12,8β-olide 10α- 羟基 -1- 氧代荒漠木 -7(11),8- 二烯 -12,8β- 内酯 林荫千里光 Senecio nemorensis
8α-hydroxy-1-oxoeremophil-7(11)-en-10αH-12,8β-olide 8α- 羟基 -1- 氧代荒漠木 -7(11)- 烯 -10αH-12,8β- 内酯 林荫千里光 Senecio nemorensis
10α-hydroxy-1-oxoeremophila-7(11),8(9)-diene-8,12-olide 10α- 羟基 -1- 氧代荒漠木 -7(11),8(9)- 二烯 -8,12- 内酯 银线草 Chloranthus japonicus
(10α)-10-hydroxy-1-oxoeremophila-7(11),8(9)-dieno-8(12)-lactone (10α)-10- 羟基 -1- 氧代荒漠木 -7(11),8(9)- 二烯 -8(12)- 内酯 大叶橐吾 Ligularia macrophylla
3α-hydroxy-1-oxofriedelan 3α- 羟基 -1- 氧代无羁萜烷 山茶 Camellia japonica
15-hydroxy-1-oxosalvibretol 15- 羟基 -1- 氧代蒙氏鼠尾草醇▲ 细花线纹香茶菜 Isodon lophanthoides var. graciliflorus
(20R,22R)-20,27-hydroxy-1-oxowitha-5,24-dienolide-3β-(O-β-D-glucopyranoside) (20R,22R)-20,27- 二羟基 -1- 氧代睡茄 -5,24- 二烯内酯 -3β-(O-β-D- 吡喃葡萄糖苷) 灯笼果 Physalis peruviana
3-hydroxy-1-O-β-D-glucopyranosyl-4,5-dimethoxyxanthone 3- 羟基 -1-O-β-D- 吡喃葡萄糖基 -4,5- 二甲氧基𠮿酮 狭叶獐牙菜 Swertia angustifolia
2-hydroxy-1-phenyl-1,4-pentanedione 2- 羟基 -1- 苯基 -1,4- 戊二酮 圆叶牵牛 Ipomoea purpurea
6E-8-{4-[(1E-3-hydroxy-1-propen-1-yl)-2,6-dimethoxyphenoxy}-2,6-dimethyl-2,6-octadien-4-one 6E-8-{4-[(1E-3- 羟基 -1- 丙烯 -1- 基)-2,6- 二甲氧基苯氧基 }-2,6- 二甲基 -2,6- 辛二烯 -4- 酮 大黄橐吾 Ligularia duciformis
6E-8-[4-(1E-3-hydroxy-1-propen-1-yl)-2-methoxyphenoxy]-2,6-dimethyl-1,6-octadien-3-ol 6E-8-[4-(1E-3- 羟基 -1- 丙烯 -1- 基)-2- 甲氧基苯氧基]-2,6- 二甲基 -1,6- 辛二烯 -3- 醇 大黄橐吾 Ligularia duciformis
3E,6E-8-{4-[(1E-3-hydroxy-1-propen-1-yl)-2-methoxyphenoxy}-2,6-dimethyl-3,6-octadien-2-ol 3E,6E-8-{4-[(1E-3- 羟基 -1- 丙烯 -1- 基)-2- 甲氧基苯氧基 }-2,6- 二甲基 -3,6- 辛二烯 -2- 醇 大黄橐吾 Ligularia duciformis
4-(3-hydroxy-1-propenyl)-2,6-dimethoxyphenyl β-D-glucopyranoside 4-(3- 羟基 -1- 丙烯基)-2,6- 二甲氧基苯基 -β-D- 吡喃葡萄糖苷 川黄檗 Phellodendron chinense
4-[(1E)-3-hydroxy-1-propenyl]-2-methoxyphenol 4-[(1E)-3- 羟基 -1- 丙烯基]-2- 甲氧基苯酚 挥发油成分，未统计基源
2-[4-(3-hydroxy-1-propenyl)-2-methoxyphenoxy]-1,3-propanediol 2-[4-(3- 羟基 -1- 丙烯基)-2- 甲氧基苯氧基]-1,3- 丙二醇 见血封喉 Antiaris toxicaria
(-)-4-hydroxy-1-tetralone (-)-4- 羟基 -1- 四氢萘酮 黄杞 Engelhardia roxburghiana
(+)-4-hydroxy-1-tetralone (+)-4- 羟基 -1- 四氢萘酮 黄杞 Engelhardia roxburghiana
(4S)-4-hydroxy-1-tetralone (4S)-4- 羟基 -1- 四氢萘酮 黄杞 Engelhardia roxburghiana, 胡桃楸 Juglans mandshurica, 枫杨 Pterocarya stenoptera
4-hydroxy-1-tetralone 4- 羟基 -1- 四氢萘酮 胡桃楸 Juglans mandshurica
4-hydroxy-1-vinylcarboxy-7-(3,4-dihydroxyphenyl)benzo[b]furan 4- 羟基 -1- 乙烯羧基 -7-(3,4- 二羟基苯基) 苯并 [b] 呋喃 南丹参 Salvia bowleyana
[4-(3-hydroxy-1-Z-propenyl)-2,6-dimethoxyphenyl]-6-O-β-D-glucopyranosyl-β-D-glucopyranoside [4-(3- 羟基 -1-Z- 丙烯基)-2,6-2,6- 二甲氧基苯基]-6-O-β-D- 吡喃葡萄糖基 -β-D- 吡喃葡萄糖苷 狼毒 Stellera chamaejasme
4α-hydroxy-1β,5α,11α-H-guai-9-en-12,8α-olide 4α- 羟基 -1β,5α,11α-H- 愈创木 -9- 烯 -12,8α- 内酯 大黄橐吾 Ligularia duciformis
2α-hydroxy-1βH,7αH,10αH-guai-4,11(12)-dien-3-one 2α- 羟基 -1βH,7αH,10αH- 愈创木 -4,11(12)- 二烯 -3- 酮 天山橐吾 Ligularia narynensis
11-hydroxy-1β-methoxy-8-oxoeremophila-6,9-dien-12-oic acid methyl ester 11- 羟基 -1β- 甲氧基 -8- 氧代荒漠木 -6,9- 二烯 -12- 羧酸甲酯 林荫千里光 Senecio nemorensis
9β-hydroxy-1β-methoxycaryolanol 9β- 羟基 -1β- 甲氧基丁香烷醇 华蟹甲 Sinacalia tangutica
2-hydroxy-2-(1-hydroxyethyl)-3-methyl-(2,3,5,7α-tetrahydro-1-hydroxy-1H-pyrrolizin-7-yl)methylpentanoic acid ester 2- 羟基 -2-(1- 羟基乙基)-3- 甲基 -(2,3,5,7α- 四氢 -1- 羟基 -1H- 吡咯里西 -7- 基) 甲基戊酸酯 药用牛舌草 Anchusa officinalis
2-hydroxy-2-(1-hydroxyethyl)-3-methyl-(hexahydro-7-hydroxy-1H-pyrrolizin-1-yl)methyl pentanoic acid ster 2- 羟基 -2-(1- 羟基乙基)-3- 甲基 -(六氢 -7- 羟基 -1H- 吡咯里西 -1- 基) 甲基戊酸酯 药用牛舌草 Anchusa officinalis
2-hydroxy-2-(1-hydroxyethyl)-3-methyl-[1-(acetyloxy)-2,3,5,7α-tetrahydro-1H-pyrrolizin-7-yl]methyl pentanoic acid ester 2- 羟基 -2-(1- 羟基

乙基)-3- 甲基 -(1- 乙酰氧基 -2,3,5,7*α*- 四氢 -1*H*- 吡咯里西 -7- 基) 甲基戊酸酯 药用牛舌草 Anchusa officinalis
5-hydroxy-2-(1-hydroxyethyl)naphtha[2,3-b]furan-4,9-dione 5- 羟基 -2-(1- 羟基乙基) 萘并 [2,3-b] 呋喃 -4,9- 二酮 葫芦树 Crescentia cujete
5-hydroxy-2-(1-hydroxyethyl)-naphtho-[2,3-b]furan-4,9-dione 5- 羟基 -2-(1- 羟基乙基)- 萘并 -[2,3-b] 呋喃 -4,9- 二酮 掌叶木 Tabebuia rosea
1-[5-hydroxy-2-(1-hydroxymethyl ethenyl)-6-benzofuranyl]-ethanone 1-[5- 羟基 -2-[1- 羟基甲基乙烯基]-6- 苯并呋喃]- 乙酮 熊耳草 Ageratum houstonianum
5 (or 8)-hydroxy-2-(1-hydroxymethyl)-naphtho-[2,3-b]-furan-4,9-dione 5(或 8)- 羟基 -2-(1- 羟基甲基)- 萘并 [2,3-b] 呋喃 -4,9- 二酮 掌叶木 Tabebuia rosea
(2*R*,3a*S*,9*S*,9a*R*)-9-hydroxy-2-(1-methylethenyl)-2,3,9,9a-tetrahydro-3a*H*-naphtho[2,3-b]furan-4-one (2*R*,3a*S*,9*S*,9a*R*)-9- 羟基 -2-(1- 甲基乙烯基)-2,3,9,9a- 四氢 -3a*H*- 萘并 [2,3-b] 呋喃 -4- 酮 木蝴蝶 Oroxylum indicum
1-[5-hydroxy-2-(1-methylethenyl)-4-benzofuranyl]-ethanone 1-[5- 羟基 -2-(1- 甲基乙烯基)-4- 苯并呋喃]- 乙酮 异叶泽兰 Eupatorium heterophyllum
1-[5-hydroxy-2-(1-methyl-ethenyl)-6-benzofuranyl]-ethanone 1-[5- 羟基 -2-(1- 甲基乙烯基)-6- 苯并呋喃]- 乙酮 熊耳草 Ageratum houstonianum
(-)-1-[6-hydroxy-2-(2-hydroxy-1-methoxy-1-methylethyl)-5-benzofuranyl]-ethanone (-)-1-[6- 羟基 -2-(2- 羟基 -1- 甲氧基 -1- 甲基乙基)-5- 苯并呋喃]- 乙酮 异叶泽兰 Eupatorium heterophyllum
6-hydroxy-2-(2-hydroxy-2-phenylethyl)chromone 6- 羟基 -2-(2- 羟基 -2- 苯乙基) 色酮 土沉香 Aquilaria sinensis
1-hydroxy-2-(2-hydroxy-3-methylbut-3-enyl)-3,6,7-trimethoxy-8-prenyl-xanthone 1- 羟基 -2-(2- 羟基 -3- 甲基丁 -3- 烯基)-3,6,7- 三甲氧基 -8- 异戊烯基 - 吅酮 莽吉柿 Garcinia mangostana
5-hydroxy-2-(2-hydroxybenzoyl)-4-(hydroxymethyl)benzoic acid-2-hydroxyethyl ester 5- 羟基 -2-(2- 羟基苯甲酰基)-4- 羟基甲基苯甲酸 -2- 羟基乙基酯 海滨木巴戟 Morinda citrifolia
2-hydroxy-2-(2-hydroxyethyl)-cyclohexanone 2- 羟基 -2-(2- 羟基乙基)- 环己酮 毛地黄 Digitalis purpurea
7-hydroxy-2-(2'-hydroxypropyl)-5-methylchromone 7- 羟基 -2-(2'- 羟基丙基)-5- 甲基色酮 藏边大黄 Rheum australe
7-hydroxy-2-(2-hydroxypropyl)-5-methylchromone 7- 羟基 -2-(2- 羟基丙基)-5- 甲基色酮 红茄苳 Rhizophora mucronata
(±)-7-hydroxy-2-(2-hydroxypropyl)-5-methyl-chromone (±)-7- 羟基 -2-(2- 羟基丙基)-5- 甲基 - 色酮 药用大黄 Rheum officinale
2-hydroxy-2-(2-methoxy-4-methylphenyl)-1,3-propanediyl-2-methyl-propanoic acid ester 2- 羟基 -2-(2- 甲氧基 -4- 甲基苯基)-1,3- 丙二基 -2- 甲基 - 丙酸酯 烟管头草 Carpesium cernuum
5-hydroxy-2-(2-phenylethyl)chromone 5- 羟基 -2-(2- 苯乙基) 色酮 白茅 Imperata cylindrica
6-hydroxy-2-(2-phenylethyl)chromone 6- 羟基 -2-(2- 苯乙基) 色酮 土沉香 Aquilaria sinensis
8-hydroxy-2-(2-phenylethyl)chromone 8- 羟基 -2-(2- 苯乙基) 色酮 土沉香 Aquilaria sinensis
(7*S*,8*S*,10*S*)-[tetrahydro-4-hydroxy-2-(3,4,5-trimethoxyphenyl)furan-3-yl]methyl-3,4-dimethoxybenzoate (7*S*,8*S*,10*S*)-[四氢 -4- 羟基 -2-(3,4,5- 三甲氧基苯基) 呋喃 -3- 基] 甲基 -3,4- 二甲氧基苯甲酸酯 望春玉兰 Yulania biondii
(4*Z*)-5-hydroxy-2-(3,4-dihydroxyphenyl)-5-(4-hydroxyphenyl)-2,4-pentadien-1,4-olide (4*Z*)-5- 羟基 -2-(3,4- 二羟基苯基)-5-(4- 羟基苯基)-2,4,- 戊二烯 -1,4- 内酯 卷边网褶菌 Paxillus involutus
(1*R*,2*S*,5*R*,6*R*)-1-hydroxy-2-(3,4-dihydroxyphenyl)-6-(3,4-methylenedioxyphenyl)-3,7-dioxabicyclo[3.3.0]octane (1*R*,2*S*,5*R*,6*R*)-1- 羟基 -2-(3,4- 二羟基苯基)-6-(3,4- 亚甲二氧基苯基)-3,7- 二氧杂双环 [3.3.0] 辛烷 裸花紫珠 Callicarpa nudiflora
(1*R*,2*R*,5*R*,6*R*)-1-hydroxy-2-(3,4-methylenedioxyphenyl)-6-(3,4-dihydroxyphenyl)-3,7-dioxabicyclo[3.3.0]octane (1*R*,2*R*,5*R*,6*R*)-1- 羟基 -2-(3,4- 亚甲二氧基苯基)-6-(3,4- 二羟基苯基)-3,7- 二氧杂双环 [3.3.0] 辛烷 裸花紫珠 Callicarpa nudiflora
(1*R*,2*S*,5*R*,6*R*)-1-hydroxy-2-(3,4-methylenedioxyphenyl)-6-(3,4-dihydroxyphenyl)-3,7-dioxabicyclo[3.3.0]octane (1*R*,2*S*,5*R*,6*R*)-1- 羟基 -2-(3,4- 亚甲二氧基苯基)-6-(3,4- 二羟基苯基)-3,7- 二氧杂双环 [3.3.0] 辛烷 裸花紫珠 Callicarpa nudiflora
1-hydroxy-2-(3-pentenyl)-3,7-dimethylbenzofuran 1- 羟基 -2-(3- 戊烯基)-3,7- 二甲基苯并呋喃 黄帚橐吾 Ligularia virgaurea
6-hydroxy-2-(4'-hydroxy-3',5'-dimethoxyphenyl)-3,7-dioxa-bicyclo-[3.3.0]-octane 6- 羟基 -2-(4'- 羟基 -3',5'- 二甲氧基苯基)-3,7- 二氧杂 - 双环 - [3.3.0]- 辛烷 两头毛 Incarvillea arguta
6-hydroxy-2-(4-hydroxy-3,5-dimethoxyphenyl)-3,7-dioxabicyclo-[3.3.0]-octane 6- 羟基 -2-(4- 羟基 -3,5- 二甲氧基苯基)-3,7- 二氧杂双环 -[3.3.0]- 辛烷 观光木 Michelia odora
(*erythro*,*threo*)-1-[4-[2-hydroxy-2-(4-hydroxy-3-methoxyphenyl)-1-(hydroxymethyl)-ethoxy]-3,5-dimethoxyphenyl]-1,2,3-propanetriol (赤式 , 苏式)-1-[4-[2- 羟基 -2-(4- 羟基 -3- 甲氧基苯基)-1- 羟基甲基 - 乙氧基]-3,5- 二甲氧基苯基]-1,2,3- 丙三醇 大叶山楝 Aphanamixis grandifolia
3-[4-[(1*R*,2*R*)-2-hydroxy-2-(4-hydroxy-3-methoxyphenyl)-1-hydroxymethyl-ethoxy]-3-methoxyphenyl]propyl-*β*-D-glucopyranoside 3-[4-[(1*R*, 2*R*)-2- 羟基 -2-(4- 羟基 -3- 甲氧基苯基)-1-(羟基甲基) 乙氧基]-3- 甲氧基苯基] 丙烷 -*β*-D- 吡喃葡萄糖苷 日本珊瑚树 Viburnum odoratissimum var. awabuki
6-hydroxy-2-(4'-hydroxy-3'-methoxyphenylethenyl)chromone 6- 羟基 -2-(4'- 羟基 -3'- 甲氧基苯乙烯基) 色酮 土沉香 Aquilaria sinensis
5-hydroxy-2-(4-hydroxyphenyl)-2',2'-dimethyl-2,3-dihydroflavone 5- 羟基 -2-(4- 羟基苯基)-2',2'- 二甲基 -2,3- 二氢黄酮 甜橙 Citrus sinensis
2-[2-hydroxy-2-(4-hydroxyphenyl)ethyl]chromone 2-[2- 羟基 -2-(4- 羟基苯基) 乙基] 色酮 土沉香 Aquilaria sinensis
2-[2-hydroxy-2-(4-methoxyphenyl)ethyl]chromone 2-[2- 羟基 -2-(4- 甲氧基苯基) 乙基] 色酮 土沉香 Aquilaria sinensis
2-hydroxy-2-(5-carboxyl-2-furyl)-acetic acid 2- 羟基 -2-(5- 羰基 -2- 糠基)- 乙酸 金锦香 Osbeckia chinensis
4-hydroxy-2(*E*)-nonenoic acid 4- 羟基 -2(*E*)- 壬烯酸 臭椿 Ailanthus altissima
(1*S*,2*R*,5*S*)-2-hydroxy-2-(hydroxymethyl)-6,6-dimethyl-bicyclo[3.1.1]heptan-3-one (1*S*,2*R*,5*S*)-2- 羟基 -2-(羟基甲基)-6,6- 二甲基 - 双环并 [3.1.1] 庚烷 -3- 酮 硬尖神香草 Hyssopus cuspidatus
3-[1*β*-hydroxy-2-(*β*-D-glucopyranosyloxy)-ethyl]-4-methoxy-2(1*H*)-quinolinone 3-[1*β*- 羟基 -2-(*β*-D- 吡喃葡萄糖基)- 乙基]-4- 甲氧基 -2(1*H*)-

喹啉酮 白鲜 Dictamnus dasycarpus

4-hydroxy-2',2',3-trimethyl-6,7-dimethoxypyranocarbazole 4- 羟基 -2',2',3- 三甲基 -6,7- 二甲氧基吡喃咔唑 调料九里香 Murraya koenigii

3-hydroxy-2,2,5,8-tetramethyl-2*H*-naphtho[1,8-bc]furan-6,7-dione 3- 羟基 -2,2,5,8- 四甲基 -2*H*- 萘并 [1,8-bc] 呋喃 -6,7- 二酮 山芝麻 Helicteres angustifolia

3-hydroxy-2,2,6-trimethyl-3,4,5,6-tetrahydro-2*H*-pyrano[3,2-c]quinoline-5-one 3- 羟基 -2,2,6- 三甲基 -3,4,5,6- 四氢 -2*H*- 吡喃 [3,2-c] 喹啉 -5- 酮 月桂茵芋 Skimmia laureola

[1*S*-[1*α*(*E*),4*β*,6*α*]]-4-(4-hydroxy-2,2,6-trimethyl-7-oxabicyclo[4.1.0]hept-1-yl)-3-buten-2-one [1*S*-[1*α*(*E*),4*β*,6*α*]]-4-(4- 羟基 -2,2,6- 三甲基 -7- 氧杂双环 [4.1.0] 庚 -1- 基)-3- 丁烯 -2- 酮 和尚菜 Adenocaulon himalaicum

2-(4-hydroxy-2,2,6-trimethylcyclohexyl)acetic acid 2-(4- 羟基 -2,2,6- 三甲基环己基) 乙酸 龙脷叶 Sauropus spatulifolius

3-hydroxy-2,24-dioxo-3-friedelen-29-oic acid 3- 羟基 -2,24- 二氧代 -3- 无羁萜烯 -29- 酸 南川卫矛 Euonymus bockii

1-(5-hydroxy-2,2-dimethyl-2*H*-chromen-6-yl)-3-(4-hydroxyphenyl)propanone 1-(5- 羟基 -2,2- 二甲基 -2*H*- 色烯 -6- 基)-3-(4- 羟基苯基) 丙酮 短梗胡枝子 Lespedeza cyrtobotrya

5-hydroxy-2,2-dimethyl-2*H*-chromene-6-carbaldehyde 5- 羟基 -2,2- 二甲基 - 苯并二氢吡喃 -6- 醛 朝鲜白头翁 Pulsatilla cernua

8-hydroxy-2,2'-dimethyl-6-carboxychroman-4-one 8- 羟基 -2,2'- 二甲基 - 色烷 -4- 酮 -6- 甲酸 风藤 Piper kadsura

8-hydroxy-2,2'-dimethyl-6-carboxychroman-4-one methyl ester 8- 羟基 -2,2'- 二甲基 - 色烷 -4- 酮 -6- 甲酸甲酯 风藤 Piper kadsura

2-[{3'-hydroxy-2',2'-dimethyl-8'-(3-methyl-2-butenyl)}chroman-6'-yl]-7-hydroxy-8-(3-methyl-2-butenyl)chroman-4-one 2-[{3'- 羟基 -2',2'- 二甲基 -8'-(3- 甲基 -2- 丁烯基)} 色烷 -6'- 基]-7- 羟基 -8-(3- 甲基 -2- 丁烯基) 色烷 -4- 酮 越南槐 Sophora tonkinensis

4-(1-hydroxy-2,2-dimethylcyclopropanone)-2,3-dihydrowithaferin A 4-(1- 羟基 -2,2- 二甲基环丙酮)-2,3- 二氢催眠睡茄素 A 睡茄 Withania somnifera

9-hydroxy-2',2'-dimethylpyrano[5',6':2,3]-coumestan 9- 羟基 -2',2'- 二甲基吡喃并 [5',6':2,3]- 香豆烷 白英 Solanum lyratum

6-hydroxy-2'',2''-dimethyl-pyrano-[5'',6'':7,8]flavone 6- 羟基 -2'',2''- 二甲基吡喃 [5'',6'':7,8] 黄酮 印度崖豆 Millettia pulchra

3-hydroxy-2',2'-dimethylpyrano[5,6:9,10]pterocarpan 3- 羟基 -2',2'- 二甲基吡喃 [5,6:9,10] 紫檀烷 刺桐 Erythrina variegata

6'-hydroxy-2',3',4,4'-tetramethoxychalcone 6'- 羟基 -2',3',4,4'- 四甲氧基查耳酮 飞机草 Chromolaena odorata

2'-hydroxy-2,3,4,5,4',5',6'-heptamethoxychalcone 2'- 羟基 -2,3,4,5,4',5',6'- 七甲氧基查耳酮 韩信草 Scutellaria indica

2'-hydroxy-2,3,4,5,6'-pentametthoxy-4',5'-methylenedioxychalcone 2'- 羟基 -2,3,4,5,6'- 五甲氧基 -4',5'- 亚甲二氧基查耳酮 韩信草 Scutellaria indica

1-hydroxy-2,3,4,5,7-pentamethoxyxanthone 1- 羟基 -2,3,4,5,7- 五甲氧基呫酮 花锚 Halenia corniculata

7-hydroxy-2,3,4,5-tetramethoxy-1-*O*-gentiobisyloxyxanthone 7- 羟基 -2,3,4,5- 四甲氧基 -1-*O*- 龙胆二糖氧基呫酮 花锚 Halenia corniculata

7-hydroxy-2,3,4,5-tetramethoxy-1-*O*-primeverosyloxy-xanthone 7- 羟基 -2,3,4,5- 四甲氧基 -1-*O*- 樱草糖氧基呫酮 花锚 Halenia corniculata

1-hydroxy-2,3,4,5-tetramethoxyxanthone 1- 羟基 -2,3,4,5- 四甲氧基呫酮 流苏龙胆 Gentiana panthaica, 花锚 Halenia corniculata, 椭圆叶花锚 H. elliptica, 抱茎獐牙菜 Swertia franchetiana, 青叶胆 S. mileensis, 川西獐牙菜 S. mussotii, 黄秦艽 Veratrilla baillonii

14-hydroxy-2,3,4,6,7-pentamethoxyphenanthroindolizidine 14- 羟基 -2,3,4,6,7- 五甲氧基菲吲哚里西啶 棱果榕 Ficus septica

2'-hydroxy-2,3,4',6'-tetramethoxychalcone 2'- 羟基 -2,3,4',6'- 四甲氧基查耳酮 金凤花 Caesalpinia pulcherrima

1-hydroxy-2,3,4,6-tetramethoxyxanthone 1- 羟基 -2,3,4,6- 四甲氧基呫酮 椭圆叶花锚 Halenia elliptica, 青叶胆 Swertia mileensis

1-hydroxy-2,3,4,7-tetramethoxyxanthone 1- 羟基 -2,3,4,7- 四甲氧基呫酮 流苏龙胆 Gentiana panthaica, 花锚 Halenia corniculata, 椭圆叶花锚 H. elliptica, 狭叶獐牙菜 Swertia angustifolia, 青叶胆 S. mileensis, 黄秦艽 Veratrilla baillonii

1-hydroxy-2,3,4,8-tetramethoxyxanthone 1- 羟基 -2,3,4,8- 四甲氧基呫酮 花锚 Halenia corniculata, 椭圆叶花锚 H. elliptica

7-hydroxy-2,3,4-trimethoxy-9,10-dihydrophenanthrene 7- 羟基 -2,3,4- 三甲氧基 -9,10- 二氢菲 密花石豆兰 Bulbophyllum odoratissimum

2'-hydroxy-2,3',4'-trimethoxy-acetophenone 2'- 羟基 -2,3',4'- 三甲氧基苯乙酮 香合欢 Albizia odoratissima

7-hydroxy-2',3',4'-trimethoxyisoflavane 7- 羟基 -2',3',4'- 三甲氧基异黄烷 紫苜蓿 Medicago sativa, 香港远志 Polygala hongkongensis

6-hydroxy-2,3,4-trimethoxyxanthone 6- 羟基 -2,3,4- 三甲氧基呫酮 金丝桃 Hypericum monogynum

7-hydroxy-2,3,5,6-tetrahydro-3,6,9-trimethylnaphtho[1,8-b,c]pyran-4,8-dione 7- 羟基 -2,3,5,6- 四氢 -3,6,9- 三甲基萘并 [1,8-b,c] 吡喃 -4,8- 二酮 桐棉 Thespesia populnea

1-hydroxy-2,3,5,7-tetramethoxyxanthone 1- 羟基 -2,3,5,7- 四甲氧基呫酮 花锚 Halenia corniculata, 抱茎獐牙菜 Swertia franchetiana, 青叶胆 S. mileensis

4-hydroxy-2,3,5,7-tetramethoxyxanthone 4- 羟基 -2,3,5,7- 四甲氧基呫酮 青叶胆 Swertia mileensis

1-hydroxy-2,3,5-trimethoxyxanthone 1- 羟基 -2,3,5- 三甲氧基呫酮 短葶飞蓬 Erigeron breviscapus, 流苏龙胆 Gentiana panthaica, 湿生扁蕾 Gentianopsis paludosa, 花锚 Halenia corniculata, 椭圆叶花锚 H. elliptica, 独一味 Lamiophlomis rotata, 圆锥花远志 Polygala paniculata, 青叶胆 Swertia mileensis, 紫红獐牙菜 S. punicea, 四翅獐牙菜 S. tetraptera, 黄秦艽 Veratrilla baillonii

4'-hydroxy-2',3',6',3''-tetramethoxy-1,3-diphenylpropane)-4''-*O*-*β*-D-glucopyranoside 4'- 羟基 -2',3',6',3''- 四甲氧基 -1,3- 二苯基丙烷)-4''-*O*-*β*-D- 吡喃葡萄糖苷 扁枝槲寄生 Viscum articulatum

5-hydroxy-2',3,7,8-tetramethoxyflavone 5- 羟基 -2',3,7,8- 四甲氧基黄酮 旱柳 Salix matsudana

5-hydroxy-2',3',7,8-tetramethoxyflavone 5- 羟基 -2',3',7,8- 四甲氧基黄酮 穿心莲 Andrographis paniculata

1-hydroxy-2,3,7-trimethoxyxanthone 1- 羟基 -2,3,7- 三甲氧基呫酮 流苏龙胆 Gentiana panthaica, 椭圆叶花锚 Halenia elliptica, 青叶胆 Swertia mileensis, 黄秦艽 Veratrilla baillonii

1-hydroxy-2,3,9-trimethoxy-7*H*-dibenzoquinoline-7-one 1- 羟基 -2,3,9- 三羟基 -7*H*- 苯并二喹啉 -7- 酮 串果藤 Sinofranchetia chinensis

4-[(6-hydroxy-2,3-dihydro-1-benzofuran-3-yl)methyl]-5-methoxybenzene-1,3-diol 4-[(6- 羟基 -2,3- 二氢 -1- 苯并呋喃 -3- 基) 甲基]-5- 甲氧基苯 -1,3- 二醇 毛莸子梢 Campylotropis hirtella

4'-hydroxy-2,3-dihydrocinnamic acid tetracosyl ester 4'- 羟基 -2,3- 二氢桂皮酸二十四醇酯 益母草 Leonurus japonicus

4'-hydroxy-2,3-dihydroflavone-7-*O*-*β*-D-glucopyranoside 4'- 羟基二氢黄酮 -7-*O*-*β*-D- 吡喃葡萄糖苷 紫茉莉 Mirabilis jalapa
(2*S*)-4'-hydroxy-2,3-dihydroflavonone-7-*O*-*β*-D-glucopyranoside (2*S*)-4'- 羟基 -2,3- 二氢黄酮 -7-*O*-*β*-D- 吡喃葡萄糖苷 蒌叶 Piper betle
1-hydroxy-2,3-dimethoxy-6-formyl-6a,7-dehydroaporphine 1- 羟基 -2,3- 二甲氧基 -6- 甲酰基 -6a,7- 去氢阿朴啡 云南清风藤 Sabia yunnanensis
1-hydroxy-2,3-dimethoxy-7-methylanthraquinone 1- 羟基 -2,3- 二甲氧基 -7- 甲基蒽醌 南山花 Prismatomeris tetrandra
4-hydroxy-2,3-dimethoxybenzaldehyde 4- 羟基 -2,3- 二甲氧基苯甲醛 排钱树 Phyllodium pulchellum
4-hydroxy-2,3-dimethoxybenzophenone 4- 羟基 -2,3- 二甲氧基苯甲酮 蝉翼藤 Securidaca inappendiculata
6-hydroxy-2,3-dimethoxylphenanthroindolizidine 6- 羟基 -2,3- 二甲氧基 - 菲骈吲哚哩西啶 华北白前 Cynanchum mongolicum
(*Z*)-1-(4-hydroxy-2,3-dimethoxyphenyl)-3-(4-hydroxyphenyl)propene (*Z*)-1-(4- 羟基 -2,3- 二甲氧苯基)-3-(4- 羟基苯) 丙烯 毛排钱树 Phyllodium elegans
1-hydroxy-2,3-dimethoxyxanthone 1- 羟基 -2,3- 二甲氧基吨酮 荷包山桂花 Polygala arillata
4-hydroxy-2,3-dimethoxyxanthone 4- 羟基 -2,3- 二甲氧基吨酮 金丝桃 Hypericum monogynum
6-hydroxy-2,3-dimethoxy-xanthone 6- 羟基 -2,3- 二甲氧基 - 吨酮 红厚壳 Calophyllum inophyllum
4-hydroxy-2,3-dimethyl-2-nonen-4-olide 4- 羟基 -2,3- 二甲基 -2- 壬烯 -4- 内酯 大叶山楝 Aphanamixis grandifolia
1-hydroxy-2,3-dimethylanthraquinone 1- 羟基 -2,3- 二甲基蒽醌 巴戟天 Morinda officinalis
7-hydroxy-2,3-dimethylchromone 7- 羟基 -2,3- 二甲基色酮 刺酸模 Rumex maritimus
1-hydroxy-2,3-methylenedioxyxanthone 1- 羟基 -2,3- 亚甲二氧基吨酮 荷包山桂花 Polygala arillata
16*β*-hydroxy-2,3-seco-lup-20(29)-en-2,3-dioic acid 16*β*- 羟基 -2,3- 裂环 - 羽扇豆 -20(29)- 烯 -2,3- 二羧酸 尾叶那藤 Stauntonia obovatifoliola subsp. urophylla
30-hydroxy-2,3-seco-lup-20(29)-en-2,3-dioic acid 30- 羟基 -2,3- 裂环 - 羽扇豆 -20(29)- 烯 -2,3- 二酸 福建假卫矛 Microtropis fokienensis
19-hydroxy-2,3-secours-12-ene-2,3,28-trioic acid-3-methyl ester) 19- 羟基 -2,3- 裂环熊果 -12- 烯 -2,3,28- 三酸 -3- 甲酯 多茎委陵菜 Potentilla multicaulis
3'-hydroxy-2,4,5-trimethoxydalbergiquinol 3'- 羟基 -2,4,5- 三甲氧基黄檀氢醌▲ 降香 Dalbergia odorifera
6-hydroxy-2',4',5'-trimethoxyflavone 6- 羟基 -2',4',5'- 三甲氧基黄酮 田基黄 Grangea maderaspatana
7-hydroxy-2',4',5'-trimethoxyisoflavane 7- 羟基 -2',4',5'- 三甲氧基异黄烷 紫苜蓿 Medicago sativa
4'-hydroxy-2,4,6-trimethoxydihydrochalcone 4'- 羟基 -2,4,6- 三甲氧基二氢查耳酮 剑叶龙血树 Dracaena cochinchinensis
3-hydroxy-2,4,6-trinitrophenol 3- 羟基 -2,4,6- 三硝基酚 玉兰 Yulania denudata
3-hydroxy-2,4,7-trimethoxy-9,10-dihydrophenanthrene 3- 羟基 -2,4,7- 三甲氧基 -9,10- 二氢菲 石斛 Dendrobium nobile
3-hydroxy-2,4-dimethoxy-10-methyl-9-acridanone 3- 羟基 -2,4- 二甲氧基 -10- 甲基 -9- 吖啶酮 斑籽木 Baliospermum solanifolium
4-hydroxy-2',4'-dimethoxychalcone 4- 羟基 -2',4'- 二甲氧基查尔酮 显脉羊蹄甲 Bauhinia glauca subsp. pernervosa
4'-hydroxy-2,4-dimethoxydihydrochalcone 4'- 羟基 -2,4- 二甲氧基二氢查耳酮 剑叶龙血树 Dracaena cochinchinensis
7-hydroxy-2',4'-dimethoxyisoflavan 7- 羟基 -2',4'- 二甲氧基异黄烷 海刀豆 Canavalia maritima, 大花田菁 Sesbania grandiflora
(*S*)-3'-hydroxy-2',4'-dimethoxyisoflavane-7-*O*-*β*-D-glucopyranoside (*S*)-3'- 羟基 -2',4'- 二甲氧基异黄烷 -7-*O*-*β*-D- 吡喃葡萄糖苷 苦马豆 Sphaerophysa salsula
7-hydroxy-2,4-dimethoxyphenanthrene-3-*O*-*β*-D-glucoside 7- 羟基 -2,4- 二甲氧基菲 -3-*O*-*β*-D- 葡萄糖苷 白及 Bletilla striata
(*Z*)-1-(3-hydroxy-2,4-dimethoxyphenyl)-3-(4-hydroxy-3-methoxyphenol)propene (*Z*)-1-(3- 羟基 -2,4- 二甲氧苯基)-3-(4- 羟基 -3- 甲氧基苯基) 丙烯 毛排钱树 Phyllodium elegans
1-hydroxy-2,4-dimethoxyxanthone 1- 羟基 -2,4- 二甲氧基吨酮 黄花倒水莲 Polygala fallax
3-hydroxy-2,4-dimethoxyxanthone 3- 羟基 -2,4- 二甲氧基吨酮 小连翘 Hypericum erectum, 金丝桃 H. monogynum
2*E*-4-hydroxy-2,4-diphenyl-2-butenal 2*E*-4- 羟基 -2,4- 二苯基 -2- 丁烯醛 水粉杯伞 Clitocybe nebularis
7-hydroxy-2',4'-methoxyisoflavone 7- 羟基 -2',4'- 甲氧基异黄酮 花菱草 Eschscholzia californica
6'-hydroxy-2',5,6,7,8-pentamethoxyflavone 6'- 羟基 -2',5,6,7,8- 五甲氧基黄酮 狭叶黄芩 Scutellaria regeliana
5-hydroxy-2',5',7,8-tetramethoxyflavone 5- 羟基 -2',5',7,8- 四甲氧基黄酮 穿心莲 Andrographis paniculata
6-hydroxy-2,5,7,8-tetramethylchromane-2-carboxylic acid 6- 羟基 -2,5,7,8- 四甲基色原烷 -2- 羧酸 黑果越桔 Vaccinium myrtillus
1-hydroxy-2,5,8-trimethyl-9-fluorenone 1- 羟基 -2,5,8- 三甲基 -9- 芴酮 雷公藤 Tripterygium wilfordii
4-hydroxy-2,5-cyclohexadien-1-one-4-ethyl alcohol 4- 羟基 -2,5- 环己二烯 -1- 酮 -4- 乙醇 直立婆婆纳 Veronica arvensis
(-)-4-hydroxy-2,5-dimethoxy-4-[(2*E*)-3-phenyl-2-propen-1-yl]-2,5-cyclohexadien-1-one (-)-4- 羟基 -2,5- 二甲氧基 -4-[(2*E*)-3- 苯基 -2- 丙烯 -1- 基]-2,5- 环己二烯 -1- 酮 印度黄檀 Dalbergia sissoo
1-hydroxy-2,5-dimethoxy-9,10-anthraquinone 1- 羟基 -2,5- 二甲氧基 -9,10- 蒽醌 鹰爪花 Artabotrys hexapetalus
3-(4-hydroxy-2,5-dimethoxyphenyl)-3-oxopropyl acetate 3-(4- 羟基 -2,5- 二甲氧基苯基)-3- 氧代丙醇乙酸酯 合柄铁线莲 Clematis connata
7-hydroxy-2,5-dimethylchromone 7- 羟基 -2,5- 二甲基色酮 小连翘 Hypericum erectum, 巴天酸模 Rumex patientia
7-hydroxy-2,5-dimethylflavone 7- 羟基 -2,5- 二甲基黄酮 韭菜 Allium tuberosum
3-hydroxy-2,5-hexanedione 3- 羟基 -2,5- 已二酮 灯心草 Juncus effusus
(2*S*,5*S*)-2-hydroxy-2,6,10,10-tetramethyl-1-oxaspiro[4.5]dec-6-en-8-one (2*S*,5*S*)-2- 羟基 -2,6,10,10- 四甲基 -1- 氧杂螺环 [4.5] 十碳 -6- 烯 -8- 酮 益母草 Leonurus japonicus
[*R*-(*E*)]-4-(3-hydroxy-2,6,6-trimethyl-1-cyclohexen-1-yl)-3-buten-2-one [*R*-(*E*)]-4-(3- 羟基 -2,6,6- 三甲基 -1- 环己烯 -1- 基)-3- 丁烯 -2- 酮 和尚菜 Adenocaulon himalaicum
(*R*)-4-(4-hydroxy-2,6,6-trimethyl-1-cyclohexen-1-yl)-2-butanone (*R*)-4-(4- 羟基 -2,6,6- 三甲基 -1- 环己烯 -1- 基)-2- 丁酮 柚木 Tectona grandis
1*R*-[1*α*(*E*),4*β*-4-(4-hydroxy-2,6,6-trimethyl-2-cyclohexen-1-yl)-3-buten-2-one 1*R*-[1*α*(反式),4*β*-4-(4- 羟基 -2,6,6- 三甲基 -2- 环己烯 -1 基)-3-

丁烯 -2- 酮 地锦 Euphorbia humifusa

4-hydroxy-2,6,6-trimethyl-3-oxocyclohexa-1,4-diencarbaldehyde 4- 羟基 -2,6,6- 三甲基 -3- 氧代环己 -1,4- 二烯醛 番红花 Crocus sativus

(4R)-4-hydroxy-2,6,6-trimethylcyclohex-1-enecarbaldehyde-O-β-D-gentiobioside (4R)-4- 羟基 -2,6,6- 三甲基环己 -1- 烯醛 -O-β-D- 龙胆二糖苷 番红花 Crocus sativus

(4R)-4-hydroxy-2,6,6-trimethylcyclohex-1-enecarboxylic acid-O-β-D-glucopyranoside (4R)-4- 羟基 -2,6,6- 三甲基环己 -1- 烯酸 -O-β-D- 吡喃葡萄糖苷 番红花 Crocus sativus

5-hydroxy-2',6,7-trimethoxyflavone 5- 羟基 -2',6,7- 三甲氧基黄酮 香肉果 Casimiroa edulis

4-hydroxy-2,6,8-trimethyl-6-(3,7-dimethyl-2,6-octadienyl)-2H-1-benzopyran-5,7(3H,6H)-dione 4- 羟基 -2,6,8- 三甲基 -6-(3,7- 二甲基 -2,6- 辛二烯基)-2H-1- 苯并吡喃 -5,7(3H,6H)- 二酮 白背叶 Mallotus apelta

4-hydroxy-2,6-dimethoxybenzoic acid 4- 羟基 -2,6- 二甲氧基苯甲酸 毛果槭 Acer nikoense

4-hydroxy-2,6-dimethoxybenzophenone 4- 羟基 -2,6- 二甲氧基苯甲酮 蝉翼藤 Securidaca inappendiculata

4'-hydroxy-2,6-dimethoxydihydrochalcone 4'- 羟基 -2,6- 二甲氧基二氢查耳酮 剑叶龙血树 Dracaena cochinchinensis

4'-hydroxy-2',6'-dimethoxyphenol-1-O-β-D-(6-O-syringoyl)-glucopyranoside 4'- 羟基 -2',6'- 二甲氧基苯酚 -1-O-β-D-(6-O- 丁香酰基)- 吡喃葡萄糖苷 山橙 Melodinus suaveolens

4-hydroxy-2,6-dimethoxyphenol-1-O-β-D-glucopyranoside 4- 羟基 -2,6- 二甲氧基苯酚 -1-O-β-D- 吡喃葡萄糖苷 东紫苏 Elsholtzia bodinieri

4-hydroxy-2,6-dimethoxyphenol-1-O-β-D-glucoside 4- 羟基 -2,6- 二甲氧基苯酚 -1-O-β-D- 葡萄糖苷 水红木 Viburnum cylindricum

1-(4-hydroxy-2,6-dimethoxyphenyl)-3-(4-hydroxyphenyl)-2-propen-1-one 1-(4- 羟基 -2,6- 二甲氧基苯基)-3-(4- 羟基苯基)-2- 丙烯 -1- 酮 啤酒花 Humulus lupulus

H

4-hydroxy-2,6-dimethoxyphenyl-1-O-α-L-rhamnopyranosyl-(1 → 6)-β-D-glucopyranoside 4- 羟基 -2,6- 二甲氧基苯基 -1-O-α-L- 吡喃鼠李糖基 -(1 → 6)-β-D- 吡喃葡萄糖苷 小连翘 Hypericum erectum

4-hydroxy-2,6-dimethoxyphenyl-1-O-β-D-glucopyranoside 4- 羟基 -2,6- 二甲氧基苯基 -1-O-β-D- 吡喃葡萄糖苷 小连翘 Hypericum erectum

4-hydroxy-2,6-dimethoxyphenyl-β-D-glucopyranoside 4- 羟基 -2,6- 二甲氧基苯基 -β-D- 吡喃葡萄糖苷 大青 Clerodendrum cyrtophyllum, 江香薷 Mosla chinensis 'jiangxiangru', 野木瓜 Stauntonia chinensis

(2E,4E)-6-hydroxy-2,6-dimethyl hepta-2,4-dienal (2E,4E)-6- 羟基 -2,6- 二甲基 -2,4- 庚二烯醛 益智 Alpinia oxyphylla

8-hydroxy-2,6-dimethyl-(2E,6E)-octadienoic acid 8- 羟基 -2,6- 二甲基 -(2E,6E)- 辛二烯酸 菜豆树 Radermachera sinica

1-(7-hydroxy-2,6-dimethyl-1-naphthyl)-4-methyl-3-pentanone 1-(7- 羟基 -2,6- 二甲基 -1- 萘基)-4- 甲基 -3- 戊酮 一叶萩 Flueggea suffruticosa

(2E,6E)-8-hydroxy-2,6-dimethyl-2,6-octadienyl-1-O-β-D-glucopyranoside (2E,6E)-8- 羟基 -2,6- 二甲基 -2,6- 辛二烯 -1-O-β-D- 吡喃葡萄糖苷 管花肉苁蓉 Cistanche tubulosa

4-hydroxy-2,6-dimethyl-6-(3,7-dimethyl-2,6-octadienyl)-8-(3-methyl-2-butenyl)-2H-1-benzopyran-5,7(3H,6H)-dione 4- 羟基 -2,6- 二甲基 -6-(3,7- 二甲基 -2,6- 辛二烯基)-8-(3- 甲基 -2- 丁烯基)-2H-1- 苯并吡喃 -5,7(3H,6H)- 二酮 白背叶 Mallotus apelta

2-hydroxy-2,6-dimethylbenzofuran-3(2H)-one 2- 羟基 -2,6- 二甲基苯并呋喃 -3(2H)- 酮 台湾泽兰 Eupatorium formosanum

(E)-6-hydroxy-2,6-dimethylocta-2,7-dienoic acid (E)-6- 羟基 -2,6- 二甲基辛 -2,7- 二烯酸 奇蒿 Artemisia anomala

(E)-6-hydroxy-2,6-dimethyl-octa-2,7-dienoic acid (E)-6- 羟基 -2,6- 二甲基 - 辛 -2,7- 二烯酸 川西獐牙菜 Swertia mussotii

1-hydroxy-2,7-dimethoxy-3-O-β-D-glucopyranosylxanthone 1- 羟基 -2,7- 二甲氧基 -3-β-D- 吡喃葡萄糖基呫酮 花锚 Halenia corniculata

4-hydroxy-2,7-dimethyl-1-naphthalenyl-l-O-β-D-glucopyranoside 4- 羟基 -2,7- 二甲基萘基 -1-O-β-D- 吡喃葡萄糖苷 鹿蹄草 Pyrola calliantha

(2E,4E)-8-hydroxy-2,7-dimethyl-2,4-decadiene-1,10-dioic acid-1-O-β-D-glucopyranosyl ester (2E,4E)-8- 羟基 -2,7- 二甲基 -2,4- 癸二烯 -1,10- 二羧酸 -1-O-β-D- 吡喃葡萄糖酯苷 榅桲 Cydonia oblonga

(4E,6E)-8-hydroxy-2,7-dimethyl-4,6-octadienoic acid-1-O-β-D-glucopyranoside (4E,6E)-8- 羟基 -2,7- 二甲基 -4,6- 辛二烯酸 -1-O-β-D- 吡喃葡萄糖苷 榅桲 Cydonia oblonga

5-hydroxy-2,8,6-trimethyl-8-(3,7-dimethyl-2,6-octadienyl)-2H-1-benzopyran-4,7(3H,8H)-dione 5- 羟基 -2,8,6- 三甲基 -8-(3,7- 二甲基 -2,6- 辛二烯基)-2H-1- 苯并吡喃 -4,7(3H,8H)- 二酮 白背叶 Mallotus apelta

10-hydroxy-2,8-decadiene-4,6-diynoic acid 10- 羟基 -2,8- 十碳二烯 -4,6- 二炔酸 糙叶五加 Eleutherococcus henryi

5-hydroxy-2,8-dimethyl-6-(3-methyl-2-butenyl)-8-(3,7-dimethyl-2,6-octadienyl)-2H-1-benzopyran-4,7(3H,8H)-dione 5- 羟基 -2,8- 二甲基 -6-(3- 甲基 -2- 丁烯基)-8-(3,7- 二甲基 -2,6- 辛二烯基)-2H-1- 苯并吡喃 -4,7(3H,8H)- 二酮 白背叶 Mallotus apelta

3-hydroxy-2,9,11-trimethoxy-5,6-dihydroisoquino[3,2-a]isoquinolinylium 3- 羟基 -2,9,11- 三甲氧基 -5,6- 二氢异喹诺 [3,2-a] 异喹啉盐 中华青牛胆 Tinospora sinensis

6-hydroxy-2-[(2,3,4,6-tetra-O-acetyl-β-D-glucopyranosyl)oxy]benzoic acid 6- 羟基 -2-(2,3,4,6- 四 -O- 乙酰基 -β-D- 吡喃葡萄糖氧基) 苯甲酸 水红木 Viburnum cylindricum

4-hydroxy-2-[(2E,6Z)-8-β-D-glucopyranosyloxy-3,7-dimethylocta-2,6-dien-1-yl]-5-methylphenyl-β-D-glucopyranoside 4- 羟基 -2-[(2E,6Z)-8-β-D- 吡喃葡萄糖氧基 -3,7- 二甲基 -2,6- 辛二烯 -1- 基]-5- 甲基苯酚 -β-D- 吡喃葡萄糖苷 日本鹿蹄草 Pyrola japonica

4-hydroxy-2-[(E)-4-hydroxy-3-methyl-2-butenyl]-5-methylphenyl-β-D-glucopyranoside 4- 羟基 -2-(E-4- 羟基 -3- 甲基 -2- 丁烯基)-5- 甲基苯酚 -β-D- 吡喃葡萄糖苷 日本鹿蹄草 Pyrola japonica

4-hydroxy-2-[(E)-4-hydroxy-3-methyl-2-butenyl]-5-methyl-phenyl-β-D-glucopyranoside 4- 羟基 -2-[(E)-4- 羟基 -3- 甲基 -2- 丁烯基]-5- 甲基 - 苯基 -β-D- 吡喃葡萄糖苷 鹿蹄草 Pyrola calliantha

8-[1-hydroxy-2-[[5-hydroxy-3,6,8-trimethoxy-2-(4-methoxyphenyl)-4-oxo-4H-1-benzopyran-7-yl]oxy]-3-methyl-3-butenyl]-7-methoxy-coumarin 8-[1- 羟基 -2-[[5- 羟基 -3,6,8- 三甲氧基 -2-(4- 甲氧基苯基)-4- 氧代 -4H-1- 苯并吡喃 -7- 基] 氧基]-3- 甲基 -3- 丁烯基]-7- 甲氧基 - 香豆素 九里香 Murraya exotica

8-[1-hydroxy-2-[[5-hydroxy-3,6,8-trimethoxy-4-oxo-2-(3,4,5-trimethoxyphenyl)-4H-1-benzopyran-7-yl]oxy]-3-methyl-3-butenyl]-7-methoxy-coumarin 8-[1- 羟基 -2-[[5- 羟基 -3,6,8- 三甲氧基 -4- 氧代 -2-(3,4,5- 三甲氧基苯基)-4H-1- 苯并吡喃 -7- 基] 氧基]-3- 甲基 -3- 丁烯基]-7-

甲氧基 - 香豆素 九里香 Murraya exotica

1-[6-hydroxy-2-[1-(hydroxymethyl)ethenyl]-5-benzofuranyl]-ethanone 1-[6- 羟基 -2-(1- 羟基甲基乙烯基)-5- 苯并呋喃]- 乙酮 异叶泽兰 Eupatorium heterophyllum

5-hydroxy-2-[2-(2-hydroxyphenyl)ethyl]chromone 5- 羟基 -2-[2-(2- 羟基苯基) 乙基] 色酮 白茅 Imperata cylindrica

6-hydroxy-2-[2-(2-hydroxyphenyl)ethyl]chromone 6- 羟基 -2-[2-(2- 羟基苯基) 乙基] 色酮 土沉香 Aquilaria sinensis

6-hydroxy-2-[2-(3-hydroxy-4-methoxyphenyl)ethyl]chromone 6- 羟基 -2-[2-(3- 羟基 -4- 甲氧基苯基) 乙基] 色酮 土沉香 Aquilaria sinensis

6-hydroxy-2-[2-(3'-methoxy-4'-hydroxyphenylethyl)]chromone 6- 羟基 -2-[2-(3'- 甲氧基 -4'- 羟基苯乙基)] 色酮 土沉香 Aquilaria sinensis

6-hydroxy-2-[2-(4-hydroxyphenyl)ethyl]chromone 6- 羟基 -2- 对羟基苯乙基色酮 土沉香 Aquilaria sinensis

6-hydroxy-2-[2-(4'-methoxylphenyl)ethyl]chromone 6- 羟基 -2-[2-(4'- 甲氧基苯基) 乙基] 色酮 土沉香 Aquilaria sinensis

6-hydroxy-2-[2-(4-methoxyphenyl)ethyl]chromone 6- 羟基 -2-[2-(4- 甲氧基苯基) 乙基] 色酮 土沉香 Aquilaria sinensis

3-hydroxy-2-[2-hydroxy-4-(3-hydroxypropyl)phenoxy]-1-(4-hydroxy-3-methoxyphenyl)propyl-*β*-D-glucopyranoside 3- 羟基 -2-[2- 羟基 -4-(3- 羟基丙基) 苯氧基]-1-(4- 羟基 -3- 甲氧基苯基) 丙基 -*β*-D- 吡喃葡萄糖苷 荚蒾 Viburnum dilatatum

(2*R*)-3-hydroxy-2-[2-methoxy-4-[(1*E*)-3-methoxy-1-propenyl]phenoxy]propyl-*β*-D-glucopyranoside (2*R*)-3- 羟基 -2-[2- 甲氧基 -4-[(1*E*)-3- 甲氧基 -1- 丙烯基] 苯氧基] 丙基 -*β*-D- 吡喃葡萄糖苷 苦马豆 Sphaerophysa salsula

(2*S*)-3-hydroxy-2-[2-methoxy-4-[(1*E*)-3-methoxy-1-propenyl]phenoxy]propyl-*β*-D-glucopyranoside (2*S*)-3- 羟基 -2-[2- 甲氧基 -4-[(1*E*)-3- 甲氧基 -1- 丙烯基] 苯氧基] 丙基 -*β*-D- 吡喃葡萄糖苷 苦马豆 Sphaerophysa salsula

H

15-hydroxy-2-[2-*O*-(3-methyl-1-oxobutyl)-*β*-D-glucopyranosyl]oxy]-(2*β*,15*α*)-kaur-16-ene-18,19-dioic acid 15- 羟基 -2-[2-*O*-(3- 甲基 -1- 氧代丁基)-*β*-D- 吡喃葡萄糖氧基]-(2*β*,15*α*)- 贝壳杉 -16- 烯 -18,19- 二羧酸 刺苍耳 Xanthium spinosum

4-hydroxy-2-[3-hydroxy-3-methylbutyl]-5-methylphenyl-*β*-D-glucopyranoside 4- 羟基 -2-[3- 羟基 -3- 甲基丁基]-5- 甲基苯基 -*β*-D- 吡喃葡萄糖苷 日本鹿蹄草 Pyrola japonica

3*β*-hydroxy-20(29)-lupen-24-oic acid 3*β*- 羟基 -20(29)- 羽扇豆烯 -24- 酸 海桑 Sonneratia caseolaris

28-hydroxy-20(29)-lupen-3,7-dione 28- 羟基 -20(29)- 羽扇豆烯 -3,7- 二酮 夹竹桃 Nerium oleander

6-hydroxy-20(29)-lupen-3-one 6- 羟基 -20(29)- 羽扇豆烯 -3- 酮 云南土沉香 Excoecaria acerifolia

3-hydroxy-20(30)-lupen-29-al 3- 羟基 -20(30)- 羽扇豆烯 -29- 醛 枳 Poncirus trifoliata

3*β*-hydroxy-20(30)-taraxastene 3*β*- 羟基 -20(30)- 蒲公英萜烯 中华小苦荬 Ixeridium chinense

3*β*-hydroxy-20,24-diendammarane 3*β*- 羟基 -20,24- 二烯达玛烷 灰枝紫菀 Aster poliothamnus

15-hydroxy-20-deoxocarnosol 15- 羟基 -20- 去氧肉质鼠尾草酚▲ 细花线纹香茶菜 Isodon lophanthoides var. graciliflorus

7*β*-hydroxy-20-deoxo-rosmaquinone 7*β*- 羟基 -20- 去氧代 - 迷迭香醌▲ 迷迭香 Rosmarinus officinalis

3*β*-hydroxy-20-oxo-30-norlupane 3*β*- 羟基 -20- 氧代 -30- 降羽扇豆烷 枸骨 Ilex cornuta, 散沫花 Lawsonia inermis, 五层龙 Salacia prinoides

15*α*-hydroxy-20-oxo-6,7-seco-*ent*-kaur-16-en-1,7*α*(6,11*α*)-diolide 15*α*- 羟基 -20- 氧代 -6,7- 裂环 - 对映 - 贝壳杉 -16- 烯 -1,7*α*(6,11*α*)- 二内酯 冬凌草 Isodon rubescens

28-hydroxy-20*α*-urs-12,18(19)-dien-3*β*-yl acetate 28- 羟基 -20*α*- 熊果 -12,18(19)- 二烯 -3*β*- 乙酸酯 珠仔树 Symplocos racemosa

3*β*-hydroxy-21(22)-hopen-30-oic acid 3*β*- 羟基 -21(22)- 何帕烯 -30- 酸 十齿花 Dipentodon sinicus

2'*α*-hydroxy-21-dehydrodichapetalin Q 2'*α*- 羟基 -21- 去氢毒鼠子素▲Q 毒鼠子 Dichapetalum gelonioides

3-hydroxy-21-methoxy-16-oxo-(3*β*,4*α*,17*α*,21*β*)-28-norolean-12-en-23-al 3- 羟基 -21- 甲氧基 -16- 氧代 -(3*β*,4*α*,17*α*,21*β*)-28- 降齐墩果 -12- 烯 -23- 醛 红花 Carthamus tinctorius

3*β*-hydroxy-21-oxo-11,13(18)-oleanadien-28-oic acid methyl ester 3*β*- 羟基 -21- 氧代 -11,13(18)- 齐墩果二烯 -28- 酸甲酯 通脱木 Tetrapanax papyrifer

3*β*-hydroxy-21*α*-acetoxy-14-serraten 3*β*- 羟基 -21*α*- 乙酰氧基 -14- 千层塔烯 扁枝石松 Diphasiastrum complanatum

3*β*-hydroxy-21*αH*-hop-22(29)-en-30-ol 3*β*- 羟基 -21*αH*- 何帕 -22(29)- 烯 -30- 醇 卫矛 Euonymus alatus

3*α*-hydroxy-21*β*-methoxy-24,25,26,27-tetranortirucall-7-ene-23(21)-lactone 3*α*- 羟基 -21*β*- 甲氧基 -24,25,26,27- 四降绿玉树 -7- 烯 -23(21)- 内酯 大叶山楝 Aphanamixis grandifolia

3-hydroxy-22(29)-hopen-23-oic acid 3- 羟基 -22(29)- 羽扇豆烯 -23- 酸 地稔 Melastoma dodecandrum

(4*β*)-23-hydroxy-22-oxoolean-12-en-3*β*-*O*-*α*-L-rhamnopyranosyl-(1 → 2)-*O*-*β*-D-glucopyranosyl-(1 → 4)-*β*-D-glucopyranosiduronic acid (4*β*)-23- 羟基 -22- 氧代齐墩果 -12- 烯 -3*β*-*O*-*α*-L- 吡喃鼠李糖基 -(1 → 2)-*O*-*β*-D- 吡喃葡萄糖基 -(1 → 4)-*β*-D- 吡喃葡萄糖醛酸 小花棘豆 Oxytropis glabra

2*β*-hydroxy-23-(2-isopropanoloxy)-oleanolic acid 2*β*- 羟基 -23-(2- 异丙醇氧基)- 齐墩果酸 腺花香茶菜 Isodon adenanthus

3*β*-hydroxy-23(*R*)-methoxycucurbita-6,24-dien-5*β*,19-olide 3*β*- 羟基 -23(*R*)- 甲氧基葫芦 -6,24- 二烯 -5*β*,19- 内酯 苦瓜 Momordica charantia

22-hydroxy-23,24,25,26,27-pentanorcucurbit-5-en-3-one 22- 羟基 -23,24,25,26,27- 五降葫芦 -5- 烯 -3- 酮 苦瓜 Momordica charantia

7-hydroxy-23,24-dihydrocucurbitacin F-25-*O*-acetate 7- 羟基 -23,24- 二氢葫芦素 F-25-*O*- 乙酸酯 曲莲 Hemsleya amabilis

7*β*-hydroxy-23-*epi*-acteol-3-*O*-*α*-L-arabinopyranoside 7*β*- 羟基 -23- 表 - 类叶升麻醇 -3-*O*-*α*-L- 吡喃阿拉伯糖苷 云南升麻 Cimicifuga yunnanensis

7*β*-hydroxy-23-*epi*-acteol-3-*O*-*β*-D-xylopyranoside 7*β*- 羟基 -23- 表 - 类叶升麻醇 -3-*O*-*β*-D- 吡喃木糖苷 云南升麻 Cimicifuga yunnanensis

7*β*-hydroxy-23-*O*-acetylshengmanol-3-*O*-*β*-D-xylopyranoside 7*β*- 羟基 -23-*O*- 乙酰升麻新醇 -3-*O*-*β*-D- 吡喃木糖苷 单穗升麻 Cimicifuga simplex

3*α*-hydroxy-23-oxo-lup-20(29)-en-28-oic acid 3*α*- 羟基 -23- 氧代 - 羽扇豆 -20(29)- 烯 -28- 酸 五加 Eleutherococcus nodiflorus var. gracilistylus

(20*R*)-3*β*-hydroxy-24,25,26,27-tetranor-5*α*-cycloart-23,21-olide (20*R*)-3*β*- 羟基 -24,25,26,27- 四降 -5*α*- 环木菠萝 -23,21- 内酯 大叶山楝 Aphanamixis grandifolia

3α-hydroxy-24,25,26,27-tetranortirucall-7-ene-23(21)-lactone 3α- 羟基 -24,25,26,27- 四降绿玉树 -7- 烯 -23(21)- 内酯 大叶山楝 Aphanamixis grandifolia

6β-hydroxy-24-ethylcholest-4,22-dien-3-one 6β- 羟基 -24- 乙基胆甾 -4,22- 二烯 -3- 酮 牛角瓜 Calotropis gigantea

(24R)-6β-hydroxy-24-ethylcholest-4-en-3-one (24R)-6β- 羟基 -24- 乙基胆甾 -4- 烯 -3- 酮 节节草 Commelina diffusa, 云南石仙桃 Pholidota yunnanensis

(24R)-6-hydroxy-24-ethyl-cholest-4-en-3-one (24R)-6- 羟基 -24- 乙基 - 胆甾 -4- 烯 -3- 酮 蛇莓 Duchesnea indica

(24R)-3β-hydroxy-24-ethylcholest-5-en-7-one (24R)-3β- 羟基 -24- 乙基胆甾 -5- 烯 -7- 酮 草苁蓉 Boschniakia rossica, 牛角瓜 Calotropis gigantea

(24S)-3β-hydroxy-24-ethylcholest-5-en-7-one (24S)-3β- 羟基 -24- 乙基胆甾 -5- 烯 -7- 酮 草苁蓉 Boschniakia rossica

3β-hydroxy-24-ethylcholest-5-ene 3β- 羟基 -24- 乙基胆甾 -5- 烯 葫芦 Lagenaria siceraria

3α-hydroxy-24-methylene-23-oxolanost-8-en-26-carboxylic acid 3α- 羟基 -24- 亚甲基 -23- 氧代羊毛脂 -8- 烯 -26- 酸 红肉拟层孔菌 Fomitopsis rosea

16α-hydroxy-24-methylene-3-O-5α-lanosta-7,9(11)-dien-30-oic acid 16α- 羟基 -24- 亚甲基 -3-O-5α- 羊毛脂烷 -7,9(11)- 二烯 -30- 酸 水飞蓟 Silybum marianum

16α-hydroxy-24-methylene-3-oxo-5α-lanost-8-en-21-oic acid 16α- 羟基 -24- 亚甲基 -3- 氧代 -5α- 羊毛脂 -8- 烯 -21- 酸 红缘拟层孔菌 Fomitopsis pinicola

3β-hydroxy-24-methylenelanost-8-en-7,11-dione 3β- 羟基 -24- 亚甲基羊毛脂 -8- 烯 -7,11- 二酮 地锦 Euphorbia humifusa

3β-hydroxy-24-nor-urs-4,12,28-triene 3β- 羟基 -24- 降 - 熊果 -4,12,28- 三烯 糖胶树 Alstonia scholaris

17-hydroxy-24-O-[α-L-arabinofuranosyl-(1 → 2)]-[β-D-glucopranosyl-(1 → 6)]-β-D-glucopyranosyl-hopan-28,22-olide 17- 羟基 -24-O-[α-L-呋喃阿拉伯糖基 -(1 → 2)]-[β-D- 吡喃葡萄糖基 -(1 → 6)]-β-D- 吡喃葡萄糖基 - 何帕 -28,22- 内酯 单叶双盖蕨 Diplazium subsinuatum

17-hydroxy-24-O-[α-L-arabinofuranosyl-(1 → 2)]-β-D-glucopranosyl-hopan-28,22-olide 17- 羟基 -24-O-[α-L- 呋喃阿拉伯糖基 -(1 → 2)]-β-D-吡喃葡萄糖基 - 何帕 -28,22- 内酯 单叶双盖蕨 Diplazium subsinuatum

(22R)-22-hydroxy-24-O-acetylhydroshengmanol-3-O-β-D-xylopyranoside (22R)-22- 羟基 -24-O- 乙酰氢化升麻新醇 -3-O-β-D- 吡喃木糖苷 小升麻 Cimicifuga japonica

17-hydroxy-24-O-β-D-glucopranosyl-hopan-28,22-olide 17- 羟基 -24-O-β-D- 吡喃葡萄糖基 - 何帕 -28,22- 内酯 单叶双盖蕨 Diplazium subsinuatum

11α-hydroxy-24S-ethyl-5α-cholest-22-en-3,6-dione 11α- 羟基 -24S- 乙基 -5α- 胆甾 -22- 烯 -3,6- 二酮 大薸 Pistia stratiotes

22-hydroxy-25(R,S)-furost-5-en-12-one-3β,22,26-triol-26-O-β-D-glucopyranoside 22- 羟基 -25(R,S)- 呋甾 -5- 烯 -12- 酮 -3β,22,26- 三羟基 -26-O-β-D- 吡喃葡萄糖苷 玉竹 Polygonatum odoratum

3β-hydroxy-25,26,27-trisnorcycloart-24-oic acid 3β- 羟基 -25,26,27- 三降环木菠萝 -24- 酸 火殃勒 Euphorbia antiquorum

(20S)-3β-hydroxy-25,26,27-trisnordammaran-24,20-olide (20S)-3β- 羟基 -25,26,27- 去三甲基达玛 -24,20- 内酯 山茶 Camellia japonica

5α-hydroxy-25,27-dihydro-4,7-didehydro-7-deoxyneophysalin A 5α- 羟基 -25,27- 二去氢 -4,7- 二去氢 -7- 去氧新酸浆素 A 挂金灯 Physalis alkekengi var. francheti

12β-hydroxy-25-anhydrocimigenol 12β- 羟基 -25- 脱水升麻醇 升麻 Cimicifuga foetida

24ξ-hydroxy-25-cycloarten-3-one 24ξ- 羟基 -25- 环木菠萝烯 -3- 酮 疏花鱼藤 Derris laxiflora

20-hydroxy-25-methoxy-21-β-D-xylopyranosyloxy-dammar-23E-en-3β-[O-α-L-rhamnopyranosyl-(1 → 2)-O-β-D-xylopyranosyl-(1 → 3)-β-D-glucopyranoside] 20- 羟基 -25- 甲氧基 -21-β-D- 吡喃木糖氧基达玛 -23E- 烯 -3β-[O-α-L- 吡喃鼠李糖基 -(1 → 2)-O-β-D- 吡喃木糖基 -(1 → 3)-β-D- 吡喃葡萄糖苷 绞股蓝 Gynostemma pentaphyllum

3β-hydroxy-25-methoxycucurbita-6,23(E)-dien-19,5β-olide 3β- 羟基 -25- 甲氧基葫芦 -6,23(E)- 二烯 -19,5β- 内酯 苦瓜 Momordica charantia

(20S)-hydroxy-25-methoxy-dammar-23-en-3-one (20S)- 羟基 -25- 甲氧基 - 达玛 -23- 烯 -3- 酮 臭椿 Ailanthus altissima

(25R,26R)-17α-hydroxy-26-methoxyspirost-5-en-3β-O-α-L-rhamnopyranosyl-(1 → 2)-[β-D-glucopyranosyl-(1 → 6)]-β-D-glucopyranoside (25R,26R)-17α- 羟基 -26- 甲氧基螺甾 -5- 烯 -3β-O-α-L- 吡喃鼠李糖基 -(1 → 2)-[β-D- 吡喃葡萄糖基 -(1 → 6)]-β-D- 吡喃葡萄糖苷 卷丹 Lilium lancifolium

16-hydroxy-26-methylheptacosan-2-one 16- 羟基 -26- 甲基二十七烷 -2- 酮 土牛膝 Achyranthes aspera

3β-hydroxy-26-nor-9,19-cyclolanost-23-en-25-one 3β- 羟基 -26- 去甲基 -9,19- 环羊毛脂 -23- 烯 -25- 酮 莽吉柿 Garcinia mangostana

12β-hydroxy-26-norsolasodine-26-carboxylic acid 12β- 羟基 -26- 降澳洲茄胺 -26- 羧酸 龙葵 Solanum nigrum

3β-hydroxy-27-(E)-coumaroyl-oleanen-12-en-28-oic acid 3β- 羟基 -27- 反式 - 香豆酰基 - 齐墩果 -12-12- 烯 -28- 酸 钩藤 Uncaria rhynchophylla

3β-hydroxy-27-(E)-coumaroyl-urs-12-en-28-oic acid 3β- 羟基 -27- 反式 - 香豆酰基 - 熊果 -12- 烯 -28- 酸 钩藤 Uncaria rhynchophylla

3β-hydroxy-27-benzoyloxylup-20(29)-en-28-oic acid 3β- 羟基 -27- 苯甲酰氧基羽扇豆 -20(29)- 烯 -28- 酸 山芝麻 Helicteres angustifolia

3β-hydroxy-27-benzoyloxylup-20(29)-en-28-oic acid methyl ester 3β- 羟基 -27- 苯甲酰氧基羽扇豆 -20(29)- 烯 -28- 酸甲酯 山芝麻 Helicteres angustifolia

17-hydroxy-27-deoxywithaferin A 17- 羟基 -27- 去氧催眠睡茄素 A 睡茄 Withania somnifera

3β-hydroxy-27-noroleano-13(28)-lactone 3β- 羟基 -27- 降齐墩果 -13(28)- 内酯 毛钩藤 Uncaria hirsuta

3β-hydroxy-27-p-(E)-coumaroyl-oxyolean-12-en-28-oic acid 3β- 羟基 -27- 对 -(E)- 香豆酰氧基 - 氧化齐墩果 -12- 烯 -28- 酸 野桂花 Osmanthus yunnanensis

3β-hydroxy-27-p-(E)-coumaroyloxyursan-12-en-28-oic acid 3β- 羟基 -27- 对反式 - 香豆酰氧基齐墩果 -12- 烯 -28- 酸 钩藤 Uncaria rhynchophylla

3β-hydroxy-27-p-(R)-coumaroyloxyolean-12-en-28-oic acid 3β- 羟基 -27- 对 -(R)- 香豆酰氧基齐墩果 -12- 烯 -28- 酸 野桂花 Osmanthus yunnanensis

3*β*-hydroxy-27-*p*-(*Z*)-coumaroyloxyolean-12-en-28-oic acid 3*β*- 羟基 -27- 对顺式 - 香豆酰氧基齐墩果 -12- 烯 -28- 酸 钩藤 Uncaria rhynchophylla

3*β*-hydroxy-27-*p*-(*Z*)-coumaroyloxyursan-12-en-28-oic acid 3*β*- 羟基 -27- 对顺式 - 香豆酰氧基熊果 -12- 烯 -28- 酸 钩藤 Uncaria rhynchophylla

3*β*-hydroxy-27-*p*-*cis*-coumaroyloxyolean-12-en-28-oic acid 3*β*- 羟基 -27- 顺式 - 对香豆酰氧基基齐墩果 -12- 烯 -28- 酸 毛土连翘 Hymenodictyon orixense

3*α*-hydroxy-27-*trans*-caffeoyloxylup-20(29)-en-28-oic acid methyl ester 3*α*- 羟基 -27- 反式 - 咖啡酰氧基羽扇豆 -20(29)- 烯 -28- 酸甲酯 骆驼蒿 Peganum nigellastrum

3*β*-hydroxy-27-*trans*-caffeoyloxylup-20(29)-en-28-oic acid methyl ester 3*β*- 羟基 -27- 反式 - 咖啡酰氧基羽扇豆 -20(29)- 烯 -28- 酸甲酯 骆驼蒿 Peganum nigellastrum

3*β*-hydroxy-27-*Z*-feruloyloxy-urs-12-en-28-oic acid 3*β*- 羟基 -27- 顺式 - 阿魏酰氧基 - 熊果 -12- 烯 -28- 酸 钝叶鸡蛋花 Plumeria obtusa

3*β*-hydroxy-28-(*β*-D-glucopyranosyloxy)-28-oxoolean-12-en-3-*O*-*β*-D-galactopyranosyl-(1→3)-*O*-*β*-D-glucopyranosyl-(1→4)-*β*-D-glucopyranosiduronic acid 3*β*- 羟基 -28-(*β*-D- 吡喃葡萄糖氧基)-28- 氧代齐墩果 -12- 烯 -3-*O*-*β*-D- 吡喃半乳糖基 -(1→3)-*O*-*β*-D- 吡喃葡萄糖基 -(1→4)-*β*-D- 吡喃葡萄糖醛酸苷 金盏花 Calendula officinalis

3*α*-hydroxy-28-acetoxy-30-norlupan-20-one 3*α*- 羟基 -28- 乙酰氧基 -30- 降羽扇豆 -20- 酮 肉花卫矛 Euonymus carnosus

3*β*-hydroxy-28*E*-[(3,4-dihydroxyphenyl)-1-oxo-2-propenyloxy]-lup-20(29)-en-27-oic acid 3*β*- 羟基 -28 反式 -[(3,4- 二羟基苯基)-1- 氧代 -2- 丙烯氧基]- 羽扇豆 -20(29)- 烯 -27- 酸 马尾树 Rhoiptelea chiliantha

3*β*-hydroxy-28-lupanic acid 3*β*- 羟基 -28- 羽扇豆酸 栾树 Koelreuteria paniculata

3*α*-hydroxy-28-norolean-11,13(18),17(22)-trien-21-one 3*α*- 羟基 -28- 去甲齐墩果 -11,13(18),17(22)- 三烯 -21- 酮 通脱木 Tetrapanax papyrifer

3*β*-hydroxy-28-norolean-17-en-16-on-12,13-epoxide 3*β*- 羟基 -28- 去甲基齐墩果 -17- 烯 -16- 酮 -12,13- 环氧化物 山茶 Camellia japonica

17*β*-hydroxy-28-norurs-18*αH*-12,20(30)-dien-3*β*-ylacetate 17*β*- 羟基 -28- 降熊果 -18*αH*-12,20(30)- 二烯 -3*β*- 乙酸酯 牛角瓜 Calotropis gigantea

19-hydroxy-28-oxours-12-en-3*β*-*O*-*β*-D-glucopyranosiduronic acid butyl ester 19- 羟基 -28- 氧代熊果 -12- 烯 -3*β*-*O*-*β*-D- 吡喃葡萄糖醛酸基丁酯 秤星树 Ilex asprella

3*β*-hydroxy-28-*p*-hydroxyphenoyl-12-oleanene 3*β*- 羟基 -28- 对羟基苯氧基 -12- 齐墩果烯 大花田菁 Sesbania grandiflora

3*α*-hydroxy-28*β*-methoxy-13*α*-ursan-28,12*β*-epoxide 3-benzoate 3*α*- 羟基 -28*β*- 甲氧基 -13*α*- 熊果 -28,12*β*- 环氧 -3- 苯甲酸酯 石岩枫 Mallotus repandus

3*β*-hydroxy-29-al-12-en-28-oleanolic acid 3*β*- 羟基 -29- 醛 -12- 烯 -28- 齐墩果酸 糙苏 Phlomis umbrosa

3*β*-hydroxy-29-al-olean-12-en-28-oic acid 3*β*- 羟基 -29- 醛 - 齐墩果 -12- 烯 -28- 酸 木通 Akebia quinata

(4*β*,20*α*)-23-hydroxy-29-methoxy-29-oxoolean-12-en-3*β*-*O*-*β*-D-glucopyranosyl-(1→2)-*O*-*β*-D-glucopyranosiduronic acid (4*β*,20*α*)-23- 羟基 -29- 甲氧基 -29- 氧代齐墩果 -12- 烯 -3*β*-*O*-*β*-D- 吡喃葡萄糖基 -(1→2)-*O*-*β*-D- 吡喃葡萄糖醛酸 小花棘豆 Oxytropis glabra

1-hydroxy-2-acetyl-3,8-dimethoxynaphthalene-6-*O*-*β*-D-apiofuranosyl-(1→2)-*β*-D-glucopyranoside 1- 羟基 -2- 乙酰基 -3,8- 二甲氧基萘 -6-*O*-*β*-D- 呋喃芹糖基 -(1→2)-*β*-D- 吡喃葡萄糖苷 狭叶番泻 Cassia angustifolia, 钝叶决明 Senna tora var. obtusifolia

3-hydroxy-2-anilino-4-azo-phenyl-naphthalene 3- 羟基 -2- 苯胺酰基 -4- 偶氮基苯基萘 吐烟花 Pellionia repens

5-hydroxy-2-benzamidobenzoic acid methyl ester 5- 羟基 -2- 苯甲酰胺 - 苯甲酸甲酯 乌头 Aconitum carmichaelii

6-hydroxy-2-benzoxazolinone 6- 羟基 -2- 苯并噁唑酮 老鼠簕 Acanthus ilicifolius

4-hydroxy-2-benzoxazolone 4- 羟基 -2- 苯噁唑啉酮 老鼠簕 Acanthus ilicifolius

1-hydroxy-2-carboxy-3-methoxyanthraquinone 1- 羟基 -2- 羧基 -3- 甲氧基蒽醌 茜草 Rubia cordifolia

4-hydroxy-2-carboxyanthraquinone 4- 羟基 -2- 羧基蒽醌 茜草 Rubia cordifolia

4-hydroxy-2-cyclohexen-1-one 4- 羟基 -2- 环己烯 -1- 酮 挥发油成分，未统计基源

1-hydroxy-2-deacetoxytaxinine J 1- 羟基 -2- 去乙酰氧基紫杉宁 J 密叶红豆杉 Taxus fuana

5-hydroxy-2-decenoic acid *Δ*-lactone 5- 羟基 -2- 癸烯酸 *Δ*- 内酯 云南松 Pinus yunnanensis

5-hydroxy-2-decenoic acid-*δ*-lactone 5- 羟基 -2- 癸烯酸 -*δ*- 内酯 挥发油成分，未统计基源

8*β*-hydroxy-2-dehydroxyliguhodgsonal 8*β*- 羟基 -2- 去羟基鹿蹄橐吾醛▲ 掌叶橐吾 Ligularia przewalskii

(1*S*,2*R*,5*R*,6*S*,7*S*,8*S*,10*R*)-6-hydroxy-2-ethoxy-4-oxopseudoguai-11(13)-en-12,8-olide (1*S*,2*R*,5*R*,6*S*,7*S*,8*S*,10*R*)-6- 羟基 -2- 乙氧基 -4- 氧代伪愈创木 -11(13)- 烯 -12,8- 内酯 湖北旋覆花 Inula hupehensis

2-hydroxy-2*H*-1,4-benzoxazin-3-one 2- 羟基 -2*H*-1,4- 苯并恶嗪 -3- 酮 野甘草 Scoparia dulcis

(4*R*,5*S*)-5-hydroxy-2-hexen-4-olide (4*R*,5*S*)-5- 羟基 -2- 己烯 -4- 内酯 紫萁 Osmunda japonica

5-hydroxy-2-hydroxymethyl-1,4-naphthoquinone 5- 羟基 -2- 羟基甲基 -1,4- 萘醌 黄杞 Engelhardia roxburghiana

1-hydroxy-2-hydroxymethyl-3-methoxyanthraquinone 1- 羟基 -2- 羟基甲基 -3- 甲氧基蒽醌 蓬子菜 Galium verum, 海滨木巴戟 Morinda citrifolia, 短小蛇根草 Ophiorrhiza pumila

3-hydroxy-2-hydroxymethyl-4*H*-pyran-4-one 3- 羟基 -2- 羟基甲基 -4*H*- 吡喃 -4- 酮 马醉木 Pieris japonica

5-hydroxy-2-hydroxymethyl-4*H*-pyran-4-one 5- 羟基 -2- 羟基甲基 -4*H*- 吡喃 -4- 酮 佛手 Citrus medica var. sarcodactylis

(6*R*)-(2*E*)-6-hydroxy-2-hydroxymethyl-6-methyl-2,7-octadienoic acid-6-*O*-*β*-D-quinovoside (6*R*)-(2*E*)-6- 羟基 -2- 羟基甲基 -6- 甲基 -2,7- 辛二烯酸 -6-*O*-*β*-D- 鸡纳糖苷 藤金合欢 Acacia sinuata

(6*S*)-(2*E*)-6-hydroxy-2-hydroxymethyl-6-methyl-2,7-octadienoic acid-6-*O*-*β*-D-quinovoside (6*S*)-(2*E*)-6- 羟基 -2- 羟基甲基 -6- 甲基 -2,7- 辛二烯酸 -6-*O*-*β*-D- 鸡纳糖苷 藤金合欢 Acacia sinuata

5-hydroxy-2-hydroxymethyl-7-methoxychromone 5- 羟基 -2- 羟基甲基 -7- 甲氧基色酮 唐菖蒲 Gladiolus × gandavensis

3-hydroxy-2-hydroxymethyl-9,10-anthraquinone 3- 羟基 -2- 羟基甲基 -9,10- 蒽醌 紫参 Rubia yunnanensis

1-hydroxy-2-hydroxymethylanthraquinone 1- 羟基 -2- 羟基甲基蒽醌 金鸡纳树 Cinchona calisaya, 虎刺 Damnacanthus indicus, 四川虎刺 D. officinarum, 蓬子菜 Galium verum, 巴戟天 Morinda officinalis, 短小蛇根草 Ophiorrhiza pumila, 鸡矢藤 Paederia foetida, 牛耳朵 Primulina eburnea, 金剑草 Rubia alata, 东南茜草 R. argyi, 茜草 R. cordifolia, 金线草 R. membranacea, 钩毛茜草 R. oncotricha, 柄花茜草 R. podantha, 大叶茜草 R. schumanniana, 多花茜草 R. wallichiana

3-hydroxy-2-hydroxymethylanthraquinone 3- 羟基 -2- 羟基甲基蒽醌 红大戟 Knoxia roxburghii, 巴戟天 Morinda officinalis, 印度羊角藤 M. umbellata, 短小蛇根草 Ophiorrhiza pumila

1-hydroxy-2-hydroxy-methylanthraquinone-3-glucoside 1- 羟基 -2- 羟基甲基蒽醌 -3- 葡萄糖苷 染色茜草 Rubia tinctorum

(1*R*,2*S*,3*S*,4*S*)-3-hydroxy-2-hydroxymethylcamphane (1*R*,2*S*,3*S*,4*S*)-3- 羟基 -2- 羟基甲基樟烷 臭冷杉 Abies nephrolepis

(1*R*,2*S*,3*S*,4*S*)-3-hydroxy-2-hydroxymethylcamphane-10-*O*-*β*-D-glucopyranoside (1*R*,2*S*,3*S*,4*S*)-3- 羟基 -2- 羟基甲基樟烷 -10-*O*-*β*-D- 吡喃葡萄糖苷 臭冷杉 Abies nephrolepis

5-hydroxy-2-hydroxymethylpyridine 5- 羟基 -2- 羟基甲基吡啶 板栗 Castanea mollissima, 野罂粟 Papaver nudicaule, 黑三棱 Sparganium stoloniferum

5-hydroxy-2-indolinone 5- 羟基 -2- 吲哚酮 尖萼耧斗菜 Aquilegia oxysepala, 菘蓝 Isatis tinctoria

9-hydroxy-2-isopropenyl-1,8-dioxa-dicyclopenta[b,g]naphthalene-4,10-dione 9- 羟基 -2- 异戊烯基 -1,8- 二氧杂 - 双环戊 [b,g] 萘 -4,10- 二酮 白花丹 Plumbago zeylanica

(2*S*)-8-(5-hydroxy-2-isopropenyl-5-methylhexyl)-7-methoxy-5,2',4'-trihydroxyflavanone (2*S*)-8-(5- 羟基 -2- 异丙烯基 -5- 甲基己基)-7- 甲氧基 -5,2',4'- 三羟基黄烷酮 苦参 Sophora flavescens

3-hydroxy-2-isopropenyl-dihydrobenzofuran-5-carboxylic acid methyl ester 3- 羟基 -2- 异丙烯基二羟苯并呋喃 -5- 酸甲酯 露兜树 Pandanus tectorius

4-hydroxy-2-isopropyl-5-methylphenyl-1-*O*-*β*-D-glucopyranoside 4- 羟基 -2- 异丙基 -5- 甲基苯 -1-*O*-*β*-D- 吡喃葡萄糖苷 旱芹 Apium graveolens

5-hydroxy-2-methoxy-1,4-naphthoquinone 5- 羟基 -2- 甲氧基 -1,4- 萘醌 山核桃 Carya cathayensis, 胡桃楸 Juglans mandshurica, 胡桃 J. regia, 化香树 Platycarya strobilacea, 异叶翅子树 Pterospermum heterophyllum

7-hydroxy-2-methoxy-1,4-phenanthrenequinone 7- 羟基 -2- 甲氧基 -1,4- 菲醌 密花石豆兰 Bulbophyllum odoratissimum, 密花石斛 Dendrobium densiflorum

4-hydroxy-2-methoxy-3,6-dimethylbenzoic acid 4- 羟基 -2- 甲氧基 -3,6- 二甲基苯甲酸 斜脉暗罗 Polyalthia plagioneura

8-(3-hydroxy-2-methoxy-3-methylbutyl)-7-methoxycoumarin 8-(3- 羟基 -2- 甲氧基 -3- 甲基丁基)-7- 甲氧基香豆素 沙田柚 Citrus maxima 'Shatian Yu'

9-hydroxy-2-methoxy-4-methyl-3,10-anthracenedione 9- 羟基 -2- 甲氧基 -4- 甲基 -3,10- 蒽烯二酮 海滨木巴戟 Morinda citrifolia

(1*S*,2*R*,5*R*,6*S*,7*S*,8*S*,10*R*)-6-hydroxy-2-methoxy-4-oxopseudoguai-11(13)-en-12,8-olide (1*S*,2*R*,5*R*,6*S*,7*S*,8*S*,10*R*)-6- 羟基 -2- 甲氧基 -4- 氧代伪愈创木 -11(13)- 烯 -12,8- 内酯 湖北旋覆花 Inula hupehensis

(2*S*,4*R*,6*S*)-4-hydroxy-2-methoxy-6-(1-phenyl-2-propenyl)cyclohexa-none (2*S*,4*R*,6*S*)-4- 羟基 -2- 甲氧基 -6-(1- 苯基 -2- 丙烯基) 环己酮 印度黄檀 Dalbergia sissoo

4-hydroxy-2-methoxy-6-[(8*Z*)-pentadec-8-en-1-yl]phenyl acetate 4- 羟基 -2- 甲氧基 -6-[(8*Z*)- 十五碳 -8- 烯 -1- 基] 苯基乙酸酯 九管血 Ardisia brevicaulis

3-hydroxy-2-methoxy-6-hydroxymethylanthraquinone 3- 羟基 -2- 甲氧基 -6- 羟基甲基蒽醌 印度羊角藤 Morinda umbellata

4-hydroxy-2-methoxy-6-pentadecylphenyl acetate 4- 羟基 -2- 甲氧基 -6- 十五烷基苯基乙酸酯 九管血 Ardisia brevicaulis

1-hydroxy-2-methoxy-7-methylanthraquinone 1- 羟基 -2- 甲氧基 -7- 甲基蒽醌 牛耳朵 Primulina eburnea

1-hydroxy-2-methoxyanthraquinone 1- 羟基 -2- 甲氧基蒽醌 虎刺 Damnacanthus indicus, 海滨木巴戟 Morinda citrifolia, 巴戟天 M. officinalis, 茜草 Rubia cordifolia

4-hydroxy-2-methoxybenzaldehyde 4- 羟基 -2- 甲氧基苯甲醛 伞序臭黄荆 Premna serratifolia

3-hydroxy-2-methoxybenzoic acid 3- 羟基 -2- 甲氧基苯甲酸 胡杨 Populus euphratica

4-hydroxy-2-methoxybenzoic acid 4- 羟基 -2- 甲氧基苯甲酸 匍枝毛茛 Ranunculus repens, 栝楼 Trichosanthes kirilowii

5-hydroxy-2-methoxybenzoic acid 5- 羟基 -2- 甲氧基苯甲酸 小齿锥花 Gomphostemma microdon, 穗花牡荆 Vitex agnus-castus

4'-hydroxy-2'-methoxychalcone 4'- 羟基 -2'- 甲氧基查耳酮 镰荚棘豆 Oxytropis falcata

4'-hydroxy-2'-methoxycinnamaldehyde 4'- 羟基 -2'- 甲氧基桂皮醛 刺五加 Eleutherococcus senticosus

4-hydroxy-2-methoxycinnamaldehyde 4- 羟基 -2- 甲氧基桂皮醛 穿心莲 Andrographis paniculata

5-hydroxy-2'-methoxyflavone 5- 羟基 -2'- 甲氧基黄酮 报春花 Primula malacoides

6-hydroxy-2-methoxymethylanthraquinone 6- 羟基 -2- 甲氧基甲基蒽醌 印度羊角藤 Morinda umbellata

7-hydroxy-2-methoxyphenanthrene-1,4-dione 7- 羟基 -2- 甲氧基菲 -1,4- 二酮 竹叶兰 Arundina graminifolia

4-hydroxy-2-methoxyphenol-1-*O*-*β*-D-(6'-*O*-galloyl)-glucopyranoside 4- 羟基 -2- 甲氧基苯酚 -1-*O*-*β*-D-(6'-*O*- 没食子酰基) 吡喃葡萄糖苷 杨梅叶蚊母树 Distylium myricoides

4-hydroxy-2-methoxyphenol-1-*O*-*β*-D-(6'-*O*-*p*-hydroxylbenzoyl)-glucopyranoside 4- 羟基 -2- 甲氧基苯酚 -1-*O*-*β*-D-(6'-*O*- 对羟基苯甲酰基)- 吡喃葡萄糖苷 山茶 Camellia japonica

4-hydroxy-2-methoxyphenol-1-*O*-*β*-D-glucopyranoside 4- 羟基 -2- 甲氧基苯酚 -1-*O*-*β*-D- 吡喃葡萄糖苷 异叶翅子树 Pterospermum heterophyllum

threo-1-(4'-hydroxy-2'-methoxyphenyl)-2-(2'',4''-dihydroxyphenyl)-1,3-propanediol-4'-*O*-*β*-D-glucopyranoside 苏式 -1-(4'- 羟基 -2'- 甲氧基苯基)-2-(2'',4''- 二羟基苯基)-1,3- 丙二醇 -4'-*O*-*β*-D- 吡喃葡萄糖苷 山丹 Lilium pumilum

4-(3-hydroxy-2-methoxyphenyl)-2-butanone 4-(3- 羟基 -2- 甲氧基苯基)-2- 丁酮 云南石仙桃 Pholidota yunnanensis

(*E*)-3-(4-hydroxy-2-methoxyphenyl)-propenoic acid 4-hydroxy-3-methoxyphenyl ester (*E*)-3-(4- 羟基 -2- 甲氧基)- 苯丙烯酸 -4- 羟基 -3- 甲氧基苯酯 多序岩黄耆 Hedysarum polybotrys, 山紫茉莉 Oxybaphus himalaicus

4-hydroxy-2-methoxyphenyl-6-*O*-syringoyl-*β*-D-glucopyranoside 4- 羟基 -2- 甲氧基苯基 -6-*O*- 丁香酰基 -*β*-D- 吡喃葡萄糖苷 酸枣 Ziziphus jujuba var. spinosa

4-hydroxy-2-methoxyphenyl-6-*O*-syringyl-*β*-D-glucopyranoside 4- 羟基 -2- 甲氧基苯基 -6-*O*- 丁香基 -*β*-D- 吡喃葡萄糖苷 垂枝桦 Betula pendula, 红花八角 Illicium dunnianum

4-hydroxy-2-methoxyphenyl-*β*-D-glucopyranoside 4- 羟基 -2- 甲氧基苯基 -*β*-D- 吡喃葡萄糖苷 野木瓜 Stauntonia chinensis

2-hydroxy-2-methoxypropanoic acid 2- 羟基 -2- 甲氧基丙酸 山楝 Aphanamixis polystachya

1-hydroxy-2-methoxyxanthone 1- 羟基 -2- 甲氧基咖酮 红厚壳 Calophyllum inophyllum

3-hydroxy-2-methoxyxanthone 3- 羟基 -2- 甲氧基咖酮 小连翘 Hypericum erectum, 金丝桃 H. monogynum

5-hydroxy-2-methoxyxanthone 5- 羟基 -2- 甲氧基咖酮 无柄金丝桃 Hypericum augustinii, 短柱金丝桃 H. hookerianum

1-(4-hydroxy-2-methyl-2-buten-1-yl)-6-(3,4,5-trihydroxybenzoyl)-*β*-D-glucopyranoside 1-(4- 羟基 -2- 甲基 -2- 丁烯 -1- 基)-6-(3,4,5- 三羟基苯甲酰基)-*β*-D- 吡喃葡萄糖苷 地锦 Euphorbia humifusa

5-hydroxy-2-methyl-4-chromanone 5- 羟基 -2- 甲基 -4- 二氢色原酮 黑柄炭角菌 Xylaria nigripes

6-hydroxy-2-methyl-4-chromanone 6- 羟基 -2- 甲基 -4- 色烷酮 粽叶芦 Thysanolaena latifolia

8-hydroxy-2-methyl-4*H*-1-benzopyran-4-one 8- 羟基 -2- 甲基 -4*H*-1- 苯并吡喃 -4- 酮 椭圆叶花锚 Halenia elliptica

3-hydroxy-2-methyl-4-pyrone 3- 羟基 -2- 甲基 -4- 吡喃酮 黄蜡果 Stauntonia brachyanthera

(4*R*,5*S*)-4-hydroxy-2-methyl-5-(1-methylethyl)-2-cyclohexen-1-one (4*R*,5*S*)-4- 羟基 -2- 甲基 -5-(1- 甲基乙基)-2- 环己烯 -1- 酮 天山橐吾 Ligularia narynensis

(4*S*,5*S*)-4-hydroxy-2-methyl-5-(1-methylethyl)-2-cyclohexen-1-one (4*S*,5*S*)-4- 羟基 -2- 甲基 -5-(1- 甲基乙基)-2- 环己烯 -1- 酮 天山橐吾 Ligularia narynensis

1-hydroxy-2-methyl-6-methoxyanthraquinone 1- 羟基 -2- 甲基 -6- 甲氧基蒽醌 茜草 Rubia cordifolia

1-hydroxy-2-methyl-7-methoxyanthraquinone 1- 羟基 -2- 甲基 -7- 甲氧基蒽醌 茜草 Rubia cordifolia

1-hydroxy-2-methyl-9,10-anthraquinone 1- 羟基 -2- 甲基 -9,10- 蒽醌 林生茜草 Rubia sylvatica, 紫参 R. yunnanensis

4'-hydroxy-2'-methylacetophenone 4'- 羟基 -2'- 甲基苯乙酮 挥发油成分，未统计基源

1-hydroxy-2-methylanthraquinone 1- 羟基 -2- 甲基蒽醌 金鸡纳树 Cinchona calisaya, 虎刺 Damnacanthus indicus, 四川虎刺 D. officinarum, 海滨木巴戟 Morinda citrifolia, 巴戟天 M. officinalis, 印度羊角藤 M. umbellata, 短小蛇根草 Ophiorrhiza pumila, 南山花 Prismatomeris tetrandra, 金剑草 Rubia alata, 东南茜草 R. argyi, 茜草 R. cordifolia, 金线草 R. membranacea, 钩毛茜草 R. oncotricha, 卵叶茜草 R. ovatifolia, 柄花茜草 R. podantha, 大叶茜草 R. schumanniana, 染色茜草 R. tinctorum, 多花茜草 R. wallichiana, 柚木 Tectona grandis

3-hydroxy-2-methylanthraquinone 3- 羟基 -2- 甲基蒽醌 红大戟 Knoxia roxburghii, 巴戟天 Morinda officinalis, 印度羊角藤 M. umbellata, 短小蛇根草 Ophiorrhiza pumila

5-hydroxy-2-methylanthraquinone 5- 羟基 -2- 甲基蒽醌 金鸡纳树 Cinchona calisaya

6-hydroxy-2-methylanthraquinone 6- 羟基 -2- 甲基蒽醌 印度羊角藤 Morinda umbellata

5-hydroxy-2-methylbenzoic acid 5- 羟基 -2- 甲基苯甲酸 滇丁香 Luculia pinceana

4-hydroxy-2-methylbut-2-enolide 4- 羟基 -2- 甲基 -2- 丁烯内酯 轮叶木姜子 Litsea verticillata

(2*R*)-2-hydroxy-2-methyl-butanedioic acid (2*R*)-2- 羟基 -2- 甲基 - 丁二酸 量天尺 Hylocereus undatus

(2*R*)-2-hydroxy-2-methyl-butanedioic acid-1-methyl ester (2*R*)-2- 羟基 -2- 甲基 - 丁二酸 -1- 甲酯 量天尺 Hylocereus undatus

(2*R*)-2-hydroxy-2-methyl-butanedioic acid-4-methyl ester (2*R*)-2- 羟基 -2- 甲基 - 丁二酸 -4- 甲酯 量天尺 Hylocereus undatus

2*β*-hydroxy-2-methylbutanoyl-3*α*-lupulin 2*β*- 羟基 -2- 甲基丁酰基 -3*α*- 白苞筋骨草素 ▲ 白苞筋骨草 Ajuga lupulina

8-hydroxy-2-methylchromone 8- 羟基 -2- 甲基色原酮 椭圆叶花锚 Halenia elliptica

5-hydroxy-2-methylchromone-7-*O*-*β*-D-apiofuranosyl-(1→6)-D-*β*-D-glucopyranoside 5- 羟基 -2- 甲基色酮 -7-*O*-*β*-D- 呋喃芹糖基 -(1→6)-D-*β*-D- 吡喃葡萄糖苷 省沽油 Staphylea bumalda

5-hydroxy-2-methyl-chromone-7-*O*-*β*-D-xylopyranosyl-(1→6)-*β*-D-glucopyranoside 5- 羟基 -2- 甲基 - 色酮 -7-*O*-*β*-D- 吡喃木糖基 -(1→6)-*β*-D- 吡喃葡萄糖苷 细叶水团花 Adina rubella

7-hydroxy-2-methylisoflavone 7- 羟基 -2- 甲基异黄酮 洋甘草 Glycyrrhiza glabra

3-hydroxy-2-methyl-pyran-4-one 3- 羟基 -2- 甲基 - 吡喃 -4- 酮 相思子 Abrus precatorius

3-hydroxy-2-methylpyridine 3- 羟基 -2- 甲基吡啶 蒙古黄耆 Astragalus penduliflorus

trans-4-hydroxy-2-nonenoic acid 反式 -4- 羟基 -2- 壬烯酸 帘子藤 Pottsia laxiflora

3-hydroxy-2-*O*-3-friedelen-29-oic acid 3- 羟基 -2-*O*-3- 无羁萜烯 -29- 酸 南川卫矛 Euonymus bockii

6*β*-hydroxy-2-oxabicyclo[4.3.0]$\Delta^{8,9}$-nonen-1-one 6*β*- 羟基 -2- 氧杂双环 [4.3.0]$\Delta^{8,9}$- 壬烯 -1- 酮 十字架树 Crescentia alata, 地黄 Rehmannia glutinosa, 毛蕊花 Verbascum thapsum

1-hydroxy-2-oxo-(14*α*,15*α*)-eremophil-1(10),7(11),8(9)-trien-12,8-olide 1- 羟基 -2- 氧代 -(14*α*,15*α*)- 荒漠木 -1(10),7(11),8(9)- 三烯 -12,8- 内酯 宽舌橐吾 Ligularia platyglossa

3-hydroxy-2-oxo-3-fridelen-20*α*-carboxylic acid 3- 羟基 -2- 氧代 -3- 无羁萜烯 -20*α*- 羧酸 雷公藤 Tripterygium wilfordii

(*E*)-15-hydroxy-2-oxo-6*βH*,11*αH*-13-norguaia-3-en-11,6-carbolactone (*E*)-15- 羟基 -2- 氧代 -6*βH*,11*αH*-13- 降愈创木 -3- 烯 -11,6- 羰酰内酯 蜂斗菜状蟹甲草 Parasenecio petasitoides

(*E*)-15-hydroxy-2-oxo-6*βH*,11*βH*-13-norguaia-3-en-11,6-carbolactone (*E*)-15- 羟基 -2- 氧代 -6*βH*,11*βH*-13- 降愈创木 -3- 烯 -11,6- 羰酰内酯 蜂斗菜状蟹甲草 Parasenecio petasitoides

3-hydroxy-2-oxo-D:A-friedoolean-3-en-29-oic acid 3- 羟基 -2- 氧代 -D:A- 飞齐墩果 -3- 烯 -29- 酸 雷公藤 Tripterygium wilfordii

3-hydroxy-2-oxodendrobine 3- 羟基 -2- 氧代石斛碱 石斛 Dendrobium nobile

3*β*-hydroxy-2-oxofriedelan-29*α*-carboxylic acid 3*β*- 羟基 -2- 氧代无羁萜 -29*α*- 羧酸 昆明山海棠 Tripterygium hypoglaucum

2-(3-hydroxy-2-oxoindolin-3-yl)acetic acid 2-(3- 羟基 -2- 吲哚酮 -3- 基) 乙酸 啤酒花 Humulus lupulus

3*β*-hydroxy-2-oxoolean-12-ene-22,29-lactone 3*β*- 羟基 -2- 氧代齐墩果 -12- 烯 -22,29- 内酯 南蛇藤 Celastrus orbiculatus

1*β*-hydroxy-2-oxopomolic acid 1*β*- 羟基 -2- 氧代果渣酸▲ 台湾枇杷 Eriobotrya deflexa

[*S*-[*R**,*R**-(*Z*,*Z*)]]-2-(1'-hydroxy-2'-oxopropyl)-2,13-tetradecadienoic acid-[4''-(11'''-dodecenylidene)-tetrahydro-2''-methylene-5''-oxo-3''-furanyl] ester [*S*-[*R**,*R**-(*Z*,*Z*)]]-2-(1'- 羟基 -2'- 丙酮基)-2,13- 十四碳二烯酸 -[4''-(11'''- 十二碳亚乙基)- 四氢 -2''- 亚甲基 -5''- 氧代 -3''- 呋喃] 酯 三桠乌药 Lindera obtusiloba

2-(1'-hydroxy-2'-oxopropyl)-5-methylphenol 2-(1'- 羟基 -2'- 氧代丙基)-5- 甲基苯酚 佩兰 Eupatorium fortunei

1-hydroxy-2-*O*-*β*-D-glucopyranosyl-4-allylbenzene 1- 羟基 -2-*O*-*β*-D- 吡喃葡萄糖基 -4- 苯丙烯 高良姜 Alpinia officinarum

5-hydroxy-2-*O*-*β*-D-glucopyranosylbenzyl-2',6'-dimethoxybenzoate 5- 羟基 -2-*O*-*β*-D- 吡喃葡萄糖苷基苄基 -2',6'- 二甲氧基苯甲酸酯 大叶仙茅 Curculigo capitulata

5-hydroxy-2-pentylpiperidine 5- 羟基 -2- 戊基哌啶 毒参 Conium maculatum

(2*S*,4*R*)-4-hydroxy-2-piperidine-carboxylic acid (2*S*,4*R*)-4- 羟基 -2- 哌啶羧酸 陵水暗罗 Polyalthia nemoralis

4-[(2*Z*)-3-hydroxy-2-propenyl]-2,6-dimethoxyphenyl-4-*O*-*β*-D-glucopyranosyl-*β*-D-glucopyranoside 4-[(2*Z*)-3- 羟基 -2- 丙烯基]-2,6- 二甲氧基苯基 -4-*O*-*β*-D- 吡喃葡萄糖基 -*β*-D- 吡喃葡萄糖苷 天女花 Oyama sieboldii

5-hydroxy-2-pyridinecarboxylic acid 5- 羟基 -2- 吡啶羧酸 马齿苋 Portulaca oleracea

5-hydroxy-2-pyridinemethanol 5- 羟基 -2- 吡啶甲醇 党参 Codonopsis pilosula, 地黄 Rehmannia glutinosa

(3*R*)-3-hydroxy-2-pyrrolidinone (3*R*)-3- 羟基 -2- 吡咯烷酮 管花肉苁蓉 Cistanche tubulosa

5-hydroxy-2-styrylchromone 5- 羟基 -2- 苯乙烯色酮 白茅 Imperata cylindrica

1*α*-hydroxy-2*α*-acetoxy-9*β*-cinnamoyloxy-*β*-dihydroagarofuran 1*α*- 羟基 -2*α*- 乙酰氧基 -9*β*- 桂皮酰氧基 -*β*- 二氢沉香呋喃 南蛇藤 Celastrus orbiculatus

2*β*-hydroxy-2*α*hydroxymethyl-6,6-dimethylbicyclo[3.1.1]heptane 2*β*- 羟基 -2*α*- 羟基甲基 -6,6- 二甲氧基双环 [3.1.1] 庚烷 异株荨麻 Urtica dioica

2*β*-hydroxy-2*α*hydroxymethyl-6,6-dimethylbicyclo[3.1.1]heptane-2*α*-*O*-glucopyranoside 2*β*- 羟基 -2*α*- 羟基甲基 -6,6- 二甲氧基双环 [3.1.1] 庚烷 -2*α*-*O*- 吡喃葡萄糖苷 异株荨麻 Urtica dioica

3*α*-hydroxy-2*α*-methoxy-urs-12-en-28-oic acid 3*α*- 羟基 -2*α*- 甲氧基 - 熊果 -12- 烯 -28- 酸 粘毛鼠尾草 Salvia roborowskii

3*β*-hydroxy-2*α*-methoxy-urs-12-en-28-oic acid 3*β*- 羟基 -2*α*- 甲氧基 - 熊果 -12- 烯 -28- 酸 粘毛鼠尾草 Salvia roborowskii

1*β*-hydroxy-2*β*,6*α*,12-triacetoxy-8*β*-(*β*-nicotinoyloxy)-9*β*-(benzoyloxy)-*β*-dihydroagarofuran 1*β*- 羟基 -2*β*,6*α*,12- 三乙酰氧基 -8*β*-(*β*- 烟酰氧基)-9*β*- 苯甲酰氧基 -*β*- 二氢沉香呋喃 南蛇藤 Celastrus orbiculatus

1*β*-hydroxy-2*β*,6*α*,9*β*,12-tetraacetoxy-8*β*-benzoyloxy-*β*-dihydroagarofuran 1*β*- 羟基 -2*β*,6*α*,9*β*,12- 四乙酰氧基 -8*β*- 苯甲酰氧基 -*β*- 二氢沉香呋喃 冬青卫矛 Euonymus japonicus

1*β*-hydroxy-2*β*,6*α*,9*β*,15-tetraacetoxy-8*β*-benzoyloxy-*β*-dihydroagarofuran 1*β*- 羟基 -2*β*,6*α*,9*β*,15- 四乙酰氧基 -8*β*- 苯甲酰氧基 -*β*- 二氢沉香呋喃 栓翅卫矛 Euonymus phellomanus

1*β*-hydroxy-2*β*-acetoxy-5*α*,6*β*,7*αH*-eudesma-4(15),11(13)-dien-12,6-olide 1*β*- 羟基 -2*β*- 乙酰氧基 -5*α*,6*β*,7*αH*- 桉叶 -4(15),11(13)- 二烯 -12,6- 内酯 月桂 Laurus nobilis

4-hydroxy-2-*β*-D-glucopyranosyloxy phenylacetonitrile 4- 羟基 -2-*β*-D- 吡喃葡萄糖氧基苯乙腈 天葵 Semiaquilegia adoxoides

3*α*-hydroxy-2*β*-methoxyurs-12-en-28-oic acid 3*α*- 羟基 -2*β*- 甲氧基熊果 -12- 烯 -28- 酸 粘毛鼠尾草 Salvia roborowskii

4''-hydroxy-3''-methoxyalbiflorin 4''- 羟基 -3''- 甲氧基白花芍药苷 窄叶芍药 Paeonia anomala

5-(4''-hydroxy-3''-methyl-2''-butenyloxy)-6,7-furocoumarin 5-(4''- 羟基 -3''- 甲基 -2''- 丁烯氧基)-6,7- 呋喃并香豆素 莳萝 Anethum graveolens

5-hydroxy-3-(1,2-dihydroxyprop-1-enyl)-1-methylquinolin-4-one 5- 羟基 -3-(1,2- 二羟基丙 -1- 烯基)-1- 甲基喹啉 -4- 酮 象橘 Feronia limonia

(*E*)-7-hydroxy-3-(2',4'-dimethoxybenzylidene)-chroman-4-one (*E*)-7- 羟基 -3-(2',4'- 二甲氧基苯基亚甲基)- 色烷 -4- 酮 金凤花 Caesalpinia pulcherrima

(*R*)-6-hydroxy-3-(2-hydroxypropan-2-yl)-6-methylcyclohex-2-enone (*R*)-6- 羟基 -3-(2- 羟基丙烷 -2- 基)-6- 甲基环己 -2- 烯酮 天山棱子芹 Pleurospermum lindleyanum

1*α*-hydroxy-3-(2-methylbutanoyloxy)-pinnatifidin 1*α*- 羟基 -3-(2- 甲基丁酰氧基)- 羽状堆心菊素 密花艾纳香 Blumea densiflora

4*E*,10*E*-9*β*-hydroxy-3-(2-methylbutyroyloxy)-germacra-4,10(1)-dien-12,6*α*-olide 4*E*,10*E*-9*β*- 羟基 -3-(2- 甲基丁酰氧基)- 大根老鹳草 -4,10(1)- 二烯 -12,6*α*- 内酯 云南蓍 Achillea wilsoniana

(*E*)-7-hydroxy-3-(3',4',5'-trimethoxybenzylidene)-chroman-4-one (*E*)-7- 羟基 -3-(3',4',5'- 三甲氧基苯基亚甲基)- 色烷 -4- 酮 金凤花 Caesalpinia pulcherrima

4-hydroxy-3-(3-methyl-2-butenyl)benzoic acid 4- 羟基 -3-(3- 甲基 -2- 丁烯基) 苯甲酸 鳝藤 Anodendron affine

5-hydroxy-3-(4-hydroxy)-6,7-methylenedioxyflavone 5- 羟基 -3-(4- 羟基)-6,7- 亚甲二氧基黄酮 德国鸢尾 Iris germanica

4-hydroxy-3-(4-hydroxy-3-methoxybenzyl)-5-methoxybenzaldehyde 4- 羟基 -3-(4- 羟基 -3- 甲氧苄基)-5- 甲氧基苯甲醛 越南香荚兰 Vanilla annamica

7-hydroxy-3-(4-hydroxybenzyl)-8-methoxychromane 7- 羟基 -3-(4- 羟基苄基)-8- 甲氧基色原烷 剑叶龙血树 Dracaena cochinchinensis

7-hydroxy-3-(4-hydroxybenzyl)chroman 7- 羟基 -3-(4- 羟基苄基) 色原烷 剑叶龙血树 Dracaena cochinchinensis, 剑麻 Agave sisalana

7-hydroxy-3-(4-hydroxybenzyl)-chromone 7- 羟基 -3- 对羟基苄基 - 色原酮 龙血藤 Daemonorops draco

7-hydroxy-3-(4'-hydroxybenzylidene)-chroman-4-one 7- 羟基 -3-(4'- 对甲基苯)- 色烷 -4- 酮 苏木 Caesalpinia sappan

5-hydroxy-3-(4-hydroxylphenyl)pyrano[3,2-g]chromene-4(8*H*)-one 5- 羟基 -3-(4- 羟基苯基) 吡喃 [3,2-g] 色烯 -4(8*H*)- 酮 杧果 Mangifera indica

rel-(3*S*,4a*R*,10b*R*)-8-hydroxy-3-(4-hydroxyphenyl)-9-methoxy-4a,5,6,10b-tetrahydro-3*H*-naphtho[2,1-b]pyran 相对 -(3*S*,4a*R*,10b*R*)-8- 羟基 -3-对羟苯基 -9- 甲氧基 -4a,5,6,10b- 四氢 -3*H*- 萘 [2,1-b] 吡喃 大蕉 Musa × paradisiaca

2-hydroxy-3-(4-hydroxyphenyl)propanoic acid 2- 羟基 -3-(4- 羟基苯基) 丙酸 蓝蓟 Echium vulgare

5-hydroxy-3-(4-methoxy)-6,7-methylenedioxyflavone 5- 羟基 -3-(4- 甲氧基)-6,7- 亚基二氧基黄酮 德国鸢尾 Iris germanica

6-hydroxy-3-(hydroxymethyl)-2,4,4-trimethyl-2,5-cyclohexadien-1-one-6-*O*-*β*-D-glucoside 6- 羟基 -3-(羟基甲基)-2,4,4- 三甲基 -2,5- 环己二烯 -1- 酮 -6-*O*-*β*-D- 葡萄糖苷 番红花 Crocus sativus

2-hydroxy-3-(phenyl-aminocarbonyl)naphthalene-1-azobenzene 2- 羟基 -3- 苯胺羰基 -1- 偶氮苯基萘 密脉鹅掌柴 Heptapleurum ellipticum

(7*S*,8*R*,1'*S*,2'*R*)-$\Delta^{8'}$-4-hydroxy-3,1',2'-trimethoxy-1',2',3',4'-tetrahydro-4'-oxo-7.*O*.2',8.1'-neolignan (7*S*,8*R*,1'*S*,2'*R*)-$\Delta^{8'}$-4- 羟基 -3,1',2'- 三甲氧基 -1',2',3',4'- 四氢 -4'- 酮 -7.*O*.2',8.1'- 新木脂素 玉兰 Yulania denudata

13-hydroxy-3,11-(7*αH*,10*βH*)-acordien-3-one 13- 羟基 -3,11-(7*αH*,10*βH*)- 菖蒲二烯 -3- 酮 挂金灯 Physalis alkekengi var. francheti

7*β*-hydroxy-3,11,15,23-tetraoxolanosta-8,20E(22)-dien-26-oic acid) methyl ester 7*β*- 羟基 -3,11,15,23- 四氧羊毛脂 -8,20*E*(22)- 二烯 -26- 酸甲酯 树舌灵芝 Ganoderma applanatum

17*β*-hydroxy-3,11,16-trioxo-28-norolean-12-ene 17*β*- 羟基 -3,11,16- 三氧代 -28- 降齐墩果 -12- 烯 小舌菊 Microglossa pyrifolia

27-hydroxy-3,11-dioxo-olean-12-en-28-oic acid 27- 羟基 -3,11- 二氧代 - 齐墩果 -12- 烯 -28- 酸 马尾树 Rhoiptelea chiliantha

16*α*-hydroxy-3,13-clerodadien-15,16-olide 16*α*- 羟基 -3,13- 赪桐二烯 -15,16- 内酯 兰香草 Caryopteris incana

13*β*-hydroxy-3,15-dioxoatis-16-ene 13*β*- 羟基 -3,15- 二氧代阿替 -16- 烯 金刚纂 Euphorbia neriifolia

17*β*-hydroxy-3,16-dioxo-28-norolean-12-ene 17*β*- 羟基 -3,16- 二酮 -28- 降齐墩果 -12- 烯 小舌菊 Microglossa pyrifolia

6*β*-hydroxy-3,20-dioxo-30-norlupane-28-oic acid 6*β*- 羟基 -3,20- 二氧代 -30- 降羽扇 -28- 酸 日本珊瑚树 Viburnum odoratissimum var. awabuki

2-hydroxy-3,2'-dimethoxy-4'-(2,3-epoxy-1-hydroxypropyl)-5-(3-hydroxy-1-propenyl)biphenyl 2- 羟基 -3,2'- 二 - 甲氧基 -4'-(2,3- 环氧 -1- 羟基丙基)-5-(3- 羟基 -1- 丙烯基) 联苯 野芋 Colocasia antiquorum

2'-hydroxy-3,3',4,4',5',6'-hexamethoxychalcone 2'- 羟基 -3,3',4,4',5',6'- 六甲氧基查耳酮 甜橙 Citrus sinensis

2'-hydroxy-3,3',4,4'-tetramethoxychalcone 2'- 羟基 -3,3',4,4'- 四甲氧基查耳酮 香合欢 Albizia odoratissima

8-hydroxy-3,3',4',5,6,7-hexamethoxyflavone 8- 羟基 -3,3',4',5,6,7- 六甲氧基黄酮 来檬 Citrus aurantiifolia

5-hydroxy-3,3',4',5',7-pentamethoxyflavone 5- 羟基 -3,3',4',5',7- 五甲氧基黄酮 桃金娘 Rhodomyrtus tomentosa

4-hydroxy-3,3',4',5,*α*-pentamethoxybibenzyl 4- 羟基 -3,3',4',5,*α*- 五甲氧基联苄 石斛 Dendrobium nobile

5-hydroxy-3,3',4,7-tetramethoxyflavone 5- 羟基 -3,3',4,7- 四甲氧基黄酮 杜虹花 Callicarpa formosana

5-hydroxy-3,3',4',7-tetramethoxyflavone 5- 羟基 -3,3',4',7- 四甲氧基黄酮 广藿香 Pogostemon cablin

(+)-(7*R*,8*R*)-4-hydroxy-3,3',5'-trimethoxy-8',9'-dinor-8,4'-oxyneoligna-7,9-diol-7'-aldehyde (+)-(7*R*,8*R*)-4- 羟基 -3,3',5'- 三甲氧基 -8',9'- 二降 -8,4'- 氧代新木脂素 -7,9- 二醇 -7'- 醛 矩叶卫矛 Euonymus oblongifolius

(-)-(7*S*,8*R*)-4-hydroxy-3,3',5'-trimethoxy-8',9'-dinor-8,4'-oxyneoligna-7,9-diol-7'-aldehyde (-)-(7*S*,8*R*)-4- 羟基 -3,3',5'- 三甲氧基 -8',9'- 二降 -8,4'- 氧代新木脂素 -7,9- 二醇 -7'- 醛 矩叶卫矛 Euonymus oblongifolius

(-)-(8*R*)-$\Delta^{8'}$-4-hydroxy-3,3',5'-trimethoxy-8-*O*-4'-neolignan (-)-(8*R*)-$\Delta^{8'}$-4- 羟基 -3,3',5'- 三甲氧基 -8-*O*-4'- 新木脂素 肉豆蔻 Myristica fragrans

7-hydroxy-3,3'-dimethoxy-7',8-bicadalenyl ether 7- 羟基 -3,3'- 二甲氧基 -7',8- 二杜松萘醚 榉树 Zelkova serrata

6'-hydroxy-3,4-(1''-hydroxypropylene oxide)-2',3'-(1*β*-hydroxy-2-carbonylcyclobutane)-1,1'-biphenyl 6'- 羟基 -3,4-(1''- 羟基环氧丙烷)-2',3'-(1*β*- 羟基 -2- 羰基环丁烷)-1,1'- 联苯 云实 Caesalpinia decapetala

5-hydroxy-3,4-(isopropylidenedioxy)-1-cyclohexene-1-carboxylic acid 5- 羟基 -3,4-(异丙基亚甲基二氧)-1- 环己烯 -1- 羧酸 地锦 Euphorbia humifusa

7-hydroxy-3',4'-(methylenedioxy)flavan 7- 羟基 -3',4'-(亚甲二氧基) 黄烷 毗黎勒 Terminalia bellirica

2'-hydroxy-3,4,3',4',6'-pentamethoxychalcone 2'- 羟基 -3,4,3',4',6'- 五甲氧基查耳酮 南丰蜜橘 Citrus reticulata 'Kinokuni'

(-)-*erythro*-(7*R*,8*S*)-$\Delta^{8'}$-7-hydroxy-3,4,3',5'-tetramethoxy-8-*O*-4'-neolignan (-)- 赤式 -(7*R*,8*S*)-$\Delta^{8'}$-7- 羟基 -3,4,3',5'- 四甲氧基 -8-*O*-4'- 新木脂素 肉豆蔻 Myristica fragrans

(+)-*erythro*-(7*S*,8*R*)-$\Delta^{8'}$-7-hydroxy-3,4,3',5'-tetramethoxy-8-*O*-4'-neolignan (+)- 赤式 -(7*S*,8*R*)-$\Delta^{8'}$-7- 羟基 -3,4,3',5'- 四甲氧基 -8-*O*-4'- 新木脂素 肉豆蔻 Myristica fragrans

5'-hydroxy-3',4',3,6,7-pentamethoxyflavone 5'- 羟基 -3',4',3,6,7- 五甲氧基黄酮 黄荆 Vitex negundo

2'-hydroxy-3,4,4',5',6'-pentamethoxychalcone 2'- 羟基 -3,4,4',5',6'- 五甲氧基查耳酮 甜橙 Citrus sinensis

2'-hydroxy-3,4,4'-trimethoxychalcone 2'- 羟基 -3,4,4'- 三甲氧基查耳酮 小花鬼针草 Bidens parviflora

rel-(7*R*,8*S*,7'*S*,8'*S*)-4'-hydroxy-3,4,5,3',5'-pentamethoxy-7,7'-epoxylignan 相对 -(7*R*,8*S*,7'*S*,8'*S*)-4'- 羟基 -3,4,5,3',5'- 五甲氧基 -7,7'- 环氧木脂素 石蝉草 Peperomia blanda

(+)-*erythro*-(7*S*,8*R*)-$\Delta^{8'}$-7-hydroxy-3,4,5,3',5'-pentamethoxy-8-*O*-4'-neolignan (+)- 赤式 -(7*S*,8*R*)-$\Delta^{8'}$-7- 羟基 -3,4,5,3',5'- 五甲氧基 -8-*O*-4'- 新木脂素 肉豆蔻 Myristica fragrans

2'-hydroxy-3,4,5,4',6'-pentamethoxychalcone 2'- 羟基 -3,4,5,4',6'- 五甲氧基查耳酮 千里香 Murraya paniculata

8-hydroxy-3,4',5,6,7-pentamethoxyflavone 8- 羟基 -3,4',5,6,7- 五甲氧基黄酮 来檬 Citrus aurantiifolia

7-hydroxy-3',4',5,6-tetramethoxyflavone 7- 羟基 -3',4',5,6- 四甲氧基黄酮 柑橘 Citrus reticulata

7-hydroxy-3',4',5,6-tetramethoxyflavone-7-*O*-*β*-D-(1 → 4)-diglucoside 7- 羟基 -3',4',5,6- 四甲氧基黄酮 -7-*O*-*β*-D-(1 → 4)- 二葡萄糖苷 绒毛戴星草 Sphaeranthus indicus

1-hydroxy-3,4,5,8-tetramethoxyxanthone 1- 羟基 -3,4,5,8- 四甲氧基呫吨 川西獐牙菜 Swertia mussotii

1-hydroxy-3,4,5-trimethoxybenzene-1-*O*-*α*-L-apiopyranosyl-(1 → 6)-*O*-*β*-D-glucopyranoside 1- 羟基 -3,4,5- 三甲氧基苯 -1-*O*-*α*-L- 吡喃芹菜糖基 -(1 → 6)-*O*-*β*-D- 吡喃葡萄糖苷 剑叶龙血树 Dracaena cochinchinensis

6-hydroxy-3',4',5'-trimethoxyflavone 6- 羟基 -3',4',5'- 三甲氧基黄酮 田基黄 Grangea maderaspatana

5-hydroxy-3',4',6,7,8-pentamethoxyflavone 5- 羟基 -3',4',6,7,8- 五甲氧基黄酮 千根草 Euphorbia thymifolia, 酢浆草 Oxalis corniculata

2-hydroxy-3,4,6,7-tetramethoxy-9,10-dihydrophenanthrene 2- 羟基 -3,4,6,7- 四甲氧基 -9,10- 二氢萘 朝鲜淫羊藿 Epimedium koreanum

5-hydroxy-3,4',6,7-tetramethoxyflavone 5- 羟基 -3,4',6,7- 四甲氧基黄酮 假连翘 Duranta erecta, 翼齿六棱菊 Laggera crispata, 思茅豆腐柴 Premna szemaoensis, 穗花牡荆 Vitex agnus-castus

5-hydroxy-3',4',6,7-tetramethoxyflavone 5- 羟基 -3',4',6,7- 四甲氧基黄酮 广防风 Anisomeles indica, 艾 Artemisia argyi, 全缘叶紫珠 Callicarpa integerrima, 冬凌草 Isodon rubescens, 留兰香 Mentha spicata

5-hydroxy-3',4',6,7-tetramethoxyflavonol 5- 羟基 -3',4',6,7- 四甲氧基黄酮醇 皱叶南蛇藤 Celastrus rugosus, 石生黄堇 Corydalis saxicola

14-hydroxy-3,4,6,7-tetramethoxyphenanthroindolizidine 14- 羟基 -3,4,6,7- 四甲氧基菲吲哚里西啶 棱果榕 Ficus septica

2-hydroxy-3,4,6-trimethoxychalcene 2- 羟基 -3,4,6- 三甲氧基查耳烯酮 排骨灵 Fissistigma bracteolatum

2-hydroxy-3,4,6-trimethoxychalcone 2- 羟基 -3,4,6- 三甲氧基查耳酮 排骨灵 Fissistigma bracteolatum

2-hydroxy-3,4,6-trimethoxydihydrochalcone 2- 羟基 -3,4,6- 三甲氧基二氢查耳酮 排骨灵 Fissistigma bracteolatum

2'-hydroxy-3',4',6'-trimethoxydihydrochalcone 2'- 羟基 -3',4',6'- 三甲氧基二氢查耳酮 排骨灵 Fissistigma bracteolatum

2'-hydroxy-3',4',6'-trimethoxy-*α*'-methoxychalcane 2'- 羟基 -3',4',6'- 三甲氧基 -*α*'- 甲氧基查耳烷 排骨灵 Fissistigma bracteolatum

2'-hydroxy-3',4',6'-trimethoxy-*β*'-methoxychalcane 2'- 羟基 -3',4',6'- 三甲氧基 -*β*'- 甲氧基查耳烷 排骨灵 Fissistigma bracteolatum

3-hydroxy-3',4',7,8-tetramethoxyflavone 3- 羟基 -3',4',7,8- 四甲氧基黄酮 香合欢 Albizia odoratissima

5-hydroxy-3',4',7,8-tetramethoxyflavone 5- 羟基 -3',4',7,8- 四甲氧基黄酮 石蝉草 Peperomia blanda

1-hydroxy-3,4,7,8-tetramethoxyxanthone 1- 羟基 -3,4,7,8- 四甲氧基屾酮 川西獐牙菜 Swertia mussotii, 玉山双蝴蝶 Tripterospermum lanceolatum

5-hydroxy-3',4',7-trimethoxyflavanone 5- 羟基 -3',4',7- 三甲氧基黄烷酮 滑叶山姜 Alpinia tonkinensis, 大叶冬青 Ilex latifolia

5-hydroxy-3,4',7-trimethoxyflavone 5- 羟基 -3,4',7- 三甲氧基黄酮 杜虹花 Callicarpa formosana, 齿叶黄皮 Clausena dunniana

5-hydroxy-3',4',7-trimethoxyflavone 5- 羟基 -3',4',7- 三甲氧基黄酮 冬凌草 Isodon rubescens, 忍冬 Lonicera japonica, 过江藤 Phyla nodiflora

5-hydroxy-3',4',7-trimethoxyflavonol-3-*O*-*β*-D-rutinoside 5- 羟基 -3',4',7- 三甲氧基黄酮醇 -3-*O*-*β*-D- 芸香糖苷 金线兰 Anoectochilus roxburghii

7-hydroxy-3,4,8-trimethoxyxanthone-1-*O*-*β*-D-glucopyranoside 7- 羟基 -3,4,8- 三甲氧基屾酮 -1-*O*-*β*-D- 吡喃葡萄糖苷 川西獐牙菜 Swertia mussotii

5-hydroxy-3',4'-7-trimethoxyflavone 5- 羟基 -3',4'-7- 三甲氧基黄酮 长柄胡椒 Piper sylvaticum

(2*R*)-hydroxy-3,4-dehydroneomajucin (2*R*)- 羟基 -3,4- 去氢新大八角素 大八角 Illicium majus

(2*S*)-hydroxy-3,4-dehydroneomajucin (2*S*)- 羟基 -3,4- 去氢新大八角素 假地枫皮 Illicium jiadifengpi

(2*R*)-hydroxy-3,4-dehydroxyneomajucin (2*R*)- 羟基 -3,4- 去羟基新大八角素 假地枫皮 Illicium jiadifengpi

(2*R**)-hydroxy-3,4-dehydroxyneomajucin (2*R**)- 羟基 -3,4- 去羟基新大八角素 假地枫皮 Illicium jiadifengpi

6-hydroxy-3,4-dihydro-1-oxo-*β*-carboline 6- 羟基 -3,4- 二氢 -1- 氧代 -*β*- 咔啉 披针叶胡颓子 Elaeagnus lanceolata

3'-hydroxy-3',4'-dihydroxanthyletin 3'- 羟基 -3',4'- 二氢花椒内酯 朝鲜当归 Angelica gigas

2-hydroxy-3',4'-dihydroxyacetophenone 2- 羟基 -3',4'- 二羟基苯乙酮 素馨花 Jasminum grandiflorum, 酸豆 Tamarindus indica

1-hydroxy-3,4-dimethoxy-10-methylacridan-9-one 1- 羟基 -3,4- 二甲氧基 -10- 甲基吖啶 -9- 酮 山橘树 Glycosmis cochinchinensis, 山小橘 G. pentaphylla

(8*R*,8'*R*)-8-hydroxy-3,4-dimethoxy-3',4'-methylenedioxy-7-oxolignan (8*R*,8'*R*)-8- 羟基 -3,4- 二甲氧基 -3',4'- 亚甲二氧基 -7- 氧代木脂素 华中五味子 Schisandra sphenanthera

2-hydroxy-3,4-dimethoxybenzaldehyde 2- 羟基 -3,4- 二甲氧基苯甲醛 降香 Dalbergia odorifera

3-hydroxy-3',4'-dimethoxychalcone 3- 羟基 -3',4'- 二甲氧基查耳酮 苦郎树 Clerodendrum inerme

5-hydroxy-3,4-dimethoxycinnamic acid 5- 羟基 -3,4- 二甲氧基桂皮酸 辣椒 Capsicum annuum

5-hydroxy-3',4'-dimethoxyflavone-7-*O*-*β*-D-glucuronide 5- 羟基 -3',4'- 二甲氧基黄酮 -7-*O*-*β*-D- 葡萄糖醛酸苷 冷蒿 Artemisia frigida

5-hydroxy-3',4'-dimethoxyflavone-7-*O*-*β*-glucopyranoside 5- 羟基 -3',4'- 二甲氧基黄酮 -7-*O*-*β*- 吡喃葡萄糖苷 绣球防风 Leucas ciliata

(3*R*)-2'-hydroxy-3',4'-dimethoxyisoflavan-7-*O*-*β*-D-glucopyranoside (3*R*)-2'- 羟基 -3',4'- 二甲氧基异黄烷 -7-*O*-*β*-D- 吡喃葡萄糖苷 蒙古黄耆 Astragalus penduliflorus

2'-hydroxy-3',4'-dimethoxyisoflavan-7-*O*-*β*-D-glucopyranoside 2'- 羟基 -3',4'- 二甲氧基异黄烷 -7-*O*-*β*-*D*- 吡喃葡萄糖苷 达乌里黄耆 Astragalus dahuricus, 黄耆 A. penduliflorus subsp. mongholicus var. dahuricus

2'-hydroxy-3',4'-dimethoxyisoflavan-*O*-*β*-D-glucopyranoside 2'- 羟基 -3',4'- 二甲氧基异黄烷 -*O*-*β*-D- 吡喃葡萄糖苷 黄耆 Astragalus penduliflorus subsp. mongholicus var. dahuricus

(3*R*,4*R*)-3-(2-hydroxy-3,4-dimethoxyphenyl)chroman-4,7-diol-7-*O*-*β*-*D*-glucopyranoside (3*R*,4*R*)-3-(2- 羟基 -3,4- 二甲氧基苯基) 色烷 -4,7- 二醇 -7-*O*-*β*-*D*- 吡喃葡萄糖苷 黄耆 Astragalus penduliflorus subsp. mongholicus var. dahuricus

2-hydroxy-3,4-dimethoxyxanthone 2- 羟基 -3,4- 二甲氧基屾酮 元宝草 Hypericum sampsonii, 荷包山桂花 Polygala arillata

1-hydroxy-3,4-dimethoxyxanthone-7-*O*-*β*-D-glucopyranoside 1- 羟基 -3,4- 二甲氧基屾酮 -7-*O*-*β*-D- 吡喃葡萄糖苷 川西獐牙菜 Swertia mussotii

5-hydroxy-3,4-dimethyl-5-pentyl-2(5*H*)-furanone 5- 羟基 -3,4- 二甲基 -5- 戊基 -2(5*H*)- 呋喃酮 乌蔹莓 Cayratia japonica

8-hydroxy-3,4-dimethylisocoumarin 8- 羟基 -3,4- 二甲基异香豆素 褐黏褶菌 Gloeophyllum subferrugineum

2'-(2-hydroxy-3,4-dioxymethylenephenyl)-methylacetate 2'-(2- 羟基 -3,4- 亚甲二氧基苯基)- 甲基乙酸酯 蓖麻 Ricinus communis

H

4'-(2-hydroxy-3,4-dioxymethylenephenyl)-methyl-*n*-butyrate 4'-(2- 羟基 -3,4- 亚甲二氧基苯基)- 正丁酸甲酯 蓖麻 Ricinus communis

2*β*-hydroxy-3,4-epoxy-jaeschkeanadiol 2*β*- 羟基 -3,4- 环氧中亚阿魏二醇▲ 中亚阿魏 Ferula jaeschkeana

(+)-*erythro*-(7*S*,8*R*)-$\Delta^{8'}$-7-hydroxy-3,4-methylenedioxy-3',5'-dimethoxy-8-*O*-4'-neolignan (+)- 赤式 -(7*S*,8*R*)-$\Delta^{8'}$-7- 羟基 -3,4- 亚甲二氧基 -3',5'- 二甲氧基 -8-*O*-4'- 新木脂素 肉豆蔻 Myristica fragrans

9,9'-hydroxy-3,4-methylenedioxy-3'-methoxy[7-*O*-4',8-,8-5'5']neolignan 9,9'- 羟基 -3,4- 亚甲二氧基 -3'- 甲氧基 [7-*O*-4',8-,8-5'5'] 新木脂素 喙果黑面神 Breynia rostrata

9,9'-hydroxy-3,4-methylenedioxy-3'-methoxy-[7-*O*-4',8-5']-neolignan 9,9'- 羟基 -3,4- 亚甲二氧基 -3'- 甲氧基 -[7-*O*-4',8-5']- 新木脂素 小叶黑面神 Breynia vitis-idaea

7-hydroxy-3',4'-methylenedioxyflavan 7- 羟基 -3',4'- 亚甲二氧基黄烷 葱莲 Zephyranthes candida

7-hydroxy-3',4'-methylenedioxyisoflavone 7- 羟基 -3',4'- 亚甲二氧基异黄酮 苦豆子 Sophora alopecuroides, 白刺花 S. davidii

(20*S*)-hydroxy-3,4-seco-4(28)-dammardien-3-oic acid (20*S*)- 羟基 -3,4- 裂环 -4(28)- 达玛二烯 -3- 酸 垂枝桦 Betula pendula

3-hydroxy-3,4-secocoronaridine 3- 羟基 -3,4- 裂环冠狗牙花定 伞房狗牙花 Tabernaemontana corymbosa

2*β*-hydroxy-3,4-seco-friedelolactone-27-oic acid 2*β*- 羟基 -3,4- 裂环 - 无羁萜内酯 -27- 酸 七星莲 Viola diffusa

16*α*-hydroxy-3,4-*seco*-lanosta-4(28),7,9(11),24(31)-tetraen-3,21-dioic acid 3-methyl ester 16*α*- 羟基 -3,4- 裂环 - 羊毛脂 -4(28),7,9(11),24(31)- 四烯 -3,21- 二酸 3- 甲酯 猪苓 Polyporus umbellatus

15*α*-hydroxy-3,4-seco-lanosta-4(28),8,24-triene-3,21-dioic acid 15*α*- 羟基 -3,4- 裂环 - 羊毛脂 -4(28),8,24- 三烯 -3,21- 二酸 朱红硫黄菌 Laetiporus miniatus

H

5*α*-hydroxy-3,4-seco-lanosta-4(28),8,24-triene-3,21-dioic acid-3-methyl ester 5*α*- 羟基 -3,4- 裂环 - 羊毛脂 -4(28),8,24- 三烯 -3,21- 二酸 -3- 甲酯 朱红硫黄菌 Laetiporus miniatus

(19*R*)-hydroxy-3,4-seco-taraxasta-4(24)-ene-3-oic acid (19*R*)- 羟基 -3,4- 裂环 - 蒲公英萜 -4(24)- 烯 -3- 酸 垂枝桦 Betula pendula

(-)-(7*R*,8*S*,7'*E*)-4-hydroxy-3,5,5'-trimethoxy-7,4'-epoxy-8,3'-neolign-7'-ene-9,9'-diol-9'-ethyl ether (-)-(7*R*,8*S*,7'*E*)-4- 羟基 -3,5,5'- 三甲氧基 -7,4'- 环氧 -8,3'- 新木脂素 -7'- 烯 -9,9'- 二醇 -9'- 乙醚 狼毒 Stellera chamaejasme

4'-hydroxy-3',5,5'-trimethoxyflavone-7-*O*-*β*-D-glucopyranosyl-(1 → 4)-*α*-L-rhamnopyranoside 4'- 羟基 -3',5,5'- 三甲氧基黄酮 -7-*O*-*β*-D- 吡喃葡萄糖基 -(1 → 4)-*α*-L- 吡喃鼠李糖苷 毛杨梅 Myrica esculenta

2-hydroxy-3,5,5-trimethylcyclohex-2-en-1,4-dione 2- 羟基 -3,5,5- 三甲基环己 -2- 烯 -1,4- 二酮 番红花 Crocus sativus

4-hydroxy-3,5,5-trimethylcyclohex-2-enone 4- 羟基 -3,5,5- 三甲基环己 -2- 烯酮 番红花 Crocus sativus

4'-hydroxy-3,5,6,7,3',5'-hexamethoxyflavone 4'- 羟基 -3,5,6,7,3',5'- 六甲氧基黄酮 千里香 Murraya paniculata

4-hydroxy-3,5,6,7,3',5'-hexamethoxyflavone 4- 羟基 -3,5,6,7,3',5'- 六甲氧基黄酮 九里香 Murraya exotica

1-hydroxy-3,5,6-trimethoxyxanthone 1- 羟基 -3,5,6- 三甲氧基呫酮 贵州獐牙菜 Swertia kouitchensis

8-hydroxy-3,5,7,3',4',5'-hexamethoxyflavone 8- 羟基 -3,5,7,3',4',5'- 六甲氧基黄酮 千里香 Murraya paniculata

4'-hydroxy-3,5,7-trimethoxyflavone 4'- 羟基 -3,5,7- 三甲氧黄酮 厚藤 Ipomoea pes-caprae

1-hydroxy-3,5,8-trimethoxyxanthone 1- 羟基 -3,5,8- 甲氧基呫酮 长梗喉毛花 Comastoma pedunculatum, 辐状肋柱花 Lomatogonium rotatum, 甘肃马先蒿 Pedicularis kansuensis, 青叶胆 Swertia mileensis, 川西獐牙菜 S. mussotii, 蛇胆草 Tylophora secamonoides

4-hydroxy-3,5-bis(3'-methyl-2-butenyl)-benzoic acid-*O*-*β*-D-glucopyranoside 4- 羟基 -3,5- 二 (3'- 甲基 -2- 丁烯基)- 苯甲酸 -*O*-*β*-D- 吡喃葡萄糖苷 地果 Ficus tikoua

1-hydroxy-3,5-diethoxybenzene 1- 羟基 -3,5- 二乙氧基苯 龙葵 Solanum nigrum

3*α*-hydroxy-3,5-dihydromonacolin L 3*α*- 羟基 -3,5- 二氢红曲可林 L 红曲 Monascus purpureus

3*β*-hydroxy-3,5-dihydromonacolin L 3*β*- 羟基 -3,5- 二氢红曲可林 L 红曲 Monascus purpureus

3-(4-hydroxy-3,5-dimethoxy)-phenyl-2*E*-proprenyl-1*β*-D-glucopyranoside 3-(4- 羟基 -3,5- 二甲氧基)- 苯基 -2*E*- 丙烯醇 -1*β*-D- 吡喃葡萄糖苷 刺果卫矛 Euonymus acanthocarpus

(-)-(7*R*,8*S*,7'*E*)-4-hydroxy-3,5'-dimethoxy-7,4'-epoxy-8,3'-neolign-7'-ene-9,9'-diol-9'-ethyl ether (-)-(7*R*,8*S*,7'*E*)-4- 羟基 -3,5'- 二甲氧基 -7,4'- 环氧 -8,3'- 新木脂素 -7'- 烯 -9,9'- 二醇 -9'- 乙醚 狼毒 Stellera chamaejasme

(7'*R*,8'*S*)-4'-hydroxy-3',5-dimethoxy-7',8'-dihydro-benzofuran-1-propanolneolignan-9'-*O*-*β*-D-xylopyranoside (7'*R*,8'*S*)-4'- 羟基 -3',5- 二甲氧基 -7',8'- 二氢苯并呋喃 -1- 丙醇新木脂素 -9'-*O*-*β*-D- 吡喃木糖苷 白粉藤 Cissus repens

4-hydroxy-3,5-dimethoxyacetophenone 4- 羟基 -3,5- 二甲氧基 - 苯乙酮 徐长卿 Cynanchum paniculatum

4-hydroxy-3,5-dimethoxybenzaldehyde 4- 羟基 -3,5- 二甲氧基苯甲醛 挥发油成分，未统计基源

4-hydroxy-3,5-dimethoxybenzenemethanol 4- 羟基 -3,5- 二甲氧基苯甲醇 三叶木通 Akebia trifoliata, 皱叶南蛇藤 Celastrus rugosus

6-(4-hydroxy-3,5-dimethoxybenzoate)-2-(3,4-dihydroxyphenyl)ethyl-*O*-*β*-D-glucopyranoside 6-(4- 羟基 -3,5- 二甲氧基苯甲酸酯)-2-(3,4- 二羟基苯基)- 乙基 -*O*-*β*-D- 吡喃葡萄糖苷 硬尖神香草 Hyssopus cuspidatus

6-(4-hydroxy-3,5-dimethoxybenzoate)-2-(4-hydroxyphenyl)ethyl-*O*-*β*-D-glucopyranoside 6-(4- 羟基 -3,5- 二甲氧基苯甲酸酯)-2-(4- 羟基苯基)- 乙基 -*O*-*β*-D- 吡喃葡萄糖苷 硬尖神香草 Hyssopus cuspidatus

6-(4-hydroxy-3,5-dimethoxybenzoate)-2-hydroxy-4-(2-hydroxyethyl)phenyl-*O*-*β*-D-glucopyranoside 6-(4- 羟基 -3,5- 二甲氧基苯甲酸酯)-2- 羟基 -4-(2- 羟基乙基) 苯基 -*O*-*β*-D- 吡喃葡萄糖苷 硬尖神香草 Hyssopus cuspidatus

6-(4-hydroxy-3,5-dimethoxybenzoate)-4-(2-hydroxyethyl)phenyl-*O*-*β*-D-glucopyranoside 6-(4- 羟基 -3,5- 二甲氧基苯甲酸酯)-4-(2- 羟基乙基) 苯基 -*O*-*β*-D- 吡喃葡萄糖苷 硬尖神香草 Hyssopus cuspidatus

4-hydroxy-3,5-dimethoxybenzoic acid 4- 羟基 -3,5- 二甲氧基苯甲酸 台湾相思 Acacia confusa, 小紫金牛 Ardisia chinensis, 威灵仙 Clematis chinensis, 栗鳞贝母兰 Coelogyne flaccida, 柠檬桉 Eucalyptus citriodora, 榕树 Ficus microcarpa, 大黄栀子 Gardenia sootepensis, 宽苞十大功劳 Mahonia eurybracteata, 瓦松 Orostachys fimbriata, 石南藤 Piper wallichii, 紫参 Rubia yunnanensis, 五味子 Schisandra chinensis, 直立百部 Stemona sessilifolia, 多枝柽柳 Tamarix ramosissima, 油桐 Vernicia fordii

4-hydroxy-3,5-dimethoxybenzyl alcohol-4-*O*-*β*-D-glucopyranoside 4- 羟基 -3,5- 二甲氧基苄醇 -4-*O*-*β*-D- 吡喃葡萄糖苷 山桂花 Bennettiodendron leprosipes, 栀子皮 Itoa orientalis, 茴芹 Pimpinella anisum

(*E*)-3-(4'-hydroxy-3',5'-dimethoxybenzylidene)-2-indolinone (*E*)-3-(4'- 羟基 -3',5'- 二甲氧基苯亚甲基)- 吲哚酮 菘蓝 Isatis tinctoria

4-hydroxy-3,5-dimethoxy-cinnamyl-*β*-D-glucopyranosyl ester 4- 羟基 -3,5- 二甲氧基 - 桂皮酰基 -*β*-D- 吡喃葡萄糖基酯 阿尔泰大黄 Rheum altaicum

4-hydroxy-3,5-dimethoxyphenol 4- 羟基 -3,5- 二甲氧基苯酚 栀子 Gardenia jasminoides

threo-1-(4-hydroxy-3,5-dimethoxypheny1)-2-[2-methoxy-4-(1-*trans*-propenyl)phenoxy]propan-1-ol 苏式 -1-(4- 羟基 -3,5- 二甲氧基苯基)-2-[2-甲氧基 -4-(1- 反式 - 丙烯基) 苯氧基] 丙烷 -1- 醇 肉豆蔻 Myristica fragrans

(7*S*,8*S*)-1-(4-hydroxy-3,5-dimethoxyphenyl)-1,2,3-propanetriol (7*S*,8*S*)-1-(4- 羟基 -3,5- 二甲氧基苯基)-1,2,3- 丙三醇 三叶木通 Akebia trifoliata

erythro-1-(4-hydroxy-3,5-dimethoxyphenyl)-1,2,3-propanetriol 赤式 -1-(4- 羟基 -3,5- 二甲氧基苯基)-1,2,3- 丙三醇 野木瓜 Stauntonia chinensis

(7*S*,8*S*)-1-(4-hydroxy-3,5-dimethoxyphenyl)-1,2,3-propanetriol-2-*O*-*β*-D-glucopyranoside (7*S*,8*S*)-1-(4- 羟基 -3,5- 二甲氧基苯基)-1,2,3- 丙三醇 -2-*O*-*β*-D- 吡喃葡萄糖苷 三叶木通 Akebia trifoliata

3-(4-hydroxy-3,5-dimethoxyphenyl)-1,2-propanediol 3-(4- 羟基 -3,5- 二甲氧基苯基)-1,2- 丙二醇 臭牡丹 Clerodendrum bungei

1-(4-hydroxy-3,5-dimethoxyphenyl)-1,2-propanedione 1-(4- 羟基 -3,5- 二甲氧基苯基)-1,2- 丙二酮 黄瑞香 Daphne giraldii

2-(4'-hydroxy-3',5'-dimethoxyphenyl)-1,3-propanediol 2-(4'- 羟基 -3',5'- 二甲氧基苯基)-1,3- 丙二醇 菊状千里光 Senecio laetus

1-(4-hydroxy-3,5-dimethoxyphenyl)-2-(4-allyl-2,6-dimethoxyphenoxy)propanol 1-(4- 羟基 -3,5- 二甲氧基苯基)-2-(4- 烯丙基 -2,6- 二甲氧基苯氧基) 丙醇 使君子 Quisqualis indica

3-(4-hydroxy-3,5-dimethoxyphenyl)-2*E*-propenyl-1*β*-D-glucopyranoside 3-(4- 羟基 -3,5- 二甲氧基苯基)-2*E*- 丙烯基 -1*β*-D- 吡喃葡萄糖苷 马蹄莲 Zantedeschia aethiopica

1-(4-hydroxy-3,5-dimethoxyphenyl)-7-(4-hydroxy-3-methoxyphenyl)-(1*E*,6*E*)-1,6-heptadiene-3,4-dione 1-(4- 羟基 -3,5- 二甲氧基苯基)-7-(4-羟基 -3- 甲氧基苯基)-(1 反式 ,6 反式)-1,6- 庚二烯 -3,4- 二酮 印尼莪术 Curcuma zanthorrhiza

7,8-*trans*-8,8'-*trans*-7',8'-*trans*-7-(4-hydroxy-3,5-dimethoxyphenyl)-7'-(5'-methoxy-3',4'-methylenedioxyphenyl)-8-acetoxymethyl-8'-hydroxymethyltetrahydrofuran 7,8- 反式 -8,8'- 反式 -7',8'- 反式 -7-(4- 羟基 -3,5- 二甲氧基苯基)-7'-(5'- 甲氧基 -3',4'- 亚甲二氧基苯基)-8-乙酰氧基甲基 -8'- 羟基甲基四氢呋喃 蒙自草胡椒 Peperomia heyneana

7,8-*trans*-8,8'-*trans*-7',8'-*cis*-7,7'-(4-hydroxy-3,5-dimethoxyphenyl)-8,8'-diacetoxymethyltetrahydrofuran 7,8- 反式 -8,8'- 反式 -7',8'- 顺式 -7,7'-(4-羟基 -3,5- 二甲氧基苯基)-8,8'- 二乙酰氧基甲基四氢呋喃 草胡椒 Peperomia pellucida

1-(4-hydroxy-3,5-dimethoxyphenyl)-ethanone 1-(4- 羟基 -3,5- 二甲氧基苯基)- 乙酮 榕树 Ficus microcarpa

1-(4-hydroxy-3,5-dimethoxyphenyl)hexahydro-1*H*-cyclopentafuran-4-ol 1-(4- 羟基 -3,5- 二甲氧基苯基) 六氢 -1*H*- 环戊呋喃 -4- 醇 尖山橙 Melodinus fusiformis

2-[(4-hydroxy-3,5-dimethoxyphenyl)methyl]-3-[(4-hydroxy-3-methoxyphenyl)methyl]-1,4-butanediol 2-[(4- 羟基 -3,5- 二甲氧基苯基) 甲基]-3-[(4- 羟基 -3- 甲氧基苯基) 甲基]-1,4- 丁二醇 异株荨麻 Urtica dioica

1-(4-hydroxy-3,5-dimethoxyphenyl)propan-1-one 1-(4- 羟基 -3,5- 二甲氧基苯基) 丙烷 -1- 酮 竹叶兰 Arundina graminifolia

3-(4-hydroxy-3,5-dimethoxyphenyl)propane-1,2-diol 3-(4- 羟基 -3,5- 二甲氧基苯基) 丙烷 -1,2- 二醇 刺果卫矛 Euonymus acanthocarpus, 南岭柞木 Xylosma controversa

3-(4-hydroxy-3,5-dimethoxyphenyl)propanoylpyrrole 3-(4- 羟基 -3,5- 二甲氧基苯基) 丙酰吡咯 苎叶蒟 Piper boehmeriifolium

3-(4-hydroxy-3,5-dimethoxyphenyl)propyl formate 3-(4- 羟基 -3,5- 二甲氧基苯基) 丙基甲酸酯 元宝槭 Acer truncatum

3'-(4''-hydroxy-3'',5''-dimethoxyphenyl)-propylbenzoate 3'-(4''- 羟基 -3'',5''- 二甲氧基)- 丙基苯甲酸酯 光叶巴豆 Croton laevigatus

4-hydroxy-3,5-dimethoxyphenyl-*β*-D-glucopyranoside 4- 羟基 -3.5 二甲氧基苯基 -*β*-D- 吡喃葡萄糖苷 江香薷 Mosla chinensis 'jiangxiangru'

4'-hydroxy-3,5-dimethoxy-*p*-styrene 4'- 羟基 -3,5- 二甲氧基对苯乙烯 剑叶龙血树 Dracaena cochinchinensis

4'-hydroxy-3,5-dimethoxystilbene 4'- 羟基 -3,5- 二甲氧基芪 剑叶龙血树 Dracaena cochinchinensis, 宽叶羌活 Notopterygium franchetii, 羌活 N. incisum

1-hydroxy-3,5-dimethoxyxanthone 1- 羟基 -3,5- 二甲氧基叫酮 穿心草 Canscora lucidissima, 二叶獐牙菜 Swertia bifolia, 大籽獐牙菜 S. macrosperma, 川西獐牙菜 S. mussotii, 斜茎獐牙菜 S. patens, 云南獐牙菜 S. yunnanensis

6-hydroxy-3,5-dimethoxyxanthone-1-*O*-*β*-D-glucopyranoside 6- 羟基 -3,5- 二甲氧基叫酮 -1-*O*-*β*-D- 吡喃葡萄糖苷 川西獐牙菜 Swertia mussotii

2-hydroxy-3,5-dinitrobenzoic acid 2- 羟基 -3,5- 二硝基苯甲酸 菊芋 Helianthus tuberosus

4-hydroxy-3,5-diprenylbenzaldehyde 4- 羟基 -3,5- 二异戊烯基苯甲醛 车桑子 Dodonaea viscosa

7-hydroxy-3,6,3',4'-tetramethoxyflavone 7- 羟基 -3,6,3',4'- 四甲氧基黄酮 九味一枝蒿 Ajuga bracteosa

6-hydroxy-3,6,4'-trimethoxykaempferol 6- 羟基 -3,6,4'- 三甲氧基山柰酚 日本桤木 Alnus japonica

5-hydroxy-3,6,7,3',4',5'-hexamethoxyflavone 5- 羟基 -3,6,7,3',4',5'- 六甲氧基黄酮 田基黄 Grangea maderaspatana

5-hydroxy-3,6,7,3',4'-pentamethoxyflavone 5- 羟基 -3,6,7,3',4'- 五甲氧基黄酮 黄花蒿 Artemisia annua, 石莼 Ulva lactuca, 黄荆 Vitex negundo

5-hydroxy-3,6,7,4'-tetramethoxyflavone 5- 羟基 -3,6,7,4'- 四甲氧基黄酮 黄花蒿 Artemisia annua, 尖尾枫 Callicarpa longissima, 车桑子 Dodonaea viscosa, 酢浆草 Oxalis corniculata

5-hydroxy-3,6,7,8,3',4'-hexamethoxyflavone 5- 羟基 -3,6,7,8,3',4'- 六甲氧基黄酮 柚 Citrus maxima, 甜橙 C. sinensis

1-hydroxy-3,6,7,8-tetramethoxy-2-isopropylanthraquinone 1- 羟基 -3,6,7,8- 四甲氧基 -2- 异丙基蒽醌 狭叶番泻 Cassia angustifolia

1-hydroxy-3,6,7,8-tetramethoxy-2-methylanthraquinone-1-*O*-*α*-rhamnopyranosyl-(1 → 6)-*β*-glucopyranosyl-(1 → 6)-*β*-galactopyranoside 1-羟基 -3,6,7,8- 四甲氧基 -2- 甲基蒽酮 -1-*O*-*α*- 吡喃鼠李糖基 -(1 → 6)-*β*- 吡喃葡萄糖基 -(1 → 6)-*β*- 吡喃半乳糖苷 望江南 Senna

occidentalis

5-hydroxy-3,6,7,8-tetramethoxyflavone 5- 羟基 -3,6,7,8- 四甲氧基黄酮 鼠麹草 Gnaphalium affine

1-hydroxy-3,6,7-trimethoxyxanthone 1- 羟基 -3,6,7- 三甲氧基屾酮 柘树 Cudrania tricuspidata

8-hydroxy-3,6,9-trimethyl-7*H*-benzo[de]quinolin-7-one 8- 羟基 -3,6,9- 三甲基 -7*H*- 苯并 [de] 喹啉 -7- 酮 八角枫 Alangium chinense

7-hydroxy-3,6-bis(tigloyloxy)tropane 7- 羟基 -3,6- 双巴豆酰氧基托品烷 毛曼陀罗 Datura inoxia

4'-hydroxy-3,6-dimethoxy-6",6"-dimethylchromeno(7,8,2",3")flavone 4'- 羟基 -3,6- 二甲氧基 -6",6"- 二甲基色烯 (7,8,2",3") 黄酮 柑橘 Citrus reticulata

19*α*-hydroxy-3,6-dioxo-24-norolean-12-en-28-oic acid 19*α*- 羟基 -3,6- 二氧代 -24- 降齐墩果 -12- 烯 -28- 酸 平滑钩藤 Uncaria laevigata

19*α*-hydroxy-3,6-dioxo-olean-12-en-28-oic acid 19*α*- 羟基 -3,6- 二氧代 - 齐墩果 -12- 烯 -28- 酸 平滑钩藤 Uncaria laevigata

19*α*-hydroxy-3,6-dioxo-urs-1(2),12-dien-28-oic acid 19*α*- 羟基 -3,6- 二氧代 - 熊果 -1(2),12- 二烯 -28- 酸 平滑钩藤 Uncaria laevigata

19*α*-hydroxy-3,6-dioxo-urs-12-en-28-oic acid 19*α*- 羟基 -3,6- 二氧代 - 熊果 -12- 烯 -28- 酸 平滑钩藤 Uncaria laevigata

7-hydroxy-3,6-ditigloyloxytropane 7- 羟基 -3,6- 二巴豆酰氧基托品烷 木本曼陀罗 Datura arborea

5-hydroxy-3,7,3',4'-tetramethoxyflavone 5- 羟基 -3,7,3',4'- 四甲氧基黄酮 野草果 Amomum koenigii, 裸花紫珠 Callicarpa nudiflora, 黄杞 Engelhardia roxburghiana, 粗叶榕 Ficus hirta, 胡桃楸 Juglans mandshurica, 广藿香 Pogostemon cablin

5-hydroxy-3,7,3'-trimethoxyflavone-4'-*O*-*β*-D-glucopyranoside 5- 羟基 -3,7,3'- 三甲氧基黄酮 -4'-*O*-*β*-D- 吡喃葡萄糖苷 大青 Clerodendrum cyrtophyllum, 槲寄生 Viscum coloratum

5-hydroxy-3,7,4'-trimethoxyflavone 5- 羟基 -3,7,4'- 三甲氧基黄酮 野草果 Amomum koenigii, 裸花紫珠 Callicarpa nudiflora, 白花菜 Cleome gynandra, 粗叶榕 Ficus hirta, 裸蒴 Gymnotheca chinensis, 胡桃 Juglans regia, 广藿香 Pogostemon cablin

5-hydroxy-3,7,8,3',4',5'-hexamethoxyflavone 5- 羟基 -3,7,8,3',4',5'- 六甲氧基黄酮 千里香 Murraya paniculata

5-hydroxy-3,7,8,3',4'-pentamethoxyflavone 5- 羟基 -3,7,8,3',4'- 五甲氧基黄酮 甜橙 Citrus sinensis, 千里香 Murraya paniculata

5-hydroxy-3,7,8,5'-tetramethoxy-3',4'-methylenedioxyflavone 5- 羟基 -3,7,8,5'- 四甲氧基 -3',4'- 亚甲二氧基黄酮 柑橘 Citrus reticulata

1-hydroxy-3,7,8-trimethoxyxanthone 1- 羟基 -3,7,8- 三甲氧基屾酮 穿心草 Canscora lucidissima, 美丽百金花 Centaurium pulchellum, 喉毛花 Comastoma pulmonarium, 扁蕾 Gentianopsis barbata, 细萼扁蕾 G. barbata var. stenocalyx, 湿生扁蕾 G. paludosa, 椭圆叶花锚 Halenia elliptica, 胡桃楸 Juglans mandshurica, 辐状肋柱花 Lomatogonium rotatum, 莲 Nelumbo nucifera, 二叶獐牙菜 Swertia bifolia, 贵州獐牙菜 S. kouitchensis, 大籽獐牙菜 S. macrosperma, 川西獐牙菜 S. mussotii, 紫红獐牙菜 S. punicea

(7*S*,8*R*)-4-hydroxy-3,7-dimethoxy-1',2',3',4',5',6',7'-heptanorlign-8'-one (7*S*,8*R*)-4- 羟基 -3,7- 二甲氧基 -1',2',3',4',5',6',7'- 七去甲基木脂素 -8'- 酮 三白草 Saururus chinensis

5-hydroxy-3,7-dimethoxy-1,4-phenanthrenequinone 5- 羟基 -3,7- 二甲氧基 -1,4- 菲醌 细茎石斛 Dendrobium moniliforme

5-hydroxy-3,7-dimethoxy-3',4'-methylenedioxyflavone 5- 羟基 -3,7- 二甲氧基 -3',4'- 亚甲二氧基黄酮 小叶马蹄香 Asarum ichangense

6-hydroxy-3,7-dimethoxy-8-(2-oxo-3-methylbut-3-enyl)-6',6'-dimethyl-5'-hydroxy-4',5'-dihydropyrano(2',3':1,2)xanthone 6- 羟基 -3,7- 二甲氧基 -8-(2- 氧代 -3- 甲基丁 -3- 烯基)-6',6'- 二甲基 -5'- 羟基 -4',5'- 二氢吡喃并 (2',3':1,2) 屾酮 黄牛木 Cratoxylum cochinchinense

6-hydroxy-3,7-dimethoxy-8-(3-methylbut-2-enyl)-6',6'-dimethyl-5'-hydroxy-4',5'-dihydropyrano(2',3':1,2)xanthone 6- 羟基 -3,7- 二甲氧基 -8-(3- 甲基丁 -2- 烯基)-6',6'- 二甲基 -5'- 羟基 -4',5'- 二氢吡喃并 (2',3':1,2) 屾酮 黄牛木 Cratoxylum cochinchinense

5-hydroxy-3,7-dimethoxyflavone 5- 羟基 -3,7- 二甲氧基黄酮 华南毛蕨 Cyclosorus parasiticus

2-hydroxy-3,7-dimethoxyphenanthrene 2- 羟基 -3,7- 二甲氧基菲 地钱 Marchantia polymorpha

1-hydroxy-3,7-dimethoxyxanthone 1- 羟基 -3,7- 二甲氧基屾酮 长梗喉毛花 Comastoma pedunculatum, 湿生扁蕾 Gentianopsis paludosa, 肋柱花 Lomatogonium carinthiacum, 贵州獐牙菜 Swertia kouitchensis, 瘤毛獐牙菜 S. pseudochinensis

4-hydroxy-3,7-dimethoxyxanthone 4- 羟基 -3,7- 二甲氧基屾酮 蝉翼藤 Securidaca inappendiculata

8-hydroxy-3,7-dimethoxyxanthone-1-*O*-*β*-D-glucopyranoside 8- 羟基 -3,7- 二甲氧基屾酮 -1-*O*-*β*-D- 吡喃葡萄糖苷 湿生扁蕾 Gentianopsis paludosa

5-[(2*E*,5*Z*)-7-hydroxy-3,7-dimethyl-2,5-octadienoxy]psoralene 5-[(2*E*,5*Z*)-7- 羟基 -3,7- 二甲基 -2,5- 辛二烯氧基] 补骨脂素 羌活 Notopterygium incisum

(3*S*,4*R*)-4-hydroxy-3,7-dimethyl-3,4-dihydronaphthalen-1(2*H*)-one (3*S*,4*R*)-4- 羟基 -3,7- 二甲基 -3,4- 二氢萘烯 -1(2*H*)- 酮 鹿蹄草 Pyrola calliantha

(*E*)-8-hydroxy-3,7-dimethyl-6-octenoic acid (*E*)-8- 羟基 -3,7- 二甲基 -6- 辛烯酸 臭冷杉 Abies nephrolepis

(*E*,*E*)-8-(7-hydroxy-3,7-dimethylocta-2,5-dienyloxy)-psoralen (*E*,*E*)-8-(7- 羟基 -3,7- 二甲基辛 -2,5- 二烯氧基)- 补骨脂素 黄皮 Clausena lansium

7-[(2'*E*,5'*E*)-7'-hydroxy-3',7'-dimethylocta-2',5'-dienyloxy]-coumarin 7-[(2'*E*,5'*E*)-7'- 羟基 -3',7'- 二甲基辛 -2',5'- 二烯氧基]- 香豆素 簕欓花椒 Zanthoxylum avicennae

7-[(*E*)-7'-hydroxy-3',7'-dimethylocta-2',5'-dienyloxy]-coumarin 7-[(*E*)-7'- 羟基 -3',7'- 二甲基辛 -2',5'- 二烯氧基]- 香豆素 细叶黄皮 Clausena anisum-olens, 假黄皮 C. excavata, 宽叶羌活 Notopterygium franchetii, 川黄檗 Phellodendron chinense, 青花椒 Zanthoxylum schinifolium

8-[(2*E*,5*E*)-7-hydroxy-3,7-dimethylocta-2,5-dienyloxy]psoralen 8-[(2*E*,5*E*)-7- 羟基 -3,7- 二甲基八碳 -2,5- 二烯氧基] 补骨脂素 珊瑚菜 Glehnia littoralis

7-hydroxy-3,8-dimethoxyxanthone-1-*O*-[*β*-D-xylopyranosyl-(1→6)]-*β*-D-glucopyranoside 7- 羟基 -3,8- 二甲氧基屾酮 -1-*O*-[*β*-D- 吡喃木糖基 -(1→6)]-*β*-D- 吡喃葡萄糖苷 湿生扁蕾 Gentianopsis paludosa

7-hydroxy-3,8-dimethoxyxanthone-1-*O*-*β*-D-glucopyranoside 7- 羟基 -3,8- 二甲氧基屾酮 -1-*O*-*β*-D- 吡喃葡萄糖苷 湿生扁蕾 Gentianopsis paludosa, 狭叶獐牙菜 Swertia angustifolia

(6a*R*,11a*R*)-10-hydroxy-3,9-dimethoxypterocarpan (6a*R*,11a*R*)-10- 羟基 -3,9- 二甲氧基紫檀素 滇黄精 Polygonatum kingianum

2-hydroxy-3,9-dimethoxypterocarpin 2- 羟基 -3,9- 二甲氧基紫檀素 海刀豆 Canavalia maritima

4-[(2R,3R)-4-hydroxy-3-[(4-hydroxy-3-methoxyphenyl)methyl]-2-(hydroxymethyl)butyl]-2-methoxyphenyl-O-α-L-rhamnopyranoside 4-[(2R,3R)-4- 羟基 -3-[(4- 羟基 -3- 甲氧基苯基) 甲基]-2-(羟基甲基) 丁基]-2- 甲氧基苯基 -O-α-L- 吡喃鼠李糖苷 红花八角 Illicium dunnianum
3β-hydroxy-30-al-olean-12-en-28-oic acid 3β- 羟基 -30- 醛 - 齐墩果 -12- 烯 -28- 酸 木通 Akebia quinata
3β-hydroxy-30-methoxy-6-oxo-urs-12,19(20)-dien-28-oic acid 3β- 羟基 -30- 甲氧基 -6- 氧代 - 熊果 -12,19(20)- 二烯 -28- 酸 平滑钩藤 Uncaria laevigata
3-hydroxy-30-nor-20-oxo-28-lupanoic acid 3- 羟基 -30- 降 -20- 氧代 -28- 羽扇豆酸 银叶树 Heritiera littoralis
22β-hydroxy-30-norgammaceran-21-one 22β- 羟基 -30- 降伽马蜡 -21- 酮 掌叶铁线蕨 Adiantum pedatum
21-hydroxy-30-norhopan-22-one 21- 羟基 -30- 降何帕 -22- 酮 扇叶铁线蕨 Adiantum flabellulatum
3α-hydroxy-30-norlupan-18(19)-ene-20,21-dione 3α- 羟基 -30- 降羽扇豆 -18(19)- 烯 -20,21- 二酮 肉花卫矛 Euonymus carnosus
3β-hydroxy-30-norlupan-20-one 3β- 羟基 -30- 降羽扇豆 -20- 酮 卫矛 Euonymus alatus, 粘毛鼠尾草 Salvia roborowskii
3β-hydroxy-30-norolean-12,20(29)-dien-28-oic acid 3β- 羟基 -30- 降齐墩果 -12,20(29)- 二烯 -28- 酸 木通 Akebia quinata, 尾叶那藤 Stauntonia obovatifoliola subsp. urophylla
3β-hydroxy-30-noroleana-12,20(29)-dien-28-oic acid-3-O-(β-D-glucopyranosiduronic acid methyl ester) 3β- 羟基 -30- 降基齐墩果 -12,20(29)- 二烯 -28- 酸 -3-O-(β-D- 吡喃葡萄糖醛酸甲酯) 蟛蜞菊 Wedelia chinensis
25-hydroxy-33-methylpentatricontan-6-one 25- 羟基 -33- 甲基三十五烷 -6- 酮 仙茅 Curculigo orchioides
2'-hydroxy-3'-4'-(2'',3''-dihydrofurano)-chalcone 2'- 羟基 -3'-4'-(2'',3''- 二氢呋喃)- 查耳酮 补骨脂 Cullen corylifolia
1-hydroxy-3acetoxy-7-methoxy-2'-methyl-5'-carboxy-(3-carboxybut-2-enyl)-furano(3',4':5,6)-xanthone 1- 羟基 -3- 乙酰氧基 -7- 甲氧基 -2'- 甲基 -5'- 羰基 -(3- 羰基丁 -2- 烯基)- 呋喃并 (3',4':5,6)- 呫酮 番石榴 Psidium guajava
11α-hydroxy-3-acetoxy-β-boswellic acid 11α- 羟基 -3- 已酰基 -β- 乳香酸 萱草 Hemerocallis fulva
19α-hydroxy-3-acetylursolic acid 19α- 羟基 -3- 乙酰熊果酸 栀子 Gardenia jasminoides, 女贞 Ligustrum lucidum
2-hydroxy-3-butenylthiocyanate 2- 羟基 -3- 丁烯基硫氰酸酯 菘蓝 Isatis tinctoria
7-hydroxy-3-butylidenephthalide 7- 羟基 -3- 亚丁基苯酞 川芎 Ligusticum sinense 'Chuanxiong'
4-hydroxy-3-butyl-phthalide 4- 羟基 -3- 丁基 - 苯酞 川芎 Ligusticum sinense 'Chuanxiong'
15-hydroxy-3-dehydrodesoxytifruticin 15- 羟基 -3- 去氢去氧灌木肿柄菊素 向日葵 Helianthus annuus
2-hydroxy-3-dehydroxycaniojane 2- 羟基 -3- 去羟基大齿麻疯树烷▲ 麻疯树 Jatropha curcas
2'-hydroxy-3'-dehydroxydesmodol 2'- 羟基 -3'- 去羟基山蚂蝗酚 小槐花 Ohwia caudata
2α-hydroxy-3-deoxyaconitine 2α- 羟基 -3- 去氧乌头碱 多根乌头 Aconitum karakolicum
3β-hydroxy-3-deoxymoronic acid 3β- 羟基 -3- 去氧摩拉豆酮酸▲ 枳椇 Hovenia acerba
1α-hydroxy-3-deoxypseudoanisatin 1α- 羟基 -3- 去氧伪莽草素 野八角 Illicium simonsii, 八角 I. verum
1-hydroxy-3-deoxypseudoanisatin 1- 羟基 -3- 去氧伪莽草素 少药八角 Illicium oligandrum
9α-hydroxy-3-deoxyzaluzanin C 9α- 羟基 -3- 去氧愈创内酯 C 窄苞蒲公英 Taraxacum bessarabicum
25-hydroxy-3-epi-dehydrotumulosic acid 25- 羟基 -3- 表 - 去氢丘陵多孔菌酸▲ 猪苓 Polyporus umbellatus, 茯苓 Wolfiporia extensa
4β-hydroxy-3-epidivaricin B 4β- 羟基 3- 表金挖耳素▲B 羊耳菊 Duhaldea cappa
6α-hydroxy-3-epi-oleanolic acid 6α- 羟基 -3- 表 - 齐墩果酸 红鸡蛋花 Plumeria rubra
6β-hydroxy-3-epi-swertiajaposide A 6β- 羟基 -3- 表 - 日本当药苷▲A 龙胆 Gentiana scabra
18β-hydroxy-3-epi-α-yohimbine 18β- 羟基 -3- 表 -α- 育亨宾碱 长春花 Catharanthus roseus
2-hydroxy-3-formyl-7-methoxycarbazole 2- 羟基 -3- 甲酰基 -7- 甲氧基咔唑 假黄皮 Clausena excavata
2-hydroxy-3-formylcarbazole 2- 羟基 -3- 甲酰咔唑 假黄皮 Clausena excavata
29-hydroxy-3-friedelanone 29- 羟基 -3- 无羁萜酮 南川卫矛 Euonymus bockii
2-hydroxy-3-guaiacylpropanoic acid 2- 羟基 -3- 愈创木基丙酸 吊球草 Hyptis rhomboidea
6-(2-hydroxy-3-hydroxymethyl-3-butenyl)-7-hydroxycoumarin 6-(2- 羟基 -3- 羟基甲基 -3- 丁烯基)-7- 羟基香豆素 木橘 Aegle marmelos
2-hydroxy-3-hydroxymethylanthraquinone 2- 羟基 -3- 羟基甲基蒽醌 海滨木巴戟 Morinda citrifolia, 巴戟天 M. officinalis
9-hydroxy-3-hydroxymethylfuro[3,2-b]naphthao[2,3-d]furan-5,10-dione 9- 羟基 -3- 羟基甲基呋喃并 [3,2-b] 萘并 [2,3-d] 呋喃 -5,10- 二酮 葫芦树 Crescentia cujete
5-hydroxy-3-isoprenylflavone 5- 羟基 -3- 异戊烯基黄酮 心叶黄花稔 Sida cordifolia
1β-hydroxy-3-keto-olean-12-en-28-oic acid 3β- 羟基 -3- 氧代 - 齐墩果 -12- 烯 -28- 酸 大叶石龙尾 Limnophila rugosa
3-(4-hydroxy-3-methoxy phenyl)-trans-acryliceylenate 3-(4- 羟基 -3- 甲氧基苯基)- 反式 - 丙烯酸二十六醇酯 地耳草 Hypericum japonicum
erythro-1-(4-hydroxy-3-methoxy)-phenyl-2-[4-(1,2,3-trihydroxypropyl)-2-methoxy]-phenoxy-1,3-propandiol 赤式 -1-(4- 羟基 -3- 甲氧基)- 苯基 -2-[4-(1,2,3- 三羟基丙烷)-2- 甲氧基]- 苯氧基 -1,3- 丙二醇 大叶龙角 Hydnocarpus annamensis
threo-1-(4-hydroxy-3-methoxy)-phenyl-2-[4-(1,2,3-trihydroxypropyl)-2-methoxy]-phenoxy-1,3-propandiol 苏式 -1-(4- 羟基 -3- 甲氧基)- 苯基 -2-[4-(1,2,3- 三羟基丙烷)-2- 甲氧基]- 苯氧基 -1,3- 丙二醇 大叶龙角 Hydnocarpus annamensis
1-(4-hydroxy-3-methoxy)-phenyl-2-[4-(2,3-dihydroxypropyl)-2-methoxy]-phenoxy-1,3-propandiol 1-(4- 羟基 -3- 甲氧基苯基)-2-[4-(2,3- 二羟基丙基)-2- 甲氧基]- 苯氧基 -1,3- 丙二醇 马蹄莲 Zantedeschia aethiopica
5-hydroxy-3-methoxy-1,4-naphthoquinone 5- 羟基 -3- 甲氧基 -1,4- 萘醌 化香树 Platycarya strobilacea
1-hydroxy-3-methoxy-10-methylacridan-9-one 1- 羟基 -3- 甲氧基 -10- 甲基吖啶 -9- 酮 山小橘 Glycosmis pentaphylla
4-hydroxy-3-methoxy-1-methyl-2(1H)-quinolinone 4- 羟基 -3- 甲氧基 -1- 甲基 -2(1H)- 喹啉酮 大管 Micromelum falcatum
5-hydroxy-3-methoxy-2-decenoic acid 5- 羟基 -3- 甲氧基 -2- 癸烯酸 三七 Panax notoginseng
9-(2-hydroxy-3-methoxy-3-methylbutoxy)-bergapten 9-(2- 羟基 -3- 甲氧基 -3- 甲基丁氧基)- 香柠檬烯 阿坝当归 Angelica apaensis

H

5-(2-hydroxy-3-methoxy-3-methylbutoxy)-psoralen 5-(2- 羟基 -3- 甲氧基 -3- 甲基丁氧基)- 补骨脂素 阿坝当归 Angelica apaensis, 林当归 A. sylvestris

5-[2-hydroxy-3-methoxy-3-methylbutoxy]-8-[2,3-dihydroxy-3-methylbutoxy]-psoralen 5-[2- 羟基 -3- 甲氧基 -3- 甲基丁氧基]-8-[2,3- 二羟基 -3- 甲基丁氧基]- 补骨脂素 阿坝当归 Angelica apaensis

(+)-6-(2-hydroxy-3-methoxy-3-methylbutyl)-5,6-dimethoxycoumarin (+)-6-(2- 羟基 -3- 甲氧基 -3- 甲基丁基)-5,6- 二甲氧基香豆素 飞龙掌血 Toddalia asiatica

6-(2-hydroxy-3-methoxy-3-methylbutyl)-5,6-dimethoxycoumarin 6-(2- 羟基 -3- 甲氧基 -3- 甲基丁基)-5,6- 二甲氧基香豆素 飞龙掌血 Toddalia asiatica

6-(2'-hydroxy-3'-methoxy-3'-methylbutyl)-5,7-dimethoxycoumarin 6-(2'- 羟基 -3'- 甲氧基 -3'- 甲基丁基)-5,7- 二甲氧基香豆素 飞龙掌血 Toddalia asiatica

(+)-6-(2-hydroxy-3-methoxy-3-methylbutyl)-5,7-dimethoxycoumarin (+)-6-(2- 羟基 -3- 甲氧基 -3- 甲基丁基)-5,7- 二甲氧基香豆素 飞龙掌血 Toddalia asiatica

4-hydroxy-3-methoxy-4-(3-phenyl-2-propenyl)-2-cyclohexen-1-one 4- 羟基 -3- 甲氧基 -4-(3- 苯基 -2- 丙烯基)-2- 环己烯 -1- 酮 印度黄檀 Dalbergia sissoo

7-hydroxy-3'-methoxy-4'-butoxyflavone 7- 羟基 -3'- 甲氧基 -4'- 丁氧基黄酮 剑叶龙血树 Dracaena cochinchinensis

2-hydroxy-3-methoxy-4-methoxycarbonylpyrrole 2- 羟基 -3- 甲氧基 -4- 甲氧羰酰基吡咯 买麻藤 Gnetum montanum

2-hydroxy-3-methoxy-5-(2-propenyl)-phenol 2- 羟基 -3- 甲氧基 -5-(2- 丙烯基)- 苯酚 肉豆蔻 Myristica fragrans

H

4-hydroxy-3-methoxy-5-(3-methyl-2-*Z*-butenyl)-benzoic acid 4- 羟基 -3- 甲氧基 -5-(3- 甲基 -2-*Z*- 丁烯基)- 苯甲酸 金莲花 Trollius chinensis

1-[4-hydroxy-3-methoxy-5-(3-methyl-3-buten-1-yn-1-yl)phenyl]-ethanone 1-[4- 羟基 -3- 甲氧基 -5-(3- 甲基 -3- 丁烯 -1- 炔 -1- 基) 苯基]- 乙酮 异叶泽兰 Eupatorium heterophyllum

(4*S*,6*S*)-4-hydroxy-3-methoxy-6-(1-phenyl-2-propenyl)-2-cyclohexen-1-one (4*S*,6*S*)-4- 羟基 -3- 甲氧基 -6-(1- 苯基 -2- 丙烯基)-2- 环己烯 -1- 酮 印度黄檀 Dalbergia sissoo

2-hydroxy-3-methoxy-6-methyl-9,10-anthraquinone 2- 羟基 -3- 甲氧基 -6- 甲基 -9,10- 蒽醌 白花蛇舌草 Hedyotis diffusa

4-(7-hydroxy-3-methoxy-6-methyl-9*H*-carbazol-4-yl)-but-3-en-2-one 4-(7- 羟基 -3- 甲氧基 -6- 甲基 -9*H*- 咔唑 -4- 基)- 丁 -3- 烯 -2- 酮 山小橘 Glycosmis pentaphylla

(7*S*,8*S*)-4-hydroxy-3-methoxy-7,8-(2',1'-*O*-β-D-glucopyranosyl)-phenylpropanetriol (7*S*,8*S*)-4- 羟基 -3- 甲氧基 -7,8-(2',1'-*O*-β-D- 吡喃葡萄糖基)- 苯基丙三醇 小连翘 Hypericum erectum

2-hydroxy-3-methoxy-7-methyl-9,10-anthraquinone 2- 羟基 -3- 甲氧基 -7- 甲基 -9,10- 蒽醌 白花蛇舌草 Hedyotis diffusa

6-hydroxy-3-methoxy-8,8-dimethyl-2-phenyl-4*H*,8*H*-benzo[1,2-b:3,4-b']dipyran-4-one 6- 羟基 -3- 甲氧基 -8,8- 二甲基 -2- 苯基 -4*H*,8*H*- 苯 [1,2-b:3,4-b'] 二吡喃 -4- 酮 干花豆 Fordia cauliflora

(+)-4-hydroxy-3-methoxy-8,9-methylenedioxypterocarpan (+)-4- 羟基 -3- 甲氧基 -8,9- 亚甲二氧基紫檀烷 红车轴草 Trifolium pratense

4-hydroxy-3-methoxy-8,9-methylenedioxypterocarpan 4- 羟基 -3- 甲氧基 -8,9- 亚甲二氧基紫檀烷 海刀豆 Canavalia maritima

(8α,14β,20β)-2-hydroxy-3-methoxy-9β,13α-dimethyl-19,26,30-trinoroleana-1,3,5(10),6-tetraen-21-one (8α,14β,20β)-2- 羟基 -3- 甲氧基 -9β,13α- 二甲基 -19,26,30- 三降齐墩果 -1,3,5(10),6- 四烯 -21- 酮 冬青卫矛 Euonymus japonicus

4-hydroxy-3-methoxyacetophenone 4- 羟基 -3- 甲氧基苯乙酮 臭冷杉 Abies nephrolepis, 牛皮消 Cynanchum boudieri, 变色白前 C. versicolor, 棱果榕 Ficus septica, 窄头橐吾 Ligularia stenocephala

19-hydroxy-3'-methoxyaglain C 19- 羟基 -3'- 甲氧基米仔兰因 C 米仔兰 Aglaia odorata

1-hydroxy-3-methoxyanthraquinone 1- 羟基 -3- 甲氧基蒽醌 巴戟天 Morinda officinalis

2-hydroxy-3-methoxyanthraquinone 2- 羟基 -3- 甲氧基蒽醌 海滨木巴戟 Morinda citrifolia, 南山花 Prismatomeris tetrandra

4-hydroxy-3-methoxybenzaldehyde 4- 羟基 -3- 甲氧基苯甲醛 挥发油成分，未统计基源

5-hydroxy-3-methoxybenzaldehyde 5- 羟基 -3- 甲氧基苯甲醛 山核桃 Carya cathayensis

4-hydroxy-3-methoxy-benzaldehyde 4- 羟基 -3- 甲氧基 - 苯甲醛 革叶荛花 Wikstroemia scytophylla

4-hydroxy-3-methoxybenzamide 4- 羟基 -3- 甲氧基苯甲酰胺 蕺菜 Houttuynia cordata

4-hydroxy-3-methoxybenzeneacetic acid 4- 羟基 -3- 甲氧基苯乙酸 挥发油成分，未统计基源

4-hydroxy-3-methoxybenzeneethanol 4- 羟基 -3- 甲氧基苯乙醇 香椿 Toona sinensis, 金莲花 Trollius chinensis

4-hydroxy-3-methoxybenzenepropanoic acid 4- 羟基 -3- 甲氧基 - 苯丙酸 西洋参 Panax quinquefolius

2-hydroxy-3-methoxybenzoic acid 2- 羟基 -3- 甲氧基苯甲酸 蔓荆 Vitex trifolia

4-hydroxy-3-methoxybenzoic acid 4- 羟基 -3- 甲氧基苯甲酸 较常见成分，至少分布于 30 种以上植物中，见于百部科、唇形科、大戟科、豆科、珙桐科、胡桃科、桦木科、苦木科、兰科、藜科、蓼科、龙胆科、马鞭草科、木兰科、茜草科、茄科、桑科、石竹科、松科、桃金娘科、天南星科、无患子科、五味子科、苋科、玄参科、远志科、芸香科、紫金牛科等

2-hydroxy-3-methoxybenzoic acid-glucopyranosyl ester 2- 羟基 -3- 甲氧基苯甲酸 - 吡喃葡萄糖基酯苷 白英 Solanum lyratum

4-hydroxy-3-methoxybenzopropanyl acid 4- 羟基 -3- 甲氧基苯丙酸 狗筋蔓 Silene baccifera

5-hydroxy-3-methoxybenzyl alcohol 5- 羟基 -3- 甲氧基苄醇 大叶龙角 Hydnocarpus annamensis

(2*R*,3*S*,4*S*)-4-(4-hydroxy-3-methoxybenzyl)-2-(5-hydroxy-3-methoxyphenyl)-3-hydroxymethyl-tetrahydrofuran-3-ol (2*R*,3*S*,4*S*)-4-(4- 羟基 -3- 甲氧基苄基)-2-(5- 羟基 -3- 甲氧基苯基)-3- 羟基甲基 - 四氢呋喃 -3- 醇 枸骨 Ilex cornuta, 心叶风毛菊 Saussurea cordifolia

(2*R*,3*R*)-2β-(4''-hydroxy-3''-methoxybenzyl)-3α-(4'-hydroxy-3'-methoxybenzyl)-γ-butyrolactone-2-*O*-β-D-glucopyranoside (2*R*,3*R*)-2β-(4''- 羟基 -3''- 甲氧基苄基)-3α-(4'- 羟基 -3'- 甲氧基苄基)-γ- 丁内酯 -2-*O*-β-D- 吡喃葡萄糖苷 朝鲜白头翁 Pulsatilla cernua

4-hydroxy-3-methoxybenzyl-β-D-glucopyranoside 4- 羟基 -3- 甲氧基苄基 -β-D- 吡喃葡萄糖苷 胡桃楸 Juglans mandshurica

2-(4-hydroxy-3-methoxybut-1-yn-1-yl)-5-(penta-1,3-diyn-1-yl)thiophene 2-(4- 羟基 -3- 甲氧基正丁炔 -1- 基)-5-(1,3- 戊二炔 -1- 基) 噻吩

阔苞菊 Pluchea indica
7-hydroxy-3-methoxy-cadalene 7- 羟基 -3- 甲氧基 - 杜松萘▲ 榉树 Zelkova serrata
3-hydroxy-3-methoxycarbonyl-pentanedioic acid 3- 羟基 -3- 甲氧基羰基戊二酸 挥发油成分，未统计基源
6-hydroxy-3-methoxycarbonyl-*β*-carboline 6- 羟基 -3- 甲氧基羰基 -*β*- 咔啉 苦树 Picrasma quassioides
trans-4'-hydroxy-3'-methoxycinnamaldehyde 反式 -4'- 羟基 -3'- 甲氧基桂皮醛 楝叶吴萸 Euodia glabrifolia
4-hydroxy-3-methoxycinnamaldehyde 4- 羟基 -3- 甲氧基桂皮醛 膜苞垂头菊 Cremanthodium stenactinium, 绿茎还阳参 Crepis lignea, 白花枝子花 Dracocephalum heterophyllum, 楝 Melia azedarach, 海滨木巴戟 Morinda citrifolia, 毛裂蜂斗菜 Petasites tricholobus, 峨眉千里光 Senecio faberi
4-hydroxy-3-methoxycinnamic acid 4- 羟基 -3- 甲氧基桂皮酸 瓜叶马兜铃 Aristolochia cucurbitifolia, 山柑藤 Cansjera rheedei, 木薯 Manihot esculenta, 稻（模式亚种）Oryza sativa, 葛 Pueraria montana var. lobata, 兴安白头翁 Pulsatilla dahurica, 玄参 Scrophularia ningpoensis
4-hydroxy-3-methoxycinnamic acid methyl ester 4- 羟基 -3- 甲氧基桂皮酸甲酯 远志 Polygala tenuifolia
trans-4-hydroxy-3-methoxycinnamic acid methyl ester 反式 -4- 羟基 -3- 甲氧基桂皮酸甲酯 瓜叶马兜铃 Aristolochia cucurbitifolia
cis-4-hydroxy-3-methoxycinnamic acid methyl ester 顺式 -4- 羟基 -3- 甲氧基桂皮酸甲酯 瓜叶马兜铃 Aristolochia cucurbitifolia
4'-hydroxy-3'-methoxycinnamoyl-*β*-D-glucopyranose 4'- 羟基 -3'- 甲氧基桂皮酰基 -*β*-D- 吡喃葡萄糖 蛇菰 Balanophora fungosa
4-hydroxy-3-methoxycinnamyl-*β*-D-glucopyranoside 4- 羟基 -3- 甲氧基桂皮酰基 -*β*-D- 吡喃葡萄糖苷 蜀葵 Alcea rosea
5-hydroxy-3'-methoxyflavanone-7-*O*-rutinoside 5- 羟基 -3'- 甲氧基黄烷酮 -7-*O*- 芸香糖苷 密花香薷 Elsholtzia densa
7,4'-hydroxy-3'-methoxyisoflavone 7,4'- 羟基 -3'- 甲氧基异黄酮 鬼箭锦鸡儿 Caragana jubata
5'-hydroxy-3'-methoxyisoflavone-7-*O*-*β*-D-glucoside 5'- 羟基 -3'- 甲氧基异黄酮 -7-*O*-*β*-D- 葡萄糖苷 蒙古黄耆 Astragalus penduliflorus
2-hydroxy-3-methoxyisostrychnine 2- 羟基 -3- 甲氧基异番木鳖碱 马钱子 Strychnos nux-vomica
2-hydroxy-3-methoxymethyl-4-methoxycarbonylpyrrole 2- 羟基 -3- 甲氧甲基 -4- 甲氧羰酰基吡咯 买麻藤 Gnetum montanum
1-hydroxy-3-methoxy-*N*-methylacridone 1- 羟基 -3- 甲氧基 -*N*- 甲基吖啶酮 臭节草 Boenninghausenia albiflora, 象橘 Feronia limonia, 芸香 Ruta graveolens
4-hydroxy-3-methoxy-*N*-methyl-sec-pseudostrychnine 4- 羟基 -3- 甲氧基 -*N*- 甲基 - 裂环 - 伪番木鳖碱 长籽马钱 Strychnos wallichiana
(4-hydroxy-3-methoxyphenol)-methyl-1-*O*-*β*-D-glucopyranoside (4- 羟基 -3- 甲氧基苯酚)- 甲基 -1-*O*-*β*-D- 吡喃葡萄糖苷 寄生藤 Dendrotrophe varians
4-hydroxy-3-methoxyphenol-1-*O*-*β*-D-(6'-*O*-galloyl)-glucopyranoside 4- 羟基 -3- 甲氧基苯酚 -1-*O*-*β*-D-(6'-*O*- 没食子酰基)- 吡喃葡萄糖苷 杨梅叶蚊母树 Distylium myricoides
4-hydroxy-3-methoxyphenol-1-*O*-*β*-D-apiofuranosyl-(1''→6')-*O*-*β*-D-glucopyranoside 4- 羟基 -3- 甲氧基苯酚 -1-*O*-*β*-D- 呋喃芹糖基 -(1''→6')-*O*-*β*-D- 吡喃葡萄糖苷 阳桃 Averrhoa carambola
4-hydroxy-3-methoxyphenol-1-*O*-*β*-D-glucoside 4- 羟基 -3- 甲氧基苯酚 -1-*O*-*β*-D- 葡萄糖苷 水红木 Viburnum cylindricum
4'-hydroxy-3'-methoxyphenol-*β*-D-[6-*O*-(4''-hydroxy-3'',5''-dimethoxybenzoate)]glucopyranoside 4'- 羟基 -3'- 甲氧基苯基 -*β*-D-[6-*O*-(4''- 羟基 -3'',5''- 二甲氧基苯甲酸酯)]- 吡喃葡萄糖苷 红花八角 Illicium dunnianum
4'-hydroxy-3'-methoxy-phenol-*β*-D-[6-*O*-(4''-hydroxy-3'',5''-dimethoxy-benzoate)]-glucopyranoside 4'- 羟基 -3'- 甲氧基 - 苯酚 -*β*-D-[6-*O*-(4''- 羟基 -3'',5''- 二甲氧基 - 苄醚)]- 吡喃葡萄糖苷 裂叶铁线莲 Clematis parviloba
4-hydroxy-3-methoxyphenol-*β*-D-apiopyranosyl(1→6)-*β*-D-glucopyranoside 4- 羟基 -3- 甲氧基苯酚 -*β*-D- 吡喃芹糖基 (1→6)-*β*-D- 吡喃葡萄糖苷 关苍术 Atractylodes japonica
4-hydroxy-3-methoxyphenol-*β*-D-glucopyranoside 4- 羟基 -3- 甲氧基苯酚 -*β*-D- 吡喃葡萄糖苷 关苍术 Atractylodes japonica
erythro-1-(4-hydroxy-3-methoxypheny1)-2-[4-(3-rhamnopyranoxylpropyl)-2-methoxyphenoxy]-1,3-propanediol 赤式 -1-(4- 羟基 -3- 甲氧基苯基)-2-[4-(3- 吡喃鼠李糖氧基丙基)-2- 甲氧基苯酚]-1,3- 丙二醇 华中五味子 Schisandra sphenanthera
threo-1-(4-hydroxy-3-methoxypheny1)-2-[4-(3-rhamnopyranoxylpropyl)-2-methoxyphenoxy]-1,3-propanediol 苏式 -1-(4- 羟基 -3- 甲氧基苯基)-2-[4-(3- 吡喃鼠李糖氧基丙基)-2- 甲氧基苯酚]-1,3- 丙二醇 华中五味子 Schisandra sphenanthera
erythro-(7*S*,8*R*)-7-(4-hydroxy-3-methoxypheny1)-8-[[2'-methoxy-4'-(*E*)-propenyl]phenoxy]propan-7-ol 赤式 -(7*S*,8*R*)-7-(4- 羟基 -3- 甲氧基苯基)-8-[[2'- 甲氧基 -4'-(*E*)- 丙烯基] 苯氧基] 丙烷 -7- 醇 肉豆蔻 Myristica fragrans
(1*R*,5*R*,6*R*)-6-{4-*O*-[2-(1-(4-hydroxy-3-methoxyphenyl))glycerol]-3,5-dimethoxyphenyl}-3,7-dioxybicyclo[3.3.0]octan-2-one (1*R*,5*R*,6*R*)-6-{4-*O*-[2-(1-(4- 羟基 -3- 甲氧基苯基)) 甘油]-3,5- 二甲氧基苯基 }-3,7- 二氧杂双环 [3.3.0] 辛烷 -2- 酮 假桂乌口树 Tarenna attenuata
(4*E*,6*E*)-7-(4-hydroxy-3-methoxyphenyl)-1-(4-hydroxyphenyl)-4,6-heptadien-3-one (4*E*,6*E*)-7-(4- 羟基 -3- 甲氧基苯基)-1-(4- 羟基苯基)-4,6- 庚二烯 -3- 酮 薯蓣 Dioscorea polystachya
7-(4''-hydroxy-3''-methoxyphenyl)-1-(4'-hydroxyphenyl)-4*E*-hepten-3-one 7-(4''- 羟基 -3''- 甲氧基苯基)-1-(4'- 羟基苯基)-4 反式 - 庚烯 -3- 酮 高良姜 Alpinia officinarum
(5*S*)-7-(4''-hydroxy-3''-methoxyphenyl)-1-(4'-hydroxyphenyl)-5-methoxy-3-heptanone (5*S*)-7-(4''- 羟基 -3''- 甲氧基苯基)-1-(4'- 羟基苯基)-5- 甲氧基 -3- 庚酮 高良姜 Alpinia officinarum
(1*R*,2*R*)-1-(4-hydroxy-3-methoxyphenyl)-1,2,3-propanetriol (1*R*,2*R*)-1-(4- 羟基 -3- 甲氧基苯基)-1,2,3- 丙三醇 川桂 Cinnamomum wilsonii
(1*R*,2*S*)-1-(4-hydroxy-3-methoxyphenyl)-1,2,3-propanetriol (1*R*,2*S*)-1-(4- 羟基 -3- 甲氧基苯基)-1,2,3- 丙三醇 大叶龙角 Hydnocarpus annamensis
(1*S*,2*S*)-1-(4-hydroxy-3-methoxyphenyl)-1,2,3-propanetriol (1*S*,2*S*)-1-(4- 羟基 -3- 甲氧基苯基)-1,2,3- 丙三醇 川桂 Cinnamomum wilsonii
threo-1-(4-hydroxy-3-methoxyphenyl)-1,2,3-propanetriol 苏式 -1-(4- 羟基 -3- 甲氧基苯基)-1,2,3- 丙三醇 野木瓜 Stauntonia chinensis
3-(4-hydroxy-3-methoxyphenyl)-1,2,3-propantriol 3-(4- 羟基 -3- 甲氧基苯基)-1,2,3- 丙三醇 马蹄莲 Zantedeschia aethiopica
3-(4-hydroxy-3-methoxyphenyl)-1,2-propandiol 3-(4- 羟基 -3- 甲氧基苯基)-1,2- 丙二醇 马蹄莲 Zantedeschia aethiopica
(1*R*,2*R*)-1-(4-hydroxy-3-methoxyphenyl)-1,2-propanediol (1*R*,2*R*)-1-(4- 羟基 -3- 甲氧基苯基)-1,2- 丙二醇 肉豆蔻 Myristica fragrans

3-(4-hydroxy-3-methoxyphenyl)-1,2-propanediol triacetate 3-(4- 羟基 -3- 甲氧基苯基)-1,2- 丙烷二醇三乙酸酯 羊蹄甲 Bauhinia purpurea

9-(4'-hydroxy-3'-methoxyphenyl)-10-(hydroxymethyl)-11-methoxy-5,6,9,10-tetrahydrophenanthro[2,3-b]furan-3-ol 9-(4'- 羟基 -3'- 甲氧基苯基)-10-(羟基甲基)-11- 甲氧基 -5,6,9,10- 四氢菲并 [2,3-b] 呋喃 -3- 醇 独蒜兰 Pleione bulbocodioides

(7*S*,8*S*)-7-(4-hydroxy-3-methoxyphenyl)-1'-formyl-3'-methoxy-8-methyldihydrobenzofuran (7*S*,8*S*)-7-(4- 羟基 -3- 甲氧基苯基)-1'- 甲酰基 -3'- 甲氧基 -8- 甲基二氢苯并呋喃 红楠 Machilus thunbergii, 肉豆蔻 Myristica fragrans

erythro-1-(4'-hydroxy-3'-methoxyphenyl)-1-methoxy-2-(2''-methoxy-4''-(1'''-*trans*-propenyl)phenoxy)-propane 赤式 -1-(4'- 羟基 -3'- 甲氧基苯基)-1- 甲氧基 -2-(2''- 甲氧基 -4''-(1'''- 反式 - 丙烯基) 苯氧基) 丙烷 肉豆蔻 Myristica fragrans

threo-1-(4'-hydroxy-3'-methoxyphenyl)-1-methoxy-2-(2''-methoxy-4''-(1'''-*trans*-propenyl)phenoxy)-propane 苏式 -1-(4'- 羟基 -3'- 甲氧基苯基)-1- 甲氧基 -2-(2''- 甲氧基 -4''-(1'''- 反式 - 丙烯基) 苯氧基) 丙烷 肉豆蔻 Myristica fragrans

threo-1-(4-hydroxy-3-methoxyphenyl)-1-methoxy-2-{4-[1-formyl-(*E*)-vinyl]-2-methoxyphenoxy}-3-propanol 苏式 -1-(4- 羟基 3- 甲氧基苯基)-1 甲氧基 -2-{4-[1- 甲酰基 -(*E*)- 乙烯基]-2- 甲氧基氧基 }-3- 丙醇 木荷 Schima superba

24-[(2*E*)-3-(4-hydroxy-3-methoxyphenyl)-1-oxo-2-propenyloxy]-tetracosanoic acid 24-[(2*E*)-3-(4- 羟基 -3- 甲氧基苯基)-1- 氧代 -2- 丙烯氧基]-二十四碳酸 胡椒 Piper nigrum

7-(4'-hydroxy-3''-methoxyphenyl)-1-phenyl-3,5-heptanediol 7-(4'- 羟基 -3''- 甲氧基苯基)-1- 苯基 -3,5- 庚二醇 高良姜 Alpinia officinarum

7-(4''-hydroxy-3''-methoxyphenyl)-1-phenyl-4*E*-hepten-3-one 7-(4''- 羟基 -3''- 甲氧基苯基)-1- 苯基 -4 反式 - 庚烯 -3- 酮 高良姜 Alpinia officinarum

7-(4''-hydroxy-3''-methoxyphenyl)-1-phenylhept-4-en-3-one 7-(4''- 羟基 -3''- 甲氧基苯基)-1- 苯基庚 -4- 烯 -3- 酮 红豆蔻 Alpinia galanga, 高良姜 A. officinarum

H

erythro-1-(4'-hydroxy-3'-methoxyphenyl)-2-(2''-methoxy-4''-(1'''-*trans*-propenyl)phenoxy)propan-1-ol 赤式 -1-(4'- 羟基 -3'- 甲氧基苯基)-2-(2''- 甲氧基 -4''-(1'''- 反式 - 丙烯基) 苯氧基) 丙烷 -1- 醇 肉豆蔻 Myristica fragrans

threo-1-(4'-hydroxy-3'-methoxyphenyl)-2-(2''-methoxy-4''-(1'''-*trans*-propenyl)phenoxy)propan-1-ol 苏式 -1-(4'- 羟基 -3'- 甲氧基苯基)-2-(2''- 甲氧基 -4''-(1'''- 反式 - 丙烯基) 苯氧基) 丙烷 -1- 醇 肉豆蔻 Myristica fragrans

erythro-1-(4-hydroxy-3-methoxyphenyl)-2-(2-methoxy-4(*E*)-propenylphenoxy)-propan-1-ol 赤式 -1-(4- 羟基 -3- 甲氧基苯基)-2-(2- 甲氧基 -4(*E*)- 丙烯基苯氧基)- 丙烷 -1- 醇 甘松 Nardostachys jatamansi

(1*R*,2*S*,5*R*,6*S*)-6-(4-hydroxy-3-methoxyphenyl)-2-(3,4-dihydroxyphenyl)-3,7-dioxabicyclo[3.3.0]octane (1*R*,2*S*,5*R*,6*S*)-6-(4- 羟基 -3- 甲氧基苯基)-2-(3,4- 二羟基苯基)-3,7- 二氧杂双环 [3.3.0] 辛烷 少药八角 Illicium oligandrum, 竹叶花椒 Zanthoxylum armatum

(-)-1-(4'-hydroxy-3'-methoxyphenyl)-2-(4''-hydroxy-3''-methoxyphenyl)propan-3-ol (-)-1-(4'- 羟基 -3'- 甲氧基苯基)-2-(4''- 羟基 -3''- 甲氧基苯基) 丙烷 -3- 醇 石松 Lycopodium japonicum

1-(4-hydroxy-3-methoxyphenyl)-2-(4-[2-formyl-(*E*)-vinyl]-2-methoxyphenoxy)-propane-1,3-diol 1-(4- 羟基 -3- 甲氧基苯基)-2-(4-[2- 甲酰基 -*E*- 乙烯基]-2- 甲氧基苯氧基)- 丙烷 -1,3- 二醇 滑桃树 Trevia nudiflora

erythro-(4-hydroxy-3-methoxyphenyl)-2-(4-[2-formyl-(*E*)-vinyl]-2-methoxyphenoxy)-propan-1,3-diol 赤式 -(4- 羟基 -3- 甲氧基苯基)-2-(4-[2-甲酰基 -(*E*)- 乙烯基]-2- 甲氧基苯氧基)- 丙烷 -1,3- 二醇 伞序臭黄荆 Premna serratifolia

1-(4-hydroxy-3-methoxyphenyl)-2-(4-allyl-2,6-dimethoxyphenoxy)propanol 1-(4- 羟基 -3- 甲氧基苯基)-2-(4- 烯丙基 -2,6- 二甲氧基苯氧基) 丙醇 使君子 Quisqualis indica

threo-1-(4-hydroxy-3-methoxyphenyl)-2-(4-formyl-2-methoxy-phenoxy)-propane-1,3-diol 苏式 -1-(4- 羟基 -3- 甲氧基苯基)-2-(4- 甲酰基 -2-甲氧基 - 苯氧基)- 丙烷 -1,3- 二醇 麻疯树 Jatropha curcas

threo-1-(4'-hydroxy-3'methoxyphenyl-)-2-(4'-hydroxy-3'-methoxyphenyl)-1,3-propanediol 苏式 -1-(4'- 羟基 -3'- 甲氧基苯基)-2-(4'- 羟基 -3'- 甲氧基苯基)-1,3- 丙二醇 三叶木通 Akebia trifoliata

eryhtro-1-(4'-hydroxy-3'-methoxyphenyl)-2-(4'-hydroxy-3'-methoxyphenyl)-1,3-propanediol 赤式 -1-(4'- 羟基 -3'- 甲氧基苯基)-2-(4'- 羟基 -3'- 甲氧基苯基)-1,3- 丙二醇 三叶木通 Akebia trifoliata

erythro-1-(4-hydroxy-3-methoxyphenyl)-2-[2,6-dimethoxy-4-(1-*E*-propen-3-ol)-phenoxy]-propan-1,3-diol 赤式 -1-(4- 羟基 -3- 甲氧基苯基)-2-[2,6- 二甲氧基 -4-(1-*E*- 丙烯 -3- 醇)- 苯氧基]- 丙烷 -1,3- 二醇 木通马兜铃 Aristolochia manshuriensis

erythro-1-(4-hydroxy-3-methoxyphenyl)-2-[2-methoxy-4-(1-*E*-propen-3-ol)-phenoxy]-propan-1,3-diol 赤式 -1-(4- 羟基 -3- 甲氧基苯基)-2-[2-甲氧基 -4-(1-*E*- 丙烯 -3- 醇)- 苯氧基]- 丙烷 -1,3- 二醇 木通马兜铃 Aristolochia manshuriensis

threo-1-(4-hydroxy-3-methoxyphenyl)-2-[2-methoxy-4-(1-*trans*-propen-3-ol)-phenoxy]-propane-1,3-diol 苏式 -1-(4- 羟基 -3- 甲氧基苯基)-2-[2- 甲氧基 -4-(1- 反式 - 丙烯 -3- 醇)- 苯氧基]- 丙烷 -1,3- 二醇 鸦胆子 Brucea javanica

erythro-1-(4-hydroxy-3-methoxyphenyl)-2-[2-methoxy-4-(1-*trans*-propen-3-ol)-phenoxy]-propane-3-diol 赤式 -1-(4- 羟基 -3- 甲氧基苯基)-2-[2- 甲氧基 -4-(1- 反式 - 丙烯 -3- 醇)- 苯氧基]- 丙烷 -3- 二醇 鸦胆子 Brucea javanica

1-(4-hydroxy-3-methoxyphenyl)-2-[2-methoxy-4-(3-hydroxypropyl)phenoxy]propan-3-ol 1-(4- 羟基 -3- 甲氧基苯基)-2-[2- 甲氧基 -4-(3- 羟基丙基) 苯氧基] 丙 -3- 醇 臭冷杉 Abies nephrolepis

1-(4'-hydroxy-3'-methoxyphenyl)-2-[4''-(3-hydroxypropyl)-2'',6''-dimethoxyphenoxy]-propane-1,3-diol 1-(4'- 羟基 -3'- 甲氧基苯基)-2-[4''-(3-羟基丙基)-2'',6''- 二甲氧基苯氧基]- 丙烷 -1,3- 二醇 刺五加 Eleutherococcus senticosus

1-(4-hydroxy-3-methoxyphenyl)-2-[4-(1,2,3-trihydroxypropyl)-2-methoxyphenoxy]-1,3-propandiol 1-(4- 羟基 -3- 甲氧基苯基)-2-[4-(1,2,3- 三羟基丙基)-2- 甲氧基苯氧基]-1,3- 丙二醇 马蹄莲 Zantedeschia aethiopica

(-)-*erythro*-1-(4-hydroxy-3-methoxyphenyl)-2-[4-(3-hydroxypropanyl)-2-methoxyphenoxy]-1,3-propanediol (-)- 赤式 -1-(4- 羟基 -3- 甲氧基苯基)-2-[4-(3- 羟基丙基)-2- 甲氧基苯氧基]-1,3- 丙二醇 接骨木 Sambucus williamsii

(-)-*threo*-1-(4-hydroxy-3-methoxyphenyl)-2-[4-(3-hydroxypropanyl)-2-methoxyphenoxy]-1,3-propanediol (-)-苏式 -1-(4- 羟基 -3- 甲氧基苯基)-2-[4-(3- 羟基丙基)-2- 甲氧基苯氧基]-1,3- 丙二醇 接骨木 Sambucus williamsii

1-(4'-hydroxy-3'-methoxyphenyl)-2-[4''-(3-hydroxypropyl)-2'',6''-dimethoxyphenoxy]propane-1,3-diol 1-(4'- 羟基 -3'- 甲氧基苯基)-2-[4''-(3- 羟

基丙烷)-2",6"- 二甲氧基苯基] 丙烷 -1,3- 二醇 接骨木 Sambucus williamsii
1-(4-hydroxy-3-methoxyphenyl)-2-[4(3-hydroxypropyl)-2-methoxyphenoxy]-1,3-propanediol 1-(4- 羟基 -3- 甲氧基苯基)-2-[4(3- 羟基丙基)-2- 甲氧基苯氧基]-1,3- 丙二醇 轮叶蒲桃 Syzygium grijsii
(*R**,*S**)-1-(4-hydroxy-3-methoxyphenyl)-2-[4-(3-hydroxypropyl)-2-methoxyphenoxy]-1,3-propanediol (*R**,*S**)-1-(4- 羟基 -3- 甲氧基苯基)-2-[4-(3- 羟基丙基)-2- 甲氧基苯氧基]-1,3- 丙二醇 厚朴 Houpoëa officinalis
[*R*-(*R**,*S**)]-1-(4-hydroxy-3-methoxyphenyl)-2-[4-(3-hydroxypropyl)-2-methoxyphenoxy]-1,3-propanediol [*R*-(*R**,*S**)]-1-(4- 羟基 -3- 甲氧基苯基)-2-[4-(3- 羟基丙基)-2- 甲氧基苯氧基]-1,3- 丙二醇 番荔枝 Annona squamosa
1-(4-hydroxy-3-methoxyphenyl)-2-[4-(3-hydroxypropyl)-2-methoxyphenoxy]-1,3-propanediol 1-(4- 羟基 -3- 甲氧基苯基)-2-[4-(3- 羟基丙基)-2- 甲氧基苯氧基]-1,3- 丙二醇 厚朴 Houpoëa officinalis
(1*S*,2*R*)-1-(4-hydroxy-3-methoxyphenyl)-2-[4-(3-hydroxypropyl)phenoxy]-1,3-propanediol (1*S*,2*R*)-1-(4- 羟基 -3- 甲氧基苯基)-2-[4-(3- 羟基丙基) 苯氧基]-1,3- 丙二醇 望春玉兰 Yulania biondii
erythro-1-(4-hydroxy-3-methoxyphenyl)-2-[4-(3-*β*-D-glucopyranoxypropyl)-2,6-dimethoxyphenoxy]-1,3-propanediol 赤式 -1-(4- 羟基 -3- 甲氧基苯基)-2-[4-(3-*β*-D- 葡萄糖氧基丙基)-2,6- 二甲氧基苯酚]-1,3- 丙二醇 马醉木 Pieris japonica
threo-1-(4-hydroxy-3-methoxyphenyl)-2-[4-(-*E*-3-hydroxy-1-propenyl)-2-methoxyphenoxy]-1,3-propanediol 苏式 -1-(4- 羟基 -3- 甲氧基苯基)-2-[4-(-*E*-3- 羟基 -1- 丙烯基)-2- 甲氧基苯氧基]-1,3- 丙二醇 扭瓦韦 Lepisorus contortus
1-(4-hydroxy-3-methoxyphenyl)-2-[-4-(*ω*-hydroxypropyl-2-methoxy)-phenoxyl]-propane-1,3-diol 1-(4- 羟基 -3- 甲氧基苯基)-2-[-4-(*ω*- 羟基丙基 -2- 甲氧基)- 酚基]- 丙烷 -1,3- 二醇 杧果 Mangifera indica
(1*R*,2*S*)-1-(4-hydroxy-3-methoxy-phenyl)-2-[4-[(1*E*)-3-hydroxy-1-propen-1-yl]-2-methoxyphenoxy]-1,3-propanediol (1*R*,2*S*)-1-(4- 羟基 -3- 甲氧基苯基)-2-[4-(1*E*-3- 羟基 -1- 丙烯 -1- 基)-2- 甲氧基苯氧基]-1,3- 丙二醇 阔苞菊 Pluchea indica
(1*R*,2*R*)-1-(4-hydroxy-3-methoxyphenyl)-2-[4-[(1*E*)-3-hydroxy-1-propenyl]-2-methoxyphenoxy]-1,3-propanediol (1*R*,2*R*)-1-(4- 羟基 -3- 甲氧基苯基)-2-[4-(1*E*-3- 羟基 -1- 丙烯基]-2- 甲氧基苯氧基)-1,3- 丙二醇 阔苞菊 Pluchea indica
(1*R*,2*S*)-1-(4-hydroxy-3-methoxyphenyl)-2-[4-[(1*E*)-3-hydroxy-1-propenyl]-2-methoxyphenoxy]-1,3-propanediol (1*R*,2*S*)-1-(4- 羟基 -3- 甲氧基苯基)-2-[4-[(1*E*)-3- 羟基 -1- 丙烯基]-2- 甲氧基苯氧基]-1,3- 丙二醇 见血封喉 Antiaris toxicaria
(1*S*,2*S*)-1-(4-hydroxy-3-methoxyphenyl)-2-[4-[(1*E*)-3-hydroxy-1-propenyl]-2-methoxyphenoxy]-1,3-propanediol (1*S*,2*S*)-1-(4- 羟基 -3- 甲氧基苯基)-2-[4-[(1*E*)-3- 羟基 -1- 丙烯基]-2- 甲氧基苯氧基]-1,3- 丙二醇 见血封喉 Antiaris toxicaria
1-(4-hydroxy-3-methoxyphenyl)-2-{2-methoxy-4-[1-(*E*)-propen-3-ol]-phenoxy}-propan-1,3-diol 1-(4- 羟基 -3- 甲氧基苯基)-2-{2- 甲氧基 -4-[1-(*E*)- 丙烯 -3- 醇]- 苯氧基 }- 丙烷 -1,3- 二醇 通光藤 Marsdenia tenacissima
erythro-1-(4-hydroxy-3-methoxyphenyl)-2-{4-[(*E*)-3-hydroxy-1-propenyl]-2-methoxyphenoxy}-1,3-propanediol 赤式 -1-(4- 羟基 -3- 甲氧基苯基)-2-{4-[(*E*)-3- 羟基 -1- 丙烯基]-2- 甲氧基苯氧基 }-1,3- 丙二醇 构树 Broussonetia papyrifera, 刺五加 Eleutherococcus senticosus
threo-1-(4-hydroxy-3-methoxyphenyl)-2-{4-[(*E*)-3-hydroxy-1-propenyl]-2-methoxyphenoxy}-1,3-propanediol 苏式 -1-(4- 羟基 -3- 甲氧基苯基)-2-{4-[(*E*)-3- 羟基 -1- 丙烯基]-2- 甲氧基苯氧基 }-1,3- 丙二醇 构树 Broussonetia papyrifera, 黄果茄 Solanum virginianum
threo-(4-hydroxy-3-methoxyphenyl)-2-{4[2-carbinyl-(*E*)-vinyl]-2-methoxyphenoxy}-propan-1,3-diol 苏式 -(4- 羟基 -3- 甲氧基苯基)-2-{4[2- 羰基 -(*E*)- 乙烯基]-2- 甲氧基苯氧基 }- 丙烷 -1,3- 二醇 伞序臭黄荆 Premna serratifolia
erythro-1-(4-hydroxy-3-methoxyphenyl)-2-{4-[2-formyl-(*E*)-vinyl]-2-methoxyphenoxy}-propane-1,3-diol 赤式 -1-(4- 羟基 -3- 甲氧基苯基)-2-{4-[2- 甲酰基 -(*E*)- 乙烯基]-2- 甲氧基苯氧基 }- 丙烷 -1,3- 二醇 泰国大风子 Hydnocarpus anthelminthicus
threo-1-(4-hydroxy-3-methoxyphenyl)-2-{4-[2-formyl-(*E*)-vinyl]-2-methoxyphenoxy}-propane-1,3-diol 苏式 -1-(4-4- 羟基 -3- 甲氧基苯基)-2-{4-[2- 甲酰基 -(*E*)- 乙烯基]-2- 甲氧基苯氧基 }- 丙烷 -1,3- 二醇 泰国大风子 Hydnocarpus anthelminthicus
3-(4-hydroxy-3-methoxyphenyl)-2*E*-propenyl-1*β*-D-glucopyranoside 3-(4- 羟基 -3- 甲氧基苯基)-2*E*- 丙烯基 -1*β*-D- 吡喃葡萄糖苷 马蹄莲 Zantedeschia aethiopica
(7*S*,8*S*)-1-(4-hydroxy-3-methoxyphenyl)-2-*O*-(6-hydroxy-2-methoxy-4-omega-hydroxypropylphenyl)propane-1,3-diol (7*S*,8*S*)-1-(4- 羟基 -3- 甲氧基苯基)-2-*O*-(6- 羟基 -2- 甲氧基 -4-*ω*- 羟基丙基苯基) 丙烷 -1,3- 二醇 望春玉兰 Yulania biondii
2-(4'-hydroxy-3'-methoxyphenyl)-2-oxoacetamide 2-(4'- 羟基 -3'- 甲氧基苯基)-2- 氧代乙酰胺 胡杨 Populus euphratica
3-(4-hydroxy-3-methoxyphenyl)-2-oxopropylbenzoate 3-(4- 羟基 -3- 甲氧基苯基)-2- 氧代丙基苯甲酸酯 挥发油成分，未统计基源
3-(4-hydroxy-3-methoxyphenyl)-2-propen-1-ol 3-(4- 羟基 -3- 甲氧基苯基)-2- 丙烯 -1- 醇 翅梗石斛 Dendrobium trigonopus
(*E*)-3-(4-hydroxy-3-methoxyphenyl)-2-propenamide (*E*)-3-(4- 羟基 -3- 甲氧基苯基)-2- 丙烯酰胺 马齿苋 Portulaca oleracea
1-[3-(4-hydroxy-3-methoxyphenyl)-2-propenoate]-*β*-D-glucopyranoside 1-[3-(4- 羟基 -3- 甲氧基苯基)-2- 丙烯酸酯]-*β*-D- 吡喃葡萄糖苷 红冬蛇菰 Balanophora harlandii
3-(4-hydroxy-3-methoxyphenyl)-2-propenoic acid 3-(4- 羟基 -3- 甲氧基苯基)-2- 丙烯酸 草玉梅 Anemone rivularis, 人参 Panax ginseng
3-(4'-hydroxy-3'-methoxy-phenyl)-2-propenol 3-(4'- 羟基 -3'- 甲氧基苯基)-2- 丙烯醇 山核桃 Carya cathayensis
2-(4-hydroxy-3-methoxyphenyl)-3-(2-hydroxy-5-methoxyphenyl)-3-oxo-1-propanol 2-(4- 羟基 -3- 甲氧基苯基)-3-(2- 羟基 -5- 甲氧基苯基)-3- 氧代 -1- 丙醇 云南九节 Psychotria yunnanensis, 栝楼 Trichosanthes kirilowii
(+)-6-(4-hydroxy-3-methoxyphenyl)-3,7-dioxabicyclo[3.3.0]octan-2-one (+)-6-(4- 羟基 -3- 甲氧基苯基)-3,7- 二氧杂双环 [3.3.0] 辛烷 -2- 酮 狭叶链珠藤 Alyxia schlechteri
(+)-1-(4-hydroxy-3-methoxyphenyl)-3-hydroxy-5-phenyl-1-pentanone (+)-1-(4- 羟基 -3- 甲氧基苯基)-3- 羟基 -5- 苯基 -1- 戊酮 黄瑞香 Daphne giraldii
(*E*)-3-{(2,3-*trans*)-2-(4-hydroxy-3-methoxyphenyl)-3-hydroxymethyl-2,3-dihydrobenzo[b][1,4]dioxin-6-yl}-*N*-(4-hydroxyphenethyl)acrylamide (*E*)-3-{(2,3- 反式 -)-2-(4- 羟基 -3- 甲氧基苯基)-3- 羟基甲基 -2,3- 二氢苯并 [b][1,4] 二氧杂芑 -6- 基 }-*N*-(4- 羟基苯乙基) 丙烯酰胺 枸杞 Lycium chinense
(*Z*)-3-{(2,3-*trans*)-2-(4-hydroxy-3-methoxyphenyl)-3-hydroxymethyl-2,3-dihydrobenzo[b][1,4]dioxin-6-yl}-*N*-(4-hydroxyphenethyl)acrylamide

H

(*Z*)-3-{(2,3- 反式 -)-2-(4- 羟基 -3- 甲氧基苯基)-3- 羟基甲基 -2,3- 二氢苯并 [b][1,4] 二氧杂芑 -6- 基 }-*N*-(4- 羟基苯乙基) 丙烯酰胺 枸杞 Lycium chinense

3-[2-(4-hydroxy-3-methoxyphenyl)-3-hydroxymethyl-7-methoxy-2,3-dihydro-1-benzofuran-5-yl]propan-1-ol 3-[2-(4- 羟基 -3- 甲氧基苯基)-3- 羟基甲基 -7- 甲氧基 -2,3- 二氢 -1- 苯并呋喃 -5- 基] 丙烷 -1- 醇 台湾含笑 Michelia compressa

2-(4-hydroxy-3-methoxyphenyl)-4-[(4-hydroxy-3-methoxyphenyl)-methyl]-3-hydroxymethyl-tetrahydrofuran 2-(4- 羟基 -3- 甲氧基苯基)-4-[(4- 羟基 -3- 甲氧基苯基)- 甲基]-3- 羟基甲基 - 四氢呋喃 菘蓝 Isatis tinctoria

(3*R*,4*S*)-4-(4-hydroxy-3-methoxyphenyl)-4-methoxy-3-methylbutan-2-one (3*R*,4*S*)-4-(4- 羟基 -3- 甲基苯基)-4- 甲氧基 -3- 甲基丁烷 -2- 酮 三白草 Saururus chinensis

(5*R*)-7-(4''-hydroxy-3''-methoxyphenyl)-5-methoxy-1-phenyl-3-heptanone (5*R*)-7-(4''- 羟基 -3''- 甲氧基苯基)-5- 甲氧基 -1- 苯基 -3- 庚酮 高良姜 Alpinia officinarum

(1*R*,2*R*,5*S*,6*R*)-2-(4'-hydroxy-3'-methoxyphenyl)-6-(3'',4''-dimethoxyphenyl)-3,7-dioxabicyclo[3.3.0]octane-4'-*O*-*β*-D-glucopyranoside (1*R*,2*R*,5*S*,6*R*)-2-(4'- 羟基 -3'- 甲氧基苯基)-6-(3'',4''- 二甲氧基苯基)-3,7- 二氧杂双环 [3.3.0] 辛烷 -4'-*O*-*β*-D- 吡喃葡萄糖苷 野茉莉 Styrax japonicus

(8*R*,8'*S*)-7-(4-hydroxy-3-methoxyphenyl)-7'-(3',4'-dihydroxyphenyl)-8,8'-lignan (8*R*,8'*S*)-7-(4- 羟基 -3- 甲氧基苯基)-7'-(3',4'- 二羟基苯基)-8,8'- 木脂素 肉豆蔻 Myristica fragrans

7-(4-hydroxy-3-methoxyphenyl)-7'-(3',4'-methylenedioxyphenyl)-8,8'-lignan-7-methyl ether 7-(4- 羟基 -3- 甲氧基苯基)-7'-(3',4'- 亚甲二氧基苯基)-8,8'- 木脂素 -7- 甲醚 肉豆蔻 Myristica fragrans

(1*R*,5*R*)-1-(4-hydroxy-3-methoxyphenyl)-7-(4-hydroxy-phenyl)-1,5-heptanediol (1*R*,5*R*)-1-(4- 羟基 -3- 甲氧基苯基)-7-(4- 羟基苯基)-1,5- 庚二醇 胡桃楸 Juglans mandshurica

1-(4-hydroxy-3-methoxyphenyl)-7-(4-hydroxyphenyl)heptane-3,5-diol 1-(4- 羟基 -3- 甲氧基苯基)-7- 对羟基苯基庚烷 -3,5- 二醇 高良姜 Alpinia officinarum

[(7*S*)-8'-(4'-hydroxy-3'-methoxyphenyl)-7-hydroxypropyl]benzene-2,4-diol [(7*S*)-8'-(4'- 羟基 -3'- 甲氧基苯基)-7- 羟基丙基] 苯 -2,4- 二酚 肉豆蔻 Myristica fragrans

(*E*)-7-(4-hydroxy-3-methoxyphenyl)-7-methylbut-8-en-9-one (*E*)-7-(4- 羟基 -3- 甲氧基苯基)-7- 甲基丁 -8- 烯 -9- 酮 三白草 Saururus chinensis

[(8*R*,8'*S*)-7-(4-hydroxy-3-methoxyphenyl)-8'-methylbutan-8-yl]-3'-methoxybenzene-4',5'-diol [(8*R*,8'*S*)-7-(4- 羟基 -3- 甲氧基苯基)-8'- 甲基丁烷 -8- 基]-3'- 甲氧基苯 -4',5'- 二酚 肉豆蔻 Myristica fragrans

4-(4-hydroxy-3-methoxyphenyl)butan-2-ol 4-(4- 羟基 -3- 甲氧基苯基) 丁 -2- 醇 臭冷杉 Abies nephrolepis

2-(4-hydroxy-3-methoxy-phenyl)ethanol 2-(4- 羟基 -3- 甲氧基苯基) 乙醇 西洋参 Panax quinquefolius

2-(4-hydroxy-3-methoxyphenyl)-ethanol-1-*O*-*β*-D-glucopyranoside 2-(4- 羟基 -3- 甲氧基苯基)- 乙醇 -1-*O*-*β*-D- 吡喃葡萄糖苷 三叶木通 Akebia trifoliata

1-(4-hydroxy-3-methoxyphenyl)ethanone 1-(4- 羟基 -3- 甲氧基苯基)- 乙酮 银柴胡 Stellaria dichotoma var. lanceolata

1-(4-hydroxy-3-methoxyphenyl)-ethanone 1-(3- 甲氧基 -4- 羟基苯基)- 乙酮 顶花板凳果 Pachysandra terminalis

2-(4-hydroxy-3-methoxyphenyl)ethyl-3-(4-hydroxy-3-methoxyphenyl)acrylate 2-(4- 羟基 -3- 甲氧基苯基) 乙基 -3-(4- 羟基 -3- 甲氧基苯基) 丙烯酸酯 辽东桤木 Alnus hirsuta

2-(4-hydroxy-3-methoxyphenyl)-ethyl-*O*-*β*-D-glucopyranoside 2-(4- 羟基 -3- 甲氧基苯基)- 乙基 -*O*-*β*-D- 吡喃葡萄糖苷 藏波罗花 Incarvillea younghusbandii, 月桂 Laurus nobilis

10-(4-hydroxy-3-methoxyphenyl)furo[3',4':6,7]naphtho[1,2-d]-1,3-dioxol-9(7*H*)-one 10-(4- 羟基 -3- 甲氧基苯基) 呋喃 [3',4':6,7] 萘并 [1,2-d]-1,3- 间二氧杂环戊烯 -9(7*H*)- 酮 竹叶柴胡 Bupleurum marginatum

5-(4-hydroxy-3-methoxyphenyl)furo[3',4':6,7]naphtho[2,3-d]-1,3-dioxol-6(8*H*)-one 5-(4- 羟基 -3- 甲氧基苯基) 呋喃 [3',4':6,7] 萘并 [2,3-d]-1,3- 间二氧杂环戊烯 -6(8*H*)- 酮 竹叶柴胡 Bupleurum marginatum

7'-(4'-hydroxy-3'-methoxyphenyl)-*N*-[(4-butylphenyl)ethyl]propenamide 7'-(4'- 羟基 -3'- 甲氧基苯基)-*N*-[(4- 丁基苯基) 乙基] 丙烯酰胺 大花菟丝子 Cuscuta reflexa

3-(4-hydroxy-3-methoxyphenyl)-*N*-[2-(1*H*-imidazol-5-yl)ethyl]-2-propenamide 3-(4- 羟基 -3- 甲氧基苯基)-*N*-[2-(1*H*- 咪唑 -5- 基) 乙基]-2- 丙烯酰胺 草麻黄 Ephedra sinica

(*R*)-3-(4-hydroxy-3-methoxyphenyl)-*N*-[2-(4-hydroxyphenyl)-2-methoxyethyl]acrylamide (*R*)-3-(4- 羟基 -3- 甲氧基苯基)-*N*-[2-(4- 羟基苯基)-2- 甲氧基乙基] 丙烯酰胺 野生紫苏 Perilla frutescens var. purpurascens

3-(4-hydroxy-3-methoxyphenyl)-*N*-[2-(4-hydroxyphenyl)-2-methoxyethyl]acrylamide 3-(4- 羟基 -3- 甲氧基苯基)-*N*-[2-(4- 羟基苯基)-2- 甲氧基乙基] 丙烯酰胺 尾叶香茶菜 Isodon excisus

(*R*)-3-(4-hydroxy-3-methoxyphenyl)-*N*-[2-(4-hydroxyphenyl)-2-methoxyethyl]-acrylamide (*R*)-3-(4- 羟基 -3- 甲氧基苯基)-*N*-[2-(4- 羟基苯基)-2- 甲氧基乙基]- 丙烯酰胺 龙葵 Solanum nigrum

3-(4-hydroxy-3-methoxyphenyl)-*N*-[2-(4-hydroxyphenyl)-2-methoxyethyl]-acrylamide 3-(4- 羟基 -3- 甲氧基苯基)-*N*-[2- 对羟基苯基 -2- 甲氧基乙基]- 丙烯酰胺 白英 Solanum lyratum

(2*S*)-3-(4-hydroxy-3-methoxyphenyl)-propane-1,2-diol (2*S*)-3-(4- 羟基 -3- 甲氧基苯基)- 丙烷 -1,2- 二醇 大叶龙角 Hydnocarpus annamensis

2-(4-hydroxy-3-methoxyphenyl)propane-1,3-diol 2-(4- 羟基 -3- 甲氧基苯基) 丙烷 -1,3- 二醇 滨海前胡 Peucedanum japonicum

1-(4-hydroxy-3-methoxyphenyl)propan-1,2-diol 1-(4- 羟基 -3- 甲氧基苯基) 丙烷 -1,2- 二醇 合蕊五味子 Schisandra propinqua

3-(4-hydroxy-3-methoxyphenyl)propenal 3-(4- 羟基 -3- 甲氧基苯基)- 丙烯醛 大叶仙茅 Curculigo capitulata

3-(4-hydroxy-3-methoxy-phenyl)propionic acid methyl ester 3-(4- 羟基 -3- 甲氧基 - 苯基) 丙酸甲酯 小连翘 Hypericum erectum

3-(4-hydroxy-3-methoxyphenyl)propyl-*β*-D-glucopyranoside 3-(4- 羟基 -3- 甲氧基苯基)- 丙基 -*β*-D- 吡喃葡萄糖苷 轮叶蒲桃 Syzygium grijsii

3-(4-hydroxy-3-methoxyphenyl)-triacontyl-(Z)-propenoate 3-(4- 羟基 -3- 甲氧基苯基)- 三十醇 -(Z)- 丙烯酸酯 散沫花 Lawsonia inermis

4-hydroxy-3-methoxy-phenyl-1-O-(6'-O-galloyl)-β-D-glucopyranoside 4- 羟基 -3- 甲氧基 - 苯基 -1-O-(6'-O- 没食子酰基)-β-D- 吡喃葡萄糖苷 菜蓟 Cynara scolymus

4-hydroxy-3-methoxyphenylacetic acid 4- 羟基 -3- 甲氧基苯基乙酸 稻 (模式亚种) Oryza sativa

4-hydroxy-3-methoxyphenylferulate 4- 羟基 -3- 甲氧基苯基阿魏酸酯 短柱金丝桃 Hypericum hookerianum

(-)-4'-hydroxy-3'-methoxyphenyl-β-D-[6-O-(4''-hydroxy-3'',5''-dimethoxybenzoyl)]-glucopyranoside (-)-4'- 羟基 -3'- 甲氧基苯基 -β-D-[6-O-(4''- 羟基 -3'',5''- 二甲氧基苯甲酰基)]- 吡喃葡萄糖苷 走马胎 Ardisia gigantifolia

4-hydroxy-3-methoxyphenyl-β-D-apiofuranosyl-(1→6)-β-D-glucopyranoside 4- 羟基 -3- 甲氧基苯基 -β-D- 呋喃芹糖基 -(1→6)-β-D- 吡喃葡萄糖苷 苍术 Atractylodes lancea

4-hydroxy-3-methoxyphenyl-β-D-glucopyranoside 4- 羟基 -3- 甲氧基苯基 -β-D- 吡喃葡萄糖苷 苍术 Atractylodes lancea

4-hydroxy-3-methoxyphenyl-β-D-xylopyranosyl-(1→6)-β-D-glucopyranoside 4- 羟基 -3- 甲氧基苯基 -β-D- 吡喃木糖基 -(1→6)-β-D- 吡喃葡萄糖苷 关苍术 Atractylodes japonica, 苍术 A. lancea

4-hydroxy-3-methoxypropiophenone 4- 羟基 -3- 甲氧基苯丙酮 远志 Polygala tenuifolia

4-hydroxy-3-methoxystrychnine 4- 羟基 -3- 甲氧基番木鳖碱 长籽马钱 Strychnos wallichiana

4-hydroxy-3-methoxystyrene 4- 羟基 -3- 甲氧基苏合香烯 挥发油成分，未统计基源

4-hydroxy-3-methoxy-trans-cinnamaldehyde 4- 羟基 -3- 甲氧基 - 反式 - 桂皮醛 蒲公英 Taraxacum mongolicum

2-hydroxy-3-methoxyxanthone 2- 羟基 -3- 甲氧基叫酮 短柱金丝桃 Hypericum hookerianum

4-hydroxy-3-methoxyxanthone 4- 羟基 -3- 甲氧基叫酮 薄叶红厚壳 Calophyllum membranaceum

4-hydroxy-3-methoxy-α-oxo-benzeneacetamide 4- 羟基 -3- 甲氧基 -α- 氧代 - 苯乙酰胺 胡杨 Populus euphratica

2-[1-(acetyloxy)ethyl]-2-hydroxy-3-methyl-(2,3,5,7α-tetrahydro-1-hydroxy-1H-pyrrolizin-7-yl)methyl pentanoic acid ester 2-[1-(乙酰氧基) 乙基]-2- 羟基 -3- 甲基 -(2,3,5,7α- 四氢 -1- 羟基 -1H- 吡咯里西 -7- 基) 甲基戊酸酯 药用牛舌草 Anchusa officinalis

(4S,1'E,3'E)-4-(5'-hydroxy-3'-methyl-1',3'-pentadienyl)-3,5,5-trimethyl-2-cyclohexen-l-one-β-D-glucopyranoside (4S,1'E,3'E)-4-(5'- 羟基 -3'- 甲基 -1',3'- 戊二烯)-3,5,5- 三甲基 -2- 环己烯 -l- 酮 -β-D- 吡喃葡萄糖苷 榅桲 Cydonia oblonga

2-hydroxy-3-methyl-1-methoxyanthraquinon 2- 羟基 -3- 甲基 -1- 甲氧基蒽醌 白花蛇舌草 Hedyotis diffusa

4R-hydroxy-3-methyl-2-(2Z-pentenyl)-cyclopent-2-enone-4-O-β-D-glucopyranoside 4R- 羟基 -3- 甲基 -2-(2Z- 戊烯基)- 环戊烷 -2- 烯酮 -4-O-β-D- 吡喃葡萄糖苷 小花鬼针草 Bidens parviflora

2-hydroxy-3-methyl-21-oxo-12,24-dinor-D:B-friedooleana-1,3,5(10),7-tetraen-29-oic acid 2- 羟基 -3- 甲基 -21- 氧代 -12,24- 二降 -D:B- 飞齐墩果 -1,3,5(10),7- 四烯 -29- 酸 粉背南蛇藤 Celastrus hypoleucus

3-hydroxy-3-methyl-2-butanol 3- 羟基 -3- 甲基 -2- 丁醇 挥发油成分，未统计基源

(E)-2-(4-hydroxy-3-methyl-2-butenyl)-hydroquinone (E)-2-(4- 羟基 -3- 甲基 -2- 丁烯基)- 氢醌 桦剥管菌 Piptoporus betulinus

3-(3-hydroxy-3-methyl-2-oxobutyl)-4,7-dimethoxy-1-methyl-2(1H)-quinolinone 3-(3- 羟基 -3- 甲基 -2- 氧代丁基)-4,7- 二甲氧基 -1- 甲基 -2(1H)- 喹诺酮 飞龙掌血 Toddalia asiatica

3-(2'-hydroxy-3'-methyl-3'-butenyl)acetylphenyl-4-O-[α-L-arabinopyranosyl-(1→3)]-O-β-D-galactopyranoside 3-(2'- 羟基 -3'- 甲基 -3'- 丁烯基) 乙酰苯 4-O-[α-L- 吡喃阿拉伯糖基 -(1→3)]-O-β-D- 吡喃半乳糖苷 槐叶决明 Senna occidentalis var. sophera

2-hydroxy-3-methyl-4H-pyran-4-one 2- 羟基 -3- 甲基 -4H- 吡喃 -4- 酮 宽苞十大功劳 Mahonia eurybracteata

5-hydroxy-3-methyl-4-propylsulfanyl-5H-furan-2-one 5- 羟基 -3- 甲基 -4- 丙基巯基 -5H- 呋喃 -2- 酮 洋葱 Allium cepa

(2E,6E,10E)-(+)-4β-hydroxy-3-methyl-5β-(3,7,11,15-tetramethylhexadeca-2,6,10,14-tetraenyl)cyclohex-2-en-1-one (2E,6E,10E)-(+)-4β- 羟基 -3- 甲基 -5β-(3,7,11,15- 四甲基十六烷 -2,6,10,14- 四烯基) 环己 -2- 烯 -1- 酮 云树 Garcinia cowa

2-hydroxy-3-methyl-6-(1-methylethyl)-2-cylcohexen-1-one 2- 羟基 -3- 甲基 -6-(1- 甲基乙基)-2- 环己烯 -1- 酮 挥发油成分，未统计基源

1-hydroxy-3-methyl-6-methoxyanthraquinone-8-O-β-D-xylopyranoside 1- 羟基 -3- 甲基 -6- 甲氧基蒽醌 -8-O-β-D- 吡喃木糖苷 白花丹 Plumbago zeylanica

8-hydroxy-3-methyl-6-methoxyxanthone-1-O-α-L-rhamnopyranosyl-(1→6)-β-D-glucopyranoside 8- 羟基 -3- 甲基 -6- 甲氧基叫酮 -1-O-α-L- 吡喃鼠李糖基 -(1→6)-β-D- 吡喃葡萄糖苷 翼核果 Ventilago leiocarpa

8-hydroxy-3-methyl-6-methoxyxanthone-1-O-β-D-glucopyranosyl-(1→6)-β-D-glucopyranoside 8- 羟基 -3- 甲基 -6- 甲氧基叫酮 -1-O-β-D- 吡喃葡萄糖基 -(1→6)-β-D- 吡喃葡萄糖苷 翼核果 Ventilago leiocarpa

1-hydroxy-3-methyl-8-[6-O-(carboxyacetyl)-β-D-glucopyranosyloxy]-anthraquinone 1- 羟基 -3- 甲基 -8-[6-O- 羧基乙酰基 -β-D- 吡喃葡萄糖氧基]- 蒽醌 掌叶大黄 Rheum palmatum

4-hydroxy-3-methylacetophenone 4- 羟基 -3- 甲基苯乙酮 挥发油成分，未统计基源

2-hydroxy-3-methylanthraquinone 2- 羟基 -3- 甲基蒽醌 水团花 Adina pilulifera, 喜旱莲子草 Alternanthera philoxeroides, 白花蛇舌草 Hedyotis diffusa, 巴戟天 Morinda officinalis, 半枝莲 Scutellaria barbata

8-hydroxy-3-methylanthraquinone-1-O-(4-O-β-D-galactopyranosyl)-β-L-rhamnopyranoside 8- 羟基 -3- 甲基蒽醌 -1-O-(4-O-β-D- 吡喃半乳糖基)-β-L- 吡喃鼠李糖苷 戟叶酸模 Rumex hastatus

8-hydroxy-3-methylanthraquinone-1-β-gentiobioside 8- 羟基 -3- 甲基蒽醌 -1-β- 龙胆二糖苷 决明 Senna tora

6-(4-hydroxy-3-methylbut-2-enyl)-1,5-dihydroxyxanthone 6-(4- 羟基 -3- 甲基丁 -2- 烯基)-1,5- 二羟基叫酮 薄叶红厚壳 Calophyllum membranaceum

(E)-4-(4-hydroxy-3-methylbut-2-enyloxy)-benzaldehyde (E)-4-(4- 羟基 -3- 甲基丁 -2- 烯氧基)- 苯甲醛 两面针 Zanthoxylum nitidum

(+)-4-(2'-hydroxy-3'-methylbut-3'-enyloxy)-8H-[1,3]-dioxolo[4,5-h]chromen-8-one (+)-4-(2'- 羟基 -3'- 甲基丁 -3'- 烯氧基)-8H-[1,3]- 二氧杂环戊 [4,5-h] 色烯 -8- 酮 木橘 Aegle marmelos

2-[(1*S*)-1-(acetyloxy)ethyl]-2-hydroxy-3-methyl-butanoic acid-(2*S*)-[(1*S*,7*R*)-2,3,5,7a-tetrahydro-1-hydroxy-1*H*-pyrrolizin-7-yl]methyl ester 2-[(1*S*)-1-(乙酰氧基)乙基]-2-羟基-3-甲基丁酸-(2*S*)-[(1*S*,7*R*)-2,3,5,7a-四氢-1-羟基-1*H*-吡咯里西-7-基]甲基酯 倒提壶 Cynoglossum amabile

2-[1-(acetyloxy)ethyl]-2-hydroxy-3-methyl-butanoic acid-[1*S*-[1*α*,7[*R*(*R*)],7*α*]]-(2,3,5,7*α*-tetrahydro-1-hydroxy-4-oxido-1*H*-pyrrolizin-7-yl)methyl ester 2-[1-(乙酰氧基)乙基]-2-羟基-3-甲基丁酸-[1*S*-[1*α*,7[*R*(*R*)],7*α*]]-(2,3,5,7*α*-四氢-1-羟基-4-氧化-1*H*-吡咯里西-7-基)甲酯 红花琉璃草 Cynoglossum officinale

8-(4-hydroxy-3-methylbutoxy)-7-methoxy-5-[(3-methyl-2-butenyl)oxy]-coumarin 8-(4-羟基-3-甲基丁酰氧基)-7-甲氧基-5-(3-甲基-2-丁烯酰氧基)-香豆素 裂叶蒿 Artemisia tanacetifolia

4-(4'-hydroxy-3'-methylbutoxy)benzaldehyde 4-(4'-羟基-3'-甲基丁氧基)苯甲醛 椿叶花椒 Zanthoxylum ailanthoides

2-(3-hydroxy-3-methylbutyl)-1,3,5,6-tetrahydroxyxanthone 2-(3-羟基-3-甲基丁基)-1,3,5,6-四羟基呫酮 红厚壳 Calophyllum inophyllum

2-(3'-hydroxy-3-methylbutyl)-4-hydroxy-3,6-dimeboxyphenol-1-*O*-*β*-D-glucopyranoside 2-(3'-羟基-3-甲基丁基)-4-羟基-3,6-二甲氧基苯酚-1-*O*-*β*-D-吡喃葡萄糖苷 井栏边草 Pteris multifida

2-(3'-hydroxy-3'-methylbutyl)-4-hydroxy-5-methoxyphenol-1-*O*-*β*-D-glucopyranosie 2-(3'-羟基-3'-甲基丁基)-4-羟基-5-甲氧基苯酚-1-*O*-*β*-D-吡喃葡萄糖苷 井栏边草 Pteris multifida

5-(3''-hydroxy-3''-methylbutyl)-8-hydroxyfuranocoumarin 5-(3''-羟基-3''-甲基丁基)-8-羟基呋喃香豆素 杭白芷 Angelica dahurica 'Hangbaizhi'

5-(3''-hydroxy-3''-methylbutyl)-8-methoxyfuranocoumarin 5-(3''-羟基-3''-甲基丁基)-8-甲氧基呋喃香豆素 密花香薷 Elsholtzia densa

4-(4-hydroxy-3-methylbutyloxy)-3-phenyl propanol 4-(4-羟基-3-甲基丁醇)-3-苯基丙醇 椿叶花椒 Zanthoxylum ailanthoides

1-hydroxy-3-methylcarbazole 1-羟基-3-甲基咔唑 豆叶九里香 Murraya euchrestifolia, 调料九里香 M. koenigii

2-hydroxy-3-methylcarbazole 2-羟基-3-甲基咔唑 假黄皮 Clausena excavata, 小花山小橘 Glycosmis parviflora, 调料九里香 Murraya koenigii

[(3-hydroxy-3-methylglutaryl)methyl]-phenyl-4-*O*-*β*-D-glucopyranoside [(3-羟基-3-甲基戊二酰基)甲基]-苯基-4-*O*-*β*-D-吡喃葡萄糖苷 青兰 Dracocephalum ruyschiana

(25*R*)-27-{*O*-[(*S*)-3-hydroxy-3-methylglutaryl]-spirost-5-en-3*β*,27-diol-3-*O*-{*O*-*α*-L-rhamnopyranosyl-(1→2)-*O*-[*β*-D-glucopyranosyl-(1→4)]-*β*-D-glucopyranoside} (25*R*)-27-{*O*-[(*S*)-3-羟基-3-甲基戊二酰基]-s螺甾-5-烯-3*β*,27-二醇-3-*O*-{*O*-*α*-L-吡喃鼠李糖基-(1→2)-*O*-[*β*-D-吡喃葡萄糖基-(1→4)]-*β*-D-吡喃葡萄糖苷} 药百合 Lilium speciosum var. gloriosoides

8-hydroxy-3-methylisocoumarin 8-羟基-3-甲基异香豆精 枝干微皮伞 Marasmiellus ramealis

7'-hydroxy-3'-methyl-moupinamide 7'-羟基-3'-甲基穆坪马兜铃酰胺 猪毛菜 Salsola collina

5-hydroxy-3-methylpentacosanoic acid 5-羟基-3-甲基二十五酸 三叶蝶豆 Clitoria mariana

2-hydroxy-3-methylpentanoic acid 2-羟基-3-甲基戊酸 山楝 Aphanamixis polystachya

4-(4'-hydroxy-3'-methylphenyl ether)-2-butanol 4-(4'-羟基-3'-甲基苯基醚)-2-丁醇 马尾松 Pinus massoniana

3-(4-hydroxy-3-methylphenyl)-1-propanol-1-*O*-*β*-D-glucopyranoside 3-(4-羟基-3-甲基苯基)-1-丙醇-1-*O*-*β*-D-吡喃葡萄糖苷 马醉木 Pieris japonica

2-(4-hydroxy-3-nitrophenyl)ethyl stearate 2-(4-羟基-3-硝基苯基)-乙基硬脂酸酯 猫爪藤 Macfadyena unguis-cati

19*α*-hydroxy-3-*O*-acetylursolic acid 19*α*-羟基-3-*O*-乙酰熊果酸 白檀 Symplocos paniculata

11-hydroxy-3-*O*-methyl-1-isomangostin 11-羟基-3-*O*-甲基-1-异倒捻子素 莽吉柿 Garcinia mangostana

2-hydroxy-3-*O*-tigloyl-6-*O*-acetylswietenolide 2-羟基-3-*O*-巴豆酰基-6-*O*-乙酰桃花心木内酯 鹧鸪花 Trichilia connaroides

24-hydroxy-3-oxo-11,13(18)-oleandien-28-oic acid 24-羟基-3-氧代-11,13(18)-齐墩果二烯-28-酸 白花枝子花 Dracocephalum heterophyllum

6*β*-hydroxy-3-oxo-11*α*,12*α*-epoxyolean-28,13*β*-olide 6*β*-羟基-3-氧代-11*α*,12*α*-环氧齐墩果-28,13*β*-内酯 越南安息香 Styrax tonkinensis

24-hydroxy-3-oxo-12-oleanen-28-oic acid 24-羟基-3-氧代-12-齐墩果烯-28-酸 南蛇藤 Celastrus orbiculatus

11-hydroxy-3-oxo-12-ursen-28-oic acid 11-羟基-3-氧代-12-熊果烯-28-酸 云南土沉香 Excoecaria acerifolia

ent-16-hydroxy-3-oxo-13-*epi*-manoyl oxide 对映-16-羟基-3-氧代-13-表-泪柏醚 海漆 Excoecaria agallocha

6*β*-hydroxy-3-oxo-13*α*,14*β*,17*α*-lanosta-7,24-dien-21,16*β*-olide 6*β*-羟基-3-氧代-13*α*,14*β*,17*α*-羊毛脂-7,24-二烯-21,16*β*-内酯 楝 Melia azedarach

(4*α*,11*α*)-11-hydroxy-3-oxo-24-norlup-20(29)-en-28-oic acid (4*α*,11*α*)-11-羟基-3-氧代-24-降羽扇豆-20(29)-烯-28-酸 白簕 Eleutherococcus trifoliatus

19*α*-hydroxy-3-oxo-24-norolean-12-en-28-oic acid 19*α*-羟基-3-氧代-24-降齐墩果-12-烯-28-酸 锐齿槲栎 Quercus aliena var. acutiserrata

12*β*-hydroxy-3-oxo-24*α*-methoxy-25,26,27-trinordammara-20,24-epoxy 12*β*-羟基-3-酮基-24*α*-甲氧基-25,26,27-三降达玛-20,24-环氧 蒙古荚蒾 Viburnum mongolicum

28-hydroxy-3-oxo-30-lupanoic acid 28-羟基-3-氧代-30-羽扇豆酸 五层龙 Salacia prinoides

(11*S*)-10*α*-hydroxy-3-oxo-4*βH*-guaiano-12,6*α*-lactone (11*S*)-10*α*-羟基-3-氧代-4*βH*-愈创木-12,6*α*-内酯 中华小苦荬 Ixeridium chinense

(24*Z*)-27-hydroxy-3-oxo-7,24-tirucalladien-21-al (24*Z*)-27-羟基-3-氧代-7,24-绿玉树二烯-21-醛 苦树 Picrasma quassioides

29-hydroxy-3-oxo-D:A-friedooleanan-28-oic acid 29-羟基-3-氧代-D:A-飞齐墩果-28-酸 疏花卫矛 Euonymus laxiflorus

8*β*-hydroxy-3-oxoeremophil-7(11)-en-12,8*α*-olide 8*β*-羟基-3-氧代荒漠木-7(11)-烯-12,8*α*-内酯 蜂斗菜 Petasites japonicus

(11*S*)-10*α*-hydroxy-3-oxoguaia-4-en-12,6*α*-lactone (11*S*)-10*α*-羟基-3-氧代愈创木-4-烯-12,6*α*-内酯 中华小苦荬 Ixeridium chinense

16*α*-hydroxy-3-oxolanosta-7,9(11),24-trien-21-oic acid 16*α*-羟基-3-氧代羊毛脂-7,9(11),24-三烯-21-酸 树舌灵芝 Ganoderma applanatum

23-hydroxy-3-oxolanosta-8,24-dien-26,23-olide 23-羟基-3-氧代羊毛脂-8,24-二烯-26,23-内酯 冷杉 Abies fabri

6*β*-hydroxy-3-oxolup-20(29)-en-28-oic acid] 6*β*-羟基-3-氧代羽扇豆-20(29)-烯-28-酸 胶皮枫香树 Liquidambar styraciflua

28-hydroxy-3-oxolup-20(29)-en-30-al 28- 羟基 -3- 氧代羽扇豆 -20(29)- 烯 -30- 醛 福建假卫矛 Microtropis fokienensis

6β-hydroxy-3-oxolup-20(29)-ene 6β- 羟基 -3- 氧代羽扇豆 -20(29)- 烯 苦皮藤 Celastrus angulatus

23-hydroxy-3-oxoolean-12-en-28-oic acid 23- 羟基 -3- 氧代齐墩果 -12- 烯 -28- 酸 南蛇藤 Celastrus orbiculatus

6β-hydroxy-3-oxoolean-12-en-28-oic acid 6β- 羟基 -3- 氧代齐墩果 -12- 烯 -28- 酸 胶皮枫香树 Liquidambar styraciflua

6-hydroxy-3-oxoolean-12-en-28-oic acid 6- 羟基 -3- 氧代齐墩果 -12- 烯 -28- 酸 水红木 Viburnum cylindricum

19α-hydroxy-3-oxo-olean-12-en-28-oic acid 19α- 羟基 -3- 氧代 - 齐墩果 -12- 烯 -28- 酸 越南安息香 Styrax tonkinensis

21β-hydroxy-3-oxo-olean-12-en-28-oic acid 21β- 羟基 -3- 氧代 - 齐墩果 -12- 烯 -28- 酸 白花鹅掌柴 Heptapleurum leucanthum

6β-hydroxy-3-oxo-olean-12-en-28-oic acid 6β- 羟基 -3- 羰基 - 齐墩果 -12- 烯 -28- 酸 短梗大参 Macropanax rosthornii, 越南安息香 Styrax tonkinensis

22α-hydroxy-3-oxoolean-12-en-29-oic acid 22α- 羟基 -3- 氧代齐墩果 -12- 烯 -29- 酸 五层龙 Salacia prinoides

11α-hydroxy-3-oxo-urs-12-en-28-oic acid 11α- 羟基 -3- 氧代 - 熊果 -12- 烯 -28- 酸 马缨丹 Lantana camara

22α-hydroxy-3-oxours-12-ene-27,28-dioic acid 22α- 羟基 -3- 氧代熊果 -12- 烯 -27,28- 二酸 毛钩藤 Uncaria hirsuta

27-hydroxy-3-oxo-witha-1,4,24-trienolide 27- 羟基 -3- 氧代 - 睡茄 -1,4,24- 三双烯内酯 睡茄 Withania somnifera

(6S,9R)-6-hydroxy-3-oxo-α-ionol-9-O-β-D-glucopyranoside (6S,9R)-6- 羟基 -3- 氧代 -α- 香堇醇 -9-O-β-D- 吡喃葡萄糖苷 洋金花 Datura metel, 海金沙 Lygodium japonicum, 豆瓣菜 Nasturtium officinale, 麻叶千里光 Senecio cannabifolius

(6S,9S)-6-hydroxy-3-oxo-α-ionol-9-O-β-D-glucopyranoside (6S,9S)-6- 羟基 -3- 酮 -α- 香堇醇 -9-O-β-D- 葡糖苷 麻叶千里光 Senecio cannabifolius

22β-hydroxy-3-oxo-Δ^{12}-oleanen-29-oic acid 22β- 羟基 -3- 氧代 -Δ^{12}- 齐墩果烯 -29- 酸 雷公藤 Tripterygium wilfordii

2-hydroxy-3-O-β-D-glucopyranosylbenzoic acid 2- 羟基 -3-O-β-D- 吡喃葡萄糖基苯甲酸 瘤毛獐牙菜 Swertia pseudochinensis

8β-hydroxy-3-O-β-D-glucopyranosyl-ent-labda-13-en-15,16-diol 8β- 羟基 -3-O-β-D- 吡喃葡萄糖基 - 对映 - 半日花 -13- 烯 -15,16- 二醇 车桑子 Dodonaea viscosa

18-hydroxy-3-O-β-D-glucopyranosylhelioscopinolide A 18- 羟基 -3-O-β-D- 吡喃葡萄糖基泽漆内酯 A 云南马蓝 Strobilanthes yunnanensis

2-hydroxy-3-O-β-D-glucosyloxybenzoic acid methyl ester 2- 羟基 -3-O-β-D- 葡萄糖氧基苯甲酸甲酯 三花龙胆 Gentiana triflora

3-hydroxy-3-phenyl-propanamide 3- 羟基 -3- 苯基丙酰胺 髯花杜鹃 Rhododendron anthopogon

2-hydroxy-3-phenylpropionic acid 2- 羟基 -3- 苯基丙酸 合柄铁线莲 Clematis connata

(5S)-5-hydroxy-3-platyphyllone (5S)-5- 羟基 -3- 白桦酮▲ 辽东桤木 Alnus hirsuta

4-hydroxy-3-prenylbenzoic acid 4- 羟基 -3- 异戊烯基苯甲酸 长花厚壳树 Ehretia longiflora, 紫参 Rubia yunnanensis

(E)-3-(4-hydroxy-3-propoxyphenyl)-acrylic acid (E)-3-(4- 羟基 -3- 丙氧基苯基)- 丙烯酸 长柄山蚂蝗 Hylodesmum podocarpum

6-hydroxy-3-pyridinecarboxylic acid 6- 羟基 -3- 吡啶羧酸 豆腐柴 Premna microphylla

5-hydroxy-3S-hydroxymethyl-6-methyl-2,3-dihydrobenzofuran 5- 羟基 -3S- 羟基甲基 -6- 甲基 -2,3- 二氢苯并呋喃 牡丹 Paeonia suffruticosa

hydroxy-3-stachydrine 羟基 -3- 水苏碱 猫爪藤 Macfadyena unguis-cati

1α-hydroxy-3α-(2-methylbutanoyloxy)-isoalantolactone 1α- 羟基 -3α-(2- 甲基丁酰氧基)- 异土木香内酯 密花艾纳香 Blumea densiflora

(25S,3'S)-(+)-12α-hydroxy-3α-(3'-hydroxy-3'-methylglutaryloxy)-24-methyllanosta-8,24(31)-dien-26-oic acid (25S,3'S)-(+)-12α- 羟基 -3α-(3'- 羟基 -3'- 甲基戊二酰氧)-24- 甲基羊毛脂 -8,24(31)- 二烯 -26- 酸 桦剥管菌 Piptoporus betulinus

(25S,3'S)-(+)-12α-hydroxy-3α-(3'-hydroxy-4'-methoxycarbonyl-3'-methylbutyryloxy)-24-methyllanosta-8,24(31)-dien-26-oic acid (25S,3'S))-(+)-12α- 羟基 -3α-(3'- 羟基 -4'- 甲氧基甲酰基 -3'- 甲基丁酰氧)-24- 甲基羊毛脂 -8,24(31)- 二烯 -26- 酸 桦剥管菌 Piptoporus betulinus

3-hydroxy-3α-(O-sulfate-oxy)-olean-12-en-28-oic acid-28-O-α-L-rhamnopyranosyl-(1''' → 4'')-O-β-D-glucopyranosyl-(1'' → 6')-O-β-D-glucopyranoside ester 3- 羟基 -3α-(O- 硫酸酯 - 氧基)- 齐墩果 -12- 烯 -28- 酸 -28-O-α-L- 吡喃鼠李糖基 -(1''' → 4'')-O-β-D- 吡喃葡萄糖基 -(1'' → 6')-O-β-D- 吡喃葡萄糖基酯 蔓荆 Vitex trifolia

6-hydroxy-3α,20-epoxy-5(6)-ene-ent-kaur-1,7,15-trione 6- 羟基 -3α,20- 环氧 -5(6)- 烯 - 对映 - 贝壳杉 -1,7,15- 三酮 毛萼香茶菜 Isodon eriocalyx

12β-hydroxy-3α,7α-epoxy-lanost-(Z)-5,20,22-trien-26-oic acid-3β-tetradecanoate 12β- 羟基 -3α,7α- 环氧 - 羊毛脂 -(Z)-5,20,22- 三烯 -26- 酸 -3β- 十四酸酯 盒果藤 Operculina turpethum

4β-hydroxy-3α,7α-epoxy-stigmast-(Z)-5,22-dien-3β-tetradecanoate 4β- 羟基 -3α,7α- 环氧 - 豆甾 -(Z)-5,22- 二烯 -3β- 十四酸酯 盒果藤 Operculina turpethum

1α-hydroxy-3α-isobutyryloxyisoalantolactone 1α- 羟基 -3α- 异丁酰氧基异土木香内酯 密花艾纳香 Blumea densiflora

(25S)-(+)-12α-hydroxy-3α-malonyloxy-24-methyllanosta-8,24(31)-dien-26-oic acid (25S)-(+)-12α- 羟基 -3α- 丙二酰氧 -24- 甲基羊毛脂 -8,24(31)- 二烯 -26- 酸 桦剥管菌 Piptoporus betulinus

15β-hydroxy-3α-methoxy-23-cycloarten-26-oic acid 15β- 羟基 -3α- 甲氧基 -23- 环木菠萝烯 -26- 酸 冷杉 Abies fabri

21β-hydroxy-3α-methoxyjezan-15β-al 21β- 羟基 -3α- 甲氧基鱼鳞云杉 -15β- 醛 长白鱼鳞云杉 Picea jezoensis var. komarovii

6-hydroxy-3α-methoxytremetone 6- 羟基 -3α- 甲氧基白蛇根草震颤酮▲ 窄头橐吾 Ligularia stenocephala

(+)-12α-hydroxy-3α-methylcarboxyacetate-24-methyllanosta-8,24(31)-diene-26-oic acid (+)-12α- 羟基 -3α- 甲基羧基酯 -24- 甲基羊毛脂 -8,24(31)- 二烯 -26- 酸 桦剥管菌 Piptoporus betulinus

23-hydroxy-3α-O-α-L-rhamnopyranosyl-(1''' → 4'')-O-[β-D-(E-6'''-O-caffeoyl)-glucopyranoside]-oxy-olean-12-en-28-oic acid 23- 羟基 -3α-O-α-L- 吡喃鼠李糖基 -(1''' → 4'')-O-[β-D-(E-6'''-O- 咖啡酰基)- 吡喃葡萄糖苷]-O- 齐墩果 -12- 烯 -28- 酸 蔓荆 Vitex trifolia

3β-hydroxy-3α-senecioyloxyisoalantolactone 3β- 羟基 -3α- 千里光酰氧基 - 异土木香内酯 里海旋覆花 Inula caspica

(-)-14-hydroxy-3β-(3-O-methyl-6-deoxy-α-L-glucopyranosyl)-11α,12α-epoxy-(5β,14β,17βH)-card-20(22)-enolide (-)-14- 羟基 -3β-(3-O- 甲基 -6- 去氧 -α-L- 吡喃葡萄糖基)-11α,12α- 环氧 -(5β,14β,17βH)- 强心甾 -20(22)- 烯内酯 海杧果 Cerbera manghas

(-)-14-hydroxy-3β-(3-O-methyl-6-deoxy-α-L-rhamnopyranosyl)-11α,12α-epoxy-(5β,14β,17βH)-card-20(22)-enolide (-)-14- 羟基 -3β-(3-O- 甲基 -6-

去氧 -α-L- 吡喃鼠李糖基)-11α,12α- 环氧 -(5β,14β,17βH)- 强心甾 -20(22)- 烯内酯 海杧果 Cerbera manghas

2α-hydroxy-3β-(trans-p-coumaroyloxy)-urs-12-en-28-oic acid 2α- 羟基 -3β- 反式 - 对香豆酰氧基 - 熊果 -12- 烯 -28- 酸 尼泊尔水东哥 Saurauia napaulensis

2-hydroxy-3β,19α-dihydroxyurs-28-O-β-D-glucoside 2- 羟基 -3β,19α- 二羟基熊果 -28- 酸 -28-O-β-D- 葡萄糖酯苷 蕨麻 Potentilla anserina

2α-hydroxy-3β-[(4-hydroxy-benzoyl)oxy]taraxer-14-en-28-oic acid 2α- 羟基 -3β-(4- 羟基苯甲酰基) 蒲公英萜 -14- 烯 -28- 酸 血桐 Macaranga tanarius var. tomentosa

23-hydroxy-3β-[(O-α-L-arabinopyranosyl)oxy]lup-20(29)-en-28-oic acid-28-O-β-D-glucopyranosyl ester 23- 羟基 -3β-[(O-α-L- 吡喃阿拉伯糖基) 氧基] 羽扇豆 -20(29)- 烯 -28- 酸 -28-O-β-D- 吡喃葡萄糖基酯苷 朝鲜白头翁 Pulsatilla cernua

23-hydroxy-3β-[(O-α-L-rhamnopyranosyl-(1 → 2)-[β-D-glucopyranosyl-(1 → 4)]-α-L-arabinopyranosyl)]-lup-20(29)-en-28-oic acid-28-O-β-D-glucopyranosyl-(1 → 6)-β-D-glucopyranosylester 23- 羟基 -3β-[(O-α-L- 吡喃鼠李糖基 -(1 → 2)-[β-D- 吡喃葡萄糖基 -(1 → 4)]-α-L- 吡喃阿拉伯糖基)]- 羽扇豆 -20(29)- 烯 -28- 酸 -28-O-β-D- 吡喃葡萄糖基 -(1 → 6)-β-D- 吡喃葡萄糖基酯苷 白头翁 Pulsatilla chinensis

23-hydroxy-3β-[(O-α-L-rhamnopyranosyl-(1 → 2)-O-[O-β-D-glucopyranosyl-(1 → 4)]-α-L-arabinopyranosyl)oxy]lup-20(29)-en-28-oic acid 23- 羟基 -3β-[(O-α-L- 吡喃鼠李糖基 -(1 → 2)-O-[O-β-D- 吡喃葡萄糖基 -(1 → 4)]-α-L- 吡喃阿拉伯糖基) 氧基] 羽扇豆 -20(29)- 烯 -28- 酸 朝鲜白头翁 Pulsatilla cernua

23-hydroxy-3β-[(O-α-L-rhamnopyranosyl-(1 → 2)-O-[O-β-D-glucopyranosyl-(1 → 4)]-α-L-arabinopyranosyl)oxy]-lup-20(29)-en-oic acid-28-O-α-L-rhamnopyranosyl-(1 → 4)-O-β-D-glucopyranosyl-(1 → 6)-β-D-glucopyranosyl ester 23- 羟基 -3β-[(O-α-L- 吡喃鼠李糖基 -(1 → 2)-O-[O-β-D- 吡喃葡萄糖基 -(1 → 4)]-α-L- 吡喃阿拉伯糖基) 氧基] 羽扇豆 -20(29)- 烯 - 酸 -28-O-α-L- 吡喃鼠李糖基 -(1 → 4)-O-β-D- 吡喃葡萄糖基 -(1 → 6)-β-D- 吡喃葡萄糖基酯苷 朝鲜白头翁 Pulsatilla cernua

23-hydroxy-3β-[(O-α-L-rhamnopyranosyl-(1 → 2)-O-[O-β-D-glucopyranosyl-(1 → 4)]-α-L-arabinopyranosyl)oxy]-lup-20(29)-en-oic acid-28-O-α-L-rhamnopyranosyl-(1 → 4)-O-β-D-glucopyranosyl-(1 → 6)-β-D-glucopyranosylester 23- 羟基 -3β-[(O-α-L- 吡喃鼠李糖基 -(1 → 2)-O-[O-β-D- 吡喃葡萄糖基 -(1 → 4)]-α-L- 吡喃阿拉伯糖基) 氧基] 羽扇豆 -20(29)- 烯 -28- 酸 -28-O-α-L- 吡喃鼠李糖基 -(1 → 4)-O-β-D- 吡喃葡萄糖基 -(1 → 6)-β-D- 吡喃葡萄糖基酯苷 白头翁 Pulsatilla chinensis

23-hydroxy-3β-[(O-α-L-rhamnopyranosyl-(1 → 2)-O-[O-β-D-glucopyranosyl-(1 → 4)-O-β-D-glucopyranosyl-(1 → 4)]-O-α-L-arabinopyranosyl)oxy]lup-20(29)-en-28-oic acid-28-O-α-L-rhamnopyranosyl-(1 → 4)-O-β-D-glucopyranosyl-(1 → 6)-O-β-D-glucopyranosyl ester 23- 羟基 -3β-[(O-α-L- 吡喃鼠李糖基 -(1 → 2)-O-[O-β-D- 吡喃葡萄糖基 -(1 → 4)-O-β-D- 吡喃葡萄糖基 -(1 → 4)]-O-α-L- 吡喃阿拉伯糖基) 氧基] 羽扇豆 -20(29)- 烯 -28- 酸 -28-O-α-L- 吡喃鼠李糖基 -(1 → 4)-O-β-D- 吡喃葡萄糖基 -(1 → 6)-O-β-D- 吡喃葡萄糖基酯苷 朝鲜白头翁 Pulsatilla cernua

23-hydroxy-3β-[(O-α-L-rhamnopyranosyl-(1 → 2)-O-[O-β-D-glucopyranosyl-(1 → 4)-β-D-glucopyranosyl-(1 → 4)]-α-L-arabinopyranosyl)oxy]lup-20(29)-en-28-oic acid-28-O-α-L-rhamnopyranosyl-(1 → 4)-O-β-D-glucopyranosyl-(1 → 6)-β-D-glucopyranosylester 23- 羟基 -3β-[(O-α-L- 吡喃鼠李糖基 -(1 → 2)-O-[O-β-D- 吡喃葡萄糖基 -(1 → 4)-β-D- 吡喃葡萄糖基 -(1 → 4)]-α-L- 吡喃阿拉伯糖基) 氧基] 羽扇豆 -20(29)- 烯 -28- 酸 -28-O-α-L- 吡喃鼠李糖基 -(1 → 4)-O-β-D- 吡喃葡萄糖基 -(1 → 6)-β-D- 吡喃葡萄糖基酯苷 白头翁 Pulsatilla chinensis

23-hydroxy-3β-[(O-α-L-rhamnopyranosyl-(1 → 2)-O-[β-D-glucopyranosyl-(1 → 4)]-α-L-arabinopyranosyl)]-lup-20(29)-en-28-oic acid 23- 羟基 -3β-[(O-α-L- 吡喃鼠李糖基 -(1 → 2)-O-[β-D- 吡喃葡萄糖基 -(1 → 4)]-α-L- 吡喃阿拉伯糖基)]- 羽扇豆 -20(29)- 烯 -28- 酸 白头翁 Pulsatilla chinensis

23-hydroxy-3β-[(O-α-L-rhamnopyranosyl-(1 → 2)-O-α-L-arabinopyranosyl)oxy]lup-20(29)-en-oic acid 23- 羟基 -3β-[(O-α-L- 吡喃鼠李糖基 -(1 → 2)-O-α-L- 吡喃阿拉伯糖基) 氧基] 羽扇豆 -20(29)- 烯 - 酸 朝鲜白头翁 Pulsatilla cernua, 白头翁 P. chinensis

23-hydroxy-3β-[(O-α-L-rhamnopyranosyl-(1 → 2)-α-L-arabinopyranosyl)oxy]lup-20(29)-en-28-oic acid-28-O-α-L-rhamnopyranosyl-(1 → 4)-O-β-D-glucopyranosyl-(1 → 6)-β-D-glucopyranosylester 23- 羟基 -3β-[(O-α-L- 吡喃鼠李糖基 -(1 → 2)-α-L- 吡喃阿拉伯糖基) 氧基] 羽扇豆 -20(29)- 烯 -28- 酸 -28-O-α-L- 吡喃鼠李糖基 -(1 → 4)-O-β-D- 吡喃葡萄糖基 -(1 → 6)-β-D- 吡喃葡萄糖基酯苷 白头翁 Pulsatilla chinensis

23-hydroxy-3β-[(O-α-L-rhamnopyranosyl-(1 → 2)-α-L-arabinopyranosyl)oxy]lup-20(29)-en-28-oic acid-28-O-β-D-glucopyranosyl ester 23- 羟基 -3β-[(O-α-L- 吡喃鼠李糖基 -(1 → 2)-α-L- 吡喃阿拉伯糖基) 氧基] 羽扇豆 -20(29)- 烯 -28- 酸 -28-O-β-D- 吡喃葡萄糖基酯苷 朝鲜白头翁 Pulsatilla cernua

23-hydroxy-3β-[(O-β-D-glucopyranosyl-(1 → 3)-O-α-L-rhamnopyranosyl-(1 → 2)-α-L-arabinopyranosyl)oxy]lup-20(29)-en-28-oic acid 23- 羟基 -3β-[(O-β-D- 吡喃葡萄糖基 -(1 → 3)-O-α-L- 吡喃鼠李糖基 -(1 → 2)-α-L- 吡喃阿拉伯糖基) 氧基] 羽扇豆 -20(29)- 烯 -28- 酸 朝鲜白头翁 Pulsatilla cernua

23-hydroxy-3β-[(O-β-D-glucopyranosyl-(1 → 4)-α-L-arabinopyranosyl)]-lup-20(29)-en-28-oic acid-28-O-β-D-glucopyranosyl-(1 → 6)-β-D-glucopyranosylester 23- 羟基 -3β-[(O-β-D- 吡喃葡萄糖基 -(1 → 4)-α-L- 吡喃阿拉伯糖基)]- 羽扇豆 -20(29)- 烯 -28- 酸 -28-O-β-D- 吡喃葡萄糖基 -(1 → 6)-β-D- 吡喃葡萄糖基酯苷 白头翁 Pulsatilla chinensis

23-hydroxy-3β-[(O-β-D-glucopyranosyl-(1 → 4)-α-L-arabinopyranosyl)oxy]lup-20(29)-en-28-oic acid 23- 羟基 -3β-[(O-β-D- 吡喃葡萄糖基 -(1 → 4)-α-L- 吡喃阿拉伯糖基) 氧基] 羽扇豆 -20(29)- 烯 -28- 酸 朝鲜白头翁 Pulsatilla cernua

23-hydroxy-3β-[(O-β-D-ribopyranosyl-(1 → 3)-O-α-L-rhamnopyranosyl-(1 → 2)-α-L-arabinopyranosyloxy]-oleanolic acid 23- 羟基 -3β-[(O-β-D- 吡喃核糖基 -(1 → 3)-O-α-L- 吡喃鼠李糖基 -(1 → 2)-α-L- 吡喃阿拉伯糖氧基]- 齐墩果酸 草玉梅 Anemone rivularis

14β-hydroxy-3β-[β-D-glucopyranosyl-(1 → 6)-(β-D-glucopyranosyl)oxy]-5α-bufa-20,22-dienolide 14β- 羟基 -3β-[β-D- 吡喃葡萄糖基 -(1 → 6)-(β-D- 吡喃葡萄糖基) 氧基]-5α- 蟾蜍甾 -20,22- 二烯酯 铁筷子 Helleborus thibetanus

2β-hydroxy-3-β-D-glucuronopyranosyl-28-O-[α-L-rhamnopyranosyl-(1 → 2)-α-L-arabinopyranoside]-Δ^{12}-olean-23-oic acid 2β- 羟基 -3-β-D- 吡喃葡萄糖醛酸基 -28-O-[α-L- 吡喃鼠李糖基 -(1 → 2)-α-L- 吡喃阿拉伯糖苷]-Δ^{12}- 齐墩果 -23- 酸 紫苜蓿 Medicago sativa

2α-hydroxy-3β-dimethylamino-5α-pregnane 2α- 羟基 -3β- 二甲氨基 -5α- 孕烷 止泻木 Holarrhena pubescens

2α-hydroxy-3β-methoxy-6-oxo-13α,14β,17α-lanosta-7,24-dien-21,16β-olide 2α- 羟基 -3β- 甲氧基 -6- 氧代 -13α,14β,17α- 羊毛脂 -7,24- 二萜 -

21,16β- 内酯 楝 Melia azedarach
21β-hydroxy-3β-methoxyjezan-15β-al 21β- 羟基 -3β- 甲氧基鱼鳞云杉 -15β- 醛 长白鱼鳞云杉 Picea jezoensis var. komarovii
21α-hydroxy-3β-methoxyserrat-14-en-30-al 21α- 羟基 -3β- 甲氧基千层塔 -14- 烯 -30- 醛 长白鱼鳞云杉 Picea jezoensis var. komarovii
2β-hydroxy-3β-methoxyurs-12-en-28-oic acid 2β- 羟基 -3β- 甲氧基熊果 -12- 烯 -28- 酸 粘毛鼠尾草 Salvia roborowskii
2α-hydroxy-3β-methoxy-urs-12-en-28-oic acid 2α- 羟基 -3β- 甲氧基 - 熊果 -12- 烯 -28- 酸 粘毛鼠尾草 Salvia roborowskii
2β-hydroxy-3β-O-(β-D-glucopyranosyl)-Δ^{12}-oleanene-23,28-dioic acid 2β- 羟基 -3β-O-(β-D- 吡喃葡萄糖基)-Δ^{12}- 齐墩果烯 -23,28- 二酸 紫苜蓿 Medicago sativa
(20β)-19-hydroxy-3β-O-β-D-xylopyranosyl-urs-12-en-28-oic acid (20β)-19- 羟基 -3β-O-β-D- 吡喃木糖基 - 熊果 -12- 烯 -28- 酸 毛冬青 Ilex pubescens
3β-hydroxy-4(15),10(14),11(13)-guaiatrien-12,6-olide-8α-O-β-D-glucopyranoside 3β- 羟基 -4(15),10(14),11(13)- 愈创木三烯 -12,6- 内酯 -8α-O-β-D- 吡喃葡萄糖苷 耳叶紫菀 Aster auriculatus
8α-hydroxy-4(15),11-eudesmadiene 8α- 羟基 -4(15),11- 桉叶二烯 离舌橐吾 Ligularia veitchiana
3-hydroxy-4(1H)-pyridone 3- 羟基 -4(1H)- 吡啶酮 银合欢 Leucaena leucocephala
7-hydroxy-4(1H)-quinolinone 7- 羟基 -4(1H)- 异喹啉酮 冬凌草 Isodon rubescens
(S)-1-hydroxy-4-(1-hydroxy-3-oxobutyl)-3,8-dimethoxy-9H-xanthen-9-one (S)-1- 羟基 -4-(1- 羟基 -3- 氧代丁基)-3,8- 二甲氧基 -9H- 呫烯 -9- 酮 金丝桃 Hypericum monogynum
(E)-3'-hydroxy-4'-(1''-hydroxyethyl)-phenyl-4-methoxycinnamate (E)-3'- 羟基 -4'-(1''- 羟基乙基)- 苯基 -4- 甲氧基桂皮酸酯 罗勒 Ocimum basilicum
1-hydroxy-4-(2-hydroxyethyl)-3,8-dimethoxy-9H-xanthen-9-one 1- 羟基 -4-(2- 羟基乙基)-3,8- 二甲氧基 --9H- 呫烯 -9- 酮 金丝桃 Hypericum monogynum
4-hydroxy-4-(2-hydroxyethyl)-cyclohexanone 4- 羟基 -4-(2- 羟基乙基)- 环已酮 凌霄 Campsis grandiflora
(-)-cis-3'-hydroxy-4'-(2-methylbutyryloxy)-3',4'-dihydroseselin (-)- 顺式 -3'- 羟基 -4'-(2- 甲基丁酰氧基)-3',4'- 二氢邪蒿素 台湾前胡 Peucedanum formosanum
2-hydroxy-4-(2-propenyl)phenyl-O-β-D-glucopyranoside 2- 羟基 -4-(2- 丙烯基) 苯基 -O-β-D- 吡喃葡萄糖苷 圣罗勒 Ocimum sanctum
(R)-4-hydroxy-4-(3-hydroxyphenyl)butyric acid 4-O-β-D-glucopyranoside (R)-4- 羟基 -4-(3- 羟基苯基)- 丁酸 -4-O-β-D- 吡喃葡萄糖苷 胡桃楸 Juglans mandshurica
4-hydroxy-4-(3-oxo-1-butenyl)-3,5,5-trimethylcyclohex-2-en-1-one 4- 羟基 -4-(3- 氧代 -1- 丁烯基)-3,5,5- 三甲基环已 -2- 烯 -1- 酮 金疮小草 Ajuga decumbens
4-hydroxy-4-(3-oxo-l-butenyl)-3,5,5-trimethylcyclohex-2-en-l-one 4- 羟基 -4-(3- 氧代 -l- 丁烯基)-3,5,5- 三甲基 - 环已 -2- 烯 -l- 酮 顶花板凳果 Pachysandra terminalis
3-hydroxy-4-(4-(2-hydroxyethyl)-phenoxy)benzaldehyde 3- 羟基 -4-(4-(2- 羟基乙基)- 苯氧基) 苯甲醛 地黄 Rehmannia glutinosa
6-hydroxy-4-(4-hydroxy-3-methoxyphenyl)-3-hydroxymethyl-7-methoxy-3,4-dihydro-2-naphthaldehyde 6- 羟基 -4-(4- 羟基 -3- 甲氧基苯基)-3-羟基甲基 -7- 甲氧基 -3,4- 二氢 -2- 萘醛 鹅绒藤 Cynanchum chinense, 牡荆 Vitex negundo var. cannabifolia
6-hydroxy-4-(4-hydroxy-3-methoxyphenyl)-7-methoxynaphtho[2,3-c]furan-1,3-dione 6- 羟基 -4-(4- 羟基 -3- 甲氧基苯基)-7- 甲氧基萘并 [2,3-c] 呋喃 -1,3- 二酮 牡荆 Vitex negundo var. cannabifolia
7-hydroxy-4-(5'-hydroxymethylfuran-2'-yl)-2-quinolone 7- 羟基 -4-(5'- 羟基甲基呋喃 -2'- 基)-2- 喹诺酮 无距耧斗菜 Aquilegia ecalcarata
4R-hydroxy-4-(9S-hydroxy-12-methylhexan-6-yl)-3-methylcyclopent-2-enone 4R- 羟基 -4-(9S- 羟基 -12- 甲基已烷 -6- 基)-3- 甲基环戊 -2- 烯酮 大叶山楝 Aphanamixis grandifolia
5-hydroxy-4-(p-hydroxybenzyl)-3',3-dimethoxybibenzyl 5- 羟基 -4- 对羟基苄基 -3',3- 二甲氧基联苄 白及 Bletilla striata
(1E)-12-hydroxy-4,11-dimethoxy-tricyclo[13.2.2.13,7]eicosa-4,9,11,15,17,18-hexaen-6-one (1E)-12- 羟基 -4,11- 二甲氧基 - 三环 [13.2.2.13,7] 二十碳 -4,9,11,15,17,18- 六烯 -6- 酮 羽叶白头树 Garuga pinnata
3β-hydroxy-4,14-dimethyl-ergosta-8,24(28)-dien-7,11-dione 3β- 羟基 -4,14- 二甲基麦角甾 -8,24(28)- 二烯 -7,11- 二酮 地锦 Euphorbia humifusa
3β-hydroxy-4,14-dimethyl-ergosta-8,24(28)-dien-7-one 3β- 羟基 -4,14- 二甲基麦角甾 -8,24(28)- 二烯 -7- 酮 地锦 Euphorbia humifusa
6β-hydroxy-4,22-stigmastadien-3-one 6β- 羟基 -4,22- 豆甾二烯 -3- 酮 沙滩黄芩 Scutellaria strigillosa
7β-hydroxy-4,22-stigmastadien-3-one 7β- 羟基 -4,22- 豆甾二烯 -3- 酮 罗伞 Brassaiopsis glomerulata
7-hydroxy-4,22-stigmastadien-3-one 7- 羟基 -4,22- 豆甾二烯 -3- 酮 大薸 Pistia stratiotes
4'-hydroxy-4,2'-dimethoxydihydrochalcone 4'- 羟基 -4,2'- 二甲氧基二氢查耳酮 剑叶龙血树 Dracaena cochinchinensis
2'-hydroxy-4,3',4',6'-tetramethoxychalcone 2'- 羟基 -4,3',4',6'- 四甲氧基查耳酮 宽叶金粟兰 Chloranthus henryi
(8R,7'R,8'R)-5-hydroxy-4,3',4'-trimethoxy-2,7'-cyclolignan (8R,7'R,8'R)-5- 羟基 -4,3',4'- 三甲氧基 -2,7'- 环木脂素 铁箍散 Schisandra propinqua var. sinensis, 红花五味子 S. rubriflora
5-hydroxy-4',3,6,7-tetramethoxyflavone 5- 羟基 -4',3,6,7- 四甲氧基黄酮 紫珠 Callicarpa bodinieri
3α-hydroxy-4,4,14α-trimethyl-5α-preg-8-en-20-one 3α- 羟基 -4,4,14α- 三甲基 -5α- 孕甾 -8- 烯 -20- 酮 楝 Melia azedarach
3α-hydroxy-4,4,14α-trimethyl-Δ^{2}-5α-pregnen-20-one 3α- 羟基 -4,4,14α- 三甲基 -Δ^{2}-5α- 孕甾烯 -20- 酮 药用拟层孔菌 Fomitopsis officinalis
2'-hydroxy-4,4',5',6'-tetramethoxychalcone 2'- 羟基 -4,4',5',6'- 四甲氧基查耳酮 南丰蜜橘 Citrus reticulata 'Kinokuni'
2'-hydroxy-4,4',6'-trimethoxychalcone 2'- 羟基 -4,4',6'- 三甲氧基查耳酮 米仔兰 Aglaia odorata, 多穗金粟兰 Chloranthus multistachys, 山牡荆 Vitex quinata
(6S,9R)-6-hydroxy-4,4,7a-trimethyl-5,6,7,7a-tetrahydro-1-benzofuran-2(4H)-one (6S,9R)-6- 羟基 -4,4,7a- 三甲基 -5,6,7,7a- 四氢 -1- 苯并呋喃 -2(4H)- 酮 半枝莲 Scutellaria barbata
(5α,7α,13α,17α)-7-hydroxy-4,4,8-trimethyl-3-oxo-carda-1,14-dienolide (5α,7α,13α,17α)-7- 羟基 -4,4,8- 三甲基 -3- 氧代 - 强心甾 -1,14- 二烯

内酯 川楝 Melia toosendan
(5α,7α,13α,17α)-7-hydroxy-4,4,8-trimethyl-3-oxo-carda-1,4-dienolide (5α,7α,13α,17α)-7- 羟基 -4,4,8- 三甲基 -3- 氧代 - 腰果 -1,4- 二烯内酯 川楝 Melia toosendan
6'-hydroxy-4,4'-dimethoxychalcone 6'- 羟基 -4,4'- 二甲氧基查耳酮 莲 Nelumbo nucifera
3-hydroxy-4,5(*R*)-dimethy1-2(5*H*)-furanone 3- 羟基 -4,5(*R*)- 二甲基 -2(5*H*)- 呋喃酮 山苦茶 Mallotus peltatus
3'-hydroxy-4',5,6,7,8-pentamethoxyflavone 3'- 羟基 -4',5,6,7,8- 五甲氧基黄酮 柑橘 Citrus reticulata
3-hydroxy-4,5,6,7-tetrahydro-6,7-dihydroxy-3-butyl-phthalide 3- 羟基 -4,5,6,7- 四氢 -6,7- 二羟基 -3- 丁基 - 苯酞 川芎 Ligusticum sinense 'Chuanxiong'
3-hydroxy-4',5,6,7-tetramethoxyflavone 3- 羟基 -4',5,6,7- 四甲氧基黄酮 甜橙 Citrus sinensis
3'-hydroxy-4',5,7-trimethoxyflavone 3'- 羟基 -4',5,7- 三甲氧基黄酮 米仔兰 Aglaia odorata, 野甘草 Scoparia dulcis
5-hydroxy-4,5-dihydroxycaryophyllen-3-one 5- 羟基 -4,5- 二羟基丁香烯 -3- 酮 伞序臭黄荆 Premna serratifolia
2-hydroxy-4,5-dimethoxycinnamic acid-2-*O*-*β*-D-glucoside 2- 羟基 -4,5- 二甲氧基桂皮酸 -2-*O*-*β*-D- 葡萄糖苷 束花石斛 Dendrobium chrysanthum
3'-hydroxy-4',5'-dimethoxyflavone 3'- 羟基 -4',5'- 甲氧基黄酮 硕萼报春 Primula veris subsp. macrocalyx
3''-hydroxy-4'',5''-dimethoxyfuranoflavone 3''- 羟基 -4'',5''- 二甲氧基呋喃黄酮 密花香薷 Elsholtzia densa
3-hydroxy-4,5-dimethoxyphenol-1-*O*-*α*-L-rhamnopyranosyl-(1→6)-*β*-D-glucopyranoside 3- 羟基 -4,5- 二甲氧基苯酚 -1-*O*-*α*-l- 吡喃鼠李糖基 -(1→6)-*β*-D- 吡喃葡萄糖苷 地枫皮 Illicium difengpi
(1*S*,2*S*)-1-(3-hydroxy-4,5-dimethoxyphenyl)-2-[4-(3-hydroxypropyl)-2-methoxyphenoxy]-1,3-propanediol (1*S*,2*S*)-1-(3- 羟基 -4,5- 二甲氧基苯基)-2-[4-(3- 羟基丙基)-2- 甲氧基苯氧基]-1,3- 丙二醇 望春玉兰 Yulania biondii
3-hydroxy-4,5-dimethoxyphenyl-*β*-D-glucopyranoside 3- 羟基 -4,5- 二甲氧基苯基 -*β*-D- 吡喃葡萄糖苷 柃木 Eurya japonica
rel-(7*R*,8*S*,7'*S*,8'*S*)-9-hydroxy-4',5'-methylenedioxy-3,4,5,3'-tetramethoxy-7,7'-epoxylignan 相对 -(7*R*,8*S*,7'*S*,8'*S*)-9- 羟基 -4',5'- 亚甲二氧基 -3,4,5,3'- 四甲氧基 -7,7'- 环氧木脂素 石蝉草 Peperomia blanda
rel-(7*R*,8*S*,7'*S*,8'*S*)-4-hydroxy-4',5'-methylenedioxy-3,5,3'-trimethoxy-7,7'-epoxylignan 相对 -(7*R*,8*S*,7'*S*,8'*S*)-4- 羟基 -4',5'- 亚甲二氧基 -3,5,3'- 三甲氧基 -7,7'- 环氧木脂素 石蝉草 Peperomia blanda
3-hydroxy-4,5-methylenedioxyallyl-benzene 3- 羟基 -4,5- 亚甲二氧基烯丙基苯 八角 Illicium verum
2-hydroxy-4,5-methy-lenedioxyphenol-1-*O*-*α*-L-rhamnopyranosyl-(1→)-*β*-D-glucopyranoside 2- 羟基 -4,5- 亚甲二氧基苯酚 -1-*O*-*α*-l- 吡喃鼠李糖基 -(1→)-*β*-D- 吡喃葡萄糖苷 地枫皮 Illicium difengpi
2-hydroxy-4,5-methylenedioxypropiophenone 2- 羟基 -4,5- 亚甲二氧基苯丙酮 胡椒 Piper nigrum
7-hydroxy-4',5'-methylenedioxy-pterocarpan 7- 羟基 -4',5'- 亚甲二氧基紫檀烷 毛鱼藤 Derris elliptica
5-hydroxy-4,6,4'-trimethoxyaurone 5- 羟基 -4,6,4'- 三甲氧基橙酮 向日葵 Helianthus annuus
5-hydroxy-4',6,7,8-tetramethoxyflavone 5- 羟基 -4',6,7,8- 四甲氧基黄酮 酸橙 Citrus aurantium, 羽萼木 Colebrookea oppositifolia, 粗叶榕 Ficus hirta
5-hydroxy-4',6,7-trimethoxyflavone 5- 羟基 -4',6,7- 三甲氧基黄酮 金钱豹 Campanumoea javanica, 羽萼木 Colebrookea oppositifolia, 野拔子 Elsholtzia rugulosa, 两头毛 Incarvillea arguta, 小叶香茶菜 Isodon parvifolius, 米团花 Leucosceptrum canum
1-hydroxy-4,6,8-trimethoxyxanthone 1- 羟基 -4,6,8- 三甲氧基𠮿酮 肋柱花 Lomatogonium carinthiacum
1-[2-hydroxy-4,6-dimethoxy-3-(3-methyl-2-butenyl)phenyl]-3-(4-hydroxyphenyl)-2-propen-1-one 1-[2- 羟基 -4,6- 二甲氧基 -3-(3- 甲基 -2- 丁烯基) 苯基]-3-(4- 羟基苯基)-2- 丙烯 -1- 酮 啤酒花 Humulus lupulus
2'-hydroxy-4',6'-dimethoxy-3,4-methylenedioxychalcone 2'- 羟基 -4',6'- 二甲氧基 -3,4- 亚甲二氧基查耳酮 洋紫荆 Bauhinia variegata
2'-hydroxy-4',6'-dimethoxy-3'-methylchalcone 2'- 羟基 -4',6'- 二甲氧基 -3'- 甲基查耳酮 洋蒲桃 Syzygium samarangense
2-hydroxy-4,6-dimethoxyacetophenone 2- 羟基 -4,6- 二甲氧基苯乙酮 东北蛔蒿 Seriphidium finitum
2'-hydroxy-4',6'-dimethoxybenzoylcarpesiolin 2'- 羟基 -4',6'- 二甲氧基苯甲酰基天名精素▲ 高原天名精 Carpesium lipskyi
2-hydroxy-4,6-dimethoxychalcone 2- 羟基 -4,6- 二甲氧基查耳酮 乔松 Pinus wallichiana
2'-hydroxy-4',6'-dimethoxychalcone 2'- 羟基 -4',6'- 二甲氧基查耳酮 滑叶山姜 Alpinia tonkinensis, 华南毛蕨 Cyclosorus parasiticus, 酸模叶蓼 Polygonum lapathifolium, 海南草珊瑚 Sarcandra glabra subsp. brachystachys
7-hydroxy-4',6-dimethoxyisoflavone-7-*O*-*β*-D-apiofuranosyl-(1→6)-*β*-D-glucopyranoside 7- 羟基 -4',6- 甲氧基异黄酮 -7-*O*-*β*-D- 呋喃芹糖基 -(1→6)-*β*-D- 吡喃葡萄糖苷 山小橘 Glycosmis pentaphylla
1-(2-hydroxy-4,6-dimethoxyphenyl)but-2-en-1-one 1-(2- 羟基 -4,6- 二甲氧基苯基) 丁 -2- 烯 -1- 酮 水虎尾 Dysophylla stellata
1-(2-hydroxy-4,6-dimethoxyphenyl)-ethanone 1-(2- 羟基 -4,6- 二甲氧基苯基)- 乙酮 无叶假木贼 Anabasis aphylla
3-hydroxy-4,6-dimethoxyxanthone 3- 羟基 -4,6- 二甲氧基𠮿酮 蝉翼藤 Securidaca inappendiculata
4-hydroxy-4,6-dimethyl-1-tetralone 4- 羟基 -4,6- 二甲基 -1- 四氢萘酮 红茴香 Illicium henryi
2'-hydroxy-4',6'-di-*O*-*β*-D-glucopyranosyl-butyrrophenone 2'- 羟基 -4',6'- 二 -*O*-*β*-D- 吡喃葡萄糖基 - 丁酰基酚酮 加拿大一枝黄花 Solidago canadensis
all-trans-10-hydroxy-4,6-diyne-2,8-dien-deceanoic acid 全反式 -10- 羟基 -4,6- 二炔 -2, 8- 二烯 - 癸酸 牛舌菌 Fistulina hepatica
10-hydroxy-4,6-diyne-8-en-decenoic acid 10- 羟基 -4,6- 二炔 -8- 烯 - 癸烯酸 牛舌菌 Fistulina hepatica
(6*E*,9*S*)-9-hydroxy-4,6-megastigmadien-3-one (6*E*,9*S*)-9- 羟基 -4,6- 大柱香波龙二烯 -3- 酮 金疮小草 Ajuga decumbens
(6*Z*,9*S*)-9-hydroxy-4,6-megastigmadien-3-one (6*Z*,9*S*)-9- 羟基 -4,6- 大柱香波龙二烯 -3- 酮 藜 Chenopodium album
2-hydroxy-4,6-pentylbenzoic acid 2- 羟基 -4,6- 戊基苯甲酸 雀石蕊 Cladonia stellaris
5-hydroxy-4',7,8-trimethoxyflavone 5- 羟基 -4',7,8- 三甲氧基黄酮 石蝉草 Peperomia blanda
1-hydroxy-4,7-dimethoxy-1-(2-oxopropyl)-1*H*-phenanthren-2-one 1- 羟基 -4,7- 二甲氧基 -1-(2- 丙酮基)-1*H*- 菲 -2- 酮 杜鹃兰 Cremastra

appendiculata
5-hydroxy-4',7-dimethoxy-6-methylflavone 5- 羟基 -4',7- 二甲氧基 -6- 甲基黄酮 杜香 Ledum palustre, 迷迭香 Rosmarinus officinalis
1-hydroxy-4,7-dimethoxy-8-(3-methyl-2-butenyl)-6-O-α-L-rhamnopyranosyl-(1 → 6)-[β-D-glucopyranosyl-(1 → 6)]-β-D-glucopyranosylxanthone 1- 羟基 -4,7- 二甲氧基 -8-(3- 甲基 -2- 丁烯基)-6-O-α-L- 吡喃鼠李糖基 -(1 → 6)-[β-D- 吡喃葡萄糖基 -(1 → 6)]-β-D- 吡喃葡萄糖基屾酮 井栏边草 Pteris multifida
2-hydroxy-4,7-dimethoxy-9,10-dihydrophenanthrene 2- 羟基 -4,7- 二甲氧基 -9,10- 二氢菲 石斛 Dendrobium nobile
5-hydroxy-4',7-dimethoxydihydroflavone 5- 羟基 -4',7- 二甲氧基二氢黄酮 米仔兰 Aglaia odorata
5-hydroxy-4',7-dimethoxyflavanone 5- 羟基 -4',7- 二甲氧基黄烷酮 山核桃 Carya cathayensis
5-hydroxy-4',7-dimethoxyflavone 5- 羟基 -4',7- 二甲氧基黄酮 海榄雌 Avicennia marina, 金钱豹 Campanumoea javanica, 两头毛 Incarvillea arguta, 木蝴蝶 Oroxylum indicum, 迷迭香 Rosmarinus officinalis
5-hydroxy-4',7-dimethoxyisoflavone 5- 羟基 -4',7- 二甲氧基异黄酮 荔枝草 Salvia plebeia
2-hydroxy-4,7-dimethoxyphenanthrene 2- 羟基 -4,7- 二甲氧基菲 杜鹃兰 Cremastra appendiculata
4-hydroxy-4,7-dimethyl-1-tetralone 4- 羟基 -4,7- 二甲基 -1- 四氢萘酮 椿叶花椒 Zanthoxylum ailanthoides
(±)-4-hydroxy-4,7-dimethyl-α-tetralone (±)-4- 羟基 -4,7- 二甲基 -α- 四氢萘酮 大叶山楝 Aphanamixis grandifolia, 小连翘 Hypericum erectum
(6S,7E)-6-hydroxy-4,7-megastigmadien-3,9-dione (6S,7E)-6- 羟基 -4,7- 大柱香波龙二烯 -3,9- 二酮 荚蒾 Viburnum dilatatum
(6R,7E)-9-hydroxy-4,7-megastigmadien-3-one (6R,7E)-9- 羟基 -4,7- 大柱香波龙二烯 -3- 酮 散沫花 Lawsonia inermis
(6R,7E,9R)-9-hydroxy-4,7-megastigmadien-3-one (6R,7E,9R)-9- 羟基 -4,7- 大柱香波龙二烯 -3- 酮 金疮小草 Ajuga decumbens, 藜 Chenopodium album, 桃金娘 Rhodomyrtus tomentosa
(7E,6R,9S)-9-hydroxy-4,7-megastigmadien-3-one (7E,6R,9S)-9- 羟基 -4,7- 大柱香波龙二烯 -3- 酮 贯叶连翘 Hypericum perforatum
9-hydroxy-4,7-megastigmadien-3-one 9- 羟基 -4,7- 大柱香波龙二烯 -3- 酮 贡山三尖杉 Cephalotaxus lanceolata
(6R,7E,9R)-9-hydroxy-4,7-megastigmadien-3-one-9-O-[α-L-arabinopyranosyl-(1 → 6)-β-D-glucopyranoside] (6R,7E,9R)-9- 羟基 -4,7- 大柱香波龙二烯 -3- 酮 -9-O-[α-L- 吡喃阿拉伯糖基 -(1 → 6)-β-D- 吡喃葡萄糖苷] 钩吻 Gelsemium elegans
(6R,7E,9R)-9-hydroxy-4,7-megastigmadien-3-one-9-O-α-L-arabinopyranosyl-(1 → 6)-β-D-glucopyranoside (6R,7E,9R)-9- 羟基 -4,7- 大柱香波龙二烯 -3- 酮 -9-O-α-L- 吡喃阿拉伯糖基 -(1 → 6)-β-D- 吡喃葡萄糖苷 杜仲 Eucommia ulmoides
(6R,7E,9R)-9-hydroxy-4,7-megastigmadien-3-one-9-O-β-D-apiofuranosyl-(1 → 6)-β-D-glucopyranoside (6R,7E,9R)-9- 羟基 -4,7- 大柱香波龙二烯 -3- 酮 -9-O-β-D- 呋喃芹糖基 -(1 → 6)-β-D- 吡喃葡萄糖苷 络石 Trachelospermum jasminoides
(6R,7E,9R)-9-hydroxy-4,7-megastigmadien-3-one-9-O-β-D-xylopyranosyl-(1 → 6)-β-D-glucopyranoside (6R,7E,9R)-9- 羟基羟基 -4,7- 大柱香波龙二烯 -3- 酮 -9-O-β-D- 吡喃木糖基 -(1 → 6)-β-D- 吡喃葡萄糖苷 杜仲 Eucommia ulmoides
(3R,6R,7E)-3-hydroxy-4,7-megastigmadien-9-one (3R,6R,7E)-3- 羟基 -4,7- 大柱香波龙二烯 -9- 酮 藜 Chenopodium album, 假黄皮 Clausena excavata, 古钩藤 Cryptolepis buchananii, 荚蒾 Viburnum dilatatum
(3R,6R,7E)-3-hydroxy-4,7-megastigma-dien-9-one (3R,6R,7E)-3- 羟基 -4,7- 大柱香波龙 - 二烯 -9- 酮 蒲公英 Taraxacum mongolicum
6-hydroxy-4,7-megastigmadiene-3,9-dione 6- 羟基 -4,7- 大柱香波龙二烯 -3,9- 二酮 金疮小草 Ajuga decumbens
7E-9-hydroxy-4,7-megastigmane-3-one-10-O-β-D-glucopyranoside 7E-9- 羟基 -4,7- 大柱香波龙 -3- 酮 -10-O-β-D- 吡喃葡萄糖苷 鹰爪花 Artabotrys hexapetalus
8α-4-hydroxy-4,8,8-trimethyl-9-oxo-bicyclo[4.2.1]non-1-en-3-one 8α-4- 羟基 -4,8,8- 三甲基 -9- 氧代 - 二环 [4.2.1] 辛 -1- 烯 -3- 酮 凉粉草 Mesona chinensis
8β-4-hydroxy-4,8,8-trimethyl-9-oxo-bicyclo[4.2.1]non-1-en-3-one 8β-4- 羟基 -4,8,8- 三甲基 -9- 氧代 - 二环 [4.2.1] 辛 -1- 烯 -3- 酮 凉粉草 Mesona chinensis
5-hydroxy-4,8-dimethoxyfuroquinoline 5- 羟基 -4,8- 二甲氧基呋喃喹啉 羊角棉 Alstonia mairei
5-hydroxy-4,8-dimethoxy-furoquinoline 5- 羟基 -4,8- 二甲氧基 - 呋喃喹啉 狭叶白鲜 Dictamnus angustifolius
7-hydroxy-4',8-dimethoxyisoflavone 7- 羟基 -4',8- 二甲氧基异黄酮 网络崖豆藤 Callerya reticulata, 凤庆南五味子 Kadsura interior
7-hydroxy-4',8-dimethoxyisoflavone-7-O-β-D-apiofuranosyl-(1 → 6)-β-D-glucopyranoside 7- 羟基 -4',8- 甲氧基异黄酮 -7-O-β-D- 呋喃芹糖基 -(1 → 6)-β-D- 吡喃葡萄糖苷 山小橘 Glycosmis pentaphylla
(-)-2-hydroxy-4,9-dimethoxypterocarpan (-)-2- 羟基 -4,9- 二甲氧基紫檀烷 海刀豆 Canavalia maritima
2-hydroxy-4-[(1E)-3-hydroxy-1-propen-1-yl]-6-methoxyphenyl-β-D-glucopyranoside 2- 羟基 -4-[(1E)-3- 羟基 -1- 丙烯 -1- 基]-6- 甲氧基苯基 -β-D- 吡喃葡萄糖苷 轮叶蒲桃 Syzygium grijsii
(4S,1'E,3'E)-4-hydroxy-4-[5'-hydroxy-3'-methyl-1',3'-pentadienyl]-3,5,5-trimethyl-2-cyclohexen-1-one-β-D-glucopyranoside (4S,1'E,3'E)-4- 羟基 -4-[5'- 羟基 -3'- 甲基 -1',3'- 戊二烯]-3,5,5- 三甲基 -2- 环己烯 -1- 酮 -β-D- 吡喃葡萄糖苷 榅桲 Cydonia oblonga
(2E,4R*)-4-hydroxy-4-{(1R*,2S*)-2-[(1E,6S*)-6-hydroxyhept-1-en-1-yl]-4-oxocyclopentyl}-but-2-enoic acid (2E,4R*)-4- 羟基 -4-{(1R*,2S*)-2-[(1E,6S*)-6- 羟基庚 -1- 烯 -1- 基]-4- 氧代环戊基 }- 丁 -2- 烯酸 滑桃树 Trevia nudiflora
(2E,4R*)-4-hydroxy-4-{(1R*,2S*)-4-oxo-2-[(1E)-6-oxohept-1-en-1-yl]cyclopentyl}-but-2-enoic acid (2E,4R*)-4- 羟基 -4-{(1R*,2S*)-4- 氧代 -2-[(1E)-6- 氧代庚 -1- 烯 -1- 基] 环戊基 }- 丁 -2- 烯酸 滑桃树 Trevia nudiflora
5-(3-hydroxy-4-acetoxybut-1-ynyl)-2,2'-bithiophene 5-(3- 羟基 -4- 乙酰氧基丁烷 -1 炔基)-2,2'- 联噻吩 华东蓝刺头 Echinops grijsii
3α-hydroxy-4-deoxy-5-dehydrocurcolonol 3α- 羟基 -4- 去氧 -5- 去氢姜黄诺醇▲ 狭叶金粟兰 Chloranthus angustifolius
6-hydroxy-4-deoxysquamotacin 6- 羟基 -4- 去氧番荔枝塔辛▲ 圆滑番荔枝 Annona glabra
1β-hydroxy-4-epigardendiol 1β- 羟基 -4- 表栀子二醇 蒙古芯芭 Cymbaria mongolica
6α-hydroxy-4-epi-septuplinolide 6α- 羟基 -4- 表 - 七脉花叶芋内酯 湖北旋覆花 Inula hupehensis
3-hydroxy-4-ethoxy-5,7-dimethoxy-6-acetyl-2,2-dimethylchroman 3- 羟基 -4- 乙氧基 -5,7- 二甲氧基 -6- 乙酰基 -2,2- 二甲基色烷 三桠苦

H

Euodia lepta
3-hydroxy-4-geranyl-5-methoxy-biphenyl 3- 羟基 -4- 香叶基 -5- 甲氧基 - 联苯 莽吉柿 Garcinia mangostana
1-(2-hydroxy-4-hydroxymethyl)-phenyl-6-*O*-caffeoyl-*β*-D-glucopyranoside 1-(2- 羟基 -4- 羟基甲基)- 苯基 -6-*O*- 咖啡酰基 -*β*-D- 吡喃葡萄糖苷 葫芦 Lagenaria siceraria
1-(2-hydroxy-4-hydroxymethylphenyl)ethan-1-one 1-(2- 羟基 -4- 羟基甲基苯基) 乙烷 -1- 酮 台湾泽兰 Eupatorium formosanum
7-hydroxy-4-isopropyl-3-methoxy-6-methylcoumarin 7- 羟基 -4- 异戊烯基 -3- 甲氧基 -6- 甲基香豆素 针毛蕨 Macrothelypteris oligophlebia
7-hydroxy-4-isopropyl-6-methylcoumarin 7- 羟基 -4- 异戊烯基 -6- 甲基香豆素 针毛蕨 Macrothelypteris oligophlebia
3-hydroxy-4-isopropylbenzoic acid 3- 羟基 -4- 异丙基苯甲酸 旱芹 Apium graveolens
5-(3-hydroxy-4-isovaleroyloxybut-1-ynyl)-2,2'-bithiophene 5-(3- 羟基 -4- 异戊酰氧基丁烷 -1 炔基)-2,2'- 联噻吩 驴欺口 Echinops davuricus, 华东蓝刺头 E. grijsii
cis-3'-hydroxy-4'-isovaleryloxy-3',4'-dihydroseselin 顺式 -3'- 羟基 -4'- 异戊酰氧基 -3',4'- 二氢邪蒿素 台湾前胡 Peucedanum formosanum
(6*R*,9*R*)-9-hydroxy-4-megastigmen-3-one (6*R*,9*R*)-9- 羟基 -4- 大柱香波龙烯 -3- 酮 茶 Camellia sinensis, 藜 Chenopodium album, 假黄皮 Clausena excavata
9-hydroxy-4-megastigmen-3-one 9- 羟基 -4- 大柱香波龙烯 -3- 酮 散沫花 Lawsonia inermis
(6*R*,9*R*)-9-hydroxy-4-megastigmen-3-one-9-*O*-*β*-D-glucopyranosyl-(1 → 6)-*β*-D-glucopyranoside (6*R*,9*R*)-9- 羟基 -4- 大柱香波龙烯 -3- 酮 -9-*O*-*β*-D- 吡喃葡萄糖基 -(1 → 6)-*β*-D- 吡喃葡萄糖苷 湖北黄精 Polygonatum zanlanscianense
(2*E*,2'*E*)-3,3'-(6'-hydroxy-4-methoxy-[1,1'-biphenyl]-3,3'-diyl)-bis-2-propenal (2*E*,2'*E*)-3,3'-(6'- 羟基 -4- 甲氧基 -[1,1'- 联苯基]-3,3'- 二基)- 双 -2- 丙烯醛 厚朴 Houpoëa officinalis
(-)-5-hydroxy-4-methoxy-1-tetralone (-)-5- 羟基 -4- 甲氧基 -1- 四氢萘酮 黄杞 Engelhardia roxburghiana
6-hydroxy-4'-methoxy-3'-(2-propen-1-yl)-[1,1'-biphenyl]-3-carboxaldehyde 6- 羟基 -4'- 甲氧基 -3'-(2- 丙烯 -1- 基)-[1,1'- 联苯基]-3- 甲醛 厚朴 Houpoëa officinalis
(2*E*)-3-[6-hydroxy-4'-methoxy-3'-(2-propen-1-yl)[1,1'-biphenyl]-3-yl]-2-propenal (2*E*)-3-[6- 羟基 -4'- 甲氧基 -3'-(2- 丙烯 -1- 基)[1,1'- 联苯基]-3- 基]-2- 丙烯醛 厚朴 Houpoëa officinalis
2-hydroxy-4-methoxy-3,6-dimethylbenzoic acid 2- 羟基 -4- 甲氧基 -3,6- 二甲基苯甲酸 卫矛 Euonymus alatus, 刺楸 Kalopanax septemlobus
3'-hydroxy-4'-methoxy-4'-dehydroxynyasol 3'- 羟基 -4'- 甲氧基 -4'- 去羟基尼亚小金梅草酚 ▲ 天门冬 Asparagus cochinchinensis
7-hydroxy-4'-methoxy-4-phenylcoumarin 7- 羟基 -4'- 甲氧基 -4- 苯基香豆素 滇南红厚壳 Calophyllum polyanthum
7-hydroxy-4-methoxy-5-methylcoumarin 7- 羟基 -4- 甲氧基 -5- 甲基香豆素 虎杖 Reynoutria japonica, 红椿 Toona ciliata
5-hydroxy-4'-methoxy-6",6"-dimethylpyrano(2",3":7,8)isoflavone 5- 羟基 -4'- 甲氧基 -6",6"- 二甲基吡喃 (2",3":7,8) 异黄酮 厚果崖豆藤 Millettia pachycarpa
2-hydroxy-4-methoxy-6-methylbenzoic acid 2- 羟基 -4- 甲氧基 -6 甲基苯甲酸 蜜环菌 Armillaria mellea
2-hydroxy-4-methoxy-6-pentylbenzoic acid 2- 羟基 -4- 甲氧基 -6- 戊基苯甲酸 粉缘斑叶 Cetrelia cetrarioides, 雀石蕊 Cladonia stellaris
2-hydroxy-4-methoxy-6-pentylbenzoic acid ethyl ester 2- 羟基 -4- 甲氧基 -6- 戊基苯甲酸乙酯 雀石蕊 Cladonia stellaris
2-hydroxy-4-methoxy-6-pentylbenzoic acid methyl ester 2- 羟基 -4- 甲氧基 -6- 戊基苯甲酸甲酯 雀石蕊 Cladonia stellaris
5-hydroxy-4'-methoxy-6-prenyl-1''',2'''-peroxyl-3''',3'''-dimethyldihydropyrano[5,6:8,7]isoflavone 5- 羟基 -4'- 甲氧基 -6- 戊烯基 -1''',2'''- 过氧 -3''',3'''- 二甲基二氢吡喃 [5,6:8,7] 异黄酮 细枝山竹子 Corethrodendron scoparium
5-hydroxy-4'-methoxy-6-prenyl-2'''-hydroxyisopropyl-dihydrofurano[4,5:8,7]isoflavone 5- 羟基 -4'- 甲氧基 -6- 戊烯基 -2'''- 羟基异丙基二氢呋喃 [4,5:8,7] 异黄酮 细枝山竹子 Corethrodendron scoparium
2-hydroxy-4-methoxy-6-propylbenzoic acid 2- 羟基 -4- 甲氧基 -6- 丙基苯甲酸 肉刺树花 Ramalina roesleri
5-hydroxy-4'-methoxy-7-[(3-methyl-2-buthenyl)oxy]-isoflavone 5- 羟基 -4'- 甲氧基 -7-[(3- 甲基 -2- 丁烯基) 氧]- 异黄酮 水黄皮 Pongamia pinnata
(-)-3'-hydroxy-4'-methoxy-7-hydroxy-8-methylflavan (-)-3'- 羟基 -4'- 甲氧基 -7- 羟基 -8- 甲基黄烷 石蒜 Lycoris radiata
5-hydroxy-4'-methoxy-7-prenylfurano[2,3-h]isoflavone 5- 羟基 -4'- 甲氧基 -7- 戊烯基呋喃 [3,2-g] 异黄酮 细枝山竹子 Corethrodendron scoparium
(-)-3-hydroxy-4-methoxy-8,9-methylenedioxypterocarpan (-)-3- 羟基 -4- 甲氧基 -8,9- 亚甲二氧基紫檀烷 灰毛豆 Tephrosia purpurea
5-hydroxy-4'-methoxy-8-prenyl-1",2"-peroxyl-3",3"-dimethyldihydropyrano[5,6:6,7]isoflavone 5- 羟基 -4'- 甲氧基 -8- 戊烯基 -1",2"- 过氧 -3",3"- 二甲基二氢吡喃 [5,6:6,7] 异黄酮 细枝山竹子 Corethrodendron scoparium
5-hydroxy-4'-methoxy-8-prenyl-2"-hydroxy-isopropyldihydrofurano[4,5:6,7]isoflavone 5- 羟基 -4'- 甲氧基 -8- 戊烯基 -2"- 羟基异丙基二氢呋喃 [4,5:6,7] 异黄酮 细枝山竹子 Corethrodendron scoparium
5-hydroxy-4'-methoxy-9-prenylfurano[3,2-g]isoflavone 5- 羟基 -4'- 甲氧基 -9- 戊烯基呋喃 [3,2-g] 异黄酮 细枝山竹子 Corethrodendron scoparium
2'-hydroxy-4'-methoxyacetophenone 2'- 羟基 -4'- 甲氧基苯乙酮 楝叶吴萸 Euodia glabrifolia
3-hydroxy-4-methoxyacetophenone 3- 羟基 -4- 甲氧基苯乙酮 徐长卿 Cynanchum paniculatum, 牡丹 Paeonia suffruticosa
2-hydroxy-4-methoxybenzaldehyde 2- 羟基 -4- 甲氧基苯甲醛 挥发油成分，未统计基源
3-hydroxy-4-methoxybenzaldehyde 3- 羟基 -4- 甲氧基苯甲醛 宽叶秦岭藤 Biondia hemsleyana, 合柄铁线莲 Clematis connata, 疏花卫矛 Euonymus laxiflorus, 锡兰莲 Naravelia zeylanica, 鸡矢藤 Paederia foetida
2-hydroxy-4-methoxybenzoic acid 2- 羟基 -4- 甲氧基苯甲酸 宽叶秦岭藤 Biondia hemsleyana, 滇南红厚壳 Calophyllum polyanthum, 绵毛鹿茸草 Monochasma savatieri, 桔梗 Platycodon grandiflorus, 马齿苋 Portulaca oleracea
3-hydroxy-4-methoxybenzoic acid 3- 羟基 -4- 甲氧基苯甲酸 挥发油成分，未统计基源
3-hydroxy-4-methoxybenzoic acid-3-*O*-*β*-D-glucopyranoside 3- 羟基 -4- 甲氧基苯甲酸 -3-*O*-*β*-D- 吡喃葡萄糖苷 绣球 Hydrangea macrophylla

(-)-1-(3-hydroxy-4-methoxybenzyl)-2-methyl-6-methoxy-7-hydroxy-1,2,3,4-tetrahydroisoquinoline (-)-1-(3- 羟基 -4- 甲氧基苄基)-2- 甲基 -6- 甲氧基 -7- 羟基 -1,2,3,4- 四氢异喹啉 樟叶木防己 Cocculus laurifolius
3-hydroxy-4'-methoxybibenzyl 3- 羟基 -4'- 甲氧基联苄 盔瓣耳叶苔 Frullania muscicola
5-hydroxy-4-methoxycanthin-6-one 5- 羟基 -4- 甲氧基铁屎米 -6- 酮 苦树 Picrasma quassioides
2'-hydroxy-4'-methoxychalcone 2'- 羟基 -4'- 甲氧基查耳酮 印度黄檀 Dalbergia sissoo, 镰荚棘豆 Oxytropis falcata
3-hydroxy-4-methoxycinnamaladehyde 3- 羟基 -4- 甲氧基桂皮醛 刺果卫矛 Euonymus acanthocarpus
2-hydroxy-4-methoxycinnamic acid 2- 羟基 -4- 甲氧基桂皮酸 柽柳 Tamarix chinensis
3-hydroxy-4-methoxycinnamic acid 3- 羟基 -4- 甲氧基桂皮酸 淡枝沙拐枣 Calligonum leucocladum, 驼绒藜 Krascheninnikovia ceratoides, 宽苞水柏枝 Myricaria bracteata, 三春水柏枝 M. paniculata, 川黄檗 Phellodendron chinense
(*S*)-4'-hydroxy-4-methoxydalbergione (*S*)-4'- 羟基 -4- 甲氧基黄檀醌 降香 Dalbergia odorifera, 印度黄檀 D. sissoo
4'-hydroxy-4-methoxydalbergione 4'- 羟基 -4- 甲氧基黄檀醌 降香 Dalbergia odorifera
(-)-7-hydroxy-4'-methoxyflavan (-)-7- 羟基 -4'- 甲氧基黄烷 剑叶龙血树 Dracaena cochinchinensis
7-hydroxy-4'-methoxyflavan 7- 羟基 -4'- 甲氧基黄烷 剑叶龙血树 Dracaena cochinchinensis
7-hydroxy-4'-methoxyflavanone 7- 羟基 -4'- 甲氧基黄烷酮 镰荚棘豆 Oxytropis falcata
(2*R*)-5-hydroxy-4'-methoxyflavanone-7-*O*-(*β*-glucopyranosyl-(1 → 2)-*β*-glucopyranoside) (2*R*)-5- 羟基 -4'- 甲氧基黄烷酮 -7-*O*-(*β*- 吡喃葡萄糖基 -(1 → 2)-*β*- 吡喃葡萄糖苷 枳 Poncirus trifoliata
5-hydroxy-4'-methoxyflavone 5- 羟基 -4'- 甲氧基黄酮 肉果草 Lancea tibetica
7-hydroxy-4'-methoxyflavone 7- 羟基 -4'- 甲氧基黄酮 小叶锦鸡儿 Caragana microphylla, 滇结香 Edgeworthia gardneri
5-hydroxy-4'-methoxyflavone-7-*O*-(6-*O*-*α*-L-rhamnopyranosyl)-*β*-D-glucopyranoside 5- 羟基 -4'- 甲氧基黄酮 -7-*O*-(6-*O*-*α*-*L*- 吡喃鼠李糖基)-*β*-D- 吡喃葡萄糖苷 鞭柱唐松草 Thalictrum smithii
5-hydroxy-4'-methoxyflavone-7-*O*-rutinoside 5- 羟基 -4'- 甲氧基黄酮 -7-*O*- 芸香糖苷 密花香薷 Elsholtzia densa, 半边莲 Lobelia chinensis
5-hydroxy-4'-methoxyflavone-7-*O*-*α*-L-rhamnopyranosyl-(1 → 6)-*β*-D-glucopyranoside 5- 羟基 -4'- 甲氧基黄酮 -7-*O*-*α*-L- 吡喃鼠李糖基 -(1 → 6)-*β*-D- 吡喃葡萄糖苷 半枝莲 Scutellaria barbata
5-hydroxy-4'-methoxyflavone-7-*O*-*β*-D-glucopyranoside 5- 羟基 -4'- 甲氧基黄酮 -7-*O*-*β*-D- 吡喃葡萄糖苷 溪黄草 Isodon serra
5-hydroxy-4-methoxy-flavone-7-*O*-*β*-D-rutinoside 5- 羟基 -4- 甲氧基黄酮 -7-*O*-*β*-D- 芸香糖苷 珠芽蓼 Polygonum viviparum
7-hydroxy-4'-methoxyisoflavone 7- 羟基 -4'- 甲氧基异黄酮 沙冬青 Ammopiptanthus mongolicus, 番荔枝 Annona squamosa, 达乌里黄耆 Astragalus dahuricus, 木豆 Cajanus cajan, 海刀豆 Canavalia maritima, 川西锦鸡儿 Caragana erinacea, 红花山竹子 Corethrodendron multijugum, 干花豆 Fordia cauliflora, 多序岩黄耆 Hedysarum polybotrys, 鹊肾树 Streblus asper, 丁癸草 Zornia diphylla
3'-hydroxy-4'-methoxyisoflavone-7-*O*-glucoside 3'- 羟基 -4'- 甲氧基异黄酮 -7-*O*- 葡萄糖苷 小叶锦鸡儿 Caragana microphylla
3'-hydroxy-4'-methoxyisoflavone-7-*O*-*β*-D-[6-*O*-(2-butenyl)]-galactopyranoside 3'- 羟基 -4'- 甲氧基异黄酮 -7-*O*-*β*-D-[6-*O*-(2- 丁烯基)]- 吡喃半乳糖苷 蒙古黄耆 Astragalus penduliflorus
3'-hydroxy-4'-methoxyisoflavone-7-*O*-*β*-D-glucopyranoside 3'- 羟基 -4'- 甲氧基异黄酮 -7-*O*-*β*-D- 吡喃葡萄糖苷 紫穗槐 Amorpha fruticosa
5-hydroxy-4'-methoxyisoflavone-7-*O*-*β*-D-glucopyranosyl-(1 → 6)-*β*-D-glucopyranoside 5- 羟基 -4'- 甲氧基异黄酮 -7-*O*-*β*-D- 吡喃葡萄糖基 -(1 → 6)-*β*-D- 吡喃葡萄糖苷 朝鲜槐 Maackia amurensis
3-hydroxy-4-methoxylonchocarpin 3- 羟基 -4- 甲氧基矛果豆素▲ 厚果崖豆藤 Millettia pachycarpa
1-hydroxy-4-methoxy-naphthalene-1-*O*-*β*-D-glucopyranosyl-(1 → 6)-*α*-L-rhamnopyranoside 1- 羟基 -4- 甲氧基萘 -1-*O*-*β*-D- 吡喃葡萄糖基 -(1 → 6)-*α*-L- 吡喃鼠李糖苷 胡桃楸 Juglans mandshurica
7-hydroxy-4-methoxyphenanthrene-2-*O*-*β*-D-glucoside 7- 羟基 -4- 甲氧基菲 -2-*O*-*β*-D- 葡萄糖苷 白及 Bletilla striata, 杜鹃兰 Cremastra appendiculata
2-hydroxy-4-methoxy-phenol 2- 羟基 -4- 甲氧基苯酚 髯花杜鹃 Rhododendron anthopogon
3-hydroxy-4-methoxyphenol-1-*O*-*β*-D-apiofuranosyl-(1'' → 6')-*O*-*β*-D-glucopyranoside 3- 羟基 -4- 甲氧基苯酚 -1-*O*-*β*-D- 呋喃芹糖基 -(1'' → 6')-*O*-*β*-D- 吡喃葡萄糖苷 阳桃 Averrhoa carambola
1-(3-hydroxy-4-methoxyphenyl)-1',2'-ethanediol 1-(3- 羟基 -4- 甲氧基苯基)-1',2'- 乙二醇 血满草 Sambucus adnata
1-(5-hydroxy-4-methoxyphenyl)-2-[2,6-dimethoxy-4-(2,3-epoxy-1-hydroxypropyl)-phenyl]-oxetane 1-(5- 羟基 -4- 甲氧基苯基)-2-[2,6- 二甲氧基 -4-(2,3- 环氧 -1- 羟基丙基)- 苯基]- 氧杂环丁烷 细锥香茶菜 Isodon coetsa
1-[3-(3-hydroxy-4-methoxyphenyl)-2-propenoate]-*β*-D-glucopyranoside 1-[3-(3- 羟基 -4- 甲氧基苯基)-2- 丙烯酸酯]-*β*-D- 吡喃葡萄糖苷 红冬蛇菰 Balanophora harlandii
2-(2'-hydroxy-4'-methoxyphenyl)-5,6-methylenedioxybenzofuran 2-(2'- 羟基 -4'- 甲氧基苯基)-5,6- 亚甲二氧基苯丙呋喃 绒毛槐 Sophora tomentosa
2-(2-hydroxy-4-methoxyphenyl)-5,8-dimethoxy-3-propyl-4(1*H*)-quinolinone 2-(2- 羟基 -4- 甲氧基苯基)-5,8- 二甲氧基 -3- 丙基 -4(1*H*)- 喹啉酮 香肉果 Casimiroa edulis
(*E*)-3-(3-hydroxy-4-methoxyphenyl)acrylic acid carboxymethyl ester (*E*)-3-(3- 羟基 -4- 甲氧基苯基) 丙烯酸羧甲酯 尼泊尔水东哥 Saurauia napaulensis
(-)-(1'*R*)-1'-(3-hydroxy-4-methoxyphenyl)-ethane-1',2'-diol-3-*O*-*β*-D-glucopyranoside (-)-(1'*R*)-1'-(3- 羟基 -4- 甲氧基苯基)- 乙烷 -1',2'- 二醇 -3-*O*-*β*-D- 吡喃葡萄糖苷 微花藤 Iodes cirrhosa
2-(3-hydroxy-4-methoxyphenyl)ethanol 2-(3- 羟基 -4- 甲氧基苯基)- 乙醇 北玄参 Scrophularia buergeriana
2-(3-hydroxy-4-methoxyphenyl)ethanol-1-*O*-[*α*-L-rhamnopyranosyl-(1 → 2)-*β*-D-glucopyranoside] 2-(3- 羟基 -4- 甲氧基苯基)- 乙醇 -1-*O*-[*α*-L- 吡喃鼠李糖基 -(1 → 2)-*β*-D- 吡喃葡萄糖苷] 平车前 Plantago depressa
2-(3-hydroxy-4-methoxyphenyl)ethyl *O*-*α*-L-rhamnopyranosyl-(1 → 3)-(4-*O*-*cis*-feruloyl)-*β*-D-glucopyranoside 2-(3- 羟基 -4- 甲氧基苯基)-

乙基 -*O*-*α*-L- 吡喃鼠李糖基 -(1 → 3)-(4-*O*- 顺式 - 阿魏酰基)-*β*-D- 吡喃葡萄糖苷 梓 Catalpa ovata
3-[2-(3-hydroxy-4-methoxyphenyl)ethyl]-5-methoxyphenol 3-[2-(3- 羟基 -4- 甲氧基苯) 乙基]-5- 甲氧基苯酚 大麻 Cannabis sativa
2-(3-hydroxy-4-methoxyphenyl)ethyl-1-*O*-*α*-L-rhamnopyranosyl-(1 → 3)-*β*-D-(4-feruloyl)-glucopyranoside 2-(3- 羟基 -4- 甲氧基苯基)- 乙基 -1-*O*-*α*-L- 吡喃鼠李糖基 -(1 → 3)-*β*-D-(4- 阿魏酰基)- 吡喃葡萄糖苷 黄芩 Scutellaria baicalensis
2-(3-hydroxy-4-methoxyphenyl)-ethyl-2-*O*-*β*-D-glucopyranosyl-(1 → 3)-*β*-D-glucopyranoside 2-(3- 羟基 -4- 甲氧基苯基)- 乙基 -2-*O*-*β*-D- 吡喃葡萄糖基 (1 → 3)-*β*-D- 吡喃葡萄糖苷 胡黄连 Neopicrorhiza scrophulariiflora
2-(3-hydroxy-4-methoxyphenyl)ethyl-6-*O*-*α*-L-arabinopyranosyl-*β*-D-glucopyranoside 2-(3- 羟基 -4- 甲氧基苯基)- 乙基 -6-*O*-*α*-L- 吡喃阿拉伯糖基 -*β*-D- 吡喃葡萄糖苷 玄参 Scrophularia ningpoensis
2-(3-hydroxy-4-methoxyphenyl)-ethyl-*O*-(*α*-L-rhamnopyranosyl)-(1 → 3)-*O*-(*α*-L-rhamnopyranosyl)-(1 → 6)-4-*O*-*E*-feruloyl-*β*-D-glucopyranoside 2-(3- 羟基 -4- 甲氧基苯基)- 乙基 -*O*-(*α*-L- 吡喃鼠李糖基)-(1 → 3)-*O*-(*α*-L- 吡喃鼠李糖基)-(1 → 6)-4-*O*-*E*- 阿魏酰基 -*β*-D- 吡喃葡萄糖苷 毛地黄 Digitalis purpurea
2-(3-hydroxy-4-methoxyphenyl)ethyl-*O*-*α*-arabinopyranosyl-(1 → 6)-*O*-[*α*-rhamnopyranosyl-(1 → 3)]-*O*-*β*-glucopyranoside 2-(3- 羟基 -4- 甲氧基苯基)- 乙基 -*O*-*α*- 吡喃阿拉伯糖基 -(1 → 6)-*O*-[*α*- 吡喃鼠李糖基 -(1 → 3)]-*O*-*β*- 吡喃葡萄糖苷 玄参 Scrophularia ningpoensis
2-(3-hydroxy-4-methoxyphenyl)-ethyl-*O*-*α*-L-arabinopyranosyl-(1 → 6)-*O*-*α*-L-rhamnopyranosyl-(1 → 3)-*O*-*β*-D-glucopyranoside 2-(3- 羟基 -4- 甲氧基苯基)- 乙基 -*O*-*α*-L- 吡喃阿拉伯糖基 -(1 → 6)-*O*-*α*-L- 吡喃鼠李糖基 -1-(1 → 3)-*O*-*β*-D- 吡喃葡萄糖苷 玄参 Scrophularia ningpoensis
2-(3-hydroxy-4-methoxyphenyl)ethyl-*O*-*α*-L-arabinopyranosyl-(1 → 6)-*β*-D-glucopyranoside 2-(3- 羟基 -4- 甲氧基苯基)- 乙基 -*O*-*α*-L- 吡喃阿拉伯糖基 -(1 → 6)-*β*-D- 吡喃葡萄糖苷 玄参 Scrophularia ningpoensis
2-(3-hydroxy-4-methoxyphenyl)-ethyl-*O*-*β*-D-glucopyranoside 2-(3- 羟基 -4- 甲氧基苯基)- 乙基 -*O*-*β*-D- 吡喃葡萄糖苷 华东唐松草 Thalictrum fortunei
2-(2-hydroxy-4-methoxyphenyl)vinyl acetate 2-(2- 羟基 -4- 甲氧基苯基) 乙烯基乙酸酯 木橘 Aegle marmelos
2-hydroxy-4-methoxyphenyl-6-*O*-syringoyl-*β*-D-glucopyranoside 2- 羟基 -4- 甲氧基苯基 -6-*O*- 紫丁香基 -*β*-D- 吡喃葡萄糖苷 垂枝桦 Betula pendula
1-(2-hydroxy-4-methoxyphenylamino)-1-deoxy-*β*-glucoside-1,2-carbamate] 1-(2- 羟基 -4- 甲氧苯氨基)-1- 脱氧 -*β*- 葡萄糖苷 -1,2- 氨基甲酸酯 玉蜀黍 Zea mays
3-hydroxy-4-methoxyphenylethanol 3- 羟基 -4- 甲氧基苯乙醇 石斛 Dendrobium nobile
3-hydroxy-4-methoxy-phenylmethol-*O*-*β*-D-glucopyranoside 3- 羟基 -4- 甲氧基苯甲醇 -*O*-*β*-D- 吡喃葡萄糖苷 栀子 Gardenia jasminoides
3-hydroxy-4-methoxy-phenylmethol-*O*-*β*-D-glucopyranosyl-(1→6)-*β*-D-glucopyranoside 3- 羟基 -4- 甲氧基苄醇 -*O*-*β*-D- 葡萄吡喃糖基 -(1→6)-*β*-D- 吡喃葡萄糖苷 栀子 Gardenia jasminoides
9-hydroxy-4-methoxypsoralen 9- 羟基 -4- 甲氧基补骨脂素 香橙 Citrus junos
5'*α*-hydroxy-4'-methoxy-sauchinone 5'*α*- 羟基 -4'- 甲氧基 - 三白草酮 三白草 Saururus chinensis
5'*β*-hydroxy-4'-methoxy-sauchinone 5'*β*- 羟基 -4'- 甲氧基 - 三白草酮 三白草 Saururus chinensis
5-hydroxy-4-methoxytetralone 5- 羟基 -4- 甲氧基四氢萘酮 胡桃 Juglans regia
3-hydroxy-4-methoxyxanthone 3- 羟基 -4- 甲氧基呫酮 薄叶红厚壳 Calophyllum membranaceum
5-hydroxy-4-methoxy-*α*-tetralone 5- 羟基 -4- 甲氧基 -*α*- 四氢萘酮 胡桃 Juglans regia
3-hydroxy-4-methoxy-*β*-phenylethoxy-*O*-[2,3-diacetyl-*α*-L-rhamnopyranosyl-(1 → 3)]-4-*O*-*cis*-feruloyl-[*β*-D-apiofuranosyl-(1 → 6)]-*β*-D-glucopyranoside 3- 羟基 -4- 甲氧基 -*β*- 苯基乙氧基 -*O*-[2,3- 二乙酰基 -*α*-L- 吡喃鼠李糖基 -(1 → 3)]-4-*O*- 顺式 - 阿魏酰基 -[*β*-D- 呋喃芹糖基 -(1 → 6)]-*β*-D- 吡喃葡萄糖苷 糙苏 Phlomis umbrosa
3-hydroxy-4-methoxy-*β*-phenylethoxy-*O*-*α*-L-arabinopyranosyl-(1'''' → 6'')-*α*-L-rhamnopyranosyl-(1''' → 3'')-4''-*O*-caffeoyl-*β*-D-glucopyranoside 3- 羟基 -4- 甲氧基 -*β*- 苯基乙氧基 -*O*-*α*-L- 吡喃阿拉伯糖基 -(1'''' → 6'')-*α*-L- 吡喃鼠李糖基 -(1''' → 3'')-4''-*O*- 咖啡酰基 -*β*-D- 吡喃葡萄糖苷 绣球防风 Leucas ciliata
3-hydroxy-4-methyl pentanoic acid ethyl ester 3- 羟基 -4- 甲基戊酸乙基酯 挥发油成分，未统计基源
4-hydroxy-4-methyl-2-cyclohexen-1-one 4- 羟基 -4- 甲基 -2- 环已烯 -1- 酮 土荆芥 Chenopodium ambrosioides, 黄皮 Clausena lansium
2-hydroxy-4-methylacetophenone 2- 羟基 -4- 甲基苯乙酮 湖北旋覆花 Inula hupehensis
7-hydroxy-4-methylcoumarin 7- 羟基 -4- 甲基香豆素 印度黄檀 Dalbergia sissoo, 散沫花 Lawsonia inermis
2-{(2*S*,5*R*)-5-[(1*E*)-4-hydroxy-4-methylhexa-1,5-dien-1-yl]-5-methyltetrahydrofuran-2-yl}propan-2-yl-*β*-D-glucopyranoside 2-{(2*S*,5*R*)-5-[(1*E*)-4- 羟基 -4- 甲基已烷 -1,5- 二烯 -1- 基]-5- 甲基四氢呋喃 -2- 基 } 丙烷 -2- 基 -*β*-D- 吡喃葡萄糖苷 臭牡丹 Clerodendrum bungei
2-[(1*S*)-1-(acetyloxy)-4-hydroxy-4-methylpentyl]-5,8-dihydroxy-1,4-naphthalenedioe 2-[(1*S*)-1-(乙酰氧基)-4- 羟基 -4- 甲基戊基]-5,8- 二羟基 -1,4- 间萘 昭苏滇紫草 Onosma echioides
1-(2-hydroxy-4-methylphenyl)propan-1,2-dione 1-(2- 羟基 -4- 甲基苯基) 丙烷 -1,2- 二酮 台湾泽兰 Eupatorium formosanum
(1*R*,5*S*)-5-hydroxy-4-methyl-*β*-methylene-3-cyclohexene-1-ethanol (1*R*,5*S*)-5- 羟基 -4- 甲基 -*β*- 亚甲基 -3- 环已烯 -1- 乙醇 硬尖神香草 Hyssopus cuspidatus
24-hydroxy-4-octacosanone 24- 羟基 -4- 二十八烷酮 腰骨藤 Ichnocarpus frutescens
3'-hydroxy-4'-*O*-methylglabridin 3'- 羟基 -4'-*O*- 甲基光果甘草定 洋甘草 Glycyrrhiza glabra
3'-hydroxy-4'-*O*-methylisoscutellarein-7-*O*-(6'''-*O*-acetyl-*β*-D-allopyranosyl)-(1'''→2'')-*β*-D-glucopyranoside 3'- 羟基 -4'-*O*- 甲基异高黄芩素 -7-*O*-(6'''-*O*- 乙酰基 -*β*-D- 吡喃阿洛糖基)-(1''' → 2'')-*β*-D- 吡喃葡萄糖苷 阿拉伯婆婆纳 Veronica persica, 婆婆纳 V. polita
(+)-2-(1-hydroxy-4-oxocyclohexyl)ethyl caffeate (+)-2-(1- 羟基 -4- 氧代环己基) 乙基咖啡酸酯 大花鸡肉参 Incarvillea mairei var. grandiflora
5-hydroxy-4-oxo-pentanoic acid 5- 羟基 -4- 氧代戊酸 阿尔泰银莲花 Anemone altaica, 威灵仙 Clematis chinensis
5-hydroxy-4-oxo-pentanoic acid-2-(3,4-dihydroxyphenyl)-ethyl ester 5- 羟基 -4- 氧代 - 戊酸 -2-(3,4- 二羟基苯基)- 乙醚 合柄铁线莲

Clematis connata
3-(2*S*-hydroxy-4-oxopentyl)-6,8-dihydroxyisocoumarin 3-(2*S*-羟基-4-氧戊基)-6,8-二羟基异香豆素 见血封喉 Antiaris toxicaria
(1*S*,5*R*,6*S*,7*S*,8*S*,10*R*,11*R*)-6-hydroxy-4-oxopseudoguai-12,8-olide (1*S*,5*R*,6*S*,7*S*,8*S*,10*R*,11*R*)-6-羟基-4-氧代伪愈创木-12,8-内酯 湖北旋覆花 Inula hupehensis
(1*R*,5*R*,6*S*,7*R*,8*S*,10*R*)-8-hydroxy-4-oxopseudoguai-2(3),11(13)-dien-12,6-olide (1*R*,5*R*,6*S*,7*R*,8*S*,10*R*)-8-羟基-4-氧代伪愈创木-2(3),11(13)-二烯-12,6-内酯 湖北旋覆花 Inula hupehensis
(1*R*,5*R*,6*S*,7*S*,8*S*,10*R*,11*S*)-6-hydroxy-4-oxopseudoguai-2(3)-en-12,8-olide (1*R*,5*R*,6*S*,7*S*,8*S*,10*R*,11*S*)-6-羟基-4-氧代伪愈创木-2(3)-烯-12,8-内酯 湖北旋覆花 Inula hupehensis
2-hydroxy-4-*O*-*β*-D-glucopyranosylphenylacetic acid 2-羟基-4-*O*-*β*-D-吡喃葡萄糖基苯乙酸 点地梅 Androsace umbellata
2-hydroxy-4-*O*-*β*-D-glucopyranosylphenylacetic acid methylate 2-羟基-4-*O*-*β*-D-吡喃葡萄糖基苯乙酸甲酯 点地梅 Androsace umbellata
3'-hydroxy-4'-*O*-*β*-D-glucosylpuerarin 3'-羟基-4'-*O*-*β*-D-吡喃葡萄糖基葛根素 葛 Pueraria montana var. lobata
3-hydroxy-4-phenyl-2-butanone 3-羟基-4-苯基-2-丁酮 挥发油成分，未统计基源
6*β*-hydroxy-4-stigmasten-3-one 6*β*-羟基-4-豆甾烯-3-酮 榕树 Ficus microcarpa, 沙滩黄芩 Scutellaria strigillosa
1*β*-hydroxy-4*α*,11*αH*-eudesma-5-en-12,8*β*-olide 1*β*-羟基-4*α*,11*αH*-桉叶-5-烯-12,8*β*-内酯 旋覆花 Inula japonica
5*α*-hydroxy-4*α*,14-dihydrocostic acid 5*α*-羟基-4*α*,14-二氢木香酸 翼齿六棱菊 Laggera crispata
3*β*-hydroxy-4*α*,14*α*-dimethyl-5*α*-ergosta-8,24(28)-dien-7-one 3*β*-羟基-4*α*,14*α*-二甲基-5*α*-麦角甾-8,24(28)-二烯-7-酮 黄苞大戟 Euphorbia sikkimensis
1*α*-hydroxy-4*α*-hydroperoxy-bishopsolicepolide 1*α*-羟基-4*α*-氢过氧-比梢菊内酯▲ 阴地蒿 Artemisia sylvatica
1*β*-hydroxy-4*α*-methoxy-5*α*,6*β*,7*αH*-eudesma-11(13)-en-12,6-olide 1*β*-羟基-4*α*-甲氧基-5*α*,6*β*,7*αH*-桉叶-11(13)-烯-12,6-内酯 月桂 Laurus nobilis
3*α*-hydroxy-4*α*-methoxyfilicane 3*α*-羟基-4*α*-甲氧基绵马烷 鞭叶铁线蕨 Adiantum caudatum
8*β*-hydroxy-4*β*,15-dihydrozaluzanin C 8*β*-羟基-4*β*,15-二氢愈创内酯 C 小苦荬 Ixeridium dentatum
4*α*-hydroxy-4*β*-methyldihydrocostol 4*α*-羟基-4*β*-甲基二氢木香醇 川木香 Dolomiaea souliei, 云木香 Saussurea costus
1*α*-hydroxy-4*β*-*O*-acetylpseudoguaian-6*β*,12-olide 1*α*-羟基-4*β*-*O*-乙酰基拟愈创木烷-6*β*,12-内酯 银胶菊 Parthenium hysterophorus
2'''-hydroxy-5''-benzylisouvarinol B 2'''-羟基-5''-苄基异紫玉盘酚 B 假蒟 Piper sarmentosum
13-hydroxy-5(10),14-halimadien-6-one 13-羟基-5(10),14-拟半日花二烯▲-6-酮 蔓荆 Vitex trifolia
2-hydroxy-5-(1-hydroxy-1-methylethyl)-2-methyl-cyclohexanone-2-acetate 2-羟基-5-(1-羟基-1-甲基乙基)-2-甲基环己酮-2-乙酸酯 糖胶树 Alstonia scholaris
7-hydroxy-5-(2'-hydroxy-4',5'-dimethoxyphenyl)-2-methoxy-6-methyl-1,4-naphthoquinone 7-羟基-5-(2'-羟基-4',5'-二甲氧基苯基)-2-甲氧基-6-甲基-1,4-萘醌 大叶山楝 Aphanamixis grandifolia
2-hydroxy-5-(2-hydroxyethyl)phenyl-*β*-D-glucopyranoside 2-羟基-5-(2-羟基乙基)苯基-*β*-D-吡喃葡萄糖苷 合蕊五味子 Schisandra propinqua
(-)-2-hydroxy-5-(2-hydroxyethyl)-phenyl-*β*-D-glucopyranoside (-)-2-羟基-5-(2-羟基乙基)-苯基-*β*-D-吡喃葡萄糖苷 微花藤 Iodes cirrhosa
2-hydroxy-5-(2-hydroxyethyl)phenyl-*β*-glucopyranoside 2-羟基-5-(2-羟基乙基)苯-*β*-吡喃葡萄糖苷 葡萄 Vitis vinifera
3-hydroxy-5-(hydroxymethyl)-4-(4'-hydroxyphenoxy)pyrrolidin-2-one 3-羟基-5-羟基甲基-4-(4'-羟基苯基)吡咯-2-酮) 刺松藻 Codium fragile
3-hydroxy-5-(*p*-hydroxyphenyl) pentanoic acid 3-羟基-5-(对羟基苯基)戊酸 马槟榔 Capparis masaikai
7-hydroxy-5,3',4'-trimethoxyflavone 7-羟基-5,3',4'-三甲氧基黄酮 羊角棉 Alstonia mairei, 千里香 Murraya paniculata
3'-hydroxy-5,4'-dimethoxy-6,7-methylenedioxyflavone-3-*O*-[*β*-D-xylopyranosyl-(1→6)]-*β*-D-glucopyranoside 3'-羟基-5,4'-二甲氧基-6,7-二氧亚甲基黄酮-3-*O*-[*β*-D-吡喃木糖基-(1→6)]-*β*-D-吡喃葡萄糖苷 圆穗蓼 Polygonum macrophyllum
7-hydroxy-5,6,3',4'-tetramethoxyflavone 7-羟基-5,6,3',4'-四甲氧基黄酮 南丰蜜橘 Citrus reticulata 'Kinokuni'
7-hydroxy-5,6,4'-trimethoxyflavone 7-羟基-5,6,4'-三甲氧基黄酮 伞房花耳草 Hedyotis corymbosa
3-hydroxy-5,6,7,3',4'-pentamethoxyflavone 3-羟基-5,6,7,3',4'-五甲氧基黄酮 飞机草 Chromolaena odorata
3'-hydroxy-5,6,7,4'-tetramethoxyflavone 3'-羟基-5,6,7,4'-四甲氧基黄酮 肾茶 Clerodendranthus spicatus
3-hydroxy-5,6,7,4'-tetramethoxyflavone 3-羟基-5,6,7,4'-四甲氧基黄酮 穗花牡荆 Vitex agnus-castus
3'-hydroxy-5,6,7,8,4'-pentamethoxyflavone 3'-羟基-5,6,7,8,4'-五甲氧基黄酮 南丰蜜橘 Citrus reticulata 'Kinokuni'
3-hydroxy-5,6,7,8-tetramethoxy-2-(4-methoxyphenyl)-flavone 3-羟基-5,6,7,8-四甲氧基-2-(4-甲氧基苯基)-黄酮 甜橙 Citrus sinensis
8-hydroxy-5,6,7-trimethoxycoumarin 8-羟基-5,6,7-三甲氧基香豆素 乌桕 Triadica sebifera
4'-hydroxy-5,6,7-trimethoxyflavanone 4'-羟基-5,6,7-三甲氧基黄烷酮 飞机草 Chromolaena odorata
4'-hydroxy-5,6,7-trimethoxyflavone 4'-羟基-5,6,7-三甲氧基黄酮 肾茶 Clerodendranthus spicatus
2'-hydroxy-5,6,7-trimethoxyisoflavonoid 2'-羟基-5,6,7-三甲氧基异黄酮 短叶假木贼 Anabasis brevifolia
1-hydroxy-5,6,7-trimethoxyxanthone 1-羟基-5,6,7-三甲氧基呫酮 红车轴草 Trifolium pratense
7-hydroxy-5,6,8,3',4'-pentamethoxyflavone 7-羟基-5,6,8,3',4'-五甲氧基黄酮 南丰蜜橘 Citrus reticulata 'Kinokuni'
4'-hydroxy-5,6-dehydrokawain 4'-羟基-5,6-去氢卡瓦胡椒素 云南草蔻 Alpinia blepharocalyx
6-hydroxy-5,6-dehydrosugiol 6-羟基-5,6-去氢柳杉酚 柳杉 Cryptomeria japonica var. sinensis
7-hydroxy-5,6-dimethoxy-1,4-phenanthrenequinone 7-羟基-5,6-二甲氧基-1,4-菲醌 细茎石斛 Dendrobium moniliforme
1-hydroxy-5,6-dimethoxy-2-methyl-7-primeverosyloxyanthraquinone 1-羟基-5,6-二甲氧基-2-甲基-7-樱草糖氧基蒽醌 海滨木巴戟 Morinda citrifolia
4-hydroxy-5,6-dimethoxy-2-naphthaldehyde 4-羟基-5,6-二甲氧基-2-萘醛 柿 Diospyros kaki

H

(2*S*,3*S*)-3-hydroxy-5,6-dimethoxydehydro-iso-*α*-lapachone (2*S*,3*S*)-3- 羟基 -5,6- 二甲氧基去氢 - 异 -*α*- 风铃木醌▲ 葫芦树 Crescentia cujete
7-hydroxy-5,6-dimethoxyflavanone 7- 羟基 -5,6- 二甲氧基黄烷酮 海南草珊瑚 Sarcandra glabra subsp. brachystachys
1-hydroxy-5,6-dimethoxyxanthone 1- 羟基 -5,6- 二甲氧基𠮿酮 黄牛木 Cratoxylum cochinchinense
1-(3-hydroxy-5,6-dimethyl-2-pyridinyl)-ethanone 1-(3- 羟基 -5,6- 二甲基 -2- 吡啶基)- 乙酮 黄葵 Abelmoschus moschatus
3*α*-hydroxy-5,6-epoxy-7-megastigmen-9-one 3*α*- 羟基 -5,6- 环氧 -7- 大柱香波龙烯 -9- 酮 黄桐 Endospermum chinense, 顶花板凳果 Pachysandra terminalis, 短果茴芹 Pimpinella brachycarpa
3-hydroxy-5,6-epoxy-7-megastigmen-9-one 3- 羟基 -5,6- 环氧 -7- 大柱香波龙烯 -9- 酮 葎草 Humulus scandens, 香椿 Toona sinensis
3-hydroxy-5,6-epoxy-bionol-3-*O*-*β*-D-glucopyranoside 3- 羟基 -5,6- 环氧 - 香堇醇 -3-*O*-*β*-D- 吡喃葡萄糖苷 蜡梅 Chimonanthus praecox
(3*S*,5*S*,6*R*,9*R*)-3-hydroxy-5,6-epoxy-*β*-ionol (3*S*,5*S*,6*R*,9*R*)-3- 羟基 -5,6- 环氧 -*β*- 香堇醇 小叶香茶菜 Isodon parvifolius
3-hydroxy-5,6-epoxy-*β*-ionol 3- 羟基 -5,6- 环氧 -*β*- 香堇醇 黑刺李 Prunus spinosa
(2*R*,3*R*,5*R*,6*S*,9*R*)-3-hydroxy-5,6-epoxy-*β*-ionol-2-*O*-*β*-D-glucopyranoside (2*R*,3*R*,5*R*,6*S*,9*R*)-3- 羟基 -5,6- 环氧 -*β*- 香堇醇 -2-*O*-*β*-D- 吡喃葡萄糖苷 构树 Broussonetia papyrifera
3-hydroxy-5,6-epoxy-*β*-ionol-3-*O*-*β*-apiofuranosyl-(1→6)-*β*-glucopyranoside 3- 羟基 -5,6- 环氧 -*β*- 紫萝醇 -3-*O*-*β*- 呋喃芹菜糖基 -(1→6)-*β*- 吡喃葡萄糖苷 竹节树 Carallia brachiata
(3*S*,5*R*,6*S*)-3-hydroxy-5,6-epoxy-*β*-ionone (3*S*,5*R*,6*S*)-3- 羟基 -5,6- 环氧 -*β*- 香堇酮 假黄皮 Clausena excavata
3-hydroxy-5,6-epoxy-*β*-ionone 3- 羟基 -5,6- 环氧 -*β*- 香堇酮 中华蹄盖蕨 Athyrium sinense, 禾秆蹄盖蕨 A. yokoscense
(3*S*,5*R*,6*S*,7*E*,9*R*)-3-hydroxy-5,6-epoxy-*β*-ionyl-3-*O*-*β*-D-glucopyranoside (3*S*,5*R*,6*S*,7*E*,9*R*)-3- 羟基 -5,6- 环氧 -*β*- 香堇酮 -3-*O*-*β*-D- 吡喃葡萄糖苷 大薸 Pistia stratiotes
3-hydroxy-5,7,3',4',5'-pentamethoxyflavone 3- 羟基 -5,7,3',4',5'- 五甲氧基黄酮 千里香 Murraya paniculata
3-hydroxy-5,7,3',4'-tetramethoxyflavone 3- 羟基 -5,7,3',4'- 四甲氧基黄酮 千根草 Euphorbia thymifolia
(2*R*,3*R*)-4'-hydroxy-5,7,3'-trimethoxyflavan-3-ol (2*R*,3*R*)-4'- 羟基 -5,7,3'- 三甲氧基黄烷 -3- 醇 阴香 Cinnamomum burmannii, 樟 C. camphora, 宜昌润楠 Machilus ichangensis
3'-hydroxy-5,7,4',5'-tetramethoxyflavone 3'- 羟基 -5,7,4',5'- 四甲氧基黄酮 巴豆藤 Craspedolobium schochii
3-hydroxy-5,7,4'-trimethoxyflavone 3- 羟基 -5,7,4'- 三甲氧基黄酮 野草果 Amomum koenigii, 狗筋蔓 Silene baccifera
6-hydroxy-5,7,4'-trimethoxyflavone 6- 羟基 -5,7,4'- 三甲氧基黄酮 肾茶 Clerodendranthus spicatus
3'-hydroxy-5,7,8,4'-tetramethoxyflavone 3'- 羟基 -5,7,8,4'- 四甲氧基黄酮 肾茶 Clerodendranthus spicatus
6-hydroxy-5,7,8-trimethoxycoumarin 6- 羟基 -5,7,8- 三甲氧基香豆素 乌桕 Triadica sebifera
2'-hydroxy-5,7,8-trimethoxyflavone 2'- 羟基 -5,7,8- 三甲氧基黄酮 穿心莲 Andrographis paniculata
11-hydroxy-5,7,9,13-abietatetraene-2,12-dione 11- 羟基 -5,7,9,13- 冷杉四烯 -2,12- 二酮 千解草 Pygmaeopremna herbacea
(2*R*,3*R*)-3-hydroxy-5,7-dimethoxy-4',5'-methylenedioxy-flavan (2*R*,3*R*)-3- 羟基 -5,7- 二甲氧基黄烷 -4',5'- 亚甲二氧基 - 黄烷 宜昌润楠 Machilus ichangensis
6-hydroxy-5,7-dimethoxycoumarin 6- 羟基 -5,7- 二甲氧基香豆素 东紫苏 Elsholtzia bodinieri
cis-3-hydroxy-5,7-dimethoxyflavanone 顺式 -3- 羟基 -5,7- 二甲氧基黄烷酮 耳羽岩蕨 Woodsia polystichoides
(2*S*)-3'-hydroxy-5',7-dimethoxyflavanone (2*S*)-3'- 羟基 -5',7- 二甲氧基黄烷酮 大叶橐吾 Ligularia macrophylla
(-)-(5*S**,6*S**,7*S**,9*R**,10*S**)-7-hydroxy-5,7-epidioxycadinan-3-ene-2-one (-)-(5*S**,6*S**,7*S**,9*R**,10*S**)-7- 羟基 -5,7- 环二氧杜松 -3- 烯 -2- 酮 紫茎泽兰 Ageratina adenophora
9-hydroxy-5,7-megastigmadien-4-one 9- 羟基 -5,7- 大柱香波龙二烯 -4- 酮 细花线纹香茶菜 Isodon lophanthoides var. graciliflorus
(3*S*,7*E*)-3-hydroxy-5,7-megastigmadien-9-one (3*S*,7*E*)-3- 羟基 -5,7- 大柱香波龙二烯 -9- 酮 荚蒾 Viburnum dilatatum
7-hydroxy-5,8,2'-trimethoxyflavanone 7- 羟基 -5,8,2'- 三甲氧基黄烷酮 异色黄芩 Scutellaria discolor
7-hydroxy-5,8,2'-trimethoxyflavone 7- 羟基 -5,8,2'- 三甲氧基黄酮 异色黄芩 Scutellaria discolor
4-hydroxy-5,8-dimethoxy-2-naphthaldehyde 4- 羟基 -5,8- 二甲氧基 -2- 萘醛 柿 Diospyros kaki
7-hydroxy-5,8-dimethoxyflavanone 7- 羟基 -5,8- 二甲氧基黄烷酮 海南草珊瑚 Sarcandra glabra subsp. brachystachys
7-hydroxy-5,8-dimethoxyflavone 7- 羟基 -5,8- 二甲氧基黄酮 半枝莲 Scutellaria barbata, 异色黄芩 S. discolor
3*β*-hydroxy-5,8-epidioxy-ergosta-6,22-diene 3*β*- 羟基 -5,8- 环氧麦角甾 -6,22- 二烯 楝 Melia azedarach
(3*β*,4*β*,5*β*,8*α*,9*β*,10*α*,13*α*,14*β*)-3-hydroxy-5,9,13-trimethyl-24,25,26-trinoroleanan-28-oic acid (3*β*,4*β*,5*β*,8*α*,9*β*,10*α*,13*α*,14*β*)-3- 羟基 -5,9,13- 三甲基 -24,25,26- 去三甲基齐墩果 -28- 酸 红厚壳 Calophyllum inophyllum
(3*R*,4*S*,5*S*)-3-hydroxy-5-[(*R*)-hydroxyphenyl-methyl]-1-methyl-4-phenyl-2-pyrrolidinone (3*R*,4*S*,5*S*)-3- 羟基 -5-[(*R*)- 羟基苯甲基]-1- 甲基 -4- 苯基 -2- 吡咯烷酮 细叶黄皮 Clausena anisum-olens
2'-hydroxy-5'-acetyloxyflavone 2'- 羟基 -5'- 乙酰氧基黄酮 霞红灯台报春 Primula beesiana
2-hydroxy-5-aminorotenonone 2- 羟基 -5- 氨基鱼藤酮 毛鱼藤 Derris elliptica
2-hydroxy-5-butoxyphenylacetic acid 2- 羟基 -5- 丁氧基苯乙酸 榼藤 Entada phaseoloides
4*α*-hydroxy-5-en-ovatodiolide 4*α*- 羟基 -5- 烯 - 广防风二内酯▲ 广防风 Anisomeles indica
4*β*-hydroxy-5-en-ovatodiolide 4*β*- 羟基 -5- 烯 - 广防风二内酯▲ 广防风 Anisomeles indica
(3*S*,5*R*)-3-hydroxy-5-ethoxy-1-(4-hydroxyphenyl)-7-phenyl-6*E*-heptene (3*S*,5*R*)- 羟基 -5- 乙氧基 -1- 对羟基苯基 -7- 苯基 -6*E*- 庚烯 云南草蔻 Alpinia blepharocalyx
(3*S*,5*S*)-3-hydroxy-5-ethoxy-1-(4-hydroxyphenyl)-7-phenyl-6*E*-heptene (3*S*,5*S*)-3- 羟基 -5- 乙氧基 -1- 对羟基苯基 -7- 苯基 -6*E*- 庚烯 云南草蔻 Alpinia blepharocalyx
2-hydroxy-5-hydroxymethyl-1,7-dimethyl-9,10-dihydrophenanthrene 2- 羟基 -5- 羟基甲基 -1,7- 二甲基 -9,10- 二氢菲 灯心草 Juncus effusus
5'-hydroxy-5-hydroxymethyl-4",5"-methylenedioxy-1,2,3,4-dibenzo-1,3,5-cycloheptatriene 5'- 羟基 -5- 羟基甲基 -4",5"- 亚甲二氧基 -1,2,3,4-

二苯并 -1,3,5- 环庚三烯 阴香 Cinnamomum burmannii
2-hydroxy-5-hydroxymethyl-7-methoxy-1,8-dimethyl-9,10-dihydrophenanthrene 2- 羟基 -5- 羟基甲基 -7- 甲氧基 -1,8- 二甲基 -9,10- 二氢菲 灯心草 Juncus effusus
(4*S*,5*R*)-4-hydroxy-5-hydroxymethylfuran-2-one (4*S*,5*R*)-4- 羟基 -5- 羟基甲基呋喃 -2- 酮 兴安白头翁 Pulsatilla dahurica
7-hydroxy-5-isopropyl-2-methoxy-3-methyl-1,4-naphthoquinone 7- 羟基 -5- 异丙基 -2- 甲氧基 -3- 甲基 -1,4- 萘醌 木棉 Bombax ceiba
(3*S*,5*R*)-3-hydroxy-5-methoxy-1-(4-hydroxyphenyl)-7-phenyl-6*E*-heptene (3*S*,5*R*)-3- 羟基 -5- 甲氧基 -1- 对羟基苯基 -7- 苯基 -6*E*- 庚烯 云南草蔻 Alpinia blepharocalyx
(3*S*,5*S*)-3-hydroxy-5-methoxy-1-(4-hydroxyphenyl)-7-phenyl-6*E*-heptene (3*S*,5*S*)-3- 羟基 -5- 甲氧基 -1- 对羟基苯基 -7- 苯基 -6*E*- 庚烯 云南草蔻 Alpinia blepharocalyx
11-hydroxy-5-methoxy-2,2,9-trimethyl-2*H*-anthra-[1,2-b]pyran-7,12-dione 11- 羟基 -5- 甲氧基 -2,2,9- 三甲基 -2*H*- 蒽 -[1,2-b] 吡喃 -7,12- 二酮 红芽木 Cratoxylum formosum subsp. pruniflorum
1-hydroxy-5-methoxy-2,3-methylenedioxyxanthone 1- 羟基 -5- 甲氧基 -2,3- 亚甲二氧基叫酮 圆锥花远志 Polygala paniculata
(2*S*,4*R*,5*S*)-4-hydroxy-5-methoxy-2-[(1*S*)-1-phenyl-2-propenyl)]cyclohexanone (2*S*,4*R*,5*S*)-4- 羟基 -5- 甲氧基 -2-[(1*S*)-1- 苯基 -2- 丙烯基)] 环己酮 印度黄檀 Dalbergia sissoo
3-hydroxy-5-methoxy-2-methylbenzoic acid 3- 羟基 -5- 甲氧基 -2- 甲基苯甲酸 长松萝 Usnea longissima
4-hydroxy-5-methoxy-2-naphthaldehyde 4- 羟基 -5- 甲氧基 -2- 萘醛 柿 Diospyros kaki
4-hydroxy-5-methoxy-3,4-(epoxyethano)-cyclohexanone 4- 羟基 -5- 甲氧基 -3,4-(环氧乙基)- 环己酮 凌霄 Campsis grandiflora
7-hydroxy-5'-methoxy-3',4'-methylenedioxyflavonol-7-*O*-*β*-D-glucopyranoside 7- 羟基 -5'- 甲氧基 -3',4'- 亚甲二氧基黄酮醇 -7-*O*-*β*-D- 吡喃葡萄糖苷 榅桲 Cydonia oblonga
2-hydroxy-5-methoxy-6-(3-methylbut-3-en-1-ynyl) benzylalcohol 2- 羟基 -5- 甲氧基 -6-(3- 甲基丁 -3- 烯 -1- 炔基) 苯甲醇 毛韧革菌 Stereum hirsutum
4'-hydroxy-5-methoxy-6,7-methylenedioxyisoflavone 4'- 羟基 -5- 甲氧基 -6,7- 亚甲二氧基异黄酮 德国鸢尾 Iris germanica
(2*S*)-7-hydroxy-5-methoxy-6,8-dimenthylflavanone (2*S*)-7- 羟基 -5- 甲氧基 -6,8- 二甲基黄烷酮 甘遂 Euphorbia kansui
7-hydroxy-5-methoxy-6,8-dimethylflavanone 7- 羟基 -5- 甲氧基 -6,8- 二甲基黄烷酮 水翁 Cleistocalyx operculatus, 洋蒲桃 Syzygium samarangense
7-hydroxy-5-methoxy-6,8-dimethylflavone 7- 羟基 -5- 甲氧基 -6,8- 二甲基黄酮 水翁 Cleistocalyx operculatus
7-hydroxy-5-methoxy-6,8-dimethylisoflavone 7- 羟基 -5- 甲氧基 -6,8- 二甲基异黄酮 水翁 Cleistocalyx operculatus
(2*S*)-7-hydroxy-5-methoxy-8-methylflavanone (2*S*)-7- 羟基 -5- 甲氧基 -8- 甲基黄烷酮 水翁 Cleistocalyx operculatus
3-hydroxy-5-methoxybenzalacetophenone 3- 羟基 -5- 甲氧基亚苄基乙酰苯 见血封喉 Antiaris toxicaria
2-hydroxy-5-methoxybenzaldehyde 2- 羟基 -5- 甲氧基苯甲醛 毛果槭 Acer nikoense
2-hydroxy-5-methoxybenzoic acid 2- 羟基 -5- 甲氧基苯甲酸 草麻黄 Ephedra sinica
3-hydroxy-5-methoxybenzyl alcohol 3- 羟基 -5- 甲氧基苄醇 云南兔耳草 Lagotis yunnanensis
3-hydroxy-5-methoxybibenzyl 3- 羟基 -5- 甲氧基联苄 竹叶兰 Arundina graminifolia
3'-hydroxy-5-methoxybibenzyl-3-*O*-*β*-D-glucopyranoside 3'- 羟基 -5- 甲氧基联苄 -3-*O*-*β*-D- 吡喃葡萄糖苷 白及 Bletilla striata
2'-hydroxy-5'-methoxybiochanin A 2'- 羟基 -5'- 甲氧基鹰嘴豆芽素 A 荔枝草 Salvia plebeia
2-hydroxy-5-methoxybiochanin A 2- 羟基 -5- 甲氧基鹰嘴豆芽素 A 海南黄檀 Dalbergia hainanensis
3-hydroxy-5-methoxybiphenyl 3- 羟基 -5- 甲氧基联苯 绿叶甘橿 Lindera neesiana
7-hydroxy-5-methoxy-chromone 7- 羟基 -5- 甲氧基 - 色原酮 栀子 Gardenia jasminoides
trans-2-hydroxy-5-methoxycinnamic acid 反式 -2- 羟基 -5- 甲氧基桂皮酸 血见愁 Teucrium viscidum
trans-2-hydroxy-5-methoxycinnamic acid-(8-4')-*trans*-2'-hydroxycinnamic acid 反式 -2- 羟基 -5- 甲氧基桂皮酸 -(8-4')- 反式 -2'- 羟基桂皮酸 迷果芹 Sphallerocarpus gracilis
7-hydroxy-5-methoxycoumarin 7- 羟基 -5- 甲氧基香豆素 佛手 Citrus medica var. sarcodactylis, 水蛇麻 Fatoua villosa
8-hydroxy-5-methoxy-coumarin 8- 羟基 -5- 甲氧基 - 香豆素 滇丁香 Luculia pinceana
7-hydroxy-5-methoxyflavanone 7- 羟基 -5- 甲氧基黄烷酮 海南草珊瑚 Sarcandra glabra subsp. brachystachys
6-hydroxy-5-methoxy-*N*-methylphthalimide 6- 羟基 -5- 甲氧基 -*N*- 甲基酞亚胺 蝙蝠葛 Menispermum dauricum
1-(2-hydroxy-5-methoxyphenyl)-1,2-propanediol 1-(2- 羟基 -5- 甲氧基苯基)-1,2- 丙二醇 显苞芒毛苣苔 Aeschynanthus bracteatus
(2,3-*trans*)-3-(3-hydroxy-5-methoxyphenyl)-*N*-(4-hydroxyphenethyl)-7-{(*E*)-3-[(4-hydroxyphenethyl)amino]-3-oxoprop-1-en-1-yl}-2,3-dihydrobenzo[b][1,4]dioxine-2-carboxamide (2,3- 反式 -)-3-(3- 羟基 -5- 甲氧基苯基)-*N*-(4- 羟基苯乙基)-7-{(*E*)-3-[(4- 羟基苯乙基) 氨基]-3- 氧代丙 -1- 烯 -1- 基 }-2,3- 二氢苯并 [b][1,4] 二氧杂芑 -2- 羧酰胺 枸杞 Lycium chinense
(2,3-*trans*)-3-(3-hydroxy-5-methoxyphenyl)-*N*-(4-hydroxyphenethyl)-7-{(*Z*)-3-[(4-hydroxyphenethyl)amino]-3-oxoprop-1-en-1-yl}-2,3-dihydrobenzo[b][1,4]dioxine-2-carboxamide (2,3- 反式 -)-3-(3- 羟基 -5- 甲氧基苯基)-*N*-(4- 羟基苯乙基)-7-{(*Z*)-3-[(4- 羟基苯乙基) 氨基]-3- 氧代丙 -1- 烯 -1- 基 }-2,3- 二氢苯并 [b][1,4] 二氧杂芑 -2- 羧酰胺 枸杞 Lycium chinense
1-(3-hydroxy-5-methoxyphenyl)pentan-1-one 1-(3- 羟基 5- 甲氧基苯基) 戊 -1- 酮 纽子果 Ardisia polysticta
(*E*)-1'-(2-hydroxy-5-methoxyphenyl)propane-*β*-D-glucopyranoside (*E*)-1'-(2- 羟基 -5- 甲氧基苯基) 丙烷 -*β*-D- 吡喃葡萄糖苷 茴芹 Pimpinella anisum
(2'*S*)-3-hydroxy-5-methoxyphenyl-2'-pentadecanol (2'*S*)-3- 羟基 -5- 甲氧基苯基 -2'- 十五醇 纽子果 Ardisia polysticta
(2'*S*)-3-hydroxy-5-methoxyphenyl-2'-tridecanol (2'*S*)-3- 羟基 -5- 甲氧基苯基 -2'- 十三醇 纽子果 Ardisia polysticta
7-hydroxy-5-methoxyphthalide 7- 羟基 -5- 甲氧基苯酞 沙生蜡菊 Helichrysum arenarium
8-hydroxy-5-methoxypsoralen 8- 羟基 -5- 甲氧基补骨脂素 旱芹 Apium graveolens, 川明参 Chuanminshen violaceum, 飞龙掌血 Toddalia

asiatica

(*E*)-3-hydroxy-5-methoxystilbene (*E*)-3- 羟基 -5- 甲氧基芪 麻疯树 Jatropha curcas, 云南油杉 Keteleeria evelyniana

3-hydroxy-5-methoxy-stilbene 3- 羟基 -5- 甲氧基芪 云南油杉 Keteleeria evelyniana

3-hydroxy-5-methoxystilbene-2-carboxylic acid 3- 羟基 -5- 甲氧基芪 -2- 羧酸 木豆 Cajanus cajan

2-hydroxy-5-methoxy-*trans*-cinnamic acid 2- 羟基 -5- 甲氧基 - 反式 - 桂皮酸 淡枝沙拐枣 Calligonum leucocladum, 大管 Micromelum falcatum

1-hydroxy-5-methoxyxanthen-9-one 1- 羟基 -5- 甲氧基呫烯 -9- 酮 岩败酱 Patrinia rupestris

2-hydroxy-5-methoxyxanthone 2- 羟基 -5- 甲氧基呫酮 金丝桃 Hypericum monogynum

1-hydroxy-5-methoxyxanthone-6-*O*-*β*-D-glucopyranoside 1- 羟基 -5- 甲氧基呫酮 -6-*O*-*β*-D- 吡喃葡萄糖苷 无心菜 Arenaria serpyllifolia

2-hydroxy-5-methxoycinnamaldehyde 2- 羟基 -5- 甲氧基桂皮醛 红大戟 Knoxia roxburghii

1-(3-hydroxy-5-methyl-2-pyridinyl)-ethanone 1-(3- 羟基 -5- 甲基 -2- 吡啶基)- 乙酮 黄葵 Abelmoschus moschatus

6-hydroxy-5-methyl-3',4',5'-trimethoxyaurone-4-*O*-*α*-L-rhamnopyranoside 6- 羟基 -5- 甲基 -3',4',5'- 三甲氧基橙酮 -4-*O*-*α*-L- 吡喃鼠李糖苷 染用卫矛 Euonymus tingens

3-hydroxy-5-methyl-4-*O*-*β*-D-glucopyranosylacetophenone 3- 羟基 -5- 甲基 -4-*O*-*β*-D- 吡喃葡萄糖基苯乙酮 水生酸模 Rumex aquaticus

4-hydroxy-5-methyl-coumarin-4-*O*-*β*-D-glucopyranoside 4- 羟基 -5- 甲基 - 香豆素 -4-*O*-*β*-D- 吡喃葡萄糖苷 都丽菊 Ethulia conyzoides

4-hydroxy-5-methylene-3-undecyclidenedihydrofuran-2(3*H*)-one 4- 羟基 -5- 亚甲基 -3- 十一碳环亚乙烯基二氢呋喃 -2(3*H*)- 酮 鳄梨 Persea americana

2-hydroxy-5-methylenezaldehyde 2- 羟基 -5- 甲基苯甲醛 挥发油成分，未统计基源

(3*R*,4*R*)-*cis*-4-hydroxy-5-methylmellein (3*R*,4*R*)- 顺式 -4- 羟基 -5- 甲基蜂蜜曲霉素 细齿草木犀 Melilotus dentatus

3-hydroxy-5-methyl-phenol-1-*O*-[*β*-D-glucopyranosyl-(1 → 6)-*β*-D-glucopyranoside] 3- 羟基 -5- 甲基苯酚 -1-*O*-[*β*-D- 吡喃葡萄糖基 -(1 → 6)-*β*-D- 吡喃葡萄糖苷 仙茅 Curculigo orchioides

3-hydroxy-5-methylphenol-1-*O*-[*β*-D-glucopyranosyl-(1 → 6)-*β*-D-glycopyranoside 3- 羟基 -5- 甲基苯酚 -1-*O*-[*β*-D- 吡喃葡萄糖基 -(1 → 6)-*β*-D- 吡喃葡萄糖基苷 短葶仙茅 Curculigo breviscapa

3-hydroxy-5-methylphenol-1-*O*-*β*-D-(6'-*O*-galloyl)-glucopyranoside 3-3- 羟基 -5- 甲基苯酚 -1-*O*-*β*-D-(6'-*O*- 没食子酰基)- 吡喃葡萄糖苷 红淡比 Cleyera japonica

3-hydroxy-5-methylphenol-1-*O*-*β*-D-glucopyranoside 3- 羟基 -5- 甲基苯酚 -1-*O*-*β*-D- 吡喃葡萄糖苷 红淡比 Cleyera japonica

3-hydroxy-5-methylphenyl-1-*O*-*β*-D-glucoside 3- 羟基 -5- 甲基苯基 -1-*O*-*β*-D- 葡萄糖苷 盐肤木 Rhus chinensis

15-hydroxy-5'-*O*-methylmelledonal 15- 羟基 -5'-*O*- 甲基蜜环菌醛▲ 蜜环菌 Armillaria mellea

1-hydroxy-5-oxobicyclo[6.4.0]dodecane 1- 羟基 -5- 氧二环 [6.4.0] 十二烷 红茄苳 Rhizophora mucronata

8-hydroxy-5-*O*-*β*-D-glucopyranosylpsoralen 8- 羟基 -5-*O*-*β*-D- 吡喃葡萄糖基补骨脂素 心叶棱子芹 Pleurospermum rivulorum

3(*R*)-hydroxy-5-phenyl-4(*E*)-pentenoic acid 3(*R*)- 羟基 -5- 苯基 -4(*E*)- 戊烯酸 海榄雌 Avicennia marina

1-(3-hydroxy-5-propyl-2-thienyl)-ethanone 1-(3- 羟基 -5- 丙炔基 -2- 噻吩基)- 乙酮 异叶泽兰 Eupatorium heterophyllum

3-hydroxy-5-tridecyl-methylphenyl ether 3- 羟基 -5- 十三烷基 - 苯甲醚 山血丹 Ardisia lindleyana

4*α*-hydroxy-5*α*(*H*)-8*β*-methoxyeudesm-7(11)-en-8,12-olide 4*α*- 羟基 -5*α*(*H*)-8*β*- 甲氧基桉叶 -7(11)- 烯 -8,12- 内酯 金粟兰 Chloranthus spicatus

3*β*-hydroxy-5*α*,6*α*-epoxy-7-megastigmen-9-one 3*β*- 羟基 -5*α*,6*α*- 环氧 -7- 大柱香波龙烯 -9- 酮 刺果卫矛 Euonymus acanthocarpus, 卫矛 E. alatus, 挂金灯 Physalis alkekengi var. francheti, 豆腐柴 Premna microphylla, 云南九节 Psychotria yunnanensis, 红棕杜鹃花 Rhododendron rubiginosum, 白英 Solanum lyratum

3-hydroxy-5*α*,6*α*-epoxy-*β*-ionone 3- 羟基 -5*α*,6*α*- 环氧 -*β*- 香堇酮 厚皮菜 Beta vulgaris var. cicla, 构树 Broussonetia papyrifera

3*β*-hydroxy-5*α*,6*α*-epoxy-*β*-ionone-2*α*-*O*-*β*-D-glucopyranoside 3*β*- 羟基 -5*α*,6*α*- 环氧 -*β*- 香堇酮 -2*α*-*O*-*β*-D- 吡喃葡萄糖苷 构树 Broussonetia papyrifera

4*α*-hydroxy-5*α*,8*α*(*H*)-eudesm-7(11)-en-8,12-olide 4*α*- 羟基 -5*α*,8*α*(*H*)- 桉叶 -7(11)- 烯 -8,12- 内酯 金粟兰 Chloranthus spicatus

(-)-6*α*-hydroxy-5*α*,8*α*,9*α*,10*α*-cleroda-3,13-dien-16,15-olide-18-oic acid (-)-6*α*- 羟基 -5*α*,8*α*,9*α*,10*α*- 赪桐 -3,13- 二烯 -16,15- 内酯 -18- 酸 车桑子 Dodonaea viscosa

3*β*-hydroxy-5*α*,8*α*-epidioxy-24*ξ*-methylcholesta-6-ene 3*β*- 羟基 -5*α*,8*α*- 环二氧 -24*ξ*- 甲基胆甾 -6- 烯 密褶红菇 Russula densifolia

3*β*-hydroxy-5*α*,8*α*-epidioxyergost-6,22-diene 3*β*- 羟基 -5*α*,8*α*- 桥二氧麦角甾 -6,22- 二烯 竹节草 Chrysopogon aciculatus

3*β*-hydroxy-5*α*,8*α*-epidioxyergosta-6,22-diene 3*β*- 羟基 -5*α*,8*α*- 环二氧麦角甾 -6,22- 二烯 长柄异木患 Allophylus longipes, 黑面神 Breynia fruticosa, 菜蕨 Callipteris esculenta, 浆果楝 Cipadessa baccifera, 隐孔菌 Cryptoporus volvatus, 河边千斤拔 Flemingia fluminalis, 长毛囊孔菌 Hirschioporus versatilis, 牛耳朵 Primulina eburnea, 密褶红菇 Russula densifolia, 华中五味子 Schisandra sphenanthera

3*β*-hydroxy-5*α*,8*α*-epidioxyergosta-6,9,22-triene 3*β*- 羟基 -5*α*,8*α*- 环二氧麦角甾 -6,9,22- 三烯 隐孔菌 Cryptoporus volvatus

3*β*-hydroxy-5*α*,8*α*-epidioxyergosta-6-ene 3*β*- 羟基 -5*α*,8*α*- 环二氧麦角甾 -6- 烯 隐孔菌 Cryptoporus volvatus

4*α*-hydroxy-5*α*,8*β*(*H*)-eudesm-7(11)-en-8,12-olide 4*α*- 羟基 -5*α*,8*β*(*H*)- 桉叶 -7(11)- 烯 -8,12- 内酯 及已 Chloranthus serratus, 金粟兰 C. spicatus

4*β*-hydroxy-5*α*,8*β*(*H*)-eudesm-7(11)-en-8,12-olide 4*β*- 羟基 -5*α*,8*β*(*H*)- 桉叶 -7(11)- 烯 -8,12- 内酯 及已 Chloranthus serratus

4*α*-hydroxy-5*α*,8*βH*-eudesman-7(11)-en-8*α*,12-olide-15-*O*-*β*-D-glucopyranoside 4*α*- 羟基 -5*α*,8*βH*- 桉叶 -7(11)- 烯 -8*α*,12- 内酯 -15-*O*-*β*-D- 吡喃葡萄糖苷 草珊瑚 Sarcandra glabra

4*α*-hydroxy-5*α*,8*βH*-lindan-7(11)-en-8*α*,12-olide-15-*O*-*β*-D-glucopyranoside 4*α*- 羟基 -5*α*,8*βH*- 林丹 -7(11)- 烯 -8*α*,12- 内酯 -15-*O*-*β*-D- 吡喃葡萄糖苷 草珊瑚 Sarcandra glabra

3*β*-hydroxy-5*α*-androstan-17-one 3*β*- 羟基 -5*α*- 雄甾 -17- 酮 三角叶薯蓣 Dioscorea deltoidea

11α-hydroxy-5α-cholestane-3,6-dione 11α- 羟基 -5α- 胆甾 -3,6- 二酮 大薸 Pistia stratiotes

3β-hydroxy-5α-dammar-20-en-24,25-acetonide 3β- 羟基 -5α- 达玛 -20- 烯 -24,25- 丙酮化物 米仔兰 Aglaia odorata

1β-hydroxy-5α-deacetylbaccatin I 1β- 羟基 -5α- 去乙酰基浆果紫杉素 I 南方红豆杉 Taxus wallichinana var. mairei

4α-hydroxy-5αH-lindan-8(9)-en-8,12-olide 4α- 羟基 -5αH- 林丹 -8(9)- 烯 -8,12- 内酯 草珊瑚 Sarcandra glabra

3β-hydroxy-5α-lanosta-8,24-dien-21-oic acid 3β- 羟基 -5α- 羊毛脂 -8,24- 二烯 -21- 酸 松杉灵芝 Ganoderma tsugae

3β-hydroxy-5α-pregn-7,20-dien-6-one 3β- 羟基 -5α- 孕甾 -7,20- 二烯 -6- 酮 杜楝 Turraea pubescens

3β-hydroxy-5α-pregnan-16-one 3β- 羟基 -5α- 孕甾 -16- 酮 海南茄 Solanum procumbens

12β-hydroxy-5α-pregnane-14,16-dien-3,20-dione 12β- 羟基 -5α- 孕甾 -14,16- 二烯 -3,20- 二酮 香果树 Emmenopterys henryi

12β-hydroxy-5α-pregnane-16-en-3,20-dione 12β- 羟基 -5α- 孕甾 -16- 烯 -3,20- 二酮 海杧果 Cerbera manghas

(25S)-6α-hydroxy-5α-spirostan-3-one-6-O-[α-L-rhamnopyranosyl-(1 → 3)-β-D-quinovopyranoside (25S)-6α- 羟基 -5α- 螺甾 -3- 酮 -6-O-[α-L-吡喃鼠李糖基 -(1 → 3)-β-D- 吡喃金鸡纳糖苷 水茄 Solanum torvum

(25S)-6α-hydroxy-5α-spirostan-3-one-6-O-[α-L-rhamnopyranosyl-(1 → 3)-β-D-quinovopyranoside] (25S)-6α- 羟基 -5α- 螺甾 -3- 酮 -6-O-[α-L-吡喃鼠李糖基 -(1 → 3)-β-D- 吡喃鸡纳糖苷] 水茄 Solanum torvum

(25R)-6α-hydroxy-5α-spirostan-3β-O-β-D-xylopyranosyl-(1 → 3)-O-β-D-glucopyranosyl-(1 → 2)-O-[β-D-xylopyranosyl-(1 → 3)]-O-β-D-glucopyranosyl-(1 → 4)-β-D-galactopyranoside (25R)-6α- 羟基 -5α- 螺甾 -3β-O-β-D- 吡喃木糖基 -(1 → 3)-O-β-D- 吡喃葡萄糖基 -(1 → 2)-O-[β-D- 吡喃木糖基 -(1 → 3)]-O-β-D- 吡喃葡萄糖基 -(1 → 4)-β-D- 吡喃半乳糖苷 晚香玉 Polianthes tuberosa

(25S)-3β-hydroxy-5α-spirostan-6α-yl-O-β-D-glucopyranoside (25S)-3β- 羟基 -5α- 螺甾 -6α-O-β-D- 吡喃葡萄糖苷 水茄 Solanum torvum

(25S)-3β-hydroxy-5α-spirostan-6α-yl-O-β-D-xylopyranoside (25S)-3β- 羟基 -5α- 螺甾 -6α-O-β-D- 吡喃木糖苷 水茄 Solanum torvum

25-hydroxy-5β,19-epoxycucurbita-6,23-dien-19-one-3β-ol-3-O-β-D-glucopyranoside 25- 羟基 -5β,19- 环氧葫芦 -6,23- 二烯 -19- 酮 -3β- 醇 -3-O-β-D- 吡喃葡萄糖苷 苦瓜 Momordica charantia

(-)-6β-hydroxy-5β,8β,9β,10α-cleroda-3,13-dien-16,15-olid-18-oic acid (-)-6β- 羟基 -5β,8β,9β,10α- 赪桐 -3,13- 二烯 -16,15- 内酯 -18- 酸 假连翘 Duranta erecta

2-hydroxy-6-(12-phenyldodecyl)benzoic acid 2- 羟基 -6-(12- 苯基 - 十二烷基) 苯甲酸 千年健 Homalomena occulta

5-hydroxy-6-(1-hydroxy-1-methylethyl)-2-methyl-1,4-naphthalenedione 5- 羟基 -6-(1- 羟基 -1- 甲基乙基)-2- 甲基 -1,4- 萘二酮 白花丹 Plumbago zeylanica

(4R,6S)-4-hydroxy-6-(1-phenyl-2-propenyl)-2-cyclohexen-1-one (4R,6S)-4- 羟基 -6-(1- 苯基 -2- 丙烯基)-2- 环己烯 -1- 酮 印度黄檀 Dalbergia sissoo

5-hydroxy-6-(2-hydroxy-3-methyl-3-butenyl)-7-methoxycoumarin 5- 羟基 -6-(2- 羟基 -3- 甲基 -3- 丁烯基)-7- 甲氧基香豆素 文旦 Citrus maxima'Wentan'

3-hydroxy-6-(2'-methylbutyryloxy)tropane 3- 羟基 -6-(2'- 甲基丁酰氧基) 托品烷 树番茄 Cyphomandra betacea

7-hydroxy-6-(2R-hydroxy-3-methylbut-3-enyl)coumarin 7- 羟基 -6-(2R- 羟基 -3- 甲基丁烷 -3- 烯) 香豆素 朝鲜当归 Angelica gigas

(E)-7-hydroxy-6-(3-hydroxy-3-methyl-1-butenyl)-coumarin (E)-7- 羟基 -6-(3- 羟基 -3- 甲基 -1- 丁烯基)- 香豆素 臭节草 Boenninghausenia albiflora

(Z)-7-hydroxy-6-(3-hydroxy-3-methyl-1-butenyl)-coumarin (Z)-7- 羟基 -6-(3- 羟基 -3- 甲基 -1- 丁烯基)- 香豆素 臭节草 Boenninghausenia albiflora

(2E,6E,10E)-12-hydroxy-6,10-dimethyl-2-(4-methyl-3-penten-1-yl)-2,6,10-dodecatrienoic acid (2E,6E,10E)-12- 羟基 -6,10- 二甲基 -2-(4- 甲基 -3- 戊烯 -1- 基)-2,6,10- 十二碳三烯酸 阿尔泰狗娃花 Heteropappus altaicus

4'-hydroxy-6,3',5'-tripentenylisoflavanone 4'- 羟基 -6,3',5'- 三戊烯基异黄烷酮 刺桐 Erythrina variegata

4'-hydroxy-6,3',5'-triprenylisoflavanone 4'- 羟基 -6,3',5'- 三异戊烯基异黄烷酮 刺桐 Erythrina variegata

(2-hydroxy-6,6-dimethylbicyclo[3.1.1]hept-2-yl)-methyl-O-β-D-apiofuranosyl-(1 → 6)-β-D-glucopyranoside (2- 羟基 -6,6- 二甲基双环 [3.1.1] 庚 -2- 基)- 甲基 -O-β-D- 呋喃芹糖基 -(1 → 6)-β-D- 吡喃葡萄糖苷 枸杞 Lycium chinense

6-hydroxy-6'',6''-dimethylpyrano-(2'',3'':4',3')isoflavone 6- 羟基 -6'',6''- 二甲基吡喃并 -(2'',3'':4',3')- 异黄酮 补骨脂 Cullen corylifolia

5-hydroxy-6,7,2',6'-tetramethoxyflavanone 5- 羟基 -6,7,2',6'- 四甲氧基黄烷酮 韩信草 Scutellaria indica

5-hydroxy-6,7,3',4',5'-pentamethoxyflavone 5- 羟基 -6,7,3',4',5'- 五甲氧基黄酮 柳杉 Cryptomeria japonica var. sinensis, 栀子 Gardenia jasminoides, 千里香 Murraya paniculata

5-hydroxy-6,7,3',4'-tetramethoxyapigenin 5- 羟基 -6,7,3',4'- 四甲氧基芹菜苷元 牛至 Origanum vulgare

5-hydroxy-6,7,3',4'-tetramethoxyflavanone 5- 羟基 -6,7,3',4'- 四甲氧基黄烷酮 肾茶 Clerodendranthus spicatus

5-hydroxy-6,7,3',4'-tetramethoxyflavone 5- 羟基 -6,7,3',4'- 四甲氧基黄酮 野菊 Chrysanthemum indicum, 菊花 C. morifolium, 南丰蜜橘 Citrus reticulata 'Kinokuni', 白花蛇舌草 Hedyotis diffusa, 薄荷 Mentha canadensis, 千里香 Murraya paniculata, 苦槛蓝 Pentacoelium bontioides, 石莼 Ulva lactuca

5-hydroxy-6,7,4'-trimethoxyflavanone 5- 羟基 -6,7,4'- 三甲氧基黄烷酮 飞机草 Chromolaena odorata

8-hydroxy-6,7,4'-trimethoxyflavanone 8- 羟基 -6,7,4'- 三甲氧基黄烷酮 飞机草 Chromolaena odorata

5-hydroxy-6,7,4'-trimethoxyflavone 5- 羟基 -6,7,4'- 三甲氧基黄酮 肾茶 Clerodendranthus spicatus

5-hydroxy-6,7,4'-trimethoxyisoflavone 5- 羟基 -6,7,4'- 三甲氧基异黄酮 印度黄檀 Dalbergia sissoo

5-hydroxy-6,7,4'-trimethoxylflavone-8-O-β-D-glucopyranoside 5- 羟基 -6,7,4'- 三甲氧基黄酮 -8-O-β-D- 吡喃葡萄糖苷 紫毛香茶菜 Isodon enanderianus

5-hydroxy-6,7,8,3',4'-pentamethoxyflavanone 5- 羟基 -6,7,8,3',4'- 五甲氧基黄烷酮 甜橙 Citrus sinensis

5-hydroxy-6,7,8,3',4'-pentamethoxyflavone 5- 羟基 -6,7,8,3',4'- 五甲氧基黄酮 羊角棉 Alstonia mairei, 柠檬 Citrus limon, 甜橙 C. sinensis, 大叶冬青 Ilex latifolia, 细锥香茶菜 Isodon coetsa, 薄荷 Mentha canadensis

3'-hydroxy-6,7,8,4'-tetramethoxyflavanone 3'- 羟基 -6,7,8,4'- 四甲氧基黄烷酮 飞机草 Chromolaena odorata
5-hydroxy-6,7,8,4'-tetramethoxyflavone 5- 羟基 -6,7,8,4'- 四甲氧基黄酮 羊角棉 Alstonia mairei, 南丰蜜橘 Citrus reticulata 'Kinokuni', 千根草 Euphorbia thymifolia, 大叶冬青 Ilex latifolia, 薄荷 Mentha canadensis
(1*Z*)-1-[(5*R*,8*S*,8a*R*)-5-hydroxy-6,7,8,8a-tetrahydro-8,8a-dimethyl-3-oxonaphthalen-2(1*H*)-ylidene]ethyl alchohol (1*Z*)-1-[(5*R*,8*S*,8a*R*)-5- 羟基 -6,7,8,8a- 四氢 -8,8a- 二甲基 -3- 氧代萘 -2(1*H*)- 亚乙烯基] 乙醇 箭叶橐吾 Ligularia sagitta
1-hydroxy-6,7,8-trimethoxy-3-methylanthraquinone 1- 羟基 -6,7,8- 三甲氧基 -3- 甲基蒽醌 翼核果 Ventilago leiocarpa
8-hydroxy-6,7-dihydrolinalool-8-*O*-glucopyranoside 8- 羟基 -6,7- 二氢沉香醇 -8-*O*- 吡喃葡萄糖苷 香丝草 Conyza bonariensis
5-hydroxy-6,7-dimethoxy-2',4'-methylenedioxyflavone 5- 羟基 -6,7- 二甲氧基 -2',4'- 亚甲二氧基黄酮 三枝九叶草 Epimedium sagittatum
5-hydroxy-6,7-dimethoxycoumarin 5- 羟基 -6,7- 二甲氧基香豆素 麻疯树 Jatropha curcas
8-hydroxy-6,7-dimethoxycoumarin 8- 羟基 -6,7- 二甲氧基香豆素 牛尾蒿 Artemisia dubia
9-hydroxy-6,7-dimethoxydalbergiquinol 9- 羟基 -6,7- 二甲氧基黄檀氢醌▲ 降香 Dalbergia odorifera
5-hydroxy-6,7-dimethoxyflavanone 5- 羟基 -6,7- 二甲氧基黄烷酮 中华野独活 Miliusa sinensis
5-hydroxy-6,7-dimethoxyflavone 5- 羟基 -6,7- 二甲氧基黄酮 顶羽菊 Acroptilon repens, 鸡冠花 Celosia cristata, 毛叶假鹰爪 Desmos dumosus, 四方蒿 Elsholtzia blanda, 香薷 E. ciliata, 石香薷 Mosla chinensis, 石荠苎 M. scabra, 木蝴蝶 Oroxylum indicum, 烈香杜鹃花 Rhododendron anthopogonoides
4'-hydroxy-6,7-dimethoxyisoflavone 4'- 羟基 -6,7- 二甲氧基异黄酮 锡金岩黄耆 Hedysarum sikkimense
5-hydroxy-6,7-dimethoxyisoflavone-4'-*O*-*β*-D-apiofuranosyl-(1 → 6)-*β*-D-glucopyranoside 5- 羟基 -6,7- 二甲氧基异黄酮 -4'-*O*-*β*-D- 呋喃芹糖基 -(1 → 6)-*β*-D- 吡喃葡萄糖苷 山小橘 Glycosmis pentaphylla
1-hydroxy-6,7-dimethoxyxanthone 1- 羟基 -6,7- 二甲氧基𠮿酮 薄叶红厚壳 Calophyllum membranaceum
11-hydroxy-6,7-epoxy-8-oxo-vincadifformine 11- 羟基 -6,7- 环氧 -8- 氧代 - 异形蔓长春花胺 鸡骨常山 Alstonia yunnanensis
15*α*-hydroxy-6,7-seco-1*α*,7:11*α*,6-diolide-20-al-ent-kaur-16-ene 15*α*- 羟基 -6,7- 裂环 -1*α*,7:11*α*,6- 二内酯 -20- 醛 - 对映 - 贝壳杉 -16- 烯 鄂西香茶菜 Isodon henryi
15*α*-hydroxy-6,7-seco-1*α*,7:11*α*,6-diolide-*ent*-kaur-16-ene 15*α*- 羟基 -6,7- 裂环 -1*α*,7:11*α*,6- 二内酯 - 对映 - 贝壳杉 -16- 烯 细锥香茶菜 Isodon coetsa, 瘿花香茶菜 I. rosthornii
15*β*-hydroxy-6,7-seco-6,11*β*:6,20-diepoxy-l*α*,7-olide-*ent*-kaur-16-ene 15*β*- 羟基 -6,7- 裂环 -6,11*β*:6,20- 二环氧 -l*α*,7- 内酯 - 对映 - 贝壳杉 -16- 烯 显脉香茶菜 Isodon nervosus
11*β*-hydroxy-6,7-seco-6,19:6,20-diepoxy-1*α*,7-olide-*ent*-kaur-15-one 11*β*- 羟基 -6,7- 裂环 -6,19:6,20- 二环氧 -1*α*,7- 内酯 - 对映 - 贝壳杉 -15- 酮 显脉香茶菜 Isodon nervosus
12-hydroxy-6,7-seco-8,11,3-abietatriene-6,7-dial 12- 羟基 -6,7- 裂环 -8,11,3- 冷杉三烯 -6,7- 二醛 云南鼠尾草 Salvia yunnanensis
12-hydroxy-6,7-secoabieta-8,11,13-triene-6,7-dial 12- 羟基 -6,7- 裂环冷杉 -8,11,13- 三烯 -6,7- 二醛 日本柳杉 Cryptomeria japonica, 叉子圆柏 Juniperus sabina
12-hydroxy-6,7-seco-abieta-8,11,13-triene-6,7-dial 12- 羟基 -6,7- 裂环 - 冷杉 -8,11,13- 三烯 -6,7- 二醛 柳杉 Cryptomeria japonica var. sinensis
7-hydroxy-6,8,4'-trimethoxy-4-phenylcoumarin 7- 羟基 -6,8,4'- 三甲氧基 -4- 苯基香豆素 滇南红厚壳 Calophyllum polyanthum
5-hydroxy-6,8,4'-trimethoxyflavone-7-*O*-*β*-D-glycopyranoside 5- 羟基 -6,8,4'- 三甲氧基黄酮 -7-*O*-*β*-D- 吡喃葡萄糖苷 吊石苣苔 Lysionotus pauciflorus
7-hydroxy-6,8,4'-trimethoxyl-5-*O*-[*β*-D-glucopyranosyl-(1 → 6)]-*β*-D-glucopyranosylflavone 7- 羟基 -6,8,4'- 三甲氧基 -5-*O*-[-*β*-D- 吡喃葡萄糖基 -(1 → 6)]-*β*-D- 吡喃葡萄糖基黄酮 吊石苣苔 Lysionotus pauciflorus
7-hydroxy-6,8,4'-trimethoxyl-5-*O*-*β*-D-glucopyranosylflavone 7- 羟基 -6,8,4'- 三甲氧基 -5-*O*-*β*-D- 吡喃葡萄糖基黄酮 吊石苣苔 Lysionotus pauciflorus
7-hydroxy-6,8-dimethoxy coumarin 7- 羟基 -6,8- 二甲氧基香豆素 毛莲蒿 Artemisia vestita
3-hydroxy-6,8-dimethoxy-2-methylanthraquinone-1-*O*-rutinoside 3- 羟基 -6,8- 二甲氧基 -2- 甲基蒽醌 -1-*O*- 芸香糖苷 密叶决明 Senna multijuga
3-hydroxy-6,8-dimethoxy-2-methylanthraquinone-1-*O*-*α*-L-rhamnopyranosyl-(1 → 6)-*β*-D-glucopyranoside 3- 羟基 -6,8- 二甲氧基 -2- 甲基蒽醌 -1-*O*-*α*-L- 吡喃鼠李糖基 -(1 → 6)-*β*-D- 吡喃葡萄糖苷 粉叶决明 Senna surattensis subsp. glauca
3-hydroxy-6,8-dimethoxy-2-methylanthraquinone-1-*O*-*β*-D-glucopyranoside 3- 羟基 -6,8- 二甲氧基 -2- 甲基蒽醌 -1-*O*-*β*-D- 吡喃葡萄糖苷 密叶决明 Senna multijuga
1-hydroxy-6,8-dimethoxy-2-methylanthraquinone-3-*O*-rutinoside 1- 羟基 -6,8- 二甲氧基 -2- 甲基蒽醌 -3-*O*- 芸香糖苷 铁刀木 Senna siamea
7-hydroxy-6,8-dimethoxy-3-(4'-hydroxy-3'-methoxyphenyl)-coumarin 7- 羟基 -6,8- 二甲氧基 -3-(4'- 羟基 -3'- 甲氧基苯基)- 香豆素 刺天茄 Solanum violaceum
5-hydroxy-6,8-dimethoxy-3',4'-methylenedioxyflavone 5- 羟基 -6,8- 二甲氧基 -3',4'- 亚甲二氧基黄酮 有梗石龙尾 Limnophila indica
1-hydroxy-6,8-dimethoxy-3-methylanthraquinone 1- 羟基 -6,8- 二甲氧基 -3- 甲基蒽醌 狭叶番泻 Cassia angustifolia
7-hydroxy-6,8-dimethoxy-4'-methoxy-flavone 7- 羟基 -6,8- 二甲氧基 -4'- 甲氧基黄酮 向日葵 Helianthus annuus
1-hydroxy-6,8-dimethoxy-7-methyldibenz[b,f]oxepin 1- 羟基 -6,8- 二甲氧基 -7- 甲基苯 [b,f] 氧杂䓬 紫荆 Cercis chinensis
5-hydroxy-6,8-dimethoxycoumarin 5- 羟基 -6,8- 二甲氧基香豆素 朝鲜白头翁 Pulsatilla cernua
1*β*-hydroxy-6,9-dien-8-oxyeremophi-11-nor-11-ketone 1*β*- 羟基 -6,9- 二烯 -8- 氧化艽漠木 -11- 降 -11- 酮 离舌橐吾 Ligularia veitchiana
7-hydroxy-6-[(2*R*)-hydroxy-3-methyl-but-3-enyl]-coumarin 7- 羟基 -6-[(2*R*)- 羟基 -3- 甲基丁基 -3- 烯基]- 香豆素 黄檗 Phellodendron amurense
7-hydroxy-6-[(3-methyl-2-butenyl)oxy]-coumarin 7- 羟基 -6-(3- 甲基 -2- 丁烯氧基)- 香豆素 祁白芷 Angelica dahurica 'Qibaizhi'

7-hydroxy-6-[2-(*R*)-hydroxy-3-methyl-but-3-enyl]coumarin 7- 羟基 -6-(2-(*R*)- 羟基 -3- 甲基丁基 -3- 烯基) 香豆素 川黄檗 Phellodendron chinense

6-hydroxy-6a,12a-dehydrodeguelin 6- 羟基 -6a,12a- 去氢鱼藤素 毛鱼藤 Derris elliptica

7'-hydroxy-6a,12a-dehydrodeguelin 7'- 羟基 -6a,12a- 去氢鱼藤素 毛鱼藤 Derris elliptica

6'-hydroxy-6a,12a-dehydrorotenone 6'- 羟基 -6a,12a- 去氢鱼藤酮 毛鱼藤 Derris elliptica

(-)-6-hydroxy-6a,12a-dehydrotoxicarol (-)-6- 羟基 -6a,12a- 去氢毒灰毛豆酚 紫穗槐 Amorpha fruticosa

(-)-6-hydroxy-6a,12a-dehydro-*α*-toxicarol (-)-6- 羟基 -6a,12a- 去氢 -*α*- 毒灰毛豆酚 紫穗槐 Amorpha fruticosa

6-hydroxy-6a,12a-hydroxyrotenone 6- 羟基 -6a,12a- 羟基鱼藤酮 兰屿鱼藤 Derris oblonga

3-hydroxy-6-acetoxytropane 3- 羟基 -6- 乙酰氧基托品烷 树番茄 Cyphomandra betacea

5-hydroxy-6-acetyl-2-(1'-methyl-2'-(2''-methyl-butanoyl)-ethyl)-benzofuran 5- 羟基 -6- 乙酰基 -2-(1'- 甲基 -2'-(2''- 甲基 - 丁酰基)- 乙基)- 苯并呋喃 熊耳草 Ageratum houstonianum

$\Delta^{8,14}$-2-hydroxy-6-deoxyswietenine $\Delta^{8,14}$-2- 羟基 -6- 去氧桃花心木苦素 鹧鸪花 Trichilia connaroides

3-hydroxy-6'-desmethyl-9-*O*-methylthalifaboramine 3- 羟基 -6'- 去甲基 -9-*O*- 甲基大叶唐松草拉明碱 大叶唐松草 Thalictrum faberi

3-hydroxy-6'-desmethylthalifaboramine 3- 羟基 -6'- 去甲大叶唐松草拉明碱 大叶唐松草 Thalictrum faberi

(+)-1-hydroxy-6-epipinoresinol (+)-1- 羟基 -6- 表松脂酚 杜仲 Eucommia ulmoides

4-hydroxy-6-ethoxy-2-[(10'*Z*,13'*Z*)-10',13',16'-heptadecatriene]resorcinol 4- 羟基 -6- 乙氧基 -2-[(10'*Z*,13'*Z*)-10',13',16'- 十七三烯] 雷琐酚 高粱 Sorghum bicolor

3-hydroxy-6*H*-benzo[b,d]pyran-6-one 3- 羟基 -6*H*- 苯并 [b,d] 吡喃 -6- 酮 海桑 Sonneratia caseolaris

(6*E*)-4-hydroxy-6-heptadecenoic acid ethyl ester (6*E*)-4- 羟基 -6- 十七烯酸乙酯 中华青牛胆 Tinospora sinensis

(6*Z*)-4-hydroxy-6-heptadecenoic acid ethyl ester (6*Z*)-4- 羟基 -6- 十七烯酸乙酯 中华青牛胆 Tinospora sinensis

2-hydroxy-6-hydroxymethyl-1-methyl-5-vinyl-9,10-dihydrophenanthrene 2- 羟基 -6- 羟基甲基 -1- 甲基 -5- 乙烯基 -9,10- 二氢菲 (2- 羟基甲基 -1- 甲基 -5- 乙烯基 -9,10- 二氢菲 灯心草 Juncus effusus

3-hydroxy-6-hydroxymethyl-2,5,7-trimethylindan-1-one 3- 羟基 -6- 羟基甲基 -2,5,7- 三甲基 - 茚满 -1- 酮 西南凤尾蕨 Pteris wallichiana

7-hydroxy-6-hydroxymethyl-4-isopropyl-1-methylnaphthalene 7- 羟基 -6- 羟基甲基 -4- 异丙基 -1- 甲基萘 榔榆 Ulmus parvifolia

1-hydroxy-6-hydroxymethylanthraquinone 1- 羟基 -6- 羟基甲基蒽醌 鸡眼藤 Morinda parvifolia

5-hydroxy-6-isobutyryl-2,2,8-trimethyl-8-(3'-methylbut-2''-enyl)-2,8-dihydro-1-benzopyran-7-one 5- 羟基 -6- 异丁酰基 -2,2,8- 三甲基 -8-(3''- 甲基 - 丁 -2''- 烯基)-2,8- 二氢 -1- 苯并吡喃 -7- 酮 尖萼金丝桃 Hypericum acmosepalum

3-hydroxy-6-isobutyryloxytropane 3- 羟基 -6- 异丁酰氧基托品烷 树番茄 Cyphomandra betacea

7-hydroxy-6-methoxy-1(2*H*)-isoquinolinone 7- 羟基 -6- 甲氧基 -1(2*H*)- 异喹啉 蝙蝠葛 Menispermum dauricum

5-hydroxy-6-methoxy-2-(2-phenylethyl)chromone 5- 羟基 -6- 甲氧基 -2-(2- 苯乙基) 色酮 土沉香 Aquilaria sinensis

7-hydroxy-6-methoxy-2-(3'-hydroxy-4'-methoxyphenethyl)chromone 7- 羟基 -6- 甲氧基 -2-(3'- 羟基 -4'- 甲氧基苯乙基) 色酮 土沉香 Aquilaria sinensis

3-hydroxy-6-methoxy-2,9-dimethyl-dibenzofuran-7-*O*-*β*-D-glucopyranoside 3- 羟基 -6- 甲氧基 -2,9- 二甲基二苯并呋喃 -7-*O*-*β*-D- 吡喃葡萄糖苷 蚊母树 Distylium racemosum

1-hydroxy-6-methoxy-2-benzoxazolinone 1- 羟基 -6- 甲氧基 -2- 苯并恶唑啉酮 野甘草 Scoparia dulcis

7-hydroxy-6-methoxy-2*H*-1-benzopyran-2-one 7- 羟基 -6- 甲氧基 -2*H*-1- 苯并吡喃 -2- 酮 罗布麻 Apocynum venetum

7-hydroxy-6-methoxy-3-(3-methyl-2-butenyl)-coumarin 7- 羟基 -6- 甲氧基 -3-(3- 甲基 -2- 丁烯基) 香豆素 马桑 Coriaria nepalensis

7-hydroxy-6-methoxy-3,8-bis(3-methyl-2-butenyl)-coumarin 7- 羟基 -6- 甲氧基 -3,8- 二 (3- 甲基 -2- 丁烯基)- 香豆素 马桑 Coriaria nepalensis

7-hydroxy-6-methoxy-3-[(2-oxo-2*H*-1-benzopyran-7-yl)oxy]-2*H*-1-benzopyran-2-one 7- 羟基 -6- 甲氧基 -3-[(2- 氧代 -2*H*-1- 苯并吡喃 -7- 氧基]-2*H*-1- 苯并吡喃 -2- 酮 狼毒 Stellera chamaejasme

8-hydroxy-6-methoxy-3-methylanthraquinone 1-*O*-*α*-L-rhamnopyranosyl-(1 → 6)-*β*-D-glucopyranoside 8- 羟基 -6- 甲氧基 -3- 甲基蒽醌 -1-*O*-*α*-L- 吡喃鼠李糖基 -(1 → 6)-*β*-D- 吡喃葡萄糖苷 粉叶决明 Senna surattensis subsp. glauca

8-hydroxy-6-methoxy-3-methylanthraquinone-1-*O*-*α*-L-rhamnopyranosyl-(1 → 2)-*β*-D-glucopyranoside 8- 羟基 -6- 甲氧基 -3- 甲基蒽醌 -1-*O*-*α*-L- 吡喃鼠李糖基 -(1 → 2)-*β*-D- 吡喃葡萄糖苷 粉叶决明 Senna surattensis subsp. glauca

8-hydroxy-6-methoxy-3-n-pentylisocoumarin 8- 羟基 -6- 甲氧基 -3- 正戊基异香豆素 尖蕾狗牙花 Tabernaemontana bufalina

8-hydroxy-6-methoxy-3-pentyl-1*H*-isochromen-1-one 8- 羟基 -6- 甲氧基 -3- 戊烯基 -1*H*- 异色烯 -1- 酮 水黄皮 Pongamia pinnata

(1*R*,6*S*)-1-hydroxy-6-methoxy-4-oxo-2-cyclohexene-1-acetic acid methyl ester (1*R*,6*S*)-1- 羟基 -6- 甲氧基 -4- 氧代 -2- 环已烯 -1- 乙酸甲酯 厚皮香 Ternstroemia gymnanthera

3-hydroxy-6-methoxy-5'-isopropyl-4',5'-dihydrofuro[2',3':7,8]-6'',6''-dimethyl-4'',5''-dihydropyrano[2'',3'':1,2]xanthone 3- 羟基 -6- 甲氧基 -5'- 异丙基 -4',5'- 二氢呋喃并 [2',3':7,8]-6'',6''- 二甲基 -4'',5''- 二氢吡喃并 [2'',3'':1,2] 吨酮 莽吉柿 Garcinia mangostana

3-hydroxy-6-methoxy-5-sulfomethylcoumarin 3- 羟基 -6- 甲氧基 -5- 磺甲基香豆素 留兰香 Mentha spicata

3-hydroxy-6-methoxy-7,7'-dicoumarinyl ether 3- 羟基 -6- 甲氧基 -7,7'- 双香豆素醚 狼毒 Stellera chamaejasme

5-hydroxy-6-methoxy-7-*O*-*β*-D-glucosylcoumarin 5- 羟基 -6- 甲氧基 -7-*O*-*β*-D- 葡萄糖基香豆素 中华猕猴桃 Actinidia chinensis, 金发藓 Polytrichum commune, 黑刺李 Prunus spinosa

2-hydroxy-6-methoxyanthraquinone 2- 羟基 -6- 甲氧基蒽醌 印度羊角藤 Morinda umbellata

2-hydroxy-6-methoxybenzoic acid 2- 羟基 -6- 甲氧基苯甲酸 加拿大一枝黄花 Solidago canadensis

7-hydroxy-6-methoxychromone 7- 羟基 -6- 甲氧基色酮 盐角草 Salicornia europaea

7-hydroxy-6-methoxycinnamic acid ethyl ester 7- 羟基 -6- 甲氧基桂皮酸乙酯 辣椒 Capsicum annuum

H

7-hydroxy-6-methoxycoumarin 7- 羟基 -6- 甲氧基香豆素 米仔兰 Aglaia odorata, 小花鬼针草 Bidens parviflora, 水苎麻 Boehmeria macrophylla, 长叶苎麻 B. penduliflora, 刺五加 Eleutherococcus senticosus, 火殃勒 Euphorbia antiquorum, 土丁桂 Evolvulus alsinoides, 厚藤 Ipomoea pes-caprae, 桑 Morus alba, 罗勒 Ocimum basilicum, 中华抱茎蓼 Polygonum amplexicaule var. sinense, 盐肤木 Rhus chinensis, 紫丁香 Syringa oblata, 有齿鞘柄木 Toricellia angulata var. intermedia

3-hydroxy-6-methoxydehydro-iso-*α*-lapachone 3- 羟基 -6- 甲氧基去氢 - 异 -*α*- 风铃木醌▲ 菜豆树 Radermachera sinica

2*S*-7-hydroxy-6-methoxyflavanone 2*S*-7- 羟基 -6- 甲氧基黄烷酮 密花豆 Spatholobus suberectus

5-hydroxy-6-methoxyflavone 5- 羟基 -6- 甲氧基黄酮 藏报春 Primula sinensis

7-hydroxy-6-methoxyflavone 7- 羟基 -6- 甲氧基黄酮 印度黄檀 Dalbergia sissoo

5-hydroxy-6-methoxy-flavone-7-*O*-*α*-D-glucuronic acid 5- 羟基 -6- 甲氧基 - 黄酮 -7-*O*-*α*-D- 葡萄糖醛酸 前胡 Peucedanum praeruptorum

5-hydroxy-6-methoxy-flavone-7-*O*-*α*-D-glucuronyl methyl ester 5- 羟基 -6- 甲氧基 - 黄酮 -7-*O*-*α*-D- 葡萄糖醛酸甲酯 前胡 Peucedanum praeruptorum

8-hydroxy-6-methoxy-pentylisocoumarin 8- 羟基 -6- 甲氧基 - 戊基异香豆素 长叶柞木 Xylosma longifolia

18-hydroxy-6-methoxyvillosin C 18- 羟基 -6- 甲氧基柔毛香科科素▲C 海州常山 Clerodendrum trichotomum

1-(3-hydroxy-6-methyl-2-pyridinyl)-ethanone 1-(3- 羟基 -6- 甲基 -2- 吡啶基)- 乙酮 黄葵 Abelmoschus moschatus

5-hydroxy-6-methyl-3-(undec-10-enyl)-5,6-dihydropyran-2-one 5- 羟基 -6- 甲基 -3-(10- 十一烯)-5,6- 二氢吡喃 -2- 酮 毛叶木姜子 Litsea mollis

2-hydroxy-6-methyl-9,10-anthraquinone 2- 羟基 -6- 甲基 -9,10- 蒽醌 肥牛草 Primulina hedyotidea

2-hydroxy-6-methylanthraquinone 2- 羟基 -6- 甲基蒽醌 白花蛇舌草 Hedyotis diffusa, 茜草 Rubia cordifolia

3-hydroxy-6-methylbutyryloxytropane 3- 羟基 -6- 甲基丁酰氧基托品烷 树番茄 Cyphomandra betacea

6-hydroxy-6-methylcyclohex-2-en-1-one 6- 羟基 -6- 甲基环己 -2- 烯 -1- 酮 光果莸 Caryopteris tangutica

5-hydroxy-6-methylflavanone-7-*O*-*α*-D-galactopyranoside 5- 羟基 -6- 甲基黄烷酮 -7-*O*-*α*-D- 吡喃半乳糖苷 香薷 Elsholtzia ciliata

5-hydroxy-6-methylflavanone-7-*O*-*β*-D-galacopyranoside 5- 羟基 -6- 甲基黄烷酮 -7-*O*-*β*-D- 半乳吡喃糖苷 顶羽菊 Acroptilon repens

3-hydroxy-6-methylheptadecanoic acid 3- 羟基 -6- 甲基十七酸 阴行草 Siphonostegia chinensis

1-hydroxy-6-oxocyclohex-2-enecarboxylic acid methyl ester 1- 羟基 -6- 氧代环己 -2- 烯羧酸甲酯 山桐子 Idesia polycarpa

1-hydroxy-6-oxocyclohex-2-enoic acid methyl ester 1- 羟基 -6- 氧代环己 -2- 烯酸甲酯 斯里兰卡天料木 Homalium ceylanicum

(1*E*,4*Z*)-8-hydroxy-6-oxogermacra-1(10),4,7(11)-trien-12,8-lactone (1*E*,4*Z*)-8- 羟基 -6- 环氧大根老鹳草 -1(10),4,7(11)- 三烯 -12,8- 内酯 宽叶金粟兰 Chloranthus henryi

5-hydroxy-6-propionyl-2,2,8-trimethyl-8-(3''-methylbut-2''-enyl)-2,8-dihydro-1-benzopyran-7-one 5- 羟基 -6- 丙酰基 -2,2,8- 三甲基 -8-(3''- 甲基 - 丁 -2''- 烯基)-2,8- 二氢 -1- 苯并吡喃 -7- 酮 尖萼金丝桃 Hypericum acmosepalum

15-hydroxy-6*α*,12-epoxy-7*β*,10*αH*,11*βH*-spiroax-4-ene 15- 羟基 -6*α*,12- 环氧 -7*β*,10*αH*,11*β*H- 螺艾克 -4- 烯 多脂鳞伞 Pholiota adiposa

5*β*-hydroxy-6*α*-chloro-5,6-dihydrophysalin B 5*β*- 羟基 -6*α*- 氯代 -5,6- 二氢酸浆素 B 苦蘵 Physalis angulata

1*β*-hydroxy-6*α*-isobutyryloxy-9-noreremophil-7(11),8(10)-dien-8(12)-olide 1*β*- 羟基 -6*α*- 异丁氧基 -9- 降艽漠木 -7(11),8(10)- 二烯 -8(12)- 内酯 蹄叶橐吾 Ligularia fischeri

3*β*-hydroxy-6*α*-methoxy-eremophil-7(11)-en-12,8*β*-olide 3*β*- 羟基 -6*α*- 甲氧基艽漠木 -7(11)- 烯 -12,8*β*- 内酯 蜂斗菜 Petasites japonicus

3*β*-hydroxy-6*β*,8*α*-dimethoxyeremophil-7(11)-en-12,8*β*-olide 3*β*- 羟基 -6*β*,8*α*- 二甲氧基艽漠木 -7(11)- 烯 -12,8*β*- 内酯 蜂斗菜 Petasites japonicus

8*β*-hydroxy-6*β*-angeloyloxyeremophil-7(11)-en-8*α*,12-olide-15-oic acid 8*β*- 羟基 -6*β*- 当归酰氧基艽漠木 -7(11)- 烯 -8*α*,12- 内酯 -15- 酸 掌叶橐吾 Ligularia przewalskii

10*α*-hydroxy-6*β*-isobutanoyloxy-1-oxoeremophila-7(11),8-dieno-12,8-lactone 10*α*- 羟基 -6*β*- 异丁酰氧基 -1- 氧代艽漠木 -7(11),8- 二烯 -12,8- 内酯 林荫千里光 Senecio nemorensis

8*α*-hydroxy-6*β*-isobutanoyloxy-1-oxoeremophila-7(11),9-dieno-12,8*β*-lactone 8*α*- 羟基 -6*β*- 异丁酰氧基 -1- 氧代艽漠木 -7(11),9- 二烯 -12,8*β*- 内酯 林荫千里光 Senecio nemorensis

3*β*-hydroxy-6*β*-methoxyeremophil-7(11)-en-12,8*β*-olide 3*β*- 羟基 -6*β*- 甲氧基艽漠木 -7(11)- 烯 -12,8*β*- 内酯 蜂斗菜 Petasites japonicus

10*β*-hydroxy-6*β*-methoxy-furanoeremophilane 10*β*- 羟基 -6*β*- 甲氧基呋喃艽漠木 大头橐吾 Ligularia japonica

10*α*-hydroxy-6*β*-propionyloxy-1-oxoeremophila-7(11),8-dieno-12,8-lactone 10*α*- 羟基 -6*β*- 丙烯酰氧基 -1- 氧代艽漠木 -7(11),8- 二烯 -12,8- 内酯 林荫千里光 Senecio nemorensis

3*β*-hydroxy-6*β*-tigloyloxy-eremophil-7(11)-en-12,8*β*-olide 3*β*- 羟基 -6*β*- 巴豆酰氧基 - 艽漠木 -7(11)- 烯 -12,8*β*- 内酯 蜂斗菜 Petasites japonicus

3*α*-hydroxy-6*β*-tigloyloxytropane 3*α*- 羟基 -6*β*- 巴豆酰氧基托品烷 树番茄 Cyphomandra betacea

3*β*-hydroxy-6*β*-tigloyloxytropane 3*β*- 羟基 -6*β*- 巴豆酰氧基托品烷 树番茄 Cyphomandra betacea

(-)-(1'R,2'*S*)-*erythro*-5-hydroxy-7-(1, 2-dihydroxypropyl)-2-methyl-chromone (-)-(1'*R*,2'*S*)- 赤式 -5- 羟基 -7-(1,2- 二羟基丙基)-2- 甲基 - 色酮 铁包金 Berchemia lineata

10*β*-hydroxy-7(11)-eremophilen-12,8-olide 10*β*- 羟基 -7(11)- 艽漠木烯 -12,8- 内酯 高山龙胆 Gentiana algida

6*β*-hydroxy-7(11)-eremophilen-12,8*α*-olide 6*β*- 羟基 -7(11)- 艽漠木烯 -12,8*α*- 内酯 棉毛橐吾 Ligularia vellerea

8*α*-hydroxy-7(11)-eremophilen-12,8*β*-olide 8*α*- 羟基 -7(11)- 艽漠木烯 -12,8*β*- 内酯 棉毛橐吾 Ligularia vellerea

5-hydroxy-7-(2-hydroxyisopropyl)-4'-methoxy-9-prenylfurano[3,2-g]isoflavone 5- 羟基 -7-(2- 羟基异丙基)-4'- 甲氧基 -9- 戊烯基呋喃 [3,2-g] 异黄酮 细枝山竹子 Corethrodendron scoparium

5-hydroxy-7-(2'-hydroxypropyl)-2-methyl-chromone 5- 羟基 -7-(2'- 羟基丙基)-2- 甲基 - 色酮 铁包金 Berchemia lineata

(5*S*)-5-hydroxy-7-(3,4-dihydroxyphenyl)-1-(4-hydroxyphenyl)-3-heptanone-5-*O*-*β*-D-xylopyranoside (5*S*)-5- 羟基 -7-(3,4- 二羟基苯基)-1-(4-

羟基苯基)-3- 庚酮 -5-O-β-D- 吡喃木糖苷 辽东桤木 Alnus hirsuta
(5S)-5-hydroxy-7-(3,4-dihydroxyphenyl)-1-phenyl-3-heptanone (5S)-5- 羟基 -7-(3,4- 二羟基苯基)-1- 苯基 -3- 庚酮 高良姜 Alpinia officinarum
5-hydroxy-7-(3-hydroxy-4-methoxyphenyl)-2,2-dimethyl-2H,6H-benzo[1,2-b:5,4-b']dipyran-6-one 5- 羟基 -7-(3- 羟基 -4- 甲氧基苯基)-2,2- 二甲基 -2H,6H- 苯并 [1,2-b:5,4-b'] 二吡喃 -6- 酮 柘树 Cudrania tricuspidata
5-hydroxy-7-(3-hydroxy-4-methoxyphenyl)-3-methoxy-2,4,6-heptatrienoic acid-δ-lactone 5- 羟基 -7-(3- 羟基 -4- 甲氧基苯基)-3- 甲氧基 -2,4,6- 庚三烯酸 -δ- 内酯 栝楼 Trichosanthes kirilowii
(5R)-5-hydroxy-7-(3-methoxy-4,5-dihydroxyphenyl)-1-phenyl-3-heptanone (5R)-5- 羟基 -7-(3- 甲氧基 -4,5- 二羟基苯基)-1- 苯基 -3- 庚酮 高良姜 Alpinia officinarum
5-hydroxy-7-(4-hydroxy-3,5-dimethoxyphenyl)-1-(4-hydroxy-3-methoxyphenyl)-3-heptanone 5- 羟基 -7-(4- 羟基 -3,5- 二甲氧基苯基)-1-(4- 羟基 -3- 甲氧基苯基)-3- 庚酮 姜 Zingiber officinale
(5S)-5-hydroxy-7-(4''-hydroxy-3''-methoxyphenyl)-1-(4'-hydroxyphenyl)-3-heptanone (5S)-5- 羟基 -7-(4''- 羟基 -3''- 甲氧基苯基)-1-(4'- 羟基苯基)-3- 庚酮 高良姜 Alpinia officinarum
5-hydroxy-7-(4-hydroxy-3-methoxyphenyl)-1-(4-hydroxyphenyl)-3-heptanone 5- 羟基 -7-(4- 羟基 -3- 甲氧苯基)-1-(4- 羟基苯基)-3- 庚酮 黄杞 Engelhardia roxburghiana
(5R)-5-hydroxy-7-(4''-hydroxy-3''-methoxyphenyl)-1-phenyl-3-heptanone (5R)-5- 羟基 -7-(4''- 羟基 -3''- 甲氧基苯基)-1- 苯基 -3- 庚酮 高良姜 Alpinia officinarum
5-hydroxy-7-(4''-hydroxy-3''-methoxyphenyl)-1-phenyl-3-heptanone 5- 羟基 -7-(4''- 羟基 -3''- 甲氧基苯基)-1- 苯基 -3- 庚酮 红豆蔻 Alpinia galanga
(7S,8R,8'R)-7-hydroxy-7-(4-hydroxy-3-methoxyphenyl)-7'-(3',4'-methylenedioxyphenyl)-8,8'-lignan (7S,8R,8'R)-7- 羟基 -7-(4- 羟基 -3- 甲氧基苯基)-7'-(3',4'- 亚甲二氧基苯基)-8,8'- 木脂素 肉豆蔻 Myristica fragrans
5-hydroxy-7-(4-hydroxyphenyl)-1-(4-hydroxy-3-methoxyphenyl)-3-heptanone 5- 羟基 -7- 对羟基苯基 -1-(4- 羟基 -3- 甲氧基苯基)-3- 庚酮 姜 Zingiber officinale
5-hydroxy-7-(4-hydroxyphenyl)-1-phenyl(1E)-1-heptene 5- 羟基 -7- 对羟基苯基 -1- 苯基 (1 反式)-1- 庚烯 印尼莪术 Curcuma zanthorrhiza
(5S)-5-hydroxy-7-(4''-hydroxyphenyl)-1-phenyl-3-heptanone (5S)-5- 羟基 -7-(4''- 羟基苯基)-1- 苯基 -3- 庚酮 高良姜 Alpinia officinarum
(R)-4-(5-hydroxy-7-(4-hydroxyphenyl)heptyl)-2-methoxyphenol (R)-4-(5- 羟基 -7-(4- 羟基苯基) 庚基)-2- 甲氧基苯酚 青杨梅 Myrica adenophora
6-hydroxy-7-(hydroxymethyl)-4-methylenehexahydrocyclopenta[c]pyran-1(3H)-one 6- 羟基 -7-(羟基甲基)-4- 亚甲基六氢环戊 [c] 吡喃 -1(3H)- 酮 甘松 Nardostachys jatamansi
7-hydroxy-7,12-epidioxycadinan-3,6(11)-dien-2-one 7- 羟基 -7,12- 环二氧杜松 -3,6(11)- 烯 -2- 酮 紫茎泽兰 Ageratina adenophora
(4β,6β,7β,16α)-6-hydroxy-7,16,17-tri[(2S)-3,3,3-trifluoro-2-methoxy-1-oxo-2-phenylpropoxy]-kauran-18-oic acid-γ-lactone (4β,6β,7β,16α)-6- 羟基 -7,16,17- 三 [(2S)-3,3,3- 三氟 -2- 甲氧基 -1- 氧代 -2- 苯丙氧基 - 贝壳杉 -18- 酸 -γ- 内酯 牵牛 Ipomoea nil
5-hydroxy-7,2',3'-trimethoxyflavone 5- 羟基 -7,2',3'- 三甲氧基黄酮 穿心莲 Andrographis paniculata
5-hydroxy-7,2',4',5'-tetramethoxyflavone 5- 羟基 -7,2',4',5'- 四甲氧基黄酮 土沉香 Aquilaria sinensis
5-hydroxy-7,2',4'-trimethoxyflavone 5- 羟基 -7,2',4'- 三甲氧基黄酮 大叶石龙尾 Limnophila rugosa
(24Z)-27-hydroxy-7,24-tirucalladien-3-one (24Z)-27- 羟基 -7,24- 绿玉树二烯 -3- 酮 苦树 Picrasma quassioides
5-hydroxy-7,2'-dimethoxyflavone 5- 羟基 -7,2'- 二甲氧基黄酮 有梗石龙尾 Limnophila indica
5-hydroxy-7,3',4',5'-tetramethoxyflavone 5- 羟基 -7,3',4',5'- 四甲氧基黄酮 柳杉 Cryptomeria japonica var. sinensis, 栀子 Gardenia jasminoides, 半枝莲 Scutellaria barbata
5-hydroxy-7,3',4',5'-tetramethoxyflavone-5-O-β-D-xylopyranosyl-(1 → 2)-α-L-rhamnopyranoside 5- 羟基 -7,3',4',5'- 四甲氧基黄酮 -5-O-β-D- 吡喃木糖基 -(1 → 2)-α-L- 吡喃鼠李糖苷 洋紫荆 Bauhinia variegata
5-hydroxy-7,3',4'-trimenthoxyflavanone 5- 羟基 -7,3',4'- 三甲氧基黄烷酮 毛泡桐 Paulownia tomentosa
5-hydroxy-7,3',4'-trimethoxy-5-O-α-L-rhamnopyranosyl-(1 → 2)-O-α-L-arabinopyranoside 5- 羟基 -7,3',4'- 三甲氧基黄酮 -5-O-α-L- 吡喃鼠李糖基 -(1 → 2)-O-α-L- 吡喃阿拉伯糖苷 代儿茶 Dichrostachys cinerea
(2S)-5-hydroxy-7,3',4'-trimethoxyflavan (2S)-5- 羟基 -7,3',4'- 三甲氧基黄烷 华中枸骨 Ilex centrochinensis
5-hydroxy-7,3',4'-trimethoxyflavanone 5- 羟基 -3',7,4'- 三甲氧基黄烷酮 广藿香 Pogostemon cablin
5-hydroxy-7,3',4'-trimethoxyflavone 5- 羟基 -7,3',4'- 三甲氧基黄酮 肾茶 Clerodendranthus spicatus, 千里香 Murraya paniculata, 攀倒甑 Patrinia villosa, 广藿香 Pogostemon cablin, 思茅豆腐柴 Premna szemaoensis
5-hydroxy-7,3',4'-trimethoxyflavonol 5- 羟基 -7,3',4'- 三甲氧基黄酮醇 野百合 Crotalaria sessiliflora
(3R)-2'-hydroxy-7,3',4'-trimethoxyisoflavan (3R)-2'- 羟基 -7,3',4'- 三甲氧基异黄烷 黄耆 Astragalus penduliflorus subsp. mongholicus var. dahuricus
5-hydroxy-7,3',4'-trimethoxyisoflavone 5- 羟基 -7,3',4'- 三甲氧基异黄酮 锈毛鱼藤 Derris ferruginea
4'-hydroxy-7,3'-dimethoxyflavan-5-O-β-D-glucopyranoside 4'- 羟基 -3',7- 二甲氧基黄烷 -5-O-β-D- 吡喃葡萄糖苷 扁枝槲寄生 Viscum articulatum
5-hydroxy-7,4',5'-trimethoxyisoflavone-3'-O-β-D-glucopyranoside 5- 羟基 -7,4',5'- 三甲氧基异黄酮 -3'-O-β-D- 吡喃葡萄糖苷 槐叶决明 Senna occidentalis var. sophera
(S)-5-hydroxy-7,4'-dimethoxyflavanone (S)-5- 羟基 -7,4'- 二甲氧基黄酮 山牡荆 Vitex quinata
5-hydroxy-7,4'-dimethoxyflavanone 5- 羟基 -7,4'- 二甲氧基黄烷酮 黑沙蒿 Artemisia ordosica, 长叶天名精 Carpesium longifolium, 鱼子兰 Chloranthus erectus, 香薷 Elsholtzia ciliata, 中华野独活 Miliusa sinensis, 广藿香 Pogostemon cablin, 草珊瑚 Sarcandra glabra

5-hydroxy-7,4'-dimethoxyflavone 5- 羟基 -7,4'- 二甲氧基黄酮 土沉香 Aquilaria sinensis, 鹰爪花 Artabotrys hexapetalus, 黑沙蒿 Artemisia ordosica, 芫花 Daphne genkwa, 裸蒴 Gymnotheca chinensis, 南苜蓿 Medicago polymorpha, 脓疮草 Panzerina lanata var. alaschanica, 攀倒甑 Patrinia villosa, 石蝉草 Peperomia blanda, 撒尔维亚 Salvia officinalis, 半枝莲 Scutellaria barbata, 东北蛔蒿 Seriphidium finitum, 柽柳 Tamarix chinensis, 爬岩红 Veronicastrum axillare

6-hydroxy-7,4'-dimethoxyflavone 6- 羟基 -7,4'- 二甲氧基黄酮 土沉香 Aquilaria sinensis

5-hydroxy-7,4'-dimethoxyflavone-3-*O*-*β*-D-glucopyranoside 5- 羟基 -7,4'- 二甲氧基黄酮 -3-*O*-*β*-D- 吡喃葡萄糖苷 苦远志 Polygala sibirica var. megalopha

3'-hydroxy-7,4'-dimethoxyflavone-5-*O*-*α*-L-arabinofuranosyl-(1 → 6)-*β*-D-glucopyranoside 3'- 羟基 -7,4'- 二甲氧基黄酮 -5-*O*-*α*-L- 呋喃阿拉伯糖基 -(1 → 6)-*β*-D- 吡喃葡萄糖苷 方榄 Canarium bengalense

5-hydroxy-7,4'-dimethoxyflavonol 5- 羟基 -7,4'- 二甲氧基黄酮醇 密花香薷 Elsholtzia densa

3'-hydroxy-7,4'-dimethoxyisoflavone 3'- 羟基 -7,4'- 二甲氧基异黄酮 苦马豆 Sphaerophysa salsula

5-hydroxy-7,4'-dimethoxyisoflavone 5- 羟基 -7,4'- 二甲氧基异黄酮 紫穗槐 Amorpha fruticosa, 红车轴草 Trifolium pratense

5-hydroxy-7,4'-methoxyisoflavone 5- 羟基 -7,4'- 甲氧基异黄酮 锦鸡儿 Caragana sinica

5-hydroxy-7,5'-dimethoxy-6,8-dimethyl-3',4'-methylenedioxyflavone 5- 羟基 -7,5'- 二甲氧基 -6,8- 二甲基 -3',4'- 亚甲二氧基黄酮 木香薷 Elsholtzia stauntonii

6-hydroxy-7,7a-dihydro-2-(6*H*)-benzofuranone 6- 羟基 -7,7a- 二氢 -2-(6*H*)- 苯并呋喃酮 麻叶千里光 Senecio cannabifolius

5-hydroxy-7,7-dimethyl-4,5,6,7-tetrahydro-3*H*-isobenzofuranone-5-*O*-*β*-D-gentibioside 5- 羟基 -7,7- 二甲基 -4,5,6,7- 四氢 -3*H*- 异苯并呋喃 -5-*O*-*β*-D- 龙胆二糖苷 挥发油成分，未统计基源

H

5-hydroxy-7,8,2',3',4'-pentamethoxyflavone 5- 羟基 -7,8,2',3',4'- 五甲氧基黄酮 穿心莲 Andrographis paniculata

5-hydroxy-7,8,2',3'-tetramethoxyflavone 5- 羟基 -7,8,2',3'- 四甲氧基黄酮 穿心莲 Andrographis paniculata

5-hydroxy-7,8,2',4'-tetramethoxyflavone 5- 羟基 -7,8,2',4'- 四甲氧基黄酮 大叶石龙尾 Limnophila rugosa

5-hydroxy-7,8,2',5'-tetramethoxyflavone 5- 羟基 -7,8,2',5'- 四甲氧基黄酮 穿心莲 Andrographis paniculata, 水飞蓟 Silybum marianum

5-hydroxy-7,8,2',6'-tetramethoxyflavanone 5- 羟基 -7,8,2',6'- 四甲氧基黄烷酮 韩信草 Scutellaria indica

5-hydroxy-7,8,2',6'-tetramethoxyflavone 5- 羟基 -7,8,2',6'- 四甲氧基黄酮 穿心莲 Andrographis paniculata

5-hydroxy-7,8,2'-trimethoxyflavone 5- 羟基 -7,8,2'- 三甲氧基黄酮 穿心莲 Andrographis paniculata

5-hydroxy-7,8,3',4'-tetramethoxyflavone 5- 羟基 -7,8,3',4'- 四甲氧基黄酮 菖蒲 Acorus calamus, 石蝉草 Peperomia blanda

5-hydroxy-7,8,4'-trimethoxyflavone 5- 羟基 -7,8,4'- 三甲氧基黄酮 黑面神 Breynia fruticosa, 半枝莲 Scutellaria barbata

5-hydroxy-7,8,6'-trimethoxyflavanone-2'-*O*-glucurotride buester 5- 羟基 -7,8,6'- 三甲氧基黄烷酮 -2'-*O*- 葡萄糖醛酸丁酯 韩信草 Scutellaria indica

(+)-3-hydroxy-7,8-dehydro-*β*-ionone (+)-3- 羟基 -7,8- 去氢 -*β*- 香堇酮 枸杞 Lycium chinense

3-hydroxy-7,8-dehydro-*β*-ionone 3- 羟基 -7,8- 去氢 -*β*- 香堇酮 黑刺李 Prunus spinosa

3*β*-hydroxy-7,8-dihydro-*β*-ionol 3*β*- 羟基 -7,8- 二氢 -*β*- 香堇醇 柚木 Tectona grandis

3-hydroxy-7,8-dihydro-*β*-ionol 3- 羟基 -7,8- 二氢 -*β*- 香堇醇 黑刺李 Prunus spinosa

4-hydroxy-7,8-dihydro-*β*-ionol 4- 羟基 -7,8- 二氢 -*β*- 香堇醇 圣罗勒 Ocimum sanctum

(3*S*)-3-hydroxy-7,8-dihydro-*β*-ionone (3*S*)-3- 羟基 -7,8- 二氢 -*β*- 香堇酮 假黄皮 Clausena excavata

3*β*-hydroxy-7,8-dihydro-*β*-ionone 3*β*- 羟基 -7,8- 二氢 -*β*- 香堇酮 柚木 Tectona grandis

4-hydroxy-7,8-dihydro-*β*-ionone 4- 羟基 -7,8- 二氢 -*β*- 香堇酮 榅桲 Cydonia oblonga

2-(2-hydroxy-7,8-dimethoxy-2*H*-1,4-benzoxazin-3[4*H*]-one)-*β*-D-glucopyranoside 2-(2- 羟基 -7,8- 二甲氧基 -2*H*-1,4- 苯并噁嗪 -3[4*H*]- 酮)-*β*-D- 葡萄糖苷 玉蜀黍 Zea mays

1-hydroxy-7,8-dimethoxy-2-methyl-9,10-anthracenedione 1- 羟基 -7,8- 二甲氧基 -2- 甲基蒽二酮 木橘 Aegle marmelos

5-hydroxy-7,8-dimethoxyflavanone 5- 羟基 -7,8- 二甲氧基黄烷酮 穿心莲 Andrographis paniculata, 胡桃楸 Juglans mandshurica, 中华野独活 Miliusa sinensis

5-hydroxy-7,8-dimethoxyflavanone-5-*O*-*α*-L-rhamnopyranoside 5- 羟基 -7,8- 二甲氧基黄酮 -5-*O*-*α*-L- 吡喃鼠李糖苷 黄豆树 Albizia procera

(2*R*)-5-hydroxy-7,8-dimethoxyflavanone-5-*O*-*β*-D-glucopyranoside (2*R*)-5- 羟基 -7,8- 二甲氧基黄烷酮 -5-*O*-*β*-D- 吡喃葡萄糖苷 穿心莲 Andrographis paniculata

5-hydroxy-7,8-dimethoxyflavone 5- 羟基 -7,8- 二甲氧基黄酮 穿心莲 Andrographis paniculata, 毛叶假鹰爪 Desmos dumosus, 四方蒿 Elsholtzia blanda, 香薷 E. ciliata, 石荠苎 Mosla scabra, 酢浆草 Oxalis corniculata, 黄芩 Scutellaria baicalensis, 半枝莲 S. barbata

6-hydroxy-7-acetoxylimonin 6- 羟基 -7- 乙酰氧基柠檬苦素 芸香 Ruta graveolens

19-hydroxy-7-epibaccatin III 19- 羟基 -7- 表浆果紫杉素 III 红豆杉 Taxus wallichiana var. chinensis

4-hydroxy-7-*epi*-chuchuhuanine E-V 4- 羟基 -7- 表 - 抖背美登木宁碱 ▲E-V 皱叶南蛇藤 Celastrus rugosus, 雷公藤 Tripterygium wilfordii

1-hydroxy-7-hydroxymethyl-1,4a,5,7a-tetrahydrocyclopenta[c]pyran-4-carbaldehyde 1- 羟基 -7- 羟基甲基 -1,4a,5,7a- 四氢化环戊二烯骈吡喃 -4- 醛 栀子 Gardenia jasminoides

2-hydroxy-7-hydroxymethyl-3-methoxyanthraquinone 2- 羟基 -7- 羟基甲基 -3- 甲氧基蒽醌 白花蛇舌草 Hedyotis diffusa

1-hydroxy-7-hydroxymethyl-6-methoxyxanthone 1- 羟基 -7- 羟基甲基 -6- 甲氧基𠮿酮 红楠 Machilus thunbergii

1-hydroxy-7-hydroxymethylanthraquinone 1- 羟基 -7- 羟基甲基蒽醌 巴戟天 Morinda officinalis, 苦玄参 Picria felterrae

11-hydroxy-7-ketosandaracopimar-8(14),15-dien-11,12,16-trihydroxyabieta-5,8,11,13-tetraen-7-one 11- 羟基 -7- 酮基山达海松 -8(14),15- 二烯 -11,12,16- 三羟基冷杉 -5,8,11,13- 四烯 -7- 酮 伞序臭黄荆 Premna serratifolia

2-hydroxy-7-methoxy-(2*H*)-1,4-benzoxazin-3(4*H*)-one 2- 羟基 -7- 甲氧基 -(2*H*)-1,4- 苯并噁嗪 -3(4*H*)- 酮 普通小麦 Triticum aestivum

2-hydroxy-7-methoxy-1,4(2*H*)-benzoxazin-3-one 2- 羟基 -7- 甲氧基 -1,4(2*H*)- 苯并噁嗪 -3- 酮 薏米 Coix lacryma-jobi var. ma-yuen

2-hydroxy-7-methoxy-1,4-benzoxazin-3-one 2- 羟基 -7- 甲氧基 -1,4- 苯并噁嗪 -3- 酮 普通小麦 Triticum aestivum
2-(2-hydroxy-7-methoxy-1,4-benzoxazin-3-one)-β-D-glucoside 2-(2- 羟基 -7- 甲氧 -1,4- 苯并噁嗪 -3- 酮)-β-D- 葡萄糖苷 玉蜀黍 Zea mays
6-hydroxy-7-methoxy-2-(3'-hydroxy-4'-methoxyphenethyl)chromone 6- 羟基 -7- 甲氧基 -2-(3'- 羟基 -4'- 甲氧基苯乙基) 色酮 土沉香 Aquilaria sinensis
6-hydroxy-7-methoxy-2-(4'-hydroxyphenethyl)chromone 6- 羟基 -7- 甲氧基 -2-(4'- 羟基苯乙基) 色酮 土沉香 Aquilaria sinensis
5-hydroxy-7-methoxy-2,6,8-trimethyl-4H-chromen-4-one 5- 羟基 -7- 甲氧基 -2,6,8- 三甲基 -4H- 色烯 -4- 酮 白千层 Melaleuca cajuputi subsp. cumingiana
6-hydroxy-7-methoxy-2-methoxymethylanthraquinone 6- 羟基 -7- 甲氧基 -2- 甲氧基甲基蒽醌 印度羊角藤 Morinda umbellata
5-hydroxy-7-methoxy-2-methyl-4-chromanone 5- 羟基 -7- 甲氧基 -2- 甲基 -4- 二氢色原酮 黑柄炭角菌 Xylaria nigripes
5-hydroxy-7-methoxy-2-methylchromone 5- 羟基 -7- 甲氧基 -2- 甲基色酮 水虎尾 Dysophylla stellata
5-hydroxy-7-methoxy-2-tritriacontylflavone 5- 羟基 -7- 甲氧基 -2- 三十三基黄酮 龙舌兰 Agave americana
6-hydroxy-7-methoxy-3-(4'-hydroxybenzyl)chromane 6- 羟基 -7- 甲氧基 -3-(4'- 羟基苄基) 色原烷 剑叶龙血树 Dracaena cochinchinensis
5-hydroxy-7-methoxy-3',4'-methylenedioxyisoflavone 5- 羟基 -7- 甲氧基 -3',4'- 亚甲二氧基异黄酮 锦鸡儿 Caragana sinica
1-hydroxy-7-methoxy-3-methylanthraquinone 1- 羟基 -7- 甲氧基 -3- 甲基蒽醌 钝叶决明 Senna tora var. obtusifolia
7'-hydroxy-7-methoxy-6,8'-bicoumarin 7'- 羟基 -7- 甲氧基 -6,8'- 双香豆素 臭节草 Boenninghausenia albiflora
(2S)-5-hydroxy-7-methoxy-6,8-dimethylflavanone (2S)-5- 羟基 -7- 甲氧基 -6,8- 二甲基黄烷酮 水翁 Cleistocalyx operculatus
5-hydroxy-7-methoxy-6-C-glycosylflavone 5- 羟基 -7- 甲氧基 -6-C- 葡萄糖基黄酮 绒毛戴星草 Sphaeranthus indicus
5-hydroxy-7-methoxy-6-O-[α-L-rhanmopyranosyl(1 → 2)-D-fucopyranosyl] flavone glycoside 5- 羟基 -7- 甲氧基 -6-O-[α-L- 吡喃鼠李糖 (1 → 2)-β-D- 吡喃岩藻糖] 黄酮苷 四方蒿 Elsholtzia blanda
5-hydroxy-7-methoxy-8-formyl-3-benzoyl-2,6-dimethyl-2S,3R-dihydrochromone 5- 羟基 -7- 甲氧基 -8- 甲酰基 -3- 苯甲酰基 -2,6- 二甲基 -2S, 3R- 二氢色酮 毛叶假鹰爪 Desmos dumosus
5-hydroxy-7-methoxy-8-methyl-3',4'-methylenedioxy-5'-(3-methyl-2-butyl)flavone 5- 羟基 -7- 甲氧基 -8- 甲基 -3',4'- 亚甲二氧基 -5'-(3- 甲基 -2- 丁基) 黄酮 木香薷 Elsholtzia stauntonii
(2R)-4'-hydroxy-7-methoxy-8-methylflavan (2R)-4'- 羟基 -7- 甲氧基 -8- 甲基黄烷 剑叶龙血树 Dracaena cochinchinensis
5-hydroxy-7-methoxy-9,10-dihydrophenanthrene-1,4-dione 5- 羟基 -7- 甲氧基 -9,10- 二氢菲 -1,4- 二酮 长距石斛 Dendrobium longicornu
(R)-(+)-6'-hydroxy-7'-methoxybergamottin (R)-(+)-6'- 羟基 -7'- 甲氧基香柠檬素 马蜂橙 Citrus hystrix
5-hydroxy-7-methoxychromone 5- 羟基 -7- 甲氧基色酮 鄂西香茶菜 Isodon henryi, 白背叶 Mallotus apelta, 枫香槲寄生 Viscum liquidambaricola
5-hydroxy-7-methoxycoumarin 5- 羟基 -7- 甲氧基香豆素 甘青大戟 Euphorbia micractina, 重齿风毛菊 Saussurea katochaete
6-hydroxy-7-methoxycoumarin 6- 羟基 -7- 甲氧基香豆素 柿 Diospyros kaki, 半边莲 Lobelia chinensis, 大管 Micromelum falcatum, 鹊肾树 Streblus asper
8-hydroxy-7-methoxycoumarin 8- 羟基 -7- 甲氧基香豆素 青花椒 Zanthoxylum schinifolium
5-hydroxy-7-methoxydihydroflavone 5- 羟基 -7- 甲氧基二氢黄酮 木姜叶柯 Lithocarpus litseifolius
(Z)-6-hydroxy-7-methoxy-dihydroligustilide (Z)-6- 羟基 -7- 甲氧基二氢藁本内酯 当归 Angelica sinensis
(2S)-4'-hydroxy-7-methoxyflavan (2S)-4'- 羟基 -7- 甲氧基黄烷 忽地笑 Lycoris aurea, 葱莲 Zephyranthes candida
4'-hydroxy-7-methoxyflavan 4'- 羟基 -7- 甲氧基黄烷 团叶槲蕨 Drynaria bonii
4-hydroxy-7-methoxyflavan 4- 羟基 -7- 甲氧基黄烷 花朱顶红 Hippeastrum vittatum
(2S)-4'-hydroxy-7-methoxyflavanone (2S)-4'- 羟基 -7- 甲氧基黄烷酮 镰荚棘豆 Oxytropis falcata
(2S)-5-hydroxy-7-methoxyflavanone (2S)-5- 羟基 -7- 甲氧基 - 黄烷酮 木蝴蝶 Oroxylum indicum
4'-hydroxy-7-methoxyflavanone 4'- 羟基 -7- 甲氧基黄烷酮 美丽崖豆藤 Callerya speciosa, 鱼藤 Derris trifoliata
5-hydroxy-7-methoxyflavanone 5- 羟基 -7- 甲氧基黄烷酮 胡桃楸 Juglans mandshurica, 镰荚棘豆 Oxytropis falcata
5-hydroxy-7-methoxyflavone 5- 羟基 -7- 甲氧基黄酮 鸡冠花 Celosia cristata, 镰荚棘豆 Oxytropis falcata
5-hydroxy-7-methoxy-flavone-6-O-β-D-methylglucuronide 5- 羟基 -7- 甲氧基 - 黄酮 -6-O-β-D- 葡萄糖醛酸苷甲酯 木蝴蝶 Oroxylum indicum
4'-hydroxy-7-methoxyflemistrictin F 4'- 羟基 -7- 甲氧基长叶千斤拔素 ▲F 啤酒花 Humulus lupulus
4'-hydroxy-7-methoxyisoflavone 4'- 羟基 -7- 甲氧基异黄酮 镰荚棘豆 Oxytropis falcata
5-hydroxy-7-methoxyisoflavone-4'-O-β-D-glucopyranoside 5- 羟基 -7- 甲氧基异黄酮 -4'-O-β-D- 吡喃葡萄糖苷 红车轴草 Trifolium pratense
1-hydroxy-7-methoxyxanthone 1- 羟基 -7- 甲氧基呫酮 薄叶红厚壳 Calophyllum membranaceum, 黄海棠 Hypericum ascyron, 元宝草 H. sampsonii, 铁力木 Mesua ferrea, 远志 Polygala tenuifolia
2-hydroxy-7-methyl-3-methoxyanthraquinone 2- 羟基 -7- 甲基 -3- 甲氧基蒽醌 白花蛇舌草 Hedyotis diffusa
(1R,4S,7S,8S)-8-hydroxy-7-methyl-4-(1-methylethenyl)-bicyclo-[5.3.1]undecan-2-one (1R,4S,7S,8S)-8- 羟基 -7- 甲基 -4-(1- 甲基乙烯基)- 双环 [5.3.1]-2- 十一酮 宽叶秦岭藤 Biondia hemsleyana
2-hydroxy-7-methyl-9,10-anthraquinone 2- 羟基 -7- 甲基 -9,10- 蒽醌 弄岗苣苔 Primulina longgangensis
2-hydroxy-7-methyl-9H-carbazole 2- 羟基 -7 甲基 -9H- 咔唑 单穗升麻 Cimicifuga simplex
6-hydroxy-7-methylhexahydrocyclopenta[c]pyran-3-one 6- 羟基 -7- 甲基六氢环戊烷 [c] 吡喃 -3- 酮 糙叶败酱 Patrinia scabra
4-hydroxy-7-methylindan-1-one 4- 羟基 -7- 甲基茚 -1- 酮 地木耳 Nostoc commune
6'-hydroxy-7-O-7'-dicoumarin 6'- 羟基 -7-O-7'- 双香豆素 了哥王 Wikstroemia indica
2-hydroxy-7-O-methylscillascillin 2- 羟基 -7-O- 甲基绵枣儿素 绵枣儿 Barnardia japonica
12-hydroxy-7-oxo-5,8,11,13-tetranen-18,6-abietanolide 12- 羟基 -7- 氧代 -5,8,11,13- 四烯 -18,6- 冷杉内酯 桑黄 Phellinus igniarius

H

15-hydroxy-7-oxo-8,11,13-abietatrien-18-oic acid 15- 羟基 -7- 氧代 -8,11,13- 冷杉三烯 -18- 酸 冷杉 Abies fabri
13-hydroxy-7-oxo-8,11,13-podocarpatriene 13- 羟基 -7- 氧代 -8,11,13- 罗汉松三烯 草玉梅 Anemone rivularis
15-hydroxy-7-oxo-dehydroabietic acid 15- 羟基 -7- 氧代 - 去氢冷杉酸 太白红杉 Larix potaninii var. chinensis
6α-hydroxy-7-oxoferruginol 6α- 羟基 -7- 氧代锈色罗汉松酚▲ 圆柏 Juniperus chinensis, 云南鼠尾草 Salvia yunnanensis
3α-hydroxy-7-oxolanosta-8,24-dien-26,23*R*-olide 3α- 羟基 -7- 氧代羊毛脂 -8,24- 二烯 -26,23*R*- 内酯 岷江冷杉 Abies fargesii var. faxoniana
3-hydroxy-7-oxo-lanosta-8,24-dien-26-oic acid 3- 羟基 -7- 氧代 - 羊毛脂 -8,24- 二烯 -26- 酸 南五味子 Kadsura longipedunculata
1-hydroxy-7-phenylhept-2-en-4,6-diyne 1- 羟基 -7- 苯基庚烷 -2- 烯 -4,6- 二炔 羽叶鬼针草 Bidens maximowicziana, 大丽花 Dahlia pinnata
7-hydroxy-7-vinylhexadec-(4*Z*)-enoic acid 7- 羟基 -7- 乙烯基十六碳 -(4*Z*)- 烯酸 竹叶花椒 Zanthoxylum armatum
1α-hydroxy-7α,11α,14β-triacetoxy-$\Delta^{8(9),15}$-pimaric acid methyl ester 1α- 羟基 -7α,11α,14β- 三乙酰氧基 -$\Delta^{8(9),15}$- 海松酸甲酯 欧地笋 Lycopus europaeus
14α-hydroxy-7α-ethoxy-11,16-diketo-apian-8-en-(20,6)-olide 14α- 羟基 -7α- 乙氧基 -11,16- 二酮基 - 阿派 -8- 烯 -(20,6)- 内酯 西南鬼灯檠 Rodgersia sambucifolia
6β-hydroxy-7α-ethoxy-16-acetoxyroyleanone 6β- 羟基 -7α- 乙氧基 -16- 乙酰氧基罗氏旋覆花酮▲ 线纹香茶菜 Isodon lophanthoides
(22*R*)-27-hydroxy-7α-methoxy-1-oxowitha-3,5,24-trienolide-27-*O*-β-D-glucopyranoside (22*R*)-27- 羟基 -7α- 甲氧基 -1- 氧代睡茄 -3,5,24- 三烯内酯 -27-*O*-β-D- 吡喃葡萄糖苷 洋金花 Datura metel
3β-hydroxy-7α-methoxy-24β-ethyl-cholest-5-ene 3β- 羟基 -7α- 甲氧基 -24β- 乙基 - 胆甾 -5- 烯 卷柏 Selaginella tamariscina
1α-hydroxy-7β-(4-methylsenecioyloxy)-oplopa-3(14)Z,8(10)-dien-2-one 1α- 羟基 -7β-(4- 甲基千里光酰氧基)- 日本刺参 -3(14)*Z*,8(10)- 二 -2- 酮 款冬 Tussilago farfara
(23*S**)-3β-hydroxy-7β,23-dimethoxycucurbita-5,24-dien-19-al (23*S**)-3β- 羟基 -7β,23- 二甲氧基葫芦 -5,24- 二烯 -19- 醛 苦瓜 Momordica charantia
3β-hydroxy-7β,25-dimethoxycucurbita-5,23(*E*)-diene 3β- 羟基 -7β,25- 二甲氧基葫芦 -5,23(*E*)- 二烯 苦瓜 Momordica charantia
(23*E*)-3β-hydroxy-7β,25-dimethoxycucurbita-5,23-dien-19-al (23*E*)-3β- 羟基 -7β,25- 二甲氧基葫芦 -5,23- 二烯 -19- 醛 苦瓜 Momordica charantia
3β-hydroxy-7β,25-dimethoxycucurbita-5,23*E*-dien-19-al 3β- 羟基 -7β,25- 二甲氧基葫芦 -5,23*E*- 二烯 -19- 醛 苦瓜 Momordica charantia
3β-hydroxy-7β,25-dimethoxycucurbita-5,23*E*-diene 3β- 羟基 -7β,25- 二甲氧基葫芦 -5,23*E*- 二烯 苦瓜 Momordica charantia
5α-hydroxy-7β,9α,10β,13α-tetraacetoxy-4(20),11-taxadiene 5α- 羟基 -7β,9α,10β,13α- 四乙酰氧基 -4(20),11- 紫杉二烯 南方红豆杉 Taxus wallichinana var. mairei
(14*R*)-hydroxy-7β-isovaleroyloxyoplop-8(10)-en-2-one (14*R*)- 羟基 -7β- 异戊酰氧基日本刺参 -8(10)- 烯 -2- 酮 款冬 Tussilago farfara
3β-hydroxy-7β-methoxycucurbita-5,23*E*,25-trien-19-al 3β- 羟基 -7β- 甲氧基葫芦 -5,23*E*,25- 三烯 -19- 醛 苦瓜 Momordica charantia
12-hydroxy-8(14),15-pimaradien-19-oic acid 12- 羟基 -8(14),15- 海松二烯 -19- 酸 杉木 Cunninghamia lanceolata
(13*R*)-13-hydroxy-8(17),11*E*,14-labdatrien-18-oic acid (13*R*)-13- 羟基 -8(17),11*E*,14- 半日花三烯 -18- 酸 台湾杉木 Cunninghamia lanceolata var. konishii
14β-hydroxy-8(17),12-labdadien-(15 → 16)-lactone-19-oic acid 14β- 羟基 -8(17),12- 半日花二烯 -(15 → 16)- 内酯 -19- 酸 腺花香茶菜 Isodon adenanthus
ent-3-hydroxy-8(17),13*E*-dilabden-15-carboxylic acid 对映 -3- 羟基 -8(17),13*E*- 半日花二烯 -15- 羧酸 银粉背蕨 Aleuritopteris argentea
16-hydroxy-8(17),13-*ent*-labdadien-15,16-olid-19-oic acid 16- 羟基 -8(17),13- 对映 - 半日花二烯 -15,16- 内酯 -19- 羧酸 篦齿眼子菜 Potamogeton pectinatus
13*S*-hydroxy-8(17),14-labdandien-18-oic acid 13*S*- 羟基 -8(17),14- 半日花二烯 -18- 酸 冷杉 Abies fabri, 杉木 Cunninghamia lanceolata
1α-hydroxy-8(17)-3β,7β,11β,15β-tetraacetoxy-*ent*-kaur-16-en-15-one 1α- 羟基 -8(17)-3β,7β,11β,15β- 四乙酰氧基 - 对映 - 贝壳杉 -16- 烯 -15- 酮 腺花香茶菜 Isodon adenanthus
7-hydroxy-8-(2',3'-dihydroxy-3'-methylbutyl)coumarin 7- 羟基 -8-(2',3'- 二羟基 -3'- 甲基丁基) 香豆素 岩风 Libanotis buchtormensis, 小芸木 Micromelum integerrimum
hydroxy-8-(2',3'-dihydroxy-3'-methylbutyl)-coumarin 羟基 -8-(2',3'- 二羟基 -3'- 甲基丁基)- 香豆素 小芸木 Micromelum integerrimum
7-hydroxy-8-(2'-hydroxy-3'-methyl-3'-butenyl)coumarin 7- 羟基 -8-(2'- 羟基 -3'- 甲基 -3'- 丁烯基) 香豆素 葡萄柚 Citrus paradisi
1-hydroxy-8-(2-hydroxy-3-methylbut-3-enyl)-3,6,7-trimethoxy-2-prenyl-xanthone 1- 羟基 -8-(2- 羟基 -3- 甲基丁 -3- 烯基)-3,6,7- 三甲氧基 -2- 异戊烯基 - 吨酮 莽吉柿 Garcinia mangostana
2-hydroxy-8-(3,4-dihydroxyphenyl)-phenalen-1-one 2- 羟基 -8-(3,4- 二羟基苯基)- 菲那烯 -1- 酮 凤眼蓝 Eichhornia crassipes
(16*E*)-1-hydroxy-8-(3-hydroxy-3-methylbut-1-enyl)-3,6,7-trimethoxy-2-prenyl-xanthone (16*E*)-1- 羟基 -8-(3- 羟基 -3- 甲基丁 -1- 烯基)-3,6,7- 三甲氧基 -2- 异戊烯基 - 吨酮 莽吉柿 Garcinia mangostana
5-hydroxy-8-(3'-methyl-2'-butenyl)-furocoumarin 5- 羟基 -8-(3'- 甲基 -2'- 丁烯基)- 呋喃香豆素 橘红 Citrus maxima 'Tomentosa', 黄皮 Clausena lansium
2-hydroxy-8-(4-hydroxyphenyl)-phenalen-1-one 2- 羟基 -8-(4- 羟基苯基)- 菲那烯 -1- 酮 凤眼蓝 Eichhornia crassipes
9-hydroxy-8,10-dehydrothymol 9- 羟基 -8,10- 去氢麝香草酚 台湾泽兰 Eupatorium formosanum, 佩兰 E. fortunei
9-hydroxy-8,10-epoxythymol-3-*O*-tiglate 9- 羟基 -8,10- 环氧麝香草酚 -3-*O*- 巴豆酸酯 佩兰 Eupatorium fortunei
11-hydroxy-8,11,13-abietatrien-12-*O*-β-xylopyranoside 11- 羟基 -8,11,13- 冷杉三烯 -12-*O*-β- 吡喃木糖苷 海榄雌 Avicennia marina
12-hydroxy-8,11,13-abietatrien-19-al 12- 羟基 -8,11,13- 冷杉三烯 -19- 醛 梓 Catalpa ovata
13-hydroxy-8,11,13-podocarpatrien-18-oic acid 13- 羟基 -8,11,13- 罗汉松三烯 -18- 酸 冷杉 Abies fabri
13-hydroxy-8,11,13-podocarptrien-19-oic acid 13- 羟基 -8,11,13- 罗汉松三烯 -19- 酸 假地枫皮 Illicium jiadifengpi
(8*E*,12*Z*15*Z*)-10-hydroxy-8,12,15-octadecatrien-4-6,-diynoic acid (8*E*,12*Z*15*Z*)-10- 羟基 -8,12,15- 十八三烯 -4,6- 二炔酸 总状蕨藻 Caulerpa

racemosa
1α-hydroxy-8,12-epoxyeudesma-4,7,11-triene-3,6-dione 1α- 羟基 -8,12- 环氧桉叶 -4,7,11- 三烯 -3,6- 二酮 宽叶金粟兰 Chloranthus henryi
1α-hydroxy-8,12-epoxyeudesma-4,7,11-triene-6,9-dione 1α- 羟基 -8,12- 环氧桉叶 -4,7,11- 三烯 -6,9- 二酮 宽叶金粟兰 Chloranthus henryi
4β-hydroxy-8,12-epoxyeudesma-7,11-diene-1,6-dione 4β- 羟基 -8,12- 环氧桉叶 -7,11- 二烯 -1,6- 二酮 宽叶金粟兰 Chloranthus henryi, 及已 C. serratus
7β-hydroxy-8,13-abietadiene-11,12-dione 7β- 羟基 -8,13- 冷杉二烯 -11,12- 二酮 丹参 Salvia miltiorrhiza
2-hydroxy-8,13*E*-labdadien-15-oic acid 2- 羟基 -8,13*E*- 半日花二烯 -15- 酸 毛喉鞘蕊花 Coleus forskohlii
6β-hydroxy-8,13-epoxylabd-14-en-11-one 6β- 羟基 -8,13- 环氧半日花 -14- 烯 -11- 酮 毛喉鞘蕊花 Coleus forskohlii
3β-hydroxy-8,14-epoxy-5β-carda-16,20(22)-dienolide 3β- 羟基 -8,14- 环氧 -5β- 强心甾 -16,20(22)- 二烯内酯 夹竹桃 Nerium oleander
11β-hydroxy-8,14-epoxy-*ent*-abieta-13(15)-en-16,12-olide 11β- 羟基 -8,14- 环氧 - 对映 - 冷杉 -13(15)- 烯 -16,12- 内酯 狼毒大戟 Euphorbia fischeriana
(8*E*,10*R*,14*Z*)-10-hydroxy-8,14-octadecadien-12-ynoic acid (8*E*,10*R*,14*Z*)-10- 羟基 -8,14- 十八碳二烯 -12- 炔酸 金黄喇叭菌 Craterellus aureus
5-hydroxy-8,2'-dimethoxyflavone-7-*O*-β-D-glucopyranoside 5- 羟基 -8,2'- 二甲氧基黄酮 -7-*O*-β-D- 吡喃葡萄糖苷 韩信草 Scutellaria indica
4'-hydroxy-8,3'-dimethoxy-6-acroleinylflavan-3,4-diol 4'- 羟基 -8,3'- 二甲氧基 -6- 丙烯醛基黄烷 -3,4- 二醇 黄毛豆腐柴 Premna fulva
13-hydroxy-8,9-dehydroshizukanolide 13- 羟基 -8,9- 去氢银线草内酯 雪香兰 Hedyosmum orientale
5α-hydroxy-8,9-dihydrocarvone 5α- 羟基 -8,9- 二氢葛缕子酮 合蕊五味子 Schisandra propinqua
10-hydroxy-8,9-dihydrothymol 10- 羟基 -8,9- 二氢麝香草酚 蓼子朴 Inula salsoloides
3-hydroxy-8,9-dimethoxypterocarpan 3- 羟基 -8,9- 二甲氧基紫檀烷 白花草木犀 Melilotus albus
10-hydroxy-8,9-dioxyisopropylidenethymol 10- 羟基 -8,9- 二氧异亚丙基麝香草酚 石胡荽 Centipeda minima, 水朝阳旋覆花 Inula helianthusaquatilis, 湖北旋覆花 I. hupehensis
3-hydroxy-8,9-methylenedioxypterocarp-6a-ene 3- 羟基 -8,9- 亚甲二氧基紫檀 -6a- 烯 毛鱼藤 Derris elliptica
(+)-3-hydroxy-8,9-methylenedioxypterocarpan (+)-3- 羟基 -8,9- 亚甲二氧基紫檀烷 蒙自木蓝 Indigofera mengtzeana
3-hydroxy-8,9-methylenepterocarpin 3- 羟基 -8,9- 亚甲基紫檀素 朝鲜槐 Maackia amurensis
8-hydroxy-8,9-secolactara-1,6-dien-5,13-olide 8- 羟基 -8,9- 裂环乳菇 -1,6- 二烯 -5,13- 内酯 辣味乳菇 Lactarius piperatus
3-hydroxy-8-*C*-prenylnaringenin 3- 羟基 -8-*C*- 异戊烯基柚皮素 小槐花 Ohwia caudata
(8*E*)-10-hydroxy-8-decenoic acid (8*E*)-10- 羟基 -8- 十烯酸 水粉杯伞 Clitocybe nebularis
10α-hydroxy-8-deoxy-10,14-dihydrodeacylcinaropicrin 10α- 羟基 -8- 去氧 -10,14- 二氢去酰湾卷毛连菜内酯 小苦荬 Ixeridium dentatum, 空桶参 Soroseris erysimoides
6-hydroxy-8-desmethoxy-aristolactam-*N*-β-D-glucopyranoside 6- 羟基 -8- 去甲氧基马兜铃内酰胺 -*N*-β-D- 吡喃葡萄糖苷 北马兜铃 Aristolochia contorta
7β-hydroxy-8-*epi*-iridodial glucoside 7β- 羟基 -8- 表 - 臭蚁二醛葡萄糖苷 海滨柳穿鱼 Linaria japonica
5-hydroxy-8-epiloganin 5- 羟基 -8- 表马钱苷 宝盖草 Lamium amplexicaule
5-hydroxy-8-methoxy-2-methyl-4*H*-1-benzopyran-4-one 5- 羟基 -8- 甲氧基 -2- 甲基 -4*H*-1- 苯并吡喃 -4- 酮 椭圆叶花锚 Halenia elliptica
1-hydroxy-8-methoxy-3-methyl-6-*O*-β-D-glucopyranosyl-anthraquinone 1- 羟基 -8- 甲氧基 -3- 甲基 -6-*O*-β-D- 吡喃葡萄糖基 - 蒽醌 圆穗蓼 Polygonum macrophyllum
6-hydroxy-8-methoxycoumarin 6- 羟基 -8- 甲氧基香豆素 云南土沉香 Excoecaria acerifolia
7-hydroxy-8-methoxycoumarin 7- 羟基 -8- 甲氧基香豆素 狭叶链珠藤 Alyxia schlechteri, 青蒿 Artemisia carvifolia carvifolia, 蛇床 Cnidium monnieri, 凹叶瑞香 Daphne retusa, 中国绣球 Hydrangea chinensis, 柔毛绣球 H. villosa, 挂苦绣球 H. xanthoneura, 城口东俄芹 Tongoloa silaifolia, 紫花地丁 Viola philippica
5-hydroxy-8-methoxy-coumarin 5- 羟基 -8- 甲氧基 - 香豆素 迷果芹 Sphallerocarpus gracilis
7-hydroxy-8-methoxy-coumarin 7- 羟基 -8- 甲氧基 - 香豆素 绣球 Hydrangea macrophylla
5-hydroxy-8-methoxypsoralen 5- 羟基 -8- 甲氧基补骨脂素 祁白芷 Angelica dahurica 'Qibaizhi', 明党参 Changium smyrnioides, 防风 Saposhnikovia divaricata
1-hydroxy-8-methoxyxanthone 1- 羟基 -8- 甲氧基𠮿酮 肉果草 Lancea tibetica
9β-hydroxy-8-oxo-12-noreremophil-6-en-11-one 9β- 羟基 -8- 氧代 -12- 降荒漠木 -6- 烯 -11- 酮 黄帚橐吾 Ligularia virgaurea
3β-hydroxy-8-oxoeremophil-6-en-12-oic acid methyl ester 3β- 羟基 -8- 氧代荒漠木 -6- 烯 -12- 羧酸甲酯 蜂斗菜 Petasites japonicus
5-hydroxy-8-*O*-β-D-glucopyranosyl-benzopyranone 5- 羟基 -8-*O*-β-D- 吡喃葡萄糖基苯并吡喃酮 茅香 Hierochloe odorata
6α-hydroxy-8α*H*-secoeudesmanolide 6α- 羟基 -8α*H*- 裂环桉叶烷内酯 湖北旋覆花 Inula hupehensis
6β-hydroxy-8α-methoxy-eremophil-7(11)-en-12,8α-olide 6β- 羟基 -8α- 甲氧基 - 荒漠木 -7(11)- 烯 -12,8α- 内酯 蹄叶橐吾 Ligularia fischeri
6β-hydroxy-8α-methoxyeremophil-7(11)-en-12,8β-olide 6β- 羟基 -8α- 甲氧基 - 荒漠木 -7(11)- 烯 -12,8β- 内酯 蹄叶橐吾 Ligularia fischeri
6β-hydroxy-8α-methoxy-eremophil-7(11)-en-12,8β-olide 6β- 羟基 -8α- 甲氧基荒漠木 -7(11)- 烯 -12,8β- 内酯 黄帚橐吾 Ligularia virgaurea
10β-hydroxy-8β,9β-epoxyeremophil-7(1l)-en-6α,l5;8α,12-diolide 10β- 羟基 -8β,9β- 环氧荒漠木 -7(1l)- 烯 -6α,l5;8α,12- 二内酯 掌叶橐吾 Ligularia przewalskii
1β-hydroxy-8β-acetoxycostic acid methyl ester 1β- 羟基 -8β- 乙酰氧基木香酸▲ 甲酯 旋覆花 Inula japonica
1β-hydroxy-8β-acetoxyisocostic acid methyl ester 1β- 羟基 -8β- 乙酰氧基异木香酸▲ 甲酯 旋覆花 Inula japonica
1-hydroxy-8-β-D-glucopyranosyloxy-3,5-dimethoxyxanthone 1- 羟基 -8-β-D- 吡喃葡萄糖氧基 -3,5- 二甲氧基𠮿酮 川西獐牙菜 Swertia mussotii
15-hydroxy-8β-isobutyryloxy-14-oxo-melampolide 15- 羟基 -8β- 异丁酰氧 -14- 氧代黑足菊内酯▲ 豨莶 Sigesbeckia orientalis

H

14-hydroxy-8β-isobutyryloxy-1β,10α-epoxycostunolide 14- 羟基 -8β- 异丁酰氧 -1β,10α- 环氧木香内酯 豨莶 Sigesbeckia orientalis
9β-hydroxy-8β-isobutyryloxy-1β,10α-epoxycostunolide 9β- 羟基 -8β- 异丁酰氧基 -1β,10α- 环氧木香内酯 豨莶 Sigesbeckia orientalis
14-hydroxy-8β-isobutyryloxycostunolide 14- 羟基 -8β- 异丁酰氧基木香内酯 豨莶 Sigesbeckia orientalis
9β-hydroxy-8β-isobutyryloxycostunolide 9β- 羟基 -8β- 异丁酰氧基木香内酯 豨莶 Sigesbeckia orientalis
9β-hydroxy-8β-methacryloyloxycostunolide 9β- 羟基 -8β- 甲基丙烯酰氧基木香内酯 豨莶 Sigesbeckia orientalis
5-hydroxy-8-γ,γ-isopentenyl-6",6"-dimenthyl-pyran(6,7:3",2")chromone 5- 羟基 -8-γ,γ- 异戊烯基 -6",6"- 二甲基 - 吡喃 (6,7:3",2") 色酮 大叶千斤拔 Flemingia macrophylla
7α-hydroxy-9(10)-en-1,8-dioxo-6,7-dihydrofuranoeremophilane 7α- 羟基 -9(10)- 烯 -1,8- 二氧代 -6,7- 二氢呋喃艽漠木 箭叶橐吾 Ligularia sagitta
3β-hydroxy-9(11),12-oleanadien-28-oic acid 3β- 羟基 -9(11),12- 齐墩果二烯 -28- 酸 卷丝苣苔 Corallodiscus kingianus
8β-hydroxy-9(11),13-abietadien-12-one 8β- 羟基 -9(11),13- 冷杉二烯 -12- 酮 日本柳杉 Cryptomeria japonica
(3R,23R)-3-hydroxy-9(11),24-lanostadien-26,23-olide (3R,23R)-3- 羟基 -9(11),24- 羊毛脂二烯 -26,23- 内酯 冷杉 Abies fabri
3β-hydroxy-9(11)-fernen-23-oic acid 3β- 羟基 -9(11)- 羊齿烯 -23- 酸 金锦香 Osbeckia chinensis
[3-hydroxy-9-(4'-hydroxy-3'-methoxyphenyl)-11-methoxy-5,6,9,10-tetrahydrophenanthro[2,3-b]furan-10-yl]methyl acetate [3- 羟基 -9-(4'- 羟基 -3'- 甲氧基苯基)-11- 甲氧基 -5,6,9,10- 四氢菲 [2,3-b] 呋喃 -10- 基] 甲基乙酸酯 独蒜兰 Pleione bulbocodioides
2-hydroxy-9-(4'-hydroxyphenyl)-phenalen-1-one 2- 羟基 -9-(4'- 羟基苯基)- 非那烯 -1- 酮 地涌金莲 Musella lasiocarpa
(4S,5S,6R,8R,9S,10S)-8-hydroxy-9-(angeloyloxy)eremophil-7(11)-en-6,15;8,12-diolide (4S,5S,6R,8R,9S,10S)-8- 羟基 -9- 当归酰氧基艽漠木 -7(11)- 烯 -6,15;8,12- 二内酯 鹿蹄橐吾 Ligularia hodgsonii
8-hydroxy-9-(isobutyryloxy)-10-(2-methylbutanoyl)thymol 8- 羟基 -9- 异丁酰基 -10-(2- 甲基丁酰基) 麝香草酚 水朝阳旋覆花 Inula helianthusaquatilis, 湖北旋覆花 I. hupehensis
13S-hydroxy-9(Z),11(E)-octadecadienoic acid 13S- 羟基 -9(Z),11(E)- 十八碳二烯酸 假烟叶树 Solanum erianthum
2-hydroxy-9,10-anthraquinone 2- 羟基 -9,10- 蒽醌 肥牛草 Primulina hedyotidea
8-hydroxy-9,10-diisobutyryloxy-thymol 8- 羟基 -9,10- 二异丁酰氧基麝香草酚 烟管头草 Carpesium cernuum, 石胡荽 Centipeda minima, 水朝阳旋覆花 Inula helianthusaquatilis, 湖北旋覆花 I. hupehensis
(6aR,11aR)-10-hydroxy-9,10-dimethoxypterocarpan (6aR,11aR)-10- 羟基 -3,9- 二甲氧基紫檀烷 蒙古黄耆 Astragalus penduliflorus
(6aR,11aR)-3-hydroxy-9,10-dimethoxypterocarpan (6aR,11aR)-3- 羟基 -9,10- 二甲氧基紫檀烷 蒙古黄耆 Astragalus penduliflorus
10-hydroxy-9,10-dioxyisopropylidenethymol 10- 羟基 -9,10- 二氧异亚丙基麝香草酚 水朝阳旋覆花 Inula helianthusaquatilis
8-hydroxy-9,10-dioxyisopropylidene-thymol 8- 羟基 -9,10- 二氧异亚丙基 - 麝香草酚 水朝阳旋覆花 Inula helianthusaquatilis
12-hydroxy-9,13,15-octadecatrienoic acid 12- 羟基 -9,13,15- 十八碳三烯酸 大叶山楝 Aphanamixis grandifolia
1α-hydroxy-9-deoxycacalol 1α- 羟基 -9- 去氧蟹甲草酚 大叶橐吾 Ligularia macrophylla
3-hydroxy-9H-carbazole-3-carboxaldehyde 3- 羟基 -9H- 咔唑 -3- 甲醛 齿叶黄皮 Clausena dunniana
4-hydroxy-9H-pyrido[3,4-b]indole-1-carboxylic acid methyl ester 4- 羟基 -9H- 吡啶 [3,4-b] 吲哚 -1- 羧酸甲酯 苦树 Picrasma quassioides
1-hydroxy-9-methoxy-4,4,8,10,10-pentamethyl-2,3-dioxabicyclo[4.4.0]dec-5,8-diene-7-one 1- 羟基 -9- 甲氧基 -4,4,8,10,10- 五甲基 -2,3- 二氧杂双环并 [4.4.0] 十碳 -5,8- 二烯 -7- 酮 岗松 Baeckea frutescens
3-hydroxy-9-methoxycoumestan 3- 羟基 -9- 甲氧基香豆雌烷 降香 Dalbergia odorifera, 多序岩黄耆 Hedysarum polybotrys
3-hydroxy-9-methoxypterocarp-6a-ene 3- 羟基 -9- 甲氧基紫檀 -6a- 烯 降香 Dalbergia odorifera
3-hydroxy-9-methoxypterocarpan 3- 羟基 -9- 甲氧基紫檀烷 鹰爪花 Artabotrys hexapetalus, 多序岩黄耆 Hedysarum polybotrys, 大花田菁 Sesbania grandiflora
3-hydroxy-9-methoxypterocarpin 3- 羟基 -9- 甲氧基紫檀素 朝鲜槐 Maackia amurensis
8-hydroxy-9-O-angeloyl-10-O-acetylthymol 8- 羟基 -9-O- 当归酰基 -10-O- 乙酰基麝香草酚 佩兰 Eupatorium fortunei
2-hydroxy-9-phenylphenalen-1-one 2- 羟基 -9- 苯基非那烯 -1- 酮 地涌金莲 Musella lasiocarpa
13-hydroxy-9Z,11E,15E-octadecatrienoic acid 13- 羟基 -9Z,11E,15E- 十八碳三烯酸 南瓜 Cucurbita moschata
13S-hydroxy-9Z,11E-octadecadienoic acid 13S- 羟基 -9Z,11E- 十八碳二烯酸 薏米 Coix lacryma-jobi var. ma-yuen
15-hydroxy-9α-acetoxy-8β-isobutyryloxy-14-oxomelampolide 15- 羟基 -9α- 乙酰氧基 -8β- 异丁酰氧 -14- 氧代黑足菊内酯▲ 豨莶 Sigesbeckia orientalis
8β-hydroxy-9β-(2-methylbutyryloxy)-14-oxo-acanthospermolide 8β- 羟基 -9β-(2- 甲基丁酰氧基)-14- 氧代刺苞菊内酯 百能葳葳 Blainvillea acmella
7-hydroxy-9'-β-glucopyranosyloxyl-secoisolariciresinol 7- 羟基 -9'-β- 吡喃葡萄糖氧基 - 裂环异落叶松树脂醇 锥栗 Castanea henryi
(23R)-3α-hydroxy-9β-lanosta-7,24-dien-26,23-olide (23R)-3α- 羟基 -9β- 羊毛脂 -7,24- 二烯 -26,23- 内酯 冷杉 Abies fabri
3α-hydroxy-9β-lanosta-7,24-dien-26,23R-olide 3α- 羟基 -9β- 羊毛脂 -7,24- 二烯 -26,23R- 内酯 岷江冷杉 Abies fargesii var. faxoniana
ent-11α-hydroxyabieta-8(14),13(15)-dien-16,12α-olide 对映 -11α- 羟基冷杉 -8(14),13(15)- 二烯 -16,12α- 内酯 甘肃大戟 Euphorbia kansuensis, 百步回阳 E. sessiliflora
ent-11β-hydroxyabieta-8(14),13(15)-dien-16,12β-olide 对映 -11β- 羟基冷杉 -8(14),13(15)- 二烯 -16,12β- 内酯 狼毒大戟 Euphorbia fischeriana
7α-hydroxy-abieta-8(14)-en-18-ol-9α,13α-endoperoxide 7α- 羟基 - 冷杉 -8(14)- 烯 -18- 醇 9α,13α- 内过氧化物 冠唇花 Microtoena insuavis
3β-hydroxy-abieta-8,11,13-trien-7-one 3β- 羟基 - 冷杉 -8,11,13- 三烯 -7- 酮 黄荆 Vitex negundo
12β-hydroxyabietic acid 12β- 羟基冷杉酸 冷杉 Abies fabri, 岷江冷杉 A. fargesii var. faxoniana
12-hydroxyabietic acid 12- 羟基冷杉酸 华山松 Pinus armandii, 红松 P. koraiensis
15-hydroxyabietic acid 15- 羟基冷杉酸 香柏 Juniperus pingii var. wilsonii, 思茅松 Pinus kesiya
14-hydroxy-abietyl-8,11,13-triene-3-one 14- 羟基 - 冷杉 -8,11,13- 三烯 -3- 酮 雷公藤 Tripterygium wilfordii

H

10-hydroxyaloin A 10- 羟基芦荟素 A 芦荟 Aloe vera, 毛脉酸模 Rumex gmelinii
10-hydroxyaloin B 10- 羟基芦荟素 B 芦荟 Aloe vera, 毛脉酸模 Rumex gmelinii
6-hydroxyalpinolide 6- 羟基山姜内酯 山姜 Alpinia japonica
9-hydroxyalpinolide 9- 羟基山姜内酯 山姜 Alpinia japonica
hydroxyalpinumisoflavone 羟基高山毒豆异黄酮▲ 地果 Ficus tikoua
16-hydroxyalstonal 16- 羟基鸡骨常山醛▲ 大叶糖胶树 Alstonia macrophylla
16-hydroxyalstonisine 16- 羟基鸡骨常山辛碱▲ 大叶糖胶树 Alstonia macrophylla
3''-hydroxyamentoflavone 3''- 羟基穗花双黄酮 北马兜铃 Aristolochia contorta
5'-hydroxyamentoflavone 5'- 羟基穗花杉黄酮 直叶珠藓 Bartramia ithyphylla
3''-hydroxyamentoflavone-7-*O*-methyl ether 3''- 羟基穗花双黄酮 -7-*O*- 甲醚 北马兜铃 Aristolochia contorta
(+)-7-hydroxyamino-octadecanoic acid methyl ester (+)-7- 羟基氨基 - 硬脂酸甲酯 薏米 Coix lacryma-jobi var. ma-yuen
12*α*-hydroxyamoorastatin 12*α*- 羟基崖摩抑素▲ 楝 Melia azedarach, 川楝 M. toosendan
12-hydroxyamoorastatin 12- 羟基崖摩抑素▲ 大叶山楝 Aphanamixis grandifolia, 楝 Melia azedarach, 川楝 M. toosendan
12*α*-hydroxyamoorastatone 12*α*- 羟基崖摩抑酮▲ 楝 Melia azedarach, 川楝 M. toosendan
12-hydroxyamoorastatone 12- 羟基崖摩抑酮▲ 楝 Melia azedarach, 川楝 M. toosendan
12a*β*-hydroxyamorphigenin 12a*β*- 羟基紫穗槐苷元 紫穗槐 Amorpha fruticosa
12a-hydroxyamorphigenin 12a- 羟基紫穗槐苷元 紫穗槐 Amorpha fruticosa
1a*R*,6a*S*,12a*R*-11-hydroxyamorphispironone 1a*R*,6a*S*,12a*R*-11- 羟基紫穗槐螺酮 紫穗槐 Amorpha fruticosa
2*β*-hydroxyampelopsin F 2*β*- 羟基蛇葡萄素 F 小叶买麻藤 Gnetum parvifolium
12*β*-hydroxyandrost-4,6,8(9),13(14)-tetraene-3,11,16-trione 12*β*- 羟基雄甾 -4,6,8(9),13(14)- 四烯 -3,11,16- 三酮 思茅藤 Epigynum auritum
(12*β*)-hydroxy-androsta-1,4,6-trien-3,17-dione (12*β*)- 羟基 - 雄甾 -1,4,6- 三烯 -3,17- 二酮 秦岭藤 Biondia chinensis
17*β*-hydroxy-androsta-4,6,15-trien-3-one 17*β*- 羟基雄甾 -4,6,15- 三烯 -3- 酮 合掌消 Cynanchum amplexicaule
14-hydroxyandrosta-4,6,15-triene-3,17-dione 14- 羟基雄甾 -4,6,15- 三烯 -3,17- 二酮 柳叶白前 Cynanchum stauntonii
14*β*-hydroxyandrosta-4,6-dien-3,17-dione 14*β*- 羟基雄甾 -4,6- 二烯 -3,17- 二酮 马利筋 Asclepias curassavica
2-hydroxyandrostane-1,4-dien-3,16-dione 2- 羟基雄烷 -1,4- 二烯 -3,16- 二酮 灰毛浆果楝 Cipadessa cinerascens
(*E*)-3-hydroxyanethole-*β*-D-glucopyranoside (*E*)-3- 羟基莳萝脑 -*β*-D- 吡喃葡萄糖苷 茴芹 Pimpinella anisum
6'-hydroxyangelicain 6'- 羟基当归因▲ 升麻 Cimicifuga foetida, 蛇床 Cnidium monnieri
17-hydroxyangeloylgomisin Q 17- 羟基当归酰北五味子素▲Q 五味子 Schisandra chinensis
4*α*-hydroxyanhydrolycodoline 4*α*- 羟基脱水石松灵碱 石松 Lycopodium japonicum
8*β*-hydroxyanhydroparthenin 8*β*- 羟基脱水银胶菊素 银胶菊 Parthenium hysterophorus
7-hydroxy-anhydropodorhizol 7- 羟基无水西藏鬼臼脂醇 峨参 Anthriscus sylvestris
hydroxyanic acid 红氰酸 救荒野豌豆 Vicia sativa
hydroxyanigorufone 羟基红花袋鼠爪酮▲ 大蕉 Musa × paradisiaca
3-hydroxyanisotine 3- 羟基异唇爵床碱▲ 鸭嘴花 Justicia adhatoda
6-hydroxy-anthragallol-1,3-dimethyl ether 6- 羟基 - 蒽棓酚 -1,3- 二甲醚 海滨木巴戟 Morinda citrifolia
1-hydroxyanthraquinone 1- 羟基蒽醌 日本柳杉 Cryptomeria japonica, 虎刺 Damnacanthus indicus, 海滨木巴戟 Morinda citrifolia, 巴戟天 M. officinalis, 翼核果 Ventilago leiocarpa
hydroxyanthraquinone 羟基蒽醌 竹叶花椒 Zanthoxylum armatum
3-hydroxyanthraquinone-2-carbaldehyde 3- 羟基蒽醌 -2- 醛 短小蛇根草 Ophiorrhiza pumila
2-hydroxyanthraquinone-3-aldehyde 2- 羟基蒽醌 -3- 甲醛 印度羊角藤 Morinda umbellata
6*β*-hydroxyantirrhide 6*β*- 羟基金鱼草萜苷▲ 海滨柳穿鱼 Linaria japonica
6-hydroxyantirrhinoside 6- 羟基金鱼草诺苷▲ 藏玄参 Oreosolen wattii
(-)-14*β*-hydroxyantofine (-)-14*β*- 羟基安托芬 水同木 Ficus fistulosa
(13*R*,14*R*)-14-hydroxyantofine (13*R*,14*R*)-14- 羟基安托芬 华北白前 Cynanchum mongolicum
(13*R*,14*R*)-14-hydroxyantofine-*N*-oxide (13*R*,14*R*)-14- 羟基安托芬 -*N*- 氧化物 华北白前 Cynanchum mongolicum
rel-(5*S*,6*S*,7*R*,10*R*,12*S*,13*R*)-7-hydroxyapiana-8,14-diene-11,16-dion-(22,6)-olide 相对 -(5*S*,6*S*,7*R*,10*R*,12*S*,13*R*)-7- 羟基白鼠尾草 -8,14- 二烯 -11,16- 二酮 -(22,6)- 内酯 撒尔维亚 Salvia officinalis
rel-(5*S*,6*S*,7*S*,10*R*,12*R*,13*S*)-7-hydroxyapiana-8,14-diene-11,16-dion-(22,6)-olide 相对 -(5*S*,6*S*,7*S*,10*R*,12*R*,13*S*)-7- 羟基白鼠尾草 -8,14- 二烯 -11,16- 二酮 -(22,6)- 内酯 撒尔维亚 Salvia officinalis
rel-(5*S*,6*S*,7*S*,10*R*,12*S*,13*R*)-7-hydroxyapiana-8,14-diene-11,16-dion-(22,6)-olide 相对 -(5*S*,6*S*,7*S*,10*R*,12*S*,13*R*)-7- 羟基白鼠尾草 -8,14- 二烯 -11,16- 二酮 -(22,6)- 内酯 撒尔维亚 Salvia officinalis
6-hydroxyapigenin 6- 羟基芹菜苷元 马鞭草 Verbena officinalis, 驱虫斑鸠菊 Vernonia anthelmintica
6-hydroxyapigenin-7-*O*-rhamnoglucoside 6- 羟基芹菜苷元 -7-*O*- 鼠李葡萄糖苷 火烧花 Mayodendron igneum
6-hydroxyapigenin-7-*O*-*β*-D-glucopyranoside 6- 羟基芹菜素 -7-*O*-*β*-D- 吡喃葡萄糖苷 火绒草 Leontopodium leontopodioides
8-hydroxyapigenin-7-*O*-*β*-D-glucopyranoside 8- 羟基芹菜苷元 -7-*O*-*β*-D- 吡喃葡萄糖苷 真藓 Bryum argenteum
6-hydroxyapoatropine 6- 羟基离阿托品▲ 树番茄 Cyphomandra betacea
2*α*-hydroxyarborescin 2*α*- 羟基树蒿素▲ 东北丝裂蒿 Artemisia adamsii
2*β*-hydroxyarborescin 2*β*- 羟基树蒿素▲ 东北丝裂蒿 Artemisia adamsii
8*α*-hydroxyarborescin 8*α*- 羟基树蒿素▲ 多花蒿 Artemisia myriantha

5-hydroxyarborinine 5- 羟基乔木山小橘瑞宁▲ 山小橘 Glycosmis pentaphylla
1β-hydroxyarbusculin 1β- 羟基矮艾素 菊蒿 Tanacetum vulgare
1β-hydroxyarbusculin A 1β- 羟基矮艾素 A 云南含笑 Michelia yunnanensis
3-hydroxyarctiin 3- 羟基牛蒡苷 毛穗香薷 Elsholtzia eriostachya, 巴天酸模 Rumex patientia
erythro-γ-hydroxyarginine 赤式 -γ- 羟基精氨酸 歪头菜 Vicia unijuga
2β-hydroxyarisanlactone C 2β- 羟基阿里山五味子内酯▲C 阿里山五味子 Schisandra arisanensis
7-hydroxyaristolactam I 7- 羟基马兜铃内酰胺 I 北马兜铃 Aristolochia contorta
9-hydroxyaristolactam I 9- 羟基马兜铃内酰胺 I 单叶细辛 Asarum himalaicum
7-hydroxyaristolochic acid I 7- 羟基马兜铃酸 I 单叶细辛 Asarum himalaicum, 小叶马蹄香 A. ichangense
9-hydroxyaristolochic acid I 9- 羟基马兜铃酸 I 北马兜铃 Aristolochia contorta
7-hydroxyaristolochic acid A 7- 羟基马兜铃酸 A 马兜铃 Aristolochia debilis, 耳叶马兜铃 A. tagala
10α-hydroxyarmillarin 10α- 羟基蜜环菌素 蜜环菌 Armillaria mellea
7-hydroxyartemidin 7- 羟基龙蒿素▲ 龙蒿 Artemisia dracunculus
4β-hydroxyasarinin-1-*O*-β-D-glucopyranoside 4β- 羟基细辛脂素 -1-*O*-β-D- 吡喃葡萄糖苷 伞序臭黄荆 Premna serratifolia
2'-hydroxyasarinin-2'-*O*-β-D-glucopyranosyl-(1 → 6)-β-D-glucopyranoside 2'- 羟基细辛脂素 -2'-*O*-β-D- 吡喃葡萄糖基 -(1 → 6)-β-D- 吡喃葡萄糖苷 菟丝子 Cuscuta chinensis
16α-hydroxyasclepin 16α- 羟基马利筋素▲ 马利筋 Asclepias curassavica
3-hydroxyasebotin 3- 羟基马醉木苷 马醉木 Pieris japonica
11α-hydroxyasiatic acid 11α- 羟基积雪草酸 光叶山矾 Symplocos lancifolia
19α-hydroxyasiatic acid 19α- 羟基积雪草酸 三叶委陵菜 Potentilla freyniana, 马缨杜鹃花 Rhododendron delavayi, 红毛悬钩子 Rubus wallichianus
hydroxyasiaticoside 羟基积雪草苷 黄精 Polygonatum sibiricum
2-hydroxyasparenyn 2- 羟基石刁柏素 石刁柏 Asparagus officinalis
9α-hydroxyasterolide 9α- 羟基紫菀内酯▲ 雪香兰 Hedyosmum orientale
ent-2-hydroxyatis-1,16(17)-diene-3,14-dione 对映 -2- 羟基阿替 -1,16(17)- 二烯 -3,14- 二酮 大狼毒 Euphorbia jolkinii, 大果大戟 E. wallichii
ent-(3α,5β,8α,9β,10α,12α)-3-hydroxyatis-16-en-14-one 对映 -(3α,5β,8α,9β,10α,12α)-3- 羟基阿替 -16- 烯 -14- 酮 狼毒大戟 Euphorbia fischeriana, 大狼毒 E. jolkinii
ent-(13*S*)-hydroxyatis-16-en-3,14-dione 对映 -(13*S*)- 羟基阿替 -16- 烯 -3,14- 二酮 甘肃大戟 Euphorbia kansuensis
ent-(5β,8α,9β,10α,12α)-12-hydroxyatis-16-en-3,14-dione 对映 -(5β,8α,9β,10α,12α)-12- 羟基阿替 -16- 烯 -3,14- 二酮 大狼毒 Euphorbia jolkinii
ent-13*R*-hydroxyatis-16-en-3,14-dione 对映 -13*R*- 羟基阿替 -16- 烯 -3,14- 二酮 钩腺大戟 Euphorbia sieboldiana
3β-hydroxy-atis-16-ene-2,14-dione 3β- 羟基阿替 -16- 烯 -2,14- 二酮 大狼毒 Euphorbia jolkinii
ent-(5β,8α,9β,10α,11α,12α)-11-hydroxyatis-16-ene-3,14-dione 对映 -(5β,8α,9β,10α,11α,12α)-11- 羟基阿替 -16- 烯 -3,14- 二酮 大狼毒 Euphorbia jolkinii
ent-13-hydroxyatis-16-ene-3,14-dione 对映 -13- 羟基阿替 -16- 烯 -3,14- 二酮 狼毒大戟 Euphorbia fischeriana
ent-16β-hydroxyatisan-18-oic acid 对映 -16β- 羟基阿替 -18- 酸 钩腺大戟 Euphorbia sieboldiana
(5β,8α,9β,10α,12α)-16-hydroxyatisan-3-one (5β,8α,9β,10α,12α)-16- 羟基 - 阿替 -3- 酮 海漆 Excoecaria agallocha
(3*R*)-3-hydroxyatractylenolide III (3*R*)-3- 羟基白术烯内酯▲III 四川金粟兰 Chloranthus sessilifolius
ent-(3*R*)-3-hydroxyatractylenolide III 对映 -(3*R*)-3- 羟基白术烯内酯▲III 多穗金粟兰 Chloranthus multistachys
(3*S*)-3-hydroxyatractylenolide III-3-*O*-β-D-glucopyranoside (3*S*)-3- 羟基苍术烯内酯▲III-3-*O*-β-D- 吡喃葡萄糖苷 关苍术 Atractylodes japonica
hydroxyatractylon 羟基苍术酮 关苍术 Atractylodes japonica
3-hydroxyatriplicolide tiglate 3- 羟基滨藜叶珍珠菊内酯▲巴豆酸酯 菊芋 Helianthus tuberosus
5-hydroxyauranetin 5- 羟基酸橙素 鼠麹草 Gnaphalium affine
5'-hydroxyauraptene 5'- 羟基橙皮油烯 簕欓花椒 Zanthoxylum avicennae
1β-hydroxybaccatin I 1β- 羟基浆果紫杉素 I 东北红豆杉 Taxus cuspidata, 喜马拉雅红豆杉 T. wallichiana, 南方红豆杉 T. wallichinana var. mairei
19-hydroxybaccatin III 19- 羟基浆果紫杉素 III 喜马拉雅红豆杉 Taxus wallichiana, 红豆杉 T. wallichiana var. chinensis, 南方红豆杉 T. wallichinana var. mairei
$\Delta^{1,3}$-hydroxybakuchiol $\Delta^{1,3}$- 羟基补骨脂酚 补骨脂 Cullen corylifolia
$\Delta^{3,2}$-hydroxybakuchiol $\Delta^{3,2}$- 羟基补骨脂酚 补骨脂 Cullen corylifolia
2-hydroxybenzaldehyde 2- 羟基苯甲醛 挥发油成分，未统计基源
3-hydroxybenzaldehyde 3- 羟基苯甲醛 毛杨梅 Myrica esculenta, 甘西鼠尾草 Salvia przewalskii, 异株荨麻 Urtica dioica
p-hydroxybenzaldehyde 对羟基苯甲醛 常见成分，至少分布于 100 种以上植物中
4-hydroxybenzamide 4- 羟基苯甲酰胺 蕺菜 Houttuynia cordata, 镰荚棘豆 Oxytropis falcata
p-hydroxybenzamide 对羟基苯甲酰胺 金毛狗 Cibotium barometz
(*R*)-α-hydroxybenzene propanoic acid monosodium salt (*R*)-α- 羟基 - 苯丙酸单钠盐 黄檗 Phellodendron amurense
4-hydroxybenzene-1-azoformamide 4- 羟基苯基 -1- 偶氮甲酰胺 头状秃马勃 Calvatia craniiformis
4-hydroxy-benzene-1-*O*-β-D-glucopyranoside 4- 羟基苯 -1-*O*-β-D- 吡喃葡萄糖苷 峨眉报春 Primula faberi

4-hydroxybenzeneacetic acid 4- 羟基苯乙酸 雪岭云杉 Picea schrenkiana, 黄连木 Pistacia chinensis, 波叶大黄 Rheum rhabarbarum
3-hydroxybenzeneethanol 3- 羟基苯乙醇 黄苞大戟 Euphorbia sikkimensis
4-hydroxybenzenepropanoic acid methyl ester 4- 羟基苯丙酸甲酯 唐古特大黄 Rheum tanguticum
p-hydroxybenzoate chitosan ester 对羟基苯甲酸几丁聚糖酯 大叶千斤拔 Flemingia macrophylla
5-hydroxybenzofuran-2(3*H*)-one 5- 羟基苯并呋喃 -2(3*H*)- 酮 榼藤 Entada phaseoloides, 阿勒泰橐吾 Ligularia altaica
(*E*)-5-(6-hydroxybenzofuran-2-yl)-4-(3-methylbut-l-enyl)benzene-1,3-diol (*E*)-5-(6- 羟基苯并呋喃 -2- 基)-4-(3- 甲基丁烯基) 苯 -1,3- 二醇 波罗蜜 Artocarpus heterophyllus
2-hydroxybenzoic acid 2- 羟基苯甲酸 无叶假木贼 Anabasis aphylla, 清明花 Beaumontia grandiflora, 橄榄 Canarium album, 毛丹麻杆 Discocleidion rufescens, 白花枝子花 Dracocephalum heterophyllum, 榕树 Ficus microcarpa, 狭叶栀子 Gardenia stenophylla, 翼齿六棱菊 Laggera crispata, 尖山橙 Melodinus fusiformis, 滇牡丹 Paeonia delavayi, 漏斗泡囊草 Physochlaina infundibularis, 斜脉暗罗 Polyalthia plagioneura, 狭叶獐牙菜 Swertia angustifolia
3-hydroxybenzoic acid 3- 羟基苯甲酸 多花芍药 Paeonia emodi, 独蒜兰 Pleione bulbocodioides, 贵州獐牙菜 Swertia kouitchensis
p-hydroxybenzoic acid 对羟基苯甲酸 常见成分，至少分布于 100 种以上植物中
m-hydroxybenzoic acid 间羟基苯甲酸 假升麻 Aruncus sylvester, 油茶 Camellia oleifera, 毛建草 Dracocephalum rupestre, 活血丹 Glechoma longituba, 少花米口袋 Gueldenstaedtia verna, 毛萼香茶菜 Isodon eriocalyx, 烟草 Nicotiana tabacum, 两栖蓼 Polygonum amphibium, 三叶鼠尾草 Salvia trijuga, 川西獐牙菜 Swertia mussotii, 直立黄钟花 Tecoma stans, 猫尾草 Uraria crinita, 黑果越桔 Vaccinium myrtillus
o-hydroxybenzoic acid 邻羟基苯甲酸 青皮竹 Bambusa textilis, 大花鸡肉参 Incarvillea mairei var. grandiflora, 毛黄连花 Lysimachia vulgaris, 烟草 Nicotiana tabacum, 白刺 Nitraria tangutorum, 白环黏奥德蘑 Oudemansiella mucida, 鸡矢藤 Paederia foetida, 香港远志 Polygala hongkongensis, 西伯利亚远志 P. sibirica, 麻叶千里光 Senecio cannabifolius
hydroxybenzoic acid 羟基苯甲酸 野燕麦 Avena fatua, 毛金丝桃 Hypericum hirsutum, 过路黄 Lysimachia christiniae, 毛地黄鼠尾草 Salvia digitaloides
p-hydroxybenzoic acid ethyl ester 对羟基苯甲酸乙酯 半枝莲 Scutellaria barbata
p-hydroxybenzoic acid glucoside 对羟基苯甲酸葡萄糖苷 白桦 Betula platyphylla, 银桦 Grevillea robusta, 短柱肖菝葜 Heterosmilax septemnervia
hydroxybenzoic acid hexose 羟基苯甲酸己糖 番茄 Lycopersicon esculentum
2-hydroxybenzoic acid methyl ester 2- 羟基苯甲酸甲酯 肾果小扁豆 Polygala furcata
m-hydroxybenzoic acid methyl ester 间羟基苯甲酸甲酯 云南土沉香 Excoecaria acerifolia
4-hydroxybenzoic acid pentadecane ester 4- 羟基苯甲酸十五酯 无叶假木贼 Anabasis aphylla
p-hydroxybenzoic acid-1-*O*-*β*-D-glucosyl ester 对羟基苯甲酸 -1-*O*-*β*-D- 葡萄糖基酯 红花五味子 Schisandra rubriflora
p-hydroxybenzoic acid-2-(2'-heneicosanoyl)phenethyl ester 对羟基苯甲酸 -2-(2'- 正二十一碳酰基)- 苯乙酯 盘花垂头菊 Cremanthodium discoideum
p-hydroxybenzoic acid-2-(2'-nonadecanoyl)phenethyl ester 对羟基苯甲酸 -2-(2'- 正十九碳酰基)- 苯乙酯 盘花垂头菊 Cremanthodium discoideum
p-hydroxybenzoic acid-3,4-dihydroxybenzyl alcohol ester-4-glucoside 对羟基苯甲酸 -3,4- 二羟基苄醇酯 -4- 葡萄糖苷 豆梨 Pyrus calleryana
4-hydroxybenzoic acid-4-*O*-*β*-glucopyranoside 4- 羟基苯甲酸 -4-*O*-*β*- 吡喃葡萄糖苷 杨梅 Myrica rubra
p-hydroxybenzoic acid-*O*-*β*-D-glucopyranosyl ester 对羟基苯甲酸 -*O*-*β*-D- 吡喃葡萄糖基酯 榅桲 Cydonia oblonga
p-hydroxybenzoic acid-*β*-D-glucopyranoside 对羟基苯甲酸 -*β*-D- 吡喃葡萄糖苷 江香薷 Mosla chinensis 'jiangxiangru'
4-hydroxybenzoic acid-*β*-D-glucopyranosyl ester 4- 羟基苯甲酸 -*β*-D- 吡喃葡萄糖基酯 黄蜀葵 Abelmoschus manihot
p-hydroxybenzoic acid-*β*-glucoside 对羟基苯甲酸 -*β*- 葡萄糖苷 常春油麻藤 Mucuna sempervirens
3-hydroxybenzoic alcohol 3- 羟基苄醇 贵州獐牙菜 Swertia kouitchensis
4-hydroxybenzoic ethyl ester 4- 羟基苯甲酸乙酯 显苞芒毛苣苔 Aeschynanthus bracteatus
5-*p*-hydroxybenzoxy-7-(2,3,5-trihydroxybenzoxy)-8-ethoxycarbonyl-(-)-afzelechin 5- 对羟基苯甲酰氧基 -7-(2,3,5- 三羟基苯甲酰氧基)-8- 乙氧羰基 -(-)- 缅茄儿茶素▲ 黄瑞香 Daphne giraldii
5-*p*-hydroxybenzoxy-7-(2,3,5-trihydroxybenzoxy)-8-methoxycarbonyl-(-)-afzelechin 5- 对羟基苯甲酰氧基 -7-(2,3,5- 三羟基苯甲酰氧基)-8- 甲氧羰基 -(-)- 缅茄儿茶素▲ 黄瑞香 Daphne giraldii
5-*p*-hydroxybenzoxy-7-hydroxyl-8-ethoxycarbonyl-(-)-afzelechin 5- 对羟基苯甲酰氧基 -7- 羟基 -8- 乙氧羰基 -(-)- 缅茄儿茶素▲ 黄瑞香 Daphne giraldii
p-hydroxybenzoyl arbutin 对羟基苯甲酰熊果苷 荚蒾 Viburnum dilatatum
1-(4-hydroxybenzoyl)-7-hydroxy-6-methoxy-isoquinoline 1-(4- 羟基苄基)-7- 羟基 -6- 甲氧基 - 异喹啉 蝙蝠葛 Menispermum dauricum
1-(4-hydroxybenzoyl)glucose 1-(4- 羟基苯甲酰基) 葡萄糖 苦瓜 Momordica charantia
5*α*-(4-hydroxybenzoyl)jaeschkeanadiol 5*α*- 对羟基苯甲酰中亚阿魏二醇▲ 中亚阿魏 Ferula jaeschkeana
6-*p*-hydroxybenzoyl-D-glucose 6- 对羟基苯甲酰基 -D- 葡萄糖 美国梓 Catalpa bignonioides
5*α*-4'-hydroxybenzoylferujaesenol 5*α*-4'- 羟基苯甲酰中亚阿魏烯醇▲ 中亚阿魏 Ferula jaeschkeana
4-hydroxybenzoyl-glucopyranosyl ester 4- 羟基苯甲酸吡喃葡萄糖基酯 唐古特大黄 Rheum tanguticum
6'-*p*-hydroxybenzoylmussaenosidic acid 6'-*p*- 羟基苯甲酰玉叶金花苷酸 蔓荆 Vitex trifolia
3*β*-(*p*-hydroxybenzoyloxy)-22*ξ*-hydroxy-4*α*-methyl-24*ξ*-ethyl-5*α*-cholest-7-en-6-one 3*β*- 对羟基苯甲酰氧基 -22*ξ*- 羟基 -4*α*- 甲基 -24*ξ*- 乙基 -5*α*- 胆甾 -7- 烯 -6- 酮 黄果茄 Solanum virginianum
p-hydroxybenzoylvernovan 对羟基苯甲酰斑鸠菊黄烷 驱虫斑鸠菊 Vernonia anthelmintica
p-hydroxybenzoyl-*β*-D-glucopyranoside 对羟基苯甲酰基 -*β*-D- 吡喃葡萄糖苷 蜀葵 Alcea rosea, 五脉绿绒蒿 Meconopsis quintuplinervia

H

5-(4-hydroxybenzyloxymethyl)-furan-2-carbaldehyde 5-(4- 羟苯氧基甲基)- 呋喃 -2- 醛 天麻 Gastrodia elata
4-hydroxybenzyl-*O*-*β*-D-glucopyranoside 4- 羟基苄基 -*O*-*β*-D- 吡喃葡萄糖苷 肉苁蓉 Cistanche deserticola
6-*p*-hydroxybenzylquercetin 6- 对羟基苄基槲皮素 构棘 Cudrania cochinchinensis
8-*p*-hydroxybenzylquercetin 8- 对羟基苄基槲皮素 金线兰 Anoectochilus roxburghii, 构棘 Cudrania cochinchinensis
6-*p*-hydroxybenzyltaxifolin-7-*O*-*β*-D-glucopyranoside 6- 对羟基苯甲基花旗松素 -7-*O*-*β*-D- 吡喃葡萄糖苷 柘树 Cudrania tricuspidata
2-hydroxybenzyl-*β*-D-glucopyranoside 2- 羟基苄基 -*β*-D- 吡喃葡萄糖苷 美丽马醉木 Pieris formosa
4-hydroxybenzyl-*β*-D-glucopyranoside 4- 羟基苄基 -*β*-D- 吡喃葡萄糖苷 天麻 Gastrodia elata, 白花泡桐 Paulownia fortunei, 茴芹 Pimpinella anisum
m-hydroxybenzyl-*β*-D-glucopyranoside 间羟基苄基 -*β*-D- 吡喃葡萄糖苷 旱柳 Salix matsudana
4-hydroxybenzyl-*β*-D-glucoside 4- 羟基苯基 -*β*-D- 葡萄糖苷 多蕊蛇菰 Balanophora polyandra
8-hydroxybergapten 8- 羟基香柠檬烯 白芷 Angelica dahurica, 准噶尔前胡 Peucedanum morisonii
30-hydroxybetulin 30- 羟基白桦脂醇 福建假卫矛 Microtropis fokienensis
23-hydroxybetulinic acid 23- 羟基白桦脂酸 云南甘草 Glycyrrhiza yunnanensis, 紫斑牡丹 Paeonia rockii, 白头翁 Pulsatilla chinensis, 细叶白头翁 P. turczaninovii, 迷迭香 Rosmarinus officinalis, 小叶红叶藤 Rourea microphylla
2*α*-hydroxybetulinic acid 2*α*- 羟基白桦脂酸 木瓜 Chaenomeles sinensis, 蓝桉 Eucalyptus globulus, 连翘 Forsythia suspensa, 木犀 Osmanthus fragrans, 锐齿槲栎 Quercus aliena var. acutiserrata

23-hydroxybetulinic acid-28-*O*-*β*-D-glucopyranosyl-(1 → 6)-*O*-*β*-D-glucopyranoside 23- 羟基白桦脂酸 -28-*O*-*β*-D- 吡喃葡萄糖基 -(1 → 6)-*O*-*β*-D- 吡喃葡萄糖苷 白头翁 Pulsatilla chinensis
2*β*-hydroxybetulinic acid-3*β*-caprylate 2*β*- 羟基白桦脂酸 -3*β*- 辛酸酯 芡实 Euryale ferox
23-hydroxybetulonic acid 23- 羟基白桦酮酸 南蛇藤 Celastrus orbiculatus
27-hydroxybetulonic acid 27- 羟基白桦酮酸 白桦 Betula platyphylla
ent-3*β*-hydroxybeyer-15-en-2,12-dione 对映 -3*β*- 羟基贝叶 -15- 烯 -2,12- 二酮 海漆 Excoecaria agallocha
2'-hydroxybiochanin A 2'- 羟基鹰嘴豆芽素 A 思茅崖豆 Millettia leptobotrya, 常春油麻藤 Mucuna sempervirens, 镰荚棘豆 Oxytropis falcata
3'-hydroxybiochanin A 3'- 羟基鹰嘴豆素 A 鳢肠 Eclipta prostrata
6-hydroxybiochanin A 6- 羟基鹰嘴豆素 A 棉团铁线莲 Clematis hexapetala, 缢苞麻花头 Serratula strangulata
(1*S*,4*R*,6*S*)-6-hydroxybornan-2-one-6-*O*-*β*-D-glucopyranoside (1*S*,4*R*,6*S*)-6- 羟基莰烷 -2- 酮 -6-*O*-*β*-D- 吡喃葡萄糖苷 缩砂密 Amomum villosum var. xanthioides
5-exo-hydroxyborneol 5- 外向 - 羟基龙脑 紫茎泽兰 Ageratina adenophora
6*β*-hydroxyboschnaloside 6*β*- 羟基草苁蓉醛苷 ▲ 小米草 Euphrasia pectinata, 两头毛 Incarvillea arguta
7-hydroxyboschnaloside 7- 羟基草苁蓉醛苷 ▲ 小米草 Euphrasia pectinata
10-hydroxybotryococcene 10- 羟基丛粒藻烯 ▲ 岭南山竹子 Garcinia oblongifolia
7-hydroxybuddledone 7- 羟基球花醉鱼草酮 ▲ 白背枫 Buddleja asiatica
27-hydroxybullatacin 27- 羟基泡番荔枝辛 圆滑番荔枝 Annona glabra
6*α*-hydroxybuphanidrine 6*α*- 羟基非洲箭毒草灵 ▲ 西南文殊兰 Crinum latifolium
5-(4-hydroxybut-1-one)-2,2'-bithiophene 5-(4- 羟基丁烷 -1- 酮)-2,2'- 联噻吩 驴欺口 Echinops davuricus
5-(4-hydroxybut-1-ynyl)-2,2'-bithiophene 5-(4- 羟基丁烷 -1- 炔基)-2,2'- 联噻吩 驴欺口 Echinops davuricus, 华东蓝刺头 E. grijsii, 硬叶蓝刺头 E. ritro
(2*S*)-hydroxy-butanedioic acid monopotassium salt (2*S*)- 羟基 - 丁二酸单钾盐 含羞草 Mimosa pudica
2-hydroxy-butanedioic acid-1-methyl ester 2- 羟基 - 丁二酸 -1- 甲酯 龙舌兰 Agave americana
2-(4-hydroxybutyl)-4(3*H*)-quinazolinone 2-(4- 羟基丁基)-4(3*H*)- 喹唑啉酮 常山 Dichroa febrifuga
3-[(3*S*)-3-hydroxybutyl]-2,4,4-trimethyl-2-cyclohexen-1-one 3-[(3*S*)-3- 羟基丁基]-2,4,4- 三甲基 -2- 环己烯 -1- 酮 柚木 Tectona grandis
(1*R*,2*R*)-4-[(3*R*)-3-hydroxybutyl]-3,3,5-trimethylcyclohex-4-ene-1,2-diol (1*R*,2*R*)-4-[(3*R*)-3- 羟基丁基]-3,3,5- 三甲基环己 -4- 烯 -1,2- 二醇 元宝槭 Acer truncatum
(1*S*,4*S*,5*R*)-4-[(3*R*)-3-hydroxybutyl]-3,3,5-trimethylcyclohexyl-6-*O*-*α*-L-arabinofuranosyl-*O*-*β*-D-glucopyranoside (1*S*,4*S*,5*R*)-4-[(3*R*)-3- 羟基丁基]-3,3,5- 三甲基环己基 -6-*O*-*α*-L- 呋喃阿拉伯糖基 -*O*-*β*-D- 吡喃葡萄糖苷 小果叶下珠 Phyllanthus reticulatus
2,7-hydroxybutylidenephthalide 2,7- 羟基亚丁基苯酞 当归 Angelica sinensis
3*β*-(3-hydroxybutyroxy)-16*β*-hydroxy-5*β*,17*β*-cholestan-21-carboxylic acid 3*β*-(3- 羟基丁酰氧基)-16*β*- 羟基 -5*β*,17*β*- 胆甾 -21- 羧酸 卷柏 Selaginella tamariscina
(-)-16*α*-hydroxybuxaminone (-)-16*α*- 羟基黄杨胺酮 ▲ 锦熟黄杨 Buxus sempervirens
7-hydroxycadalenal 7- 羟基杜松萘醛 ▲ 榔榆 Ulmus parvifolia
7-hydroxycadalene 7- 羟基杜松萘 ▲ 挥发油成分，未统计基源
7-hydroxycadalenic acid 7- 羟基杜松萘酸 ▲ 榔榆 Ulmus parvifolia
10*α*-hydroxycadin-4-en-15-al 10*α*- 羟基杜松 -4- 烯 -15- 醛 一年蓬 Erigeron annuus
10-*α*-hydroxycadin-4-en-15-al 10-*α*- 羟基杜松 -4- 烯 -15- 醛 大叶山楝 Aphanamixis grandifolia
hydroxycaffeic acid 羟基咖啡酸 黑茶藨子 Ribes nigrum
9-hydroxycalabaxanthone 9- 羟基卡拉巴红厚壳呫酮 ▲ 云树 Garcinia cowa, 莽吉柿 G. mangostana, 木竹子 G. multiflora
15*β*-hydroxycalactin 15*β*- 羟基牛角瓜亭 ▲ 马利筋 Asclepias curassavica, 牛角瓜 Calotropis gigantea
16*α*-hydroxycalactin 16*α*- 羟基牛角瓜亭 ▲ 牛角瓜 Calotropis gigantea
17*α*-hydroxycalactin 17*α*- 羟基牛角瓜亭 ▲ 钉头果 Gomphocarpus fruticosus

15β-hydroxycalactinic acid 15β- 羟基牛角瓜亭酸▲ 牛角瓜 Calotropis gigantea
15β-hydroxycalactinic acid ethyl ester 15β- 羟基牛角瓜亭酸▲乙酯 牛角瓜 Calotropis gigantea
15β-hydroxycalactinic acid methyl ester 15β- 羟基牛角瓜亭酸▲甲酯 牛角瓜 Calotropis gigantea
16α-hydroxycalactinic acid methyl ester 16α- 羟基牛角瓜亭酸▲甲酯 牛角瓜 Calotropis gigantea
(-)-15-hydroxycalamenene (-)-15- 羟基菖蒲烃▲ 金山五味子 Schisandra glaucescens
(1S,4R)-7-hydroxycalamenene (1S,4R)-7- 羟基菖蒲烃▲ 化香树 Platycarya strobilacea
3-hydroxycalamenene 3- 羟基菖蒲烃▲ 挥发油成分，未统计基源
5-hydroxycalamenene 5- 羟基菖蒲烃▲ 挥发油成分，未统计基源
7-hydroxycalamenene 7- 羟基菖蒲烃▲ 挥发油成分，未统计基源
7α-hydroxycallitrisic acid 7α- 羟基美丽柏酸▲ 假地枫皮 Illicium jiadifengpi
16α-hydroxycalotropagenin 16α- 羟基牛角瓜苷元 马利筋 Asclepias curassavica, 牛角瓜 Calotropis gigantea
(2R,3R,5S,8R,9S,10R,13R,14S,17R,20Z,1'S,2'S,3'S,5'R)-19β-hydroxycalotropin (2R,3R,5S,8R,9S,10R,13R,14S,17R,20Z,1'S,2'S,3'S,5'R)-19β- 羟基牛角瓜素▲ 马利筋 Asclepias curassavica
12β-hydroxycalotropin 12β- 羟基牛角瓜素▲ 马利筋 Asclepias curassavica
15β-hydroxycalotropin 15β- 羟基牛角瓜素▲ 马利筋 Asclepias curassavica, 牛角瓜 Calotropis gigantea
15-hydroxycalotropin 15- 羟基牛角瓜素▲ 牛角瓜 Calotropis gigantea
16α-hydroxycalotropin 16α- 羟基牛角瓜素▲ 马利筋 Asclepias curassavica, 牛角瓜 Calotropis gigantea
6-hydroxycalyxin F 6- 羟基草蔻素 F 云南草蔻 Alpinia blepharocalyx
5-hydroxycampenoside 5- 羟基凌霄诺苷▲ 凌霄 Campsis grandiflora
6β-hydroxycampest-4-en-3-one 6β- 羟基菜油甾 -4- 烯 -3- 酮 杧果 Mangifera indica
7α-hydroxycampesterol 7α- 羟基油菜甾醇 茴香 Foeniculum vulgare
(1S,2R,3S,4R)-3-hydroxycamphane-2-carboxylic acid (1S,2R,3S,4R)-3- 羟基樟烷 -2- 羧酸 臭冷杉 Abies nephrolepis
(+)-5-*endo*-hydroxycamphor (+)-5- 内向 - 羟基樟脑 缩砂密 Amomum villosum var. xanthioides
(1S,4R,6R)-(+)-6-*endo*-hydroxycamphor (1S,4R,6R)-(+)-6- 内向 - 羟基樟脑 缩砂密 Amomum villosum var. xanthioides
(1R,4R,5S)-5-*endo*-hydroxycamphor-5-O-β-D-glucopyranoside (1R,4R,5S)-5- 内向 - 羟基樟脑 -5-O-β-D- 吡喃葡萄糖苷 缩砂密 Amomum villosum var. xanthioides
(1S,4S,5S)-5-*exo*-hydroxycamphor-5-O-β-D-glucopyranoside (1S,4S,5S)-5- 外向 - 羟基樟脑 -5-O-β-D- 吡喃葡萄糖苷 缩砂密 Amomum villosum var. xanthioides
(1R,4S,6S)-6-hydroxycamphor-β-D-glucopyranoside (1R,4S,6S)-6- 羟基樟脑 -β-D- 吡喃葡萄糖苷 缩砂密 Amomum villosum var. xanthioides
(1S,4R,6S)-6-hydroxycamphor-β-D-glucopyranoside (1S,4R,6S)-6- 羟基樟脑 -β-D- 吡喃葡萄糖苷 缩砂密 Amomum villosum var. xanthioides
5-hydroxycampsiside 5- 羟基凌霄西苷▲ 凌霄 Campsis grandiflora
10-hydroxycamptothecine 10- 羟基喜树碱 喜树 Camptotheca acuminata, 马比木 Nothapodytes pittosporoides
11-hydroxycamptothecine 11- 羟基喜树碱 喜树 Camptotheca acuminata
17-hydroxycamptothecine 17- 羟基喜树碱 喜树 Camptotheca acuminata
18-hydroxycamptothecine 18- 羟基喜树碱 喜树 Camptotheca acuminata
hydroxycamptothecine 羟基喜树碱 喜树 Camptotheca acuminata
11-hydroxycanthin-6-one 11- 羟基铁屎米 -6- 酮 柔毛鸦胆子 Brucea mollis, 苦树 Picrasma quassioides
1-hydroxycanthin-6-one 1- 羟基铁屎米 -6- 酮 臭椿 Ailanthus altissima, 岭南臭椿 A. triphysa
8-hydroxycanthin-6-one 8- 羟基铁屎米 -6- 酮 苦树 Picrasma quassioides
11-hydroxycanthin-6-one-N-oxide 11- 羟基铁屎米 -6- 酮 -N- 氧化物 柔毛鸦胆子 Brucea mollis
8-hydroxycapillarin 8- 羟基茵陈素 龙蒿 Artemisia dracunculus
ω-hydroxycapsaicin ω- 羟基辣椒素 辣椒 Capsicum annuum
13-hydroxycapsidiol 13- 羟基辣椒二醇 辣椒 Capsicum annuum
6α-hydroxy-carabrone 6α- 羟基 - 天名精内酯酮 湖北旋覆花 Inula hupehensis
16β-hydroxycardiopetaline 16β- 羟基心瓣翠雀碱 乌头 Aconitum carmichaelii, 黄草乌 A. vilmorinianum
10-hydroxycarvone 10- 羟基葛缕子酮 硬尖神香草 Hyssopus cuspidatus
3α-hydroxycarvotagenone 3α- 羟基葛缕子塔吉烯酮 卤地菊 Wedelia prostrata
3β-hydroxycarvotagenone 3β- 羟基葛缕子塔吉烯酮 卤地菊 Wedelia prostrata
6-hydroxycarvotanacetone 6- 羟基葛缕子艾菊酮 挥发油成分，未统计基源
4-hydroxycarvotanacetone-7-O-angelate 4- 羟基葛缕子艾菊酮 -7-O- 当归酸酯 挥发油成分，未统计基源
(1S,6R,9R)-14-hydroxycaryophyll-2(15)-en-7-one (1S,6R,9R)-14- 羟基丁香 -2(15)- 烯 -7- 酮 止痢蚤草 Pulicaria dysenterica
14-hydroxycaryophyllene oxide 14- 羟基丁香烯氧化物 挥发油成分，未统计基源
(3E,7Z,11E)-19-hydroxycasba-3,7,11-trien-5-one (3E,7Z,11E)-19- 羟基蓖麻子 -3,7,11- 三烯 -5- 酮 蓖麻 Ricinus communis
10-hydroxycascaroside C, D 10- 羟基波希鼠李苷▲C, D 藏边大黄 Rheum australe
10-hydroxycathafoline 10- 羟基长叶长春花碱▲ 蔓长春花 Vinca major
2(R)-3-hydroxycathafoline 2(R)-3- 羟基长叶长春花碱▲ 大叶糖胶树 Alstonia macrophylla
10-hydroxycathafoline-10-O-α-L-arabinopyranoside 10- 羟基长叶长春花碱▲-10-O-α-L- 吡喃阿拉伯糖苷 长春花 Catharanthus roseus
2-hydroxycaustic acid 2- 羟基苛性酸 绒毛戴星草 Sphaeranthus indicus
24-hydroxyceanothic acid 24- 羟基美洲茶酸 马甲子 Paliurus ramosissimus

27-hydroxyceanothic acid 27- 羟基美洲茶酸 马甲子 Paliurus ramosissimus
21-hydroxycedrelonelide 21- 羟基洋椿酮内酯▲ 红椿 Toona ciliata
23-hydroxycedrelonelide 23- 羟基洋椿酮内酯▲ 红椿 Toona ciliata
3*β*-hydroxycedrol 3*β*- 羟基雪松醇 高山柏 Juniperus squamata
(1*R*,3*E*,7*Z*,12*R*)-20-hydroxycembra-3,7,15-trien-19-oic acid (1*R*,3*E*,7*Z*,12*R*)-20- 羟基西松 -3,7,15- 三烯 -19- 酸 黄花草 Cleome viscosa
6-hydroxycembrene-5,10-dione 6- 羟基瑞士松烯 -5,10- 二酮 白背叶 Mallotus apelta
10-hydroxycembrene-5-one 10- 羟基瑞士松烯 -5- 酮 白背叶 Mallotus apelta
11-hydroxycephalotaxine 11- 羟基三尖杉碱 三尖杉 Cephalotaxus fortunei, 高山三尖杉 C. fortunei var. alpina, 贡山三尖杉 C. lanceolata, 粗榧 C. sinensis
4-hydroxycephalotaxine 4- 羟基三尖杉碱 三尖杉 Cephalotaxus fortunei, 贡山三尖杉 C. lanceolata, 粗榧 C. sinensis
hydroxycephalotaxine 羟基三尖杉碱 粗榧 Cephalotaxus sinensis
11-*β*-hydroxycephalotaxine-*β*-*N*-oxide 11-*β*- 羟基三尖杉碱 -*β*-*N*- 氧化物 三尖杉 Cephalotaxus fortunei
9-hydroxycerevisterol 9- 羟基酒酵母甾醇 葡萄色顶枝瑚菌 Ramaria botrytis
6*α*-hydroxychamaecydin 6*α*- 羟基扁柏定▲ 日本柳杉 Cryptomeria japonica, 柳杉 C. japonica var. sinensis
6*β*-hydroxychamaecydin 6*β*- 羟基扁柏定▲ 日本柳杉 Cryptomeria japonica, 柳杉 C. japonica var. sinensis
hydroxychavicol 羟基胡椒酚 蒌叶 Piper betle, 荜拔 P. longum, 裸果胡椒 P. nudibaccatum
2-(*γ*'-hydroxychavicol)-hydroxychavicol 2-(*γ*'- 羟基胡椒酚)- 羟基胡椒酚 蒌叶 Piper betle
hydroxychelidonine 羟基白屈菜碱 白屈菜 Chelidonium majus
22*α*-hydroxychiisanogenin 22*α*- 羟基智异山五加苷元▲ 无梗五加 Eleutherococcus sessiliflorus
22*α*-hydroxychiisanoside 22*α*- 羟基智异山五加苷▲ 刺五加 Eleutherococcus senticosus, 无梗五加 E. sessiliflorus
7'-hydroxychimaphilin 7'- 羟基梅笠草素 圆叶鹿蹄草 Pyrola rotundifolia
18-hydroxychitosenine 18- 羟基蓬莱葛宁碱▲ 蓬莱葛 Gardneria multiflora
6-hydroxycholest-4-ene-3-one 6- 羟基 - 胆甾 -4- 烯 -3- 酮 刺枝鱼栖苔 Acanthophora spicifera
3-hydroxycholest-5-en-24-one 3- 羟基胆甾 -5- 烯 -24- 酮 米仔兰 Aglaia odorata
22-hydroxy-cholesta-2,6,23-trien-26-oic acid-*δ*-lactone 22- 羟基 - 胆甾 -2,6,23- 三烯 -26- 酸 -*δ*- 内酯 地胆草 Elephantopus scaber
7-hydroxychromone 7- 羟基色酮 对萼猕猴桃 Actinidia valvata, 栝楼 Trichosanthes kirilowii
5-hydroxychromone-7-*O*-*β*-D-glucopyranoside 5- 羟基色酮 -7-*O*-*β*-D- 吡喃葡萄糖苷 槲寄生 Viscum coloratum
2'-hydroxychrysin-7-glucuronide 2'- 羟基白杨素 -7- 葡萄糖醛酸苷 翅果菊 Pterocypsela indica
2'-hydroxychrysin-7-*O*-glucuronide 2'- 羟基白杨素 -7-*O*- 葡萄糖醛酸苷 塔头狭叶黄芩 Scutellaria regeliana var. ikonnikovii
2-hydroxychrysophanol 2- 羟基大黄酚 萱草 Hemerocallis fulva, 重瓣萱草 H. fulva var. kwanso, 铁仔 Myrsine africana
(22*R*)-22-hydroxycimigenol (22*R*)-22- 羟基升麻醇 小升麻 Cimicifuga japonica
12*β*-hydroxycimigenol 12*β*- 羟基升麻醇 类叶升麻 Actaea asiatica, 升麻 Cimicifuga foetida
7*β*-hydroxycimigenol 7*β*- 羟基升麻新醇 单穗升麻 Cimicifuga simplex
12*β*-hydroxycimigenol-3-one 12*β*- 羟基升麻醇 -3- 酮 升麻 Cimicifuga foetida
(23*R*,24*S*)-12*β*-hydroxycimigenol-3-*O*-*α*-L-arabinopyranoside (23*R*,24*S*)-12*β*- 羟基升麻醇 -3-*O*-*α*-L- 吡喃阿拉伯糖苷 升麻 Cimicifuga foetida
12*β*-hydroxycimigenol-3-*O*-*α*-L-arabinopyranoside 12*β*- 羟基升麻醇 -3-*O*-*α*-L- 吡喃阿拉伯糖苷 兴安升麻 Cimicifuga dahurica, 升麻 C. foetida, 单穗升麻 C. simplex
1*α*-hydroxycimigenol-3-*O*-*α*-L-arabinopyranoside 1*α*- 羟基升麻醇 -3-*O*-*α*-L- 阿拉伯糖苷 单穗升麻 Cimicifuga simplex
1*α*-hydroxycimigenol-3-*O*-*β*-D-galactopyranoside 1*α*- 羟基升麻醇 -3-*O*-*β*-D- 吡喃半乳糖苷 单穗升麻 Cimicifuga simplex
(23*R*,24*S*)-12*β*-hydroxycimigenol-3-*O*-*β*-D-xylopyranoside (23*R*,24*S*)-12*β*- 羟基升麻醇 -3-*O*-*β*-D- 吡喃木糖苷 升麻 Cimicifuga foetida
12*β*-hydroxycimigenol-3-*O*-*β*-D-xylopyranoside 12*β*- 羟基升麻醇 -3-*O*-*β*-D- 吡喃木糖苷 升麻 Cimicifuga foetida, 单穗升麻 C. simplex, 黄三七 Souliea vaginata
1*α*-hydroxycimigenol-3-*O*-*β*-D-xylopyranoside 1*α*- 羟基 - 升麻醇 -3-*O*-*β*-D- 吡喃木糖苷 单穗升麻 Cimicifuga simplex
7*β*-hydroxycimigenol-3-*O*-*β*-D-xylopyranoside 7*β*- 羟基升麻醇 -3-*O*-*β*-D- 吡喃木糖苷 单穗升麻 Cimicifuga simplex
12*β*-hydroxycimigenol-3-*O*-*β*-D-xylopyranosyl-(1 → 3)-*β*-D-xylopyranoside 12*β*- 羟基升麻醇 -3-*O*-*β*-D- 吡喃木糖基 -(1 → 3)-*β*-D- 吡喃木糖苷 黄三七 Souliea vaginata
22-hydroxycimigenolxyloside 22- 羟基升麻醇木糖苷 小升麻 Cimicifuga japonica
exo-2-hydroxycineole acetate 外向 -2- 羟基桉树脑乙酸酯 挥发油成分，未统计基源
trans-*p*-hydroxycinnam oylrutaevin 反式 - 对羟基桂皮酰吴茱萸苦素 微孔草 Microula sikkimensis
2-hydroxycinnamaldehyde 2- 羟基桂皮醛 挥发油成分，未统计基源
p-hydroxycinnamaldehyde 对羟基桂皮醛 杨梅 Myrica rubra
trans-*p*-hydroxycinnamaldehyde 反式 - 对羟基桂皮醛 红豆蔻 Alpinia galanga, 芡实 Euryale ferox
trans-*p*-hydroxycinnamaldehyde acetate 反式 - 对羟基桂皮醛乙酸酯 红豆蔻 Alpinia galanga
(*E*)-*p*-hydroxycinnamic acid (*E*)- 对羟基桂皮酸 云南假木荷 Craibiodendron yunnanense, 唐菖蒲 Gladiolus × gandavensis, 宁夏枸杞 Lycium barbarum
3-hydroxycinnamic acid 3- 羟基桂皮酸 菊芋 Helianthus tuberosus
4-hydroxycinnamic acid 4- 羟基桂皮酸 洋葱 Allium cepa, 瓜叶马兜铃 Aristolochia cucurbitifolia, 单叶细辛 Asarum himalaicum, 裸花紫珠 Callicarpa nudiflora, 藜 Chenopodium album, 黄皮 Clausena lansium, 刺齿枝子花 Dracocephalum peregrinum, 一年蓬 Erigeron annuus,

H

1*β*-hydroxycolartin 1*β*- 羟基岩生三裂蒿亭▲ 土木香 Inula helenium
4'-hydroxycolumbianetin 4'- 羟基哥伦比亚狭缝芹亭▲ 少管短毛独活 Heracleum moellendorffii var. paucivittatum
6-hydroxycolumbin 6- 羟基非洲防己素▲ 青牛胆 Tinospora sagittata
7*α*-hydroxyconessine 7*α*- 羟基止泻木奈辛▲ 止泻木 Holarrhena pubescens
19'(*R*)-hydroxyconoduramine 19'(*R*)- 羟基硬锥喉花胺▲ 平脉狗牙花 Tabernaemontana pandacaqui
19*S*-hydroxyconoduramine 19*S*- 羟基硬锥喉花胺▲ 伞房狗牙花 Tabernaemontana corymbosa
19'(*R*)-hydroxyconodurine 19'(*R*)- 羟基硬锥喉花碱▲ 平脉狗牙花 Tabernaemontana pandacaqui
19*S*-hydroxyconodurine 19*S*- 羟基硬锥喉花碱▲ 伞房狗牙花 Tabernaemontana corymbosa
19*S*-hydroxyconopharyngine 19*S*- 羟基锥喉花碱▲ 药用狗牙花 Tabernaemontana bovina
20-hydroxyconopharyngine 20- 羟基锥喉花碱▲ 药用狗牙花 Tabernaemontana bovina
2-hydroxyconvirensic acid 2- 羟基伴绿树发酸 槽枝衣 Sulcaria sulcata
6*α*-hydroxycordatolide 6*α*- 羟基假泽兰内酯▲ 假泽兰 Mikania cordata
hydroxycoriatin 羟基马桑亭 马桑 Coriaria nepalensis
12*β*-hydroxycoroglaucigenin 12*β*- 羟基灰叶小冠花苷元▲ 马利筋 Asclepias curassavica, 牛角瓜 Calotropis gigantea
10-hydroxycoronaridine 10- 羟基冠狗牙花定 尖蕾狗牙花 Tabernaemontana bufalina, 狗牙花 T. divaricata
3-hydroxycoronaridine 3- 羟基冠狗牙花定 尖蕾狗牙花 Tabernaemontana bufalina
7*β*-hydroxycoronarin B 7*β*- 羟基姜花素 B 姜花 Hedychium coronarium
2*β*-hydroxycoronopilin 2*β*- 羟基冠裸穗豚草素 银胶菊 Parthenium hysterophorus
8*β*-hydroxycoronopilin 8*β*- 羟基冠裸穗豚草素 银胶菊 Parthenium hysterophorus
11*β*-hydroxycorotoxigenin 11*β*- 羟基小冠花毒苷元▲ 马利筋 Asclepias curassavica
12-hydroxycorynoline 12- 羟基紫堇灵 地丁草 Corydalis bungeana
12-hydroxycorynoloxine 12- 羟基紫堇洛星碱 刻叶紫堇 Corydalis incisa
5*α*-hydroxycostic acid 5*α*- 羟基木香酸 六棱菊 Laggera alata, 翼齿六棱菊 L. crispata
5*β*-hydroxycostic acid 5*β*- 羟基木香酸 六棱菊 Laggera alata, 翼齿六棱菊 L. crispata
6*α*-hydroxycostic acid-6-*β*-D-glucopyranoside 6*α*- 羟基木香酸 -6-*β*-D- 吡喃葡萄糖苷 雪莲花 Saussurea involucrata
p-hydroxycoumaric acid 对羟基香豆酸 穿心莲 Andrographis paniculata, 金线兰 Anoectochilus roxburghii
trans-*p*-hydroxycoumaric acid 反式 - 对羟基香豆酸 开口箭 Tupistra chinensis
cis-*p*-hydroxycoumaric acid 顺式 - 对羟基香豆酸 开口箭 Tupistra chinensis
3-hydroxycoumarin 3- 羟基香豆素 狭叶链珠藤 Alyxia schlechteri
4-hydroxycoumarin 4- 羟基香豆素 菊芋 Helianthus tuberosus, 散沫花 Lawsonia inermis, 草木犀 Melilotus officinalis
5-hydroxycoumarin 5- 羟基香豆素 狭叶链珠藤 Alyxia schlechteri, 中国绣球 Hydrangea chinensis
6-hydroxycoumarin 6- 羟基香豆素 小花鬼针草 Bidens parviflora, 中国绣球 Hydrangea chinensis, 牡丹 Paeonia suffruticosa, 半枝莲 Scutellaria barbata
7-hydroxycoumarin 7- 羟基香豆素 臭冷杉 Abies nephrolepis, 狭叶链珠藤 Alyxia schlechteri, 薄叶红厚壳 Calophyllum membranaceum, 光果莸 Caryopteris tangutica, 橘红 Citrus maxima 'Tomentosa', 滇瑞香 Daphne feddei, 凹叶瑞香 D. retusa, 狗肝菜 Dicliptera chinensis, 杜仲 Eucommia ulmoides, 大戟 Euphorbia pekinensis, 苦荞麦 Fagopyrum tataricum, 水蛇麻 Fatoua villosa, 对叶榕 Ficus hispida, 珍珠莲 F. sarmentosa var. henryi, 竹叶榕 F. stenophylla, 桑 Morus alba, 黄脉九节 Psychotria straminea, 天葵 Semiaquilegia adoxoides, 羽叶丁香 Syringa pinnatifolia, 文冠果 Xanthoceras sorbifolium
8-hydroxycoumarin 8- 羟基香豆素 狭叶链珠藤 Alyxia schlechteri, 玄参 Scrophularia ningpoensis
8-hydroxycoumarin-7-*O*-*β*-D-glucopyranoside 8- 羟基香豆素 -7-*O*-*β*-D- 吡喃葡萄糖苷 城口东俄芹 Tongoloa silaifolia
7-hydroxycoumarin-8-*O*-*β*-D-glucopyranoside 7- 羟基香豆素 -8-*O*-*β*-D- 吡喃葡萄糖苷 城口东俄芹 Tongoloa silaifolia
1*β*-hydroxycrabbogenin 1*β*- 羟基卡波皂苷元 剑叶朱蕉 Cordyline stricta
4-hydroxycrebanine 4- 羟基头序千金藤宁▲ 台湾千金藤 Stephania merrillii
5-hydroxycrenatine 5- 羟基圆齿爱舍苦木亭▲ 常绿苦树 Picrasma javanica
8-hydroxycrenatine 8- 羟基圆齿爱舍苦木亭▲ 常绿苦树 Picrasma javanica
6-hydroxycrinamidine 6- 羟基文殊兰米定 西南文殊兰 Crinum latifolium
hydroxycristacarpone 羟基鸡冠刺桐紫檀酮▲ 翅果刺桐 Erythrina subumbrans
10'*α*-hydroxycryptoquinone 10'*α*- 羟基柳杉醌▲ 日本柳杉 Cryptomeria japonica
10'*β*-hydroxycryptoquinone 10'*β*- 羟基柳杉醌▲ 日本柳杉 Cryptomeria japonica
(23*E*)-25-hydroxycucurbita-5,23-diene-3,7-dione (23*E*)-25- 羟基葫芦 -5,23- 二烯 -3,7- 二酮 苦瓜 Momordica charantia
3-hydroxycucurbita-5,24-dien-19-al-7,23-di-*O*-*β*-glucopyranoside 3- 羟基葫芦 -5,24- 二烯 -19- 醛 -7,23- 二 -*O*-*β*- 吡喃葡萄糖苷 苦瓜 Momordica charantia
(24*E*)-3*β*-hydroxycucurbita-5,24-diene-26-oic acid (24*E*)-3*β*- 羟基葫芦 -5,24- 二烯 -26- 酸 红菇 Russula lepida
7*β*-hydroxycucurbitacin B 7*β*- 羟基葫芦素 B 甜瓜 Cucumis melo
7*β*-hydroxycucurbitacin F-25-*O*-acetate 7*β*- 羟基葫芦素 F-25-*O*- 乙酸酯 曲莲 Hemsleya amabilis
8-hydroxycudraxanthone G 8- 羟基柘屾酮▲G 莽吉柿 Garcinia mangostana
9*α*-hydroxycurcolonol 9*α*- 羟基姜黄诺醇▲ 狭叶金粟兰 Chloranthus angustifolius
6-hydroxycyanidin-3-*O*-*β*-glucopyranoside 6- 羟基矢车菊素 -3-*O*-*β*- 吡喃葡萄糖苷 杨梅 Myrica rubra
24-hydroxycyasterone 24- 羟基杯苋甾酮 川牛膝 Cyathula officinalis

3β-hydroxycycloart-23-ene-25-methyl ether 3β- 羟基环木菠萝 -23- 烯 -25- 甲醚 坚硬女娄菜 Silene firma
3β-hydroxycycloart-24-en-26-al 3β- 羟基环木菠萝 -24- 烯 -26- 醛 杧果 Mangifera indica
3β-hydroxycycloart-24-one 3β- 羟基环木菠萝 -24- 酮 狼毒大戟 Euphorbia fischeriana
3β-hydroxycycloart-25-en-24-one 3β- 羟基环木菠萝 -25- 烯 -24- 酮 小叶大戟 Euphorbia makinoi
3β-hydroxy-cycloart-25-en-24-one 3β- 羟基 - 环木菠萝 -25- 烯 -24- 酮 灯心草 Juncus effusus
3β-hydroxy-cycloartan-24-one 3β- 羟基 - 环木菠萝 -24- 酮 灯心草 Juncus effusus
4''-hydroxycycloartocarpesin 4''- 羟基环波罗蜜辛▲ 波罗蜜 Artocarpus heterophyllus
3-hydroxy-cyclohexanecarboxylic acid 3- 羟基环己酸 麻叶千里光 Senecio cannabifolius
2-hydroxycyclohexyl-6'-*O*-*p*-coumaroyl-β-D-glucopyranoside 2- 羟基环己基 -6'-*O*- 对香豆酰基 -β-D- 吡喃葡萄糖苷 山杨 Populus davidiana
21-hydroxycyclolochnerine 21- 羟基环长春任碱▲ 长春花 Catharanthus roseus
(+)-30-hydroxycyclomicrobuxene (+)-30- 羟基环小叶黄杨烯碱▲ 锦熟黄杨 Buxus sempervirens
2α-hydroxycycloparvifloralone 2α- 羟基环小花茴香酮▲ 红茴香 Illicium henryi
11β-hydroxy-D:A-friedoolean-1-en-3-one 11β- 羟基 -D:A- 飞齐墩果 -1- 烯 -3- 酮 落萼叶下珠 Phyllanthus flexuosus
3-hydroxy-D:A-friedoolean-3-en-2-on-29-oic acid 3- 羟基 -D:A- 飞齐墩果 -3- 烯 -2- 酮 -29- 酸 昆明山海棠 Tripterygium hypoglaucum
3-hydroxy-D:A-friedoolean-3-en-2-one 3- 羟基 -D:A- 飞齐墩果 -3- 烯 -2- 酮 粗糠柴 Mallotus philippensis
3β-hydroxy-D:A-friedo-oleanan-27,16α-lactone 3β- 羟基 -D:A- 飞齐墩果 -27,16α- 内酯 石岩枫 Mallotus repandus
11β-hydroxy-D:A-friedooleanan-27-oic acid 11β- 羟基 -D:A- 飞齐墩果 -27- 酸 落萼叶下珠 Phyllanthus flexuosus
3α-hydroxy-D:A-friedooleanan-2-one 3α- 羟基 -D:A- 飞齐墩果 -2- 酮 粗糠柴 Mallotus philippensis
12β-hydroxy-D:A-friedooleanan-3-one 12β- 羟基 -D:A- 飞齐墩果 -3- 酮 独子藤 Celastrus monospermus, 五层龙 Salacia prinoides
2β-hydroxy-D:A-friedooleanan-3-one 2β- 羟基 -D:A- 飞齐墩果 -3- 酮 粗糠柴 Mallotus philippensis
3β-hydroxy-D:C-friedoolean-8-en-29-oic acid 3β- 羟基 -D:C- 飞齐墩果 -8- 烯 -29- 酸 栝楼 Trichosanthes kirilowii
25-hydroxydacryhainansterone 25- 羟基海南陆均松甾酮 羊齿天门冬 Asparagus filicinus
2'-hydroxydaidzein 2'- 羟基大豆苷元 猪屎豆 Crotalaria pallida, 棉豆 Phaseolus lunatus
3'-hydroxydaidzein 3'- 羟基大豆苷元 降香 Dalbergia odorifera
12aβ-hydroxydalpanol 12aβ- 羟基圆锥黄檀醇 紫穗槐 Amorpha fruticosa
12a-hydroxydalpanol 12a- 羟基圆锥黄檀醇 紫穗槐 Amorpha fruticosa
(23*S*)-3β-hydroxydammar-20,24-dien-21-oic acid-21,23-lactone (23*S*)-3β- 羟基达玛 -20,24- 二烯 -21- 酸 -21,23- 内酯 绞股蓝 Gynostemma pentaphyllum
(18*S*)-18-hydroxydammar-21-ene (18*S*)-18- 羟基达玛 -21- 烯 石韦 Pyrrosia lingua
20-hydroxydammar-24-en-3-one 20- 羟基达玛 -24- 烯 -3- 酮 活血丹 Glechoma longituba
12β-hydroxydammar-24-ene-3-*O*-β-D-glucopyranoside-20-*O*-α-L-arabinopyranosyl-(1→2)-*O*-β-D-glucopyranoside 12β- 羟基达玛 -24- 烯 -3-*O*-β-D- 吡喃葡萄糖苷 -20-*O*-α-L- 吡喃阿拉伯糖基 -(1→2)-*O*-β-D- 吡喃葡萄糖苷 三七 Panax notoginseng
16β-hydroxy-dammara-20(22),25-dien-3-one 16β- 羟基 - 达玛 -20(22),25- 二烯 -3- 酮 香港樫木 Dysoxylum hongkongense
26-hydroxy-dammara-20,24-dien-3-one 26- 羟基 - 达玛 -20,24- 二烯 -3- 酮 香港樫木 Dysoxylum hongkongense
24-hydroxydammara-20,25-dien-3-one 24- 羟基达玛 -20,25- 二烯 -3- 酮 米仔兰 Aglaia odorata
20β-hydroxydammara-23-en-3-one 20β- 羟基 - 达玛 -23(24)- 烯 -3- 酮 蒙古栎 Quercus mongolica
20*R*-hydroxydammara-24-en-3-one 20*R*- 羟基达玛 -24- 烯 -3- 酮 臭椿 Ailanthus altissima, 香港樫木 Dysoxylum hongkongense
hydroxydammarenone I 羟基达玛烯酮 I 臭椿 Ailanthus altissima
3-hydroxydamsin 3- 羟基二氢豚草素 香丝草 Conyza bonariensis
hydroxydaphgraciline 羟基纤细虎皮楠林碱▲ 交让木 Daphniphyllum macropodum
12-hydroxydaphnetoxin 12- 羟基瑞香毒素 黄瑞香 Daphne giraldii
7β-hydroxydarutigenol 7β- 羟基豨莶精醇 豨莶 Sigesbeckia orientalis
9β-hydroxydarutigenol 9β- 羟基豨莶精醇 豨莶 Sigesbeckia orientalis
12α-hydroxydaturametelin B 12α- 羟基白曼陀罗素 B 洋金花 Datura metel
hydroxydavanone 羟基印蒿酮 无毛牛尾蒿 Artemisia dubia var. subdigitata
14β-hydroxydeacetylbaccatin III 14β- 羟基去乙酰基浆果紫杉素 III 喜马拉雅红豆杉 Taxus wallichiana
4''-hydroxydecursin 4''- 羟基紫花前胡素 朝鲜当归 Angelica gigas
10-hydroxydeformodihydropseudoakuammigine-10-*O*-α-L-arabinopyranoside 10- 羟基去甲酰二氢伪苦籽木精碱▲10-*O*-α-L- 吡喃阿拉伯糖苷 长春花 Catharanthus roseus
12-hydroxydehydroabietic acid 12- 羟基去氢冷杉酸 秦岭冷杉 Abies chensiensis, 冷杉 A. fabri, 臭冷杉 A. nephrolepis, 太白红杉 Larix potaninii var. chinensis
15-hydroxydehydroabietic acid 15- 羟基去氢冷杉酸 冷杉 Abies fabri, 臭冷杉 A. nephrolepis, 贡山三尖杉 Cephalotaxus lanceolata, 大芒萁 Dicranopteris ampla, 香柏 Juniperus pingii var. wilsonii, 铁坚油杉 Keteleeria davidiana, 太白红杉 Larix potaninii var. chinensis, 华山松 Pinus armandii, 红松 P. koraiensis, 樟子松 P. sylvestris var. mongolica
7α-hydroxydehydroabietic acid 7α- 羟基去氢冷杉酸 大叶紫珠 Callicarpa macrophylla, 高山松 Pinus densata, 樟子松 P. sylvestris var. mongolica, 黄山松 P. taiwanensis, 黑松 P. thunbergii
7β-hydroxydehydroabietic acid 7β- 羟基去氢冷杉酸 冷杉 Abies fabri, 香柏 Juniperus pingii var. wilsonii, 樟子松 Pinus sylvestris var. mongolica
hydroxydehydroabietic acid 羟基去氢冷杉酸 欧洲刺柏 Juniperus communis

6-hydroxydehydroabietinol 6- 羟基去氢冷杉亭醇 榧树 Torreya grandis
5-hydroxydehydrocrenatine 5- 羟基去氢圆齿爱舍苦木亭▲ 常绿苦树 Picrasma javanica
8-hydroxydehydrocrenatine 8- 羟基去氢圆齿爱舍苦木亭▲ 常绿苦树 Picrasma javanica
7-hydroxydehydrohastatoside 7- 羟基去氢矛叶马鞭草苷▲ 马鞭草 Verbena officinalis
3-hydroxydehydro-iso-α-lapachone 3- 羟基去氢 - 异 -α- 风铃木醌▲ 梓 Catalpa ovata, 菜豆树 Radermachera sinica
5-hydroxydehydro-iso-α-lapachone 5- 羟基去氢 - 异 -α- 风铃木醌▲ 掌叶木 Tabebuia rosea
4'-hydroxydehydrokawain 4'- 羟基去氢醉椒素 黄腺香青 Anaphalis aureopunctata, 香青 A. sinica
5α-hydroxydehydroleucodin 5α- 羟基去氢白叶蒿定▲ 欧亚旋覆花 Inula britannica
(2S,3S)-3-hydroxydehydropachyrrhizone (2S,3S)-3- 羟基 - 去氢豆薯酮 豆薯 Pachyrhizus erosus
(2R,3R)-3-hydroxy-dehydropachyrrhizone (2R,3R)-3- 羟基 - 去氢豆薯酮 豆薯 Pachyrhizus erosus
10-hydroxy-dehydropenstemoside 10- 羟基 - 去氢钓钟柳苷 萝卜秦艽 Phlomis medicinalis
7-hydroxydehydroskytanthine 7- 羟基去氢多花藤碱▲ 直立黄钟花 Tecoma stans
15α-hydroxydehydrotumulosic acid 15α- 羟基去氢丘陵多孔菌酸▲ 猪苓 Polyporus umbellatus
8β-hydroxydehydrozaluzanin 8β- 羟基去氢中美菊素 中华小苦荬 Ixeridium chinense
5-hydroxydehydro-α-isolapachone 5- 羟基去氢 -α- 异风铃木醌▲ 葫芦树 Crescentia cujete
3'S-hydroxydeltoin 3'S- 羟基石防风素 防风 Saposhnikovia divaricata
6α-hydroxydemethylcryptojaponol 6α- 羟基去甲基日本柳杉酚▲ 毛喉鞘蕊花 Coleus forskohlii, 柳杉 Cryptomeria japonica var. sinensis
3'-hydroxydemethylrocaglamide 3'- 羟基去甲洛克米仔兰酰胺 米仔兰 Aglaia odorata
4-hydroxydendroxine 4- 羟基金钗碱 石斛 Dendrobium nobile
(3R,4R)-4-hydroxy-de-O-methyllasiodiplodin (3R,4R)-4- 羟基 - 去 -O- 甲基毛色二孢素 大果榕 Ficus auriculata
2-hydroxydeoxyaconitine 2- 羟基去氧乌头碱 铁棒锤 Aconitum pendulum
10-hydroxydeoxycamptothecine 10- 羟基去氧喜树碱 喜树 Camptotheca acuminata
7β-hydroxydeoxycryptojaponol 7β- 羟基去氧日本柳杉酚▲ 柳杉 Cryptomeria japonica var. sinensis, 刺柏 Juniperus formosana
3'-hydroxy-deoxyisolapachol 3'- 羟基 - 去氧异风铃木醇▲ 柚木 Tectona grandis
3β-hydroxydeoxymikanolide 3β- 羟基去氧薇甘菊内酯 假泽兰 Mikania cordata
10-hydroxydepressin 10- 羟基平胆素 黄苞大戟 Euphorbia sikkimensis
6-hydroxydesacetyluvaricin 6- 羟基去乙酰紫玉盘辛▲ 圆滑番荔枝 Annona glabra
12b-hydroxy-des-D-garcigerrin A 12b- 羟基 - 去 -D- 杰氏藤黄素▲A 大叶藤黄 Garcinia xanthochymus
3-hydroxy-des-O-methylracemosol 3- 羟基 - 去 -O- 甲基总状花羊蹄甲酚▲ 总状花羊蹄甲 Bauhinia racemosa
3β-hydroxy-D-friedoolean-14-en-28-al 3β- 羟基 -D- 飞齐墩果 -14- 烯 -28- 醛 三叶藤橘 Luvunga scandens
3α-hydroxy-D-friedoolean-5-ene 3α- 羟基 -D- 飞齐墩果 -5- 烯 鸭嘴花 Justicia adhatoda
5-hydroxydianellin 5- 羟基酸模素 重瓣萱草 Hemerocallis fulva var. kwanso
6α-hydroxydichapetalin V 6α- 羟基毒鼠子素▲V 毒鼠子 Dichapetalum gelonioides
3'-hydroxydidemethylrocaglamide 3'- 羟基二去甲洛克米仔兰酰胺 米仔兰 Aglaia odorata
5-hydroxydidrovaltrate 5- 羟基二氢缬草三酯 蜘蛛香 Valeriana jatamansi
3α-hydroxydiffractaic acid 3α- 羟基环裂松萝酸▲ 长松萝 Usnea longissima
4-hydroxydigitolutein 4- 羟基洋地黄黄素 毛地黄 Digitalis purpurea
19-(R)-hydroxydihydro-1-methoxygelsevirine 19-(R)- 羟基二氢 -1- 甲氧基常绿钩吻灵▲ 钩吻 Gelsemium elegans
4α-hydroxydihydroagarofuran 4α- 羟基二氢沉香呋喃 山姜 Alpinia japonica
18R-hydroxydihydroalloprotolichesterinic acid 18R- 羟基二氢别原地衣硬脂酸 长松萝 Usnea longissima
(-)-hydroxydihydrobovolide (-)- 羟基二氢牛油内酯▲ 爬树龙 Rhaphidophora decursiva
hydroxydihydrobovolide 羟基二氢牛油内酯▲ 刺苋 Amaranthus spinosus, 轮叶木姜子 Litsea verticillata
α-hydroxydihydrocaffeic acid α- 羟基二氢咖啡酸 厚壳树 Ehretia thyrsiflora
8-hydroxydihydrochelerythrine 8- 羟基二氢白屈菜红碱 白屈菜 Chelidonium majus, 飞龙掌血 Toddalia asiatica, 两面针 Zanthoxylum nitidum
(4R)-4-hydroxydihydrofuran-2-one-O-β-D-tetraacetateglucopyranoside (4R)-4- 羟基二氢呋喃 -2- 酮 -O-β-D- 四乙酰吡喃葡萄糖苷 番红花 Crocus sativus
(4S)-4-hydroxydihydrofuran-2-one-O-β-D-tetraacetateglucopyranoside (4S)-4- 羟基二氢呋喃 -2-one-O-β-D- 四乙酰吡喃葡萄糖苷 番红花 Crocus sativus
19-(R)-hydroxydihydrogelsemine 19-(R)- 羟基二氢钩吻碱 钩吻 Gelsemium elegans
19-(R)-hydroxydihydrogelsevirine 19-(R)- 羟基二氢常绿钩吻灵▲ 钩吻 Gelsemium elegans
2'-hydroxydihydroguaiaretic acid 2'- 羟基愈创木酸 三白草 Saururus chinensis
13-hydroxydihydromelleolide 13- 羟基二氢蜜环菌酯▲ 蜜环菌 Armillaria mellea
(+)-hydroxydihydroneocarveol (+)- 羟基二氢新葛缕子醇 臭冷杉 Abies nephrolepis
2α-hydroxydihydroparthenolide 2α- 羟基二氢小白菊内酯 合果木 Michelia baillonii
10-hydroxydihydroperaksine 10- 羟基二氢霹雳萝芙木辛碱 四叶萝芙木 Rauvolfia tetraphylla
6-hydroxy-dihydrophaseic acid 6- 羟基 - 二氢菜豆酸 红花八角 Illicium dunnianum
20-hydroxydihydrorankinidine 20- 羟基二氢兰金钩吻定▲ 钩吻 Gelsemium elegans
8-hydroxydihydrosanguinarine 8- 羟基二氢血根碱 白屈菜 Chelidonium majus, 扭果紫金龙 Dactylicapnos torulosa

20'-hydroxyeicosanyl linolenate 20'- 羟基二十醇亚麻酸酯 柚木 Tectona grandis
14-hydroxyelegansamine 14- 羟基钩吻萨胺▲ 钩吻 Gelsemium elegans
8-hydroxyelemol-hinokic acid 8- 羟基榄香醇 - 扁柏酸 挥发油成分，未统计基源
12a-hydroxyelliptone 12a- 羟基毛鱼藤酮 异翅鱼藤 Derris malaccensis, 鱼藤 D. trifoliata
6aα,12aα-12a-hydroxyelliptone 6aα,12aα-12a- 羟基毛鱼藤酮 鱼藤 Derris trifoliata
2-hydroxyemodin 2- 羟基大黄素 番红花 Crocus sativus
ω-hydroxyemodin ω- 羟基大黄素 中华猕猴桃 Actinidia chinensis, 小酸模 Rumex acetosella, 皱叶酸模 R. crispus, 羊蹄 R. japonicus
hydroxyemodin 羟基大黄素 腊肠树 Cassia fistula, 矮大黄 Rheum nanum
2-hydroxyemodin-1-methyl ether 2- 羟基大黄素 -1- 甲醚 翼核果 Ventilago leiocarpa
hydroxyenone 羟基烯酮 宽叶香蒲 Typha latifolia
13β-hydroxy-*ent*-abiet-8(14)-en-7-one 13β- 羟基 - 对映 - 冷杉 -8(14)- 烯 -7- 酮 狼毒大戟 Euphorbia fischeriana
19-hydroxy-*ent*-abieta-7,13-diene 19- 羟基 - 对映 - 冷杉 -7,13- 二烯 台湾金粟兰 Chloranthus oldhamii
3α-hydroxy-*ent*-atis-16-en-14-one 3α- 羟基 - 对映 - 阿替 -16- 烯 -14- 酮 甘肃大戟 Euphorbia kansuensis
17-hydroxy-*ent*-atisan-19-oic acid 17- 羟基 - 对映 - 阿替 -19- 酸 滑桃树 Trevia nudiflora
(16α)-17-hydroxy-*ent*-atisan-19-oic acid methyl ester (16α)-17- 羟基 - 对映 - 阿替 -19- 酸甲酯 滑桃树 Trevia nudiflora
17-hydroxy-*ent*-atisan-19-oic acid methyl ester 17- 羟基 - 对映 - 阿替 -19- 酸甲酯 滑桃树 Trevia nudiflora
16β-hydroxy-*ent*-atisan-3-one 16β- 羟基 - 对映 - 阿替 -3- 酮 海漆 Excoecaria agallocha
17-hydroxy-*ent*-kaur-15-en-19-al 17- 羟基 - 对映 - 贝壳杉 -15- 烯 -19- 醛 番荔枝 Annona squamosa
17-hydroxy-*ent*-kaur-15-en-19-oic acid 17- 羟基 - 对映 - 贝壳杉 -15- 烯 -19- 酸 食用土当归 Aralia cordata
11-hydroxy-*ent*-kaur-16-en-15-one 11- 羟基 - 对映 - 贝壳杉 -16- 烯 -15- 酮 台湾穗花杉 Amentotaxus formosana
6α-hydroxy-*ent*-kaur-16-en-15-one 6α- 羟基 - 对映 - 贝壳杉 -16- 烯 -15- 酮 台湾穗花杉 Amentotaxus formosana
15α-hydroxy-*ent*-kaur-16-en-19-oic acid 15α- 羟基 - 对映 - 贝壳杉 -16- 烯 -19- 酸 食用土当归 Aralia cordata
9β-hydroxy-*ent*-kaur-16-en-oic acid 9β- 羟基 - 对映 - 贝壳杉 -16- 烯 - 酸 卤地菊 Wedelia prostrata
16αH-17-hydroxy-*ent*-kauran-19-oic acid 16αH-17- 羟基 - 对映 - 贝壳杉 -19- 酸 木榄 Bruguiera gymnorhiza
16α-hydroxy-*ent*-kauran-19-oic acid 16α- 羟基 - 对映 - 贝壳杉 -19- 酸 圆滑番荔枝 Annona glabra, 五加 Eleutherococcus nodiflorus var. gracilistylus, 刺五加 E. senticosus
16-hydroxy-*ent*-kauran-19-oic acid 16- 羟基 - 对映 - 贝壳杉 -19- 酸 番荔枝 Annona squamosa
(3α)-3-hydroxy-*ent*-pimara-8(14),15-dien-12-one (3α)-3- 羟基 - 对映 - 海松 -8(14),15- 二烯 -12- 酮 麻疯树 Jatropha curcas
7α-hydroxy-*ent*-pimara-8(14),15-dien-19-oic acid 7α- 羟基 - 对映 - 海松 -8(14),15- 二烯 -19- 酸 食用土当归 Aralia cordata
7β-hydroxy-*ent*-pimara-8(14),15-diene-19-oic acid 7β- 羟基 - 对映 - 海松 -8(14),15- 二烯 -19- 酸 东北土当归 Aralia cantinentalis, 食用土当归 A. cordata
(3R,5S,9R,10S)-3-hydroxy-*ent*-podocarpa-8(14)-ene-13-one (3R,5S,9R,10S)-3- 羟基 - 对映 - 罗汉松 -8(14)- 烯 -13- 酮 四川金粟兰 Chloranthus sessilifolius
5α-hydroxy-*ent*-rosa-15-en-18-oic acid 5α- 羟基 - 对映 - 玫瑰 -15- 烯 -18- 羧酸 矮慈姑 Sagittaria pygmaea
5α-hydroxy-*ent*-rosa-15-en-19-oic acid 5α- 羟基 - 对映 - 玫瑰 -15- 烯 -19- 羧酸 矮慈姑 Sagittaria pygmaea
3α-hydroxy-*ent*-torara-8-en-7,13-dione 3α- 羟基 - 对映 - 托塔拉罗汉松 -8- 烯 -7,13- 二酮 四川金粟兰 Chloranthus sessilifolius
3α-hydroxy-*ent*-trachylobane 3α- 羟基 - 对映 - 糙荚烷 钩腺大戟 Euphorbia sieboldiana
1-hydroxyepiacorone 1- 羟基表菖蒲螺酮 菖蒲 Acorus calamus
18-hydroxyepialloyohimbine 18- 羟基表别育亨宾碱 蛇根木 Rauvolfia serpentina
11-hydroxy-epierythratidine 11- 羟基表刺桐替定碱 刺桐 Erythrina variegata
9-hydroxyepimeloscine 9- 羟基表攀援山橙辛碱▲ 奶子藤 Bousigonia mekongensis
11-hydroxyepipachysamine E 11- 羟基表粉蕊黄杨胺 E 双蕊野扇花 Sarcococca hookeriana var. digyna
(+)-8-hydroxyepipinoresinol-4-*O*-β-D-glucopyranoside (+)-8- 羟基表松脂酚 -4-*O*-β-D- 吡喃葡萄糖苷 连翘 Forsythia suspensa
11-hydroxy-eremophil-1(10)-en-2,9-dione 11- 羟基 - 荒漠木 -1(10)- 烯 -2,9- 二酮 蹄叶橐吾 Ligularia fischeri
8β-hydroxyeremophil-3,7(11)-dien-8α,12(6α,15)-diolide 8β- 羟基荒漠木 -3,7(11)- 二烯 -8α,12(6α,15)- 二内酯 牛蒡叶橐吾 Ligularia lapathifolia
(4S,5S,6R,10R)-10-hydroxyeremophil-7(11),8(9)-diene-6,15;8,12-diolide (4S,5S,6R,10R)-10- 羟基荒漠木 -7(11),8(9)- 二烯 -6,15;8,12- 二内酯 鹿蹄橐吾 Ligularia hodgsonii
8β-hydroxyeremophil-7(11),9(10)-dien-12,8α-olide 8β- 羟基荒漠木 -7(11),9(10)- 二烯 -12,8α- 内酯 宽舌橐吾 Ligularia platyglossa
1β-hydroxy-eremophil-7(11),9-dien-10αH-12,8β-olide 1β- 羟基 - 荒漠木 -7(11),9- 二烯 -10αH-12,8β- 内酯 林荫千里光 Senecio nemorensis
(8S)-8-hydroxyeremophil-7(11)-en-12,8-olide (8S)-8- 羟基荒漠木 -7(11)- 烯 -12,8α- 内酯 蜂斗菜 Petasites japonicus
8β-hydroxyeremophil-7(11)-en-12,8α(4β,6α)-diolide 8β- 羟基荒漠木 -7(11)- 烯 -12,8α(4β,6α)- 二内酯 狭苞橐吾 Ligularia intermedia
10-hydroxyeremophil-7(11)-en-12,8α-olide 10- 羟基荒漠木 -7(11)- 烯 -12,8α- 内酯 中华小苦荬 Ixeridium chinense
6β-hydroxyeremophil-7(11)-en-12,8α-olide 6β- 羟基荒漠木 -7(11)- 烯 -12,8α 内酯 网脉橐吾 Ligularia dictyoneura, 大黄橐吾 L. duciformis, 蹄叶橐吾 L. fischeri
8β-hydroxy-eremophil-7(11)-en-12,8α-olide 8β- 羟基 - 荒漠木 -7(11)- 烯 -12,8α- 内酯 蹄叶橐吾 Ligularia fischeri
8α-hydroxyeremophil-7(11)-en-12,8β(14β,6α)-diolide 8α- 羟基荒漠木 -7(11)- 烯 -12,8β(14β,6α)- 二内酯 狭苞橐吾 Ligularia intermedia
6β-hydroxyeremophil-7(11)-en-12,8β-olide 6β- 羟基 - 荒漠木 7(11)- 烯 -12,8β- 内酯 蹄叶橐吾 Ligularia fischeri
3β-hydroxy-eremophil-7(11)-en-12,8β-olide 3β- 羟基荒漠木 -7(11)- 烯 -12,8β- 内酯 蜂斗菜 Petasites japonicus

6β,8-hydroxyeremophil-7(11)-en-8α,12-olide 6β,8- 二羟基荒漠木 -7(11)- 烯 -8α,12- 内酯 网脉橐吾 Ligularia dictyoneura
8β-hydroxyeremophil-7(11)-en-8α,12-olide 8β- 羟基荒漠木 -7(11)- 烯 -8α,12- 内酯 网脉橐吾 Ligularia dictyoneura
8β-hydroxyeremophil-7(11)-ene-15,6α: 12,8-diolide 8β- 羟基荒漠木烷 -7(11)- 烯 -15,6α: 12,8- 二内酯 棉毛橐吾 Ligularia vellerea
8β-hydroxyeremophil-7(11)-ene-6α,15;8α,12-diolide 8β- 羟基荒漠木 -7(11)- 烯 -6α,15;8α,12- 二内酯 狭苞橐吾 Ligularia intermedia, 掌叶橐吾 L. przewalskii
11β-hydroxyeremophil-8(9)7, (11)-dien-6α,15;8,12-diolide 11β- 羟基荒漠木 -8(9)7,(11)- 二烯 -6α,15;8,12- 二内酯 掌叶橐吾 Ligularia przewalskii
6β-hydroxyeremophilenolide 6β- 羟基呋喃荒漠木烯内酯▲ 蹄叶橐吾 Ligularia fischeri
(24R,25S)-3β-hydroxyergost-5-en-26-O-β-D-glucopyranosyl-(1 → 4)-O-β-D-glucopyranosyl-(1 → 2)-O-[O-β-D-glucopyranosyl-(1 → 4)-β-D-glucopyranosyl-(1 → 6)]-β-D-glucopyranoside (24R,25S)-3β- 羟基麦角甾 -5- 烯 -26-O-β-D- 吡喃葡糖基 -(1 → 4)-O-β-D- 吡喃葡糖基 -(1 → 2)-O-[O-β-D- 吡喃葡糖基 -(1 → 4)-β-D- 吡喃葡糖基 -(1 → 6)]-β-D- 吡喃葡萄糖苷 箭根薯 Tacca chantrieri
8β-hydroxyergosta-4,6,22-trien-3-one 8β- 羟基麦角甾 -4,6,22- 三烯 -3- 酮 秃马勃 Calvatia cyathiformis
14α-hydroxyergosta-4,7,9,22-tetraen-3,6-dione 14α- 羟基麦角甾 -4,7,9,22- 四烯 -3,6- 二酮 秃马勃 Calvatia cyathiformis
(22E,24R)-3β-hydroxyergosta-5,22-diene (22E,24R)-3β- 羟基麦角甾 -5,22- 二烯 密褶红菇 Russula densifolia
3β-hydroxyergosta-5,7,22-triene 3β- 羟基麦角甾 -5,7,22- 三烯 长毛囊孔菌 Hirschioporus versatilis
3β-hydroxyergosta-5,8,22-trien-7-one 3β- 羟基麦角甾 -5,8,22- 三烯 -7- 酮 松乳菇 Lactarius deliciosus
(22E,24R)-3β-hydroxyergosta-7,22-diene-6-one (22E,24R)-3β- 羟基麦角甾 -7,22- 二烯 -6- 酮 木蹄层孔菌 Fomes fomentarius
19S-hydroxyervahanine A 19S- 羟基海南狗牙花碱 A 伞房狗牙花 Tabernaemontana corymbosa
11-hydroxyerysotrine 11- 羟基刺桐特灵碱 鹦哥花 Erythrina arborescens
3-hydroxyestragole-β-D-glucopyranoside 3- 羟基龙蒿脑 -β-D- 吡喃葡萄糖苷 兰香草 Caryopteris incana, 江香薷 Mosla chinensis 'jiangxiangru', 茴芹 Pimpinella anisum
3-{4-[6-(1-hydroxyethoxy)-3,7-dimethyl-2,7-octadien-1-yl]oxy}-3,5-dimethoxyphenyl-8-{4-(3-hydroxy-1-propen-1-yl)-2,6-dimethoxyphenoxy}-2,6-dimethyl-3,6-octadien-2-ol 3-{4-[6-(1- 羟基乙氧基)-3,7- 二甲基 -2,7- 辛二烯 -1- 氧基]-3,5- 二甲氧基苯基 -8-{4-(3- 羟基 -1- 丙烯 -1-基)-2,6- 二甲氧基苯氧基 }-2,6- 二甲基 -3,6- 辛二烯 -2- 醇 莲叶橐吾 Ligularia nelumbifolia
2-hydroxyethyl linolenate 2- 羟基乙基亚麻酸酯 粘毛鼠尾草 Salvia roborowskii
(24R)-24-(2-hydroxyethyl)-20-hydroxyecdysone (24R)-24-(2- 羟基乙基)-20- 羟基蜕皮素 缢苞麻花头 Serratula strangulata
4-(1-hydroxyethyl)-2-methoxyphenol 4-(1- 羟基乙基)-2- 甲氧基苯酚 藜 Chenopodium album
4-(2-hydroxyethyl)-2-methoxyphenyl-1-O-β-D-glucopyranoside 4-(2- 羟基乙基)-2- 甲氧基苯 -1-O-β-D- 吡喃葡萄糖苷 杜鹃兰 Cremastra appendiculata
5-(2-hydroxyethyl)-2-O-β-glucopyranosylphenol 5-(2- 氧乙基)-2-O-β- 吡喃葡萄糖基苯酚 天葵 Semiaquilegia adoxoides
1-(2'-hydroxyethyl)-4-methoxy-β-carboline 1-(2'- 羟基乙基)-4- 甲氧基 -β- 咔啉 臭椿 Ailanthus altissima
3-(2-hydroxyethyl)-5-(1-O-β-glucopyranosyloxy)-indole 3-(2- 羟基乙基)-5-(1-O-β- 葡萄糖氧基)- 吲哚 地锦 Euphorbia humifusa
1-(2-hydroxyethyl)-5-(methoxymethyl)-1H-pyrrole-2-carboxaldehyde 1-(2- 羟基乙基)-5-(甲氧基甲基)-1H- 吡咯 -2- 羧甲醛 茭白黑粉菌 Ustilago esculenta
8-(1'-hydroxyethyl)-7,8-dihydrochelerythrine 8-(1'- 羟基乙基)-7,8- 二氢白屈菜红碱 两面针 Zanthoxylum nitidum
3ζ-(1ζ-hydroxyethyl)-7-hydroxy-1-isobenzofuranone 3ζ-(1ζ- 羟基乙基)-7- 羟基 -1- 异苯并呋喃酮 调料九里香 Murraya koenigii
6-(1-hydroxyethyl)-7-methoxy-2,2-dimethylchromene 6-(1- 羟基乙基)-7- 甲氧基 -2,2- 二甲基色烯 霍香蓟 Ageratum conyzoides
2-(1'-hydroxyethyl)-8-hydroxyfurano-1,4-naphthoquinone 2-(1'- 羟基乙基)-8- 羟基呋喃 -1,4- 萘醌 葫芦树 Crescentia cujete
4-(2-hydroxyethyl)benzene-1,2-diol 4-(2- 羟基乙基) 苯 -1,2- 酚 辣蓼铁线莲 Clematis terniflora var. mandshurica
DL-5-(2-hydroxyethyl)hydantoin DL-5-(2- 羟乙基) 乙内酰脲 苦马豆 Sphaerophysa salsula
2-(1-hydroxyethyl)naphtha[2,3-b]furan-4,9-dione 2-(1- 羟基乙基) 萘并 [2,3-b] 呋喃 -4,9- 二酮 葫芦树 Crescentia cujete
2-(1-hydroxyethyl)-naphtho-[2,3-b]-furan-4,9-dione 2-(1- 羟基乙基)- 萘并 [2,3-b] 呋喃 -4,9- 二酮 掌叶木 Tabebuia rosea
4-(2-hydroxyethyl)phenol 4-(2- 羟基乙基) 苯酚 大团囊虫草 Elaphocordyceps ophioglossoides
p-(2'-hydroxyethyl)-phenol-β-D-glucopyranoside 对 -(2'- 羟基乙基)- 苯酚 -β-D- 吡喃葡萄糖苷 铁箍散 Schisandra propinqua var. sinensis
1-(2'-hydroxyethyl)-β-carboline 1-(2'- 羟基乙基)-β- 咔啉 柔毛鸦胆子 Brucea mollis
(R)-8-[(R)-1-hydroxyethyl]dihydrochelerythrine (R)-8-[(R)-1- 羟基乙基] 二氢白屈菜红碱 两面针 Zanthoxylum nitidum
2'-hydroxyethyl-4-hydroxybenzoate 2'- 羟基乙基 -4- 羟基苯甲酸酯 瓜叶马兜铃 Aristolochia cucurbitifolia
5-hydroxyethyl-6-hydroxyl-3-methyl benzofuran 5- 羟基乙基 -6- 羟基 -3- 甲基苯并呋喃 红波罗花 Incarvillea delavayi
8-hydroxyethyl-7,2',4'-trihydroxyflavone 8- 羟基乙基 -7,2',4'- 三羟基黄酮 蒙桑 Morus mongolica
2R*,4R*-8-hydroxyethyl-7,4'-dihydroxy-4,2'-epoxyflavan 2R*,4R*-8- 羟基乙基 -7,4'- 二羟基 -4,2'- 环氧黄烷 蒙桑 Morus mongolica
1S-hydroxyethylbenzene-1-O-β-D-glucopyranoside 1S- 羟基乙基苯 -1-O-β-D- 吡喃葡萄糖苷 益智 Alpinia oxyphylla
3β-hydroxyethyl-coronaridine 3β- 羟基乙基冠狗牙花定 尖蕾狗牙花 Tabernaemontana bufalina
2-hydroxyethylgardenamide A 2- 羟基乙基栀子酰胺 A 栀子 Gardenia jasminoides
2-hydroxyethylglucosinolate 2- 羟基乙基芥子油苷 马槟榔 Capparis masaikai
2-hydroxyethylhydrazine 2- 羟基乙基肼 挥发油成分，未统计基源
(2)-(R)-hydroxyeucomic acid (2)-(R)- 羟基红果酸 乌头 Aconitum carmichaelii
hydroxyeucomic acid 羟基红果酸 单穗升麻 Cimicifuga simplex
6-hydroxy-eudesm-4(14)-ene 6- 羟基 - 桉叶 -4(14)- 烯 小花八角 Illicium micranthum
7α-hydroxyeudesm-4-en-6-one 7α- 羟基桉叶 -4- 烯 -6- 酮 金粟兰 Chloranthus spicatus

8β-hydroxyeudesma-4(14),7(11)-dien-12,8-olide 8β- 羟基桉叶 -4(14),7(11)- 二烯 -12,8- 内酯 宽叶金粟兰 Chloranthus henryi

6α-hydroxyeudesma-4(15),7(11),8(9)-triene-12,8-olide 6α- 羟基桉叶 -4(15),7(11),8(9)- 三烯 -12,8- 内酯 宽叶金粟兰 Chloranthus henryi

(5S,6R,8S,10R)-6-hydroxyeudesma-4(15),7(11)-diene-12,8-olide (5S,6R,8S,10R)-6- 羟基桉叶 -4(15),7(11)- 二烯 -12,8- 内酯 宽叶金粟兰 Chloranthus henryi

9β-hydroxyeudesma-4,11(13)-dien-12-oic acid 9β- 羟基桉叶 -4,11(13)- 二烯 -12- 酸 湿地蒿 Artemisia tournefortiana

1β-hydroxyeudesma-4,11-dien-3-one 1β- 羟基桉叶 -4,11- 二烯 -3- 酮 膜苞垂头菊 Cremanthodium stenactinium, 大黄橐吾 Ligularia duciformis

2α-hydroxy-eudesman-4(15),11(13)-dien-12,8β-olide 2α- 羟基 - 桉叶 -4(15),11(13)- 二烯 -12,8β- 内酯 烟管头草 Carpesium cernuum

2α-hydroxy-eudesman-4(15)-en-12,8β-olide 2α- 羟基 - 桉叶 -4(15)- 烯 -12,8β- 内酯 烟管头草 Carpesium cernuum

7-hydroxyeudesmanolide 7- 羟基桉叶内酯 绒毛戴星草 Sphaeranthus indicus

2α-hydroxyeupatolide 2α- 羟基泽兰内酯 多须公 Eupatorium chinense

9β-hydroxy-eupatolide 9β- 羟基 - 泽兰内酯 湖北旋覆花 Inula hupehensis

13-hydroxy-eupatorochromene 13- 羟基泽兰色烯 肿柄菊 Tithonia diversifolia

1β-hydroxyeuscaphic acid 1β- 羟基野鸦椿酸 枇杷 Eriobotrya japonica, 地榆 Sanguisorba officinalis

hydroxyevodiamine 羟基吴茱萸碱 吴茱萸 Euodia ruticarpa, 石虎 E. ruticarpa var. officinalis

12α-hydroxyevodol 12α- 羟基吴茱萸醇 吴茱萸 Euodia ruticarpa

12-hydroxyevodol 12- 羟基吴茱萸醇 楝叶吴萸 Euodia glabrifolia

(1R,4S,6R)-6-hydroxyfenchan-2-one-6-O-β-D-glucopyranoside (1R,4S,6R)-6- 羟基葑烷 -2- 酮 -6-O-β-D- 吡喃葡萄糖苷 缩砂密 Amomum villosum var. xanthioides

19α-hydroxyfern-7-ene 19α- 羟基羊齿 -7- 烯 鞭叶铁线蕨 Adiantum caudatum

19α-hydroxyfern-9(11)-ene 19α- 羟基羊齿 -9(11)- 烯 鞭叶铁线蕨 Adiantum caudatum

28-hydroxyfern-9(11)-ene 28- 羟基羊齿 -9(11)- 烯 铁线蕨 Adiantum capillus-veneris, 鞭叶铁线蕨 A. caudatum

19α-hydroxyferna-7,9(11)-diene 19α- 羟基羊齿 -7,9(11)- 二烯 鞭叶铁线蕨 Adiantum caudatum

8α-hydroxyfernan-25,7β-olide 8α- 羟基羊齿 -25,7β- 内酯 鞭叶铁线蕨 Adiantum caudatum

19α-hydroxyfernene 19α- 羟基羊齿烯 阔叶骨碎补 Davallia solida

23-hydroxyfernene 3- 羟基羊齿烯 掌叶铁线蕨 Adiantum pedatum

18-hydroxyferruginol 18- 羟基锈色罗汉松酚▲ 柳杉 Cryptomeria japonica var. sinensis, 唐古特瑞香 Daphne tangutica, 榧树 Torreya grandis, 日本榧树 T. nucifera

19-hydroxyferruginol 19- 羟基锈色罗汉松酚▲ 日本柳杉 Cryptomeria japonica, 柳杉 C. japonica var. sinensis, 黄花香茶菜 Isodon sculponeatus, 柚木 Tectona grandis

3-hydroxyferruginol 3- 羟基锈色罗汉松酚▲ 柳杉 Cryptomeria japonica var. sinensis

6α-hydroxyferruginol 6α- 羟基锈色罗汉松酚▲ 狭基线纹香茶菜 Isodon lophanthoides var. gerardianus, 云南鼠尾草 Salvia yunnanensis

6β-hydroxyferruginol 6β- 羟基锈色罗汉松酚▲ 日本柳杉 Cryptomeria japonica, 柳杉 C. japonica var. sinensis, 卫矛 Euonymus alatus, 刺柏 Juniperus formosana

5-hydroxyferulic acid 5- 羟基阿魏酸 玉蜀黍 Zea mays

hydroxyferuloyl malate 羟基阿魏酰苹果酸酯 芸苔 Brassica rapa var. oleifera

19α-hydroxyfilic-3-ene 19α- 羟基绵马 -3- 烯 阔叶骨碎补 Davallia solida

4α-hydroxyfilican-3-one 4α- 羟基绵马 -3- 酮 铁线蕨 Adiantum capillus-veneris, 扇叶铁线蕨 A. flabellulatum

(2S)-7-hydroxyflavanone (2S)-7- 羟基黄烷酮 镰荚棘豆 Oxytropis falcata

(S)-5-hydroxyflavanone (S)-5- 羟基黄烷酮 细叶小苦荬 Ixeridium gracile

2S-7-hydroxyflavanone 2S-7- 羟基黄烷酮 印度黄檀 Dalbergia sissoo

7-hydroxyflavanone 7- 羟基黄烷酮 文殊兰 Crinum asiaticum var. sinicum, 墨江千斤拔 Flemingia chappar, 大尾摇 Heliotropium indicum, 细叶小苦荬 Ixeridium gracile, 镰荚棘豆 Oxytropis falcata

(2S)-5-hydroxyflavanone-7-O-β-D-(5-*trans*-cinnamyloylapiofuranosyl)-(1→2)-O-β-D-glucopyranoside (2S)-5- 羟基黄烷酮 -7-O-β-D-(5- 反式 - 桂皮酰呋喃芹糖基)-(1→2)-O-β-D- 吡喃葡萄糖苷 扁枝槲寄生 Viscum articulatum

(2S)-5-hydroxyflavanone-7-O-β-D-apiofuranosyl-(1→2)-O-β-D-glucopyranoside (2S)-5- 羟基黄烷酮 -7-O-β-D- 呋喃芹糖基 -(1→2)-O-β-D- 吡喃葡萄糖苷 扁枝槲寄生 Viscum articulatum

(2S)-5-hydroxyflavanone-7-O-β-D-apiofuranosyl-(1→5)-O-β-D-apiofuranosyl-(1→2)-O-β-D-glucopyranoside (2S)-5- 羟基黄烷酮 -7-O-β-D- 呋喃芹糖基 -(1→5)-O-β-D- 呋喃芹糖基 -(1→2)-O-β-D- 吡喃葡萄糖苷 扁枝槲寄生 Viscum articulatum

4'-hydroxyflavanone-7-O-β-D-glucopyranoside 4'- 羟基黄烷酮 -7-O-β-D- 吡喃葡萄糖苷 蒙古黄耆 Astragalus penduliflorus, 多叶棘豆 Oxytropis myriophylla

(2S)-5-hydroxyflavanone-7-O-β-D-glucopyranosiduronic acid (2S)-5- 羟基黄烷酮 -7-O-β-D- 吡喃葡萄糖醛酸 木蝴蝶 Oroxylum indicum

2'-hydroxyflavone 2'- 羟基黄酮 霞红灯台报春 Primula beesiana, 滇北球花报春 P. denticulata subsp. sinodenticulata, 无粉报春 P. efarinosa, 粉报春 P. farinosa, 报春花 P. malacoides, 天山报春 P. nutans, 藏报春 P. sinensis, 硕萼报春 P. veris subsp. macrocalyx

4'-hydroxyflavone 4'- 羟基黄酮 粉报春 Primula farinosa

5-hydroxyflavone 5- 羟基黄酮 霞红灯台报春 Primula beesiana, 滇北球花报春 P. denticulata subsp. sinodenticulata, 无粉报春 P. efarinosa, 粉报春 P. farinosa, 报春花 P. malacoides, 天山报春 P. nutans, 藏报春 P. sinensis

7-hydroxyflavone 7- 羟基黄酮 凹叶瑞香 Daphne retusa, 剑叶龙血树 Dracaena cochinchinensis, 散沫花 Lawsonia inermis, 镰荚棘豆 Oxytropis falcata

14-hydroxygelsenicine 14- 羟基钩吻尼辛▲ 钩吻 Gelsemium elegans
6β-hydroxygenipin 6β- 羟基京尼平 栀子 Gardenia jasminoides, 金毛耳草 Hedyotis chrysotricha
6α-hydroxygeniposide 6α- 羟基京尼平苷 假连翘 Duranta erecta, 栀子 Gardenia jasminoides, 纤花耳草 Hedyotis tenelliflora, 宝盖草 Lamium amplexicaule, 枫香树 Liquidambar formosana, 玉叶金花 Mussaenda pubescens, 鸡矢藤 Paederia foetida, 光叶海桐 Pittosporum glabratum, 九节 Psychotria asiatica
6β-hydroxygeniposide 6β- 羟基京尼平苷 栀子 Gardenia jasminoides, 金毛耳草 Hedyotis chrysotricha, 纤花耳草 H. tenelliflora, 枫香树 Liquidambar formosana
6-hydroxygeniposide 6- 羟基京尼平苷 蓬子菜 Galium verum
2'-hydroxygenistein 2'- 羟基染料木素 番荔枝 Annona squamosa, 木豆 Cajanus cajan, 猪屎豆 Crotalaria pallida, 大叶山蚂蝗 Desmodium gangeticum, 台湾山豆根 Euchresta formosana, 九丁榕 Ficus nervosa, 棉豆 Phaseolus lunatus
6-hydroxygenistein 6- 羟基染料木素 刺桐 Erythrina variegata
6-hydroxygenistein-6,7-di-O-β-D-glucopyranoside 6- 羟基染料木素 -6,7- 二 -O-β-D- 吡喃葡萄糖苷 葛 Pueraria montana var. lobata
6-hydroxygenistein-7-O-β-D-glucopyranoside 6- 羟基染料木素 -7-O-β-D- 吡喃葡萄糖苷 葛 Pueraria montana var. lobata
2'-hydroxygenistein-8-C-glucoside 2'- 羟基染料木素 -8-C- 葡萄糖苷 铁刀木 Senna siamea
3'-hydroxygenkwanin 3'- 羟基芫花素 芫花 Daphne genkwa, 唐古特瑞香 D. tangutica, 细叶益母草 Leonurus sibiricus
8-hydroxygeraniol 8- 羟基香叶醇 管花肉苁蓉 Cistanche tubulosa
10-hydroxygeraniol diglucopyranoside 10- 羟基香叶醇二吡喃葡萄糖苷 海滨柳穿鱼 Linaria japonica
8-hydroxygeraniol-1-O-β-D-glucopyranoside 8- 羟基香叶醇 -1-O-β-D- 吡喃葡萄糖苷 蒙古肉苁蓉 Cistanche mongolica
8-hydroxygeraniol-O-β-D-glucopyranoside 8- 羟基香叶醇 -O-β-D- 吡喃葡萄糖苷 盐生肉苁蓉 Cistanche salsa
(S)-12-hydroxygeranylgeraniol (S)-12- 羟基香叶基香叶醇 金挖耳 Carpesium divaricatum
(6E,10E,14Z)-20-hydroxygeranyllinalyl-3-O-[α-L-rhamnopyranosyl-(1 → 4)]-β-D-glucopyranoside-20-O-[α-L-rhamnopyranosyl-(1 → 4)]-[α-L-rhamnopyranosyl-(1 → 6)]-β-D-glucopyranoside (6E,10E,14Z)-20- 羟基香叶基芳樟醇 -3-O-[α-L- 吡喃鼠李糖基 -(1 → 4)]-β-D- 吡喃葡萄糖苷 -20-O-[α-L- 吡喃鼠李糖基 -(1 → 4)]-[α-L- 吡喃鼠李糖基 -(1 → 6)]-β-D- 吡喃葡萄糖苷 烟草 Nicotiana tabacum
(6E,10E,14Z)-20-hydroxygeranyllinalyl-3-O-[α-L-rhamnopyranosyl-(1 → 4)]-β-D-glucopyranoside-20-O-[β-D-glucopyranosyl)-(1 → 2)]-[α-L-rhamnopyranosyl-(1 → 6)]-β-D-glucopyranoside (6E,10E,14Z)-20- 羟基香叶基芳樟醇 -3-O-[α-L- 吡喃鼠李糖基 -(1 → 4)]-β-D- 吡喃葡萄糖苷 -20-O-[β-D- 吡喃葡萄糖基)-(1 → 2)]-[α-L- 吡喃鼠李糖基 -(1 → 6)]-β-D- 吡喃葡萄糖苷 烟草 Nicotiana tabacum
1(10)E-5-hydroxy-germacra-1(10),4(15),11-trien-8β,12-olide 1(10)E-5- 羟基大根老鹳草 -1(10),4(15),11- 三烯 -8,12- 内酯 土木香 Inula helenium
4β-hydroxygermacra-1(10),5-diene 4β- 羟基大根老鹳草 -1(10),5- 二烯 挥发油成分，未统计基源
(20R/S)-25-hydroxyginsenoside Rh_1 (20R/S)-25- 羟基人参皂苷 Rh_1 三七 Panax notoginseng
20(R)-25-hydroxyginsenoside Rh_1 20(R)-25- 羟基人参皂苷 Rh_1 三七 Panax notoginseng
25-hydroxyginsenoside Rk_3 25- 羟基人参皂苷 Rk_3 三七 Panax notoginseng
25-hydroxy-ginsenoside-Rg_2 25- 羟基人参皂苷 Rg_2 人参 Panax ginseng
(3R)-4''-hydroxyglabridin (3R)-4''- 羟基光果甘草定 洋甘草 Glycyrrhiza glabra
3-hydroxyglabrol 3- 羟基光果甘草酚 洋甘草 Glycyrrhiza glabra
24-hydroxyglabrolide 24- 羟基光果甘草内酯 云南甘草 Glycyrrhiza yunnanensis
19-hydroxyglaucolide 19- 羟基灰青斑鸠菊内酯 夜香牛 Vernonia cinerea
4-hydroxyglucobrassicin 4- 羟基葡萄糖芸苔素 芝麻菜 Eruca vesicaria
8-hydroxyglucosylharmine 8- 羟葡萄糖基骆驼蓬明碱▲ 骆驼蓬 Peganum harmala
3β-hydroxyglutin-5-ene 3β- 羟基欧洲桤木 -5- 烯 倒地铃 Cardiospermum halicacabum, 波缘冷水花 Pilea cavaleriei, 翅果菊 Pterocypsela indica, 宽叶荨麻 Urtica laetevirens
18α-hydroxyglycyrrhetate 18α- 羟基甘草酸盐 洋甘草 Glycyrrhiza glabra
28-hydroxyglycyrrhetic acid 28- 羟基甘草次酸 洋甘草 Glycyrrhiza glabra
24-hydroxyglycyrrhizin 24- 羟基甘草酸 甘草 Glycyrrhiza uralensis
4-hydroxygrenoblone 4- 羟基悬铃木酮▲ 悬铃木 Platanus acerifolia
4α-hydroxyguaia-10(14),11(13)-dien-12,6α-olide 4α- 羟基愈创木 -10(14),11(13)- 二氢 -12,6α- 内酯 甘青蒿 Artemisia tangutica
10α-hydroxyguaia-12,6-lactone-3-ketone 10α- 羟基愈创木 -12,6- 内酯 -3- 酮 中华小苦荬 Ixeridium chinense
4α-hydroxyguaia-2,10(14),11(13)-trien-12,6α-olide 4α- 羟基愈创木 -2,10(14),11(13)- 三烯 -12,6α- 内酯 甘青蒿 Artemisia tangutica
2β-hydroxyguaia-3,10(14),11(13)-trien-12,6α-olide 2β- 羟基愈创木 -3,10(14),11(13)- 三烯 -12,6α- 内酯 甘青蒿 Artemisia tangutica
4β-hydroxyguaia-9,11(13)-dien-12,8β-olide 4β- 羟基愈创木 -9,11(13)- 二烯 -12,8β- 内酯 石胡荽 Centipeda minima
(1R,7R,10S)-11-hydroxygual-4-ene-3,8-dione-β-D-glucopyranoside (1R,7R,10S)-11- 羟基愈创木 -4- 烯 -3,8- 二酮 -β-D- 吡喃葡萄糖苷 小窃衣 Torilis japonica
13-hydroxygusanlung A 13- 羟基古山龙碱 A 小驳骨 Justicia gendarussa
4-hydroxyhaemoventosin 4- 羟基红盘衣素▲ 红盘衣 Ophioparma ventosa
6-hydroxyharman 6- 羟基骆驼蓬满碱▲ 日本蛇根草 Ophiorrhiza japonica
hydroxyharringtonine 羟基粗榧碱 粗榧 Cephalotaxus sinensis
10-hydroxyharringtonolide 10- 羟基粗榧内酯 海南粗榧 Cephalotaxus mannii
12α-hydroxy-hautriwaic acid-19-lactone 12α- 羟基车桑子酸 -19- 内酯 阿尔泰狗娃花 Heteropappus altaicus
2α-hydroxyhederagenic acid 2α- 羟基常春藤酸 榅桲 Cydonia oblonga

15-hydroxyhumantenine 15- 羟基胡蔓藤宁▲ 钩吻 Gelsemium elegans
15-hydroxyhumantenoxenine 15- 羟基胡蔓藤氧杂宁▲ 钩吻 Gelsemium elegans
6*β*-hydroxyhuperzine A 6*β*- 羟基石杉碱 A 小杉兰 Huperzia selago
16-hydroxyhuperzine B 16- 羟基石杉碱 B 藤石松 Lycopodiastrum casuarinoides
8*β*-hydroxyhuperzine E 8*β*- 羟基石杉碱 E 石松 Lycopodium japonicum
(-)-*p*-hydroxyhydratropic acid (-)-2- 对羟基苯基丙酸 紫檀 Pterocarpus indicus
hydroxyhydroquinone 羟基氢醌 半枝莲 Scutellaria barbata
30-hydroxyhydroxypetuniasterone A 30- 羟基碧冬茄甾酮 A 碧冬茄 Petunia hybrida
6-hydroxyhyoscyamine 6- 羟基天仙子胺 山莨菪 Anisodus tanguticus, 树番茄 Cyphomandra betacea
7-hydroxyhyoscyamine 7- 羟基天仙子胺 树番茄 Cyphomandra betacea
4-hydroxyhyperolactone D 4- 羟基金丝桃内酯▲D 金丝桃 Hypericum monogynum
19*S*-hydroxyibogamine 19*S*- 羟基伊波花胺▲ 药用狗牙花 Tabernaemontana bovina, 伞房狗牙花 T. corymbosa
20*S*-hydroxyibogamine 20*S*- 羟基伊波花胺▲ 狗牙花 Tabernaemontana divaricata
10-hydroxyicajine 10- 羟基伊卡马钱碱▲ 马钱子 Strychnos nux-vomica
11-hydroxyicajine 11- 羟基伊卡马钱碱▲ 马钱子 Strychnos nux-vomica
14-hydroxyicajine 14- 羟基伊卡马钱碱▲ 长籽马钱 Strychnos wallichiana
1*β*-hydroxyilicic acid 1*β*- 羟基冬青叶豚草酸 六棱菊 Laggera alata
2*β*-hydroxyilicic acid 2*β*- 羟基冬青叶豚草酸 翼齿六棱菊 Laggera crispata
3*α*-hydroxyilicic acid 3*α*- 羟基冬青叶豚草酸 六棱菊 Laggera alata
5*β*-hydroxyilicic acid 5*β*- 羟基冬青叶豚草酸 六棱菊 Laggera alata, 巴天酸模 Rumex patientia
3-hydroxyillifunone B 3- 羟基八角呋酮▲B 红茴香 Illicium henryi, 野八角 I. simonsii
2-(hydroxyimino)-acetic acid 2- 羟基亚胺 - 乙酸 西洋参 Panax quinquefolius
4''-hydroxyimperatorin-4''-*O*-*β*-D-glucopyranoside 4''- 羟基欧前胡素 -4''-*O*-*β*-D- 吡喃葡萄糖苷 珊瑚菜 Glehnia littoralis
5''-hydroxyimperatorin-5''-*O*-*β*-D-glucopyranoside 5''- 羟基欧前胡素 -5''-*O*-*β*-D- 吡喃葡萄糖苷 珊瑚菜 Glehnia littoralis
hydroxyincarvilline 羟基角蒿碱 角蒿 Incarvillea sinensis
6-hydroxyindan-1-one 6- 羟基茚 -1- 酮 玄参 Scrophularia ningpoensis
6-hydroxyindol 6- 羟基吲哚 尖山橙 Melodinus fusiformis
5-hydroxyindole-3-aldehyde 5- 羟基吲哚 -3- 醛 泰国大风子 Hydnocarpus anthelminthicus
6-hydroxyindole-3-carboxylic acid-6-*O*-*β*-D-glucopyranoside 6- 羟基吲哚 -3- 酸 -6-*O*-*β*-D- 吡喃葡萄糖苷 白花碎米荠 Cardamine leucantha
hydroxyindolenine 羟基伪吲哚 狗牙花 Tabernaemontana divaricata
16-hydroxyingenol 16- 羟基巨大戟烯醇▲ 泽漆 Euphorbia helioscopia
19-hydroxyingol 19- 羟基巨大戟醇▲ 银边翠 Euphorbia marginata
6*β*-hydroxyipolamiide 6*β*- 羟基野芝麻新苷 杜虹花 Callicarpa formosana, 宝盖草 Lamium amplexicaule
16-hydroxyiridal 16- 羟基鸢尾醛 德国鸢尾 Iris germanica
17-hydroxyiridal 17- 羟基鸢尾醛 长葶鸢尾 Iris delavayi
10-hydroxyiridodial glucoside 10- 羟基臭蚁二醛葡萄糖苷 桦叶荚蒾 Viburnum betulifolium, 金佛山荚蒾 V. chinshanense
6*α*-hydroxy-isoalantolactone 6*α*- 羟基 - 异土木香内酯 湖北旋覆花 Inula hupehensis
6*α*-hydroxyisoalloalantolactone 6*α*- 羟基异别土木香内酯 湖北旋覆花 Inula hupehensis
12-hydroxyisobakuchiol 12- 羟基异补骨脂酚 补骨脂 Cullen corylifolia
13-hydroxyisobakuchiol 13- 羟基异补骨脂酚 补骨脂 Cullen corylifolia
11-hydroxyisocampheren-9-ene 11- 羟基异樟 -9- 烯 小花八角 Illicium micranthum
α-hydroxyisocaproic acid *α*- 羟基异己酸 烟草 Nicotiana tabacum
β-hydroxyisocaproic acid *β*- 羟基异己酸 烟草 Nicotiana tabacum
1-hydroxyisocomene 1- 羟基异科马菊烯 止痢蚤草 Pulicaria dysenterica
10*β*-hydroxyisodauc-6-en-14-al 10*β*- 羟基异胡萝卜 -6- 烯 -14- 醛 依兰 Cananga odorata
8-hydroxyisodiospyrin 8- 羟基异柿素 君迁子 Diospyros lotus
6*β*-hydroxyisodrimenin 6*β*- 羟基异林仙烯宁▲ 膀胱蕨 Protowoodsia manchuriensis
(+)-3-hydroxy-isodrimenin (+)-3- 羟基异林仙烯宁▲ 喜马拉雅红豆杉 Taxus wallichiana
7-hydroxyisoflavone 7- 羟基异黄酮 桐棉 Thespesia populnea
4'-hydroxyisoflavone-7-*O*-[*α*-L-arabinopyranosyl-(1 → 6)-*β*-D-glucopyranoside] 4'- 羟基异黄酮 -7-*O*-[*α*-L- 吡喃阿拉伯糖基 -(1 → 6)-*β*-D- 吡喃葡萄糖苷 短柄五加 Eleutherococcus brachypus
3-hydroxyisoforskolin 3- 羟基异毛喉鞘蕊花素▲ 毛喉鞘蕊花 Coleus forskohlii
8-hydroxyisogermafurenolide 8- 羟基异大根老鹳草呋烯内酯▲ 乌药 Lindera aggregata
hydroxyisogermafurenolide 羟基异大根老鹳草呋烯内酯▲ 金粟兰 Chloranthus spicatus
3*α*-hydroxyisohop-22(29)-en-24-oic acid 3*α*- 羟基异何帕 -22(29)- 烯 -24- 酸 薜荔 Ficus pumila
4''-hydroxyisojasminin 4''- 羟基素馨素▲ 野迎春 Jasminum mesnyi
2-hydroxyisojatrogrossidione 2- 羟基大齿麻疯树二酮 佛肚树 Jatropha podagrica
hydroxyisojatrogrossidione 羟基异大齿麻疯树二酮 麻疯树 Jatropha curcas
7'-hydroxyisolappaol A 7'- 羟基异牛蒡酚 A 大耳叶风毛菊 Saussurea macrota

ent-17-hydroxykaur-15(16)-en-19-oic acid 对映 -17- 羟基贝壳杉 -15(16)- 烯 -19- 酸 菊芋 Helianthus tuberosus
(4*α*,13*α*)-15-hydroxykaur-15-en-18-oic acid (4*α*,13*α*)-15- 羟基贝壳杉 -15- 烯 -18- 酸 向日葵 Helianthus annuus
ent-17-hydroxykaur-15-en-19-oic acid 对映 -17- 羟基贝壳杉 -15- 烯 -19- 酸 圆滑番荔枝 Annona glabra, 向日葵 Helianthus annuus
ent-17-hydroxykaur-15-en-3-one 对映 -17- 羟基贝壳杉 -15- 烯 -3- 酮 海漆 Excoecaria agallocha
ent-15*β*-hydroxy-kaur-16(17)-en-19-oic acid methyl ester 对映 -15*β*- 羟基贝壳杉 -16(17)- 烯 -19- 羧酸甲酯 菊芋 Helianthus tuberosus
(4*β*)-18-hydroxy-kaur-16-en-15-one (4*β*)-18- 羟基 - 贝壳杉 -16- 烯 -15- 酮 越南巴豆 Croton kongensis
(7*α*)-7-hydroxy-kaur-16-en-15-one (7*α*)-7- 羟基 - 贝壳杉 -16- 烯 -15- 酮 越南巴豆 Croton kongensis
(4*α*,7*α*)-7-hydroxy-kaur-16-en-18-oic acid (4*α*,7*α*)-7- 羟基贝壳杉 -16- 烯 -18- 酸 牵牛 Ipomoea nil
(4*α*,7*β*)-7-hydroxy-kaur-16-en-18-oic acid (4*α*,7*β*)-7- 羟基贝壳杉 -16- 烯 -18- 酸 牵牛 Ipomoea nil
ent-15*β*-hydroxy-kaur-16-en-19-oic acid 对映 -15*β*- 羟基 - 贝壳杉 -16- 烯 -19- 酸 番荔枝 Annona squamosa
(-)-20-hydroxykaur-16-en-19-oic acid lactone (-)-20- 羟基贝壳杉 -16- 烯 -19- 酸内酯 南蛇藤 Celastrus orbiculatus
(-)-ent-12*β*-hydroxykaur-16-en-19-oic acid-19-*O*-*β*-D-xylopyranosyl-(1→6)-*O*-*β*-D-glucopyranoside (-)- 对映 -12*β*- 羟基贝壳杉 -16- 烯 -19- 酸 -*O*-*β*-D- 吡喃木糖基 -(1→6)-*O*-*β*-D- 吡喃葡萄糖苷 杜鹃兰 Cremastra appendiculata
18-hydroxykauran-16-en-19-oic acid 18- 羟基 - 贝壳杉 -16- 烯 -19- 酸 毛梗豨莶 Sigesbeckia glabrescens
(4*β*)-16-hydroxykauran-18-oic acid (4*β*)-16- 羟基贝壳杉 -18- 酸 大芒萁 Dicranopteris ampla
(4*β*,16*β*)-16-hydroxykauran-18-oic acid (4*β*,16*β*)-16- 羟基贝壳杉 -18- 酸 大芒萁 Dicranopteris ampla
17-hydroxy-kauran-18-oic acid 17- 羟基贝壳杉 -18- 酸 向日葵 Helianthus annuus
(-)-16*R*-hydroxykauran-19-oic acid (-)-16*R*- 羟基贝壳杉 -19- 酸 雷公藤 Tripterygium wilfordii
ent-16*αH*,17-hydroxykauran-19-oic acid 对映 -16*αH*,17- 羟基贝壳杉 -19- 酸 腺梗豨莶 Sigesbeckia pubescens
ent-16*α*-hydroxykauran-19-oic acid 对映 -16*α*- 羟基贝壳杉 -19- 酸 五加 Eleutherococcus nodiflorus var. gracilistylus
ent-16*βH*,17-hydroxykauran-19-oic acid 对映 -16*βH*,17- 羟基贝壳杉 -19- 酸 腺梗豨莶 Sigesbeckia pubescens
ent-16*β*-hydroxykauran-3,4-lactone 对映 -16*β*- 羟基贝壳杉 -3,4- 内酯 金刚纂 Euphorbia neriifolia
16-hydroxy-kauran-3-one 16- 羟基 - 贝壳杉 -3- 酮 海漆 Excoecaria agallocha
(5*β*,8*α*,9*β*,10*α*,16*β*)-16-hydroxykaurane-18-oic acid (5*β*,8*α*,9*β*,10*α*,16*β*)-16- 羟基贝壳杉 -18- 酸 南蛇藤 Celastrus orbiculatus
16-*α*-hydroxykauranoic acid 16-*α*- 羟基贝壳杉烷酸 向日葵 Helianthus annuus
12-hydroxykirenol 12- 羟基豨莶草醇 腺梗豨莶 Sigesbeckia pubescens
3-hydroxykojic acid 3- 羟基曲酸 密花美登木 Maytenus confertiflora
15*α*-hydroxykopsinine 15*α*- 羟基蕊木宁 红花蕊木 Kopsia fruticosa
15-hydroxykopsinine 15- 羟基蕊木宁 尖山橙 Melodinus fusiformis, 川山橙 M. hemsleyanus
12*β*-hydroxykulactone 12*β*- 羟基苦楝内酯 川楝 Melia toosendan
13^2-hydroxyl-(13^2-*R*)-pheophorbide b methyl ester 13^2- 羟基 -(13^2-*R*)- 脱镁叶绿酸 b 甲酯 椿叶花椒 Zanthoxylum ailanthoides
13^2-hydroxyl-(13^2-*S*)-pheophorbide a methyl ester 13^2- 羟基 -(13^2-*S*)- 脱镁叶绿酸 a 甲酯 椿叶花椒 Zanthoxylum ailanthoides
6-hydroxy-l,2,3,7-tetramethoxyxanthone 6- 羟基 -1,2,3,7- 四甲氧基呫酮 西伯利亚远志 Polygala sibirica
4-hydroxyl-11*β*,13-dihydrode-hydrocostunloide 4- 羟基 -11*β*,13- 二氢去氢木香内酯 土木香 Inula helenium
8*α*-hydroxyl-11*βH*-11,13-dihydrodehydrocostus lactone 8*α*- 羟基 -11*βH*-11,13- 二氢去氢木香内酯 雪莲花 Saussurea involucrata
8*β*-hydroxyl-11*βH*-11,13-dihydrodehydrocostus lactone 8*β*- 羟基 -11*βH*-11,13- 二氢去氢木香内酯 雪莲花 Saussurea involucrata
10-hydroxyl-15-oxo-*α*-cadinol 10- 羟基 -15- 氧代 -*α*- 杜松醇 轮叶木姜子 Litsea verticillata
ent-17-hydroxyl-16*β*-methoxyl-kauran-3-one 对映 -17- 羟基 -16*β*- 甲氧基 - 贝壳杉 -3- 酮 多穗金粟兰 Chloranthus multistachys
16*β*-hydroxyl-17-acetoxy-*ent*-kauran-19-al 16*β*- 羟基 -17- 乙酰氧基 - 对映 - 贝壳杉 -19- 醛 圆滑番荔枝 Annona glabra
3*β*-hydroxyl-18(19)-en-olean-28-oic acid 3*β*- 羟基 -18(19)- 烯 - 齐墩果 -28- 酸 北枳椇 Hovenia dulcis
trans-5-[4-hydroxyl-1-butenyl]-2,2'-bithienyl 反式 -5-[4- 羟基 -1- 丁烯基]-2,2'- 二噻酚 万寿菊 Tagetes erecta
cis-5-[4-hydroxyl-1-butenyl]-2,2'-bithienyl 顺式 -5-[4- 羟基 -1- 丁烯基]-2,2'- 二噻酚 万寿菊 Tagetes erecta
7-hydroxyl-2,5-dimethyl-4*H*-chromone 7- 羟基 -2,5- 二甲基 -4*H*- 色酮 北柴胡 Bupleurum chinense
3*β*-hydroxy-l2,l4-dimethoxyabieta-8,11,13-triene 3*β*- 羟基 -l2,l4- 二甲氧基冷杉 -8,11,13- 三烯 昆明山海棠 Tripterygium hypoglaucum
3*α*-hydroxyl-20-demethyl-isoaleuritolic-14(15)-ene-28,30-dioic acid 3*α*- 羟基 -20- 脱甲异木油树 -14(15)- 烯 -28,30- 二酸 海金子 Pittosporum illicioides
3*α*-hydroxyl-21*α*-methoxy-24,25,26,27-tetranortirucall-7-ene-23(21)-lactone 3*α*- 羟基 -21*α*- 甲氧基 -24,25,26,27- 四降绿玉树 -7- 烯 -23(21)- 内酯 大叶山楝 Aphanamixis grandifolia
24-hydroxyl-24-vinylcholesterol 24- 羟基 -24- 乙烯基胆甾醇 蜈蚣藻 Grateloupia filicina
3-hydroxyl-2-methyl-4*H*-pyran-4-one-3-*O*-(6-*O*-feruloyl)-*β*-D-glucopyranoside 3- 羟基 -2- 甲基 -4*H*- 吡喃 -4- 酮 -3-*O*-(6-*O*- 阿魏酰基)-*β*-D- 吡喃葡萄糖苷 金铁锁 Psammosilene tunicoides
1-hydroxyl-2-*O*-*β*-D-6'-acetyl-glucopyranosyl-4-allylbenzene 1- 羟基 -2-*O*-*β*-D-6'- 乙酰基 - 吡喃葡萄糖基 -4- 烯丙基苯 野八角 Illicium simonsii
1-hydroxyl-2-*O*-*β*-D-glucopyranosyl-4-allylbenzene 1- 羟基 -2-*O*-*β*-D- 吡喃葡萄糖基 -4- 烯丙基苯 野八角 Illicium simonsii
2-hydroxyl-3,4-seco-friedelan-3-oic acid ethyl ester 2- 羟基 -3,4- 裂环 - 无羁萜 -3- 酸乙酯 镰叶西番莲 Passiflora wilsonii
1-(4'-hydroxyl-3'-methoxyphenyl)glycerol 1-(4'- 羟基 -3'- 甲氧基苯基)- 甘油 卷柏 Selaginella tamariscina
2*α*-hydroxyl-3*β*-angeloylcinnamolide 2*α*- 羟基 -3*β*- 当归酰合瓣樟▲ 内酯 愉悦蓼 Polygonum jucundum
3-hydroxyl-4,10-dehydrophorbol 3- 羟基 -4,10- 去氢佛波醇 狼毒大戟 Euphorbia fischeriana
5*α*-hydroxyl-4-epiilicic acid methyl ester 5*α*- 羟基 -4- 表冬青叶豚草酸甲酯 六棱菊 Laggera alata

5-hydroxyl-4'-methoxy-7-α-L-rhamnopyranosyl-(1→4)-β-D-glucopyranosylisoflavone 5- 羟基 -4'- 甲氧基 -7-α-L- 吡喃鼠李糖基 -(1→4)-β-D-吡喃葡萄糖异黄酮 鹊肾树 Streblus asper

3-(2-hydroxyl-4-methoxybenzoyl)-4*S**,5*R**-dimethyl-5-[4,8-dimethyl-3(*E*),7(*E*)-nonadien-1-yl]-tetrahydro-2-furanone 3-(2- 羟基 -4- 甲氧基苯甲酰基)-4*S**,5*R**- 二甲基 -5-[4,8- 二甲基 -3(*E*),7(*E*)- 壬二烯 -1- 基]- 四氢 -2- 呋喃酮 多伞阿魏 Ferula feruloides

7-hydroxyl-4'-methoxyflavone-5-*O*-glucopyranoside 7- 羟基 -4'- 甲氧基黄酮 -5-*O*- 吡喃葡萄糖苷 土沉香 Aquilaria sinensis

7-hydroxyl-4'-*O*-β-D-(6''-*O*-α-hydroxylpropionyl)-glucopyranosyldihydroflavone 7- 羟基 -4'-*O*-β-D-(6''-*O*-α- 羟基丙酰)- 吡喃葡萄糖基二氢黄酮 甘草 Glycyrrhiza uralensis

2-(2-hydroxyl-5-(methoxycarbonyl)phenoxy)benzoic acid 2-(2- 羟基 -5-(甲氧羰基) 苯氧基) 苯甲酸 荔枝 Litchi chinensis

3-hydroxyl-5-(methylsulfinyl)pentylthioglycoside 3- 羟基 -5-(甲基亚硫酰基) 戊基硫苷 播娘蒿 Descurainia sophia

3-hydroxyl-5-(methylsulfonyl)pentylthioglycoside 3- 羟基 -5-(甲基磺酰基) 戊基硫苷 播娘蒿 Descurainia sophia

5-hydroxyl-5,4'-dimethoxy-6-methylflavone 5- 羟基 -7,4'- 二甲氧基 -6- 甲基黄酮 蓝桉 Eucalyptus globulus

(2*R*,3*R*,5*R*,6*S*,9*R*)-3-hydroxyl-5,6-epoxy-acetyl-β-ionol-2-*O*-β-D-glucopyranoside (2*R*,3*R*,5*R*,6*S*,9*R*)-3- 羟基 -5,6- 环氧 - 乙酰 -β- 香堇醇 -2-*O*-β-D- 吡喃葡萄糖苷 构树 Broussonetia papyrifera

4-hydroxyl-5-methoxyl-phenylpropanol 4- 羟基 -5- 甲氧基 - 苯丙醇 樱草杜鹃 Rhododendron primuliflorum

4-hydroxyl-5-methoxyl-phenylpropanol-3-*O*-β-D-glucopyranoside 4- 羟基 -5- 甲氧基 - 苯丙醇 -3-*O*-β-D- 吡喃葡萄糖基苷 樱草杜鹃 Rhododendron primuliflorum

(25*R*)-3β-hydroxyl-5α-spirostan-6-one-3-*O*-α-L-rhamnopyranosyl-(1→2)-β-D-glucopyranoside (25*R*)-3β- 羟基 -5α- 螺甾 -6- 酮 -3-*O*-α-L- 吡喃鼠李糖基 -(1→2)-β-D- 吡喃葡萄糖苷 山丹 Lilium pumilum

6-hydroxyl-6,7-dehydro-8-deoxy-13-dehydroserratinine 6- 羟基 -6,7- 去氢 -8- 去氧 -13- 去氢千层塔宁碱 石松 Lycopodium japonicum

6-hydroxyl-6,7-dehydrolycoflexine 6- 羟基 -6,7- 去氢曲石松碱▲ 石松 Lycopodium japonicum

6β-hydroxyl-7(11)-eremophilen-8α,12-olide 6β- 羟基 -7(11)- 荒漠木烯 -8α,12- 内酯 阿勒泰橐吾 Ligularia altaica

8β-hydroxyl-7(11)-eremophilen-8α,12-olide 8β- 羟基 -7(11)- 荒漠木烯 -8α,12- 内酯 阿勒泰橐吾 Ligularia altaica

5α-hydroxyl-7,17-dehydroisolupanine 5α- 羟基 -7,17- 脱氢异羽扇豆碱 黄花木 Piptanthus concolor

(5*R*,20*R*)-23-hydroxyl-8(14→13*R*)-abeo-17,13-friedo-3-oxolanosta-8,14(30),24-triene-26,23-olide (5*R*,20*R*)-23- 羟基1-8(14→13*R*)- 移 -17,13- 飞 -3- 氧代羊毛脂 -8,14(30),24- 三烯 -26,23- 内酯 臭冷杉 Abies nephrolepis

15-hydroxyl-8(17),13(*E*)-labdadiene 15- 羟基 -8(17),13(*E*)- 半日花二烯 刺柏 Juniperus formosana

(1*R*,9*S*,10*S*)-10-hydroxyl-8(2',4'-diynehexylidene)-9-isovaleryloxy-2,7-dioxa-spiro[5,4]decane (1*R*,9*S*,10*S*)-10- 羟基 -8(2',4'- 六碳二炔亚甲基)-9- 异戊酰氧基 -2,7- 二氧杂螺 [5,4] 癸烷 野菊 Chrysanthemum indicum

(13*E*)-8β-hydroxylabd-13-en-15-oic acid (13 反式)-8β- 羟基半日花 -13- 烯 -15- 酸 齿叶黄皮 Clausena dunniana

(13*S*)-15-hydroxylabd-8(17)-en-18-oic acid (13*S*)-15- 羟基半日花 -8(17)- 烯 -18- 酸 贡山三尖杉 Cephalotaxus lanceolata

15-hydroxylabd-8(17)-en-19-oic acid 15- 羟基半日花 -8(17)- 烯 -19- 酸 柳杉 Cryptomeria japonica var. sinensis, 大芒萁 Dicranopteris ampla

2-hydroxylabda-7,13(*E*)-dien-15-oic acid 2- 羟基半日花 -7,13(*E*)- 二烯 -15- 酸 车桑子 Dodonaea viscosa

(*E*)-15-hydroxylabda-8(17),11,13-trien-15,16-olide (*E*)-15- 羟基半日花 -8(17),11,13- 三烯 -15,16- 内酯 姜花 Hedychium coronarium

16-hydroxylabda-8(17),11,13-trien-15,16-olide 16- 羟基半日花 -8(17),11,13- 三烯 -15,16- 内酯 姜花 Hedychium coronarium

(*E*)-15-hydroxylabda-8(17),11,13-trien-16,15-olide (*E*)-15- 羟基半日花 -8(17),11,13- 三烯 -16,15- 内酯 华山姜 Alpinia oblongifolia

(*E,E*)-15-hydroxylabda-8(17),11,13-trien-16-al (*E,E*)-15- 羟基半日花 -8(17),11,13- 三烯 -16- 醛 华山姜 Alpinia oblongifolia

3β-hydroxy-labda-8(17),13(14)-dien-12(15)-olide 3β- 羟基 - 半日花 -8(17),13(14)- 二烯 -12(15)- 内酯 四叶萝芙木 Rauvolfia tetraphylla

(*E*)-6β-hydroxylabda-8(17),13-dien-15-oic acid (*E*)-6β- 羟基半日花 -8(17),13- 二烯 -15- 酸 尖尾枫 Callicarpa longissima

3β-hydroxy-labda-8(17),13*E*-dien-15-oic acid 3β- 羟基 - 半日花 -8(17),13*E*- 二烯 -15- 酸 连翘 Forsythia suspensa

ent-15-hydroxylabda-8(17),13*E*-dien-3-one 对映 -15- 羟基半日花 -8(17),13*E*- 二烯 -3- 酮 海漆 Excoecaria agallocha

13-hydroxylabda-8(17),14-dien-18-oic acid 13- 羟基半日花 -8(17),14- 二烯 -18- 酸 鱼子兰 Chloranthus erectus

13β-hydroxylabda-8(17),14-dien-18-oic acid methyl ester 13β- 羟基半日花 -8(17),14- 二烯 -18- 酸甲酯 金粟兰 Chloranthus spicatus

13-hydroxylabda-8(17),14-diene-19-ald 13- 羟基半日花 -8(17),14- 二烯 -19- 醛 祁连圆柏 Juniperus przewalskii

ent-16ξ-hydroxy-labdan-3α,8β-dihydroxy-13(14)-en-15,16-olide 对映 -16ξ- 羟基 - 半日花 -3α,8β- 二羟基 -13(14)- 烯 -15,16- 内酯 车桑子 Dodonaea viscosa

8β-hydroxylabden-15-oic acid 8β- 羟基半日花烯 -15- 酸 齿叶黄皮 Clausena dunniana

3-(hydroxyl-acetyl)-1*H*-indole 3- 羟乙酰基吲哚 湖北旋覆花 Inula hupehensis

13-hydroxy-lactara-2,6,8-trien-5-oic acid-γ-lactone 13- 羟基 - 乳菇 -2,6,8- 三烯 -5- 酸 -γ- 内酯 绒白乳菇 Lactarius vellereus

5-hydroxy-lactara-6,8-dien-13-oic acid-γ-lactone 5- 羟基 - 乳菇 -6,8- 二烯 -13- 酸 -γ- 内酯 绒白乳菇 Lactarius vellereus

14-hydroxylactarolide A 14- 羟基乳菇内酯▲A 美味红菇 Russula delica

10β-hydroxylactarorufin A 10β- 羟基红乳菇素 A 绒白乳菇 Lactarius vellereus

7α-hydroxylambertianic acid 7α- 羟基兰伯松脂酸 短瓣花 Brachystemma calycinum

(3β,20*R*)-20-hydroxylanost-25-en-3-yl palmitate (3β,20*R*)-20- 羟基羊毛甾 -25- 烯 -3- 棕榈酸酯 佩兰 Eupatorium fortunei

(3α,13α,14β,17α,20*S*)-3-hydroxylanost-7-en-26-oic acid methyl ester (3α,13α,14β,17α,20*S*)-3- 羟基羊毛脂 -7- 烯 -26- 酸甲酯 阿月浑子 Pistacia vera

3-hydroxy-lanost-9(11),24(25)-dien-26-oic acid 3- 羟基羊毛脂 -9(11),24(25)- 二烯 -26- 酸 小花五味子 Schisandra micrantha

3β-hydroxy-lanost-9(11),24-dien-26-oic acid 3β- 羟基 - 羊毛脂 -9(11),24- 二烯 -26- 酸 金山五味子 Schisandra glaucescens

21-hydroxylanosta-7,9(11),24-diene-3-one 21- 羟基羊毛脂 -7,9(11),24- 二烯 -3- 酮 红缘拟层孔菌 Fomitopsis pinicola

3β-hydroxylanosta-7,9(11),24-trien-21-oic acid 3β- 羟基羊毛脂 -7,9(11),24- 三烯 -21- 酸 猪苓 Polyporus umbellatus

3*α*-hydroxylanosta-8,24-dien-21-oic acid 3*α*- 羟基羊毛甾 -8,24- 二烯 -21- 羧酸 萱草 Hemerocallis fulva
3*β*-hydroxylanosta-8,24-dien-21-oic acid 3*β*- 羟基羊毛甾 -8,24- 二烯 -21- 羧酸 萱草 Hemerocallis fulva
3*β*-hydroxy-lanosta-8,24-dien-7,11-dione 3*β*- 羟基 - 羊毛脂 -8,24- 二烯 -7,11- 二酮 地锦 Euphorbia humifusa
21-hydroxylanosta-8,24-diene-3-one 21- 羟基羊毛脂 -8,24- 二烯 -3- 酮 红缘拟层孔菌 Fomitopsis pinicola
hydroxylanyuamide I, II 羟基兰屿椒酰胺▲I, II 椿叶花椒 Zanthoxylum ailanthoides
5-hydroxylapachol 5- 羟基风铃木醇▲ 柚木 Tectona grandis
5-hydroxylarmillarivin 5'- 羟基蜜环菌文▲ 蜜环菌 Armillaria mellea
(-)-(7*S*)-7-hydroxylasiodiplodin (-)-(7*S*)-7- 羟基毛色二孢素 牛眼马钱 Strychnos angustiflora
(+)-(7*R*)-7-hydroxylasiodiplodin (+)-(7*R*)-7- 羟基毛色二孢素 牛眼马钱 Strychnos angustiflora
(3*R*,6*S*)-6-hydroxylasiodiplodin (3*R*,6*S*)-6- 羟基毛色二孢素 大果榕 Ficus auriculata
hydroxylated apocarotenoid 羟基脱辅基类胡萝卜素 喜马拉雅红豆杉 Taxus wallichiana
7*β*-hydroxylathyrol 7*β*- 羟基续随子醇 续随子 Euphorbia lathyris
7-hydroxylathyrol 7- 羟基续随子醇 美丽崖豆藤 Callerya speciosa
7-hydroxylathyrol-diacetate dibenzoate 7- 羟基续随子醇 - 二乙酸酯二苯甲酸酯 千金子 Leptochloa chinensis
12-hydroxylauric acid 12- 羟基月桂酸 欧洲刺柏 Juniperus communis
3*β*-hydroxycholest-5,22-dienol 3*β*- 羟基胆甾 -5,22- 二烯醇 独子藤 Celastrus monospermus
2'-(*p*-hydroxycinnamoyl)-6'-jacaranone-D-glucopyranoside 2'-(对羟基桂皮酰基)-6'- 蓝花楹酮 -D- 吡喃葡萄糖苷 缺裂千里光 Senecio scandens var. incisus
1*β*-hydroxycostic acid 1*β*- 羟基木香酸 六棱菊 Laggera alata
(2*S*,3*S*,4*R*,8*E*)-2-[(2'*R*)-2'-hydroxydocosanosylamino]-octadecane-1,3,4-triol (2*S*,3*S*,4*R*,8*E*)-2-[(2'*R*)-2'- 羟基二十二碳酰氨基]- 十八烷 -1,3,4- 三醇 芫花 Daphne genkwa
3*α*-hydroxyleoheteronone A 3*α*- 羟基益母草酮 A 细叶益母草 Leonurus sibiricus
11*α*-hydroxylepenine 11*α*- 羟基雷波乌头碱 吉林乌头 Aconitum kirinense
14-hydroxyleptocarpin 14- 羟基薄果菊素▲ 菊芋 Helianthus tuberosus
8*β*-hydroxyeremophil-7(11)-en-8*α*,12(6*α*,14*β*)-diolide 8*β*- 羟基荒漠木 -7(11)- 烯 -8*α*,12(6*α*,14*β*)- 二内酯 阿勒泰橐吾 Ligularia altaica
4-(1-hydroxyethyl)-phenol-1-*O*-*β*-D-glucopyranoside 4-(1- 羟基乙基)- 酚 -1-*O*-*β*-D- 吡喃葡萄糖苷 圆头蒿 Artemisia sphaerocephala
9*α*-hydroxyleucodin 9*α*- 羟基白叶蒿定▲ 翼柄翅果菊 Pterocypsela triangulata
17-hydroxyleucosceptrine 17- 羟基米团花素▲ 米团花 Leucosceptrum canum
11*α*-hydroxyleukamenin E 11*α*- 羟基白花阴生香茶菜素 E 贵州鼠尾草 Salvia cavaleriei
11*β*-hydroxyleukamenin E 11*β*- 羟基白花阴生香茶菜素 E 贵州鼠尾草 Salvia cavaleriei
hydroxygenkwanin 羟基芫花素 土沉香 Aquilaria sinensis
24-hydroxylicoricesaponin A_3 24- 羟基甘草皂苷 A_3 洋甘草 Glycyrrhiza glabra
(2*S*,3*S*,4*R*,8*E*)-2-[(2'*R*)-2'-hydroxy-lignocera-noylamino]-octadecane-1,3,4-tri-ol-8-ene (2*S*,3*S*,4*R*,8*E*)-2-[(2'*R*)-2'- 羟基 - 二十四碳酰胺基]- 十八碳 -1,3,4- 三羟基 -8- 烯 五加 Eleutherococcus nodiflorus var. gracilistylus
2-hydroxylignoceric acid methyl ester 2- 羟基木蜡酸甲酯 滇藏荨麻 Urtica mairei
(2*S*,3*S*,4*R*,10*E*)-2-[(2'*R*)-2'-hydroxylignoceroylamino]-10-octadecene-1,3,4-triol (2*S*,3*S*,4*R*,10*E*)-2-[(2'*R*)-2'- 羟基二十四碳酰氨基]-10- 十八烯 -1,3,4- 三醇 龙眼 Dimocarpus longan
(2*S*,3*S*,4*R*,8*E*)-2-[(2'*R*)-2'-hydroxylignoceroylamino]-8(*E*)-octadecene-1,3,4-triol (2*S*,3*S*,4*R*,8*E*)-2-[(2'*R*)-2'- 羟基二十四烷氨基]-8(*E*)- 十八烯 -1,3,4- 三醇 乌头 Aconitum carmichaelii
8*α*-hydroxyligudentatol 8*α*- 羟基齿叶橐吾酚 齿叶橐吾 Ligularia dentata
8*α*-hydroxyligujapone 8*α*- 羟基日本橐吾酮 齿叶橐吾 Ligularia dentata
10-hydroxyligustroside 10- 羟基女贞苷 花曲柳 Fraxinus chinensis subsp. rhynchophylla, 扭肚藤 Jasminum elongatum, 素馨花 J. grandiflorum, 女贞 Ligustrum lucidum
12*α*-hydroxylimonin 12*α*- 羟基柠檬苦素 吴茱萸 Euodia ruticarpa
(3*R*)-8-hydroxylinalool (3*R*)-8- 羟基芳樟醇 合掌消 Cynanchum amplexicaule
8-hydroxylinalool 8- 羟基芳樟醇 软枣猕猴桃 Actinidia arguta, 心叶风毛菊 Saussurea cordifolia
9-hydroxylinalool 9- 羟基芳樟醇 显苞芒毛苣苔 Aeschynanthus bracteatus
(3*R*,6*E*)-8-hydroxylinalool-1-*O*-*β*-D-glucopyranoside (3*R*,6*E*)-8- 羟基芳樟醇 -1-*O*-*β*-D- 吡喃葡萄糖苷 茴芹 Pimpinella anisum
(3*R*)-8-hydroxylinalool-3,8-di-*O*-*β*-D-(6'-*O*-*E*-sinapoyl)glucopyranoside (3*R*)-8- 羟基芳樟醇 -3,8- 二 -*O*-*β*-D-(6'-*O*-*E*- 芥子酰) 吡喃葡萄糖苷 合掌消 Cynanchum amplexicaule
(6*E*)-8-hydroxylinalool-3-*O*-*β*-D-glucopyranoside (6*E*)-8- 羟基芳樟醇 -3-*O*-*β*-D- 吡喃葡萄糖苷 心叶风毛菊 Saussurea cordifolia
9-hydroxylinalool-3-*O*-*β*-D-xylopyranosyl-(l → 6)-*β*-D-glucopyranosideheptaacetate 9- 羟基芳樟醇 -3-*O*-*β*-D- 吡喃木糖基 -(l → 6)-*β*-D- 葡萄糖基 - 七乙酸酯 华北白前 Cynanchum mongolicum
9-hydroxylinaloyl glucoside 9- 羟基芳樟酰葡萄糖酯苷 和尚菜 Adenocaulon himalaicum
9-hydroxy-linaloyl-3-*O*-(4-*O*-coumaroyl)-*β*-D-glucopyranoside 9- 羟基芳樟酰 -3-*O*-(4-*O*- 香豆酰基)-*β*-D- 吡喃葡萄糖酯苷 和尚菜 Adenocaulon himalaicum
1-hydroxylinaloyl-6-*O*-*β*-D-glucopyranoside 1- 羟基沉香基 -6-*O*-*β*-D- 吡喃葡萄糖苷 翅果菊 Pterocypsela indica
9-hydroxylinaloylglucoside 9- 羟基芳樟醇葡萄糖苷 阔苞菊 Pluchea indica
(-)-hydroxylindestrenolide (-)- 羟基乌药烯内酯▲ 乌药 Lindera aggregata

28-hydroxylup-20(29)-en-3-one 28- 羟基羽扇豆 -20(29)- 烯 -3- 酮 角果木 Ceriops tagal, 肉花卫矛 Euonymus carnosus
30-hydroxylup-20(29)-en-3-one 30- 羟基羽扇豆 -20(29)- 烯 -3- 酮 肉花卫矛 Euonymus carnosus, 福建假卫矛 Microtropis fokienensis, 五层龙 Salacia prinoides
16*β*-hydroxy-lup-20(29)-en-3-one 16*β*- 羟基 - 羽扇豆 -20(29)- 烯 -3- 酮 尾叶那藤 Stauntonia obovatifoliola subsp. urophylla
6*α*-hydroxylup-20(29)-en-3-one-28-oic acid 6*α*- 羟基羽扇豆 -20(29)- 烯 -3- 酮 -28- 酸 臭椿 Ailanthus altissima
6*β*-hydroxylup-20(29)-en-3-one-28-oic acid 6*β*- 羟基羽扇豆 -20(29)- 烯 -3- 酮 -28- 酸 枫香树 Liquidambar formosana
6-hydroxylup-20(29)-en-3-one-28-oic acid 6- 羟基羽扇豆 -20(29) 烯 -3- 酮基 -28- 酸 日本珊瑚树 Viburnum odoratissimum var. awabuki
6*β*-hydroxylup-20(29)-en-3-oxo-27,28-dioic acid 6*β*- 羟基羽扇豆烷 -20(29)- 烯 -3- 氧合 -27,28- 二酸 珊瑚树 Viburnum odoratissimum
6*α*-hydroxy-lup-20(29)-en-3-oxo-27,28-dioic acid 6*α*- 羟基羽扇豆烷 -20(29)- 烯 -3- 酮基 -27,28- 二酸 珊瑚树 Viburnum odoratissimum
6*α*-hydroxylup-20(29)-en-3-oxo-28-oic acid 6*α*- 羟基羽扇豆烷 -20(29)- 烯 -3- 酮基 -28- 酸 珊瑚树 Viburnum odoratissimum
3*α*-hydroxy-lup-20(29)-ene-23,28-dihydroxy-28-*O*-*α*-L-rhamnopyranosyl-(1→4)-*β*-D-glucopyranosyl-(1→6)-*β*-D-glucopyranosyl ester 3*α*- 羟基 - 羽扇豆 -20(29)- 烯 -23,28- 二羟基 -28-*O*-*α*-L- 吡喃鼠李糖基 -(1→4)-*β*-D- 吡喃葡萄糖基 -(1→6)-*β*-D- 吡喃葡萄糖基酯 刺参 Oplopanax elatus
3*α*-hydroxy-lup-20(29)-ene-28-oic acid 3*α*- 羟基羽扇豆 -20(29)- 烯 -28- 酸 角果木 Ceriops tagal
3*β*-hydroxylup-20(30)-en-29-al-3-acetate 3*β*- 羟基 - 羽扇豆 -20(30)- 烯 -29- 醛 -3- 乙酸酯 金盏花 Calendula officinalis
21-hydroxylupa-1,12-dien-3-one 21- 羟基羽扇豆 -1,12- 二烯 -3- 酮 紫薇 Lagerstroemia indica
(20*R*)-3*α*-hydroxylupan-29-oic acid (20*R*)-3*α*- 羟基羽扇豆 -29- 酸 肉花卫矛 Euonymus carnosus
(20*S*)-3*α*-hydroxylupan-29-oic acid (20*S*)-3*α*- 羟基羽扇豆 -29- 酸 肉花卫矛 Euonymus carnosus
3*β*-hydroxylupane 3*β*- 羟基羽扇豆烷 栾树 Koelreuteria paniculata
16*β*-hydroxylupane-1,20(29)-dien-3-one 16*β*- 羟基羽扇豆 -1,20(29)- 二烯 -3- 酮 尾叶那藤 Stauntonia obovatifoliola subsp. urophylla
3*β*-hydroxylupane-13*β*,28-lactone 3*β*- 羟基羽扇豆烷 -13*β*,28- 内酯 五桠果 Dillenia indica
16-*β*-hydroxylupane-20(29)-en-3-one 16-*β*- 羟基羽扇豆 -20(29)- 烯 -3- 酮 黄蜡果 Stauntonia brachyanthera
(-)-6*α*-hydroxylupanine (-)-6*α*- 羟基羽扇豆碱 朝鲜槐 Maackia amurensis
(+)-3*α*-hydroxylupanine (+)-3*α*- 羟基羽扇豆碱 沙冬青 Ammopiptanthus mongolicus
(±)-3*β*-hydroxylupanine (±)-3*β*- 羟基羽扇豆碱 沙冬青 Ammopiptanthus mongolicus
24-hydroxylupenone 24- 羟基羽扇豆烯酮 枸骨 Ilex cornuta
16*β*-hydroxylupeol 16*β*- 羟基羽扇豆醇 三七 Panax notoginseng
1*β*-hydroxylupeol 1*β*- 羟基羽扇豆醇 胶质鼠尾草 Salvia glutinosa, 粘毛鼠尾草 S. roborowskii
23-hydroxylupeol 23- 羟基羽扇豆醇 枸骨 Ilex cornuta
24-hydroxylupeol 24- 羟基羽扇豆醇 线叶龙胆 Gentiana farreri, 草珊瑚 Sarcandra glabra
28-hydroxylupeol 28- 羟基羽扇豆醇 线叶龙胆 Gentiana farreri
29-hydroxylupeol 29- 羟基羽扇豆醇 王瓜 Trichosanthes cucumeroides
2*α*-hydroxylupeol 2*α*- 羟基羽扇豆醇 灯油藤 Celastrus paniculatus, 木蝴蝶 Oroxylum indicum
2-hydroxylupeol 2- 羟基羽扇豆醇 仪花 Lysidice rhodostegia
30-hydroxylupeol 30- 羟基羽扇豆醇 地胆草 Elephantopus scaber, 匙羹藤 Gymnema sylvestre, 福建假卫矛 Microtropis fokienensis
11*β*-hydroxy-lupeol 11*β*- 羟基 - 羽扇豆醇 粘毛鼠尾草 Salvia roborowskii
16*β*-hydroxylupeol-3-*O*-tetradecanoate 16*β*- 羟基羽扇豆醇 3-*O*- 十四酸酯 水朝阳旋覆花 Inula helianthusaquatilis
3*β*-hydroxylursolic acid 3*β*- 羟基熊果酸 多裂委陵菜 Potentilla multifida
6-hydroxyluteolin 6- 羟基木犀草素 排草香 Anisochilus carnosus, 美国凌霄 Campsis radicans, 重瓣臭茉莉 Clerodendrum chinense, 三对节 C. serratum, 木蝴蝶 Oroxylum indicum, 过江藤 Phyla nodiflora, 荔枝草 Salvia plebeia, 盔状黄芩 Scutellaria galericulata, 马鞭草 Verbena officinalis
8-hydroxyluteolin 8- 羟基木犀草素 排草香 Anisochilus carnosus
6-hydroxyluteolin-6,3'-dimethyl ether 6- 羟基木犀草素 -6,3'- 二甲醚 菊蒿 Tanacetum vulgare
6-hydroxy-luteolin-6,3'-dimethyl ether 6- 羟基木犀草素 -6,3'- 二甲醚 盔瓣耳叶苔 Frullania muscicola
6-hydroxyluteolin-6,7-disulfate 6- 羟基木犀草素 -6,7- 二硫酸酯 过江藤 Phyla nodiflora
6-hydroxyluteolin-6-sulfate 6- 羟基木犀草素 -6- 硫酸酯 过江藤 Phyla nodiflora
6-hydroxyluteolin-7,3'-dimethylether 6- 羟基木犀草素 -7,3'- 二甲醚 苇谷草 Pentanema indicum
6-hydroxyluteolin-7-di-*O*-*β*-D-glucopyranoside 6- 羟基木犀草素 -7- 二 -*O*-*β*-D- 吡喃葡萄糖苷 北水苦荬 Veronica anagallis-aquatica, 长果水苦荬 V. anagalloides, 有柄水苦荬 V. beccabunga subsp. muscosa, 阿拉伯婆婆纳 V. persica, 卷毛婆婆纳 V. teucrium
6-hydroxyluteolin-7-glucoside 6- 羟基木犀草素 -7- 葡萄糖苷 菊蒿 Tanacetum vulgare
6-hydroxyluteolin-7-glucuronide 6- 羟基木犀草素 -7- 葡萄糖醛酸苷 假马鞭 Stachytarpheta jamaicensis
6-hydroxyluteolin-7-*O*-(6''-*O*-*trans*-caffeoyl)-*β*-D-glucopyranoside 6- 羟基木犀草素 -7-*O*-(6''-*O*- 反式 - 咖啡酰基)-*β*-D- 吡喃葡萄糖苷 兔儿尾苗 Pseudolysimachion longifolium
6-hydroxyluteolin-7-*O*-apioside 6- 羟基木犀草素 -7-*O*- 芹糖苷 过江藤 Phyla nodiflora
6-hydroxyluteolin-7-*O*-D-glucopyranoside 6- 羟基木犀草素 -7-*O*-D- 吡喃葡萄糖苷 婆婆纳 Veronica polita
6-hydroxyluteolin-7-*O*-diglucopyranoside 6- 羟基木犀草素 -7-*O*- 二吡喃葡萄糖苷 婆婆纳 Veronica polita
6-hydroxyluteolin-7-*O*-gentiobioside 6- 羟基 - 木犀草素 -7-*O*- 龙胆二糖苷 肋柱花 Lomatogonium carinthiacum
6-hydroxyluteolin-7-*O*-glucopyranoside 6- 羟基木犀草素 -7-*O*- 吡喃葡萄糖苷 肋柱花 Lomatogonium carinthiacum, 藏玄参 Oreosolen wattii
6-hydroxyluteolin-7-*O*-rutenoside 6- 羟基木犀草素 -7-*O*- 芸香糖苷 鹰爪花 Artabotrys hexapetalus, 柚木 Tectona grandis

12-hydroxymauiensine 12- 羟基毛伊萝芙木碱▲ 催吐萝芙木 Rauvolfia vomitoria
4''-hydroxymaysin 4''- 羟基玉米黄酮苷 含羞草 Mimosa pudica
2α-hydroxymaytenonic acid 2α- 羟基美登木酮酸 美登木 Maytenus hookeri
4-hydroxymedicarpin 4- 羟基美迪紫檀素 印度黄檀 Dalbergia sissoo
9α-hydroxymedioresinol 9α- 羟基杜仲树脂酚 鲜卑花 Sibiraea laevigata
(E)-3-hydroxymegastigm-7-en-9-one (E)-3- 羟基大柱香波龙 -7- 烯 -9- 酮 莲 Nelumbo nucifera
(7E)-9-hydroxymegastigma-4,7-dien-3-on-9-O-β-D-glucopyranoside (7E)-9- 羟基大柱香波龙 -4,7- 二烯 -3- 酮 -9-O-β-D- 吡喃葡萄糖苷 紫金牛 Ardisia japonica
(6R,7E,9R)-9-hydroxy-megastigma-4,7-dien-3-one-9-O-β-D-glucopyranoside (6R,7E,9R)-9- 羟基 - 大柱香波龙 -4,7- 二烯 -3- 酮 -9-O-β-D- 吡喃葡萄糖苷 潺槁木姜子 Litsea glutinosa
9-hydroxy-megastigma-4,7-dien-3-one-9-O-β-D-glucopyranoside 9- 羟基 - 大柱香波龙 -4,7- 二烯 -3- 酮 -9-O-β-D- 吡喃葡萄糖苷 益母草 Leonurus japonicus
(6R,7E,9R)-9-hydroxymegastigma-4,7-dien-3-one-9-O-β-D-glucoside (6R,7E,9R)-9- 羟基大柱香波龙 -4,7- 二烯 -3- 酮 -9-O-β-D- 葡萄糖苷 戟叶耳蕨 Polystichum tripteron
3β-hydroxymegastigma-5,7-dien-9-one 3β- 羟基大柱香波龙 -5,7- 二烯 -9- 酮 巴豆 Croton tiglium
3-hydroxymegastigmasta-5,7-dien-9-one-3-O-β-D-glucopyranoside 3- 羟基大柱香波龙 -5,7- 二烯 -9- 酮 -3-O-β-D- 吡喃葡萄糖苷 榅桲 Cydonia oblonga
(3R,6R,7E)-3-hydroxymegstigma-4,7-dien-9-one (3R,6R,7E)-3- 羟基大柱香波龙 -4,7- 二烯 -9- 酮 巴豆 Croton tiglium
3'-hydroxymelanettin 3'- 羟基黑黄檀亭▲ 降香 Dalbergia odorifera
(-)-(3R,4S)-4-hydroxymellein (-)-(3R,4S)-4- 羟基蜂蜜曲霉素 榴莲 Durio zibethinus
(3R,4R)-cis-4-hydroxymellein (3R,4R)- 顺式 -4- 羟基蜂蜜曲霉素 细齿草木犀 Melilotus dentatus
(3S,4R)-hydroxymellein (3S,4R)- 羟基蜂蜜曲霉素▲ 见血封喉 Antiaris toxicaria
trans-4-hydroxymellein 反式 -4- 羟基蜂蜜曲霉素 大叶山楝 Aphanamixis grandifolia, 漾濞鹿角藤 Chonemorpha griffithii
cis-4-hydroxymellein 顺式 -4- 羟基蜂蜜曲霉素 大叶山楝 Aphanamixis grandifolia, 漾濞鹿角藤 Chonemorpha griffithii
10α-hydroxymelleolide 10α- 羟基蜜环菌酯▲ 蜜环菌 Armillaria mellea
13-hydroxymelleolide K 13- 羟基蜜环菌酯▲K 蜜环菌 Armillaria mellea
19-hydroxy-melodinine K 19- 羟基山橙碱▲K 山橙 Melodinus suaveolens
15α-hydroxymeloscandonine 15α- 羟基攀援山橙酮碱▲ 川山橙 Melodinus hemsleyanus
14β-hydroxymeloyunine 14β- 羟基云南山橙碱▲ 雷打果 Melodinus yunnanensis
4-hydroxymenth-1-en-7-oic acid 4- 羟基薄荷 -1- 烯 -7- 酸 细叶糙果芹 Trachyspermum ammi
10-hydroxymesaconitine 10- 羟基中乌头碱 乌头 Aconitum carmichaelii
8α-(4-hydroxymethacryloyloxy)-10α-hydroxyhirsutinolide-13-O-acetate 8α-(4- 羟基甲基丙烯酰氧基)-10α- 羟基硬毛钩藤内酯 -13-O- 乙酸酯 夜香牛 Vernonia cinerea
8α-(4-hydroxymethacryloyloxy)-hirsutinolide-13-O-acetate 8α-(4- 羟基甲基丙烯酰氧基)- 硬毛钩藤内酯 -13-O- 乙酸酯 夜香牛 Vernonia cinerea
(3R)-2-hydroxymethybutane (3R)-2- 羟基甲基丁烷 马蹄金 Dichondra micrantha
7β-hydroxy-methyl betulinate 7β- 羟基白桦脂酸甲酯 福建假卫矛 Microtropis fokienensis
5-hydroxymethyl-(2,2':5',2'')-terthienyl acetate 5- 羟基甲基 -(2,2':5',2'')- 三联噻吩基乙酸酯 鳢肠 Eclipta prostrata
5-hydroxymethyl-(2,2':5',2'')-terthienyl angelate 5- 羟基甲基 -(2,2':5',2'')- 三联噻吩基当归酸酯 鳢肠 Eclipta prostrata
5-hydroxymethyl-(2,2':5',2'')-terthienyltiglate 5- 羟基甲基 -(2,2':5',2'')- 三联噻吩基巴豆酸酯 鳢肠 Eclipta prostrata
3'-[γ-hydroxymethyl-(E)-γ-methylallyl]-2,4,2',4'-tetrahydroxychalcone-1'-O-coumarate 3'-[γ- 羟基甲基 -(E)-γ- 甲基烯丙基]-2,4,2',4'- 四羟基查耳酮 -1'-O- 香豆酸酯 构树 Broussonetia papyrifera
3'-[γ-hydroxymethyl-(Z)-γ-methylallyl]-4,2',4'-trihydroxychalcone 3'-[γ- 羟基甲基 -(Z)-γ- 甲基烯丙基]-4,2',4'- 三羟基查耳酮 波罗蜜 Artocarpus heterophyllus
1-(hydroxymethyl)-1,2-ethanediyl hexadecanoic acid ester 1- 羟基甲基 -1,2- 乙二基十六酸酯 杉木 Cunninghamia lanceolata
5-(hydroxymethyl)-1H-pyrrole-2-carboxaldehyde 5- 羟基甲基 -1H- 吡咯 -2- 甲醛 桑 Morus alba
1-(hydroxymethyl)-2,4,6,8,10-dodecapentaynyl-β-D-glucopyranoside 1- 羟基甲基 -2,4,6,8,10- 十二碳五炔 -β-D- 吡喃葡萄糖苷 小舌菊 Microglossa pyrifolia
(E)-1-(hydroxymethyl)-2-dodecene-4,6,8,10-tetraynyl-β-D-glucopyranoside (E)-1- 羟基甲基 -2- 十二烯 -4,6,8,10- 四炔 -β-D- 吡喃葡萄糖苷 小舌菊 Microglossa pyrifolia
5-(hydroxymethyl)-2-furaldehyde 5-(羟基甲基)-2- 呋喃甲醛 山茱萸 Cornus officinalis, 楝 Melia azedarach
4-[5-(hydroxymethyl)-2-furanyl]-3-buten-2-one 4-(5- 羟基甲基 -2- 呋喃基)-3- 丁烯 -2- 二酮 血见愁 Teucrium viscidum
6-(hydroxymethyl)-2-hydroxyphenyl-O-β-D-glucopyranosyl-(1→6)-β-D-glucopyranoside 6- 羟基甲基 -2- 羟基苯基 -O-β-D- 吡喃葡萄糖基 -(1→6)-β-D- 吡喃葡萄糖苷 山桐子 Idesia polycarpa
4-(hydroxymethyl)-2-methoxyphenol 4- 羟基甲基 -2- 甲氧基苯酚 藜 Chenopodium album
4(E)-1-(hydroxymethyl)-4-dodecene-6,8,10-triynyl-β-D-glucopyranoside 4(E)-1- 羟基甲基 -4- 十二烯 -6,8,10- 三炔 -β-D- 吡喃葡萄糖苷 小舌菊 Microglossa pyrifolia
2-[1-(hydroxymethyl)-4-hydroxy-3,5-dimethoxy-phenyl]-propan-1,3-diol 2-[1- 羟基甲基 -4- 羟基 -3,5- 二甲氧基 - 苯基]- 丙烷 -1,3- 二醇 卫矛 Euonymus alatus

(4R,5S)-rel-4-(hydroxymethyl)-5-(1,3-benzodioxol-5-yl)-dihydro-2(3H)-furanone (4R,5S)- 相对 -4- 羟基甲基 -5-(1,3- 亚甲二氧基 -5- 基)- 二氢 -2(3H)- 呋喃酮 血见愁 Teucrium viscidum

(3α,4β,5β,8α,9β,10α,13α,14β,15β)-3-[1-(hydroxymethyl)ethenyl]-4,9-dimethyl-15-(1-methylethenyl)-androstane-4-propanoic acid (3α,4β,5β,8α,9β,10α,13α,14β,15β)-3-[1-(羟基甲基) 乙烯基]-4,9- 二甲基 -15-(1- 甲基乙烯基)- 雄烷 -4- 丙酸 地锦 Euphorbia humifusa

(E)-4-[5-(hydroxymethyl)furan-2-yl]but-3-en-2-one (E)-4-[5-(羟基甲氧基)-2- 呋喃基]-3- 丁烯 -2- 酮 丹参 Salvia miltiorrhiza

3-(5-hydroxymethyl)furan-2-yl-2-phenylacrylaldehyde 3-(5- 羟基甲基) 呋喃 -2- 基 -2- 苯基丙烯醛 团叶槲蕨 Drynaria bonii

4-[3'-(hydroxymethyl)oxiran-2'-yl]-2,6-dimethoxyphenol 4-[3'-(2'- 羟基甲基) 环氧乙烷基]-2,6- 二甲氧基苯酚 槟榔 Areca catechu

2-(hydroxymethyl)phenyl-2-O-β-D-glucopyranosyl-β-D-glucopyranoside 2- 羟基甲基苯基 -2-O-β-D- 吡喃葡萄糖基 -β-D- 吡喃葡萄糖苷 八角枫 Alangium chinense

2-(hydroxymethyl)phenyl-O-β-D-glucopyranosyl-(1 → 2)-O-[β-D-xylopyranosyl-(1 → 6)]-β-D-glucopyranoside 2- 羟基甲基苯基 -O-β-D- 吡喃葡萄糖基 -(1 → 2)-O-[β-D- 吡喃木糖基 -(1 → 6)]-β-D- 吡喃葡萄糖苷 八角枫 Alangium chinense

p-(hydroxymethyl)-phenyl-β-D-glucoside 对羟甲基苯基 -β-D- 葡萄糖苷 小白及 Bletilla formosana

6β-[2-(hydroxymethyl)prop-2-enoyloxy]furanoeremophil-1(10)-ene 6β-[2-(羟基甲基) 丙 -2- 二烯氧基] 呋喃苊漠木 -1(10)- 烯 网脉橐吾 Ligularia dictyoneura

5'-hydroxymethyl-1'-(1,2,3,9-tetrahydropyrrolo[2,1-b]quinazolin-1-yl)-heptan-1-one 5'- 羟基甲基 -1'-(1,2,3,9- 四氢吡咯 [2,1-b] 喹唑啉 -1- 基)- 庚 -1- 酮 心叶黄花稔 Sida cordifolia

2-hydroxymethyl-10-hydroxy-1,4-anthraquinone 2- 羟基甲基 -10- 羟基 -1,4- 蒽醌 丹草 Hedyotis herbacea

1-[2-(5-hydroxymethyl-1H-pyrrole-2-carbaldehyde-1-yl)ethyl]-1H-pyrazole 1-[2-(5- 羟基甲基 -1H- 吡咯 -2- 醛基 -1- 基) 乙基]-1H- 吡唑 西瓜 Citrullus lanatus

2-hydroxymethyl-1-methoxyanthraquinone 2- 羟基甲基 -1- 甲氧基蒽醌 茜草 Rubia cordifolia

5-hydroxymethyl-1-methylphenanthrene-2,7-diol 5- 羟基甲基 -1- 甲基菲 -2,7- 二醇 灯心草 Juncus effusus

6'-[(E)-2"-hydroxymethyl-2"-butenoyl]-arbutin 6'-[(E)-2"- 羟基甲基 -2"- 丁烯酰基]- 熊果苷 调羹树 Heliciopsis lobata

2"-hydroxymethyl-2"-methylpyran-(5",6":7,8)-5,4'-(2R,3R)-dihydroxydihydroflavonol 2"- 羟基甲基 -2"- 甲基吡喃 -(5",6":7,8)-5,4'-(2R,3R)- 二羟基二氢黄酮醇 小槐花 Ohwia caudata

5-hydroxymethyl-2-(E)-hept-5-ene-1,3-diynylthiophene 5- 羟基甲基 -2-(E)- 庚 -5- 烯 -1,3- 二炔噻吩 黄缨菊 Xanthopappus subacaulis

2-(5-hydroxymethyl-2',5'-dioxo-2',3',4',5'-tetrahydro-1'H-1,3'-bipyrrole)carbaldehyde 2-(5- 羟基甲基 -2',5'- 二氧代 -2',3',4',5'- 四氢 -1'H-1,3'- 二吡咯) 甲醛 桑 Morus alba

2-(5-hydroxymethyl-2',5'-dioxo-2',3',4',5'-tetrahydro-1'H-1,3'-bipyrrole)-carbaldehyde 2-(5- 羟基甲基 -2',5'- 二氧代 -2',3',4',5'- 四氢 -1'H-1,3'- 双吡咯)- 甲醛 欧洲李 Prunus domestica

4-hydroxymethyl-2,6-dimethoxyphenyl-1-O-β-D-glucopyranoside 4- 羟基甲基 -2,6- 二甲氧基苯基 -1-O-β-D- 吡喃葡萄糖苷 树参 Dendropanax dentiger

4-hydroxymethyl-2,6-dimethoxyphenyl-O-β-D-glucopyranoside 4- 羟基甲基 -2,6- 二甲氧基苯基 -O-β-D- 吡喃葡萄糖苷 草珊瑚 Sarcandra glabra

(23S,24S)-21-hydroxymethyl-24-{[O-β-D-glucopyranosyl-(1 → 4)-β-D-fucopyranosyl]oxy}-3β,23-dihydroxyspirosta-5,25(27)-dien-1β-O-β-D-apiofuranosyl-(1 → 3)-O-(4-O-acetyl-α-L-rhamnopyranosyl)-(1 → 2)-O-[β-D-xylopyranosyl-(1 → 3)]-α-L-arabinopyranoside (23S,24S)-21- 羟基甲基 -24-{[O-β-D- 吡喃葡萄糖基 -(1 → 4)-β-D- 吡喃岩藻糖基] 氧基 }-3β,23- 二羟基螺甾 -5,25(27)- 二烯 -1β-O-β-D- 呋喃芹糖基 -(1 → 3)-O-(4-O- 乙酰基 -α-L- 吡喃鼠李糖基)-(1 → 2)-O-[β-D- 吡喃木糖基 -(1 → 3)]-α-L- 吡喃阿拉伯糖苷 铁筷子 Helleborus thibetanus

2-hydroxymethyl-2-butenoic acid-(4S,6R,7S,10R)-3-[(acetyloxy)methyl]-2,4,5,6,7,8,9,10-octahydro-6,7-dihydroxy-6,10-dimethyl-2-oxo-7,10-epoxy(11E)-cyclodeca[b]furan-4-ylester 2- 羟基甲基 -2- 丁烯酸 -(4S,6R,7S,10R)-3-[(乙酰氧基) 甲基]-2,4,5,6,7,8,9,10- 八氢 -6,7- 二羟基 -6,10- 二甲基 -2- 氧代 -7,10- 环氧 (11E)- 环癸烷 [b] 呋喃 -4- 酯 夜香牛 Vernonia cinerea

(2S)-6-[(E)-3-hydroxymethyl-2-butenyl]-3',4',5,7-tetrahydroxy-dihydroflavanone (2S)-6-[(E)-3- 羟基甲基 -2- 丁烯基]-3',4',5,7- 四羟基 - 二氢黄烷酮 胀果甘草 Glycyrrhiza inflata

2-(5'-hydroxymethyl-2'-formylpyrrol-1'-yl)-3-(4-hydroxyphenyl)-propionic acid lactone 2-(5'- 羟基甲基 -2'- 甲酰基吡咯 -1'- 基)-3-(4- 羟基苯基)- 丙酸内酯 桑 Morus alba

2-(5'-hydroxymethyl-2'-formylpyrrol-1'-yl)-3-phenyl-propionic acid lactone 2-(5'- 羟基甲基 -2'- 甲酰基吡咯 -1'- 基)-3- 苯基 - 丙酸内酯 桑 Morus alba

2-(5-hydroxymethyl-2-formylpyrrol-1-yl)isovaleric acid lactone 2-(5- 羟基甲基 -2- 甲酰基吡咯 -1- 基) 异戊酸内酯 桑 Morus alba

5-hydroxymethyl-2-formyl-pyrrole 5- 羟基甲基 -2- 甲酰吡咯 银柴胡 Stellaria dichotoma var. lanceolata

2-(5-hydroxymethyl-2-formylpyrrole-1-yl)isocaproic acid lactone 2-(5- 羟基甲基 -2- 甲酰基吡咯 -1- 基) 异羊油酸内酯 桑 Morus alba

2-(5-hydroxymethyl-2-formylpyrrole-1-yl)propionic acid lactone 2-(5- 羟基甲基 -2- 甲酰基吡咯 -1- 基) 丙酸内酯 桑 Morus alba

5-hydroxymethyl-2-furancarboxaldehyde 5- 羟基甲基 -2- 呋喃甲醛 挥发油成分，未统计基源

5-hydroxymethyl-2-furfural; 5-hydroxymethyl-2-furaldehyde 5- 羟基甲基 -2- 糠醛 挥发油成分，未统计基源

5-hydroxymethyl-2-furoic acid 5- 羟基甲基 -2- 糠酸 罗汉果 Siraitia grosvenorii

4-hydroxymethyl-2-methoxyphenyl-6-O-syringoyl-β-D-glucopyranoside 4- 羟基甲基 -2- 甲氧基苯基 -6-O- 紫丁香基 -β-D- 吡喃葡萄糖苷 垂枝桦 Betula pendula

3-hydroxymethyl-2-methylenepentane-1,4-diol 3- 羟基甲基 -2- 亚甲基戊烷 -1,4- 二醇 松乳菇 Lactarius deliciosus

(2R,3R,4R)-2-hydroxymethyl-3,4-dihydroxypyrrolidine-N-propionamide (2R,3R,4R)-2- 羟基甲基 -3,4- 二羟基吡咯 -N- 丙胺 桑 Morus alba

4-hydroxymethyl-3,5,5-trimethylcyclohex-3-enol 4- 羟基甲基 -3,5,5- 三甲基环己 -3- 烯醇 番红花 Crocus sativus

4-hydroxymethyl-3,5,5-trimethylcyclohexen-2-one-4-*O*-*β*-D-gentibioside 4- 羟基甲基 -3,5,5- 三甲基环己烯 -2- 酮 -4-*O*-*β*-D- 龙胆二糖苷 挥发油成分，未统计基源

1-hydroxymethyl-3,6-dimethoxy-2,8-dihydroxyanthraquinone 1- 羟基甲基 -3,6- 二甲氧基 -2,8- 二羟基蒽醌 羊蹄 Rumex japonicus

(-)-2,3-*cis*-2-hydroxymethyl-3-[(5'-methoxy-3',4'-methylenedioxyphenyl)(3",4",5"-trimethoxyphenyl)methyl]butyrolactone (-)-2,3- 顺式 -2- 羟基甲基 -3-[(5'- 甲氧基 -3',4'- 亚甲二氧基苯基)(3",4",5"- 三甲氧基苯基) 甲基] 丁内酯 石蝉草 Peperomia blanda

(-)-2,3-*cis*-2-hydroxymethyl-3-[bis(5-methoxy-3,4-methylenedioxyphenyl)methyl]butyrolactone (-)-2,3- 顺式 -2- 羟基甲基 -3-[二 (5- 甲氧基 -3,4- 亚甲二氧基苯基) 甲基] 丁内酯 石蝉草 Peperomia blanda

2-hydroxymethyl-3-caffeoyloxyl-1-butene-4-*O*-*β*-D-glucopyranoside 2- 羟基甲基 -3- 咖啡酰氧基 -1- 丁烯 -4-*O*-*β*-D- 吡喃葡萄糖苷 毛冬青 Ilex pubescens

5-(3-hydroxymethyl-3-isovaleroyloxyprop-1-ynyl)-2,2'-bithiophene 5-(3- 羟基甲基 -3- 异戊酰氧基丙烷 -1 炔基)-2,2'- 联噻吩 驴欺口 Echinops davuricus

2-[(1*S*,2*R*,3*S*)-2-hydroxymethyl-3-methylcyclopentyl]-prop-2-en-1-ol 2-[(1*S*,2*R*,3*S*)-2- 羟基甲基 -3- 甲基环戊烯基]- 丙 -2- 烯 -1- 醇 两头毛 Incarvillea arguta

6-hydroxymethyl-3-pyridinol 6- 羟基甲基 -3- 吡啶醇 乌头 Aconitum carmichaelii, 紫花地丁 Viola philippica

5-hydroxymethyl-4-(methoxymethyl)-2-methyl-3-pyridinyl-*β*-D-glucopyranoside 5- 羟基甲基 -4-(甲氧基甲基)-2- 甲基 -3- 吡啶 -*β*-D- 吡喃葡萄糖苷 合欢 Albizia julibrissin

H

1-hydroxymethyl-5-hydroxyphenyl-2-*O*-*β*-D-glucopyranoside 1- 羟基甲基 -5- 羟基苯基 -2-*O*-*β*-D- 吡喃葡萄糖苷 蒲公英 Taraxacum mongolicum

2-hydroxymethyl-5-hydroxy-*γ*-pyranone 2- 羟基甲基 -5- 羟基 -*γ*- 吡喃酮 毛酸浆 Physalis philadelphica

2-hydroxymethyl-5-methoxyphenyl-*O*-*β*-D-glucopyranoisde 2- 羟基甲基 -5- 甲氧基苯基 -*O*-*β*-D- 吡喃葡萄糖苷 东紫苏 Elsholtzia bodinieri

3-hydroxymethyl-6,8-dimethoxycoumarin 3- 羟基甲基 -6,8- 二甲氧基香豆素 红茄苳 Rhizophora mucronata

5-hydroxymethyl-6-endo-3'-methoxy-4'-hydroxyphenyl-8-oxa-bicyclo[3,2,1]-oct-3-en-2-one 5- 羟基甲基 -6- 内向 -3'- 甲氧基 -4'- 羟基苯基 -8- 氧杂 - 双环 [3,2,1]- 八碳 -3- 烯 -2- 酮 川芎 Ligusticum sinense 'Chuanxiong'

3-hydroxymethyl-6-methoxy-2,3-dihydro-1*H*-indol-2-ol 3- 羟基甲基 -6- 甲氧基 -2,3- 二氢 -1*H*- 吲哚 -2- 醇 旱芹 Apium graveolens

8-hydroxymethyl-8-methyl-3,4-dihydro-2*H*,8*H*-pyrano[2,3-f]-chromon-3-ol 8- 羟基甲基 -8- 甲基 -3,4- 二氢 -2*H*,8*H*- 吡喃 [2,3-f]- 色酮 -3- 醇 洋甘草 Glycyrrhiza glabra

2-hydroxymethyl-9,10-anthraquinone 2- 羟基甲基 -9,10- 蒽醌 紫参 Rubia yunnanensis

3-hydroxymethyl-9*H*-carbazole 3- 羟基甲基 -9*H*- 咔唑 调料九里香 Murraya koenigii

1*S*-(2*R*-hydroxymethylacetoxy)-4*R*,8*S*-dimethylspiro[4.5]dec-7-one 1*S*-(2*R*- 羟基甲基乙酰氧基)-4*R*,8*S*- 二甲基螺环 [4.5]dec-7- 酮 假地枫皮 Illicium jiadifengpi

2-hydroxymethylanthraquinone 2- 羟基甲基蒽醌 日本柳杉 Cryptomeria japonica, 海滨木巴戟 Morinda citrifolia, 巴戟天 M. officinalis, 鸡眼藤 M. parvifolia, 柚木 Tectona grandis

2-hydroxymethylanthraquinone-3-glucoside 2- 羟基甲基蒽醌 -3- 葡萄糖苷 染色茜草 Rubia tinctorum

(4*R*)-4-hydroxymethylboschnialactone (4*R*)-4- 羟基甲基草苁蓉内酯 草苁蓉 Boschniakia rossica

(3*R*)-2-hydroxymethylbutane-1,2,3,4-tetrol (3*R*)-2- 羟基甲基丁烷 -1,2,3,4- 四醇 珊瑚菜 Glehnia littoralis, 小窃衣 Torilis japonica

5-hydroxymethylcanthin-6-one 5- 羟基甲基铁屎米 -6- 酮 臭椿 Ailanthus altissima

hydroxymethylenetanshinquinone 羟基亚甲基丹参醌 三叶鼠尾草 Salvia trijuga

23-hydroxymethylergostane 23- 羟基甲基麦角甾烷 臭椿 Ailanthus altissima

2-(1-hydroxymethylethyl)-4*H*,9*H*-naphtho[2,3-b]furan-4,9-dione 2-(1- 羟基甲基乙基)-4*H*,9*H*- 萘并 [2,3-b] 呋喃 -4,9- 二酮 木蝴蝶 Oroxylum indicum

29-hydroxymethyl-friedelin 29- 羟基甲基无羁萜 银叶树 Heritiera littoralis

3-hydroxymethylfuraldehyde 3- 羟基甲基糠醛 相思子 Abrus precatorius

hydroxymethylfurfural 羟甲基糠醛 山茱萸 Cornus officinalis

5-hydroxymethylfurfural; 5-hydroxymethylfuraldehyde 5- 羟基甲基糠醛 挥发油成分，未统计基源

3-hydroxymethylfuro[3,2-b]naphtho[2,3-d]furan-5,10-dione 3- 羟基甲基呋喃并 [3,2-b] 萘并 [2,3-d] 呋喃 -5,10- 二酮 葫芦树 Crescentia cujete

5-hydroxymethylfuroic acid 5- 羟基甲基糠酸 菘蓝 Isatis tinctoria, 挂金灯 Physalis alkekengi var. francheti, 鹊肾树 Streblus asper

6-hydroxymethylherniarin 6- 羟基甲基治疝草素▲ 文旦 Citrus maxima'Wentan'

7'-hydroxymethylisodomoic acid A, B 7'- 羟基甲基异软骨藻酸 A, B 树状软骨藻 Chondria armata

2-hydroxymethylknoxiavaledin 2- 羟基甲基红大戟定▲ 红大戟 Knoxia roxburghii

(2*S*,3*R*)-3-hydroxymethyl-*N*-(2'-hydroxynonacosanoyl)-trideca-9*E*-sphingenine (2*S*,3*R*)-3- 羟基甲基 -*N*-(2'- 羟基二十九酰基)- 十三碳 -9*E*- 神经鞘氨醇 菘蓝 Isatis tinctoria

2-hydroxymethylnon-3-ynoic acid-2-[2,2']-bithiophenyl-5-ethyl ester 2- 羟基甲基壬 -3- 烯酸 -2-[2,2']- 联硫酚 -5- 乙酯 万寿菊 Tagetes erecta

2-hydroxymethylphenol 2- 羟基甲基苯酚 尼泊尔桤木 Alnus nepalensis

4-hydroxymethylphenol 4- 羟基甲基苯酚 毛杨梅 Myrica esculenta

3-(3-hydroxymethylphenyl)-L-alanine 3-(3- 羟基甲基苯基)-L- 丙氨酸 溪荪 Iris sanguinea

(*E*)-4-hydroxymethylphenyl-6-*O*-caffeoyl-*β*-D-glucopyranoside (*E*)- 对羟基甲基苯基 -6-*O*- 咖啡酰基 -*β*-D- 吡喃葡萄糖苷 葫芦 Lagenaria siceraria

16-hydroxymethylpleiocarpamine 16- 羟基甲基多果树胺▲ 红花蕊木 Kopsia fruticosa

o-hydroxy-*N*-benzyl-16-methyl-11,14-diene-octadecamide 邻羟基 -*N*- 苄基 -16- 甲基 -11,14- 二烯 - 十八烷基酰胺 小米辣 Capsicum frutescens
15-hydroxy-N_b-methylgelsedilam 15- 羟基 -N_b- 甲基钩吻二内酰胺▲ 钩吻 Gelsemium elegans
7*α*-hydroxyneoacolamone 7*α*- 羟基新白菖蒲酮 及已 Chloranthus serratus
1-hydroxyneoanisatin 1- 羟基新莽草素 大八角 Illicium majus
2-hydroxyneoanisatin 2- 羟基新莽草素 少药八角 Illicium oligandrum
3-hydroxyneokadsuranic acid A 3- 羟基新南五味子尼酸▲A 黑老虎 Kadsura coccinea
15*α*-hydroxyneoline 15*α*- 羟基新欧乌林碱▲ 乌头 Aconitum carmichaelii, 鸭绿乌头 A. jaluense, 北乌头 A. kusnezoffii, 宣威乌头 A. nagarum var. lasiandrum, 铁棒锤 A. pendulum
15*α*-hydroxyneolinine 15*α*- 羟基新欧乌宁碱▲ 拟玉龙乌头 Aconitum pseudostapfianum
(2*R*)-2-hydroxyneomajucin (2*R*)-2- 羟基新大八角素 假地枫皮 Illicium jiadifengpi, 小花八角 I. micranthum
(2*S*)-2-hydroxyneomajucin (2*S*)-2- 羟基新大八角素 小花八角 Illicium micranthum
(2*S*)-hydroxyneomajucin (2*S*)- 羟基新大八角素 假地枫皮 Illicium jiadifengpi, 大八角 I. majus
(2*S**)-hydroxyneomajucin (2*S**)-2- 羟基新大八角素 假地枫皮 Illicium jiadifengpi
2'-hydroxyneophellamuretin 2'- 羟基新黄柏亭▲ 小槐花 Ohwia caudata
18'-hydroxy-n-hexacosanyl-n-decanoate 18'- 羟基 - 正二十六醇 - 正癸酸酯 柚木 Tectona grandis
(2*R*)-2-hydroxy-*N*-hydroxybenzylanabasine (2*R*)-2- 羟基 -*N*- 羟基苄基假木贼碱 八角枫 Alangium chinense
(2*S*)-2-hydroxy-*N*-hydroxybenzylanabasine (2*S*)-2- 羟基 -*N*- 羟基苄基假木贼碱 八角枫 Alangium chinense
6*β*-hydroxynigranoic acid 6*β*- 羟基黑五味子酸▲ 金山五味子 Schisandra glaucescens
(7*S*,8*S*)-5-hydroxynitidanin (7*S*,8*S*)-5- 羟基两面针宁▲ 云南土沉香 Excoecaria acerifolia
1-hydroxy-*N*-methylacridone 1- 羟基 -*N*- 甲基吖啶酮 臭节草 Boenninghausenia albiflora, 芸香 Ruta graveolens
β-hydroxy-*N*-methyl-DL-norvaline A *β*- 羟基 -*N*- 甲基 -DL- 降缬氨酸 A 菽麻 Crotalaria juncea
3-hydroxy-*N*-methylproline 3- 羟基 -*N*- 甲基脯氨酸 云实 Caesalpinia decapetala
4-hydroxy-*N*-methylproline 4- 羟基 -*N*- 甲基脯氨酸 枳椇 Hovenia acerba
5-hydroxy-*N*-methylseverifoline 5- 羟基 -*N*- 甲基东风橘碱▲ 酒饼簕 Atalantia buxifolia
6-hydroxynobiline 6- 羟基金石槲碱 细茎石斛 Dendrobium moniliforme
7'-hydroxy-n-octadecyl-n-decanoate 7'- 羟基 - 正十八醇 - 正癸酸酯 柚木 Tectona grandis
9-hydroxynominine 9- 羟基诺山阳乌头碱 甘青乌头 Aconitum tanguticum
1-(29-hydroxynonacosanoyl)-glycerol 1-(29- 羟基二十九酰基)- 甘油 合欢 Albizia julibrissin
6-hydroxynonadec-(4*Z*)-enoic acid 6- 羟基十九碳 -(4*Z*)- 烯酸 竹叶花椒 Zanthoxylum armatum
8'-hydroxynonadecanyl-*n*-decanoate 8'- 羟基十九烷基正癸酸酯 绿穗苋 Amaranthus hybridus
11-hydroxynoracronycine 11- 羟基降山油柑碱 柚 Citrus maxima, 文旦 C. maxima'Wentan', 葡萄柚 C. paradisi, 小花山小橘 Glycosmis parviflora
5-hydroxynoracronycine 5- 羟基降山油柑碱 马蜂橙 Citrus hystrix, 黎檬 C. limonia, 柚 C. maxima, 葡萄柚 C. paradisi, 枳 Poncirus trifoliata
7-hydroxynoracronycine 7- 羟基降山油柑碱 萝芙木 Rauvolfia verticillata
9-hydroxynoracronycine 9- 羟基降山油柑碱 萝芙木 Rauvolfia verticillata
5-hydroxynoracronycine alcohol 5- 羟基降山油柑碱乙醇 柚 Citrus maxima
(*S*)-(+)-3-hydroxynornantenine (*S*)-(+)-3- 羟基降南天竹宁 圆滑番荔枝 Annona glabra
(2*R*)-hydroxynorneomajucin (2*R*)- 羟基降新大八角素 假地枫皮 Illicium jiadifengpi
(-)-3-hydroxynornuciferine (-)-3- 羟基降荷叶碱 台湾含笑 Michelia compressa
(*R*)-(-)-3-hydroxynornuciferine (*R*)-(-)-3- 羟基降荷叶碱 圆滑番荔枝 Annona glabra
3-hydroxynornuciferine 3- 羟基降荷叶碱 牛心番荔枝 Annona reticulata, 毛叶假鹰爪 Desmos dumosus
(2*S*,4*R*)-(-)-*γ*-hydroxynorvaline (2*S*,4*R*)-(-)-*γ*- 羟基降缬氨酸 细网柄牛肝菌 Boletus satanas
(2*S*,4*S*)-(±)-*γ*-hydroxynorvaline (2*S*,4*S*)-(±)-*γ*- 羟基降缬氨酸 细网柄牛肝菌 Boletus satanas
14-hydroxynovacine 14- 羟基马钱子新碱 长籽马钱 Strychnos wallichiana
12*α*-hydroxyobaculactone 12*α*- 羟基黄柏内酯 黄檗 Phellodendron amurense
5-hydroxyobliquin 5- 羟基斜形牛筋果内酯 火绒草 Leontopodium leontopodioides
8-hydroxyobliquin 8- 羟基斜形牛筋果内酯 长叶火绒草 Leontopodium junpeianum
2-hydroxyobovaaldehyde 2- 羟基和厚朴醛▲ 日本厚朴 Houpoëa obovata
hydroxyobtustyrene 羟基钝叶黄檀苏合香烯 降香 Dalbergia odorifera, 印度黄檀 D. sissoo
(*Z*)-8-hydroxyoct-5-enoic acid-*O*-*β*-D-glucopyranoside (*Z*)-8- 羟基辛 -5- 烯酸 -*O*-*β*-D- 吡喃葡萄糖苷 省沽油 Staphylea bumalda
3-hydroxyocta-1,5*E*-dien-7-one 3- 羟基八碳 -1,5*E*- 二烯 -7- 酮 红毒茴 Illicium lanceolatum
28-hydroxyoctacosanic acid-3'-glycerin monoester 28- 羟基 - 正二十八酸 -3'- 甘油单酯 直立百部 Stemona sessilifolia
1-(28-hydroxyoctacosanoyl)glycerol 1-(28- 羟基二十八酰) 甘油 樟 Cinnamomum camphora
10-hydroxyoctadecanoic acid 10- 羟基十八酸 大翅蓟 Onopordum acanthium
2-hydroxyoctadecanoic acid 2- 羟基十八酸 大翅蓟 Onopordum acanthium, 雪岭云杉 Picea schrenkiana
3*R*-hydroxyoctadecanoic acid 3*R*- 羟基十八酸 熊胆草 Conyza blinii
3-hydroxyoctadecanoic acid 3- 羟基十八酸 木蹄层孔菌 Fomes fomentarius, 雪岭云杉 Picea schrenkiana
(2*S*,3*S*,4*R*,8*E*)-2-[(2'*R*)-2'-hydroxy-octadecanoylamino]-lignocerane-1,3,4-triol-8-ene (2*S*,3*S*,4*R*,8*E*)-2-[(2'*R*)-2'- 羟基 - 十八碳酰胺基]- 二十四

6*β*-hydroxy-oleanolic acid-3-*O*-[*β*-D-mannopyranosyl-(1→4),(2-*O*-3)]-*β*-D-glucuronate methyl ester 6*β*- 羟基齐墩果酸 -3-*O*-[*β*-D- 吡喃甘露糖基 -(1→4),(2-*O*-3)]-*β*-D- 葡萄糖醛酸苷甲酯 思茅藤 Epigynum auritum

16*α*-hydroxy-oleanolic acid-3-*O*-*α*-L-arabinopyranoside 16*α*- 羟基齐墩果酸 -3-*O*-*α*-L- 吡喃阿拉伯糖苷 红毛七 Caulophyllum robustum

27-hydroxyoleanolic acid-3-*O*-*α*-L-arabinopyranoyl-(1→3)-*α*-L-rhamnopyranosyl-(1→2)-*α*-L-arabinopyranoside-28-*O*-[*α*-L-rhamnopyranosyl-(1→4)-*β*-D-glucopyranosyl-(1→6)]-*β*-D-glucopyranosyl ester 27- 羟基齐墩果酸 -3-*O*-*α*-L- 吡喃阿拉伯糖基 -(1→3)-*α*-L- 吡喃鼠李糖基 -(1→2)-*α*-L- 吡喃阿拉伯糖苷 -28-*O*-[*α*-L- 吡喃鼠李糖基 -(1→4)-*β*-D- 吡喃葡萄糖基 -(1→6)]-*β*-D- 吡喃葡萄糖基酯苷 多被银莲花 Anemone raddeana

27-hydroxy-oleanolic acid-3-*O*-*β*-D-glucopyranosyl-(1→2)-*α*-L-arabinopyranoside 27- 羟基 - 齐墩果酸 -3-*O*-*β*-D- 吡喃葡萄糖基 -(1→2)-*α*-L- 吡喃阿拉伯糖苷 多被银莲花 Anemone raddeana

19*α*-hydroxyoleanolic acid-3*β*-*O*-(*β*-D-glucuronopyranoside-6-*O*-methyl ester 19*α*- 羟基齐墩果酸 -3*β*-*O*-(*β*-D- 吡喃葡萄糖醛酸苷 -6-*O*- 甲酯) 枸骨 Ilex cornuta

29-hydroxyoleanolic acid-3*β*-*O*-*α*-L-arabinopyranosyl-28-*O*-*β*-D-glucopyranoside 29- 羟基齐墩果酸 -3*β*-*O*-*α*-L- 吡喃阿拉伯糖基 -28-*O*-*β*-D- 吡喃葡萄糖苷 枸骨 Ilex cornuta

10-hydroxyoleoside dimethyl ester 10- 羟基木犀榄苷▲二甲酯 清香藤 Jasminum lanceolarium, 多花素馨 J. polyanthum, 女贞 Ligustrum lucidum, 巧玲花 Syringa pubescens

10-hydroxyoleoside-11-methyl ester 10- 羟基齐墩果苷 -11- 甲酯 中华青荚叶 Helwingia chinensis

(*R*)-*β*-hydroxyoleuropein (*R*)-*β*- 羟基油橄榄苦苷 毛冬青 Ilex pubescens

10-hydroxyoleuropein 10- 羟基油橄榄苦苷 中华青荚叶 Helwingia chinensis, 素馨花 Jasminum grandiflorum, 日本女贞 Ligustrum japonicum, 小蜡 L. sinense, 巧玲花 Syringa pubescens, 关东巧玲花 S. pubescens subsp. patula

2''-hydroxyoleuropein 2''- 羟基油橄榄苦苷 花曲柳 Fraxinus chinensis subsp. rhynchophylla

7*β*-hydroxy-*O*-methylsolanocapsine 7*β*- 羟基 -*O*- 甲基珊瑚樱碱▲ 珊瑚豆 Solanum pseudocapsicum var. diflorum

5-hydroxyononin 5- 羟基芒柄花苷 白英 Solanum lyratum

10*α*-hydroxyoplopan-4-one 10*α*- 羟基日本刺参 -4- 酮 剑叶金鸡菊 Coreopsis lanceolata, 峨眉千里光 Senecio faberi

10*α*-hydroxy-oplopan-4-one 10*α*- 羟基刺参 -4- 酮 白花枝子花 Dracocephalum heterophyllum

3*α*-hydroxyoreadone 3*α*- 羟基硬柄小皮伞酮▲ 硬柄小皮伞 Marasmius oreades

6-hydroxyorthosiphol B 6- 羟基鸡脚参醇 B 肾茶 Clerodendranthus spicatus

3'-hydroxyosajin 3'- 羟基橙桑素 异翅鱼藤 Derris malaccensis

hydroxyosthole epoxide 羟基欧前胡醚▲环氧化物 蛇床 Cnidium monnieri

hydroxyotobain 羟基奥托肉豆蔻素 肉豆蔻 Myristica fragrans

9*β*-hydroxyovatifolin-8-*O*-(2-methylbutyrate) 9*β*- 羟基卵叶柄花菊素▲-8-*O*-(2- 甲基丁酸酯) 百能葳葳 Blainvillea acmella

(-)-14*β*-hydroxyoxymatrine (-)-14*β*- 羟基氧化苦参碱 越南槐 Sophora tonkinensis

25-hydroxypachymic acid 25- 羟基茯苓酸 茯苓 Wolfiporia extensa

12a-hydroxypachyrrhizone 12a- 羟基豆薯酮 豆薯 Pachyrhizus erosus

9-hydroxypaeonilactone A 9- 羟基芍药内酯 A 芍药 Paeonia lactiflora

4-hydroxypalisadin C 4- 羟基栅状凹顶藻素▲C 齐藤凹顶藻 Laurencia saitoi

11-hydroxypalmatine 11- 羟基巴马汀 西藏地不容 Stephania glabra

(±)-8-hydroxypalmitic acid (±)-8- 羟基棕榈酸 鸦胆子 Brucea javanica

(2*S*,3*S*,4*R*,8*E*)-2-[(2*R*)-2-hydroxypalmitoylamino]-8-octadecene-1,3,4-triol (2*S*,3*S*,4*R*,8*E*)-2-[(2*R*)-2- 羟基棕榈酰氨]-8- 十八碳烯 -1,3,4- 三醇 菊三七 Gynura japonica

(2*S*,3*S*,4*R*,8*E*)-2-[(2'*R*)-2'-hydroxypalmitoylamino]-8-octadecene-1,3,4-triol (2*S*,3*S*,4*R*,8*E*)-2-[(2'*R*)-2'- 羟基棕榈酰胺]-8- 十八烯 -1,3,4- 三醇 朝鲜白头翁 Pulsatilla cernua

2*α*-hydroxypanaxadiol 2*α*- 羟基人参二醇 绞股蓝 Gynostemma pentaphyllum

24-hydroxypanaxdiol 24- 羟基人参二醇 人参 Panax ginseng

3-hydroxy-*p*-anisaldehyde 3- 羟基对茴芹醛▲ 红波罗花 Incarvillea delavayi

2-hydroxy-*p*-anisic acid 2- 羟基茴芹酸▲ 淡枝沙拐枣 Calligonum leucocladum

8-hydroxypectolinarigenin 8- 羟基果胶柳穿鱼苷元▲ 紫苏草 Limnophila aromatica

hydroxypeganine 羟基骆驼蓬宁碱▲ 鸭嘴花 Justicia adhatoda

24*β*-hydroxypennogenin 24*β*- 羟基偏诺皂苷元 吉林延龄草 Trillium kamtschaticum

27-hydroxypennogenin 27- 羟基偏诺皂苷元 宽瓣重楼 Paris polyphylla var. yunnanensis

(25*R*)-27-hydroxypennogenin-3-*O*-*α*-L-rhamnopyranosyl-(1→2)-*O*-*β*-D-glucopyranoside (25*R*)-27- 羟基偏诺皂苷元 -3-*O*-*α*-L- 吡喃鼠李糖基 -(1→2)-*O*-*β*-D- 吡喃葡萄糖苷 吉林延龄草 Trillium kamtschaticum

(25*S*)-27-hydroxypennogenin-3-*O*-*α*-L-rhamnopyranosyl-(1→2)-*O*-*β*-D-glucopyranoside 25*S*)-27- 羟基偏诺皂苷元 -3-*O*-*α*-L- 吡喃鼠李糖基 -(1→2)-*O*-*β*-D- 吡喃葡萄糖苷 吉林延龄草 Trillium kamtschaticum

18-hydroxypentacos-21-en-1-oic acid 18- 羟基二十五烷 -21- 烯 -1- 酸 月见草 Oenothera biennis

α-hydroxypentacosanoic acid *α*- 羟基二十五酸 千年健 Homalomena occulta

(2*S*,3*S*,4*R*,8*E*)-2-[(2'*R*)-2'-hydroxypentacosanosylamino]-octadecene-1,3,4-triol (2*S*,3*S*,4*R*,8*E*)-2-[(2'*R*)-2'- 羟基二十五烷酰胺]- 十八烯 -1,3,4- 三醇 羌活 Notopterygium incisum

rel-(3*S*,4*S*,5*S*)-3-[(2*R*)-2-hydroxypentacosanoylamino]-4-hydroxy-5-[(4*Z*)-tetradecane-4-ene]-2,3,4,5-tetrahydrofuran 相对 -(3*S*,4*S*,5*S*)-3-[(2*R*)-2- 羟基二十五酰氨基]-4- 羟基 -5-[(4*Z*)- 十四烷 -4- 烯]-2,3,4,5- 四氢呋喃 两头毛 Incarvillea arguta

3-(4-hydroxyphenyl)-1,2-propandiol 3-(4- 羟基 - 苯基)-1,2- 丙二醇 巴戟天 Morinda officinalis

1-(4-hydroxyphenyl)-1,2-propanediol 1-(4- 羟基苯基)-1,2- 丙二醇 何首乌 Polygonum multiflorum

(*R*)-5-(4-hydroxyphenyl)-1-[2-(4-hydroxyphenyl)ethyl]pentyl-*O*-*β*-D-apiofuranosyl-(1→2)-*O*-[*β*-D-apiofuranosyl-(1→6)]-*β*-D-glucopyranoside (*R*)-5-(4- 羟基苯基)-1-[2-(4- 羟基苯基) 乙基]- 戊基 -*O*-*β*-D- 呋喃芹糖基 -(1→2)-*O*-[*β*-D- 呋喃芹糖基 -(1→6)]-*β*-D- 吡喃葡萄糖苷 垂枝桦 Betula pendula

5-(4-hydroxyphenyl)-1-[2-(4-hydroxyphenyl)ethyl]-pentyl-*O*-*β*-D-apiofuranosyl-(1→2)-*β*-D-glucopyranoside 5-(4- 羟基苯基)-1-[2-(4- 羟基苯基)- 乙基]- 戊基 -*O*-*β*-D- 呋喃芹糖基 -(1→2)-*β*-D- 吡喃葡萄糖苷 垂枝桦 Betula pendula

4-(4-hydroxyphenyl)-1*H*,3*H*-naphtho[1,8-cd]pyran-1,3-dione 4- 对羟基苯基 -1*H*,3*H*- 萘 [1,8-cd] 吡喃 -1,3- 二酮 香蕉 Musa acuminata 'Dwarf cavendish'

erythro-1-(4-hydroxyphenyl)-1-methoxy-2,3-propanediol 赤式 -1-(4- 羟基苯基)-1- 甲氧基 -2,3- 丙二醇 冷杉 Abies fabri

4-[2-(3-hydroxyphenyl)-1-methoxyethyl]-2,6-dimethoxyphenol 4-[2-(3- 羟基苯基)-1- 甲氧乙基]-2,6- 二甲氧基苯酚 长距石斛 Dendrobium longicornu

threo-1-(4-hydroxyphenyl)-1-methoxyl-2,3-propanediol 苏式 -1-(4- 羟基苯基)-1- 甲氧基 -2,3- 丙二醇 冷杉 Abies fabri

(1*R*)-3-(4-hydroxyphenyl)-1-methylpropyl-*β*-D-glucopyranoside-6-[4-(*β*-D-glucopyranosyloxy)-3-methoxybenzoate] (1*R*)-3-(4- 羟基苯基)-1- 甲基丙醇 -*β*-D- 吡喃葡萄糖苷 -6-[4-(*β*-D- 吡喃葡萄糖氧基)-3- 甲氧基苯甲酸酯] 垂枝桦 Betula pendula

7-(4''-hydroxyphenyl)-1-phenyl-4*E*-hepten-3-one 7-(4''- 羟基苯基)-1- 苯基 -4 反式 - 庚烯 -3- 酮 高良姜 Alpinia officinarum

7-(4''-hydroxyphenyl)-1-phenyl-4-hepten-3-one 7-(4''- 羟基苯基)-1- 苯基 -4- 庚烯 -3- 酮 高良姜 Alpinia officinarum

7-(4-hydroxyphenyl)-1-phenylhept-4-en-3-one 7- 对羟基苯基 -1- 苯基庚 -4- 烯 -3- 酮 高良姜 Alpinia officinarum

1-(4'-hydroxy-phenyl)-1-propanone 1-(4'- 羟基苯基)-1- 丙酮 山核桃 Carya cathayensis

2,3-*trans*-3,4-*cis*-4,5-*cis*-5-(4''-hydroxyphenyl)-2-(4'-hydroxy-3'-methoxyphenyl)-3,4-dimethyltetrahydrofuran 2,3- 反式 -3,4- 顺式 -4,5- 顺式 -5-(4''- 羟基苯基)-2-(4'- 羟基 -3'- 甲氧基苯基)-3,4- 二甲基四氢呋喃 华中五味子 Schisandra sphenanthera

1-(4-hydroxyphenyl)-2-(4-hydroxybenzyl-3-methoxyphenyl)-1,3-propanediol 1-(4- 羟基苯基)-2-(4- 羟基 -3- 甲氧基苯基)-1,3- 丙二醇 异株荨麻 Urtica dioica

(2*E*,4*E*)-5-(4-hydroxyphenyl)-2,4-pentadienoic acid methyl ester (2*E*,4*E*)-5-(4- 羟基苯基)-2,4- 戊二烯酸甲酯 枳 Poncirus trifoliata

1-(3-hydroxyphenyl)-2,5-hexanediol 1-(3- 羟基苯基)-2,5- 已二醇 木榄 Bruguiera gymnorhiza

(2*R*)-4-(4-hydroxyphenyl)-2-butanol-2-*O*-*α*-L-arabinofuranosyl-(1→6)-*β*-D-glucopyranoside (2*R*)-4-(4- 羟基苯基)-2- 丁醇 -2-*O*-*α*-L- 呋喃阿拉伯糖基 -(1→6)-*β*-D- 吡喃葡萄糖苷 垂枝桦 Betula pendula

(2*R*)-4-(4-hydroxyphenyl)-2-butanol-2-*O*-*β*-D-apiofuranosyl-(1→6)-*β*-D-glucopyranoside (2*R*)-4-(4- 羟基苯基)-2- 丁醇 -2-*O*-*β*-D- 呋喃芹糖基 -(1→6)-*β*-D- 吡喃葡萄糖苷 垂枝桦 Betula pendula

4-(4-hydroxyphenyl)-2-butanol-2-*O*-*β*-D-apiofuranosyl-(1→6)-*β*-D-glucopyranoside 4-(4- 羟基苯基)-2- 丁醇 -2-*O*-*β*-D- 呋喃芹菜糖基 -(1→6)-*β*-D- 吡喃葡萄糖苷 岳桦 Betula ermanii

4-(4'-hydroxyphenyl)-2-butanone 4-(4'- 羟基苯基)-2- 丁酮 药用大黄 Rheum officinale

4-(4-hydroxyphenyl)-2-butanone 4-(4- 羟基苯基)-2- 丁酮 毛果槭 Acer nikoense

4-(3-hydroxyphenyl)-2-butanone 4-3- 羟基苯基 -2- 丁酮 云南石仙桃 Pholidota yunnanensis

4-(4-hydroxyphenyl)-2-butanone-4'-*O*-*β*-D-(2''-galloyl-6''-*O*-*p*-coumaroyl)-glucopyranoside 4-(4'- 羟基苯基)-2- 丁酮 -4'-*O*-*β*-D-(2''-*O*- 没食子酰基 -6''-*O*- 对香豆酰基)- 吡喃葡萄糖苷 掌叶大黄 Rheum palmatum

4-(4'-hydroxyphenyl)-2-butanone-4'-*O*-*β*-D-(6''-*O*-cinnamoyl)-glucopyranoside 4-(4'- 羟基苯基)-2- 丁酮 -4'-*O*-*β*-D-(6''-*O*- 桂皮酰基)- 吡喃葡萄糖苷 掌叶大黄 Rheum palmatum

4-(4-hydroxyphenyl)-2-butanone-4'-*O*-*β*-D-(6''-*O*-*p*-coumaroyl)-glucopyranoside 4-(4'- 羟基苯基)-2- 丁酮 -4'-*O*-*β*-D-(6''-*O*- 对香豆酰基)- 吡喃葡萄糖苷 掌叶大黄 Rheum palmatum

4-(4'-hydroxyphenyl)-2-butanone-4'-*O*-*β*-D-(6''-*O*-*trans*-*p*-coumaroyl)-glucopyranoside 4-(4'- 羟基苯基)-2- 丁酮 -4'-*O*-*β*-D-(6''-*O*- 反式 - 对香豆酰基)- 吡喃葡萄糖苷 唐古特大黄 Rheum tanguticum

4-(4'-hydroxyphenyl)-2-butanone-4'-*O*-*β*-D-glucopyranoside 4-(4'- 羟基苯基)-2- 丁酮 -4'-*O*-*β*-D- 吡喃葡萄糖苷 藏边大黄 Rheum australe, 唐古特大黄 R. tanguticum

2-(4-hydroxyphenyl)-2-methoxyethanol 2-(4- 羟基苯基)-2- 甲氧基乙醇 芫荽 Coriandrum sativum

3-(4'-hydroxyphenyl)-2-methoxypropanoid acid 3-(4'- 羟基苯基)-2- 甲氧基丙酸 朝鲜白头翁 Pulsatilla cernua

(*E*)-3-(4-hydroxyphenyl)-2-propenamide (*E*)-3- 对羟基苯基 -2- 丙烯酰胺 马齿苋 Portulaca oleracea

1-[(2*Z*)-3-(4-hydroxyphenyl)-2-propenoate]-*β*-D-glucopyranoside 1-[(2*Z*)-3- 对羟基苯基 -2- 丙烯酰基]-*β*-D- 吡喃葡萄糖苷 五层龙 Salacia prinoides

3-(2-hydroxyphenyl)-2-propenoic acid 3-(2- 羟基苯基)-2- 丙烯酸 挥发油成分，未统计基源

3-(4-hydroxyphenyl)-2-propenoic acid 3- 对羟基苯基 -2- 丙烯酸 黑三棱 Sparganium stoloniferum

3-(4'-hydroxyphenyl)-2-propenoic acid-(4''-carboxyl)-phenyl ester 3-(4'- 羟基苯基)-2- 丙烯酸 -(4''- 苯甲酰)- 苯酚酯 天葵 Semiaquilegia adoxoides

trans-[3-(4'-hydroxyphenyl)-2-propenoic acid] 反式 -[3-(4'- 羟基苯基)-2- 丙烯酸] 厚藤 Ipomoea pes-caprae

3-(4-hydroxyphenyl)-2-propenoic acid-4-hydroxyphenyl ester 3-(4- 羟基苯基)-2- 丙烯酸 -4- 羟基苯酚酯 三七 Panax notoginseng

3-(4'-hydroxy-phenyl)-2-propenol 3-(4'- 羟基苯基)-2- 丙烯醇 山核桃 Carya cathayensis

4-(4-hydroxyphenyl)-3-buten-2-one 4-(4- 羟基苯基)-3- 丁烯 -2- 酮 裂蹄木层孔菌 Phellinus linteus

(*R*)-(-)-1-(4'-hydroxyphenyl)-3-hydroxy-5-phenyl-1,5-pentandione (*R*)-(-)-1-(4'- 羟基苯基)-3- 羟基 -5- 苯基 -1,5- 戊烷二酮 黄瑞香 Daphne giraldii

2-(4'-hydroxyphenyl)ethylnonacosanoate 2-(4'- 羟基苯基)- 乙基二十九酸酯 羽叶楸 Stereospermum colais
2-(4-hydroxyphenyl)-ethyl-*O*-*β*-D-glucopyranoside 2-(4- 羟基苯基)- 乙基 -*O*-*β*-D- 吡喃葡萄糖苷 黄芩 Scutellaria baicalensis
2-(4'-hydroxyphenyl)ethylundecanoate 2-(4'- 羟基苯基)- 乙基十一酸酯 羽叶楸 Stereospermum colais
2-(4-hydroxyphenyl)ethyl-*β*-D-glucopyranoside-6-acetate 2-(4- 羟基苯基) 乙基 -*β*-D- 葡萄糖苷 -6- 乙酸酯 女贞 Ligustrum lucidum
2-(4-hydroxyphenyl)ethyl-*β*-D-glucopyranoside 2-(4- 羟基苯基) 乙基 -*β*-D- 葡萄糖苷 番木瓜 Carica papaya
1-(*p*-hydroxyphenyl)-1,2-ethanediol 1-(对羟基苯基)-1,2- 乙二醇 芫荽 Coriandrum sativum
(4-hydroxyphenyl)methanol-4-[*β*-D-apiofuranosyl-(1 → 2)-*O*-*β*-D-glucopyranoside] (4- 羟基苯基) 甲醇 -4-[*β*-D- 呋喃芹糖基 -(1 → 2)-*O*-*β*-D- 吡喃葡萄糖苷] 西瓜 Citrullus lanatus
4-[(4-hydroxyphenyl)methoxy]benzenemethanol 4-[(4- 羟基苯基) 甲氧基]- 苯甲醇 凹舌兰 Coeloglossum viride
7'-(4'-hydroxyphenyl)-*N*-[(4-methoxyphenyl)ethyl]propenamide 7'-(4'- 羟基苯基)-*N*-[(4- 甲氧基苯基)- 乙基] 丙烯酰胺 辣椒 Capsicum annuum
3-(4-hydroxyphenyl)-*N*-[2-(4-hydroxyphenyl)-2-methoxyethyl]-acrylamide 3-(4- 羟基苯基)-*N*-[2-(4- 羟基苯基)-2- 甲氧基乙基] 丙烯酰胺 水茄 Solanum torvum
2-(4-hydroxyphenyl)naphthalic anhydride 2-(4- 羟基苯基) 萘酐 大蕉 Musa × paradisiaca
(2*E*)-3-(4-hydroxyphenyl)-prop-2-enoic acid (2*E*)-3- 对羟基苯基 -2- 丙烯酸 直杆蓝桉 Eucalyptus maidenii
1-(4'-hydroxyphenyl)-propan-1,2-dione 1-(4'- 羟基苯基)- 丙烷 -1,2- 二酮 牛皮消 Cynanchum boudieri
1-(4-hydroxyphenyl)propan-1-one 1-(4- 羟基苯基) 丙烷 -1- 酮 红豆蔻 Alpinia galanga
1-(*p*-hydroxyphenyl)propan-1-one 1- 对羟基苯基丙烷 -1- 酮 红鸡蛋花 Plumeria rubra
1'-(4-hydroxyphenyl)propane-2',3'-diol-4-*O*-*β*-D-glucopyranoside 1'-(4- 羟基苯基) 丙烷 -2',3'- 二醇 -4-*O*-*β*-D- 吡喃葡萄糖苷 茴芹 Pimpinella anisum
3-(2-hydroxyphenyl)propanoic acid 3-(2- 羟基苯基) 丙酸 肉桂 Cinnamomum cassia
3-(2-hydroxyphenyl)propanoic acid-*O*-glucoside 3-(2- 羟基苯基) 丙酸 -*O*- 葡萄糖苷 肉桂 Cinnamomum cassia
(*p*-hydroxyphenyl)trimethylammonium chloride (对羟基苯基) 三甲基铵氯化物 山橘树 Glycosmis cochinchinensis
β-(4-hydroxyphenyl)-*γ*-oxo-2-furanbutanoic acid *β*-(4- 羟基苯基)-*γ*- 氧代 -2- 呋喃丁酸 荚蒾 Viburnum dilatatum
6-hydroxyphenyl-1-*O*-*β*-D-glucopyranoside 6- 羟基苯基 -1-*O*-*β*-D- 吡喃葡萄糖苷 三桠乌药 Lindera obtusiloba
4-hydroxyphenyl-2-butanol 4- 对羟基苯基 -2- 丁醇 马尾松 Pinus massoniana
4'-hydroxyphenyl-2-butanone 4'- 羟基苯基 -2- 丁酮 唐古特大黄 Rheum tanguticum
4-hydroxyphenyl-2-propenoic acid 4- 羟基苯基 -2- 丙烯酸 滇丁香 Luculia pinceana
3-(2-*p*-hydroxyphenyl-3-hydroxymethyl-2,3-dihydro-1-benzofuran-5-yl)-propan-1-ol 3-(2- 对羟基苯基 -3- 羟基甲基 -2,3- 二氢 -1- 苯并呋喃 -5- 基) 丙醇 构树 Broussonetia papyrifera
1-4'-hydroxyphenyl-5-phenyl-2(*E*)-en-1-pentanone 1-4'- 羟基苯基 -5- 苯基 -2(*E*)- 烯 -1- 戊酮 山辣子皮 Daphne papyracea var. crassiuscula
p-hydroxyphenyl-6-*O*-*trans*-caffeoyl-*β*-D-alloside 对羟基苯基 -6-*O*- 反式 - 咖啡酰基 -*β*-D- 阿洛糖苷 荚蒾 Viburnum dilatatum
p-hydroxyphenyl-6-*O*-*trans*-caffeoyl-*β*-D-glucoside 对羟基苯基 -6-*O*- 反式 - 咖啡酰基 -*β*-D- 葡萄糖苷 荚蒾 Viburnum dilatatum
2-hydroxyphenylacetic acid 2- 羟基苯乙酸 雪岭云杉 Picea schrenkiana
4'-hydroxyphenylacetic acid 4'- 羟苯乙酸 窄苞蒲公英 Taraxacum bessarabicum
α-hydroxyphenylacetic acid *α*- 羟基苯乙酸 蓝蓟 Echium vulgare
p-hydroxyphenylacetic acid 对羟基苯乙酸 扁桃 Amygdalus communis, 假升麻 Aruncus sylvester, 兜唇石斛 Dendrobium aphyllum, 蓝蓟 Echium vulgare, 草麻黄 Ephedra sinica, 连翘 Forsythia suspensa, 柔毛绣球 Hydrangea villosa, 挂苦绣球 H. xanthoneura, 田紫草 Lithospermum arvense, 欧地笋 Lycopus europaeus, 毛黄连花 Lysimachia vulgaris, 草木犀 Melilotus officinalis, 木犀 Osmanthus fragrans, 欧洲李 Prunus domestica, 黑茶藨子 Ribes nigrum, 玫瑰 Rosa rugosa, 石生悬钩子 Rubus saxatilis, 麻叶千里光 Senecio cannabifolius, 全叶千里光 S. cannabifolius var. integrifolius, 菊状千里光 S. laetus, 千里光 S. scandens, 苦苣菜 Sonchus oleraceus, 马钱子 Strychnos nux-vomica, 直立黄钟花 Tecoma stans, 三色堇 Viola tricolor
o-hydroxyphenylacetic acid 邻羟基苯乙酸 蓝蓟 Echium vulgare, 田紫草 Lithospermum arvense, 毛黄连花 Lysimachia vulgaris, 烟草 Nicotiana tabacum
4-hydroxyphenylacetic acid-4-*O*-*β*-D-glucopyranoside 4- 羟基苯乙酸 -4-*O*-*β*-D- 吡喃葡萄糖苷 矮桃 Lysimachia clethroides
4-hydroxyphenylacetone 4- 羟基苯丙酮 光果莸 Caryopteris tangutica
p-hydroxyphenylacetylamide 对羟基苯乙酰胺 全叶千里光 Senecio cannabifolius var. integrifolius
6'-*p*-hydroxyphenylacetyl-ixerin D 6'- 对羟基苯乙酰基 - 苦荬菜内酯 D 中华小苦荬 Ixeridium chinense
1-(2-hydroxyphenylamino)-6-*O*-malonyl-1-deoxy-*β*-glucoside-1,2-carbamate 1-(2- 羟苯氨基)-6-*O*- 丙二酰基 -1- 脱氧 -*β*- 葡萄糖苷 -1,2- 氨基甲酸酯 玉蜀黍 Zea mays
4-hydroxyphenylbenzyl-*β*-D-glucopyranoside 4- 羟基苯基苄基 -*β*-D- 葡萄糖苷 手参 Gymnadenia conopsea
2-hydroxyphenylcarbinyl-5-*O*-benzoyl-*β*-D-apiofuranosyl-(1→2)-*β*-D-glucopyranoside 2- 羟基苯甲基 -5-*O*- 苯甲酰基 -*β*-D- 呋喃芹糖基 -(1→2)-*β*-D- 吡喃葡萄糖苷 南瓜 Cucurbita moschata
p-hydroxyphenylethanol ferulate 对羟基苯乙醇阿魏酸酯 旱芹 Apium graveolens, 水芹 Oenanthe javanica, 红蓼 Polygonum orientale, 大血藤 Sargentodoxa cuneata
p-hydroxyphenylethanol-*β*-D-glucopyranoside 对羟基苯乙醇吡喃葡萄糖苷 紫丁香 Syringa oblata
4-hydroxyphenylethanone; 4'-hydroxyacetophenone 4- 羟基苯乙酮 臭冷杉 Abies nephrolepis, 无叶假木贼 Anabasis aphylla, 西藏牛皮消 Cynanchum auriculatum, 牛皮消 C. boudieri, 白首乌 C. bungei, 活血丹 Glechoma longituba, 银桦 Grevillea robusta, 窄头橐吾 Ligularia stenocephala, 棉毛橐吾 L. vellerea, 宁夏枸杞 Lycium barbarum, 仙人掌 Opuntia stricta var. dillenii, 香港远志 Polygala hongkongensis,

胭脂花 Primula maximowiczii, 玄参 Scrophularia ningpoensis, 顶头马蓝 Strobilanthes affinis

p-hydroxyphenylethyl *p*-coumarate 对羟基苯乙醇对香豆酸酯 红蓼 Polygonum orientale, 大血藤 Sargentodoxa cuneata, 粪箕笃 Stephania longa, 穗花牡荆 Vitex agnus-castus

p-hydroxyphenylethyl propanoate 对羟基苯乙醇丙酸酯 紫丁香 Syringa oblata

(-)-*p*-hydroxyphenylethyl-[5'''-*O*-(3,4-dimethoxycinnamoyl)-β-D-apiofuranosyl(1''' → 6')]-β-D-glucopyranoside (-)- 对羟基苯基乙基 -[5'''-*O*-(3,4-二甲氧基桂皮酰基)-β-D- 呋喃芹糖基 (1''' → 6')]-β-D- 吡喃葡萄糖苷 云南石梓 Gmelina arborea

3-hydroxyphenylethyl-4-*O*-(6'-*O*-β-apiofuranosyl)-β-D-glucopyranoside 3- 羟基苯乙醇 -4-*O*-(6'-*O*-β- 呋喃芹糖基)-β-D- 吡喃葡萄糖苷 密花石豆兰 Bulbophyllum odoratissimum

(+)-(*R*)-*p*-hydroxyphenyllactic acid (+)-(*R*)- 对羟基苯基乳酸 大苞水竹叶 Murdannia bracteata

4-hydroxyphenyllactic acid 4- 羟基苯基乳酸 荔枝草 Salvia plebeia

p-hydroxyphenyllactic acid 对羟基苯乳酸 毛黄连花 Lysimachia vulgaris, 草木犀 Melilotus officinalis

4-hydroxy-phenylmethol-*O*-β-D-glucopyranosyl-(1 → 6)-β-D-glucopyranoside 4- 羟基苯甲醇 -*O*-β-D- 葡萄吡喃糖基 -(1 → 6)-β-D- 吡喃葡萄糖苷 栀子 Gardenia jasminoides

erythro-4-hydroxyphenylpropane-7,8-diol 赤式 -4- 羟基苯基丙烷 -7,8- 二醇 鹊肾树 Streblus asper

threo-4-hydroxyphenylpropane-7,8-diol 苏式 -4- 羟基苯基丙烷 -7,8- 二醇 鹊肾树 Streblus asper

2-hydroxyphenylpropanol 2- 羟基苯丙醇 石斛 Dendrobium nobile

p-hydroxyphenylpropanol 对羟基苯丙醇 紫丁香 Syringa oblata

4-hydroxy-phenylpropenyl-α-L-rhamnopyranosyl-(1 → 3)-4-*O*-feruloyl-β-D-glucopyranoside 4- 羟基 - 苯丙烯基 -α-L- 吡喃鼠李糖基 -(1 → 3)-4-*O*- 阿魏酰基 -β-D- 吡喃葡萄糖苷 大王马先蒿 Pedicularis rex

(*S*)-2-hydroxyphenylpropionic acid (*S*)-2- 羟基苯丙酸 少花米口袋 Gueldenstaedtia verna

3-hydroxyphenylpropionic acid 3- 羟基苯基丙酸 榲桲 Cydonia oblonga

p-hydroxyphenylpropionic acid 对羟基苯丙酸 密花石豆兰 Bulbophyllum odoratissimum, 石斛 Dendrobium nobile, 蓬子菜 Galium verum

p-hydroxyphenylpropionic methyl ester 对羟基苯丙酸甲酯 密花石豆兰 Bulbophyllum odoratissimum, 兜唇石斛 Dendrobium aphyllum, 草木犀 Melilotus officinalis

4-hydroxyphenylpropyl-β-D-glucopyranoside 4- 羟基苯基丙基 -β-D- 吡喃葡萄糖苷 茴芹 Pimpinella anisum

4-hydroxyphenyl-α-L-rhamnopyranoside 4- 羟基苯基 -α-L- 吡喃鼠李糖苷 金铁锁 Psammosilene tunicoides

p-hydroxyphenyl-β-D-alloside 对羟基苯基 -β-D- 阿洛糖苷 荚蒾 Viburnum dilatatum

4-hydroxyphenyl-β-gentiobioside 4- 羟基苯基 -β- 龙胆二糖苷 越桔 Vaccinium vitis-idaea

2-hydroxyphenzyl-*O*-β-D-glucopyranoside 2- 羟基苯基 -*O*-β-D- 吡喃葡萄糖苷 旱柳 Salix matsudana

(10*S*)-hydroxypheophorbide a (10*S*)- 羟基脱镁叶绿酸 a 化石树 Clerodendrum calamitosum

(13^2*S*)-hydroxy-pheophorbide a (13^2*S*)- 羟基 - 脱镁叶绿酸 a 盐角草 Salicornia europaea

(10*S*)-hydroxypheophorbide a methyl ester (10*S*)- 羟基脱镁叶绿酸 a 甲酯 大青 Clerodendrum cyrtophyllum

(13^2*S*)-hydroxy-pheophorbide-lactone a (13^2*S*)- 羟基 - 脱镁叶绿酸 - 内酯 a 盐角草 Salicornia europaea

(10*S*)-hydroxypheophytin a (10*S*)- 羟基脱镁叶绿素 a 大青 Clerodendrum cyrtophyllum

(13^2*S*)-hydroxypheophytin a (13^2*S*)- 羟基脱镁叶绿素 a 榕树 Ficus microcarpa

10*R*-hydroxypheophytin a 10*R*- 羟基脱镁叶绿素 a 柏木 Cupressus funebris

10*S*-hydroxypheophytin a 10*S*- 羟基脱镁叶绿素 a 柏木 Cupressus funebris

13^2(*R*)-hydroxypheophytin a 13^2(*R*)- 羟基脱镁叶绿素 a 榕树 Ficus microcarpa

13^2(*S*)-hydroxypheophytin a 13^2(*S*)- 羟基脱镁叶绿素 a 榕树 Ficus microcarpa

13^2*R*-hydroxypheophytin a 13^2*R*- 羟基脱镁叶绿素 a 鬼针草 Bidens pilosa

13^2*S*-hydroxypheophytin a 13^2*S*- 羟基脱镁叶绿素 a 鬼针草 Bidens pilosa, 毛丹麻杆 Discocleidion rufescens, 铁钉菜 Ishige okamurae

(13^2*R*)-hydroxypheophytin b (13^2*R*)- 羟基脱镁叶绿素 b 榕树 Ficus microcarpa

(13^2*S*)-hydroxypheophytin b (13^2*S*)- 羟基脱镁叶绿素 b 榕树 Ficus microcarpa

13^2*R*-hydroxypheophytin b 13^2*R*- 羟基脱镁叶绿素 b 鬼针草 Bidens pilosa

13^2*S*-hydroxypheophytin b 13^2*S*- 羟基脱镁叶绿素 b 鬼针草 Bidens pilosa

13^2(*R*)-hydroxypheophyton a 13^2(*R*)- 羟基脱镁叶绿素酮 a 榕树 Ficus microcarpa

13^2(*S*)-hydroxypheophyton a 13^2(*S*)- 羟基脱镁叶绿素酮 a 榕树 Ficus microcarpa

19-hydroxyphlogacantholide 19- 羟基火焰花内酯 毛脉火焰花 Phlogacanthus pubinervius

3-hydroxyphloretin 3- 羟基根皮素 红冬蛇菰 Balanophora harlandii

3-hydroxyphloretin 4'-*O*-[4'',6''-*O*-(*S*)-HHDP]-β-D-glucopyranoside 3- 羟基根皮素 -4'-*O*-[4'',6''-*O*-(*S*)- 六羟基联苯二甲酰基]-β-D- 吡喃葡萄糖苷 筒鞘蛇菰 Balanophora involucrata

3-hydroxyphloretin-4'-(6''-*O*-galloyl-β-D-glucopyranoside) 3- 羟基根皮素 -4'-(6''-*O*- 没食子酰基 -β-D- 吡喃葡萄糖苷) 红冬蛇菰 Balanophora harlandii

3-hydroxyphloretin-4'-[3''-*O*-galloyl-4'',6''-di-*O*-(*S*)-HHDP-β-D-glucopyranoside] 3- 羟基根皮素 -4'-[3''-*O*- 没食子酰基 -4'',6''- 二 -*O*-(*S*)- 六羟基联苯二甲酰基 -β-D- 吡喃葡萄糖苷] 红冬蛇菰 Balanophora harlandii

3-hydroxyphloretin-4'-[4'',6''-di-*O*-(*S*)-HHDP-β-D-glucopyranoside] 3- 羟基根皮素 -4'-[4'',6''- 二 -*O*-(*S*)- 六羟基联苯二甲酰基 -β-D- 吡喃葡萄糖苷] 红冬蛇菰 Balanophora harlandii

3-hydroxyphloretin-4'-*O*-[3''-*O*-galloyl-4'',6''-*O*-(*S*)-HHDP]-β-D-glucopyranoside 3- 羟基根皮素 -4'-*O*-[3''-*O*- 没食子酰基 -4'',6''-*O*-(*S*)- 六羟基联苯二甲酰基]-β-D- 吡喃葡萄糖苷 筒鞘蛇菰 Balanophora involucrata

H

3-hydroxyphloretin-4'-*O*-[6''-*O*-galloyl]-*β*-D-glucopyranoside 3- 羟基根皮素 -4'-*O*-[6''-*O*- 没食子酰基]-*β*-D- 吡喃葡萄糖苷 筒鞘蛇菰 Balanophora involucrata

3-hydroxyphloretin-4'-*O*-*β*-D-glucopyranoside 3- 羟基根皮素 -4'-*O*-*β*-D- 吡喃葡萄糖苷 红冬蛇菰 Balanophora harlandii

3-hydroxyphloretin-6'-*O*-hexoside 3- 羟基根皮素 -6'-*O*- 己糖苷 介蕨 Dryoathyrium boryanum

3-hydroxyphloretin-6-*O*-hexoside 3- 羟基根皮素 -6-*O*- 己糖苷 介蕨 Dryoathyrium boryanum

3-hydroxyphloridzin 3- 羟基根皮苷 筒鞘蛇菰 Balanophora involucrata, 木姜叶柯 Lithocarpus litseifolius, 美丽马醉木 Pieris formosa

4-hydroxyphthalide 4- 羟基苯酞 细齿草木犀 Melilotus dentatus, 海蒿子 Sargassum confusum

7-hydroxyphthalide 7- 羟基苯酞 萱草 Hemerocallis fulva, 细齿草木犀 Melilotus dentatus

7-hydroxyphthalide-*O*-*β*-D-glucopyranoside 7- 羟基苯酞 -*O*-*β*-D- 吡喃葡萄糖苷 萱草 Hemerocallis fulva

4'-hydroxyphyllaemblicin B 4'- 羟基余甘子素 B 余甘子 Phyllanthus emblica

23-hydroxyphysalolactone 23- 羟基酸浆内酯 灯笼果 Physalis peruviana

14*β*-hydroxypicane-3,13,21-trione 14*β*- 羟基云杉烷 -3,13,21- 三酮 长白鱼鳞云杉 Picea jezoensis var. komarovii

hydroxypiloselloidone 羟基毛大丁草酮 兔耳一枝箭 Piloselloides hirsuta

(3*β*,13*α*)-3-hydroxypimara-7,15-dien-2,12-dione (3*β*,13*α*)-3- 羟基海松 -7,15- 二烯 -2,12- 二酮 大狼毒 Euphorbia jolkinii

(12*α*,13*α*)-12-hydroxypimara-7,15-dien-3-one (12*α*,13*α*)-12- 羟基海松 -7,15- 二烯 -3- 酮 大狼毒 Euphorbia jolkinii

ent-3*α*-hydroxypimara-8(14),15-dien-12-one 对映 -3*α*- 羟基海松 -8(14),15- 二烯 -12- 酮 石栗 Aleurites moluccana

(5*S*,6*R*,9*S*,10*S*,13*R*)-6-hydroxypimara-8(14),15-dien-1-one (5*S*,6*R*,9*S*,10*S*,13*R*)-6- 羟基海松 -8(14),15- 二烯 -1- 酮 苦山柰 Kaempferia marginata

ent-3*β*-hydroxypimara-8(14),15-diene-12-one 对映 -3*β*- 羟基海松 -8(14),15- 二烯 -12- 酮 米念芭 Tirpitzia ovoidea

ent-12*β*-hydroxypimara-8(14),15-diene-3-one 对映 -12*β*- 羟基海松 -8(14),15- 二烯 -3- 酮 米念芭 Tirpitzia ovoidea

1*α*-hydroxypinnatifidin 1*α*- 羟基山楂定 菊芋 Helianthus tuberosus

(+)-1-hydroxypinoresinol (+)-1- 羟基松脂酚 杜仲 Eucommia ulmoides, 毛叶香茶菜 Isodon japonicus, 甘松 Nardostachys jatamansi, 三角叶风毛菊 Saussurea deltoidea, 华中五味子 Schisandra sphenanthera, 蜘蛛香 Valeriana jatamansi, 缬草 V. officinalis

(+)-5'-hydroxypinoresinol (+)-5'- 羟基松脂酚 菟丝子 Cuscuta chinensis, 蜘蛛香 Valeriana jatamansi

(+)-8*α*-hydroxypinoresinol (+)-8*α*- 羟基松脂酚 地埂鼠尾草 Salvia scapiformis

(+)-8-hydroxypinoresinol (+)-8- 羟基松脂酚 古钩藤 Cryptolepis buchananii, 条纹龙胆 Gentiana striata, 星毛珍珠梅 Sorbaria sorbifolia var. stellipila

1-hydroxypinoresinol 1- 羟基松脂酚 拟缺香茶菜 Isodon excisoides, 刺茶美登木 Maytenus variabilis, 南天竹 Nandina domestica, 柚木 Tectona grandis

8*α*-hydroxypinoresinol 8*α*- 羟基松脂酚 假虎刺 Carissa spinarum, 尖山橙 Melodinus fusiformis, 川山橙 M. hemsleyanus, 尖蕾狗牙花 Tabernaemontana bufalina

8-hydroxypinoresinol 8- 羟基松脂酚 臭冷杉 Abies nephrolepis, 狭叶链珠藤 Alyxia schlechteri, 肾茶 Clerodendranthus spicatus, 连翘 Forsythia suspensa, 棣棠花 Kerria japonica, 刚毛橐吾 Ligularia achyrotricha, 金樱子 Rosa laevigata

9*α*-hydroxypinoresinol 9*α*- 羟基松脂酚 忍冬 Lonicera japonica, 肉珊瑚 Sarcostemma acidum, 血见愁 Teucrium viscidum

hydroxypinoresinol 羟基松脂酚 花曲柳 Fraxinus chinensis subsp. rhynchophylla

(+)-1-hydroxypinoresinol-1-*O*-*β*-D-glucopyranoside (+)-1- 羟基松脂酚 -1-*O*-*β*-D- 吡喃葡萄糖苷 秤星树 Ilex asprella, 木犀榄 Olea europaea

1-hydroxypinoresinol-1-*O*-*β*-D-glucopyranoside 1- 羟基松脂酚 -1-*O*-*β*-D- 吡喃葡萄糖苷 三叶鼠尾草 Salvia trijuga

1-hydroxypinoresinol-1-*O*-*β*-glucopyranoside 1- 羟基松脂酚 -1-*O*-*β*- 吡喃葡萄糖苷 黄花婆罗门参 Tragopogon orientalis

(+)-1-hydroxypinoresinol-1-*α*-D-glucopyranoside (+)-1- 羟基松脂酚 -1-*α*-D- 吡喃葡萄糖苷 撒尔维亚 Salvia officinalis

1-hydroxypinoresinol-1-*β*-D-glucopyranoside 1- 羟基松脂酚 -1-*β*-D- 吡喃葡萄糖苷 云木香 Saussurea costus

(+)-1-hydroxypinoresinol-4''-*O*-*β*-D-glucopyranoside (+)-1- 羟基松脂酚 -4''-*O*-*β*-D- 吡喃葡萄糖苷 杜仲 Eucommia ulmoides

(+)-1-hydroxypinoresinol-4',4''-di-*O*-*β*-D-glucopyranoside (+)-1- 羟基松脂酚 - 二 -*O*-*β*-D- 吡喃葡萄糖苷 杜仲 Eucommia ulmoides

(+)-1-hydroxypinoresinol-4''-*O*-*β*-D-glucopyranoside (+)-1- 羟基松脂酚 -4''-*O*-*β*-D- 吡喃葡萄糖苷 花曲柳 Fraxinus chinensis subsp. rhynchophylla

(+)-1-hydroxypinoresinol-4'-*O*-*β*-D-glucopyranoside (+)-1- 羟基松脂酚 -4'-*O*-*β*-D- 吡喃葡萄糖苷 杜仲 Eucommia ulmoides, 花曲柳 Fraxinus chinensis subsp. rhynchophylla

(+)-8-hydroxypinoresinol-4-*O*-*β*-Dglucopyranoside (+)-8- 羟基松脂酚 -4-*O*-*β*-D- 吡喃葡萄糖苷 尖叶假龙胆 Gentianella acuta

8-hydroxypinoresinol-4-*O*-*β*-D-glucoside 8- 羟基松脂酚 -4-*O*-*β*-D- 葡萄糖苷 缬草 Valeriana officinalis

8*α*-hydroxypinoresinol-4*α*-*O*-*β*-(6-*p*-hydroxyphenylacetyl)-glucopyranoside 8*α*- 羟基松脂醇 -4*α*-*O*-*β*-(6- 对羟基苯基乙酰基)- 吡喃葡萄糖苷 山莴苣 Lagedium sibiricum

8*α*-hydroxypinoresinol-4*α*-*O*-*β*-(6-*p*-methoxyphenylacetyl)-glucopyranoside 8*α*- 羟基松脂醇 -4*α*-*O*-*β*-(6- 对甲氧基苯基乙酰基)- 吡喃葡萄糖苷 山莴苣 Lagedium sibiricum

(+)-1-hydroxypinoresinol-4'-*β*-D-glucopyranoside (+)-1- 羟基松脂酚 -4'-*β*-D- 吡喃葡萄糖苷 木犀榄 Olea europaea

(+)-8*α*-hydroxypinoresinol-8-*O*-[6''-*O*-(4'''-hydroxybenzoyl)]-*β*-D-glucopyranoside (+)-8*α*- 羟基松脂酚 -8-*O*-[6''-*O*-(4'''- 羟基苯甲酰基)]-*β*-D- 吡喃葡萄糖苷 地埂鼠尾草 Salvia scapiformis

(+)-8*α*-hydroxypinoresinol-8-*O*-*β*-D-glucopyranoside (+)-8*α*- 羟基松脂酚 -8-*O*-*β*-D- 吡喃葡萄糖苷 地埂鼠尾草 Salvia scapiformis

(+)-hydroxypinoresinol-8-*O*-*β*-D-glucopyranoside (+)- 羟基松脂酚 -8-*O*-*β*-D- 吡喃葡萄糖苷 黄花香茶菜 Isodon sculponeatus

8-hydroxypinoresiol-4'-*O*-*β*-D-glucopyranoside 8- 羟基松脂酚 -4'-*O*-*β*-D- 吡喃葡萄糖苷 显脉香茶菜 Isodon nervosus

8-hydroxypinoresiol-4-*O*-*β*-D-glucopyranoside 8- 羟基松脂酚 -4-*O*-*β*-D- 吡喃葡萄糖苷 显脉香茶菜 Isodon nervosus

4-hydroxypipecolic acid 4- 羟基哌啶酸 白刺 Nitraria tangutorum

4-hydroxypiperitone 4- 羟基辣薄荷酮 兴安薄荷 Mentha dahurica
8-hydroxy-*p*-isopropyltoluene 8- 羟基对异丙基甲苯 五加 Eleutherococcus nodiflorus var. gracilistylus
1-hydroxyplatyphyllide 1- 羟基阔叶千里光内酯 蹄叶橐吾 Ligularia fischeri
2-hydroxyplatyphyllide 2- 羟基阔叶千里光内酯▲ 阿勒泰橐吾 Ligularia altaica, 齿叶橐吾 L. dentata, 鹿蹄橐吾 L. hodgsonii, 离舌橐吾 L. veitchiana
6-hydroxyplumbagin 6- 羟基白花丹素 紫花丹 Plumbago indica
(3*S*,4*S*)-3-hydroxy-*p*-menth-1-ene-6-one (3*S*,4*S*)-3- 羟基 - 对薄荷 -1- 烯 -6- 酮 佩兰 Eupatorium fortunei
6-hydroxy-*p*-menth-4(5)-en-3-one 6- 羟基 - 对 - 薄荷 -4(5)- 烯 -3- 酮 菊状千里光 Senecio laetus
trans-*o*-hydroxy-*p*-methoxycinnamic acid 反式 - 邻羟基 - 对甲氧基桂皮酸 奇蒿 Artemisia anomala
7*α*-hydroxypodocarpen-8(14)-en-13-on-18-oic acid 7*α*- 羟基罗汉松 -8(14)- 烯 -13- 酮 -18- 酸 土沉香 Aquilaria sinensis
16-hydroxypodolide 16- 羟基罗汉松内酯 竹柏 Nageia nagi
2-hydroxypolpunonic acid 2- 羟基杨叶普伦木酸▲ 雷公藤 Tripterygium wilfordii
11-hydroxypolyneuridine 11- 羟基多脉白坚木定▲ 蔓长春花 Vinca major
8*α*-hydroxypolypoda-13,17,21-triene 8*α*- 羟基多足蕨 -13,17,21- 三烯 台湾水龙骨 Polypodiodes formosana
2*α*-hydroxypomolic acid 2*α*- 羟基果渣酸▲ 野鸦椿 Euscaphis japonica
5-hydroxyportulal 5- 羟基马齿苋醛 大花马齿苋 Portulaca grandiflora
5-hydroxyportulic acid 5- 羟基马齿苋酸 大花马齿苋 Portulaca grandiflora
3-hydroxyportulol ether 3- 羟基马齿苋醇醚▲ 大花马齿苋 Portulaca grandiflora
6-hydroxypowelline 6- 羟基鲍威文殊兰碱 西南文殊兰 Crinum latifolium
3*β*-hydroxypregn-5,17(20)-dien-16-one 3*β*- 羟基孕甾 -5,17(20)- 二烯 -16- 酮 楝 Melia azedarach
3*β*-hydroxy-pregn-5,17(20)-dien-16-one 3*β*- 羟基 - 孕甾 -5,17(20)- 二烯 -16- 酮 楝 Melia azedarach
(3*β*,20*R*)-3-hydroxypregn-5-en-20-*α*-D-glucopyranoside (3*β*,20*R*)-3- 羟基孕甾 -5- 烯 -20-*α*-D- 吡喃葡萄糖苷 鸦胆子 Brucea javanica
12*β*-hydroxypregna-4,16-diene-3,20-dione 12*β*- 羟基孕甾 -4,16- 二烯 -3,20- 二酮 海杧果 Cerbera manghas, 钩吻 Gelsemium elegans
12*β*-hydroxypregna-4,6,16-triene-3,20-dione 12*β*- 羟基孕甾 -4,6,16- 三烯 -3,20- 二酮 杠柳 Periploca sepium
3-*β*-hydroxypregna-5,16-dien-20-one 3-*β*- 羟基孕甾 -5,16- 二烯 -20- 酮 乳茄 Solanum mammosum
3*β*-hydroxypregna-5,16-diene-20-one-1*β*-sulfate 3*β*- 羟基孕甾 -5,16- 二烯 -20- 酮 -1*β*- 硫酸酯 铁筷子 Helleborus thibetanus
hydroxyprenyl-2-butanone 对羟基苯基 -2- 丁酮 马尾松 Pinus massoniana
23-hydroxypriverogenin B-22-acetate-3-*O*-{*β*-D-xylopyranosyl-(1 → 2)-*β*-D-glucopyranosyl-(1 → 4)[*β*-D-glucopyranosyl-(1 → 2)]-*α*-L-arabinopyranoside} 23- 羟基黄花九轮草皂苷元 B-22- 乙酸酯 -3-*O*-{*β*-D- 吡喃木糖基 -(1 → 2)-*β*-D- 吡喃葡萄糖基 -(1 → 4)[*β*-D- 吡喃葡萄糖基 -(1 → 2)]-*α*-L- 吡喃阿拉伯糖苷 } 小叶珍珠菜 Lysimachia parvifolia
4-hydroxyproline 4- 羟基脯氨酸 普通仙人掌 Opuntia vulgaris
4-[(*E*)-3-hydroxyprop-1-enyl]phenyl acetate 4-[(*E*)-3- 羟基丙 -1- 烯基] 苯基乙酸酯 红豆蔻 Alpinia galanga
(5*Z*)-6-[5-(2-hydroxypropan-2-yl)-2-methyltetrahydrofuran-2-yl]-3-methylhexa-1,5-dien-3-*O*-*β*-D-glucopyranoside (5*Z*)-6-[5-(2- 羟基丙 -2- 基)-2- 甲基四氢呋喃 -2- 基]-3- 甲基己 -1,5- 二烯 -3-*O*-*β*-D- 吡喃葡萄糖苷 黑面神 Breynia fruticosa
(6*E*,6'*E*)-2-hydroxypropane-1,3-diylbis(octadec-6-enoate) (6*E*,6'*E*)-2- 羟基丙烷 -1,3- 二基二 (十八碳 -6- 烯酯) 相思子 Abrus precatorius
2-[4-(3-hydroxy-propenyl)-3,5-dimethoxy-phenyl]-propane-1,3-diol 2-[4-(3- 羟基 - 丙烯基)-3,5- 二甲氧基 - 苯基]- 丙烷 -1,3- 二醇 卫矛 Euonymus alatus
ω-hydroxypropioguaiacone *ω*- 羟基愈创木丙酮 臭冷杉 Abies nephrolepis, 元宝槭 Acer truncatum, 显苞芒毛苣苔 Aeschynanthus bracteatus, 短瓣花 Brachystemma calycinum, 茶 Camellia sinensis, 楝叶吴萸 Euodia glabrifolia, 卫矛 Euonymus alatus, 芡实 Euryale ferox, 秦岭梣 Fraxinus paxiana, 泰国大风子 Hydnocarpus anthelminthicus, 麻疯树 Jatropha curcas, 云南油杉 Keteleeria evelyniana, 管花马先蒿 Pedicularis siphonantha, 檀香 Santalum album, 草珊瑚 Sarcandra glabra, 假桂乌口树 Tarenna attenuata
2-hydroxypropionic acid 2- 羟基丙酸 西洋参 Panax quinquefolius
4'-hydroxypropiophenone 4'- 羟基苯丙酮 大叶龙角 Hydnocarpus annamensis
α-hydroxypropiosyringone *α*- 羟基丁香丙酮 石斛 Dendrobium nobile
β-hydroxypropiosyringone *β*- 羟基丙基丁香酮 吊石苣苔 Lysionotus pauciflorus
β-hydroxypropiovanillon *β*- 羟基丙基香荚兰酮 大果树参 Dendropanax chevalieri
α-hydroxypropiovanillone *α*- 羟基香荚兰丙酮 异株荨麻 Urtica dioica
β-hydroxypropiovanillone *β*- 羟基香荚兰丙酮 马槟榔 Capparis masaikai, 海杧果 Cerbera manghas, 鱼子兰 Chloranthus erectus, 水朝阳旋覆花 Inula helianthusaquatilis, 胡杨 Populus euphratica, 云南九节 Psychotria yunnanensis
ω-hydroxypropiovanillone *ω*- 羟基香草丙酮 鲜卑花 Sibiraea laevigata
4-(3'-hydroxypropyl)-2,6-dimethoxyphenol-3'-*O*-*β*-D-glucoside 4-(3'- 羟基丙基)-2,6- 二甲氧基苯酚 -3'-*O*-*β*-D- 葡萄糖苷 臭蚤草 Pulicaria insignis
4-(3-hydroxypropyl)-2,6-dimethoxyphenyl-*β*-D-glucopyranose 4-(3- 羟基丙基)-2,6- 二甲氧基苯基 -*β*-D- 吡喃葡萄糖苷 女贞 Ligustrum lucidum
4-(3-hydroxypropyl)-2-methoxyphenol 4-(3- 羟基丙基)-2- 甲氧基苯酚 元宝槭 Acer truncatum
2-[4-(3-hydroxypropyl)-2-methoxyphenoxy]-1,3-propanediol 2-[4-(3- 羟基丙基)-2- 甲氧基苯氧基]-1,3- 丙二醇 元宝槭 Acer truncatum
2-[4-(3-hydroxypropyl)-2-methoxyphenoxy]-1,3-propanediol-1-*O*-glucoside 2-[4-(3- 羟基丙基)-2- 甲氧基苯氧基]-1,3- 丙二醇 -1-*O*- 葡萄糖苷 山矾 Symplocos sumuntia
2-(2'-hydroxypropyl)-5-methyl-7-hydroxychromone 2-(2'- 羟基丙基)-5- 甲基 -7- 羟基色酮 总序大黄 Rheum racemiferum, 窄叶大黄

R. sublanceolatum, 巴天酸模 Rumex patientia

2-(2'-hydroxypropyl)-5-methyl-7-hydroxychromone-7-*O*-glucoside 2-(2'- 羟基丙基)-5- 甲基 -7- 羟基色酮 -7-*O*- 葡萄糖苷 窄叶大黄 Rheum sublanceolatum

(*S*)-2-(2'-hydroxypropyl)-5-methyl-7-hydroxychromone-7-*O*-*α*-L-fucopyranosyl-(1 → 2)-*β*-D-glucopyranoside (*S*)-2-(2'- 羟基丙基)-5- 甲基 -7- 羟基色酮 -7-*O*-*α*-L- 吡喃岩藻糖基 -(1 → 2)-*β*-D- 吡喃葡萄糖苷 何首乌 Polygonum multiflorum

2-(2'-hydroxypropyl)-5-methyl-7-hydroxychromone-7-*O*-*β*-D-glucopyranoside 2-(2'- 羟基丙基)-5- 甲基 -7- 羟基色酮 -7-*O*-*β*-D- 吡喃葡萄糖苷 巴天酸模 Rumex patientia

(*E*)-2-(2-hydroxypropyl)-6-(4-hydroxystyryl)-4*H*-pyran-4-one (*E*)-2-(2- 羟基丙基)-6-(4- 羟基苯乙烯基)-4*H*- 吡喃 -4- 酮 酸蔹藤 Ampelocissus artemisiifolia

trans-5-(3-hydroxypropyl)-7-methoxy-2-[2,3-dihydro-3-hydroxymethyl-7-methoxy-2-(3-methoxy-4-hydroxy phenyl)-benzofuran-5-yl]benzofuran 反式 -5-(3- 羟丙基)-7- 甲氧基 -2-[2,3- 二羟基 -3- 羟甲基 -7- 甲氧基 -2-(3- 甲氧基 -4- 羟苯基)-5- 呋喃基] 苯并呋喃 灰叶安息香 Styrax calvescens

trans-5-(3-hydroxypropyl)-7-methoxy-2-[2,3-dihydro-3-hydroxymethyl-7-methoxy-2-(3-methoxy-4-hydroxyphenyl)-benzofuran-5-yl]benzofuran 反式 -5-(3- 羟丙基)-7- 甲氧基 -2-[2,3- 二氢 -3- 羟甲基 -7- 甲氧基 -2-(3- 甲氧基 -4- 羟基苯基) 苯并呋喃 -5- 基] 苯并呋喃 芬芳安息香 Styrax odoratissimus

5-(3-hydroxypropyl)-7-methoxybenzofuran 5-(3- 羟基丙基)-7- 甲氧基苯并呋喃 刺花椒 Zanthoxylum acanthopodium

5-(2-hydroxypropyl)-hygrine 5-(2- 羟基丙基)- 古豆碱 掌叶鱼黄草 Merremia vitifolia

5-(2-hydroxypropyl)-hygroline 5-(2- 羟基丙基)- 古豆醇碱 掌叶鱼黄草 Merremia vitifolia

(*E*)-4-[4-(3-hydroxypropyl)phenoxy]-2-methyl-2-butenoic acid methyl ester *(E)*-4-[4-(3- 羟基丙基) 苯氧基]-2- 甲基 -2- 丁烯酸甲酯 椿叶花椒 Zanthoxylum ailanthoides

hydroxypropyllycodine 羟丙基石松定碱 石松 Lycopodium japonicum, 玉柏 L. obscurum

6*α*-hydroxyprotobassic acid 6*α*- 羟基原雾冰藜酸▲ 大叶玉叶金花 Mussaenda macrophylla

17-hydroxypseudoakuammigine 17- 羟基 - 伪苦籽木精碱▲ 蔓长春花 Vinca major

8-hydroxypseudocoptisine chloride 8- 羟基伪黄连碱氯化物 长柄唐松草 Thalictrum przewalskii

16-hydroxypseudojolkinolide B 16- 羟基拟南大戟内酯▲B 狼毒大戟 Euphorbia fischeriana

15-hydroxypseudoprotodioscin 15- 羟基伪原薯蓣皂苷 菝葜 Smilax china

16*β*-hydroxypseudotaraxasterol-3*β*-*O*-palmitate 16*β*- 羟基伪蒲公英萜醇▲-3*β*-*O*- 棕榈酸酯 菊花 Chrysanthemum morifolium

3'-hydroxypsilotin 3'- 羟基松叶蕨苷 松叶蕨 Psilotum nudum

8-hydroxypsoralen 8- 羟基补骨脂素 黄皮 Clausena lansium

1*β*-hydroxypterodontic acid 1*β*- 羟基臭灵丹酸 翼齿六棱菊 Laggera crispata

2*α*-hydroxypterodontic acid 2*α*- 羟基臭灵丹酸 翼齿六棱菊 Laggera crispata

3*β*-hydroxypterodontic acid 3*β*- 羟基臭灵丹酸 翼齿六棱菊 Laggera crispata

28-hydroxypteron-9(11)-ene 28- 羟基蕨 -9(11)- 烯 扇叶铁线蕨 Adiantum flabellulatum

4-hydroxypterosin A 4- 羟基蕨素 A 碗蕨 Dennstaedtia scabra

3'-hydroxypuerarin 3'- 羟基葛根素 葛 Pueraria montana var. lobata

3'-hydroxypuerarin-4'-*O*-deoxyhexoside 3'- 羟基葛根素 -4'-*O*- 去氧己糖苷 葛 Pueraria montana var. lobata

2*α*-hydroxypyracrenic acid 2*α*- 羟基圆齿火棘酸 酸枣 Ziziphus jujuba var. spinosa

3-hydroxypyran-4-one 3- 羟基吡喃 -4- 酮 一年蓬 Erigeron annuus

4-hydroxypyridin-3-carboxylic acid-4-*O*-glucopyranoside 4- 羟基吡啶 -3- 酸 -4-*O*- 吡喃葡萄糖苷 香丝草 Conyza bonariensis

2-hydroxypyridine 2- 羟基吡啶 挥发油成分，未统计基源

5-hydroxypyridine-2-methanol 5- 羟基吡啶 -2- 甲醇 茜草 Rubia cordifolia

5-hydroxypyrrolidin-2-one 5- 羟基吡咯 -2- 酮 千屈菜 Lythrum salicaria, 丹东玄参 Scrophularia kakudensis, 苍耳 Xanthium sibiricum

8-hydroxyquercetagetin 8- 羟基槲皮万寿菊素 万寿菊 Tagetes erecta

8-hydroxyquercetin 8- 羟基槲皮素 百脉根 Lotus corniculatus

2-hydroxyquinoline-4-carboxylic acid 2- 羟基喹啉 -4- 羟酸 五味子 Schisandra chinensis

10*β*-hydroxyranaconitine 10*β*- 羟基毛茛叶乌头碱 赣皖乌头 Aconitum finetianum

11-hydroxyrankinidine 11- 羟基兰金钩吻定▲ 钩吻 Gelsemium elegans

hydroxyresveratrol 羟基白藜芦醇 毛叶藜芦 Veratrum grandiflorum

2'-hydroxyresveratrol-2'-(*β*-D-glucopyranoside 2'- 羟基白藜芦醇 -2'-(*β*-D- 吡喃葡萄糖苷) 桑 Morus alba

3*α*-hydroxyreynosin 3*α*- 羟基密花豚草素▲ 菊蒿 Tanacetum vulgare

11-hydroxyrhazidine 11- 羟基拉齐木定▲ 腋花山橙 Melodinus axillaris

3'-hydroxyrocaglafolin 3'- 羟基洛克米仔兰素 米仔兰 Aglaia odorata

3'-hydroxyrocaglamide 3'- 羟基洛克米仔兰酰胺 米仔兰 Aglaia odorata

ent-11*β*-hydroxy-rosa-5,15-diene 对映 -11*β*- 羟基玫瑰 -5,15- 二烯 华南云实 Caesalpinia crista

12*αβ*-hydroxyrot-2'-enonic acid 12*αβ*- 羟基鱼藤 -2'- 烯酸 鱼藤 Derris trifoliata

cis-12a-hydroxyrot-2-enonic acid 顺式 -12a- 羟基鱼藤 -2'- 烯酸 厚果崖豆藤 Millettia pachycarpa

12a-hydroxyrotenone 12a- 羟基鱼藤酮 紫穗槐 Amorpha fruticosa, 兰屿鱼藤 Derris oblonga, 鱼藤 D. trifoliata, 锈毛麻辣仔藤 Erycibe expansa, 豆薯 Pachyrhizus erosus

cis-(6a*β*,12a*β*)-hydroxyrotenone 顺式 -(6a*β*,12a*β*)- 羟基鱼藤酮 穗序木蓝 Indigofera spicata

humifusa, 刺芒龙胆 Gentiana aristata, 白透骨消 Glechoma biondiana, 牛白藤 Hedyotis hedyotidea, 腺花香茶菜 Isodon adenanthus, 麻疯树 Jatropha curcas, 山胡椒 Lindera glauca, 川楝 Melia toosendan, 甘肃棘豆 Oxytropis kansuensis, 攀倒甑 Patrinia villosa, 雪莲花 Saussurea involucrata, 鹊肾树 Streblus asper, 宽叶香蒲 Typha latifolia

7-hydroxysitosterol 7- 羟基谷甾醇 巴天酸模 Rumex patientia

7*α*-hydroxysitosterol-3-*O*-*β*-D-glucopyranoside 7*α*- 羟基谷甾醇 -3-*O*-*β*-D- 吡喃葡萄糖苷 楝 Melia azedarach

7*β*-hydroxysitosterol-3-*O*-*β*-D-glucopyranoside 7*β*- 羟基谷甾醇 -3-*O*-*β*-D- 吡喃葡萄糖苷 福建观音座莲 Angiopteris fokiensis, 楝 Melia azedarach

7*α*-hydroxysitosterol-*β*-D-glucopyranoside 7*α*- 羟基谷甾醇 -*β*-D- 吡喃葡萄糖苷 鹊肾树 Streblus asper

7*β*-hydroxysitosterol-*β*-D-glucopyranoside 7*β*- 羟基谷甾醇 -*β*-D- 吡喃葡萄糖苷 鹊肾树 Streblus asper

5-hydroxyskytanthine 5- 羟基多花藤碱▲ 红波罗花 Incarvillea delavayi

5-hydroxyskytanthine hydrochloride 5- 羟基 - 多花藤碱▲ 盐酸盐 直立黄钟花 Tecoma stans

(2'*S*,3'*R*)-8-hydroxysmyrindiol (2'*S*,3'*R*)-8- 羟基奥氏芹二醇 木橘 Aegle marmelos

15*α*-hydroxysoladulcidine 15*α*- 羟基欧白英定▲ 欧白英 Solanum dulcamara, 白英 S. lyratum

2*α*-hydroxysoladulcidine 2*α*- 羟基欧白英定▲ 红丝线 Lycianthes biflora

2-hydroxysolajiangxin E 2- 羟基江西白英素 E 白英 Solanum lyratum

7-hydroxysolajiangxin I 7- 羟基江西白英素 I 白英 Solanum lyratum

12*β*-hydroxysolasodine 12*β*- 羟基澳洲茄胺 龙葵 Solanum nigrum

15*α*-hydroxysolasodine 15*α*- 羟基澳洲茄胺 欧白英 Solanum dulcamara, 白英 S. lyratum

(-)-9*α*-hydroxysophocarpine (-)-9*α*- 羟基槐果碱 苦参 Sophora flavescens

(+)-12*α*-hydroxysophocarpine (+)-12*α*- 羟基槐果碱 苦参 Sophora flavescens

12*β*-hydroxysophocarpine 12*β*- 羟基槐果碱 苦豆子 Sophora alopecuroides

(-)-9*α*-hydroxysophoramine (-)-9*α*- 羟基槐胺 苦参 Sophora flavescens

α-hydroxysophoramine 7*α*- 羟基槐胺 苦豆子 Sophora alopecuroides

5-hydroxysophoranone 5- 羟基柔枝槐酮 翅果刺桐 Erythrina subumbrans, 朝鲜槐 Maackia amurensis

3*α*-hydroxysophoridine 3*α*- 羟基槐定碱 苦豆子 Sophora alopecuroides

3*α*-hydroxysparteine 3*α*- 羟基鹰爪豆碱 沙冬青 Ammopiptanthus mongolicus

3*β*-hydroxysparteine 3*β*- 羟基鹰爪豆碱 沙冬青 Ammopiptanthus mongolicus

15-hydroxyspathulenol 15- 羟基匙叶桉油烯醇 寻骨风 Aristolochia mollissima

14-hydroxyspirost-5-en-3-*O*-*β*-D-glucopyranosyl-(1→2)-*O*-[*β*-D-xylopyranosyl-(1→3)]-*O*-*β*-D-glucopyranosyl-(1→4)-*β*-D-galactopyranoside 14- 羟基螺甾 -5- 烯 -3-*O*-*β*-D- 吡喃葡萄糖基 -(1→2)-*O*-[*β*-D- 吡喃木糖基 -(1→3)]-*O*-*β*-D- 吡喃葡萄糖基 -(1→4)-*β*-D- 吡喃半乳糖苷 二苞黄精 Polygonatum involucratum

(25*R*)-2*α*-hydroxyspirost-5-en-3*β*-*O*-*α*-L-rhamnopyranosyl-(1→2)-*O*-[*O*-*α*-L-rhamnopyranosyl-(1→4)-*α*-L-rhamnopyranosyl-(1→4)]-*β*-D-glucopyranoside (25*R*)-2*α*- 羟基螺甾 -5- 烯 -3*β*-*O*-*α*-L- 吡喃鼠李糖基 -(1→2)-*O*-[*O*-*α*-L- 吡喃鼠李糖基 -(1→4)-*α*-L- 吡喃鼠李糖基 -(1→4)]-*β*-D- 吡喃葡萄糖苷 夜香树 Cestrum nocturnum

(24*S*,25*R*)-24-hydroxyspirost-5-en-3*β*-*O*-*α*-L-rhamnopyranosyl-(1→2)-*O*-[*O*-*β*-D-glucopyranosyl-(1→4)-*α*-L-rhamnopyranosyl-(1→3)]-*β*-D-glucopyranoside (24*S*,25*R*)-24- 羟基螺甾 -5- 烯 -3*β*-*O*-*α*-L- 吡喃鼠李糖基 -(1→2)-*O*-[*O*-*β*-D- 吡喃葡萄糖基 -(1→4)-*α*-L- 吡喃鼠李糖基 -(1→3)]-*β*-D- 吡喃葡萄糖苷 箭根薯 Tacca chantrieri

(24*S*,25*R*)-24-hydroxyspirost-5-en-3*β*-*O*-*α*-L-rhamnopyranosyl-(1→2)-*O*-[α-L-rhamnopyranosyl-(1→3)]-*β*-D-glucopyranoside (24*S*,25*R*)-24- 羟基螺甾 -5- 烯 -3*β*-*O*-*α*-L- 吡喃鼠李糖基 -(1→2)-*O*-[α-L- 吡喃鼠李糖基 -(1→3)]-*β*-D- 吡喃葡萄糖苷 箭根薯 Tacca chantrieri

(25*R*)-12*α*-hydroxyspirost-5-en-3*β*-*O*-*α*-L-rhamnopyranosyl-(1→2)-*O*-[α-L-rhamnopyranosyl-(1→4)]-*β*-D-glucopyranoside (25*R*)-12*α*- 羟基螺甾 -5- 烯 -3*β*-*O*-*α*-L- 吡喃鼠李糖基 -(1→2)-*O*-[α-L- 吡喃鼠李糖基 -(1→4)]-*β*-D- 吡喃葡萄糖苷 七筋菇 Clintonia udensis

(25*R*)-1α-hydroxyspirost-5-en-3*β*-*O*-*α*-L-rhamnopyranosyl-(1→2)-*O*-[α-L-rhamnopyranosyl-(1→4)]-*β*-D-glucopyranoside (25*R*)-1α- 羟基螺甾 -5- 烯 -3*β*-*O*-*α*-L- 吡喃鼠李糖基 -(1→2)-*O*-[α-L- 吡喃鼠李糖基 -(1→4)]-*β*-D- 吡喃葡萄糖苷 七筋菇 Clintonia udensis

(25*R*)-12*α*-hydroxyspirost-5-en-3*β*-*O*-*β*-D-glucopyranosyl-(1→3)-*O*-[α-L-rhamnopyranosyl-(1→2)]-*β*-D-glucopyranoside (25*R*)-12*α*- 羟基螺甾 -5- 烯 -3*β*-*O*-*β*-D- 吡喃葡萄糖基 -(1→3)-*O*-[α-L- 吡喃鼠李糖基 -(1→2)]-*β*-D- 吡喃葡萄糖苷 七筋菇 Clintonia udensis

(25*S*)-3*β*-hydroxy-spirost-5-ene-3-*O*-*β*-D-glucopyranosyl-(1→2)-[*β*-D-xylopyranosyl-(1→3)]-*β*-D-glucopyranosyl-(1→4)-*β*-D-galactopyranoside (25*S*)-3*β*-羟基-螺甾-5-烯-3-*O*-*β*-D-吡喃葡萄糖基-(1→2)-[*β*-D-吡喃木糖基-(1→3)]-*β*-D-吡喃葡萄糖基-(1→4)-*β*-D-吡喃半乳糖苷 蜘蛛抱蛋 Aspidistra elatior

(3*β*,5*α*,14*β*,20*β*,22*β*,25*R*)-3-hydroxy-spirost-8-en-11-one (3*β*,5*α*,14*β*,20*β*,22*β*,25*R*)-3- 羟基 - 螺甾 -8- 烯 -11- 酮 杉木 Cunninghamia lanceolata

(25*R*)-3*β*-hydroxyspirostan-12-one (25*R*)-3*β*- 羟基螺甾 -12- 酮 酸叶胶藤 Urceola rosea

19-hydroxyspruceanol-19-*O*-*β*-D-glucopyranoside 19- 羟基斯氏库努大戟醇▲-19-*O*-*β*-D- 吡喃葡萄糖苷 小果叶下珠 Phyllanthus reticulatus

15-hydroxystachysterone A 15- 羟基旌节花甾酮 A 粘萼蝇子草 Silene viscidula

6-hydroxystaurosporinone 6- 羟基十字孢链霉酮▲ 粉瘤菌 Lycogala epidendrum

18-hydroxystearic acid 18- 羟基硬脂酸 粗糠柴 Mallotus philippensis

16-hydroxystemofoline 16- 羟基百部叶碱 百部 Stemona japonica

6*β*-hydroxystemofoline 6*β*- 羟基百部叶碱 百部 Stemona japonica

(22*E*,24*R*)-6*β*-hydroxy-stigmast-4,22-dien-3-one (22*E*,24*R*)-6*β*- 羟基 - 豆甾 -4,22- 二烯 -3- 酮 水龙 Ludwigia adscendens

(24*S*)-24-hydroxystigmast-4-en-3-one (24*S*)-24- 羟基豆甾 -4- 烯 -3- 酮 薜荔 Ficus pumila

12*α*-hydroxystigmast-4-en-3-one 12*α*- 羟基豆甾 -4- 烯 -3- 酮 红椿 Toona ciliata

H

(19'*S*)-hydroxytabernamine (19'*S*)- 羟基狗牙花胺▲ 伞房狗牙花 Tabernaemontana corymbosa
(19*R*)-hydroxytabersonine (19*R*)- 羟基柳叶水甘草碱 奶子藤 Bousigonia mekongensis, 山橙 Melodinus suaveolens
11-hydroxytabersonine 11- 羟基柳叶水甘草碱 奶子藤 Bousigonia mekongensis, 思茅山橙 Melodinus cochinchinensis, 尖山橙 M. fusiformis, 川山橙 M. hemsleyanus, 山橙 M. suaveolens, 薄叶山橙 M. tenuicaudatus, 雷打果 M. yunnanensis
19-hydroxytabersonine 19- 羟基柳叶水甘草碱 长春花 Catharanthus roseus, 山橙 Melodinus suaveolens
20-hydroxytabersonine 20- 羟基柳叶水甘草碱 长春花 Catharanthus roseus
19*S*-hydroxytacamine 19*S*- 羟基狗牙花明▲ 伞房狗牙花 Tabernaemontana corymbosa
3-hydroxytalatizamine 3- 羟基塔拉乌头胺 细叶乌头 Aconitum macrorhynchum
hydroxytanshinone 羟基丹参酮 甘西鼠尾草 Salvia przewalskii
3*α*-hydroxytanshinone IIA 3*α*- 羟基丹参酮 IIA 丹参 Salvia miltiorrhiza
hydroxytanshinone IIA 羟基丹参酮 IIA 栗色鼠尾草 Salvia castanea, 三叶鼠尾草 S. trijuga
3*α*-hydroxytaraxer-14-en-28-oic acid 3*α*- 羟基蒲公英萜 -14- 烯 -28- 酸 宽苞水柏枝 Myricaria bracteata, 刚毛柽柳 Tamarix hispida
24-hydroxytaraxer-14-ene 24- 羟基蒲公英萜烷 -14- 烯 夜香牛 Vernonia cinerea
3*β*-hydroxytaraxer-14-ene-1-one 3*β*- 羟基蒲公英萜 -14- 烯 -1- 酮 异叶翅子树 Pterospermum heterophyllum
28-hydroxytaraxerone 28- 羟基蒲公英赛酮 杨梅 Myrica rubra
22-hydroxytaraxeryl acetate 22- 羟基蒲公英赛醇乙酸酯 吊灯扶桑 Hibiscus schizopetalus
22-hydroxytaraxeryl-*cis*-*p*-coumarate 22-22- 羟基蒲公英赛醇 - 顺式 - 对香豆酸酯 吊灯扶桑 Hibiscus schizopetalus
2*α*-hydroxytashironin 2*α*- 羟基峦大八角宁▲ 红花八角 Illicium dunnianum
2*α*-hydroxytashironin A 2*α*- 羟基峦大八角宁▲A 红花八角 Illicium dunnianum
1*β*-hydroxytaxinine 1*β*- 羟基紫杉宁 东北红豆杉 Taxus cuspidata
14*β*-hydroxytaxusin 14*β*- 羟基紫杉素 南方红豆杉 Taxus wallichinana var. mairei
4-hydroxytecomanine 4- 羟基黄钟花宁▲ 直立黄钟花 Tecoma stans
7-hydroxytectoquinone 7- 羟基柚木醌▲ 染色茜草 Rubia tinctorum
11-hydroxytephrosin 11- 羟基灰叶素 紫穗槐 Amorpha fruticosa, 兰屿鱼藤 Derris oblonga
21-hydroxytetracontan-20-one 21- 羟基四十烷 -20- 酮 仙茅 Curculigo orchioides
2-hydroxy-tetracosanoicacid-(2,3-dihydroxy-1-hydroxymethyl-heptadec-7-enyl)-amide 2- 羟基 - 二十四酸 -(2,3- 二羟基 -1- 羟基甲基 - 十七碳 - 7- 烯)- 胺 金莲花 Trollius chinensis
(2*S*,3*S*,4*R*,8*E*)-2-[(2'*R*)-2'-hydroxytetracosanosylamino]-octadecene-1,3,4-triol (2*S*,3*S*,4*R*,8*E*)-2-[(2'*R*)-2'- 羟基二十四烷酰胺]- 十八烯 -1,3,4- 三醇 羌活 Notopterygium incisum
(2*S*,3*S*,4*R*,10*E*)-2-[(2'*R*)-2-hydroxytetracosanoyl amino]-10-octadecene-1,3,4-triol (2*S*,3*S*,4*R*,10*E*)-2-[(2'*R*)-2- 羟基二十四碳酰氨基]-10- 十八烯 -1,3,4- 三醇 黄瓜 Cucumis sativus
1-(24-hydroxytetracosanoyl)glycerol 1-(24- 羟基二十四碳酰) 甘油 合欢 Albizia julibrissin, 樟 Cinnamomum camphora, 甘草 Glycyrrhiza uralensis
(2*S*,3*S*,4*R*)-2-[(2'*R*)-2'-hydroxytetracosanoylamino]-1,3,4-octadecanetriol (2*S*,3*S*,4*R*)-2-[(2'*R*)-2'- 羟基二十四酰胺]-1,3,4- 十八烷三醇 毛酸浆 Physalis philadelphica, 雷公藤 Tripterygium wilfordii
(2*S*,3*S*,4*R*)-2-[(2'*R*)-2'-hydroxytetracosanoyl-amino]-1,3,4-octadecanetriol (2*S*,3*S*,4*R*)-2-[(2'*R*)-2'- 羟基二十四碳酰胺]-1,3,4- 十八碳三醇 薏米 Coix lacryma-jobi var. ma-yuen
(2*S*,3*S*,4*R*,10*E*)-2-[(2*R*)-2-hydroxytetracosanoylamino]-10-octadecene-1,3,4-triol (2*S*,3*S*,4*R*,10*E*)-2-[(2*R*)-2- 羟基二十四碳酰氨基]-10- 十八烯 - 1,3,4- 三醇 钮子瓜 Zehneria maysorensis
(2*S*,3*S*,4*R*,11*E*)-2-[(2*R*)-2-hydroxytetracosanoylamino]-11-octadecene-1,3,4-triol (2*S*,3*S*,4*R*,11*E*)-2-[(2*R*)-2- 羟基二十四烷酰氨基]-11- 十八烯 - 1,3,4- 三醇 豆腐柴 Premna microphylla
rel-(3*S*,4*S*,5*S*)-3-[(2*R*)-2-hydroxytetracosanoylamino]-4-hydroxy-5-[(4*Z*)-tetradecane-4-ene]-2,3,4,5-tetrahydrofuran 相对 -(3*S*,4*S*,5*S*)-3-[(2*R*)-2- 羟基二十四酰氨基]-4- 羟基 -5-[(4*Z*)- 十四烷 -4- 烯]-2,3,4,5- 四氢呋喃 两头毛 Incarvillea arguta
(2*S*,3*S*,4*R*,2'*R*)-2-(2'-hydroxytetracosnoylamino)-octadecane-1,3,4-triol (2*S*,3*S*,4*R*,2'*R*)-2-(2'- 羟基二十四酰胺基)- 十八烷 -1,3,4- 三醇 节节草 Commelina diffusa, 脱皮球马勃 Lasiosphaera fenzlii, 紫丁香蘑 Lepista nuda, 蓝黄红菇 Russula cyanoxantha, 橙黄硬皮马勃 Scleroderma citrinum
24'-hydroxytetracosyl ferulate 24'- 羟基二十四烷基阿魏酸酯 垂子买麻藤 Gnetum pendulum
9-hydroxytetradecanoic acid 9- 羟基十四酸 大翅蓟 Onopordum acanthium
hydroxytetramethoxyxanthone 羟基四甲氧基吅酮 狭叶獐牙菜 Swertia angustifolia
1-hydroxytetratriacontan-4-one 1- 羟基三十四烷 -4- 酮 蜂巢草 Leucas aspera
5-hydroxytetratriacontan-9-one 5- 羟基三十四烷 -9- 酮 块茎芦莉草 Ruellia tuberosa
12-hydroxy-tetratriacontan-9-one 12- 羟基 - 三十四烷 -9- 酮 滇刺枣 Ziziphus mauritiana
6*α*-hydroxyteuscordin 6*α*- 羟基蒜味香科科素▲ 蒜味香科科 Teucrium scordium, 血见愁 T. viscidum
6*β*-hydroxyteuscordin 6*β*- 羟基蒜味香科科素▲ 蒜味香科科 Teucrium scordium
2*β*-hydroxyteuscordinone 2*β*- 羟基蒜味香科科酮 蒜味香科科 Teucrium scordium
17-hydroxyteuvincen-5(6)-enone G 17- 羟基文森特香科科 -5(6)- 烯酮 G 浙江大青 Clerodendrum kaichianum
19-hydroxyteuvincenone F 19- 羟基文森特香科科酮▲F 臭牡丹 Clerodendrum bungei
17-hydroxyteuvincenone G 17- 羟基文森特香科科酮▲G 浙江大青 Clerodendrum kaichianum
(-)-5-hydroxythalidasine (-)-5- 羟基厚果唐松草次碱 高原唐松草 Thalictrum cultratum

(-)-5-hydroxythalidasine-2-α-N-oxide (-)-5- 羟基厚果唐松草次碱 -2-α-N- 氧化物 高原唐松草 Thalictrum cultratum
3-hydroxythalifaboramine 3- 羟基大叶唐松草胺▲ 大叶唐松草 Thalictrum faberi
5'-hydroxythalifaboramine 5'- 羟基大叶唐松草胺▲ 大叶唐松草 Thalictrum faberi
(-)-5-hydroxythalmine (-)-5- 羟基唐松草明碱 高原唐松草 Thalictrum cultratum
6-hydroxythiobinupharidine 6- 羟基硫双萍蓬草定碱 萍蓬草 Nuphar pumila
6'-hydroxythionuphlutine B 6'- 羟基硫欧亚萍蓬草亭▲B 萍蓬草 Nuphar pumila
6-hydroxythionuphlutine B 6- 羟基硫欧亚萍蓬草亭▲B 萍蓬草 Nuphar pumila
4-hydroxythiophenol 4- 羟基苯硫酚 白花细叶益母草 Leonurus sibiricus f. albiflorus
7-hydroxythymol 7- 羟基麝香草酚 佩兰 Eupatorium fortunei
9-hydroxythymol 9- 羟基麝香草酚 石胡荽 Centipeda minima, 佩兰 Eupatorium fortunei, 湖北旋覆花 Inula hupehensis
9-hydroxythymol-3-O-angelate 9- 羟基麝香草酚 -3-O- 当归酸酯 佩兰 Eupatorium fortunei
6-hydroxy-thymol-3-O-β-D-glucopyranoside 6- 羟基百里香酚 -3-O-β-D- 吡喃葡萄糖苷 细叶糙果芹 Trachyspermum ammi
7-hydroxythymol-3-O-β-D-glucoside 7- 羟基麝香草酚 -3-O-β-D- 吡喃葡萄糖苷 佩兰 Eupatorium fortunei
6-hydroxythymol-6-O-β-D-glucopyranoside 6- 羟基百里香酚 -6-O-β-D- 葡萄糖苷 细叶糙果芹 Trachyspermum ammi
4''-hydroxytigloyldecursinol 4''- 羟基巴豆酰紫花前胡醇 朝鲜当归 Angelica gigas
8α-(4-hydroxytigloyloxy)-10α-hydroxy-hirsutinolide-13-O-acetate 8α-(4- 羟基巴豆酰氧基)-10α- 羟基硬毛钩藤内酯 -13-O- 乙酸酯 夜香牛 Vernonia cinerea
8α-(4-hydroxytigloyloxy)hirsutinolide-13-O-acetate 8α-(4- 羟基巴豆酰氧基) 硬毛钩藤内酯 -13-O- 乙酸酯 夜香牛 Vernonia cinerea
8α-[4-hydroxytigloyloxy]hirsutinolide-13-O-acetate 8α-[4- 羟基巴豆酰氧基] 硬毛钩藤内酯 -13-O- 乙酸酯 夜香牛 Vernonia cinerea
8β-(4'-hydroxy-tiglyloxy)-2β-hydroxy-1αH,5αH,6βH,7αH-guai-3,10(14),11(13)-trien-6,12-olide 8β-(4'- 羟基巴豆酰氧基)-2β- 羟基 -1αH,5αH,6βH,7αH- 愈创木 -3,10(14),11(13)- 三烯 -6,12- 内酯 多须公 Eupatorium chinense
20-hydroxytingenone 20- 羟基染用卫矛酮▲ 染用卫矛 Euonymus tingens
22β-hydroxytingenone 22β- 羟基染用卫矛酮▲ 东北雷公藤 Tripterygium regelii
2α-hydroxytirotundin 2α- 羟基圆叶肿柄菊素 肿柄菊 Tithonia diversifolia
1α-hydroxytirotundin-3-O-methyl ether 1α- 羟基圆叶肿柄菊素 -3-O- 甲醚 肿柄菊 Tithonia diversifolia
3α-hydroxytirucall-7-ene-20-one 3α- 羟基绿玉树 -7- 烯 -20- 酮 大叶山楝 Aphanamixis grandifolia
(23E)-2α-hydroxytirucalla-7,23,25-triene-3-one (23E)-2α- 羟基绿玉树 -7,23,25- 三烯 -3- 酮 大叶山楝 Aphanamixis grandifolia
(23Z)-25-hydroxy-tirucalla-7,23-diene-3-one (23Z)-25- 羟基 - 绿玉树 -7,23- 二烯 -3- 酮 大叶山楝 Aphanamixis grandifolia
3β,16β-hydroxytirucalla-7,24(25)-dien-21,23-olide 3β,16β- 羟基绿玉树 -7,24(25)- 二烯 -21,23- 内酯 川楝 Melia toosendan
3α-hydroxytirucalla-7,24(25)-dien-6-oxo-21,16-olide 3α- 羟基绿玉树 -7,24(25)- 二烯 -6- 氧代 -21,16- 内酯 楝 Melia azedarach
3β,16β-hydroxytirucalla-7,24(25)-dien-6-oxo-21,23-olide 3β,16β- 羟基绿玉树 -7,24(25)- 二烯 -6- 酮 -21,23- 内酯 川楝 Melia toosendan
16β-hydroxytirucalla-7,24(25)-diene-3-oxo-21,23-olide 16β- 羟基绿玉树 -7,24(25)- 二烯 -3- 氧代 -21,23- 内酯 楝 Melia azedarach
22α-hydroxy-tirucallane-7,24-diene-3,23-dione 22α- 羟基 - 绿玉树 -7,24- 二烯 -3,23- 二酮 大叶山楝 Aphanamixis grandifolia
26-hydroxytirucallone 26- 羟基绿玉树酮▲ 阿月浑子 Pistacia vera
α-hydroxytoluene α- 羟基甲苯 挥发油成分，未统计基源
15α-hydroxytomatidenol 15α- 羟基番茄定烯醇▲ 欧白英 Solanum dulcamara, 白英 S. lyratum, 旋花茄 S. spirale
15α-hydroxytomatidine 15α- 羟基番茄定 欧白英 Solanum dulcamara, 白英 S. lyratum
7-hydroxytomentoside 7- 羟基毛泡桐苷▲ 毛泡桐 Paulownia tomentosa
6β-hydroxytomentosin 6β- 羟基绒毛银胶菊素▲ 湖北旋覆花 Inula hupehensis
6α-hydroxy-tomentosin 6α- 羟基 - 绒毛银胶菊素▲ 湖北旋覆花 Inula hupehensis
23-hydroxytoonacilide 23- 羟基红椿希内酯▲ 红椿 Toona ciliata, 杜楝 Turraea pubescens
1α-hydroxytorilin 1α- 羟基窃衣素 小窃衣 Torilis japonica
1β-hydroxytorilin 1β- 羟基窃衣素 小窃衣 Torilis japonica
1-hydroxytorilin 1- 羟基窃衣素 蛇床 Cnidium monnieri, 春榆 Ulmus davidiana var. japonica
1-hydroxytorilin A 1- 羟基窃衣素 A 春榆 Ulmus davidiana var. japonica
23-hydroxytormentic acid 23- 羟基委陵菜酸 柳叶菜 Epilobium hirsutum, 草龙 Ludwigia hyssopifolia, 小果蔷薇 Rosa cymosa, 栽秧泡 Rubus ellipticus var. obcordatus
24-hydroxytormentic acid 24- 羟基委陵菜酸 中越猕猴桃 Actinidia indochinensis, 委陵菜 Potentilla chinensis
2α,3β,19α,23β-hydroxytormentic acid 2α,3β,19α,23β- 羟基委陵菜酸 海南玉叶金花 Mussaenda hainanensis
6β-hydroxytormentic acid 6β- 羟基委陵菜酸 草龙 Ludwigia hyssopifolia
15-hydroxytorreyol-10-O-β-D-apiofuranosyl-(1 → 6)-β-D-glucopyranoside 15- 羟基榧树醇 -10-O-β-D- 呋喃芹糖基 -(1 → 6)-β-D- 吡喃葡萄糖苷 南蛇藤 Celastrus orbiculatus
19-hydroxytotarol 19- 羟基新西兰罗汉松酚▲ 竹柏 Nageia nagi
5-hydroxytrachelogenin 5- 羟基络石苷元 臭冷杉 Abies nephrolepis
(4α,15α)-15-hydroxy-trachyloban-18-oic acid (4α,15α)-15- 羟基 - 粗裂豆▲-18- 酸 向日葵 Helianthus annuus
15α-hydroxytrametenolic acid 15α- 羟基栓菌烯醇酸▲ 硫黄菌 Laetiporus sulphureus
4-hydroxy-*trans*-cinnamic acid 4- 羟基 - 反式 - 桂皮酸 调羹树 Heliciopsis lobata, 枸杞 Lycium chinense, 滇藏荨麻 Urtica mairei
p-hydroxy-*trans*-cinnamic acid 对羟基 - 反式 - 桂皮酸 槲蕨 Drynaria roosii, 卵叶鳞始蕨 Lindsaea intertexta, 白刺 Nitraria tangutorum, 羌活 Notopterygium incisum

4-hydroxy-*trans*-cinnamic acid alkyl ester 4- 羟基 - 反式 - 桂皮酸烷基酯 假杜鹃 Barleria cristata
6-hydroxy-trans-cinnamoyl-6*β*-loganin 6- 羟基 - 反式 - 桂皮酰基 -6*β*- 马钱苷 夜花 Nyctanthes arbor-tristis
6-hydroxy-*trans*-cinnamoyl-7-*O*-acetyl-6*β*-loganin 6- 羟基 - 反式 - 桂皮酰基 -7-*O*- 乙酰基 -6*β*- 马钱苷 夜花 Nyctanthes arbor-tristis
2*α*-hydroxy-*trans*-communic acid 2*α*- 羟基 - 反式 - 欧洲刺柏酸▲ 圆柏 Juniperus chinensis
(*R*)-(-)-hydroxytremetone (*R*)-(-)- 羟基白蛇根草震颤酮▲ 窄头橐吾 Ligularia stenocephala
6-hydroxytremetone 6- 羟基白蛇根草震颤酮▲ 孔雀草 Tagetes patula
hydroxytremetone 羟基白蛇根草震颤酮▲ 款冬 Tussilago farfara
4-hydroxytremulacin 4- 羟基欧洲山杨辛▲ 栀子皮 Itoa orientalis
8-hydroxytriacontan-25-one 8- 羟基三十烷 -25- 酮 闭鞘姜 Costus speciosus
23-hydroxytriacontan-2-one 23- 羟基三十烷 -2- 酮 仙茅 Curculigo orchioides
12-hydroxytriacontan-4,7-dione 12- 羟基三十烷 -4,7- 二酮 紫藤 Wisteria sinensis
7-hydroxytriacontan-5-one 7- 羟基三十烷 -5- 酮 闭鞘姜 Costus speciosus
27-hydroxytriacontan-6-one 27- 羟基三十烷 -6- 酮 仙茅 Curculigo orchioides
(2*S*,3*S*,4*R*,8*E*)-2-[(2'*R*)-2'-hydroxytricosanosylamino]-octadecene-1,3,4-triol (2*S*,3*S*,4*R*,8*E*)-2-[(2'*R*)-2'- 羟基二十三烷酰胺]- 十八烯 -1,3,4- 三醇 羌活 Notopterygium incisum
2-(2-hydroxytricosanoylamino)-1,3,4-hexadecanetriol 2-(2- 羟基二十三酰氨基)-1,3,4- 十六烷三醇 台湾芙蓉 Hibiscus taiwanensis
rel-(3*S*,4*S*,5*S*)-3-[(2*R*)-2-hydroxytricosanoylamino]-4-hydroxy-5-[(4*Z*)-tetradecane-4-ene]-2,3,4,5-tetrahydrofuran 相对 -(3*S*,4*S*,5*S*)-3-[(2*R*)-2- 羟基二十三酰氨基]-4- 羟基 -5-[(4*Z*)- 十四烷 -4- 烯]-2,3,4,5- 四氢呋喃 两头毛 Incarvillea arguta
(2*S*,3*S*,4*R*,8*E*)-2-[(2'*R*)-2'-hydroxy-tricosanoylamino]-nonadecane-1,3,4-triol-8-ene (2*S*,3*S*,4*R*,8*E*)-2-[(2'*R*)-2'- 羟基 - 二十三碳酰胺基]- 十九碳 -1,3,4- 三羟基 -8- 烯 五加 Eleutherococcus nodiflorus var. gracilistylus
2*E*,8*E*-7-hydroxy-tridecadien-10,12-diynoic acid-isobutylamide 2*E*,8*E*-7- 羟基 - 三癸二烯 -10,12- 二炔酸异丁酰胺 美形金钮扣 Acmella calva
9-hydroxytridecyldocosanoate 9- 羟基十三基二十二酸酯 蓖麻 Ricinus communis
7*β*-hydroxytrillenogenin-1-*O*-*β*-D-apiofuranosyl-(1 → 3)-*α*-L-rhamnopyranosyl-(1 → 2)-[*β*-D-xylopyranosyl-(1 → 3)]-*α*-L-arabinopyranoside 7*β*- 羟基延龄草烯苷元 -1-*O*-*β*-D- 呋喃芹菜糖基 -(1 → 3)-*α*-L- 吡喃鼠李糖基 -(1 → 2)-[*β*-D- 吡喃木糖基 -(1 → 3)]-*α*-L- 吡喃阿拉伯糖苷 延龄草 Trillium tschonoskii
5-hydroxytriptamine 5- 羟基色胺 刺毛黧豆 Mucuna pruriens
16-hydroxytriptobenzene H 16- 羟基雷公藤苯 H 雷公藤 Tripterygium wilfordii
6*α*-hydroxytriptocalline 6*α*- 羟基雷公藤愈伤素▲ 雷公藤 Tripterygium wilfordii
16-hydroxytriptolide 16- 羟基雷公藤内酯 雷公藤 Tripterygium wilfordii
5-hydroxytritriacontane-12,14-dione 5- 羟基三十三烷 -12,14- 二酮 羊茅 Festuca ovina
1-hydroxytropacocaine 1- 羟基托品古柯碱 古柯 Erythroxylum novogranatense
3-(2'-hydroxytropoyloxy)-tropane 3-(2'- 羟基巴豆酰氧基)- 托品烷 树番茄 Cyphomandra betacea
4-hydroxytruxillic acid 4- 羟基秘鲁古柯酸▲ 猪殃殃 Galium spurium
p-hydroxytruxinic acid 对羟基秘鲁古柯尼酸▲ 蝉翼藤 Securidaca inappendiculata
20-hydroxytubocapsanolide A 20- 羟基龙珠内酯▲A 龙珠 Tubocapsicum anomalum
23-hydroxytubocapsanolide A 23- 羟基龙珠内酯▲A 龙珠 Tubocapsicum anomalum
20-hydroxytubocapsanolide G 20- 羟基龙珠内酯▲ 龙珠 Tubocapsicum anomalum
19*R*-hydroxytubotaiwine 19*R*- 羟基管花多果树文碱▲ 雷打果 Melodinus yunnanensis
19*S*-hydroxytubotaiwine 19*S*- 羟基管花多果树文碱▲ 雷打果 Melodinus yunnanensis
20-hydroxy-tubotaiwine 20- 羟基 - 管花多果树文碱▲ 雷打果 Melodinus yunnanensis
3-hydroxytyrosol 3- 羟基酪醇 粗糠柴 Mallotus philippensis
hydroxytyrosol 羟基酪醇 华北耧斗菜 Aquilegia yabeana, 香桂 Cinnamomum subavenium, 合柄铁线莲 Clematis connata, 绣球藤 C. monta var. montana, 珊瑚苣苔 Corallodiscus lanuginosus, 细花线纹香茶菜 Isodon lophanthoides var. graciliflorus, 木犀榄 Olea europaea, 木犀 Osmanthus fragrans, 野生紫苏 Perilla frutescens var. purpurascens, 清风藤 Sabia japonica, 毛地黄鼠尾草 Salvia digitaloides, 巧玲花 Syringa pubescens
hydroxytyrosol acetate 羟基酪醇乙酸酯 紫丁香 Syringa oblata
hydroxytyrosol-4-glucopyranoside 羟基酪醇 -4- 吡喃葡萄糖苷 合柄铁线莲 Clematis connata
β-hydroxytyrosyl ester of methyl malate 苹果酸甲酯 -*β*- 羟基酪醇酯 木犀榄 Olea europaea
2-hydroxy-undecanoic acid-4-oxooctyl ester 2- 羟基 - 十一碳酸 -4- 氧代辛酯 夹竹桃 Nerium oleander
6*α*-hydroxyundulatine 6*α*- 羟基波叶尼润花碱▲ 西南文殊兰 Crinum latifolium
3*β*-hydroxyurs-11-en-13(28)-lactone 3*β*- 羟基熊果 -11- 烯 -13(28)- 内酯 毛土连翘 Hymenodictyon orixense
3*β*-hydroxyurs-11-en-13*β*(28)-olide 3*β*- 羟基熊果 -11- 烯 -13*β*(28)- 内酯 枸骨 Ilex cornuta, 薰衣草 Lavandula angustifolia
3*β*-hydroxyurs-11-en-13*β*,28-olide 3*β*- 羟基熊果 -11- 烯 -13*β*,28- 内酯 鹦哥花 Erythrina arborescens
3*β*-hydroxyurs-11-en-28,13*β*-olide 3*β*- 羟基熊果 -11- 烯 -28,13*β*- 内酯 长梗喉毛花 Comastoma pedunculatum, 赤桉 Eucalyptus camaldulensis, 青海刺参 Morina kokonorica, 番石榴 Psidium guajava
3-hydroxyurs-11-en-28-oic acid 3- 羟基熊果 -11- 烯 -28- 酸 康藏荆芥 Nepeta prattii
3*β*-hydroxyurs-11*α*,12*α*-epoxy-13*β*,28-olide 3*β*- 羟基熊果 -11*α*,12*α*- 环氧 -13*β*,28- 内酯 鹦哥花 Erythrina arborescens, 鸡冠刺桐 E. crista-galli

3β-hydroxyurs-12,18-dien-28-oic acid 3β- 羟基熊果 -12,18- 二烯 -28- 酸 中华猕猴桃 Actinidia chinensis
3β-hydroxyurs-12,18-dien-28-oic acid-3-O-[β-D-glucopyranosyl-(1 → 4)-α-L-arabinopyranoside 3β- 羟基熊果 -12,18- 二烯 -28- 酸 -3-O-[β-D- 吡喃葡萄糖基 -(1 → 4)-α-L- 吡喃阿拉伯糖苷 椭圆悬钩子 Rubus ellipticus
3β-hydroxyurs-12,20(30)-dien-17-oic acid 3β- 羟基熊果 -12,20(30)- 二烯 -17- 酸 迷迭香 Rosmarinus officinalis
3α-hydroxyurs-12,30(30)-dien-28-oic acid 3α- 羟基熊果 -12,20(30)- 二烯 -28- 酸 沙滩黄芩 Scutellaria strigillosa
3β-hydroxyurs-12-en-11-one 3β- 羟基熊果 -12- 烯 -11- 酮 灯油藤 Celastrus paniculatus, 少花风毛菊 Saussurea oligantha
3α-hydroxyurs-12-en-23,28-dioic acid 3α- 羟基熊果 -12- 烯 -23,28- 二羧酸 鹅掌柴 Heptapleurum heptaphyllum
19α-hydroxyurs-12-en-24,28-dioate-3-O-β-D-xylopyranoside 19α- 羟基熊果 -12- 烯 -24,28- 二酸二甲酯 -3-O-β-D- 吡喃木糖苷 见霜黄 Blumea lacera
3β-hydroxyurs-12-en-27,28-dioic acid 3β- 羟基熊果 -12- 烯 -27,28- 二酸 钩藤 Uncaria rhynchophylla
3β-hydroxyurs-12-en-27-oic acid 3β- 羟基熊果 -12- 烯 -27- 酸 落新妇 Astilbe chinensis, 大落新妇 A. grandis, 多花落新妇 A. rivularis var. myriantha
19α-hydroxyurs-12-en-28-oic acid 19α- 羟基熊果 -12- 烯 -28- 酸 矮桃 Lysimachia clethroides
24-hydroxyurs-12-en-28-oic acid 24- 羟基熊果 -12- 烯 -28- 酸 硬毛地笋 Lycopus lucidus var. hirtus
3α-hydroxyurs-12-en-28-oic acid 3α- 羟基熊果 -12- 烯 -28- 酸 白透骨消 Glechoma biondiana
3β-hydroxyurs-12-en-28-oic acid 3β- 羟基熊果 -12- 烯 -28- 酸 黄龙尾 Agrimonia pilosa var. nepalensis, 蛇莓 Duchesnea indica
3α-hydroxyurs-12-en-28-oic acid methyl ester 3α- 羟基熊果 -12- 烯 -28- 酸甲酯 东方乌檀 Nauclea orientalis
19α-hydroxyurs-12-en-28-oic acid-3-O-α-L-arabinopyranoside 19α- 羟基熊果 -12- 烯 -28- 酸 -3-O-α-L- 吡喃阿拉伯糖苷 番石榴 Psidium guajava
19α-hydroxyurs-12-en-28-oic acid-3β-O-α-L-arabinopyranosyl-(1 → 2)-(β-D-glucuronopyranoside-6-O-methyl ester) 19α- 羟基熊果 -12- 烯 -28- 酸 -3β-O-α-L- 吡喃阿拉伯糖基 -(1 → 2)-(β-D- 吡喃葡萄糖醛酸苷 -6-O- 甲酯） 枸骨 Ilex cornuta
19α-hydroxyurs-12-en-28-oic acid-3β-O-α-L-arabinopyranosyl-(1 → 2)-β-D-glucuronopyranoside-6-O-methyl ester 19α- 羟基熊果 -12- 烯 -28- 酸 -3β-O-α-L- 吡喃阿拉伯糖基 -(1 → 2)-β-D- 吡喃葡萄糖醛酸苷 -6-O- 甲酯 枸骨 Ilex cornuta
2α-hydroxyurs-12-en-28-oic acid-3β-trans-isoferulate 2α- 羟基熊果 -12- 烯 -28- 酸 -3β- 反式 - 异阿魏酸酯 窿缘桉 Eucalyptus exserta
11α-hydroxyurs-12-en-3-one 11α- 羟基熊果 -12- 烯 -3- 酮 灰毛川木香 Dolomiaea souliei var. mirabilis
3β-hydroxyurs-12-ene 3β- 羟基熊果 -12- 烯 云南鼠尾草 Salvia yunnanensis
3-hydroxy-urs-12-ene-11-ketone 3- 羟基 - 熊果 -12- 烯 -11- 酮 栀子 Gardenia jasminoides
3β-hydroxyurs-12-ene-28-aldehyde 3β- 羟基熊果 -12- 烯 -28- 醛 夏枯草 Prunella vulgaris, 直立黄钟花 Tecoma stans
3β-hydroxyurs-12-one-13β,28-olide 3β- 羟基熊果 -12- 酮 -13β,28- 内酯 钝叶鸡蛋花 Plumeria obtusa
3β-hydroxyurs-20(30)-en-3-ol acetate 3β- 羟基熊果 -20(30)- 烯 -3- 醇 - 乙酸酯 芜菁还阳参 Crepis napifera
3β-hydroxyurs-20-en-12-one 3β- 羟基熊果 -20- 烯 -12- 酮 金盏花 Calendula officinalis
12β-hydroxy-urs-20-en-3-one 12β- 羟基 - 熊果 -20- 烯 -3- 酮 金盏花 Calendula officinalis
3β-hydroxyurs-30-p-E-hydroxycinnamoyloxy-12-en-28-oic acid 3β- 羟基熊果 -30- 反式 - 对羟基桂皮酰氧基 -12- 烯 -28- 酸 血见愁 Teucrium viscidum
3β-hydroxyurs-30-p-Z-hydroxycinnamoyl-12-en-28-oic acid 3β- 羟基熊果 -30- 对顺式 - 羟基桂皮酰 -12- 烯 -28- 酸 大叶茜草 Rubia schumanniana
3β-hydroxyurs-30-p-Z-hydroxycinnamoyloxy-12-en-28-oic acid 3β- 羟基熊果 -30- 顺式 - 对羟基桂皮酰氧基 -12- 烯 -28- 酸 血见愁 Teucrium viscidum
3α-hydroxyurs-9,12-diene-24-oic acid 3α- 羟基熊果 -9,12- 二烯 -24- 酸 乳香树 Boswellia carteri
(18α,19α)-3β-hydroxy-ursa-12,20-dien-22-one (18α,19α)-3β- 羟基 - 熊果 -12,20- 二烯 -22- 酮 琴叶榕 Ficus pandurata
3β-hydroxyursa-28-oic acid 3β- 羟基熊果 -28- 酸 夹竹桃 Nerium oleander
1β-hydroxyursa-9(11),12-dien-3β-yl palmitate 1β- 羟基熊果 -9(11),12- 二烯 -3β- 棕榈酸酯 少花风毛菊 Saussurea oligantha
23-hydroxyursan-12-en-28-oic acid 23- 羟基熊果 -12- 烯 -28- 酸 蒌叶 Piper betle
2α-hydroxyursane 2α- 羟基熊果烷 土沉香 Aquilaria sinensis
18-hydroxyursolic acid 18- 羟基熊果酸 大火草 Anemone tomentosa, 渐尖绣线菊 Spiraea japonica var. acuminata
19α-hydroxyursolic acid 19α- 羟基熊果酸 大叶苎麻 Boehmeria japonica, 苎麻 B. nivea, 枸骨 Ilex cornuta, 马缨丹 Lantana camara, 薰衣草 Lavandula angustifolia, 山刺玫 Rosa davurica, 迷迭香 Rosmarinus officinalis, 锐尖山香圆 Turpinia arguta, 南烛 Vaccinium bracteatum
19-hydroxyursolic acid 19- 羟基熊果酸 海滨木巴戟 Morinda citrifolia
20-hydroxyursolic acid 20- 羟基熊果酸 腺花香茶菜 Isodon adenanthus
21α-hydroxyursolic acid 21α- 羟基熊果酸 红花绿绒蒿 Meconopsis punicea, 柠檬留兰香 Mentha citrata
22α-hydroxyursolic acid 22α- 羟基熊果酸 山橙 Melodinus suaveolens
23-hydroxyursolic acid 23- 羟基熊果酸 软枣猕猴桃 Actinidia arguta, 中华猕猴桃 A. chinensis, 羊角棉 Alstonia mairei, 凌霄 Campsis grandiflora, 香青兰 Dracocephalum moldavica, 大花紫薇 Lagerstroemia speciosa, 矮桃 Lysimachia clethroides, 败酱 Patrinia scabiosifolia, 白花泡桐 Paulownia fortunei, 钝叶鸡蛋花 Plumeria obtusa, 髯花杜鹃 Rhododendron anthopogon
24-hydroxyursolic acid 24- 羟基熊果酸 软枣猕猴桃 Actinidia arguta, 板栗 Castanea mollissima, 柿 Diospyros kaki
2α,23-hydroxyursolic acid 2α,23- 羟基熊果酸 连翘 Forsythia suspensa
2α,3α-hydroxyursolic acid 2α,3α- 羟基熊果酸 连翘 Forsythia suspensa
2α-hydroxyursolic acid 2α- 羟基熊果酸 较常见成分，至少分布于 30 种以上植物中，见于败酱科、唇形科、冬青科、豆科、杜鹃花科、胡桃科、胡颓子科、夹竹桃科、菊科、爵床科、柳叶菜科、龙胆科、萝藦科、马鞭草科、猕猴桃科、葡萄科、千屈菜科、茜草科、

H

茄科、忍冬科、瑞香科、桑科、省沽油科、石竹科、鼠李科、桃金娘科、荨麻科、野牡丹科、真藓科、紫草科、紫葳科等

2β-hydroxyursolic acid 2β- 羟基熊果酸 紫药女贞 Ligustrum delavayanum

2-hydroxyursolic acid 2- 羟基熊果酸 地笋 Lycopus lucidus

3α-hydroxyursolic acid 3α- 羟基熊果酸 栀子 Gardenia jasminoides, 白花泡桐 Paulownia fortunei, 糙苏 Phlomis umbrosa

6β-hydroxyursolic acid 6β- 羟基熊果酸 钩藤 Uncaria rhynchophylla

hydroxyursolic acid 羟基熊果酸 黑果越桔 Vaccinium myrtillus

9-hydroxyursolic acid 9- 羟基熊果酸 紫丁香 Syringa oblata

3β-hydroxyursolic acid-23-sulfate 3β- 羟基熊果酸 -23- 硫酸酯 攀倒甑 Patrinia villosa

23-hydroxy-ursolic acid-3-*O*-α-L-arabinopyranosyl-(1 → 2)-β-D-glucuronopyranosyl-28-*O*-β-D-glucopyranoside 23- 羟基熊果酸 -3-*O*-α-L- 吡喃阿拉伯糖基 -(1 → 2)-β-D- 吡喃葡萄糖醛酸基 -28-*O*-β-D- 吡喃葡萄糖苷 枸骨 Ilex cornuta

27-hydroxyursolic acid-3β-*O*-[β-L-rhamnopyranosyl-(1 → 2)-β-D-glucopyranosyl-(1 → 2)-β-D-glucuronopyranoside-6-*O*-methyl ester]-28-*O*-β-D-glucopyranoside 27- 羟基熊果酸 -3β-*O*-[β-L- 吡喃鼠李糖基 -(1 → 2)-β-D- 吡喃葡萄糖基 -(1 → 2)-β-D- 吡喃葡萄糖醛酸苷 -6-*O*- 甲酯]-28-*O*-β-D- 吡喃葡萄糖苷 细叶水团花 Adina rubella

15β-hydroxyuscharin 15β- 羟基白花牛角瓜灵▲ 牛角瓜 Calotropis gigantea

16α-hydroxyuscharin 16α- 羟基白花牛角瓜灵▲ 马利筋 Asclepias curassavica

hydroxyvalerenic acid 羟基缬草烯酸 缬草 Valeriana officinalis

3-hydroxyvanilic acid 3- 羟基香荚兰酸 栀子 Gardenia jasminoides

17α-hydroxyvenalstonine 17α- 羟基毒鸡骨常山碱▲ 山橙 Melodinus suaveolens, 薄叶山橙 M. tenuicaudatus

2-hydroxyveratric acid 2- 羟基藜芦酸 香合欢 Albizia odoratissima

2-hydroxyveratric acid methyl ester 2- 羟基藜芦酸甲酯 香合欢 Albizia odoratissima

β-hydroxyverbascoside β- 羟基毛蕊花苷 密蒙花 Buddleja officinalis, 海滨车前 Plantago camtschatica, 平车前 P. depressa, 地黄 Rehmannia glutinosa

5-hydroxyverbenalin 5- 羟基马鞭草素▲ 马鞭草 Verbena officinalis

10-hydroxyverbenone 10- 羟基马鞭草烯酮 挥发油成分，未统计基源

(±)-3-hydroxyvestitone (±)-3- 羟基绒叶军刀豆酮▲ 朝鲜槐 Maackia amurensis

3-hydroxyvibsanin E 3- 羟基荚蒾宁 E 日本珊瑚树 Viburnum odoratissimum var. awabuki

14-hydroxyvibsanin F 14- 羟基荚蒾宁 F 珊瑚树 Viburnum odoratissimum

15'*R*-hydroxyvinamidine 15'*R*- 羟基长春米定 长春花 Catharanthus roseus

2'-hydroxyvincaleukoblastine 2'- 羟基长春碱 长春花 Catharanthus roseus

2-hydroxyvirensic acid 2- 羟基绿树发酸 槽枝衣 Sulcaria sulcata

11-hydroxyvittatine 11- 羟基花朱顶红碱▲ 水鬼蕉 Hymenocallis littoralis, 长筒石蒜 Lycoris longituba

3'-*R*/*S*-hydroxyvoacamine 3'-*R*/*S*- 羟基伏康树胺▲ 狗牙花 Tabernaemontana divaricata

(16*R*)-17-hydroxyvobasan-3-one (16*R*)-17- 羟基 - 伏康树 -3- 酮 古巴萝芙木 Rauvolfia cubana

5-hydroxyvomicine 5- 羟基番木鳖次碱 马钱子 Strychnos nux-vomica

17-hydroxywithaferin A 17- 羟基催眠睡茄素 A 睡茄 Withania somnifera

27-hydroxywithanolide A, B, D 27- 羟基睡茄内酯 A, B, D 睡茄 Withania somnifera

14α-hydroxywithanolide D 14α- 羟基睡茄内酯 D 睡茄 Withania somnifera

17α-hydroxywithanolide D 17α- 羟基睡茄内酯 D 龙珠 Tubocapsicum anomalum, 睡茄 Withania somnifera

18-hydroxywithanolide D 18- 羟基睡茄内酯 毛酸浆 Physalis philadelphica

28-hydroxywithanolide E 28- 羟基睡茄内酯 E 灯笼果 Physalis peruviana

4β-hydroxywithanolide E 4β- 羟基睡茄内酯 E 灯笼果 Physalis peruviana

27-hydroxywithanone 27- 羟基睡茄酮▲ 睡茄 Withania somnifera

3-hydroxywogonin 3- 羟基汉黄芩素 悬铃木 Platanus acerifolia

4'-hydroxywogonin 4'- 羟基汉黄芩素 顶羽菊 Acroptilon repens, 苏门白酒草 Conyza sumatrensis, 半枝莲 Scutellaria barbata, 马鞭草 Verbena officinalis

4'-hydroxywogonin-7-*O*-β-D-glucuronic acid glycoside 4'- 羟基汉黄芩素 -7-*O*-β-D- 葡萄糖醛酸葡萄糖苷 飞蓬 Erigeron acer

trans-hydroxyxanthohumol 反式 - 羟基酒花黄酚▲ 啤酒花 Humulus lupulus

1-hydroxyxanthone 1- 羟基𠮿酮 栽秧花 Hypericum beanii, 斑唇马先蒿 Pedicularis longiflora var. tubiformis

2-hydroxyxanthone 2- 羟基𠮿酮 红厚壳 Calophyllum inophyllum, 薄叶红厚壳 C. membranaceum, 金丝桃 Hypericum monogynum, 元宝草 H. sampsonii

4-hydroxyxanthone 4- 羟基𠮿酮 红厚壳 Calophyllum inophyllum, 薄叶红厚壳 C. membranaceum

3'-hydroxyxanthyletin 3'- 羟基花椒内酯 朝鲜当归 Angelica gigas

3-hydroxyxanthyletin 3- 羟基花椒内酯 九丁榕 Ficus nervosa

8-hydroxyxanthyletin 8- 羟基花椒内酯 水蛇麻 Fatoua villosa

(-)-6-hydroxyyatein (-)-6- 羟基亚泰香松素 莲叶桐 Hernandia nymphaeifolia

7-hydroxyyatein 7- 羟基亚泰香松素 峨参 Anthriscus sylvestris

19-hydroxyyonogenin 19- 羟基扬诺皂苷元 山草薢 Dioscorea tokoro

2'-hydroxyyukovanol 2'- 羟基玉克柑橘酚▲ 小槐花 Ohwia caudata

2'-hydroxyyukovanol-4'-methyl ether 2'- 羟基玉克柑橘酚▲-4'- 甲醚 小槐花 Ohwia caudata

2-hydroxyyunnandaphnine D 2- 羟基大叶虎皮楠碱 D 牛耳枫 Daphniphyllum calycinum
8-hydroxyzaluzanin C 8- 羟基中美菊素 C 泥胡菜 Hemistepta lyrata
28-hydroxyzeylanol 28- 羟基锡兰柯库木醇▲ 毒鼠子 Dichapetalum gelonioides
(4*R*)-4-hydroxy-α,2,6,6-tetramethyl-1-cyclohexene-1-propanol (4*R*)-4- 羟基 -α,2,6,6- 四甲基 -1- 环已烯 -1- 丙醇 柚木 Tectona grandis
11α-hydroxy-α-amyrin 11α- 羟基 -α- 香树脂醇 云南假木荷 Craibiodendron yunnanense
27-hydroxy-α-amyrin 27- 羟基 -α- 香树脂醇 大叶冬青 Ilex latifolia, 黑龙骨 Periploca forrestii
28-hydroxy-α-amyrin 28- 羟基 -α- 香树脂醇 银莲花 Anemone cathayensis, 高山龙胆 Gentiana algida, 线叶龙胆 G. farreri
11β-hydroxy-α-amyrin acetate 11β- 羟基 -α- 香树脂醇乙酸酯 滇榄 Canarium strictum
15-hydroxy-α-cadinol 15- 羟基 -α- 杜松醇 山楝 Aphanamixis polystachya
2β-hydroxy-α-cadinol 2β- 羟基 -α- 杜松醇 挥发油成分，未统计基源
3β-hydroxy-α-cadinol 3β- 羟基 -α- 杜松醇 臭冷杉 Abies nephrolepis
1-hydroxy-α-curcumene 1- 羟基 -α- 姜黄烯 百能葳葳 Blainvillea acmella
(-)-8-hydroxy-α-dunnione (-)-8- 羟基 -α- 邓恩扭果花酮▲ 弄岗苣苔 Primulina longgangensis
(*R*)-7-hydroxy-α-dunnione (*R*)-7- 羟基 -α- 邓恩扭果花酮▲ 牛耳朵 Primulina eburnea, 弄岗苣苔 P. longgangensis
(*R*)-8-hydroxy-α-dunnione (*R*)-8- 羟基 -α- 邓恩扭果花酮▲ 牛耳朵 Primulina eburnea
6-hydroxy-α-dunnione 6- 羟基 -α- 邓恩扭果花酮▲ 肥牛草 Primulina hedyotidea
7-hydroxy-α-dunnione 7- 羟基 -α- 邓恩扭果花酮▲ 肥牛草 Primulina hedyotidea
8α-hydroxy-α-ergokryptine 8α- 羟基 -α- 麦角隐亭碱 麦角菌 Claviceps purpurea
8-hydroxy-α-guaiene 8- 羟基 -α- 愈创木烯 白大凤 Cladogynos orientalis
(6*R*)-hydroxy-α-humulene (6*R*)- 羟基 -α- 葎草烯 垂枝桦 Betula pendula
14-hydroxy-α-humulene 14- 羟基 -α- 葎草烯 垂枝桦 Betula pendula
14-hydroxy-α-humulene-*cis*-*p*-cumaric acid ester 14- 羟基 -α- 葎草烯 - 顺式 - 对香豆酸酯 垂枝桦 Betula pendula
14-hydroxy-α-humulene-*trans*-*p*-cumaric acid ester 14- 羟基 -α- 葎草烯 - 反式 - 对香豆酸酯 垂枝桦 Betula pendula
3β-hydroxy-α-ionol-9-*O*-β-D-apiofuranosyl-(1 → 6)-β-D-glucopyranoside 3β- 羟基 -α- 香堇醇 -9-*O*-β-D- 呋喃芹糖基 -(1 → 6)-β-D- 吡喃葡萄糖苷 榅桲 Cydonia oblonga
4-hydroxy-α-ionone 4- 羟基 -α- 香堇酮 挥发油成分，未统计基源
4-hydroxy-α-lapachone 4- 羟基 -α- 风铃木醌▲ 梓 Catalpa ovata
9-hydroxy-α-lapachone 9- 羟基 -α- 风铃木醌▲ 梓 Catalpa ovata, 梧桐 Firmiana simplex, 台湾泡桐 Paulownia kawakamii
hydroxy-α-sanshool 羟基 -α- 山椒素 竹叶花椒 Zanthoxylum armatum, 花椒 Z. bungeanum
(9*R*,10*E*)-9-hydroxy-α-santalal (9*R*,10*E*)-9- 羟基 -α- 檀香醛 檀香 Santalum album
(10*E*)-12-hydroxy-α-santalic acid (10*E*)-12- 羟基 -α- 檀香酸 檀香 Santalum album
(9*E*)-11-hydroxy-α-santalol (9*E*)-11- 羟基 -α- 檀香醇 檀香 Santalum album
(4*S*)-4-hydroxy-α-tetralone (4*S*)-4- 羟基 -α- 四氢萘酮 胡桃 Juglans regia, 泡核桃 J. sigillata, 散沫花 Lawsonia inermis
4-hydroxy-α-tetralone 4- 羟基 -α- 四氢萘酮 水苋菜 Ammannia baccifera, 胡桃 Juglans regia
(4*S*)-4-hydroxy-α-tetralone-4-*O*-β-D-glucopyranoside (4*S*)-4- 羟基 -α- 四氢萘酮 -4-*O*-β-D- 吡喃葡萄糖苷 胡桃楸 Juglans mandshurica
12a-hydroxy-α-toxicarol 12a- 羟基 -α- 毒灰毛豆酚 水黄皮 Pongamia pinnata
11α-hydroxy-β-amyrin 11α- 羟基 -β- 香树脂醇 南蛇藤 Celastrus orbiculatus, 薜荔 Ficus pumila, 水黄皮 Pongamia pinnata
24-hydroxy-β-amyrin 24- 羟基 -β- 香树脂醇 高山龙胆 Gentiana algida
28-hydroxy-β-amyrin 28- 羟基 -β- 香树脂醇 高山龙胆 Gentiana algida, 线叶龙胆 G. farreri, 秀雅杜鹃花 Rhododendron concinnum
28-hydroxy-β-amyrone 28- 羟基 -β- 香树脂酮 枫香树 Liquidambar formosana
28-hydroxy-β-amyrone-2-erythrodiol 28- 羟基 -β- 香树脂酮 -2- 古柯二醇 圆叶南蛇藤 Celastrus kusanoi
28-hydroxy-β-amyrone-3-erythrodiol 28- 羟基 -β- 香树脂酮 -3- 古柯二醇 圆叶南蛇藤 Celastrus kusanoi
4-hydroxy-β-bulnesene 4- 羟基 -β- 布藜烯 双叶细辛 Asarum caulescens
3-hydroxy-β-carboline 3- 羟基 -β- 咔啉 苦树 Picrasma quassioides
7-hydroxy-β-carboline-l-propionic acid 7- 羟基 -β- 咔啉 -l- 丙酸 树番茄 Cyphomandra betacea
14-hydroxy-β-carryophyllene 14- 羟基 -β- 丁香烯 垂枝桦 Betula pendula
14-hydroxy-β-caryophyllene-*cis*-*p*-cumaric acid ester 14- 羟基 -β- 丁香烯 - 顺式 - 对香豆酸酯 垂枝桦 Betula pendula
14-hydroxy-β-caryophyllene-*trans*-*p*-cumaric acid ester 14- 羟基 -β- 丁香烯 - 反式 - 对香豆酸酯 垂枝桦 Betula pendula
(6*R*)-hydroxy-β-caryophyllenlle (6*R*)- 羟基 -β- 丁香烯 垂枝桦 Betula pendula
(6*R*)-hydroxy-β-caryophyllenlle-*cis*-*p*-cumaric acid ester (6*R*)- 羟基 -β- 丁香烯 - 顺式 - 对香豆酸酯 垂枝桦 Betula pendula
(6*R*)-hydroxy-β-caryophyllenlle-*trans*-*p*-cumaric acid ester (6*R*)- 羟基 -β- 丁香烯 - 反式 - 对香豆酸酯 垂枝桦 Betula pendula
3-hydroxy-β-damascenone 3- 羟基 -β- 突厥蔷薇烯酮▲ 风龙 Sinomenium acutum
3-hydroxy-β-damascone 3- 羟基 -β- 突厥蔷薇酮▲ 野豇豆 Vigna vexillata
1α-hydroxy-β-dihydroagarofuran 1α- 羟基 -β- 沉香呋喃 柳杉 Cryptomeria japonica var. sinensis
3-hydroxy-β-inoyl-β-D-glucopyranoside 3- 羟基 -β- 香堇醇 -β-D- 吡喃葡萄糖苷 斯里兰卡天料木 Homalium ceylanicum
(+)-3-hydroxy-β-ionone (+)-3- 羟基 -β- 香堇酮 古钩藤 Cryptolepis buchananii, 益母草 Leonurus japonicus
(*S*)-(+)-3-hydroxy-β-ionone (*S*)-(+)-3- 羟基 -β- 香堇酮 藜 Chenopodium album
3-hydroxy-β-ionone 3- 羟基 -β- 香堇酮 番红花 Crocus sativus, 黑刺李 Prunus spinosa
4-hydroxy-β-ionone 4- 羟基 -β- 香堇酮 金粟兰 Chloranthus spicatus

hydroxy-β-ionone glucoside 羟基 -β- 香堇酮葡萄糖苷 黑蒴 Melasma arvense
(4*S*)-4-hydroxy-β-ionone-4-*O*-α-L-arabinofuranosyl-(1→6)-β-D-glucopyranoside (4*S*)-4- 羟基 -β- 香堇酮 -4-*O*-α-L- 呋喃阿拉伯糖基 -(1→6)-β-D- 吡喃葡萄糖苷 复盆子 Rubus idaeus
(3*R*)-3-hydroxy-β-ionone-β-D-gentiobioside (3*R*)-3- 羟基 -β- 香堇酮 -β-D- 龙胆二糖苷 榅桲 Cydonia oblonga
(3*R*)-3-hydroxy-β-ionone-β-D-glucopyranoside (3*R*)-3- 羟基 -β- 香堇酮 -β-D- 吡喃葡萄糖苷 榅桲 Cydonia oblonga
α-hydroxy-β-methylvaleric acid α- 羟基 -β- 甲基缬草酸 烟草 Nicotiana tabacum
β-hydroxy-β-methylvaleric acid β- 羟基 -β- 甲基缬草酸 烟草 Nicotiana tabacum
p-hydroxy-β-phenylethylamine 对羟基 -β- 苯乙胺 三点金 Desmodium triflorum
4-hydroxy-β-phenylethyl-β-D-glucopyranoside 4- 羟基 -β- 苯乙基 -β-D- 吡喃葡萄糖苷 欧丁香 Syringa vulgaris
hydroxy-β-sanshool 羟基 -β- 山椒素 竹叶花椒 Zanthoxylum armatum, 花椒 Z. bungeanum
(9*E*)-11-hydroxy-β-santalol (9*E*)-11- 羟基 -β- 檀香醇 檀香 Santalum album
6β-hydroxyβsitostenone 6β- 羟基 -β- 谷甾烯酮 山胡椒 Lindera glauca
6α-hydroxy-β-sitostenone 6α- 羟基 -β- 谷甾烯酮 台湾含笑 Michelia compressa
7α-hydroxy-β-sitosterol 7α- 羟基 -β- 谷甾醇 白桦 Betula platyphylla, 红花锦鸡儿 Caragana rosea, 金鱼藻 Ceratophyllum demersum
7β-hydroxy-β-sitosterol 7β- 羟基 -β- 谷甾醇 白桦 Betula platyphylla, 黄桐 Endospermum chinense
4-hydroxy-γ,3,5-trimethoxybenzenepropanol 4- 羟基 -γ,3,5- 三甲氧基苯丙醇 短裂苦苣菜 Sonchus uliginosus
hydroxy-γ-isosanshool 羟基 -γ- 异山椒素 花椒 Zanthoxylum bungeanum
hydroxy-γ-sanshool 羟基 -γ- 山椒素 椿叶花椒 Zanthoxylum ailanthoides, 花椒 Z. bungeanum, 大叶臭花椒 Z. myriacanthum
3β-hydroxy-$\Delta^{5,16}$-pregndien-20-one 3β- 羟基 -$\Delta^{5,16}$- 孕甾二烯 -20- 酮 毛叶藜芦 Veratrum grandiflorum
1β-hydroxy-Δ^{6}, Δ^{9}-8-oxo-11-nor-11-hydroxy-eremophiladiene 1β- 羟基 -Δ^{6}, Δ^{9}-8- 氧代 -11- 降 -11- 羟基 - 荒漠木二烯▲ 离舌橐吾 Ligularia veitchiana
1β-hydroxy-Δ^{6}, Δ^{9}-8-oxo-eremophil-(12)-oic-acid 1β- 羟基 -Δ^{6}, Δ^{9}-8- 氧代 - 荒漠木烷 -(12)- 酸 离舌橐吾 Ligularia veitchiana
12α-hydroxy-δ-lactone 12α- 羟基 -δ- 内酯 三叶木通 Akebia trifoliata
9-hydroxy-δ-skytanthine 9- 羟基 -δ- 多花藤碱▲ 藏波罗花 Incarvillea younghusbandii
3α-hydroxy-τ-muurolol 3α- 羟基 -τ- 欧洲赤松烯 臭冷杉 Abies nephrolepis
3β-hydroycostunolide 3β- 羟基木香内酯 短舌匹菊 Pyrethrum parthenium
hydyotanthraquinone 金毛耳草蒽醌 金毛耳草 Hedyotis chrysotricha
hygrine 古豆碱 银背藤 Argyreia mollis, 田旋花 Convolvulus arvensis, 树番茄 Cyphomandra betacea, 报春石斛 Dendrobium primulinum, 古柯 Erythroxylum novogranatense, 掌叶鱼黄草 Merremia vitifolia, 假酸浆 Nicandra physalodes, 灯笼果 Physalis peruviana, 藓状景天 Sedum polytrichoides
(+)-hygroline (+)- 古豆醇碱 竹节树 Carallia brachiata
hygroline 古豆醇碱 藓状景天 Sedum polytrichoides
hylonoside II, III, IV, V 细刺枸骨苷▲II, III, IV, V 细刺枸骨 Ilex hylonoma
hymenodictyonine 土连翘宁碱▲ 毛土连翘 Hymenodictyon orixense
hymenoside A~J, L~W 膜蕨苷▲A~J, L~W 华东膜蕨 Hymenophyllum barbatum
hymenoside X 膜蕨苷▲X 光里白 Diplopterygium laevissimum
hymexelsin 毛土连翘素▲ 木通 Akebia quinata, 山蜡梅 Chimonanthus nitens, 毛土连翘 Hymenodictyon orixense, 藁本 Ligusticum sinense, 青花椒 Zanthoxylum schinifolium
hyoscine 天仙子碱 树番茄 Cyphomandra betacea, 毛曼陀罗 Datura inoxia, 天仙子 Hyoscyamus niger, 西藏泡囊草 Physochlaina praealta
hyoscin-*N*-oxide 天仙子碱 -*N*- 氧化物 颠茄 Atropa belladonna
hyoscyamal 天仙子醛▲ 天仙子 Hyoscyamus niger
hyoscyamide 天仙子酰胺 天仙子 Hyoscyamus niger
hyoscyamilactol 天仙子内醚醇▲ 树番茄 Cyphomandra betacea, 洋金花 Datura metel, 天仙子 Hyoscyamus niger
hyoscyamine 天仙子胺 三分三 Anisodus acutangulus, 铃铛子 A. luridus, 山莨菪 A. tanguticus, 天蓬子 Atropanthe sinensis, 树番茄 Cyphomandra betacea, 木本曼陀罗 Datura arborea, 毛曼陀罗 D. inoxia, 洋金花 D. metel, 小天仙子 Hyoscyamus bohemicus, 天仙子 H. niger, 中亚天仙子 H. pusillus, 宁夏枸杞 Lycium barbarum, 茄参 Mandragora caulescens, 青海茄参 M. chinghaiensis, 漏斗泡囊草 Physochlaina infundibularis, 泡囊草 P. physaloides, 西藏泡囊草 P. praealta, 马尿泡 Przewalskia tangutica
hyoscyamine-*N*-oxide 天仙子胺 -*N*- 氧化物 颠茄 Atropa belladonna
hyoscyamoside E, F, F_1, G 天仙子苷▲E, F, F_1, G 天仙子 Hyoscyamus niger
hyosgerin 天仙子灵▲ 天仙子 Hyoscyamus niger
hyosmin 天仙子明▲ 天仙子 Hyoscyamus niger
hypaconitine 次乌头碱 空茎乌头 Aconitum apetalum, 短柄乌头 A. brachypodum, 乌头 A. carmichaelii, 黄山乌头 A. carmichaelii var. hwangshanicum, 黄花乌头 A. coreanum, 敦化乌头 A. dunhuaense, 伏毛铁棒锤 A. flavum, 鸭绿乌头 A. jaluense, 光梗鸭绿乌头 A. jaluense var. glabrescens, 北乌头 A. kusnezoffii, 铁棒锤 A. pendulum, 亚东乌头 A. spicatum, 太白乌头 A. taipeicum
hypacrone 姬蕨酮 姬蕨 Hypolepis punctata
hypaphorine 海帕刺桐碱 广州相思子 Abrus cantoniensis, 相思子 A. precatorius, 美丽崖豆藤 Callerya speciosa, 锦鸡儿 Caragana sinica, 狭叶锦鸡儿 C. stenophylla, 大叶山蚂蝗 Desmodium gangeticum, 三点金 D. triflorum, 龙牙花 Erythrina corallodendron, 鸡冠刺桐 E. crista-galli, 刺桐 E. variegata, 云南甘草 Glycyrrhiza yunnanensis, 多序岩黄耆 Hedysarum polybotrys, 商陆 Phytolacca acinosa, 心叶黄花稔 Sida cordifolia, 麦蓝菜 Vaccaria hispanica

hypaphorine methyl ester 海帕刺桐碱甲酯 三点金 Desmodium triflorum, 刺桐 Erythrina variegata
hypargenin B 背白鼠尾草素 B 柳杉 Cryptomeria japonica var. sinensis
hypargenin C 背白鼠尾草素 C 日本柳杉 Cryptomeria japonica
hypargyflavone A 白桂木新黄酮 ▲A 波罗蜜 Artocarpus heterophyllus, 白桂木 A. hypargyreus
hypargyflavone B, C 白桂木新黄酮 ▲B, C 白桂木 Artocarpus hypargyreus
hypargystilbene A 白桂木芪 ▲A 白桂木 Artocarpus hypargyreus
hypecorine 角茴香碱 角茴香 Hypecoum erectum
hypecorinine 角茴香酮碱 角茴香 Hypecoum erectum
hypecoumine 细果角茴香明碱 ▲ 细果角茴香 Hypecoum leptocarpum
hypelodin A, B 挺茎遍地金素 ▲A, B 挺茎遍地金 Hypericum elodeoides
hyperaspidinol A, B 金丝桃绵马酚 ▲A, B 金丝桃 Hypericum monogynum
hyperattenin A~I 赶山鞭素 ▲A~I 赶山鞭 Hypericum attenuatum
hyperbeanol A~D 栽秧花醇 A~D 栽秧花 Hypericum beanii
hyperbrasilol A 巴西金丝桃酚 A 贯叶连翘 Hypericum perforatum
hypercalin B 宿萼金丝桃素 ▲B 尖萼金丝桃 Hypericum acmosepalum, 栽秧花 H. beanii
hypercohone A 连柱金丝桃酮 ▲A 元宝草 Hypericum sampsonii
hyperectine 直立角茴香碱 角茴香 Hypecoum erectum, 细果角茴香 H. leptocarpum
hyperenone A 宿萼金丝桃酮 ▲A 尖萼金丝桃 Hypericum acmosepalum
hyperforin 贯叶金丝桃素 赶山鞭 Hypericum attenuatum, 挺茎遍地金 H. elodeoides, 扬子小连翘 H. faberi, 毛金丝桃 H. hirsutum, 金丝梅 H. patulum, 贯叶连翘 H. perforatum
hyperibone A, C, D, F~J, L, L-a, L-b 糙枝金丝桃酮 ▲A, C, D, F~J, L, L-a, L-b 糙枝金丝桃 Hypericum scabrum
hyperibone B 糙枝金丝桃酮 ▲B 无柄金丝桃 Hypericum augustinii, 糙枝金丝桃 H. scabrum
hyperibone E 糙枝金丝桃酮 ▲E 无柄金丝桃 Hypericum augustinii, 糙枝金丝桃 H. scabrum
hyperibone K 糙枝金丝桃酮 ▲K 元宝草 Hypericum sampsonii, 糙枝金丝桃 H. scabrum
hypericin 金丝桃素 赶山鞭 Hypericum attenuatum, 延伸金丝桃 H. elongatum, 扬子小连翘 H. faberi, 毛金丝桃 H. hirsutum, 单花遍地金 H. monanthemum, 贯叶连翘 H. perforatum, 短柄小连翘 H. petiolulatum, 元宝草 H. sampsonii, 糙枝金丝桃 H. scabrum, 密腺小连翘 H. seniawinii, 遍地金 H. wightianum
hypericumxanthone A, B 元宝草新呫酮 ▲A, B 元宝草 Hypericum sampsonii
hyperidixanthone 金丝桃二聚呫酮 ▲ 金丝桃 Hypericum monogynum
hyperielliptone HD 金丝桃毛鱼藤酮 ▲HD 柄果海桐 Pittosporum podocarpum
hyperimone A, B 金丝桃色酮 ▲A, B 小连翘 Hypericum erectum
hyperin; hyperoside 金丝桃苷 常见成分，至少分布于 100 种以上植物中
hyperin-2''-gallate 金丝桃苷 -2''- 没食子酸酯 栾树 Koelreuteria paniculata
hyperin-2''-*O*-gallate 金丝桃苷 -2''-*O*- 没食子酸酯 红花鹿蹄草 Pyrola asarifolia subsp. incarnata
hyperin-6''-gallate 金丝桃苷 -6''- 没食子酸酯 扁蓄 Polygonum aviculare
hyperin-6''-gallate 金丝桃苷 -6''- 没食子酸酯 紫锦木 Euphorbia cotinifolia subsp. cotinoides
hyperione A, B 金丝桃酮 ▲A, B 金丝桃 Hypericum monogynum
hyperisampsin A~G 元宝草新素 ▲A~G 元宝草 Hypericum sampsonii
hyperixanthone A 元宝草呫酮 ▲A 元宝草 Hypericum sampsonii
hyperolactone A~D 金丝桃内酯 ▲A~D 金丝桃 Hypericum monogynum
hypersampsone A~J, L~S 元宝草新酮 ▲A~J, L~S 元宝草 Hypericum sampsonii
hypersampsone K 元宝草新酮 ▲K 赶山鞭 Hypericum attenuatum, 元宝草 H. sampsonii
hyperscabrin A, B, C 糙枝金丝桃素 ▲A, B, C 糙枝金丝桃 Hypericum scabrum
hyperuralone A, B 匙萼金丝桃醇酮 ▲A, B 匙萼金丝桃 Hypericum uralum
hyperxanthone 金丝桃呫酮 ▲ 小连翘 Hypericum erectum, 元宝草 H. sampsonii
hyperxanthone A~F 金丝桃呫酮 ▲A~F 糙枝金丝桃 Hypericum scabrum
hypholomin B 垂幕菇素 ▲B 裂蹄木层孔菌 Phellinus linteus
hypnin A-1, A-2, B, C, D 冻沙菜素 ▲A-1, A-2, B, C, D 冻沙菜 Hypnea japonica
hypocrellin A 竹红菌素 A 竹红菌 Hypocrella bambusae, 竹黄 Shiraia bambusicola
hypocrellin B 竹红菌素 B 竹红菌 Hypocrella bambusae, 竹黄 Shiraia bambusicola
hypocrellin C 竹红菌素 C 竹红菌 Hypocrella bambusae, 竹黄 Shiraia bambusicola
hypocrellin D 竹红菌素 D 竹黄 Shiraia bambusicola
hypodemapyrazine 肿足蕨吡嗪 ▲ 山东肿足蕨 Hypodematium sinense
hypodematine 肿足蕨碱 山东肿足蕨 Hypodematium sinense
hypodiol 昆明山海棠二醇 ▲ 昆明山海棠 Tripterygium hypoglaucum
hypodiolide A 昆明山海棠二萜内酯 ▲A 南蛇藤 Celastrus orbiculatus, 昆明山海棠 Tripterygium hypoglaucum
hypoglaside A 昆明山海棠苷 ▲A 昆明山海棠 Tripterygium hypoglaucum
hypoglaucin A, F 粉背薯蓣苷 ▲A, F 粉背薯蓣 Dioscorea collettii var. hypoglauca
hypoglaucin G 粉背薯蓣苷 ▲G 粉背薯蓣 Dioscorea collettii var. hypoglauca, 绵萆薢 D. spongiosa, 毛重楼 Paris mairei

H

hypoglaucin H 粉背薯蓣苷 H 龙葵 Solanum nigrum
hypoglaulide 昆明山海棠劳内酯▲ 昆明山海棠 Tripterygium hypoglaucum
hypoglaunine A 昆明山海棠碱▲A 雷公藤 Tripterygium wilfordii
hypoglaunine C 昆明山海棠碱▲C 昆明山海棠 Tripterygium hypoglaucum, 雷公藤 T. wilfordii
hypoglaunine E 昆明山海棠碱▲E 昆明山海棠 Tripterygium hypoglaucum, 雷公藤 T. wilfordii
hypoglaunine F 昆明山海棠碱▲F 昆明山海棠 Tripterygium hypoglaucum
hypoglauterpenic acid 昆明山海棠萜酸▲ 肉花卫矛 Euonymus carnosus, 米团花 Leucosceptrum canum, 昆明山海棠 Tripterygium hypoglaucum
hypoglic acid 昆明山海棠酸▲ 昆明山海棠 Tripterygium hypoglaucum
hypolaetin pentamethyl ether 颖苞草亭▲五甲醚 高山榕 Ficus altissima
hypolaetin; hypoletin 颖苞草亭▲ 蒙古莸 Caryopteris mongholica
hypolaetin-5-*O*-*β*-D-glucuronopyranoside 颖苞草亭▲-5-*O*-*β*-D- 吡喃葡萄糖醛酸苷 土沉香 Aquilaria sinensis
hypolaetin-7-*O*-*β*-D-glucopyranoside 颖苞草亭▲-7-*O*-*β*-D- 吡喃葡萄糖苷 土沉香 Aquilaria sinensis, 莼菜 Brasenia schreberi
hypolaetin-7-*O*-*β*-D-xylopyranoside 颖苞草亭▲-7-*O*-*β*-D- 吡喃木糖苷 香柏 Juniperus pingii var. wilsonii, 叉子圆柏 J. sabina
hypolaetin-7-*O*-*β*-xylopyranoside 颖苞草亭▲-7-*O*-*β*- 吡喃木糖苷 熏倒牛 Biebersteinia heterostemon
hypolaetin-8-*O*-*β*-D-glucopyranoside 颖苞草亭▲-8-*O*-*β*-D- 吡喃葡萄糖苷 药蜀葵 Althaea officinalis
hypolaetin-8-*O*-*β*-D-*β*-gentiobioside 颖苞草亭▲-8-*O*-*β*-D- 龙胆双糖苷 药蜀葵 Althaea officinalis
hypolaetin-8-*O*-*β*-glucuronopyranoside-3''-*O*-sulfate 颖苞草亭▲-8-*O*-*β*- 吡喃葡萄糖醛酸苷 -3''-*O*- 硫酸酯 磨盘草 Abutilon indicum
hypolepin A, B, C 姬蕨素 A, B, C 姬蕨 Hypolepis punctata
hypolide methyl ether 昆明山海棠内酯▲甲醚 雷公藤 Tripterygium wilfordii
hypolide; triptophenolide 昆明山海棠内酯▲ 昆明山海棠 Tripterygium hypoglaucum, 雷公藤 T. wilfordii
hypoloside A, B, C 姬蕨苷 A, B, C 姬蕨 Hypolepis punctata
hypomycin A 菌寄生菌素 A 竹黄 Shiraia bambusicola
hyponine A, B, E, F 昆明山海棠宁▲A, B, E, F 昆明山海棠 Tripterygium hypoglaucum
hyponine C 昆明山海棠宁▲C 昆明山海棠 Tripterygium hypoglaucum, 雷公藤 T. wilfordii
hyponine D 昆明山海棠宁▲D 灯油藤 Celastrus paniculatus, 昆明山海棠 Tripterygium hypoglaucum, 雷公藤 T. wilfordii
hypophyllanthin 次叶下珠素 黄珠子草 Phyllanthus virgatus
hypopurin A~D 枪刀药素▲A~D 枪刀药 Hypoestes purpurea
hypoxanthine 次黄嘌呤 较常见成分，至少分布于 30 种以上植物中，见于豆科、锦葵科、毛茛科、瑞香科、山柑科、松节藻科、天南星科、五加科、亚麻科等
hypoxanthosine 次黄嘌呤核苷 当归 Angelica sinensis
hypserpanine A 夜花藤碱▲A 夜花藤 Hypserpa nitida
hypsiziprenol 斑玉蕈异戊烯醇▲ A, A_9, A_{11}, A_{12}, AA, AA_8, AA_9, AA_{12}, B, B_9, B_{10}, BA, BA_{10}, C 斑玉蕈 Hypsizygus marmoreus
hyptadienic acid 山香二烯酸 东紫苏 Elsholtzia bodinieri, 大黄药 E. penduliflora, 山香 Hyptis suaveolens, 硬尖神香草 Hyssopus cuspidatus, 尾叶香茶菜 Isodon excisus, 毛叶香茶菜 I. japonicus, 蓝萼毛叶香茶菜 I. japonicus var. glaucocalyx, 黄花香茶菜 I. sculponeatus, 野生紫苏 Perilla frutescens var. purpurascens, 三叶鼠尾草 Salvia trijuga, 地榆 Sanguisorba officinalis
hyptatic acid A 山香酸 A 石楠 Photinia serratifolia
hyptatic acid A 头状山香酸▲A 红大戟 Knoxia roxburghii, 莲 Nelumbo nucifera, 豆腐柴 Premna microphylla, 粘毛鼠尾草 Salvia roborowskii
hyptatic acid B 山香酸 B 美味猕猴桃 Actinidia chinensis var. deliciosa
hyptatic acid B 头状山香酸▲B 红大戟 Knoxia roxburghii
hyptinin 山香宁▲ 球花马蓝 Strobilanthes dimorphotricha
hyrcanin 西加矢车菊素▲ 顶羽菊 Acroptilon repens
7-hyroxy-5,4'-dimethoxyflovone 7- 羟基 -5,4'- 二甲氧基黄酮 土沉香 Aquilaria sinensis
1-hydroxy-7-methoxyacridone 1- 羟基 -7- 甲氧基吖啶酮 臭节草 Boenninghausenia albiflora
p-hyroxybenzoic acid rhamnoside 对苯甲酸鼠李糖醇苷 单芽狗脊蕨 Woodwardia unigemmata
3-(4-hyroxyphenyl)-triacontyl-(*Z*)-propenoate 3-(4- 羟基苯基)- 三十醇 -(*Z*)- 丙烯酸酯 散沫花 Lawsonia inermis
5*ξ*-hyroxypyrrolidin-2-one 5*ξ*- 羟基吡咯 -2- 酮 印度块菌 Tuber indicum
hysterin 银胶菊因▲ 银胶菊 Parthenium hysterophorus
hysterolactone 银胶菊内酯 银胶菊 Parthenium hysterophorus
hysterone A~E 银胶菊酮▲A~E 银胶菊 Parthenium hysterophorus
hystrixarin 箭叶橙素▲ 马蜂橙 Citrus hystrix
hystrolinone 箭叶橙酮▲ 马蜂橙 Citrus hystrix
hystroxene I 箭叶橙烯▲ 马蜂橙 Citrus hystrix
hythiemoside A, B 豨莶酯萜苷 A, B 豨莶 Sigesbeckia orientalis
2-(4-hytroxyphenyl)ethyldocosanoate 2-(4- 羟基苯基)- 乙基二十二酸酯 紫花醉鱼草 Buddleja fallowiana
(+)-hyuganin A (+)- 日向当归素▲A 台湾前胡 Peucedanum formosanum
hyuganin C 日向当归素▲C 滨海前胡 Peucedanum japonicum
hyuganoside IIIa 日向当归苷▲IIIa 微花藤 Iodes cirrhosa, 栀子皮 Itoa orientalis
hyuganoside IIIb 日向当归苷▲IIIb 喙果黑面神 Breynia rostrata, 微花藤 Iodes cirrhosa, 栀子皮 Itoa orientalis, 藁本 Ligusticum sinense

I

ibericin 伊比利亚茜草素▲ 红大戟 Knoxia roxburghii, 海滨木巴戟 Morinda citrifolia
ibogaine 伊波花碱▲ 药用狗牙花 Tabernaemontana bovina, 尖蕾狗牙花 T. bufalina, 伞房狗牙花 T. corymbosa, 狗牙花 T. divaricata, 亚洲络石 Trachelospermum asiaticum, 络石 T. jasminoides
(7*S*)-ibogaine hydroxyindolenine (7*S*)- 伊波花碱▲羟基伪吲哚 药用狗牙花 Tabernaemontana bovina
ibogaine hydroxyindolenine 伊波花碱▲羟基伪吲哚 药用狗牙花 Tabernaemontana bovina
ibogaine-5,6-dione 伊波花碱▲-5,6- 二酮 药用狗牙花 Tabernaemontana bovina
ibogaine-N^4-oxide 伊波花碱▲-N^4- 氧化物 药用狗牙花 Tabernaemontana bovina
ibogaline 伊波花林碱▲ 药用狗牙花 Tabernaemontana bovina
ibogamin-3-one 伊波花胺▲-3- 酮 尖蕾狗牙花 Tabernaemontana bufalina
ibogamine 伊波花胺▲ 尖蕾狗牙花 Tabernaemontana bufalina, 伞房狗牙花 T. corymbosa, 狗牙花 T. divaricata
ibogamine-18-carboxylic acid-16,17-didehydro-9,17-dihydro-9-hydroxy-(2-oxopropyl)-methyl ester 伊波花胺▲-18- 羧酸 -16,17- 二去氢 -9,17- 二氢 -9- 羟基 -(2- 氧代丙基)- 甲酯 尖蕾狗牙花 Tabernaemontana bufalina
ibogamine-18-carboxylic acid-3,4-didehydro-7,8-dioxo-methyl ester 伊波花胺▲-18- 羧酸 -3,4- 二去氢 -7,8- 二酮甲酯 尖蕾狗牙花 Tabernaemontana bufalina
iboluteine 伊波花黄碱▲ 药用狗牙花 Tabernaemontana bovina
ibotanolide B 水腊树酯▲B 厚叶铁线莲 Clematis crassifolia
iboxygaine 伊波花羟碱▲ 狗牙花 Tabernaemontana divaricata
icajine 伊卡马钱碱▲ 马钱子 Strychnos nux-vomica, 长籽马钱 S. wallichiana
icajine-*N*-oxide 伊卡马钱碱▲-*N*- 氧化物 长籽马钱 Strychnos wallichiana
icariin 淫羊藿苷 粗毛淫羊藿 Epimedium acuminatum, 淫羊藿 E. brevicornu, 宝兴淫羊藿 E. davidii, 川西淫羊藿 E. elongatum, 川鄂淫羊藿 E. fargesii, 朝鲜淫羊藿 E. koreanum, 黔岭淫羊藿 E. leptorrhizum, 茂汶淫羊藿 E. platypetalum, 柔毛淫羊藿 E. pubescens, 三枝九叶草 E. sagittatum, 光叶淫羊藿 E. sagittatum var. glabratum, 单叶淫羊藿 E. simplicifolium, 四川淫羊藿 E. sutchuenense, 巫山淫羊藿 E. wushanense, 独一味 Lamiophlomis rotata
icariin I 淫羊藿苷 I 湖南淫羊藿 Epimedium hunanense
icariol A_1 淫羊藿醇 A_1 三枝九叶草 Epimedium sagittatum
7*S*,7'*S*,8*R*,8'*R*-icariol A_2 7*S*,7'*S*,8*R*,8'*R*- 淫羊藿醇 A_2 山茶 Camellia japonica
icariol A_2 淫羊藿醇 A_2 显苞芒毛苣苔 Aeschynanthus bracteatus, 山石榴 Catunaregam spinosa, 三枝九叶草 Epimedium sagittatum
7*S*,7'*S*,8*R*,8'*R*-icariol A_2-9-*O*-*β*-D-glucopyranoside 7*S*,7'*S*,8*R*,8'*R*- 淫羊藿醇 A_2-9-*O*-*β*-D- 吡喃葡萄糖苷 欧活血丹 Glechoma hederacea
icariol A_2-9-*O*-*β*-D-xylopyranoside 淫羊藿醇 A_2-9-*O*-*β*-D- 吡喃木糖苷 棒锤瓜 Neoalsomitra integrifoliola
icariresinol-4'-*β*-D-glucopyranoside 淫羊藿树脂醇 -4'-*β*-D- 吡喃葡萄糖苷 黔岭淫羊藿 Epimedium leptorrhizum
icariside 淫羊藿次苷 黔岭淫羊藿 Epimedium leptorrhizum
icariside I 淫羊藿次苷 I 知母 Anemarrhena asphodeloides, 粗毛淫羊藿 Epimedium acuminatum, 淫羊藿 E. brevicornu, 朝鲜淫羊藿 E. koreanum, 柔毛淫羊藿 E. pubescens, 三枝九叶草 E. sagittatum, 巫山淫羊藿 E. wushanense
icariside II 淫羊藿次苷 II 朝鲜淫羊藿 Epimedium koreanum, 三枝九叶草 E. sagittatum, 巫山淫羊藿 E. wushanense
icariside A 淫羊藿次苷 A 光叶淫羊藿 Epimedium sagittatum var. glabratum
icariside A_1 淫羊藿次苷 A_1 朝鲜淫羊藿 Epimedium koreanum
icariside A_4 淫羊藿次苷 A_4 茴香 Foeniculum vulgare
icariside A_5, A_7, B 淫羊藿次苷 A_5, A_7, B 朝鲜淫羊藿 Epimedium koreanum
icariside B_1 淫羊藿次苷 B_1 甘青乌头 Aconitum tanguticum, 构树 Broussonetia papyrifera, 华南吴萸 Euodia austrosinensis, 月桂 Laurus nobilis, 滨海前胡 Peucedanum japonicum, 茴芹 Pimpinella anisum, 多裂委陵菜 Potentilla multifida, 草珊瑚 Sarcandra glabra, 花叶滇苦菜 Sonchus asper, 毛葡萄 Vitis heyneana
icariside B_2 淫羊藿次苷 B_2 黑面神 Breynia fruticosa, 水珠草 Circaea canadensis subsp. quadrisulcata, 短葶飞蓬 Erigeron breviscapus, 泽漆 Euphorbia helioscopia, 莲 Nelumbo nucifera, 茴芹 Pimpinella anisum, 盐角草 Salicornia europaea, 无翅猪毛菜 Salsola komarovii, 心叶风毛菊 Saussurea cordifolia, 省沽油 Staphylea bumalda
icariside B_4 淫羊藿次苷 B_4 直杆蓝桉 Eucalyptus maidenii
icariside B_5 淫羊藿次苷 B_5 臭冷杉 Abies nephrolepis, 木奶果 Baccaurea ramiflora, 茶 Camellia sinensis, 血桐 Macaranga tanarius var. tomentosa, 金钱松 Pseudolarix amabilis, 草珊瑚 Sarcandra glabra, 络石 Trachelospermum jasminoides, 毛葡萄 Vitis heyneana
icariside B_6 淫羊藿次苷 B_6 元宝槭 Acer truncatum, 三七 Panax notoginseng
icariside B_9 淫羊藿次苷 B_9 三枝九叶草 Epimedium sagittatum
icariside C 淫羊藿次苷 C 朝鲜淫羊藿 Epimedium koreanum, 光叶淫羊藿 E. sagittatum var. glabratum
icariside C_1 淫羊藿次苷 C_1 朝鲜淫羊藿 Epimedium koreanum, 小果山龙眼 Helicia cochinchinensis
icariside C_3 淫羊藿次苷 C_3 金盏花 Calendula officinalis
icariside D_1 淫羊藿次苷 D_1 关苍术 Atractylodes japonica, 珊瑚菜 Glehnia littoralis, 台闽算盘子 Glochidion rubrum, 海岸桐 Guettarda speciosa, 沙生蜡菊 Helichrysum arenarium, 茴芹 Pimpinella anisum
icariside D_2 淫羊藿次苷 D_2 兜唇石斛 Dendrobium aphyllum, 银桦 Grevillea robusta, 海滨木巴戟 Morinda citrifolia, 茴芹 Pimpinella anisum, 野慈姑 Sagittaria trifolia

icariside D_3 淫羊藿次苷 D_3 三枝九叶草 Epimedium sagittatum
icariside DC 淫羊藿次苷 DC 肉桂 Cinnamomum cassia
icariside E 淫羊藿次苷 E 少药八角 Illicium oligandrum
icariside E_3 淫羊藿次苷 E_3 苏铁蕨 Brainea insignis, 阔叶骨碎补 Davallia solida, 红毒茴 Illicium lanceolatum, 大八角 I. majus, 小花八角 I. micranthum, 中国无忧花 Saraca dives, 春榆 Ulmus davidiana var. japonica
icariside E_4 淫羊藿次苷 E_4 冷杉 Abies fabri, 苏铁蕨 Brainea insignis, 东紫苏 Elsholtzia bodinieri, 连翘 Forsythia suspensa, 红茴香 Illicium henryi, 华中五味子 Schisandra sphenanthera
icariside E_5 淫羊藿次苷 E_5 山槐 Albizia kalkora, 阔叶骨碎补 Davallia solida, 大果树参 Dendropanax chevalieri, 树参 D. dentiger, 厚壳树 Ehretia thyrsiflora, 栀子 Gardenia jasminoides, 长喙厚朴 Houpoëa rostrata, 青花椒 Zanthoxylum schinifolium, 野花椒 Z. simulans
icariside E_6, E_7 淫羊藿次苷 E_6, E_7 三枝九叶草 Epimedium sagittatum
icariside F 淫羊藿次苷 F 朝鲜淫羊藿 Epimedium koreanum
icariside F_2 淫羊藿次苷 F_2 当归 Angelica sinensis, 关苍术 Atractylodes japonica, 苍术 A. lancea, 树参 Dendropanax dentiger, 印度榕 Ficus elastica, 珊瑚菜 Glehnia littoralis, 四裂算盘子 Glochidion ellipticum, 台闽算盘子 G. rubrum, 银桦 Grevillea robusta, 沙生蜡菊 Helichrysum arenarium, 冬红 Holmskioldia sanguinea, 绣球 Hydrangea macrophylla, 藁本 Ligusticum sinense, 欧芹 Petroselinum crispum, 茴芹 Pimpinella anisum, 假荜拔 Piper retrofractum, 撒尔维亚 Salvia officinalis
icariside H_1 淫羊藿次苷 H_1 唐古特瑞香 Daphne tangutica, 三枝九叶草 Epimedium sagittatum
icaritin 淫羊藿素 粗毛淫羊藿 Epimedium acuminatum, 宝兴淫羊藿 E. davidii, 三枝九叶草 E. sagittatum, 巫山淫羊藿 E. wushanense
icaritin-3-*O*-rhamnopyranoside 淫羊藿素 -3-*O*- 吡喃鼠李糖苷 巫山淫羊藿 Epimedium wushanense
icaritin-3-*O*-*α*-rhamnopyranoside 淫羊藿素 -3-*O*-*α*- 吡喃鼠李糖苷 三枝九叶草 Epimedium sagittatum
ichanexic acid 宜昌橙酸▲ 酸橙 Citrus aurantium, 枳 Poncirus trifoliata
ichangensin 宜昌橙辛▲ 宜昌橙 Citrus ichangensis, 香橙 C. junos
ichangensin-17-*β*-D-glucopyranoside 宜昌橙辛▲-17-*β*-D- 吡喃葡萄糖苷 香橙 Citrus junos
ichangin 宜昌橙素 酸橙 Citrus aurantium, 香橙 C. junos, 橘红 C. maxima 'Tomentosa', 葡萄柚 C. paradisi, 柑橘 C. reticulata, 枳 Poncirus trifoliata
ichangin-4-*β*-glucopyranoside 宜昌橙素 -4-*β*- 吡喃葡萄糖苷 柠檬 Citrus limon
ichthynone 毒鱼豆酮▲ 香花崖豆藤 Callerya dielsiana, 海南崖豆藤 Millettia pachyloba
ichthyothereol acetate 毒鱼菊醇▲乙酸酯 艾纳香 Blumea balsamifera
icosanoic acid 花生酸 挥发油成分，未统计基源
icterogenin 过江藤黄疸苷元▲ 马缨丹 Lantana camara, 小叶马缨丹 L. montevidensis
ideamine B 帛斑蝶胺▲B 海南同心结 Parsonsia alboflavescens
ideamine B-*N*-oxide 帛斑蝶胺▲B-*N*- 氧化物 海南同心结 Parsonsia alboflavescens
idescarpin 山桐子卡品▲ 山桐子 Idesia polycarpa
idesiin 山桐子因▲ 山桐子 Idesia polycarpa
idesin 山桐子素▲ 山桂花 Bennettiodendron leprosipes, 斯里兰卡天料木 Homalium ceylanicum, 山桐子 Idesia polycarpa
idesin hydrogen sulfate 山桐子素▲ 氢硫酸酯 山桐子 Idesia polycarpa
idesin salicylate 山桐子素▲ 水杨酸酯 山桐子 Idesia polycarpa
idesolide 山桐子醇缩酮▲ 山桐子 Idesia polycarpa
idesolidine 山桐子里定▲ 山桐子 Idesia polycarpa
ifflaionic acid 伊夫巨盘木酮酸▲ 野甘草 Scoparia dulcis
igagenin 衣盖皂苷元 山萆薢 Dioscorea tokoro
igalane 大旋覆花素 土木香 Inula helenium
igeumone 火烧花酮▲ 火烧花 Mayodendron igneum
ignavine 依格那文碱 乌头 Aconitum carmichaelii
igniaren A~D 火木层孔菌烯▲A~D 桑黄 Phellinus igniarius
iguesterin 福木巧茶素▲ 东北雷公藤 Tripterygium regelii
iguestol 布氏鼠尾草醇▲ 柳杉 Cryptomeria japonica var. sinensis
ikarisoside A; icarisoside A 大花淫羊藿苷 A 粗毛淫羊藿 Epimedium acuminatum, 朝鲜淫羊藿 E. koreanum, 巫山淫羊藿 E. wushanense
ikarisoside B; icarisoside B 大花淫羊藿苷 B 粗毛淫羊藿 Epimedium acuminatum, 黔岭淫羊藿 E. leptorrhizum, 巫山淫羊藿 E. wushanense
ikarisoside C; icarisoside C 大花淫羊藿苷 C 粗毛淫羊藿 Epimedium acuminatum, 淫羊藿 E. brevicornu, 川鄂淫羊藿 E. fargesii
ikarisoside F; icarisoside F 大花淫羊藿苷 F 淫羊藿 Epimedium brevicornu, 朝鲜淫羊藿 E. koreanum
ikemagenin 尾叶牛皮消苷元▲ 钉头果 Gomphocarpus fruticosus
ikonnikoside I 薄叶黄芩苷 I 塔头狭叶黄芩 Scutellaria regeliana var. ikonnikovii
ikshusterol 甘蔗甾醇 长白沙参 Adenophora pereskiifolia, 无柄沙参 A. stricta subsp. sessilifolia, 轮叶沙参 A. tetraphylla, 玉柏 Lycopodium obscurum, 甘蔗 Saccharum officinarum, 大耳叶风毛菊 Saussurea macrota
ilekudinchoside A~G 苦丁茶奥苷▲A~G 扣树 Ilex kaushue
ilekudinol A, B 苦丁茶冬青醇 A, B 扣树 Ilex kaushue
ilekudinol C 苦丁茶冬青醇 C 木瓜 Chaenomeles sinensis, 扣树 Ilex kaushue
ilekudinoside A, B, C, E, F, H~V 苦丁茶冬青苷 A, B, C, E, F, H~V 扣树 Ilex kaushue
ilekudinoside D 苦丁茶冬青苷 D 枸骨 Ilex cornuta, 扣树 I. kaushue, 铁冬青 I. rotunda

ilekudinoside G 苦丁茶冬青苷 G 扣树 Ilex kaushue, 大叶冬青 I. latifolia
ilelatifol D 大叶冬青醇▲D 刺茶美登木 Maytenus variabilis, 厚皮香 Ternstroemia gymnanthera, 穗花牡荆 Vitex agnus-castus
ilelic acid A~D 大叶冬青酸 A~D 大叶冬青 Ilex latifolia
ilex acid A, B 冬青酸 A, B 毛冬青 Ilex pubescens
ilexasoside A~H 梅叶冬青索苷▲A~H 秤星树 Ilex asprella
ilexasprellanoside A~F, H 梅叶冬青诺苷▲A~F, H 秤星树 Ilex asprella
ilexgenin A 冬青苷元 A 吊球草 Hyptis rhomboidea, 秤星树 Ilex asprella, 海南冬青 I. hainanensis, 毛冬青 I. pubescens, 黔桂冬青 I. stewardii, 锐齿槲栎 Quercus aliena var. acutiserrata, 葫芦茶 Tadehagi triquetrum
ilexgenin A_2 冬青苷元 A_2 毛冬青 Ilex pubescens
ilexgenin B-28-*O*-*β*-D-glucopyranoside 冬青苷元 B-28-*O*-*β*-D- 吡喃葡萄糖基酯 毛冬青 Ilex pubescens
ilexgenin B-3-*O*-*β*-D-xylopyranoside 冬青苷元 B-3-*O*-*β*-D- 吡喃木糖苷 毛冬青 Ilex pubescens
ilexhainanin A~D 海南冬青宁▲A~D 海南冬青 Ilex hainanensis
ilexhainanoside A, B, C, E 海南冬青苷▲A, B, C, E 海南冬青 Ilex hainanensis
ilexhainanoside D 海南冬青苷▲D 海南冬青 Ilex hainanensis, 黔桂冬青 I. stewardii
ilexin A, B, C, L_1, L_3 冬青素 A, B, C, L_1, L_3 毛冬青 Ilex pubescens
ilexisochromane 冬青异色烷 毛冬青 Ilex pubescens
ilexlignan A 冬青木脂素 A 毛冬青 Ilex pubescens
ilexol 冬青醇 紫金牛 Ardisia japonica
ilexolic acid 冬青醇酸 秤星树 Ilex asprella, 毛冬青 I. pubescens
ilexolic acid A 冬青醇酸 A 枸骨 Ilex cornuta, 铁冬青 I. rotunda
ilexolic acid B 冬青醇酸 B 铁冬青 Ilex rotunda
ilexosapogenin A 冬青皂苷元 A 野鸦椿 Euscaphis japonica
ilexosapogenin A-28-*O*-*β*-D-glucopyranosyl ester 冬青皂苷元 A-28-*O*-*β*-D- 吡喃葡萄糖酯苷 牛叠肚 Rubus crataegifolius
ilexoside I methyl ester 冬青苷 I 甲酯 枸骨 Ilex cornuta
ilexoside II 冬青苷 II 枸骨 Ilex cornuta, 全缘冬青 I. integra, 大柄冬青 I. macropoda, 毛冬青 I. pubescens
ilexoside 冬青苷 III, IV, V, VI, VII, IX, X, XI, XII, XIII, XIV, XVI, XX, XXI, XXII, XXIII, XXIV 齿叶冬青 Ilex crenata
ilexoside VIII 冬青苷 VIII 齿叶冬青 Ilex crenata, 扣树 I. kaushue, 匍茎通泉草 Mazus miquelii
ilexoside XV 冬青苷 XV 齿叶冬青 Ilex crenata, 毛冬青 I. pubescens
ilexoside XVII 冬青苷 XVII 齿叶冬青 Ilex crenata, 大柄冬青 I. macropoda
ilexoside XVIII 冬青苷 XVIII 齿叶冬青 Ilex crenata, 大柄冬青 I. macropoda
ilexoside XIX 冬青苷 XIX 齿叶冬青 Ilex crenata, 全缘冬青 I. integra
ilexoside 冬青苷 XXV, XXVI, XXVII, XXVIII 全缘冬青 Ilex integra
ilexoside XXIX 冬青苷 XXIX 秤星树 Ilex asprella, 铁冬青 I. rotunda
ilexoside XXX 冬青苷 XXX 满树星 Ilex aculeolata, 伞花冬青 I. godajam, 大柄冬青 I. macropoda, 毛冬青 I. pubescens, 铁冬青 I. rotunda
ilexoside 冬青苷 XXXI, XXXII, XXXIII, XXXIV, XXXV, XXXVI, XXXVIII 铁冬青 Ilex rotunda
ilexoside XXXVII 冬青苷 XXXVII 猫儿刺 Ilex pernyi, 铁冬青 I. rotunda
ilexoside XXXIX 冬青苷 XXXIX 伞花冬青 Ilex godajam, 铁冬青 I. rotunda
ilexoside XL 冬青苷 XL 扣树 Ilex kaushue
ilexoside 冬青苷 XLI, XLII, XLIII, XLIV, XLV, XLVI, XLVII, XLIX, L, LI 铁冬青 Ilex rotunda
ilexoside XLVIII 冬青苷 XLVIII 铁冬青 Ilex rotunda, 印度田菁 Sesbania sesban
ilexoside A 冬青苷 A 秤星树 Ilex asprella, 冬青 I. chinensis, 齿叶冬青 I. crenata, 毛冬青 I. pubescens
ilexoside B 冬青苷 B 秤星树 Ilex asprella, 冬青 I. chinensis, 齿叶冬青 I. crenata, 野蔷薇 Rosa multiflora, 大花香水月季 R. odorata var. gigantea
ilexoside C, F, G, H 冬青苷 C, F, G, H 齿叶冬青 Ilex crenata
ilexoside D 冬青苷 D 齿叶冬青 Ilex crenata, 毛冬青 I. pubescens
ilexoside E 冬青苷 E 齿叶冬青 Ilex crenata, 毛冬青 I. pubescens
ilexoside I 冬青苷 I 秤星树 Ilex asprella, 齿叶冬青 I. crenata
ilexoside J, P 冬青苷 J, P 毛冬青 Ilex pubescens
ilexoside K 冬青苷 K 茶条槭 Acer tataricum subsp. ginnala, 毛冬青 Ilex pubescens, 铁冬青 I. rotunda
ilexoside O 冬青苷 O 茶条槭 Acer tataricum subsp. ginnala, 毛冬青 Ilex pubescens, 铁冬青 I. rotunda
ilexpublesnin A~D, F~R 毛冬青素 A~D, F~R 毛冬青 Ilex pubescens
ilexpublesnin E 毛冬青素 E 毛冬青 Ilex pubescens, 铁冬青 I. rotunda
ilexpubside A, B 毛冬青苷 A, B 毛冬青 Ilex pubescens
ilexrotunin 铁冬青素▲ 铁冬青 Ilex rotunda
ilexsaponin A 冬青皂苷 A 毛冬青 Ilex pubescens
ilexsaponin A_1 冬青皂苷 A_1 秤星树 Ilex asprella, 海南冬青 I. hainanensis, 毛冬青 I. pubescens, 黔桂冬青 I. stewardii
ilexsaponin B 冬青皂苷 B 秤星树 Ilex asprella
ilexsaponin B_1, B_3, B_4, C~H, O 冬青皂苷 B_1, B_3, B_4, C~H, O 毛冬青 Ilex pubescens
ilexsaponin B_2 冬青皂苷 B_2 秤星树 Ilex asprella, 毛冬青 I. pubescens

I

ilicic acid 冬青叶豚草酸 硬叶蓝刺头 Echinops ritro, 六棱菊 Laggera alata, 翼齿六棱菊 L. crispata, 尖裂黄瓜菜 Paraixeris serotina, 绒毛戴星草 Sphaeranthus indicus
ilicicolinic acid B 冬青柱枝双孢霉酸▲B 烈香杜鹃花 Rhododendron anthopogonoides
ilicifolioside A 老鼠簕苷▲A 老鼠簕 Acanthus ilicifolius, 海榄雌 Avicennia marina, 密生波罗花 Incarvillea compacta
ilicifolioside B 老鼠簕苷▲B 老鼠簕 Acanthus ilicifolius
iliensin 伊犁岩风素 伊犁岩风 Libanotis iliensis
iliensine 伊犁翠雀碱▲ 三出翠雀花 Delphinium biternatum
illicaborin A, B 台湾八角素▲A, B 台湾八角 Illicium arborescens
illicaborin C 台湾八角素▲C 台湾八角 Illicium arborescens, 红毒茴 I. lanceolatum
illicarborene A 台湾八角烯▲A 台湾八角 Illicium arborescens
illicidione A 八角二酮▲A 红茴香 Illicium henryi, 少药八角 I. oligandrum
illicidione B, C 八角二酮▲B, C 少药八角 Illicium oligandrum
illicinole 八角醚▲ 台湾八角 Illicium arborescens, 八角 I. verum
illicinolide C 八角醇内酯▲C 小花八角 Illicium micranthum
(-)-illicinone A (-)- 八角酮 A 台湾八角 Illicium arborescens, 八角 I. verum
4*R*-(-)-illicinone A 4*R*-(-)- 八角酮 A 台湾八角 Illicium arborescens
(-)-illicinone A derivative (-)- 八角酮 A 衍生物 台湾八角 Illicium arborescens
(-)-illicinone B (-)- 八角酮 B 台湾八角 Illicium arborescens
2*R*,4*R*-(-)-illicinone B 2*R*,4*R*-(-)- 八角酮 B 台湾八角 Illicium arborescens
2*S*,4*R*-(-)-illicinone B 2*S*,4*R*-(-)- 八角酮 B 台湾八角 Illicium arborescens
4*R*,11*S*-(-)-illicinone C 4*R*,11*S*-(-)- 八角酮 C 台湾八角 Illicium arborescens
4*R*-illicinone C 4*R*- 八角酮 C 少药八角 Illicium oligandrum
(2*S*,4*S*)-illicinone D (2*S*,4*S*)- 八角酮 D 少药八角 Illicium oligandrum
2*R*,4*S*-(-)-illicinone D 2*R*,4*S*-(-)- 八角酮 D 台湾八角 Illicium arborescens
2*S*,4*S*,11*S*-(-)-illicinone D 2*R*,4*S*,11*S*-(-)- 八角酮 D 台湾八角 Illicium arborescens
illifunone A 八角呋酮▲A 大八角 Illicium majus
(2*R*,4*S*,11*R*)-illifunone C (2*R*,4*S*,11*R*)- 八角呋酮▲C 少药八角 Illicium oligandrum
illifunone C 八角呋酮▲C 大八角 Illicium majus, 少药八角 I. oligandrum
illifunone D 八角呋酮▲D 少药八角 Illicium oligandrum
illihenazulene A 红茴香薁▲A 红茴香 Illicium henryi
illihendione A 红茴香二酮▲A 红茴香 Illicium henryi
illihenlactoneoside A~G 红茴香内酯苷▲A~G 红茴香 Illicium henryi
illihenryifunol A 红茴香呋喃醇▲A 红茴香 Illicium henryi
illihenryifunone A, B, C 红茴香呋喃酮▲A, B, C 红茴香 Illicium henryi
illihenryione A~G 红茴香酮▲A~G 红茴香 Illicium henryi
illihenryipyranol A 红茴香吡喃醇▲A 红茴香 Illicium henryi
illihenryipyranone A 红茴香吡喃酮 A 红茴香 Illicium henryi
illioliganfunone A, B, C 少药八角呋酮▲A, B, C 少药八角 Illicium oligandrum
illioliganfunone D 少药八角呋酮▲D 台湾八角 Illicium arborescens, 少药八角 I. oligandrum
illioliganone A, B, D~I 少药八角酮▲A, B, D~I 少药八角 Illicium oligandrum
illioliganone C 少药八角酮▲C 红茴香 Illicium henryi, 少药八角 I. oligandrum
illioliganpyranone A 少药八角吡喃酮▲A 少药八角 Illicium oligandrum
illiverin A 八角茴香素▲A 八角 Illicium verum
illoliganoside A~D 少药八角酚苷▲A~D 少药八角 Illicium oligandrum
imberbic acid 无毛风车子酸▲ 簇花清风藤 Sabia fasciculata
imbricaric acid 覆瓦衣酸 粉缘斑叶 Cetrelia cetrarioides
imbricatadiol 覆瓦南洋杉二醇▲ 欧洲刺柏 Juniperus communis
imbricataloic acid 覆瓦南洋杉醛酸▲ 柳杉 Cryptomeria japonica var. sinensis, 欧洲刺柏 Juniperus communis, 雪岭云杉 Picea schrenkiana
imbricatin 宿苞石仙桃素 栗鳞贝母兰 Coelogyne flaccida, 长鳞贝母兰 C. ovalis, 宿苞石仙桃 Pholidota imbricata, 云南石仙桃 P. yunnanensis
(+)-imbricatolic acid (+)- 覆瓦南洋杉醇酸 西藏柏木 Cupressus torulosa
imbricatolic acid 覆瓦南洋杉酸▲ 贡山三尖杉 Cephalotaxus lanceolata
imbricatoloic acid 覆瓦南洋杉醇酸▲ 鹿石蕊 Cladonia rangiferina
1*H*-imidazole 1*H*- 咪唑 白鼓钉 Polycarpaea corymbosa
impatienol 凤仙花醌酚▲ 凤仙花 Impatiens balsamina
impatienolate 凤仙花醌酚盐▲ 凤仙花 Impatiens balsamina
impatienoside A~G 凤仙花诺苷▲A~G 黄金凤 Impatiens siculifer
impecyloside 白茅苷 白茅 Imperata cylindrica
imperanene 白茅烯 白茅 Imperata cylindrica
imperatorin 欧前胡素 较常见成分，至少分布于 30 种以上植物中，常见于伞形科与芸香科植物，偶见于唇形科、豆科、锦葵科、伞形

科、芸香科、紫葳科等

imperialine; sipeimine 西贝母碱 锦熟黄杨 Buxus sempervirens, 川贝母 Fritillaria cirrhosa, 梭砂贝母 F. delavayi, 额敏贝母 F. meleagroides, 伊贝母 F. pallidiflora, 甘肃贝母 F. przewalskii, 太白贝母 F. taipaiensis, 托里贝母 F. tortifolia, 平贝母 F. ussuriensis, 新疆贝母 F. walujewii, 裕民贝母 F. yuminensis

imperialine-3*β*-D-glucoside 西贝母碱 -3*β*-D- 葡萄糖苷 伊贝母 Fritillaria pallidiflora

imperialine-3-*β*-D-glucoside 西贝母碱 -3-*β*-D- 葡萄糖苷 平贝母 Fritillaria ussuriensis

imperialine-3*β*-glucoside 西贝母碱 -3*β*- 葡萄糖苷 甘肃贝母 Fritillaria przewalskii

imperialine-*N*-oxide 西贝母碱 -*N*- 氧化物 伊贝母 Fritillaria pallidiflora

imperialine-*β*-D-glucoside 西贝母碱 -*β*-D- 葡萄糖苷 伊贝母 Fritillaria pallidiflora

impranine 王贝母宁▲ 梭砂贝母 Fritillaria delavayi

impressic acid 凹脉鹅掌柴酸▲ 五加 Eleutherococcus nodiflorus var. gracilistylus

inamoside 短小蛇根草莫苷▲ 鱼藤 Derris trifoliata, 短小蛇根草 Ophiorrhiza pumila

inamoside A~G 短小蛇根草莫苷▲A~G 竹灵消 Cynanchum inamoenum

incanide A, B 兰香草酯苷▲A, B 兰香草 Caryopteris incana

incanone 兰香草酮▲ 兰香草 Caryopteris incana

incanoside 兰香草苷 兰香草 Caryopteris incana

incanoside A~E 兰香草苷 A~E 兰香草 Caryopteris incana

incargranine A, B 大花鸡肉参碱▲A, B 大花鸡肉参 Incarvillea mairei var. grandiflora

incargutine A, B 两头毛亭▲A, B 两头毛 Incarvillea arguta

incargutosine C, D 两头毛辛碱▲C, D 两头毛 Incarvillea arguta

incarnal 榆耳醛▲ 榆耳 Gloeostereum incarnatum

incarviatone A 角蒿萜酮▲A 红波罗花 Incarvillea delavayi

incarviditone 角蒿二酮▲ 红波罗花 Incarvillea delavayi

incarvillaldehyde 角蒿醛▲ 红波罗花 Incarvillea delavayi

incarvillateine 角蒿酯碱▲ 角蒿 Incarvillea sinensis

incarvillateine C, D, E 角蒿酯碱▲C, D, E 角蒿 Incarvillea sinensis

incarvillateine-*N*-oxide 角蒿酯碱▲-*N*- 氧化物 角蒿 Incarvillea sinensis

incarvilleaol 角蒿醇▲ 红波罗花 Incarvillea delavayi

(-)-incarvilleatone (-)- 角蒿酮▲ 藏波罗花 Incarvillea younghusbandii

(+)-incarvilleatone (+)- 角蒿酮▲ 藏波罗花 Incarvillea younghusbandii

incarvillic acid 角蒿酸▲ 红波罗花 Incarvillea delavayi

incarvilline 角蒿碱 角蒿 Incarvillea sinensis, 藏波罗花 I. younghusbandii

incarvilloside A~D 角蒿苷▲A~D 红波罗花 Incarvillea delavayi

incarvilone A 角蒿隆酮▲A 两头毛 Incarvillea arguta

incarvine A, B, E, F 角蒿芬碱▲A, B, E, F 角蒿 Incarvillea sinensis

incarvine A-*N*-oxide 角蒿芬碱▲A-*N*- 氧化物 角蒿 Incarvillea sinensis

incarvine C 角蒿芬碱▲C 大花鸡肉参 Incarvillea mairei var. grandiflora, 角蒿 I. sinensis

incarvine D 角蒿芬碱▲D 红波罗花 Incarvillea delavayi, 鸡肉参 I. mairei, 角蒿 I. sinensis

incarvmarein A, B 鸡肉参素▲A, B 鸡肉参 Incarvillea mairei

(-)-incarvoid A (-)- 角蒿萜▲A 两头毛 Incarvillea arguta

(+)-incarvoid B (+)- 角蒿萜▲B 两头毛 Incarvillea arguta

incarvoid C 角蒿萜▲C 两头毛 Incarvillea arguta

incasine A, A', B, B', C, C' 角蒿辛▲A, A', B, B', C, C' 角蒿 Incarvillea sinensis

incaspin 里海旋覆花内酯 里海旋覆花 Inula caspica

incaspitolide A, B, D 凸尖羊耳菊内酯 A, B, D 暗花金挖耳 Carpesium triste

incensole 乳香树脂醇▲ 乳香树 Boswellia carteri

incensole acetate 乳香树脂醇▲乙酸酯 乳香树 Boswellia carteri

incensole oxide 乳香树脂醇▲氧化物 乳香树 Boswellia carteri

incensole oxide acetate 乳香树脂醇▲氧化物乙酸酯 乳香树 Boswellia carteri

incisumdiol A, B 羌活二醇▲A, B 羌活 Notopterygium incisum

indaconitine 印乌碱 宾川乌头 Aconitum duclouxii, 大渡乌头 A. franchetii, 膝瓣乌头 A. geniculatum, 瓜叶乌头 A. hemsleyanum, 多根乌头 A. karakolicum, 工布乌头 A. kongboense, 贡嘎乌头 A. liljestrandii, 细叶乌头 A. macrorhynchum, 德钦乌头 A. ouvrardianum, 直缘乌头 A. transsectum, 黄草乌 A. vilmorinianum, 展毛黄草乌 A. vilmorinianum var. patentipilum, 峨眉翠雀花 Delphinium omeiense

indaquassin X 印度苦木素 X 柔毛鸦胆子 Brucea mollis

indene 茚 挥发油成分，未统计基源

1*H*-indene-1-ethanol 1*H*- 茚 -1- 乙醇 樫木 Dysoxylum excelsum

indicaine 印车前因 对叶车前 Plantago arenaria

indican 靛苷 蓼蓝 Polygonum tinctorium

indicanone 了哥王酮 了哥王 Wikstroemia indica

indicine 大尾摇碱 大尾摇 Heliotropium indicum

indicine-*N*-oxide 大尾摇碱 -*N*- 氧化物 大尾摇 Heliotropium indicum

indicinine 大尾摇宁碱▲ 大尾摇 Heliotropium indicum

indicolactone 印度黄皮内酯 黄皮 Clausena lansium, 调料九里香 Murraya koenigii

indicolactonediol 印度黄皮内酯二醇▲ 细叶黄皮 Clausena anisum-olens, 黄皮 C. lansium

indicoside A, B 杧果克苷▲A, B 杧果 Mangifera indica

indicumenone 野菊花酮 野菊 Chrysanthemum indicum

indicumine A~E 刺天茄素▲A~E 刺天茄 Solanum violaceum

indicumolide A, B, C 野菊倍半萜内酯 A, B, C 野菊 Chrysanthemum indicum

indigo; indigotin 靛蓝 菘蓝 Isatis tinctoria, 蓼蓝 Polygonum tinctorium, 马蓝 Strobilanthes cusia, 胭木 Wrightia arborea

indigotiisocoumarin A 板蓝根异香豆素 A 菘蓝 Isatis tinctoria

indioside A~F 刺天茄苷 A~F 刺天茄 Solanum violaceum

indirubin 靛玉红 虾脊兰 Calanthe discolor, 木蓝 Indigofera tinctoria, 菘蓝 Isatis tinctoria, 蓼蓝 Polygonum tinctorium, 马蓝 Strobilanthes cusia, 胭木 Wrightia arborea

indizoline 印度黄皮唑碱 细叶黄皮 Clausena anisum-olens, 黄皮 C. lansium

2'-(3*H*-indol-3-yl methyl)butan-1'-ol 2'-(3*H*- 吲哚 -3- 基甲基) 丁烷 -1'- 醇 心叶黄花稔 Sida cordifolia

2-(1*H*-indol-3-yl)ethyl-6-*O*-*β*-D-xylopyranosyl-*β*-D-glucopyranoside 2-(1*H*- 吲哚 -3- 基) 乙基 -6-*O*-*β*-D- 吡喃木糖基 -*β*-D- 吡喃葡萄糖苷 枸杞 Lycium chinense

1*H*-indole 1*H*- 吲哚 紫藤 Wisteria sinensis

indole 吲哚 挥发油成分，未统计基源

β-indole acid *β*- 吲哚酸 杜虹花 Callicarpa formosana

β-indole carboxylic acid *β*- 吲哚羧酸 对叶大戟 Euphorbia sororia, 白英 Solanum lyratum

(*E*)-2-[(3'-indole)cyanomethylene]-3-indolinone (*E*)-2-[(3'- 吲哚) 氰亚甲基]-3- 吲哚酮 菘蓝 Isatis tinctoria

1*H*-indole-2-carboxylic acid 1*H*- 吲哚 -2- 羧酸 人参 Panax ginseng

indole-3-(L-*α*-amino-*α*-hydroxypropionic acid)-methyl-ester 吲哚 -3-(L-*α*- 氨基 -*α*- 羟基 - 丙酸)- 甲酯 何首乌 Polygonum multiflorum

1*H*-indole-3-acetic acid 1*H*- 吲哚 -3- 乙酸 老鼠簕 Acanthus ilicifolius

indole-3-acetic acid 吲哚 -3- 乙酸 三点金 Desmodium triflorum, 菘蓝 Isatis tinctoria, 海带 Laminaria japonica, 檀香 Santalum album, 裂褶菌 Schizophyllum commune, 旱金莲 Tropaeolum majus, 茭白黑粉菌 Ustilago esculenta, 黑龙江野豌豆 Vicia amurensis, 玉蜀黍 Zea mays

indole-3-acetic acid methyl ester 吲哚 -3- 乙酸甲酯 黑龙江野豌豆 Vicia amurensis

indole-3-acetonitrile 吲哚 -3- 乙腈 弹裂碎米荠 Cardamine impatiens

indole-3-acetonitrile-6-*O*-*β*-D-glucopyranoside 吲哚 -3- 乙腈 -6-*O*-*β*-D- 吡喃葡萄糖苷 菘蓝 Isatis tinctoria

indole-3-acetyl-*myo*-inositol 吲哚 -3- 乙酰基 - 肌肉肌醇 稻（模式亚种）Oryza sativa

indole-3-butyric acid 吲哚 -3- 丁酸 旱金莲 Tropaeolum majus

1*H*-indole-3-carbaldehyde 1*H*- 吲哚 -3- 醛 山柑 Capparis spinosa, 鸭跖草 Commelina communis

1*H*-indole-3-carboxaldehyde 1*H*- 吲哚 -3- 甲醛 老鼠簕 Acanthus ilicifolius, 徐长卿 Cynanchum paniculatum

indole-3-carboxaldehyde 吲哚 -3- 甲醛 喜旱莲子草 Alternanthera philoxeroides, 广防风 Anisomeles indica, 弹裂碎米荠 Cardamine impatiens, 瓜馥木 Fissistigma oldhamii, 菘蓝 Isatis tinctoria, 拟缺香茶菜 Isodon excisoides, 细花线纹香茶菜 I. lophanthoides var. graciliflorus, 荨麻叶龙头草 Meehania urticifolia, 光烟草 Nicotiana glauca, 小槐花 Ohwia caudata, 雪岭云杉 Picea schrenkiana, 波缘冷水花 Pilea cavaleriei, 沙芥 Pugionium cornutum, 华鼠尾草 Salvia chinensis, 三角叶风毛菊 Saussurea deltoidea, 蒲公英 Taraxacum mongolicum, 异株荨麻 Urtica dioica, 野豇豆 Vigna vexillata, 蟛蜞菊 Wedelia chinensis, 两面针 Zanthoxylum nitidum

1*H*-indole-3-carboxylic acid 1*H*- 吲哚 -3- 羧酸 老鼠簕 Acanthus ilicifolius, 蜀葵 Alcea rosea, 皱盖假芝 Amauroderma rude, 野拔子 Elsholtzia rugulosa, 蜈蚣藻 Grateloupia filicina, 马蓝 Strobilanthes cusia

indole-3-carboxylic acid 吲哚 -3- 羧酸 毛叶合欢 Albizia mollis, 喜旱莲子草 Alternanthera philoxeroides, 酸蔹藤 Ampelocissus artemisiifolia, 广防风 Anisomeles indica, 土沉香 Aquilaria sinensis, 海榄雌 Avicennia marina, 臭茉莉 Clerodendrum chinense var. simplex, 团叶槲蕨 Drynaria bonii, 蕺菜 Houttuynia cordata, 假酸浆 Nicandra physalodes, 野生紫苏 Perilla frutescens var. purpurascens, 黄珠子草 Phyllanthus virgatus, 波缘冷水花 Pilea cavaleriei, 车前 Plantago asiatica, 豆腐柴 Premna microphylla, 蒲公英 Taraxacum mongolicum, 滑桃树 Trevia nudiflora, 爬岩红 Veronicastrum axillare, 簕欓花椒 Zanthoxylum avicennae

indole-3-carboxylic acid methyl ester 吲哚 -3- 羧酸甲酯 广防风 Anisomeles indica, 瓜叶马兜铃 Aristolochia cucurbitifolia, 大叶马兜铃 A. kaempferi, 鞘山芎 Conioselinum vaginatum, 齿叶橐吾 Ligularia dentata, 荨麻叶龙头草 Meehania urticifolia, 蒲公英 Taraxacum mongolicum

indole-3-thiol 吲哚 -3- 硫醇 光烟草 Nicotiana glauca

indole-5-carboxylic acid 吲哚 -5- 羧酸 雪岭云杉 Picea schrenkiana

3-indolecarboxylic acid 3- 吲哚羧酸 相思子 Abrus precatorius, 地黄 Rehmannia glutinosa

10*H*-indolo[3,2-b]quinoline 10*H*- 吲哚并 [3,2-b] 喹啉 菘蓝 Isatis tinctoria

(*S*)-3-(3-indolyl)lactic acid methyl ester (*S*)-3-(3- 吲哚基) 乳酸甲酯 酸枣 Ziziphus jujuba var. spinosa

β-indolylaldehyde *β*- 吲哚醛 蒲公英 Taraxacum mongolicum

indospicine 穗序木蓝碱▲ 穗序木蓝 Indigofera spicata

1,4-cineole; 1,4-cineol 1,4- 桉树脑 挥发油成分，未统计基源

inermes A, B 苦郎树素▲A, B 苦郎树 Clerodendrum inerme
inerminoside A, A_1, B, C, D 苦郎树诺苷▲A, A_1, B, C, D 苦郎树 Clerodendrum inerme
ineupatorolide A 泽兰羊耳菊内酯▲A 尼泊尔天名精 Carpesium nepalense
inflacoumarin A 胀果甘草香豆素 A 胀果甘草 Glycyrrhiza inflata
inflasaponin I, II, III, IV, V, VI 胀果甘草皂苷 I, II, III, IV, V, VI 胀果甘草 Glycyrrhiza inflata
inflexanin A 内折香茶菜赛宁▲A 尾叶香茶菜 Isodon excisus, 内折香茶菜 I. inflexus
inflexanin B 内折香茶菜赛宁▲B 尾叶香茶菜 Isodon excisus, 内折香茶菜 I. inflexus
inflexanin C, D 内折香茶菜赛宁▲C, D 内折香茶菜 Isodon inflexus
inflexarabdonin A 内折香茶菜宁 A 尾叶香茶菜 Isodon excisus, 内折香茶菜 I. inflexus
inflexarabdonin B, C, F, H, J, K 内折香茶菜宁 B, C, F, H, J, K 内折香茶菜 Isodon inflexus
inflexarabdonin D 内折香茶菜宁 D 尾叶香茶菜 Isodon excisus, 内折香茶菜 I. inflexus
inflexarabdonin E 内折香茶菜宁 E 尾叶香茶菜 Isodon excisus, 内折香茶菜 I. inflexus
inflexarabdonin G 内折香茶菜宁 G 尾叶香茶菜 Isodon excisus, 内折香茶菜 I. inflexus
inflexarabdonin I 内折香茶菜宁 I 尾叶香茶菜 Isodon excisus, 内折香茶菜 I. inflexus
inflexin 内折香茶菜辛▲ 尾叶香茶菜 Isodon excisus, 内折香茶菜 I. inflexus, 龙胜香茶菜 I. lungshengensis
inflexinol 内折香茶菜醇 尾叶香茶菜 Isodon excisus, 内折香茶菜 I. inflexus
inflexuside A 内折香茶菜苷 A 内折香茶菜 Isodon inflexus, 蓝萼毛叶香茶菜 I. japonicus var. glaucocalyx
inflexuside B 内折香茶菜苷 B 内折香茶菜 Isodon inflexus
inflexusin 内折香茶菜素 内折香茶菜 Isodon inflexus, 冬凌草 I. rubescens
inflexusin B 内折香茶菜素 B 内折香茶菜 Isodon inflexus
infractine 棕褐丝膜菌碱▲ 柔毛鸦胆子 Brucea mollis
ingenol 巨大戟烯醇▲ 乳浆大戟 Euphorbia esula, 续随子 E. lathyris, 钩腺大戟 E. sieboldiana
ingenol triacetate 巨大戟烯醇▲三乙酸酯 飞扬草 Euphorbia hirta, 铁海棠 E. milii
ingenol-20-myristinate 巨大戟烯醇▲-20- 肉豆蔻酸酯 甘肃大戟 Euphorbia kansuensis, 大果大戟 E. wallichii
ingenol-20-palmitate 巨大戟烯醇▲-20- 棕榈酸酯 甘肃大戟 Euphorbia kansuensis, 钩腺大戟 E. sieboldiana
ingenol-3,20-dibenzoate 巨大戟烯醇▲-3,20- 二苯甲酸酯 乳浆大戟 Euphorbia esula
ingenol-3,4,5-trihydroxy-20-hexadecanoate 巨大戟烯醇▲-20- 棕榈酰酯 大狼毒 Euphorbia jolkinii
ingenol-3,5,20-triacetate 巨大戟烯醇▲-3,5,20- 三乙酸酯 乳浆大戟 Euphorbia esula
ingenol-3-angelate 巨大戟烯醇▲-3- 当归酸酯 南欧大戟 Euphorbia peplus
ingenol-3-angelate-5,20-diacetate 巨大戟烯醇▲-3- 当归酰基 -5,20- 二乙酸酯 霸王鞭 Euphorbia royleana
ingenol-3-benzoate 巨大戟烯醇▲-3- 苯甲酸酯 乳浆大戟 Euphorbia esula
ingenol-3-myristinate 巨大戟烯醇▲-3- 肉豆蔻酸酯 狼毒大戟 Euphorbia fischeriana, 大果大戟 E. wallichii
ingenol-3-palmitate 巨大戟烯醇▲-3- 棕榈酸酯 狼毒大戟 Euphorbia fischeriana
ingenol-5-angelate 巨大戟烯醇▲-5- 当归酸酯 南欧大戟 Euphorbia peplus
ingenol-6,7-epoxy-3-tetradecanoate 巨大戟烯醇▲-6,7- 环氧 -3- 十四烷酸酯 狼毒大戟 Euphorbia fischeriana
ingenol-6-dodecanoate 巨大戟烯醇▲-6- 十二酸酯 乳浆大戟 Euphorbia esula
ingenol-6-tetradeca-2,4,6,8,10-pentenoate 巨大戟烯醇▲-6- 十四烷 -2,4,6,8,10- 五烯酸酯 乳浆大戟 Euphorbia esula
ingol 巨大戟醇▲ 大戟 Euphorbia pekinensis
ingol-12-acetate 巨大戟醇▲-12- 乙酸酯 大戟 Euphorbia pekinensis, 霸王鞭 E. royleana
ingol-3,7,8,12-tetraacetate 巨大戟醇▲-3,7,8,12- 四乙酸酯 霸王鞭 Euphorbia royleana
inocalophyllin A, B 红厚壳林素▲A, B 红厚壳 Calophyllum inophyllum
inocalophyllin A methyl ester 红厚壳林素▲A 甲酯 红厚壳 Calophyllum inophyllum
inocalophyllin B methyl ester 红厚壳林素▲B 甲酯 红厚壳 Calophyllum inophyllum
25*R*-inokosterone 25*R*- 牛膝甾酮 牛膝 Achyranthes bidentata
25*S*-inokosterone 25*S*- 牛膝甾酮 牛膝 Achyranthes bidentata, 伪泥胡菜 Serratula coronata
inokosterone 牛膝甾酮 短柄野芝麻 Lamium album, 蕨 Pteridium aquilinum var. latiusculum, 伪泥胡菜 Serratula coronata, 鹿草 Stemmacantha carthamoides, 东方狗脊蕨 Woodwardia orientalis
(25*S*)-inokosterone-20,22-acetonide 25*S*- 牛膝甾酮 -20,22- 丙酮化物 牛膝 Achyranthes bidentata
inokosterone-20,22-acetonide 牛膝甾酮 -20,22- 丙酮化物 伞序臭黄荆 Premna serratifolia
inonotusin A, B 纤孔菌素▲A, B 粗毛纤孔菌 Inonotus hispidus
inophinnin 海棠果宁素▲ 红厚壳 Calophyllum inophyllum
inophinone 海棠果酚酮▲ 红厚壳 Calophyllum inophyllum
inophyllic acid 琼崖海棠酸▲ 红厚壳 Calophyllum inophyllum
inophyllin A, B 海棠果林素▲A, B 红厚壳 Calophyllum inophyllum
inophylloidic acid 琼崖海棠酮酸▲ 红厚壳 Calophyllum inophyllum
inophyllolide 红厚壳内酯 红厚壳 Calophyllum inophyllum
inophyllum A~E, G-1, G-2, H, I, P 海棠果素 A~E, G-1, G-2, H, I, P 红厚壳 Calophyllum inophyllum
inophynone 海棠果酮▲ 红厚壳 Calophyllum inophyllum

inophynone I 海棠果酮▲I 红厚壳 Calophyllum inophyllum
inophyxanthone A 海棠果屾酮▲A 红厚壳 Calophyllum inophyllum
inoscavin A 纤孔菌清除素▲A 桑黄 Phellinus igniarius, 裂蹄木层孔菌 P. linteus
inosine 肌苷 咖啡黄葵 Abelmoschus esculentus, 短柄乌头 Aconitum brachypodum, 柔毛鸦胆子 Brucea mollis, 山柑 Capparis spinosa, 辣椒 Capsicum annuum, 卵叶巴豆 Croton caudatus, 龙眼 Dimocarpus longan, 留兰香 Mentha spicata, 冬虫夏草 Ophiocordyceps sinensis, 竹节参 Panax japonicus, 马尿泡 Przewalskia tangutica, 石地钱 Reboulia hemisphaerica, 蓝黄红菇 Russula cyanoxantha
(±)-inositol (±)- 肌醇 绛车轴草 Trifolium incarnatum
D-inositol D- 肌醇 绛车轴草 Trifolium incarnatum
L-*chiro*-inositol L- 手性肌醇 南方菟丝子 Cuscuta australis, 滇虎榛 Ostryopsis nobilis
inositol 肌醇 喜树 Camptotheca acuminata, 短叶决明 Chamaecrista leschenaultiana, 结香 Edgeworthia chrysantha, 石花菜 Gelidium amansii, 冬凌草 Isodon rubescens, 灰毡毛忍冬 Lonicera macranthoides, 蝉翼藤 Securidaca inappendiculata, 山葡萄 Vitis amurensis, 大叶藻 Zostera marina
meso-inositol 内消旋 - 肌醇 柴胡叶链荚豆 Alysicarpus bupleurifolius, 罗布麻 Apocynum venetum, 聚花风铃草 Campanula glomerata subsp. speciosa, 印度黄檀 Dalbergia sissoo, 忍冬 Lonicera japonica, 欧地笋 Lycopus europaeus, 炮仗花 Pyrostegia venusta, 虾子花 Woodfordia fruticosa
inositol phosphate 肌醇磷酸酯 浮萍 Lemna minor
L-inositol-1,2,3,5-tetraangelate L- 肌醇 -1,2,3,5- 四当归酸酯 羊耳菊 Duhaldea cappa
L-inositol-2,3,5,6-tetraangelate L- 肌醇 -2,3,5,6- 四当归酸酯 羊耳菊 Duhaldea cappa
cis-1,2,3,5-*trans*-4,6-inositol-2,3,6-triangelate 顺式 -1,2,3,5- 反式 -4,6- 肌醇 -2,3,6- 三当归酸酯 羊耳菊 Duhaldea cappa
inoterpene A 纤孔菌萜▲A 大狼毒 Euphorbia jolkinii, 猴头菌 Hericium erinaceus
insignin A 黑水藤素▲A 黑水藤 Biondia insignis
insularine 海岛轮环藤碱 粉叶轮环藤 Cyclea hypoglauca, 海岛轮环藤 C. insularis, 轮环藤 C. racemosa, 四川轮环藤 C. sutchuenensis
insularine-2'*α*-*N*-oxide 海岛轮环藤碱 -2'*α*-*N*- 氧化物 四川轮环藤 Cyclea sutchuenensis
insularine-2*β*-2'*β*-*N*,*N*-dioxide 海岛轮环藤碱 -2*β*-2'*β*-*N*,*N*- 二氧化物 四川轮环藤 Cyclea sutchuenensis
insularine-2*β*-*N*-oxide 海岛轮环藤碱 -2*β*-*N*- 氧化物 海岛轮环藤 Cyclea insularis, 四川轮环藤 C. sutchuenensis
insularine-2'*β*-*N*-oxide 海岛轮环藤碱 -2'*β*-*N*- 氧化物 海岛轮环藤 Cyclea insularis, 四川轮环藤 C. sutchuenensis
insularoline; insulanoline 海岛轮环藤林碱▲ 粉叶轮环藤 Cyclea hypoglauca, 海岛轮环藤 C. insularis, 轮环藤 C. racemosa
insularoside 苦枥木苷▲ 苦枥木 Fraxinus insularis
insularoside-3'-*O*-*β*-D-glucopyranoside 苦枥木苷▲-3'-*O*-*β*-D- 吡喃葡萄糖苷 苦枥木 Fraxinus insularis
insularoside-6'''-*O*-*β*-D-glucopyranoside 苦枥木苷▲-6'''-*O*-*β*-D- 吡喃葡萄糖苷 苦枥木 Fraxinus insularis
insularoside-6'''-*O*-*β*-D-glucopyranoside-(1 → 3')-*β*-D-glucopyranoside 苦枥木苷▲-6'''-*O*-*β*-D- 吡喃葡萄糖苷 -(1 → 3')-*β*-D- 吡喃葡萄糖苷 苦枥木 Fraxinus insularis
insuloside 苦枥木洛苷▲ 苦枥木 Fraxinus insularis
integerrimelin 小芸木林素 小芸木 Micromelum integerrimum
integerrimine 全缘千里光碱 圆叶猪屎豆 Crotalaria incana, 猪屎豆 C. pallida, 野百合 C. sessiliflora, 四棱猪屎豆 C. tetragona, 白子菜 Gynura divaricata, 峨眉千里光 Senecio faberi, 款冬 Tussilago farfara
integerriminol 小芸木酚▲ 小芸木 Micromelum integerrimum
integracin 整合素 朝天罐 Osbeckia opipara
integracin B 整合素 B 云南土沉香 Excoecaria acerifolia
integriamide 兰屿花椒酰胺 飞龙掌血 Toddalia asiatica, 椿叶花椒 Zanthoxylum ailanthoides, 两面针 Z. nitidum
integrifolin 全缘叶安菊素▲ 北方还阳参 Crepis crocea, 小苦荬 Ixeridium dentatum
integrifoliodiol 兰屿花椒二醇▲ 青花椒 Zanthoxylum schinifolium
integrifoliolin 兰屿花椒素▲ 野八角 Illicium simonsii, 簕欓花椒 Zanthoxylum avicennae
integriquinoline 兰屿花椒喹啉 椿叶花椒 Zanthoxylum ailanthoides
integriquinolone 兰屿花椒喹诺酮▲ 木橘 Aegle marmelos, 山橘树 Glycosmis cochinchinensis, 飞龙掌血 Toddalia asiatica
integristerone 全缘叶漏芦甾酮▲ 伪泥胡菜 Serratula coronata
β-integristerone A *β*- 全缘漏芦甾酮 A 麻花头 Serratula centauroides
integristerone A 全缘叶漏芦甾酮▲A 蔓茎蝇子草 Silene repens
interfungin A 纤孔真菌素▲A 裂蹄木层孔菌 Phellinus linteus
interiorin 内南五味子素 黑老虎 Kadsura coccinea, 异形南五味子 K. heteroclita, 凤庆南五味子 K. interior, 红花五味子 Schisandra rubriflora
interiorin B 内南五味子素 B 异形南五味子 Kadsura heteroclita, 凤庆南五味子 K. interior, 红花五味子 Schisandra rubriflora
interiorin C, D 内南五味子素 C, D 凤庆南五味子 Kadsura interior
interiotherin A 内南五味子酯 A 凤庆南五味子 Kadsura interior, 华中五味子 Schisandra sphenanthera
interiotherin B 内南五味子酯 B 狭叶南五味子 Kadsura angustifolia, 凤庆南五味子 K. interior, 阿里山五味子 Schisandra arisanensis, 二色五味子 S. bicolor, 红花五味子 S. rubriflora, 华中五味子 S. sphenanthera, 鹤庆五味子 S. wilsoniana
interiotherin C 内南五味子酯 C 异形南五味子 Kadsura heteroclita, 凤庆南五味子 K. interior, 多子南五味子 K. polysperma, 滇藏五味子 Schisandra neglecta, 铁箍散 S. propinqua var. sinensis
interiotherin D 内南五味子酯 D 凤庆南五味子 Kadsura interior
intermedeol 臭根醇 冷杉 Abies fabri, 光叶山姜 Alpinia intermedia, 日本紫珠 Callicarpa japonica

intermedin A, B, C 中间五味子定 ▲A, B, C 合蕊五味子 Schisandra propinqua
intermedine 中美紫草碱 飞机草 Chromolaena odorata, 鹤虱 Lappula myosotis, 紫草 Lithospermum erythrorhizon, 聚合草 Symphytum officinale
intermedoxide A 狭苞橐吾氧化物 A 狭苞橐吾 Ligularia intermedia
interruptin B 毛蕨素 ▲B 华南毛蕨 Cyclosorus parasiticus
intricatin 缠结霍夫曼云实素 ▲ 含羞云实 Caesalpinia mimosoides
intricatinol 缠结霍夫曼云实酚 ▲ 肉荚云实 Caesalpinia digyna, 小叶云实 C. millettii, 含羞云实 C. mimosoides
intybin 菊苣素 ▲ 沼生苦苣菜 Sonchus palustris
intybulide A 菊苣内酯 ▲A 菊苣 Cichorium intybus
intybusoloid 菊苣萜 ▲ 菊苣 Cichorium intybus
inuchinenolide A 旋覆花烯内酯 ▲A 水朝阳旋覆花 Inula helianthusaquatilis, 湖北旋覆花 I. hupehensis, 旋覆花 I. japonica
inuchinenolide B 旋覆花烯内酯 ▲B 水朝阳旋覆花 Inula helianthusaquatilis, 湖北旋覆花 I. hupehensis, 旋覆花 I. japonica
inuchinenolide C 旋覆花烯内酯 ▲C 里海旋覆花 Inula caspica, 水朝阳旋覆花 I. helianthusaquatilis, 湖北旋覆花 I. hupehensis, 旋覆花 I. japonica
inulacappolide 羊耳菊内酯 皱叶南蛇藤 Celastrus rugosus, 羊耳菊 Duhaldea cappa
inulasalsolide 沙地旋覆花内酯 欧亚旋覆花 Inula britannica, 蓼子朴 I. salsoloides
inulasalsolin 沙地旋覆花素 ▲ 欧亚旋覆花 Inula britannica, 蓼子朴 I. salsoloides
inulavosin 显脉旋覆花素 ▲ 显脉旋覆花 Duhaldea nervosa
inulicin 旋覆花素 旋覆花 Inula japonica
inulin 菊糖 牛蒡 Arctium lappa
inulopentaose 旋覆花五糖 巴戟天 Morinda officinalis
inulotetraose 旋覆花四糖 巴戟天 Morinda officinalis
inulotriose 旋覆花三糖 巴戟天 Morinda officinalis
inumakilactone A 土杉内酯 ▲A 罗汉松 Podocarpus macrophyllus, 短叶罗汉松 P. macrophyllus var. maki
inumakilactone A glucoside 土杉内酯 ▲A 葡萄糖苷 罗汉松 Podocarpus macrophyllus
inumakilactone A-15-*O*-β-D-glucoside 土杉内酯 ▲A-15-*O*-β-D- 葡萄糖苷 罗汉松 Podocarpus macrophyllus
inumakilactone B 土杉内酯 ▲B 罗汉松 Podocarpus macrophyllus, 台湾罗汉松 P. nakaii, 百日青 P. neriifolius
inumakilactone D, E 土杉内酯 ▲D, E 罗汉松 Podocarpus macrophyllus
inumakiol A~H 土杉酚 ▲A~H 罗汉松 Podocarpus macrophyllus
inunal 总状土木香醛 ▲ 总状土木香 Inula racemosa
inundoside E 沼泽石松苷 ▲E 扁枝石松 Diphasiastrum complanatum
inunigroside A 萎果龙葵苷 ▲A 龙葵 Solanum nigrum
inunolide 旋覆花内酯 总状土木香 Inula racemosa
inuviscolide 粘性旋覆花内酯 湖北旋覆花 Inula hupehensis, 旋覆花 I. japonica
involcranoside A, B 珙桐酚苷 A, B 珙桐 Davidia involucrata
involucratin 大苞雪莲碱 雪莲花 Saussurea involucrata
involucratolactone 大苞雪莲内酯 雪莲花 Saussurea involucrata
involucratolactone-8-β-D-glucoside 大苞雪莲内酯 -8-*O*-β-D- 葡萄糖苷 雪莲花 Saussurea involucrata
involutin 卷边网褶菌素 ▲ 卷边网褶菌 Paxillus involutus
involutone 卷边网褶菌酮 ▲ 卷边网褶菌 Paxillus involutus
iodoacetamide 碘乙酰胺 洋吊钟 Kalanchoe verticillata
iodoacetic acid 碘乙酸 洋吊钟 Kalanchoe verticillata
iodoquinol 双碘喹啉 挥发油成分，未统计基源
ionene 香堇烯 挥发油成分，未统计基源
α-ionol α- 香堇醇 挥发油成分，未统计基源
ionol 香堇醇 挥发油成分，未统计基源
β-ionon-5,6-epoxide β- 香堇酮 -5,6- 环氧化合物 挥发油成分，未统计基源
trans-β-ionon-5,6-epoxide 反式 -β- 香堇酮 -5,6- 环氧化物 挥发油成分，未统计基源
(*E*)-β-ionone (*E*)-β- 香堇酮 挥发油成分，未统计基源
α-ionone α- 香堇酮 挥发油成分，未统计基源
β-ionone β- 香堇酮 挥发油成分，未统计基源
ionone 香堇酮 挥发油成分，未统计基源
iotroridoside A 绣球海绵苷 ▲A 杠板归 Polygonum perfoliatum
ipanguline D_{10}, X_2 常春藤叶茑萝碱 ▲D_{10}, X_2 茑萝松 Ipomoea quamoclit
ipobscurine A, B, C 小心叶薯碱 ▲A, B, C 小心叶薯 Ipomoea obscura
ipolamiide 野芝麻新苷 花叶假杜鹃 Barleria lupulina, 宝盖草 Lamium amplexicaule
ipolamiidoside 野芝麻新酯苷 ▲ 花叶假杜鹃 Barleria lupulina, 宝盖草 Lamium amplexicaule
ipomine 番薯胺 ▲ 丁香茄 Ipomoea turbinata

(+)-irehine (+)-丝胶树碱▲ 双蕊野扇花 Sarcococca hookeriana var. digyna
irehine 丝胶树碱▲ 皱叶黄杨 Buxus rugulosa
iresinin I 血苋素▲I 血苋 Iresine herbstii
iridal 鸢尾醛 德国鸢尾 Iris germanica
iridane tetraol 虹臭蚁烷▲四醇 茉莉花 Jasminum sambac
iridane triol 虹臭蚁烷▲三醇 茉莉花 Jasminum sambac
iridin 鸢尾苷 射干 Belamcanda chinensis, 扁竹兰 Iris confusa, 玉蝉花 I. ensata, 德国鸢尾 I. germanica, 薄叶鸢尾 I. leptophylla, 红花鸢尾 I. milesii, 溪荪 I. sanguinea, 鸢尾 I. tectorum, 细叶鸢尾 I. tenuifolia
iridobelamal A 鸢尾射干醛▲A 射干 Belamcanda chinensis, 鸢尾 Iris tectorum
iridobelamal B 鸢尾射干醛▲B 射干 Belamcanda chinensis
iridodialo-*β*-D-gentiobioside 虹臭蚁二醛▲-*β*-D-龙胆二糖苷 葛枣猕猴桃 Actinidia polygama
iridogermanal 德国鸢尾醛 德国鸢尾 Iris germanica
iridolactone 虹臭蚁内酯▲ 中国马先蒿 Pedicularis chinensis, 北玄参 Scrophularia buergeriana, 玄参 S. ningpoensis, 婆婆纳 Veronica polita
iridolinarin A, B, C 环烯醚萜柳穿鱼苷▲A, B, C 海滨柳穿鱼 Linaria japonica
iridolinaroside A~D 环烯醚萜柳穿鱼酯苷▲A~D 海滨柳穿鱼 Linaria japonica
iridomyrmecin 虹臭蚁素▲ 葛枣猕猴桃 Actinidia polygama
iridotectoral A~D 鸢尾道醛▲A~D 鸢尾 Iris tectorum
iriflogenin 南欧鸢尾苷元▲ 德国鸢尾 Iris germanica, 地肤 Kochia scoparia
iriflophenone 南欧鸢尾苯酮▲ 土沉香 Aquilaria sinensis, 射干 Belamcanda chinensis, 卷鞘鸢尾 Iris potaninii
iriflophenone-2-*O*-*α*-L-rhamnopyranoside 南欧鸢尾苯酮▲-2-*O*-*α*-L-吡喃鼠李糖苷 土沉香 Aquilaria sinensis
iriflophenone-2-*O*-*β*-D-glucopyranoside 鸢尾酚酮-2-*O*-*β*-D-吡喃葡萄糖苷 番石榴 Psidium guajava
iriflophenone-3,5-*C*-*β*-D-diglucopyranoside 南欧鸢尾苯酮▲-3,5-*C*-*β*-D-二吡喃葡萄糖苷 土沉香 Aquilaria sinensis
iriflophenone-3-*C*-*β*-D-glucoside 南欧鸢尾苯酮▲-3-*C*-*β*-D-葡萄糖苷 土沉香 Aquilaria sinensis, 肿足蕨 Hypodematium crenatum
iriflorental 南欧鸢尾醛▲ 德国鸢尾 Iris germanica, 香根鸢尾 I. pallida
irifloside 南欧鸢尾苷▲ 薄叶鸢尾 Iris leptophylla
irigenin 野鸢尾苷元 射干 Belamcanda chinensis, 毛谷精草 Eriocaulon australe, 金丝李 Garcinia paucinervis, 扁竹兰 Iris confusa, 野鸢尾 I. dichotoma, 玉蝉花 I. ensata, 德国鸢尾 I. germanica, 马蔺 I. lactea, 薄叶鸢尾 I. leptophylla, 红花鸢尾 I. milesii, 黄菖蒲 I. pseudacorus, 溪荪 I. sanguinea, 小花鸢尾 I. speculatrix, 鸢尾 I. tectorum, 细叶鸢尾 I. tenuifolia
α-irigermanal *α*-德国鸢尾醛 德国鸢尾 Iris germanica
γ-irigermanal *γ*-德国鸢尾醛 德国鸢尾 Iris germanica
irilin A 鸢尾素 A 黄菖蒲 Iris pseudacorus, 准噶尔鸢尾 I. songarica
irilin B 鸢尾素 B 天山鸢尾 Iris loczyi, 黄菖蒲 I. pseudacorus, 准噶尔鸢尾 I. songarica, 细叶鸢尾 I. tenuifolia
irilin C 鸢尾素 C 黄菖蒲 Iris pseudacorus
irilin D 鸢尾素 D 射干 Belamcanda chinensis, 粉葛 Pueraria montana var. thomsonii
irilone 鸢尾异黄酮 射干 Belamcanda chinensis, 扁竹兰 Iris confusa, 德国鸢尾 I. germanica, 薄叶鸢尾 I. leptophylla, 红车轴草 Trifolium pratense, 胡卢巴 Trigonella foenum-graecum
irilone-4'-*O*-*β*-D-glucopyranoside 鸢尾异黄酮-4'-*O*-*β*-D-吡喃葡萄糖苷 红车轴草 Trifolium pratense
irilone-4'-*O*-*β*-D-glucopyranoside-6''-*O*-acetate 鸢尾异黄酮-4'-*O*-*β*-D-吡喃葡萄糖苷-6''-*O*-乙酸酯 红车轴草 Trifolium pratense
irilone-4'-*O*-*β*-D-glucopyranoside-6''-*O*-malonate 鸢尾异黄酮-4'-*O*-*β*-D-吡喃葡萄糖苷-6''-*O*-丙二酸酯 红车轴草 Trifolium pratense
irilone-4'-*O*-*β*-D-glucoside 鸢尾异黄酮-4'-*O*-*β*-D-葡萄糖苷 德国鸢尾 Iris germanica, 薄叶鸢尾 I. leptophylla, 红车轴草 Trifolium pratense
iripallidal 香根鸢尾醛▲ 德国鸢尾 Iris germanica, 香根鸢尾 I. pallida
irisflavone A 鸢尾黄酮 A 准噶尔鸢尾 Iris songarica
irisflorentin 南欧鸢尾素▲ 射干 Belamcanda chinensis, 野鸢尾 Iris dichotoma, 薄叶鸢尾 I. leptophylla, 鸢尾 I. tectorum
irisgermanical A, B, C 德国鸢尾萜 A, B, C 德国鸢尾 Iris germanica
irisjaponin A, B 蝴蝶花素 A, B 蝴蝶花（模式变型）Iris japonica
iriskashmirianin 克什米尔鸢尾素▲ 德国鸢尾 Iris germanica
iriskumaonin methyl ether 库门鸢尾素甲基醚 蝴蝶花（模式变型）Iris japonica
irislactin A, B 马蔺苷 A, B 马蔺 Iris lactea
irisoid A 大苞鸢尾素▲A 马蔺 Iris lactea, 准噶尔鸢尾 I. songarica, 细叶鸢尾 I. tenuifolia
irisoid B 大苞鸢尾素▲B 准噶尔鸢尾 Iris songarica
irisoid D 大苞鸢尾素▲D 马蔺 Iris lactea, 准噶尔鸢尾 I. songarica
irisolidone 尼泊尔鸢尾异黄酮 印度黄檀 Dalbergia sissoo, 德国鸢尾 Iris germanica, 葛 Pueraria montana var. lobata, 粉葛 P. montana var. thomsonii, 槐 Sophora japonica, 绒毛槐 S. tomentosa, 藤萝 Wisteria villosa
irisolidone 7-*O*-glucoside 尼泊尔鸢尾异黄酮-7-*O*-葡萄糖苷 槐 Sophora japonica
irisolidone-7-*O*-*α*-D-glucoside 尼泊尔鸢尾异黄酮-7-*O*-*α*-D-葡萄糖苷 德国鸢尾 Iris germanica
irisolidone-7-*O*-*α*-L-rhamnopyranoside 鸢尾立酮▲-7-*O*-*α*-L-吡喃鼠李糖苷 藿香 Agastache rugosa
irisolidone-7-xylosylglucoside 尼泊尔鸢尾异黄酮-7-吡喃木糖基葡萄糖苷 葛 Pueraria montana var. lobata
irisolone methyl ether 尼鸢尾黄素甲醚 蝴蝶花（模式变型）Iris japonica
irisone A 密苏里鸢尾酮▲A 天山鸢尾 Iris loczyi, 细叶鸢尾 I. tenuifolia

irisone B 密苏里鸢尾酮▲B 沙蓬 Agriophyllum squarrosum, 天山鸢尾 Iris loczyi, 准噶尔鸢尾 I. songarica, 细叶鸢尾 I. tenuifolia, 猪毛菜 Salsola collina

irisoridon 尼泊尔鸢尾黄酮 蝴蝶花（模式变型）Iris japonica

irisquinone 鸢尾醌 马蔺 Iris lactea

iristectorene A, C~G 鸢尾烯 A, C~G 鸢尾 Iris tectorum

iristectorene B 鸢尾烯 B 射干 Belamcanda chinensis, 鸢尾 Iris tectorum

iristectorigenin A 鸢尾黄酮新苷元 A 射干 Belamcanda chinensis, 毛谷精草 Eriocaulon australe, 蝴蝶花（模式变型）Iris japonica, 黄菖蒲 I. pseudacorus, 鸢尾 I. tectorum, 粉葛 Pueraria montana var. thomsonii, 绒毛槐 Sophora tomentosa

iristectorigenin B 鸢尾黄酮新苷元 B 黄菖蒲 Iris pseudacorus

iristectorin A 鸢尾黄酮新苷 A 射干 Belamcanda chinensis, 鸢尾 Iris tectorum

iristectorin B 鸢尾黄酮新苷 B 射干 Belamcanda chinensis, 红花鸢尾 Iris milesii, 鸢尾 I. tectorum

iristectorone A~H 鸢尾酮 A~H 鸢尾 Iris tectorum

iristectorone K 鸢尾酮 K 德国鸢尾 Iris germanica

iritectol A, B 鸢尾醇 A, B 鸢尾 Iris tectorum

irroratin A 露珠香茶菜素 A 露珠香茶菜 Isodon irroratus, 叶穗香茶菜 I. phyllostachys

isaindigotidione 依靛蓝双酮 菘蓝 Isatis tinctoria

isaindigotone 依靛蓝酮 菘蓝 Isatis tinctoria

isatin 靛红 虾脊兰 Calanthe discolor, 胭木 Wrightia arborea

isatisine A 菘蓝素▲A 菘蓝 Isatis tinctoria

ishwarane 印度马兜铃烷▲ 红木 Bixa orellana

islandicin 冰岛青霉素 千斤拔 Flemingia philippinensis, 翼核果 Ventilago leiocarpa

islandicin-4-methyl ether 冰岛青霉素 -4- 甲醚 翼核果 Ventilago leiocarpa

ismine 秘鲁水仙碱▲ 花朱顶红 Hippeastrum vittatum

iso-17,19-dihydrodeoxyelephantopin 异 -17,19- 二氢去氧地胆草素 地胆草 Elephantopus scaber

3-iso-19-epiajmalicine 3- 异 -19- 表阿吉马蛇根辛碱▲ 萝芙木 Rauvolfia verticillata

iso-5-methoxyafrormosin 异 -5- 甲氧基非洲红豆素▲ 翅荚香槐 Cladrastis platycarpa

iso-8-epikingiside 异 -8- 表莫罗忍冬吉苷▲ 女贞 Ligustrum lucidum

isoacolamone 异白菖蒲新酮 菖蒲 Acorus calamus

isoacteoside 异洋丁香酚苷 海榄雌 Avicennia marina, 白棠子树 Callicarpa dichotoma, 枇杷叶紫珠 C. kochiana, 广东紫珠 C. kwangtungensis, 尖尾枫 C. longissima, 大叶紫珠 C. macrophylla, 臭牡丹 Clerodendrum bungei, 海州常山 C. trichotomum, 梧桐 Firmiana simplex, 总梗女贞 Ligustrum pedunculare, 粗壮女贞 L. robustum subsp. chinense, 伞序臭黄荆 Premna serratifolia

isoactinidialactone 异猕猴桃内酯 葛枣猕猴桃 Actinidia polygama

isoaculeatin 异刺飞龙掌血素▲ 岩风 Libanotis buchtormensis

isoadenolin E 异腺叶香茶菜素 E 瘿花香茶菜 Isodon rosthornii

isoadiantol 异铁线蕨醇 铁线蕨 Adiantum capillus-veneris

isoadiantol B 异铁线蕨醇 B 铁线蕨 Adiantum capillus-veneris, 单盖铁线蕨 A. monochlamys, 掌叶铁线蕨 A. pedatum

isoadiantone 异铁线蕨酮 铁线蕨 Adiantum capillus-veneris, 鞭叶铁线蕨 A. caudatum, 扇叶铁线蕨 A. flabellulatum, 掌叶铁线蕨 A. pedatum, 粗茎鳞毛蕨 Dryopteris crassirhizoma

isoafrormosin 异非洲红豆素▲ 绿花崖豆藤 Callerya championii, 藤萝 Wisteria villosa

isoagastachoside 异藿香苷 藿香 Agastache rugosa

isoagastol 异藿香酚 藿香 Agastache rugosa

isoagatharesinol 异贝壳杉树脂醇▲ 戈壁天门冬 Asparagus gobicus

isoaglaiol 异米仔兰醇 山茶 Camellia japonica

isoajmalicine 异阿吉马蛇根辛碱▲ 长春花 Catharanthus roseus, 牛眼马钱 Strychnos angustiflora, 毛钩藤 Uncaria hirsuta

isoajmaline 异阿吉马蛇根碱▲ 蛇根木 Rauvolfia serpentina

isoalangiside 异八角枫苷 土坛树 Alangium salviifolium

isoalantodiene 异土木香二烯 总状土木香 Inula racemosa

isoalantolactone 异土木香内酯 磨盘草 Abutilon indicum, 酒饼簕 Atalantia buxifolia, 狗肝菜 Dicliptera chinensis, 大麻叶泽兰 Eupatorium cannabinum, 土木香 Inula helenium, 旋覆花 I. japonica, 总状土木香 I. racemosa, 柳叶旋覆花 I. salicina, 云木香 Saussurea costus

isoaleuritolic acid 异石栗萜酸▲ 柽柳 Tamarix chinensis

isoaleuritolic acid-3-*p*-hydroxycinnamate 异石栗萜酸▲-3- 对羟基桂皮酸酯 柽柳 Tamarix chinensis

isoalloalantolactone 异别土木香内酯 总状土木香 Inula racemosa

isoallorottlerin 异别粗糠柴毒素 粗糠柴 Mallotus philippensis

isoaloeresin D 异芦荟苦素 D 芦荟 Aloe vera

isoalschomine 异糖胶树明碱▲ 糖胶树 Alstonia scholaris

isoalstonisine 异鸡骨常山辛碱▲ 大叶糖胶树 Alstonia macrophylla

isoalvaxanthone 异阿尔瓦橙桑呫酮▲ 构棘 Cudrania cochinchinensis, 柘藤 C. fruticosa

isoamaranthin 异苋红素 刺苋 Amaranthus spinosus, 青葙 Celosia argentea, 鸡冠花 C. cristata, 血苋 Iresine herbstii

isoamberboin 异珀菊内酯 泥胡菜 Hemistepta lyrata, 黄鹌菜 Youngia japonica
isoambreinolide 异龙涎香内酯 穗花牡荆 Vitex agnus-castus, 蔓荆 V. trifolia, 单叶蔓荆 V. trifolia subsp. litoralis
isoamericanin A 异美商陆素 A 鹰爪花 Artabotrys hexapetalus, 大叶醉鱼草 Buddleja davidii, 垂序商陆 Phytolacca americana
isoamericanoic acid A 异美商陆酸▲A 海滨木巴戟 Morinda citrifolia
isoamericanoic acid A methyl ester 异美商陆酸▲A 甲酯 垂序商陆 Phytolacca americana
isoamericanol A 异美商陆醇 A 粉条儿菜 Aletris spicata, 鹰爪花 Artabotrys hexapetalus, 野芋 Colocasia antiquorum, 麻疯树 Jatropha curcas, 垂序商陆 Phytolacca americana
isoamericanol B 异美商陆醇 B 披针叶胡颓子 Elaeagnus lanceolata, 福建胡颓子 E. oldhamii
isoamoricin 异紫穗槐利辛 紫穗槐 Amorpha fruticosa
isoamoridin 异紫穗槐利定 紫穗槐 Amorpha fruticosa
isoamorin 异紫穗槐灵▲ 紫穗槐 Amorpha fruticosa
isoamoritin 异紫穗槐亭 紫穗槐 Amorpha fruticosa
(+)-isoampelopsin F (+)- 蛇葡萄素 F 锦鸡儿 Caragana sinica
isoampelopsin F 异蛇葡萄素 F 地锦 Parthenocissus tricuspidata, 山葡萄 Vitis amurensis
isoamyl acetate 乙酸异戊酯 挥发油成分，未统计基源
isoamyl isovalerate 异缬草酸异戊酯 挥发油成分，未统计基源
isoamyl nonanoate 壬酸异戊酯 挥发油成分，未统计基源
(8*R*,12*R*)-isoandrographolide (8*R*,12*R*)- 异穿心莲内酯 穿心莲 Andrographis paniculata
(8*R*,12*S*)-isoandrographolide (8*R*,12*S*)- 异穿心莲内酯 穿心莲 Andrographis paniculata
(8*S*,12*R*)-isoandrographolide (8*S*,12*R*)- 异穿心莲内酯 穿心莲 Andrographis paniculata
(8*S*,12*S*)-isoandrographolide (8*S*,12*S*)- 异穿心莲内酯 穿心莲 Andrographis paniculata
isoandrographolide 异穿心莲内酯 短柄五加 Eleutherococcus brachypus
isoangelol 异当归醇 重齿当归 Angelica biserrata
isoangenomalin 异川白芷素 岩木瓜 Ficus tsiangii, 枳 Poncirus trifoliata
isoanguivine 异曲刺茄碱▲ 刺天茄 Solanum violaceum
isoangustone A 异狭叶羽扇豆酮 A 甘草 Glycyrrhiza uralensis
isoanhydrobelachinal 异脱水射干呋喃醛 射干 Belamcanda chinensis
isoannonacinone 异番荔枝辛酮▲ 圆滑番荔枝 Annona glabra
isoannonareticin 异牛心果替辛▲ 牛心番荔枝 Annona reticulata
isoannoreticuin 异牛心果因▲ 牛心番荔枝 Annona reticulata
isoanthricin 异峨参辛▲ 峨参 Anthriscus sylvestris
isoanwulignan 异安五木脂素 百两金 Ardisia crispa, 南五味子 Kadsura longipedunculata, 翼梗五味子 Schisandra henryi, 绿叶五味子 S. viridis
isoapetalic acid 异无瓣红厚壳酸▲ 薄叶红厚壳 Calophyllum membranaceum, 滇南红厚壳 C. polyanthum
(*E*)-isoapiol (*E*)- 异芹菜脑 挥发油成分，未统计基源
isoapiol 异芹菜脑 挥发油成分，未统计基源
isoapiosylskimmin 异芹糖茵芋苷 朝鲜当归 Angelica gigas
isoaquiledine 异耧斗菜定▲ 无距耧斗菜 Aquilegia ecalcarata
isoarboreol 异云南石梓醇▲ 云南石梓 Gmelina arborea
isoarborinol 异乔木山小橘醇▲ 荩草 Arthraxon hispidus, 黑面神 Breynia fruticosa, 薏米 Coix lacryma-jobi var. ma-yuen, 扶芳藤 Euonymus fortunei, 水同木 Ficus fistulosa, 山小橘 Glycosmis pentaphylla, 菊三七 Gynura japonica, 金草 Hedyotis acutangula, 中国绣球 Hydrangea chinensis, 白茅 Imperata cylindrica, 窄头橐吾 Ligularia stenocephala, 五节芒 Miscanthus floridulus, 芒 M. sinensis, 求米草 Oplismenus undulatifolius, 臭常山 Orixa japonica, 兔耳一枝箭 Piloselloides hirsuta, 高粱 Sorghum bicolor
isoarborinol ether 异乔木山小橘醇醚▲ 草地早熟禾 Poa pratensis
isoarcapillin 异茵陈蒿黄酮 茵陈蒿 Artemisia capillaris
isoaristolactone 异马兜铃内酯 变色马兜铃 Aristolochia versicolor
isoarjunolic acid 异阿江榄仁酸 夏枯草 Prunella vulgaris, 粘毛鼠尾草 Salvia roborowskii
isoarnottianamide 异阿诺花椒酰胺▲ 椿叶花椒 Zanthoxylum ailanthoides, 大叶臭花椒 Z. myriacanthum, 两面针 Z. nitidum
isoarnottinin 异阿诺花椒宁▲ 山茴香 Carlesia sinensis
isoarnottinin-4'-glucopyranoside 异阿诺花椒宁▲-4'- 吡喃葡萄糖苷 山茴香 Carlesia sinensis
isoaromadendrene 异香树烯 挥发油成分，未统计基源
isoaromadendrene epoxide 异香树烯环氧化物 挥发油成分，未统计基源
isoartocarpesin 异波罗蜜辛▲ 波罗蜜 Artocarpus heterophyllus
isoarvenin III 异海绿宁▲III 栝楼 Trichosanthes kirilowii
cis-isoasarone 顺式 - 异细辛脑 藏边大黄 Rheum australe
isoasatone 异细辛酮 小叶马蹄香 Asarum ichangense
isoasatone A 异细辛酮 A 小叶马蹄香 Asarum ichangense, 大花细辛 A. macranthum, 青城细辛 A. splendens
isoascaridole 异驱蛔脑 挥发油成分，未统计基源
isoasiaticoside 异积雪草苷 积雪草 Centella asiatica

isoaspidin AB 异绵马素 AB 刺头复叶耳蕨 Arachniodes exilis, 斜方复叶耳蕨 A. rhomboidea, 异羽复叶耳蕨 A. simplicior, 棕鳞耳蕨 Polystichum polyblepharum, 对马耳蕨 P. tsus-simense
isoaspidin BB 异绵马素 BB 刺头复叶耳蕨 Arachniodes exilis, 斜方复叶耳蕨 A. rhomboidea, 异羽复叶耳蕨 A. simplicior, 棕鳞耳蕨 Polystichum polyblepharum, 对马耳蕨 P. tsus-simense
isoastilbin 异落新妇苷 火索藤 Bauhinia aurea, 黄杞 Engelhardia roxburghiana, 土茯苓 Smilax glabra
isoastragalin 异紫云英苷 四方蒿 Elsholtzia blanda
isoastragaloside I 异黄芪苷 I 蒙古黄耆 Astragalus penduliflorus, 黄耆 A. penduliflorus subsp. mongholicus var. dahuricus
isoastragaloside II 异黄芪苷 II 蒙古黄耆 Astragalus penduliflorus, 黄耆 A. penduliflorus subsp. mongholicus var. dahuricus
isoastragaloside IV 异黄芪苷 IV 梭果黄耆 Astragalus ernestii, 蒙古黄耆 A. penduliflorus, 黄耆 A. penduliflorus subsp. mongholicus var. dahuricus
isoatisine 异阿替新 黄花乌头 Aconitum coreanum, 船盔乌头 A. naviculare, 伏毛直序乌头 A. richardsonianum var. pseudosessiliflorum, 圆叶乌头 A. rotundifolium, 河南翠雀花 Delphinium honanense
isoatisinum chloride 异阿替新氯化物 黄花乌头 Aconitum coreanum
4,15-isoatriplicolide angelate 4,15- 异滨藜叶珍珠菊内酯▲当归酸酯 菊芋 Helianthus tuberosus
4,15-isoatriplicolide isobutyrate 4,15- 异滨藜叶珍珠菊内酯▲异丁酸酯 菊芋 Helianthus tuberosus
4,15-isoatriplicolide methylacrylate 4,15- 异滨藜叶珍珠菊内酯▲丙烯酸甲酯 菊芋 Helianthus tuberosus
4,15-isoatriplicolide tiglate 4,15- 异滨藜叶珍珠菊内酯▲巴豆酸酯 菊芋 Helianthus tuberosus
isoaurapten 异橙皮油烯 九里香 Murraya exotica
isoaureoside 异黄花盒果藤苷▲ 鹰嘴豆 Cicer arietinum
isoauroside 异橙酮苷 洋甘草 Glycyrrhiza glabra
isoavroside 异水八角苷 堆心菊 Helenium autumnale
isoazadironolide 异印楝内酯 杜楝 Turraea pubescens
isobaimonidine 异浙贝碱 黄花贝母 Fritillaria verticillata
isobaimuxinol 异白木香醇 挥发油成分，未统计基源
isobaisseoside 异金平藤苷▲ 桑 Morus alba
isobauerenol 异鲍尔山油柑烯醇▲ 问荆 Equisetum arvense, 窄头橐吾 Ligularia stenocephala, 毛连菜 Picris hieracioides, 款冬 Tussilago farfara
isobauerenone 异鲍尔山油柑烯酮▲ 毛连菜 Picris hieracioides
isobauerenyl acetate 异鲍尔山油柑烯醇▲乙酸酯 咖啡黄葵 Abelmoschus esculentus, 狼毒大戟 Euphorbia fischeriana, 连翘 Forsythia suspensa, 毛连菜 Picris hieracioides
isobavachalcone 异补骨脂查耳酮 波罗蜜 Artocarpus heterophyllus, 补骨脂 Cullen corylifolia, 水蛇麻 Fatoua villosa, 桑 Morus alba, 华桑 M. cathayana, 荜拔 Piper longum
isobavachin 异补骨脂辛▲ 补骨脂 Cullen corylifolia, 刺桐 Erythrina variegata, 短梗胡枝子 Lespedeza cyrtobotrya, 苦豆子 Sophora alopecuroides, 绒毛槐 S. tomentosa
isobavachromene 异补骨脂色烯 波罗蜜 Artocarpus heterophyllus, 补骨脂 Cullen corylifolia, 厚果崖豆藤 Millettia pachycarpa
isobellidifolin 异雏菊叶龙胆素 高山龙胆 Gentiana algida, 紫红獐牙菜 Swertia punicea, 蛇胆草 Tylophora secamonoides
isobenzoylpaeoniflorin 异苯甲酰芍药苷 芍药 Paeonia lactiflora
isobergapten 异香柠檬脑 挥发油成分，未统计基源
isobergenin 异岩白菜素 岩白菜 Bergenia purpurascens
isobetanidin 异甜菜素 厚皮菜 Beta vulgaris var. cicla
isobetanidin-6-*O*-*β*-D-glucopyranoside 异甜菜素 -6-*O*-*β*-D- 吡喃葡萄糖苷 土人参 Talinum paniculatum
isobetanin 异甜菜苷 刺苋 Amaranthus spinosus, 厚皮菜 Beta vulgaris var. cicla, 垂序商陆 Phytolacca americana
isobharangin 异千解草精▲ 千解草 Pygmaeopremna herbacea
(+)-isobicyclogermacrenal (+)- 异双环大根老鹳草醛 西藏马兜铃 Aristolochia griffithii, 大叶马兜铃 A. kaempferi, 木通马兜铃 A. manshuriensis, 寻骨风 A. mollissima
isobiflorin 异全能花素▲ 广州相思子 Abrus cantoniensis, 毛相思子 A. mollis, 粗茎鳞毛蕨 Dryopteris crassirhizoma
isobioquercetin 异生物槲皮素 马利筋 Asclepias curassavica, 平卧菊三七 Gynura procumbens
isobiorobin 异刺槐二糖苷▲ 铃兰 Convallaria majalis
isobisdehydrostemoninine 异双去氢百部新碱 直立百部 Stemona sessilifolia
isobocconin 异博氏邪蒿素▲ 前胡 Peucedanum praeruptorum
(+)-isoboldine (+)- 异波尔定碱 山延胡索 Corydalis solida, 山胡椒 Lindera glauca, 山鸡椒 Litsea cubeba, 南亚新木姜子 Neolitsea zeylanica
d-isoboldine *d*- 异波尔定 延胡索 Corydalis yanhusuo
isoboldine 异波尔定碱 多根乌头 Aconitum karakolicum, 圆滑番荔枝 Annona glabra, 无根藤 Cassytha filiformis, 樟叶木防己 Cocculus laurifolius, 地丁草 Corydalis bungeana, 直茎黄堇 C. stricta, 毛翠雀花 Delphinium trichophorum, 荷包牡丹 Dicentra spectabilis, 翅果刺桐 Erythrina subumbrans, 海罂粟 Glaucium fimbrilligerum, 狭叶山胡椒 Lindera angustifolia, 山鸡椒 Litsea cubeba, 长梗润楠 Machilus duthiei, 白线薯 Stephania brachyandra, 药用地不容 S. officinarum, 金罂粟 Stylophorum lasiocarpum, 高山唐松草 Thalictrum alpinum, 唐松草 T. aquilegiifolium var. sibiricum, 狭序唐松草 T. atriplex, 腺毛唐松草 T. foetidum, 紫堇叶唐松草 T. isopyroides, 枣 Ziziphus jujuba
(+)-isoboldine-*β*-*N*-oxide (+)- 异波尔定碱 -*β*-*N*- 氧化物 山鸡椒 Litsea cubeba
isobonducellin 异刺果苏木林素▲ 金凤花 Caesalpinia pulcherrima

isoboonein 异伯恩鸡骨常山素▲ 糖胶树 Alstonia scholaris, 蒙古芯芭 Cymbaria mongolica, 华南龙胆 Gentiana loureiroi
isoborneol 异龙脑 挥发油成分，未统计基源
3-isobornyl acetate 3- 异龙脑乙酸酯 雪岭云杉 Picea schrenkiana
isobornyl acetate 异龙脑乙酸酯 挥发油成分，未统计基源
isobrahmic acid 异积雪草萜酸▲ 积雪草 Centella asiatica
isobruceine B 异鸦胆子素 B 柔毛鸦胆子 Brucea mollis
isobrucine 异马钱子碱 马钱子 Strychnos nux-vomica
isobrucine-*N*-oxide 异马钱子碱 -*N*- 氧化物 马钱子 Strychnos nux-vomica
isobrugierol 异木榄醇 柱果木榄 Bruguiera cylindrica, 木榄 B. gymnorhiza
4,15-isobudlein A-isobutyrate 4,15- 异巴德来金眼菊素▲A 异丁酸酯 菊芋 Helianthus tuberosus
isobungeanool 异花椒醇 花椒 Zanthoxylum bungeanum
isoburnamine 异乳白仔榄树新胺▲ 蕊木 Kopsia arborea
2-isobutane-5-methyl-7-hydroxychromone-*O*-galloyl-glucoside 2- 异丁烷 -5- 甲基 7- 羟基色酮 -*O*- 没食子酰葡萄糖苷 窄叶大黄 Rheum sublanceolatum
2-isobutyryl-14-hydroxy-hetisine-*N*-oxide 2- 异丁基 -14- 羟基 - 核替生 -*N*- 氧化物 黄花乌头 Aconitum coreanum
isobutyl 3-(1,3-benzdioxolo-5)-trideca-2*E*,4*E*,12*E*-trienoate 3-(1,3- 苯并二氧 -5)- 十三碳 -2*E*,4*E*,12*E*- 三烯酸异丁酯 短蒟 Piper mullesua
isobutyl acetate 异丁醇乙酸酯 挥发油成分，未统计基源
isobutyl alcohol 异丁醇 挥发油成分，未统计基源
isobutyl angelate 当归酸异丁酯 果香菊 Chamaemelum nobile
isobutyl benzoate 苯甲酸异丁酯 假黄皮 Clausena excavata
isobutyl cinnamate 桂皮酸异丁酯 挥发油成分，未统计基源
isobutyl hexanoate 己酸异丁酯 挥发油成分，未统计基源
isobutyl *n*-butyl phthalate 酞酸异丁基正丁基酯 千屈菜 Lythrum salicaria
isobutyl octanoate 辛酸异丁酯 挥发油成分，未统计基源
isobutyl phenylacetate 苯乙酸异丁酯 挥发油成分，未统计基源
isobutyl phthalate 酞酸二异丁酯 挥发油成分，未统计基源
isobutyl pyroglutamate 焦谷氨酸异丁酯 人参 Panax ginseng
isobutyl thiocyanate 硫氰酸异丁酯 挥发油成分，未统计基源
isobutyl tiglate 巴豆酸异丁酯 挥发油成分，未统计基源
isobutyl(2-methoxyethyl)-carbonate 异丁基 (2- 甲氧基乙基) 羧酸酯 挥发油成分，未统计基源
(3*S*,6*R*)-3-isobutyl-6-(2-methylpropyl)-2,5-piperazine diketone (3*S*,6*R*)-3- 异丁基 -6-(2- 甲基丙基)-2,5- 哌嗪二酮 挂金灯 Physalis alkekengi var. francheti
(3*S*,6*S*)-3-isobutyl-6-(*p*-hydroxybenzyl)-2,5-piperazine diketone (3*S*,6*S*)-3- 异丁基 -6- 对羟基苄基 -2,5- 哌嗪二酮 挂金灯 Physalis alkekengi var. francheti
(3*S*,6*S*)-3-isobutyl-6-benzyl-2,5-piperazine diketone (3*S*,6*S*)-3- 异丁基 -6- 苄基 -2,5- 哌嗪二酮 挂金灯 Physalis alkekengi var. francheti
(3*S*,6*S*)-3-isobutyl-6-isopropyl-2,5-piperazine diketone (3*S*,6*S*)-3- 异丁基 -6- 异丙基 -2,5- 哌嗪二酮 挂金灯 Physalis alkekengi var. francheti
1-isobutyl-7,7-dimethyl-octahydroisobenzofuran-3*α*-ol 1- 异丁基 -7,7- 二甲基 - 八氢异苯并呋喃 -3*α*- 醇 挥发油成分，未统计基源
isobutylbenzene 异丁基苯 挥发油成分，未统计基源
DL-5-isobutylhydantoin DL-5- 异丁基乙内酰脲 苦马豆 Sphaerophysa salsula
8-isobutyloxy-8-deacetyl-peritassine A 8- 异丁酰氧基 -8- 去乙酰基佩里塔萨木碱▲A 灯油藤 Celastrus paniculatus
29-isobutylsendanin 29- 异丁基楝素 楝 Melia azedarach
isobutyl-*β*-D-glucopyranoside 异丁基 -*β*-D- 吡喃葡萄糖苷 珊瑚菜 Glehnia littoralis, 天山棱子芹 Pleurospermum lindleyanum
isobutyric acid 异丁酸 挥发油成分，未统计基源
isobutyric acid thymyl ester 异丁酸麝香草酚酯 显脉旋覆花 Duhaldea nervosa
3*α*-isobutyroxytropane 3*α*- 异丁酰氧基托品烷 掌叶鱼黄草 Merremia vitifolia
3-isobutyroyl-30-propanoylphragmalin 3- 异丁酰基 -30- 丙酰内雄楝林素▲ 麻楝 Chukrasia tabularis
isobutyroylbinankadsurin A 异丁酰日本南五味子素▲A 南五味子 Kadsura longipedunculata
2*α*-isobutyroyloxy-3*α*-nicotinoyloxy-5*β*,7*α*,8*α*,9*α*,15*β*-pentaacetoxyjatropha-6(17),11*E*-diene-14-one 2*α*- 异丁酰氧基 -3*α*- 烟酰氧基 -5*β*,7*α*,8*α*,9*α*,15*β*- 五乙酰氧基麻疯树 -6(17),11*E*- 二烯 -14- 酮 对叶大戟 Euphorbia sororia
isobutyrylalkannin 异丁酰紫朱草素 软紫草 Arnebia euchroma
isobutyrylmallotochromanol 异丁酰野桐色烷醇 野梧桐 Mallotus japonicus
isobutyrylmallotochromene 异丁酰野桐色烯 野梧桐 Mallotus japonicus
isobutyrylmallotojaponin 异丁酰野梧桐素▲ 野梧桐 Mallotus japonicus
2*β*-(isobutyryloxy)-florilenalin 2*β*-(异丁酰氧基) 堆心菊内酯 石胡荽 Centipeda minima
8*β*-isobutyryloxy-14-al-costunolide 8*β*- 异丁酰氧 -14- 醛 - 木香内酯 豨莶 Sigesbeckia orientalis
17-isobutyryloxy-16*αH*-kauran-19-oic acid 17- 异丁酰氧基 -16*αH*- 贝壳杉 -19- 酸 刺五加 Eleutherococcus senticosus
ent-17-isobutyryloxy-18-hydroxykauran-19-oic acid 对映 -17- 异丁酰氧基 -18- 羟基贝壳杉 -19- 酸 腺梗豨莶 Sigesbeckia pubescens
8*β*-isobutyryloxy-1*β*,10*α*-epoxycostunolide 8*β*- 异丁酰氧 -1*β*,10*α*- 环氧木香内酯 豨莶 Sigesbeckia orientalis
1*β*-isobutyryloxy-2*β*,6*α*,15-triacetoxy-9*α*-benzoyloxy-4*α*-hydroxy-dihydro-*β*-agarofuran 1*β*- 异丁酰氧基 -2*β*,6*α*,15- 三乙酰氧基 -9*α*- 苯甲酰氧

基 -4α- 羟基 - 二氢 -β- 沉香呋喃 矮卫矛 Euonymus nanus
9-isobutyryloxy-8,10-dehydrothymol 9- 异丁酰氧基 -8,10- 去氢麝香草酚 台湾泽兰 Eupatorium formosanum
10-isobutyryloxy-8,9-dehydrothymol isobutyrate 10- 异丁酰氧基 -8,9- 去氢麝香草酚异丁酸酯 柳叶旋覆花 Inula salicina
10-isobutyryloxy-8,9-epoxythymol isobutyrate 10- 异丁酰氧基 -8,9- 环氧麝香草酚异丁酸酯 金挖耳 Carpesium divaricatum, 石胡荽 Centipeda minima, 土木香 Inula helenium, 蓼子朴 I. salsoloides
6β-isobutyryloxy-8α-hydroxy-1-oxoeremophil-7(11),9-dien-12,8β-olide 6β- 异丁酰氧基 -8α- 羟基 -1- 氧代荒漠木 -7(11),9- 二烯 -12,8β- 内酯 林荫千里光 Senecio nemorensis
6β-isobutyryloxy-9-oxofuranoeremophil-1(10)-ene 6β- 异丁酰氧基 -9- 氧代荒漠木 -1(10)- 烯 林荫千里光 Senecio nemorensis
6β-isobutyryloxy-9-oxo-furanoeremophila-1,10-diene 6β- 异丁酰氧基 -9- 氧代呋喃荒漠木 -1,10- 二烯 林荫千里光 Senecio nemorensis
8β-isobutyryloxycumambranolide 8β- 异丁酰氧基库马纳豚草内酯▲ 肿柄菊 Tithonia diversifolia
3'-isobutyryloxy-O-acetylcolumbianetin 3'- 异丁酰氧基 -O- 乙酰哥伦比亚狭缝芹亭▲ 台湾蛇床 Cnidium monnieri var. formosanum
3'-isobutyryloxy-O-acetylcolumbionetin 3'- 异丁酰氧基 -O- 乙酰哥伦比亚狭缝芹醇▲ 蛇床 Cnidium monnieri
7-isobutyryloxythymohydroquinone dimethyl ether 7- 异丁酰氧基百里香氢醌 二甲醚 柳叶旋覆花 Inula salicina
7-isobutyryloxythymol methyl ether 7- 异丁酰氧基麝香草酚甲醚 柳叶旋覆花 Inula salicina
2-isobutyrylphloroglucinol-1-O-β-glucopyranoside 2- 异丁酰根皮酚 -1-O-β- 吡喃葡萄糖苷 啤酒花 Humulus lupulus
isobutyrylshikonin 异丁酰紫草素 田紫草 Lithospermum arvense, 紫草 L. erythrorhizon, 密花滇紫草 Onosma confertum, 露蕊滇紫草 O. exsertum, 细花滇紫草 O. hookeri, 长花滇紫草 O. hookeri var. longiflorum, 滇紫草 O. paniculatum
isobutyrylthymol 异丁酰麝香草酚 显脉旋覆花 Duhaldea nervosa
isobyakangelicin 异白当归素 阿坝当归 Angelica apaensis, 白芷 A. dahurica, 重瓣五味子 Schisandra plena
isobyakangelicin hydrate-3''-ethyl ether 异白当归素水合物 -3''- 乙醚 杭白芷 Angelica dahurica 'Hangbaizhi'
isobyakangelicol 异白当归脑 阿坝当归 Angelica apaensis, 调料九里香 Murraya koenigii
isocadinene 异杜松烯 挥发油成分，未统计基源
isocalamendiol 异菖蒲烯二醇 菖蒲 Acorus calamus, 杜香 Ledum palustre, 羌活 Notopterygium incisum
isocalolongic acid 异长叶红厚壳酸▲ 薄叶红厚壳 Calophyllum membranaceum, 滇南红厚壳 C. polyanthum
(3E)-isocalophyllic acid (3E)- 异红厚壳酸▲ 红厚壳 Calophyllum inophyllum
isocalophyllic acid 异红厚壳酸▲ 红厚壳 Calophyllum inophyllum, 薄叶红厚壳 C. membranaceum
isocalopolyanic acid 异滇南红厚壳酸▲ 滇南红厚壳 Calophyllum polyanthum
isocalycopterone 异萼翅藤酮▲ 萼翅藤 Getonia floribunda
exo-isocamphanyl acetate 外向 - 异樟醇乙酸酯 挥发油成分，未统计基源
isocampneoside I 异凌霄新苷 I 管花肉苁蓉 Cistanche tubulosa
isocampneoside II 异凌霄新苷 II 马鞭草 Verbena officinalis
isocannabispiran 异大麻螺烷▲ 大麻 Cannabis sativa
isocantleyine 异香茶茱萸碱 阴行草 Siphonostegia chinensis
isocapsicastrine 异珊瑚豆碱 珊瑚豆 Solanum pseudocapsicum var. diflorum
isocarapanaubine 异卡拉帕白坚木碱▲ 思茅山橙 Melodinus cochinchinensis
isocardopatine 异蓝丝菊素▲ 驴欺口 Echinops davuricus, 华东蓝刺头 E. grijsii, 硬叶蓝刺头 E. ritro
isocarlinoside 异刺苞菊苷 湖南稗子 Echinochloa frumentacea, 紫花地丁 Viola philippica
isocarthamidin 异红花素 红花 Carthamus tinctorius, 岩木瓜 Ficus tsiangii, 黄芩 Scutellaria baicalensis, 半枝莲 S. barbata, 棱茎黄芩 S. scandens
isocarthamidin-7-O-glucuronide 异红花素 -7-O- 葡萄糖醛酸苷 黄芩 Scutellaria baicalensis, 棱茎黄芩 S. scandens
isocarthamidin-7-O-β-D-glucuronide 异红花素 -7-O-β-D- 葡萄糖醛酸苷 黄芩 Scutellaria baicalensis
isocarthamin 异红花苷 红花 Carthamus tinctorius
isocaryolanol 异丁香烷醇 鸦胆子 Brucea javanica
isocaryophyl1ene 异石竹烯 挥发油成分，未统计基源
(-)-isocaryophyllene (-)- 异丁香烯 挥发油成分，未统计基源
isocaryophyllene 异丁香烯 挥发油成分，未统计基源
isocaviudin 异巴西黑黄檀定▲ 印度黄檀 Dalbergia sissoo
isocaviunin 异巴西黑黄檀素▲ 印度黄檀 Dalbergia sissoo
isoceanothic acid 异美洲茶酸 黑面神 Breynia fruticosa, 酸枣 Ziziphus jujuba var. spinosa
isoceanothic acid-28β-glucosyl ester 异美洲茶酸 -28β- 葡萄糖基酯 马甲子 Paliurus ramosissimus
isocedrolic acid 异雪松醇酸 刺柏 Juniperus formosana, 高山柏 J. squamata
isocelastroline Aα 异南蛇藤醇素▲Aα 南蛇藤 Celastrus orbiculatus
isocentdarol 异雪松达醇▲ 雪松 Cedrus deodara, 香柏 Juniperus pingii var. wilsonii
isocephalotaxine 异三尖杉碱 三尖杉 Cephalotaxus fortunei, 粗榧 C. sinensis
isocephalotaxinone 异三尖杉酮碱 三尖杉 Cephalotaxus fortunei
isochaihulactone 异柴胡内酯 红柴胡 Bupleurum scorzonerifolium
isochamaecydin 异扁柏定▲ 柳杉 Cryptomeria japonica var. sinensis
isochamaejasmenin B, C 异狼毒宁 B, C 狼毒 Stellera chamaejasme
isochamaejasmin 异狼毒素 尖瓣瑞香 Daphne acutiloba, 狼毒 Stellera chamaejasme

isochamanetin 异矮紫玉盘素 假蒟 Piper sarmentosum
(-)-isochaminic acid (-)-扁柏次酸 大叶土蜜树 Bridelia retusa
isochavibetol 异蒌叶酚 挥发油成分，未统计基源
isochavicine 异黑椒素 假荜拔 Piper retrofractum
isochelidonine 异白屈菜碱 白屈菜 Chelidonium majus
isochenopotriol 异藜三醇▲ 香藜 Chenopodium botrys
isochesnatin 异栗瘿鞣亭 板栗 Castanea mollissima
isochestanin 异栗瘿鞣质 板栗 Castanea mollissima, 苦槠 Castanopsis sclerophylla
isochiisanoside 异智异山五加苷▲ 无梗五加 Eleutherococcus sessiliflorus
isochionoside B 异雪赫柏苷▲B 水苦荬 Veronica undulata
isochionoside H 异雪赫柏苷▲H 阿拉伯婆婆纳 Veronica persica
isochlorogenic acid 异绿原酸 药水苏 Betonica officinalis, 积雪草 Centella asiatica, 菊苣 Cichorium intybus, 枇杷 Eriobotrya japonica, 芹叶牻牛儿苗 Erodium cicutarium, 猫爪藤 Macfadyena unguis-cati, 豆梨 Pyrus calleryana, 黄果茄 Solanum virginianum
isochlorogenic acid A 异绿原酸 A 山芝麻 Helicteres angustifolia, 鹿草 Stemmacantha carthamoides
isochlorogenic acid B 异绿原酸 B 山芝麻 Helicteres angustifolia, 鹿草 Stemmacantha carthamoides
isochlorogenic acid C 异绿原酸 C 山芝麻 Helicteres angustifolia, 密脉鹅掌柴 Heptapleurum ellipticum, 鹿草 Stemmacantha carthamoides
d-isochondodendrine *d*-异谷树碱 毛叶轮环藤 Cyclea barbata, 四川轮环藤 C. sutchuenensis
isochondodendrine 异谷树碱 毛叶轮环藤 Cyclea barbata, 纤细轮环藤 C. gracillima, 粉叶轮环藤 C. hypoglauca, 铁藤 C. polypetala, 轮环藤 C. racemosa, 雅丽千金藤 Stephania elegans, 地不容 S. epigaea, 草质千金藤 S. herbacea
isochrysartemin B 异菊蒿明素▲B 短舌匹菊 Pyrethrum parthenium
isochrysophanol 异大黄酚 毛地黄 Digitalis purpurea, 翅荚决明 Senna alata, 决明 S. tora
isochrysotricine 异金毛耳草碱▲ 头状花耳草 Hedyotis capitellata
isochuanliansu 异川楝素 楝 Melia azedarach, 川楝 M. toosendan
isocicutoxin 异毒芹毒素 毒芹 Cicuta virosa
isocimicifugamide 异升麻酰胺 兴安升麻 Cimicifuga dahurica
isocinchophyllamine 异金鸡纳叶胺▲ 金鸡纳树 Cinchona calisaya
isocistanoside C 异肉苁蓉苷 C 肉苁蓉 Cistanche deserticola
isocistanoside F 异肉苁蓉苷 F 苦郎树 Clerodendrum inerme, 粗壮女贞 Ligustrum robustum subsp. chinense
(+)-isocitric acid (+)-异柠檬酸 湖南稗子 Echinochloa frumentacea
isococcolinine 异衡州乌药里宁 刺桐 Erythrina variegata
isococculidine 异衡州乌药定 樟叶木防己 Cocculus laurifolius
isococculine 异衡州乌药灵 樟叶木防己 Cocculus laurifolius
isococlaurine 异衡州乌药碱 莲 Nelumbo nucifera
isocolumbin 异非洲防己素▲ 青牛胆 Tinospora sagittata
(±)-isocondylocarpine (±)-异膝果双喙木碱▲ 思茅山橙 Melodinus cochinchinensis
19*E*-isocondylocarpine-N^4-oxide 19*E*-异膝果双喙木碱▲-N^4-氧化物 雷打果 Melodinus yunnanensis
isoconessimine 异止泻木西明▲ 止泻木 Holarrhena pubescens, 胭木 Wrightia arborea
isoconiferin 异松柏苷 麻叶风轮菜 Clinopodium urticifolium, 滇瑞香 Daphne feddei
isoconiferinoside 异松柏诺苷▲ 粗茎秦艽 Gentiana crassicaulis
isoconiferoside 异松柏醇苷 人参 Panax ginseng
isoconoliferine 异锥喉花菲灵▲ 伞房狗牙花 Tabernaemontana corymbosa
isoconomicidine A, B 异锥喉花西定▲A, B 伞房狗牙花 Tabernaemontana corymbosa
isocoreopsin 异金鸡菊苷 狼杷草 Bidens tripartita
(-)-isocoreximine (-)-异繸毛荷包牡丹碱▲ 飞龙掌血 Toddalia asiatica
isocoriariin F 异马桑鞣灵▲F 直杆蓝桉 Eucalyptus maidenii
isocorilagin 异鞣皮云实鞣精▲ 余甘子 Phyllanthus emblica
isocorniculatolide A 异蜡烛果内酯▲A 青江藤 Celastrus hindsii
isocornusiin F 异山茱萸鞣质▲F 山茱萸 Cornus officinalis
isocoronarin D 异姜花素 D 距花山姜 Alpinia calcarata, 姜花 Hedychium coronarium, 圆瓣姜花 H. forrestii
isocorybulbine 异紫堇鳞茎碱 延胡索 Corydalis yanhusuo
(-)-isocorydine (-)-异紫堇定 黄兰 Michelia champaca
(+)-isocorydine (+)-异紫堇定 鹰爪花 Artabotrys hexapetalus, 西伯利亚小檗 Berberis sibirica, 石生黄堇 Corydalis saxicola, 山延胡索 C. solida, 海罂粟 Glaucium fimbrilligerum, 偏翅唐松草 Thalictrum delavayi
d-isocorydine *d*-异紫堇定 莲叶桐 Hernandia nymphaeifolia, 广西地不容 Stephania kwangsiensis, 小花地不容 S. micrantha
isocorydine 异紫堇定 短柄乌头 Aconitum brachypodum, 番荔枝 Annona squamosa, 土沉香 Aquilaria sinensis, 异果小檗 Berberis heteropoda, 日本小檗 B. thunbergii, 樟叶木防己 Cocculus laurifolius, 土元胡 Corydalis humosa, 薯根延胡索 C. ledebouriana, 紫金龙 Dactylicapnos scandens, 扭果紫金龙 D. torulosa, 荷包牡丹 Dicentra spectabilis, 秃疮花 Dicranostigma leptopodum, 臭檀吴萸 Euodia daniellii, 对叶榕 Ficus hispida, 海罂粟 Glaucium fimbrilligerum, 山鸡椒 Litsea cubeba, 南天竹 Nandina domestica, 白线薯 Stephania brachyandra, 金线吊乌龟 S. cephalantha, 草质千金藤 S. herbacea, 河谷地不容 S. intermedia, 药用地不容 S. officinarum, 黄叶地不容 S. viridiflavens, 云南地

不容 S. yunnanensis, 唐松草 Thalictrum aquilegiifolium var. sibiricum

(+)-6*R*,6a*S*-isocorydine-N_{β}-oxide (+)-6*R*,6a*S*- 异紫堇定 -N_{β}- 氧化物 黄叶地不容 Stephania viridiflavens

isocorydione 异紫堇醌 金线吊乌龟 Stephania cephalantha

isocorylifonol 异补骨脂酮酚▲ 补骨脂 Cullen corylifolia

isocorynoline 异紫堇灵 地锦苗 Corydalis sheareri, 珠芽地锦苗 C. sheareri f. bulbillifera

isocorynoxeine 异柯楠赛因碱▲ 大叶钩藤 Uncaria macrophylla, 钩藤 U. rhynchophylla, 华钩藤 U. sinensis

isocorynoxeine-*N*-oxide 异柯楠赛因碱▲-*N*- 氧化物 钩藤 Uncaria rhynchophylla

(-)-isocorypalmine (-)- 异紫堇杷明碱 山延胡索 Corydalis solida, 天仙藤 Fibraurea recisa, 海罂粟 Glaucium fimbrilligerum

(*S*)-isocorypalmine (*S*)- 异紫堇杷明碱 白线薯 Stephania brachyandra

L-isocorypalmine L- 异紫堇杷明碱 籽纹紫堇 Corydalis esquirolii, 蛇果黄堇 C. ophiocarpa, 大叶藤 Tinomiscium petiolare

isocorypalmine 异紫堇杷明碱 石生黄堇 Corydalis saxicola, 直茎黄堇 C. stricta, 延胡索 C. yanhusuo, 北美鹅掌楸 Liriodendron tulipifera

(+)-isocorytuberine (+)- 异紫堇块茎碱 海罂粟 Glaucium fimbrilligerum

isocostic acid 异木香酸 臭蒿 Artemisia hedinii, 六棱菊 Laggera alata, 云木香 Saussurea costus

isocrassifolioside 异肉叶车前苷▲ 块茎芦莉草 Ruellia tuberosa

isocrassifoside G 异绒叶仙茅苷 G 绒叶仙茅 Curculigo crassifolia

isocrenatoside 异圆齿列当苷 南川冠唇花 Microtoena prainiana, 弯管列当 Orobanche cernua, 列当 O. coerulescens, 广藿香 Pogostemon cablin

isocrotocaudin 异卵叶巴豆定▲ 卵叶巴豆 Croton caudatus, 巴豆 C. tiglium

isocrotonoylpterosin B 异巴豆酰蕨素 B 蕨 Pteridium aquilinum var. latiusculum

isocryptomerin 异柳杉素 新疆方枝柏 Juniperus pseudosabina, 小翠云 Selaginella kraussiana, 卷柏 S. tamariscina

isocryptotanshinone 异隐丹参酮 丹参 Salvia miltiorrhiza

α-isocubebene α- 异荜澄茄烯 五味子 Schisandra chinensis

α-isocubebenol α- 异荜澄茄烯醇 五味子 Schisandra chinensis

isocubebin 异荜澄茄素 滇瑞香 Daphne feddei

isocucurbitacin B 异葫芦素 B 火索麻 Helicteres isora, 椭圆果雪胆 Hemsleya ellipsoidea

isocucurbitacin D 异葫芦素 D 土沉香 Aquilaria sinensis, 山芝麻 Helicteres angustifolia

isocucurbitacin D-25-*O*-acetate 异葫芦素 D-25-*O*- 乙酸酯 假贝母 Bolbostemma paniculatum

isocucurbitacin R 异葫芦素 R 甜瓜 Cucumis melo

isocudraniaxanthone A 异爪哇柘屾酮▲A 红芽木 Cratoxylum formosum subsp. pruniflorum, 柘树 Cudrania tricuspidata

isocudraniaxanthone B 异爪哇柘屾酮▲B 黄牛木 Cratoxylum cochinchinense, 红芽木 C. formosum subsp. pruniflorum, 构棘 Cudrania cochinchinensis, 柘树 C. tricuspidata

isocudraxanthone K 异柘屾酮▲K 柘树 Cudrania tricuspidata

isocuparenal 异柏芳醛▲ 五味子 Schisandra chinensis, 大花五味子 S. grandiflora

isocupressic acid 异柏木酸 挥发油成分，未统计基源

isocurculigenin 异仙茅皂苷元 大叶仙茅 Curculigo capitulata

isocurculigin; isocurculigine 异仙茅素 大叶仙茅 Curculigo capitulata

isocurcumenol 异莪术烯醇 莪术 Curcuma phaeocaulis, 川郁金 C. sichuanensis, 温郁金 C. wenyujin

isocyasterone 异杯苋甾酮 头花杯苋 Cyathula capitata, 川牛膝 C. officinalis

isocycleaneonine 异轮环藤新碱 轮环藤 Cyclea racemosa, 四川轮环藤 C. sutchuenensis

isocycleanine 异轮环藤宁碱 四川轮环藤 Cyclea sutchuenensis

(-)-isocyclocapitelline (-)- 异环头状花耳草碱▲ 头状花耳草 Hedyotis capitellata

isocyclocitral 异环柠檬醛 挥发油成分，未统计基源

isocyclokirilodiol 异环栝楼二醇▲ 栝楼 Trichosanthes kirilowii

isocyclomulberrin 异环桑素 波罗蜜 Artocarpus heterophyllus, 胭脂 A. tonkinensis

isocynaroside 异菜蓟苷 苣荬菜 Sonchus arvensis

isocyperol 异香附醇 益智 Alpinia oxyphylla

isocytisoside 异金雀儿苷 金柑 Fortunella japonica

isocytisoside-7-*O*-β-D-glucopyranoside 异金雀儿黄素 -7-*O*-β-D- 吡喃葡萄糖苷 假烟叶树 Solanum erianthum

isodahuribirin A 异白芷双香豆素▲A 白芷 Angelica dahurica

isodahurinol 异兴安升麻醇 升麻 Cimicifuga foetida, 小升麻 C. japonica, 单穗升麻 C. simplex

isodaphneticin 异瑞香辛 滇瑞香 Daphne feddei, 黄瑞香 D. giraldii, 朝鲜瑞香 D. pseudomezereum var. koreana, 唐古特瑞香 D. tangutica

isodaphneticin-4''-*O*-α-D-glucopyranoside 异瑞香辛 -4''-*O*-α-D- 吡喃葡萄糖苷 滇瑞香 Daphne feddei

isodaphnilactone B 异交让木内酯 B 虎皮楠 Daphniphyllum oldhamii

isodaphnoretin 异西瑞香素 芫花 Daphne genkwa, 凹叶瑞香 D. retusa, 狼毒 Stellera chamaejasme, 革叶荛花 Wikstroemia scytophylla

isodaphnoretin B 异西瑞香素 B 狼毒 Stellera chamaejasme

isodaphnoside 异瑞香诺苷▲ 尖瓣瑞香 Daphne acutiloba, 黄瑞香 D. giraldii

isodauc-6-ene-10β,14-diol 异胡萝卜 -6- 烯 -10β,14- 二醇 樫木 Dysoxylum excelsum

isodecanal 异癸醛 挥发油成分，未统计基源

isodecarine 异得卡瑞花椒碱 竹叶花椒 Zanthoxylum armatum

isodecortinol 异脱皮松藻醇▲ 七星莲 Viola diffusa
isodecursin 异紫花前胡素▲ 沙田柚 Citrus maxima 'Shatian Yu'
isodehydrocostus lactone 异去氢木香内酯 云木香 Saussurea costus
isodehydrocostus lactone-15-aldehyde 异去氢木香内酯 -15- 醛 云木香 Saussurea costus
isodehydroiridomyrmecin 异去氢虹臭蚁素▲ 葛枣猕猴桃 Actinidia polygama
isodelectine 异网果翠雀亭▲ 峨眉翠雀花 Delphinium omeiense
isodelelatine 异高翠雀碱▲ 太白乌头 Aconitum taipeicum
isodelpheline 异翠雀灵 伏毛直序乌头 Aconitum richardsonianum var. pseudosessiliflorum
isodelphinine 异翠雀碱 乌头 Aconitum carmichaelii
isodemethylwedelolactone 异去甲蟛蜞菊内酯 鳢肠 Eclipta prostrata
isodencichine 异田七氨酸 三七 Panax notoginseng, 西洋参 P. quinquefolius
isodeoxyelephantopin 异去氧地胆草素 地胆草 Elephantopus scaber
isoderricin A 异鱼藤钦素▲A 干花豆 Fordia cauliflora
isoderrone 异大鱼藤树酮▲ 构棘 Cudrania cochinchinensis, 千斤拔 Flemingia philippinensis, 胀果甘草 Glycyrrhiza inflata
isodesacetyluvaricin 异去乙酰紫玉盘辛▲ 番荔枝 Annona squamosa
isodextropimaric acid 异右旋海松酸 华山松 Pinus armandii
isodictamdiol A 异白鲜二醇 A 狭叶白鲜 Dictamnus angustifolius
isodictamnine 异白鲜碱 狭叶白鲜 Dictamnus angustifolius, 山小橘 Glycosmis pentaphylla, 簕欓花椒 Zanthoxylum avicennae
isodidehydrotuberostemonine 异二去氢对叶百部碱 大百部 Stemona tuberosa
3α-isodihydrocadambine 3α- 异二氢团花碱▲ 团花 Neolamarckia cadamba
3β-isodihydrocadambine 3β- 异二氢团花碱▲ 团花 Neolamarckia cadamba
3β-isodihydrocadambine-4-oxide 3β- 异二氢团花碱▲-4- 氧化物 团花 Neolamarckia cadamba
isodihydrocarinatidin 异二氢苏里南维罗蔻木定▲ 肉豆蔻 Myristica fragrans
isodihydroepinepetalactone 异二氢表荆芥内酯 葛枣猕猴桃 Actinidia polygama
isodihydrofutoquinol A 异二氢风藤奎脑▲A 玉兰 Yulania denudata
isodihydrofutoquinol B 异二氢风藤奎脑▲B 苎叶蒟 Piper boehmeriifolium, 玉兰 Yulania denudata
isodihydronepetalactone 异二氢荆芥内酯 挥发油成分，未统计基源
isodihydrosyringetin 异二氢丁香亭 补血草 Limonium sinense
(Z,Z')-3-3',8-8'-isodiligustilide (Z,Z')-3.3',8.8'- 异二藁本内酯 当归 Angelica sinensis
(E)-isodillapiole (E)- 异莳萝脑 隔山香 Ostericum citriodorum
isodillapioleglycol 异莳萝脑甘醇 隔山香 Ostericum citriodorum
isodiospyrin 异柿素 柿 Diospyros kaki, 野柿 D. kaki var. silvestris, 君迁子 D. lotus, 罗浮柿 D. morrisiana
isodiotigenin 异地奥替皂苷元 山萆薢 Dioscorea tokoro
isodiphyllin 异山荷叶素 竹叶柴胡 Bupleurum marginatum, 八角莲 Dysosma versipellis, 爵床 Justicia procumbens
isodispar B 异不等红厚壳素▲B 红雀珊瑚 Pedilanthus tithymaloides
isodisparinol B 异不等红厚壳醇▲ 红雀珊瑚 Pedilanthus tithymaloides
isodoacetal 香茶菜乙缩醛 毛叶香茶菜 Isodon japonicus, 溪黄草 I. serra
isodocarpin 毛果香茶菜素▲ 毛叶香茶菜 Isodon japonicus, 长管香茶菜 I. longitubus, 显脉香茶菜 I. nervosus, 冬凌草 I. rubescens, 皱叶香茶菜 I. rugosus, 黄花香茶菜 I. sculponeatus, 溪黄草 I. serra
isodoforrestin 紫萼香茶菜苷▲ 狭基线纹香茶菜 Isodon lophanthoides var. gerardianus
isodojaponin A~E 日本香茶菜宁▲A~E 毛叶香茶菜 Isodon japonicus
isodomedin 中间香茶菜素▲ 川藏香茶菜 Isodon pharicus
(+)-isodomesticine (+)- 异南天竹碱 月桂 Laurus nobilis
isodomesticine 异南天竹碱 山鸡椒 Litsea cubeba
isodomoic acid A~H 异软骨藻酸 A~H 树状软骨藻 Chondria armata
isodonadenanthin 腺花香茶菜新素▲ 腺花香茶菜 Isodon adenanthus, 拟缺香茶菜 I. excisoides
isodonal 香茶菜醛 狭叶香茶菜 Isodon angustifolius, 尾叶香茶菜 I. excisus, 毛叶香茶菜 I. japonicus, 歧伞香茶菜 I. macrophyllus, 小叶香茶菜 I. parvifolius, 冬凌草 I. rubescens, 牛尾草 I. ternifolius
isodonhenrin A, C, D, E 鄂西香茶菜灵▲A, C, D, E 鄂西香茶菜 Isodon henryi
isodonhenrin B 鄂西香茶菜灵▲B 鄂西香茶菜 Isodon henryi, 瘿花香茶菜 I. rosthornii
isodonin A, B 香茶菜宁素▲A, B 尾叶香茶菜 Isodon excisus
isodonoic acid 香茶菜酸 牛尾草 Isodon ternifolius
isodonoiol 香茶菜诺醇▲ 拟缺香茶菜 Isodon excisoides, 毛叶香茶菜 I. japonicus, 歧伞香茶菜 I. macrophyllus, 小叶香茶菜 I. parvifolius, 冬凌草 I. rubescens
isodonol 香茶菜醇 瘿花香茶菜 Isodon rosthornii
isodonsesquitin A 香茶菜倍半萜素▲A 黑老虎 Kadsura coccinea, 蒲公英 Taraxacum mongolicum
isodopharicin A~F 川藏香茶菜素 A~F 川藏香茶菜 Isodon pharicus
isodoternifolin A 牛尾草素 A 牛尾草 Isodon ternifolius
isodoternifolin B 牛尾草素 B 显脉香茶菜 Isodon nervosus, 牛尾草 I. ternifolius

isodotricin 毛果香茶菜辛▲ 毛叶香茶菜 Isodon japonicus
isoduartin 异遮荫军刀豆素▲ 降香 Dalbergia odorifera
isodulcinol 异野甘草诺醇▲ 野甘草 Scoparia dulcis
isodunnianol 异红花八角酚 红花八角 Illicium dunnianum, 野八角 I. simonsii
isoebeiedine 异鄂贝啶碱 平贝母 Fritillaria ussuriensis
(-)-isoeburnamine (-)- 异乳白仔榄树胺▲ 海南蕊木 Kopsia hainanensis
isoeburnamine 异乳白仔榄树胺▲ 腋花山橙 Melodinus axillaris, 小蔓长春花 Vinca minor
isoechinatine 异刺翅果草碱▲ 琉璃草 Cynoglossum zeylanicum
isoedultin 异食用当归素 毒芹 Cicuta virosa, 羽苞藁本 Ligusticum daucoides, 竹叶西风芹 Seseli mairei
isoegomaketone 异白苏酮 野生紫苏 Perilla frutescens var. purpurascens
(-)-isoelacocarpiline (-)- 异杜英林碱 圆果杜英 Elaeocarpus angustifolius
(±)-isoelaeocarpine (±)- 异杜英碱 圆果杜英 Elaeocarpus angustifolius
isoelemene 异榄香烯 总状土木香 Inula racemosa
(*E*)-isoelemicin (*E*)- 异榄香素 挥发油成分，未统计基源
isoelemicin 异榄香素 挥发油成分，未统计基源
isoengeletin; isoengelitin 异黄杞苷 火索藤 Bauhinia aurea, 黄杞 Engelhardia roxburghiana, 地锦 Parthenocissus tricuspidata, 爆仗花 Rhododendron spinuliferum, 土茯苓 Smilax glabra
isoepiiridomyrmecin 异表虹臭蚁素▲ 葛枣猕猴桃 Actinidia polygama
isoepirhododendrin-4-(4'-*O*-*β*-D-glucopyranosylphenyl)-2(*S*)-butanol 异表杜鹃素 -4-(4'-*O*-*β*-D- 吡喃葡萄糖基苯基)-2(*S*)- 丁醇 鹿角杜鹃花 Rhododendron latoucheae
isoergosterone 异麦角甾酮 桑黄 Phellinus igniarius
isoeriosematin 异鸡头薯亭▲ 绵三七 Eriosema himalaicum, 大叶千斤拔 Flemingia macrophylla
isoeruboside B 异紫蒜苷 B 蒜 Allium sativum
isoervafolidine 异狗牙花叶定碱▲ 平脉狗牙花 Tabernaemontana pandacaqui
isoerysenegalensein E 异塞内加尔刺桐素▲E 柘树 Cudrania tricuspidata, 刺桐 Erythrina variegata, 厚果崖豆藤 Millettia pachycarpa
isoerysopinophorine 异刺桐匹诺福灵碱 鹦哥花 Erythrina arborescens
isoescin Ia 异七叶树皂苷 Ia 七叶树 Aesculus chinensis, 浙江七叶树 A. chinensis var. chekiangensis, 欧洲七叶树 A. hippocastanum, 日本七叶树 A. turbinata, 天师栗 A. wilsonii
isoescin Ib 异七叶树皂苷 Ib 长柄七叶树 Aesculus assamica, 七叶树 A. chinensis, 浙江七叶树 A. chinensis var. chekiangensis, 欧洲七叶树 A. hippocastanum, 日本七叶树 A. turbinata, 天师栗 A. wilsonii
isoescin IIa 异七叶树皂苷 IIa 七叶树 Aesculus chinensis, 天师栗 A. wilsonii
isoescin IIb, IIIb 异七叶树皂苷 IIb, IIIb 七叶树 Aesculus chinensis
isoescin IIIa 异七叶树皂苷 IIIa 七叶树 Aesculus chinensis, 天师栗 A. wilsonii
isoescin V 异七叶树皂苷 V 欧洲七叶树 Aesculus hippocastanum
isoescin VIa, VIIa, VIIIa 异七叶树皂苷 VIa, VIIa, VIIIa 日本七叶树 Aesculus turbinata
isoethuliacoumarin A, B, C 异都丽菊香豆素▲A, B, C 都丽菊 Ethulia conyzoides
isoetin 水韭素▲ 白花蛇舌草 Hedyotis diffusa, 蒲公英 Taraxacum mongolicum
isoetin-5'-methyl ether 水韭素▲-5'- 甲醚 栝楼 Trichosanthes kirilowii
isoetin-7-*O*-glucosyl-2'-*O*-xyloside 水韭素▲-7-*O*- 葡萄糖基 -2'-*O*- 木糖苷 蒲公英 Taraxacum mongolicum
isoetin-7-*O*-*β*-D-glucopyranosyl-2'-*O*-*α*-D-glucopyranoside 水韭素▲-7-*O*- 吡喃葡萄糖基 -2'-*O*-*α*-D- 吡喃葡萄糖苷 蒲公英 Taraxacum mongolicum
isoetin-7-*O*-*β*-D-glucopyranosyl-2'-*O*-*α*-L-arabinopyranoside 水韭素▲-7-*O*- 吡喃葡萄糖基 -2'-*O*-*α*-L- 吡喃阿拉伯糖苷 蒲公英 Taraxacum mongolicum
isoetin-7-*β*-glucopyranosyl-2'-*α*-arabinopyranoside 水韭素▲-7-*β*- 吡喃葡萄糖基 -2'-*α*- 吡喃阿拉伯糖苷 东北蒲公英 Taraxacum ohwianum
isoetin-7-*β*-glucopyranosyl-2'-*α*-glucopyranoside 水韭素▲-7-*β*- 吡喃葡萄糖基 -2'-*α*- 吡喃葡萄糖苷 东北蒲公英 Taraxacum ohwianum
isoeucommin A 异杜仲素 A 管花肉苁蓉 Cistanche tubulosa, 弯管列当 Orobanche cernua
isoeugenitol 异丁香亭酚 丁香 Syzygium aromaticum
(*E*)-isoeugenol (*E*)- 异丁香油酚 挥发油成分，未统计基源
cis-isoeugenol 顺式 - 异丁香酚 蛇苔 Conocephalum conicum
isoeugenol 异丁香酚 挥发油成分，未统计基源
isoeugenol glucoside 异丁香酚葡萄糖苷 老鸦烟筒花 Millingtonia hortensis
isoeugenol methyl ether 异丁香酚甲醚 菖蒲 Acorus calamus, 肉豆蔻 Myristica fragrans
isoeuparin 异泽兰素 孔雀草 Tagetes patula
isoeupatorin 异半齿泽兰素 鬼针草 Bidens pilosa
isoeuphol 异大戟二烯醇 山茶 Camellia japonica, 甘遂 Euphorbia kansui
isoeuphorbetin 异大戟亭▲ 续随子 Euphorbia lathyris
isoeuphorbetin tetramethyl ether 异大戟亭▲四甲醚 续随子 Euphorbia lathyris
isoevernic acid 异扁枝衣酸 长松萝 Usnea longissima
isoevodionol 异吴茱萸酮酚 三桠苦 Euodia lepta, 斜脉暗罗 Polyalthia plagioneura

isoevodionol methyl ether 异吴茱萸酮酚甲醚 三桠苦 Euodia lepta
isofawcettiine 异法氏石松碱 玉柏 Lycopodium obscurum
isofebrifugine 异常山碱 常山 Dichroa febrifuga, 中国绣球 Hydrangea chinensis
isofernene 异羊齿烯 单盖铁线蕨 Adiantum monochlamys, 掌叶铁线蕨 A. pedatum
isoferreirin 异铁豆木素 ▲ 棉豆 Phaseolus lunatus, 美花狸尾豆 Uraria picta
isoferulaldehyde 异阿魏醛 假桂乌口树 Tarenna attenuata
trans-isoferulic acid 反式 - 异阿魏酸 臭牡丹 Clerodendrum bungei
isoferulic acid 异阿魏酸 较常见成分，至少分布于 30 种以上植物中，见于百合科、柽柳科、唇形科、大戟科、桔梗科、菊科、麻黄科、毛茛科、蔷薇科、瑞香科、伞形科、五加科、玄参科、野牡丹科、樟科等
6-isoferuloylcatalpol 6- 异阿魏酰梓醇 胡黄连 Neopicrorhiza scrophulariiflora
2-isoferuloylfukiic acid-1-methyl ester 2- 异阿魏酰蜂斗酸 -1- 甲酯 单穗升麻 Cimicifuga simplex
2-isoferuloylpiscidic acid 2- 异阿魏酰番石榴酸 单穗升麻 Cimicifuga simplex
2-isoferuloylpiscidic acid-1-methyl ester 2- 异阿魏酰番石榴酸 -1- 甲酯 单穗升麻 Cimicifuga simplex
isoferuone 异阿魏酮 ▲ 中亚阿魏 Ferula jaeschkeana
isofeterin 异臭阿魏素 ▲ 新疆阿魏 Ferula sinkiangensis, 臭阿魏 F. teterrima
isofiliformine 异无根藤胺 ▲ 无根藤 Cassytha filiformis
isoflaccidinin 异林荫银莲宁 栗鳞贝母兰 Coelogyne flaccida
isoflavidinin 异淡黄贝母兰宁 ▲ 节茎石仙桃 Pholidota articulata
isofloridoside 异红藻苷 条斑紫菜 Porphyra yezoensis
isoformononetin 异芒柄花素 甘草 Glycyrrhiza uralensis, 锡金岩黄耆 Hedysarum sikkimense, 南苜蓿 Medicago polymorpha, 花榈木 Ormosia henryi
isoformononetin-4'-glucoside 异芒柄花素 -4'- 葡萄糖苷 木香薷 Elsholtzia stauntonii
isoforskolin 异毛喉鞘蕊花素 ▲ 毛喉鞘蕊花 Coleus forskohlii
isoforsythiaside 异连翘酯苷 连翘 Forsythia suspensa
isofouquierol 异福桂树烯醇 ▲ 蒙古栎 Quercus mongolica
isofouquierone 异刺树酮 ▲ 臭椿 Ailanthus altissima
isofraxidin 异白蜡树定 较常见成分，至少分布于 30 种以上植物中，见于大戟科、杜鹃花科、凤仙花科、夹竹桃科、金粟兰科、菊科、苦木科、蜡梅科、楝科、马鞭草科、毛茛科、木犀科、茜草科、茄科、清风藤科、伞形科、山茶科、无患子科、五加科、芸香科等
isofraxidin-7-*O*-*α*-D-glucopyranoside 异白蜡树定 -7-*O*-*α*-D- 吡喃葡萄糖苷 无梗五加 Eleutherococcus sessiliflorus
isofraxidin-7-*O*-*β*-D-glucopyranoside 异白蜡树定 -7-*O*-*β*-D- 吡喃葡萄糖苷 银线草 Chloranthus japonicus, 米槁 Cinnamomum migao, 刺五加 Eleutherococcus senticosus, 草珊瑚 Sarcandra glabra
isofraxidin-7-*O*-*β*-D-glucoside 异白蜡树定 -7-*O*-*β*-D- 葡萄糖苷 刺五加 Eleutherococcus senticosus
isofraxidin-*β*-D-glucopyranoside 异白蜡树定 -*β*-D- 吡喃葡萄糖苷 水曲柳 Fraxinus mandshurica
isofraxinellone 异白鲜酮 ▲ 白鲜 Dictamnus dasycarpus
isofraxoside 异白蜡树索苷 ▲ 长柄七叶树 Aesculus assamica, 楝叶吴萸 Euodia glabrifolia
28-isofucosterol 28- 异墨角藻甾醇 腊肠树 Cassia fistula, 树番茄 Cyphomandra betacea, 菩提树 Ficus religiosa, 高粱 Sorghum bicolor, 石莼 Ulva lactuca
isofucosterol 异墨角藻甾醇 甜橙 Citrus sinensis, 甜瓜 Cucumis melo, 笋瓜 Cucurbita maxima, 湖南稗子 Echinochloa frumentacea, 绞股蓝 Gynostemma pentaphyllum, 地肤 Kochia scoparia, 稷 Panicum miliaceum, 挂金灯 Physalis alkekengi var. francheti, 松叶蕨 Psilotum nudum, 欧白英 Solanum dulcamara, 白英 S. lyratum, 茄 S. melongena, 宽叶香蒲 Typha latifolia
(*E*)-isofuraldehyde (*E*)- 异糠醛 柚木 Tectona grandis
isofuranodiene 异莪术呋喃二烯 及已 Chloranthus serratus, 银线草 C. japonicus, 金粟兰 C. spicatus
isofuranodienone 异莪术呋喃二烯酮 温郁金 Curcuma wenyujin
isofuranogermacrene 异呋喃大根老鹳草烯 挥发油成分，未统计基源
isofutoquinol A 异风藤奎脑 ▲A 风藤 Piper kadsura, 石南藤 P. wallichii
isofutoquinol C 异风藤奎脑 ▲C 风藤 Piper kadsura
isogabrolide 异光果甘草内酯 洋甘草 Glycyrrhiza glabra
isogalcatin B 异浆果瓣蕊花亭 ▲B 红楠 Machilus thunbergii
isoganxinonic acid A 异甘西鼠尾草酮酸 ▲A 甘西鼠尾草 Salvia przewalskii
isogarcimultiflorone F 异木竹子酮 ▲F 木竹子 Garcinia multiflora
isogarcinol 异山竹子酚 ▲ 金丝李 Garcinia paucinervis
isogemichalcone B 异双花金丝桃查耳酮 ▲B 波罗蜜 Artocarpus heterophyllus
isogemichalcone C 异双花金丝桃查耳酮 ▲C 构树 Broussonetia papyrifera
isogermafurene 异大根老鹳草呋烯 ▲ 乌药 Lindera aggregata
isogermafurenolide 异大根老鹳草呋烯内酯 ▲ 金粟兰 Chloranthus spicatus, 乌药 Lindera aggregata
isogingerenone B 异姜烯酮 B 姜 Zingiber officinale
isoginkgetin 异银杏素 日本柳杉 Cryptomeria japonica, 朝鲜淫羊藿 Epimedium koreanum, 银杏 Ginkgo biloba, 罗汉松 Podocarpus macrophyllus, 百日青 P. neriifolius, 猫爪草 Ranunculus ternatus, 江南卷柏 Selaginella moellendorffii
isoginkgetin-7-*O*-*β*-D-glycopyranoside 异银杏素 -7-*O*-*β*-D- 吡喃葡萄糖苷 银杏 Ginkgo biloba

1*H*-isoindole-1,3(2*H*)-dione 1*H*- 异吲哚 -1,3(2*H*)- 二酮 结香 Edgeworthia chrysantha
isoinnovanoside 异新吴茱萸叶五加苷▲ 橙花瑞香 Daphne aurantiaca
isoinophynone 异海棠果酮▲ 红厚壳 Calophyllum inophyllum
isoinophynone I 异海棠果酮▲I 红厚壳 Calophyllum inophyllum
6-isoinosine 6- 异肌苷 升麻 Cimicifuga foetida, 狭叶五加 Eleutherococcus wilsonii
isointegriamide 异兰屿花椒酰胺 飞龙掌血 Toddalia asiatica
isointeriorin 异内南五味子素 凤庆南五味子 Kadsura interior
isointermedeol 异臭根子草醇 六棱菊 Laggera alata
isoinunal 异总状土木香醛▲ 总状土木香 Inula racemosa
isoinunol 异总状土木香醇▲ 总状土木香 Inula racemosa
isoiresinin I 异血苋素▲I 血苋 Iresine herbstii
isoiridin 异鸢尾苷 射干 Belamcanda chinensis
isoiridogermanal 异德国鸢尾醛 射干 Belamcanda chinensis, 长葶鸢尾 Iris delavayi, 蝴蝶花（模式变型）I. japonica, 鸢尾 I. tectorum
isoiridomyrmecin 异虹臭蚁素▲ 葛枣猕猴桃 Actinidia polygama, 草苁蓉 Boschniakia rossica
isoivangustin 异狭叶依瓦菊素 杯菊 Cyathocline purpurea
isoivaxillin 异腋生依瓦菊素 天名精 Carpesium abrotanoides
isojacareubin 异巴西红厚壳素 长梗喉毛花 Comastoma pedunculatum, 岭南山竹子 Garcinia oblongifolia, 尖萼金丝桃 Hypericum acmosepalum, 无柄金丝桃 H. augustinii, 地耳草 H. japonicum
isojaponin A 日本香茶菜素▲A 毛叶香茶菜 Isodon japonicus, 歧伞香茶菜 I. macrophyllus, 冬凌草 I. rubescens
isojaponin B, C 日本香茶菜素▲B, C 毛叶香茶菜 Isodon japonicus
isojasminin 异素馨素▲ 野迎春 Jasminum mesnyi
isojaspolyoside A, B, C 异多花素馨奥苷▲A, B, C 多花素馨 Jasminum polyanthum
isojusticidin B 异爵床定 B 阿尔泰亚麻 Linum altaicum, 宿根亚麻 L. perenne
isokadsuranin 异南五味子宁▲ 黑老虎 Kadsura coccinea
isokaempferide 异山柰素 岩蒿 Artemisia rupestris, 刺儿菜 Cirsium setosum, 车桑子 Dodonaea viscosa, 甘草 Glycyrrhiza uralensis, 白睡莲 Nymphaea alba, 瘤足蕨 Plagiogyria adnata, 胶质鼠尾草 Salvia glutinosa, 亚欧唐松草 Thalictrum minus, 牯岭藜芦 Veratrum schindleri
isokaempferol 异山柰酚 苦荞麦 Fagopyrum tataricum
isokaerophyllin 异细叶芹素▲ 锥叶柴胡 Bupleurum bicaule, 红柴胡 B. scorzonerifolium
isokarounidiol 异栝楼二醇 甜瓜 Cucumis melo, 黄瓜 C. sativus, 木鳖子 Momordica cochinchinensis, 王瓜 Trichosanthes cucumeroides, 栝楼 T. kirilowii
isokaurene 异贝壳杉烯 高山松 Pinus densata
cis-isokhellactone 顺式 - 异阿米芹内酯▲ 文旦 Citrus maxima'Wentan'
isokhellactone 异阿米芹内酯▲ 抱茎蓼 Polygonum amplexicaule
isokoenidine 异柯氏九里香定碱 调料九里香 Murraya koenigii
isokoenigine 异柯氏九里香碱 调料九里香 Murraya koenigii
isokuraramine 异苦参胺 苦参 Sophora flavescens
isokurarinone 异苦参酮 苦参 Sophora flavescens
3-isokuroyurinidine 3- 异黑百合碱▲ 轮叶贝母 Fritillaria maximowiczii
isolactarorufin 异红乳菇素 辣味乳菇 Lactarius piperatus, 绒白乳菇 L. vellereus, 美味红菇 Russula delica
isolampranthin II 异日光花素▲II 厚皮菜 Beta vulgaris var. cicla, 垂序商陆 Phytolacca americana
isolandoquinone 冰岛衣醌▲ 岛衣 Cetraria islandica
isolappaconitine 异拉普乌头碱 赣皖乌头 Aconitum finetianum
isolappaol A 异牛蒡酚 A 牛蒡 Arctium lappa
(-)-isolariciresinol (-)- 异落叶松树脂醇 锁阳 Cynomorium songaricum, 芫花 Daphne genkwa, 连翘 Forsythia suspensa, 宽苞水柏枝 Myricaria bracteata, 头花蓼 Polygonum capitatum, 假桂乌口树 Tarenna attenuata
(+)-isolariciresinol (+)- 异落叶松树脂醇 臭冷杉 Abies nephrolepis, 毛相思子 Abrus mollis, 臭椿 Ailanthus altissima, 丁座草 Boschniakia himalaica, 鸦胆子 Brucea javanica, 辣蓼铁线莲 Clematis terniflora var. mandshurica, 桂火绳 Eriolaena kwangsiensis, 刺果卫矛 Euonymus acanthocarpus, 连翘 Forsythia suspensa, 菘蓝 Isatis tinctoria, 忍冬 Lonicera japonica, 山橙 Melodinus suaveolens, 台湾含笑 Michelia compressa, 莲 Nelumbo nucifera, 长鞭红景天 Rhodiola fastigiata, 凝毛杜鹃花 Rhododendron phaeochrysum var. agglutinatum, 盐肤木 Rhus chinensis, 东南茜草 Rubia argyi, 紫参 R. yunnanensis, 五层龙 Salacia prinoides, 异株荨麻 Urtica dioica, 河朔荛花 Wikstroemia chamaedaphne
ent-isolariciresinol 对映 - 异落叶松树脂醇 黑老虎 Kadsura coccinea, 南五味子 K. longipedunculata
isolariciresinol 异落叶松树脂醇 番荔枝 Annona squamosa, 筒鞘蛇菰 Balanophora involucrata, 疏花蛇菰 B. laxiflora, 山石榴 Catunaregam spinosa, 棉团铁线莲 Clematis hexapetala, 杉木 Cunninghamia lanceolata, 洋金花 Datura metel, 连翘 Forsythia suspensa, 金毛耳草 Hedyotis chrysotricha, 亚麻 Linum usitatissimum, 荔枝 Litchi chinensis, 观光木 Michelia odora, 鸡矢藤 Paederia foetida, 糙叶败酱 Patrinia scabra, 半夏 Pinellia ternata, 马尾松 Pinus massoniana, 石南藤 Piper wallichii, 石榴 Punica granatum, 岭南杜鹃花 Rhododendron mariae, 接骨木 Sambucus williamsii, 木荷 Schima superba, 狼毒 Stellera chamaejasme, 鹊肾树 Streblus asper, 四川山矾 Symplocos setchuensis, 了哥王 Wikstroemia indica, 革叶荛花 W. scytophylla
(-)-isolariciresinol-2a-*O*-*β*-D-glucopyranoside (-)- 异落叶松树脂醇 -2a-*O*-*β*-D- 吡喃葡萄糖苷 台闽算盘子 Glochidion rubrum, 海滨木巴戟

Morinda citrifolia
(-)-isolariciresinol-2a-*O*-*β*-D-xylopyranoside (-)-异落叶松树脂醇-2*a*-*O*-*β*-D-吡喃木糖苷 头花蓼 Polygonum capitatum
(+)-isolariciresinol-2*α*-*O*-*β*-D-glucopyranoside (+)-异落叶松树脂醇-2*α*-*O*-*β*-D-吡喃葡萄糖苷 台闽算盘子 Glochidion rubrum, 香港算盘子 G. zeylanicum, 留兰香 Mentha spicata
(-)-isolariciresinol-2*α*-*O*-*β*-D-xylopyranoside (-)-异落叶松树脂醇-2*α*-*O*-*β*-D-吡喃木糖苷 柳叶假木荷 Craibiodendron henryi, 壶托榕 Ficus ischnopoda, 白果白珠 Gaultheria leucocarpa
isolariciresinol-2*α*-*O*-*β*-D-xylopyranoside 异落叶松树脂醇-2*α*-*O*-*β*-D-吡喃木糖苷 南五味子 Kadsura longipedunculata
isolariciresinol-3a-*O*-*β*-D-glucopyranoside 异落叶松树脂醇-3a-*O*-*β*-D-吡喃葡萄糖苷 小花八角 Illicium micranthum
isolariciresinol-3-*O*-*β*-D-xylopyranoside 异落叶松树脂醇-3-*O*-*β*-D-吡喃木糖苷 翅子树 Pterospermum acerifolium
(-)-isolariciresinol-3*R*-*O*-*β*-D-glucopyranoside (-)-异落叶松树脂醇-3*R*-*O*-*β*-D-吡喃葡萄糖苷 黑面神 Breynia fruticosa, 喙果黑面神 B. rostrata
(+)-isolariciresinol-3*α*-*O*-sulfate (+)-异落叶松树脂醇-3*α*-*O*-硫酸酯 密花树 Myrsine seguinii
(-)-isolariciresinol-3*α*-*O*-*β*-apiofuranosyl-(1 → 2)-*O*-*β*-glucopyranoside (-)-异落叶松树脂醇-3*α*-*O*-*β*-呋喃芹糖基-(1 → 2)-*O*-*β*-吡喃葡萄糖苷 守宫木 Sauropus androgynus
(-)-isolariciresinol-3*α*-*O*-*β*-D-glucopyranoside (-)-异落叶松树脂醇-3*α*-*O*-*β*-D-吡喃葡萄糖苷 番荔枝 Annona squamosa, 阳桃 Averrhoa carambola, 小丛红景天 Rhodiola dumulosa, 撒尔维亚 Salvia officinalis, 轮叶蒲桃 Syzygium grijsii
(+)-isolariciresinol-3*α*-*O*-*β*-D-glucopyranoside (+)-异落叶松树脂醇-3*α*-*O*-*β*-D-吡喃葡萄糖苷 阳桃 Averrhoa carambola, 直杆蓝桉 Eucalyptus maidenii, Glochidion rubrum, 香港算盘子 G. zeylanicum, 台闽算盘子, 栀子皮 Itoa orientalis, 荨麻叶龙头草 Meehania urticifolia, 密花树 Myrsine seguinii, 头花蓼 Polygonum capitatum, 蛇根木 Rauvolfia serpentina, 小丛红景天 Rhodiola dumulosa, 紫玉盘 Uvaria microcarpa
isolariciresinol-3*α*-*O*-*β*-D-glucopyranoside 异落叶松树脂醇-3*α*-*O*-*β*-D-吡喃葡萄糖苷 银叶树 Heritiera littoralis
(+)-isolariciresinol-3*α*-*O*-*β*-D-xylopyranoside (+)-异落叶松树脂醇-3*α*-*O*-*β*-D-吡喃木糖苷 头花蓼 Polygonum capitatum
isolariciresinol-3*α*-*O*-*β*-D-xylopyranoside 异落叶松树脂醇-3*α*-*O*-*β*-D-吡喃木糖苷 垂枝桦 Betula pendula
(-)-isolariciresinol-3*α*-*O*-*β*-glucopyranoside (-)-异落叶松树脂醇-3*α*-*O*-*β*-吡喃葡萄糖苷 守宫木 Sauropus androgynus
(+)-isolariciresinol-3*α*-*O*-*β*-glucopyranoside (+)-异落叶松树脂醇-3*α*-*O*-*β*-吡喃葡萄糖苷 守宫木 Sauropus androgynus
isolariciresinol-3*α*-*O*-*β*-glucopyranoside 异落叶松树脂醇-3*α*-*O*-*β*-吡喃葡萄糖苷 啤酒花 Humulus lupulus
isolariciresinol-4'-ether 异落叶松树脂醇-4'-醚 云南土沉香 Excoecaria acerifolia
(-)-isolariciresinol-4'-*O*-*β*-D-glucopyranoside (-)-异落叶松树脂醇-4'-*O*-*β*-D-吡喃葡萄糖苷 紫椴 Tilia amurensis
isolariciresinol-4-*O*-*β*-D-glucopyranoside 异落叶松树脂醇-4-*O*-*β*-D-吡喃葡萄糖苷 疏花蛇菰 Balanophora laxiflora, 多蕊蛇菰 B. polyandra, 连翘 Forsythia suspensa
(+)-isolariciresinol-4'-*β*-D-glucopyranoside (+)-异落叶松树脂醇-4'-*β*-D-吡喃葡萄糖苷 风毛菊 Saussurea japonica
(-)-isolariciresinol-5'-methoxy-9'-*O*-*β*-D-xylopyranoside (-)-异落叶松树脂醇-5'-甲氧基-9'-*O*-*β*-D-吡楠木糖苷 潺槁木姜子 Litsea glutinosa
(-)-isolariciresinol-6-*O*-*β*-D-glucopyranoside (-)-异落叶松树脂醇-6-*O*-*β*-D-吡喃葡萄糖苷 异叶翅子树 Pterospermum heterophyllum
isolariciresinol-6*α*-*O*-*β*-D-glucoside 异落叶松树脂醇-6*α*-*O*-*β*-D-葡萄糖苷 短柄小连翘 Hypericum petiolulatum
(+)-isolariciresinol-9'-(2-*p*-coumaryl)-*O*-*β*-D-xylopyranoside (+)-异落叶松树脂醇-9'-(2-对香豆酰基)-*O*-*β*-D-吡喃木糖苷 白粉藤 Cissus repens
isolariciresinol-9,9'-acetonide 异落叶松树脂醇-9,9'-丙酮化物 大花红景天 Rhodiola crenulata
isolariciresinol-9-*O*-xyloside 异落叶松树脂醇-9-*O*-木糖苷 马尾松 Pinus massoniana
isolariciresinol-9-*O*-*α*-L-arabinopyranoside 异落叶松树脂醇-9-*O*-*α*-L-吡喃阿拉伯糖苷 十齿花 Dipentodon sinicus
(+)-isolariciresinol-9'-*O*-*β*-D-glucopyranoside (+)-异落叶松树脂醇-9'-*O*-*β*-D-吡喃葡萄糖苷 丁座草 Boschniakia himalaica
isolariciresinol-9'-*O*-*β*-D-glucopyranoside 异落叶松树脂醇-9'-*O*-*β*-D-吡喃葡萄糖苷 沙苁蓉 Cistanche sinensis, 连翘 Forsythia suspensa
(+)-isolariciresinol-9-*O*-*β*-D-glucopyranoside (+)-异落叶松树脂醇-9-*O*-*β*-D-吡喃葡萄糖苷 阿尔泰银莲花 Anemone altaica, 紫菀 Aster tataricus, 广东紫珠 Callicarpa kwangtungensis, 毛豹皮樟 Litsea coreana var. lanuginosa, 半夏 Pinellia ternata, 长鞭红景天 Rhodiola fastigiata, 尖蕾狗牙花 Tabernaemontana bufalina
isolariciresinol-9-*O*-*β*-D-glucopyranoside 异落叶松树脂醇-9-*O*-*β*-D-吡喃葡萄糖苷 臭椿 Ailanthus altissima, 大芽南蛇藤 Celastrus gemmatus, 苦郎藤 Cissus assamica, 黄牛木 Cratoxylum cochinchinense, 珙桐 Davidia involucrata, 云南土沉香 Excoecaria acerifolia, 狭叶红景天 Rhodiola kirilowii, 宽叶荨麻 Urtica laetevirens
(-)-isolariciresinol-9'-*O*-*β*-D-xylopyranoside (-)-异落叶松树脂醇-9'-*O*-*β*-D-吡楠木糖苷 潺槁木姜子 Litsea glutinosa
(+)-isolariciresinol-9'-*O*-*β*-D-xylopyranoside (+)-异落叶松树脂醇-9'-*O*-*β*-D-吡喃木糖苷 白粉藤 Cissus repens, 刺果卫矛 Euonymus acanthocarpus, 春榆 Ulmus davidiana var. japonica
ent-isolariciresinol-9'-*O*-*β*-D-xylopyranoside 对映-异落叶松树脂醇-9'-*O*-*β*-D-吡喃木糖苷 方榄 Canarium bengalense
isolariciresinol-9'-*O*-*β*-D-xylopyranoside 异落叶松树脂醇-9'-*O*-*β*-D-吡喃木糖苷 春榆 Ulmus davidiana var. japonica
(-)-isolariciresinol-9-*O*-*β*-D-xylopyranoside (-)-异落叶松树脂醇-9-*O*-*β*-D-吡喃木糖苷 鹊肾树 Streblus asper
(+)-isolariciresinol-9-*O*-*β*-D-xylopyranoside (+)-异落叶松树脂醇-9-*O*-*β*-D-吡喃木糖苷 准噶尔大戟 Euphorbia soongarica, 红楠 Machilus thunbergii, 华中五味子 Schisandra sphenanthera
isolariciresinol-9-*O*-*β*-D-xylopyranoside 异落叶松树脂醇-9-*O*-*β*-D-吡喃木糖苷 异形南五味子 Kadsura heteroclita, 荔枝 Litchi chinensis, 唐古红景天 Rhodiola algida var. tangutica, 鹊肾树 Streblus asper, 南烛 Vaccinium bracteatum
isolariciresinol-9'-*β*-D-glucopyranoside 异落叶松树脂醇-9'-*β*-D-吡喃葡萄糖苷 铁仔 Myrsine africana
isolariciresinol-9'-*β*-D-xylopyranoside 异落叶松树脂醇-9'-*β*-D-吡喃木糖苷 铁仔 Myrsine africana

isolariciresinol-*β*-4'-*O*-*β*-D-glucopyranoside 异落叶松树脂醇 -4'-*O*-*β*-D- 葡萄糖苷 短柄小连翘 Hypericum petiolulatum
(-)-isolaureline (-)- 异月桂碱 北美鹅掌楸 Liriodendron tulipifera, 粪箕笃 Stephania longa
isolaureline-*N*-oxide 异月桂碱 -*N*- 氧化物 日本厚朴 Houpoëa obovata
isolauric acid 异月桂酸 花朱顶红 Hippeastrum vittatum
isolaxifolin 异疏花鱼藤林素▲ 疏花鱼藤 Derris laxiflora
(-)-isoledene (-)- 异杜香烯▲ 挥发油成分，未统计基源
isoledene 异杜香烯▲ 挥发油成分，未统计基源
isoleoheterin 异益母草灵素▲ 细叶益母草 Leonurus sibiricus
isoleosibirin 异细叶益母草素 细叶益母草 Leonurus sibiricus
isoleptographiol 异细黏束孢醇▲ 圆柏 Juniperus chinensis
L-isoleucine L- 异亮氨酸 植物基础成分，未统计基源
isoleucine 异亮氨酸 植物基础成分，未统计基源
isoleucine-betaxanthin 异亮氨酸 - 甜菜黄素 厚皮菜 Beta vulgaris var. cicla
isoleurosine 异长春洛辛▲ 长春花 Catharanthus roseus
isolicarin A 异斜蕊樟素▲A 肉豆蔻 Myristica fragrans
isolichenin 异地衣多糖 岛衣 Cetraria islandica
isolicoflavonol 异甘草黄酮醇 构树 Broussonetia papyrifera, 黄杞 Engelhardia roxburghiana, 甘草 Glycyrrhiza uralensis, 鸡桑 Morus australis, 华桑 M. cathayana
isolicopyranocoumarin 异甘草吡喃香豆素 甘草 Glycyrrhiza uralensis
isoliensinine 异莲心碱 莲 Nelumbo nucifera
isoligustroside 异女贞苷 白枪杆 Fraxinus malacophylla, 欧丁香 Syringa vulgaris
isoligustrosidic acid 异女贞苷酸 白枪杆 Fraxinus malacophylla
isolimonene 异柠檬烯 挥发油成分，未统计基源
isolimonexic acid 异柠檬柰酸▲ 臭檀吴萸 Euodia daniellii
isolimonexic acid methyl ether 异柠檬柰酸▲甲醚 柑橘 Citrus reticulata
isolimonic acid 异柠檬尼酸 酸橙 Citrus aurantium, 宜昌橙 C. ichangensis, 香橙 C. junos, 枳 Poncirus trifoliata
isolinariin A 异柳穿鱼因苷▲A 海滨柳穿鱼 Linaria japonica
isolinariin B 异柳穿鱼因苷▲B 棣棠花 Kerria japonica, 海滨柳穿鱼 Linaria japonica
isolinderalactone 异钓樟内酯 乌药 Lindera aggregata
isolinderanolide A, C, D 异钓樟醇内酯▲A, C, D 山胡椒 Lindera glauca
isolinderanolide B 异钓樟醇内酯▲B 香桂 Cinnamomum subavenium, 山胡椒 Lindera glauca
isolinderanolide E 异钓樟醇内酯▲E 香叶树 Lindera communis, 山胡椒 L. glauca
isolinderoxide 异乌药醚 乌药 Lindera aggregata
isolindleyin 异林氏莲花掌素 掌叶大黄 Rheum palmatum, 唐古特大黄 R. tanguticum
isoline 肉叶千里光碱▲ 宽戟橐吾 Ligularia latihastata, 贵州橐吾 L. leveillei
isolineolon 异细纹厚果草酮▲ 蓝叶藤 Marsdenia tinctoria
isolintetralin 异珠子草四氢萘林▲ 黄珠子草 Phyllanthus virgatus
isoliovil 异橄榄脂醇▲ 喜马拉雅红豆杉 Taxus wallichiana
isolipidiol 异利皮珀菊二醇▲ 血见愁 Teucrium viscidum, 黄鹌菜 Youngia japonica
isoliquiritigenin 异甘草苷元 较常见成分，至少分布于 30 种以上植物中，见于八角科、百合科、大戟科、豆科、槲蕨科、景天科、菊科、萝藦科、毛茛科、木通科、漆树科、肉豆蔻科、伞形科、桑科、十字花科、五味子科、荨麻科、芸香科等
isoliquiritigenin glucoapioside 异甘草苷元葡萄糖芹糖苷 甘草 Glycyrrhiza uralensis
isoliquiritigenin-2'-methyl ether 异甘草苷元 -2'- 甲醚 显脉羊蹄甲 Bauhinia glauca subsp. pernervosa
isoliquiritigenin-4'-glucopyranoside 异甘草苷元 -4'- 吡喃葡萄糖苷 鹰嘴豆 Cicer arietinum
isoliquiritigenin-4'-methyl ester 异甘草苷元 -4'- 甲酯 向日葵 Helianthus annuus
isoliquiritigenin-4-methyl ether 异甘草苷元 -4- 甲醚 显脉羊蹄甲 Bauhinia glauca subsp. pernervosa
isoliquiritigenin-4-*O*-glucoside 异甘草苷元 -4-*O*- 葡萄糖苷 薤头 Allium chinense
isoliquiritin 异甘草苷 蜀葵 Alcea rosea, 石斛 Dendrobium nobile, 粗毛甘草 Glycyrrhiza aspera, 洋甘草 G. glabra, 胀果甘草 G. inflata, 甘草 G. uralensis, 垂盆草 Sedum sarmentosum
isoliquiritin apioside 芹糖异甘草苷 洋甘草 Glycyrrhiza glabra, 胀果甘草 G. inflata, 甘草 G. uralensis
isolitseane A, B, C 异木姜子烷 A, B, C 轮叶木姜子 Litsea verticillata
(-)-isololiolide (-)- 异黑麦草内酯 蜂巢草 Leucas aspera
(+)-isololiolide (+)- 异黑麦草内酯 红背桂花 Excoecaria cochinchinensis, 马蓝 Strobilanthes cusia, 荚蒾 Viburnum dilatatum
isololiolide 异黑麦草内酯 活血丹 Glechoma longituba, 紫花地丁 Viola philippica
(-)-isolonchocarpin (-)- 异矛果豆素▲ 厚果崖豆藤 Millettia pachycarpa, 灰毛豆 Tephrosia purpurea
isolonchocarpin 异矛果豆素▲ 黔滇崖豆藤 Callerya gentiliana, 水黄皮 Pongamia pinnata, 灰毛豆 Tephrosia purpurea
isolongifolene 异长叶松烯 挥发油成分，未统计基源
isolongifolene-5-one 异长叶烯 -5- 酮 挥发油成分，未统计基源
isolongifolol 异长叶松醇 挥发油成分，未统计基源

isomesuol 异铁力木酚▲ 红雀珊瑚 Pedilanthus tithymaloides
isomethyl-α-ionone 异甲基-α-香堇酮 挥发油成分，未统计基源
isomexoticin 异迈九里香素 千里香 Murraya paniculata
isomitraphyllic acid 异大叶帽柱木酸▲ 毛钩藤 Uncaria hirsuta, 华钩藤 U. sinensis
isomitraphyllic acid-[16 → 1]-β-D-glucopyranosyl ester 异大叶帽柱木酸▲-(16 → 1)-β-D-吡喃葡萄糖酯苷 华钩藤 Uncaria sinensis
isomitraphylline 异大叶帽柱木碱 毛钩藤 Uncaria hirsuta, 倒挂金钩 U. lancifolia, 白钩藤 U. sessilifructus
isomitraphylline-N-oxide 异大叶帽柱木碱-N-氧化物 白钩藤 Uncaria sessilifructus
isomogroside V 异罗汉果苷 V 罗汉果 Siraitia grosvenorii
isomohsenone 异狼毒莫森酮▲ 狼毒 Stellera chamaejasme
isomollupentin-2''-O-glucopyranoside 异粟米草素-2''-O-吡喃葡萄糖苷 卷耳 Cerastium arvense subsp. strictum
isomollupentin-4'-O-glucopyranoside 异粟米草素-4'-O-吡喃葡萄糖苷 卷耳 Cerastium arvense subsp. strictum
isomollupentin-7,2''-di-O-glucopyranoside 异粟米草素-7,2''-二-O-吡喃葡萄糖苷 卷耳 Cerastium arvense subsp. strictum
isomollupentin-7-O-glucopyranoside 异粟米草素-7-O-吡喃葡萄糖苷 卷耳 Cerastium arvense subsp. strictum
isomollupentin-7-O-glucopyranoside-2''-O-arabinopyranoside 异粟米草素-7-O-吡喃葡萄糖-2''-O-吡喃阿拉伯糖苷 卷耳 Cerastium arvense subsp. strictum
isomollupentin-7-O-glucopyranoside-2''-O-xylopyranoside 异粟米草素-7-O-吡喃葡萄糖-2''-O-吡喃木糖苷 卷耳 Cerastium arvense subsp. strictum
isomollupentin-7-O-β-D-glucopyranoside 异五叶粟米草素▲-7-O-β-D-吡喃葡萄糖苷 鳄嘴花 Clinacanthus nutans
isomoschatoline 异麝香皮茶碱▲ 尖萼耧斗菜 Aquilegia oxysepala
isomotiol 异莫替醇 库页红景天 Rhodiola sachalinensis
isomotiol-3β-acetate 异莫替醇-3β-乙酸酯 费菜 Phedimus aizoon
(-)-isomucronulatol (-)-异尖叶军刀豆酚▲ 藤萝 Wisteria villosa
(+)-isomucronulatol (+)-异尖叶军刀豆酚▲ 苦马豆 Sphaerophysa salsula
(3R)-(-)-isomucronulatol (3R)-(-)-异尖叶军刀豆酚▲ 镰荚棘豆 Oxytropis falcata
isomucronulatol 异尖叶军刀豆酚▲ 乌拉特黄耆 Astragalus hoantchy, 黄耆 A. penduliflorus subsp. mongholicus var. dahuricus, 香花崖豆藤 Callerya dielsiana, 丘陵老鹳草 Geranium collinum, 香港远志 Polygala hongkongensis, 滇黄精 Polygonatum kingianum, 刺槐 Robinia pseudoacacia
isomucronulatol-7,2'-di-O-glucopyranoside 异尖叶军刀豆酚▲-7,2'-二-O-吡喃葡萄糖苷 蒙古黄耆 Astragalus penduliflorus, 黄耆 A. penduliflorus subsp. mongholicus var. dahuricus
isomucronulatol-7-O-glucopyranoside 异尖叶军刀豆酚▲-7-O-吡喃葡萄糖苷 黄耆 Astragalus penduliflorus subsp. mongholicus var. dahuricus
isomucronulatol-7-O-β-glucoside 异尖叶军刀豆酚▲-7-O-β-葡萄糖苷 苦马豆 Sphaerophysa salsula
isomucronustyrene 异尖叶军刀豆苏合香烯▲ 降香 Dalbergia odorifera
isomultiflorenol 异多花白树烯醇▲ 甜瓜 Cucumis melo, 西葫芦 Cucurbita pepo, 天竺葵 Pelargonium hortorum
isomultiflorenone 异多花白树烯酮▲ 西葫芦 Cucurbita pepo, 楝 Melia azedarach
isomultiflorenyl acetate 异多花白树烯醇▲乙酸酯 冬瓜 Benincasa hispida, 桔梗 Platycodon grandiflorus
isomurisolenin 异刺果番荔枝烯宁▲ 牛心番荔枝 Annona reticulata
isomuronic acid 异墙茶渍酸▲ 长松萝 Usnea longissima
isomurralonginol 异长叶九里香醇 大管 Micromelum falcatum, 九里香 Murraya exotica
isomurralonginol acetate 异长叶九里香醇乙酸酯 九里香 Murraya exotica
isomurralonginol isovalerate 异长叶九里香醇异缬草酸酯 千里香 Murraya paniculata
isomurralonginol nicotinate 异长叶九里香醇烟酸酯 千里香 Murraya paniculata
isomurranganone senecioate 异长叶九里香酮千里光酸酯 九里香 Murraya exotica
isomurrayafoline B 异豆叶九里香碱▲B 豆叶九里香 Murraya euchrestifolia, 调料九里香 M. koenigii
isomurrayazoline 异九里香咔唑碱 调料九里香 Murraya koenigii
isomyricadiol 异杨梅二醇 柽柳 Tamarix chinensis
isomyricitrin 异杨梅苷 岩须 Cassiope selaginoides, 西伯利亚落叶松 Larix sibirica, 罗勒 Ocimum basilicum, 堪察加景天 Phedimus kamtschaticus
(E)-isomyristicin (E)-异肉豆蔻醚 挥发油成分，未统计基源
trans-isomyristicin 反式-异肉豆蔻醚 玉兰 Yulania denudata
isonardoperoxide 异甘松过氧化物 甘松 Nardostachys jatamansi
isonardosinone 异甘松新酮 甘松 Nardostachys jatamansi
isonaringin 异柚皮苷 枳 Poncirus trifoliata
isonarthogenin 异芒兰皂苷元▲ 粉条儿菜 Aletris spicata, 叉蕊薯蓣 Dioscorea collettii
isonarthogenin-3-O-α-L-rhamnopyranosyl-(1 → 2)-[α-L-rhamnopyranosyl-(1 → 4)]-O-β-D-glucopyranoside 异芒兰皂苷元▲-3-O-α-L-吡喃鼠李糖基-(1 → 2)-[α-L-吡喃鼠李糖基-(1 → 4)]-O-β-D-吡喃葡萄糖苷 菝葜 Smilax china
isonarthogenin-3-O-α-L-rhamnopyranosyl-(1 → 2)-[α-L-rhamnopyranosyl-(1 → 4)]-β-D-glucopyranoside 异芒兰皂苷元▲-3-O-α-L-吡喃鼠李糖基-(1 → 2)-[α-L-吡喃鼠李糖基-(1 → 4)]-β-D-吡喃葡萄糖苷 湖北黄精 Polygonatum zanlanscianense, 菝葜 Smilax china
isonarthogenin-3-O-α-L-rhamnopyranosyl-(1 → 2)-O-[α-L-rhamnopyranosyl-(1 → 4)]-β-D-glucopyranoside 异芒兰皂苷元▲-3-O-α-L-吡喃鼠

李糖基 -(1 → 2)-*O*-[α-L- 吡喃鼠李糖基 -(1 → 4)]-β-D- 吡喃葡萄糖苷 绵萆薢 Dioscorea spongiosa
isonarthogenin-3-*O*-β-D-glucopyranosyl-(1→2)-β-D-glucopyranosyl-(1→4)-β-D-galactopyranoside 异芒兰皂苷元▲-3-*O*-β-D- 吡喃葡萄糖基 -(1 → 2)-β-D- 吡喃葡萄糖基 -(1 → 4)-β-D- 吡喃半乳糖苷 湖北黄精 Polygonatum zanlanscianense
isoneobavaichalcone 异新补骨脂查耳酮 补骨脂 Cullen corylifolia
isoneobavaisoflavone 异新补骨脂异黄酮 补骨脂 Cullen corylifolia
isoneochamaejasmin A 异新狼毒素 A 滇瑞香 Daphne feddei, 青藏大戟 Euphorbia altotibetica, 狼毒 Stellera chamaejasme
isoneomatatabiol 异新木天蓼醇 葛枣猕猴桃 Actinidia polygama
isoneonepetalactone 异新荆芥内酯 葛枣猕猴桃 Actinidia polygama
isoneotriptophenolide 新异雷公藤酚内酯 雷公藤 Tripterygium wilfordii
isonepetalactone 异荆芥内酯 挥发油成分，未统计基源
isoneriucoumaric acid 异夹竹桃香豆酸▲ 钝叶鸡蛋花 Plumeria obtusa
isoniazid 异烟肼 挥发油成分，未统计基源
isonicoteine 异烟草因▲ 无叶假木贼 Anabasis aphylla
isonishindaside 异黄荆达苷▲ 牡荆 Vitex negundo var. cannabifolia
isonitramine 异白刺胺 小果白刺 Nitraria sibirica
isonitrarine 异白刺灵碱▲ 大白刺 Nitraria roborowskii
isonormangostin 异降倒捻子素 莽吉柿 Garcinia mangostana
isonuatigenin 异蒜芥茄皂苷元▲ 喀西茄 Solanum aculeatissimum
25*S*-isonuatigenin-3-*O*-α-L-rhamnopyranosyl-(1 → 2)[α-L-rhamnopyranosyl-(1 → 4)-β-D-glucopyransoide 25*S*- 纽阿替皂苷元 -3-*O*-α-L- 吡喃鼠李糖基 -(1 → 2)[α-L- 吡喃鼠李糖基 -(1 → 4)-β-D- 吡喃葡萄糖苷 宽瓣重楼 Paris polyphylla var. yunnanensis
isonuezhenide 异女贞子苷 日本女贞 Ligustrum japonicum, 女贞 L. lucidum
isonuomioside 异糯米香草苷 块茎芦莉草 Ruellia tuberosa
isonuomioside A 异糯米香草苷 A 显苞芒毛苣苔 Aeschynanthus bracteatus, 珊瑚苣苔 Corallodiscus lanuginosus, 马缨丹 Lantana camara
isoobacunoic acid 异黄柏酸 香橙 Citrus junos, 橘红 C. maxima 'Tomentosa', 香橼 C. medica, 枳 Poncirus trifoliata
isoobacunoic acid-17-*O*-β-D-glucopyranoside 异黄柏酸 -17-*O*-β-D- 吡喃葡萄糖苷 葡萄柚 Citrus paradisi
isoobscurinine 异玉柏宁碱 玉柏 Lycopodium obscurum
isoobtusilactone 异三桠乌药内酯 樟 Cinnamomum camphora, 三桠乌药 Lindera obtusiloba
isoobtusilactone A 异三桠乌药内酯 A 香叶树 Lindera communis, 三桠乌药 L. obtusiloba, 红楠 Machilus thunbergii
isoobtusilactone B 异三桠乌药内酯 B 三桠乌药 Lindera obtusiloba
3-isooctadecanyl-4-hydroxy-α-pyrone 3- 异十八烷基 -4- 羟基 -α- 吡喃酮 积雪草 Centella asiatica
isoodolide 异马蛋果多内酯▲ 马蛋果 Gynocardia odorata
isookanin 异圆盘豆素▲ 两色金鸡菊 Coreopsis tinctoria
isookanin-7-*O*-(4'',6''-diacetyl)-β-D-glucopyranoside 异圆盘豆素▲-7-*O*-(4'',6''- 二乙酰基)-β-D- 吡喃葡萄糖苷 婆婆针 Bidens bipinnata
isookanin-7-*O*-β-D-(2'',4'',6''-triacetyl)-glucopyranoside 异圆盘豆素▲-7-*O*-β-D-(2'',4'',6''- 三乙酰基)- 吡喃葡萄糖苷 白花鬼针草 Bidens pilosa var. radiata
isookanin-7-*O*-β-D-glucoside 异圆盘豆素▲-7-*O*-β-D- 葡萄糖苷 婆婆针 Bidens bipinnata, 柳叶鬼针草 B. cernua, 狼杷草 B. tripartita
isooleic acid 异油酸 金毛狗 Cibotium barometz
isooleoacteoside 异木犀洋丁香酚苷▲ 迎春花 Jasminum nudiflorum
isooleuropein 异油橄榄苦苷 欧丁香 Syringa vulgaris
isoolivil 异橄榄脂素 连翘 Forsythia suspensa
isoononin 异芒柄花苷 胀果甘草 Glycyrrhiza inflata, 甘草 G. uralensis
isoophioglonin-7-*O*-β-D-glucopyranoside 异瓶尔小草宁 -7-*O*-β-D- 吡喃葡萄糖苷 钝头瓶尔小草 Ophioglossum petiolatum
(-)-isoorientalinone (-)- 异东方罂粟酮 紫花疆罂粟 Roemeria hybrida
isoorientin; homoorientin 异荭草素 常见成分，至少分布于 100 种以上植物中
isoorientin-2''-*O*-glucopyranoside 异荭草素 -2''-*O*- 吡喃葡萄糖苷 石竹 Dianthus chinensis
isoorientin-2''-*O*-α-L-rhamnoside 异荭草素 -2''-*O*-α-L- 鼠李糖苷 青皮竹 Bambusa textilis
isoorientin-2''-arabinoside 异荭草素 -2''- 阿拉伯糖苷 燕麦 Avena sativa
isoorientin-2''-glucoside 异荭草素 -2''- 葡萄糖苷 稻（模式亚种）Oryza sativa
isoorientin-2-*O*-a-L-rhamnoside 异荭草素 -2-*O*-a-L- 鼠李糖苷 假俭草 Eremochloa ophiuroides
isoorientin-2''-*O*-rhamnopyranside 异荭草素 -2''-*O*- 吡喃鼠李糖苷 大叶石头花 Gypsophila pacifica
isoorientin-2''-*O*-rhamnoside 异荭草素 -2''-*O*- 鼠李糖苷 柠檬草 Cymbopogon citratus
isoorientin-2''-*O*-α-L-rhamnopyranoside 异荭草素 -2''-*O*-α-L- 吡喃鼠李糖苷 三叶崖爬藤 Tetrastigma hemsleyanum
isoorientin-2''-xylopyranoside 异荭草素 -2''- 吡喃木糖苷 兴安胡枝子 Lespedeza davurica
isoorientin-3'-methyl ether 异荭草素 -3'- 甲醚 蓝玉簪龙胆 Gentiana veitchiorum, 剪红纱花 Lychnis senno
isoorientin-3''-*O*-glucopyranoside 异荭草素 -3''-*O*- 吡喃葡萄糖苷 菘蓝 Isatis tinctoria
isoorientin-4''-*O*-gallate 异荭草素 -4''-*O*- 没食子酸酯 青皮木 Schoepfia jasminodora
isoorientin-4''-*O*-β-D-xylopyranoside 异荭草素 -4''-*O*-β-D- 吡喃木糖苷 青皮竹 Bambusa textilis
isoorientin-4'-*O*-glucopyranoside 异荭草素 -4'-*O*- 吡喃葡萄糖苷 卷耳 Cerastium arvense subsp. strictum, 粗茎秦艽 Gentiana crassicaulis
isoorientin-4'-*O*-β-D-glucopyranoside 异荭草素 -4'-*O*-β-D- 吡喃葡萄糖苷 高山龙胆 Gentiana algida

isoorientin-4'-β-D-glucopyranoside 异荭草素 -4'-β-D- 吡喃葡萄糖苷 三花龙胆 Gentiana triflora
isoorientin-6"-gallate 异荭草素 -6"-O- 没食子酸酯 红蓼 Polygonum orientale
isoorientin-7-glycopyranoside 异荭草素 -7- 吡喃葡萄糖苷 亚麻 Linum usitatissimum
isoorientin-7-O-galactoside 异荭草素 -7-O- 半乳糖苷 石竹 Dianthus chinensis
isoorientin-7-O-glucopyranoside 异红蓼素 -7-O- 吡喃葡萄糖苷 无距耧斗菜 Aquilegia ecalcarata
isoorientin-7-O-rhamnosyl-galactoside 异荭草素 -7-O- 鼠李糖基半乳糖苷 石竹 Dianthus chinensis
isoorientin-7-O-rutinoside 异荭草素 -7-O- 芸香糖苷 石竹 Dianthus chinensis
isoorientin-7-O-β-D-glucoside 异荭草素 -7-O-β-D- 葡萄糖苷 大麦 Hordeum vulgare
isoorientin-7-rutinoside 异荭草素 -7- 芸香糖苷 普通小麦 Triticum aestivum
isoorientin-O-arabinopyranside 异荭草素 -O- 吡喃阿拉伯糖苷 抱茎蓼 Polygonum amplexicaule
isoorixine 异臭常山碱 臭常山 Orixa japonica
(-)-isootobaphenol (-)- 异奥托肉豆蔻酚 肉豆蔻 Myristica fragrans
(+)-isootobaphenol (+)- 异奥托肉豆蔻酚 金山五味子 Schisandra glaucescens
isoovatodiolide 异广防风二内酯▲ 广防风 Anisomeles indica
isooxoflaccidin 异氧代林荫银莲素 栗鳞贝母兰 Coelogyne flaccida
isooxoflavidinin 异氧代淡黄贝母兰宁▲ 节茎石仙桃 Pholidota articulata
isooxymaistemonine 异氧代狭叶百部碱 直立百部 Stemona sessilifolia
isooxypeucedanin 异氧化前胡素 白芷 Angelica dahurica, 杭白芷 A. dahurica 'Hangbaizhi', 拐芹 A. polymorpha, 大齿山芹 Ostericum grosseserratum, 长前胡 Peucedanum turgeniifolium, 月桂茵芋 Skimmia laureola
isopaeoniflorin 异芍药苷 芍药 Paeonia lactiflora
isopaeonol 异丹皮酚 徐长卿 Cynanchum paniculatum
isopalhinine A 异垂穗石松宁碱▲A 垂穗石松 Palhinhaea cernua
isopalmitic acid 异棕榈酸 花朱顶红 Hippeastrum vittatum
isoparguerol 异帕尔古拉海兔醇▲ 齐藤凹顶藻 Laurencia saitoi
isoparguerol-7,16-diacetate 异帕尔古拉海兔醇▲-7,16- 乙酸酯 齐藤凹顶藻 Laurencia saitoi
isoparvifuran 异小花黄檀呋喃▲ 降香 Dalbergia odorifera
isopatrinene 异败酱烯 败酱 Patrinia scabiosifolia
isopatriscabrol 异糙叶败酱醇▲ 糙叶败酱 Patrinia scabra
isopatriscabroside I, II 异糙叶败酱苷▲I, II 糙叶败酱 Patrinia scabra
isopaulitin 异库曼豚草素▲ 蓍 Achillea millefolium
isopaulownin 异泡桐素 掌叶木 Tabebuia rosea
isopedicin 异柄花长蒴苣苔素▲ 瓜馥木 Fissistigma oldhamii
isopelletierine 异石榴碱 石榴 Punica granatum, 睡茄 Withania somnifera
isopenniclavine 异狼尾草麦角碱 麦角菌 Claviceps purpurea
isopentadecane 异十五烷 挥发油成分，未统计基源
isopentanol; isopentyl alcohol 异戊醇 挥发油成分，未统计基源
6-isopentenyl-3'-O-methyltaxifolin 6- 异戊烯基 -3'-O- 甲基花旗松素 毛泡桐 Paulownia tomentosa
3-isopentenyl-4-methoxy-7,8-methylenedioxy-2-quinolone 3- 异戊烯基 -4- 甲氧基 -7,8- 亚甲二氧基 -2- 喹诺酮 榆橘 Ptelea trifoliata
5-isopentenyl-8-methoxypsoralen 5- 异戊烯基 -8- 甲氧基补骨脂素 川明参 Chuanminshen violaceum
isopentenyladenine 异戊烯基腺嘌呤 甜橙 Citrus sinensis
isopentenyladenine riboside 异戊烯腺苷 棉豆 Phaseolus lunatus
isopentenyl-dimethylpropyl ester 异戊烯二甲基烯丙酯 露兜树 Pandanus tectorius
7-isopentenylhydroxy-γ-fagarine 7- 异戊烯基羟基 -γ- 崖椒碱 大叶芸香 Haplophyllum perforatum
8-isopentenylnaringenin-7-O-glucoside 8- 异戊烯基柚皮苷元 -7-O- 葡萄糖苷 臭檀吴萸 Euodia daniellii
7-isopentenyloxy-6-methoxycoumarin 7- 异戊烯氧基 -6- 甲氧基香豆素 羌活 Notopterygium incisum
7-isopentenyloxy-6-methoxy-coumarin 7- 异戊烯氧基 -6- 甲氧基香豆精 羌活 Notopterygium incisum
5-isopentenyloxy-7-methoxycoumarin 5- 异异戊烯氧基 -7- 甲氧基香豆素 羌活 Notopterygium incisum
7-isopentenyloxy-8-isopentenylcoumarin 7- 异戊烯氧基 -8- 异戊烯基香豆素 茵芋 Skimmia reevesiana
7-isopentenyloxy-8-methoxycoumarin 7- 异戊烯氧基 -8- 甲氧基香豆素 青蒿 Artemisia carvifolia carvifolia
7-isopentenyloxycoumarin 7- 异戊烯基氧化香豆素 兴安独活 Heracleum dissectum
6-isopentenyloxyisobergapten 6- 异戊烯氧基异香柠檬烯 永宁独活 Heracleum yungningense
7-isopentenyloxy-γ-fagarine 7- 异戊烯氧基 -γ- 崖椒碱 茵芋 Skimmia reevesiana
isopentyl butanoate 异戊基丁酯 挥发油成分，未统计基源
isopentylgentiobioside 异戊基龙胆二糖苷 筒鞘蛇菰 Balanophora involucrata
isopeonol 异芍药醇 德国鸢尾 Iris germanica
isopersicoside 异桃苷 阿拉伯婆婆纳 Veronica persica
isoperulactone-3-O-β-D-glucopyranoside 异灯笼草内酯 -3-O-β-D- 吡喃葡萄糖苷 灯笼果 Physalis peruviana
isopetasin 异蜂斗菜素 网脉橐吾 Ligularia dictyoneura, 狭苞橐吾 L. intermedia, 箭叶橐吾 L. sagitta, 蜂斗菜 Petasites japonicus, 华蟹甲 Sinacalia tangutica

isopinocampheol 异松莰醇 挥发油成分，未统计基源
isopinocamphone 异松樟酮 挥发油成分，未统计基源
isopinocarveol 异松葛缕子醇 挥发油成分，未统计基源
isopiperine 异胡椒碱 荜拔 Piper longum, 假荜拔 P. retrofractum
isopiperitenone 异辣薄荷烯酮 挥发油成分，未统计基源
isopiperlongumine 异荜茇明碱 荜拔 Piper longum
isopiperolein B 异胡椒油碱 B 胡椒 Piper nigrum
isoplatanin 异悬铃木宁▲ 悬铃木 Platanus acerifolia
isoplatycarpanetin 异翅荚香槐亭▲ 翅荚香槐 Cladrastis platycarpa
(+)-isoplatydesmine (+)- 异阔果芸香碱 三桠苦 Euodia lepta
isoplatydesmine 异阔果芸香碱 臭常山 Orixa japonica, 川黄檗 Phellodendron chinense, 两面针 Zanthoxylum nitidum
isoplorantinone 异美味红菇醇酮▲ 辣味乳菇 Lactarius piperatus
isoplumbagin 异白花丹素 散沫花 Lawsonia inermis, 华中五味子 Schisandra sphenanthera
isoplumericin 异鸡蛋花素 软枝黄蝉 Allamanda cathartica, 黄蝉 A. schottii, 红鸡蛋花 Plumeria rubra, 南山花 Prismatomeris tetrandra
8-isoplumieride 8- 异鸡蛋花苷 鸡蛋花 Plumeria rubra 'Acutifolia'
isoplumieride 异鸡蛋花苷 鸡蛋花 Plumeria rubra 'Acutifolia'
isopodophyllotoxin-7'-*O*-*β*-D-glucopyranosyl-(1 → 6)-*β*-D-glucopyranoside 异鬼臼毒素 -7'-*O*-*β*-D- 吡喃葡萄糖基 -(1 → 6)-*β*-D- 吡喃葡萄糖苷 桃儿七 Sinopodophyllum hexandrum
(+)-isopolygonal (+)- 异蓼醛▲ 水蓼 Polygonum hydropiper
isoponcimarin 异枸橘香豆素 枳 Poncirus trifoliata
isopongaglabol 异光水黄皮酚▲ 水黄皮 Pongamia pinnata
isopraeroside IV 异白花前胡苷 IV 白芷 Angelica dahurica
isopratol 异红车轴草酚 杂种车轴草 Trifolium hybridum
isoprebetanin 异前甜菜苷 垂序商陆 Phytolacca americana
isopreleoheterin 异前益母草灵素▲ 益母草 Leonurus japonicus
isopreleosibirone A 异前细叶益母草酮 A 细叶益母草 Leonurus sibiricus
3'-(isoprenyl)-2',4-dihydroxy-4',6'-dimethoxychalcone 3'-(异戊烯基)-2',4- 二羟基 -4',6'- 二甲氧基查耳酮 啤酒花 Humulus lupulus
5'-isoprenyl-3-*O*-methylquercetin-4',7-di-*O*-*β*-D-glucopyranoside 5'- 异戊烯基 -3-*O*- 甲基槲皮素 -4',7- 二 -*O*-*β*-D- 吡喃葡萄糖苷 尖头瓶尔小草 Ophioglossum pedunculosum
2-isoprenyl-5-isopropylphenol-4-*O*-*β*-D-xylopyranoside 2- 异戊烯基 -5- 异丙基苯酚 -4-*O*-*β*-D- 吡喃木糖苷 见霜黄 Blumea lacera
6,7-(2-isoprenylfuro)-5,2,4-trihydroxyisoflavone 6,7-(2- 异戊烯基呋喃)-5,2,4- 三羟基黄酮 木豆 Cajanus cajan
3'-isoprenylgenistein 3'- 异戊烯基染料木素 甘草 Glycyrrhiza uralensis, 绒毛槐 Sophora tomentosa
isoprincepin 异巴西油大戟素 麻疯树 Jatropha curcas, 海滨木巴戟 Morinda citrifolia
isoprocurcumenol 异原莪术烯醇 温郁金 Curcuma wenyujin
4-isoprolpyl-1-methyl-4-cyclohexene-1,2,3-triol 4- 异丙基 -1- 甲基 -4- 环己烯 -1,2,3- 三醇 土荆芥 Chenopodium ambrosioides
isopropanyl-*O*-*β*-D-glucopyranoside 异丙烷基 -*O*-*β*-D- 吡喃葡萄糖苷 假荜拔 Piper retrofractum
isopropanylprimeveroside 异丙烷基樱草糖苷 假荜拔 Piper retrofractum
8-isopropenyl-1,5-dimethyl-1,5-cyclodecadiene 8- 异丙烯基 -1,5- 二甲基 -1,5- 环十碳二烯 挥发油成分，未统计基源
4-isopropenyl-1-cyclohexene-1-carboxylic acid 4- 异丙烯基 -1- 环己烯 -1- 羧酸 挥发油成分，未统计基源
4-isopropenyl-1-methyl benzene 4- 异丙基 -1- 甲基苯 挥发油成分，未统计基源
4-isopropenyl-1-methyl-cyclohexanol 4- 异丙烯基 -1- 甲基 - 环己醇 小花八角 Illicium micranthum
α-isopropenyl-2,3-dimethyl-tricyclo[2.2.1.02,6]heptan-3-propanol *α*- 异丙烯基 -2,3- 二甲基 - 三环 [2.2.1.02,6] 庚烷 -3- 丙醇 酒饼簕 Atalantia buxifolia
2-isopropenyl-4-methyl-1-oxa-cyclopenta[b]anthracene-5,10-dione 2- 异戊烯基 -4- 甲基 -1- 氧杂环戊 [b] 蒽烯 -5,10- 二酮 木橘 Aegle marmelos
2-isopropenyl-5,6-dimethoxybenzofuran 2- 异丙烯基 -5,6-5,6- 二甲氧基苯并呋喃 掌叶橐吾 Ligularia przewalskii
2-isopropenyl-5-acetyl-7-hydroxy-2,3-dihydrobenzofuran 2- 异丙烯基 -5- 乙酰基 -7- 羟基 -2,3- 二氢苯并呋喃 掌叶橐吾 Ligularia przewalskii
2-isopropenyl-5-methyl-cyclohexanol 2- 异丙烯基 -5- 甲基 - 环己醇 小花八角 Illicium micranthum
2-isopropenyl-5-methylhex-4-enal 2- 异丙烯 -5- 甲基己 -4- 烯醛 挥发油成分，未统计基源
2-isopropenyl-6-acetyl-8-methoxy-1,3-benzodioxin-4-one 2- 异戊烯基 -6- 乙酰基 -8- 甲氧基 -1,3- 苯并二氧芑 -4- 酮 狭苞橐吾 Ligularia intermedia, 窄头橐吾 L. stenocephala, 金挖耳 Carpesium divaricatum
2-isopropenyl-9-methoxy-1,8-dioxa-dicyclopenta[b,g]naphthalene-4,10-dione 2- 异戊烯基 -9- 甲氧基 -1,8- 二氧杂 - 双环戊 [b,g] 萘 -4,10- 二酮 白花丹 Plumbago zeylanica
25*ξ*-isopropenylchole-5,(6)-ene-3-*O*-*β*-D-glucopyranoside 25*ξ*- 异丙烯 - 胆甾 -5,(6)- 烯 -3-*O*-*β*-D- 吡喃葡萄糖苷 苦瓜 Momordica charantia
6-(3-isopropenylcycloprop-1-enyl)-6-methylhept-3-en-2-one 6-(3- 异丙烯基环丙烷 -1- 烯基)-6- 甲庚 -3- 烯 -2- 酮 挥发油成分，未统计基源
2-isopropenylnaphtho[2,3-*b*]furan-4,9-dione 2- 异丙烯基萘并 [2,3-*b*] 呋喃 -4,9- 醌 葫芦树 Crescentia cujete, 菜豆树 Radermachera sinica, 掌叶木 Tabebuia rosea
3-isoproply-6-methyl-2,5-piperazinedione 3- 异丙基 -6- 甲基 -2,5- 二酮哌嗪 虎掌 Pinellia pedatisecta

3-isoproply-6-terbutyl-2,5-piperazinedione 3- 异丙基 -6- 特丁基 -2,5- 二酮哌嗪 虎掌 Pinellia pedatisecta
isopropyl formate 甲酸异丙酯 挥发油成分，未统计基源
isopropyl glycidyl ether 异丙基甘油醚 挥发油成分，未统计基源
isopropyl palmitate 异丙醇棕榈酸酯 挥发油成分，未统计基源
isopropyl propyl disulfide 异丙基丙基二硫醚 薤白 Allium macrostemon
isopropyl-[4-(hydroxymethyl)phenyl]-carbamate 异丙基 -(4- 羟甲基苯基]- 氨基甲酸酯 紫茉莉 Mirabilis jalapa
7-isopropyl-1,1,4a-trimethyl-1,2,3,4,4a,9,10,10a-octahydrophenanthrene 7- 异丙基 -1,1,4a- 三甲基 -1,2,3,4,4a,9,10,10a- 八氢化菲 雪松 Cedrus deodara
(1*S*,6*R*,7*S*,10*S*)-7-isopropyl-10-methyl-4-methylene-decahydronaphthalene-6,10-diol (1*S*,6*R*,7*S*,10*S*)-7- 异丙基 -10- 甲基 -4- 亚甲基 - 十氢萘 -6,10- 二醇 菖蒲 Acorus calamus
isopropyl-14-methyl-pentadecanoate 异丙基 -14- 甲基 - 十五酸酯 挥发油成分，未统计基源
10-isopropyl-2,2,6-trimethyl-2,3,4,5-tetrahydronaphtha[1,8-bc]oxocine-5,11-diol 10- 异丙基 -2,2,6- 三甲基 -2,3,4,5- 四氢萘 [1,8-bc] 氧辛 -5,11- 二醇 甘松 Nardostachys jatamansi
23ζ-isopropyl-24-ethyl-cycloart-25-en-3β-acetate 23ζ- 异丙基 -24- 乙基 - 环木菠萝 -25- 烯 -3β- 乙酸酯 九里香 Murraya exotica
23ζ-isopropyl-24-methyl-cycloart-25-en-3β-ol 23ζ- 异丙基 -24- 甲基 - 环木菠萝 -25- 烯 -3β- 醇 九里香 Murraya exotica
4-isopropyl-2-cyclohexe-1-one 4- 异丙基 -2- 环己烯 -1- 酮 挥发油成分，未统计基源
5-isopropyl-2-methylphenol 5- 异丙基 -2- 甲基苯酚 挥发油成分，未统计基源
2-isopropyl-3-methoxypyrazine 2- 异丙基 -3- 甲氧基吡嗪 挥发油成分，未统计基源
5-isopropyl-3-methyl-2,4,7-trimethoxy-8,1-naphthalene carbolactone 5- 异丙基 -3- 甲基 -2,4,7- 三甲氧基 -8,1- 萘内酯 木棉 Bombax ceiba
6-isopropyl-4-methyl-7,8-dihydro-6*H*-naphtho[1,8-bc]furan 6- 异丙基 -4- 甲基 -7,8- 二氢 -6*H*- 萘 [1,8-bc] 呋喃 菖蒲 Acorus calamus
1-isopropyl-4-methyl-9-hydroxyspiro[4.5]dec-6-en-8-one 1- 异丙基 -4- 甲基 -9- 羟基螺环 [4.5] 癸 -6- 烯 -8- 酮 红茴香 Illicium henryi
1-isopropyl-4-methylbenzene 1- 异丙基 -4- 甲基苯 云南松 Pinus yunnanensis
3-isopropyl-4-methyl-dec-1-en-4-ol 3- 异丙基 -4- 甲基癸 -1- 烯 -4- 醇 挥发油成分，未统计基源
2-isopropyl-5-methyl-1-heptanol 2- 异丙基 -5- 甲基 -1- 庚醇 杉木 Cunninghamia lanceolata
2-isopropyl-5-methyl-9-methylene-bicyclo[4,4,0]dec-1-en 2- 异丙基 -5- 甲基 -9- 亚甲基双环 [4,4,0]- 癸 -1- 烯 挥发油成分，未统计基源
2-isopropyl-5-methyl-9-methylene-bicyclo[4,4,0]dec-1-ene 2- 异丙基 -5- 甲基 -9- 亚甲基 - 二环 [4,4,0] 萘 -1- 烯 挥发油成分，未统计基源
2-isopropyl-5-methyl-cyclohexen-1-one 2- 异丙基 -5- 甲基 -3- 环己烯 -1- 酮 挥发油成分，未统计基源
2-isopropyl-5-methyl-*p*-hydroquinone-4-*O*-β-D-xylopyranoside 2- 异丙基 -5- 甲基 - 对 - 氢醌 -4-*O*-β-D- 吡喃木糖苷 石胡荽 Centipeda minima
(*S*)-(-)-2-isopropyl-5-oxohexanoic acid (*S*)-(-)-2- 异丙基 -5- 氧代己酸 烟草 Nicotiana tabacum
(3*S*,6*R*)-3-isopropyl-6-(2-methylpropyl)-2,5-piperazine diketone (3*S*,6*R*)-3- 异丙基 -6-(2- 甲基丙基)-2,5- 哌嗪二酮 挂金灯 Physalis alkekengi var. francheti
(3*S*,6*R*)-3-isopropyl-6-(*p*-hydroxybenzyl)-2,5-piperazine diketone (3*S*,6*R*)-3- 异丙基 -6- 对羟基苄基 -2,5- 哌嗪二酮 挂金灯 Physalis alkekengi var. francheti
(3*S*,6*S*)-3-isopropyl-6-(*p*-hydroxybenzyl)-2,5-piperazine diketone (3*S*,6*S*)-3- 异丙基 -6- 对羟基苄基 -2,5- 哌嗪二酮 挂金灯 Physalis alkekengi var. francheti
(3*S*,6*S*)-3-isopropyl-6-benzyl-2,5-piperazine diketone (3*S*,6*S*)-3- 异丙基 -6- 苄基 -2,5- 哌嗪二酮 挂金灯 Physalis alkekengi var. francheti
(*E*)-9-isopropyl-6-methyl-5,9-decadien-2-one (*E*)-9- 异丙基 -6- 甲基 -5,9- 癸二烯 -2- 酮 挥发油成分，未统计基源
3-isopropyl-6-methylpiperazine-2,5-dione 3- 异丙基 -6- 甲基哌嗪 -2,5- 二酮 石莼 Ulva lactuca
(3*R*,3a*R*,8a*S*)-3-isopropyl-8amethyl-8-oxo-1,2,3,3*a*,6,7,8,8*a*-octahydroazulene-5-carbaldehyde (3*R*,3a*R*,8a*S*)-3- 异丙基 -8*a* 甲基 -8- 氧代 - 1,2,3,3*a*,6,7,8,8*a*- 八氢薁 -5- 醛 依兰 Cananga odorata
2-isopropyl-8-methyl-3,4-phenanthraquinone 2- 异丙基 -8- 甲基 -3,4- 菲醌 红根草 Salvia prionitis
2-isopropyl-8-methylphenanthrene-3,4-dione 2- 异丙基 -8- 甲基菲 -3,4- 二酮 三叶鼠尾草 Salvia trijuga
p-isopropylbenzaldehyde 对异丙基苯甲醛 孜然芹 Cuminum cyminum
isopropylbenzene 异丙苯 紫苞雪莲 Saussurea iodostegia
p-isopropylbenzoicacid 对异丙基苯甲酸 孜然芹 Cuminum cyminum
p-isopropylbenzyl alcohol 对异丙基苄醇 挥发油成分，未统计基源
7α-*p*-isopropyl-benzyl-ferruginol 7α- 对异丙基苯基锈色罗汉松酚▲ 柳杉 Cryptomeria japonica var. sinensis
4-isopropylcyclohex-2-enone 4- 异丙基环己 -2- 烯酮 挥发油成分，未统计基源
isopropylethanone 异丙基乙醇 挥发油成分，未统计基源
2,3-isopropylidene cyasterone 2,3- 异亚丙基杯苋甾酮 川牛膝 Cyathula officinalis
2,3-isopropylidene isocyasterone 2,3- 异亚丙基异杯苋甾酮 川牛膝 Cyathula officinalis
3,19-isopropylidene-14-deoxy-*ent*-labda-8(17),13-dien-16,15-olide 3,19- 异亚丙基 -14- 去氧 - 对映 - 半日花 -8(17),13- 二烯 -16,15- 内酯 穿心莲 Andrographis paniculata
4-isopropylidene-2-cyclohexen-1-one 4- 异亚丙基 -2- 环己烯 -1- 酮 挥发油成分，未统计基源
α-isopropylidene-2-furyl propenal α- 异亚丙基 -2- 呋喃丙烯醛 挥发油成分，未统计基源
15,16-isopropylidenedarutoside 15,16- 异亚丙基豨莶苷 腺梗豨莶 Sigesbeckia pubescens
3,4-isopropylidenedioxyshikimic acid 3,4- 异丙亚基二氧莽草酸 冷杉 Abies fabri
isopropylidenekirenol 异亚丙基豨莶草醇 毛梗豨莶 Sigesbeckia glabrescens, 豨莶 S. orientalis, 腺梗豨莶 S. pubescens

2,3-isopropylidene-l-*O*-*p*-coumaroylglycerol 2,3- 异亚丙基 -l-*O*- 对香豆酰甘油 灯心草 Juncus effusus
2*α*,3*β*-isopropylidenelup-20(29)-en-28(19)-lactone 2*α*,3*β*- 异丙叉羽扇豆醇 -20(29)- 烯 -28(19)- 内酯 云南杨梅 Myrica nana
isopropylidenocalliterpenone 异亚丙二氧基紫珠萜酮 大叶紫珠 Callicarpa macrophylla
2-isopropylmalic acid 2- 异丙基苹果酸 烟草 Nicotiana tabacum
2-isopropylnaphthalene 2- 异丙基萘 挥发油成分，未统计基源
isopropyl-*O*-*β*-(6'-*O*-galloyl)-glucopyranoside 异丙基 -*O*-*β*-(6'-*O*- 没食子酰基)- 吡喃葡萄糖苷 显脉羊蹄甲 Bauhinia glauca subsp. pernervosa
3-isopropylphenol 3- 异丙基苯酚 挥发油成分，未统计基源
7-isopropylpodocarpinol 7- 异丙基罗汉松醇 冬凌草 Isodon rubescens
3-isopropyl-pyrrolopiperazine-2,5-dione 3- 异丙基 - 吡咯并哌嗪 -2,5- 二酮 虎掌 Pinellia pedatisecta
isopropyl-*β*-D-apiofuranosyl-(1 → 6)-*β*-D-glucopyranoside 异丙基 -*β*-D- 呋喃芹糖基 -(1 → 6)-*β*-D- 吡喃葡萄糖苷 苍术 Atractylodes lancea, 珊瑚菜 Glehnia littoralis
isopropyl-*β*-D-glucopyranoside 异丙基 -*β*-D- 吡喃葡萄糖苷 台湾银线兰 Anoectochilus formosanus, 珊瑚菜 Glehnia littoralis
isoprostephabyssine 异原阿比西尼亚千金藤碱▲ 粪箕笃 Stephania longa
isoprotosappanin B 异原苏木素 B 苏木 Caesalpinia sappan
isoprotostemonine 异原百部碱 百部 Stemona japonica
isoprotoverine 异原藜芦因 阿尔泰藜芦 Veratrum lobelianum
5-7A-isoprpenyl-4,5-dimethyloctahydro-1*H*-inden-4-yl-3-methyl-2-pentane 5-7A- 异戊烯基 -4,5- 二甲基八氢 -1*H*- 茚 -4- 基 -3- 甲基 -2- 戊烷 挥发油成分，未统计基源

I

isoprunetin 异樱黄素 岭南山竹子 Garcinia oblongifolia, 花榈木 Ormosia henryi
isoprunetin-7-*O*-*β*-D-glucoside 异樱黄素 -7-*O*-*β*-D- 葡萄糖苷 花榈木 Ormosia henryi
isopseudolarifuroic acid A, B 异金钱松呋喃酸 A, B 金钱松 Pseudolarix amabilis
isopseudolaritone A 异金钱松酮 A 金钱松 Pseudolarix amabilis
isopseudostrychnine 异伪番木鳖碱 马钱子 Strychnos nux-vomica
isopsoralen 异补骨脂素 补骨脂 Cullen corylifolia, 白亮独活 Heracleum candicans
isopsoralenoside 异补骨脂苷 补骨脂 Cullen corylifolia
isopteleflorine 异榆橘花碱 臭常山 Orixa japonica
isoptelefolidine 异榆橘花里定碱 臭常山 Orixa japonica
isoptelefoline 异榆橘林碱▲ 榆橘 Ptelea trifoliata
isoptelefolonium perchlorate 异榆橘季铵碱▲高氯酸盐 榆橘 Ptelea trifoliata
isopteleine 异榆橘碱 山油柑 Acronychia pedunculata, 狭叶白鲜 Dictamnus angustifolius
isopteleprenine 异榆橘异戊烯碱▲ 臭常山 Orixa japonica
isopterocarpolone 异紫檀醇酮 红花木莲 Manglietia insignis
(5*R*,7*R*,10*S*)-isopterocarpolone-*β*-D-glucopyranoside (5*R*,7*R*,10*S*)- 异紫檀酮▲-*β*-D- 吡喃葡萄糖苷 苍术 Atractylodes lancea
isopterofuran 异紫檀呋喃 白花油麻藤 Mucuna birdwoodiana
isopteropodine 异翅柄钩藤碱▲ 北越钩藤 Uncaria homomalla, 攀茎钩藤 U. scandens
isopterosin B, C 异蕨素 B, C 凤丫蕨 Coniogramme japonica
(-)-isopulegol (-)- 异唇萼薄荷醇▲ 细叶桉 Eucalyptus tereticornis, 小花八角 Illicium micranthum
isopulegol 异唇萼薄荷醇▲ 挥发油成分，未统计基源
isopulegol acetate 异唇萼薄荷醇▲乙酸酯 挥发油成分，未统计基源
isopulegone 异唇萼薄荷酮▲ 挥发油成分，未统计基源
isoquercetin 异槲皮素 咖啡黄葵 Abelmoschus esculentus, 臭椿 Ailanthus altissima, 苋 Amaranthus tricolor, 朝鲜当归 Angelica gigas, 积雪草 Centella asiatica, 肾茶 Clerodendranthus spicatus, 铃兰 Convallaria majalis, 芫花 Daphne genkwa, 狭叶白鲜 Dictamnus angustifolius, 无花果 Ficus carica, 枳椇 Hovenia acerba, 黄海棠 Hypericum ascyron, 线纹香茶菜 Isodon lophanthoides, 胡枝子 Lespedeza bicolor, 欧当归 Levisticum officinale, 忍冬 Lonicera japonica, 小茄 Lysimachia japonica, 木蝴蝶 Oroxylum indicum, 滇虎榛 Ostryopsis nobilis, 两栖蓼 Polygonum amphibium, 萹蓄 P. aviculare, 叉分蓼 P. divaricatum, 春蓼 P. persicaria, 石韦 Pyrrosia lingua, 万年青 Rohdea japonica, 水茄 Solanum torvum, 甜叶菊 Stevia rebaudiana, 杂种车轴草 Trifolium hybridum, 卷毛婆婆纳 Veronica teucrium
isoquercetin-6''-benzoate 异槲皮素 -6''- 苯甲酸酯 滇虎榛 Ostryopsis nobilis
isoquercetin-6''-butylate 异槲皮素 -6''- 丁酸酯 滇虎榛 Ostryopsis nobilis
isoquercetrin; isoquercitrin 异槲皮苷 常见成分，至少分布于 100 种以上植物中
isoquercitrin-6''-gallate 异槲皮苷 -6''- 没食子酸酯 紫锦木 Euphorbia cotinifolia subsp. Cotinoides, 三球悬铃木 Platanus orientalis
isoquercitrin-6'-*O*-acetate 异槲皮苷 -6'-*O*- 乙酸酯 罗布麻 Apocynum venetum
isoquercitrin-6''-*O*-malonate 异槲皮苷 -6''-*O*- 丙二酸酯 红车轴草 Trifolium pratense
isoquercitrin-6''-*O*-methyloxalate 异槲皮苷 -6''-*O*- 草酸甲酯 盐角草 Salicornia europaea
16-isoquillaic acid 16- 异皂皮树酸 金铁锁 Psammosilene tunicoides
isoquinolin-1(2*H*)-one 异喹啉 -1(2*H*)- 酮 相思子 Abrus precatorius
isoquinoline 异喹啉 船盔乌头 Aconitum naviculare
7-isoquinolinol 7- 羟基异喹啉 地黄 Rehmannia glutinosa
isorabaichromone 异拉巴依芦荟色酮▲ 芦荟 Aloe vera

isorhamnetin-3-*O*-(2'-*α*-L-rhamnosyl)-*α*-L-rhamnosyl-(1→6)-*β*-D-glucopyranoside 异鼠李素 -3-*O*-(2'-*α*-L- 鼠李糖基)-*α*-L- 鼠李糖基 -(1→6)-*β*-D- 吡喃葡萄糖苷 长苞香蒲 Typha angustata, 东方香蒲 T. orientalis

isorhamnetin-3-*O*-(6''-*O*-*E*-*p*-coumaroyl)-*β*-D-glucopyranoside 异鼠李素 -3-*O*-(6''-*O*-*E*- 对香豆酰)-*β*-D- 吡喃葡萄糖苷 蕨 Pteridium aquilinum var. latiusculum

isorhamnetin-3-*O*-(6''-*O*-*Z*-*p*-coumaroyl)-*β*-D-glucopyranoside 异鼠李素 -3-*O*-(6''-*O*-*Z*- 对香豆酰基)-*β*-D- 吡喃葡萄糖苷 土沉香 Aquilaria sinensis

isorhamnetin-3-*O*-(6''-*p*-coumaroyl)-glucopyranoside 异鼠李素 -3-*O*-(6''- 对香豆酰基)- 吡喃葡萄糖苷 依兰 Cananga odorata

isorhamnetin-3-*O*-(6''-acetyl)-*β*-D-glucopyranoside 异鼠李素 -3-*O*-(6''- 乙酰基)-*β*-D- 吡喃葡萄糖苷 东方肉穗草 Sarcopyramis bodinieri var. delicata

isorhamnetin-3-*O*-(6''-*O*-caffeoyl)-*β*-D-galactopyranoside 异鼠李素 -3-*O*-(6''-*O*- 咖啡酰基)-*β*-D- 吡喃半乳糖苷 东方肉穗草 Sarcopyramis bodinieri var. delicata

isorhamnetin-3-*O*-(6-*O*-*E*-feruloyl)-*β*-D-glucopyranosyl-(1→2)-*β*-D-galactopyranoside 异鼠李素 -3-*O*-(6-*O*-*E*- 阿魏酰基)-*β*-D- 吡喃葡萄糖基 -(1→2)-*β*-D- 吡喃半乳糖苷 沙枣 Elaeagnus angustifolia

isorhamnetin-3-*O*-(6''-*O*-*trans*-feruloyl)-*β*-D-galactopyranoside 异鼠李素 -3-*O*-(6''-*O*- 反式 - 阿魏酰基)-*β*-D- 吡喃半乳糖苷 东方肉穗草 Sarcopyramis bodinieri var. delicata

isorhamnetin-3-*O*-(6''-*O*-*trans*-feruloyl)-*β*-D-glucopyranoside 异鼠李素 -3-*O*-(6''-*O*- 反式 - 阿魏酰基)-*β*-D- 吡喃葡萄糖苷 东方肉穗草 Sarcopyramis bodinieri var. delicata

isorhamnetin-3-*O*-(6''-*O*-*trans*-*p*-coumaroyl)-*β*-D-glucopyranoside 异鼠李素 -3-*O*-(6''-*O*- 反式 - 对香豆酰基)-*β*-D- 吡喃葡萄糖苷 东方肉穗草 Sarcopyramis bodinieri var. delicata

isorhamnetin-3-*O*-(*p*-coumaryl)-glucopyranoside 异鼠李素 -3-*O*- 对香豆酰吡喃葡萄糖苷 大叶马兜铃 Aristolochia kaempferi

isorhamnetin-3-*O*-(pentosyl)-hexoside 异鼠李素 -3-*O*-(戊糖基)- 己糖苷 千日红 Gomphrena globosa

isorhamnetin-3-*O*-[(6-*O*-*E*-sinapoyl)-*β*-D-glucopyranosyl-(1→2)]-*β*-D-glucopyranosyl-7-*O*-*α*-L-rhamnopyranoside 异鼠李素 -3-*O*-[(6-*O*-*E*- 芥子酰基)-*β*-D- 吡喃葡萄糖基 -(1→2)]-*β*-D- 吡喃葡萄糖基 -7-*O*-*α*-L- 吡喃鼠李糖苷 中国沙棘 Hippophae rhamnoides subsp. sinensis

isorhamnetin-3-*O*-[(*S*)-3-hydroxy-3-methyl-glutaroyl-(1→6)]-*α*-L-rhamnopyranosyl-(1→2)-*β*-D-glucopyranoside 异鼠李素 -3-*O*-[(*S*)-3- 羟基 -3- 甲基 - 戊二酰基 -(1→6)]-*α*-L- 吡喃鼠李糖基 -(1→2)-*β*-D- 吡喃葡萄糖苷 砂珍棘豆 Oxytropis racemosa

isorhamnetin-3-*O*-[2'''-*O*-acetyl-*α*-arabinopyranosyl]-(1→6)-*β*-galactopyranoside 异鼠李素 -3-*O*-[2'''-*O*- 乙酰基 -*α*- 吡喃阿拉伯糖苷]-(1→6)-*β*-吡喃半乳糖苷 吉林延龄草 Trillium kamtschaticum

isorhamnetin-3-*O*-[2'''-*O*-acetyl-*β*-D-glucopyranosyl-(1→6)-*β*-D-glucopyranoside] 异鼠李素 -3-*O*-[2'''-*O*- 乙酰基 -*β*-D- 吡喃葡萄糖基 -(1→6)-*β*-D- 吡喃葡萄糖苷] 五脉绿绒蒿 Meconopsis quintuplinervia

isorhamnetin-3-*O*-[6''-(3-hydroxy-3-methylglutaroyl)]-*β*-D-glucopyranoside 异鼠李素 -3-*O*-[6''-(3- 羟基 -3- 甲基戊二酰基)-*β*-D- 吡喃葡萄糖苷] 苦马豆 Sphaerophysa salsula

isorhamnetin-3-*O*-[*α*-L-rhamnopyranosyl-(1→6)]-*O*-*β*-D-glucopyranosyl-7-*O*-*α*-L-rhamnopyranoside 异鼠李素 -3-*O*-[*α*-L- 吡喃鼠李糖基 -(1→6)]-*O*-*β*-D- 吡喃葡萄糖基 -7-*O*-*α*-L- 吡喃鼠李糖苷 点地梅 Androsace umbellata

isorhamnetin-3-*O*-[*β*-D-galactopyranosyl-(1→6)]-*β*-D-glucopyranoside 异鼠李素 -3-*O*-[*β*-D- 吡喃半乳糖基 -(1→6)]-*β*-D- 吡喃葡萄糖苷 五脉绿绒蒿 Meconopsis quintuplinervia

isorhamnetin-3-*O*-[*β*-D-glucopyranosyl-(6→1)-rhamnopyranoside] 异鼠李素 -3-*O*-[*β*-D- 吡喃葡萄糖基 -(6→1)- 吡喃鼠李糖苷] 乌药 Lindera aggregata

isorhamnetin-3-*O*-D-glucoside 异鼠李素 -3-*O*-D- 葡萄糖苷 苣荬菜 Sonchus arvensis

isorhamnetin-3-*O*-diglucopyranoside-7-*O*-glucopyranoside 异鼠李素 -3-*O*- 二吡喃葡萄糖苷 -7-*O*- 吡喃葡萄糖苷 大花细辛 Asarum macranthum

isorhamnetin-3-*O*-diglucoside 异鼠李素 -3-*O*- 二葡萄糖苷 菊花 Chrysanthemum morifolium

isorhamnetin-3-*O*-galactoside 异鼠李素 -3-*O*- 半乳糖苷 川康栒子 Cotoneaster ambiguus, 西南栒子 C. franchetii, 西北栒子 C. zabelii, 吴茱萸 Euodia ruticarpa, 苹果 Malus pumila, 田葱 Philydrum lanuginosum

isorhamnetin-3-*O*-gentiobioside 异鼠李素 -3-*O*- 龙胆二糖苷 狭叶番泻 Cassia angustifolia

isorhamnetin-3-*O*-glucopyranoside 异鼠李素 -3-*O*- 吡喃葡萄糖苷 骆驼刺 Alhagi camelorum, 大花细辛 Asarum macranthum, 牛角瓜 Calotropis gigantea, 树锦鸡儿 Caragana arborescens, 黄瓜 Cucumis sativus, 欧洲菟丝子 Cuscuta europaea, 白柳 Salix alba, 无翅猪毛菜 Salsola komarovii, 丁香 Syzygium aromaticum, 异株荨麻 Urtica dioica

isorhamnetin-3-*O*-glucopyranoside-7-*O*-diglucopyranoside 异鼠李素 -3-*O*- 吡喃葡萄糖苷 -7-*O*- 二吡喃葡萄糖苷 双叶细辛 Asarum caulescens

isorhamnetin-3-*O*-glucopyranoside-7-*O*-rhamnopyranoside 异鼠李素 -3-*O*- 吡喃葡萄糖苷 -7-*O*- 吡喃鼠李糖苷 厚叶美花草 Callianthemum alatavicum

isorhamnetin-3-*O*-glucoside 异鼠李素 -3-*O*- 葡萄糖苷 茵陈蒿 Artemisia capillaris, 西葫芦 Cucurbita pepo, 田葱 Philydrum lanuginosum, 松叶西风芹 Seseli yunnanense, 宽叶香蒲 Typha latifolia

isorhamnetin-3-*O*-glucosyl-rhamnosyl-rhamnoside 异鼠李素 -3-*O*- 葡萄糖基 - 鼠李糖基 - 鼠李糖苷 长苞香蒲 Typha angustata

isorhamnetin-3-*O*-hexoside 异鼠李素 -3-*O*- 己糖苷 千日红 Gomphrena globosa

isorhamnetin-3-*O*-neohesperidin 异鼠李素 -3-*O*- 新橙皮苷 青葙 Celosia argentea, 异株荨麻 Urtica dioica

isorhamnetin-3-*O*-neohesperidoside 异鼠李素 -3-*O*- 新橙皮糖苷 双叶细辛 Asarum caulescens, 金盏花 Calendula officinalis, 大花菟丝子 Cuscuta reflexa, 绒毛胡枝子 Lespedeza tomentosa, 桔梗 Platycodon grandiflorus, 长苞香蒲 Typha angustata, 水烛 T. angustifolia, 达香蒲 T. davidiana, 宽叶香蒲 T. latifolia, 东方香蒲 T. orientalis

I

mume, 茵陈蒿 Artemisia capillaris, 歧茎蒿 A. igniaria, 雏菊 Bellis perennis, 北疆风铃草 Campanula glomerata, 樟味藜 Camphorosma monspeliaca, 矮锦鸡儿 Caragana pygmaea, 沙枣 Elaeagnus angustifolia, 刺五加 Eleutherococcus senticosus, 昙花 Epiphyllum oxypetalum, 矮桃 Lysimachia clethroides, 黑腺珍珠菜 L. heterogenea, 巴东过路黄 L. patungensis, 台湾十大功劳 Mahonia japonica, 齿果酸模 Rumex dentatus, 碱蓬 Suaeda glauca, 欧荨麻 Urtica urens, 笃斯越桔 Vaccinium uliginosum

isorhamnetin-3-*O*-*β*-D-galactopyranoside-4'-*O*-*β*-D-glucopyranoside 异鼠李素 -3-*O*-*β*-D- 吡喃半乳糖苷 -4'-*O*-*β*-D- 吡喃葡萄糖苷 沙枣 Elaeagnus angustifolia

isorhamnetin-3-*O*-*β*-D-galactoside 异鼠李素 -3-*O*-*β*-D- 半乳糖苷 青蒿 Artemisia carvifolia carvifolia, 车前状垂头菊 Cremanthodium ellisii, 石虎 Euodia ruticarpa var. officinalis, 额河千里光 Senecio argunensis, 菊状千里光 S. laetus, 水烛 Typha angustifolia

isorhamnetin-3-*O*-*β*-D-glucopyranoside 异鼠李素 -3-*O*-*β*-D- 吡喃葡萄糖苷 较常见成分，至少分布于 30 种以上植物中，见于八角科、报春花科、柽柳科、冬青科、豆科、杜鹃花科、杜仲科、椴树科、胡颓子科、槲寄生科、夹竹桃科、景天科、桔梗科、菊科、壳斗科、兰科、藜科、蓼科、毛茛科、猕猴桃科、木兰科、葡萄科、茜草科、蔷薇科、茄科、忍冬科、伞形科、桑科、省沽油科、十字花科、柿科、睡莲科、松科、桃金娘科、天南星科、五味子科、仙人掌科、苋科、小檗科、野牡丹科、罂粟科、樟科、棕榈科等

isorhamnetin-3-*O*-*β*-D-glucopyranoside-7-*O*-*α*-L-rhamnopyranoside 异鼠李素 -3-*O*-*β*-D- 吡喃葡萄糖苷 -7-*O*-*α*-L- 吡喃鼠李糖苷 云南沙棘 Hippophae rhamnoides subsp. yunnanensis, 西藏沙棘 H. tibetana

isorhamnetin-3-*O*-*β*-D-glucopyranosyl-(1→2)[*α*-L-rhamnopyranosyl-(1→6)]-*β*-D-galactopyranoside 异鼠李素 -3-*O*-*β*-D- 吡喃葡萄糖基 -(1→2)[*α*-L- 吡喃鼠李糖基 -(1→6)]-*β*-D- 吡喃半乳糖苷 沙枣 Elaeagnus angustifolia

isorhamnetin-3-*O*-*β*-D-glucopyranosyl-(1→2)-[*α*-L-rhamnopyranosyl-(1→6)]-*β*-D-glucopyranoside 异鼠李素 -3-*O*-*β*-D- 吡喃葡萄糖基 -(1→2)-[*α*-L- 吡喃鼠李糖基 -(1→6)]-*β*-D- 吡喃葡萄糖苷 多刺锦鸡儿 Caragana spinosa

isorhamnetin-3-*O*-*β*-D-glucopyranosyl-(1→2)-*β*-D-galactopyranoside 异鼠李素 -3-*O*-*β*-D- 吡喃葡萄糖基 -(1→2)-*β*-D- 吡喃半乳糖苷 沙枣 Elaeagnus angustifolia

isorhamnetin-3-*O*-*β*-D-glucopyranosyl-(1→3)-*α*-L-rhamnopyranosyl-(1→6)-*β*-D-galactopyranoside 异鼠李素 -3-*O*-*β*-D- 吡喃葡萄糖基 -(1→3)-*α*-L- 吡喃鼠李糖基 -(1→6)-*β*-D- 吡喃半乳糖苷 胡颓子 Elaeagnus pungens

isorhamnetin-3-*O*-*β*-D-glucopyranosyl-(1→6)-*β*-D-glucopyranoside 异鼠李素 -3-*O*-*β*-D- 吡喃葡萄糖基 -(1→6)-*β*-D- 吡喃葡萄糖苷 台湾十大功劳 Mahonia japonica

isorhamnetin-3-*O*-*β*-D-glucopyranosyl-(6→1)-*α*-L-rhamnopyranoside 异鼠李素 -3-*O*-*β*-D- 吡喃葡萄糖 -(6→1)-*α*-L- 鼠李糖苷 冷饭藤 Kadsura oblongifolia

isorhamnetin-3-*O*-*β*-D-glucopyranosyl-7-*O*-gentiobioside 异鼠李素 -3-*O*-*β*-D- 吡喃葡萄糖基 -7-*O*- 龙胆二糖苷 播娘蒿 Descurainia sophia

isorhamnetin-3-*O*-*β*-D-glucopyranosyl-7-*O*-*α*-L-rhamnopyranoside 异鼠李素 -3-*O*-*β*-D- 吡喃葡萄糖基 -7-*O*-*α*-L- 吡喃鼠李糖苷 中亚滨藜 Atriplex centralasiatica, 多茎委陵菜 Potentilla multicaulis

isorhamnetin-3-*O*-*β*-D-glucopyranosyl-7-rhamnopyranoside 异鼠李素 -3-*O*-*β*-D- 吡喃葡萄糖基 -7- 吡喃鼠李糖苷 斜茎黄耆 Astragalus adsurgens

isorhamnetin-3-*O*-*β*-D-glucopyranosyl-*O*-*β*-D-galacopyranoside 异鼠李素 -3-*O*-*β*-D- 吡喃葡萄糖基 -*O*-*β*-D- 吡喃半乳糖苷 沙枣 Elaeagnus angustifolia

isorhamnetin-3-*O*-*β*-D-glucoside 异鼠李素 -3-*O*-*β*-D- 葡萄糖苷 盐蒿 Artemisia halodendron, 鸭跖草 Commelina communis, 茴香 Foeniculum vulgare, 灰毡毛忍冬 Lonicera macranthoides, 临时救 Lysimachia congestiflora, 宽瓣重楼 Paris polyphylla var. yunnanensis, 柞栎 Quercus dentata, 金沙绢毛菊 Soroseris gillii

isorhamnetin-3-*O*-*β*-D-glucuronide 异鼠李素 -3-*O*-*β*-D- 葡萄糖醛酸苷 莳萝 Anethum graveolens, 北疆风铃草 Campanula glomerata, 额河千里光 Senecio argunensis

isorhamnetin-3-*O*-*β*-D-glucuronopyranoside 异鼠李素 -3-*O*-*β*-D- 吡喃葡萄糖醛酸苷 雏菊 Bellis perennis, 萹蓄 Polygonum aviculare, 笃斯越桔 Vaccinium uliginosum

isorhamnetin-3-*O*-*β*-D-rutinoside 异鼠李素 -3-*O*-*β*-D- 芸香糖苷 梣叶槭 Acer negundo, 金线兰 Anoectochilus roxburghii, 北柴胡 Bupleurum chinense, 狭叶白鲜 Dictamnus angustifolius, 中国沙棘 Hippophae rhamnoides subsp. sinensis, 量天尺 Hylocereus undatus, 红毒茴 Illicium lanceolatum, 破布叶 Microcos paniculata, 白刺 Nitraria tangutorum, 仙人掌 Opuntia stricta var. dillenii, 东方肉穗草 Sarcopyramis bodinieri var. delicata, 胖大海 Sterculia lychnophora, 荨麻 Urtica fissa

isorhamnetin-3-*O*-*β*-D-xylopyranoside 异鼠李素 -3-*O*-*β*-D- 吡喃木糖苷 山麻杆 Alchornea davidii

isorhamnetin-3-*O*-*β*-glucopyranoside 异鼠李素 -3-*O*-*β*- 吡喃葡萄糖苷 狭叶番泻 Cassia angustifolia

isorhamnetin-3-*O*-*β*-glucopyranoside-7-*O*-*β*-xylopyranoside 异鼠李素 -3-*O*-*β*- 吡喃葡萄糖苷 -7-*O*-*β*- 吡喃木糖苷 厚叶美花草 Callianthemum alatavicum

isorhamnetin-3-*O*-*β*-rutinoside 异鼠李素 -3-*O*-*β*- 芸香糖苷 樟 Cinnamomum camphora, 旱柳 Salix matsudana

isorhamnetin-3-rhamnoglucoside 异鼠李素 -3- 鼠李葡糖苷 莳萝 Anethum graveolens

isorhamnetin-3-robinobioside 异鼠李素 -3- 刺槐二糖苷 黄连花 Lysimachia davurica, 红根草 L. fortunei, 毛黄连花 L. vulgaris

isorhamnetin-3-rutinoside 异鼠李素 -3- 芸香糖苷 西葫芦 Cucurbita pepo, 越南槐 Sophora tonkinensis, 苦马豆 Sphaerophysa salsula

isorhamnetin-3-*β*-D-glucopyranosyl-(6→1)-*β*-L-rhamnofuranoside 异鼠李素 -3-*β*-D- 吡喃葡萄糖基 -(6→1)-*β*-L- 呋喃鼠李糖苷 金盏花 Calendula officinalis

isorhamnetin-4'-*O*-*β*-D-glucopyranoside 异鼠李素 -4'-*O*-*β*-D- 吡喃葡萄糖苷 火葱 Allium cepa var. aggregatum, 水烛 Typha angustifolia

isorhamnetin-5-*O*-glucoside 异鼠李素 -5-*O*- 葡萄糖苷 鼠麯雪兔子 Saussurea gnaphalodes, 鹿草 Stemmacantha carthamoides

isorhamnetin-7-glucoside 异鼠李素 -7- 葡萄糖苷 蒲葵 Livistona chinensis, 花椒 Zanthoxylum bungeanum

isorhamnetin-7-*O*-gentiobioside 异鼠李素 -7-*O*- 龙胆二糖苷 播娘蒿 Descurainia sophia

isorhamnetin-7-*O*-rhamnopyranosyl-3-*O*-glucopyranoside 异鼠李素 -7-*O*- 吡喃鼠李糖基 -3-*O*- 吡喃葡萄糖苷 中国沙棘 Hippophae

rhamnoides subsp. sinensis
isorhamnetin-7-*O*-sulfate 异鼠李素 -7-*O*- 硫酸酯 长穗柽柳 Tamarix elongata, 短穗柽柳 T. laxa
isorhamnetin-7-*O*-α-L-rhamnopyranoside 异鼠李素 -7-*O*-α-L- 吡喃鼠李糖苷 中亚滨藜 Atriplex centralasiatica, 柠条锦鸡儿 Caragana korshinskii, 白刺 Nitraria tangutorum, 泉七 Steudnera colocasiifolia
isorhamnetin-7-*O*-β-D-diglucoside 异鼠李素 -7-*O*-β-D- 二葡萄糖苷 金线兰 Anoectochilus roxburghii
isorhamnetin-7-*O*-β-D-glucopyranoside 异鼠李素 -7-*O*-β-D- 吡喃葡萄糖苷 金线兰 Anoectochilus roxburghii, 柘树 Cudrania tricuspidata, 独行菜 Lepidium apetalum, 忍冬 Lonicera japonica, 白刺 Nitraria tangutorum, 猪毛菜 Salsola collina, 垂盆草 Sedum sarmentosum, 槲寄生 Viscum coloratum
isorhamnetin-7-*O*-β-D-glucoside 异鼠李素 -7-*O*-β-D- 葡萄糖苷 准噶尔鸢尾 Iris songarica, 白刺 Nitraria tangutorum
isorhamnetin-*O*-rhamnogalactoside 异鼠李素 -*O*- 鼠李半乳糖苷 鸡纳树 Cinchona pubescens
isorhamnetin-rhamnosyl hexoside 异鼠李素 - 鼠李糖基己糖苷 海枣 Phoenix dactylifera
isorhamnetin-rhamnosyldihexoside 异鼠李素 - 鼠李糖基二己糖苷 海枣 Phoenix dactylifera
isorhamnoside 异鼠李苷 金沙绢毛菊 Soroseris gillii
isorhapontigenin 异食用大黄苷元 射干 Belamcanda chinensis, 毛刺锦鸡儿 Caragana tibetica, 海南买麻藤 Gnetum hainanense, 小叶买麻藤 G. parvifolium, 垂子买麻藤 G. pendulum, 小大黄 Rheum pumilum, 波叶大黄 R. rhabarbarum, 窄叶大黄 R. sublanceolatum
isorhapontigenin-3-*O*-β-D-glucopyranoside 异食用大黄苷元 -3-*O*-β-D- 吡喃葡萄糖苷 小叶买麻藤 Gnetum parvifolium
isorhapontin 异食用大黄苷 小叶买麻藤 Gnetum parvifolium, 垂子买麻藤 G. pendulum, 波叶大黄 Rheum rhabarbarum, 大理藜芦 Veratrum taliense
isorhodeasapogenin 异万年青皂苷元 万年青 Rohdea japonica
isorhoifolin 异漆叶苷 代代 Citrus aurantium 'Daidai', 橘红 C. maxima 'Tomentosa', 南丰蜜橘 C. reticulata 'Kinokuni', 天台山蜜柑 C. reticulata 'Succosa', 福橘 C. reticulata 'Tangerina', 温州蜜柑 C. reticulata 'Unshiu', 辣薄荷 Mentha × piperita, 薄荷 M. canadensis, 兴安薄荷 M. dahurica, 小叶冷水花 Pilea microphylla
isorhynchophylline 异钩藤碱 毛钩藤 Uncaria hirsuta, 大叶钩藤 U. macrophylla, 钩藤 U. rhynchophylla, 华钩藤 U. sinensis
isorhynchophylline-*N*-oxide 异钩藤碱 -*N*- 氧化物 钩藤 Uncaria rhynchophylla
isoriccardin C 异片叶苔素 C 毛地钱 Dumortiera hirsuta, 地钱 Marchantia polymorpha
isoridentin 异三齿蒿素 艾 Artemisia argyi
isorin 火索麻素 火索麻 Helicteres isora
isorinic acid 火索麻酸▲ 肾茶 Clerodendranthus spicatus
isorobustaside A 异银桦苷▲A 小叶黑面神 Breynia vitis-idaea
(-)-isoroemerialinone (-)- 异疆罂粟酮▲ 紫花疆罂粟 Roemeria hybrida
isorosmanol 异迷迭香酚 迷迭香 Rosmarinus officinalis, 撒尔维亚 Salvia officinalis, 荔枝草 S. plebeia, 甘西鼠尾草 S. przewalskii, 云南鼠尾草 S. yunnanensis
isorosmaricine 异迷迭香碱 迷迭香 Rosmarinus officinalis
isorosthin A~P 瘿花香茶菜辛▲A~P 瘿花香茶菜 Isodon rosthornii
isorosthornin A~G 瘿花香茶菜素▲A~G 瘿花香茶菜 Isodon rosthornii
isorottlerin 异粗糠柴毒素 粗糠柴 Mallotus philippensis
(-)-isorotundene (-)- 异香附烯 香附子 Cyperus rotundus
isorubesin A, B, C 冬凌草辛▲A, B, C 冬凌草 Isodon rubescens
isorubesin D 冬凌草辛▲D 毛叶香茶菜 Isodon japonicus, 冬凌草 I. rubescens
isorubesin E 冬凌草辛▲E 瘿花香茶菜 Isodon rosthornii, 冬凌草 I. rubescens
isorubijervine 异红藜芦碱▲ 兴安藜芦 Veratrum dahuricum, 阿尔泰藜芦 V. lobelianum, 藜芦 V. nigrum, 牯岭藜芦 V. schindleri
isorubraine 异玫瑰木素▲ 草豆蔻 Alpinia hainanensis
isorubrofusarin gentiobioside 异红镰孢素龙胆二糖苷 决明 Senna tora
isorugosin B 异玫瑰鞣质 B 枫香树 Liquidambar formosana
isorupestonic acid 异一枝蒿酮酸 岩蒿 Artemisia rupestris
isorutarin 异芸香灵 黄皮 Clausena lansium, 前胡 Peucedanum praeruptorum, 芸香 Ruta graveolens
isosabandin 异羽状芸香素▲ 猪毛蒿 Artemisia scoparia
isosafflomin C 异红花明苷 C 红花 Carthamus tinctorius
isosafrole 异黄樟醚 黄樟 Cinnamomum parthenoxylon, 雾水葛 Pouzolzia zeylanica
(*S*)-isosakuranetin (*S*)- 异樱花素 山牡荆 Vitex quinata
isosakuranetin 异樱花素 黑沙蒿 Artemisia ordosica, 圆头蒿 A. sphaerocephala, 垂枝桦 Betula pendula, 欧洲甜樱桃 Cerasus avium, 飞机草 Chromolaena odorata, 风轮菜 Clinopodium chinense, 灯笼草 C. polycephalum, 金柑 Fortunella japonica, 华中枸骨 Ilex centrochinensis, 马缨丹 Lantana camara, 枳 Poncirus trifoliata, 香杨 Populus koreana
isosakuranetin chalcone 异樱花素查耳酮 香杨 Populus koreana
isosakuranetin-7-methylether 异樱花素 -7- 甲醚 飞机草 Chromolaena odorata
isosakuranetin-7-*O*-neohesperidoside 异樱花素 -7-*O*- 新橙皮糖苷 毛穗香薷 Elsholtzia eriostachya
isosakuranetin-7-rutinoside 异樱花素 -7- 芸香糖苷 红花五味子 Schisandra rubriflora
isosakuranin 异樱花苷 山桃 Amygdalus davidiana, 马甲子 Paliurus ramosissimus, 枳 Poncirus trifoliata
isosalicifolin 异柳叶柴胡素▲ 黄瑞香 Daphne giraldii

I

isosalicin 异水杨苷 旋果蚊子草 Filipendula ulmaria, 斯里兰卡天料木 Homalium ceylanicum
isosalipurposide 异紫皮柳苷▲ 宽叶十万错 Asystasia gangetica, 沙生蜡菊 Helichrysum arenarium, 山杨 Populus davidiana, 乌桕 Triadica sebifera
isosalipurposide-4'-*O*-*β*-D-glucopyranoside 异紫皮柳苷▲-4'-*O*-*β*-D- 吡喃葡萄糖苷 沙生蜡菊 Helichrysum arenarium
isosalsoline 异猪毛菜碱 厚朴 Houpoëa officinalis
isosalviamine A, B 异鼠尾草胺▲A, B 三叶鼠尾草 Salvia trijuga
isosalviamine C, D, E 异鼠尾草胺▲C, D, E 云南鼠尾草 Salvia yunnanensis
isosalvianolic acid C 异丹酚酸C 贵州鼠尾草 Salvia cavaleriei, 华鼠尾草 S. chinensis, 丹参 S. miltiorrhiza, 台湾紫丹 Tournefortia sarmentosa
isosamarcandin 异撒马尔罕阿魏素▲ 新疆阿魏 Ferula sinkiangensis
(-)-isosamidin (-)- 异萨阿米芹定▲ 台湾前胡 Peucedanum formosanum
isosamidin 异萨阿米芹定▲ 福参 Angelica morii
isosandwicine 异三文治萝芙木辛碱▲ 萝芙木 Rauvolfia verticillata, 催吐萝芙木 R. vomitoria
isosaponarin 异肥皂草苷 油茶 Camellia oleifera, 块茎山萮菜 Eutrema wasabi, 榕树 Ficus microcarpa, 滇龙胆草 Gentiana rigescens, 圆锥石头花 Gypsophila paniculata, 少根紫萍 Spirodela oligorrhiza
isosativan 异紫苜蓿烷▲ 香花崖豆藤 Callerya dielsiana, 杂种车轴草 Trifolium hybridum
isosativene 异小麦长蠕孢烯▲ 挥发油成分，未统计基源
isosawamilletin 异稗草素▲ 甘蔗 Saccharum officinarum
isosaxalin 异高山芹素▲ 拐芹 Angelica polymorpha, 调料九里香 Murraya koenigii
isoscabertopin 异地胆草内酯 地胆草 Elephantopus scaber
isoschaftoside 异夏佛塔雪轮苷▲ 亨利原始观音座莲 Archangiopteris henryi, 东北南星 Arisaema amurense, 一把伞南星 A. erubescens, 冷蒿 Artemisia frigida, 芋 Colocasia esculenta, 无花果 Ficus carica, 细花线纹香茶菜 Isodon lophanthoides var. graciliflorus, 兴安胡枝子 Lespedeza davurica, 常春油麻藤 Mucuna sempervirens, 欧亚多足蕨 Polypodium vulgare, 蒜叶婆罗门参 Tragopogon porrifolius, 普通小麦 Triticum aestivum, 紫花地丁 Viola philippica
isoschicagenin C 异五味子笼萜素▲C 五味子 Schisandra chinensis
isoschimawalin A 异西南木荷素▲A 虾子花 Woodfordia fruticosa
isoschinilenol 异青花椒烯醇 枳 Poncirus trifoliata
isoschininallylol 异青花椒烯丙醇 枳 Poncirus trifoliata
isoschisandrolic acid 异五味子醇酸 合蕊五味子 Schisandra propinqua
isoschizandrin 异五味子素 五味子 Schisandra chinensis
isoschizandrolic acid 异五味子醇酸▲ 翼梗五味子 Schisandra henryi, 华中五味子 S. sphenanthera
isoschoberidine 异大白刺定▲ 大白刺 Nitraria roborowskii
isosclareol 异欧丹参醇▲ 米团花 Leucosceptrum canum
(4*S*)-(+)-isosclerone (4*S*)-(+)- 异核盘菌酮▲ 胡桃 Juglans regia
(*S*)-(+)-isosclerone (*S*)-(+)- 异核盘菌酮▲ 胡桃楸 Juglans mandshurica
isosclerone 异核盘菌酮▲ 越南山核桃 Carya tonkinensis, 丝茅 Imperata cylindrica var. major, 楝 Melia azedarach
(-)-isoscoparin (-)- 异金雀花素 甘肃雪灵芝 Arenaria kansuensis
(+)-isoscoparin (+)- 异金雀花素 甘肃雪灵芝 Arenaria kansuensis
isoscoparin 异金雀花素 尖萼耧斗菜 Aquilegia oxysepala, 柠檬草 Cymbopogon citratus, 高山龙胆 Gentiana algida, 线叶龙胆 G. farreri, 蓝玉簪龙胆 G. veitchiorum, 扁蕾 Gentianopsis barbata, 菘蓝 Isatis tinctoria, 菹草 Potamogeton crispus, 浮叶眼子菜 P. natans, 篦齿眼子菜 P. pectinatus, 穿叶眼子菜 P. perfoliatus, 川东獐牙菜 Swertia davidii, 紫花地丁 Viola philippica
isoscoparin glucoside 异金雀儿苷▲葡萄糖苷 匐灯藓 Plagiomnium cuspidatum
isoscoparin-2''-glucoside 异金雀花素 -2''- 葡萄糖苷 稻（模式亚种）Oryza sativa
isoscoparin-2''-glucoside-6'''-ferulic acid ester 异金雀花素 -2''- 葡萄糖苷 -6'''- 阿魏酸酯 稻（模式亚种）Oryza sativa
isoscoparin-2''-glucoside-6'''-*p*-coumaric acid ester 异金雀花素 -2''- 葡萄糖苷 -6'''- 对香豆酸酯 稻（模式亚种）Oryza sativa
isoscoparin-2''-*O*-[6'''-(*E*)-feruloyl]-glucopyranoside 异金雀花素 -2''-*O*-[6'''-(*E*)- 阿魏酰基]- 吡喃葡萄糖苷 黄瓜 Cucumis sativus
isoscoparin-2''-*O*-[6'''-(*E*)-feruloyl]-glucopyranoside-4'-*O*-glucopyranoside 异金雀花素 -2''-*O*-[6'''-(*E*)- 阿魏酰基]- 吡喃葡萄糖基 -4'-*O*- 吡喃葡萄糖苷 黄瓜 Cucumis sativus
isoscoparin-2''-*O*-[6'''-(*E*)-*p*-coumaroyl]-glucopyranoside 异金雀花素 -2''-*O*-[6'''-(*E*)- 对香豆酰基]- 吡喃葡萄糖苷 黄瓜 Cucumis sativus
isoscoparin-3''-*O*-glucopyranoside 异金雀花素 -3''-*O*- 吡喃葡萄糖苷 菘蓝 Isatis tinctoria
isoscoparin-7-*O*-galactoside 异金雀花素 -7-*O*- 半乳糖苷 石竹 Dianthus chinensis
isoscoparin-7-*O*-rhamnosyl-galactoside 异金雀花素 -7-*O*- 鼠李糖基半乳糖苷 石竹 Dianthus chinensis
isoscoparin-7-*O*-rutinoside 异金雀花素 -7-*O*- 芸香糖苷 石竹 Dianthus chinensis
isoscoparin-7-*O*-*β*-D-glucoside 异金雀花素 -7-*O*-*β*-D- 葡萄糖苷 大麦 Hordeum vulgare
isoscoploletin-*O*-*β*-D-glucopyranoside 异东莨菪内酯 -*O*-*β*-D- 吡喃葡萄糖苷 大管 Micromelum falcatum
isoscopoletin 异东莨菪内酯 较常见成分，至少分布于30种以上植物中，见于大戟科、豆科、杜鹃花科、夹竹桃科、金粟兰科、堇菜科、桔梗科、菊科、蜡梅科、藜科、楝科、萝藦科、马兜铃科、毛茛科、茜草科、茄科、瑞香科、伞形科、无患子科、榆科、芸香科、樟科等
isoscopoletin-6-*O*-*β*-D-glucopyranoside 异东莨菪内酯 -6-*O*-*β*-D- 吡喃葡萄糖苷 日本粗叶木 Lasianthus japonicus
isoscopoletin-*β*-D-glucopyranoside 异东莨菪内酯 -*β*-D- 吡喃葡萄糖苷 水曲柳 Fraxinus mandshurica

isoscopoletin-β-D-glucoside 异东莨菪内酯 -β-D- 葡萄糖苷 猪毛蒿 Artemisia scoparia
isoscopolin 异东莨菪苷 欧洲七叶树 Aesculus hippocastanum, 白芷 Angelica dahurica
isoscoulerine 异斯氏紫堇碱 海南地不容 Stephania hainanensis
isoscrophularioside 异玄参奥苷▲ 鞭打绣球 Hemiphragma heterophyllum
isoscutellarein 异高黄芩素 穿心莲 Andrographis paniculata, 红木 Bixa orellana, 红背桂花 Excoecaria cochinchinensis, 白花蛇舌草 Hedyotis diffusa, 木犀 Osmanthus fragrans, 黄芩 Scutellaria baicalensis, 韩信草 S. indica, 槐 Sophora japonica
isoscutellarein pentamethyl ether 异黄芩素五甲基醚 灯心草 Juncus effusus
isoscutellarein-4'-methyl ether-8-O-β-D-glucuronide-2'',4''-disulfate 异高黄芩素 -4'- 甲醚 -8-O-β-D- 葡萄糖醛酸苷 -2'',4''- 二磺酸酯 火索麻 Helicteres isora
isoscutellarein-4'-methyl ether-8-O-β-D-glucuronide-6''-butyl ester 异高黄芩素 -4'- 甲醚 -8-O-β-D- 葡萄糖醛酸苷 -6''- 丁酯 火索麻 Helicteres isora
isoscutellarein-4-methylether-7-O-β-D-(6'-allosyl)-glucopyranoside 异高黄芩素 -4- 甲基醚 -7-O-β-D-(6'-O- 乙酰基 -2'- 阿洛糖基)- 吡喃葡萄糖苷 甘露子 Stachys sieboldii
isoscutellarein-6-C-galactopyranoside 异高黄芩素 -6-C- 吡喃半乳糖苷 银柴胡 Stellaria dichotoma var. lanceolata
isoscutellarein-7-O-(6'''-O-acetyl-2''-O-β-D-allosyl)-β-D-glucopyranoside 异高黄芩素 -7-O-(6'''-O- 乙酰基 -2''-O-β-D- 阿洛糖基)-β-D- 吡喃葡萄糖苷 欧地笋 Lycopus europaeus
isoscutellarein-7-O-(6'''-O-acetyl-β-D-allopyranosyl)-(1''' → 2'')-β-D-glucopyranoside 异高黄芩素 -7-O-(6'''-O- 乙酰基 -β-D- 吡喃阿洛糖基)-(1''' → 2'')-β-D- 吡喃葡萄糖苷 阿拉伯婆婆纳 Veronica persica, 婆婆纳 V. polita
isoscutellarein-7-O-β-D-(6''-O-acetyl-2''-allosyl)-glucopyranoside 异高黄芩素 -7-O-β-D-(6'-O- 乙酰基 -2''- 阿洛糖基)- 葡萄糖苷 甘露子 Stachys sieboldii
isoscutellarein-7-O-β-D-allopyranosyl-(1''' → 2'')-β-D-glucopyranoside 异高黄芩素 -7-O-β-D- 吡喃阿洛糖基 -(1''' → 2'')-β-D- 吡喃葡萄糖苷 婆婆纳 Veronica polita
isoscutellarein-7-O-β-D-glucopyronoside 异高黄芩素 -7-O-β-D- 葡萄糖苷 贡山三尖杉 Cephalotaxus lanceolata
isoscutellarein-7-O-β-D-glucuronide 异高黄芩素 -7-O-β-D- 葡萄糖醛酸苷 黄芩 Scutellaria baicalensis
isoscutellarein7-O-β-D-xylopyranoside 异高黄芩素 -7-O-β-D- 吡喃木糖苷 叉子圆柏 Juniperus sabina
isoscutellarein-8-methyl ester 异高黄芩素 -8- 甲酯 二刺叶兔唇花 Lagochilus diacanthophyllus
isoscutellarein-8-methyl ether 异黄芩素 -8- 甲醚 红柴胡 Bupleurum scorzonerifolium
isoscutellarein-8-O-glucuronide 异高黄芩素 -8-O- 葡萄糖醛酸苷 黄芩 Scutellaria baicalensis, 韩信草 S. indica
isoscutellarein-8-O-β-D-glucuronide 异高黄芩素 -8-O-β-D- 葡萄糖醛酸苷 穿心莲 Andrographis paniculata, 黄芩 Scutellaria baicalensis, 并头黄芩 S. scordifolia, 阴行草 Siphonostegia chinensis
isoscutellarein-8-O-β-D-glucuronide-2'',4''-disulfate 异高黄芩素 -8-O-β-D- 葡萄糖醛酸苷 -2'',4''- 二磺酸酯 火索麻 Helicteres isora
isoscutellarein-8-O-β-glucuronopyranoside-3''-O-sulfate 异高黄芩素 -8-O-β- 吡喃葡萄糖醛酸苷 -3''-O- 硫酸酯 磨盘草 Abutilon indicum
isoscutellarin 异高黄芩苷 菊苣 Cichorium intybus, 散沫花 Lawsonia inermis, 并头黄芩 Scutellaria scordifolia, 香苹婆 Sterculia foetida
isosecotanapartholide 异裂环短舌匹菊内酯▲ 湘赣艾 Artemisia gilvescens
isosemiglabrinone 异半秃灰毛豆酮▲ 灰毛豆 Tephrosia purpurea
isosengulone 异槐叶决明醌▲ 槐叶决明 Senna occidentalis var. sophera
isosenkyunolide 异川芎内酯 欧当归 Levisticum officinale
isoserratene 异千层塔烯 欧亚多足蕨 Polypodium vulgare
isoseryl-S-methylcysteamine sulfoxide 异丝氨酰基 -S- 甲基半胱胺亚砜 菝葜 Smilax china
isosetoclavine 异狼尾麦角碱▲ 麦角菌 Claviceps purpurea
isoshinanolone 异信浓山柿酮▲ 小蓝雪花 Ceratostigma minus, 岷江蓝雪花 C. willmottianum, 茅膏菜 Drosera peltata, 白花丹 Plumbago zeylanica
isoshinanolone-4-O-β-D-glucopyranoside 异信浓山柿酮▲-4-O-β-D- 吡喃葡萄糖苷 茅膏菜 Drosera peltata
isoshyobunone 异白菖酮 菖蒲 Acorus calamus
isosibiricin 异亚洲岩风素▲ 千里香 Murraya paniculata
isosibiricinone B 异细叶益母草新酮▲B 细叶益母草 Leonurus sibiricus
isosikokianin A 异四国荛花素▲A 狼毒 Stellera chamaejasme
isosilandrin 异水飞木质灵 水飞蓟 Silybum marianum
isosilandrin A, B 异水飞木质灵 A, B 水飞蓟 Silybum marianum
isosilybin 异水飞蓟宾 头花蓼 Polygonum capitatum, 水飞蓟 Silybum marianum
isosilybin A 异水飞蓟宾 A 刺果卫矛 Euonymus acanthocarpus, 水飞蓟 Silybum marianum
isosilybin B 异水飞蓟宾 B 水飞蓟 Silybum marianum
isosilychristin 异水飞蓟亭 水飞蓟 Silybum marianum
isosinensetin 异甜橙素 波罗蜜 Artocarpus heterophyllus, 酸橙 Citrus aurantium, 代代 C. aurantium 'Daidai', 甜橙 C. sinensis, 肾茶 Clerodendranthus spicatus, 卵叶巴豆 Croton caudatus
isosinensin 异藏报春素▲ 小槐花 Ohwia caudata
isosinoacutine 异青风藤碱 雅丽千金藤 Stephania elegans
isosinococuline 异风龙木防己灵▲ 木防己 Cocculus orbiculatus, 毛木防己 C. orbiculatus var. mollis
isosinomenine 异青藤碱 风龙 Sinomenium acutum

I

isosiphonodin 异管齿木素▲ 依兰 Cananga odorata
(16*R*,19*E*)-isositsirikine (16*R*,19*E*)- 异长春钦碱▲ 萝芙木 Rauvolfia verticillata
16*R*-19*E*-isositsirikine 16*R*-19*E*- 异长春钦碱▲ 大叶糖胶树 Alstonia macrophylla
16*R*-*E*-isositsirikine 16*R*-*E*- 异长春钦碱▲ 萝芙木 Rauvolfia verticillata
16*S*-*E*-isositsirikine 16*S*-*E*- 异长春钦碱▲ 萝芙木 Rauvolfia verticillata
isositsirikine 异长春钦碱▲ 长春花 Catharanthus roseus, 雷打果 Melodinus yunnanensis, 狗牙花 Tabernaemontana divaricata, 钩藤 Uncaria rhynchophylla
7*R*,16*R*-19*E*-isositsirikine oxindole 7*R*,16*R*-19*E*- 异长春钦碱▲ 氧化吲哚 伞房狗牙花 Tabernaemontana corymbosa
7*S*,16*R*-19*E*-isositsirikine oxindole 7*S*,16*R*-19*E*- 异长春钦碱▲ 氧化吲哚 伞房狗牙花 Tabernaemontana corymbosa
isositsirikine oxindole 异长春钦碱▲ 氧化吲哚 狗牙花 Tabernaemontana divaricata
isosolacapine 异珊瑚樱品碱▲ 珊瑚樱 Solanum pseudocapsicum
isosophoranone 异柔枝槐酮 绒毛槐 Sophora tomentosa
isosophoronol 异绒毛槐醇▲ 绒毛槐 Sophora tomentosa
β-isosparteine *β*- 异鹰爪豆碱 沙冬青 Ammopiptanthus mongolicus
isospathulenol 异匙叶桉油烯醇 挥发油成分，未统计基源
isospinosin 异酸枣素▲ 枳椇 Hovenia acerba, 酸枣 Ziziphus jujuba var. spinosa, 滇刺枣 Z. mauritiana
isospiropachysine 异螺粉蕊黄杨碱 板凳果 Pachysandra axillaris
isostemonamine 异蔓生百部碱 百部 Stemona japonica
isostephaboline 异千金藤波林碱 粪箕笃 Stephania longa
isostephodeline 异一文钱碱▲ 一文钱 Stephania delavayi
isostrebluslignanaldehyde 异鹊肾树木脂素醛 鹊肾树 Streblus asper
isostrictinin 异小木麻黄素 滇山茶 Camellia reticulata, 叶下珠 Phyllanthus urinaria
isostrychnine 异番木鳖碱 吕宋果 Strychnos ignatii, 马钱子 S. nux-vomica
isostrychnine-*N*-oxide 异番木鳖碱 -*N*- 氧化物 马钱子 Strychnos nux-vomica
isosuaveolic acid 异山香酸▲ 山香 Hyptis suaveolens
isoswertiajaponin 异日当药黄素 小叶三点金 Codariocalyx microphyllus, 芦苇 Phragmites australis, 金莲花 Trollius chinensis, 马蹄莲 Zantedeschia aethiopica
isoswertianin 异獐牙菜宁▲ 狭叶獐牙菜 Swertia angustifolia
isoswertianolin 异獐牙菜酚素▲ 狭叶獐牙菜 Swertia angustifolia
isoswertisin 异獐牙菜素 竹节树 Carallia brachiata, 草胡椒 Peperomia pellucida, 金莲花 Trollius chinensis, 马蹄莲 Zantedeschia aethiopica, 枣 Ziziphus jujuba, 酸枣 Z. jujuba var. spinosa
isoswertisin-2''-rhamnoside 异獐牙菜素 -2''- 鼠李糖苷 燕麦 Avena sativa
isoswertisin-4'-*O*-glucoside 异獐牙菜素 -4'-*O*- 葡萄糖苷 普通小麦 Triticum aestivum
isosyringalide-3'-*O*-*α*-L-rhamnopyranoside 异丁香酯苷▲-3'-*O*-*α*-L- 吡喃鼠李糖苷 蒙古肉苁蓉 Cistanche mongolica
isosyringalide-3'-*α*-L-rhamnopyranoside 异丁香酯苷▲-3'-*α*-L- 吡喃鼠李糖苷 短筒兔耳草 Lagotis brevituba, 总梗女贞 Ligustrum pedunculare
trans-isosyringin 反式 - 异丁香苷 海漆 Excoecaria agallocha
isosyringinoside 异丁香诺苷▲ 厚朴 Houpoëa officinalis
isotachioside 直蒴苔苷▲ 中华猕猴桃 Actinidia chinensis, 大籽猕猴桃 A. macrosperma, 东北蛇葡萄 Ampelopsis glandulosa var. brevipedunculata, 羊蹄甲 Bauhinia purpurea, 洋紫荆 B. variegata, 垂枝桦 Betula pendula, 黄皮 Clausena lansium, 寄生藤 Dendrotrophe varians, 鱼藤 Derris trifoliata, 斯里兰卡天料木 Homalium ceylanicum, 绣球 Hydrangea macrophylla, 小连翘 Hypericum erectum, 栀子皮 Itoa orientalis, 日本粗叶木 Lasianthus japonicus, 三桠乌药 Lindera obtusiloba, 矮桃 Lysimachia clethroides, 小果叶下珠 Phyllanthus reticulatus, 茴芹 Pimpinella anisum, 地黄 Rehmannia glutinosa, 虎杖 Reynoutria japonica, 无翅猪毛菜 Salsola komarovii, 苦马豆 Sphaerophysa salsula, 日本珊瑚树 Viburnum odoratissimum var. awabuki, 南岭柞木 Xylosma controversa
isotalatizidine 异塔拉乌头定 乌头 Aconitum carmichaelii, 展花乌头 A. chasmanthum, 膝瓣乌头 A. geniculatum, 露蕊乌头 A. gymnandrum, 宣威乌头 A. nagarum var. lasiandrum, 黄草乌 A. vilmorinianum, 翠雀 Delphinium grandiflorum
isotanshinone I 异丹参酮 I 胶质鼠尾草 Salvia glutinosa, 丹参 S. miltiorrhiza, 甘西鼠尾草 S. przewalskii, 三叶鼠尾草 S. trijuga, 云南鼠尾草 S. yunnanensis
isotanshinone II 异丹参酮 II 胶质鼠尾草 Salvia glutinosa, 丹参 S. miltiorrhiza, 云南鼠尾草 S. yunnanensis, 水飞蓟 Silybum marianum
isotanshinone IIB 异丹参酮 IIB 丹参 Salvia miltiorrhiza
isotaraxerol 异蒲公英赛醇 栀子 Gardenia jasminoides, 泡泡叶越桔 Vaccinium bullatum
isotaraxerone 异蒲公英赛酮 毛萼石沙参 Adenophora polyantha subsp. scabricalyx
isotaxiresinol 异紫杉脂醇▲ 喜马拉雅红豆杉 Taxus wallichiana, 南方红豆杉 T. wallichinana var. mairei
isotaxiresinol-4-*O*-methyl ether 异紫杉树脂醇 -4-*O*- 甲醚 弄岗苣苔 Primulina longgangensis
isotectoridin 异鸢尾黄酮苷 藤萝 Wisteria villosa
isotectorigenin 异鸢尾黄素 印度黄檀 Dalbergia sissoo
isotectorigenin-7-*O*-*β*-D-glucopyranoside 异鸢尾黄素 -7-*O*-*β*-D- 吡喃葡萄糖苷 藤萝 Wisteria villosa
isoteinemine 异大花藜芦胺▲ 珊瑚豆 Solanum pseudocapsicum var. diflorum, 毛叶藜芦 Veratrum grandiflorum
isoteinemine acetate 异大花藜芦胺▲ 乙酸酯 珊瑚豆 Solanum pseudocapsicum var. diflorum
isotelekin 异特勒菊素▲ 总状土木香 Inula racemosa

isotembetarine 异冬崖椒灵▲ 两面针 Zanthoxylum nitidum
α-isotephrosin α- 异灰叶素 鱼藤 Derris trifoliata
isoterchebin 异诃子素 山茱萸 Cornus officinalis
isoterchebulin 异诃子鞣质 诃子 Terminalia chebula
isoterihanine 异两面针哈宁▲ 异叶花椒 Zanthoxylum ovalifolium
isoterpinene 异松油烯 挥发油成分，未统计基源
isoterpinolene 异萜品油烯 挥发油成分，未统计基源
isoterrestrosin B 异蒺藜辛▲B 蒺藜 Tribulus terrestris
1R,1'S-(+)-isotetrandrine 1R,1'S-(+)- 异汉防己碱 阔叶十大功劳 Mahonia bealei
isotetrandrine 异粉防己碱 台湾小檗 Berberis kawakamii, 玉山小檗 B. morrisonensis, 粉叶小檗 B. pruinosa, 日本小檗 B. thunbergii, 金花小檗 B. wilsoniae, 毛叶轮环藤 Cyclea barbata, 纤细轮环藤 C. gracillima, 小果十大功劳 Mahonia bodinieri, 长柱十大功劳 M. duclouxiana, 尼泊尔十大功劳 M. napaulensis, 金线吊乌龟 Stephania cephalantha, 雅丽千金藤 S. elegans, 草质千金藤 S. herbacea
isoteuflin 异黄花香科科素▲ 血见愁 Teucrium viscidum
(-)-isothalidezine (-)- 异芬氏唐松草碱 西伯利亚小檗 Berberis sibirica
isothalidezine 异芬氏唐松草碱 偏翅唐松草 Thalictrum delavayi, 金丝马尾连 T. glandulosissimum
isothalisopavine 异唐松草帕文碱 亚欧唐松草 Thalictrum minus
isothankunic acid 异积雪草尼酸▲ 积雪草 Centella asiatica
isothankuniside 异积雪草尼苷▲ 积雪草 Centella asiatica
4-isothiocyanato-1-butene 4- 异硫氰酸基 -1- 丁烯 菥蓂 Thlaspi arvense
isothujol-β-D-glucoside 异侧柏醇 -β-D- 葡萄糖苷 菊蒿 Tanacetum vulgare
isothymol isobutyrate 异百里香醇 - 异丁酸酯 挥发油成分，未统计基源
isothymonin 异百里香宁▲ 圣罗勒 Ocimum sanctum
isothymusin 异百里香辛▲ 圣罗勒 Ocimum sanctum
isothymusin-8-O-β-D-glucopyranoside 异百里香辛▲-8-O-β-D- 吡喃葡萄糖苷 紫毛香茶菜 Isodon enanderianus
isotirucallol 异绿玉树醇▲ 山茶 Camellia japonica, 甘遂 Euphorbia kansui
isotokinolide B 异东当归内酯▲B 当归 Angelica sinensis
$\Delta^{5,6}$-isotoosendanin $\Delta^{5,6}$- 异川楝素 川楝 Melia toosendan
isototarolenone 异新西兰罗汉松酚烯酮▲ 圆柏 Juniperus chinensis
isotrifoliol 异车轴草酚▲ 甘草 Glycyrrhiza uralensis
(+)-isotrilobine (+)- 异木防己碱 木防己 Cocculus orbiculatus
isotrilobine 异木防己碱 木防己 Cocculus orbiculatus, 毛木防己 C. orbiculatus var. mollis
isotrilobine-N-2-oxide 异木防己碱 -N-2- 氧化物 木防己 Cocculus orbiculatus
isotriptetraolide 异雷公藤四醇内酯 雷公藤 Tripterygium wilfordii
isotsaokoin 异草果素 草果 Amomum tsaoko
isotubocaposide A, B, C 异龙珠苷 A, B, C 龙珠 Tubocapsicum anomalum
isotubocapsanolide G 异龙珠内酯▲G 龙珠 Tubocapsicum anomalum
isotussilagin 异款冬素 款冬 Tussilago farfara
isotussilagine 异款冬碱 橐吾 Ligularia sibirica
(+)-isotylocrebrine (+)- 异密花娃儿藤碱 棱果榕 Ficus septica
isotylocrebrine 异密花娃儿藤碱 棱果榕 Ficus septica
10S,13aR-isotylocrebrine-N-oxide 10S,13aR- 异密花娃儿藤碱 -N- 氧化物 棱果榕 Ficus septica
10S,13aS-isotylocrebrine-N-oxide 10S,13aS- 异密花娃儿藤碱 -N- 氧化物 棱果榕 Ficus septica
isounedoside 异草莓树苷▲ 大花山牵牛 Thunbergia grandiflora
isounonal 异假番荔枝醛▲ 假鹰爪 Desmos chinensis
isounonal-7-methyl ether 异假番荔枝醛▲-7- 甲醚 假鹰爪 Desmos chinensis
isourolithin A 异尿石素 A 欧菱 Trapa natans
isoursenol 异熊果烯醇 五层龙 Salacia prinoides
isousnic acid 异松萝酸 软石蕊 Cladonia mitis
isousone 异松萝酮 长松萝 Usnea longissima
isovaleraldehyde 异缬草醛 挥发油成分，未统计基源
16αH,17-isovalerate-ent-kauran-19-oic acid 16αH,17- 异戊酯 - 对映 - 贝壳杉 -19- 酸 白簕 Eleutherococcus trifoliatus
isovaleric acid 异缬草酸 挥发油成分，未统计基源
isovaleroxyhydroxydihydrovaltrate 异戊酰氧基羟基二氢缬草三酯 蜘蛛香 Valeriana jatamansi, 缬草 V. officinalis
(+)-9'-isovaleroxylariciresinol (+)-9'- 异戊酰氧基落叶松树脂醇 蜘蛛香 Valeriana jatamansi
isovaleroyl oxokadsuranol 异缬草酰氧代南五味子醇 黑老虎 Kadsura coccinea
isovaleroylbinankadsurin 异缬草酰日本南五味子素▲ 南五味子 Kadsura longipedunculata
isovaleroylbinankadsurin A 异缬草酰日本南五味子素▲A 黑老虎 Kadsura coccinea
7-isovaleroylcycloepiatalantin 7- 异戊烯基环表酒饼簕苦素 酒饼簕 Atalantia buxifolia
7-isovaleroylcycloseverinolide 7- 异戊酰环东风橘内酯▲ 酒饼簕 Atalantia buxifolia

3-isovaleroyloxy-6-hydroxytropane 3- 异戊酰氧基 -6- 羟基托品烷 树番茄 Cyphomandra betacea
5-(4-isovaleroyloxybut-1-ynyl)-2,2'-bithiophene 5-(4- 异戊酰氧基丁烷 -1- 炔基)-2,2'- 联噻吩 华东蓝刺头 Echinops grijsii
(-)-*cis*-3'-isovaleryl-4'-senecioylkhellactone (-)- 顺式 -3'- 异戊酰基 -4'- 千里光酰阿米芹内酯▲ 台湾前胡 Peucedanum formosanum
isovalerylalkannin 异缬草酰紫朱草素 软紫草 Arnebia euchroma
16*α*H,17-isovaleryloxy-*ent*-kauran-19-oic acid 16*α*H,17- 异戊酰氧基 - 对映 - 贝壳杉 -19- 酸 五加 Eleutherococcus nodiflorus var. gracilistylus, 刺五加 E. senticosus
isovalerylshikonin 异缬草酰紫草素 田紫草 Lithospermum arvense, 紫草 L. erythrorhizon, 密花滇紫草 Onosma confertum, 露蕊滇紫草 O. exsertum, 细花滇紫草 O. hookeri, 长花滇紫草 O. hookeri var. longiflorum, 滇紫草 O. paniculatum
isovallesiachotamine 异二岐河谷木胺▲ 盆架树 Alstonia rostrata, 团花 Neolamarckia cadamba, 萝芙木 Rauvolfia verticillata, 蔓长春花 Vinca major, 小蔓长春花 V. minor
isovalonic acid 异橡碗酸 柳叶菜 Epilobium hirsutum
isovaltrate 异缬草三酯 岩败酱 Patrinia rupestris, 蜘蛛香 Valeriana jatamansi
isovaltrate isovaleroyloxyhydrin 异缬草三酯异戊酰氧基醇 蜘蛛香 Valeriana jatamansi
isovanillic acid 异香荚兰酸 较常见成分，至少分布于 30 种以上植物中，见于百合科、唇形科、大戟科、豆科、椴树科、胡桃科、虎耳草科、夹竹桃科、菊科、爵床科、楝科、蓼科、萝藦科、马鞭草科、木犀科、茜草科、茄科、薯蓣科、檀香科、藤黄科、铁角蕨科、玄参科、棕榈科等
isovanillin 异香荚兰素 尼泊尔桤木 Alnus nepalensis, 益智 Alpinia oxyphylla, 山核桃 Carya cathayensis, 常山 Dichroa febrifuga, 刺五加 Eleutherococcus senticosus, 一年蓬 Erigeron annuus, 绣球 Hydrangea macrophylla, 麻疯树 Jatropha curcas, 藁本 Ligusticum sinense, 亚麻 Linum usitatissimum, 草龙 Ludwigia hyssopifolia, 川楝 Melia toosendan, 毛杨梅 Myrica esculenta, 肉豆蔻 Myristica fragrans, 杠柳 Periploca sepium, 川黄檗 Phellodendron chinense, 羊红膻 Pimpinella thellungiana, 台湾罗汉松 Podocarpus nakaii, 百日青 P. neriifolius, 白英 Solanum lyratum, 须药藤 Stelmocrypton khasianum, 长柄唐松草 Thalictrum przewalskii
isovanillin-*β*-D-glucopyranoside 异香荚兰素 -*β*-D- 吡喃葡萄糖苷 绣球 Hydrangea macrophylla
isovanillyl alcohol 异香荚兰醇 西葫芦 Cucurbita pepo
isovelleral 异绒白乳菇醛 绒白乳菇 Lactarius vellereus
isovellerol 异绒白乳菇醇 绒白乳菇 Lactarius vellereus
20-isoveratramine 20- 异藜芦胺 兴安藜芦 Veratrum dahuricum
isoveratramine 异藜芦胺 尖被藜芦 Veratrum oxysepalum
cis-isoverbascoside 顺式 - 异毛蕊花苷 半扭卷马先蒿 Pedicularis semitorta, 苦玄参 Picria felterrae
isoverbascoside 异毛蕊花苷 较常见成分，至少分布于 30 种以上植物中，见于车前科、唇形科、海榄雌科、爵床科、苦苣苔科、苦槛蓝科、列当科、马鞭草科、木犀科、玄参科、紫葳科、醉鱼草科等
isoverticine 异贝母碱 安徽贝母 Fritillaria anhuiensis, 甘肃贝母 F. przewalskii, 太白贝母 F. taipaiensis, 东贝母 F. thunbergii var. chekiangensis, 平贝母 F. ussuriensis
isovesiculosin 异囊管草瑞香素▲ 唐古特瑞香 Daphne tangutica
isovestitol 异绒叶军刀豆酚▲ 甘草 Glycyrrhiza uralensis, 刺槐 Robinia pseudoacacia, 大花田菁 Sesbania grandiflora
isovincamine 异蔓长春花胺▲ 小蔓长春花 Vinca minor
isovincoside 异小蔓长春花苷▲ 长春花 Catharanthus roseus
isoviolanthin 异三色堇黄苷 胀果甘草 Glycyrrhiza inflata, 破布叶 Microcos paniculata
isovitexin 异牡荆素 常见成分，至少分布于 100 种以上植物中
isovitexin-2''-*O*-glucopyranoside 异牡荆素 -2''-*O*- 吡喃葡萄糖苷 石竹 Dianthus chinensis
isovitexin-2''-*O*-glucoside 异牡荆素 -2''-*O*- 葡萄糖苷 镰羽贯众 Cyrtomium balansae
isovitexin-2''-*O*-*β*-D-glucopyranoside 异牡荆素 -2''-*O*-*β*-D- 吡喃葡萄糖苷 枳椇 Hovenia acerba
isovitexin-2''-*O*-rhamnopyranoside 异牡荆素 -2''-*O*- 吡喃鼠李糖苷 无距耧斗菜 Aquilegia ecalcarata
isovitexin-2''-*O*-[6'''-(*E*)-feruloyl]-glucopyranoside 异牡荆素 -2''-*O*-[6'''-(*E*)- 阿魏酰基] 吡喃葡萄糖苷 黄瓜 Cucumis sativus
isovitexin-2''-*O*-[6'''-(*E*)-feruloyl]glucopyranoside-4'-*O*-glucopyranoside 异牡荆素 -2''-*O*-[6'''-(*E*)- 阿魏酰基]- 吡喃葡萄糖基 -4'-*O*- 吡喃葡萄糖苷 黄瓜 Cucumis sativus
isovitexin-2''-*O*-[6'''-(*E*)-*p*-coumaroyl]glucopyranoside 异牡荆素 -2''-*O*-(6'''-(*E*)- 对香豆酰基)- 吡喃葡萄糖苷 黄瓜 Cucumis sativus
isovitexin-2''-*O*-[6'''-(*E*)-*p*-coumaroyl]-glucopyranoside-4'-*O*-glucopyranoside 异牡荆素 2''-*O*-[6'''-(*E*)- 对香豆酰基]- 吡喃葡萄糖基 -4'-*O*- 吡喃葡萄糖苷 黄瓜 Cucumis sativus
isovitexin-2''-*O*-glucopyranoside 异牡荆素 -2''-*O*- 吡喃葡萄糖苷 卷耳 Cerastium arvense subsp. strictum, 黄瓜 Cucumis sativus
isovitexin-2''-*O*-rhamnopyranoside 异牡荆素 -2''-*O*- 吡喃鼠李糖苷 大叶楠 Machilus kusanoi
isovitexin-2''-*O*-rhamnopyranside 异牡荆素 -2''-*O*- 吡喃鼠李糖苷 大叶石头花 Gypsophila pacifica
isovitexin-2''-*O*-rhamnoside 异牡荆素 -2''-*O*- 鼠李糖苷 石竹 Dianthus chinensis
isovitexin-2-*O*-rhamnoside 异牡荆素 -2-*O*- 鼠李糖苷 草麻黄 Ephedra sinica
isovitexin-2''-*O*-xyloside 异牡荆素 -2''-*O*- 木糖苷 帚状鸦葱 Scorzonera pseudodivaricata
isovitexin-2'-*O*-xyloside 异牡荆素 -2'-*O*- 木糖苷 拐轴鸦葱 Scorzonera divaricata
isovitexin-2''-*O*-*α*-L-rhamnopyranoside 异牡荆素 -2''-*O*-*α*-L- 吡喃鼠李糖苷 三叶崖爬藤 Tetrastigma hemsleyanum
isovitexin-2-*O*-*α*-L-rhamnopyranoside 异牡荆素 -2-*O*-*α*-L- 吡喃鼠李糖苷 双蝴蝶 Tripterospermum chinense
isovitexin-2''-*O*-*β*-D-glucopyranoside 异牡荆素 -2''-*O*-*β*-D- 吡喃葡萄糖苷 刺花莲子草 Alternanthera pungens, 酸枣 Ziziphus jujuba var. spinosa

isovitexin-2''-xylopyranoside 异牡荆素 -2''- 吡喃木糖苷 兴安胡枝子 Lespedeza davurica
isovitexin-3''-*O*-glucopyranoside 异牡荆素 -3''-*O*- 吡喃葡萄糖苷 菘蓝 Isatis tinctoria
isovitexin-4'-*O*-diglucopyranoside 异牡荆素 -4'-*O*- 二吡喃葡萄糖苷 黄瓜 Cucumis sativus
isovitexin-4'-*O*-glucopyranoside 异牡荆素 -4'-*O*- 吡喃葡萄糖苷 无距耧斗菜 Aquilegia ecalcarata, 卷耳 Cerastium arvense subsp. strictum
isovitexin-4'-*O*-glucoside 异牡荆素 -4'-*O*- 葡萄糖苷 拐轴鸦葱 Scorzonera divaricata
isovitexin-6''-*O*-*E*-*p*-coumarate 异牡荆素 -6''-*O*-*E*- 对香豆酸酯 长花铁线莲 Clematis rehderiana
isovitexin-6''-*O*-glucopyranoside 异牡荆素 -6''-*O*- 吡喃葡萄糖苷 菘蓝 Isatis tinctoria
isovitexin-6''-*O*-rhamnopyranoside 异牡荆素 -6''-*O*- 吡喃鼠李糖苷 绿豆 Vigna radiata
isovitexin-7,2''-di-*O*-glucopyranoside 异牡荆素 -7,2''- 二 -*O*- 吡喃葡萄糖苷 卷耳 Cerastium arvense subsp. strictum
isovitexin-7-*O*-glucopyranoside 异牡荆素 -7-*O*- 吡喃葡萄糖苷 龙胆 Gentiana scabra
isovitexin-7-*O*-glucopyranoside-2''-*O*-arabinopyranoside 异牡荆素 -7-*O*- 吡喃葡萄糖 -2''-*O*- 吡喃阿拉伯糖苷 卷耳 Cerastium arvense subsp. strictum
isovitexin-7-*O*-rhamnosyl-galactoside 异牡荆素 -7-*O*- 鼠李糖基半乳糖苷 石竹 Dianthus chinensis
isovitexin-7-*O*-rutinoside 异牡荆素 -7-*O*- 芸香糖苷 石竹 Dianthus chinensis
isovitexin-7-*O*-xyloside 异牡荆素 -7-*O*- 木糖苷 厚叶算盘子 Glochidion hirsutum
isovitexin-7-*O*-*β*-D-glucoside 异牡荆素 -7-*O*-*β*-D- 葡萄糖苷 芦荟 Aloe vera, 大麦 Hordeum vulgare
isovitexirone 异费氏牡荆酮▲ 蛛丝毛蓝耳草 Cyanotis arachnoidea
isovoacangine 异伏康树碱▲ 伞房狗牙花 Tabernaemontana corymbosa, 狗牙花 T. divaricata
isovoacristine 异伏康树斯亭▲ 药用狗牙花 Tabernaemontana bovina, 伞房狗牙花 T. corymbosa
isovoacryptine 异伏康树隐亭▲ 伞房狗牙花 Tabernaemontana corymbosa
isovouacapenol A~E 异柯桠树烯醇▲A~E 金凤花 Caesalpinia pulcherrima
isowighteone 异怀特大豆酮▲ 木豆 Cajanus cajan, 榕树 Ficus microcarpa
isowilfordine 异雷公藤定碱 雷公藤 Tripterygium wilfordii
isowilfortrine 异雷公藤春碱 雷公藤 Tripterygium wilfordii
isowithametelin 异睡茄白曼陀罗素▲ 洋金花 Datura metel
isoxanthanol 异苍耳醇 刺苍耳 Xanthium spinosum
(+)-isoxanthochymol (+)- 异大叶藤黄醇 大叶藤黄 Garcinia xanthochymus
isoxanthochymol 异大叶藤黄醇 木竹子 Garcinia multiflora, 岭南山竹子 G. oblongifolia, 大叶藤黄 G. xanthochymus
isoxanthohumol 异酒花黄酚▲ 乳白香青 Anaphalis lactea, 啤酒花 Humulus lupulus, 苦参 Sophora flavescens
isoxanthopterin 异黄蝶呤 黧豆 Mucuna pruriens var. utilis
isoxerocomic acid 异绒盖牛肝菌酸▲ 黄粉末牛肝菌 Pulveroboletus ravenelii
(-)-isoyatein (-)- 异亚泰香松素 疏花卫矛 Euonymus laxiflorus
isoypsilandrogenin 异丫蕊花苷元▲ 丫蕊花 Ypsilandra thibetica
isoypsilandroside A, B 异丫蕊花苷▲A, B 丫蕊花 Ypsilandra thibetica
isoyuanhuacin 异芫花辛▲ 芫花 Daphne genkwa
isoyuanhuadine 异芫花定▲ 芫花 Daphne genkwa
isozaluzanin 异中美菊素 云木香 Saussurea costus
isozaluzanin C 异中美菊素 C 云木香 Saussurea costus
isozedoarondiol 异莪术奥酮二醇 温郁金 Curcuma wenyujin
isozizyphursolic acid 异枣熊果酸 枣 Ziziphus jujuba
$\Delta^{13,14}$-iso-*α*-santalol $\Delta^{13,14}$- 异 -*α*- 檀香醇 酒饼簕 Atalantia buxifolia
iso-*γ*-fagarine 异 -*γ*- 崖椒碱 狭叶白鲜 Dictamnus angustifolius, 白鲜 D. dasycarpus, 小花山小橘 Glycosmis parviflora, 山小橘 G. pentaphylla
(+)-istanbulamine (+)- 伊斯坦布尔唐松草碱▲ 亚欧唐松草 Thalictrum minus
(-)-istanbulin A (-)- 伊斯坦布尔马芹素▲A 草珊瑚 Sarcandra glabra
istanbulin A 伊斯坦布尔马芹素▲A 丝穗金粟兰 Chloranthus fortunei, 草珊瑚 Sarcandra glabra
itaconic acid 解乌头尼酸▲ 麝香百合 Lilium longiflorum var. scabrum, 矮桃 Lysimachia clethroides
itaconic acid-4-methyl ester 解乌头尼酸▲-4- 甲酯 银桦 Grevillea robusta
itesmol 二色瘤玉球醇▲ 柘树 Cudrania tricuspidata
itoaic acid 伊桐酸▲ 栀子皮 Itoa orientalis
itol A~D 伊桐醇▲A~D 栀子皮 Itoa orientalis
itol A-14-*O*-*β*-D-glucopyranoside 伊桐醇▲A-14-*O*-*β*-D- 吡喃葡萄糖苷 栀子皮 Itoa orientalis
itol B-20-*O*-*β*-D-glucopyranoside 伊桐醇▲B-20-*O*-*β*-D- 吡喃葡萄糖苷 栀子皮 Itoa orientalis
itolide A, B 伊桐内酯▲A, B 栀子皮 Itoa orientalis
itoside A~G, J~P 伊桐苷 A~G, J~P 栀子皮 Itoa orientalis
itoside H 伊桐苷 H 大果刺篱木 Flacourtia ramontchi, 栀子皮 Itoa orientalis
itoside I 伊桐苷 I 山桐子 Idesia polycarpa, 栀子皮 Itoa orientalis
itralamide A, B 天然鞘丝藻酰胺▲A, B 巨大鞘丝藻 Lyngbya majuscula
ivain II 依瓦筋骨草素▲II 九味一枝蒿 Ajuga bracteosa
ivalin 依瓦菊素 天名精 Carpesium abrotanoides, 大花金挖耳 C. macrocephalum, 旋覆花 Inula japonica

ivangustin 狭叶依瓦菊素▲ 旋覆花 Inula japonica
ivaxillin 腋生依瓦菊素 天名精 Carpesium abrotanoides, 烟管头草 C. cernuum, 水朝阳旋覆花 Inula helianthusaquatilis
iwamide 岩椒酰胺 楝叶吴萸 Euodia glabrifolia
ixerin B, C 苦荬菜内酯 B, C 菊苣 Cichorium intybus
ixerin D 苦荬菜内酯 D 菊苣 Cichorium intybus, 中华小苦荬 Ixeridium chinense, 小苦荬 I. dentatum, 窄苞蒲公英 Taraxacum bessarabicum
ixerin F 苦荬菜内酯 F 山莴苣 Lagedium sibiricum
ixerin G 苦荬菜内酯 G 菊苣 Cichorium intybus
ixerin H, V, W 苦荬菜内酯 H, V, W 小苦荬 Ixeridium dentatum
ixerin M 苦荬菜内酯 M 菊苣 Cichorium intybus, 小苦荬 Ixeridium dentatum
ixerin N 苦荬菜内酯 N 菊苣 Cichorium intybus, 小苦荬 Ixeridium dentatum
ixerin N-6'-*O*-acetate 苦荬菜内酯 N-6'-*O*- 乙酸酯 小苦荬 Ixeridium dentatum
ixerin U 苦荬菜内酯 U 菊苣 Cichorium intybus, 小苦荬 Ixeridium dentatum
ixerisamine A, B 小苦荬胺▲A, B 小苦荬 Ixeridium dentatum
ixerisoside A 苦荬菜苷 A 中华小苦荬 Ixeridium chinense, 小苦荬 I. dentatum
ixerisoside D 苦荬菜苷 D 菊苣 Cichorium intybus
ixerochinolide 中华小苦荬倍半萜内酯 中华小苦荬 Ixeridium chinense
ixerochinoside 中华小苦荬倍半萜内酯苷 中华小苦荬 Ixeridium chinense
ixerol A 苦荬菜醇▲A 苦荬菜 Ixeris polycephala
ixerol B 苦荬菜醇▲B 苦荬菜 Ixeris polycephala, 豆腐柴 Premna microphylla
ixocarpalactone A, B 黏果酸浆内酯▲A, B 毛酸浆 Physalis philadelphica
ixocarpanolide 黏果酸浆醇内酯▲ 苦蘵 Physalis angulata, 毛酸浆 P. philadelphica, 睡茄 Withania somnifera
ixoraliphatic acid 龙船花脂酸 龙船花 Ixora chinensis
ixoric acid 龙船花酸 龙船花 Ixora chinensis
ixoroside 龙船花苷 凌霄 Campsis grandiflora, 小米草 Euphrasia pectinata, 栀子 Gardenia jasminoides, 龙船花 Ixora chinensis, 阿拉善马先蒿 Pedicularis alaschanica, 短茎马先蒿 P. artselaeri, 白花甘肃马先蒿 P. kansuensis subsp. kansuensis f. albiflora, 沼生马先蒿 P. palustris, 大车前 Plantago major
ixoside 龙船花萜苷▲ 龙船花 Ixora chinensis, 假桂乌口树 Tarenna attenuata, 直立黄钟花 Tecoma stans, 染色水锦树 Wendlandia tinctoria
izalpinin 山姜黄素▲ 益智 Alpinia oxyphylla, 天山鸢尾 Iris loczyi, 准噶尔鸢尾 I. songarica, 细叶鸢尾 I. tenuifolia, 尾叶血桐 Macaranga kurzii, 乔松 Pinus wallichiana, 锡叶藤 Tetracera sarmentosa
izalpinin-3-methyl ether 山姜黄素▲-3- 甲醚 锡叶藤 Tetracera sarmentosa
izmirine 小花烟堇碱▲ 土元胡 Corydalis humosa, 金丝马尾连 Thalictrum glandulosissimum
(+)-iznikine (+)- 伊兹尼克唐松草碱▲ 亚欧唐松草 Thalictrum minus

J

jaboticabin 拟爱神木素▲ 中华猕猴桃 Actinidia chinensis
jabugodiol 保利毒马草二醇▲ 台湾杉木 Cunninghamia lanceolata var. konishii
jacarandol 蓝花楹醇 蓝花楹 Jacaranda mimosifolia
jacaranone 蓝花楹酮 蓝花楹 Jacaranda mimosifolia, 千里光 Senecio scandens
jacaranone ethyl ester 蓝花楹酮乙酯 千里光 Senecio scandens
jacaranone ethyl ester-4-*O*-glucoside 蓝花楹酮乙酯 -4-*O*- 葡萄糖苷 千里光 Senecio scandens
jacaranone methyl ester 蓝花楹酮甲酯 千里光 Senecio scandens
jacaranone-7-*O*-2'-glucopyranosyl ester 蓝花楹酮 -7-*O*-2'- 葡萄糖酯苷 千里光 Senecio scandens
jacaranoside 蓝花楹苷▲ 蓝花楹 Jacaranda mimosifolia
jacarelhyperol A, B, D 巴西红厚壳地耳草醇▲A, B, D 地耳草 Hypericum japonicum
jacareubin 巴西红厚壳素 皱盖假芝 Amauroderma rude, 假芝 A. rugosum, 槟榔 Areca catechu, 红厚壳 Calophyllum inophyllum, 岭南山竹子 Garcinia oblongifolia, 金丝李 G. paucinervis, 大叶藤黄 G. xanthochymus
jaceidin 棕矢车菊定▲ 白花菜 Cleome gynandra, 全缘叶蓝刺头 Echinops integrifolius, 除虫菊 Pyrethrum cinerariifolium, 短舌匹菊 P. parthenium, 沙生风毛菊 Saussurea arenaria, 菠菜 Spinacia oleracea, 菊蒿 Tanacetum vulgare
jaceidin-4'-glucuronide 棕矢车菊定▲-4'- 葡萄糖醛酸苷 菠菜 Spinacia oleracea
jaceidin-7-rhamnopyranoside 棕矢车菊定▲-7- 吡喃鼠李糖苷 望江南 Senna occidentalis
jacein 棕矢车菊因▲ 白花鬼针草 Bidens pilosa var. radiata
jaceoside 棕矢车菊苷▲ 射干 Belamcanda chinensis
jaceosidin 棕矢车菊素 艾 Artemisia argyi, 西南牡蒿 A. parviflora, 魁蒿 A. princeps, 灰苞蒿 A. roxburghiana, 密毛白莲蒿 A. sacrorum var. messerschmidtiana, 猪毛蒿 A. scoparia, 毛莲蒿 A. vestita, 北艾 A. vulgaris, 毛谷精草 Eriocaulon australe, 大麻叶泽兰 Eupatorium cannabinum, 林泽兰 E. lindleyanum, 向日葵 Helianthus annuus, 沙生蜡菊 Helichrysum arenarium, 草木犀 Melilotus officinalis, 过江藤 Phyla nodiflora, 鼠麴雪兔子 Saussurea gnaphalodes, 雪莲花 S. involucrata, 菊蒿 Tanacetum vulgare
jaceosidin-7,4'-disulfate 棕矢车菊素 -7,4'- 二硫酸酯 过江藤 Phyla nodiflora
jaceosidin-7-*O*-*β*-D-glucopyranoside 棕矢车菊素 -7-*O*-*β*-D- 吡喃葡萄糖苷 毛谷精草 Eriocaulon australe

jaceosidin-7-sulfate 棕矢车菊素 -7- 硫酸酯 过江藤 Phyla nodiflora
jacobine 新疆千里光碱▲ 野茼蒿 Crassocephalum crepidioides, 新疆千里光 Senecio jacobaea
jacoline 新疆千里光灵▲ 野茼蒿 Crassocephalum crepidioides
jacoumaric acid 蓝花楹香豆酸▲ 黑龙骨 Periploca forrestii, 番石榴 Psidium guajava, 洋蒲桃 Syzygium samarangense
jacquilenin 雅昆苦苣莱宁▲ 野莴苣 Lactuca serriola, 蜂斗菜状蟹甲草 Parasenecio petasitoides
jacquinelin 雅昆苦苣莱素▲ 菊苣 Cichorium intybus, 山莴苣 Lagedium sibiricum
jaeschkeanadiol 中亚阿魏二醇▲ 中亚阿魏 Ferula jaeschkeana
jaeschkenol 中亚阿魏醇▲ 中亚阿魏 Ferula jaeschkeana
jaeskeanidin 中亚阿魏尼定▲ 中亚阿魏 Ferula jaeschkeana
jaeskeanin 中亚阿魏素▲ 中亚阿魏 Ferula jaeschkeana
(11*S*)-jalapinolic acid (11*S*)- 药喇叭醇酸 南方菟丝子 Cuscuta australis, 菟丝子 C. chinensis
jaligonic acid 商陆尼酸▲ 商陆 Phytolacca acinosa, 垂序商陆 P. americana
jaluenine 鸭绿乌头宁▲ 鸭绿乌头 Aconitum jaluense
jamaicamide A, B, C 牙买加鞘丝藻酰胺▲A, B, C 巨大鞘丝藻 Lyngbya majuscula
jamaicin 牙买加毒鱼豆素▲ 香花崖豆藤 Callerya dielsiana, 闹鱼崖豆 Millettia ichthyochtona, 海南崖豆藤 M. pachyloba
jamesoniellide C 圆叶苔内酯▲C 柳叶斑鸠菊 Vernonia saligna
janerin 伽氏矢车菊素 顶羽菊 Acroptilon repens
janetine 狗牙花尼亭▲ 狗牙花 Tabernaemontana divaricata
jangomolide 云南刺篱木内酯▲ 吴茱萸 Euodia ruticarpa, 云南刺篱木 Flacourtia jangomas
japindine 日印鹿角藤碱▲ 大叶鹿角藤 Chonemorpha fragrans
japodagrin 佛肚树灵 佛肚树 Jatropha podagrica
japodagrone 佛肚树酮 佛肚树 Jatropha podagrica
japodic acid 佛肚树酸 佛肚树 Jatropha podagrica
japonalnusin A~F 日本桤木辛▲A~F 日本桤木 Alnus japonica
japondipsaponin E_1, E_2 日本续断皂苷 E_1, E_2 日本续断 Dipsacus japonicus
japonica acid 地耳草酸▲ 披针叶胡颓子 Elaeagnus lanceolata
japonica acid 山茶酸 地耳草 Hypericum japonicum
japonicin A~D 地耳草素 A~D 地耳草 Hypericum japonicum
japonicin A, B 日本漆姑草素▲A, B 漆姑草 Sagina japonica
japonicin A, B 旋覆花黄素▲A, B 旋覆花 Inula japonica
japonicolactone 风毛菊内酯 雪莲花 Saussurea involucrata, 风毛菊 S. japonica
japonicolactone-10-*O*-*β*-D-glucopyranoside 风毛菊内酯 -10-*O*-*β*-D- 吡喃葡萄糖苷 风毛菊 Saussurea japonica
japonicone 日本漆姑草酮▲ 漆姑草 Sagina japonica
japonicone A~L 旋覆花酮▲A~L 旋覆花 Inula japonica
japonicoside A, B, C 鹿药甾苷 A, B, C 鹿药 Smilacina japonica
japonicumin A~D 日本石松素▲A~D 石松 Lycopodium japonicum
japonicumone A 地耳草酮▲A 无心菜 Arenaria serpyllifolia, 地耳草 Hypericum japonicum
japonicumone A-4'-*O*-*β*-D-glucopyranoside 地耳草酮▲A-4'-*O*-*β*-D- 吡喃葡萄糖苷 无心菜 Arenaria serpyllifolia
japonicumone B 地耳草酮▲B 无心菜 Arenaria serpyllifolia, 地耳草 Hypericum japonicum
japonicumone B-3'-*O*-*β*-D-glucopyranoside 地耳草酮▲B-3'-*O*-*β*-D- 吡喃葡萄糖苷 无心菜 Arenaria serpyllifolia
japonicumone B-4'-*O*-*β*-D-glucopyranoside 地耳草酮▲B-4'-*O*-*β*-D- 吡喃葡萄糖苷 无心菜 Arenaria serpyllifolia
S-japonin 硫 - 蜂斗菜宁▲ 蜂斗菜 Petasites japonicus
japonin A~D 蜂斗菜素 A~D 百部 Stemona japonica
japonine 日本常山碱▲ 臭常山 Orixa japonica
jasamplexoside A, B, C 扭肚藤苷▲A, B, C 扭肚藤 Jasminum elongatum
jasgranoside 素馨花苷▲ 素馨花 Jasminum grandiflorum
jaslanceoside A, C, D 清香藤苷▲A, C, D 清香藤 Jasminum lanceolarium
jaslanceoside B 清香藤苷▲B 扭肚藤 Jasminum elongatum, 探春花 J. floridum, 清香藤 J. lanceolarium
jaslanceoside B 清香藤苷 B 越南叶下珠 Phyllanthus cochinchinensis
jaslanceoside E 清香藤苷▲E 扭肚藤 Jasminum elongatum, 清香藤 J. lanceolarium
jasmesoside 野迎春苷▲ 野迎春 Jasminum mesnyi
jasmigeniposide A, B 栀子京尼平苷 A, B 栀子 Gardenia jasminoides
jasmin lactone 茉莉内酯 挥发油成分，未统计基源
jasminanhydride 素馨酸酐▲ 素馨花 Jasminum grandiflorum
jasminidine 素馨定▲ 欧丁香 Syringa vulgaris
jasminin 素馨素▲ 野迎春 Jasminum mesnyi, 茉莉花 J. sambac
jasminin-10''-*O*-*β*-D-glucopyranoside 素馨素▲-10''-*O*-*β*-D- 吡喃葡萄糖苷 野迎春 Jasminum mesnyi
jasminine 素馨宁▲ 欧丁香 Syringa vulgaris
jasminodiol 栀子诺二醇▲ 栀子 Gardenia jasminoides

(+)-jasminoid A~D (+)- 素馨萜 ▲A~D 茉莉花 Jasminum sambac
jasminoidin 栀子诺定 ▲ 山石榴 Catunaregam spinosa
jasminol E 栀子诺醇 ▲E 栀子 Gardenia jasminoides
jasminoside 素馨苷 ▲ 中华青荚叶 Helwingia chinensis, 青荚叶 H. japonica, 扭肚藤 Jasminum elongatum, 探春花 J. floridum, 清香藤 J. lanceolarium, 越南叶下珠 Phyllanthus cochinchinensis
jasminoside A~D, F~K, M~T 栀子诺苷 ▲A~D, F~K, M~T 栀子 Gardenia jasminoides
jasminoside E 栀子诺苷 ▲E 栀子 Gardenia jasminoides, 金钱松 Pseudolarix amabilis
jasmisnyiroside 野迎春洛苷 ▲ 野迎春 Jasminum mesnyi
jasmolin I, II 茉莉菊酯 I, II 除虫菊 Pyrethrum cinerariifolium
(+)-jasmololone (+)- 茉莉酮 小花鬼针草 Bidens parviflora
(+)-jasmololone-glucoside (+)- 茉莉酮葡萄糖苷 小花鬼针草 Bidens parviflora
(*Z*)-jasmone (*Z*)- 茉莉酮 挥发油成分，未统计基源
jasmone 茉莉酮 挥发油成分，未统计基源
cis-jasmone 顺式 - 茉莉酮 挥发油成分，未统计基源
jasmonic acid 茉莉酸 挥发油成分，未统计基源
jasmoside 素馨莫苷 ▲ 野迎春 Jasminum mesnyi
jasmosidic acid 素馨莫苷酸 ▲ 野迎春 Jasminum mesnyi
jasmultiside 毛茉莉苷 ▲ 花曲柳 Fraxinus chinensis subsp. rhynchophylla
jasnervoside A~H 青藤仔苷 ▲A~H 青藤仔 Jasminum nervosum
jasnudifloside A~L 迎春花苷 ▲A~L 迎春花 Jasminum nudiflorum
jasopyran 加森菊吡喃 ▲ 红茴香 Illicium henryi
jaspofoliamoside A~G 多花素馨睡菜苷 ▲A~G 多花素馨 Jasminum polyanthum
jaspogeranoside A, B 多花素馨香叶醇苷 ▲A, B 多花素馨 Jasminum polyanthum
jaspolinaloside 多花素馨芳樟醇苷 ▲ 多花素馨 Jasminum polyanthum
jaspolinaloside B 多花素馨芳樟醇苷 ▲B 多花素馨 Jasminum polyanthum
jaspolyanoside 多花素馨阿诺苷 ▲ 多花素馨 Jasminum polyanthum
jaspolyanthoside 多花素馨苷 ▲ 青藤仔 Jasminum nervosum, 多花素馨 J. polyanthum
jaspolyoleoside A, B, C 多花素馨木犀苷 ▲A, B, C 多花素馨 Jasminum polyanthum
jaspolyoside 多花素馨奥苷 ▲ 素馨花 Jasminum grandiflorum, 多花素馨 J. polyanthum
jaspolyside 多花素馨利苷 ▲ 多花素馨 Jasminum polyanthum
jasurolignoside 川素馨酯木脂苷 ▲ 川素馨 Jasminum urophyllum
jasuroside A~G 川素馨苷 ▲A~G 川素馨 Jasminum urophyllum
jatamanin A~M 蜘蛛香素 ▲A~M 蜘蛛香 Valeriana jatamansi
jatamanshic acid 匙叶甘松酸 甘松 Nardostachys jatamansi
jatamansin 匙叶甘松素 甘松 Nardostachys jatamansi
jatamansinol 匙叶甘松西醇 ▲ 甘松 Nardostachys jatamansi
jatamansone 匙叶甘松酮 ▲ 甘松 Nardostachys jatamansi
jatamanvaltrate A, D~O 蜘蛛香缬草酯 ▲A, D~O 蜘蛛香 Valeriana jatamansi
jatamanvaltrate B 蜘蛛香缬草酯 ▲B 蜘蛛香 Valeriana jatamansi, 缬草 V. officinalis
jatamanvaltrate C 蜘蛛香缬草酯 ▲C 蜘蛛香 Valeriana jatamansi, 缬草 V. officinalis
jatamol A, B 匙叶甘松醇 ▲A, B 甘松 Nardostachys jatamansi
4*E*-jatrogrossidentadione 4*E*- 大齿麻疯树萜二酮 麻疯树 Jatropha curcas, 佛肚树 J. podagrica
4*Z*-jatrogrossidentadione 4*Z*- 大齿麻疯树萜二酮 麻疯树 Jatropha curcas, 佛肚树 J. podagrica
jatrogrossidione 大齿麻疯树二酮 麻疯树 Jatropha curcas, 佛肚树 J. podagrica
5,11-jatrophadiene-3-benzoyloxy-7,9,14-triacetyloxy-15-ol 5,11- 麻疯树烷二烯 -3- 苯甲酰氧基 -7,9,14- 三乙酰氧基 -15- 醇 泽漆 Euphorbia helioscopia
jatrophadiketone 麻疯树二酮 ▲ 麻疯树 Jatropha curcas
jatrophaeudesmene A, B, C 麻疯树桉叶烯 A, B, C 麻疯树 Jatropha curcas
jatrophalactone 麻疯树内酯 麻疯树 Jatropha curcas
jatrophaldehyde 麻疯树醛 麻疯树 Jatropha curcas
jatrophalone 麻疯树隆酮 ▲ 麻疯树 Jatropha curcas
jatrophasin A, C 麻疯树辛 ▲A, C 麻疯树 Jatropha curcas
jatrophasin D 麻疯树辛 ▲D 云南土沉香 Excoecaria acerifolia, 麻疯树 Jatropha curcas
jatrophin 麻疯树素 麻疯树 Jatropha curcas
jatrophodione A 麻疯树醇二酮 ▲A 麻疯树 Jatropha curcas
jatrophol 麻疯树醇 麻疯树 Jatropha curcas
jatropholone A~E 麻疯树酚酮 A~E 麻疯树 Jatropha curcas
jatrorrhizine 药根碱 较常见成分，至少分布于 30 种以上植物中，见于防己科、毛茛科、小檗科、罂粟科、芸香科等
jatrorubine; jatrorrhizrubine 药根红碱 ▲ 安徽小檗 Berberis anhweiensis, 土元胡 Corydalis humosa

J

javaberine A, B 爪哇土人参碱▲A, B 土人参 Talinum paniculatum
javacarboline 爪哇苦树咔啉▲ 常绿苦树 Picrasma javanica
javanic acid A, B 鸦胆子酸▲A, B 鸦胆子 Brucea javanica
javanicin 爪哇苦树素 鸦胆子 Brucea javanica
javanicin A~T, V~Z 爪哇苦树素 A~T, V~Z 常绿苦树 Picrasma javanica
javanicin U 爪哇苦树素 U 常绿苦树 Picrasma javanica, 苦树 P. quassioides
javanicin Z hemiacetal I, II 爪哇苦树素 Z 半缩醛 I, II 常绿苦树 Picrasma javanica
javanicinoside A~L 爪哇苦树苷 A~L 常绿苦树 Picrasma javanica
javanicolide A~E, H 鸦胆子苦内酯▲A~E, H 鸦胆子 Brucea javanica
javanicoside A~H 鸦胆子新苷▲A~H 鸦胆子 Brucea javanica
javoricin 刺果番荔枝辛▲ 圆滑番荔枝 Annona glabra
jegosapogenin 野茉莉皂苷元 野茉莉 Styrax japonicus
jegosapogenol 野茉莉皂醇 车桑子 Dodonaea viscosa, 野茉莉 Styrax japonicus
jegosapogenol-21-(2,3-dihydroxy-2-methylbutyroyl)-22-angelate 野茉莉皂醇 -21-(2,3- 二羟基 -2- 甲基丁酰基)-22- 当归酸酯 车桑子 Dodonaea viscosa
jegosaponin A~D 野茉莉皂苷 A~D 野茉莉 Styrax japonicus
jenisseensoside A, B 叶尼塞蝇子草苷▲A, B 山蚂蚱草 Silene jenisseensis
jenisseensoside C 叶尼塞蝇子草苷▲C 鹤草 Silene fortunei, 山蚂蚱草 S. jenisseensis
jenisseensoside D 叶尼塞蝇子草苷▲D 鹤草 Silene fortunei, 山蚂蚱草 S. jenisseensis
jenisseensoside E, F 叶尼塞蝇子草苷▲E, F 鹤草 Silene fortunei
jensenone 詹氏桉酮▲ 蓝桉 Eucalyptus globulus
jerantinine A~H 伞房狗牙花宁碱▲A~H 伞房狗牙花 Tabernaemontana corymbosa
jerantiphylline A, B 伞房狗牙花菲林碱▲A, B 伞房狗牙花 Tabernaemontana corymbosa
jervine 白藜芦碱 兴安藜芦 Veratrum dahuricum, 阿尔泰藜芦 V. lobelianum, 藜芦 V. nigrum, 尖被藜芦 V. oxysepalum, 牯岭藜芦 V. schindleri, 狭叶藜芦 V. stenophyllum, 大理藜芦 V. taliense
jervine-3-*O*-*β*-D-glucopyranoside 白藜芦碱 -3-*O*-*β*-D- 吡喃葡萄糖苷 大理藜芦 Veratrum taliense
jhanol 简尼泽兰醇▲ 甜叶菊 Stevia rebaudiana
jiadifenin 假地枫皮宁素▲ 假地枫皮 Illicium jiadifengpi
jiadifenlactone A 假地枫内酯▲A 假地枫皮 Illicium jiadifengpi
jiadifenoic acid A~P 假地枫皮酸▲A~P 假地枫皮 Illicium jiadifengpi
jiadifenolide 假地枫皮醇内酯▲ 假地枫皮 Illicium jiadifengpi
jiadifenone 假地枫皮醇酮▲ 假地枫皮 Illicium jiadifengpi
jiadifenoxolane A, B 假地枫皮醚烷▲A, B 假地枫皮 Illicium jiadifengpi
jiamizioside A, C, D 荚蒾子苷 A, C, D 荚蒾 Viburnum dilatatum
jiamizioside B 荚蒾子苷 B 荚蒾 Viburnum dilatatum, 披针叶荚蒾 V. lancifolium
jiangyouaconitine 江油乌头碱 乌头 Aconitum carmichaelii
jianshirubesin A, B, C, F~I 建始冬凌草素 A, B, C, F~I 冬凌草 Isodon rubescens
jianshirubesin D 建始冬凌草素 D 瘿花香茶菜 Isodon rosthornii, 冬凌草 I. rubescens
jianshirubesin E 建始冬凌草素 E 瘿花香茶菜 Isodon rosthornii, 冬凌草 I. rubescens
jinfushanencin A, B 金佛山雪胆素 A, B 彭县雪胆 Hemsleya pengxianensis
jinfushanoside A~K 金佛山雪胆苷 A~K 彭县雪胆 Hemsleya pengxianensis
jiofuraldehyde dimethyl acetal 焦地黄呋喃醛二甲基乙缩醛 地黄 Rehmannia glutinosa
jiofuran 焦地黄呋喃 胡黄连 Neopicrorhiza scrophulariiflora, 细叶穗花 Pseudolysimachion linariifolium, 地黄 Rehmannia glutinosa
jioglutin A~F 焦地黄素 A~F 地黄 Rehmannia glutinosa
jioglutolide 焦地黄内酯 地黄 Rehmannia glutinosa, 毛地黄鼠尾草 Salvia digitaloides, 毛蕊花 Verbascum thapsum
jioglutoside A, A_1, A_2, B, B_1, B_2, C~F 焦地黄苷 A, A_1, A_2, B, B_1, B_2, C~F 地黄 Rehmannia glutinosa
jionoside 焦地黄诺苷▲ 马鞭草 Verbena officinalis
jionoside A 焦地黄诺苷▲A 夏至草 Lagopsis supina
jionoside A_1 焦地黄诺苷▲A_1 管花肉苁蓉 Cistanche tubulosa, 短筒兔耳草 Lagotis brevituba, 地黄 Rehmannia glutinosa
jionoside B_1 焦地黄诺苷▲B_1 绵参 Eriophyton wallichii, 甘肃马先蒿 Pedicularis kansuensis, 地黄 Rehmannia glutinosa
jionoside C 焦地黄诺苷▲C 海榄雌 Avicennia marina, 臭牡丹 Clerodendrum bungei, 单色蝴蝶草 Torenia concolor
jionoside D 焦地黄诺苷▲D 大叶醉鱼草 Buddleja davidii, 兰香草 Caryopteris incana, 沙苁蓉 Cistanche sinensis, 臭牡丹 Clerodendrum bungei, 海州常山 C. trichotomum, 二歧马先蒿 Pedicularis dichotoma, 长舟马先蒿 P. dolichocymba, 江南马先蒿 P. henryi, 地黄 Rehmannia glutinosa
jiufengdine 彭黑定▲ 黑水翠雀花 Delphinium potaninii, 三小叶翠雀花 D. trifoliolatum
jiufengsine 彭黑碱 黑水翠雀花 Delphinium potaninii
jiufengtine 彭黑亭▲ 黑水翠雀花 Delphinium potaninii
jiuhuanin A 九华香茶菜素 A 毛叶香茶菜 Isodon japonicus, 长管香茶菜 I. longitubus
jodrellin A 乔德黄芩素▲A 异色黄芩 Scutellaria discolor

J

jodrellin B 乔德黄芩素▲B 盔状黄芩 Scutellaria galericulata
jodrellin T 乔德黄芩素▲T 盔状黄芩 Scutellaria galericulata, 沙滩黄芩 S. strigillosa
jolkianin 南大戟宁▲ 大狼毒 Euphorbia jolkinii
jolkinin 南大戟素▲ 大狼毒 Euphorbia jolkinii
jolkinoate A 南大戟酯▲A 大狼毒 Euphorbia jolkinii
jolkinol A 南大戟醇 A 大狼毒 Euphorbia jolkinii, 甘青大戟 E. micractina
jolkinol B 南大戟醇 B 大狼毒 Euphorbia jolkinii, 甘青大戟 E. micractina, 大果大戟 E. wallichii
jolkinol C 南大戟醇 C 大狼毒 Euphorbia jolkinii
jolkinol D 南大戟醇 D 大狼毒 Euphorbia jolkinii, 甘青大戟 E. micractina
jolkinolide A 南大戟内酯 A 狼毒大戟 Euphorbia fischeriana, 飞扬草 E. hirta, 大狼毒 E. jolkinii, 甘肃大戟 E. kansuensis, 金刚纂 E. neriifolia, 百步回阳 E. sessiliflora, 大果大戟 E. wallichii
jolkinolide B 南大戟内酯 B 东风菜 Doellingeria scabra, 狼毒大戟 Euphorbia fischeriana, 大狼毒 E. jolkinii, 甘肃大戟 E. kansuensis, 百步回阳 E. sessiliflora
jolkinolide C, D, F 南大戟内酯 C, D, F 大狼毒 Euphorbia jolkinii
jolkinolide E 南大戟内酯 E 狼毒大戟 Euphorbia fischeriana, 大狼毒 E. jolkinii, 黄苞大戟 E. sikkimensis, 火焰花 Phlogacanthus curviflorus
jollyanine 乔利锥喉花碱▲ 药用狗牙花 Tabernaemontana bovina
jubanine A 枣宁碱 A 枣 Ziziphus jujuba, 酸枣 Z. jujuba var. spinosa
jubanine B 枣宁碱 B 枣 Ziziphus jujuba, 酸枣 Z. jujuba var. spinosa
jubanine C, D 枣宁碱 C, D 枣 Ziziphus jujuba
jugcathanin 野核桃宁▲ 野核桃 Juglans cathayensis
jugcathanin A 野核桃宁▲A 野核桃 Juglans cathayensis
jugcathayenoside 野核桃苷▲ 野核桃 Juglans cathayensis
juglalin 胡桃灵 毛蕊老鹳草 Geranium platyanthum
juglangenin A 胡桃苷元▲A 胡桃楸 Juglans mandshurica
juglanin 胡桃宁 东北蛇葡萄 Ampelopsis glandulosa var. brevipedunculata, 木麻黄 Casuarina equisetifolia, 干香柏 Cupressus duclouxiana, 楝叶吴萸 Euodia glabrifolia, 斑地锦 Euphorbia maculata, 毛蕊老鹳草 Geranium platyanthum, 截叶铁扫帚 Lespedeza cuneata, 萹蓄 Polygonum aviculare, 钝叶决明 Senna tora var. obtusifolia, 白线薯 Stephania brachyandra
juglanin A 胡桃宁 A 辽东桤木 Alnus hirsuta, 胡桃楸 Juglans mandshurica, 胡桃 J. regia
juglanin B 胡桃宁 B 胡桃楸 Juglans mandshurica, 胡桃 J. regia
juglanin B-(11*R*)-*O*-sulfate 胡桃宁 B-(11*R*)-*O*- 硫酸酯 杨梅 Myrica rubra
juglanin B-11-sulfate 胡桃宁 B-11- 硫酸酯 杨梅 Myrica rubra
juglanin D 胡桃宁 D 胡桃 Juglans regia
juglanone A, B 胡桃酮▲A, B 胡桃 Juglans regia
juglanoside A 胡桃苷 A 泡核桃 Juglans sigillata
juglanoside E 胡桃苷 E 胡桃 Juglans regia, 泡核桃 J. sigillata
juglanperylenone A, B 胡桃苝酮▲A, B 胡桃楸 Juglans mandshurica
juglans cerebroside A 胡桃脑苷▲A 胡桃楸 Juglans mandshurica
juglansbenzoate 胡桃苯甲酸酯▲ 胡桃 Juglans regia
juglanthracenoside A 胡桃蒽苷▲A 胡桃楸 Juglans mandshurica
juglanthraquinone A, B, C 胡桃蒽醌▲A, B, C 胡桃楸 Juglans mandshurica
juglone 胡桃醌 野核桃 Juglans cathayensis, 胡桃楸 J. mandshurica, 胡桃 J. regia
jugnaphthalenoside A, B, C 胡桃萘苷▲A, B, C 野核桃 Juglans cathayensis
jujubasaponin I, II, III, IV, V 枣皂苷 I, II, III, IV, V 枣 Ziziphus jujuba
jujubogenin 酸枣仁苷元 假马齿苋 Bacopa monnieri
jujuboside A 枣苷▲A 酸枣 Ziziphus jujuba var. spinosa, 滇刺枣 Z. mauritiana
jujuboside A_1, B_1, C, E, G, H 枣苷▲A_1, B_1, C, E, G, H 酸枣 Ziziphus jujuba var. spinosa
jujuboside B 枣苷▲B 北枳椇 Hovenia dulcis, 枣 Ziziphus jujuba, 酸枣 Z. jujuba var. spinosa
(*S*)-(+)-julandine (*S*)-(+)- 水苎麻碱▲ 水苎麻 Boehmeria macrophylla
julibrine I, II 合欢灵碱▲I, II 合欢 Albizia julibrissin
julibroside 合欢苷▲ I, II, III, A_1, A_3, A_4, B_1, C_1, J_1, J_2, J_3, J_5, J_6, J_7, J_9~J_{15}, J_{18}~J_{31} 合欢 Albizia julibrissin
julibroside A_2 合欢苷▲A_2 合欢 Albizia julibrissin, 亮叶猴耳环 Pithecellobium lucidum
julibroside J_8 合欢苷▲J_8 楹树 Albizia chinensis, 合欢 A. julibrissin
julibroside J_{29} 合欢苷▲J_{29} 合欢 Albizia julibrissin, 亮叶猴耳环 Pithecellobium lucidum
julibrotriterpenoidal lactone A 合欢三萜内酯 A 合欢 Albizia julibrissin
julocrotine 柔荑巴豆碱 银叶巴豆 Croton cascarilloides
junceine 菽麻碱 菽麻 Crotalaria juncea
junceoside A, B, D 老牛筋苷▲A, B, D 老牛筋 Arenaria juncea
junceoside C 老牛筋苷▲C 老牛筋 Arenaria juncea, 圆锥石头花 Gypsophila paniculata
juncoside I 灯心草萜苷▲I 灯心草 Juncus effusus, 滇五味子 Schisandra henryi var. yunnanensis

juncoside II, III, IV, V 灯心草萜苷 ▲II, III, IV, V 灯心草 Juncus effusus
juncuenin A~D 野灯芯草素 A~D 野灯心草 Juncus setchuensis
juncunol 灯心草酚 灯心草 Juncus effusus
juncusol 灯心草新酚▲ 灯心草 Juncus effusus
juncusyl ester A, B 灯芯草酯 A, B 灯心草 Juncus effusus
(-)-junenol (-)- 刺柏烯醇 樟 Cinnamomum camphora
(+)-junenol (+)- 桧醇 滇榄 Canarium strictum
junenol 刺柏烯醇 风藤 Piper kadsura
junicedral 欧桧醛▲ 欧洲刺柏 Juniperus communis
junicedric acid 酸刺柏酸▲ 鹿石蕊 Cladonia rangiferina, 大芒萁 Dicranopteris ampla
junipediol A 刺柏二醇 A 元宝槭 Acer truncatum, 羊蹄甲 Bauhinia purpurea, 金钱松 Pseudolarix amabilis
junipediol A-2'-*O*-*β*-D-glucopyranoside 刺柏二醇 ▲A 2'-*O*-*β*-D- 吡喃葡萄糖苷 珊瑚菜 Glehnia littoralis
junipegenin B 刺柏苷元 B 蝴蝶花(模式变型)Iris japonica
juniper camphor 桧脑 挥发油成分，未统计基源
junipetrioloside A 刺柏三醇苷 ▲A 苦槠 Castanopsis sclerophylla, 柃木 Eurya japonica, 野鸦椿 Euscaphis japonica, 大叶龙角 Hydnocarpus annamensis, 桃儿七 Sinopodophyllum hexandrum, 滑桃树 Trevia nudiflora, 南岭柞木 Xylosma controversa
junipetrioloside B 刺柏三醇苷 ▲B 桃儿七 Sinopodophyllum hexandrum, 滑桃树 Trevia nudiflora
junosidine 香橙定碱▲ 香橙 Citrus junos
junosine 香橙碱▲ 香橙 Citrus junos
junosmarin 香橙香豆素▲ 香橙 Citrus junos, 葡萄柚 C. paradisi
junsainoside A 莼菜黄苷 A 莼菜 Brasenia schreberi
jurineolide 苓菊内酯 多花苓菊 Jurinea multiflora
jurubine 锥花茄碱▲ 水茄 Solanum torvum
juspurpudin 紫爵床定▲ 爵床 Justicia procumbens
justicianene A 爵床环肽 A 爵床 Justicia procumbens
justicidin A 爵床定 A 土沉香 Aquilaria sinensis, 爵床 Justicia procumbens
justicidin B 爵床定 B 臭节草 Boenninghausenia albiflora, 尖瓣瑞香 Daphne acutiloba, 爵床 Justicia procumbens, 阿尔泰亚麻 Linum altaicum, 宿根亚麻 L. perenne, 野亚麻 L. stelleroides
justicidin C, D 爵床定 C, D 爵床 Justicia procumbens
justicidin E 爵床定 E 枪刀药 Hypoestes purpurea, 爵床 Justicia procumbens
justicidin F 爵床定 F 土沉香 Aquilaria sinensis
justicidinoside B, C 爵床定苷 B, C 爵床 Justicia procumbens
justiciresinol 爵床树脂醇▲ 小木通 Clematis armandii, 观光木 Michelia odora
justidrusamide A~D 小驳骨胺 A~D 小驳骨 Justicia gendarussa
justin A, B, C 爵床亭 ▲A, B, C 爵床 Justicia procumbens
juziphine; yuziphine 枣碱 直茎黄堇 Corydalis stricta
juzirine; yuzirine 酸枣灵碱▲ 酸枣 Ziziphus jujuba var. spinosa
juzunal 大卵叶虎刺醛▲ 虎刺 Damnacanthus indicus, 大卵叶虎刺 D. major
juzunol 大卵叶虎刺醇▲ 虎刺 Damnacanthus indicus
jynosine 金阳乌头碱▲ 凉山乌头 Aconitum liangshanicum

K

kadangustin A~I, L 狭叶南五味子亭 ▲A~I, L 狭叶南五味子 Kadsura angustifolia
kadangustin J 狭叶南五味子亭 ▲J 滇瑞香 Daphne feddei, 狭叶南五味子 Kadsura angustifolia, 鹤庆五味子 Schisandra wilsoniana
kadangustin K 狭叶南五味子亭 ▲K 狭叶南五味子 Kadsura angustifolia, 鹤庆五味子 Schisandra wilsoniana
kadcoccilactone A~P, R 黑老虎内酯 ▲A~P, R 黑老虎 Kadsura coccinea
kadcoccilactone Q 黑老虎内酯 ▲Q 黑老虎 Kadsura coccinea, 五味子 Schisandra chinensis
kadcoccilignan 黑老虎木脂素▲ 黑老虎 Kadsura coccinea
kadcoccitone A, B, C 黑老虎酮 ▲A, B, C 黑老虎 Kadsura coccinea
kadcotrione A, B, C 黑老虎三酮 ▲A, B, C 黑老虎 Kadsura coccinea
kadheterilactone A, B 南五味子异形内酯 ▲A, B 异形南五味子 Kadsura heteroclita
kadlongilactone A 南五味子长梗内酯 ▲A 黑老虎 Kadsura coccinea, 南五味子 K. longipedunculata
kadlongilactone B 南五味子长梗内酯 ▲B 黑老虎 Kadsura coccinea, 南五味子 K. longipedunculata
kadlongilactone C, E, F 南五味子长梗内酯 ▲C, E, F 南五味子 Kadsura longipedunculata
kadlongilactone D 南五味子长梗内酯 ▲D 黑老虎 Kadsura coccinea, 南五味子 K. longipedunculata
kadlongirin A, B 长梗南五味子灵 ▲A, B 南五味子 Kadsura longipedunculata
kadoblongifolin A, B, D 冷饭藤素 ▲A, B, D 冷饭藤 Kadsura oblongifolia
kadoblongifolin C 冷饭藤素 ▲C 冷饭藤 Kadsura oblongifolia, 合蕊五味子 Schisandra propinqua

kadpolysperin A~N 多子南五味子素▲A~N 多子南五味子 Kadsura polysperma
kadsudilactone 南五味子二内酯 黑老虎 Kadsura coccinea, 异形南五味子 K. heteroclita, 南五味子 K. longipedunculata
kadsufolin A~D 冷饭藤林素▲A~D 冷饭藤 Kadsura oblongifolia
kadsuguain A 风藤愈创素▲A 风藤 Piper kadsura
kadsuketanone A 风藤克塔酮▲A 风藤 Piper kadsura
kadsulactone 南五味子内酯 黑老虎 Kadsura coccinea, 南五味子 K. longipedunculata, 华中五味子 Schisandra sphenanthera
kadsulactone A 南五味子内酯 A 二色五味子 Schisandra bicolor
kadsulactone acid 南五味子内酯酸 南五味子 Kadsura longipedunculata
kadsulignan A 南五味子木脂素 A 黑老虎 Kadsura coccinea, 合蕊五味子 Schisandra propinqua
kadsulignan B, H, I, M 南五味子木脂素 B, H, I, M 黑老虎 Kadsura coccinea
kadsulignan C 南五味子木脂素 C 南五味子 Kadsura longipedunculata, 冷饭藤 K. oblongifolia
kadsulignan D 南五味子木脂素 D 南五味子 Kadsura longipedunculata, 冷饭藤 K. oblongifolia, 阿里山五味子 Schisandra arisanensis
kadsulignan E 南五味子木脂素 E 黑老虎 Kadsura coccinea, 异形南五味子 K. heteroclita, 南五味子 K. longipedunculata, 冷饭藤 K. oblongifolia
kadsulignan F 南五味子木脂素 F 黑老虎 Kadsura coccinea, 南五味子 K. longipedunculata, 冷饭藤 K. oblongifolia
kadsulignan G 南五味子木脂素 G 南五味子 Kadsura longipedunculata, 冷饭藤 K. oblongifolia
kadsulignan K 南五味子木脂素 K 狭叶南五味子 Kadsura angustifolia, 异形南五味子 K. heteroclita, 阿里山五味子 Schisandra arisanensis
kadsulignan L 南五味子木脂素 L 狭叶南五味子 Kadsura angustifolia, 黑老虎 K. coccinea, 冷饭藤 K. oblongifolia, 合蕊五味子 Schisandra propinqua
kadsulignan N 南五味子木脂素 N 狭叶南五味子 Kadsura angustifolia, 黑老虎 K. coccinea
kadsulignan O 南五味子木脂素 O 黑老虎 Kadsura coccinea, 冷饭藤 K. oblongifolia
kadsulignan P 南五味子木脂素 P 冷饭藤 Kadsura oblongifolia
kadsumarin 日本南五味子灵▲ 阿里山五味子 Schisandra arisanensis
kadsumarin A 日本南五味子灵▲A 日本南五味子 Kadsura japonica, 阿里山五味子 Schisandra arisanensis, 红花五味子 S. rubriflora
kadsuphilactone A 菲律宾南五味子内酯▲A 黑老虎 Kadsura coccinea, 华中五味子 Schisandra sphenanthera
kadsuphilactone B 菲律宾南五味子内酯▲B 黑老虎 Kadsura coccinea, 五味子 Schisandra chinensis, 金山五味子 S. glaucescens, 华中五味子 S. sphenanthera
kadsuphilin A 菲律宾南五味子素▲A 黑老虎 Kadsura coccinea, 多子南五味子 K. polysperma
kadsuphilin B 菲律宾南五味子素▲B 黑老虎 Kadsura coccinea, 合蕊五味子 Schisandra propinqua
kadsuphilol A, C 菲律宾南五味子醇▲A, C 阿里山五味子 Schisandra arisanensis
kadsuracoccinic acid A, B, C 绯红南五味子酸 A, B, C 黑老虎 Kadsura coccinea
kadsuraenol 南五味子烯醇▲ 黑老虎 Kadsura coccinea
kadsurain A, B, C 南五味子因▲A, B, C 黑老虎 Kadsura coccinea
kadsuralignan A 南五味子根木脂素▲A 黑老虎 Kadsura coccinea, 狭叶五味子 Schisandra lancifolia
kadsuralignan B 南五味子根木脂素▲B 黑老虎 Kadsura coccinea, 异形南五味子 K. heteroclita
kadsuralignan C 南五味子根木脂素▲C 黑老虎 Kadsura coccinea, 南五味子 K. longipedunculata
kadsuralignan D~L 南五味子根木脂素▲D~L 黑老虎 Kadsura coccinea
kadsuranic acid A 南五味子尼酸▲A 异形南五味子 Kadsura heteroclita
kadsuranin 南五味子宁▲ 凤庆南五味子 Kadsura interior, 日本南五味子 K. japonica, 五味子 Schisandra chinensis, 狭叶五味子 S. lancifolia
kadsurarin 南五味子灵 狭叶南五味子 Kadsura angustifolia, 异形南五味子 K. heteroclita, 日本南五味子 K. japonica, 南五味子 K. longipedunculata, 冷饭藤 K. oblongifolia, 阿里山五味子 Schisandra arisanensis
kadsurarin II 南五味子灵 II 合蕊五味子 Schisandra propinqua
kadsurene A 南五味子烯▲A 黑老虎 Kadsura coccinea
kadsurene A methyl ester 南五味子烯▲A 甲酯 黑老虎 Kadsura coccinea
kadsurenin A~M 风藤烯素▲A~M 风藤 Piper kadsura
kadsurenone 海风藤酮 山蒟 Piper hancei, 风藤 P. kadsura, 石南藤 P. wallichii
kadsuric acid 南五味子酸 黑老虎 Kadsura coccinea, 日本南五味子 K. japonica, 五味子 Schisandra chinensis, 金山五味子 S. glaucescens, 翼梗五味子 S. henryi, 滇五味子 S. henryi var. yunnanensis, 小花五味子 S. micrantha, 滇藏五味子 S. neglecta, 华中五味子 S. sphenanthera
kadsuric acid-3-methyl ester 南五味子酸 -3- 甲酯 大芒萁 Dicranopteris ampla
kadsurin 南五味子素 黑老虎 Kadsura coccinea, 异形南五味子 K. heteroclita, 凤庆南五味子 K. interior, 日本南五味子 K. japonica, 冷饭藤 K. oblongifolia, 多子南五味子 K. polysperma, 阿里山五味子 Schisandra arisanensis, 滇藏五味子 S. neglecta, 铁箍散 S. propinqua var. sinensis, 红花五味子 S. rubriflora
kadsurin A 风藤素 A 卵叶胡椒 Piper attenuatum, 苎叶蒟 P. boehmeriifolium, 风藤 P. kadsura, 玉兰 Yulania denudata
kadsurin B 风藤素 B 卵叶胡椒 Piper attenuatum, 风藤 P. kadsura
kadsutherin 南五味子酯▲ 黑老虎 Kadsura coccinea
kadsutherin A 南五味子酯▲A 异形南五味子 Kadsura heteroclita, 凤庆南五味子 K. interior
kadsutherin B 南五味子酯▲B 异形南五味子 Kadsura heteroclita, 凤庆南五味子 K. interior
kadsutherin C 南五味子酯▲C 异形南五味子 Kadsura heteroclita, 凤庆南五味子 K. interior
kadsutherin D 南五味子酯▲D 异形南五味子 Kadsura heteroclita

kaemferol-3-*O*-rhamnopyranosyl-(1 → 6)-glucopyranoside 山柰酚 -3-*O*- 吡喃鼠李糖基 -(1 → 6)- 吡喃葡萄糖苷 三白草 Saururus chinensis
kaemferol-3-*O*-*β*-D-glucopyranosyl-(1 → 2)-*β*-D-galactopyranosyl-(1 → 2)-*β*-D-glucopyranoside 山柰酚 -3-*O*-*β*-D- 吡喃葡萄糖基 -(1 → 2)-*β*-D- 吡喃半乳糖基 -(1 → 2)-*β*-D- 吡喃葡萄糖苷 腺毛黑种草 Nigella glandulifera
kaempferide 山柰素 白苞筋骨草 Ajuga lupulina, 日本桤木 Alnus japonica, 尾穗苋 Amaranthus caudatus, 背扁黄耆 Astragalus complanatus, 岳桦 Betula ermanii, 阿尔泰柴胡 Bupleurum krylovianum, 黑柴胡 B. smithii, 飞机草 Chromolaena odorata, 金毛狗 Cibotium barometz, 葵花大蓟 Cirsium souliei, 山茱萸 Cornus officinalis, 枸杞 Lycium chinense, 硬毛棘豆 Oxytropis hirta, 萹蓄 Polygonum aviculare, 粉叶决明 Senna surattensis subsp. glauca
kaempferide trimethyl ether 山柰素三甲醚 柑橘 Citrus reticulata
kaempferide-3-*O*-rhamnopyranoside 山柰素 -3-*O*- 吡喃鼠李糖苷 金柑 Fortunella japonica
kaempferide-3-*O*-rutinoside 山柰素 -3-*O*- 芸香糖苷 狗枣猕猴桃 Actinidia kolomikta
kaempferide-3-*O*-rutinoside-7-*O*-*α*-L-rhamnopyranoside 山柰素 -3-*O*- 芸香糖苷 -7-*O*-*α*-L- 吡喃鼠李糖苷 狗枣猕猴桃 Actinidia kolomikta
kaempferide-3-*O*-*α*-L-rhamnopyranoside 山柰素 -3-*O*-*α*-L- 吡喃鼠李糖苷 刺齿枝子花 Dracocephalum peregrinum, 海漆 Excoecaria agallocha
kaempferide-3-*O*-*β*-D-glucopyranoside 山柰素 -3-*O*-*β*-D- 吡喃葡萄糖苷 狗枣猕猴桃 Actinidia kolomikta, 见血封喉 Antiaris toxicaria, 杜仲 Eucommia ulmoides, 镰荚棘豆 Oxytropis falcata, 长穗柽柳 Tamarix elongata, 短穗柽柳 T. laxa
kaempferide-3-*O*-*β*-D-glucuronopyranoside 山柰素 -3-*O*-*β*-D- 吡喃葡萄糖醛酸苷 萹蓄 Polygonum aviculare
kaempferide-3-rhamnopyranoside 山柰素 -3- 吡喃鼠李糖苷 四川淫羊藿 Epimedium sutchuenense
kaempferide-7-glucoside 山柰素 -7- 葡萄糖苷 缢苞麻花头 Serratula strangulata
kaempferide-7-*O*-(3''-*O*-acetyl)-*α*-L-rhamnopyranosyl-3-*O*-rutinoside 山柰素 -7-*O*-(3''-*O*- 乙酰基)-*α*-L- 吡喃鼠李糖基 -3-*O*- 芸香糖苷 狗枣猕猴桃 Actinidia kolomikta
kaempferide-7-*O*-(4''-*O*-acetyl)-*α*-L-rhamnopyranosyl-3-*O*-rutinoside 山柰素 -7-*O*-(4''-*O*- 乙酰基)-*α*-L- 吡喃鼠李糖基 -3-*O*- 芸香糖苷 狗枣猕猴桃 Actinidia kolomikta
kaempferide-7-*O*-(4''-*O*-acetyl)-*α*-L-rhamnopyranoside 山柰素 -7-*O*-(4''-*O*- 乙酰基)-*α*-L- 吡喃鼠李糖苷 狗枣猕猴桃 Actinidia kolomikta
kaempferide-7-*O*-(4''-*O*-*α*-L-acetyl)-rhamnopyranosyl-3-*O*-glucopyranoside 山柰素 -7-*O*-(4''-*O*- 乙酰基)-*α*-L- 吡喃鼠李糖基)-3-*O*- 吡喃葡萄糖苷 狗枣猕猴桃 Actinidia kolomikta
kaempferide-7-*O*-*α*-L-rhamnopyranoside 山柰素 -7-*O*-*α*-L- 吡喃鼠李糖苷 狗枣猕猴桃 Actinidia kolomikta
kaempferide-7-*O*-*α*-L-rhamnopyranosyl-3-*O*-rutinoside 山柰素 -7-*O*-*α*-L- 吡喃鼠李糖基 -3-*O*- 芸香糖苷 狗枣猕猴桃 Actinidia kolomikta
kaempferide-7-*O*-*β*-D-glucopyranoside 山柰素 -7-*O*-*β*-D- 吡喃葡萄糖苷 柘树 Cudrania tricuspidata, 翅子树 Pterospermum acerifolium
kaempferide-7-*α*-L-rhamnopyranoside 山柰素 -7-*α*-L- 吡喃鼠李糖苷 齿果草 Salomonia cantoniensis
kaempferitrin 山柰苷 红柴胡 Bupleurum scorzonerifolium, 高盆樱桃 Cerasus cerasoides, 土肉桂 Cinnamomum osmophloeum, 鹅绒藤 Cynanchum chinense, 狗肝菜 Dicliptera chinensis, 蛇莓 Duchesnea indica, 无梗五加 Eleutherococcus sessiliflorus, 粗毛淫羊藿 Epimedium acuminatum, 卫矛 Euonymus alatus, 棱果榕 Ficus septica, 浙贝母 Fritillaria thunbergii, 尼泊尔老鹳草 Geranium nepalense, 粗叶耳草 Hedyotis verticillata, 银叶树 Heritiera littoralis, 大麻槿 Hibiscus cannabinus, 尖叶长柄山蚂蝗 Hylodesmum podocarpum subsp. oxyphyllum, 厚藤 Ipomoea pes-caprae, 细梗胡枝子 Lespedeza virgata, 小蜡 Ligustrum sinense, 百脉根 Lotus corniculatus, 黑足金粉蕨 Onychium contiguum, 甜茶 Rubus chingii var. suavissimus, 罗汉果 Siraitia grosvenorii, 巧玲花 Syringa pubescens, 万寿菊 Tagetes erecta, 大叶堇菜 Viola diamantiaca, 白花堇菜 V. lactiflora
kaempferol 山柰酚 常见成分，至少分布于 100 种以上植物中
(*Z*)-kaempferol 3-(2-*p*-coumaroyl)-*α*-L-rhamnopyranoside (*Z*)- 山柰酚 -3-(2- 对香豆酰基)-*α*-L- 吡喃鼠李糖苷 悬铃木 Platanus acerifolia
kaempferol 3,3',4'-trimethyl ether 山柰酚 -3,3', 4'- 三甲醚 岩蒿 Artemisia rupestris
kaempferol 3-*O*-(2'''-*p*-*E*-coumaroylrhamnosyl)(1''' → 6'')-[*β*-D-glucopyranosyl-(1'''' → 2'')-*β*-D-glucopyranosyl]-7-*O*-*α*-L-rhamnopyranoside 山柰酚 -3-*O*-(2'''-*E*- 对香豆酰鼠李糖基)(1''' → 6'')-[*β*-D- 吡喃葡萄糖基 -(1'''' → 2'')-*β*-D- 吡喃葡萄糖基 -7-*O*-*α*-L- 吡喃鼠李糖苷 三球悬铃木 Platanus orientalis
kaempferol 3-*O*-*α*-L-(2'',4''-di-*Z*-*p*-coumaroyl)-rhamnoside 山柰酚 -3-*O*-*α*-L-(2'',4''- 二 -*Z*- 对香豆酰基)- 鼠李糖苷 枇杷 Eriobotrya japonica
kaempferol 3-*O*-*β*-(6-malonylsophorosyl)-7-*O*-*β*-(6-malonylglucoside) 山柰酚 -3-*O*-*β*-(6- 丙二酸单酰槐糖基)-7-*O*-*β*-(6- 丙二酸单酰基葡萄糖苷) 野罂粟 Papaver nudicaule
kaempferol 3-*O*-*β*-(6-malonylsophorosyl)-7-*O*-*β*-glucoside 山柰酚 -3-*O*-*β*-(6- 丙二酸单酰槐糖基)-7-*O*-*β*- 葡萄糖苷 野罂粟 Papaver nudicaule
kaempferol diglycoside 山柰酚二糖苷 刺苋 Amaranthus spinosus
kaempferol dihexoside 山柰酚二己糖苷 洋甘草 Glycyrrhiza glabra
kaempferol glucopyranoside 山柰酚吡喃葡萄糖苷 五桠果 Dillenia indica, 胡椒 Piper nigrum, 牛蹄豆 Pithecellobium dulce
kaempferol glucoside 山柰酚葡萄糖苷 山桃 Amygdalus davidiana
kaempferol glucouronide 山柰酚葡萄糖醛酸苷 桑 Morus alba
kaempferol glycoside 山柰酚糖苷 竹节蓼 Homalocladium platycladum, 牛蹄豆 Pithecellobium dulce, 两栖蓼 Polygonum amphibium, 叉分蓼 P. divaricatum, 高山蓝盆花 Scabiosa alpestris
kaempferol hexoside 山柰酚己糖苷 桑 Morus alba, 笃斯越桔 Vaccinium uliginosum
kaempferol hexoside-deoxyhexoside 山柰酚己糖苷去氧己糖苷 黑茶藨子 Ribes nigrum
kaempferol hexoside-malonate 山柰酚己糖苷丙二酸酯 黑茶藨子 Ribes nigrum
kaempferol hexosylhexoside 山柰酚己糖基己糖苷 桑 Morus alba
kaempferol rhamnoglucoside 山柰酚鼠李糖葡萄糖苷 珊瑚樱 Solanum pseudocapsicum
kaempferol rhamnoside 山柰酚鼠李糖苷 草麻黄 Ephedra sinica

kaempferol rhamnosylhexoside 山柰酚鼠李糖基己糖苷 桑 Morus alba
kaempferol trisaccharide 山柰酚三糖苷 番茄 Lycopersicon esculentum
kaempferol-(3-*O*-[(6-*O*-*E*-sinapoyl)-*β*-D-glucopyranosyl-(1 → 2)]-*β*-D-glucopyranosyl-7-*O*-*α*-L-rhamnopyranoside) 山柰酚 -(3-*O*-[(6-*O*-*E*- 芥子酰基)-*β*-D- 吡喃葡萄糖基 -(1 → 2)]-*β*-D- 吡喃葡萄糖基 -7-*O*-*α*-L- 吡喃鼠李糖苷) 中国沙棘 Hippophae rhamnoides subsp. sinensis
kaempferol-(6''-*O*-*cis*-*p*-coumaroyl)-3-*O*-*β*-D-glucopyranoside 山柰酚 -(6''-*O*- 顺式 - 对香豆酰基)-3-*O*-*β*-D- 吡喃葡萄糖苷 依兰 Cananga odorata
kaempferol-(6''-*O*-*p*-coumaroyl)-3-*O*-*β*-D-galactopyranoside 山柰酚 -(6''-*O*- 对香豆酰基)-3-*O*-*β*-D- 吡喃半乳糖苷 依兰 Cananga odorata
kaempferol-(HMG)-rhamnopyranoside 山柰酚 -(HMG)- 吡喃鼠李糖苷 越桔 Vaccinium vitis-idaea
kaempferol-(methoxycafeoyl)-rutinoside 山柰酚 - 甲氧基咖啡酰芸香糖苷 葡萄柚 Citrus paradisi
kaempferol-2-*O*-*β*-D-glucopyranosyl-(1 → 6)-*β*-D-glucopyranoside 山柰酚 -2-*O*-*β*-D- 吡喃葡萄糖基 -(1 → 6)-*β*-D- 吡喃葡萄糖苷 宽瓣重楼 Paris polyphylla var. yunnanensis
kaempferol-3-dirhamnoglucoside 山柰酚 -3- 二鼠李糖葡萄糖苷 珊瑚樱 Solanum pseudocapsicum
kaempferol-3-(2,6-dirhamnopyranosylglucopyranoside) 山柰酚 -3-(2,6- 二鼠李糖基吡喃葡萄糖苷 过路黄 Lysimachia christiniae
kaempferol-3-(2^G-glucosylrutinoside) 山柰酚 -3-(2^G- 葡萄糖基芸香糖苷) 紫萼 Hosta ventricosa
kaempferol-3-(2^G-glucosylrutinoside)-7-glucoside 山柰酚 -3-(2^G- 葡萄糖基芸香糖苷)-7- 葡萄糖苷 紫萼 Hosta ventricosa
kaempferol-3-(2^G-rhamnosylrutinoside 山柰酚 -3-(2^G- 鼠李糖基芸香糖苷) 剑麻 Agave sisalana
6*E*-kaempferol-3-(2-*p*-coumaroyl-*α*-L-rhamnopyranoside) 6*E*- 山柰酚 -3-(2- 对香豆酰基 -*α*-L- 吡喃鼠李糖苷 悬铃木 Platanus acerifolia
kaempferol-3-(2-pentosyl)-hexoside 山柰酚 -3-(2- 戊糖基)- 己糖苷 千日红 Gomphrena globosa
kaempferol-3-(2-pentosyl-6-rhamnosyl)-hexoside 山柰酚 -3-(2- 戊糖基 -6- 鼠李糖基)- 己糖苷 千日红 Gomphrena globosa
kaempferol-3-(4''-*O*-acetyl)-*O*-*α*-L-rhamnopyranoside-7-*O*-*α*-L-rhamnopyranoside 山柰酚 -3-(4''-*O*- 乙酰基)-*O*-*α*-L- 吡喃鼠李糖苷 -7-*O*-*α*-L- 吡喃鼠李糖苷 扶芳藤 Euonymus fortunei
kaempferol-3-(6'-coumaroyl)-glucoside 山柰酚 -3-(6'- 香豆酰基)- 葡萄糖苷 草莓 Fragaria × ananassa
kaempferol-3-(6''-malonyl)glucoside 山柰酚 -3-(6''- 丙二酰基) 葡萄糖苷 黑茶藨子 Ribes nigrum
kaempferol-3-(6''-*O*-*cis*-*p*-coumaroyl)-*β*-D-glucoside 山柰酚 -3-(6''-*O*- 顺式对香豆酰基)-*β*-D- 葡萄糖苷 山葡萄 Vitis amurensis
kaempferol-3-(6-rhamnosyl)-hexoside 山柰酚 -3-(6- 鼠李糖基)- 己糖苷 千日红 Gomphrena globosa
kaempferol-3-(apiosylmalonylglucoside) 山柰酚 -3-(芹糖基丙二酰葡萄糖苷) 鹰嘴豆 Cicer arietinum
kaempferol-3-(ferulylglucoside) 山柰酚 -3-(阿魏酰葡萄糖苷) 金钱松 Pseudolarix amabilis
kaempferol-3-(malonylglucoside) 山柰酚 -3-(丙二酰葡萄糖苷) 鹰嘴豆 Cicer arietinum
kaempferol-3-(*p*-coumaroyl)glucopyranoside 山柰酚 -3- 对香豆酰吡喃葡萄糖苷 凤仙花 Impatiens balsamina
kaempferol-3-(*p*-coumarylglucoside) 山柰酚 -3- 对香豆酰葡萄糖苷 金钱松 Pseudolarix amabilis
kaempferol-3,4',7-trimethyl ether 山柰酚 -3,4',7- 三甲醚 车桑子 Dodonaea viscosa
kaempferol-3,4'-dimethyl ether 山柰酚 -3,4'- 二甲醚 榄李 Lumnitzera racemosa
kaempferol-3,4'-di-*O*-*α*-L-rhamnopyranoside 山柰酚 -3,4'- 二 -*O*-*α*-L- 吡喃鼠李糖苷 桫椤鳞毛蕨 Dryopteris cycadina
kaempferol-3,4'-di-*O*-*β*-D-(2-*O*-feruloyl)-glucoside 山柰酚 -3,4'- 二 -*O*-*β*-D-(2-*O*- 阿魏酰基) 葡萄糖苷 韭菜 Allium tuberosum
kaempferol-3,4'-di-*O*-*β*-D-glucopyranoside 山柰酚 -3,4'- 二 -*O*-*β*-D- 吡喃葡萄糖苷 多花紫藤 Wisteria floribunda
kaempferol-3,4'-di-*O*-*β*-D-glucoside 山柰酚 -3,4'- 二 -*O*-*β*-D- 葡萄糖苷 韭菜 Allium tuberosum, 茖葱 A. victorialis
kaempferol-3,5,7-trimethyl ether 山柰酚 -3,5,7- 三甲醚 狭叶白鲜 Dictamnus angustifolius
kaempferol-3,5-*β*-D-digalactopyranoside 山柰酚 -3,5-*β*-D- 二吡喃半乳糖苷 硬毛木蓝 Indigofera hirsuta
kaempferol-3,7-diglucopyranoside 山柰酚 -3,7- 二吡喃葡萄糖苷 梣叶槭 Acer negundo
kaempferol-3,7-diglucoside 山柰酚 -3,7- 二葡萄糖苷 扇叶铁线蕨 Adiantum flabellulatum, 霍香蓟 Ageratum conyzoides, 芜菁 Brassica rapa, 过山蕨 Camptosorus sibiricus, 药蕨 Ceterach officinarum, 木贼 Equisetum hyemale, 紫苜蓿 Medicago sativa, 牡丹 Paeonia suffruticosa, 槐 Sophora japonica, 鸡树条荚蒾 Viburnum opulus var. calvescens
kaempferol-3,7-dimethyl ether 山柰酚 -3,7- 二甲醚 车桑子 Dodonaea viscosa, 胶质鼠尾草 Salvia glutinosa
kaempferol-3,7-di-*O*,*O*-glucoside 山柰酚 -3,7- 二 -*O*,*O*- 葡萄糖苷 地丁草 Corydalis bungeana
kaempferol-3,7-di-*O*-glucopyranoside 山柰酚 -3,7- 二 -*O*- 吡喃葡萄糖苷 厚叶美花草 Callianthemum alatavicum
kaempferol-3,7-di-*O*-glucoside 山柰酚 -3,7- 二 -*O*- 葡萄糖苷 番茄 Lycopersicon esculentum, 香叶天竺葵 Pelargonium graveolens
kaempferol-3,7-di-*O*-rhamnopyranoside 山柰酚 -3,7- 二 -*O*- 吡喃鼠李糖苷 冬凌草 Isodon rubescens, 小果荨麻 Urtica atrichocaulis
kaempferol-3,7-di-*O*-*α*-L-rhamnopyranoside 山柰酚 -3,7- 二 -*O*-*α*-*L*- 吡喃鼠李糖苷 臭椿 Ailanthus altissima, 金线草 Antenoron filiforme, 火索藤 Bauhinia aurea, 北柴胡 Bupleurum chinense, 抱茎柴胡 B. longicaule var. amplexicaule, 土荆芥 Chenopodium ambrosioides, 扁叶刺芹 Eryngium planum, 中华瘤枝卫矛 Euonymus verrucosus var. chinensis, 冬凌草 Isodon rubescens, 松潘棱子芹 Pleurospermum franchetianum, 罗汉果 Siraitia grosvenorii, 泉七 Steudnera colocasiifolia, 紫花地丁 Viola philippica
kaempferol-3,7-di-*O*-*α*-L-rhamnoside 山柰酚 -3,7- 二 -*O*-*α*-L- 鼠李糖苷 白八宝 Hylotelephium pallescens
kaempferol-3,7-di-*O*-*α*-rhamnopyranoside 山柰酚 -3,7- 二 -*O*-*α*- 吡喃鼠李糖苷 拟南芥 Arabidopsis thaliana, 灰毛豆 Tephrosia purpurea
kaempferol-3,7-di-*O*-*β*-D-glucopyranoside 山柰酚 -3,7- 二 -*O*-*β*-D- 吡喃葡萄糖苷 楹树 Albizia chinensis, 辽细辛 Asarum heterotropoides var. mandshuricum, 番红花 Crocus sativus, 构棘 Cudrania cochinchinensis, 菟丝子 Cuscuta chinensis, 洋金花 Datura metel, 播娘蒿 Descurainia sophia, 木半夏 Elaeagnus multiflora, 土丁桂 Evolvulus alsinoides, 秤星树 Ilex asprella, 素馨花 Jasminum grandiflorum, 矮桃 Lysimachia clethroides, 芍药 Paeonia lactiflora, 乔木茵芋 Skimmia arborescens, 百蕊草 Thesium chinense, 蚕豆 Vicia faba, 多花紫藤 Wisteria floribunda
kaempferol-3,7-di-*O*-*β*-glucopyranoside 山柰酚 -3,7- 二 -*O*-*β*- 吡喃葡萄糖苷 芍药 Paeonia lactiflora

kaempferol-3,7-dirhamnoglucoside 山柰酚 -3,7- 二鼠李糖基葡萄糖苷 澳洲茄 Solanum laciniatum
kaempferol-3,7-dirhamnopyranoside 山柰酚 -3,7- 二吡喃鼠李糖苷 小蜡 Ligustrum sinense
kaempferol-3,7-dirhamnoside 山柰酚 -3,7- 二鼠李糖苷 铁角蕨 Asplenium trichomanes, 黑刺李 Prunus spinosa, 地榆 Sanguisorba officinalis
kaempferol-3,7-di-*α*-L-rhamnofuranoside 山柰酚 -3,7- 二 -*α*-L- 呋喃鼠李糖苷 黑刺李 Prunus spinosa
kaempferol-3,7-di-*α*-L-rhamnopyranoside 山柰酚 -3,7- 二 -*α*-L- 吡喃鼠李糖苷 凹叶瓜馥木 Fissistigma retusum
kaempferol-3,7-di-*β*-D-glucoside 山柰酚 -3,7- 二 -*β*-D- 葡萄糖苷 笔管草 Equisetum ramosissimum subsp. debile
kaempferol-3,7-*O*-diglucopyranoside 山柰酚 -3,7-*O*- 二吡喃葡萄糖苷 瓜叶马兜铃 Aristolochia cucurbitifolia, 葡萄柚 Citrus paradisi, 亚麻 Linum usitatissimum, 鹊肾树 Streblus asper, 蚕豆 Vicia faba
kaempferol-3,7-*O*-diglucoside 山柰酚 -3,7-*O*- 二葡萄糖苷 冬葵 Malva verticillata var. crispa
kaempferol-3,7-*O*-dirhamnopyranoside 山柰酚 -3,7-*O*- 二吡喃鼠李糖苷 圆锥铁线莲 Clematis terniflora
kaempferol-3,7-*O*-glucopyranoside 山柰酚 -3,7-*O*- 吡喃葡萄糖苷 汉城细辛 Asarum sieboldii
kaempferol-3,7-*O*-*α*-L-dirhamnopyranoside 山柰酚 -3,7-*O*-*α*-L- 二吡喃鼠李糖苷 点地梅 Androsace umbellata, 斜方复叶耳蕨 Arachniodes rhomboidea, 黄毛楤木 Aralia chinensis, 紫金牛 Ardisia japonica, 南蛇藤 Celastrus orbiculatus, 皱叶南蛇藤 C. rugosus, 四川淫羊藿 Epimedium sutchuenense, 卫矛 Euonymus alatus, 扶芳藤 E. fortunei, 鼠掌老鹳草 Geranium sibiricum, 北枳椇 Hovenia dulcis, 狭叶落地梅 Lysimachia paridiformis var. stenophylla, 黄连木 Pistacia chinensis, 萝卜 Raphanus sativus, 菝葜 Smilax china, 山野豌豆 Vicia amoena
kaempferol-3,7-*O*-*α*-L-dirhamnoside 山柰酚 -3,7-*O*-*α*-L- 鼠李糖苷 繁缕 Stellaria media
kaempferol-3,7-*O*-*α*-L-rhamnopyranoside 山柰酚 -3,7-*O*-*α*-L- 吡喃鼠李糖苷 鹊肾树 Streblus asper
kaempferol-3,7-*O*-*β*-D-diglucopyranoside 山柰酚 -3,7-*O*-*β*-D- 二吡喃葡萄糖苷 野豌豆 Vicia sepium
kaempferol-3,7-*α*-L-dirhamnopyranoside 山柰酚 -3,7-*α*-L- 二吡喃鼠李糖苷 粉背南蛇藤 Celastrus hypoleucus
kaempferol-3,7-*α*-L-dirhamnoside 山柰酚 -3,7-*α*-L- 二鼠李糖苷 苣荬菜 Sonchus arvensis
kaempferol-3-[2",4"-di-(*E*)-*p*-coumaroyl]rhamnoside 山柰酚 -3-[2",4"- 二 -(*E*)- 对香豆酰] 鼠李糖苷 臭冷杉 Abies nephrolepis
kaempferol-3-[*O*-*α*-L-rhamnopyranosyl-(1 → 4)-*β*-D-xylopyranoside] 山柰酚 -3-[*O*-*α*-L- 吡喃鼠李糖基 -(1 → 4)-*β*-D- 吡喃木糖苷] 卫矛 Euonymus alatus
kaempferol-3-arabinopyranoside 山柰酚 -3- 吡喃阿拉伯糖苷 红背桂花 Excoecaria cochinchinensis
kaempferol-3-arabinoside 山柰酚 -3- 阿拉伯糖苷 细叶千斤拔 Flemingia lineata
kaempferol-3-arabofuranoside 山柰酚 -3- 呋喃阿拉伯糖苷 珍珠梅 Sorbaria sorbifolia
kaempferol-3-diglucoside 山柰酚 -3- 二葡萄糖苷 野胡萝卜 Daucus carota
kaempferol-3-dirhamnopyranoside 山柰酚 -3- 二吡喃鼠李糖苷 宝兴淫羊藿 Epimedium davidii
kaempferol-3-galactodirhamnoside 山柰酚 -3- 半乳二鼠李糖苷 铃兰 Convallaria majalis
kaempferol-3-galactopyranoside 山柰酚 -3- 吡喃半乳糖苷 春蓼 Polygonum persicaria, 蛇瓜 Trichosanthes anguina
kaempferol-3-galactorhamnoside 山柰酚 -3- 半乳鼠李糖苷 铃兰 Convallaria majalis
kaempferol-3-galactoside 山柰酚 -3- 半乳糖苷 铃兰 Convallaria majalis
kaempferol-3-gentiobioside 山柰酚 -3- 龙胆二糖苷 多刺绿绒蒿 Meconopsis horridula, 蒺藜 Tribulus terrestris
kaempferol-3-glucopyranoside 山柰酚 -3- 吡喃葡萄糖苷 背扁黄耆 Astragalus complanatus, 橄榄 Canarium album, 洋甘草 Glycyrrhiza glabra, 腰骨藤 Ichnocarpus frutescens, 凤仙花 Impatiens balsamina, 黄连木 Pistacia chinensis, 桐棉 Thespesia populnea
kaempferol-3-glucopyranoside-7-rhamnopyranoside 山柰酚 -3- 吡喃葡萄糖苷 -7- 吡喃鼠李糖苷 含羞草 Mimosa pudica
kaempferol-3-glucorhamnoglucoside 山柰酚 -3- 葡萄糖基鼠李糖基葡萄糖苷 台湾溲疏 Deutzia taiwanensis
kaempferol-3-glucorhamnoside 山柰酚 -3- 葡萄糖基鼠李糖苷 凤仙花 Impatiens balsamina, 茉莉花 Jasminum sambac
kaempferol-3-glucoside 山柰酚 -3- 葡萄糖苷 臭冷杉 Abies nephrolepis, 龙舌兰 Agave americana, 洋紫荆 Bauhinia variegata, 芜菁 Brassica rapa, 山柑 Capparis spinosa, 葛缕子 Carum carvi, 野胡萝卜 Daucus carota, 凤仙花 Impatiens balsamina, 欧亚旋覆花 Inula britannica, 悬铃木 Platanus acerifolia, 金钱松 Pseudolarix amabilis, 黑茶藨子 Ribes nigrum, 芸香 Ruta graveolens, 澳洲茄 Solanum laciniatum, 郁金香 Tulipa gesneriana, 鸡树条荚蒾 Viburnum opulus var. calvescens
kaempferol-3-glucoside-7-rhamnoside 山柰酚 -3- 葡萄糖苷 -7- 鼠李糖苷 过山蕨 Camptosorus sibiricus
kaempferol-3-glucosyl-7-rhamnoside 山柰酚 -3- 葡萄糖基 -7- 鼠李糖苷 瓦松 Orostachys fimbriata
kaempferol-3-glucuronide 山柰酚 -3- 葡萄糖醛酸苷 铁线蕨 Adiantum capillus-veneris, 扇叶铁线蕨 A. flabellulatum, 莳萝 Anethum graveolens, 黄花草 Cleome viscosa
kaempferol-3-glueoside-7-rhamnoside 山柰酚 -3- 葡萄糖 -7- 鼠李糖苷 草麻黄 Ephedra sinica
kaempferol-3-methyl ether 山柰酚 -3- 甲醚 车桑子 Dodonaea viscosa
kaempferol-3-neohesperidoside 山柰酚 -3- 新橙皮糖苷 白鹃梅 Exochorda racemosa, 量天尺 Hylocereus undatus
kaempferol-3-*O*-(2",3"-di-*O*-*p*-coumaroyl)-*β*-D-glucopyranoside 山柰酚 -3-*O*-(2",3"- 二 -*O*- 对香豆酰基)-*β*-D- 吡喃葡萄糖苷 依兰 Cananga odorata
kaempferol-3-*O*-(2",4"-di-*trans*-*p*-coumaroyl)-*α*-L-rhamnopyranoside 山柰酚 -3-*O*-(2",4"- 二 - 反式 - 对羟基桂皮酰基)-*α*-L- 吡喃鼠李糖苷 辽藁本 Ligusticum jeholense
kaempferol-3-*O*-(2",6"-di-*trans*-*p*-hydroxycinnamoyl-3",4"-diacetyl)-*β*-D-glucopyranoside 山柰酚 -3-*O*-(2",6"- 二 - 反式 - 对羟基桂皮酰基 -3",4"- 二乙酰基)-*β*-D- 吡喃葡萄糖苷 蒙古栎 Quercus mongolica
kaempferol-3-*O*-(2"-*E*-*p*-coumaroyl)-glucopyranoside 山柰酚 -3-*O*-(2"-*E*- 对香豆酰基)- 吡喃葡萄糖苷 苦槠 Castanopsis sclerophylla
kaempferol-3-*O*-(2"-*O*-*α*-L-rhamnopyranosyl)-*β*-D-glucuronopyranoside 山柰酚 -3-*O*-(2"-*O*-*α*-L- 吡喃鼠李糖基)-*β*-D- 吡喃葡萄糖醛酸苷 红蓼 Polygonum orientale
kaempferol-3-*O*-(2"-*O*-*β*-D-glucopyranosyl)-*α*-L-rhamnopyranoside 山柰酚 -3-*O*-(2"-*O*-*β*-D- 吡喃葡萄糖基)-*α*-L- 吡喃鼠李糖苷 乌药

K

Lindera aggregata

kaempferol-3-*O*-(2''-*β*-D-galactopyranosyl)-*β*-D-glucopyranoside 山柰酚 -3-*O*-(2''-*β*-D- 吡喃半乳糖基)-*β*-D- 吡喃葡萄糖苷 野茄 Solanum undatum

kaempferol-3-*O*-(2''-*β*-D-glucopyranosyl)-*α*-L-rhamnoside 山柰酚 -3-*O*-(2''-*β*-D- 吡喃葡萄糖基)-*α*-L- 鼠李糖苷 银杏 Ginkgo biloba

kaempferol-3-*O*-(2,3,4-*O*-triacetyl-rhamnopyranoside) 山柰酚 -3-*O*-(2,3,4-*O*- 三乙酰基 - 吡喃鼠李糖苷) 牯岭藜芦 Veratrum schindleri

kaempferol-3-*O*-(2'',3'',6''-tri-*O*-galloyl)-*β*-D-glucopyranoside 山柰酚 -3-*O*-(2'',3'',6''- 三 -*O*- 没食子酰基)-*β*-D- 吡喃葡萄糖苷 紫锦木 Euphorbia cotinifolia subsp. cotinoides

kaempferol-3-*O*-(2'',4''-diacetyl-3''-*cis*-*p*-coumaroyl-6''-*trans*-*p*-coumaroyl)-*β*-D-glucopyranoside 山柰酚 -3-*O*-(2'',4''- 二乙酰基 -3''- 顺式 - 对香豆酰基 -6''- 反式 - 对香豆酰基)-*β*-D- 吡喃葡萄糖苷 柞栎 Quercus dentata

kaempferol-3-*O*-(2'',4''-di-*E*-*p*-coumaroyl)-*α*-L-rhamnopyranoside 山柰酚 -3-*O*-(2'',4''- 二 -*E*- 对香豆酰基)-*α*-L- 吡喃鼠李糖苷 三枝九叶草 Epimedium sagittatum

kaempferol-3-*O*-(2,4-*O*-diacetylrhamnopyranoside) 山柰酚 -3-*O*-(2,4-*O*- 二乙酰吡喃鼠李糖苷) 牯岭藜芦 Veratrum schindleri

kaempferol-3-*O*-(2'',4''-*O*-di-*E*-*p*-coumaroyl-*α*-L-rhamnopyranoside) 山柰酚 -3-*O*-(2'',4''-*O*- 二 -*E*- 对香豆酰基 -*α*-L- 吡喃鼠李糖苷) 月桂 Laurus nobilis

kaempferol-3-*O*-(2,6-di-*O*-rhamnopyranosyl)-*β*-D-glucopyranoside 山柰酚 -3-*O*-(2,6- 二 -*O*- 吡喃鼠李糖基)-*β*-D- 吡喃葡萄糖苷 长蕊珍珠菜 Lysimachia lobelioides

kaempferol-3-*O*-(2,6-di-*O*-rhamopyranosylglucopyranoside) 山柰酚 -3-*O*-(2,6- 二 -*O*- 吡喃鼠李糖基吡喃葡萄糖苷) 矮桃 Lysimachia clethroides, 小茄 L. japonica

kaempferol-3-*O*-(2'',6''-di-*O*-*α*-L-rhamnopyranosyl)-*β*-D-galactopyranoside 山柰酚 -3-*O*-(2'',6''- 二 -*O*-*α*-L- 吡喃鼠李糖基)-*β*-D- 吡喃半乳糖苷 胭脂花 Primula maximowiczii

kaempferol-3-*O*-(2'',6''-di-*O*-*α*-L-rhamnopyranosyl)-*β*-D-glucopyranoside 山柰酚 -3-*O*-(2'',6''- 二 -*O*-*α*-L- 吡喃鼠李糖基)-*β*-D- 吡喃葡萄糖苷 胭脂花 Primula maximowiczii

kaempferol-3-*O*-(2,6-di-*O*-*α*-L-rhamnopyranosyl-*β*-D-galactopyranoside 山柰酚 -3-*O*-(2,6- 二 -*O*-*α*-L- 吡喃鼠李糖基 -*β*-D- 吡喃半乳糖苷 虎尾草 Lysimachia barystachys

kaempferol-3-*O*-(2,6-di-*O*-*α*-rhamnopyranosyl)-*β*-D-galactopyranoside 山柰酚 -3-*O*-(2,6- 二 -*O*-*α*- 吡喃鼠李糖基)-*β*-D- 吡喃半乳糖苷 大豆 Glycine max

kaempferol-3-*O*-(2,6-dirhamnoosylglucoside) 山柰酚 -3-*O*-(2,6- 二鼠李糖基葡萄糖苷) 矮桃 Lysimachia clethroides

kaempferol-3-*O*-(2'',6''-*α*-dirhamnopyranosyl)-*β*-D-galactopyranoside 山柰酚 -3-*O*-(2'',6''-*α*-L- 二吡喃鼠李糖基)-*β*-D- 吡喃半乳糖苷 白车轴草 Trifolium repens

kaempferol-3-*O*-(2,6-*α*-L-dirhamnopyranosy)-l-*β*-D-glucopyranoside 山柰酚 -3-*O*-(2,6-*α*-L- 二吡喃鼠李糖基)-l-*β*-D- 吡喃葡萄糖苷 破布木 Cordia dichotoma

kaempferol-3-*O*-(2''-*E*-*p*-coumaroyl)-*α*-L-rhamnopyranoside 山柰酚 -3-*O*-(2''-*E*- 对香豆酰)-*α*-L- 吡喃鼠李糖苷 三枝九叶草 Epimedium sagittatum

kaempferol-3-*O*-(2'-galloyl-glucuronide) 山柰酚 -3-*O*-(2'- 没食子酰葡萄糖醛酸苷) 月见草 Oenothera biennis

kaempferol-3-*O*-(2-glucopyranosyl)-galactopyranoside 山柰酚 -3-*O*-(2- 吡喃葡萄糖基)- 吡喃半乳糖苷 铃铛子 Anisodus luridus

kaempferol-3-*O*-(2-glucopyranosyl)-galactopyranoside-7-*O*-glucopyranoside 山柰酚 -3-*O*-(2- 吡喃葡萄糖基)- 吡喃半乳糖基 -7-*O*- 吡喃葡萄糖苷 铃铛子 Anisodus luridus

kaempferol-3-*O*-(2-glucosyl)-galactoside 山柰酚 -3-*O*-(2- 葡萄糖基)- 半乳糖苷 天蓬子 Atropanthe sinensis

kaempferol-3-*O*-(2-glucosyl)-galactoside-7-*O*-glucoside 山柰酚 -3-*O*-(2- 葡萄糖基)- 半乳糖苷 -7-*O*- 葡萄糖苷 天蓬子 Atropanthe sinensis

kaempferol-3-*O*-(2G-*β*-D-xylopyranosylrutinoside) 山柰酚 -3-*O*-(2G-*β*-D- 吡喃木糖基芸香糖苷) 珠仔树 Symplocos racemosa

kaempferol-3-*O*-(2-*O*-acetyl)-*α*-L-rhamnopyranoside 山柰酚 -3-*O*-(2-*O*- 乙酰基)-*α*-L- 吡喃鼠李糖苷 点地梅 Androsace umbellata, 海漆 Excoecaria agallocha

kaempferol-3-*O*-(2-*O*-acetylrhamnopyranoside) 山柰酚 -3-*O*-(2-*O*- 乙酰吡喃鼠李糖苷) 牯岭藜芦 Veratrum schindleri

kaempferol-3-*O*-(2''-*O*-*E*-*p*-coumaroyl)-*β*-D-glucopyranoside 山柰酚 -3-*O*-(2''-*O*-*E*- 对香豆酰基)-*β*-D- 吡喃葡萄糖苷 对叶大戟 Euphorbia sororia

kaempferol-3-*O*-(2''-*O*-galloyl)-*β*-D-glucopyranoside 山柰酚 -3-*O*-(2''-*O*- 没食子酰基)-*β*-D- 吡喃葡萄糖苷 甘肃大戟 Euphorbia kansuensis, 大戟 E. pekinensis

kaempferol-3-*O*-(2''-*O*-galloylrutinoside) 山柰酚 -3-*O*-(2''-*O*- 没食子酰芸香糖苷) 雪白睡莲 Nymphaea candida

kaempferol-3-*O*-(2''-*O*-galloyl-*β*-D-glucopyranoside 山柰酚 -3-*O*-(2''-*O*- 没食子酰基 -*β*-D- 吡喃葡萄糖苷 柿 Diospyros kaki

kaempferol-3-*O*-(2-*O*-*α*-L-rhamnopyranosyl-*β*-D-galactopyranoside) 山柰酚 -3-*O*-(2-*O*-*α*-L- 吡喃鼠李糖基 -*β*-D- 吡喃半乳糖苷) 多花素馨 Jasminum polyanthum

kaempferol-3-*O*-(2-*O*-*α*-L-rhamnopyransoyl-6-*O*-*β*-D-xylopyranosyl)-*β*-D-glucopyranoside 山柰酚 -3-*O*-(2-*O*-*α*-L- 吡喃鼠李糖基 -6-*O*-*β*-D- 吡喃木糖基)-*β*-D- 吡喃葡萄糖苷 胭脂花 Primula maximowiczii

kaempferol-3-*O*-(2''-*O*-*α*-rhamnopyranosyl)-*β*-glucopyranoside 山柰酚 -3-*O*-(2''-*O*-*α*- 吡喃鼠李糖基)-*β*- 吡喃葡萄糖苷 乌柿 Diospyros cathayensis

kaempferol-3-*O*-(2''-*O*-*α*-rhamnopyranosyl)-*β*-glucuronopyranoside 山柰酚 -3-*O*-(2''-*O*-*α*- 吡喃鼠李糖基)-*β*- 吡喃葡萄糖醛酸苷 乌柿 Diospyros cathayensis

kaempferol-3-*O*-(2-*O*-*β*-D-glucopyranosyl)-*β*-D-galactopyranoside 山柰酚 -3-*O*-(2-*O*-*β*-D- 吡喃葡萄糖基)-*β*-D- 吡喃半乳糖苷 白花蛇舌草 Hedyotis diffusa kaempferol-3-O-(2''-O-β-D-glucopyranosyl)-β-D-rutinoside 山柰酚 -3-O-(2''-O-β-D- 吡喃葡萄糖基)-β-D- 芸香糖苷 玉簪 Hosta plantaginea

kaempferol-3-O-(2''-O-β-D-glucopyranosyl-6''-O-α-L-rhamnopyranoside)-glucoside 山柰酚 -3-O-(2''-O-β-D- 吡喃葡萄糖基 -6''-O-α-L- 吡喃鼠李糖基)- 葡萄糖苷 香石竹 Dianthus caryophyllus

kaempferol-3-O-(2''-O-β-D-glucosyl)-β-D-rutinoside 山柰酚 -3-O-(2''-O-β-D- 葡萄糖基)-β-D- 芸香糖苷 槐 Sophora japonica

kaempferol-3-O-(2-O-β-D-xylopyranosyl)-β-D-galactopyranoside 山柰酚 -3-O-(2-O-β-D- 吡喃木糖基)-β-D- 吡喃半乳糖苷 钟形火焰树 Spathodea campanulata

kaempferol-3-O-(2''-trans-p-coumaroyl-3'',4''-diacetyl-6''-cis-p-coumaroyl)-β-D-glucopyranoside 山柰酚 -3-O-(2''- 反式 - 对香豆酰基 -3'',4''- 二乙酰基 -6''- 顺式 - 对香豆酰基)-β-D- 吡喃葡萄糖苷 柞栎 Quercus dentata

kaempferol-3-O-(2''-Z-p-coumaroyl)-α-L-rhamnopyranoside 山柰酚 -3-O-(2''- 二 -Z- 对香豆酰基)-α-L- 吡喃鼠李糖苷 三枝九叶草 Epimedium sagittatum

kaempferol-3-O-(2''-α-L-rhamnopyranosyl)-β-D-glucuronopyranoside 山柰酚 -3-O-(2''-α-L- 吡喃鼠李糖基)-β-D- 吡喃葡萄糖醛酸苷 姜花 Hedychium coronarium

kaempferol-3-O-(2''-α-L-rhamnopyranosyl-6''-acetyl-β-D-galactopyranoside)-7-O-α-L-rhamnopyranoside 山柰酚 -3-O-(2''-α-L- 吡喃鼠李糖基 -6''- 乙酰基 -β-D- 吡喃半乳糖基)-7-O-α-L- 吡喃鼠李糖苷 蚕豆 Vicia faba

kaempferol-3-O-(2'-α-L-rhamnosyl)-rutinoside 山柰酚 -3-O-(2'-α-L- 鼠李糖基)- 芸香糖苷 水烛 Typha angustifolia

kaempferol-3-O-(2''-β-D-xylopyranosyl)-β-D-galactopyranoside 山柰酚 -3-O-(2''-β-D- 吡喃木糖基)-β-D- 吡喃半乳糖苷 白车轴草 Trifolium repens

kaempferol-3-O-(3'',4''-di-E-p-coumaroyl)-α-L-rhamnopyranoside 山柰酚 -3-O-(3'',4''- 二 -E- 对香豆酰基)-α-L- 吡喃鼠李糖苷 三枝九叶草 Epimedium sagittatum

kaempferol-3-O-(3,4-O-diacetylrhamnopyranoside) 山柰酚 -3-O-(3,4-O- 二乙酰吡喃鼠李糖苷) 牯岭藜芦 Veratrum schindleri

kaempferol-3-O-(3-O-acetyl-)-α-L-rhamnopyranoside 山柰酚 -3-O-(3-O- 乙酰基)-α-L- 吡喃鼠李糖苷 点地梅 Androsace umbellata

kaempferol-3-O-(3-O-acetyl-)-α-L-rhamnopyranosyl-7-O-α-L-rhamnopyranoside 山柰酚 -3-O-(3-O- 乙酰基)-α-L- 吡喃鼠李糖基 -7-O-α-L- 吡喃鼠李糖苷 点地梅 Androsace umbellata

kaempferol-3-O-(3''-O-acetyl-6''-O-trans-p-coumaroyl)-β-D-glucopyranoside 山柰酚 -3-O-(3''-O- 乙酰基 -6''-O- 反式 - 对香豆酰基)-β-D- 吡喃葡萄糖苷 黄腺香青 Anaphalis aureopunctata

kaempferol-3-O-(3''-Z-p-coumaroyl)-α-L-rhamnopyranoside 山柰酚 -3-O-(3''-Z- 对香豆酰基)-α-L- 吡喃鼠李糖苷 三枝九叶草 Epimedium sagittatum

kaempferol-3-O-(4''-E-p-coumaroyl)-α-L-rhamnopyranoside 山柰酚 -3-O-(4''-E- 对香豆酰基)-α-L- 吡喃鼠李糖苷 三枝九叶草 Epimedium sagittatum

kaempferol-3-O-(4-galloyl)-β-D-glucopyranoside 山柰酚 -3-O-(4- 没食子酰基)-β-D- 吡喃葡萄糖苷 白饭树 Flueggea virosa

kaempferol-3-O-(4-O-acetyl)-α-L-rhamnopyranoside 山柰酚 -3-O-(4-O- 乙酰基)-α-L- 吡喃鼠李糖苷 白桦 Betula platyphylla

kaempferol-3-O-(4-O-acetyl-)-α-L-rhamnopyranosyl-7-O-α-L-rhamnopyranoside 山柰酚 -3-O-(4-O- 乙酰基)-α-L- 吡喃鼠李糖基 -7-O-α-L- 吡喃鼠李糖苷 点地梅 Androsace umbellata

kaempferol-3-O-(4-rhamnosyl)arabinoside 山柰酚 -3-O-(4- 鼠李糖基) 阿拉伯糖苷 欧亚多足蕨 Polypodium vulgare

kaempferol-3-O-(4''-Z-p-coumaroyl)-α-L-rhamnopyranoside 山柰酚 -3-O-(4''-Z- 对香豆酰)-α-L- 吡喃鼠李糖苷 三枝九叶草 Epimedium sagittatum

kaempferol-3-O-(4-β-D-xylopyranosyl)-α-L-rhamnopyranoside-7-O-α-L-rhamnopyranoside 山柰酚 -3-O-(4-β-D- 吡喃木糖基)-α-L- 吡喃鼠李糖基 -7-O-α-L- 吡喃鼠李糖苷 救荒野豌豆 Vicia sativa

kaempferol-3-O-(5''-O-E-feruloyl)-α-L-arabinofuranoside 山柰酚 3-O-(5''-O-E- 阿魏酰基)-α-L- 呋喃阿拉伯糖苷 红松 Pinus koraiensis

kaempferol-3-O-(5''-O-E-p-coumaroyl)-α-L-arabi-nofuranoside 山柰酚 -3-O-(5''-O-E- 对香豆酰基)-α-L- 呋喃阿拉伯糖苷 红松 Pinus koraiensis

kaempferol-3-O-(5-rhamnosyl)arabinoside 山柰酚 -3-O-(5- 鼠李糖基) 阿拉伯糖苷 欧亚多足蕨 Polypodium vulgare

kaempferol-3-O-(6''-acetyl)-β-D-glucopyranoside 山柰酚 -3-O-(6''- 乙酰基)-β-D- 吡喃葡萄糖苷 栾树 Koelreuteria paniculata

kaempferol-3-O-(6''-O-acetyl)-β-D-glucopyranoside 山柰酚 -3-O-β-D-(6''-O- 乙酰基)-β-D- 吡喃葡萄糖苷 杜仲 Eucommia ulmoides

kaempferol-3-O-(6''-O-acetyl)-β-D-glucoside 山柰酚 -3-O-(6''-O- 乙酰基)-β-D- 葡萄糖苷 桑 Morus alba

kaempferol-3-O-(6''-O-crotonoyl)-β-D-glucopyranoside 山柰酚 -3-O-(6''-O- 巴豆酰基)-β-D- 吡喃葡萄糖苷 黄海棠 Hypericum ascyron

kaempferol-3-O-(6''-O-nutgallacyl)-β-D-glucopyranoside 山柰酚 -3-O-(6''-O- 没食子酰基)-β-D- 吡喃葡萄糖苷 蒙古栎 Quercus mongolica

kaempferol-3-O-(6''-O-trans-p-coumaroyl)-β-D-glucopyranoside 山柰酚 -3-O-(6''-O- 反式 - 对香豆酰基)-β-D- 吡喃葡萄糖苷 银叶树 Heritiera littoralis, 野西瓜苗 Hibiscus trionum

kaempferol-3-O-(6''-O-α-L-rhamnosyl)-β-D-glucopyranoside 山柰酚 -3-O-(6''-O-α-L- 鼠李糖基)-β-D- 吡喃葡萄糖苷 桑 Morus alba

kaempferol-3-O-(6''-acetyl)-β-glucopyranoside 山柰酚 -3-O-(6''- 乙酰基)-β- 吡喃葡萄糖苷 蜂斗菜 Petasites japonicus

kaempferol-3-O-(6''-acetyl-β-D-galactopyranoside)-7-O-α-L-rhamnopyranoside 山柰酚 -3-O-(6''- 乙酰基 -β-D- 吡喃半乳糖基)-7-O-α-L- 吡喃鼠李糖苷 蚕豆 Vicia faba

kaempferol-3-O-(6''-galloyl)-β-D-glucopyranoside 山柰酚 -3-O-(6''- 没食子酰基)-β-D- 吡喃葡萄糖苷 莼菜 Brasenia schreberi, 蒙古栎 Quercus mongolica

kaempferol-3-O-(6''-malonylgalactoside) 山柰酚 -3-O-(6''- 丙二酰半乳糖苷) 药蕨 Ceterach officinarum

kaempferol-3-O-(6''-malonylglucoside) 山柰酚 -3-O-(6''- 丙二酰葡萄糖苷) 药蕨 Ceterach officinarum

kaempferol-3-O-(6''-O-acetyl)glucoside 山柰酚 -3-O-(6''-O- 乙酰基) 葡萄糖苷 苦马豆 Sphaerophysa salsula

kaempferol-3-O-(6''-O-acetyl)-β-D-galactopyranoside 山柰酚 -3-O-(6''-O- 乙酰基)-β-D- 吡喃半乳糖苷 罗布麻 Apocynum venetum kaempferol-3-*O*-(6''-*O*-acetyl)-*β*-D-glucopyranoside 山柰酚 -3-*O*-(6''-*O*- 乙酰基)-*β*-D- 吡喃葡萄糖苷 罗布麻 Apocynum venetum, 素馨花 Jasminum grandiflorum

kaempferol-3-*O*-(6-*O*-acetyl-*β*-D-glucopyranoside) 山柰酚 -3-*O*-(6-*O*- 乙酰基 -*β*-D- 吡喃葡萄糖苷) 杜仲 Eucommia ulmoides

kaempferol-3-*O*-(6-*O*-caffeoyl)-*β*-D-glucopyranoside 山柰酚 -3-*O*-(6-*O*- 咖啡酰基)-*β*-D- 吡喃葡萄糖苷 红毛丹 Nephelium lappaceum

kaempferol-3-*O*-(6-*O*-caffeoyl)-*β*-galactoside 山柰酚 -3-*O*-(6-*O*- 咖啡酰基)-*β*- 半乳糖苷 麻叶绣线菊 Spiraea cantoniensis

kaempferol-3-*O*-(6-*O*-caffeoyl)-*β*-glucoside 山柰酚 -3-*O*-(6-*O*- 咖啡酰基)-*β*- 葡萄糖苷 麻叶绣线菊 Spiraea cantoniensis

kaempferol-3-*O*-(6''-*O*-crotonyl)-*β*-D-glucopyranoside 山柰酚 -3-*O*-(6''-*O*- 巴豆酰)-*β*-D- 吡喃葡萄糖苷 风毛菊 Saussurea japonica

kaempferol-3-*O*-(6-*O*-*E*-coumaroyl)-*β*-D-glucopyranoside 山柰酚 -3-*O*-(6-*O*-*E*- 香豆酰基)-*β*-D- 吡喃葡萄糖苷 沙枣 Elaeagnus angustifolia

kaempferol-3-*O*-(6''-*O*-*E*-*p*-coumaroyl)-*β*-glucopyranoside 山柰酚 -3-*O*-(6''-*O*-*E*- 对香豆酰基)-*β*-D- 吡喃葡萄糖苷 对叶大戟 Euphorbia sororia

kaempferol-3-*O*-(6''-*O*-galloyl)-glucoside 山柰酚 -3-*O*-(6''-*O*- 没食子酰基)- 葡萄糖苷 茅膏菜 Drosera peltata

kaempferol-3-*O*-(6''-*O*-*trans*-*p*-coumaroyl)-*β*-D-glucopyranoside 山柰酚 -3-*O*-(6''-*O*- 反式 - 对香豆酰基)-*β*-D- 吡喃葡萄糖苷 黄腺香青 Anaphalis aureopunctata, 冬葵 Malva verticillata var. crispa

kaempferol-3-*O*-(6-*O*-*Z*-coumaroyl)-*β*-D-glucopyranoside 山柰酚 -3-*O*-(6-*O*-*Z*- 香豆酰基)-*β*-D- 吡喃葡萄糖苷 沙枣 Elaeagnus angustifolia

kaempferol-3-*O*-(6-*O*-*α*-L-rhamnopyranosyl)-*β*-D-galactopyranoside 山柰酚 -3-*O*-(6-*O*-*α*-L- 吡喃鼠李糖基)-*β*-D- 吡喃半乳糖苷 钟形火焰树 Spathodea campanulata

kaempferol-3-*O*-(6''-*O*-*α*-L-rhamnopyranosyl)-*β*-D-glucopyranoside 山柰酚 -3-*O*-(6''-*O*-*α*-L- 吡喃鼠李糖基)-*β*-D- 吡喃葡萄糖苷 白花蛇舌草 Hedyotis diffusa

kaempferol-3-*O*-(6-*O*-*α*-L-rhamnopyranosyl)-*β*-D-glucopyranoside 山柰酚 -3-*O*-(6-*O*-*α*-L- 吡喃鼠李糖基)-*β*-D- 吡喃葡萄糖苷 钟形火焰树 Spathodea campanulata

kaempferol-3-*O*-(6''-*O*-*α*-rhamnopyranosyl)-*β*-glucopyranoside 山柰酚 -3-*O*-(6''-*O*-*α*- 吡喃鼠李糖基)-*β*- 吡喃葡萄糖苷 乌柿 Diospyros cathayensis

kaempferol-3-*O*-(6-*O*-*β*-D-glucopyranosyl)-*β*-D-galactopyranoside 山柰酚 -3-*O*-(6-*O*-*β*-D- 吡喃葡萄糖基)-*β*-D- 吡喃半乳糖苷 扁叶刺芹 Eryngium planum

K

kaempferol-3-*O*-(6''-*trans*-*p*-coumaroyl)-*α*-D-mannopyranoside 山柰酚 -3-*O*-(6''- 反式 - 对香豆酰基)-*α*-D- 吡喃甘露糖苷 紫玉兰 Yulania liliiflora

kaempferol-3-*O*-(6''-*trans*-*p*-coumaroyl)-*β*-D-glucopyranoside 山柰酚 -3-*O*-(6''- 反式 - 对香豆酰基)-*β*-D- 吡喃葡萄糖苷 乌药 Lindera aggregata

kaempferol-3-*O*-(6''-*α*-L-rhamnopyranosyl-2''-*β*-D-xylopyranosyl)-*β*-D-galactopyranoside 山柰酚 -3-*O*-(6''-*α*-L- 吡喃鼠李糖基 -2''-*β*-D- 吡喃木糖基)-*β*-D- 吡喃半乳糖苷 白车轴草 Trifolium repens

kaempferol-3-*O*-[(2'''',3'''',4''''-triacetyl)-*α*-L-rhamnopyranosyl-(1 → 3)(2''',4'''-diacetyl)-*α*-L-rhamnopyranosyl-(1 → 6)-*β*-D-glucopyranoside 山柰酚 -3-*O*-[(2'''',3'''',4''''- 三乙酰基)-*α*-L- 吡喃鼠李糖基 -(1 → 3)(2''',4'''- 二乙酰基)-*α*-L- 吡喃鼠李糖基 -(1 → 6)-*β*-D- 吡喃葡萄糖苷 南山茶 Camellia semiserrata

kaempferol-3-*O*-[(2'''',3'''',4''''-triacetyl)-*α*-L-rhamnopyranosyl-(1 → 3)(2''',4'''-diacetyl)-*α*-L-rhamnopyranosyl-(1 → 6)-*β*-D-glucopyranoside] 山柰酚 -3-*O*-*β*-D- 吡喃葡萄糖基 -(6 → 1)-2''',4'''-*O*- 二乙酰基 -*α*-L- 吡喃鼠李糖基 -(3 → 1)-2'''',3'''',4''''-*O*- 三乙酰基 -*α*-L- 吡喃鼠李糖苷 南山茶 Camellia semiserrata

kaempferol-3-*O*-[(2-*O*-acetyl)-*α*-L-rhamnopyranosyl-(1→3)(4-*O*-acetyl)-*α*-L-rhamnopyranosyl-(1→6)-*β*-D-glucopyranoside] 山柰酚 -3-*O*-[(2-*O*- 乙酰基)-*α*-L- 吡喃鼠李糖基 -(1 → 3)(4-*O*- 乙酰基)-*α*-L- 吡喃鼠李糖基 -(1 → 6)-*β*-D- 吡喃葡萄糖苷] 南山茶 Camellia semiserrata

kaempferol-3-*O*-[(3'''',4''''-diacetyl)-*α*-L-rhamnopyranosyl-(1 → 3)(2''',4'''-diacetyl)-*α*-L-rhamnopyranosyl-(1 → 6)-*β*-D-glucopyranoside] 山柰酚 -3-*O*-[(3'''',4''''- 二乙酰基)-*α*-L- 吡喃鼠李糖基 -(1 → 3)(2''',4'''- 二乙酰基)-*α*-L- 吡喃鼠李糖基 -(1 → 6)-*β*-D- 吡喃葡萄糖苷 南山茶 Camellia semiserrata

kaempferol-3-*O*-[(3''''-acetyl)-*α*-L-rhamnopyranosyl-(1 → 3)(4'''-acetyl)-*α*-L-rhamnopyranosyl-(1 → 6)-*β*-D-glucopyranoside] 山柰酚 -3-*O*-*β*-D- 吡喃葡萄糖基 -(6 → 1)-4'''-*O*- 乙酰基 -*α*-L- 吡喃鼠李糖基 -(3 → 1)-3''''-*O*- 乙酰基 -*α*-L- 吡喃鼠李糖苷 南山茶 Camellia semiserrata

kaempferol-3-*O*-[(3-*O*-acetyl)-*α*-L-rhamnopyranosyl-(1→3)(4-*O*-acetyl)-*α*-L-rhamnopyranosyl-(1→6)-*β*-D-glucopyranoside] 山柰酚 -3-*O*-[(3-*O*- 乙酰基)-*α*-L- 吡喃鼠李糖基 -(1 → 3)(4-*O*- 乙酰基)-*α*-L- 吡喃鼠李糖基 -(1 → 6)-*β*-D- 吡喃葡萄糖苷] 南山茶 Camellia semiserrata

kaempferol-3-*O*-[(6'''-feruloyl)-*β*-D-glucopyranosyl-(1 → 3)]-[*α*-L-rhamnopyranosyl-(1 → 6)]-*β*-D-glucopyranoside 山柰酚 -3-*O*-[(6'''- 阿魏酰基)-*β*-D- 吡喃葡萄糖基 -(1 → 3)]-[*α*-L- 吡喃鼠李糖基 -(1 → 6)]-*β*-D- 吡喃葡萄糖苷 鱼藤 Derris trifoliata

kaempferol-3-*O*-[(6-*O*-D-apio-*β*-D-furanosyl-(1 → 6)-*O*-*β*-D-glucopyranoside] 山柰酚 -3-*O*-[(6-*O*-D- 芹糖 -*β*-D- 呋喃基 -(1 → 6)-*O*-*β*-D- 吡喃葡萄糖苷] 多花紫藤 Wisteria floribunda

kaempferol-3-*O*-[(6-*O*-*E*-sinapoyl)-*β*-D-glucopyranosyl-(1 → 2)]-*β*-D-glucopyranosyl-7-*O*-*α*-L-rhamnopyranoside 山柰酚 -3-*O*-[(6-*O*-*E*- 芥子酰基)-*β*-D- 吡喃葡萄糖基 -(1 → 2)]-*β*-D- 吡喃葡萄糖基 -7-*O*-*α*-L- 吡喃鼠李糖苷 中国沙棘 Hippophae rhamnoides subsp. sinensis

kaempferol-3-*O*-[(6-*O*-feruloyl)-*β*-D-glucopyranosyl-(1 → 2)-*β*-D-galactopyranoside] 山柰酚 -3-*O*-[(6-*O*- 阿魏酰基)-*β*-D- 吡喃葡萄糖基 -(1→ 2)-*β*-D- 吡喃半乳糖苷] 黄花夹竹桃 Thevetia peruviana

kaempferol-3-*O*-[(6-*O*-*trans*-feruloyl)-*β*-D-glucopyranosyl]-(1 → 2)-*β*-D-galactopyranoside 山柰酚 -3-*O*-[(6-*O*- 反式 - 阿魏酰基)-*β*-D- 吡喃葡萄糖基]-(1 → 2)-*β*-D- 吡喃半乳糖苷 粗叶榕 Ficus hirta

kaempferol-3-*O*-[(6'''-*O*-*trans*-sinapoyl)-*β*-D-glucopyranosyl-(1 → 6)]-*β*-D-glucopyranoside 山柰酚 -3-*O*-[(6'''-*O*- 反式 - 芥子酰基)-*β*-D- 吡喃葡萄糖基 -(1 → 6)]-*β*-D- 吡喃葡萄糖苷 狭叶番泻 Cassia angustifolia

kaempferol-3-*O*-[2'',6''-di-*O*-(*E*)-coumaroyl]-*β*-D-glucopyranoside 山柰酚 -3-*O*-[2'',6''- 二 -*O*-(*E*)- 香豆酰基]-*β*-D- 吡喃葡萄糖苷 地稔 Melastoma dodecandrum

kaempferol-3-*O*-[2'',6''-di-*O*-(*trans*-*p*-coumaroyl)]-*β*-D-glucopyranoside 山柰酚 -3-*O*-[2'',6''- 二 -*O*-(反式 - 对香豆酰基)]-*β*-D- 吡喃葡萄糖苷 板栗 Castanea mollissima, 柞栎 Quercus dentata

kaempferol-3-*O*-[2'''-*O*-acetyl-*α*-arabinopyranosyl]-(1 → 6)-*β*-galactopyranoside 山柰酚 -3-*O*-[2'''-*O*- 乙酰基 -*α*- 吡喃阿拉伯糖基 1]-(1 → 6)-*β*- 吡喃半乳糖苷 吉林延龄草 Trillium kamtschaticum

kaempferol-3-*O*-[2,3,4-tri-*O*-acetyl-*α*-L-rhamnopyranosyl-(1 → 3)-2,4-di-*O*-acetyl-*α*-L-rhamnopyranosyl-(1 → 6)]-*β*-D-glucopyranoside 山柰酚 -3-*O*-[2,3,4- 三 -*O*- 乙酰基 -*α*-L- 吡喃鼠李糖基 -(1 → 3)-2,4- 二 -*O*- 乙酰基 -*α*-L- 吡喃鼠李糖基 -(1 → 6)]-*β*-D- 吡喃葡萄糖苷 滇山茶 Camellia reticulata

kaempferol-3-*O*-[2,3,4-tri-*O*-acetyl-*α*-L-rhamnopyranosyl-(1 → 3)-4-*O*-acetyl-*α*-L-rhamnopyranosyl-(1 → 6)]-*β*-D-glucopyranoside 山柰酚 -3-*O*-[2,3,4- 三 -*O*- 乙酰基 -*α*-L- 吡喃鼠李糖基 -(1 → 3)-4-*O*- 乙酰基 -*α*-L- 吡喃鼠李糖基 -(1 → 6)]-*β*-D- 吡喃葡萄糖苷 滇山茶 Camellia reticulata

kaempferol-3-*O*-[2'',6''-di-*O*-(*trans*-*p*-coumaroyl)-3'',4''-di-*O*-acetyl]-*β*-D-glucopyranoside 山柰酚 -3-*O*-[2'',6''- 二 -*O*-(反式 - 对香豆酰基)-3'',4''- 二 -*O*- 乙酰基]-*β*-D- 吡喃葡萄糖苷 柞栎 Quercus dentata

kaempferol-3-*O*-[2'',6''-di-(*E*)-*p*-coumaroyl]-*β*-D-glucopyranoside 山柰酚 -3-*O*-(2'',6''- 二 -(*E*)- 对香豆酰基)-*β*-D- 葡萄糖苷 西南山茶 Camellia pitardii

kaempferol-3-*O*-[2''-*O*-(*E*-6'''-*O*-feruloyl)-*β*-D-glucopyranosyl]-*β*-D-galactopyranoside 山柰酚 -3-*O*-[2''-*O*-(*E*-6'''-*O*- 阿魏酰基)-*β*-D- 吡喃葡萄糖基]-*β*-D- 吡喃半乳糖苷 白花蛇舌草 Hedyotis diffusa

kaempferol-3-*O*-[2-*O*-(*β*-D-xylopyr-anosyl)-(1 → 2)*β*-D-galactopyranosyl]-7-*O*-*α*-L-rhamnopyranoside 山柰酚 -3-*O*-[2-*O*-*β*-D- 吡喃木糖基)-(1 → 2)-*β*-D- 吡喃半乳糖基]-7-*O*-*α*-L- 吡喃鼠李糖苷 野火球 Trifolium lupinaster

kaempferol-3-*O*-[2'''-*O*-acetyl-*α*-L-arabinopyranosyl-(1 → 6)-*β*-D-galactopyranoside] 山柰酚 -3-*O*-[2'''-*O*- 乙酰基 -*α*-L- 吡喃阿拉伯糖基 -(1 → 6)-*β*-D- 吡喃半乳糖苷] 延龄草 Trillium tschonoskii

kaempferol-3-*O*-[2-*O*-sinapoyl-*β*-D-glucopyranosyl-(1 → 4)-[6-*O*-sinapoyl-*β*-D-glucopyranosyl](1 → 2)-*β*-D-galactopyranoside 山柰酚 -3-*O*-[2-*O*- 芥子酰基 -*β*-D- 吡喃葡萄糖基 -(1 → 4)-[6-*O*- 芥子酰基 -*β*-D- 吡喃葡萄糖基](1 → 2)-*β*-D- 吡喃半乳糖苷 黄花夹竹桃 Thevetia peruviana

kaempferol-3-*O*-[2''-*O*-*α*-rhamnopyranosyl-3''-*O*-(6''''-*O*-*α*-rhamnopyranosyl-*β*-glucopyranosyl)]-*β*-glucopyranoside 山柰酚 -3-*O*-[2''-*O*-*α*- 吡喃鼠李糖基 -3''-*O*-(6''''-*O*-*α*- 吡喃鼠李糖基 -*β*- 吡喃葡萄糖基)]-*β*- 吡喃葡萄糖苷 老鸦柿 Diospyros rhombifolia

kaempferol-3-*O*-[3''-*O*-acetyl-6''-*O*-(*E*)-*p*-coumaroyl]-*β*-D-glucopyranoside 山柰酚 -3-*O*-[3''-*O*- 乙酰基 -6''-*O*-(*E*)- 对香豆酰基]-*β*-D- 吡喃葡萄糖苷 黄蜀葵 Abelmoschus manihot

kaempferol-3-*O*-[3,4-di-*O*-acetyl-*α*-L-rhamnopyranosyl-(1 → 3)-2,4-di-*O*-acetyl-rhamnopyranosyl-(1 → 6)]-*β*-D-glucopyranoside 山柰酚 -3-*O*-[3,4- 二 -*O*- 乙酰基 -*α*-L- 吡喃鼠李糖基 -(1 → 3)-2,4- 二 -*O*- 乙酰基 - 吡喃鼠李糖基 -(1 → 6)]-*β*-D- 吡喃葡萄糖苷 滇山茶 Camellia reticulata

kaempferol-3-*O*-[3'''-acetyl-*α*-L-arabinopyranosyl-(1''' → 6'')]-*β*-D-glucopyranoside 山柰酚 -3-*O*-[3'''- 乙酰基 -*α*-L- 吡喃阿拉伯糖基 -(1''' → 6'')]-*β*-D- 吡喃葡萄糖苷 狭序唐松草 Thalictrum atriplex

kaempferol-3-*O*-[4-*O*-acetyl-*α*-L-rhamnopyranosyl-(1 → 3)-2,4-di-*O*-acetyl-*α*-L-rhamnopyranosyl-(1 → 6)]-*β*-D-glucopyranoside 山柰酚 -3-*O*-[4-*O*- 乙酰基 -*α*-L- 吡喃鼠李糖基 -(1 → 3)-2,4- 二 -*O*- 乙酰基 -*α*-L- 吡喃鼠李糖基 -(1 → 6)]-*β*-D- 吡喃葡萄糖苷 滇山茶 Camellia reticulata

kaempferol-3-*O*-[4-*O*-acetyl-*α*-L-rhamnopyranosyl-(1 → 3)-*α*-L-rhamnopyranosyl-(1 → 6)]-*β*-D-glucopyranoside 山柰酚 -3-*O*-[4-*O*- 乙酰基 -*α*-L- 吡喃鼠李糖基 -(1 → 3)-*α*-L- 吡喃鼠李糖基 -(1 → 6)]-*β*-D- 吡喃葡萄糖苷 滇山茶 Camellia reticulata

kaempferol-3-*O*-[4''''-*O*-acetyl-*α*-L-rhamnopyranosyl-(1 → 6)]-[*β*-D-glucopyranosyl-(1 → 2)]-*β*-D-glucopyranoside 山柰酚 -3-*O*-[4''''-*O*- 乙酰基 -*α*-L- 吡喃鼠李糖基 -(1 → 6)]-[*β*-D- 吡喃葡萄糖基 -(1 → 2)]-*β*-D- 吡喃葡萄糖苷 油茶 Camellia oleifera

kaempferol-3-*O*-[4''''-*O*-acetyl-*α*-L-rhamnopyranosyl-(1 → 6)]-[*β*-D-xylopyranosyl-(1 → 2)]-*β*-D-glucopyranoside 山柰酚 -3-*O*-[4''''-*O*- 乙酰基 -*α*-L- 吡喃鼠李糖基 -(1 → 6)]-[*β*-D- 吡喃木糖基 -(1 → 2)]-*β*-D- 吡喃葡萄糖苷 油茶 Camellia oleifera

kaempferol-3-*O*-[6''-*O*-(*trans*-*p*-coumaroyl)]-*β*-D-galactopyranoside 山柰酚 -3-*O*-[6''-*O*-(反式 - 对香豆酰基)]-*β*-D- 吡喃半乳糖苷 板栗 Castanea mollissima

kaempferol-3-*O*-[6''-*O*-(*trans*-*p*-coumaroyl)-4''-acetyl]-*β*-D-glucopyranoside 山柰酚 -3-*O*-[6''-*O*-(反式 - 对香豆酰基)-4''- 乙酰基]-*β*-D- 吡喃葡萄糖苷 乳白香青 Anaphalis lactea

kaempferol-3-*O*-[6-*O*-sinapoyl-*β*-D-glucopyranosyl-(1 → 2)-*β*-D-galactopyranoside] 山柰酚 -3-*O*-[6-*O*- 芥子酰基 -*β*-D- 吡喃葡萄糖基 -(1 → 2)-*β*-D- 吡喃半乳糖苷] 黄花夹竹桃 Thevetia peruviana

kaempferol-3-*O*-[6''-*O*-*β*-D-glucopyranosyl-6'''-*O*-*α*-L-rhamnopyranosyl-2''''-*O*-*α*-L-rhamnopyranosyl]-*β*-D-glucopyranoside 山柰酚 -3-*O*-[6''-*O*-*β*-D- 吡喃葡萄糖基 -6'''-*O*-*α*-L- 吡喃鼠李糖基 -2''''-*O*-*α*-L- 吡喃鼠李糖基]-*β*-D- 吡喃葡萄糖苷 绣球 Hydrangea macrophylla

kaempferol-3-*O*-[galacto-*ζ*-gluco-*ζ*-arabo-*ζ*-rhmanoside] 山柰酚 -3-*O*-[半乳糖基 -*ζ*- 葡萄糖基 -*ζ*- 阿拉伯糖基 -*ζ*- 鼠李糖苷] 草木犀 Melilotus officinalis

kaempferol-3-*O*-[*α*-L-rhamnopyranosyl-(1 → 6)-*β*-D-glucopyranoside 山柰酚 -3-*O*-[*α*-L- 鼠李糖基 -(1 → 6)-*β*-D- 吡喃葡萄糖苷 茶 Camellia sinensis

kaempferol-3-*O*-[*α*-L-rhamnopyranosyl-(1 → 3)-(4'''-acetyl)-*α*-L-rhamnopyranosyl-(1 → 6)-*β*-D-glucopyranoside] 山柰酚 -3-*O*-*β*-D- 吡喃葡萄糖基 -(6 → 1)-4'''-*O*- 乙酰基 -*α*-L- 吡喃鼠李糖基 -(3 → 1)-*α*-L- 吡喃鼠李糖苷 西南山茶 Camellia pitardii

kaempferol-3-*O*-[*α*-L-rhamnopyranosyl-(1 → 3)-2,4-di-*O*-acetyl-*α*-L-rhamnopyranosyl-(1 → 6)]-*β*-D-glucopyranoside 山柰酚 -3-*O*-[*α*-L- 吡喃鼠李糖基 -(1 → 3)-2,4- 二 -*O*- 乙酰基 -*α*-L- 吡喃鼠李糖基 -(1 → 6)]-*β*-D- 吡喃葡萄糖苷 滇山茶 Camellia reticulata

kaempferol-3-*O*-[*α*-L-rhamnopyranosyl-(1 → 3)-*α*-L-rhamnopyranosyl-(1 → 6)-*β*-D-galactopyranoside] 山柰酚 -3-*O*-[*α*-L- 吡喃鼠李糖基 -(1 → 3)-*α*-L- 吡喃鼠李糖基 -(1 → 6)-*β*-D- 吡喃半乳糖苷] 蛇莓 Duchesnea indica

kaempferol-3-*O*-[*α*-L-rhamnopyranosyl-(1 → 3)-*α*-L-rhamnopyranosyl-(1 → 6)-*β*-D-glucopyranoside] 山柰酚 -3-*O*-*β*-D- 吡喃葡萄糖基 -(6 → 1)-

K

α-L- 吡喃鼠李糖基 -(3 → 1)-α-L- 吡喃鼠李糖苷 西南山茶 Camellia pitardii

kaempferol-3-O-[α-L-rhamnopyranosyl-(1→4)-α-L-rhamnopyranosyl-(1→6)]-β-D-glucopyranoside 山柰酚 -3-O-[α-L- 吡喃鼠李糖基 -(1→4)-α-L- 吡喃鼠李糖基 (1→6)]-β-D- 吡喃葡萄糖苷 滇山茶 Camellia reticulata

kaempferol-3-O-[α-L-rhamnopyranosyl-(1→4)-α-L-rhamnopyranosyl-(1→6)-β-D-glucopyranoside] 山柰酚 -3-O-[α-L- 吡喃鼠李糖基 -(1→4)-α-L- 吡喃鼠李糖基 -(1→6)-β-D- 吡喃葡萄糖苷] 省沽油 Staphylea bumalda

kaempferol-3-O-[α-L-rhamnopyranosyl-(1→6)]-[β-D-glucopyranosyl-(1→2)]-β-D-glucopyranoside 山柰酚 -3-O-[α-L- 吡喃鼠李糖基 -(1→6)]-[β-D- 吡喃葡萄糖基 -(1→2)]-β-D- 吡喃葡萄糖苷 槐 Sophora japonica

kaempferol-3-O-[α-L-rhamnopyranosyl-(1→6)]-[β-D-xylopyranosyl-(1→2)]-β-D-glucopyranoside 山柰酚 -3-O-[α-L- 吡喃鼠李糖基 -(1→6)]-[β-D- 吡喃木糖基 -(1→2)]-β-D- 吡喃葡萄糖苷 油茶 Camellia oleifera

kaempferol-3-O-[α-L-rhamnopyranosyl-(1→6)]-O-β-D-glucopyranosyl-7-O-α-L-rhamnopyranoside 山柰酚 -3-O-[α-L- 吡喃鼠李糖基 -(1→6)]-O-β-D- 吡喃葡萄糖基 -7-O-α-L- 吡喃鼠李糖苷 点地梅 Androsace umbellata

kaempferol-3-O-[α-L-rhamnopyranosyl-(1→6)-β-D-galactopyranoside] 山柰酚 -3-O-[α-L- 吡喃鼠李糖基 -(1→6)-β-D- 吡喃半乳糖苷] 蛇莓 Duchesnea indica

kaempferol-3-O-[α-L-rhamnopyranosyl-(1→6)-β-D-galactopyranoside]-7-O-α-L-rhamnopyranoside 山柰酚 -3-O-[α-L- 吡喃鼠李糖基 -(1→6)-β-D- 吡喃半乳糖苷]-7-O-α-L- 吡喃鼠李糖苷 甘青乌头 Aconitum tanguticum

kaempferol-3-O-[α-L-rhamnopyranosyl-(1→6)-β-D-glucopyranoside] 山柰酚 -3-O-[α-L- 吡喃鼠李糖基 -(1→6)-β-D- 吡喃葡萄糖苷] 米槁 Cinnamomum migao, 猪殃殃 Galium spurium, 矮桃 Lysimachia clethroides

kaempferol-3-O-[α-L-rhamnopyranosyl-(1→6)-β-D-glucopyranoside]-7-O-α-L-rhamnopyranoside 山柰酚 -3-O-[α-L- 吡喃鼠李糖基 -(1→6)-β-D- 吡喃葡萄糖苷]-7-O-α-L- 吡喃鼠李糖苷 甘青乌头 Aconitum tanguticum

kaempferol-3-O-[α-L-rhamnopyranosyl-(1→6)-β-D-glucopyranosyl-(1→6)-β-D-glucopyranoside] 山柰酚 -3-O-[α-L- 吡喃鼠李糖基 -(1→6)-β-D- 吡喃葡萄糖基 -(1→6)-β-D- 吡喃葡萄糖苷] 米槁 Cinnamomum migao

kaempferol-3-O-[β-D-glucopyranosyl-(1→2)]-β-D-glucopyranoside 山柰酚 -3-O-[β-D- 吡喃葡萄糖基 -(1→2)]-β-D- 吡喃葡萄糖苷 五脉绿绒蒿 Meconopsis quintuplinervia

K

kaempferol-3-O-[β-D-glucopyranosyl-(1→2)-β-D-glucopyranoside] 山柰酚 -3-O-[β-D- 吡喃葡萄糖基 -(1→2)-β-D- 吡喃葡萄糖苷] 黄花夹竹桃 Thevetia peruviana

kaempferol-3-O-[β-D-glucopyranosyl-(1→3)-(4-O-*trans*-*p*-coumaroyl)]-α-L-rhamnopyranosyl-(1→6)-β-D-galactopyranside-7-O-α-L-rhamnopyranoside 山柰酚 -3-O-[β-D- 吡喃葡萄糖基 -(1→3)-(4-O- 反式 - 对香豆酰基)]-α-L- 吡喃鼠李糖基 -(1→6)-β-D- 吡喃半乳糖苷 -7-O-α-L- 吡喃鼠李糖苷 甘青乌头 Aconitum tanguticum

kaempferol-3-O-[β-D-glucopyranosyl-(1→3)]-3-O-α-L-rhamnopyranosyl-7-O-α-L-rhamnopyranoside 山柰酚 -3-O-[β-D- 吡喃葡萄糖基 -(1→3)]-3-O-α-L- 吡喃鼠李糖基 -7-O-α-L- 吡喃鼠李糖苷 点地梅 Androsace umbellata

kaempferol-3-O-[β-D-glucopyranosyl-(1→3)-O-α-L-rhamnopyranosyl-(1→6)-O-β-D-galactopyranoside] 山柰酚 l-3-O-[β-D- 吡喃葡萄糖基 -(1→3)-O-α-L- 吡喃鼠李糖基 -(1→6)-O-β-D- 吡喃半乳糖苷] 茶 Camellia sinensis

kaempferol-3-O-[β-D-glucopyranosyl-(1→3-α-L-rhamnopyranosyl-(1→6)-O-β-D-glucopyranoside] 山柰酚 -3-O-[β-D- 吡喃葡萄糖基 -(1→3)-O-α-L- 吡喃鼠李糖基 -(1→6)-O-β-D- 吡喃葡萄糖苷] 茶 Camellia sinensis

kaempferol-3-O-[β-D-glucopyranosyl-(1→4)][α-L-rhamnopyranosyl-(1→6)]-β-D-glucopyranoside 山柰酚 -3-O-[β-D- 吡喃葡萄糖基 -(1→4)][α-L- 吡喃鼠李糖基 -(1→6)]-β-D- 吡喃葡萄糖苷 宝盖草 Lamium amplexicaule

kaempferol-3-O-[β-D-glucopyranosyl-(1→4)]-3-O-α-L-rhamnopyranosyl-7-O-α-L-rhamnopyranoside 山柰酚 -3-O-[β-D- 吡喃葡萄糖基 -(1→4)]-3-O-α-L- 吡喃鼠李糖基 -7-O-α-L- 吡喃鼠李糖苷 石莲 Sinocrassula indica

kaempferol-3-O-[β-D-glucopyranosyl-(1→6)-β-D-glucopyranosyl-(1→6)-β-D-glucopyranoside] 山柰酚 -3-O-[β-D- 吡喃葡萄糖基 -(1→6)-β-D- 吡喃葡萄糖基 -(1→6)-β-D- 吡喃葡萄糖苷] 米槁 Cinnamomum migao

kaempferol-3-O-[β-D-xylopyranosyl-(1→2)-O-β-D-glucopyranosyl-(1→3)]-O-β-D-glucopyranoside 山柰酚 -3-O-[β-D- 吡喃木糖基 -(1→2)-O-β-D- 吡喃葡萄葡糖基 -(1→3)]-O-β-D- 吡喃葡萄糖苷 欧洲七叶树 Aesculus hippocastanum

kaempferol-3-O-[β-D-xylopyranosyl-(1→3)-α-L-rhamnopyranosyl-(1→6)]-[α-L-rhamnopyranosyl-(1→2)]-β-D-galactopyranoside 山柰酚 -3-O-[β-D- 吡喃木糖基 -(1→3)-α-L- 吡喃鼠李糖基 -(1→6)]-[α-L- 吡喃鼠李糖基 -(1→2)]-β-D- 吡喃半乳糖苷 镰荚棘豆 Oxytropis falcata

kaempferol-3-O-[β-D-xylopyranosyl-(1→3)-α-L-rhamnopyranosyl-(1→6)]-β-D-galactopyranoside 山柰酚 -3-O-[β-D- 吡喃木糖基 -(1→3)-α-L- 吡喃鼠李糖基 -(1→6)]-β-D- 吡喃半乳糖苷 镰荚棘豆 Oxytropis falcata

kaempferol-3-O-{β-D-glucopyranosyl-(1→2)-[α-L-rhamonopyranosyl-(1→6)]-β-D-galactopyranoside} 山柰酚 -3-O-{β-D- 吡喃葡萄糖基 -(1→2)-[α-L- 吡喃鼠李糖基 -(1→6)]-β-D- 吡喃半乳糖苷 } 黄花夹竹桃 Thevetia peruviana

kaempferol-3-O-1''-β-D-glucopyranosyl-3-O-1'''-β-D-glucopyranoside 山柰酚 -3-O-1''-β-D- 吡喃葡萄糖基 -3-O-1'''-β-D- 吡喃葡萄糖苷 犬问荆 Equisetum palustre

kaempferol-3-O-6''-acetylglucopyranoside 山柰酚 -3-O-6''- 乙酰吡喃葡萄糖苷 急弯棘豆 Oxytropis deflexa

kaempferol-3-O-6''-acetyl-β-D-glucopyranoside 山柰酚 -3-O-6''- 乙酰基 -β-D- 吡喃葡萄糖苷 东方肉穗草 Sarcopyramis bodinieri var. delicata

kaempferol-3-O-apiofuranoside-7-O-rhamnopyranoside 山柰酚 -3-O- 呋喃芹糖苷 -7-O- 吡喃鼠李糖苷 齿果草 Salomonia cantoniensis

kaempferol-3-O-arabinoglucoside 山柰酚 -3-O- 阿拉伯葡萄糖苷 藜 Chenopodium album

kaempferol-3-O-arabinopyranoside 山柰酚 -3-O- 吡喃阿拉伯糖苷 地锦 Euphorbia humifusa, 丹草 Hedyotis herbacea, 栾树 Koelreuteria paniculata

kaempferol-3-O-arabinoside 山柰酚 -3-O- 阿拉伯糖苷 紫萼路边青 Geum rivale, 山胡椒 Lindera glauca, 梨果仙人掌 Opuntia ficus-indica, 皱皮杜鹃花 Rhododendron wiltonii, 焯菜 Rorippa indica, 月季 Rosa chinensis, 款冬 Tussilago farfara

kaempferol-3-*O*-arabinoside-7-*O*-rhamnoside 山柰酚 -3-*O*- 阿拉伯糖基 -7-*O*- 鼠李糖苷 欧亚多足蕨 Polypodium vulgare
kaempferol-3-*O*-arabinosylgalactoside 山柰酚 -3-*O*- 阿拉伯半乳糖苷 厚壳树 Ehretia thyrsiflora, 延龄草 Trillium tschonoskii
kaempferol-3-*O*-bioside 山柰酚 -3-*O*- 二糖苷 田葱 Philydrum lanuginosum
kaempferol-3-*O*-caffeoyldiglucosyl-7-*O*-glucoside 山柰酚 -3-*O*- 咖啡酰二葡萄糖基 -7-*O*- 葡萄糖苷 芸苔 Brassica rapa var. oleifera
kaempferol-3-*O*-coumaroyldiglucosyl-7-*O*-glucoside 山柰酚 -3-*O*- 香豆酰二葡萄糖基 -7-*O*- 葡萄糖苷 芸苔 Brassica rapa var. oleifera
kaempferol-3-*O*-D-glucopyranoside 山柰酚 -3-*O*-D- 吡喃葡萄糖苷 洋紫荆 Bauhinia variegata, 牧地山黧豆 Lathyrus pratensis, 小蜡 Ligustrum sinense
kaempferol-3-*O*-diglucopyranoside 山柰酚 -3-*O*- 二吡喃葡萄糖苷 大豆 Glycine max, 小花棘豆 Oxytropis glabra, 阳芋 Solanum tuberosum
kaempferol-3-*O*-diglucosyl-7-*O*-glucoside 山柰酚 -3-*O*- 二葡萄糖基 -7-*O*- 葡萄糖苷 芸苔 Brassica rapa var. oleifera
kaempferol-3-*O*-dirhamnopyranoside 山柰酚 -3-*O*- 二吡喃鼠李糖苷 大豆 Glycine max
kaempferol-3-*O*-di-*β*-D-glucopyranoside 山柰酚 -3-*O*- 二 -*β*-D- 吡喃葡萄糖苷 东北蛇葡萄 Ampelopsis glandulosa var. brevipedunculata
kaempferol-3-*O*-galactopyranoside 山柰酚 -3-*O*- 吡喃半乳糖苷 歧茎蒿 Artemisia igniaria, 打碗花 Calystegia hederacea
kaempferol-3-*O*-galactoside 山柰酚 -3-*O*- 半乳糖苷 天蓬子 Atropanthe sinensis, 芹叶牻牛儿苗 Erodium cicutarium, 黄山梅 Kirengeshoma palmata, 卷茎蓼 Polygonum convolvulus, 刺葡萄 Vitis davidii
kaempferol-3-*O*-gentiobioside 山柰酚 -3-*O*- 龙胆二糖苷 双叶细辛 Asarum caulescens, 狭叶番泻 Cassia angustifolia, 豆瓣菜 Nasturtium officinale, 瓜子金 Polygala japonica
kaempferol-3-*O*-gentiobioside-4'-*O*-glucoside 山柰酚 -3-*O*- 龙胆二糖苷 -4'-*O*- 葡萄糖苷 虎尾铁角蕨 Asplenium incisum
kaempferol-3-*O*-gentiobioside-7-*O*-glucopyranoside 山柰酚 -3-*O*- 龙胆二糖苷 -7-*O*- 吡喃葡萄糖苷 双叶细辛 Asarum caulescens
kaempferol-3-*O*-gentiobiosyl-7-*O*-rhamnoside 山柰酚 -3-*O*- 龙胆二糖基 -7-*O*- 鼠李糖苷 豆瓣菜 Nasturtium officinale
kaempferol-3-*O*-glucopyranoside 山柰酚 -3-*O*- 吡喃葡萄糖苷 臭椿 Ailanthus altissima, 歧茎蒿 Artemisia igniaria, 葡萄柚 Citrus paradisi, 圆锥铁线莲 Clematis terniflora, 黄瓜 Cucumis sativus, 大叶山蚂蝗 Desmodium gangeticum, 白苞猩猩草 Euphorbia heterophylla, 对叶大戟 E. sororia, 薜荔 Ficus pumila, 甘草 Glycyrrhiza uralensis, 玫瑰茄 Hibiscus sabdariffa, 元宝草 Hypericum sampsonii, 野核桃 Juglans cathayensis, 细叶百脉根 Lotus tenuis, 天蓝苜蓿 Medicago lupulina, 菜豆 Phaseolus vulgaris, 海南草珊瑚 Sarcandra glabra subsp. brachystachys, 异株荨麻 Urtica dioica, 豇豆 Vigna unguiculata
kaempferol-3-*O*-glucopyranoside-7-*O*-arabinopyranoside 山柰酚 -3-*O*- 吡喃葡萄糖苷 -7-*O*- 吡喃阿拉伯糖苷 厚叶美花草 Callianthemum alatavicum
kaempferol-3-*O*-glucopyranoside-7-*O*-rhamnopyranoside 山柰酚 -3-*O*- 吡喃葡萄糖苷 -7-*O*- 吡喃鼠李糖苷 厚叶美花草 Callianthemum alatavicum, 蚕豆 Vicia faba
kaempferol-3-*O*-glucopyranosyl-(1 → 3)-*β*-D-glucopyranoside 山柰酚 -3-*O*- 吡喃葡萄糖基 -(1 → 3)-*β*-D- 吡喃葡萄糖苷 地桃花 Urena lobata
kaempferol-3-*O*-glucopyranosyl-7-*O*-rhamnopyranoside 山柰酚 -3-*O*- 吡喃葡萄糖基 -7-*O*- 吡喃鼠李糖苷 细叶百脉根 Lotus tenuis
kaempferol-3-*O*-glucorhamnoside 山柰酚 -3-*O*- 葡萄糖基鼠李糖苷 汉荭鱼腥草 Geranium robertianum
kaempferol-3-*O*-glucoside 山柰酚 -3-*O*- 葡萄糖苷 扁桃 Amygdalus communis, 北艾 Artemisia vulgaris, 汉城细辛 Asarum sieboldii, 虎尾铁角蕨 Asplenium incisum, 贯众 Cyrtomium fortunei, 大叶贯众 C. macrophyllum, 厚叶贯众 C. pachyphyllum, 紫萼路边青 Geum rivale, 黄山梅 Kirengeshoma palmata, 番茄 Lycopersicon esculentum, 密花树 Myrsine seguinii, 月见草 Oenothera biennis, 香叶天竺葵 Pelargonium graveolens, 欧亚多足蕨 Polypodium vulgare, 胭脂花 Primula maximowiczii, 蔊菜 Rorippa indica, 刺葡萄 Vitis davidii, 虾子花 Woodfordia fruticosa
kaempferol-3-*O*-glucosyl-7-*O*-glucoside 山柰酚 -3-*O*- 葡萄糖基 -7-*O*- 葡萄糖苷 芸苔 Brassica rapa var. oleifera
kaempferol-3-*O*-glucosyl-7-*O*-rhamnoside 山柰酚 -3-*O*- 葡萄糖基 -7-*O*- 鼠李糖苷 蔊菜 Rorippa indica
kaempferol-3-*O*-glucosylrhamnosylglucoside 山柰酚 -3-*O*- 葡萄糖基鼠李糖基葡萄糖苷 阳芋 Solanum tuberosum
kaempferol-3-*O*-glucuronide 山柰酚 -3-*O*- 葡萄糖醛酸苷 黑果山姜 Alpinia nigra, 藤紫珠 Callicarpa integerrima var. chinensis, 粉叶柿 Diospyros glaucifolia, 紫萼路边青 Geum rivale, 月见草 Oenothera biennis, 火炭母 Polygonum chinense
kaempferol-3-*O*-glucuropyranonide 山柰酚 -3-*O*- 吡喃葡萄糖醛酸苷 柳叶菜 Epilobium hirsutum
kaempferol-3-*O*-hexoside 山柰酚 -3-*O*- 己糖苷 千日红 Gomphrena globosa
kaempferol-3-*O*-hydroxyferuloyldiglucosyl-7-*O*-glucoside 山柰酚 -3-*O*- 羟基阿魏酰二葡萄糖基 -7-*O*- 葡萄糖苷 芥菜 Brassica juncea, 芸苔 B. rapa var. oleifera
kaempferol-3-*O*-L-rhamnopyranosyl-*β*-D-glucoside 山柰酚 -3-*O*-L- 鼠李糖基 -*β*-D- 葡萄糖苷 石刁柏 Asparagus officinalis
kaempferol-3-*O*-lysimachiatrioside 山柰酚 -3-*O*- 珍珠菜三糖苷 过路黄 Lysimachia christiniae
kaempferol-3-*O*-methyl ether 山柰酚 -3-*O*- 甲醚 甘草 Glycyrrhiza uralensis
kaempferol-3-*O*-neohesperidoside 山柰酚 -3-*O*- 新橙皮糖苷 东北蛇葡萄 Ampelopsis glandulosa var. brevipedunculata, 清明花 Beaumontia grandiflora, 蓝蓟 Echium vulgare, 昙花 Epiphyllum oxypetalum, 益母草 Leonurus japonicus, 香港远志 Polygala hongkongensis, 胭脂花 Primula maximowiczii, 省沽油 Staphylea bumalda, 长苞香蒲 Typha angustata, 达香蒲 T. davidiana, 宽叶香蒲 T. latifolia, 东方香蒲 T. orientalis
kaempferol-3-*O*-rhamnogalactoside 山柰酚 -3-*O*- 鼠李糖半乳糖苷 颠茄 Atropa belladonna
kaempferol-3-*O*-rhamnogalactoside-7-*O*-rhamnoside 山柰酚 -3-*O*- 鼠李糖基半乳糖苷 -7-*O*- 鼠李糖苷 蚕豆 Vicia faba
kaempferol-3-*O*-rhamnoglucoside 山柰酚 -3-*O*- 鼠李葡萄糖苷 啤酒花 Humulus lupulus, 月见草 Oenothera biennis, 葱莲 Zephyranthes candida
kaempferol-3-*O*-rhamnopyranoglucopyranoside 山柰酚 -3-*O*- 吡喃鼠李糖基 - 吡喃葡萄糖苷 欧白英 Solanum dulcamara
kaempferol-3-*O*-rhamnopyranoside 山柰酚 -3-*O*- 吡喃鼠李糖苷 总状花羊蹄甲 Bauhinia racemosa, 节果决明 Cassia javanica, 风轮菜

K

Clinopodium chinense, 黄瓜 Cucumis sativus, 冬凌草 Isodon rubescens, 余甘子 Phyllanthus emblica, 牯岭藜芦 Veratrum schindleri

kaempferol-3-*O*-rhamnopyranoside-7-*O*-glucopyranoside 山柰酚 -3-*O*- 吡喃鼠李糖苷 -7-*O*- 吡喃葡萄糖苷 田旋花 Convolvulus arvensis

kaempferol-3-*O*-rhamnopyranoside-7-*O*-rutinoside 山柰酚 -3-*O*- 吡喃鼠李糖苷 -7-*O*- 芸香糖苷 双叶细辛 Asarum caulescens

kaempferol-3-*O*-rhamnopyranosyl-(1 → 2)-galactopyranoside 山柰酚 -3-*O*- 吡喃鼠李糖基 -(1 → 2)- 吡喃半乳糖苷 绒毛胡枝子 Lespedeza tomentosa

kaempferol-3-*O*-rhamnopyranosyl-(1 → 4)-glycopyranoside 山柰酚 -3-*O*- 吡喃鼠李糖基 -(1 → 4)- 吡喃葡萄糖苷 牻牛儿苗 Erodium stephanianum

kaempferol-3-*O*-rhamnopyranosylglucopyranoside 山柰酚 -3-*O*- 吡喃鼠李糖基吡喃葡萄糖苷 雷公鹅耳枥 Carpinus viminea

kaempferol-3-*O*-rhamnorutinoside 山柰酚 -3-*O*- 鼠李糖芸香糖苷 山柑 Capparis spinosa

kaempferol-3-*O*-rhamnoside 山柰酚 -3-*O*- 鼠李糖苷 北艾 Artemisia vulgaris, 蜡瓣花 Corylopsis sinensis, 楝 Melia azedarach, 月季 Rosa chinensis, 刺葡萄 Vitis davidii

kaempferol-3-*O*-rhamnoside-7-*O*-glucoside 山柰酚 -3-*O*- 鼠李糖苷 -7-*O*- 葡萄糖苷 草麻黄 Ephedra sinica

kaempferol-3-*O*-rhamnoside-glucoside 山柰酚 -3-*O*- 鼠李糖苷 - 葡萄糖苷 香叶天竺葵 Pelargonium graveolens

kaempferol-3-*O*-rhamnosyl-(1 → 6)-*α*-L-glucoside 山柰酚 -3-*O*- 鼠李糖基 -(6 → 1)-*α*-L- 葡萄糖苷 白子菜 Gynura divaricata

kaempferol-3-*O*-rhamnosyldiglucoside 山柰酚 -3-*O*- 鼠李糖基二葡萄糖苷 野凤仙花 Impatiens textorii

kaempferol-3-*O*-rhamnosylgalactoside 山柰酚 -3-*O*- 鼠李糖基半乳糖苷 汉荭鱼腥草 Geranium robertianum

kaempferol-3-*O*-rhamnosylglucoside 山柰酚 -3-*O*- 鼠李糖基葡萄糖苷 汉荭鱼腥草 Geranium robertianum, 卷茎蓼 Polygonum convolvulus, 篱蓼 P. dumetorum, 白英 Solanum lyratum, 阳芋 S. tuberosum

kaempferol-3-*O*-robinbioside-7-*O*-rhamnopyranoside 山柰酚 -3-*O*- 刺槐二糖苷 -7-*O*- 吡喃鼠李糖苷 茜堇菜 Viola phalacrocarpa

kaempferol-3-*O*-robinobioside 山柰酚 -3-*O*- 刺槐二糖苷 铃铛子 Anisodus luridus, 天蓬子 Atropanthe sinensis, 破布木 Cordia dichotoma, 刺五加 Eleutherococcus senticosus, 昙花 Epiphyllum oxypetalum, 垂叶榕 Ficus benjamina, 绒毛胡枝子 Lespedeza tomentosa, 过路黄 Lysimachia christiniae, 矮桃 L. clethroides, 萝藦 Metaplexis japonica, 镰荚棘豆 Oxytropis falcata, 灯笼果 Physalis peruviana, 蝴蝶戏珠花 Viburnum plicatum var. tomentosum, 枣 Ziziphus jujuba

kaempferol-3-*O*-robinobioside-7-*O*-*β*-D-glucopyranoside 山柰酚 -3-*O*- 刺槐二糖苷 -7-*O*-*β*-D- 吡喃葡萄糖苷 灯笼果 Physalis peruviana

kaempferol-3-*O*-rutinoside 山柰酚 -3-*O*- 芸香糖苷 常见成分，至少分布于 100 种以上植物中

kaempferol-3-*O*-rutinoside sulfate 山柰酚 -3-*O*- 芸香糖苷硫酸酯 铁线蕨 Adiantum capillus-veneris

kaempferol-3-*O*-rutinoside-7-*O*-glucoside 山柰酚 -3-*O*- 芸香糖苷 -7-*O*- 葡萄糖苷 番茄 Lycopersicon esculentum

kaempferol-3-*O*-rutinoside-7-*O*-glucuronide 山柰酚 -3-*O*- 芸香糖苷 -7-*O*- 葡萄糖醛酸苷 郁金香 Tulipa gesneriana

kaempferol-3-*O*-rutinoside-7-*O*-sophoroside 山柰酚 -3-*O*- 芸香糖苷 -7-*O*- 槐糖苷 犬问荆 Equisetum palustre

kaempferol-3-*O*-rutinoside-7-*O*-*α*-L-rhamnopyranoside 山柰酚 -3-*O*- 芸香糖苷 -7-*O*-*α*-L- 吡喃鼠李糖苷 林木贼 Equisetum sylvaticum

kaempferol-3-*O*-rutinoside-7-*O*-*β*-D-glucopyranoside 山柰酚 -3-*O*- 芸香糖苷 -7-*O*-*β*-D- 吡喃葡萄糖苷 木半夏 Elaeagnus multiflora, 灯笼果 Physalis peruviana

kaempferol-3-*O*-rutinosyl-7-*O*-rhamnoside 山柰酚 -3-*O*- 芸香糖基 -7-*O*- 芸香糖苷 家独行菜 Lepidium sativum

kaempferol-3-*O*-sambubioside 山柰酚 -3-*O*- 接骨木二糖苷 地锦 Euphorbia humifusa, 猫儿刺 Ilex pernyi

kaempferol-3-*O*-sinapoyldiglucosyl-7-*O*-glucoside 山柰酚 -3-*O*- 芥子酰二葡萄糖基 -7-*O*- 葡萄糖苷 芸苔 Brassica rapa var. oleifera

kaempferol-3-*O*-sophoroside 山柰酚 -3-*O*- 槐糖苷 大麻 Cannabis sativa, 红花 Carthamus tinctorius, 葡萄柚 Citrus paradisi, 木半夏 Elaeagnus multiflora, 披散木贼 Equisetum diffusum, 荞麦 Fagopyrum esculentum, 豆瓣菜 Nasturtium officinale

kaempferol-3-*O*-sophoroside-7-*O*-arabinopyranoside 山柰酚 -3-*O*- 槐糖苷 -7-*O*- 吡喃阿拉伯糖苷 厚叶美花草 Callianthemum alatavicum

kaempferol-3-*O*-sophoroside-7-*O*-glucuronide 山柰酚 -3-*O*- 槐糖苷 -7-*O*- 葡萄糖醛酸苷 洋葱 Allium cepa

kaempferol-3-*O*-sophoroside-7-*O*-rhamnopyranoside 山柰酚 -3-*O*- 槐糖苷 -7-*O*- 吡喃鼠李糖苷 厚叶美花草 Callianthemum alatavicum

kaempferol-3-*O*-sophoroside-7-*O*-*α*-L-rhamnopyranoside 山柰酚 -3-*O*- 槐糖苷 -7-*O*-*α*-L- 吡喃鼠李糖苷 云南沙棘 Hippophae rhamnoides subsp. yunnanensis, 西藏沙棘 H. tibetana

kaempferol-3-*O*-sophoroside-7-*O*-*β*-D-glucopyranoside 山柰酚 -3-*O*- 槐糖苷 -7-*O*-*β*-D- 吡喃葡萄糖苷 木半夏 Elaeagnus multiflora

kaempferol-3-*O*-sophorosyl-7-*O*-rhamnoside 山柰酚 -3-*O*- 槐糖基 -7-*O*- 鼠李糖苷 豆瓣菜 Nasturtium officinale

kaempferol-3-*O*-sulfate-7-*O*-*α*-arabinopyranoside 山柰酚 -3-*O*- 硫酸酯 -7-*O*-*α*- 吡喃阿拉伯糖苷 榆钱滨藜 Atriplex hortensis

kaempferol-3-*O*-triglucoside 山柰酚 -3-*O*- 三葡萄糖苷 豆瓣菜 Nasturtium officinale

kaempferol-3-*O*-triglucosyl-7-*O*-rhamnoside 山柰酚 -3-*O*- 三葡萄糖基 -7-*O*- 鼠李糖苷 豆瓣菜 Nasturtium officinale

kaempferol-3-*O*-xylopyranosylglucopyranoside 山柰酚 -3-*O*- 吡喃木糖基吡喃葡萄糖苷 菜豆 Phaseolus vulgaris

kaempferol-3-*O*-xylosylgalactoside 山柰酚 -3-*O*- 木糖基半乳糖苷 黄山梅 Kirengeshoma palmata

kaempferol-3-*O*-*α*-arabinopyranosyl-(1 → 6)-*β*-galactopyranoside 山柰酚 -3-*O*-*α*- 吡喃阿拉伯糖基 -(1 → 6)-*β*- 吡喃半乳糖苷 吉林延龄草 Trillium kamtschaticum

kaempferol-3-*O*-*α*-arabinopyranosyl-(1''' → 6'')-*β*-glucopyranoside 山柰酚 -3-*O*-*α*- 吡喃阿拉伯糖基 -(1''' → 6'')-*β*- 吡喃葡萄糖苷 地丁草 Corydalis bungeana

kaempferol-3-*O*-*α*-arabinopyranosyl-(1''' → 6'')-*β*-glucopyranosyl-7-*O*-*β*-glucopyranoside 山柰酚 -3-*O*-*α*- 吡喃阿拉伯糖基 -(1''' → 6'')-*β*- 吡喃葡萄糖基 -7-*O*-*β*- 吡喃葡萄糖苷 地丁草 Corydalis bungeana

kaempferol-3-*O*-*α*-arabinosyl-(1''' → 6''')-*β*-glucoside 山柰酚 -3-*O*-*α*- 阿拉伯糖苷 -(1''' → 6''')-*β*- 葡萄糖苷 胭脂花 Primula maximowiczii

kaempferol-3-*O*-*α*-D-(2-*O*-*β*-L-rhamnopyranosyl)-glucopyranoside 山柰酚 -3-*O*-*α*-D-(2-*O*-*β*-L- 吡喃鼠李糖基)- 吡喃葡萄糖苷 文冠果 Xanthoceras sorbifolium

kaempferol-3-*O*-*α*-D-arabinofuranoside 山柰酚 -3-*O*-*α*-D- 呋喃阿拉伯糖苷 冷饭藤 Kadsura oblongifolia kaempferol-3-O-α-D-arabinopyranoside 山柰酚 -3-O-α-D- 吡喃阿拉伯糖苷 厚壳树 Ehretia thyrsiflora, 冷饭藤 Kadsura oblongifolia, 青蛇藤 Periploca calophylla, 鳄梨 Persea americana, 爆仗花 Rhododendron spinuliferum

kaempferol-3-O-α-D-arabinopyranosyl-7-O-α-L-rhamnopyranoside 山柰酚 -3-O-α-D- 吡喃阿拉伯糖基 -7-O-α-L- 吡喃鼠李糖苷 抱茎柴胡 Bupleurum longicaule var. amplexicaule

kaempferol-3-O-α-glucoside 山柰酚 -3-O-α- 葡萄糖苷 晚香玉 Polianthes tuberosa

kaempferol-3-O-α-glucuronopyranoside 山柰酚 -3-O-α- 吡喃葡萄糖醛酸苷 乌药 Lindera aggregata

kaempferol-3-O-α-L-(2'',3''-di-E-p-coumaroyl)-rhamnopyranoside 山柰酚 -3-O-α-L-(2'',3''- 二 -E- 对香豆酰基)- 吡喃鼠李糖苷 三球悬铃木 Platanus orientalis

kaempferol-3-O-α-L-(2'',3''-di-E-p-coumaroyl)-rhamnoside 山柰酚 -3-O-α-L-(2'',3''- 二 -(E)- 对香豆酰基)- 鼠李糖苷 茴香 Foeniculum vulgare

kaempferol-3-O-α-L-(2'',4''-di-E-feruloyl)-rhamnoside 山柰酚 -3-O-α-L-(2'',4''- 二 -E- 阿魏酰基)- 鼠李糖苷 枇杷 Eriobotrya japonica

kaempferol-3-O-α-L-(2'',4''-di-E-p-coumaroyl)-rhamnoside 山柰酚 -3-O-α-L-(2'',4''- 二 -E- 对香豆酰基)- 鼠李糖苷 枇杷 Eriobotrya japonica

kaempferol-3-O-α-L-(2'',4''-di-O-cis-p-coumaroyl)-rhamnopyranoside 山柰酚 -3-O-α-L-(2'',4''- 二 -O- 顺式 - 对香豆酰基)- 吡喃鼠李糖苷 月桂 Laurus nobilis

kaempferol-3-O-α-L-(2'',4''-di-O-trans-p-coumaroyl)-rhamnopyranoside 山柰酚 -3-O-α-L-(2'',4''- 二 -O- 反式 - 对香豆酰基)- 吡喃鼠李糖苷 月桂 Laurus nobilis

kaempferol-3-O-α-L-(2''-E-p-coumaroyl)-rhamnopyranoside 山柰酚 -3-O-α-L-(2''-E- 对香豆酰基)- 吡喃鼠李糖苷 三球悬铃木 Platanus orientalis

kaempferol-3-O-α-L-(2''-O-cis-p-coumaroyl-4''-O-trans-p-coumaroyl)-rhamnopyranoside 山柰酚 -3-O-α-L-(2''-O- 顺式 - 对香豆酰基 -4''-O- 反式 - 对香豆酰基)- 吡喃鼠李糖苷 月桂 Laurus nobilis

kaempferol-3-O-α-L-(2''-O-trans-p-coumaroyl)-rhamnopyranoside 山柰酚 -3-O-α-L-(2''-O- 反式 - 对香豆酰基)- 吡喃鼠李糖苷 月桂 Laurus nobilis

kaempferol-3-O-α-L-(2''-trans-p-coumaroyl-4''-cis-p-coumaroyl)-rhamnopyranoside 山柰酚 -3-O-α-L-(2''- 反式 - 对香豆酰基 -4''- 顺式 - 对香豆酰基)- 吡喃鼠李糖苷 月桂 Laurus nobilis

kaempferol-3-O-α-L-(3,4-di-O-cis-p-coumaroyl)-rhamnopyranoside 山柰酚 -3-O-α-L-(3'',4''- 二 -O- 顺式 - 对香豆酰基)- 吡喃鼠李糖苷 月桂 Laurus nobilis

kaempferol-3-O-α-L-(3'',4''-di-O-trans-p-coumaroyl)-rhamnopyranoside 山柰酚 -3-O-α-L-(3'',4''- 二 -O- 反式 - 对香豆酰基)- 吡喃鼠李糖苷 月桂 Laurus nobilis

kaempferol-3-O-α-L-(3''-cis-p-coumaroyl-4''-trans-p-coumaroyl)-rhamnopyranoside 山柰酚 -3-O-α-L-(3''- 顺式 - 对香豆酰基 -4''- 反式 - 对香豆酰基)- 吡喃鼠李糖苷 月桂 Laurus nobilis

kaempferol-3-O-α-L-(3''-O-acetyl)-arabinofuranoside-7-O-α-L-rhamnopyranoside 山柰酚 -3-O-α-L-(3''-O- 乙酰基)- 呋喃阿拉伯糖苷 -7-O-α-L- 吡喃鼠李糖苷 耳羽岩蕨 Woodsia polystichoides

kaempferol-3-O-α-L-(4-O-acetyl)-rhamnopyranoside-7-O-α-L-rhamnopyranoside 山柰酚 -3-O-α-L-(4-O- 乙酰基)- 鼠李糖基 -7-O-α-L- 鼠李糖苷 狗脊蕨 Woodwardia japonica

kaempferol-3-O-α-L-(6''-ethyl)-rhamnopyranoside 山柰酚 -3-O-α-L-(6''- 乙基)- 吡喃鼠李糖苷 余甘子 Phyllanthus emblica

kaempferol-3-O-α-L-(6''-methyl)-rhamnopyranoside 山柰酚 -3-O-α-L-(6''- 甲基)- 吡喃鼠李糖苷 余甘子 Phyllanthus emblica

kaempferol-3-O-α-L-[2,3-di-(E)-p-coumaroyl]rhamnopyranoside 山柰酚 -3-O-α-L-[2,3- 二 -(E)- 对香豆酰基] 吡喃鼠李糖苷 芫荽 Coriandrum sativum

kaempferol-3-O-α-L-[3-(E)-p-coumaroyl]rhamnopyranoside 山柰酚 -3-O-α-L-[3-(E)- 对香豆酰基] 吡喃鼠李糖苷 芫荽 Coriandrum sativum

kaempferol-3-O-α-L-arabinofuranoside 山柰酚 -3-O-α-L- 呋喃阿拉伯糖苷 欧洲七叶树 Aesculus hippocastanum, 耳基水苋菜 Ammannia arenaria, 多花勾儿茶 Berchemia floribunda, 北柴胡 Bupleurum chinense, 海漆 Excoecaria agallocha, 甘青老鹳草 Geranium pylzowianum, 乌药 Lindera aggregata, 红松 Pinus koraiensis, 委陵菜 Potentilla chinensis

kaempferol-3-O-α-L-arabinofuranosyl-7-O-α-L-rhamnopyranoside 山柰酚 -3-O-α-L- 呋喃阿拉伯糖基 -7-O-α-L- 吡喃鼠李糖苷 臭椿 Ailanthus altissima

kaempferol-3-O-α-L-arabinopyranoside 山柰酚 -3-O-α-L- 吡喃阿拉伯糖苷 欧洲七叶树 Aesculus hippocastanum, 东北蛇葡萄 Ampelopsis glandulosa var. brevipedunculata, 马桑 Coriaria nepalensis, 光叶巴豆 Croton laevigatus, 青钱柳 Cyclocarya paliurus, 黄苞大戟 Euphorbia sikkimensis, 量天尺 Hylocereus undatus, 胡桃 Juglans regia, 乌药 Lindera aggregata, 萝藦 Metaplexis japonica, 黑龙骨 Periploca forrestii, 复盆子 Rubus idaeus, 苦马豆 Sphaerophysa salsula, 香椿 Toona sinensis

kaempferol-3-O-α-L-arabinopyranosyl-(1 → 6)-β-D-galactopyranoside 山柰酚 -3-O-α-L- 吡喃阿拉伯糖基 -(1 → 6)-β-D- 吡喃半乳糖苷 羽叶点地梅 Pomatosace filicula

kaempferol-3-O-α-L-arabinopyranosyl-7-O-α-L-rhamnopyranoside 山柰酚 -3-O-α-L- 吡喃阿拉伯糖基 -7-O-α-L- 吡喃鼠李糖苷 北柴胡 Bupleurum chinense

kaempferol-3-O-α-L-arabinoside 山柰酚 -3-O-α-L- 阿拉伯糖苷 背扁黄耆 Astragalus complanatus

kaempferol-3-O-α-L-arabinoside-7-O-α-L-rhamnoside 山柰酚 -3-O-α-L- 阿拉伯糖苷 -7-O-α-L- 鼠李糖苷 铁角蕨 Asplenium trichomanes

kaempferol-3-O-α-L-dirhamnopyranosyl (1 → 2,1 → 6)-β-D-glucopyranoside 山柰酚 -3-O-α-L- 二吡喃鼠李糖基 -(1 → 2,1 → 6)-β-D- 吡喃葡萄糖苷 救荒野豌豆 Vicia sativa

kaempferol-3-O-α-L-furanarabinoside-7-O-α-L-pyranrhamnoside 山柰酚 -3-O-α-L- 呋喃阿拉伯糖苷 -7-O-α-L- 吡喃鼠李糖苷 北柴胡 Bupleurum chinense

kaempferol-3-O-α-L-galactopyranoside 山柰酚 -3-O-α-L- 吡喃半乳糖苷 红背桂花 Excoecaria cochinchinensis kaempferol-3-O-α-L-glucoside 山柰酚 -3-O-α-L- 葡萄糖苷 浙贝母 Fritillaria thunbergii

kaempferol-3-O-α-L-rhamnopyranosid-7-O-β-D-glucopyranoside 山柰酚 -3-O–α-L- 吡喃鼠李糖苷 -7-O-β-D- 吡喃葡萄糖苷 剑叶凤尾蕨 Pteris ensiformis

kaempferol-3-O-α-L-rhamnopyranoside 山柰酚 -3-O-α-L- 吡喃鼠李糖苷 常见成分，至少分布于 100 种以上植物中

kaempferol-3-O-α-L-rhamnopyranoside-5-O-β-D-glucopyranoside 山柰酚 -3-O-α-L- 吡喃鼠李糖苷 -5-O-β-D- 吡喃葡萄糖苷 红桑 Acalypha wilkesiana

kaempferol-3-O-α-L-rhamnopyranoside-7-O-[α-D-apiofuranosyl-(1 → 2)-β-D-glucopyranoside] 山柰酚 -3-O-α-L- 吡喃鼠李糖苷 -7-O-[α-D- 呋喃芹菜糖基 -(1 → 2)-β-D- 吡喃葡萄糖苷 剑叶凤尾蕨 Pteris ensiformis

kaempferol-3-O-α-L-rhamnopyranoside-7-O-[β-D-glucopyranosyl-(1 → 2)-α-L-rhamnopyranoside] 山柰酚 -3-O-α-L- 吡喃鼠李糖苷 -7-O-[β-D- 吡喃葡萄糖基 -(1 → 2)-α-L- 吡喃鼠李糖苷] 罗汉果 Siraitia grosvenorii

kaempferol-3-O-α-L-rhamnopyranoside-7-O-[β-D-glucopyranosyl-(1 → 3)-α-L-rhamnopyranoside] 山柰酚 -3-O-α-L- 吡喃鼠李糖苷 -7-O-[β-D- 吡喃葡萄糖基 -(1 → 3)-α-L- 吡喃鼠李糖苷] 北枳椇 Hovenia dulcis

kaempferol-3-O-α-L-rhamnopyranoside-7-O-α-L-rhamnopyranoside 山柰酚 -3-O-α-L- 吡喃鼠李糖苷 -7-O-α-L- 吡喃鼠李糖苷 粗茎鳞毛蕨 Dryopteris crassirhizoma

kaempferol-3-O-α-L-rhamnopyranoside-7-O-α-L-rhamnopyranosyl-(1 → 2)-β-D-galactopyranoside 山柰酚 -3-O-α-L- 吡喃鼠李糖苷 -7-O-α-L- 吡喃鼠李糖基 -(1 → 2)-β-D- 吡喃半乳糖苷 荔枝 Litchi chinensis

kaempferol-3-O-α-L-rhamnopyranoside-7-O-α-L-rhamnopyranosyl-(1 → 2)-β-D-glucopyranoside 山柰酚 -3-O-α-L- 吡喃鼠李糖苷 -7-O-α-L- 吡喃鼠李糖基 -(1 → 2)-β-D- 吡喃葡萄糖苷 荔枝 Litchi chinensis

kaempferol-3-O-α-L-rhamnopyranoside-7-O-β-D-glucopyranoside 山柰酚 -3-O-α-L- 吡喃鼠李糖苷 -7-O-β-D- 吡喃葡萄糖苷 槲蕨 Drynaria roosii

kaempferol-3-O-α-L-rhamnopyranosyl-(→)-α-L-rhamnopyranoside 山柰酚 -3-O-α-L- 吡喃鼠李糖基 -(→)-α-L- 吡喃鼠李糖苷 巫山淫羊藿 Epimedium wushanense

kaempferol-3-O-α-L-rhamnopyranosyl-(1 → 2)-[α-L-rhamnopyranosyl-(1 → 6)]-β-D-galactopyranside-7-O-α-L-rhamnopyranoside 山柰酚 -3-O-α-L- 吡喃鼠李糖基 -(1 → 2)-[α-L- 吡喃鼠李糖基 -(1 → 6)]-β-D- 吡喃半乳糖苷 -7-O-α-L- 吡喃鼠李糖苷 甘青乌头 Aconitum tanguticum

kaempferol-3-O-α-L-rhamnopyranosyl-(1 → 2)-[α-L-rhamnopyranosyl-(1 → 6)]-β-D-glucopyranoside 山柰酚 -3-O-α-L- 吡喃鼠李糖基 -(1 → 2)-[α-L- 吡喃鼠李糖基 -(1 → 6)]-β-D- 吡喃葡萄糖苷 黄皮 Clausena lansium

kaempferol-3-O-α-L-rhamnopyranosyl-(1 → 2)-[β-D-glucopyranosyl-(1 → 3)-α-L-(4-O-trans-p-coumaroylrhamnopyranosyl)-(1 → 6)]-β-D-galactopyranoside-7-O-α-L-rhamnopyranoside 山柰酚 -3-O-α-L- 吡喃鼠李糖基 -(1 → 2)-[β-D- 吡喃葡萄糖基 -(1 → 3)-α-L-(4-O- 反式 - 对香豆酰吡喃鼠李糖基)-(1 → 6)]-β-D- 吡喃半乳糖苷 -7-O-α-L- 吡喃鼠李糖苷 甘青乌头 Aconitum tanguticum

kaempferol-3-O-α-L-rhamnopyranosyl-(1 → 2)-galactopyranoside 山柰酚 -3-O-α-L- 吡喃鼠李糖基 -(1 → 2)- 吡喃半乳糖苷 东北蛇葡萄 Ampelopsis glandulosa var. brevipedunculata

kaempferol-3-O-α-L-rhamnopyranosyl-(1 → 2)-α-L-arabinofuranosyl-7-O-α-L-rhamnopyranoside 山柰酚 -3-O-α-L- 吡喃鼠李糖基 -(1 → 2)-α-L- 呋喃阿拉伯糖基 -7-O-α-L- 吡喃鼠李糖苷 土肉桂 Cinnamomum osmophloeum

kaempferol-3-O-α-L-rhamnopyranosyl-(1 → 2)-α-L-rhamnopyranoside 山柰酚 -3-O-α-L- 吡喃鼠李糖基 -(1 → 2)-α-L- 吡喃鼠李糖苷 三枝九叶草 Epimedium sagittatum, 毛荚决明 Senna hirsuta

kaempferol-3-O-α-L-rhamnopyranosyl-(1 → 2)-β-D-galactopyranoside 山柰酚 -3-O-α-L- 吡喃鼠李糖基 -(1 → 2)-β-D- 吡喃半乳糖苷 光叶巴豆 Croton laevigatus

kaempferol-3-O-α-L-rhamnopyranosyl-(1 → 2)-β-D-galactopyranosyl-7-O-α-L-rhamnopyranoside 山柰酚 -3-O-α-L- 吡喃鼠李糖基 -(1 → 2)-β-D- 吡喃半乳糖基 -7-O-α-L- 吡喃鼠李糖基苷 镰荚棘豆 Oxytropis falcata

kaempferol-3-O-α-L-rhamnopyranosyl-(1 → 2)-β-D-glucopyranoside 山柰酚 -3-O-α-L- 吡喃鼠李糖基 -(1 → 2)-β-D- 吡喃葡萄糖苷 大芽南蛇藤 Celastrus gemmatus, 胡颓子 Elaeagnus pungens, 刺五加 Eleutherococcus senticosus, 过路黄 Lysimachia christiniae, 北重楼 Paris verticillata, 垂序商陆 Phytolacca americana

kaempferol-3-O-α-L-rhamnopyranosyl-(1 → 3)-(2,4-di-O-acetyl-α-L-rhamnopyranosyl)-(1 → 6)-β-D-galactopyranoside 山柰酚 -3-O-α-L- 吡喃鼠李糖基 -(1 → 3)-(2,4- 二 -O- 乙酰基 -α-L- 吡喃鼠李糖基)-(1 → 6)-β-D- 吡喃半乳糖苷 对萼猕猴桃 Actinidia valvata

kaempferol-3-O-α-L-rhamnopyranosyl-(1 → 3)-(4-O-acetyl-α-L-rhamnopyranosyl)-(1 → 6)-β-D-galactopyranoside 山柰酚 -3-O-α-L- 吡喃鼠李糖基 -(1 → 3)-(4-O-acetyl-α-L- 吡喃鼠李糖基)-(1 → 6)-β-D- 吡喃半乳糖苷 对萼猕猴桃 Actinidia valvata

kaempferol-3-O-α-L-rhamnopyranosyl-(1 → 3)-[α-L-rhamnopyranosyl-(1 → 6)]-β-D-galactopyranoside 山柰酚 -3-O-α-L- 吡喃鼠李糖基 -(1 → 3)-[α-L- 吡喃鼠李糖基 -(1 → 6)]-β-D- 吡喃半乳糖苷 素馨花 Jasminum grandiflorum

kaempferol-3-O-α-L-rhamnopyranosyl-(1 → 3)-O-[α-L-rhamnopyranosyl-(1 → 6)]-O-β-D-galactopyranoside 山柰酚 -3-O-α-L- 吡喃鼠李糖基 -(1 → 3)-O-[α-L- 吡喃鼠李糖基 -(1 → 6)]-O-β-D- 吡喃半乳糖苷 粉报春 Primula farinosa

kaempferol-3-O-α-L-rhamnopyranosyl-(1 → 3)-α-L-rhamnopyranosyl-(1 → 6)-β-D-galactopyranoside 山柰酚 -3-O-α-L- 吡喃鼠李糖基 -(1 → 3)-α-L- 吡喃鼠李糖基 -(1 → 6)-β-D- 吡喃半乳糖苷 葛枣猕猴桃 Actinidia polygama

kaempferol-3-O-α-L-rhamnopyranosyl-(1 → 4)-O-β-D-galactopyranoside 山柰酚 -3-O-α-L- 吡喃鼠李糖基 -(1 → 4)-O-β-D- 吡喃半乳糖苷 常春油麻藤 Mucuna sempervirens

kaempferol-3-O-α-L-rhamnopyranosyl-(1 → 4)-β-D-glucopyranoside] 山柰酚 -3-O-α-L- 吡喃鼠李糖基 -(1 → 4)-β-D- 吡喃葡萄糖苷 萝卜 Raphanus sativus

kaempferol-3-O-α-L-rhamnopyranosyl-(1 → 6)-(4-O-trans-p-coumaroyl)-β-D-galactopyranoside 山柰酚 -3-O-α-L- 吡喃鼠李糖基 -(1 → 6)-(4-O- 反式 - 对香豆酰基)-β-D- 吡喃半乳糖苷 鸡仔木 Sinoadina racemosa

kaempferol-3-O-α-L-rhamnopyranosyl-(1 → 6)-[(4-O-trans-p-coumaroyl)-α-L-rhamnopyranosyl-(1 → 2)]-(4-O-trans-p-coumaroyl)-β-D-galactopyranoside 山柰酚 -3-*O*-*α*-L- 吡喃鼠李糖基 -(1 → 6)-[(4-*O*- 反式 - 对香豆酰基)-*α*-L- 吡喃鼠李糖基 -(1 → 2)]-(4-*O*- 反式 - 对香豆酰基)-*β*-D- 吡喃半乳糖苷 鸡仔木 Sinoadina racemosa

kaempferol-3-*O*-*α*-L-rhamnopyranosyl-(1→6)-[*α*-L-rhamnopyranosyl-(1→2)]-*β*-D-galactopyranoside 山柰酚 -3-*O*-*α*-L- 吡喃鼠李糖基 -(1→6)-[*α*-L- 吡喃鼠李糖基 -(1 → 2)]-*β*-D- 吡喃半乳糖苷 胡颓子 Elaeagnus pungens

kaempferol-3-*O*-*α*-L-rhamnopyranosyl-(1 → 6)-[*α*-L-rhamnopyranosyl-(1 → 2)]-*β*-D-galactopyranoside-7-*O*-*α*-L-rhamnopyranoside 山柰酚 -3-*O*-*α*-L- 吡喃鼠李糖基 -(1 → 6)-[*α*-L- 吡喃鼠李糖基 -(1 → 2)]-*β*-D- 吡喃半乳糖苷 -7-*O*-*α*-L- 吡喃鼠李糖苷 胡颓子 Elaeagnus pungens

kaempferol-3-*O*-*α*-L-rhamnopyranosyl-(1 → 6)-[*α*-L-rhamnopyranosyl-(1 → 2)]-*β*-D-galactopyranoside-7-*O*-*β*-D-glucopyranoside 山柰酚 -3-*O*-*α*-L- 吡喃鼠李糖基 -(1 → 6)-[*α*-L- 吡喃鼠李糖基 -(1 → 2)]-*β*-D- 吡喃半乳糖苷 -7-*O*-*β*-D- 吡喃葡萄糖苷 胡颓子 Elaeagnus pungens

kaempferol-3-*O*-*α*-L-rhamnopyranosyl-(1 → 6)-*O*-*β*-D-galactopyranoside 山柰酚 -3-*O*-*α*-L- 吡喃鼠李糖基 -(1 → 6)-*O*-*β*-D- 吡喃半乳糖苷 北枳椇 Hovenia dulcis

kaempferol-3-*O*-*α*-L-rhamnopyranosyl-(1 → 6)-*O*-*β*-D-glucopyranoside 山柰酚 -3-*O*-*α*-L- 吡喃鼠李糖基 -(1 → 6)-*O*-*β*-D- 吡喃葡萄糖苷 欧洲七叶树 Aesculus hippocastanum

kaempferol-3-*O*-*α*-L-rhamnopyranosyl-(1 → 6)-*O*-*β*-D-glucopyranosyl-(1 → 2)-*O*-*β*-D-glucopyranoside 山柰酚 -3-*O*-*α*-L- 吡喃鼠李糖基 -(1 → 6)-*O*-*β*-D- 吡喃葡萄糖基 -(1 → 2)-*O*-*β*-D- 吡喃葡萄糖苷 北枳椇 Hovenia dulcis

kaempferol-3-*O*-*α*-L-rhamnopyranosyl-(1 → 6)-*β*-D-galactopyranoside 山柰酚 -3-*O*-*α*-L- 吡喃鼠李糖基 -(1 → 6)-*β*-D- 吡喃半乳糖苷 较常见成分，至少分布于 30 种以上植物中，见于豆科、胡颓子科、蓼科、猕猴桃科、茜草科、桑科、鼠李科、仙人掌科等

kaempferol-3-*O*-*α*-L-rhamnopyranosyl-(1 → 6)-*β*-D-glucopyranoside 山柰酚 -3-*O*-*α*-L- 吡喃鼠李糖基 -(1 → 6)-*β*-D- 吡喃葡萄糖苷 较常见成分，至少分布于 30 种以上植物中，见于八角科、报春花科、唇形科、灯心草科、豆科、杜仲科、葫芦科、锦葵科、蓼科、毛茛科、茄科、桑科、山茶科、山矾科、睡莲科、卫矛科、旋花科、樟科等

kaempferol-3-*O*-*α*-L-rhamnopyranosyl-(1 → 6)-*β*-D-glucopyranosyl-(1 → 2)-*β*-D-galactopyranoside 山柰酚 -3-*O*-*α*-L- 吡喃鼠李糖基 -(1 → 6)-*β*-D- 吡喃葡萄糖基 -(1 → 2)-*β*-D- 吡喃半乳糖苷 大豆 Glycine max

kaempferol-3-*O*-*α*-L-rhamnopyranosyl-(1 → 6)-*β*-D-glucopyranosyl-(1 → 2)-*β*-D-glucopyranoside 山柰酚 -3-*O*-*α*-L- 吡喃鼠李糖基 -(1 → 6)-*β*-D- 吡喃葡萄糖基 -(1 → 2)-*β*-D- 吡喃葡萄糖苷 鸡冠花 Celosia cristata, 鱼藤 Derris trifoliata, 槐 Sophora japonica

kaempferol-3-*O*-*α*-L-rhamnopyranosyl-(1→6)-*β*-D-glucopyranosyl-(1→2)-*β*-D-glucopyranoside-7-*O*-*α*-L-rhamnopyranoside 山柰酚 -3-*O*-*α*-L- 吡喃鼠李糖基 -(1 → 6)-*β*-D- 吡喃葡萄糖基 -(1 → 2)-*β*-D- 吡喃葡萄糖苷 -7-*O*-*α*-L- 吡喃鼠李糖苷 槐 Sophora japonica

kaempferol-3-*O*-*α*-L-rhamnopyranosyl-(1 → 6)-*β*-D-glucopyranosyl-(1 → 3)-*β*-D-glucopyranoside 山柰酚 -3-*O*-*α*-L- 吡喃鼠李糖基 -(1 → 6)-*β*-D- 吡喃葡萄糖基 -(1 → 3)-*β*-D- 吡喃葡萄糖苷 鱼藤 Derris trifoliata

kaempferol-3-*O*-*α*-L-rhamnopyranosyl-(2 → 1)-*α*-L-rhamnopyranoside 山柰酚 -3-*O*-*α*-L- 吡喃鼠李糖基 -(2 → 1)-*α*-L- 吡喃鼠李糖苷 巫山淫羊藿 Epimedium wushanense

kaempferol-3-*O*-*α*-L-rhamnopyranosyl-(2 → 1)-*β*-D-glucopyranoside 山柰酚 -3-*O*-*α*-L- 吡喃鼠李糖基 -(2 → 1)-*β*-D- 吡喃葡萄糖苷 巫山淫羊藿 Epimedium wushanense

kaempferol-3-*O*-*α*-L-rhamnopyranosyl-(4 → 1)-*β*-D-glucopyranoside 山柰酚 -3-*O*-*α*-L- 吡喃鼠李糖基 -(4 → 1)-*β*-D- 吡喃葡萄糖苷 巫山淫羊藿 Epimedium wushanense

kaempferol-3-*O*-*α*-L-rhamnopyranosyl-2''-(6'''-*p*-coumaroyl)-*β*-D-glucoside 山柰酚 -3-*O*-*α*-L- 吡喃鼠李糖基 -2''-(6'''- 对香豆酰基)-*β*-D- 葡萄糖苷 银杏 Ginkgo biloba

kaempferol-3-*O*-*α*-L-rhamnopyranosyl-7-*O*-*α*-L-rhamnopyranoside 山柰酚 -3-*O*-*α*-L- 吡喃鼠李糖基 -7-*O*-*α*-L- 吡喃鼠李糖苷 刺槐 Robinia pseudoacacia

kaempferol-3-*O*-*α*-L-rhamnoside-7-*O*-*α*-L-arabinoside 山柰酚 -3-*O*-*α*-L- 鼠李糖苷 -7-*O*-*α*-L- 阿拉伯糖苷 铁角蕨 Asplenium trichomanes

kaempferol-3-*O*-*α*-L-rhamnosyl-7-*O*-*α*-L-rhamnoside 山柰酚 -3-*O*-*α*-L- 鼠李糖基 -7-*O*-*α*-L- 鼠李糖苷 白花碎米荠 Cardamine leucantha, 狗脊蕨 Woodwardia japonica, 单芽狗脊蕨 W. unigemmata

kaempferol-3-*O*-*α*-rhamnopyranoside 山柰酚 -3-*O*-*α*- 吡喃鼠李糖苷 拟南芥 Arabidopsis thaliana

kaempferol-3-*O*-*α*-rhamnopyranosyl-(1 → 4)-*β*-D-glucopyranoside 山柰酚 -3-*O*-*α*- 吡喃鼠李糖基 -(1 → 4)-*β*-D- 吡喃葡萄糖苷 库页红景天 Rhodiola sachalinensis

kaempferol-3-*O*-*α*-rhamnopyranosyl-7-*O*-*β*-glucopyranoside 山柰酚 -3-*O*-*α*- 吡喃鼠李糖基 -7-*O*-*β*- 吡喃葡萄糖苷 拟南芥 Arabidopsis thaliana

kaempferol-3-*O*-*α*-rhamnosyl-*β*-glucoside 山柰酚 -3-*O*-*α*- 鼠李糖基 - 葡萄糖苷 水烛 Typha angustifolia

kaempferol-3-*O*-*β*-(2''-*O*-acetyl-*β*-D-glucuronopyranoside) 山柰酚 -3-*O*-*β*-(2''-*O*- 乙酰基 -*β*-D- 吡喃葡萄糖醛酸苷) 萹蓄 Polygonum aviculare

kaempferol-3-*O*-*β*-(2''-*O*-*α*-rhamnopyranosyl)-3''-*O*-*β*-glucopyranosyl]-*β*-glucuronopyranoside 山柰酚 -3-*O*-*β*-(2''-*O*-*α*- 吡喃鼠李糖基)-3''-*O*-*β*- 吡喃葡萄糖基]-*β*- 吡喃葡萄糖醛酸苷 老鸦柿 Diospyros rhombifolia

kaempferol-3-*O*-*β*-(3''-*O*-acetyl-*β*-D-glucuronopyranoside) 山柰酚 -3-*O*-*β*-(3''-*O*- 乙酰基 -*β*-D- 吡喃葡萄糖醛酸苷) 萹蓄 Polygonum aviculare

kaempferol-3-*O*-*β*-(6''-galloylglucopyranoside) 山柰酚 -3-*O*-*β*-6''- 没食子酰吡喃葡萄糖苷 臭椿 Ailanthus altissima

kaempferol-3-*O*-*β*-(6-*O*-malonyl)-glucopyranoside 山柰酚 -3-*O*-*β*-(6-*O*- 丙二酰基)- 吡喃葡萄糖苷 啤酒花 Humulus lupulus

kaempferol-3-*O*-*β*-(*α*-rhamnopyranosyl-(1 → 2)-glucopyranosyl)-7-*O*-*α*-rhamnopyranoside 山柰酚 -3-*O*-*β*-[*α*- 吡喃鼠李糖基 -(1 → 2)- 吡喃葡萄糖基]-7-*O*-*α*- 吡喃鼠李糖苷 拟南芥 Arabidopsis thaliana

kaempferol-3-*O*-*β*-[(4-*O*-caffeyl-3-*O*-*β*-glucosyl)-glucoside]-7-*O*-rhamnoside 山柰酚 -3-*O*-*β*-[(4-*O*- 咖啡酰基 -3-*O*-*β*- 葡萄糖基)- 葡萄糖苷]-7-*O*- 鼠李糖苷 对开蕨 Phyllitis scolopendrium

kaempferol-3-*O*-*β*-D-(2'',6''-di-*O*-*β*-L-rhamnopyranosyl)-glucopyranoside 山柰酚 -3-*O*-*β*-D-(2'',6''- 二 -*O*-*β*-L- 吡喃鼠李糖基)- 吡喃葡萄糖苷

长叶胡颓子 Elaeagnus bockii

kaempferol-3-*O*-*β*-D-(2-*O*-feruloyl)-glucosyl-7,4'-di-*O*-*β*-D-glucoside 山柰酚 -3-*O*-*β*-D-(2-*O*- 阿魏酰基)- 葡萄糖基 -7,4'- 二 -*O*-*β*-D- 葡萄糖苷 韭菜 Allium tuberosum

kaempferol-3-*O*-*β*-D-(2-*O*-*β*-D-6-acetylglucosyl)-glucopyranoside-7-*O*-*β*-D-glucopyranoside 山柰酚 -3-*O*-*β*-D-(2-*O*-*β*-D-6- 乙酰葡萄糖基)- 吡喃葡萄糖苷 -7-*O*-*β*-D- 吡喃葡萄糖苷 番红花 Crocus sativus

kaempferol-3-*O*-*β*-D-(2-*O*-*β*-D-6-*O*-acetylglucosyl)glucopyranoside 山柰酚 -3-*O*-*β*-D-(2-*O*-*β*-D-6-*O*- 乙酰葡萄糖基) 吡喃葡萄糖苷 番红花 Crocus sativus

kaempferol-3-*O*-*β*-D-(2''-*O*-*β*-D-apiofuranosyl)-glucopyranoside-7-*O*-*α*-L-rhamnopyranoside 山柰酚 -3-*O*-*β*-D-(2''-*O*-*β*-D- 呋喃芹糖基)- 吡喃葡萄糖苷 -7-*O*-*α*-L- 吡喃鼠李糖苷 尖叶木蓝 Indigofera zollingeriana

kaempferol-3-*O*-*β*-D-(2''-*O*-*β*-D-apiofuranosyl-6''-*O*-*α*-L-rhamnopyranosyl)-glucopyranoside-7-*O*-*α*-L-rhamnopyranoside 山柰酚 -3-*O*-*β*-D-(2''-*O*-*β*-D- 呋喃芹糖基 -6''-*O*-*α*-L- 吡喃鼠李糖基)- 吡喃葡萄糖苷 -7-*O*-*α*-L- 吡喃鼠李糖苷 尖叶木蓝 Indigofera zollingeriana

kaempferol-3-*O*-*β*-D-(2-*O*-*β*-D-glucopyranosyl)-glucopyranoside 山柰酚 -3-*O*-*β*-D-(2-*O*-*β*-D- 吡喃葡萄糖基)- 吡喃葡萄糖苷 矮桃 Lysimachia clethroides

kaempferol-3-*O*-*β*-D-(2-*O*-*β*-D-glucosyl)glucopyranoside 山柰酚 -3-*O*-*β*-D-(2-*O*-*β*-D- 葡萄糖基) 吡喃葡萄糖苷 番红花 Crocus sativus

kaempferol-3-*O*-*β*-D-(4''-*O*-*E*-4-coumaroyl)-glucopyranoside 山柰酚 -3-*O*-*β*-D-(4''-*O*-*E*-4- 桂皮酰基)- 吡喃葡萄糖苷 长叶胡颓子 Elaeagnus bockii

kaempferol-3-*O*-*β*-D-(6''-*O*-*trans*-*p*-coumaroyl)glucopyranoside 山柰酚 -3-*O*-*β*-D-(6''-*O*- 反式对香豆酰基) 吡喃葡萄糖苷 地蔷薇 Chamaerhodos erecta

kaempferol-3-*O*-*β*-D-(6''-*O*-*trans*-*p*-coumaroyl)-glucopyranoside 山柰酚 -3-*O*-*β*-D-(6''-*O*- 反式 - 对香豆酰基)- 吡喃葡萄糖苷 披针叶胡颓子 Elaeagnus lanceolata

kaempferol-3-*O*-*β*-D-(6''-*O*-*α*-L-rhamnopyranosyl)glucopyranoside 山柰酚 -3-*O*-*β*-D-(6''-*O*-*α*-L- 吡喃鼠李糖基) 吡喃葡萄糖苷 少药八角 Illicium oligandrum

kaempferol-3-*O*-*β*-D-(6''-*p*-coumaroyl)-glucopyranoside 山柰酚 -3-*O*-*β*-D-(6''-*p*- 香豆酰基)- 吡喃葡萄糖苷 矮桃 Lysimachia clethroides

kaempferol-3-*O*-*β*-D-(6''-*p*-coumaroyl)-glucopyranoside 山柰酚 -3-*O*-*β*-D-(6''- 对羟基桂皮酰基)- 吡喃葡萄糖苷 中国沙棘 Hippophae rhamnoides subsp. sinensis

kaempferol-3-*O*-*β*-D-(6''-*E*-*p*-coumaroyl)-glucopyranoside 山柰酚 -3-*O*-*β*-D-(6''-*E*- 对香豆酰基)- 吡喃葡萄糖苷 滇结香 Edgeworthia gardneri, 三球悬铃木 Platanus orientalis, 蛇婆子 Waltheria indica

kaempferol-3-*O*-*β*-D-(6-*E*-*p*-hydroxycinnamoyl)glucopyranoside 山柰酚 -3-*O*-*β*-D-(6-*E*- 对羟基桂皮酰基) 吡喃葡萄糖苷 木芙蓉 Hibiscus mutabilis

kaempferol-3-*O*-*β*-D-(6''-malonyl)glucopyranoside 山柰酚 -3-*O*-*β*-D-(6''- 丙二酰) 吡喃葡萄糖苷 急弯棘豆 Oxytropis deflexa

kaempferol-3-*O*-*β*-D-(6''-*O*-(*E*)-*p*-coumaroyl)glucopyranoside 山柰酚 -3-*O*-*β*-D-(6''-*O*-(*E*)- 对香豆酰基)- 吡喃葡萄糖苷 蕨麻 Potentilla anserina

kaempferol-3-*O*-*β*-D-(6''-*O*-acetyl)-galactopyranoside 山柰酚 -3-*O*-*β*-D-(6''-*O*- 乙酰基)- 吡喃半乳糖苷 白车轴草 Trifolium repens

kaempferol-3-*O*-*β*-D-(6-*O*-acetyl)glucopyranoside 山柰酚 -3-*O*-*β*-D-(6-*O*- 乙酰基) 吡喃葡萄糖苷 番红花 Crocus sativus

kaempferol-3-*O*-*β*-D-(6-*O*-acetyl)glucopyranoside-7-*O*-*β*-D-glucopyranoside 山柰酚 -3-*O*-*β*-D-(6-*O*- 乙酰基) 吡喃葡萄糖苷 -7-*O*-*β*-D- 吡喃葡萄糖苷 番红花 Crocus sativus

kaempferol-3-*O*-*β*-D-(6-*O*-acetylglucopyranosyl)-7-*O*-*β*-D-glucopyranoside 山柰酚 -3-*O*-*β*-D-(6-*O*- 乙酰吡喃葡萄糖基)-7-*O*-*β*-D- 吡喃葡萄糖苷 接骨草 Sambucus chinensis

kaempferol-3-*O*-*β*-D-(6''-*O*-*cis*-*p*-coumaroyl)-glucopyranoside 山柰酚 -3-*O*-*β*-D-(6''-*O*- 顺式 - 对香豆酰基)- 吡喃葡萄糖苷 芫花 Daphne genkwa

kaempferol-3-*O*-*β*-D-(6-*O*-*cis*-*p*-coumaroyl)glucopyranoside 山柰酚 -3-*O*-*β*-D-(6-*O*- 顺式 - 对香豆酰基)- 葡萄糖苷 委陵菜 Potentilla chinensis

kaempferol-3-*O*-*β*-D-(6'-*O*-*E*-4-coumaroyl)-glucopyranoside 山柰酚 -3-*O*-*β*-D-(6''-*O*-*E*-4- 桂皮酰基)- 吡喃葡萄糖苷 长叶胡颓子 Elaeagnus bockii

kaempferol-3-*O*-*β*-D-(6''-*O*-galloyl)-glucopyranoside 山柰酚 -3-*O*-*β*-D-(6''-*O*- 没食子酰基)- 吡喃葡萄糖苷 珠仔树 Symplocos racemosa

kaempferol-3-*O*-*β*-D-(6''-*O*-*p*-coumaroyl)-galactopyranoside 山柰酚 -3-*O*-*β*-D-(6''-*O*- 对羟基香豆酰基)- 吡喃半乳糖苷 香青兰 Dracocephalum moldavica

kaempferol-3-*O*-*β*-D-(6''-*O*-*p*-coumaryl)-glucopyranoside 山柰酚 -3-*O*-*β*-D-(6''-*O*- 对香豆酰基)- 吡喃葡萄糖苷 陆地棉 Gossypium hirsutum

kaempferol-3-*O*-*β*-D-(6''-*O*-*p*-hydroxycinnamoyl)-galactopyranoside 山柰酚 -3-*O*-*β*-D-(6''-*O*- 对羟基桂皮酰基)- 吡喃半乳糖苷 灰毛浆果楝 Cipadessa cinerascens

kaempferol-3-*O*-*β*-D-(6-*O*-*trans*-*p*-coumaroyl)glucopyranoside 山柰酚 -3-*O*-*β*-D-(6-*O*- 反式 - 对香豆酰基)- 葡萄糖苷 委陵菜 Potentilla chinensis

kaempferol-3-*O*-*β*-D-(6-*O*-*trans*-*p*-coumaroyl)-glucopyranoside 山柰酚 -3-*O*-*β*-D-(6-*O*- 反式 - 对香豆酰基)- 吡喃葡萄糖苷 破布叶 Microcos paniculata, 红毛丹 Nephelium lappaceum

kaempferol-3-*O*-*β*-D-(6-*O*-*trans*-*p*-hydroxycoumaroyl)-glucoside 山柰酚 -3-*O*-*β*-D-(6-*O*- 反式 - 对羟基香豆酰基)- 葡萄糖苷 美蔷薇 Rosa bella

kaempferol-3-*O*-*β*-D-(6'''-*O*-*α*-L-rhamnopyranosyl)-glucopyranoside 山柰酚 -3-*O*-*β*-D-(6'''-*O*-*α*-L- 吡喃鼠李糖基)- 吡喃葡萄糖苷 灰毛浆果楝 Cipadessa cinerascens

kaempferol-3-*O*-*β*-D-(6''-*O*-*α*-L-rhamnopyranosyl)-glucopyranoside 山柰酚 -3-*O*-*β*-D-(6''-*O*-*α*-L- 吡喃鼠李糖基)- 吡喃葡萄糖苷 海金沙 Lygodium japonicum, 乌檀 Nauclea officinalis kaempferol-3-O-β-D-(6''-O-β-L-rhamnopyranosyl)-glucopyranoside 山柰酚 -3-O-β-D-(6''-O-β-L- 吡喃鼠李糖基)- 吡喃葡萄糖苷 长叶胡颓子 Elaeagnus bockii

kaempferol-3-O-β-D-(6''-p-coumaroyl)-glucopyranoside 山柰酚 -3-O-β-D-(6''- 对香豆酰基)- 吡喃葡萄糖苷 苘麻 Abutilon theophrasti

kaempferol-3-O-β-D-(6''-p-hydroxybenzoyl)-galactopyranoside 山柰酚 -3-O-β-D-(6''- 对羟基苯甲酰基)- 吡喃半乳糖苷 酸模叶蓼 Polygonum lapathifolium

kaempferol-3-O-β-D-[3,6-di-(p-hydroxycinnamoyl)]-glucopyranoside 山柰酚 -3-O-β-D-(3,6- 二 - 对羟基桂皮酰基)- 吡喃葡萄糖苷 破布叶 Microcos paniculata

kaempferol-3-O-β-D-6''-acetylglucopyranoside 山柰酚 -3-O-β-D-6''- 乙酰吡喃葡萄糖苷 西域旌节花 Stachyurus himalaicus

kaempferol-3-O-β-D-6''-acetylglucopyranoside 山柰酚 -3-O-β-D-6''- 乙酰吡喃葡萄糖苷 红芽大戟 Knoxia sumatrensis

kaempferol-3-O-β-D-6''-p-hydroxycoumaroylglucoside 山柰酚 -3-O-β-D-6''- 对羟基香豆酰吡喃葡萄糖苷 胡颓子 Elaeagnus pungens

kaempferol-3-O-β-D-alloside 山柰酚 -3-O-β-D- 阿洛糖苷 耳羽岩蕨 Woodsia polystichoides

kaempferol-3-O-β-D-apiofuranosy-(1 → 4)-α-L-rhamnopyranosyl-7-O-α-L-rhamnopyranoside 山柰酚 -3-O-β-D- 呋喃芹菜糖基 -(1 → 4)-α-L- 呋喃芹菜糖基 -7-O-α-L- 吡喃鼠李糖苷 土肉桂 Cinnamomum osmophloeum

kaempferol-3-O-β-D-apiofuranosyl-(1 → 2)-α-L-arabinofuranosyl-7-O-α-L-rhamnopyranoside 山柰酚 -3-O-β-D- 呋喃芹糖基 -(1 → 2)-α-L- 呋喃阿拉伯糖基 -7-O-α-L- 吡喃鼠李糖苷 土肉桂 Cinnamomum osmophloeum

kaempferol-3-O-β-D-apiofuranosyl-(1 → 2)-α-L-rhamnopyranosyl-(1 → 6)-β-D-glucopyranoside 山柰酚 -3-O-β-D- 呋喃芹糖基 -(1 → 2)-α-L- 吡喃鼠李糖基 -(1 → 6)-β-D- 吡喃葡萄糖苷 紫云英 Astragalus sinicus

kaempferol-3-O-β-D-apiofuranosyl-(1 → 2)-β-D-glucopyranosyl-7-O-α-L-rhamnopyranoside 山柰酚 -3-O-β-D- 呋喃芹糖基 -(1 → 2)-β-D- 吡喃葡萄糖基 -7-O-α-L- 吡喃鼠李糖苷 地桃花 Urena lobata

kaempferol-3-O-β-D-diglucopyranoside-7-O-α-L-rhamnopyranoside 山柰酚 -3-O-β-D- 二吡喃葡萄糖苷 -7-O-α-L- 吡喃鼠李糖苷 阳芋 Solanum tuberosum

kaempferol-3-O-β-D-diglucoside 山柰酚 -3-O-β-D- 二葡萄糖苷 垂序商陆 Phytolacca americana

kaempferol-3-O-β-D-galactopyranoside 山柰酚 -3-O-β-D- 吡喃半乳糖苷 较常见成分，至少分布于 30 种以上植物中，见于报春花科、唇形科、大戟科、冬青科、豆科、胡颓子科、桦木科、夹竹桃科、锦葵科、桔梗科、苦木科、蓼科、鹿蹄草科、萝藦科、马鞭草科、马桑科、毛茛科、猕猴桃科、木犀科、葡萄科、七叶树科、茜草科、蔷薇科、茄科、伞形科、山茶科、山矾科、山茱萸科、薯蓣科、睡莲科、松科、藤黄科、梧桐科、五加科、仙人掌科、小檗科、旋花科、荨麻科、樟科、紫金牛科等

kaempferol-3-O-β-D-galactopyranosyl-(2 → 1)-O-β-D-glucopyranoside 山柰酚 -3-O-β-D- 吡喃半乳糖基 -(2 → 1)-O-β-D- 吡喃葡萄糖苷 三七 Panax notoginseng

kaempferol-3-O-β-D-galactopyranosyl-(6 → 1)-α-L-rhamnopyranoside 山柰酚 -3-O-β-D- 吡喃半乳糖基 -(6 → 1)-α-L- 吡喃鼠李糖苷 葫芦茶 Tadehagi triquetrum

kaempferol-3-O-β-D-galactopyranosyl-7-O-α-L-rhamnopyranoside 山柰酚 -3-O-β-D- 吡喃半乳糖基 -7-O-α-L- 吡喃鼠李糖苷 刀豆 Canavalia gladiata, 刺槐 Robinia pseudoacacia, 野火球 Trifolium lupinaster

kaempferol-3-O-β-D-galactopyronosy-(1 → 2)-O-β-D-glucopyranoside 山柰酚 -3-O-β-D- 吡喃半乳糖基 -(1 → 2)-O-β-D- 吡喃葡萄糖苷 刺参 Oplopanax elatus

kaempferol-3-O-β-D-galactoside 山柰酚 -3-O-β-D- 半乳糖苷 日本瓦松 Orostachys japonica, 复盆子 Rubus idaeus, 额河千里光 Senecio argunensis

kaempferol-3-O-β-D-galactosyl-7-O-α-L-rhamnoside 山柰酚 -3-O-β-D- 半乳糖基 -7-O-α-L- 鼠李糖苷 白花碎米荠 Cardamine leucantha

kaempferol-3-O-β-D-galactosyl-7-O-β-D-glucopyranosyl-(1 → 3)-O-α-L-rhamnoside 山柰酚 -3-O-β-D- 半乳糖基 -7-O-β-D- 吡喃葡萄糖基 -(1 → 3)-O-α-L- 鼠李糖苷 白花碎米荠 Cardamine leucantha

kaempferol-3-O-β-D-glcosyl-(6 → 1)-rhamnoside 山柰酚 -3-O-β-D- 葡萄糖基 -(6 → 1)- 鼠李糖苷 掌叶复盆子 Rubus chingii

kaempferol-3-O-β-D-glucopyranoside 山柰酚 -3-O-β-D- 吡喃葡萄糖苷 常见成分，至少分布于 100 种以上植物中

kaempferol-3-O-β-D-glucopyranoside-(6 → 1)-α-L-rhamnoside 山柰酚 -3-O-β-D- 吡喃葡萄糖苷 -(6 → 1)-α-L- 鼠李糖苷 攀倒甑 Patrinia villosa

kaempferol-3-O-β-D-glucopyranoside-2''-gallate 山柰酚 -3-O-β-D- 吡喃葡萄糖苷 -2''- 没食子酸酯 酸模叶蓼 Polygonum lapathifolium

kaempferol-3-O-β-D-glucopyranoside-2''-gallate 山柰酚 -3-O-β-D- 吡喃葡萄糖糖苷 -2''- 没食子酸酯 云南土沉香 Excoecaria acerifolia

kaempferol-3-O-β-D-glucopyranoside-6''-gallate 山柰酚 -3-O-β-D- 吡喃葡萄糖苷 -6''- 没食子酸酯 芍药 Paeonia lactiflora

kaempferol-3-O-β-D-glucopyranoside-6''-(3-hydroxy-3-methylglutarate) 山柰酚 -3-O-β-D- 吡喃葡萄糖苷 -6''-(3- 羟基 -3- 甲基戊二酸酯) 红雀珊瑚 Pedilanthus tithymaloides, 百蕊草 Thesium chinense

kaempferol-3-O-β-D-glucopyranoside-7-O-α-L-arabinofuranoside 山柰酚 -3-O-β-D- 吡喃葡萄糖苷 -7-O-α-L- 呋喃阿拉伯糖苷 槲蕨 Drynaria roosii, 有柄石韦 Pyrrosia petiolosa

kaempferol-3-O-β-D-glucopyranoside-7-O-α-L-rhamnopyranoside 山柰酚 -3-O-β-D- 吡喃葡萄糖苷 -7-O-α-L- 吡喃鼠李糖苷 南蛇藤 Celastrus orbiculatus, 皱叶南蛇藤 C. rugosus, 中华瘤枝卫矛 Euonymus verrucosus var. chinensis, 红毛丹 Nephelium lappaceum, 小槐花 Ohwia caudata, 蒙古栎 Quercus mongolica, 巧玲花 Syringa pubescens, 地桃花 Urena lobata, 野豌豆 Vicia sepium

kaempferol-3-O-β-D-glucopyranosyl-(1 → 2)-[α-L-rhamnopyranosyl-(1 → 6)]-β-D-glucopyranoside 山柰酚 -3-O-{β-D- 吡喃葡萄糖基 -(1 → 2)-[α-L- 吡喃鼠李糖基 -(1 → 6)]-β-D- 吡喃葡萄糖苷 油茶 Camellia oleifera

kaempferol-3-O-β-D-glucopyranosyl-(1 → 2)-O-β-D-galactopyranoside 山柰酚 -3-O-β-D- 吡喃葡萄糖基 -(1 → 2)-O-β-D- 吡喃半乳糖苷 三七 Panax notoginseng

kaempferol-3-O-β-D-glucopyranosyl-(1 → 2)-O-β-D-glucopyranosyl-(1 → 2)-O-[α-L-rhamnopyranosyl-(1 → 6)]-β-D-glucopyranoside 山柰酚 -3-O-β-D- 吡喃葡萄糖基 -(1 → 2)-O-β-D- 吡喃葡萄糖基 -(1 → 2)-O-[α-L- 吡喃鼠李糖基 -(1 → 6)]-β-D- 吡喃葡萄糖苷 香石竹 Dianthus caryophyllus

kaempferol-3-O-β-D-glucopyranosyl-(1→2)-α-L-arabinofuranosyl-7-O-α-L-rhamnopyranoside 山柰酚-3-O-β-D-吡喃葡萄糖基-(1→2)-α-L-呋喃阿拉伯糖基-7-O-α-L-吡喃鼠李糖苷 土肉桂 Cinnamomum osmophloeum

kaempferol-3-O-β-D-glucopyranosyl-(1→2)-α-L-arabinopyranoside 山柰酚-3-O-β-D-吡喃葡萄糖基-(1→2)-α-L-吡喃阿拉伯糖苷 枸骨 Ilex cornuta

kaempferol-3-O-β-D-glucopyranosyl-(1→2)-α-L-rhamnopyranoside 山柰酚-3-O-β-D-吡喃葡萄糖-(1→2)-α-L-吡喃鼠李糖苷 深绿山龙眼 Helicia nilagirica

kaempferol-3-O-β-D-glucopyranosyl-(1→2)-α-L-rhamnopyranosyl-7-O-α-L-rhamnopyranoside 山柰酚-3-O-β-D-吡喃葡萄糖基-(1→2)-α-L-吡喃鼠李糖基-7-O-α-L-吡喃鼠李糖苷 土肉桂 Cinnamomum osmophloeum

kaempferol-3-O-β-D-glucopyranosyl-(1→2)-β-D-6-acetylglucopyranoside 山柰酚-3-O-β-D-吡喃葡萄糖基-(1→2)-β-D-6-乙酰吡喃葡萄糖苷 番红花 Crocus sativus

kaempferol-3-O-β-D-glucopyranosyl-(1→2)-β-D-galactopyranoside 山柰酚-3-O-β-D-吡喃葡萄糖基-(1→2)-β-D-吡喃半乳糖苷 四叶重楼 Paris quadrifolia, 黄花夹竹桃 Thevetia peruviana, 日本珊瑚树 Viburnum odoratissimum var. awabuki

kaempferol-3-O-β-D-glucopyranosyl-(1→2)-β-D-galactopyranoside-7-O-α-L-rhamnopyranoside 山柰酚-3-O-β-D-吡喃葡萄糖基-(1→2)-β-D-吡喃半乳糖苷-7-O-α-L-吡喃鼠李糖苷 洋金花 Datura metel

kaempferol-3-O-β-D-glucopyranosyl-(1→2)-β-D-galactopyranoside-7-O-β-D-glucopyranoside 山柰酚-3-O-β-D-吡喃葡萄糖基-(1→2)-β-D-吡喃半乳糖苷-7-O-β-D-吡喃葡萄糖苷 洋金花 Datura metel

kaempferol-3-O-β-D-glucopyranosyl-(1→2)-β-D-glucopyranoside 山柰酚-3-O-β-D-吡喃葡萄糖基-(1→2)-β-D-吡喃葡萄糖苷 油茶 Camellia oleifera, 过山蕨 Camptosorus sibiricus, 番红花 Crocus sativus, 洋金花 Datura metel, 小花棘豆 Oxytropis glabra

kaempferol-3-O-β-D-glucopyranosyl-(1→2)-β-D-glucopyranoside-7-O-α-L-rhamnopyranoside 山柰酚-3-O-β-D-吡喃葡萄糖基-(1→2)-β-D-吡喃葡萄糖苷-7-O-α-L-吡喃鼠李糖苷 洋金花 Datura metel, 槐 Sophora japonica

kaempferol-3-O-β-D-glucopyranosyl-(1→2)-β-D-glucopyranoside-7-O-β-D-glucopyranoside 山柰酚-3-O-β-D-吡喃葡萄糖基-(1→2)-β-D-吡喃葡萄糖苷-7-O-β-D-吡喃葡萄糖苷 洋金花 Datura metel

kaempferol-3-O-β-D-glucopyranosyl-(1→2)-β-D-glucopyranosyl-(1→6)-β-D-glucopyranoside 山柰酚-3-O-β-D-吡喃葡萄糖基-(1→2)-β-D-吡喃葡萄糖基-(1→6)-β-D-吡喃葡萄糖苷 胭脂花 Primula maximowiczii

kaempferol-3-O-β-D-glucopyranosyl-(1→2)-β-D-glucopyranosyl-7-O-β-D-glucopyranoside 山柰酚-3-O-β-D-吡喃葡萄糖基-(1→2)-β-D-吡喃葡萄糖基-7-O-β-D-吡喃葡萄糖苷 过山蕨 Camptosorus sibiricus

kaempferol-3-O-β-D-glucopyranosyl-(1→3){α-L-rhamnopyranosyl-(1→2)][α-L-rhamnopyranosyl-(1→6)]-β-D-galactopyranoside 山柰酚-3-O-β-D-吡喃葡萄糖基-(1→3)[α-L-吡喃鼠李糖基-(1→2)][α-L-吡喃鼠李糖基-(1→6)]-β-D-吡喃半乳糖苷 光叶巴豆 Croton laevigatus

kaempferol-3-O-β-D-glucopyranosyl-(1→3)-α-L-rhamnopyranosyl-(1→6)-[α-L-rhamnopyranosyl-(1→2)]-β-D-galactopyranoside 山柰酚-3-O-β-D-吡喃葡萄糖基-(1→3)-α-L-吡喃鼠李糖基-(1→6)-[α-L-吡喃鼠李糖基-(1→2)]-β-D-吡喃半乳糖苷 胡颓子 Elaeagnus pungens

kaempferol-3-O-β-D-glucopyranosyl-(1→3)-α-L-rhamnopyranosyl-(1→6)-β-D-galactopyranoside 山柰酚-3-O-β-D-吡喃葡萄糖基-(1→3)-α-L-吡喃鼠李糖基-(1→6)-β-D-吡喃半乳糖苷 胡颓子 Elaeagnus pungens

kaempferol-3-O-β-D-glucopyranosyl-(1→3)-α-L-rhamnopyranosyl-(1→6)-β-D-glucopyranoside-7-O-β-D-glucopyranoside 山柰酚-3-O-β-D-吡喃葡萄糖基-(1→3)-α-L-吡喃鼠李糖基-(1→6)-β-D-吡喃葡萄糖苷-7-O-β-D-吡喃葡萄糖苷 胡颓子 Elaeagnus pungens

kaempferol-3-O-β-D-glucopyranosyl-(1→4)-O-α-L-rhamnopyranoside 山柰酚-3-O-β-D-吡喃葡萄糖基-(1→4)-O-α-L-吡喃鼠李糖苷 七叶树 Aesculus chinensis, 欧洲七叶树 A. hippocastanum

kaempferol-3-O-β-D-glucopyranosyl-(1→4)-α-L-rhamnopyranosyl-(1→6)-β-D-galactopyranoside 山柰酚-3-O-β-D-吡喃葡萄糖基-(1→4)-α-L-吡喃鼠李糖基-(1→6)-β-D-吡喃半乳糖苷 甘肃大戟 Euphorbia kansuensis

kaempferol-3-O-β-D-glucopyranosyl-(1→4)-α-L-rhamnopyranosyl-7-O-α-L-rhamnopyranoside 山柰酚-3-O-β-D-吡喃葡萄糖基-(1→4)-α-L-吡喃鼠李糖基-7-O-α-L-吡喃鼠李糖苷 土肉桂 Cinnamomum osmophloeum

kaempferol-3-O-β-D-glucopyranosyl-(1→4)-α-L-rhamnopyranosyl-7-O-β-D-glucopyranosyl-(1→4)-α-L-rhamnopyranoside 山柰酚-3-O-β-D-吡喃葡萄糖基-(1→4)-α-L-吡喃鼠李糖基-7-O-β-D-吡喃葡萄糖基-(1→4)-α-L-吡喃鼠李糖苷 扶芳藤 Euonymus fortunei

kaempferol-3-O-β-D-glucopyranosyl-(1→4)-α-L-rhamnosyl-7-O-α-L-rhamnoside 山柰酚-3-O-β-D-吡喃葡萄糖基-(1→4)-α-L-鼠李糖基-7-O-α-L-鼠李糖苷 过山蕨 Camptosorus sibiricus

kaempferol-3-O-β-D-glucopyranosyl-(1→4)-β-D-glucopyranoside 山柰酚-3-O-β-D-吡喃葡萄糖基-(1→4)-β-D-吡喃葡萄糖苷 四叶重楼 Paris quadrifolia

kaempferol-3-O-β-D-glucopyranosyl-(1→6)-O-β-D-galactosyl-7-O-α-L-rhamnoside 山柰酚-3-O-β-D-吡喃葡萄糖基-(1→6)-O-β-D-半乳糖基-7-O-α-L-鼠李糖苷 白花碎米荠 Cardamine leucantha

kaempferol-3-O-β-D-glucopyranosyl-(1→6)-O-β-D-galactosyl-7-O-β-D-glucopyranosyl-(1→3)-O-α-L-rhamnoside 山柰酚-3-O-β-D-吡喃葡萄糖基-(1→6)-O-β-D-半乳糖基-7-O-β-D-吡喃葡萄糖基-(1→3)-O-α-L-鼠李糖苷 白花碎米荠 Cardamine leucantha

kaempferol-3-O-β-D-glucopyranosyl-(1→6)-β-D-glucopyranoside 山柰酚-3-O-β-D-吡喃葡萄糖基-(1→6)-β-D-吡喃葡萄糖苷 土丁桂 Evolvulus alsinoides

kaempferol-3-O-β-D-glucopyranosyl-(6→1)-α-L-rhamnopyranoside 山柰酚-3-O-β-D-吡喃葡萄糖基-(6→1)-α-L-吡喃鼠李糖苷 樟 Cinnamomum camphora, 桂火绳 Eriolaena kwangsiensis, 葫芦茶 Tadehagi triquetrum

kaempferol-3-O-β-D-glucopyranosyl-(6→1)-α-L-rhamnoside 山柰酚-3-O-β-D-吡喃葡萄糖基-(6→1)-α-L-鼠李糖苷 红凤菜 Gynura bicolor, 白子菜 G. divaricata

kaempferol-3-O-β-D-glucopyranosyl-(6→1)-β-D-glucopyranoside 山柰酚-3-O-β-D-吡喃葡萄糖基-(6→1)-β-D-吡喃葡萄糖苷 油茶 Camellia oleifera

kaempferol-3-*O*-*β*-D-glucopyranosyl-2'',6''-*O*-*trans*-*p*-hydroxycinnamate 山柰酚 -3-*O*-*β*-D- 吡喃葡萄糖苷 -3'',6''- 二 - 反式 - 对羟基桂皮酸酯 金锦香 Osbeckia chinensis
kaempferol-3-*O*-*β*-D-glucopyranosyl-6''-*O*-*trans*-*p*-hydroxycinnamate 山柰酚 -3-*O*-*β*-D- 吡喃葡萄糖苷 -6''- 反式 - 对羟基桂皮酸酯 金锦香 Osbeckia chinensis
kaempferol-3-*O*-*β*-D-glucopyranosyl-7,4'-*O*-di-L-*α*-rhamnopyranoside 山柰酚 -3-*O*-*β*-D- 吡喃葡萄糖基 -7,4'-*O*- 二 -L-*α*- 吡喃鼠李糖苷 冬青卫矛 Euonymus japonicus
kaempferol-3-*O*-*β*-D-glucopyranosyl-7-*O*-(2-*O*-*trans*-sinnapoyl)-*β*-D-glucopyranosyl-(1 → 6)-*β*-D-glucopyranoside 山柰酚 -3-*O*-*β*-D- 吡喃葡萄糖基 -7-*O*-*β*-D-(2- 反式 - 芥子酰基 -*β*-D- 吡喃葡萄糖基 -(1 → 6)- 吡喃葡萄糖苷 播娘蒿 Descurainia sophia
kaempferol-3-*O*-*β*-D-glucopyranosyl-7-*O*-[(6*R*,2*E*)-2,6-dimethyl-6-hydroxy-2,7-octadienoyl-(1 → 4)]-*α*-L-rhamnopyranoside 山柰酚 -3-*O*-*β*-D- 吡喃葡萄糖基 -7-*O*-[(6*R*,2*E*)2,6- 二甲基 -6- 羟基 -2,7- 辛二烯酰 -(1 → 4)]-*α*-L- 吡喃鼠李糖苷 中国沙棘 Hippophae rhamnoides subsp. sinensis
kaempferol-3-*O*-*β*-D-glucopyranosyl-7-*O*-gentiobioside 山柰酚 -3-*O*-*β*-D- 吡喃葡萄糖基 -7-*O*- 龙胆二糖苷 播娘蒿 Descurainia sophia
kaempferol-3-*O*-*β*-D-glucopyranosyl-7-*O*-*α*-L-rhamnopyranoside 山柰酚 -3-*O*-*β*-D- 吡喃葡萄糖基 -7-*O*-*α*-L- 吡喃鼠李糖苷 点地梅 Androsace umbellata, 滇山茶 Camellia reticulata, 洋金花 Datura metel, 扶芳藤 Euonymus fortunei, 冬青卫矛 E. japonicus, 土丁桂 Evolvulus alsinoides, 毛酸浆 Physalis philadelphica, 松潘棱子芹 Pleurospermum franchetianum, 广藿香 Pogostemon cablin, 小丛红景天 Rhodiola dumulosa, 库页红景天 R. sachalinensis, 石莲 Sinocrassula indica, 地桃花 Urena lobata, 紫花地丁 Viola philippica
kaempferol-3-*O*-*β*-D-glucopyranosyl-7-*O*-*β*-D-glucopyranoside 山柰酚 -3-*O*-*β*-D- 吡喃葡萄糖基 -7-*O*-*β*-D- 吡喃葡萄糖苷 小花棘豆 Oxytropis glabra, 接骨草 Sambucus chinensis
kaempferol-3-*O*-*β*-D-glucopyranosyl-7-*O*-*β*-D-glucopyranosyl-(1 → 2)-*β*-D-glucopyranoside 山柰酚 -3-*O*-*β*-D- 吡喃葡萄糖基 -7-*O*-*β*-D- 吡喃葡萄糖基 -(1 → 2)-*β*-D- 吡喃葡萄糖 过山蕨 Camptosorus sibiricus
kaempferol-3-*O*-*β*-D-glucopyranosyl-7-*α*-L-rhamnopyranoside 山柰酚 -3-*O*-*β*-D- 吡喃葡萄糖基 -7-*α*-L- 吡喃鼠李糖苷 驴蹄草 Caltha palustris
kaempferol-3-*O*-*β*-D-glucopyranosylrutinoside 山柰酚 -3-*O*-*β*-D- 吡喃葡萄糖基芸香糖苷 海岛棉 Gossypium barbadense
kaempferol-3-*O*-*β*-D-glucopyranosyl-*α*-L-rhamnopyranoside 山柰酚 -3-*O*-*β*-D- 吡喃葡萄糖基 -*α*-L- 吡喃鼠李糖苷 百蕊草 Thesium chinense
kaempferol-3-*O*-*β*-D-glucopyranosyl-*β*-D-glucopyranoside 山柰酚 -3-*O*-*β*-D- 吡喃葡萄糖基 -*β*-D- 吡喃葡萄糖苷 草木犀状黄耆 Astragalus melilotoides
kaempferol-3-*O*-*β*-D-glucoside-7-*O*-*β*-D-glucopyranoside 山柰酚 -3-*O*-*β*-D- 葡萄糖 -7-*O*-*β*-D- 吡喃葡萄糖苷 荞麦 Fagopyrum esculentum
kaempferol-3-*O*-*β*-D-glucosyl-(1 → 2)-*α*-L-rhamnoside 山柰酚 -3-*O*-*β*-D- 葡萄糖基 -(1 → 2)-*α*-L- 鼠李糖苷 麻竹 Dendrocalamus latiflorus
kaempferol-3-*O*-*β*-D-glucosyl-7-*O*-*β*-D-glucopyranoside 山柰酚 -3-*O*-*β*-D- 葡萄糖基 -7-*O*-*β*-D- 吡喃葡萄糖苷 节节草 Equisetum ramosissimum
kaempferol-3-*O*-*β*-D-glucuronic acid-6''-methyl ester 山柰酚 -3-*O*-*β*-D- 吡喃葡萄糖醛酸 -6''- 甲酯 宽苞水柏枝 Myricaria bracteata
kaempferol-3-*O*-*β*-D-glucuronide 山柰酚 -3-*O*-*β*-D- 葡萄糖醛酸苷 地蔷薇 Chamaerhodos erecta, 翻白草 Potentilla discolor
kaempferol-3-*O*-*β*-D-glucuronide methyl ester 山柰酚 -3-*O*-*β*-D- 吡喃葡萄糖醛酸甲酯 掌叶复盆子 Rubus chingii
kaempferol-3-*O*-*β*-D-glucuronopyranoside 山柰酚 -3-*O*-*β*-D- 吡喃葡萄糖醛酸苷 积雪草 Centella asiatica, 青钱柳 Cyclocarya paliurus, 白果白珠 Gaultheria leucocarpa, 莲 Nelumbo nucifera, 萹蓄 Polygonum aviculare, 水生酸模 Rumex aquaticus, 柽柳 Tamarix chinensis, 绿豆 Vigna radiata
kaempferol-3-*O*-*β*-D-glucuronopyranosyl methyl ester 山柰酚 -3-*O*-*β*-D- 吡喃葡萄糖基甲酯 莲 Nelumbo nucifera
kaempferol-3-*O*-*β*-diglucoside 山柰酚 -3-*O*-*β*- 二葡萄糖苷 藜 Chenopodium album
kaempferol-3-*O*-*β*-D-robinobioside 山柰酚 -3-*O*-*β*-D- 刺槐二糖苷 尖叶铁扫帚 Lespedeza juncea
kaempferol-3-*O*-*β*-D-rutinoside 山柰酚 -3-*O*-*β*-D- 芸香糖苷 梣叶槭 Acer negundo, 木通 Akebia quinata, 斜方复叶耳蕨 Arachniodes rhomboidea, 北柴胡 Bupleurum chinense, 南山茶 Camellia semiserrata, 毛轴碎米蕨 Cheilosoria chusana, 柳叶蜡梅 Chimonanthus salicifolius, 沙戟 Chrozophora sabulosa, 刺齿贯众 Cyrtomium caryotideum, 水麻 Debregeasia orientalis, 麻竹 Dendrocalamus latiflorus, 狭叶白鲜 Dictamnus angustifolius, 准噶尔大戟 Euphorbia soongarica, 活血丹 Glechoma longituba, 量天尺 Hylocereus undatus, 毛豹皮樟 Litsea coreana var. lanuginosa, 水黄皮 Pongamia pinnata, 半枝莲 Scutellaria barbata, 胖大海 Sterculia lychnophora, 千果榄仁 Terminalia myriocarpa, 地桃花 Urena lobata, 山葡萄 Vitis amurensis
kaempferol-3-*O*-*β*-D-rutinoside-7-*O*-*β*-D-glucopyranoside 山柰酚 -3-*O*-*β*-D- 芸香糖苷 -7-*O*-*β*-D- 吡喃葡萄糖苷 玉簪 Hosta plantaginea
kaempferol-3-*O*-*β*-D-sophoroside 山柰酚 -3-*O*-*β*-D- 槐糖苷 毛酸浆 Physalis philadelphica, 月季 Rosa chinensis
kaempferol-3-*O*-*β*-D-sophoroside-7-*O*-*α*-L-rhamnopyranoside 山柰酚 -3-*O*-*β*-D- 槐糖苷 -7-*O*-*α*-L- 吡喃鼠李糖苷 西洋参 Panax quinquefolius
kaempferol-3-*O*-*β*-D-sophoroside-7-*O*-*α*-L-rhamnoside 山柰酚 -3-*O*-*β*-*D*- 槐糖苷 -7-*O*-*α*-*L*- 鼠李糖苷 槐 Sophora japonica
kaempferol-3-*O*-*β*-D-sophorosyl-7-*O*-*α*-L-rhamnopyranoside 山柰酚 -3-*O*-*β*-D- 槐糖基 -7-*O*-*α*-L- 吡喃鼠李糖苷 紫花地丁 Viola philippica
kaempferol-3-*O*-*β*-D-triglucopyranoside-7-*O*-*α*-L-rhamnopyranoside 山柰酚 -3-*O*-*β*-D- 三吡喃葡萄糖苷 -7-*O*-*α*-L- 吡喃鼠李糖苷 阳芋 Solanum tuberosum
kaempferol-3-*O*-*β*-D-xylopyranoside 山柰酚 -3-*O*-*β*-D- 吡喃木糖苷 耳基水苋菜 Ammannia arenaria, 楝叶吴萸 Euodia glabrifolia, 乌药 Lindera aggregata
kaempferol-3-*O*-*β*-D-xylopyranoside-4'-*O*-*α*-L-rhamnopyranoside 山柰酚 -3-*O*-*β*-D- 吡喃木糖苷 -4'-*O*-*α*-L- 吡喃鼠李糖苷 长叶柞木 Xylosma longifolia
kaempferol-3-*O*-*β*-D-xylopyranosyl-(1 → 2)-[*α*-L-rhamnopyranosyl-(1 → 6)]-*β*-D-glucopyranoside 山柰酚 -3-*O*-*β*-D- 吡喃木糖基 -(1 → 2)-[*α*-L- 吡喃鼠李糖基 -(1 → 6)]-*β*-D- 吡喃葡萄糖苷 酸枣 Ziziphus jujuba var. spinosa
kaempferol-3-*O*-*β*-D-xylopyranosyl-(1 → 2)-*O*-*β*-D-galactopyranoside 山柰酚 -3-*O*-*β*-D- 吡喃木糖基 -(1 → 2)-*O*-*β*-D- 吡喃半乳糖苷 八角枫

Alangium chinense, 毛八角枫 A. kurzii

kaempferol-3-*O*-*β*-D-xylopyranosyl-(1 → 2)-*O*-*β*-D-glucopyranoside 山柰酚 -3-*O*-*β*-D- 吡喃木糖基 -(1 → 2)-*O*-*β*-D- 吡喃葡萄糖苷 七叶树 Aesculus chinensis, 莲 Nelumbo nucifera, 垂序商陆 Phytolacca americana

kaempferol-3-*O*-*β*-D-xylopyranosyl-(1 → 2)-*O*-*β*-D-glucopyranosyl-(1 → 6)-*O*-*β*-D-glucopyranoside 山柰酚 -3-*O*-*β*-D- 吡喃木糖基 -(1 → 2)-*O*-*β*-D- 吡喃葡萄糖基 -(1 → 6)-*O*-*β*-D- 吡喃葡萄糖苷 七叶树 Aesculus chinensis

kaempferol-3-*O*-*β*-D-xylopyranosyl-(1 → 2)-*α*-L-arabinofuranosyl-7-*O*-*α*-L-rhamnopyranoside 山柰酚 -3-*O*-*β*-D- 吡楠木糖基 -(1 → 2)-*α*-L- 呋喃阿拉伯糖基 -7-*O*-*α*-L- 吡喃鼠李糖苷 土肉桂 Cinnamomum osmophloeum

kaempferol-3-*O*-*β*-D-xylopyranosyl-(1 → 2)-*α*-L-rhamnopyranosyl-7-*O*-*α*-L-rhamnopyranoside 山柰酚 -3-*O*-*β*-D- 吡楠木糖基 -(1 → 2)-*α*-L- 吡喃鼠李糖基 -7-*O*-*α*-L- 吡喃鼠李糖苷 土肉桂 Cinnamomum osmophloeum

kaempferol-3-*O*-*β*-D-xylopyranosyl-(1 → 2)-*β*-D-galactopyranoside 山柰酚 -3-*O*-*β*-D- 吡喃木糖基 -(1 → 2)-*β*-D- 吡喃半乳糖苷 野火球 Trifolium lupinaster

kaempferol-3-*O*-*β*-D-xylopyranosyl-(1 → 2)-*β*-D-glucopyranoside 山柰酚 -3-*O*-*β*-D- 吡喃木糖基 -(1 → 2)-*β*-D- 吡喃葡萄糖苷 油茶 Camellia oleifera

kaempferol-3-*O*-*β*-D-xylopyranosyl-(1 → 4)-*O*-*β*-D-glucopyranoside 山柰酚 -3-*O*-*β*-D- 吡喃木糖基 -(1 → 4)-*O*-*β*-D- 吡喃葡萄萄糖苷 欧洲七叶树 Aesculus hippocastanum

kaempferol-3-*O*-*β*-D-xylopyranosyl-(1 → 6)-*O*-*β*-D-galactopyranoside 山柰酚 -3-*O*-*β*-D- 吡喃木糖基 -(1 → 6)-*O*-*β*-D 吡喃半乳糖苷 糖胶树 Alstonia scholaris

kaempferol-3-*O*-*β*-gentiobioside 山柰酚 -3-*O*-*β*- 龙胆二糖苷 毛冬青 Ilex pubescens

kaempferol-3-*O*-*β*-glucopyranoside 山柰酚 -3-*O*-*β*- 吡喃葡萄糖苷 拟南芥 Arabidopsis thaliana, 土丁桂 Evolvulus alsinoides, 啤酒花 Humulus lupulus, 冬葵 Malva verticillata var. crispa

kaempferol-3-*O*-*β*-glucopyranoside-7-*O*-*α*-rhamnopyranoside 山柰酚 -3-*O*-*β*- 吡喃葡萄糖苷 -7-*O*-*α*- 吡喃鼠李糖苷 林木贼 Equisetum sylvaticum

kaempferol-3-*O*-*β*-glucopyranosyl-7-*O*-*α*-rhamnopyranoside 山柰酚 -3-*O*-*β*- 吡喃葡萄糖基 -7-*O*-*α*- 吡喃鼠李糖苷 拟南芥 Arabidopsis thaliana

K

kaempferol-3-*O*-*β*-glucoside 山柰酚 -3-*O*-*β*- 葡萄糖苷 藜 Chenopodium album

kaempferol-3-*O*-*β*-glucuronopyranoside 山柰酚 -3-*O*-*β*- 吡喃葡萄糖醛酸苷 乌柿 Diospyros cathayensis

kaempferol-3-*O*-*β*-L-rhamnopyranoside 山柰酚 -3-*O*-*β*-L- 吡喃鼠李糖苷 蒙古风毛菊 Saussurea mongolica

kaempferol-3-*O*-*β*-L-rhamnopyranosyl-(1 → 6)-*β*-D-glucopyranoside 山柰酚 -3-*O*-*β*-L- 吡喃鼠李糖基 -(1 → 6)-*β*-D- 吡喃葡萄糖苷 柔弱斑种草 Bothriospermum tenellum, 山茶 Camellia japonica, 土丁桂 Evolvulus alsinoides

kaempferol-3-*O*-*β*-neohesperidoside 山柰酚 -3-*O*-*β*- 新橙皮糖苷 山柑 Capparis spinosa, 琴叶榕 Ficus pandurata, 啤酒花 Humulus lupulus

kaempferol-3-*O*-*β*-rhamninoside 山柰酚 -3-*O*-*β*- 鼠李三糖苷 攀倒甑 Patrinia villosa

kaempferol-3-*O*-*β*-rhamnoside 山柰酚 -3-*O*-*β*- 鼠李糖苷 薄叶鼠李 Rhamnus leptophylla, 帚枝鼠李 R. virgata

kaempferol-3-*O*-*β*-robinobinoside 山柰酚 -3-*O*-*β*- 刺槐双糖苷 益母草 Leonurus japonicus

kaempferol-3-*O*-*β*-robinobioside 山柰酚 -3-*O*-*β*- 刺槐二糖苷 依兰 Cananga odorata, 木芙蓉 Hibiscus mutabilis, 毛冬青 Ilex pubescens, 地桃花 Urena lobata

kaempferol-3-*O*-*β*-rutinoside-7-*O*-*β*-D-glucoside 山柰酚 3-*O*-*β*- 芸香糖苷 7-*O*-*β*-D- 葡萄糖苷 鸡矢藤 Paederia foetida

kaempferol-3-*O*-*β*-sambubioside 山柰酚 -3-*O*-*β*- 桑布双糖苷 桃金娘 Rhodomyrtus tomentosa

kaempferol-3-*O*-*β*-sophoroside 山柰酚 -3-*O*-*β*- 槐糖苷 韭菜 Allium tuberosum, 油茶 Camellia oleifera, 笔管草 Equisetum ramosissimum subsp. debile, 野罂粟 Papaver nudicaule

kaempferol-3-*O*-*β*-sophorosyl-7-*O*-*β*-D-(2-*O*-feruloyl)-glucoside 山柰酚 -3-*O*-*β*- 槐糖基 -7-*O*-*β*-D-(2-*O*- 阿魏酰基)- 葡萄糖苷 韭菜 Allium tuberosum

kaempferol-3-*O*-*β*-sophorosyl-7-*O*-*β*-glucoside 山柰酚 -3-*O*-*β*- 槐糖基 -7-*O*-*β*- 葡萄糖苷 野罂粟 Papaver nudicaule

kaempferol-3-rhamnogluco-7-galactopyranoside 山柰酚 -3- 鼠李葡萄糖基 -7- 吡喃半乳糖苷 小蔓长春花 Vinca minor

kaempferol-3-rhamnogluco-7-glucopyranoside 山柰酚 -3- 鼠糖葡萄糖基 -7- 吡喃葡萄糖苷 小蔓长春花 Vinca minor

kaempferol-3-rhamnoglucoside 山柰酚 -3- 鼠李葡萄糖苷 霍香蓟 Ageratum conyzoides, 龙蒿 Artemisia dracunculus, 洋常春藤 Hedera helix, 毛黄连花 Lysimachia vulgaris, 台琼海桐 Pittosporum pentandrum var. formosanum, 槐 Sophora japonica

kaempferol-3-rhamnopyranoside 山柰酚 -3- 吡喃鼠李糖苷 长穗决明 Senna didymobotrya, 广布野豌豆 Vicia cracca

kaempferol-3-rhamnopyranoside-7-rhamnopyranosyl-(1 → 3)-rhamnopyranoside 山柰酚 -3- 吡喃鼠李糖苷 -7- 吡喃鼠李糖基 -(1 → 3)- 吡喃鼠李糖苷 过路黄 Lysimachia christiniae

kaempferol-3-rhamnoside 山柰酚 -3- 鼠李糖苷 悬铃木 Platanus acerifolia, 缺裂千里光 Senecio scandens var. incisus

kaempferol-3-rhamnoside-4'-xyloside 山柰酚 -3- 鼠李糖苷 -4'- 木糖苷 土荆芥 Chenopodium ambrosioides

kaempferol-3-rhamnoside-7-*O*-[6-feruloylglucoside-(1 → 3)-rhamnoside] 山柰酚 -3- 鼠李糖苷 -7-*O*-[6- 阿魏酰葡萄糖苷 -(1 → 3)- 鼠李糖苷] 长叶铁角蕨 Asplenium prolongatum

kaempferol-3-rhamnoside-7-xyloside 山柰酚 -3- 鼠李糖苷 -7- 木糖苷 土荆芥 Chenopodium ambrosioides

kaempferol-3-rhamnosyl-7-glucoside 山柰酚 -3- 鼠李糖基 -7- 葡萄糖苷 台湾溲疏 Deutzia taiwanensis

kaempferol-3-rhamnosyldiglucoside 山柰酚 -3- 鼠李糖基二葡萄糖苷 凤仙花 Impatiens balsamina, 番茄 Lycopersicon esculentum

kaempferol-3-rhamnosylglucoside-7-glucoside 山柰酚 -3- 鼠李葡萄糖苷 -7- 葡萄糖苷 犬问荆 Equisetum palustre

kaempferol-3-robinobio-7-rhamnopyranoside 山柰酚 -3- 刺槐二糖基 -7- 吡喃鼠李糖苷 犁头草 Viola japonica

kaempferol-3-robinobioside 山柰酚 -3- 刺槐二糖苷 薜荔 Ficus pumila

kaempferol-3-robinoside 山柰酚 -3- 刺槐糖苷 紫苜蓿 Medicago sativa
kaempferol-3-rutinoside 山柰酚 -3- 芸香糖苷 过路黄 Lysimachia christiniae
kaempferol-3-rutinoside-4'-glucoside 山柰酚 -3- 芸香糖苷 -4'- 葡萄糖苷 剑麻 Agave sisalana
kaempferol-3-rutinoside-7-glucoside 山柰酚 -3- 芸香糖苷 -7- 葡萄糖苷 紫萼 Hosta ventricosa
kaempferol-3-rutinoside-*p*-coumaroyl-hexose 山柰酚 -3- 芸香糖苷 - 对香豆酰己糖 番茄 Lycopersicon esculentum
kaempferol-3-rutinoside-pentose-*p*-coumaroyl 山柰酚 -3- 芸香糖苷 - 戊糖 - 对香豆酰基 番茄 Lycopersicon esculentum
kaempferol-3-rutinoside-pentoside 山柰酚 -3- 芸香糖 - 戊糖苷 番茄 Lycopersicon esculentum
kaempferol-3-rutinoside-*p*-feruloyl-hexose 山柰酚 -3- 芸香糖苷 - 对阿魏酰己糖 番茄 Lycopersicon esculentum
kaempferol-3-rutinosyl-7-glucoside 山柰酚 -3- 芸香糖基 -7- 葡萄糖苷 木贼 Equisetum hyemale
kaempferol-3-sambubioside 山柰酚 -3- 接骨木二糖苷 苦马豆 Sphaerophysa salsula
kaempferol-3-sophoroside 山柰酚 -3- 槐糖苷 芜菁 Brassica rapa, 问荆 Equisetum arvense, 笔管草 E. ramosissimum subsp. debile, 紫萼 Hosta ventricosa, 鸭嘴花 Justicia adhatoda, 库页红景天 Rhodiola sachalinensis, 蛇瓜 Trichosanthes anguina, 日本珊瑚树 Viburnum odoratissimum var. awabuki
kaempferol-3-sophoroside-7-glucoside 山柰酚 -3- 槐糖苷 -7- 葡萄糖苷 芜菁 Brassica rapa, 笔管草 Equisetum ramosissimum subsp. debile, 紫萼 Hosta ventricosa
kaempferol-3-sulfate 山柰酚 -3- 硫酸酯 铁线蕨 Adiantum capillus-veneris, 扇叶铁线蕨 A. flabellulatum
kaempferol-3-triglucoside 山柰酚 -3- 三葡萄糖苷 台湾溲疏 Deutzia taiwanensis
kaempferol-3-xylopyranoside 山柰酚 -3- 吡喃木糖苷 细叶千斤拔 Flemingia lineata
kaempferol-3-xylosylgentiobioside 山柰酚 -3- 木糖龙胆二糖苷 多刺绿绒蒿 Meconopsis horridula
kaempferol-3-xylosylglucoside 山柰酚 -3- 木糖基葡萄糖苷 背扁黄耆 Astragalus complanatus
kaempferol-3-xylosylrutinoside-7-glucoside 山柰酚 -3- 果糖基芸香糖苷 -7- 葡萄糖苷 紫萼 Hosta ventricosa
kaempferol-3-*α*-arabinopyranoside 山柰酚 -3-*α*- 吡喃阿拉伯糖苷 垂盆草 Sedum sarmentosum
kaempferol-3-*α*-L-arabinopyranoside-7-*α*-L-rhamnopyranoside 山柰酚 -3-*α*-L- 吡喃阿拉伯糖基 -7-*α*-L- 吡喃鼠李糖苷 木槿 Hibiscus syriacus
kaempferol-3-*α*-L-arabinoside 山柰酚 -3-*α*-L- 阿拉伯糖苷 木麻黄 Casuarina equisetifolia
kaempferol-3-*α*-L-arabofuranosyl-7-*α*-L-rhamnofuranoside 山柰酚 -3-*α*-L- 呋喃阿拉伯糖基 -7-*α*-L- 呋喃鼠李糖苷 黑刺李 Prunus spinosa
kaempferol-3-*α*-L-rhamnofuranoside 山柰酚 -3-*O*-*α*-L- 呋喃鼠李糖苷 飞廉 Carduus nutans
kaempferol-3-*α*-L-rhamnopyranoside 山柰酚 -3-*α*-L- 吡喃鼠李糖苷 野蔷薇 Rosa multiflora
kaempferol-3-*α*-L-rhamnoside 山柰酚 -3-*α*-L- 鼠李糖苷 乳浆大戟 Euphorbia esula
kaempferol-3-*α*-L-rhamno-*β*-D-glucoside 山柰酚 -3-*α*-L- 鼠李糖基 -*β*-D- 葡萄糖苷 毛黄连花 Lysimachia vulgaris
kaempferol-3-*β*-alloside 山柰酚 -3-*β*- 阿洛糖苷 分株紫萁 Osmunda cinnamomea var. asiatica
kaempferol-3-*β*-arabinopyranoside 山柰酚 -3-*β*- 吡喃阿拉伯糖苷 白苞猩猩草 Euphorbia heterophylla
kaempferol-3-*β*-D-(6-*O*-*trans*-*p*-coumaryl)-glucopyranoside 山柰酚 -3-*β*-D-(6-*O*- 反式 - 对香豆酰基)- 吡喃葡萄糖苷 假烟叶树 Solanum erianthum
kaempferol-3-*β*-D-galactopyranoside 山柰酚 -3-*β*-D- 吡喃半乳糖苷 茶 Camellia sinensis, 金钟藤 Merremia boisiana, 烈香杜鹃花 Rhododendron anthopogonoides
kaempferol-3-*β*-D-galactoside 山柰酚 -3-*β*-D- 半乳糖苷 一点红 Emilia sonchifolia
kaempferol-3-*β*-D-glucofuranosyl-6-*β*-L-rhamnopyranoside 山柰酚 -3-*β*-D- 吡喃葡萄糖基 -6-*β*-L- 吡喃鼠李糖苷 宽叶独行菜 Lepidium latifolium
kaempferol-3-*β*-D-glucopyranoside 山柰酚 -3-*β*-D- 吡喃葡萄糖苷 茶 Camellia sinensis, 节节草 Equisetum ramosissimum, 鸭嘴花 Justicia adhatoda, 杧果 Mangifera indica, 拳参 Polygonum bistorta, 篱蓼 P. dumetorum, 金露梅 Potentilla fruticosa, 火炬树 Rhus typhina
kaempferol-3-*β*-D-glucoside 山柰酚 -3-*β*-D- 葡萄糖苷 林木贼 Equisetum sylvaticum, 毛黄连花 Lysimachia vulgaris
kaempferol-3-*β*-glucopyranoside 山柰酚 -3-*β*- 吡喃葡萄糖苷 鹰嘴豆 Cicer arietinum
kaempferol-3-*β*-glucuronide 山柰酚 -3-*β*- 葡萄糖醛酸苷 复盆子 Rubus idaeus, 山葡萄 Vitis amurensis
kaempferol-3-*β*-rutinoside 山柰酚 -3-*β*- 芸香糖苷 林木贼 Equisetum sylvaticum
kaempferol-4,7-dimethyl ether 山柰酚 -4,7- 二甲醚 锡叶藤 Tetracera sarmentosa
kaempferol-4',7-dimethyl ether 山柰酚 -4',7- 二甲醚 云南兔耳草 Lagotis yunnanensis
kaempferol-4',7-dimethyl-3-*O*-glucopyranoside 山柰酚 -4',7- 二甲基 -3-*O*- 吡喃葡萄糖苷 裸蒴 Gymnotheca chinensis, 白苞裸蒴 G. involucrata
kaempferol-4'-methyl ether 山柰酚 -4'- 甲醚 高良姜 Alpinia officinarum, 飞机草 Chromolaena odorata, 蒲葵 Livistona chinensis, 榄李 Lumnitzera racemosa, 黄脉九节 Psychotria straminea, 尼泊尔鼠李 Rhamnus napalensis, 髯花杜鹃 Rhododendron anthopogon, 五层龙 Salacia prinoides, 柽柳 Tamarix chinensis
kaempferol-4'-methyl ether-3,7-dirhamnoglucoside 山柰酚 -4'- 甲醚 -3,7- 二鼠李糖基葡萄糖苷 澳洲茄 Solanum laciniatum
kaempferol-4'-methyl ether-3-glucoside 山柰酚 -4'- 甲醚 -3- 葡萄糖苷 澳洲茄 Solanum laciniatum
kaempferol-4'-methylether-3-*O*-*β*-D-glucopyranoside 山柰酚 -4'- 甲醚 -3-*O*-*β*-D- 吡喃葡萄糖苷 蒙古黄耆 Astragalus penduliflorus
kaempferol-4'-*O*-glucoside 山柰酚 -4'-*O*- 葡萄糖苷 旋果蚊子草 Filipendula ulmaria
kaempferol-4'-*O*-*α*-L-rhamnopyranoside 山柰酚 -4'-*O*-*α*-L- 吡喃鼠李糖苷 库页红景天 Rhodiola sachalinensis
kaempferol-4'-*O*-*α*-L-rhamnopyranosyl-(1 → 6)-*β*-D-glucopyranoside 山柰酚 -4'-*O*-*α*-L- 吡喃鼠李糖基 -(1 → 6)-*β*-D- 吡喃葡萄糖苷 土丁桂 Evolvulus alsinoides
kaempferol-4'-*O*-*β*-D-apiofuranosyl-3-*O*-*β*-D-glucopyranosyl-7-*O*-*α*-L-rhamnopyranoside 山柰酚 -4'-*O*-*β*-D- 呋喃芹糖基 -3-*O*-*β*-D- 吡喃葡萄

K

糖基 -7-*O*-*α*-L- 吡喃鼠李糖苷 地桃花 Urena lobata
kaempferol-4'-*O*-*β*-D-glucopyranoside 山柰酚 -4'-*O*-*β*-D- 吡喃葡萄糖苷 地桃花 Urena lobata
kaempferol-4'-*O*-*β*-D-glucopyranosyl-(1 → 2)-*β*-D-glucopyranoside 山柰酚 -4'-*O*-*β*-D- 吡喃葡萄糖基 -(1 → 2)-*β*-D- 吡喃葡萄糖苷 土丁桂 Evolvulus alsinoides
kaempferol-5-glucopyranoside 山柰酚 -5- 吡喃葡萄糖苷 桐棉 Thespesia populnea
kaempferol-5-methyl ether 山柰酚 -5- 甲醚 百蕊草 Thesium chinense
kaempferol-5-*O*-[*α*-L-rhamnopyranosyl-(1 → 6)]-*β*-D-glucopyranoside 山柰酚 -5-*O*-[*α*-L- 吡喃鼠李糖基 -(1 → 6)]-*β*-D- 吡喃葡萄糖苷 夹竹桃 Nerium oleander
kaempferol-5-*O*-arabinopyranoside 山柰酚 -5-*O*- 吡喃阿拉伯糖苷 南酸枣 Choerospondias axillaris
kaempferol-5-*O*-glucoside 山柰酚 -5-*O*- 葡萄糖苷 鼠麴雪兔子 Saussurea gnaphalodes
kaempferol-6-*C*-glucopyranoside 山柰酚 -6-*C*- 吡喃葡萄糖苷 刺榆 Hemiptelea davidii
kaempferol-6-*C*-glucoside 山柰酚 -6-*C*- 葡萄糖苷 榉树 Zelkova serrata
kaempferol-6-*C*-*β*-D-glucopyranoside 山柰酚 -6-*C*-*β*-D- 吡喃葡萄糖苷 千斤拔 Flemingia philippinensis, 金锦香 Osbeckia chinensis
kaempferol-6'-*O*-acetate 山柰酚 -6'-*O*- 乙酸酯 罗布麻 Apocynum venetum
kaempferol-7-(6''-galloylglucopyranoside) 山柰酚 -7-(6''- 没食子酰吡喃葡萄糖苷) 金合欢 Acacia farnesiana
kaempferol-7,4'-dimethyl ether 山柰酚 -7,4'- 二甲醚 瓜子金 Polygala japonica, 柽柳 Tamarix chinensis
kaempferol-7,4'-dimethyl ether-3-*O*-*β*-D-glucopyranoside 山柰酚 -7,4'- 二甲醚 -3-*O*-*β*-D- 吡喃葡萄糖苷 洋紫荆 Bauhinia variegata, 羽萼木 Colebrookea oppositifolia
kaempferol-7,4'-di-*O*-L-rhamnopyranoside 山柰酚 -7,4'- 二 -*O*-L- 吡喃鼠李糖苷 多疣猪屎豆 Crotalaria verrucosa, 木蓝 Indigofera tinctoria
kaempferol-7,4'-*O*-diglucopyranoside 山柰酚 -3,4'-*O*- 二吡喃葡萄糖苷 蚕豆 Vicia faba
kaempferol-7-diglucopyranoside 山柰酚 -7- 二吡喃葡萄糖苷 金合欢 Acacia farnesiana
kaempferol-7-glucoside 山柰酚 -7- 葡萄糖苷 双花堇菜 Viola biflora
kaempferol-7-methyl ether 山柰酚 -7- 甲醚 茵陈蒿 Artemisia capillaris, 飞机草 Chromolaena odorata, 柠檬桉 Eucalyptus citriodora, 毛唇芋兰 Nervilia fordii, 望春玉兰 Yulania biondii
kaempferol-7-methyl-3-*O*-glucopyranoside 山柰酚 -7- 甲基 -3-*O*- 吡喃葡萄糖苷 裸蒴 Gymnotheca chinensis
kaempferol-7-*O*-(2,3-di-*E*-*p*-coumaroyl-*α*-L-rhamnopyranoside 山柰酚 -7-*O*-(2,3- 二 -(*E*)- 对香豆酰基 -*α*-L- 吡喃鼠李糖苷) 西洋参 Panax quinquefolius
kaempferol-7-*O*-(4'',6''-di-*trans*-*p*-hydroxycinnamoyl-2'',3''-diacetyl)-*β*-D-glucopyranoside 山柰酚 -7-*O*-(4'',6''- 二 - 反式 - 对羟基桂皮酰基 -2'',3''- 二乙酰基)-*β*-D- 吡喃葡萄糖苷 蒙古栎 Quercus mongolica
kaempferol-7-*O*-(4''-*O*-acetyl)-*α*-L-rhamnopyranosyl-3-*O*-rutinoside 山柰酚 -7-*O*-(4''-*O*- 乙酰基)-*α*-L- 吡喃鼠李糖基 -3-*O*- 芸香糖苷 狗枣猕猴桃 Actinidia kolomikta
kaempferol-7-*O*-(6-caffenic-)-glucopyranosyl-(1 → 3)-rhamnopyranoside 山柰酚 -7-*O*-(6- 咖啡酰)- 吡喃葡萄糖基 -(1 → 3)- 吡喃鼠李糖苷 圆锥铁线莲 Clematis terniflora
kaempferol-7-*O*-(rhamnopyranosyl)-glucopyranoside 山柰酚 -7-*O*-(吡喃鼠李糖基)- 吡喃葡萄糖苷 灰毛豆 Tephrosia purpurea
kaempferol-7-*O*-gentiobioside 山柰酚 -7-*O*- 龙胆二糖苷 播娘蒿 Descurainia sophia
kaempferol-7-*O*-glucopyranoside 山柰酚 -7-*O*- 吡喃葡萄糖苷 瓜叶马兜铃 Aristolochia cucurbitifolia, 南酸枣 Choerospondias axillaris, 白苞猩猩草 Euphorbia heterophylla, 矮桃 Lysimachia clethroides
kaempferol-7-*O*-glucopyranosyl-3-*O*-rutinoside 山柰酚 -7-*O*- 吡喃葡萄糖基 -3-*O*- 芸香糖苷 葡萄柚 Citrus paradisi
kaempferol-7-*O*-glucoside 山柰酚 -7-*O*- 葡萄糖苷 北艾 Artemisia vulgaris, 小白及 Bletilla formosana, 牡丹 Paeonia suffruticosa, 侧柏 Platycladus orientalis, 火炭母 Polygonum chinense, 鼠李 Rhamnus davurica, 垂柳 Salix babylonica, 鼠麴雪兔子 Saussurea gnaphalodes
kaempferol-7-*O*-glucoside-3-*O*-glucogalactoside 山柰酚 -7-*O*- 葡萄糖苷 -3-*O*- 葡萄糖半乳糖苷 毛曼陀罗 Datura inoxia
kaempferol-7-*O*-glucoside-3-*O*-glucogalactoside-caffeate 山柰酚 -7-*O*- 葡萄糖苷 -3-*O*- 葡萄糖半乳糖苷 - 咖啡酸酯 毛曼陀罗 Datura inoxia
kaempferol-7-*O*-glucoside-3-*O*-sophoroside 山柰酚 -7-*O*- 葡萄糖苷 -3-*O*- 槐糖苷 毛曼陀罗 Datura inoxia
kaempferol-7-*O*-methyl ether 山柰酚 -7-*O*- 甲醚 黄花棘豆 Oxytropis ochrocephala, 帚枝鼠李 Rhamnus virgata, 丁香 Syzygium aromaticum
kaempferol-7-*O*-neohesperidoside 山柰酚 -7-*O*- 新橙皮糖苷 荔枝 Litchi chinensis
kaempferol-7-*O*-*p*-coumaroyl-3-*O*-*β*-D-glucopyranoside 山柰酚 -7-*O*- 对香豆酰基 -3-*O*-*β*-D- 吡喃葡萄糖苷 沙枣 Elaeagnus angustifolia
kaempferol-7-*O*-rhamnopyranosyl-3-*O*-glucopyranoside 山柰酚 -7-*O*- 吡喃鼠李糖基 -3-*O*- 吡喃葡萄糖苷 葡萄柚 Citrus paradisi
kaempferol-7-*O*-rhamnoside 山柰酚 -7-*O*- 鼠李糖苷 尼泊尔老鹳草 Geranium nepalense
kaempferol-7-*O*-rutinoside 山柰酚 -7-*O*- 芸香糖苷 欧荨麻 Urtica urens
kaempferol-7-*O*-*α*-L-arabinofuranoside 山柰酚 -7-*O*-*α*-L- 呋喃阿拉伯糖苷 槲蕨 Drynaria roosii, 甘青老鹳草 Geranium pylzowianum
kaempferol-7-*O*-*α*-L-arabinopyranosyl-3-*O*-*β*-D-3'',6''-diacetylglucopyranoside 山柰酚 -7-*O*-*α*-L- 吡喃阿拉伯糖基 -3-*O*-*β*-D-3'',6''- 乙酰吡喃葡萄糖苷 红芽大戟 Knoxia sumatrensis
kaempferol-7-*O*-*α*-L-arabinopyranosyl-3-*O*-*β*-D-6''-acetylglucopyranoside 山柰酚 -7-*O*-*α*-L- 吡喃阿拉伯糖基 -3-*O*-*β*-D-6''- 乙酰吡喃葡萄糖苷 红芽大戟 Knoxia sumatrensis
kaempferol-7-*O*-*α*-L-arabinopyranosyl-3-*O*-*β*-D-glucopyranoside 山柰酚 -7-*O*-*α*-L- 吡喃阿拉伯糖 -3-*O*-*β*-D- 吡喃葡萄糖苷 红芽大戟 Knoxia sumatrensis
kaempferol-7-*O*-*α*-L-rhamnofuranoside 山柰酚 -7-*O*-*α*-L- 呋喃鼠李糖苷 家山黧豆 Lathyrus sativus, 黑刺李 Prunus spinosa
kaempferol-7-*O*-*α*-L-rhamnopyranoside 山柰酚 -7-*O*-*α*-L- 吡喃鼠李糖苷 较常见成分，至少分布于 30 种以上植物中，见于百合科、报春花科、豆科、杜鹃花科、海金沙科、胡桃科、胡颓子科、葫芦科、蒺藜科、堇菜科、锦葵科、景天科、藜科、鳞毛蕨科、牻牛儿

苗科、毛茛科、木犀科、茄科、伞形科、桑科、十字花科、薯蓣科、天南星科、卫矛科、五加科、悬铃木科、荨麻科、樟科、紫葳科等

kaempferol-7-*O*-α-L-rhamnopyranoside-3-*O*-β-D-glucopyranoside 山柰酚 -7-*O*-α-L- 吡喃鼠李糖苷 -3-*O*-β-D- 吡喃葡萄糖苷 粉背南蛇藤 Celastrus hypoleucus

kaempferol-7-*O*-α-L-rhamnopyranoside-4'-*O*-β-D-glucopyranoside 山柰酚 -7-*O*-α-L- 吡喃鼠李糖苷 -4'-*O*-β-D- 吡喃葡萄糖苷 地桃花 Urena lobata

kaempferol-7-*O*-α-L-rhamnopyranosyl-3-*O*-α-L-[(2'' → 1''')-*O*-β-D-glucopyranosyl-(3'' → 1'''')-*O*-β-D-(6'''' → 9''''')-*p*-coumaroylglucopyranosyl-(4'' → 1'''''')-β-D-glucopyranosyl]-rhamnopyranoside 山柰酚 -7-*O*-α-L- 吡喃鼠李糖基 -3-*O*-α-L-[(2'' → 1''')-*O*-β-D- 吡喃葡萄糖基 -(3'' → 1'''')-*O*-β-D-(6'''' → 9''''')- 对香豆酰吡喃葡萄糖基 -(4'' → 1'''''')-β-D- 吡喃葡萄糖基]- 吡喃鼠李糖苷 栾树 Koelreuteria paniculata

kaempferol-7-*O*-α-L-rhamnopyranosyl-3-*O*-α-L-rhamnopyranosyl-(1 → 2)-β-D-glucopyranoside 山柰酚 -7-*O*-α-L- 吡喃鼠李糖基 -3-*O*-α-L- 吡喃鼠李糖基 -(1 → 2)-β-D- 吡喃葡萄糖苷 虎尾草 Lysimachia barystachys

kaempferol-7-*O*-α-L-rhamnopyranosyl-3-*O*-β-D-(2-*O*-acetylglucopyranosyl)-(1 → 3)-α-L-rhamnopyranoside 山柰酚 -7-*O*-α-L- 吡喃鼠李糖基 -3-*O*-β-D-(2-*O*- 乙酰吡喃葡萄糖基)-(1 → 3)-α-L- 吡喃鼠李糖苷 点地梅 Androsace umbellata

kaempferol-7-*O*-α-L-rhamnopyranosyl-3-*O*-β-D-glucopyranoside 山柰酚 -7-*O*-α-L- 吡喃鼠李糖基 -3-*O*-β-D- 吡喃葡萄糖苷 山里红 Crataegus pinnatifida var. major, 细梗胡枝子 Lespedeza virgata

kaempferol-7-*O*-α-L-rhamnopyranosyl-3-*O*-β-D-glucopyranosyl-(1 → 2)-(6-*O*-*trans*-*p*-hydroxycinammoyl-β-D-glucopyranosyl-(1 → 2)-β-D-glucopyranoside 山柰酚 -7-*O*-α-L- 吡喃鼠李糖基 -3-*O*-β-D- 吡喃葡萄糖基 -(1 → 2)-(6-*O*- 反式 - 对羟基桂皮酰 -β-D- 吡喃葡萄糖基 -(1 → 2)-β-D- 吡喃葡萄糖苷 点地梅 Androsace umbellata

kaempferol-7-*O*-α-L-rhamnoside 山柰酚 -7-*O*-α-L- 鼠李糖苷 过山蕨 Camptosorus sibiricus, 林木贼 Equisetum sylvaticum, 槐 Sophora japonica

kaempferol-7-*O*-β-D-diglucopyranoside 山柰酚 -7-*O*-β-D- 二吡喃葡萄糖苷 苘麻 Abutilon theophrasti

kaempferol-7-*O*-β-D-galactopyranoside 山柰酚 -7-*O*-β-D- 吡喃半乳糖苷 蚕豆 Vicia faba

kaempferol-7-*O*-β-D-glucopyranoside 山柰酚 -7-*O*-β-D- 吡喃葡萄糖苷 较常见成分，至少分布于 30 种以上植物中，见于唇形科、冬青科、豆科、胡桃科、虎耳草科、夹竹桃科、堇菜科、锦葵科、景天科、兰科、龙胆科、马鞭草科、七叶树科、蔷薇科、茄科、忍冬科、瑞香科、桑科、十字花科、鼠李科、松科、蹄盖蕨科、铁角蕨科、卫矛科、无患子科、五加科、仙人掌科、玄参科、旋花科、鸢尾科、樟科、紫葳科等

kaempferol-7-*O*-β-D-glucopyranoside-3-(*O*-α-L-rhamnopyranosylglucopyranoside) 山柰酚 -7-*O*-β-D- 吡喃葡萄糖苷 -3-(*O*-α-L- 吡喃鼠李糖基吡喃葡萄糖苷 雪白睡莲 Nymphaea candida

kaempferol-7-*O*-β-D-glucopyranoside-3-*O*-α-L-rhamnopyranoside 山柰酚 -7-*O*-β-D- 吡喃葡萄糖苷 -3-*O*-α-L- 吡喃鼠李糖苷 小蜡 Ligustrum sinense

kaempferol-7-*O*-β-D-glucopyranosyl-(1 → 3)-α-L-rhamnopyranoside 山柰酚 -7-*O*-β-D- 吡喃葡萄糖基 -(1 → 3)-α-L- 吡喃鼠李糖苷 船盔乌头 Aconitum naviculare, 地桃花 Urena lobata

kaempferol-7-*O*-β-D-glucopyranosyl-(1 → 4)-β-D-glucopyranoside 山柰酚 -7-*O*-β-D- 吡喃葡萄糖基 -(1 → 4)-β-D- 吡喃葡萄糖苷 仙人掌 Opuntia stricta var. dillenii

kaempferol-7-*O*-β-D-glucoside 山柰酚 -7-*O*-β-D- 葡萄糖苷 红花 Carthamus tinctorius, 木贼 Equisetum hyemale, 洋甘草 Glycyrrhiza glabra, 玉簪 Hosta plantaginea, 菝葜 Smilax china

kaempferol-7-*O*-β-D-rutinoside 山柰酚 -7-*O*-β-D- 芸香糖苷 桐棉 Thespesia populnea

kaempferol-7-*O*-β-glucopyranoside 山柰酚 -7-*O*-β- 吡喃葡萄糖苷 土丁桂 Evolvulus alsinoides

kaempferol-7-*O*-β-L-glucorhamnoside 山柰酚 -7-*O*-β-L- 葡萄糖鼠李糖苷 硬毛棘豆 Oxytropis hirta

kaempferol-7-rhamnoglucoside 山柰酚 -7- 鼠李葡萄糖苷 弹裂碎米荠 Cardamine impatiens, 牡丹 Paeonia suffruticosa

kaempferol-7-rhamnopyranoside 山柰酚 -7- 吡喃鼠李糖苷 驴蹄草 Caltha palustris, 土肉桂 Cinnamomum osmophloeum

kaempferol-7-rhamnoside 山柰酚 -7- 鼠李糖苷 土荆芥 Chenopodium ambrosioides

kaempferol-7-rutinoside 山柰酚 -7- 芸香糖苷 含羞草 Mimosa pudica

kaempferol-8-*C*-α-L-rhamnopyranosyl-(1 → 2)-β-D-glucopyranoside 山柰酚 -8-*C*-α-L- 吡喃鼠李糖基 -(1 → 2)-β-D- 吡喃葡萄糖苷 小花八角 Illicium micranthum

kaempferol-8-sulfonate 山柰酚 -8- 磺酸酯 黄珠子草 Phyllanthus virgatus

kaempferol-hexose-deoxyhexose-pentose 山柰酚 - 己糖 - 去氧己糖 - 戊糖 番茄 Lycopersicon esculentum

kaempferol-*O*-(hexose-deoxyhexoside) 山柰酚 -*O*-(己糖基 - 去氧己糖苷) 越桔 Vaccinium vitis-idaea

kaempferol-*O*-pentoside 山柰酚 -*O*- 戊糖苷 胡桃 Juglans regia

kaempferol-*O*-rhamnogalactoside 山柰酚 -*O*- 鼠李半乳糖苷 鸡纳树 Cinchona pubescens

kaempferol-rhamnosyl-(1 → 6)-3-*O*-β-D-glucopyranoside 山柰酚 - 鼠李糖基 -(1 → 6)-3-*O*-β-D- 吡喃葡萄糖苷 日本珊瑚树 Viburnum odoratissimum var. awabuki

kaempherol-3-*O*-β-D-arabinopyranoside 山柰酚 -3-*O*-β-D- 吡喃阿拉伯糖苷 萹蓄 Polygonum aviculare

kaempherol-3-*O*-β-D-glucopyranosyl-(1 → 2)-α-D-glucopyranoside 山柰酚 -3-*O*-β-D- 吡喃葡萄糖基 -(1 → 2)-α-D- 吡喃葡萄糖苷 醉魂藤 Heterostemma brownii

kaerophyllin 细叶芹素▲ 锥叶柴胡 Bupleurum bicaule, 红柴胡 B. scorzonerifolium

kaikasaponin I 槐花皂苷 I 响铃豆 Crotalaria albida, 葛 Pueraria montana var. lobata, 槐 Sophora japonica

kaikasaponin II 槐花皂苷 II 槐 Sophora japonica

kaikasaponin III 槐花皂苷 III 广州相思子 Abrus cantoniensis, 毛相思子 A. mollis, 刀豆 Canavalia gladiata, 响铃豆 Crotalaria albida, 黄檀

K

Dalbergia hupeana, 广东金钱草 Desmodium styracifolium, 豆薯 Pachyrhizus erosus, 葛 Pueraria montana var. lobata, 印度田菁 Sesbania sesban, 槐 Sophora japonica

kaikasaponin III monomethyl ether 槐花皂苷 III 单甲醚 响铃豆 Crotalaria albida

α-kainic acid α- 海人草酸 鹧鸪菜 Caloglossa leprieurii

kainic acid 红藻氨酸 海人草 Digenea simplex

kairatene 驼绒藜烯▲ 驼绒藜 Krascheninnikovia ceratoides

kaji-ichigoside F_1 三裂悬钩子苷▲F_1 亮叶杨桐 Adinandra nitida, 裸花紫珠 Callicarpa nudiflora, 蛇莓 Duchesnea indica, 石楠 Photinia serratifolia, 蕨麻 Potentilla anserina, 长柔毛委陵菜 P. griffithii var. velutina, 小果蔷薇 Rosa cymosa, 野蔷薇 R. multiflora, 大花香水月季 R. odorata var. gigantea, 缫丝花 R. roxburghii, 玫瑰 R. rugosa, 栽秧泡 Rubus ellipticus var. obcordatus, 高山地榆 Sanguisorba alpina, 小白花地榆 S. tenuifolia var. alba, 大血藤 Sargentodoxa cuneata

kaji-ichigoside F_2 三裂悬钩子苷▲F_2 野蔷薇 Rosa multiflora

kakidiol 柿二醇▲ 柿 Diospyros kaki

kakisaponin A, B, C 柿皂苷▲A, B, C 柿 Diospyros kaki

kakispyrol 柿叶酚 柿 Diospyros kaki

kakispyrone 柿叶酮 柿 Diospyros kaki

kakkalide 葛花苷 葛 Pueraria montana var. lobata, 粉葛 P. montana var. thomsonii

kakkalidone 葛花酮▲ 葛 Pueraria montana var. lobata

kakkanin 葛花宁▲ 花榈木 Ormosia henryi, 葛 Pueraria montana var. lobata

kakkatin 葛花亭 沙冬青 Ammopiptanthus mongolicus, 朝鲜槐 Maackia amurensis, 藤萝 Wisteria villosa

kakuol 卡枯醇 川北细辛 Asarum chinense, 杜衡 A. forbesii, 辽细辛 A. heterotropoides var. mandshuricum, 汉城细辛 A. sieboldii

kalasinamide 暗罗酰胺▲ 陵水暗罗 Polyalthia nemoralis, 暗罗 P. suberosa

kalata B_1 近耳草肽▲B_1 香堇菜 Viola odorata, 紫花地丁 V. philippica, 光叶堇菜 V. sumatrana, 三色堇 V. tricolor

kalata S 近耳草肽▲S 光叶堇菜 Viola sumatrana

kalkipyrone 卡尔基鞘丝藻吡喃酮▲ 巨大鞘丝藻 Lyngbya majuscula

kalkitoxin 卡尔基鞘丝藻毒素▲ 巨大鞘丝藻 Lyngbya majuscula

kalmanol 山月桂醇▲ 照山白 Rhododendron micranthum, 羊踯躅 R. molle

kalmitoxin I, II 山月桂毒素 I, II 美丽马醉木 Pieris formosa

kalopanaxin A 刺楸素 A 刺楸 Kalopanax septemlobus, 关东巧玲花 Syringa pubescens subsp. patula

kalopanaxin B, C, D 刺楸素 B, C, D 刺楸 Kalopanax septemlobus

kalopanaxsaponin A 刺楸皂苷 A 木通 Akebia quinata, 刺楸 Kalopanax septemlobus, 腺毛黑种草 Nigella glandulifera, 朝鲜白头翁 Pulsatilla cernua, 尾叶那藤 Stauntonia obovatifoliola subsp. urophylla

kalopanaxsaponin B 刺楸皂苷 B 西南银莲花 Anemone davidii, 黄花铁线莲 Clematis intricata, 白花鹅掌柴 Heptapleurum leucanthum, 刺楸 Kalopanax septemlobus, 败酱 Patrinia scabiosifolia, 朝鲜白头翁 Pulsatilla cernua, 无患子 Sapindus saponaria, 尾叶那藤 Stauntonia obovatifoliola subsp. urophylla

kalopanaxsaponin C 刺楸皂苷 C 刺楸 Kalopanax septemlobus, 野木瓜 Stauntonia chinensis

kalopanaxsaponin D, E 刺楸皂苷 D, E 刺楸 Kalopanax septemlobus

kalopanaxsaponin F 刺楸根皂苷 F 辽东楤木 Aralia elata var. glabrescens

kalopanaxsaponin F 刺楸皂苷 F 锦鸡儿 Caragana sinica, 刺楸 Kalopanax septemlobus

kalopanaxsaponin F methylester 刺楸根皂苷 F 甲酯 辽东楤木 Aralia elata var. glabrescens

kalopanaxsaponin G 刺楸皂苷 G 小花草玉梅 Anemone rivularis var. flore-minore, 威灵仙 Clematis chinensis, 白花鹅掌柴 Heptapleurum leucanthum, 刺楸 Kalopanax septemlobus, 刺参 Oplopanax elatus, 朝鲜白头翁 Pulsatilla cernua

kalopanaxsaponin H 刺楸皂苷 H 刺楸 Kalopanax septemlobus, 朝鲜白头翁 Pulsatilla cernua

kalopanaxsaponin I 刺楸皂苷 I 刺楸 Kalopanax septemlobus, 腺毛黑种草 Nigella glandulifera

kalopanaxsaponin J 刺楸皂苷 J 尾叶那藤 Stauntonia obovatifoliola subsp. urophylla

kalopanaxsaponin JLa, JLb, La, Lb, Lc 刺楸皂苷 JLa, JLb, La, Lb, Lc 刺楸 Kalopanax septemlobus

kalopanaxsaponin K 刺楸皂苷 K 刺楸 Kalopanax septemlobus, 尾叶那藤 Stauntonia obovatifoliola subsp. urophylla

kamalachalcone A~D 粗糠柴查耳酮▲A~D 粗糠柴 Mallotus philippensis

kamebacetal A 龟叶香茶菜缩醛▲A 毛萼香茶菜 Isodon eriocalyx, 拟缺香茶菜 I. excisoides, 尾叶香茶菜 I. excisus, 鄂西香茶菜 I. henryi, 内折香茶菜 I. inflexus, 冬凌草 I. rubescens

kamebacetal B 龟叶香茶菜缩醛▲B 拟缺香茶菜 Isodon excisoides, 尾叶香茶菜 I. excisus

kamebakaurin 龟叶香茶菜贝壳杉素▲ 拟缺香茶菜 Isodon excisoides, 尾叶香茶菜 I. excisus, 鄂西香茶菜 I. henryi, 内折香茶菜 I. inflexus, 蓝萼毛叶香茶菜 I. japonicus var. glaucocalyx, 长管香茶菜 I. longitubus, 冬凌草 I. rubescens, 溪黄草 I. serra

kamebanin 龟叶香茶菜素▲ 拟缺香茶菜 Isodon excisoides, 尾叶香茶菜 I. excisus, 川藏香茶菜 I. pharicus

kamlolenic acid 粗糠柴酸 粗糠柴 Mallotus philippensis

kanakugin 红果山胡椒素▲ 红果山胡椒 Lindera erythrocarpa

kanakugiol 红果山胡椒酚▲ 多花瓜馥木 Fissistigma polyanthum, 红果山胡椒 Lindera erythrocarpa

kaneric acid 欧夹竹桃酸▲ 湿生扁蕾 Gentianopsis paludosa, 夹竹桃 Nerium oleander

kanerin 欧夹竹桃灵▲ 夹竹桃 Nerium oleander

kanerocin 欧夹竹桃辛▲ 夹竹桃 Nerium oleander

kanerodione 欧夹竹桃二酮▲ 夹竹桃 Nerium oleander
(+)-kaneroside (+)-欧夹竹桃洛苷▲ 钝叶鸡蛋花 Plumeria obtusa
kaneroside 欧夹竹桃洛苷▲ 夹竹桃 Nerium oleander
kanjone 印水黄皮酮▲ 灰毛豆 Tephrosia purpurea
kankanol 管花肉苁蓉诺醇▲ 管花肉苁蓉 Cistanche tubulosa
kankanoside 管花肉苁蓉诺苷▲ A~F, H, H_1, H_2, I, J_1, J_2, K_1, K_2, L~P 管花肉苁蓉 Cistanche tubulosa
kankanoside G 管花肉苁蓉诺苷▲G 管花肉苁蓉 Cistanche tubulosa, 总梗女贞 Ligustrum pedunculare
kanokoside A 败酱草苷 A 缬草 Valeriana officinalis
kansenol 甘遂烯醇 甘遂 Euphorbia kansui
kansenone 甘遂烯酮 甘遂 Euphorbia kansui
kansenonol 甘遂烯酮醇 甘遂 Euphorbia kansui
kanshone A~G 甘松香酮 A~G 甘松 Nardostachys jatamansi
kansuenin 甘肃马先蒿素▲ 白花甘肃马先蒿 Pedicularis kansuensis subsp. kansuensis f. albiflora
kansuenin B 甘肃马先蒿素▲B 白花甘肃马先蒿 Pedicularis kansuensis subsp. kansuensis f. albiflora
kansuenoside 甘肃马先蒿苷 白花甘肃马先蒿 Pedicularis kansuensis subsp. kansuensis f. albiflora
kansuensisoside A 甘肃棘豆苷▲A 甘肃棘豆 Oxytropis kansuensis
kansuinine A~D, D_1, E, F, I~M 甘遂宁 A~D, D_1, E, F, I~M 甘遂 Euphorbia kansui
kansuinone 甘遂酮 甘遂 Euphorbia kansui
kansuiphorin A~D 甘遂素 A~D 甘遂 Euphorbia kansui
kantaurin 百金花灵▲ 美丽百金花 Centaurium pulchellum
kanugin 水黄皮精素▲ 长波叶山蚂蝗 Desmodium sequax, 水黄皮 Pongamia pinnata
kanzonol A, C, D, E 甘草新酚▲A, C, D, E 胀果甘草 Glycyrrhiza inflata
kanzonol B 甘草新酚▲B 水蛇麻 Fatoua villosa, 胀果甘草 Glycyrrhiza inflata
kanzonol F~J, M~Q 甘草新酚▲F~J, M~Q 甘草 Glycyrrhiza uralensis
kanzonol R 甘草新酚▲R 洋甘草 Glycyrrhiza glabra, 甘草 G. uralensis
kanzonol S 甘草新酚▲S 胀果甘草 Glycyrrhiza inflata
kanzonol T~Z 甘草新酚▲T~Z 洋甘草 Glycyrrhiza glabra
karachic acid 糙皮桦酸▲ 糙皮桦 Betula utilis, 大叶茜草 Rubia schumanniana
karacolene 多根乌头烯 碎米莎草 Cyperus iria
karaconitine 多根乌头亭▲ 多根乌头 Aconitum karakolicum
karahana lactone 唐花内酯▲ 啤酒花 Humulus lupulus
karakanine 多根乌头宁▲ 多根乌头 Aconitum karakolicum
karakolidine 多根乌头定▲ 多根乌头 Aconitum karakolicum
karakoline; karacoline 多根乌头碱 乌头 Aconitum carmichaelii, 膝瓣乌头 A. geniculatum, 多根乌头 A. karakolicum, 黄草乌 A. vilmorinianum
karakomine 多根乌头柯明碱 多根乌头 Aconitum karakolicum, 工布乌头 A. kongboense
karanjabiflavone 印水黄皮双黄酮▲ 水黄皮 Pongamia pinnata
karanjachromene 印水黄皮色烯▲ 水黄皮 Pongamia pinnata
karanjapin 印水黄皮品素▲ 水黄皮 Pongamia pinnata
karanjin 水黄皮素 黔滇崖豆藤 Callerya gentiliana, 长波叶山蚂蝗 Desmodium sequax, 干花豆 Fordia cauliflora, 厚果崖豆藤 Millettia pachycarpa, 印度崖豆 M. pulchra, 水黄皮 Pongamia pinnata, 灰毛豆 Tephrosia purpurea
karapinchamine A, B 调料九里香胺▲A, B 调料九里香 Murraya koenigii
karasamine 多根乌头萨明▲ 多根乌头 Aconitum karakolicum
10'*R*-karatavicinol 10'*R*-卡拉阿魏醇▲ 新疆阿魏 Ferula sinkiangensis
karatavicinol A 卡拉阿魏醇▲A 新疆阿魏 Ferula sinkiangensis
karatavioside A 宽叶葱苷▲A 夜香树 Cestrum nocturnum
karavilagenin A~F 苦瓜洛苷元▲A~F 苦瓜 Momordica charantia
karaviloside 苦瓜洛苷▲ I, II, III, IV, V, VI, VII, VIII, IX, X, XI, XII, XIII 苦瓜 Momordica charantia
karenin 嚏木宁▲ 蛇床 Cnidium monnieri, 牛筋果 Harrisonia perforata
karouni-3,29-diol-3,29-dibenzoate 栝楼-3,29-二醇-3,29-二苯甲酸酯 栝楼 Trichosanthes kirilowii
karounidiol 栝楼二醇 甜瓜 Cucumis melo, 黄瓜 C. sativus, 木鳖子 Momordica cochinchinensis, 王瓜 Trichosanthes cucumeroides, 栝楼 T. kirilowii, 中华栝楼 T. rosthornii
karounidiol-3-benzoate 栝楼二醇-3-苯甲酸酯 甜瓜 Cucumis melo, 黄瓜 C. sativus, 王瓜 Trichosanthes cucumeroides
katchimoside; cachimoside 圆锥石头花苷▲ 圆锥石头花 Gypsophila paniculata
katsumadain A, B 草蔻达因▲A, B 草豆蔻 Alpinia hainanensis
katsumadin 草蔻定▲ 草豆蔻 Alpinia hainanensis
katuranin 日本连香树素▲ 黄杞 Engelhardia roxburghiana, 毛排钱树 Phyllodium elegans
kaur-15-en-17-al 贝壳杉-15-烯-17-醛 日本柳杉 Cryptomeria japonica
ent-kaur-15-en-17-ol 对映-贝壳杉-15-烯-17-醇 日本柳杉 Cryptomeria japonica, 安徽贝母 Fritillaria anhuiensis, 天目贝母 F. monantha
ent-kaur-15-en-19,20-olide 对映-贝壳杉-15-烯-19,20-内酯 南蛇藤 Celastrus orbiculatus

K

ent-kaur-15-en-19-oic acid 对映 - 贝壳杉 -15- 烯 -19- 酸 圆滑番荔枝 Annona glabra
ent-kaur-15-en-3α,17-diol 对映 - 贝壳杉 -15- 烯 -3α,17- 二醇 天目贝母 Fritillaria monantha
ent-kaur-15-en-3β,17-diol 对映 - 贝壳杉 -15- 烯 -3β,17- 二醇 海漆 Excoecaria agallocha
ent-kaur-15-ene-17,19-diol 对映 - 贝壳杉 -15- 烯 -17,19- 二醇 圆滑番荔枝 Annona glabra
ent-kaur-16-ene-2β,15α-diol 对映 - 贝壳杉 -16- 烯 -2β,15α- 二醇 井栏边草 Pteris multifida
ent-kaur-16-en-13,19-diol 对映 - 贝壳杉 -16- 烯 -13,19- 二醇 木榄 Bruguiera gymnorhiza
ent-kaur-16-en-13-hydroxy-19-al 对映 - 贝壳杉 -16- 烯 -13- 羟基 -19- 醛 木榄 Bruguiera gymnorhiza
ent-kaur-16-en-14-ol 对映 - 贝壳杉 -16- 烯 -14- 醇 狼毒大戟 Euphorbia fischeriana
ent-kaur-16-en-15-one 对映 - 贝壳杉 -16- 烯 -15- 酮 台湾穗花杉 Amentotaxus formosana
(4β)-kaur-16-en-18-oic acid (4β)- 贝壳杉 -16- 烯 -18- 酸 大芒萁 Dicranopteris ampla
(-)-kaur-16-en-19-oic acid (-)- 贝壳杉 -16- 烯 -19- 酸 牛心番荔枝 Annona reticulata, 番荔枝 A. squamosa, 短柄五加 Eleutherococcus brachypus, 五加 E. nodiflorus var. gracilistylus, 蟛蜞菊 Wedelia chinensis
ent-kaur-16-en-19-oic acid 对映 - 贝壳杉 -16- 烯 -19- 酸 圆滑番荔枝 Annona glabra, 番荔枝 A. squamosa, 东北土当归 Aralia cantinentalis, 食用土当归 A. cordata, 刺五加 Eleutherococcus senticosus, 白簕 E. trifoliatus, 牛膝菊 Galinsoga parviflora
ent-kaur-16-en-19-ol 对映 - 贝壳杉 -16- 烯 -19- 醇 圆滑番荔枝 Annona glabra, 番荔枝 A. squamosa
(2α,5α,8β,9α,10β,13β)-kaur-16-en-2,18,19-triol (2α,5α,8β,9α,10β,13β)- 贝壳杉 -16- 烯 -2,18,19- 三醇 金橘 Fortunella margarita
(2β,5α,8β,9α,10β,13β)-kaur-16-en-2,18,19-triol (2β,5α,8β,9α,10β,13β)- 贝壳杉 -16- 烯 -2,18,19- 三醇 金橘 Fortunella margarita
ent-kaur-16-en-3β,13-diol 对映 - 贝壳杉 -16- 烯 -3β,13- 二醇 金合欢 Acacia farnesiana
ent-kaur-16-en-6-ol 对映 - 贝壳杉 -16- 烯 -6- 醇 台湾穗花杉 Amentotaxus formosana
(-)-*ent*-kaur-16-ene (-)- 对映 - 贝壳杉 -16- 烯 浙贝母 Fritillaria thunbergii
kaur-16-ene 贝壳杉 -16- 烯 番荔枝 Annona squamosa, 柳杉 Cryptomeria japonica var. sinensis, 蒙椴 Tilia mongolica
(4β,15β)-kaur-16-ene-15,18-diol (4β,15β)- 贝壳杉 -16- 烯 -15,18- 二醇 越南巴豆 Croton kongensis
(-)-*ent*-kaur-17,19-dioic acid (-)- 对映 - 贝壳杉 -17,19- 二酸 番荔枝 Annona squamosa
(-)-*ent*-kaur-17-acetoxy-19-oic acid (-)- 对映 - 贝壳杉 -17- 乙酸基 -19- 酸 番荔枝 Annona squamosa
16β*H*-kauran-16-ol 16β*H*- 贝壳杉 -16- 醇 向日葵 Helianthus annuus
kauran-16-ol 贝壳杉 -16- 醇 台湾穗花杉 Amentotaxus formosana
(-)-kauran-16α-ol (-)- 贝壳杉 -16α- 醇 头花杜鹃 Rhododendron capitatum
ent-16α*H*-kauran-17,19-dioic acid 对映 -16α*H*- 贝壳杉 -17,19- 二羧酸 腺梗豨莶 Sigesbeckia pubescens
kaurane acid glycoside A 贝壳杉酸糖苷 A 五加 Eleutherococcus nodiflorus var. gracilistylus
ent-kaurane-16,17-diol 对映 - 贝壳杉 -16,17- 二醇 乳突拟耧斗菜 Paraquilegia anemonoides
kaurane-16,17-diol-16-acetate 贝壳杉 -16,17- 二醇 -16- 乙酸酯 日本柳杉 Cryptomeria japonica
ent-kaurane-16α,17-diol 对映 - 贝壳杉 -16α,17- 二醇 圆滑番荔枝 Annona glabra, 天目贝母 Fritillaria monantha
ent-kaurane-16β,17,18-triol 对映 - 贝壳杉 -16β,17,18- 三醇 毛梗豨莶 Sigesbeckia glabrescens, 腺梗豨莶 S. pubescens
ent-kaurane-16β,17,19-triol 对映 - 贝壳杉 -16β,17,19- 三醇 番荔枝 Annona squamosa
ent-kaurane-16β,17-diol 对映 - 贝壳杉 -16β,17- 二醇 多穗金粟兰 Chloranthus multistachys, 毛萼鞘蕊花 Coleus esquirolii, 安徽贝母 Fritillaria anhuiensis, 天目贝母 F. monantha, 二棱大麦 Hordeum distichon
ent-kaurane-16β,17-diol-3-one-17-*O*-β-D-glucoside 对映 - 贝壳杉 -16β,17- 二醇 -3- 酮 -17-*O*-β-D- 葡萄糖苷 甜茶 Rubus chingii var. suavissimus
ent-kaurane-16β-ol 对映 - 贝壳杉 -16β- 醇 金合欢 Acacia farnesiana
ent-kaurane-17-ol 对映 - 贝壳杉 -17- 醇 二棱大麦 Hordeum distichon
16α-kaurane-2,12-dione 16α- 贝壳杉 -2,12- 二酮 东方泽泻 Alisma orientale
(2α,13α)-kaurane-2,16-diol] (2α,13α)- 贝壳杉 -2,16- 二醇 向日葵 Helianthus annuus
kaurane-2β,16α-diol 贝壳杉 -2β,16α- 二醇 向日葵 Helianthus annuus
ent-kaurane-2β,16α-diol 对映 - 贝壳杉 -2β,16α- 二醇 井栏边草 Pteris multifida
ent-kaurane-3-oxo-16,17-diol 对映 - 贝壳杉 -3- 氧代 -16,17- 二醇 火殃勒 Euphorbia antiquorum
ent-kaurane-3-oxo-16α,17-diol 对映 - 贝壳杉 -3- 酮基 -16α,17- 二醇 狼毒大戟 Euphorbia fischeriana
ent-kaurane-3-oxo-16α-17-diol 对映 - 贝壳杉 -3- 氧代 -16α-17- 二醇 亚麻 Linum usitatissimum
ent-kaurane-3α,16α,17,19-tetrol 对映 - 贝壳杉 -3α,16α,17,19- 四醇 山莓 Rubus corchorifolius
ent-kaurane-3α,16α,17-triol 对映 - 贝壳杉 -3α,16α,17- 三醇 天目贝母 Fritillaria monantha
ent-kaurane-3α,16α-diol 对映 - 贝壳杉 -3α,16α- 二醇 蓝萼毛叶香茶菜 Isodon japonicus var. glaucocalyx
ent-kaurane-3α,16β,17-triol 对映 - 贝壳杉 -3α,16β,17- 三醇 甜茶 Rubus chingii var. suavissimus
ent-kaurane-3β,16β,17-triol 对映 - 贝壳杉 -3β,16β,17- 三醇 白莲蒿 Artemisia sacrorum, 多穗金粟兰 Chloranthus multistachys, 安徽贝母 Fritillaria anhuiensis
ent-kaurane-3β,16β,17-triol-3α-*O*-β-D-glucopyranosyl-17-*O*-β-D-glucopyranoside 对映 - 贝壳杉 -3β,16β,17- 三醇 -3α-*O*-β-D- 吡喃葡萄糖基 -17-*O*-β-D- 吡喃葡萄糖苷 白莲蒿 Artemisia sacrorum
ent-kaurane-3β,16β-diol 对映 - 贝壳杉 -3β,16β- 二醇 毛萼香茶菜 Isodon eriocalyx, 蓝萼毛叶香茶菜 I. japonicus var. glaucocalyx
ent-kaurane-7α,16β,17-triol 对映 - 贝壳杉 -7α,16β,17- 三醇 黄花香茶菜 Isodon sculponeatus
16α*H*-17,19-*ent*-kauranediol 16α*H*-17,19- 对映 - 贝壳杉二醇 木榄 Bruguiera gymnorhiza
kauranoic acid 贝壳杉烷酸 狼毒大戟 Euphorbia fischeriana

kauranol 贝壳杉醇▲ 向日葵 Helianthus annuus
16-*ent*-kauren-19-ol 16- 对映 - 贝壳杉烯 -19- 醇 木榄 Bruguiera gymnorhiza
(-)-kaurene (-)- 贝壳杉烯 乔松 Pinus wallichiana
16-kaurene 16- 贝壳杉烯 日本柳杉 Cryptomeria japonica
kaurene 贝壳杉烯 蛇苔 Conocephalum conicum, 柳杉 Cryptomeria japonica var. sinensis, 肉豆蔻 Myristica fragrans, 厚皮香 Ternstroemia gymnanthera, 蒙椴 Tilia mongolica
ent-16-kaurene 对映 -16- 贝壳杉烯 美容杜鹃花 Rhododendron calophytum
ent-kaurene 对映 - 贝壳杉烯 二棱大麦 Hordeum distichon
16-*ent*-kaurene-13,19-diol 16- 对映 - 贝壳杉烯 -13,19- 二醇 木榄 Bruguiera gymnorhiza
kaurenoic acid 贝壳杉烯酸 圆滑番荔枝 Annona glabra, 牛心番荔枝 A. reticulata, 刺五加 Eleutherococcus senticosus, 肿柄菊 Tithonia diversifolia
ent-kaurenoic acid 对映 - 贝壳杉烯酸 向日葵 Helianthus annuus, 蟛蜞菊 Wedelia chinensis, 卤地菊 W. prostrata
kavalactone 卡瓦胡椒内酯 毛瓣山姜 Alpinia malaccensis
kayadiol 日本榧树二醇▲ 海漆 Excoecaria agallocha, 日本榧树 Torreya nucifera
kayaflavone 榧黄酮 日本柳杉 Cryptomeria japonica, 杉木 Cunninghamia lanceolata, 猫爪草 Ranunculus ternatus, 江南卷柏 Selaginella moellendorffii, 云南榧树 Torreya fargesii var. yunnanensis, 日本榧树 T. nucifera
kazinol A 小构树醇 A 小构树 Broussonetia kazinoki, 构树 B. papyrifera
kazinol B 小构树醇 B 构树 Broussonetia papyrifera
kazinol C, D, F~N, P, Q, R, U 小构树醇 C, D, F~N, P, Q, R, U 小构树 Broussonetia kazinoki
kazinol E 小构树醇 E 小构树 Broussonetia kazinoki, 构树 B. papyrifera
(+)-(2*R*)-kazinol I (+)-(2*R*)- 小构树醇 I 小构树 Broussonetia kazinoki
keioside 铃兰黄酮苷 铃兰 Convallaria majalis
kelampayoside A 团花苷▲A 三角槭 Acer buergerianum, 毛果槭 A. nikoense, 木紫珠 Callicarpa arborea, 藤紫珠 C. integerrima var. chinensis, 树参 Dendropanax dentiger, 毛果枳椇 Hovenia trichocarpa, 乌檀 Nauclea officinalis, 东方乌檀 N. orientalis, 团花 Neolamarckia cadamba, 黄檗 Phellodendron amurense, 石南藤 Piper wallichii, 山矾 Symplocos sumuntia
kelampayoside B 团花苷▲B 团花 Neolamarckia cadamba
kenposide A 肯普苷 A 红景天 Rhodiola rosea, 圣地红景天 R. sacra
kenusanone F, H 韩槐酮▲F, H 绒毛槐 Sophora tomentosa
kenusanone I 韩槐酮▲I 小槐花 Ohwia caudata
kerinol 棣棠花醇▲ 棣棠花 Kerria japonica
kessane 宽叶缬草烷▲ 挥发油成分，未统计基源
kessanyl acetate 宽叶缬草烷醇▲乙酸酯 挥发油成分，未统计基源
2-keto-16-acetyloxykirenol 2- 酮基 -16- 乙酰基豨莶草醇 腺梗豨莶 Sigesbeckia pubescens
3-keto-16*α*-hydroxy-24-noroleanolic acid-28-*O*-*α*-L-arabinopyranosyl-(1 → 4)-*α*-Larabinopyranosyl-(1 → 3)-*β*-D-xylopyranosyl-(1 → 4)-*α*-L-rhamnopyranosyl-(1 → 2)-*β*-D-fucopyranosyl ester 3- 酮 -16*α*- 羟基 -24- 降齐墩果酸 -28-*O*-*α*-L- 吡喃阿拉伯糖基 -(1 → 4)-*α*-L- 吡喃阿拉伯糖基 -(1 → 3)-*β*-D- 吡喃木糖基 -(1 → 4)-*α*-L- 吡喃鼠李糖基 -(1 → 2)-*β*-D- 吡喃岩藻糖基基酯 长蕊石头花 Gypsophila oldhamiana
2-keto-19-hydroxyteuscordin 2- 酮基 -19- 羟基蒜味香科科素▲ 蒜味香科科 Teucrium scordium
3-keto-20(*S*)-protopanaxatriol 3- 酮基 -20(*S*)- 原人参三醇 人参 Panax ginseng
1-keto-4-hydroxydecalin 1- 酮基 -4- 羟基十氢萘 挥发油成分，未统计基源
3-keto-4-hydroxysaprorthoquinone 3- 酮基 -4- 羟基红根草邻醌 红根草 Salvia prionitis, 云南鼠尾草 S. yunnanensis
13-keto-8(14)-podocarpen-18-oic acid 13- 氧代 -8(14)- 罗汉松烯 -18- 酸 岷江冷杉 Abies fargesii var. faxoniana
5-ketoborneol-*β*-D-glucopyranoside 5- 氧代龙脑 -*β*-D- 吡喃葡萄糖苷 冷杉 Abies fabri
7-ketobrassicasterol 7- 酮基菜籽甾醇 猴头菌 Hericium erinaceus
4-ketocedrol 4- 酮基雪松醇 高山柏 Juniperus squamata
ketochaulmoogric acid 酮基大风子油酸 珠仔树 Symplocos racemosa
24-ketocholesterol 24- 酮基胆甾醇 巨藻 Macrocystis pyrifera
3-ketodammar-24*E*-en-20*S*,26-diol 3- 酮基达玛 -24*E*- 烯 -20*S*,26- 二醇 杧果 Mangifera indica
7-ketodehydroabietic acid 7- 酮基去氢冷杉酸 五味子 Schisandra chinensis
6-ketodehydroamorphigenin 6- 酮基去氢紫穗槐苷元 紫穗槐 Amorpha fruticosa
3-ketodehydrosulphurenic acid 3- 酮基去氢硫色多孔菌酸 药用拟层孔菌 Fomitopsis officinalis
α-ketoglutaric acid *α*- 酮戊二酸 番木瓜 Carica papaya, 红根须腹菌 Rhizopogon rubescens
3*β*-(3-ketohexadecanoyloxy)-lup-20(29)-ene 3*β*-(3- 氧代十六烷酰氧基)- 羽扇豆 -20(29)- 烯 加拿大一枝黄花 Solidago canadensis
1-ketoisocryptotanshinone 1- 酮基异隐丹参酮 丹参 Salvia miltiorrhiza
7-ketoisodrimenin 7- 酮基异林仙烯宁▲ 水蓼 Polygonum hydropiper
4-keto-isophorone 4- 酮基异佛尔酮 挥发油成分，未统计基源
7-ketologanin 7- 酮基马钱苷 华南龙胆 Gentiana loureiroi, 素馨花 Jasminum grandiflorum, 蓝果忍冬 Lonicera caerulea, 岩败酱 Patrinia rupestris
ketologanin 酮基马钱苷 茴茴蒜 Ranunculus chinensis
(*S*)-4-keto-magnoflorine (*S*)-4- 酮基 - 荷花玉兰碱 厚朴 Houpoëa officinalis

ketomatairesinol 酮基穗罗汉松树脂酚 长白鱼鳞云杉 Picea jezoensis var. komarovii
9-ketonoctadec-*cis*-11-enoic acid 9- 氧代十八烷 - 顺式 -11- 烯酸 大花紫薇 Lagerstroemia speciosa
9-keto-octadec-*cis*-12-enoic acid 9- 酮基 - 十八碳 - 顺式 -12- 烯酸 山石榴 Catunaregam spinosa
11-keto-olean-12-en-3*β*-yl palmitate 11- 酮基齐墩果 -12- 烯 -3*β*- 棕榈酸酯 少花风毛菊 Saussurea oligantha
3-ketooleana-9(11),12-dien-28-oic acid 3- 酮基齐墩果 -9(11),12- 二烯 -28- 酸 黄桐 Endospermum chinense
3-ketooleanane 3- 酮基齐墩果烷 秃叶黄檗 Phellodendron chinense var. glabriusculum
3-ketooleanolic acid 3- 酮基齐墩果酸 黄桐 Endospermum chinense
ketopelenolide b 酮基洋艾烯内酯 ▲b 碱蒿 Artemisia anethifolia
24-ketopentacosyl-*γ*-hydroxypentanoate 24- 酮二十五烷基 -*γ*- 羟基戊酸酯 对叶榕 Ficus hispida
4-ketopinoresinol 4- 酮基松脂酚 白蔹 Ampelopsis japonica, 薏米 Coix lacryma-jobi var. ma-yuen, 黄花稔 Sida acuta, 蒺藜 Tribulus terrestris, 栝楼 Trichosanthes kirilowii
ketopinoresinol 酮基松脂酚 狭叶链珠藤 Alyxia schlechteri
3-ketosapripataquinone 3- 酮基红根草对醌 红根草 Salvia prionitis
7-ketositosterol 7- 酮基谷甾醇 土沉香 Aquilaria sinensis, 卵叶巴豆 Croton caudatus, 黄桐 Endospermum chinense, 麻疯树 Jatropha curcas, 山胡椒 Lindera glauca, 镰荚棘豆 Oxytropis falcata
6-keto-stearoylvelutinal 6- 酮基 - 硬脂酰绒白乳菇缩醛▲ 绒白乳菇 Lactarius vellereus
10-ketotetracosyl arachidate 10- 酮基二十四醇花生酸酯 对叶榕 Ficus hispida
6-ketoteuscordin 6- 酮基蒜味香科科素▲ 二齿香科科 Teucrium bidentatum, 蒜味香科科 T. scordium
11-keto-urs-12-en-3*β*-yl palmitate 11- 酮基熊果烷 -12- 烯 -3*β*- 棕榈酸酯 少花风毛菊 Saussurea oligantha
3-ketoursolic acid 3- 酮基熊果酸 两头毛 Incarvillea arguta, 粘毛鼠尾草 Salvia roborowskii, 白马骨 Serissa serissoides
11-keto-*β*-boswellic acid 11- 氧代 -*β*- 乳香酸 乳香树 Boswellia carteri, 萱草 Hemerocallis fulva
7-keto-*β*-sitosterol 7- 酮基 -*β*- 谷甾醇 木藤蓼 Polygonum aubertii, 密花豆 Spatholobus suberectus
keyakinin 榉树宁▲ 榉树 Zelkova serrata
keyakinol 榉树醇▲ 榉树 Zelkova serrata
khaephuoside B 巴氏木酚苷 ▲B 美丽崖豆藤 Callerya speciosa, 西南猫尾木 Markhamia stipulata
khasianine 喀西茄碱▲ 喀西茄 Solanum aculeatissimum, 黄果茄 S. virginianum
khayasin 非洲楝辛素 浆果楝 Cipadessa baccifera
khayasin T 非洲楝辛素 T 浆果楝 Cipadessa baccifera, 灰毛浆果楝 C. cinerascens, 红椿 Toona ciliata
khekadaengoside A~N 三尖栝楼苷 ▲A~N 三尖栝楼 Trichosanthes tricuspidata
(-)-*trans*-khellactone (-)- 反式 - 阿米芹内酯▲ 前胡 Peucedanum praeruptorum
(+)-*trans*-khellactone (+)- 反式 - 阿米芹内酯▲ 滨海前胡 Peucedanum japonicum
(-)-*cis*-khellactone (-)- 顺式 - 阿米芹内酯▲ 马蜂橙 Citrus hystrix, 台湾前胡 Peucedanum formosanum, 滨海前胡 P. japonicum
(+)-*cis*-khellactone (+)- 顺式 - 阿米芹内酯▲ 美脉藁本 Ligusticum likiangense
(±)-*trans*-khellactone (±)- 反式 - 阿米芹内酯▲ 长前胡 Peucedanum turgeniifolium
(±)-*cis*-khellactone (±)- 顺式 - 阿米芹内酯▲ 长前胡 Peucedanum turgeniifolium
khellactone 阿米芹内酯▲ 抱茎蓼 Polygonum amplexicaule
trans-khellactone 反式 - 阿米芹内酯▲ 葡萄柚 Citrus paradisi
khellactone I, II 阿米芹内酯 ▲I, II 滨海前胡 Peucedanum japonicum
cis-khellactone-3'-*O*-acetyl-4'-(2-methylbutanoate) 顺式 - 阿米芹内酯▲-3'-*O*- 乙酰基 -4'-(2- 甲基丁酸酯) 胀果芹 Phlojodicarpus sibiricus
khellol 阿米芹醇▲ 单穗升麻 Cimicifuga simplex
khellol glucoside 阿米芹醇▲葡萄糖苷 香附子 Cyperus rotundus
khelmarin A, B 枸橘双香豆素 A, B 枳 Poncirus trifoliata
khelmarin D 枸橘双香豆素 D 葡萄柚 Citrus paradisi
khonklonginol A~H 鸡头薯醇 ▲A~H 鸡头薯 Eriosema chinense
kiautschovin 胶州卫矛素▲ 胶州卫矛 Euonymus kiautschovicus
kidjoranin; kidjolanin 假防己宁▲ 乳突果 Adelostemma gracillimum, 牛皮消 Cynanchum boudieri, 隔山消 C. wilfordii, 钉头果 Gomphocarpus fruticosus, 华萝藦 Metaplexis hemsleyana, 头花马先蒿 Pedicularis cephalantha
kidjoranin-3-*O*-*α*-diginopyranosyl-(1→4)-*β*-cymaropyranoside 假防己宁▲-3-*O*-*α*- 吡喃洋地黄糖基 -(1→4)-*β*- 吡喃磁麻糖苷 牛皮消 Cynanchum boudieri
kidjoranin-3-*O*-*α*-L-cymaropyranosyl-(1→4)-*β*-D-cymaropyranosyl-(1→4)-*α*-L-diginopyranosyl-(1→4)-*β*-D-cymaropyranoside 假防己宁▲-3-*O*-*α*-L- 吡喃磁麻糖基 -(1→4)-*β*-D- 吡喃磁麻糖基 -(1→4)-*α*-L- 吡喃洋地黄糖基 -(1→4)-*β*-D- 吡喃磁麻糖苷 牛皮消 Cynanchum boudieri
kidjoranin-3-*O*-*β*-D-cymaropyranoside 假防己宁▲-3-*O*-*β*-D- 吡喃磁麻糖苷 青羊参 Cynanchum otophyllum
kidjoranin-3-*O*-*β*-digitoxopyranoside 假防己宁▲-3-*O*-*β*- 吡喃洋地黄毒糖苷 牛皮消 Cynanchum boudieri
kidjoranin-3-*O*-*β*-D-oleandropyranosyl-(1→4)-*β*-D-cymaropyranosyl-(1→4)-*β*-D-cymaropyranoside 假防己宁▲-3-*O*-*β*-D- 吡喃夹竹桃糖基 -(1→4)-*β*-D- 吡喃磁麻糖基 -(1→4)-*β*-D- 吡喃磁麻糖苷 青羊参 Cynanchum otophyllum
trans-kielcorin 反式 - 革叶基尔藤黄素▲ 短柱金丝桃 Hypericum hookerianum
kielcorin 革叶基尔藤黄素▲ 地耳草 Hypericum japonicum, 金丝桃 H. monogynum
cis-kielcorin 顺式 - 革叶基尔藤黄素▲ 贯叶连翘 Hypericum perforatum
kievitol 基维酚 棉豆 Phaseolus lunatus

kievitone 基维酮 大叶山蚂蝗 Desmodium gangeticum, 棉豆 Phaseolus lunatus, 菜豆 P. vulgaris, 绿豆 Vigna radiata
kievitone hydrate 基维酮水合物 棉豆 Phaseolus lunatus
kihadalactone A 黄檗萜内酯▲A 山楝 Aphanamixis polystachya, 黄檗 Phellodendron amurense
kihadalactone B 黄檗萜内酯▲B 黄檗 Phellodendron amurense
kihadanin B 黄檗宁▲B 白鲜 Dictamnus dasycarpus
(-)-kikemanine (-)- 黄堇宁碱 圆滑番荔枝 Annona glabra
kikkanol A~F 野菊花诺醇▲A~F 野菊 Chrysanthemum indicum
kikkanol D monoacetate 野菊花诺醇▲D 单乙酸酯 野菊 Chrysanthemum indicum
kikkanol F monoacetate 野菊花诺醇▲F 单乙酸酯 野菊 Chrysanthemum indicum
kinalborin A, B 粉红动蕊花素▲A, B 粉红动蕊花 Kinostemon alborubrum
kinalborin C 粉红动蕊花素▲C 粉红动蕊花 Kinostemon alborubrum, 血见愁 Teucrium viscidum
kinetin 激动素 兰考泡桐 Paulownia elongata
kinetin nucleate 激动素核酸 兰考泡桐 Paulownia elongata
kinganone 滇黄精酮 滇黄精 Polygonatum kingianum
(25*R*,*S*)-kingianoside A (25*R*,*S*)- 滇黄精苷 A 滇黄精 Polygonatum kingianum
kingianoside A~D, H~K 滇黄精苷 A~D, H~K 滇黄精 Polygonatum kingianum
(25*S*)-kingianoside C (25*S*)- 滇黄精苷 C 滇黄精 Polygonatum kingianum
(25*R*)-kingianoside G (25*R*)- 滇黄精苷 G 滇黄精 Polygonatum kingianum
kingiside 莫罗忍冬吉苷▲ 龙胆 Gentiana scabra, 女贞 Ligustrum lucidum, 忍冬 Lonicera japonica
kinmoonoside A, B, C 缅甸金合欢苷▲A, B, C 藤金合欢 Acacia sinuata
kinocoumarin 乳橘香豆素▲ 假黄皮 Clausena excavata, 枳 Poncirus trifoliata
kinsenoside 金线莲苷▲ 台湾银线兰 Anoectochilus formosanus, 金线兰 A. roxburghii
kiransin 金疮小草新素▲ 金疮小草 Ajuga decumbens
kirenol 豨莶草醇▲ 毛梗豨莶 Sigesbeckia glabrescens, 豨莶 S. orientalis, 腺梗豨莶 S. pubescens
kiridine 吉乌定 吉林乌头 Aconitum kirinense
kirilowin A~H 花木蓝素 A~H 花木蓝 Indigofera kirilowii
kirilowin B 花木蓝素 B 苏木蓝 Indigofera carlesii
kirimine 吉乌明 吉林乌头 Aconitum kirinense
kirinenine A 吉林乌头宁▲A 吉林乌头 Aconitum kirinense
kirinine A 吉乌碱 A 吉林乌头 Aconitum kirinense, 凉山乌头 A. liangshanicum
kirinine B 吉乌碱 B 吉林乌头 Aconitum kirinense, 凉山乌头 A. liangshanicum
kirinine C 吉乌碱 C 吉林乌头 Aconitum kirinense
kiritine 吉乌亭 吉林乌头 Aconitum kirinense
kirkinine 柯基聚鳞木宁▲ 尖瓣瑞香 Daphne acutiloba
kisasagenol A, B 梓实烯醇▲A, B 梓 Catalpa ovata
kitigenin 凯提皂苷元 吉祥草 Reineckea carnea, 弯蕊开口箭 Tupistra wattii
kitigenin-5-*O*-*β*-D-glucopyranoside 凯提皂苷元 -5-*O*-*β*-D- 吡喃葡萄糖苷 吉祥草 Reineckea carnea
kiwiionol 猕猴桃醇 远志 Polygala tenuifolia
kizuta saponin K_3 菱叶常春藤皂苷▲K_3 威灵仙 Clematis chinensis, 尼泊尔常春藤 Hedera nepalensis, 台湾菱叶常春藤 H. rhombea var. formosana, 刺楸 Kalopanax septemlobus
kizuta saponin K_4, K_5, K_7, K_7a, K_7b, K_7c 菱叶常春藤皂苷▲K_4, K_5, K_7, K_7a, K_7b, K_7c 台湾菱叶常春藤 Hedera rhombea var. formosana
kizuta saponin K_6 菱叶常春藤皂苷▲K_6 尼泊尔常春藤 Hedera nepalensis, 台湾菱叶常春藤 H. rhombea var. formosana
kizuta saponin K_8 菱叶常春藤皂苷▲K_8 刺楸 Kalopanax septemlobus
kizuta saponin K_9 菱叶常春藤皂苷▲K_9 台湾菱叶常春藤 Hedera rhombea var. formosana
kizuta saponin K_{10} 菱叶常春藤皂苷▲K_{10} 威灵仙 Clematis chinensis, 尼泊尔常春藤 Hedera nepalensis, 台湾菱叶常春藤 H. rhombea var. formosana, 刺楸 Kalopanax septemlobus, 尾叶那藤 Stauntonia obovatifoliola subsp. urophylla
kizuta saponin K_{11} 菱叶常春藤皂苷▲K_{11} 尼泊尔常春藤 Hedera nepalensis, 台湾菱叶常春藤 H. rhombea var. formosana, 刺楸 Kalopanax septemlobus
kizuta saponin K_{12} 菱叶常春藤皂苷▲K_{12} 威灵仙 Clematis chinensis, 甘青铁线莲 C. tangutica, 尼泊尔常春藤 Hedera nepalensis, 台湾菱叶常春藤 H. rhombea var. formosana, 野木瓜 Stauntonia chinensis
knoxiadin 红大戟素 红大戟 Knoxia roxburghii
knoxivalic acid A 红大戟酸 A 红大戟 Knoxia roxburghii
koaburaside 裸柄吊钟花苷▲ 显苞芒毛苣苔 Aeschynanthus bracteatus, 见血封喉 Antiaris toxicaria, 土沉香 Aquilaria sinensis, 阳桃 Averrhoa carambola, 小木通 Clematis armandii, 虎皮楠 Daphniphyllum oldhamii, 杜仲 Eucommia ulmoides, 海漆 Excoecaria agallocha, 栀子皮 Itoa orientalis, 三桠乌药 Lindera obtusiloba, 苦树 Picrasma quassioides, 兔耳一枝箭 Piloselloides hirsuta
koaburaside monomethyl ether 裸柄吊钟花苷▲单甲醚 海漆 Excoecaria agallocha
kobophenol A 筛草酚▲A 红花锦鸡儿 Caragana rosea, 锦鸡儿 C. sinica, 狭叶锦鸡儿 C. stenophylla
(-)-kobusin (-)- 日本辛夷素▲ 毛蕊老鹳草 Geranium platyanthum, 玉兰 Yulania denudata
(+)-kobusin (+)- 日本辛夷素▲ 血见愁 Teucrium viscidum

K

kobusin 日本辛夷素▲ 露兜树 Pandanus tectorius, 排钱树 Phyllodium pulchellum, 望春玉兰 Yulania biondii, 玉兰 Y. denudata, 竹叶花椒 Zanthoxylum armatum
kobusone 日本香附酮▲ 棱茎黄芩 Scutellaria scandens
kochianic acid A, B 枇杷叶紫珠酸▲A, B 枇杷叶紫珠 Callicarpa kochiana
kochioside A, B, C 地肤苷▲A, B, C 木地肤 Kochia prostrata
kodemarioside A~F 麻叶绣球苷▲A~F 麻叶绣线菊 Spiraea cantoniensis
koelreuteria saponin A, B 栾树皂苷 A, B 栾树 Koelreuteria paniculata
koenidine 柯氏九里香定碱 调料九里香 Murraya koenigii
koenigicine 柯氏九里香辛碱 调料九里香 Murraya koenigii
koenigine 柯氏九里香碱 调料九里香 Murraya koenigii
koenigine-quinone A, B 柯氏九里香碱苯醌 A, B 调料九里香 Murraya koenigii
koenimbine 柯氏九里香宾碱 九里香 Murraya exotica, 调料九里香 M. koenigii
koenine 柯氏九里香宁碱 调料九里香 Murraya koenigii, 广西九里香 M. kwangsiensis
koenoline 柯氏九里香林碱 九里香 Murraya exotica, 调料九里香 M. koenigii
kogagenin 可盖皂苷元 山萆薢 Dioscorea tokoro
kojic acid 曲酸 皱皮木瓜 Chaenomeles speciosa, 高山杜鹃花 Rhododendron lapponicum
kokoonol 柯库木醇▲ 五层龙 Salacia prinoides
kokuline 青藤碱 紫金龙 Dactylicapnos scandens
kokusagine 臭常山精碱▲ 臭常山 Orixa japonica
kokusaginine 臭常山精宁碱▲ 山油柑 Acronychia pedunculata, 齿叶黄皮 Clausena dunniana, 三桠苦 Euodia lepta, 山橘树 Glycosmis cochinchinensis, 山小橘 G. pentaphylla, 臭常山 Orixa japonica, 榆橘 Ptelea trifoliata, 芸香 Ruta graveolens, 月桂茵芋 Skimmia laureola, 多脉茵芋 S. multinervia, 花椒 Zanthoxylum bungeanum
kokusaginine picrate 臭常山精宁碱▲苦味酸盐 臭常山 Orixa japonica
kolavelool 羽叶哈威豆洛醇▲ 紫茎泽兰 Ageratina adenophora
(-)-kolavenol (-)-羽叶哈威豆醇▲ 加拿大一枝黄花 Solidago canadensis
kolavenol 羽叶哈威豆醇▲ 紫茎泽兰 Ageratina adenophora, 血桐 Macaranga tanarius var. tomentosa
komaroidine 柯氏白刺定碱▲ 大白刺 Nitraria roborowskii
komaroside C 老瓜头苷▲C 大理白前 Cynanchum forrestii, 竹灵消 C. inamoenum
komaroside I~L 老瓜头苷▲I~L 华北白前 Cynanchum mongolicum
kompasinol A 甘巴豆酚▲A 毛刺锦鸡儿 Caragana tibetica
kongboendine 工布乌头定▲ 工布乌头 Aconitum kongboense
kongboenine 工布乌头宁▲ 工布乌头 Aconitum kongboense
kongboensine 工布乌头碱▲ 工布乌头 Aconitum kongboense
kongensin A~F 越南巴豆素▲A~F 越南巴豆 Croton kongensis
konjac glucomannan 魔芋葡甘聚糖 南蛇棒 Amorphophallus dunnii
konjac glucomannan aKGM 魔芋葡甘聚糖 aKGM 白磨芋 Amorphophallus albus
konjac glucomannan rKGM 魔芋葡甘聚糖 rKGM 鞭檐犁头尖 Typhonium flagelliforme
koparin 蕊木灵▲ 降香 Dalbergia odorifera
kopsamidine A, B 蕊木米定▲A, B 蕊木 Kopsia arborea
kopsamine 蕊木胺 蕊木 Kopsia arborea, 思茅山橙 Melodinus cochinchinensis
kopsamine-*N*-oxide 蕊木胺-*N*-氧化物 蕊木 Kopsia arborea
kopsanone 蕊木酮 蕊木 Kopsia arborea, 红花蕊木 K. fruticosa, 海南蕊木 K. hainanensis
kopsifine 蕊木芬碱 海南蕊木 Kopsia hainanensis, 思茅山橙 Melodinus cochinchinensis
kopsiflorine 长花蕊木碱▲ 海南蕊木 Kopsia hainanensis
kopsifoline A~F 蕊木叶碱▲A~F 红花蕊木 Kopsia fruticosa
kopsifoline G 蕊木叶碱▲G 海南蕊木 Kopsia hainanensis
kopsihainanine A, B 海南蕊木宁▲A, B 海南蕊木 Kopsia hainanensis
kopsihainin A~F 海南蕊木碱▲A~F 海南蕊木 Kopsia hainanensis
kopsilongine 长花蕊木精▲ 蕊木 Kopsia arborea, 思茅山橙 Melodinus cochinchinensis
kopsiloscine I 蕊木洛辛▲I 海南蕊木 Kopsia hainanensis
kopsinarine 蕊木那灵▲ 海南蕊木 Kopsia hainanensis
kopsine 蕊木碱▲ 红花蕊木 Kopsia fruticosa
kopsinidine A~E 蕊木尼定▲A~E 蕊木 Kopsia arborea
kopsinilam 蕊木宁内酰胺▲ 蕊木 Kopsia arborea, 海南蕊木 K. hainanensis, 思茅山橙 Melodinus cochinchinensis
kopsininate 蕊木宁酯 海南蕊木 Kopsia hainanensis
kopsinine 蕊木宁 蕊木 Kopsia arborea, 红花蕊木 K. fruticosa, 海南蕊木 K. hainanensis, 思茅山橙 Melodinus cochinchinensis, 尖山橙 M. fusiformis, 川山橙 M. hemsleyanus, 蔓长春花 Vinca major
kopsinine B 蕊木宁 B 蕊木 Kopsia arborea, 思茅山橙 Melodinus cochinchinensis
kopsinine F 蕊木宁 F 海南蕊木 Kopsia hainanensis

kopsinine methochloride 蕊木宁甲氯化物 蕊木 Kopsia arborea
kopsinine-N^4-oxide 蕊木宁 -N^4- 氧化物 海南蕊木 Kopsia hainanensis
kopsininic acid 蕊木宁酸▲ 蕊木 Kopsia arborea, 海南蕊木 K. hainanensis, 思茅山橙 Melodinus cochinchinensis
kopsinoline 蕊木诺林▲ 蕊木 Kopsia arborea, 海南蕊木 K. hainanensis, 思茅山橙 Melodinus cochinchinensis
kopsiyunnanine A, B, C_1, C_2, C_3, D, E 云南蕊木碱▲A, B, C_1, C_2, C_3, D, E 蕊木 Kopsia arborea
kopsiyunnanine F_3 云南蕊木碱▲F_3 雷打果 Melodinus yunnanensis
kopsiyunnanine G, H, I 云南蕊木碱▲G, H, I 蕊木 Kopsia arborea
(+)-kopsoffine (+)- 药用蕊木芬碱▲ 海南蕊木 Kopsia hainanensis
kopsoffinol 药用蕊木醇▲ 思茅山橙 Melodinus cochinchinensis
kopsorinine 蕊木瑞宁▲ 红花蕊木 Kopsia fruticosa
korepimedoside A, B, C 朝鲜淫羊藿苷 A, B, C 朝鲜淫羊藿 Epimedium koreanum
kororamide 科罗尔鞘丝藻酰胺▲ 巨大鞘丝藻 Lyngbya majuscula
korsevine 塞氏贝母碱▲ 梭砂贝母 Fritillaria delavayi
koryoginsenoside R_1 朝鲜人参皂苷 R_1 人参 Panax ginseng, 三七 P. notoginseng
koryoginsenoside R_2 朝鲜人参皂苷 R_2 人参 Panax ginseng
kosamol A 苦参莫醇▲A 苦参 Sophora flavescens
kouitchenoid A, B 贵州獐牙菜萜 A, B 贵州獐牙菜 Swertia kouitchensis
kouitchenside A~J 贵州獐牙菜苷 A~J 贵州獐牙菜 Swertia kouitchensis
kouitchensone 贵州獐牙菜酮 贵州獐牙菜 Swertia kouitchensis
19-(*Z*)-koumidine 19-(*Z*)- 钩吻米定▲ 钩吻 Gelsemium elegans
koumidine 钩吻米定▲ 钩吻 Gelsemium elegans
koumine 钩吻明▲ 钩吻 Gelsemium elegans
koumine-*N*-oxide 钩吻明▲-*N*- 氧化物 钩吻 Gelsemium elegans
(19*R*)-kouminol (19*R*)- 钩吻醇▲ 钩吻 Gelsemium elegans
(19*S*)-kouminol (19*S*)- 钩吻醇▲ 钩吻 Gelsemium elegans
kounaminal 钩吻缩醛胺▲ 钩吻 Gelsemium elegans
kryptogenin-3-*O*-*β*-D-glucopyranoside 延龄草皂苷元 -3-*O*-*β*-D- 吡喃葡萄糖苷 吉林延龄草 Trillium kamtschaticum
k-strophanthin-*β* *k*- 羊角拗素▲-*β* 金黄侧金盏花 Adonis chrysocyatha, 北侧金盏花 A. sibirica, 天山侧金盏花 A. tianschanica, 白麻 Apocynum pictum
k-strophanthoside *k*- 羊角拗苷▲ 金黄侧金盏花 Adonis chrysocyatha
kuafumine 瓜馥木明▲ 白叶瓜馥木 Fissistigma glaucescens
kudinchagenin 苦丁茶苷元 扣树 Ilex kaushue
kudinchagenin I 苦丁茶苷元 I 扣树 Ilex kaushue
kudinchalactone A 苦丁茶内酯▲A 扣树 Ilex kaushue
kudingoside A, B 苦丁勾苷▲A, B 总梗女贞 Ligustrum pedunculare
α-kudinlactone *α*- 苦丁内酯 扣树 Ilex kaushue
β-kudinlactone *β*- 苦丁内酯 扣树 Ilex kaushue
kudinolic acid 苦丁醇酸▲ 扣树 Ilex kaushue
kudinoside A 苦丁苷 A 扣树 Ilex kaushue, 大叶冬青 I. latifolia
kudinoside B, G, I~L, LZ_2, M, P 苦丁苷 B, G, I~L, LZ_2, M, P 扣树 Ilex kaushue
kudinoside C 苦丁苷 C 扣树 Ilex kaushue, 大叶冬青 I. latifolia
kudinoside D 苦丁苷 D 扣树 Ilex kaushue, 大叶冬青 I. latifolia
kudinoside E 苦丁苷 E 扣树 Ilex kaushue, 大叶冬青 I. latifolia
kudinoside F 苦丁苷 F 扣树 Ilex kaushue, 大叶冬青 I. latifolia
kudinoside H 苦丁苷 H 扣树 Ilex kaushue, 铁冬青 I. rotunda
kudinoside N 苦丁苷 N 扣树 Ilex kaushue, 大叶冬青 I. latifolia
kudinoside O 苦丁苷 O 扣树 Ilex kaushue, 大叶冬青 I. latifolia
kudzusaponin A_1~A_5 葛皂苷 A_1~A_5 葛 Pueraria montana var. lobata
kudzusaponin B_1 葛皂苷 B_1 粉葛 Pueraria montana var. thomsonii
kudzusaponin C_1, SA_1~SA_4, SB_1 葛皂苷 C_1, SA_1~SA_4, SB_1 葛 Pueraria montana var. lobata
kuguacin A~S 苦瓜辛▲A~S 苦瓜 Momordica charantia
kuguaglycoside A~H 苦瓜糖苷 A~H 苦瓜 Momordica charantia
kuguaoside A~D 苦瓜奥苷▲A~D 苦瓜 Momordica charantia
kuguasaponin A~H 苦瓜皂苷▲A~H 苦瓜 Momordica charantia
kukoamine A 枸杞胺▲A 枸杞 Lycium chinense, 阳芋 Solanum tuberosum
kukoamine B 枸杞胺▲B 枸杞 Lycium chinense
kulactone 苦楝内酯 楝 Melia azedarach
kulinone 苦楝皮酮 楝 Melia azedarach, 川楝 M. toosendan
kulolactone 苦楝醇内酯 楝 Melia azedarach

K

kulonic acid 苦楝酸 楝 Melia azedarach
kumatakenin 熊竹山姜素▲ 山姜 Alpinia japonica, 滑叶山姜 A. tonkinensis, 猪毛蒿 Artemisia scoparia, 广东紫珠 Callicarpa kwangtungensis, 长柄紫珠 C. longipes, 香薷 Elsholtzia ciliata, 粗毛甘草 Glycyrrhiza aspera, 甘草 G. uralensis, 小驳骨 Justicia gendarussa, 南川冠唇花 Microtoena prainiana, 广藿香 Pogostemon cablin, 胶质鼠尾草 Salvia glutinosa
kumatakenin B 熊竹山姜素▲B 云南甘草 Glycyrrhiza yunnanensis
kumokirine 曲唇羊尔蒜碱▲ 羊耳蒜 Liparis japonica, 见血青 L. nervosa
kumujansine 苦木碱辛▲ 苦树 Picrasma quassioides
kumujantine 苦木碱亭▲ 苦树 Picrasma quassioides
kupiteng ester A, B, C 苦皮藤酯 A, B, C 苦皮藤 Celastrus angulatus
kupitengester 1~4 苦皮藤酯 1~4 苦皮藤 Celastrus angulatus
kuramerine 尾唇羊耳蒜碱▲ 羊耳蒜 Liparis japonica, 见血青 L. nervosa
kuraramine 苦参胺 苦参 Sophora flavescens
kuraridin 苦参定 苦参 Sophora flavescens
kurarinol 苦参醇 苦参 Sophora flavescens
kurarinone 苦参酮 秦艽 Gentiana macrophylla, 苦参 Sophora flavescens
kurchaline 止泻木查林▲ 止泻木 Holarrhena pubescens
kurchamide 止泻木查酰胺▲ 止泻木 Holarrhena pubescens
kurchamine 止泻木查胺▲ 止泻木 Holarrhena pubescens
kurchessine 止泻木切辛▲ 止泻木 Holarrhena pubescens
kurchicine 止泻木钦辛▲ 止泻木 Holarrhena pubescens
kurchilidine 止泻木里定▲ 止泻木 Holarrhena pubescens
kurchiline 止泻木林碱▲ 止泻木 Holarrhena pubescens
kurchine 止泻木钦碱▲ 止泻木 Holarrhena pubescens
kurchinicin 止泻木尼辛▲ 止泻木 Holarrhena pubescens
kurchinidine 止泻木尼定▲ 止泻木 Holarrhena pubescens
kurchinin 止泻木宁▲ 止泻木 Holarrhena pubescens
kurchinine 止泻木钦宁▲ 止泻木 Holarrhena pubescens
kurchiphyllamine 止泻木叶胺▲ 止泻木 Holarrhena pubescens
kurchiphylline 止泻木叶碱▲ 止泻木 Holarrhena pubescens
kurcholessine 止泻木赖辛▲ 止泻木 Holarrhena pubescens
kurryame 调料九里香咔唑碱▲ 调料九里香 Murraya koenigii
kushecarpin A, B, C 苦参紫檀素 A, B, C 苦参 Sophora flavescens
kushenin 苦参素 苦参 Sophora flavescens
kushenol A~D, F, G, H, J~X 苦参酚 A~D, F, G, H, J~X 苦参 Sophora flavescens
kushenol E 苦参酚 E 柘藤 Cudrania fruticosa, 伏毛山豆根 Euchresta horsfieldii, 苦参 Sophora flavescens, 越南槐 S. tonkinensis
kushenol I 苦参酚 I 秦艽 Gentiana macrophylla, 苦参 Sophora flavescens
kushequinoine A 苦参醌 A 苦参 Sophora flavescens
kusnesoline 北乌灵 北乌头 Aconitum kusnezoffii, 峨眉翠雀花 Delphinium omeiense
kusnesoline B 北乌灵 B 北乌头 Aconitum kusnezoffii
kusulactone 苦树内酯 苦树 Picrasma quassioides
(+)-kusunokinin (+)-樟树宁 狼毒 Stellera chamaejasme, 了哥王 Wikstroemia indica
kusunokinin 樟树宁 樟 Cinnamomum camphora
kusunokinol 樟树醇 樟 Cinnamomum camphora, 莲叶桐 Hernandia nymphaeifolia
kusunol 樟油醇▲ 挥发油成分，未统计基源
kuwanol A 桑酚▲A 鸡桑 Morus australis
kuwanol B 桑酚▲B 桑 Morus alba, 鸡桑 M. australis
kuwanol C, D, E 桑酚▲C, D, E 桑 Morus alba
kuwanon A 桑酮 A 桑 Morus alba, 鸡桑 M. australis
kuwanon B 桑酮 B 桑 Morus alba, 鸡桑 M. australis
kuwanon C 桑酮 C 波罗蜜 Artocarpus heterophyllus, 桑 Morus alba, 鸡桑 M. australis, 黑桑 M. nigra
kuwanon D, I, K 桑酮 D, I, K 桑 Morus alba
kuwanon E 桑酮 E 桑 Morus alba, 蒙桑 M. mongolica
kuwanon F 桑酮 F 桑 Morus alba, 鸡桑 M. australis
kuwanon G 桑酮 G 桑 Morus alba, 鸡桑 M. australis, 蒙桑 M. mongolica, 黑桑 M. nigra
kuwanon H 桑酮 H 桑 Morus alba, 鸡桑 M. australis, 蒙桑 M. mongolica
kuwanon J 桑酮 J 桑 Morus alba, 鸡桑 M. australis, 奶桑 M. macroura, 蒙桑 M. mongolica
kuwanon L 桑酮 L 桑 Morus alba, 鸡桑 M. australis, 蒙桑 M. mongolica
kuwanon N 桑酮 N 鸡桑 Morus australis
kuwanon O 桑酮 O 桑 Morus alba, 鸡桑 M. australis, 蒙桑 M. mongolica

kuwanon P 桑酮 P 奶桑 Morus macroura, 蒙桑 M. mongolica
kuwanon Q, S, Z 桑酮 Q, S, Z 桑 Morus alba
kuwanon R 桑酮 R 桑 Morus alba, 鸡桑 M. australis
kuwanon S 桑酮 S 刺槐 Robinia pseudoacacia
kuwanon T 桑酮 T 波罗蜜 Artocarpus heterophyllus, 粗叶榕 Ficus hirta, 鸡桑 Morus australis
kuwanon V 桑酮 V 桑 Morus alba, 鸡桑 M. australis
kuwanon X 桑酮 X 奶桑 Morus macroura, 蒙桑 M. mongolica
kuwanon Y 桑酮 Y 桑 Morus alba, 奶桑 M. macroura
kuzubutenolide A 葛丁烯内酯苷 葛 Pueraria montana var. lobata
kwangsine 广西九里香碱 广西九里香 Murraya kwangsiensis
kwanzoquinone A~G 重瓣萱草蒽醌▲A~G 重瓣萱草 Hemerocallis fulva var. kwanso
kynurenine 犬尿氨酸 野蘑菇 Agaricus campestris

L

lab-13-en-8*β*-ol-15-oic acid 半日花 -13- 烯 -8*β*- 醇 -15- 酸 柚木 Tectona grandis
labadoside 拉巴多酸模苷▲ 巴天酸模 Rumex patientia
labda-13(*E*)-en-8,15-diol 半日花 -13(*E*)- 烯 -8,15- 二醇 叉子圆柏 Juniperus sabina
labda-13(*E*)-en-8*α*,15-diol 半日花 -13(*E*)- 烯 -8*α*,15- 二醇 田基黄 Grangea maderaspatana
labda-8(17),11,13-trien-15(16)-olide 半日花 -8(17),11,13- 三烯 -15(16)- 内酯 距花山姜 Alpinia calcarata, 姜花 Hedychium coronarium, 圆瓣姜花 H. forrestii
labda-8(17),11,13-trien-15-al-16-oic acid 半日花 -8(17),11,13- 三烯 -15- 醛 -16- 酸 姜花 Hedychium coronarium
labda-8(17),12-dien-15,16-dial 半日花 -8(17),12- 二烯 -15,16- 二醛 姜黄 Curcuma longa, 姜花 Hedychium coronarium
(*E*)-labda-8(17),12-dien-15,16-olide (*E*)- 半日花 -8(17),12- 二烯 -15,16- 内酯 姜花 Hedychium coronarium
(*E*)-labda-8(17),12-dien-15-ol-16-al (*E*)- 半日花 -8(17),12- 二烯 -15- 醇 -16- 醛 距花山姜 Alpinia calcarata, 美山姜 A. formosana
(*E*)-labda-8(17),12-diene-15,16-dial (*E*)- 半日花 -8(17),12- 二烯 -15,16- 二醛 华山姜 Alpinia oblongifolia, 姜花 Hedychium coronarium, 蘘荷 Zingiber mioga
labda-8(17),12,14-trien-18-oic acid 半日花 -8(17),12,14- 三烯 -18- 酸 金粟兰 Chloranthus spicatus
labda-8(17),12,14-trien-18-ol 半日花 -8(17),12,14- 三烯 -18- 醇 金粟兰 Chloranthus spicatus
labda-8(17),13-diene-15,19-dioic acid 半日花 -8(17),13- 二烯 -15,19- 二酸 柳杉 Cryptomeria japonica var. sinensis
(12*R*)-labda-8(17),13*E*-dien-12,15,19-triol (12*R*)- 半日花 -8(17),13*E*- 二烯 -12,15,19- 三醇 宽叶金粟兰 Chloranthus henryi
labda-8(17),13*E*-dien-3*β*,15-diol 半日花 -8(17),13*E*- 二烯 -3*β*,15- 二醇 海南巴豆 Croton laui, 海漆 Excoecaria agallocha
labda-8(17),14-dien-13-ol 半日花 -8(17),14- 二烯 -13- 醇 杜香 Ledum palustre
8(17),13-*ent*-labdadien-(15 → 16)-lactone-19-oic acid 8(17),13- 对映 - 半日花二烯 -(15 → 16)- 内酯 -19- 酸 腺花香茶菜 Isodon adenanthus
8(17),13-labdadien-12,15-olid-19-oic acid 8(17),13- 半日花二烯 -12,15- 内酯 -19- 酸 台湾杉木 Cunninghamia lanceolata var. konishii
8,14-labdadien-13-ol 8,14- 半日花二烯 -13- 醇 松木层孔菌 Phellinus pini
(*E*)-8(17),12-labdadien-15,16-dial (*E*)-8(17),12- 半日花二烯 -15,16- 二醛 毛瓣山姜 Alpinia malaccensis
8(17),13-*ent*-labdadien-15 → 16,19 → 20-dilactone 8(17),13- 对映 - 半日花二烯 -15 → 16,19 → 20- 二内酯 浮叶眼子菜 Potamogeton natans
8(17),13-*ent*-labdadien-15 → 16-lactone-19-oic acid 8(17),13- 对映 - 半日花二烯 -15 → 16- 内酯 -19- 羧酸 篦齿眼子菜 Potamogeton pectinatus
(8*R*,12*Z*)-12,14-labdadien-8-ol (8*R*,12*Z*)-12,14- 半日花二烯 -8- 醇 秦岭冷杉 Abies chensiensis
(8*α*,12*Z*)-12,14-labdadien-8-ol (8*α*,12*Z*)-12,14- 半日花二烯 -8- 醇 臭冷杉 Abies nephrolepis
8(17),14-labdadiene-3*R*,13*R*-diol 8(17),14- 半日花二烯 -3*R*,13*R*- 二醇 新疆方枝柏 Juniperus pseudosabina
7*S*,12*Z*)-12,14-labdadiene-7,8-diol (7*S*,12*Z*)-12,14- 半日花二烯 -7,8- 二醇 烟草 Nicotiana tabacum
(11*E*,13*R*)-11,14-labdaiene-8,13-diol (11*E*,13*R*)-11,14- 半日花二烯 -8,13- 醇 烟草 Nicotiana tabacum
(11*E*,13*S*)-11,14-labdaiene-8,13-diol (11*E*,13*S*)-11,14- 半日花二烯 -8,13- 醇 烟草 Nicotiana tabacum
(4*R*,5*S*,9*S*,10*R*)-8(17),12,14-labdantrien-19-oic acid (4*R*,5*S*,9*S*,10*R*)-8(17),12,14- 半日花三烯 -19- 酸 杉木 Cunninghamia lanceolata
(4*R*,5*S*,9*S*,10*R*)-8(17),12,14-labdantrien-19-ol (4*R*,5*S*,9*S*,10*R*)-8(17),12,14- 半日花三烯 -19- 醇 杉木 Cunninghamia lanceolata
8(17),12*E*,14-labdatrien-19-ol 8(17),12*E*,14- 半日花三烯 -19- 醇 神黄豆 Cassia agnes
8(17),12,14-labdatriene-19-oic acid 8(17),12,14- 半日花三烯 -19- 酸 线纹香茶菜 Isodon lophanthoides
(13*E*)-13-labdene-8*α*,15-diol (13*E*)-13- 半日花烯 -8*α*,15- 二醇 臭冷杉 Abies nephrolepis
lablab saponin I 扁豆皂苷 I 扁豆 Lablab purpureus
lablaboside A 扁豆苷 A 扁豆 Lablab purpureus, 印度田菁 Sesbania sesban
lablaboside B~F 扁豆苷 B~F 扁豆 Lablab purpureus
laburnetin 毒豆亭▲ 假地蓝 Crotalaria ferruginea, 刺桐 Erythrina variegata
laburnine 毒豆碱 药用牛舌草 Anchusa officinalis, 琉璃草 Cynoglossum zeylanicum
laburnine acetate 毒豆碱乙酸酯 药用牛舌草 Anchusa officinalis
lacarol 裂叶蒿酚▲ 裂叶蒿 Artemisia tanacetifolia
laccaic acid D 虫胶酸 D 小大黄 Rheum pumilum, 总序大黄 R. racemiferum, 窄叶大黄 R. sublanceolatum

laccaridione A, B 蜡蘑二酮▲A, B 紫蜡蘑 Laccaria amethystina
lacceroic acid 虫漆蜡酸 琉璃繁缕 Anagallis arvensis, 南方菟丝子 Cuscuta australis, 糙叶五加 Eleutherococcus henryi, 地笋 Lycopus lucidus, 水芹 Oenanthe javanica, 小槐花 Ohwia caudata, 紫花地丁 Viola philippica
laccerol 虫漆蜡醇 云南石仙桃 Pholidota yunnanensis, 蓼蓝 Polygonum tinctorium
lachnellin B, C, D 长生盘菌素▲B, C, D 番荔枝 Annona squamosa
lachnophyllic acid 毛叶菊酸▲ 紫菀 Aster tataricus
lachnophyllol 毛叶菊醇▲ 紫菀 Aster tataricus
lachnophyllum ester 毛叶菊酯 兔儿伞 Syneilesis aconitifolia
cis-lachnophyllum ester 顺式 - 毛叶菊酯 香丝草 Conyza bonariensis
lacinartin 裂叶蒿素▲ 青蒿 Artemisia carvifolia carvifolia, 裂叶蒿 A. tanacetifolia, 青花椒 Zanthoxylum schinifolium
laciniatoside II 条裂续断苷▲II 糯米条 Abelia chinensis
lacinilene A 裂叶榆烯▲A 裂叶榆 Ulmus laciniata, 榔榆 U. parvifolia
lacinilene B 裂叶榆烯▲B 裂叶榆 Ulmus laciniata
lacinilene C 裂叶榆烯▲C 八角枫 Alangium chinense, 木棉 Bombax ceiba, 裂叶榆 Ulmus laciniata
lacoumarin 散沫花香豆素 散沫花 Lawsonia inermis
lactapiperanol A 辣味乳菇醇▲A 辣味乳菇 Lactarius piperatus, 臭黄菇 Russula foetens
lactapiperanol B, C, D 辣味乳菇醇▲B, C, D 辣味乳菇 Lactarius piperatus
lactapiperanol E 辣味乳菇醇▲E 臭黄菇 Russula foetens
lactarazulene 乳菇菌薁 松乳菇 Lactarius deliciosus
lactariamides A, B 乳菇酰胺▲A, B 多汁乳菇 Lactarius volemus
lactariolide 乳菇瑞内酯▲ 亚绒白乳菇 Lactarius subvellereus
lactarioline A, B 乳菇素▲A, B 红汁乳菇 Lactarius hatsudake
lactarofulvene 乳菇黄素 松乳菇 Lactarius deliciosus
lactarolide A 乳菇内酯▲A 亚绒白乳菇 Lactarius subvellereus, 绒白乳菇 L. vellereus, 美味红菇 Russula delica
lactarorufin 红乳菇素 辣味乳菇 Lactarius piperatus
lactarorufin A 红乳菇素 A 辣味乳菇 Lactarius piperatus, 亚绒白乳菇 L. subvellereus, 绒白乳菇 L. vellereus, 美味红菇 Russula delica, 毒红菇 R. emetica
lactarorufin B 红乳菇素 B 美味红菇 Russula delica
lactaroviolin 乳菇紫素 松乳菇 Lactarius deliciosus
L-lactic acid *L*- 乳酸 挥发油成分，未统计基源
Lactic acid 乳酸 五月茶 Antidesma bunius, 枸杞 Lycium chinense, 天竺葵 Pelargonium hortorum, 赤瓟 Thladiantha dubia
lactiflorasyne 白花蒿炔 白苞蒿 Artemisia lactiflora
lactiflorenol 白花蒿烯醇 挥发油成分，未统计基源
lactiflorin 芍药新苷 川赤芍 Paeonia anomala subsp. veitchii, 多花芍药 P. emodi, 块根芍药 P. intermedia, 芍药 P. lactiflora
lactodine 琉璃草乳酸酯定▲ 琉璃草 Cynoglossum zeylanicum
7-lactoylapigenin-2''-*O*-*β*-D-glucopyranoside 7- 乳酰芹菜苷元 -2''-*O*-*β*-D- 吡喃葡萄糖苷 欧夏至草 Marrubium vulgare
7-lactoylapigenin-2''-*O*-*β*-D-glucuronide 7- 乳酰芹菜苷元 -2''-*O*-*β*-D- 葡萄糖醛酸苷 欧夏至草 Marrubium vulgare
7-lactoylluteolin 7- 乳酰木犀草素 欧夏至草 Marrubium vulgare
lactucaside 莴苣脂苷▲ 山莴苣 Lagedium sibiricum
α-lactucerol *α*- 毒莴苣醇 苣荬菜 Sonchus arvensis
ψ-lactucerol *ψ*- 山莴苣醇 欧亚旋覆花 Inula britannica
lactucin 莴苣素 腺毛菊苣 Cichorium glandulosum, 菊苣 C. intybus, 中华小苦荬 Ixeridium chinense, 莴苣 Lactuca sativa, 野莴苣 L. serriola, 沼生苦苣菜 Sonchus palustris
lactucin-15-oxalate 莴苣素 -15- 草酸酯 莴苣 Lactuca sativa
lactucin-8-*O*-methylacrylate 莴苣苦素 -8-*O*- 甲基丙烯酸酯 可食蜡烛果 Parmentiera aculeata
lactucin-8-*O*-*p*-methoxyphenyl acetate 莴苣素 -8-*O*- 对 - 甲氧基苯基乙酸酯 乳苣 Mulgedium tataricum
lactucopicrin-15-oxalate 莴苣苦素 -15- 草酸酯 莴苣 Lactuca sativa
lactucopicriside 莴苣苦苷 菊苣 Cichorium intybus
lactupicrin; lactucopicrin 莴苣苦素 腺毛菊苣 Cichorium glandulosum, 菊苣 C. intybus, 莴苣 Lactuca sativa, 野莴苣 L. serriola, 沼生苦苣菜 Sonchus palustris
lactuside A 莴苣苷▲A 莴苣 Lactuca sativa, 野莴苣 L. serriola
lactuside B 莴苣苷▲B 山莴苣 Lagedium sibiricum, 高大翅果菊 Pterocypsela elata
lactuside C 莴苣苷▲C 莴苣 Lactuca sativa, 翼柄翅果菊 Pterocypsela triangulata
lactuside D 莴苣苷▲D 翅果菊 Pterocypsela indica
ladanein 劳丹鼬瓣花素▲ 艾 Artemisia argyi, 肾茶 Clerodendranthus spicatus, 羽萼木 Colebrookea oppositifolia, 薰衣草 Lavandula angustifolia, 欧夏至草 Marrubium vulgare, 华西龙头草 Meehania fargesii, 刺尖荆芥 Nepeta pungens, 迷迭香 Rosmarinus officinalis
ladanetin 劳丹鼬瓣花亭▲ 紫毛香茶菜 Isodon enanderianus, 芝麻 Sesamum indicum
ladanetin-6-*O*-*β*-(6''-*O*-acetyl)-glucopyranoside 劳丹鼬瓣花亭▲-6-*O*-*β*-(6''-*O*- 乙酰基)- 吡喃葡萄糖苷 甘青青兰 Dracocephalum tanguticum
ladanetin-6-*O*-*β*-D-glucopyranoside 劳丹鼬瓣花亭▲-6-*O*-*β*-D- 吡喃葡萄糖苷 甘青青兰 Dracocephalum tanguticum

ladanetin-6-*O*-*β*-D-glucoside 劳丹黝瓣花亭▲-6-*O*-*β*-D- 葡萄糖苷 贡山三尖杉 Cephalotaxus lanceolata, 芝麻 Sesamum indicum
(+)-laetanine (+)- 亮叶木姜子宁▲ 山胡椒 Lindera glauca
laetevirenol A~G 绿叶地锦酚▲A~G 绿叶地锦 Parthenocissus laetevirens
(+)-laetine (+)- 喜木姜子碱▲ 莲叶桐 Hernandia nymphaeifolia
laetiporic acid A, B, C 绚孔菌酸▲A, B, C 硫黄菌 Laetiporus sulphureus
laetirobin 刺槐硫黄菌素▲ 硫黄菌 Laetiporus sulphureus
laetispiamide B 大叶蒟酰胺 B 大叶蒟 Piper laetispicum
laetispicine 大叶蒟素 华南胡椒 Piper austrosinense, 大叶蒟 P. laetispicum
laevigatanoside A 金樱子皂苷 A 尾叶香茶菜 Isodon excisus, 鹿蹄草 Pyrola calliantha
laevigatbenzoate 光叶巴豆苯甲酸酯 光叶巴豆 Croton laevigatus
laevigatin A, B, C, E, G 金樱子素 A, B, C, E, G 金樱子 Rosa laevigata
laevigatin D 金樱子素 D 山刺玫 Rosa davurica, 金樱子 R. laevigata
laevigatin F 金樱子素 F 山刺玫 Rosa davurica, 金樱子 R. laevigata
laevigatlactone A~F 光叶巴豆内酯 A~F 光叶巴豆 Croton laevigatus
laevigatone A 平滑钩藤酮▲A 平滑钩藤 Uncaria laevigata
laevinoid A, B 光叶巴豆萜▲A, B 光叶巴豆 Croton laevigatus
laevissioside A~D 光里白苷▲A~D 光里白 Diplopterygium laevissimum
lageflorin 小叶紫薇素▲ 紫薇 Lagerstroemia indica
lageracetal 紫薇缩醛 大花紫薇 Lagerstroemia speciosa, 南紫薇 L. subcostata
lagerine 紫薇碱 紫薇 Lagerstroemia indica
lagerine-*N*-oxide 紫薇碱 -*N*- 氧化物 紫薇 Lagerstroemia indica
lagerstannin A 紫薇鞣质 A 大花紫薇 Lagerstroemia speciosa
lagerstannin B 紫薇鞣质 B 大花紫薇 Lagerstroemia speciosa, 石榴 Punica granatum
lagerstannin C 紫薇鞣质 C 牛奶子 Elaeagnus umbellata, 大花紫薇 Lagerstroemia speciosa
lagerstroemiate A 紫薇乙酸酯 A 紫薇 Lagerstroemia indica
lagerstroemin 紫薇素▲ 大花紫薇 Lagerstroemia speciosa
lagerstroemine 紫薇明碱▲ 紫薇 Lagerstroemia indica
lagerstroemine-*N*-oxide 紫薇明碱▲-*N*- 氧化物 紫薇 Lagerstroemia indica
lagertannin 紫薇鞣素▲ 大花紫薇 Lagerstroemia speciosa
laggerone A, B 翼齿六棱菊酮▲A, B 翼齿六棱菊 Laggera crispata
lagopsin A~H 夏至草素▲A~H 夏至草 Lagopsis supina
lagotiside 兔耳草苷 短穗兔耳草 Lagotis brachystachya, 白花甘肃马先蒿 Pedicularis kansuensis subsp. kansuensis f. albiflora
lagotiside A 兔耳草苷 A 短筒兔耳草 Lagotis brevituba
lagotisoside A, B, C, E 兔耳草索苷▲A, B, C, E 云南兔耳草 Lagotis yunnanensis
lagotisoside D 兔耳草索苷▲D 革叶兔耳草 Lagotis alutacea, 云南兔耳草 L. yunnanensis, 齿叶玄参 Scrophularia dentata
lagotisoside F 兔耳草索苷▲F 革叶兔耳草 Lagotis alutacea
lagotoside 兔耳草托苷▲ 婆婆纳 Veronica polita
lagotoside B, C 兔耳草托苷▲B, C 云南兔耳草 Lagotis yunnanensis
lagunamide A, B, C 泻湖鞘丝藻酰胺▲A, B, C 巨大鞘丝藻 Lyngbya majuscula
lagunamine 象皮木胺 糖胶树 Alstonia scholaris
lakoochin A 野波罗蜜素▲A 二色波罗蜜 Artocarpus styracifolius
lalioside 散沫花酚苷▲ 散沫花 Lawsonia inermis, 地锦 Parthenocissus tricuspidata
lamalbide 短柄野芝麻萜苷▲ 独一味 Lamiophlomis rotata, 短柄野芝麻 Lamium album, 宝盖草 L. amplexicaule, 野芝麻 L. barbatum, 马缨丹 Lantana camara, 美观马先蒿 Pedicularis decora, 块根糙苏 Phlomis tuberosa
lamalbidic acid 短柄野芝麻酸▲ 栀子 Gardenia jasminoides, 海南玉叶金花 Mussaenda hainanensis
lamalboside 短柄野芝麻苷▲ 短柄野芝麻 Lamium album
lambertianic acid 糖松酸▲ 华山松 Pinus armandii, 白皮松 P. bungeana, 海南五针松 P. fenzeliana, 红松 P. koraiensis, 华南五针松 P. kwangtungensis, 新疆五针松 P. sibirica, 黄山松 P. taiwanensis
lambertianin A 糖松素▲A 软条七蔷薇 Rosa henryi
lambertianin C 糖松素▲C 复盆子 Rubus idaeus
(-)-lambertic acid (-)- 兰伯罗汉松酸▲ 歧伞香茶菜 Isodon macrophyllus
lambertic acid 兰伯罗汉松酸▲ 假地枫皮 Illicium jiadifengpi, 叶穗香茶菜 Isodon phyllostachys, 罗汉松 Podocarpus macrophyllus, 台湾罗汉松 P. nakaii
lamiide 野芝麻酯苷 假连翘 Duranta erecta, 宝盖草 Lamium amplexicaule
lamiidoside 野芝麻多苷▲ 假连翘 Duranta erecta
laminaran; laminarin 海带多糖 绳藻 Chorda filum, 昆布 Ecklonia kurome, 海带 Laminaria japonica, 巨藻 Macrocystis pyrifera
laminine 海带氨酸 海带 Laminaria japonica
laminitol 海带醇▲ 巨藻 Macrocystis pyrifera
lamiol 野芝麻醇▲ 短柄野芝麻 Lamium album, 宝盖草 L. amplexicaule, 地黄 Rehmannia glutinosa

L

lamiolactone 独一味内酯 独一味 Lamiophlomis rotata
lamiophlomiol A 独一味醇▲A 独一味 Lamiophlomis rotata, 糙苏 Phlomis umbrosa
lamiophlomiol B 独一味醇▲B 独一味 Lamiophlomis rotata, 糙苏 Phlomis umbrosa
lamiophlomiol C 独一味醇▲C 独一味 Lamiophlomis rotata
lamiophlomioside A 独一味苷 A 枇杷叶紫珠 Callicarpa kochiana, 独一味 Lamiophlomis rotata
cis-lamiophlomioside A 顺式 - 独一味苷 A 独一味 Lamiophlomis rotata
lamiophlomiside 独一味萜苷 独一味 Lamiophlomis rotata
lamioside 野芝麻苷 宝盖草 Lamium amplexicaule
lamiuamplexoside A, B, C 宝盖草苷▲A, B, C 宝盖草 Lamium amplexicaule
lampranthin II 日光花素▲II 厚皮菜 Beta vulgaris var. cicla, 垂序商陆 Phytolacca americana
lamprolobine 辉片豆碱▲ 越南槐 Sophora tonkinensis
lanadoxin 毛花毛地黄多苷▲ 毛地黄 Digitalis purpurea
lanafolein 毛花毛地黄叶苷▲ 毛地黄 Digitalis purpurea
lancemaside A~G 羊奶参苷▲A~G 羊乳 Codonopsis lanceolata
(*Z*)-lanceol (*Z*)- 披针叶檀香醇▲ 挥发油成分，未统计基源
cis-lanceol 顺式 - 披针叶檀香醇▲ 红豆蔻 Alpinia galanga, 檀香 Santalum album
lanceolarin 窄叶黄檀素▲ 丰城崖豆藤 Callerya nitida var. hirsutissima
lanceolatanin A~D 杉木宁▲A~D 杉木 Cunninghamia lanceolata
lanceolatic acid 杉木酸▲ 杉木 Cunninghamia lanceolata
lanceolatin 杉木素▲ 杉木 Cunninghamia lanceolata
lanceolatin A~G 贡山三尖杉素▲A~G 贡山三尖杉 Cephalotaxus lanceolata
lanceolatin A, C 披针叶灰毛豆素 A, C 灰毛豆 Tephrosia purpurea
lanceolatin B 披针叶灰毛豆素 B 长波叶山蚂蝗 Desmodium sequax, 鹦哥花 Erythrina arborescens, 厚果崖豆藤 Millettia pachycarpa, 水黄皮 Pongamia pinnata, 灰毛豆 Tephrosia purpurea
lanceolatol 杉木醇▲ 杉木 Cunninghamia lanceolata
lanceolin 剑叶金鸡菊苷▲ 剑叶金鸡菊 Coreopsis lanceolata
lanceolin 玉山双蝴蝶素▲ 玉山双蝴蝶 Tripterospermum lanceolatum
lanceoloside A, B, C 贡山三尖杉苷▲A, B, C 贡山三尖杉 Cephalotaxus lanceolata
lanceoloside A 剑叶红铁木苷▲A 箣柊 Scolopia chinensis
lanceomigine 剑叶鸡骨常山精▲ 苏门答腊萝芙木 Rauvolfia sumatrana, 蔓长春花 Vinca major
lanceoside 玉山双蝴蝶苷▲ 玉山双蝴蝶 Tripterospermum lanceolatum, 台湾肺形草 T. taiwanense
lancerin 玉山双蝴蝶灵▲ 红花龙胆 Gentiana rhodantha, 尾叶远志 Polygala caudata, 西伯利亚远志 P. sibirica, 远志 P. tenuifolia, 玉山双蝴蝶 Tripterospermum lanceolatum
lancerotol-5*α*-(4-hydroxybenzoate) 兰萨罗特阿魏醇▲-5*α*- 对羟基苯甲酸酯 中亚阿魏 Ferula jaeschkeana
lancifodilactone A 狭叶五味子二内酯▲A 狭叶五味子 Schisandra lancifolia, 红花五味子 S. rubriflora, 鹤庆五味子 S. wilsoniana
lancifodilactone B 狭叶五味子二内酯▲B 五味子 Schisandra chinensis, 狭叶五味子 S. lancifolia, 华中五味子 S. sphenanthera, 鹤庆五味子 S. wilsoniana
lancifodilactone C 狭叶五味子二内酯▲C 五味子 Schisandra chinensis, 大花五味子 S. grandiflora, 狭叶五味子 S. lancifolia, 滇藏五味子 S. neglecta, 合蕊五味子 S. propinqua, 红花五味子 S. rubriflora, 华中五味子 S. sphenanthera, 鹤庆五味子 S. wilsoniana
lancifodilactone D 狭叶五味子二内酯▲D 五味子 Schisandra chinensis, 大花五味子 S. grandiflora, 狭叶五味子 S. lancifolia, 红花五味子 S. rubriflora, 鹤庆五味子 S. wilsoniana
lancifodilactone E 狭叶五味子二内酯▲E 五味子 Schisandra chinensis, 狭叶五味子 S. lancifolia, 滇藏五味子 S. neglecta
lancifodilactone F 狭叶五味子二内酯▲F 狭叶五味子 Schisandra lancifolia
lancifodilactone G 狭叶五味子二内酯▲G 华中五味子 Schisandra sphenanthera
lancifodilactone H 狭叶五味子二内酯▲H 狭叶五味子 Schisandra lancifolia, 毛叶五味子 S. pubescens
lancifodilactone I 狭叶五味子二内酯▲I 五味子 Schisandra chinensis, 狭叶五味子 S. lancifolia, 鹤庆五味子 S. wilsoniana
lancifodilactone J, M, P, Q, R 狭叶五味子二内酯▲J, M, P, Q, R 狭叶五味子 Schisandra lancifolia
lancifodilactone K 狭叶五味子二内酯▲K 大花五味子 Schisandra grandiflora, 狭叶五味子 S. lancifolia
lancifodilactone L 狭叶五味子二内酯▲L 五味子 Schisandra chinensis, 大花五味子 S. grandiflora, 狭叶五味子 S. lancifolia, 滇藏五味子 S. neglecta, 鹤庆五味子 S. wilsoniana
lancifodilactone N 狭叶五味子二内酯▲N 五味子 Schisandra chinensis, 大花五味子 S. grandiflora, 狭叶五味子 S. lancifolia, 华中五味子 S. sphenanthera, 鹤庆五味子 S. wilsoniana
lancifodilactone O 狭叶五味子二内酯▲O 狭叶五味子 Schisandra lancifolia, 华中五味子 S. sphenanthera
lancifoic acid 狭叶五味子酸▲ 黑老虎 Kadsura coccinea, 狭叶五味子 Schisandra lancifolia, 华中五味子 S. sphenanthera
lancifoic acid A 狭叶五味子酸▲A 华中五味子 Schisandra sphenanthera
lancifonin A~F 狭叶五味子宁▲A~F 狭叶五味子 Schisandra lancifolia
lanciphenol A, B 狭叶五味子酚▲A, B 狭叶五味子 Schisandra lancifolia
lancolide A~D 狭叶五味子内酯▲A~D 狭叶五味子 Schisandra lancifolia
langduin A~D, F 狼毒因▲A~D, F 狼毒大戟 Euphorbia fischeriana

langkamide 兰卡假蒟酰胺▲ 假蒟 Piper sarmentosum
lanicepside A, B 绵头雪兔子苷▲A, B 丁座草 Boschniakia himalaica
lanierone 松齿小蠹酮▲ 西伯利亚远志 Polygala sibirica
lankongensisine A, B 洱源橐吾碱▲A, B 洱源橐吾 Ligularia lankongensis
lanost-20(22)-en-3β-ol 羊毛甾-20(22)-烯-3β-醇 金盏花 Calendula officinalis
lanost-20-en-3β-acetate 羊毛脂-20-烯-3β-乙酸酯 聚果榕 Ficus racemosa
lanost-5,24-dien-3β-ol-3-O-β-D-glucopyranosyl-(6'→1'')-β-D-glucopyranosyl-(6''→1''')-β-D-glucopyranoside 羊毛脂-5,24-二烯-3β-醇-3-O-β-D-吡喃葡萄糖基-(6'→1'')-β-D-吡喃葡萄糖基-(6''→1''')-β-D-吡喃葡萄糖苷 人参 Panax ginseng
lanost-5,25-dien-3α-ol 羊毛脂-5,25-二烯-3α-醇 盒果藤 Operculina turpethum
lanost-7-en-3-one 羊毛脂-7-烯-3-酮 雪岭云杉 Picea schrenkiana, 樟子松 Pinus sylvestris var. mongolica
lanost-7-en-3β-ol-26-oic acid-3β-D-glucopyranoside 羊毛脂-7-烯-3β-醇-26-酸-3β-D-吡喃葡萄糖苷 药蜀葵 Althaea officinalis
lanost-8-en-3β-ol 羊毛脂-8-烯-3β-醇 树番茄 Cyphomandra betacea, 番茄 Lycopersicon esculentum, 茄 Solanum melongena
lanost-9(11),23Z(24)-diene-3β,25-diol 羊毛甾-9(11),23Z(24)-二烯-3β,25-二醇 乳苣 Mulgedium tataricum
lanost-9(11),25-diene-3β,24β-diol 羊毛脂烷-9(11),25-二烯-3β,24β-二醇 乳苣 Mulgedium tataricum
lanost-9(11)-en-3α,24S,25-triol 羊毛脂-9(11)-烯-3α,24S,25-三醇 冷杉 Abies fabri, 苦瓜 Momordica charantia
lanost-9(11)-en-3β,24S,25-triol 羊毛脂-9(11)-烯-3β,24S,25-三醇 冷杉 Abies fabri
24S-lanost-9(11)-ene-3β,16β,24,25,30-pentaol 24S-羊毛脂-9(11)-烯-3β,16β,24,25,30-五醇 华东唐松草 Thalictrum fortunei
9β-lanosta-5-en-3α,27-diol-3α-palmitoleate 9β-羊毛脂烷-5-烯-3α,27-二醇-3α-棕榈油酸酯 猪毛蒿 Artemisia scoparia
13α,14β,17α-lanosta-7,24-dien-1β,3β-diol 13α,14β,17α-羊毛脂-7,24-二烯-1β,3β-二醇 羽叶白头树 Garuga pinnata
lanosta-7,24-dien-3-ol acetate 羊毛甾-7,24-二烯-3β-醇乙酸酯 毛连菜 Picris hieracioides
(3β,13α,14β,17α)-lanosta-7,24-dien-3-ol docosanoate (3β,13α,14β,17α)-羊毛脂-7,24-二烯-3-醇二十二酸酯 无患子 Sapindus saponaria
(3β,13α,14β,17α)-lanosta-7,24-dien-3-ol octadecanoate (3β,13α,14β,17α)-羊毛脂-7,24-二烯-3-醇十八酸酯 无患子 Sapindus saponaria
(3β,13α,14β,17α)-lanosta-7,24-dien-3-ol pentadecanoate (3β,13α,14β,17α)-羊毛脂-7,24-二烯-3-醇十五酸酯 无患子 Sapindus saponaria
(3β,13α,14β,17α)-lanosta-7,24-dien-3-ol-eicosanoate (3β,13α,14β,17α)-羊毛脂-7,24-二烯-3-醇二十酸酯 无患子 Sapindus saponaria
(3β,13α,14β,17α)-lanosta-7,24-dien-3-ol-heptadecanoate (3β,13α,14β,17α)-羊毛脂-7,24-二烯-3-醇十七酸酯 无患子 Sapindus saponaria
(3β,13α,14β,17α)-lanosta-7,24-dien-3-ol-hexadecanoate (3β,13α,14β,17α)-羊毛脂-7,24-二烯-3-醇十六酸酯 无患子 Sapindus saponaria
13α,14β,17α-lanosta-7,24-dien-3β,11β,16α-triol 13α,14β,17α-羊毛脂-7,24-二烯-3β,11β,16α-三醇 羽叶白头树 Garuga pinnata
(13α,14β,17α)-lanosta-7,24-diene (13α,14β,17α)-羊毛脂-7,24-二烯 友水龙骨 Polypodiodes amoena
(13α,14β,17α,20S)-lanosta-7,24-diene (13α,14β,17α,20S)-羊毛脂-7,24-二烯 友水龙骨 Polypodiodes amoena
(13α,14β,17α,20R)-lanosta-7,24-diene-3β-O-acetate (13α,14β,17α,20R)-羊毛脂-7,24-二烯-3β-O-乙酸酯 柘树 Cudrania tricuspidata
(13α,14β,17α,20R)-lanosta-7,24-diene-3β-ol (13α,14β,17α,20R)-羊毛脂-7,24-二烯-3β-醇 柘树 Cudrania tricuspidata
lanosta-7,9(11),24-diene-3β,21-diol 羊毛脂-7,9(11),24-二烯-3β,21-二醇 红缘拟层孔菌 Fomitopsis pinicola
lanosta-7,9(11),24-trien-3-one 羊毛脂-7,9(11),24-三烯-3-酮 红缘拟层孔菌 Fomitopsis pinicola
(+)-lanosta-7,9(11),24-trien-3β,15α,21-triol (+)-羊毛脂-7,9(11),24-三烯-3β,15α,21-三醇 红缘拟层孔菌 Fomitopsis pinicola
5α-lanosta-7,9(11),24-trien-3β,26-diol 5α-羊毛脂-7,9(11),24-三烯-3β,26-二醇 树舌灵芝 Ganoderma applanatum
5α-lanosta-8(9),22-diene-3β,25-diol-22-acetate ester 5α-羊毛脂-8(9),22-二烯-3β,25-二醇-22-乙酸酯 脱皮球马勃 Lasiosphaera fenzlii
5α-lanosta-8(9),23-diene-3β,25-diol-22-acetate ester 5α-羊毛脂-8(9),23-二烯-3β,25-二醇-22-乙酸酯 橙黄硬皮马勃 Scleroderma citrinum
(23E)-lanosta-8,23-diene-3β,25-diol (23E)-羊毛脂-8,23-二烯-3β,25-二醇 网纹马勃 Lycoperdon perlatum
lanosta-8,24-dien-3-acetyloxy-26-oic acid 羊毛脂-8,24-二烯-3-乙酰氧基-26-酸 窄叶鲜卑花 Sibiraea angustata
lanosta-8,24-dien-3-ol 羊毛脂-8,24-二烯-3-醇 绿玉树 Euphorbia tirucalli
lanosta-8,24-dien-3-one 羊毛脂-8,24-二烯-3-酮 杜香 Ledum palustre
(23S)-lanosta-8,24-diene-3β,23-diol (23S)-羊毛脂-8,24-二烯-3β,23-二醇 网纹马勃 Lycoperdon perlatum
lanosta-8,25-dien-3β-ol 羊毛脂-8,25-二烯-3β-醇 臭牡丹 Clerodendrum bungei
lanosta-9(11),24-dien-3-one 羊毛脂-9(11),24-二烯-3-酮 紫参 Rubia yunnanensis
lanostan-3β-O-β-D-glucuronopyranosyl-(6'→1'')-glucuronopyranoside 羊毛脂-3β-O-β-D-吡喃葡萄糖醛酸基-(6'→1'')-吡喃葡萄糖醛酸苷 石榴 Punica granatum
23-lanosten-3-ol 23-羊毛脂烯-3-醇 毛唇芋兰 Nervilia fordii
lanostenyl glucoside 羊毛脂烯醇葡萄糖苷 石榴 Punica granatum
lanosterol 羊毛脂醇 药蜀葵 Althaea officinalis, 金线兰 Anoectochilus roxburghii, 树番茄 Cyphomandra betacea, 续随子 Euphorbia lathyris, 大戟 E. pekinensis, 南欧大戟 E. peplus, 绿玉树 E. tirucalli, 大果大戟 E. wallichii, 菩提树 Ficus religiosa, 两栖蓼 Polygonum amphibium, 喀西茄 Solanum aculeatissimum, 欧白英 S. dulcamara, 澳洲茄 S. laciniatum, 茄 S. melongena, 刺天茄 S. violaceum
lanosterol-11-one acetate 羊毛脂醇-11-酮乙酸酯 水同木 Ficus fistulosa
lanosteryl oleate 羊毛脂醇油酸酯 腰骨藤 Ichnocarpus frutescens
lansamide 黄皮萨酰胺▲ 黄皮 Clausena lansium
lansamide I 黄皮萨酰胺▲I 黄皮 Clausena lansium
lansimide 1~4 黄皮斯酰胺▲1~4 黄皮 Clausena lansium
lansine 黄皮兰辛▲ 假黄皮 Clausena excavata, 黄皮 C. lansium
lansiol 黄皮萜醇 黄皮 Clausena lansium
lansiumamide A, B, C 黄皮斯莫酰胺▲A, B, C 黄皮 Clausena lansium

L

lansiumarin A, B, C 黄皮香豆素▲A, B, C 黄皮 Clausena lansium
lantadene A 马缨丹烯 A 马缨丹 Lantana camara, 小叶马缨丹 L. montevidensis
lantadene B 马缨丹烯 B 马缨丹 Lantana camara, 小叶马缨丹 L. montevidensis
lantadene C 马缨丹烯 C 马缨丹 Lantana camara
lantaiursolic acid 马缨丹熊果酸 马缨丹 Lantana camara
lantanilic acid 马缨丹酯酸▲ 马缨丹 Lantana camara, 小叶马缨丹 L. montevidensis
lantanolic acid 马缨丹醇酸▲ 马缨丹 Lantana camara, 小叶马缨丹 L. montevidensis
lantanose A, B 马缨丹糖 A, B 马缨丹 Lantana camara
lantibeside 兰石草苷 肉果草 Lancea tibetica
lantibeside B, C, D 兰石草苷 B, C, D 肉果草 Lancea tibetica
lantibetin 兰石草素 肉果草 Lancea tibetica
lantic acid 马缨丹替酸▲ 马缨丹 Lantana camara
lantigdienone 马缨丹二烯酮 马缨丹 Lantana camara
lantoic acid 马缨丹托酸▲ 马缨丹 Lantana camara
lanuginolide 绒叶含笑内酯▲ 台湾含笑 Michelia compressa, 南亚含笑 M. doltsopa
lanuginosine 毛叶含笑碱 番荔枝 Annona squamosa, 日本厚朴 Houpoëa obovata, 荷花木兰 Magnolia grandiflora, 陵水暗罗 Polyalthia nemoralis, 暗罗 P. suberosa, 千金藤 Stephania japonica, 滇藏玉兰 Yulania campbellii
lanyuamide III 兰屿椒酰胺▲III 椿叶花椒 Zanthoxylum ailanthoides
lanyulactone 兰屿椒内酯▲ 椿叶花椒 Zanthoxylum ailanthoides
lapachol 风铃木醇▲ 猫爪藤 Macfadyena unguis-cati, 西南猫尾木 Markhamia stipulata, 木蝴蝶 Oroxylum indicum, 台湾泡桐 Paulownia kawakamii, 白花丹 Plumbago zeylanica, 菜豆树 Radermachera sinica, 羽叶楸 Stereospermum colais, 掌叶木 Tabebuia rosea, 柚木 Tectona grandis
α-lapachone *α*- 风铃木醌▲ 梧桐 Firmiana simplex, 台湾泡桐 Paulownia kawakamii
β-lapachone *β*- 风铃木醌▲ 西南猫尾木 Markhamia stipulata, 木蝴蝶 Oroxylum indicum, 柚木 Tectona grandis
lapathinol 酸模叶蓼酚▲ 酸模叶蓼 Polygonum lapathifolium
lapathone 酸模叶蓼酮▲ 酸模叶蓼 Polygonum lapathifolium
lapathoside A, B, C 酸模叶蓼苷▲A, B, C 酸模叶蓼 Polygonum lapathifolium
lapathoside D 酸模叶蓼苷▲D 酸模叶蓼 Polygonum lapathifolium, 杠板归 P. perfoliatum
lappaceolide A, B 红毛丹内酯▲A, B 红毛丹 Nephelium lappaceum
lappaconidine 拉普乌头定 紫花高乌头 Aconitum septentrionale, 高乌头 A. sinomontanum
lappaconine 拉普乌头原碱 高乌头 Aconitum sinomontanum
lappaconitine 拉普乌头碱 牛扁 Aconitum barbatum var. puberulum, 赣皖乌头 A. finetianum, 白喉乌头 A. leucostomum, 紫花高乌头 A. septentrionale, 高乌头 A. sinomontanum, 狭盔高乌头 A. sinomontanum var. angustius
lappadilactone 广木香二内酯▲ 云木香 Saussurea costus
lappalone 广木香酮▲ 云木香 Saussurea costus
lappaol A 牛蒡醇▲A 牛蒡 Arctium lappa, 毛头牛蒡 A. tomentosum, 大耳叶风毛菊 Saussurea macrota
lappaol B 牛蒡醇▲B 牛蒡 Arctium lappa, 红蓼 Polygonum orientale
lappaol C 牛蒡醇▲C 牛蒡 Arctium lappa, 毛头牛蒡 A. tomentosum
lappaol D, E, H 牛蒡醇▲D, E, H 牛蒡 Arctium lappa
lappaol F 牛蒡醇▲F 牛蒡 Arctium lappa, 毛头牛蒡 A. tomentosum, 狼毒 Stellera chamaejasme
lappaphen a, b 牛蒡噻吩 a, b 牛蒡 Arctium lappa
lappulanocarpine A 畸形果鹤虱碱▲A 多苞斑种草 Bothriospermum secundum
largerenol acetate 紫薇醇▲乙酸酯 大花紫薇 Lagerstroemia speciosa
laricinolic acid 落叶松脂酸 药用拟层孔菌 Fomitopsis officinalis
(-)-lariciresinol (-)- 落叶松树脂醇 红冬蛇菰 Balanophora harlandii, 小木通 Clematis armandii, 绣球藤 C. monta var. montana, 锁阳 Cynomorium songaricum, 芫花 Daphne genkwa, 黄瑞香 D. giraldii, 瑞香 D. odora, 唐古特瑞香 D. tangutica, 菘蓝 Isatis tinctoria, 亚麻 Linum usitatissimum, 青海刺参 Morina kokonorica, 接骨木 Sambucus williamsii, 狼毒 Stellera chamaejasme, 羽叶丁香 Syringa pinnatifolia, 河朔荛花 Wikstroemia chamaedaphne
(+)-lariciresinol (+)- 落叶松树脂醇 见血封喉 Antiaris toxicaria, 土沉香 Aquilaria sinensis, 蒙古黄耆 Astragalus penduliflorus, 丁座草 Boschniakia himalaica, 柠条锦鸡儿 Caragana korshinskii, 漾濞鹿角藤 Chonemorpha griffithii, 滇瑞香 Daphne feddei, 芫花 D. genkwa, 活血丹 Glechoma longituba, 栀子皮 Itoa orientalis, 亚麻 Linum usitatissimum, 台湾含笑 Michelia compressa, 茜草 Rubia cordifolia, 紫参 R. yunnanensis, 芝麻 Sesamum indicum, 狼毒 Stellera chamaejasme, 紫丁香 Syringa oblata, 单叶蔓荆 Vitex trifolia subsp. litoralis, 了哥王 Wikstroemia indica, 青花椒 Zanthoxylum schinifolium
lariciresinol 落叶松树脂醇 较常见成分，至少分布于 30 种以上植物中，见于百合科、败酱科、川续断科、大戟科、豆科、红豆杉科、桔梗科、藜科、马鞭草科、木兰科、木犀科、茜草科、蔷薇科、茄科、忍冬科、瑞香科、山茶科、蛇菰科、十字花科、天南星科、梧桐科、五加科、五味子科等
lariciresinol acetate 落叶松树脂醇乙酸酯 紫丁香 Syringa oblata, 青花椒 Zanthoxylum schinifolium
lariciresinol dimethyl ether 落叶松树脂醇二甲醚 望春玉兰 Yulania biondii
(-)-lariciresinol-4-(6‴-*O*-cinnamyl-*β*-D-glucopyranoside) (-)- 落叶松树脂醇 -4-(6‴-*O*- 桂皮酰基 -*β*-D- 吡喃葡萄糖苷) 探春花 Jasminum

floridum
(+)-lariciresinol-4,4'-bis-*O*-*β*-D-glucopyranoside (+)-落叶松树脂醇-4,4'-二-*O*-*β*-D-吡喃葡萄糖苷 辣蓼铁线莲 Clematis terniflora var. mandshurica, 欧活血丹 Glechoma hederacea
(+)-lariciresinol-4,4'-*O*-bis-*β*-D-glucopyranoside (+)-落叶松树脂醇-4,4'-*O*-二-*β*-D-吡喃葡萄糖苷 小木通 Clematis armandii, 裂叶铁线莲 C. parviloba, 狼毒 Stellera chamaejasme
lariciresinol-4,4'-*O*-*β*-D-diglucopyranoside 落叶松树脂醇-4,4'-*O*-*β*-D-二吡喃葡萄糖苷 水茄 Solanum torvum
(+)-lariciresinol-4'-*O*-*β*-D-glucopyranoside (+)-落叶松树脂醇-4'-*O*-*β*-D-吡喃葡萄糖苷 丁座草 Boschniakia himalaica, 小木通 Clematis armandii, 裂叶铁线莲 C. parviloba, 辣蓼铁线莲 C. terniflora var. mandshurica, 暴马丁香 Syringa reticulata subsp. amurensis
lariciresinol-4'-*O*-*β*-D-glucopyranoside 落叶松树脂醇-4'-*O*-*β*-D-吡喃葡萄糖苷 红冬蛇菰 Balanophora harlandii, 疏花蛇菰 B. laxiflora, 多蕊蛇菰 B. polyandra, 太白美花草 Callianthemum taipaicum, 菘蓝 Isatis tinctoria, 糙叶败酱 Patrinia scabra, 短茎马先蒿 Pedicularis artselaeri, 长舟马先蒿 P. dolichocymba, 滇刺枣 Ziziphus mauritiana
(-)-lariciresinol-4-*O*-*β*-D-glucopyranoside (-)-落叶松树脂醇-4-*O*-*β*-D-吡喃葡萄糖苷 黄瑞香 Daphne giraldii
(+)-lariciresinol-4-*O*-*β*-D-glucopyranoside (+)-落叶松树脂醇-4-*O*-*β*-D-吡喃葡萄糖苷 小木通 Clematis armandii, 裂叶铁线莲 C. parviloba, 滇瑞香 Daphne feddei, 欧丁香 Syringa vulgaris
lariciresinol-4-*O*-*β*-D-glucopyranoside 落叶松树脂醇-4-*O*-*β*-D-吡喃葡萄糖苷 多蕊蛇菰 Balanophora polyandra, 矢车菊 Centaurea cyanus, 菘蓝 Isatis tinctoria, 糙叶败酱 Patrinia scabra, 短茎马先蒿 Pedicularis artselaeri, 紫丁香 Syringa oblata
(+)-lariciresinol-4'-*O*-*β*-D-glucopyranosyl-(1 → 3)-*β*-D-glucopyranoside (+)-落叶松树脂醇-4'-*O*-*β*-D-吡喃葡萄糖基-(1 → 3)-*β*-D-吡喃葡萄糖苷 暴马丁香 Syringa reticulata subsp. amurensis
lariciresinol-4-*O*-*β*-glucopyranoside 落叶松树脂醇-4-*O*-*β*-吡喃葡萄糖苷 啤酒花 Humulus lupulus
(+)-lariciresinol-4-*β*-D-glucopyranoside (+)-落叶松树脂醇-4-*β*-D-吡喃葡萄糖苷 风毛菊 Saussurea japonica
(+)-lariciresinol-9-*O*-*β*-D-glucopyranoside (+)-落叶松树脂醇-9-*O*-*β*-D-吡喃葡萄糖苷 青花椒 Zanthoxylum schinifolium
(7*S*,8*R*,8'*R*)-(+)-lariciresinol-9-*O*-*β*-D-glucopyranoside (7*S*,8*R*,8'*R*)-(+)-落叶松树脂醇-9-*O*-*β*-D-吡喃葡萄糖苷 顶花板凳果 Pachysandra terminalis
lariciresinol-9-*O*-*β*-D-glucopyranoside 落叶松树脂醇-9-*O*-*β*-D-吡喃葡萄糖苷 柔软紫菀 Aster flaccidus, 竹节树 Carallia brachiata, 兰香草 Caryopteris incana, 三花莸 C. terniflora, 长管大青 Clerodendrum indicum, 菘蓝 Isatis tinctoria, 无翅猪毛菜 Salsola komarovii
(+)-lariciresinol-*O*-*β*-D-glucopyranoside (+)-落叶松树脂醇-*O*-*β*-D-吡喃葡萄糖苷 山矾 Symplocos sumuntia
laricitrin 落叶松素▲ 西伯利亚落叶松 Larix sibirica, 临时救 Lysimachia congestiflora, 天蓝苜蓿 Medicago lupulina, 山葡萄 Vitis amurensis
laricitrin arabinopyranoside 落叶松素▲吡喃阿拉伯糖苷 笃斯越桔 Vaccinium uliginosum
laricitrin galactopyranoside 落叶松素▲吡喃半乳糖苷 笃斯越桔 Vaccinium uliginosum
laricitrin glucopyranoside 落叶松素▲葡萄糖苷 笃斯越桔 Vaccinium uliginosum
laricitrin glucuropyranonide 落叶松素▲吡喃葡萄糖醛酸苷 笃斯越桔 Vaccinium uliginosum
laricitrin-3,5',7-*O*-*β*-D-triglucopyranoside 落叶松素▲-3,5',7-*O*-*β*-D-三吡喃葡萄糖苷 天蓝苜蓿 Medicago lupulina
laricitrin-3,5'-*O*-*β*-Ddiglucopyranoside 落叶松素▲-3,5'-*O*-*β*-D-二吡喃葡萄糖苷 天蓝苜蓿 Medicago lupulina
laricitrin-3-*O*-glucoside 落叶松素▲-3-*O*-葡萄糖苷 西伯利亚落叶松 Larix sibirica, 山葡萄 Vitis amurensis, 刺葡萄 V. davidii
laricitrin-5'-*O*-*β*-D-glucopyranoside 落叶松素▲-5'-*O*-*β*-D-吡喃葡萄糖苷 天蓝苜蓿 Medicago lupulina
larixnaphthaone 落叶松萘酮 羽叶丁香 Syringa pinnatifolia
larixol acetate 落叶松醇乙酸酯 杜香 Ledum palustre
d-laserpitin (+)-拉瑟芹素▲ 泰山前胡 Peucedanum wawrae
laserpitin 拉瑟芹素▲ 台湾前胡 Peucedanum formosanum
lasianine 宣威乌头宁▲ 宣威乌头 Aconitum nagarum var. lasiandrum
lasiansine 宣威乌头辛▲ 宣威乌头 Aconitum nagarum var. lasiandrum
lasianthionoside A 粗叶木香堇苷▲A 川桂 Cinnamomum wilsonii
lasianthuoside A, B, C 粗叶木苷▲A, B, C 日本粗叶木 Lasianthus japonicus
lasianthurin 粗叶木灵▲ 日本粗叶木 Lasianthus japonicus
lasianthuslactone A 粗叶木内酯▲A 丝穗金粟兰 Chloranthus fortunei, 多穗金粟兰 C. multistachys, 及已 C. serratus, 四川金粟兰 C. sessilifolius, 日本粗叶木 Lasianthus japonicus
lasidiol *p*-methoxybenzoate 毛花菊二醇▲对甲氧基苯甲酸酯 刺芹 Eryngium foetidum
lasiocarpanin 毛果延命草素▲ 小叶香茶菜 Isodon parvifolius, 叶穗香茶菜 I. phyllostachys, 溪黄草 I. serra
lasiocarpine 毛果天芥菜碱 大尾摇 Heliotropium indicum
lasiodin 毛果延命草定▲ 鄂西香茶菜 Isodon henryi, 长管香茶菜 I. longitubus, 歧伞香茶菜 I. macrophyllus, 溪黄草 I. serra
(*R*)-(+)-lasiodiplodin (*R*)-(+)-毛色二孢素 大果榕 Ficus auriculata
(*R*)-lasiodiplodin (*R*)-毛色二孢素 箭叶秋葵 Abelmoschus sagittifolius
(*S*)-lasiodiplodin (*S*)-毛色二孢素 九丁榕 Ficus nervosa
lasiodiplodin 毛色二孢素 白蔹 Ampelopsis japonica, 锈毛麻辣仔藤 Erycibe expansa, 朝天罐 Osbeckia opipara, 牛眼马钱 Strychnos angustiflora
(*R*)-(+)-lasiodiploidin (*R*)-(+)-毛色二孢菌素▲ 云南石仙桃 Pholidota yunnanensis
lasiodonin 毛果延命草宁▲ 拟缺香茶菜 Isodon excisoides, 尾叶香茶菜 I. excisus, 毛叶香茶菜 I. japonicus, 蓝萼毛叶香茶菜 I. japonicus var. glaucocalyx, 歧伞香茶菜 I. macrophyllus, 小叶香茶菜 I. parvifolius, 冬凌草 I. rubescens, 溪黄草 I. serra
lasiodonin acetonide 毛果延命草宁▲丙酮化物 毛叶香茶菜 Isodon japonicus, 小叶香茶菜 I. parvifolius, 冬凌草 I. rubescens

lasiokaurin 毛果延命草贝壳杉素▲ 细锥香茶菜 Isodon coetsa, 拟缺香茶菜 I. excisoides, 鄂西香茶菜 I. henryi, 毛叶香茶菜 I. japonicus, 蓝萼毛叶香茶菜 I. japonicus var. glaucocalyx, 长管香茶菜 I. longitubus, 歧伞香茶菜 I. macrophyllus, 显脉香茶菜 I. nervosus, 瘿花香茶菜 I. rosthornii, 冬凌草 I. rubescens, 皱叶香茶菜 I. rugosus, 溪黄草 I. serra

lasiokaurinin 毛果延命草贝壳杉宁▲ 溪黄草 Isodon serra

lasiokaurinol 毛果延命草贝壳杉醇▲ 拟缺香茶菜 Isodon excisoides, 毛叶香茶菜 I. japonicus, 显脉香茶菜 I. nervosus, 瘿花香茶菜 I. rosthornii, 冬凌草 I. rubescens, 溪黄草 I. serra

lasubine I 南紫薇碱▲I 南紫薇 Lagerstroemia subcostata

lasubine II 南紫薇碱▲II 大花紫薇 Lagerstroemia speciosa, 南紫薇 L. subcostata

laterioside 侧花玄参苷▲ 齿叶玄参 Scrophularia dentata, 毛蕊花 Verbascum thapsum

lathosterol 羊毛索甾醇▲ 湖南稗子 Echinochloa frumentacea, 地肤 Kochia scoparia, 番茄 Lycopersicon esculentum

lathyranoic acid A 续随子酸▲A 续随子 Euphorbia lathyris

lathyrol 续随子醇 续随子 Euphorbia lathyris

lathyrol-3,15-diacetate 5-benzoate 续随子醇 -3,15- 二乙酸酯 5- 苯甲酸酯 千金子 Leptochloa chinensis

latifine 西南文殊兰芬碱 西南文殊兰 Crinum latifolium

latifoliaside I, II, III 大叶冬青利苷▲I, II, III 大叶冬青 Ilex latifolia

latifolicinin C 阔叶破布木宁素▲C 细花线纹香茶菜 Isodon lophanthoides var. graciliflorus, 朝鲜白头翁 Pulsatilla cernua

(-)-latifolin (-)- 阔叶黄檀素 川山橙 Melodinus hemsleyanus

latifolin 阔叶黄檀素 降香 Dalbergia odorifera

latifoloside A 大叶冬青苷 A 扣树 Ilex kaushue, 大叶冬青 I. latifolia

latifoloside B, D, F, I~P 大叶冬青苷 B, D, F, I~P 大叶冬青 Ilex latifolia

latifoloside C 大叶冬青苷 C 扣树 Ilex kaushue, 大叶冬青 I. latifolia

latifoloside E 大叶冬青苷 E 扣树 Ilex kaushue, 大叶冬青 I. latifolia

latifoloside G 大叶冬青苷 G 扣树 Ilex kaushue, 大叶冬青 I. latifolia

latifoloside H 大叶冬青苷 H 扣树 Ilex kaushue, 大叶冬青 I. latifolia

latifoloside Q 大叶冬青苷 Q 扣树 Ilex kaushue, 大叶冬青 I. latifolia

latifonin 宽叶波苏茜素▲ 芝麻 Sesamum indicum

latisoline 西南文殊兰索灵碱 西南文殊兰 Crinum latifolium

(9'*Z*)-latoxanthin (9'*Z*)- 异味蔷薇黄质▲ 海桐 Pittosporum tobira

(+)-laudanidine (+)- 鸦片尼定碱▲ 黄叶地不容 Stephania viridiflavens

(+)-1*S*,2*S*-laudanidine-N_α-oxide (+)-1*S*,2*S*- 鸦片尼定碱▲-N_α- 氧化物 黄叶地不容 Stephania viridiflavens

(+)-1*S*,2*R*-laudanidine-N_β-oxide (+)-1*S*,2*R*- 鸦片尼定碱▲-N_β- 氧化物 黄叶地不容 Stephania viridiflavens

laudanosine 鸦片辛碱▲ 异果小檗 Berberis heteropoda

laudanosoline-3',4'-dimethyl ether 劳丹林碱 -3',4'- 二甲酯 乌药 Lindera aggregata

(+)-launobine (+)- 月桂树宾 月桂 Laurus nobilis

launobine 月桂树宾 山橿 Lindera reflexa

lauraldehyde 月桂醛 蕺菜 Houttuynia cordata, 海桐 Pittosporum tobira

laurelliptine 椭圆叶琼楠亭▲ 山鸡椒 Litsea cubeba, 鸡蛋花 Plumeria rubra 'Acutifolia'

(+)-laurelliptinhexadecan-1-one (+)- 椭圆叶琼楠碱▲ 十六烷 -1- 酮 木防己 Cocculus orbiculatus

(+)-laurelliptinoctadecan-1-one (+)- 椭圆叶琼楠碱▲ 十八烷 -1- 酮 木防己 Cocculus orbiculatus

β-laurene *β*- 凹顶藻烯▲ 红松 Pinus koraiensis, 油松 P. tabuliformis

laurene 凹顶藻烯▲ 雪岭云杉 Picea schrenkiana

laurenobiolide 月桂烯内酯 月桂 Laurus nobilis

lauric acid 月桂酸 挥发油成分，未统计基源

lauric acid-1-monoglyceride 月桂酸单甘油酯 鲜卑花 Sibiraea laevigata

lauric anhydride 月桂酸酐 西藏棱子芹 Pleurospermum hookeri var. thomsonii

laurifine 樟叶木防己芬▲ 樟叶木防己 Cocculus laurifolius

laurifinine 樟叶木防己芬宁▲ 樟叶木防己 Cocculus laurifolius

laurifoline 樟叶木防己碱 夜花藤 Hypserpa nitida, 椿叶花椒 Zanthoxylum ailanthoides

laurifoline chloride 氯化樟叶木防己碱 樟叶木防己 Cocculus laurifolius

laurifoline picrate 苦味酸樟叶木防己碱 樟叶木防己 Cocculus laurifolius

laurifonine 樟叶木防己佛宁▲ 樟叶木防己 Cocculus laurifolius

laurolitsine 樟新木姜子碱▲ 樟 Cinnamomum camphora, 乌药 Lindera aggregata, 鼎湖钓樟 L. chunii, 山橿 L. reflexa, 山鸡椒 Litsea cubeba, 潺槁木姜子 L. glutinosa, 毛叶木姜子 L. mollis, 圆叶豺皮樟 L. rotundifolia, 豺皮樟 L. rotundifolia var. oblongifolia, 新木姜子 Neolitsea aurata, 云和新木姜子 N. aurata var. paraciculata, 山楠 Phoebe chinensis

lauroside A~D 月桂苷▲A~D 月桂 Laurus nobilis

lauroside E 月桂苷▲E 月桂 Laurus nobilis, 血桐 Macaranga tanarius var. tomentosa

(+)-laurotetanine (+)- 樟苍碱 莲叶桐 Hernandia nymphaeifolia, 乌药 Lindera aggregata, 山鸡椒 Litsea cubeba

d-laurotetanine *d*- 樟苍碱 山鸡椒 Litsea cubeba

laurotetanine 樟苍碱 倒卵叶黄肉楠 Actinodaphne obovata, 狭叶山胡椒 Lindera angustifolia, 红果山胡椒 L. erythrocarpa, 山胡椒 L. glauca,

山鸡椒 Litsea cubeba, 长梗润楠 Machilus duthiei, 山楠 Phoebe chinensis
lauroxepine 月桂氧杂草 月桂 Laurus nobilis
lauryl acetate 乙酸月桂酯 挥发油成分，未统计基源
lavandayl acetate 薰衣草醇乙酸酯 挥发油成分，未统计基源
lavandoside 薰衣草素苷 薰衣草 Lavandula angustifolia
lavandulifolioside 薰衣草叶水苏苷 灰白益母草 Leonurus glaucescens, 益母草 L. japonicus, 阿拉伯婆婆纳 Veronica persica
(-)-lavandulol (-)- 薰衣草醇 香青藤 Illigera aromatica
(*R*)-lavandulol (*R*)- 薰衣草醇 挺茎遍地金 Hypericum elodeoides
lavandulol 薰衣草醇 挥发油成分，未统计基源
(±)-lavandulol acetate (±)- 薰衣草醇乙酸酯 毛蓼 Polygonum barbatum
lavandulyl acetate 薰衣草基乙酸酯 挥发油成分，未统计基源
(2*R*,3*R*)-8-lavandulyl-2'-methoxy-5,7,4'-trihydroxyflavanonol (2*R*,3*R*)-8- 薰衣草基 -2'- 甲氧基 -5,7,4'- 三羟基黄烷酮醇 苦参 Sophora flavescens
3'-lavandulyl-4-methoxyl-2,2',4',6'-tetrahydroxylchalcone 3'- 薰衣草基 -4- 甲氧基 -2,2',4',6'- 四羟基查耳酮 槲蕨 Drynaria roosii
8-lavandulyl-5,7,4'-trihydroxyflavonol 8- 薰衣草基 -5,7,4'- 三羟基黄酮醇 苦参 Sophora flavescens
8-lavandulylkaempferol 8- 薰衣草基山柰酚 苦参 Sophora flavescens
lawinal 劳氏假番荔枝醛▲ 假鹰爪 Desmos chinensis, 毛叶假鹰爪 D. dumosus, 大叶假鹰爪 D. grandifolius
lawnermis acid 散沫花萜酸▲ 散沫花 Lawsonia inermis
lawnermis acid methyl ester 散沫花萜酸▲甲酯 散沫花 Lawsonia inermis
lawsaritol 散沫花甾醇 散沫花 Lawsonia inermis
lawsaritol A 散沫花甾醇 A 散沫花 Lawsonia inermis
lawsochrysin 散沫花白杨素▲ 散沫花 Lawsonia inermis
lawsochrysinin 散沫花白杨素宁▲ 散沫花 Lawsonia inermis
lawsochylin A, B, C 散沫花炔素▲A, B, C 散沫花 Lawsonia inermis
lawsofructose 散沫花果糖▲ 散沫花 Lawsonia inermis
lawsonadeem 散沫花双萘醌▲ 散沫花 Lawsonia inermis
lawsonaphthoate A, B, C 散沫花萘酸酯▲A, B, C 散沫花 Lawsonia inermis
lawsonaringenin 散沫花柚皮苷元▲ 散沫花 Lawsonia inermis
lawsone 散沫花醌 凤仙花 Impatiens balsamina, 散沫花 Lawsonia inermis, 虾子花 Woodfordia fruticosa
lawsone methyl ether 散沫花醌甲醚 凤仙花 Impatiens balsamina
lawsoniaside 散沫花苷▲ 散沫花 Lawsonia inermis
lawsoniaside A, B 散沫花苷▲A, B 散沫花 Lawsonia inermis
lawsonic acid 散沫花酸▲ 散沫花 Lawsonia inermis
lawsonicin 散沫花脂素▲ 散沫花 Lawsonia inermis, 紫斑牡丹 Paeonia rockii
lawsonin 散沫花素▲ 散沫花 Lawsonia inermis
lawsorosemarinol 散沫花玛丽醇▲ 南五味子 Kadsura longipedunculata, 散沫花 Lawsonia inermis
lawsoshamim 散沫花沙米萜▲ 散沫花 Lawsonia inermis
lawsowaseem 散沫花瓦西萜▲ 散沫花 Lawsonia inermis
laxanthone I 散沫花呫酮 I 柘树 Cudrania tricuspidata, 散沫花 Lawsonia inermis
laxanthone II, III 散沫花呫酮 II, III 散沫花 Lawsonia inermis
laxaphycin A, B, B_2, B_3 松散鱼腥藻素▲A, B, B_2, B_3 巨大鞘丝藻 Lyngbya majuscula
laxichalcone 疏花鱼藤查耳酮▲ 疏花鱼藤 Derris laxiflora
laxiflorin 疏花鱼藤素▲ 疏花鱼藤 Derris laxiflora
laxiflorin A, B, F, G~V 疏花毛萼香茶菜素 A, B, F, G~V 毛萼香茶菜 Isodon eriocalyx
laxiflorin C 疏花毛萼香茶菜素 C 毛萼香茶菜 Isodon eriocalyx, 冬凌草 I. rubescens
laxiflorin D 疏花毛萼香茶菜素 D 毛萼香茶菜 Isodon eriocalyx, 冬凌草 I. rubescens
laxiflorin E 疏花毛萼香茶菜素 E 毛萼香茶菜 Isodon eriocalyx, 冬凌草 I. rubescens
laxiflorolide A, B 疏花毛萼香茶菜内酯 A, B 毛萼香茶菜 Isodon eriocalyx
laxifolin 疏花鱼藤林素▲ 疏花鱼藤 Derris laxiflora
laxifolin 疏叶当归素▲ 疏叶当归 Angelica laxifoliata
laxifolone A 疏花卫矛酮▲A 疏花卫矛 Euonymus laxiflorus
laxogenin 拉肖皂苷元 薤头 Allium chinense
laxogenin-3-*O*-[*α*-L-arabinopyranosyl-(1 → 6)]-*β*-D-glucopyranoside 拉肖皂苷元 -3-*O*-[*α*-L- 吡喃阿拉伯糖基 -(1 → 6)]-*β*-D- 吡喃葡萄糖苷 粗糙菝葜 Smilax lebrunii, 短梗菝葜 S. scobinicaulis
laxogenin-3-*O*-[*β*-D-glucopyranosyl-(1 → 4)]-[*α*-L-arabinopyranosyl-(1 → 6)]-*β*-D-glucopyranoside 拉肖皂苷元 -3-*O*-[*β*-D- 吡喃葡萄糖基 -(1 → 4)]-[*α*-L- 吡喃阿拉伯糖基 -(1 → 6)]-*β*-D- 吡喃葡萄糖苷 短梗菝葜 Smilax scobinicaulis
laxogenin-3-*O*-{*O*-(2-*O*-acetyl-*α*-L-arabinopyranosyl)-(1 → 6)-*β*-D-glucopyranoside} 拉肖皂苷元 -3-*O*-{*O*-(2-*O*- 乙酰基 -*α*-L- 吡喃阿拉伯糖基)-(1 → 6)-*β*-D- 吡喃葡萄糖苷 } 薤头 Allium chinense
laxogenin-3-*O*-{*O*-*α*-L-arabinopyranosyl-(1 → 6)-*β*-D-glucopyranoside} 拉肖皂苷元 -3-*O*-{*O*-*α*-L- 吡喃阿拉伯糖基 -(1 → 6)-*β*-D- 吡喃葡萄

糖苷｝ 薤头 Allium chinense

laxogenin-3-O-{O-β-D-xylopyranosyl-(1→4)-O-[α-L-arabinopyranosyl-(1→6)]-β-D-glucopyranoside} 拉肖皂苷元 -3-O-{O-β-D- 吡喃木糖基 -(1→4)-O-[α-L- 吡喃阿拉伯糖基 -(1→6)]-β-D- 吡喃葡萄糖苷｝ 薤头 Allium chinense

laxogenin-3-O-α-L-arabinopyranosyl-(1→6)-β-D-glucopyranoside 拉肖皂苷元 -3-O-α-L- 吡喃阿拉伯糖基 -(1→6)-β-D- 吡喃葡萄糖苷 华东菝葜 Smilax sieboldii

laxogenin-3-O-α-L-arabinopyranosyl-(1→6)-β-D-glucopyranoside 拉肖皂苷元 -3-O-α-L- 吡喃阿拉伯糖基 -(1→6)-β-D- 吡喃葡萄糖苷 薤头 Allium chinense

laxogenin-3-O-α-L-rhamnopyranosyl-(1→2)-[β-D-glucopyranosyl-(1→4)]-β-D-glucopyranoside 拉肖皂苷元 -3-O-α-L- 吡喃鼠李糖基 -(1→2)-[β-D- 吡喃葡萄糖基 -(1→4)]-β-D- 吡喃葡萄糖苷 北葱 Allium schoenoprasum

laxogenin-3-O-α-L-rhamnopyranosyl-(1→2)-β-D-glucopyranoside 拉肖皂苷元 -3-O-α-L- 吡喃鼠李糖基 -(1→2)-β-D- 吡喃葡萄糖苷 北葱 Allium schoenoprasum

laxogenin-3-O-β-D-glucopyranosyl-(1→4)-O-[α-L-arabinopyranosyl-(1→6)]-β-D-glucopyranoside 拉肖皂苷元 -3-O-β-D- 吡喃葡萄糖基 l-(1→4)-O-[α-L- 吡喃阿拉伯糖基 -(1→6)]-β-D- 吡喃葡萄糖苷 华东菝葜 Smilax sieboldii

laxogenin-3-O-β-D-xylopyranosyl-(1→4)-[α-L-arabinopyranosyl(1→6)]-β-D-glucopyranoside 拉肖皂苷元 -3-O-β-D- 吡喃木糖基 -(1→4)-[α-L- 吡喃阿拉伯糖基 (1→6)]-β-D- 吡喃葡萄糖苷 薤头 Allium chinense

leachianol C 利奇槐酚 ▲C 锦鸡儿 Caragana sinica

leachianol F 利奇槐酚 ▲F 葡萄 Vitis vinifera

leachianol G 利奇槐酚 ▲G 小槐花 Ohwia caudata, 葡萄 Vitis vinifera

leachianone A 利奇槐酮 ▲A 苦豆子 Sophora alopecuroides, 白刺花 S. davidii

leachianone G 利奇槐酮 ▲G 柘树 Cudrania tricuspidata, 短梗胡枝子 Lespedeza cyrtobotrya, 桑 Morus alba, 小槐花 Ohwia caudata, 苦参 Sophora flavescens

leaf alcohol 叶醇 挥发油成分，未统计基源

lebaicone 杜香萜酮 ▲ 杜香 Ledum palustre

lebbekanin D 阔荚合欢苷 ▲D 阔荚合欢 Albizia lebbeck

lecanoric acid 茶渍酸 金丝刷 Lethariella cladonioides, 大叶梅衣 Parmotrema tinctorum, 美味石耳 Umbilicaria esculenta, 长松萝 Usnea longissima

lecanorin 茶渍素 大叶梅衣 Parmotrema tinctorum, 美味石耳 Umbilicaria esculenta

lecithin 卵磷脂 木耳 Auricularia auricula

lecocarpinolide B 莱可菊内酯 ▲B 腺梗豨莶 Sigesbeckia pubescens

lecocarpinolide F 莱可菊内酯 ▲F 豨莶 Sigesbeckia orientalis

lectin 凝集素 相思子 Abrus precatorius, 美丽相思子 A. pulchellus, 刀豆 Canavalia gladiata, 树锦鸡儿 Caragana arborescens, 糙毛假地豆 Desmodium heterocarpon var. strigosum, 龙牙花 Erythrina corallodendron, 广东丝瓜 Luffa acutangula, 豌豆 Pisum sativum, 蓖麻 Ricinus communis, 大花田菁 Sesbania grandiflora, 大花野豌豆 Vicia bungei, 广布野豌豆 V. cracca, 小巢菜 V. hirsuta, 四籽野豌豆 V. tetrasperma, 紫藤 Wisteria sinensis

ledane 杜香烷 樟子松 Pinus sylvestris var. mongolica

(-)-leddiol (-)- 杜香二醇 杜香 Ledum palustre

ledeboridine 对叶元胡定碱 薯根延胡索 Corydalis ledebouriana

ledeborine 对叶元胡碱 薯根延胡索 Corydalis ledebouriana

ledebourene 短瓣金莲花烯 ▲ 短瓣金莲花 Trollius ledebourii

ledebouriellol 北防风醇 ▲ 拐芹 Angelica polymorpha, 防风 Saposhnikovia divaricata

ledecorine 对叶元胡考林碱 薯根延胡索 Corydalis ledebouriana

(+)-ledene (+)- 杜香烯 挥发油成分，未统计基源

ledene 杜香烯 ▲ 挥发油成分，未统计基源

ledene alcohol 杜香烯醇 挥发油成分，未统计基源

ledene oxide 杜香烯 ▲ 氧化物 挥发油成分，未统计基源

ledenealcohol 杜香烯醇 ▲ 挥发油成分，未统计基源

lederine 对叶元胡任碱 薯根延胡索 Corydalis ledebouriana

(+)-ledol (+)- 杜香醇 挥发油成分，未统计基源

ledol 杜香醇 挥发油成分，未统计基源

leeaoside 火筒树苷 ▲ 泽漆 Euphorbia helioscopia, 披针叶荚蒾 Viburnum lancifolium

legumelin 豆白蛋白 豌豆 Pisum sativum

legumin 豆球蛋白 豌豆 Pisum sativum, 蚕豆 Vicia faba

(+)-lehmannine (+)- 莱曼沙枝豆碱 ▲ 苦参 Sophora flavescens, 越南槐 S. tonkinensis

lehmannine 莱曼沙枝豆碱 ▲ 苦豆子 Sophora alopecuroides

lehmannolol 大果阿魏醇 大果阿魏 Ferula lehmannii, 新疆阿魏 F. sinkiangensis, 臭阿魏 F. teterrima

lehmannolone 大果阿魏酮 阜康阿魏 Ferula fukanensis, 大果阿魏 F. lehmannii, 新疆阿魏 F. sinkiangensis, 臭阿魏 F. teterrima

lehmbachol D 莱氏五层龙芪酚 ▲D 小叶买麻藤 Gnetum parvifolium

lehmferidin 大果阿魏定 ▲ 大果阿魏 Ferula lehmannii

lehmferin 大果阿魏灵 ▲ 大果阿魏 Ferula lehmannii

leiaxanthone 雷亚呫酮▲ 岭南山竹子 Garcinia oblongifolia
leiguonin A, B 裂果薯皂苷 A, B 裂果薯 Schizocapsa plantaginea
leiocarpaquinone 翼核果醌 翼核果 Ventilago leiocarpa
(+)-leiocarpin (+)- 光果铁苏木素▲ 黄檀 Dalbergia hupeana
(-)-leiocin (-)- 光果铁苏木辛▲ 黄檀 Dalbergia hupeana
leiyemudanoside A, B, C 类叶牡丹苷 A, B, C 红毛七 Caulophyllum robustum
lelobanonoline 半边莲酮碱 江南山梗菜 Lobelia davidii
lemmaphylla-7,21-dien-3β-ol 伏石蕨 -7,21- 二烯 -3β- 醇 山茶 Camellia japonica
lemmaphylla-7,21-diene 伏石蕨 -7,21- 二烯 倒卵伏石蕨 Lemmaphyllum microphyllum var. obovatum
lemmasterone 伏石蕨甾酮 伏石蕨 Lemmaphyllum microphyllum
lenisin A 光滑黄皮素▲A 假黄皮 Clausena excavata, 光滑黄皮 C. lenis
lenisin B, C 光滑黄皮素▲B, C 光滑黄皮 Clausena lenis
lenthionin 香菇硫素▲ 香菇 Lentinula edodes
lentinan 香菇多糖 香菇 Lentinula edodes
(+)-leoheterin (+)- 益母草灵素▲ 细叶益母草 Leonurus sibiricus
leoheterin 益母草灵素▲ 夏至草 Lagopsis supina, 益母草 Leonurus japonicus
leoheteronin A~F 益母草萜宁▲A~F 益母草 Leonurus japonicus
leoheteronone A~E 益母草酮 A~E 益母草 Leonurus japonicus
leojaponin 益母草宁素▲ 益母草 Leonurus japonicus
leojaponin A, B, C 益母草宁素▲A, B, C 益母草 Leonurus japonicus
leoleorin A, B 狮尾草素 A, B 夏至草 Lagopsis supina
leomiscosin A 臭矢菜素 A 防风 Saposhnikovia divaricata
leonoside A 益母草诺苷▲A 灰白益母草 Leonurus glaucescens
leonoside B 益母草诺苷▲B 灰白益母草 Leonurus glaucescens, 甘露子 Stachys sieboldii
leonoside E 益母草诺苷▲E 益母草 Leonurus japonicus
leonoside F 益母草诺苷▲F 益母草 Leonurus japonicus, 地黄 Rehmannia glutinosa
leonotin 狮耳花素▲ 细叶益母草 Leonurus sibiricus
leonotinin 狮耳花宁▲ 细叶益母草 Leonurus sibiricus
leonticin A~D, F, G, H 牡丹草素▲A~D, F, G, H 江南牡丹草 Gymnospermium kiangnanense
leonticin E 牡丹草素▲E 白木通 Akebia trifoliata subsp. australis, 江南牡丹草 Gymnospermium kiangnanense
leonticine 狮足草碱 延胡索 Corydalis yanhusuo
leontonanin 矮火绒草内酯▲ 矮火绒草 Leontopodium nanum
leontoside A 牡丹草苷 A 钟萼白头翁 Pulsatilla campanella
leontoside B 牡丹草苷 B 卵叶银莲花 Anemone begoniifolia, 钟萼白头翁 Pulsatilla campanella
leontoside D 牡丹草苷 D 多被银莲花 Anemone raddeana, 甘青铁线莲 Clematis tangutica, 八角金盘 Fatsia japonica, 钟萼白头翁 Pulsatilla campanella, 朝鲜白头翁 P. cernua
leonujaponin A 益母草素▲A 益母草 Leonurus japonicus
leonuride 益母草苷 裸花紫珠 Callicarpa nudiflora, 盐生肉苁蓉 Cistanche salsa, 益母草 Leonurus japonicus, 地黄 Rehmannia glutinosa
leonuridine 益母草定 益母草 Leonurus japonicus
leonurine 益母草碱 益母草 Leonurus japonicus, 细叶益母草 L. sibiricus, 白花细叶益母草 L. sibiricus f. albiflorus
leonurinine 益母草宁 益母草 Leonurus japonicus, 细叶益母草 L. sibiricus
leonuriside A 益母草瑞苷▲A 柔毛鸦胆子 Brucea mollis, 珙桐 Davidia involucrata, 益母草 Leonurus japonicus, 杨梅 Myrica rubra, 伞序臭黄荆 Premna serratifolia, 旱柳 Salix matsudana, 红血藤 Spatholobus sinensis
leonuriside B 益母草瑞苷▲B 益母草 Leonurus japonicus
leonurusoide A~E 益母草索苷▲A~E 益母草 Leonurus japonicus
leonurusoleanolide A~J 益母草齐墩果内酯 A~J 益母草 Leonurus japonicus
leopersin B, C, G 波斯益母草素▲B, C, G 益母草 Leonurus japonicus
leosibiric acid A, B 细叶益母草酸 A, B 细叶益母草 Leonurus sibiricus
leosibiricin 细叶益母草辛▲ 细叶益母草 Leonurus sibiricus
leosibirin 细叶益母草素 细叶益母草 Leonurus sibiricus
leosibirinone A 细叶益母草瑞酮▲A 益母草 Leonurus japonicus, 细叶益母草 L. sibiricus
leosibirinone B 细叶益母草瑞酮▲B 细叶益母草 Leonurus sibiricus
lepedine 雷波乌头定▲ 雷波乌头 Aconitum pseudohuiliense
lepenine 雷波乌头碱 细叶黄乌头 Aconitum barbatum, 牛扁 A. barbatum var. puberulum, 短柄乌头 A. brachypodum, 吉林乌头 A. kirinense, 北乌头 A. kusnezoffii, 白喉乌头 A. leucostomum, 凉山乌头 A. liangshanicum, 雷波乌头 A. pseudohuiliense
lepenine-*N*-oxide 雷波乌头碱 -*N*- 氧化物 吉林乌头 Aconitum kirinense
lepetine 雷波乌头亭▲ 吉林乌头 Aconitum kirinense, 雷波乌头 A. pseudohuiliense
lepida acid A 红菇酸▲A 红菇 Russula lepida
lepidamine 红菇胺▲ 红菇 Russula lepida

lepidine A~F 独行菜碱 A~F 家独行菜 Lepidium sativum
lepidiumsesterterpenol 独行菜二倍半萜醇▲ 家独行菜 Lepidium sativum
lepidiumterpenoid 独行菜类萜▲ 家独行菜 Lepidium sativum
lepidiumterpenyl ester 独行菜萜烯酯▲ 家独行菜 Lepidium sativum
lepidolide 红菇内酯▲ 红菇 Russula lepida
lepidoside 独行菜苷▲ 抱茎独行菜 Lepidium perfoliatum
(-)-lepidozenal (-)- 指叶苔烯醛▲ 大叶马兜铃 Aristolochia kaempferi, 寻骨风 A. mollissima
lepistirone 肉色香蘑酮▲ 肉色香蘑 Lepista irina
leptabiside A, B, C 三桠苦双碳苷 A, B, C 三桠苦 Euodia lepta
leptanthine-*N*-oxide 瘦花滇紫草碱▲-*N*- 氧化物 蓝蓟 Echium vulgare
leptene A, B 三桠苦烯 A, B 三桠苦 Euodia lepta
leptin A~H 三桠苦素 A~H 三桠苦 Euodia lepta
leptobotryanone 思茅崖豆酮▲ 思茅崖豆 Millettia leptobotrya
leptocarpin 薄果菊素▲ 菊芋 Helianthus tuberosus
leptocarpine 细果角茴香碱▲ 细果角茴香 Hypecoum leptocarpum
leptocarpinine 细果角茴香宁碱▲ 细果角茴香 Hypecoum leptocarpum
leptodactylone 细指蟾酮 石椒草 Boenninghausenia sessilicarpa, 佛手 Citrus medica var. sarcodactylis
leptol A, B 三桠苦醇 A, B 三桠苦 Euodia lepta
leptolepisol A 日本落叶松醇▲A 野八角 Illicium simonsii
leptolepisol B 日本落叶松醇▲B 南五味子 Kadsura longipedunculata
leptolepisol C 日本落叶松醇▲C 刺果卫矛 Euonymus acanthocarpus
leptolepisol C-4-*O*-*β*-D-glucopyranoside 日本落叶松醇▲C-4-*O*-*β*-D- 吡喃葡萄糖苷 微花藤 Iodes cirrhosa
leptolepisol D 日本落叶松醇▲D 刺果卫矛 Euonymus acanthocarpus, 尖叶假龙胆 Gentianella acuta
leptonol 三桠苦素酚 三桠苦 Euodia lepta
leptopidine 细果角茴香定碱▲ 细果角茴香 Hypecoum leptocarpum
leptopidinine 细果角茴香定宁▲ 细果角茴香 Hypecoum leptocarpum
leptopine 细果角茴香品碱▲ 细果角茴香 Hypecoum leptocarpum
leptopinine 细果角茴香匹宁▲ 细果角茴香 Hypecoum leptocarpum
leptopyrine 蓝堇草碱▲ 蓝堇草 Leptopyrum fumarioides
leptorumol 毛枝蕨酚▲ 东方荚果蕨 Matteuccia orientalis
leptosin 大花金鸡菊苷 剑叶金鸡菊 Coreopsis lanceolata
leptosphaerin 小球腔菌素▲ 绒白乳菇 Lactarius vellereus
leptostachyol acetate 透骨草醇乙酸酯 透骨草 Phryma leptostachya subsp. asiatica
leridal chalcone 蒜味草醛▲ 查耳酮 假鹰爪 Desmos chinensis
lerogluson 脱水内醚糖 马蹄莲 Zantedeschia aethiopica
leroyine-14-*O*-acetate 莱氏翠雀碱▲-14-*O*- 乙酰化物 康定翠雀花 Delphinium tatsienense
lesjunceol 尖叶铁扫帚酚▲ 尖叶铁扫帚 Lespedeza juncea
lesjuncerol 尖叶铁扫帚罗酚▲ 尖叶铁扫帚 Lespedeza juncea
lespecyrtin A_1 短梗胡枝子素▲A_1 短梗胡枝子 Lespedeza cyrtobotrya, 小槐花 Ohwia caudata
lespecyrtin B_1, B_2, B_3, C_1, D_1, E_1, E_2, E_3, E_4, E_5, E_6, E_7, F_1, F_2, G_1, H_1, H_2, H_3, H_4 短梗胡枝子素▲B_1, B_2, B_3, C_1, D_1, E_1, E_2, E_3, E_4, E_5, E_6, E_7, F_1, F_2, G_1, H_1, H_2, H_3, H_4 短梗胡枝子 Lespedeza cyrtobotrya
lespedeol C 胡枝子代酚▲C 短梗胡枝子 Lespedeza cyrtobotrya
lespedezacoumestan 胡枝子香豆雌烷 细梗胡枝子 Lespedeza virgata
lespedezaflavanone A 胡枝子黄烷酮▲A 大叶千斤拔 Flemingia macrophylla, 大叶胡枝子 Lespedeza davidii
lespedezaflavanone B 胡枝子黄烷酮▲B 翅果刺桐 Erythrina subumbrans, 大叶千斤拔 Flemingia macrophylla, 大叶胡枝子 Lespedeza davidii, 椿叶花椒 Zanthoxylum ailanthoides
lespedezaflavanone C 胡枝子黄烷酮▲C 山豆根 Euchresta japonica, 大叶胡枝子 Lespedeza davidii, 华桑 Morus cathayana, 小槐花 Ohwia caudata
lespedezaflavanone D 胡枝子黄烷酮▲D 大叶胡枝子 Lespedeza davidii
lespedezaflavanone F, G 胡枝子黄烷酮▲F, G 美丽胡枝子 Lespedeza formosa
lespedezaflavanone H 胡枝子黄烷酮▲H 大叶胡枝子 Lespedeza davidii
lespedezavirgatal 细梗胡枝子醛 细梗胡枝子 Lespedeza virgata
lespedezavirgatol 细梗胡枝子酚 细梗胡枝子 Lespedeza virgata
lespedin 短梗胡枝子定 土荆芥 Chenopodium ambrosioides, 啤酒花 Humulus lupulus, 短梗胡枝子 Lespedeza cyrtobotrya
lespeflorin 多花胡枝子素 A_1~A_4, B_1~B_4, C_1~C_7, D_1, E_1, F_2, G_1~G_{12}, H_1, H_2, I_1, I_3, J_1, J_2, J_4 多花胡枝子 Lespedeza floribunda
lespeflorin F_1 多花胡枝子素 F_1 多花胡枝子 Lespedeza floribunda, 白花油麻藤 Mucuna birdwoodiana
lespeflorin G_4 多花胡枝子素 G_4 短梗胡枝子 Lespedeza cyrtobotrya, 多花胡枝子 L. floribunda
lespeflorin I_2 多花胡枝子素 I_2 短梗胡枝子 Lespedeza cyrtobotrya, 多花胡枝子 L. floribunda
lespeflorin J_3 多花胡枝子素 J_3 短梗胡枝子 Lespedeza cyrtobotrya, 多花胡枝子 L. floribunda

lespeol 胡枝子酚▲ 短梗胡枝子 Lespedeza cyrtobotrya
lesterone 红花漏芦甾酮 鹿草 Stemmacantha carthamoides
lethaclado acid A, B 金丝酸▲A, B 金丝刷 Lethariella cladonioides
lethedioside A_1 莱斯顿木二糖苷▲A_1 土沉香 Aquilaria sinensis
lethedoside A 莱斯顿木苷▲A 土沉香 Aquilaria sinensis
lettocine 止泻木辛碱 止泻木 Holarrhena pubescens
lettucenin A 莴苣宁素 A 莴苣 Lactuca sativa
leucanthumsine D 白花松潘乌头碱▲D 紫乌头 Aconitum episcopale
leucasin 绣球防风素 蜂巢草 Leucas aspera
leucasin A, B 绣球防风素 A, B 绣球防风 Leucas ciliata
leucasperol A, B 蜂巢草醇 A, B 蜂巢草 Leucas aspera
leucasperone A, B 蜂巢草酮 A, B 蜂巢草 Leucas aspera
leucasperoside A, B, C 蜂巢草苷 A, B, C 蜂巢草 Leucas aspera
leucenin-2 银合欢素▲-2 葡萄柚 Citrus paradisi
leucenin-2,4'-methyl ether 银合欢素▲-2,4'- 甲醚 葡萄柚 Citrus paradisi
L-leucine L- 亮氨酸 植物基础成分，未统计基源
leucine 亮氨酸 植物基础成分，未统计基源
leucine-betaxanthin 亮氨酸 - 甜菜黄素 厚皮菜 Beta vulgaris var. cicla
leucoanthocyanidin 白花青素 参薯 Dioscorea alata, 聚果榕 Ficus racemosa, 香蕉 Musa acuminata 'Dwarf cavendish'
leucoanthocyanidin-3-*O*-*α*-L-rhamnopyranoside 白花色素 -3-*O*-*α*-L- 吡喃鼠李糖苷 香苹婆 Sterculia foetida
leucoanthocyanin 白花青素苷 树番茄 Cyphomandra betacea, 聚果榕 Ficus racemosa, 叉分蓼 Polygonum divaricatum, 棕榈 Trachycarpus fortunei
(±)-leucocyanidin (±)- 白矢车菊素 红厚壳 Calophyllum inophyllum
leucocyanidin 白矢车菊素 槟榔 Areca catechu, 垂枝桦 Betula pendula, 糙皮桦 B. utilis, 车桑子 Dodonaea viscosa, 直立老鹳草 Geranium rectum, 木芙蓉 Hibiscus mutabilis, 厚皮树 Lannea coromandelica, 毛黄连花 Lysimachia vulgaris, 菜豆 Phaseolus vulgaris, 戟叶酸模 Rumex hastatus, 长穗决明 Senna didymobotrya
leucocyanidin-3-*O*-*α*-D-glycopyranosyl-(1 → 4)-*O*-*β*-D-arabinopyranoside 白矢车菊素 -3-*O*-*α*-D- 吡喃葡萄糖基 -(1 → 4)-*O*-*β*-D- 吡喃阿拉伯糖苷 对叶榕 Ficus hispida
leucocyanidin-3-*O*-*β*-D-glucopyranoside 白矢车菊素 -3-*O*-*β*-D- 吡喃葡萄糖苷 聚果榕 Ficus racemosa
leucocyanidin-7-*O*-rhamnoglucoside methyl ether 白矢车菊素 -7-*O*- 鼠李糖基葡萄糖苷甲酯 黄荆 Vitex negundo
leucodelphindin methyl ether 白飞燕草素甲酯 黄荆 Vitex negundo
leucodelphinidin 白飞燕草素 垂枝桦 Betula pendula, 直立老鹳草 Geranium rectum, 毛黄连花 Lysimachia vulgaris, 菜豆 Phaseolus vulgaris
leucodin 白叶蒿定▲ 蓍 Achillea millefolium, 魁蒿 Artemisia princeps
leucoenoic acid 米团花烯酸▲ 米团花 Leucosceptrum canum
leucoester 米团花酯▲ 米团花 Leucosceptrum canum
leucoic acid 米团花酸▲ 米团花 Leucosceptrum canum
leucolactone 绣球防风内酯▲ 蜂巢草 Leucas aspera
leuconine 白喉乌头宁▲ 白喉乌头 Aconitum leucostomum
(-)-leuconolam (-)- 白汁藤内酰胺▲ 海南蕊木 Kopsia hainanensis
leuconolam 白汁藤内酰胺▲ 糖胶树 Alstonia scholaris, 海南蕊木 Kopsia hainanensis, 思茅山橙 Melodinus cochinchinensis
leuconoxine 白汁藤辛碱▲ 糖胶树 Alstonia scholaris
leucopelargonidin 白天竺葵素 垂枝桦 Betula pendula, 菜豆 Phaseolus vulgaris, 夏栎 Quercus robur, 红叶藤 Rourea minor
leucopelargonidin-3-*O*-*α*-L-rhamnopyranoside 白天竺葵素 -3-*O*-*α*-L- 吡喃鼠李糖苷 聚果榕 Ficus racemosa
leucopeonidin 白芍药素 垂枝桦 Betula pendula
leucoperoxyterpene 米团花过氧萜▲ 米团花 Leucosceptrum canum
leucophyllin A, B, E 白叶香茶菜素 A, B, E 腺花香茶菜 Isodon adenanthus
(-)-leucophyllone (-)- 白叶米仔兰酮 大叶山楝 Aphanamixis grandifolia
leucorobinetinidin 白刺槐亭定 刺槐 Robinia pseudoacacia
trans-leucosceptoside A 反式 - 米团花苷 A 炮仗竹 Russelia equisetiformis
leucosceptoside A 米团花苷 A 海榄雌 Avicennia marina, 大叶醉鱼草 Buddleja davidii, 醉鱼草 B. lindleyana, 尖尾枫 Callicarpa longissima, 凌霄 Campsis grandiflora, 兰香草 Caryopteris incana, 臭牡丹 Clerodendrum bungei, 苦郎树 C. inerme, 海州常山 C. trichotomum, 绵参 Eriophyton wallichii, 小米草 Euphrasia pectinata, 红波罗花 Incarvillea delavayi, 短筒兔耳草 Lagotis brevituba, 圆穗兔耳草 L. ramalana, 弯管列当 Orobanche cernua, 阿拉善马先蒿 Pedicularis alaschanica, 二歧马先蒿 P. dichotoma, 长舟马先蒿 P. dolichocymba, 江南马先蒿 P. henryi, 甘肃马先蒿 P. kansuensis, 白花甘肃马先蒿 P. kansuensis subsp. kansuensis f. albiflora, 块根糙苏 Phlomis tuberosa, 松蒿 Phtheirospermum japonicum, 车前 Plantago asiatica, 地黄 Rehmannia glutinosa, 毛地黄鼠尾草 Salvia digitaloides, 甘露子 Stachys sieboldii
cis-leucosceptoside A 顺式 - 米团花苷 A 炮仗竹 Russelia equisetiformis
leucosceptoside B 米团花苷 B 药水苏 Betonica officinalis, 大叶醉鱼草 Buddleja davidii, 醉鱼草 B. lindleyana, 大叶紫珠 Callicarpa macrophylla, 短筒兔耳草 Lagotis brevituba, 独一味 Lamiophlomis rotata, 四齿四棱草 Schnabelia tetrodonta
leucosceptrine 米团花素▲ 米团花 Leucosceptrum canum

leucosceptroid A~O 米团花萜▲A~O 米团花 Leucosceptrum canum
leucosesterlactone 米团花二倍半萜内酯▲ 米团花 Leucosceptrum canum
leucosesterterpenone 米团花二倍半萜酮▲ 米团花 Leucosceptrum canum
leucoside 雪片莲苷▲ 油茶 Camellia oleifera, 红景天 Rhodiola rosea
leucostine 白喉乌头碱▲ 白喉乌头 Aconitum leucostomum
leucostine A 白喉乌头碱▲A 细叶黄乌头 Aconitum barbatum, 白喉乌头 A. leucostomum
leucostine B 白喉乌头碱▲B 白喉乌头 Aconitum leucostomum
leucothol A 木藜芦醇▲A 云南假木荷 Craibiodendron yunnanense, 照山白 Rhododendron micranthum
(+)-leucoxylonine (+)- 白木绿心樟碱▲ 偏翅唐松草 Thalictrum delavayi, 箭头唐松草 T. simplex
(+)-leucoxylonine-*N*-oxide (+)- 白木绿心樟碱▲-*N*- 氧化物 箭头唐松草 Thalictrum simplex
L-leucyl-L-tyrosine L- 亮氨酰 -L- 酪氨酸 虎掌 Pinellia pedatisecta
leudrin 银树素▲ 矮桃 Lysimachia clethroides
leueandine 白花瓜叶乌头定▲ 黑水翠雀花 Delphinium potaninii
leukamenin E, F 白花阴生香茶菜素 E, F 鄂西香茶菜 Isodon henryi
leukamenin E 白花阴生香茶菜素 E 拟缺香茶菜 Isodon excisoides, 川藏香茶菜 I. pharicus, 总序香茶菜 I. racemosus, 贵州鼠尾草 Salvia cavaleriei
leurocolombine 长春宾碱▲ 长春花 Catharanthus roseus
leurocristine 长春新碱 长春花 Catharanthus roseus
leurosidine 长春洛西定▲ 长春花 Catharanthus roseus
leurosine 长春洛辛▲ 长春花 Catharanthus roseus
leurosinone 长春西酮▲ 长春花 Catharanthus roseus
leurosivine sulfate 硫酸长春西文▲ 长春花 Catharanthus roseus
levatin 列瓦巴豆素▲ 光叶巴豆 Croton laevigatus
levistolide A 欧当归内酯 A 东当归 Angelica acutiloba, 当归 A. sinensis, 欧当归 Levisticum officinale, 辽藁本 Ligusticum jeholense, 藁本 L. sinense, 川芎 L. sinense 'Chuanxiong'
levistolide B 欧当归内酯 B 欧当归 Levisticum officinale
levoglucosan 左旋葡聚糖 礁膜 Monostroma nitidum
levopimaric acid 左旋海松酸 长白鱼鳞云杉 Picea jezoensis var. komarovii, 白皮松 Pinus bungeana, 高山松 P. densata, 海南五针松 P. fenzeliana, 思茅松 P. kesiya, 华南五针松 P. kwangtungensis, 雅加松 P. massoniana var. hainanensis, 新疆五针松 P. sibirica, 黄山松 P. taiwanensis, 黑松 P. thunbergii
levopimaric acid endo-peroxide 左旋海松酸内过氧化物 蜜环菌 Armillaria mellea
levulic acid 乙酰丙酸 西洋参 Panax quinquefolius
liaconitine A, B, C 紫乌头碱▲A, B, C 紫乌头 Aconitum episcopale
liangshanine 凉山乌头宁碱▲ 太白乌头 Aconitum taipeicum
liangshansine A, B, C 凉山乌头碱▲A, B, C 凉山乌头 Aconitum liangshanicum
liangshantine 凉山乌头亭▲ 凉山乌头 Aconitum liangshanicum
liangwanin A 梁王茶素 A 异叶梁王茶 Macropanax davidii
liangwanoside I 梁王茶苷▲I 掌叶梁王茶 Macropanax delavayi
liangwanoside II 梁王茶苷▲II 异叶梁王茶 Macropanax davidii, 掌叶梁王茶 M. delavayi
lianqiaoxinoside A, B 连翘新苷 A, B 连翘 Forsythia suspensa
libanoridin 岩风素啶 异果黄堇 Corydalis heterocarpa
libanorin 岩风灵▲ 金山当归 Angelica valida, 毒芹 Cicuta virosa
libanotin A, C 长春七素 A, C 岩风 Libanotis buchtormensis
liberine 大粒咖啡碱 大粒咖啡 Coffea liberica
(-)-licarin A (-)- 斜蕊樟素▲A 三白草 Saururus chinensis
(+)-licarin A (+)- 斜蕊樟素▲A 肉豆蔻 Myristica fragrans
(+)-licarin A (+)- 斜蕊樟素▲A 风藤 Piper kadsura, 石南藤 P. wallichii, 水红木 Viburnum cylindricum
(7*R*,8*R*)-licarin A (7*R*,8*R*)- 斜蕊樟素▲A 蜂巢草 Leucas aspera
(7*S*,8*S*)-licarin A (7*S*,8*S*)- 斜蕊樟素▲A 蜂巢草 Leucas aspera
licarin A 斜蕊樟素▲A 南五味子 Kadsura longipedunculata, 红楠 Machilus thunbergii, 肉豆蔻 Myristica fragrans, 三白草 Saururus chinensis
(-)-licarin B (-)- 斜蕊樟素▲B 通城虎 Aristolochia fordiana, 三白草 Saururus chinensis
licarin B 斜蕊樟素▲B 红楠 Machilus thunbergii, 肉豆蔻 Myristica fragrans, 三白草 Saururus chinensis, 望春玉兰 Yulania biondii, 玉兰 Y. denudata
licarin C 斜蕊樟素▲C 肉豆蔻 Myristica fragrans
licarin D 斜蕊樟素▲D 风藤 Piper kadsura
lichenin 地衣多糖 金黄树发 Alectoria ochroleuca, 岛衣 Cetraria islandica, 深红松萝 Usnea rubicunda
lichesterinic acid 地衣硬脂酸 岛衣 Cetraria islandica, 皱黄卷岛衣 Flavocetraria cucullata
lichexanthone 地衣呫酮 大叶梅衣 Parmotrema tinctorum, 红茄苳 Rhizophora mucronata
licoagroaurone 甘草发根菌橙酮 洋甘草 Glycyrrhiza glabra

licoagrocarpin 甘草发根菌紫檀素 洋甘草 Glycyrrhiza glabra
licoagrochalcone A 甘草发根菌查耳酮▲A 胀果甘草 Glycyrrhiza inflata, 短梗胡枝子 Lespedeza cyrtobotrya
licoagrochalcone B 甘草发根菌查耳酮▲B 洋甘草 Glycyrrhiza glabra, 攀倒甑 Patrinia villosa
licoagrochalcone C 甘草发根菌查耳酮▲C 洋甘草 Glycyrrhiza glabra
licoagrochalcone D 甘草发根菌查耳酮▲D 洋甘草 Glycyrrhiza glabra, 井栏边草 Pteris multifida
licoagrodin 甘草发根菌定 洋甘草 Glycyrrhiza glabra
licoagroisoflavone 甘草发根菌异黄酮▲ 粗毛甘草 Glycyrrhiza aspera, 刺果甘草 G. pallidiflora
licoagrone 甘草发根菌酮 洋甘草 Glycyrrhiza glabra
licoagroside C 甘草发根菌苷▲C 云南千斤拔 Flemingia wallichii, 粗毛甘草 Glycyrrhiza aspera, 刺果甘草 G. pallidiflora
licoagroside D, E, F 甘草发根菌苷▲D, E, F 刺果甘草 Glycyrrhiza pallidiflora
licoarylcoumarin 甘草芳基香豆素 甘草 Glycyrrhiza uralensis
licobichalcone 甘草双查耳酮 甘草 Glycyrrhiza uralensis
licochalcone A 甘草查耳酮 A 巫山淫羊藿 Epimedium wushanense, 泽漆 Euphorbia helioscopia, 洋甘草 Glycyrrhiza glabra, 胀果甘草 G. inflata, 甘草 G. uralensis, 苦竹 Pleioblastus amarus, 西藏棱子芹 Pleurospermum hookeri var. thomsonii, 广藿香 Pogostemon cablin, 密花豆 Spatholobus suberectus
licochalcone B 甘草查耳酮 B 巫山淫羊藿 Epimedium wushanense, 泽漆 Euphorbia helioscopia, 洋甘草 Glycyrrhiza glabra, 胀果甘草 G. inflata, 甘草 G. uralensis, 云南甘草 G. yunnanensis, 巴东过路黄 Lysimachia patungensis
licochalcone C 甘草查耳酮 C 洋甘草 Glycyrrhiza glabra, 胀果甘草 G. inflata
licochalcone D, E, G 甘草查耳酮 D, E, G 胀果甘草 Glycyrrhiza inflata
licocoumarone 甘草香豆酮 粗毛甘草 Glycyrrhiza aspera, 甘草 G. uralensis
licodione 甘草二酮▲ 刺果甘草 Glycyrrhiza pallidiflora
licoflavanone 甘草黄烷酮 洋甘草 Glycyrrhiza glabra
licoflavanone A 甘草黄烷酮 A 洋甘草 Glycyrrhiza glabra
licoflavone 甘草黄酮 洋甘草 Glycyrrhiza glabra, 胀果甘草 G. inflata, 圆果甘草 G. squamulosa
licoflavone A 甘草黄酮 A 胀果甘草 Glycyrrhiza inflata, 甘草 G. uralensis
licoflavone B 甘草黄酮 B 胀果甘草 Glycyrrhiza inflata
licoflavone C 甘草黄酮 C 波罗蜜 Artocarpus heterophyllus, 壶托榕 Ficus ischnopoda, 胀果甘草 Glycyrrhiza inflata
licoflavonol 甘草黄酮醇 粗毛甘草 Glycyrrhiza aspera, 甘草 G. uralensis, 小槐花 Ohwia caudata
licofuranocoumarin 甘草呋喃香豆素 甘草 Glycyrrhiza uralensis
licofuranone 甘草呋喃酮 甘草 Glycyrrhiza uralensis
licoisoflavanone 甘草异黄烷酮 粗毛甘草 Glycyrrhiza aspera, 洋甘草 G. glabra
licoisoflavone A 甘草异黄酮 A 粗毛甘草 Glycyrrhiza aspera, 胀果甘草 G. inflata, 甘草 G. uralensis, 砂生槐 Sophora moorcroftiana
licoisoflavone B 甘草异黄酮 B 粗毛甘草 Glycyrrhiza aspera, 洋甘草 G. glabra, 胀果甘草 G. inflata, 甘草 G. uralensis, 砂生槐 Sophora moorcroftiana
licoleafol 甘草叶醇 胀果甘草 Glycyrrhiza inflata
liconeolignan 甘草新木脂素 甘草 Glycyrrhiza uralensis
liconosine A 丽日碱 A 丽江乌头 Aconitum forrestii
licopyranocoumarin 甘草吡喃香豆素 甘草 Glycyrrhiza uralensis
licoricesaponin A$_3$ 甘草皂苷 A$_3$ 洋甘草 Glycyrrhiza glabra, 甘草 G. uralensis
licoricesaponin B$_2$, C$_2$, D$_3$, F$_3$, J$_2$, K$_2$, L$_3$ 甘草皂苷 B$_2$, C$_2$, D$_3$, F$_3$, J$_2$, K$_2$, L$_3$ 甘草 Glycyrrhiza uralensis
licoricesaponin E$_2$ 甘草皂苷 E$_2$ 粗毛甘草 Glycyrrhiza aspera, 甘草 G. uralensis
licoricesaponin G$_2$ 甘草皂苷 G$_2$ 粗毛甘草 Glycyrrhiza aspera, 洋甘草 G. glabra, 甘草 G. uralensis
licoricesaponin H$_2$ 甘草皂苷 H$_2$ 粗毛甘草 Glycyrrhiza aspera, 甘草 G. uralensis
licoricesaponin M$_3$, N$_4$, O$_4$ 甘草皂苷 M$_3$, N$_4$, O$_4$ 洋甘草 Glycyrrhiza glabra
licoricidin 甘草西定 粗毛甘草 Glycyrrhiza aspera, 甘草 G. uralensis
licoricone 甘草利酮 甘草 Glycyrrhiza uralensis
licoriquinone A, B 甘草醌 A, B 甘草 Glycyrrhiza uralensis
licorisoflavan A 甘草异黄烷 A 甘草 Glycyrrhiza uralensis
licraside; licuraside 甘草拉苷▲ 洋甘草 Glycyrrhiza glabra, 甘草 G. uralensis
lienkonine 莲可宁碱 黄紫堇 Corydalis ochotensis
liensinine 莲心碱 莲 Nelumbo nucifera
liexiangdujuanine I, II 烈香杜鹃素 I, II 烈香杜鹃花 Rhododendron anthopogonoides
ligballinol 喷瓜木脂酚▲ 山核桃 Carya cathayensis, 绞股蓝 Gynostemma pentaphyllum, 栝楼 Trichosanthes kirilowii
ligballinone 喷瓜木脂酮▲ 绞股蓝 Gynostemma pentaphyllum
lignin 木质素 臭冷杉 Abies nephrolepis, 建始槭 Acer henryi
lignocellulose 木质纤维素 蒙古苍耳 Xanthium mongolicum
lignocerane 二十四烷 挥发油成分，未统计基源
lignoceric acid 木蜡酸 木通马兜铃 Aristolochia manshuriensis, 大麻 Cannabis sativa, 蛇苔 Conocephalum conicum, 四川虎刺 Damnacanthus officinarum, 天目贝母 Fritillaria monantha, 银杏 Ginkgo biloba, 甘草 Glycyrrhiza uralensis, 天仙子 Hyoscyamus niger, 野核桃 Juglans

cathayensis, 叉子圆柏 Juniperus sabina, 星毛粟米草 Mollugo lotoides, 水芹 Oenanthe javanica, 马齿苋 Portulaca oleracea, 坚硬女娄菜 Silene firma, 狭叶藜芦 Veratrum stenophyllum, 柄果槲寄生 Viscum multinerve
n-lignoceric acid 正木蜡酸 猪毛菜 Salsola collina
lignoceric acid methyl ester 木蜡酸甲酯 滇藏荨麻 Urtica mairei
lignoceryl ferulate 阿魏酸木蜡醇酯 裂叶榆 Ulmus laciniata
lignocerylferulate 二十四基阿魏酸酯 台湾芙蓉 Hibiscus taiwanensis
ligolide 大叶橐吾内酯▲ 大叶橐吾 Ligularia macrophylla
(8*Z*)-ligstroside (8*Z*)- 女贞苷 白枪杆 Fraxinus malacophylla, 毛冬青 Ilex pubescens, 巧玲花 Syringa pubescens
ligstroside; ligustroside 女贞苷 流苏树 Chionanthus retusus, 花曲柳 Fraxinus chinensis subsp. rhynchophylla, 苦枥木 F. insularis, 水曲柳 F. mandshurica, 素馨花 Jasminum grandiflorum, 多花素馨 J. polyanthum, 日本女贞 Ligustrum japonicum, 女贞 L. lucidum, 木犀榄 Olea europaea, 锈鳞木犀榄 O. europaea subsp. cuspidata, 木犀 Osmanthus fragrans, 紫丁香 Syringa oblata, 白丁香 S. oblata var. alba, 巧玲花 S. pubescens, 关东巧玲花 S. pubescens subsp. patula, 欧丁香 S. vulgaris
ligucyperonol 橐吾香附酮醇 齿叶橐吾 Ligularia dentata, 青杞 Solanum septemlobum
ligudentatin A, B 齿叶橐吾亭▲A, B 齿叶橐吾 Ligularia dentata
ligudentatol 齿叶橐吾酚 齿叶橐吾 Ligularia dentata, 狭苞橐吾 L. intermedia
ligudentatone A, B 齿叶橐吾酮▲A, B 齿叶橐吾 Ligularia dentata
ligudicin A, C, D 网脉橐吾素▲A, C, D 网脉橐吾 Ligularia dictyoneura
liguducin A, B 大黄橐吾素 A, B 大黄橐吾 Ligularia duciformis
ligufischerin 蹄叶橐吾内酯 蹄叶橐吾 Ligularia fischeri
liguhodgsonal 鹿蹄橐吾醛▲ 齿叶橐吾 Ligularia dentata, 狭苞橐吾 L. intermedia, 箭叶橐吾 L. sagitta, 离舌橐吾 L. veitchiana
ligujapone 大头橐吾酮▲ 齿叶橐吾 Ligularia dentata, 狭苞橐吾 L. intermedia
ligulacephalin A, B, C 窄头橐吾素▲A, B, C 窄头橐吾 Ligularia stenocephala
ligulachyroine A 刚毛橐吾碱▲A 刚毛橐吾 Ligularia achyrotricha
liguladentanorol 齿叶橐吾降萜酚▲ 齿叶橐吾 Ligularia dentata
ligularate 橐吾酯 蹄叶橐吾 Ligularia fischeri
ligularidine 橐吾定碱 齿叶橐吾 Ligularia dentata
ligularine 橐吾碱 齿叶橐吾 Ligularia dentata, 鹿蹄橐吾 L. hodgsonii
ligularinine 橐吾宁碱 齿叶橐吾 Ligularia dentata
ligularizine 橐吾增碱 齿叶橐吾 Ligularia dentata
ligularol 橐吾醇 网脉橐吾 Ligularia dictyoneura, 蹄叶橐吾 L. fischeri, 棉毛橐吾 L. vellerea
ligularol ethyl ether 橐吾醇乙醚 棉毛橐吾 Ligularia vellerea
ligularol methyl ether 橐吾醇甲醚 棉毛橐吾 Ligularia vellerea
ligularone 橐吾酮 网脉橐吾 Ligularia dictyoneura, 蹄叶橐吾 L. fischeri, 大叶橐吾 L. macrophylla, 橐吾 L. sibirica
ligulasagitin A~E 箭叶橐吾素▲A~E 箭叶橐吾 Ligularia sagitta
liguloxide 橐吾环氧素 蹄叶橐吾 Ligularia fischeri, 橐吾 L. sibirica, 离舌橐吾 L. veitchiana
liguloxidol 橐吾环氧醇 蹄叶橐吾 Ligularia fischeri, 离舌橐吾 L. veitchiana
liguloxidol acetate 橐吾环氧醇乙酸酯 蹄叶橐吾 Ligularia fischeri, 离舌橐吾 L. veitchiana
ligumacrophyllal 大叶橐吾萜醛▲ 大叶橐吾 Ligularia macrophylla
ligumacrophyllatin 大叶橐吾萜素▲ 大叶橐吾 Ligularia macrophylla
ligumedial 狭苞橐吾醛 狭苞橐吾 Ligularia intermedia
ligumediaoic acid 狭苞橐吾酸 狭苞橐吾 Ligularia intermedia
ligupurpuroside 紫茎女贞苷 女贞 Ligustrum lucidum
ligupurpuroside A 紫茎女贞苷 A 总梗女贞 Ligustrum pedunculare, 粗壮女贞 L. robustum subsp. chinense
(*E*)-ligupurpuroside B (*E*)- 紫茎女贞苷 B 总梗女贞 Ligustrum pedunculare
(*Z*)-ligupurpuroside B (*Z*)- 紫茎女贞苷 B 总梗女贞 Ligustrum pedunculare
ligupurpuroside B, D, E, F 紫茎女贞苷 B, D, E, F 粗壮女贞 Ligustrum robustum subsp. chinense
ligupurpuroside C 紫茎女贞苷 C 短筒兔耳草 Lagotis brevituba, 总梗女贞 Ligustrum pedunculare, 粗壮女贞 L. robustum subsp. chinense
ligupurpuroside J, K 紫茎女贞苷 J, K 总梗女贞 Ligustrum pedunculare
ligurobustoside A~M, O, P, Q 粗壮女贞苷▲A~M, O, P, Q 粗壮女贞 Ligustrum robustum subsp. chinense
ligurobustoside N 粗壮女贞苷▲N 总梗女贞 Ligustrum pedunculare, 粗壮女贞 L. robustum subsp. chinense
ligusinenoside A~D 藁本苷▲A~D 藁本 Ligusticum sinense
ligusongaricanolide A 准噶尔橐吾内酯▲A 准噶尔橐吾 Ligularia songarica
ligusongaricone 准噶尔橐吾酮▲ 准噶尔橐吾 Ligularia songarica
ligustaloside A 女贞洛苷▲A 日本女贞 Ligustrum japonicum, 女贞 L. lucidum, 粗壮女贞 L. robustum subsp. chinense
ligustaloside B 女贞洛苷▲B 日本女贞 Ligustrum japonicum, 女贞 L. lucidum, 粗壮女贞 L. robustum subsp. chinense
ligustaloside B dimethyl acetal 女贞洛苷▲B 二甲基乙缩醛 粗壮女贞 Ligustrum robustum subsp. chinense
ligustenin A~D 窄头橐吾宁▲A~D 窄头橐吾 Ligularia stenocephala
ligusticoside A 蒿本柯苷▲A 川芎 Ligusticum sinense 'Chuanxiong'
(*E*)-ligustilide (*E*)- 藁本内酯 灰叶当归 Angelica glauca, 当归 A. sinensis, 欧当归 Levisticum officinale

(*Z*)-ligustilide (*Z*)- 藁本内酯 海杧果 Cerbera manghas, 单穗升麻 Cimicifuga simplex, 藁本 Ligusticum sinense
Z-ligustilide *Z*- 藁本内酯 莳萝 Anethum graveolens, 东当归 Angelica acutiloba, 灰叶当归 A. glauca, 当归 A. sinensis, 欧当归 Levisticum officinale
trans-ligustilide 反式 - 藁本内酯 灰叶当归 Angelica glauca
ligustilide 藁本内酯 拐芹 Angelica polymorpha, 当归 A. sinensis, 鞘山芎 Conioselinum vaginatum, 辽藁本 Ligusticum jeholense, 川芎 L. sinense 'Chuanxiong', 喜马拉雅棱子芹 Pleurospermum hookeri
cis-ligustilide 顺式 - 藁本内酯 灰叶当归 Angelica glauca
ligustilone 藁本酮 大叶当归 Angelica megaphylla, 藁本 Ligusticum sinense
ligustiphenol 藁本酚 藁本 Ligusticum sinense
ligustral 女贞醛 调料九里香 Murraya koenigii
ligustrosidic acid 女贞苷酸 日本女贞 Ligustrum japonicum
liguveitoside B 离舌橐吾苷▲B 离舌橐吾 Ligularia veitchiana
lilac alcohol 欧丁香醇▲ 软枣猕猴桃 Actinidia arguta, 山矾 Symplocos sumuntia
lilac alcohol A 欧丁香醇▲A 紫丁香 Syringa oblata, 白丁香 S. oblata var. alba, 欧丁香 S. vulgaris
lilac alcohol B 欧丁香醇▲B 紫丁香 Syringa oblata, 白丁香 S. oblata var. alba, 欧丁香 S. vulgaris
lilac alcohol C 欧丁香醇▲C 紫丁香 Syringa oblata, 白丁香 S. oblata var. alba, 欧丁香 S. vulgaris
lilac alcohol D 欧丁香醇▲D 紫丁香 Syringa oblata, 白丁香 S. oblata var. alba, 欧丁香 S. vulgaris
lilac alcohol epoxide 欧丁香醇▲环氧化物 软枣猕猴桃 Actinidia arguta
lilac aldehyde 欧丁香醛▲ 软枣猕猴桃 Actinidia arguta, 山矾 Symplocos sumuntia
lilac aldehyde A 欧丁香醛▲A 紫丁香 Syringa oblata, 白丁香 S. oblata var. alba, 欧丁香 S. vulgaris
lilac aldehyde B 欧丁香醛▲B 紫丁香 Syringa oblata, 白丁香 S. oblata var. alba, 欧丁香 S. vulgaris
lilac aldehyde C 欧丁香醛▲C 紫丁香 Syringa oblata, 白丁香 S. oblata var. alba, 欧丁香 S. vulgaris
lilac aldehyde D 欧丁香醛▲D 紫丁香 Syringa oblata, 白丁香 S. oblata var. alba, 欧丁香 S. vulgaris
lilacoside 欧丁香苷▲ 紫丁香 Syringa oblata
liliflodione 紫玉兰二酮▲ 紫玉兰 Yulania liliiflora
liliflol A, B 紫玉兰醇▲A, B 紫玉兰 Yulania liliiflora
liliflone 紫玉兰酮▲ 风藤 Piper kadsura, 紫玉兰 Yulania liliiflora
lililancifoloside A 卷丹皂苷 A 卷丹 Lilium lancifolium
lilioside A 百合苷 A 麝香百合 Lilium longiflorum var. scabrum
lilioside C 百合苷 C 卷丹 Lilium lancifolium
liljestrandinine 贡乌宁 贡嘎乌头 Aconitum liljestrandii
liljestrandisine 贡乌生 贡嘎乌头 Aconitum liljestrandii
(-)-limacine (-)- 丽麻藤碱▲ 毛叶轮环藤 Cyclea barbata
limettin 柠檬油素 木棉 Bombax ceiba, 来檬 Citrus aurantiifolia, 柠檬 C. limon, 黎檬 C. limonia, 香橼 C. medica, 佛手 C. medica var. sarcodactylis, 葡萄柚 C. paradisi, 小芸木 Micromelum integerrimum
limocitrin 柠檬黄素 柠条锦鸡儿 Caragana korshinskii, 柠檬 Citrus limon, 大叶芸香 Haplophyllum perforatum, 百脉根 Lotus corniculatus
limocitrin-3,7-diglucoside 柠檬素 -3,7- 二葡萄糖苷 垂盆草 Sedum sarmentosum
limocitrin-3-glucoside 柠檬素 -3- 葡萄糖苷 垂盆草 Sedum sarmentosum
limocitrol 柠檬黄酚 柠檬 Citrus limon
limocutrin 柠檬素 垂盆草 Sedum sarmentosum
limonen-4-ol 柠檬烯 -4- 醇 挥发油成分，未统计基源
(-)-limonene (-)- 柠檬烯 挥发油成分，未统计基源
(+)-limonene (+)- 柠檬烯 挥发油成分，未统计基源
Δ-limonene *Δ*- 柠檬烯 挥发油成分，未统计基源
D-limonene D- 柠檬烯 挥发油成分，未统计基源
l-limonene *l*- 柠檬烯 挥发油成分，未统计基源
α-limonene *α*- 柠檬烯 挺茎遍地金 Hypericum elodeoides
γ-limonene *γ*- 柠檬烯 云南松 Pinus yunnanensis
limonene 柠檬烯 挥发油成分，未统计基源
limonene oxide 柠檬烯氧化物 挥发油成分，未统计基源
cis-limonene oxide 顺式 - 柠檬烯氧化物 挥发油成分，未统计基源
limonene-1,2-diol 柠檬烯 -1,2- 二醇 挥发油成分，未统计基源
limonexic acid 柠檬柰酸▲ 马蜂橙 Citrus hystrix, 佛手 C. medica var. sarcodactylis, 狭叶白鲜 Dictamnus angustifolius
limonexin 柠檬辛 酸橙 Citrus aurantium, 马蜂橙 C. hystrix
limonflavonyl lactone A, B 柠檬黄酮内酯 A, B 柠檬 Citrus limon
limonianin 柠檬宁素 黎檬 Citrus limonia
limonin 柠檬苦素 大叶山楝 Aphanamixis grandifolia, 酒饼簕 Atalantia buxifolia, 山樱花 Cerasus serrulata, 酸橙 Citrus aurantium, 马蜂橙 C. hystrix, 宜昌橙 C. ichangensis, 香橙 C. junos, 柚 C. maxima, 橘红 C. maxima 'Tomentosa', 文旦 C. maxima'Wentan', 香橼 C. medica, 佛手 C. medica var. sarcodactylis, 葡萄柚 C. paradisi, 柑橘 C. reticulata, 温州蜜柑 C. reticulata 'Unshiu', 甜橙 C. sinensis, 狭叶白鲜

Dictamnus angustifolius, 白鲜 D. dasycarpus, 臭檀吴萸 Euodia daniellii, 楝叶吴萸 E. glabrifolia, 吴茱萸 E. ruticarpa, 波氏吴萸 E. ruticarpa var. bodinieri, 石虎 E. ruticarpa var. officinalis, 云南刺篱木 Flacourtia jangomas, 黄檗 Phellodendron amurense, 枳 Poncirus trifoliata, 丁香 Syzygium aromaticum

limonin diosphenol 柠檬苦素地奥酚 狭叶白鲜 Dictamnus angustifolius

limonin glucoside 柠檬苦素葡萄糖苷 酸橙 Citrus aurantium

limonin-17-*β*-D-glucopyranoside 柠檬苦素 -17-*β*-D- 吡喃葡萄糖苷 柚 Citrus maxima, 葡萄柚 C. paradisi, 温州蜜柑 C. reticulata 'Unshiu', 黄檗 Phellodendron amurense

limoniside 柠檬叶牡荆苷▲ 长序荆 Vitex peduncularis

limonoic acid 柠檬诺酸▲ 白鲜 Dictamnus dasycarpus

(-)-linalool (-)- 芳樟醇 挥发油成分，未统计基源

(3*R*)-(-)-linalool (3*R*)-(-)- 芳樟醇 挥发油成分，未统计基源

(3*S*)-(+)-linalool (3*S*)-(+)- 芳樟醇 挥发油成分，未统计基源

(*R*)-linalool (*R*)- 芳樟醇 挥发油成分，未统计基源

(*S*)-linalool (*S*)- 芳樟醇 挥发油成分，未统计基源

d-linalool *d*- 芳樟醇 挥发油成分，未统计基源

L-linalool L- 芳樟醇 挥发油成分，未统计基源

α-linalool *α*- 芳樟醇 挥发油成分，未统计基源

β-linalool *β*- 芳樟醇 挥发油成分，未统计基源

linalool 芳樟醇 挥发油成分，未统计基源

linalool acetate; linalyl acetate 芳樟醇乙酸酯 挥发油成分，未统计基源

trans-linalool oxide 反式 - 芳樟醇氧化物 挥发油成分，未统计基源

linalool oxide 芳樟醇氧化物 挥发油成分，未统计基源

cis-linalool oxide 顺式 - 芳樟醇氧化物 挥发油成分，未统计基源

(*E*)-linalool-1-oic acid (*E*)- 芳樟醇 -1- 酸 黄桐 Endospermum chinense

linalool-1-oic acid 芳樟醇 -1- 酸 白鹃梅 Exochorda racemosa

(3*S*,6*R*)-*cis*-linalool-3,6-oxide-*β*-D-glucopyranoside (3*S*,6*R*)- 顺式 - 芳樟醇 -3,6- 氧化物 -*β*-D- 吡喃葡萄糖苷 黑面神 Breynia fruticosa, 喙果黑面神 B. rostrata

linalool-3-*O*-*β*-D-glucopyranoside 芳樟醇 -3-*O*-*β*-D- 吡喃葡萄糖苷 心籽绞股蓝 Gynostemma cardiospermum

linalool-3-rutinoside 芳樟醇 -3- 芸香糖苷 翅子树 Pterospermum acerifolium

linalool-*β*-D-glucopyranoside 芳樟醇 -*β*-D- 吡喃葡萄糖苷 紫苏 Perilla frutescens, 法国蔷薇 Rosa gallica

linalool-*β*-D-*O*-glucoside-3,4-diangelicate 芳樟醇 -*β*-D-*O*- 葡萄糖苷 -3,4- 二当归酸酯 兔儿伞 Syneilesis aconitifolia

linaloyl-apiosyl-glucoside 芳樟醇芹糖基葡萄糖苷 阔苞菊 Pluchea indica

linaloylglucoside 芳樟醇葡萄糖苷 阔苞菊 Pluchea indica

linalyl formate 芳樟醇甲酸酯 挥发油成分，未统计基源

linalyl propanoate 芳樟醇丙烯酸酯 挥发油成分，未统计基源

linamarin 亚麻苦苷 亚麻 Linum usitatissimum, 细叶百脉根 Lotus tenuis, 木薯 Manihot esculenta, 龙珠果 Passiflora foetida, 白车轴草 Trifolium repens

linaride 柳穿鱼瑞苷▲ 海滨柳穿鱼 Linaria japonica

linaridial LJ-1, LJ-2 柳穿鱼二醛 LJ-1, LJ-2 海滨柳穿鱼 Linaria japonica

linarienone 柳穿鱼烯酮▲ 海滨柳穿鱼 Linaria japonica

linariifolioside 水蔓菁苷 丝毛飞廉 Carduus crispus, 水蔓菁 Pseudolysimachion linariifolium subsp. dilatatum

linariin 柳穿鱼因苷▲ 棣棠花 Kerria japonica, 海滨柳穿鱼 Linaria japonica

linarin 柳穿鱼苷 较常见成分，至少分布于 30 种以上植物中，见于败酱科、报春花科、唇形科、椴树科、海金沙科、夹竹桃科、桔梗科、菊科、苦苣苔科、蓼科、毛茛科、木棉科、茜草科、伞形科、省沽油科、石竹科、玄参科、醉鱼草科等

linarin monoacetate 柳穿鱼苷单乙酸酯 唐松草 Thalictrum aquilegiifolium var. sibiricum

linarioloside 柳穿鱼醇苷▲ 海滨柳穿鱼 Linaria japonica

linarionoside A 柳穿鱼香堇苷▲A 元宝槭 Acer truncatum, 裂叶铁线莲 Clematis parviloba, 柿 Diospyros kaki, 硬皮榕 Ficus callosa, 海滨柳穿鱼 Linaria japonica, 密花树 Myrsine seguinii, 西洋参 Panax quinquefolius, 青皮木 Schoepfia jasminodora

linarionoside B 柳穿鱼香堇苷▲B 柿 Diospyros kaki, 海滨柳穿鱼 Linaria japonica

linarionoside C 柳穿鱼香堇苷▲C 瓜木 Alangium platanifolium, 裂叶铁线莲 Clematis parviloba, 海滨柳穿鱼 Linaria japonica

linarioside 柳穿鱼奥苷▲ 金鱼草 Antirrhinum majus, 海滨柳穿鱼 Linaria japonica

linatine 亚麻亭碱▲ 亚麻 Linum usitatissimum

linchuniinone 鼎湖钓樟酮▲ 鼎湖钓樟 Lindera chunii

lincomolide A 香叶树内酯▲A 香叶树 Lindera communis, 豺皮樟 Litsea rotundifolia var. oblongifolia

lincomolide B, D 香叶树内酯▲B, D 香叶树 Lindera communis

lincomolide C 香叶树内酯▲C 香叶树 Lindera communis, 豺皮樟 Litsea rotundifolia var. oblongifolia

lindcarpine 胡椒果钓樟碱▲ 山橿 Lindera reflexa, 云和新木姜子 Neolitsea aurata var. paraciculata

lindechunine A, B 鼎湖钓樟碱▲A, B 鼎湖钓樟 Lindera chunii

lindeglaucol 山胡椒醇▲ 山胡椒 Lindera glauca

lindeglaucone 山胡椒酮▲ 山胡椒 Lindera glauca
lindeglaucoside A 山胡椒酮苷▲A 山胡椒 Lindera glauca
lindelofidine benzoic acid ester 长柱琉璃草定苯甲酸酯 紫荆木 Madhuca pasquieri
lindenanolide A, B_1, B_2, C, D 钓樟烯内酯▲A, B_1, B_2, C, D 乌药 Lindera aggregata
lindenanolide E, F 钓樟烯内酯▲E, F 鼎湖钓樟 Lindera chunii
lindenanolide G 钓樟烯内酯▲G 乌药 Lindera aggregata, 鼎湖钓樟 L. chunii
lindenanolide H 钓樟烯内酯▲H 乌药 Lindera aggregata, 鼎湖钓樟 L. chunii
lindenene 钓樟烯 乌药 Lindera aggregata
lindenenol 钓樟烯醇 挥发油成分，未统计基源
lindenenone 钓樟烯酮 乌药 Lindera aggregata
lindenenyl acetate 钓樟烯醇乙酸酯 挥发油成分，未统计基源
(+)-linderadin (+)- 钓樟定▲ 乌药 Lindera aggregata
linderafurane A 钓樟呋喃 A 鼎湖钓樟 Lindera chunii
linderagalactone A~E 乌药根内酯▲A~E 乌药 Lindera aggregata
lindeaggrine A 乌药灵碱▲A 乌药 Lindera aggregata
linderalactone 钓樟内酯 乌药 Lindera aggregata, 鼎湖钓樟 L. chunii, 南亚新木姜子 Neolitsea zeylanica
linderaline 钓樟林碱▲ 乌药 Lindera aggregata
linderane 钓樟素 乌药 Lindera aggregata, 南亚新木姜子 Neolitsea zeylanica
linderanin A, B, C 钓樟宁▲A, B, C 乌药 Lindera aggregata
linderanlide A~F 山胡椒内酯▲A~F 乌药 Lindera aggregata
linderanolide 钓樟醇内酯▲ 红楠 Machilus thunbergii
linderanolide A, C, D, E 钓樟醇内酯▲A, C, D, E 山胡椒 Lindera glauca
linderanolide B 钓樟醇内酯▲B 香桂 Cinnamomum subavenium, 山胡椒 Lindera glauca
linderanolide G 钓樟醇内酯▲G 乌药 Lindera aggregata
(-)-linderaspirone A (-)- 钓樟螺酮▲A 乌药 Lindera aggregata
(+)-linderaspirone A (+)- 钓樟螺酮▲A 乌药 Lindera aggregata
linderazulene 钓樟薁 温郁金 Curcuma wenyujin
linderegatine 乌药亭碱▲ 乌药 Lindera aggregata
linderin A 钓樟灵▲A 三桠乌药 Lindera obtusiloba
linderoflavone B 钓樟黄酮 B 霍香蓟 Ageratum conyzoides
linderofruticoside A, B 绿叶甘橿苷▲A, B 绿叶甘橿 Lindera neesiana
linderol A 钓樟醇 A 红叶木姜子 Litsea rubescens
linderolide A~T 钓樟洛内酯▲A~T 乌药 Lindera aggregata
linderoline 钓樟醚内酯▲ 乌药 Lindera aggregata
linderone 钓樟酮▲ 乌药 Lindera aggregata, 红果山胡椒 L. erythrocarpa
linderoxide 钓樟醚 乌药 Lindera aggregata
linderuca A, B, C 山胡椒脂素▲A, B, C 山胡椒 Lindera glauca
lindestrene 乌药烯▲ 挥发油成分，未统计基源
lindestrenolide 乌药烯内酯▲ 乌药 Lindera aggregata
lindetannin trimer 钓樟鞣质三聚体 乌药 Lindera aggregata
lindleyanin 天山棱子芹素▲ 天山棱子芹 Pleurospermum lindleyanum
lindleyin 林氏莲花掌素 掌叶大黄 Rheum palmatum, 总序大黄 R. racemiferum, 窄叶大黄 R. sublanceolatum, 唐古特大黄 R. tanguticum
lindokaurenoside C 鳞始蕨贝壳杉烯苷▲C 卵叶鳞始蕨 Lindsaea intertexta
linearin 柳穿鱼素 岩蒿 Artemisia rupestris
linearoside 狭叶龙胆苷▲ 裸花紫珠 Callicarpa nudiflora
linerenone 香叶树烯酮▲ 香叶树 Lindera communis
lingueresinol 舌状鳄梨树脂醇 杧果 Mangifera indica
linifolioside 线叶绣球防风苷 蜂巢草 Leucas aspera
cis-linnalool oxide 顺式 - 氧化芳樟醇 挥发油成分，未统计基源
linocaffein 亚油咖啡因 滇山茶 Camellia reticulata, 团叶槲蕨 Drynaria bonii
linocinnamarin 亚麻桂皮素▲ 乌头 Aconitum carmichaelii, 蜡梅 Chimonanthus praecox, 亚麻 Linum usitatissimum, 木犀 Osmanthus fragrans
linoleate triglyceride 甘油三亚油酸酯 金樱子 Rosa laevigata
9,12-linoleic acid 9,12- 亚油酸 挥发油成分，未统计基源
9,17-linoleic acid 9,17- 亚油酸 挥发油成分，未统计基源
α-linoleic acid *α*- 亚油酸 挥发油成分，未统计基源
γ-linoleic acid *γ*- 亚油酸 挥发油成分，未统计基源
trans-linoleic acid 反式 - 亚油酸 毒参 Conium maculatum
linoleic acid 亚油酸 挥发油成分，未统计基源
linoleic acid ethyl ester 亚油酸乙酯 挥发油成分，未统计基源

trans-linoleic acid methyl ester 反式 - 亚油酸甲酯 亚麻 Linum usitatissimum
cis-linoleic acid methyl ester 顺式 - 亚油酸甲酯 亚麻 Linum usitatissimum
linoleic acid methyl ester 亚油酸甲酯 挥发油成分，未统计基源
1-linoleic-2-olein 1- 亚油酸 -2- 油酸甘油酯 多脂鳞伞 Pholiota adiposa
1-linoleic-3-olein 1- 亚油酸 -3- 油酸甘油酯 多脂鳞伞 Pholiota adiposa
linolelaidic acid 亚麻二烯酸 挥发油成分，未统计基源
α-linolenic acid *α*- 亚麻酸 挥发油成分，未统计基源
γ-linolenic acid *γ*- 亚麻酸 待宵草 Oenothera stricta, 扯根菜 Penthorum chinense, 云南松 Pinus yunnanensis, 黑茶藨子 Ribes nigrum, 甘西鼠尾草 Salvia przewalskii
cis-linolenic acid 顺式亚麻酸 挥发油成分，未统计基源
linolenic acid 亚麻酸 挥发油成分，未统计基源
linolenic acid ethyl ester 亚麻酸乙酯 挥发油成分，未统计基源
α-linolenic acid methyl ester *α*- 亚麻酸甲酯 亚麻 Linum usitatissimum
8-linolenoyl-10-hydroxybenzoylmesaconine 8- 亚麻酰基 -10- 羟基苯甲酰中乌头胺 乌头 Aconitum carmichaelii
1-linolenoyl-3-*O*-*β*-D-galactopyranosyl-*sn*-glycerol 1- 亚麻酰基 -3-*O*-*β*-D- 吡喃半乳糖基 -*sn*- 甘油 朱顶红 Hippeastrum rutilum
8-linolenoyl-benzoylaconine 8- 亚麻酰基 - 苯甲酰乌头原碱 乌头 Aconitum carmichaelii
8-linolenoyl-benzoyldeoxyaconine 8- 亚麻酰基 - 苯甲酰去氧乌头原碱 乌头 Aconitum carmichaelii
8-linolenoyl-benzoylhypaconine 8- 亚麻酰基 - 苯甲酰次乌头胺 乌头 Aconitum carmichaelii
8-linolenoyl-benzoylmesaconine 8- 亚麻酰基 - 苯甲酰中乌头胺 乌头 Aconitum carmichaelii
1-linolenyl-3-*O*-*β*-D-galactopyranosyl-sn-glycerol 1- 亚麻醇 -3-*O*-*β*-D- 吡喃半乳糖基 -*sn*- 甘油 假马齿苋 Bacopa monnieri
8-linoleoyl-10-hydroxy-benzoylaconine 8- 亚油酰基 -10- 羟基 - 苯甲酰乌头原碱 乌头 Aconitum carmichaelii
8-linoleoyl-10-hydroxy-benzoylmesaconine 8- 亚油酰基 -10- 羟基 - 苯甲酰中乌头胺 乌头 Aconitum carmichaelii
1-linoleoyl-2-docosanoyl-3-oleoyl glycerol 1- 亚油酰基 -2- 二十二酰基 -3- 油酰甘油 牛蹄豆 Pithecellobium dulce
1-linoleoyl-3-*O*-*β*-D-galactopyranosyl-*sn*-glycerol 1- 亚油酰基 -3-*O*-*β*-D- 吡喃半乳糖基 -*sn*- 甘油 朱顶红 Hippeastrum rutilum
8-linoleoyl-benzoyl-3,13-dideoxyaconine 8- 亚油酰基 - 苯甲酰基 -3,13- 二去氧乌头原碱 乌头 Aconitum carmichaelii
8-linoleoyl-benzoylaconine 8- 亚油酰基 - 苯甲酰乌头原碱 乌头 Aconitum carmichaelii
8-linoleoyl-benzoyldeoxyaconine 8- 亚油酰基 - 苯甲酰去氧乌头原碱 乌头 Aconitum carmichaelii
8-linoleoyl-benzoylhypaconine 8- 亚油酰基 - 苯甲酰次乌头胺 乌头 Aconitum carmichaelii
8-linoleoyl-benzoylmesaconine 8- 亚油酰基 - 苯甲酰中乌头胺 乌头 Aconitum carmichaelii
1-linoleoylglycerol 1- 亚油酰甘油 羊肚菌 Morchella esculenta
4-linoleoyloxybenzoic acid 4- 亚油酰氧基苯甲酸 榅桲 Cydonia oblonga
3*β*-linoleoylurs-12-en-28-oic acid 3*β*- 亚油酰熊果 -12- 烯 -28- 酸 榅桲 Cydonia oblonga
1-linoloyl-3-palmitoylglycerol 1- 亚油酸 -3- 棕榈酸 - 甘油酯 滇牡丹 Paeonia delavayi
linoxepin 亚麻环氧噻品 宿根亚麻 Linum perenne
linum cerebroside A 亚麻脑苷 A 亚麻 Linum usitatissimum
linusitamarin 亚麻任▲ 亚麻 Linum usitatissimum
linustatin 亚麻抑素▲ 亚麻 Linum usitatissimum
lipase 脂肪酶 植物基础成分，未统计基源
cis-lipedoside A-I 顺式 - 总梗女贞苷▲A-I 总梗女贞 Ligustrum pedunculare
lipedoside A-I 总梗女贞苷▲A-I 短筒兔耳草 Lagotis brevituba, 女贞 Ligustrum lucidum, 总梗女贞 L. pedunculare, 粗壮女贞 L. robustum subsp. chinense, 齿叶玄参 Scrophularia dentata
lipedoside A-II 总梗女贞苷▲A-II 总梗女贞 Ligustrum pedunculare, 粗壮女贞 L. robustum subsp. chinense
lipedoside B-I, B-II, B-III 总梗女贞苷▲B-I, B-II, B-III 总梗女贞 Ligustrum pedunculare
(*S*)-lipedoside B-III (*S*)- 总梗女贞苷▲B-III 总梗女贞 Ligustrum pedunculare
lipedoside B-IIIa, B-IIIb 总梗女贞苷▲B-IIIa, B-IIIb 粗壮女贞 Ligustrum robustum subsp. chinense
lipedoside B-IV, B-V, B-VI 总梗女贞苷▲B-IV, B-V, B-VI 总梗女贞 Ligustrum pedunculare
lipidiol 利皮珀菊二醇▲ 血见愁 Teucrium viscidum
lipiferolide 美国鹅掌楸内酯 鹅掌楸 Liriodendron chinense, 北美鹅掌楸 L. tulipifera
lipo-14-*O*-anisoylbikhaconine 脂 -14-*O*- 茴香酰印度乌头原碱▲ 乌头 Aconitum carmichaelii
lipoaconitine 脂乌头碱 乌头 Aconitum carmichaelii
lipodeoxyaconitine 脂去氧乌头碱 乌头 Aconitum carmichaelii
lipoforesaconitine 脂酰丽江乌头碱▲ 乌头 Aconitum carmichaelii
lipohypaconitine 脂次乌头碱 乌头 Aconitum carmichaelii, 鸭绿乌头 A. jaluense
lipoic acid 硫辛酸 角叉菜 Chondrus ocellatus, 石花菜 Gelidium amansii, 扁江蓠 Gracilaria textorii
lipomelianol 脂楝醇 川楝 Melia toosendan, 鹧鸪花 Trichilia connaroides
lipomesaconitine 脂中乌头碱 乌头 Aconitum carmichaelii, 鸭绿乌头 A. jaluense
lipoyunaconitine 脂酰滇乌碱▲ 乌头 Aconitum carmichaelii
lippiacin 过江藤辛▲ 过江藤 Phyla nodiflora
lippiflorin A, B 过江藤灵▲A, B 过江藤 Phyla nodiflora

liqcoumarin 光果甘草香豆素 洋甘草 Glycyrrhiza glabra
liquidambaric acid 路路通酸 亚东乌头 Aconitum spicatum
liquidambaric lactone 路路通内酯 大花卫矛 Euonymus grandiflorus, 枫香树 Liquidambar formosana
liquidambin 枫香鞣质 枫香树 Liquidambar formosana
liquidamboside 枫香槲寄生苷 枫香槲寄生 Viscum liquidambaricola
liquidambronal 枫香醛▲ 枫香树 Liquidambar formosana
liquiridiolic acid 甘草利酸 洋甘草 Glycyrrhiza glabra
(-)-liquiritigenin (-)- 甘草苷元 蒙自木蓝 Indigofera mengtzeana, 镰荚棘豆 Oxytropis falcata
(±)-liquiritigenin (±)- 甘草苷元 山橙 Melodinus suaveolens
liquiritigenin 甘草苷元 较常见成分，至少分布于 30 种以上植物中，见于百合科、大风子科、大戟科、豆科、景天科、萝藦科、毛茛科、木通科、漆树科、蔷薇科、茄科、桑科、山茱萸科、十字花科、五加科、玄参科、芸香科等
liquiritigenin-4'-*O*-[*β*-D-(3-*O*-acetyl)-apiofuranosyl-(1 → 2)]-*β*-D-glucopyranoside 甘草苷元 -4'-*O*-[*β*-D-(3-*O*- 乙酰基)- 呋喃芹糖基 -(1 → 2)]-*β*-D- 吡喃葡萄糖苷 甘草 Glycyrrhiza uralensis
liquiritigenin-7,4'-di-*O*-*β*-D-glucopyranoside 甘草苷元 -7,4'- 二 -*O*-*β*-D- 吡喃葡萄糖苷 甘草 Glycyrrhiza uralensis
liquiritigenin-7-*O*-*β*-D-(3-*O*-acetyl)-apiofuranosyl-4'-*O*-*β*-D-glucopyranoside 甘草苷元 -7-*O*-*β*-D-(3-*O*- 乙酰基)- 呋喃芹糖基 -4'-*O*-*β*-D- 吡喃葡萄糖苷 胀果甘草 Glycyrrhiza inflata
liquiritigenin-7-*O*-*β*-D-apiofuranosyl-4'-*O*-*β*-D-glucopyranoside 甘草苷元 -7-*O*-*β*-D- 呋喃芹糖基 -4'-*O*-*β*-D- 吡喃葡萄糖苷 胀果甘草 Glycyrrhiza inflata
liquiritigenin-7-*O*-*β*-D-glucopyranoside 甘草苷元 -7-*O*-*β*-D- 吡喃葡萄糖苷 梅 Armeniaca mume, 棉团铁线莲 Clematis hexapetala
liquiritin 甘草苷 乌头 Aconitum carmichaelii, 楝叶吴萸 Euodia glabrifolia, 银杏 Ginkgo biloba, 粗毛甘草 Glycyrrhiza aspera, 洋甘草 G. glabra, 胀果甘草 G. inflata, 圆果甘草 G. squamulosa, 甘草 G. uralensis, 二刺叶兔唇花 Lagochilus diacanthophyllus, 石韦 Pyrrosia lingua, 垂盆草 Sedum sarmentosum, 漏芦 Stemmacantha uniflora
liquiritin apioside 芹糖甘草苷 粗毛甘草 Glycyrrhiza aspera, 洋甘草 G. glabra, 胀果甘草 G. inflata, 甘草 G. uralensis, 巴东过路黄 Lysimachia patungensis, 三七 Panax notoginseng
liquiritoside 甘草特苷▲ 洋甘草 Glycyrrhiza glabra
liquoric acid 甘草醇酸▲ 洋甘草 Glycyrrhiza glabra
liridine 鹅掌楸定▲ 尖萼耧斗菜 Aquilegia oxysepala, 北美鹅掌楸 Liriodendron tulipifera
(-)-liridinine (-)- 鹅掌楸宁碱 北美鹅掌楸 Liriodendron tulipifera
lirigramoside A, B 禾叶山麦冬甾苷 A, B 禾叶山麦冬 Liriope graminifolia
(+)-lirinidine (+)- 鹅掌楸尼定▲ 北美鹅掌楸 Liriodendron tulipifera
lirinidine 鹅掌楸尼定▲ 厚朴 Houpoëa officinalis, 北美鹅掌楸 Liriodendron tulipifera
lirinine 鹅掌楸宁 北美鹅掌楸 Liriodendron tulipifera
lirinine methyl ether 鹅掌楸宁甲醚 北美鹅掌楸 Liriodendron tulipifera
lirinine-*N*-oxide 鹅掌楸宁 -*N*- 氧化物 北美鹅掌楸 Liriodendron tulipifera
(-)-liriodendrin (-)- 鹅掌楸苷 微花藤 Iodes cirrhosa
(+)-liriodendrin (+)- 鹅掌楸苷 鹅掌楸 Liriodendron chinense
liriodendrin 鹅掌楸苷 较常见成分，至少分布于 30 种以上植物中，见于百合科、唇形科、大风子科、大血藤科、冬青科、杜仲科、海桐花科、蒺藜科、夹竹桃科、锦葵科、菊科、列当科、毛茛科、木兰科、木犀科、茜草科、瑞香科、桑科、五加科、小檗科、榆科、远志科等
liriodendritol 鹅掌楸肌醇▲ 鹅掌楸 Liriodendron chinense, 北美鹅掌楸 L. tulipifera
liriodendronine 鹅掌楸宁碱▲ 北美鹅掌楸 Liriodendron tulipifera
liriodenine 鹅掌楸碱 较常见成分，至少分布于 30 种以上植物中，常见于木兰科与番荔枝科植物，少见于椴树科、防己科、茜草科、桑科、睡莲科、罂粟科、芸香科、樟科等
α-liriodenolide *α*- 鹅掌楸内酯▲ 鹅掌楸 Liriodendron chinense, 北美鹅掌楸 L. tulipifera
β-liriodenolide *β*- 鹅掌楸内酯▲ 鹅掌楸 Liriodendron chinense, 北美鹅掌楸 L. tulipifera
γ-liriodenolide *γ*- 鹅掌楸内酯▲ 北美鹅掌楸 Liriodendron tulipifera
(+)-lirioferine (+)- 北美鹅掌楸灵▲ 粪箕笃 Stephania longa
d-lirioferine *d*- 北美鹅掌楸灵▲ 延胡索 Corydalis yanhusuo
lirioferine 北美鹅掌楸灵▲ 北美鹅掌楸 Liriodendron tulipifera, 山鸡椒 Litsea cubeba
lirioligna1 鹅掌楸木脂醛▲ 北美鹅掌楸 Liriodendron tulipifera
lirioprolioside A~D 湖北麦冬苷▲A~D 山麦冬 Liriope spicata
(-)-lirioresinol A (-)- 鹅掌楸树脂酚 A 石南藤 Piper wallichii, 深绿卷柏 Selaginella doederleinii, 粗叶卷柏 S. trachyphylla, 多花紫藤 Wisteria floribunda
(+)-lirioresinol A (+)- 鹅掌楸树脂酚 A 海榄雌 Avicennia marina, 棱果榕 Ficus septica
lirioresinol A 鹅掌楸树脂酚 A 红花 Carthamus tinctorius, 石斛 Dendrobium nobile, 轮叶蒲桃 Syzygium grijsii
(-)-lirioresinol B (-)- 鹅掌楸树脂酚 B 深绿卷柏 Selaginella doederleinii, 粗叶卷柏 S. trachyphylla
(+)-lirioresinol B (+)- 鹅掌楸树脂酚 B 狼毒 Stellera chamaejasme
lirioresinol B 鹅掌楸树脂酚 B 木紫珠 Callicarpa arborea, 山芝麻 Helicteres angustifolia, 海滨木巴戟 Morinda citrifolia, 茜草 Rubia cordifolia, 华蟹甲 Sinacalia tangutica, 了哥王 Wikstroemia indica

L

lirioresinol B dimethyl ether 鹅掌楸树脂酚 B 二甲醚 厚朴 Houpoëa officinalis, 北美鹅掌楸 Liriodendron tulipifera, 中华青牛胆 Tinospora sinensis, 望春玉兰 Yulania biondii, 玉兰 Y. denudata, 紫玉兰 Y. liliiflora
lirioresinol B-dimethyl ether 鹅掌楸树脂酚 B- 二甲醚 海滨木巴戟 Morinda citrifolia
(-)-lirioresinol C (-)- 鹅掌楸树脂酚 C 黄兰 Michelia champaca
lirioresinol C 鹅掌楸树脂酚 C 棱果榕 Ficus septica
(+)-liriorosinol B dimethyl ether (+)- 鹅掌楸树脂酚 B 二甲醚 黄瑞香 Daphne giraldii
liriotulipiferine 北美鹅掌楸碱▲ 北美鹅掌楸 Liriodendron tulipifera
lirofoline A 狗牙花弗林碱▲A 伞房狗牙花 Tabernaemontana corymbosa
lirofoline B 狗牙花弗林碱▲B 狗牙花 Tabernaemontana divaricata
lisianthioside 离花苷▲ 川续断 Dipsacus asperoides
litchiol A, B 荔枝醇 A, B 荔枝 Litchi chinensis
litchioside C, D 荔枝苷 C, D 荔枝 Litchi chinensis
litchitannin A_1, A_2 荔枝鞣质 A_1, A_2 荔枝 Litchi chinensis
(-)-litcubine (-)- 山鸡椒宾碱▲ 山鸡椒 Litsea cubeba
(-)-litcubinine I (-)- 山鸡椒宁碱▲ 山鸡椒 Litsea cubeba
litebamine 山鸡椒明碱▲ 山鸡椒 Litsea cubeba
lithocarpdiol 石柯二醇 木姜叶柯 Lithocarpus litseifolius
lithocarpic acid A~S 石柯酸▲A~S 木姜叶柯 Lithocarpus litseifolius
lithocarpolone 石柯酮 木姜叶柯 Lithocarpus litseifolius
lithosenine 紫草烯宁▲ 小花紫草 Lithospermum officinale
cis-lithospermic acid 顺式 - 紫草酸 云南鼠尾草 Salvia yunnanensis
lithospermic acid 紫草酸 青江藤 Celastrus hindsii, 细风轮菜 Clinopodium gracile, 小花紫草 Lithospermum officinale, 薄荷 Mentha canadensis, 栗色鼠尾草 Salvia castanea, 贵州鼠尾草 S. cavaleriei, 华鼠尾草 S. chinensis, 雪山鼠尾草 S. evansiana, 丹参 S. miltiorrhiza, 甘西鼠尾草 S. przewalskii, 云南鼠尾草 S. yunnanensis, 台湾紫丹 Tournefortia sarmentosa
lithospermic acid B 紫草酸 B 青江藤 Celastrus hindsii, 厚壳树 Ehretia thyrsiflora, 华西龙头草 Meehania fargesii, 荨麻叶龙头草 M. urticifolia, 薄荷 Mentha canadensis, 新疆鼠尾草 Salvia deserta, 甘西鼠尾草 S. przewalskii, 云南鼠尾草 S. yunnanensis

L

lithospermidin A, B 紫草定▲A, B 紫草 Lithospermum erythrorhizon
lithospermoside 紫草苷 天葵 Semiaquilegia adoxoides
litseabutenolide 木姜子丁烯内酯 轮叶木姜子 Litsea verticillata
litseachromolaevane A 木姜子光泽兰烷▲A 冷杉 Abies fabri, 轮叶木姜子 Litsea verticillata
litseachromolaevane B 木姜子光泽兰烷▲B 轮叶木姜子 Litsea verticillata
litseagermacrane 木姜子大根老鹳草烷▲ 轮叶木姜子 Litsea verticillata
litseaglutinan A 潺槁木姜子酯▲A 潺槁木姜子 Litsea glutinosa
litseahumulane A, B 木姜子葎草烷▲A, B 轮叶木姜子 Litsea verticillata
litsealactone C, D, G 木姜子内酯▲C, D, G 潺槁木姜子 Litsea glutinosa
litseaone A, B 木姜子酮▲A, B 红叶木姜子 Litsea rubescens
litseaverticillol A~H 轮叶木姜子洛醇▲A~H 轮叶木姜子 Litsea verticillata
(+)-litseferine (+)- 潺槁木姜子碱 小花青藤 Illigera parviflora
litseferine 潺槁木姜子碱▲ 潺槁木姜子 Litsea glutinosa
litseglutine A, B 潺槁木姜子亭▲A, B 潺槁木姜子 Litsea glutinosa
litsenolide A_1 木姜子烯醇内酯▲A_1 豺皮樟 Litsea rotundifolia var. oblongifolia
litsenolide A_2, B_1, B_2 木姜子烯醇内酯▲A_2, B_1, B_2 红楠 Machilus thunbergii
cis-litsenolide D_1 顺式 - 木姜子烯醇内酯▲D_1 轮叶木姜子 Litsea verticillata
litsericine 木姜子辛 新木姜子 Neolitsea aurata
littorachalcone 海滩马鞭草查耳酮▲ 马鞭草 Verbena officinalis
littoraline 水鬼蕉林碱▲ 水鬼蕉 Hymenocallis littoralis
littorine 海螺碱 树番茄 Cyphomandra betacea
liwaconitine 丽乌碱 丽江乌头 Aconitum forrestii
lobarialide A, B, C 肺衣内酯▲A, B, C 光肺衣 Lobaria kurokawae
lobatoside A 盒子草苷▲A 盒子草 Actinostemma tenerum, 假贝母 Bolbostemma paniculatum
lobatoside B~O 盒子草苷▲B~O 盒子草 Actinostemma tenerum
lobelanidine 山梗菜醇碱 江南山梗菜 Lobelia davidii
lobeline 山梗菜碱 塔花山梗菜 Lobelia pyramidalis, 山梗菜 L. sessilifolia
lobelinic acid 山梗菜碱酸▲ 塔花山梗菜 Lobelia pyramidalis
lobetyol 山梗菜炔醇▲ 党参 Codonopsis pilosula, 川党参 C. pilosula subsp. tangshen, 山梗菜 Lobelia sessilifolia
lobetyolin 山梗菜炔苷▲ 金钱豹 Campanumoea javanica, 银背叶党参 Codonopsis argentea, 新疆党参 C. clematidea, 鸡蛋参 C. convolvulacea, 珠子参 C. convolvulacea subsp. forrestii, 羊乳 C. lanceolata, 小花党参 C. micrantha, 党参 C. pilosula, 川党参 C. pilosula subsp. tangshen, 管花党参 C. tubulosa, 半边莲 Lobelia chinensis, 山梗菜 L. sessilifolia, 桔梗 Platycodon grandiflorus, 蓝花参 Wahlenbergia marginata

lobetyolinin 山梗菜炔苷宁▲ 党参 Codonopsis pilosula, 半边莲 Lobelia chinensis, 山梗菜 L. sessilifolia
lobscurinol 玉柏石松醇 玉柏 Lycopodium obscurum
lochnericine 长春瑞辛▲ 羊角棉 Alstonia mairei, 长春花 Catharanthus roseus, 思茅山橙 Melodinus cochinchinensis, 山橙 M. suaveolens, 雷打果 M. yunnanensis, 蔓长春花 Vinca major
lochneridine 长春瑞定▲ 糖胶树 Alstonia scholaris, 长春花 Catharanthus roseus
lochnerine 长春任碱▲ 大叶糖胶树 Alstonia macrophylla, 长春花 Catharanthus roseus, 古巴萝芙木 Rauvolfia cubana, 萝芙木 R. verticillata
lochnerine-*N*-oxide 长春任碱▲-*N*- 氧化物 长春花 Catharanthus roseus
lochnerinine 长春瑞宁▲ 鸡骨常山 Alstonia yunnanensis, 长春花 Catharanthus roseus, 思茅山橙 Melodinus cochinchinensis
lochnerivine 长春瑞文▲ 长春花 Catharanthus roseus
lochrovicine 长春维辛▲ 长春花 Catharanthus roseus
lochrovidine 长春维定▲ 长春花 Catharanthus roseus
lochrovine 长春洛文▲ 长春花 Catharanthus roseus
lochvinerine 长春耐灵▲ 蔓长春花 Vinca major
locin 杠柳洛辛▲ 青蛇藤 Periploca calophylla
locoracemoside A, B, C 珠仔树苷▲A, B, C 珠仔树 Symplocos racemosa
α-lofoline *α*- 石松林碱 石松 Lycopodium japonicum
β-lofoline *β*- 石松林碱 石松 Lycopodium japonicum, 玉柏 L. obscurum
lofoline 石松林碱 多穗石松 Lycopodium annotinum
loganetin; loganigenin 马钱苷元 香果树 Emmenopterys henryi, 睡菜 Menyanthes trifoliata, 华马钱 Strychnos cathayensis
loganic acid 马钱酸 较常见成分，至少分布于 30 种以上植物中，常见于龙胆科植物，少见于八角枫科、川续断科、唇形科、夹竹桃科、马钱科、茜草科、玄参科等
loganic acid A, B, C 马钱酸 A, B, C 粗茎秦艽 Gentiana crassicaulis
loganic acid ethyl ester 马钱酸乙酯 川续断 Dipsacus asperoides
loganic acid-11-*O*-*β*-D-glucopyranosyl ester 马钱酸 -11-*O*-*β*-D- 吡喃葡萄糖基酯 麻花艽 Gentiana straminea
loganic acid-11-*O*-*β*-glucopyranosyl-ester 马钱酸 -11-*O*-*β*- 吡喃葡萄糖基酯 红花龙胆 Gentiana rhodantha
loganic acid-6'-*O*-*β*-D-glucoside 马钱酸 -6'-*O*-*β*-D- 葡萄糖苷 川续断 Dipsacus asperoides
loganin; loganoside 马钱苷 较常见成分，至少分布于 30 种以上植物中，见于百合科、败酱科、川续断科、唇形科、虎耳草科、夹竹桃科、龙胆科、马钱科、茜草科、忍冬科、山茱萸科、五加科等
loganol; loganetin 马钱醇▲ 团花 Neolamarckia cadamba
lokundjoside 洛孔羊角拗苷▲ 铃兰 Convallaria majalis, 西非羊角拗 Strophanthus sarmentosus
loline 黑麦草碱 银背藤 Argyreia mollis
(-)-loliolide (-)- 黑麦草内酯 假黄皮 Clausena excavata, 菊芋 Helianthus tuberosus, 鸭舌草 Monochoria vaginalis, 野生紫苏 Perilla frutescens var. purpurascens, 云南九节 Psychotria yunnanensis, 马蓝 Strobilanthes cusia, 百蕊草 Thesium chinense, 荚蒾 Viburnum dilatatum, 山牡荆 Vitex quinata
loliolide 黑麦草内酯 挥发油成分，未统计基源
loliolide-*β*-D-glucopyranoside 黑麦草内酯 -*β*-D- 吡喃葡萄糖苷 五层龙 Salacia prinoides
loloanolide A, B 凋缨菊内酯▲A, B 凋缨菊 Camchaya loloana
lomacarinoside A, B 肋柱花萜苷▲A, B 肋柱花 Lomatogonium carinthiacum
(+)-lomatin (+)- 狭蓬芹内酯 台湾前胡 Peucedanum formosanum
lonchocarpol A 矛果豆酚▲A 黎檬 Citrus limonia, 佛手 C. medica var. sarcodactylis, 锈毛鱼藤 Derris ferruginea
lonchophylloid A 戟叶金石斛素 A 甘肃大戟 Euphorbia kansuensis
longan cerebroside I, II 龙眼脑苷 I, II 龙眼 Dimocarpus longan
longan triterpane A 龙眼三萜烷 A 龙眼 Dimocarpus longan
longaninine 粪箕笃碱 千金藤 Stephania japonica, 粪箕笃 S. longa
longanon 粪箕笃酮▲ 桐叶千金藤 Stephania japonica var. discolor
longanone 粪箕笃酮碱 粪箕笃 Stephania longa
(+)-longiborneol (+)- 长叶松龙脑醇▲ 雪松 Cedrus deodara
longiborneol 长叶龙脑 挥发油成分，未统计基源
(+)-longicamphenylone (+)- 长叶松樟烯酮▲ 樟子松 Pinus sylvestris var. mongolica
longicornuol A 长距石斛酚▲A 长距石斛 Dendrobium longicornu
longicyclene 长叶松环烯 挥发油成分，未统计基源
longiflorone 长花排草酮▲ 蜘蛛香 Valeriana jatamansi
longifloroside 长花马先蒿苷▲ 长花马先蒿 Pedicularis longiflora
longifloroside A, C, D 长花马先蒿苷▲A, C, D 长花马先蒿 Pedicularis longiflora
longifloroside B 长花马先蒿苷▲B 长花马先蒿 Pedicularis longiflora, 盐角草 Salicornia europaea
longifolenaldehyde 长叶松醛 兴安杜鹃花 Rhododendron dauricum
(+)-longifolene (+)- 长叶松烯▲ 挥发油成分，未统计基源
α-longifolene *α*- 长叶松烯 挥发油成分，未统计基源
longifolene 长叶松烯 挥发油成分，未统计基源

L

longifolene-(V4) 长叶松烯 -(V4) 挥发油成分，未统计基源
longifolioside A, B 兔儿尾苗苷 ▲A, B 兔儿尾苗 Pseudolysimachion longifolium
longifolol 长叶野扇花醇 ▲ 砂引草 Messerschmidia sibirica
longikaurin A 长管香茶菜贝壳杉素 ▲A 长管香茶菜 Isodon longitubus, 冬凌草 I. rubescens, 牛尾草 I. ternifolius
longikaurin B 长管香茶菜贝壳杉素 ▲B 毛叶香茶菜 Isodon japonicus, 长管香茶菜 I. longitubus, 小叶香茶菜 I. parvifolius
longikaurin C 长管香茶菜贝壳杉素 ▲C 毛萼香茶菜 Isodon eriocalyx, 毛叶香茶菜 I. japonicus, 长管香茶菜 I. longitubus
longikaurin D 长管香茶菜贝壳杉素 ▲D 藿香 Agastache rugosa, 紫毛香茶菜 Isodon enanderianus, 鄂西香茶菜 I. henryi, 毛叶香茶菜 I. japonicus, 长管香茶菜 I. longitubus
longikaurin E 长管香茶菜贝壳杉素 ▲E 毛萼香茶菜 Isodon eriocalyx, 长管香茶菜 I. longitubus, 显脉香茶菜 I. nervosus, 小叶香茶菜 I. parvifolius, 牛尾草 I. ternifolius
longikaurin F 长管香茶菜贝壳杉素 ▲F 紫毛香茶菜 Isodon enanderianus, 鄂西香茶菜 I. henryi, 长管香茶菜 I. longitubus
longikaurin G 长管香茶菜贝壳杉素 ▲G 长管香茶菜 Isodon longitubus, 瘿花香茶菜 I. rosthornii, 牛尾草 I. ternifolius
longimammamine 长突仙人掌胺 ▲ 长突仙人掌 Mammillaria longimamma
longimammatine 长突仙人掌亭碱 ▲ 长突仙人掌 Mammillaria longimamma
longimammidine 长突仙人掌米定碱 ▲ 长突仙人掌 Mammillaria longimamma
longimammine 长突仙人掌碱 ▲ 长突仙人掌 Mammillaria longimamma
longimammosine 长突仙人掌辛碱 ▲ 长突仙人掌 Mammillaria longimamma
longipedlactone A 长梗南五味子内酯 ▲A 黑老虎 Kadsura coccinea, 异形南五味子 K. heteroclita, 南五味子 K. longipedunculata
longipedlactone B 长梗南五味子内酯 ▲B 黑老虎 Kadsura coccinea, 南五味子 K. longipedunculata
longipedlactone C 长梗南五味子内酯 ▲C 黑老虎 Kadsura coccinea, 南五味子 K. longipedunculata
longipedlactone D, G, I 长梗南五味子内酯 ▲D, G, I 南五味子 Kadsura longipedunculata
longipedlactone E 长梗南五味子内酯 ▲E 黑老虎 Kadsura coccinea, 南五味子 K. longipedunculata
longipedlactone F 长梗南五味子内酯 ▲F 黑老虎 Kadsura coccinea, 异形南五味子 K. heteroclita, 南五味子 K. longipedunculata
longipedlactone H 长梗南五味子内酯 ▲H 异形南五味子 Kadsura heteroclita, 南五味子 K. longipedunculata
longipedlactone J 长梗南五味子内酯 ▲J 异形南五味子 Kadsura heteroclita
longipedunin A, C 长梗南五味子素 ▲A, C 南五味子 Kadsura longipedunculata
longipedunin B 长梗南五味子素 ▲B 黑老虎 Kadsura coccinea, 南五味子 K. longipedunculata
α-longipinene α- 长蒎烯 挥发油成分，未统计基源
longipinocarvone 长叶松葛缕子酮 挥发油成分，未统计基源
longirabdacetal 长管香茶菜乙缩醛 长管香茶菜 Isodon longitubus
longirabdolactone 长管香茶菜萜内酯 ▲ 长管香茶菜 Isodon longitubus
longirabdolide A, B, D~G 长管香茶菜内酯 ▲A, B, D~G 长管香茶菜 Isodon longitubus
longirabdolide C 长管香茶菜内酯 ▲C 毛叶香茶菜 Isodon japonicus, 长管香茶菜 I. longitubus, 黄花香茶菜 I. sculponeatus, 溪黄草 I. serra
longirabdosin 长管香茶菜素 长管香茶菜 Isodon longitubus
longispinogenin 长刺群戟柱苷元 ▲ 金盏花 Calendula officinalis, 匙羹藤 Gymnema sylvestre, 向日葵 Helianthus annuus, 长突仙人掌 Mammillaria longimamma, 白药牛奶菜 Marsdenia griffithii, 云南杨梅 Myrica nana
longispinogenin-3-*O*-*β*-D-glucuronopyranoside 长刺群戟柱苷元 ▲-3-*O*-*β*-D- 吡喃葡萄糖醛酸苷 匙羹藤 Gymnema sylvestre
longissimausnone 长松萝酮 长松萝 Usnea longissima
longissiminone A, B 长松萝醚酮 ▲A, B 长松萝 Usnea longissima
longissimoside A, B 尖尾枫苷 ▲A, B 尖尾枫 Callicarpa longissima
longistylin A 长柱矛果豆素 ▲A 木豆 Cajanus cajan, 地锦 Parthenocissus tricuspidata
longistylin C 长柱矛果豆素 ▲C 木豆 Cajanus cajan, 地锦 Parthenocissus tricuspidata
longistylumphylline A 长柱虎皮楠碱 ▲A 牛耳枫 Daphniphyllum calycinum, 长柱虎皮楠 D. longistylum, 交让木 D. macropodum, 脉叶虎皮楠 D. paxianum
longistylumphylline B, C 长柱虎皮楠碱 ▲B, C 长柱虎皮楠 Daphniphyllum longistylum
longiusnine 长松萝素 长松萝 Usnea longissima
longiverbenone 长叶马鞭草烯酮 挥发油成分，未统计基源
longumoside A, B 荜茇苷 ▲A, B 荜拔 Piper longum
loniceracetalide A, B 忍冬缩醛苷 ▲A, B 忍冬 Lonicera japonica
loniceraxanthin 忍冬黄质 ▲ 华西忍冬 Lonicera webbiana
lonicerin 忍冬苷 华南忍冬 Lonicera confusa, 忍冬 L. japonica, 金莲花 Trollius chinensis
lonicerine 巴氏美盒果碱 ▲ 红花蕊木 Kopsia fruticosa
lonicerinol 忍冬脂醇 ▲ 忍冬 Lonicera japonica
loniceroside 忍冬苦苷 藤萝 Wisteria villosa
loniceroside A~E 忍冬苦苷 A~E 忍冬 Lonicera japonica
loniflavone 忍冬黄酮 ▲ 忍冬 Lonicera japonica
lonijaposide A, B, C 忍冬碱苷 ▲A, B, C 忍冬 Lonicera japonica
lonimacranthoide II 灰毡毛忍冬花苷 ▲II 灰毡毛忍冬 Lonicera macranthoides, 白头翁 Pulsatilla chinensis
lonimacranthoide III 灰毡毛忍冬花苷 ▲III 匙羹藤 Gymnema sylvestre, 灰毡毛忍冬 Lonicera macranthoides

lophanic acid 线纹香茶菜酸 线纹香茶菜 Isodon lophanthoides
lophanic acid A, B 线纹香茶菜酸 A, B 线纹香茶菜 Isodon lophanthoides
lophanthiodin A~F 线纹香茶菜素 A~F 线纹香茶菜 Isodon lophanthoides
lophanthodin G 线纹香茶菜素 G 狭基线纹香茶菜 Isodon lophanthoides var. gerardianus
lophanthoside A, B 线纹香茶菜苷 A, B 线纹香茶菜 Isodon lophanthoides
lophenol 鸡冠柱烯醇▲ 树番茄 Cyphomandra betacea, 洋金花 Datura metel, 剑叶龙血树 Dracaena cochinchinensis, 湖南稗子 Echinochloa frumentacea, 地肤 Kochia scoparia, 苦瓜 Momordica charantia, 欧亚多足蕨 Polypodium vulgare, 欧白英 Solanum dulcamara, 白英 S. lyratum, 茄 S. melongena, 驱虫斑鸠菊 Vernonia anthelmintica
lophopterol 冠羽栓翅芹醇▲ 葡萄柚 Citrus paradisi
loranthol 桑寄生醇▲ 青江藤 Celastrus hindsii, 甜瓜 Cucumis melo
loroglossin 蜥蜴兰素▲ 凹舌兰 Coeloglossum viride, 杜鹃兰 Cremastra appendiculata, 手参 Gymnadenia conopsea
loropetalin A~D 檵木素 A~D 檵木 Loropetalum chinense
losbanine 象皮木宁 糖胶树 Alstonia scholaris
lotaustralin 百脉根苷 亚麻 Linum usitatissimum, 细叶百脉根 Lotus tenuis, 木薯 Manihot esculenta, 唐古红景天 Rhodiola algida var. tangutica, 准噶尔红景天 R. junggarica, 狭叶红景天 R. kirilowii, 红景天 R. rosea, 库页红景天 R. sachalinensis, 圣地红景天 R. sacra, 白车轴草 Trifolium repens
lotoidoside A~G 星毛粟米草苷▲A~G 星毛粟米草 Mollugo lotoides
lotusine 莲因碱▲ 厚朴 Houpoëa officinalis, 莲 Nelumbo nucifera
lotusine A, D 忘忧枣碱▲A, D 马甲子 Paliurus ramosissimus
louisfieserone 野青树酮▲ 野青树 Indigofera suffruticosa
loureirin A 龙血素 A 剑叶龙血树 Dracaena cochinchinensis
loureirin C 龙血素 C 虎皮楠 Daphniphyllum oldhamii
loverain; loveraine 新疆藜芦碱▲ 阿尔泰藜芦 Veratrum lobelianum
loxocalyxin A, B, C 斜萼草素▲A, B, C 斜萼草 Loxocalyx urticifolius
loxothyrin A 弯锥香茶菜灵▲A 毛叶香茶菜 Isodon japonicus
LS-1 细叶益母草内酯 -1 细叶益母草 Leonurus sibiricus
LS-2 细叶益母草内酯 -2 细叶益母草 Leonurus sibiricus
ltetrahydrofuroguaiacin B 四氢呋喃愈创木素 B 肉豆蔻 Myristica fragrans
luanchunin A, B 栾川冬凌草素▲A, B 冬凌草 Isodon rubescens
lubimin 罗必明 茄 Solanum melongena
lubiminol 罗必明醇 辣椒 Capsicum annuum
lucenin 光牡荆素 大薸 Pistia stratiotes, 叉钱苔 Riccia fluitans
lucenin-1-*C*-glucoside 光牡荆素 -1-*C*- 葡萄糖苷 亚麻 Linum usitatissimum, 普通小麦 Triticum aestivum
lucenin-2 光牡荆素 -2 倒挂铁角蕨 Asplenium normale, 截叶铁扫帚 Lespedeza cuneata, 亚麻 Linum usitatissimum, 扁轴木 Parkinsonia aculeata
lucenin-2,4'-methyl ether 光牡荆素 -2,4'- 甲醚 橘红 Citrus maxima 'Tomentosa'
lucenin-3-*C*-glucoside 光牡荆素 -3-*C*- 葡萄糖苷 普通小麦 Triticum aestivum
lucenin-7-rhamnopyranoside 光牡荆素 -7- 吡喃鼠李糖苷 亚麻 Linum usitatissimum
lucentolide 亮白蒿内酯▲ 月桂 Laurus nobilis
lucialdehyde A, B, C 赤芝醛 A, B, C 灵芝 Ganoderma lucidum
luciculine 光泽乌头灵▲ 牛扁 Aconitum barbatum var. puberulum
lucidadiol 赤芝二醇 灵芝 Ganoderma lucidum
lucidenic acid A 赤芝酸 A 灵芝 Ganoderma lucidum, 松杉灵芝 G. tsugae
lucidenic acid B, D, D_1, E_1, E_2, F~L 赤芝酸 B, D, D_1, E_1, E_2, F~L 灵芝 Ganoderma lucidum
lucidenic acid C 赤芝酸 C 灵芝 Ganoderma lucidum, 松杉灵芝 G. tsugae
lucidenic acid D_2 赤芝酸 D_2 灵芝 Ganoderma lucidum, 中华紫芝 G. sinense
lucidenic acid LM_1 赤芝酸 LM_1 松杉灵芝 Ganoderma tsugae
lucidenic acid M~Q, SP_1, α 赤芝酸 M~Q, SP_1, α 灵芝 Ganoderma lucidum
lucidin 光亮臭叶木素▲ 毛土连翘 Hymenodictyon orixense, 红大戟 Knoxia roxburghii, 印度羊角藤 Morinda umbellata, 茜草 Rubia cordifolia, 染色茜草 R. tinctorum
lucidin dimethyl ether 光泽钓樟素二甲醚 熊耳草 Ageratum houstonianum, 柑橘 Citrus reticulata
lucidin-3-*O*-[β-D-xylopyranosyl-(1 → 6)-β-D-glucopyranoside] 光亮臭叶木素▲-3-*O*-[β-D- 吡喃木糖基 -(1 → 6)-β-D- 吡喃葡萄糖苷] 茜草 Rubia cordifolia
lucidin-3-*O*-primeveroside 光亮臭叶木素▲-3-*O*- 樱草糖苷 台湾虎刺 Damnacanthus angustifolius, 染色茜草 Rubia tinctorum, 紫参 R. yunnanensis
lucidin-3-*O*-β-D-glucoside 光亮臭叶木素▲-3-*O*-β-D- 葡萄糖苷 海滨木巴戟 Morinda citrifolia
lucidin-3-*O*-β-D-primeveroside 光亮臭叶木素▲-3-*O*-β-D- 樱草糖苷 海滨木巴戟 Morinda citrifolia
lucidin-3-*O*-β-primeveroside 光亮臭叶木素▲-3-*O*-β- 樱草糖苷 黄木巴戟 Morinda angustifolia
lucidine B 亮叶石杉定碱▲B 中华石杉 Huperzia chinensis

L

lucidinine 亮叶石冬青宁碱▲ 高山三尖杉 Cephalotaxus fortunei var. alpina, 贡山三尖杉 C. lanceolata
lucidin-methyl ether 光亮臭叶木素▲甲酯 红大戟 Knoxia roxburghii
lucidin-primeveroside 光亮臭叶木素▲- 樱草糖苷 东南茜草 Rubia argyi, 茜草 R. cordifolia, 染色茜草 R. tinctorum
lucidin-ω-butyl ether 光亮臭叶木素▲-ω- 丁醚 黄木巴戟 Morinda angustifolia
lucidin-ω-ethyl ether 光亮臭叶木素▲-ω- 乙醚 台湾虎刺 Damnacanthus angustifolius, 黄木巴戟 Morinda angustifolia, 巴戟天 M. officinalis, 鸡眼藤 M. parvifolia, 南山花 Prismatomeris tetrandra
lucidin-ω-methyl ether 光亮臭叶木素▲-ω- 甲醚 鸡眼藤 Morinda parvifolia, 南山花 Prismatomeris tetrandra
lucidioline 光泽石松二醇碱▲ 蛇足石杉 Huperzia serrata, 石松 Lycopodium japonicum
lucidol 栗柄金粉蕨醇▲ 深绿山龙眼 Helicia nilagirica, 栗柄金粉蕨 Onychium japonicum var. lucidum
lucidone 赤芝酮 乌药 Lindera aggregata, 红果山胡椒 L. erythrocarpa
lucidone A 赤芝酮 A 树舌灵芝 Ganoderma applanatum, 灵芝 G. lucidum, 松杉灵芝 G. tsugae
lucidone B, C 赤芝酮 B, C 灵芝 Ganoderma lucidum
luciduline 光泽石松碱▲ 东北石杉 Huperzia miyoshiana
lucidumol A 赤芝醇 A 灵芝 Ganoderma lucidum
lucidumol B 赤芝醇 B 灵芝 Ganoderma lucidum, 箣柊 Scolopia chinensis
lucidumoside A, B 女贞莫苷▲A, B 女贞 Ligustrum lucidum
lucidumoside C 女贞莫苷▲C 关东巧玲花 Syringa pubescens subsp. patula
lucidusculine 光泽乌头碱 牛扁 Aconitum barbatum var. puberulum, 伏毛铁棒锤 A. flavum
lucihirtin A 硬毛地笋素▲A 硬毛地笋 Lycopus lucidus var. hirtus
luculiaoic acid A 滇丁香酸▲A 滇丁香 Luculia pinceana
lucyin A 丝瓜素 A 丝瓜 Luffa cylindrica
lucyobroside 丝瓜脑苷 丝瓜 Luffa cylindrica
lucyoside A~D, F~R 丝瓜苷 A~D, F~R 丝瓜 Luffa cylindrica
lucyoside E 丝瓜苷 E 辽东楤木 Aralia elata var. glabrescens, 西南忍冬 Lonicera bournei, 丝瓜 Luffa cylindrica
ludaconitine 芦乌碱 大渡乌头 Aconitum franchetii, 贡嘎乌头 A. liljestrandii
ludartin 卡鲁斯蒿素▲ 大籽蒿 Artemisia sieversiana
ludongnin A, C, D, J 卢氏冬凌草素 A, C, D, J 冬凌草 Isodon rubescens
ludongnin B 卢氏冬凌草素 B 线纹香茶菜 Isodon lophanthoides, 冬凌草 I. rubescens
ludongnin E 卢氏冬凌草素 E 东紫苏 Elsholtzia bodinieri, 冬凌草 Isodon rubescens
ludongnin F 卢氏冬凌草素 F 毛萼香茶菜 Isodon eriocalyx, 冬凌草 I. rubescens
ludongnin G 卢氏冬凌草素 G 毛萼香茶菜 Isodon eriocalyx, 冬凌草 I. rubescens
ludongnin H 卢氏冬凌草素 H 毛萼香茶菜 Isodon eriocalyx, 冬凌草 I. rubescens
ludongnin I 卢氏冬凌草素 I 毛萼香茶菜 Isodon eriocalyx, 冬凌草 I. rubescens
ludovicin B 陆得威蒿内酯 B 蒙古蒿 Artemisia mongolica
luffaculin 广东丝瓜林素▲ 广东丝瓜 Luffa acutangula
luffacylin 丝瓜林素▲ 丝瓜 Luffa cylindrica
luffangulin 广东丝瓜素▲ 广东丝瓜 Luffa acutangula
luffin a, b, P_1, S_1, S_2, S_3 丝瓜因▲a, b, P_1, S_1, S_2, S_3 丝瓜 Luffa cylindrica
lugrandoside 黄花大花毛地黄苷▲ 珊瑚苣苔 Corallodiscus lanuginosus
luguine 黄花海罂粟因碱▲ 刻叶紫堇 Corydalis incisa
lumichrome 正二甲基异咯嗪 菊三七 Gynura japonica
β-lumicolchicine β- 光秋水仙碱 山慈菇 Iphigenia indica
lumusidine A~D 大叶糖胶树西定▲A~D 大叶糖胶树 Alstonia macrophylla
lumutinine A~D 大叶糖胶树亭宁▲A~D 大叶糖胶树 Alstonia macrophylla
lunatinin 半月旋孢腔菌宁▲ 红曲 Monascus purpureus
lunatone 棉豆酮▲ 棉豆 Phaseolus lunatus
lungshengenin A~G 龙胜香茶菜素 A~G 龙胜香茶菜 Isodon lungshengensis
lunidonine 月芸香酮碱 臭常山 Orixa japonica, 榆橘 Ptelea trifoliata
lunine 月芸香宁▲ 马鞍树 Maackia hupehensis
lunularic acid 半月苔酸 旱芹 Apium graveolens, 蛇苔 Conocephalum conicum
lunularin 半月苔素 旱芹 Apium graveolens, 蛇苔 Conocephalum conicum, 毛地钱 Dumortiera hirsuta, 水芹 Oenanthe javanica
lunularin-4-O-β-D-glucoside 半月苔素 -4-O-β-D- 葡萄糖苷 洋葱 Allium cepa
luotonine A~F 骆驼蒿宁碱▲A~F 骆驼蒿 Peganum nigellastrum
lup-1,5,20(29)-trien-3-O-β-D-glucopyranoside 羽扇豆 -1,5,20(29)- 三烯 -3-O-β-D- 吡喃葡萄糖苷 苦郎树 Clerodendrum inerme
lup-12,20(29)-diene-3,27-diol 羽扇豆 -12,20(29)- 二烯 -3,27- 二醇 荔枝 Litchi chinensis
lup-12-en-15α,19β-diol-3,11-dioxo-28-oic acid 羽扇豆 -12- 烯 -15α,19β- 二醇 -3,11- 二氧代 -28- 酸 地榆 Sanguisorba officinalis
lup-12-en-3-ol 羽扇豆 -12- 烯 -3- 醇 枳 Poncirus trifoliata
3β-lup-12-en-3-ol-hexadecanoate 3β- 羽扇 -12- 烯 -3- 醇 - 十六酸酯 腰骨藤 Ichnocarpus frutescens
(18β,19β)-lup-12-en-3β-O-acetate (18β,19β)- 羽扇豆 -12- 烯 -3β-O- 乙酸酯 无花果 Ficus carica

lup-12-en-3β-ol acetate 羽扇豆 -12- 烯 -3β- 醇乙酸酯 二色波罗蜜 Artocarpus styracifolius
lup-16β,28-dihydroxy-3β-O-palmitate 羽扇豆 -16β,28- 二羟基 -3β-O- 棕榈酸酯 菊花 Chrysanthemum morifolium
lup-18,20(29)-dien-3β-actate 羽扇豆 -18,20(29)- 二烯 -3β- 乙酸酯 柳叶斑鸠菊 Vernonia saligna
lup-1β,3β,11α-triol 羽扇豆 -1β,3β,11α- 三醇 粘毛鼠尾草 Salvia roborowskii
lup-20(29)-en-1,3-dione 羽扇豆 -20(29)- 烯 -1,3- 二酮 算盘子 Glochidion puberum
lup-20(29)-en-11,3β-diol 羽扇豆 -20(29)- 烯 -11,3β- 二醇 菜头肾 Strobilanthes sarcorrhiza
lup-20(29)-en-1β,3β-diol 羽扇豆 -20(29)- 烯 -1β,3β- 二醇 白桦 Betula platyphylla, 毛果算盘子 Glochidion eriocarpum, 厚叶算盘子 G. hirsutum, 艾胶算盘子 G. lanceolarium, 算盘子 G. puberum, 白背算盘子 G. wrightii, 香港算盘子 G. zeylanicum, 枫杨 Pterocarya stenoptera, 新疆鼠尾草 Salvia deserta, 粘毛鼠尾草 S. roborowskii, 铁刀木 Senna siamea
lup-20(29)-en-1β-ol-3α-yl acetate 羽扇豆 -20(29)- 烯 -1β- 醇 -3α- 乙酸酯 算盘子 Glochidion puberum
lup-20(29)-en-28-oic acid-28-O-β-D-glucopyranosyl-(1 → 6)-β-D-glucopyranosyl ester 羽扇豆 -20(29)- 烯 -28- 酸 -28-O-β-D- 吡喃葡萄糖基 -(1 → 6)-β-D- 吡喃葡萄糖基酯苷 朝鲜白头翁 Pulsatilla cernua
lup-20(29)-en-3,21-dione 羽扇豆 -20(29)- 烯 -3,21- 二酮 白花丹 Plumbago zeylanica
lup-20(29)-en-3-acetate 羽扇豆 -20(29)- 烯 -3- 乙酸酯 泽漆 Euphorbia helioscopia
lup-20(29)-en-3-ol 羽扇豆 -20(29)- 烯 -3- 醇 气球果 Gomphocarpus physocarpus
lup-20(29)-en-3-on-28-ol 羽扇豆 -20(29)- 烯 -3- 酮 -28- 醇 角果木 Ceriops tagal, 五层龙 Salacia prinoides
lup-20(29)-en-3-one 羽扇豆 -20(29)- 烯 -3- 酮 臭椿 Ailanthus altissima, 长波叶山蚂蝗 Desmodium sequax, 鹦哥花 Erythrina arborescens, 鸡冠刺桐 E. crista-galli, 刺桐 E. variegata, 大果大戟 Euphorbia wallichii, 条叶龙胆 Gentiana manshurica, 八月瓜 Holboellia latifolia, 马棘 Indigofera pseudotinctoria, 茸毛木蓝 I. stachyodes, 菜头肾 Strobilanthes sarcorrhiza
lup-20(29)-en-3-palmitate 羽扇豆 -20(29)- 烯 -3- 棕榈酸酯 泽漆 Euphorbia helioscopia
lup-20(29)-en-3α,23-diol 羽扇豆 -20(29)- 烯 -3α,23- 二醇 厚叶算盘子 Glochidion hirsutum, 艾胶算盘子 G. lanceolarium, 圆果算盘子 G. sphaerogynum
lup-20(29)-en-3α-acetoxy-24-oic acid 羽扇豆 -20(29)- 烯 -3α- 乙酰氧基 -24- 酸 乳香树 Boswellia carteri
lup-20(29)-en-3α-ol-1β-yl acetate 羽扇豆 -20(29)- 烯 -3α- 醇 -1β- 乙酸酯 算盘子 Glochidion puberum
lup-20(29)-en-3β,12β-diol diacetate 羽扇豆 -20(29)- 烯 -3β,12β- 二醇二乙酸酯 金盏花 Calendula officinalis
lup-20(29)-en-3β,15α-diol 羽扇豆 -20(29)- 烯 -3β,15α- 二醇 落萼叶下珠 Phyllanthus flexuosus, 五层龙 Salacia prinoides
lup-20(29)-en-3β,16β,28-triol 羽扇豆 -20(29)- 烯 -3β,16β,28- 三醇 金盏花 Calendula officinalis
lup-20(29)-en-3β,23,28-triol 羽扇豆 -20(29)- 烯 -3β,23,28- 三醇 鹅掌柴 Heptapleurum heptaphyllum
lup-20(29)-en-3β,23-diol 羽扇豆 -20(29)- 烯 -3β,23- 二醇 毛果算盘子 Glochidion eriocarpum
lup-20(29)-en-3β,24,28-triol 羽扇豆 -20(29)- 烯 -3β,24,28- 三醇 木瓜 Chaenomeles sinensis
lup-20(29)-en-3β,27-diol 羽扇豆 -20(29)- 烯 -3β,27- 二醇 乌桕 Triadica sebifera
lup-20(29)-en-3β-formate 羽扇豆 -20(29)- 烯 -3β- 甲酸酯 枸骨 Ilex cornuta
lup-20(29)-en-3β-O-(3'-β-hydroxy)-palmitate 羽扇豆 -20(29)- 烯 -3β-O-(3'-β- 羟基)- 棕榈酸酯 尖药木 Acokanthera oppositifolia
lup-20(29)-en-3β-O-acetate 羽扇豆 -20(29)- 烯 -3β-O- 乙酸酯 无花果 Ficus carica
lup-20(29)-en-3β-O-D-glucoside 羽扇豆 -20(29)- 烯 -3β-O-D- 葡萄糖苷 柳叶斑鸠菊 Vernonia saligna
lup-20(29)-en-3β-ol 羽扇豆 -20(29)- 烯 -3β- 醇 黄苞南星 Arisaema flavum, 刺果苏木 Caesalpinia bonduc, 云实 C. decapetala, 向日葵 Helianthus annuus, 窄叶半枫荷 Pterospermum lanceifolium, 柚木 Tectona grandis
lup-20(29)-en-3β-yl acetate 羽扇豆 -20(29)- 烯 -3β- 乙酸酯 黄苞南星 Arisaema flavum, 刺果苏木 Caesalpinia bonduc
lup-20(29)-en-7β-ol 羽扇豆 -20(29)- 烯 -7β- 醇 三叶鼠尾草 Salvia trijuga
lup-20(29)-ene 羽扇豆 -22(29)- 烯 友水龙骨 Polypodiodes amoena
lup-20(29)-ene-1β,2α,3β-triol 羽扇豆 -20(29)- 烯 -1β,2α,3β- 三醇 紫薇 Lagerstroemia indica
lup-20(29)-ene-3,23-diol 羽扇豆 -20(29)- 烯 -3,23- 二醇 火焰花 Phlogacanthus curviflorus
3β-lup-20(29)-ene-3,28-diol 3β- 羽扇豆 -20(29)- 烯 -3,28- 二醇 角果木 Ceriops tagal
lup-20(29)-ene-3,28-diol 羽扇豆 -20(29)- 烯 -3,28- 二醇 甘青青兰 Dracocephalum tanguticum, 海漆 Excoecaria agallocha, 乔松 Pinus wallichiana
lup-20(29)-ene-3,28-diol,28-acetate 羽扇豆 -20(29)- 烯 -3,28- 二醇 -28- 乙酸酯 木蹄层孔菌 Fomes fomentarius
(3β,6β,7β)-lup-20(29)-ene-3,6,7-triol (3β,6β,7β)- 羽扇豆 -20(29)- 烯 -3,6,7- 三醇 马尾树 Rhoiptelea chiliantha
lup-20(29)-ene-3α,27-diol 羽扇豆 -20(29)- 烯 -3α,27- 二醇 西洋梨 Pyrus communis var. sativa
lup-20(29)-ene-3α,28-diol 羽扇豆 -20(29)- 烯 -3α,28- 二醇 西洋梨 Pyrus communis var. sativa
lup-20(29)-ene-3β,11α-diol 羽扇豆 -20(29)- 烯 -3β,11α- 二醇 长冠鼠尾草 Salvia plectranthoides, 粘毛鼠尾草 S. roborowskii
lup-20(29)-ene-3β,16β-diol 羽扇豆 -20(29)- 烯 -3β,16β- 二醇 白背算盘子 Glochidion wrightii, 向日葵 Helianthus annuus, 余甘子 Phyllanthus emblica, 尾叶那藤 Stauntonia obovatifoliola subsp. urophylla
lup-20(29)-ene-3β,24-diol 羽扇豆 -20(29)- 烯 -3β,24- 二醇 大叶冬青 Ilex latifolia, 落萼叶下珠 Phyllanthus flexuosus, 海桑 Sonneratia caseolaris
lup-20(29)-ene-3β,28-diol 羽扇豆 -20(29)- 烯 -3β,28- 二醇 角果木 Ceriops tagal
lup-20(29)-ene-3β,30-diol 羽扇豆 -20(29)- 烯 -3β,30- 二醇 肉花卫矛 Euonymus carnosus, 地锦 Euphorbia humifusa, 白背叶 Mallotus apelta, 枳 Poncirus trifoliata, 栓皮栎 Quercus variabilis, 五层龙 Salacia prinoides, 风龙 Sinomenium acutum, 黄荆 Vitex negundo
lup-20(29)-ene-7β,15α-diol-3β-arachidate 羽扇豆 -20(29)- 烯 -7β,15α- 二醇 -3β- 花生酸酯 北桑寄生 Loranthus tanakae
lup-20(29)-ene-7β,15α-diol-3β-behenate 羽扇豆 -20(29)- 烯 -7β,15α- 二醇 -3β- 山萮酸酯 北桑寄生 Loranthus tanakae

lup-20(29)-ene-7β,15α-diol-3β-lignocerate 羽扇豆 -20(29)- 烯 -7β,15α- 二醇 -3β- 木质素酸酯 北桑寄生 Loranthus tanakae
lup-20(29)-ene-7β,15α-diol-3β-palmitate 羽扇豆 -20(29)- 烯 -7β,15α- 二醇 -3β- 棕榈酸酯 北桑寄生 Loranthus tanakae
lup-20(29)-ene-7β,15α-diol-3β-stearate 羽扇豆 -20(29)- 烯 -7β,15α- 二醇 -3β- 硬脂酸酯 北桑寄生 Loranthus tanakae
lup-20(30)-en-3,29-diol 羽扇豆 -20,30- 烯 -3,29- 二醇 圆叶美登木 Maytenus orbiculata
lup-20(30)-en-3-one 羽扇豆 -20(30)- 烯 -3- 酮 辽东桤木 Alnus hirsuta
lup-20(30)-ene-33,16β,29-triol 羽扇豆 -20(30)- 烯 -33,16β,29- 三醇 白背算盘子 Glochidion wrightii
lup-20(30)-ene-3α,29-diol 羽扇豆 -20(30)- 烯 -3α,29- 二醇 肉花卫矛 Euonymus carnosus
lup-20,29-ene-1β,3β-diol 羽扇豆 -20,29- 烯 -1β,3β- 二醇 白桦 Betula platyphylla
lup-28-hydroxy-3β-*O*-palmitate 羽扇豆 -28- 羟基 -3β-*O*- 棕榈酸酯 蓝玉簪龙胆 Gentiana veitchiorum
lup-3-ol 羽扇豆 -3- 醇 火索藤 Bauhinia aurea
lup-3β,11α,20-triol 羽扇豆 -3β,11α,20- 三醇 节果决明 Cassia javanica
lup-3β,1α-diol 羽扇豆 -3β,1α- 二醇 粘毛鼠尾草 Salvia roborowskii
lupa-12(13),20(29)-diene-3-one 羽扇豆 -12(13),20(29)- 二烯 -3- 酮 黄果茄 Solanum virginianum
lupa-12,20(29)-dien-3β-ol 羽扇豆 -12,20(29)- 二烯 -3β- 醇 疏花蛇菰 Balanophora laxiflora
5,20(29)-lupadien-3β-ol 5,20(29)- 羽扇二烯 -3β- 醇 止泻木 Holarrhena pubescens
lupalbigenin 白羽扇豆苷元▲ 金丝李 Garcinia paucinervis
lupan-3-one 羽扇豆 -3- 酮 火索藤 Bauhinia aurea, 草木犀 Melilotus officinalis, 蒙古栎 Quercus mongolica, 直立百部 Stemona sessilifolia
lupane acetate 羽扇豆烷乙酸酯 翅果藤 Myriopteron extensum
lupane-17-(29-propylol 羽扇豆 -17-(29- 丙醇) 毛唇芋兰 Nervilia fordii
lupane-3β,16β,20,23,28-pentol 羽扇豆 -3β,16β,20,23,28- 五醇 匙羹藤 Gymnema sylvestre
lupane-3β,20-diol 羽扇豆 -3β,20- 二醇 山茶 Camellia japonica
(-)-lupanine (-)- 羽扇豆碱 朝鲜槐 Maackia amurensis, 马鞍树 M. hupehensis
(+)-lupanine (+)- 羽扇豆碱 野决明 Thermopsis lupinoides
d-lupanine *d*- 羽扇豆碱 沙冬青 Ammopiptanthus mongolicus
lupanine 羽扇豆碱 沙冬青 Ammopiptanthus mongolicus, 小沙冬青 A. nanus, 黄花棘豆 Oxytropis ochrocephala, 尼泊尔黄花木 Piptanthus nepalensis, 苦参 Sophora flavescens, 披针叶野决明 Thermopsis lanceolata, 百蕊草 Thesium chinense
(+)-lupanine-*N*-oxide (+)- 羽扇豆碱 -*N*- 氧化物 野决明 Thermopsis lupinoides
lupanol 羽扇豆烷醇 高粱 Sorghum bicolor
lupanol-3-*O*-β-D-glucopyranosyl-(1 → 5)-*O*-β-D-xylofuranoside 羽扇豆烷醇 -3-*O*-β-D- 吡喃葡萄糖基 -(1 → 5)-*O*-β-D- 呋喃木糖苷 鹊肾树 Streblus asper
3-lupanone 3- 羽扇豆酮 檀香 Santalum album
lupedienyl acetate 羽扇豆二烯醇乙酸酯 黄花夹竹桃 Thevetia peruviana
lupene 羽扇豆烯 尼泊尔桤木 Alnus nepalensis
20(29)-lupene-1β,3α-diol 20(29)- 羽扇豆烯 -1β,3α- 二醇 黑面神 Breynia fruticosa
20(29)-lupene-1β,3β-diol 20(29)- 羽扇豆烯 -1β,3β- 二醇 黑面神 Breynia fruticosa, 粉背南蛇藤 Celastrus hypoleucus, 南川卫矛 Euonymus bockii
20(29)-lupene-2α,3α-diol 20(29)- 羽扇豆烯 -2α,3α- 二醇 三叶鼠尾草 Salvia trijuga
20(29)-lupene-2α,3β-diol 20(29)- 羽扇豆烯 -2α,3β- 二醇 三叶鼠尾草 Salvia trijuga
lupene-3β,20-diol 羽扇豆烯 -3β,20- 二醇 少花风毛菊 Saussurea oligantha
20(30)-lupene-3β,29-diol 20(30)- 羽扇豆烯 -3β,29- 二醇 粉背南蛇藤 Celastrus hypoleucus, 南川卫矛 Euonymus bockii
20(29)-lupene-3β-ol 20(29)- 羽扇豆烯 -3β- 醇 黑面神 Breynia fruticosa
lupenone; lupeone 羽扇豆烯酮 印度蛇菰 Balanophora indica, 疏花蛇菰 B. laxiflora, 洋紫荆 Bauhinia variegata, 节果决明 Cassia javanica, 牛耳枫 Daphniphyllum calycinum, 兰屿鱼藤 Derris oblonga, 广东金钱草 Desmodium styracifolium, 疏花卫矛 Euonymus laxiflorus, 菩提树 Ficus religiosa, 唐菖蒲 Gladiolus × gandavensis, 吐烟花 Pellionia repens, 栓皮栎 Quercus variabilis, 酸豆 Tamarindus indica, 青花椒 Zanthoxylum schinifolium
lupenone; lupeone 羽扇豆烯酮 较常见成分，至少分布于 30 种以上植物中，见于白花丹科、百合科、唇形科、大戟科、冬青科、豆科、禾本科、红树科、槲寄生科、桦木科、夹竹桃科、锦葵科、桔梗科、菊科、爵床科、壳斗科、萝藦科、马鞭草科、木麻黄科、木棉科、木通科、瑞香科、山榄科、卫矛科、梧桐科、五味子科、芸香科、紫葳科等
lupenyl acetate; lupeol acetate 羽扇豆醇乙酸酯 较常见成分，至少分布于 30 种以上植物中，见于白花丹科、唇形科、大戟科、冬青科、豆科、葫芦科、槲寄生科、夹竹桃科、桔梗科、菊科、爵床科、萝藦科、马鞭草科、木棉科、茜草科、茄科、忍冬科、瑞香科、桑科、蛇菰科、芸香科、紫金牛科、紫葳科、醉鱼草科等
lupenyl cinnamate 羽扇豆醇桂皮酸酯 火殃勒 Euphorbia antiquorum, 匙羹藤 Gymnema sylvestre
(+)-lupeol (+)- 羽扇豆醇 牛蹄豆 Pithecellobium dulce, 柚木 Tectona grandis
19α*H*-lupeol 19α*H*- 羽扇豆醇 窄头橐吾 Ligularia stenocephala
α-lupeol α- 羽扇豆醇 五桠果 Dillenia indica
$\Delta^{12,13}$-lupeol $\Delta^{12,13}$- 羽扇豆醇 大黄橐吾 Ligularia duciformis
lupeol caffeate 羽扇豆醇咖啡酸酯 岳桦 Betula ermanii, 美丽崖豆藤 Callerya speciosa
lupeol melissate 羽扇豆醇三十酸酯 黄毛豆腐柴 Premna fulva
lupeol nonacosanoate 羽扇豆醇二十九酸酯 黄毛豆腐柴 Premna fulva

lupeol octacosanoate 羽扇豆醇二十八酸酯 砂引草 Messerschmidia sibirica, 黄毛豆腐柴 Premna fulva
3β-lupeol palmitate 3β- 羽扇豆醇棕榈酸酯 酸叶胶藤 Urceola rosea
lupeol palmitate 羽扇豆醇棕榈酸酯 白麻 Apocynum pictum, 罗布麻 A. venetum, 蛇菰 Balanophora fungosa, 印度蛇菰 B. indica, 短梗南蛇藤 Celastrus rosthornianus, 狭苞橐吾 Ligularia intermedia, 黄毛橐吾 L. xanthotricha, 蓝叶藤 Marsdenia tinctoria, 沙生风毛菊 Saussurea arenaria, 雪兔子 S. gossypiphora, 风毛菊 S. japonica, 柳叶斑鸠菊 Vernonia saligna, 扁枝槲寄生 Viscum articulatum, 瘤果槲寄生 V. ovalifolium
lupeol stearate 羽扇豆醇硬脂酸酯 肉果草 Lancea tibetica, 洋蒲桃 Syzygium samarangense, 扁枝槲寄生 Viscum articulatum, 瘤果槲寄生 V. ovalifolium
lupeol; lupenol 羽扇豆醇 常见成分，至少分布于 100 种以上植物中
lupeol-3,5-dihydroxyeicosanoate 羽扇豆醇 -3,5- 二羟基花生酸酯 宽叶秦岭藤 Biondia hemsleyana
lupeol-3-acetate 羽扇豆醇 -3- 乙酸酯 人心果 Manilkara zapota, 友水龙骨 Polypodiodes amoena
lupeol-3-formate 羽扇豆醇 -3- 甲酸酯 小叶黄杨 Buxus sinica var. parvifolia
lupeol-3-hydroxyarachidate 羽扇豆醇 -3- 羟基花生酸酯 罗布麻 Apocynum venetum
lupeol-3-palmitate 羽扇豆醇 -3- 棕榈酸酯 灰毛大青 Clerodendrum canescens, 接骨木 Sambucus williamsii
lupeol-9(11)-en-3β-acetate 羽扇豆醇 -9(11)- 烯 -3β- 乙酸酯 绿茎还阳参 Crepis lignea
lupeol-β-hydroxyhexadecanoate 羽扇豆醇 -β- 羟基软脂酸酯 止泻木 Holarrhena pubescens
lupeol-β-hydroxyoctadecanoate 羽扇豆醇 -β- 羟基十八酸酯 宽叶秦岭藤 Biondia hemsleyana
lupeose 羽扇豆糖 豌豆 Pisum sativum
lupinalbin A 白羽扇豆素▲A 大叶千斤拔 Flemingia macrophylla, 千斤拔 F. philippinensis, 黄菖蒲 Iris pseudacorus, 红血藤 Spatholobus sinensis
lupinidine 羽扇豆定 小花棘豆 Oxytropis glabra, 黄花棘豆 O. ochrocephala
lupinifolin 羽扇豆叶灰毛豆素▲ 黎檬 Citrus limonia, 佛手 C. medica var. sarcodactylis, 疏花鱼藤 Derris laxiflora, 鱼藤 D. trifoliata, 鸡头薯 Eriosema chinense, 台湾山豆根 Euchresta formosana, 千斤拔 Flemingia philippinensis, 越南槐 Sophora tonkinensis
(S)-lupinifolin-4'-methyl ether (S)- 羽扇豆叶灰毛豆素▲-4'- 甲醚 鱼藤 Derris trifoliata
lupinifolol; lupinifolinol 羽扇豆叶灰毛豆醇▲ 鸡头薯 Eriosema chinense, 厚果崖豆藤 Millettia pachycarpa
(+)-lupinine (+)- 羽扇豆宁 霍州油菜 Thermopsis chinensis
lupinine 羽扇豆宁 无叶假木贼 Anabasis aphylla, 紫花野决明 Thermopsis barbata
lupinisoflavone-5-O-α-L-rhamnopyranosyl-(1 → 4)-O-α-L-rhamnopyranoside 羽扇豆异黄酮 -5-O-α-L- 吡喃鼠李糖基 -(1 → 4)-O-α-L- 吡喃鼠李糖苷 印度田菁 Sesbania sesban
lupinoside PA_4 羽扇豆苷 PA_4 广东金钱草 Desmodium styracifolium
lupiwighteone 羽扇豆怀特酮▲ 沙冬青 Ammopiptanthus mongolicus, 柘树 Cudrania tricuspidata, 刺桐 Erythrina variegata, 地果 Ficus tikoua, 洋甘草 Glycyrrhiza glabra, 甘草 G. uralensis
lupulin A 白苞筋骨草素▲A 九味一枝蒿 Ajuga bracteosa, 白苞筋骨草 A. lupulina
lupulin B, C, E, F 白苞筋骨草素▲B, C, E, F 白苞筋骨草 Ajuga lupulina
lupulinoside 花叶假杜鹃苷▲ 花叶假杜鹃 Barleria lupulina, 黄花假杜鹃 B. prionitis
lupulone 蛇麻酮 啤酒花 Humulus lupulus
lupulone A~F 蛇麻酮 A~F 啤酒花 Humulus lupulus
lushanrubescensin A, B, D, E, G, H, I 鲁山冬凌草素 A, B, D, E, G, H, I 冬凌草 Isodon rubescens
lushanrubescensin C 鲁山冬凌草素 C 龙胜香茶菜 Isodon lungshengensis, 冬凌草 I. rubescens
lushanrubescensin F 鲁山冬凌草素 F 拟缺香茶菜 Isodon excisoides, 毛叶香茶菜 I. japonicus, 歧伞香茶菜 I. macrophyllus, 小叶香茶菜 I. parvifolius, 冬凌草 I. rubescens
lushanrubescensin J 鲁山冬凌草素 J 毛叶香茶菜 Isodon japonicus, 歧伞香茶菜 I. macrophyllus, 冬凌草 I. rubescens, 黄花香茶菜 I. sculponeatus
lusianthridin 卢斯兰菲素▲ 竹叶兰 Arundina graminifolia, 兜唇石斛 Dendrobium aphyllum, 石斛 D. nobile, 流苏金石斛 Flickingeria fimbriata, 石仙桃 Pholidota chinensis, 云南石仙桃 P. yunnanensis, 独蒜兰 Pleione bulbocodioides, 笋兰 Thunia alba
(-)-lusitanine (-)- 金纹染料木碱 朝鲜槐 Maackia amurensis, 马鞍树 M. hupehensis, 光叶马鞍树 M. tenuifolia
(13Z)-lutein (13Z)- 叶黄素 白屈菜 Chelidonium majus
(13'Z)-lutein (13'Z)- 叶黄素 白屈菜 Chelidonium majus
(3R,3'R,6'R)-lutein (3R,3'R,6'R)- 叶黄素 红桑 Acalypha wilkesiana, 雨生红球藻 Haematococcus pluvialis
(9Z)-lutein (9Z)- 叶黄素 白屈菜 Chelidonium majus
(9'Z)-lutein (9'Z)- 叶黄素 白屈菜 Chelidonium majus
trans-lutein 反式 - 叶黄素 枸杞 Lycium chinense, 三色堇 Viola tricolor
all-trans-lutein 全反式 - 叶黄素 辣椒 Capsicum annuum, 南丰蜜橘 Citrus reticulata 'Kinokuni', 温州蜜柑 C. reticulata 'Unshiu'
cis-lutein 顺式 - 叶黄素 蕹菜 Ipomoea aquatica
lutein 叶黄素 植物基础成分，未统计基源
lutein dimyristate 叶黄素二肉豆蔻酸酯 孔雀草 Tagetes patula
(9'Z)-lutein epoxide (9'Z)- 叶黄素环氧化物 白屈菜 Chelidonium majus
all-trans-lutein epoxide 全反式 - 叶黄素环氧化物 南丰蜜橘 Citrus reticulata 'Kinokuni'
lutein epoxide 叶黄素环氧化物 啤酒花菟丝子 Cuscuta lupuliformis, 泥炭藓 Sphagnum palustre, 粗叶泥炭藓 S. squarrosum, 紫萍 Spirodela

polyrrhiza, 三色堇 Viola tricolor
lutein monomyristate 叶黄素单肉豆蔻酸酯 孔雀草 Tagetes patula
lutein myristate-palmitate 叶黄素肉豆蔻酸酯 - 棕榈酸酯 孔雀草 Tagetes patula
lutein palmitate 叶黄素棕榈酸酯 孔雀草 Tagetes patula
lutein palmitate-stearate 叶黄素棕榈酸酯 - 硬脂酸酯 孔雀草 Tagetes patula
lutein stearate 叶黄素硬脂酸酯 孔雀草 Tagetes patula
(13*Z*)-lutein-5,6-epoxide (13*Z*)- 叶黄素 -5,6- 环氧化物 白屈菜 Chelidonium majus
(13'*Z*)-lutein-5,6-epoxide (13'*Z*)- 叶黄素 -5,6- 环氧化物 白屈菜 Chelidonium majus
lutein-5,6-epoxide 叶黄素 -5,6- 环氧化物 白屈菜 Chelidonium majus, 长管萱草 Hemerocallis fulva var. angustifolia, 野苜蓿 Medicago falcata, 羊踯躅 Rhododendron molle
luteoayamenin 木犀鸢尾宁▲ 小叶三点金 Codariocalyx microphyllus
luteoforol 木犀草黄醇▲ 宜昌荚蒾 Viburnum erosum
luteolin 木犀草素 常见成分，至少分布于 100 种以上植物中
luteolin 3'-*O*-*β*-D-glucuronide-6''-methyl ester 木犀草素 -3'-*O*-*β*-D- 葡萄糖醛酸苷 -6''- 甲酯 野拔子 Elsholtzia rugulosa
luteolin dihexosylsulfate 木犀草素二己糖基硫酸酯 海枣 Phoenix dactylifera
luteolin galactoside 木犀草素半乳糖苷 小叶忍冬 Lonicera microphylla
luteolin glucoside 木犀草素葡萄糖苷 新疆柴胡 Bupleurum exaltatum, 半边旗 Pteris semipinnata
luteolin glycoside 木犀草素糖苷 母菊 Matricaria recutita, 高山蓝盆花 Scabiosa alpestris
luteolin hexosylsulfate 木犀草素 - 己糖基硫酸酯 海枣 Phoenix dactylifera
luteolin rhamnosylhexoside 木犀草素鼠李糖基己糖苷 海枣 Phoenix dactylifera
luteolin-3',4',7-trimethyl ether 木犀草素 -3',4',7- 三甲醚 藤紫珠 Callicarpa integerrima var. chinensis, 芫花 Daphne genkwa
luteolin-3',4'-dimethyl ether 木犀草素 -3',4'- 二甲醚 独脚金 Striga asiatica
luteolin-3',4'-dimethyl ether-7-*O*-*β*-D-glucopyranoside 木犀草素 -3',4'- 二甲基醚 -7-*O*-*β*-D- 吡喃葡萄糖苷 莲 Nelumbo nucifera
luteolin-3',4'-dimethyl ether-7-*O*-*β*-D-methyl glucuronide 木犀草素 -3',4'- 二甲醚 -7-*O*-*β*-D- 葡萄糖醛酸甲酯苷 狭叶白鲜 Dictamnus angustifolius
luteolin-3',7-dimethyl ether-5-*O*-*β*-D-glucopyranoside 木犀草素 -3',7- 二甲醚 -5-*O*-*β*-D- 吡喃葡萄糖苷 黄瑞香 Daphne giraldii
luteolin-3'-galactoside 木犀草素 -3'- 半乳糖苷 四方蒿 Elsholtzia blanda
luteolin-3'-glucoside 木犀草素 -3'- 葡萄糖苷 四方蒿 Elsholtzia blanda, 银杏 Ginkgo biloba
luteolin-3'-glucuronyl acid methyl ester 木犀草素 -3'- 葡萄糖醛酸甲酯 野拔子 Elsholtzia rugulosa
luteolin-3'-methoxy-4'-*O*-*β*-D-glucopyranoside 木犀草素 -3'- 甲氧基 -4'-*O*-*β*- 吡喃葡萄糖苷 木瓜 Chaenomeles sinensis
luteolin-3'-methyl ether 木犀草素 -3'- 甲醚 狭叶白鲜 Dictamnus angustifolius
luteolin-3'-methyl ether-7-*O*-*β*-D-glucopyranside 木犀草素 -3'- 甲醚 -7-*O*-*β*-D- 吡喃葡萄糖醛酸苷 旱柳 Salix matsudana
luteolin-3'-*O*-(3''-*O*-acetyl)-*β*-D-glucuronide 木犀草素 -3'-*O*-(3''-*O*- 乙酰基)-*β*-D- 葡萄糖醛酸苷 迷迭香 Rosmarinus officinalis
luteolin-3'-*O*-(6''-*E*-caffeoyl)-*β*-D-glucopyranoside 木犀草素 -3'-*O*-(6''- 反式 - 咖啡酰基)-*β*-D- 吡喃葡萄糖苷 裸花紫珠 Callicarpa nudiflora
luteolin-3'-*O*-D-glucopyranoside 木犀草素 -3'-*O*-D- 吡喃葡萄糖苷 牧地山黧豆 Lathyrus pratensis
luteolin-3'-*O*-glucoside 木犀草素 -3'-*O*- 葡萄糖苷 菹草 Potamogeton crispus, 篦齿眼子菜 P. pectinatus, 穿叶眼子菜 P. perfoliatus
luteolin-3'-*O*-glucuronide 木犀草素 -3'-*O*- 葡萄糖醛酸苷 蛇苔 Conocephalum conicum
luteolin-3'-*O*-*β*-D-glucopyranoside 木犀草素 -3'-*O*-*β*-D- 吡喃葡萄糖苷 旱芹 Apium graveolens, 尖萼耧斗菜 Aquilegia oxysepala, 裸花紫珠 Callicarpa nudiflora, 川黔千金榆 Carpinus fangiana, 南酸枣 Choerospondias axillaris, 多节青兰 Dracocephalum nodulosum, 小连翘 Hypericum erectum, 散沫花 Lawsonia inermis, 荨麻叶龙头草 Meehania urticifolia, 天山棱子芹 Pleurospermum lindleyanum, 愉悦蓼 Polygonum jucundum
luteolin-3'-*O*-*β*-D-glucuronide 木犀草素 -3'-*O*-*β*-D- 葡萄糖醛酸苷 野拔子 Elsholtzia rugulosa, 迷迭香 Rosmarinus officinalis, 撒尔维亚 Salvia officinalis, 黄荆 Vitex negundo, 蔓荆 V. trifolia
luteolin-3'-*O*-*β*-glucuronide 木犀草素 -3'-*O*-*β*- 葡萄糖醛酸苷 香蜂花 Melissa officinalis
luteolin-3'-xylopyranoside 木犀草素 -3'- 吡喃木糖苷 含羞草 Mimosa pudica
luteolin-4',7-diglucoside 木犀草素 -4',7- 二葡萄糖苷 蝶须 Antennaria dioica
luteolin-4',7-dimethyl ether 木犀草素 -4',7- 二甲醚 蒌蒿 Artemisia selengensis
luteolin-4'-glucopyranoside 木犀草素 -4'- 吡喃葡萄糖苷 木棉 Bombax ceiba
luteolin-4'-glucoside 木樨草素 -4'- 葡萄糖苷 银杏 Ginkgo biloba
luteolin-4'-methyl ether 木犀草素 -4'- 甲醚 藤紫珠 Callicarpa integerrima var. chinensis, 窄叶蓝盆花 Scabiosa comosa
luteolin-4'-methyl ether-3'-glucopyranoside 木犀草素 -4'- 甲醚 -3'- 吡喃葡萄糖苷 波叶青牛胆 Tinospora crispa
luteolin-4'-*O*-(6''-*E*-caffeoyl)-*β*-D-glucopyranoside 木犀草素 -4'-*O*-(6''- 反式 - 咖啡酰基)-*β*-D- 吡喃葡萄糖苷 裸花紫珠 Callicarpa nudiflora
luteolin-4'-*O*-D-glucopyranoside 木犀草素 -4'-*O*-D- 吡喃葡萄糖苷 牧地山黧豆 Lathyrus pratensis, 辽东水蜡树 Ligustrum obtusifolium subsp. suave
luteolin-4'-*O*-glucopyranoside 木犀草素 -4'-*O*- 吡喃葡萄糖苷 臭椿 Ailanthus altissima, 紫珠 Callicarpa bodinieri, 扁豆 Lablab purpureus
luteolin-4'-*O*-glucoside 木犀草素 -4'-*O*- 葡萄糖苷 垂柳 Salix babylonica
luteolin-4'-*O*-neohesperiodoside 木犀草素 -4'-*O*- 新橙皮苷 余甘子 Phyllanthus emblica
luteolin-4'-*O*-rutinoside 木犀草素 -4'-*O*- 芸香糖苷 壶托榕 Ficus ischnopoda
luteolin-4'-*O*-*α*-L-rhamnopyranosyl-(1 → 6)-*β*-D-glucopyranosyl-(1 → 3)-*β*-D-glucopyranoside 木犀草素 -4'-*O*-*α*-L- 吡喃鼠李糖基 -(1 → 6)-*β*-

D- 吡喃葡萄糖基 -(1 → 3)-β-D- 吡喃葡萄糖苷 壶托榕 Ficus ischnopoda

luteolin-4'-O-β-D-(4-O-β-D-glucopyranosyl)-glucopyranoside 木犀草素 -4'-O-β-D-(4-O-β-D- 吡喃葡萄糖基)- 吡喃葡萄糖苷 万寿竹 Disporum cantoniense

luteolin-4-O-β-D-6''-acetylglucopyranoside 木犀草素 -4-O-β-D-6''- 乙酰吡喃葡萄糖苷 蜀葵 Alcea rosea

luteolin-4'-O-β-D-galactopyranoside 木犀草素 -4'-O-β-D- 吡喃半乳糖苷 云南石梓 Gmelina arborea

luteolin-4'-O-β-D-glucopyranoside 木犀草素 -4'-O-β-D- 吡喃葡萄糖苷 蓍 Achillea millefolium, 光枝勾儿茶 Berchemia polyphylla var. leioclada, 雀麦 Bromus japonicus, 裸花紫珠 Callicarpa nudiflora, 兰香草 Caryopteris incana, 木瓜 Chaenomeles sinensis, 小连翘 Hypericum erectum, 鸡眼草 Kummerowia striata, 牧地山黧豆 Lathyrus pratensis, 散沫花 Lawsonia inermis, 火绒草 Leontopodium leontopodioides, 地笋 Lycopus lucidus, 狭叶落地梅 Lysimachia paridiformis var. stenophylla, 荨麻叶龙头草 Meehania urticifolia, 斑唇马先蒿 Pedicularis longiflora var. tubiformis, 酸浆 Physalis alkekengi, 挂金灯 P. alkekengi var. francheti, 络石 Trachelospermum jasminoides, 地桃花 Urena lobata

luteolin-4'-O-β-D-glucoside 木犀草素 -4'-O-β-D- 葡萄糖苷 蒌蒿 Artemisia selengensis, 沙生蜡菊 Helichrysum arenarium

luteolin-4'-O-β-D-glucuronopyranoside 木犀草素 -4'-O-β-D- 吡喃葡萄糖醛酸苷 香附子 Cyperus rotundus

luteolin-4'-O-β-D-rutinoside 木犀草素 -4'-O-β-D- 芸香糖苷 络石 Trachelospermum jasminoides

luteolin-4'-O-β-glucoside 木犀草素 -4'-O-β- 葡萄糖苷 鼠麹草 Gnaphalium affine

luteolin-5,3'-dimethyl ether 木犀草素 -5,3'- 二甲醚 蒙古鸦葱 Scorzonera mongolica

luteolin-5-glucoside 木犀草素 -5- 葡萄糖苷 鬼吹箫 Leycesteria formosa, 帚状鸦葱 Scorzonera pseudodivaricata

luteolin-5-O-glucoside 木犀草素 -5-O- 葡萄糖苷 鼠李 Rhamnus davurica, 鼠麴雪兔子 Saussurea gnaphalodes

luteolin-5-O-α-L-rhamnopyranosyl-(1→3)-[β-D-glucuronopyranosyl-(1→6)]-β-D-glucopyranoside 木犀草素 -5-O-α-L- 吡喃鼠李糖基 -(1→3)-[β-D- 吡喃葡萄糖基 -(1 → 6)]-β-D- 吡喃葡萄糖苷 毛蕊花 Verbascum thapsum

luteolin-5-O-α-rhamnopyranosyl-(1 → 2)-β-glucopyranoside 木犀草素 -5-O-α- 吡喃鼠李糖基 -(1 → 2)-β- 吡喃葡萄糖苷 竹节树 Carallia brachiata

luteolin-5-O-β-D-glucopyranoside 木犀草素 -5-O-β-D- 吡喃葡萄糖苷 羊乳 Codonopsis lanceolata, 芫花 Daphne genkwa, 白花枝子花 Dracocephalum heterophyllum, 四方蒿 Elsholtzia blanda, 毛穗香薷 E. eriostachya, 问荆 Equisetum arvense, 甘肃大戟 Euphorbia kansuensis, 钩腺大戟 E. sieboldiana, 高山大戟 E. stracheyi, 圣罗勒 Ocimum sanctum, 斑唇马先蒿 Pedicularis longiflora var. tubiformis, 回回苏 Perilla frutescens var. crispa, 萹蓄 Polygonum aviculare, 沙柳 Salix cheilophila

luteolin-5-O-β-glucopyranoside 木犀草素 -5-O-β- 吡喃葡萄糖苷 橙花瑞香 Daphne aurantiaca

Luteolin-5-O-β-L-galactopyranoside 木犀草素 -5-O-β-L- 吡喃半乳糖苷 垂花青兰 Dracocephalum nutans

luteolin-5-β-D-glucopyranoside 木犀草素 -5-β-D- 吡喃葡萄糖苷 金丝桃叶绣线菊 Spiraea hypericifolia

luteolin-6,8-C-diglucoside 木犀草素 -6,8-C- 二葡萄糖苷 菖蒲 Acorus calamus

luteolin-6-C-(2''-O-trans-caffeoyl)-β-D-glucopyranoside 木犀草素 -6-C-(2''-O- 反式 - 咖啡酰基)-β-D- 吡喃葡萄糖苷 牡荆 Vitex negundo var. cannabifolia

luteolin-6-C-(2''-O-trans-caffeoylglucopyranoside) 木犀草素 -6-C-(2''-O- 反式 - 咖啡酰吡喃葡萄糖苷) 穗花牡荆 Vitex agnus-castus

luteolin-6-C-(2''-O-α-D-mannosyl-β-D-glucoside) 木犀草素 -6-C-(2''-O-α-D- 甘露糖基 -β-D- 葡萄糖苷) 早熟禾 Poa annua

luteolin-6-C-(4''-methyl-6''-O-trans-caffeoylglucopyranoside) 木犀草素 -6-C-(4''- 甲基 -6''-O- 反式 - 咖啡酰吡喃葡萄糖苷) 穗花牡荆 Vitex agnus-castus

luteolin-6-C-(6''-O-trans-caffeoyl)-β-D-glucopyranoside 木犀草素 -6-C-(6''-O- 反式 - 咖啡酰基)-β-D- 吡喃葡萄糖苷 牡荆 Vitex negundo var. cannabifolia

luteolin-6-C-(6''-O-trans-caffeoylglucopyranoside) 木犀草素 -6-C-(6''-O- 反式 - 咖啡酰吡喃葡萄糖苷) 穗花牡荆 Vitex agnus-castus

luteolin-6-C-(6''-O-trans-caffeoylglucoside) 木犀草素 -6-C-(6''-O- 反式 - 咖啡酰葡萄糖苷) 紫竹 Phyllostachys nigra

luteolin-6-C-chinovoside 木犀草素 -6-C- 奎诺糖 鸡蛋果 Passiflora edulis

luteolin-6-C-fucoside 木犀草素 -6-C- 岩藻糖 鸡蛋果 Passiflora edulis

luteolin-6-C-glucoside 木犀草素 -6-C- 葡萄糖苷 橘红 Citrus maxima 'Tomentosa', 西北栒子 Cotoneaster zabelii, 介蕨 Dryoathyrium boryanum, 尼泊尔蓼 Polygonum nepalense

luteolin-6-C-β-boivinopyranoside 木犀草素 -6-C-β- 吡喃波依文糖苷 假俭草 Eremochloa ophiuroides, 金丝草 Pogonatherum crinitum

luteolin-6-C-β-D-digitoxoside 木犀草素 -6-C-β-D- 洋地黄毒糖苷 蟛蜞菊 Wedelia chinensis

luteolin-6-C-β-D-glucopyranoside 木犀草素 -6-C-β-D- 吡喃葡萄糖苷 毛相思子 Abrus mollis, 白术 Atractylodes macrocephala, 构树 Broussonetia papyrifera, 鸭跖草 Commelina communis, 瞿麦 Dianthus superbus, 榕树 Ficus microcarpa, 繁缕 Stellaria media

luteolin-6-C-β-D-glucopyranoside-8-C-α-L-arabinopyranoside 木犀草素 -6-C-β-D- 吡喃葡萄糖苷 -8-C-α-L- 吡喃阿拉伯糖苷 辣椒 Capsicum annuum

luteolin-6-C-β-fucopyranoside 木犀草素 -6-C-β- 吡喃岩藻糖苷 金丝草 Pogonatherum crinitum

luteolin-6-C-β-glucopyranoside 木犀草素 -6-C-β- 吡喃葡萄糖苷 金丝草 Pogonatherum crinitum

luteolin-6'-β-D-glucopyranoside 木犀草素 -6'-β-D- 吡喃葡萄糖苷 垂花青兰 Dracocephalum nutans

luteolin-7,3',4'-trimethyl ether 木犀草素 -7,3',4'- 三甲醚 独脚金 Striga asiatica

luteolin-7,3'-dimethyl ether 木犀草素 -7,3'- 二甲醚 艾纳香 Blumea balsamifera, 狭叶白鲜 Dictamnus angustifolius

luteolin-7,3'-di-O-β-D-glucopyranoside 木犀草素 -7,3'- 二 -O-β-D- 吡喃葡萄糖苷 孜然芹 Cuminum cyminum, 酸浆 Physalis alkekengi, 挂金灯 P. alkekengi var. francheti

luteolin-7,4'-dimethyl ether 木犀草素 -7,4'- 二甲醚 藤紫珠 Callicarpa integerrima var. chinensis, 橙花瑞香 Daphne aurantiaca, 金荞麦 Fagopyrum dibotrys luteolin-7,4'-di-*O*-glucopyranoside 木犀草素 -7,4'- 二 -*O*- 吡喃葡萄糖苷 裸花紫珠 Callicarpa nudiflora

luteolin-7,4'-di-*O*-*β*-D-glucopyranoside 木犀草素 -7,4'- 二 -*O*-*β*-D- 吡喃葡萄糖苷 孜然芹 Cuminum cyminum, 挂金灯 Physalis alkekengi var. francheti

luteolin-7,4'-*O*-*β*-diglucoside 木犀草素 -7,4'-*O*-*β*- 二吡喃葡萄糖苷 广东丝瓜 Luffa acutangula

luteolin-7-[*O*-2-(*β*-D-apiofuranosyl)-*β*-D-glucopyranoside 木犀草素 -7-*O*-[2-(*β*-D- 呋喃芹糖基)-*β*-D- 吡喃葡萄糖苷] 辣椒 Capsicum annuum

luteolin-7-diglucoside 木犀草素 -7- 二葡萄糖苷 节毛飞廉 Carduus acanthoides

luteolin-7-diglucuronide 木犀草素 -7- 二葡萄糖醛酸苷 马鞭草 Verbena officinalis

luteolin-7-di-*O*-*β*-D-glucopyranoside 木犀草素 -7- 二 -*O*-*β*-D- 吡喃葡萄糖苷 孜然芹 Cuminum cyminum

luteolin-7-ethylether 木犀草素 -7- 乙醚 长鞭红景天 Rhodiola fastigiata

luteolin-7-galactoside 木犀草素 -7- 半乳糖苷 新疆党参 Codonopsis clematidea, 四方蒿 Elsholtzia blanda

luteolin-7-gentiobioside 木犀草素 -7- 龙胆二糖苷 菜蓟 Cynara scolymus

luteolin-7-glucopyranoside 木犀草素 -7- 吡喃葡萄糖苷 含羞草决明 Chamaecrista mimosoides, 多疣猪屎豆 Crotalaria verrucosa, 山皂荚 Gleditsia japonica, 虎杖 Reynoutria japonica, 豆茶决明 Senna nomame

luteolin-7-glucoside 木犀草素 -7- 葡萄糖苷 荩草 Arthraxon hispidus, 匿芒荩草 A. hispidus var. cryptatherus, 四方蒿 Elsholtzia blanda, 鹿角草 Glossocardia bidens, 金银忍冬 Lonicera maackii, 紫苜蓿 Medicago sativa, 薄荷 Mentha canadensis, 兴安薄荷 M. dahurica, 毛金竹 Phyllostachys nigra var. henonis, 豆梨 Pyrus calleryana, 帚状鸦葱 Scorzonera pseudodivaricata, 垂盆草 Sedum sarmentosum, 大花山牵牛 Thunbergia grandiflora, 大叶藻 Zostera marina

luteolin-7-glucuronide 木犀草素 -7- 葡萄糖醛酸苷 假马齿苋 Bacopa monnieri, 秋英 Cosmos bipinnatus, 花叶滇苦菜 Sonchus asper, 假马鞭 Stachytarpheta jamaicensis, 菊蒿 Tanacetum vulgare

luteolin-7-glucuronide ethyl ester 木犀草素 -7- 葡萄糖醛酸苷乙酯 欧地笋 Lycopus europaeus

luteolin-7-glucuronide methyl ester 木犀草素 -7- 葡萄糖醛酸苷甲酯 欧地笋 Lycopus europaeus

luteolin-7-glycoside 木犀草素 -7- 糖苷 大薸 Pistia stratiotes

luteolin-7-methoxy-3'-*O*-(3''-*O*-acetyl)-*β*-D-glucopyranuronic acid-6''-methyl ester 木犀草素 -7- 甲氧基 -3'-*O*-(3''-*O*- 乙酰基)-*β*-D- 吡喃葡萄糖醛酸 -6''- 甲酯 甘青青兰 Dracocephalum tanguticum

luteolin-7-methyl ether 木犀草素 -7- 甲醚 海榄雌 Avicennia marina, 感应草 Biophytum sensitivum, 艾纳香 Blumea balsamifera, 芫花 Daphne genkwa, 西南卫矛 Euonymus hamiltonianus, 蓝萼毛叶香茶菜 Isodon japonicus var. glaucocalyx, 白花细叶益母草 Leonurus sibiricus f. albiflorus, 鼠麹雪兔子 Saussurea gnaphalodes

luteolin-7-methyl ether-5-*O*-*β*-D-glucopyranoside 木犀草素 -7- 甲醚 -5-*O*-*β*-D- 吡喃葡萄糖苷 橙花瑞香 Daphne aurantiaca, 滇瑞香 D. feddei, 芫花 D. genkwa, 黄瑞香 D. giraldii

luteolin-7-methyl ether-3'-*O*-glucoside 木犀草素 -7- 甲醚 -3'-*O*- 葡萄糖苷 鸭跖草 Commelina communis

luteolin-7-methyl ether-3'-*O*-*β*-D-galactopyranoside 木犀草素 -7- 甲醚 -3'-*O*-*β*-D- 吡喃半乳糖苷 海榄雌 Avicennia marina

luteolin-7-methy lether-3'-*O*-*β*-D-glucopyranoside 木犀草素 -7- 甲醚 -3'-*O*-*β*-D- 吡喃葡萄糖苷 海榄雌 Avicennia marina, 芫花 Daphne genkwa

luteolin-7-monoglucoside 木犀草素 -7- 单葡萄糖苷 大翅蓟 Onopordum acanthium

luteolin-7-*O*-(2''-*O*-*p*-coumaroyl)-*β*-D-glycopyranoside 木犀草素 -7-*O*-(2''-*O*- 对香豆酰基)-*β*-D- 吡喃葡萄糖苷 黄花假杜鹃 Barleria prionitis

luteolin-7-*O*-(2-*β*-D-apiofuranosyl-4-*β*-D-glucopyranosyl-6-malonyl)-*β*-D-glucopyranoside 木犀草素 -7-*O*-(2-*β*-D- 呋喃芹糖基 -4-*β*-D- 吡喃葡萄糖基 -6- 丙二酰基)-*β*-D- 吡喃葡萄糖苷 辣椒 Capsicum annuum

luteolin-7-*O*-(4'',6''-di-*O*-*α*-L-rhamnopyranosyl)-*β*-D-glucopyranoside 木犀草素 -7-*O*-(4'',6''- 二 -*O*-*α*-L- 吡喃鼠李糖基)-*β*-D- 吡喃葡萄糖苷 一串红 Salvia splendens

luteolin-7-*O*-(6''-*p*-coumaroyl)-*β*-D-glucopyranoside 木犀草素 -7-*O*-(6''- 对香豆酰基)-*β*-D- 吡喃葡萄糖苷 地稔 Melastoma dodecandrum

luteolin-7-*O*-(6''-feruloyl)-*β*-D-glucopyranoside 木犀草素 -7-*O*-(6''- 阿魏酰基)-*β*-D- 吡喃葡萄糖苷 东紫苏 Elsholtzia bodinieri

luteolin-7-*O*-(6''-*O*-acetyl)-*β*-D-glucopyranoside 木犀草素 -7-*O*-(6''-*O*- 乙酰基)-*β*-D- 吡喃葡萄糖苷 红花 Carthamus tinctorius, 菊花 Chrysanthemum morifolium

luteolin-7-*O*-(6''-*O*-acetyl)-*β*-D-glucoside 木犀草素 -7-*O*-(6''-*O*- 乙酰基)-*β*-D- 葡萄糖苷 桔梗 Platycodon grandiflorus

luteolin-7-*O*-(6-*O*-caffeoyl)-*β*-D-glucopyranoside 木犀草素 -7-*O*-(6-*O*- 咖啡酰基)-*β*-D- 吡喃葡萄糖苷 荨麻叶龙头草 Meehania urticifolia

luteolin-7-*O*-(6''-*O*-coumaroyl)-*β*-D-glucopyranoside 木犀草素 -7-*O*-(6''-*O*- 香豆酰基)-*β*-D- 吡喃葡萄糖苷 地锦 Euphorbia humifusa

luteolin-7-*O*-(6''-*O*-*E*-caffeoyl)-*β*-D-glucopyranoside 木犀草素 -7-*O*-(6''-*O*-*E*- 咖啡酰基)-*β*-D- 吡喃葡萄糖苷 硬骨凌霄 Tecomaria capensis

luteolin-7-*O*-(6''-*O*-*E*-*p*-coumaroyl)-*β*-D-glucopyranoside 木犀草素 -7-*O*-(6''-*O*-*E*- 对香豆酰基)-*β*-D- 吡喃葡萄糖苷 硬骨凌霄 Tecomaria capensis

luteolin-7-*O*-(6-*O*-methyl-*β*-D-glucuronopyranoside) 木犀草素 -7-*O*-(6-*O*- 甲基 -*β*-D- 吡喃葡萄糖醛酸苷) 广藿香 Pogostemon cablin

luteolin-7-*O*-(6''-*O*-*p*-hydroxybenzoyl)-*β*-D-glucopyranoside 木犀草素 -7-*O*-(6''-*O*- 对羟基苯甲酰基)-*β*-D- 吡喃葡萄糖苷 牡荆 Vitex negundo var. cannabifolia

luteolin-7-*O*-(6''-*O*-*trans*-feruloyl)-*β*-D-glucopyranoside 木犀草素 -7-*O*-(6''-*O*- 反式阿魏酰基)-*β*-D- 吡喃葡萄糖苷 地锦 Euphorbia humifusa

luteolin-7-*O*-(6''-*p*-benzoylglucopyranoside) 木犀草素 -7-*O*-(6''- 对苯甲酰吡喃葡萄糖苷) 穗花牡荆 Vitex agnus-castus

luteolin-7-*O*-(6''-*p*-coumaryl)-*β*-D-glucopyranoside 木犀草素 -7-*O*-(6''- 对香豆酰基)-*β*-D- 吡喃葡萄糖苷 裸花紫珠 Callicarpa nudiflora

luteolin-7-*O*-(6''-*trans*-caffeoyl)-*β*-D-glucopyranoside 木犀草素 -7-*O*-(6''- 反式 - 咖啡酰基)-*β*-D- 吡喃葡萄糖苷 裸花紫珠 Callicarpa nudiflora

luteolin-7-*O*-(6''-*trans*-feruloyl)-*β*-D-glucopyranoside 木犀草素 -7-*O*-(6''- 反式 - 阿魏酰基)-*β*-D- 吡喃葡萄糖苷 裸花紫珠 Callicarpa nudiflora

brachiata

luteolin-7-*O*-*β*-D-(6''-feruloyl)glucopyranoside 木犀草素 -7-*O*-*β*-D-(6''- 阿魏酰基) 吡喃葡萄糖苷 刺齿枝子花 Dracocephalum peregrinum

luteolin-7-*O*-*β*-D-(6-*O*-malonyl)-glucopyranoside 木犀草素 -7-*O*-*β*-D-(6-*O*- 丙二酰基)- 吡喃葡萄糖苷 细风轮菜 Clinopodium gracile

luteolin-7-*O*-*β*-D-galactopyranoside 木犀草素 -7-*O*-*β*-D- 吡喃半乳糖苷 小叶三点金 Codariocalyx microphyllus, 白花枝子花 Dracocephalum heterophyllum, 云南石梓 Gmelina arborea, 地稔 Melastoma dodecandrum, 旱柳 Salix matsudana

luteolin-7-*O*-*β*-D-galactopyranosyl-(1 → 4)-*O*-*α*-L-arabinopyranoside 木犀草素 -7-*O*-*β*-D- 吡喃半乳糖基 -(1 → 4)-*O*-*α*-L- 吡喃阿拉伯糖苷 香苹婆 Sterculia foetida

luteolin-7-*O*-*β*-D-galactoside 木犀草素 -7-*O*-*β*-D- 半乳糖苷 节毛飞廉 Carduus acanthoides, 华南忍冬 Lonicera confusa, 灰毡毛忍冬 L. macranthoides

luteolin-7-*O*-*β*-D-glucopyranoside 木犀草素 -7-*O*-*β*-D- 吡喃葡萄糖苷 常见成分，至少分布于 100 种以上植物中

luteolin-7-*O*-*β*-D-glucopyranoside-6''-methyl ester 木犀草素 -7-*O*-*β*-D- 吡喃葡萄糖苷 -6''- 甲酯 牛至 Origanum vulgare

luteolin-7-*O*-*β*-D-glucopyranosyl-(1 → 2)-*β*-D-glucopyranoside 木犀草素 -7-*O*-*β*-D- 吡喃葡萄糖基 -(1 → 2)-*β*-D- 吡喃葡萄糖苷 水蔓菁 Pseudolysimachion linariifolium subsp. dilatatum

luteolin-7-*O*-*β*-D-glucopyranosyl-(1-4)-*O*-*α*-L-arabinopyranoside 木犀草素 -7-*O*-*β*-D- 吡喃葡萄糖基 -(1-4)-*O*-*α*-L- 吡喃阿拉伯糖苷 粉叶决明 Senna surattensis subsp. glauca

luteolin-7-*O*-*β*-D-glucopyranuronide ethyl ester 木犀草素 -7-*O*-*β*-D- 吡喃葡萄糖醛酸苷乙酯 甘青青兰 Dracocephalum tanguticum

luteolin-7-*O*-*β*-D-glucorhamnoside 木犀草素 -7-*O*-*β*-D- 葡萄鼠李糖苷 美花风毛菊 Saussurea pulchella

luteolin-7-*O*-*β*-D-glucoside-6''-malonyl ester 木犀草素 -7-*O*-*β*-D- 葡萄糖苷 -6'- 丙二酰酯 细叶真藓 Bryum capillare

luteolin-7-*O*-*β*-D-glucuronide 木犀草素 -7-*O*-*β*-D- 葡萄糖醛酸苷 老鼠簕 Acanthus ilicifolius, 穿心莲 Andrographis paniculata, 木瓜 Chaenomeles sinensis, 三对节 Clerodendrum serratum, 全缘叶青兰 Dracocephalum integrifolium, 香青兰 D. moldavica, 槲蕨 Drynaria roosii, 硬尖神香草 Hyssopus cuspidatus, 薰衣草 Lavandula angustifolia, 深裂欧地笋 Lycopus europaeus var. exaltatus, 小花地笋 L. parviflorus, 荨麻叶龙头草 Meehania urticifolia, 斑唇马先蒿 Pedicularis longiflora var. tubiformis, 苦玄参 Picria felterrae, 多裂委陵菜 Potentilla multifida, 轮叶穗花 Pseudolysimachion spurium, 翅果菊 Pterocypsela indica, 除虫菊 Pyrethrum cinerariifolium, 短舌匹菊 P. parthenium, 地黄 Rehmannia glutinosa, 龙爪柳 Salix matsudana f. tortuosa, 撒尔维亚 Salvia officinalis, 盔状黄芩 Scutellaria galericulata, 并头黄芩 S. scordifolia, 菊蒿 Tanacetum vulgare, 蔓荆 Vitex trifolia, 黄鹌菜 Youngia japonica

luteolin-7-*O*-*β*-D-glucuronide butyl ester 木犀草素 -7-*O*-*β*-D- 葡萄糖醛酸苷丁酯 硬毛地笋 Lycopus lucidus var. hirtus

luteolin-7-*O*-*β*-D-glucuronide ethyl ester 木犀草素 -7-*O*-*β*-D- 葡萄糖醛酸苷乙酯 深裂欧地笋 Lycopus europaeus var. exaltatus

luteolin-7-*O*-*β*-D-glucuronide methyl ester 木犀草素 -7-*O*-*β*-D- 葡萄糖醛酸苷甲酯 木瓜 Chaenomeles sinensis, 藏波罗花 Incarvillea younghusbandii, 丝瓜 Luffa cylindrica, 深裂欧地笋 Lycopus europaeus var. exaltatus, 硬毛地笋 L. lucidus var. hirtus, 羊红膻 Pimpinella thellungiana

luteolin-7-*O*-*β*-D-glucuronopyranoside 木犀草素 -7-*O*-*β*-D- 吡喃葡萄糖醛酸苷 野菊 Chrysanthemum indicum, 苏门白酒草 Conyza sumatrensis, 香附子 Cyperus rotundus, 地笋 Lycopus lucidus, 紫苜蓿 Medicago sativa, 华西龙头草 Meehania fargesii, 块根糙苏 Phlomis tuberosa, 旱柳 Salix matsudana, 直立黄钟花 Tecoma stans, 硬骨凌霄 Tecomaria capensis, 白花地丁 Viola patrinii

luteolin-7-*O*-*β*-D-glucuronopyranoside methyl ester 木犀草素 -7-*O*-*β*-D- 吡喃葡萄糖醛酸苷甲酯 地笋 Lycopus lucidus, 硬骨凌霄 Tecomaria capensis

luteolin-7-*O*-*β*-D-glucuronopyranoside-6''-methyl ester 木犀草素 -7-*O*-*β*-D- 吡喃葡萄糖醛酸苷 -6''- 甲酯 苏门白酒草 Conyza sumatrensis, 香附子 Cyperus rotundus, 圣罗勒 Ocimum sanctum

luteolin-7-*O*-*β*-D-glucuronopyranosyl-(1 → 2)[*α*-L-rhamnopyranosyl-(1 → 6)]-*β*-D-glucopyranoside 木犀草素 -7-*O*-*β*-D- 吡喃葡萄糖醛酸基 -(1 → 2)[*α*-L- 吡喃鼠李糖基 -(1 → 6)]-*β*-D- 吡喃葡萄糖醛酸苷 刺槐 Robinia pseudoacacia

luteolin-7-*O*-*β*-D-neohesperidoside 木犀草素 -7-*O*-*β*-D- 新橙皮糖苷 槲蕨 Drynaria roosii, 直立黄钟花 Tecoma stans, 硬骨凌霄 Tecomaria capensis

luteolin-7-*O*-*β*-D-rutinoside 木犀草素 -7-*O*-*β*-D- 芸香糖苷 准噶尔大戟 Euphorbia soongarica, 三指雪兔子 Saussurea tridactyla, 硬骨凌霄 Tecomaria capensis

luteolin-7-*O*-*β*-galacturonide 木犀草素 -7-*O*-*β*- 半乳糖醛酸苷 台湾翅果菊 Pterocypsela formosana

luteolin-7-*O*-*β*-gentiobioside 木犀草素 -7-*O*-*β*- 龙胆二糖苷 亚洲络石 Trachelospermum asiaticum, 络石 T. jasminoides

luteolin-7-*O*-*β*-glucuronide 木犀草素 -7-*O*-*β*- 葡萄糖醛酸苷 菊花 Chrysanthemum morifolium, 台湾翅果菊 Pterocypsela formosana

luteolin-7-rhamnoglucopyranoside 木犀草素 -7- 吡喃鼠李葡糖苷 甜橙 Citrus sinensis

luteolin-7-rhamnoglucoside 木犀草素 -7- 鼠李葡萄糖苷 来檬 Citrus aurantiifolia, 忍冬 Lonicera japonica

luteolin-7-rutinoside 木犀草素 -7- 芸香糖苷 新疆党参 Codonopsis clematidea, 蒲葵 Livistona chinensis

luteolin-7-*β*-*O*-neohesperidoside 木犀草素 -7-*β*-*O*- 新橙皮糖苷 翅子树 Pterospermum acerifolium

luteolin-8-*C*-(2''-*O*-*trans*-*p*-coumaroyl-*β*-D-glucopyranoside) 木犀草素 -8-*C*-(2''-*O*- 反式对香豆酰基 -*β*-D- 吡喃葡萄糖苷 胡卢巴 Trigonella foenum-graecum

luteolin-8-*C*-glucopyranoside 木犀草素 -8-*C*- 吡喃葡萄糖苷 篱蓼 Polygonum dumetorum

luteolin-8-*C*-glycoside 木犀草素 -8-*C*- 葡萄糖苷 鼠麴雪兔子 Saussurea gnaphalodes

luteolin-8-*C*-*β*-boivinopyranoside 木犀草素 -8-*C*-*β*- 吡喃波伊文糖苷 鸡蛋果 Passiflora edulis

luteolin-8-*C*-*β*-D-glucopyranoside 木犀草素 -8-*C*-*β*-D- 吡喃葡萄糖苷 构树 Broussonetia papyrifera, 瞿麦 Dianthus superbus, 栀子皮 Itoa orientalis, 块根糙苏 Phlomis tuberosa, 繁缕 Stellaria media

luteolin-8-*C*-*β*-digitoxopyranoside 木犀草素 -8-*C*-*β*- 吡喃洋地黄毒糖苷 鸡蛋果 Passiflora edulis

luteolin-8-*C*-*β*-digitoxopyranosyl-4'-*O*-*β*-D-glucopyranoside 木犀草素 -8-*C*-*β*- 吡喃洋地黄毒糖基 -4'-*O*-*β*-D- 吡喃葡萄糖苷 鸡蛋果 Passiflora

L

Delphinium caeruleum, 须花翠雀花 D. delavayi var. pogonanthum, 秦岭翠雀花 D. giraldii, 翠雀 D. grandiflorum, 光果翠雀 D. grandiflorum var. leiocarpum, 拉萨翠雀花 D. gyalanum, 峨眉翠雀花 D. omeiense, 黑水翠雀花 D. potaninii, 康定翠雀花 D. tatsienense, 天山翠雀花 D. tianshanicum, 三小叶翠雀花 D. trifoliolatum, 云南翠雀花 D. yunnanense

lycodine 石松定碱 扁枝石松 Diphasiastrum complanatum, 东北石杉 Huperzia miyoshiana, 小杉兰 H. selago, 蛇足石杉 H. serrata, 多穗石松 Lycopodium annotinum, 石松 L. japonicum, 玉柏 L. obscurum, 垂穗石松 Palhinhaea cernua, 粗糙马尾杉 Phlegmariurus squarrosus

lycodoline 石松灵碱 中华石杉 Huperzia chinensis, 东北石杉 H. miyoshiana, 小杉兰 H. selago, 蛇足石杉 H. serrata, 多穗石松 Lycopodium annotinum, 东北石松 L. clavatum, 石松 L. japonicum, 玉柏 L. obscurum, 福氏马尾杉 Phlegmariurus fordii, 粗糙马尾杉 P. squarrosus

lycofawcine 法氏石松辛碱 多穗石松 Lycopodium annotinum, 石松 L. japonicum

lycoflexine 曲石松碱▲ 扁枝石松 Diphasiastrum complanatum, 东北石松 Lycopodium clavatum, 石松 L. japonicum, 玉柏 L. obscurum, 垂穗石松 Palhinhaea cernua, 马尾杉 Phlegmariurus phlegmaria, 粗糙马尾杉 P. squarrosus

lycoflexine-*N*-oxide 曲石松碱 -*N*- 氧化物 石松 Lycopodium japonicum, 垂穗石松 Palhinhaea cernua

lycofoline 石松叶碱 玉柏 Lycopodium obscurum

lycogalic acid A, B, C 粉瘤菌酸▲A, B, C 粉瘤菌 Lycogala epidendrum

lycogalic acid B dimethyl ester 粉瘤菌酸▲B 二甲酯 粉瘤菌 Lycogala epidendrum

lycogalic acid C dimethyl ester 粉瘤菌酸▲C 二甲酯 粉瘤菌 Lycogala epidendrum

lycogalinoside A, B 粉瘤菌苷▲A, B 粉瘤菌 Lycogala epidendrum

lycogaride A~G 粉瘤菌酯▲A~G 粉瘤菌 Lycogala epidendrum

lycogarubin A, B, C 粉瘤菌红素▲A, B, C 粉瘤菌 Lycogala epidendrum

lycojapodine A 日本石松定碱▲A 石松 Lycopodium japonicum, 粗糙马尾杉 Phlegmariurus squarrosus

lycojaponicumin A~E 日本石松碱▲A~E 石松 Lycopodium japonicum

lycojaponicuminol A~F 日本石松醇▲A~F 石松 Lycopodium japonicum

lyconesidine A, B, C 中华石杉定碱▲A, B, C 中华石杉 Huperzia chinensis

lyconnotine 石松诺亭碱 多穗石松 Lycopodium annotinum

lyconnotinol 石松诺亭醇 玉柏 Lycopodium obscurum

lycopalhine A 垂穗石松海因▲A 垂穗石松 Palhinhaea cernua

lycoparin A, B, C 藤石松碱▲A, B, C 藤石松 Lycopodiastrum casuarinoides

lycopene 番茄烯 西瓜 Citrullus lanatus, 柚 Citrus maxima, 柘树 Cudrania tricuspidata, 大花菟丝子 Cuscuta reflexa, 红果仔 Eugenia uniflora, 肉果草 Lancea tibetica, 忍冬 Lonicera japonica, 番茄 Lycopersicon esculentum, 刺蔷薇 Rosa acicularis

lycoperdic acid 网纹马勃酸 网纹马勃 Lycoperdon perlatum

lycoperodine-1 番茄定碱 -1 番茄 Lycopersicon esculentum

lycoperoside A~D, F, G, H 番茄苷 A~D, F, G, H 番茄 Lycopersicon esculentum

lycopersin 番茄镰刀菌素▲ 水蓼 Polygonum hydropiper

lycophlegmarine 细穗石松碱 马尾杉 Phlegmariurus phlegmaria

lycophlegmine 细穗石松明碱 马尾杉 Phlegmariurus phlegmaria

lycopoclavamine A 东北石松明碱▲A 东北石松 Lycopodium clavatum, 石松 L. japonicum, 垂穗石松 Palhinhaea cernua

lycopoclavamine B 东北石松明碱▲B 东北石松 Lycopodium clavatum

lycopodiin A 石松素▲A 石松 Lycopodium japonicum

lycopodine 石松碱 高山扁枝石松 Diphasiastrum alpinum, 扁枝石松 D. complanatum, 东北石杉 Huperzia miyoshiana, 小杉兰 H. selago, 蛇足石杉 H. serrata, 多穗石松 Lycopodium annotinum, 东北石松 L. clavatum, 石松 L. japonicum, 玉柏 L. obscurum, 垂穗石松 Palhinhaea cernua

lycopodine-*N*-oxide 石松碱 -*N*- 氧化物 扁枝石松 Diphasiastrum complanatum

lycoposerramine A~E, H, I, J, N~Z 蛇足石杉明碱▲A~E, H, I, J, N~Z 蛇足石杉 Huperzia serrata

lycoposerramine F 蛇足石杉明碱▲F 蛇足石杉 Huperzia serrata, 石松 Lycopodium japonicum

lycoposerramine G 蛇足石杉明碱▲G 蛇足石杉 Huperzia serrata, 石松 Lycopodium japonicum

lycoposerramine K 蛇足石杉明碱▲K 扁枝石松 Diphasiastrum complanatum, 蛇足石杉 Huperzia serrata, 石松 Lycopodium japonicum

lycoposerramine L 蛇足石杉明碱▲L 蛇足石杉 Huperzia serrata, 石松 Lycopodium japonicum

lycoposerramine M 蛇足石杉明碱▲M 蛇足石杉 Huperzia serrata, 石松 Lycopodium japonicum, 垂穗石松 Palhinhaea cernua

lycoposerramine M-*N*-oxide 蛇足石杉明碱▲M-*N*- 氧化物 石松 Lycopodium japonicum

lycoposerramine U 蛇足石杉明碱▲U 蛇足石杉 Huperzia serrata, 粗糙马尾杉 Phlegmariurus squarrosus

lycopsamine 狼紫琴颈草胺▲ 药用牛舌草 Anchusa officinalis, 硬萼软紫草 Arnebia decumbens, 大尾摇 Heliotropium indicum, 鹤虱 Lappula myosotis, 砂引草 Messerschmidia sibirica, 聚合草 Symphytum officinale

lycopsamine 石松胺 霍香蓟 Ageratum conyzoides, 熊耳草 A. houstonianum

lycoramine 石蒜胺 水鬼蕉 Hymenocallis littoralis, 中国石蒜 Lycoris chinensis, 广西石蒜 L. guangxiensis, 石蒜 L. radiata, 鹿葱 L. squamigera, 假水仙 Narcissus pseudonarcissus, 韭莲 Zephyranthes grandiflora

lycoramine-*N*-oxide 石蒜胺 -*N*- 氧化物 石蒜 Lycoris radiata

lycoranine A, B 石蒜拉宁▲A, B 石蒜 Lycoris radiata

lycorenine 石蒜宁碱 水鬼蕉 Hymenocallis littoralis, 乳白石蒜 Lycoris albiflora, 中国石蒜 L. chinensis, 石蒜 L. radiata, 鹿葱 L. squamigera, 长寿花 Narcissus jonquilla, 假水仙 N. pseudonarcissus

lycoricidine 石蒜西定 石蒜 Lycoris radiata

L

(-)-lyoniresinol-3-*O*-*β*-D-glucopyranoside (-)- 南烛树脂醇 -3-*O*-*β*-D- 吡喃葡萄糖苷 帘子藤 Pottsia laxiflora
(+)-lyoniresinol-3-*O*-*β*-D-glucopyranoside (+)- 南烛树脂醇 -3-*O*-*β*-D- 吡喃葡萄糖苷 帘子藤 Pottsia laxiflora
(+)-lyoniresinol-3*α*-*O*-(6''-3,5-dimethoxy-4-hydroxybenzoyl)-*β*-D-glucopyranoside (+)- 南烛树脂醇 -3*α*-*O*-(6''-3,5- 二甲氧基 -4- 羟基 - 苯甲酰基)-*β*-D- 吡喃葡萄糖苷 光叶海桐 Pittosporum glabratum
(+)-lyoniresinol-3*α*-*O*-*α*-L-rhamnopyranoside (+)- 南烛树脂醇 -3*α*-*O*-*α*-L- 吡喃鼠李糖苷 岳桦 Betula ermanii, 直杆蓝桉 Eucalyptus maidenii, 山苦茶 Mallotus peltatus, 羊踯躅 Rhododendron molle, 榆 Ulmus pumila
lyoniresinol-3*α*-*O*-*β*-arabinopyranoside 南烛树脂醇 -3*α*-*O*-*β*- 吡喃阿拉伯糖苷 红树 Rhizophora apiculata
(+)-lyoniresinol-3*α*-*O*-*β*-D-apiofuranosyl-(1→2)-*β*-D-glucopyranoside (+)- 南烛树脂醇 -3*α*-*O*-*β*-D- 呋喃芹糖基 -(1→2)-*β*-D- 吡喃葡萄糖苷 马蓝 Strobilanthes cusia
(-)-lyoniresinol-3*α*-*O*-*β*-D-glucopyranoside (-)- 南烛树脂醇 -3*α*-*O*-*β*-D- 吡喃葡萄糖苷 老鼠簕 Acanthus ilicifolius, 楹树 Albizia chinensis, 阳桃 Averrhoa carambola, 海榄雌 Avicennia marina, 白桦 Betula platyphylla, 黄牛木 Cratoxylum cochinchinense, 合掌消 Cynanchum amplexicaule, 鱼藤 Derris trifoliata, 毛果枳椇 Hovenia trichocarpa, 毛脉蓼 Polygonum ciliinerve, 异叶翅子树 Pterospermum heterophyllum, 羊踯躅 Rhododendron molle, 红枝崖爬藤 Tetrastigma erubescens, 无刺枣 Ziziphus jujuba var. inermis
(+)-lyoniresinol-3*α*-*O*-*β*-D-glucopyranoside (+)- 南烛树脂醇 -3*α*-*O*-*β*-D- 吡喃葡萄糖苷 老鼠簕 Acanthus ilicifolius, 楹树 Albizia chinensis, 阳桃 Averrhoa carambola, 海榄雌 Avicennia marina, 花叶假杜鹃 Barleria lupulina, 铁包金 Berchemia lineata, 白桦 Betula platyphylla, 密花石豆兰 Bulbophyllum odoratissimum, 川牛膝 Cyathula officinalis, 鱼藤 Derris trifoliata, 伞房花耳草 Hedyotis corymbosa, 毛果枳椇 Hovenia trichocarpa, 枸杞 Lycium chinense, 西南猫尾木 Markhamia stipulata, 光叶铁仔 Myrsine stolonifera, 光叶海桐 Pittosporum glabratum, 何首乌 Polygonum multiflorum, 异叶翅子树 Pterospermum heterophyllum, 羊踯躅 Rhododendron molle, 迎红杜鹃花 R. mucronulatum, 块茎芦莉草 Ruellia tuberosa, 粪箕笃 Stephania longa, 黄荆 Vitex negundo, 无刺枣 Ziziphus jujuba var. inermis, 酸枣 Z. jujuba var. spinosa
(2*R*,3*R*,4*S*)-lyoniresinol-3*α*-*O*-*β*-D-glucopyranoside (2*R*,3*R*,4*S*)- 南烛树脂醇 -3*α*-*O*-*β*-D- 吡喃葡萄糖苷 华钩藤 Uncaria sinensis
(2*R*,3*S*,4*R*)-lyoniresinol-3*α*-*O*-*β*-D-glucopyranoside (2*R*,3*S*,4*R*)- 南烛树脂醇 -3*α*-*O*-*β*-D- 吡喃葡萄糖苷 华钩藤 Uncaria sinensis
(2*S*,3*R*,4*S*)-lyoniresinol-3*α*-*O*-*β*-D-glucopyranoside (2*S*,3*R*,4*S*)- 南烛树脂醇 -3*α*-*O*-*β*-D- 吡喃葡萄糖苷 华钩藤 Uncaria sinensis
(2*S*,3*S*,4*R*)-lyoniresinol-3*α*-*O*-*β*-D-glucopyranoside (2*S*,3*S*,4*R*)- 南烛树脂醇 -3*α*-*O*-*β*-D- 吡喃葡萄糖苷 华钩藤 Uncaria sinensis
lyoniresinol-3*α*-*O*-*β*-D-glucopyranoside 南烛树脂醇 -3*α*-*O*-*β*-D- 吡喃葡萄糖苷 藤紫珠 Callicarpa integerrima var. chinensis, 肉桂 Cinnamomum cassia, 岭南杜鹃花 Rhododendron mariae, 尼泊尔酸模 Rumex nepalensis
(-)-lyoniresinol-3-*α*-*O*-*β*-D-glucopyranoside (-)- 南烛树脂醇 -3-*α*-*O*-*β*-D- 吡喃葡萄糖苷 仪花 Lysidice rhodostegia
(-)-lyoniresinol-3*α*-*O*-*β*-D-xylopyranoside (-)- 南烛树脂醇 -3*α*-*O*-*β*-D- 吡喃木糖苷 岳桦 Betula ermanii
(+)-lyoniresinol-3*α*-*O*-*β*-D-xylopyranoside (+)- 南烛树脂醇 -3*α*-*O*-*β*-D- 吡喃木糖苷 直杆蓝桉 Eucalyptus maidenii, 短柄小连翘 Hypericum petiolulatum
(-)-lyoniresinol-3*α*-*O*-*β*-glucopyranoside (-)- 南烛树脂醇 -3*α*-*O*-*β*- 吡喃葡萄糖苷 毛果杜鹃花 Rhododendron seniavinii
(+)-lyoniresinol-3*α*-*O*-*β*-glucopyranoside (+)- 南烛树脂醇 -3*α*-*O*-*β*- 吡喃葡萄糖苷 白花酸藤子 Embelia ribes, 毛果杜鹃花 Rhododendron seniavinii
lyoniresinol-3*α*-*O*-*β*-rhamnopyranoside 南烛树脂醇 -3*α*-*O*-*β*- 吡喃鼠李糖苷 红树 Rhizophora apiculata
(+)-lyoniresinol-3-*β*-*O*-(6''-3,5-dimethoxy-4-hydroxybenzoyl)-*β*-D-glucopyranoside (+)- 南烛树脂醇 -3-*β*-*O*-(6''-3,5- 二甲氧基 -4- 羟基苯甲酰基)-*β*-D- 吡喃葡萄糖苷 日本紫珠 Callicarpa japonica
(-)-lyoniresinol-4,9'-di-*O*-*β*-D-glucopyranoside (-)- 南烛树脂醇 -4,9'- 二 -*O*-*β*-D- 吡喃葡萄糖苷 青竿竹 Bambusa tuldoides
(+)-lyoniresinol-4-*O*-*β*-D-glucopyranoside (+)- 南烛树脂醇 -4-*O*-*β*-D- 吡喃葡萄糖苷 青竿竹 Bambusa tuldoides
lyoniresinol-4'-*O*-*β*-glucopyranoside 南烛树脂醇 -4'-*O*-*β*- 吡喃葡萄糖苷 大血藤 Sargentodoxa cuneata
(7'*S*,8'*R*,8*R*)-lyoniresinol-9,9'-di-*O*-*trans*-feruloyl ester (7'*S*,8'*R*,8*R*)- 南烛树脂醇 -9,9'- 二 -*O*- 反式 - 阿魏酸酯 土肉桂 Cinnamomum osmophloeum
lyoniresinol-9-*O*-rhamnoside 南烛树脂醇 -9-*O*- 鼠李糖苷 蔓长春花 Vinca major
(7'*S*,8'*R*,8*R*)-lyoniresinol-9-*O*-*trans*-feruloyl ester (7'*S*,8'*R*,8*R*)- 南烛树脂醇 -9-*O*- 反式 - 阿魏酸酯 土肉桂 Cinnamomum osmophloeum
(+)-(7*S*,8*R*,8'*R*)-lyoniresinol-9-*O*-*β*-D-(6''-*O*-*trans*-sinapoyl)-glucopyranoside (+)-(7*S*,8*R*,8'*R*)- 南烛树脂醇 -9-*O*-*β*-D-(6''-*O*- 反式 - 芥子酰基)- 吡喃葡萄糖苷 栀子 Gardenia jasminoides
(-)-lyoniresinol-9'-*O*-*β*-D-glucopyranoside (-)- 南烛树脂醇 -9'-*O*-*β*-D- 吡喃葡萄糖苷 青竿竹 Bambusa tuldoides, 海南大风子 Hydnocarpus hainanensis, 大血藤 Sargentodoxa cuneata
(+)-lyoniresinol-9'-*O*-*β*-D-glucopyranoside (+)- 南烛树脂醇 -9'-*O*-*β*-D- 吡喃葡萄糖苷 青竿竹 Bambusa tuldoides, 辣蓼铁线莲 Clematis terniflora var. mandshurica, 无翅猪毛菜 Salsola komarovii
lyoniresinol-9'-*O*-*β*-D-glucopyranoside 南烛树脂醇 -9'-*O*-*β*-D- 吡喃葡萄糖苷 木瓜 Chaenomeles sinensis
(-)-lyoniresinol-9-*O*-*β*-D-glucopyranoside (-)- 南烛树脂醇 -9-*O*-*β*-D- 吡喃葡萄糖苷 青竿竹 Bambusa tuldoides, 大血藤 Sargentodoxa cuneata
(+)-lyoniresinol-9-*O*-*β*-D-glucopyranoside (+)- 南烛树脂醇 -9-*O*-*β*-D- 吡喃葡萄糖苷 大血藤 Sargentodoxa cuneata
lyoniresinol-9-*O*-*β*-D-glucopyranoside 南烛树脂醇 -9-*O*-*β*-D- 吡喃葡萄糖苷 栀子 Gardenia jasminoides
lyoniresinol-9'-*O*-*β*-D-xylopyranoside 南烛树脂醇 -9'-*O*-*β*-D- 吡喃木糖苷 凝毛杜鹃花 Rhododendron phaeochrysum var. agglutinatum
(+)-lyoniresinol-9'-*O*-*β*-glucoside (+)- 南烛木树脂醇 -9'-*O*-*β*- 葡萄糖苷 宜昌荚蒾 Viburnum erosum
lyoniresinol-9'-*β*-D-glucopyranoside 南烛树脂醇 -9'-*β*-D- 吡喃葡萄糖苷 铁仔 Myrsine africana
(+)-lyoniside (+)- 南烛脂苷 ▲ 白粉藤 Cissus repens, 石南藤 Piper wallichii
lyoniside 南烛脂苷 ▲ 东北蛇葡萄 Ampelopsis glandulosa var. brevipedunculata, 山楝 Aphanamixis polystachya, 垂枝桦 Betula pendula, 方榄 Canarium bengalense, 土肉桂 Cinnamomum osmophloeum, 柳叶假木荷 Craibiodendron henryi, 壶托榕 Ficus ischnopoda, 月桂 Laurus

M

maackiain-3-*O*-(6'-*O*-malonyl-*β*-D-glucopyranoside) 高丽槐素 -3-*O*-(6'-*O*- 丙二酰基 -*β*-D- 吡喃葡萄糖苷 朝鲜槐 Maackia amurensis
(-)-maackiain-3-*O*-6'-*O*-acetyl-*β*-D-glucopyranoside (-)- 高丽槐素 -3-*O*-6'-*O*- 乙酰基 -*β*-D- 吡喃葡萄糖苷 鬼箭锦鸡儿 Caragana jubata
(-)-maackiain-3-*O*-6'-*O*-acrylyl-*β*-D-galactopyranoside (-)- 高丽槐素 -3-*O*-6'-*O*- 烯酰基 -*β*-D- 吡喃半乳糖苷 鬼箭锦鸡儿 Caragana jubata
(-)-maackiain-3-*O*-*β*-D-galactopyranoside (-)- 高丽槐素 -3-*O*-*β*-D- 吡喃半乳糖苷 鬼箭锦鸡儿 Caragana jubata
maackiain-3-*O*-*β*-D-galactopyranoside 高丽槐素 -3-*O*-*β*-D- 吡喃半乳糖苷 红车轴草 Trifolium pratense
(-)-maackiain-3-*O*-*β*-D-glucopyranoside (-)- 高丽槐素 -3-*O*-*β*-D- 吡喃葡萄糖苷 鬼箭锦鸡儿 Caragana jubata
maackiain-3-*O*-*β*-D-glucopyranoside 高丽槐素 -3-*O*-*β*-D- 吡喃葡萄糖苷 巴天酸模 Rumex patientia
maackiaisoflavonoside 马鞍树异黄酮苷 朝鲜槐 Maackia amurensis
(+)-maackiamine (+)- 高丽槐碱 朝鲜槐 Maackia amurensis
maackiapentone 马鞍树戊酮 朝鲜槐 Maackia amurensis
maackiaphenone 马鞍树苯酮▲ 光叶马鞍树 Maackia tenuifolia
maackiapterocarpan A, B 马鞍树紫檀烷 A, B 朝鲜槐 Maackia amurensis
maackiasin 马鞍树新素 朝鲜槐 Maackia amurensis
(*E*)-maackin (*E*)- 马鞍树素▲ 葡萄 Vitis vinifera
maackin 马鞍树素▲ 红花锦鸡儿 Caragana rosea
maackin A 马鞍树素▲A 朝鲜槐 Maackia amurensis
maackinin 马鞍树宁▲ 朝鲜槐 Maackia amurensis
maackinine 毛穗藜芦碱 毛穗藜芦 Veratrum maackii
maackolin; maackinine 高丽槐林素▲ 菝葜 Smilax china
maackoline 马鞍树灵▲ 朝鲜槐 Maackia amurensis
β-maaliene *β*- 萨摩亚橄榄烯▲ 挥发油成分，未统计基源
maaliene 萨摩亚橄榄烯▲ 挥发油成分，未统计基源
mabinlin I, II 马槟榔甜蛋白 I, II 马槟榔 Capparis masaikai
mabioside D 椭圆蛇藤苷▲D 印度枣 Ziziphus incurva
macaflavanone A~G 血桐黄烷酮▲A~G 血桐 Macaranga tanarius var. tomentosa
macakurzin A, B, C 尾叶血桐素 A, B, C 尾叶血桐 Macaranga kurzii
macaranganin 血桐宁 血桐 Macaranga tanarius var. tomentosa
macarangin 血桐素▲ 中平树 Macaranga denticulata
macarangioside A~F 血桐苷▲A~F 血桐 Macaranga tanarius var. tomentosa
macarangonol 血桐醇▲ 血桐 Macaranga tanarius var. tomentosa
macaranone B 血桐酮▲B 黑桑 Morus nigra
macarinin A 血桐鞣宁 A 血桐 Macaranga tanarius var. tomentosa
macarpine 小果博落回碱▲ 博落回 Macleaya cordata, 小果博落回 M. microcarpa, 金罂粟 Stylophorum lasiocarpum
macatannin A, B 血桐鞣质 A, B 血桐 Macaranga tanarius var. tomentosa
macedonic acid 马其顿甘草酸 云南甘草 Glycyrrhiza yunnanensis
macedonic acid methyl ester 马其顿甘草酸甲酯 圆果甘草 Glycyrrhiza squamulosa
macedonoside A, B, C 马其顿甘草苷▲A, B, C 云南甘草 Glycyrrhiza yunnanensis
macelignan 肉豆蔻衣木脂素 蜂巢草 Leucas aspera, 肉豆蔻 Myristica fragrans, 三白草 Saururus chinensis, 二色五味子 Schisandra bicolor, 华中五味子 S. sphenanthera
maceneolignan A~H 肉豆蔻衣新木脂素▲A~H 肉豆蔻 Myristica fragrans
m-acetanisole 间乙酰茴香醚 挥发油成分，未统计基源
machaeric acid 剑刺仙人掌酸▲ 小叶锦鸡儿 Caragana microphylla
machaerinic acid 剑刺仙人掌尼酸▲ 香合欢 Albizia odoratissima
machaerinic acid lactone 剑刺仙人掌尼酸内酯▲ 合欢 Albizia julibrissin, 象耳豆 Enterolobium cyclocarpum, 丝瓜 Luffa cylindrica
(-)-machicendiol (-)- 柔毛润楠二醇 黑面神 Breynia fruticosa
machilin A 润楠素▲A 红楠 Machilus thunbergii, 三白草 Saururus chinensis, 二色五味子 Schisandra bicolor
machilin B 润楠素▲B 红楠 Machilus thunbergii
machilin C 润楠素▲C 蜂巢草 Leucas aspera, 红楠 Machilus thunbergii
(-)-(7*R*,8*R*)-machilin D (-)-(7*R*,8*R*)- 润楠素▲D 三白草 Saururus chinensis
(±)-machilin D (±)- 润楠素▲D 麻疯树 Jatropha curcas
machilin D 润楠素▲D 红楠 Machilus thunbergii, 肉豆蔻 Myristica fragrans, 三白草 Saururus chinensis, 红花五味子 Schisandra rubriflora
machilin E, F, H, I 润楠素▲E, F, H, I 红楠 Machilus thunbergii
machilin G 润楠素▲G 红楠 Machilus thunbergii, 五味子 Schisandra chinensis, 玉兰 Yulania denudata
machilolin A 润楠林素▲A 南五味子 Kadsura longipedunculata, 华中五味子 Schisandra sphenanthera
(-)-machilusin (-)- 润楠辛▲ 铁箍散 Schisandra propinqua var. sinensis, 华中五味子 S. sphenanthera
machilusmarin 润楠香豆素▲ 宜昌润楠 Machilus ichangensis
macleanine 蛇足石杉宁碱▲ 东北石杉 Huperzia miyoshiana
macluraxanthone 桑橙呫酮▲ 红厚壳 Calophyllum inophyllum, 黄牛木 Cratoxylum cochinchinense, 红芽木 C. formosum subsp. pruniflorum, 构棘 Cudrania cochinchinensis, 柘树 C. tricuspidata, 铁力木 Mesua ferrea

macropodumine C 交让木明胺▲C 牛耳枫 Daphniphyllum calycinum, 交让木 D. macropodum
macrorhynine A, C 细叶乌头碱▲A, C 细叶乌头 Aconitum macrorhynchum
macrorhynine B 细叶乌头碱▲B 紫乌头 Aconitum episcopale, 细叶乌头 A. macrorhynchum
macrospegatrine 大斯氏白坚木春▲ 萝芙木 Rauvolfia verticillata
macrospermaoside A 大籽獐牙菜苷 A 大籽獐牙菜 Swertia macrosperma
macrosphelide A 大环球孢内酯▲A 竹黄 Shiraia bambusicola
macrostemonoside A 薤白苷 A 薤白 Allium macrostemon, 龙葵 Solanum nigrum
macrostemonoside B~S 薤白苷 B~S 薤白 Allium macrostemon
macrourin A, D 奶桑素▲A, D 奶桑 Morus macroura
macrourin B 奶桑素▲B 鸡桑 Morus australis, 奶桑 M. macroura
macrourone C 奶桑酮▲C 奶桑 Morus macroura
macrozamin 大泽米铁苷▲ 苏铁 Cycas revoluta, 肖菝葜 Heterosmilax japonica
maculosidine 斑点巨盘木定▲ 榆橘 Ptelea trifoliata
macusine B 毒马钱辛碱▲B 萝芙木 Rauvolfia verticillata
madagascin 马达加斯加哈伦木素▲ 红芽木 Cratoxylum formosum subsp. pruniflorum
madasiatic acid 马达积雪草酸 马醉木 Pieris japonica, 大血藤 Sargentodoxa cuneata
madecassoside 马达积雪草苷 积雪草 Centella asiatica
madhumidine A 紫荆木米定▲A 紫荆木 Madhuca pasquieri
madolin A 马兜铃素 A 瓜叶马兜铃 Aristolochia cucurbitifolia, 西藏马兜铃 A. griffithii, 大叶马兜铃 A. kaempferi, 寻骨风 A. mollissima
madolin B 马兜铃素 B 瓜叶马兜铃 Aristolochia cucurbitifolia, 大叶马兜铃 A. kaempferi, 寻骨风 A. mollissima, 卫矛 Euonymus alatus
madolin C, D, E 马兜铃素 C, D, E 瓜叶马兜铃 Aristolochia cucurbitifolia
madolin F 马兜铃素 F 寻骨风 Aristolochia mollissima
madolin H 马兜铃素 H 大叶马兜铃 Aristolochia kaempferi, 寻骨风 A. mollissima
madolin K 马兜铃素 K 西藏马兜铃 Aristolochia griffithii, 大叶马兜铃 A. kaempferi, 寻骨风 A. mollissima
madolin M 马兜铃素 M 大叶马兜铃 Aristolochia kaempferi, 寻骨风 A. mollissima
madolin O, P 马兜铃素 O, P 大叶马兜铃 Aristolochia kaempferi
madolin R 马兜铃素 R 大叶马兜铃 Aristolochia kaempferi, 寻骨风 A. mollissima
madolin S 马兜铃素 S 大叶马兜铃 Aristolochia kaempferi, 寻骨风 A. mollissima
madolin T 马兜铃素 T 西藏马兜铃 Aristolochia griffithii, 大叶马兜铃 A. kaempferi, 寻骨风 A. mollissima
madolin U 马兜铃素 U 西藏马兜铃 Aristolochia griffithii, 大叶马兜铃 A. kaempferi, 寻骨风 A. mollissima
madolin V 马兜铃素 V 大叶马兜铃 Aristolochia kaempferi, 寻骨风 A. mollissima
madolin W 马兜铃素 W 西藏马兜铃 Aristolochia griffithii, 大叶马兜铃 A. kaempferi, 寻骨风 A. mollissima
madolin X 马兜铃素 X 大叶马兜铃 Aristolochia kaempferi, 寻骨风 A. mollissima
madolin Y, Z 马兜铃素 Y, Z 寻骨风 Aristolochia mollissima
madugin 印度黄皮精▲ 细叶黄皮 Clausena anisum-olens
maejaposide A~E 杜茎山苷▲A~E 杜茎山 Maesa japonica
maesabalide 顶花杜茎山内酯▲ 尾叶紫金牛 Ardisia caudata
maesabalide I, IV, V, VI 顶花杜茎山内酯▲I, IV, V, VI 鲫鱼胆 Maesa perlaria
maesagenin A 鲫鱼胆皂苷元 A 鲫鱼胆 Maesa perlaria
maesanin 杜茎山宁▲ 紫金牛 Ardisia japonica
maesaponin 鲫鱼胆皂苷 鲫鱼胆 Maesa perlaria
maesaquinone 杜茎山醌 杜茎山 Maesa japonica
maesasaponin 杜茎山皂苷▲ 尾叶紫金牛 Ardisia caudata
maesasaponin II 杜茎山皂苷▲II 杜茎山 Maesa japonica
maesasaponin III, IV, VI 杜茎山皂苷▲III, IV, VI 银叶杜茎山 Maesa argentea
maesasaponin V 杜茎山皂苷▲V 银叶杜茎山 Maesa argentea, 杜茎山 M. japonica
maesol 杜茎山酚 包疮叶 Maesa indica, 金铁柳 M. montana, 楝 Melia azedarach
maesopsin 类杜茎鼠李素▲ 多花勾儿茶 Berchemia floribunda, 毛果枳椇 Hovenia trichocarpa, 西藏猫乳 Rhamnella gilgitica, 帚枝鼠李 Rhamnus virgata, 藏边大黄 Rheum australe, 矮大黄 R. nanum, 纤细雀梅藤 Sageretia gracilis
maesopsin-4-*O*-*β*-D-glucopyranoside 类杜茎鼠李素▲-4-*O*-*β*-D- 吡喃葡萄糖苷 胭脂 Artocarpus tonkinensis
maesopsin-6-*O*-glucopyranoside 类杜茎鼠李素▲-6-*O*- 吡喃葡萄糖苷 落地梅 Lysimachia paridiformis
maesopsin-6-*O*-*β*-D-glucopyranoside 类杜茎鼠李素▲-6-*O*-*β*-D- 吡喃葡萄糖苷 薜荔 Ficus pumila, 纤细雀梅藤 Sageretia gracilis, 红花五味子 Schisandra rubriflora
mafaicheenamine A~E 黄皮纳胺▲A~E 黄皮 Clausena lansium
magdalenic acid 马格达莱纳维洛花酸▲ 大狼毒 Euphorbia jolkinii
(-)-maglifloenone (-)- 紫玉兰烯酮▲ 武当玉兰 Yulania sprengeri
maglifloenone 紫玉兰烯酮▲ 紫玉兰 Yulania liliiflora
magnaldehyde 木兰醛▲ 厚朴 Houpoëa officinalis
magnaldehyde A, C 木兰醛▲A, C 厚朴 Houpoëa officinalis

magnaldehyde B 木兰醛▲B 日本厚朴 Houpoëa obovata, 厚朴 H. officinalis, 长喙厚朴 H. rostrata
magnaldehyde D 木兰醛▲D 厚朴 Houpoëa officinalis, 鹊肾树 Streblus asper
magnaldehyde E 木兰醛▲E 日本厚朴 Houpoëa obovata, 厚朴 H. officinalis
magnatriol B 木兰三酚▲B 厚朴 Houpoëa officinalis, 鹊肾树 Streblus asper
magnesium lithospermate B 紫草酸 B 镁盐 薄荷 Mentha canadensis, 丹参 Salvia miltiorrhiza
magnesium tartrate 酒石酸镁 三色堇 Viola tricolor
magnicaesalpin 大叶云实素 大叶云实 Caesalpinia magnifoliolata
magnificol 华丽蓍醇▲ 苦郎树 Clerodendrum inerme
magnobovatol 日本厚朴醇▲ 日本厚朴 Houpoëa obovata
(-)-magnocurarine (-)- 木兰箭毒碱 山鸡椒 Litsea cubeba, 川滇木莲 Manglietia duclouxii
(*R*)-magnocurarine (*R*)- 木兰箭毒碱 厚朴 Houpoëa officinalis
D-(-)-magnocurarine D-(-)- 木兰箭毒碱 川滇木莲 Manglietia duclouxii, 木莲 M. fordiana, 红花木莲 M. insignis, 西康天女花 Oyama wilsonii, 紫玉兰 Yulania liliiflora
D-magnocurarine D- 木兰箭毒碱 山鸡椒 Litsea cubeba
magnocurarine 木兰箭毒碱 牛斜吴萸 Euodia trichotoma, 日本厚朴 Houpoëa obovata, 长喙厚朴 H. rostrata, 狭叶山胡椒 Lindera angustifolia, 桂南木莲 Manglietia conifera, 木莲 M. fordiana, 四川木莲 M. szechuanica, 武当玉兰 Yulania sprengeri
(-)-magnofargesin (-)- 望春玉兰素▲ 望春玉兰 Yulania biondii
magnofficine 厚朴辛碱▲ 厚朴 Houpoëa officinalis
(+)-magnoflorine (+)- 荷花玉兰碱 甘肃小檗 Berberis kansuensis, 石生黄堇 Corydalis saxicola, 莲叶桐 Hernandia nymphaeifolia, 陵水暗罗 Polyalthia nemoralis, 高原唐松草 Thalictrum cultratum, 偏翅唐松草 T. delavayi, 长柄唐松草 T. przewalskii, 丽江唐松草 T. wangii, 两面针 Zanthoxylum nitidum
(*S*)-magnoflorine (*S*)- 荷花玉兰碱 厚朴 Houpoëa officinalis
α-magnoflorine *α*- 荷花玉兰碱 裂叶铁线莲 Clematis parviloba, 银叶巴豆 Croton cascarilloides
β-magnoflorine *β*- 荷花玉兰碱 裂叶铁线莲 Clematis parviloba
magnoflorine 荷花玉兰碱 较常见成分，至少分布于 30 种以上植物中，见于大戟科、防己科、马兜铃科、毛茛科、木兰科、小檗科、罂粟科、芸香科等
magnoflorine chloride 氯化荷花玉兰碱 樟叶木防己 Cocculus laurifolius, 粉防己 Stephania tetrandra
magnoflorine styphnate 荷花玉兰碱收敛酸酯 银叶巴豆 Croton cascarilloides, 玉兰 Yulania denudata
magnograndiolide 荷花玉兰内酯▲ 荷花木兰 Magnolia grandiflora
magnolamide 木兰酰胺▲ 夜合花 Lirianthe coco
magnolamine 木兰胺 含笑花 Michelia figo
magnolenin C 木兰脂宁▲C 毛冬青 Ilex pubescens, 荷花木兰 Magnolia grandiflora, 马醉木 Pieris japonica, 狼毒 Stellera chamaejasme
(+)-magnoliadiol (+)- 木兰二醇▲ 望春玉兰 Yulania biondii
magnolialide 木兰内酯 菊苣 Cichorium intybus, 月桂 Laurus nobilis, 云木香 Saussurea costus, 菊蒿 Tanacetum vulgare
magnolianin 木兰宁▲ 日本厚朴 Houpoëa obovata
magnolianone 木兰酮▲ 厚朴 Houpoëa officinalis
magnolignan A 木兰木脂素▲A 厚朴 Houpoëa officinalis, 长喙厚朴 H. rostrata, 鹊肾树 Streblus asper
magnolignan A-2-*O*-*β*-D-glucopyranoside 木兰木脂素▲A-2-*O*-*β*-D- 吡喃葡萄糖苷 厚朴 Houpoëa officinalis, 鹊肾树 Streblus asper
magnolignan B, D~I 木兰木脂素▲B, D~I 厚朴 Houpoëa officinalis
magnolignan C 木兰木脂素▲C 日本厚朴 Houpoëa obovata, 厚朴 H. officinalis, 长喙厚朴 H. rostrata
(+)-magnolin (+)- 木兰素▲ 毛蕊老鹳草 Geranium platyanthum
magnolin 木兰脂素 厚朴 Houpoëa officinalis, 望春玉兰 Yulania biondii, 玉兰 Y. denudata, 紫玉兰 Y. liliiflora, 武当玉兰 Y. sprengeri
magnoline 木兰碱 贵州小檗 Berberis cavaleriei, 含笑花 Michelia figo, 天女花 Oyama sieboldii
magnolioside 木兰酚苷▲ 朝鲜当归 Angelica gigas, 花曲柳 Fraxinus chinensis subsp. rhynchophylla, 欧洲李 Prunus domestica, 白英 Solanum lyratum
magnolol 厚朴酚 朝鲜淫羊藿 Epimedium koreanum, 日本厚朴 Houpoëa obovata, 厚朴 H. officinalis, 长喙厚朴 H. rostrata, 地枫皮 Illicium difengpi, 红花八角 I. dunnianum, 红毒茴 I. lanceolatum, 小花八角 I. micranthum, 野八角 I. simonsii, 夜合花 Lirianthe coco, 大叶木兰 L. henryi, 狭叶珍珠菜 Lysimachia pentapetala, 荷花木兰 Magnolia grandiflora, 桂南木莲 Manglietia conifera, 木莲 M. fordiana, 红花木莲 M. insignis, 四川木莲 M. szechuanica, 西康天女花 Oyama wilsonii, 台湾檫木 Sassafras randaiense, 罗汉果 Siraitia grosvenorii, 鹊肾树 Streblus asper
magnolone 木兰醇酮▲ 夜合花 Lirianthe coco, 玉兰 Yulania denudata
magnoloside A 木兰苷 A 日本厚朴 Houpoëa obovata, 厚朴 H. officinalis
magnoloside B 木兰苷 B 日本厚朴 Houpoëa obovata, 厚朴 H. officinalis
magnoloside C 木兰苷 C 日本厚朴 Houpoëa obovata
magnoloside D, E 木兰苷 D, E 厚朴 Houpoëa officinalis
magnone A, B 木兰脂酮▲A, B 望春玉兰 Yulania biondii
magnoporphine 木兰阿朴菲▲ 天女花 Oyama sieboldii
magnoquinone 木兰醌 长喙厚朴 Houpoëa rostrata
magnosalin 柳叶玉兰脂素 长茎金耳环 Asarum longerhizomatosum, 石荠苎 Mosla scabra

M

magnosprengerine 武当木兰碱 桂南木莲 Manglietia conifera, 四川木莲 M. szechuanica, 武当玉兰 Yulania sprengeri
magnostellin A 星花木兰素 ▲A 望春玉兰 Yulania biondii
mahabinine A 马汉九里香比宁碱 A 调料九里香 Murraya koenigii
mahanimbicine 马汉九里香星碱 调料九里香 Murraya koenigii
mahanimbidine 马汉九里香定碱 ▲ 调料九里香 Murraya koenigii
mahanimbilol methyl ether 马汉九里香酚 ▲ 甲醚 调料九里香 Murraya koenigii
mahanimbilol; mahanimbinol 马汉九里香酚 ▲ 调料九里香 Murraya koenigii
mahanimbilyl acetate 马汉九里香酚 ▲ 乙酸酯 调料九里香 Murraya koenigii
mahanimbine 马汉九里香碱 洋紫荆 Bauhinia variegata, 齿叶黄皮 Clausena dunniana, 假黄皮 C. excavata, 豆叶九里香 Murraya euchrestifolia, 九里香 M. exotica, 调料九里香 M. koenigii
mahanimboline 马汉九里香波林碱 ▲ 调料九里香 Murraya koenigii
(+)-mahanine (+)- 马汉九里香宁碱 豆叶九里香 Murraya euchrestifolia
mahanine 马汉九里香宁碱 调料九里香 Murraya koenigii
mahuangchiside 蚂蝗七苷 蚂蝗七 Primulina fimbrisepala
mahuannin A 麻黄宁 A 草麻黄 Ephedra sinica, 木竹子 Garcinia multiflora
mahuannin B~E 麻黄宁 B~E 草麻黄 Ephedra sinica
maireine A, B 羊角棉碱 ▲A, B 羊角棉 Alstonia mairei
maireioside A 毛重楼甾苷 A 毛重楼 Paris mairei
maireistemoninol 云南百部醇 ▲ 云南百部 Stemona mairei
mairine A, C 鸡肉参碱 ▲A, C 大花鸡肉参 Incarvillea mairei var. grandiflora
mairine B 鸡肉参碱 ▲B 红波罗花 Incarvillea delavayi, 大花鸡肉参 I. mairei var. grandiflora
maistemonine 狭叶百部碱 云南百部 Stemona mairei, 直立百部 S. sessilifolia
majaloside 铃兰洛苷 ▲ 铃兰 Convallaria majalis
majdine 蔓长春花定 ▲ 蔓长春花 Vinca major
majidine 蔓长春花吉定 ▲ 长春花 Catharanthus roseus, 蔓长春花 Vinca major
majonoside R_1 珠子参皂苷 R_1 羽叶三七 Panax bipinnatifidus, 珠子参 P. japonicus var. major
majonoside R_2 珠子参皂苷 R_2 羽叶三七 Panax bipinnatifidus, 竹节参 P. japonicus, 珠子参 P. japonicus var. major
majoridine 蔓长春花瑞定 ▲ 蔓长春花 Vinca major
majorine 蔓长春花灵碱 ▲ 蔓长春花 Vinca major
majorinine 蔓长春花瑞宁 ▲ 蔓长春花 Vinca major
majoronal 大卵叶虎刺那醛 ▲ 大卵叶虎刺 Damnacanthus major
majoroside 大车前洛苷 ▲ 海滨车前 Plantago camtschatica, 平车前 P. depressa, 毛平车前 P. depressa subsp. subturczaninowii, 大车前 P. major
24(α)-majoroside F_1 24(α)- 珠子参苷 F_1 西洋参 Panax quinquefolius
majoroside F_1 珠子参苷 F_1 羽叶三七 Panax bipinnatifidus, 人参 P. ginseng, 珠子参 P. japonicus var. major, 西洋参 P. quinquefolius
majoroside F_2 珠子参苷 F_2 人参 Panax ginseng, 珠子参 P. japonicus var. major
majoroside F_3, F_5 珠子参苷 F_3, F_5 珠子参 Panax japonicus var. major
majoroside F_4 珠子参苷 F_4 人参 Panax ginseng, 珠子参 P. japonicus var. major
majoroside F_6 珠子参苷 F_6 人参 Panax ginseng, 珠子参 P. japonicus var. major
24(R)-majoroside R_1 24(R)- 珠子参苷 R_1 珠子参 Panax japonicus var. major
majovine 蔓长春花文碱 ▲ 蔓长春花 Vinca major
majucin 大八角素 短柱八角 Illicium brevistylum, 地枫皮 I. difengpi, 假地枫皮 I. jiadifengpi, 大八角 I. majus, 小花八角 I. micranthum
majusanic acid A~F 大八角酸 ▲A~F 大八角 Illicium majus
majusanin A, B, C 大八角宁 ▲A, B, C 大八角 Illicium majus
majusanol A~E 大八角醇 ▲A~E 大八角 Illicium majus
majusanol *E*-13-*O*-β-D-glucopyranoside 大八角醇 ▲*E*-13-*O*-β-D- 吡喃葡萄糖苷 大八角 Illicium majus
majusanside 大八角苷 ▲ 大八角 Illicium majus
majusculamide A~D 巨大鞘丝藻酰胺 A~D 巨大鞘丝藻 Lyngbya majuscula
majusine 金沙翠雀花辛 康定翠雀花 Delphinium tatsienense
majvinine 蔓长春花维宁 ▲ 蔓长春花 Vinca major
makilactone A~R 罗汉杉内酯 ▲A~R 罗汉松 Podocarpus macrophyllus
makisterone A 罗汉松甾酮 A 多花筋骨草 Ajuga multiflora, 双盖蕨 Diplazium donianum, 苍白秤钩风 Diploclisia glaucescens, 罗汉松 Podocarpus macrophyllus, 伪泥胡菜 Serratula coronata
makisterone B 罗汉松甾酮 B 川牛膝 Cyathula officinalis, 罗汉松 Podocarpus macrophyllus
makisterone C 罗汉松甾酮 C 苍白秤钩风 Diploclisia glaucescens, 罗汉松 Podocarpus macrophyllus, 伪泥胡菜 Serratula coronata, 海南青牛胆 Tinospora hainanensis
makisterone D 罗汉松甾酮 D 双盖蕨 Diplazium donianum, 罗汉松 Podocarpus macrophyllus
makomotindoline 茭白吲哚 ▲ 茭白黑粉菌 Ustilago esculenta
makomotine A~D 茭白素 ▲A~D 茭白黑粉菌 Ustilago esculenta

M

malabanone 岭南臭椿酮▲ 岭南臭椿 Ailanthus triphysa
malabaricanediol 岭南臭椿二醇▲ 岭南臭椿 Ailanthus triphysa
13*αH*-malabaricatriene 13*αH*-岭南臭椿三烯 倒卵伏石蕨 Lemmaphyllum microphyllum var. obovatum
13*βH*-malabaricatriene 13*βH*-岭南臭椿三烯 倒卵伏石蕨 Lemmaphyllum microphyllum var. obovatum
malabaricol 岭南臭椿醇▲ 岭南臭椿 Ailanthus triphysa
malabaricone A 马拉巴肉豆蔻酮▲A 台湾肉豆蔻 Myristica cagayanensis
malabaricone B, C 马拉巴肉豆蔻酮▲B, C 肉豆蔻 Myristica fragrans
malaccol 马来鱼藤酚 异翅鱼藤 Derris malaccensis
malaferin C 蒜头果素▲C 虎杖 Reynoutria japonica
malanthin 岭南臭椿素▲ 岭南臭椿 Ailanthus triphysa
malatyamine ethyl ester 马拉蒂亚拟芸香胺▲乙酯 火索麻 Helicteres isora
malaxin 沼兰碱▲ 羊耳蒜 Liparis japonica, 见血青 L. nervosa
malayoside 马来见血封喉苷▲ 见血封喉 Antiaris toxicaria, 黄花夹竹桃 Thevetia peruviana
malealdehyde 丁烯二醛 披针观音座莲 Angiopteris caudatiformis
maleic acid 缩苹果酸 石栗 Aleurites moluccana, 美丽崖豆藤 Callerya speciosa, 羊乳 Codonopsis lanceolata, 光叶珙桐 Davidia involucrata var. vilmoriniana, 密褶红菇 Russula densifolia, 绿红菇 R. virescens
maleimide-5-oxime 缩苹果酰亚胺-5-肟 亚麻 Linum usitatissimum
(+)-malekulatine (+)-马勒库拉莲叶桐碱▲ 莲叶桐 Hernandia nymphaeifolia
(-)-malibatol A (-)-马里巴特坡垒酚▲A 葡萄 Vitis vinifera
dl-malic acid *dl*-苹果酸 毛叶山楂 Crataegus maximowiczii, 辽宁山楂 C. sanguinea
L-malic acid L-苹果酸 湖南稗子 Echinochloa frumentacea
malic acid 苹果酸 较常见成分，至少分布于 30 种以上植物中，见于百合科、唇形科、大戟科、豆科、杜鹃花科、番木瓜科、禾本科、葫芦科、姜科、口蘑科、木贼科、泥炭藓科、蔷薇科、茄科、秋海棠科、桃金娘科、五加科、须腹菌科、芸香科、酢浆草科等
L-malic acid dimethyl ester L-苹果酸二甲酯 日本珊瑚树 Viburnum odoratissimum var. awabuki
malic acid-1-methyl-4-ethyl ester 苹果酸-1-甲基-4-乙酯 矮桃 Lysimachia clethroides
(*S*)-malic acid-1-*O*-*α*-D-glucopyranoside (*S*)-苹果酸-1-*O*-*α*-D-吡喃葡萄糖苷 小羊肚菌 Morchella deliciosa
(*S*)-malic acid-1-*O*-*β*-D-glucopyranoside (*S*)-苹果酸-1-*O*-*β*-D-吡喃葡萄糖苷 小羊肚菌 Morchella deliciosa
L-malic acid-2-*O*-gallate *L*-苹果酸-2-*O*-没食子酸酯 余甘子 Phyllanthus emblica
malkangunin 灯油藤素▲ 灯油藤 Celastrus paniculatus
malkanguniol 灯油藤醇▲ 灯油藤 Celastrus paniculatus
malloapelin A 白背叶素 A 云南土沉香 Excoecaria acerifolia, 白背叶 Mallotus apelta
malloapelin B 白背叶素 B 云南土沉香 Excoecaria acerifolia, 白背叶 Mallotus apelta
malloapelin C 白背叶素 C 云南土沉香 Excoecaria acerifolia, 白背叶 Mallotus apelta
malloapelin D 白背叶素 D 白背叶 Mallotus apelta
malloapelta A, B 白背叶萜▲A, B 白背叶 Mallotus apelta
malloapeltic acid 白背叶酸▲ 白背叶 Mallotus apelta
malloapeltine 白背叶亭▲ 血桐 Macaranga tanarius var. tomentosa, 白背叶 Mallotus apelta
mallogenin 野桐苷元 白楸 Mallotus paniculatus
mallogenin-3-*O*-*β*-D-glucopyranosyl-(1 → 4)-*α*-L-rhamnopyranoside 野桐苷元-3-*O*-*β*-D-吡喃葡萄糖基-(1 → 4)-*α*-L-吡喃鼠李糖苷 野梧桐 Mallotus japonicus
mallonanoside A 矮野桐苷▲A 月月红 Ardisia faberi
mallonicusin A~H 野梧桐新素▲A~H 野梧桐 Mallotus japonicus
mallophenol A 野桐酚▲A 苦槠 Castanopsis sclerophylla, 山苦茶 Mallotus peltatus
mallophenol B 野桐酚▲B 血桐 Macaranga tanarius var. tomentosa, 山苦茶 Mallotus peltatus
mallophilinin 粗糠柴宁▲ 血桐 Macaranga tanarius var. tomentosa
malloprenol 11, 12 野梧桐烯醇 11, 12 狐尾藻 Myriophyllum verticillatum
mallorepine 石岩枫碱▲ 石岩枫 Mallotus repandus
malloside 野桐苷▲ 野梧桐 Mallotus japonicus, 白楸 M. paniculatus
mallotannin A, B 野桐鞣质▲A, B 野梧桐 Mallotus japonicus
mallotinic acid 野桐酸 血桐 Macaranga tanarius var. tomentosa, 野梧桐 Mallotus japonicus, 石岩枫 M. repandus
mallotinin 野桐亭宁▲ 石岩枫 Mallotus repandus
mallotochromanol 野桐色烷醇 野梧桐 Mallotus japonicus
mallotochromene 野桐色烯 野梧桐 Mallotus japonicus
mallotojaponol 野梧桐醇▲ 野梧桐 Mallotus japonicus
mallotolerin 野桐灵素▲ 野梧桐 Mallotus japonicus
mallotophenone 野桐苯酮 野梧桐 Mallotus japonicus
mallotophilippen A~E 粗糠柴烯 A~E 粗糠柴 Mallotus philippensis
mallotucin A 野桐辛▲A 鸡骨香 Croton crassifolius, 石岩枫 Mallotus repandus
mallotucin B 野桐辛▲B 鸡骨香 Croton crassifolius, 石岩枫 Mallotus repandus

mallotucin C, D 野桐辛▲C, D 石岩枫 Mallotus repandus
mallotunin 野桐宁▲ 血桐 Macaranga tanarius var. tomentosa
mallotus A, B 野桐斯酚▲A, B 粗糠柴 Mallotus philippensis
mallotusin 野桐素 白背叶 Mallotus apelta
mallotusinic acid 野桐鞣酸 血桐 Macaranga tanarius var. tomentosa, 野梧桐 Mallotus japonicus, 石岩枫 M. repandus
mallotusinin 野桐西宁▲ 红穗铁苋菜 Acalypha hispida, 泽漆 Euphorbia helioscopia, 地锦 E. humifusa
malonic acid 丙二酸 问荆 Equisetum arvense, 绞股蓝 Gynostemma pentaphyllum, 香柏 Juniperus pingii var. wilsonii, 洋吊钟 Kalanchoe verticillata, 枸杞 Lycium chinense, 烟草 Nicotiana tabacum, 菜豆 Phaseolus vulgaris
malonyl-caffeoylquinic acid 丙二酰基 - 咖啡酰奎宁酸 木龙葵 Solanum scabrum
malonylcyanidin-3-glucoside 丙二酰矢车菊素 -3- 葡萄糖苷 紫萍 Spirodela polyrrhiza
malonyl-ginsenoside Ra_3 丙二酰人参皂苷 Ra_3 人参 Panax ginseng
6''-malonylginsenoside Rb_1 6''- 丙二酰人参皂苷 Rb_1 绞股蓝 Gynostemma pentaphyllum
malonyl-ginsenoside Rb_1 丙二酰人参皂苷 Rb_1 人参 Panax ginseng, 三七 P. notoginseng, 西洋参 P. quinquefolius
malonyl-ginsenoside Rb_2 丙二酰人参皂苷 Rb_2 人参 Panax ginseng, 三七 P. notoginseng, 西洋参 P. quinquefolius
malonyl-ginsenoside Rb_3 丙二酰人参皂苷 Rb_3 三七 Panax notoginseng
malonyl-ginsenoside Rc 丙二酰人参皂苷 Rc 人参 Panax ginseng, 三七 P. notoginseng, 西洋参 P. quinquefolius
6''-malonylginsenoside Rd 6''- 丙二酰人参皂苷 Rd 绞股蓝 Gynostemma pentaphyllum
malonyl-ginsenoside Rd 丙二酰人参皂苷 Rd 人参 Panax ginseng, 三七 P. notoginseng, 西洋参 P. quinquefolius
malonyl-ginsenoside Rg_1 丙二酰人参皂苷 Rg_1 三七 Panax notoginseng
6''-malonylgypenoside V 6''- 丙二酰绞股蓝苷 V 绞股蓝 Gynostemma pentaphyllum
malonylnotoginsenoside Fa, R_4 丙二酰三七皂苷 Fa, R_4 三七 Panax notoginseng
malonylnotoginsenoside R_4 丙二酰三七皂苷 R_4 人参 Panax ginseng
malonyloleanolic acid hemiester 齐墩果酸丙二酸半酯 锁阳 Cynomorium songaricum
maltol 麦芽酚 冷杉 Abies fabri, 假贝母 Bolbostemma paniculatum, 马蹄金 Dichondra micrantha, 甘遂 Euphorbia kansui, 荚叶五加 Gamblea evodiifolia, 毛草龙 Ludwigia octovalvis, 针毛蕨 Macrothelypteris oligophlebia, 人参 Panax ginseng, 金铁锁 Psammosilene tunicoides, 槐 Sophora japonica, 越南槐 S. tonkinensis, 马钱子 Strychnos nux-vomica, 白车轴草 Trifolium repens
maltol glucoside 麦芽酚葡萄糖苷 槲蕨 Drynaria roosii
maltol-(6-*O*-acetyl)-*β*-D-glucopyranoside 麦芽酚 -(6-*O*- 乙酰基)-*β*-D- 吡喃葡萄糖苷 金铁锁 Psammosilene tunicoides
maltol-3-*O*-(6-*O*-dihydroferuloyl)-*β*-D-glucopyranoside 麦芽酚 -3-*O*-(6-*O*- 二氢阿魏酰基)-*β*-D- 吡喃葡萄糖苷 金铁锁 Psammosilene tunicoides
maltol-3-*O*-[6'-*O*-(4''-hydroxyl-transcinnamyl)]-*β*-D-glucopyranoside 麦芽酚 -3-*O*-[6'-*O*-(4''- 羟基 - 反式 - 桂皮酰基)]-*β*-D- 吡喃葡萄糖苷 金铁锁 Psammosilene tunicoides
maltol-3-*O*-[6'-*O*-(4''-hydroxyl-*trans*-cinnamyl)]-*β*-D-glucopyranoside 麦芽酚 -3-*O*-[6'-*O*-(4''- 羟基 - 反式 - 桂皮酰基)]-*β*-D- 吡喃葡萄糖苷 刺槐 Robinia pseudoacacia
maltol-3-*O*-*β*-D-glucopyranoside 麦芽酚 -3-*O*-*β*-D- 吡喃葡萄糖苷 野拔子 Elsholtzia rugulosa
maltol-3-*O*-*β*-D-glucoside 麦芽酚 -3-*O*-*β*-D- 葡萄糖苷 针毛蕨 Macrothelypteris oligophlebia
maltol-6'-*O*-(5-*O*-*p*-coumaroyl)-*β*-D-apiofuranosyl-*β*-D-glucopyranoside 麦芽酚 -6'-*O*-(5-*O*- 对香豆酰基)-*β*-D- 呋喃芹糖基 -*β*-D- 吡喃葡萄糖苷 野拔子 Elsholtzia rugulosa, 攀茎耳草 Hedyotis scandens, 牛至 Origanum vulgare
maltol-6-*O*-*cis*-*p*-coumaroyl-*β*-D-glucopyranoside 麦芽酚 -6-*O*- 顺式 - 对香豆酰基 -*β*-D- 吡喃葡萄糖苷 金铁锁 Psammosilene tunicoides
maltol-6'-*O*-*β*-D-apiofuranosyl-*β*-D-glucopyranoside 麦芽酚 -6'-*O*-*β*-D- 呋喃芹糖基 -*β*-D- 吡喃葡萄糖苷 野拔子 Elsholtzia rugulosa
maltol-6'-*β*-D-apiofuranosyl-*β*-D-glucopyranoside 麦芽酚 -6'-*β*-D- 呋喃芹糖基 -*β*-D- 吡喃葡萄糖苷 攀茎耳草 Hedyotis scandens
maltol-*O*-glucoside 麦芽酚 -*O*- 葡萄糖苷 小蓝雪花 Ceratostigma minus
maltol-*β*-D-glucopyranoside 麦芽酚 -*β*-D- 吡喃葡萄糖苷 披针观音座莲 Angiopteris caudatiformis, 鱼藤 Derris trifoliata, 短柄五加 Eleutherococcus brachypus, 紫萁 Osmunda japonica, 金铁锁 Psammosilene tunicoides
maltose 麦芽糖 披针观音座莲 Angiopteris caudatiformis, 日本木瓜 Chaenomeles japonica, 枸杞 Lycium chinense, 菜豆 Phaseolus vulgaris, 豌豆 Pisum sativum, 孩儿参 Pseudostellaria heterophylla, 玄参 Scrophularia ningpoensis, 疏叶卷柏 Selaginella remotifolia, 粗叶泥炭藓 Sphagnum squarrosum, 黄牛奶树 Symplocos laurina, 杂种车轴草 Trifolium hybridum
maltotriose 麦芽三糖 杂种车轴草 Trifolium hybridum
malvalic acid 锦葵酸 繁穗苋 Amaranthus cruentus, 梧桐 Firmiana simplex, 脉叶木蓝 Indigofera venulosa, 赛葵 Malvastrum coromandelianum, 马松子 Melochia corchorifolia, 午时花 Pentapetes phoenicea, 黄花稔 Sida acuta, 香苹婆 Sterculia foetida, 桐棉 Thespesia populnea, 长勾刺蒴麻 Triumfetta pilosa
malvidin 锦葵素 长春花 Catharanthus roseus, 木槿 Hibiscus syriacus, 玉蝉花 Iris ensata, 燕子花 I. laevigata, 黑果枸杞 Lycium ruthenicum, 大蕉 Musa × paradisiaca, 籼稻 Oryza sativa subsp. indica, 藏报春 Primula sinensis, 杜鹃花 Rhododendron simsii, 黑果越桔 Vaccinium myrtillus, 蚕豆 Vicia faba, 西堇菜 Viola phalacrocarpa, 深山堇菜 V. selkirkii, 刺葡萄 Vitis davidii
malvidin aroylglucopyranoside 锦葵素芳酰吡喃葡萄糖苷 葛藟葡萄 Vitis flexuosa
malvidin glucopyranoside 锦葵素吡喃葡萄糖苷 凤仙花 Impatiens balsamina
malvidin-3-(6''-*O*-*cis*-*p*-coumaroyl)-*β*-D-glucoside 锦葵素 -3-(6''-*O*- 顺式 - 对香豆酰基)-*β*-D- 葡萄糖苷 山葡萄 Vitis amurensis
malvidin-3-(caffeoyl-rutinoside)-5-glucoside 锦葵素 -3-(咖啡酰芸香糖苷)-5- 葡萄糖苷 番茄 Lycopersicon esculentum
malvidin-3-(coumaroyl-rutinoside)-5-glucoside 锦葵素 -3-(香豆酰芸香糖苷)-5- 葡萄糖糖苷 番茄 Lycopersicon esculentum

malvidin-3-(*p*-coumaroyl)-rutinosido-5-glucoside 锦葵素 -3- 对香豆酰芸香糖苷 -5- 葡萄糖苷 燕子花 Iris laevigata
malvidin-3,5-diglucopyranoside 锦葵素 -3,5- 二吡喃葡萄糖苷 美丽胡枝子 Lespedeza formosa, 葛藟葡萄 Vitis flexuosa
malvidin-3,5-diglucoside 锦葵素 -3,5- 二葡萄糖苷 千屈菜 Lythrum salicaria, 大花山牵牛 Thunbergia grandiflora
malvidin-3,5-di-*O*-glucopyranoside 锦葵素 -3,5- 二 -*O*- 吡喃葡萄糖苷 黑果枸杞 Lycium ruthenicum
malvidin-3,5-di-*O*-*β*-D-glucopyranoside 锦葵素 -3,5- 二 -*O*-*β*-D- 吡喃葡萄糖苷 假杜鹃 Barleria cristata, 夏枯草 Prunella vulgaris, 块茎芦莉草 Ruellia tuberosa, 山葡萄 Vitis amurensis
malvidin-3,5-*O*-diglucoside 锦葵素 -3,5-*O*- 二葡萄糖苷 刺葡萄 Vitis davidii
malvidin-3-arabinopyranoside 锦葵素 -3- 吡喃阿拉伯糖苷 紫薇 Lagerstroemia indica
malvidin-3-glucopyranoside 锦葵素 -3- 吡喃葡萄糖苷 荔枝 Litchi chinensis
malvidin-3-glucoside 锦葵素 -3- 葡萄糖苷 黑茶藨子 Ribes nigrum
malvidin-3-monoglucopyranoside 锦葵素 -3- 单吡喃葡萄糖苷 葛藟葡萄 Vitis flexuosa
malvidin-3-*O*-(4-*p*-*trans*-coumaroyl-*α*-L-rhamnopyranosyl)-(1 → 6)-*O*-*β*-D-glucopyranoside-5-*O*-*β*-D-glucopyranoside 锦葵素 -3-*O*-(4- 对反式香豆酰基 -*α*-L- 吡喃鼠李糖基)-(1 → 6)-*O*-*β*-D- 吡喃葡萄糖苷 -5-*O*-*β*-D- 葡萄糖苷 玉蝉花 Iris ensata
malvidin-3-*O*-(6-*O*-(4-*O*-(4-*O*-(6-*O*-caffeoyl-*β*-D-glucopyranosyl)-caffeoyl)-*α*-L-rhamnosyl)-*β*-D-glucopyranoside)-5-*O*-*β*-D-glucopyranoside 锦葵素 -3-*O*-[6-*O*-(4-*O*-(4-*O*-(6-*O*- 咖啡酰基 -*β*-D- 吡喃葡萄糖基)- 咖啡酰基)-*α*-L- 鼠李糖基)-*β*-D- 吡喃葡萄糖苷)-5-*O*-*β*-D- 吡喃葡萄糖苷 碧冬茄 Petunia hybrida
malvidin-3-*O*-(6-*O*-(4-*O*-(4-*O*-(6-*O*-caffeoyl-*β*-D-glucopyranosyl)-*p*-coumaroyl)-*α*-L-rhamnosyl)-*β*-D-glucopyranoside)-5-*O*-*β*-D-glucopyranoside 锦葵素 -3-*O*-[6-*O*-(4-*O*-(4-*O*-(6-*O*- 咖啡酰基 -*β*-D- 吡喃葡萄糖基)- 对香豆酰基)-*α*-L- 鼠李糖基)-*β*-D- 吡喃葡萄糖苷)-5-*β*-D- 吡喃葡萄糖苷 碧冬茄 Petunia hybrida
malvidin-3-*O*-(6-*O*-(4-*O*-(4-*O*-(6-*O*-*E*-*p*-coumaroyl-*β*-D-glucopyranosyl)-*E*-*p*-coumaroyl)-*α*-rhamnosyl)-*β*-D-glucopyranoside)-5-*β*-D-glucopyranoside 锦葵素 -3-*O*-[6-*O*-(4-*O*-(4-*O*-(6-*O*-*E*- 对香豆酰基 -*β*-D- 吡喃葡萄糖基)-*E*- 对香豆酰基)-*α*- 鼠李糖基)-*β*-D- 吡喃葡萄糖苷)-5-*β*-D- 吡喃葡萄糖苷 碧冬茄 Petunia hybrida
malvidin-3-*O*-(6-*O*-(4-*O*-(4-*O*-(6-*O*-feruloyl-*β*-D-glucopyranosyl)-*E*-*p*-coumaroyl)-*α*-rhamnosyl)-*β*-D-glucopyranoside)-5-*β*-D-glucopyranoside 锦葵素 -3-*O*-[6-*O*-(4-*O*-(4-*O*-(6-*O*- 阿魏酰基 -*β*-D- 吡喃葡萄糖基)-*E*- 对香豆酰基)-*α*-L- 鼠李糖基)-*β*-D- 吡喃葡萄糖苷)-5-*β*-D- 吡喃葡萄糖苷 碧冬茄 Petunia hybrida
malvidin-3-*O*-(6-*O*-(4-*O*-caffeoyl-*α*-L-rhamnosyl)-*β*-D-glucopyranoside)-5-*O*-*β*-D-giucopyranoside 锦葵素 -3-*O*-[6-*O*-(4-*O*- 咖啡酰基 -*α*-L- 鼠李糖基)-*β*-D- 吡喃葡萄糖苷]-5-*O*-*β*- 吡喃葡萄糖苷 碧冬茄 Petunia hybrida
malvidin-3-*O*-(6-*O*-(4-*O*-*p*-coumaroyl)-*α*-L-rhamnosyl)-*β*-D-glucopyranoside)-5-*O*-*β*-D-giucopyranoside 锦葵素 -3-*O*-[6-*O*-(4-*O*- 对香豆酰基)-*α*-L- 鼠李糖基)-*β*-D- 吡喃葡萄糖苷)-5-*β*-D- 吡喃葡萄糖苷 碧冬茄 Petunia hybrida
malvidin-3-*O*-(6-*O*-acetyl)-glucopyranoside-4-vinylphenol 锦葵素 -3-*O*-(6-*O*- 乙酰基)- 吡喃葡萄糖苷 -4- 乙烯基苯酚 山葡萄 Vitis amurensis
trans-malvidin-3-*O*-(6-*O*-*p*-coumaryl)-5-*O*-diglucoside 反式 - 锦葵素 -3-*O*-(6-*O*- 对香豆酰基)-5-*O*- 二葡萄糖苷 山葡萄 Vitis amurensis
cis-malvidin-3-*O*-(6-*O*-*p*-coumaryl)-5-*O*-diglucoside 顺式 - 锦葵素 -3-*O*-(6-*O*- 对香豆酰基)-5-*O*- 二葡萄糖苷 山葡萄 Vitis amurensis
malvidin-3-*O*-(6-*O*-*p*-coumaryl)-glucopyranoside 锦葵素 -3-*O*-(6-*O*- 对香豆酰)- 吡喃葡萄糖苷 黑果枸杞 Lycium ruthenicum
trans-malvidin-3-*O*-(6-*O*-*p*-coumaryl)-glucoside 反式 - 锦葵素 -3-*O*-(6-*O*- 对香豆酰基)- 葡萄糖苷 山葡萄 Vitis amurensis
malvidin-3-*O*-(6-*O*-*p*-coumaryl-3-*O*-acetyl)-5-*O*-diglucopyranoside 锦葵素 -3-*O*-(6-*O*- 对香豆酰基 -3-*O*- 乙酰基)-5-*O*- 二吡喃葡萄糖苷 黑果枸杞 Lycium ruthenicum
malvidin-3-*O*-[(4'''-*O*-*p*-coumaroyl)-*α*-L-rhamnopyranosyl)-(1''' → 6'')-*β*-D-glucopyranoside]-5-*O*-*β*-D-glucopyranoside 锦葵素 -3-*O*-[(4'''-*O*- 对香豆酰基)-*α*-L- 吡喃鼠李糖基)-(1''' → 6'')-*β*-D- 吡喃葡萄糖基]-5-*O*-*β*-D- 吡喃葡萄糖苷 阳芋 Solanum tuberosum
malvidin-3-*O*-[6-*O*-(3-hydroxy-3-methylglutaryl)-*β*-D-glucopyranoside] 锦葵素 -3-*O*-[6-*O*-(3- 羟基 -3- 甲基戊二基)-*β*-D- 吡喃葡萄糖苷] 野凤仙花 Impatiens textorii
malvidin-3-*O*-[6-*O*-(4-*O*-*E*-cafferoyl-*α*-L-rhamnopyranosyl)-*β*-D-glucopyranoside]-5-*O*-*β*-D-glucopyranoside 锦葵素 -3-*O*-[6-*O*-(4-*O*-*E*- 咖啡酰基 -*α*-L- 吡喃鼠李糖基)-*β*-D- 吡喃葡萄糖苷]-5-*O*-*β*-D- 吡喃葡萄糖苷 碧冬茄 Petunia hybrida
malvidin-3-*O*-[6-*O*-(4-*O*-*Z*-cafferoyl-*α*-L-rhamnopyranosyl)-*β*-D-glucopyranoside]-5-*O*-*β*-D-glucopyranoside 锦葵素 -3-*O*-[6-*O*-(4-*O*- 顺式 - 对香豆酰基 -*α*-L- 吡喃鼠李糖基)-*β*-D- 吡喃葡萄糖苷]-5-*O*-*β*-D- 吡喃葡萄糖苷 碧冬茄 Petunia hybrida
malvidin-3-*O*-acetylglucopyranoside 锦葵素 -3-*O*- 乙酰吡喃葡萄糖苷 豇豆 Vigna unguiculata
malvidin-3-*O*-acetylglucoside-5-*O*-glucoside 锦葵素 -3-*O*- 乙酰葡萄糖苷 -5-*O*- 葡萄糖苷 刺葡萄 Vitis davidii
malvidin-3-*O*-caffeoylglucopyranosyl-*p*-coumaroylrutinoside-5-glucopyranoside 锦葵素 -3-*O*- 咖啡酰吡喃葡萄糖基 - 对香豆酰芸香糖苷 -5- 吡喃葡萄糖苷 碧冬茄 Petunia hybrida
malvidin-3-*O*-caffeoylglucoside 锦葵素 -3-*O*- 咖啡酰葡萄糖苷 刺葡萄 Vitis davidii
malvidin-3-*O*-caffeoylglucoside-5-*O*-glucoside 锦葵素 -3-*O*- 咖啡酰葡萄糖苷 -5-*O*- 葡萄糖苷 刺葡萄 Vitis davidii
malvidin-3-*O*-*cis*-coumaroylglucoside-5-*O*-glucoside 锦葵素 -3-*O*- 顺式 - 香豆酰葡萄糖苷 -5-*O*- 葡萄糖苷 刺葡萄 Vitis davidii
malvidin-3-*O*-coumaroylglucoside 锦葵素 -3-*O*- 香豆酰葡萄糖苷 刺葡萄 Vitis davidii
malvidin-3-*O*-feruoyl-hexoside-5-*O*-hexoside 锦葵素 -3-*O*- 阿魏酰己糖苷 -5-*O*- 己糖苷 木龙葵 Solanum scabrum
malvidin-3-*O*-glucopyranoside 锦葵素 -3-*O*- 吡喃葡萄糖苷 异果小檗 Berberis heteropoda, 菜豆 Phaseolus vulgaris, 豇豆 Vigna unguiculata
malvidin-3-*O*-glucopyranoside-4-vinylphenol 锦葵素 -3-*O*- 吡喃葡萄糖苷 -4- 乙烯基苯酚 山葡萄 Vitis amurensis
malvidin-3-*O*-monoglucoside 锦葵素 -3-*O*- 单葡萄糖苷 刺葡萄 Vitis davidii
malvidin-3-*O*-monoglucoside-acetaldehyde 锦葵素 -3-*O*- 单葡萄糖苷 - 乙醛 刺葡萄 Vitis davidii
malvidin-3-*O*-*p*-coumaroyl-hexoside-5-*O*-hexoside 锦葵素 -3-*O*- 对香豆酰己糖苷 -5-*O*- 己糖苷 木龙葵 Solanum scabrum
malvidin-3-*O*-rutinoside-(*cis*-*p*-coumaroyl)-5-*O*-glucopyranoside 锦葵素 -3-*O*- 芸香糖苷 -(顺式 - 对香豆酰基)-5-*O*- 吡喃葡萄糖苷 黑果枸

杞 Lycium ruthenicum
malvidin-3-*O*-*trans*-coumaroylglucoside-5-*O*-glucoside 锦葵素 -3-*O*- 反式 - 香豆酰葡萄糖苷 -5-*O*- 葡萄糖苷 刺葡萄 Vitis davidii
malvidin-3-*O*-*α*-L-arabinopyranoside 锦葵素 -3-*O*-*α*-L- 吡喃阿拉伯糖苷 黑果越桔 Vaccinium myrtillus, 腺齿越桔 V. oldhamii, 笃斯越桔 V. uliginosum
malvidin-3-*O*-*β*-D-arabinopyranoside-5-*O*-*β*-D-glucopyranoside 锦葵素 -3-*O*-*β*-D- 吡喃阿拉伯糖苷 -5-*O*-*β*-D- 吡喃葡萄糖苷 刺毛杜鹃花 Rhododendron championiae
malvidin-3-*O*-*β*-D-galactopyranoside 锦葵素 -3-*O*-*β*-D- 吡喃半乳糖苷 黑果越桔 Vaccinium myrtillus, 腺齿越桔 V. oldhamii, 笃斯越桔 V. uliginosum
malvidin-3-*O*-*β*-D-glucopyranoside 锦葵素 -3-*O*-*β*-D- 吡喃葡萄糖苷 桃金娘 Rhodomyrtus tomentosa, 黑果越桔 Vaccinium myrtillus, 笃斯越桔 V. uliginosum, 山葡萄 Vitis amurensis
malvidin-3-*O*-*β*-D-glucopyranoside-4-acetaldehyde 锦葵素 -3-*O*-*β*-D- 吡喃葡萄糖苷 -4- 乙醛 山葡萄 Vitis amurensis
malvidin-3-*O*-*β*-D-glucopyranoside-4-pyruvic acid 锦葵素 -3-*O*-*β*-D- 吡喃葡萄糖苷 -4- 丙酮酸 山葡萄 Vitis amurensis
malvidin-3-rutinoside 锦葵素 -3- 芸香糖苷 大蕉 Musa × paradisiaca, 黑茶藨子 Ribes nigrum, 蘘荷 Zingiber mioga
malvidin-3-rutinoside-5-glucoside 锦葵素 -3- 芸香糖苷 -5- 葡萄糖糖苷 番茄 Lycopersicon esculentum
malvidin-3-sophorosido-5-monoglucopyranoside 锦葵素 -3- 槐糖苷 -5- 单吡喃葡萄糖苷 葛藟葡萄 Vitis flexuosa
malyngamide 3, 4, A~W 巨大鞘丝藻加酰胺▲3, 4, A~W 巨大鞘丝藻 Lyngbya majuscula
malyngolide 巨大鞘丝藻内酯▲ 巨大鞘丝藻 Lyngbya majuscula
malyngolide dimer 巨大鞘丝藻内酯▲二聚体 巨大鞘丝藻 Lyngbya majuscula
(+)-mamanine (+)- 黄叶槐碱 苦参 Sophora flavescens
mamanine 黄叶槐碱 短绒槐 Sophora velutina
mamegakinone 君迁子醌 柿 Diospyros kaki, 野柿 D. kaki var. silvestris, 君迁子 D. lotus
mammea E/BB, E/BD 黄果木素▲E/BB, E/BD 红雀珊瑚 Pedilanthus tithymaloides
mammeigin 曼密苹果精 铁力木 Mesua ferrea
mammeisin 曼密苹果素 铁力木 Mesua ferrea
manaliadiol-3-palmitate 马尼拉榄香脂二醇 -3- 棕榈酸酯 川西小黄菊 Pyrethrum tatsienense
mananthoside I 野靛棵苷▲I 小果叶下珠 Phyllanthus reticulatus
erythro,erythro-manassantin A 赤式 , 赤式 - 蜥尾草亭▲A 三白草 Saururus chinensis
threo,erythro-manassantin A 苏式 , 赤式 - 蜥尾草亭▲A 三白草 Saururus chinensis
manassantin A, B 蜥尾草亭▲A, B 三白草 Saururus chinensis
mandarone A~D, F, G, H 海通酮 A~D, F, G, H 海通 Clerodendrum mandarinorum
mandarone E 海通酮 E 臭牡丹 Clerodendrum bungei, 尖齿臭茉莉 C. lindleyi, 海通 C. mandarinorum, 海州常山 C. trichotomum
D-mandelic acid D- 扁桃酸 梅 Armeniaca mume
(*R*)-mandelonitrile-rutinoside (*R*)- 扁桃腈芸香糖苷 鸡蛋果 Passiflora edulis
mandshunoside A~E 辣蓼铁线莲皂苷▲A~E 辣蓼铁线莲 Clematis terniflora var. mandshurica
mandshurin 水曲柳素▲ 水曲柳 Fraxinus mandshurica
mangaphenone 莽吉柿苯甲酮▲ 莽吉柿 Garcinia mangostana
mangaxanthone A, B 山竺呫酮▲A, B 莽吉柿 Garcinia mangostana
mangcoumarin 杧果香豆素 杧果 Mangifera indica
mangdesisterol 杧果甾醇 温郁金 Curcuma wenyujin, 小齿锥花 Gomphostemma microdon, 杧果 Mangifera indica
mangeudesmenone 杧果桉叶烯酮 杧果 Mangifera indica
mangfarnasoic acid 杧果金合欢酸▲ 杧果 Mangifera indica
manghaslin 海杧果林素▲ 马利筋 Asclepias curassavica, 海杧果 Cerbera manghas, 日本厚朴 Houpoëa obovata, 仙人掌 Opuntia stricta var. dillenii, 毛钩藤 Uncaria hirsuta
manghopanal 杧果何帕醛▲ 杧果 Mangifera indica
mangiferadiol 杧果二醇▲ 莽吉柿 Garcinia mangostana, 杧果 Mangifera indica
mangiferin 杧果苷 较常见成分，至少分布于 30 种以上植物中，见于百合科、翅子藤科、豆科、骨碎补科、金虎尾科、锦葵科、龙胆科、木棉科、猕猴桃科、漆树科、瑞香科、石竹科、水龙骨科、藤黄科、鸢尾科、远志科、肿足蕨科等
mangiferin-6'-*O*-gallate 杧果苷 -6'-*O*- 没食子酸酯 杧果 Mangifera indica
mangiferolic acid 杧果醇酸 冷杉 Abies fabri, 莽吉柿 Garcinia mangostana, 地枫皮 Illicium difengpi, 红花八角 I. dunnianum, 南五味子 Kadsura longipedunculata, 杧果 Mangifera indica
mangiferolic acid methyl ester 杧果醇酸甲酯 杧果 Mangifera indica
mangiferonic acid 杧果酮酸 冷杉 Abies fabri, 尼泊尔桤木 Alnus nepalensis, 黄桐 Endospermum chinense, 地枫皮 Illicium difengpi, 黑老虎 Kadsura coccinea, 杧果 Mangifera indica
mangiferonic acid methyl ester 杧果酮酸甲酯 挥发油成分，未统计基源
manglieside D 木莲苷▲D 厚朴 Houpoëa officinalis, 酸叶胶藤 Urceola rosea
manglupenone 杧果羽扇豆烯酮 杧果 Mangifera indica
mangochinine 桂南木莲碱▲ 桂南木莲 Manglietia conifera
mangochinine chloride 桂南木莲碱▲氯化物 桂南木莲 Manglietia conifera
mangochinine hydroxide 桂南木莲碱▲氢氧化物 桂南木莲 Manglietia conifera

M

mangoleanone 杧果齐墩果酮▲ 杧果 Mangifera indica
mangosharin 倒捻子沙灵▲ 莽吉柿 Garcinia mangostana
mangostanaxanthone I, II 莽吉柿新屾酮▲I, II 莽吉柿 Garcinia mangostana
11α-mangostanin 11α- 倒捻子宁 莽吉柿 Garcinia mangostana
mangostanin 倒捻子宁 莽吉柿 Garcinia mangostana
mangostanol 倒捻子醇 莽吉柿 Garcinia mangostana
mangostenol 倒捻子烯醇▲ 莽吉柿 Garcinia mangostana
mangostenone A~G 倒捻子烯酮▲A~G 莽吉柿 Garcinia mangostana
α-mangostin α- 倒捻子素 黄牛木 Cratoxylum cochinchinense, 红芽木 C. formosum subsp. pruniflorum, 云树 Garcinia cowa, 莽吉柿 G. mangostana
β-mangostin β- 倒捻子素 黄牛木 Cratoxylum cochinchinense, 红芽木 C. formosum subsp. pruniflorum, 云树 Garcinia cowa, 莽吉柿 G. mangostana
γ-mangostin γ- 倒捻子素 黄牛木 Cratoxylum cochinchinense, 红芽木 C. formosum subsp. pruniflorum, 云树 Garcinia cowa, 莽吉柿 G. mangostana, 金丝梅 Hypericum patulum
mangostin 倒捻子素 黄牛木 Cratoxylum cochinchinense, 云树 Garcinia cowa
α-mangostin-3,6-diyl diacetate α- 倒捻子素 -3,6- 二乙酯 莽吉柿 Garcinia mangostana
mangostingone 倒捻子素酮▲ 莽吉柿 Garcinia mangostana
mangostinone 倒捻子酮 云树 Garcinia cowa, 莽吉柿 G. mangostana
mangoxanthone 莽吉柿屾酮▲ 莽吉柿 Garcinia mangostana
mangsterol 杧果甾烯▲ 杧果 Mangifera indica
maniladiol 马尼拉榄香脂二醇 向日葵 Helianthus annuus, 长突仙人掌 Mammillaria longimamma, 水红木 Viburnum cylindricum
maniladiol-3-*O*-laurate 马尼拉榄香脂二醇 -3-*O*- 月桂酸酯 金盏花 Calendula officinalis
maniladiol-3-*O*-palmitate 马尼拉榄香脂二醇 -3-*O*- 棕榈酸酯 水朝阳旋覆花 Inula helianthusaquatilis
maniladiol-3β-*O*-myristate 马尼拉榄香脂二醇 -3β-*O*- 肉豆蔻酸酯 菊花 Chrysanthemum morifolium
maniladiol-3β-*O*-palmitate 马尼拉榄香脂二醇 -3β-*O*- 棕榈酸酯 菊花 Chrysanthemum morifolium
manilamine 马尼拉糖胶树胺▲ 糖胶树 Alstonia scholaris
manilkoraside 人心果苷▲ 人心果 Manilkara zapota
maninsigin A~D 红色木莲素▲A~D 红花木莲 Manglietia insignis
mannan 甘露聚糖 磨芋 Amorphophallus konjac
manneoinsigin A, B 红色木莲新素▲A, B 红花木莲 Manglietia insignis
(+)-mannitol (+)- 甘露醇 椿叶花椒 Zanthoxylum ailanthoides
D-mannitol D- 甘露醇 较常见成分，至少分布于 30 种以上植物中，见于侧耳科、虫草菌科、豆科、番荔枝科、菊科、卷柏科、苦木科、离褶伞科、列当科、灵芝科、龙胆科、麦角菌科、木犀科、茜草科、茄科、肉座菌科、伞形科、藤黄科、五加科、线形虫草科、小皮伞科、玄参科、紫草科等
L-mannitol L- 甘露醇 蒺藜 Tribulus terrestris
mannitol 甘露醇 较常见成分，至少分布于 30 种以上植物中，见于百合科、虫草菌科、大戟科、大麻科、豆科、海带科、海膜科、黑粉菌科、红叶藻科、菊科、巨藻科、口蘑科、裂褶菌科、龙胆科、马鞭草科、马尾藻科、牻牛儿苗科、毛茛科、梅衣科、木犀科、内枝藻科、泡头菌科、瓶口衣科、茜草科、蔷薇科、茄科、球盖菇科、伞形科、十字花科、石竹科、使君子科、网褶菌科、玄参科、醉鱼草科等
mannolide A, B, C 西双版纳粗榧内酯 A, B, C 海南粗榧 Cephalotaxus mannii
mannopyranosyl-β-1-2-inositol-1-phosphoceramide 吡喃甘露糖 -β-1-2- 肌醇 -1- 磷酰神经酰胺 双孢蘑菇 Agaricus bisporus
D-mannose D- 甘露糖 磨芋 Amorphophallus konjac, 山香 Hyptis suaveolens, 枸杞 Lycium chinense
mannose 甘露糖 多花紫藤 Wisteria floribunda
α-mannosidase I, II α- 甘露糖苷酶 I, II 赤小豆 Vigna umbellata
mannotriose 甘露三糖 东方泽泻 Alisma orientale, 虎掌藤 Ipomoea pes-tigridis, 毛蕊花 Verbascum thapsum
manogenin 曼诺皂苷元 龙舌兰 Agave americana, 玉簪 Hosta plantaginea, 凤尾丝兰 Yucca gloriosa
manogenin-3-*O*-α-L-rhamnopyranosyl-β-lycotetraoside 曼诺皂苷元 -3-*O*-α-L- 吡喃鼠李糖基 -β- 石蒜四糖苷 凤尾丝兰 Yucca gloriosa
manogenin-3-*O*-β-lycotetraoside 曼诺皂苷元 -3-*O*-β- 石蒜四糖苷 凤尾丝兰 Yucca gloriosa
manool 泪柏醇 挥发油成分，未统计基源
manoyl oxide 泪柏醚 挥发油成分，未统计基源
manshurienine A, B 木通马兜铃宁素▲A, B 木通马兜铃 Aristolochia manshuriensis
manshuritine 东北乌头碱▲ 光梗鸭绿乌头 Aconitum jaluense var. glabrescens
manshurolide 木通马兜铃内酯▲ 瓜叶马兜铃 Aristolochia cucurbitifolia, 西藏马兜铃 A. griffithii, 大叶马兜铃 A. kaempferi, 木通马兜铃 A. manshuriensis, 寻骨风 A. mollissima
mansonin 曼森梧桐素▲ 鹊肾树 Streblus asper
mansonone C 曼森梧桐酮▲C 八角枫 Alangium chinense, 桐棉 Thespesia populnea, 裂叶榆 Ulmus laciniata, 榔榆 U. parvifolia
mansonone D, G 曼森梧桐酮▲D, G 桐棉 Thespesia populnea
mansonone E 曼森梧桐酮▲E 八角枫 Alangium chinense, 山芝麻 Helicteres angustifolia, 台湾芙蓉 Hibiscus taiwanensis, 桐棉 Thespesia populnea, 黑榆 Ulmus davidiana, 春榆 U. davidiana var. japonica, 裂叶榆 U. laciniata, 榔榆 U. parvifolia, 榆 U. pumila

M

mansonone F 曼森梧桐酮 ▲F 山芝麻 Helicteres angustifolia, 黑榆 Ulmus davidiana, 春榆 U. davidiana var. japonica, 裂叶榆 U. laciniata, 榆 U. pumila
mansonone H 曼森梧桐酮 ▲H 八角枫 Alangium chinense, 山芝麻 Helicteres angustifolia, 台湾芙蓉 Hibiscus taiwanensis, 桐棉 Thespesia populnea, 黑榆 Ulmus davidiana
mansonone H methyl ester 曼森梧桐酮 ▲H 甲酯 山芝麻 Helicteres angustifolia
mansonone I 曼森梧桐酮 ▲I 黑榆 Ulmus davidiana
mansonone M 曼森梧桐酮 ▲M 山芝麻 Helicteres angustifolia, 桐棉 Thespesia populnea
mansonone S 曼森梧桐酮 ▲S 桐棉 Thespesia populnea
mansonone-G methyl ether 曼森梧桐酮 ▲G 甲醚 榉树 Zelkova serrata
manuifolin A, B, D~H, K, Q 光叶高丽槐素 A, B, D~H, K, Q 光叶马鞍树 Maackia tenuifolia
manwuweizic acid 满五味子酸 多子南五味子 Kadsura polysperma, 金山五味子 Schisandra glaucescens, 合蕊五味子 S. propinqua, 铁箍散 S. propinqua var. sinensis
maoecrystal A, B, C, F, G, I~Z 毛萼晶 A, B, C, F, G, I~Z 毛萼香茶菜 Isodon eriocalyx
maoecrystal D 毛萼晶 D 毛萼香茶菜 Isodon eriocalyx, 毛叶香茶菜 I. japonicus
maoecrystal E 毛萼晶 E 毛萼香茶菜 Isodon eriocalyx, 尾叶香茶菜 I. excisus
maoesin A~F 毛萼辛素 A~F 毛萼香茶菜 Isodon eriocalyx
maohuoside A 茂藿苷 A 朝鲜淫羊藿 Epimedium koreanum, 茂汶淫羊藿 E. platypetalum
maohuoside B 茂藿苷 B 朝鲜淫羊藿 Epimedium koreanum, 茂汶淫羊藿 E. platypetalum, 三枝九叶草 E. sagittatum
maoyancaosu 猫眼草素 乳浆大戟 Euphorbia esula
maoyecrystal A 毛叶晶 A 毛叶香茶菜 Isodon japonicus, 歧伞香茶菜 I. macrophyllus
maoyecrystal B 毛叶晶 B 毛叶香茶菜 Isodon japonicus, 歧伞香茶菜 I. macrophyllus
maoyecrystal C 毛叶晶 C 毛叶香茶菜 Isodon japonicus, 歧伞香茶菜 I. macrophyllus
maoyecrystal D 毛叶晶 D 毛叶香茶菜 Isodon japonicus, 歧伞香茶菜 I. macrophyllus, 黄花香茶菜 I. sculponeatus
maoyecrystal E 毛叶晶 E 尾叶香茶菜 Isodon excisus, 毛叶香茶菜 I. japonicus, 歧伞香茶菜 I. macrophyllus
maoyecrystal F 毛叶晶 F 毛叶香茶菜 Isodon japonicus, 冬凌草 I. rubescens
maoyecrystal F acetonide 毛叶晶 F 丙酮化物 毛叶香茶菜 Isodon japonicus, 冬凌草 I. rubescens
maoyecrystal G 毛叶晶 G 毛叶香茶菜 Isodon japonicus, 黄花香茶菜 I. sculponeatus
maoyecrystal H 毛叶晶 H 毛叶香茶菜 Isodon japonicus, 黄花香茶菜 I. sculponeatus
maoyecrystal I, L 毛叶晶 I, L 毛叶香茶菜 Isodon japonicus
maoyecrystal J 毛叶晶 J 毛叶香茶菜 Isodon japonicus, 歧伞香茶菜 I. macrophyllus, 小叶香茶菜 I. parvifolius
maoyecrystal K 毛叶晶 K 毛叶香茶菜 Isodon japonicus, 冬凌草 I. rubescens
maoyerabdosin 毛叶香茶菜素 尾叶香茶菜 Isodon excisus, 毛叶香茶菜 I. japonicus, 大萼香茶菜 I. macrocalyx
mappicine-20-*O*-*β*-D-glucopyranoside 马比木碱 -20-*O*-*β*-D- 吡喃葡萄糖苷 马比木 Nothapodytes pittosporoides
mappine A 定心藤碱 ▲A 定心藤 Mappianthus iodoides
mappiodine A, B, C 定心藤定碱 ▲A, B, C 定心藤 Mappianthus iodoides
mappiodoside A~G 定心藤苷 ▲A~G 定心藤 Mappianthus iodoides
mapposidic acid 定心藤苷酸 ▲ 定心藤 Mappianthus iodoides
maragenin 玛拉瓜苷元 ▲ 大花菟丝子 Cuscuta reflexa
maragenin II 玛拉瓜苷元 ▲II 山茶 Camellia japonica
maragenin II-3-*O*-(*β*-D-galactopyranosyl-(1 → 2)[*β*-D-xylopyranosyl-(1 → 2)-*β*-D-galactopyranosyl-(1 → 3)]-6'-methoxy-*β*-D-glucuronopyranoside 玛拉瓜苷元 ▲II-3-*O*-(*β*-D- 吡喃半乳糖基 -(1 → 2)[*β*-D- 吡喃木糖基 -(1 → 2)-*β*-D- 吡喃半乳糖基 -(1 → 3)]-6'- 甲氧基 -*β*-D- 吡喃葡萄糖醛酸苷 山茶 Camellia japonica
marasmene 小皮伞烯 ▲ 硬柄小皮伞 Marasmius oreades
marasmene-3-one 小皮伞烯 -3- 酮 ▲ 硬柄小皮伞 Marasmius oreades
marasomone 小皮伞酮 ▲ 硬柄小皮伞 Marasmius oreades
marcanine A 马氏哥纳香碱 ▲A 斜脉暗罗 Polyalthia plagioneura
marchantin A, B, D, E 地钱素 A, B, D, E 地钱 Marchantia polymorpha
marchantin C 地钱素 C 毛地钱 Dumortiera hirsuta, 地钱 Marchantia polymorpha, 石地钱 Reboulia hemisphaerica
marchantin M, N, O 地钱素 M, N, O 石地钱 Reboulia hemisphaerica
marchantinquinone 地钱素醌 ▲ 石地钱 Reboulia hemisphaerica
marein 海滨金鸡菊因 ▲ 大狼杷草 Bidens frondosa, 两色金鸡菊 Coreopsis tinctoria
margaspidin 边缘绵马素 边果鳞毛蕨 Dryopteris marginata
marginatol 苦山柰萜醇 苦山柰 Kaempferia marginata
marginatoside A, B 边缘鳞盖蕨苷 A, B 边缘鳞盖蕨 Microlepia marginata
marginatoxin 竹叶柴胡毒素 ▲ 竹叶柴胡 Bupleurum marginatum
margocilin 印度苦楝林素 ▲ 南方红豆杉 Taxus wallichinana var. mairei
margrapine A, B 葡萄柚品碱 ▲A, B 葡萄柚 Citrus paradisi
marianin; marianine 水飞蓟萜素 ▲ 水飞蓟 Silybum marianum
marianoside A, B 水飞蓟萜苷 ▲A, B 水飞蓟 Silybum marianum

7,14,24-mariesatrien-26,23-olide-3α,23-diol 7,14,24- 马氏冷杉三烯 -26,23- 内酯 -3α,23- 二醇 臭冷杉 Abies nephrolepis
marikarin 纤细米仔兰灵▲ 米仔兰 Aglaia odorata
marinnone A, B 海榄雌脂酮▲A, B 海榄雌 Avicennia marina
marinoid A~M 海榄雌素▲A~M 海榄雌 Avicennia marina
marioside 海州骨碎补苷 骨碎补 Davallia mariesii
maristeminol 海离药草醇▲ 千年健 Homalomena occulta
maritimein 海滨金鸡菊苷▲ 金盏银盘 Bidens biternata, 柳叶鬼针草 B. cernua, 大狼杷草 B. frondosa, 小花鬼针草 B. parviflora, 鬼针草 B. pilosa, 菜蓟 Cynara scolymus
maritimetin 海滨金鸡菊亭▲ 婆婆针 Bidens bipinnata
maritimetin-7-O-β-D-glucoside 海滨金鸡菊亭▲-7-O-β-D- 葡萄糖苷 小花鬼针草 Bidens parviflora
markhamioside A~E 猫尾木苷▲A~E 西南猫尾木 Markhamia stipulata
markhamioside F 猫尾木苷▲F 苦郎树 Clerodendrum inerme, 西南猫尾木 Markhamia stipulata, 清风藤 Sabia japonica
marlignan A, C, D, F, H~K, M, N, O 马耳山五味子木脂素▲A, C, D, F, H~K, M, N, O 鹤庆五味子 Schisandra wilsoniana
marlignan B 马耳山五味子木脂素▲B 滇藏五味子 Schisandra neglecta, 鹤庆五味子 S. wilsoniana
marlignan E 马耳山五味子木脂素▲E 华中五味子 Schisandra sphenanthera, 鹤庆五味子 S. wilsoniana
marlignan G 马耳山五味子木脂素▲G 滇藏五味子 Schisandra neglecta, 红花五味子 S. rubriflora, 鹤庆五味子 S. wilsoniana
marlignan L 马耳山五味子木脂素▲L 五味子 Schisandra chinensis, 红花五味子 S. rubriflora, 鹤庆五味子 S. wilsoniana
marliolide 马里莫氏木内酯▲ 豺皮樟 Litsea rotundifolia var. oblongifolia
marmamide A, B 木橘酰胺▲A, B 木橘 Aegle marmelos
marmelerin 玛美巴豆素▲ 防风 Saposhnikovia divaricata
marmelide 木橘内酯 木橘 Aegle marmelos
marmelin 木橘林素▲ 木橘 Aegle marmelos
marmeline 木橘林碱▲ 木橘 Aegle marmelos
(+)-marmelolactone A (+)- 榅桲内酯▲A 榅桲 Cydonia oblonga
marmelolactone A 榅桲内酯▲A 榅桲 Cydonia oblonga
(-)-marmelolactone B (-)- 榅桲内酯▲B 榅桲 Cydonia oblonga
marmelonin 木橘宁▲ 木橘 Aegle marmelos
marmelosin 木橘辛▲ 象橘 Feronia limonia
marmenol 木橘烯醇 木橘 Aegle marmelos
marmesiline 木橘西林碱▲ 木橘 Aegle marmelos
(-)-marmesin (-)- 木橘辛素▲ 椿叶花椒 Zanthoxylum ailanthoides
(+)-(S)-marmesin (+)-(S)- 木橘辛素▲ 九丁榕 Ficus nervosa
(+)-marmesin (+)- 木橘辛素▲ 木橘 Aegle marmelos, 见血封喉 Antiaris toxicaria, 构树 Broussonetia papyrifera, 鹤庆独活 Heracleum rapula, 台湾前胡 Peucedanum formosanum, 天山棱子芹 Pleurospermum lindleyanum, 椿叶花椒 Zanthoxylum ailanthoides
marmesin 木橘辛素▲ 石菖蒲 Acorus gramineus, 木橘 Aegle marmelos, 白芷 Angelica dahurica, 朝鲜当归 A. gigas, 太鲁阁当归 A. tarokoensis, 川明参 Chuanminshen violaceum, 齿叶黄皮 Clausena dunniana, 黄皮 C. lansium, 马桑 Coriaria nepalensis, 代儿茶 Dichrostachys cinerea, 象橘 Feronia limonia, 榕树 Ficus microcarpa, 茴香 Foeniculum vulgare, 糙独活 Heracleum scabridum, 宽萼岩风 Libanotis laticalycina, 羌活 Notopterygium incisum, 少毛北前胡 Peucedanum harry-smithii var. subglabrum, 马山前胡 P. mashanense, 红前胡 P. rubricaule, 石防风 P. terebinthaceum, 兔耳一枝箭 Piloselloides hirsuta, 羊红膻 Pimpinella thellungiana, 心叶棱子芹 Pleurospermum rivulorum, 枳 Poncirus trifoliata, 芸香 Ruta graveolens, 防风 Saposhnikovia divaricata, 川陕花椒 Zanthoxylum piasezkii
marmesin-11-O-β-D-glucopyranosyl-(1 → 6)-β-D-glucopyranoside 木橘辛素▲-11-O-β-D- 吡喃葡萄糖基 -(1 → 6)-β-D- 吡喃葡萄糖苷 羌活 Notopterygium incisum
marmesin-1''-O-rutinoside 木橘辛素▲-1''-O- 芸香糖苷 调料九里香 Murraya koenigii
marmesin-1''-α-L-rhamnopyranoside 木橘辛素▲-1''-α-L- 吡喃鼠李糖苷 木橘 Aegle marmelos
marmesin-4'-O-α-L-arabinopyranoside 木橘辛素▲-4'-O-α-L- 吡喃阿拉伯糖苷 千里香 Murraya paniculata
marmesin-4'-O-β-D-apiofuranosyl-(1 → 6)-β-D-glucopyranoside 木橘辛素▲-4'-O-β-D- 呋喃芹糖基 -(1 → 6)-β-D- 吡喃葡萄糖苷 杭白芷 Angelica dahurica 'Hangbaizhi', 黄皮 Clausena lansium, 珊瑚菜 Glehnia littoralis
marmesin-8-O-β-D-glucopyranoside 木橘辛素▲-8-O-β-D- 吡喃葡萄糖苷 月桂茵芋 Skimmia laureola
(-)-marmesinin (-)- 木橘苷▲ 橘红 Citrus maxima 'Tomentosa'
(+)-marmesinin (+)- 木橘苷▲ 天山棱子芹 Pleurospermum lindleyanum
marmesinin 木橘苷▲ 阿坝当归 Angelica apaensis, 重齿当归 A. biserrata, 白芷 A. dahurica, 杭白芷 A. dahurica 'Hangbaizhi', 朝鲜当归 A. gigas, 福参 A. morii, 拐芹 A. polymorpha, 薄叶红厚壳 Calophyllum membranaceum, 川明参 Chuanminshen violaceum, 毒芹 Cicuta virosa, 蛇床 Cnidium monnieri, 珊瑚菜 Glehnia littoralis, 鹤庆独活 Heracleum rapula, 羌活 Notopterygium incisum, 前胡 Peucedanum praeruptorum, 红前胡 P. rubricaule, 兔耳一枝箭 Piloselloides hirsuta, 心叶棱子芹 Pleurospermum rivulorum, 芸香 Ruta graveolens
marmin 木橘素 木橘 Aegle marmelos, 酸橙 Citrus aurantium, 橘红 C. maxima 'Tomentosa', 象橘 Feronia limonia, 岭南山竹子 Garcinia oblongifolia
marmin acetonide 木橘素丙酮化物 酸橙 Citrus aurantium, 柚 C. maxima
marminal 木橘醛 木橘 Aegle marmelos
marphenol A 马耳山五味子酚▲A 滇藏五味子 Schisandra neglecta, 鹤庆五味子 S. wilsoniana

M

marphenol B 马耳山五味子酚▲B 滇藏五味子 Schisandra neglecta, 鹤庆五味子 S. wilsoniana
marphenol C~J, M~S 马耳山五味子酚▲C~J, M~S 鹤庆五味子 Schisandra wilsoniana
marrubenol; marrubiol 欧夏至草醇 欧夏至草 Marrubium vulgare
marrubic acid 欧夏至草酸 欧夏至草 Marrubium vulgare
marrubiin 欧夏至草素 绵参 Eriophyton wallichii, 欧夏至草 Marrubium vulgare
marruboside 欧夏至草苷 欧夏至草 Marrubium vulgare
marsdekoiside 大叶牛奶菜苷 通光藤 Marsdenia tenacissima
marsdekoiside A, C, F, G 大叶牛奶菜苷 A, C, F, G 大叶牛奶菜 Marsdenia koi
marsdekoiside B 大叶牛奶菜苷 B 大叶牛奶菜 Marsdenia koi, 通光藤 M. tenacissima
marsdekoiside D 大叶牛奶菜苷 D 大叶牛奶菜 Marsdenia koi, 通光藤 M. tenacissima, 云南牛奶菜 M. yunnanensis
17*β*-marsdenin 17*β*- 牛奶菜宁 球兰 Hoya carnosa
marsdenone 牛奶菜酮 蓝叶藤 Marsdenia tinctoria
marsdenoside A~M 牛奶菜苷▲A~M 通光藤 Marsdenia tenacissima
marsdeoreophiside A 喙柱牛奶菜苷 A 喙柱牛奶菜 Marsdenia oreophila
marsdeoreophiside B 喙柱牛奶菜苷 B 喙柱牛奶菜 Marsdenia oreophila, 通光藤 M. tenacissima
marsectobiose 直立牛奶菜二糖 通光藤 Marsdenia tenacissima
marsectohexol 直立牛奶菜六醇 球兰 Hoya carnosa
marsectohexol-11,12-diacetate 直立牛奶菜六醇 -11,12- 二乙酸酯 球兰 Hoya carnosa
marsformol 台湾牛奶菜醇 台湾牛奶菜 Marsdenia formosana
marsformosadin 台湾牛奶菜定 台湾牛奶菜 Marsdenia formosana
marsformosadin-3-*O*-*β*-D-cymaropyranoside 台湾牛奶菜定 -3-*O*-*β*-D- 吡喃磁麻糖苷 台湾牛奶菜 Marsdenia formosana
marsformosanone 台湾牛奶菜酮▲ 台湾牛奶菜 Marsdenia formosana
marsformoside 台湾牛奶菜苷 台湾牛奶菜 Marsdenia formosana
marsformoxide A, B 台湾牛奶菜环氧物▲A, B 台湾牛奶菜 Marsdenia formosana
marsglobiferin 球花牛奶菜素▲ 蓝叶藤 Marsdenia tinctoria
marsglogenin A, B 球花牛奶菜苷元 A, B 蓝叶藤 Marsdenia tinctoria
marshdimerin 葡萄柚双香豆素▲ 葡萄柚 Citrus paradisi
marshdine 葡萄柚定碱▲ 葡萄柚 Citrus paradisi
marshmine 葡萄柚明碱▲ 葡萄柚 Citrus paradisi
marshrin 葡萄柚素▲ 葡萄柚 Citrus paradisi
marstenacigenin A, B 通光藤次苷元▲A, B 通光藤 Marsdenia tenacissima
marstenacisside 通光藤次苷▲ A, A_1~A_{12}, B, B_1~B_{17}, C~I 通光藤 Marsdenia tenacissima
martinoside 角胡麻异苷▲ 三花莸 Caryopteris terniflora, 腺茉莉 Clerodendrum glandulosum, 钩萼草 Notochaete hamosa, 并头黄芩 Scutellaria scordifolia, 马鞭草 Verbena officinalis
(*E*,*Z*)-martynoside (*E*,*Z*)- 角胡麻苷 齿叶玄参 Scrophularia dentata
martynoside 角胡麻苷 较常见成分，至少分布于 30 种以上植物中，见于车前科、唇形科、杜鹃花科、马鞭草科、木兰科、梧桐科、玄参科、紫葳科、醉鱼草科等
cis-martynoside 顺式 - 角胡麻苷 中国马先蒿 Pedicularis chinensis, 二歧马先蒿 P. dichotoma, 江南马先蒿 P. henryi
marubajalapin 圆叶牵牛药喇叭素▲ I, II, III, IV, V, VI, VII, VIII, IX, X, XI, XII, XIII, XIV, XV 圆叶牵牛 Ipomoea purpurea
mascaroside 马斯卡洛咖啡苷▲ 小粒咖啡 Coffea arabica
β-maslinic acid *β*- 山楂酸 木犀榄 Olea europaea
maslinic acid-28-*O*-*β*-D-glucopyranoside 山楂酸 -28-*O*-*β*-D- 吡喃葡萄糖苷 滇虎榛 Ostryopsis nobilis
masonine 梅森尼润花碱▲ 假水仙 Narcissus pseudonarcissus
massagenic acid G 墨西拿草木犀苷元酸▲G 胶皮枫香树 Liquidambar styraciflua
massoia lactone 马索厚壳桂内酯▲ 挥发油成分，未统计基源
massonianoside A, D 马尾松苷▲A, D 马尾松 Pinus massoniana
massonianoside B 马尾松苷▲B 冷杉 Abies fabri, 臭冷杉 A. nephrolepis, 东紫苏 Elsholtzia bodinieri, 红茴香 Illicium henryi, 马尾松 Pinus massoniana, 金钱松 Pseudolarix amabilis
massonianoside C 马尾松苷▲C 马尾松 Pinus massoniana, 宜昌荚蒾 Viburnum erosum
(-)-massoniresinol (-)- 马尾松树脂醇 臭冷杉 Abies nephrolepis, 棣棠花 Kerria japonica, 刺茶美登木 Maytenus variabilis
(-)-massoniresinol-3*α*-*O*-*β*-D-glucopyranoside (-)- 马尾松树脂醇 -3*α*-*O*-*β*-D- 吡喃葡萄糖苷 大芽南蛇藤 Celastrus gemmatus
(-)-massoniresinol-4''-*O*-*β*-D-glucopyranoside (-)- 马尾松树脂醇 -4''-*O*-*β*-D- 吡喃葡萄糖苷 云木香 Saussurea costus
masticadienediol 乳香二烯二醇 苦树 Picrasma quassioides, 阿月浑子 Pistacia vera
masticadienic acid 乳香脂二烯酸▲ 水红木 Viburnum cylindricum
masutakeside I 朱红硫黄菌苷▲I 朱红硫黄菌 Laetiporus miniatus, 野茉莉 Styrax japonicus
masutakic acid A 朱红硫黄菌酸▲A 朱红硫黄菌 Laetiporus miniatus
(-)-matairesinol (-)- 穗罗汉松树脂酚 雪松 Cedrus deodara, 楝叶吴萸 Euodia glabrifolia, 红花八角 Illicium dunnianum, 亚麻 Linum usitatissimum, 朝鲜白头翁 Pulsatilla cernua, 芝麻 Sesamum indicum, 小果荨麻 Urtica atrichocaulis
(+)-matairesinol (+)- 穗罗汉松树脂酚 铁包金 Berchemia lineata, 瑞香 Daphne odora, 亚麻 Linum usitatissimum, 深绿卷柏 Selaginella

doederleinii, 粗叶卷柏 S. trachyphylla, 狼毒 Stellera chamaejasme, 了哥王 Wikstroemia indica, 椿叶花椒 Zanthoxylum ailanthoides
(2*R*,3*S*)-*cis*-matairesinol (2*R*,3*S*)- 顺式 - 穗罗汉松树脂酚 尖瓣瑞香 Daphne acutiloba
matairesinol 穗罗汉松树脂酚 臭冷杉 Abies nephrolepis, 牛蒡 Arctium lappa, 毛头牛蒡 A. tomentosum, 红花 Carthamus tinctorius, 小木通 Clematis armandii, 威灵仙 C. chinensis, 辣蓼铁线莲 C. terniflora var. mandshurica, 滇瑞香 Daphne feddei, 黄瑞香 D. giraldii, 连翘 Forsythia suspensa, 金钟花 F. viridissima, 野八角 Illicium simonsii, 五爪金龙 Ipomoea cairica, 亚麻 Linum usitatissimum, 长白鱼鳞云杉 Picea jezoensis var. komarovii, 石榴 Punica granatum, 大耳叶风毛菊 Saussurea macrota, 狼毒 Stellera chamaejasme, 四川山矾 Symplocos setchuensis, 柽柳 Tamarix chinensis, 香椿 Toona sinensis, 亚洲络石 Trachelospermum asiaticum, 紫花络石 T. axillare, 络石 T. jasminoides, 了哥王 Wikstroemia indica
5-(5''-mataairesinol)-nortrachelogenin 5-(5''- 穗罗汉松树脂酚)- 降络石苷元 了哥王 Wikstroemia indica
5-(5'''-matairesinol)-nortrachelogenin 5-(5'''- 穗罗汉松树脂酚)- 降络石苷元 了哥王 Wikstroemia indica
matairesinol-4,4'-di-*O*-*β*-D-glucopyranoside 穗罗汉松脂酚 -4,4'- 二 -*O*-*β*-D- 吡喃葡萄糖苷 糙叶败酱 Patrinia scabra
matairesinol-4,4'-di-*O*-*β*-D-glucopyranoside 穗罗汉松树脂酚 -4,4'- 二 -*O*-*β*-D- 吡喃葡萄糖苷 亚洲络石 Trachelospermum asiaticum
matairesinol-4'-*O*-gentiobioside 穗罗汉松树脂酚 -4'-*O*- 龙胆二糖苷 亚洲络石 Trachelospermum asiaticum
matairesinol-4-*O*-glucopyranoside 穗罗汉松树脂酚 -4-*O*- 吡喃葡萄糖苷 亚洲络石 Trachelospermum asiaticum
matairesinol-4'-*O*-*β*-D-apiofuranosyl-(1 → 2)-*β*-D-glucopyranoside 穗罗汉松脂酚 -4'-*O*-*β*-D- 呋喃芹糖基 -(1 → 2)-*β*-D- 吡喃葡萄糖苷 红花 Carthamus tinctorius
matairesinol-4'-*O*-*β*-gentiobioside 穗罗汉松树脂酚 -4'-*O*-*β*- 龙胆二糖苷 络石 Trachelospermum jasminoides
8*R*,8'*R*-matairesinol-4-*O*-*β*-xylopyranosyl-(1 → 2)-*O*-*β*-D-glucopyranoside 8*R*,8'*R*- 穗罗汉松树脂酚 -4-*O*-*β*- 吡喃木糖基 -(1 → 2)-*O*-*β*-D- 吡喃葡萄糖苷 山矾 Symplocos sumuntia
matairesinoside 穗罗汉松树脂酚苷 滇瑞香 Daphne feddei, 硬皮榕 Ficus callosa, 金钟花 Forsythia viridissima, 蓬莱葛 Gardneria multiflora, 卵叶蓬莱葛 G. ovata, 华中五味子 Schisandra sphenanthera, 野茉莉 Styrax japonicus, 四川山矾 Symplocos setchuensis, 山矾 S. sumuntia, 亚洲络石 Trachelospermum asiaticum, 紫花络石 T. axillare, 络石 T. jasminoides
matatabiether 木天蓼醚 葛枣猕猴桃 Actinidia polygama
matatabilactone 木天蓼内酯▲ 葛枣猕猴桃 Actinidia polygama
mateglycoside D 马黛茶糖苷▲D 鹅掌草 Anemone flaccida
matesaponin J_1, J_2 巴拉圭茶皂苷 J_1, J_2 败酱 Patrinia scabiosifolia
mateside 巴拉圭冬青苷▲ 枸骨 Ilex cornuta
(2*Z*,8*Z*)-matricaria acid methyl ester (2*Z*,8*Z*)- 母菊炔酸甲酯 短葶飞蓬 Erigeron breviscapus
2*E*,8*Z*-matricaria ester 2*E*,8*Z*- 母菊炔酯 一枝黄花 Solidago decurrens
cis,*cis*-matricaria methyl ester 顺式 , 顺式 - 母菊炔甲酯 一枝黄花 Solidago decurrens
matricarianol 母菊醇 有齿鞘柄木 Toricellia angulata var. intermedia
4*E*,8*Z*-matricaria-*γ*-lactone 4*E*,8*Z*- 母菊炔▲-*γ*- 内酯 小蓬草 Conyza canadensis
4*Z*,8*Z*-matricaria-*γ*-lactone 4*Z*,8*Z*- 母菊炔▲-*γ*- 内酯 小蓬草 Conyza canadensis
matricarin 母菊素 无毛牛尾蒿 Artemisia dubia var. subdigitata, 窄苞蒲公英 Taraxacum bessarabicum
matricarine methyl ester 母菊灵▲ 甲酯 挥发油成分，未统计基源
matricin 母菊辛 中亚苦蒿 Artemisia absinthium
(+)-matrine (+)- 苦参碱 台湾山豆根 Euchresta formosana, 山豆根 E. japonica, 绒毛槐 Sophora tomentosa, 越南槐 S. tonkinensis
α-matrine *α*- 苦参碱 伏毛山豆根 Euchresta horsfieldii, 苦参 Sophora flavescens, 砂生槐 S. moorcroftiana
matrine 苦参碱 虎皮楠 Daphniphyllum oldhamii, 小槐花 Ohwia caudata, 苦豆子 Sophora alopecuroides, 白刺花 S. davidii, 苦参 S. flavescens, 砂生槐 S. moorcroftiana, 伞房狗牙花 Tabernaemontana corymbosa
(+)-matrine-*N*-oxide (+)- 苦参碱 -*N*- 氧化物 越南槐 Sophora tonkinensis
matrine-*N*-oxide 苦参碱 -*N*- 氧化物 苦豆子 Sophora alopecuroides
matsudone A 旱柳酮▲A 旱柳 Salix matsudana
matsudoside A 旱柳苷 A 旱柳 Salix matsudana
matsutake alcohol 松茸醇 挥发油成分，未统计基源
(±)-matteucen A~D (±)- 荚果蕨森素▲A~D 东方荚果蕨 Matteuccia orientalis
matteucin 荚果蕨素 东方荚果蕨 Matteuccia orientalis
matteucinol 荚果蕨酚 臭冷杉 Abies nephrolepis, 粗茎鳞毛蕨 Dryopteris crassirhizoma, 东方荚果蕨 Matteuccia orientalis, 荚果蕨 M. struthiopteris, 披针新月蕨 Pronephrium penangianum, 岭南杜鹃花 Rhododendron mariae, 杜鹃花 R. simsii
matteucinol-7-*O*-*β*-glucopyranoside 荚果蕨酚 -7-*O*-*β*- 吡喃葡萄糖苷 杜鹃花 Rhododendron simsii
matteucinol-7-rhamnopyranoside 荚果蕨酚 -7- 吡喃鼠李糖苷 望江南 Senna occidentalis
matteuorien 东方荚果蕨素▲ 假鹰爪 Desmos chinensis, 东方荚果蕨 Matteuccia orientalis, 荚果蕨 M. struthiopteris
matteuorienate A 东方荚果蕨酯▲A 东方荚果蕨 Matteuccia orientalis, 荚果蕨 M. struthiopteris
matteuorienate B, C 东方荚果蕨酯▲B, C 东方荚果蕨 Matteuccia orientalis
matteuorienin 东方荚果蕨宁▲ 东方荚果蕨 Matteuccia orientalis
mauiensine 毛伊萝芙木碱▲ 催吐萝芙木 Rauvolfia vomitoria
mauritianin 滨海珍珠菜苷▲ 毛八角枫 Alangium kurzii, 长春花 Catharanthus roseus, 黄皮 Clausena lansium, 光叶巴豆 Croton laevigatus, 鱼藤 Derris trifoliata, 多花素馨 Jasminum polyanthum, 红根草 Lysimachia fortunei, 镰荚棘豆 Oxytropis falcata, 陵水暗罗 Polyalthia nemoralis, 印度田菁 Sesbania sesban, 白车轴草 Trifolium repens

M

mauritine A 滇刺枣碱 A 枣 Ziziphus jujuba, 酸枣 Z. jujuba var. spinosa, 滇刺枣 Z. mauritiana
mauritine B, C, E, F, G, H, J~M 滇刺枣碱 B, C, E, F, G, H, J~M 滇刺枣 Ziziphus mauritiana
mauritine D 滇刺枣碱 D 酸枣 Ziziphus jujuba var. spinosa, 滇刺枣 Z. mauritiana
maximaisoflavone B 大灰毛豆异黄酮 B 思茅崖豆 Millettia leptobotrya
maxoside 马克毛地黄苷▲ 短筒兔耳草 Lagotis brevituba
maysin 玉米黄酮苷 玉蜀黍 Zea mays
maytanbutine 布氏美登木丁基碱▲ 滇南美登木 Maytenus austroyunnanensis, 小檗美登木 M. berberoides, 贵州美登木 M. esquirolii, 美登木 M. hookeri, 圆叶美登木 M. orbiculata, 刺茶美登木 M. variabilis
maytanprine 布氏美登木丙基碱▲ 滇南美登木 Maytenus austroyunnanensis, 小檗美登木 M. berberoides, 密花美登木 M. confertiflora, 变叶美登木 M. diversifolia, 贵州美登木 M. esquirolii, 美登木 M. hookeri, 圆叶美登木 M. orbiculata, 刺茶美登木 M. variabilis
maytansine 美登木素 滇南美登木 Maytenus austroyunnanensis, 小檗美登木 M. berberoides, 密花美登木 M. confertiflora, 变叶美登木 M. diversifolia, 贵州美登木 M. esquirolii, 美登木 M. hookeri, 圆叶美登木 M. orbiculata, 刺茶美登木 M. variabilis
mayteine 美登木因▲ 灯油藤 Celastrus paniculatus, 冬青卫矛 Euonymus japonicus, 疏花卫矛 E. laxiflorus, 雷公藤 Tripterygium wilfordii
maytenfolic acid 变叶美登木酸 变叶美登木 Maytenus diversifolia, 五层龙 Salacia prinoides, 昆明山海棠 Tripterygium hypoglaucum, 东北雷公藤 T. regelii
maytenfoliol 变叶美登木醇 变叶美登木 Maytenus diversifolia
maytenfolone 变叶美登木酮▲ 变叶美登木 Maytenus diversifolia
maytenfolone A 变叶美登木酮▲A 青江藤 Celastrus hindsii
maytenoic acid 美登木酸 火殃勒 Euphorbia antiquorum, 五层龙 Salacia prinoides, 雷公藤 Tripterygium wilfordii
maytenonic acid 美登木酮酸 美登木 Maytenus hookeri
maytensifolin A, B, C 变叶美登木素 A, B, C 变叶美登木 Maytenus diversifolia
mayuenolide 薏米内酯▲ 薏米 Coix lacryma-jobi var. ma-yuen
mazusaponin I 通泉草皂苷▲I 东紫苏 Elsholtzia bodinieri, 匍茎通泉草 Mazus miquelii, 白花刺参 Morina nepalensis var. alba
mazusaponin II 通泉草皂苷▲II 匍茎通泉草 Mazus miquelii, 白花刺参 Morina nepalensis var. alba
mazusaponin III, IV 通泉草皂苷▲III, IV 匍茎通泉草 Mazus miquelii
MCPS 凉粉草多糖 凉粉草 Mesona chinensis
mearnsetin 黑荆素▲ 红花锦鸡儿 Caragana rosea
mearnsetin-3-(2'',4''-diacetylrhamnoside) 黑荆素▲-3-(2'',4''- 二乙酰鼠李糖苷) 铁仔 Myrsine africana
mearnsetin-3-*O*-*α*-L-rhamnopyranoside 黑荆素▲-3-*O*-*α*-L- 吡喃鼠李糖苷 珠仔树 Symplocos racemosa
mearnsetin-3-*O*-*β*-D-glucopyranoside 黑荆素▲-3-*O*-*β*-D- 吡喃葡萄糖苷 锡兰橄榄 Elaeocarpus serratus
mearnsetin-3-*O*-*β*-glucuronopranoside 黑荆素▲-3-*O*-*β*- 吡喃葡萄糖醛酸苷 粉叶柿 Diospyros glaucifolia, 柿 D. kaki
mearnsitrin; mearncitrin 黑荆苷▲ 假黄皮 Clausena excavata, 锡兰橄榄 Elaeocarpus serratus, 台湾火筒树 Leea guineensis, 洋蒲桃 Syzygium samarangense
mecambridine 威尔士绿绒蒿定碱 五脉绿绒蒿 Meconopsis quintuplinervia
(-)-mecambrine (-)- 威尔士绿绒蒿碱▲ 虞美人 Papaver rhoeas, 紫花疆罂粟 Roemeria hybrida, 红花疆罂粟 R. refracta
(-)-mecambroline (-)- 威尔士绿绒蒿咔啉▲ 红花疆罂粟 Roemeria refracta
mecocyanin 丽春花青苷 毛果一枝黄花 Solidago virgaurea
meconoquintupline 五脉绿绒蒿碱 五脉绿绒蒿 Meconopsis quintuplinervia
medicagenic acid 苜蓿酸 玉蕊 Barringtonia racemosa, 马兰 Kalimeris indica, 天蓝苜蓿 Medicago lupulina, 紫苜蓿 M. sativa
medicagenic acid-3,28-di-*O*-*β*-D-glucopyranoside 苜蓿酸 -3,28- 二 (*O*-*β*-D- 吡喃葡萄糖苷 天蓝苜蓿 Medicago lupulina
medicagenic acid-3-*O*-*β*-D-glucopyranoside 苜蓿酸 -3-*O*-*β*-D- 吡喃葡萄糖苷 天蓝苜蓿 Medicago lupulina, 紫苜蓿 M. sativa
medicagol 苜蓿酚 鹰嘴豆 Cicer arietinum, 翅荚香槐 Cladrastis platycarpa, 台湾山豆根 Euchresta formosana, 山豆根 E. japonica, 大叶千斤拔 Flemingia macrophylla, 朝鲜槐 Maackia amurensis, 槐 Sophora japonica, 砂生槐 S. moorcroftiana, 绒毛槐 S. tomentosa, 密花豆 Spatholobus suberectus
medicagosaponin P_1, P_2 苜蓿皂苷 P_1, P_2 南苜蓿 Medicago polymorpha
medicalupinoside A, B, C 天蓝苜蓿苷 A, B, C 天蓝苜蓿 Medicago lupulina
(-)-medicarpin (-)- 美迪紫檀素 海刀豆 Canavalia maritima, 刺果甘草 Glycyrrhiza pallidiflora, 多序岩黄耆 Hedysarum polybotrys, 朝鲜槐 Maackia amurensis, 葛 Pueraria montana var. lobata, 灰毛豆 Tephrosia purpurea
(+)-medicarpin (+)- 美迪紫檀素 印度黄檀 Dalbergia sissoo
(6a*S*,11a*S*)-medicarpin (6a*S*,11a*S*)- 美迪紫檀素 毛刺锦鸡儿 Caragana tibetica
1-medicarpin 1- 美迪紫檀素 光叶马鞍树 Maackia tenuifolia
6a*R*,11a*R*-medicarpin 6a*R*,11a*R*- 美迪紫檀素 密花豆 Spatholobus suberectus
medicarpin 美迪紫檀素 美丽崖豆藤 Callerya speciosa, 海刀豆 Canavalia maritima, 青甘锦鸡儿 Caragana tangutica, 翅荚香槐 Cladrastis platycarpa, 降香 Dalbergia odorifera, 锈毛麻辣仔藤 Erycibe expansa, 洋甘草 Glycyrrhiza glabra, 刺果甘草 G. pallidiflora, 甘草 G. uralensis, 云南甘草 G. yunnanensis, 朝鲜槐 Maackia amurensis, 紫苜蓿 Medicago sativa, 白花草木犀 Melilotus albus, 思茅崖豆 Millettia leptobotrya, 紫雀花 Parochetus communis, 黄花木 Piptanthus concolor, 刺槐 Robinia pseudoacacia, 大花田菁 Sesbania grandiflora, 杂种车轴草 Trifolium hybridum, 藤萝 Wisteria villosa
medicarpin-3-*O*-glucopyranoside 美迪紫檀素 -3-*O*- 吡喃葡萄糖苷 刺果甘草 Glycyrrhiza pallidiflora
medicarpin-3-*O*-glucoside-6'-*O*-malonate 美迪紫檀素 -3-*O*- 葡萄糖苷 -6'-*O*- 丙二酸酯 紫苜蓿 Medicago sativa

M

medicarpin-3-*O*-*β*-D-glucopyranoside 美迪紫檀素 -3-*O*-*β*-D- 吡喃葡萄糖苷 甘草 Glycyrrhiza uralensis, 白车轴草 Trifolium repens
medicarpin-3-*O*-*β*-D-glucoside 美迪紫檀素 -3-*O*-*β*-D- 葡萄糖苷 紫苜蓿 Medicago sativa
medicarpin-3-*O*-*β*-glucopyranoside 美迪紫檀素 -3-*O*-*β*- 吡喃葡萄糖糖苷 草木犀 Melilotus officinalis
medicoside G 苜蓿苷▲G 尾穗苋 Amaranthus caudatus
medigenin 山橙苷元▲ 思茅山橙 Melodinus cochinchinensis
medinin 山橙苷▲ 思茅山橙 Melodinus cochinchinensis
(-)-medioresinol (-)- 水曲柳树脂酚▲ 土沉香 Aquilaria sinensis, 芫花 Daphne genkwa, 北美鹅掌楸 Liriodendron tulipifera, 中华狸尾豆 Uraria sinensis
(+)-medioresinol (+)- 水曲柳树脂酚▲ 工布乌头 Aconitum kongboense, 软枣猕猴桃 Actinidia arguta, 狭叶链珠藤 Alyxia schlechteri, 马利筋 Asclepias curassavica, 丁座草 Boschniakia himalaica, 阴香 Cinnamomum burmannii, 辣蓼铁线莲 Clematis terniflora var. mandshurica, 鹅绒藤 Cynanchum chinense, 滇瑞香 Daphne feddei, 唐古特瑞香 D. tangutica, 无梗五加 Eleutherococcus sessiliflorus, 杜仲 Eucommia ulmoides, 蓬子菜 Galium verum, 栀子皮 Itoa orientalis, 探春花 Jasminum floridum, 辽东水蜡树 Ligustrum obtusifolium subsp. suave, 北美鹅掌楸 Liriodendron tulipifera, 山鸡椒 Litsea cubeba, 石南藤 Piper wallichii, 豆腐柴 Premna microphylla, 爬树龙 Rhaphidophora decursiva, 茜草 Rubia cordifolia, 地埂鼠尾草 Salvia scapiformis, 白马骨 Serissa serissoides, 龙葵 Solanum nigrum, 血见愁 Teucrium viscidum, 蜘蛛香 Valeriana jatamansi, 了哥王 Wikstroemia indica
(±)-medioresinol (±)- 水曲柳树脂酚▲ 雁婆麻 Helicteres hirsuta
medioresinol 水曲柳树脂酚▲ 鸦胆子 Brucea javanica, 马槟榔 Capparis masaikai, 卵叶巴豆 Croton caudatus, 石斛 Dendrobium nobile, 四裂算盘子 Glochidion ellipticum, 调羹树 Heliciopsis lobata, 川楝 Melia toosendan, 南天竹 Nandina domestica, 毛酸浆 Physalis philadelphica, 石榴 Punica granatum, 齿叶玄参 Scrophularia dentata, 半枝莲 Scutellaria barbata, 狼毒 Stellera chamaejasme, 柚木 Tectona grandis, 雷公藤 Tripterygium wilfordii, 玉兰 Yulania denudata
(+)-medioresinol-4,4'-*O*-di-*β*-D-glucopyranoside (+)- 水曲柳树脂酚▲-4,4'- 二 -*O*-*β*-D- 吡喃葡萄糖苷 柊树 Osmanthus heterophyllus
(+)-medioresinol-4''-*O*-*β*-D-glucopyranoside (+)- 水曲柳树脂酚▲-4''-*O*-*β*-D- 吡喃葡萄糖苷 关东巧玲花 Syringa pubescens subsp. patula
(+)-medioresinol-4'-*O*-*β*-D-glucopyranoside (+)- 水曲柳树脂酚▲-4'-*O*-*β*-D- 吡喃葡萄糖苷 裂叶铁线莲 Clematis parviloba, 杜仲 Eucommia ulmoides
(+)-medioresinol-4-*O*-*β*-D-glucopyranoside (+)- 水曲柳树脂酚▲-4-*O*-*β*-D- 吡喃葡萄糖苷 柊树 Osmanthus heterophyllus
(+)-medioresinol-di-*O*-*β*-D-glucopyranoside (+)- 水曲柳树脂酚▲- 二 -*O*-*β*-D- 吡喃葡萄糖苷 树参 Dendropanax dentiger, 刺五加 Eleutherococcus senticosus, 杜仲 Eucommia ulmoides, 毛冬青 Ilex pubescens, 关东巧玲花 Syringa pubescens subsp. patula
meefarnine A, B 华西龙头草碱▲A, B 华西龙头草 Meehania fargesii
meehanine A~P, R~W 龙头草碱▲A~P, R~W 荨麻叶龙头草 Meehania urticifolia
meehanioside A~E 龙头草苷▲A~E 荨麻叶龙头草 Meehania urticifolia
(6*R*,7*E*,9*R*)-megastigma-4,7-dien-3-one-9-*O*-*β*-D-glucopyranoside (6*R*,7*E*,9*R*)- 大柱香波龙 -4,7- 二烯 -3- 酮 -9-*O*-*β*-D- 吡喃葡萄糖苷 欧活血丹 Glechoma hederacea
(6*R*,9*R*)-megastigma-4,7-dien-9-ol-3-one-*α*-L-arabinofuranosyl-(1→6)-*β*-D-glucopyranoside] (6*R*,9*R*)- 大柱香波龙 -4,7- 二烯 -9- 醇 -3- 酮 -*α*-L- 呋喃阿拉伯糖基 -(1→6)-*β*-D- 吡喃葡萄糖苷 酸味子 Antidesma japonicum
(3*S*,5*R*,6*S*,7*E*)-megastigma-7-ene-3,5,6,9-tetrol (3*S*,5*R*,6*S*,7*E*)- 大柱香波龙 -7- 烯 -3,5,6,9- 四醇 莲 Nelumbo nucifera
(6*R*,7*E*)-4,7-megastigmadien-3,9-dione (6*R*,7*E*)-4,7- 大柱香波龙二烯 -3,9- 二酮 藜 Chenopodium album, 荚蒾 Viburnum dilatatum
megastigmadiene-3,9-dione 大柱香波龙二烯 -3,9- 二酮 巴豆 Croton tiglium
5,7-(*E*)-megastigmadiene-3*β*,4*α*,9*ξ*-triol 5,7-(*E*)- 大柱香波龙二烯 -3*β*,4*α*,9*ξ*- 三醇 狗筋蔓 Silene baccifera
(3*S*,5*R*,6*R*,9*R*)-megastigman-3,5,6,9-tetrol-9-*O*-*β*-D-glucopyranoside (3*S*,5*R*,6*R*,9*R*)- 大柱香波龙 -3,5,6,9- 四醇 -9-*O*-*β*-D- 吡喃葡萄糖苷 毛葡萄 Vitis heyneana
(6*R*,9*S*)-megastigman-3-one-4,7-ene-9-ol-9-*O*-*α*-L-arabinofuranosyl-(1→6)-*β*-D-glucopyranoside (6*R*,9*S*)- 大柱香波龙 -3- 酮 -4,7- 烯 -9- 醇 -9-*O*-*α*-L- 呋喃阿拉伯糖基 -(1→6)-*β*-D- 吡喃葡萄糖苷 泽漆 Euphorbia helioscopia
megastigman-5-en-3,9,11-triol 大柱香波龙 -5- 烯 -3,9,11- 三醇 冷杉 Abies fabri
(3*R*,9*S*)-megastigman-5-ene-3,9-diol-3-*O*-*β*-D-glucopyranoside (3*R*,9*S*)- 大柱香波龙 -5- 烯 -3,9- 二醇 -3-*O*-*β*-D- 吡喃葡萄糖苷 川桂 Cinnamomum wilsonii
trans-(3*S*,5*R*,6*R*,9*S*)-megastigman-7-ene-3,5,6,9-tetraol-3-*O*-glucoside 反式 -(3*S*,5*R*,6*R*,9*S*)- 大柱香波龙 -7- 烯 -3,5,6,9- 四醇 -3-*O*- 葡萄糖苷 石莲 Sinocrassula indica
trans-(3*S*,5*R*,6*R*,9*S*)-megastigman-7-ene-3,5,6,9-tetraol-9-*O*-glucoside 反式 -(3*S*,5*R*,6*R*,9*S*)- 大柱香波龙 -7- 烯 -3,5,6,9- 四醇 -9-*O*- 葡萄糖苷 石莲 Sinocrassula indica
(3*S*,5*R*,6*R*,7*E*,9*S*)-megastigman-7-ene-3,5,6,9-tetrol (3*S*,5*R*,6*R*,7*E*,9*S*)- 大柱香波龙 -7- 烯 -3,5,6,9- 四醇 榕树 Ficus microcarpa, 莲 Nelumbo nucifera, 血见愁 Teucrium viscidum
(3*S*,5*R*,6*R*,7*E*,9*S*)-megastigman-7-ene-3,5,6,9-tetrol-3-*O*-*β*-D-glucopyranoside (3*S*,5*R*,6*R*,7*E*,9*S*)- 大柱香波龙 -7- 烯 -3,5,6,9- 四醇 -3-*O*-*β*-D- 吡喃葡萄糖苷 香港算盘子 Glochidion zeylanicum, 小连翘 Hypericum erectum, 栀子皮 Itoa orientalis, 骆驼蒿 Peganum nigellastrum
(3*S*,5*R*,6*R*,7*E*,9*R*)-megastigman-7-ene-3,5,6,9-tetrol-9-*O*-*β*-D-apiofuranosyl-(1''→2')-*O*-*β*-D-glucopyranoside (3*S*,5*R*,6*R*,7*E*,9*R*)- 大柱香波龙 -7- 烯 -3,5,6,9- 四醇 -9-*O*-*β*-D- 呋喃芹糖基 -(1''→2')-*O*-*β*-D- 吡喃葡萄糖苷 菩提树 Ficus religiosa
(3*R*,5*S*,6*S*,7*E*,9*R*)-megastigman-7-ene-3,5,6,9-tetrol-9-*O*-*β*-D-glucopyranoside (3*R*,5*S*,6*S*,7*E*,9*R*)- 大柱香波龙 -7- 烯 -3,5,6,9- 四醇 -9-*O*-*β*-D- 吡喃葡萄糖苷 钩吻 Gelsemium elegans
(3*S*,5*R*,6*R*,7*E*,9*S*)-megastigman-7-ene-3,5,6,9-tetrol-9-*O*-*β*-D-glucopyranoside (3*S*,5*R*,6*R*,7*E*,9*S*)- 大柱香波龙 -7- 烯 -3,5,6,9- 四醇 -9-*O*-*β*-D- 吡喃葡萄糖苷 香港算盘子 Glochidion zeylanicum, 小连翘 Hypericum erectum, 省沽油 Staphylea bumalda

(3*S*,5*R*,6*R*,7*E*,9*S*)-megastigman-7-ene-3-hydroxy-5,6-epoxy-9-*O*-*β*-D-glucopyranoside (3*S*,5*R*,6*R*,7*E*,9*S*)- 大柱香波龙 -7- 烯 -3- 羟基 -5,6- 环氧 -9-*O*-*β*-D- 吡喃葡萄糖苷 笔管草 Equisetum ramosissimum subsp. debile
(3*S*,5*R*,6*S*,7*E*,9*S*)-megastigman-7-ene-5,6-epoxy-3,9-diol-3-*O*-*β*-D-glucopyranoside (3*S*,5*R*,6*S*,7*E*,9*S*)- 大柱香波龙 -7- 烯 -5,6- 环氧 -3,9- 二醇 -3-*O*-*β*-D- 吡喃葡萄糖苷 披散木贼 Equisetum diffusum
megastigmane 大柱香波龙烷 益母草 Leonurus japonicus
megastigmane glucopyranoside 大柱香波龙烷吡喃葡萄糖苷 小连翘 Hypericum erectum
megastigmane-3,4,9-triol-3-*O*-*β*-D-glucopyranoside 大柱香波龙 -3,4,9- 三醇 -3-*O*-*β*-D- 吡喃葡萄糖苷 红花五味子 Schisandra rubriflora
(3*S*,5*R*,6*S*,9*R*)-megastigmane-3,9-diol-3-*O*-[*α*-L-arabinofuranosyl-(1→6)-*β*-D-glucopyranoside] (3*S*,5*R*,6*S*,9*R*)- 大柱香波龙 -3,9- 二醇 -3-*O*-[*α*-L- 呋喃阿拉伯糖基 -(1→6)-*β*-D- 吡喃葡萄糖苷] 红花五味子 Schisandra rubriflora
7-megastigmane-3-ol-9-one-3-*O*-[*α*-L-arabinofuranosyl-(1→6)-*β*-D-glucopyranoside] 7- 大柱香波龙 -3- 醇 -9- 酮 -3-*O*-[*α*-L- 呋喃阿拉伯糖基 -(1→6)-*β*-D- 吡喃葡萄糖苷] 红花五味子 Schisandra rubriflora
4,6,8-megastigmatriene 4,6,8- 大柱香波龙三烯 挥发油成分，未统计基源
megastigmatrienone 大柱香波龙三烯酮 挥发油成分，未统计基源
(3*R*,9*R*)-5-megastigmen-3,9,11-triol-9-*O*-*β*-D-glucopyranoside (3*R*,9*R*)-5- 大柱香波龙烯 -3,9,11- 三醇 -9-*O*-*β*-D- 吡喃葡萄糖苷 冷杉 Abies fabri
4-megastigmen-3,9-dione 4- 大柱香波龙烯 -3,9- 二酮 藜 Chenopodium album
(3*S*,5*R*,6*R*,7*E*,9*S*)-7-megastigmene-3,5,6,9-tetrol-3-*O*-*β*-D-glucopyranoside (3*S*,5*R*,6*R*,7*E*,9*S*)-7- 大柱香波龙烯 -3,5,6,9- 四醇 -3-*O*-*β*-D- 吡喃葡萄糖苷 青皮木 Schoepfia jasminodora
5-megastigmene-3,9-diol 5- 大柱香波龙烯 -3,9- 二醇 茶 Camellia sinensis
7-megastigmene-3*S*,5*R*,6*R*,7*E*,9*S*-tetrol 7- 大柱香波龙烯 -3*S*,5*R*,6*R*,7*E*,9*S*- 四醇 黄花香茶菜 Isodon sculponeatus
7-megastigmene-3*α*,6,9-triol 7- 大柱香波龙烯 -3*α*,6,9- 三醇 巴豆 Croton tiglium
megathyrin A 大锥香茶菜素 A 紫毛香茶菜 Isodon enanderianus, 拟缺香茶菜 I. excisoides, 毛叶香茶菜 I. japonicus, 大锥香茶菜 I. megathyrsus, 冬凌草 I. rubescens
megathyrin B 大锥香茶菜素 B 紫毛香茶菜 Isodon enanderianus, 大锥香茶菜 I. megathyrsus
(-)-mehranine (-)- 狗牙花兰宁▲ 药用狗牙花 Tabernaemontana bovina, 狗牙花 T. divaricata
4-mehtyl-2,6-dihydroxybenzaldehyde 4- 甲基 -2,6- 二羟基苯甲醛 长松萝 Usnea longissima
meiocarpin 毛桃木素▲ 三白草 Saururus chinensis
mekongenine A~F 奶子藤碱▲A~F 奶子藤 Bousigonia mekongensis
melafolone 甲丁酰酸模叶蓼酮▲ 酸模叶蓼 Polygonum lapathifolium
melaleucic acid 白千层酸 幌伞枫 Heteropanax fragrans
melaleucic acid-28-*O*-[*α*-L-rhamnopyranosyl-(1→4)-*β*-D-glucopyranosyl-(1→6)]-*β*-D-glucopyranosyl ester 白千层酸 -28-*O*-[*α*-L- 吡喃鼠李糖基 -(1→4)-*β*-D- 吡喃葡萄糖基 -(1→6)]-*β*-D- 吡喃葡萄糖基酯 幌伞枫 Heteropanax fragrans
melamine 三聚氰胺 马蹄莲 Zantedeschia aethiopica
melampolide 黑足菊内酯▲ 豨莶 Sigesbeckia orientalis
melandrigenin 坚硬女娄菜苷元▲ 红花 Carthamus tinctorius, 坚硬女娄菜 Silene firma
melandrioside A 坚硬女娄菜苷▲A 坚硬女娄菜 Silene firma
melanettin 乌木黄檀亭▲ 大花菟丝子 Cuscuta reflexa, 降香 Dalbergia odorifera
melanochromone 紫伞芹色酮▲ 紫伞芹 Melanosciadium pimpinelloideum
melapinol B 娑罗双酚▲B 山葡萄 Vitis amurensis
melasmoside 黑蒴苷 黑蒴 Melasma arvense
melastomic acid 野牡丹酸▲ 灰毛大青 Clerodendrum canescens
melatonin 褪黑素 洋金花 Datura metel
melaxillaridine 腋花山橙定碱▲ 腋花山橙 Melodinus axillaris
melaxillarine 腋花山橙灵碱▲ 腋花山橙 Melodinus axillaris
melaxillarinine 腋花山橙宁碱▲ 腋花山橙 Melodinus axillaris
melaxilline 腋花山橙林碱▲ 腋花山橙 Melodinus axillaris
melaxilline A, B 腋花山橙林碱▲A, B 腋花山橙 Melodinus axillaris
melaxillinine 腋花山橙里宁▲ 腋花山橙 Melodinus axillaris
melazolide A 楝内酯 A 楝 Melia azedarach
D-(+)-melezitose D-(+)- 松三糖 云南松 Pinus yunnanensis
meliacarpinin A 楝卡品宁▲A 楝 Melia azedarach, 川楝 M. toosendan
meliacarpinin B, E 楝卡品宁▲B, E 楝 Melia azedarach
meliacarpinin C 楝卡品宁▲C 楝 Melia azedarach, 川楝 M. toosendan
meliacarpinin D 楝卡品宁▲D 楝 Melia azedarach, 川楝 M. toosendan
meliacine 楝辛▲ 楝 Melia azedarach
meliadanoside A 川楝苷▲A 川楝 Melia toosendan
meliadanoside B 川楝苷▲B 川楝 Melia toosendan, 杨梅 Myrica rubra
meliaionoside A, B 楝香堇苷▲A, B 川楝 Melia toosendan
melianin B 楝木素 B 楝 Melia azedarach

M

melianodiol 楝酮二醇 浆果楝 Cipadessa baccifera, 楝 Melia azedarach, 云南地黄连 Munronia delavayi, 鹧鸪花 Trichilia connaroides
melianol 楝醇 楝 Melia azedarach, 鹧鸪花 Trichilia connaroides
melianone 楝酮 麻楝 Chukrasia tabularis, 楝 Melia azedarach, 川楝 M. toosendan, 川黄檗 Phellodendron chinense, 鹧鸪花 Trichilia connaroides
melianoninol 楝新醇 楝 Melia azedarach
meliantriol 楝三醇 楝 Melia azedarach
melianxanthone 楝呫酮▲ 楝 Melia azedarach
meliarachin A~K 楝钦素▲A~K 楝 Melia azedarach
meliartenin 楝特宁▲ 楝 Melia azedarach
meliasenin A~D, F~R, U~X 楝瑟宁▲A~D, F~R, U~X 川楝 Melia toosendan
meliasenin E 楝瑟宁▲E 楝 Melia azedarach, 川楝 M. toosendan
meliasenin S 楝瑟宁▲S 大叶山楝 Aphanamixis grandifolia, 川楝 Melia toosendan
meliasenin T 楝瑟宁▲T 大叶山楝 Aphanamixis grandifolia, 川楝 Melia toosendan
meliastatin 2, 5 楝抑素▲2, 5 川楝 Melia toosendan
meliastatin 3 楝抑素▲3 楝 Melia azedarach, 川楝 M. toosendan
meliatetraolenone 楝四醇烯酮▲ 红椿 Toona ciliata
meliatoosenin A~E, G~S 川楝宁素 A~E, G~S 川楝 Melia toosendan
meliatoosenin F 川楝宁素 F 楝 Melia azedarach, 川楝 M. toosendan
meliatoxin A_1, A_2, B_2 楝毒素 A_1, A_2, B_2 楝 Melia azedarach
meliatoxin B_1 楝毒素 B_1 楝 Melia azedarach, 川楝 M. toosendan
meliavolin 沃肯楝林素▲ 楝 Melia azedarach
meliavosin 沃肯楝素▲ 浆果楝 Cipadessa baccifera
melicopidine 蜜茱萸定 吴茱萸 Euodia ruticarpa
melidianolic acid A 楝二醇酸▲A 大叶山楝 Aphanamixis grandifolia, 山楝 A. polystachya
melidianolic acid B 楝二醇酸▲B 大叶山楝 Aphanamixis grandifolia
melilotic acid 草木犀酸 白花草木犀 Melilotus albus, 草木犀 M. officinalis, 地杨桃 Microstachys chamaelea
melilotic acid glucoside 草木犀酸葡萄糖苷 佩兰 Eupatorium fortunei
melilotigenin 草木犀苷元 草木犀 Melilotus officinalis
melilotigenin B 草木犀苷元 B 镰荚棘豆 Oxytropis falcata
melilotigenin C 草木犀苷元 C 翅果刺桐 Erythrina subumbrans, 镰荚棘豆 Oxytropis falcata
melilotin 草木犀亭 白花草木犀 Melilotus albus
melilotocarpan A 白香草木犀紫檀烷 A 青甘锦鸡儿 Caragana tangutica, 白花草木犀 Melilotus albus
melilotocarpan B 白香草木犀紫檀烷 B 川西锦鸡儿 Caragana erinacea, 白花草木犀 Melilotus albus
melilotocarpan C, D, E 白香草木犀紫檀烷 C, D, E 白花草木犀 Melilotus albus
trans-melilotoside 反式 - 草木犀苷 大叶紫珠 Callicarpa macrophylla
melilotoside A 草木犀苷 A 白花草木犀 Melilotus albus
melilotoside A_1 草木犀苷 A_1 草木犀 Melilotus officinalis
melilotoside B 草木犀苷 B 白花草木犀 Melilotus albus
melilotoside B_1 草木犀苷 B_1 草木犀 Melilotus officinalis
melilotoside C 草木犀苷 C 白花草木犀 Melilotus albus
melilotoside C_1 草木犀苷 C_1 草木犀 Melilotus officinalis
melilotoside D 草木犀苷 D 白花草木犀 Melilotus albus
melilotus saponin O_1, O_2 草木犀皂苷 O_1, O_2 草木犀 Melilotus officinalis
(+)-meliotocarpan (+)- 草木犀紫檀烷 紫苜蓿 Medicago sativa
meliotocarpan A 草木犀紫檀烷 A 降香 Dalbergia odorifera
melissane 蜂花烷 徐长卿 Cynanchum paniculatum
melissic acid 蜂花酸 糙叶五加 Eleutherococcus henryi, 蓼子朴 Inula salsoloides, 山梗菜 Lobelia sessilifolia, 水芹 Oenanthe javanica, 急弯棘豆 Oxytropis deflexa, 红前胡 Peucedanum rubricaule
melissoidesin G 苞叶香茶菜素 G 冬凌草 Isodon rubescens
melitidin 香柠檬定▲ 橘红 Citrus maxima 'Tomentosa'
melitin 草木犀素▲ 白花草木犀 Melilotus albus
melitose 棉子糖 向日葵 Helianthus annuus
melitric acid A 蜜蜂花三酸▲A 香蜂花 Melissa officinalis, 撒尔维亚 Salvia officinalis
melitric acid B 蜜蜂花三酸▲B 香蜂花 Melissa officinalis
melittoside 假蜜蜂花苷▲ 苦郎树 Clerodendrum inerme, 龙吐珠 C. thomsoniae, 苦槛蓝 Pentacoelium bontioides, 车前 Plantago asiatica, 大车前 P. major, 北车前 P. media, 地黄 Rehmannia glutinosa, 甘露子 Stachys sieboldii
melittoside decaacetate 假蜜蜂花苷▲十乙酸酯 北车前 Plantago media
melledonal A, B, C 蜜环菌醛▲A, B, C 蜜环菌 Armillaria mellea
melledonol 蜜环菌醇▲ 蜜环菌 Armillaria mellea

(3*R*)-mellein (3*R*)- 蜂蜜曲霉素 皱叶南蛇藤 Celastrus rugosus
(*R*)-(-)-mellein (*R*)-(-)- 蜂蜜曲霉素▲ 台湾榕 Ficus formosana
mellein 蜂蜜曲霉素 西南五月茶 Antidesma acidum
melleolide 蜜环菌酯▲ 蜜环菌 Armillaria mellea
melleolide B~H, K~N, Q, R 蜜环菌酯▲B~H, K~N, Q, R 蜜环菌 Armillaria mellea
melochicorine 马松子碱 马松子 Melochia corchorifolia
melochorin 马松子素▲ 马松子 Melochia corchorifolia
melodinhenine A~F 思茅山橙定宁▲A~F 思茅山橙 Melodinus cochinchinensis
melodinine A~D, F, G 山橙碱▲A~D, F, G 思茅山橙 Melodinus cochinchinensis
melodinine E 山橙碱▲E 蕊木 Kopsia arborea, 思茅山橙 Melodinus cochinchinensis
melodinine H 山橙碱▲H 思茅山橙 Melodinus cochinchinensis, 薄叶山橙 M. tenuicaudatus
melodinine I, K 山橙碱▲I, K 薄叶山橙 Melodinus tenuicaudatus
melodinine J 山橙碱▲J 奶子藤 Bousigonia mekongensis, 山橙 Melodinus suaveolens, 薄叶山橙 M. tenuicaudatus
melodinine L 山橙碱▲L 山橙 Melodinus suaveolens, 薄叶山橙 M. tenuicaudatus, 雷打果 M. yunnanensis
melodinine M~S, U 山橙碱▲M~S, U 山橙 Melodinus suaveolens
melodinine T 山橙碱▲T 腋花山橙 Melodinus axillaris, 山橙 M. suaveolens
melodinine V 山橙碱▲V 思茅山橙 Melodinus cochinchinensis
melodinoxanine 山橙氧杂宁碱▲ 思茅山橙 Melodinus cochinchinensis
melodiside 山橙酚苷▲ 山橙 Melodinus suaveolens
melofoline 马松子林碱▲ 马松子 Melochia corchorifolia
melofusine I 尖山橙碱▲I 尖山橙 Melodinus fusiformis
melohenine A, B 思茅山橙宁▲A, B 思茅山橙 Melodinus cochinchinensis
melohenryine A, B 思茅山橙碱▲A, B 思茅山橙 Melodinus cochinchinensis
melongenamide A~D 茄酰胺▲A~D 茄 Solanum melongena
melongoside A, B, E~H 茄甾苷 A, B, E~H 茄 Solanum melongena
meloscandonine 攀援山橙酮碱▲ 奶子藤 Bousigonia mekongensis, 腋花山橙 Melodinus axillaris, 思茅山橙 M. cochinchinensis, 尖山橙 M. fusiformis, 山橙 M. suaveolens, 薄叶山橙 M. tenuicaudatus, 雷打果 M. yunnanensis
meloscine 攀援山橙辛碱 思茅山橙 Melodinus cochinchinensis, 山橙 M. suaveolens
meloscine-*N*-oxide 攀援山橙辛碱▲-*N*- 氧化物 山橙 Melodinus suaveolens
meloside A 甜瓜苷▲A 甜瓜 Cucumis melo, 白花酢浆草 Oxalis acetosella
meloside I, L 甜瓜苷▲I, L 甜瓜 Cucumis melo
melosuavine A~H 山橙文碱▲A~H 山橙 Melodinus suaveolens
melotenine A 薄叶山橙碱 A 薄叶山橙 Melodinus tenuicaudatus
meloyine 云南山橙因▲ 雷打果 Melodinus yunnanensis
meloyunine 云南山橙碱▲ 雷打果 Melodinus yunnanensis
meloyunine A, B, C 云南山橙碱▲A, B, C 雷打果 Melodinus yunnanensis
melrubiellin A~D 坚硬女娄菜林素▲A~D 坚硬女娄菜 Silene firma
membraxanthone A, B 薄叶红厚壳呫酮▲A, B 薄叶红厚壳 Calophyllum membranaceum
menelloide C 小月柳珊瑚内酯▲C 乌药 Lindera aggregata
meniscoside 蝙蝠葛苷▲ 蝙蝠葛 Menispermum dauricum
(+)-menisdaurilide (+)- 蝙蝠葛内酯 一叶萩 Flueggea suffruticosa
menisdaurilide 蝙蝠葛内酯 蝙蝠葛 Menispermum dauricum, 天葵 Semiaquilegia adoxoides
menisdaurin 蝙蝠葛素▲ 长花厚壳树 Ehretia longiflora, 蝙蝠葛 Menispermum dauricum
menisperine 蝙蝠葛任碱 夏天无 Corydalis decumbens, 风龙 Sinomenium acutum, 两面针 Zanthoxylum nitidum
menispermine 防已碱 南天竹 Nandina domestica
menisporphine 蝙蝠葛朴啡碱▲ 蝙蝠葛 Menispermum dauricum, 风龙 Sinomenium acutum
menth-1(7)-en-9-yl dodecanoate 薄荷 -1(7)- 烯 -9- 醇十二酸酯 腰骨藤 Ichnocarpus frutescens
p-menth-1-en-4-ol 对薄荷 -1- 烯 -4- 醇 挥发油成分，未统计基源
p-menth-1-en-8-ol 对薄荷 -1- 烯 -8- 醇 挥发油成分，未统计基源
p-menth-1-ene-3,6-diol 对薄荷 -1- 烯 -3,6- 二醇 卤地菊 Wedelia prostrata
(3*S*,4*S*,6*R*)-*p*-menth-1-ene-3,6-diol-6-*O*-*β*-D-glucopyranoside (3*S*,4*S*,6*R*)- 对薄荷 -1- 烯 -3,6- 二醇 -6-*O*-*β*-D- 吡喃葡萄糖苷 佩兰 Eupatorium fortunei
(4*S*)-*p*-menth-1-ene-4,7-diol (4*S*)- 对薄荷 -1- 烯 -4,7- 二醇 川芎 Ligusticum sinense 'Chuanxiong'
(4*R*)-*p*-menth-1-ene-7,8-diol-8-*O*-*β*-D-apiofuranosyl-(1 → 6)-*β*-D-glucopyranoside (4*R*)- 对薄荷 -1- 烯 -7,8- 二醇 -8-*O*-*β*-D- 呋喃芹糖基 -(1 → 6)-*β*-D- 吡喃葡萄糖苷 珊瑚菜 Glehnia littoralis
(4*S*)-*p*-menth-1-ene-7,8-diol-8-*O*-*β*-D-apiofuranosyl-(1 → 6)-*β*-D-glucopyranoside (4*S*)- 对薄荷 -1- 烯 -7,8- 二醇 -8-*O*-*β*-D- 呋喃芹糖基 -(1 → 6)-*β*-D- 吡喃葡萄糖苷 珊瑚菜 Glehnia littoralis
(4*R*)-*p*-menth-1-ene-7,8-diol-8-*O*-*β*-D-glucopyranoside (4*R*)- 对薄荷 -1- 烯 -7,8- 二醇 -8-*O*-*β*-D- 吡喃葡萄糖苷 珊瑚菜 Glehnia littoralis
(4*S*)-*p*-menth-1-ene-7,8-diol-8-*O*-*β*-D-glucopyranoside (4*S*)- 对 - 薄荷 -1- 烯 -7,8- 二醇 -8-*O*-*β*-D- 吡喃葡萄糖苷 苍术 Atractylodes lancea

M

p-menth-2-en-1-ol 对薄荷 -2- 烯 -1- 醇 挥发油成分，未统计基源
cis-*p*-menth-2-en-1-ol 顺式 - 对薄荷 -2- 烯 -1- 醇 挥发油成分，未统计基源
trans-*p*-menth-2-en-1-ol 反式 - 对薄荷 -2- 烯 -1- 醇 挥发油成分，未统计基源
p-menth-2-en-1β,4β,8-triol 对薄荷 -2- 烯 -1β,4β,8- 三醇 青荚叶 Helwingia japonica
cis-*p*-menth-2-en-7-ol 顺式 - 对薄荷 -2- 烯 -7- 醇 挥发油成分，未统计基源
p-menth-2-ene-1,4,8-triol 对薄荷 -2- 烯 -1,4,8- 三醇 心叶风毛菊 Saussurea cordifolia
trans-*p*-menth-2-ene-1α,2β,8-triol 反式 - 对薄荷 -2- 烯 -1α,2β,8- 三醇 珊瑚菜 Glehnia littoralis
trans-*p*-menth-2-ene-1α,7,8-triol 反式 - 对薄荷 -2- 烯 -1α,7,8- 三醇 珊瑚菜 Glehnia littoralis
cis-*p*-menth-2-ene-1α,7,8-triol 顺式 - 对薄荷 -2- 烯 -1α,7,8- 三醇 珊瑚菜 Glehnia littoralis
p-menth-3-en-8-ol 对薄荷 -3- 烯 -8 醇 挥发油成分，未统计基源
p-menth-3-ene-1,2,8-triol 对薄荷 -3- 烯 -1,2,8- 三醇 汉城细辛 Asarum sieboldii
p-menth-3-ene-1,2-diol 对薄荷 -3- 烯 -1,2- 二醇 挥发油成分，未统计基源
p-menth-4-ene-1,2-diol 对薄荷 -4- 烯 -1,2- 二醇 挥发油成分，未统计基源
p-menth-6-en-2,5-diol 对薄荷 -6- 烯 -2,5- 二醇 东俄洛橐吾 Ligularia tongolensis
p-menth-8-en-2-ol 对薄荷 -8- 烯 -2- 醇 挥发油成分，未统计基源
p-menth-8-ene-1,2-diol 对薄荷 -8- 烯 -1,2- 二醇 挥发油成分，未统计基源
(1*S*,2*S*,4*R*)-*p*-menth-8-ene-1,2,10-triol-2-*O*-β-D-glucopyranoside (1*S*,2*S*,4*R*)- 对薄荷 -8- 烯 -1,2,10- 三醇 -2-*O*-β-D- 吡喃葡萄糖苷 葛缕子 Carum carvi
trans-*p*-menth-8-ene-*trans*-1,2-diol 反式 - 对薄荷 -8- 烯 - 反式 -1,2- 二醇 挥发油成分，未统计基源
(-)-(2*R*,4*S*)-*p*-mentha-1(7),8-dien-2-hydroperoxide (-)-(2*R*,4*S*)- 对薄荷 -1(7),8- 二烯 -2- 氢过氧化物 土荆芥 Chenopodium ambrosioides
(-)-(2*S*,4*S*)-*p*-mentha-1(7),8-dien-2-hydroperoxide (-)-(2*S*,4*S*)- 对薄荷 -1(7),8- 二烯 -2- 氢过氧化物 土荆芥 Chenopodium ambrosioides
trans-*p*-mentha-1(7),8-dien-2-ol 反式 - 对薄荷 -1(7),8- 二烯 -2- 醇 挥发油成分，未统计基源
p-mentha-1,3,8-triene 对薄荷 -1,3,8- 三烯 挥发油成分，未统计基源
p-mentha-1,4(8)-diene 对薄荷 -1,4(8)- 二烯 挥发油成分，未统计基源
p-mentha-1,4-dien-7-ol 对薄荷 -1,4- 二烯 -7- 醇 挥发油成分，未统计基源
p-mentha-1,5,8-triene 对薄荷 -1,5,8- 三烯 挥发油成分，未统计基源
p-mentha-1,5-dien-7-ol 对薄荷 -1,5- 二烯 -7- 醇 挥发油成分，未统计基源
p-mentha-1,5-dien-8-ol 对薄荷 -1,5- 二烯 -8- 醇 挥发油成分，未统计基源
(-)-(1*R*,4*S*)-*p*-mentha-2,8-dien-1-hydroperoxide (-)-(1*R*,4*S*)- 对薄荷 -2,8- 二烯 - 氢过氧化物 土荆芥 Chenopodium ambrosioides
(-)-(1*S*,4*S*)-*p*-mentha-2,8-dien-1-hydroperoxide (-)-(1*S*,4*S*)- 对薄荷 -2,8- 二烯 - 氢过氧化物 土荆芥 Chenopodium ambrosioides
trans-*p*-mentha-6,8-dien-2-ol 反式 - 对薄荷 -6,8- 二烯 -2- 醇 挥发油成分，未统计基源
trans-2,8-*p*-menthadien-1-ol 反式 -2,8- 对薄荷二烯 -1- 醇 挥发油成分，未统计基源
cis-2,8-*p*-menthadien-1-ol 顺式 -2,8- 对薄荷二烯 -1- 醇 挥发油成分，未统计基源
trans-1(7),8-*p*-menthadien-2-ol 反式 -1(7),8- 对薄荷二烯 -2- 醇 挥发油成分，未统计基源
cis-1(7),8-*p*-menthadien-2-ol 顺式 -1(7),8- 对薄荷二烯 -2- 醇 挥发油成分，未统计基源
1,3-*p*-menthadien-7-al 1,3- 对薄荷二烯 -7- 醛 挥发油成分，未统计基源
1,4-*p*-menthadien-7-ol 1,4- 对薄荷二烯 -7- 醇 挥发油成分，未统计基源
p-menthadienal 对薄荷二烯醛 挥发油成分，未统计基源
p-menthadunnianol 对薄荷红花八角酚 野八角 Illicium simonsii
menthalactone 薄荷内酯 肉果草 Lancea tibetica, 留兰香 Mentha spicata
menthalignin 薄荷木酚素 薄荷 Mentha canadensis
trans-*p*-menthan-1,4-diol 反式 - 对薄荷 -1,4- 二醇 挥发油成分，未统计基源
(1*R*,2*R*,3*R*,4*S*,6*S*)-*p*-menthane-1,2,3,6-tetrol (1*R*,2*R*,3*R*,4*S*,6*S*)- 对薄荷 -1,2,3,6- 四醇 佩兰 Eupatorium fortunei
(1*R*,2*S*,3*R*,4*R*,6*S*)-*p*-menthane-1,2,3,6-tetrol (1*R*,2*S*,3*R*,4*R*,6*S*)- 对薄荷 -1,2,3,6- 四醇 佩兰 Eupatorium fortunei
(1*R*,2*R*,4*S*)-*p*-menthane-1,2,8-triol (1*R*,2*R*,4*S*)- 对薄荷 -1,2,8- 三醇 葛缕子 Carum carvi
(1*S*,2*S*,4*R*,8*R*)-*p*-menthane-1,2,8-triol (1*S*,2*S*,4*R*,8*R*)- 对薄荷 -1,2,8- 三醇 葛缕子 Carum carvi
p-menthane-1,2,8-triol 对薄荷 -1,2,8- 三醇 挥发油成分，未统计基源
p-menthane-1,2,8-triol-2-*O*-β-D-glucopyranoside 对薄荷 -1,2,8- 三醇 -2-*O*-β-D- 吡喃葡萄糖苷 胡椒 Piper nigrum
(1*S*,2*R*,4*S*)-*p*-menthane-1,2,8-triol-8-*O*-β-D-glucopyranoside (1*S*,2*R*,4*S*)- 对薄荷 -1,2,8- 三醇 -8-*O*-β-D- 吡喃葡萄糖苷 苍术 Atractylodes lancea, 葛缕子 Carum carvi
(1*S*,2*S*,4*R*,8*R*)-*p*-menthane-1,2,9-triol-2-*O*-β-D-glucopyranoside (1*S*,2*R*,4*S*,8*R*)- 对薄荷 -1,2,9- 三醇 -2-*O*-β-D- 吡喃葡萄糖苷 葛缕子 Carum carvi
p-menthane-1,2-diol 对薄荷 -1,2- 二醇 挥发油成分，未统计基源
4-*p*-menthane-1,8-diol 4- 对薄荷 -1,8- 二醇 白蔹 Ampelopsis japonica
p-menthane-1,8,9-triol-9-*O*-β-D-glucopyranoside 对薄荷烷 -1,8,9- 三醇 -9-*O*-β-D- 吡喃葡萄糖苷 五味子 Schisandra chinensis
trans-*p*-menthane-1α,2β,8-triol-8-*O*-β-D-(3',6'-diangeloyloxy)-glucopyranoside 反式 - 对薄荷 -1α,2β,8- 三醇 -8-*O*-β-D-(3',6'- 二当归酰氧基)- 吡喃葡萄糖苷 东风菜 Doellingeria scabra
trans-*p*-menthane-1α,2β,8-triol-8-*O*-β-D-(3'-angeloyloxy-6'-isobutyloxy)-glucopyranoside 反式 - 对薄荷 -1α,2β,8- 三醇 -8-*O*-β-D-(3'- 当归酰氧基 -6'- 异丁氧基)- 吡喃葡萄糖苷 东风菜 Doellingeria scabra

trans-p-menthane-1*β*,2*α*,8,9-tetrol 反式 - 对薄荷 -1*β*,2*α*,8,9- 四醇 蛇床 Cnidium monnieri
rel-(1*R*,2*S*,4*R*,8*S*)-*p*-menthane-2,8,9-triol 相对 -(1*R*,2*S*, 4*R*,8*S*)- 对薄荷 -2,8,9- 三醇 葛缕子 Carum carvi
rel-(1*R*,2*S*,4*R*,8*R*)-*p*-menthane-2,8,9-triol 相对 -(1*R*,2*S*,4*R*,8*R*)- 对薄荷 -2,8,9- 三醇 葛缕子 Carum carvi
(1*S*,2*R*,4*R*,8*R*)-*p*-menthane-2,8,9-triol (1*S*,2*R*,4*R*,8*R*)- 对薄荷 -2,8,9- 三醇 葛缕子 Carum carvi
(1*S*,2*R*,4*R*,8*S*)-*p*-menthane-2,8,9-triol (1*S*,2*R*,4*R*,8*S*)- 对薄荷 -2,8,9- 三醇 葛缕子 Carum carvi
rel-(1*S*,2*S*,4*R*,8*S*)-*p*-menthane-2,8,9-triol 相对 -(1*S*,2*S*,4*R*,8*S*)- 对薄荷 -2,8,9- 三醇 葛缕子 Carum carvi
rel-(1*S*,2*S*,4*R*,8*R*)-*p*-menthane-2,8,9-triol 相对 -(1*S*,2*S*,4*R*,8*R*)- 对薄荷 -2,8,9- 三醇 葛缕子 Carum carvi
(1*S*,2*S*,4*S*,8*R*)-*p*-menthane-2,8,9-triol (1*S*,2*S*,4*S*,8*R*)- 对薄荷 -2,8,9- 三醇 葛缕子 Carum carvi
(1*S*,2*S*,4*S*,8*S*)-*p*-menthane-2,8,9-triol (1*S*,2*S*,4*S*,8*S*)- 对薄荷 -2,8,9- 三醇 葛缕子 Carum carvi
(1*S*,2*R*,4*R*,8*S*)-*p*-menthane-2,8,9-triol-4-*O*-*β*-D-glucopyranoside (1*S*,2*R*,4*R*,8*S*)- 对薄荷 -2,8,9- 三醇 4-*O*-*β*-D- 吡喃葡萄糖苷 葛缕子 Carum carvi
(1*S*,2*R*,4*R*,8*S*)-*p*-menthane-2,8,9-triol-9-*O*-*β*-D-glucopyranoside (1*S*,2*R*,4*R*,8*S*)- 对薄荷 -2,8,9- 三醇 -9-*O*-*β*-D- 吡喃葡萄糖苷 葛缕子 Carum carvi
(+)-3,4-*trans*-*p*-menthane-3,8-diol (+)-3,4- 反式 - 对薄荷 -3,8- 二醇 五味子 Schisandra chinensis
[9,9,9-2*H*3]-(1*S**,3*R**,4*S**,8*S**)-*p*-menthane-3,8-diol [9,9,9-2*H*3]-(1*S**,3*R**,4*S**,8*S**)- 对薄荷 -3,8- 二醇 山胡椒 Lindera glauca
[9,9,9-2*H*3]-(1*S**,3*S**,4*S**,8*S**)-*p*-menthane-3,8-diol [9,9,9-2*H*3]-(1*S**,3*S**,4*S**,8*S**)- 对薄荷 -3,8- 二醇 山胡椒 Lindera glauca
1,3,8-*p*-menthatriene 1,3,8- 对薄荷三烯 挥发油成分，未统计基源
p-1,3,8-menthatriene 对 -1,3,8- 薄荷三烯 挥发油成分，未统计基源
cis-*p*-2-menthen-1-ol 顺式 - 对 -2- 薄荷烯 -1- 醇 挥发油成分，未统计基源
3-*p*-menthen-7-al 3- 对薄荷烯 -7- 醛 挥发油成分，未统计基源
cis-2-*p*-menthen-7-ol 顺式 -2- 对薄荷烯 -7- 醇 挥发油成分，未统计基源
1-*p*-menthen-9-al 1- 对薄荷烯 -9- 醛 雪松 Cedrus deodara
1,2-menthene 1,2- 薄荷烯 挥发油成分，未统计基源
3-*p*-menthene 3- 对薄荷烯 挥发油成分，未统计基源
δ-menthene *δ*- 薄荷烯 挥发油成分，未统计基源
8-*p*-menthene-1,2-diol 8-*p*- 对薄荷烯 -1,2- 二醇 挥发油成分，未统计基源
cis-3-*p*-menthene-1,2-diol 顺式 -3- 对薄荷烯 -1,2- 二醇 挥发油成分，未统计基源
$\Delta^{4(8)}$-menthene-3-one $\Delta^{4(8)}$- 薄荷烯 -3- 酮 挥发油成分，未统计基源
(1*R*,4*S*,6*R*)-*p*-menthenediol (1*R*,4*S*,6*R*)- 对薄荷烯二醇 合蕊五味子 Schisandra propinqua
cis-*p*-menthenolide 顺式 - 对薄荷烯内酯 挥发油成分，未统计基源
(6*R*)-menthiafolic acid (6*R*)- 睡菜酸▲ 合掌消 Cynanchum amplexicaule
(6*S*)-menthiafolic acid (6*S*)- 睡菜酸▲ 云南九节 Psychotria yunnanensis
(6*R*)-menthiafolic acid-6-*O*-*β*-D-quinovoside (6*R*)- 睡菜酸▲-6-*O*-*β*-D- 鸡纳糖苷 藤金合欢 Acacia sinuata
(6*S*)-menthiafolic acid-6-*O*-*β*-D-quinovoside (6*S*)- 睡菜酸▲-6-*O*-*β*-D- 鸡纳糖苷 藤金合欢 Acacia sinuata
(6*R*)-menthiafolic acid-6-*O*-*β*-D-xyloside (6*R*)- 睡菜酸▲-6-*O*-*β*-D- 木糖苷 藤金合欢 Acacia sinuata
(6*S*)-menthiafolic acid-6-*O*-*β*-D-xyloside (6*S*)- 睡菜酸▲-6-*O*-*β*-D- 木糖苷 藤金合欢 Acacia sinuata
menthiafolin 睡菜素▲ 睡菜 Menyanthes trifoliata
menthofuran 薄荷呋喃 挥发油成分，未统计基源
L-menthol L- 薄荷醇 挥发油成分，未统计基源
menthol 薄荷醇 挥发油成分，未统计基源
L-menthone L- 薄荷酮 挥发油成分，未统计基源
menthone 薄荷酮 挥发油成分，未统计基源
menthoside 薄荷苷 辣薄荷 Mentha × piperita, 薄荷 M. canadensis, 兴安薄荷 M. dahurica
menthyl acetate 薄荷醇乙酸酯 挥发油成分，未统计基源
meoside A, B 尖叶铁扫帚苷▲A, B 尖叶铁扫帚 Lespedeza juncea
mequinine 五脉绿绒蒿宁▲ 五脉绿绒蒿 Meconopsis quintuplinervia
meranzin 橙皮内酯 酸橙 Citrus aurantium, 柚 C. maxima, 沙田柚 C. maxima 'Shatian Yu', 橘红 C. maxima 'Tomentosa', 蛇床 Cnidium monnieri, 九里香 Murraya exotica
meranzin hydrate 橙皮内酯水合物 重齿当归 Angelica biserrata, 柚 Citrus maxima, 沙田柚 C. maxima 'Shatian Yu', 橘红 C. maxima 'Tomentosa', 蛇床 Cnidium monnieri, 粗叶榕 Ficus hirta, 益母草 Leonurus japonicus, 九里香 Murraya exotica, 千里香 M. paniculata, 茵芋 Skimmia reevesiana
meratin 蜡梅苷 蜡梅 Chimonanthus praecox, 白杜 Euonymus maackii, 多穗蓼 Polygonum polystachyum, 长叶多穗蓼 P. polystachyum var. longifolium, 轮叶节节菜 Rotala mexicana
4-mercapto-2-heptanol 4- 巯基 -2- 庚醇 挥发油成分，未统计基源
4-mercapto-2-heptanone 4- 巯基 -2- 庚酮 挥发油成分，未统计基源
4-mercapto-2-nonanol 4- 巯基 -2- 壬醇 挥发油成分，未统计基源
4-mercapto-3-hexanone 4- 巯基 -3- 己酮 挥发油成分，未统计基源
2-mercapto-4-heptanol 2- 巯基 -4- 庚醇 挥发油成分，未统计基源
2-mercapto-4-heptanone 2- 巯基 -4- 庚酮 挥发油成分，未统计基源

4-mercaptobutyl glucosinolate 4- 巯丁基芥子油苷 芝麻菜 Eruca vesicaria
β-mercaptoethanol β- 巯基乙醇 狗牙根 Cynodon dactylon
merguenone 墨吉藤黄酮▲ 单花山竹子 Garcinia oligantha, 金丝李 G. paucinervis
meridinol 崖椒诺醇▲ 大叶醉鱼草 Buddleja davidii, 五爪金龙 Ipomoea cairica
merremin 鱼黄草素▲ 山土瓜 Merremia hungaiensis
merremin A~G 鱼黄草素▲A~G 篱栏网 Merremia hederacea
3β-merresectine C 3β- 多裂鱼黄草碱▲C 掌叶鱼黄草 Merremia vitifolia
merresectine C, E 多裂鱼黄草碱▲C, E 掌叶鱼黄草 Merremia vitifolia
merrillianolide 滇西八角内酯▲ 红茴香 Illicium henryi, 野八角 I. simonsii
merrillianone 滇西八角酮▲ 红茴香 Illicium henryi, 大八角 I. majus
mersinine A 红花蕊木宁▲A 红花蕊木 Kopsia fruticosa
merucathine 梅鲁巧茶碱▲ 巧茶 Catha edulis
merulidial 皱孔菌醛▲ 胶皱孔菌 Merulius tremellosus
merulinic acid A 皱孔菌酸 A 胶皱孔菌 Merulius tremellosus
meruliolactone 皱孔菌内酯▲ 胶皱孔菌 Merulius tremellosus
mesaconic acid 甲基反丁烯二酸 虎耳草 Saxifraga stolonifera
mesaconitine 中乌头碱 空茎乌头 Aconitum apetalum, 短柄乌头 A. brachypodum, 乌头 A. carmichaelii, 黄山乌头 A. carmichaelii var. hwangshanicum, 黄花乌头 A. coreanum, 敦化乌头 A. dunhuaense, 鸭绿乌头 A. jaluense, 光梗鸭绿乌头 A. jaluense var. glabrescens, 北乌头 A. kusnezoffii, 亚东乌头 A. spicatum, 草地乌头 A. umbrosum, 秦岭翠雀花 Delphinium giraldii
mesembryanthemoidigenic acid 日中花仙人棒精酸▲ 三叶木通 Akebia trifoliata, 鹅掌藤 Heptapleurum arboricola, 昆明山海棠 Tripterygium hypoglaucum
mesendanin A~D, F, G, H, J, N~S 川楝达宁 A~D, F, G, H, J, N~S 川楝 Melia toosendan
mesendanin E 川楝达宁 E 楝 Melia azedarach, 川楝 M. toosendan
mesendanin I 川楝达宁 I 楝 Melia azedarach, 川楝 M. toosendan
mesendanin K 川楝达宁 K 楝 Melia azedarach, 川楝 M. toosendan
mesendanin L 川楝达宁 L 楝 Melia azedarach, 川楝 M. toosendan
mesendanin M 川楝达宁 M 楝 Melia azedarach, 川楝 M. toosendan mesendanin T 川楝达宁 T 川楝 Melia toosendan, 杜楝 Turraea pubescens
mesendanin U 川楝达宁 U 川楝 Melia toosendan, 杜楝 Turraea pubescens
meshimakobnol A, B 裂蹄木层孔菌醇▲A, B 裂蹄木层孔菌 Phellinus linteus
messagenic acid G 梅桑草木犀酸▲G 海漆 Excoecaria agallocha
messerschmidin 砂引草素▲ 砂引草 Messerschmidia sibirica
messerschmidin ethyl ester 砂引草素▲乙酯 砂引草 Messerschmidia sibirica
mesuaferrin A, B, C 铁力木任▲A, B, C 铁力木 Mesua ferrea
mesuaferrol 铁力木酮醇▲ 铁力木 Mesua ferrea
mesuaferrone A, B 铁力木酮▲A, B 铁力木 Mesua ferrea
mesuagin 铁力木精 铁力木 Mesua ferrea
mesuarin 铁力木素 铁力木 Mesua ferrea
mesuaxanthone A 铁力木屾酮▲A 铁力木 Mesua ferrea
mesuaxanthone B 铁力木屾酮▲B 红厚壳 Calophyllum inophyllum, 铁力木 Mesua ferrea
mesuein 铁力木因▲ 铁力木 Mesua ferrea
mesuferrol A, B 铁力木酮酚▲A, B 铁力木 Mesua ferrea
mesuol 铁力木酚▲ 铁力木 Mesua ferrea
metajapogenin A, B, C 萝藦坡苷元▲A, B, C 萝藦 Metaplexis japonica
metaphanine 间千金藤碱 千金藤 Stephania japonica
metaplexigenin 萝藦苷元 牛皮消 Cynanchum boudieri, 云南匙羹藤 Gymnema yunnanense, 萝藦 Metaplexis japonica
2-metboxy-4-(2-propenyl)phenyl-β-D-glucopyranoside 2- 甲氧基 -4-(2- 丙烯基) 苯基 -β-D- 吡喃葡萄糖苷 三花莸 Caryopteris terniflora
meteloidine 曼陀罗碱 毛曼陀罗 Datura inoxia, 洋金花 D. metel
1-methacryloyl-3-acetyl-11-methoxymeliacarpinin 1- 甲基丙烯酰基 -3- 乙酰基 -11- 甲氧基楝卡品宁▲ 楝 Melia azedarach
(1R,2R,4R,8R)-(-)-p-methane-2,8,9-triol (1R,2R,4R,8R)-(-)- 对薄荷 -2,8,9- 三醇 金针菇 Flammulina velutipes
(1R,2R,4R,8S)-(-)-p-methane-2,8,9-triol (1R,2R,4R,8S)-(-)- 对薄荷 -2,8,9- 三醇 金针菇 Flammulina velutipes
2-methanesulfonyl-pyridine 2- 甲砜基吡啶 陵水暗罗 Polyalthia nemoralis
methanethiol 甲硫醇 挥发油成分，未统计基源
7,11-methano-2H-cycloocta[f][2]benzopyran-8-acetic acid 7,11- 亚甲基 -2H- 环辛 [f][2] 苯并吡喃 -8- 乙酸 浆果楝 Cipadessa baccifera
1,4-methano-3-benzoxepin-2(1H)-one 1,4- 甲烷并 -3- 恶庚英 -2(1H)- 酮 鸡骨香 Croton crassifolius
2-methanol-5-hydroxypyridine 2- 羟基甲基 -5- 羟基吡啶 盐生肉苁蓉 Cistanche salsa
methenamine 六亚甲基四胺 马蹄莲 Zantedeschia aethiopica
1-p-methene-8-thiol 1- 对亚甲基 -8- 硫醇 挥发油成分，未统计基源
methional 甲硫基丙醛 挥发油成分，未统计基源

M

L-methionine L- 甲硫氨酸 植物基础成分，未统计基源
methionine 甲硫氨酸 植物基础成分，未统计基源
(*S*)-2-methly-5-(1-methylethenly)-2-cyclohexen-1-one (*S*)-2- 甲基 -5-(1- 甲基乙烯基)-2- 环已烯 -1- 酮 樟子松 Pinus sylvestris var. mongolica
3-methoxalyldiotigenin-4-acetate 3- 甲氧地奥替皂苷元 -4- 乙酸酯 细柄薯蓣 Dioscorea tenuipes
p-methoxy acetophenone 对甲氧基苯乙酮 挥发油成分，未统计基源
4-methoxy furancarboxaldehyde 4- 甲氧基糠醛 峨眉海桐 Pittosporum omeiense
methoxy resorcylic acid 甲氧基树脂苔黑酸▲ 多伞阿魏 Ferula feruloides
6-methoxy scandoside methyl ester 6- 甲氧基鸡矢藤次苷甲酯 短花水金京 Wendlandia formosana subsp. breviflora
11-methoxy-(19*R*)-hydroxytabersonine 11- 甲氧基 -(19*R*)- 羟基柳叶水甘草碱 山橙 Melodinus suaveolens
3'-methoxy-(2",3":7,8)-furanoflavone 3'- 甲氧基 -(2",3":7,8)- 呋喃黄酮 水黄皮 Pongamia pinnata
5*α*-methoxy-(22*E*)-ergosta-7,9,22-trien-3*β*-ol-*β*-D-glucopyranoside 5*α*- 甲氧基 -(22*E*)- 麦角甾 -7,9,22- 三烯 -3*β*- 醇 -*β*-D- 吡喃葡萄糖苷 青藏大戟 Euphorbia altotibetica
6*β*-methoxy-(22*E*)-ergosta-7,9,22-trien-3*β*-ol-*β*-D-glucopyranoside 6*β*- 甲氧基 -(22*E*)- 麦角甾 -7,9,22- 烯 -3*β*- 醇 -*β*-D- 吡喃葡萄糖苷 青藏大戟 Euphorbia altotibetica
3*β*-methoxy-(23*S*)-23-ethyl-24-methyl-cycloart-24(24)-en-3*β*-ol 3*β*- 甲氧基 -23*S*- 乙基 -24- 甲基 - 环木菠萝 -24(24)- 烯 -3*β*- 醇 九里香 Murraya exotica
22-methoxy-(25*R*)-5*β*-furost-1*β*,2*β*,3*β*,4*β*,5*β*,26-hexahydroxy-26-*O*-*β*-D-glucopyranoside 22- 甲氧基 -(25*R*)-5*β*- 呋甾 -1*β*,2*β*,3*β*,4*β*,5*β*,26- 六羟基 -26-*O*-*β*-D- 吡喃葡萄糖苷 白穗花 Speirantha gardenii
22-methoxy-(25*R*)-5*β*-furost-1*β*,3*β*,4*β*,5*β*,26-pentahydroxy-26-*O*-*β*-D-glucopyranoside 22- 甲氧基 -(25*R*)-5*β*- 呋甾 -1*β*,3*β*,4*β*,5*β*,26- 五羟基 -26-*O*-*β*-D- 吡喃葡萄糖苷 白穗花 Speirantha gardenii
5-methoxy-(3",4"-dihydro-3",4"-diacetoxy)-2",2"-dimethylpyrano-(7,8:5",6")-flavone 5- 甲氧基 -(3",4"- 二氢 -3",4"- 二乙酰氧基)-2",2"- 二甲基吡喃并 -(7,8:5",6")- 黄酮 假烟叶树 Solanum erianthum
3-methoxy-(3",4"-dihydro-3"-hydroxy-4"-acetoxy)-2",2"-dimethylpyrano-(7,8:5",6")flavone 3- 甲氧基 -(3",4"- 二氢 -3"- 羟基 -4"- 乙酰氧基)-2",2"- 二甲基吡喃 -(7,8:5",6")- 黄酮 水黄皮 Pongamia pinnata
3-methoxy-(3",4"-dihydro-4"-hydroxy-3"-acetoxy)-2",2"-dimethylpyrano-(7,8:5",6")flavone 3- 甲氧基 -(3",4"- 二氢 -4"- 羟基 -3"- 乙酰氧基)-2",2"- 二甲基吡喃 -(7,8:5",6")- 黄酮 水黄皮 Pongamia pinnata
3-methoxy-(7,8,2",3")furanoflavone 3- 甲氧基 -(7,8,2",3") 呋喃并黄酮 水黄皮 Pongamia pinnata
1-methoxy-(9*R*,10*S*)-epoxyheptadecan-4,6-diyn-3-one 1- 甲氧基 -(9*R*,10*S*)- 环氧十七烷 -4,6- 二炔 -3- 酮 人参 Panax ginseng
3-[4'-(1"-methoxy)-propoxy]-phenyl-5,7-dihydroxy-isoflavone 3-[4'-(1"- 甲氧基)- 丙基氧代]- 苯基 -5,7- 二羟基异黄酮 鹿藿 Rhynchosia volubilis
2-methoxy-1-(1-methylethyl)-4-[(2-methylpropoxy)methyl]-benzene 2- 甲氧基 -1-(1- 甲基乙基 -4-[(2- 甲基丙氧基) 甲基]- 苯 止痢蚤草 Pulicaria dysenterica
5'-methoxy-1'-(5-prop-1-yn-1-yl-2-thienyl)-hexa-2',4'-diyn-6'-yl acetate 5'- 甲氧基 -1'-(5- 丙 -1- 炔 -1- 基 -2- 噻吩基)- 已 -2',4'- 二炔 -6'- 乙酸酯 顶羽菊 Acroptilon repens
2-methoxy-1,2-dihydroindol-3-one 2- 甲氧基 -1,2- 二氢吲哚 -3- 酮 蓼蓝 Polygonum tinctorium
3-methoxy-1,2-propanediol 3- 甲氧基 -1,2- 丙二醇 挥发油成分，未统计基源
4-methoxy-1,3,5-trihydroxyanthraquinone 4- 甲氧基 -1,3,5- 三羟基蒽醌 金鸡纳树 Cinchona calisaya
5-methoxy-1,3,7-trihydroxyxanthone 5- 甲氧基 -1,3,7- 三羟基𠮿酮 元宝草 Hypericum sampsonii
3-methoxy-1,4,5-trihydroxy-10-methylacridone 3- 甲氧基 -1,4,5- 三羟基 -10- 甲基吖啶酮 酒饼簕 Atalantia buxifolia
2-methoxy-1,4-biphenol-1-*O*-[6-*O*-(3-methoxy-4-hydroxybenzoyl)]-*β*-D-glucopyranoside 2- 甲氧基 -1,4- 二苯酚 -1-*O*-[6-*O*-(3- 甲氧基 -4- 羟基苯甲酰基)]-*β*-D- 吡喃葡萄糖苷 草果 Amomum tsaoko
2-methoxy-1,4-naphthoquinone 2- 甲氧基 -1,4- 萘醌 凤仙花 Impatiens balsamina, 水金凤 I. nolitangere, 紫参 Rubia yunnanensis
5-methoxy-1,4-naphthoquinone 5- 甲氧基 -1,4- 萘醌 胡桃楸 Juglans mandshurica
7-methoxy-1,5,6-trihydroxyxanthone 7- 甲氧基 -1,5,6- 三羟基𠮿酮 黄海棠 Hypericum ascyron, 元宝草 H. sampsonii
2-methoxy-1,5-dihydroxyxanthone 2- 甲氧基 -1,5- 二羟基𠮿酮 元宝草 Hypericum sampsonii
(3*S*)-methoxy-1,7-bis(4-hydroxyphenyl)-6*E*-hepten-5-one (3*S*)- 甲氧基 -1,7- 二对羟基苯基 -6*E*- 庚烯 -5- 酮 云南草蔻 Alpinia blepharocalyx
5-methoxy-1,7-diphenyl-3-heptanone 5- 甲氧基 -1,7- 二苯基 -3- 庚酮 高良姜 Alpinia officinarum
13-methoxy-11,13-dihydroambrosin 13- 甲氧基 -11,13- 二氢豚草素 银胶菊 Parthenium hysterophorus
13-methoxy-11,13-dihydroparthenin 13- 甲氧基 -11,13- 二氢银胶菊素 银胶菊 Parthenium hysterophorus
7-methoxy-11,16-diketoapiana-8,14-dien-22,6-olide 7- 甲氧基 -11,16- 二酮阿片 -8,14- 二烯 -22,6- 内酯 云南鼠尾草 Salvia yunnanensis
2-(1-methoxy-11-dodecenyl)-penta-2,4-dien-4-olide 2-(1- 甲氧基 -11- 十二烯基)-2,4- 戊二烯 -4- 内酯 三桠乌药 Lindera obtusiloba
(1*S*,9*R*,11*S*)-14-methoxy-12-acetoxycaryophylla-2(15),5*E*-dien-7-one (1*S*,9*R*,11*S*)-14- 甲氧基 -12- 乙酰氧基丁香 -2(15),5*E*- 二烯 -7- 酮 止痢蚤草 Pulicaria dysenterica
(1*S*,9*R*,11*S*)-14-methoxy-12-acetoxycaryophylla-2(15),5*Z*-dien-7-one (1*S*,9*R*,11*S*)-14- 甲氧基 -12- 乙酰氧基丁香 -2(15),5*Z*- 二烯 -7- 酮 止痢蚤草 Pulicaria dysenterica
(1*S*,5*R*,9*R*)-5-methoxy-12-acetoxycaryophylla-2(15),6(14)-dien-7-one (1*S*,5*R*,9*R*)-5- 甲氧基 -12- 乙酰氧基丁香 -2(15),6(14)- 二烯 -7- 酮 止痢蚤草 Pulicaria dysenterica
(1*S*,5*S*,9*R*)-5-methoxy-12-acetoxy-caryophylla-2(15),6(14)-dien-7-one (1*S*,5*S*,9*R*)-5- 甲氧基 -12- 乙酰氧基丁香 -2(15),6(14)- 二烯 -7- 酮 止痢蚤草 Pulicaria dysenterica

6-methoxy-12-hydroxy-3-methoxycarbonyl-*β*-carboline 6- 甲氧基 -12- 羟基 -3- 甲氧基羰基 -*β*- 咔啉 苦树 Picrasma quassioides
(-)-4-methoxy-13,14-dihydroxypalmatine (-)-4- 甲氧基 -13,14- 二羟基巴马汀 木防己 Cocculus orbiculatus
11-methoxy-14,15-dehydro-16-epivincamine 11- 甲氧基 -14,15- 去氢 -16- 表蔓长春花胺▲ 山橙 Melodinus suaveolens
15*β*-methoxy-14,15-dihydroandranginine 15*β*- 甲氧基 -14,15- 二氢缘毛籽宁▲ 雷打果 Melodinus yunnanensis
15*α*-methoxy-14,15-dihydrophyllochrysine 15*α*- 甲氧基 -14,15- 二氢叶下珠黄碱▲ 一叶萩 Flueggea suffruticosa
8*α*-methoxy-14-deoxy-17*β*-hydroxyandrographolide 8*α*- 甲氧基 -14- 去氧 -17*β*- 羟基穿心莲内酯 穿心莲 Andrographis paniculata
14-methoxy-15,16-dinor-5*α*H,9*αH*-labda-13(*E*),8(17)-dien-12-one 14- 甲氧基 -15,16- 去二甲基 -5*α*H,9*αH*- 半日花 -13(*E*),8(17)- 二烯 -12- 酮 宽叶金粟兰 Chloranthus henryi
10-methoxy-16-de(methoxycarbonyl)pagicerine 10- 甲氧基 -16- 去 (甲氧基羰基) 蜡被狗牙花碱▲ 萝芙木 Rauvolfia verticillata
15-methoxy-16-oxo-15,16*H*-hardwickiic acid 15- 甲氧基 -16- 酮基 -15,16*H*- 哈威豆酸▲ 田基黄 Grangea maderaspatana
15-methoxy-16-oxo-15,16*H*-strictic acid 15- 甲氧基 -16- 酮基 -15,16*H*- 劲直白酒草酸▲ 田基黄 Grangea maderaspatana
15-methoxy-16-oxo-nidoresedic acid 15- 甲氧基 -16- 酮基 - 巢菊酸▲ 田基黄 Grangea maderaspatana
16*α*-methoxy-17-hydroxy-*ent*-kauran-19-oic acid 16*α*- 甲氧基 -17- 羟基 - 对映 - 贝壳杉 -19- 酸 食用土当归 Aralia cordata
16*β*-methoxy-17-hydroxyl-*ent*-kaurane 16*β*- 甲氧基 -17- 羟基 - 对映 - 贝壳杉烷 浙贝母 Fritillaria thunbergii
15-methoxy-17-*O*-methyl-7-oxoacerogenin E 15- 甲氧基 -17-*O*- 甲基 -7- 氧代槭苷元 E 白桦 Betula platyphylla
(17*R*)-12*α*-methoxy-19(18→17)-*abeo*-28-norolean-13(18)-ene-2*α*,3*α*,23,24,29-pentol (17*R*)-12*α*- 甲氧基 -19(18→17)- 迁 -28- 降齐墩果 -13(18)- 烯 -2*α*,3*α*,23,24,29- 五醇 糙苏 Phlomis umbrosa
(17*R*)-12*α*-methoxy-19(18 → 17)-*abeo*-28-norolean-13(18)-ene-2*α*,3*α*,23,24-tetrol (17*R*)-12*α*- 甲氧基 -19(18 → 17)- 迁 -28- 降齐墩果 -13(18)- 烯 -2*α*,3*α*,23,24- 四醇 糙苏 Phlomis umbrosa
11-methoxy-19-(*R*)-hydroxygelselegine 11- 甲氧基 -19-(*R*)- 羟基钩吻精碱 钩吻 Gelsemium elegans
3-methoxy-1*H*-pyrrole 3- 甲氧基 -1*H*- 吡咯 杭白芷 Angelica dahurica 'Hangbaizhi'
(*E*)-3-(6-methoxy-1-methyl-1*H*-indol-3-yl)acrylaldehyde (*E*)-3-(6- 甲氧基 -1- 甲基 -1*H*- 吲哚 -3- 基) 丙烯醛 思茅藤 Epigynum auritum
4-methoxy-1-methyl-2(1*H*)-quinolnone 4- 甲氧基 -1- 甲基 -2(1*H*)- 喹诺酮 华马钱 Strychnos cathayensis
4-methoxy-1-methyl-2-quinoline 4- 甲氧基 -1- 甲基 -2- 喹啉 椿叶花椒 Zanthoxylum ailanthoides
4-methoxy-1-methyl-2-quinolone 4- 甲氧基 -1- 甲基 -2- 喹诺酮 木橘 Aegle marmelos, 飞龙掌血 Toddalia asiatica, 椿叶花椒 Zanthoxylum ailanthoides, 簕欓花椒 Z. avicennae, 蚬壳花椒 Z. dissitum, 两面针 Z. nitidum
4-methoxy-1-methyl-3-(2'*S*-acetoxy-3'-enebutyl)-2-quinolone 4- 甲氧基 -1- 甲基 -3-(2'*S*- 乙酰氧基 -3'- 烯丁基)-2- 喹诺酮 月桂茵芋 Skimmia laureola
4-methoxy-1-methyl-3-(2'*S*-acetoxy-3'-hydroxybutyl)-2-quinolone 4- 甲氧基 -1- 甲基 -3-(2'*S*- 乙酰氧基 -3'- 羟基丁基)-2- 喹诺酮 月桂茵芋 Skimmia laureola
4-methoxy-1-methyl-3-(2'*S*-hydroxy-3'-en-butyl)-2-quinolone 4- 甲氧基 -1- 甲基 -3-(2'*S*- 羟基 -3'- 羟基丁基)-2- 喹诺酮 月桂茵芋 Skimmia laureola
4-methoxy-1-methylbenzene 4- 甲氧基甲苯 红毛丹 Nephelium lappaceum
3-(2-methoxy-1-methylethoxy)propanenitrile 3-(2- 甲氧基 -1- 甲基乙氧基) 丙腈 挥发油成分，未统计基源
5-methoxy-1-naphthalenol 5- 甲氧基 -1- 萘醇 黄杞 Engelhardia roxburghiana
(+)-4-(3-methoxy-1-oxobutyl)-3,5,5-trimethyl-2-cyclohexen-1-one (+)-4-(3- 甲氧基 -1- 氧代丁基)-3,5,5- 三甲基 -2- 环己烯 -1- 酮 厚皮香 Ternstroemia gymnanthera
4-methoxy-1-vinyl-*β*-carboline 4- 甲氧基 -1- 乙烯基 -*β*- 咔啉 臭椿 Ailanthus altissima, 常绿苦树 Picrasma javanica
6-methoxy-2-(2-phenylethyl)chromone 6- 甲氧基 -2-(2- 苯乙基) 色酮 土沉香 Aquilaria sinensis
(*E*)-4-methoxy-2-(3,4-dihydroxybenzylidene)-4-oxobutanoic acid (*E*)-4- 甲氧基 -2-(3,4- 二羟基苯乙烯基)-4- 氧代丁酸 印度黄檀 Dalbergia sissoo
3-[7-methoxy-2-(3',4'-methylenedioxyphenyl)-5-benzofuranyl]-propionate 3-[7- 甲氧基 -2-(3',4'- 亚甲二氧苯基)-5- 苯并呋喃基]- 丙酸酯 玉铃花 Styrax obassis
4-methoxy-2-(3-methyl-2-buten-1-yl)phenyl octadecanoate 4- 甲氧基 -2-(3- 甲基 -2- 丙烯 -1- 基) 苯基十八酸酯 黑乳菇 Lactarius picinus
1-methoxy-2-(3-pentenyl)-3,7-dimethylbenzofuran 1- 甲氧基 -2-(3- 戊烯基)-3,7- 二甲基苯并呋喃 黄帚橐吾 Ligularia virgaurea
(+)-4-methoxy-2-(*E*-3-methyloxiranyl)phenol angelate (+)-4- 甲氧基 -2-(*E*-3- 甲基环氧乙烷基) 苯酚当归酸酯 异叶茴芹 Pimpinella diversifolia
(+)-4-methoxy-2-(*E*-3-methyloxiranyl)phenol-isobutyrate (+)-4- 甲氧基 -2-(*E*-3- 甲基环氧乙烷基) 苯酚异丁酸酯 异叶茴芹 Pimpinella diversifolia
5-methoxy-2-(or -3-)methyl-1,4,6-trihydroxyanthraquinone 5- 甲氧基 -2-(或 -3-) 甲基 -1,4,6- 三羟基蒽醌 金鸡纳树 Cinchona calisaya
(*E*)-1-(5-methoxy-2,2-dimethyl-2*H*-chromen-6-yl)-3-(3-methoxyphenyl)propenone (*E*)-1-(5- 甲氧基 -2,2- 二甲基 -2*H*- 色烯 -6- 基)-3-(3- 甲氧基苯基) 丙烯酮 厚果崖豆藤 Millettia pachycarpa
6-methoxy-2,2-dimethylchromene 6- 甲氧基 -2,2- 二甲基色烯 黑乳菇 Lactarius picinus
5-methoxy-2",2"-dimethyl-pyrane-[5",6":7,8]flavone 5- 甲氧基 -2",2"- 二甲基吡喃 [5",6":7,8] 黄酮 印度崖豆 Millettia pulchra
6-methoxy-2",2"-dimethyl-pyrano-[5",6":7,8]flavone 6- 甲氧基 -2",2"- 二甲基吡喃 [5",6":7,8] 黄酮 印度崖豆 Millettia pulchra
3-methoxy-2",2"-dimethylpyrano[5",6":8,7]flavone 3- 甲氧基 -2",2"- 二甲基吡喃 [5",6":8,7] 黄酮 厚果崖豆藤 Millettia pachycarpa
5-methoxy-2,2'-dithiophene 5- 甲氧基 -2,2'- 双噻吩 漏芦 Stemmacantha uniflora
(3*R*)-4'-methoxy-2',3,7-trihydroxyisoflavanone (3*R*)-4'- 甲氧基 -2',3,7- 三羟基异黄烷酮 降香 Dalbergia odorifera
3*α*-methoxy-2,3-dihydro-4,7-didehydrophysalin B 3*α*- 甲氧基 -2,3- 二氢 -4,7- 二去氢酸浆素 B 挂金灯 Physalis alkekengi var. franceti

M

3*β*-methoxy-2,3-dihydro-4,7-didehydrophysalin B 3*β*- 甲氧基 -2,3- 二氢 -4,7- 二去氢酸浆素 B 挂金灯 Physalis alkekengi var. francheti
3*β*-methoxy-2,3-dihydrowithaferin A 3*β*- 甲氧基 -2,3- 二氢催眠睡茄素 A 睡茄 Withania somnifera
3-methoxy-2,3-dihydrowithaferin A 3- 甲氧基 -2,3- 二氢催眠睡茄素 A 睡茄 Withania somnifera
1-methoxy-2,3-methylenedioxyxanthone 1- 甲氧基 -2,3- 亚甲二氧基吅酮 荷包山桂花 Polygala arillata, 小花远志 P. arvensis, 尾叶远志 P. caudata, 黄花倒水莲 P. fallax, 密花远志 P. tricornis
1-methoxy-2,3-propanediol 1- 甲氧基 -2,3- 丙二醇 挥发油成分，未统计基源
7-methoxy-2',4'-dihydroxyisoflavone 7- 甲氧基 -2',4'- 二羟基异黄酮 台湾山豆根 Euchresta formosana
1-methoxy-2,5,7-trihydroxyxanthone 1- 甲氧基 -2,5,7- 三羟基吅酮 绿叶甘橿 Lindera neesiana
α-methoxy-2,5-furandimethanol *α*- 甲氧基 -2,5- 呋喃二甲醇 美丽崖豆藤 Callerya speciosa
6-methoxy-2,9-dimethyl-1,2,3,4-tetrahydro-*β*-carboline 6- 甲氧基 -2,9- 二甲基 -1,2,3,4- 四氢 -*β*- 咔啉 虉草 Phalaris arundinacea
3-methoxy-2-[(2*R*)-1-methyl-2-pyrrolidinyl]-benzoic acid 3- 甲氧基 -2-[(2*R*)-1- 甲基 -2- 吡咯烷基]- 苯甲酸 马尾树 Rhoiptelea chiliantha
6-methoxy-2-[2-(3'-methoxy-4'-hydroxylphenylethyl)]-chromone 6- 甲氧基 -2-[2-(3'- 甲氧基 -4'- 羟基苯乙基)] 色酮 土沉香 Aquilaria sinensis
6-methoxy-2-[2-(3'-methoxyphenyl)ethyl]chromone 6- 甲氧基 -2-[2-(3'- 甲氧基苯基) 乙基] 色酮 土沉香 Aquilaria sinensis
6-methoxy-2-[2-(4'-methoxybenzene)ethyl]chromone 6- 甲氧基 -2-[2-(4'- 甲氧基苯基) 乙基] 色酮 土沉香 Aquilaria sinensis
6-methoxy-2-[4-hydroxybenzylidene]coumaran-3-one 6- 甲氧基 -2-[4- 羟基苯亚甲基] 香豆满 -3- 酮 挥发油成分，未统计基源
7*β*-methoxy-20-deoxo-rosmanol 7*β*- 甲氧基 -20- 去氧代 - 迷迭香酚 迷迭香 Rosmarinus officinalis
21*α*-methoxy-21,23-epoxy-24*α*-hydroxytirucall-7-en-3-one 21*α*- 甲氧基 -21,23- 环氧 -24*α*- 羟基绿玉树 -7- 烯 -3- 酮 大叶山楝 Aphanamixis grandifolia
(13*α*,14*β*,17*α*,23*Z*)-25-methoxy-21,23-epoxylanosta-7,20(22),23-triene-3,21-dione (13*α*,14*β*,17*α*,23*Z*)-25- 甲氧基 -21,23- 环氧羊毛脂 -7,20(22),23- 三烯 -3,21- 二酮 大叶山楝 Aphanamixis grandifolia
4-(24'-methoxy-24'-methyl-1'-oxo-5'-*n*-propyltetracosanyl)-phenol 4-(24'- 甲氧基 -24'- 甲基 -1'- 氧代 -5'- 正丙基二十四烷)- 苯酚 含羞草 Mimosa pudica
(3*β*,24*ξ*)-3-methoxy-24-methyl-9,19-cyclolanostan-25-ol (3*β*,24*ξ*)-3- 甲氧基 -24- 甲基 -9,19- 环羊毛脂 -25- 醇 台湾穗花杉 Amentotaxus formosana
3*β*-methoxy-24-methylene-9,19-cyclolanostane 3*β*- 甲氧基 -24- 亚甲基 -9,19- 环羊毛脂烷 台湾穗花杉 Amentotaxus formosana
(3*β*,23*R*)-3-methoxy-24-methylenelanost-8-en-23-ol (3*β*,23*R*)-3- 甲氧基 -24- 亚甲基羊毛脂 -8- 烯 -23- 醇 台湾穗花杉 Amentotaxus formosana
(23*S*)-23-methoxy-24-methylenelanost-8-en-3-one (23*S*)-23- 甲氧基 -24- 亚甲基羊毛脂 -8- 烯 -3- 酮 台湾穗花杉 Amentotaxus formosana
25-methoxy-24-*O*-acetylisodahurinol 25- 甲氧基 -24-*O*- 乙酰异兴安升麻醇 云南升麻 Cimicifuga yunnanensis
6-methoxy-2-acetyl-3-methyl-1,4-naphthoquinone-8-*O*-*β*-D-glucopyranoside 6- 甲氧基 -2- 乙酰基 -3- 甲基 -1,4- 萘醌 -8-*O*-*β*-D- 吡喃葡萄糖苷 何首乌 Polygonum multiflorum
7-methoxy-2-acetyl-3-methyl-1,4-naphthoquinone-8-*O*-*β*-D-glucopyranoside 7- 甲氧基 -2- 乙酰基 -3- 甲基 -1,4- 萘醌 -8-*O*-*β*-D- 吡喃葡萄糖苷 唐古特大黄 Rheum tanguticum
3-methoxy-2-aminobenzaldehyde 3- 甲氧基 -2- 氨基苯甲醛 鸭嘴花 Justicia adhatoda
trans-1-methoxy-2-decene-4,6,8-triyne 反式 -1- 甲氧基 -2- 癸烯 -4,6,8- 三炔 白杯伞 Clitocybe candida
2*β*-methoxy-2-deethoxy-8-*O*-deacylphantomolin-8-*O*-tiglinate 2*β*- 甲氧基 -2- 去乙氧基 -8-*O*- 去酰基白花地胆草林素▲-8-*O*- 巴豆酸酯 白花地胆草 Elephantopus tomentosus
6-methoxy-2*E*,9*E*-humuladien-8-one 6- 甲氧基 -2*E*,9*E*- 葎草二烯 -8- 酮 红球姜 Zingiber zerumbet
2''-methoxy-2-*epi*-daphnodorin C 2''- 甲氧基 -2- 表瑞香多灵▲C 滇瑞香 Daphne feddei
1-(5-methoxy-2-furanyl)-ethanone 1-(5- 甲氧基 -2- 呋喃基)- 乙酮 黄檗 Phellodendron amurense
7-methoxy-2*H*-1,4-benzoxazin-3(2*H*)-one-2-*O*-*β*-D-glucopyranoside 7- 甲氧基 -2*H*-1,4- 苯并恶嗪 -3(2*H*)- 酮 -2-*O*-*β*-D- 吡喃葡萄糖苷 野甘草 Scoparia dulcis
(2*R*)-7-methoxy-2*H*-1,4-benzoxazin-3(4*H*)-one-2-*O*-*β*-D-galactopyranoside (2*R*)-7- 甲氧基 -2*H*-1,4- 苯并恶嗪 -3(4*H*)- 酮 -2-*O*-*β*-D- 吡喃半乳糖苷 野甘草 Scoparia dulcis
6-methoxy-2*H*-1-benzopyran-4-one 6- 甲氧基 -2*H*-1- 苯并吡喃 -4- 酮 白背叶 Mallotus apelta
7-methoxy-2*H*-chromene 7- 甲氧基 -2*H*- 色烯 臭椿 Ailanthus altissima
1-methoxy-2-hydroxy-4-[5-(4-methoxyphenoxy)-3-penten-1-ynyl]-phenol 1- 甲氧基 -2- 羟基 -4-[5-(4- 甲氧苯氧基)-3- 戊烯 -1- 炔基]- 苯酚 戈壁天门冬 Asparagus gobicus
7-methoxy-2'-hydroxy-5,6-methylenedioxyisoflavone 7- 甲氧基 -2'- 羟基 -5,6- 亚甲二氧基异黄酮 蟛蜞菊 Wedelia chinensis
1-methoxy-2-hydroxyanthraquinone 1- 甲氧基 -2- 羟基蒽醌 虎刺 Damnacanthus indicus, 蓬子菜 Galium verum, 白花蛇舌草 Hedyotis diffusa
erythro-1-(1-methoxy-2-hydroxypropyl)-2-methoxy-4,5methylenedioxybenzene 赤式 -1-(1- 甲氧基 -2- 羟丙基)-2- 甲氧基 -4,5- 亚甲二氧基苯 及已 Chloranthus serratus
threo-1-(1-methoxy-2-hydroxypropyl)-2-methoxy-4,5-methylenedioxybenzene 苏式 -1-(1- 甲氧基 -2- 羟基丙基)-2- 甲氧基 -4,5- 亚甲二氧基苯 及已 Chloranthus serratus
1-methoxy-2-hydroxyxanthone 1- 甲氧基 -2- 羟基吅酮 薄叶红厚壳 Calophyllum membranaceum
1-methoxy-2-methoxymethyl-3-hydroxyanthraquinone 1- 甲氧基 -2- 甲氧甲基 -3- 羟基蒽醌 日本粗叶木 Lasianthus japonicus, 鸡矢藤 Paederia foetida, 茜草 Rubia cordifolia
6-methoxy-2-methyl-1,2,3,4-tetrahydro-*β*-carboline 6- 甲氧基 -2- 甲基 -1,2,3,4- 四氢 -*β*- 咔啉 虉草 Phalaris arundinacea

1-methoxy-2-methyl-3,6-dihydroxyanthraquinone-glycoside 1- 甲氧基 -2- 甲基 -3,6- 二羟基蒽醌 - 糖苷 竹叶花椒 Zanthoxylum armatum
8-methoxy-2-methyl-4*H*-1-benzopyran-4-one 8- 甲氧基 -2- 甲基 -4*H*-1- 苯并吡喃 -4- 酮 椭圆叶花锚 Halenia elliptica
1-methoxy-2-methylanthraquinone 1- 甲氧基 -2- 甲基蒽醌 印度羊角藤 Morinda umbellata
5-methoxy-2-methylchromen-4-one 5- 甲氧基 -2- 甲基色原 -4- 酮 巴天酸模 Rumex patientia
5-methoxy-2-methylchromone 5- 甲氧基 -2- 甲基色原酮 椭圆叶花锚 Halenia elliptica
7-methoxy-2-methylisoflavone 7- 甲氧基 -2- 甲基异黄酮 洋甘草 Glycyrrhiza glabra
6-methoxy-2-methyl-*β*-carbolinium cation 6- 甲氧基 -2- 甲基 -*β*- 咔啉阳离子 大叶山蚂蝗 Desmodium gangeticum
7-methoxy-2''-*O*-(2'''-methylbutyryl)-isoswertisin 7- 甲氧基 -2''-*O*-(2'''- 甲基丁酰基)- 异獐牙菜素 短瓣金莲花 Trollius ledebourii
7-methoxy-2''-*O*-(2'''-methylbutyryl)-vitexin 7- 甲氧基 -2''-*O*-(2''- 甲基丁酰基)- 牡荆素 金莲花 Trollius chinensis
5-methoxy-2-oxo-indolin-3-acetic acid methyl ester 5- 甲氧基 -2- 氧代 - 二氢吲哚 -3- 乙酸甲酯 刺五加 Eleutherococcus senticosus
1-methoxy-2-primeverosyloxy-methylanthraquinone-3-olate 1- 甲氧基 -2- 樱草糖氧基 - 甲基蒽醌 -3- 酯 海滨木巴戟 Morinda citrifolia
4-methoxy-2-propenylphenyl-2-methylbutanoate 4- 甲氧基 -2- 丙烯苯酚 -2- 甲基丁酸酯 羊红膻 Pimpinella thellungiana
4-methoxy-2-quinolone 4- 甲氧基 -2- 喹诺酮 华马钱 Strychnos cathayensis, 野花椒 Zanthoxylum simulans
6-methoxy-3-(1,2-dihydroxylethyl)-*β*-carboline 6- 甲氧基 -3-(1,2- 二羟基乙基)-*β*- 咔啉 苦树 Picrasma quassioides
2-methoxy-3-(1-methylethyl)-pyrazine 2- 甲氧基 -3- 异丙基 - 胡椒嗪 挥发油成分，未统计基源
6-methoxy-3-(2-hydroxyl-1-ethoxylethyl)-*β*-carboline 6- 甲氧基 -3-(2- 羟基 -1- 乙氧基乙基)-*β*- 咔啉 苦树 Picrasma quassioides
6-methoxy-3-(2-hydroxylethyl)-*β*-carboline 6- 甲氧基 -3-(2- 羟基乙基)-*β*- 咔啉 苦树 Picrasma quassioides
5-methoxy-3-(2-phenyl-*E*-ethenyl)-2,4-bis(4-hydroxybenzyl)phenol 5- 甲氧基 -3-(2- 苯基 -*E*- 乙烯基)-2,4- 二对羟基苄基苯酚 山珊瑚 Galeola faberi
2-methoxy-3-(2-propenyl)-phenol 2- 甲氧基 -3-(2- 丙烯基)- 苯酚 挥发油成分，未统计基源
5-methoxy-3-(4-hydroxy)-6,7-methylenedioxyflavone 5- 甲氧基 -3-(4- 羟基)-6,7- 亚甲二氧基黄酮 德国鸢尾 Iris germanica
(*E*)-7-methoxy-3-(4'-methoxybenzylidene)-chroman-4-one (*E*)-7- 甲氧基 -3-(4'- 甲氧基苯基亚甲基)- 色烷 -4- 酮 金凤花 Caesalpinia pulcherrima
7-methoxy-3,3',4',6-tetrahydroxyflavone 7- 甲氧基 -3,3',4',6- 四羟基黄酮 降香 Dalbergia odorifera
(-)-2,3-*cis*-3,4-*cis*-4'-methoxy-3,3',4,7,8-pentahydroxyflavan (-)-2,3- 顺式 -3,4- 顺式 -4'- 甲氧基 -3,3',4,7,8- 五羟基黄烷 台湾相思 Acacia confusa
3-methoxy-3',4'-(methylenedioxy)-9,9'-epoxylignan-4,7'-diol 3- 甲氧基 -3',4'- 亚甲二氧基 -9,9'- 环氧木脂素 -4,7'- 二醇 南五味子 Kadsura longipedunculata
3'-methoxy-3,4',5,7-tetrahydroxyflavone 3'- 甲氧基 -3,4',5,7- 四羟基黄酮 大花菟丝子 Cuscuta reflexa
3-methoxy-3',4',5,7-tetrahydroxyflavone 3- 甲氧基 -3',4',5,7- 四羟基黄酮 毛梗豨莶 Sigesbeckia glabrescens
6-methoxy-3,4-dehydro-*β*-tocopherol 6- 甲氧基 -3,4- 二氢 -*β*- 生育酚 直立百部 Stemona sessilifolia
3'-methoxy-3,4-methyl enedioxyellagic acid 3'- 甲氧基 -3,4- 亚甲二氧基鞣花酸 石榴 Punica granatum
7,8-*trans*-8,8'-*trans*-7',8'-*cis*-7-(5-methoxy-3,4-methylene dioxyphenyl)-7'-(4-hydroxy-3,5-dimethoxyphenyl)-8,8'-diacetoxymethyltetrahydrofuran 7,8- 反式 -8,8'- 反式 -7',8'- 顺式 -7-(5- 甲氧基 -3,4- 亚甲二氧基苯基)-7'-(羟基 -3,5- 二甲氧基苯基)-8,8'-二乙酰氧基甲基四氢呋喃 草胡椒 Peperomia pellucida
(7*S*,8*S*,1'*R*)-$\Delta^{8'}$-1'-methoxy-3,4-methylenedioxy-1',6'-dihydro-6'-oxo-7-*O*-4',8.3'-neolignan (7*S*,8*S*,1'*R*)$\Delta^{8'}$-1'- 甲氧基 -3,4- 亚甲二氧基 -1',6'- 二氢 -6'- 氧代 -7-*O*-4',8.3'- 新木脂素 风藤 Piper kadsura
(7*R*,8*R*,1'*R*,3'*R*)-$\Delta^{5',8'}$-5'-methoxy-3,4-methylenedioxy-2',4'-dioxo-8.1',7.3'-neolignan (7*R*,8*R*,1'*R*,3'*R*)-$\Delta^{5',8'}$-5'- 甲氧基 -3,4- 亚甲二氧基 -2',4'- 二酮 -8.1',7.3'- 新木脂素 玉兰 Yulania denudata
3-methoxy-3',4'-methylenedioxy-7-*O*-*β*-D-glucopyranosylflavone 3- 甲氧基 -3',4'- 亚甲二氧基 -7-*O*-*β*-D- 吡喃葡萄糖基黄酮 牛心番荔枝 Annona reticulata
2-methoxy-3,4-methylenedioxybenzaldehyde 2- 甲氧基 -3,4- 亚甲二氧基苯甲醛 鱼子兰 Chloranthus erectus
(*S*)-2-methoxy-3,4-methylenedioxybenzhydryl alcohol (*S*)-2- 甲氧基 -3,4- 亚甲二氧基二苯乙醇 绿叶甘橿 Lindera neesiana
2-methoxy-3,4-methylenedioxybenzophenone 2- 甲氧基 -3,4- 亚甲二氧基苯甲酮 绿叶甘橿 Lindera neesiana, 蝉翼藤 Securidaca inappendiculata
5-methoxy-3',4'-methylenedioxyfurano-(2'',3'':7,8)-flavone 5- 甲氧基 -3',4'- 亚甲二氧基呋喃 -(2'',3'':7,8)- 黄酮 水黄皮 Pongamia pinnata
3-methoxy-3',4'-methylenedioxyfuro[8,7:4'',5'']flavone 3- 甲氧基 -3',4'- 亚甲二氧基呋喃并 [8,7:4'',5''] 黄酮 水黄皮 Pongamia pinnata
(2*R*)-3-(5-methoxy-3,4-methylenedioxyphenyl)-1,2-propanediol (2*R*)-3-(5- 甲氧基 -3,4- 亚甲二氧基苯基)-1,2- 丙二醇 肉豆蔻 Myristica fragrans
7,8-*trans*-8,8'-*trans*-7',8'-*cis*-7-(5-methoxy-3,4-methylenedioxyphenyl)-7'-(3,4,5-trimethoxyphenyl)-8-acetoxymethyl-8'-hydroxymethyltetrahydrofuran 7,8- 反式 -8,8'- 反式 -7',8'- 顺式 -7-(5- 甲氧基 -3,4- 亚甲二氧基苯基)-7'-(3,4,5- 三甲氧基苯基)-8- 乙酰氧基甲基 -8'- 羟基甲基四氢呋喃 石蝉草 Peperomia blanda
7-(5-methoxy-3,4-methylenedioxyphenyl)-7'-(4-hydroxy-3,5-dimethoxyphenyl)-8,8'-diacetoxymethyltetrahydrofuran 7-(5- 甲氧基 -3,4- 亚甲二氧基苯基)-7'-(4- 羟基 -3,5- 二甲氧基苯基)-8,8'- 二乙酰氧基甲基四氢呋喃 石蝉草 Peperomia blanda
7,8-*trans*-8,8'-*trans*-7',8'-*cis*-7-(5-methoxy-3,4-methylenedioxyphenyl)-7'-(4'-hydroxy-3',5'-dimethoxyphenyl)-8-acetoxymethyl-8'-hydroxymethyltetrahydrofuran 7,8- 反式 -8,8'- 反式 -7',8'- 顺式 -7-(5- 甲氧基 -3,4- 亚甲二氧基苯基)-7'-(4'- 羟基 -3',5'- 二甲氧基苯基)-8-乙酰氧基甲基 -8'- 羟基甲基四氢呋喃 蒙自草胡椒 Peperomia heyneana
7-(5-methoxy-3,4-methylenedioxyphenyl)-7'-(4-hydroxy-3,5-dimethoxyphenyl)-8-acetoxymethyl-8'-hydroxymethyltetrahydrofuran 7-(5- 甲氧基 -3,4- 亚甲二氧基苯基)-7'-(4- 羟基 -3,5- 二甲氧基苯基)-8- 乙酰氧基甲基 -8'- 羟基甲基四氢呋喃 草胡椒 Peperomia pellucida

4'-methoxy-3,5,7,3',5'-pentahydroxyisoflavone 4'- 甲氧基 -3,5,7,3',5'- 五羟基异黄酮 桂火绳 Eriolaena kwangsiensis

4'-methoxy-3',5,7-trihydroxy-8-(3,3-dimethylallyl)-flavonol-3-*O*-*α*-L-rhamnopyranosyl-(1 → 2)-*α*-L-rhamnopyranoside 4'- 甲氧基 -3',5,7- 三羟基 -8-(3,3- 二甲基烯丙基)- 黄酮醇 -3-*O*-*α*-L- 吡喃鼠李糖基 -(1 → 2)-*α*-L- 吡喃鼠李糖苷 柔毛淫羊藿 Epimedium pubescens

4'-methoxy-3',5,7-trihydroxy-8-[1''-(3''',4''',5'''-trihydroxyphenyl)ethyl]-flavone 4'- 甲氧基 -3',5,7- 三羟基 -8-[1''-(3''',4''',5'''- 三羟基苯基) 乙基]- 黄酮 楮头红 Sarcopyramis nepalensis

4'-methoxy-3',5-di-2-propen-1-yl-[1,1'-biphenyl]-2-ol 4'- 甲氧基 -3',5- 二 -2- 丙烯 -1- 基 -[1,1'- 联苯基]-2- 醇 厚朴 Houpoëa officinalis

4-methoxy-3,5-dihydroxybenzoic acid 4- 甲氧基 -3,5- 二羟基苯甲酸 榕树 Ficus microcarpa

1-methoxy-3,5-dihydroxyxanthone 1- 甲氧基 -3,5- 二羟基屾酮 黄牛木 Cratoxylum cochinchinense

1-methoxy-3,6-dihydroxy-2-hydroxymethylanthraquinone 1- 甲氧基 -3,6- 二羟基 -2- 羟基甲基蒽醌 红大戟 Knoxia roxburghii

(-)-15-methoxy-3,6-peroxocupar-1-ene (-)-15- 甲氧基 -3,6- 过氧柏芳 -1- 烯 华中五味子 Schisandra sphenanthera

1-methoxy-3,7,8-trihydroxyxanthone 1- 甲氧基 -3,7,8- 三羟基屾酮 黄牛木 Cratoxylum cochinchinense

4'-methoxy-3',7'-dihydroxyflavone 4'- 甲氧基 -3',7'- 二羟基黄酮 剑叶龙血树 Dracaena cochinchinensis

1-methoxy-3,7-dihydroxyxanthone 1- 甲氧基 -3,7- 二羟基屾酮 黄牛木 Cratoxylum cochinchinense

3-methoxy-3,7-dimethoxyquercetin 3- 甲氧基 -3,7- 二甲氧基槲皮素 小叶马缨丹 Lantana montevidensis

7-[(2'*E*,5'*E*)-7'-methoxy-3',7'-dimethylocta-2',5'-dienyloxy]-coumarin 7-[(2'*E*,5'*E*)-7'- 甲氧基 -3',7'- 二甲基辛 -2',5'- 二烯氧基]- 香豆素 簕欓花椒 Zanthoxylum avicennae

(7*S*,8*S*-3-methoxy-3',7-epoxy-8,4'-oxyneoligna-4,9,9'-triol (7*S*,8*S*)-3- 甲氧基 -3',7- 环氧 -8,4'- 氧代新木脂素 -4,9,9'- 三醇 檀香 Santalum album

(7*S*,8*S*)-3-methoxy-3',7-epoxy-8,4'-oxyneoligna-4,9,9'-triol (7*S*,8*S*)-3- 甲氧基 -3',7- 环氧 -8,4'- 氧化新木脂 -4,9,9'- 三醇 干香柏 Cupressus duclouxiana

7-methoxy-3'-acetoxy-5'-hydroxy-6-methene-(decahydro-3''-hydroxy-2'',6'',6'',7'',10''-pentmethylnaphthalene)-flavone 7- 甲氧基 -3'- 乙酰氧基 -5'- 羟基 -6- 亚甲基 -(十氢 -3''- 羟基 -2'',6'',6'',7'',10''- 五甲基萘)- 黄酮 石海椒 Reinwardtia indica

7-methoxy-3''-hydroxy-3''-methyl-8-(1''-butenyl)-flavone 7- 甲氧基 -3''- 羟基 -3''- 甲基 -8-(1''- 丁烯基)- 黄酮 印度崖豆 Millettia pulchra

1-methoxy-3-hydroxyanthraquinone 1- 甲氧基 -3- 羟基蒽醌 海滨木巴戟 Morinda citrifolia

2-methoxy-3-hydroxyxanthone 2- 甲氧基 -3- 羟基屾酮 薄叶红厚壳 Calophyllum membranaceum, 降香 Dalbergia odorifera

1-methoxy-3-indoleacetonitrile 1- 甲氧基 -3- 吲哚乙腈 菘蓝 Isatis tinctoria

4-methoxy-3-indolylmethyl glucosinolate 4- 甲氧基 -3- 吲哚甲基芥子油苷 芝麻菜 Eruca vesicaria

2-methoxy-3-isobutylpyrazine 2- 甲氧基 -3- 异丁基吡嗪 挥发油成分，未统计基源

2-methoxy-3-isopropylpyrazine 2- 甲氧基 -3- 异丙基吡嗪 挥发油成分，未统计基源

2-methoxy-3-methyl-1,4-naphthoquinone 2- 甲氧基 -3- 甲基 -1,4- 萘醌 散沫花 Lawsonia inermis

7-methoxy-3-methyl-2,5-dihydroxy-9,10-dihydrophenanthrene 7- 甲氧基 -3- 甲基 -2,5- 二羟基 -9,10- 二氢菲 直立百部 Stemona sessilifolia

2,9-methoxy-3-methyl-3-aza bicyclo[3.3.1]nonane 2,9- 甲氧基 -3- 甲基 -3- 氮杂 - 双环 [3.3.1] 壬烷 挥发油成分，未统计基源

2-methoxy-3-methylcarbazole 2- 甲氧基 -3- 甲基咔唑 调料九里香 Murraya koenigii

6-methoxy-3-methyl-*β*-carboline 6- 甲氧基 -3- 甲基 -*β*- 咔啉 苦树 Picrasma quassioides

6-methoxy-3-propenyl-2-pyridine carboxylic acid 6- 甲氧基 -3- 丙烯基 -2- 嘧啶酸 马松子 Melochia corchorifolia

5-methoxy-3-undecylphenol 5- 甲氧基 -3- 十一烷基苯酚 阳桃 Averrhoa carambola

6-methoxy-3-vinyl-*β*-carboline 6- 甲氧基 -3- 乙烯基 -*β*- 咔啉 苦树 Picrasma quassioides

1*β*-methoxy-3*α*-hydroxy-3,10*β*-4,5*α*-diepoxy-8*β*-isobutyroyloxygermacra-11(13)-en-6*α*,12-olide 1*β*- 甲氧基 -3*α*- 羟基 -3,10*β*-4,5*α*- 二环氧 -8*β*- 异丁酰氧基 - 大根老鹳草 -11(13)- 烯 -6*α*,12- 内酯 肿柄菊 Tithonia diversifolia

25-methoxy-3*β*,7*β*-dihydroxycucurbita-5,23(*E*)-dien-19-al 25- 甲氧基 -3*β*,7*β*- 二羟基葫芦 -5,23(*E*) 二烯 -19- 醛 苦瓜 Momordica charantia

21-methoxy-3*β*-[(*O*-*α*-L-rhamnopyranosyl-(1 → 2)-*O*-[*α*-L-rhamnopyranosyl-(1 → 4)]-*β*-D-glucopyranosyl)oxy]-pregn-5,16-en-20-one 21- 甲氧基 -3*β*-[(*O*-*α*-L- 吡喃鼠李糖基 -(1 → 2)-*O*-[*α*-L- 吡喃鼠李糖基 -(1 → 4)]-*β*-D- 吡喃葡萄糖基) 氧基]- 孕甾 -5,16- 烯 -20- 酮 福州薯蓣 Dioscorea futschauensis

16*α*-methoxy-3*β*-[(*O*-*α*-L-rhamnopyranosyl-(1 → 2)-*O*-[*α*-L-rhamnopyranosyl-(1 → 4)]-*β*-D-glucopyranosyl)oxy]-pregn-5-en-20-one 16*α*- 甲氧基 -3*β*-[(*O*-*α*-L- 吡喃鼠李糖基 -(1 → 2)-*O*-[*α*-L- 吡喃鼠李糖基 -(1 → 4)]-*β*-D- 吡喃葡萄糖基) 氧基]- 孕甾 -5- 烯 -20- 酮 福州薯蓣 Dioscorea futschauensis

4'-(2-methoxy-4-(1,2,3-trihydroxypropyl)phenoxy)-luteolin 4'-(2- 甲氧基 -4-(1,2,3- 三羟基丙基) 苯氧基)- 木犀草素 翅子树 Pterospermum acerifolium

7*β*-methoxy-4(14)-oppositen-1*β*-ol 7*β*- 甲氧基 -4(14)- 对凹顶藻烯 -1*β*- 醇 短果茴芹 Pimpinella brachycarpa

1-methoxy-4-(1-propenyl)benzene 1- 甲氧基 -4-(1- 丙烯基) 苯 刺枝鱼栖苔 Acanthophora spicifera

(*Z*)-2-methoxy-4-(1-propenyl)-phenol (*Z*)-2- 甲氧基 -4-(1- 丙烯基)- 苯酚 挥发油成分，未统计基源

(-)-2-methoxy4-(1-propionyl)-phenyl-*β*-D-glucopyranoside (-)-2- 甲氧基 -4-(1- 丙酰基)- 苯基 -*β*-D- 吡喃葡萄糖苷 微花藤 Iodes cirrhosa

2-methoxy-4-(1-propionyl)phenyl-*β*-D-glucopyranoside 2- 甲氧基 -4-(1- 丙酰基) 苯基 -*β*-D- 吡喃葡萄糖苷 珊瑚菜 Glehnia littoralis

2-methoxy-4-(2,3-dihydroxypropionyl)-phenyl-1-*O*-(6'-*O*-galloyl)-*β*-D-glucopyranoside 2- 甲氧基 -4-(2,3- 二羟基 - 丙酰基)- 苯基 -1-*O*-(6'-*O*- 没食子酰基)-*β*-D- 吡喃葡萄糖苷 菜蓟 Cynara scolymus

2-methoxy-4-(2'-hydroxyethyl)-phenol-1-*O*-*β*-D-glucopyranoside 2- 甲氧基 -4-(2'- 羟基乙基)- 苯酚 -1-*O*-*β*-D- 吡喃葡萄糖苷 海滨木巴戟 Morinda citrifolia

2-methoxy-4-(2'-hydroxyethyl)-phenyl-1-*O*-*β*-D-glucopyranoside 2- 甲氧基 -4-(2'- 羟基乙基)- 苯基 -1-*O*-*β*-D- 吡喃葡萄糖苷 密花豆 Spatholobus suberectus

M

2-methoxy-4-(2-propen-1-yl)-phenyl-6-[(2*E*)-2-butenoate]-*β*-D-glucopyranoside 2- 甲氧基 -4-(2- 丙烯 -1- 基)- 苯基 -6-[(2*E*)-2- 丁烯酸酯]-*β*-D-吡喃葡萄糖苷 甘青青兰 Dracocephalum tanguticum

2-methoxy-4-(2-propen-1-yl)-phenyl-6-acetate-*β*-D-glucopyranoside 2- 甲氧基 -4-(2- 丙烯 -1- 基)- 苯基 -6- 乙酸酯 -*β*-D- 吡喃葡萄糖苷 甘青青兰 Dracocephalum tanguticum

2-methoxy-4-(2-propen-1-yl)-phenyl-*β*-D-glucopyranoside 2- 甲氧基 -4-(2- 丙烯 -1- 基)- 苯基 -*β*-D- 吡喃葡萄糖苷 甘青青兰 Dracocephalum tanguticum

1-methoxy-4-(2-propenyl)-benzene 1- 甲氧基 -4-(2- 丙烯基)- 苯 挥发油成分，未统计基源

2-methoxy-4-(2-propenyl)phenyl-*β*-D-glucoside 2- 甲氧基 -4-(2- 丙烯基) 苯基 -*β*-D- 葡萄糖苷 假黄皮 Clausena excavata

2-methoxy-4-(3'-hydroxy-propenyl)-phenol-1-*O*-*β*-D-glucopyranoside 2- 甲氧基 -4-(3'- 羟基 - 丙烯基)- 苯酚 -1-*O*-*β*-D- 吡喃葡萄糖苷 多叶棘豆 Oxytropis myriophylla

2-methoxy-4-(3-methoxy-1-propenyl)-phenol 2- 甲氧基 -4-(3- 甲氧基 -1- 丙烯基 - 苯酚 川芎 Ligusticum sinense 'Chuanxiong', 羌活 Notopterygium incisum, 黄荆 Vitex negundo

2-methoxy-4-(3-methoxy-l-propenyl)-phenol 2- 甲氧基 -4-(3- 甲氧基 -l- 丙烯基)- 苯酚 显苞芒毛苣苔 Aeschynanthus bracteatus

(*Z*)-3-methoxy-4-(docos-13-enoyloxy)-benzaldehyde (*Z*)-3- 甲氧基 -4-(二十 -13- 烯酰氧基)- 苯甲醛 榅桲 Cydonia oblonga

1,1'-[(1*E*,4*R*,5*R*)-5-methoxy-4-(methoxymethyl)pent-1-ene-1,5-diyl]bis(3,4-dimethoxybenzene) 1,1'-[(1*E*,4*R*,5*R*)-5- 甲氧基 -4-(甲氧基甲基) 戊 -1- 烯 -1,5- 二基] 二 (3,4- 二甲氧基苯) 青海刺参 Morina kokonorica

[1*S*-(1*R**,4*E*,9*R**,10*S**)]-9-methoxy-4,11,11-trimethyl-8-methylene-bicyclo[8.1.0]undec-4-ene [1*S*-(1*R**,4*E*,9*R**,10*S**)]-9- 甲氧基 -4,11,11- 三甲基 -8- 亚甲基 - 双环 [8.1.0]- 十一碳 -4- 烯 小蛇苔 Conocephalum japonicum

3-methoxy-4,2',3'-trihydroxychalcone-4'-*O*-*β*-D-glucoside 3- 甲氧基 -4,2',3'- 三羟基查耳酮 -4'-*O*-*β*-D- 葡萄糖苷 小花鬼针草 Bidens parviflora

1-[5-(2-methoxy-4,4'-dihydroxydihydrochalconyl)]-1-(4-hydroxyphenyl)-3-(2-methoxy-4-hydroxyphenyl)propane 1-[5-(2- 甲氧基 -4,4'- 二羟基二氢查耳酮基)]-1-(4- 羟基苯基)-3-(2- 甲氧基 -4- 羟基苯基) 丙烷 剑叶龙血树 Dracaena cochinchinensis

5-methoxy-4,4'-di-*O*-methyl secolariciresinoldimethyl ether diacetate 5- 甲氧基 -4,4'- 二 -*O*- 甲基裂环落叶松树脂醇二甲醚二乙酸酯 狗肝菜 Dicliptera chinensis

5-methoxy-4,4-di-*O*-methylsecolariciresinol 5- 甲氧基 -4,4- 二 -*O*- 甲基裂环落叶松树脂醇 爵床 Justicia procumbens

5-methoxy-4,4-di-*O*-methylsecolariciresinol diacetate 5- 甲氧基 -4,4- 二 -*O*- 甲基裂环落叶松树脂醇二乙酯 爵床 Justicia procumbens

3'-methoxy-4',5,7-trihydroxyflavone-3-*O*-*β*-D-glucopyranoside 3'- 甲氧基 -4',5,7- 三羟基黄酮 -3-*O*-*β*-D- 吡喃葡萄糖苷 大花菟丝子 Cuscuta reflexa

3'-methoxy-4',5,7-trihydroxyisoflavone 3'- 甲氧基 -4',5,7- 三羟基异黄酮 锈毛麻辣仔藤 Erycibe expansa

3'-methoxy-4',5-dihydroxy-6,7-methylenedioxyisoflavone 3'- 甲氧基 -4',5- 二羟基 -6,7- 亚甲二氧基异黄酮 卷鞘鸢尾 Iris potaninii

3-methoxy-4,5-methylenedioxy-acetophenone 3- 甲氧基 -4,5- 亚甲二氧基 - 乙酰苯 鞘山芎 Conioselinum vaginatum, 徐长卿 Cynanchum paniculatum

3-methoxy-4,5-methylenedioxybenzoic acid 3- 甲氧基 -4,5- 亚甲二氧基苯甲酸 藁本 Ligusticum sinense, 天山棱子芹 Pleurospermum lindleyanum

3-methoxy-4,5-methylenedioxycinnamaldehyde 3- 甲氧基 -4,5- 亚甲基二氧化桂皮醛 藁本 Ligusticum sinense

trans-3-methoxy-4,5-methylenedioxy-cinnamaldehyde 反式 -3- 甲氧基 -4,5- 亚甲二氧基 - 桂皮醛 鞘山芎 Conioselinum vaginatum

(*E*)-3-methoxy-4,5-methylenedioxycinnamic acid (*E*)-3- 甲氧基 -4,5- 亚甲基二氧化桂皮酸 藁本 Ligusticum sinense

(*E*)-3-methoxy-4,5-methylenedioxycinnamic alchol (*E*)-3- 甲氧基 -4,5- 亚基二氧基桂皮醇 大八角 Illicium majus

trans-3-methoxy-4,5-methylenedioxy-cinnamic alcohol 反式 -3- 甲氧基 -4,5- 亚甲二氧基桂皮醇 鞘山芎 Conioselinum vaginatum

3'-methoxy-4',5'-methylenedioxyflavone 3'- 甲氧基 -4',5'- 亚甲二氧基黄酮 硕萼报春 Primula veris subsp. macrocalyx

1-(3'-methoxy-4',5'-methylenedioxyphenyl)-1*ξ*-methoxy-2-propene 1-(3'- 甲氧基 -4',5'- 亚甲二氧基苯基)-1*ξ*- 甲氧基 -2- 丙烯 峨参 Anthriscus sylvestris

2-methoxy-4,5-methylenedioxypropiophenone 2- 甲氧基 -4,5- 亚甲二氧基苯丙酮 挥发油成分，未统计基源

4-methoxy-4',6'-dihydroxychalcone 4- 甲氧 -4',6'- 二羟基查尔酮 蒙古黄耆 Astragalus penduliflorus

(2*S*)-7-methoxy-4',6-dihydroxyflavanone (2*S*)-7- 甲氧基 -4',6- 二羟基 - 黄烷酮 降香 Dalbergia odorifera

1-methoxy-4,7,8-trihydroxyxanthone 1- 甲氧基 -4,7,8- 三羟基呫酮 黄牛木 Cratoxylum cochinchinense

1-methoxy-4,7-dihydroxyxanthone 1- 甲氧基 -4,7- 二羟基呫酮 黄牛木 Cratoxylum cochinchinense

rel-(7*α*,8*β*)-3-methoxy-4',7-epoxy-8,3'-oxyneolignan-4,9,9'-triol 相对 -(7*α*,8*β*)-3- 甲氧基 -4',7- 环氧 -8,3'- 氧代新木脂素 -4,9,9'- 三醇 海滨木巴戟 Morinda citrifolia

3-methoxy-4,9-dihydroxypterocarpan 3- 甲氧基 -4,9- 二羟基紫檀烷 鬼箭锦鸡儿 Caragana jubata

1-methoxy-4[(*E*)-2-methoxyvinyl]benzene 1- 甲氧基 -4[(*E*)-2- 甲氧基乙烯基] 苯 福建假卫矛 Microtropis fokienensis

2-methoxy-4-[1,2,3,4-tetrahydro-7-hydroxy-2,3-bis(hydroxymethyl)-6-methoxy-1-naphthalenyl]-phenyl-*β*-D-glucopyranoside 2- 甲氧基 -4-[1,2,3,4- 四氢 -7- 羟基 -2,3- 二羟基甲基 -6- 甲氧基 -1- 萘]- 苯基 -*β*-D- 吡喃葡萄糖苷 红冬蛇菰 Balanophora harlandii

2-methoxy-4-[3'-(3'',4'',5''-trimethoxyphenyl)allyloxymethyl]phenol 2- 甲氧基 -4-[3'-(3'',4'',5''- 三甲氧基苯基) 丙烯氧甲基] 苯酚 羽叶楸 Stereospermum colais

3-methoxy-4-acetoxy-6-tridecyl-phenol 3- 甲氧基 -4- 乙酰氧基 -5- 十三烷基苯酚 山血丹 Ardisia lindleyana

2-methoxy-4-acetylphenol 2- 甲氧基 -4- 乙酰苯酚 豆薯 Pachyrhizus erosus

2-methoxy-4-acetylphenyl-1-*O*-*β*-D-apiofuranosyl-(1''' → 6')-*β*-D-glucopyranoside 2- 甲氧基 -4- 乙酰苯基 -1-*O*-*β*-D- 呋喃芹糖基 -(1''' → 6')-*β*-D- 吡喃葡萄糖苷 大血藤 Sargentodoxa cuneata

2-methoxy-4-allylphenyl-1-*O*-*β*-D-apiofuranosyl-(1→6)-*β*-D-glucopyranoside 2- 甲氧基 -4- 烯丙基苯基 -1-*O*-*β*-D- 呋喃芹糖基 -(1→6)-*β*-D- 吡喃葡萄糖苷 地果 Ficus tikoua

1-methoxy-4-cadinene 1- 甲氧基 -4- 杜松烯 日本柳杉 Cryptomeria japonica

6-methoxy-4-chromanone 6- 甲氧基 -4- 色原酮 獐牙菜 Swertia bimaculata

2-methoxy-4-ethoxybenzoic acid 2- 甲氧基 -4- 乙氧基苯甲酸 鬼箭锦鸡儿 Caragana jubata

6-methoxy-4*H*-1-benzopyran-7-ol 6- 甲氧基 -4*H*-1- 苯并吡喃 -7- 醇 挥发油成分，未统计基源

2-(2'-methoxy-4'-hydroxy)-aryl-3-methy-6-hydroxy-benzofuran 2-(2'- 甲氧基 -4'- 羟基)- 芳基 -3- 甲基 -6- 羟基 - 苯并呋喃 云南甘草 Glycyrrhiza yunnanensis

3-methoxy-4-hydroxy-3',4'-methylenedioxylignan 3- 甲氧基 -4- 羟基 -3',4'- 亚甲二氧基木脂素 黑老虎 Kadsura coccinea

(7*R*,8*S*)-3-methoxy-4-hydroxy-4',7-epoxy-8,3'-neolignan-7'[*E*]-ene (7*R*,8*S*)-3- 甲氧基 -4- 羟基 -4',7- 环氧 -8,3'- 新木脂素 -7'[*E*]- 烯 通城虎 Aristolochia fordiana

(2*S*)-7-methoxy-4'-hydroxy-5,8-quinoflavan (2*S*)-7- 甲氧基 -4'- 羟基 -5,8- 醌黄烷 华中枸骨 Ilex centrochinensis

3-methoxy-4-hydroxy-5-[(8'*S*)-3-methoxy-4-hydroxy-phenylpropyl alcohol]-*E*-cinnamic alcohol-4-*O*-*β*-D-glucopyranoside 3- 甲氧基 -4- 羟基 -5-[(8'*S*)-3- 甲氧基 -4- 羟苯丙基醇]-*E*- 桂皮醇 -4-*O*-*β*-D- 吡喃葡萄糖苷 海滨木巴戟 Morinda citrifolia

5-methoxy-4'-hydroxy-6,7-methylenedioxyisoflavone 5- 甲氧基 -4'- 羟基 -6,7- 亚甲二氧基异黄酮 卷鞘鸢尾 Iris potaninii

2-methoxy-4-hydroxy-6-tridecyl-phenyl acetate 2- 甲氧基 -4- 羟基 -6- 十三烷基 - 苯基乙酸酯 山血丹 Ardisia lindleyana

3(*S*),4(*S*)-3'-methoxy-4'-hydroxy-7,8-methylenedioxylpterocarpan 3(*S*),4(*S*)-3'- 甲氧基 -4'- 羟基 -7,8- 亚甲二氧基紫檀烷 麻叶风轮菜 Clinopodium urticifolium

3'-methoxy-4'-hydroxyacetophenone 3'- 甲氧基 -4'- 羟基苯乙酮 玄参 Scrophularia ningpoensis

3-methoxy-4-hydroxybenzaldehyde 3- 甲氧基 -4- 羟基苯甲醛 桑 Morus alba, 人参 Panax ginseng, 楮头红 Sarcopyramis nepalensis, 沙生风毛菊 Saussurea arenaria

3-methoxy-4-hydroxybenzoic acid 3- 甲氧基 -4- 羟基苯甲酸 韭菜 Allium tuberosum, 小叶马蹄香 Asarum ichangense, 皱叶醉鱼草 Buddleja crispa, 狭叶番泻 Cassia angustifolia, 弯管花 Chassalia curviflora, 剑叶金鸡菊 Coreopsis lanceolata, 苍白秤钩风 Diploclisia glaucescens, 白花枝子花 Dracocephalum heterophyllum, 毛建草 D. rupestre, 粗叶榕 Ficus hirta, 蝎子草 Girardinia diversifolia subsp. suborbiculata, 野西瓜苗 Hibiscus trionum, 大花鸡肉参 Incarvillea mairei var. grandiflora, 藏波罗花 I. younghusbandii, 矮桃 Lysimachia clethroides, 留兰香 Mentha spicata, 桑 Morus alba, 尖裂黄瓜菜 Paraixeris serotina, 美观马先蒿 Pedicularis decora, 白花甘肃马先蒿 P. kansuensis subsp. kansuensis f. albiflora, 青蛇藤 Periploca calophylla, 毛酸浆 Physalis philadelphica, 天山棱子芹 Pleurospermum lindleyanum, 金发藓 Polytrichum commune, 草珊瑚 Sarcandra glabra, 紫丁香 Syringa oblata, 云芝 Trametes versicolor, 昆明山海棠 Tripterygium hypoglaucum, 长果婆婆纳 Veronica ciliata

M

3-methoxy-4-hydroxy-benzoic acid-4-*β*-D-glucoside 3- 甲氧基 4 一羟基苯甲酸 -4-*β*-D- 葡萄糖 灯油藤 Celastrus paniculatus

5*α*-(3-methoxy-4-hydroxybenzoyl)jaeschkeanadiol 5*α*-(3- 甲氧基 -4- 羟基苯甲酰基) 中亚阿魏二醇▲ 中亚阿魏 Ferula jaeschkeana

5*α*-3'-methoxy-4'-hydroxybenzoylferujaesenol 5*α*-3'- 甲氧基 -4'- 羟基苯甲酰中亚阿魏烯醇▲ 中亚阿魏 Ferula jaeschkeana

4'-methoxy-4-hydroxychalcone 4'- 甲氧基 -4- 羟基查耳酮 云南甘草 Glycyrrhiza yunnanensis

3-methoxy-4-hydroxycinnamaldehyde 3- 甲氧基 -4- 羟基桂皮醛 地黄 Rehmannia glutinosa, 苍耳 Xanthium sibiricum

3-methoxy-4-hydroxycinnamic acid 3- 甲氧基 -4- 羟基桂皮酸 淡枝沙拐枣 Calligonum leucocladum, 陵水暗罗 Polyalthia nemoralis

3-methoxy-4-hydroxycinnamic aldehyde 3- 甲氧基 - 对羟基桂皮醛 密花石豆兰 Bulbophyllum odoratissimum

7-methoxy-4'-hydroxyflavone 7- 甲氧基 -4'- 羟基黄酮 云南甘草 Glycyrrhiza yunnanensis

7-methoxy-4'-hydroxyflavonol 7- 甲氧基 -4'- 羟基黄酮醇 云南甘草 Glycyrrhiza yunnanensis

7-methoxy-4'-hydroxyisoflavone 7- 甲氧基 -4'- 羟基异黄酮 土沉香 Aquilaria sinensis

2-(3-methoxy-4-hydroxyl-phenol)-propane-1,3-diol 2-(3- 甲氧基 -4- 羟基苯基)- 丙烷 -1,3- 二醇 旱芹 Apium graveolens

3-methoxy-4-hydroxymethylbenzoate 3- 甲氧基 -4- 羟基甲基苯甲酸甲酯 珊瑚苣苔 Corallodiscus lanuginosus

3-methoxy-4-hydroxyphenol-1-*O*-*β*-D-(6'-*O*-galloyl)-glucopyranoside 3- 甲氧基 -4- 羟基苯酚 -1-*O*-*β*-D-(6'-*O*- 没食子酰基)- 吡喃葡萄糖苷 麻栎 Quercus acutissima, 蒙古栎 Q. mongolica

2-methoxy-4-hydroxyphenol-1-*O*-*β*-D-apiofuranosyl-(1→6)-*O*-*β*-D-glucopyranoside 2- 甲氧基 -4- 羟基苯酚 -1-*O*-*β*-D- 呋喃芹菜糖基 -(1→6)-*O*-*β*-D- 吡喃葡萄糖苷 异叶翅子树 Pterospermum heterophyllum

3-methoxy-4-hydroxyphenol-1-*O*-*β*-D-glucopyranoside 3- 甲氧基 -4- 羟基 - 苯酚 -1-*O*-*β*-D- 吡喃葡萄糖苷 异叶翅子树 Pterospermum heterophyllum

{3,4-*trans*-4-[(3-methoxy-4-hydroxyphenyl)(3,4-dimethoxyphenyl)methyl]-2-oxotetrahydrofuran-3-yl}methyl-*O*-*β*-glucopyranoside {3,4- 反式 -4-[(3- 甲氧基 -4- 羟基苯基)(3,4- 二甲氧基苯基) 甲基]-2- 氧代四氢呋喃 -3- 基 } 甲基 -*O*-*β*- 吡喃葡萄糖苷 荨麻 Urtica fissa

{3,4-*cis*-4-[(3-methoxy-4-hydroxyphenyl)(3,4-dimethoxyphenyl)methyl]-2-oxotetrahydrofuran-3-yl}methyl-*O*-*β*-glucopyranoside {3,4- 顺式 -4-[(3- 甲氧基 -4- 羟基苯基)(3,4- 二甲氧基苯基) 甲基]-2- 氧代四氢呋喃 -3- 基 } 甲基 -*O*-*β*- 吡喃葡萄糖苷 荨麻 Urtica fissa

3-(3-methoxy4-hydroxyphenyl)-1-propanol 3-(3- 甲氧基 -4- 羟基苯基)-1- 丙醇 长距石斛 Dendrobium longicornu

1-(2-methoxy-4-hydroxyphenyl)-3-(3-hydroxy-4-methoxyphenyl)-propane 1-(2- 甲氧基 -4- 羟基苯基)-3-(3- 羟基 -4- 甲氧基苯基)- 丙烷 云南风车子 Combretum griffithii var. yunnanense

(-)-2-(3'-methoxy-4'-hydroxy-phenyl)-3,4-dihydroxy-4-(3''-methoxy-4''-hydroxybenzyl)-3-hydrofuranmethanol (-)-2-(3'- 甲氧基 -4'- 羟基 - 苯基)-3,4- 二羟基 -4-(3''- 甲氧基 -4''- 羟基苄基)-3- 四氢呋喃甲醇 蓟 Cirsium japonicum

2-(3-methoxy-4-hydroxyphenyl)-5-(3-hydroxypropyl)-7-methoxy-benzofuran-3-carbaldehyde 2-(3- 甲氧基 -4- 羟基苯基)-5-(3- 羟基丙基)-7- 甲氧基 - 苯并呋喃 -3- 甲醛 丹参 Salvia miltiorrhiza

(+)-2-(3-methoxy-4-hydroxyphenyl)-6-(3,4-methylenedioxy)phenyl-3,7-dioxabicyclo[3.3.0]octane (+)-2-(3- 甲氧基 -4- 羟基苯基)-6-(3,4- 亚甲

二氧基）苯基 -3,7- 二氧杂双环 [3.3.0] 辛烷 黄荆 Vitex negundo
3-(3-methoxy-4-hydroxyphenyl)-propanylhexatetracontanoate 3-(3- 甲氧基 -4- 羟基苯基)- 丙基四十六酸酯 黄荆 Vitex negundo
3-methoxy-4-hydroxyphenyl-1-*O*-*β*-D-(6-*O*-galloyl)-glucopyranoside 3- 甲氧基 -4- 羟基苯基 -1-*O*-*β*-D-(6-*O*- 没食子酰基)- 吡喃葡萄糖苷 海漆 Excoecaria agallocha
3-methoxy-4-hydroxyphenylethanol 3- 甲氧基 -4- 羟基苯乙醇 华北耧斗菜 Aquilegia yabeana, 辣蓼铁线莲 Clematis terniflora var. mandshurica
3-methoxy-4-hydroxyphenylpropyl caffeate 3- 甲氧基 -4- 羟基苯丙基咖啡酸酯 大黄橐吾 Ligularia duciformis
3'-methoxy-4'-hydroxy-*trans*-cinnamaldehyde 3'- 甲氧基 -4'- 羟基 - 反式 - 桂皮醛 牡蒿 Artemisia japonica, 猪肚木 Canthium horridum
3-methoxy-4-hydroxy-*trans*-cinnamaldehyde 3- 甲氧基 -4- 羟基 - 反式 - 桂皮醛 变叶树参 Dendropanax proteus, 探春花 Jasminum floridum, 肿柄菊 Tithonia diversifolia
3-methoxy-4-hydroxy-*trans*-cinnamic acid 3- 甲氧基 -4- 羟基 - 反式 - 桂皮酸 白刺 Nitraria tangutorum
3-methoxy-4-isopropylbenzyl alcohol 3- 甲氧基 -4- 异丙基苯乙醇 柳叶旋覆花 Inula salicina
3-methoxy-4-linoleoyloxybenzaldehyde 3- 甲氧基 -4- 亚油酰氧基苯甲醛 榅桲 Cydonia oblonga
3-methoxy-4-methylbenzaldehyde 3- 甲氧基 -4- 甲基苯甲醛 留兰香 Mentha spicata
5-methoxy-4-methylcoumarin 5- 甲氧基 -4- 甲基香豆素 滇结香 Edgeworthia gardneri
2-methoxy-4-methylphenyl-*O*-*β*-D-apiofuranosyl-(1 → 6)-*β*-D-glucopyranoside 2- 甲氧基 -4- 甲基苯基 -*O*-*β*-D- 呋喃芹糖基 -(1 → 6)-*β*-D- 吡喃葡萄糖苷 地黄 Rehmannia glutinosa
7-methoxy-4-methylphthalide 7- 甲氧基 -4- 甲基苯酞 卫矛 Euonymus alatus
6-methoxy-4-methyl-quinoline 6- 甲氧基 -4- 甲基 - 喹啉 大叶糖胶树 Alstonia macrophylla
5''-methoxy-4''-*O*-(8-guaiacylglycerol)buddlenol A 5''- 甲氧基 -4''-*O*-(8- 愈创木基甘油) 醉鱼草醇 A 山石榴 Catunaregam spinosa, 假桂乌口树 Tarenna attenuata
9-methoxy-4-oxo-*α*-lapachone 9- 甲氧基 -4- 氧代 -*α*- 风铃木醌▲ 梓 Catalpa ovata
3-methoxy-4-*O*-*β*-D-apiofuranosyl-(1 → 2)-*β*-D-glucopyranosylpropiophenone 3- 甲氧基 -4-*O*-*β*-D- 呋喃芹糖基 -(1 → 2)-*β*-D- 吡喃葡萄糖基苯丙酮 地果 Ficus tikoua
3-methoxy-4-*O*-*β*-D-apiofuranosyl-(1 → 6)-*β*-D-glucopyranosylpropiophenone 3- 甲氧基 -4-*O*-*β*-D- 呋喃芹糖基 -(1 → 6)-*β*-D- 吡喃葡萄糖基苯丙酮 地果 Ficus tikoua
3-methoxy-4-*O*-*β*-D-glucopyranosylbenzoic acid 3- 甲氧基 -4-*O*-*β*-D- 吡喃葡萄糖基苯甲酸 白背叶 Mallotus apelta, 狼毒 Stellera chamaejasme
3-methoxy-4-palmitoyloxybenzaldehyde 3- 甲氧基 -4- 棕榈酰氧基苯甲醛 榅桲 Cydonia oblonga
1-methoxy-4-phenethylbenzene 1- 甲氧基 -4- 苯乙基苯 假黄皮 Clausena excavata
1-(3-methoxy-4-phenol)-2-(4-allyl-2,6-dimethoxy-phenyl)propanol 1-(3- 甲氧基 -4- 酚)-2-(4- 烯丙基 -2,6- 二甲氧基苯基) 丙醇 肉豆蔻 Myristica fragrans
3-methoxy-4-primeverosyl acetophenone 3- 甲氧基 -4- 樱草糖基苯乙酮 短茎马先蒿 Pedicularis artselaeri
2-methoxy-4-propenylphenol 2- 甲氧基 -4- 丙烯基苯酚 商陆 Phytolacca acinosa
2-methoxy-4-propionylphenol 2- 甲氧基 -4- 丙酰苯酚 灵枝草 Rhinacanthus nasutus
2-methoxy-4-propyl-phenol 2- 甲氧基 -4- 丙基苯酚 杉木 Cunninghamia lanceolata
2-(2-methoxy-4-tolyl)glyceryl-1,3-diisobutyrate 2-(2- 甲氧基 -4- 甲苯基) 甘油 -1,3- 二异丁酸酯 高原天名精 Carpesium lipskyi
2-(2-methoxy-4-tolyl)glyceryl-1-isobutyrate-3-acetate 2-(2- 甲氧基 -4- 甲苯基) 甘 -1- 异丁酸酯 -3- 乙酸酯 高原天名精 Carpesium lipskyi
2-methoxy-4-*trans*-propenylphenol-*α*-L-rhamnopyranosyl-(1 → 6)-*β*-D-glucopyranoside 2- 甲氧基 -4- 反式 - 丙烯苯酚 -*α*-L- 吡喃鼠李糖基 -(1 → 6)-*β*-D- 吡喃葡萄糖苷 棒锤瓜 Neoalsomitra integrifoliola
2-methoxy-4-vinylphenol 2- 甲氧基 -4- 乙烯基苯酚 挥发油成分，未统计基源
2-methoxy-4-vinyl-phenol 2- 甲氧基 -4- 乙烯基 - 苯酚 挥发油成分，未统计基源
5*β*-methoxy-4*α*-hydroxy-3-methylene-*α*-pyrrolidinone 5*β*- 甲氧基 -4*α*- 羟基 -3- 亚甲基 -*α*- 吡咯烷酮 地锦 Euphorbia humifusa
5*β*-methoxy-4*β*-hydroxy-3-methylene-*α*-pyrrolidinone 5*β*- 甲氧基 -4*β*- 羟基 -3- 亚甲基 -*α*- 吡咯烷酮 地锦 Euphorbia humifusa
3-methoxy-5-(1'-ethoxy-2'-hydroxypropyl)phenol 3- 甲氧基 -5-(1'- 甲氧基)-2'- 羟基丙基) 苯酚 羊红膻 Pimpinella thellungiana
2-methoxy-5-(1-propenyl)-phenol 2- 甲氧基 -5-(1- 丙烯基)- 苯酚 挥发油成分，未统计基源
5-methoxy-5'-(1-propinyl)-2,2'-dithiophene 5- 甲氧基 -5'-(1- 丙炔基)-2,2'- 双噻吩 漏芦 Stemmacantha uniflora
1-[3-methoxy-5-(1-propyn-1-yl)-2-thienyl]-ethanone 1-[3- 甲氧基 -5-(1- 丙炔 -1- 基)-2- 噻吩基]- 乙酮 中亚苦蒿 Artemisia absinthium
4-methoxy-5-(2-oxohexyl)-2(5*H*)-furanone 4- 甲氧基 -5-(2- 氧代己基)-2(5*H*)- 呋喃酮 香丝草 Conyza bonariensis
2-methoxy-5-(*E*)-propenyl-phenol-*β*-vicianoside 2- 甲氧基 -5-(*E*)- 丙烯基 - 酚 -*β*- 巢菜糖苷 芍药 Paeonia lactiflora
4'-methoxy-5-(methylsulfonyl)-2-pentynophenone 4'- 甲氧基 -5- 甲基磺酰基 -2- 戊炔苯甲酮 蒿子杆 Glebionis carinatum
4'-methoxy-5-(methylsulfonyl)-4-penten-2-ynophenone 4'- 甲氧基 -5- 甲基磺酰基 -4- 戊烯 -2- 炔苯甲酮 蒿子杆 Glebionis carinatum
4'-methoxy-5-(methylthio)-4-penten-2-ylnophenone 4'- 甲氧基 -5-(甲硫基)-4- 戊烯 -2- 炔苯甲酮 蒿子杆 Glebionis carinatum
3'-methoxy-5,4'-dihydroflavonol-7-*O*-*β*-D-glucopyranoside 3'- 甲氧基 -5, 4'- 二羟基黄酮 -7-*O*-*β*-D- 吡喃葡萄糖苷 迷迭香 Rosmarinus officinalis
3'-methoxy-5,4'-dihydroxy-7-*O*-glucosylflavone 3'- 甲氧基 -5,4'- 二羟基 -7-*O*- 葡萄糖基黄酮 迷迭香 Rosmarinus officinalis
7-methoxy-5,4'-dihydroxyflavanonol 7- 甲氧基 -5,4'- 二羟基黄烷酮醇 桑 Morus alba, 刺异叶花椒 Zanthoxylum ovalifolium var. spinifolium
6-methoxy-5,6-dihydrochelerythrine 6- 甲氧基 -5,6- 二氢白屈菜红碱 两面针 Zanthoxylum nitidum
6-methoxy-5,6-dihydrofagaridine 6- 甲氧基 -5,6- 二氢花椒定 两面针 Zanthoxylum nitidum
4'-methoxy-5,6-dihydroxyisoflavone-7-*O*-*β*-D-glucopyranoside 4'- 甲氧基 -5,6- 二羟基异黄酮 -7-*O*-*β*-D- 吡喃葡萄糖苷 射干 Belamcanda

M

chinensis, 矮桃 Lysimachia clethroides
3-methoxy-5,6-methylenedioxybenzaldehyde 3- 甲氧基 -5,6- 亚甲二氧基苯甲醛 尼泊尔酸模 Rumex nepalensis
6-methoxy-5,7,4'-trihydroxyflavone 6- 甲氧基 -5,7,4'- 三羟基黄酮 老鸦烟筒花 Millingtonia hortensis
6-methoxy-5,7,4'-trihydroxyisoflavone 6- 甲氧基 -5,7,4'- 三羟基异黄酮 桑 Morus alba
(1*α*S,3*α*S,5S,9*α*R)-5-methoxy-5,7,7-trimethyloctahydro-1*α*H-azuleno[5,6-*c*]oxireno[2,3-6]furan-3(3*α*H)-one] (1*α*S,3*α*S,5S,9*α*R)-5- 甲氧基 -5,7,7-三甲基八氢 -1*α*H- 薁骈 [5,6-*c*] 环氧乙烯骈 [2,3-6] 呋喃 -3(3*α*H)- 酮 毒红菇 Russula emetica
6-methoxy-5,7,8,4'-tetrahydroxyisoflavone 6- 甲氧基 -5,7,8,4'- 四羟基异黄酮 射干 Belamcanda chinensis
6-methoxy-5,7-dihydrochelerythrine 6- 甲氧基 -5,7- 二氢白屈菜红碱 两面针 Zanthoxylum nitidum
8-methoxy-5,7-dihydroxyflavonol 8- 甲氧基 -5,7- 二羟基黄酮醇 悬铃木 Platanus acerifolia
4'-methoxy-5,7-dihydroxyl-flavone-7-*O*-*β*-D-glucopyranosyl-(6 → 1)-rhamnopyranoside 4'- 甲氧基 -5,7- 二羟基黄酮 -7-*O*-*β*-D- 吡喃葡萄糖基 -(6 → 1)- 吡喃鼠李糖苷 刺槐 Robinia pseudoacacia
(1S,2S,4S,5S)-2-methoxy-5-[(1R)-1-phenyl-2-propenyl)]-1,4-cyclohexanediol (1S,2S,4S,5S)-2- 甲氧基 -5-[(1R)-1- 苯基 -2- 丙烯基)]-1,4- 环己烷二醇 印度黄檀 Dalbergia sissoo
7-methoxy-5-benzofuranpropanol-4'-*O*-*β*-D-glucopyranoside 7- 甲氧基 -5- 苯并呋喃丙醇 -4'-*O*-*β*-D- 吡喃葡萄糖苷 短柄小连翘 Hypericum petiolulatum
1-(4-methoxy-5-benzofuranyl)-3-(3',4'-methylenedioxy-phenyl)-1,3-propanedione 1-(4- 甲氧基 -5- 苯并呋喃基)-3-(3',4'- 亚甲二氧基 - 苯基)-1,3- 丙二酮 水黄皮 Pongamia pinnata
1-(4-methoxy-5-benzofuranyl)-3-phenyl-1,3-propanedione 1-(4- 甲氧基 -5- 苯并呋喃基)-3- 苯基 -1,3- 丙二酮 水黄皮 Pongamia pinnata
3-methoxy-5'-demethoxycadensin G 3- 甲氧基 -5'- 去甲氧基密花卡瑞藤黄素▲G 红芽木 Cratoxylum formosum subsp. pruniflorum
4'-methoxy-5-hydroxy-8-(3,3-dimethylallyl)-flavone-3-glycopyranosyl-(1→2)-rhamnopyranoside-7-glucopyranoside 4'- 甲氧基 -5- 羟基 -8-(3,3-二甲基烯丙基)- 黄酮 -3- 吡喃葡萄糖基 -(1 → 2)- 吡喃鼠李糖苷 -7- 吡喃葡萄糖苷 朝鲜淫羊藿 Epimedium koreanum
4'-methoxy-5-hydroxy-8-(3,3-dimethylallyl)-flavone-3-rhamnopyranosyl-(1 → 2)-rhamnopyranoside-7-glucopyranoside 4'- 甲氧基 -5- 羟基 -8-(3,3- 二甲基烯丙基)- 黄酮 -3- 吡喃鼠李糖基 -(1 → 2)- 吡喃鼠李糖苷 -7- 吡喃葡萄糖苷 朝鲜淫羊藿 Epimedium koreanum
4'-methoxy-5-hydroxy-8-(3,3-dimethylallyl)-flavone-3-xylopyranosyl-(1 → 2)-rhamnopyranoside-7-glucopyranoside 4'- 甲氧基 -5- 羟基 -8-(3,3-二甲基烯丙基)- 黄酮 -3- 吡喃木糖基 -(1 → 2)- 吡喃鼠李糖苷 -7- 吡喃葡萄糖苷 朝鲜淫羊藿 Epimedium koreanum
4'-methoxy-5-hydroxy-8-(3-methyl-4-hydroxy-but-2-enyl)-flavonol-3-*O*-[*α*-L-rhamnopyranosyl-(1 → 2)-*α*-L-rhamnopyranoside]-7-*O*-*β*-D-glucopyranoside 4'- 甲氧基 -5- 羟基 -8-(3- 甲基 -4- 羟基 - 丁 -2- 二烯基)- 黄酮醇 -3-*O*-[*α*-L- 吡喃鼠李糖基 -(1 → 2)-*α*-L- 吡喃鼠李糖苷]-7-*O*-*β*-D- 吡喃葡萄糖苷 柔毛淫羊藿 Epimedium pubescens
4-methoxy-5-hydroxycanthin-6-one 4- 甲氧基 -5- 羟基 - 铁屎米 -6- 酮 苦树 Picrasma quassioides
7-methoxy-5-hydroxyflavonol 7- 甲氧基 -5- 羟基黄酮醇 香芸火绒草 Leontopodium haplophylloides
4'-methoxy-5-hydroxyflavonol-3-*O*-[*α*-L-rhamnopyranosyl-(1 → 2)-*α*-L-rhamnopyranoside]-7-*O*-*β*-D-glucopyranoside 4'- 甲氧基 -5- 羟基黄酮醇 -3-*O*-[*α*-L- 吡喃鼠李糖基 -(1 → 2)-*α*-L- 吡喃鼠李糖苷]-7-*O*-*β*-D- 吡喃葡萄糖苷 柔毛淫羊藿 Epimedium pubescens
3'-methoxy-5'-hydroxyisoflavone-7-*O*-*β*-D-glucopyranoside 3'- 甲氧基 -5'- 羟基异黄酮 -7-*O*-*β*-D- 吡喃葡萄糖苷 黄耆 Astragalus penduliflorus subsp. mongholicus var. dahuricus, 锦鸡儿 Caragana sinica
(2-methoxy-5-hydroxymethyl-phenyl)-1-*O*-*β*-D-(6-*O*-galloyl)-glucopyranoside (2- 甲氧基 -5- 羟基甲基 - 苯基)-1-*O*-*β*-D-(6-*O*- 没食子酰基)-吡喃葡萄糖苷 海漆 Excoecaria agallocha
8-methoxy-5-hydroxypsoralen 8- 甲氧基 -5- 羟基补骨脂素 杭白芷 Angelica dahurica 'Hangbaizhi', 水芹 Oenanthe javanica
(*E*)-3-methoxy-5-hydroxystilbene (*E*)-3- 甲氧基 -5- 羟基芪 草豆蔻 Alpinia hainanensis
(*Z*)-3-methoxy-5-hydroxystilbene (*Z*)-3- 甲氧基 -5- 羟基芪 草豆蔻 Alpinia hainanensis
4-methoxy-5-hydroxy-*α*-tetralone 4- 甲氧基 -5- 羟基 -*α*- 四氢萘酮 枫杨 Pterocarya stenoptera
4-methoxy-5-methylcoumarin 4- 甲氧基 -5- 甲基香豆素 昆仑多子柏 Juniperus semiglobosa
3-methoxy-5-pentylphenol 3- 甲氧基 -5- 戊烷基苯酚 白花酸藤子 Embelia ribes
7-methoxy-5-prenyloxycoumarin 7- 甲氧基 -5- 异戊烯氧基香豆素 朝鲜当归 Angelica gigas, 佛手 Citrus medica var. sarcodactylis
25-methoxy-5*α*-dammar-20-en-3*β*,24-diol 25- 甲氧基 -5*α*- 达玛 -20- 烯 -3*β*,24- 二醇 米仔兰 Aglaia odorata
22-methoxy-5*β*-furostan-1*β*,3*β*,4*β*,5*β*,26-pentanol-26-*O*-*β*-D-glucopyranoside 22- 甲氧基 -5*β*- 呋甾 -1*β*,3*β*,4*β*,5*β*,26- 五醇 -26-*O*-*β*-D- 吡喃葡萄糖苷 四川蜘蛛抱蛋 Aspidistra sichuanensis
4-methoxy-6-(2',4'-dihydroxy-6'-methylphenyl)-pyran-2-one 4- 甲氧基 -6-(2',4'- 二羟基 -6'- 甲基苯基)- 吡喃 -2- 酮 香椿 Toona sinensis
7-methoxy-6-(2'-oxo-3'-methylbutyl)-coumarin 7- 甲氧基 -6-(2'- 氧代 -3'- 甲基丁基)- 香豆素 月桂茵芋 Skimmia laureola
2-methoxy-6-(2-phenyl-ethenyl)pyran-4-one 2- 甲氧基 -6-(2- 苯基 - 乙烯基) 吡喃 -4- 酮 广布野豌豆 Vicia cracca
4-methoxy-6-(2-propenyl)-1,3-benzodioxole 4- 甲氧基 -6-(2- 丙烯基)-1,3- 苯并二恶茂 挥发油成分，未统计基源
2-methoxy-6-(2-propenyl)phenol 2- 甲氧基 -6-(2- 烯丙基) 苯酚 挥发油成分，未统计基源
7-methoxy-6-(2'*R*-methoxy-3'-hydroxy-3'-methylbutyl)coumarin 7- 甲氧基 -6-(2'*R*- 甲氧基 -3'- 羟基 -3'- 甲基丁基) 香豆素 月桂茵芋 Skimmia laureola
(+)-7-methoxy-6-(2'*R*-methoxy-3'-hydroxy-3'-methylbutyl)-coumarin (+)-7- 甲氧基 -6-(2'*R*- 甲氧基 -3'- 羟基 -3'- 甲基丁基)- 香豆素 月桂茵芋 Skimmia laureola
(*R*)-7-methoxy-6-(3'-hydroxy-2'*R*-methoxy-3'-methylbutyl)-coumarin (*R*)-7- 甲氧基 -6-(3'- 羟基 -2'*R*- 甲氧基 -3'- 甲基丁基)- 香豆素 月桂茵芋 Skimmia laureola
(*Z*)-4-methoxy-6,4'-dihydroxyaurone (*Z*)-4- 甲氧基 -6,4'- 二羟基橙酮 牯岭藜芦 Veratrum schindleri
7-methoxy-6,4'-dihydroxyhomoisoflavan 7- 甲氧基 -6,4'- 二羟基高异黄烷 剑叶龙血树 Dracaena cochinchinensis

4-methoxy-6",6"-dimethylpyrano(2",3":7,8)chalcone 4- 甲氧基 -6",6"- 二甲基吡喃 (2",3":7,8) 查耳酮 厚果崖豆藤 Millettia pachycarpa
5-methoxy-6,7-dimethylbenzofuran 5- 甲氧基 -6,7- 二甲基苯并呋喃 挥发油成分，未统计基源
11-methoxy-6,7-epoxy-8-oxo-vincadifformine 11- 甲氧基 -6,7- 环氧 -8- 氧代 - 异形蔓长春花胺 鸡骨常山 Alstonia yunnanensis
8-methoxy-6,7-methylenedioxycoumarin 8- 甲氧基 -6,7- 亚甲二氧基香豆素 白莲蒿 Artemisia sacrorum, 猪毛蒿 A. scoparia
5-methoxy-6,7-methylenedioxyflavone 5- 甲氧基 -6,7- 亚甲二氧基黄酮 鸡冠花 Celosia cristata, 小酸浆 Physalis minima
5,4'-methoxy-6,7-methylenedioxyisoflavone-3'-*O*-*β*-D-glucoside 5,4'- 甲氧基 -6,7- 亚甲二氧基 -3'-*O*-*β*-D- 葡萄糖苷 薄叶鸢尾 Iris leptophylla
(*R*)-7-methoxy-6,8-dihydroxy-*α*-dunnione (*R*)-7- 甲氧基 -6,8- 二羟基 -*α*- 邓恩扭果花酮 ▲ 牛耳朵 Primulina eburnea
2-methoxy-6-[2-(4-methoxyphenyl)ethenyl]pyran-4-one 2- 甲氧基 -6-[2-(4- 甲氧基苯基) 乙烯基] 吡喃 -4- 酮 广布野豌豆 Vicia cracca
7-methoxy-6-[2'-oxo-3'-methylbutyl]-coumarin 7- 甲氧基 -6-[2'- 氧代 -3'- 甲基丁基]- 香豆素 月桂茵芋 Skimmia laureola
2-methoxy-6-acetyl-7-methyljuglone 2- 甲氧基 -6- 乙酰基 -7- 甲基胡桃醌 何首乌 Polygonum multiflorum, 虎杖 Reynoutria japonica
8-methoxy-6-*C*-methyl-5,7-dihydroxyflavonol 8- 甲氧基 -6- 碳 - 甲基 -5,7- 二羟基黄酮醇 悬铃木 Platanus acerifolia
4-methoxy-6-ethoxy-2-[(8'*Z*,11'*Z*)-8',11',14'-pentadecatriene]resorcinol 4- 甲氧基 -6- 乙氧基 -2-[(8'Z,11'Z)-8',11',14'- 十五三烯] 雷琐酚 高粱 Sorghum bicolor
3-methoxy-6-hydroxy-17-methylmorphinane 3- 甲氧基 -6- 羟基 -17- 甲基吗啡烷 风龙 Sinomenium acutum
(5*R*,3*E*)-5-methoxy-6-hydroxy-6-methyl-3-hepten-2-one (5*R*,3*E*)-5- 甲氧基 -6- 羟基 -6- 甲基 -3- 戊烯 -2- 酮 牛皮消 Cynanchum boudieri
5-methoxy-6-hydroxyflavone 5- 甲氧基 -6- 羟基黄酮 香肉果 Casimiroa edulis
5-methoxy-6-hydroxyflavone-6-*O*-*β*-D-glucoside 5- 甲氧基 -6- 羟基黄酮 -6-*O*-*β*-D- 葡萄糖苷 香肉果 Casimiroa edulis
5-methoxy-6-methyl-2-phenyl-7*H*-chromen-7-one 5- 甲氧基 -6- 甲基 -2- 苯基 -7*H*- 色烯 -7- 酮 龙血藤 Daemonorops draco
3'-methoxy-6"-*O*-D-xylopyranosylpuerarin 3'- 甲氧基 -6"-*O*-D- 吡喃木糖基葛根素 葛 Pueraria montana var. lobata
(1*E*,4*Z*)-8-methoxy-6-oxogermacra-1(10),4,7(11)-trien-12,8-lactone (1*E*,4*Z*)-8- 甲氧基 -6- 氧代大根老鹳草 -1(10),4,7(11)- 三烯 -12,8- 内酯 宽叶金粟兰 Chloranthus henryi
3-methoxy-6-*O*-*β*-D-glucopyranosyl-[2",3:7,8] furanoflavone 3- 甲氧基 -6-*O*-*β*-D- 吡喃葡萄糖基 -[2",3:7,8] 呋喃黄酮 牛心番荔枝 Annona reticulata
2-methoxy-6-pentadecyl-1,4-benzoquinone 2- 甲氧基 -6- 十五烷基 -1,4- 苯醌 山血丹 Ardisia lindleyana
4-methoxy-6-styryl-pyran-2-one 4- 甲氧基 -6- 苯乙烯基吡喃 -2- 酮 红叶木姜子 Litsea rubescens
2-methoxy-6-tridecyl-1,4-benzoquinone 2- 甲氧基 -6- 十三烷基 -1,4- 苯醌 百两金 Ardisia crispa, 山血丹 A. lindleyana
5-methoxy-7-(3,3-dimethylallyl-oxy)coumarin 5- 甲氧基 -7-(3,3- 二甲基烯丙氧基)- 香豆素 防风 Saposhnikovia divaricata
5-methoxy-7-(4"-hydroxyphenyl)-1-phenyl-3-heptanone 5- 甲氧基 -7(4"- 羟基苯基)-1- 苯基 -3- 庚酮 高良姜 Alpinia officinarum
5-methoxy-7,2',4'-trihydroxy-8-[3,3-dimethylallyl]-flavanone 5- 甲氧基 -7,2',4'- 三羟基 -8-[3,3- 二甲基烯丙基]- 黄烷酮 苦参 Sophora flavescens
6-methoxy-7,8,4'-trihydroxyisoflavone 6- 甲氧基 -7,8,4'- 三羟基异黄酮 藤萝 Wisteria villosa
5-methoxy-7,8-methylendioxycoumarin 5- 甲氧基 -7,8- 亚甲二氧基香豆素 白莲蒿 Artemisia sacrorum
6-methoxy-7,8-methylenedioxycoumarin 6- 甲氧基 -7,8- 亚甲二氧基香豆素 灰叶当归 Angelica glauca, 中亚苦蒿 Artemisia absinthium, 青蒿 A. carvifolia carvifolia, 紫椴 Tilia amurensis
6-methoxy-7-[(2'*E*,5'*E*)-7'-methoxy-3',7'-dimethylocta-2',5'-dienyloxy]-coumarin 6- 甲氧基 -7-[(2'*E*,5'*E*)-7'- 甲氧基 -3',7'- 二甲基辛 -2',5'- 二烯氧基]- 香豆素 簕欓花椒 Zanthoxylum avicennae
6-methoxy-7-geranyloxycoumarin 6- 甲氧基 -7- 香叶氧基香豆素 羌活 Notopterygium incisum, 枳 Poncirus trifoliata
6-methoxy-7-hydroxycoumarin 6- 甲氧基 -7- 羟基香豆素 弯管花 Chassalia curviflora, 云南土沉香 Excoecaria acerifolia, 金毛耳草 Hedyotis chrysotricha, 荷花木兰 Magnolia grandiflora, 海滨木巴戟 Morinda citrifolia, 苦马豆 Sphaerophysa salsula
5-methoxy-7-hydroxyflavanone 5- 甲氧基 -7- 羟基黄烷酮 黄芩 Scutellaria baicalensis
4'-methoxy-7-hydroxyflavone 4'- 甲氧基 -7- 羟基黄酮 多序岩黄耆 Hedysarum polybotrys, 狼毒 Stellera chamaejasme
5-methoxy-7-hydroxyflavonol 5- 甲氧基 -7- 羟基黄酮醇 香芸火绒草 Leontopodium haplophylloides
5-methoxy-7-hydroxymethylcoumarin 5- 甲氧基 -7- 羟基甲基香豆素 紫花地丁 Viola philippica
5-methoxy-7-hydroxyphthalide 5- 甲氧基 -7- 羟基苯酞 旋叶香青 Anaphalis contorta, 细齿草木犀 Melilotus dentatus, 铁仔 Myrsine africana, 帚枝鼠李 Rhamnus virgata
6-methoxy-7-methyl-8-hydroxydibenz[b,f]oxepin 6- 甲氧基 -7- 甲基 -8- 羟基二苯 [b,f] 氧杂草 紫荆 Cercis chinensis
2-methoxy-7-methyljuglone 2- 甲氧基 -7- 甲基胡桃醌 匙叶茅膏菜 Drosera spathulata
3-methoxy-7-methyljuglone 3- 甲氧基 -7- 甲基胡桃醌 柿 Diospyros kaki, 匙叶茅膏菜 Drosera spathulata
5'-methoxy-7'-oxomatairesinol 5'- 甲氧基 -7'- 氧代穗罗汉松树脂酚 漾濞鹿角藤 Chonemorpha griffithii
12-methoxy-7*α*,11-dihydroxy-dehydroabietane 12- 甲氧基 -7*α*,11- 二羟基去氢冷杉烷 柳杉 Cryptomeria japonica var. sinensis
4'-methoxy-7-*α*-L-rhamnopyranosyl-(1 → 6)-*β*-D-glucopyranosylisoflavone 4'- 甲氧基 -7-*α*-L- 吡喃鼠李糖基 -(1 → 6)-*β*-D- 吡喃葡萄糖基异黄酮 鹊肾树 Streblus asper
5-methoxy-7-*β*-D-glucopyranosyl-(-)-afzelechin 5- 甲氧基 -7-*β*-D- 吡喃葡萄糖基 -(-)- 缅茄儿茶素 ▲ 黄瑞香 Daphne giraldii
7-methoxy-8-(1,4-dihydroxy-3-methyl-2-butenyl)coumarin 7- 甲氧基 -8-(1,4- 二羟基 -3- 甲基 -2- 丁烯基) 香豆素 圆锥花远志 Polygala paniculata
7-methoxy-8-(1'-ethoxy-2'-hydroxy-3'-methyl-3'-butenyl)-coumarin 7- 甲氧基 -8-(1'- 乙氧基 -2'- 羟基 -3'- 甲基 -3'- 丁烯基) 香豆素 千里香 Murraya paniculata
7-methoxy-8-(1-hydroxy-2-*O*-*β*-D-glucopyranosyl-3-methyl-4-butene-1-yl)-coumarin 7- 甲氧基 -8-(1- 羟基 -2-*O*-*β*-D- 吡喃葡萄糖基 -3- 甲基 -4- 丁烯 -1- 基)- 香豆素 大管 Micromelum falcatum

7-methoxy-8-(1'-methoxy-2'-hydroxy-3'-methyl-$\Delta^{3'}$-butenyl)coumarin 7- 甲氧基 -8-(1'- 甲氧基 -2'- 羟基 -3'- 甲基 -$\Delta^{3'}$- 丁烯基) 香豆素 九里香 Murraya exotica
7-methoxy-8-(2',3'-dihydroxy-3'-methylbutyl)coumarin 7- 甲氧基 -8-(2',3'- 二羟基 -3'- 甲基丁基) 香豆素 九里香 Murraya exotica
5-methoxy-8-(2'hydroxy-3'-butoxy-3'-methylbutyrloxy)psoralen 5- 甲氧基 -8-(2' 羟基 -3'- 丁氧基 -3'- 甲基丁氧基) 补骨脂素 白芷 Angelica dahurica
7-methoxy-8-(2-hydroxymethyl-1-*O*-isovaleryl-4-butenyl)-coumarin 7- 甲氧基 -8-(2- 羟基甲基 -1-*O*- 异戊酰基 -4- 丁烯基)- 香豆素 大管 Micromelum falcatum
7-methoxy-8-(2'-isovaleryloxy-3-butenyl-3-methyl)-coumarin 7- 甲氧基 -8-(2'- 异戊酰氧基 -3- 丁烯基 -3- 甲基)- 香豆素 千里香 Murraya paniculata
7-methoxy-8-(2'-methoxy-3'-hydroxy-3'-methylbutyl)coumarin 7- 甲氧基 -8-(2'- 甲氧基 -3'- 羟基 -3'- 甲基丁基) 香豆素 九里香 Murraya exotica
7-methoxy-8-(3-butenyl-3-methyl-2-oxo)-coumarin 7- 甲氧基 -8-(3- 丁烯基 -3- 甲基 -2- 氧代)- 香豆素 千里香 Murraya paniculata
(2*S*)-7-methoxy-8-(3-methoxy-3-methylbut-1-enyl)flavanone (2*S*)-7- 甲氧基 -8-(3- 甲氧基 -3- 甲基丁 -1- 烯基) 黄烷酮 穗序木蓝 Indigofera spicata
7-methoxy-8-(3-methyl-2,3-epoxy-1-oxobutyl)chromen-2-one 7- 甲氧基 -8-(3- 甲基 -2,3- 环氧 -1- 氧代丁基) 色烯 -2- 酮 蛇床 Cnidium monnieri
7-methoxy-8-(3-methyl-2-butenyloxy)-coumarin 7- 甲氧基 -8-(3- 甲基 -2- 丁烯酰氧基)- 香豆素 裂叶蒿 Artemisia tanacetifolia
7-methoxy-8-(butenyl-3'-methyl)-coumarin 7- 甲氧基 -8-(丁烯基 -3'- 甲基)- 香豆素 千里香 Murraya paniculata
4-methoxy-8-(*O*-*β*-D-glucopyranosyloxy)-2(1*H*)-quinolinone 4- 甲氧基 -8-(*O*-*β*-D- 吡喃葡萄糖基)-2(1*H*)- 喹啉酮 砂蓝刺头 Echinops gmelinii, 山小橘 Glycosmis pentaphylla
1*α*-methoxy-8,12-epoxyeudesma-4,7,11-trien-6-one 1*α*- 甲氧基 -8,12- 环氧桉叶 -4,7,11- 三烯 -6- 酮 宽叶金粟兰 Chloranthus henryi
3-methoxy-8,4'-oxyneoligna-3',4,7,9,9'-pentol 3- 甲氧基 -8,4'- 氧代新木脂素 -3',4,7,9,9'- 五醇 忍冬 Lonicera japonica
cis-7-methoxy-8-{2-[2-(7-methoxy-2-oxo-2*H*-1-benzopyran-8-yl)-1,1-dimethylethyl]-5,5-dimethyl-1,3-dioxolan-4-yl]methyl}-2*H*-1-benzopyran-2-one 顺式 -7- 甲氧基 -8-{2-[2-(7- 甲氧基 -2- 氧代 -2*H*-1- 苯并吡喃 -8- 基)-1,1- 二甲基乙基]-5,5- 二甲基 -1,3- 二恶烷 -4- 基] 甲基 }-2*H*-1- 苯并吡喃 -2- 酮 千里香 Murraya paniculata
(-)-4-methoxy-8'-acetylolivil (-)-4- 甲氧基 -8'- 乙酰橄榄脂素 三角叶荨麻 Urtica triangularis
(-)-4-methoxy-8'-acetylolivil-4-*O*-*α*-arabinopyronosyl-(1 → 6)-*β*-glucopyranoside (-)-4- 甲氧基 -8'- 乙酰橄榄脂素 -4-*O*-*α*- 吡喃阿拉伯糖基 -(1 → 6)-*β*- 吡喃葡萄糖苷 三角叶荨麻 Urtica triangularis
7-methoxy-8-formylcoumarin 7- 甲氧基 -8- 甲酰香豆素 蛇床 Cnidium monnieri, 千里香 Murraya paniculata
5-methoxy-8-geranyloxypsoralen 5- 甲氧基 -8- 香叶氧基补骨脂素 香肉果 Casimiroa edulis
6-methoxy-8-hydroxy-benzoic acid butylester-5-*O*-*β*-D-glucopyranoside 6- 甲氧基 -8- 羟基 - 苯丙酸丁酯 -5-*O*-*β*-D- 吡喃葡萄糖苷 山血丹 Ardisia lindleyana
7-methoxy-8-hydroxycoumarin 7- 甲氧基 -8- 羟基香豆素 黄瑞香 Daphne giraldii, 毛瑞香 D. kiusiana var. atrocaulis, 凹叶瑞香 D. retusa, 唐古特瑞香 D. tangutica
(±)-7-methoxy-8-hydroxyethyl-2',4'-dihydroxyflavane (±)-7- 甲氧基 -8- 羟基乙基 -2',4'- 二羟基黄烷 蒙桑 Morus mongolica
5-methoxy-8-hydroxypsoralen 5- 甲氧基 -8- 羟基补骨脂素 白芷 Angelica dahurica, 川明参 Chuanminshen violaceum
2-methoxy-8-methyl-1,4-naphthalenedione 2- 甲氧基 -8- 甲基 -1,4- 萘二酮 挥发油成分，未统计基源
7-methoxy-8-methylpyren-2-ol 7- 甲氧基 -8- 甲基芘 -2- 醇 灯心草 Juncus effusus
7-methoxy-8-*O*-*β*-D-glucopyranosylcoumarin 7- 甲氧基 -8-*O*-*β*-D- 吡喃葡萄糖基香豆素 刺五加 Eleutherococcus senticosus
5-methoxy-8-*O*-*β*-D-glucopyranosyloxypsoralen 5- 甲氧基 -8-*O*-*β*-D- 吡喃葡萄糖氧基补骨脂素 藏波罗花 Incarvillea younghusbandii
5-methoxy-8-*O*-*β*-D-glucosyloxypsoralen 5- 甲氧基 -8-*O*-*β*-D- 葡糖氧基补骨脂素 旱芹 Apium graveolens
5-methoxy-8-*O*-*β*-D-glucosyloxypsoralene 5- 甲氧基 -8-*O*-*β*-D- 葡萄糖氧基补骨脂素 羌活 Notopterygium incisum
7-methoxy-8-prenylflavanone 7- 甲氧基 -8- 异戊烯基黄烷酮 干花豆 Fordia cauliflora
6*β*-methoxy-8*β*-hydroxyeremophil-7(11)-en-12,8*α*-olide 6*β*- 甲氧基 -8*β*- 羟基荒漠木 -7(11)- 烯 -12,8*α*- 内酯 黄帚橐吾 Ligularia virgaurea
6*β*-methoxy-8*β*-hydroxy-eremophil-7(11)-en-12,8*α*-olide 6*β*- 甲氧基 -8*β*- 羟基 - 荒漠木 -7(11)- 烯 -12,8*α*- 内酯 蹄叶橐吾 Ligularia fischeri
2-methoxy-9-(4'-hydroxyphenyl)-phenalen-1-one 2- 甲氧基 -9-(4'- 羟基苯基)- 非那烯 -1- 酮 地涌金莲 Musella lasiocarpa
4-methoxy-9,10-dihydrophenanthrene-1,2,7-triol 4- 甲氧基 -9,10 二氢菲 -1,2,7- 三醇 小白及 Bletilla formosana
7-methoxy-9,10-dihydrophenanthrene-2,4,5-triol 7- 甲氧基 -9,10- 二氢菲 -2,4,5- 三醇 长距石斛 Dendrobium longicornu
2-methoxy-9,10-dihydrophenanthrene-2,7-diol 2- 甲氧基 -9,10- 二氢菲 -2,7- 二醇 白及 Bletilla striata
4-methoxy-9,10-dihydrophenanthrene-2,7-diol 4- 甲氧基 -9,10- 二氢菲 -2,7- 二醇 手参 Gymnadenia conopsea
2-methoxy-9,10-dihydrophenanthrene-4,5-diol 2- 甲氧基 -9,10- 二氢菲 -4,5- 二醇 手参 Gymnadenia conopsea
2-methoxy-9,10-dihydrophenanthrene-4,7-diol 2- 甲氧基 -9,10- 二氢菲 -4,7- 二醇 白及 Bletilla striata
19(*E*)-11-methoxy-9,18-didemethoxygardneramine 19(*E*)-11- 甲氧基 -9,18- 二去甲氧基蓬莱葛胺 卵叶蓬莱葛 Gardneria ovata
(3*β*,24*R*)-24-methoxy-9,19-cyclolanostan-3-ol (3*β*,24*R*)-24- 甲氧基 -9,19- 羊毛脂 -3- 醇 小叶大戟 Euphorbia makinoi
1-methoxy-9-caryolanol 1- 甲氧基 -9- 石竹醇 枫香树 Liquidambar formosana
6-methoxy-9-epigeniposidic acid 6- 甲氧基 -9- 表京尼平苷酸 海滨木巴戟 Morinda citrifolia
(9*R*)-4-methoxy-9-fluorene-2,5,9-triol (9*R*)-4- 甲氧基 -9- 芴 -2,5,9- 三醇 鼓槌石斛 Dendrobium chrysotoxum
3-methoxy-9-hydroxypterocarpan 3- 甲氧基 -9- 羟基紫檀烷 鬼箭锦鸡儿 Caragana jubata
8-methoxy-9-hydroxythymol 8- 甲氧基 -9- 羟基麝香草酚 佩兰 Eupatorium fortunei

8-methoxy-9-hydroxythymol-3-*O*-angelate 8- 甲氧基 -9- 羟基麝香草酚 -3-*O*- 当归酸酯 佩兰 Eupatorium fortunei
8-methoxy-9-hydroxythymol-3-*O*-tiglate 8- 甲氧基 -9- 羟基麝香草酚 -3-*O*- 巴豆酸酯 佩兰 Eupatorium fortunei
2-methoxy-9-methyl-3-oxabicyclo[4.3.0]nonane-7,9-diol 2- 甲氧基 -9- 甲基 -3- 氧杂双环 [4.3.0] 壬烷 -7,9- 二醇 杜虹花 Callicarpa formosana
7-methoxy-9-methylhexadeca-4,8-dienoic acid 7- 甲氧基 -9- 甲基十六 -4,8- 二烯酸 中间软刺藻 Chondracanthus intermedius
8-methoxy-9-*O*-(2-methylbutyryloxy)thymol 8- 甲氧基 -9-*O*-(2- 甲基丁酰氧基) 麝香草酚 佩兰 Eupatorium fortunei
8-methoxy-9-*O*-angeloylthymol 8- 甲氧基 -9-*O*- 当归酰基麝香草酚 台湾泽兰 Eupatorium formosanum, 佩兰 E. fortunei
8-methoxy-9-*O*-isobutyrylthymol 8- 甲氧基 -9-*O*- 异丁酰基麝香草酚 台湾泽兰 Eupatorium formosanum, 佩兰 E. fortunei
(7*α*,7'*α*,8*α*,8'*α*)-3'-methoxy-9-oxo-7,9',7',9-diepoxylignan-3,4,4'-triol (7*α*,7'*α*,8*α*,8'*α*)-3'- 甲氧基 -9- 氧代 -7,9',7',9- 二环氧木脂素 -3,4,4'- 三醇 乌墨 Syzygium cumini
2-methoxy-9-phenylphenalen-1-one 2- 甲氧基 -9- 苯基非那烯 -1- 酮 地涌金莲 Musella lasiocarpa
3*β*-methoxy-9*β*,19-cyclolanost-23(*E*)-en-25,26-diol 3*β*- 甲氧基 -9*β*,19- 环羊毛甾烷 -23(*E*)- 烯 -25,26- 二醇 艾 Artemisia argyi
5-methoxy-9-*β*-D-xylopyranosyl-isolariciresinol 5- 甲氧基 -9-*β*-D- 吡喃木糖基 - 异落叶松树脂醇 鹊肾树 Streblus asper
5-methoxy-9*β*-xylopyranosyl-(-)-isolariciresinol 5- 甲氧基 -9*β*- 吡喃木糖基 -(-)- 异落叶松树脂醇 中国无忧花 Saraca dives
5-methoxy-9-*β*-xylopyranosyl-(-)-isolariciresinol 5- 甲氧基 -9-*β*- 吡喃木糖基 -(-)- 异落叶松树脂醇 短柄小连翘 Hypericum petiolulatum
5-methoxy-9*β*-xylopyranosyl-(+)-isolariciresinol 5- 甲氧基 -9*β*- 吡喃木糖基 -(+)- 异落叶松树脂醇 短柄小连翘 Hypericum petiolulatum
(5*R*,10*S*)-12-methoxyabieta-6,8,11,13-tetraene (5*R*,10*S*)-12- 甲氧基冷杉 -6,8,11,13- 四烯 日本柳杉 Cryptomeria japonica
15-methoxyabietic acid 15- 甲氧基冷杉酸 香柏 Juniperus pingii var. wilsonii
6-methoxyacacetin-7-*O*-*β*-D-glucopyranoside 6- 甲氧基刺槐素 -7-*O*-*β*-D- 吡喃葡萄糖苷 猫爪藤 Macfadyena unguis-cati
8-methoxyacacetin-7-*O*-*β*-D-glucopyranoside 8- 甲氧基刺槐素 -7-*O*-*β*-D- 吡喃葡萄糖苷 猫爪藤 Macfadyena unguis-cati
methoxyacetic acid-3-tridecyl ester 甲氧基乙酸 -3- 十三烷基酯 挥发油成分，未统计基源
4-methoxyacetophenone 4- 甲氧基苯乙酮 挥发油成分，未统计基源
1-methoxyacetylshikonin 1- 甲氧基乙酰紫草素 软紫草 Arnebia euchroma
11*α*-methoxyacetylursolic acid methyl ester 11*α*- 甲氧基乙酰熊果酸甲酯 蓝桉 Eucalyptus globulus
26(*R*)-methoxyactein 26(*R*)- 甲氧基类叶升麻素▲ 黄三七 Souliea vaginata
26-methoxy-acteol-12(18)-en 26- 甲氧基 - 类叶升麻醇 -12(18)- 烯 云南升麻 Cimicifuga yunnanensis
methoxyadiantifoline 甲氧基铁线蕨叶唐松草碱▲ 腺毛唐松草 Thalictrum foetidum, 峨眉唐松草 T. omeiense
10-methoxyaffinisine 10- 甲氧基拟佩西木碱▲ 大叶糖胶树 Alstonia macrophylla
10-methoxyaffinisine-N^4-oxide 10- 甲氧基拟佩西木碱▲-N^4- 氧化物 长春花 Catharanthus roseus
5-methoxyafrormosin 5- 甲氧基非洲红豆素▲ 翅荚香槐 Cladrastis platycarpa
11-methoxyakuammicine 11- 甲氧基苦籽木辛碱▲ 大叶糖胶树 Alstonia macrophylla
16*β*-methoxyalisol B acetate 16*β*- 甲氧基泽泻醇 B 乙酸酯 草泽泻 Alisma gramineum
16*β*-methoxyalisol B monoacetate 16*β*- 甲氧基泽泻醇 B 单乙酸酯 东方泽泻 Alisma orientale, 泽泻 A. plantago-aquatica
p-methoxy-allylbenzene 对甲氧基烯丙基苯 挥发油成分，未统计基源
13*α*-methoxyambrosin 13*α*- 甲氧基豚草素 银胶菊 Parthenium hysterophorus
methoxyanigorufone 甲氧基红花袋鼠爪酮▲ 香蕉 Musa acuminata 'Dwarf cavendish'
8-methoxyanisocoumarin H 8- 甲氧基细叶黄皮香豆素▲H 青花椒 Zanthoxylum schinifolium
p-methoxyanisole 对甲氧基茴芹醚▲ 挥发油成分，未统计基源
methoxyannomontine 甲氧基山刺番荔枝碱▲ 牛心番荔枝 Annona reticulata
2-methoxyanofinic acid 2- 甲氧基鳝藤酸 秦艽 Gentiana macrophylla, 长梗秦艽 G. waltonii
2-methoxyanthraquinone 2- 甲氧基蒽醌 巴戟天 Morinda officinalis, 印度羊角藤 M. umbellata
3-methoxyapigenin 3- 甲氧基芹菜素 鹿草 Stemmacantha carthamoides
4'-methoxyapigenin 4'- 甲氧基芹菜苷元 龙珠果 Passiflora foetida
6-methoxyapigenin 6- 甲氧基芹菜素 水母雪兔子 Saussurea medusa
7-methoxyapigenin 7- 甲氧基芹菜苷元 构树 Broussonetia papyrifera
3'-methoxy-apigenin 3'- 甲氧基 - 芹菜苷元 翅子树 Pterospermum acerifolium
6-methoxyapigenin-7-*O*-glucopyranoside 6- 甲氧基芹菜苷元 -7-*O*- 吡喃葡萄糖苷 猫爪藤 Macfadyena unguis-cati
6-methoxyapigenin-7-*O*-glucoside 6- 甲氧基芹菜苷元 -7-*O*- 葡萄糖苷 火烧花 Mayodendron igneum
6-methoxyapigenin-7-*O*-rhamnoglucoside 6- 甲氧基芹菜苷元 -7-*O*- 鼠李葡萄糖苷 火烧花 Mayodendron igneum
3-methoxyarctiin-4''-*O*-*β*-D-xylopyranoside 3- 甲氧基牛蒡 -4''-*O*-*β*-D- 吡喃木糖苷 巴天酸模 Rumex patientia
8*α*-methoxyaristol-9-ene 8*α*- 甲氧基马兜铃 -9- 烯 石地钱 Reboulia hemisphaerica
8*β*-methoxyaristol-9-ene 8*β*- 甲氧基马兜铃 -9- 烯 石地钱 Reboulia hemisphaerica
6-methoxyaristolactam 6- 甲氧基马兜铃内酰胺 寻骨风 Aristolochia mollissima
7-methoxy-aristolactam 7- 甲氧基 - 马兜铃内酰胺 辽细辛 Asarum heterotropoides var. mandshuricum
5-methoxyaristolactam I 5- 甲氧基马兜铃内酰胺 I 小叶马蹄香 Asarum ichangense
9-methoxyaristolactam I 9- 甲氧基马兜铃内酰胺 I 瓜叶马兜铃 Aristolochia cucurbitifolia, 大叶马兜铃 A. kaempferi, 木通马兜铃 A. manshuriensis, 寻骨风 A. mollissima
7-methoxyaristolactam IV 7- 甲氧基马兜铃内酰胺 IV 北马兜铃 Aristolochia contorta, 单叶细辛 Asarum himalaicum, 长茎金耳环 A. longerhizomatosum, 红金耳环 A. petelotii, 马蹄香 Saruma henryi

9-methoxyaristolactam IV 9- 甲氧基马兜铃内酰胺 IV 瓜叶马兜铃 Aristolochia cucurbitifolia, 双叶细辛 Asarum caulescens
6-methoxyaristolic acid 6- 甲氧基马兜铃次酸 变色马兜铃 Aristolochia versicolor
6-methoxyaristolic acid methyl ester 6- 甲氧基马兜铃次酸甲酯 木通马兜铃 Aristolochia manshuriensis, 变色马兜铃 A. versicolor
7-methoxyaristolochic acid A 7- 甲氧基马兜铃酸 A 马兜铃 Aristolochia debilis
6-methoxyaristolochic acid methyl ester 6- 甲氧基马兜铃酸甲酯 变色马兜铃 Aristolochia versicolor
5'-methoxyarmillasin 5'- 甲氧基蜜环菌拉辛▲ 蜜环菌 Armillaria mellea
3''-methoxyasparenydiol 3''- 甲氧基天门冬烯炔二酚▲ 天门冬 Asparagus cochinchinensis
5β-methoxyaspidophylline 5β- 甲氧基白坚木菲林碱▲ 糖胶树 Alstonia scholaris
2'-methoxyaucuparin 2'- 甲氧基欧花楸素 光叶石楠 Photinia glabra
4'-methoxyaucuparin 4'- 甲氧基欧花楸素 光叶石楠 Photinia glabra, 石南藤 Piper wallichii
5'-methoxyauraptene 5'- 甲氧基橙皮油烯 簕欓花椒 Zanthoxylum avicennae
6-methoxyauraptene 6- 甲氧基橙皮油烯 枳 Poncirus trifoliata
7-methoxybaicalein 7- 甲氧基黄芩素 沼生水苏 Stachys palustris
(+)-5-methoxybalanophonin (+)-5- 甲氧基蛇菰宁 见血封喉 Antiaris toxicaria
5-methoxybarbigerone 5- 甲氧基髯毛灰毛豆酮▲ 海南崖豆藤 Millettia pachyloba
6-methoxybarbigerone 6- 甲氧基髯毛灰毛豆酮▲ 海南崖豆藤 Millettia pachyloba
3-methoxybenzaldehyde 3- 甲氧基苯甲醛 刺楸 Kalopanax septemlobus
4-methoxybenzaldehyde 4- 甲氧基苯甲醛 挥发油成分，未统计基源
p-methoxybenzaldehyde 对甲氧基苯甲醛 圆萼刺参 Morina chinensis
4-methoxybenzene-1-azoformamide 4- 甲氧基苯 -1- 偶氮甲酰胺 头状秃马勃 Calvatia craniiformis, 梨形马勃 Lycoperdon pyriforme
4-methoxybenzene-1-O-N,N-azoxyformamide 4- 甲氧基苯 -1-O-N,N- 偶氮甲酰胺 头状秃马勃 Calvatia craniiformis
4-methoxybenzene-1-ONN-azoxyformamide 4- 甲氧基苯 -1-ONN- 氧化偶氮甲酰胺 梨形马勃 Lycoperdon pyriforme
4-methoxybenzenepropanoic acid 4 - 甲氧基苯丙酸 挥发油成分，未统计基源
2-methoxybenzenethiol 2- 甲氧基苯硫酚 挥发油成分，未统计基源
5-methoxybenzofuran-2(3H)-one 5- 甲氧基苯并呋喃 -2(3H)- 酮 千里光 Senecio scandens
2-methoxybenzoic acid 2- 甲氧基苯甲酸 肉桂 Cinnamomum cassia, 假鹰爪 Desmos chinensis, 黑老虎 Kadsura coccinea
3-methoxybenzoic acid 3- 甲氧基苯甲酸 皱叶醉鱼草 Buddleja crispa
4-methoxybenzoic acid 4- 甲氧基苯甲酸 鬼箭锦鸡儿 Caragana jubata, 菟丝子 Cuscuta chinensis, 胡颓子 Elaeagnus pungens, 毛杨梅 Myrica esculenta, 披针新月蕨 Pronephrium penangianum, 五味子 Schisandra chinensis, 合蕊五味子 S. propinqua, 百部 Stemona japonica, 直立百部 S. sessilifolia, 蒲公英 Taraxacum mongolicum, 滇藏荨麻 Urtica mairei, 三角叶荨麻 U. triangularis, 文冠果 Xanthoceras sorbifolium
p-methoxybenzoic acid 对甲氧基苯甲酸 山柑 Capparis spinosa, 徐长卿 Cynanchum paniculatum, 小花八角 Illicium micranthum, 白背叶 Mallotus apelta, 苦瓜 Momordica charantia, 银胶菊 Parthenium hysterophorus, 细穗玄参 Scrofella chinensis, 空桶参 Soroseris erysimoides, 球花马蓝 Strobilanthes dimorphotricha, 宽叶荨麻 Urtica laetevirens, 蔓荆 Vitex trifolia
4-methoxybenzoic acid 2-(4-hydroxyphenyl)ethyl ester 4- 甲氧基苯甲酸 -2-(4- 羟基苯基) 乙基酯 甘青大戟 Euphorbia micractina
4-methoxy-benzoic acid-2-(4-hydroxyphenyl)ethyl ester 4- 甲氧基苯甲酸 -2-(4- 羟基苯基) 乙酯 宽叶羌活 Notopterygium franchetii
6-methoxy-benzoxazolin-2(3H)-one 6- 甲氧基 - 苯并恶嗪 -2(3H)- 酮 野甘草 Scoparia dulcis
6-methoxy-benzoxazolin-2-one 6- 甲氧基 - 苯并噁嗪 -2- 酮 普通小麦 Triticum aestivum
6-methoxybenzoxazolinene 6- 甲氧基苯并恶唑啉酮 野甘草 Scoparia dulcis
3β-(m-methoxybenzoyloxy)-urs-12-en-28-oic acid 3β-(间甲氧基苯甲酰氧基)- 熊果酸 鸡桑 Morus australis
p-methoxybenzyl acetone 对甲氧基苄基丙酮 土沉香 Aquilaria sinensis
1-(4-methoxybenzyl)-2-methyl-6-hydroxy-5,7-dimethoxy-isoquinoline 1-(4- 甲氧基苯基)-2- 甲基 -6- 羟基 -5,7- 二甲氧基 - 异喹啉 偏翅唐松草 Thalictrum delavayi
4-(4-methoxybenzyl)-3-buten-2-one 4-(4- 甲氧基苯基)-3- 丁烯 -2- 酮 偏翅唐松草 Thalictrum delavayi
3-(4-methoxybenzyl)-5,7-dimethoxyphthalide 3-(4- 甲氧基苯基)-5,7- 二甲氧基苯酞 黄花婆罗门参 Tragopogon orientalis
4-(methoxybenzyl)-O-β-D-glucopyranoside 4-(甲氧基苯甲酰基)-O-β-D- 吡喃葡萄糖苷 红花 Carthamus tinctorius
8-(4'-methoxybenzyl)-xylopinine 8-(4'- 甲氧基苄基)- 木瓣树宁碱▲ 西藏地不容 Stephania glabra
2-methoxybenzylbenzoate 2- 甲氧基苄基苯甲酸酯 假鹰爪 Desmos chinensis, 山椒子 Uvaria grandiflora
4-methoxybenzyl-β-D-glucopyranoside 4- 甲氧基苄基 -β-D- 吡喃葡萄糖苷 蜀葵 Alcea rosea
4-methoxybenzyl-β-D-glucoside 4- 甲氧基苄基 -β-D- 葡萄糖苷 西葫芦 Cucurbita pepo
7-methoxybergenin 7- 甲氧基岩白菜素 七叶鬼灯檠 Rodgersia aesculifolia, 西南鬼灯檠 R. sambucifolia
methoxybergenin 甲氧基岩白菜素 井栏边草 Pteris multifida
5-methoxybibenzyl-3,3'-di-O-β-D-glucopyranoside 5- 甲氧基联苄 -3,3'- 二 -O-β-D- 吡喃葡萄糖苷 杜鹃兰 Cremastra appendiculata
5'-methoxybilobetin 5'- 甲氧基白果素 银杏 Ginkgo biloba
(+)-9-(angeloyloxy)-11-methoxybisabola-1,3,5,10(15)-tetraene-5,6,7-triol (+)-9- 当归酰氧基 -11- 甲氧基红没药 -1,3,5,10(15)- 四烯 -5,6,7- 三醇 齿叶橐吾 Ligularia dentata
8-methoxybonducellin 8- 甲氧基刺果苏木林素▲ 小叶云实 Caesalpinia millettii, 金凤花 C. pulcherrima
methoxybutanedioic acid-4-methyl ester 甲氧基琥珀酸 -4- 甲酯 日本珊瑚树 Viburnum odoratissimum var. awabuki
4-methoxybutanoic acid methyl ester 4- 甲氧基丁酸甲酯 沙生风毛菊 Saussurea arenaria
methoxycairicate 甲氧基五爪金龙酯▲ 五爪金龙 Ipomoea cairica

M

2-methoxycinnamic acid 2- 甲氧基桂皮酸 肉桂 Cinnamomum cassia, 丹东玄参 Scrophularia kakudensis
4'-methoxycinnamic acid 4'- 甲氧基桂皮酸 锈毛鱼藤 Derris ferruginea
4-methoxycinnamic acid 4- 甲氧基桂皮酸 淡枝沙拐枣 Calligonum leucocladum, 锁阳 Cynomorium songaricum, 藏波罗花 Incarvillea younghusbandii, 远志 Polygala tenuifolia, 丹东玄参 Scrophularia kakudensis
p-methoxycinnamic acid 对甲氧基桂皮酸 挥发油成分，未统计基源
trans-p-methoxycinnamic acid 反式 - 对甲氧基桂皮酸 牛耳枫 Daphniphyllum calycinum, 假连翘 Duranta erecta, 棱果榕 Ficus septica, 豆腐柴 Premna microphylla, 马尿泡 Przewalskia tangutica, 北玄参 Scrophularia buergeriana, 葫芦茶 Tadehagi triquetrum
cis-p-methoxycinnamic acid 顺式 - 对甲氧基桂皮酸 棱果榕 Ficus septica
p-E-methoxycinnamicacid 对 -*E*- 甲氧基桂皮酸 白花蛇舌草 Hedyotis diffusa
4-methoxycinnamoylethylenediamine 4- 甲氧基桂皮酰乙烯二胺 光烟草 Nicotiana glauca
(*E*)-6-*O*-*p*-methoxycinnamoylscandoside methyl ester (*E*)-6-*O*- 对甲氧基桂皮酰鸡矢藤次苷甲酯 白花蛇舌草 Hedyotis diffusa
2*α*-methoxy-clerod-3-en-15-oic acid 2*α*- 甲氧基克罗 -3- 烯 -15- 酸 齿叶黄皮 Clausena dunniana
2*β*-methoxyclovan-9*α*-ol 2*β*- 甲氧基丁子香 -9*α*- 醇 台湾檫木 Sassafras randaiense
2-methoxyclovanol 2- 甲氧基丁子香烷醇 棱茎黄芩 Scutellaria scandens
5'-methoxycollinin 5'- 甲氧基丘生巨盘木素 簕欓花椒 Zanthoxylum avicennae
6-methoxycoumarin 6- 甲氧基香豆素 当归 Angelica sinensis
7-methoxycoumarin 7- 甲氧基香豆素 距花山姜 Alpinia calcarata, 阿坝当归 Angelica apaensis, 茵陈蒿 Artemisia capillaris, 青蒿 A. carvifolia carvifolia, 龙蒿 A. dracunculus, 白苞蒿 A. lactiflora, 猪毛蒿 A. scoparia, 构树 Broussonetia papyrifera, 佛手 Citrus medica var. sarcodactylis, 中国绣球 Hydrangea chinensis, 同花母菊 Matricaria matricarioides, 黄脉九节 Psychotria straminea, 红景天 Rhodiola rosea, 漆姑草 Sagina japonica, 重齿风毛菊 Saussurea katochaete, 羽叶丁香 Syringa pinnatifolia, 了哥王 Wikstroemia indica
8-methoxycoumarin 8- 甲氧基香豆素 多花梣 Fraxinus floribunda
methoxycoumarin 甲氧基香豆素 双花堇菜 Viola biflora
o-methoxycoumarin 邻甲氧基香豆素 小米草 Euphrasia pectinata
6-methoxycoumarin-7-*O*-*β*-D-pyranglycoside 6- 甲氧基香豆素 -7-*O*-*β*-D- 葡萄糖苷 短葶飞蓬 Erigeron breviscapus
6-methoxycoumarin-7-*O*-*β*-glucopyranoside 6- 甲氧基香豆素 -7-*O*-*β*- 吡喃葡萄糖苷 土丁桂 Evolvulus alsinoides
3'-methoxycoumestrol 3'- 甲氧基香豆雌酚 白花油麻藤 Mucuna birdwoodiana
8-methoxycoumestrol 8- 甲氧基拟雌内酯 兰屿鱼藤 Derris oblonga
(23*E*)-25-methoxycucurbit-23-ene-3*β*,7*β*-diol (23*E*)-25- 甲氧基葫芦 -23- 烯 -3*β*,7*β*- 二醇 苦瓜 Momordica charantia
25-methoxycucurbita-5(6),23*E*-dien-19-ol-3-*O*-*β*-D-allopyranoside 25- 甲氧基葫芦 -5(6),23*E*- 二烯 -19- 醇 -3-*O*-*β*-D- 吡喃阿洛糖苷 苦瓜 Momordica charantia
25-methoxycucurbita-5,23(*E*)-diene-3*β*,19-diol 25- 甲氧基葫芦 -5,23(*E*)- 二烯 -3*β*,19- 二醇 苦瓜 Momordica charantia
(23*E*)-7*β*-methoxycucurbita-5,23,25-trien-3*β*-ol (23*E*)-7*β*- 甲氧基葫芦 -5,23,25- 三烯 -3*β*- 醇 苦瓜 Momordica charantia
(23*E*)-25-methoxycucurbita-5,23-diene-3*β*,7*β*,19-triol-7-*O*-*β*-D-glucopyranoside (23*E*)-25- 甲氧基葫芦 -5,23- 二烯 -3*β*,7*β*,19- 三醇 -7-*O*-*β*-D- 吡喃葡萄糖苷 苦瓜 Momordica charantia
5'-methoxycurcumin 5'- 甲氧基姜黄素 郁金 Curcuma aromatica
(6*S*,12*S*,13*R*)-1-methoxycyanomaclurin (6*S*,12*S*,13*R*)-1- 甲氧基橙桑青素▲ 构棘 Cudrania cochinchinensis
25-methoxycycloart-23*E*-en-3*β*-ol 25- 甲氧基环木菠萝 -23*E*- 烯 -3*β*- 醇 乳浆大戟 Euphorbia esula
25-methoxy-cycloart-23*E*-en-3*β*-ol 25- 甲氧基 - 环木菠萝 -23*E*- 烯 -3*β*- 醇 百步回阳 Euphorbia sessiliflora
(23*E*)-25-methoxycycloart-23-en-3*β*-ol (23*E*)-25- 甲氧基环木菠萝 -23- 烯 -3*β*- 醇 大叶山楝 Aphanamixis grandifolia
23-methoxycyclopamine 23- 甲氧基环巴胺 藜芦 Veratrum nigrum
3'-methoxydaidzein 3'- 甲氧基大豆苷元 降香 Dalbergia odorifera, 毛鱼藤 Derris elliptica, 黄花木 Piptanthus concolor, 葛 Pueraria montana var. lobata, 刺槐 Robinia pseudoacacia, 苦参 Sophora flavescens, 灰毛豆 Tephrosia purpurea
5-methoxydaidzein 5- 甲氧基大豆苷元 朝鲜槐 Maackia amurensis
3'-methoxydaidzin 3'- 甲氧基大豆苷 刺五加 Eleutherococcus senticosus, 枸骨 Ilex cornuta, 葛 Pueraria montana var. lobata
(*R*)-(+)-4-methoxydalbergione (*R*)-(+)-4- 甲氧基黄檀醌 匍枝毛茛 Ranunculus repens
(*S*)-4-methoxydalbergione (*S*)-4- 甲氧基黄檀醌 印度黄檀 Dalbergia sissoo
4-methoxydalbergione 4- 甲氧基黄檀醌 降香 Dalbergia odorifera
R-(+)-4-methoxydalbergione *R*-(+)-4- 甲氧基黄檀醌 降香 Dalbergia odorifera
(*S*)-4-methoxydalbergiquinol (*S*)-4- 甲氧基黄檀氢醌▲ 印度黄檀 Dalbergia sissoo
2''-methoxy-daphnodorin C 2''- 甲氧基瑞香多灵▲C 滇瑞香 Daphne feddei
4'-methoxydaphnodorin D_1, D_2, E 4'- 甲氧基瑞香多灵▲D_1, D_2, E 了哥王 Wikstroemia indica
trans-5-methoxydecursidinol 反式 -5- 甲氧基紫花前胡定醇▲ 葡萄柚 Citrus paradisi
cis-5-methoxydecursidinol 顺式 -5- 甲氧基紫花前胡定醇▲ 葡萄柚 Citrus paradisi
4*β*-methoxydehydrocostus lactone 4*β*- 甲氧基去氢木香内酯 云木香 Saussurea costus
5-methoxydehydrodiconiferyl alcohol 5- 甲氧基二聚松柏醇 毛果杜鹃花 Rhododendron seniavinii
(7*S*,8*R*)-5-methoxydehydrodiconiferyl alcohol-4-*O*-*β*-D-glucopyranoside (7*S*,8*R*)-5- 甲氧基去氢二松柏醇 -4-*O*-*β*-D- 吡喃葡萄糖苷 柊树 Osmanthus heterophyllus
5'-methoxydehydrodiisoeugenol 5'- 甲氧基去氢二异丁香酚 肉豆蔻 Myristica fragrans
5-methoxy-dehydrodiisoeugenol 5- 甲氧基去氢二异丁香酚 肉豆蔻 Myristica fragrans

M

11-methoxyerythratine 11- 甲氧基刺桐阿亭碱 鸡冠刺桐 Erythrina crista-galli
6-(1-methoxyethyl)-7-methoxy-2,2-dimethylchromene 6-(1- 甲氧乙基)-7- 甲氧基 -2,2- 二甲基色烯 霍香蓟 Ageratum conyzoides
4-(2-methoxyethyl)-*N*,*N*-dimethylbenzenamine 4-(2- 甲氧基乙基)-*N*,*N*- 二甲基苯胺 两面针 Zanthoxylum nitidum
4-(1-methoxyethyl)-phenol 4-(1- 甲氧基乙基)- 苯酚 探春花 Jasminum floridum
6*α*-methoxyeudesm-4(15)-en-1*β*-ol 6*α*- 甲氧基桉叶 -4(15)- 烯 -1*β*- 醇 短果茴芹 Pimpinella brachycarpa
methoxyeugenol 甲氧基丁香酚 川桂 Cinnamomum wilsonii, 红花八角 Illicium dunnianum, 八角 I. verum, 檀香 Santalum album
6-methoxyeuparin 6- 甲氧基泽兰素 狭苞橐吾 Ligularia intermedia
4'-methoxyeupatolitin-3-*O*-glucoside 4'- 甲氧基女贞泽兰素▲-3-*O*- 葡萄糖苷 万寿菊 Tagetes erecta
8-methoxyeustomorusside 8- 甲氧基罗素丽钵花苷▲ 西南獐牙菜 Swertia cincta
2-methoxyfatty acids 2- 甲氧基脂肪酸 树舌灵芝 Ganoderma applanatum
6-(4-methoxyferuloyl)-mioporoside 6-(4- 甲氧基阿魏酰基)- 苦槛蓝苷▲ 草本威灵仙 Veronicastrum sibiricum
1-methoxyficifolinol 1- 甲基榕叶新劳塔豆酚▲ 甘草 Glycyrrhiza uralensis
(-)-5-methoxyflavan-7-ol (-)-5- 甲氧基黄烷 -7- 醇 龙血藤 Daemonorops draco
(2*S*)-7-methoxyflavanone (2*S*)-7- 甲氧基黄烷酮 镰荚棘豆 Oxytropis falcata
7-methoxyflavanone 7- 甲氧基黄烷酮 细叶小苦荬 Ixeridium gracile, 镰荚棘豆 Oxytropis falcata
(2*S*,3*S*)-7-methoxyflavanonol (2*S*,3*S*)-7- 甲氧基黄烷酮醇 朝鲜槐 Maackia amurensis
2'-methoxyflavone 2'- 甲氧基黄酮 硕萼报春 Primula veris subsp. macrocalyx
3'-methoxyflavone 3'- 甲氧基黄酮 麻疯树 Jatropha curcas, 大叶报春 Primula macrophylla, 硕萼报春 P. veris subsp. macrocalyx
6-methoxyflavone 6- 甲氧基黄酮 凹叶瑞香 Daphne retusa
7-methoxyflavone 7- 甲氧基黄酮 旱柳 Salix matsudana
4'a-methoxy-flavonyl(7a-b)flavone 4'a- 甲氧基 - 黄酮基 (7a-b) 黄酮 灰毛豆 Tephrosia purpurea
8-methoxyflindersine 8- 甲氧基巨盘木碱 野花椒 Zanthoxylum simulans
2'-methoxyformononetin 2'- 甲氧基芒柄花素 花菱草 Eschscholzia californica
29-methoxyfriedelan-3-one 29- 甲氧基无羁萜 -3- 酮 粉背南蛇藤 Celastrus hypoleucus
2'-methoxy-furan-[2'',3'':4',3']dihydrochalcone 2'- 甲氧基呋喃 [2'',3'':4',3'] 二氢查耳酮 印度崖豆 Millettia pulchra
2'-methoxy-furan-[2'',3'':7,8]flavone 2'- 甲氧基呋喃 [2'',3'':7,8] 黄酮 印度崖豆 Millettia pulchra
2'-methoxyfuran[2'',3''-7,8]flavone 2'- 甲氧基呋喃 [2'',3''-7,8] 黄酮 水黄皮 Pongamia pinnata
5-methoxyfuran-2-carbaldehyde 5- 甲氧基呋喃 -2- 甲醛 秦艽 Gentiana macrophylla
methoxyfuranalcohol 甲氧基呋喃醇 毒红菇 Russula emetica
5-methoxyfurano-(2'',3'':7,8)-flavone 5- 甲氧基呋喃 -(2'',3'':7,8)- 黄酮 水黄皮 Pongamia pinnata
4*αH*-9-methoxyfuranoeremophilane 4*αH*-9- 甲氧基呋喃荒漠木烷 黄帚橐吾 Ligularia virgaurea
5-methoxyfurfural 5- 甲氧基糠醛 佛手 Citrus medica var. sarcodactylis, 中国绣球 Hydrangea chinensis
3'-methoxyfuro[8,7:4'',5'']flavone 3'- 甲氧基呋喃并 [8,7:4'',5''] 黄酮 水黄皮 Pongamia pinnata
3-methoxyfuro[8,7:4'',5'']flavone 3- 甲氧基呋喃并 [8,7:4'',5''] 黄酮 水黄皮 Pongamia pinnata
5-methoxyfuro[8,7:4'',5'']flavone 5- 甲氧基呋喃并 [8,7:4'',5''] 黄酮 水黄皮 Pongamia pinnata
6'-methoxyfuro[8,7:4'',5'']flavone 6'- 甲氧基呋喃并 [8,7:4'',5''] 黄酮 水黄皮 Pongamia pinnata
18-methoxygadesine 18- 甲氧基五蕊翠雀碱▲ 飞燕草 Consolida ajacis, 囊距翠雀花 Delphinium brunonianum
3-methoxygalangin 3- 甲氧基高良姜素 加拿大杨 Populus canadensis
3-methoxygallic acid 3- 甲氧基没食子酸 柳叶菜 Epilobium hirsutum, 丘陵老鹳草 Geranium collinum
p-methoxygallic acid 对甲氧基没食子酸 迷迭香 Rosmarinus officinalis
4-methoxygallic acid methyl ester 4- 甲氧基没食子酸甲酯 刚毛柽柳 Tamarix hispida, 多枝柽柳 T. ramosissima
p-methoxygallic acid methyl ester 对甲氧基没食子酸甲酯 柳叶菜 Epilobium hirsutum
11-methoxygelsecrotonidine 11- 甲氧基钩吻巴豆定▲ 钩吻 Gelsemium elegans
11-methoxygelselegine 11- 甲氧基钩吻精碱 钩吻 Gelsemium elegans
11-methoxygelsemamide 11- 甲氧基钩吻酰胺 钩吻 Gelsemium elegans
6*α*-methoxygeniposide 6*α*- 甲氧基京尼平苷 脉耳草 Hedyotis vestita
6-*α*-methoxygeniposide 6-*α*- 甲氧基京尼平苷 栀子 Gardenia jasminoides
6*α*-methoxygeniposidic acid 6*α*- 甲氧基京尼平苷酸 纤花耳草 Hedyotis tenelliflora
6-methoxygeniposidic acid 6- 甲氧基京尼平苷酸 海滨木巴戟 Morinda citrifolia
4-methoxyglucobrassicin 4- 甲氧基葡萄糖芸苔素 山柑 Capparis spinosa, 芝麻菜 Eruca vesicaria
4'-methoxyglucotricin 4'- 甲氧基葡萄小麦黄素 藜芦 Veratrum nigrum
(-)-6-methoxygossypol (-)-6- 甲氧基棉酚 海岛棉 Gossypium barbadense
(+)-6-methoxygossypol (+)-6- 甲氧基棉酚 海岛棉 Gossypium barbadense
8-methoxygravelliferone 8- 甲氧基芸香芸香内酯酚内酯 芸香 Ruta graveolens
4-methoxyhaemoventosin 4- 甲氧基红盘衣素▲ 红盘衣 Ophioparma ventosa
15-methoxy-hedyforrestin D 15- 甲氧基 - 圆瓣姜花素 D 圆瓣姜花 Hedychium forrestii
5''-methoxyhedyotisol A 5''- 甲氧基耳草脂醇▲A 假桂乌口树 Tarenna attenuata
11-methoxyhenningsamine 11- 甲氧基亨氏马钱胺▲ 华马钱 Strychnos cathayensis
6-methoxyheptaphylline 6- 甲氧基七叶黄皮碱 黄皮 Clausena lansium

7-methoxyheptaphylline 7- 甲氧基七叶黄皮碱 假黄皮 Clausena excavata
3-methoxyherbacetin 3- 甲氧基草棉素 草麻黄 Ephedra sinica
25-methoxyhispidol A 25- 甲氧基刚毛鹧鸪花醇▲A 枳 Poncirus trifoliata
(6*S*,6a*S*,11a*R*)-6*α*-methoxyhomopterocarpin (6*S*,6a*S*,11a*R*)-6*α*- 甲氧基高紫檀素 印度崖豆 Millettia pulchra
4-methoxyhonokiol 4- 甲氧基和厚朴酚 日本厚朴 Houpoëa obovata
11-methoxyhumantenine 11- 甲氧基胡蔓藤宁▲ 钩吻 Gelsemium elegans
11-methoxyhumantenmine 11- 甲氧基胡蔓藤明▲ 钩吻 Gelsemium elegans
11*β*-methoxyhuperzine B 11*β*- 甲氧基石杉碱 B 藤石松 Lycopodiastrum casuarinoides
5''-methoxyhydnocarpin 5''- 甲氧基大风子素 三枝九叶草 Epimedium sagittatum
methoxyhydnocarpin D 甲氧基大风子素 D 三枝九叶草 Epimedium sagittatum
6-methoxyhydrangenol 6- 甲氧基八仙花酚 宽叶羌活 Notopterygium franchetii
6-methoxy-hydrocoumarin 6- 甲氧基氢化香豆素 瞿麦 Dianthus superbus
2-methoxyhydroquinone 2- 甲氧基氢醌 远志 Polygala tenuifolia
2-methoxyhydroquinone-4-*O*-[6-*O*-(4-*O*-*α*-L-rhamnopyranosyl)-syringoyl]-*β*-D-glucopyranoside 2- 甲氧基氢醌 -4-*O*-[6-*O*-(4-*O*-*α*-L- 吡喃鼠李糖基)- 丁香酰基]-*β*-D- 吡喃葡萄糖苷 酸枣 Ziziphus jujuba var. spinosa
methoxyhydroquinone-4-*O*-*β*-D-glucopyranoside 甲氧基氢醌 -4-*O*-*β*-D- 吡喃葡萄糖苷 圆锥菝葜 Smilax bracteata
methoxyhydroquinone-4-*β*-D-glucopyranoside 甲氧基氢醌 -4-*β*-D- 吡喃葡萄糖苷 阳桃 Averrhoa carambola
6-methoxyhydroxylunidine 6- 甲氧基羟基月芸香定▲ 榆橘 Ptelea trifoliata
6-methoxyhydroxyluninium 6- 甲氧基羟基月芸香季铵碱▲ 榆橘 Ptelea trifoliata
3-methoxyicajine 3- 甲氧基伊卡马钱碱▲ 马钱子 Strychnos nux-vomica
methoxyincarvillateine 甲氧基角蒿酯碱▲ 角蒿 Incarvillea sinensis
1-methoxy-indole-3-carboxaldehyde 1- 甲氧基 - 吲哚 -3- 甲醛 菘蓝 Isatis tinctoria
7-methoxyindole-3-carboxylic acid methyl ester 7- 甲氧基吲哚 -3- 羧酸甲酯 裂蹄木层孔菌 Phellinus linteus
12-methoxyinophyllum D 12- 甲氧基海棠果素 D 红厚壳 Calophyllum inophyllum
D-3-methoxyinositol *D*-3- 甲氧基肌醇 胡卢巴 Trigonella foenum-graecum
8-methoxyisobonducellin 8- 甲氧基异刺果苏木林素▲ 小叶云实 Caesalpinia millettii
7-methoxyisochamanetin 7- 甲氧基异矮紫玉盘素 假蒟 Piper sarmentosum
15-methoxyisodauc-3-ene-1*β*,5*α*-diol 15- 甲氧基异胡萝卜 -3- 烯 -1*β*,5*α*- 二醇 一年蓬 Erigeron annuus
8-methoxyisodecarine 8- 甲氧基异得卡瑞花椒碱 两面针 Zanthoxylum nitidum
9-methoxyisoeugenol 9- 甲氧基异丁香酚 绣球 Hydrangea macrophylla
3'-methoxy-isoeugenol methyl ether 3'- 甲氧基异丁香酚甲醚 肉豆蔻 Myristica fragrans
3-methoxyisoferulic acid 3- 甲氧基异阿魏酸 升麻 Cimicifuga foetida
7-methoxyisoflavone 7- 甲氧基异黄酮 水黄皮 Pongamia pinnata
4'-methoxyisoflavone-7-*O*-[*α*-L-rhamnopyranosyl-(1 → 6)]-*β*-D-glucopyranoside 4'- 甲氧基异黄酮 -7-*O*-[*α*-L- 吡喃鼠李糖基 -(1 → 6)]-*β*-D- 吡喃葡萄糖苷 鹊肾树 Streblus asper
4'-methoxyisoflavone-7-*O*-*β*-D-apiofuranosyl-(1 → 6)-*β*-D-glucopyranoside 4'- 甲氧基异黄酮 -7-*O*-*β*-D- 吡喃芹糖基 -(1 → 6)-*β*-D- 吡喃葡萄糖苷 朝鲜槐 Maackia amurensis
4'-methoxyisoflavone-7-*O*-*β*-D-glucopyranoside 4'- 甲氧基异黄酮 -7-*O*-*β*-D- 吡喃葡萄糖苷 紫穗槐 Amorpha fruticosa, 柠条锦鸡儿 Caragana korshinskii
4'-methoxyisoflavone-7-*O*-*β*-D-xylopyranosyl-(1 → 6)-*β*-D-glucopyranoside 4'- 甲氧基异黄酮 -7-*O*-*β*-D- 吡喃木糖基 -(1 → 6)-*β*-D- 吡喃葡萄糖苷 朝鲜槐 Maackia amurensis
4'-methoxyisoflavone-7-*β*-D-glucopyranoside 4'- 甲氧基异黄酮 -7-*β*-D- 吡喃葡萄糖苷 沙冬青 Ammopiptanthus mongolicus
6-methoxyisokaempferide 6- 甲氧基异山柰素 车桑子 Dodonaea viscosa
(-)-5'-methoxyisolariciresinol (-)-5'- 甲氧基异落叶松树脂醇 白果白珠 Gaultheria leucocarpa, 酸枣 Ziziphus jujuba var. spinosa
(+)-8-methoxyisolariciresinol (+)-8- 甲氧基异落叶松树脂醇 番荔枝 Annona squamosa, 五层龙 Salacia prinoides
5'-methoxyisolariciresinol 5'- 甲氧基异落叶松树脂醇 山石榴 Catunaregam spinosa
5-methoxy-isolariciresinol 5- 甲氧基异落叶松树脂醇 接骨木 Sambucus williamsii
(-)-5'-methoxyisolariciresinol-2*α*-*O*-*β*-D-xylopyranoside (-)-5'- 甲氧基异落叶松树脂醇 -2*α*-*O*-*β*-D- 吡喃木糖苷 壶托榕 Ficus ischnopoda, 白果白珠 Gaultheria leucocarpa, 头花蓼 Polygonum capitatum
(+)-5'-methoxyisolariciresinol-2*α*-*O*-*β*-D-xylopyranoside (+)-5'- 甲氧基异落叶松树脂醇 -2*α*-*O*-*β*-D- 吡喃木糖苷 壶托榕 Ficus ischnopoda
(-)-5'-methoxyisolariciresinol-3*α*-*O*-*β*-D-glucopyranoside (-)-5'- 甲氧基异落叶松树脂醇 -3*α*-*O*-*β*-D- 吡喃葡萄糖苷 阳桃 Averrhoa carambola, 黄牛木 Cratoxylum cochinchinense, 云南土沉香 Excoecaria acerifolia, 仪花 Lysidice rhodostegia, 无刺枣 Ziziphus jujuba var. inermis, 酸枣 Z. jujuba var. spinosa
(+)-5'-methoxyisolariciresinol-3*α*-*O*-*β*-D-glucopyranoside (+)-5'- 甲氧基异落叶松树脂醇 -3*α*-*O*-*β*-D- 吡喃葡萄糖苷 阳桃 Averrhoa carambola, 白桦 Betula platyphylla, 大理白前 Cynanchum forrestii, 仪花 Lysidice rhodostegia, 云南青牛胆 Tinospora sagittata var. yunnanensis, 酸枣 Ziziphus jujuba var. spinosa
(-)-5'-methoxyisolariciresinol-9'-*O*-*β*-D-glucopyranoside (-)-5'- 甲氧基异落叶松树脂醇 -9'-*O*-*β*-D- 吡喃葡萄糖苷 青竿竹 Bambusa tuldoides
(+)-5'-methoxyisolariciresinol-9'-*O*-*β*-D-glucopyranoside (+)-5'- 甲氧基异落叶松树脂醇 -9'-*O*-*β*-D- 吡喃葡萄糖苷 辣蓼铁线莲 Clematis terniflora var. mandshurica

(+)-5-methoxyisolariciresinol-9'-O-β-D-xylopyranoside (+)-5- 甲氧基异落叶松树脂醇 -9'-O-β-D- 吡喃木糖苷 春榆 Ulmus davidiana var. japonica
(+)-5'-methoxyisolariciresinol-9-O-β-D-xylopyranoside (+)-5'- 甲氧基异落叶松树脂醇 -9-O-β-D- 吡喃木糖苷 头花蓼 Polygonum capitatum
5'-methoxy-isolariciresinol-9'-O-β-D-xylopyranoside 5'- 甲氧基异落叶松树脂醇 -9'-O-β-D- 吡喃木糖苷 春榆 Ulmus davidiana var. japonica
(+)-5'-methoxyisolariciresinol-9'-β-D-xylopyranoside (+)-5'- 甲氧基异落叶松树脂醇 -9'-β-D- 吡喃木糖苷 月桂 Laurus nobilis
(+)-8-methoxyisolaurenine-N-oxide (+)-8- 甲氧基异月桂碱 -N- 氧化物 山鸡椒 Litsea cubeba
5-methoxyisolonchocarpin 5- 甲氧基异矛果豆素▲ 水黄皮 Pongamia pinnata
8-methoxyisoscutellarein 8- 甲氧基异高黄芩素 毛相思子 Abrus mollis
2-methoxyjuglone 2- 甲氧基胡桃醌 黄杞 Engelhardia roxburghiana, 野核桃 Juglans cathayensis
3-methoxyjuglone 3- 甲氧基胡桃醌 罗浮柿 Diospyros morrisiana, 黄杞 Engelhardia roxburghiana, 野核桃 Juglans cathayensis
4'-methoxykaemferol 4'- 甲氧基山柰酚 挂金灯 Physalis alkekengi var. francheti
6-methoxykaempferide 6- 甲氧基山柰素 岳桦 Betula ermanii
3-methoxykaempferol 3- 甲氧基山柰酚 胡颓子 Elaeagnus pungens, 加拿大杨 Populus canadensis, 多枝柽柳 Tamarix ramosissima
6-methoxykaempferol 6- 甲氧基山柰酚 小白及 Bletilla formosana, 湖北旋覆花 Inula hupehensis, 蓼蓝 Polygonum tinctorium, 孔雀草 Tagetes patula
7-methoxykaempferol 7- 甲氧基山柰酚 三春水柏枝 Myricaria paniculata, 香杨 Populus koreana
8-methoxykaempferol 8- 甲氧基山柰酚 芫花 Daphne genkwa, 百脉根 Lotus corniculatus
7-methoxykaempferol-3-O-α-L-rhamnopyranoside 7- 甲氧基 - 山柰酚 -3-O-α-L- 吡喃鼠李糖苷 蒙古风毛菊 Saussurea mongolica
8-methoxykaempferol-3-O-α-L-rhamnopyranoside-7-O-β-D-glucopyranoside 8- 甲氧基山柰酚 -3-O-α-L- 吡喃鼠李糖苷 -7-O-β-D- 吡喃葡萄糖苷 百脉根 Lotus corniculatus
4'-methoxykaempferol-3-O-β-D-glucopyranoside 4'- 甲氧基山柰酚 -3-O-β-D- 吡喃葡萄糖苷 蒙古黄耆 Astragalus penduliflorus
8-methoxykaempferol-3-O-β-D-glucopyranoside 8- 甲氧基山柰酚 -3-O-β-D- 吡喃葡萄糖苷 百脉根 Lotus corniculatus
6-methoxykaempferol-3-O-β-D-glucopyranosyl-(1'''→2'')-β-D-glucopyranosyl-[6''''-(E)-caffeoyl]-7-O-β-D-glucopyranoside 6- 甲氧基山柰酚 -3-O-β-D- 吡喃葡萄糖基 -(1'''→2'')-β-D- 吡喃葡萄糖基 -[6''''-(E)- 咖啡酰基]-7-O-β-D- 吡喃葡萄糖苷 番杏 Tetragonia tetragonoides
6-methoxykaempferol-3-O-β-D-glucoside 6- 甲氧基山柰酚 -3-O-β-D- 葡萄糖苷 假泽兰 Mikania cordata
3-methoxykaempferol-7-O-β-D-glucoside 3- 甲氧基山柰酚 -7-O-β-D- 葡萄糖苷 白刺 Nitraria tangutorum
4'-methoxy-kaempferol-7-O-β-rutinoside 4'- 甲氧基山柰酚 -7-O-β- 芸香糖苷 虎舌红 Ardisia mamillata
(-)-12-methoxykopsinaline (-)-12- 甲氧基药用蕊木碱▲ 蕊木 Kopsia arborea
12-methoxykopsinaline 12- 甲氧基药用蕊木碱▲ 蕊木 Kopsia arborea, 思茅山橙 Melodinus cochinchinensis
2'-methoxykurarinone 2'- 甲氧基苦参酮 苦参 Sophora flavescens
6-methoxykynurenic acid 6- 甲氧基犬尿酸 草麻黄 Ephedra sinica
6-methoxyl aristolactam I-N-β-glucoside 6- 甲氧基马兜铃内酰胺 I-N-β- 葡萄糖苷 广防己 Aristolochia fangchi
4'-methoxyl herbacetin 4'- 甲氧基草棉素 长鞭红景天 Rhodiola fastigiata
4-methoxyl methyl benzoate 4- 甲氧基苯甲酸甲酯 挥发油成分，未统计基源
20(S)-3-methoxyl panaxadiol 20(S)-3- 甲氧基 - 人参二醇 三七 Panax notoginseng
22-methoxyl protodioscin 22- 甲氧基原薯蓣皂苷 福州薯蓣 Dioscorea futschauensis
22-methoxyl protogracillin 22- 甲氧基原纤细薯蓣皂苷 福州薯蓣 Dioscorea futschauensis
22-methoxyl protoneodioscin 22- 甲氧基原新薯蓣皂苷 福州薯蓣 Dioscorea futschauensis
22-methoxyl protoneogracillin 22- 甲氧基原新纤细薯蓣皂苷 福州薯蓣 Dioscorea futschauensis
(-)-(7'R,8'S)-5'-methoxyl(dimeric coniferyl acetate) (-)-(7'R,8'S)-5'- 甲氧基 -(二聚松柏醇乙酸酯) 岭南杜鹃花 Rhododendron mariae
5-methoxyl-1(3H)-benzofuranone-7-O-β-D-glucopyranoside 5- 甲氧基 -1(3H)- 苯并呋喃酮 -7-O-β-D- 吡喃葡萄糖苷 毛脉酸模 Rumex gmelinii
5-methoxyl-1,3-benzenediol-1-O-β-D-glucopyranoside 5- 甲氧基 -1,3- 苯二酚 -1-O-β-D- 吡喃葡萄糖苷 头花蓼 Polygonum capitatum
2-methoxyl-1,4-benzenediol-1-O-β-D-glucopyranoside 2- 甲氧基 -1,4- 苯二酚 -1-O-β-D- 吡喃葡萄糖苷 头花蓼 Polygonum capitatum
2-methoxyl-1,4-benzenediol-4-O-β-D-glucopyranoside 2- 甲氧基 -1,4- 苯二酚 -4-O-β-D- 吡喃葡萄糖苷 头花蓼 Polygonum capitatum
6-methoxyl-10-hydroxyaloin A, B 6- 甲氧基 -10- 羟基芦荟素 A, B 毛脉酸模 Rumex gmelinii
11-methoxyl-12,14-dihydroxy-13-(2-hydroxypropyl)-3,5,8,11,13-abietapentaen-7-one 11- 甲氧基 -12,14- 二羟基 -13-(2- 羟基丙基)-3,5,8,11,13- 冷杉五烯 -7- 酮 浙江大青 Clerodendrum kaichianum
8-methoxyl-14-benzoylaconine 8- 甲氧基 -14- 苯甲酰乌头原碱 乌头 Aconitum carmichaelii
11'-methoxyl-19S-heyneanine 11'- 甲氧基 -19S- 海涅狗牙花碱▲ 伞房狗牙花 Tabernaemontana corymbosa
4'-methoxyl-2''-O-(2'''-methylbutyryl)-orientin 4'- 甲氧基 -2''-O-(2'''- 甲基丁酰基)- 荭草素 川陕金莲花 Trollius buddae, 金莲花 T. chinensis, 短瓣金莲花 T. ledebourii
4'-methoxyl-2''-O-(2'''-methylbutyryl)-vitexin 4'- 甲氧基 -2''-O-(2'''- 甲基丁酰基)- 牡荆素 川陕金莲花 Trollius buddae, 金莲花 T. chinensis, 短瓣金莲花 T. ledebourii
7-methoxyl-2''-O-(2'''-methylbutyryl)-orientin 7- 甲氧基 -2''-O-(2'''- 甲基丁酰氧基)- 荭草素 短瓣金莲花 Trollius ledebourii
7-methoxyl-2''-O-(2'''-methylbutyryl-6''-acetyl)-orientin 7- 甲氧基 -2''-O-(2'''- 甲基丁酰氧基 -6''- 乙酰基)- 荭草素 短瓣金莲花 Trollius ledebourii
6-methoxyl-3-ethyl-β-carboline 6- 甲氧基 -3- 乙基 -β- 咔啉 苦树 Picrasma quassioides
1β-methoxyl-4-epigardendiol 1β- 甲氧基 -4- 表栀子二醇 蒙古芯芭 Cymbaria mongolica

1α-methoxyl-4-*epi*-mussaenin A 1α- 甲氧基 -4- 表 - 玉叶金花宁 ▲A 蒙古芯芭 Cymbaria mongolica
1β-methoxyl-4-*epi*-mussaenin A 1β- 甲氧基 -4- 表 - 玉叶金花宁 ▲A 蒙古芯芭 Cymbaria mongolica
2-methoxyl-4-hydroxycinnamyl aldehyde 2- 甲氧基 -4- 羟基桂皮醛 肉桂 Cinnamomum cassia
3-methoxyl-4-hydroxy-phenpropanol-*O*-β-D-glucopyranoside 3- 甲氧基 -4- 羟基 - 苯丙醇 -*O*-β-D- 吡喃葡萄糖苷 红茴香 Illicium henryi
3-methoxyl-4-*O*-β-D-glucopyranosyloxy-benzoic acid methyl ester 3- 甲氧基 -4-*O*-β-D- 吡喃葡萄糖基 - 苯甲酸甲酯 红茴香 Illicium henryi
3(*R*)-2'-methoxyl-5,7,4'-trihydroxy-6-(3-methylbut-2-enyl)-isoflavanone 3(*R*)-2'- 甲氧基 -5,7,4'- 三羟基 -6-(3- 甲基丁 -2- 烯基)- 异黄烷酮 毛杭子梢 Campylotropis hirtella
4-methoxyl-5-methyl-6,7-methlenedioxy-coumarin 4- 甲氧基 -5- 甲基 -6,7- 亚甲二氧基香豆素 大火草 Anemone tomentosa
(7*S*,8*S*,7'*R*,8'*S*)-7-methoxyl-7-(3,4,5-trimethoxyphenyl)-8-methyl-8'-methyl-7'-(3',4'-methylenedioxyphenyl)-tetrahydrofuran (7*S*,8*S*,7'*R*,8'*S*)-7- 甲氧基 -7-(3,4,5- 三甲氧基苯基)-8- 甲基 -8'- 甲基 -7'-(3',4'- 亚甲二氧基苯基)- 四氢呋喃 华中五味子 Schisandra sphenanthera
(7*S*,8*S*,7'*R*,8'*S*)-7-methoxyl-7-(3,4-methylenedioxyphenyl)-8-hydroxyl-7'-(5'-hydroxy-3'-methoxyphenyl)-8'-methyl-tetrahydrofuran (7*S*,8*S*,7'*R*,8'*S*)-7- 甲氧基 -7-(3,4- 亚甲二氧基苯基)-8- 羟基 -7'-(5'- 羟基 -3'- 甲氧基苯基)-8'- 甲基 - 四氢呋喃 华中五味子 Schisandra sphenanthera
(7*S*,8*S*,7'*R*,8'*S*)-7-methoxyl-7-(3,4-methylenedioxyphenyl)-8-hydroxyl-8'-methyl-7'-(3',4',5'-trimethoxyphenyl)-tetrahydrofuran (7*S*,8*S*,7'*R*,8'*S*)-7- 甲氧基 -7-(3,4- 亚甲二氧基苯基)-8- 羟基 -8'- 甲基 -7'-(3',4',5'- 三甲氧基苯基)- 四氢呋喃 华中五味子 Schisandra sphenanthera
(7*S*,8*S*,7'*R*,8'*S*)-7-methoxyl-7-(3,4-methylenedioxyphenyl)-8-hydroxyl-8'-methyl-7'-(3',4'-methylenedioxyphenyl)-tetrahydrofuran (7*S*,8*S*,7'*R*,8'*S*)-7- 甲氧基 -7-(3,4- 亚甲二氧基苯基)-8- 羟基 -8'- 甲基 -7'-(3',4'- 亚甲二氧基苯基)- 四氢呋喃 华中五味子 Schisandra sphenanthera
(7*S*,8*S*,7'*R*,8'*S*)-(7,8-*trans*-8,8'-*trans*-7',8'-*trans*)-7-methoxyl-7-(3,4-methylenedioxyphenyl)-8-methyl-8'-methyl-7'-(3',4'-dimethoxyphenyl)-tetrahydrofuran (7*S*,8*S*,7'*R*,8'*S*)-(7,8- 反式 -8,8'- 反式 -7',8'- 反式)-7- 甲氧基 -7-(3,4- 亚甲二氧基苯基)-8- 甲基 -8'- 甲基 -7'-(3',4'- 二甲氧基苯基)- 四氢呋喃 华中五味子 Schisandra sphenanthera
cis-17-methoxyl-7-hydroxyl-benzofuranchalcone 顺式 -17- 甲氧基 -7- 羟基 - 苯骈呋喃查耳酮 疏叶崖豆 Millettia pulchra var. laxior
7-methoxyl-8-(3''-hydroxy-3''-methyl-1''-butenyl)-flavone 7- 甲氧基 -8-(3''- 羟基 -3''- 甲基 -1''- 丁烯基)- 黄酮 干花豆 Fordia cauliflora
1-[(3-methoxyl-8-hydroxyl-1-*O*-β-D-glucopyranoylnaphthalen)-6-yl]propan-2-one 1-[(3- 甲氧基 -8- 羟基 -1-*O*-β-D- 吡喃葡萄糖基萘)-6- 基] 丙烷 -2- 酮 虎杖 Reynoutria japonica
(7*R*,8*R*)-3-methoxyl-9-*O*-β-D-xylopyranosyl-4':7,5':8-diepoxyneolignan-4,9'-diol (7*R*,8*R*)-3- 甲氧基 -9-*O*-β-D- 吡喃木糖基 -4':7,5':8- 二环氧新木脂素 -4,9'- 二醇 红茴香 Illicium henryi
(1*S*)-1-methoxylacinilene C (1*S*)-1- 甲氧基裂叶榆萜 C 八角枫 Alangium chinense
(3β,13α,14β,17α,21*S*,23*R*,24*S*)-25-methoxy-lanost-7-en-3,23,24-triol (3β,13α,14β,17α,21*S*,23*R*,24*S*)-25- 甲氧基 - 羊毛脂 -7- 烯 -3,23,24- 三醇 枳 Poncirus trifoliata
5-methoxylarabinose 5- 甲氧基阿拉伯糖 裸茎金腰 Chrysosplenium nudicaule
(+)-5'-methoxylariciresinol (+)-5'- 甲氧基落叶松树脂醇 芝麻 Sesamum indicum
(+)-7'-methoxylariciresinol (+)-7'- 甲氧基落叶松树脂醇 辽细辛 Asarum heterotropoides var. mandshuricum
5'-methoxylariciresinol 5'- 甲氧基落叶松树脂醇 土沉香 Aquilaria sinensis, 山石榴 Catunaregam spinosa, 台湾含笑 Michelia compressa, 紫参 Rubia yunnanensis, 狼毒 Stellera chamaejasme, 青花椒 Zanthoxylum schinifolium
5-methoxylariciresinol 5- 甲氧基落叶松树脂醇 沙针 Osyris quadripartita
7-methoxylariciresinol 7- 甲氧基落叶松树脂醇 丁座草 Boschniakia himalaica
7*S*,8*R*,8'*R*-(-)-5-methoxylariciresinol-4,4'-bis-*O*-β-D-glucopyranoside 7*S*,8*R*,8'*R*-(-)-5- 甲氧基落叶松树脂醇 -4,4'- 双 -*O*-β-D- 吡喃葡萄糖苷 红冬蛇菰 Balanophora harlandii
5-methoxylariciresinol-4-*O*-β-D-glucopyranoside 5- 甲氧基落叶松树脂醇 -4-*O*-β-D- 吡喃葡萄糖苷 刺五加 Eleutherococcus senticosus, 刺参 Oplopanax elatus
(8*R*,7'*S*,8'*R*)-5'-methoxylariciresinol-9'-*O*-β-D-(6-*O*-*E*-4-hydroxy-3-methoxycinnamoyl)-glucopyranoside (8*R*,7'*S*,8'*R*)-5'- 甲氧基落叶松树脂醇 -9'-*O*-β-D-(6-*O*-*E*-4- 羟基 -3- 甲氧基桂皮酰基)- 吡喃葡萄糖苷 马利筋 Asclepias curassavica
(8*R*,7'*S*,8'*R*)-5'-methoxylariciresinol-9'-*O*-β-D-(6-*O*-*Z*-4-hydroxy-3-methoxycinnamoyl)-glucopyranoside (8*R*,7'*S*,8'*R*)-5'- 甲氧基落叶松树脂醇 -9'-*O*-β-D-(6-*O*-*Z*-4- 羟基 -3- 甲氧基桂皮酰基)- 吡喃葡萄糖苷 马利筋 Asclepias curassavica
2-methoxylbenzoic acid octyl ester 2- 甲氧基苯甲酸辛酯 厚壳树 Ehretia thyrsiflora
1-methoxylberberium chloride 1- 甲氧基氯化小檗碱 扭果紫金龙 Dactylicapnos torulosa
4-methoxylcinnamyl-(6'-*O*-α-arabinopyranoside)-*O*-β-glucopyranoside 4- 甲氧基桂皮基 -(6'-*O*-α- 吡喃阿拉伯糖基)-*O*-β- 吡喃葡萄糖苷 红景天 Rhodiola rosea
4-methoxylcinnamyl-*O*-β-D-glucopyranoside 4- 甲氧基桂皮基 -*O*-β-D- 吡喃葡萄糖苷 红景天 Rhodiola rosea
3-methoxyldaphnodorin H 3- 甲氧基瑞香多灵 ▲H 尖瓣瑞香 Daphne acutiloba
(3β,10α)-3-methoxyleudesma-4,11(13)-dien-12-oic acid (3β,10α)-3- 甲氧基桉叶 -4,11(13)- 二烯 -12- 酸 翼齿六棱菊 Laggera crispata
1β-methoxylgardendiol 1β- 甲氧基栀子二醇 蒙古芯芭 Cymbaria mongolica
6-methoxyl-hydroxylcoumarin 6- 甲氧基 - 羟基香豆素 蕺菜 Houttuynia cordata
5-methoxylicarin A 5- 甲氧基斜蕊樟素 ▲A 三白草 Saururus chinensis
3'-methoxylicarin B 3'- 甲氧基斜蕊樟素 ▲B 肉豆蔻 Myristica fragrans
9β-methoxyliguloxide 9β- 甲氧基橐吾环氧素 离舌橐吾 Ligularia veitchiana
7-methoxylisoorientin-2''-*O*-rhamnopyranside 7- 甲氧基异荭草素 -2''-*O*- 吡喃鼠李糖苷 大叶石头花 Gypsophila pacifica
3-methoxylisorhamnetin 3- 甲氧基异鼠李素 藜芦 Veratrum nigrum

M

4-methoxy-l-methyl-2-quinolone 4- 甲氧基 -l- 甲基 -2- 喹诺酮 楝叶吴萸 Euodia glabrifolia
1*β*-methoxylmussaenin A 1*β*- 甲氧基玉叶金花宁 ▲A 蒙古芯芭 Cymbaria mongolica
4-methoxylonchocarpin 4- 甲氧基矛果豆素 ▲ 厚果崖豆藤 Millettia pachycarpa
3-methoxyl-*p*-hydroxybenzaldehyde 3- 甲氧基 - 对羟基苯甲醛 金线兰 Anoectochilus roxburghii
4'-methoxyl-quercetin-7-(4''-*O*-acetyl)-*α*-L-rhamnopyranosyl-3-*O*-rutinoside 4'- 甲氧基 - 槲皮素 -7-(4''-*O*- 乙酰基)-*α*-L- 吡喃鼠李糖基 -3-*O*- 芸香糖苷 狗枣猕猴桃 Actinidia kolomikta
4'-methoxyl-quercetin-7-(4''-*O*-acetyl)-*α*-L-rhamnopyranosyl-3-*O*-*β*-D-glucopyranoside 4'- 甲氧基 - 槲皮素 -7-(4''-*O*- 乙酰基)-*α*-L- 吡喃鼠李糖基 -3-*O*-*β*-D- 吡喃葡萄糖苷 狗枣猕猴桃 Actinidia kolomikta
3'-methoxylrocaglaol 3'- 甲氧基洛克米仔兰醇 米仔兰 Aglaia odorata
9'-methoxylrutarensin 9'- 甲氧基縫瓣芸香苷酯 石椒草 Boenninghausenia sessilicarpa
6-methoxyl-scutellarin 6- 甲氧基高黄芩苷 盔瓣耳叶苔 Frullania muscicola
erythro-7'-methoxylstreblusliganol 赤式 -7'- 甲氧基鹊肾树木脂醇 ▲ 鹊肾树 Streblus asper
threo-7'-methoxylstreblusliganol 苏式 -7'- 甲氧基鹊肾树木脂醇 ▲ 鹊肾树 Streblus asper
6-methoxylucidin-ethyl ether 6- 甲氧基光亮臭叶木素 ▲- 乙酯 红大戟 Knoxia roxburghii
6-methoxylunidonine 6- 甲氧基月芸香酮碱 榆橘 Ptelea trifoliata
6-methoxylunine 6- 甲氧基月芸香宁 ▲ 榆橘 Ptelea trifoliata
(-)-6*α*-methoxylupanine (-)-6*α*- 甲氧基羽扇豆碱 朝鲜槐 Maackia amurensis
3''-methoxylupinifolin 3''- 甲氧基羽扇豆叶灰毛豆素 ▲ 疏花鱼藤 Derris laxiflora
3'-methoxyluteolin 3'- 甲氧基木犀草素 鹿药 Smilacina japonica
3-methoxyluteolin 3- 甲氧基木犀草素 金沙绢毛菊 Soroseris gillii
5-methoxyluteolin 5- 甲氧基木犀草素 蓝花丹 Plumbago auriculata
6-methoxyluteolin 6- 甲氧基木犀草素 汉荭鱼腥草 Geranium robertianum, 欧亚旋覆花 Inula britannica, 木蝴蝶 Oroxylum indicum, 长冠鼠尾草 Salvia plectranthoides
7-methoxyluteolin 7- 甲氧基木犀草素 假杜鹃 Barleria cristata
3'-methoxy-luteolin-4'-*O*-*β*-D-glucoside 3'- 甲氧基 - 木犀草素 -4'-*O*-*β*-D- 葡萄糖苷 冷蒿 Artemisia frigida
6-methoxy-luteolin-7,3',4'-trimethylether 6- 甲氧基木犀草素 -7,3',4'- 三甲醚 长毛香科科 Teucrium pilosum
4'-methoxyluteolin-7-*O*-(6''-*O*-acetyl)-*β*-D-glucopyranoside 4'- 甲氧基木犀草素 -7-*O*-(6''-*O*- 乙酰基)-*β*-D- 吡喃葡萄糖苷 菊花 Chrysanthemum morifolium
3'-methoxyluteolin-7-*O*-glucopyranoside 3'- 甲氧基木犀草素 -7-*O*- 吡喃葡萄糖苷 感应草 Biophytum sensitivum
3'-methoxyluteolin-7-*O*-glucoside 3'- 甲氧基木犀草素 -7-*O*- 葡萄糖苷 家独行菜 Lepidium sativum
3'-methoxyluteolin-7-*O*-*β*-D-glucopyranoside 3'- 甲氧基木犀草素 -7-*O*-*β*-D- 吡喃葡萄糖苷 白花泡桐 Paulownia fortunei
4'-methoxyluteolin-7-*O*-*β*-D-glucopyranoside 4'- 甲氧基木犀草素 -7-*O*-*β*-D- 吡喃葡萄糖苷 菊花 Chrysanthemum morifolium
5-methoxyluteolin-7-*O*-*β*-D-glucopyranoside 5- 甲氧基木犀草素 -7-*O*-*β*-D- 吡喃葡萄糖苷 宽叶荨麻 Urtica laetevirens
6-methoxyluteolin-7-*O*-*β*-D-glucopyranoside 6- 甲氧基木犀草素 -7-*O*-*β*-D- 吡喃葡萄糖苷 迷迭香 Rosmarinus officinalis, 荔枝草 Salvia plebeia
methoxyluteolin-7-*O*-*β*-D-glucopyranoside 甲氧基木犀草素 -7-*O*-*β*-D- 吡喃葡萄糖苷 梓木草 Lithospermum zollingeri
2-methoxymaackiain 2- 甲氧基高丽槐素 伏毛山豆根 Euchresta horsfieldii
3-methoxymaackiain 3- 甲氧基高丽槐素 鬼箭锦鸡儿 Caragana jubata
4-methoxymaackiain 4- 甲氧基高丽槐素 苦参 Sophora flavescens
methoxymaackiain 甲氧基高丽槐素 杂种车轴草 Trifolium hybridum
4-methoxymagnaldehyde B 4- 甲氧基木兰醛 ▲B 日本厚朴 Houpoëa obovata
4'-methoxymagndialdehyde 4'- 甲氧基木兰二醛 ▲ 厚朴 Houpoëa officinalis
9-methoxymappicine-20-*O*-*β*-D-glucopyranoside 9- 甲氧基马比木碱 -20-*O*-*β*-D- 吡喃葡萄糖苷 马比木 Nothapodytes pittosporoides
8-methoxymarikarin 8- 甲氧基纤细米仔兰灵 ▲ 米仔兰 Aglaia odorata
5-methoxymarmesin 5- 甲氧基木橘辛素 ▲ 两面针 Zanthoxylum nitidum
methoxymatteucin 甲氧基荚果蕨素 粗茎鳞毛蕨 Dryopteris crassirhizoma, 东方荚果蕨 Matteuccia orientalis
3'-methoxymaysin 3'- 甲氧基玉米黄酮苷 玉蜀黍 Zea mays
(-)-10-methoxymedicarpin (-)-10- 甲氧基美迪紫檀素 苦马豆 Sphaerophysa salsula
(±)-10-methoxymedicarpin (±)-10- 甲氧基美迪紫檀素 甘肃棘豆 Oxytropis kansuensis
10-methoxymedicarpin 10- 甲氧基美迪紫檀素 紫苜蓿 Medicago sativa
4-methoxymedicarpin 4- 甲氧基美迪紫檀素 紫苜蓿 Medicago sativa
6-methoxymellein 6- 甲氧基蜂蜜曲霉素 川明参 Chuanminshen violaceum
5-(methoxymethyl)-1*H*-pyrrole-2-carbaldehyde 5-(甲氧基甲基)-1*H*- 吡咯 -2- 甲醛 丹参 Salvia miltiorrhiza
[1*S*-(1*R**,4*E*,8*Z*,10*S**)]-8-(methoxymethyl)-4,11,11-trimethyl-bicyclo[8.1.0]undeca-4,8-diene [1*S*-(1*R**,4*E*,8*Z*,10*S**)]-8-(甲氧基甲基)-4,11,11- 三甲基 - 双环 [8.1.0]- 十一碳 -4,8- 二烯 小蛇苔 Conocephalum japonicum
5-(methoxymethyl)resorcinol 5-(甲氧基甲基) 间苯二酚 皱叶南蛇藤 Celastrus rugosus
1-methoxymethyl-1,2-dehydro-8,2-pyrrolizidine 1- 甲氧基甲基 -1,2- 去氢 -8,2- 吡咯里西啶 假苜蓿 Crotalaria medicaginea
5-methoxymethyl-1*H*-pyrrole-2-carbaldehyde 5- 甲氧甲基 -1*H*- 吡咯 -2- 甲醛 细花线纹香茶菜 Isodon lophanthoides var. graciliflorus
5-methoxymethyl-2-furaldehyde 5- 甲氧基甲基 -2- 糠醛 两面刺 Cirsium chlorolepis, 党参 Codonopsis pilosula

5-methoxymethyl-7,8-dimethyltocol 5- 甲氧基甲基 -7,8- 二甲基母育酚 黄苞大戟 Euphorbia sikkimensis
2-methoxymethylaniline 2- 甲氧基甲基苯胺 小驳骨 Justicia gendarussa
1-methoxymethylanthraquinone 1- 甲氧基甲基蒽醌 染色茜草 Rubia tinctorum
3-methoxymethylcarbazole 3- 甲氧基甲基咔唑 齿叶黄皮 Clausena dunniana
5-methoxymethylfuran-2-carboxaldehyde 5- 甲氧基甲基呋喃 -2- 甲醛 秦艽 Gentiana macrophylla
6-methoxymicrominutinin 6- 甲氧基小花小芸木宁▲ 大管 Micromelum falcatum
methoxymicrominutinin 甲氧基小花小芸木宁▲ 大管 Micromelum falcatum
methoxyminovincine 甲基小蔓长春花辛▲ 小蔓长春花 Vinca minor
11-methoxyminovincinine 11- 甲氧基小蔓长春花辛宁▲ 羊角棉 Alstonia mairei
25-methoxymogrol 25- 甲氧基罗汉果醇 山楝 Aphanamixis polystachya
5-methoxymoracin M 5- 甲氧基桑辛素 M 波罗蜜 Artocarpus heterophyllus
4-methoxymucidin 4- 甲氧基黏奥德蘑素▲ 白环黏奥德蘑 Oudemansiella mucida
7*α*-methoxymultiflor-8-ene-3*α*,29-diol-3,29-dibenzoate 7*α*- 甲氧基多花白树 -8- 烯 -3*α*,29- 二醇 -3,29- 二苯甲酸酯 笋瓜 Cucurbita maxima
7*β*-methoxymultiflor-8-ene-3*α*,29-diol-3,29-dibenzoate 7*β*- 甲氧基多花白树 -8- 烯 -3*α*,29- 二醇 -3,29- 二苯甲酸酯 笋瓜 Cucurbita maxima
7*α*-methoxymultiflor-8-ene-3*α*,29-diol-3-acetate-29-benzoate 7*α*- 甲氧基多花白树 -8- 烯 -3*α*,29- 二醇 -3- 乙酸酯 -29- 苯甲酸酯 笋瓜 Cucurbita maxima
7-methoxymyricetin-3-*O*-(2''-*O*-galloyl)-*α*-rhamnopyranoside 7- 甲氧基杨梅素 -3-*O*-(2''-*O*- 没食子酰基)-*α*- 吡喃鼠李糖苷 台湾相思 Acacia confusa
7-methoxymyricetin-3-*O*-(3''-*O*-galloyl)-*α*-rhamnopyranoside 7- 甲氧基杨梅素 -3-*O*-(3''-*O*- 没食子酰基)-*α*- 吡喃鼠李糖苷 台湾相思 Acacia confusa
5-methoxymyricetin-3-*O*-*β*-D-glucopyranoside 5- 甲氧基杨梅素 -3-*O*-*β*-D- 吡喃葡萄糖苷 岩须 Cassiope selaginoides
5-methoxymyricetin-7-*O*-*β*-D-glucopyranoside 5- 甲氧基杨梅素 -7-*O*-*β*-D- 吡喃葡萄糖苷 岩须 Cassiope selaginoides
7-methoxymyricitrin 7- 甲氧基杨梅苷 台湾相思 Acacia confusa
5-methoxy-*N*,*N*-dimethyltryptamine 5- 甲氧基 -*N*,*N*- 二甲基色胺 大叶山蚂蝗 Desmodium gangeticum, 四川吴萸 Euodia sutchuenensis, 毛排钱树 Phyllodium elegans
5-methoxy-*N*,*N*-dimethyltryptamine-N_b-oxide 5- 甲氧基 -*N*,*N*- 二甲基色胺 -N_b- 氧化物 大叶山蚂蝗 Desmodium gangeticum, 四川吴萸 Euodia sutchuenensis
10-methoxy-N^1-methylburnamine-17-*O*-veratrate 10- 甲氧基 -N^1- 甲基乳白仔榄树酯胺▲-17-*O*- 藜芦酸酯 大叶糖胶树 Alstonia macrophylla
1-methoxynaphthalene 1- 甲氧基萘 挥发油成分，未统计基源
6-methoxynaringenin 6- 甲氧基柚皮苷元 荔枝草 Salvia plebeia, 半枝莲 Scutellaria barbata
6-methoxynaringenin-7-*O*-*β*-D-glucopyranoside 6- 甲氧基柚皮苷元 -7-*O*-*β*-D- 吡喃葡萄糖苷 荔枝草 Salvia plebeia
7-methoxyneochamaejasmin A 7- 甲氧基新狼毒素 A 橙花瑞香 Daphne aurantiaca, 狼毒 Stellera chamaejasme
7-methoxyneochamaejasmin B 7- 甲氧基新狼毒素 B 橙花瑞香 Daphne aurantiaca
8-methoxynitidine 8- 甲氧基两面针碱 飞龙掌血 Toddalia asiatica
4-methoxy-*N*-methyl-2-quinolone 4- 甲氧基 -*N*- 甲基 -2- 喹诺酮 黄皮 Clausena lansium, 黄檗 Phellodendron amurense
8-methoxy-*N*-methylflindersine 8- 甲氧基 -*N*- 甲基巨盘木碱 白鲜 Dictamnus dasycarpus, 臭常山 Orixa japonica, 野花椒 Zanthoxylum simulans
5-methoxy-*N*-methyltryptamine 5- 甲氧基 -*N*- 甲基色胺 芦竹 Arundo donax, 虉草 Phalaris arundinacea
5'-methoxynobiletin 5'- 甲氧基川陈皮素 霍香蓟 Ageratum conyzoides
5-methoxynoracronycine 5- 甲氧基降山油柑碱 香橙 Citrus junos
(+)-11-methoxynorboldine (+)-11- 甲氧基降波尔定碱 云和新木姜子 Neolitsea aurata var. paraciculata
(+)-11-methoxynorcassythicine (+)-11- 甲氧基降无根藤辛 云和新木姜子 Neolitsea aurata var. paraciculata
8-methoxynorchelerythrine 8- 甲氧基降白屈菜红碱 飞龙掌血 Toddalia asiatica, 两面针 Zanthoxylum nitidum
10-methoxynormacusine B 10- 甲氧基降毒马钱辛碱▲B 长春花 Catharanthus roseus
(+)-11-methoxynorneolitsine (+)-11- 甲氧基降降新木姜子碱 云和新木姜子 Neolitsea aurata var. paraciculata
3'-methoxynyasin 3'- 甲氧基尼亚卡雅楝素▲ 戈壁天门冬 Asparagus gobicus
3''-methoxynyasol 3''- 甲氧基尼亚小金梅草酚▲ 天门冬 Asparagus cochinchinensis
9-methoxyobovatol 9- 甲氧基日本厚朴酚▲ 日本厚朴 Houpoëa obovata
2-methoxyobtusifolin 2- 甲氧基钝叶决明素 黄花菜 Hemerocallis citrina
1-methoxyoctadecan-1-ol 1- 甲氧基十八烷 -1- 醇 华钩藤 Uncaria sinensis
1-methoxyoctadecane 1- 甲氧基十八烷 山槐 Albizia kalkora
23-methoxyohchininolide A 23- 甲氧基日楝宁内酯▲A 楝 Melia azedarach
23-methoxyohchininolide B 23- 甲氧基日楝宁内酯▲B 楝 Melia azedarach
3*β*-methoxyolean-11-one-18-ene 3*β*- 甲氧基齐敦果 -11- 酮 -18- 烯 银莲花 Anemone cathayensis
3-methoxyolean-11-oxo-18-ene 3*β*- 甲氧基齐墩果 -11- 酮 -18- 烯 常春卫矛 Euonymus hederaceus
3*β*-methoxy-olean-11-oxo-18-ene 3*α*- 甲氧基 - 齐敦果 -11- 酮 -18- 烯 双花华蟹甲 Sinacalia davidii
(4*α*)-11*α*-methoxy-olean-12-ene-3*β*,23,28-triol (4*α*)-11*α*- 甲氧基 - 齐墩果 -12- 烯 -3*β*,23,28- 三醇 白背枫 Buddleja asiatica
(2''*R*)-2''-methoxyoleuropein (2''*R*)-2''- 甲氧基油橄榄苦苷 素馨花 Jasminum grandiflorum
(2''*S*)-2''-methoxyoleuropein (2''*S*)-2''- 甲氧基油橄榄苦苷 素馨花 Jasminum grandiflorum

M

8-methoxyononin 8- 甲氧基芒柄花苷 白花油麻藤 Mucuna birdwoodiana
11-methoxyopposit-4(15)-en-1*β*-ol 11- 甲氧基对凹顶藻 -4(15)- 烯 -1*β*- 醇 一年蓬 Erigeron annuus
6-methoxypaeoniflorigenone 6- 甲氧基芍药苷元酮 牡丹 Paeonia suffruticosa
(-)-4-methoxypalmatine (-)-4- 甲氧基巴马汀 木防己 Cocculus orbiculatus
13*α*-methoxyparthenin 13*α*- 甲氧基银胶菊素 银胶菊 Parthenium hysterophorus
4'-methoxypatuletin-3-*O*-*β*-D-glucopyranosyl-(1''' → 2'')-*β*-D-glucopyranosyl-[6''''-(*E*)-caffeoyl]-7-*O*-*β*-D-glucopyranoside 4'- 甲氧基孔雀草素▲-3-*O*-*β*-D- 吡喃葡萄糖基 -(1''' → 2'')-*β*-D- 吡喃葡萄糖基 -[6''''-(*E*)- 咖啡酰基]-7-*O*-*β*-D- 吡喃葡萄糖苷 番杏 Tetragonia tetragonoides
10-methoxyperakine 10- 甲氧基霹雳萝芙木碱 蔓长春花 Vinca major
1-methoxyphaseolin 1- 甲氧基菜豆素 粗毛甘草 Glycyrrhiza aspera
1-methoxyphaseollidin 1- 甲氧基菜豆定 粗毛甘草 Glycyrrhiza aspera, 甘草 G. uralensis
4-methoxyphenanthrene-2,7-diol 4- 甲氧基菲 -2,7- 二醇 白及 Bletilla striata, 伏生石豆兰 Bulbophyllum reptans, 石斛 Dendrobium nobile
4-methoxyphenanthrene-2,7-*O*-*β*-D-diglucoside 4- 甲氧基菲 -2,7-*O*-*β*-D- 二葡萄糖苷 白及 Bletilla striata
3-methoxyphenethyl alcohol-4-*O*-*β*-D-glucopyranoside 3- 甲氧基苯乙醇 -4-*O*-*β*-D- 吡喃葡萄糖苷 密花石豆兰 Bulbophyllum odoratissimum
4'-methoxyphenethylvanillate 4'- 甲氧基苯乙基香荚兰酸酯 宽叶羌活 Notopterygium franchetii
2-methoxyphenol 2- 甲氧基苯酚 挥发油成分，未统计基源
3-methoxyphenol 3- 甲氧基苯酚 挥发油成分，未统计基源
4-methoxyphenol 4- 甲氧基苯酚 挥发油成分，未统计基源
o-methoxyphenol 邻甲氧基苯酚 挥发油成分，未统计基源
p-methoxyphenol-*O*-galloyl-glucose 对甲氧基苯酚 -*O*- 没食子酰葡萄糖 总序大黄 Rheum racemiferum
3-(2-methoxyphenoxy)benzoic acid 3-(2- 甲氧基苯氧基) 苯甲酸 西洋参 Panax quinquefolius
5-(3'-methoxypheny1)-pentanoic acid 5-(3'- 甲氧基苯基)- 戊酸 禾秆蹄盖蕨 Athyrium yokoscense
4-methoxyphenyl acetate 4- 甲氧基苯基乙酸酯 多序岩黄耆 Hedysarum polybotrys
1-(4'-methoxyphenyl)-(1*R*,2*R*)-propan-1-ol-2-*O*-*β*-D-glucopyranoside 1-(4'- 甲氧基苯基)-(1*R*,2*R*)- 丙醛 -1- 醇 -2-*O*-*β*-D- 吡喃葡萄糖苷 八角 Illicium verum
1-(4'-methoxyphenyl)-(1*R*,2*R*)-propanediol 1-(4'- 甲氧基苯基)-(1*R*,2*R*)- 丙二醇 八角 Illicium verum
1-(4'-methoxyphenyl)-(1*R*,2*S*)-propan-1-ol-2-*O*-*β*-D-glucopyranoside 1-(4'- 甲氧基苯基)-(1*R*,2*S*)- 丙醛 -1- 醇 -2-*O*-*β*-D- 吡喃葡萄糖苷 八角 Illicium verum
1-(4'-methoxyphenyl)-(1*R*,2*S*)-propanediol 1-(4'- 甲氧基苯基)-(1*R*,2*S*)- 丙二醇 八角 Illicium verum
1-(4'-methoxyphenyl)-(1*S*,2*R*)-propan-1-ol-2-*O*-*β*-D-glucopyranoside 1-(4'- 甲氧基苯基)-(1*S*,2*R*)- 丙醛 -1- 醇 -2-*O*-*β*-D- 吡喃葡萄糖苷 八角 Illicium verum
1-(4'-methoxyphenyl)-(1*S*,2*R*)-propanediol 1-(4'- 甲氧基苯基)-(1*S*,2*R*)- 丙二醇 八角 Illicium verum
1-(4'-methoxyphenyl)-(1*S*,2*S*)-propan-1-ol-2-*O*-*β*-D-glucopyranoside 1-(4'- 甲氧基苯基)-(1*S*,2*S*)- 丙醛 -1- 醇 -2-*O*-*β*-D- 吡喃葡萄糖苷 八角 Illicium verum
1-(4'-methoxyphenyl)-(1*S*,2*S*)-propanediol 1-(4'- 甲氧基苯基)-(1*S*,2*S*)- 丙二醇 八角 Illicium verum
1-(4-methoxyphenyl)-1,2-propanediol 1-(4- 甲氧基苯基)-1,2- 丙二醇 蒲桃 Syzygium jambos
2-(4-methoxyphenyl)-1,8-naphthalenedicarboxylic acid-1,8-dimethyl ester 2-(4- 甲氧基苯基)-1,8- 萘羧酸 -1,8- 二甲酯 香蕉 Musa acuminata 'Dwarf cavendish'
4-(4-methoxyphenyl)-1*H*,3*H*-naphtho[1,8-cd]pyran-1,3-dione 4- 对甲氧基苯基 -1*H*,3*H*- 萘 [1,8-cd] 吡喃 -1,3- 二酮 香蕉 Musa acuminata 'Dwarf cavendish'
1-(4-methoxyphenyl)-1-methoxypropane 1-(4- 甲氧基苯基)-1- 甲氧基丙烷 挥发油成分，未统计基源
1-(*p*-methoxyphenyl)-2,4-pentadiyn-1-ol 1- 对甲氧基苯基 -2,4- 戊二炔 -1- 醇 蒿子杆 Glebionis carinatum
1-(*p*-methoxyphenyl)-2,4-pentadiyn-1-one 1- 对甲氧基苯基 -2,4- 戊二炔 -1- 酮 蒿子杆 Glebionis carinatum
3-(4-methoxyphenyl)-2-propenoic acid-2-ethylhexyl ester 3-(4- 甲氧基苯基)-2- 丙烯酸 -2- 乙基己酯 挥发油成分，未统计基源
(+)-1-(4-methoxyphenyl)-3-hydroxy-5-phenyl-1-pentanone (+)-1-(4- 甲氧基苯基)-3- 羟基 -5- 苯基 -1- 戊酮 黄瑞香 Daphne giraldii
3-(4-methoxyphenyl)-3-oxopropionylhexadecanoate 3-(4- 甲氧基苯基)-3- 氧代丙酰十六酸酯 假虎刺 Carissa spinarum
4-(4-methoxyphenyl)-6-methyl-2,2'-bipyridine 4-(4- 甲氧基苯基)-6- 甲基 -2,2'- 联吡啶 挥发油成分，未统计基源
4-(4-methoxyphenyl)-butane-2-ol 4-(4- 甲氧基苯基)- 丁烷 -2- 醇 暗罗 Polyalthia suberosa
4-(4-methoxyphenyl)-butane-2-*O*-*β*-D-glucopyranoside 4-(4- 甲氧基苯基)- 丁烷 -2-*O*-*β*-D- 吡喃葡萄糖苷 暗罗 Polyalthia suberosa
1-(4-methoxy-phenyl)-ethanol 1-(4- 甲氧基苯基)- 乙醇 探春花 Jasminum floridum
2-[2-(4-methoxyphenyl)ethyl]chromone 2-[2-(4- 甲氧基苯基) 乙基] 色酮 土沉香 Aquilaria sinensis
3-(4-methoxyphenyl)-propionic acid 3-(4- 甲氧基苯基)- 丙酸 千斤拔 Flemingia philippinensis
β-(4-methoxyphenyl)-*γ*-oxo-2-furanbutanoic acid ethyl ester *β*-(4- 甲氧基苯基)-*γ*- 氧代 -2- 呋喃丁酸乙酯 荚蒾 Viburnum dilatatum
β-(4-methoxyphenyl)-*γ*-oxo-2-furanbutanoic acid methyl ester *β*-(4- 甲氧基苯基)-*γ*- 氧代 -2- 呋喃丁酸甲酯 荚蒾 Viburnum dilatatum
[2*S*-[2*α*,3*β*,4*β*(*E*)]]-4-[2-[[3-[4-(acetyloxy)-3-methoxyphenyl]-1-oxo-2-propenyl]oxy]ethyl]-3-ethenyl-3,4-dihydro-2-[(2,3,4,6-tetra-*O*-acetyl-*β*-D-glucopyranosyl)oxy]-2*H*-pyran-5-carboxylic acid methyl ester [2*S*-[2*α*,3*β*,4*β*(*E*)]]-4-[2-[[3-[4-(过氧乙酰基)-3- 甲氧苯基]-1- 氧代 -2- 丙烷基] 氧基] 乙基]-3- 乙基 -3,4- 二氢 -2-[(2,3,4,6- 四 -*O*- 乙酰基 -*β*-D- 葡萄糖基) 氧基]-2*H*- 吡喃 -5- 羧酸甲酯 藻百年 Exacum tetragonum
4-methoxyphenylacetic acid 4- 甲氧基苯乙酸 挥发油成分，未统计基源
p-methoxyphenylacetic acid 对甲氧基苯乙酸 胡桃楸 Juglans mandshurica, 苦苣菜 Sonchus oleraceus

4-methoxyphenylacetone 4- 甲氧基苯基丙酮 挥发油成分，未统计基源

methoxy-phenyl-oxime 甲氧基苯基肟 挥发油成分，未统计基源

2-methoxyphenyl-*O*-*β*-D-glucopyranoside 2- 甲氧基苯基 -*O*-*β*-D- 吡喃葡萄糖苷 短柄五加 Eleutherococcus brachypus

2-methoxyphenyl-*β*-D-glucopyranoside 2- 甲氧基苯基 -*β*-D- 吡喃葡萄糖苷 短柄五加 Eleutherococcus brachypus, 茴芹 Pimpinella anisum

2-(hydroxymethyl)-5-methoxyphenyl-*β*-D-glucopyranoside 2- 羟基甲基 -5- 甲氧基苯基 -*β*-D- 吡喃葡萄糖苷 宽叶秦岭藤 Biondia hemsleyana

5-methoxyphthalide-7-*β*-D-xylopyranosyl-(1→6)-(1→6)-*β*-D-glucopyranoside 5- 甲氧基苯酞 -7-*β*-D- 吡喃木糖基 -(1→6)-*β*-D- 吡喃葡萄糖苷 羊踯躅 Rhododendron molle

m-methoxy-*p*-*hydroxybenzoic acid* 间甲氧基对羟基苯甲酸 颠茄 Atropa belladonna

5-methoxyphyscion-4-*O*-glucopyranoside 5- 甲氧基大黄素甲醚 -4-*O*- 吡喃葡萄糖苷 直根酸模 Rumex thyrsiflorus

7-methoxy-pinocembrin-7-*O*-*β*-D-glucopyranoside 7- 甲氧基瑞士松素 -7-*O*-*β*-D- 葡萄糖苷 白术 Atractylodes macrocephala

7-methoxypinoresinol 7- 甲氧基松脂酚 丁座草 Boschniakia himalaica

6-methoxypiperidin-2-one 6- 甲氧基哌啶 2- 酮 狗筋蔓 Silene baccifera

12-methoxypleiocarpine 12- 甲氧基多果树碱 海南蕊木 Kopsia hainanensis

(+)-13-methoxypodocarpa-8,11,13-trien-19-oic acid (+)-13- 甲氧基罗汉松 -8,11,13- 三烯 -19- 酸 大八角 Illicium majus

(3*α*,5*β*,10*α*)-13-methoxypodocarpa-8,11,13-trien-3,12-diol (3*α*,5*β*,10*α*)-13- 甲氧基罗汉松 -8,11,13- 三烯 -3,12- 二醇 石栗 Aleurites moluccana

5-methoxypodophyllotoxin 5- 甲氧基鬼臼毒素 叉子圆柏 Juniperus sabina

6-methoxypodophyllotoxin-7-*O*-hexanoate 6- 甲氧基鬼臼毒素 -7-*O*- 己酸酯 野亚麻 Linum stelleroides

(-)-5'-methoxypodorhizol (-)-5'- 甲氧基鬼臼根醇 莲叶桐 Hernandia nymphaeifolia

5'-methoxypongapin 5'- 甲氧基水黄皮品素▲ 长波叶山蚂蝗 Desmodium sequax, 水黄皮 Pongamia pinnata

5'-methoxypropacin 5'- 甲氧基马蹄果辛素 麻疯树 Jatropha curcas

4'-methoxy-propiophenone 4'- 甲氧基苯丙酮 挥发油成分，未统计基源

3-methoxyprotocatechuic acid 3- 甲氧基原儿茶酸 大花紫薇 Lagerstroemia speciosa

17-methoxypseudoakuammigine 17- 甲氧基伪苦籽木精碱▲ 蔓长春花 Vinca major

15-methoxypseudoprotodioscin 15- 甲氧基基伪原薯蓣皂苷 菝葜 Smilax china

5-methoxypsoralen 5- 甲氧基补骨脂素 峨参 Anthriscus sylvestris, 来檬 Citrus aurantiifolia, 野胡萝卜 Daucus carota, 水蛇麻 Fatoua villosa, 欧芹 Petroselinum crispum, 前胡 Peucedanum praeruptorum, 芸香 Ruta graveolens

8-methoxypsoralen 8- 甲氧基补骨脂素 杭白芷 Angelica dahurica 'Hangbaizhi', 野胡萝卜 Daucus carota, 欧芹 Petroselinum crispum, 前胡 Peucedanum praeruptorum, 芸香 Ruta graveolens

2-methoxypsoromic acid 2- 甲氧基茶痂衣酸 槽枝衣 Sulcaria sulcata

(6*S*,6a*S*,11a*R*)-6*α*-methoxypterocarpin (6*S*,6a*S*,11a*R*)-6*α*- 甲氧基紫檀素 印度崖豆 Millettia pulchra

3-methoxypterolactone 3- 甲氧基枫杨内酯 青钱柳 Cyclocarya paliurus

3'-methoxypuerarin 3'- 甲氧基葛根素 刺五加 Eleutherococcus senticosus, 萱草 Hemerocallis fulva, 葛 Pueraria montana var. lobata

4'-methoxypuerarin 4'- 甲氧基葛根素 刺五加 Eleutherococcus senticosus, 葛 Pueraria montana var. lobata

6-methoxypulcherrimin 6- 甲氧基金凤花明素▲ 金凤花 Caesalpinia pulcherrima

(+)-5-methoxypurpurin (+)-5- 甲基灰毛豆灵▲ 穗序木蓝 Indigofera spicata

3-methoxy-pyran-4-one 3- 甲氧基 -4- 吡喃酮 一年蓬 Erigeron annuus

2-methoxypyrrole 2- 甲氧基吡咯 三七 Panax notoginseng

5*α*-methoxypyrrolidin-2-one 5*α*- 甲氧基吡咯 -2- 酮 天目地黄 Rehmannia chingii

5*ξ*-methoxypyrrolidin-2-one 5*ξ*- 甲氧基吡咯 -2- 酮 印度块菌 Tuber indicum

3-methoxyquercetin 3- 甲氧基槲皮素 龙芽草 Agrimonia pilosa, 蓟罂粟 Argemone mexicana, 红花鸢尾 Iris milesii, 马缨丹 Lantana camara, 狭叶瓶尔小草 Ophioglossum thermale, 漏斗泡囊草 Physochlaina infundibularis, 加拿大一枝黄花 Solidago canadensis, 鹿草 Stemmacantha carthamoides, 藜芦 Veratrum nigrum

8-methoxyquercetin 8- 甲氧基槲皮素 百脉根 Lotus corniculatus, 愉悦蓼 Polygonum jucundum, 烈香杜鹃花 Rhododendron anthopogonoides

3'-methoxy-quercetin-3-*O*-*α*-L-rhamnopyranoside 3'- 甲氧基 - 槲皮素 -3-*O*-*α*-L- 吡喃鼠李糖苷 小果菝葜 Smilax davidiana

3'-methoxyquercetin-3-*O*-*β*-D-gentiobioside 3'- 甲氧基槲皮素 -3-*O*-*β*-D- 龙胆二糖苷 蒺藜 Tribulus terrestris

3'-methoxyquercetin-3-*O*-*β*-D-glucopyranoside 3'- 甲氧基槲皮素 -3-*O*-*β*-D- 吡喃葡萄糖苷 蒙古栎 Quercus mongolica, 蒺藜 Tribulus terrestris

4'-methoxyquercetin-7-*O*-glucoside 4'- 甲氧基槲皮素 -7-*O*- 葡萄糖苷 羽穗草 Desmostachya bipinnata

3-methoxyquercetin-7-*O*-*β*-D-glucopyranoside 3- 甲氧基槲皮素 -7-*O*-*β*-D- 吡喃葡萄糖苷 红车轴草 Trifolium pratense

4-methoxyquinolin-2-one 4- 甲氧基喹啉 -2- 酮 黄皮 Clausena lansium

11-methoxyquinoline 11- 甲氧基喹啉 黄花稔 Sida acuta

10-methoxyraucaffrinoline 10- 甲氧基卡菲尔萝芙木林碱▲ 蔓长春花 Vinca major

5'-methoxyretrochinensin 5'- 甲氧基反华远志素 爵床 Justicia procumbens

7-methoxyrhododendrol 7- 甲氧基杜鹃醇 红棕杜鹃花 Rhododendron rubiginosum

4'-methoxyrobustaflavone 4'- 甲氧基粗贝壳杉黄酮 深绿卷柏 Selaginella doederleinii

3'-methoxyrocaglamide 3'- 甲氧基洛克米仔兰酰胺 米仔兰 Aglaia odorata

7*α*-methoxyrosmanol 7*α*- 甲氧基迷迭香酚 迷迭香 Rosmarinus officinalis, 云南鼠尾草 Salvia yunnanensis

7*β*-methoxyrosmanol 7*β*- 甲氧基迷迭香酚 迷迭香 Rosmarinus officinalis, 云南鼠尾草 Salvia yunnanensis

7-methoxyrosmanol 7- 甲氧基迷迭香酚 痢止蒿 Ajuga forrestii, 迷迭香 Rosmarinus officinalis

M

4-methoxyrutin 4- 甲氧基芦丁 八角 Illicium verum
4-methoxysalicylaldehyde 4- 甲氧基水杨醛 杠柳 Periploca sepium, 须药藤 Stelmocrypton khasianum
4-methoxysalicylic acid 4- 甲氧基水杨酸 白枪杆 Fraxinus malacophylla, 枸杞 Lycium chinense, 杠柳 Periploca sepium
p-methoxysalicylic acid 对甲氧基水杨酸 工布乌头 Aconitum kongboense
8-methoxysanguinarine 8- 甲氧基血根碱 两面针 Zanthoxylum nitidum
7*β*-methoxysarcostin 7*β*- 甲氧基肉珊瑚素▲ 萝藦 Metaplexis japonica
(-)-5'-methoxysativan (-)-5'- 甲氧基紫苜蓿烷▲ 紫苜蓿 Medicago sativa
10-methoxyscandine 10- 甲氧基攀援山橙碱▲ 薄叶山橙 Melodinus tenuicaudatus
4'-methoxyscutellarein 4'- 甲氧基高黄芩素 叶下珠 Phyllanthus urinaria, 沼生水苏 Stachys palustris
3-methoxysecoisolariciresinol 3- 甲氧基裂环异落叶松树脂醇 异株荨麻 Urtica dioica
21*α*-methoxyserrat-13-en-3-one 21*α*- 甲氧基千层塔 -13- 烯 -3- 酮 臭冷杉 Abies nephrolepis
21*α*-methoxyserrat-13-ene-3,15-dione 21*α*- 甲氧基千层塔 -13- 烯 -3,15- 二酮 长白鱼鳞云杉 Picea jezoensis var. komarovii
3*β*-methoxyserrat-14-en-21-one 3*β*- 甲氧基千层塔 -14- 烯 -21- 酮 臭冷杉 Abies nephrolepis, 长白鱼鳞云杉 Picea jezoensis var. komarovii
3*β*-methoxyserrat-14-en-21*α*-ol 3*β*- 甲氧基千层塔 -14- 烯 -21*α*- 醇 臭冷杉 Abies nephrolepis
21*α*-methoxyserrat-14-en-3-one 21*α*- 甲氧基千层塔 -14- 烯 -3- 酮 臭冷杉 Abies nephrolepis
21*β*-methoxyserrat-14-en-3-one 21*β*- 甲氧基千层塔 -14- 烯 -3- 酮 长白鱼鳞云杉 Picea jezoensis var. komarovii
5-methoxysesamin 5- 甲氧基芝麻素 大籽蒿 Artemisia sieversiana
5-methoxyseselin 5- 甲氧基邪蒿素 柚 Citrus maxima, 文旦 C. maxima'Wentan', 葡萄柚 C. paradisi
2-methoxysinensiol B 2- 甲氧基中华卷柏醇▲B 中华卷柏 Selaginella sinensis
6-methoxysorigenin 6- 甲氧基日本鼠李苷元▲ 药鼠李 Rhamnus cathartica
6-methoxysorigenin-8-*O*-*β*-D-glucopyranoside 6- 甲氧基日本鼠李苷元▲-8-*O*-*β*-D- 吡喃葡萄糖苷 药鼠李 Rhamnus cathartica
6-methoxysorinin 6- 甲氧基日本鼠李苷▲ 药鼠李 Rhamnus cathartica
(25*R*,26*R*)-26-methoxyspirost-5-en-3*β*-ol-3-*O*-[*O*-*α*-L-rhamnopyranosyl-(1→2)-*β*-D-glucopyranoside] (25*R*,26*R*)-26- 甲氧基螺甾 -5- 烯 -3*β*-*O*-[*O*-*α*-L- 吡喃鼠李糖基 -(1→2)-*β*-D- 吡喃葡萄糖苷] 药百合 Lilium speciosum var. gloriosoides
(25*R*,26*R*)-26-methoxyspirost-5-en-3*β*-ol-3-*O*-{*O*-*α*-L-rhamnopyranosyl-(1→2)-*O*-[6-*O*-acetyl-*β*-D-glucopyranosyl-(1→4)]-*β*-D-glucopyranoside} (25*R*,26*R*)-26- 甲氧基螺甾 -5- 烯 -3*β*- 醇 -3-*O*-{*O*-*α*-L- 吡喃鼠李糖基 -(1→2)-*O*-[6-*O*- 乙酰基 -*β*-D- 吡喃葡萄糖基 -(1→4)]-*β*-D- 吡喃葡萄糖苷 } 药百合 Lilium speciosum var. gloriosoides
(25*R*,26*R*)-26-methoxyspirost-5-en-3*β*-ol-3-*O*-{*O*-*α*-L-rhamnopyranosyl-(1→2)-*O*-[*β*-D-glucopyranosyl-(1→4)]-*β*-D-glucopyranoside} (25*R*,26*R*)-26- 甲氧基螺甾 -5- 烯 -3*β*- 醇 -3-*O*-{*O*-*α*-L- 吡喃鼠李糖基 -(1→2)-*O*-[*β*-D- 吡喃葡萄糖基 -(1→4)]-*β*-D- 吡喃葡萄糖苷 } 药百合 Lilium speciosum var. gloriosoides
(25*R*,26*R*)-26-methoxyspirost-5-en-3*β*-ol-3-*O*-*α*-L-rhamnopyranosyl-(1→2)-*O*-[*α*-L-arabinopyranosyl-(1→3)]-*β*-D-glucopyranoside (25*R*,26*R*)-26- 甲氧螺甾 -5- 烯 -3*β*- 醇 -3-*O*-*α*-L- 吡喃鼠李糖基 -(1→2)-*O*-[*α*-L- 吡喃阿拉伯糖基 -(1→3)]-*β*-D- 吡喃葡萄糖苷 毛百合 Lilium dauricum
(25*R*,26*R*)-26-methoxyspirost-5-en-3*β*-ol-3-*O*-*α*-L-rhamnopyranosyl-(1→2)-*O*-[*β*-D-glucopyranosyl-(1→4)]-*β*-D-glucopyranoside (25*R*,26*R*)-26- 甲氧基螺甾 -5- 烯 -3*β*- 醇 -3-*O*-*α*-L- 吡喃鼠李糖基 -(1→2)-*O*-[*β*-D- 吡喃葡萄糖基 -(1→4)]-*β*-D- 吡喃葡萄糖苷 毛百合 Lilium dauricum
(25*R*,26*R*)-26-methoxyspirost-5-en-3*β*-ol-3-*O*-*α*-L-rhamnopyranosyl-(1→2)-*β*-D-glucopyranoside (25*R*,26*R*)-26- 甲氧基螺甾 -5- 烯 -3*β*- 醇 -3-*O*-*α*-L- 吡喃鼠李糖基 -(1→2)-*β*-D- 吡喃葡萄糖苷 药百合 Lilium speciosum var. gloriosoides
(25*R*,26*R*)-26-methoxyspirost-5-en-3*β*-*O*-*α*-L-rhamnopyranosyl-(1→2)-[*β*-D-glucopyranosyl-(1→6)]-*β*-D-glucopyranoside (25*R*,26*R*)-26- 甲氧基螺甾 -5- 烯 -3*β*-*O*-*α*-L- 吡喃鼠李糖基 -(1→2)-[*β*-D- 吡喃葡萄糖基 -(1→6)]-*β*-D- 吡喃葡萄糖苷 卷丹 Lilium lancifolium
methoxystemofoline 甲氧基百部叶碱 细花百部 Stemona parviflora
7*β*-methoxystigmast-5-en-3*β*-ol 7*β*- 甲氧基豆甾 -5- 烯 -3*β*- 醇 盘花垂头菊 Cremanthodium discoideum, 牛白藤 Hedyotis hedyotidea
4-methoxystilbene 4- 甲氧基芪 乔松 Pinus wallichiana
11-methoxystrictamine 11- 甲氧基直立拉齐木胺▲ 苏门答腊萝芙木 Rauvolfia sumatrana
5-methoxystrictamine 5- 甲氧基直立拉齐木胺▲ 糖胶树 Alstonia scholaris, 尖山橙 Melodinus fusiformis
2-methoxystypandrone 2- 甲氧基粗雄花酮▲ 虎杖 Reynoutria japonica, 长叶冻绿 Rhamnus crenata, 单脉大黄 Rheum uninerve, 长穗决明 Senna didymobotrya
p-methoxystyrene 对甲氧基苯乙烯 山柰 Kaempferia galanga
5-methoxysuberenone 5- 甲氧基栓质花椒酮 飞龙掌血 Toddalia asiatica, 椿叶花椒 Zanthoxylum ailanthoides
7*α*-methoxysweroside 7*α*- 甲氧基獐牙菜苷 日本双蝴蝶 Tripterospermum japonicum
7*β*-methoxysweroside 7*β*- 甲氧基獐牙菜苷 日本双蝴蝶 Tripterospermum japonicum
7-methoxysweroside 7- 甲氧基獐牙菜苷 大籽獐牙菜 Swertia macrosperma
11-methoxytabersonine 11- 甲氧基柳叶水甘草碱 鸡骨常山 Alstonia yunnanensis, 奶子藤 Bousigonia mekongensis, 长春花 Catharanthus roseus, 海南蕊木 Kopsia hainanensis, 思茅山橙 Melodinus cochinchinensis, 尖山橙 M. fusiformis, 山橙 M. suaveolens, 薄叶山橙 M. tenuicaudatus
11-methoxy-tabersonine 11- 甲氧基 - 柳叶水甘草碱 雷打果 Melodinus yunnanensis
10-methoxytetrahydroalstonine 10- 甲氧基四氢鸡骨常山碱 四叶萝芙木 Rauvolfia tetraphylla
2-methoxythymol isobutyrate 2- 麝香草酚异丁酸酯 金挖耳 Carpesium divaricatum
28-methoxytormentic acid 28- 甲氧基委陵菜酸 空心泡 Rubus rosifolius

5-methoxytrachelogenin 5- 甲氧基络石苷元 络石 Trachelospermum jasminoides
5-methoxytracheloside 5- 甲氧基络石苷 络石 Trachelospermum jasminoides
4-methoxy-*trans*-cinnamic acid methyl ester 4- 甲氧基 - 反式 - 桂皮酸甲酯 漆姑草 Sagina japonica
6-methoxytricin 6- 甲氧基小麦黄素 毛莲蒿 Artemisia vestita
4'-methoxy-tricin 4'- 甲氧基小麦黄素 兜唇石斛 Dendrobium aphyllum
3-(3'-methoxytropoyloxy)-tropane 3-(3'- 甲氧基托品酰氧基)- 托品烷 树番茄 Cyphomandra betacea
19(*R*)-methoxytubotaiwine 19(*R*)- 甲氧基管花多果树文碱▲ 蕊木 Kopsia arborea
19(*S*)-methoxytubotaiwine 19(*S*)- 甲氧基管花多果树文碱▲ 蕊木 Kopsia arborea, 海南蕊木 K. hainanensis
19*S*-methoxytubotaiwine-N^4-oxide 19*S*- 甲氧基管花多果树文碱▲-N^4- 氧化物 雷打果 Melodinus yunnanensis
3-methoxytyramine 3- 甲氧基酪胺 青葙 Celosia argentea
3-methoxytyramine-betaxanthin 3- 甲基酪胺 - 甜菜黄素 厚皮菜 Beta vulgaris var. cicla
3-methoxytyramine-BX 3- 甲氧基酪胺 -BX 鸡冠花 Celosia cristata
5'-methoxyuridine 5'- 甲氧基尿苷 皱盖假芝 Amauroderma rude
DL-4-methoxyvasicine DL-4- 甲氧基鸭嘴花碱 鸭嘴花 Justicia adhatoda
3-methoxyvasicinone 3- 甲氧基鸭嘴花酮碱 可爱花 Eranthemum pulchellum
5-methoxyvasicinone 5- 甲氧基鸭嘴花酮碱 鸭嘴花 Justicia adhatoda
7-methoxyvasicinone 7- 甲氧基鸭嘴花酮碱 鸭嘴花 Justicia adhatoda
10-methoxyvellosimine 10- 甲氧基维氏叠籽木胺▲ 蔓长春花 Vinca major
(3*R*)-5-methoxyvestitol (3*R*)-5- 甲氧基绒叶军刀豆酚▲ 降香 Dalbergia odorifera
11-methoxyviburtinal 11- 甲氧基地中海荚蒾醛▲ 蜘蛛香 Valeriana jatamansi
6-methoxyvillosin C 6- 甲氧基柔毛香科科素▲C 海州常山 Clerodendrum trichotomum
11-methoxyvincadifformine 11- 甲氧基异形蔓长春花碱 山橙 Melodinus suaveolens
16-methoxyvincadifformine 16- 甲氧基异形蔓长春花胺 小蔓长春花 Vinca minor
10-methoxyvincamidine 10- 甲氧基蔓长春花米定▲ 小蔓长春花 Vinca minor
11-methoxyvincorine 11- 甲氧基蔓长春花考灵▲ 大叶糖胶树 Alstonia macrophylla
10-methoxyvinorine 10- 甲氧基小蔓长春花碱▲ 蔓长春花 Vinca major
12-methoxyvoaphylline 12- 甲氧基伏康树叶碱▲ 药用狗牙花 Tabernaemontana bovina, 伞房狗牙花 T. corymbosa
6-methoxywogonin 6- 甲氧基汉黄芩素 羊蹄甲 Bauhinia purpurea
2-methoxyxanthone 2- 甲氧基𠮿酮 薄叶红厚壳 Calophyllum membranaceum, 黄海棠 Hypericum ascyron
8-methoxyxanthotoxol-5-*β*-D-glucopyranoside 8- 甲氧基花椒毒素 -5-*β*-D- 吡喃葡萄糖苷 蛇床 Cnidium monnieri
5-methoxy-xanthotoxol-8-*β*-D-glucopyranoside 5- 甲氧基花椒毒素 -8-*β*-D- 吡喃葡萄糖苷 蛇床 Cnidium monnieri
3-methoxyxanthyletin 3- 甲氧基花椒内酯 九丁榕 Ficus nervosa
5-methoxyxanthyletin 5- 甲氧基美洲花椒素 细叶黄皮 Clausena anisum-olens
6-methoxyzeylenol 6- 甲氧基锡兰紫玉盘烯醇▲ 山椒子 Uvaria grandiflora
6-(2-methoxy-*Z*-vinyl)-7-methyl-pyranocoumarin 6-(2- 甲氧基 - 顺式 - 乙烯基)-7- 甲基 - 吡喃骈香豆素 无花果 Ficus carica
9-methoxy-*α*-lapachone 9- 甲氧基 -*α*- 风铃木醌▲ 梓 Catalpa ovata
p-methoxy-*α*-methylbenzyl alcohol 对甲氧基 -*α*- 甲基苄醇 银桦 Grevillea robusta
4-methoxy-*α*-tetralone-5-*O*-*α*-glucopyranoside 4- 甲氧基 -*α*- 四氢萘酮 -5-*O*-*α*- 吡喃葡萄糖苷 胡桃 Juglans regia
7a-methoxy-*α*-tocopherol 7a- 甲氧基 -*α*- 生育酚 黄花稔 Sida acuta
1-methoxy-*β*-carboline 1- 甲氧基 -*β*- 咔啉 苦树 Picrasma quassioides
3-methoxy-*β*-carboline 3- 甲氧基 -*β*- 咔啉 苦树 Picrasma quassioides
2'-methoxy-*β*-hydroxy-(2'',3'':4',3')-furanochalcone 2'- 甲氧基 -*β*- 羟基 -(2'',3'':4',3')- 呋喃查耳酮 水黄皮 Pongamia pinnata
(*E*)-6-methoxy-*β*-hydroxybenzopyranyl[2'',3'':4',5']chalcone (*E*)-6- 甲氧基 -*β*- 羟基 - 苯并吡喃 [2'',3'':4',5'] 查耳酮 印度崖豆 Millettia pulchra
3-methoxy-*β*-mangostin 3- 甲氧基 -*β*- 倒捻子素 莽吉柿 Garcinia mangostana
17-methoxy-*β*-sitosterol 17- 甲氧基 -*β*- 谷甾醇 番石榴 Psidium guajava
7*α*-methoxy-*β*-sitosterol 7*α*- 甲氧基 -*β*- 谷甾醇 金鱼藻 Ceratophyllum demersum
methuenine 梅氏哈宗藤碱▲ 药用狗牙花 Tabernaemontana bovina, 伞房狗牙花 T. corymbosa, 狗牙花 T. divaricata
4-methyl (-)-(*R*)-hydroxyeucomate (-)-(*R*)- 羟基红果酸 -4- 甲酯 乌头 Aconitum carmichaelii
methyl (+)-*rel*-(1*R*,3*S*,4*R*,5*R*,8*R*,9*R*)-1,3,4,5,8,9-hexahydro-8-hydroxy-3-methoxy-2*H*-1a,2-dioxacyclopent[*cd*]indene-4-carboxylate (+)- 相对 -(1*R*,3*S*,4*R*,5*R*,8*R*,9*R*)-1,3,4,5,8,9- 六氢 -8- 羟基 -3- 甲氧基 -2*H*-1a,2- 二氧杂环戊 [cd] 茚烯 -4- 羧酸甲酯 水红木 Viburnum cylindricum
methyl (+)-*rel*-(1*R*,3*S*,4*S*,5*R*,8*R*,9*R*)-1,3,4,5,8,9-hexahydro-8-hydroxy-3-methoxy-2*H*-1a,2-dioxacyclopent[*cd*]indene-4-carboxylate (+)- 相对 -(1*R*,3*S*,4*S*,5*R*,8*R*,9*R*)-1,3,4,5,8,9- 六氢 -8- 羟基 -3- 甲氧基 -2*H*-1a,2- 二氧杂环戊 [cd] 茚烯 -4- 羧酸甲酯 水红木 Viburnum cylindricum
methyl (±)-3-(4'-hydroxy-3'-methoxyphenyl)-3-sulfopropionate (±)-3-(4'- 羟基 -3'- 甲氧基苯基 l)-3- 硫酸酯基丙酸甲酯 乌头 Aconitum carmichaelii
methyl (10*E*,9*S*,12*S*,13*S*)-trihydroxy-10-octadecenoate (10*E*,9*S*,12*S*,13*S*)- 三羟基 -10- 十八碳烯酸甲酯 草麻黄 Ephedra sinica
methyl (24*Z*)-27-hydroxy-3-oxo-7,24-tirucalladien-21-oate (24*Z*)-27- 羟基 -3- 氧代 -7,24- 绿玉树二烯 -21- 甲酯 苦树 Picrasma quassioides
methyl (25*R*)-3,7,23-trioxo-8,11,14-mariesiatrien-26-oate (25*R*)-3,7,23- 三酮 -8,11,14- 台湾冷杉三烯 -26- 甲酯 冷杉 Abies fabri
methyl (2*E*)-3'-methoxy-4',5'-methylenedioxyphenyl-prop-2-enoate (2*E*)-3'- 甲氧基 -4',5'- 亚甲二氧基苯基 -2- 丙烯酸甲酯 豆瓣绿 Peperomia tetraphylla

M

methyl (2*E*,6*E*)-farnesate (2*E*,6*E*)- 金合欢酸甲酯 挥发油成分，未统计基源
methyl (2*E*,6*E*,9*E*)-11-hydroxy-3,7,11-trimethyl-2,6,9,-dodecatrienoate (2*E*,6*E*,9*E*)-11- 羟基 -3,7,11- 三甲基 -2,6,9- 十二碳三烯酸甲酯 挥发油成分，未统计基源
methyl (2*E*,6*E*,9*E*)-3,7,11-trimethyl-2,6,9,11-dodecatetraenoate (2*E*,6*E*,9*E*)-3,7,11- 三甲基 -2,6,9,11- 十二碳四烯酸甲酯 挥发油成分，未统计基源
methyl (2*E*,6*E*,9*Z*)-11-hydroxy-3,7,11-trimethyl-2,6,9-dodecatrienoate (2*E*,6*E*,9*Z*)-11- 羟基 -3,7,11- 三甲基 -2,6,9- 十二碳三烯酸甲酯 挥发油成分，未统计基源
methyl (2*E*,6*E*,9*Z*)-3,7,11-trimethyl-2,6,9,11-dodecatetraenoate (2*E*,6*E*,9*Z*)-3,7,11- 三甲基 -2,6,9,11- 十二碳四烯酸甲酯 挥发油成分，未统计基源
rel-methyl (2*S*)-2-hydroxy-2-2'-((2''*R*,3''*R*)-4''-guaiacyl-2'',3''-dimethylbutyl)-5'-oxo-2',5'-dihydro-2-furanylethnoate 相对 -(2*S*)-2- 羟基 -2-2'-[(2''*R*,3''*R*)-4''- 愈创木 -2'',3''- 二甲基丁基]-5'- 氧代 -2',5'- 二氢 -2- 呋喃乙酸甲酯 红楠 Machilus thunbergii
rel-methyl (2*S*)-2-hydroxy-2-2'-[(2''*R*,3''*S*)-4''-guaiacyl-2'',3''-dimethylbutyl]-5'-oxo-2',5'-dihydro-2-furanylethnoate 相对 -(2*S*)-2- 羟基 -2-2'-[(2''*R*,3''*S*)-4''- 愈创木 -2'',3''- 二甲基丁基]-5'- 氧代 -2',5'- 二氢 -2- 呋喃乙酸甲酯 红楠 Machilus thunbergii
methyl (2*Z*,6*E*)-farnesate (2*Z*,6*E*)- 金合欢酸甲酯 挥发油成分，未统计基源
methyl (3*R*,5*R*)-5-hydroxy-(*O*-*β*-D-glucopyranosyl)-hexanoate (3*R*,5*R*)-5- 羟基 -(*O*-*β*-D- 吡喃葡萄糖基)- 己酸甲酯 华东膜蕨 Hymenophyllum barbatum
methyl (6-*O*-*p*-hydroxybenzoyl)-*β*-D-glucopyranoside (6-*O*- 对羟基苯甲酰基)-*β*-D- 吡喃葡萄糖甲苷 梓 Catalpa ovata
methyl (7*S*,8*R*)-4',7-epoxy-3-methoxy-3',4,9-trihydroxylignan-9'-oate (7*S*,8*R*)-4',7- 环氧 -3- 甲氧基 -3',4,9- 三羟基木脂素 -9'- 甲酯 冷杉 Abies fabri
methyl (9*Z*,11*E*)-13-oxooctadeca-9,11-dienoate (9*Z*,11*E*)-13- 氧 - 十八碳 -9,11- 二烯酸甲酯 皱环球盖菇 Stropharia rugosoannulata
methyl (*E*)-caffeate (*E*)- 咖啡酸甲酯 齿叶橐吾 Ligularia dentata
methyl (*E*)-cinnamate (*E*)- 桂皮酸甲酯 挥发油成分，未统计基源
methyl (*E*)-crotonate (*E*)- 巴豆酸甲酯 挥发油成分，未统计基源
methyl (*E*)-ferulate (*E*)- 阿魏酸甲酯 假黄皮 Clausena excavata, 齿叶橐吾 Ligularia dentata
methyl (*E*)-feruloylglycolate (*E*)- 阿魏酰乙醇酸甲酯 齿叶橐吾 Ligularia dentata
methyl (*E*)-*p*-hydroxycinnamate (*E*)- 对羟基桂皮酸甲酯 唐菖蒲 Gladiolus × gandavensis, 椿叶花椒 Zanthoxylum ailanthoides
methyl (*E*)-*p*-methoxycinnamate (*E*)- 对甲氧基桂皮酸甲酯 唐菖蒲 Gladiolus × gandavensis
methyl (*E*,*E*,*E*)-3,7,11-trimethyl-11-hydroxy-2,6,9-dodecatrienoate (*E*,*E*,*E*)-3,7,11- 三甲基 -11- 羟基 -2,6,9- 十二碳三烯酸甲酯 挥发油成分，未统计基源
methyl (*R*)-21-hydroxypheophorbide a (*R*)-21- 羟基脱镁叶绿酸甲酯 a 瓜叶马兜铃 Aristolochia cucurbitifolia
methyl (*R*)-21-hydroxypheophorbide a, b (*R*)-21- 羟基脱镁叶绿酸甲酯 a, b 小花山小橘 Glycosmis parviflora
methyl (*S*)-flavogallonate (*S*)- 黄没食子酮酸▲甲酯 千果榄仁 Terminalia myriocarpa
methyl (*Z*,*Z*)-9,12-octadecane diene (*Z*,*Z*)-9,12- 十八烷二烯酸甲酯 紫苞鸢尾 Iris ruthenica
methyl [*β*-D-xylopyranosyl-(1 → 6)-*β*-D-glucopyranosyl]-salicylate [*β*-D- 吡喃木糖基 -(1 → 6)-*β*-D- 吡喃葡萄糖基]- 水杨酸甲酯 银叶树 Heritiera littoralis
methyl 1,1',4,4'-tetrahydro-3-hydroxy-1,1',4,4'-tetraoxo[2,2'-binaphthalene]-3'-carboxylate 1,1',4,4'- 四氢 -3- 羟基 -1,1',4,4'- 四氧 [2,2'- 二萘]-3'- 羧酸甲酯 肥牛草 Primulina hedyotidea
methyl 1,2-dihydro-2-oxoquinoline-4-carboxylic acid ester 1,2- 二氢 -2- 氧代喹啉 -4- 羧酸甲酯 地锦 Parthenocissus tricuspidata
methyl 1,2-ethyl-diheptaecanotate 1,2- 丙二醇双十七酸甲酯 鸡蛋参 Codonopsis convolvulacea
methyl 1,6-dihydroxy-9*H*-carbazole-3-carboxylate 1,6- 二羟基 -9*H*- 咔唑 -3- 羧酸甲酯 假黄皮 Clausena excavata
methyl 1-[2-(furan-2-yl)-2-oxoethyl]-5-oxopyrrolidine-2-carboxylate 1-[2-(呋喃 -2- 基)-2- 氧代乙基]-5- 氧代吡咯 -2- 羧酸甲酯 桑 Morus alba
methyl 10-methyl heptadecanoate 10- 甲基十七酸甲酯 甘遂 Euphorbia kansui
methyl 10*R*-methoxy-12-oxo-9(13),16*E*-phytodienoate 10*R*- 甲氧基 -12- 酮 -9(13),16*E*- 植醇二烯酸甲酯 山牡荆 Vitex quinata
methyl 11,12-methylenedioxychanofruticosinate 11,12- 亚甲二氧基开环红花蕊木酸▲甲酯 蕊木 Kopsia arborea, 思茅山橙 Melodinus cochinchinensis
methyl 11,12-methylenedioxy-N_1-decarbomethoxychanofruticosinate 11,12- 亚甲二氧基 -N_1- 去甲氧羰基开环红花蕊木酸▲甲酯 蕊木 Kopsia arborea, 思茅山橙 Melodinus cochinchinensis
methyl 11,12-methylenedioxy-N_1-decarbomethoxy-$\Delta^{14,15}$chanofruticosinate 11,12- 亚甲二氧基 -N_1- 去甲氧羰基 -$\Delta^{14,15}$ 开环红花蕊木酸▲甲酯 蕊木 Kopsia arborea, 海南蕊木 K. hainanensis
methyl 12-methoxychanofruticosinate 12- 甲氧基开环红花蕊木酸▲甲酯 蕊木 Kopsia arborea, 思茅山橙 Melodinus cochinchinensis
methyl 13(14)-hydroxyacetoxydocosanoate 13(14)- 羟基乙酰氧基二十二酸甲酯 弹裂碎米荠 Cardamine impatiens
methyl 15,16-epoxy-12(*R*)-acetoxy-8(17),13(16),14-*ent*-labdatrien-19-oate 15,16- 环氧 -12(*R*)- 乙酰氧 -8(17),13(16),14- 对映 - 半日花三烯 -19- 酸甲酯 篦齿眼子菜 Potamogeton pectinatus
methyl 15-hydroxydehydroabietate 15- 羟基去氢冷杉酸甲酯 冷杉 Abies fabri
methyl 1-methoxyindole-3-carboxylate 1- 甲氧基吲哚 -3- 羧酸甲酯 块茎山萮菜 Eutrema wasabi
methyl 1-*O*-[*α*-L-arabinopyranosyl-(1 → 6)]-*β*-D-glucopyranosylsalicylate 1-*O*-[*α*-L- 阿拉伯吡喃糖基 -(1 → 6)]-*β*-D- 葡萄吡喃糖基 - 水杨酸甲酯 荷包山桂花 Polygala arillata
methyl 1*β*,10*β*-epoxy-6*α*-hydroxy-7(10)-en-8-oxoeremophil-12-oate 1*β*,10*β*- 环氧 -6*α*- 羟基 -7(10)- 烯 -8- 氧代荒漠木 -12- 甲酯 箭叶橐吾

M

methyl 2β,3β-dihydroxy-D:C-friedoolean-8-en-29-oate 2β,3β- 二羟基 -D:C- 飞齐墩果 -8- 烯 -29- 甲酯 葫芦 Lagenaria siceraria
methyl 3-(2,4-dihydroxy-5-methoxyphenyl)propionate 3-(2,4- 二羟基 -5- 甲氧基苯基) 丙酸甲酯 海滨木巴戟 Morinda citrifolia
methyl 3-(2-O-β-D-glucopyranosyl-4-hydroxyphenyl)propanoate 3-(2-O-β-D- 吡喃葡萄糖基 -4- 羟苯基) 丙酸甲酯 滨海前胡 Peucedanum japonicum
methyl 3-(3,4-dihydroxyphenyl)lactate 3-(3,4- 二羟基苯基) 乳酸甲酯 康藏荆芥 Nepeta prattii
methyl 3-(3',4'-dihydroxyphenyl)lactate 3-(3',4'- 二羟基苯基) 乳酸甲酯 江香薷 Mosla chinensis 'jiangxiangru', 牛至 Origanum vulgare
methyl 3-(3',4'-dihydroxyphenyl)propionate 3-(3',4'- 二羟基苯基) 丙酸甲酯 瞿麦 Dianthus superbus
methyl 3-(3-hydroxyphenyl)-propanoate 3-(3- 羟苯基) 丙酸甲酯 毛地黄鼠尾草 Salvia digitaloides
methyl 3-(4-hydroxy-3-methoxyphenyl)-propanoate 3-(4- 羟基 -3- 甲氧基苯基)- 丙酸甲酯 藜 Chenopodium album
(E)-methyl 3-(4-hydroxyphenyl)-acrylate (E)- 甲基 -3-(4- 羟基苯基) 丙烯酸酯 潞西山龙眼 Helicia tsaii
methyl 3-(4-hydroxyphenyl)propanoate 3-(4- 羟基苯基) 丙酸甲酯 茶梨 Anneslea fragrans, 绶草 Spiranthes sinensis
methyl 3-(4-O-β-D-glucopyranosyl phenyl)propionate 3-(4-O-β-D- 吡喃葡萄糖基苯基) 丙酸甲酯 红花 Carthamus tinctorius
methyl 3-(4-O-β-D-glucopyranosyl-3-methoxyphenyl)propionate 3-(4-O-β-D- 吡喃葡萄糖基 -3- 甲氧基苯基) 丙酸甲酯 红花 Carthamus tinctorius
methyl 3-(4-β-glucopyranosyl-3-methoxyphenyl)propionate 3-(4-β- 吡喃葡萄糖基 -3- 甲氧基苯基) 丙酸甲酯 柠檬 Citrus limon
methyl 3-(6-hydroxy-4-methoxybenzofuran-5-yl)propanoate 3-(6- 羟基 -4- 甲氧基苯并呋喃 -5- 基) 丙酸甲酯 竹叶榕 Ficus stenophylla
methyl 3-(p-anisoloxy)propionate 3-(对 - 茴香酰基) 丙酸甲酯 乳白耙菌 Irpex lacteus
methyl 3,4,5-trihydroxybenzoate 3,4,5- 三羟基苯甲酸甲酯 匍枝毛茛 Ranunculus repens
methyl 3,4,5-trihydroxybezoate 3,4,5- 三羟基苯甲酯 海漆 Excoecaria agallocha
methyl 3,4,5-trimethoxycinnamate 3,4,5- 三甲氧基桂皮酸甲酯 多序岩黄耆 Hedysarum polybotrys, 光叶马鞍树 Maackia tenuifolia, 荜拔 Piper longum, 西伯利亚远志 Polygala sibirica, 远志 P. tenuifolia, 催吐萝芙木 Rauvolfia vomitoria
methyl 3,4,5-tri-O-caffeoylquinate 3,4,5- 三 -O- 咖啡酰奎宁酸甲酯 山牡荆 Vitex quinata
methyl 3,4-dihydroxybenzoate 3,4- 二羟基苯甲酸甲酯 咖啡黄葵 Abelmoschus esculentus, 台湾相思 Acacia confusa, 洋葱 Allium cepa, 皱盖假芝 Amauroderma rude, 假芝 A. rugosum, 老牛筋 Arenaria juncea, 瞿麦 Dianthus superbus, 胡颓子 Elaeagnus pungens, 金荞麦 Fagopyrum dibotrys, 银桦 Grevillea robusta, 黄槿 Hibiscus tiliaceus, 荔枝 Litchi chinensis, 北重楼 Paris verticillata, 红蓼 Polygonum orientale, 蓖麻 Ricinus communis, 华中五味子 Schisandra sphenanthera, 圆锥菝葜 Smilax bracteata, 酸豆 Tamarindus indica, 穗花牡荆 Vitex agnus-castus, 紫花地丁 Viola philippica
methyl 3,4-dihydroxycinnamate 3,4- 二羟基桂皮酸甲酯 大叶马兜铃 Aristolochia kaempferi, 地锦 Parthenocissus tricuspidata
methyl 3,4-dihydroxyphenyllactate 3,4- 二羟基苯基乳酸甲酯 夏枯草 Prunella vulgaris, 荔枝草 Salvia plebeia, 草珊瑚 Sarcandra glabra
methyl 3,4-dimethoxycaffeate 3,4- 二甲氧基咖啡酸甲酯 朝鲜槐 Maackia amurensis
methyl 3,4-di-O-caffeoylquinate 3,4- 二 -O- 咖啡酰奎宁酸甲酯 三叶木通 Akebia trifoliata, 麻辣仔藤 Erycibe obtusifolia, 西南忍冬 Lonicera bournei, 款冬 Tussilago farfara, 山牡荆 Vitex quinata
methyl 3,5-dicaffeoylquinate 3,5- 二咖啡酰奎宁酸甲酯 青蒿 Artemisia carvifolia carvifolia, 石胡荽 Centipeda minima, 菊花 Chrysanthemum morifolium, 毛果一枝黄花 Solidago virgaurea
methyl 3,5-dihydroxy-4-methoxybenzoate 3,5- 二羟基 -4- 甲氧基苯甲酸甲酯 宽苞水柏枝 Myricaria bracteata, 三春水柏枝 M. paniculata
methyl 3,5-dimethoxy-4-hydroxybenzoate 3,5- 二甲氧基 -4- 羟基苯甲酸甲酯 老鼠簕 Acanthus ilicifolius, 大叶马兜铃 Aristolochia kaempferi, 思茅藤 Epigynum auritum
methyl 3,5-dimethoxycinnamate 3,5- 二甲氧基桂皮酸甲酯 菟丝子 Cuscuta chinensis
methyl 3,5-di-O-caffeoyl-4-O-(3-hydroxy-3-methyl)glutaroylquinate 3,5- 二 -O- 咖啡酰基 -4-O-(3- 羟基 -3- 甲基) 戊二酰奎宁酸甲酯 栀子 Gardenia jasminoides
methyl 3,5-di-O-caffeoylquinate 3,5- 二 -O- 咖啡酰奎宁酸甲酯 三叶木通 Akebia trifoliata, 麻辣仔藤 Erycibe obtusifolia, 微花藤 Iodes cirrhosa, 西南忍冬 Lonicera bournei, 盐角草 Salicornia europaea, 碱蓬 Suaeda glauca, 款冬 Tussilago farfara, 山牡荆 Vitex quinata
methyl 3,6-anhydro-2-deoxy-β-D-furanoside 甲基 -3,6- 脱水 -2- 去氧 -β-D- 呋喃糖苷 红枝崖爬藤 Tetrastigma erubescens
methyl 3,6-dihydroxy-2-[2-(2-hydroxyphenyl)-ethynyl]benzoate 3,6- 二羟基 -2-[2-(2- 羟苯基) 乙炔基] 苯甲酸甲酯 黑三棱 Sparganium stoloniferum
methyl 3,7,11-trimethyl-11-hydroxy-trans-2,trans-6,trans-9-dodecatrienoate 3,7,11- 三甲基 -11- 羟基 -2 反式 ,6 反式 ,9 反式 - 十二碳三烯酸甲酯 挥发油成分，未统计基源
methyl 3,7,11-trimethyl-trans-2,trans-6,10-dodecatrienoate 3,7,11- 三甲基 -2 反式 ,6 反式 ,10- 十二碳三烯酸甲酯 挥发油成分，未统计基源
methyl 3,7,11-trimethyl-trans-2,trans-6,cis-9,11-dodecatetraenoate 3,7,11- 三甲基 -2 反式 ,6- 反式 ,9- 顺式 ,11- 十二碳四烯酸甲酯 挥发油成分，未统计基源
methyl 3,7,11-trimethyl-trans-2,trans-6,trans-9,11-dodecatetraenoate 3,7,11- 三甲基 -2 反式 ,6 反式 ,9- 顺式 ,11- 十二碳四烯酸甲酯 挥发油成分，未统计基源
(Z)-methyl 3-[4-((E)-4-hydroxy-3-methylbut-2-enyloxy)-phenyl]acrylate [(Z)-3-[4-((E)-4- 羟基 -3- 甲基丁 -2- 烯氧基)- 苯基] 丙烯酸甲酯 两面针 Zanthoxylum nitidum
methyl 3-acetoxy-12-oleanen-28-oate 3- 乙酰氧基 -12- 齐墩果烯 -28- 酸甲酯 水柳 Homonoia riparia
methyl 3-epi-betulinate 3- 表 - 白桦脂酸甲酯 洋蒲桃 Syzygium samarangense
methyl 3-epimasticadienolate 3- 表乳香二烯酮酸甲酯 阿月浑子 Pistacia vera
methyl 3-hydroxybutanoate 3- 羟基丁酸甲酯 挥发油成分，未统计基源

M

methyl 5-*O*-caffeyolquinate 5-*O*- 咖啡酰奎尼酸甲酯 百部 Stemona japonica
methyl 5-*O*-feruloylquinate 5-*O*- 阿魏酰奎宁酸甲酯 西南忍冬 Lonicera bournei, 黄檗 Phellodendron amurense
methyl 5-oxopyrrolidine-2-carboxylate 5- 氧代 - 吡咯 -2- 羧酸甲酯 甘遂 Euphorbia kansui
methyl 6-(2-acetoxyethyl)-4,8-dihydroxy-9-oxo-9*H*-xanthene-1-carboxylate 6-(2- 乙酰氧基乙基)-4,8- 二羟基 -9- 酮基 -9*H*- 呫烯 -1- 羧酸甲酯 单花山竹子 Garcinia oligantha
methyl 6-dehydroxyrosmarinate 6- 去羟基迷迭香酸甲酯 狭基线纹香茶菜 Isodon lophanthoides var. gerardianus, 朝鲜白头翁 Pulsatilla cernua
methyl 6-ethoxy-3-indolecarbonate 6- 乙氧基 -3- 吲哚羧酸甲酯 辣蓼铁线莲 Clematis terniflora var. mandshurica
methyl 6-methoxy-3-indolecarbonate 6- 甲氧基 -3- 吲哚羧酸甲酯 辣蓼铁线莲 Clematis terniflora var. mandshurica
methyl 6''-*O*-(*E*)-*p*-hydroxycinnamoxyl-glucosyringate 6''-*O*-(*E*)- 对羟基桂皮酰基 - 葡萄糖基丁香酸甲酯 山地虎耳草 Saxifraga montana
methyl 6-*O*-*α*-L-rhamnopyranosyl-(1 → 6)-*β*-D-glucopyranosyl-3-indolecarbonate 6-*O*-*α*-L- 吡喃鼠李糖基 -(1 → 6)-*β*-D- 吡喃葡萄糖基 -3- 吲哚羧酸甲酯 辣蓼铁线莲 Clematis terniflora var. mandshurica
methyl 6*β*-angeloyloxyfuranoeremophilan-15-oate 6*β*- 当归酰氧基呋喃荒漠木 -15- 羧酸甲酯 大叶橐吾 Ligularia macrophylla, 棉毛橐吾 L. vellerea
methyl 7,8-dihydro-(*S*)-7-methoxyferulate 7,8- 二氢 -(*S*)-7- 甲氧基阿魏酸甲酯 齿叶橐吾 Ligularia dentata
methyl 7-hydroxyhomodaphniphyllate 7- 羟基高虎皮楠碱甲酯 牛耳枫 Daphniphyllum calycinum
methyl 7-oxo-dehydroabietate 7- 氧代 - 去氢冷杉酸甲酯 土沉香 Aquilaria sinensis
methyl 8,11-octadecadienoate 8,11- 十八碳二烯酸甲酯 挥发油成分，未统计基源
methyl 8,15-isopimaradien-18-oate 8,15- 异海松二烯 -18- 酸甲酯 雪岭云杉 Picea schrenkiana
methyl 8-hydroxy-5,6-octadienoate 8- 羟基 -5,6- 辛二烯酸甲酯 白木乌桕 Neoshirakia japonica
methyl 9,11-octadecandienoate 9,11- 十八碳二烯酸甲酯 多序岩黄耆 Hedysarum polybotrys
methyl 9,12,13-trihydroxyoctadeca-10*E*,15*Z*-dienoate 9,12,13- 三羟基十八烷 -10*E*,15*Z*- 二烯酸甲酯 粉条儿菜 Aletris spicata
methyl 9,12,15-octadecatrienoate 9,12,15- 十八碳三烯酸甲酯 挥发油成分，未统计基源
methyl 9,12-octadecadienoate 9,12- 十八碳二烯酸甲酯 挥发油成分，未统计基源
methyl 9-octadecenoate 9- 十八烯酸甲酯 挥发油成分，未统计基源
methyl 9-oxopelargonate 9- 氧代壬酸甲酯 挥发油成分，未统计基源
methyl abietate 冷杉酸甲酯 挥发油成分，未统计基源
methyl abrusgenate 相思子原酸甲酯 相思子 Abrus precatorius
methyl acetal of ligstroside aglycone 女贞苷元甲基半缩醛 木犀榄 Olea europaea
19-methyl agathic acid 19- 甲基贝壳杉二酸 雪岭云杉 Picea schrenkiana
methyl allyl disulfide 甲基烯丙基二硫醚 韭菜 Allium tuberosum
methyl allyl sulfide 甲基烯丙基硫醚 茖葱 Allium victorialis
methyl allyl trisulfide 甲基烯丙基三硫醚 薤头 Allium chinense, 茖葱 A. victorialis
methyl anisate 茴芹酸▲甲酯 挥发油成分，未统计基源
methyl anthranilate 氨茴酸甲酯 挥发油成分，未统计基源
methyl arachidate 花生酸甲酯 稀莶 Sigesbeckia orientalis
methyl arjunolate 阿江榄仁酸甲酯 福建胡颓子 Elaeagnus oldhamii, 枇杷 Eriobotrya japonica
methyl asiatate 积雪草酸甲酯 白花油麻藤 Mucuna birdwoodiana
methyl asterrate 土曲霉酸▲甲酯 长柄异木患 Allophylus longipes
methyl benzoate 苯甲酸甲酯 挥发油成分，未统计基源
methyl betulinate 白桦脂酸甲酯 白桂木 Artocarpus hypargyreus, 枇杷 Eriobotrya japonica, 艾胶算盘子 Glochidion lanceolarium, 洋蒲桃 Syzygium samarangense, 酸枣 Ziziphus jujuba var. spinosa
methyl bovinate 乳牛肝菌酸▲甲酯 乳牛肝菌 Suillus bovinus
methyl brevifolin carboxylate 短叶苏木酚羧酸甲酯 龙眼 Dimocarpus longan
methyl brevifolincarboxylate 短叶苏木酸甲酯 臭椿 Ailanthus altissima, 筒鞘蛇菰 Balanophora involucrata, 地锦 Euphorbia humifusa, 毛草龙 Ludwigia octovalvis, 血桐 Macaranga tanarius var. tomentosa, 叶下珠 Phyllanthus urinaria
methyl buergericate 寒梅酸甲酯 寒莓 Rubus buergeri
methyl butanoate 丁酸甲酯 挥发油成分，未统计基源
29-(2-methyl butanoyloxy)-2*α*-hydroxyamoorastatone 29-(2- 甲基丁酰氧基)-2*α*- 羟基崖摩抑酮▲ 川楝 Melia toosendan
methyl butylsulfoxide 丁基亚砜甲酯 挥发油成分，未统计基源
(2*S*)-2-methyl butyric acid (2*S*)-2- 甲基丁酸 南方菟丝子 Cuscuta australis
methyl caffeate 咖啡酸甲酯 较常见成分，至少分布于 30 种以上植物中，见于八角枫科、百合科、唇形科、豆科、珙桐科、海桐花科、堇菜科、锦葵科、木犀科、葡萄科、茜草科、蔷薇科、茄科、忍冬科、瑞香科、桑科、蛇菰科、檀香科、芸香科、紫葳科等
methyl calvatate 秃马勃酸▲甲酯 梨形马勃 Lycoperdon pyriforme
methyl carbazole-3-carboxylate 咔唑 -3- 羧酸甲酯 黄皮 Clausena lansium, 山小橘 Glycosmis pentaphylla
methyl cembratriene 甲基瑞士五针松三烯▲ 双核枸骨 Ilex dipyrena
methyl cembrenene 甲基瑞士五针松烯▲ 双核枸骨 Ilex dipyrena
methyl chanofruticosinate 开环红花蕊木酸▲甲酯 蕊木 Kopsia arborea, 海南蕊木 K. hainanensis, 思茅山橙 Melodinus cochinchinensis
methyl chanofruticosinate-N^4-oxide 开环红花蕊木酸▲甲酯 -N^4- 氧化物 海南蕊木 Kopsia hainanensis

M

M

methyl ganoderate AP 灵芝酸 AP 甲酯 树舌灵芝 Ganoderma applanatum
methyl ganoderate B 灵芝酸 B 甲酯 灵芝 Ganoderma lucidum, 松杉灵芝 G. tsugae
methyl ganoderate D 灵芝酸 D 甲酯 灵芝 Ganoderma lucidum
methyl ganoderate E 灵芝酸 E 甲酯 灵芝 Ganoderma lucidum
methyl ganoderate F 灵芝酸 F 甲酯 灵芝 Ganoderma lucidum
methyl ganoderate G 灵芝酸 G 甲酯 灵芝 Ganoderma lucidum
methyl ganoderate H 灵芝酸 H 甲酯 灵芝 Ganoderma lucidum
methyl ganoderate I 灵芝酸 I 甲酯 灵芝 Ganoderma lucidum
methyl ganoderate J 灵芝酸 J 甲酯 灵芝 Ganoderma lucidum
methyl ganoderate K 灵芝酸 K 甲酯 灵芝 Ganoderma lucidum
methyl ganoderenate H 灵芝烯酸 H 甲酯 树舌灵芝 Ganoderma applanatum
methyl ganoderenate I 灵芝烯酸 I 甲酯 树舌灵芝 Ganoderma applanatum
methyl ganolucidate A 红芝酸 ▲A 甲酯 灵芝 Ganoderma lucidum
methyl ganolucidate B 红芝酸 ▲B 甲酯 灵芝 Ganoderma lucidum
methyl ganosinensate A 紫芝酸 A 甲酯 中华紫芝 Ganoderma sinense
methyl gentisate 龙胆酸甲酯 白果白珠 Gaultheria leucocarpa
methyl geranate 香叶酸甲酯 挥发油成分，未统计基源
methyl glucooleoside 甲基葡萄糖木犀榄苷 ▲ 多花素馨 Jasminum polyanthum, 日本女贞 Ligustrum japonicum
methyl glutarate 戊二酸甲酯 木贼 Equisetum hyemale
methyl glycyrrhetate 甘草次酸甲酯 洋甘草 Glycyrrhiza glabra, 胀果甘草 G. inflata
methyl grevillate 银桦酸甲酯 多花芍药 Paeonia emodi
methyl haematommate 赤星衣酸甲酯 毛果槭 Acer nikoense, 金丝带 Lethariella zahlbruckneri, 北美鹅掌楸 Liriodendron tulipifera, 大叶梅衣 Parmotrema tinctorum, 槽枝衣 Sulcaria sulcata
methyl helicterate 山芝麻酸甲酯 山芝麻 Helicteres angustifolia
methyl helicterilate 山芝麻宁酸甲酯 山芝麻 Helicteres angustifolia
16-methyl heptadecanoic acid 16- 甲基十七酸 金鱼草 Antirrhinum majus
methyl heptadecatrinoate 十七碳三酸甲酯 挥发油成分，未统计基源
methyl heptenone 甲基庚烯酮 挥发油成分，未统计基源
methyl hexacosanoate 二十六酸甲酯 羊乳 Codonopsis lanceolata
(*E*)-methyl hexadec-9-enoate (*E*)- 十六碳 -9- 烯酸甲酯 挥发油成分，未统计基源
14-methyl hexadecanoic acid 14- 甲基十六酸 金鱼草 Antirrhinum majus
methyl hexanoate 己酸甲酯 挥发油成分，未统计基源
methyl homosecodaphniphyllate 高裂环虎皮楠碱甲酯 牛耳枫 Daphniphyllum calycinum, 长柱虎皮楠 D. longistylum, 交让木 D. macropodum, 虎皮楠 D. oldhamii
methyl indoline-6-carboxylate 二氢吲哚 -6- 羧酸甲酯 金发藓 Polytrichum commune
methyl irisolidone 甲基尼泊尔鸢尾异黄酮 射干 Belamcanda chinensis
methyl isoapetalate 异无瓣红厚壳酸甲酯 ▲ 滇南红厚壳 Calophyllum polyanthum
methyl isoeugenol 甲基异丁香酚 挥发油成分，未统计基源
methyl isoferulate 异阿魏酸甲酯 加拿大杨 Populus canadensis
methyl isoferuloyl-7-(3,4-dihydroxyphenyl)lactate 异阿魏酰基 -7-(3,4- 二羟基苯基) 乳酸甲酯 攀茎耳草 Hedyotis scandens
methyl isomasticadienonate 异乳香二烯酮酸甲酯 阿月浑子 Pistacia vera
methyl isovanillate 异香荚兰酸甲酯 绣球 Hydrangea macrophylla, 刚毛柽柳 Tamarix hispida, 短穗柽柳 T. laxa, 多枝柽柳 T. ramosissima, 穗花牡荆 Vitex agnus-castus
methyl jasmonate 茉莉酸甲酯 挥发油成分，未统计基源
methyl kulonate 苦楝萜酸甲酯 楝 Melia azedarach, 川楝 M. toosendan
methyl laurate 月桂酸甲酯 挥发油成分，未统计基源
methyl linoleate 亚油酸甲酯 挥发油成分，未统计基源
methyl linolenate 亚麻酸甲酯 挥发油成分，未统计基源
9''-methyl lithospermate B 紫草酸 B-9''- 甲酯 甘西鼠尾草 Salvia przewalskii
9'''-methyl lithospermate B 紫草酸 B-9'''- 甲酯 云南鼠尾草 Salvia yunnanensis
9'-methyl lithospermate B 紫草酸 B-9'- 甲酯 云南鼠尾草 Salvia yunnanensis
methyl lithospermate B 紫草酸 B 甲酯 肾茶 Clerodendranthus spicatus
methyl L-pyroglutamate L- 焦谷氨酸甲酯 短瓣花 Brachystemma calycinum
methyl lucidenate A 赤芝酸 A 甲酯 灵芝 Ganoderma lucidum, 松杉灵芝 G. tsugae
methyl lucidenate C 赤芝酸 C 甲酯 灵芝 Ganoderma lucidum, 松杉灵芝 G. tsugae
methyl lucidenate D_2 赤芝酸 D_2 甲酯 灵芝 Ganoderma lucidum
methyl lucidenate E_2 赤芝酸 E_2 甲酯 灵芝 Ganoderma lucidum
methyl lucidenate F 赤芝酸 F 甲酯 灵芝 Ganoderma lucidum
methyl lucidenate L 赤芝酸 L 甲酯 灵芝 Ganoderma lucidum

M

methyl lucidenate N 赤芝酸 N 甲酯 灵芝 Ganoderma lucidum
methyl lucidenate P 赤芝酸 P 甲酯 灵芝 Ganoderma lucidum
methyl lucidenate Q 赤芝酸 Q 甲酯 灵芝 Ganoderma lucidum
methyl malvalate 锦葵酸甲酯 香苹婆 Sterculia foetida
methyl maslinate 山楂酸甲酯 云南紫菀 Aster yunnanensis, 福建胡颓子 Elaeagnus oldhamii, 枇杷 Eriobotrya japonica, 草鞋木 Macaranga henryi, 白花油麻藤 Mucuna birdwoodiana
methyl masticadienolate 乳香二烯酮酸甲酯 阿月浑子 Pistacia vera
methyl *m*-digallate 间二没食子酸甲酯 栾树 Koelreuteria paniculata
methyl melitrate A 蜜蜂花三酸▲A 甲酯 撒尔维亚 Salvia officinalis
methyl merulanate 皱孔菌酸▲甲酯 胶皱孔菌 Merulius tremellosus
S-methyl methanthiosulfinate 甲硫醇亚磺酸 -*S*- 甲酯 挥发油成分，未统计基源
methyl monachosorin A 甲基稀子蕨素 A 尾叶稀子蕨 Monachosorum flagellare
methyl myristate 肉豆蔻酸甲酯 挥发油成分，未统计基源
methyl N^1-decarbomethoxy chanofruticosinate-N^4-oxide N^1- 去甲氧羰基开环红花蕊木酸▲甲酯 -N^4- 氧化物 海南蕊木 Kopsia hainanensis
methyl N^1-decarbomethoxychanofruticosinate N^1- 去甲氧羰基开环红花蕊木酸▲甲酯 蕊木 Kopsia arborea, 海南蕊木 K. hainanensis
methyl nepetonate 荆芥酮酸甲酯 挥发油成分，未统计基源
methyl *N*-formylisoleucine ester *N*- 甲酰异亮氨酸甲酯 挥发油成分，未统计基源
methyl *N*-formylleucine ester *N*- 甲酰亮氨酸甲酯 挥发油成分，未统计基源
methyl nicotinate 烟酸甲酯 稻（模式亚种）Oryza sativa
methyl nitinoate 两面针酸▲甲酯 两面针 Zanthoxylum nitidum
methyl *N*-methylanthranilate *N*- 甲基氨茴酸甲酯 挥发油成分，未统计基源
(10*E*,13*E*)-methyl octadeca-10,13-dienoate (10*E*,13*E*)- 十八碳 -10,13- 二烯酸甲酯 挥发油成分，未统计基源
(9*E*,12*E*,15*E*)-methyl octadeca-9,12,15-trienoate (9*E*,12*E*,15*E*)- 十八碳 -9,12,15- 三烯酸甲酯 挥发油成分，未统计基源
methyl octadecanoate 十八酸甲酯 挥发油成分，未统计基源
methyl oleanate-3-*O*-[*α*-L-arabinofuranosyl-(1 → 4)-[*β*-D-galactopyranosyl-(1 → 2)]-methyl-(*β*-D-glucopyranosid)uronate 齐墩果酸甲酯 -3-*O*-[*α*-L- 呋喃阿拉伯糖基 -(1 → 4)-[*β*-D- 吡喃半乳糖基 -(1 → 2)]- 甲基 -(*β*-D- 吡喃葡萄糖基）醛酸酯 通脱木 Tetrapanax papyrifer
methyl oleanolate 齐墩果酸甲酯 菩提树 Ficus religiosa, 藏波罗花 Incarvillea younghusbandii, 长突仙人掌 Mammillaria longimamma, 阿月浑子 Pistacia vera, 髯花杜鹃 Rhododendron anthopogon
(*Z*)-9-methyl oleate (*Z*)-9- 油酸甲酯 挥发油成分，未统计基源
methyl oleate 油酸甲酯 挥发油成分，未统计基源
methyl oroxylopterocarpan 甲基木蝴蝶紫檀烷 木蝴蝶 Oroxylum indicum
methyl orsellinate 苔色酸甲酯 漾濞鹿角藤 Chonemorpha griffithii, 山菅兰 Dianella ensifolia, 金丝带 Lethariella zahlbruckneri, 大叶梅衣 Parmotrema tinctorum, 樱草杜鹃 Rhododendron primuliflorum, 滑桃树 Trevia nudiflora, 美味石耳 Umbilicaria esculenta, 红腹石耳衣 U. hypococcinea, 长松萝 Usnea longissima, 长叶柞木 Xylosma longifolia
12,13*E*-methyl ozate 12,13*E*- 奥济丹尼豆酸▲甲酯 杉木 Cunninghamia lanceolata
methyl *O*-*β*-D-fructofuranoside *β*-D- 呋喃果糖甲苷 金钱松 Pseudolarix amabilis
methyl paederosidate 鸡矢藤苷酸甲酯 鸡矢藤 Paederia foetida, 白毛鸡矢藤 P. pertomentosa
methyl paederosidate dimer 鸡矢藤苷酸甲酯二聚物 鸡矢藤 Paederia foetida
methyl palmitate 棕榈酸甲酯 挥发油成分，未统计基源
methyl palmitoleate 棕榈油酸甲酯 挥发油成分，未统计基源
methyl *p*-anisate 对茴芹酸▲甲酯 黄檗 Phellodendron amurense, 紫藤 Wisteria sinensis
17-methyl parsonsianidine 17- 甲基同心结尼定▲ 海南同心结 Parsonsia alboflavescens
methyl *p*-coumarate 对香豆酸甲酯 臭节草 Boenninghausenia albiflora, 草苁蓉 Boschniakia rossica, 地果 Ficus tikoua, 台湾芙蓉 Hibiscus taiwanensis, 绣球 Hydrangea macrophylla, 假百合 Notholirion bulbuliferum, 化香树 Platycarya strobilacea
methyl *p*-digallate 对二没食子酸甲酯 栾树 Koelreuteria paniculata
methyl pentyl disulfide 甲基戊基二硫醚 野葱 Allium chrysanthum, 北葱 A. schoenoprasum
methyl *p*-formylbenzoate 对甲酰苯甲酸甲酯 台湾芙蓉 Hibiscus taiwanensis
methyl phaeophorbide 脱镁叶绿甲酯酸 马兰 Kalimeris indica
methyl phaeophorbide A 脱镁叶绿素 A 甲酯 大唇香科科 Teucrium labiosum
methyl phenylacetate 苯乙酸甲酯 挥发油成分，未统计基源
methyl pheophorbide 脱镁叶绿酸甲酯 瓜叶马兜铃 Aristolochia cucurbitifolia, 柏木 Cupressus funebris, 假木豆 Dendrolobium triangulare, 长柄山蚂蝗 Hylodesmum podocarpum
methyl pheophorbide a 脱镁叶绿酸 a 甲酯 川黄檗 Phellodendron chinense
methyl pheophorbide a 脱镁叶绿酸甲酯 a 假黄皮 Clausena excavata
methyl pheophorbide b 甲基脱镁叶绿素 b 蒲公英 Taraxacum mongolicum
methyl *p*-hydroxy-(*E*)-cinnamate 对羟基 - 反式 - 肉桂酸甲酯 仙人掌 Opuntia stricta var. dillenii
methyl *p*-hydroxycinnamate 对羟基桂皮酸甲酯 云南草蔻 Alpinia blepharocalyx, 广防风 Anisomeles indica, 瓜叶马兜铃 Aristolochia cucurbitifolia, 大叶马兜铃 A. kaempferi, 假黄皮 Clausena excavata, 楝叶吴萸 Euodia glabrifolia, 百蕊草 Thesium chinense
methyl *p*-hydroxycinnamylketone 对羟基桂甲酮 云南草蔻 Alpinia blepharocalyx

M

methyl *p*-hydroxyphenylacetate 对羟基苯乙酸甲酯 菊苣 Cichorium intybus, 连翘 Forsythia suspensa, 中华小苦荬 Ixeridium chinense, 蓝花楹 Jacaranda mimosifolia, 木犀 Osmanthus fragrans, 麻叶千里光 Senecio cannabifolius, 蒲公英 Taraxacum mongolicum
methyl phytanate 植烷酸甲酯 樟子松 Pinus sylvestris var. mongolica
methyl piperate 胡椒酸甲酯 山蒟 Piper hancei, 荜拨 P. longum, 假蒟 P. sarmentosum, 大叶藓 Rhodobryum roseum
methyl piperitol 甲基辣薄荷醇 排钱树 Phyllodium pulchellum
methyl *p*-methoxycinnamate 对甲氧基桂皮酸甲酯 挥发油成分，未统计基源
methyl propenyl disulfide 甲基丙烯基二硫醚 韭菜 Allium tuberosum
methyl propenyl trisulfide 甲基丙烯基三硫醚 挥发油成分，未统计基源
methyl propyl disulfide 甲基丙基二硫醚 藠头 Allium chinense, 葱 A. fistulosum
methyl propyl trisulfide 甲基丙基三硫醚 藠头 Allium chinense, 薤白 A. macrostemon, 韭菜 A. tuberosum
methyl protoaspidistrin 甲基原蜘蛛抱蛋苷 蜘蛛抱蛋 Aspidistra elatior, 白英 Solanum lyratum
methyl protobioside 甲基原比奥皂苷 圆果三角叶薯蓣 Dioscorea deltoidea var. orbiculata
methyl protocatechuate 原儿茶酸甲酯 尖萼耧斗菜 Aquilegia oxysepala, 毛排钱树 Phyllodium elegans, 石南藤 Piper wallichii, 黄花倒水莲 Polygala fallax, 翅子树 Pterospermum acerifolium
methyl proto-deltonin 甲基原三角叶薯蓣苷 棕竹 Rhapis excelsa
22-methylprotodioscin 22- 甲基原薯蓣皂苷 柬埔寨龙血树 Dracaena cambodiana
methylprotodioscin 甲基原薯蓣皂苷 天门冬 Asparagus cochinchinensis, 石刁柏 A. officinalis, 糖棕 Borassus flabellifer, 闭鞘姜 Costus speciosus, 粉背薯蓣 Dioscorea collettii var. hypoglauca, 圆果三角叶薯蓣 D. deltoidea var. orbiculata, 纤细薯蓣 D. gracillima, 穿龙薯蓣 D. nipponica, 绵萆薢 D. spongiosa, 阔叶山麦冬 Liriope muscari, 棕竹 Rhapis excelsa, 菝葜 Smilax china, 防己叶菝葜 S. menispermoidea, 黑叶菝葜 S. nigrescens, 鞘柄菝葜 S. stans, 茄 Solanum melongena, 野茄 S. undatum, 棕榈 Trachycarpus fortunei, 蒺藜 Tribulus terrestris, 延龄草 Trillium tschonoskii
22-methyl protogracillin 22- 甲基原纤细薯蓣皂苷 柬埔寨龙血树 Dracaena cambodiana
methyl protogracillin 甲基原纤细薯蓣皂苷 闭鞘姜 Costus speciosus, 粉背薯蓣 Dioscorea collettii var. hypoglauca, 圆果三角叶薯蓣 D. deltoidea var. orbiculata, 菝葜 Smilax china
methyl protoneodioscin 甲基原新薯蓣皂苷 糖棕 Borassus flabellifer, 粉背薯蓣 Dioscorea collettii var. hypoglauca, 圆果三角叶薯蓣 D. deltoidea var. orbiculata
methyl protoneogracillin 甲基原新纤细薯蓣皂苷 粉背薯蓣 Dioscorea collettii var. hypoglauca, 圆果三角叶薯蓣 D. deltoidea var. orbiculata
methyl proto-Pb 甲基原皂苷 Pb 海枣 Phoenix dactylifera, 棕竹 Rhapis excelsa, 棕榈 Trachycarpus fortunei
methyl protoreclinatoside 甲基原非洲刺葵皂苷▲ 海枣 Phoenix dactylifera
methyl protorhapissaponin 甲基原棕竹皂苷 棕竹 Rhapis excelsa
methyl prototaccaoside 甲基原蒟蒻薯苷▲ 岩芋 Remusatia vivipara
methyl pseudolarate A 金钱松酸 A 甲酯 金钱松 Pseudolarix amabilis
methyl pseudolarate A_2 金钱松酸 A_2 甲酯 金钱松 Pseudolarix amabilis
methyl pseudolarate B 金钱松酸 B 甲酯 金钱松 Pseudolarix amabilis
methyl *p*-tolylbenzoate 对甲苯基苯甲酸甲酯 厚皮香 Ternstroemia gymnanthera
methyl pyroglutamate 焦谷氨酸甲酯 人参 Panax ginseng
methyl pyrophaeophorbide a 焦脱镁叶绿酸 a 甲酯 菘蓝 Isatis tinctoria
methyl pyrrole-2-carboxylate 吡咯 -2- 甲酸甲酯 枝干微皮伞 Marasmiellus ramealis
methyl quercetin-pentose conjugate 甲基槲皮素 - 戊糖轭合物 复盆子 Rubus idaeus
methyl *rel*-(1*R*,2*R*,3*S*)-2-(3'-methoxy-4',5'-methylenedioxyphenyl)-3-(2'',4'',5''-trimethoxyphenyl)cyclobutanecarboxylate 相对 -(1*R*,2*R*,3*S*)-2-(3'-甲氧基 -4',5'- 亚甲二氧基苯基)-3-(2'',4'',5''- 三甲氧基苯基) 环丁烷羧甲酯 豆瓣绿 Peperomia tetraphylla
methyl *rel*-(1*R*,2*S*,3*S*)-2-(3'-methoxy-4',5'-methylenedioxyphenyl)-3-(2'',4'',5''-trimethoxyphenyl)cyclobutanecarboxylate 相对 -(1*R*,2*S*,3*S*)-2-(3'-甲氧基 -4',5'- 亚甲二氧基苯基)-3-(2'',4'',5''- 三甲氧基苯基) 环丁烷羧甲酯 豆瓣绿 Peperomia tetraphylla
methyl reserpate 利血平酸甲酯 蛇根木 Rauvolfia serpentina, 催吐萝芙木 R. vomitoria
methyl rhein 甲基大黄酸 萱草 Hemerocallis fulva
methyl rosinate 松脂酸甲酯 云南松 Pinus yunnanensis
methyl rosmarinate 迷迭香酸甲酯 较常见成分，至少分布于 30 种以上植物中，常见于唇形科植物，偶见于金粟兰科、马鞭草科、毛茛科、葡萄科、茜草科、紫草科等
methyl rotundate 铁冬青酸甲酯 野鸦椿 Euscaphis japonica
methyl salicylate 水杨酸甲酯 挥发油成分，未统计基源
methyl salicylate glucoside 水杨酸甲酯葡萄糖苷 冬红 Holmskioldia sanguinea
methyl salicylate-*O*-*β*-D-glucopyranoside 水杨酸甲酯 -*O*-*β*-D- 吡喃葡萄糖苷 黄皮 Clausena lansium
methyl salvianolate A 丹酚酸 A 甲酯 华鼠尾草 Salvia chinensis, 云南鼠尾草 S. yunnanensis
methyl salvianolic acid C 丹酚酸 C 甲酯 华鼠尾草 Salvia chinensis
(-)-methyl shikimate (-)- 莽草酸甲酯 绣球 Hydrangea macrophylla
methyl shikimate 莽草酸甲酯 荔枝 Litchi chinensis, 金钱松 Pseudolarix amabilis, 诃子 Terminalia chebula, 短尾越桔 Vaccinium carlesii
methyl sinapate 甲基芥子酯 萝卜 Raphanus sativus
methyl solanesol 甲基茄烯醇▲ 挥发油成分，未统计基源
methyl stearate 硬脂酸甲酯 挥发油成分，未统计基源

M

methyl suaveolate 山香酸甲酯 山香 Hyptis suaveolens
methyl syringate 丁香酸甲酯 锦熟黄杨 Buxus sempervirens, 欧洲甜樱桃 Cerasus avium, 假黄皮 Clausena excavata, 楝叶吴萸 Euodia glabrifolia, 滇牡丹 Paeonia delavayi, 天山棱子芹 Pleurospermum lindleyanum, 蒲公英 Taraxacum mongolicum
methyl syringate-4-*O*-β-D-glucopyranoside 丁香酸甲酯 -4-*O*-β-D- 吡喃葡萄糖苷 雏菊 Bellis perennis, 茴芹 Pimpinella anisum, 天山棱子芹 Pleurospermum lindleyanum
methyl tanshinonate 丹参酸甲酯 栗色鼠尾草 Salvia castanea, 丹参 S. miltiorrhiza, 甘西鼠尾草 S. przewalskii, 三叶鼠尾草 S. trijuga
methyl tetradecanoate 十四酸甲酯 挥发油成分，未统计基源
methyl tetratetracontanoate 四十四酸甲酯 羊乳 Codonopsis lanceolata
methyl thioacetate 硫代乙酸甲酯 草莓 Fragaria × ananassa
methyl thiocyanate 甲基硫氰酸酯 挥发油成分，未统计基源
methyl thymyl ether 百里香酚甲醚 挥发油成分，未统计基源
methyl *trans*-2-decene-4,6,8-triynoate 反式 -2- 癸烯 -4,6,8- 三炔酸甲酯 蓖麻 Ricinus communis
methyl *trans*-cinnamate 反式 - 桂皮酸甲酯 挥发油成分，未统计基源
methyl *trans*-ferulate 反式 - 阿魏酸甲酯 川桂 Cinnamomum wilsonii, 茼蒿 Glebionis coronaria, 台湾芙蓉 Hibiscus taiwanensis, 蕺菜 Houttuynia cordata, 千里香 Murraya paniculata, 番杏 Tetragonia tetragonoides
methyl *trans*-*p*-coumarate 反式 - 对香豆酸甲酯 青兰 Dracocephalum ruyschiana, 钝叶鸡蛋花 Plumeria obtusa, 开口箭 Tupistra chinensis, 野豇豆 Vigna vexillata
methyl *trans*-*p*-methoxycinnamate 反式 - 对甲氧基桂皮酸甲酯 云南石梓 Gmelina arborea, 北玄参 Scrophularia buergeriana
methyl triacontanoate 三十酸甲酯 挥发油成分，未统计基源
12-methyl tridecanoic acid 12- 甲基十三酸 金鱼草 Antirrhinum majus
6-methyl tritriacontan-5-on-28-ol 6- 甲基三十三烷 -5- 酮 -28- 醇 云南木鳖 Momordica dioica
methyl ursolate 熊果酸甲酯 香附子 Cyperus rotundus, 枇杷 Eriobotrya japonica, 川西小黄菊 Pyrethrum tatsienense
methyl uvaol 甲基熊果醇 朱唇 Salvia coccinea
methyl vanillate 香荚兰酸甲酯 挥发油成分，未统计基源
methyl vinhaticoate 黄苏木酸甲酯▲ 华南云实 Caesalpinia crista
methyl wattoside B, D, K, L, M 甲基弯蕊苷 B, D, K, L, M 弯蕊开口箭 Tupistra wattii
methyl α-D-fructofuranoside 甲基 -α-D- 呋喃果糖苷 板栗 Castanea mollissima, 海滨木巴戟 Morinda citrifolia
methyl α-D-psicopyranoside 甲基 -α-D- 吡喃阿洛酮糖苷 腺茉莉 Clerodendrum glandulosum
methyl β-carboline-1-carboxylate β- 卡啉 -1- 羧酸甲酯 楝叶吴萸 Euodia glabrifolia
methyl β-D-glucopyranoside β-D- 吡喃葡萄糖甲苷 块根糙苏 Phlomis tuberosa
methyl β-orcinolcarboxylate β- 苔黑酚羧酸甲酯 冷杉 Abies fabri, 金丝刷 Lethariella cladonioides, 金丝带 L. zahlbruckneri, 北美鹅掌楸 Liriodendron tulipifera, 大叶梅衣 Parmotrema tinctorum, 肉刺树花 Ramalina roesleri, 槽枝衣 Sulcaria sulcata, 喜马拉雅红豆杉 Taxus wallichiana, 红腹石耳衣 Umbilicaria hypococcinea
methyl β-orsellinate β- 苔色酸甲酯 长距石斛 Dendrobium longicornu, 银叶树 Heritiera littoralis, 川黄檗 Phellodendron chinense, 乌墨 Syzygium cumini
methyl γ-hydroxypyroglutamate γ- 羟基焦谷氨酸甲酯 孩儿参 Pseudostellaria heterophylla
methyl (+)-communate (+)- 欧洲刺柏酸▲ 甲酯 西藏柏木 Cupressus torulosa
methyl (+)-nilate (+)- 裂叶牵牛酸甲酯 柳叶假木荷 Craibiodendron henryi
4-methyl-(1,2,3)-triazole 4- 甲基 -(1,2,3)- 三唑 波缘冷水花 Pilea cavaleriei
4-methyl-(1-methylethyl)-3-cycloalkene 4- 甲基 -1- 异丙基 -3- 环烯 挥发油成分，未统计基源
(2*E*)-2-methyl-(1*R*,7*aR*)-2,3,5,7*a*-tetrahydro-7-[(2*S*)-2-hydroxy-2-[(1*S*)-1-yethyl]-3-methyl-1-oxobutoxy]methyl]-4-oxido-1*H*-pyrrolizin-1-yl-2-butenoic acid ester (2*E*)-2- 甲基 -(1*R*,7*aR*)-2,3,5,7*a*- 四氢 -7-[(2*S*)-2- 羟基 -2-[(1*S*)-1- 乙基]-3- 甲基 -1- 氧代丁酰氧基] 甲基]-4- 氧化 -1*H*- 吡咯里西 -1- 基 -2- 丁酸酯 聚合草 Symphytum officinale
(2*Z*)-2-methyl-(1*R*,7*aR*)-7-{[(2*S*,3*S*)-2,3-dihydroxy-2-(1-methylethyl)-1-oxobutoxy]methyl}-2,3,5,7*a*-tetrahydro-4-oxido-1*H*-pyrrolizin-1-yl-2-butenoic acid ester (2*Z*)-2- 甲基 -(1*R*,7*aR*)-7-{[(2*S*,3*S*)-2,3- 二羟基 -2-(1- 甲基乙基)-1- 氧代丁酰基] 甲基 }-2,3,5,7*a*- 四氢 -4- 氧化 -1*H*- 吡咯里西 -1- 基 -2- 丁酸酯 聚合草 Symphytum officinale
(2*Z*)-2-methyl-(1*S*,2*R*,4*aR*,8*aR*)-1-(acetyloxy)decahydro-1,4a-dimethyl-7-(1-methylethylidene)-6-oxo-2-butenoic acid naphthalenylester 2*Z*-2- 甲基 -(1*S*,2*R*,4*aR*,8*aR*)-1-(乙酰氧基) 十氢 -1,4a- 二甲基 -7-(1- 甲基亚乙基)-6- 酮基 -2- 丁烯酸萘酚酯 田基黄 Grangea maderaspatana
(2*Z*)-2-methyl-(1*S*,2*R*,4*aR*,8*aR*)-1-acetyloxy-1,2,3,4,4a,5,6,8a-octahydro-7-(1-hydroperoxy-1-methylethyl)-1,4a-dimethyl-6-oxo-2-butenoic acid-naphthalenylester 2*Z*-2- 甲基 -(1*S*,2*R*,4*aR*,8*aR*)-1-(乙酰氧基)-1,2,3,4,4a,5,6,8a- 八氢 -7-(1- 过氧氢 -1- 甲基乙基)-1,4a- 二甲基 -6- 酮基 -2- 丁烯酸萘酚酯 田基黄 Grangea maderaspatana
4α-methyl-(24*R*)-ethylcholest-7-en-3β-ol 4α- 甲基 -(24*R*)- 乙基胆甾 -7- 烯 -3β- 醇 黄果茄 Solanum virginianum
methyl(3*S*,5*S*)-5-hydroxy-3-(β-D-glucopyranosyloxy)hexanoate (3*S*,5*S*)-5- 羟基 -3-(β-D- 吡喃葡萄糖氧基) 己酸甲酯 紫萁 Osmunda japonica
methyl-(4*E*)-6,7,9-trihydroxydec-4-enoate 甲基 -(4*E*)-6,7,9- 三羟基癸 -4- 烯酸酯 喜树 Camptotheca acuminata
methyl-(4*Z*,7*Z*,10*Z*,13*Z*,16*Z*,19*Z*)-4,7,10,13,16,19-docosahexaenoate (4*Z*,7*Z*,10*Z*,13*Z*,16*Z*,19*Z*)-4,7,10,13,16,19- 二十二碳六烯酸甲酯 挥发油成分，未统计基源
methyl-(7*E*,9*E*)-6,11-dioxononadeca-7,9-dienoate 甲基 -(7*E*,9*E*)-6,11- 二氧代十九碳 -7,9- 二烯酸甲酯 胡桃楸 Juglans mandshurica
methyl-(*E*)-4-(3'-methyl-2'-enyloxy)cinnamate (*E*)-4-(3'- 甲基 -2'- 烯氧基) 桂皮酸甲酯 簕欓花椒 Zanthoxylum avicennae
2-(13-methyl)-tridecane caproate 2-(13- 甲基)- 十三烷基己酸酯 川楝 Melia toosendan

M

[2*α*[1(*Z*),4(*Z*)],3*β*]-2-methyl-[2*α*(*Z*),3*β*]-2-methyl-2-(3-methyl-oxiranyl)-4-(2-methyl-1-oxopropoxy)phenyl-2-butenoic acid ester [2*α*[1(*Z*),4(*Z*)],3*β*]-2- 甲基 -[2*α*(*Z*),3*β*]-2- 甲基 -2-(3- 甲基环氧乙烷基)-4-(2- 甲基 -1- 氧化丙氧基) 苯基 -2- 丁烯酸酯 挥发油成分，未统计基源

2-methyl-[3-methoxy-4-(1-methylethyl)phenyl]methyl propanoic acid ester 2- 甲基 -[3- 甲氧基 -4-(1- 甲基乙基) 苯基] 甲基丙酸酯 止痢蚤草 Pulicaria dysenterica

(*R*)-4-methyl-1-(1-methylethyl)-3-cyclohexen-1-ol (*R*)-4- 甲基 -1(1- 甲基乙基)-3- 环已烯 -1- 醇 樟子松 Pinus sylvestris var. mongolica

4-methyl-1-(1-methylethyl)-3-cyclohexen-1-ol 4- 甲基 -1-(1- 甲基乙基)-3- 环已烯 -1- 醇 挥发油成分，未统计基源

4-methyl-1-(1-methyl-ethyl)-3-cyclohexene-1-ol 4- 甲基 -1-(1- 甲基乙基)-3- 环乙烯 -1- 醇 挥发油成分，未统计基源

[1*R*-(1*α*,4a*β*,7*α*,8a*β*)]-1-methyl-1-(octahydro-1,8a-dimethyl-1,7-epoxynaphthalen-7(1*H*)-yl)ethyl-undecanoic acid ester [1*R*-(1*α*,4a*β*,7*α*,8a*β*)]-1- 甲基 -1-(八氢 -1,8a- 二甲基 -1,7- 环氧萘 -7(1*H*)- 基) 乙基 - 十一酸酯 离舌橐吾 Ligularia veitchiana

4-methyl-1-(propan-2-yl)-4-ethenyl-3-cyclohexene 4- 甲基 -1-(丙 -2- 基)-4- 乙烯基 -3- 环已烯 挥发油成分，未统计基源

3-methyl-1,2,3,4-tetrahydro-xybutane 3- 甲基 -1,2,3,4- 四羟丁烷 蛇床 Cnidium monnieri

(-)-(1*S*,3*S*)-1-methyl-1,2,3,4-tetrahydro-carboline-3-carboxylic acid (-)-(1*S*,3*S*)-1- 甲基 -1,2,3,4- 四氢咔啉 -3- 羧酸 白刺 Nitraria tangutorum

1-methyl-1,2,3,4-tetrahydro-*β*-carboline-1-carboxylic acid 1- 甲基 -1,2,3,4- 四氢 -*β*- 咔啉 -1- 羧酸 豆瓣菜 Nasturtium officinale

(1*S*,3*S*)-1-methyl-1,2,3,4-tetrahydro-*β*-carboline-3-carboxylic acid (1*S*,3*S*)-1- 甲基 -1,2,3,4- 四氢 -*β*- 咔啉 -3- 甲酸 鸡冠花 Celosia cristata

1-methyl-1,2,3,4-tetrahydro-*β*-carboline-3-carboxylic acid 1- 甲基 -1,2,3,4- 四氢 -*β*- 咔啉 -3- 羧酸 食用土当归 Aralia cordata, 柠檬 Citrus limon, 葡萄柚 C. paradisi, 薜荔 Ficus pumila, 啤酒花 Humulus lupulus, 定心藤 Mappianthus iodoides, 苦瓜 Momordica charantia, 山紫茉莉 Oxybaphus himalaicus, 地黄 Rehmannia glutinosa

2-methyl-1,2,3,4-trahydro-*β*-carboline 2- 甲基 -1,2,3,4- 四氢 -*β*- 咔啉 黑环罂粟 Papaver pavoninum

5-methyl-1,2,4-triazole-3-thiol 5- 甲基 -1,2,4- 三氮杂茂 -3- 硫醇 挥发油成分，未统计基源

4-methyl-1,2-benzenediol 4- 甲基 -1,2- 苯二酚 多枝柽柳 Tamarix ramosissima

3-methyl-1,2-butanediol 3- 甲基 -1,2- 丁二醇 西洋参 Panax quinquefolius

2-methyl-1,3,6-trihydroxy-9,10-anthraquinone 2- 甲基 -1,3,6- 三羟基 -9,10- 蒽醌 海金子 Pittosporum illicioides, 钩毛茜草 Rubia oncotricha, 紫参 R. yunnanensis

2-methyl-1,3,6-trihydroxy-9,10-anthraquinone-3-*O*-(6'-hydroxy)-*α*-L-rhamnopyranosyl-(1→2)-*β*-D-glucopyranoside 2- 甲基 -1,3,6- 三羟基 -9,10- 蒽醌 -3-*O*-(6'- 羟基)-*α*-L- 吡喃鼠李糖基 -(1→2)-*β*-D- 吡喃葡萄糖苷 紫参 Rubia yunnanensis

2-methyl-1,3,6-trihydroxy-9,10-anthraquinone-3-*O*-(6'-*O*-acetyl)-*α*-L-rhamnopyranosyl-(1→2)-*β*-D-glucopyranoside 2- 甲基 -1,3,6- 三羟基 -9,10- 蒽醌 -3-*O*-(6'-*O*- 乙酰基)-*α*-L- 吡喃鼠李糖基 -(1→2)-*β*-D- 吡喃葡萄糖苷 臭蚤草 Pulicaria insignis, 紫参 Rubia yunnanensis

2-methyl-1,3,6-trihydroxy-9,10-anthraquinone-3-*O*-(6'-*O*-acetyl)-*α*-rhamnosyl-(1→2)-*β*-D-glucoside 1,3,6- 三羟基 -2- 甲基 -9,10- 蒽醌 -3-*O*-*α*- 鼠李糖基 -(1→2)-*β*-D-(6'-*O*- 乙酰基)- 葡萄糖苷 海金子 Pittosporum illicioides

2-methyl-1,3,6-trihydroxy-9,10-anthraquinone-3-*O*-*α*-rhamnosyl-(1→2)-*β*-D-glucoside 1,3,6- 三羟基 -2- 甲基 -9,10- 蒽醌 -3-*O*-*α*- 鼠李糖基 -(1→2)-*β*-D- 葡萄糖苷 海金子 Pittosporum illicioides

2-methyl-1,3,6-trihydroxyanthraquinone 2- 甲基 -1,3,6- 三羟基蒽醌 东南茜草 Rubia argyi

2-methyl-1,3,6-trihydroxy-anthraquinone-3-*O*-*α*-L-rhamnopyranosyl-(1→2)-glucopyranoside 2- 甲基 -1,3,6- 三羟基蒽醌 -3-*O*-*α*-L- 吡喃鼠李糖基 -(1→2)- 吡喃葡萄糖苷 东南茜草 Rubia argyi

2-methyl-1,3-dihydroxy-5-tridecylbenzene 2- 甲基 -1,3- 二羟基 -5- 十三烷基苯 榄李 Lumnitzera racemosa

5-methyl-1,3-dihydroxybenzene 5- 甲基 -1,3- 二羟基苯 蜜环菌 Armillaria mellea

2-methyl-1,3-dioxane 2- 甲基 -1,3- 二氧杂环已烷 挥发油成分，未统计基源

1-methyl-1,4-cyclohexadiene 1- 甲基 -1,4- 环已二烯 椪柑 Citrus reticulata 'Ponkan'

4-methyl-1,5-heptadiene 4- 甲基 -1,5- 庚二烯 挥发油成分，未统计基源

3-methyl-1,6,8-trihydroxyanthraquinone-1-*O*-[*β*-D-glucopyranosyl-(1→4)-*α*-L-rhamnopyranoside] 3- 甲基 -1,6,8- 三羟基蒽醌 -1-*O*-[*β*-D- 吡喃葡萄糖基 -(1→4)-*α*-L- 吡喃鼠李糖苷] 网果酸模 Rumex chalepensis

2-methyl-1,6-dihydroxy-9,10-anthraquinone-3-*O*-(6'-acetyl)-*α*-L-rhamnopyranosyl-(1→2)-*β*-D-glucopyranoside 2- 甲基 -1,6- 二羟基 -9,10- 蒽醌 -3-*O*-(6'- 乙酰基)-*α*-L- 吡喃鼠李糖基 -(1→2)-*β*-D- 吡喃葡萄糖苷 紫参 Rubia yunnanensis

10*S*-3-methyl-1,8,10-trihydroxy-10-*β*-D-glucopyranosyl-9(10*H*)-anthracenone 10*S*-3- 甲基 -1,8,10- 三羟基 -10-*β*-D- 吡喃葡萄糖基 -9(10*H*)- 蒽酮 药用大黄 Rheum officinale

3-methyl-1-[(7-methoxy-2-oxo-2*H*-1-benzopyran-8-yl)carbonyl]-2-methylpropyl-2-butenoic acid ester 3- 甲基 -1-(7- 甲氧基 -2- 氧代 -2*H*-1- 苯并吡喃 -8- 羰基)-2- 甲基丙基 -2- 丁烯酸酯 九里香 Murraya exotica

(+)-(2*E*,6*E*)-methyl-10,11-dihydroxy-3,7,11-trimethyl-2,6-dodecadienoate (+)-(2*E*,6*E*)- 甲基 -10,11- 二羟基 -3,7,11- 三甲基 -2,6- 十二碳二烯酸酯 长花厚壳树 Ehretia longiflora

8-methyl-10-hydroxyllycoctonine 8- 甲基 -10- 羟基狼毒乌头碱 紫花高乌头 Aconitum septentrionale

8-methyl-13-phenyltrideca-4,6,8,10,12-pentaene-3-one 8- 甲基 -13- 苯基十三 -4,6,8,10,12- 五烯 -3- 酮 松木层孔菌 Phellinus pini

methyl-1-3*β*-hydroxy-1-oxo-olean-12-en-28-oate 1-3*β*- 羟基 -1- 氧代 - 齐墩果 -12- 烯 -28- 酸甲酯 朱唇 Salvia coccinea

methyl-14*α*-acetoxy-7*α*,11*α*-dihydroxy-8,15-isopimaradien-18-oate 14*α*- 乙酰氧基 -7*α*,11*α*- 二羟基 -8,15- 异海松二烯 -18- 酸甲酯 欧地笋 Lycopus europaeus

methyl-16*α*,17-dihydroxy-*ent*-9(11)-kauren-19-oate 甲基 -16*α*,17- 二羟基 - 对映 - 贝壳杉烯 -19- 酸酯 木榄 Bruguiera gymnorhiza

methyl-16*α*,17-dihydroxy-*ent*-kauran-19-oate 甲基 -16*α*,17- 二羟基 - 对映 - 贝壳杉 -19- 酸酯 木榄 Bruguiera gymnorhiza

ent-19-methyl-16*α*,17-dihydroxykauran-19-oic acid-16*α*,17-acetonide 对映 -19- 甲基 -16*α*,17- 二羟基贝壳杉 -19- 酸 -16*α*,17- 丙酮化物 腺梗稀莶 Sigesbeckia pubescens

methyl-16*β*,17-dihydro-(-)-kauran-19-oate 甲基 -16*β*,17- 二羟基 -(-)- 贝壳杉 -19- 酸酯 牛心番荔枝 Annona reticulata
methyl-17-hydroxy-16*α*-(-)-kauran-19-oate 甲基 -17- 羟基 -16*α*-(-)- 贝壳杉 -19- 酸酯 牛心番荔枝 Annona reticulata
ent-19-methyl-17-hydroxy-16*αH*-kauran-19-oic acid 对映 -19- 甲基 -17- 羟基 -16*αH*- 贝壳杉 -19- 酸 腺梗豨莶 Sigesbeckia pubescens
methyl-17-hydroxy-16*β*-(-)-kauran-19-oate 甲基 -17- 羟基 -16*β*-(-)- 贝壳杉 -19- 酸酯 牛心番荔枝 Annona reticulata
(3*β*,8*α*,9*β*,10*α*,13*α*,14*β*,17*α*,20S,23*Z*)-9-methyl-19-norlanosta-5,23-diene-3,25-diol (3*β*,8*α*,9*β*,10*α*,13*α*,14*β*,17*α*,20*S*,23*Z*)-9- 甲基 -19- 降羊毛脂 -5,23- 二烯 -3,25- 二醇 黄槿 Hibiscus tiliaceus
3-methyl-1-butanoic acid 3- 甲基 -1- 丁酸 枸杞 Lycium chinense
3-[(1*E*)-2-methyl-1-buten-1-yl]-pyridine 3-[(1*E*)-2- 甲基 -1- 丁烯 -1- 基]- 吡啶 甜菜 Beta vulgaris
3-[(1*Z*)-2-methyl-1-buten-1-yl]-pyridine 3-[(1*Z*)-2- 甲基 -1- 丁烯 -1- 基]- 吡啶 甜菜 Beta vulgaris
3-methyl-1-buten-3-yl-6-*O*-*β*-xylopyranosyl-*β*-D-glucopyranoside 3- 甲基 -1- 丁烯 -3- 基 -6-*O*-*β*- 吡喃木糖基 -*β*-D- 吡喃葡萄糖苷 鸡矢藤 Paederia foetida
(*E*)-2-methyl-1-butene-1-thiol (*E*)-2- 甲基 -1- 丁烯 -1- 硫醇 挥发油成分，未统计基源
(*E*)-3-methyl-1-butene-1-thiol (*E*)-3- 甲基 -1- 丁烯 -1- 硫醇 挥发油成分，未统计基源
(*Z*)-2-methyl-1-butene-1-thiol (*Z*)-2- 甲基 -1- 丁烯 -1- 硫醇 挥发油成分，未统计基源
(*Z*)-3-methyl-1-butene-1-thiol (*Z*)-3- 甲基 -1- 丁烯 -1- 硫醇 挥发油成分，未统计基源
(*S*)-1-methyl-1-ethenyl-2,4-bis(1-methylethenyl)-cyclohexane (*S*)-1- 甲基 -1- 次乙基 -2,4- 二 (1- 甲基乙烯基)- 环已烷 挥发油成分，未统计基源
(*E*)-7a-methyl-1-ethylideneoctahydro-1*H*-indene (*E*)-7a- 甲基 -1- 亚乙基八氢 -1*H*- 茚 挥发油成分，未统计基源
6-methyl-1-heptanol 6- 甲基 -1- 庚醇 挥发油成分，未统计基源
15-methyl-1-hexadecene 15- 甲基 -1- 十六烯 挥发油成分，未统计基源
1-methyl-1*H*-pyrrole 1- 甲基 -1*H*- 吡咯 挥发油成分，未统计基源
8-methyl-1-hydroxyindolyldine 8- 甲基 -1- 羟基吲哚定 甘肃棘豆 Oxytropis kansuensis
7-methyl-1-isopropyl-4-methylene-1,2,3,4,4a,5,6,8a-octahydro-(1*α*,4a*β*,8a*α*)-naphthalene 7- 甲基 -1- 异丙基 -4- 亚甲基 -1,2,3,4,4a,5,6,8a- 八氢 -(1*α*,4a*β*,8a*α*)- 萘 石菖蒲 Acorus gramineus
4-methyl-1-isopropyl-dehydroderiv-bicyclo[3.1.0]hexane 4- 甲基 -1- 异丙基 - 脱氢化衍生物二环 [3.1.0] 已烷 挥发油成分，未统计基源
4-methyl-1-methyl-2-quinolone 4- 甲基 -1- 甲基 -2- 喹诺酮 椿叶花椒 Zanthoxylum ailanthoides
4a-methyl-1-methylene-7-(1-methylethylidene)-decahydronaphthalene 4a- 甲基 -1- 亚甲基 -7-(1- 亚异丙基)- 去氢萘 挥发油成分，未统计基源
[4*α*,15*α*(*Z*)]-15-[(2-methyl-1-oxo-2-butenyl)oxy]-kaur-16-en-18-oic acid methyl ester [4*α*,15*α*(*Z*)]-15-(2- 甲基 -1- 氧代 -2- 丁烯基氧基)- 贝壳杉 -16- 烯 -18- 羧酸甲酯 向日葵 Helianthus annuus
(2*E*,8*Z*)-10-[(2*Z*)-2-methyl-1-oxo-2-butenyloxy]-2,8-decadiene-4,6-diynoic acid methyl ester (2*E*,8*Z*)-10-[(2*Z*)-2- 甲基 -1- 氧代 -2- 丁烯酰氧基]-2,8- 癸二烯 -4,6- 二炔酸甲酯 加拿大一枝黄花 Solidago canadensis
(2*Z*,8*Z*)-10-[(2*E*)-2-methyl-1-oxo-2-butenyloxy]-2,8-decadiene-4,6-diynoic acid methyl ester (2*Z*,8*Z*)-10-[(2*E*)-2- 甲基 -1- 氧代 -2- 丁烯酰氧基]-2,8- 癸二烯 -4,6- 二炔酸甲酯 加拿大一枝黄花 Solidago canadensis
(2*Z*,8*Z*)-10-[(2*Z*)-2-methyl-1-oxo-2-butenyloxy]-2,8-decadiene-4,6-diynoic acid methyl ester (2*Z*,8*Z*)-10-[(2*Z*)-2- 甲基 -1- 氧代 -2- 丁烯酰氧基]-2,8- 癸二烯 -4,6- 二炔酸甲酯 加拿大一枝黄花 Solidago canadensis
3*α*-(2-methyl-1-oxodocosyloxy)-lup-20(29)-en-23,28-dioic acid 3*α*-(2- 甲基 -1- 氧代二十二烷氧基)- 羽扇豆 -20(29)- 烯 -23,28- 二羧酸 鹅掌柴 Heptapleurum heptaphyllum
3*α*-(2-methyl-1-oxoeicosyloxy)-lup-20(29)-en-23,28-dioic acid 3*α*-(2- 甲基 -1- 氧代二十烷氧基)- 羽扇豆 -20(29)- 烯 -23,28- 二羧酸 鹅掌柴 Heptapleurum heptaphyllum
3*α*-(2-methyl-1-oxohexacosyloxy)-lup-20(29)-en-23,28-dioic acid 3*α*-(2- 甲基 -1- 氧代二十六烷氧基)- 羽扇豆 -20(29)- 烯 -23,28- 二羧酸 鹅掌柴 Heptapleurum heptaphyllum
3*α*-(2-methyl-1-oxohexadecyloxy)-lup-20(29)-en-23,28-dioic acid 3*α*-(2- 甲基 -1- 氧代十六烷氧基)- 羽扇豆 -20(29)- 烯 -23,28- 二羧酸 鹅掌柴 Heptapleurum heptaphyllum
3*α*-(2-methyl-1-oxooctacosyloxy)-lup-20(29)-en-23,28-dioic acid] 3*α*-(2- 甲基 -1- 氧代二十八烷氧基)- 羽扇豆 -20(29)- 烯 -23,28- 二羧酸 鹅掌柴 Heptapleurum heptaphyllum
3*α*-(2-methyl-1-oxooctadecyloxy)-lup-20(29)-en-23,28-dioic acid 3*α*-(2- 甲基 -1- 氧代十八烷氧基)- 羽扇豆 -20(29)- 烯 -23,28- 二羧酸 鹅掌柴 Heptapleurum heptaphyllum
7-methyl-1-oxo-octahydro-cyclopenta[c]pyran-4-carboxylic acid 7- 甲基 -1- 氧代 - 八氢 - 环戊 [c] 吡喃 -4- 羧酸 紫丁香 Syringa oblata
3*α*-(2-methyl-1-oxopentacosyloxy)-lup-20(29)-en-23,28-dioic acid 3*α*-(2- 甲基 -1- 氧代二十五烷氧基)- 羽扇豆 -20(29)- 烯 -23,28- 二羧酸 鹅掌柴 Heptapleurum heptaphyllum
3*α*-(2-methyl-1-oxotetracosyloxy)-lup-20(29)-en-23,28-dioic acid 3*α*-(2- 甲基 -1- 氧代二十四烷氧基)- 羽扇豆 -20(29)- 烯 -23,28- 二羧酸 鹅掌柴 Heptapleurum heptaphyllum
2-methyl-1-pentanol 2- 甲基 -1- 戊醇 挥发油成分，未统计基源
4-methyl-1-pentanol 4- 甲基 -1- 戊醇 挥发油成分，未统计基源
2-methyl-1-propene-1-thiol 2- 甲基 -1- 丙烯 -1- 硫醇 挥发油成分，未统计基源
3-(2-methyl-1-propenyl)-pyridine 3-(2- 甲基 -1 丙烯基)- 吡啶 甜菜 Beta vulgaris
methyl-1*α*,14*α*-diacetoxy-7*α*-hydroxy-8,15-isopimaradien-18-oate 1*α*,14*α*- 二乙酰氧基 -7*α*- 羟基 -8,15- 异海松二烯 -18- 酸甲酯 欧地笋 Lycopus europaeus

methyl-1α,7α,14α-triacetoxy-8,15-isopimaradien-18-oate 1α,7α,14α- 三乙酰氧基 -8,15- 异海松二烯 -18- 酸甲酯 欧地笋 Lycopus europaeus

methyl-1α,7α-diacetoxy-14-oxo-8,15-isopimaradien-18-oate 1α,7α- 二乙酰氧基 -14- 氧代 -8,15- 异海松二烯 -18- 酸甲酯 欧地笋 Lycopus europaeus

methyl-1α,7α-diacetoxy-14α-hydroxy-8,15-isopimaradien-18-oate 1α,7α- 二乙酰氧基 -14α- 羟基 -8,15- 异海松二烯 -18- 酸甲酯 欧地笋 Lycopus europaeus

methyl-1α-acetoxy-7α,14α-dihydroxy-8,15-isopimaradien-18-oate 1α- 乙酰氧基 -7α,14α- 二羟基 -8,15- 异海松二烯 -18- 酸甲酯 欧地笋 Lycopus europaeus

methyl-1β,2β,6α-trihydroxy-5α,7αH-eudesma-4(15),11(13)-dien-12-oate 1β,2β,6α- 三羟基 -5α,7αH- 桉叶 -4(15),11(13)- 二烯 -12- 甲酯 月桂 Laurus nobilis

cis-1-methyl-2-(1-methylethyl)-3-(1-methylethylidene)-cyclopropane 顺式 -1- 甲基 -2- 甲基乙基 -3-(1- 甲基亚乙基)- 环丙烷 挥发油成分，未统计基源

1-methyl-2-(1-methylethyl)-benzene 1- 甲基 -2-(1- 甲基乙基)- 苯 挥发油成分，未统计基源

2-[4-methyl-2-(2-methylpropoxy)phenyl]-2-[(2-methylpropoxy)methyl]-oxirane 2-[4- 甲基 -2-(2- 甲基丙氧基) 苯基]-2-[(2- 甲基丙氧基) 甲基]- 环氧乙烷 止痢蚤草 Pulicaria dysenterica

(Z)-3-methyl-2-(2-pentenyl)-2-cyclopenten-1-one (Z)-3- 甲基 -2-(2- 戊烯基)-2- 环戊烯 -1- 酮 樟子松 Pinus sylvestris var. mongolica

1-methyl-2-(2-propenyl)-benzene 1- 甲基 -2-(2- 丙烯基)- 苯 挥发油成分，未统计基源

(E)-methyl-2-(3,4-methylene-dioxyphenyl)-3-methoxypropenoate (E)- 甲基 -2-(3,4- 亚甲基 - 二氧苯基)-3- 甲氧基丙烯酸酯 台湾穗花杉 Amentotaxus formosana

(E)-methyl-2-(3-methoxypropyl)-hexadec-14-enoate (E)-2-(3- 甲氧基丙基)- 十六碳 -14- 烯酸甲酯 紫茉莉 Mirabilis jalapa

1-methyl-2-(3'-methyl-but-2'-enyloxy)-anthraquinone 1- 甲基 -2-(3'- 甲基 - 丁 -2'- 烯氧基)- 蒽醌 木橘 Aegle marmelos

trans-2-methyl-2-(3-methyloxiranyl)-1,4-phenylene-propanoic acid ester 反式 -2- 甲基 -2-(3- 甲基环氧乙烷基)-1,4- 苯基丙酸酯 挥发油成分，未统计基源

2R,3S-3-methyl-2-(5-oxo-2-isopropenylhexyl)-cyclopentanone 2R,3S-3- 甲基 -2-(5- 氧代 -2- 异丙烯己基)- 环戊酮 乳白香青 Anaphalis lactea

1-methyl-2-(cis-9-hexadecenoyloxy)-propyl-trans-11-octadecenoate 1- 甲基 -2-(顺式 -9- 十六碳烯酰氧基)- 丙基 - 反式 -11- 十八碳烯酰酯 薏米 Coix lacryma-jobi var. ma-yuen

1-methyl-2, 8-dihydroxy-3-carboxy-9,10-anthraquinone 1- 甲基 -2,8- 二羟基 -3- 羧基 -9,10- 蒽醌 掌叶大黄 Rheum palmatum

6-methyl-2,2'-dipyridine-N-oxide 6- 甲基 -2,2'- 联吡啶 -N- 氧化物 中亚苦蒿 Artemisia absinthium

2-methyl-2,3,3a,4,5,8,9,10,11,11a-decahydro-6,10-bis(hydroxymethyl)-3-methylene-2-oxocyclodeca[b]furan-4-yl-2-propenoic acid ester 2- 甲基 -2,3,3a,4,5,8,9,10,11,11a- 十氢化 -6,10- 二羟基甲基 -3- 亚甲基 -2- 氧代环十碳 [b] 呋喃 -4- 基 -2- 丙烯酸酯 毛梗豨莶 Sigesbeckia glabrescens

2-methyl-2,3,5,7α-tetrahydro-7-(hydroxymethyl)-1H-pyrrolizin-1-ylbutanoic acid ester 2- 甲基 -2,3,5,7α- 四氢 -7- 羟基甲基 -1H- 吡咯里西 -1- 丁酸酯 蓝蓟 Echium vulgare

2-methyl-2,3-dihydro-benzoforan 2- 甲基 -2,3- 二氢苯并呋喃 紫苞雪莲 Saussurea iodostegia

1-methyl-2,3-methylenedioxy-6-naphthalenecarboxylic acid methyl ester 1- 甲基 -2,3- 亚甲二氧基 -6- 萘酸甲酯 草麻黄 Ephedra sinica

methyl-2,4-dihydroxybenzoate 甲基 -2,4- 二羟基苯甲酸酯 狭叶落地梅 Lysimachia paridiformis var. stenophylla

2-methyl-2,5-bornandiol 2- 甲基 -2,5- 龙脑二醇 滑桃树 Trevia nudiflora

methyl-2,5-octadecadiynoate 2,5- 十八碳二炔酸甲酯 挥发油成分，未统计基源

(E)-3-methyl-2,5-pyrrolidinedione-5-oxime (E)-3- 甲基 -2,5- 琥珀酰亚胺 -5- 肟 亚麻 Linum usitatissimum

4-methyl-2,6-dibutylphenol 4- 甲基 -2,6- 二丁基酚 五加 Eleutherococcus nodiflorus var. gracilistylus

(1S,5R,7S)-7-methyl-2,6-dioxabicyclo[3.3.1]nonan-3-one (1S,5R,7S)-7- 甲基 -2,6- 二氧杂双环 [3.3.1] 壬 -3- 酮 野鸦椿 Euscaphis japonica

4-methyl-2,6-ditertiarybutylphenol 4- 甲基 -2,6- 二叔丁基苯酚 挥发油成分，未统计基源

6α-methyl-2,6β-dihydroxymethylbicyclo[3.1.1]-hept-2-ene 6α- 甲基 -2,6β- 二羟基甲基双环 [3.1.1]-2- 庚烯 异株荨麻 Urtica dioica

6α-methyl-2,6β-dihydroxymethylbicyclo[3.1.1]-hept-2-ene-2β-O-glucopyranoside 6α- 甲基 -2,6β- 二羟基甲基双环 [3.1.1]-2- 庚烯 -2β-O- 吡喃葡萄糖苷 异株荨麻 Urtica dioica

1-methyl-2-[(4Z,7Z)-4,7-tridecadineyl]-4(1H)-quinolone 1- 甲基 -2-[(4Z,79Z)-4,7- 十五二烯基]-4(1H)- 喹诺酮 吴茱萸 Euodia ruticarpa

1-methyl-2-[(6Z,9Z)-6,9-pentadecadineyl]-4(1H)-quinolone 1- 甲基 -2-[(6Z,9Z)-6,9- 十三二烯基]-4(1H)- 喹诺酮 吴茱萸 Euodia ruticarpa

1-methyl-2-[(Z)-6-pentadecenyl]-4(1H)-quinolone 1- 甲基 -2-[(Z)-6- 十五烯基]-4(1H)- 喹诺酮 吴茱萸 Euodia ruticarpa

1-methyl-2-[(Z)-6-undecenyl]-4(1H)-quinolone 1- 甲基 -2-[(Z)-6- 十一烯基]-4(1H)- 喹诺酮 吴茱萸 Euodia ruticarpa, 伞房狗牙花 Tabernaemontana corymbosa

1-methyl-2-[(Z)-10-pentadecenyl]-4(1H)-quinolone 1- 甲基 -2-[(Z)-10- 十五烯基]-4(1H)- 喹诺酮 吴茱萸 Euodia ruticarpa

5-methyl-2-{2-[(2-methyl-1-oxopropoxy)methyl]-2-oxiranyl}phenyl 2-methylpropanoic acid ester 5- 甲基 -2-{2-[(2- 甲基 -1- 氧代丙氧基) 甲基]-2- 环氧乙基 } 苯基 -2- 甲基丙酸酯 烟管头草 Carpesium cernuum

24-methyl-22-dehydrolathosterol 24- 甲基 -22- 去氢羊毛索甾醇▲ 皱果苋 Amaranthus viridis, 鸡冠花 Celosia cristata

(24R)-14α-methyl-24-ethyl-5α-cholest-9(11)-en-3β-ol (24R)-14α- 甲基 -24- 乙基 -5α- 胆甾 -9(11)- 烯 -3β- 醇 黄瓜 Cucumis sativus

4α-methyl-24-ethyl-5α-cholestan-3β-ol 4α- 甲基 -24- 乙基 -5α- 胆甾 -3β- 醇 楝 Melia azedarach

14α-methyl-24-methylene-5α-cholesta-9,24-dien-3α,7α-diol 14α- 甲基 -24- 亚甲基 -5α- 胆甾 -9,24- 二烯 -3α,7α- 二醇 大尾摇 Heliotropium indicum

(20S)-4α-methyl-24-methylenecholest-7-en-3β-ol (20S)-4α- 甲基 -24- 亚甲基胆甾 -7- 烯 -3β- 醇 宽叶香蒲 Typha latifolia

4α-methyl-24-methylene-cholest-7-en-3β-ol 4α- 甲基 -24- 亚甲基胆甾 -7- 烯 -3β- 醇 马蹄莲 Zantedeschia aethiopica

14α-methyl-24α-ethyl-5α-cholest-9(11)-en-3β-ol 14α- 甲基 -24α- 乙基 -5α- 胆甾 -9(11)- 烯 -3β- 醇 木豆 Cajanus cajan, 鹰嘴豆 Cicer arietinum

4α-methyl-24β-ethyl-5α-cholesta-14,25-dien-3β-ol 4α- 甲基 -24β- 乙基 -5α-14,25- 胆甾二烯醇 苦郎树 Clerodendrum inerme

14α-methyl-24β-ethyl-5α-cholesta-9(11),25-dien-3β-ol 14α- 甲基 -24β- 乙基 -5α- 胆甾 -9(11),25- 二烯 -3β- 醇 木豆 Cajanus cajan, 鹰嘴豆 Cicer arietinum

4α-methyl-24ζ-methylcholest-7-ene-3β,22ζ-diol 4α- 甲基 -24ζ- 甲基胆甾 -7- 烯 -3β,22ζ- 二醇 黄果茄 Solanum virginianum

4α-methyl-24ξ-ethyl-5α-cholest-7-en-3β,22ξ-diol 4α- 甲基 -24ξ- 乙基 -5α- 胆甾 -7- 烯 -3β,22ξ- 二醇 黄果茄 Solanum virginianum

24β-methyl-25-dehydrolophenol 24β- 甲基 -25- 去氢 - 鸡冠柱烯醇▲ 松叶蕨 Psilotum nudum

21α-methyl-25-ethylmelianodiol 21α- 甲基 -25- 乙基楝酮二醇 楝 Melia azedarach

(3β,13α,14β)-13-methyl-26-norurs-8-en-3-ol-isobauerenyl acetate (3β,13α,14β)-13- 甲基 -26- 降熊果 -8- 烯 -3- 醇 - 异鲍尔山油柑烯醇▲ 乙酸酯 聚合草 Symphytum officinale

5-methyl-27-oxo-triacont-4-en-24-ol 5- 甲基 -27- 氧代 - 三十碳 -4- 烯 -24- 醇 月见草 Oenothera biennis

3-methyl-2-but-2-en-1-ol-6-O-α-L-arabinopyranosyl-β-D-glucopyranoside 3- 甲基 -2- 丁 -2- 烯 -1- 醇 -6-O-α-L- 吡喃阿拉伯糖基 -β-D- 吡喃葡萄糖苷 五层龙 Salacia prinoides

3-methyl-2-butanol 3- 甲基 -2- 丁醇 挥发油成分，未统计基源

3-methyl-2-buten-1-al 3- 甲基 -2- 丁烯 -1- 醛 挥发油成分，未统计基源

2-methyl-2-buten-1-ol 2- 甲基 -2- 丁烯 -1- 醇 挥发油成分，未统计基源

3-methyl-2-buten-1-ol 3- 甲基 -2- 丁烯 -1- 醇 挥发油成分，未统计基源

6-(3-methyl-2-buten-1-yl)ophioglonin 6-(3- 甲基 -2- 丁烯 -1- 基) 瓶尔小草宁 尖头瓶尔小草 Ophioglossum pedunculosum

4'-(2-methyl-2-buten-4-yl)oxyresveratrol 4'-(2- 甲基 -2- 丁烯 -4- 基) 氧化白藜芦醇 鸡桑 Morus australis

3-methyl-2-butenal 3- 甲基 -2- 丁烯醛 挥发油成分，未统计基源

6-(3''-methyl-2''-butene)-3'-methoxyl-8-C-β-D-glucopyranosyl-kaempferol-3-O-β-D-glucopyranosyl-[1 → 4]-β-D-glucopyranoside 6-(3''- 甲基 -2''- 丁烯)-3'- 甲氧基 -8-C-β-D- 吡喃葡萄糖基 - 山柰酚 -3-O-β-D- 吡喃葡萄糖基 -[1 → 4]-β-D- 吡喃葡萄糖苷 心叶黄花稔 Sida cordifolia

(E)-2-methyl-2-butene-1,4-diol (E)-2- 甲基 -2- 丁烯 -1,4- 二醇 椭圆果雪胆 Hemsleya ellipsoidea

(2E)-2-methyl-2-butene-1,4-diol-4-O-β-D-(6''-O-caffeoyl)-glucopyranoside (2E)-2- 甲基 -2- 丁烯 -1,4- 二醇 -4-O-β-D-(6''-O- 咖啡酰基)- 吡喃葡萄糖苷 海南冬青 Ilex hainanensis

(E)-2-methyl-2-butene-1,4-diol-4-O-β-D-glucopyranoside (E)-2- 甲基 -2- 丁烯 -1,4- 二醇 -4-O-β-D- 吡喃葡萄糖苷 小巢菜 Vicia hirsuta

(E)-2-methyl-2-butenoic acid (E)-2- 甲基 -2- 丁烯酸 挥发油成分，未统计基源

2-methyl-2-butenoic acid 2- 甲基 -2- 丁烯酸 疏叶当归 Angelica laxifoliata

2-methyl-2-butenoic acid-(2Z)-(1S,7R)-2,3,5,7α-tetrahydro-7-(hydroxymethyl)-4-oxo-1H-pyrrolizin-1-yl ester 2- 甲基 -2- 丁酸 -(2Z)-(1S,7R)-2,3,5,7α- 四氢 -7-(羟基甲基)-4- 氧化 -1H- 吡咯里西 -1- 酯 红花琉璃草 Cynoglossum officinale

(2Z)-2-methyl-2-butenoic acid-(4S,4aR,5S,9aR)-2,4,4a,5,6,7,8,9a-octahydro-9a-hydroxy-3,4a,5-trimethyl-2,8-dioxonaphtho[2,3-b]furan-4-ylester (2Z)-2- 甲基 2- 丁烯酸 -(4S,4aR,5S,9aR)-2,4,4a,5,6,7,8,9a- 八氢 -9a- 羟基 -3,4a,5- 三甲基 -2,8- 二氧代萘 [2,3-b] 呋喃 -4- 酯 新疆千里光 Senecio jacobaea

(2Z)-2-methyl-2-butenoic acid-(4S,4aS,5S,8aR)-2,4,4a,5,6,7,8,8a-octahydro-8a-hydroxy-3,4a,5-trimethyl-2,8-dioxonaphtho[2,3-b]furan-4-yl ester (2Z)-2- 甲基 -2- 丁烯酸 -(4S,4aS,5S,8aR)-2,4,4a,5,6,7,8,8a- 八氢 -8a- 羟基 -3,4a,5- 三甲基 -2,8- 二氧代萘 [2,3-b] 呋喃 -4- 酯 新疆千里光 Senecio jacobaea

2-methyl-2-butenoic acid-(4S,6R,7S,10R,11E)-2,4,5,6,7,8,9,10-octahydro-7-hydroxy-3-hydroxymethyl-6,10-dimethyl-2-oxo-7,10-epoxycyclodeca[b]furan-4-ylester 2- 甲基 -2- 丁烯酸 -(4S,6R,7S,10R,11E)-2,4,5,6,7,8,9,10- 八氢 -7- 羟基 -3- 羟基甲基 -6,10- 二甲基 -2- 氧代 -7,10- 环氧环癸烷 [b] 呋喃 -4- 酯 夜香牛 Vernonia cinerea

2-methyl-2-butenoic acid-2,3,5,7α-tetrahydro-7-[(2-methyl-1-oxobutoxy)methyl]-1H-pyrrolizin-1-yl ester 2- 甲基 -2- 丁酸 -2,3,5,7α- 四氢 -7-[(2- 甲基 -1- 氧代丁酰基) 甲基]-1H- 吡咯里西 -1- 酯 红花琉璃草 Cynoglossum officinale

2-methyl-2-butenoic acid-3-[4-(acetyloxy)-3,5-dimethoxyphenyl]-2-propenyl ester 2- 甲基 -2- 丁烯酸 -3-(4- 乙酰氧基 -3,5- 二甲氧基苯基)-2- 丙烯酯 一枝黄花 Solidago decurrens

2-methyl-2-butenoic acid-3-[4-(acetyloxy)-3-methoxyphenyl]-2-propenyl ester 2- 甲基 -2- 丁烯酸 -3-[4-(乙酰氧基)-3- 甲氧基苯基]-2- 丙烯酯 一枝黄花 Solidago decurrens

3-methyl-2-butenol-O-β-D-apiofuranosyl-(1 → 6)-O-β-D-glucopyranoside 3- 甲基 -2- 丁烯醇 -O-β-D- 呋喃芹糖基 -(1 → 6)-O-β-D- 吡喃葡萄糖苷 海滨木巴戟 Morinda citrifolia

6'-E-(2''-methyl-2''-butenoyl)-arbutin 6'-E-(2''- 甲基 -2''- 丁烯酰基)- 熊果苷 调羹树 Heliciopsis lobata

1-(3'-methyl-2-butenyl)-2-hydroxy-3-formylcarbazole 1-(3'- 甲基 -2- 丁烯基)-2- 羟基 -3- 甲酰咔唑 黄皮 Clausena lansium

(E)-3-(3'-methyl-2'-butenylidene)-2-indolinone (E)-3-(3'- 甲基 -2'- 亚丁烯基)-2- 吲哚酮 类叶升麻 Actaea asiatica, 兴安升麻 Cimicifuga dahurica

(Z)-3-(3'-methyl-2'-butenylidene)-2-indolinone (Z)-3-(3'- 甲基 -2'- 亚丁烯基)-2- 吲哚酮 类叶升麻 Actaea asiatica, 兴安升麻 Cimicifuga dahurica

7-(3-methyl-2-butenyloxy)-8-(3-butenyl-3-methyl-2-oxo)-coumarin 7-(3- 甲基 -2- 丁烯氧基)-8-(3- 丁烯基 -3- 甲基 -2- 氧代)- 香豆素 千里香 Murraya paniculata

3-methyl-2-butenyl-β-D-apiofuranosyl-(1 → 6)-β-D-glucopyranoside 3- 甲基 -2- 丁烯基 -β-D- 呋喃芹糖基 -(1 → 6)-β-D- 吡喃葡萄糖苷 苍术 Atractylodes lancea

M

(*E*)-2-methyl-2-butenyl-*β*-D-glucopyranoside (*E*)-2- 甲基 -2- 正丁基 -*β*-D- 吡喃葡萄糖苷 薜荔 Ficus pumila
3-(3-methyl-2-butyl)adenine 3-(3- 甲基 -2- 丁基) 腺嘌呤 椿叶花椒 Zanthoxylum ailanthoides
2-methyl-2-butylene 2- 甲基 -2- 丁烯 挥发油成分，未统计基源
1-methyl-2-carboxymethyl-3-methoxy-4,8-dihydroxy-anthraquinone 1- 甲基 -2- 羧甲基 -3- 甲氧基 -4,8- 二羟基蒽醌 猫乳 Rhamnella franguloides
5-methyl-2-furaldehyde 5- 甲基 -2- 糠醛 挥发油成分，未统计基源
1-(4-methyl-2-furanyl)-2-(5-methyl-5-ethenyl-2-tetrahydrofuranyl)-propan-1-one 1-(4- 甲基 -2- 呋喃基)-2-(5- 甲基 -5- 乙烯基 -2- 四氢呋喃基)-丙 -1- 酮 地黄 Rehmannia glutinosa
5-methyl-2-furfuryl alcohol 5- 甲基 -2- 糠醇 挥发油成分，未统计基源
2-methyl-2-hepten-6-one 2- 甲基 -2- 庚烯 -6- 酮 挥发油成分，未统计基源
3-methyl-2-hydroxy-1,4-naphthoquinone 3- 甲基 -2- 羟基 -1,4- 萘醌 胎生铁角蕨 Asplenium indicum
methyl-2-hydroxy-3-*β*-tigloyloxy-1-oxomeliac-8(30)-enate 2- 羟基 -3-*β*- 巴豆酰氧基 -1- 氧代楝 -8(30)- 烯酸甲酯 茸果鹧鸪花 Trichilia sinensis
2-methyl-2-hydroxy-5-methoxyberzo[d]hydrofuran-3-one 2- 甲基 -2- 羟基 -5- 甲氧基苯并 [d] 氢化呋喃 -3- 酮 羊红膻 Pimpinella thellungiana
methyl-2-hydroxybutanoate 2- 羟基丁酸甲酯 挥发油成分，未统计基源
1'-methyl-2'-hydroxyethyl ferulate 1'- 甲基 -2'- 羟基乙基阿魏酸酯 刺齿枝子花 Dracocephalum peregrinum
1-methyl-2-isopropylbenzene 1- 甲基 -2- 异丙基苯 樟子松 Pinus sylvestris var. mongolica
1-methyl-2-methylenecycloheptanol 1- 甲基 -2- 亚甲基 - 环庚醇 挥发油成分，未统计基源
1-methyl-2-*n*-nonyl-4-quinolone 1- 甲基 -2- 正壬基 -4- 喹诺酮 四川吴萸 Euodia sutchuenensis
1-methyl-2-nonyl-4(1*H*)-quinolone 1- 甲基 -2- 壬基 -4(1*H*)- 喹诺酮 芸香 Ruta graveolens, 伞房狗牙花 Tabernaemontana corymbosa
1-methyl-2-nonyl-4-quinolinone 1- 甲基 -2- 壬基 -4- 喹啉酮 芸香 Ruta graveolens
(1*R*,4*S*,6*R*)-1-methyl-2-oxabicyclo[2.2.2]oct-6-yl-*O*-*β*-D-glucopyranosyl-(1 → 6)-*β*-D-glucopyranoside (1*R*,4*S*,6*R*)-1- 甲基 -2- 氧杂双环 [2.2.2] 辛 -6- 基 -*O*-*β*-D- 吡喃葡萄糖基 -(1 → 6)-*β*-D- 吡喃葡萄糖苷 康藏荆芥 Nepeta prattii
6-(3'-methyl-2-oxobutyl)-5,7-dimethoxycoumarin 6-(3'- 甲基 -2- 氧丁基)-5,7- 二甲氧基香豆素 飞龙掌血 Toddalia asiatica
1-methyl-2-pentadecyl-4(1*H*)-quinolone 1- 甲基 -2- 十五烷基 -4(1*H*)- 喹诺酮 吴茱萸 Euodia ruticarpa
2-methyl-2-pentenal 2- 甲基 -2- 戊烯醛 挥发油成分，未统计基源
1-methyl-2-pentylquinolin-4(1*H*)-one 1- 甲基 -2- 戊基喹啉 -4(1*H*)- 酮 簕欓花椒 Zanthoxylum avicennae
1-methyl-2-phenyl-4(1*H*)-quinolone 1- 甲基 -2- 苯基 -4(1*H*)- 喹啉酮 乔木茵芋 Skimmia arborescens
1-methyl-2-phenyl-4-quinolone 1- 甲基 -2- 苯基 -4- 喹诺酮 香肉果 Casimiroa edulis

M

2-methyl-2-propenoic acid-(4*R*,6*R*,7*S*,10*R*,11*E*)-2,4,5,6,7,8,9,10-octahydro-3-hydroxymethyl-7-methoxy-6,10-dimethyl-2-oxo-7,10-epoxycyclodeca[b]furan-4-ylester 2- 甲基 -2- 丙烯酸 -(4*R*,6*R*,7*S*,10*R*,11*E*)-2,4,5,6,7,8,9,10- 八氢 -3- 羟基甲基 -7- 甲氧基 -6,10- 二甲基 -2-氧代 -7,10- 环氧环癸烷 [b] 呋喃 -4- 酯 夜香牛 Vernonia cinerea
2-methyl-2-propenyl angelate 2- 甲基 -2- 丙烯基当归酸酯 挥发油成分，未统计基源
(+)-8-[1-(acetyloxymethyl)-2-methyl-2-propenyl]-7-methoxy-coumarin (+)-8-[1-(乙酰氧基甲基)-2- 甲基 -2- 丙烯基]-7- 甲氧基 - 香豆素 九里香 Murraya exotica
6-methyl-2-pyridinecarboxylic acid 6- 甲基 -2- 吡啶羧酸 挥发油成分，未统计基源
2-[(2*R*)-1-methyl-2-pyrrolidinyl]-benzoic acid 2-[(2*R*)-1- 甲基 -2- 吡咯烷基]- 苯甲酸 马尾树 Rhoiptelea chiliantha
1-methyl-2-undecanone-10'-4(1*H*)-quinolone 1- 甲基 -2- 十一酮 -10'-4(1*H*)- 喹诺酮 波氏吴萸 Euodia ruticarpa var. bodinieri
1-methyl-2-undecyl-4(1*H*)-quinolone 1- 甲基 -2- 十一烷基 -4(1*H*)- 喹诺酮 吴茱萸 Euodia ruticarpa, 波氏吴萸 E. ruticarpa var. bodinieri, 芸香 Ruta graveolens
2-methyl-2-vinyl-3-isopropenyl-5-isopropylidenecyclohexanol 2- 甲基 -2- 乙烯基 -3- 异丙烯基 -5- 异丙烯亚基环己醇 挥发油成分，未统计基源
6*α*-methyl-2*α*,6*β*-dihydroxymethylbicyclo[3.1.1]-heptane 6*α*- 甲基 -2*α*,6*β*- 二羟基甲基双环 [3.1.1]-2- 庚烷 异株荨麻 Urtica dioica
6*α*-methyl-2*α*,6*β*-dihydroxymethylbicyclo[3.1.1]-heptane-2*α*-*O*-glucopyranoside 6*α*- 甲基 -2*α*,6*β*- 二羟基甲基双环 [3.1.1]-2- 庚烷 -2*α*-*O*- 吡喃葡萄糖苷 异株荨麻 Urtica dioica
1-methyl-3-(1-methylethenyl)-benzene 1- 甲基 -3-(1- 甲基乙烯基)- 苯 云南松 Pinus yunnanensis
2-methyl-3-(1-methylethyl)-cyclopentanone 2- 甲基 -3-(1- 甲基乙基)- 环戊酮 挥发油成分，未统计基源
2-methyl-3-(2-oxo-[5*H*]-5-hydroxymethyl-5-methyl-furan-3-yl)-propanoic acid 2- 甲基 -3-(2- 氧代 -[5*H*]-5- 羟基甲基 -5- 甲基 - 呋喃 -3- 基)-丙酸 多疣猪屎豆 Crotalaria verrucosa
[2*R*-[2*αβ*(*Z*),3*β*]]2-methyl-3-(3-methyloxiranyl)-4-(2-methyl-1-oxopropoxy)phenyl-2-butenoic acid ester [2*R*-[2*αβ*(*Z*),3*β*]]2- 甲基 -3-(3- 甲基环氧乙烷基)-4-(2- 甲基 -1- 氧化丙氧基) 苯基 -2- 丁烯酸酯 挥发油成分，未统计基源
3-methyl-3-(4,8-dimethylnona-3,7-dienyl)-4-methylene-1,3-dioxolan-2-one 3- 甲基 -3-(4,8- 二甲基壬 -3,7- 二烯基)-4- 亚甲基 -1,3- 二恶茂烷 -2-酮 挥发油成分，未统计基源
2-methyl-3-(6-*O*-benzoyl-*β*-D-glucopyranosyloxy)-pyranone 2- 甲基 -3-[(6-*O*- 苯甲酰基 -*β*-D- 吡喃葡萄糖氧基)- 吡喃酮 日本石竹 Dianthus japonicus
6-methyl-3,4-pyridinedimethanol 6- 甲基 -3,4- 吡啶二甲醇 挥发油成分，未统计基源
5-methyl-3',5'-di-*O*-(*p*-chlorobenzoyl)-2'-deoxyuridine 5- 甲基 -3',5'- 二氧 -(对氯苯甲酰基)-2'- 脱氧尿苷 南酸枣 Choerospondias axillaris
(3*E*)-6-methyl-3,5-heptadien-2-one (3*E*)-6- 甲基 -3,5- 庚二烯 -2- 酮 挥发油成分，未统计基源
(*E*)-6-methyl-3,5-heptadien-2-one (*E*)-6- 甲基 -3,5- 庚二烯 -2- 酮 挥发油成分，未统计基源
2-methyl-3-[(1a*S*,3a*R*,4*R*,7*S*,7a*S*)-octahydro-1a,4-dimethylindeno[1,7a-b]oxiren-7-yl]-2-propen-1-ol-1-acetate 2- 甲基 -3-[(1a*S*,3a*R*,4*R*,7*S*, 7a*S*)-

八氢 -1a,4- 二甲基茚并 [1,7a-b] 环氧乙烷 -7- 基]-2- 丙烯醛 1- 醇 -1- 乙酸酯 缬草 Valeriana officinalis
(2*E*)-2-methyl-3-[(1a*S*,3a*R*,4*R*,7*S*,7a*S*)-octahydro-1a,4-dimethylindeno[1,7a-b]oxiren-7-yl]-2-propenal (2*E*)-2- 甲基 -3-[(1a*S*,3a*R*,4*R*,7*S*,7a*S*)- 八氢 -1a,4- 二甲基茚并 [1,7a-b] 环氧乙烷 -7- 基]-2- 丙烯醛 缬草 Valeriana officinalis
(1*R*,2*E*)-1-methyl-3-[(1*S*,2*S*,4*S*)-1,2,4-trihydroxy-2,6,6-trimethylcyclohexyl]-2-propenyl-6-*O*-(6-deoxy-*α*-L-mannopy-ranosyl)-*β*-D-glucopyranoside (1*R*,2*E*)-1- 甲基 -3-[(1*S*,2*S*,4*S*)-1,2,4- 三羟基 -2,6,6- 三甲基环己烷]-2- 丙烯基 -6-*O*-(6- 去氧 -*α*-L- 吡喃甘露糖)-*β*-D-吡喃葡萄糖苷 尾穗苋 Amaranthus caudatus
(2*S*,3*S*)-2-methyl-3-[(3',4',5'-trimethoxyphenyl)(3''-hydroxy-4'',5''-dimethoxyphenyl)methyl]butyrolactone (2*S*,3*S*)-2- 甲基 -3-[(3',4',5'- 三甲氧基苯基)(3''- 羟基 -4'',5''- 二甲氧基苯基) 甲基] 丁内酯 石蝉草 Peperomia blanda
2-methyl-3-[(3,4,5-trimethoxyphenyl)(3-hydroxy-4,5-dimethoxyphenyl)methyl]butyrolactone 2- 甲基 -3-[(3,4,5- 三甲氧基苯基)(3- 羟基 -4,5-二甲氧基苯基) 甲基] 丁内酯 蒙自草胡椒 Peperomia heyneana
(2*S*,3*S*)-2-methyl-3-[(3',4',5'-trimethoxyphenyl)(4''-hydroxy-3'',5''-dimethoxyphenyl)methyl]butyrolactone (2*S*,3*S*)-2- 甲基 -3-[(3',4',5'- 三甲氧基苯基)(4''- 羟基 -3'',5''- 二甲氧基苯基) 甲基] 丁内酯 石蝉草 Peperomia blanda
2-methyl-3-[(3,4,5-trimethoxyphenyl)-(4-hydroxy-3,5-dimethoxyphenyl)methyl]butyrolactone 2- 甲基 -3-[(3,4,5- 三甲氧基苯基)-(4- 羟基 -3,5-二甲氧基苯基) 甲基] 丁内酯 蒙自草胡椒 Peperomia heyneana
2-methyl-3-[(3'-hydroxyl-4',5'-dimethoxyphenyl)(5''-methoxy-3'',4''-methlenedioxyphenyl)-methyl]butyrolactone 2- 甲基 -3-[(3'- 羟基 -4',5'- 二甲氧基苯基)(5''- 甲氧基 -3'',4''- 亚甲二氧基苯基)- 甲基] 丁内酯 草胡椒 Peperomia pellucida
(2*S*,3*S*)-2-methyl-3-[(5'-methoxy-3',4'-methylenedioxyphenyl)(4''-hydroxy-3'',5''-dimethoxyphenyl)methyl]butyrolactone (2*S*,3*S*)-2- 甲基 -3-[(5'-甲氧基 -3',4'- 亚甲二氧基苯基)(4''- 羟基 -3'',5''- 二甲氧基苯基) 甲基] 丁内酯 石蝉草 Peperomia blanda
2-methyl-3-[2-(1,3-benzodioxol-5-yl)-7-methoxy-5-benzofuranyl]propanoic acid propyl ester 2- 甲基 -3-[2-(1,3- 苯并二氧唑 -5- 基)-7- 甲氧基 -5- 苯并呋喃] 丙酸丙酯 野茉莉 Styrax japonicus
[(*E*)-methyl-3-[4-((*E*)-4-hydroxy-3-methylbut-2-enyloxy)-phenyl]-acrylate [(*E*)- 甲基 -3-[4-((*E*)-4- 羟基 -3- 甲基丁 -2- 烯氧基)- 苯基]- 丙烯酸甲酯 两面针 Zanthoxylum nitidum
methyl-3-[4-(6-*O*-*β*-glucopyranosyl-*β*-glucopyranosyl)-3-hydroxyphenyl]propionate 3-[4-(6-*O*-*β*- 吡喃葡萄糖基 -*β*- 吡喃葡萄糖基)-3- 羟基苯基] 丙酸甲酯 柠檬 Citrus limon
(-)-2-methyl-3-[bis(3',4'-methylenedioxy-5'-methoxyphenyl)-methyl]butyrolactone (-)-2- 甲基 -3-[二 (3',4'- 二亚甲二氧基 -5'- 甲氧基苯基)-甲基] 丁内酯 石蝉草 Peperomia blanda
(-)-1,2-*trans*-2,3-*cis*-2-methyl-3[bis(5-methoxy-3,4-methylenedioxyphenyl)methyl]tetrahydrofuran-1-ol (-)-1,2- 反式 -2,3- 顺式 -2- 甲基 -3[二 (5-甲氧基 -3,4- 亚甲二氧基苯基) 甲基] 四氢呋喃 -1- 醇 石蝉草 Peperomia blanda
(+)-methyl-3-acetoxy-3-(7-methoxy-1,3-benzodioxol-5-yl)propanoate (+)-3- 乙酰氧基 -3-(7- 甲氧基 -1,3- 苯并二氧 -5- 基) 丙酸甲酯 豆瓣绿 Peperomia tetraphylla
1-methyl-3-aminomethylindole 1- 甲基 -3- 氨基甲基吲哚 芦竹 Arundo donax
2-methyl-3-buten-2-ol-*β*-D-apiofuranosyl-(1 → 6)-*β*-D-glucopyranoside 2- 甲基 -3- 丁烯 -2- 醇 -*β*-D- 呋喃芹糖基 -(1 → 6)-*β*-D- 吡喃葡萄糖苷 珊瑚菜 Glehnia littoralis
2-methyl-3-buten-2-ol-*β*-D-glucopyranoside 2- 甲基 -3- 丁烯 -2- 醇 -*β*-D- 吡喃葡萄糖苷 珊瑚菜 Glehnia littoralis. 圣地红景天 Rhodiola sacra
2-methyl-3-butene-1-ol 2- 甲基 -3- 丁烯基 -1- 醇 挥发油成分，未统计基源
3-methyl-3-butenyl-*β*-D-apiofuranosyl-(1 → 6)-*β*-D-glucopyranoside 3- 甲基 -3- 丁烯基 -*β*-D- 呋喃芹糖基 -(1 → 6)-*β*-D- 吡喃葡萄糖苷 苍术 Atractylodes lancea
2-methyl-3-butenyl-*β*-D-glucopyranoside 2- 甲基 -3- 丁烯基 -*β*-D- 吡喃葡萄糖苷 鱼藤 Derris trifoliata
2-methyl-3-carbonyl dioxan-1-methoxy-4,5,6-trihydroxycyclohexane 2- 甲基 -3- 羰基 - 二恶烷并 -1- 甲氧基 -4,5,6- 三羟基环己烷 小叶三点金 Codariocalyx microphyllus
(1*S*,3*S*)-(-)-1-methyl-3-carboxy-6,7-dihydroxy-1,2,3,4-tetrahydroisoquinoline (1*S*,3*S*)-(-)-1- 甲基 -3- 羧基 -6,7- 二羟基 -1,2,3,4- 四氢异喹啉 刺毛黧豆 Mucuna pruriens
2*R*,3*R*-6-methyl-3'-geranyl-2,3-*trans*-5,7,4'-trihydroxyflavonol 2*R*,3*R*-6- 甲基 -3'- 香叶基 -2,3- 反式 -5,7,4'- 三羟基黄酮醇 毛杭子梢 Campylotropis hirtella
methyl-3-hydroxy-4-methoxy-benzoate 3- 羟基 -4- 甲氧基苯甲酸甲酯 紫花地丁 Viola philippica
1-methyl-3-hydroxyanthraquinone 1- 甲基 -3- 羟基蒽醌 海滨木巴戟 Morinda citrifolia
2-methyl-3-hydroxyanthraquinone 2- 甲基 -3- 羟基蒽醌 白花蛇舌草 Hedyotis diffusa
2-methyl-3-hydroxypyridine 2- 甲基 -3- 羟嘧啶 虎掌 Pinellia pedatisecta
1-methyl-3-isopropylbenzene 1- 甲基 -3- 异丙基苯 挥发油成分，未统计基源
1-methyl-3-methoxy-6,8-dihydroxyanthraquinone-2-carboxylic acid 1- 甲基 -3- 甲氧基 -6,8- 二羟基蒽醌 -2- 羧酸 番红花 Crocus sativus
1-methyl-3-methoxy-8-hydroxyanthraquinone-2-carboxylic acid 1- 甲基 -3- 甲氧基 -8- 羟基蒽醌 -2- 羧酸 番红花 Crocus sativus
2-methyl-3-methoxylanthraquinone 2- 甲基 -3- 甲氧基蒽醌 白花蛇舌草 Hedyotis diffusa
2-methyl-3-methylehthyl-cyclopenta-carboxylic acid methyl ester 2- 甲基 -3- 亚甲基 - 环戊烷羧酸甲酯 挥发油成分，未统计基源
(6*E*)-7-methyl-3-methylene-6-octene-1,2,8-triol (6*E*)-7- 甲基 -3- 亚甲基 -6- 辛烯 -1,2,8- 三醇 无梗五加 Eleutherococcus sessiliflorus
2-methyl-3-methylenepentane-1,2,5-triol 2- 甲基 -3- 亚甲基戊 -1,2,5- 三醇 顶花板凳果 Pachysandra terminalis
4-methyl-3-methylenepentane-1,2,5-triol 4- 甲基 -3- 亚甲基 -1,2,5- 戊三醇 顶花板凳果 Pachysandra terminalis
4-methyl-3-methylenepentane-1,2,5-triol-1-*O*-*β*-D-glucopyranoside 4- 甲基 -3- 亚甲基戊 -1,2,5- 三醇 -1-*O*-*β*-D- 吡喃葡萄糖苷 顶花板凳果 Pachysandra terminalis

M

4-methyl-3-methylenepentane-1,2,5-triol-5-*O*-*β*-D-glucopyranoside 4- 甲基 -3- 亚甲基戊 -1,2,5- 三醇 -5-*O*-*β*-D- 吡喃葡萄糖苷 顶花板凳果 Pachysandra terminalis

methyl-3-oxoolean-12-ene-28-oate 3- 氧代齐墩果 -12- 烯 -28- 酸甲酯 簇花清风藤 Sabia fasciculata, 小花清风藤 S. parviflora

2-methyl-3-phenyl-propanal 2- 甲基 -3- 苯丙醛 樟子松 Pinus sylvestris var. mongolica, 云南松 P. yunnanensis

1-methyl-3-propylbenzene 1- 甲基 -3- 丙基苯 樟子松 Pinus sylvestris var. mongolica

6-methyl-3-pyridinol 6- 甲基 -3- 吡啶醇 地黄 Rehmannia glutinosa

5-methyl-3-tetradecyl-5-pentandide 5- 甲基 -3- 十四烷基 -5- 戊内酯 构树 Broussonetia papyrifera

methyl-3*β*-acetoxy-1-oxomelic-14(15)-enate 3*β*- 乙酰氧基 -1- 氧代楝 -14(15)- 烯酸甲酯 红椿 Toona ciliata

4*α*-methyl-3*β*-hydroxylfriedelane 4*α*- 甲基 -3*β*- 羟基 - 无羁萜烷 马齿苋 Portulaca oleracea

methyl-3*β*-hydroxy-urs-11-en-28-oate 3*β*- 羟基熊果 -11- 烯 -28- 酸甲酯 狭叶瓶尔小草 Ophioglossum thermale

methyl-3*β*-tigloyloxy-2,6-dihydroxy-1-oxomeliac-8(30)-enate 3*β*- 巴豆酰氧基 -2,6- 二羟基 -1- 氧代楝 -8(30)- 烯酸甲酯 茸果鹧鸪花 Trichilia sinensis

1-methyl-4-(1,2,2-trimethyl)-benzene 1- 甲基 -4-(1,2,2- 三甲基)- 苯 挥发油成分，未统计基源

1-methyl-4-(1,5,9-trimethyl-8-methylene-4-decen-1-yl)-2,3-dioxabicyclo[2.2.2]oct-5-ene 1- 甲基 -4-(1,5,9- 三甲基 -8- 亚甲基 -4- 癸烯 -1- 基)-2,3- 二氧杂双环 [2.2.2] 辛 -5- 烯 中亚苦蒿 Artemisia absinthium

1-methyl-4-(1-methylethenyl)-benzene 1- 甲基 -4-(1- 甲基乙烯基)- 苯 挥发油成分，未统计基源

1-methyl-4-(1-methylethyketone)-cyclohexene 1- 甲基 -4-(1- 甲乙基酮)- 环已烯 挥发油成分，未统计基源

1-methyl-4-(1-methylethyl)-1,3-cyclohexadiene 1- 甲基 -4-(1- 甲基乙基)-1,3- 环已二烯 挥发油成分，未统计基源

1-methyl-4-(1-methylethyl)-1,4-cyclohexadiene 1- 甲基 -4-(1- 甲基乙基)-1,4- 环已二烯 挥发油成分，未统计基源

(±)-1-methyl-4-(1-methylethyl)-3-cyclohexen (±)-1- 甲基 -4-(1- 甲基乙基)-3- 环已烯 挥发油成分，未统计基源

1-methyl-4-(1-methylethyl)benzene 1- 甲基 -4-(1- 甲基乙基) 苯 挥发油成分，未统计基源

1-methyl-4-(1-methylethyl)-phenol 1- 甲基 -4-(1- 甲基乙基)- 苯酚 挥发油成分，未统计基源

1-methyl-4-(1-methylethylidene)-2,5-cyclohexadien-1-ol 1- 甲基 -4-(1- 甲基乙烯)-2,5- 环已二烯 -1- 醇 狭苞橐吾 Ligularia intermedia

2-methyl-4(3*H*)-quinazolinone 2- 甲基 -4(3*H*)- 喹唑酮 狭叶獐牙菜 Swertia angustifolia

(*S*)-1-methyl-4-(5-methyl-1-methylene-4-hexenyl)-cyclohexene (*S*)-1- 甲基 -4-(5- 甲基 -1- 亚甲基 -4- 已烯基) 环已烯 挥发油成分，未统计基源

methyl-4-(butyryloxy)benzoate 4- 丁酰氧基苯甲酸甲酯 黄杞 Engelhardia roxburghiana

2-methyl-4,5-dihydroxyanthraquinone 2- 甲基 -4,5- 二羟基蒽醌 巴天酸模 Rumex patientia

(2*R*,3*R*,4*S*,6*R*)-3-methyl-4,6-di(3-methyl-2-butenyl)-2-(2-methyl-1-oxopropyl)-3-(4-methyl-3-pentenyl)-cyclohexanone (2*R*,3*R*,4*S*,6*R*)-3- 甲基 -4,6- 二 (3- 甲基 -2- 丁烯基)-2-(2- 甲基 -1- 氧代丙基)-3-(4- 甲基 -3- 戊烯基)- 环已酮 糙枝金丝桃 Hypericum scabrum

(3*R*,4*R*)-3-methyl-4,8-dihydroxy-3,4-dihydroisocoumarin (3*R*,4*R*)-3- 甲基 -4,8- 二羟基 -3,4- 二氢异香豆素 密花葛 Pueraria alopecuroides

3,4-*trans*-3-methyl-4-[(3,4-dihydroxy-5-methoxyphenyl)(3,4,5-trimethoxyphenyl)methyl]butyrolactone 3,4- 反式 -3- 甲基 -4-[(3,4- 二羟基 -5- 甲氧基苯基)(3,4,5- 三甲氧基苯基) 甲基] 丁内酯 蒙自草胡椒 Peperomia heyneana

3,4-*trans*-3-methyl-4-[(5-hydroxy-3,4-methylenedioxyphenyl)(3,4,5-trimethoxyphenyl)methyl]butyrolactone 3,4- 反式 -3- 甲基 -4-[(5- 羟基 -3,4- 亚甲二氧基苯基)(3,4,5- 三甲氧基苯基) 甲基] 丁内酯 蒙自草胡椒 Peperomia heyneana

3-methyl-4-chloro-5-methoxyphenol 3- 甲基 -4- 氯 -5- 甲氧基苯酚 蜜环菌 Armillaria mellea

3-methyl-4-heptanone 3- 甲基 -4- 庚酮 挥发油成分，未统计基源

(3*S*,4*S*)-3-methyl-4-hydroxyoctanoic acid-3-*O*-*β*-D-glucopyranoside (3*S*,4*S*)-3- 甲基 -4- 羟基辛酸 -3-*O*-*β*-D- 吡喃葡萄糖苷 化香树 Platycarya strobilacea

(3*S*,4*S*)-3-methyl-4-hydroxyoctanoic acid-3-*O*-*β*-D-glucopyranoside-6'-*O*-gallate (3*S*,4*S*)-3- 甲基 -4- 羟基辛酸 -3-*O*-*β*-D- 吡喃葡萄糖苷 -6'-*O*- 没食子酸酯 化香树 Platycarya strobilacea

1-methyl-4-isopropenyl-2,5-cyclohexadien-1-ol 1- 甲基 -4- 异戊烯基 -2,5- 环已二烯 -1- 醇 狭苞橐吾 Ligularia intermedia

1-methyl-4-isopropyl-1,4-cyclohexadiene 1- 甲基 -4- 异丙基 -1,4- 环已二烯 挥发油成分，未统计基源

3-methyl-4-isopropylphenol 3- 甲基 -4- 异丙基苯酚 挥发油成分，未统计基源

(2*Z*)-2-methyl-4-methoxy-2-(1*E*)-1-propen-1-yl-phenyl-2-butenoic acid ester (2*Z*)-2- 甲基 -4- 甲氧基 -2-(1*E*)-1- 丙烯基苯基 -2- 丁烯酸酯 异叶茴芹 Pimpinella diversifolia

(*E*)-2-methyl-4-methoxy-2-(1-propenyl)-phenylpropanoic acid ester (*E*)-2- 甲基 -4- 甲氧基 -2-(1- 丙烯基) 苯基丙酸酯 挥发油成分，未统计基源

1-methyl-4-methoxy-8-(*O*-*β*-D-glucopyranosyloxy)-2(1*H*)-quinolinone 1- 甲基 -4- 甲氧基 -8-(*O*-*β*-D- 吡喃葡萄糖基)-2(1*H*)- 喹啉酮 砂蓝刺头 Echinops gmelinii

1-methyl-4-methoxy-*β*-carboline 1- 甲基 -4- 甲氧基 -*β*- 咔啉 苦树 Picrasma quassioides

1*α*,4a*α*,8a*α*-7-methyl-4-methylene-1-(1-methylethyl)-1,2,3,4,4a,5,6,8a-octahydronaphthalene 1*α*,4a*α*,8a*α*-7- 甲基 -4- 亚甲基 -1-(1- 甲基乙基)-1,2,3,4,4a,5,6,8a- 八氢萘 挥发油成分，未统计基源

[1*α*,4a*β*,8a*α*]-7-methyl-4-methylene-1-[1-methyethyl]-1,2,3,4,4a,5,6,8a-octahydronaphthalene [1*α*,4a*β*,8a*α*]-7- 甲基 -4- 亚甲基 -1-[1- 甲基乙基]-1,2,3,4,4a,5,6,8a- 八氢萘 挥发油成分，未统计基源

(*S*)-(+)-methyl-4-methylene-5-oxo-pyrrolidin-2-carboxylate (*S*)-(+)-4- 亚甲基 -5- 氧代 - 吡咯 -2- 甲酸甲酯 密花远志 Polygala tricornis

methyl-4-*O*-coumaroylquinate 4-*O*- 香豆酰奎宁酸甲酯 泡核桃 Juglans sigillata

2-methyl-4-oxo-7-hydroxy-5-chromanacetic acid 2- 甲基 -4- 氧代 -7- 羟基 -5- 色烷乙酸 总序大黄 Rheum racemiferum

5'-methyl-4-pentylbiphenyl-2,2',6-triol 5'- 甲基 -4- 戊基联苯 -2,2',6- 三醇 大麻 Cannabis sativa

M

2-methyl-4-pyrone-3-*O*-*β*-D-glucopyranoside 2- 甲基 -4- 吡喃酮 -3-*O*-*β*-D- 吡喃葡萄糖苷 黄蜡果 Stauntonia brachyanthera

2-methyl-4-pyrone-3-*O*-*β*-D-glucoside 2- 甲基 -4- 吡喃酮 -3-*O*-*β*-D- 葡萄糖苷 人参 Panax ginseng

1-methyl-4-quinolone 1- 甲基 -4- 喹诺酮 丝毛蓝刺头 Echinops nanus

methyl-4-*β*-D-glucopyranosyl-ferulate 4-*β*-D- 吡喃葡萄糖基 - 阿魏酸甲酯 蜡梅 Chimonanthus praecox

3-methyl-5-(1,3,3-trimethyl-7-oxabicyclo-[2.2.1]hept-2-yl)pent-1-en-3-ol 3- 甲基 -5-(1,3,3- 三甲基 -7- 氧杂双环 [2.2.1] 庚 -2- 基) 戊 -1- 烯 -3- 醇 镰荚棘豆 Oxytropis falcata

2-methyl-5-(1-methylehthyl)-cyclohexen 2- 甲基 -5-(1- 甲基乙基)- 环己烯 挥发油成分，未统计基源

cis-2-methyl-5-(1-methylethenyl)-2-cyclohexen-1-ol 顺式 -2- 甲基 -5-(1- 甲基乙烯基)-2- 环己烯 -1- 醇 挥发油成分，未统计基源

2-methyl-5-(1-methyl-ethenyl)-2-cyclohexen-1-one 2- 甲基 -5-(1- 甲基乙烯基)-2- 环己烯 -1- 酮 中亚苦蒿 Artemisia absinthium

2-methyl-5-(1-methylethyl)-2-cyclohexen-1-one 2- 甲基 -5-(1- 甲基乙基)-2- 环己烯 -1- 酮 挥发油成分，未统计基源

(1*R*,4*S*,5*S*)-2-methyl-5-(1-methylethyl)-cyclohexene-1,4-diol (1*R*,4*S*,5*S*)-2- 甲基 -5-(1- 甲基乙基)- 环己烯 -1,4- 二醇 天山橐吾 Ligularia narynensis

3-methyl-5-(2,2,4-trimethylcyclohexanol-3-yl)-pent-1-en-3-ol 3- 甲基 -5-(2,2,4- 三甲基环己醇 -3- 基)- 戊 -1- 烯 -3- 醇 镰荚棘豆 Oxytropis falcata

2-methyl-5-(2'-hydroxypropyl)-7-hydroxychromone-2'-*O*-*β*-D-glucopyranoside 2- 甲基 -5-(2'- 羟基丙基)-7- 羟基色酮 -2'-*O*-*β*-*D*- 吡喃葡萄糖苷 铁刀木 Senna siamea

2-methyl-5-(3-methylbut-2-enyl)-1,4-benzoquinone 2- 甲基 -5-(3- 甲基丁 -2- 烯基)-1,4- 苯醌 小叶鹿蹄草 Pyrola media

5-methyl-5-(4,8,12-trimethyltridecyl)-dihydro-furan-2-one 5- 甲基 -5-(4,8,12- 三甲基十三烷基)- 二氢 - 呋喃 -2- 酮 白背算盘子 Glochidion wrightii

2-methyl-5-(8'*Z*-heptadecenyl)resorcinol 2- 甲基 -5-(8'*Z*- 十七烯基) 树脂苔黑酚 ▲ 走马胎 Ardisia gigantifolia

2-methyl-5-(8*Z*-tridecenyl)-resorcinol 2- 甲基 -5-(8*Z*- 十三烯基)- 树脂苔黑酚 ▲ 紫金牛 Ardisia japonica

2-methyl-5-(*Z*-heptadec-8-enyl)resorcinol 2- 甲基 -5-(*Z*- 十七碳 -8- 烯基) 树脂苔黑酚 ▲ 珍珠伞 Ardisia maculosa

2-methyl-5-(*Z*-nonadec-14-enyl)resorcinol 2- 甲基 -5-(*Z*- 十九碳 -14- 烯基) 树脂苔黑酚 ▲ 走马胎 Ardisia gigantifolia

24-methyl-5,14,26-ergosta-trien-3*β*-ol 24- 甲基 -5,14,26- 麦角甾三烯 -3*β*- 醇 土瓜狼毒 Euphorbia prolifera

24-methyl-5,22-cholestadienol 24- 甲基 -5,22- 胆甾二烯醇 蛇苔 Conocephalum conicum

24-methyl-5,7,22-cholestatrienol 24- 甲基 -5,7,22- 胆甾三烯醇 蛇苔 Conocephalum conicum

3-methyl-5,7,9,11-tetradecatetraenyl butanoic acid ester 3- 甲基 -5,7,9,11- 十四碳四烯苯丁酸酯 欧亚矢车菊 Centaurea ruthenica

3-methyl-5,7,9,11-tetradecatetraenyl-2-butenoic acid ester 3- 甲基 -5,7,9,11- 十四碳四烯 -2- 丁酸酯 欧亚矢车菊 Centaurea ruthenica

2-methyl-5,7-dihydroxychromone 2- 甲基 -5,7- 二羟基色酮 水团花 Adina pilulifera, 福建野鸦椿 Euscaphis fukienensis

2-methyl-5,7-dihydroxychromone-7-*O*-*β*-D-glucopyranoside 2- 甲基 -5,7- 二羟基色酮 -7-*O*-*β*-D- 吡喃葡萄糖苷 省沽油 Staphylea bumalda

2-methyl-5,7-dihydroxychromone-8-*C*-*β*-D-glucopyranoside 2- 甲基 -5,7- 二羟基色酮 -8-*C*-*β*-D- 吡喃葡萄糖苷 丁香 Syzygium aromaticum

2-methyl-5,7-dihydroxychromone-8-*C*-*β*-D-glucopyranoside-6'-*O*-gallate 2- 甲基 -5,7- 二羟基色酮 -8-*C*-*β*-D- 吡喃葡萄糖苷 -6'-*O*- 没食子酸酯 丁香 Syzygium aromaticum

2-methyl-5,7-dihydroxychromone-*O*-galloyl-glucoside 2- 甲基 -5,7- 二羟基色酮 -*O*- 没食子酰葡萄糖苷 窄叶大黄 Rheum sublanceolatum

2-methyl-5-[(3-methyl-2-buten-1-yl)oxy]-1,4-naphthalenedione 2- 甲基 -5-[(3- 甲基 -2- 丁烯 -1- 基) 氧]-1,4- 萘二酮 白花丹 Plumbago zeylanica

2-(5-methyl-5-5-coxiran-5-coxiran-2-yl)-tetrahydrofuran-2-yl) propan-1-ol) 2-(5- 甲基 -5-5- 氧杂环丙烷 -5- 氧杂环丙烷 -2-yl)- 四氢呋喃 -2- 基) 丙烷 -1- 醇) 软枣猕猴桃 Actinidia arguta

2-methyl-5-acetonyl-7-hydroxychromone-*O*-galloyl-glucoside 2- 甲基 -5- 丙酮基 -7- 羟基色酮 -*O*- 没食子酰葡萄糖苷 总序大黄 Rheum racemiferum, 窄叶大黄 R. sublanceolatum

2-methyl-5-carboxymethyl-7-hydroxychromone 2- 甲基 -5- 甲酸酯基 -7- 羟基色酮 总序大黄 Rheum racemiferum, 窄叶大黄 R. sublanceolatum

2-methyl-5-carboxymethyl-7-hydroxychromone-galloyl-glucoside 2- 甲基 -5- 甲酸酯基 -7- 羟基色酮 - 没食子酰葡萄糖苷 小大黄 Rheum pumilum

24-methyl-5-cholestene-3-ol 24- 甲基 -5- 胆甾烯 -3- 醇 白刺 Nitraria tangutorum

24-methyl-5-cholestene-3*β*-ol 24- 甲基 -5- 胆甾烯 -3*β*- 醇 松叶蕨 Psilotum nudum

3-methyl-5-decanoylpyridine 3- 甲基 -5- 癸酰吡啶 假荜拔 Piper retrofractum

2-methyl-5-ethylpyrazine 2- 甲基 -5- 乙基吡嗪 挥发油成分，未统计基源

6-methyl-5-hepten-2-one 6- 甲基 -5- 庚烯 -2- 酮 挥发油成分，未统计基源

methyl-5-hydroxy-2-pyridinecarboxylate 5- 羟基 -2- 吡啶羧酸甲酯 川西獐牙菜 Swertia mussotii

2-methyl-5-hydroxy-6-(2-butenyl-3-hydroxymethyl)-7-(*β*-D-glucopyranosyloxy)-4*H*-1-benzopyran-4-one 2- 甲基 -5- 羟基 -6-(2- 丁烯基 -3- 羟基甲基)-7-*β*-D- 吡喃葡萄糖氧基 -4*H*-1- 苯并吡喃 -4- 酮 蛇床 Cnidium monnieri

4'-methyl-5'-hydroxypinoresinol 4'- 甲基 -5'- 羟基松脂醇 乌墨 Syzygium cumini

4-methyl-5-isopropyl-1,2-benzenediol 4- 甲基 -5- 异丙基 -1,2- 苯二酚 牛至 Origanum vulgare

3-methyl-5-methoxyphenol 3- 甲基 -5- 甲氧基苯酚 蜜环菌 Armillaria mellea

2-methyl-5-methyl-2-[2-[(2-methyl-1-oxopropoxy)methyl]-2-oxiranyl]phenyl propanoic acid ester 2- 甲基 -5- 甲基 -2-[2-[(2- 甲基 -1- 氧代丙氧基) 甲基]-2- 环氧乙烷基] 苯基丙酸酯 止痢蚤草 Pulicaria dysenterica

2-methyl-5-nonylresorcinol 2- 甲基 -5- 十九烷酰树脂苔黑酚 ▲ 山血丹 Ardisia lindleyana

6-methyl-5-octen-2-one 6- 甲基 -5- 辛烯 -2- 酮 挥发油成分，未统计基源

4-(3-methyl-5-oxiranyl-2-pentenyloxy)-7*H*-furo[3,2-g][1]benzopyran-7-one 4-(3- 甲基 -5- 环氧丁烷 -2- 戊烯氧基)-7*H*- 呋喃 [3,2-g][1] 苯丙吡喃 -7- 酮 葡萄柚 Citrus paradisi

16*β*-(4'-methyl-5'-*O*-*β*-D-glucopyranosyl-pentanoxy)-5*α*-pregnan-3*β*-ol-12,20-dione-3-*O*-*β*-D-glucopyranosyl-(1 → 2)-*β*-D-glucopyranosyl-(1 → 4)-*β*-D-galactopyranoside 16*β*-(4'- 甲基 -5'-*O*-*β*-D- 吡喃葡萄糖基 - 戊烷氧基)-5*α*- 孕甾 -3*β*- 醇 -12,20- 二酮 -3-*O*-*β*-D- 吡喃葡萄糖基 -(1 → 2)-*β*-D- 吡喃葡萄糖基 -(1 → 4)-*β*-D- 吡喃半乳糖苷 蒺藜 Tribulus terrestris

3-methyl-5-pentyl-1,2-dithiolane 3- 甲基 -5- 戊基 -1,2- 二硫烷 挥发油成分，未统计基源

3-methyl-5-propyl-1,2-dithiolane 3- 甲基 -5- 丙基 -1,2- 二硫烷 挥发油成分，未统计基源

2-methyl-5-propyl-7,12-dihydroxychromone-12-*O*-*β*-D-glucopyranoside 2- 甲基 -5- 丙基 -7,12- 二羟基色酮 -12-*O*-*β*-D- 吡喃葡萄糖苷 铁刀木 Senna siamea

2-methyl-5-propyl-thiophene 2- 甲基 -5- 丙烷 - 噻吩 挥发油成分，未统计基源

(24*R*)-24-methyl-5*α*,8-epidioxy-cholesta-6,22-dien-3*β*-ol (24*R*)-24- 甲基 -5*α*,8- 环二氧 - 胆甾 -6,22- 二烯 -3*β*- 醇 马蹄莲 Zantedeschia aethiopica

(22*E*,24*R*)-24-methyl-5*α*-chlolesta-7,22-diene-3*β*,5,6*β*-triol (22*E*,24*R*)-24- 甲基 -5*α*- 胆甾 -7,22- 二烯 -3*β*,5,6*β*- 三醇 铜钱叶白珠 Gaultheria nummularioides

24*α*-methyl-5*α*-cholest-8(14)-en-3*β*-ol 24*α*- 甲基 -5*α*- 胆甾 -8(14)- 烯 -3*β*- 醇 木豆 Cajanus cajan, 鹰嘴豆 Cicer arietinum

24*β*-methyl-5*α*-cholest-8(14)-en-3*β*-ol 24*β*- 甲基 -5*α*- 胆甾 -8(14)- 烯 -3*β*- 醇 木豆 Cajanus cajan, 鹰嘴豆 Cicer arietinum

4*α*-methyl-5*α*-cholest-8-en-3*β*-ol 4*α*- 甲基 -5*α*- 胆甾醇 -8- 烯 -3*β*- 醇 地肤 Kochia scoparia

14-methyl-5*α*-cholest-9(11)-en-3*β*-ol 14- 甲基 -5*α*- 胆甾 -9(11)- 烯 -3*β*- 醇 茄 Solanum melongena

(22*E*,24*R*)-24-methyl-5*α*-cholesta-7,22-dien-3*β*-ol (22*E*,24*R*)-24- 甲基 -5*α*- 胆甾 -7,22- 二烯 -3*β*- 醇 唐菖蒲 Gladiolus × gandavensis

24-methyl-5*α*-cholesta-7,22-dien-6*α*-ol-3*β*-*O*-glucopyranoside 24- 甲基 -5*α*- 胆甾 -7,22- 二烯 -6*α*- 醇 -3*β*-*O*- 吡喃葡萄糖苷 硬毛地笋 Lycopus lucidus var. hirtus

(22*E*,24*R*)-24-methyl-5*α*-cholesta-7,22-diene-3*β*,5*α*,6*β*-triol (22*E*,24*R*)-24- 甲基 -5*α*- 胆甾 -7,22- 二烯 -3*β*,5*α*,6*β*- 三醇 臭棘豆 Oxytropis microphylla

(22*E*,24*S*)-24-methyl-5*α*-cholesta-7,22-diene-3*β*,5*α*,6*β*-triol (22*E*,24*S*)-24- 甲基 -5*α*- 胆甾 -7,22- 二烯 -3*β*,5*α*,6*β*– 三醇 钮子瓜 Zehneria maysorensis

(22*E*,24*R*)-24-methyl-5*α*-cholesta-7-22-diene-3*β*,5,6*β*-triol (22*E*,24*R*)-24- 甲基 -5*α*- 胆甾 -7-22- 二烯 -3*β*,5,6*β*- 三醇 对叶大戟 Euphorbia sororia

24*ξ*-methyl-5*α*-cholesta-7-ene 24*ξ*- 甲基 -5*α*- 胆甾 -7- 烯 黄瓜 Cucumis sativus

14*α*-methyl-5*α*-cholesta-9,24-dien-3*β*,7*α*-diol 14*α*- 甲基 -5*α*- 胆甾 -9,24- 二烯 -3*β*,7*α*- 二醇 大尾摇 Heliotropium indicum

24*α*-methyl-5*α*-cholestan-3-one 24*α*- 甲基 -5*α*- 胆甾 -3- 酮 毛蕊花 Verbascum thapsum

24*R*-14*α*-methyl-5*α*-ergost-9(11)-en-3*β*-ol 24*R*-14*α*- 甲基 -5*α*- 麦角甾 -9(11)- 烯 -3*β*- 醇 绞股蓝 Gynostemma pentaphyllum

24*S*-14*α*-methyl-5*α*-ergost-9(11)-en-3*β*-ol 24*S*-14*α*- 甲基 -5*α*- 麦角甾 -9(11)- 烯 -3*β*- 醇 绞股蓝 Gynostemma pentaphyllum

4*α*-methyl-5*α*-ergosta-7,24(28)-dien-3*β*,4*β*-diol 4*α*- 甲基 -5*α*- 麦角甾 -7,24(28)- 二烯 -3*β*,4*β*- 二醇 鸭舌草 Monochoria vaginalis

14*α*-methyl-5*α*-ergosta-9(11),24(28)-dien-3*β*-ol 14*α*- 甲基 -5*α*- 麦角甾 -9(11),24(28)- 二烯 -3*β*- 醇 绞股蓝 Gynostemma pentaphyllum

24*ζ*-methyl-5*α*-lanosta-25-one 24*ζ*- 甲基 -5*α*- 羊毛脂 -25- 酮 黄荆 Vitex negundo

24*ξ*-methyl-5*α*-lanosta-25-one 24*ξ*- 甲基 -5*α*- 羊毛脂 -25- 酮 树舌灵芝 Ganoderma applanatum

4*α*-methyl-5*α*-stigmast-7-en-3*β*-ol 4*α*- 甲基 -5*α*- 豆甾 -7- 烯 -3*β*- 醇 小粒咖啡 Coffea arabica

2-methyl-5*β*-nonadec-14-enylresorcinol 2- 甲基 -5*β*- 十九碳 -14- 烯酰树脂苔黑酚▲ 山血丹 Ardisia lindleyana

3-methyl-6-(1-methylethyl)-2-cyclohexen-1-one 3- 甲基 -6-(1- 甲基乙基)-2- 环已烯 -1- 酮 挥发油成分，未统计基源

(1*S*,2*R*,6*R*)-3-methyl-6-(1-methylethyl)-3-cyclohexene-1,2-diol (1*S*,2*R*,6*R*)-3- 甲基 -6-(1- 甲基乙基)-3- 环已烯 -1,2- 二醇 狭苞橐吾 Ligularia intermedia

3-methyl-6-(1-methylethyl)-7-oxabicyclo[4.1.0]heptan-2-one 3- 甲基 -6-(1- 甲基乙基)-7- 氧杂双环 [4.1.0] 庚 -2- 酮 挥发油成分，未统计基源

3-methyl-6-(1-methylethylidene)-cyclohexene 3- 甲基 -6-(1- 甲基亚乙基)- 环已烯 挥发油成分，未统计基源

[*R*-(*Z*)]-2-methyl-6-(4-methyl-1,3-cyclohexadien-1-yl)-2-hepten-1-ol [*R*-(*Z*)]-2- 甲基 -6-(4- 甲基 -1,3- 环已二烯 -1- 基)-2- 庚烯 -1- 醇 挥发油成分，未统计基源

3-methyl-6,7,8-trihydropyrrolo[1,2-a]pyrimidin-2-one 3- 甲基 -6,7,8- 三氢 - 吡咯 [1,2-a] 嘧啶 -2- 酮 甘草 Glycyrrhiza uralensis

3-methyl-6,8,10,12-pentadecatetraenyl 2-butenoic acid ester 3- 甲基 -6,8,10,12- 十五碳四烯 -2- 丁酸酯 欧亚矢车菊 Centaurea ruthenica

3-methyl-6,8,10,12-pentadecatetraenyl butanoic acid ester 3- 甲基 -6,8,10,12- 十五碳四烯丁酸酯 欧亚矢车菊 Centaurea ruthenica

3-methyl-6-ethyl-2-cyclohexen-1-one 3- 甲基 -6- 乙基 -2- 环已烯 -1- 酮 挥发油成分，未统计基源

6-[(5-methyl-6-ethyl-4-hydroxy-pyrone-3-yl)-methylene]glabranine 6-[(5- 甲基 -6- 乙基 -4- 羟基 - 吡喃 -3- 基)- 亚甲基] 光果甘草宁 香青 Anaphalis sinica

2-methyl-6-hepten-1-ol 2- 甲基 -6- 庚烯 -1- 醇 挥发油成分，未统计基源

2-methyl-6-hydroxy-1,2,3,4-tetrahydro-*β*-carboline 2- 甲基 -6- 羟基 -1,2,3,4- 四氢 -*β*- 咔啉 臭辣吴萸 Euodia fargesii

3-methyl-6-hydroxy-8-methoxy-3,4-dihydroisocoumarin 3- 甲基 -6- 羟基 -8- 甲氧基 -3,4- 二氢异香豆素 辽细辛 Asarum heterotropoides var. mandshuricum

2-methyl-6-methoxy-1,2,3,4-tetrahydro-*β*-carboline 2- 甲基 -6- 甲氧基 -1,2,3,4- 四氢 -*β*- 咔啉 尼泊尔绿绒蒿 Meconopsis napaulensis

3-methyl-6-methoxy-1,8-dihydroxyanthraquinone 3- 甲基 -6- 甲氧基 -1,8- 二羟基蒽醌 望江南 Senna occidentalis

3-methyl-6-methoxy-3,4-dihydroisocoumarin-8-*O*-*β*-D-glucospyranoside 3- 甲基 -6- 甲氧基 -3,4- 二氢异香豆素 -8-*O*-*β*-D- 吡喃葡萄糖苷 山地虎耳草 Saxifraga montana

3-methyl-6-methoxy-8-hydroxy-3,4-dihydroisocoumarin 3- 甲基 -6- 甲氧基 -8- 羟基二氢异香豆素 川明参 Chuanminshen violaceum
methyl-6-methoxycarbazole-3-carboxylate 6- 甲氧基咔唑 -3- 羧酸甲酯 黄皮 Clausena lansium
4'-methyl-6-methoxykaempferol-7-*O*-*β*-D-glucopyranoside-8-*C*-*β*-D-glucopyranoside 4'- 甲基 -6- 甲氧基山柰酚 -7-*O*-*β*-D- 吡喃葡萄糖苷 -8-*C*-*β*-D- 吡喃葡萄糖苷 猫爪藤 Macfadyena unguis-cati
2-methyl-6-methylene-2,7-octadien-1-ol 2- 甲基 -6- 亚甲基 -2,7- 辛二烯 -1- 醇 挥发油成分，未统计基源
(*E*)-2-methyl-6-methylene-2,7-octadienal (*E*)-2- 甲基 -6- 亚甲基 -2,7- 辛二烯醛 挥发油成分，未统计基源
2-methyl-6-methylene-2,7-octadiene-1-*O*-*β*-D-glucopyranoside 2- 甲基 -6- 亚甲基 -2,7- 辛二烯 -1-*O*-*β*-D- 吡喃葡萄糖苷 孔雀草 Tagetes patula
2-methyl-6-oxo-2,4-hepta-2,4-dienoic acid-*O*-*β*-gentibiosyl-ester 2- 甲基 -6- 酮 -2,4- 庚 -2,4- 二烯酸 -*O*-*β*- 龙胆二糖基酯 番红花 Crocus sativus
2-methyl-6-phenyl-4*H*-pyran-4-one 2- 甲基 -6- 苯基 -4*H*- 吡喃 -4- 酮 木蝴蝶 Oroxylum indicum
2-methyl-6-prenylbenzene-1,4-diol-1-*O*-*β*-D-glucopyranoside 2- 甲基 -6- 异戊二烯基苯 -1,4- 二醇 -1-*O*-*β*-D- 吡喃葡萄糖苷 毛轴碎米蕨 Cheilosoria chusana
4-methyl-7-(1-methylethyl)-azulene-1-carbaldehyde 4- 甲基 -7-(1- 甲基乙基)- 薁 -1- 甲醛 松乳菇 Lactarius deliciosus, 红汁乳菇 L. hatsudake
4-methyl-7-(1-methylethyl)-azulene-1-carboxylic acid 4- 甲基 -7-(1- 甲基乙基)- 薁 -1- 羧酸 红汁乳菇 Lactarius hatsudake
8-methyl-7,2',4'-trimethoxyflavanone-5-*O*-*α*-L-rhamnopyranosyl-(1 → 4)-*β*-D-glucopyranosyl-(1 → 6)-*β*-D-glucopyranoside 8- 甲基 -7,2',4'- 三甲氧基黄烷酮 -5-*O*-*α*-L- 吡喃鼠李糖基 -(1 → 4)-*β*-D- 吡喃吡喃葡萄糖基 -(1 → 6)-*β*-D- 葡萄糖苷 山楝 Aphanamixis polystachya
2-methyl-7,9-undecadienoic acid heptyl ester 2- 甲基 -7,9- 十一碳二烯酸庚酯 峨参 Anthriscus sylvestris
2-methyl-7-[(2,3-dimethyl-1-oxobutoxy)methyl]-2,3,5,7*α*-tetrahydro-1*H*-pyrrolizin-1-yl-2-butenoic acid ester 2- 甲基 -7-[(2,3- 二甲基 -1- 氧代丁酰基) 甲基]-2,3,5,7*α*- 四氢 -1*H*- 吡咯里西 -1- 基 -2- 丁酸酯 蓝蓟 Echium vulgare
6-methyl-7-acetyl-1,8-dihydroxy-3-methoxynaphthalene-1-*O*-*β*-D-glucopyranoside 6- 甲基 -7- 乙酰基 -1,8- 二羟基 -3- 甲氧基萘 -1-*O*-*β*-D- 吡喃葡萄糖苷 齿果酸模 Rumex dentatus
6-methyl-7-acetyl-1,8-dihydroxynaphthalene-1-*O*-*β*-D-glucopyranoside 6- 甲基 -7- 乙酰基 -1,8- 二羟基萘 -1-*O*-*β*-D- 吡喃葡萄糖苷 齿果酸模 Rumex dentatus
4-methyl-7-hydroxycoumarin 4- 甲基 -7- 羟基香豆素 黄瑞香 Daphne giraldii
1-methyl-7-methylene-4-(1-methylethyl)-1,3-cyclodecadiene 1- 甲基 -7- 亚甲基 -4-(1- 甲基乙基)-1,3- 环癸二烯 塔序橐吾 Ligularia thyrsoidea
2-methyl-7-oxo-tritetracont-1,5-dien-21-ol 2- 甲基 -7- 氧代 - 三四十碳 -1,5- 二烯 -21- 醇 月见草 Oenothera biennis
methyl-7*α*,14*α*-diacetoxy-11*α*-hydroxy-8,15-isopimaradien-18-oate 7*α*,14*α*- 二乙酰氧基 -11*α*- 羟基 -8,15- 异海松二烯 -18- 酸甲酯 欧地笋 Lycopus europaeus
methyl-7*α*,14*α*-diacetoxy-1*α*-hydroxy-8,15-isopimaradien-18-oate 7*α*,14*α*- 二乙酰氧基 -1*α*- 羟基 -8,15- 异海松二烯 -18- 酸甲酯 欧地笋 Lycopus europaeus
methyl-7*α*,14*α*-diacetoxy-8,15-isopimaradien-18-oate 7*α*,14*α*- 二乙酰氧基 -8,15- 异海松二烯 -18- 酸甲酯 欧地笋 Lycopus europaeus
methyl-7*α*-acetoxy-11*α*,14*α*-dihydroxy-8,15-isopimaradien-18-oate 7*α*- 乙酰氧基 -11*α*,14*α*- 二羟基 -8,15- 异海松二烯 -18- 酸甲酯 欧地笋 Lycopus europaeus
methyl-7*α*-acetoxy-11*α*-hydroxy-14-oxo-8,15-isopimaradien-18-oate 7*α*- 乙酰氧基 -11*α*- 羟基 -14- 氧代 -8,15- 异海松二烯 -18- 酸甲酯 欧地笋 Lycopus europaeus
methyl-7*α*-acetoxy-1*α*,11*α*,14*α*-trihydroxy-8,15-isopimaradien-18-oate 7*α*- 乙酰氧基 -1*α*,11*α*,14*α*- 三羟基 -8,15- 异海松二烯 -18- 酸甲酯 欧地笋 Lycopus europaeus
1-methyl-8-(1-methylethyl)-tricyclo[4.4.0.0(2,7)]dec-3-ene-3-methanol 1- 甲基 -8- 甲基乙基 - 三环 [4.4.0.0(2,7)] 十碳 -3- 烯 -3- 甲醇 挥发油成分，未统计基源
(*R*)-14-methyl-8-hexadecyn-1-ol (*R*)-14- 甲基 -8- 十六烷炔 -1- 醇 白刺 Nitraria tangutorum
1-methyl-8-hydroxyl-9,10-anthraquinone-3-*O*-*β*-D-(6'-*O*-cinnamoyl)-glucopyranoside 1- 甲基 -8- 羟基 -9,10- 蒽醌 -3-*O*-*β*-D-(6'-*O*- 桂皮酰基)- 吡喃葡萄糖苷 药用大黄 Rheum officinale, 掌叶大黄 R. palmatum
1-methyl-8-hydroxyl-9,10-anthraquinone-3-*O*-*β*-D-glucopyranoside 1- 甲基 -8- 羟基 -9,10- 蒽醌 -3-*O*-*β*-D- 吡喃葡萄糖苷 药用大黄 Rheum officinale
5-methyl-8-hydroxypsoralen 5- 甲基 -8- 羟基补骨脂素 白芷 Angelica dahurica
methyl-8*α*-hydroxy-8,30-dihydroangolensate 8*α*- 羟基 -8,30- 二氢安哥拉内雄楝酸▲ 甲酯 鹧鸪花 Trichilia connaroides
methyl-9-(furan-3-yl)-2,7,13-trimethyl-4-oxo-10-oxatricyclo[5.3.3.0^{1,6}]trideca-5,8-diene-2-carboxylate 甲基 -9-(呋喃 -3- 基)-2,7,13- 三甲基 -4- 氧代 -10- 氧杂三环 [5.3.3.0^{1,6}] 十三 -5,8- 二烯 -2- 羧酸酯 白大凤 Cladogynos orientalis
24-methyl-9,19-cyclolanost-24-en-3-ol 24- 甲基 -9,19- 环羊毛甾 -24- 烯 -3- 醇 粉条儿菜 Aletris spicata
24-methyl-9,19-cyclolanost-25-en-3-ol 24- 甲基 -9,19- 环羊毛甾 -25- 烯 -3- 醇 粉条儿菜 Aletris spicata
24-methyl-9,19-cyclolanost-25-en-3-one 24- 甲基 -9,19- 环羊毛脂 -25- 烯 -3- 酮 土瓜狼毒 Euphorbia prolifera
24-methyl-9,19-cyclolanost-25-en-3*β*-ol 24- 甲基 -9,19- 环羊毛脂 -25- 烯 -3*β*- 醇 土瓜狼毒 Euphorbia prolifera
(*R*)-(-)-(*Z*)-14-methyl-9-hexadecen-1-ol (*R*)-(-)-(*Z*)-14- 甲基 -9- 十六烯 -1- 醇 挥发油成分，未统计基源
14-methyl-9*β*,19-cyclo-5*α*-ergost-24(28)-en-3*β*,4*α*-diol 14- 甲基 -9*β*,19- 环 -5*α*- 麦角甾 -24(28)- 烯 -3*β*,4*α*- 二醇 楝 Melia azedarach
(+)-methylabscisate (+)- 脱落酸甲酯 齿叶橐吾 Ligularia dentata
2-methylacetophenone 2- 甲基苯乙酮 挥发油成分，未统计基源
3-methylacetophenone 3- 甲基苯乙酮 云南松 Pinus yunnanensis
p-methylacetophenone 对甲基苯乙酮 挥发油成分，未统计基源

M

8α-[2-methylacryloyloxy)-1β,4βH-epoxy-13-O-acetate-10βH-germacra-5E,7(11)-dien-12,6-olide 8α-[2- 甲基丙烯酰氧基)-1β,4βH- 环氧 -13-O- 乙酸酯 -10βH- 大根老鹳草 -5E,7(11)- 二烯 -12,6- 内酯 夜香牛 Vernonia cinerea

3β-(2-methylacryloyloxy)-8-oxo-12-noreremophil-6-en-11-one 3β-(2- 甲基烯丙酰氧基)-8- 氧代 -12- 降荒漠木 -6- 烯 -11- 酮 黄帚橐吾 Ligularia virgaurea

8α-(2-methyl-acryloyloxy)-hirsutinolide 8α-(2- 甲基丙烯酰氧基)- 硬毛钩藤内酯 夜香牛 Vernonia cinerea

8α-(2-methylacryloyloxy)-hirsutinolide-13-O-acetate 8α-(2- 甲基丙烯酰氧基)- 硬毛钩藤内酯 -13-O- 乙酸酯 夜香牛 Vernonia cinerea

6-methylalizarin 6- 甲基茜素 毛土连翘 Hymenodictyon orixense

4'-methylalpinumisoflavone 4'- 甲基高山毒豆异黄酮▲ 柘树 Cudrania tricuspidata

9'-methylamericanol A 9'- 甲基美商陆酚 A 粉条儿菜 Aletris spicata, 滑桃树 Trevia nudiflora

2-(methylamino)-benzoic acid methyl ester 2- 甲基氨基苯甲酸甲酯 挥发油成分，未统计基源

2-methylaminobenzamide 2- 甲基氨基苯甲酰胺 山小橘 Glycosmis pentaphylla

2-methylamino-benzoic acid 2- 甲氨基苯甲酸 黄花铁线莲 Clematis intricata

2-methylaminobenzoic acid methyl ester 2- 甲氨基 - 苯甲酸甲酯 挥发油成分，未统计基源

3-methylamyl angelate 3- 甲基戊基当归酸酯 挥发油成分，未统计基源

8-methylandrographolide 8- 甲基穿心莲内酯 穿心莲 Andrographis paniculata

(3β,4β,17α)-17-methyl-A'-neo-28-norgammacer-13(18)-ene-3,23-diol (3β,4β,17α)-17- 甲基 -A'- 新 -28- 降伽马蜡 -13(18)- 烯 -3,23- 二醇 薜荔 Ficus pumila

methylanhydrovilangin 甲基脱水白花酸藤子素 铁仔 Myrsine africana

2-methylanthracene 2- 甲基蒽 波叶大黄 Rheum rhabarbarum

2-methylanthraquinone 2- 甲基蒽醌 台湾含笑 Michelia compressa, 巴戟天 Morinda officinalis, 短小蛇根草 Ophiorrhiza pumila, 南山花 Prismatomeris tetrandra, 蔓九节 Psychotria serpens, 灵枝草 Rhinacanthus nasutus, 茜草 Rubia cordifolia

7-methylapigenin 7- 甲基芹菜苷元 海州香薷 Elsholtzia splendens

7-methylapigenin-6-C-β-glucopyranosyl-2''-O-β-D-xylopyranoside 7- 甲基芹菜苷元 -6-C-β- 吡喃葡萄糖基 -2''-O-β-D- 吡喃木糖苷 小槐花 Ohwia caudata

methylapigenin-7-O-β-D-glucuronopyranoside 甲基芹菜苷元 -7-O-β-D- 吡喃葡萄糖醛酸苷 老鼠簕 Acanthus ilicifolius

methylarbutin 甲基熊果苷 异叶翅子树 Pterospermum heterophyllum

methylarctigenin 甲基牛蒡子苷元 莲叶桐 Hernandia nymphaeifolia

6-methylaromadendrin 6- 甲基香树素 短梗胡枝子 Lespedeza cyrtobotrya

7-methylaromadendrin 7- 甲基香树素 垂枝桦 Betula pendula

7-methylaromadendrin-4'-O-(6''-trans-p-coumaroyl)-β-D-glucopyranoside 7- 甲基香树素 -4'-O-(6''- 反式 - 对香豆酰)-β-D- 吡喃葡萄糖苷 柠檬桉 Eucalyptus citriodora

7-methyl-aromadendrin-4'-O-(6''-trans-p-coumaroyl)-β-D-glucopyranoside 7- 甲基 - 香树素 -4'-O-(6''- 反式 - 对香豆酰基)-β-D- 吡喃葡萄糖苷 斑皮桉 Eucalyptus maculata

methylazukisaponin V 甲基赤豆皂苷 V 草木犀 Melilotus officinalis

21-methylbacchara-12,22(29)-diene 21- 甲基旱地菊 -12,22(29)- 二烯 星蕨 Microsorum punctatum

methylbellidifolin 甲基雏菊叶龙胆素 藏獐牙菜 Swertia racemosa, 云南獐牙菜 S. yunnanensis

2-methylbenzaldehyde 2- 甲基苯甲醛 挥发油成分，未统计基源

3-methylbenzaldehyde 3- 甲基苯甲醛 挥发油成分，未统计基源

4-methylbenzaldehyde 4- 甲基苯甲醛 挥发油成分，未统计基源

7-methylbenzofuran 7- 甲基苯并呋喃 挥发油成分，未统计基源

2-methylbenzoic acid 2- 甲基苯甲酸 苦马豆 Sphaerophysa salsula

4-methylbenzoic acid 4- 甲基苯甲酸 直立百部 Stemona sessilifolia

p-methylbenzoic acid 对甲基苯甲酸 毛萼香茶菜 Isodon eriocalyx

2-methylbenzyl acetate 2- 甲基苄基乙酸酯 挥发油成分，未统计基源

p-methylbenzyl alcohol 对甲基苄醇 挥发油成分，未统计基源

3-methylbetuletol 3- 甲基桦木酚 岳桦 Betula ermanii

6-methyl-bicyclo[3,2,0]-hepten-2-one 6- 甲基双环 [3,2,0]- 庚 -6- 烯 -2- 酮 挥发油成分，未统计基源

3-methyl-bicyclo[4.1.0]heptane 3- 甲基二环 [4.1.0] 庚烷 调羹树 Heliciopsis lobata

17-methylbothrioclinin 17- 甲基沟斜菊素▲ 美国凌霄 Campsis radicans

3-methyl-but-2-en-1-O-β-D-glucopyranoside 3- 甲基 - 丁 -2- 烯 -1-O-β-D- 吡喃葡萄糖苷 肉苁蓉 Cistanche deserticola

3-methyl-but-2-en-1-O-β-D-glucopyranosyl-(1→6)-β-D-glucopyranoside 3- 甲基 - 丁 -2- 烯 -1-O-β-D- 吡喃葡萄糖基 -(1→6)-β-D- 吡喃葡萄糖苷 海滨木巴戟 Morinda citrifolia

3-(3-methylbut-2-en-1-yl)-isoguanine 3-(3- 甲基丁 -2- 烯 -1- 基)- 异鸟嘌呤 小果叶下珠 Phyllanthus reticulatus

3-methyl-but-2-en-1-yl-β-D-glucopyranosyl-(1→6)-β-D-glucopyranoside 3- 甲基 - 丁基 -2- 烯 -1-β-D- 吡喃葡萄糖基 -(1→6)-β-D- 吡喃葡萄糖苷 小连翘 Hypericum erectum

4-(3'-methylbut-2'-eneoxy)-N-benzoylphenethylamine 4-(3'- 甲基丁基 -2'- 烯氧基)-N- 苯甲酰苯乙胺 酒饼簕 Atalantia buxifolia

3-methylbut-2-enoic acid 3- 甲基丁 -2- 烯酸 长花厚壳树 Ehretia longiflora

3-(2-methyl-but-2-enoic acid)-2-(1-1-acetoxyisopropenyl)-5-acetyl-3,6-dihydroxy-2,3-dihydro-benzofuranyl ester) 3-(2- 甲基 - 异丁烯酰基)-2-(1-1- 乙酰氧基异丙烯基)-5- 乙酰基 -3,6- 二羟基 -2,3- 二氢苯并呋喃酯 窄头橐吾 Ligularia stenocephala

M

3-methyl-but-2-enoic acid-[2-(4-methoxyphenyl)-ethyl]-amide 3- 甲基丁 -2- 烯酸 -[2-(4- 甲氧基苯基)- 乙基]- 酰胺 短叶假木贼 Anabasis brevifolia

2-(3-methylbut-2-enyl)-1,3,5,6-tetrahydroxyxanthone 2-(3- 甲基丁基 -2- 烯基)-1,3,5,6- 四羟基屾酮 红厚壳 Calophyllum inophyllum

2-(3-methylbut-2-enyl)-1,3,5-trihydroxyxanthone 2-(3- 甲基丁基 -2- 烯基)-1,3,5- 三羟基屾酮 红厚壳 Calophyllum inophyllum

3'-(3-methylbut-2-enyl)-3',4',7-trihydroxyflavane 3'-(3- 甲丁基 -2- 烯)-3',4',7- 三羟基黄酮 构树 Broussonetia papyrifera

6-(3-methylbut-2-enyl)-apigenin 6-(3- 甲基丁 -2- 烯基)- 芹菜苷元 波罗蜜 Artocarpus heterophyllus

3-methylbut-2-enyl-4-hydroxybenzoate 3- 甲基丁 -2- 烯基 -4- 羟基苯甲酸酯 假黄皮 Clausena excavata

3-methylbut-2-enyl-4-methoxybenzoate 3- 甲基丁烷 -2- 烯 -4- 甲氧基苯甲酸酯 假黄皮 Clausena excavata

1-(3-methylbut-2-enyloxy)-2-methoxy-4-(prop-1-en-3-ol)benzene 1-[(3- 甲基丁 -2- 烯氧基]-2- 甲氧基 -4-(1- 丙烯 -3- 醇) 苯 红花八角 Illicium dunnianum

3-(3-methylbut-2-enyloxy)-4-*O*-*α*-*D*-ribofuranose benzoic acid methyl ester 3-(3- 甲基丁 -2- 烯氧基)-4-*O*-*α*-*D*- 呋喃核糖基苯甲酸甲酯 紫蜡蘑 Laccaria amethystina

4-(3-methylbut-2-enyloxy)-benzoic acid 4-(3- 甲基丁 -2- 烯氧基)- 苯甲酸 两面针 Zanthoxylum nitidum

2-methylbut-3-en-ol 2- 甲基丁基 -3- 烯 - 醇 挥发油成分，未统计基源

3-methylbut-3-enyl-1-*O*-*β*-D-glucopyranoside 3- 甲基丁 -3- 烯基 -1-*O*-*β*-D- 吡喃葡萄糖苷 海滨木巴戟 Morinda citrifolia

2-methylbutan-1-ol 2- 甲基正丁醇 挥发油成分，未统计基源

2-methylbutanal 2- 甲基丁醛 挥发油成分，未统计基源

3-methylbutanal 3- 甲基丁醛 挥发油成分，未统计基源

(2*S*,3*R*)-2-methylbutane-1,2,3,4-tetrol (2*S*,3*R*)-2- 甲基丁烷 -1,2,3,4- 四醇 小窃衣 Torilis japonica

(2*E*)-2-methylbutane-1,4-diol-1-*O*-*β*-D-glucopyranoside (2*E*)-2- 甲基丁烷 -1,4- 二醇 -1-*O*-*β*-D- 吡喃葡萄糖苷 小窃衣 Torilis japonica

2-methylbutanedioic acid 2- 甲基丁二酸 土茯苓 Smilax glabra

3-methylbutanoic acid 3- 甲基丁酸 挥发油成分，未统计基源

2-(hydroxymethyl)-3-methyl-butanoic acid phenyl ester 2- 羟基甲基 -3- 甲基 - 丁酸苯基酯 素馨花 Jasminum grandiflorum

2-methylbutanoic acid-(2*S*)-1-[(8*S*)-8,9-dihydro-2-oxo-2*H*-furo[2,3-h]-1-benzopyran-8-yl]-1-methylethyl ester 2- 甲基丁酸 -(2*S*)-1-[(8*S*)-8,9- 二氢 -2- 氧代 -2*H*- 呋喃 [2,3-h]-1- 苯并吡喃 -8- 基]-1- 甲基乙基酯 异果黄堇 Corydalis heterocarpa

2-methylbutanoic acid; 2-methylbutyric acid 2- 甲基丁酸 挥发油成分，未统计基源

2-methylbutanoic anhydride 2- 甲基丁酸酐 挥发油成分，未统计基源

3-methylbutanol 3- 甲基丁醇 挥发油成分，未统计基源

3-methylbutanol-1-*O*-*α*-L-rhamnopyranosyl-(1 → 6)-*β*-D-glucopyranoside 3- 甲基丁醇 -1-*O*-*α*-L- 吡喃鼠李糖基 -(1 → 6)-*β*-D- 吡喃葡萄糖苷 小果菝葜 Smilax davidiana

3-methylbutanol-*β*-D-glucopyranoside 3- 甲基丁醇 -*β*-D- 吡喃葡萄糖苷 管花肉苁蓉 Cistanche tubulosa

8-(2-methylbutanoyl)-3,10-epoxy-3,8-dihydroxyl-4,11(13)-germacradien-12,6-olide 8-(2- 甲基丁酰氧基)-3,10- 环氧 -3,8- 二羟基 -4,11(13)- 大根老鹳草二烯 -12,6- 内酯 肿柄菊 Tithonia diversifolia

9-(3-methylbutanoyl)-8,10-dehydrothymol 9-(3- 甲基丁酰基)-8,10- 去氢麝香草酚 台湾泽兰 Eupatorium formosanum

6*β*-(2'-methylbutanoyloxy)-10*β*-acetoxy-3*β*,8*β*-dihydroxyeremophil-7(11)-en-8,12-olide 6*β*-(2'- 甲基丁酰氧基)-10*β*- 乙酰氧基 -3*β*,8*β*- 二羟基荒漠木 -7(11)- 烯 -8,12- 内酯 鹿蹄橐吾 Ligularia hodgsonii

6*β*-(2'-methylbutanoyloxy)-10*β*-hydroxy-8*α*-methoxyeremo-phil-7(11)-en-12,8*β*-olide 6*β*-(2'- 甲基丁酰氧基)-10*β*- 羟基 -8*α*- 甲氧基荒漠木 -7(11)- 烯 -12,8*β*- 内酯 箭叶橐吾 Ligularia sagitta

6*β*-(2'-methylbutanoyloxy)-10*β*-hydroxy-8*β*-methoxyeremophil-7(11)-en-12,8*α*-olide 6*β*-(2'- 甲基丁酰氧基)-10*β*- 羟基 -8*β*- 甲氧基荒漠木 -7(11)- 烯 -12,8*α*- 内酯 箭叶橐吾 Ligularia sagitta

3*β*-(3-methylbutanoyloxy)-11-noroxoeremophila-6(7),9(10)-diene-8,11-dione 3*β*-(3- 甲基丁酰氧基)-11- 降氧代荒漠木 -6(7),9(10)- 二烯 -8,11- 二酮 大头橐吾 Ligularia japonica

6*β*-(2'-methylbutanoyloxy)-3*β*-acetoxy-10*β*-hydroxy-8*α*-methoxyeremophil-7(11)-en-8*β*,12-olide 6*β*-(2'- 甲基丁酰氧基)-3*β*- 乙酰氧基 -10*β*- 羟基 -8*α*- 甲氧基荒漠木 -7(11)- 烯 -8*β*,12- 内酯 鹿蹄橐吾 Ligularia hodgsonii

6*β*-(2'-methylbutanoyloxy)-3*β*-acetoxy-10*β*-hydroxyeremophil-7(11)-en-8*β*,12-olide 6*β*-(2'- 甲基丁酰氧基)-3*β*- 乙酰氧基 -10*β*- 羟基荒漠木 -7(11)- 烯 -8*β*,12- 内酯 鹿蹄橐吾 Ligularia hodgsonii

3*β*-(2'-methylbutanoyloxy)-8*βH*-eremophil-7(11)-en-12,8*α*(14,6*α*)-diolide 3*β*-(2'- 甲基丁酰氧基)-8*βH*- 荒漠木 -7(11)- 烯 -12,8*α*(14,6*α*)- 二内酯 东俄洛橐吾 Ligularia tongolensis

2-(2-methylbutanoyloxy)ethyl tetradecanoate 2-(2- 甲基丁酰氧基)- 十四酸乙酯 小叶三点金 Codariocalyx microphyllus

2'*R*-methylbutanoylproceranolide 2'*R*- 甲基丁酰高大苦油楝内酯▲ 浆果楝 Cipadessa baccifera, 灰毛浆果楝 C. cinerascens

2'*S*-methylbutanoylproceranolide 2'*S*- 甲基丁酰高大苦油楝内酯▲ 浆果楝 Cipadessa baccifera, 灰毛浆果楝 C. cinerascens

(2*S*,3*R*)-2-methylbutene-1,2,3,4-tetrol (2*S*,3*R*)-1,2,3,4- 四羟基 -2- 甲基丁烷 马蹄金 Dichondra micrantha

1*R*-[1*α*,2*β*(*E*),7*α*,8*aα*]-2-(2-methyl-butenoic acid)-1,2,3,4,6,7,8,8a-octahydro-1,8a-dimethyl-7-(1-methyl-ethenyl)-6-oxo-2-naphthalenyl ester 1*R*-[1*α*,2*β*(*E*),7*α*,8*aα*]-2-(2- 甲基 - 丁烯酸)-1,2,3,4,6,7,8,8a- 八氢 -1,8a- 二甲基 -7-(1- 甲基 - 丁烯酸)-6- 氧代 -2- 萘酯 网脉橐吾 Ligularia dictyoneura

1*R*-[1*R*,2*R*(*Z*),4*R*,6*R*,8*R*(*Z*),9*S*,10S(*Z*),11*S*]-2-(2-methylbutenoic acid)-1,6-dimethyl-9-(1-methylethenyl)-7-oxo-5,12-dioxatricyclo[9.1.0.04,6] dodecane-2,8,10-triyl ester {1*R*-[1*R*,2*R*(*Z*),4*R*,6*R*,8*R*(*Z*),9*S*,10S(*Z*),11*S*]}-2-(2- 甲基丁烯酸)-1,6- 二甲基 -9-(1- 甲基乙烯基)-7- 氧代 -5,12- 二氧杂三环 [9.1.0.04,6] 十二烷 -2,8,10- 三酯 齿叶橐吾 Ligularia dentata

1*S*-[1*R*,2*R*(*Z*),4*R*,5*S*,7*S*(*Z*),8*S*,10*R*]-2-(2-methylbutenoic acid)-4-hydroxy-5-methoxy-1,5-dimethyl-8-(1-methylethenyl)-6-oxo-11-oxabicyclo

[8.1.0]undecane-2,7-diyl ester 1*S*-[1*R*,2*R*(*Z*),4*R*,5*S*,7*S*(*Z*),8*S*,10*R*]-2-(2- 甲基丁烯酸)-4- 羟基 -5- 甲氧基 -1,5- 二甲基 -8-(1- 甲基乙烯基)-6-氧代 -11- 氧杂双环 [8.1.0] 十一烷 -2,7- 二酯 齿叶橐吾 Ligularia dentata

2-methylbutyl angelate 2- 甲基丁基当归酸酯 挥发油成分，未统计基源

5-(3''-methylbutyl)-8-methoxyfuranocoumarin 5-(3''- 甲基丁基)-8- 甲氧基呋喃香豆素 密花香薷 Elsholtzia densa, 木香薷 E. stauntonii

5-(3''-methylbutyl)-8-methoxyfurocoumarin 5-(3''- 甲基丁基)-8- 甲氧基呋喃香豆素 井栏边草 Pteris multifida

2-(2-methylbutyl)-tetrahydropyran 2-(2- 甲基丁基)- 四氢吡喃 橘黄裸伞 Gymnopilus spectabilis

10-(2-methyl-butyloxy)-8,9-epoxy-thymolisobutyrate 10-(2- 甲基丁氧基)-8,9- 环氧麝香草酚异丁酸酯 金挖耳 Carpesium divaricatum

2-methylbutyrate 2- 甲基丁酸酯 挥发油成分，未统计基源

3-methylbutyric acid-7-hydroxy-7-hydroxymethyl-4-(3-methyl-butyryloxymethyl)-6-oxo-1,6,7,7a-tetra-hydrocyclopenta[c]pyran-1-yl ester 3- 甲基丁酸 -7- 羟基 -7- 羟基甲基 -4-(3- 甲基 - 丁酰氧甲基)-6- 氧代 -1,6,7,7a- 四氢环戊烷 [c] 吡喃 -1- 酯 糙叶败酱 Patrinia scabra

7-(3-methylbutyroxy)cleistanth-13,15-dien-18-oic acid 7-(3- 甲基丁基氧) 闭花木 -13,15- 二烯 -18- 酸 水珍珠菜 Pogostemon auricularius

3*α*-(2-methylbutyroxy)tropane 3*α*-(2- 甲基丁酰氧基) 托品烷 掌叶鱼黄草 Merremia vitifolia

3*α*-(hydroxy-2-methylbutyroxy)tropane 3*α*-(羟基 -2- 甲基丁酰氧基) 托品烷 掌叶鱼黄草 Merremia vitifolia

3*β*-(hydroxy-2-methylbutyroxy)tropane 3*β*-(羟基 -2- 甲基丁酰氧基) 托品烷 掌叶鱼黄草 Merremia vitifolia

15-(2-methylbutyroyl)germine 15-(2- 丁酰基) 白藜芦胺▲ 大理藜芦 Veratrum taliense

4*E*,10*E*-3-(2-methylbutyroyloxy)-germacra-4,10(1)-dien-12,6*α*-olide 4*E*,10*E*-3-(2- 甲基丁酰氧基)- 大根老鹳草 -4,10(1)- 二烯 -12,6*α*- 内酯 云南蓍 Achillea wilsoniana

1*β*-(*α*-methylbutyroyloxyl)-2*β*,9*α*-di(*β*-furoyloxy)-4*α*-hydroxy-6*α*,13-diacetoxy-*β*-dihydroagarofuran 1*β*-(*α*- 甲基丁酰氧基)-2*β*,9*α*- 二 (*β*- 呋喃酰氧基)-4*α*- 羟基 -6*α*,13- 二乙酰氧基 -*β*- 二氢沉香呋喃 白杜 Euonymus maackii

(*S*)-*α*-methylbutyryl alkannin (*S*)-*α*- 甲基丁酰紫朱草素 软紫草 Arnebia euchroma

21-(2-methylbutyryl)-camelliagenin E 21-(2- 甲基丁酰基)- 山茶皂苷元 E 花荵 Polemonium caeruleum

2-(2-methylbutyryl)-phloroglucinol-1-*O*-(6''-*O*-*β*-D-apiofuranosyl)-*β*-D-glucopyranoside 2-(2- 甲基丁酰基)- 根皮酚 -1-*O*-(6''-*O*-*β*-D- 呋喃芹糖基)-*β*-D- 吡喃葡萄糖苷 余甘子 Phyllanthus emblica

2-(2-methylbutyryl)-phloroglucinol-1-*O*-*β*-D-glucopyranoside 2-(2- 甲基丁酰基)- 间苯三酚 -1-*O*-*β*-D- 吡喃葡萄糖苷 余甘子 Phyllanthus emblica

2-(2-methylbutyryl)phloroglucinol-1-*O*-*β*-glucopyranoside 2-(2- 甲基丁酰基) 根皮酚 -1-*O*-*β*- 吡喃葡萄糖苷 啤酒花 Humulus lupulus

12-*α*-methylbutyryl-14-acetyl-2*E*,8*E*,10*E*-atractylentriol 12-*α*- 甲基丁酰基 -14- 乙酰基 -2*E*,8*E*,10*E*- 白术三醇 白术 Atractylodes macrocephala

12-*α*-methylbutyryl-14-acetyl-2*E*,8*Z*,10*E*-atractylentriol 12-*α*- 甲基丁酰基 -14- 乙酰基 -2*E*,8*Z*,10*E*- 白术三醇 白术 Atractylodes macrocephala

14-*α*-methylbutyryl-2*E*,8*E*,10*E*-atractylentriol 14-*α*- 甲基丁酰基 -2*E*,8*E*,10*E*- 白术三醇 白术 Atractylodes macrocephala

14-*α*-methylbutyryl-2*E*,8*Z*,10*E*-atractylentriol 14-*α*- 甲基丁酰基 -2*E*,8*Z*,10*E*- 白术三醇 白术 Atractylodes macrocephala

α-methybutyrylalkannin *α*- 甲基丁酰紫朱草素 软紫草 Arnebia euchroma

8*β*-(2-methylbutyryloxy)-14-oxo-11*β*,13-idhydroacanthospermolide 8*β*-(2- 甲基丁酰氧基)-14- 氧代 -11*β*,13- 二氢刺苞菊内酯 百能葳葳 Blainvillea acmella

1*β*-(2-methylbutyryloxy)-2*β*,6*α*,15-triacetoxy-9*α*-benzoyloxy-4*α*-hydroxy-dihydro-*β*-agarofuran 1*β*-(2- 甲基丁酰氧基)-2*β*,6*α*,15- 三乙酰氧基 -9*α*- 苯甲酰氧基 -4*α*- 羟基 - 二氢 -*β*- 沉香呋喃 矮卫矛 Euonymus nanus

8*β*-(2-methylbutyryloxy)-9*β*-hydroxy-14-oxo-acanthospermolide 8*β*-(2- 甲基丁酰氧基)-9*β*- 羟基 -14- 氧代刺苞菊内酯 百能葳葳 Blainvillea acmella

6*β*-(2ξ-methylbutyryloxy)eremophil-3,7(11),8-trien-8,12-olide-15-oic acid methyl ester 6*β*-(2ξ- 甲基丁酰氧基) 荒漠木 -3,7(11),8- 三烯 -8,12- 内酯 -15- 羧酸甲酯 牛蒡叶橐吾 Ligularia lapathifolia

4*S*,5*R*,7*S*-12-(3'-methylbutyryloxy)eremophila-9,11(13)-dien-8-one 4*S*,5*R*,7*S*-12-(3'- 甲基丁酰氧基) 荒漠木 -9,11(13)- 二烯 -8- 酮 膜苞垂头菊 Cremanthodium stenactinium

12*α*-(2-methylbutyryloxy)-hardwickiic acid 12*α*-(2- 甲基丁酰氧基)- 哈威豆酸▲ 阿尔泰狗娃花 Heteropappus altaicus

12*α*-2-(methylbutyryloxy)-strictic acid 12*α*-(2- 甲基丁酰氧基)- 劲直白酒草酸▲ 阿尔泰狗娃花 Heteropappus altaicus

3-[(*S*)-2-methylbutyryloxy]-costu-1(10),4(5)-dien-12,6*α*-olide 3-[(*S*)-2- 甲基丁酰氧基]- 木香 -1(10),4(5)- 二烯 -12,6*α*- 内酯 魁蒿 Artemisia princeps

3-methylbutyryloxytropane 3- 甲基丁酰氧基托品烷 树番茄 Cyphomandra betacea

2-methylbutyrylzygadenine 2- 甲基丁酰棋盘花碱 毛穗藜芦 Veratrum maackii, 牯岭藜芦 V. schindleri

1-methylcaffeic acid 1- 甲基咖啡酸 毛脉酸模 Rumex gmelinii

methylcallicarpate 紫珠酸▲甲酯 裸花紫珠 Callicarpa nudiflora

methyl camarinate 马缨丹尼酸▲甲酯 马缨丹 Lantana camara

3-methylcanthin-2,6-dione 3- 甲基铁屎米 -2,6- 二酮 苦树 Picrasma quassioides

3-methylcanthin-5,6-dione 3- 甲基铁屎米 -5,6- 二酮 苦树 Picrasma quassioides

3-methylcarbazole 3- 甲基咔唑 齿叶黄皮 Clausena dunniana, 假黄皮 C. excavata, 黄皮 C. lansium, 山小橘 Glycosmis pentaphylla, 调料九里香 Murraya koenigii

2-methylcarboxyanthraquinone 2- 甲基甲酰蒽醌 巴戟天 Morinda officinalis

3-methylcarboxymethyl-indole-1-*N*-*β*-D-glucopyranoside 3- 甲基羧甲基 - 吲哚 -1-*N*-*β*-D- 吡喃葡萄糖苷 蜡梅 Chimonanthus praecox

2-methylcardol 2- 甲基腰果酚 紫金牛 Ardisia japonica

methylcatalpol 甲基梓醇 白背枫 Buddleja asiatica, 藏玄参 Oreosolen wattii

4-methylcatechol 4- 甲基儿茶酚 锁阳 Cynomorium songaricum, 拳参 Polygonum bistorta, 玄参 Scrophularia ningpoensis

4β-methylcholest-20-en-12α-ol-3β-olide 4β- 甲基胆甾 -20- 烯 -12α- 醇 -3β- 内酯 金盏花 Calendula officinalis
24β-methylcholest-4-ene-22-one-3α-ol 24β- 甲基胆甾 -4- 烯 -22- 酮 -3α- 醇 洋金花 Datura metel
(24ζ)-24-methylcholest-5-en-3β-ol (24ζ)-24- 甲基胆甾 -5- 烯 -3β- 醇 中国无忧花 Saraca dives
24ζ-methylcholest-5-en-3β-ol 24ζ- 甲基胆甾 -5- 烯 -3β- 醇 甜菜 Beta vulgaris
24-methylcholest-5-en-3β-ol 24- 甲基胆甾 -5- 烯 -3β- 醇 大叶山蚂蝗 Desmodium gangeticum, 三点金 D. triflorum
24-methylcholest-5-en-3-β-ol 24- 甲基胆甾 -5- 烯 -3-β- 醇 盖裂果 Mitracarpus hirtus
(24R)-24-methyl-cholest-5-en-3β-ol (24R)-24- 甲基 - 胆甾 -5- 烯 -3β- 醇 马蹄莲 Zantedeschia aethiopica
24-methylcholest-5-enyl-3β-O-pyranoglucoside 24- 甲基胆甾 -5- 烯 -3β-O- 吡喃葡萄糖苷 芡实 Euryale ferox
4α-methylcholest-8-enol 4α- 甲基胆甾 -8- 烯醇 树番茄 Cyphomandra betacea, 洋金花 Datura metel
24-methylcholesta-4,24(28)-dien-3-one 24- 甲基胆甾 -4,24(28)- 二烯 -3- 酮 湖南稗子 Echinochloa frumentacea
24β-methylcholesta-5,7-dien-3β-ol 24β- 甲基胆甾 -5,7- 二烯 -3β- 醇 香菇 Lentinula edodes, 草菇 Volvariella volvacea
24β-methylcholesta-7-en-3β-ol 24β- 甲基胆甾 -7- 烯 -3β- 醇 香菇 Lentinula edodes, 草菇 Volvariella volvacea
4-methylcholesta-7-ene-3β-ol 4- 甲基胆甾 -7- 烯 -3β- 醇 老鼠簕 Acanthus ilicifolius, 白英 Solanum lyratum
4α-methyl-cholesta-7-ene-3β-ol 4α- 甲基 - 胆甾 -7- 烯 -3-β- 醇 苦绳 Dregea sinensis
(24S)-24-methylcholesterol (24S)-24- 甲基胆甾醇 石松 Lycopodium japonicum
24ζ-methylcholesterol 24ζ- 甲基胆甾醇 葫芦 Lagenaria siceraria
24ξ-methylcholesterol 24ξ- 甲基胆甾醇 黄瓜 Cucumis sativus
24-methylcholesterol 24- 甲基胆甾醇 溪黄草 Isodon serra, 铁刀木 Senna siamea
6-methylchrysin 6- 甲基白杨素 羊蹄甲 Bauhinia purpurea
(E)-methylcinnaldehyde (E)- 对甲基苯丙烯醛 有齿鞘柄木 Toricellia angulata var. intermedia
α-methylcinnamaldehyde α- 甲基桂皮醛 挥发油成分，未统计基源
(E)-p-methylcinnamic acid (E)- 对甲基桂皮酸 萱草 Hemerocallis fulva
methyl-cis-p-methoxycinnamoyloxyursolate 甲基 - 顺式 - 对甲氧基桂皮酰氧基熊果酸酯 蓝桉 Eucalyptus globulus
methylcnidioside A 甲基蛇床苷 A 橘红 Citrus maxima 'Tomentosa', 狭叶白鲜 Dictamnus angustifolius, 芸香 Ruta graveolens
D-methylcoclaurine D- 甲基衡州乌药碱 莲 Nelumbo nucifera
12-methylcoleon U 12- 甲基鞘蕊花酮 ▲U 浙江大青 Clerodendrum kaichianum, 尖齿臭茉莉 C. lindleyi
13-methyl-columbamine 13- 甲基非洲防己碱 延胡索 Corydalis yanhusuo
9-methylconiferin 9- 甲基松柏苷 多蕊蛇菰 Balanophora polyandra
methylconiferin 甲基松柏苷 印度蛇菰 Balanophora indica, 筒鞘蛇菰 B. involucrata, 疏花蛇菰 B. laxiflora, 雪松 Cedrus deodara, 鞭檐犁头尖 Typhonium flagelliforme
(+)-1-methylcorypalline (+)-1- 甲基黄堇碱 堇叶延胡索 Corydalis fumariifolia
methylcorypalline 甲基黄堇碱 ▲ 莲 Nelumbo nucifera
(E)-p-methylcoumarate (E)- 对香豆酸甲酯 山桐子 Idesia polycarpa
5-methylcoumarin 5- 甲基香豆素 都丽菊 Ethulia conyzoides
5-methylcoumarin glucoside 5- 甲基香豆素葡萄糖苷 都丽菊 Ethulia conyzoides
(23E)-25-methylcycloart-23-en-3β-ol (23E)-25- 甲基环木菠萝 -23- 烯 -3β- 醇 大叶山楝 Aphanamixis grandifolia
24-methylcycloartenol 24- 甲基环木菠萝烯醇 小花柳叶菜 Epilobium parviflorum
2-(4-methylcyclohex-3-enyl)propyl dodecanoate 2-(4- 甲基环己 -3- 烯基) 丙醇十二酸酯 腰骨藤 Ichnocarpus frutescens
4-methylcyclohexa-1,3-dien-1-methylketone 4- 甲基环己 -1,3- 二烯 -1- 甲基酮 挥发油成分，未统计基源
methylcyclohexane 甲基环己烷 挥发油成分，未统计基源
1-methylcyclohexane-1,2,4-triol 1- 甲基环己烷 -1,2,4- 三醇 松乳菇 Lactarius deliciosus
methylcyclopentane 甲基环戊烷 挥发油成分，未统计基源
cis-2-methyl-cyclopentanol acetate 顺式 -2- 甲基 - 环戊醇乙酸酯 挥发油成分，未统计基源
2-methylcyclopentanone 2- 甲基环戊酮 挥发油成分，未统计基源
(3R,5S)-3-methyl-cyclopentyl[1,2-c]pyridine-5-ol (3R,5S)-3- 甲基 - 环戊 [1,2-c] 吡啶 -5- 醇 红波罗花 Incarvillea delavayi
methylcycloprotobuxine 甲基环原黄杨辛碱 锦熟黄杨 Buxus sempervirens
methylcytisine 甲基金雀儿碱 尼泊尔黄花木 Piptanthus nepalensis
O-methyldalbergin O- 甲基黄檀素 印度黄檀 Dalbergia sissoo
methyldalbergin 甲基黄檀素 印度黄檀 Dalbergia sissoo
21-methyldammar-22-en-3β,18,27-triol 21- 甲基达玛 -22- 烯 -3β,18,27- 三醇 块茎芦莉草 Ruellia tuberosa
21-methyldammara-18(28),22(29)-diene 21- 甲基达玛 -18(28),22(29)- 二烯 星蕨 Microsorum punctatum
β-methyl-D-arabinopyranoside β-D- 吡喃阿拉伯糖甲苷 中华卷柏 Selaginella sinensis
methyldavallialactone 甲基骨碎补内酯 裂蹄木层孔菌 Phellinus linteus
(3aR,4S,5R,7R,8aS)-2-methyl-decahydro-3a,4-dihydroxy-4-methyl-1-methylene-7-(1-methylethyl)-8-oxo-5-azulenyl-2-butenoic acid ester (3aR,4S,5R,7R,8aS)-2- 甲基 - 去氢 -3a,4- 二羟基 -4- 甲基 -1- 亚甲基 -7-(1- 甲基乙基)-8- 氧代 -5- 薁基 -2- 丁烯酸酯 艾纳香 Blumea balsamifera
8-methyldecanal 8- 甲基癸醛 挥发油成分，未统计基源
13-methyl-dehydrocorydalmine 13- 甲基去氢紫堇达明碱 延胡索 Corydalis yanhusuo
methyldehydrograviphane 甲基去氢银桦酚烷 ▲ 银桦 Grevillea robusta

M

methyldeltoside 甲基三角叶薯蓣皂苷 小花盾叶薯蓣 Dioscorea sinoparviflora
2-methyl-D-erythritol-4-*O*-*β*-D-glucopyranoside 2- 甲基 -D- 赤藓醇 -4-*O*-*β*-D- 吡喃葡萄糖苷 波罗蜜 Artocarpus heterophyllus
24-methyldesmosterol 24- 甲基链甾醇 甜橙 Citrus sinensis
6-methyldihydrochelerythrine 6- 甲基二氢白屈菜红碱 野花椒 Zanthoxylum simulans
methyl-di-tert-butylphenol 甲基 - 二叔丁基苯酚 挥发油成分，未统计基源
2-methyldodecane 2- 甲基十二烷 挥发油成分，未统计基源
6-methyldotracontane 6- 甲基三十二烷 木香薷 Elsholtzia stauntonii
1-methyl-D-samentose 1- 甲基 -D- 沙门糖 思茅藤 Epigynum auritum
β-methyl-D-xylopyranoside *β*-D- 吡喃木糖甲苷 中华卷柏 Selaginella sinensis
methylecgonine 甲基芽子碱 树番茄 Cyphomandra betacea, 古柯 Erythroxylum novogranatense
3-methyleicosan-11-one 3- 甲基二十烷 -11- 酮 挥发油成分，未统计基源
2-methyleicosane 2- 甲基二十烷 挥发油成分，未统计基源
3-methylellagic acid-3'-*O*-*β*-D-xylopyranoside 3- 甲基鞣花酸 -3'-*O*-*β*-D- 吡喃木糖苷 准噶尔大戟 Euphorbia soongarica
methylellagic acid-pentose conjugate 甲基鞣花酸戊糖轭合物 复盆子 Rubus idaeus
2,2'-methylene furan 2,2'- 次甲基呋喃 一把伞南星 Arisaema erubescens
(1*R*,3*R*)-4-methylene-1-(1-methylethyl)-1,3-cyclohexanediol (1*R*,3*R*)-4- 亚甲基 -1-(1- 甲基乙基)-1,3- 环己二醇 黄皮 Clausena lansium
4-methylene-1-(1-methylethyl)-bicyclo[3.1.0]hex-2-ene 4- 亚甲基 -1-(1- 甲基乙基)- 双环 [3.1.0] 己 -2- 烯 云南松 Pinus yunnanensis
4-methylene-1-(1-methylethyl)-cyclohexene 4- 亚甲基 -1-(1- 甲基乙基)- 环己烯 挥发油成分，未统计基源
16-methylene-11,15-diketo-20-hydroxy-7*α*,14*β*-dihydroxykaurane 16- 亚甲基 -11,15- 二酮 -20- 羟基 -7*α*,14*β*- 二羟基贝壳杉烷 香茶菜 Isodon amethystoides
3-methylene-2(3*H*)-benzofuranone 3- 亚甲基 -2(3*H*)- 苯并呋喃酮 三叶鼠尾草 Salvia trijuga
24-methylene-22,23-dihydrolanosterol 24- 亚甲基 -22,23- 二氢羊毛脂醇 甘肃雪灵芝 Arenaria kansuensis
24-methylene-24(25)-dihydrolanosterol 24- 亚甲基 -24(25)- 二氢羊毛脂醇 见血封喉 Antiaris toxicaria
24-methylene-24-dihydroparkeol 24- 亚甲基 -24- 二羟基帕克醇 甘遂 Euphorbia kansui
24-methylene-25-hydrolophenol 24- 亚甲基 -25- 氢鸡冠柱烯醇▲ 松叶蕨 Psilotum nudum
24-methylene-25-methylcholesterol 24- 亚甲基 -25- 甲基胆甾醇 松叶蕨 Psilotum nudum
methylene-3,3'-bilawsone 亚甲基 -3,3'- 双散沫花醌 凤仙花 Impatiens balsamina
24-methylene-3,4-seco-cycloart-4(28)-en-3-oic acid 24- 亚甲基 -3,4- 裂环 - 环木菠萝 -4(28)- 烯 -3- 酸 臭冷杉 Abies nephrolepis
2-methylene-3-[(3',4',5'-trimethoxyphenyl)(5''-methoxy-3'',4''-methylenedioxyphenyl)metyl]butyrolactone 2- 亚甲基 -3-[(3',4',5'- 三甲氧基苯基)(5''- 甲氧基 -3'',4''- 亚甲二氧基苯基) 甲基] 丁内酯 草胡椒 Peperomia pellucida
(3*S*)-2-methylene-3-[(5'-methoxy-3',4'-methylenedioxyphenyl)(4''-hydroxy-3'',5''-dimethoxyphenyl)methyl]butyrolactone (3*S*)-2- 亚甲基 -3-[(5'- 甲氧基 -3',4'- 亚甲二氧基苯基)(4''- 羟基 -3'',5''- 二甲氧基苯基) 甲基] 丁内酯 石蝉草 Peperomia blanda
2-methylene-3-[(5-methoxy-3,4-methylenedioxyphenyl)(4-hydroxy-3,5-dimethoxyphenyl)methyl]butyrolactone 2- 亚甲基 -3-[(5- 甲氧基 -3,4- 亚甲二氧基苯基)(4- 羟基 -3,5- 二甲氧基苯基) 甲基] 丁内酯 蒙自草胡椒 Peperomia heyneana
2-methylene-3-methoxy-2,5-dihydrofuran-4-*O*-*β*-D-glucopyranoside 2- 亚甲基 -3- 甲氧基 -2,5- 二氢呋喃 -4-*O*-*β*-D- 吡喃葡萄糖苷 桑 Morus alba
24-methylene-3-oxocycloartane-13-carboxylic acid 24- 亚甲基 -3- 氧代环木菠萝 -13- 羧酸 南天竹 Nandina domestica
3-methylene-4-pentadecyldihydrofuran-2-one 3- 亚甲基 -4- 十五烷基二氢呋喃 -2 酮 鹰爪花 Artabotrys hexapetalus
4-methylene-5-oxoanisomelic acid 4- 亚甲基 -5- 氧代广防风酸▲ 广防风 Anisomeles indica
(*S*)-4-methylene-5-oxopyrrolidine-2-carboxylic acid (*S*)-4- 亚甲基 -5- 氧代吡咯 -2- 羧酸 啤酒花 Humulus lupulus
4-methylene-5-oxovatodiolide 4- 亚甲基 -5- 氧代广防风二内酯▲ 广防风 Anisomeles indica
2-methylene-5*α*-cholestan-3*β*-ol 2- 甲基 -5*α*- 胆甾 -3*β*- 醇 挥发油成分，未统计基源
4-methylene-5*α*-hydroxyovatodiolide 4- 亚甲基 -5*α*- 羟基广防风二内酯▲ 广防风 Anisomeles indica
24-methylene-5*α*-lanost-8-en-3*β*-ol 24- 亚甲基 -5*α*- 羊毛脂 -8- 烯 -3*β*- 醇 松叶蕨 Psilotum nudum
4-methylene-5*β*-hydroperoxyovatodiolide 4- 亚甲基 -5*β*- 氢化过氧广防风二内酯▲ 广防风 Anisomeles indica, 黄花香茶菜 Isodon sculponeatus
4-methylene-5*β*-hydroxyovatodiolide 4- 亚甲基 -5*β*- 羟基广防风二内酯▲ 广防风 Anisomeles indica
24-methylene-9,19-cycloartenone 24- 亚甲基 -9,19- 环木菠萝烯酮 狼毒大戟 Euphorbia fischeriana
24-methylene-9,19-cyclolanost-3*β*-yl acetate 24- 亚甲基 -9,19- 环羊毛脂 -3*β*- 乙酸酯 有柄石韦 Pyrrosia petiolosa
24-methylene-9,19-cyclolanostan-3-ol 24- 亚甲基 -9,19- 环羊毛脂 -3- 醇 挥发油成分，未统计基源
22-methylene-9,19-cyclolanostan-3*β*-ol 22- 亚甲基 -9,19- 环羊毛脂 -3*β*- 醇 黄瓜 Cucumis sativus
24-methylene-9,19-cyclolanostane 24- 亚甲基 -9,19- 环羊毛脂烷 菊三七 Gynura japonica
6-methylene-bicyclo[3,1,0]hexane 6- 亚甲基 - 双环 [3,1,0] 己烷 挥发油成分，未统计基源
8,8''-methylene-bis-(3,3',4',5,7-pentahydroxyflavone) 8,8''- 亚甲基 - 双 -(3,3',4',5,7- 五羟基黄酮) 额河千里光 Senecio argunensis
2,2'-methylene-bis(6-tertbutyl-4-methylphenol) 2,2'- 亚甲基 - 二 (6- 叔丁基 -4- 甲基苯酚) 天麻 Gastrodia elata
2,2'-methylene-bis[6-(1,1-dimethylethyl)-4-methyl]-phenol 2,2'- 亚甲基 - 双 [6-(1,1- 二甲基乙基)-4- 甲基]- 苯酚 挥发油成分，未统计基源
methylene-bis-aspidinol 亚甲基双绵马酚 欧洲鳞毛蕨 Dryopteris filix-mas
methylenebismehranine 亚甲基双狗牙花兰宁▲ 药用狗牙花 Tabernaemontana bovina
methylenebissantin 亚甲基双圣丁菊素▲ 车桑子 Dodonaea viscosa
24-methylene-cholest-7-en-3*β*-ol 24- 亚甲基 - 胆甾 -7- 烯 -3*β*- 醇 马蹄莲 Zantedeschia aethiopica

M

(3β,5α)-2-methylene-cholestan-3-ol (3β,5α)-2- 亚甲基 - 胆甾 -3- 醇 挥发油成分，未统计基源

24-methylenecholesterol 24- 亚甲基胆甾醇 甜橙 Citrus sinensis, 甜瓜 Cucumis melo, 树番茄 Cyphomandra betacea, 湖南稗子 Echinochloa frumentacea, 松叶蕨 Psilotum nudum, 萱藻 Scytosiphon lomentaria, 欧白英 Solanum dulcamara, 白英 S. lyratum, 宽叶香蒲 Typha latifolia

23-methylenecycloart-3β,24-diol 23- 亚甲基环木菠萝 -3β,24- 二醇 乳浆大戟 Euphorbia esula

24-methylenecycloartan-3,28-diol 24- 亚甲基环木菠萝烷 -3,28- 二醇 大狼毒 Euphorbia jolkinii

24-methylenecycloartan-3-one 24- 亚甲基环木菠萝 -3- 酮 泽漆 Euphorbia helioscopia, 甘肃大戟 E. kansuensis, 岭南山竹子 Garcinia oblongifolia

24-methylenecycloartan-3β,21-diol 24- 亚甲基环木菠萝 -3β,21- 二醇 木姜叶柯 Lithocarpus litseifolius, 中华野独活 Miliusa sinensis, 鹧鸪花 Trichilia connaroides

24-methylenecycloartan-3β,26-diol 24- 亚甲基环木菠萝 -3β,26- 二醇 杧果 Mangifera indica

24-methylenecycloartan-3β,28-diol 24- 亚甲基环木菠萝 -3β,28- 二醇 乳浆大戟 Euphorbia esula

24-methylenecycloartan-3β-ol 24- 亚甲基环木菠萝 -3β- 醇 乳浆大戟 Euphorbia esula, 千里香 Murraya paniculata

24-methylenecycloartane-3β,25-diol 24- 亚甲基环木菠萝 -3β,25- 二醇 狼毒大戟 Euphorbia fischeriana

24-methylenecycloartane-3β,6β,16β-triol 24- 亚甲基环木菠萝 -3β,6β,16β- 三醇 水柳 Homonoia riparia

24-methylenecycloartane-3β,6β,16β-triol-3-O-β-D-xylopyranoside 24- 亚甲基环木菠萝 -3β,6β,16β- 三醇 -3-O-β-D- 吡喃木糖苷 水柳 Homonoia riparia

24-methylenecycloartane-3β,6β,7β,16β-tetraol 24- 亚甲基环木菠萝 -3β,6β,7β,16β- 四醇 水柳 Homonoia riparia

24-methylenecycloartane-3β,6β,7β,16β-tetraol-3-O-β-D-xylopyranoside 24- 亚甲基环木菠萝 -3β,6β,7β,16β- 四醇 -3-O-β-D- 吡喃木糖苷 水柳 Homonoia riparia

24-methylenecycloartane-3β,6β,7β-triol 24- 亚甲基环木菠萝 -3β,6β,7β- 三醇 水柳 Homonoia riparia

24-methylenecycloartane-3β,6β,7β-triol-3-O-β-D-xylopyranoside 24- 亚甲基环木菠萝 -3β,6β,7β- 三醇 -3-O-β-D- 吡喃木糖苷 水柳 Homonoia riparia

24-methylenecycloartane-3β,7β,16β-triol-3-O-β-D-xylopyranoside 24- 亚甲基环木菠萝 -3β,7β,16β- 三醇 -3-O-β-D- 吡喃木糖苷 水柳 Homonoia riparia

24-methylenecycloartanol 24- 亚甲基环木菠萝烷醇 较常见成分，至少分布于 30 种以上植物中，见于蚌壳蕨科、柽柳科、唇形科、大戟科、杜鹃花科、禾本科、黑三棱科、葫芦科、黄杨科、夹竹桃科、桔梗科、菊科、苦木科、楝科、牻牛儿苗科、漆树科、茜草科、茄科、芍药科、天南星科、苋科、杨梅科、芸香科等

24-methylenecycloartanol acetate 24- 亚甲基环木菠萝烷醇乙酸酯 大花紫薇 Lagerstroemia speciosa, 江南星蕨 Microsorum fortunei, 日本水龙骨 Polypodiodes niponica

24-methylenecycloartanol palmitate 24- 甲烯基环木菠萝烷醇棕榈酸酯 白及 Bletilla striata

24-methylenecycloartanone 24- 亚甲基环木菠萝烷酮 长穗兔儿风 Ainsliaea henryi, 光叶闭鞘姜 Costus tonkinensis, 杧果 Mangifera indica, 楝 Melia azedarach, 江南星蕨 Microsorum fortunei, 拳参 Polygonum bistorta, 槟榔青 Spondias pinnata

24-methylenecycloartanyl ferulate 24- 甲基环木菠萝醇阿魏酸酯 稻（模式亚种）Oryza sativa

24-methylenecycloartanyl stearate 24- 亚甲基环木菠萝烷醇硬脂酸酯 洋蒲桃 Syzygium samarangense

24-methylenecycloartenol 24- 亚甲基环木菠萝烯醇 老鼠簕 Acanthus ilicifolius, 无柄沙参 Adenophora stricta subsp. sessilifolia, 欧洲七叶树 Aesculus hippocastanum, 树番茄 Cyphomandra betacea, 小花柳叶菜 Epilobium parviflorum, 蓝桉 Eucalyptus globulus, 狼毒大戟 Euphorbia fischeriana, 水同木 Ficus fistulosa, 向日葵 Helianthus annuus, 地肤 Kochia scoparia, 微孔草 Microula sikkimensis, 头花蓼 Polygonum capitatum

24-methylenecycloartenone 24- 亚甲基环木菠萝烯酮 黑老虎 Kadsura coccinea, 楝 Melia azedarach

24-methylene-cycloartenyl acetate 24- 亚甲基环木菠萝烯醇乙酸酯 髯花杜鹃 Rhododendron anthopogon

24-methylenecycloartenyl stearate 24- 亚甲基环木菠萝烯醇硬脂酸酯 洋蒲桃 Syzygium samarangense

24-methylenecycloeucalenol 24- 亚甲基环桉烯醇 土瓜狼毒 Euphorbia prolifera

24-methylenecyloartan-3β-O-hexadecanoate 24- 亚甲基环木菠萝 -3β-O- 十六酸酯 湖北大戟 Euphorbia hylonoma

24-methylenedammar-20-en-3β-ol 24- 亚甲基达玛 -20- 烯 -3β- 醇 窄头橐吾 Ligularia stenocephala

(14α,17aE)-15-methylene-D-homo-C,30-dinor-13,17a-secodammara-17a(20),24-diene (14α,17aE)-15- 亚甲基 -D- 高 -C,30- 二降 -13,17a- 裂环达玛 -17a(20),24- 二烯 友水龙骨 Polypodiodes amoena

(-)-12,12'-methylenedicytisine (-)-12,12'- 亚甲基二金雀儿碱 朝鲜槐 Maackia amurensis, 光叶马鞍树 M. tenuifolia

methylenedihydrotanshinquinone 亚甲基二氢丹参醌 栗色鼠尾草 Salvia castanea, 丹参 S. miltiorrhiza, 三叶鼠尾草 S. trijuga, 云南鼠尾草 S. yunnanensis

3-(3',4'-methylenedioxophenyl)-propenal 3-(3',4'- 亚甲二氧基苯基)- 丙烯醛 荜拔 Piper longum

3',4'-methylenedioxy-(4",5":7,8)furanoflavanone 3',4'- 亚甲二氧基 -(4",5":7,8)- 呋喃黄烷酮 水黄皮 Pongamia pinnata

1,2-(methylene-dioxy)-4-(propan-1,2-diol)benzen 1,2-(亚甲二氧基)-4-(丙烷 -1,2- 二醇) 苯 红花八角 Illicium dunnianum

(E)-1-[3',4'-(methylenedioxy)cinnamoyl]piperidine (E)-1-(3',4'- 亚甲二氧基桂皮酰基)- 哌啶 假蒟 Piper sarmentosum

(E)-1-[3',4'-(methylenedioxy)-cinnamoyl]piperidine (E)-1-[3',4'-(亚甲二氧基)- 桂皮酰基] 哌啶 胡椒 Piper nigrum

2,3-(methylenedioxy)naphthalene 2,3- 亚甲二氧基萘 樟 Cinnamomum camphora

6,7-methylenedioxy-1(2H)-isoquinolinone 6,7- 亚甲二氧基 -1(2H)- 异喹啉酮 黄连 Coptis chinensis, 地丁草 Corydalis bungeana

(-)-methylenedioxy-11,12-kopsinaline (-)- 亚甲二氧基 -11,12- 药用蕊木碱▲ 蕊木 Kopsia arborea

3,4-methylenedioxy-12-hydroxyaristolactam 3,4- 次甲二氧基 -12- 羟基马兜铃内酰胺 背蛇生 Aristolochia tuberosa

3,4-methylenedioxy-12-hydroxyaristolactam-N-β-D-glucopyranoside 3,4- 次甲二氧基 -12- 羟基马兜铃内酰胺 -N-β-D- 葡萄糖苷 背蛇生

M

Aristolochia tuberosa

7*R*,8*R*,1'*R*-$\Delta^{8'}$-3,4-methylenedioxy-1'-methoxy-1',6'-dihydro-6'-oxo-7.0.4',8.3'-neolignan 7*R*,8*R*,1'*R*-$\Delta^{8'}$-3,4- 亚甲二氧基 -1'- 甲氧基 -1',6'- 二氢 -6'- 氧代 -7.0.4',8.3'- 新木脂素 风藤 Piper kadsura

7*R*,8*R*,1'*S*-$\Delta^{8'}$-3,4-methylenedioxy-1'-methoxy-1',6'-dihydro-6'-oxo-7.0.4',8.3'-neolignan 7*R*,8*R*,1'*S*-$\Delta^{8'}$-3,4- 亚甲二氧基 -1'- 甲氧基 -1',6'- 二氢 -6'- 氧代 -7.0.4',8.3'- 新木脂素 风藤 Piper kadsura

6,7-methylenedioxy-2-(6-acetyl-2,3-methylenedioxybenzyl)-1-(2*H*)-isoquinolinone 6,7- 亚甲二氧基 -2-(6- 乙酰基 -2,3- 亚甲基二氧苄基)-1(2*H*)- 异喹啉酮 地丁草 Corydalis bungeana

6,7-methylenedioxy-2'-hydroxyflavanone 6,7- 亚甲二氧基 -2'- 羟基黄烷酮 盐角草 Salicornia europaea

6,7-methylenedioxy-2'-hydroxyisoflavone 6,7- 亚甲二氧基 -2'- 羟基异黄酮 盐角草 Salicornia europaea

1,2-methylenedioxy-3,10,11-trimethoxyaporphine 1,2- 亚甲二氧基 -3,10,11- 三甲氧基阿朴菲 无根藤 Cassytha filiformis

rel-(7*R*,8*S*,7'*S*,8'*S*)-4',5'-methylenedioxy-3,4,5,3'-tetramethoxy-7,7'-epoxylignan 相对 -(7*R*,8*S*,7'*S*,8'*S*)-4',5'- 亚甲二氧基 -3,4,5,3'- 四甲氧基 -7,7'- 环氧木脂素 石蝉草 Peperomia blanda

3',4'-methylenedioxy-3,4,5,5'-tetramethoxy-7,7'-epoxylignan 3',4'- 亚甲二氧基 -3,4,5,5'- 四甲氧基 -7,7'- 环氧木脂素 三白草 Saururus chinensis

3',4'-methylenedioxy-3,4,5-trimethoxy-7,7'-epoxylignan 3',4'- 亚甲二氧基 -3,4,5- 三甲氧基 -7,7'- 环氧木脂素 三白草 Saururus chinensis

3,4-methylenedioxy-3',4',5'-trimethoxy-ellagic acid 3,4- 亚甲二氧基 -3',4',5'- 三甲氧基 - 鞣花酸 喜树 Camptotheca acuminata

3,4-methylenedioxy-3',4'-dimethoxy-5'-methyl-ellagic acid 3,4- 亚甲二氧基 -3',4'- 二甲氧基 -5'- 甲基 - 鞣花酸 喜树 Camptotheca acuminata

(7'*R*,8'*S*)-3,4-methylenedioxy-3',4'-dimethoxy-7,8-seco-7,7'-epoxylignan-7,8-dione (7'*R*,8'*S*)-3,4- 亚甲二氧基 -3',4'- 二甲氧基 -7,8- 裂环 -7,7'- 环氧木脂素 -7,8- 二酮 金山五味子 Schisandra glaucescens, 华中五味子 S. sphenanthera

3,4-methylenedioxy-3',4'-dimethoxy-ellagic acid 3,4- 亚甲二氧基 -3',4'- 二甲氧基 - 鞣花酸 喜树 Camptotheca acuminata

3,4-methylenedioxy-3',4'-*O*-dimethyl-5'-hydroxyellagic acid 3,4- 亚甲二氧基 -3',4'-*O*- 二甲基 -5'- 羟基鞣花酸 喜树 Camptotheca acuminata

3,4-methylenedioxy-3',4'-*O*-dimethyl-5'-methoxyellagic acid 3,4- 亚甲二氧基 -3',4'-*O*- 二甲基 -5'- 甲氧基鞣花酸 喜树 Camptotheca acuminata

(-)-(8*R*)-$\Delta^{8'}$-3,4-methylenedioxy-3',5'-dimethoxy-8-*O*-4'-neolignan (-)-(8*R*)-$\Delta^{8'}$-3,4- 亚甲二氧基 -3',5'- 二甲氧基 -8-*O*-4'- 新木脂素 肉豆蔻 Myristica fragrans

(7'*R*,8'*S*)-3,4-methylenedioxy-3'4'-dimethoxy-7,8-seco-7,7'-epoxylignan-7,8-dione (7'*R*,8'*S*)-3,4- 亚甲二氧基 -3'4'- 二甲氧基 -7,8- 裂环 -7,7'- 环氧木脂素 -7,8- 二酮 南五味子 Kadsura longipedunculata

3,4-methylenedioxy-3'-ethoxy-4'-methoxy-ellagic acid 3,4- 亚甲二氧基 -3'- 乙氧基 -4'- 甲氧基 - 鞣花酸 喜树 Camptotheca acuminata

(7*R*,8*S*)-3,4-methylenedioxy-3'-methoxy-4',7-epoxy-8,5'-neolignan-7'[*E*]-ene (7*R*,8*S*)-3,4- 亚甲二氧基 -3'- 甲氧基 -4',7- 环氧 -8,5'- 新木脂素 -7'[*E*]- 烯 通城虎 Aristolochia fordiana

3,4-methylenedioxy-3'-methoxy-4'-hydroxy-ellagic acid 3,4- 亚甲二氧基 -3'- 甲氧基 -4'- 羟基 - 鞣花酸 喜树 Camptotheca acuminata

(7*S*,8*R*)-3,4-methylenedioxy-3'-methoxy-8',9'-dinor-4',7-epoxy-8,5'-neolignan-7'-aldehyde (7*S*,8*R*)-3,4- 亚甲二氧基 -3'- 甲氧基 -8',9'- 二去甲基 -4',7- 环氧 -8,5'- 新木脂素 -7'- 醛 通城虎 Aristolochia fordiana

2',3'-methylenedioxy-4',5',6'-trimethoxy-phenyl-2-propene 2',3'- 亚甲二氧基 -4',5',6'- 三甲氧基 - 苯基 -2- 丙烯 小叶马蹄香 Asarum ichangense

(7*R*,8*R*)-3,4-methylenedioxy-4',7-epoxy-8,3'-neolignan-7'[*E*]-ene (7*R*,8*R*)-3,4- 亚甲二氧基 -4',7- 环氧 -8,3'- 新木脂素 -7'[*E*]- 烯 通城虎 Aristolochia fordiana

(7*R*,8*S*)-3,4-methylenedioxy-4',7-epoxy-8,3'-neolignan-7'[*E*]-ene (7*R*,8*S*)-3,4- 亚甲二氧基 -4',7- 环氧 -8,3'- 新木脂素 -7'[*E*]- 烯 通城虎 Aristolochia fordiana

7,8-methylenedioxy-4'-hydroxyhomoisoflavan 7,8- 亚甲二氧基 -4'- 羟基高异黄烷 剑叶龙血树 Dracaena cochinchinensis

2,3-methylenedioxy-4-methoxy-5-methylphenol 2,3- 亚甲二氧基 -4- 甲氧基 -5- 甲基苯酚 疏花鱼藤 Derris laxiflora

3',4'-methylenedioxy-5,6,7,5'-tetramethoxyflavone 3',4'- 亚甲二氧基 -5,6,7,5'- 四甲氧基黄酮 龙须藤 Bauhinia championii

3',4'-methylenedioxy-5,7,5'-trimethoxyflavone 3',4'- 亚甲二氧基 -5,7,5'- 三甲氧基黄酮 龙须藤 Bauhinia championii

(2*S*)-3',4'-methylenedioxy-5,7-dimethoxyflavan (2*S*)-3',4'- 亚甲二氧基 -5,7- 二甲氧基黄烷 谷精草 Eriocaulon buergerianum

3',4'-methylenedioxy-5,7-dimethoxyflavone 3',4'- 亚甲二氧基 -5,7- 二甲氧基黄酮 金凤花 Caesalpinia pulcherrima

6,7-methylenedioxy-5,8-dimethoxycoumarin 6,7- 亚甲二氧基 -5,8- 二甲氧基香豆素 观音草 Peristrophe bivalvis

7*R*,8*R*,1'*S*-$\Delta^{8'}$-3,4-methylenedioxy-5'-methoxy-1',4'-dihydro-4'-oxo-7.0.2',8.1'-neolignan 7*R*,8*R*,1'*S*-$\Delta^{8'}$-3,4- 亚甲二氧基 -5'- 甲氧基 -1',4'- 二氢 -4'- 氧代 -7.0.2',8.1'- 新木脂素 风藤 Piper kadsura

7*R*,8*S*,1'*S*-$\Delta^{8'}$-3,4-methylenedioxy-5'-methoxy-1',4'-dihydro-4'-oxo-7.0.2',8.1'-neolignan 7*R*,8*S*,1'*S*-$\Delta^{8'}$-3,4- 亚甲二氧基 -5'- 甲氧基 -1',4'- 二氢 -4'- 氧代 -7.0.2',8.1'- 新木脂素 风藤 Piper kadsura

3,4-methylenedioxy-6,8-dimethoxy-10-nitro-1-methyl ester phenanthrene 3,4- 亚甲二氧基 -6,8- 二甲氧基 -10- 硝基 -1- 甲酯菲 广西马兜铃 Aristolochia kwangsiensis

3,4-methylenedioxy-6,8-dimethoxy-1-methyl ester phenanthrene 3,4- 亚甲二氧基 -6,8- 二甲氧基 -1- 甲酯菲 广西马兜铃 Aristolochia kwangsiensis

erythro-(3,4-methylenedioxy-7-hydroxy-1'-allyl-3,5-dimethoxy)-8.0.4'-neolignan 赤式 -(3,4- 亚甲二氧基 -7- 羟基 -1'- 烯丙基 -3,5- 二甲氧基)-8.0.4'- 新木脂素 肉豆蔻 Myristica fragrans

1,2-methylenedioxy-8,9-dimethoxy-7-oxodibenzoquinoline 1,2- 亚甲二氧基 -8,9- 二甲氧基 -7- 氧代二苯并喹啉 血散薯 Stephania dielsiana

1,2-methylenedioxy-8,9-dimethoxy-*N*-methoxycarbonyl-aporphine 1,2- 亚甲二氧基 -8,9- 二甲氧基 -*N*- 甲氧基羰基阿朴啡 排骨灵 Fissistigma bracteolatum

(7*R*,8*R*)-3,4-methylenedioxy-8',9'-dinor-4',7-epoxy-8,3'-neolignan-7'-aldehyde (7*R*,8*R*)-3,4- 亚甲二氧基 -8',9'- 二去甲基 -4',7- 环氧 -8,3'- 新木

脂素 -7'- 醛 通城虎 Aristolochia fordiana

(7*S*,8*R*)-3,4-methylenedioxy-8',9'-dinor-4',7-epoxy-8,3'-neolignan-7'-aldehyde (7*S*,8*R*)-3,4- 亚甲二氧基 -8',9'- 二去甲基 -4',7- 环氧 -8,3'- 新木脂素 -7'- 醛 通城虎 Aristolochia fordiana

3,4-methylenedioxy-8-methoxy-10-nitrophenanthrene-1-carboxylic acid 3,4- 亚甲二氧基 -8- 甲氧基 -10- 硝基菲 -1- 羧酸 马兜铃 Aristolochia debilis

1,2-methylenedioxy-8-methoxy-7-oxodibenzoquinoline 1,2- 亚甲二氧基 -8- 甲氧基 -7- 氧代二苯并喹啉 血散薯 Stephania dielsiana

1,2-methylenedioxy-9-methoxy-*N*-methoxycarbonyl-aporphine 1,2- 亚甲二氧基 -9- 甲氧基 -*N*- 甲氧基羰基阿朴啡 排骨灵 Fissistigma bracteolatum

2,3-methylenedioxybenzoic acid 2,3- 亚甲二氧基苯甲酸 鸡冠花 Celosia cristata

3,4-methylenedioxybenzoic acid 3,4- 亚甲二氧基苯甲酸 胡椒 Piper nigrum

3,4-methylenedioxy-benzoic acid 3,4- 亚甲二氧基 - 苯甲酸 石南藤 Piper wallichii

3,4-methylenedioxybenzoic acid diphyllin ester 3,4- 亚甲二氧基苯甲酸山荷叶素酯 方枝守宫木 Sauropus quadrangularis

β-(*trans*-3',4'-methylenedioxybenzylidene)-*α*-(3,4-dimethoxybenzyl)-*γ*-butyrolactone *β*-(反式 -3',4'- 亚甲二氧基苯亚甲基)-*α*-(3,4- 二甲氧基苄基)-*γ*- 丁内酯 小柴胡 Bupleurum hamiltonii

α-(*trans*-3',4'-methylenedioxybenzylidene)-*β*-(3,4-dimethoxybenzyl)-*γ*-butyrolactone *α*-(反式 -3',4'- 亚甲二氧基苯亚甲基)-*β*-(3,4- 二甲氧基苄基)-*γ*- 丁内酯 小柴胡 Bupleurum hamiltonii

11,12-methylenedioxychanofruticosinic acid 11,12- 亚甲二氧基开环红花蕊木酸▲ 蕊木 Kopsia arborea

6,7-methylenedioxychromone 6,7- 亚甲二氧基色酮 盐角草 Salicornia europaea

3,4-methylenedioxycinnamaldehyde 3,4- 亚甲二氧基桂皮醛 黄樟 Cinnamomum parthenoxylon, 胡椒 Piper nigrum

3,4-methylenedioxycinnamic acid 3,4- 亚甲二氧基桂皮酸 胡椒 Piper nigrum

3,4-methylenedioxycinnamyl alcohol 3,4- 亚甲二氧基桂皮醇 香子含笑 Michelia gioi

trans-3,4-methylenedioxycinnamyl alcohol 反式 -3,4- 亚甲二氧基桂皮醇 挥发油成分，未统计基源

7,8-methylenedioxycoumarin 7,8- 亚甲二氧基香豆素 青蒿 Artemisia carvifolia carvifolia

3,4-methylenedioxyellagic acid 3,4- 亚甲二氧基基鞣花酸 喜树 Camptotheca acuminata

3',4'-methylenedioxyfuro[8,7:4",5"]flavone 3',4'- 亚甲二氧基呋喃并 [8,7:4",5"] 黄酮 水黄皮 Pongamia pinnata

3',4'-methylenedioxyisoflavone-7-*O*-*β*-D-glucopyranoside 3',4'- 亚甲二氧基异黄酮 -7-*O*-*β*-D- 吡喃葡萄糖苷 柠条锦鸡儿 Caragana korshinskii

(-)-11,12-methylenedioxykopsinaline (-)-11,12- 亚甲二氧基药用蕊木碱▲ 蕊木 Kopsia arborea

11,12-methylenedioxykopsinaline 11,12- 亚甲基二氧药用蕊木碱▲ 蕊木 Kopsia arborea, 思茅山橙 Melodinus cochinchinensis

11,12-methylenedioxykopsinaline-*N*(4)-oxide 11,12- 亚甲二氧基药用蕊木碱▲-*N*(4)- 氧化物 蕊木 Kopsia arborea

3',4'-methylenedioxyorobol 3',4'- 亚甲二氧基香豌豆酚▲ 毛谷精草 Eriocaulon australe

3,4-methylenedioxyphenol 3,4- 亚甲基二氧苯酚 紫丁香 Syringa oblata

1-[7-(3,4-methylenedioxyphenyl)-(2*E*,4*E*)-heptadienoyl]-*N*-isobutylamide 1-[7-(3,4- 亚甲二氧基苯基)-(2*E*,4*E*)- 庚二烯酰基]-*N*- 异丁基酰胺 胡椒 Piper nigrum

(+)-3-(3,4-methylenedioxyphenyl)-1,2-propanediol (+)-3-(3,4- 亚甲二氧基苯基)-1,2- 丙二醇 黄樟 Cinnamomum parthenoxylon

(2*R*)-3-(3,4-methylenedioxyphenyl)-1,2-propanediol (2*R*)-3-(3,4- 亚甲二氧基苯基)-1,2- 丙二醇 肉豆蔻 Myristica fragrans

1-(3,4-methylenedioxyphenyl)-1*E*-tetradecene 1-(3,4- 亚甲二氧基苯基)-1*E*- 十四烯 荜拔 Piper longum, 胡椒 P. nigrum, 假蒟 P. sarmentosum

1-(3',4'-methylenedioxyphenyl)-1*E*-tetradecene 1-(3',4'- 亚甲二氧基苯基)-1*E*- 十四烯 荜拔 Piper longum

1-[(2*E*,10*E*)-11-(3,4-methylenedioxyphenyl)-2,10-undecenoyl]pyrrolidine 1-[(2*E*,10*E*)-11-(3,4- 亚甲二氧基苯基)-2,10- 十一碳烯酰基]- 吡咯烷 苎叶蒟 Piper boehmeriifolium

1-[(2*E*,4*E*,8*E*)-9-(3,4-methylenedioxyphenyl)-2,4,8-nonatrienoyl]pyrrolidine 1-[(2*E*,4*E*,8*E*)-9-(3,4- 亚甲二氧基苯基)-2,4,8- 九碳三烯酰基]- 吡咯烷 苎叶蒟 Piper boehmeriifolium

1-[(2*E*,4*Z*,8*E*)-9-(3,4-methylenedioxyphenyl)-2,4,8-nonatrienoyl]-pyrrolidine 1-[(2*E*,4*Z*,8*E*)-9-(3,4- 亚甲二氧基苯基)-2,4,8- 九碳三烯酰基]- 吡咯烷 苎叶蒟 Piper boehmeriifolium

1-[(2*E*,4*E*,9*E*)-10-(3,4-methylenedioxyphenyl)-2,4,9-undecatrienoyl]pyrrolidine 1-[(2*E*,4*E*,9*E*)-10-(3,4- 亚甲二氧基苯基)-2,4,9- 十一碳三烯酰基]- 吡咯烷 苎叶蒟 Piper boehmeriifolium

1-[(2*E*,4*E*)-7-(3,4-methylenedioxyphenyl)-2,4-heptadienoyl]pyrrolidine 1-[(2*E*,4*E*)-7-(3,4- 亚甲二氧基苯基)-2,4- 庚二烯酰基]- 吡咯烷 苎叶蒟 Piper boehmeriifolium

1-[(2*E*,4*E*)-11-(3,4-methylenedioxyphenyl)-2,4-undecenoyl]pyrrolidine 1-[(2*E*,4*E*)-11-(3,4- 亚甲二氧基苯基)-2,4- 十一碳烯酰基]- 吡咯烷 苎叶蒟 Piper boehmeriifolium

1-[(2*E*,8*E*)-9-(3,4-methylenedioxyphenyl)-2,8-nonadienoyl]pyrrolidine 1-[(2*E*,8*E*)-9-(3,4- 亚甲二氧基苯基)-2,8- 九碳二烯酰基]- 吡咯烷 苎叶蒟 Piper boehmeriifolium

1-[(2*E*)-7-(3,4-methylenedioxyphenyl)-2-heptenoyl]pyrrolidine 1-[(2*E*)-7-(3,4- 亚甲二氧基苯基)-2- 庚烯酰基]- 吡咯烷 苎叶蒟 Piper boehmeriifolium

(*E*)-2-(3,4-methylene-dioxyphenyl)-3-methoxypropenoic acid (*E*)-2-(3,4- 亚甲基 - 二氧苯基)-3- 甲氧基丙烯酸酯 台湾穗花杉 Amentotaxus formosana

1-(3',4'-methylenedioxyphenyl)-3-phenyl-1-propanone 1-(3',4'- 亚甲二氧基苯基)-3- 苯基 -1- 丙酮 胡椒 Piper nigrum

1-[(4*E*,9*E*)-10-(3,4-methylenedioxyphenyl)-4,9-nonadienoyl]pyrrolidine 1-[(4*E*,9*E*)-10-(3,4- 亚甲二氧基苯基)-4,9- 九碳二烯酰基]- 吡咯烷 苎叶蒟 Piper boehmeriifolium

3-[2-(3',4'-methylenedioxyphenyl)-5-benzofuranyl]-propionate 3-[2-(3',4'- 亚甲基)-5- 苯并呋喃基]- 丙酸酯 玉铃花 Styrax obassis

(1*R**,2*S**,5*R**,6*R**)-2-(3,4-methylenedioxyphenyl)-6-(3,5-dimethoxyphenyl)-3,7-dioxabicyclo[3.3.0]octane (1*R**,2*S**,5*R**,6*R**)-2-(3,4- 亚甲二氧基苯基)-6-(3,5- 二甲氧基苯基)-3,7- 二氧代双环 [3.3.0] 辛烷 紫玉兰 Yulania liliiflora

7'-(3',4'-methylenedioxyphenyl)-8,8'-dimethyl-7-(3,4-dihydroxyphenyl)-butane 7'-(3',4'- 亚甲二氧基苯基)-8,8'- 二甲基 -7-(3,4- 二羟基苯基)-丁烷 肉豆蔻 Myristica fragrans

(7*S*,8*R*,7'*R*,8'*R*)-7-(3,4-methylenedioxyphenyl)-8,8'-dimethyl-8'-hydroxyl-7'-methoxyl-7'-(3',4'-methylenedioxyphenyl)-tetrahydrofuran (7*S*,8*R*,7'*R*,8'*R*)-7-(3,4- 亚甲二氧基苯基)-8,8'- 二甲基 -8'- 羟基 -7'- 甲氧基 -7'-(3',4'- 亚甲二氧基苯基)- 四氢呋喃 金山五味子 Schisandra glaucescens

(7*S*,8*S*,7'*R*,8'*S*)-7-(3,4-methylenedioxyphenyl)-8-methyl-8'-methyl-7'-(3',4'-dihydroxyphenyl)-tetrahydrofuran (7*S*,8*S*,7'*R*,8'*S*)-7-(3,4- 亚甲二氧基苯基)-8- 甲基 -8'- 甲基 -7'-(3',4'- 二羟基苯基)- 四氢呋喃 华中五味子 Schisandra sphenanthera

1-[(8*E*)-9-(3,4-methylenedioxyphenyl)-8-nonenoyl]pyrrolidine 1-[(8*E*)-9-(3,4- 亚甲二氧基苯基)-8- 九碳烯酰基]- 吡咯烷 苎叶蒟 Piper boehmeriifolium

1-[(9*E*)-10-(3,4-methylenedioxyphenyl)-9-decenoyl]pyrrolidine 1-[(9*E*)-10-(3,4- 亚甲二氧基苯基)-9- 癸烯酰]- 吡咯烷 苎叶蒟 Piper boehmeriifolium

2-[4'-(3',4'-methylenedioxyphenyl)butyl]-4-quinolone 2-[4'-(3',4'- 亚甲二氧基苯基) 丁基]-4- 喹诺酮 芸香 Ruta graveolens

2-[4-(3,4-methylenedioxyphenyl)butyl]quinolone 2-[4-(3,4- 亚甲二氧基苯基) 丁基] 喹诺酮 芸香 Ruta graveolens

1-(3',4'-methylenedioxyphenyl)-decane 1-(3',4'- 亚甲二氧苯基)- 葵烷 胡椒 Piper nigrum

(*E*,*E*,*E*)-1-[9-(3,4-methylenedioxyphenyl)-nona-2,4,8-trienoyl]pyrrolidine (*E*,*E*,*E*)-1-[9-(3,4- 亚甲二氧基苯基)- 九碳 -2,4,8- 三烯酰基] 吡咯烷 胡椒 Piper nigrum

2*E*,4*E*,12*E*,13-(3,4-methylenedioxy-phenyl)-trideca-trienoic acid isobutylamide 2*E*,4*E*,12*E*,13-(3,4- 亚甲二氧苯基)- 十三碳 - 三烯酸异丁基胺 荜拔 Piper longum

(*E*,*E*,*E*)-1-[11-(3,4-methylenedioxyphenyl)-undeca-2,4,10-trienoyl]piperidine (*E*,*E*,*E*)-1-[11-(3,4- 亚甲二氧基苯基)- 十一碳 -2,4,10- 三烯酰基] 哌啶 胡椒 Piper nigrum

3,4-methylenedioxyphenylmethanol 3,4- 亚甲二氧基苯甲醇 番荔枝 Annona squamosa

(*E*)-3,4-methylenedioxyphenylpropenal (*E*)-3,4- 亚甲二氧基苯丙烯醛 苎叶蒟 Piper boehmeriifolium

8,9-methylenedioxypterocarpin-3-*O*-*α*-L-rhamnopyranoside 8,9- 亚甲二氧基紫檀素 -3-*O*-*α*-L- 吡喃鼠李糖苷 印度草木犀 Melilotus indicus

7,8-methylenedioxyquinoline 7,8- 亚甲二氧基喹啉 榆橘 Ptelea trifoliata

4-methylene-*DL*-proline 4- 亚甲基 -*DL*- 脯氨酸 枇杷 Eriobotrya japonica

9*H*-9-methylenefluorene 9*H*-9- 亚甲基芴 白刺 Nitraria tangutorum

L-*γ*-methyleneglutamic acid L-*γ*- 亚甲基谷氨酸 洁小菇 Mycena pura

γ-methyleneglutamic acid *γ*- 亚甲基谷氨酸 紫穗槐 Amorpha fruticosa

γ-methyleneglutamine *γ*- 亚甲基谷氨酰胺 紫穗槐 Amorpha fruticosa

24-methylenelanost-8-en-3*β*-ol 24- 亚甲基羊毛脂 -8- 烯 -3*β*- 醇 欧白英 Solanum dulcamara, 茄 S. melongena

24-methylenelanost-8-enol 24- 亚甲基羊毛脂 -8- 烯醇 树番茄 Cyphomandra betacea

24-methylenelanost-9(11)-en-3*β*-ol 24- 亚甲基羊毛脂 -9(11)- 烯 -3*β*- 醇 老鼠簕 Acanthus ilicifolius, 甘遂 Euphorbia kansui

24-methylenelanost-9(11)-en-3*β*-ol acetate 24- 亚甲基羊毛脂 -9(11)- 烯 -3*β*- 醇乙酸酯 毒根斑鸠菊 Vernonia cumingiana

24-methylenelanosta-7,9(11)-diene-3-one 24- 亚甲基羊毛脂 -7,9(11)- 二烯 -3- 酮 鹰爪花 Artabotrys hexapetalus

24-methylenelanosterol 24- 亚甲基羊毛脂醇 南欧大戟 Euphorbia peplus, 水飞蓟 Silybum marianum

24-methylenelathosterol 24- 亚甲基羊毛索甾醇▲ 鸡冠花 Celosia cristata

(20*S*)-24-methylenelophenol (20*S*)-24- 亚甲基鸡冠柱烯醇▲ 宽叶香蒲 Typha latifolia

24-methylenelophenol 24- 亚甲基鸡冠柱烯醇▲ 锦熟黄杨 Buxus sempervirens, 小粒咖啡 Coffea arabica, 鸭舌草 Monochoria vaginalis, 欧亚多足蕨 Polypodium vulgare, 松叶蕨 Psilotum nudum, 欧白英 Solanum dulcamara, 白英 S. lyratum, 茄 S. melongena

4-methylenemiltirone 4- 亚甲基丹参新酮 丹参 Salvia miltiorrhiza

24-methylenenlanost-8-ene-3*β*,22-diol 24- 亚甲基羊毛脂 -8- 烯 -3*β*,22- 二醇 淡黄木层孔菌 Phellinus gilvus

3-methylene-pentane 3- 亚甲基戊烷 挥发油成分，未统计基源

24-methylenepollinastanol 24- 亚甲基花粉甾烷醇▲ 光叶闭鞘姜 Costus tonkinensis, 沙芥 Pugionium cornutum

methylenetanshinquinone 亚甲基丹参醌 栗色鼠尾草 Salvia castanea, 毛地黄鼠尾草 S. digitaloides, 胶质鼠尾草 S. glutinosa, 河南鼠尾草 S. honania, 丹参 S. miltiorrhiza, 皖鄂丹参 S. paramiltiorrhiza, 三叶鼠尾草 S. trijuga, 云南鼠尾草 S. yunnanensis

α-methylene-*γ*-aminobutyric acid *α*- 亚甲基 -*γ*- 氨基丁酸 洁小菇 Mycena pura

methyl-*ent*-12,17-epoxy-16*β*-hydroxy-9(11)-kauren-19-oate 对映 -12,17- 环氧 -16*β*- 羟基 -9(11)- 贝壳杉烯 -19- 酸甲酯 红树 Rhizophora apiculata

methyl-*ent*-16*β*,17-dihydroxy-9(11)-kauren-19-oate 对映 -16*β*,17- 二羟基 -9(11)- 贝壳杉烯 -19- 酸甲酯 红树 Rhizophora apiculata

methylentagentrione 甲基榼藤子三酮 榼藤 Entada phaseoloides

α-methylen-*γ*-butyrolactone *α*- 甲基 -*γ*- 丁内酯 挥发油成分，未统计基源

methylephedrine 甲基麻黄碱 木贼麻黄 Ephedra equisetina, 山岭麻黄 E. gerardiana, 中麻黄 E. intermedia, 西藏中麻黄 E. intermedia var. tibetica, 丽江麻黄 E. likiangensis, 矮麻黄 E. minuta, 异株矮麻黄 E. minuta var. dioeca, 单子麻黄 E. monosperma, 膜果麻黄 E. przewalskii, 藏麻黄 E. saxatilis, 草麻黄 E. sinica

(3*S*,4*R*,20*R*)-4-methylergost-7,24(28)-dien-3,4-diol (3*S*,4*R*,20*R*)-4- 甲基麦角甾 -7,24(28)- 二烯 -3,4- 二醇 凤眼蓝 Eichhornia crassipes

(3*S*,4*R*,20*R*)-4-methylergost-8,14,24(28)-trien-3,4-diol (3*S*,4*R*,20*R*)-4- 甲基麦角甾 -8,14,24(28)- 三烯 -3,4- 二醇 凤眼蓝 Eichhornia crassipes

(3*S*,4*R*,20*R*)-4-methylergost-8,24(28)-dien-3,4-diol (3*S*,4*R*,20*R*)-4- 甲基麦角甾 -8,24(28)- 二烯 -3,4- 二醇 凤眼蓝 Eichhornia crassipes

(22*E*,24*R*)-23-methylergosta-7,22-diene-3β,5α,6β,9α-tetrol (22*E*,24*R*)-23- 甲基麦角甾 -7,22- 二烯 -3β,5α,6β,9α- 四醇 香菇 Lentinula edodes

(22*E*,24*R*)-23-methylergosta-7,22-diene-3β,5α,6β-triol (22*E*,24*R*)-23- 甲基麦角甾 -7,22- 二烯 -3β,5α,6β- 三醇 香菇 Lentinula edodes, 红曲 Monascus purpureus

(22*E*,24*R*)-23-methylergosta-7,22-diene-3β,5α,9α-triol (22*E*,24*R*)-23- 甲基麦角甾 -7,22- 二烯 -3β,5α,9α- 三醇 红曲 Monascus purpureus

4-methyl-ergosta-7,25-dien-3-ol acetate 4- 甲基麦角甾 -7,25- 二烯 -3- 醇乙酸酯 日本水龙骨 Polypodiodes niponica

(5α)-4α-methyl-ergosta-7,25-dien-3β-ol (5α)-4α- 甲基 - 麦角甾 -7,25- 二烯 -3β- 醇 松叶蕨 Psilotum nudum

7-methyleriodictyol 7- 甲基圣草酚 艾纳香 Blumea balsamifera

7-methylesculetin 7- 甲基七叶树内酯 佛手 Citrus medica var. sarcodactylis, 肿柄菊 Tithonia diversifolia

methylesculin 甲基七叶树苷 茵陈蒿 Artemisia capillaris

3α,18-[(1-methylethane-1,1-diyl)dioxy]-*ent*-abieta-7,15(17)-diene-14β,16-diol 3α,18-[(1- 甲基乙烷 -1,1- 二基) 二氧]- 对映 - 冷杉 -7,15(17)- 二烯 -14β,16- 二醇 冬凌草 Isodon rubescens

17-(1-methylethenyl)-24,28-dinorursa-4(23),12-dien-3β-ol 17-(1- 甲基乙烯基)-24,28- 二降熊果 -4(23),12- 二烯 -3β- 醇 糖胶树 Alstonia scholaris

2-(1'-methylethenyl)-5-hydroxynaphtho[2,3-b]furan-4,9-dione 2-(1'- 甲基乙烯基)-5- 羟基萘并 [2,3-b] 呋喃 -4,9- 二酮 掌叶木 Tabebuia rosea

1-methylethyl acetic acid ester 1- 甲基乙基乙酸酯 挥发油成分，未统计基源

4-(1-methylethyl)-1-cyclohexene-1-carboxaldehyde 4-(1- 甲基乙基)-1- 环己烯 -1- 甲醛 挥发油成分，未统计基源

4-(1-methylethyl)-2-cyclohexen-1-one 4-(1- 甲基乙基)-2- 环已烯 -1- 酮 挥发油成分，未统计基源

2-(2'-methylethyl)-5,6-dimethoxybenzofuran 2-(2'- 甲基乙基)-5,6- 二甲氧基苯并呋喃 霍香蓟 Ageratum conyzoides

4-(1-methylethyl)-benzaldehyde 4-(1- 甲基乙基) 苯甲醛 挥发油成分，未统计基源

4-(1-methylethyl)-benzenemethanol 4- 异丙基苯甲醇 挥发油成分，未统计基源

4-(1-methylethyl)-cyclohexanol 4-(1- 甲基乙基)- 环己醇 挥发油成分，未统计基源

4-(1-methylethylidene)-17,18,19-trinorkaurane 4-(1- 甲基亚乙基)-17,18,19- 三降贝壳杉烷 火索麻 Helicteres isora

7-(1-methylethylidene)bicyclo[4.1.0]heptane 7-(1- 甲基亚乙基) 双环 [4.1.0] 庚烷 云南松 Pinus yunnanensis

(*E*)-methyleugenol (*E*)- 甲基丁香油烯 挥发油成分，未统计基源

methyleugenol 甲基丁香酚 挥发油成分，未统计基源

7-methyleupatilin 7- 甲基半齿泽兰林素▲ 香藜 Chenopodium botrys

methylevodionol 甲基吴茱萸酮酚 三桠苦 Euodia lepta

methylevoxine 甲基花椒吴萸碱▲ 大叶芸香 Haplophyllum perforatum

4α-methylfecosterol 4α- 甲基粪甾醇 地肤 Kochia scoparia

methylferulic acid 甲基阿魏酸 窄叶鲜卑花 Sibiraea angustata

methylferuloyl-*O*-galloylglucose 甲基阿魏酰基 -*O*- 没食子酰葡萄糖 总序大黄 Rheum racemiferum

2-methylformate-25-carboxy-kadsuracoccinic acid A 2- 甲酸甲酯 -25- 羰基 - 绯红南五味子酸 A 黑老虎 Kadsura coccinea

5-methylfurfural 5- 甲基糠醛 挥发油成分，未统计基源

α-D-methylgalactoside α-D- 甲基半乳糖苷 美观马先蒿 Pedicularis decora

4-methylgallic acid 4- 甲基没食子酸 湖北大戟 Euphorbia hylonoma

6-methylgenistein 6- 甲基染料木素 短梗胡枝子 Lespedeza cyrtobotrya

11-methylgerberinol 11- 甲基大丁草醇▲ 柿 Diospyros kaki

methylgermitorosone 甲基珠节决明胚芽酮▲ 望江南 Senna occidentalis

4'-methylglucoliquiritigenin 4'- 甲基葡萄糖基甘草苷元 鄂羊蹄甲 Bauhinia glauca subsp. hupehana, 甘草 Glycyrrhiza uralensis

β-methylglucoside β- 甲基葡萄糖苷 剑叶龙血树 Dracaena cochinchinensis

methylglucosinolate 甲基芥子油苷 家独行菜 Lepidium sativum

γ-methylglutamic acid γ- 甲基谷氨酸 洁小菇 Mycena pura, 对开蕨 Phyllitis scolopendrium

3-[3-(1-methylglyoxylate-2,4,6-trihydroxyphenyl)-2,3-epoxyflavanone 3-[3-(1- 甲基乙醛酸 -2,4,6- 三羟基苄基)-2,3- 环氧黄烷酮 洋葱 Allium cepa

methylgomisin O 甲基北五味子素▲O 华中五味子 Schisandra sphenanthera

methylgomisin R 甲基北五味子素▲R 华中五味子 Schisandra sphenanthera, 鹤庆五味子 S. wilsoniana

methylgraviphane 甲基银桦酚烷▲ 银桦 Grevillea robusta

4-methylguaiacol 4- 甲基愈创木酚 柚木 Tectona grandis

methylgymnaconitine 甲基露蕊乌头碱▲ 露蕊乌头 Aconitum gymnandrum

methylhaploperine 甲基大叶芸香灵▲ 大叶芸香 Haplophyllum perforatum

8-methylhentriacont-3-ene 8- 甲基三十一碳 -3- 烯 云南木鳖 Momordica dioica

6-methyl-hept-5-en-2-one 6- 甲基 - 庚 -5- 烯 -2- 酮 挥发油成分，未统计基源

4-methyl-heptadec-6-enoic acid ethylester 4- 甲基 - 十七碳 -6- 烯酸乙酯 中华青牛胆 Tinospora sinensis

3-methylheptadecane 3- 甲基十七烷 挥发油成分，未统计基源

16-methylheptadecanoic acid 16- 甲基 - 十七酸 大花紫薇 Lagerstroemia speciosa

4-methylheptadecanoic acid 4- 甲基十七酸 仙茅 Curculigo orchioides

6-methylheptanal 6- 甲基庚醛 挥发油成分，未统计基源

2-methylheptane 2- 甲基庚烷 挥发油成分，未统计基源

3-methylheptane 3- 甲基庚烷 挥发油成分，未统计基源

4-methylheptatriacont-1-en-10-ol 4- 甲基三十七烷 -1- 烯 -10- 醇 土牛膝 Achyranthes aspera
6-methylheptyl-3'-hydroxy-2'-methylpropanoate 6- 甲基庚基 -3'- 羟基 -2'- 甲基丙酯 繁缕 Stellaria media
2-methylheptylisonicotinate 2- 甲基庚基异烟酸酯 尖叶花椒 Zanthoxylum oxyphyllum
methylhernandine 甲基桐叶千金藤碱 桐叶千金藤 Stephania japonica var. discolor
15-methylhexadecanoate 15- 甲基十六酸酯 阳芋 Solanum tuberosum
2-methyl-hexadecanoic acid 2- 甲基 - 十六酸 明党参 Changium smyrnioides
2-methylhexane 2- 甲基已烷 挥发油成分，未统计基源
methylhomodaphniphyllate 高虎皮楠碱甲酯 牛耳枫 Daphniphyllum calycinum
6-methylhomoeriodictyol 6- 甲基高圣草酚 显脉羊蹄甲 Bauhinia glauca subsp. pernervosa
5-methylhydantoin 5- 甲基乙内酰脲 葛 Pueraria montana var. lobata
methylhydrazine 甲基肼 挥发油成分，未统计基源
7-methylhydrojuglone 7- 甲基氢化胡桃醌 锦地罗 Drosera burmannii, 圆叶茅膏菜 D. rotundifolia
10-methylicosane 10- 甲基二十烷 樟子松 Pinus sylvestris var. mongolica
1-methylindole-3-carboxaldehyde 1- 甲基吲哚 -3- 甲醛 裂蹄木层孔菌 Phellinus linteus
D-1-*O*-methylinositol D-1-*O*- 甲基肌醇 含羞草 Mimosa pudica
D-3-*O*-methylinositol D-3-*O*- 甲基肌醇 柠条锦鸡儿 Caragana korshinskii
L-2-*O*-methylinositol L-2-*O*- 甲基肌醇 中国沙棘 Hippophae rhamnoides subsp. sinensis
DL-3-*O*-methyl-inositol DL-3-*O*- 甲基 - 肌醇 甘肃棘豆 Oxytropis kansuensis
9'-methylisoamericanol A 9'- 甲基异美商陆酚 A 滑桃树 Trevia nudiflora
3*α*,4*β*,9*βH*-10*α*-methylisodauc-5-en-11-al 3*α*,4*β*,9*βH*-10*α*- 甲基异胡萝卜 -5- 烯 -11- 醛 麻疯树 Jatropha curcas
7'-methylisodomoic acid A, B 7'- 甲基异软骨藻酸 A, B 树状软骨藻 Chondria armata
(*E*)-methylisoeugenol (*E*)- 甲基异丁香酚 挥发油成分，未统计基源
8-methyl-isofraxetin-6-*O*-*β*-D-glucouronic acid 8- 甲基 - 异白蜡树亭 -6-*O*-*β*-D- 葡萄糖醛酸 文冠果 Xanthoceras sorbifolium
methylisogomisin O 甲基异北五味子素▲O 狭叶五味子 Schisandra lancifolia, 铁箍散 S. propinqua var. sinensis, 鹤庆五味子 S. wilsoniana
4-methylisoliquiritigenin 4- 甲基异甘草苷元 龙须藤 Bauhinia championii
(±)-methylisopelletierine (±)- 甲基异石榴碱 费菜 Phedimus aizoon, 杂交景天 P. hybridus
methylisopelletierine 甲基异石榴碱 石榴 Punica granatum
methylisoplatydesmine 甲基异阔果芸香碱 月桂茵芋 Skimmia laureola
p-methylisopropenylbenzene 对甲基异丙烯基苯 挥发油成分，未统计基源
4'-methylisoscutellarein-8-*O*-*β*-D-glucuronide 4'- 甲基异高黄芩素 -8-*O*-*β*-D- 葡萄糖醛酸苷 山芝麻 Helicteres angustifolia, 火索麻 H. isora
4'-methylisoscutellarein-8-*O*-*β*-D-glucuronide-2''-sodium sulfate 4'- 甲基异高黄芩素 -8-*O*-*β*-D- 葡萄糖醛酸苷 -2''- 磺酸钠 山芝麻 Helicteres angustifolia
4'-methylisoscutellarein-8-*O*-*β*-D-glucuronide-6''-methyl ester 4'- 甲基异高黄芩素 -8-*O*-*β*-D- 葡萄糖醛酸苷 -6''- 甲醚 山芝麻 Helicteres angustifolia
10-methylixoside 10- 甲基龙船花萜苷▲ 山石榴 Catunaregam spinosa, 假桂乌口树 Tarenna attenuata
11-methylixoside 11- 甲基龙船花萜苷▲ 山石榴 Catunaregam spinosa
cis-methyljasmonate 顺式 - 茉莉酮酸甲酯 金粟兰 Chloranthus spicatus
7-methyljuglone 7- 甲基胡桃醌 柿 Diospyros kaki, 野柿 D. kaki var. silvestris, 君迁子 D. lotus, 圆叶茅膏菜 Drosera rotundifolia, 匙叶茅膏菜 D. spathulata
3-methylkaempferol 3- 甲基山柰酚 滑叶山姜 Alpinia tonkinensis, 甘草 Glycyrrhiza uralensis
5-methylkaempferol 5- 甲基山柰酚 狭叶落地梅 Lysimachia paridiformis var. stenophylla
7-methylkaempferol 7- 甲基 - 山柰酚 柽柳 Tamarix chinensis
2-methyl-1,3,6-trihydroxy-anthraquinone-3-*O*-(3'-*O*-acetyl)-*α*-L-rhamnopyranosyl-(1→2)-glucopyranoside 2- 甲基 -1,3,6- 三羟基蒽醌 -3-*O*-(3'-*O*- 乙酰基)-*α*-L- 吡喃鼠李糖基 -(1→2)- 吡喃葡萄糖苷 东南茜草 Rubia argyi
2-methyl-1,3,6-trihydroxy-anthraquinone-3-*O*-(6'-*O*-acetyl)-*α*-L-rhamnopyranosyl-(1→2)-glucopyranoside 2- 甲基 -1,3,6- 三羟基蒽醌 -3-*O*-(6'-*O*- 乙酰基)-*α*-L- 吡喃鼠李糖基 -(1→2)- 吡喃葡萄糖苷 东南茜草 Rubia argyi
methyllacarol 甲基裂叶蒿酚▲ 裂叶蒿 Artemisia tanacetifolia
methyllanceolin 甲基玉山双蝴蝶素▲ 双蝴蝶 Tripterospermum chinense, 玉山双蝴蝶 T. lanceolatum
24-methyllanosta-8,24(28)-diene-3*β*,22*ξ*-diol 24- 甲基羊毛脂 -8,24(28)- 二烯 -3*β*,22*ξ*- 二醇 桦褶孔菌 Lenzites betulina
(22*S*,24*R*)-24-methyllanosta-8-ene-22,28-epoxy3*β*,22*ξ*-diol (22*S*,24*R*)-24- 甲基羊毛脂 -8- 烯 -22,28- 环氧 -3*β*,28*α*- 二醇 桦褶孔菌 Lenzites betulina
(22*S*,24*S*)-24-methyllanosta-8-ene-22,28-epoxy3*β*,22*ξ*-diol (22*S*,24*S*)-24- 甲基羊毛脂 -8- 烯 -22,28- 环氧 -3*β*,28*α*- 二醇 桦褶孔菌 Lenzites betulina
24-methyllanosta-9(11),25-dien-3-one 24- 甲基羊毛脂 -9(11),25- 二烯 -3- 酮 土蜜树 Bridelia tomentosa
24*ξ*-methyllathosterol 24*ξ*- 甲基 -7- 烯胆甾醇 甜瓜 Cucumis melo, 笋瓜 Cucurbita maxima
24-methyllathosterol 24- 甲基羊毛索甾醇▲ 皱果苋 Amaranthus viridis, 鸡冠花 Celosia cristata, 湖南稗子 Echinochloa frumentacea, 地肤 Kochia scoparia
α-methyl-L-bis[*α*-methyl-D-fructopyranosyl-(1→2),(1→3)]-arabinofuranose *α*- 甲基 -L- 二 [*α*- 甲基 -D- 吡喃果糖基 -(1→2),(1→3)]- 呋喃阿拉伯糖 思茅藤 Epigynum auritum

(+)-*S*-methyl-L-cysteine sulfoxide (+)-*S*- 甲基 -L- 半胱氨酸亚砜 蒜 Allium sativum
methylleptol A, B 甲基三桠苦醇 A, B 三桠苦 Euodia lepta
2-methyl-*L*-erythritol-1-*O*-(6-*O*-*trans*-sinapoyl)-*β*-D-glucopyranoside 2- 甲基 -*L*- 赤藓糖醇 -1-*O*-(6-*O*- 反式 - 芥子酰基)-*β*-D- 吡喃葡萄糖苷 栀子 Gardenia jasminoides
2-methyl-*L*-erythritol-4-*O*-(6-*O*-*trans*-sinapoyl)-*β*-D-glucopyranoside 2- 甲基 -L- 赤藓糖醇 -4-*O*-(6-*O*- 反式 - 芥子酰基)-*β*-D- 吡喃葡萄糖苷 栀子 Gardenia jasminoides
14*β*-methylleucosesterterpenone 14*β*- 甲基米团花二倍半萜酮▲ 米团花 Leucosceptrum canum
methylliberine 甲基大果咖啡碱 大粒咖啡 Coffea liberica
methyllinderone 甲基钓樟酮▲ 乌药 Lindera aggregata, 红果山胡椒 L. erythrocarpa
methylloganin 甲基马钱苷 大花双参 Triplostegia grandiflora
methyllongistylumphylline B 甲基长柱虎皮楠碱▲B 脉叶虎皮楠 Daphniphyllum paxianum
24*R*-methyllophenol 24*R*- 甲基 - 鸡冠柱烯醇▲ 卫矛 Euonymus alatus
24-methyllophenol 24- 甲基鸡冠柱烯醇▲ 甘蔗 Saccharum officinarum
trans-methyllucidone 反式 - 甲基赤芝酮 红果山胡椒 Lindera erythrocarpa
methyllucidone 甲基赤芝酮 乌药 Lindera aggregata
cis-methyllucidone 顺式 - 甲基赤芝酮 红果山胡椒 Lindera erythrocarpa
6-methylluteolin 6- 甲基木犀草素 重瓣萱草 Hemerocallis fulva var. kwanso
8-methylluteolin 8- 甲基木犀草素 鹿药 Smilacina japonica
7-methylluteone 7- 甲基羽扇豆异黄酮 甘草 Glycyrrhiza uralensis
methyllycaconitine 甲基狼毒乌头亭▲ 飞燕草 Consolida ajacis, 须花翠雀花 Delphinium delavayi var. pogonanthum, 秦岭翠雀花 D. giraldii, 翠雀 D. grandiflorum, 光果翠雀 D. grandiflorum var. leiocarpum, 拉萨翠雀花 D. gyalanum, 峨眉翠雀花 D. omeiense, 黑水翠雀花 D. potaninii, 天山翠雀花 D. tianshanicum, 云南翠雀花 D. yunnanense
8-methyllycoctonine 8- 甲基狼毒乌头碱 紫花高乌头 Aconitum septentrionale
15*α*-methyl-lycopodane-5*β*,6*α*-diol 15*α*- 甲基 - 石松 -5*β*,6*α*- 二醇 扁枝石松 Diphasiastrum complanatum
methyllycoposerramine T 甲基蛇足石杉明碱▲T 蛇足石杉 Huperzia serrata
methylmadugin 甲基印度黄皮精▲ 细叶黄皮 Clausena anisum-olens
1-methylmalate 1- 甲基苹果酸酯 杨梅 Myrica rubra
β-methylmalic acid *β*- 甲基苹果酸 日本珊瑚树 Viburnum odoratissimum var. awabuki
21*α*-methylmelianodiol 21*α*- 甲基楝酮二醇 柔毛鸦胆子 Brucea mollis, 楝 Melia azedarach, 枳 Poncirus trifoliata
21*β*-methylmelianodiol 21*β*- 甲基楝酮二醇 柔毛鸦胆子 Brucea mollis, 楝 Melia azedarach, 枳 Poncirus trifoliata
[21*α*-methylmelianol-(21*R*,23*R*)epoxy-24-hydroxy-21*α*-methoxyl]-triucalla-7,25-dien-3-one [21*α*- 甲基楝醇 -(21*R*,23*R*) 环氧 -24- 羟基 -21*α*- 甲氧基]- 绿玉树 -7,25- 二烯 -3- 酮 楝 Melia azedarach
21*α*-methylmelianol(21*R*,23*R*)epoxy-24-hydroxy-21*α*-methoxyl-triucalla-7,25-dien-3-one 21*α*- 甲基楝醇 (21*R*,23*R*) 环氧 -24- 羟基 -21*α*- 甲氧基绿玉树 -7,25- 二烯 -3- 酮 秃叶黄檗 Phellodendron chinense var. glabriusculum
methylmethacrylate 甲基丙烯酸甲酯 挥发油成分，未统计基源
2-methylmethahexadecanoate 2- 甲基十六酸甲酯 挥发油成分，未统计基源
methylmorroniside 甲基莫罗忍冬苷 山茱萸 Cornus officinalis
3'-methyl-myricetin 3'- 甲基杨梅素 牧地山黧豆 Lathyrus pratensis
12-methyl-myristic acid 12- 甲基 - 肉豆蔻酸 苹果 Malus pumila
(+)-(*E*,2*S*,2'*R*)-2-methyl-*N*-[1'-(10-oxo-30-phenyl-prop-20-enyl)pyrrolidin-2'-yl]butanamide (+)-(*E*,2*S*,2'*R*)-2- 甲基 -*N*-[1'-(10- 氧代 -30- 苯基 - 丙 -20- 烯基) 吡咯啶 -2'- 基] 丁酰胺 米仔兰 Aglaia odorata
(2*E*)-2-methyl-*N*-[3-[[4-[[(2*E*)-2-methyl-1-oxo-2-buten-1-yl]amino]butyl]amino]propyl]-2-butenamide (2*E*)-2- 甲基 -*N*-[3-[[4-[[(2*E*)-2- 甲基 -1- 氧代 -2- 正丁烯基] 氨] 丁基] 氨] 丙基]-2- 丁烯胺 牵牛 Ipomoea nil
1-methylnaphthalene 1- 甲基萘 挥发油成分，未统计基源
2-methylnaphthalene 2- 甲基萘 挥发油成分，未统计基源
2-methylnaphthazarin 2- 甲基萘茜 匙叶茅膏菜 Drosera spathulata
2-methylnaphthazarin-5-*O*-*β*-glucopyranoside 2- 甲基萘茜 -5-*O*-*β*- 吡喃葡萄糖苷 圆叶茅膏菜 Drosera rotundifolia, 匙叶茅膏菜 D. spathulata
1-methyl-naphtho[2,3-d][1,3]dioxole-6-carboxylic acid methyl ester 1- 甲基 - 萘并 [2,3-d][1,3] 间二氧杂环戊烯 -6- 羧酸甲酯 草麻黄 Ephedra sinica
7-methylnaringenin 7- 甲基柚皮苷元 草珊瑚 Sarcandra glabra
α-methyl-*n*-butyrylshikonin *α*- 甲基 - 正丁酰紫草素 紫草 Lithospermum erythrorhizon
2-methyl-*n*-butyrylshikonin 2- 甲基正丁酰紫草素 密花滇紫草 Onosma confertum, 露蕊滇紫草 O. exsertum, 细花滇紫草 O. hookeri, 长花滇紫草 O. hookeri var. longiflorum, 滇紫草 O. paniculatum
methyl-*n*-gingerol 甲基 -*n*- 姜酚 姜 Zingiber officinale
methylnigakinone 甲基苦木酮 苦树 Picrasma quassioides
methylnissolin 甲基尼氏山黧豆素▲ 黄耆 Astragalus penduliflorus subsp. mongholicus var. dahuricus, 甘肃棘豆 Oxytropis kansuensis
methylnissolin-3-*O*-glucopyranoside 甲基尼氏山黧豆素▲-3-*O*- 吡喃葡萄糖苷 黄耆 Astragalus penduliflorus subsp. mongholicus var. dahuricus
4'-methyl-*N*-methylcoclaurine 4'- 甲基 -*N*- 甲基衡州乌药碱 莲 Nelumbo nucifera
methyl-*n*-nonylketone 甲基正壬酮 蕺菜 Houttuynia cordata

28-methylnonacos-27-en-1-oic acid 28- 甲基二十九碳 -27- 烯 -1- 酸 假荜拔 Piper retrofractum
3-methylnonacosan-1-ol 3- 甲基二十九烷 -1- 醇 散沫花 Lawsonia inermis
8-methylnonanal 8- 甲基壬醛 挥发油成分，未统计基源
6-methylnorchelerythrine 6- 甲基降白屈菜红碱 野花椒 Zanthoxylum simulans
trans-8-methyl-*N*-vanillyl-6-nonenamide 反式 -8- 甲基 -*N*- 香荚兰基 -6- 壬烯基酰胺 辣椒 Capsicum annuum
3-methyl-*O*-[α-L-arabinopyranosyl-(1 → 6)-*β*-D-glucopyranosyl]-6-methyl-benzofuran 3- 甲基 -*O*-[α-L- 吡喃阿拉伯糖基 -(1 → 6)-*β*-D- 吡喃葡萄糖基]-6- 甲基 - 苯并呋喃 块根芍药 Paeonia intermedia
6-methyloctanal 6- 甲基辛醛 挥发油成分，未统计基源
methylophiopogonanone B 甲基麦冬黄烷酮 B 禾叶山麦冬 Liriope graminifolia, 玉竹 Polygonatum odoratum
3-methylorobol-7-*O*-*β*-D-glucopyranoside-6''-*O*-malonate 3- 甲基香豌豆酚 ▲-7-*O*-*β*-D- 吡喃葡萄糖苷 -6''-*O*- 丙二酸酯 红车轴草 Trifolium pratense
(3-methyl-oxiran-2-yl)-methanol (3- 甲基 -2- 环氧乙基)- 甲醇 挥发油成分，未统计基源
2-(3-methyloxiranyl)-1,4-phenylene-2-butenoic acid ester 2-(3- 甲基环氧乙烷基)-1,4- 苯基 -2- 丁烯酸酯 挥发油成分，未统计基源
13-methylpalmatrubine 13- 甲基巴马亭红碱 延胡索 Corydalis yanhusuo
methylparaben; methyl *p*-hydroxybenzoate 对羟基苯甲酸甲酯 较常见成分，至少分布于 30 种以上植物中，见于柽柳科、唇形科、灯心草科、豆科、胡桃科、槲寄生科、虎耳草科、菊科、马鞭草科、马兜铃科、毛茛科、茄科、忍冬科、瑞香科、三白草科、桑科、山龙眼科、玄参科、榆科、鸢尾科、芸香科、樟科、紫葳科等
17-methylparsonsianidine-*N*-oxide 17- 甲基同心结尼定 ▲-*N*- 氧化物 海南同心结 Parsonsia alboflavescens
methylparvifloside 甲基小花盾叶薯蓣苷 小花盾叶薯蓣 Dioscorea sinoparviflora
methyl-*p*-coumarate 对羟基香豆酸甲酯 巴东过路黄 Lysimachia patungensis
8-(*O*-methyl-*p*-coumaroyl)-harpagide 8-(*O*- 甲基 - 对香豆酰基)- 钩果草吉苷 ▲ 北玄参 Scrophularia buergeriana
(2*E*)-2-(4-methylpent-3-enyl)-6-oxohept-2-enoic acid (2*E*)-2-(4- 甲基戊 -3- 烯基)-6- 氧代庚 -2- 烯酸 三白草 Saururus chinensis
(2*Z*)-2-(4-methylpent-3-enyl)-6-oxohept-2-enoic acid (2*Z*)-2-(4- 甲基戊 -3- 烯基)-6- 氧代庚 -2- 烯酸 三白草 Saururus chinensis
2-[(*E*)-4-methylpenta-1,3-dien-1-yl]anthraquinone 2-[(*E*)-4- 甲基戊 -1,3- 二烯 -1- 基] 蒽醌 芝麻 Sesamum indicum
2-[(*Z*)-4-methylpenta-1,3-dien-1-yl]anthraquinone 2-[(*Z*)-4- 甲基戊 -1,3- 二烯 -1- 基] 蒽醌 芝麻 Sesamum indicum
2-(4-methylpenta-3-enyl)-anthraquinone 2-(4- 甲基戊 -3- 烯基)- 蒽醌 芝麻 Sesamum indicum
3-methylpentadecane 3- 甲基十五烷 挥发油成分，未统计基源
14-methylpentadecanoic acid 14- 甲基十五酸 挥发油成分，未统计基源
14-methyl-pentadecanoic acid methyl ester 14- 甲基 - 十五酸甲酯 挥发油成分，未统计基源
14-methyl-pentadecanoic acid-methyl ester 14- 甲基十五酸甲酯 紫苞鸢尾 Iris ruthenica
methylpentyl glucosinolate 甲基戊基芥子油苷 芝麻菜 Eruca vesicaria
4-methylpentyl isothiocyanate 4- 甲基戊基异硫氰酸酯 芝麻菜 Eruca vesicaria, 菘蓝 Isatis tinctoria
o-methylphenetole 邻甲基苯乙醚 鸡矢藤 Paederia foetida
2-methylphenol 2- 甲基苯酚 挥发油成分，未统计基源
3-methylphenol 3- 甲基苯酚 挥发油成分，未统计基源
4-methylphenol 4- 甲基苯酚 挥发油成分，未统计基源
p-methylphenol 对甲基苯酚 牛皮消 Cynanchum boudieri, 牡丹 Paeonia suffruticosa, 檀香 Santalum album
o-methylphenol 邻甲基苯酚 牡丹 Paeonia suffruticosa, 三叶鼠尾草 Salvia trijuga, 檀香 Santalum album
4-methylphenol-1-*O*-*α*-L-arabinopyranosyl-(1 → 6)-*β*-D-glucopyranoside 4- 甲基苯酚 -1-*O*-*α*-L- 吡喃阿拉伯糖基 -(1 → 6)-*β*-D- 吡喃葡萄糖苷 波缘冷水花 Pilea cavaleriei
4-methylphenol-1-*O*-*α*-L-rhamnopyranosyl-(1 → 6)-*β*-D-glucopyranoside 4- 甲基苯酚 -1-*O*-*α*-L- 吡喃鼠李糖基 -(1 → 6)-*β*-D- 吡喃葡萄糖苷 波缘冷水花 Pilea cavaleriei
2-(4-methylphenyl)-1,2-propanediol 2-(4- 甲基苯基)-1,2- 丙二醇 红毒茴 Illicium lanceolatum
1-(2-methylphenyl)-ethanone 1-(2- 甲苯基)- 乙酮 樟子松 Pinus sylvestris var. mongolica
2-methylphenyl-1-*O*-*β*-D-glucopyranoside 2- 甲基苯基 -1-*O*-*β*-D- 吡喃葡萄糖苷 川东獐牙菜 Swertia davidii
p-methylphenyl-1-*O*-*β*-D-glucopyranoside 对甲基苯基 -1-*O*-*β*-D- 吡喃葡萄糖苷 天麻 Gastrodia elata, 波缘冷水花 Pilea cavaleriei
3-methylphenyl-6-*O*-*β*-xylopyranosyl-(1 → 6)-*O*-*β*-glucopyranoside 3- 甲基苯基 -*O*-*β*- 吡喃木糖基 -(1 → 6)-*O*-*β*- 吡喃葡萄糖苷 玄参 Scrophularia ningpoensis
2-methylphenyl-*O*-*α*-D-arabinofuranosyl-(1 → 6)-*O*-*β*-D-glucopyranoside 2- 甲基苯基 -*O*-*α*-D- 呋喃阿拉伯糖基 -(1 → 6)-*O*-*β*-D- 吡喃葡萄糖苷 三裂蛇葡萄 Ampelopsis delavayana
2-methylphenyl-*O*-*β*-D-xylopyranosyl-(1 → 6)-*O*-*β*-D-glucopyranoside 2- 甲基苯基 -*O*-*β*-D- 吡喃木糖基 -(1 → 6)-*O*-*β*-D- 吡喃葡萄糖苷 三裂蛇葡萄 Ampelopsis delavayana
4-methylphenyl-*β*-D-glucopyranoside 4- 甲基苄基 -*β*-D- 吡喃葡萄糖苷 手参 Gymnadenia conopsea
methylphloroglucinol-*O*-galloyl-glucose 甲基根皮酚 -*O*- 没食子酰葡萄糖 总序大黄 Rheum racemiferum
3-methyl-*p*-hydroxybenzoic acid 3- 甲氧基对羟基苯甲酸 狼毒大戟 Euphorbia fischeriana
7-methylphyscion 7- 甲基大黄素甲醚 腊肠树 Cassia fistula
methylpicraquassioside A 甲基苦树苷 ▲A 橘红 Citrus maxima 'Tomentosa', 蛇床 Cnidium monnieri, 芸香 Ruta graveolens
methylpicraquassioside B 甲基苦树苷 ▲B 蛇床 Cnidium monnieri
(2*S*)-8-methylpinocembrin (2*S*)-8- 甲基瑞士五针松素 ▲ 水翁 Cleistocalyx operculatus

M

8-methylpinocembrin 8-甲基瑞士五针松素▲ 洋蒲桃 Syzygium samarangense

4'-methylpinosylvin 4'-甲基赤松素 直立百部 Stemona sessilifolia

2-methylpiperidine 2-甲基哌啶 毒参 Conium maculatum

(-)-methylpiperitol (-)-甲基辣薄荷醇 玉兰 Yulania denudata

(±)-methylpiperitol (±)-甲基辣薄荷醇 刺花椒 Zanthoxylum acanthopodium

methylpluviatolide 甲基雨花椒内酯▲ 刺五加 Eleutherococcus senticosus

24-methylpollinastanol 24-甲基花粉甾烷醇▲ 光叶闭鞘姜 Costus tonkinensis

24-methylpollinastanone 24-甲基花粉甾烷酮▲ 光叶闭鞘姜 Costus tonkinensis

2-(2'-methylprop-2'-enyl)-2-methyl-6,7-dimethoxychroman-4-one 2-(2'-甲基丙-2'-烯基)-2-甲基-6,7-二甲氧基色烷-4-酮 霍香蓟 Ageratum conyzoides

2-methylpropanoic acid 2-甲基丙酸 挥发油成分，未统计基源

2-methyl-propanoic acid-4-methoxy-5-methyl-2-{2-[(2-methyl-1-oxopropoxy)methyl]-2-oxiranyl}phenyl ester 2-甲基丙酸-4-甲氧基-5-甲基-2-{2-[(2-甲基-1-氧代丙氧基)甲基]-2-环氧乙基}苯酯 柳叶旋覆花 Inula salicina

2-methylpropanoic acid-5-methyl-2-{2-[(2-methyl-1-oxopropoxy)methyl]-2-oxiranyl}phenyl ester 2-甲基丙酸-5-甲基-2-{2-[(2-甲基-1-氧代丙氧基)甲基]-2-环氧乙基}苯酯 柳叶旋覆花 Inula salicina

1-(2-methylpropanoyl)-3-acetyl-11-methoxymeliacarpinin 1-(2-甲基丙酰基)-3-乙酰基-11-甲氧基楝卡品宁▲ 楝 Melia azedarach

2-methylpropenoyl-3β-hydroxy-4(15),10(14),11(13)-guaiatrien-12,8-olide 2-甲基丙烯酰基-3β-羟基-4(15),10(14),11(13)-愈创木三烯-12,8-内酯 三角叶风毛菊 Saussurea deltoidea

3-(2'-methylpropyl)-2-methyl-6,8-dimethoxychrom-4-one 3-(2'-甲基丙基)-2-甲基-6,8-二甲氧基色烯-4-酮 霍香蓟 Ageratum conyzoides

(3S,6R)-3-(2-methylpropyl)-6-(p-hydroxybenzyl)-2,5-piperazine diketone (3S,6R)-3-(2-甲基丙基)-6-对羟基苄基-2,5-哌嗪二酮 挂金灯 Physalis alkekengi var. francheti

(3S,6R)-3-(2-methylpropyl)-6-benzyl-2,5-piperazine diketone (3S,6R)-3-(2-甲基丙基)-6-苄基-2,5-哌嗪二酮 挂金灯 Physalis alkekengi var. francheti

(E)-4-[(2-methylpropyl)amino]-4-oxo-2-butenoic acid (E)-4-[(2-甲基丙基)氨基]-4-氧代-2-丁烯酸 山蒟 Piper hancei, 荜拔 P. longum

methylprototribestin 甲基原蒺藜亭▲ 蒺藜 Tribulus terrestris

methylpseudoephedrine 甲基伪麻黄碱 矮麻黄 Ephedra minuta, 膜果麻黄 E. przewalskii

8-methylpsoralen 8-甲基补骨脂素 无花果 Ficus carica

methylpsoromate 茶痂衣酸甲酯 槽枝衣 Sulcaria sulcata

2-methyl-pyran-4-one-3-O-β-D-glucopyranoside 2-甲基-吡喃-4-酮-3-O-β-D-吡喃葡萄糖苷 石榴 Punica granatum

1-methylpyrene-2,7-diol 1-甲基芘-2,7-二醇 灯心草 Juncus effusus

1-(4'-methylpyridazin-5'-yl)butane-1,2,3,4-tetraol 1-(4'-甲基吡嗪-5'-基)丁烷-1,2,3,4-四醇 大黄橐吾 Ligularia duciformis

2-methylpyromeconic acid-3-O-β-D-glucopyranoside-6'-(O-4''-hydroxybenzoate) 2-甲基迈康酸-3-O-β-D-吡喃葡萄糖苷-6'-(O-4''-羟基苯甲酸酯) 黄荆 Vitex negundo

α-methylpyrrole ketone α-甲基吡咯酮 白蔹 Ampelopsis japonica, 假贝母 Bolbostemma paniculatum

3-methylquercetin 3-甲基槲皮素 矮锦鸡儿 Caragana pygmaea, 白苞猩猩草 Euphorbia heterophylla, 穗花牡荆 Vitex agnus-castus

6-methylquercetin 6-甲基槲皮素 岗松 Baeckea frutescens

4'-methylquercetin-3-O-β-glucopyranoside 4'-甲基槲皮素-3-O-β-吡喃葡萄糖苷 洋葱 Allium cepa

3-methylquercetin-3'-β-xylopyranoside 3-甲基槲皮酮-3'-β-吡喃木糖苷 白睡莲 Nymphaea alba

6-methylquercetin-4'-O-β-D-glucopyranoside 6-甲基槲皮素-4'-O-β-D-吡喃葡萄糖苷 岗松 Baeckea frutescens

3-methylquercetin-7-O-β-D-glucopyranoside 3-甲基槲皮素-7-O-β-D-吡喃葡萄糖苷 红车轴草 Trifolium pratense

3-methylquercetin-7-O-β-D-glucopyranoside-6''-O-malonate 3-甲基槲皮素-7-O-β-D-吡喃葡萄糖苷-6''-O-丙二酸酯 红车轴草 Trifolium pratense

2-methylquinizarin 2-甲基醌茜素 柚木 Tectona grandis

5-methylresorcinol 5-甲基树脂苔黑酚▲ 钩吻 Gelsemium elegans

5-methylresveratrol-3,4'-O-β-D-diglucopyranoside 5-甲基白藜芦醇-3,4'-O-β-D-二吡喃葡萄糖苷 兴安藜芦 Veratrum dahuricum

4'-methylresveratrol-3-O-β-D-glycoside 4'-甲基白藜芦醇-3-O-β-D-葡萄糖苷 兴安藜芦 Veratrum dahuricum

β-methy-L-rhampyranoside β-甲基-L-吡喃鼠李糖苷 白枪杆 Fraxinus malacophylla

methylripariochromene A 甲基河岸泽兰色烯 A 肾茶 Clerodendranthus spicatus

methylripariochromene A 甲基河岸泽兰色烯▲A 多须公 Eupatorium chinense

methylrocaglate 洛克米仔兰酸甲酯 米仔兰 Aglaia odorata

methylsalicylate-2-O-β-D-glucopyranoside 水杨酸甲酯-2-O-β-D-吡喃葡萄糖苷 波缘冷水花 Pilea cavaleriei

methylsalicylate-β-primeveroside 水杨酸甲酯-β-樱草糖苷 髭脉桤叶树 Clethra barbinervis

methylsalicylic acid 甲基水杨酸 竹叶花椒 Zanthoxylum armatum

5-methylsalvigenin 5-甲基鼠尾草苷元 香藜 Chenopodium botrys

methylschinilenol 甲基青花椒烯醇 簕欓花椒 Zanthoxylum avicennae

methylschisantherin F 甲基五味子酯 F 多子南五味子 Kadsura polysperma, 铁箍散 Schisandra propinqua var. sinensis

methylscopolamine 甲基东莨菪碱 树番茄 Cyphomandra betacea

7β-(4-methylsenecioyloxy)-oplopa-3(14)Z,8(10)-dien-2-one 7β-(4-甲基千里光酰氧基)-日本刺参-3(14)Z,8(10)-二烯-2-酮 款冬 Tussilago farfara

M

methylsoyasaponin 甲基大豆皂苷 胡卢巴 Trigonella foenum-graecum
4-methylstigmast-7-en-3-ol 4- 甲基 - 豆甾 -7- 烯 -3- 醇 三春水柏枝 Myricaria paniculata
4-methylstigmasta-7,24-dien-3β-ol 4- 甲基豆甾 -7,24- 二烯 -3β- 醇 黑果越桔 Vaccinium myrtillus
4-methyl-stigmasta-7,25-dien-3-ol acetate 4- 甲基豆甾 -7,25- 二烯 -3- 醇乙酸酯 日本水龙骨 Polypodiodes niponica
14-methyl-stignmsta-7,24(28)-en-3β-ol 14- 甲基 - 豆甾 -7,24(28) 二烯 -3β- 醇 草莓 Fragaria × ananassa
trans-β-methylstyrene 反式 -β- 甲基苯乙烯 挥发油成分，未统计基源
methylsuccinic acid 甲基琥珀酸 青檀 Pteroceltis tatarinowii
methylsuccirubin 甲基红金鸡纳碱 鸡纳树 Cinchona pubescens
(*Z,E*)-2-(5-methylsulfonyl-4-penten-2-ynylidene)-(1,6)-dioxaspiro [4.5]dec-3-ene (*Z,E*)-2-(5- 甲基磺酰基 -4- 戊烯 -2- 炔亚基)-1,6- 二氧螺环 [4.5] 癸烷 -3- 烯 蒿子杆 Glebionis carinatum
(*Z,Z*)-2-(5-methyl-sulfonyl-4-penten-2-ynylidene)-(1,6)-dioxaspiro[4.5]dec-3-ene (*Z,Z*)-2-(5- 甲基磺酰基 -4- 戊烯 -2- 炔亚基)-1,6- 二氧螺环 [4.5] 癸烷 -3- 烯 蒿子杆 Glebionis carinatum
10-methylsulfonyldecyl isothiocyanate 10- 甲磺酰癸基异硫氰酸酯 焯菜 Rorippa indica
6-methylsulfonylhexyl isothiocyanate 6- 甲磺酰己基异硫氰酸酯 块茎山萮菜 Eutrema wasabi
9-methylsulfonylnocnyl isothiocyanate 9- 甲磺酰辛基异硫氰酸酯 焯菜 Rorippa indica
8-methylsulfonyloctyl isothiocyanate 8- 甲磺酰辛基异硫氰酸酯 焯菜 Rorippa indica
methylswertianin 甲基獐牙菜宁▲ 肋柱花 Lomatogonium carinthiacum, 狭叶獐牙菜 Swertia angustifolia, 獐牙菜 S. bimaculata, 川东獐牙菜 S. davidii, 丽江獐牙菜 S. delavayi, 抱茎獐牙菜 S. franchetiana, 黄花獐牙菜 S. kingii, 贵州獐牙菜 S. kouitchensis, 大籽獐牙菜 S. macrosperma, 青叶胆 S. mileensis, 川西獐牙菜 S. mussotii, 显脉獐牙菜 S. nervosa, 斜茎獐牙菜 S. patens, 瘤毛獐牙菜 S. pseudochinensis, 紫红獐牙菜 S. punicea, 藏獐牙菜 S. racemosa, 山黄麻 Trema orientalis
methylsyringin 甲基丁香苷 红花 Carthamus tinctorius, 羊乳 Codonopsis lanceolata, 肉豆蔻 Myristica fragrans, 野茉莉 Styrax japonicus
methyltanshinquinone 甲基丹参醌 甘西鼠尾草 Salvia przewalskii
13β-methyl-taraxer-14-en-3-one 13β- 甲基 - 蒲公英赛 -14- 烯 -3- 酮 尼泊尔桤木 Alnus nepalensis
methyltaxodine 甲基三尖杉定碱▲ 三尖杉 Cephalotaxus fortunei
7-methyltectorigenin 7- 甲基鸢尾黄素 印度黄檀 Dalbergia sissoo, 粉葛 Pueraria montana var. thomsonii
7-methyltectorigenin-4'-*O*-α-L-rhamnopyranosyl-(1 → 6)-β-D-glucopyranoside 7- 甲基鸢尾黄素 -4'-*O*-α-L- 吡喃鼠李糖基 -(1 → 6)-β-D- 吡喃葡萄糖苷 印度黄檀 Dalbergia sissoo
7-methyltectorigenin-4'-*O*-β-D-apiofuranosyl-(1 → 6)-β-D-glucopyranoside 7- 甲基鸢尾黄素 -4'-*O*-β-D- 呋喃芹糖基 -(1 → 6)-β-D- 吡喃葡萄糖苷 印度黄檀 Dalbergia sissoo
3-methyl-tetrahydrafuran 3- 甲基四氢呋喃 挥发油成分，未统计基源
2-methyltetrahydrofuran-3-one 2- 甲基四氢呋喃 -3- 酮 挥发油成分，未统计基源
32-methyltetratriacontan-8-ol 32- 甲基三十四烷 -8- 醇 蜂巢草 Leucas aspera
2-(methylthio)-4-[2-(2-phenylethenyl)cyclopropyl]-thiophene 2-(甲硫基)-4-[2-(2- 苯基乙烯基) 环丙基]- 噻吩 挥发油成分，未统计基源
(*Z,E*)-2-[5-(methylthio)-4-penten-2-ynylidene]-(1,6)-dioxaspiro [4.4]nona-3,7-diene (*Z,E*)-2-[5-(甲硫基)-4- 戊烯 -2- 炔亚基]-1,6- 二氧螺环 [4.4] 九碳 -3,7- 二烯 蒿子杆 Glebionis carinatum
1-(methylthio)hexane 1- 甲基硫己烷 挥发油成分，未统计基源
4-methylthio-2-heptanethiol 4- 甲基巯基 -2- 庚烷硫醇 挥发油成分，未统计基源
4-methylthio-3-butenyl isothiocyanate 4- 甲巯基 -3- 丁烯基异硫氰酸酯 萝卜 Raphanus sativus
2-methylthio-4-heptanethiol 2- 甲巯基 -4- 庚硫醇 挥发油成分，未统计基源
(*Z,E*)-2-(5-methylthio-4-penten-2-ynylidene)-(1,6)-dioxaspiro[4.5]dec-3-ene (*Z,E*)-2-(5- 甲硫基 -4- 戊烯 -2- 炔亚基)-1,6- 二氧螺环 [4.5] 癸烷 -3- 烯 蒿子杆 Glebionis carinatum
(*Z,Z*)-2-(5-methylthio-4-penten-2-ynylidene)-(1,6)-dioxaspiro[4.5]dec-3-ene (*Z,Z*)-2-(5- 甲硫基 -4- 戊烯 -2- 炔亚基)-1,6- 二氧螺环 [4.5] 癸烷 -3- 烯 蒿子杆 Glebionis carinatum
methylthioacetic acid ethyl ester 甲硫基乙酸乙酯 菜瓜 Cucumis melo var. conomon
5'-*S*-methylthioadenosine 5'-*S*- 甲基硫腺苷 红雀珊瑚 Pedilanthus tithymaloides
5'-methylthioadenosine 5'- 甲硫腺苷 珊瑚菜 Glehnia littoralis
7-methylthioheptanenitrile 7- 甲硫庚腈 块茎山萮菜 Eutrema wasabi
6-methylthiohexyl isothiocyanate 6- 甲硫己基异硫氰酸酯 块茎山萮菜 Eutrema wasabi
3-methylthioindole 3- 甲基硫代吲哚 光烟草 Nicotiana glauca
5-methylthiopentanenitrile 5- 甲硫基戊腈 挥发油成分，未统计基源
5-methylthiopentyl isothiocyanate 5- 甲硫戊基异硫氰酸酯 芝麻菜 Eruca vesicaria, 块茎山萮菜 Eutrema wasabi
3-methylthiopropionic acid ethyl ester 3- 甲硫基丙酸乙酯 菜瓜 Cucumis melo var. conomon
3-methylthiopropylthioglycoside 3- 甲硫丙基硫苷 播娘蒿 Descurainia sophia
24-methyltirucalla-5,24-dien-3β-ol 24- 甲基绿玉树 -5,24- 二烯 -3β- 醇 狼毒大戟 Euphorbia fischeriana
methyltoddaliamide 甲基飞龙掌血酰胺▲ 飞龙掌血 Toddalia asiatica
21α-methyltoosendanpentol 21α- 甲基川楝五醇 枳 Poncirus trifoliata
5-methyltovoxanthone 5- 甲基托沃木咄酮▲ 枳 Poncirus trifoliata
6-methyltrhriacontane 6- 甲基三十三烷 香薷 Elsholtzia ciliata
29-methyltriacontan-1-ol 29- 甲基三十三烷 -1- 醇 鸭嘴花 Justicia adhatoda

M

3-methyltriacontane 3- 甲基三十烷 小叶栒子 Cotoneaster microphyllus
2-methyltricosane 2- 甲基二十三烷 挥发油成分，未统计基源
1-methyl-tridecyl octanoic acid ester 1- 甲基十三烷基辛酸酯 挥发油成分，未统计基源
3-methyltritriacontane 3- 甲基三十三烷 西洋参 Panax quinquefolius
N-methyltryptophan *N*- 甲基色氨酸 豆薯 Pachyrhizus erosus
6-methylumbrofine 6- 甲基草地乌头芬▲ 紫花高乌头 Aconitum septentrionale
5-methylundecane 5- 甲基十一烷 鳄梨 Persea americana
9-methyl-undecene 9- 甲基十烯 云南松 Pinus yunnanensis
5-methyluracil 5- 甲基尿嘧啶 番红花 Crocus sativus, 毛金竹 Phyllostachys nigra var. henonis, 虎掌 Pinellia pedatisecta
4-methylurazole 4- 甲基尿唑 挥发油成分，未统计基源
3-methylvaleric acid 3- 甲基缬草酸 挥发油成分，未统计基源
β-methylvaleric acid *β*- 甲基缬草酸 烟草 Nicotiana tabacum
methylvanillin 甲基香荚兰素 蓬子菜 Galium verum
methylvilangin 甲基白花酸藤子素 铁仔 Myrsine africana
methylvingramine 长春籽胺▲ 长春花 Catharanthus roseus
1-methylvoaphylline 1- 甲基伏康树叶碱▲ 狗牙花 Tabernaemontana divaricata
17-methylvouacapane-8(14),9(11)-diene 17- 甲基柯椏树 -8(14),9(11)- 二烯 刺果苏木 Caesalpinia bonduc, 华南云实 C. crista
13-methyl-xacyclotetradecane-2,11-dione 13- 甲基 - 氧杂环十四烷 -2,11- 二酮 挥发油成分，未统计基源
methylxanthoxylol 甲基花椒酚 竹叶花椒 Zanthoxylum armatum
4*α*-methylzymosterol 4*α*- 甲基酵母甾醇 苦瓜 Momordica charantia
methyl-*α*-D-fructofuranoside 甲基 -*α*-D- 呋喃果糖苷 短瓣花 Brachystemma calycinum, 矮桃 Lysimachia clethroides, 黑果越桔 Vaccinium myrtillus
methyl-*α*-D-galactopyranoside *α*-D- 吡喃半乳糖甲苷 灵枝草 Rhinacanthus nasutus
methyl-*α*-D-glucopyranoside 甲基 -*α*-D- 吡喃葡萄糖苷 中国绣球 Hydrangea chinensis
methyl-*α*-D-mannopyranoside 甲基 -*α*-D- 吡喃甘露糖苷 西南文殊兰 Crinum latifolium
1-methyl-*β*-carboline 1- 甲基 -*β*- 咔啉 定心藤 Mappianthus iodoides, 萝芙木 Rauvolfia verticillata
9-methyl-*β*-carboline 9- 甲基 -*β*- 咔啉 相思子 Abrus precatorius
1-methyl-*β*-carboline-3-carboxylic acid 1- 甲基 -*β*- 咔啉 -3- 羧酸 毛地黄鼠尾草 Salvia digitaloides
methyl-*β*-D-fructofuranoside 甲基 -*β*-D- 呋喃果糖苷 短瓣花 Brachystemma calycinum, 海滨木巴戟 Morinda citrifolia, 黑果越桔 Vaccinium myrtillus
methyl-*β*-D-fructopyranoside 甲基 -*β*-D- 吡喃果糖苷 黑果越桔 Vaccinium myrtillus
1-methyl-*β*-D-glucopyranoside 1- 甲基 -*β*-D- 吡喃葡萄糖苷 连翘 Forsythia suspensa
methyl-*β*-D-glucopyranoside 甲基 -*β*-D- 吡喃葡萄糖苷 阿尔泰银莲花 Anemone altaica, 黄连花 Lysimachia davurica
methyl-*β*-D-glucopyranoside-2,3,4,6-tetragallate 甲基 -*β*-D- 吡喃葡萄糖苷 -2,3,4,6- 四没食子酸酯 地榆 Sanguisorba officinalis
methyl-*β*-D-glucopyranoside-2,3,6-trigallate 甲基 -*β*-D- 吡喃葡萄糖苷 -2,3,6- 三没食子酸酯 地榆 Sanguisorba officinalis
methyl-*β*-D-glucopyranoside-3,4,6-trigallate 甲基 -*β*-D- 吡喃葡萄糖苷 -3,4,6- 三没食子酸酯 地榆 Sanguisorba officinalis
methyl-*β*-D-glucopyranoside-4,6-digallate 甲基 -*β*-D- 吡喃葡萄糖苷 -4,6- 二没食子酸酯 地榆 Sanguisorba officinalis
methyl-*β*-D-glucopyranoside-6-gallate 甲基 -*β*-D- 吡喃葡萄糖苷 -6- 没食子酸酯 地榆 Sanguisorba officinalis
methyl-*β*-D-glucopyranoside-6-*m*-digallate 甲基 -*β*-D- 吡喃葡萄糖苷 -6- 间二没食子酸酯 地榆 Sanguisorba officinalis
methyl-*β*-D-glucopyranoside-6-*p*-digallate 甲基 -*β*-D- 吡喃葡萄糖苷 -6- 对二没食子酸酯 地榆 Sanguisorba officinalis
methyl-*β*-rutinoside 甲基 -*β*- 芸香糖苷 绣球 Hydrangea macrophylla
2'-methyoxychrysin 2'- 甲氧基白杨素 西域旌节花 Stachyurus himalaicus
4'-methyoxyscutellarein-7-*O*-*β*-D-glucopyranoside 4'- 甲氧基高黄芩素 -7-*O*-*β*-D- 吡喃葡萄糖苷 北水苦荬 Veronica anagallis-aquatica, 长果水苦荬 V. anagalloides, 有柄水苦荬 V. beccabunga subsp. muscosa, 阿拉伯婆婆纳 V. persica, 婆婆纳 V. polita, 卷毛婆婆纳 V. teucrium
mevalonic acid 甲羟戊酸 茄 Solanum melongena
(*R*)-(-)-mevalonolactone (*R*)-(-)- 甲羟戊酸内酯 牛角瓜 Calotropis gigantea
mexicanin I 墨西哥堆心菊素 I 堆心菊 Helenium autumnale
mexogenin-3-*O*-*β*-D-glucopyranosyl-(1 → 2)-*β*-D-galactopyranoside 美克索皂苷元 -3-*O*-*β*-D- 吡喃葡萄糖基 -(1 → 2)-*β*-D- 吡喃半乳糖苷 凤尾丝兰 Yucca gloriosa
mexoticin 迈九里香素 酒饼簕 Atalantia buxifolia, 沙田柚 Citrus maxima 'Shatian Yu', 橘红 C. maxima 'Tomentosa', 九里香 Murraya exotica, 千里香 M. paniculata
MF-A 台湾牛奶菜甾苷 A 台湾牛奶菜 Marsdenia formosana
MF-C 台湾牛奶菜甾苷 C 台湾牛奶菜 Marsdenia formosana
MF-D 台湾牛奶菜甾苷 D 台湾牛奶菜 Marsdenia formosana
Mg lactate 乳酸镁 大芦荟 Aloe arborescens var. natalensis
Mg-26-*O*-*β*-D-glucopyranosyl-22-methoxy-5*β*-furostan-1*β*,3*β*,4*β*,5*β*,26-pentahydroxy-2*β*-yl-sulfate monohydroxide 26-*O*-*β*-D- 吡喃葡萄糖基 -22- 甲氧基 -5*β*- 呋甾 -1*β*,3*β*,4*β*,5*β*,26- 五羟基 -2*β*- 基 - 硫酸镁单羟化物 蜘蛛抱蛋 Aspidistra elatior
michehedyoside A~F 香子含笑苷▲A~F 香子含笑 Michelia gioi
michelalbine 白兰花碱 圆滑番荔枝 Annona glabra, 牛心番荔枝 A. reticulata, 番荔枝 A. squamosa, 日本厚朴 Houpoëa obovata, 北美鹅掌楸

M

Liriodendron tulipifera, 白兰 Michelia × alba, 风龙 Sinomenium acutum
michelenolide 含笑烯内酯▲ 长叶天名精 Carpesium longifolium, 荷花木兰 Magnolia grandiflora, 白兰 Michelia × alba, 台湾含笑 M. compressa
micheliolide 含笑内酯 台湾含笑 Michelia compressa
michelioside A, B 含笑苷▲A, B 云南含笑 Michelia yunnanensis
miconidin 野牡丹素 鄂报春 Primula obconica
miconidin methyl ether 野牡丹素甲醚 鄂报春 Primula obconica
micrandilactone A 小花五味子二内酯▲A 五味子 Schisandra chinensis, 大花五味子 S. grandiflora, 狭叶五味子 S. lancifolia, 小花五味子 S. micrantha, 滇藏五味子 S. neglecta, 合蕊五味子 S. propinqua, 红花五味子 S. rubriflora, 鹤庆五味子 S. wilsoniana
micrandilactone B 小花五味子二内酯▲B 五味子 Schisandra chinensis, 小花五味子 S. micrantha, 合蕊五味子 S. propinqua
micrandilactone C 小花五味子二内酯▲C 冷饭藤 Kadsura oblongifolia, 小花五味子 Schisandra micrantha, 合蕊五味子 S. propinqua
micrandilactone D 小花五味子二内酯▲D 狭叶五味子 Schisandra lancifolia, 小花五味子 S. micrantha, 滇藏五味子 S. neglecta, 合蕊五味子 S. propinqua, 红花五味子 S. rubriflora, 华中五味子 S. sphenanthera, 鹤庆五味子 S. wilsoniana
micrandilactone E 小花五味子二内酯▲E 小花五味子 Schisandra micrantha, 滇藏五味子 S. neglecta, 合蕊五味子 S. propinqua, 华中五味子 S. sphenanthera, 鹤庆五味子 S. wilsoniana
micrandilactone F 小花五味子二内酯▲F 狭叶五味子 Schisandra lancifolia, 小花五味子 S. micrantha, 滇藏五味子 S. neglecta, 鹤庆五味子 S. wilsoniana
micrandilactone G 小花五味子二内酯▲G 小花五味子 Schisandra micrantha, 红花五味子 S. rubriflora
micrandilactone H 小花五味子二内酯▲H 黑老虎 Kadsura coccinea
micranoic acid A 小花五味子酸▲A 黑老虎 Kadsura coccinea, 五味子 Schisandra chinensis, 小花五味子 S. micrantha
micranoic acid A methyl ester 小花五味子酸▲A 甲酯 黑老虎 Kadsura coccinea
micranoic acid B 小花五味子酸▲B 狭叶南五味子 Kadsura angustifolia, 小花五味子 Schisandra micrantha, 毛叶五味子 S. pubescens, 华中五味子 S. sphenanthera
micranthanone A 照山白酮▲A 照山白 Rhododendron micranthum
micrantherin A 小花五味子素▲A 小花五味子 Schisandra micrantha
micranthin B 小花线纹香茶菜素 B 细花线纹香茶菜 Isodon lophanthoides var. graciliflorus
micranthumnin A~G 小花八角素▲A~G 小花八角 Illicium micranthum
micranthumoside 小花八角苷 小花八角 Illicium micranthum
microcarpaceramide A 榕树神经酰胺▲A 榕树 Ficus microcarpa
microcarpacin 小果紫玉盘辛▲ 紫玉盘 Uvaria microcarpa
microcarpin A, B 小果紫玉盘素▲A, B 紫玉盘 Uvaria microcarpa
microcolin A, B 微鞘藻素▲A, B 巨大鞘丝藻 Lyngbya majuscula
microcosamine A, B 破布叶胺 A, B 破布叶 Microcos paniculata
microdon A, B 小齿锥花素▲A, B 小齿锥花 Gomphostemma microdon
microfalcatin isovalerate 大管素▲异缬草酸酯 大管 Micromelum falcatum
microfalcatin-4'-isovalerate 大管素▲-4'-异缬草酸酯 大管 Micromelum falcatum
microfokienoxane A~D 福建假卫矛环氧萜▲A~D 福建假卫矛 Microtropis fokienensis
microgrewiapine A, B, C 破布叶碱▲A, B, C 破布叶 Microcos paniculata
microlepin 鳞盖蕨苷 边缘鳞盖蕨 Microlepia marginata
micromarin F 小芸木香豆素▲F 蛇床 Cnidium monnieri
micromelin 小芸木素 大管 Micromelum falcatum, 小芸木 M. integerrimum
micromeloside A~D 小芸木苷▲A~D 大管 Micromelum falcatum
micromeric acid 姜味草酸▲ 杜香 Ledum palustre, 迷迭香 Rosmarinus officinalis
microminutin 小花小芸木亭▲ 大管 Micromelum falcatum, 千里香 Murraya paniculata
microminutinin 小花小芸木宁▲ 大管 Micromelum falcatum
microphyllinic acid 小叶聚岛衣酸▲ 粉缘斑叶 Cetrelia cetrarioides
microphyllone 基及树酮▲ 基及树 Carmona microphylla
micropiperidine A~D 破布叶哌啶碱▲A~D 破布叶 Microcos paniculata
micropubescin 短毛小芸木素▲ 臭节草 Boenninghausenia albiflora
microstegiol 小盖鼠尾草酚 红根草 Salvia prionitis
microtoenin A, B, C 冠唇花素 A, B, C 南川冠唇花 Microtoena prainiana
microulin A, B 微孔草素▲A, B 微孔草 Microula sikkimensis
mikanin 薇甘菊黄素 假泽兰 Mikania cordata, 巴天酸模 Rumex patientia
mikanolide 薇甘菊内酯 假泽兰 Mikania cordata
mileenside 青叶胆苷▲ 青叶胆 Swertia mileensis
militarin; militarine 四裂红门兰素▲ 白及 Bletilla striata, 凹舌兰 Coeloglossum viride, 杜鹃兰 Cremastra appendiculata, 手参 Gymnadenia conopsea, 红柄木犀 Osmanthus armatus
(+)-miliusane (+)-野独活烷▲ I, II, III, IV, V, VI, VII, VIII, IX, X, XI, XII, XIII, XIV, XV, XVI, XVII, XVIII 中华野独活 Miliusa sinensis
(-)-miliusane XIX (-)-野独活烷▲XIX 中华野独活 Miliusa sinensis

(+)-miliusane XX (+)-野独活烷▲XX 中华野独活 Miliusa sinensis

(+)-miliusate (+)-野独活酯▲ 中华野独活 Miliusa sinensis

(+)-miliusol (+)-野独活醇▲ 中华野独活 Miliusa sinensis

millepachine 厚果崖豆藤钦素▲ 厚果崖豆藤 Millettia pachycarpa

millesianin A~E 香花崖豆藤素▲A~E 香花崖豆藤 Callerya dielsiana

millettiasaponin A, B 崖豆藤皂苷 A, B 美丽崖豆藤 Callerya speciosa

millettiaspecoside A~D 美丽崖豆藤苷 A~D 美丽崖豆藤 Callerya speciosa

millewanin G, H 台湾崖豆藤素▲G, H 厚果崖豆藤 Millettia pachycarpa

milliamine A, B 铁海棠碱 A, B 铁海棠 Euphorbia milii

millingtonine 烟筒花碱▲ 老鸦烟筒花 Millingtonia hortensis

miltiodiol 丹参二酚 丹参 Salvia miltiorrhiza

miltionone I, II 丹参酚醌 I, II 丹参 Salvia miltiorrhiza

miltipolone 丹参烯酚酮 丹参 Salvia miltiorrhiza

miltirone 丹参新酮 丹参 Salvia miltiorrhiza, 撒尔维亚 S. officinalis, 红根草 S. prionitis, 甘西鼠尾草 S. przewalskii

mimengoside A 密蒙花苷 A 白背枫 Buddleja asiatica, 密蒙花 B. officinalis, 藏玄参 Oreosolen wattii, 丹东玄参 Scrophularia kakudensis

mimengoside B 密蒙花苷 B 密蒙花 Buddleja officinalis, 藏玄参 Oreosolen wattii

mimengoside C~G 密蒙花苷 C~G 密蒙花 Buddleja officinalis

mimengoside H, I 密蒙花苷 H, I 醉鱼草 Buddleja lindleyana

mimopudine 含羞草定碱▲ 含羞草 Mimosa pudica

L-mimosine L-含羞草碱 银合欢 Leucaena leucocephala

mimosine 含羞草碱 银合欢 Leucaena leucocephala, 含羞草 Mimosa pudica

mimosol A~G 含羞云实醇▲A~G 含羞云实 Caesalpinia mimosoides

mimulone 沟酸浆隆酮▲ 白花泡桐 Paulownia fortunei, 毛泡桐 P. tomentosa

2-minaline 2-吡咯甲酸 短瓣花 Brachystemma calycinum, 孩儿参 Pseudostellaria heterophylla

minalobine B 金鱼花宾碱▲B 紫荆木 Madhuca pasquieri

minaxaesalodilide 喙荚云实双内酯▲ 喙荚云实 Caesalpinia minax

minaxin A 喙荚云实素▲A 喙荚云实 Caesalpinia minax

minecoside 婆婆纳柯苷▲ 美国梓 Catalpa bignonioides, 菜豆树 Radermachera sinica, 北水苦荬 Veronica anagallis-aquatica, 蚊母草 V. peregrina, 水苦荬 V. undulata, 草本威灵仙 Veronicastrum sibiricum

minfiensine-N^4-oxide 明非马钱碱▲-N^4-氧化物 卵叶蓬莱葛 Gardneria ovata

mingjinianuronide A, B 紫花八宝苷 A, B 紫花八宝 Hylotelephium mingjinianum

minheryin A~F, H 小鄂西香茶菜素 A~F, H 鄂西香茶菜 Isodon henryi

minheryin G 小鄂西香茶菜素 G 鄂西香茶菜 Isodon henryi, 川藏香茶菜 I. pharicus

minheryin I 小鄂西香茶菜素 I 鄂西香茶菜 Isodon henryi, 蓝萼毛叶香茶菜 I. japonicus var. glaucocalyx

miniatine 君子兰阿亭碱▲ 君子兰 Clivia miniata

minimaoside A, B 石胡荽苷▲A, B 石胡荽 Centipeda minima

(-)-minovincine (-)-小蔓长春花辛▲ 小蔓长春花 Vinca minor

(+)-minovincine (+)-小蔓长春花辛▲ 伞房狗牙花 Tabernaemontana corymbosa

minovincine 小蔓长春花辛▲ 小蔓长春花 Vinca minor

(-)-minovincinine (-)-小蔓长春花辛宁▲ 羊角棉 Alstonia mairei

minovincinine 小蔓长春花辛宁▲ 长春花 Catharanthus roseus, 小蔓长春花 Vinca minor

minovine 小蔓长春花文碱▲ 小蔓长春花 Vinca minor

(-)-minumicrolin (-)-小花小芸木林素▲ 九里香 Murraya exotica

minumicrolin 小花小芸木林素▲ 大管 Micromelum falcatum, 九里香 Murraya exotica, 千里香 M. paniculata

minumicrolin acetonide 小花小芸木林素▲丙酮化物 小芸木 Micromelum integerrimum

minumicrolin isovalerate 小花小芸木林素▲异缬草酸酯 千里香 Murraya paniculata

(1*S*)-minwanenone (1*S*)-闽皖八角酮 野八角 Illicium simonsii

miogadial 蘘荷二醛▲ 蘘荷 Zingiber mioga

mioganal 蘘荷萜醛▲ 蘘荷 Zingiber mioga

miogatrial 蘘荷三醛▲ 蘘荷 Zingiber mioga

miquelianin 米魁氏白珠树素▲ 葛缕子 Carum carvi, 毛金丝桃 Hypericum hirsutum, 三白草 Saururus chinensis

mirabijalone A~D 紫茉莉酮▲A~D 紫茉莉 Mirabilis jalapa

mirabijalone E 紫茉莉酮▲E 山紫茉莉 Oxybaphus himalaicus

mirabliamide 紫茉莉酰胺▲ 山紫茉莉 Oxybaphus himalaicus

mirandin B 美好甘蜜树素▲B 玉兰 Yulania denudata

miraxanthin V 紫茉莉黄素 V 青葙 Celosia argentea

miricolone 杨梅醇酮▲ 杨梅 Myrica rubra

mirificin-4'-*O*-glucoside 泰国野葛素▲-4'-*O*-吡喃葡萄糖苷 葛 Pueraria montana var. lobata

mi-saponin B 长叶紫荆木皂苷▲B 假连翘 Duranta erecta

M

miscanthoside 芒花苷 白麻 Apocynum pictum, 东紫苏 Elsholtzia bodinieri, 马蹄荷 Exbucklandia populnea, 金花忍冬 Lonicera chrysantha, 扁枝槲寄生 Viscum articulatum
misrametine 紫花疆罂粟亭▲ 紫花疆罂粟 Roemeria hybrida
(-)-misramine (-)- 紫花疆罂粟碱▲ 紫花疆罂粟 Roemeria hybrida
mistletonone 槲寄生酮▲ 槲寄生 Viscum coloratum
mitoridine 催吐萝芙木定 思茅山橙 Melodinus cochinchinensis, 催吐萝芙木 Rauvolfia vomitoria
mitraphyllic acid 大叶帽柱木酸▲ 华钩藤 Uncaria sinensis
mitraphyllic acid[16 → 1]-*β*-D-glucopyranosyl ester 大叶帽柱木酸▲[16 → 1]-*β*-D- 吡喃葡萄糖酯苷 华钩藤 Uncaria sinensis
mitraphylline 大叶帽柱木碱 长春花 Catharanthus roseus, 毛钩藤 Uncaria hirsuta, 白钩藤 U. sessilifructus
(*E*)-miyabenol C (*E*)- 宫部苔草酚 C 葡萄 Vitis vinifera
(*E*)-miyabenol C (*E*)- 宫部苔草酚 C 葡萄 Vitis vinifera
(*E*)-*cis*-miyabenol C (*E*)- 顺式 - 宫部苔草酚 C 葡萄 Vitis vinifera
(*Z*)-*cis*-miyabenol C (*Z*)- 顺式 - 宫部苔草酚 C 葡萄 Vitis vinifera
trans-miyabenol C 反式 - 宫部苔草酚 C 山葡萄 Vitis amurensis
trans-miyabenol C 反式 - 宫部苔草酚 C 茴香 Foeniculum vulgare
miyabenol C 宫部苔草酚 C 光叶蛇葡萄 Ampelopsis glandulosa var. hancei, 锦鸡儿 Caragana sinica, 狭叶锦鸡儿 C. stenophylla, 绿叶地锦 Parthenocissus laetevirens, 五叶地锦 P. quinquefolia, 白刺花 Sophora davidii, 砂生槐 S. moorcroftiana, 网脉葡萄 Vitis wilsoniae
cis-miyabenol C 顺式 - 宫部苔草酚 C 茴香 Foeniculum vulgare, 绿叶地锦 Parthenocissus laetevirens, 地锦 P. tricuspidata, 砂生槐 Sophora moorcroftiana, 山葡萄 Vitis amurensis
miyaginin 美丽胡枝子宁▲ 美丽胡枝子 Lespedeza formosa
miyoshianine A 东北石杉碱▲A 东北石杉 Huperzia miyoshiana, 石松 Lycopodium japonicum
miyoshianine B 东北石杉碱▲B 东北石杉 Huperzia miyoshiana
miyoshianine C 东北石杉碱▲C 石松 Lycopodium japonicum
miyoshianol A, B, C 东北石杉醇▲A, B, C 东北石杉 Huperzia miyoshiana
m-methoxycinnamic acid 间甲氧基桂皮酸 木贼 Equisetum hyemale
m-methylphenol 间甲酚 挥发油成分，未统计基源
modestanine 习见狗牙花宁碱▲ 伞房狗牙花 Tabernaemontana corymbosa
modiolide A 偏顶蛤内酯▲A 粽叶芦 Thysanolaena latifolia
moellendorffilin 走马芹内酯 少管短毛独活 Heracleum moellendorffii var. paucivittatum, 鹤庆独活 H. rapula, 狭翅独活 H. stenopterum
moellenoside A 江南卷柏苷▲A 江南卷柏 Selaginella moellendorffii
moenjodaramine 乳突黄杨达胺▲ 皱叶黄杨 Buxus rugulosa
mogroester 罗汉果酯▲ 罗汉果 Siraitia grosvenorii, 鹊肾树 Streblus asper
mogrol-3,24-di-*O*-*β*-glucopyranoside 罗汉果醇 -3,24- 二 *O*-*β*- 吡喃葡萄糖苷 罗汉果 Siraitia grosvenorii
mogroside IA_1, IIA_1, IIB, IIE, III, $IIIA_1$, $IIIA_2$, IIIE, IVA, IVE, VI 罗汉果苷 IA_1, IIA_1, IIB, IIE, III, $IIIA_1$, $IIIA_2$, IIIE, IVA, IVE, VI 罗汉果 Siraitia grosvenorii
mogroside IV 罗汉果苷 IV 罗汉果 Siraitia grosvenorii, 翅子罗汉果 S. siamensis
mogroside V 罗汉果苷 V 罗汉果 Siraitia grosvenorii, 翅子罗汉果 S. siamensis
mohsenone 狼毒莫森酮▲ 狼毒 Stellera chamaejasme
mokko lactone 川木香内酯 川木香 Dolomiaea souliei
molephantin 白花地胆草亭 白花地胆草 Elephantopus tomentosus
molephantinin 白花地胆草宁素▲ 白花地胆草 Elephantopus tomentosus
molihuaside A, B, C, E 茉莉花苷▲A, B, C, E 茉莉花 Jasminum sambac
molihuaside D 茉莉花苷▲D 探春花 Jasminum floridum, 茉莉花 J. sambac
molliside A, B 毛叶合欢苷▲A, B 毛叶合欢 Albizia mollis
mollislactone 绵毛马兜铃内酯 寻骨风 Aristolochia mollissima
mollisorin A 毛叶向日葵素▲A 多须公 Eupatorium chinense
mollisorin B 毛叶向日葵素▲B 多须公 Eupatorium chinense, 菊芋 Helianthus tuberosus
mollolide A 羊踯躅内酯 A 羊踯躅 Rhododendron molle
mollugin 粟猪殃殃素 四叶葎 Galium bungei, 海金子 Pittosporum illicioides, 金剑草 Rubia alata, 东南茜草 R. argyi, 中国茜草 R. chinensis, 茜草 R. cordifolia, 峨眉茜草 R. magna, 金线草 R. membranacea, 钩毛茜草 R. oncotricha, 卵叶茜草 R. ovatifolia, 柄花茜草 R. podantha, 大叶茜草 R. schumanniana, 林生茜草 R. sylvatica, 染色茜草 R. tinctorum, 多花茜草 R. wallichiana
mollugin-1-*O*-*β*-D-glucopyranoside 粟猪殃殃素 -1-*O*-*β*-D- 吡喃葡萄糖苷 茜草 Rubia cordifolia
mollugogenol A 粟米草精醇 A 星毛粟米草 Mollugo lotoides, 粟米草 M. stricta
mollugogenol B 粟米草精醇 B 星毛粟米草 Mollugo lotoides, 粟米草 M. stricta
mollugogenol D 粟米草精醇 D 粟米草 Mollugo stricta
mollugoside methyl ester 粟猪殃殃苷甲酯 纤花耳草 Hedyotis tenelliflora
mollupentin 粟米草素 粟米草 Mollugo stricta
moluccanic acid 石栗酸▲ 石栗 Aleurites moluccana
moluccanic acid methyl ester 石栗酸▲甲酯 石栗 Aleurites moluccana

moluccanin 石栗素▲ 石栗 Aleurites moluccana
molvizarin 莫非扎番荔枝素▲ 番荔枝 Annona squamosa
mombasol 蒙巴萨杜楝醇▲ 大叶山楝 Aphanamixis grandifolia, 浆果楝 Cipadessa baccifera, 云南地黄连 Munronia delavayi
momodicaursenol 苦瓜熊果烯醇▲ 云南木鳖 Momordica dioica
momor-2-cerebroside 苦瓜 -2- 脑苷 芝麻 Sesamum indicum
momor-cerebroside 苦瓜脑苷 白花苋 Aerva sanguinolenta, 龙眼 Dimocarpus longan, 苦瓜 Momordica charantia
momorcharaside A, B 苦瓜子苷 A, B 苦瓜 Momordica charantia
α-momorcharin α- 苦瓜灵▲ 苦瓜 Momordica charantia
β-momorcharin β- 苦瓜灵▲ 苦瓜 Momordica charantia
γ-momorcharin γ- 苦瓜灵▲ 苦瓜 Momordica charantia
momordenol 苦瓜烯醇▲ 苦瓜 Momordica charantia
momordic acid 木鳖子酸 木鳖子 Momordica cochinchinensis, 小花清风藤 Sabia parviflora
momordica saponin I, II 木鳖子皂苷 I, II 木鳖子 Momordica cochinchinensis
momordicilin 苦瓜林素▲ 苦瓜 Momordica charantia
momordicin 苦瓜素 苦瓜 Momordica charantia
momordicin I, II, III, IV, V, VI, VII, VIII 苦瓜素 I, II, III, IV, V, VI, VII, VIII 苦瓜 Momordica charantia
momordicinin 苦瓜宁▲ 苦瓜 Momordica charantia
momordicolide 苦瓜内酯 苦瓜 Momordica charantia
momordicoside A, B, C, F_1, F_2, G, I, K~W 苦瓜苷 A, B, C, F_1, F_2, G, I, K~W 苦瓜 Momordica charantia
momordin I, II 苦瓜肽定▲I, II 苦瓜 Momordica charantia
momordin I 苦瓜定▲I 白蔹 Ampelopsis japonica, 木鳖子 Momordica cochinchinensis
momordin Ia 苦瓜定▲Ia 野楤头 Aralia armata, 木鳖子 Momordica cochinchinensis
momordin Ib 苦瓜定▲Ib 牛膝 Achyranthes bidentata, 藜 Chenopodium album, 木鳖子 Momordica cochinchinensis
momordin Ic 苦瓜定▲Ic 地肤 Kochia scoparia, 木鳖子 Momordica cochinchinensis
momordin Ic-6'-methyl ester 苦瓜定▲Ic-6'- 甲基酯 地肤 Kochia scoparia
momordin Id, Ie, II, IIb, IId, IIe, III 苦瓜定▲Id, Ie, II, IIb, IId, IIe, III 木鳖子 Momordica cochinchinensis
momordin IIa 苦瓜定▲IIa 牛膝 Achyranthes bidentata, 藜 Chenopodium album, 木鳖子 Momordica cochinchinensis
momordin IIc 苦瓜定▲IIc 光叶子花 Bougainvillea glabra, 地肤 Kochia scoparia, 木鳖子 Momordica cochinchinensis
momordin Ib 苦瓜定▲Ib 无梗五加 Eleutherococcus sessiliflorus
momordol 苦瓜醇▲ 苦瓜 Momordica charantia
monachosorin A 稀子蕨素 A 稀子蕨 Monachosorum henryi, 岩穴蕨 Ptilopteris maximowiczii
monachosorin B 稀子蕨素 B 稀子蕨 Monachosorum henryi, 岩穴蕨 Ptilopteris maximowiczii
monachosorin C 稀子蕨素 C 稀子蕨 Monachosorum henryi, 岩穴蕨 Ptilopteris maximowiczii
monacolin J~M, O~S, X 红曲可林 J~M, O~S, X 红曲 Monascus purpureus
monankarin A~F 红曲香豆素▲A~F 红曲 Monascus purpureus
monaphilol A~D 红曲嗜氮醇▲A~D 红曲 Monascus purpureus
monaphilone A, B, C 红曲嗜氮酮▲A, B, C 红曲 Monascus purpureus
monapilosusazaphilone 丛毛红曲嗜氮酮▲ 红曲 Monascus purpureus
monardaein 美国薄荷素▲ 一串红 Salvia splendens
monascin 红曲素 红曲 Monascus purpureus
monascodilone 红曲二酮▲ 红曲 Monascus purpureus
monascorubramine 红曲红胺▲ 红曲 Monascus purpureus
monascorubrin 红曲红素 红曲 Monascus purpureus
monascupurpurin 红曲灵▲ 红曲 Monascus purpureus
monascusic A 红曲内酯▲A 红曲 Monascus purpureus
monascusic acid A~D 红曲酸▲A~D 红曲 Monascus purpureus
monechmol 单钩爵床醇▲ 粉背南蛇藤 Celastrus hypoleucus
monepalin A, B 刺参黄素苷 A, B 白花刺参 Morina nepalensis var. alba
monepaloside A~E, G~L 刺参苷 A~E, G~L 白花刺参 Morina nepalensis var. alba
monepaloside F 刺参苷 F 秤星树 Ilex asprella, 白花刺参 Morina nepalensis var. alba
mongholicoside I, II 蒙古黄芪苷 I, II 蒙古黄耆 Astragalus penduliflorus
mongolenin 蒙古蒿素▲ 蒙古蒿 Artemisia mongolica
mongolicin A, B, D~G 蒙桑素▲A, B, D~G 蒙桑 Morus mongolica
mongolicin C 蒙桑素▲C 鸡桑 Morus australis, 蒙桑 M. mongolica
mongolicumin A, B 蒙古蒲公英素 A, B 蒲公英 Taraxacum mongolicum
mongrhoside 蒙红景天苷▲ 异齿红景天 Rhodiola heterodonta, 红景天 R. rosea
moniliferanone C 念珠囊褐藻酮▲C 台湾金粟兰 Chloranthus oldhamii
moniliformine 细茎石斛醇▲ 细茎石斛 Dendrobium moniliforme
moniline 细茎石斛碱▲ 细茎石斛 Dendrobium moniliforme

moniliquinone 细茎石斛醌▲ 细茎石斛 Dendrobium moniliforme
monnieraside I, II, III 假马齿苋拉苷▲I, II, III 假马齿览 Bacopa monnieri
monnieriside A~G 蛇床色酮苷▲A~G 蛇床 Cnidium monnieri
monoacetylglycoperine 单乙酰糖基大叶芸香任▲ 大叶芸香 Haplophyllum perforatum
monoacetylrossicaside A 单乙酰草苁蓉苷 A 丁座草 Boschniakia himalaica
monoacetyltalatisamine 单乙酰塔拉乌头胺 林地乌头 Aconitum nemorum
1-monobehenin 1- 单山萮酸甘油酯 狭叶南五味子 Kadsura angustifolia
monobutyl-2-(4-hydroxybenzyl)-tartrate 2-(4- 羟基苄基) 酒石酸单丁酯 翼蓼 Pteroxygonum giraldii
monocaffeoyl quinic acid 单咖啡酰奎宁酸 芸苔 Brassica rapa var. oleifera
monocrotaline 野百合碱 大猪屎豆 Crotalaria assamica, 长萼猪屎豆 C. calycina, 褐毛猪屎豆 C. mysorensis, 吊裙草 C. retusa, 野百合 C. sessiliflora, 大托叶猪屎豆 C. spectabilis
monodecaffeoylzebrinin 单去咖啡酰吊竹梅素 吊竹梅 Tradescantia zebrina
monodecarboxyellagic acid 单去羧基鞣花酸 多枝柽柳 Tamarix ramosissima
1'-monodecarboxyvaloneic acid dilactone 1'- 单去羧基橡碗酸二内酯 柳叶菜 Epilobium hirsutum
monodemethoxycurcumin 单去甲氧基姜黄素 川郁金 Curcuma sichuanensis, 印尼莪术 C. zanthorrhiza
monoeicosanoin 二十酸甘油酯 紫茉莉 Mirabilis jalapa
monoene-urushiol 单烯漆酚 漆 Toxicodendron vernicifluum
5,6-monoepoxycryptoxanthin 5,6- 单环氧隐黄质 直立黄钟花 Tecoma stans, 乌桕 Triadica sebifera
5,6-monoepoxy-*β*-carotene 5,6- 单环氧 -*β*- 胡萝卜素 树番茄 Cyphomandra betacea
monoethyl fumarate 富马酸单乙酯 华中五味子 Schisandra sphenanthera
monoferuloyl-*R*,*R*-(+)-tartaric acid 单阿魏酰基 -*R*,*R*-(+)- 酒石酸 华鼠尾草 Salvia chinensis
monoferuloyltartaric acid 单阿魏酰酒石酸 阿尔泰银莲花 Anemone altaica
monogalactosyldiacyglycerol 单半乳糖二酰甘油酯 半夏 Pinellia ternata
monogalactosyldiacylglycerol 单半乳糖基二酰甘油 黑茶藨子 Ribes nigrum
monogalactosyldilinoleylglycerol 单半乳糖基二亚油酰甘油 黄耆 Astragalus penduliflorus subsp. mongholicus var. dahuricus
monogalloyldiglucose 单没食子酰二葡萄糖 龙眼 Dimocarpus longan
monogalloylglucose 单没食子酰葡萄糖 龙眼 Dimocarpus longan
mono-gentiobiosyl crocetin 单龙胆二糖基番红花酸 栀子 Gardenia jasminoides
monogynol A 思茅山橙醇▲A 疏花蛇菰 Balanophora laxiflora, 岳桦 Betula ermanii, 水麻 Debregeasia orientalis, 思茅山橙 Melodinus cochinchinensis
monogynol B 思茅山橙醇▲B 思茅山橙 Melodinus cochinchinensis
monoheptadecanoin 十七酸单甘油酯 浙贝母 Fritillaria thunbergii
monolignol glucoside 单木脂醇葡萄糖苷 紫玉兰 Yulania liliiflora
1-monolinolein 1- 单亚麻油脂 东方泽泻 Alisma orientale
2-monolinolein 2- 单亚油酸甘油酯 印度羊角藤 Morinda umbellata, 商陆 Phytolacca acinosa
L-(-)-1-monolinolein *L*-(-)-1- 亚油酸单甘油酯 车前状垂头菊 Cremanthodium ellisii
1-monolinolenin 1- 单亚麻酸甘油酯 豆腐柴 Premna microphylla
monolinoleoyl glycerol 甘油单亚油酸酯 牛膝 Achyranthes bidentata, 狭叶瓶尔小草 Ophioglossum thermale, 万寿菊 Tagetes erecta
1-monolinoleoylglycerol trimethylsilyl ether 1- 单亚油酰甘油三甲基硅醚 亚洲石梓 Gmelina asiatica
monomelittoside 假蜜蜂花单苷▲ 苦郎树 Clerodendrum inerme, 北车前 Plantago media
L-monomenthyl succinate L- 单薄荷醇琥珀酸酯 宁夏枸杞 Lycium barbarum
monomethyl caffeoyltartronic acid ester 咖啡酰羟基丙二酸甲酯 地锦 Parthenocissus tricuspidata
monomethyl dihydroguaiaretic acid 单甲基二氢愈创木酸 南五味子 Kadsura longipedunculata
monomethyl kolavate 羽叶哈威豆酸▲单甲酯 杜虹花 Callicarpa formosana
monomethyl lithospermate 紫草酸单甲酯 肾茶 Clerodendranthus spicatus, 丹参 Salvia miltiorrhiza
monomethyl pinifolate 松叶酸单甲酯 樟子松 Pinus sylvestris var. mongolica
1-monomethylcitrate 1- 单甲基柠檬酸酯 杨梅 Myrica rubra
meso-monomethyl-dihydroguaiaretic acid 内消旋 - 单甲基二氢愈创木酸 红楠 Machilus thunbergii, 红花五味子 Schisandra rubriflora
monomethylsulochrin 单甲基硫赭曲菌素 狗牙根 Cynodon dactylon
mononorvalerenone 单降缬草烯酮▲ 缬草 Valeriana officinalis
mono-*O*-acetylacoschimperoside P 单 -*O*- 乙酰希氏尖药木苷▲P 纽子花 Vallaris solanacea
mono-*O*-acetylsolanoside 单 -*O*- 乙酰纽子花苷▲ 纽子花 Vallaris solanacea
mono-*O*-acetylvallaroside 单 -*O*- 乙酰纽子花洛苷▲ 纽子花 Vallaris solanacea
2-monoolein 2- 十八烯酸单甘油酯 桂火绳 Eriolaena kwangsiensis
mono-*O*-methylamentoflavone 单 -*O*- 甲基穗花杉双黄酮 金银忍冬 Lonicera maackii
(±)-1-monopalmitin (±)-1- 单棕榈甘油酯 石刁柏 Asparagus officinalis
1-monopalmitin 1- 棕榈酰甘油酯 窿缘桉 Eucalyptus exserta
2-monopalmitin 2- 棕榈酸单甘油酯 挥发油成分，未统计基源
α-monopalmitin *α*- 棕榈精 尖萼耧斗菜 Aquilegia oxysepala, 湖北旋覆花 Inula hupehensis, 半夏 Pinellia ternata

M

monopalmitin 棕榈酸单甘油酯 白刺花 Sophora davidii
mono-*p*-coumaroyl glyceride 单 - 对香豆酰甘油酯 灯心草 Juncus effusus
1-monopentadecanoin 1- 单十五酸甘油酯 菊三七 Gynura japonica
1-monoplamitin 1- 棕榈酸单甘油酯 小果十大功劳 Mahonia bodinieri
monordicophenoide A 苦瓜酚苷 A 苦瓜 Momordica charantia
monospermol 独子藤醇 独子藤 Celastrus monospermus
monospermonal 独子藤醛▲ 独子藤 Celastrus monospermus
monospermondiol 独子藤二醇▲ 独子藤 Celastrus monospermus
monospermonol 独子藤诺醇▲ 独子藤 Celastrus monospermus
D-1-monostearin D-1- 单硬脂酸甘油酯 东方乌檀 Nauclea orientalis
monostearin 单硬脂酸甘油酯 弹裂碎米荠 Cardamine impatiens
monotropein 水晶兰苷 柳叶假木荷 Craibiodendron henryi, 四川虎刺 Damnacanthus officinarum, 四叶葎 Galium bungei, 蓬子菜 G. verum, 枫香树 Liquidambar formosana, 水晶兰 Monotropa uniflora, 巴戟天 Morinda officinalis, 鸡眼藤 M. parvifolia, 鹿蹄草 Pyrola calliantha, 日本鹿蹄草 P. japonica, 小叶鹿蹄草 P. media, 肾叶鹿蹄草 P. renifolia, 黑果越桔 Vaccinium myrtillus
monotropein methyl ester 水晶兰苷甲酯 枫香树 Liquidambar formosana
monotropitin; monotropitoside 松下兰苷▲ 旋果蚊子草 Filipendula ulmaria, 芳香白珠 Gaultheria fragrantissima, 白果白珠 G. leucocarpa, 松下兰 Monotropa hypopitys, 虎榛子 Ostryopsis davidiana, 黑果越桔 Vaccinium myrtillus
monovalerianester A 缬草单酯 A 缬草 Valeriana officinalis
montadial A 圆孢地花二醛▲A 圆孢地花 Bondarzewia montana
montanic acid 褐煤酸 水芹 Oenanthe javanica, 马山前胡 Peucedanum mashanense
montanin 斑籽宁素▲ 斑籽木 Baliospermum solanifolium
montanin D 高山香科科素 D 粉红动蕊花 Kinostemon alborubrum, 庐山香科科 Teucrium pernyi
montanin diacetate 斑籽宁素▲二乙酸酯 斑籽木 Baliospermum solanifolium
montanin E 高山香科科素 E 粉红动蕊花 Kinostemon alborubrum
montanine 山网球花碱▲ 网球花 Haemanthus multiflorus, 花朱顶红 Hippeastrum vittatum
montanon 山杰森菊酮▲ 苦苣菜 Sonchus oleraceus
montanoside 1, 2 绣球藤诺苷▲1, 2 绣球藤 Clematis monta var. montana
montbretin 雄黄兰素▲ 雄黄兰 Crocosmia × crocosmiiflora
montbretol 蒙氏鼠尾草酚▲ 鹿石蕊 Cladonia rangiferina, 云南鼠尾草 Salvia yunnanensis
monticamine 山地乌头胺▲ 牛扁 Aconitum barbatum var. puberulum, 多根乌头 A. karakolicum, 山地乌头 A. monticola
monticoline 山地乌头碱▲ 山地乌头 Aconitum monticola
mooreanoside A~P 毛白前苷▲A~P 毛白前 Cynanchum mooreanum
(+)-mopanol (+)- 莫潘可乐豆酚▲ 短萼仪花 Lysidice brevicalyx
moracenin C 桑烯宁▲C 桑 Morus alba
moracenin D 桑烯宁▲D 桑 Morus alba, 鸡桑 M. australis
moracetin 桑槲皮苷▲ 桑 Morus alba
morachalcone A 桑查耳酮▲A 波罗蜜 Artocarpus heterophyllus, 洋甘草 Glycyrrhiza glabra, 桑 Morus alba, 鸡桑 M. australis, 蒙桑 M. mongolica
morachalcone B, C 桑查耳酮▲B, C 桑 Morus alba
moracin C 桑辛素 C 桑 Morus alba, 鸡桑 M. australis, 华桑 M. cathayana
moracin D 桑辛素 D 华桑 Morus cathayana
moracin M 桑辛素 M 波罗蜜 Artocarpus heterophyllus, 桑 Morus alba, 鸡桑 M. australis, 华桑 M. cathayana, 奶桑 M. macroura, 蒙桑 M. mongolica, 黑桑 M. nigra, 菝葜 Smilax china
moracin M-3'-(*β*-D-glucopyranoside) 桑辛素 M-3'-(*β*-D- 吡喃葡萄糖苷) 桑 Morus alba
moracin M-3'-*O*-*β*-D-glucopyranoside 桑辛素 M-3'-*O*-*β*-D- 吡喃葡萄糖苷 桑 Morus alba
moracin M-3-*O*-*β*-D-glucopyranoside 桑辛素 M-3-*O*-*β*-D- 吡喃葡萄糖苷 蒙桑 Morus mongolica
moracin M-6-(*β*-D-glucopyranoside) 桑辛素 M-6-(*β*-D- 吡喃葡萄糖苷) 桑 Morus alba
moracin M-6,3'-di-*O*-*β*-D-glucopyranoside 桑辛素 M-6,3'- 二 -*O*-*β*-D- 吡喃葡萄糖苷 桑 Morus alba
moracin M-6-*β*-D-glucopyranoside 桑辛素 M-6-*β*-D- 吡喃葡萄糖苷 桑 Morus alba
moracin N 桑辛素 N 二色波罗蜜 Artocarpus styracifolius, 桑 Morus alba
(*R*)-(-)-moracin O, P (*R*)-(-)- 桑辛素 O, P 桑 Morus alba
(2''*R*)-(-)-moracin *O*-5',3''-*β*-D-diglucopyranoside (2''*R*)-(-)- 桑辛素 *O*-5',3''-*β*-D- 二吡喃葡萄糖苷 桑 Morus alba
moracin P 桑辛素 P 桑 Morus alba, 华桑 M. cathayana, 奶桑 M. macroura
(2''*R*)-(-)-moracin P-5',2''-*β*-D-diglucopyranoside (2''*R*)-(-)- 桑辛素 P-5',2''-*β*-D- 二吡喃葡萄糖苷 桑 Morus alba
moracin V~Y 桑辛素 V~Y 桑 Morus alba
moradiol 桑二醇 锦熟黄杨 Buxus sempervirens
moralbanone 桑树酮▲ 桑 Morus alba, 鸡桑 M. australis
mordant blue 媒介蓝 南山花 Prismatomeris tetrandra
morelensin 莫雷裂榄素▲ 峨参 Anthriscus sylvestris

M

(+)-morelloflavone (+)- 藤黄双黄酮 木竹子 Garcinia multiflora, 大叶藤黄 G. xanthochymus
(±)-morelloflavone (±)- 藤黄双黄酮 木竹子 Garcinia multiflora
morelloflavone 藤黄双黄酮 云树 Garcinia cowa, 岭南山竹子 G. oblongifolia, 大叶藤黄 G. xanthochymus, 三春水柏枝 Myricaria paniculata
moretenol 莫顿湾无花果烯醇▲ 大狼毒 Euphorbia jolkinii, 尼泊尔野桐 Mallotus nepalensis, 乌桕 Triadica sebifera
moretenone 莫顿湾无花果烯酮▲ 火殃勒 Euphorbia antiquorum, 云南刺篱木 Flacourtia jangomas, 尼泊尔野桐 Mallotus nepalensis, 山乌桕 Triadica cochinchinensis, 乌桕 T. sebifera
moretenyl margarate 莫顿无花果烯醇▲十七酸酯 珊瑚树 Viburnum odoratissimum
moretenyl palmitate 莫顿无花果烯醇▲棕榈酸酯 珊瑚树 Viburnum odoratissimum
morin 桑黄素 波罗蜜 Artocarpus heterophyllus, 舞草 Codariocalyx motorius, 中亚兔耳草 Lagotis integrifolia, 厚皮树 Lannea coromandelica, 细梗胡枝子 Lespedeza virgata, 川楝 Melia toosendan, 桑 Morus alba, 吉隆桑 M. serrata, 化香树 Platycarya strobilacea
morin-3-*O*-*α*-L-arabinopyranoside 桑黄素 -3-*O*-*α*-L- 吡喃阿拉伯糖苷 番石榴 Psidium guajava
morin-3-*O*-*α*-L-lyxopyranoside 桑黄素 -3-*O*-*α*-L- 来苏糖苷 番石榴 Psidium guajava
morin-7-*O*-*β*-D-glucopyranoside 桑黄素 -7-*O*-*β*-D- 吡喃葡萄糖苷 构棘 Cudrania cochinchinensis, 毛穗香薷 Elsholtzia eriostachya, 石香薷 Mosla chinensis
morinaphthalenone 巴戟萘烯酮▲ 海滨木巴戟 Morinda citrifolia
morindacin 海滨木巴戟萜素▲ 牛白藤 Hedyotis hedyotidea, 海滨木巴戟 Morinda citrifolia
morindafurone 巴戟呋喃酮 海滨木巴戟 Morinda citrifolia
morindaparvin A 鸡眼藤素▲A 四川虎刺 Damnacanthus officinarum, 鸡眼藤 Morinda parvifolia
morindaparvin B 鸡眼藤素▲B 鸡眼藤 Morinda parvifolia
morindicininone 海滨木巴戟尼酮▲ 海滨木巴戟 Morinda citrifolia
morindicinone 海滨木巴戟酮▲ 海滨木巴戟 Morinda citrifolia
morindolide 巴戟内酯▲ 蓬子菜 Galium verum, 巴戟天 Morinda officinalis, 鸡矢藤 Paederia foetida
morindolin 巴戟林素▲ 海滨木巴戟 Morinda citrifolia
morindone 巴戟酮▲ 毛土连翘 Hymenodictyon orixense, 黄木巴戟 Morinda angustifolia, 海滨木巴戟 M. citrifolia
morindone-3-*O*-*β*-primeveroside 巴戟酮▲-3-*O*-*β*- 樱草糖苷 黄木巴戟 Morinda angustifolia
morindone-5-methyl ether 巴戟酮▲-5- 甲醚 金鸡纳树 Cinchona calisaya, 海滨木巴戟 Morinda citrifolia
morindone-6-methylether 巴戟酮▲-6- 甲醚 海滨木巴戟 Morinda citrifolia
morindone-6-*O*-*β*-D-primeveroside 巴戟酮▲-6-*O*-*β*-D- 樱草糖苷 海滨木巴戟 Morinda citrifolia
morinin A~P 刺参素▲A~P 圆萼刺参 Morina chinensis
morinol A~F, H~L 刺参醇▲A~F, H~L 圆萼刺参 Morina chinensis
morinol G 刺参醇▲G 圆萼刺参 Morina chinensis, 青海刺参 M. kokonorica
mornigrol D~H 黑桑醇▲D~H 黑桑 Morus nigra
morofficianloside 巴戟天苷▲ 巴戟天 Morinda officinalis
morolic acid 摩拉豆酸▲ 山楝 Aphanamixis polystachya, 小花五桠果 Dillenia pentagyna, 柠檬桉 Eucalyptus citriodora, 连翘 Forsythia suspensa, 团花 Neolamarckia cadamba
morolic acid acetate 摩拉豆酸乙酯▲ 大叶藤黄 Garcinia xanthochymus
moronic acid 摩拉豆酮酸▲ 盐肤木 Rhus chinensis
morphine 吗啡 麻疯树 Jatropha curcas, 罂粟 Papaver somniferum
morrole A~F 桑吡咯▲A~F 桑 Morus alba
7*α*-morroniside 7*α*- 莫罗忍冬苷 金花忍冬 Lonicera chrysantha
7*β*-morroniside 7*β*- 莫罗忍冬苷 金花忍冬 Lonicera chrysantha
morroniside 莫罗忍冬苷 水团花 Adina pilulifera, 山茱萸 Cornus officinalis, 刺芒龙胆 Gentiana aristata, 海岸桐 Guettarda speciosa, 忍冬 Lonicera japonica, 攀倒甑 Patrinia villosa, 日本双蝴蝶 Tripterospermum japonicum
morusignin D 显桑素▲D 金丝梅 Hypericum patulum, 短柄小连翘 H. petiolulatum
morusignin F 显桑素▲F 莽吉柿 Garcinia mangostana
morusignin L 显桑素▲L 桑 Morus alba
morusimic acid A~F 桑皮酸▲A~F 桑 Morus alba
morusin 桑皮素 波罗蜜 Artocarpus heterophyllus, 胭脂 A. tonkinensis, 海南大风子 Hydnocarpus hainanensis, 桑 Morus alba, 鸡桑 M. australis, 蒙桑 M. mongolica, 黑桑 M. nigra
morusinol 桑皮醇 紫薇 Lagerstroemia indica, 桑 Morus alba
moscatilin 杓唇石斛林 兜唇石斛 Dendrobium aphyllum, 束花石斛 D. chrysanthum, 密花石斛 D. densiflorum, 流苏石斛 D. fimbriatum, 美花石斛 D. loddigesii, 长距石斛 D. longicornu, 石斛 D. nobile, 翅梗石斛 D. trigonopus
moscatin 杓唇石斛素 密花石豆兰 Bulbophyllum odoratissimum, 兜唇石斛 Dendrobium aphyllum, 束花石斛 D. chrysanthum, 密花石斛 D. densiflorum, 美花石斛 D. loddigesii, 翅梗石斛 D. trigonopus
moschamindole 香矢车菊吲哚▲ 红花 Carthamus tinctorius
cis-moschamine 顺式 - 香矢车菊胺▲ 矢车菊 Centaurea cyanus
moschamine 香矢车菊胺▲ 矢车菊 Centaurea cyanus
moschatol 麝香阿魏醇▲ 麝香阿魏 Ferula moschata
mosloflavone 荠苧黄酮 假鹰爪 Desmos chinensis, 毛叶假鹰爪 D. dumosus, 苏州荠苧 Mosla soochowensis

M

moslolignan A, B 石荠苎木脂素▲A, B 石荠苎 Mosla scabra
moslosooflavone 苏州荠苎黄酮 苏州荠苎 Mosla soochowensis
motrilin 毛叶番荔枝林素▲ 圆滑番荔枝 Annona glabra, 番荔枝 A. squamosa
moupinamide 穆坪马兜铃酰胺 宝兴马兜铃 Aristolochia moupinensis, 猪毛菜 Salsola collina, 狭叶山黄麻 Trema angustifolia
moxartenolide 艾蒿内酯 艾 Artemisia argyi
moxartenone 艾蒿酮 艾 Artemisia argyi
mozambioside 莫桑比克咖啡苷▲ 小粒咖啡 Coffea arabica
m-thymol 间百里香酚 挥发油成分，未统计基源
mubenoside A 尾叶野木瓜皂苷 A 三叶木通 Akebia trifoliata
mucic acid 黏液酸 余甘子 Phyllanthus emblica
mucic acid dimethyl ester 黏液酸二甲酯 杠板归 Polygonum perfoliatum
mucic acid dimethyl ester-2-*O*-gallate 黏液酸二甲酯 -2-*O*- 没食子酸酯 余甘子 Phyllanthus emblica, 杠板归 Polygonum perfoliatum
mucic acid-1,4-lactone methyl ester-2-*O*-gallate 黏液酸 -1,4- 内酯甲酯 -2-*O*- 没食子酸酯 余甘子 Phyllanthus emblica
mucic acid-1,4-lactone methyl ester-5-*O*-gallate 黏液酸 -1,4- 内酯甲酯 -5-*O*- 没食子酸酯 余甘子 Phyllanthus emblica
mucic acid-1,4-lactone-2-*O*-gallate 黏液酸 -1,4- 内酯 -2-*O*- 没食子酸酯 余甘子 Phyllanthus emblica
mucic acid-1,4-lactone-3,5-di-*O*-gallate 黏液酸 -1,4- 内酯 -3,5- 二 -*O*- 没食子酸酯 余甘子 Phyllanthus emblica
mucic acid-1,4-lactone-3-*O*-gallate 黏液酸 -1,4- 内酯 -3-*O*- 没食子酸酯 余甘子 Phyllanthus emblica
mucic acid-1,4-lactone-5-*O*-gallate 黏液酸 -1,4- 内酯 -5-*O*- 没食子酸酯 余甘子 Phyllanthus emblica
mucic acid-1-methyl ester-2-*O*-gallate 黏液酸 -1- 甲酯 -2-*O*- 没食子酸酯 余甘子 Phyllanthus emblica
mucic acid-1-methyl ester-6-ethyl ester 黏液酸 -1- 甲酯 -6- 乙酯 余甘子 Phyllanthus emblica
mucic acid-2-*O*-gallate 黏液酸 -2-*O*- 没食子酸酯 余甘子 Phyllanthus emblica
mucic acid-6-methyl ester-2-*O*-gallate 黏液酸 -6- 甲酯 -2-*O*- 没食子酸酯 余甘子 Phyllanthus emblica
mucidin 黏奥德蘑素▲ 白环黏奥德蘑 Oudemansiella mucida
mucodianin A~F 白花油麻藤素 A~F 白花油麻藤 Mucuna birdwoodiana
muconic acid 黏康酸 福建野鸦椿 Euscaphis fukienensis
mucopolysaccharide 黏多糖 金铃花 Abutilon pictum
mucrolidin 硬尖类菊蒿定▲ 千年健 Homalomena occulta
mucronatine 猪屎豆碱 猪屎豆 Crotalaria pallida
mucronatone 红茄苳酮▲ 红茄苳 Rhizophora mucronata
mucronatoside C 黑鳗藤托苷▲C 青羊参 Cynanchum otophyllum
mucronatoside H 黑鳗藤托苷▲H 海枫藤 Marsdenia officinalis
mucronine D 短刺枣碱▲D 枣 Ziziphus jujuba, 酸枣 Z. jujuba var. spinosa
mucronine J 短刺枣碱▲J 马甲子 Paliurus ramosissimus
(-)-mucronulatol (-)- 尖叶军刀豆酚▲ 斜茎黄耆 Astragalus adsurgens
(*R*)-mucronulatol (*R*)- 尖叶军刀豆酚▲ 小花棘豆 Oxytropis glabra
mucronulatol 尖叶军刀豆酚▲ 降香 Dalbergia odorifera, 镰荚棘豆 Oxytropis falcata, 刺槐 Robinia pseudoacacia
3*S*-(-)-mucronulatol-7-D-glucopyranoside 3*S*-(-)- 尖叶军刀豆酚▲-7-D- 吡喃葡萄糖苷 蒙古黄耆 Astragalus penduliflorus
mucuadinine 油麻藤宁碱▲ 刺毛黧豆 Mucuna pruriens
mucuadininine 油麻藤尼宁碱▲ 刺毛黧豆 Mucuna pruriens
mucunadine 油麻藤定碱 刺毛黧豆 Mucuna pruriens
mucunagenin a, b 油麻藤苷元 a, b 白花油麻藤 Mucuna birdwoodiana
mucunate trahydroisoquinolinic acid digalactoside 油麻藤四氢异喹啉酸二半乳糖苷 刺毛黧豆 Mucuna pruriens
mucunine 油麻藤碱 刺毛黧豆 Mucuna pruriens
mudanoside A 牡丹新苷▲A 泡核桃 Juglans sigillata, 日本粗叶木 Lasianthus japonicus, 牡丹 Paeonia suffruticosa
mudanoside B 牡丹新苷▲B 牡丹 Paeonia suffruticosa
mudanpinoic acid A 牡丹皮酸 A 牡丹 Paeonia suffruticosa
mudanpioside A, B, D, G, H, I 牡丹皮苷 A, B, D, G, H, I 牡丹 Paeonia suffruticosa
mudanpioside C 牡丹皮苷 C 芍药 Paeonia lactiflora, 牡丹 P. suffruticosa
mudanpioside E 牡丹皮苷 E 芍药 Paeonia lactiflora, 草芍药 P. obovata, 牡丹 P. suffruticosa
mudanpioside F 牡丹皮苷 F 草芍药 Paeonia obovata, 牡丹 P. suffruticosa
mudanpioside J 牡丹皮苷 J 芍药 Paeonia lactiflora
mukagolactone 稀子蕨内酯 稀子蕨 Monachosorum henryi, 岩穴蕨 Ptilopteris maximowiczii
muketanin 铁仔宁▲ 铁仔 Myrsine africana
mukoeic acid; mukeic acid 调料九里香酸▲ 豆叶九里香 Murraya euchrestifolia, 调料九里香 M. koenigii
mukoenine A, B, C 调料九里香碱▲A, B, C 调料九里香 Murraya koenigii
mukolidine 调料九里香里定碱▲ 调料九里香 Murraya koenigii
mukoline 调料九里香林碱▲ 调料九里香 Murraya koenigii
mukonal 调料九里香醛▲ 假黄皮 Clausena excavata, 调料九里香 Murraya koenigii
mukonicine 调料九里香辛碱▲ 调料九里香 Murraya koenigii

mukonidine 调料九里香定碱▲ 假黄皮 Clausena excavata, 调料九里香 Murraya koenigii
mukonine 调料九里香宁碱▲ 假黄皮 Clausena excavata
mukurozioside Ia 无患子萜苷 Ia 毛瓣无患子 Sapindus rarak, 无患子 S. saponaria
mukurozioside Ib 无患子萜苷 Ib 毛瓣无患子 Sapindus rarak, 无患子 S. saponaria
mukurozioside IIa 无患子萜苷 IIa 毛瓣无患子 Sapindus rarak, 无患子 S. saponaria
mukurozioside IIb 无患子萜苷 IIb 毛瓣无患子 Sapindus rarak, 无患子 S. saponaria
mukurozioside A 无患子萜苷 A 无患子 Sapindus saponaria
mukurozisaponin E_1 无患子皂苷 E_1 川滇无患子 Sapindus delavayi, 毛瓣无患子 S. rarak, 无患子 S. saponaria
mukurozisaponin G 无患子皂苷 G 川滇无患子 Sapindus delavayi, 无患子 S. saponaria
mukurozisaponin X, Z_1, Z_2 无患子皂苷 X, Z_1, Z_2 无患子 Sapindus saponaria
mukurozisaponin Y_1 无患子皂苷 Y_1 毛瓣无患子 Sapindus rarak, 无患子 S. saponaria
mukurozisaponin Y_2 无患子皂苷 Y_2 毛瓣无患子 Sapindus rarak, 无患子 S. saponaria
mulavanin A~E 云南地黄连宁 A~E 云南地黄连 Munronia delavayi
mulbaine A, B, C 桑碱▲A, B, C 桑 Morus alba
mulberranol 桑醇▲ 桑 Morus alba
mulberrin 桑素 桑 Morus alba, 黑桑 M. nigra
mulberrochromene 桑色烯 桑 Morus alba
mulberrofuran A, F_1 桑呋喃 A, F_1 桑 Morus alba
mulberrofuran B 桑呋喃 B 桑 Morus alba, 蒙桑 M. mongolica
mulberrofuran C 桑呋喃 C 桑 Morus alba, 鸡桑 M. australis, 奶桑 M. macroura
mulberrofuran D 桑呋喃 D 桑 Morus alba, 鸡桑 M. australis, 蒙桑 M. mongolica
mulberrofuran E 桑呋喃 E 桑 Morus alba, 鸡桑 M. australis, 蒙桑 M. mongolica
mulberrofuran F 桑呋喃 F 桑 Morus alba, 鸡桑 M. australis, 蒙桑 M. mongolica
mulberrofuran G 桑呋喃 G 海南大风子 Hydnocarpus hainanensis, 桑 Morus alba, 鸡桑 M. australis, 奶桑 M. macroura, 蒙桑 M. mongolica, 黑桑 M. nigra
mulberrofuran H 桑呋喃 H 桑 Morus alba, 蒙桑 M. mongolica
mulberrofuran I 桑呋喃 I 鸡桑 Morus australis
mulberrofuran J 桑呋喃 J 鸡桑 Morus australis, 奶桑 M. macroura, 蒙桑 M. mongolica
mulberrofuran K 桑呋喃 K 海南大风子 Hydnocarpus hainanensis, 桑 Morus alba, 奶桑 M. macroura, 蒙桑 M. mongolica
mulberrofuran L 桑呋喃 L 蒙桑 Morus mongolica
mulberrofuran M, P 桑呋喃 M, P 桑 Morus alba
mulberrofuran N 桑呋喃 N 白桂木 Artocarpus hypargyreus, 桑 Morus alba
mulberrofuran O 桑呋喃 O 桑 Morus alba, 蒙桑 M. mongolica
mulberrofuran Q 桑呋喃 Q 桑 Morus alba, 鸡桑 M. australis, 蒙桑 M. mongolica
mulberrofuran T 桑呋喃 T 桑 Morus alba, 蒙桑 M. mongolica
mulberrofuran V 桑呋喃 V 华桑 Morus cathayana
mulberrofuran W 桑呋喃 W 鸡桑 Morus australis, 蒙桑 M. mongolica
mulberrofuran X, Z 桑呋喃 X, Z 蒙桑 Morus mongolica
mulberrofuran Y 桑呋喃 Y 桑 Morus alba, 蒙桑 M. mongolica
mulberroside A 桑皮苷 A 桑 Morus alba, 鸡桑 M. australis, 兴安藜芦 Veratrum dahuricum
mulberroside B 桑皮苷 B 鸡桑 Morus australis
mulberroside C 桑皮苷 C 海南大风子 Hydnocarpus hainanensis, 桑 Morus alba, 奶桑 M. macroura
mulberroside E 桑皮苷 E 大理藜芦 Veratrum taliense
multidione 珊瑚花二酮▲ 麻疯树 Jatropha curcas
multifidoside C 井栏边草苷 C 井栏边草 Pteris multifida
multiflor-7-ene 多花白树▲-7- 烯 友水龙骨 Polypodiodes amoena
multiflor-8-ene 多花白树 -8- 烯 台湾水龙骨 Polypodiodes formosana, 日本水龙骨 P. niponica
multiflor-9(11)-ene 多花白树 -9(11)- 烯 台湾水龙骨 Polypodiodes formosana, 日本水龙骨 P. niponica
multiflora-5,7,9(11)-triene-3,29-diol-3,29-dibenzoate 多花白树 -5,7,9(11)- 三烯 -3,29- 二醇 -3,29- 二苯甲酸酯 笋瓜 Cucurbita maxima
multiflora-7,9(11)-diene-3α,29-diol-3,29-dibenzoate 多花白树 -7,9(11)- 二烯 -3α,29- 二醇 -3,29- 二苯甲酸酯 笋瓜 Cucurbita maxima
multiflora-7,9(11)-diene-3α,29-diol-3-benzoate 多花白树 -7,9(11)- 二烯 -3α,29- 二醇 -3- 苯甲酸酯 笋瓜 Cucurbita maxima
multiflora-7,9(11)-diene-3α,29-diol-3-*p*-hydroxybenzoate-29-benzoate 多花白树 -7,9(11)- 二烯 -3α,29- 二醇 -3- 对羟基苯甲酸酯 -29- 苯甲酸酯 笋瓜 Cucurbita maxima
multiflorabiphenyl A 木竹子双苯 A 木竹子 Garcinia multiflora
multiflorene 多花白树烯▲ 台湾水龙骨 Polypodiodes formosana, 日本水龙骨 P. niponica
multiflorenol 多花白树烯醇▲ 冬瓜 Benincasa hispida, 甜瓜 Cucumis melo, 毛连菜 Picris hieracioides
multiflorenol acetate 多花白树烯醇▲乙酸酯 日本水龙骨 Polypodiodes niponica
multiflorenone 多花白树酮 灰苞蒿 Artemisia roxburghiana
multiflorin A 多花蔷薇苷 A 毛樱桃 Cerasus tomentosa, 扇蕨 Neocheiropteris palmatopedata, 薄叶鼠李 Rhamnus leptophylla, 野蔷薇 Rosa

M

Z-murraol *Z*- 九里香醇 蛇床 Cnidium monnieri
murraol 九里香醇 蛇床 Cnidium monnieri, 大管 Micromelum falcatum, 九里香 Murraya exotica
murrastifoline A 豆叶九里香替林碱▲A 豆叶九里香 Murraya euchrestifolia, 调料九里香 M. koenigii
murrastifoline B~E 豆叶九里香替林碱▲B~E 豆叶九里香 Murraya euchrestifolia
murrastifoline F 豆叶九里香替林碱▲F 调料九里香 Murraya koenigii
murraxocin 九里香辛▲ 臭节草 Boenninghausenia albiflora, 九里香 Murraya exotica
murraxonin 九里香宁▲ 九里香 Murraya exotica
murrayacarine 九里香卡任碱 豆叶九里香 Murraya euchrestifolia, 九里香 M. exotica
murrayacarpin A 九里香亚卡品▲A 蛇床 Cnidium monnieri, 千里香 Murraya paniculata
murrayacine 九里香辛碱 假黄皮 Clausena excavata, 调料九里香 Murraya koenigii
murrayacinine 九里香辛宁▲ 调料九里香 Murraya koenigii
murrayacoumarin C 九里香香豆素▲C 假黄皮 Clausena excavata
murrayaculatine 千里香亭碱▲ 千里香 Murraya paniculata
murrayafoline A 豆叶九里香碱▲A 齿叶黄皮 Clausena dunniana, 假黄皮 C. excavata, 豆叶九里香 Murraya euchrestifolia, 调料九里香 M. koenigii, 广西九里香 M. kwangsiensis
murrayafoline B 豆叶九里香碱▲B 豆叶九里香 Murraya euchrestifolia
murrayagetin 调料九里香亭▲ 调料九里香 Murraya koenigii
murrayakoeninol 调料九里香醇▲ 调料九里香 Murraya koenigii
murrayaline A~D 九里香林碱▲A~D 豆叶九里香 Murraya euchrestifolia
murrayamine A 九里香胺 A 豆叶九里香 Murraya euchrestifolia, 调料九里香 M. koenigii
murrayamine B 九里香胺 B 豆叶九里香 Murraya euchrestifolia, 调料九里香 M. koenigii
murrayamine C, F, I, J, K, M~P 九里香胺 C, F, I, J, K, M~P 豆叶九里香 Murraya euchrestifolia
murrayamine D 九里香胺 D 豆叶九里香 Murraya euchrestifolia, 调料九里香 M. koenigii
murrayamine E 九里香胺 E 豆叶九里香 Murraya euchrestifolia, 调料九里香 M. koenigii
murrayanine 九里香碱 细叶黄皮 Clausena anisum-olens, 假黄皮 C. excavata, 黄皮 C. lansium, 豆叶九里香 Murraya euchrestifolia, 调料九里香 M. koenigii, 广西九里香 M. kwangsiensis
murrayanol 九里香酚▲ 田基黄 Grangea maderaspatana, 调料九里香 Murraya koenigii
murrayanone 九里香阿酮▲ 千里香 Murraya paniculata
murrayaquinone A 九里香醌▲A 豆叶九里香 Murraya euchrestifolia, 调料九里香 M. koenigii
murrayaquinone B 九里香醌▲B 豆叶九里香 Murraya euchrestifolia, 调料九里香 M. koenigii
murrayaquinone C, D, E 九里香醌▲C, D, E 豆叶九里香 Murraya euchrestifolia
murrayastine 豆叶九里香斯亭碱▲ 豆叶九里香 Murraya euchrestifolia
murrayatin 九里香亭 九里香 Murraya exotica, 千里香 M. paniculata
murrayazoline 九里香咔唑碱 豆叶九里香 Murraya euchrestifolia, 九里香 M. exotica, 调料九里香 M. koenigii
murrayazolinine 九里香咔唑宁碱▲ 调料九里香 Murraya koenigii
murrayazolinol 九里香咔唑醇▲ 九里香 Murraya exotica, 调料九里香 M. koenigii
murrayenol 调料九里香烯醇▲ 调料九里香 Murraya koenigii
murrayone 九里香酮 益母草 Leonurus japonicus, 九里香 Murraya exotica
murrmeranzin 九里香橙皮内酯▲ 千里香 Murraya paniculata
murucoidin IV, V 墨西哥番薯素▲IV, V 篱栏网 Merremia hederacea
murucoidin VI 墨西哥番薯素▲VI 厚藤 Ipomoea pes-caprae
murucoidin XVII 墨西哥番薯素▲XVII 篱栏网 Merremia hederacea
mururin A 尖叶饱食桑脂素▲A 刺篱木 Flacourtia indica, 拳参 Polygonum bistorta
musacin D 缪萨链霉菌素▲D 黄瘤孢菌 Sepedonium chrysospermum
musanolone C~ 香蕉菲酮▲C~F 香蕉 Musa acuminata 'Dwarf cavendish'
musaroside 西非羊角拗柔苷 西非羊角拗 Strophanthus sarmentosus
muscicolone 盔瓣耳叶苔酮▲ 盔瓣耳叶苔 Frullania muscicola
muscopyridine 麝香吡啶 挥发油成分，未统计基源
musellactone 地涌金莲内酯▲ 地涌金莲 Musella lasiocarpa
musinisin A, B 地黄连新苷▲A, B 地黄连 Munronia sinica
musizin-1-*O*-*β*-D-glucopyranoside 尼泊尔酸模素 -1-*O*-*β*-D- 吡喃葡萄糖苷 尼泊尔酸模 Rumex nepalensis
musk lactone 麝香内酯 挥发油成分，未统计基源
mussaendoside A~H, K~R 玉叶金花苷 A~H, K~R 玉叶金花 Mussaenda pubescens
mussaendoside I 玉叶金花苷 I 玉叶金花 Mussaenda pubescens, 团花 Neolamarckia cadamba
mussaendoside J 玉叶金花苷 J 山石榴 Catunaregam spinosa, 玉叶金花 Mussaenda pubescens
mussaendoside S 玉叶金花苷 S 玉叶金花 Mussaenda pubescens, 锐尖山香圆 Turpinia arguta
mussaendoside T 玉叶金花苷 T 团花 Neolamarckia cadamba
mussaendoside U 玉叶金花苷 U 玉叶金花 Mussaenda pubescens
mussaendoside V 玉叶金花苷 V 毛冬青 Ilex pubescens, 玉叶金花 Mussaenda pubescens

M

mussaenin A 玉叶金花宁▲A 蒙古芯芭 Cymbaria mongolica, 玉叶金花 Mussaenda pubescens
mussaenin B, C 玉叶金花宁▲B, C 玉叶金花 Mussaenda pubescens
mussaenoside 玉叶金花诺苷▲ 来江藤 Brandisia hancei, 沙苁蓉 Cistanche sinensis, 野胡麻 Dodartia orientalis, 白背叶 Mallotus apelta, 山萝花 Melampyrum roseum, 黑蒴 Melasma arvense, 绵毛鹿茸草 Monochasma savatieri, 小玉叶金花 Mussaenda parviflora, 玉叶金花 M. pubescens, 刺齿马先蒿 Pedicularis armata, 短茎马先蒿 P. artselaeri, 头花马先蒿 P. cephalantha, 美观马先蒿 P. decora, 白花甘肃马先蒿 P. kansuensis subsp. kansuensis f. albiflora, 长花马先蒿 P. longiflora, 藓生马先蒿 P. muscicola, 沼生马先蒿 P. palustris, 大王马先蒿 P. rex, 半扭卷马先蒿 P. semitorta, 四齿四棱草 Schnabelia tetrodonta, 北水苦荬 Veronica anagallis-aquatica
mussaenosidic acid 玉叶金花苷酸 花叶假杜鹃 Barleria lupulina, 盐生肉苁蓉 Cistanche salsa, 管花肉苁蓉 C. tubulosa, 栀子 Gardenia jasminoides, 短筒兔耳草 Lagotis brevituba, 阿拉善马先蒿 Pedicularis alaschanica, 头花马先蒿 P. cephalantha, 斑唇马先蒿 P. longiflora var. tubiformis, 藓生马先蒿 P. muscicola, 细穗玄参 Scrofella chinensis, 穗花牡荆 Vitex agnus-castus, 蔓荆 V. trifolia
mutabilein 南美羽扇豆素▲ 猫爪草 Ranunculus ternatus
mutabiloside 木芙蓉洛苷▲ 簇花清风藤 Sabia fasciculata
mutangin 布氏假橄榄素▲ 福建假卫矛 Microtropis fokienensis
(9*Z*)-mutatoxanthin (9*Z*)- 玉米黄质 海桐 Pittosporum tobira
mutatoxanthin 变位黄质▲ 辣椒 Capsicum annuum, 香圆 Citrus grandisjunos, 泥炭藓 Sphagnum palustre, 粗叶泥炭藓 S. squarrosum
mutatoxanthin epimer 玉米黄质差向异构体 石刁柏 Asparagus officinalis
mutiflinoside 蓬莱葛酚苷▲ 蓬莱葛 Gardneria multiflora, 卵叶蓬莱葛 G. ovata
mutongsaponin A~F 白木通皂苷 A~F 白木通 Akebia trifoliata subsp. australis
mutumol 穆图豆包菌醇▲ 豆包菌 Pisolithus arhizus
muurola-4,10(14)-dien-1*β*-ol 欧洲赤松 -4,10(14)- 二烯 -1*β*- 醇 挥发油成分，未统计基源
muurolan-3-en-9*β*-ol-2-one 欧洲赤松 -3- 烯 -9*β*- 醇 -2- 酮 黄杞 Engelhardia roxburghiana
(-)-*γ*-muurolene (-)-*γ*- 欧洲赤松烯▲ 挺茎遍地金 Hypericum elodeoides
Δ-muurolene *Δ*- 欧洲赤松烯▲ 杉木 Cunninghamia lanceolata
α-muurolene *α*- 欧洲赤松烯▲ 挥发油成分，未统计基源
γ-muurolene *γ*- 欧洲赤松烯▲ 挥发油成分，未统计基源
τ-muurolene *τ*- 欧洲赤松烯▲ 挥发油成分，未统计基源
muurolene 欧洲赤松烯▲ 挥发油成分，未统计基源
4-muurolene-3,10-diol 4- 欧洲赤松烯 -3,10- 二醇 紫花地丁 Viola philippica
(-)-*τ*-muurolol (-)-*τ*- 欧洲赤松醇▲ 挥发油成分，未统计基源
α-muurolol *α*- 欧洲赤松醇▲ 挥发油成分，未统计基源
τ-muurolol *τ*- 欧洲赤松醇▲ 挥发油成分，未统计基源
ent-*τ*-muurolol 对映 -*τ*- 欧洲赤松醇▲ 臭冷杉 Abies nephrolepis, 裸果胡椒 Piper nudibaccatum, 番石榴 Psidium guajava, 二色五味子 Schisandra bicolor, 金山五味子 S. glaucescens
muxiangrine I, II 木香薷素 I, II 木香薷 Elsholtzia stauntonii
muxiangrine III 木香薷素 III 木香薷 Elsholtzia stauntonii, 井栏边草 Pteris multifida
muxusu 苜蓿素 中亚兔耳草 Lagotis integrifolia
mycenarubin A, D, E, F 小菇红素▲A, D, E, F 红汁小菇 Mycena haematopus
mycorradicin 丛枝菌根真菌素 矛状耳蕨 Polystichum lonchitis
mycorrhizin A 菌根素 A 松下兰 Monotropa hypopitys
myobontioside A~D 苦槛蓝萜苷▲A~D 苦槛蓝 Pentacoelium bontioides
myo-inositol 肌肉肌醇 软枣猕猴桃 Actinidia arguta, 毛樱桃 Cerasus tomentosa, 细风轮菜 Clinopodium gracile, 毛丹麻杆 Discocleidion rufescens, 刺五加 Eleutherococcus senticosus, 臭檀吴萸 Euodia daniellii, 楝叶吴萸 E. glabrifolia, 吴茱萸 E. ruticarpa, 飞扬草 Euphorbia hirta, 白枪杆 Fraxinus malacophylla, 黄茅 Heteropogon contortus, 中国沙棘 Hippophae rhamnoides subsp. sinensis, 冬青叶鼠刺 Itea ilicifolia, 肉果草 Lancea tibetica, 西南忍冬 Lonicera bournei, 枸杞 Lycium chinense, 珍珠花 Lyonia ovalifolia, 蒙桑 Morus mongolica, 小鱼仙草 Mosla dianthera, 棒锤瓜 Neoalsomitra integrifoliola, 滨海前胡 Peucedanum japonicum, 白头翁 Pulsatilla chinensis, 钝叶决明 Senna tora var. obtusifolia, 黄蜡果 Stauntonia brachyanthera
myo-inositol-1,3,4,6-tetraangelate 肌肉肌醇 -1,3,4,6- 四当归酸酯 羊耳菊 Duhaldea cappa
myo-inositol-2,4,5,6-tetraangelate 肌肉肌醇 -2,4,5,6- 四当归酸酯 羊耳菊 Duhaldea cappa
myopochlorin 苦槛蓝氯素▲ 苦槛蓝 Pentacoelium bontioides
myoporone 苦槛蓝酮 挥发油成分，未统计基源
myoscorpine 蝎尾勿忘草碱▲ 紫草 Lithospermum erythrorhizon
myosmine 麦斯明 番木瓜 Carica papaya
α-myrcene *α*- 月桂烯 挥发油成分，未统计基源
β-myrcene *β*- 月桂烯 挥发油成分，未统计基源
myrcene 月桂烯 挥发油成分，未统计基源
myrciaphenone A 杨梅苯酮▲A 地锦 Parthenocissus tricuspidata, 洋蒲桃 Syzygium samarangense
myresculoside 毛杨梅苷▲ 毛杨梅 Myrica esculenta
myriaboric acid 万花木酸▲ 毛果巴豆 Croton lachnocarpus, 黄海棠 Hypericum ascyron
myrianthic acid 万花酸▲ 裸花紫珠 Callicarpa nudiflora, 凌霄 Campsis grandiflora, 栀子 Gardenia jasminoides, 两头毛 Incarvillea arguta,

M

红波罗花 I. delavayi, 紫荆木 Madhuca pasquieri, 委陵菜 Potentilla chinensis, 三叶委陵菜 P. freyniana, 羊蹄 Rumex japonicus
myrianthic acid methyl ester 万花酸▲甲酯 黄果悬钩子 Rubus xanthocarpus
myrianthine B 万花木碱▲B 山地五月茶 Antidesma montanum
myriberine A 密脉木碱▲A 密脉木 Myrioneuron faberi
myricadenin A, B 青杨梅素▲A, B 青杨梅 Myrica adenophora
myricadiol 杨梅二醇 食用土当归 Aralia cordata, 臭茉莉 Clerodendrum chinense var. simplex, 云南杨梅 Myrica nana, 杨梅 M. rubra, 宽苞水柏枝 Myricaria bracteata, 铁仔 Myrsine africana, 柽柳 Tamarix chinensis, 枫香槲寄生 Viscum liquidambaricola
myricalactone 杨梅内酯▲ 青杨梅 Myrica adenophora
myricananadiol 云南杨梅二醇▲ 云南杨梅 Myrica nana
myricananin A, B 云南杨梅素▲A, B 云南杨梅 Myrica nana
myricananin C 云南杨梅素▲C 青杨梅 Myrica adenophora, 云南杨梅 M. nana
(-)-myricananin D (-)- 云南杨梅素▲D 青杨梅 Myrica adenophora
myricananin D, E, G, H 云南杨梅素▲D, E, G, H 云南杨梅 Myrica nana
myricananin F 云南杨梅素▲F 胡桃楸 Juglans mandshurica, 云南杨梅 Myrica nana
myricananone 云南杨梅酮▲ 云南杨梅 Myrica nana
myricanene A-5-*O*-*α*-L-arabinofuranosyl-(1 → 6)-*β*-D-glucopyranoside 杨梅烯▲A-5-*O*-*α*-L- 呋喃阿拉伯糖基 -(1 → 6)-*β*-D- 吡喃葡萄糖苷 青杨梅 Myrica adenophora, 杨梅 M. rubra
myricanene B-5-*O*-*α*-L-arabinofuranosyl-(1 → 6)-*β*-D-glucopyranoside 杨梅烯▲B-5-*O*-*α*-L- 呋喃阿拉伯糖基 -(1 → 6)-*β*-D- 吡喃葡萄糖苷 杨梅 Myrica rubra
(-)-myricanol (-)- 杨梅醇 青杨梅 Myrica adenophora
(+)-*S*-myricanol (+)-*S*- 杨梅醇 杨梅 Myrica rubra
myricanol 杨梅醇 毛杨梅 Myrica esculenta, 云南杨梅 M. nana, 杨梅 M. rubra
myricanol glucoside 杨梅醇葡萄糖苷 云南杨梅 Myrica nana
myricanol-11-*O*-*β*-D-glucopyranoside 杨梅醇 -11-*O*-*β*-D- 吡喃葡萄糖苷 青杨梅 Myrica adenophora, 云南杨梅 M. nana, 杨梅 M. rubra
myricanol-11-sulfate 杨梅醇 -11- 硫酸酯 杨梅 Myrica rubra
myricanol-5-*O*-*α*-L-arabinofuranosyl-(1 → 6)-*β*-D-glucopyranoside 杨梅醇 -5-*O*-*α*-L- 阿拉伯呋喃糖基 (1 → 6)-*β*-D- 吡喃葡萄糖苷 杨梅 Myrica rubra
(-)-*R*-myricanol-5-*O*-*β*-D-(6'-*O*-galloyl)-glucopyranoside (-)-*R*- 杨梅醇 -5-*O*-*β*-D-(6'-*O*- 没食子酰基)- 吡喃葡萄糖苷 杨梅 Myrica rubra
(*S*)-myricanol-5-*O*-*β*-D-(6'-*O*-galloyl)-glucopyranoside (*S*)- 杨梅醇 -5-*O*-*β*-D-(6'-*O*- 没食子酰基)- 吡喃葡萄糖苷 杨梅 Myrica rubra
myricanol-5-*O*-*β*-D-(6'-*O*-galloyl)-glucopyranoside 杨梅醇 -5-*O*-*β*-D-(6'-*O*- 没食子酰基)- 吡喃葡萄糖苷 杨梅 Myrica rubra
(+)-(*S*)-myricanol-5-*O*-*β*-D-glucopyranoside (+)-(*S*)- 杨梅醇 -5-*O*-*β*-D- 吡喃葡萄糖苷 云南杨梅 Myrica nana
(+)-*S*-myricanol-5-*O*-*β*-D-glucopyranoside (+)-*S*- 杨梅醇 -5-*O*-*β*-D- 吡喃葡萄糖苷 杨梅 Myrica rubra
myricanol-5-*O*-*β*-D-glucopyranosyl-(1 → 3)-*β*-D-glucopyranoside 杨梅醇 -5-*O*-*β*-D- 吡喃葡萄糖基 -(1 → 3)-*β*-D- 吡喃葡萄糖苷 杨梅 Myrica rubra
myricanol-5-*O*-*β*-D-glucopyranosyl-(1 → 6)-*β*-D-glucopyranoside 杨梅醇 -5-*O*-*β*-D- 吡喃葡萄糖基 -(1 → 6)-*β*-D- 吡喃葡萄糖苷 杨梅 Myrica rubra
myricanone 杨梅酮 临时救 Lysimachia congestiflora, 青杨梅 Myrica adenophora, 毛杨梅 M. esculenta, 云南杨梅 M. nana, 杨梅 M. rubra
myricanone-5-*O*-(6'-*O*-galloyl)-glucopyranoside 杨梅酮 -5-*O*-(6'-*O*- 没食子酰基)- 吡喃葡萄糖苷 杨梅 Myrica rubra
myricanone-5-*O*-*β*-D-glucopyranoside 杨梅酮 -5-*O*-*β*-D- 吡喃葡萄糖苷 青杨梅 Myrica adenophora, 云南杨梅 M. nana, 杨梅 M. rubra
myricarborin A 乔木杨梅素▲A 杨梅 Myrica rubra
myricarin A 水柏枝素 A 宽苞水柏枝 Myricaria bracteata, 三春水柏枝 M. paniculata, 长穗柽柳 Tamarix elongata, 短穗柽柳 T. laxa, 柽柳 T. chinensis, 刚毛柽柳 T. hispida
myricarin B 水柏枝素 B 宽苞水柏枝 Myricaria bracteata, 三春水柏枝 M. paniculata
myricatomentogenin 绒毛香杨梅苷元▲ 胡桃楸 Juglans mandshurica, 云南杨梅 Myrica nana, 越南枫杨 Pterocarya tonkinensis
myriceric acid A 蜡果杨梅酸 A 台湾芙蓉 Hibiscus taiwanensis
myriceric acid B 蜡果杨梅酸 B 土坛树 Alangium salviifolium, 白桦 Betula platyphylla, 台湾芙蓉 Hibiscus taiwanensis
myriceric acid C 蜡果杨梅酸 C 台湾芙蓉 Hibiscus taiwanensis, 马尾树 Rhoiptelea chiliantha
myricerol 蜡果杨梅醇▲ 白桦 Betula platyphylla, 台湾芙蓉 Hibiscus taiwanensis, 马尾树 Rhoiptelea chiliantha
myricetin 杨梅素 常见成分，至少分布于 100 种以上植物中
myricetin 3',5'-dimethylether-3-*O*-*β*-D-glucopyranoside 杨梅素 -3',5'- 二甲基乙醚 -3-*O*-*β*-D- 吡喃葡萄糖苷 莲 Nelumbo nucifera
myricetin deoxyhexoside 杨梅素去氧己糖苷 杨梅 Myrica rubra
myricetin hexamethyl ether 杨梅素六甲醚 高山榕 Ficus altissima
myricetin hexoside-malonate 杨梅素己糖苷丙二酸酯 黑茶藨子 Ribes nigrum
myricetin rubinoside 杨梅素芸香糖苷 柳叶菜 Epilobium hirsutum
myricetin-3-(3'',4''-diacetylrhamnoside) 杨梅素 -3-(3'',4''- 二乙酰鼠李糖苷) 铁仔 Myrsine africana
myricetin-3-(6''-malonyl)glucoside 杨梅素 -3-(6''- 丙二酰基) 葡萄糖苷 黑茶藨子 Ribes nigrum
myricetin-3,3',5',7-tetramethyl ether 杨梅素 -3,3',5',7- 四甲醚 紫花丹 Plumbago indica
myricetin-3,3'-di-*O*-*α*-L-rhamnopyranoside 杨梅素 -3,3'- 二 -*O*-*α*-L- 吡喃鼠李糖苷 过路黄 Lysimachia christiniae
myricetin-3,4'-diglucoside 杨梅素 -3,4'- 二葡萄糖苷 臭冷杉 Abies nephrolepis

M

myricetin-3,4'-dimethyl ether 杨梅素 -3,4'- 二甲醚 翼蓼 Pteroxygonum giraldii
myricetin-3,4'-dirhamnoside 杨梅素 -3,4'- 二鼠李糖苷 密花树 Myrsine seguinii
myricetin-3',5'-dimethylether-3-O-β-D-galactopyranoside 杨梅素 -3',5'- 二甲醚 -3-O-β-D- 吡喃半乳糖苷 水翁 Cleistocalyx operculatus
myricetin-3-arabinoside 杨梅素 -3- 阿拉伯糖苷 铁仔 Myrsine africana, 黑茶藨子 Ribes nigrum
myricetin-3-galactopyranoside 杨梅素 -3- 吡喃半乳糖苷 黄连木 Pistacia chinensis
myricetin-3-galactoside 杨梅素 -3- 半乳糖苷 铁仔 Myrsine africana, 黑茶藨子 Ribes nigrum
myricetin-3'-glucopyranoside 杨梅素 -3'- 吡喃葡萄糖苷 背扁黄耆 Astragalus complanatus
myricetin-3-glucopyranoside 杨梅素 -3- 吡喃葡萄糖苷 黄连木 Pistacia chinensis
myricetin-3-glucorhamnoside 杨梅素 -3- 葡萄糖基鼠李糖苷 毛黄连花 Lysimachia vulgaris
myricetin-3-glucoside 杨梅素 -3- 葡萄糖苷 藏报春 Primula sinensis, 金钱松 Pseudolarix amabilis, 黑茶藨子 Ribes nigrum
myricetin-3'-methyl ether 杨梅素 -3'- 甲醚 水翁 Cleistocalyx operculatus, 北枳椇 Hovenia dulcis
myricetin-3-methyl ether 杨梅素 -3- 甲醚 临时救 Lysimachia congestiflora
myricetin-3'-methyl-3-O-rutinoside 杨梅素 -3'- 甲基 -3-O- 芸香糖苷 臭冷杉 Abies nephrolepis
myricetin-3'-methylether-3-O-β-D-galactopyranoside 杨梅素 -3'- 甲醚 -3-O-β-D- 吡喃半乳糖苷 水翁 Cleistocalyx operculatus
myricetin-3-O-(2''-O-galloyl)-α-L-rhamnopyranoside 杨梅素 -3-O-(2''-O- 没食子酰基)-α-L- 吡喃鼠李糖苷 杨梅 Myrica rubra, 洋蒲桃 Syzygium samarangense
myricetin-3-O-(2'',3''-di-O-galloyl)-α-rhamnopyranoside 杨梅素 -3-O-(2'',3''- 二 -O- 没食子酰基)-α- 吡喃鼠李糖苷 台湾相思 Acacia confusa
myricetin-3-O-(2''-O-galloyl)-α-L-rhamnopyranoside 杨梅素 -3-O-(2''-O- 没食子酰基)-α-L- 吡喃鼠李糖苷 毛杨梅 Myrica esculenta, 杨梅 M. rubra
myricetin-3-O-(2''-O-galloyl)-α-rhamnopyranoside 杨梅素 -3-O-(2''-O- 没食子酰基)-α- 吡喃鼠李糖苷 补血草 Limonium sinense
myricetin-3-O-(2''-O-galloyl)-β-D-galactopyranoside 杨梅素 -3-O-(2''-O- 没食子酰基)-β-D- 吡喃半乳糖苷 毛杨梅 Myrica esculenta, 杨梅 M. rubra
myricetin-3-O-(2''-O-galloyl)-β-D-glucopyranoside 杨梅素 -3-O-(2''-O- 没食子酰基)-β-D- 吡喃葡萄糖苷 草地老鹳草 Geranium pratense
myricetin-3-O-(2''-O-p-hydroxybenzoyl)-α-rhamnopyranoside 杨梅素 -3-O-(2''-O- 对羟基苯甲酰基)-α- 吡喃鼠李糖苷 补血草 Limonium sinense
myricetin-3-O-(3''-O-galloyl)-rhamnopyranoside 杨梅素 -3-O-(3''-O- 没食子酰基)- 吡喃鼠李糖苷 萹蓄 Polygonum aviculare
myricetin-3-O-(3''-O-galloyl)-α-L-rhamnopyranoside 杨梅素 -3-O-(3''-O- 没食子酰基)-α-L- 吡喃鼠李糖苷 洋蒲桃 Syzygium samarangense
myricetin-3-O-(3''-O-galloyl)-α-L-rhamnopyranoside 杨梅素 -3-O-(3''-O- 没食子酰基)-α-L- 吡喃鼠李糖苷 毛杨梅 Myrica esculenta, 清香木 Pistacia weinmanniifolia
myricetin-3-O-(3''-O-galloyl)-α-rhamnopyranoside 杨梅素 -3-O-(3''-O- 没食子酰基)-α- 吡喃鼠李糖苷 台湾相思 Acacia confusa, 补血草 Limonium sinense
myricetin-3-O-(4''-O-galloyl)-α-rhamnopyranoside 杨梅素 -3-O-(4''-O- 没食子酰基)-α- 吡喃鼠李糖苷 补血草 Limonium sinense
myricetin-3-O-(6''-galloyl)-β-D-galactopyranoside 杨梅素 -3-O-(6''- 没食子酰基)-β-D- 半乳糖苷 虾子花 Woodfordia fruticosa
myricetin-3-O-(6''-O-galloyl)-β-D-galactopyranoside 杨梅素 -3-O-(6''-O- 没食子酰基)-β-D- 吡喃半乳糖苷 清香木 Pistacia weinmanniifolia
myricetin-3-O-(6''-O-galloyl)-β-D-glucopyranoside 杨梅素 -3-O-(6''-O- 没食子酰基)-β-D- 吡喃葡萄糖苷 朱缨花 Calliandra haematocephala, 清香木 Pistacia weinmanniifolia
myricetin-3-O-(6''-O-galloyl)-β-galactopyranoside 杨梅素 -3-O-(6''-O- 没食子酰基)- 吡喃半乳糖苷 补血草 Limonium sinense
myricetin-3-O-[β-D-(6''-O-galloyl)-galactopyranoside] 杨梅素 -3-O-[β-D-(6''-O- 没食子酰基)- 吡喃半乳糖苷] 堪察加景天 Phedimus kamtschaticus
myricetin-3-O-[β-D-(6''-O-galloyl)-glucopyranoside] 杨梅素 -3-O-[β-D-(6''-O- 没食子酰基)- 吡喃葡萄糖苷] 堪察加景天 Phedimus kamtschaticus
myricetin-3-O-[β-D-glucopyranosyl-(1 → 3)-α-L-rhamnopyranosyl-(1 → 6)-β-D-glucopyranoside 杨梅素 -3-O-[β-D- 吡喃葡萄糖基 -(1 → 3)-α-L- 吡喃鼠李糖基 -(1 → 6)-β-D- 吡喃葡萄糖苷 茶 Camellia sinensis
myricetin-3-O-arabinopyranoside 杨梅素 -3-O- 吡喃阿拉伯糖苷 牧地山黧豆 Lathyrus pratensis
myricetin-3-O-D-glucoside 杨梅素 -3-O-D- 葡萄糖苷 黄花瓦松 Orostachys spinosa
myricetin-3-O-diglucopyranoside 杨梅素 -3-O- 二吡喃葡萄糖苷 牧地山黧豆 Lathyrus pratensis
myricetin-3-O-galactopyranoside 杨梅素 -3-O- 吡喃半乳糖苷 紫荆 Cercis chinensis, 黄独 Dioscorea bulbifera, 篱蓼 Polygonum dumetorum
myricetin-3-O-galactoside 杨梅素 -3-O- 半乳糖苷 刺葡萄 Vitis davidii, 滇刺枣 Ziziphus mauritiana
myricetin-3-O-glucopyranoside 杨梅素 -3-O- 吡喃葡萄糖苷 黄蜀葵 Abelmoschus manihot, 黄独 Dioscorea bulbifera, 胡桃 Juglans regia, 天蓝苜蓿 Medicago lupulina, 菜豆 Phaseolus vulgaris, 篱蓼 Polygonum dumetorum, 豇豆 Vigna unguiculata
myricetin-3-O-glucoside 杨梅素 -3-O- 葡萄糖苷 蜡瓣花 Corylopsis sinensis, 柠檬桉 Eucalyptus citriodora, 卷茎蓼 Polygonum convolvulus, 胭脂花 Primula maximowiczii, 黑茶藨子 Ribes nigrum, 乌墨 Syzygium cumini, 刺葡萄 Vitis davidii
myricetin-3-O-glucoside-rhamnoside 杨梅素 -3-O- 葡萄糖苷 - 鼠李糖苷 香叶天竺葵 Pelargonium graveolens
myricetin-3-O-glucuronide 杨梅素 -3-O- 葡萄糖醛酸苷 月见草 Oenothera biennis
myricetin-3-O-neohesperidoside 杨梅素 -3-O- 新橙皮糖苷 苦蘵 Physalis angulata
myricetin-3-O-pentoside 杨梅素 -3-O- 戊糖苷 胡桃 Juglans regia
myricetin-3-O-rhamnopyranoside 杨梅素 -3-O- 吡喃鼠李糖苷 小蓝雪花 Ceratostigma minus, 南酸枣 Choerospondias axillaris, 柳叶菜 Epilobium hirsutum, 余甘子 Phyllanthus emblica, 直根酸模 Rumex thyrsiflorus
myricetin-3-O-rhamnoside 杨梅素 -3-O- 鼠李糖苷 假黄皮 Clausena excavata, 蜡瓣花 Corylopsis sinensis, 柠檬桉 Eucalyptus citriodora

M

myricetin-3-*O*-rhamnosylglucoside 杨梅素 -3-*O*- 鼠李糖基葡萄糖苷 云南小膜盖蕨 Araiostegia yunnanensis, 阳芋 Solanum tuberosum
myricetin-3-*O*-robinoside 杨梅素 -3-*O*- 刺槐糖苷 黄蜀葵 Abelmoschus manihot, 乌墨 Syzygium cumini
myricetin-3-*O*-rutinoside 杨梅素 -3-*O*- 芸香糖苷 茶 Camellia sinensis, 树锦鸡儿 Caragana arborescens, 多刺锦鸡儿 C. spinosa, 银桦 Grevillea robusta, 大叶补血草 Limonium gmelinii, 黑茶藨子 Ribes nigrum, 乌墨 Syzygium cumini, 文冠果 Xanthoceras sorbifolium
myricetin-3'-*O*-sulfate 杨梅素 -3'-*O*- 硫酸酯 杨梅 Myrica rubra
myricetin-3-*O*-α-L-arabinofuranoside 杨梅素 -3-*O*-α-L- 呋喃阿拉伯糖苷 萹蓄 Polygonum aviculare, 桃金娘 Rhodomyrtus tomentosa
myricetin-3-*O*-α-L-arabinopyranoside 杨梅素 -3-*O*-α-L- 吡喃阿拉伯糖苷 黄花补血草 Limonium aureum, 大叶补血草 L. gmelinii, 云南杨梅 Myrica nana, 笃斯越桔 Vaccinium uliginosum, 虾子花 Woodfordia fruticosa
myricetin-3-*O*-α-L-rhamnofuranoside 杨梅素 -3-*O*-α-L- 呋喃鼠李糖苷 红叶 Cotinus coggygria var. cinerea
myricetin-3-*O*-α-L-rhamnopyranoside 杨梅素 -3-*O*-α-L- 吡喃鼠李糖苷 元宝槭 Acer truncatum, 广东蛇葡萄 Ampelopsis cantoniensis, 短毛金线草 Antenoron filiforme var. neofiliforme, 岗松 Baeckea frutescens, 紫荆 Cercis chinensis, 红叶 Cotinus coggygria var. cinerea, 君迁子 Diospyros lotus, 小花柳叶菜 Epilobium parviflorum, 粗根老鹳草 Geranium dahuricum, 甘青老鹳草 G. pylzowianum, 小花八角 Illicium micranthum, 银合欢 Leucaena leucocephala, 黄花补血草 Limonium aureum, 大叶补血草 L. gmelinii, 补血草 L. sinense, 过路黄 Lysimachia christiniae, 人心果 Manilkara zapota, 杨梅 Myrica rubra, 五叶地锦 Parthenocissus quinquefolia, 清香木 Pistacia weinmanniifolia, 刺毛杜鹃花 Rhododendron championiae, 桃金娘 Rhodomyrtus tomentosa
myricetin-3-*O*-α-L-rhamnoside 杨梅素 -3-*O*-α-L- 鼠李糖苷 糙枝金丝桃 Hypericum scabrum, 侧柏 Platycladus orientalis, 蕨麻 Potentilla anserina
myricetin-3-*O*-α-rhamnopyranoside 杨梅素 -3-*O*-α- 吡喃鼠李糖苷 补血草 Limonium sinense
myricetin-3-*O*-α-rhamnoside 杨梅素 -3-*O*-α- 鼠李糖苷 大花菟丝子 Cuscuta reflexa, 铁仔 Myrsine africana
myricetin-3-*O*-β-arabinopyranoside 杨梅素 -3-*O*-β- 吡喃阿拉伯糖苷 补血草 Limonium sinense
myricetin-3-*O*-β-D-(6''-galloyl)-galactopyranoside 杨梅素 -3-*O*-β-D-(6''- 没食子酰基)- 吡喃半乳糖苷 二色补血草 Limonium bicolor
myricetin-3-*O*-β-D-galactopyranoside 杨梅素 -3-*O*-β-D- 吡喃半乳糖苷 黄蜀葵 Abelmoschus manihot, 显齿蛇葡萄 Ampelopsis grossedentata, 岩须 Cassiope selaginoides, 红叶 Cotinus coggygria var. cinerea, 粗根老鹳草 Geranium dahuricum, 甘青老鹳草 G. pylzowianum, 胡桃楸 Juglans mandshurica, 黄花补血草 Limonium aureum, 大叶补血草 L. gmelinii, 水龙 Ludwigia adscendens, 云南杨梅 Myrica nana, 萹蓄 Polygonum aviculare, 欧洲大叶杨 Populus candicans, 胭脂花 Primula maximowiczii, 翼蓼 Pteroxygonum giraldii, 刺毛杜鹃花 Rhododendron championiae, 白车轴草 Trifolium repens, 笃斯越桔 Vaccinium uliginosum
myricetin-3-*O*-β-D-galactopyranoside-3'-*O*-β-D-xylopyranoside 杨梅素 -3-*O*-β-D- 吡喃半乳糖苷 -3'-*O*-β-D- 吡喃木糖苷 翼蓼 Pteroxygonum giraldii
myricetin-3-*O*-β-D-galactoside 杨梅素 -3-*O*-β-D- 半乳糖苷 虾子花 Woodfordia fruticosa
myricetin-3'-*O*-β-D-glucopyranoside 杨梅素 -3'-*O*-β-D- 吡喃葡萄糖苷 紫云英 Astragalus sinicus
myricetin-3-*O*-β-D-glucopyranoside 杨梅素 -3-*O*-β-D- 吡喃葡萄糖苷 苘麻 Abutilon theophrasti, 点地梅 Androsace umbellata, 背扁黄耆 Astragalus complanatus, 朱缨花 Calliandra haematocephala, 千金榆 Carpinus cordata, 华千金榆 C. cordata var. chinensis, 雷公鹅耳枥 C. viminea, 流苏树 Chionanthus retusus, 大麻槿 Hibiscus cannabinus, 枳椇 Hovenia acerba, 黄花补血草 Limonium aureum, 大叶补血草 L. gmelinii, 补血草 L. sinense, 杨梅 Myrica rubra, 莲 Nelumbo nucifera, 小花棘豆 Oxytropis glabra, 支柱蓼 Polygonum suffultum, 岭南杜鹃花 Rhododendron mariae, 桃金娘 Rhodomyrtus tomentosa, 雀梅藤 Sageretia thea, 苦马豆 Sphaerophysa salsula, 笃斯越桔 Vaccinium uliginosum, 山葡萄 Vitis amurensis, 文冠果 Xanthoceras sorbifolium
myricetin-3-*O*-β-D-glucoside 杨梅素 -3-*O*-β-D- 葡萄糖苷 叉子圆柏 Juniperus sabina, 费菜 Phedimus aizoon, 清香木 Pistacia weinmanniifolia
myricetin-3-*O*-β-D-glucuronide 杨梅素 -3-*O*-β-D- 葡萄糖醛酸苷 柳兰 Epilobium angustifolium, 蕨麻 Potentilla anserina
myricetin-3-*O*-β-D-glucuronopyranoside 杨梅素 -3-*O*-β-D- 吡喃葡萄糖醛酸苷 青钱柳 Cyclocarya paliurus, 杨梅 Myrica rubra, 萹蓄 Polygonum aviculare, 笃斯越桔 Vaccinium uliginosum, 山葡萄 Vitis amurensis
myricetin-3-*O*-β-D-rhamnopyranoside 杨梅素 -3-*O*-β-D- 吡喃鼠李糖苷 鬼箭锦鸡儿 Caragana jubata
myricetin-3'-*O*-β-D-xylopyranoside 杨梅素 -3'-*O*-β-D- 吡喃木糖苷 紫云英 Astragalus sinicus, 雪白睡莲 Nymphaea candida, 岭南杜鹃花 Rhododendron mariae, 樱草杜鹃 R. primuliflorum
myricetin-3-*O*-β-D-xylopyranoside 杨梅素 -3-*O*-β-D- 吡喃木糖苷 鬼箭锦鸡儿 Caragana jubata, 大叶补血草 Limonium gmelinii, 髯花杜鹃 Rhododendron anthopogon
myricetin-3-*O*-β-D-xylopyranosyl-(1 → 2)-β-D-glucopyranoside 杨梅素 -3-*O*-β-D- 吡喃木糖基 -(1 → 2)-β-D- 吡喃葡萄糖苷 黄蜀葵 Abelmoschus manihot
myricetin-3-*O*-β-D-xylopyranosyl-(1-2)-α-L-rhamnopyranoside 杨梅素 -3-*O*-β-D- 吡喃木糖基 -(1-2)-α-L- 吡喃鼠李糖苷 蒲桃 Syzygium jambos
myricetin-3-*O*-β-galactopyranoside 杨梅素 -3-*O*-β- 吡喃半乳糖苷 补血草 Limonium sinense
myricetin-3-*O*-β-glucopyranoside 杨梅素 -3-*O*-β- 吡喃葡萄糖苷 啤酒花 Humulus lupulus
myricetin-3-*O*-β-glucuronide 杨梅素 -3-*O*-β- 葡萄糖醛酸苷 君迁子 Diospyros lotus
myricetin-3-*O*-β-L-galactopyranoside-6''-*O*-gallate 杨梅素 -3-*O*-β-L- 吡喃半乳糖苷 -6''-*O*- 没食子酸酯 大叶补血草 Limonium gmelinii
myricetin-3-*O*-β-L-rhamnopyranoside 杨梅素 -3-*O*-β-L- 吡喃鼠李糖苷 翼蓼 Pteroxygonum giraldii
myricetin-3-rhamnoglucoside 杨梅素 -3- 鼠李糖基葡萄糖苷 毛黄连花 Lysimachia vulgaris
myricetin-3'-rhamnopyranoside-3-*O*-galactopyranoside 杨梅素 -3'- 吡喃鼠李糖苷 -3-*O*- 吡喃半乳糖苷 大叶糖胶树 Alstonia macrophylla
myricetin-3-rhamnoside 杨梅素 -3- 鼠李糖苷 铁仔 Myrsine africana, 金钱松 Pseudolarix amabilis
myricetin-3-rhamnoside-3'-glucoside 杨梅素 -3- 鼠李糖苷 -3'- 葡萄糖苷 密花树 Myrsine seguinii
myricetin-3-rutinoside 杨梅素 -3- 芸香糖苷 糙枝金丝桃 Hypericum scabrum, 毛黄连花 Lysimachia vulgaris, 黄连木 Pistacia chinensis, 黑茶

藨子 Ribes nigrum
myricetin-3-xyloside 杨梅素 -3- 木糖苷 铁仔 Myrsine africana
myricetin-3-α-L-rhamnofuranoside 杨梅素 -3-α-L- 呋喃鼠李糖苷 火炬树 Rhus typhina
myricetin-3-α-L-rhamnopyranoside 杨梅素 -3-α-L- 吡喃鼠李糖苷 紫荆 Cercis chinensis
myricetin-3-β-D-galactopyranoside 杨梅素 -3-β-D- 吡喃半乳糖苷 茶 Camellia sinensis
myricetin-3-β-D-xylopyranoside 杨梅皮素 -3-β-D- 吡喃木糖苷 烈香杜鹃花 Rhododendron anthopogonoides
myricetin-4'-methyl ether-3-O-rhamnoside 杨梅素 -4'- 甲醚 -3-O-α- 鼠李糖苷 铁仔 Myrsine africana
myricetin-4'-methyl ether-3-O-β-D-galactopyranoside 杨梅素 -4'- 甲醚 -3-O-β-D- 吡喃半乳糖苷 臭冷杉 Abies nephrolepis
myricetin-5'-methyl ether 杨梅黄素 -5'- 甲醚 笃斯越桔 Vaccinium uliginosum
myricetin-7-O-methylether-(3 → 8")-quercetin-3-O-rhamnopyranoside 杨梅素 -7-O- 甲醚 -(3 → 8")- 槲皮素 -3-O- 吡喃鼠李糖苷 榄李 Lumnitzera racemosa
myricetin-7-O-α-L-rhamnopyranoside 杨梅素 -7-O-α-L- 吡喃鼠李糖苷 大叶补血草 Limonium gmelinii
myricetin-7-O-β-(6"-galloylglucopyranoside) 杨梅素 -7-O-β-(6"- 没食子酰吡喃葡萄糖苷) 金合欢 Acacia farnesiana
myricetin-7-O-β-D-glucopyranoside 杨梅素 -7-O-β-D- 吡喃葡萄糖苷 红厚壳 Calophyllum inophyllum, 岩须 Cassiope selaginoides, 胡桃楸 Juglans mandshurica
myricetin-7-rhamnoside 杨梅素 -7- 鼠李糖苷 铁仔 Myrsine africana
myricetin-malonylglucoside 杨梅素 - 丙二酰葡萄糖苷 黑茶藨子 Ribes nigrum
myricetol 杨梅黄醇 三色堇 Viola tricolor
myricetrione 杨梅三酮▲ 杨梅 Myrica rubra
myricitrin 杨梅苷 较常见成分，至少分布于 30 种以上植物中，见于报春花科、大戟科、豆科、杜鹃花科、杜英科、胡桃科、虎耳草科、景天科、楝科、蓼科、柳叶菜科、马鞭草科、猕猴桃科、葡萄科、茄科、桑科、山榄科、山龙眼科、杉科、柿科、鼠李科、桃金娘科、藤黄科、无患子科、杨梅科、野牡丹科、芸香科、紫金牛科等
myricitrin A, B 杨梅苷 A, B 广东蛇葡萄 Ampelopsis cantoniensis
myricitrin-2",3"-di-O-gallate 杨梅苷 -2",3"- 二 -O- 没食子酸酯 朱缨花 Calliandra haematocephala
myricitrin-2"-gallic acid ester 杨梅苷 -2"- 没食子酸酯 台湾相思 Acacia confusa
myricitrin-2"-O-gallate 杨梅苷 -2"-O- 没食子酸酯 朱缨花 Calliandra haematocephala
myricitrin-2"-O-sulfate 杨梅苷 -2"-O- 硫酸酯 洋蒲桃 Syzygium samarangense
myricitrin-3"-O-gallate 杨梅苷 -3"-O- 没食子酸酯 朱缨花 Calliandra haematocephala
myricitrin-3-O-α-L-rhamnopyranoside 杨梅苷 -3-O-α-L- 吡喃鼠李糖苷 代儿茶 Dichrostachys cinerea
myricitrin-4'-methyl ether-3-O-α-L-rhamnopyranoside 杨梅苷 -4'- 甲醚 -3-O-α-L- 吡喃鼠李糖苷 洋蒲桃 Syzygium samarangense
myricolal 杨梅醇醛▲ 杨梅 Myrica rubra
myricomplanoside 沙苑子杨梅苷 背扁黄耆 Astragalus complanatus
myriconal 水柏枝醛▲ 三春水柏枝 Myricaria paniculata
myricyl alcohol 蜂花醇 山小橘 Glycosmis pentaphylla, 银胶菊 Parthenium hysterophorus
myricyl palmitate 棕榈酸蜂花酯 紫花丹 Plumbago indica
myrifabine 密脉木宾碱▲ 密脉木 Myrioneuron faberi
(±)-α-myrifabral A (±)-α- 密脉木醛▲A 密脉木 Myrioneuron faberi
(±)-β-myrifabral A (±)-β- 密脉木醛▲A 密脉木 Myrioneuron faberi
(±)-α-myrifabral B (±)-α- 密脉木醛▲B 密脉木 Myrioneuron faberi
(±)-β-myrifabral B (±)-β- 密脉木醛▲B 密脉木 Myrioneuron faberi
myrifralignan A~E 肉豆蔻新木脂素▲A~E 肉豆蔻 Myristica fragrans
myrigalone B, G 香杨梅酮▲B, G 蒲桃 Syzygium jambos
myrigalone H 香杨梅酮▲H 洋蒲桃 Syzygium samarangense
myrionamide 密脉木酰胺▲ 垂花密脉木 Myrioneuron nutans
myrioneurinol 密脉木醇▲ 垂花密脉木 Myrioneuron nutans
myrionidine 密脉木定▲ 垂花密脉木 Myrioneuron nutans
myrionine 密脉木宁▲ 垂花密脉木 Myrioneuron nutans
myriophylloside I, II, III, A~G 多叶棘豆苷▲I, II, III, A~G 多叶棘豆 Oxytropis myriophylla
myrioside A, D 多叶棘豆皂苷▲A, D 多叶棘豆 Oxytropis myriophylla
myrioside B 多叶棘豆皂苷▲B 多叶棘豆 Oxytropis myriophylla, 杂种车轴草 Trifolium hybridum
myrioside C 多叶棘豆皂苷▲C 多叶棘豆 Oxytropis myriophylla, 杂种车轴草 Trifolium hybridum
myrioxazine A, B 密脉木嗪▲A, B 垂花密脉木 Myrioneuron nutans
myrisfrageal A, B 肉豆蔻脂醛▲A, B 肉豆蔻 Myristica fragrans
(+)-myrisfragransin (+)- 肉豆蔻辛 肉豆蔻 Myristica fragrans
myrislignan 肉豆蔻木脂素 肉豆蔻 Myristica fragrans
myrislignanometin E 肉豆蔻木脂素代谢素▲E 肉豆蔻 Myristica fragrans
myristargenol A 银被肉豆蔻醇▲A 肉豆蔻 Myristica fragrans, 华中五味子 Schisandra sphenanthera
myristargenol B 银被肉豆蔻醇▲B 蜂巢草 Leucas aspera
myristic acid 肉豆蔻酸 挥发油成分，未统计基源

M

myristic acid octadecyl ester 肉豆蔻酸十八酯 猫爪草 Ranunculus ternatus
myristicanol A, B 肉豆蔻醇 A, B 肉豆蔻 Myristica fragrans
myristicic acid 肉豆蔻醚酸 旱芹 Apium graveolens
myristicin 肉豆蔻醚 挥发油成分，未统计基源
myristicin aldehyde 肉豆蔻醚醛 藁本 Ligusticum sinense, 玉兰 Yulania denudata
myristoleic acid 肉豆蔻烯酸 多花芍药 Paeonia emodi
3β-myristoxyurs-12-en-19,28-olide 3β- 肉豆蔻酰氧基熊果 -12- 烯 -19,28- 内酯 矮桃 Lysimachia clethroides
myristyl myristate 肉豆蔻酸肉豆蔻酯 酢浆草 Oxalis corniculata
myristyl palmitate 棕榈酸肉豆蔻酯 罗布麻 Apocynum venetum
myrobotinol 密脉木亭醇▲ 垂花密脉木 Myrioneuron nutans
myrseguinoside A~E 密花树苷▲A~E 密花树 Myrsine seguinii
myrsellinol 塞林拟香桃木醇▲ 紫苜蓿 Medicago sativa
myrsine saponin 铁仔皂苷 铁仔 Myrsine africana
myrsinene 铁仔烯▲ 铁仔 Myrsine africana
myrsininone A 铁仔黄酮▲A 榕树 Ficus microcarpa, 铁仔 Myrsine africana
myrsininone B 铁仔黄酮▲B 铁仔 Myrsine africana
myrsinionoside A, B 密花树香堇苷▲A, B 密花树 Myrsine seguinii
myrsinionoside C 密花树香堇苷▲C 光叶巴豆 Croton laevigatus, 密花树 Myrsine seguinii
myrsinionoside D 密花树香堇苷▲D 密花树 Myrsine seguinii, 五层龙 Salacia prinoides
myrsinionoside E 密花树香堇苷▲E 元宝槭 Acer truncatum, 密花树 Myrsine seguinii
myrsinoic acid B, C, E, F 铁仔酸▲B, C, E, F 密花树 Myrsine seguinii
myrsinone 铁仔酮▲ 铁仔 Myrsine africana
myrsinoside A, B 铁仔苷▲A, B 铁仔 Myrsine africana
cis-myrtanol 顺式 - 桃金娘烷醇 挥发油成分，未统计基源
myrtenal 桃金娘烯醛 挥发油成分，未统计基源
myrtenol 桃金娘烯醇 挥发油成分，未统计基源
trans-myrtenol acetate 反式 - 桃金娘醇乙酸酯 挥发油成分，未统计基源
myrtenol-10-*O*-[β-D-apiofuranosyl-(1 → 6)-β-D-glucopyranoside] 桃金娘烯醇 -10-*O*-[β-D- 呋喃芹糖基 -(1 → 6)-β-D- 吡喃葡萄糖苷] 苦瓜 Momordica charantia
myrtenol-10-*O*-β-D-glucopyranoside 桃金娘烯醇 -10-*O*-β-D- 吡喃葡萄糖苷 苦瓜 Momordica charantia
myrubol 杨梅波醇▲ 杨梅 Myrica rubra
myzodendrone 吸木酮▲ 五层龙 Salacia prinoides, 穗花牡荆 Vitex agnus-castus
mzikonone 粗壮杜楝酮▲ 杜楝 Turraea pubescens

N

N

N-(1',4'-dihydroxy-1',2',3',4'-tetrahydronaphthyl)-propyl-*N*-diphenylmethyl-*N*-3,3-dimethylbutylamine *N*-(1',4'- 二羟基 -1',2',3',4'- 四氢萘基)- 丙基 -*N*- 二苯甲基 -*N*-3,3- 二甲基丁基胺 伊贝母 Fritillaria pallidiflora
N-(1,7-dimethoxylphenanthren-2-yl)-acetamide *N*-(1,7- 二甲氧基萘 -2- 基)- 乙酰胺 风龙 Sinomenium acutum
N-(1'-D-deoxyxylitolyl)-6,7-dimethyl-1,4-dihydro-2,3-quinoxalinedione *N*-(1'-D- 去氧木糖醇基)-6,7- 二甲基 -1,4- 二氢 -2,3- 喹喔啉二酮 羌活 Notopterygium incisum
(-)-*N*-(1'-deoxy-1'-β-D-fructopyranosyl)-*S*-allyl-L-cysteine sulfoxide (-)-*N*-(1'- 脱氧 -1'-β-D- 吡喃果糖基)-*S*- 烯丙基 -L- 半胱氨酸亚砜 蒜 Allium sativum
N-(1-hydroxy-1-methylethyl)-2*E*,4*E*,8*E*,10*E*,12*E*-tetradecapentaenamide *N*-(1- 羟基 -1- 甲基乙基)-2*E*,4*E*,8*E*,10*E*,12*E*- 十四碳五烯酰胺 花椒 Zanthoxylum bungeanum
N-(1-hydroxymethyl-2-phenylethyl)benzamide *N*-(1- 羟甲基 -2- 苯乙基) 苯胺 蕺菜 Houttuynia cordata
N-(2,3,5-trichloro-4-hydroxyphenyl)acetamide *N*-[2,3,5- 三氯对羟基苯基] 乙酰胺 沙蓬 Agriophyllum squarrosum
2-*N*-(2',3'-dihydroxyhexacosanoyl)-hexadecane-1,3,4-triol 2-*N*-(2',3'- 二羟基二十六烷酰)- 十六烷 -1,3,4- 三醇 石斛 Dendrobium nobile
N-(2',6'-diethylphenyl)-2-chloroacetamide *N*-(2',6'- 二乙基苯基)-2- 氯代乙酰胺 光烟草 Nicotiana glauca
N-(2-acetylphenyl)formamide *N*-(2- 乙酰苯基) 甲酰胺 挥发油成分，未统计基源
N-(2-aminoethyl)aziridine *N*-(2- 氨基乙基)- 氮丙啶 挥发油成分，未统计基源
N-(2-aminoformyl-phenyl)-2-hydroxy-benzamide-5-*O*-β-D-allopyranoside *N*-(2- 氨甲酰苯基)-2- 羟基苯甲酰胺 -5-*O*-β-D- 吡喃阿洛糖苷 冬凌草 Isodon rubescens
N-(2-aminophenyl)urea *N*-(2- 氨基苯基) 脲 大叶山楝 Aphanamixis grandifolia
N-(2-aminophenyl)-urea *N*-(2- 氨基苯基)- 脲 皱叶南蛇藤 Celastrus rugosus
(2*E*,6*E*,8*E*)-*N*-(2-hydroxy-2-methylpropyl)-10-oxo-2,6,8-decatrienamide (2*E*,6*E*,8*E*)-*N*-(2- 羟基 -2- 甲基丙基)-10- 氧代 -2,6,8- 十碳三烯酰胺 花椒 Zanthoxylum bungeanum
(2*E*,7*E*,9*E*)-*N*-(2-hydroxy-2-methylpropyl)-6,11-dioxo-2,7,9-dodecatrienamide (2*E*,7*E*,9*E*)-*N*-(2- 羟基 -2- 甲基丙基)-6,11- 氧代 -2,7,9- 十二碳三烯酰胺 花椒 Zanthoxylum bungeanum

N

N-(4-methoxyphenyl)-acetamide *N*-(4- 甲氧基苯基)- 乙酰胺 象橘 Feronia limonia
N-(6-hydroxyindol-3-ylacetyl)-phenylalanine *N*-(6- 羟基吲哚 -3- 基乙酰)- 苯氨基丙酸 拟南芥 Arabidopsis thaliana
N-(6-hydroxyindol-3-ylacetyl)-valine *N*-(6- 羟基吲哚 -3- 基乙酰)- 缬氨酸 拟南芥 Arabidopsis thaliana
N-(8*E*-2,4-dihydroxy-1-hydroxymethyl-8-hexacosenyl)-pentadecanamide *N*-(8*E*-2,4- 二羟基 -1- 羟甲基 -8- 二十六碳烯)- 十五酰胺 小蓬草 Conyza canadensis
N-(butyloxymethyl)-*N*-(2',6'-diethylphenyl)-2-chloroacetamide *N*-(丁酰氧甲基)-*N*-(2',6'- 二乙基苯基)-2- 氯代乙酰胺 光烟草 Nicotiana glauca
N-(chloromethyl)taspine *N*- 氯化甲基塔斯品碱 高乌头 Aconitum sinomontanum
N-(*cis*-*p*-coumaroyl)-tyramine *N*- 顺式对香豆酰基 - 酪胺 吴茱萸 Euodia ruticarpa
(+)-*N*-(methoxycarbonyl)-*N*-norboldine (+)-*N*-(甲氧基羰基)-*N*- 降波尔定碱 山鸡椒 Litsea cubeba
(+)-*N*-(methoxycarbonyl)-*N*-norglaucine (+)-*N*-(甲氧基羰基)-*N*- 降海罂粟碱 山鸡椒 Litsea cubeba
(+)-*N*-(methoxycarbonyl)-*N*-norlauroscholtzine (+)-*N*-(甲氧基羰基)-*N*- 降樟花菱草碱▲ 山鸡椒 Litsea cubeba
N-(methoxylcarbonyl)-*N*-norbulbodione *N*- 甲酸酯 -*N*- 降山延胡索二酮▲ 山鸡椒 Litsea cubeba
(+)-*N*-(methoxylcarbonyl)-*N*-nordicentrine (+)-*N*- 甲酸酯 -*N*- 降荷包牡丹碱 山鸡椒 Litsea cubeba
(+)-*N*-(methoxylcarbonyl)-*N*-norglaucine (+)-*N*- 甲酸酯 -*N*- 降海罂粟碱 山鸡椒 Litsea cubeba
N-(methoxylcarbonyl)-*N*-norisocorydione *N*- 甲酸酯 -*N*- 降异紫堇二酮 山鸡椒 Litsea cubeba
(+)-*N*-(methoxylcarbonyl)-*N*-norpredicentrine (+)-*N*- 甲酸酯 -*N*- 降前荷包牡丹碱 山鸡椒 Litsea cubeba
(-)-*N*-(*N*-acetylaminomethyl)cytosine (-)-*N*- 乙酰氨甲基金雀儿碱 马鞍树 Maackia hupehensis
N-(*N*-benzoyl-L-pheny-lalanyl-)-*O*-acetyl-L-phenylalanol *N*-(*N*- 苯甲酰基 -L- 苯丙氨酰基)-*O*- 乙酰基 -L- 苯丙氨醇 马蹄金 Dichondra micrantha
N-(*N*-benzoyl-L-phenylalanyl-)-*O*-actyl-L-phenylalanol *N*-(*N*- 苯甲酰基 -L- 苯丙氨基)-*O*- 乙酰基 -L- 苯丙氨基醇 皱叶南蛇藤 Celastrus rugosus
N(*N*'-benzoyl-*S**-phenylalaninyl)-*S**-phenylalaninolbenzoate *N*(*N*'- 苯甲酰基 -*S**- 苯丙氨基)-*S**- 苯丙氨基醇苯甲酸酯 皱叶南蛇藤 Celastrus rugosus
N-(*N*'-benzoyl-*S*-phenylalanilyl)-*S*-phenylalaninol acetate *N*-(*N*'- 苯甲酰基 -*S*- 苯丙氨基)-*S*- 苯丙氨醇乙酸酯 白花蛇舌草 Hedyotis diffusa
N-(*N*'-benzoyl-*S*-phenylalaninyl)-*S*-phenylalaninol *N*-(*N*'- 苯甲酰基 -*S*- 苯丙氨酸基)-*S*- 苯丙胺醇 白花丹 Plumbago zeylanica
N-(*N*-methylcarbamoyl)-*O*-methyl-bulbocapnine *N*-(*N*- 甲基氨甲酰基)-*O*- 甲基 - 球紫堇碱 莲叶桐 Hernandia nymphaeifolia
(*E*)-*N*-(*p*-coumaroyl)-serotonin (*E*)-*N*- 对香豆酰基 - 血清素 千年健 Homalomena occulta
(*Z*)-*N*-(*p*-coumaroyl)-serotonin (*Z*)-*N*-(对 - 香豆酰基)- 血清素 千年健 Homalomena occulta
4-[*N*-(*p*-coumaroyl)serotonin-4''-yl]-*N*-feruloylserotonin 4-[*N*-(对 - 香豆酰基)-5- 羟色胺 -4''- 基]-*N*- 阿魏酰基 -5- 羟色胺 红花 Carthamus tinctorius
N-(*p*-coumaroyl)tryptamine *N*- 对香豆酰色胺 红花 Carthamus tinctorius, 地木耳 Nostoc commune
N-(*p*-hydroxybenzyl)-adenosine *N*- 对羟基苯基腺苷 天麻 Gastrodia elata
(2,3-*trans*)-*N*-(*p*-hydroxyphenethyl)ferulamide (2,3- 反式)-*N*- 对羟基苯乙基阿魏酰胺 苍白秤钩风 Diploclisia glaucescens
N-(*p*-hydroxyphenethyl)-*p*-coumaramide *N*-(对羟基苯乙基)- 对香豆酰胺 宝兴马兜铃 Aristolochia moupinensis, 结香 Edgeworthia chrysantha, 假烟叶树 Solanum erianthum, 白英 S. lyratum, 山椒子 Uvaria grandiflora
N-(*p*-hydroxyphenyl)-*β*-ethyl-*p*-hydroxycinnamic acid *N*-(对羟基苯乙基)-*β*- 乙基 - 对羟基桂皮酸 大叶马兜铃 Aristolochia kaempferi
N-(*p*-hydroxyphenylethyl)-*p*-hydroxycinnamamide *N*-(对羟基苯乙基)- 对羟基桂皮酰胺 洋金花 Datura metel
N-(*p*-*trans*-coumaroyl)-tyramine *N*-(对 - 反式 - 香豆酰基)- 酪胺 刺天茄 Solanum violaceum
N-(*γ*-L-glutamyl)-*β*-cyano-L-alanine *N*-(*γ*-L- 谷氨酰)-*β*- 氰基 -L- 丙氨酸 救荒野豌豆 Vicia sativa
N,*N*,2,2,6,6-hexamethylpiperidone chloride *N*,*N*,2,2,6,6- 六甲基哌啶酮氯化物 海带 Laminaria japonica
N,*N*,*N*',*N*'-tetramethylholarrhimine *N*,*N*,*N*',*N*'- 四甲基止泻木明 止泻木 Holarrhena pubescens
N,*N*,*N*',*N*'-tetramethylsuccinamide *N*,*N*,*N*',*N*'- 四甲基琥珀酰胺 仙茅 Curculigo orchioides
N,*N*,*N*-trimethyldopamine *N*,*N*,*N*- 三甲基多巴胺 三点金 Desmodium triflorum
1-(*N*,*N*,*N*-trimethyl-ethyl-amino-phosphoryl)-2,3-dilinolein ion 1-(*N*,*N*,*N*- 三甲基 - 乙基 - 氨基 - 磷酰基)-2,3- 二亚油酸甘油酯离子 多脂鳞伞 Pholiota adiposa
2-*N*,*N*,*N*-trimethylphenylalanine 2-*N*,*N*,*N*- 三甲基苯丙氨酸 多根硬皮马勃 Scleroderma polyrhizum
N,*N*,*N*-trimethyltryptamine *N*,*N*,*N*- 三甲基色胺 两面针 Zanthoxylum nitidum
N,*N*,*N*-trimethyltryptophan *N*,*N*,*N*- 三甲基色氨酸 广州相思子 Abrus cantoniensis, 毛相思子 A. mollis
N,*N*'-[2,2'-(5,5'-dihydroxy-4,4'-bi-1*H*-indol-3,3'-yl)diethyl]-diferulamide *N*,*N*'-[2,2'-(5,5'- 二羟基 -4,4'- 二 -1*H*- 吲哚 -3,3'- 基) 二乙基]- 二阿魏酰胺 红花 Carthamus tinctorius
N,*N*'-[2,2'-(5,5'-dihydroxy-4,4'-bi-1*H*-indol-3,3'-yl)diethyl]-di-*p*-coumaramide *N*,*N*'-[2,2'-(5,5'- 二羟基 -4,4'- 双 -1*H*- 吲哚 -3,3'- 基) 二乙基]- 二 - 对香豆酰胺 红花 Carthamus tinctorius
N,*N*-bis(methylcarbamyl)-methylamine *N*,*N*- 双 (甲氨甲酰基)- 甲胺 苍山乌头 Aconitum contortum
N,*N*-di(1-iminepropanyl)propionamidine *N*,*N*- 二 (1- 亚胺丙基) 丙脒 大黄橐吾 Ligularia duciformis
N,*N*-diacetylepipachysamine C *N*,*N*- 二乙酰表粉蕊黄杨胺 C 顶花板凳果 Pachysandra terminalis
N,*N*'-dicaffeoylspermidine *N*,*N*'- 二咖啡酰氧基亚精胺 茄 Solanum melongena
N,*N*'-dicarbazyl *N*,*N*'- 双咔唑 胡卢巴 Trigonella foenum-graecum
2,2'-*N*,*N*-dichloromethyltetrandrine 2,2'-*N*,*N*- 二氯甲基粉防己碱 粉防己 Stephania tetrandra

N

(2*S*,3*S*,4*R*,8*E*)-2*N*-[(2'*R*,3')-2',3'-dihydroxyhexacosanoyl]-1,3,4-trihydroxy-8-octadecene (2*S*,3*S*,4*R*,8*E*)-2*N*-[(2'*R*,3')-2',3'- 二羟基二十六酰基]-1,3,4- 三羟基 -8- 十八烯 毛鱼藤 Derris elliptica

N-[(2*S*)-2-hydroxy-2-phenylethyl]-3-phenyl-2-propenamide *N*-[(2*S*)-2- 羟基 -2- 苯乙基]-3- 苯基 -2- 丙烯酰胺 多叶棘豆 Oxytropis myriophylla

N-[(2*S*)-2-hydroxy-2-phenylethyl]benzamide *N*-[(2*S*)-2- 羟基 -2- 苯乙基] 苯甲酰胺 多叶棘豆 Oxytropis myriophylla

(2*E*,4*Z*,8*E*)-*N*-[(3,4-methylendioxyphenyl)-2,4,8-nonatrienoyl]-piperidine (2*E*,4*Z*,8*E*)-*N*-[(3,4- 亚甲二氧苯基)-2,4,8- 壬三烯酰基]- 哌啶 假荜拔 Piper retrofractum

N-[(3*R*,7*R*)-(-)-jasmonoyl]-(*S*)-dopa *N*-[(3*R*,7*R*)-(-)- 茉莉酰基]-(*S*)- 多巴 蚕豆 Vicia faba

N-[(3*R*,7*R*)-(-)-jasmonoyl]-(*S*)-tyrosine *N*-[(3*R*,7*R*)-(-)- 茉莉酰基]-(*S*)- 酪氨酸 蚕豆 Vicia faba

N-[(3*R*,7*R*)-(-)-jasmonoyl]-dopamine *N*-[(3*R*,7*R*)-(-)- 茉莉酰基]- 多巴胺 蚕豆 Vicia faba

(2E,4*E*)-*N*-[(4-hydroxy-3-methoxyphenyl)ethyl]-2,4-decadienamide (2*E*,4*E*)-*N*-[(4- 羟基 -3- 甲氧基苯基) 乙基]-2,4- 癸二烯酰胺 苎叶蒟 Piper boehmeriifolium

(+)-*N*-[(*E*)-cinnamoyl]-L-aspartic acid (+)-*N*-[(*E*)- 桂皮酰基]-L- 天冬氨酸 可可 Theobroma cacao

N-[(*E*)-isoferuloyl]tyramine *N*-[(*E*)- 异阿魏酰基] 酪胺 豆瓣绿 Peperomia tetraphylla

(2*S*,3*S*,4*R*)-*N*-[(*R*)-2'-hydroxytetracosanoyl]-1,3,4-trihydroxy-2-amino-octadeca-6-ene (2*S*,3*S*,4*R*)-*N*-[(*R*)-2'- 羟基二十四酰基]-1,3,4- 三羟基 -2- 氨基 - 十八 -6- 烯 臭棘豆 Oxytropis microphylla

[1*R*-[1*α*,2*β*(*Z*)]]-*N*-[[3-oxo-2-(2-pentenyl)cyclopentyl]acetyl]-L-tyrosine [1*R*-[1*α*,2*β*(*Z*)]]-*N*-[[3- 氧代 -2-(2- 戊烯基) 环戊基] 乙酰基]-L- 酪氨酸 蚕豆 Vicia faba

N-[1-(tetrahydro-5-oxofuran-2-yl)-ethyl]acetamide *N*-[1-(四氢 -5- 氧代呋喃 -2- 基)- 乙基] 乙酰胺 红曲 Monascus purpureus

N-[2-(1*H*-indol-3-yl)ethyl]acetamide *N*-[2-(1*H*- 吲哚 -3- 基) 乙基] 乙酰胺 藜 Chenopodium album

N-[2-(3,4-dimethoxyphenyl)-ethyl]-3-phenyl-acrylamide *N*-[2-(3,4- 二甲氧基苯基)- 乙基]-3- 苯基 - 丙烯酰胺 花椒 Zanthoxylum bungeanum

N-[2-(5-(*β*-D-glucosyloxy)-1*H*-indol-3-yl)ethyl]-*p*-coumaramide *N*-[2-(5-(*β*-D- 葡萄糖氧基)-1*H*- 吲哚 -3- 基) 乙基]- 对香豆酰胺 红花 Carthamus tinctorius

N-[2-(5-(*β*-D-glucosyloxy)-1*H*-indol-3-yl)ethyl]ferulamide *N*-[2-(5-(*β*-D- 葡萄糖氧基)-1*H*- 吲哚 -3- 基) 乙基] 阿魏酰胺 红花 Carthamus tinctorius

(2*E*)-*N*-[2-(5-hydroxy-1*H*-indol-3-yl)ethyl]-3-(4-methoxyphenyl)-2-propenamide (2*E*)-*N*-[2-(5- 羟基 -1*H*- 吲哚 -3- 基) 乙基]-3-(4- 甲氧基苯基)-2- 丙烯酰胺 小心叶薯 Ipomoea obscura

N-[2-(5-hydroxy-1*H*-indol-3-yl)ethyl]ferulamide *N*-[2-(5- 羟基 -1*H*- 吲哚 -3- 基) 乙基] 阿魏酰胺 红花 Carthamus tinctorius

N-[2-(5-hydroxy-1*H*-indol-3-yl)ethyl]-*p*-coumaramide *N*-[2-(5- 羟基 -1*H*- 吲哚 -3- 基) 乙基]- 对香豆酰胺 红花 Carthamus tinctorius

(2*E*,4*E*)-*N*-[2-(methylsulfinyl)ethyl]-2,4-decadienamide (2*E*,4*E*)-*N*-[2-(甲基亚硫酰基) 乙基]-2,4- 癸二烯酰胺 苎叶蒟 Piper boehmeriifolium

N-[2-(nitroamino)ethyl]-L-glutamine *N*-[2-(硝氨基) 乙基]-L- 谷氨酰胺 紫红蘑菇 Agaricus subrutilescens

N-[2,5-dichloro-4-hydroxyphenyl]acetamide *N*-[2,5- 二氯对羟基苯基] 乙酰胺 沙蓬 Agriophyllum squarrosum

N-[2-[3'-[2-(*p*-coumaramide)ethyl]-5,5'-dihydroxy-4,4'-bi-1*H*-indol-3-yl]ethyl]ferulamide *N*-[2-[3'-[2-(对香豆酰胺) 乙基]-5,5'- 二羟基 -4,4'- 二 -1*H*- 吲哚 -3- 基] 乙基] 阿魏酰胺 红花 Carthamus tinctorius

(2*E*)-rel-*N*-[2-[5-[(1*R*,2*R*)-2-(3,4-dimethoxyphenyl)-2-hydroxy-1-(hydroxymethyl)ethoxy]-1*H*-indol-3-yl]ethyl]-3-(4-methoxyphenyl)-2-propenamide (2*E*)- 相对 -*N*-[2-[5-[(1*R*,2*R*)-2-(3,4- 二甲氧基苯基)-2- 羟基 -1-(羟基甲基) 乙氧基]-1*H*- 吲哚 -3- 基] 乙基]-3-(4- 甲氧基苯基)-2- 丙烯酰胺 小心叶薯 Ipomoea obscura

(2*E*)-rel-*N*-[2-[5-[(1*R*,2*S*)-2-(3,4-dimethoxyphenyl)-2-hydroxy-1-(hydroxymethyl)ethoxy]-1*H*-indol-3-yl]ethyl]-3-(4-methoxyphenyl)-2-propenamide (2*E*)- 相对 -*N*-[2-[5-[(1*R*,2*S*)-2-(3,4- 二甲氧基苯基)-2- 羟基 -1-(羟基甲基) 乙氧基]-1*H*- 吲哚 -3- 基] 乙基]-3-(4- 甲氧基苯基)-2- 丙烯酰胺 小心叶薯 Ipomoea obscura

N-[2-hydroxy-(nonadecanoyl-tricosanoyl)]-4-hydroxy-*trans*-8-sphingenine *N*-[2- 羟基 (十九酰基 - 二十三酰基)]-4- 羟基 - 反式 -8- 神经鞘氨醇 绵参 Eriophyton wallichii

(2*S*,*E*)-*N*-[2-hydroxy-2-(4-hydroxyphenyl)ethyl]-ferulamide (2*S*,*E*)-*N*-[2- 羟基 -2-(4- 羟基苯基) 乙基]- 阿魏酰胺 肾茶 Clerodendranthus spicatus, 波缘冷水花 Pilea cavaleriei

(2*E*)-*N*-[2-methoxy-2-[4-(3-methyl-2-butenyloxy)phenyl]ethyl]-3-phenyl-2-propenamide 2*E*-*N*-[2- 甲氧基 -2-[4-(3- 甲基 -2- 丁烯酰氧基) 苯乙基]-3- 苯基 -2- 丙烯酰胺 木橘 Aegle marmelos

N-[3-(4'-methoxyphenyl)-propanoyl]-pyrrole *N*-[3-(4'- 甲氧基苯基)- 丙酰基]- 吡咯 假蒟 Piper sarmentosum

N-[3',4'-dihydroxy-(*E*)-cinnamoyl]-5-hydroxyanthranilic acid *N*-(3',4'- 二羟基 -(*E*)- 桂皮酰基)-5- 羟基邻氨基苯甲酸 燕麦 Avena sativa

(-)-*N*-[3',4'-dihydroxy-(*E*)-cinnamoyl]-L-glutamic acid (-)-*N*-[3',4'- 二羟基 -(*E*)- 桂皮酰基]-L- 谷氨酸 可可 Theobroma cacao

(-)-*N*-[3',4'-dihydroxy-(*E*)-cinnamoyl]-L-tyrosine (-)-*N*-[3',4'- 二羟基 -(*E*)- 桂皮酰基]-L- 酪氨酸 可可 Theobroma cacao

N-[3-chloro-4-hydroxylphenyl]acetamide *N*-[3- 氯对羟基苯基] 乙酰胺 沙蓬 Agriophyllum squarrosum

N-[3*E*-2-hydroxy-1-hydroxymethyl-3-hexadecen-1-yl]-hexanamide *N*-[3*E*-2- 羟基 -1- 羟甲基 -3- 十六烯]- 己酰胺 小蓬草 Conyza canadensis

N-[4-(1*H*-pyrazol-1-yl)phenyl]acetamide *N*-[4-(1*H*- 吡唑 -1- 基) 苯基] 乙酰胺 沙蓬 Agriophyllum squarrosum

N-[4-(1*H*-pyrazol-1-yl)-phenyl]formamide *N*-[4-(1*H*- 吡唑 -1- 基) 苯基] 甲酰胺 沙蓬 Agriophyllum squarrosum

(-)-*N*-[4'-hydroxy-(*E*)-cinnamoyl]-3-hydroxy-L-tyrosine (-)-*N*-[4'- 羟基 -(*E*)- 桂皮酰基]-3- 羟基 -L- 天冬氨酸 可可 Theobroma cacao

N-[4'-hydroxy-(*E*)-cinnamoyl]-5-hydroxyanthranilic acid *N*-(4'- 羟基 -(*E*)- 桂皮酰基)-5- 羟基邻氨基苯甲酸 燕麦 Avena sativa

(+)-*N*-[4'-hydroxy-(*E*)-cinnamoyl]-L-aspartic acid (+)-*N*-[4'- 羟基 -(*E*)- 桂皮酰基]-L- 天冬氨酸 可可 Theobroma cacao

(-)-*N*-[4'-hydroxy-(*E*)-cinnamoyl]-L-glutamic acid (-)-*N*-[4'- 羟基 -(*E*)- 桂皮酰基]-L- 谷氨酸 可可 Theobroma cacao

N-[4'-hydroxy-3'-methoxy-(*E*)-cinnamoyl]-5-hydroxyanthranilic acid *N*-(4'- 羟基 -3'- 甲氧基 -(*E*)- 桂皮酰基)-5- 羟基邻氨基苯甲酸 燕麦 Avena sativa

(+)-*N*-[4'-hydroxy-3'-methoxy-(*E*)-cinnamoyl]-L-aspartic acid (+)-*N*-[4'- 羟基 -3'- 甲氧基 -(*E*)- 桂皮酰基]-L- 天冬氨酸 可可 Theobroma cacao

N-[4-*O*-[3-*O*-(4-*O*-*α*-L-rhamnopyranosyl-*β*-D-glucopyranosyl)-*α*-L-rhamnopyranosyl]-phenethyl]-acetamide *N*-[4-*O*-[3-*O*-(4-*O*-*α*-L- 吡喃鼠李糖基 -*β*-D- 吡喃葡萄糖基)-*α*-L- 吡喃鼠李糖基]- 苯乙基]- 乙酰胺 草麻黄 Ephedra sinica

N-[5*E*,8*E*-1-[(*β*-D-glucopyranosyloxy)methyl]-2,4-dihydroxy-5,8-hexacosadienyl]-pentadecanamide *N*-[5*E*,8*E*-1-[(*β*-D- 吡喃葡萄糖氧基) 甲基]-2,4- 二羟基 -5,8- 二十六碳二烯]- 十五酰胺 小蓬草 Conyza canadensis

N-[5*E*,8*E*-2,4-dihydroxy-1-hydroxymethyl-5,8-hexacosadienyl]-pentadecanamide *N*-[5*E*,8*E*-2,4- 二羟基 -1- 羟甲基 -5,8- 二十六碳二烯]- 十五酰胺 小蓬草 Conyza canadensis

N-[8*E*-1-[(*β*-D-glucopyranosyloxy)methyl]-2,4-dihydroxy-8-hexacosenyl]-pentadeca-namide *N*-{8*E*-1-[(*β*-D- 吡喃葡萄糖氧基) 甲基]-2,4- 二羟基 -8- 二十六碳烯 }- 十五酰胺 小蓬草 Conyza canadensis

(2*E*,4*Z*,8*E*)-*N*-[9-(3,4-methylenedioxyphenyl)-2,4,8-nonatrienoyl]piperidine (2*E*,4*Z*,8*E*)-*N*-[9-(3,4- 亚甲二氧苯基)-2,4,8- 壬三烯酰基] 哌啶 荜拔 Piper longum, 胡椒 P. nigrum

N-[9-(3,4-methylenedioxyphenyl)-2*E*,4*E*,8*E*-nonatrienoyl]-pyrrolidine *N*-[9-(3,4- 亚甲二氧基)-2*E*,4*E*,8*E*- 九碳三烯酰]- 吡咯烷 假蒟 Piper sarmentosum

(2'*R*)-*N*-{(1*S*,2*S*,3*E*,7*E*)-1-[(*β*-D-glucopyranosyloxy)methyl]-2-hydroxyheptadeca-3,7-dien-1-yl}-2-hydroxyhexadecanamide (2'*R*)-*N*-{(1*S*,2*S*,3*E*,7*E*)-1-[(*β*-D- 吡喃葡萄糖氧基) 甲基]-2- 羟基十七碳 -3,7- 二烯 -1- 基 }-2- 羟基十六碳酰胺 白花酸藤子 Embelia ribes

(2'*R*)-*N*-{(1*S*,2*S*,3*R*,7*Z*)-1-[(*β*-D-glucopyranosyloxy)methyl]-2,3-dihydroxyheptadec-7-en-1-yl}-2-hydroxytetracosanamide (2'*R*)-*N*-{(1*S*,2*S*,3*R*,7*Z*)-1-[(*β*-D- 吡喃葡萄糖氧基) 甲基]-2,3- 二羟基十七碳 -7- 烯 -1- 基 }-2- 羟基十四碳酰胺 白花酸藤子 Embelia ribes

N^1,N^{10}-di-dihydrocaffeoylspermidine N^1,N^{10}- 二 - 二氢咖啡酰亚精胺 山莨菪 Anisodus tanguticus

N^1,N^{10}-di-*p*-coumaroyl-N^5-caffeoylspermidine N^1,N^{10}- 二 - 对香豆酰基 -N^5- 咖啡酰精脒 柞栎 Quercus dentata

N^1,N^4,N^{12}-tris(dihydrocaffeoyl)spermine N^1,N^4,N^{12}- 三 (二氢咖啡酰基) 精胺 阳芋 Solanum tuberosum

N^1,N^4,N^8-tris(dihydrocaffeoyl)spermidine N^1,N^4,N^8- 三 (二氢咖啡酰基) 亚精胺 阳芋 Solanum tuberosum

N^1,N^5,N^{10}-*E*-tri-*p*-coumaroylspermidine N^1,N^5,N^{10}-*E*- 三对香豆酰亚精胺 红花 Carthamus tinctorius

N^1,N^5,N^{10}-tricaffeoylspermidine N^1,N^5,N^{10}- 三咖啡酰亚精胺 柞栎 Quercus dentata

N^1,N^5,N^{10}-tri-*p*-coumaroylspermidine N^1,N^5,N^{10}- 三对香豆酰亚精胺 青蒿 Artemisia carvifolia carvifolia, 柞栎 Quercus dentata

N^1,N^5,N^{10}-*Z*-tri-*p*-coumaroylspermidine N^1,N^5,N^{10}-*Z*- 三对香豆酰亚精胺 红花 Carthamus tinctorius

N^1,N^5-di-*p*-coumaroyl-N^{10}-caffeoylspermidine N^1,N^5- 二 - 对香豆酰基 -N^{10}- 咖啡酰精脒 柞栎 Quercus dentata

N^1,N^5-*Z*-N^{10}-*E*-tri-*p*-coumaroylspermidine N^1,N^5-*Z*-N^{10}-*E*- 三对香豆酰亚精胺 红花 Carthamus tinctorius

N^1,N^8-bis(dihydrocaffeoyl)spermidine N^1,N^8- 二 (二氢咖啡酰基) 亚精胺 阳芋 Solanum tuberosum

N^1,N^8-dibenzoylspermidine N^1,N^8- 二苯甲酰亚精胺 光叶决明 Cassia floribunda

N^{10}-aminobutylhomohexamine N^{10}- 氨丁基均已胺 救荒野豌豆 Vicia sativa

N^{10}-aminobutylhomopentamine N^{10}- 氨丁基均戊胺 救荒野豌豆 Vicia sativa

N^{14}-formyldihydrorutaecarpine N^{14}- 甲酰二氢吴茱萸次碱 波氏吴萸 Euodia ruticarpa var. bodinieri, 石虎 E. ruticarpa var. officinalis

N^{19}-en-denudatine N^{19}- 烯 - 裸翠雀亭 短柄乌头 Aconitum brachypodum

N^1-caffeoyl-N^3-dihydrocaffeoylspermidine N^1- 咖啡酰基 -N^3- 二氢咖啡酰亚精胺 山莨菪 Anisodus tanguticus

N^1-decarbomethoxychanofruticosinic acid N^1- 去甲氧羰基开环红花蕊木酸 ▲ 海南蕊木 Kopsia hainanensis

N^1-demethyl-7-methoxyikirydinium A N^1- 去甲基 -7- 甲氧基伞花仔榄树季铵碱 ▲A 大叶糖胶树 Alstonia macrophylla

N^1-demethylalstophyllal N^1- 去甲基大叶糖胶树醛 ▲ 大叶糖胶树 Alstonia macrophylla

N^1-demethylalstophylline N^1- 去甲基大叶糖胶树碱 ▲ 大叶糖胶树 Alstonia macrophylla

N^1-feruloyl-N^5,N^{10}-dicaffeoylspermidine N^1- 阿魏酰基 -N^5,N^{10}- 二咖啡酰精脒 柞栎 Quercus dentata

N-1*H*-benzimidazol-2-yl-carbamic acid methyl ester *N*-1*H*- 苯并咪唑 -2-. 氨基甲酸甲酯 香蕉 Musa acuminata 'Dwarf cavendish'

(16*S*,19*E*)-N^1-hydroxymethylisositsirikine (16*S*,19*E*)-N^1- 羟基甲基异长春钦碱 ▲ 萝芙木 Rauvolfia verticillata

N^1-isopentenyladenine N^1- 异戊烯基腺嘌呤 禾串树 Bridelia balansae

N^1-methoxy-19,20-dehydroervatamine N^1- 甲氧基 -19,20- 去氢狗牙花碱 伞房狗牙花 Tabernaemontana corymbosa

N^1-methyl-2,16-dihydroakuammicine-N^4-methochloride N^1- 甲基 -2,16- 二氢苦籽木辛碱 ▲-N^4- 甲基氯化物 小蔓长春花 Vinca minor

N_1-methylvoafinine N_1- 甲基伏康树菲宁 ▲ 狗牙花 Tabernaemontana divaricata

N^1-*p*-coumaroyl-N^5-caffeoyl-N^{10}-feruloylspermidine N^1- 对香豆酰基 -N^5- 咖啡酰基 -N^{10}- 阿魏酰精脒 柞栎 Quercus dentata

N_{20}-acetoxycyclovirobuxine D N_{20}- 乙酰氧基环锦熟黄杨辛碱 ▲D 皱叶黄杨 Buxus rugulosa

N_{20}-acetylbuxamine E, G N_{20}- 乙酰黄杨胺 E, G 皱叶黄杨 Buxus rugulosa

N-20-acetylbuxamine E *N*-20- 乙酰黄杨胺 E 锦熟黄杨 Buxus sempervirens

N-20-acetylbuxamine G *N*-20- 乙酰黄杨胺 G 锦熟黄杨 Buxus sempervirens

N-20-formylbuxaminol E *N*-20- 甲酰黄杨胺醇 E 锦熟黄杨 Buxus sempervirens

N^2-formyldeacetylcolchicine N^2- 甲酰去乙酰秋水仙碱 山慈菇 Iphigenia indica

N-2-hydroxy-2-(*p*-hydroxyphenylethyl)-*p*-coumaramide *N*-2- 羟基 -2- 对羟基苯乙基 - 对香豆酰胺 假烟叶树 Solanum erianthum, 水茄 S. torvum

N-2'-hydroxy-eicosanoyl-(henicosanoyl-hexacosanoyl)-4-hydroxy-*trans*-8-sphingenine *N*-2'- 羟基 - 二十酰基 -(二十一酰基 - 二十六酰基)-4- 羟基 - 反式 -8- 鞘氨醇 细锥香茶菜 Isodon coetsa, 小叶香茶菜 I. parvifolius

(4*E*,8*E*)-*N*-2-hydroxyhexadecanoyl-1-*O*-*β*-glucopyranosyl-9-methyl-C18-sphinga-4,8-dienine (4*E*,8*E*)-*N*-2- 羟基十六酰基 -1-*O*-*β*- 吡喃葡萄糖基 -9- 甲基 -C18- 鞘氨烷 -4,8- 二烯 斑玉蕈 Hypsizygus marmoreus

(2*S*,2'*R*,3*R*,4*E*,8*E*)-*N*-2'-hydroxyoctadecanoyl-2-amino-9-methyl-4,8-heptadecadiene-1,3-diol (2*S*,2'*R*,3*R*,4*E*,8*E*)-*N*-2'- 羟基十八酰基 -2- 氨基 -9- 甲基 -4,8- 十七二烯 -1,3- 二醇 葡萄色顶枝瑚菌 Ramaria botrytis

N-2-phenylethylcinnamamide *N*-2- 苯乙基桂皮酰胺 黄皮 Clausena lansium, 镰荚棘豆 Oxytropis falcata

(1,2-*trans*)-N^3-(4-acetamidobutyl)-1-(3,4-dihydroxyphenyl)-7-hydroxy-N^2-(4-hydroxyphenethyl)-6,8-dimethoxy-1,2-dihydronaphthalene-2,3-dicarboxamide (1,2- 反式 -)-N^3-(4- 乙酰胺丁基)-1-(3,4- 二羟基苯基)-7- 羟基 -N^2-(4- 羟基苯乙基)-6,8- 二甲氧基 -1,2- 二氢萘 -2,3- 二羧酰胺 枸杞 Lycium chinense

N-3,4,5-trimethoxyphenylformamide *N*-3,4,5- 三甲氧基苯基甲酰胺 川牛膝 Cyathula officinalis

N-3-benzoybuxidienine F *N*-3- 苯甲酰黄杨二烯宁碱 F 锦熟黄杨 Buxus sempervirens

N^3-isopentenyladenine N^3- 异戊烯基腺嘌呤 禾串树 Bridelia balansae

N^3-methyl-2-butenylurea N^3- 甲基 -2- 丁烯基脲 熏倒牛 Biebersteinia heterostemon

N^4-butanone-flavaconitine N^4- 丁酮 - 伏毛铁棒锤碱 短柄乌头 Aconitum brachypodum

N^4-demethylechitamine N^4- 去甲基糖胶树胺 ▲ 盆架树 Alstonia rostrata, 糖胶树 A. scholaris

N^4-demethyltaberpsychine N^4- 去甲基九节叶狗牙花碱 ▲ 伞房狗牙花 Tabernaemontana corymbosa

N^4-methyl-N^4,21-secotalpinine N^4- 甲基 -N^4,21- 裂环塔氏多果树宁 ▲ 大叶糖胶树 Alstonia macrophylla

N^4-oxide gardneramine N^4- 氧化物蓬莱葛胺 蓬莱葛 Gardneria multiflora

N-4-*trans*-caffeoyltyramine *N*-4- 反式 - 咖啡酰酪胺 文殊兰 Crinum asiaticum var. sinicum

N-4-*trans*-coumaroyltyramine *N*-4- 反式 - 香豆酰酪胺 文殊兰 Crinum asiaticum var. sinicum

N-5-(4-hydroxy-3-methoxyphenyl)-2*E*-pentenoylpiperidine *N*-5-(4- 羟基 -3- 甲氧基苯基)-2*E*- 戊烯酰哌啶 荜拔 Piper longum, 胡椒 P. nigrum

N-5-(4-hydroxyphenyl)-2*E*,4*E*-pentadienoylpiperidine *N*-5-(4- 羟基苯基)-2*E*,4*E*- 戊二烯酰哌啶 胡椒 Piper nigrum

N^5,N^{10}-bis(aminobutyl)homopentamine N^5,N^{10}- 双氨丁基均戊胺 救荒野豌豆 Vicia sativa

N^5,N^{10}-bis(aminobutyl)homospermine N^5,N^{10}- 双氨丁基均精胺 救荒野豌豆 Vicia sativa

N^5,N^{15}-bis(aminobutyl)homopentamine N^5,N^{15}- 双氨丁基均戊胺 救荒野豌豆 Vicia sativa

N^5-aminobutyl-homohexamine N^5- 氨丁基均已胺 救荒野豌豆 Vicia sativa

N^5-aminobutylhomopentamine N^5- 氨丁基均戊胺 救荒野豌豆 Vicia sativa

N^5-aminobutylhomospermine N^5- 氨丁基均精胺 救荒野豌豆 Vicia sativa

N^6-(4-hydroxyphenyl)adenine riboside N^6-4- 羟苯基腺嘌呤核苷 天麻 Gastrodia elata

N^6-isopentenyladenine N^6- 异戊烯基腺嘌呤 禾串树 Bridelia balansae

N^9-formylharman N^9- 甲酰骆驼蓬满碱 ▲ 羊乳 Codonopsis lanceolata, 人参 Panax ginseng, 远志 Polygala tenuifolia

N^9-isopentenyladenine N^9- 异戊烯基腺嘌呤 禾串树 Bridelia balansae

N^a,N^b-dimethyltryptamine N^a,N^b- 二甲基色胺 蜡梅 Chimonanthus praecox

N-acetoxymethylflindersine *N*- 乙酰氧基甲基巨盘木碱 野花椒 Zanthoxylum simulans

N-acetyl-3-methoxynornantenine *N*- 乙酰基 -3- 甲氧基降南天竹宁 北美鹅掌楸 Liriodendron tulipifera

(-)-*N*-acetylanonaine (-)-*N*- 乙酰番荔枝碱 白兰 Michelia × alba, 黄兰 M. champaca

l-*N*-acetylanonaine *l*-*N*- 乙酰番荔枝碱 花椒 Zanthoxylum bungeanum

N-acetylanonaine *N*- 乙酰番荔枝碱 日本厚朴 Houpoëa obovata, 黄兰 Michelia champaca, 台湾含笑 M. compressa, 两面针 Zanthoxylum nitidum, 野花椒 Z. simulans

(-)-*N*-acetylasimilobine (-)-*N*- 乙酰三裂泡泡碱 ▲ 野花椒 Zanthoxylum simulans

N-acetylasimilobine *N*- 乙酰三裂泡泡碱 ▲ 野花椒 Zanthoxylum simulans

N-acetylcyclopropotobuxine D *N*- 乙酰环原黄杨辛碱 D 锦熟黄杨 Buxus sempervirens

(-)-*N*-acetylcytisine (-)-*N*- 乙酰金雀儿碱 绒毛槐 Sophora tomentosa

N-acetylcytisine *N*- 乙酰金雀儿碱 朝鲜槐 Maackia amurensis

N-acetyldehydroanonaine *N*- 乙酰去氢番荔枝碱 台湾含笑 Michelia compressa, 两面针 Zanthoxylum nitidum, 野花椒 Z. simulans

N-acetyldiaminobutyric acid *N*- 乙酰二氨基丁酸 一品红 Euphorbia pulcherrima

N-acetylglutamic acid *N*- 乙酰谷氨基酸 刺果甘草 Glycyrrhiza pallidiflora

N-acetylhomoveratrylamine *N*- 乙酰高藜芦基胺 西伯利亚小檗 Berberis sibirica

N-acetyllaurolitsine *N*- 乙酰樟新木姜子碱 ▲ 圆叶豺皮樟 Litsea rotundifolia, 豺皮樟 L. rotundifolia var. oblongifolia

N-acetyl-L-djenkolic acid *N*- 乙酰基 -L- 藜豆氨酸 金合欢 Acacia farnesiana

N-acetyl-L-phenylalaninyl-*N*-benzoyl-L-phenylalaninate *N*- 乙酰基 -L- 苯甲酰基 -*N*- 苯甲酰基 -L- 苯丙氨酸酯 罗伞 Brassaiopsis glomerulata

N-acetyl-*N*-hydroxy-2-carbamic acid methyl ester *N*- 乙酰基 -*N*- 羟基 -2- 氨基甲酸甲酯 仙茅 Curculigo orchioides

N-acetylnorarmepavine *N*- 乙酰降亚美尼亚罂粟碱 莲 Nelumbo nucifera

N-acetylnornantenine *N*- 乙酰降南天竹宁 北美鹅掌楸 Liriodendron tulipifera

N-acetylnornuciferine *N*- 乙酰降荷叶碱 北美鹅掌楸 Liriodendron tulipifera, 台湾含笑 Michelia compressa, 波叶青牛胆 Tinospora crispa, 野花椒 Zanthoxylum simulans

(-)-*N*-acetylnorstephalagine (-)-*N*- 乙酰降丁氏千金藤碱 ▲ 鹰爪花 Artabotrys hexapetalus

N-acetylsepaconitine *N*- 乙酰北方乌头亭 ▲ 白喉乌头 Aconitum leucostomum

(+)-*N*-acetylstepharine (+)-*N*- 乙酰千金藤碱 粪箕笃 Stephania longa

N-acetylstepharine *N*- 乙酰光千金藤碱 台湾千金藤 Stephania merrillii

N-acetyltryptamine *N*- 乙酰色胺 地木耳 Nostoc commune

N-acetyltryptophan *N*- 乙酰色氨酸 猪毛菜 Salsola collina

N-acetyltyramine *N*- 乙酰酪胺 瓜叶马兜铃 Aristolochia cucurbitifolia
N-acetylvincoside *N*- 乙酰小蔓长春花苷▲ 长春花 Catharanthus roseus
(-)-*N*-acetylxylopine (-)-*N*- 乙酰木瓣树碱▲ 白叶瓜馥木 Fissistigma glaucescens
N-acetylxylopine *N*- 乙酰木瓣树碱▲ 日本厚朴 Houpoëa obovata
N-acylamino acid aminohydrolase *N*- 酰氨基酸氨基水解酶 植物基础成分，未统计基源
N_a-demethoxycarbonyl-12-methoxykopsine N_a- 去甲氧羰基 -12- 蕊木碱▲ 蕊木 Kopsia arborea
N^a-demethylaccedine N^a- 去甲基近缘狗牙花碱▲ 四叶萝芙木 Rauvolfia tetraphylla
N^a-demethyldihydrocorymine-17-acetate N^a- 去甲基二氢紫堇明 -17- 乙酰化物 盆架树 Alstonia rostrata
(+)-N_a-demethylsemperviraminone (+)-N_a- 去甲基锦熟黄杨胺酮▲ 锦熟黄杨 Buxus sempervirens
naematolin 沿丝伞素▲ 簇生垂幕菇 Hypholoma fasciculare
naematolin B, C, G 沿丝伞素▲B, C, G 簇生垂幕菇 Hypholoma fasciculare
naematolone 沿丝伞酮▲ 簇生垂幕菇 Hypholoma fasciculare
nagadine 宣威乌头定▲ 宣威乌头 Aconitum nagarum var. lasiandrum
nagarine 小白撑碱 小白撑 Aconitum nagarum var. heterotrichum, 宣威乌头 A. nagarum var. lasiandrum
nagilactone A, D 竹柏内酯 A, D 竹柏 Nageia nagi
nagilactone B 竹柏内酯 B 竹柏 Nageia nagi, 短叶罗汉松 Podocarpus macrophyllus var. maki
nagilactone C 竹柏内酯 C 竹柏 Nageia nagi, 罗汉松 Podocarpus macrophyllus, 百日青 P. neriifolius
nagilactone E 竹柏内酯 E 竹柏 Nageia nagi, 罗汉松 Podocarpus macrophyllus
nagilactone F 竹柏内酯 F 竹柏 Nageia nagi, 罗汉松 Podocarpus macrophyllus
nagilactone G 竹柏内酯 G 罗汉松 Podocarpus macrophyllus
nagilactone I, J 竹柏内酯 I, J 竹柏 Nageia nagi
nagilactoside A~G 竹柏内酯苷 A~G 竹柏 Nageia nagi
nagitide A, B 竹柏环肽▲A, B 竹柏 Nageia nagi
nagricanin 稀褶黑红菇素 稀褶黑红菇 Russula nigricans
nahagenin 那哈苷元 驼蹄瓣 Zygophyllum fabago
N-allylisonitrarine *N*- 烯丙基异白刺灵碱▲ 大白刺 Nitraria roborowskii
N-allylnorgalanthamine *N*- 烯丙基降加兰他敏 广西石蒜 Lycoris guangxiensis
N_a-methylburnamine N_a- 甲基乳白仔榄树酯胺▲ 糖胶树 Alstonia scholaris
N_a-methylepipachysamine D N_a- 甲基表粉蕊黄杨胺 D 羽脉野扇花 Sarcococca hookeriana
namogenin A, B, C 长花龙血树皂苷元▲A, B, C 长花龙血树 Dracaena angustifolia
22*R*-namogenin B 22*R*- 长花龙血树皂苷元▲B 柬埔寨龙血树 Dracaena cambodiana
25*S*-namogenin B 25*S*- 长花龙血树皂苷元▲B 柬埔寨龙血树 Dracaena cambodiana
namonin A~F 长花龙血树皂苷▲A~F 长花龙血树 Dracaena angustifolia
nanaone 云南杨梅酮▲ 云南杨梅 Myrica nana
nandazurine 南天竹任 山延胡索 Corydalis solida, 南天竹 Nandina domestica
(+)-nandigerine (+)- 莲叶桐碱 月桂 Laurus nobilis
nandinin 南天竹素▲ 南天竹 Nandina domestica
nandsterine 南天竹甾胺▲ 南天竹 Nandina domestica
(+)-nantenine (+)- 南天竹宁 南天竹 Nandina domestica
nantenine 南天竹宁 无根藤 Cassytha filiformis, 山延胡索 Corydalis solida, 延胡索 C. yanhusuo, 粉防己 Stephania tetrandra, 狭序唐松草 Thalictrum atriplex
nantenoside A, B 南天竹苷 A, B 南天竹 Nandina domestica
napalensinol B 尼泊尔嵩草酚▲B 山葡萄 Vitis amurensis
napelline 欧乌头碱 乌头 Aconitum carmichaelii, 伏毛铁棒锤 A. flavum, 鸭绿乌头 A. jaluense, 多根乌头 A. karakolicum, 准噶尔乌头 A. soongaricum, 蔓乌头 A. volubile
napelline-*N*-oxide 欧乌头碱 -*N*- 氧化物 多根乌头 Aconitum karakolicum
naphthalene 萘 挥发油成分，未统计基源
1-naphthaleneacetic acid 1- 萘乙酸 八月瓜 Holboellia latifolia
1,5-naphthalenediol 1,5- 萘二醇 薄片变豆菜 Sanicula lamelligera
2-naphthalenemethanol 2- 萘甲醇 挥发油成分，未统计基源
1-naphthalenepropanol 1- 萘丙醇 挥发油成分，未统计基源
naphthisoxazol A 萘异恶唑 A 洋金花 Datura metel, 珊瑚菜 Glehnia littoralis
naphthjuglansoic acid 胡桃萘酸▲ 胡桃 Juglans regia
naphthofuranin A, B, C 滇紫草萘呋喃宁▲A, B, C 滇紫草 Onosma paniculatum
naphthoherniarin 萘并治疝草素▲ 芸香 Ruta graveolens
naphthohydroquinone dimer 萘氢醌二聚体 茜草 Rubia cordifolia
α-naphthol *α*- 萘酚 中华卷柏 Selaginella sinensis
1,4-naphthoquinone 1,4- 萘醌 水苋菜 Ammannia baccifera, 海金沙 Lygodium japonicum
naphthotectone 柚木萘醌▲ 柚木 Tectona grandis

naphthyridyl methylketone 萘甲基酮 缬草 Valeriana officinalis
napiferoside 芜菁还阳参苷▲ 芜菁还阳参 Crepis napifera
N-arachidoyltryptamine *N*- 花生酰色胺 牛心番荔枝 Annona reticulata
N-arachidylanthranilic acid *N*- 二十烷酰邻氨基苯甲酸 旋覆花 Inula japonica
narceine 那碎因 罂粟 Papaver somniferum
narceinone 那碎酮 罂粟 Papaver somniferum
narchinol A 甘松香醇 A 甘松 Nardostachys jatamansi
narciclasine 水仙环素 水鬼蕉 Hymenocallis littoralis, 中国石蒜 Lycoris chinensis, 长筒石蒜 L. longituba
(+)-narcidine (+)- 水仙定 假水仙 Narcissus pseudonarcissus
(-)-narcissidine (-)- 水仙定 假水仙 Narcissus pseudonarcissus
narcissiflorin 水仙银莲花苷▲ 野楤头 Aralia armata, 黄毛楤木 A. chinensis, 辽东楤木 A. elata var. glabrescens
narcissiflorin methyl ester 水仙银莲花苷▲甲酯 野楤头 Aralia armata
narcissin; narcissoside 水仙苷 较常见成分，至少分布于 30 种以上植物中，见于百合科、大戟科、灯心草科、豆科、椴树科、葫芦科、藜科、蓼科、茜草科、伞形科、桑科、无患子科等
narcotine; noscapine 那可汀 罂粟 Papaver somniferum, 对叶车前 Plantago arenaria
narcotoline 罂粟壳碱 罂粟 Papaver somniferum
nardal 甘松烯醛▲ 甘松 Nardostachys jatamansi
nardin 甘松定▲ 甘松 Nardostachys jatamansi
nardoeudesmol A 甘松桉烯醇▲A 青杞 Solanum septemlobum
nardofuran 甘松呋喃 甘松 Nardostachys jatamansi
nardoguaianone A~K 甘松愈创木酮 A~K 甘松 Nardostachys jatamansi
nardol 甘松薁醇 甘松 Nardostachys jatamansi
nardoperoxide 甘松过氧化物 甘松 Nardostachys jatamansi
nardosaldehyde 甘松醛 甘松 Nardostachys jatamansi
nardosinone 甘松新酮 美丽崖豆藤 Callerya speciosa, 甘松 Nardostachys jatamansi
nardosinone A 甘松新酮 A 甘松 Nardostachys jatamansi
nardosinonediol 甘松新酮二醇 甘松 Nardostachys jatamansi
nardostachin 甘松二酯 甘松 Nardostachys jatamansi
nardostachnol 甘松醇 甘松 Nardostachys jatamansi
nardostachone 甘松酮 甘松 Nardostachys jatamansi
nardostachyl cyclohexanyl ester 甘松基环己酸酯 甘松 Nardostachys jatamansi
nardostachyl decenoate 甘松基癸烯酸酯 甘松 Nardostachys jatamansi
nardostachyl docosanoate 甘松基二十二酸酯 甘松 Nardostachys jatamansi
nardostachyl heptanoate 甘松基庚酸酯 甘松 Nardostachys jatamansi
nardostachyl pentanoate 甘松基戊酸酯 甘松 Nardostachys jatamansi
nardostachysin 甘松素▲ 甘松 Nardostachys jatamansi
nardostachysol 甘松酮醇▲ 甘松 Nardostachys jatamansi
nardoxide 甘松氧化物 甘松 Nardostachys jatamansi
nareline 糖胶树林碱▲ 糖胶树 Alstonia scholaris
nareline ethyl ether 糖胶树林碱▲乙醚 糖胶树 Alstonia scholaris
nareline methyl ether 糖胶树林碱▲甲醚 糖胶树 Alstonia scholaris
naresuanoside 大叶糖胶树苷▲ 大叶糖胶树 Alstonia macrophylla
(-)-(2*S*)-naringenin (-)-(2*S*)- 柚皮苷元 狭叶黄芩 Scutellaria regeliana
(-)-naringenin (-)- 柚皮苷元 胀果甘草 Glycyrrhiza inflata
(+)-(2*R*)-naringenin (+)-(2*R*)- 柚皮苷元 欧洲甜樱桃 Cerasus avium
(2*R*)-naringenin (2*R*)- 柚皮苷元 紫荆 Cercis chinensis, 沙生蜡菊 Helichrysum arenarium
(2*S*)-naringenin (2*S*)- 柚皮苷元 小叶马蹄香 Asarum ichangense, 肾茶 Clerodendranthus spicatus, 九丁榕 Ficus nervosa, 沙生蜡菊 Helichrysum arenarium, 牛奶菜 Marsdenia sinensis, 槲寄生 Viscum coloratum
naringenin 柚皮苷元 常见成分，至少分布于 100 种以上植物中
naringenin chalcone 柚皮苷元查耳酮 番茄 Lycopersicon esculentum, 香杨 Populus koreana
naringenin dihexose 柚皮苷元二己糖 番茄 Lycopersicon esculentum
naringenin trimethyl ether 柚皮苷元三甲醚 米仔兰 Aglaia odorata
naringenin-4',7-dimethyl ether 柚皮苷元 -4',7- 二甲醚 甘松 Nardostachys jatamansi, 海南草珊瑚 Sarcandra glabra subsp. brachystachys
naringenin-4'-galactoside 柚皮苷元 -4'- 半乳糖苷 黄花草 Cleome viscosa
naringenin-4'-methyl ether-7-xyloside 柚皮苷元 -4'- 甲醚 -7- 木糖苷 高盆樱桃 Cerasus cerasoides
naringenin-4'-methylether 柚皮苷元 -4'- 甲醚 飞机草 Chromolaena odorata
naringenin-4'-*O*-(4-*O*-*β*-D-glucopyranosyl)-*β*-D-xylopyranoside 柚皮苷元 -4'-*O*-(4-*O*-*β*-D- 吡喃葡萄糖基)-*β*-D- 吡喃木糖苷 小花五桠果 Dillenia pentagyna
naringenin-4'-*O*-glucopyranoside 柚皮苷元 -4'-*O*- 吡喃葡萄糖苷 锁阳 Cynomorium songaricum, 矮桃 Lysimachia clethroides, 百蕊草

Thesium chinense
naringenin-4'-O-β-D-glucopyranoside 柚皮苷元 -4'-O-β-D- 吡喃葡萄糖苷 药蜀葵 Althaea officinalis
naringenin-4'-O-β-D-xylopyranosyl-(1 → 4)-β-D-glucopyranoside] 柚皮苷元 -4'-O-β-D- 吡喃木糖基 -(1 → 4)-β-D- 吡喃葡萄糖苷 黄花草 Cleome viscosa
naringenin-5,7-diglucoside 柚皮苷元 -5,7- 二葡萄糖苷 小叶马蹄香 Asarum ichangense
naringenin-5,7-dimethyl ether-4'-O-β-D-xylopyranosyl-β-D-arabinopyranoside 柚皮苷元 -5,7- 二甲醚 -4'-O-β-D- 吡喃木糖基 -β-D- 吡喃阿拉伯糖苷 木芙蓉 Hibiscus mutabilis
naringenin-5,7-di-O-glucopyranoside 柚皮苷元 -5,7- 二 -O- 吡喃葡萄糖苷 双叶细辛 Asarum caulescens
(2R)-naringenin-5,7-di-O-β-D-glucopyranoside (2R)- 柚皮苷元 -5,7- 二 -O-β-D- 吡喃葡萄糖苷 沙生蜡菊 Helichrysum arenarium
(2S)-naringenin-5,7-di-O-β-D-glucopyranoside (2S)- 柚皮苷元 -5,7- 二 -O-β-D- 吡喃葡萄糖苷 单叶细辛 Asarum himalaicum, 沙生蜡菊 Helichrysum arenarium
naringenin-5,7-di-O-β-D-glucopyranoside 柚皮苷元 -5,7- 二 -O-β-D- 吡喃葡萄糖苷 长茎金耳环 Asarum longerhizomatosum, 大叶马蹄香 A. maximum, 红花山竹子 Corethrodendron multijugum
(2R)-naringenin-5,7-di-O-β-D-glucoside (2R)- 柚皮苷元 -5,7- 二 -O-β-D- 葡萄糖苷 沙生蜡菊 Helichrysum arenarium
(2S)-naringenin-5,7-di-O-β-D-glucoside (2S)- 柚皮苷元 -5,7- 二 -O-β-D- 葡萄糖苷 沙生蜡菊 Helichrysum arenarium
naringenin-5-methyl ether 柚皮苷元 -5- 甲醚 节鞭山姜 Alpinia conchigera, 柱穗山姜 A. pinnanensis, 大尾摇 Heliotropium indicum
naringenin-5-O-α-L-rhamnopyranoside 柚皮苷元 -5-O-α-L- 吡喃鼠李糖苷 高盆樱桃 Cerasus cerasoides
(2R)-naringenin-5-O-β-D-glucopyranoside (2R)- 柚皮苷元 -5-O-β-D- 吡喃葡萄糖苷 香桂 Cinnamomum subavenium
(2S)-naringenin-5-O-β-D-glucopyranoside (2S)- 柚皮苷元 -5-O-β-D- 吡喃葡萄糖苷 香桂 Cinnamomum subavenium
naringenin-5-O-β-D-glucopyranoside 柚皮苷元 -5-O-β-D- 吡喃葡萄糖苷 长茎金耳环 Asarum longerhizomatosum, 大叶马蹄香 A. maximum, 小果山龙眼 Helicia cochinchinensis, 韩信草 Scutellaria indica
naringenin-6-C-glucopyranoside 柚皮苷元 -6-C- 吡喃葡萄糖苷 九节龙 Ardisia pusilla, 巴豆藤 Craspedolobium schochii
naringenin-7-(α-rhamnopyranosyl-(1 → 2)-(α-rhamnopyranosyl-(1 → 6)-β-glucopyranoside 柚皮苷元 -7-(α- 吡喃鼠李糖基 -(1 → 2)-(α- 吡喃鼠李糖基 -(1 → 6)-β- 吡喃葡萄糖苷 香橙 Citrus junos
naringenin-7,4'-di-O-β-D-glucopyranoside 柚皮苷元 -7,4'- 二 -O-β-D- 吡喃葡萄糖苷 长茎金耳环 Asarum longerhizomatosum
naringenin-7-[O-L-arabinopyranosyl-(1 → 6)-glucoside] 柚皮苷元 -7-[O-L- 吡喃阿拉伯糖基 -(1 → 6)- 葡萄糖苷] 药蕨 Ceterach officinarum
naringenin-7-galactopyranosyl-(1 → 4)-glucopyranoside 柚皮苷元 -7- 吡喃半乳糖基 -(1 → 4)- 吡喃葡萄糖苷 小花五桠果 Dillenia pentagyna
naringenin-7-glucopyranoside 柚皮苷元 -7- 吡喃葡萄糖苷 金合欢 Acacia farnesiana, 海杧果 Cerbera manghas
naringenin-7-glucoside 柚皮苷元 -7- 葡萄糖苷 金柑 Fortunella japonica, 虾子花 Woodfordia fruticosa
naringenin-7-O-(2,6-di-O-α-L-rhamnopyranosyl)-β-D-glucopyranoside 柚皮苷元 -7-O-(2,6- 二 -O-α-L- 吡喃鼠李糖基)-β-D- 吡喃葡萄糖苷 荔枝 Litchi chinensis
naringenin-7-O-(2'',6''-di-O-α-rhamnopyranosyl)-β-glucopyranoside 柚皮苷元 -7-O-(2'',6''- 二 -O-α- 吡喃鼠李糖基)-β- 吡喃葡萄糖苷 香橙 Citrus junos
naringenin-7-O-(2-O-β-D-apiofuranosyl)-β-D-glucopyranoside 柚皮苷元 -7-O-(2-O-β-D- 呋喃芹糖基 -β-D- 吡喃葡萄糖苷 旱芹 Apium graveolens
naringenin-7-O-(2-β-D-apiofuranosyl)-β-D-glucopyranoside 柚皮苷元 -7-O-(2-β-D- 呋喃芹菜糖基)-β-D- 吡喃葡萄糖苷 止泻木 Holarrhena pubescens
(2R)-naringenin-7-O-(3-O-α-L-rhamnopyranosyl-β-D-glucopyranoside) (2R)- 柚皮苷元 -7-O-(3-O-α-L- 吡喃鼠李糖基 -β-D- 吡喃葡萄糖苷) 荔枝 Litchi chinensis
naringenin-7-O-(6''-O-galloyl)-β-D-glucopyranoside 柚皮苷元 -7-O-(6''-O- 没食子酰基)-β-D- 吡喃葡萄糖苷 余甘子 Phyllanthus emblica
naringenin-7-O-(6-O-p-coumaroyl)-β-D-glucopyranoside 柚皮苷元 -7-O-(6-O- 对香豆酰基)-β-D- 吡喃葡萄糖苷 绵参 Eriophyton wallichii
naringenin-7-O-(6''-O-trans-p-coumaroyl)-β-D-glucopyranoside 柚皮苷元 -7-O-(6''-O- 反式对香豆酰基)-β-D- 吡喃葡萄糖苷 余甘子 Phyllanthus emblica
naringenin-7-O-glucoside 柚皮苷元 -7-O- 葡萄糖苷 扁桃 Amygdalus communis, 番茄 Lycopersicon esculentum
naringenin-7-O-rutinoside 柚皮苷元 -7-O- 芸香糖苷 风轮菜 Clinopodium chinense, 细风轮菜 C. gracile, 番茄 Lycopersicon esculentum
naringenin-7-O-sinapoyl-neohesperidoside 柚皮苷元 -7-O- 芥子酰新橙皮糖苷 葡萄柚 Citrus paradisi
naringenin-7-O-α-L-rhamnopyranosyl-(1 → 2)-(4-O-methyl)-β-D-glucoside 柚皮苷元 -7-O-α-L- 吡喃鼠李糖基 -(1 → 2)-(4-O- 甲基)-β-D- 葡萄糖苷 边缘鳞盖蕨 Microlepia marginata
naringenin-7-O-α-L-rhamnopyranosyl-(1 → 4)-α-L-rhamnopyranoside 柚皮苷元 -7-O-α-L- 吡喃鼠李糖基 -(1 → 4)-α-L- 吡喃鼠李糖苷 凌霄 Campsis grandiflora
naringenin-7-O-β-(4'',6''-digalloylglucopyranoside) 柚皮苷元 -7-O-β-(4'',6''- 二没食子酰吡喃葡萄糖苷) 金合欢 Acacia farnesiana
naringenin-7-O-β-D-(3''-p-coumaroyl)glucopyranoside 柚皮苷元 -7-O-β-D-(3''- 对香豆酰基) 吡喃葡萄糖苷 地构叶 Speranskia tuberculata
naringenin-7-O-β-D-(4''-p-coumaroyl)-glucopyranoside 柚皮苷元 -7-O-β-D-(4''- 对香豆酰基) 吡喃葡萄糖苷 地构叶 Speranskia tuberculata
(2S)-naringenin-7-O-β-D-glucopyranoside (2S)- 柚皮苷元 -7-O-β-D- 吡喃葡萄糖苷 香桂 Cinnamomum subavenium, 槲蕨 Drynaria roosii, 沙生蜡菊 Helichrysum arenarium, 扁枝槲寄生 Viscum articulatum, 槲寄生 V. coloratum
naringenin-7-O-β-D-glucopyranoside 柚皮苷元 -7-O-β-D- 吡喃葡萄糖苷 冷杉 Abies fabri, 色木槭 Acer pictum subsp. mono, 水团花 Adina pilulifera, 虎舌红 Ardisia mamillata, 辽细辛 Asarum heterotropoides var. mandshuricum, 长茎金耳环 A. longerhizomatosum, 黑面神 Breynia fruticosa, 山茶 Camellia japonica, 金鱼藻 Ceratophyllum demersum, 大猪屎豆 Crotalaria assamica, 柘树 Cudrania tricuspidata, 毛建草 Dracocephalum rupestre, 甘青青兰 D. tanguticum, 披针叶胡颓子 Elaeagnus lanceolata, 乳浆大戟 Euphorbia esula, 止泻木

N

Holarrhena pubescens, 胡桃楸 Juglans mandshurica, 巴东过路黄 Lysimachia patungensis, 白花泡桐 Paulownia fortunei, 大果榆 Ulmus macrocarpa, 扁枝槲寄生 Viscum articulatum, 枫香槲寄生 V. liquidambaricola

naringenin-7-*O*-*β*-D-glucuronide 柚皮苷元 -7-*O*-*β*-D- 葡萄糖醛酸苷 黄芩 Scutellaria baicalensis

(2*S*)-naringenin-7-*O*-*β*-D-glycoside (2*S*)- 柚皮苷元 -7-*O*-*β*-D- 葡萄糖苷 沙生蜡菊 Helichrysum arenarium

naringenin-7-*O*-*β*-glucopyranosyl-(1→4)-glucopyranoside 柚皮苷元 -7-*O*-*β*- 吡喃葡萄糖基 -(1→4)- 吡喃葡萄糖苷 葡萄柚 Citrus paradisi

naringenin-7-rhamnoglucoside 柚皮苷元 -7- 鼠李葡萄糖苷 簇花粟米草 Mollugo oppositifolia

naringenin-7-rutinoside 柚皮苷元 -7- 芸香糖苷 酸橙 Citrus aurantium, 刺苞菜蓟 Cynara cardunculus

naringenin-7*β*-neohesperidoside 柚皮苷元 -7*β*- 新橙皮糖苷 红花五味子 Schisandra rubriflora

(2*R*)-naringenin-8-*C*-*α*-rhamnopyranosyl-(1→2)-*β*-glucopyranoside (2*R*)- 柚皮苷元 -8-*C*-*α*-L- 吡喃鼠李糖基 -(1→2)-*β*- 吡喃葡萄糖苷 枇杷 Eriobotrya japonica

naringenin-hexose 柚皮苷元己糖 番茄 Lycopersicon esculentum

naringenin-triglycoside 柚皮苷元三糖苷 滇刺枣 Ziziphus mauritiana

naringerin 柚皮灵▲ 潺槁木姜子 Litsea glutinosa

(2*R*)-naringin (2*R*)- 柚皮苷 槲蕨 Drynaria roosii

naringin 柚皮苷 较常见成分，至少分布于 30 种以上植物中，见于唇形科、豆科、骨碎补科、葫芦科、槲蕨科、虎皮楠科、夹竹桃科、茄科、瑞香科、桑科、铁角蕨科、西番莲科、无患子科、芸香科、樟科等

naringin-4'-*β*-D-glucopyranoside 柚皮苷 -4'-*β*-D- 吡喃葡萄糖苷 酸橙 Citrus aurantium, 代代 C. aurantium 'Daidai'

naringin-4'-*β*-D-glucoside 柚皮苷 -4'-*β*-D- 葡萄糖苷 橘红 Citrus maxima 'Tomentosa'

narirutin 柚皮芸香苷 小花鬼针草 Bidens parviflora, 代代 Citrus aurantium 'Daidai', 香橙 C. junos, 柠檬 C. limon, 橘红 C. maxima 'Tomentosa', 葡萄柚 C. paradisi, 南丰蜜橘 C. reticulata 'Kinokuni', 天台山蜜柑 C. reticulata 'Succosa', 福橘 C. reticulata 'Tangerina', 蕉柑 C. reticulata 'Tankan', 温州蜜柑 C. reticulata 'Unshiu', 风轮菜 Clinopodium chinense, 菜蓟 Cynara scolymus, 汉荭鱼腥草 Geranium robertianum, 荔枝 Litchi chinensis, 辣薄荷 Mentha × piperita

narirutin-4'-glucoside 柚皮芸香苷 -4'- 葡萄糖苷 橘红 Citrus maxima 'Tomentosa'

narumicin I 那鲁紫玉盘辛▲I 紫玉盘 Uvaria microcarpa

narumicin II 那鲁紫玉盘辛▲II 番荔枝 Annona squamosa, 紫玉盘 Uvaria microcarpa

narwedine 水仙维定▲ 广西石蒜 Lycoris guangxiensis, 假水仙 Narcissus pseudonarcissus

narynenol 天山橐吾醇▲ 天山橐吾 Ligularia narynensis

nasimalun A, B 纳西姆玉蕊素▲A, B 玉蕊 Barringtonia racemosa

trans-nasunin 反式 - 茄色苷 茄 Solanum melongena

nasunin 茄色苷 茄 Solanum melongena, 阳芋 S. tuberosum

cis-nasunin 顺式 - 茄色苷 茄 Solanum melongena

nasutin B 象白蚁亭▲B 白背叶 Mallotus apelta, 野梧桐 M. japonicus

nasutin C 象白蚁亭▲C 野梧桐 Mallotus japonicus

natansnin 槐叶苹苷 槐叶苹 Salvinia natans

natsucitrine I 夏橙碱 I 葡萄柚 Citrus paradisi

natsucitrine II 夏橙碱 II 柚 Citrus maxima, 葡萄柚 C. paradisi

natsudaidain 夏橙素▲ 酸橙 Citrus aurantium, 日本夏橙 C. aurantium 'Natsudaidai', 香圆 C. grandisjunos, 南丰蜜橘 C. reticulata 'Kinokuni', 天台山蜜柑 C. reticulata 'Succosa', 温州蜜柑 C. reticulata 'Unshiu'

naucleactonin A 乌檀托宁▲A 乌檀 Nauclea officinalis, 东方乌檀 N. orientalis

naucleactonin B, C 乌檀托宁▲B, C 乌檀 Nauclea officinalis

nauclealine A, B 乌檀阿林碱▲A, B 东方乌檀 Nauclea orientalis

naucleamide A, G 乌檀酰胺▲A, G 乌檀 Nauclea officinalis

naucleamide A-10-*O*-*β*-D-glucopyranoside 乌檀酰胺▲A-10-*O*-*β*-D- 吡喃葡萄糖苷 乌檀 Nauclea officinalis

naucleaoral A, B 东方乌檀醛▲A, B 东方乌檀 Nauclea orientalis

naucleaorine 东方乌檀灵▲ 东方乌檀 Nauclea orientalis

nauclecoside 乌檀糖苷▲ 乌檀 Nauclea officinalis

nauclecosidine 乌檀糖苷定▲ 乌檀 Nauclea officinalis

naucledal 乌檀醛▲ 莛子藨 Triosteum pinnatifidum

naucleficine 乌檀辛碱▲ 喜树 Camptotheca acuminata, 乌檀 Nauclea officinalis, 东方乌檀 N. orientalis

nauclefidine 乌檀定碱▲ 乌檀 Nauclea officinalis

nauclefiline 乌檀菲林碱▲ 乌檀 Nauclea officinalis

nauclefine 乌檀芬碱 乌檀 Nauclea officinalis

nauclefoline 阔叶乌檀碱▲ 乌檀 Nauclea officinalis

naucleidinal 乌檀定醛▲ 乌檀 Nauclea officinalis, 东方乌檀 N. orientalis

naucleofficine A~E 乌檀碱▲A~E 乌檀 Nauclea officinalis

naucleoside 乌檀苷▲ 东方乌檀 Nauclea orientalis

naucleoside A, B 乌檀苷▲A, B 东方乌檀 Nauclea orientalis

naucletine 乌檀亭碱 乌檀 Nauclea officinalis

naucline 乌檀林碱▲ 乌檀 Nauclea officinalis

brevifolia, 辣椒 Capsicum annuum, 台湾芙蓉 Hibiscus taiwanensis, 黄槿 H. tiliaceus, 海芙蓉 Limonium wrightii, 山胡椒 Lindera glauca, 黄兰 Michelia champaca, 台湾含笑 M. compressa, 红蓼 Polygonum orientale, 白英 Solanum lyratum, 阳芋 S. tuberosum, 波叶青牛胆 Tinospora crispa

N-*cis*-feruloyltyramine dimer *N*- 顺式 - 阿魏酰酪胺二聚体 阳芋 Solanum tuberosum

N-*cis*-feruloyltyramine-4'''-*O*-*β*-D-glucopyranoside *N*- 顺式 - 阿魏酰酪胺 -4'''-*O*-*β*-D- 吡喃葡萄糖苷 粪箕笃 Stephania longa

N-*cis*-grossamide *N*- 顺式 - 莱椒酰胺▲ 天仙子 Hyoscyamus niger

N-*cis*-*p*-coumaroyltyramine *N*- 顺式 - 对香豆酰酪胺 辣椒 Capsicum annuum, 茄 Solanum melongena

N-*cis*-sinapoyltyramine *N*- 顺式 - 芥子酰酪胺 山胡椒 Lindera glauca

N-coumaroyltyramine *N*- 香豆酰酪胺 苎叶蒟 Piper boehmeriifolium

cis-*N*-coumaroyltyramine 顺式 -*N*- 香豆酰酪胺 朴树 Celtis sinensis

N-cyano-sec-pesudostrychnine *N*- 氰基 - 裂环 - 伪番木鳖碱 长籽马钱 Strychnos wallichiana

N-cyano-sec-pseudobrucine *N*- 氰基 - 裂环 - 伪马钱子碱 长籽马钱 Strychnos wallichiana

N-deacetylfinaconitine *N*- 去乙酰赣皖乌头碱▲ 赣皖乌头 Aconitum finetianum

N-deacetyllappaconitine *N*- 去乙酰拉普乌头碱 赣皖乌头 Aconitum finetianum, 白喉乌头 A. leucostomum, 紫花高乌头 A. septentrionale, 高乌头 A. sinomontanum

N-deacetylranaconitine *N*- 去乙酰毛茛叶乌头碱 赣皖乌头 Aconitum finetianum, 紫花高乌头 A. septentrionale, 高乌头 A. sinomontanum

N-deacetylscaconitine *N*- 去乙酰花葶乌头碱 等叶花葶乌头 Aconitum scaposum var. hupehanum

N-decarbomethoxykopsamine *N*- 去甲氧羰基蕊木胺 海南蕊木 Kopsia hainanensis

N-deethyl-3-acetylaconitine *N*- 去乙基 -3- 乙酰乌头碱 铁棒锤 Aconitum pendulum

N-deethylaconitine *N*- 去乙基乌头碱 宾川乌头 Aconitum duclouxii, 亚东乌头 A. spicatum

N-deethylchasmanine *N*- 去乙基展花乌头宁 直缘乌头 Aconitum transsectum

N-deethyldeoxyaconitine *N*- 去乙基去氧乌头碱 铁棒锤 Aconitum pendulum

N-deethyl-*N*-19-didehydrosachaconitine *N*- 去乙基 -*N*-19- 二去氢萨柯乌头碱 细叶乌头 Aconitum macrorhynchum

N-deethyl-*N*-methyl-12-epinapelline *N*- 去乙基 -*N*- 甲基 -12- 二氢萨柯乌头碱 宣威乌头 Aconitum nagarum var. lasiandrum

N-deethyltalatisamine *N*- 去乙基塔拉乌头胺 贡嘎乌头 Aconitum liljestrandii

N-demethoxyhumantenine *N*- 去甲氧基胡蔓藤宁▲ 钩吻 Gelsemium elegans

N-demethoxyrankinidine *N*- 去甲氧基兰金钩吻定▲ 钩吻 Gelsemium elegans

N-demethyl-9,10-dihydrooxysanguinarine *N*- 去甲基 -9,10- 二氢氧化血根碱 白屈菜 Chelidonium majus

N-demethylcycleanine *N*- 去甲基轮环藤宁碱 西藏地不容 Stephania glabra

N-demethylgalanthamine *N*- 去甲基加兰他敏 忽地笑 Lycoris aurea, 假水仙 Narcissus pseudonarcissus

N-demethylhuperzinine *N*- 去甲基石杉宁碱▲ 藤石松 Lycopodiastrum casuarinoides, 垂穗石松 Palhinhaea cernua

N-demethyllunidonine *N*- 去甲基月芸香酮碱▲ 臭常山 Orixa japonica

N-demethylmasonine *N*- 去甲基梅森尼润花碱▲ 假水仙 Narcissus pseudonarcissus

N-demethyl-*N*-formyl-dehydronornuciferine *N*- 去甲基 -*N*- 甲酰去氢降荷叶碱 波叶青牛胆 Tinospora crispa

N-demethyl-*N*-formyl-dehydronuciferine *N*- 去甲基 -*N*- 甲酰基 - 去氢荷叶碱 风龙 Sinomenium acutum

N-demethylnornuciferine *N*- 去甲基降荷叶碱 莲 Nelumbo nucifera

N-demethylpuqietinone *N*- 去甲基蒲贝酮碱 甘肃贝母 Fritillaria przewalskii

N-demethylricinine *N*- 去甲基蓖麻碱 蓖麻 Ricinus communis

N-demethylsecoclausenamide *N*- 去甲基裂环黄皮酰胺 细叶黄皮 Clausena anisum-olens, 黄皮 C. lansium

N-demethylsinomenine *N*- 去甲基青藤碱 风龙 Sinomenium acutum

(-)-*N*-demethylthalidasine (-)-*N*- 去甲厚果唐松草次碱 高原唐松草 Thalictrum cultratum

N-demethylthalistyline *N*- 去甲基唐松草碱 贝加尔唐松草 Thalictrum baicalense

N-demethylthalphenine *N*- 去甲基唐松草芬宁 狭序唐松草 Thalictrum atriplex

(±)-*N*-demethyl-*α*-obscurine (±)-*N*- 去甲基 -*α*- 玉柏碱 石松 Lycopodium japonicum

N-demethyl-*α*-obscurine *N*- 去甲基 -*α*- 玉柏碱 高山扁枝石松 Diphasiastrum alpinum, 扁枝石松 D. complanatum, 东北石松 Lycopodium clavatum, 玉柏 L. obscurum

N-demethyl-*β*-obscurine *N*- 去甲基 -*β*- 玉柏碱 扁枝石松 Diphasiastrum complanatum, 藤石松 Lycopodiastrum casuarinoides, 玉柏 Lycopodium obscurum, 粗糙马尾杉 Phlegmariurus squarrosus

N-dephenylethylisohericerin *N*- 去苯乙基异猴头菌素▲ 珊瑚状猴头菌 Hericium coralloides, 猴头菌 H. erinaceus

N-desmethylchelerythrine *N*- 去甲基白屈菜红碱 两面针 Zanthoxylum nitidum, 川陕花椒 Z. piasezkii

N-desmethylnitidine *N*- 去甲基两面针碱 两面针 Zanthoxylum nitidum

N-desmethylthalidasine *N*- 去甲基厚果唐松草次碱 大叶唐松草 Thalictrum faberi

N-desmethylthalrugosidine *N*- 去甲基皱叶唐松草定碱▲ 高山唐松草 Thalictrum alpinum

N-docosanoylanthranilic acid *N*- 二十二烷酰基邻氨基苯甲酸 旋覆花 Inula japonica

N-docosanoyltyramine *N*- 二十二酰酪胺 羌活 Notopterygium incisum, 大花蒺藜 Tribulus cistoides

2*E*,4*E*-*N*-dodecadienoylpiperidine 2*E*,4*E*-*N*- 十四碳二烯酰哌啶 荜拔 Piper longum

neanoside A 新耳草苷▲A 西南新耳草 Neanotis wightiana

nebrodenside A 内布罗迪麻黄苷▲A 车桑子 Dodonaea viscosa

nebularic acid A, B 水粉杯伞酸▲A, B 水粉杯伞 Clitocybe nebularis

N

N

neoalatamine 新卫矛明碱▲ 卫矛 Euonymus alatus
neoalloocimene 新别罗勒烯 挥发油成分，未统计基源
neoalsogenin B 棒锤瓜苷元▲B 棒锤瓜 Neoalsomitra integrifoliola, 水红木 Viburnum cylindricum
neoalsomitin A 棒锤瓜素▲A 棒锤瓜 Neoalsomitra integrifoliola
neoalsoside A, A_2, A_3, A_4, A_5, C_1, C_2, D_1, E_1, F_1, G_1, H_1, I_1, I_2, J_1, K_1, L_1, M_1, M_2, M_3, N_1, O_1, O_2 棒锤瓜苷▲A, A_2, A_3, A_4, A_5, C_1, C_2, D_1, E_1, F_1, G_1, H_1, I_1, I_2, J_1, K_1, L_1, M_1, M_2, M_3, N_1, O_1, O_2 棒锤瓜 Neoalsomitra integrifoliola
neoandrographiside 新穿心莲苷▲ 穿心莲 Andrographis paniculata
neoandrographolide 新穿心莲内酯 穿心莲 Andrographis paniculata, 鸭嘴花 Justicia adhatoda, 浮叶眼子菜 Potamogeton natans, 伞房狗牙花 Tabernaemontana corymbosa
neoangustifolin 新狭叶香茶菜素 山地香茶菜 Isodon oresbius
neoanisatin 新莽草素 红花八角 Illicium dunnianum, 红茴香 I. henryi, 大花八角 I. macranthum, 八角 I. verum
neoarctin A, B 新牛蒡素 A, B 牛蒡 Arctium lappa
neoaristolactone 新马兜铃内酯 寻骨风 Aristolochia mollissima
neoaspidistrin 新蜘蛛抱蛋苷 蜘蛛抱蛋 Aspidistra elatior, 吉祥草 Reineckea carnea
neoastilbin 新落新妇苷 火索藤 Bauhinia aurea, 黄杞 Engelhardia roxburghiana, 土茯苓 Smilax glabra
neoavroside 新药用水八角苷▲ 鹅肠菜 Myosoton aquaticum
neoazedarachin A, B, D 新苦楝素 A, B, D 川楝 Melia toosendan
neoazedarachin D 新苦楝素 D 楝 Melia azedarach
neobaicalein 新黄芩素 二刺叶兔唇花 Lagochilus diacanthophyllus, 粘毛黄芩 Scutellaria viscidula
neobavaisoflavone 新补骨脂异黄酮 补骨脂 Cullen corylifolia, 短梗胡枝子 Lespedeza cyrtobotrya
neobetanidin-5-*O*-β-D-glucopyranoside 新甜菜素 -5-*O*-β-D- 吡喃葡萄糖苷 土人参 Talinum paniculatum
neobharangin 新千解草精▲ 千解草 Pygmaeopremna herbacea
neobharangi-δ-lactone 新千解草精▲-δ- 内酯 千解草 Pygmaeopremna herbacea
neobudofficide 新密蒙花苷 密蒙花 Buddleja officinalis, 锐尖山香圆 Turpinia arguta
neobyakangelicol 新白当归脑 白芷 Angelica dahurica, 柠檬 Citrus limon, 调料九里香 Murraya koenigii
neocaesalpin A~D 新云实素 A~D 刺果苏木 Caesalpinia bonduc
neocaesalpin E, F, G 新云实素 E, F, G 金凤花 Caesalpinia pulcherrima
neocaesalpin H 新云实素 H 刺果苏木 Caesalpinia bonduc, 华南云实 C. crista
neocaesalpin I 新云实素 I 华南云实 Caesalpinia crista
neocaesalpin L, O 新云实素 L, O 大叶云实 Caesalpinia magnifoliolata
neocaesalpin P, W 新云实素 P, W 刺果苏木 Caesalpinia bonduc
neocalceolarioside D 新蒲包花苷 D 柃木 Eurya japonica
neocalycopterone 新萼翅藤酮▲ 萼翅藤 Getonia floribunda
neocalycopterone methyl ether 新萼翅藤酮▲甲醚 萼翅藤 Getonia floribunda
neocalyxin A, B 新草蔻素 A, B 云南草蔻 Alpinia blepharocalyx
neocarlinoside 新刺苞菊苷 稻（模式亚种）Oryza sativa, 香根草 Vetiveria zizanioides
(6*S*,12*S*)-neocaryachine-7-*O*-methyl ether *N*-metho salt (6*S*,12*S*)- 新华厚壳桂碱 -7-*O*- 甲基醚 -*N*- 甲基盐 花菱草 Eschscholzia californica
neocaucalol diacetate 新窃衣萜醇▲二乙酸酯 窃衣 Torilis scabra
neochamaejasmin A 新狼毒素 A 橙花瑞香 Daphne aurantiaca, 狼毒 Stellera chamaejasme, 了哥王 Wikstroemia indica
neochamaejasmin B 新狼毒素 B 橙花瑞香 Daphne aurantiaca, 滇瑞香 D. feddei, 狼毒 Stellera chamaejasme
neochamaejasmin C 新狼毒素 C 狼毒 Stellera chamaejasme
neochebulagic acid 新诃子精酸▲ 诃子 Terminalia chebula
neochebulic acid 新诃子酸 诃子 Terminalia chebula
neochebulinic acid 新诃子尼酸▲ 榄李 Lumnitzera racemosa, 诃子 Terminalia chebula
neochlorgeniclatone 新绿原酸内酯 白桦 Betula platyphylla
neochlorogenic acid 新绿原酸 较常见成分，至少分布于 30 种以上植物中，见于唇形科、大戟科、冬青科、豆科、椴树科、堇菜科、菊科、蓼科、木棉科、槭树科、蔷薇科、茄科、忍冬科、睡莲科、桃金娘科、藤黄科、梧桐科、五加科、亚麻科、罂粟科、酢浆草科等
neochlorogenic acid methyl ester 新绿原酸甲酯 三叶木通 Akebia trifoliata, 水红木 Viburnum cylindricum
neochlorogenin 新绿莲皂苷元 水茄 Solanum torvum
neochlorogenin-6-*O*-[α-L-rhamnopyranosyl-(1 → 3)-*O*-β-D-quinovopyranoside 新绿莲皂苷元 -6-*O*-α-L- 吡喃鼠李糖基 -(1 → 3)-*O*-β-D- 吡喃鸡纳糖苷 水茄 Solanum torvum
neochlorogenin-6-*O*-β-D-quinovopyranoside 新绿莲皂苷元 -6-*O*-β-D- 吡喃鸡纳糖苷 水茄 Solanum torvum
neochlorogenin-6-*O*-β-D-xylopyranosyl-(1 → 3)-β-D-quinovopyranoside 新绿莲皂苷元 -6-*O*-β-D- 吡喃木糖基 -(1 → 3)-β-D- 吡喃鸡纳糖苷 水茄 Solanum torvum
neochlorogenone 新绿莲酮 水茄 Solanum torvum
(9'*Z*)-neochrome (9'*Z*)- 新有色质▲ 海桐 Pittosporum tobira
neocimicigenoside B 新升麻皂苷▲B 类叶升麻 Actaea asiatica
neocimiside 新升麻密苷▲ 升麻 Cimicifuga foetida

N

neohancoside 新华北白前苷 华北白前 Cynanchum mongolicum
neohancoside A, B 新华北白前苷 A, B 华北白前 Cynanchum mongolicum
neohancoside C 新华北白前苷 C 竹灵消 Cynanchum inamoenum, 华北白前 C. mongolicum
neohancoside D 新华北白前苷 D 竹灵消 Cynanchum inamoenum
neoharringtonine 新粗榧碱 三尖杉 Cephalotaxus fortunei
neohecogenin 新海柯皂苷元 大花蒺藜 Tribulus cistoides
neohecogenin glucoside 新海柯皂苷元葡萄糖苷 蒺藜 Tribulus terrestris
neohecogenin-3-*O*-*β*-D-glucopyranosyl-(1 → 2)-*β*-D-glucopyranosyl-(1 → 4)-*β*-D-galactopyranoside 新海柯皂苷元 -3-*O*-*β*-D- 吡喃葡萄糖基 -(1 → 2)-*β*-D- 吡喃葡萄糖基 -(1 → 4)-*β*-D- 吡喃半乳糖苷 蒺藜 Tribulus terrestris
neohecogenin-3-*O*-*β*-D-glucopyranosyl-(1 → 4)-*β*-D-galactopyranoside 新海柯皂苷元 -3-*O*-*β*-D- 吡喃葡萄糖基 -(1 → 4)-*β*-D- 吡喃半乳糖苷 蒺藜 Tribulus terrestris
neoherculin 新棒状花椒酰胺 花椒 Zanthoxylum bungeanum, 两面针 Z. nitidum
neohesperidin 新橙皮苷 药蕨 Ceterach officinarum, 酸橙 Citrus aurantium, 代代 C. aurantium 'Daidai', 香橙 C. junos, 柠檬 C. limon, 葡萄柚 C. paradisi, 柑橘 C. reticulata, 瓯柑 C. reticulata 'Suavissima', 蕉柑 C. reticulata 'Tankan', 菘蓝 Isatis tinctoria, 枳 Poncirus trifoliata, 蚬壳花椒 Zanthoxylum dissitum
neohesperidin dihydrochalcone 新橙皮苷二氢查耳酮 多叶棘豆 Oxytropis myriophylla
2-neohesperidosyloxy-6-hydroxybenzoate 2- 新橙皮糖氧基 -6- 羟基苯甲酸苄酯 柞栎 Quercus dentata
neohop-12-ene 新何帕 -12- 烯 铁线蕨 Adiantum capillus-veneris, 普通铁线蕨 A. edgeworthii, 扇叶铁线蕨 A. flabellulatum, 单盖铁线蕨 A. monochlamys, 大叶骨碎补 Davallia formosana, 友水龙骨 Polypodiodes amoena
neohop-13(18)-en-3*β*-ol 新何帕 -13(18)- 烯 -3*β*- 醇 支柱蓼 Polygonum suffultum
neohop-13(18)-en-3*β*-yl acetate 新何帕 -13(18)- 烯 -3*β*- 基 - 乙酸酯 支柱蓼 Polygonum suffultum
neohop-13(18)-ene 新何帕 -13(18)- 烯 鞭叶铁线蕨 Adiantum caudatum, 单盖铁线蕨 A. monochlamys, 崖姜 Pseudodrynaria coronans
neohop-18-ene 新何帕 -18- 烯 单盖铁线蕨 Adiantum monochlamys
neohopa-11,13(18)-diene 新何帕 -11,13(18)- 二烯 掌叶铁线蕨 Adiantum pedatum
neohopan-13(18)-ene 新何帕 -12(18)- 烯 骨碎补 Davallia mariesii
neohopene 新何帕烯 掌叶铁线蕨 Adiantum pedatum
neohupehenolide A, B 新湖北旋覆花内酯▲A, B 湖北旋覆花 Inula hupehensis
neohydrangin 新绣球苷 圆锥绣球 Hydrangea paniculata
neohydroxylunine 新羟基月芸香宁▲ 榆橘 Ptelea trifoliata
neoicariin 新淫羊藿苷 三枝九叶草 Epimedium sagittatum
N
neoilexadione 新冬青二酮▲ 榕树 Ficus microcarpa
neoilexonol 新海岛冬青醇 枳 Poncirus trifoliata
neoilexonol acetate 新冬青酮醇▲乙酸酯 榕树 Ficus microcarpa, 台湾牛奶菜 Marsdenia formosana
(-)-neointermedeol (-)- 新臭根子草醇 人参 Panax ginseng
neoisoastilbin 新异落新妇苷 火索藤 Bauhinia aurea, 朱缨花 Calliandra haematocephala, 黄杞 Engelhardia roxburghiana, 土茯苓 Smilax glabra
neoisoengelitin 新异黄杞苷 黄杞 Engelhardia roxburghiana
neoisoliquiritigenin 新异甘草苷元 密花豆 Spatholobus suberectus
neoisoliquiritin 新异甘草苷 洋甘草 Glycyrrhiza glabra, 甘草 G. uralensis, 滇黄精 Polygonatum kingianum
neoisomenthol 新异薄荷醇 挥发油成分，未统计基源
neoisomenthyl acetate 新异薄荷醇乙酸酯 挥发油成分，未统计基源
neoisopulegol 新异唇萼薄荷醇▲ 马蜂橙 Citrus hystrix
neoisorutin 新异芸香苷 硬毛棘豆 Oxytropis hirta, 泡囊草 Physochlaina physaloides
neoisoshinanolone 新异信浓山柿酮▲ 白花丹 Plumbago zeylanica
neoisothujol 新异崖柏醇 挥发油成分，未统计基源
neoisothujol-*β*-D-glucoside 新异侧柏醇 -*β*-D- 葡萄糖苷 菊蒿 Tanacetum vulgare
neoisotussilagine 新异款冬碱 橐吾 Ligularia sibirica
neojiangyouaconitine 新江油乌头碱 乌头 Aconitum carmichaelii
neojusticin A, B, C 新爵床素 A, B, C 爵床 Justicia procumbens
neokadsuranic acid A, B, C 新南五味子尼酸▲A, B, C 南五味子 Kadsura longipedunculata
neokadsuranic acid B methyl ester 新南五味子尼酸▲B 甲酯 黑老虎 Kadsura coccinea
neokadsuranin 新南五味子宁▲ 黑老虎 Kadsura coccinea, 凤庆南五味子 K. interior
neokestose 新蔗果三糖 天门冬 Asparagus cochinchinensis
neokhriol A 新小花黄檀酚▲A 降香 Dalbergia odorifera
neokuguaglucoside 新苦瓜糖苷 苦瓜 Momordica charantia
neokurarinol 新苦参醇 苦参 Sophora flavescens
neolamarckine A, B 团花钦碱▲A, B 团花 Neolamarckia cadamba
neolancerin 新玉山双蝴蝶灵▲ 贯叶连翘 Hypericum perforatum, 元宝草 H. sampsonii, 尾叶远志 Polygala caudata, 远志 P. tenuifolia, 贵州獐牙菜 Swertia kouitchensis, 云南獐牙菜 S. yunnanensis

neoquassin 新苦木素 苦树 Picrasma quassioides
neorabdosin 新香茶菜素 毛萼香茶菜 Isodon eriocalyx, 毛叶香茶菜 I. japonicus
neorauflavane 新萝芙黄烷 毛萙子梢 Campylotropis hirtella
neorauflavene 新萝芙黄烯 毛萙子梢 Campylotropis hirtella
neoruscogenin 新假叶树皂苷元▲ 虎尾兰 Sansevieria trifasciata
neoruscogenin-1-*O*-*α*-L-rhamnopyranosyl-(1 → 2)-*O*-*α*-L-arabinopyranoside 新假叶树皂苷元▲-1-*O*-*α*-L- 吡喃鼠李糖基 -(1 → 2)-*O*-*α*-L- 吡喃阿拉伯糖苷 剑叶龙血树 Dracaena cochinchinensis
neosakuranetin 新樱花素 粉叶蕨 Pityrogramma calomelanos
neosakuranin 新樱花苷 高盆樱桃 Cerasus cerasoides, 黑樱桃 C. maximowiczii, 山杨 Populus davidiana
neosalvianen 新鼠尾草烯▲ 丹参 Salvia miltiorrhiza, 云南鼠尾草 S. yunnanensis
(10*Z*)-neosandalnol (10*Z*)- 新檀香醇 檀香 Santalum album
neosaponarin 新皂草苷 千果榄仁 Terminalia myriocarpa
neosappanone A 新苏木酮▲A 苏木 Caesalpinia sappan
neosarracine 新瓶草千里光碱 林荫千里光 Senecio nemorensis
neosaxitoxin 新石房蛤毒素 链状亚历山大藻 Alexandrium catenella
neoschaftoside 新夏佛塔雪轮苷▲ 稻（模式亚种）Oryza sativa, 紫花地丁 Viola philippica
neosenkirkine 新克氏千里光碱 款冬 Tussilago farfara
neosericenyl acetate 舟山新木姜子烯醇▲乙酸酯 乌药 Lindera aggregata
neosesamin 新芝麻素 樟 Cinnamomum camphora, 菟丝子 Cuscuta chinensis, 牡荆 Vitex negundo var. cannabifolia
neosibiricoside A~D, *PO*-2, *PO*-3 新黄精皂苷 A~D, *PO*-2, *PO*-3 黄精 Polygonatum sibiricum
neosolaspigenin 新硬毛茄苷元▲ 水茄 Solanum torvum
neosolaspigenin-6-*O*-*β*-D-quinovopyranoside 新硬毛茄苷元▲-6-*O*-*β*-D- 吡喃金鸡纳糖苷 水茄 Solanum torvum
neosophoramine 新槐胺 苦豆子 Sophora alopecuroides
neo-*S*-petasin 新 -*S*- 蜂斗菜素 蜂斗菜 Petasites japonicus
(25*S*)-neospirost-4-en-3-one (25*S*)- 新螺甾 -4- 烯 -3- 酮 石刁柏 Asparagus officinalis
neostellerin 狼毒新素▲ 狼毒 Stellera chamaejasme
neostemofoline 新百部叶碱 百部 Stemona japonica
neostemonine 新百部碱 百部 Stemona japonica
neotanshinlactone 新丹参内酯 栗色鼠尾草 Salvia castanea, 毛地黄鼠尾草 S. digitaloides
neotanshinone A, B 新丹参酮 A, B 栗色鼠尾草 Salvia castanea
neotenone 新劳塔豆酮▲ 豆薯 Pachyrhizus erosus
neothalfine 新唐松草芬碱▲ 狭序唐松草 Thalictrum atriplex
neothalibrine 新罗氏唐松草碱 高山唐松草 Thalictrum alpinum
(+)-neothalibrine-2'-*α*-*N*-oxide (+)- 新罗氏唐松草碱 -2'-*α*-*N*- 氧化物 高原唐松草 Thalictrum cultratum
neotigogenin 新替告皂苷元 剑麻 Agave sisalana, 红丝线 Lycianthes biflora, 大花蒺藜 Tribulus cistoides
neotigogenin-26-*O*-*β*-D-glucopyranoside 新替告皂苷元 -26-*O*-*β*-D- 吡喃葡萄糖苷 白英 Solanum lyratum
neotigogenin-3-*O*-D-glucopyranosyl-(1 → 4)-*O*-[*O*-*α*-L-rhamnopyranosyl-(1 → 6)-*β*-D-glucopyranoside 新替告皂苷元 -3-*O*-D- 吡喃葡萄糖基 -(1 → 4)-*O*-[*O*-*α*-L- 吡喃鼠李糖基 -(1 → 6)-*β*-D- 吡喃葡萄糖苷 牛尾菜 Smilax riparia
neotigogenin-3-*O*-*α*-L-rhamnopyranosyl-(1 → 6)-*β*-D-glucopyranoside 新替告皂苷元 -3-*O*-*α*-L- 吡喃鼠李糖基 -(1 → 6)-*β*-D- 吡喃葡萄糖苷 牛尾菜 Smilax riparia
neotigogenin-3-*O*-*β*-D-glucopyranoside 新替告皂苷元 -3-*O*-*β*-D- 吡喃葡萄糖苷 白背牛尾菜 Smilax nipponica
neotigogenin-3-*O*-*β*-D-glucopyranosyl-(1 → 2)-*β*-D-glucopyranosyl-(1 → 4)-*β*-D-galactopyranoside 新替告皂苷元 -3-*O*-*β*-D- 吡喃葡萄糖基 -(1 → 2)-*β*-D- 吡喃葡萄糖基 -(1 → 4)-*β*-D- 吡喃半乳糖苷 白英 Solanum lyratum
neotigogenone 新替告皂苷酮 剑麻 Agave sisalana
neotokorogenin 新山萆薢皂苷元 细柄薯蓣 Dioscorea tenuipes
neotokorogenin-1-*O*-*α*-L-arabinopyranoside 新山萆薢皂苷元 -1-*O*-*α*-L- 吡喃阿拉伯糖苷 细柄薯蓣 Dioscorea tenuipes
neotrilobine 新木防己碱 木防己 Cocculus orbiculatus
neotriptetraolide 新雷公藤四醇内酯 雷公藤 Tripterygium wilfordii
neotriptophenolide 新雷公藤酚内酯 昆明山海棠 Tripterygium hypoglaucum, 雷公藤 T. wilfordii
neotuberostemonine 新对叶百部碱 云南百部 Stemona mairei
neotuberostemoninol 新对叶百部尼醇▲ 云南百部 Stemona mairei
neotuberostemonol 新对叶百部醇 直立百部 Stemona sessilifolia
neotuberostemonone 新对叶百部酮 云南百部 Stemona mairei
neotussilagine 新款冬碱 橐吾 Ligularia sibirica
neotussilagolactone 新款冬花内酯 款冬 Tussilago farfara
neouralenol 新乌拉尔甘草醇 甘草 Glycyrrhiza uralensis
neouzarin 新波叶刚毛果苷▲ 钉头果 Gomphocarpus fruticosus
neoverapatuline 新尖被藜芦碱▲ 藜芦 Veratrum nigrum
neoverataline A, B 新大理藜芦林碱▲A, B 大理藜芦 Veratrum taliense

N

17α-neriifolin 17α- 黄花夹竹桃林素▲ 海杧果 Cerbera manghas
17β-neriifolin 17β- 黄花夹竹桃林素▲ 海杧果 Cerbera manghas
neriifolin 黄花夹竹桃林素▲ 竹叶羊角棉 Alstonia neriifolia, 海杧果 Cerbera manghas, 阔叶竹桃 Thevetia ahouai, 黄花夹竹桃 T. peruviana
neriifolin acetate 黄花夹竹桃林素▲乙酸酯 黄花夹竹桃 Thevetia peruviana
neriifolin S 金刚纂蛋白酶▲S 金刚纂 Euphorbia neriifolia
neriifolione 金刚纂酮▲ 金刚纂 Euphorbia neriifolia
neriifolone A 夹竹桃叶黄牛木酮▲A 柘树 Cudrania tricuspidata
neriifolone C 夹竹桃叶黄牛木酮▲C 红芽木 Cratoxylum formosum subsp. pruniflorum
neriifoside 黄花夹竹桃弗苷▲ 黄花夹竹桃 Thevetia peruviana
nerinine 尼润花碱▲ 葱莲 Zephyranthes candida
neriperside 黄荚苷 迷迭香 Rosmarinus officinalis
neristigmol 夹竹桃豆甾醇▲ 夹竹桃 Nerium oleander
neritaloside 夹竹桃它罗苷 夹竹桃 Nerium oleander
neriucoumaric acid 夹竹桃香豆酸▲ 钝叶鸡蛋花 Plumeria obtusa
neriumoside 夹竹桃莫苷▲ 夹竹桃 Nerium oleander
β-neriursate β- 夹竹桃熊果酸酯▲ 夹竹桃 Nerium oleander
nerol 橙花醇 挥发油成分，未统计基源
nerolic acid 橙花酸 柠檬草 Cymbopogon citratus
nerolidene 橙花烯 挥发油成分，未统计基源
(±)-*trans*-nerolidol (±)- 反式 - 橙花叔醇 挥发油成分，未统计基源
(*E*)-nerolidol (*E*)- 橙花叔醇 挥发油成分，未统计基源
(*Z*)-nerolidol (*Z*)- 橙花叔醇 挥发油成分，未统计基源
d-nerolidol *d*- 橙花叔醇 挥发油成分，未统计基源
α-nerolidol α- 橙花叔醇 挥发油成分，未统计基源
β-nerolidol β- 橙花叔醇 巴山冷杉 Abies fargesii
δ-nerolidol δ- 橙花叔醇 挥发油成分，未统计基源
τ-nerolidol τ- 橙花叔醇 挥发油成分，未统计基源
nerolidol 橙花叔醇 挥发油成分，未统计基源
trans-nerolidol 反式 - 橙花叔醇 挥发油成分，未统计基源
cis-nerolidol 顺式 - 橙花叔醇 挥发油成分，未统计基源
nerolidol oxide 橙花叔醇氧化物 挥发油成分，未统计基源
nerolidol-3-*O*-α-L-rhamnopyranosyl-(1→4)-α-L-rhamnopyranosyl-(1→2)-[α-L-rhamnopyranosyl-(1→6)]-β-D-glucopyranoside 橙花叔醇 -3-*O*-α-L- 吡喃鼠李糖基 -(1→4)-α-L- 吡喃鼠李糖基 -(1→2)-[α-L- 吡喃鼠李糖基 -(1→6)]-β-D- 吡喃葡萄糖苷 枇杷 Eriobotrya japonica
nerolidyl acetate 橙花叔醇乙酸酯 挥发油成分，未统计基源
nerol-β-D-glucopyranoside 橙花醇 -β-D- 吡喃葡萄糖苷 法国蔷薇 Rosa gallica
nervilifordin A~E 毛唇芋兰素▲A~E 毛唇芋兰 Nervilia fordii
nervolan A 显脉旋覆花酯▲A 显脉旋覆花 Duhaldea nervosa
nervolan B 显脉旋覆花酯▲B 滇瑞香 Daphne feddei, 显脉旋覆花 Duhaldea nervosa
nervolan C 显脉旋覆花酯▲C 滇瑞香 Daphne feddei, 显脉旋覆花 Duhaldea nervosa
nervonic acid 神经酸 椤木石楠 Photinia davidsoniae
nervosanin 显脉香茶菜宁素 腺花香茶菜 Isodon adenanthus, 显脉香茶菜 I. nervosus
nervosanin A 显脉香茶菜宁素 A 显脉香茶菜 Isodon nervosus
nervosanin B 显脉香茶菜宁素 B 细锥香茶菜 Isodon coetsa, 显脉香茶菜 I. nervosus, 黄花香茶菜 I. sculponeatus
nervoside 显脉獐牙菜苷 显脉獐牙菜 Swertia nervosa
nervosin 显脉香茶菜素 显脉香茶菜 Isodon nervosus, 溪黄草 I. serra
nervosine 脉纹羊耳兰碱 羊耳蒜 Liparis japonica, 见血青 L. nervosa
neryl 2-methylbutyrate 橙花醇 -2- 甲基丁酸酯 紫茎泽兰 Ageratina adenophora
neryl 3-methylbutyrate 橙花醇 -3- 甲基丁酸酯 紫茎泽兰 Ageratina adenophora
neryl acetate 橙花醇乙酸酯 挥发油成分，未统计基源
neryl formate 橙花醇甲酸酯 挥发油成分，未统计基源
neryl isobutyrate 橙花醇异丁酸酯 挥发油成分，未统计基源
neryl-1-*O*-β-D-glucopyranosyl-(1→2)-*O*-[α-L-arabinopyranosyl-(1→6)]-*O*-β-D-glucopyranoside 橙花基 -1-*O*-β-D- 吡喃葡萄糖基 -(1→2)-*O*-[α-L- 吡喃阿拉伯糖基 -(1→6)]-*O*-β-D- 吡喃葡萄糖苷 挂金灯 Physalis alkekengi var. francheti
neryl-β-glucopyranoside 橙花醇 -β- 吡喃葡萄糖苷 狭叶红景天 Rhodiola kirilowii
N-ethoxycarbonyllaurotetanine *N*- 乙酰樟苍碱 狭叶山胡椒 Lindera angustifolia
N-ethyl maleimide *N*- 乙基马来酰亚胺 洋吊钟 Kalanchoe verticillata
N'-ethylnornicotine *N'*- 乙基降烟碱 烟草 Nicotiana tabacum
nevadensin 内华达依瓦菊素▲ 白花枝子花 Dracocephalum heterophyllum, 白簕 Eleutherococcus trifoliatus, 向日葵 Helianthus annuus, 半蒴苣苔 Hemiboea subcapitata, 紫苏草 Limnophila aromatica, 大叶石龙尾 L. rugosa, 吊石苣苔 Lysionotus pauciflorus, 竹叶花椒 Zanthoxylum

N

armatum
nevadensin-5-*O*-β-D-glucopyranoside 内华达依瓦菊素▲-5-*O*-β-D- 吡喃葡萄糖苷 吊石苣苔 Lysionotus pauciflorus
nevadensin-5-*O*-β-D-glucopyranosyl-(1 → 6)-β-D-glucopyranoside 内华达依瓦菊素▲-5-*O*-β-D- 吡喃葡萄糖基 -(1 → 6)-β-D- 吡喃葡萄糖苷 吊石苣苔 Lysionotus pauciflorus
nevadensin-7-*O*-[β-L-rhamnopyranosyl-(1 → 6)]-β-D-glucopyranoside 内华达依瓦菊素▲-7-*O*-[β-L- 吡喃鼠李糖基 -(1 → 6)]-β-D- 吡喃葡萄糖苷 吊石苣苔 Lysionotus pauciflorus
nevadensin-7-*O*-β-D-glucopyranoside 内华达依瓦菊素▲-7-*O*-β-D- 吡喃葡萄糖苷 吊石苣苔 Lysionotus pauciflorus
nevadensin-7-*O*-β-glucopyranoside 内华达依瓦菊素▲-7-*O*-β- 吡喃葡萄糖苷 紫苏草 Limnophila aromatica
trans-*N*-feruloyl-3-*O*-methyldopamine 反式 -*N*- 阿魏酰基 -3-*O*- 甲基多巴胺 台湾含笑 Michelia compressa
cis-*N*-feruloyl-3-*O*-methyldopamine 顺式 -*N*- 阿魏酰基 -3-*O*- 甲基多巴胺 台湾含笑 Michelia compressa
(7'*R*)-*N*-feruloylnormetanephrine (7'*R*)-*N*- 阿魏酰降变肾上腺素 马齿苋 Portulaca oleracea
trans-*N*-feruloyloctopamine 反式 -*N*- 阿魏酰章鱼胺 枸杞 Lycium chinense
cis-*N*-feruloyloctopamine 顺式 -*N*- 阿魏酰章鱼胺 枸杞 Lycium chinense
trans-*N*-feruloylputrescine 反式 -*N*- 阿魏酰腐胺 厚朴 Houpoëa officinalis
cis-*N*-feruloylputrescine 顺式 -*N*- 阿魏酰腐胺 厚朴 Houpoëa officinalis
N-feruloyltryptamine *N*- 阿魏酰色胺 红花 Carthamus tinctorius
(*E*)-*N*-feruloyltyramine (*E*)-*N*- 阿魏酰酪胺 木槿 Hibiscus syriacus
(*Z*)-*N*-feruloyltyramine (*Z*)-*N*- 阿魏酰基酪胺 木槿 Hibiscus syriacus
N-feruloyltyramine *N*- 阿魏酰酪胺 胡椒 Piper nigrum, 红花疆罂粟 Roemeria refracta, 大血藤 Sargentodoxa cuneata, 风龙 Sinomenium acutum
trans-*N*-feruloyltyramine 反式 -*N*- 阿魏酰酪胺 楝叶吴萸 Euodia glabrifolia, 夜合花 Lirianthe coco, 台湾含笑 Michelia compressa
cis-*N*-feruloyltyramine 顺式 -*N*- 阿魏酰酪胺 楝叶吴萸 Euodia glabrifolia, 台湾含笑 Michelia compressa
(-)-*N*-formylanonaine (-)-*N*- 甲酰番荔枝碱 圆滑番荔枝 Annona glabra, 台湾含笑 Michelia compressa
N-formylanonaine *N*- 甲酰番荔枝碱 日本厚朴 Houpoëa obovata, 白兰 Michelia × alba, 台湾含笑 M. compressa, 小叶地不容 Stephania succifera, 波叶青牛胆 Tinospora crispa
N-formylasimilobine *N*- 甲酰三裂泡泡碱▲ 小叶地不容 Stephania succifera
N-formylasimilobine-2-*O*-β-D-glucopyranoside *N*- 甲酰三裂泡泡碱▲-2-*O*-β-D- 吡喃葡萄糖苷 小叶地不容 Stephania succifera, 波叶青牛胆 Tinospora crispa
N-formylbenzamide *N*- 甲酰苯甲酰胺 镰荚棘豆 Oxytropis falcata
N-formylchonemorphine *N*- 甲酰鹿角藤碱 大叶鹿角藤 Chonemorpha fragrans, 羽脉野扇花 Sarcococca hookeriana
(-)-*N*-methylcytisine (-)-*N*- 甲基金雀儿碱 山豆根 Euchresta japonica, 朝鲜槐 Maackia amurensis, 马鞍树 M. hupehensis, 光叶马鞍树 M. tenuifolia, 绒毛槐 Sophora tomentosa, 越南槐 S. tonkinensis, 紫花野决明 Thermopsis barbata, 野决明 T. lupinoides
(-)-*N*-formylcytisine (-)-*N*- 甲酰金雀儿碱 山豆根 Euchresta japonica, 朝鲜槐 Maackia amurensis, 马鞍树 M. hupehensis, 光叶马鞍树 M. tenuifolia, 绒毛槐 Sophora tomentosa, 越南槐 S. tonkinensis, 紫花野决明 Thermopsis barbata, 霍州油菜 T. chinensis, 野决明 T. lupinoides
N-formylcytisine *N*- 甲酰金雀儿碱 伏毛山豆根 Euchresta horsfieldii, 披针叶野决明 Thermopsis lanceolata
(-)-*N*-formyldehydroanonaine (-)-*N*- 甲酰去氢番荔枝碱▲ 台湾含笑 Michelia compressa
N-formyldehydroanonaine *N*- 甲酰去氢番荔枝碱 波叶青牛胆 Tinospora crispa
N-formyldehydroovigerine *N*- 甲酰去氢莲叶桐任碱▲ 莲叶桐 Hernandia nymphaeifolia
(+)-*N*-formylhernangerine (+)-*N*- 甲酰莲叶桐碱 莲叶桐 Hernandia nymphaeifolia
N-formylloline *N*- 甲酰黑麦草碱 银背藤 Argyreia mollis
N-formyl-myrionine *N*- 甲酰密脉木宁▲ 垂花密脉木 Myrioneuron nutans
N-formyl-*N*-deacetylcolchicine *N*- 甲酰基 -*N*- 去乙酰秋水仙碱 嘉兰 Gloriosa superba
(+)-*N*-formylnornantenine (+)-*N*- 甲酰降南天竹宁 莲叶桐 Hernandia nymphaeifolia, 山胡椒 Lindera glauca
N-formylnornuciferine *N*- 甲酰降荷叶碱 波叶青牛胆 Tinospora crispa
(+)-*N*-formylovigerine (+)-*N*- 甲酰莲叶桐任碱▲ 莲叶桐 Hernandia nymphaeifolia
N-formyl-*p*-hydroxybenzamide *N*- 甲酰基 - 对羟基苯甲酰胺 镰荚棘豆 Oxytropis falcata
N-formylscholarine *N*- 甲酰糖胶树灵碱▲ 糖胶树 Alstonia scholaris
N-furfurylpyrrole *N*- 糠基吡咯 檀香 Santalum album
N-geranyl-3(*R*)-hydroxy-L-glutamic acid *N*- 香叶基 -3(*R*)- 羟基 -L- 谷氨酸 树状软骨藻 Chondria armata
N-geranyl-L-glutamic acid *N*- 香叶基 -L- 谷氨酸 树状软骨藻 Chondria armata
nhatrangin A, B 芽庄鞘丝藻素▲A, B 巨大鞘丝藻 Lyngbya majuscula
N-heneicosanoylanthranilic acid *N*- 十八酰邻氨基苯甲酸 旋覆花 Inula japonica
N-hexacosanoylanthranilic acid *N*- 二十六烷酰邻氨基苯甲酸 羌活 Notopterygium incisum
N-hexacosanoyl-β-D-glucopyranosyl-(1-1')-phytosphingosine *N*- 二十六酰基 -β-D- 吡喃葡萄糖基 -(1-1')- 植物鞘氨醇 山紫茉莉 Oxybaphus himalaicus
N-hydroxy-13,14-dehydrosophoridine *N*- 羟基 -13,14- 去氢槐定碱 苦豆子 Sophora alopecuroides
N-hydroxy-2-*O*-β-D-glucopyranosyl-7-methoxy-1,4(2*H*)-benzoxazin-3-one *N*- 羟基 -2-*O*-β-D- 吡喃葡萄糖基 -7- 甲氧基 -1,4(2*H*)- 苯并噁嗪 -3- 酮 薏米 Coix lacryma-jobi var. ma-yuen

(2*R*)-*N*-hydroxybenzylanabasine (2*R*)-*N*- 羟基苄基假木贼碱 八角枫 Alangium chinense
(2*S*)-*N*-hydroxybenzylanabasine (2*S*)-*N*- 羟基苄基假木贼碱 八角枫 Alangium chinense
trans-*N*-hydroxycinnamoyltyramine 反式 -*N*- 羟基桂皮酰酪胺 枸杞 Lycium chinense
(+)-*N*-hydroxycorydine (+)-*N*- 羟基紫堇定 海罂粟 Glaucium fimbrilligerum
N-hydroxyethyl-2-acetylpyrrole *N*- 羟乙基 -2- 乙酰吡咯 龙脷叶 Sauropus spatulifolius
(+)-*N*-hydroxyhernangerine (+)-*N*- 羟基莲叶桐碱 莲叶桐 Hernandia nymphaeifolia
4-*N*-hydroxymethylstrychnidin-17-acetic acid 4-*N*- 羟基甲基马钱碱 -17- 乙酸 马钱子 Strychnos nux-vomica
N-hydroxynitraramine *N*- 羟基白刺拉胺 大白刺 Nitraria roborowskii
N-hydroxy-northalicthuberine *N*- 羟基 - 降东亚唐松草碱 箭头唐松草 Thalictrum simplex
(+)-*N*-hydroxyovigerine (+)-*N*- 羟基莲叶桐任碱▲ 莲叶桐 Hernandia nymphaeifolia
N-hydroxysophoridine *N*- 羟基槐定碱 苦豆子 Sophora alopecuroides
nic-1-lactone 假酸浆内酯 假酸浆 Nicandra physalodes
nicandrenone 假酸浆烯酮 假酸浆 Nicandra physalodes
26*S*-nicandrenone methyl ether 26*S*- 假酸浆烯酮甲醚 假酸浆 Nicandra physalodes
nicandrenone methyl ether 假酸浆烯酮甲醚 假酸浆 Nicandra physalodes
nicandrenone 假酸浆烯酮 -1, -2, -3, -7, -10, -11, -12, -17 假酸浆 Nicandra physalodes
nicandrin 假酸浆素▲ 假酸浆 Nicandra physalodes
nicandrin B 假酸浆素▲B 假酸浆 Nicandra physalodes, 灯笼果 Physalis peruviana
nicaphysalin A~E 假酸浆甾素 A~E 假酸浆 Nicandra physalodes
nicoloside 烟醇苷▲ 锁阳 Cynomorium songaricum
nicotianamine 烟草胺 佛手瓜 Sechium edule
nicotianine 烟草宁碱▲ 香菇 Lentinula edodes
nicotianoside A, B, D~G 烟草苷▲A, B, D~G 烟草 Nicotiana tabacum
nicotianoside C 烟草苷▲C 韭菜 Allium tuberosum, 烟草 Nicotiana tabacum
nicotiflorin; nicotifloroside 烟花苷 常见成分，至少分布于 100 种以上植物中
nicotinamide 烟酰胺 乌头 Aconitum carmichaelii, 东方泽泻 Alisma orientale, 苋 Amaranthus tricolor, 肉苁蓉 Cistanche deserticola, 黄皮 Clausena lansium, 番红花 Crocus sativus, 刺五加 Eleutherococcus senticosus, 女贞 Ligustrum lucidum, 宁夏枸杞 Lycium barbarum, 苦瓜 Momordica charantia, 木犀 Osmanthus fragrans, 红雀珊瑚 Pedilanthus tithymaloides, 波缘冷水花 Pilea cavaleriei, 虎掌 Pinellia pedatisecta, 金铁锁 Psammosilene tunicoides, 土茯苓 Smilax glabra, 蒲公英 Taraxacum mongolicum, 槲寄生 Viscum coloratum
nicotine 烟碱 藤金合欢 Acacia sinuata, 番木瓜 Carica papaya, 扁枝石松 Diphasiastrum complanatum, 蜂巢草 Leucas aspera, 亚麻 Linum usitatissimum, 番茄 Lycopersicon esculentum, 东北石松 Lycopodium clavatum, 掌叶鱼黄草 Merremia vitifolia, 刺毛黧豆 Mucuna pruriens, 光烟草 Nicotiana glauca, 黄花烟草 N. rustica, 烟草 N. tabacum, 苦豆子 Sophora alopecuroides, 百日菊 Zinnia elegans
nicotinic acid 烟酸 铁苋菜 Acalypha australis, 扇形拟伊藻 Ahnfeltiopsis flabelliformis, 当归 Angelica sinensis, 冬瓜 Benincasa hispida, 落地生根 Bryophyllum pinnatum, 角叉菜 Chondrus ocellatus, 党参 Codonopsis pilosula, 石花菜 Gelidium amansii, 海萝 Gloiopeltis furcata, 扁江蓠 Gracilaria textorii, 冻沙菜 Hypnea japonica, 菘蓝 Isatis tinctoria, 海带 Laminaria japonica, 宁夏枸杞 Lycium barbarum, 枸杞 L. chinense, 荷叶离褶伞 Lyophyllum decastes, 白背叶 Mallotus apelta, 苦马豆 Sphaerophysa salsula, 贵州獐牙菜 Swertia kouitchensis, 云芝 Trametes versicolor, 草菇 Volvariella volvacea
nicotinic aldehyde 烟醛 挥发油成分，未统计基源
nicotinoylgomisin Q 烟酰北五味子素▲Q 五味子 Schisandra chinensis
1α-nicotinoyloxy-2α,11α,6β-triacetoxy-9β-benzoyloxy-4β-hydroxy-β-dihydroagarofuran 1α- 烟酰氧基 -2α,11α,6β- 三乙酰氧基 -9β- 苯甲酰氧基 -4β- 羟基 -β- 二氢沉香呋喃 苦皮藤 Celastrus angulatus
1α-nicotinoyloxy-2α,11α,6β-triacetoxy-9β-furoyloxy-4β-hydroxy-β-dihydroagarofuran 1α- 烟酰氧基 -2α,11α,6β- 三乙酰氧基 -9β- 呋喃酰氧基 -4β- 羟基 -β- 二氢沉香呋喃 苦皮藤 Celastrus angulatus
1α-nicotinoyloxy-2α,6β-diacetoxy-9β-furoyloxy-11-(3-methyl)-isobutyryloxy-4β-hydroxy-β-dihydroagarofuran 1α- 烟酰氧基 -2α,6β- 二乙酰氧基 -9β- 呋喃酰氧基 -11-(3- 甲基)- 异丁酰氧基 -4β- 羟基 -β- 二氢沉香呋喃 苦皮藤 Celastrus angulatus
1α-nicotinoyloxy-2α,6β-diacetoxy-9β-furoyloxy-11-isobutyryloxy-4β-hydroxy-β-dihydroagarofuran 1α- 烟酰氧基 -2α,6β- 二乙酰氧基 -9β- 呋喃酰氧基 -11- 异丁酰氧基 -4β- 羟基 -β- 二氢沉香呋喃 苦皮藤 Celastrus angulatus
3α-nicotinoyloxytropane 3α- 烟酰氧基托品烷 掌叶鱼黄草 Merremia vitifolia
nicotphenol A, B, C 烟脂醇 A, B, C 烟草 Nicotiana tabacum
nicotyrine 烟碱烯 烟草 Nicotiana tabacum
niga-ichigoside 苦莓苷 地榆 Sanguisorba officinalis
niga-ichigoside F_1 苦莓苷 F_1 亮叶杨桐 Adinandra nitida, 显苞芒毛苣苔 Aeschynanthus bracteatus, 白粉藤 Cissus repens, 紫萼路边青 Geum rivale, 马醉木 Pieris japonica, 石南藤 Piper wallichii, 夏枯草 Prunella vulgaris, 小果蔷薇 Rosa cymosa, 金樱子 R. laevigata, 迷迭香 Rosmarinus officinalis, 甜茶 Rubus chingii var. suavissimus, 栽秧泡 R. ellipticus var. obcordatus, 茅莓 R. parvifolius, 红毛悬钩子 R. wallichianus, 地埂鼠尾草 Salvia scapiformis, 尼泊尔水东哥 Saurauia napaulensis, 华山矾 Symplocos chinensis
niga-ichigoside F_2 苦莓苷 F_2 亮叶杨桐 Adinandra nitida, 显苞芒毛苣苔 Aeschynanthus bracteatus, 夏枯草 Prunella vulgaris
nigakilactone B 苦木内酯 B 常绿苦树 Picrasma javanica, 苦树 P. quassioides
nigakilactone C, E, H, L 苦木内酯 C, E, H, L 苦树 Picrasma quassioides
nigakilactone F 苦木内酯 F 常绿苦树 Picrasma javanica, 苦树 P. quassioides

nigakinone 苦木酮 苦树 Picrasma quassioides
nigeglanine 腺毛黑种草碱▲ 腺毛黑种草 Nigella glandulifera
nigellastrine I, II 骆驼蒿碱 I, II 骆驼蒿 Peganum nigellastrum
nigelloside 黑种草苷▲ 腺毛黑种草 Nigella glandulifera
nigelloside A~D 黑种草苷▲A~D 黑种草 Nigella damascena
α-nigerose *α*- 黑曲霉糖 春榆 Ulmus davidiana var. japonica
nigralanostenone 龙葵羊毛脂烯酮 龙葵 Solanum nigrum
nigramide A~S 黑胡椒酰胺▲A~S 胡椒 Piper nigrum
nigranoic acid 黑五味子酸▲ 狭叶南五味子 Kadsura angustifolia, 黑老虎 K. coccinea, 异形南五味子 K. heteroclita, 五味子 Schisandra chinensis, 翼梗五味子 S. henryi, 滇五味子 S. henryi var. yunnanensis, 狭叶五味子 S. lancifolia, 球蕊五味子 S. sphaerandra, 华中五味子 S. sphenanthera
nigranoic acid-26-methyl ester 黑五味子酸▲-26- 甲酯 八角 Illicium verum
nigranoic acid-3-ethyl ester 黑五味子酸▲-3- 乙酯 翼梗五味子 Schisandra henryi
nigrasin A~J 黑桑素▲A~J 黑桑 Morus nigra
nigrescigenin-3-*β*-*O*-*α*-L-rhamnoside 黑花杠柳苷元▲-3-*β*-*O*-*α*-L- 鼠李糖苷 铃兰 Convallaria majalis
nigrescigenin-3-*β*-*O*-*β*-D-gulomethyloside 黑花杠柳苷元▲-3-*β*-*O*-*β*-D-6- 脱氧古洛糖苷 铃兰 Convallaria majalis
nigricanin 黑花鸢尾素▲ 薄叶鸢尾 Iris leptophylla
nigricanin-4'-*O*-*β*-D-glucoside 黑花鸢尾素▲-4'-*O*-*β*-D- 葡萄糖苷 薄叶鸢尾 Iris leptophylla
nigricin 尼鸢尾黄素 德国鸢尾 Iris germanica, 准噶尔鸢尾 I. songarica
nigrolineaxanthone E 黑线藤黄屾酮▲E 金丝李 Garcinia paucinervis
nigrolineaxanthone F 黑线藤黄屾酮▲F 柘树 Cudrania tricuspidata
nigrolineaxanthone K 黑线藤黄屾酮▲K 金丝李 Garcinia paucinervis
nigrolineaxanthone T 黑线藤黄屾酮▲T 云树 Garcinia cowa, 岭南山竹子 G. oblongifolia
nigrolineaxanthone V 黑线藤黄屾酮▲V 云树 Garcinia cowa, 岭南山竹子 G. oblongifolia
nigrolineaxanthone W 黑线藤黄屾酮▲W 薄叶红厚壳 Calophyllum membranaceum
nigroxanthin 黑牛角椒黄质▲ 辣椒 Capsicum annuum
nigrumnin I, II 龙葵宁▲I, II 龙葵 Solanum nigrum
nigrumoside A 龙葵莫苷▲A 龙葵 Solanum nigrum
nikoenoside 毛果槭苷▲ 三角槭 Acer buergerianum, 毛果槭 A. nikoense, 喙果黑面神 Breynia rostrata, 毛果杜鹃花 Rhododendron seniavinii
(2*R*,3*R*)-nilic acid (2*R*,3*R*)- 牵牛酸▲ 南方菟丝子 Cuscuta australis, 菟丝子 C. chinensis
nilocitin 尼罗河柽柳亭▲ 山茱萸 Cornus officinalis, 榄李 Lumnitzera racemosa
niloticin 尼罗河杜楝素▲ 臭椿 Ailanthus altissima, 柔毛鸦胆子 Brucea mollis, 黄檗 Phellodendron amurense, 川黄檗 P. chinense, 秃叶黄檗 P. chinense var. glabriusculum
niloticin acetate 尼罗河杜楝素▲ 乙酸酯 黄檗 Phellodendron amurense, 川黄檗 P. chinense
Δ^5-nimbidiol Δ^5- 印楝二酚▲ 南蛇藤 Celastrus orbiculatus
nimbidiol 印楝二酚▲ 过山枫 Celastrus aculeatus, 南蛇藤 C. orbiculatus
nimbiol 印楝酚 云南鼠尾草 Salvia yunnanensis
nimbolidin A 印楝波力定▲A 楝 Melia azedarach
nimbolidin B 印楝波力定▲B 楝 Melia azedarach, 川楝 M. toosendan
nimbolidin C~F 印楝波力定▲C~F 川楝 Melia toosendan
nimbolin E 印楝波灵▲E 楝 Melia azedarach
nimbolinin A 印楝波力宁▲A 楝 Melia azedarach, 川楝 M. toosendan
nimbolinin B 印楝波力宁▲B 楝 Melia azedarach, 川楝 M. toosendan
nimbolinin C 印楝波力宁▲C 川楝 Melia toosendan
nimbolinin D 印楝波力宁▲D 楝 Melia azedarach, 川楝 M. toosendan
nimbosterol 印楝甾醇 厚藤 Ipomoea pes-caprae
nimonol 印楝诺醇▲ 杜楝 Turraea pubescens
ningpoensine A, B, C 玄参新碱▲A, B, C 玄参 Scrophularia ningpoensis
ningpogenin 浙玄参苷元▲ 十字架树 Crescentia alata, 葫芦树 C. cujete, 北玄参 Scrophularia buergeriana, 玄参 S. ningpoensis, 毛蕊花 Verbascum thapsum
ningpogoside A 浙玄参苷▲A 玄参 Scrophularia ningpoensis
ningpogoside B 浙玄参苷▲B 美观马先蒿 Pedicularis decora, 玄参 Scrophularia ningpoensis
ningposide I, II, A~D 玄参苷▲I, II, A~D 玄参 Scrophularia ningpoensis
nipagin acid-4-*O*-neohesperidoside 尼泊金酸 -4-*O*- 新橙皮糖苷 矮桃 Lysimachia clethroides
nipagin M 尼泊金 M 厚藤 Ipomoea pes-caprae
nipponoside B 日本五加苷▲B 鹅掌草 Anemone flaccida
nipponoside D 日本五加苷▲D 短柄五加 Eleutherococcus brachypus, 野木瓜 Stauntonia chinensis
niranthin 珠子草素 黄珠子草 Phyllanthus virgatus, 野甘草 Scoparia dulcis
nirtetralin 珠子草四氢萘▲ 黄珠子草 Phyllanthus virgatus, 野甘草 Scoparia dulcis

N

niruroidine 珠子草定▲ 白饭树 Flueggea virosa
nishindaside 黄荆达苷▲ 黄荆 Vitex negundo, 牡荆 V. negundo var. cannabifolia
N-isobutyl-(2*E*,4*E*)-2,4-tetradecadienamide *N*- 异丁基 -(2*E*,4*E*)-2,4- 十四烷二烯酰胺 椿叶花椒 Zanthoxylum ailanthoides
N-isobutyl-(2*E*,4*E*)-hexadeca-2,4-dienamide *N*- 异丁基 -(2*E*,4*E*)- 十六碳 -2,4- 二烯酰胺 黄花胡椒 Piper flaviflorum, 假荜拔 P. retrofractum, 假蒟 P. sarmentosum
N-isobutyl-(2*E*,4*E*)-octadeca-2,4-dienamide *N*- 异丁基 -(2*E*,4*E*)- 十八碳 -2,4- 二烯酰胺 黄花胡椒 Piper flaviflorum
N-isobutyl-(2*E*,4*E*)-tetradeca-2,4-dienamide *N*- 异丁基 -(2*E*,4*E*)- 十四碳 -2,4- 二烯酰胺 黄花胡椒 Piper flaviflorum
N-isobutyl-(2*E*,4*E*,10*Z*)-hexadeca-2,4,10-trienamide *N*- 异丁基 -(2*E*,4*E*,10*Z*)- 十六碳 -2,4,10- 三烯胺 假荜拔 Piper retrofractum
N-isobutyl-(2*E*,4*E*,12*Z*)-hexadeca-2,4,12-trienamide *N*- 异丁基 -(2*E*,4*E*,12*Z*)- 十六碳 -2,4,12- 三烯胺 假荜拔 Piper retrofractum
N-isobutyl-(2*E*,4*E*,12*Z*)-octadeca-2,4,12-trienamide *N*- 异丁基 -(2*E*,4*E*,12*Z*)- 十八碳 -2,4,12- 三烯胺 假荜拔 Piper retrofractum
N-isobutyl-(2*E*,4*E*,8*Z*)-eicosatrienamide *N*- 异丁基 -(2*E*,4*E*,8*Z*)- 二十碳三烯酰胺 假荜拔 Piper retrofractum
N-isobutyl-11-(3',4'-methylenedioxyphenyl)-2*E*,4*E*,10*E*-undecatrienamide *N*- 异丁基 -11-(3',4'- 亚甲二氧基苯基)-2*E*,4*E*,10*E*- 十一碳三烯酰胺 胡椒 Piper nigrum
(2*E*,4*E*,8*E*)-*N*-isobutyl-11-(3,4-methylenedioxyphenyl)undeca-2,4,8-trienamide (2*E*,4*E*,8*E*)-*N*- 异丁基 -11-(3,4- 亚甲二氧基苯基)- 十一碳 -2,4,8- 三烯酰胺 苎叶蒟 Piper boehmeriifolium
(2*E*,4*E*)-*N*-isobutyl-11-phenylundecadienamide (2*E*,4*E*)-*N*- 异丁基 -11- 苯基十一碳二烯酰胺 华南胡椒 Piper austrosinense, 大叶蒟 P. laetispicum
N-isobutyl-13-(3',4'-methylenedioxyphenyl)-2*E*,4*E*,12*E*-tridecatrienamide *N*- 异丁基 -13-(3',4'- 亚甲二氧基苯基)-2*E*,4*E*,12*E*- 十三碳三烯酰胺 胡椒 Piper nigrum
(2*E*,4*E*)-*N*-isobutyl-15-phenylpentadecadienamide (2*E*,4*E*)-*N*- 异丁基 -15- 苯基十五碳二烯酰胺 华南胡椒 Piper austrosinense, 大叶蒟 P. laetispicum
N-isobutyl-16-phenylhexadeca-2*E*,4*E*-dienamide *N*- 异丁基 -16- 苯基十六碳 -2*E*,4*E*- 二烯酰胺 短蒟 Piper mullesua
(2*E*,4*E*,8*Z*,10*E*)-*N*-isobutyl-2,4,8,10-dodecatetraenamide (2*E*,4*E*,8*Z*,10*E*)-*N*- 异丁基 -2,4,8,10- 十二碳四烯酰胺 杜衡 Asarum forbesii, 汉城细辛 A. sieboldii
(2*E*,4*E*,8*Z*,10*Z*)-*N*-isobutyl-2,4,8,10-dodecatetraenamide (2*E*,4*E*,8*Z*,10*Z*)-*N*- 异丁基 -2,4,8,10- 十二碳四烯酰胺 辽细辛 Asarum heterotropoides var. mandshuricum, 汉城细辛 A. sieboldii
(2*E*,4*Z*,8*Z*,10*Z*)-*N*-isobutyl-2,4,8,10-dodecatetraenamide (2*E*,4*Z*,8*Z*,10*Z*)-*N*- 异丁基 -2,4,8,10- 十二碳四烯酰胺 杜衡 Asarum forbesii
(2*E*,4*E*,8*Z*,10*E*)-*N*-isobutyl-2,4,8,10-dodecatetranamide (2*E*,4*E*,8*Z*,10*E*)-*N*- 异丁基 -2,4,8,10- 十二烷四酰胺 辽细辛 Asarum heterotropoides var. mandshuricum
(2*E*,4*E*)-*N*-isobutyl-2,4-decadienamide (2*E*,4*E*)-*N*- 异丁基 -2,4- 癸二烯酰胺 辽细辛 Asarum heterotropoides var. mandshuricum, 苎叶蒟 Piper boehmeriifolium, 岩芋 Remusatia vivipara
(2*E*,4*E*)-*N*-isobutyl-2,4-dodecadienamide (2*E*,4*E*)-*N*- 异丁基 -2,4- 十二碳二烯酰胺 苎叶蒟 Piper boehmeriifolium
(2*E*,4*E*)-*N*-isobutyl-2,4-icosadienamide (2*E*,4*E*)-*N*- 异丁基 -2,4- 二十碳二烯酰胺 粗梗胡椒 Piper macropodum
(2*E*,4*E*)-*N*-isobutyl-2,4-tetradecadienamide (2*E*,4*E*)-*N*- 异丁基 -2,4- 十四酰胺 椿叶花椒 Zanthoxylum ailanthoides
N-isobutyl-2*E*,4*E*,10*E*,12*Z*-tetradecatetraen-8-ynamide *N*- 异丁基 -2*E*,4*E*,10*E*,12*Z*- 十四碳四烯 -8- 炔酰胺 菊花 Chrysanthemum morifolium
N-isobutyl-2*E*,4*E*,12*E*-tetradecatrien-8,10-diynamide *N*- 异丁基 -2*E*,4*E*,12*E*- 十四碳三烯 -8,10- 炔酰胺 菊花 Chrysanthemum morifolium
N-isobutyl-2*E*,4*E*,12*Z*-octadecatrienamide *N*- 异丁基 -2*E*,4*E*,12*Z*- 十八碳三烯酰胺 胡椒 Piper nigrum, 假荜拔 P. retrofractum
N-isobutyl-2*E*,4*E*,12*Z*-tetradecatrien-8,10-diynamide *N*- 异丁基 -2*E*,4*E*,12*Z*- 十四碳三烯 -8,10- 炔酰胺 菊花 Chrysanthemum morifolium
N-isobutyl-2*E*,4*E*,14*Z*-eicosatrienamide *N*- 异丁基 -2*E*,4*E*,14*Z*- 二十碳三烯酰胺 假荜拔 Piper retrofractum
N-isobutyl-2*E*,4*E*,8*E*-tetradecatrienamide *N*- 异丁基 -2*E*,4*E*,8*E*- 十四碳三烯酰胺 楝叶吴萸 Euodia glabrifolia
N-isobutyl-2*E*,4*E*,8*Z*-decatrienamide *N*- 异丁基 -2*E*,4*E*,8*Z*- 十碳三烯胺 汉城细辛 Asarum sieboldii
N-isobutyl-2*E*,4*E*,8*Z*-eicosatrienamide *N*- 异丁基 -2*E*,4*E*,8*Z*- 二十碳三烯酰胺 胡椒 Piper nigrum
N-isobutyl-2*E*,4*E*-decadienamide *N*- 异丁基 -2*E*,4*E*- 癸二烯酰胺 荜拔 Piper longum, 胡椒 P. nigrum, 裸果胡椒 P. nudibaccatum, 毛叶胡椒 P. puberulilimbum
N-isobutyl-2*E*,4*E*-dodecadienamide *N*- 异丁基 -2*E*,4*E*- 十二碳二烯酰胺 蒌叶 Piper betle, 胡椒 P. nigrum
N-isobutyl-2*E*,4*E*-hexadecadienamide *N*- 异丁基 -2*E*,4*E*- 十六碳二烯酰胺 海南蒟 Piper hainanense
N-isobutyl-2*E*,4*E*-octadecadienamide *N*- 异丁基 -2*E*,4*E*- 十八碳二烯酰胺 海南蒟 Piper hainanense, 胡椒 P. nigrum
N-isobutyl-2*E*,4*E*-octadienamide *N*- 异丁基 -2*E*,4*E*- 八碳二烯酰胺 胡椒 Piper nigrum, 假蒟 P. sarmentosum
N-isobutyl-2*E*,4*E*-tetradecadienamide *N*- 异丁基 -2*E*,4*E*- 十四碳二烯酰胺 楝叶吴萸 Euodia glabrifolia, 假蒟 Piper sarmentosum
N-isobutyl-3-(3',4'-methylenedioxy-5'-methoxyphenyl)-2*E*-trimonoienamide *N*- 异丁基 -3-(3',4'- 亚甲二氧基 -5'- 甲氧基苯基)-2*E*- 丙烯酸酰胺 华南胡椒 Piper austrosinense
N-isobutyl-3-(3,4-methylenedioxyphenyl)-2*E*-trienamide *N*- 异丁基 -3-(3,4- 亚甲二氧基苯基)-2*E*- 三烯酰胺 胡椒 Piper nigrum
N-isobutyl-3,4-methylenedioxybenzamide *N*- 异丁基 -3,4- 亚甲二氧基苯甲酰胺 慈姑叶细辛 Asarum sagittarioides
N-isobutyl-3,4-methylenedioxycinnamide *N*- 异丁基 -3,4- 亚甲二氧基桂皮酰胺 小叶马蹄香 Asarum ichangense, 长茎金耳环 A. longerhizomatosum, 慈姑叶细辛 A. sagittarioides
N-isobutyl-4,5-dihydroxy-2*E*-decaenamide *N*- 异丁基 -4,5- 二羟基 -2*E*- 十碳烯酰胺 胡椒 Piper nigrum
(±)-*threo*-*N*-isobutyl-4,5-dihydroxy-2*E*-octaenamide (±)- 式 -*N*- 异丁基 -4,5- 二羟基 -2*E*- 辛烯酰胺 胡椒 Piper nigrum
N-isobutyl-4,5-epoxy-2*E*-decaenamide *N*- 异丁基 -4,5- 环氧 -2*E*- 十碳烯酰胺 胡椒 Piper nigrum
N-isobutyl-4-hexanoyl-4-hydroxypyrrolidin-1-one *N*- 异丁基 -4- 己酰基 -4- 羟基吡咯烷 -1- 酮 胡椒 Piper nigrum

n-isobutyl-5'-methoxy-3',4'-methylenedioxycinnamamide *N*- 异丁基 -5'- 甲氧基 -3',4'- 亚甲二氧基桂皮酰胺 大叶蒟 Piper laetispicum
N-isobutyl-6-(2-thienyl)-2*E*,4*E*-hexadienamide *N*- 异丁基 -6-(2- 噻吩基)-2*E*,4*E*- 己二烯酰胺 菊花 Chrysanthemum morifolium
(2*E*,4*E*)-*N*-isobutyl-6-oxo-hepta-2,4-dienamide (2*E*,4*E*)-*N*- 异丁基 -6- 氧代庚基 -2,4- 二烯酰胺 椿叶花椒 Zanthoxylum ailanthoides
N-isobutyl-7-(3,4-methylendioxyphenyl)-2*E*,4*E*-heptadienamide *N*- 异丁基 -7-(3,4- 亚甲二氧基苯)-2*E*,4*E*- 七碳二烯酰胺 大叶蒟 Piper laetispicum
(2*E*,4*E*)-*N*-isobutyl-7-(3',4'-methylenedioxyphenyl)-2,4-heptadienamide (2*E*,4*E*)-*N*- 异丁基 -7-(3',4'- 亚甲二氧基苯基)-2,4- 庚二烯酸酰胺 蒌叶 Piper betle
N-isobutyl-7(3',4'-methylenedioxyphenyl)-2*E*,4*E*-heptadienamide *N*- 异丁基 -7-(3',4'- 亚甲二氧基苯基)-2*E*,4*E*- 庚二烯酸酰胺 华南胡椒 Piper austrosinense
(2*E*,4*E*)-*N*-isobutyl-7-(3,4-methylenedioxyphenyl)-hepta-2,4-dienamide (2*E*,4*E*)-*N*- 异丁基 -7-(3,4- 亚甲二氧基苯基)- 庚 -2,4- 二烯酰胺 苎叶蒟 Piper boehmeriifolium, 山蒟 P. hancei
(2*E*)-*N*-isobutyl-7-(3,4-methylenedioxyphenyl)hepta-2-enamide (2*E*)-*N*- 异丁基 -7-(3,4- 亚甲二氧基苯基)- 庚 -2- 烯酰胺 苎叶蒟 Piper boehmeriifolium
(2*E*,4*E*)-*N*-isobutyl-7-(3',4'-methylenedioxyphenyl)heptadienamide (2*E*,4*E*)-*N*- 异丁基 -7-(3',4'- 亚甲二氧基苯基) 七碳二烯酰胺 大叶蒟 Piper laetispicum
N-isobutyl-7-phenyl-2*E*,4*E*-heptadienamide *N*- 异丁基 -7- 苯基 -2*E*,4*E*- 七碳二烯酰胺 大叶蒟 Piper laetispicum
(2*E*,8*E*)-*N*-isobutyl-9-(3,4-methylenedioxyphenyl)nona-2,4-dienamide (2*E*,8*E*)-*N*- 异丁基 -9-(3,4- 亚甲二氧基苯基)- 九碳 -2,4- 二烯酰胺 苎叶蒟 Piper boehmeriifolium
(8*E*)-*N*-isobutyl-9-(3,4-methylenedioxyphenyl)nona-8-enamide (8*E*)-*N*- 异丁基 -9-(3,4- 亚甲二氧基苯基)- 九碳 -8- 烯酰胺 苎叶蒟 Piper boehmeriifolium
N-isobutyl-9-phenyl-2*E*,4*E*-nonadienamide *N*- 异丁基 -9- 苯基 -2*E*,4*E*- 九碳二烯酰胺 大叶蒟 Piper laetispicum
N-isobutylcinnamamide *N*- 异丁基 - 桂皮酰胺 小叶马蹄香 Asarum ichangense
N-isobutyl-deca-2*E*,4*E*-dienamide *N*- 异丁基十碳 -2*E*,4*E*- 二烯酰胺 卵叶胡椒 Piper attenuatum, 短蒟 P. mullesua
N-isobutyl-deca-*trans*-2-*trans*-4-dienamide *N*- 异丁基 - 反式 -2- 反式 -4- 癸二烯酰胺 山蒟 Piper hancei
N-isobutyldodeca-*trans*-2,4-dienamide *N*- 异丁基十二碳 - 反式 -2,4- 二烯酰胺 荜拔 Piper longum, 假蒟 P. sarmentosum
2*E*,4*E*-*N*-isobutyl-dodecenamide 2*E*,4*E*-*N*- 异丁基 - 十四碳烯酰胺 荜拔 Piper longum
(2*E*,4*E*,14*Z*)-*N*-isobutyl-eicosa-2,4,14-trienamide (2*E*,4*E*,14*Z*)-*N*- 异丁基 - 二十碳 -2,4,14- 三烯酰胺 荜拔 Piper longum
N-isobutyleicosa-2,4-dienamide *N*- 异丁基二十碳 -2,4- 二烯酰胺 假荜拔 Piper retrofractum
(2*E*,4*E*)-*N*-isobutyl-eicosa-2,4-dienamide (2*E*,4*E*)-*N*- 异丁基 - 二十碳 -2,4- 二烯酰胺 荜拔 Piper longum
(2*E*,4*E*,8*Z*)-*N*-isobutyl-eicosatrienamide (2*E*,4*E*,8*Z*)-*N*- 异丁基 - 二十碳三烯酰胺 胡椒 Piper nigrum
2*E*,4*E*,8*Z*-*N*-isobutyl-eicosatrienamide 2*E*,4*E*,8*Z*-*N*- 异丁基 - 二十碳三烯酰胺 胡椒 Piper nigrum
(2*E*,4*E*,8*E*)-*N*-isobutylhenicosa-2,4,8-trienamide (2*E*,4*E*,8*E*)-*N*- 异丁基二十一碳 -2,4,8- 三烯酰胺 荜拔 Piper longum
(2*E*,4*E*,12*Z*)-*N*-isobutyl-octadeca-2,4,12-trienamide (2*E*,4*E*,12*Z*)-*N*- 异丁基 - 十八碳 -2,4,12- 三烯酰胺 荜拔 Piper longum
N-isobutyloctadeca-2*E*,4*E*-dienamide *N*- 异丁基十八碳 -2*E*,4*E*- 二烯酰胺 荜拔 Piper longum, 假蒟 P. sarmentosum
2*E*,4*E*-*N*-isobutyl-octadecenamide 2*E*,4*E*-*N*- 异丁基 - 十八碳烯酰胺 荜拔 Piper longum
trans,*trans*-2,4-*N*-isobutylpentadecadienamide 反 , 反 -2,4-*N*- 异丁基十五碳二烯酰胺 川黄檗 Phellodendron chinense
trans,*trans*-2,4-*N*-isobutyltetradecadienamide 反 , 反 -2,4-*N*- 异丁基十四碳二烯酰胺 川黄檗 Phellodendron chinense
trans,*trans*,*cis*-2,4,8-*N*-isobutyltetradecatrienamide 反 , 反 , 顺 -2,4,8-*N*- 异丁基十四碳三烯酰胺 川黄檗 Phellodendron chinense
trans-*N*-isoferuloyltyramine 反式 -*N*- 异阿魏酰酪胺 枸杞 Lycium chinense
N-isopentenyl-6-hydroxydendroxinium chloride *N*- 异戊烯 -6- 羟基石斛氯化物 石斛 Dendrobium nobile
N-isopentenyldendrobinium bromide *N*- 异戊烯石斛菧溴化物 石斛 Dendrobium nobile
N-isopentenyldendroxinium chloride *N*- 异戊烯石斛氯化物 石斛 Dendrobium nobile
nitensoside A, B 山蜡梅苷 ▲A, B 山蜡梅 Chimonanthus nitens
(7*S*,8*S*)-nitidanin (7*S*,8*S*)- 两面针宁 ▲ 云南土沉香 Excoecaria acerifolia, 檀香 Santalum album
nitidanin 两面针宁 ▲ 刺果卫矛 Euonymus acanthocarpus, 两面针 Zanthoxylum nitidum
nitidine 两面针碱 构树 Broussonetia papyrifera, 飞龙掌血 Toddalia asiatica, 椿叶花椒 Zanthoxylum ailanthoides, 簕欓花椒 Z. avicennae, 蚬壳花椒 Z. dissitum, 刺壳花椒 Z. echinocarpum, 大叶臭花椒 Z. myriacanthum, 两面针 Z. nitidum, 异叶花椒 Z. ovalifolium
nitidine $CHCl_3$ adduct 两面针碱三氯甲烷加合物 飞龙掌血 Toddalia asiatica, 椿叶花椒 Zanthoxylum ailanthoides
nitidine chloride 两面针碱氯化物 飞龙掌血 Toddalia asiatica, 椿叶花椒 Zanthoxylum ailanthoides, 两面针 Z. nitidum
nitidine nitrate 两面针碱硝酸盐 大叶臭花椒 Zanthoxylum myriacanthum
nitidumtone A, B 两面针酮 A, B 两面针 Zanthoxylum nitidum
nitrabirine 小果白刺灵碱 ▲ 小果白刺 Nitraria sibirica
nitrabirine A, B 小果白刺灵碱 ▲A, B 灰毛豆 Tephrosia purpurea
nitrabirine-*N*-oxide 小果白刺灵碱 ▲-*N*- 氧化物 小果白刺 Nitraria sibirica
nitramidine 白刺米定碱 ▲ 大白刺 Nitraria roborowskii
nitramine 白刺胺 大白刺 Nitraria roborowskii, 小果白刺 N. sibirica
β-nitramino-L-alanine *β*- 硝氨基 -L- 丙氨酸 紫红蘑菇 Agaricus subrutilescens
nitraraidine 小果白刺定碱 ▲ 小果白刺 Nitraria sibirica
nitraraine 白刺拉因 大白刺 Nitraria roborowskii

N

nitraramidine 小果白刺米定碱▲ 小果白刺 Nitraria sibirica
nitraramine 白刺拉胺 大白刺 Nitraria roborowskii, 小果白刺 N. sibirica
nitraramine-N-oxide 白刺拉胺 -N- 氧化物 大白刺 Nitraria roborowskii
nitrarine 白刺灵碱▲ 大白刺 Nitraria roborowskii
nitraroxine 白刺环氧碱 大白刺 Nitraria roborowskii
1-nitroaknadinine 1- 硝基桐叶千金藤地宁碱▲ 四川千金藤 Stephania sutchuenensis
1-nitro-apocavidine 1- 硝基原块茎紫堇定▲ 石生黄堇 Corydalis saxicola
4-nitrobenzoic acid diphyllin ester 4- 硝基苯甲酸山荷叶素酯 方枝守宫木 Sauropus quadrangularis
nitrocadambine A, B 硝基团花碱▲A, B 团花 Neolamarckia cadamba
4-(2-nitroethyl)-phenyl-β-D-xylopyranosyl-(1 → 6)-β-D-glucopyranoside 4-(2- 硝基乙基)- 苯基 -β-D- 吡喃木糖基 -(1 → 6)-β-D- 吡喃葡萄糖苷 苍白秤钩风 Diploclisia glaucescens
p-nitrophenol 对硝基苯酚 银桦 Grevillea robusta
4-nitrophenylacetamide 4- 硝基苯乙酰胺 挥发油成分，未统计基源
p-nitrophenylhydrazone 对硝基苯基腙 野胡萝卜 Daucus carota
4-nitrophenyl-β-D-glucopyranoside 4- 硝基苯 -β-D- 吡喃葡萄糖苷 野慈姑 Sagittaria trifolia
3-nitro-phthalic acid 3- 硝基 - 酞酸 水蓼 Polygonum hydropiper
nitropropanoylglucopyranoside 硝基丙酰吡喃葡萄糖苷 野青树 Indigofera suffruticosa
2-nitropropionic acid 2- 硝基丙酸 香堇菜 Viola odorata
3-nitropropionic acid 3- 硝基丙酸 苏木蓝 Indigofera carlesii, 穗序木蓝 I. spicata
1-(nitrosoimino)methyl-2,4,5-trimethoxybenzene 1-(亚硝基亚氨基) 甲基 -2,4,5- 三甲氧基苯 假蒟 Piper sarmentosum
nitrotetrazolium chloride blue 氯化硝基四唑蓝 萹蓄 Polygonum aviculare
niuxixinsterone A, B, C 牛膝新甾酮 A, B, C 牛膝 Achyranthes bidentata
niveain A 苎麻素▲A 苎麻 Boehmeria nivea
niveusin B 雪叶向日葵素▲B 多须公 Eupatorium chinense, 向日葵 Helianthus annuus
niveusin C 雪叶向日葵素▲C 向日葵 Helianthus annuus
N-lignoceroyltryptamine N- 二十四酰色胺 牛心番荔枝 Annona reticulata
N-L-γ-glutamyl-S-sinapyl-L-cysteine N-L-γ- 谷氨酰基 -S- 芥子酰基 -L- 半胱氨酸 菠萝 Ananas comosus
N-methanesulfonylimidazole N- 甲磺酸咪唑 鸡矢藤 Paederia foetida
N-methoxy-2-O-β-D-glucopyranosyl-7-methoxy-1,4(2H)-benzoxazin-3-one N- 甲氧基 -2-O-β-D- 吡喃葡萄糖基 -7- 甲氧基 -1,4(2H)- 苯并噁嗪 -3- 酮 薏米 Coix lacryma-jobi var. ma-yuen
N-methoxy-3-formylcarbazole N- 甲氧基 -3- 甲酰咔唑 豆叶九里香 Murraya euchrestifolia, 调料九里香 M. koenigii
N-methoxy-3-hydroxymethyl-9H-carbazole N- 甲氧基 -3- 羟甲基 -9H- 咔唑 豆叶九里香 Murraya euchrestifolia, 调料九里香 M. koenigii
N-methoxy-7-methoxy-2H-1,4-benzoxazin-3(2H)-one-2-O-β-D-glucopyranoside N- 甲氧基 -7- 甲氧基 -2H-1,4- 苯并恶嗪 -3(2H)- 酮 -2-O-β-D- 吡喃葡萄糖苷 野甘草 Scoparia dulcis
N-methoxycarbonyl-11,12-dimethoxykopsinaline N- 甲氧羰基 -11,12- 二甲氧基药用蕊木碱▲ 蕊木 Kopsia arborea
(-)-N-methoxycarbonyl-11,12-methylenedioxykopsinaline (-)-N- 甲氧羰基 -11,12- 亚甲二氧基药用蕊木碱▲ 蕊木 Kopsia arborea
N-methoxycarbonyl-11,12-methylenedioxykopsinaline N- 甲氧羰基 -11,12- 亚甲二氧基药用蕊木碱▲ 蕊木 Kopsia arborea, 海南蕊木 K. hainanensis
(-)-N-methoxycarbonyl-12-methoxykopsinaline (-)-N- 甲氧羰基 -12- 甲氧基药用蕊木碱▲ 蕊木 Kopsia arborea
N-methoxycarbonyl-12-methoxykopsinaline N- 甲氧羰基 -12- 甲氧基药用蕊木碱▲ 蕊木 Kopsia arborea, 海南蕊木 K. hainanensis
(E)-N-(4-methoxyphenethyl)-2-methylbut-2-enamide (E)-N-(4- 甲氧基苯乙基)-2- 甲基丁 -2- 烯胺 黄皮 Clausena lansium
N-methoxytaberpsychin N- 甲氧基九节叶狗牙花碱▲ 钩吻 Gelsemium elegans
N-methyl-1,2,3,4-tetrahydro-β-carboline N- 甲基 -1,2,3,4- 四氢 -β- 咔啉 沙枣 Elaeagnus angustifolia, 东方沙枣 E. angustifolia var. orientalis, 木半夏 E. multiflora, 尖果沙枣 E. oxycarpa, 牛奶子 E. umbellata
(7S,14S)-(-)-N-methyl-10-O-demethylxylopinine (7S,14S)-(-)-N- 甲基 -10-O- 去甲基木瓣树宁碱▲ 圆滑番荔枝 Annona glabra
N-methyl-11-acetoxyhuperzine B N- 甲基 -11- 乙酰氧基石杉碱 B 藤石松 Lycopodiastrum casuarinoides
N-methyl-1-deoxynojirimycin N- 甲基 -1- 去氧野尻霉素 桑 Morus alba
N-methyl-2-(methylamino)-N-(2-phenylethyl)-benzamide N- 甲基 -2-(甲基氨)-N-(2- 苯乙基)- 苯甲酰胺 山橘树 Glycosmis cochinchinensis
N-methyl-2,3,6-trimethoxymorphinandien-7-one N- 甲基 -2,3,6- 三甲氧基吗啡烷二烯 -7- 酮 瓜馥木 Fissistigma oldhamii
N-methyl-2-phenyl-4-quinolone N- 甲基 -2- 苯基 -4- 喹诺酮 大叶芸香 Haplophyllum perforatum
[2α(Z),3β]-N-methyl-3-phenyl-N-(2-phenylethenyl)-oxiranecarboxamide [2α(Z),3β]-N- 甲基 -3- 苯基 -N-(2- 苯乙烯基)- 氧杂环丙烷酰胺 黄皮 Clausena lansium
(2S,3R)-N-methyl-3-phenyl-N-[(1Z)-2-phenylethenyl]-oxiranecarboxamide 2S,3R)-N- 甲基 -3- 苯基 -N-[(1Z)-2- 苯乙烯基]- 氧杂环丙烷酰胺 黄皮 Clausena lansium
N-methyl-4-methoxy-2-quinolone N- 甲基 -4- 甲氧基 -2- 喹诺酮 黄皮 Clausena lansium
N-methyl-5-carboxamide-2-pyridone N- 甲基 -5- 氨甲酰基 -2- 吡啶酮 毛桐 Mallotus barbatus
N-methyl-5-hydroxyseverifoline N- 甲基 -5- 羟基东风橘碱▲ 酒饼簕 Atalantia buxifolia
N-methyl-5-methoxy-pyrrolidin-2-one N- 甲基 -5- 甲氧基 - 吡咯 -2- 酮 蕺菜 Houttuynia cordata
N-methyl-6,7-dimethoxy-1-isoquinolone N- 甲基 -6,7- 二甲氧基 -1- 异喹诺酮 台湾千金藤 Stephania merrillii

N

N-methylheliamine *N*- 甲基天芥菜胺▲ 硬萼软紫草 Arnebia decumbens
N-methylhernangerine *N*- 甲基莲叶桐碱 鼎湖钓樟 Lindera chunii
(+)-*N*-methylhernovine (+)-*N*- 甲基莲叶桐文碱▲ 莲叶桐 Hernandia nymphaeifolia, 黑壳楠 Lindera megaphylla
(±)-*N*-methylhigenamine (±)-*N*- 甲基和乌胺 小叶买麻藤 Gnetum parvifolium
(-)-*N*-methylhigenamine-*N*-oxide (-)-*N*- 甲基和乌胺 -*N*- 氧化物 小叶买麻藤 Gnetum parvifolium
N-methylhuperzine B *N*- 甲基石杉碱 B 蛇足石杉 Huperzia serrata
N-methylhydroxypropyllycodine *N*- 羟甲基丙基石松定碱 石松 Lycopodium japonicum
(-)-*β*-*N*-methyliso corypalminium hydroxide (-)-*β*-*N*- 甲基异紫堇帕明氢氧化物 新疆海罂粟 Glaucium squamigerum
N-methylisococlaurine *N*- 甲基异衡州乌药碱 莲 Nelumbo nucifera
(-)-*N*-methylisopiline (-)-*N*- 甲基柔毛等瓣木碱▲ 鹰爪花 Artabotrys hexapetalus
N-methylisosalsoline *N*- 甲基异猪毛菜碱 厚朴 Houpoëa officinalis
N-methyllaudanidinium *N*- 甲基劳丹季铵碱 厚朴 Houpoëa officinalis
(+)-*N*-methyllaudanidinium hydroxide (+)-*N*- 甲基劳丹尼定氢氧化物 山延胡索 Corydalis solida
(+)-*N*-methyllaurotetanine (+)-*N*- 甲基樟苍碱 延胡索 Corydalis yanhusuo, 乌药 Lindera aggregata, 山胡椒 L. glauca, 山鸡椒 Litsea cubeba, 黄叶地不容 Stephania viridiflavens
N-methyllaurotetanine *N*- 甲基樟苍碱 倒卵叶黄肉楠 Actinodaphne obovata, 花菱草 Eschscholzia californica, 莲叶桐 Hernandia nymphaeifolia, 狭叶山胡椒 Lindera angustifolia, 红果山胡椒 L. erythrocarpa, 山胡椒 L. glauca, 北美鹅掌楸 Liriodendron tulipifera, 山鸡椒 Litsea cubeba, 白线薯 Stephania brachyandra, 狭序唐松草 Thalictrum atriplex, 紫堇叶唐松草 T. isopyroides
N-methyllederine *N*- 甲基对叶元胡任碱 薯根延胡索 Corydalis ledebouriana
N-methyllindcarpine *N*- 甲基胡椒果钓樟碱▲ 海罂粟 Glaucium fimbrilligerum, 山鸡椒 Litsea cubeba
N-methyllitsericine *N*- 甲基木姜子辛 新木姜子 Neolitsea aurata
N-methylloline *N*- 甲基黑麦草碱 银背藤 Argyreia mollis
5-(*N*-methyl-L-tyrosine)-6-(*O*-D-glucopyranosyl-3-hydroxy-*N*-methyl-L-tyrosine)-bouvardin 5-(*N*- 甲基 -L- 酪氨酸)-6-(*O*-D- 吡喃葡萄糖基 -3- 羟基 -*N*- 甲基 -L- 酪氨酸)- 布氏茜素▲ 紫参 Rubia yunnanensis
N-methyllycodine *N*- 甲基石松定碱 藤石松 Lycopodiastrum casuarinoides, 石松 Lycopodium japonicum
N-methylmorpholine *N*- 甲基吗啉 望江南 Senna occidentalis
N-methyl-*N*-(4-hydroxyphenethyl)-acetamide *N*- 甲基 -*N*- 对羟基苯乙基 - 乙酰胺 草麻黄 Ephedra sinica
(2*S**,3*R**)-*N*-methyl-*N*-[(*Z*)-styryl]-3-phenyloxirane-2-carboxamide (2*S**,3*R**)-*N*- 甲基 -*N*-(顺式 - 苯乙烯基)-3- 苯基环氧乙烷 -2- 羧酰胺 黄皮 Clausena lansium
N-methyl-*N*-[4-*O*-[3-*O*-(4-*O*-*α*-L-rhamnopyranosyl-*β*-D-glucopyranosyl)-*α*-L-rhamnopyranosyl]-phenethyl]-acetamide *N*- 甲基 -*N*-[4-*O*-[3-*O*-(4-*O*-*α*-L- 吡喃鼠李糖基 -*β*-D- 吡喃葡萄糖基)-*α*-L- 吡喃鼠李糖基]- 苯乙基]- 乙酰胺 草麻黄 Ephedra sinica
N-methyl-*N*-[4-*O*-[3-*O*-(6-*O*-benzoyl-4-*O*-*α*-L-rhamnopyranosyl-*β*-D-glucopyranosyl)-*α*-L-rhamnopyranosyl]-phenethyl]-acetamide *N*- 甲基 -*N*-[4-*O*-[3-*O*-(6-*O*- 苄基 -4-*O*-*α*-L- 吡喃鼠李糖基 -*β*-D- 吡喃葡萄糖基)-*α*-L- 吡喃鼠李糖基]- 苯乙基]- 乙酰胺 草麻黄 Ephedra sinica
N-methyl-*N*-[4-*O*-[3-*O*-(6-*O*-benzoyl-*β*-D-glucopyranosyl)-*α*-L-rhamnopyranosyl]-phenethyl]-acetamide *N*- 甲基 -*N*-[4-*O*-[3-*O*-(6-*O*- 苄基 -*β*-D- 吡喃葡萄糖基)-*α*-L- 吡喃鼠李糖基]- 苯乙基]- 乙酰胺 草麻黄 Ephedra sinica
N-methyl-*N*-[4-*O*-[3-*O*-(6-*O*-*trans*-cinnamoyl-4-*O*-*α*-L-rhamnopyranosyl-*β*-D-glucopyranosyl)-*α*-L-rhamnopyranosyl]-phenethyl]-acetamide *N*- 甲基 -*N*-[4-*O*-[3-*O*-(6-*O*- 反式桂皮酰基 -4-*O*-*α*-L- 吡喃鼠李糖基 -*β*-D- 吡喃葡萄糖基)-*α*-L- 吡喃鼠李糖基]- 苯乙基]- 乙酰胺 草麻黄 Ephedra sinica
(+)-*N*-methylnandigerine (+)-*N*- 甲基莲叶桐碱 黑壳楠 Lindera megaphylla
(+)-*N*-methylnantenine (+)-*N*- 甲基南天竹宁 长柄唐松草 Thalictrum przewalskii
N-methylnarceimicine *N*- 甲基那碎米辛 石生黄堇 Corydalis saxicola
N-methyl-*N*-*cis*-styryl-cinnamamide monohydrate *N*- 甲基 -*N*- 顺式 - 苯乙烯基 - 桂皮酰胺单水合物 黄皮 Clausena lansium
N-methylnitrarine *N*- 甲基白刺灵碱▲ 大白刺 Nitraria roborowskii
N-methyl-*N*-phenyl-cinnamamide *N*- 甲基 -*N*- 苯基 - 桂皮酰胺 黄皮 Clausena lansium
N-methyl-*N*-styrylcinnamamide *N*- 甲基 -*N*- 苯乙烯基桂皮酰胺 黄皮 Clausena lansium
N-methyl-*N*-styryl-cinnamamide *N*- 甲基 -*N*- 苯乙烯基 - 桂皮酰胺 黄皮 Clausena lansium
N-methyl-*N*-*trans*-styryl-cinnamamide *N*- 甲基 -*N*- 反式 - 苯乙烯基 - 桂皮酰胺 黄皮 Clausena lansium
N-methylocoxylonine *N*- 甲基白木樟桂碱 厚朴 Houpoëa officinalis
N-methylorixidine *N*- 甲基臭常山定碱 臭常山 Orixa japonica
N-methylorixidinine *N*- 甲基臭常山宁碱 臭常山 Orixa japonica
(+)-*N*-methylovigerine (+)-*N*- 甲基莲叶桐任碱▲ 莲叶桐 Hernandia nymphaeifolia
N-methylovigerine *N*- 甲基莲叶桐任碱▲ 云和新木姜子 Neolitsea aurata var. paraciculata
N-methyloxystepharine *N*- 甲氧基光千金藤碱 西藏地不容 Stephania glabra
N-methylpalaudinium chloride *N*- 甲基季氨碱氯化物 长柄唐松草 Thalictrum przewalskii
N-methylpelletierine *N*- 甲基石榴碱 藓状景天 Sedum polytrichoides, 垂盆草 S. sarmentosum
N-methylphenylalanine *N*- 甲基苯丙氨酸 橙黄硬皮马勃 Scleroderma citrinum
N-methylplatydesmine *N*- 甲基阔果芸香碱 芸香 Ruta graveolens
N-methylplatydesminium *N*- 甲基阔果芸香季铵碱▲ 芸香 Ruta graveolens
N-methylpseudoconhydrine *N*- 甲基伪毒参羟碱▲ 毒参 Conium maculatum

N

nobilisitine A, B 垂笑君子兰亭 ▲A, B 垂笑君子兰 Clivia nobilis
nobilomethylene 亚甲基金钗石斛素 石斛 Dendrobium nobile
nobilone 金钗石斛酮 ▲ 石斛 Dendrobium nobile
nobotanin A 巴西野牡丹素 ▲A 红毛野海棠 Bredia tuberculata
nobotanin B 巴西野牡丹素 ▲B 红毛野海棠 Bredia tuberculata, 展毛野牡丹 Melastoma normale
nobotanin D 巴西野牡丹素 ▲D 滇山茶 Camellia reticulata
nobotanin E, F 巴西野牡丹素 ▲E, F 红毛野海棠 Bredia tuberculata
nobotanin G 巴西野牡丹素 ▲G 红毛野海棠 Bredia tuberculata, 展毛野牡丹 Melastoma normale
nobotanin H 巴西野牡丹素 ▲H 展毛野牡丹 Melastoma normale
(7′*S*,8′*S*)-nocomtal (7′*S*,8′*S*)- 那可莫醛 ▲ 簕欓花椒 Zanthoxylum avicennae
N-octacosanoylanthranilic acid *N*- 二十八烷酰邻氨基苯甲酸 羌活 Notopterygium incisum
nocturnoside A, B 夜香树苷 A, B 夜香树 Cestrum nocturnum
nodakenetin 紫花前胡苷元 心叶兔儿风 Ainsliaea bonatii, 重齿当归 Angelica biserrata, 紫花前胡 A. decursiva, 朝鲜当归 A. gigas, 灰叶当归 A. glauca, 福参 A. morii, 旱芹 Apium graveolens, 薄叶红厚壳 Calophyllum membranaceum, 岩木瓜 Ficus tsiangii, 宽叶羌活 Notopterygium franchetii, 羌活 N. incisum, 前胡 Peucedanum praeruptorum, 榆橘 Ptelea trifoliata, 防风 Saposhnikovia divaricata, 乔木茵芋 Skimmia arborescens
(-)-nodakenetin acetate (-)- 紫花前胡苷元乙酸酯 臭节草 Boenninghausenia albiflora
nodakenin 紫花前胡苷 白芷 Angelica dahurica, 紫花前胡 A. decursiva, 朝鲜当归 A. gigas, 林当归 A. sylvestris, 峨参 Anthriscus sylvestris, 旱芹 Apium graveolens, 海杧果 Cerbera manghas, 黄皮 Clausena lansium, 短片藁本 Ligusticum brachylobum, 宽叶羌活 Notopterygium franchetii, 羌活 N. incisum
nodifloretin 过江藤素 冬凌草 Isodon rubescens, 留兰香 Mentha spicata, 过江藤 Phyla nodiflora, 头花蓼 Polygonum capitatum, 火炭母 P. chinense
nodifloretin-6,7-disulfate 过江藤素 -6,7- 二硫酸酯 过江藤 Phyla nodiflora
nodifloretin-7-*O*-rhamnosylglucoside 过江藤亭 ▲-7-*O*- 鼠李糖基葡萄糖苷 破布叶 Microcos paniculata
nodifloretin-7-sulfate 过江藤素 -7- 硫酸酯 过江藤 Phyla nodiflora
nodifloside A 金腰箭苷 A 金腰箭 Synedrella nodiflora
nodosin 节果决明素 ▲ 节果决明 Cassia javanica
nodosin 香茶菜辛 ▲ 一年蓬 Erigeron annuus, 毛萼香茶菜 Isodon eriocalyx, 毛叶香茶菜 I. japonicus, 长管香茶菜 I. longitubus, 显脉香茶菜 I. nervosus, 叶穗香茶菜 I. phyllostachys, 黄花香茶菜 I. sculponeatus, 溪黄草 I. serra
nodosinin 香茶菜辛宁 ▲ 毛叶香茶菜 Isodon japonicus
nodososide 节果决明苷 节果决明 Cassia javanica
nomilin 柠檬林素 ▲ 显齿蛇葡萄 Ampelopsis grossedentata, 酸橙 Citrus aurantium, 宜昌橙 C. ichangensis, 香橙 C. junos, 柚 C. maxima, 沙田柚 C. maxima 'Shatian Yu', 橘红 C. maxima 'Tomentosa', 香橼 C. medica, 佛手 C. medica var. sarcodactylis, 葡萄柚 C. paradisi, 柑橘 C. reticulata, 蕉柑 C. reticulata 'Tankan', 甜橙 C. sinensis, 微孔草 Microula sikkimensis, 黄檗 Phellodendron amurense, 红蓼 Polygonum orientale, 杠板归 P. perfoliatum
nomilin glucoside 柠檬林素 ▲ 葡萄糖苷 酸橙 Citrus aurantium, 文旦 C. maxima'Wentan', 福橘 C. reticulata 'Tangerina'
nomilin-17-*β*-D-glucopyranoside 柠檬林素 ▲-17-*β*-D- 吡喃葡萄糖苷 柚 Citrus maxima, 葡萄柚 C. paradisi, 温州蜜柑 C. reticulata 'Unshiu'
nomilinic acid 柠檬林酸 ▲ 酸橙 Citrus aurantium, 宜昌橙 C. ichangensis, 香橙 C. junos, 橘红 C. maxima 'Tomentosa'
nomilinic acid 4-*β*-glucopyranoside 柠檬林酸 ▲-4-*β*- 吡喃葡萄糖苷 柠檬 Citrus limon
nomilinic acid glucoside 柠檬林酸 ▲ 葡萄糖苷 酸橙 Citrus aurantium
nomilinic acid-17-*β*-D-glucopyranoside 柠檬林酸 ▲-17-*β*-D- 吡喃葡萄糖苷 柚 Citrus maxima, 葡萄柚 C. paradisi
nominine 山阳乌头碱 赣皖乌头 Aconitum finetianum
(*E*)-non-6-enal (*E*)- 壬 -6- 烯醛 挥发油成分，未统计基源
(*Z*)-14-nonacosa-ene (*Z*)-14- 二十九烯 挥发油成分，未统计基源
nonacosan-10-ol 二十九烷 -10- 醇 毛黄堇 Corydalis tomentella, 小果十大功劳 Mahonia bodinieri
nonacosan-5,10-diol 二十九烷 -5,10- 二醇 毛黄堇 Corydalis tomentella
nonacosane 二十九烷 挥发油成分，未统计基源
n-nonacosane 正二十九烷 挥发油成分，未统计基源
nonacosane-6,10-diol 二十九烷 -6,10- 二醇 长苞香蒲 Typha angustata
nonacosane-6,21-diol 二十九烷 -6,21- 二醇 长苞香蒲 Typha angustata
nonacosane-6,8-diol 二十九烷 -6,8- 二醇 长苞香蒲 Typha angustata
(6*R*,8*S*)-nonacosanediol (6*R*,8*S*)- 二十九烷二醇 红花 Carthamus tinctorius
(8*R*,10*S*)-nonacosanediol (8*R*,10*S*)- 二十九烷二醇 红花 Carthamus tinctorius
nonacosanoic acid 二十九酸 金线草 Antenoron filiforme, 老鸦烟筒花 Millingtonia hortensis
10-nonacosanol 10- 二十九醇 挥发油成分，未统计基源
15-nonacosanol 15- 二十九醇 挥发油成分，未统计基源
1-nonacosanol 1- 二十九醇 小叶云实 Caesalpinia millettii
2-nonacosanol 2- 二十九醇 越南巴豆 Croton kongensis
7-nonacosanol 7- 二十九烷醇 甘松 Nardostachys jatamansi

N

(2*E*)-nonenal (2*E*)- 壬烯醛 挥发油成分，未统计基源
(*E*)-2-nonenal (*E*)-2- 壬烯醛 挥发油成分，未统计基源
(*Z*)-2-nonenal (*Z*)-2- 烯醛 挥发油成分，未统计基源
2-nonenal 2- 壬烯醛 挥发油成分，未统计基源
trans-2-nonenal 反式 -2- 壬烯醛 挥发油成分，未统计基源
nonenal 壬烯醛 槲蕨 Drynaria roosii
1-nonene 1- 壬烯 挥发油成分，未统计基源
cis-3-nonene-1-ol 顺式 -3- 壬烯 -1- 醇 挥发油成分，未统计基源
(*E*)-4-nonene-2-thiol (*E*)-4- 壬烯 -2- 硫醇 挥发油成分，未统计基源
(*Z*)-4-nonene-2-thiol (*Z*)-4- 壬烯 -2- 硫醇 挥发油成分，未统计基源
(*E*)-2-nonene-4-thiol (*E*)-2- 壬烯 -4- 硫醇 挥发油成分，未统计基源
1-nonene-4-thiol 1- 壬烯 -4- 硫醇 挥发油成分，未统计基源
nonin A, B, C 海滨木巴戟素▲A, B, C 海滨木巴戟 Morinda citrifolia
nonioside A~T 海滨木巴戟苷▲A~T 海滨木巴戟 Morinda citrifolia
n-nonyl triacontanol 正三十九醇 南苜蓿 Medicago polymorpha
2-*n*-nonyl-4-quinolone 2- 正壬基 -4- 喹诺酮 四川吴萸 Euodia sutchuenensis, 大叶芸香 Haplophyllum perforatum, 芸香 Ruta graveolens
2-nonyl-5-decanoyl-pyridine 2- 壬基 -5- 癸酰吡啶 蕺菜 Houttuynia cordata
nonylbenzoate 苯甲酸壬酯 皱叶醉鱼草 Buddleja crispa
10-nonylcyclohex-12-en-11-glucoside 10- 壬酰环己 -12- 烯 -11- 葡萄糖苷 杧果 Mangifera indica
nootkanol 黄扁柏醇 益智 Alpinia oxyphylla
nootkanone; nootkatone 黄扁柏酮 益智 Alpinia oxyphylla
nootkatene 努特卡扁柏烯▲ 甜橙 Citrus sinensis
nootkatin 努特卡扁柏素▲ 西藏柏木 Cupressus torulosa
nootkatinol 努特卡扁柏醇▲ 杜松 Juniperus rigida
nootkatone 努特卡扁柏酮▲ 挥发油成分，未统计基源
D-nopinone (+)- 诺蒎酮 挥发油成分，未统计基源
nopinone 诺蒎酮 挥发油成分，未统计基源
nopol 诺卜醇 挥发油成分，未统计基源
nopol acetate 诺卜醇乙酸酯 挥发油成分，未统计基源
19-nor-10-hydrocalactinic acid methyl ester 19- 降 -10- 氢牛角瓜亭酸▲甲酯 牛角瓜 Calotropis gigantea
19-nor-10*β*-hydroxyasclepin 19- 降 -10*β*- 羟基马利筋素▲ 马利筋 Asclepias curassavica
24-nor-11*α*-hydroxy-3-oxo-lup-20(29)-en-28-oic acid 24- 去甲 -11*α*- 羟基 -3- 氧代 - 羽扇豆 -20(29)- 烯 -28- 酸 白簕 Eleutherococcus trifoliatus
15-nor-14-oxo-8(17),12-labdadien-18-oate 15- 降 -14- 氧代 -8(17),12- 半日花二烯 -18- 酯 台湾杉木 Cunninghamia lanceolata var. konishii
15-nor-14-oxo-8(17),12-labdadien-18-ol 15- 降 -14- 氧代 -8(17),12- 半日花二烯 -18- 醇 杉木 Cunninghamia lanceolata, 台湾杉木 C. lanceolata var. konishii
(12*E*)-15-nor-14-oxolabda-8(17),12-diene-18-oic acid (12*E*)-15- 去甲基 -14- 氧代半日花 -8(17),12- 二烯 -18- 酸 金粟兰 Chloranthus spicatus
15-nor-14-oxolabda-8(17),12*E*-dien-18-oic acid 15- 去甲基 -14- 氧代半日花 -8(17),12*E*- 二烯 -18- 酸 鱼子兰 Chloranthus erectus
ent-15-nor-14-oxolabda-8(17),12*E*-dien-18-oic acid 对映 -15- 降 -14- 氧代半日花 -8(17),12*E*- 二烯 -18- 酸 菊芋 Helianthus tuberosus
15-nor-14-oxolabda-8(17),12*E*-dien-19-oic acid 15- 去甲基 -14- 氧代半日花 -8(17),12*E*- 二烯 -19- 酸 宽叶金粟兰 Chloranthus henryi
15-nor-14-oxolabda-8(17),12*E*-dien-19-ol 15- 去甲基 -14- 氧代半日花 -8(17),12*E*- 二烯 -19- 醇 宽叶金粟兰 Chloranthus henryi
(+)-nor-16a-acetoxybuxabenidienine (+)- 降 -16a- 乙酰氧基黄杨苯二烯宁碱 锦熟黄杨 Buxus sempervirens
19-nor-16*α*-acetoxy-10*β*-hydroxyasclepin 19- 降 -16*α*- 乙酰氧基 -10*β*- 羟基马利筋素▲ 马利筋 Asclepias curassavica
28-nor-19*β*H,20*αH*-ursa-12,17-dien-3-ol 28- 降 -19*βH*,20*αH*- 熊果 -12,17- 二烯 -3- 醇 秤星树 Ilex asprella
29-nor-21*αH*-hopane-3,22-dione 29- 降 -21-*αH*- 何帕 -3,22- 二酮 五层龙 Salacia prinoides
30-nor-21*β*-hopan-22-one 30- 降 -21*β*- 何帕 -22- 酮 绒毛假阴地蕨 Botrypus lanuginosus
31-nor-24*β*-methyl-9,19-cyclolanost-25-en-3*α*-ol 31- 降 -24*β*- 甲基 -9,19- 环羊毛脂 -25- 烯 -3*α*- 醇 大蕉 Musa × paradisiaca
21-nor-3,19-isopropylidine-14-deoxy-*ent*-labda-8(17),13-dien-16,15-olide 21- 降 -3,19- 异次丙基 -14- 去氧 - 对映 - 半日花 -8(17),13- 二烯 -16,15- 内酯 穿心莲 Andrographis paniculata
24-nor-3*α*,11*α*-dihydroxy-lup-20(29)-en-28-oic acid 24- 去甲 -3*α*,11*α*- 二羟基 - 羽扇豆 -20(29)- 烯 -28- 酸 白簕 Eleutherococcus trifoliatus
24-nor-3*β*,5-dihydroxyursa-4(23),18-dien-28-oic acid 24- 降 -3*β*,5- 二羟基熊果 -4(23),18- 二烯 -28- 酸 夹竹桃 Nerium oleander
3-nor-4-oxocepharanthine 3- 降 -4- 氧代金线吊乌龟碱▲ 地不容 Stephania epigaea
ent-16-nor-5*α*,13*α*-methyl-2-oxodolabra-3-en-3-ol-15-oic acid 对映 -16- 降 -5*α*,13*α*- 甲基 -2- 氧代斧松 -3- 烯 -3- 醇 -15- 酸 毒鼠子 Dichapetalum gelonioides
ent-16-nor-5*α*,13*α*-methyl-3-oxodolabra-1,4(18)-dien-2-ol-15-oic acid 对映 -16- 降 -5*α*,13*α*- 甲基 -3- 氧代斧松 -1,4(18)- 二烯 -2- 醇 -15- 酸 毒鼠子 Dichapetalum gelonioides
18-nor-5*α*,20*ε*-cholanic acid-3*β*-20-dihydroxy-4,4,8,14-tetramethyl-*γ*-lactone-acetate 18- 降 -5*α*,20*ε*- 去氧胆酸 -3*β*-20- 二羟基 -4,4,8,14- 四甲基 -*γ*- 内酯 - 乙酸酯 连翘 Forsythia suspensa
23-nor-6-oxo-demethylpristimerol 23- 降 -6- 氧代去甲基扁蒴藤醇 昆明山海棠 Tripterygium hypoglaucum
15-nor-8(17),12-labdandien-14,18-dioic acid 15- 降 -8(17),12- 半日花二烯 -14,18- 二羧酸 杉木 Cunninghamia lanceolata

N

11-oxo-cyclic-4,19-hemiacetal (1α,3α,4β,5α,7α,12α,13α,14β,15β,17α)-24- 降基胆甾 -20,22- 二烯 -4- 醛 -14,15:21,23- 二环氧 -1,3,7,12,19- 五羟基 -4,8- 二甲基 -11- 氧代 - 环 -4,19- 半缩醛 川楝 Melia toosendan
24-nor-cholesta-5,22(*E*)-dien-3β-ol 24- 降 - 胆甾 -5,22(*E*)- 二烯 -3β- 醇 长毛香科科 Teucrium pilosum
norcimifugin 降升麻素 类叶升麻 Actaea asiatica, 拐芹 Angelica polymorpha
(+)-norcinnamolaurine (+)- 降樟灵碱 ▲ 山胡椒 Lindera glauca
norconessine 降止泻木奈辛 ▲ 止泻木 Holarrhena pubescens
(+)-norcorydine (+)- 降紫堇定 海罂粟 Glaucium fimbrilligerum
norcorydine 降紫堇定 牛心番荔枝 Annona reticulata
norcowanin 降云树宁 ▲ 红芽木 Cratoxylum formosum subsp. pruniflorum, 云树 Garcinia cowa
(+)-γ-norcuparenol (+)-γ- 降柏芳醇 ▲ 华中五味子 Schisandra sphenanthera
norcyasterone 降杯苋甾酮 伪泥胡菜 Serratula coronata
(-)-norcycleanine (-)- 降轮环藤宁碱 地不容 Stephania epigaea
29-norcycloartanol 29- 降环木菠萝烷醇 光叶闭鞘姜 Costus tonkinensis, 刺桐 Erythrina variegata
31-norcycloartanol 31- 降环木菠萝烷醇 欧亚多足蕨 Polypodium vulgare
31-norcycloartanol acetate 31- 降环木菠萝烷醇乙酸酯 日本水龙骨 Polypodiodes niponica
29-norcycloartanone 29- 降环木菠萝烷酮 光叶闭鞘姜 Costus tonkinensis
31-norcycloartanone 31- 降环木菠萝烷酮 闭鞘姜 Costus speciosus
31-norcycloartenol 31- 降环木菠萝烯醇 树番茄 Cyphomandra betacea, 地肤 Kochia scoparia, 欧白英 Solanum dulcamara, 胡卢巴 Trigonella foenum-graecum
31-norcyclolaudenol 31- 降环阿片甾烯醇 万年藓 Climacium dendroides, 水粉杯伞 Clitocybe nebularis, 欧亚多足蕨 Polypodium vulgare, 细叶泥炭藓 Sphagnum teres
norcyperone 降附子酮 香附子 Cyperus rotundus
nordamnacanthal 降虎刺醛 虎刺 Damnacanthus indicus, 大卵叶虎刺 D. major, 毛土连翘 Hymenodictyon orixense, 红大戟 Knoxia roxburghii, 海滨木巴戟 Morinda citrifolia, 染色茜草 Rubia tinctorum
nordentatin 降齿叶黄皮素 黎檬 Citrus limonia, 柚 C. maxima, 佛手 C. medica var. sarcodactylis, 葡萄柚 C. paradisi, 齿叶黄皮 Clausena dunniana, 假黄皮 C. excavata, 枳 Poncirus trifoliata
nordhagenine A 叠裂翠雀碱 ▲A 伏毛直序乌头 Aconitum richardsonianum var. pseudosessiliflorum, 河南翠雀花 Delphinium honanense
nordihydrocapsaicin 降二氢辣椒素 辣椒 Capsicum annuum, 小米辣 C. frutescens
nordihydrocapsiate 降二氢辣椒素酯 辣椒 Capsicum annuum
nordolastatin G 降截尾海兔抑素 ▲G 巨大鞘丝藻 Lyngbya majuscula
(+)-nordomesticine (+)- 降南天竹碱 圆滑番荔枝 Annona glabra
nordomoic acid 降软骨藻酸 树状软骨藻 Chondria armata
nordracorhodin 降血竭素 龙血藤 Daemonorops draco
nordracorubin 降血竭红素 龙血藤 Daemonorops draco
nordysidenin 降倔海绵宁 ▲ 巨大鞘丝藻 Lyngbya majuscula
18-nor-*ent*-kaur-16-ene-4β-ol 18- 去甲基 - 对映 - 贝壳杉 -16- 烯 -4β- 醇 食用土当归 Aralia cordata, 刺五加 Eleutherococcus senticosus
19-nor-*ent*-kauran-4-ol-17-oic acid 19- 降 - 对映 - 贝壳杉 -4- 醇 -17- 酸 番荔枝 Annona squamosa
19-nor-*ent*-kauran-4α-ol-17-oic acid 19- 降 - 对映 - 贝壳杉 -4α- 醇 -17- 酸 圆滑番荔枝 Annona glabra
19-nor-*ent*-kaurane-4α,16,17-triol 19- 降 - 对映 - 贝壳杉 -4α,16,17- 三醇 番荔枝 Annona squamosa
18-nor-*ent*-pimara-8(14),15-diene-4β-ol 18- 去甲基 - 对映 - 海松 -8(14),15- 二烯 -4β- 醇 食用土当归 Aralia cordata
(-)-norephedrine (-)- 降麻黄碱 巧茶 Catha edulis
(1*R*,2*S*)-norephedrine (1*R*,2*S*)- 降麻黄碱 草麻黄 Ephedra sinica
norephedrine 降麻黄碱 木贼麻黄 Ephedra equisetina, 山岭麻黄 E. gerardiana, 中麻黄 E. intermedia, 西藏中麻黄 E. intermedia var. tibetica, 丽江麻黄 E. likiangensis, 矮麻黄 E. minuta, 异株矮麻黄 E. minuta var. dioeca, 单子麻黄 E. monosperma, 膜果麻黄 E. przewalskii, 细子麻黄 E. regeliana, 藏麻黄 E. saxatilis, 草麻黄 E. sinica
noreugenin 降丁香宁 水团花 Adina pilulifera, 拐芹 Angelica polymorpha, 川明参 Chuanminshen violaceum, 刺果卫矛 Euonymus acanthocarpus, 红芽大戟 Knoxia sumatrensis, 蕨叶藁本 Ligusticum pteridophyllum, 喙柱牛奶菜 Marsdenia oreophila, 东方乌檀 Nauclea orientalis, 何首乌 Polygonum multiflorum, 钩藤 Uncaria rhynchophylla
noreugenin-7-*O*-β-D-glucopyranoside 降丁香宁 -7-*O*-β-D- 吡喃葡萄糖苷 鸡仔木 Sinoadina racemosa
17-nor-excelsinidine 17- 降 - 高大白坚木碱 ▲ 糖胶树 Alstonia scholaris
24-norferna-4(23),9(11)-diene 24- 降羊齿 -4(23),9(11)- 二烯 大叶骨碎补 Davallia formosana
norflavaspidic acid 降黄绵马酸 广布鳞毛蕨 Dryopteris expansa
norfluorocurarine 降荧光箭毒碱 腋花山橙 Melodinus axillaris
norfluorocurarine-*N*-oxide 降荧光箭毒碱 -*N*- 氧化物 腋花山橙 Melodinus axillaris
25(9 → 7)abeo-24-nor-friedelan-2,3-dihydroxy-1,3,5(10),6,8,11-hexaen-29-oic acid 25(9 → 7) 转位 -24- 降 - 无羁萜 -2,3- 二羟基 -1,3,5(10),6,8,11- 六烯 -29- 酸 南蛇藤 Celastrus orbiculatus
25(9 → 8)abeo-24-nor-friedelan-2,3-dioxo-1(10),4,6,9(11)-tetraen-29-oic acid 25(9 → 8) 转位 -24- 降 - 无羁萜 -2,3- 二氧代 -1(10),4,6,9(11)- 四烯 -29- 酸 南蛇藤 Celastrus orbiculatus
norgalanthamine 降加兰他敏 文殊兰 Crinum asiaticum var. sinicum, 广西石蒜 Lycoris guangxiensis

(-)-nornuciferine (-)- 降荷叶碱 圆滑番荔枝 Annona glabra, 鹰爪花 Artabotrys hexapetalus, 鹅掌楸 Liriodendron chinense, 北美鹅掌楸 L. tulipifera

(+)-nornuciferine (+)- 降荷叶碱 北美鹅掌楸 Liriodendron tulipifera

d-nornuciferine *d*- 降荷叶碱 白兰 Michelia × alba

nornuciferine 降荷叶碱 毛叶假鹰爪 Desmos dumosus, 厚朴 Houpoëa officinalis, 莲 Nelumbo nucifera, 无刺枣 Ziziphus jujuba var. inermis

norochotensimine 降黄紫堇明碱 赛北紫堇 Corydalis impatiens

28-norolean-11,13(18),17(22)-trien-3,21-dione 28- 去甲齐墩果 -11,13(18),17(22)- 三烯 -3,21- 二酮 通脱木 Tetrapanax papyrifer

28-norolean-12-ene-3*β*,17*β*-diol 28- 降齐墩果 -12- 烯 -3*β*,17*β*- 二醇 无患子 Sapindus saponaria

27-norolean-13-en-28-oic acid-3-*O*-*β*-D-quinovopyranoside 27- 降齐墩果 -13- 烯 -28- 酸 -3-*O*-*β*-D- 吡喃鸡纳糖苷 驼蹄瓣 Zygophyllum fabago

28-norolean-17-en-3-ol 28- 降齐墩果 -17- 烯 -3- 醇 牛膝 Achyranthes bidentata

30-noroleana-12,20(29)-diene-23,28-dioic acid-2,3-dihydroxy-28-*β*-D-glucopyranosyl ester 30- 去甲齐墩果 -12,20(29)- 二烯 -23,28- 二酸 -2,3- 二羟基 -28-*β*-D- 吡喃葡萄糖基酯 尾穗苋 Amaranthus caudatus

30-noroleana-12,20(29)-diene-23,28-dioic acid-3-*O*-*β*-D-glucopyranosyl-2-hydroxy-28-*β*-D-glucopyranosyl ester 30- 去甲齐墩果 -12,20(29)- 二烯 -23,28- 二酸 -3-*O*-*β*-D- 吡喃葡萄糖基 -2- 羟基 -28-*β*-D- 吡喃葡萄糖基酯 尾穗苋 Amaranthus caudatus

24-noroleana-3,12-diene 24- 降齐墩果 -3,12- 二烯 乳香树 Boswellia carteri

24-noroleana-3,9(11),12-triene 24- 降齐墩果 -3,9(11),12- 三烯 乳香树 Boswellia carteri

28-noroleanane 28- 降齐墩果烷 无患子 Sapindus saponaria

noroliveroline 降橄榄灵碱 台湾含笑 Michelia compressa

nororixine 降臭常山碱 臭常山 Orixa japonica

nororthosiphonolide A 降鸡脚参内酯 A 肾茶 Clerodendranthus spicatus

23-nor-oxopristimerol 23- 降 - 氧代扁蒴藤醇▲ 昆明山海棠 Tripterygium hypoglaucum

(+)-2'-noroxyacanthine (+)-2'- 降欧洲小檗碱▲ 高原唐松草 Thalictrum cultratum

noroxyhydrastineine 降氧化北美黄莲次碱 黄连 Coptis chinensis

noroxyhydrastinine 降氧化白毛茛宁碱 庐山小檗 Berberis virgetorum, 土元胡 Corydalis humosa, 蛇果黄堇 C. ophiocarpa, 延胡索 C. yanhusuo, 高山唐松草 Thalictrum alpinum, 偏翅唐松草 T. delavayi, 多叶唐松草 T. foliolosum

norpaeonilactone 降芍药内酯 芍药 Paeonia lactiflora

18-norpimara-8(14),15-dien-4-ol 18- 降海松 -8(14),15- 二烯 -4- 醇 圆柏 Juniperus chinensis

18-norpimara-8(14),15-dien-4*α*-ol 18- 降海松 -8(14),15- 二烯 -4*α*- 醇 土沉香 Aquilaria sinensis

10-norpluviine 10- 降雨石蒜碱 假水仙 Narcissus pseudonarcissus

9-norpluviine 9- 降雨石蒜碱 假水仙 Narcissus pseudonarcissus

norpluviine 降雨石蒜碱 鹿葱 Lycoris squamigera

norpluviine diacetate 降雨石蒜碱二乙酸酯 水鬼蕉 Hymenocallis littoralis

19-norpregn-4-en-3,20-dione 19- 降孕甾 -4- 烯 -3,20- 二酮 苦豆子 Sophora alopecuroides

nor-prist-2-one 降姥鲛 -2- 酮 挥发油成分，未统计基源

norprostephabyssine 降原阿比西尼亚千金藤碱▲ 粪箕笃 Stephania longa

(1*S*,2*S*)-norpseudoephedrine (1*S*,2*S*)- 降伪麻黄碱 草麻黄 Ephedra sinica

norpseudoephedrine 降伪麻黄碱 木贼麻黄 Ephedra equisetina, 山岭麻黄 E. gerardiana, 中麻黄 E. intermedia, 西藏中麻黄 E. intermedia var. tibetica, 丽江麻黄 E. likiangensis, 矮麻黄 E. minuta, 异株矮麻黄 E. minuta var. dioeca, 单子麻黄 E. monosperma, 膜果麻黄 E. przewalskii, 细子麻黄 E. regeliana, 藏麻黄 E. saxatilis, 草麻黄 E. sinica

12-norquassin 12- 去甲基苦木素 苦树 Picrasma quassioides

(-)-norreframidine (-)- 降红花疆罂粟定▲ 红花疆罂粟 Roemeria refracta

(+)-norroecarboline (+)- 降疆罂粟咔啉▲ 紫花疆罂粟 Roemeria hybrida

(-)-norroehybridine (-)- 降紫花疆罂粟定▲ 紫花疆罂粟 Roemeria hybrida

(-)-norrotundene (-)- 降香附烯 香附子 Cyperus rotundus

norrubrofusarin gentiobioside 降红镰孢素龙胆二糖苷 决明 Senna tora

norrubrofusarin-6-*O*-*β*-D-(6'-*O*-acetyl)-glucopyranoside 降红镰孢素 -6-*O*-*β*-D-(6'-*O*- 乙酰基)- 吡喃葡萄糖苷 钝叶决明 Senna tora var. obtusifolia

norrufescine 降红毛阿布藤碱▲ 细圆藤 Pericampylus glaucus

norruspoline 降卢氏爵床碱▲ 棱果榕 Ficus septica

norsalvioxide 降鼠尾草醚 丹参 Salvia miltiorrhiza

norsampsone A~D 降元宝草酮 A~D 元宝草 Hypericum sampsonii

norsanguinarine 降血根碱 蓟罂粟 Argemone mexicana, 白屈菜 Chelidonium majus, 地丁草 Corydalis bungeana, 荷青花 Hylomecon japonica, 五脉绿绒蒿 Meconopsis quintuplinervia

norsanguinine 降血红石蒜碱▲ 玉簪 Hosta plantaginea

(*S*)-norscopolamine (*S*)- 降东莨菪碱 天蓬子 Atropanthe sinensis

norscopolamine 降东莨菪碱 中亚天仙子 Hyoscyamus pusillus

norsecurinic acid 降一叶萩碱酸 白饭树 Flueggea virosa

norsecurinine 降一叶萩碱 白饭树 Flueggea virosa

29-norsengosterone 29- 降羟基杯苋甾酮 伪泥胡菜 Serratula coronata

norseychelanone 降塞舌尔广藿香烷酮▲ 甘松 Nardostachys jatamansi
norsongorine 降准噶尔乌头碱 山地乌头 Aconitum monticola, 准噶尔乌头 A. soongaricum
norstaminol A, B, C 降肾茶醇▲A, B, C 肾茶 Clerodendranthus spicatus
norstaminolactone A 降肾茶内酯▲A 肾茶 Clerodendranthus spicatus
norstaminone A 降肾茶酮▲A 肾茶 Clerodendranthus spicatus
(-)-norstephalagine (-)- 降丁氏千金藤碱▲ 鹰爪花 Artabotrys hexapetalus
(+)-norstephalagine (+)- 降丁氏千金藤碱▲ 北美鹅掌楸 Liriodendron tulipifera
norstephalagine 降丁氏千金藤碱▲ 北美鹅掌楸 Liriodendron tulipifera
norstictic acid 降牛皮叶酸▲ 金丝刷 Lethariella cladonioides
norstrictic acid 降劲直白酒草酸▲ 田基黄 Grangea maderaspatana
norswertiaglucoside 降獐牙菜葡萄糖苷▲ 红直獐牙菜 Swertia erythrosticta
norswertianin 降獐牙菜宁▲ 狭叶獐牙菜 Swertia angustifolia, 宽丝獐牙菜 S. dilatata, 藏獐牙菜 S. racemosa
norswertianin-1-*O*-*β*-D-glucopyranoside 降獐牙菜宁▲-1-*O*-*β*-D- 吡喃葡萄糖苷 川西獐牙菜 Swertia mussotii
norswertianolin 降獐牙菜酚素▲ 红花龙胆 Gentiana rhodantha, 尖叶假龙胆 Gentianella acuta, 獐牙菜 Swertia bimaculata, 贵州獐牙菜 S. kouitchensis, 大籽獐牙菜 S. macrosperma, 川西獐牙菜 S. mussotii, 显脉獐牙菜 S. nervosa, 紫红獐牙菜 S. punicea, 云南獐牙菜 S. yunnanensis
nortaepeenin A 降华南云实素▲A 华南云实 Caesalpinia crista, 含羞云实 C. mimosoides
nortaepeenin B 降华南云实素▲B 华南云实 Caesalpinia crista
nortanshinone 降丹参酮 甘西鼠尾草 Salvia przewalskii, 三叶鼠尾草 S. trijuga, 云南鼠尾草 S. yunnanensis
nortetraphyllicine 降四叶萝芙木辛碱▲ 思茅山橙 Melodinus cochinchinensis, 四叶萝芙木 Rauvolfia tetraphylla
northalfoetidine 降香唐松草碱 黄唐松草 Thalictrum flavum
northalibroline 降紫花唐松草林碱▲ 亚欧唐松草 Thalictrum minus
northalicthuberine 降东亚唐松草碱 箭头唐松草 Thalictrum simplex
(-)-2-northalidasine (-)-2- 降厚果唐松草次碱 高原唐松草 Thalictrum cultratum
northalidasine 降厚果唐松草次碱 黄唐松草 Thalictrum flavum
northalifoline 降铁线蕨叶唐松草林碱▲ 莲叶桐 Hernandia nymphaeifolia, 黑壳楠 Lindera megaphylla, 蝙蝠葛 Menispermum dauricum, 台湾含笑 Michelia compressa, 风龙 Sinomenium acutum, 望春玉兰 Yulania biondii
(+)-2'-northaliphylline (+)-2'- 降小叶唐松草碱▲ 高原唐松草 Thalictrum cultratum
(-)-2-northalmine (-)-2- 降唐松草明碱 高原唐松草 Thalictrum cultratum
northalrugosidine 降皱叶唐松草定碱▲ 黄唐松草 Thalictrum flavum
nortrache-loside 降络石糖苷 糙叶败酱 Patrinia scabra
(-)-nortrachelogenin (-)- 降络石苷元 雪松 Cedrus deodara
(+)-nortrachelogenin (+)- 降络石苷元 黄瑞香 Daphne giraldii, 了哥王 Wikstroemia indica
nortrachelogenin 降络石苷元 假虎刺 Carissa spinarum, 马尾松 Pinus massoniana, 亚洲络石 Trachelospermum asiaticum, 紫花络石 T. axillare, 络石 T. jasminoides
nortrachelogenin-4,4'-di-*O*-*β*-D-glucopyranoside 降络石苷元 -4,4'- 二 -*O*-*β*-D- 吡喃葡萄糖苷 亚洲络石 Trachelospermum asiaticum
nortrachelogenin-5'-*C*-*β*-D-glucopyranoside 降络石苷元 -5'-*C*-*β*-D- 吡喃葡萄糖苷 亚洲络石 Trachelospermum asiaticum, 络石 T. jasminoides
nortrachelogenin-8'-*O*-*β*-D-glucopyranoside 降络石苷元 -8'-*O*-*β*-D- 吡喃葡萄糖苷 亚洲络石 Trachelospermum asiaticum, 络石 T. jasminoides
(-)-nortracheloside (-)- 降络石苷 滇瑞香 Daphne feddei, 深绿卷柏 Selaginella doederleinii, 粗叶卷柏 S. trachyphylla
nortracheloside 降络石苷 亚洲络石 Trachelospermum asiaticum, 紫花络石 T. axillare, 络石 T. jasminoides, 了哥王 Wikstroemia indica
nortrewiasine 降滑桃树辛▲ 滑桃树 Trevia nudiflora
nortrilobine 降木防已碱 木防已 Cocculus orbiculatus
nortropan-3-one 降托品 -3- 酮 掌叶鱼黄草 Merremia vitifolia
30-norurs-11-en-3-ol 30- 降熊果 -11- 烯 -3- 醇 骆驼刺 Alhagi camelorum
28-nor-urs-12-en-3*β*-ol 28- 去甲基熊果 -12- 烯 -3*β*- 醇 小花柳叶菜 Epilobium parviflorum
28-norurs-12-ene-3*β*,17-diol 28- 降熊果 -12- 烯 -3*β*,17- 二醇 枸骨 Ilex cornuta
28-norurs-12-ene-3*β*,17-diol-17-formate 28- 降熊果 -12- 烯 -3*β*,17- 二醇 -17- 甲酸酯 枸骨 Ilex cornuta
24-norursa-3,12-dien-11-one 24- 降熊果 -3,12- 二烯 -11- 酮 乳香树 Boswellia carteri
24-norursa-3,12-diene 24- 降熊果 -3,12- 二烯 乳香树 Boswellia carteri
24-norursa-3,9(11),12-triene 24- 降熊果 -3,9(11),12- 三烯 乳香树 Boswellia carteri
24-norursa-4(23),12-dien-3*β*-*O*-acetate] 24- 降熊果 -4(23),12- 二烯 -3*β*-*O*- 乙酸酯 糖胶树 Alstonia scholaris
(-)-norushinsunine (-)- 降黄心树宁碱 鹰爪花 Artabotrys hexapetalus, 白兰 Michelia × alba, 黄兰 M. champaca, 台湾含笑 M. compressa
(*R*)-(-)-norushinsunine (*R*)-(-)- 降黄心树宁碱 圆滑番荔枝 Annona glabra
norushinsunine 降黄心树宁碱 牛心番荔枝 Annona reticulata, 北美鹅掌楸 Liriodendron tulipifera
norviburtinal 降地中海荚蒾醛▲ 海杧果 Cerbera manghas, 羽叶楸 Stereospermum colais
(-)-1-norvincorine (-)-1- 降蔓长春花考灵▲ 小蔓长春花 Vinca minor
norwedelic acid 降基蟛蜞菊酸 蟛蜞菊 Wedelia chinensis
norwogonin 降汉黄芩素 木蝴蝶 Oroxylum indicum, 滇黄芩 Scutellaria amoena, 黄芩 S. baicalensis, 异色黄芩 S. discolor, 棱茎黄芩 S. scandens, 沙滩黄芩 S. strigillosa

N

norwogonin-7-*O*-glucuronide 降汉黄芩素 -7-*O*- 葡萄糖醛酸苷 塔头狭叶黄芩 Scutellaria regeliana var. ikonnikovii
norwogonin-7-*O*-*β*-D-glucuronide 降汉黄芩素 -7-*O*-*β*-D- 葡萄糖醛酸苷 黄芩 Scutellaria baicalensis
norwogonin-7-*O*-*β*-D-glucuronopyranoside 降汉黄芩素 -7-*O*-*β*-D- 吡喃葡萄糖醛酸苷 异色黄芩 Scutellaria discolor
norwogonin-8-*O*-glucuronide 降汉黄芩素 -8-*O*- 葡萄糖醛酸苷 塔头狭叶黄芩 Scutellaria regeliana var. ikonnikovii
norwogonin-8-*O*-*β*-D-glucopyranoside 降汉黄芩素 -8-*O*-*β*-D- 吡喃葡萄糖苷 塔头狭叶黄芩 Scutellaria regeliana var. ikonnikovii
norwogonoside 降汉黄芩苷 并头黄芩 Scutellaria scordifolia
noryuziphine 降大枣碱 地丁草 Corydalis bungeana
nor-*α*-santalenone 降 -*α*- 檀香烯酮 酒饼簕 Atalantia buxifolia
nor-*ψ*-tropine 降 -*ψ*- 托品碱 桑 Morus alba
nostocionone 念珠藻香堇酮▲ 地木耳 Nostoc commune
nothoapiole 白苞芹脑 野生紫苏 Perilla frutescens var. purpurascens
nothofagin 假山毛榉素▲ 小槐花 Ohwia caudata, 华南青皮木 Schoepfia chinensis
nothosmyrnol 白苞芹醚▲ 白苞芹 Nothosmyrnium japonicum, 香根芹 Osmorhiza aristata
notoether A~H 羌活醚▲A~H 羌活 Notopterygium incisum
notoginsenic acid-*β*-sophoroside 三七酸▲-*β*- 槐糖苷 三七 Panax notoginseng
notoginsenoside A 三七皂苷 A 人参 Panax ginseng, 三七 P. notoginseng, 西洋参 P. quinquefolius
notoginsenoside B, D, Fd, FP_2 三七皂苷 B, D, Fd, FP_2 三七 Panax notoginseng
notoginsenoside C 三七皂苷 C 三七 Panax notoginseng, 西洋参 P. quinquefolius
notoginsenoside E 三七皂苷 E 人参 Panax ginseng, 三七 P. notoginseng, 西洋参 P. quinquefolius
notoginsenoside Fa 三七皂苷 Fa 竹节参 Panax japonicus, 三七 P. notoginseng
notoginsenoside Fc 三七皂苷 Fc 竹节参 Panax japonicus, 三七 P. notoginseng
notoginsenoside Fe 三七皂苷 Fe 积雪草 Centella asiatica, 人参 Panax ginseng, 竹节参 P. japonicus, 珠子参 P. japonicus var. major, 三七 P. notoginseng
20(*R*/*S*)-notoginsenoside Ft_1 20(*R*/*S*)- 三七皂苷 Ft_1 三七 Panax notoginseng
notoginsenoside Ft_1 三七皂苷 Ft_1 积雪草 Centella asiatica
notoginsenoside 三七皂苷 FZ, H, I, J, L, LX, LY, M~Q, R_3, R_7, R_8, R_9 三七 Panax notoginseng
notoginsenoside G 三七皂苷 G 竹节参 Panax japonicus, 三七 P. notoginseng, 西洋参 P. quinquefolius
notoginsenoside K 三七皂苷 K 人参 Panax ginseng, 三七 P. notoginseng, 西洋参 P. quinquefolius
notoginsenoside N 三七皂苷 N 人参 Panax ginseng, 三七 P. notoginseng
notoginsenoside R_1 三七皂苷 R_1 羽叶三七 Panax bipinnatifidus, 狭叶假人参 P. bipinnatifidus var. angustifolius, 人参 P. ginseng, 竹节参 P. japonicus, 三七 P. notoginseng
20(*R*)-notoginsenoside R_2 20(*R*)- 三七皂苷 R_2 人参 Panax ginseng
notoginsenoside R_2 三七皂苷 R_2 羽叶三七 Panax bipinnatifidus, 人参 P. ginseng, 竹节参 P. japonicus, 珠子参 P. japonicus var. major, 三七 P. notoginseng
notoginsenoside R_4 三七皂苷 R_4 人参 Panax ginseng, 竹节参 P. japonicus, 三七 P. notoginseng
notoginsenoside R_6 三七皂苷 R_6 竹节参 Panax japonicus, 三七 P. notoginseng
notoginsenoside Rt 三七皂苷 Rt 西洋参 Panax quinquefolius
notoginsenoside 三七皂苷 Rw_1, Rw_2, S, SFt_1~SFt_4, SP-1~SP-18, Spt_1, ST-1, ST-2, ST-3 三七 Panax notoginseng
notoginsenoside ST-4 三七皂苷 ST-4 积雪草 Centella asiatica
notoginsenoside ST-5, T, T_1~T_5 三七皂苷 ST-5, T, T_1~T_5 三七 Panax notoginseng
notohamosin A 钩萼草素 A 钩萼草 Notochaete hamosa, 萝卜秦艽 Phlomis medicinalis
notohamosin B, C 钩萼草素 B, C 钩萼草 Notochaete hamosa
notoincisol A, B, C 羌活炔醇 A, B, C 羌活 Notopterygium incisum
notopanaxoside A 三七人参苷 A 三七 Panax notoginseng
notopterol 羌活醇 宽叶羌活 Notopterygium franchetii, 羌活 N. incisum
notopterol-(18-*O*-20')-notopol 羌活醇 -(18-*O*-20')- 异羌活醇▲ 羌活 Notopterygium incisum
notoptol 异羌活醇▲ 羌活 Notopterygium incisum
notoptolide 羌活内酯▲ 羌活 Notopterygium incisum
notoserolide E 紫菊内酯▲E 多裂紫菊 Notoseris henryi
novacine 马钱子新碱 马钱子 Strychnos nux-vomica, 长籽马钱 S. wallichiana
novelrabdosin 显脉香茶菜辛▲ 显脉香茶菜 Isodon nervosus
(-)-*β*-*N*-oxalyl-L-*α*,*β*-diaminopropionic acid (-)-*β*-*N*- 草酰基 -L-*α*,*β*- 二氨基丙酸 家山黧豆 Lathyrus sativus
α-*N*-oxalyl-*α*,*β*-diaminopropionic acid *α*-*N*- 草酰基 -*α*,*β*- 二氨基丙酸 家山黧豆 Lathyrus sativus
N-oxidehuperzine E, F *N*- 氧化石杉碱 E, F 蛇足石杉 Huperzia serrata
N-oxy-tuberostemonine *N*- 氧 - 对叶百部碱 大百部 Stemona tuberosa
N-palmitoyltryptamine *N*- 棕榈酰色胺 牛心番荔枝 Annona reticulata
N-*p*-*cis*-coumaroyltyramine *N*- 对 - 顺式 - 香豆酰酪胺 大叶马兜铃 Aristolochia kaempferi, 寻骨风 A. mollissima, 山猪菜 Merremia umbellata subsp. orientalis
N-*p*-coumaroyl-*N*'-caffeoylputrescine *N*- 对 - 香豆酰基 -*N*'- 咖啡酰基腐胺 白鹃梅 Exochorda racemosa

N-p-coumaroyltyramine *N*- 对香豆酰酪胺 大叶马兜铃 Aristolochia kaempferi, 木通马兜铃 A. manshuriensis, 臭辣吴萸 Euodia fargesii, 豆瓣绿 Peperomia tetraphylla, 挂金灯 Physalis alkekengi var. francheti, 山蒟 Piper hancei, 风藤 P. kadsura, 大叶蒟 P. laetispicum, 石南藤 P. wallichii, 吉祥草 Reineckea carnea, 风龙 Sinomenium acutum, 白英 Solanum lyratum, 椿叶花椒 Zanthoxylum ailanthoides

trans-N-p-coumaroyltyramine 反式 -*N*- 对香豆酰酪胺 西藏马兜铃 Aristolochia griffithii, 洋金花 Datura metel, 楝叶吴萸 Euodia glabrifolia

cis-N-p-coumaroyltyramine 顺式 -*N*- 对香豆酰酪胺 洋金花 Datura metel, 楝叶吴萸 Euodia glabrifolia

N-pentacosanoyltryptamine *N*- 二十五酰色胺 牛心番荔枝 Annona reticulata

N-pentacosanoyl-*β*-D-glucopyranosyl-(1-1')-phytosphingosine *N*- 二十五酰基 -*β*-D- 吡喃葡萄糖基 -(1-1')- 植物鞘氨醇 山紫茉莉 Oxybaphus himalaicus

N-pentacosyl-2-carboxy-benzoylamide *N*- 二十五烷基 -2- 羧基苯甲酰胺 麻花艽 Gentiana straminea, 川东獐牙菜 Swertia davidii

N-p-feruloyltyramine *N*- 对阿魏酰酪胺 簇花清风藤 Sabia fasciculata

N-phenethylbenzamide *N*- 苯乙基苯甲酰胺 黄皮 Clausena lansium, 蕺菜 Houttuynia cordata, 镰荚棘豆 Oxytropis falcata, 多叶棘豆 O. myriophylla

(*E*)-*N*-phenethylcinnamamide (*E*)-*N*- 苯乙基桂皮酰胺 黄皮 Clausena lansium, 多叶棘豆 Oxytropis myriophylla

N-phenethylcinnamide *N*- 苯乙基桂皮胺 黄皮 Clausena lansium

N-phenyl-1-naphthalenamine *N*- 苯基 -1- 萘胺 挥发油成分，未统计基源

N-phenyl-2-naphthylamine *N*- 苯基 -2- 萘胺 灰苞蒿 Artemisia roxburghiana, 金黄柴胡 Bupleurum aureum, 石莲姜槲蕨 Drynaria propinqua, 黄金凤 Impatiens siculifer, 窄头橐吾 Ligularia stenocephala, 蓼蓝 Polygonum tinctorium, 小花地不容 Stephania micrantha, 华东唐松草 Thalictrum fortunei, 石莼 Ulva lactuca

N-phenylacetamide *N*- 苯基乙酰胺 挥发油成分，未统计基源

2-*N*-phenylaminonaphthalene 2-*N*- 苯氨萘 薰衣草 Lavandula angustifolia

N-phenylbenzene phthalimide *N*- 苯基苯二甲酰亚胺 栝楼 Trichosanthes kirilowii

N-phenylformamide *N*- 苯基甲酰胺 挥发油成分，未统计基源

N-phenylpropanamide *N*- 苯基丙酰胺 象橘 Feronia limonia

N-phenyl-*β*-naphthylamine *N*- 苯基 -*β*- 萘胺 挥发油成分，未统计基源

N-propionylnorloline *N*- 丙酰降黑麦草碱 银背藤 Argyreia mollis

N-p-trans-coumaroyltyramine *N*- 对 - 反式 - 香豆酰酪胺 大叶马兜铃 Aristolochia kaempferi, 寻骨风 A. mollissima

(22*R*,25*R*)-16*βH*-22*α*-*N*-spirosol-3*β*-ol-5-ene-3-*O*-*α*-L-rhamnopyranosyl-(1 → 2)-[*α*-L-rhamnopyranosyl-(1 → 4)]-*β*-D-glucopyranoside (22*R*,25*R*)-16*βH*-22*α*-*N*- 螺甾醇 -3*β*- 醇 -5- 烯 -3-*O*-*α*-L- 吡喃鼠李糖基 -(1 → 2)-[*α*-L- 吡喃鼠李糖基 -(1 → 4)]-*β*-D- 吡喃葡萄糖苷 黄果茄 Solanum virginianum

N-stearoyltryptamine *N*- 硬脂酰色胺 牛心番荔枝 Annona reticulata

N-tetracosanoylanthranilic acid *N*- 二十四烷酰氨茴酸 旋覆花 Inula japonica, 羌活 Notopterygium incisum

N-tetracosanoyl-phytosphingosine *N*- 二十四酰植物鞘氨醇 钮子瓜 Zehneria maysorensis

N-tetracosanoyltyramine *N*- 二十四酰酪胺 大花蒺藜 Tribulus cistoides

N-trans-3,4-methylenedioxycinnamoyl-3-methoxytyramine *N*- 反式 -3,4- 亚甲二氧基桂皮酰基 -3- 甲氧基酪胺 山鸡椒 Litsea cubeba

N-trans-caffeoyl-5-hydroxytyramine *N*- 反式 - 咖啡酰基 -5- 羟基酪胺 阴香 Cinnamomum burmannii

N-trans-caffeoyl-L-tyrosine *N*- 反式 - 咖啡酰基 -L- 酪氨酸 可可 Theobroma cacao

N-trans-caffeoyltyramine *N*- 反式 - 咖啡酰酪胺 辣椒 Capsicum annuum, 柠条锦鸡儿 Caragana korshinskii, 小蓝雪花 Ceratostigma minus, 岷江蓝雪花 C. willmottianum, 海芙蓉 Limonium wrightii, 头花蓼 Polygonum capitatum, 马齿苋 Portulaca oleracea, 蒺藜 Tribulus terrestris

*N-tran-s*caffeoyl-tyramine *N*- 反式 - 咖啡酰胺 补血草 Limonium sinense

(2*S*)-*N-trans*-cinnamoyl-2-oxopropyrrolidine (2*S*)-*N*- 反式 - 桂皮酰基 -2- 氧代原吡咯烷 束花石斛 Dendrobium chrysanthum

N-trans-cinnamoyltyramine *N*- 反式 - 桂皮酰酪胺 瓜叶马兜铃 Aristolochia cucurbitifolia, 红丝线 Lycianthes biflora

N-trans-coumaroyltyramine *N*- 反式 - 香豆酰酪胺 韭菜 Allium tuberosum, 古山龙 Arcangelisia gusanlung, 山鸡椒 Litsea cubeba, 枸杞 Lycium chinense, 暗罗 Polyalthia suberosa, 大果飞蛾藤 Porana sinensis, 簇花清风藤 Sabia fasciculata, 蒺藜 Tribulus terrestris

N-trans-feruloyl-2'-methoxytyramine *N*- 反式 - 阿魏酰基 -2'- 甲氧基酪胺 宽苞水柏枝 Myricaria bracteata

N-trans-feruloyl-3-methoxytyramine *N*- 反式 - 阿魏酰基 -3- 甲氧基酪胺 牛膝 Achyranthes bidentata, 短叶假木贼 Anabasis brevifolia, 山鸡椒 Litsea cubeba, 宽苞水柏枝 Myricaria bracteata

N-trans-feruloyl-3-methoxytyramine-4'-*O*-*β*-D-glucopyranoside *N*- 反式 - 阿魏酰基 -3- 甲氧基酪胺 -4'-*O*-*β*-D- 吡喃葡萄糖苷 牛膝 Achyranthes bidentata

N-trans-feruloyl-3-methoxytyramine-4-*O*-*β*-D-glucopyranoside *N*- 反式 - 阿魏酰基 -3- 甲氧基酪胺 -4-*O*-*β*-D- 吡喃葡萄糖苷 牛膝 Achyranthes bidentata

N-trans-feruloyl-3-methyldopamine *N*- 反式 - 阿魏酰基 -3- 甲基多巴胺 韭菜 Allium tuberosum, 黄细心 Boerhavia diffusa, 山鸡椒 Litsea cubeba, 何首乌 Polygonum multiflorum, 猪毛菜 Salsola collina, 白英 Solanum lyratum

N-trans-feruloyl-3-methyltyramine *N*- 反式 - 阿魏酰基 -3- 甲基酪胺 何首乌 Polygonum multiflorum

N-trans-feruloyl-3-*O*-methyldopamine *N*- 反式 - 阿魏酰基 -3-*O*- 甲基多巴胺 喜旱莲子草 Alternanthera philoxeroides, 古山龙 Arcangelisia gusanlung, 海芙蓉 Limonium wrightii, 无翅猪毛菜 Salsola komarovii

N-trans-feruloyl-4'-*O*-methyldopamine *N*- 反式 - 阿魏酰基 -4'-*O*- 甲基多巴胺 土荆芥 Chenopodium ambrosioides

N-trans-feruloyl-4-*O*-methyldopamine *N*- 反式 - 阿魏酰基 -4-*O*- 甲基多巴胺 苋 Amaranthus tricolor, 藜 Chenopodium album, 山紫茉莉 Oxybaphus himalaicus

N-trans-feruloyl-5-methoxytyramine *N*- 反式 - 阿魏酰基 -5- 甲氧基酪胺 阴香 Cinnamomum burmannii

N-trans-feruloylmethoxytyramine *N*- 反式 - 阿魏酰甲氧基酪胺 木通马兜铃 Aristolochia manshuriensis, 黄堇 Corydalis pallida, 小黄紫堇 C. raddeana, 地肤 Kochia scoparia, 天目木姜子 Litsea auriculata, 山鸡椒 L. cubeba, 台湾含笑 Michelia compressa, 观光木 M. odora, 豆瓣绿 Peperomia tetraphylla, 马齿苋 Portulaca oleracea, 风龙 Sinomenium acutum

(*S*)-*N-trans*-feruloyloctopamine (*S*)-*N*- 反式 - 阿魏酰章鱼胺 清风藤 Sabia japonica

N-trans-feruloyloctopamine *N*- 反式 - 阿魏酰章鱼胺 辣椒 Capsicum annuum, 玉竹 Polygonatum odoratum, 白英 Solanum lyratum, 阳芋 S. tuberosum

N-trans-feruloylpiperidine *N*- 反式 - 阿魏酰哌啶 胡椒 Piper nigrum

N-trans-feruloyltryptamine *N*- 反式 - 阿魏酰色胺 树番茄 Cyphomandra betacea, 洋金花 Datura metel

N-trans-feruloyltyramine *N*- 反式 - 阿魏酰酪胺 较常见成分，至少分布于 30 种以上植物中，见于白花丹科、百合科、柽柳科、大戟科、大麻科、豆科、番荔枝科、防己科、胡椒科、蒺藜科、金粟兰科、锦葵科、藜科、蓼科、马齿苋科、马兜铃科、毛茛科、木兰科、茄科、三白草科、苋科、旋花科、罂粟科、樟科、紫茉莉科、紫葳科等

N-trans-feruloyltyramine dimer *N*- 反式 - 阿魏酰酪胺二聚体 阳芋 Solanum tuberosum

N-trans-feruloyltyramine-4'''-*O*-*β*-D-glucopyranoside *N*- 反式 - 阿魏酰酪胺 -4'''-*O*-*β*-D- 吡喃葡萄糖苷 粪箕笃 Stephania longa

N-trans-feruloyltyramine-4'-*O*-*β*-D-glucopyranoside *N*- 反式 - 阿魏酰酪胺 -4'-*O*-*β*-D- 吡喃葡萄糖苷 粪箕笃 Stephania longa

N-trans-grossamide *N*- 反式 - 莱椒酰胺▲ 天仙子 Hyoscyamus niger

N-trans-*p*-coumaroyldopamine *N*- 反式 - 对香豆酰多巴胺 节节草 Commelina diffusa

N-trans-*p*-coumaroyl-L-tyrosine *N*- 反式 - 对香豆酰基 -L- 酪氨酸 可可 Theobroma cacao

N-trans-*p*-coumaroyloctopamine *N*- 反式 - 对香豆酰章鱼胺 辣椒 Capsicum annuum, 红丝线 Lycianthes biflora, 秃叶黄檗 Phellodendron chinense var. glabriusculum, 水茄 Solanum torvum

N-trans-*p*-coumaroyltyramine *N*- 反式 - 对香豆酰酪胺 圆滑番荔枝 Annona glabra, 辣椒 Capsicum annuum, 土荆芥 Chenopodium ambrosioides, 吴茱萸 Euodia ruticarpa, 葎草 Humulus scandens, 山鸡椒 Litsea cubeba, 马齿苋 Portulaca oleracea, 茄 Solanum melongena, 水茄 S. torvum, 黄果茄 S. virginianum

N-trans-*p*-hydroxyphenethylferolamine *N*- 反式 - 对羟基苯乙基阿魏酰胺 白英 Solanum lyratum

N-trans-sinapoylmethoxytyramine *N*- 反式 - 芥子酰甲氧基酪胺 天目木姜子 Litsea auriculata, 山鸡椒 L. cubeba

N-trans-sinapoyltyramine *N*- 反式 - 芥子酰酪胺 山胡椒 Lindera glauca, 天目木姜子 Litsea auriculata, 豆瓣绿 Peperomia tetraphylla, 苎叶蒟 Piper boehmeriifolium

10*β*-[N-trichloroacetyl-carbamate]-13-hydroxy-marasm-7-en-5-oic acid-*γ*-lactone 10*β*-(N- 三氯乙酰氨甲酸酯)-13- 羟基 - 小皮伞 -7- 烯 -5- 酸 -*γ*- 内酯 绒白乳菇 Lactarius vellereus

N-tricosanoylanthranilic acid *N*- 二十三烷酰基邻氨基苯甲酸 旋覆花 Inula japonica

N-tricosanoyltryptamine *N*- 二十三酰色胺 牛心番荔枝 Annona reticulata

N

nuatigenin 蒜芥茄皂苷元▲ 喀西茄 Solanum aculeatissimum

nubigenol 云生罗汉松醇▲ 乌药 Lindera aggregata

(-)-nuciferine (-)- 荷叶碱 黄兰 Michelia champaca

nuciferine 荷叶碱 北美鹅掌楸 Liriodendron tulipifera, 莲 Nelumbo nucifera, 台湾千金藤 Stephania merrillii, 无刺枣 Ziziphus jujuba var. inermis

nuciferol 日本榧树醇▲ 檀香 Santalum album

cis-nuciferol 顺式 - 日本榧树醇▲ 檀香 Santalum album

nuciferoside 莲蕊苷▲ 莲 Nelumbo nucifera

nucleic acid 核苷酸 浮萍 Lemna minor

nudibaccatumone 裸果胡椒酮▲ 裸果胡椒 Piper nudibaccatum

nudicaulamine 裸茎翠雀胺▲ 卵瓣还亮草 Delphinium anthriscifolium var. savatieri, 囊距翠雀花 D. brunonianum

nudicauline 野罂粟碱 展花乌头 Aconitum chasmanthum, 野罂粟 Papaver nudicaule

nudifloside 迎春苷▲ 裸花紫珠 Callicarpa nudiflora

nudifloside A~D 迎春苷▲A~D 迎春花 Jasminum nudiflorum

(-)-nudiposide (-)- 裸柄吊钟花脂苷▲ 石南藤 Piper wallichii

(7'*R*,8*S*,8'*R*)-nudiposide (7'*R*,8*S*,8'*R*)- 裸柄吊钟花脂苷▲ 潺槁木姜子 Litsea glutinosa

nudiposide 裸柄吊钟花脂苷▲ 山楝 Aphanamixis polystachya, 垂枝桦 Betula pendula, 白桦 B. platyphylla, 土肉桂 Cinnamomum osmophloeum, 壶托榕 Ficus ischnopoda, 三桠乌药 Lindera obtusiloba, 棒锤瓜 Neoalsomitra integrifoliola, 头花蓼 Polygonum capitatum, 中国无忧花 Saraca dives, 紫椴 Tilia amurensis, 春榆 Ulmus davidiana var. japonica, 荚蒾 Viburnum dilatatum

nudol 紫花美冠兰酚▲ 铁皮石斛 Dendrobium officinale

nuezhengalaside 女贞苦苷 女贞 Ligustrum lucidum

(8*E*)-nuezhenide (8*E*)- 女贞子苷 毛冬青 Ilex pubescens, 紫丁香 Syringa oblata

nuezhenide 女贞子苷 女贞 Ligustrum lucidum, 木犀 Osmanthus fragrans, 紫丁香 Syringa oblata, 欧丁香 S. vulgaris

(8*Z*)-nuezhenide A (8*Z*)- 女贞子苷 A 日本女贞 Ligustrum japonicum

nuezhenidic acid 女贞酸 女贞 Ligustrum lucidum

nuezhenoside 女贞诺苷▲ 女贞 Ligustrum lucidum, 锐尖山香圆 Turpinia arguta

nummularine A 铜钱枣碱▲A 枣 Ziziphus jujuba, 酸枣 Z. jujuba var. spinosa

nummularine B 铜钱枣碱▲B 枣 Ziziphus jujuba, 酸枣 Z. jujuba var. spinosa, 滇刺枣 Z. mauritiana

nummularine H 铜钱枣碱▲H 滇刺枣 Ziziphus mauritiana

nummularine P 铜钱枣碱▲P 枣 Ziziphus jujuba
nuomioside 糯米香草苷 块茎芦莉草 Ruellia tuberosa
nuomioside A 糯米香草苷 A 珊瑚苣苔 Corallodiscus lanuginosus
nupharidine 萍蓬草定碱 萍蓬草 Nuphar pumila
nupharolutine 欧亚萍蓬草碱▲ 萍蓬草 Nuphar pumila
(+)-nupharopumiline (+)- 萍蓬草碱 萍蓬草 Nuphar pumila
nupharpumilamine A~D 萍蓬草胺▲A~D 萍蓬草 Nuphar pumila
N-vanillyldecanamide N- 香荚兰基癸酰胺 辣椒 Capsicum annuum, 小米辣 C. frutescens
N-vanillylheptanamide N- 香荚兰基庚酰胺 辣椒 Capsicum annuum
N-vanillylnonanamide N- 香荚兰基壬酰胺 小米辣 Capsicum frutescens
N-vanillyloctanamide N- 香荚兰基辛酰胺 辣椒 Capsicum annuum, 小米辣 C. frutescens
nyasicoside 尼亚小金梅草苷▲ 大叶仙茅 Curculigo capitulata
(-)-(R)-nyasol (-)-(R)- 尼亚金梅草酚▲ 海桑 Sonneratia caseolaris
(+)-nyasol (+)- 尼亚小金梅草酚▲ 天门冬 Asparagus cochinchinensis, 羊齿天门冬 A. filicinus, 狼毒大戟 Euphorbia fischeriana
nyasol 尼亚小金梅草酚▲ 知母 Anemarrhena asphodeloides, 车前状垂头菊 Cremanthodium ellisii
nyctanthic acid 夜花酸▲ 夜花 Nyctanthes arbor-tristis
nyctanthoside 夜花苷▲ 夜花 Nyctanthes arbor-tristis
nyctoside A 夜花托苷▲A 夜花 Nyctanthes arbor-tristis
(+)-nymphaedaline (+)- 莲叶桐达灵▲ 莲叶桐 Hernandia nymphaeifolia
nymphaeol A, B, C 莲叶桐酚▲A, B, C 血桐 Macaranga tanarius var. tomentosa
nymphasterol 睡莲甾醇▲ 延药睡莲 Nymphaea nouchali
nymphayol 延药睡莲醇▲ 延药睡莲 Nymphaea nouchali
(-)-nymphone (-)- 莲叶桐脂酮▲ 莲叶桐 Hernandia nymphaeifolia
nyssoside 蓝果树苷▲ 蓝果树 Nyssa sinensis
nystose 耐斯糖 巴戟天 Morinda officinalis
Nα-(4'-oxodecanoyl)-histamine Nα-4'- 氧代癸酰组胺 甜叶算盘子 Glochidion philippicum
Nα,Nα-dimethylhistamine Nα,Nα- 二甲基组胺 香肉果 Casimiroa edulis
Nα-cinnamoylhistamine Nα- 桂皮酰组胺 甜叶算盘子 Glochidion philippicum
N-α-hydroxyl-cis-octadecaenoyl-1-O-β-glucopyranosylsphingosine N-α- 羟基 - 顺式 - 十八碳烯酰基 -1-O-β- 吡喃葡萄糖基鞘氨醇 芡实 Euryale ferox
N-β-D-glucopyranosylaristolactam I N-β-D- 吡喃葡萄糖基马兜铃内酰胺 I 香港马兜铃 Aristolochia westlandii
1-N-β-methyltetrahydropalmatine 1-N-β- 甲基四氢防己碱 药用地不容 Stephania officinarum
N-β-phenethyl-3-(3,4-dimethoxyphenyl)propenamide N-β- 苯乙基 -3-(3,4- 二甲氧基苯基) 丙烯酰胺 及已 Chloranthus serratus
N-β-phenethyl-3-(3,4-methylenedioxyphenyl)propenamide N-β- 苯乙基 -3-(3,4- 亚甲二氧基苯基) 丙烯酰胺 及已 Chloranthus serratus
N-δ-benzoyl-L-ornithine N-δ- 苯甲酰基 -L- 鸟氨酸 大叶野豌豆 Vicia pseudo-orobus
N-δ-benzoyl-L-γ-hydroxyornithine N-δ- 苯甲酰基 -L-γ- 羟基鸟氨酸 大叶野豌豆 Vicia pseudo-orobus

O

3-O-β-D-glucopyranosyl(1 → 3)-[α-L-rhamnopyranosyl(1 → 2)]-α-L-arabinopyranosyl-19α,20α-dihydroxyurs-12-en-28-oic acid-28-O-α-L-rhamnopyranosyl(1 → 2)-β-D-glucopyranosyl ester 3-O-β-D- 吡喃葡萄糖基 (1 → 3)-[α-L- 吡喃鼠李糖基 (1 → 2)]-α-L- 吡喃阿拉伯糖基 -19α,20α- 二羟基熊果 -12- 烯 -28- 酸 -28-O-α-L- 吡喃鼠李糖基 (1 → 2)-β-D- 吡喃葡萄糖基酯 扣树 Ilex kaushue
4'-O-(-)-methylepigallocatechin 4'-O-(-) 甲基 - 表没食子儿茶素 昆明山海棠 Tripterygium hypoglaucum
1-O-(1,2-dihydroxyethyl)-4-O-methoxy-β-D-glucopyranosyl-(1 → 3)-β-D-glucopyranoside 1-O-(1,2- 二羟乙基)-4-O- 甲氧基 -β-D- 吡喃葡萄糖基 -(1 → 3)-β-D- 吡喃葡萄糖苷 复盆子 Rubus idaeus
1-O-(1,2-propanediol)-6-O-galloyl-β-D-glucopyranoside 1-O-(1,2- 丙二醇)-6-O- 没食子酰基 -β-D- 吡喃葡萄糖苷 番石榴 Psidium guajava
3-O-(13-hydroxy-9Z,11E,15E-octadecatrienoyl)cycloeucalenol 3-O-(13- 羟基 -9Z,11E,15E- 十八碳三烯酰)- 环桉烯醇 垂子买麻藤 Gnetum pendulum
6'-O-(14-methylpentadecanoyl)-β-D-glucosylclionasterol 6'-O-(14- 甲基十五烷酰 -β-D- 葡萄糖基穿贝海绵甾醇 缬草 Valeriana officinalis
1,2-O-(1-decyl-5-oxo-1,5-pentanediyl)-β-D-xylopyranose 1,2-O-(1- 癸烷基 -5- 氧代 -1,5- 戊烷二基)-β-D- 吡喃木糖 叉歧繁缕 Stellaria dichotoma
1,2-O-(1-dodecyl-5-oxo-1,5-pentanediyl)-β-D-xylopyranose 1,2-O-(1- 十二烷基 -5- 氧代 -1,5- 戊烷二基)-β-D- 吡喃木糖 叉歧繁缕 Stellaria dichotoma
1,2-O-(1-nonyl-5-oxo-1,5-pentanediyl)-β-D-xylopyranose 1,2-O-(1- 壬烷基 -5- 氧代 -1,5- 戊烷二基)-β-D- 吡喃木糖 叉歧繁缕 Stellaria dichotoma
3β-[6-O-(1-oxohexadecyl)-β-D-glucopyranosyloxy]-stigmast-5-en-7-one 3β-[6-O-(1- 氧代十六烷基)-β-D- 吡喃葡萄糖氧基]- 豆甾 -5- 烯 -7- 酮 羊蹄甲 Bauhinia purpurea
2''-O-(2'''-methylbutyryl)-orientin 2''-O-(2'''- 甲基丁酰基)- 荭草素 川陕金莲花 Trollius buddae, 金莲花 T. chinensis, 短瓣金莲花 T. ledebourii
2''-O-(2'''-methylbutyryl)-vitexin 2''-O-(2'''- 甲基丁酰基)- 牡荆素 川陕金莲花 Trollius buddae, 短瓣金莲花 T. ledebourii

O-(2),1,7,9-tetramethyluric acid O-(2),1,7,9- 四甲基尿酸 大粒咖啡 Coffea liberica
O-(2),1,9-trimethyluric acid O-(2),1,9- 三甲基尿酸 大粒咖啡 Coffea liberica
1-O-(2',3',4',4'-tetrahydroabscisoyl)-β-glucopyranoside 1-O-(2',3',4',4'- 四氢脱落酰基)-β- 吡喃葡萄糖苷 啤酒花 Humulus lupulus
1-O-(2,3,4-trihydroxy-3-methyl)-butyl-6-O-feruloyl-β-D-glucopyranoside 1-O-(2,3,4- 三羟基 -3- 甲基)- 丁基 -6-O- 阿魏酰基 -β-D- 吡喃葡萄糖苷 撒尔维亚 Salvia officinalis
3-O-(2,3-dihydroxy-2-methylbutyroyl)cuauhtemone 3-O-(2,3- 二羟基 -2- 甲基丁酰氧基) 阔苞菊酮 翼齿六棱菊 Laggera crispata
6'-O-(2'',3''-dihydroxybenzoyl)-8-epikingiside 6'-O-(2'',3''- 二羟基苯甲酰基)-8- 表莫罗忍冬吉苷 ▲ 龙胆 Gentiana scabra
2'-O-(2'',3''-dihydroxybenzoyl)kingiside 2'-O-(2'',3''- 二羟基苯甲酰基) 莫罗忍冬吉苷 ▲ 龙胆 Gentiana scabra
2'-O-(2,3-dihydroxy-benzoyl)sweroside 2'-O-(2,3- 二羟基苯甲酰) 獐牙菜苷 麻花艽 Gentiana straminea
8α-O-(2',3'-dihydroxyl-isobutyryl)-11β,13-dihydro-deacylcynaropicrin 8α-O-(2',3'- 二羟基异丁酰)-11β,13- 二氢去酰菜蓟苦素 美花风毛菊 Saussurea pulchella
3-O-(2,3-dimethylbutanoyl)-13-octanoyloxyingenol 3-O-(2,3- 二甲基丁酰基)-13- 辛酰氧基巨大戟醇 ▲ 乳浆大戟 Euphorbia esula
3-O-(2,3-dimethylbutanoyl)-13-O-decanoyl-20-O-hexadecanoylingenol 3-O-(2,3- 二甲基丁酰基)-13-O- 十二烷酰基 -20-O- 棕榈醛基巨大戟烯醇 ▲ 甘遂 Euphorbia kansui
3-O-(2,3-dimethylbutanoyl)-13-O-decanoylingenol 3-O-(2,3- 二甲基丁酰基)-13-O- 癸酰巨大戟烯醇 ▲ 甘遂 Euphorbia kansui
3-O-(2,3-dimethylbutanoyl)-13-O-dodecanoyl-20-O-(octadec-9Z-enoyl)ingenol 3-O-(2,3- 二甲基丁酰基)-13-O- 十二酰基 -20-O-(十八烷 -9Z- 烯 - 氧基) 巨大戟烯醇 ▲ 甘遂 Euphorbia kansui
3-O-(2,3-dimethylbutanoyl)-13-O-dodecanoyl-20-O-[(9Z,12Z)-octadeca-9,12-dienoyl]ingenol 3-O-(2,3- 二甲基丁酰基)-13-O- 十二酰基 -20-O-[(9Z,12Z)- 十八烷 -9,12- 二烯酰基] 大戟二萜醇 甘遂 Euphorbia kansui
3-O-(2,3-dimethylbutanoyl)-13-O-dodecanoyl-20-O-acetylingenol 3-O-(2,3- 二甲基丁酰基)-13-O- 十二酰基 -20-O- 乙酰巨大戟烯醇 ▲ 甘遂 Euphorbia kansui
(3S,5R)5-O-(2,3-dimethylbutanoyl)-13-O-dodecanoyl-20-O-deoxyingenol (3S,5R)5-O-(2,3- 二甲基丁酰基)-13-O- 十二酰基 -20-O- 去氧巨大戟烯醇 ▲ 甘遂 Euphorbia kansui
3-O-(2,3-dimethylbutanoyl)-13-O-dodecanoyl-20-O-deoxyingenol 3-O-(2,3- 二甲基丁酰基)-13-O- 十二酰基 -20-O- 去氧巨大戟烯醇 ▲ 甘遂 Euphorbia kansui
3-O-(2,3-dimethylbutanoyl)-13-O-dodecanoyl-20-O-dodecanoylingenol 3-O-(2,3- 二甲基丁酰基)-13-O- 十二酰基 -20-O- 十二酰巨大戟烯醇 ▲ 甘遂 Euphorbia kansui
20-O-(2,3-dimethylbutanoyl)-13-O-dodecanoylingenol 20-O-(2,3- 二甲基丁酰基)-13-O- 十二酰巨大戟烯醇 ▲ 甘遂 Euphorbia kansui
3-O-(2,3-dimethylbutanoyl)-13-O-dodecanoylingenol 3-O-(2,3- 二甲基丁酰基)-13-O- 十二酰巨大戟烯醇 ▲ 甘遂 Euphorbia kansui
3-O-(2,3-dimethylbutyryl)-13-O-n-dodecanoyl-13-hydroxyingenol 3-O-(2,3- 二甲基丁酰基)-13-O- 正十二酰基 -13- 羟基巨大戟烯醇 ▲ 甘遂 Euphorbia kansui
3-O-(2,3-expoxy-2-methylbutanoyl)cuauthemone 3-O-(2,3- 环氧 -2- 甲基丁酰氧基) 库欧特酮 翼齿六棱菊 Laggera crispata
(Z)-6-O-(2'',4'',6''-triacetyl-β-D-glucopyranosyl)-6,7,3',4'-tetrahydroxyaurone (Z)-6-O-(2'',4'',6''- 三乙酰基 -β-D- 吡喃葡萄糖基)-6,7,3',4'- 四羟基橙酮 白花鬼针草 Bidens pilosa var. radiata
2-O-(2,4,6-trihydroxyphenyl)-6,6'-bieckol 2-O-(2,4,6- 三羟基苯基)-6,6'- 二昆布酚 昆布 Ecklonia kurome
1-O-(2,4-dihydroxybenzoyl)-glycerol 1-O-(2,4- 二羟基苯甲酰基)- 甘油 黑种草 Nigella damascena
1-O-(2,4-dihydroxyphenylacetyl)-glycerol 1-O-(2,4- 二羟基苯乙酰基) 甘油 黑种草 Nigella damascena
4-O-(2'',4''-O-diacetyl-6''-O-p-coumaroyl-β-glucopyranosyl)-p-coumaric acid 4-O-(2'',4''-O- 二乙酰基 -6''-O- 对香豆酰基 -β- 吡喃葡萄糖基)- 对香豆酸 婆婆针 Bidens bipinnata
7-O-(2,6-dihydroxybenzoyl)salicin 7-O-(2,6- 二羟基苯甲酰) 水杨苷 三裂瓜木 Alangium platanifolium var. trilobum
6-O-(2-carbonyl-3-methylbutanoyl)-scutehenanine A 6-O-(2- 羰基 -3- 甲基丁酰基)- 河南半枝莲碱 ▲A 半枝莲 Scutellaria barbata
3-O-(2E,4E-decadienoyl)-20-O-acetylingenol 3-O-(2E,4E- 癸二烯酰基)-20-O- 乙酰巨大戟烯醇 ▲ 甘遂 Euphorbia kansui
5-O-(2'E,4'E-decadienoyl)-20-O-acetylingenol 5-O-(2'E,4'E- 癸二烯酰基 -20-O- 乙酰巨大戟烯醇 ▲ 甘遂 Euphorbia kansui
12-O-(2'E,4'E-decadienoyl)-4-hydroxyphorbol-13-acetate 12-O-(2'E,4'E- 十碳二烯酰基)-4- 羟基佛波醇 -13- 乙酸酯 芫花 Daphne genkwa
12-O-(2'E,4'E-decadienoyl)-7-oxo-5-ene-phorbol-13-acetate 12-O-(2'E,4'E- 十碳二烯酰基)-7- 氧代 -5- 烯 - 佛波醇 -13- 乙酸酯 芫花 Daphne genkwa
3-O-(2E,4E-decadienoyl)-ingenol 3-O-(2E,4E- 癸二烯酰基)- 巨大戟烯醇 ▲ 甘遂 Euphorbia kansui
5-O-(2E,4E-decadienoyl)-ingenol 5-O-(2E,4E- 癸二烯酰基)- 巨大戟烯醇 ▲ 甘遂 Euphorbia kansui
20-O-(2'E,4'E-decadienoyl)-ingenol 20-O-(2'E,4'E- 癸二烯酰基)- 巨大戟烯醇 ▲ 甘遂 Euphorbia kansui
20-O-acetylingenol 20-O- 乙酰巨大戟烯醇 ▲ 甘遂 Euphorbia kansui
3-O-(2E,4Z-decadienoyl)-20-deoxyingenol 3-O-(2E,4Z- 癸二烯酰基)-20- 去氧巨大戟烯醇 ▲ 甘遂 Euphorbia kansui
3-O-(2E,4Z-decadienoyl)-20-O-acetylingenol 3-O-(2E,4Z- 癸二烯酰基)-20-O- 乙酰巨大戟烯醇 ▲ 甘遂 Euphorbia kansui, 甘青大戟 E. micractina
5-O-(2'E,4'Z-decadienoyl)-20-O-acetylingenol 5-O-(2'E,4'Z- 癸二烯酰基 -20-O- 乙酰巨大戟 甘遂 Euphorbia kansui
3-O-(2E,4Z-decadienoyl)-5-O-acetylingenol 3-O-(2E,4Z- 癸二烯酰基)-5-O- 乙酰巨大戟烯醇 ▲ 甘遂 Euphorbia kansui
20-O-(2E,4Z-decadienoyl)-ingenol 20-O-(2E,4Z- 癸二烯酰基)- 巨大戟烯醇 ▲ 甘遂 Euphorbia kansui
3-O-(2E,4Z-decadienoyl)-ingenol 3-O-(2E,4Z- 癸二烯酰基)- 巨大戟烯醇 ▲ 甘遂 Euphorbia kansui
4E-5-[(6-O-(2E-3-(4-hydroxy-3,5-dimethoxyphenyl)-prop-2-enoyl)-β-glucopyranosylsulfanyl]-pent-4-enenitrile 4E-5-{6-O-[2E-3-(4- 羟基 -3,5- 二甲氧基苯基)- 丙 -2- 烯酰基]-β- 吡喃葡萄糖基硫 }- 戊 -4- 烯腈 萝卜 Raphanus sativus

O

4*Z*-5-[6-*O*-(2*E*-3-(4-hydroxy-3,5-dimethoxyphenyl)-prop-2-enoyl)-*β*-glucopyranosylsulfanyl]-pent-4-enenitrile 4*Z*-5-{6-*O*-[2*E*-3-(4- 羟基 -3,5- 二甲氧基苯基)- 丙 -2- 烯酰基]-*β*- 吡喃葡萄糖基硫 }- 戊 -4- 烯腈 萝卜 Raphanus sativus

4*E*-5-[6-*O*-(2*E*-3-(4-hydroxy-3-methoxyphenyl)-prop-2-enoyl)-*β*-glucopyranosylsulfanyl]-pent-4-enenitrile 4*E*-5-{6-*O*-[2*E*-3-(4- 羟基 -3- 甲氧基苯基)- 丙 -2- 烯酰基]-*β*- 吡喃葡萄糖基硫 }- 戊 -4- 烯腈 萝卜 Raphanus sativus

1-[4-*O*-(2-hydroxy-1-hydroxymethylethyl)-3,5-dimethoxyphenyl)]-2-[4-(1-propanol)-3-methoxyphenyl]-propane-1,3-diol 1-[4-*O*-(2- 羟基 -1- 羟甲基乙基)-3,5- 二甲氧基苯基)]-2-[4-(1- 丙醇)-3- 甲氧基苯基]- 丙烷 -1,3- 二醇 地枫皮 Illicium difengpi

1-[4-*O*-(2-hydroxy-1-hydroxymethylethyl)-3-methoxyphenyl)]-2-[4-(1-propanol)-3-methoxyphenyl]-propane-1,3-diol 1-[4-*O*-(2- 羟基 -1- 羟甲基乙基)-3- 甲氧基苯基)]-2-[4-(1- 丙醇)-3- 甲氧基苯基]- 丙烷 -1,3- 二醇 地枫皮 Illicium difengpi

4-*O*-(2-hydroxy-1-hydroxymethylethyl)dihydroconiferyl alcohol vanilloyl-glucopy-ranoside 4-*O*-(2- 羟基 -1- 羟甲基乙基) 二氢松柏醇香兰酰吡喃葡萄糖苷 地枫皮 Illicium difengpi

6'-*O*-(2-hydroxy-3-*O*-*β*-D-glucopyranosyl-benzoyl)sweroside 6'-*O*-(2- 羟基 -3-*O*-*β*-D- 吡喃葡萄糖基 - 苯甲酰基) 獐牙菜苷 麻花艽 Gentiana straminea

8-*O*-(2-hydroxycinnamoyl)-harpagide 8-*O*-(2- 羟基桂皮酰基)- 钩果草吉苷 ▲ 玄参 Scrophularia ningpoensis

4-*O*-(2-hydroxymethylethyl)-dihydroconigeryl alcohol-6-(4'-hydroxy-3'-methoxyphenyl)-glucopyranoside 4-*O*-(2- 羟甲基乙基)- 二氢松柏醇 -6-(4'- 羟基 -3'- 甲氧基苯基)- 吡喃葡萄糖苷 红茴香 Illicium henryi

2''-*O*-(2'''-methoxybenzoyl)-orientin 2''-*O*-(2'''- 甲氧基丁酰基)- 荭草素 短瓣金莲花 Trollius ledebourii

2''-*O*-(2'''-methoxybenzoyl)-vitexin 2''-*O*-(2'''- 甲氧基丁酰基)- 牡荆素 短瓣金莲花 Trollius ledebourii

15-*O*-(2-methylbutanoyl)-3-*O*-veratroylprotoverine 15-*O*-(2- 甲基丁酰基)-3-*O*- 藜芦酰原藜芦因 兴安藜芦 Veratrum dahuricum, 藜芦 V. nigrum

12-*O*-(2-methylbutyroyl)phorbol-13-dodecanoate 12-*O*-(2- 甲基丁酰)- 佛波醇 -13- 丁酸酯 巴豆 Croton tiglium

2''-*O*-(2'''-methylbutyryl)isoswertisin 2''-*O*-(2'''- 甲基丁酰基) 异獐牙菜素 辣蓼铁线莲 Clematis terniflora var. mandshurica, 短瓣金莲花 Trollius ledebourii

3''-*O*-(2'''-methylbutyryl)isoswertisin 3''-*O*-(2'''- 甲基丁酰基) 异獐牙菜素 辣蓼铁线莲 Clematis terniflora var. mandshurica, 短瓣金莲花 Trollius ledebourii

6''-*O*-(2'''-methylbutyryl)isoswertisin 6''-*O*-(2'''- 甲基丁酰基) 异獐牙菜素 辣蓼铁线莲 Clematis terniflora var. mandshurica

12-*O*-(2-methylbutyryl)-phorbol-13-dodecanoate 12-*O*-(2- 甲基丁酰)- 佛波醇 -13- 十四酸酯 巴豆 Croton tiglium

12-*O*-(2-methylbutyryl)-phorbol-13-isobutyrate 12-*O*-(2- 甲基丁酰)- 佛波醇 -13- 异丁酸酯 巴豆 Croton tiglium

12-*O*-(2-methylbutyryl)-phorbol-13-tiglate 12-*O*-(2- 甲基丁酰)- 佛波醇 -13- 巴豆酸酯 巴豆 Croton tiglium

2''-*O*-(2''-methylbutyryl)-viterxin 2''-*O*-(2''- 甲基丁酰基)- 牡荆素 短瓣金莲花 Trollius ledebourii

2''-*O*-(2'''-methylbutyryl)-vitexin 2''-*O*-(2'''- 甲基丁酰基)- 牡荆素 金莲花 Trollius chinensis

3-*O*-(2'-*O*-acetyl)-*α*-L-arabinopyransylhederagenin-28-*O*-*β*-D-glucopyranosyl-(1 → 6)-*O*-*β*-glucopyranosyl ester 3-*O*-(2'-*O*- 乙酰基)-*α*-L- 吡喃阿拉伯糖基常春藤皂苷元 -28-*O*-*β*-D- 吡喃葡萄糖基 -(1 → 6)-*β*-D- 吡喃葡萄糖基酯苷 败酱 Patrinia scabiosifolia

6-*O*-(2''-*O*-acetyl-3'',4''-*O*-di-*trans*-cinnamoyl)-*α*-L-rhamnopyranosylcatalpol 6-*O*-(2''-*O*- 乙酰基 -3'',4''-*O*- 二 - 反式 - 桂皮酰基)-*α*-L- 吡喃鼠李糖基梓醇 云南石梓 Gmelina arborea

4-*O*-(2''-*O*-acetyl-6''-*O*-*p*-coumaroyl-*β*-D-glucopyranosyl)-*p*-coumaric acid 4-*O*-(2''-*O*- 乙酰基 -6''-*O*- 对香豆酰基 -*β*-D- 吡喃葡萄糖基)- 对香豆酸 婆婆针 Bidens bipinnata, 金盏银盘 B. biternata

4-*O*-(2-*O*-acetyl-6-*O*-*p*-coumaroyl-*β*-D-glucopyranosyl)-*p*-coumaric acid 4-*O*-(2-*O*- 乙酰基 -6-*O*- 对香豆酰基 -*β*-D- 吡喃葡萄糖基)- 对香豆酸 鬼针草 Bidens pilosa, 白花鬼针草 B. pilosa var. radiata

3-*O*-(2-*O*-acetyl-*β*-D-digitalopyranosyl)-(1 → 4)-*β*-D-cymaropyranosyl-pregn-5-ene-3*β*,16*β*,20*R*-triol-20-*O*-*β*-D-glucopyranosyl-(1 → 6)-*β*-D-glucopyranosyl-(1 → 2)-*β*-D-digitalopyranoside 3-*O*-(2-*O*- 乙酰基 -*β*-D- 吡喃毛地黄糖基)-(1 → 4)-*β*-D- 吡喃磁麻糖基 - 孕甾 -5- 烯 -3*β*,16*β*,20*R*- 三醇 -20-*O*-*β*-D- 吡喃葡萄糖基 -(1 → 6)-*β*-D- 吡喃葡萄糖基 -(1 → 2)-*β*-D- 吡喃洋地黄糖苷 杠柳 Periploca sepium

7-*O*-(2''-*O*-glucuronosyl)-glucuronosyltricin 7-*O*-(2''-*O*- 葡萄糖醛酸基) 葡萄糖醛酸基小麦黄素 湖南稗子 Echinochloa frumentacea

2-*O*-(2-*O*-isovaleryl-*β*-D-glucopyranosyl)-atractyligenin 2-*O*-(2-*O*- 异戊基 -*β*-D- 吡喃葡萄糖基)- 苍术苷元 刺苍耳 Xanthium spinosum

7-*O*-(2-*O*-sinapoyl-*β*-D-glucopyranosyl)-6-methoxycoumarin 7-*O*-(2-*O*- 芥子酰基 -*β*-D- 吡喃葡萄糖基)-6- 甲氧基香豆素 麻辣仔藤 Erycibe obtusifolia

3-*O*-(2-*O*-sulfuryl-*β*-D-glucopyranosyl)-echinocystic acid 3-*O*-(2-*O*- 硫酸酯基 -*β*-D- 吡喃葡萄糖基)- 刺囊酸 鳢肠 Eclipta prostrata

6''-*O*-(2-*O*-*trans*-sinapoyl-*β*-D-glucopyranosyl)-7-*O*-*trans*-sinapoylisovitexin 6''-*O*-(2-*O*- 反式 - 芥子酰基 -*β*-D- 吡喃葡萄糖基)-7-*O*- 反式 - 芥子酰异牡荆素 块茎山萮菜 Eutrema wasabi

6''-*O*-(2-*O*-*trans*-sinapoyl-*β*-D-glucopyranosyl)-7-*O*-*trans*-sinapoylisovitexin-4'-*O*-*β*-D-glucopyranoside 6''-*O*-(2-*O*- 反式 - 芥子酰基 -*β*-D- 吡喃葡萄糖基)-7-*O*- 反式 - 芥子酰异牡荆素 -4'-*O*-*β*-D- 吡喃葡萄糖苷 块茎山萮菜 Eutrema wasabi

1-*O*-(2-oxoindol-3-ylacetyl)-*β*-D-glucopyranoside 1-*O*-(2- 氧代吲哚 -3- 基乙酰基)-*β*-D- 吡喃葡萄糖苷 拟南芥 Arabidopsis thaliana

(4*α*)-3*β*-*O*-(2-*O*-*α*-L-rhamnopyranosyl-*α*-L-arabinopyranosyl)-23-hydroxyolean-12-en-28-oic acid-6-*O*-(6-*O*-acetyl-*β*-D-glucopyranosyl)-*β*-D-glucopyranosyl ester (4*α*)-3*β*-*O*-(2-*O*-*α*-L- 吡喃鼠李糖基 -*α*-L- 吡喃阿拉伯糖基)-23- 羟基齐墩果 -12- 烯 -28- 酸 -6-*O*-(6-*O*- 乙酰基 -*β*-D- 吡喃葡萄糖基)-*β*-D- 吡喃葡萄糖基酯苷 忍冬 Lonicera japonica

(4*α*)-3*β*-*O*-(2-*O*-*α*-L-rhamnopyranosyl-*α*-L-arabinopyranosyl)-23-hydroxyolean-12-en-28-oic acid-*β*-D-glucopyranosyl ester (4*α*)-3*β*-*O*-(2-*O*-*α*-L- 吡喃鼠李糖基 -*α*-L- 吡喃阿拉伯糖基)-23- 羟基齐墩果 -12- 烯 -28- 酸 -*β*-D- 吡喃葡萄糖基酯苷 忍冬 Lonicera japonica

3*β*-*O*-(2-*O*-*α*-L-rhamnopyranosyl-*α*-L-arabinopyranosyl)-olean-12-en-28-oic acid-6-*O*-*β*-D-glucopyranosyl-*β*-D-glucopyranosyl ester 3*β*-*O*-(2-*O*-*α*-L- 吡喃鼠李糖基 -*α*-L- 吡喃阿拉伯糖基)-23- 羟基齐墩果 -12- 烯 -28- 酸 -6-*O*-*β*-D- 吡喃葡萄糖基 -*β*-D- 吡喃葡萄糖基酯苷 忍冬 Lonicera japonica

3-O-(2-O-β-D-glucopyranosyl)-(6-O-methyl)-β-D-glucuronopyranosyl-21,22-di-O-angeloy-R_1-barrigenol 3-O-(2-O-β-D- 吡喃葡萄糖基)-(6-O- 甲基)-β-D- 吡喃葡萄糖醛酸基 -21,22- 二 -O- 当归酰基 -R_1- 玉蕊精醇▲ 文冠果 Xanthoceras sorbifolium

3-O-(2-O-β-D-glucopyranosyl)-(6-O-methyl)-β-D-glucuronopyranosyl-21-O-(3',4'-di-O-angeloyl)-β-D-fucopyranosyl-22-O-acetyl-R_1-barrigenol 3-O-(2-O-β-D- 吡喃葡萄糖基)-(6-O- 甲基)-β-D- 吡喃葡萄糖醛酸基 -21-O-(3',4'- 二 -O- 当归酰基)-β-D- 吡喃岩藻糖基 -22-O- 乙酰基 -R_1- 玉蕊精醇▲ 文冠果 Xanthoceras sorbifolium

3β-O-(2-O-β-D-glucopyranosyl-α-L-arabinopyranosyl)-olean-12-en-28-oic acid-6-O-β-D-glucopyranosyl-β-D-glucopyranosyl ester 3β-O-(2-O-β-D- 吡喃葡萄糖基 -α-L- 吡喃阿拉伯糖基)- 齐墩果 -12- 烯 -28- 酸 -6-O-β-D- 吡喃葡萄糖基 -β-D- 吡喃葡萄糖酯苷 忍冬 Lonicera japonica

(2β,3β,4α,20β)-3-O-(2-O-β-D-glucopyranosyl-β-D-xylopyranosyl)-2,23-dihydroxy-28-β-D-glucopyranosyl-olean-12-ene-28,29-dioic acid-29-methyl ester (2β,3β,4α,20β)-3-O-(2-O-β-D- 吡喃葡萄糖基 -β-D- 吡喃木糖基)-2,23- 二羟基 -28-β-D- 吡喃葡萄糖基 - 齐墩果 -12- 烯 -28,29- 二酸 -29- 甲基酯 垂序商陆 Phytolacca americana

(2β,3β,4α,20β)-3-O-(2-O-β-D-glucopyranosyl-β-D-xylopyranosyl)-2,23-dihydroxy-olean-12-ene-28,29-dioic acid 29-methyl ester (2β,3β,4α,20β)-3-O-(2-O-β-D- 吡喃葡萄糖基 -β-D- 吡喃木糖基)-2,23- 二羟基 - 齐墩果 -12- 烯 -28,29- 二酸 -29- 甲酯 垂序商陆 Phytolacca americana

6-O-(2''-p-hydroxy-trans-cinnamoyl-α-L-rhamnopyranosyl)catapol 6-O-(2''- 对羟基反式 - 桂皮酰基 -α-L- 吡喃鼠李糖基) 梓醇 细穗玄参 Scrofella chinensis

14β-O-(2S,3R-nilyl)-rhodojaponin III 14β-O-2S,3R- 裂叶牵牛酰日本杜鹃素 III 柳叶假木荷 Craibiodendron henryi

14β-O-(2S,3R-nilyl)-rhodomollein I, XVIII 14β-O-2S,3R- 裂叶牵牛酰羊踯躅素 I, XVIII 柳叶假木荷 Craibiodendron henryi

14β-O-(2S,3S-nilyl)-2α,3β,5β,6β,16α-pentahydroxygrayan-10(20)-ene 14β-O-(2S,3S- 裂叶牵牛酰)-2α,3β,5β,6β,16α- 五羟基木藜芦 -10(20)- 烯 柳叶假木荷 Craibiodendron henryi

14β-O-(2S,3S-nilyl)-2α,3β,5β,6β,16α-pentahydroxygrayanane 14β-O-(2S,3S- 裂叶牵牛酰)-2α,3β,5β,6β,16α- 五羟基木藜芦烷 柳叶假木荷 Craibiodendron henryi

2''-O-(3''',4'''-dimethoxylbenzoyl)-orientin 2''-O-(3''',4'''- 二甲氧基苯甲酰基)- 荭草素 川陕金莲花 Trollius buddae, 金莲花 T. chinensis, 短瓣金莲花 T. ledebourii

2''-O-(3''',4'''-dimethoxylbenzoyl)-vitexin 2''-O-(3''',4'''- 二甲氧基苯甲酰基)- 牡荆素 川陕金莲花 Trollius buddae, 金莲花 T. chinensis

2''-O-(3'''-methoxylcaffeoyl)-vitexin 2''-O-(3'''- 甲氧基咖啡酰基)- 牡荆素 川陕金莲花 Trollius buddae, 金莲花 T. chinensis, 短瓣金莲花 T. ledebourii

O-(3)-caffeoylshikimic acid O-(3)- 咖啡酰莽草酸 土茯苓 Smilax glabra

(20R)-O-(3)-α-L-arabinopyranosylpregn-5-en-3β,20-diol (20R)-O-(3)-α-L- 吡喃阿拉伯糖基孕甾 -5- 烯 -3β,20- 二醇 鸦胆子 Brucea javanica

(20R)-O-(3)-β-D-glucopyranosyl-(1 → 2)-α-L-arabinopyranosyl-pregnan-5-en-3β,20-diol (20R)-O-(3)-β-D- 吡喃葡萄糖基 -(1 → 2)-α-L- 吡喃阿拉伯糖基 - 孕甾 -5- 烯 -3β,20- 二醇 鸦胆子 Brucea javanica

6'-O-(3,4,5-trimethoxybenzoyl)glomeratose A 6'-O-(3,4,5- 三甲氧基苯甲酰基) 华南远志糖▲A 蛇根木 Rauvolfia serpentina

(Z)-6-O-(3'',4'',6''-triacetyl-β-D-glucopyranosyl)-6,7,3',4'-tetrahydroxyaurone (Z)-6-O-(3'',4'',6''- 三乙酰基 -β-D- 吡喃葡萄糖基)-6,7,3',4'- 四羟基橙酮 鬼针草 Bidens pilosa, 白花鬼针草 B. pilosa var. radiata

6-O-(3',4'-dihydroxy-2'-methylenbutyryl)-1-O-trans-cinnamoyl-β-D-glucopyranose 6-O-(3',4'- 二羟基 -2'- 甲烯基丁酰基)-1-O- 反式 - 桂皮酰基 -β-D- 吡喃葡萄糖 高山绣线菊 Spiraea alpina

2-O-(3,4-dihydroxybenzoyl)alphitolic acid 2-O-(3,4- 二羟基苯甲酰基) 麦珠子酸 虎皮楠 Daphniphyllum oldhamii

1-O-(3,4-dihydroxyphenyl)ethyl-O-β-D-glucopyranosyl-(1 → 2)-α-L-rhamnopyranosyl(1 → 3)-4-O-feruloyl-β-D-glucopyranoside 1-O-(3,4- 二羟基苯基) 乙基 -O-β-D- 吡喃葡萄糖基 -(1 → 2)-α-L- 吡喃鼠李糖基 -(1 → 3)-4-O- 咖啡酰基 -β-D- 吡喃葡萄糖苷 兰香草 Caryopteris incana

10-O-(3,4-dimethoxy-(E)-cinnamoyl)aucubin 10-O-(3,4- 二甲氧基 -(E)- 桂皮酰基) 桃叶珊瑚苷 云南兔耳草 Lagotis yunnanensis

2''-O-(3''',4'''-dimethoxybenzoyl)-orientin 2''-O-(3''',4'''- 二甲氧基苯甲酰基)- 荭草素 短瓣金莲花 Trollius ledebourii

2''-O-(3''',4'''-dimethoxybenzoyl)-vitexin 2''-O-(3''',4'''- 二甲氧基苯甲酰基)- 牡荆素 短瓣金莲花 Trollius ledebourii

6'-O-(3,4-dimethoxycinnamoyl)-arbutin 6'-O-(3,4- 二甲氧基桂皮酰基)- 熊果苷 黄花胡椒 Piper flaviflorum, 爬岩红 Veronicastrum axillare

6-O-(3'',4''-dimethoxycinnamoyl)catapol 6-O-(3'',4''- 二甲氧基桂皮酰基) 梓醇 白背枫 Buddleja asiatica, 斯里兰卡天料木 Homalium ceylanicum

6-O-(3'',4''-O-dibenzoyl)-α-L-rhamnopyranosylcatalpol 6-O-(3''4''-O- 二苯甲酰基)-α-L- 吡喃鼠李糖基梓醇 云南石梓 Gmelina arborea

(+)-8-O-(3',5')-dimethoxy-galloylbergenin (+)-8-O-(3',5')- 二甲氧基没食子酰岩白菜素 走马胎 Ardisia gigantifolia

4-O-(3,5-dihydroxybenzoic acid)-β-D-glucuropyranonide 4-O-(3,5- 二羟基苯甲酸)-β-D- 吡喃葡萄糖醛酸苷 含羞草 Mimosa pudica

6-O-(3'',6''-diacetyl-β-D-glucopyranosyl)-6,7,3',4'-tetrahydroxyaurone 6-O-(3'',6''- 二乙酰基 -β-D- 吡喃葡萄糖基)-6,7,3',4'- 四羟基橙酮 婆婆针 Bidens bipinnata

4'-O-(3,7-dimethyl-2,7-octadiene-1,5-diol)-sinapyl alcohol 4'-O-(3,7- 二甲基 -2,7- 辛二烯 -1,5- 二醇)- 芥子醇 莲叶橐吾 Ligularia nelumbifolia

8α-O-(3'-hydroxy-3'-methylbutyryl)-deacylcynaropicrin 8α-O-(3'- 羟基 -3'- 甲基丁酰)- 去酰菜蓟苦素 美花风毛菊 Saussurea pulchella

1-O-(3-hydroxy-4-methoxybenzoyl)-β-D-glucopyranose 1-O-(3- 羟基 -4- 甲氧基苯甲酰基)-β-D- 吡喃葡萄糖 梅 Armeniaca mume

1-O-(3-hydroxy-4-methoxyphenyl)ethyl-O-β-D-glucopyranosyl-(1 → 2)-α-L-rhamnopyranosyl-(1 → 3)-4-O-feruloyl-β-D-glucopyranoside 1-O-(3- 羟基 -4- 甲氧基苯基) 乙基 -O-β-D- 吡喃葡萄糖基 -(1 → 2)-α-L- 吡喃鼠李糖基 -(1 → 3)-4-O- 咖啡酰基 -β-D- 吡喃葡萄糖苷 兰香草 Caryopteris incana

4-O-(3-hydroxybenzoic acid)-β-D-glucopyranoside-6'-sulfate 4-O-(3- 羟基苯甲酸)-β-D- 吡喃葡萄糖苷 -6'- 硫酸酯 直酢浆草 Oxalis corniculata var. stricta

2'-*O*-(3''-hydroxybenzoyl)-8-epikingiside 2'-*O*-(3''- 羟基苯甲酰基)-8- 表莫罗忍冬吉苷▲ 红花龙胆 Gentiana rhodantha
6'-*O*-(3''-hydroxybenzoyl)-8-epikingiside 6'-*O*-(3''- 羟基苯甲酰基)-8- 表莫罗忍冬吉苷▲ 龙胆 Gentiana scabra
2'-*O*-(3''-hydroxybenzoyl)-kingiside 2'-*O*-(3''- 羟基苯甲酰基)- 莫罗忍冬吉苷▲ 红花龙胆 Gentiana rhodantha, 龙胆 G. scabra
3'-*O*-(3-hydroxybenzoyl)sweroside 2'-*O*-(3- 羟基苯甲酰基) 獐牙菜苷 大籽獐牙菜 Swertia macrosperma
3'-*O*-(3-hydroxybenzoyl)swertiamarin 3'-*O*-(3- 羟基苯甲酰基) 獐牙菜苦素 大籽獐牙菜 Swertia macrosperma
1-*O*-(3-methoxy-4-hydroxyphenyl)ethyl-*O*-*β*-D-glucopyranosyl-(1 → 2)-*α*-L-rhamnopyranosyl-(1 → 3)-4-*O*-feruloyl-*β*-D-glucopyranoside 1-*O*-(3- 甲氧基 -4- 羟基苯基) 乙基 -*O*-*β*-D- 吡喃葡萄糖基 -(1 → 2)-*α*-L- 吡喃鼠李糖基 -(1 → 3)-4-*O*- 咖啡酰基 -*β*-D- 吡喃葡萄糖苷 兰香草 Caryopteris incana
3-*O*-(3-methyl-2-butenoyl)-8-methoxy-9-hydroxythymol 3-*O*-(3- 甲基 -2- 丁烯酰基)-8- 甲氧基 -9- 羟基麝香草酚 佩兰 Eupatorium fortunei
8-*O*-(3''-methyl-2''-oxo-3''-buten-1''-yl)-psoralen 8-*O*-[(3''- 甲基 -2''- 氧代 -3''- 丁烯 -1''- 基) 氧]- 补骨脂素 木橘 Aegle marmelos
3-*O*-(3-methylgalloyl)catechin 3-*O*-(3- 甲基没食子酰基) 儿茶素 厚叶算盘子 Glochidion hirsutum
3-*O*-(3-methylgalloyl)gallocatechin 3-*O*-(3- 甲基没食子酰基) 没食子儿茶素 厚叶算盘子 Glochidion hirsutum
8-*O*-(3-nitro-*p*-coumaroyl)-1(10)*E*,4(15)-humuladien-5*β*,8*α*-diol 8-*O*-(3- 硝基 - 对香豆酰基)-1(10)*E*,4(15)- 葎草二烯 -5*β*,8*α*- 二醇 石油菜 Pilea cavaleriei subsp. valida
3-*O*-(3-nitropropanoyl)-2,3-*cis*-5,7,3',4'-tetrahydroxyflavan 3-*O*-(3- 硝基丙酰基)-2,3- 顺式 -5,7,3',4'- 四羟基黄烷 茸毛木蓝 Indigofera stachyodes
6-*O*-(3-ni-tropropanoyl)-*α*-D-glucopyranose 6-*O*-(3- 硝基丙酰基)-*α*-D- 吡喃葡萄糖 花木蓝 Indigofera kirilowii
6-*O*-(3-ni-tropropanoyl)-*β*-D-glucopyranose 6-*O*-(3- 硝基丙酰基)-*β*-D- 吡喃葡萄糖 花木蓝 Indigofera kirilowii
6-*O*-(3''-*O*-benzoyl)-*α*-L-rhamnopyranosylcatalpol 6-*O*-(3''-*O*- 苯甲酰基)-*α*-L- 吡喃鼠李糖基梓醇 云南石梓 Gmelina arborea
6-*O*-(3''-*O*-benzoyl)-*α*-L-rhamnopyranosylcatalpol heptaacetate 6-*O*-(3''-*O*- 苯甲酰基)-*α*-L- 吡喃鼠李糖基梓醇七乙酸酯 云南石梓 Gmelina arborea
6-*O*-(3''-*O*-*cis*-cinnamoyl)-*α*-L-rhamnopyranosylcatalpol 6-*O*-(3''-*O*- 顺式 - 桂皮酰基)-*α*-L- 吡喃鼠李糖基梓醇 云南石梓 Gmelina arborea
6-*O*-(3''-*O*-*cis*-cinnamoyl)-*α*-L-rhamnopyranosylcatalpol heptaacetate 6-*O*-(3''-*O*- 顺式 - 桂皮酰基)-*α*-L- 吡喃鼠李糖基梓醇七乙酸酯 云南石梓 Gmelina arborea
4-*O*-(3-*O*-methyl-6-deoxy-*β*-D-allopyranosyl)-*β*-D-cymaroside 4-*O*-(3-*O*- 甲基 -6- 去氧 -*β*-D- 吡喃阿洛糖基)-*β*-D- 磁麻糖苷 通光藤 Marsdenia tenacissima
11-*O*-(3'-*O*-methylgalloyl)-bergenin 11-*O*-(3'-*O*- 甲基没食子酰基)- 岩白菜素 走马胎 Ardisia gigantifolia, 四川蜡瓣花 Corylopsis willmottiae
7-*O*-(3-*O*-sinapoyl-*β*-D-glucopyranosyl)-6-methoxycoumarin 7-*O*-(3-*O*- 芥子酰基 -*β*-D- 吡喃葡萄糖基)-6- 甲氧基香豆素 麻辣仔藤 Erycibe obtusifolia
6-*O*-(3''-*O*-*trans*-cinnamoyl)-*α*-L-rhamnopyranosylcatalpol 6-*O*-(3''-*O*- 反式 - 桂皮酰基)-*α*-L- 吡喃鼠李糖基梓醇 云南石梓 Gmelina arborea
6-*O*-(3''-*O*-*trans*-cinnamoyl)-*α*-L-rhamnopyranosylcatalpol heptaacetate 6-*O*-(3''-*O*- 反式 - 桂皮酰基)-*α*-L- 吡喃鼠李糖基梓醇七乙酸酯 云南石梓 Gmelina arborea
6-*O*-(3''-*O*-*trans*-feruloyl)-*α*-L-rhamnopyranosylcatalpol 6-*O*-(3''-*O*- 反式 - 阿魏酰基)-*α*-L- 吡喃鼠李糖基梓醇 云南石梓 Gmelina arborea
4-{[6'-*O*-(4''-hydroxy-3'',5''-dimethoxybenzoyl)-*β*-D-glucopyranosyl]oxy}-3-methoxybenzoic acid 4-{[6'-*O*-(4''- 羟基 -3'',5''- 二甲氧基苯甲酰基)-*β*-D- 吡喃葡萄糖] 氧基 }-3- 甲氧基苯甲酸 华西龙头草 Meehania fargesii
5-*O*-(4''-nortrachelogenin)-nortrachelogenin 5-*O*-(4''- 降络石苷元)- 降络石苷元 了哥王 Wikstroemia indica
6-*O*-(4'',6''-diacetyl-*β*-D-glucopyranosyl)-6,7,3',4'-tetrahydroxyaurone 6-*O*-(4'',6''- 二乙酰基 -*β*-D- 吡喃葡萄糖基)-6,7,3',4'- 四羟基橙酮 婆婆针 Bidens bipinnata
(*Z*)-6-*O*-(4'',6''-diacetyl-*β*-D-glucopyranosyl)-6,7,3',4'-tetrahydroxyaurone (*Z*)-6-*O*-(4'',6''- 二乙酰基 -*β*-D- 吡喃葡萄糖基)-6,7,3',4'- 四羟基橙酮 鬼针草 Bidens pilosa, 白花鬼针草 B. pilosa var. radiata
7-*O*-(4'',6''-di-*O*-acetyl-*β*-D-allopyranosyl)-apigenin 4'-*O*-*β*-allopyranoside 7-*O*-(4'',6''- 二 -*O*- 乙酰基 -*β*-D- 吡喃阿洛糖基芹菜苷元 -4'-*O*-*β*- 吡喃阿洛糖苷 东亚唐松草 Thalictrum minus var. hypoleucum
6-*O*-(4'-hydroxy-2'-methylene-butyroyl)-1-*O*-*cis*-cinnamoyl-*β*-D-glucopyranoside 6-*O*-(4'- 羟基 -2'- 亚甲基丁酰基)-1-*O*- 顺式 - 桂皮酰基 -*β*-D- 吡喃葡萄糖苷 珍珠绣线菊 Spiraea thunbergii
6-*O*-(4'-hydroxy-2'-methylene-butyroyl)-1-*O*-*trans*-cinnamoyl-*β*-D-glucopyranoside 6-*O*-(4'- 羟基 -2'- 亚甲基丁酰基)-1-*O*- 反式桂皮酰基 -*β*-D- 吡喃葡萄糖苷 珍珠绣线菊 Spiraea thunbergii
6-*O*-(4'-hydroxy-3',5'-dimethoxybenzoyl)-*β*-D-glucopyranose 6-*O*-(4'- 羟基 -3',5'- 二甲氧基苯甲酰基)-*β*-D- 吡喃葡萄糖 胡桃楸 Juglans mandshurica
4-[6-*O*-(4-hydroxy-3,5-dimethoxybenzoyl)-*β*-D-glucopyranosyloxy]-3-methoxybenzoic acid 4-[6-*O*-(4- 羟基 -3,5- 二甲氧基苯甲酰基)-*β*-D- 吡喃葡萄糖基氧基]-3- 甲氧基苯甲酸 箭根薯 Tacca chantrieri
6'-*O*-(4''-hydroxybenzoyl)-8-epikingiside 6'-*O*-(4''- 羟基苯甲酰基)-8- 表莫罗忍冬吉苷▲ 龙胆 Gentiana scabra
12*β*-*O*-(4-hydroxybenzoyl)-8*β*,14*β*,17*β*-trihydroxypregn-2,5-diene-20-one 12*β*-*O*- 对羟基苯甲酰基 -8*β*,14*β*,17*β*- 三羟基孕甾 -2,5- 二烯 -20- 酮 隔山消 Cynanchum wilfordii
11-*O*-(4-hydroxybenzoyl)-bergenin 11-*O*-(4- 羟基苯甲酰基)- 岩白菜素 翼茎白粉藤 Cissus pteroclada
1-*O*-(4-hydroxybenzoyl)-glucose 1-*O*-(4- 羟基苯甲酰基)- 葡萄糖 丝瓜 Luffa cylindrica
6''-*O*-(4-hydroxybenzoyl)-hyperoside 6''-*O*-(对羟基苯甲酰基)- 金丝桃苷 烈香杜鹃花 Rhododendron anthopogonoides
20-*O*-(4-hydroxybenzoyl)-kidjoranin 20-*O*-(4- 羟基苯甲酰基)- 假防己宁▲ 隔山消 Cynanchum wilfordii
2''-*O*-(4'''-hydroxybenzoyl)-vitexin 2''-*O*-(4'''- 羟基苯甲酰基)- 牡荆素 短瓣金莲花 Trollius ledebourii
1-*O*-(4-hydroxybenzoyl)-*β*-D-glucopyranose 1-*O*-(4- 羟基苯甲酰)-*β*-D- 吡喃葡萄糖 迷迭香 Rosmarinus officinalis

O

1-*O*-(4-hydroxybenzyl-3-medroxyphenyl)-2-*O*-[3-methoxy-5-(3-hydroxy-2-propenyl)-phenyl]-glycerol-1-*O*-glucoside 1-*O*-(4- 羟基苯基 -3- 甲氧基苯基)-2-*O*-[3- 甲氧基 -5-(3- 羟基 -2- 丙烯基)- 苯基]- 甘油 -1-*O*- 葡萄糖苷 异株荨麻 Urtica dioica

8-*O*-(4-hydroxycinnamoyl)-harpagide 8-*O*-(4- 羟基桂皮酰基)- 钩果草吉苷▲ 火焰花 Phlogacanthus curviflorus

2'-*O*-(4''-hydroxycinnamoyl)-mussaenosidic acid 2'-*O*-(4''- 羟基桂皮酰基)- 玉叶金花苷酸 海榄雌 Avicennia marina

1-*O*-(4-hydroxymethylphenyl)-*α*-L-rhamnopyranoside 1-*O*-(4- 羟甲基苯基)-*α*-L- 吡喃鼠李糖苷 金铁锁 Psammosilene tunicoides

4-*O*-(4-methoxycinnamoy)-*α*-L-rhamnopyranose 4-*O*-(4- 甲氧基桂皮酰基)-*α*-L- 吡喃鼠李糖 紫花醉鱼草 Buddleja fallowiana

2'-*O*-(4''-methoxycinnamoyl)-mussaenosidic acid 2'-*O*-(4''- 甲氧基桂皮酰基)- 玉叶金花苷酸 海榄雌 Avicennia marina

2'-*O*-(4-methoxycinnamoyl)-mussaenosidic acid 2'-*O*-(4- 甲氧基桂皮酰基)- 玉叶金花苷酸 海榄雌 Avicennia marina

3-*O*-(4-*O*-acetyl-*α*-L-arabinopyranosyl)-hederagenin-28-*O*-*β*-D-glucopyranosyl-(1 → 6)-*O*-*β*-D-glucopyranosyl ester 3-*O*-(4-*O*- 乙酰基 -*α*-L- 吡喃阿拉伯糖基)- 常春藤皂苷元 -28-*O*-*β*-D- 吡喃葡萄糖基 -(1 → 6)-*β*-D- 吡喃葡萄糖酯苷 川续断 Dipsacus asperoides

3*β*-[*O*-(4-*O*-acetyl-*α*-L-rhamnopyranosyl-(1 → 2)-*O*-*β*-D-xylopyranosyl-(1 → 3)-(6-*O*-acetyl-*β*-D-glucopyranosyloxy)]-20*R*,23*R*-dihydroxydammar-24-en-21-oic acid-21,23-lactone 3*β*-[*O*-(4-*O*- 乙酰基 -*α*-L- 吡喃鼠李糖基 -(1 → 2)-*O*-*β*-D- 吡喃木糖基 -(1 → 3)]-(6-*O*- 乙酰基 -*β*-D- 吡喃葡萄糖氧基)-20*R*,23*R*- 二羟基达玛 -24- 烯 -21- 酸 -21,23- 内酯 绞股蓝 Gynostemma pentaphyllum

6-*O*-(4-*O*-galloylgalloyl)-1,2,3-tri-*O*-galloyl-*β*-D-glucose 6-*O*-(4-*O*- 没食子没食子酰)-1,2,3- 三 -*O*- 没食子酰 -*β*-D- 葡萄糖 蓝桉 Eucalyptus globulus

3*β*-*O*-(4-*O*-gentiobiosyl-D-diginosyl)-14-hydroxy-5*β*,14*β*-card-20(22)-enolide 3*β*-*O*-(4-*O*- 龙胆二糖基 -D-2- 去氧毛地黄糖基)-14- 羟基 -5*β*,14*β*- 强心甾 -20(22)- 烯内酯 夹竹桃 Nerium oleander

3*β*-*O*-(4-*O*-gentiobiosyl-D-diginosyl)-14-oxo-15(15 → 8)abeo-card-20(22)-enolide 3*β*-*O*-(4-*O*- 龙胆二糖基 -D-2- 去氧毛地黄糖基)-14- 氧代 -15(15 → 8)- 移 - 强心甾 -20(22)- 烯内酯 夹竹桃 Nerium oleander

3*β*-*O*-(4-*O*-gentiobiosyl-D-diginosyl)-14*α*-hydroxy-8-oxo-8,14-seco-5*β*-card-20(22)-enolide 3*β*-*O*-(4-*O*- 龙胆二糖基 -D-2- 去氧毛地黄糖基)-14*α*- 羟基 -8- 氧代 -8,14- 裂环 -5*β*- 强心甾 -20(22)- 烯内酯 夹竹桃 Nerium oleander

3*β*-*O*-(4-*O*-gentiobiosyl-D-diginosyl)-16*β*-acetoxy-14-hydroxy-5*β*,14*β*-card-20(22)-enolide 3*β*-*O*-(4-*O*- 龙胆二糖基 -D-2- 去氧毛地黄糖基)-16*β*- 乙酰氧基 -14- 羟基 -5*β*,14*β*- 强心甾 -20(22)- 烯内酯 夹竹桃 Nerium oleander

3*β*-*O*-(4-*O*-gentiobiosyl-D-diginosyl)-8,14-epoxy-5*β*,14*β*-card-16,20(22)-dienolide 3*β*-*O*-(4-*O*- 龙胆二糖基 -D-2- 去氧毛地黄糖基)-8,14- 环氧 -5*β*,14*β*- 强心甾 -16,20(22)- 二烯内酯 夹竹桃 Nerium oleander

3*β*-*O*-(4-*O*-gentiobiosyl-D-diginosyl)-8,14-epoxy-5*β*,14*β*-card-20(22)-enolide 3*β*-*O*-(4-*O*- 龙胆二糖基 -D-2- 去氧毛地黄糖基)-8,14- 环氧 -5*β*,14*β*- 强心甾 -20(22)- 烯内酯 夹竹桃 Nerium oleander

3*β*-*O*-(4-*O*-gentiobiosyl-D-diginosyl)-8*β*,14-dihydroxy-5*β*,14*β*-card-20(22)-enolide 3*β*-*O*-(4-*O*- 龙胆二糖基 -D-2- 去氧毛地黄糖基)-8*β*,14- 二羟基 -5*β*,14*β*- 强心甾 -20(22)- 烯内酯 夹竹桃 Nerium oleander

3*β*-*O*-(4-*O*-gentiobiosyl-D-digitalosyl)-14-hydroxy-5*α*,14*β*-card-20(22)-enolide 3*β*-*O*-(4-*O*- 龙胆二糖基 -D- 毛地黄糖基)-14- 羟基 -5*α*,14*β*- 强心甾 -20(22)- 烯内酯 夹竹桃 Nerium oleander

3*β*-*O*-(4-*O*-gentiobiosyl-D-digitalosyl)-14-hydroxy-5*β*,14*β*-card-20(22)-enolide 3*β*-*O*-(4-*O*- 龙胆二糖基 -D- 毛地黄糖基)-14- 羟基 -5*β*,14*β*- 强心甾 -20(22)- 烯内酯 夹竹桃 Nerium oleander

O

3*β*-*O*-(4-*O*-gentiobiosyl-D-digitalosyl)-16*β*-acetoxy-14-hydroxy-5*β*,14*β*-card-20(22)-enolide 3*β*-*O*-(4-*O*- 龙胆二糖基 -D- 毛地黄糖基)-16*β*- 乙酰氧基 -14- 羟基 -5*β*,14*β*- 强心甾 -20(22)- 烯内酯 夹竹桃 Nerium oleander

3*β*-*O*-(4-*O*-gentiobiosyl-D-digitalosyl)-8,14-epoxy-5*β*,14*β*-card-16,20(22)-dienolide 3*β*-*O*-(4-*O*- 龙胆二糖基 -D- 毛地黄糖基)-8,14- 环氧 -5*β*,14*β*- 强心甾 -16,20(22)- 二烯内酯 夹竹桃 Nerium oleander

3*β*-*O*-(4-*O*-gentiobiosyl-D-digitalosyl)-8,14-epoxy-5*β*,14*β*-card-20(22)-enolide 3*β*-*O*-(4-*O*- 龙胆二糖基 -D- 毛地黄糖基)-8,14- 环氧 -5*β*,14*β*- 强心甾 -20(22)- 烯内酯 夹竹桃 Nerium oleander

3*β*-*O*-(4-*O*-gentiobiosyl-L-oleandrosyl)-14,16*β*-dihydroxy-5*β*,14*β*-card-20(22)-enolide 3*β*-*O*-(4-*O*- 龙胆二糖基 -L- 夹竹桃糖基)-14,16*β*- 二羟基 -5*β*,14*β*- 强心甾 -20(22)- 烯内酯 夹竹桃 Nerium oleander

3*β*-*O*-(4-*O*-gentiobiosyl-L-oleandrosyl)-16*β*-acetoxy-14-hydroxy-5*β*,14*β*-card-20(22)-enolide 3*β*-*O*-(4-*O*- 龙胆二糖基 -L- 夹竹桃糖基)-16*β*- 乙酰氧基 -14- 羟基 -5*β*,14*β*- 强心甾 -20(22)- 烯内酯 夹竹桃 Nerium oleander

11-*O*-(4'-*O*-methylgalloyl)-bergenin 11-*O*-(4'- 甲氧基没食子酰基)- 岩白菜素 胡黄连 Neopicrorhiza scrophulariiflora

11-*O*-(4-*O*-methylgalloyl)-bergenin 11-*O*-(4-*O*- 甲基没食子酰基)- 岩白菜素 黑蕊虎耳草 Saxifraga melanocentra

10-*O*-(4''-*O*-methylsuccinoyl)geniposide 10-*O*-(4''-*O*- 甲基丁二酰) 京尼平苷 栀子 Gardenia jasminoides

7-*O*-(4-*O*-*β*-D-glucopyranosyl-3-methoxybenzoyl)secologanolic acid 7-*O*-(4-*O*-*β*-D- 吡喃葡萄糖基 -3- 甲氧基苯甲酰) 裂环马钱子酸 忍冬 Lonicera japonica

6-*O*-(4''-*α*-*L*-rhamnopyranosyl)vanilloylajugol 6-*O*-(4''-*O*-*α*-*L*- 吡喃鼠李糖基) 香荚兰酰筋骨草醇 地黄 Rehmannia glutinosa

1-*O*-(5,7-dihydroxychromone-3-yl)-*β*-D-glucopyranoside 1-*O*-(5,7- 二羟基色酮 -3-*O*-*β*-D- 吡喃葡萄糖苷 柞栎 Quercus dentata

1,2-*O*-(5-oxo-1-tridecyl-1,5-pentanediyl)-*β*-D-xylopyranose 1,2-*O*-(5- 氧代 -1- 十三烷基 -1,5- 戊烷二基)-*β*-D- 吡喃木糖 叉歧繁缕 Stellaria dichotoma

1,2-*O*-(5-oxo-1-undecyl-1,5-pentanediyl)-*β*-D-xylopyranose 1,2-*O*-(5- 氧代 -1- 十一烷基 -1,5- 戊烷二基)-*β*-D- 吡喃木糖 叉歧繁缕 Stellaria dichotoma

7-*O*-(5-phenyl-2,4-pentadienoyl)-8-epiloganin 7-*O*-(5- 苯基 -2,4- 戊二烯基)-8- 表马钱苷 海榄雌 Avicennia marina

10-*O*-(5-phenyl-2,4-pentadienoyl)geniposide 10-*O*-(5- 苯基 -2,4- 戊二烯基) 京尼平苷 海榄雌 Avicennia marina

2'-*O*-(5-phenyl-2*E*,4*E*-pentadienoyl)-mussaenosidic acid 2'-*O*-(5- 苯基 -2*E*,4*E*- 戊二烯基)- 玉叶金花苷酸 海榄雌 Avicennia marina

1-*O*-(6,9,12,15-octadecateraenoyl)-3-*O*-*β*-D-galactopyranosyl glycerol 1-*O*-(6,9,12,15- 十八四烯酰)-3-*O*-*β*-D- 吡喃半乳糖基甘油 萝卜 Raphanus sativus

(*Z*)-6-*O*-(6''-acetyl-β-D-glucopyranosyl)-6,7,3',4'-tetrahydroxyaurone (*Z*)-6-*O*-(6''- 乙酰基 -β-D- 吡喃葡萄糖基)-6,7,3',4'- 四羟基橙酮 鬼针草 Bidens pilosa

6-*O*-(6''-acetyl-β-D-glucopyranosyl)-6,7,3',4'-tetrahydroxyaurone 6-*O*-(6''- 乙酰基 -β-D- 吡喃葡萄糖基)-6,7,3',4'- 四羟基橙酮 婆婆针 Bidens bipinnata

3-*O*-(6'-butyl ester)-β-D-glucuronopyranosyloleanolic acid-28-*O*-β-D-glucopyranoside 3-*O*-(6'- 丁酯)-β-D- 吡喃葡萄糖醛酸基齐墩果酸 -28-*O*-β-D- 吡喃葡萄糖苷 雪胆 Hemsleya chinensis, 巨花雪胆 H. gigantha

3-*O*-(6'-butyl ester)-β-D-glucuropyranosyloleanolic acid-28-*O*-α-L-arabinopyranoside 3-*O*-(6'- 丁酯)-β-D- 吡喃葡萄糖醛酸基齐墩果酸 -28-*O*-α-L- 吡喃阿拉伯糖苷 巨花雪胆 Hemsleya gigantha

3-*O*-(6'-butyryl)-β-D-glucopyranosyl-28-*O*-α-L-rhamnopyranosyl-(1 → 4)-β-D-glucopyranosyl-(1 → 6)-β-D-glucopyranosyloleanolic acid 3-*O*-(6'- 丁酰基)-β-D- 吡喃葡萄糖基 -28-*O*-α-L- 吡喃鼠李糖基 -(1 → 4)-β-D- 吡喃葡萄糖基 -(1 → 6)-β-D- 吡喃葡萄糖基齐墩果酸 鹅掌草 Anemone flaccida

3-*O*-(6'-ethyl ester)-β-D-glucuronopyranosyloleanolic acid-28-*O*-α-L-arabinopyranoside 3-*O*-(6'- 乙酯)-β-D- 吡喃葡萄糖醛酸基齐墩果酸 -28-*O*-α-L- 吡喃阿拉伯糖苷 雪胆 Hemsleya chinensis

3-*O*-(6'-ethyl ester)-β-D-glucuronopyranosyloleanolic acid-28-*O*-β-D-glucopyranoside 3-*O*-(6'- 乙酯)-β-D- 吡喃葡萄糖醛酸基齐墩果酸 -28-*O*-β-D- 吡喃葡萄糖苷 雪胆 Hemsleya chinensis

7-*O*-(6'-galloyl)-β-D-glucopyranosyl-5-hydroxychromone 7-*O*-(6'- 没食子酰基)-β-D- 吡喃葡萄糖基 -5- 羟基色酮 头花蓼 Polygonum capitatum

1-*O*-(6-hydroxyeicosanoyl)-β-D-xylopyranose 1-*O*-(6- 羟基二十醇)-β-D- 吡喃木糖 叉歧繁缕 Stellaria dichotoma

3-*O*-(6'-linoleicoyl-β-D-glucopyranoside)-β-sitosterol 3-*O*-(6'- 亚油酰 -β-D- 吡喃葡萄糖苷)-β- 谷甾醇 栾树 Koelreuteria paniculata

3-*O*-(6'-methyl ester)-β-D-glucuronopyranosyl-(1 → 2)-β-D-glucopyranoside-oleanolic acid-28-*O*-β-D-glucopyranoside 3-*O*-(6'- 甲酯)-β-D- 吡喃葡萄糖醛酸基 -(1-2)-β-D- 吡喃葡萄糖基齐墩果酸 -28-*O*-β-D- 吡喃葡萄糖苷 雪胆 Hemsleya chinensis

3-*O*-(6'-methyl ester)-β-D-glucuronopyranosyloleanolic acid-28-*O*-α-L-arabinopyranoside 3-*O*-(6'- 甲酯)-β-D- 吡喃葡萄糖醛酸基齐墩果酸 -28-*O*-α-L- 吡喃阿拉伯糖苷 雪胆 Hemsleya chinensis

3-*O*-(6'-methyl ester)-β-D-glucuronopyranosyloleanolic acid-28-*O*-β-D-glucopyranoside 3-*O*-(6'- 甲酯)-β-D- 吡喃葡萄糖醛酸基齐墩果酸 -28-*O*-β-D- 吡喃葡萄糖苷 雪胆 Hemsleya chinensis

3-*O*-(6'-methyl ester)-β-D-glucuronopyranosyloleanolic acid-28-*O*-β-D-glucopyranosyl-(1 → 6)-β-D-glucopyranoside 3-*O*-(6'- 甲酯)-β-D- 吡喃葡萄糖醛酸基齐墩果酸 -28-*O*-β-D- 吡喃葡萄糖基 -(1 → 6)-β-D- 吡喃葡萄糖苷 雪胆 Hemsleya chinensis

3-*O*-(6'-methyl ester)-β-D-glucuronopyranosyloleanolic acid-28-*O*-β-D-mannopyranoside 3-*O*-(6'- 甲酯)-β-D- 吡喃葡萄糖醛酸基齐墩果酸 -28-*O*-β-D- 吡喃甘露糖苷 雪胆 Hemsleya chinensis

3-*O*-(6'-*O*-acetyl)-α-L-rhamnopyranosyl-(1 → 2)-β-D-glucopyranoside-1-acetoxy-6-hydroxy-2-methylanthraquinone-3-*O*-α-L-rhamnopyranosyl-(1 → 4)-α-D-glucopyranoside 3-*O*-(6'-*O*- 乙酰基)-α-L- 吡喃鼠李糖基 -(1 → 2)-β-D- 吡喃葡萄糖苷 -1- 乙酰氧基 -6- 羟基 -2- 甲基蒽醌 -3-*O*-α-L- 吡喃鼠李糖基 -(1 → 4)-α-D- 吡喃葡萄糖苷 茜草 Rubia cordifolia

7-*O*-(6''-*O*-acetyl-β-D-allopyranosyl)-apigenin 4'-*O*-β-allopyranoside 7-*O*-(6''-*O*- 乙酰基 -β-D- 吡喃阿洛糖基芹菜苷元 -4'-*O*-β- 吡喃阿洛糖苷 东亚唐松草 Thalictrum minus var. hypoleucum, 展枝唐松草 T. squarrosum

(*Z*)-6-*O*-(6-*O*-acetyl-β-D-glucopyranosyl)-6,7,3',4'-tetrahydroxyaurone (*Z*)-6-*O*-(6-*O*- 乙酰基 -β-D- 吡喃葡萄糖基)-6,7,3',4'- 四羟基橙酮 鬼针草 Bidens pilosa

8-*O*-(6'-*O*-acetyl-β-D-glucopyranosyl)-7-hydroxycoumarin 8-*O*-[(6'-*O*- 乙酰基 -β-D- 吡喃葡萄糖)-7- 羟基香豆素 华蟹甲 Sinacalia tangutica

7-*O*-(6'-*O*-acetyl-β-D-glucopyranosyl)coumarin 7-*O*-(6'-*O*- 乙酰基 -β-D- 吡喃葡萄糖基)- 香豆素 华蟹甲 Sinacalia tangutica

7-*O*-(6-*O*-benzoyl-β-D-glucopyranosyl)-rutin 7-*O*-(6-*O*- 苯甲酰基 -β-D- 吡喃葡萄糖基)- 芦丁 鱼骨木 Canthium dicoccum

3-*O*-(6'-*O*-butyl-β-D-glucuronopyranosyl)-oleanolic acid-28-*O*-β-D-glucopyranosyl ester 3-*O*-(6'-*O*- 丁基 -β-D- 吡喃葡萄糖醛酸基)- 齐墩果酸 -28-*O*-β-D- 吡喃葡萄糖基酯 喜旱莲子草 Alternanthera philoxeroides

4(*S*)-*O*-(6-*O*-caffeoyl)-β-D-glucopyranosyl)-2-pentanone 4(*S*)-*O*-(6-*O*- 咖啡酰基)-β-D- 吡喃葡萄糖基)-2- 戊酮 光叶石楠 Photinia glabra

5-*O*-(6'-*O*-galloyl)-β-D-glucopyranosylgentisic acid 5-*O*-(6'-*O*- 没食子酰基)-β-D- 吡喃葡萄糖基龙胆酸 柞栎 Quercus dentata

3-*O*-(6'-*O*-hexadecanoyl-β-D-glucopyranoside)-stigmast-5-ene 3-*O*-(6'-*O*- 棕榈酰基 -β-D- 吡喃葡萄糖基)- 豆甾 -5- 烯 半夏 Pinellia ternata

3-β-*O*-(6'-*O*-hydroxybenzene-β-D-glucopyranoside) 3-β-*O*-(6'-*O*- 羟基苯 -β-D- 吡喃葡萄糖苷) 川西獐牙菜 Swertia mussotii

3-*O*-(6'-*O*-linoleoyl-β-D-glucopyranosyl)-22-dehydroclerosterol 3-*O*-(6'-*O*- 亚油酰基 -β-D- 吡喃葡萄糖基)-22- 去氢赪桐甾醇 岭南山竹子 Garcinia oblongifolia

3-*O*-(6-*O*-methyl)-β-glucuronopyranosyl-3β,15α-dihydroxy-olean-12-en-16-one 3-*O*-(6-*O*- 甲基)-β- 吡喃葡萄糖醛酸基 -3β,15α- 二羟基 - 齐墩果 -12- 烯 -16- 酮 苦葛 Pueraria peduncularis

3-*O*-(6-*O*-methyl-β-D-glucuronopyranosyl)-asiatic acid-28-*O*-β-D-glucopyranoside 3-*O*-(6-*O*- 甲基 -β-D- 吡喃葡萄糖醛酸基)- 积雪草酸 -28-*O*-β-D- 吡喃葡萄糖苷 白花油麻藤 Mucuna birdwoodiana

3-*O*-(6-*O*-methyl-β-D-glucuronopyranosyl)-methylasiatate 3-*O*-(6-*O*- 甲基 -β-D- 吡喃葡萄糖醛酸基) 积雪草酸甲酯 白花油麻藤 Mucuna birdwoodiana

(*Z*)-6-*O*-(6-*O*-*p*-coumaroyl-β-D-glucopyranosyl)-6,7,3',4'-tetrahydroxyaurone (*Z*)-6-*O*-(6-*O*- 对香豆酰基 -β-D- 吡喃葡萄糖基)-6,7,3',4'- 四羟基橙酮 鬼针草 Bidens pilosa

3-*O*-(6-*O*-palmitoryl)-β-D-glucopyranosylstigmasterol 3-*O*-(6-*O*- 棕榈酰基)-β-D- 吡喃葡萄糖基豆甾醇 春榆 Ulmus davidiana var. japonica

3-*O*-(6'-*O*-palmitoyl)-β-D-glucopyranosylstigmasterol 3-*O*-(6'-*O*- 棕榈酰)-β-D- 葡萄糖基豆甾醇 山血丹 Ardisia lindleyana

3-*O*-(6'-*O*-palmitoyl-β-D-glucosyl)-spinasta-7,22(23)-diene 3-*O*-(6'-*O*- 棕榈酰 -β-D- 葡萄糖基)- 菠甾 -7,22(23)- 二烯 山血丹 Ardisia lindleyana

3-*O*-(6'-*O*-palmitoyl-β-D-glucosyl)-stigmasta-5,25(27)-diene 3-*O*-(6'-*O*- 棕榈酰基 -β-D- 葡萄糖基)- 豆甾 -5,25(27)- 二烯 秤星树 Ilex asprella, 苦瓜 Momordica charantia

O

4-*O*-(6''-*O*-*p*-coumaroyl-*β*-D-glucopyranosyl)-*p*-coumaric acid 4-*O*-(6''-*O*- 对香豆酰基 -*β*-D- 葡萄糖基)- 对香豆酸 婆婆针 Bidens bipinnata
4-*O*-(6-*O*-*p*-coumaroyl-*β*-D-glucopyranosyl)-*p*-coumaric acid 4-*O*-(6-*O*- 对香豆酰基 -*β*-D- 吡喃葡萄糖基)- 对香豆酸 鬼针草 Bidens pilosa
4-*O*-(6'-*O*-*p*-hydroxybenzoyl-*β*-D-glucopyranosyl)-*cis*-*p*-coumaric acid 4-*O*-(6'-*O*- 对羟基苯甲酰基 -*β*-D- 吡喃葡萄糖基)- 顺式 - 对香豆酸 辣椒 Capsicum annuum
7-*O*-(6-*O*-sinapoyl-*β*-D-glucopyranosyl)-6-methoxycoumarin 7-*O*-(6-*O*- 芥子酰基 -*β*-D- 吡喃葡萄糖基)-6- 甲氧基香豆素 麻辣仔藤 Erycibe obtusifolia
3-*O*-(6'-*O*-stearyl-*β*-D-glucosyl)-stigmasta-5,25(27)-diene 3-*O*-(6'-*O*- 硬脂酰基 -*β*-D- 葡萄糖基)- 豆甾 -5,25(27)- 二烯 苦瓜 Momordica charantia
3-*O*-(6-*O*-succinyl-*β*-D-glucosyl)-5-*O*-(*β*-D-glucosyl)cyanidin 3-*O*-(6-*O*- 丁二酰基 -*β*-D- 葡萄糖基)-5-*O*-(*β*-D- 葡萄糖基) 花青素 矢车菊 Centaurea cyanus
7-*O*-(6-*O*-syringoyl-*β*-D-glucopyranosyl)-6-methoxycoumarin 7-*O*-(6-*O*- 丁香酰基 -*β*-D- 吡喃葡萄糖基)-6- 甲氧基香豆素 麻辣仔藤 Erycibe obtusifolia
(8*R*,8'*R*)-9-*O*-(6'-*O*-*α*-L-arabinofuranosyl)-*β*-D-glucopyranosyldihydrocubebin (8*R*,8'*R*)-9-*O*-(6'-*O*-*α*-L- 呋喃阿拉伯糖基)-*β*-D- 吡喃葡萄糖基二氢荜澄茄素 金山五味子 Schisandra glaucescens
1-*O*-(6-*O*-*α*-L-rhamnopyranosyl-*β*-D-glucopyranosyl)-2-hydroxy-4-allylbenzene 1-*O*-(6-*O*-*α*-L- 吡喃鼠李糖基 -*β*-D- 吡喃葡萄糖基)-2- 羟基 -4- 烯丙基苯 高良姜 Alpinia officinarum
1-*O*-(6-*O*-*α*-L-rhamnopyranosyl-*β*-D-glucopyranosyl)-4-allylbenzene 1-*O*-(6-*O*-*α*-L- 吡喃鼠李糖基 -*β*-D- 吡喃葡萄糖基)-4- 烯丙基苯 臭椿 Ailanthus altissima, 高良姜 Alpinia officinarum
(*Z*)-6-*O*-(6''-propionyl-*β*-D-glucopyranosyl)-6,7,3',4'-tetrahydroxy-auron (*Z*)-6-*O*-(6''- 丙酰基 -*β*-D- 吡喃葡萄糖基)-6,7,3',4'- 四羟基橙酮 金盏银盘 Bidens biternata
6''-*O*-(7,8-dihydrocaffeoyl)-*α*,*β*-dihydrorhaponticin 6''-*O*-(7,8- 二氢咖啡酰基)-*α*,*β*- 二氢土大黄苷 黄花婆罗门参 Tragopogon orientalis
3-*O*-(7'''*S*, 8'''*R*)-glycosmisoyl-4-*O*-caffeoylquinic acid methyl ester 3-*O*-(7'''*S*,8'''*R*)- 山小橘酰基 -4-*O*- 咖啡酰奎宁酸甲酯 麻辣仔藤 Erycibe obtusifolia
3-*O*-(7'''*S*,8'''*R*)-glycosmisoyl-4-*O*-caffeoylquinic acid 3-*O*-(7'''*S*,8'''*R*)- 山小橘酰基 -4-*O*- 咖啡酰奎宁酸 麻辣仔藤 Erycibe obtusifolia
4-*O*-(7'''*S*,8'''*R*)-glycosmisoyl-5-*O*-caffeoylquinic acid 4-*O*-(7'''*S*,8'''*R*)- 山小橘酰基 -5-*O*- 咖啡酰奎宁酸 麻辣仔藤 Erycibe obtusifolia
4-*O*-(7'''*S*,8'''*R*)-glycosmisoyl-5-*O*-caffeoylquinic acid methyl ester 4-*O*-(7'''*S*,8'''*R*)- 山小橘酰基 -5-*O*- 咖啡酰奎宁酸甲酯 麻辣仔藤 Erycibe obtusifolia
6'-*O*-(7*α*-*O*-hydroxyswerosyl)-loganin 6'-*O*-(7*α*-*O*- 羟基獐牙菜基马钱苷 忍冬 Lonicera japonica
3'-*O*-(8''-*Z*-caffeoyl)-rosmarinic acid 3'-*O*-(8''-*Z*- 咖啡酰基)- 迷迭香酸 肾茶 Clerodendranthus spicatus
3'-*O*-(8''-*Z*-caffeoyl)-rosmarinic acid methyl ester 3'-*O*-(8''-*Z*- 咖啡酰基)- 迷迭香酸甲酯 肾茶 Clerodendranthus spicatus
6'-*O*-(8*E*,11*E*)-8,11-octadecadienoyl-*β*-D-glucosylclionasterol 6'-*O*-(8*E*,11*E*)-8,11- 十八烷二烯酰 -*β*-D- 葡萄糖基穿贝海绵甾醇 缬草 Valeriana officinalis
4''-*O*-(8-guaiacylglycerol)buddlenol A 4''-*O*-(8- 愈创木基甘油) 醉鱼草醇 A 假桂乌口树 Tarenna attenuata
1-*O*-(8*Z*-tetradecenoyl)-glycerol 1-*O*-(8*Z*- 十四烯酰基)- 甘油 铁钉菜 Ishige okamurae
3-*O*-(9,12,15-octadecatrienoyl)-glyceryl-*β*-D-galactopyranoside 3-*O*-(9,12,15- 十八碳三烯酰)- 甘油 -*β*-D- 半乳糖苷 辣椒 Capsicum annuum
1-*O*-(9*Z*,12*Z*,15*Z*-octadecatrienoyl)-2-*O*-hexadecanoyl-3-*O*-[*α*-D-galactopyranosyl(1 → 6)-*O*-*β*-D-galactopyranosyl]glycerol 1-*O*-(9*Z*,12*Z*,15*Z*- 十八碳三烯酰基)-2-*O*- 十六碳酰 -3-*O*-[*α*-D- 吡喃半乳糖基 (1 → 6)-*O*-*β*-D- 吡喃半乳糖基] 甘油 马兰 Kalimeris indica
1-*O*-(9*Z*,12*Z*,15*Z*-octadecatrienoyl)-2-*O*-hexadecanoyl-3-*O*-*α*-(6-sulfoquinovopyranosyl)glycerol 1-*O*-(9*Z*,12*Z*,15*Z*- 十八碳三烯酰基)-2-*O*- 十六碳酰 -3-*O*-*α*-(6- 磺基吡喃鸡纳糖基) 甘油 马兰 Kalimeris indica
1-*O*-(9*Z*,12*Z*,15*Z*-octadecatrienoyl)-2-*O*-hexadecanoylglycerol 1-*O*-(9*Z*,12*Z*,15*Z*- 十八碳三烯酰基)-2-*O*- 十六碳酰甘油 马兰 Kalimeris indica
1-*O*-(9*Z*,12*Z*,15*Z*-octadecatrienoyl)-3-*O*-[*β*-D-galactopyranosyl-(1 → 6)-*O*-*β*-D-galactopyranosyl-(1 → 6)-*α*-D-galactopyranosyl]glycerol 1-*O*-(9*Z*,12*Z*,15*Z*- 十八碳三烯酰基)-3-*O*-[*β*-D- 吡喃半乳糖基 -(1 → 6)-*O*-*β*-D- 吡喃半乳糖基 -(1 → 6)-*α*-D- 吡喃半乳糖基] 甘油 豆腐柴 Premna microphylla
1-*O*-(9*Z*,12*Z*,15*Z*-octadecatrienoyl)-3-*O*-[*β*-D-galactopyranosyl-(1 → 6)-*O*-*β*-D-galactopyranosyl-(1 → 6)-*α*-D-galactopyranosyl]-glycerol 1-*O*-(9*Z*,12*Z*,15*Z*- 十八碳三烯酰基)-3-*O*-[*β*-D- 吡喃半乳糖基 -(1 → 6)-*O*-*β*-D- 吡喃半乳糖基 -(1 → 6)-*α*-D- 吡喃半乳糖基]- 甘油 矮桃 Lysimachia clethroides
1-*O*-(9*Z*,12*Z*,15*Z*-octadecatrienoyl)-glycerol 1-*O*-(9*Z*,12*Z*,15*Z*- 十八碳三烯酰)- 甘油 和尚菜 Adenocaulon himalaicum
1-*O*-(9*Z*,12*Z*,15*Z*-octadecatrienoyl-3-*O*-*β*-D-galactopyranosyl-glycerol 1-*O*-(9*Z*,12*Z*,15*Z*- 十八碳三烯酰基 -3-*O*-*β*-D- 吡喃半乳糖基甘油 豆腐柴 Premna microphylla
1-*O*-(9*Z*,12*Z*-octadecadienoly)-3-*O*-*β*-D-galactopyranosyl-glycerol 1-*O*-(9*Z*,12*Z*- 十八碳二烯酰)-3-*O*-*β*-D- 吡喃半乳糖基甘油 锡兰肉桂 Cinnamomum verum
1-*O*-(9*Z*,12*Z*-octadecadienoyl)-2-*O*-(9*Z*,12*Z*-octadecadienoyl)glycerol 1-*O*-(9*Z*,12*Z*- 十八碳二烯酰基 -2-*O*-(9*Z*,12*Z*- 十八碳二烯酰基) 甘油 天仙子 Hyoscyamus niger
1-*O*-(9*Z*,12*Z*-octadecadienoyl)-3-nonadecanoylglycerol 1-*O*-(9*Z*,12*Z*- 十八碳二烯酰基)-3- 十九碳酰甘油 紫椴 Tilia amurensis
1-*O*-(9*Z*,12*Z*-octadecadienoyl)-3-*O*-(9*Z*-octadecenoyl)glycerol 1-*O*-(9*Z*,12*Z*- 十八碳二烯酰基 -3-*O*-(9*Z*- 十八碳烯酰基) 甘油 天仙子 Hyoscyamus niger
1-*O*-(9*Z*,12*Z*-octadecadienoyl)-3-*O*-[*β*-D-galactopyranosyl-(1 → 6)-*O*-*β*-D-galactopyranosyl-(1 → 6)-*α*-D-galactopyranosyl]-glycerol 1-*O*-(9*Z*,12*Z*- 十八碳二烯酰基)-3-*O*-[*β*-D- 吡喃半乳糖基 -(1 → 6)-*O*-*β*-D- 吡喃半乳糖基 -(1 → 6)-*α*-D- 吡喃半乳糖基]- 甘油 矮桃 Lysimachia clethroides

O

(7*R*,8*R*)-4-*O*-(glycer-2-yl)-7,9,9'-trihydroxy-3,5,3'-trimethoxy-8-*O*-4'-neolignan (7*R*,8*R*)-4-*O*-(2- 丙三醇基)-7,9,9'- 三羟基 -3,5,3'- 三甲氧基 -8-*O*-4'- 新木脂素 地枫皮 Illicium difengpi

(7*S*,8*R*)-4-*O*-(glycer-2-yl)-7,9,9'-trihydroxy-3,5,3'-trimethoxy-8-*O*-4'-neolignan (7*S*,8*R*)-4-*O*-(2- 丙三醇基)-7,9,9'- 三羟基 -3,5,3'- 三甲氧基 -8-*O*-4'- 新木脂素 地枫皮 Illicium difengpi

4-*O*-(glycer-2-yl)dihydroconiferyl alcohol 4-*O*-(2- 丙三醇基) 二氢松柏醇 地枫皮 Illicium difengpi

4-*O*-(glycer-2-yl)dihydroconiferyl alcohol-6-*p*-coumaroylglucopyranoside 4-*O*-(2- 丙三醇基) 二氢松柏醇 -6- 对香豆酰基 - 吡喃葡萄糖苷 地枫皮 Illicium difengpi

1-*O*-(glycer-2-yl-dihydroconiferyl alcohol)-6-*O*-(3-methoxy-4-hydroxybenzoyl)-*β*-D-glucopyranoside 1-*O*-(2- 丙三醇基二氢松柏醇)-6-*O*-(3-甲氧基 -4- 羟基苯甲酰基)-*β*-D- 吡喃葡萄糖苷 地枫皮 Illicium difengpi

1-*O*-(glycer-2-yl-dihydroconiferyl alcohol)-6-*O*-(*p*-hydroxybenzoyl)-*β*-D-glucopyranoside 1-*O*-(2- 丙三醇基二氢松柏醇)-6-*O*-(对羟基苯甲酰基)-*β*-D- 吡喃葡萄糖苷 地枫皮 Illicium difengpi

4-*O*-(methoxycinnamoyl)-*β*-D-glucopyranoside 4-*O*-(甲氧基桂皮酰基)-*β*-D- 吡喃葡萄糖苷 宁夏枸杞 Lycium barbarum

4-*O*-(n-glyceric acid-butyryl ester)dihydro-coniferyl alcohol 4-*O*-(n- 甘油酸丁酯基) 二氢松柏醇 地枫皮 Illicium difengpi

O-(*N*-phenyltetrazolyl)fissoldine *O*-(*N*- 苯基四唑基) 瓜馥木定碱▲ 瓜馥木 Fissistigma oldhamii

8-*O*-(*p*-coumaroyl)-1(10)*E*,4(5)*E*-humuladien-8-ol 8-*O*- 对香豆酰基 -1(10)*E*,4(5)*E*- 葎草二烯 -8- 醇 石油菜 Pilea cavaleriei subsp. valida

8-*O*-(*p*-coumaroyl)-5*β*-hydroperoxy-1(10)*E*,4(15)-humuladien-8*α*-ol 8-*O*- 对香豆酰基 -5*β*- 过氧氢 -1(10)*E*,4(15)- 葎草二烯 -8*α*- 醇 石油菜 Pilea cavaleriei subsp. valida

6'-*O*-(*p*-coumaroyl)-antirrinoside 6'-*O*- 对香豆酰金鱼草苷 蒙古莸 Caryopteris mongholica

2-*O*-(*p*-coumaroyl)-ceanothanolic acid 2-*O*- 对香豆酰美洲茶醇酸▲ 铜钱树 Paliurus hemsleyanus

6''-*O*-(*p*-coumaroyl)-harpagide 6''-*O*- 对香豆酰钩果草吉苷▲ 玄参 Scrophularia ningpoensis

8-*O*-(*p*-coumaroyl)-harpagide 8-*O*- 对香豆酰钩果草吉苷▲ 玄参 Scrophularia ningpoensis

5-*O*-(*p*-hydroxybenzoyl)-bergenin 5-*O*- 对羟基苯甲酰基 - 岩白菜素 黑蕊虎耳草 Saxifraga melanocentra

6-*O*-(*p*-hydroxybenzoyl)-D-glucose 6-*O*- 对羟基苯甲酰基 -D- 葡萄糖 葫芦树 Crescentia cujete

10-*O*-(*p*-hydroxybenzoyl)scandoside methyl ester 10-*O*- 对羟基苯基鸡矢藤次苷甲酯 伞房花耳草 Hedyotis corymbosa

7-*O*-(*p*-hydroxybenzoyl)tecomoside 7-*O*- 对羟基苯甲酰黄钟花苷 硬骨凌霄 Tecomaria capensis

7-*O*-(*p*-methoxybenzoyl)tecomoside 7-*O*- 对甲氧基苯甲酰黄钟花苷 硬骨凌霄 Tecomaria capensis

4-*O*-(*p*-methoxy-cinnamoyl)-*α*-*L*-rhamnopyranose 4-*O*-(对甲氧基桂皮酰基)-*α*-*L*- 吡喃鼠李糖 玄参 Scrophularia ningpoensis

4',6'-*O*-(*R*)-hexahydroxydiphenoylsalicin 4',6'-*O*-(*R*)- 六羟基联苯二酰水杨苷 八角枫 Alangium chinense

20,22-*O*-(*R*-3-methoxycarbonyl)-propylidene-20-hydroxyecdysone 20,22-*O*-(*R*-3- 甲氧基羰基)- 亚丙基 -20- 羟基蜕皮素 牛膝 Achyranthes bidentata

20,22-*O*-(*R*-ethylidene)-20-hydroxyecdysone 20,22-*O*-(*R*- 乙亚基)-20- 羟基蜕皮素 牛膝 Achyranthes bidentata

(25*S*)-20,22-*O*-(*R*-ethylidene)-inokosterone (25*S*)-20,22-*O*-(*R*- 乙亚基)- 牛膝甾酮 牛膝 Achyranthes bidentata

6-*O*-(rhamnosyl-*C*-glucosyl)apigenin 6-*O*-(鼠李糖基 -*C*- 葡萄糖基) 芹菜苷元 漆姑草 Sagina japonica

4',6'-*O*-(*S*)-hexahydroxy diphenylsalicin 4',6'-*O*-(*S*)- 六羟基二苯基水杨苷 瓜木 Alangium platanifolium

4',6'-*O*-(*S*)-hexahydroxydiphenoyl-salicin 4',6'-*O*-(*S*)- 六羟基联苯二酰水杨苷 八角枫 Alangium chinense

7-*O*-(sulfooxy)-2,3,8-trimethoxyellagic acid 7-*O*- 磺酸基 -2,3,8- 三甲氧基鞣花酸 对叶大戟 Euphorbia sororia

7-*O*-(sulfooxy)-2-hydroxy-3,8-dimethoxyellagic acid 7-*O*- 磺酸基 -2- 羟基 -3,8- 二甲氧基鞣花酸 对叶大戟 Euphorbia sororia

4-[6-*O*-(syringyl)-*β*-D-glucopyranosyloxy]-3-methoxybenzoic acid 4-[6-*O*-(丁香基)-*β*-D- 吡喃葡萄糖氧基]-3- 甲氧基苯甲酸 胡桃楸 Juglans mandshurica

1-*O*-(*trans*-caffeoyl)-3-*O*-galloyl-4,6-(*S*)-hexahydroxydiphenoyl-*β*-D-glucopyranose 1-*O*-(反式 - 咖啡酰基 -3-*O*- 没食子酰基 -4,6-(*S*)- 六羟基联苯二甲酰基 -*β*-D- 吡喃葡萄糖 疏花蛇菰 Balanophora laxiflora

6'-*O*-(*trans*-caffeoyl)-deacetylasperulosidic acid methyl ester 6'-*O*- 反式 - 咖啡酰基 - 去乙酰车叶草苷酸甲酯 栀子 Gardenia jasminoides

6-*O*-(*trans*-cinnamoyl)-1-*O*-(4''-hydroxy-3''-methylfuran-2''-one)-*β*-D-glucopyranoside 6-*O*- 反式桂皮酰基 -1-*O*-(4''- 羟基 -3''- 甲基呋喃 -2''-酮)-*β*-D- 吡喃葡萄糖苷 珍珠绣线菊 Spiraea thunbergii

6'-*O*-(*trans*-cinnamoyl)-gentiobiosylgenipin 6'-*O*- 反式 - 桂皮酰龙胆二糖基京尼平 栀子 Gardenia jasminoides

7-*O*-(*trans*-cinnamoyl)tecomoside 7-*O*- 反式 - 桂皮酰黄钟花苷 硬骨凌霄 Tecomaria capensis

6'-*O*-(*trans*-*p*-caffeoyl)-*α*-glucopyranose 6'-*O*-(反式 - 对咖啡酰基)-*α*- 吡喃葡萄糖 桫椤 Alsophila spinulosa

6'-*O*-(*trans*-*p*-caffeoyl)-*β*-glucopyranose 6'-*O*-(反式 - 对咖啡酰基)-*β*- 吡喃葡萄糖 桫椤 Alsophila spinulosa

3*β*-*O*-(*trans*-*p*-coumaroyl)-2*α*-hydroxyoleanolic acid 3*β*-*O*-(反式 - 对香豆酰基)-2*α*- 羟基齐墩果酸 短药蒲桃 Syzygium globiflorum

3*β*-*O*-(*trans*-*p*-coumaroyl)-2*α*-hydroxyursolic acid 3*β*-*O*-(反式 - 对香豆酰基)-2*α*- 羟基熊果酸 短药蒲桃 Syzygium globiflorum

4''-*O*-(*trans*-*p*-coumaroyl)-gentiobiosylgenipin 4''-*O*- 反式 - 对香豆酰龙胆二糖基京尼平 栀子 Gardenia jasminoides

6'-*O*-(*trans*-*p*-coumaroyl)-gentiobiosylgenipin 6'-*O*- 反式 - 对香豆酰龙胆二糖基京尼平 栀子 Gardenia jasminoides

6'-*O*-(*trans*-*p*-coumaroyl)-*α*-glucopyranose 6'-*O*-(反式 - 对香豆酰基)-*α*- 吡喃葡萄糖 桫椤 Alsophila spinulosa

6'-*O*-(*trans*-*p*-coumaroyl)-*β*-glucopyranose 6'-*O*-(反式 - 对香豆酰基)-*β*- 吡喃葡萄糖 桫椤 Alsophila spinulosa

6-*O*-(*Z*)-3'',4''-dimethoxycinnamoylcatalpol 6-*O*-*Z*-3'',4''- 二甲氧基桂皮酰梓醇 云南兔耳草 Lagotis yunnanensis

10-*O*-(*E*)-cinnamoyl-2-oxo-6-deoxyneoanisatin 10-*O*-(*E*)- 桂皮酰基 -2- 氧代 -6- 去氧新莽草素 野八角 Illicium simonsii

3-*O*-(*Z*)-*p*-coumaroylbetulin 3-*O*-(*Z*)- 对香豆酰白桦脂醇 木瓜 Chaenomeles sinensis

7-*O*-(*Z*)-*p*-coumaroylcachineside I 7-*O*-(*Z*)- 对香豆酰凌霄苷 I 凌霄 Campsis grandiflora

7-*O*-(*Z*)-*p*-coumaroylcachineside V 7-*O*-(*Z*)- 对香豆酰凌霄苷 V 凌霄 Campsis grandiflora

10-O-(Z)-p-coumaroylcatalpol 10-O-(Z)- 对香豆酰梓醇 云南兔耳草 Lagotis yunnanensis

6-O-(Z)-p-hydroxycinnamoyl-ethyl-glucopyranoside 6-O-(Z)- 对羟基桂皮酰吡喃葡萄糖乙苷 木通马兜铃 Aristolochia manshuriensis

10-O-(Z)-p-methoxycinmamoyl-catalpol 10-O-(Z)- 对甲氧基桂皮酰梓醇 云南兔耳草 Lagotis yunnanensis

(3S)-3-O-(α-D-glucopyranosyl)-3,7-dimethylocta-1,5-dien-3,7-diol (3S)-3-O-(α-D- 吡喃葡萄糖基)-3,7- 二甲基 - 辛 -1,5- 二烯 -3,7- 二醇 马齿苋 Portulaca oleracea

(3S)-3-O-(α-D-glucopyranosyl)-3,7-dimethylocta-1,6-dien-3-ol (3S)-3-O-(α-D- 吡喃葡萄糖)-3,7- 二甲基 - 辛 -1,6- 二烯 -3- 醇 马齿苋 Portulaca oleracea

3β-O-(α-L-arabinopyranosyl)-2α,20β,23-trihydroxyurs-12-en-28-O-β-D-glucopyranosyl ester 3β-O-(α-L- 吡喃阿拉伯糖基)-2α,20β,23- 三羟基熊果 -12- 烯 -28-O-β-D- 吡喃葡萄糖基酯 多蕊木 Heptapleurum calyptratum

3β-O-(α-L-rhamnopyranosyl-(1 → 2)-β-D-glucopyranosyl-(1 → 4)-α-L-arabinopynanosyl)-cyclamiretin A 3β-O-(α-L- 吡喃鼠李糖基 -(1 → 2)-β-D- 吡喃葡萄糖基 -(1 → 4)-α-L- 吡喃阿拉伯糖基)- 仙客来亭 ▲A 紫金牛 Ardisia japonica

4-O-(α-L-rhamnopyranosyl)-cis-p-coumaroyl ethyl ester 4-O-(α-L- 吡喃鼠李糖基)- 顺式 - 对香豆酸乙酯 金铁锁 Psammosilene tunicoides

4-O-(α-L-rhamnopyranosyl)-trans-p-coumaroyl ethyl ester 4-O-(α-L- 吡喃鼠李糖基)- 反式 - 对香豆酸乙酯 金铁锁 Psammosilene tunicoides

3-[6-O-(α-L-rhamnopyranosyl)-β-D-glucopyranosyloxy]-2-(3,4-dihydroxyphenyl)-5-hydroxy-4-oxo-flavan-7-yl-β-D-glucopyranosiduronic acid 3-[6-O-(α-L- 吡喃鼠李糖基)-β-D- 吡喃葡萄糖氧基]-2-(3,4- 二羟基苯基)-5- 羟基 -4- 氧代 - 黄烷 -7- 基 -β-D- 吡喃葡萄糖醛酸 郁金香 Tulipa gesneriana

2-[2-O-(α-L-rhamnopyranosyl)-β-D-xylopyranosyloxy]-1,8-dihydroxy-6-methoxy-9H-xanthen-9-one 2-[[2-O-(α-L- 吡喃鼠李糖基)-β-D- 吡喃木糖氧基]-1,8- 二羟基 -6- 甲氧基 -9H- 呫烯 -9- 酮 辐状肋柱花 Lomatogonium rotatum

2-[2-O-(α-L-rhamnopyranosyl)-β-D-xylopyranosyloxy]-1,8-dihydroxy-6-methoxyxanthone 2-[2-O-(α-L- 吡喃鼠李糖基)-β-D- 吡喃木糖氧基]-1,8- 二羟基 -6- 甲氧基呫酮 川西獐牙菜 Swertia mussotii

6-trans-[2''-O-(α-rhamnopyranosyl)]-ethenyl-5,7,4'-trihydroxyflavone 6- 反式 -[2''-O-(α- 吡喃鼠李糖基)]- 乙烯基 -5,7,4'- 三羟基黄酮 崖爬藤 Tetrastigma obtectum

15-O-(α-rhamnopyranosyl)-aloe-emodin 15-O-(α- 吡喃鼠李糖基)- 芦荟大黄素 密花豆 Spatholobus suberectus

5-O-(β-apiopyranosyl-(1 → 2)-O-β-xylopyranosyl)gentisic acid 5-O-(β- 吡喃芹糖基 -(1 → 2)-O-β- 吡喃木糖基) 龙胆酸 密花豆 Spatholobus suberectus

1-O-(β-apiopyranosyl-(1 → 6)-O-β-glucopyranosyl)-3-O-methylphloroglucinol 1-O-(β- 吡喃芹糖基 -(1 → 6)-O-β- 吡喃葡萄糖基)-3-O- 甲基根皮酚 密花豆 Spatholobus suberectus

3-O-(β-D-2'-O-sulfonylquinovopyranosyl)-quinovic acid-28-O-(β-D-glucopyranosyl) ester 3-O-(β-D-2'-O- 磺酰吡喃鸡纳糖基鸡纳酸 -28-O-β-D- 吡喃葡萄糖酯苷 驼蹄瓣 Zygophyllum fabago

3β-O-(β-D-diginosyl)-14,16β-dihydroxy-5β,14β-card-20(22)-enolide 3β-O-(β-D-2- 去氧毛地黄糖基)-14,16β- 二羟基 -5β,14β- 强心甾 -20(22)- 烯内酯 夹竹桃 Nerium oleander

3β-O-(β-D-diginosyl)-14-hydroxy-5β,14β-card-16,20(22)-dienolide 3β-O-(β-D-2- 去氧毛地黄糖基)-14- 羟基 -5β,14β- 强心甾 -16,20(22)- 二烯内酯 夹竹桃 Nerium oleander

3β-O-(β-D-digitalosyl)-14-hydroxy-5α,14β-card-20(22)-enolide 3β-O-(β-D-2- 去氧毛地黄糖基)-14- 羟基 -5α,14β- 强心甾 -20(22)- 烯内酯 夹竹桃 Nerium oleander

3β-O-(β-D-digitalosyl)-8,14-epoxy-5β,14β-card-16,20(22)-dienolide 3β-O-(β-D-2- 去氧毛地黄糖基)-8,14- 环氧 -5β,14β- 强心甾 -16,20(22)- 二烯内酯 夹竹桃 Nerium oleander

3'-O-(β-D-galactopyranosyl)-2'-hydroxyflavone 3'-O-(β-D- 吡喃半乳糖基)-2'- 羟基黄酮 粉报春 Primula farinosa

3-O-(β-D-glucopyranoside-6''-acetyl)-isorhamnetin 3-O-(β-D- 吡喃葡萄糖苷 -6''- 乙酰基)- 异鼠李素 加拿大一枝黄花 Solidago canadensis

3-O-(β-D-glucopyranoside-6''-acetyl)-quercetin 3-O-(β-D- 吡喃葡萄糖苷 -6''- 乙酰基)- 槲皮素 加拿大一枝黄花 Solidago canadensis

3-O-(β-D-glucopyranosiduronic acid)-oleanolic acid-28-O-β-D-glucopyranosyl ester 3-O-(β-D- 吡喃葡萄糖醛酸)- 齐墩果酸 -28-O-β-D- 吡喃葡萄糖基酯苷 八月瓜 Holboellia latifolia

1-O-(β-D-glucopyranosyl)-(2S,3S)-2-[(2'R)-2'-hydroxyhexadecanoylamino]-4(E),8(E)-octadecadien-1,3-diol 1-O-(β-D- 吡喃葡萄糖基)-(2S,3S)-2-[(2'R)-2'- 羟基十六酰氨基]-4(E),8(E)- 十八二烯 -1,3- 二醇 宽瓣重楼 Paris polyphylla var. yunnanensis

1-O-(β-D-glucopyranosyl)-(2S,3S,4E,8E)-2-(2R-hydroxy-hexadecanoylamino)-octadecadiene-1,3-diol 1-O-(β-D- 吡喃葡萄糖基)-(2S,3S,4E,8E)-2-(2R- 羟基 - 十六酰氨)- 十八碳二烯 -1,3- 二醇 羊角天麻 Dobinea delavayi

1-O-(β-D-glucopyranosyl)-(2S,3S,4E,8E)-2-[(2'R)-2'-hydroxyhexadecanoylamino]-4(E),8(E)-octadecadiene-1,3-diol 1-O-(β-D- 吡喃葡萄糖基)-(2S,3S,4E,8E)-2-[(2'R)-2'- 羟基棕榈酰胺]-4(E),8(E)- 十八碳二烯 -1,3- 二醇 香橼 Citrus medica

1-O-(β-D-glucopyranosyl)-(2S,3S,4R,8Z)-2[(2R')-2'-hydroxydocosanoilamino]-8(Z)-octadecene-1,3,4-triol 1-O-(β-D- 吡喃葡萄糖基)-(2S,3S,4R,8Z)-2[(2R')-2'- 羟基二十二烷氨基]-8(Z)- 十八烯 -1,3,4- 三醇 云南假木荷 Craibiodendron yunnanense

1-O-(β-D-glucopyranosyl)-(2S,3S,4R,8Z)-2-[(palmitoyl)amino]octadec-8-ene-1,3,4-triol 1-O-(β-D- 吡喃葡萄糖基)-(2S,3S,4R,8Z)-2-[(棕榈酰基) 氨基] 十八碳 -8- 烯 -1,3,4- 三醇 云南假木荷 Craibiodendron yunnanense

3β-O-(β-D-glucopyranosyl)-16β-acetoxy-14-hydroxy-5β,14β-card-20(22)-enolide 3β-O-(β-D- 吡喃葡萄糖基)-16β- 乙酰氧基 -14- 羟基 -5β,14β- 强心甾 -20(22)- 烯内酯 夹竹桃 Nerium oleander

6-O-(β-D-glucopyranosyl)-1-O-decanoyl-β-D-glucopyranose 6-O-(β-D- 吡喃葡萄糖基)-1-O- 癸酰基 -β-D- 吡喃葡萄糖 海滨木巴戟 Morinda citrifolia

(R)-1-O-(β-D-glucopyranosyl)-2-[2-methoxy-4-hydroxypropyl-phenoxyl]-propan-3-ol (R)-1-O-(β-D- 吡喃葡萄糖基)-2-[2- 甲氧基 -4- 羟基丙基 - 苯氧基]- 丙烷 -3- 醇 披针叶荚蒾 Viburnum lancifolium

26-O-(β-D-glucopyranosyl)-22-methoxy-25D,5α-furostan-3β,26-diol-3-O-β-lycotetraoside) 26-O-(β-D- 吡喃葡萄糖基)-22- 甲氧基 -25D,5α-

O

呋甾 -3β,26- 二醇 -3-O-β- 石蒜四糖苷 龙葵 Solanum nigrum
(22α,25R)-26-O-(β-D-glucopyranosyl)-22-methoxy-furost-5-en-3β,26-diol-3-O-β-D-glucopyranosyl-(1→2)-O-[β-D-xylopyranosyl-(1→3)]-O-β-D-glucopyranosyl-(1→4)-O-β-D-galactopyranoside (22α,25R)-26-O-β-D- 吡喃葡萄糖基 -22- 甲氧基 - 呋甾 -5- 烯 -3β,26- 二醇 -3-O-β-D- 吡喃葡萄糖基 -(1→2)-O-[β-D- 吡喃木糖基 -(1→3)]-O-β-D- 吡喃葡萄糖基 -(1→4)-O-β-D- 吡喃半乳糖苷 龙葵 Solanum nigrum
3-O-(β-D-glucopyranosyl)-24β-ethyl-5α-cholesta-7,22,25(27)-trien-3β-ol 3-O-(β-D- 吡喃葡萄糖基)-24β- 乙基 -5α- 胆甾 -7,22,25(27)- 三烯 -3β- 醇 苦瓜 Momordica charantia
4'-O-(β-D-glucopyranosyl)-3,3',4-tri-O-methylellagic acid 4'-O-(β-D- 吡喃葡萄糖基)-3,3',4- 三 -O- 甲基鞣花酸 麻疯树 Jatropha curcas
(7S,8R)-1-[4-O-(β-D-glucopyranosyl)-3-methoxyphenyl]-2-[4-(3-hydroxypropyl)-2,6-dimethoxyphenoxy]-1,3-propanediol (7S,8R)-1-[4-O-(β-D- 吡喃葡萄糖基)-3- 甲氧苯基]-2-[4-(3- 丙醇基)-2,6- 二甲氧苯氧基]-1,3- 丙二醇 少药八角 Illicium oligandrum
(25R)-6-O-(β-D-glucopyranosyl)-5α-spirostan-3β,6α-diol (25R)-6-O-(β-D- 吡喃葡萄糖基)-5α- 螺甾 -3β,6α- 二醇 落地梅 Lysimachia paridiformis
5-O-(β-D-glucopyranosyl)-6'-O-benzoyl-2,5-dihydroxybenzoic acid 5-O-β-D- 吡喃葡萄糖基 -6'-O- 苄基 -2,5- 二羟基苯甲酸 野火球 Trifolium lupinaster
3-O-(β-D-glucopyranosyl)-etioline 3-O-(β-D- 吡喃葡萄糖基)- 藜芦黄化碱▲ 旋花茄 Solanum spirale
(25R)-26-O-(β-D-glucopyranosyl)-furost-1β,3β,22α,26-tetrol-3-O-β-D-glucopyranosyl-(1→4)-β-D-glucopyranosyl-(1→2)-β-D-glucopyranoside (25R)-26-O-(β-D- 吡喃葡萄糖基)- 呋甾 -1β,3β,22α,26- 四醇 -3-O-β-D- 吡喃葡萄糖基 -(1→4)-β-D- 吡喃葡萄糖基 -(1→2)-β-D- 吡喃葡萄糖苷 开口箭 Tupistra chinensis
(25S)-26-O-(β-D-glucopyranosyl)-furost-1β,3β,22α,26-tetrol-3-O-β-D-glucopyranosyl-(1→4)-β-D-glucopyranosyl-(1→2)-β-D-glucopyranoside (25S)-26-O-(β-D- 吡喃葡萄糖基)- 呋甾 -1β,3β,22α,26- 四醇 -3-O-β-D- 吡喃葡萄糖基 -(1→4)-β-D- 吡喃葡萄糖基 -(1→2)-β-D- 吡喃葡萄糖苷 开口箭 Tupistra chinensis
(25R)-26-O-(β-D-glucopyranosyl)-furost-5-en-3β,22α,26-triol-3-O-β-D-glucopyranosyl-(1→2)-β-D-glucopyranosyl-(1→4)-β-D-glucopyranoside (25R)-26-O-(β-D- 吡喃葡萄糖基)- 呋甾 -5- 烯 -3β,22α,26- 三醇 -3-O-β-D- 吡喃葡萄糖基 -(1→2)-β-D- 吡喃葡萄糖基 - (1→4)-β-D- 吡喃葡萄糖苷 开口箭 Tupistra chinensis
(25S)-26-O-(β-D-glucopyranosyl)-furost-5-en-3β,22α,26-triol-3-O-β-D-glucopyranosyl-(1→2)-β-D-glucopyranosyl-(1→4)-β-D-glucopyranoside (25S)-26-O-(β-D- 吡喃葡萄糖基)- 呋甾 -5- 烯 -3β,22α,26- 三醇 -3-O-β-D- 吡喃葡萄糖基 -(1→2)-β-D- 吡喃葡萄糖基 -(1→4)-β-D- 吡喃葡萄糖苷 开口箭 Tupistra chinensis
(-)-2α-O-(β-D-glucopyranosyl)-lyoniresinol (-)-2α-O-(β-D- 吡喃葡萄糖基)- 南烛树脂醇 大果刺篱木 Flacourtia ramontchi
(-)-3α-O-(β-D-glucopyranosyl)-lyoniresinol (-)-3α-O-(β-D- 吡喃葡萄糖基)- 南烛树脂醇 大果刺篱木 Flacourtia ramontchi
(2S,3R,4E,8E,2'R)-1-O-(β-D-glucopyranosyl)-N-(2'-hydroxyeicosanoyl)-4,8-sphingadienine (2S,3R,4E,8E,2'R)-1-O-(β-D- 吡喃葡萄糖基)-N-(2'- 羟基二十酰基)-4,8- 神经鞘二烯氨醇 鸭舌草 Monochoria vaginalis
(4E,8Z)-1-O-(β-D-glucopyranosyl)-N-(2'-hydroxyhexadecanoyl)-sphinga-4,8-dienine (4E,8Z)-1-O-(β-D- 吡喃葡萄糖基)-N-(2'- 羟基十六酰基)- 鞘氨 -4,8- 二烯 洋金花 Datura metel
(3β,4α,17α,21β)-3-O-(β-D-glucopyranosyl-6'-O-α-L-rhamnopyranosyl)-21-hydroxyl-16-oxo-28-norolean-12-en-23-al (3β,4α,17α,21β)-3-O-(β-D- 吡喃葡萄糖基 -6'-O-α-L- 吡喃鼠李糖基)-21- 羟基 -16- 酮基 -28- 降齐墩果 -12- 烯 -23- 醛 红花 Carthamus tinctorius
1-[8-O-(β-D-glucopyranosyloxy)-1,6-dihydroxy-3-methyl-2-naphthalenyl]-ethanone 1-[8-O-(β-D- 吡喃葡萄糖氧基)-1,6- 二羟基 -3- 甲基 -2- 萘烯基]- 乙酮 唐古特大黄 Rheum tanguticum
7-O-(β-D-glucopyranosyloxy)-5-hydroxy-1(3H)-isobenzofuranone 7-O-(β-D- 吡喃葡萄糖氧基)-5- 羟基 -1(3H)- 异苯并呋喃酮 乳白香青 Anaphalis lactea
O-(β-D-glucopyranosyloxy)-cinnamic acid O-β-D- 吡喃葡萄糖氧基桂皮酸 川西小黄菊 Pyrethrum tatsienense
3β-O-(β-D-glucuronopyranosyl-6-O-methyl ester)-olean-12-en-28-olic acid 3β-O-(β-D- 吡喃葡萄糖醛酸基 -6-O- 甲酯)- 齐墩果 -12- 烯 -28- 酸 刺五加 Eleutherococcus senticosus
3β-O-(β-D-O-glucopyranosyl-(1→4)-α-L-oleandropyranosyl)-16β-acetoxy-14-hydroxy-5β,14β-card-20(22)-enolide 3β-O-(β-D-O- 吡喃葡萄糖基 -(1→4)-α-L- 吡喃夹竹桃糖基)-16β- 乙酰氧基 -14- 羟基 -5β,14β- 强心甾 -20(22)- 烯内酯 夹竹桃 Nerium oleander
3β-O-(β-D-O-glucopyranosyl-(1→4)-β-D-diginopyranosyl)-14α-hydroxy-8-oxo-8,14-sec-5β-card-20(22)-enolide 3β-O-(β-D-O- 吡喃葡萄糖基 -(1→4)-β-D- 吡喃洋地黄糖基)-14α- 羟基 -8- 氧代 -8,14- 裂环 -5β- 强心甾 -20(22)- 烯内酯 夹竹桃 Nerium oleander
3β-O-(β-D-O-glucopyranosyl-(1→4)-β-D-diginopyranosyl)-16β-acetoxy-14-hydroxy-5α,14β-card-20(22)-enolide 3β-O-(β-D-O- 吡喃葡萄糖基 -(1→4)-β-D-2- 去氧吡喃毛地黄糖基)-16β- 乙酰氧基 -14- 羟基 -5α,14β- 强心甾 -20(22)- 烯内酯 夹竹桃 Nerium oleander
3β-O-(β-D-O-glucopyranosyl-(1→4)-β-D-diginopyranosyl)-16β-acetoxy-14-hydroxy-5β,14β-card-20(22)-enolide 3β-O-(β-D-O- 吡喃葡萄糖基 -(1→4)-β-D- 吡喃洋地黄糖基)-16β- 乙酰氧基 -14- 羟基 -5β,14β- 强心甾 -20(22)- 烯内酯 夹竹桃 Nerium oleander
3β-O-(β-D-O-glucopyranosyl-(1→4)-β-D-diginopyranosyl)-8,14-epoxy-5β,14β-card-20(22)-enolide 3β-O-(β-D-O- 吡喃葡萄糖基 -(1→4)-β-D-2- 去氧吡喃毛地黄糖基)-8,14- 环氧 -5β,14β- 强心甾 -20(22)- 烯内酯 夹竹桃 Nerium oleander
3β-O-(β-D-O-glucopyranosyl-(1→4)-β-D-digitalopyranosyl)-14-hydroxy-5α,14β-card-20(22)-enolide 3β-O-(β-D-O- 吡喃葡萄糖基 -(1→4)-β-D- 吡喃毛地黄糖基)-14- 羟基 -5α,14β- 强心甾 -20(22)- 烯内酯 夹竹桃 Nerium oleander
3β-O-(β-D-O-glucopyranosyl-(1→4)-β-D-digitalopyranosyl)-16β-acetoxy-14-hydroxy-5α,14β-card-20(22)-enolide 3β-O-(β-D-O- 吡喃葡萄糖基 -(1→4)-β-D- 吡喃毛地黄糖基)-16β- 乙酰氧基 -14- 羟基 -5α,14β- 强心甾 -20(22)- 烯内酯 夹竹桃 Nerium oleander
3β-O-(β-D-O-glucopyranosyl-(1→4)-β-D-digitalopyranosyl)-16β-acetoxy-14-hydroxy-5β,14β-card-20(22)-enolide 3β-O-(β-D-O- 吡喃葡萄糖基 -(1→4)-β-D- 吡喃毛地黄糖基)-16β- 乙酰氧基 -14- 羟基 -5β,14β- 强心甾 -20(22)- 烯内酯 夹竹桃 Nerium oleander
3β-O-(β-D-O-glucopyranosyl-(1→4)-β-D-digitalopyranosyl)-8,14-epoxy-5β,14β-card-16,20(22)-dienolide 3β-O-(β-D-O- 吡喃葡萄糖基 -(1→4)-β-D- 吡喃毛地黄糖基)-8,14- 环氧 -5β,14β- 强心甾 -16,20(22)- 二烯内酯 夹竹桃 Nerium oleander

O

碳三烯基]-β-D- 吡喃葡萄糖] 氧基]-4H- 吡喃 -4- 酮 一年蓬 Erigeron annuus

3-O-[(E)-3,4,5-trimethoxycinnamoyl]-β-D-fructofuranosyl-(2 → 1)-α-D-6-O-benzoylglucopyranoside 3-O-(E-3,4,5- 三甲氧基桂皮酰基)-β-D- 呋喃果糖基 -(2 → 1)-α-D-6-O- 苯甲酰吡喃葡萄糖苷 华南远志 Polygala glomerata

10-O-[(E)-3,4-dimethoxycinnamoyl]catalpol 10-O-[(E)-3,4- 二甲氧基桂皮酰] 梓醇 云南兔耳草 Lagotis yunnanensis

(20S)-6-O-[(E)-but-2-enoyl-(1 → 6)-β-D-glucopyranosyl]dammar-24-ene-3β,6α,12β,20-tetrol (20S)-6-O-[(E)- 丁 -2- 烯酰基 -(1 → 6)-β-D- 吡喃葡萄糖基] 达玛 -24- 烯 -3β,6α,12β,20- 四醇 三七 Panax notoginseng

10-O-[(E)-caffeoyl]-geniposidic acid 10-O-[(E)- 咖啡酰基]- 京尼平苷酸 海榄雌 Avicennia marina

6'-O-[(E)-caffeoyl]rengyoside B 6'-O-[(E)- 咖啡酰基] 连翘醇苷 B 臭牡丹 Clerodendrum bungei

4'-O-[(E)-caffeoyl]swertiamarin 4'-O-[(E)- 咖啡酰基] 獐牙菜苦素 青叶胆 Swertia mileensis

10-O-[(E)-cinnamoyl]-geniposidic acid 10-O-[(E)- 桂皮酰基]- 京尼平苷酸 海榄雌 Avicennia marina

2'-O-[(E)-cinnamoyl]-mussaenosidic acid 10-O-[(E)- 咖啡酰基]- 玉叶金花苷酸 海榄雌 Avicennia marina

4'-O-[(E)-coumaroyl]swertiamarin 4'-O-[(E)- 香豆酰基] 獐牙菜苦素 狭叶獐牙菜 Swertia angustifolia

6'-O-[(E)-coumaroyl]swertiamarin 6'-O-[(E)- 香豆酰基] 獐牙菜苦素 狭叶獐牙菜 Swertia angustifolia, 青叶胆 S. mileensis

1-O-[(E)-p-coumaroyl]-3-O-galloyl-β-D-glucopyranose 1-O- 反式 - 对香豆酰基 -3-O- 没食子酰基 -β-D- 吡喃葡萄糖 红冬蛇菰 Balanophora harlandii

10-O-[(E)-p-coumaroyl]-geniposidic acid 10-O-[(E)-p- 桂皮酰基]- 京尼平苷酸 海榄雌 Avicennia marina

(25R)-27-O-[(S)-3-hydroxy-3-methylglutaryl]-spirost-5-en-3β,27-diol-3-O-[O-β-L-rhamnopyranosyl-(1 → 2)-β-D-glucopyranoside] (25R)-27-O-[(S)-3- 羟基 -3- 甲基戊二酰基]- 螺甾 -5- 烯 -3β,27- 二醇 -3-O-[O-β-L- 吡喃鼠李糖基 -(1 → 2)-β-D- 吡喃葡萄糖苷] 药百合 Lilium speciosum var. gloriosoides

(25R)-27-O-[(S)-3-hydroxy-3-methylglutaryl]-spirost-5-en-3β,27-diol-3-O-{O-α-L-rhamnopyranosyl-(1 → 2)-O-[α-L-arabinopyranosyl-(1 → 3)]-β-D-glucopyranoside} (25R)-27-O-[(S)-3- 羟基 -3- 甲基戊二酰基]- 螺甾 -5- 烯 -3β,27- 二醇 -3-O-{O-α-L- 吡喃鼠李糖基 -(1 → 2)-O-[α-L- 吡喃阿拉伯糖基 -(1 → 3)]-β-D- 吡喃葡萄糖苷 } 麝香百合 Lilium longiflorum var. scabrum

(25R)-27-O-[(S)-3-hydroxy-3-methylglutaryl]-spirost-5-en-3β,27-diol-3-O-{O-α-L-rhamnopyranosyl-(1 → 2)-O-[β-D-glucopyranosyl-(1 → 4)]-β-D-glucopyranoside} (25R)-27-O-[(S)-3- 羟基 -3- 甲基戊二酰基]- 螺甾 -5- 烯 -3β,27- 二醇 -3-O-{O-α-L- 吡喃鼠李糖基 -(1 → 2)-O-[β-D- 吡喃葡萄糖基 -(1 → 4)]-β-D- 吡喃葡萄糖苷 } 麝香百合 Lilium longiflorum var. scabrum

10-O-[(Z)-3,4-dimethoxycinnamoyl]catalpol 10-O-[(Z)-3,4- 二甲氧基桂皮酰] 梓醇 云南兔耳草 Lagotis yunnanensis

4'-O-[(Z)-coumaroyl]swertiamarin 4'-O-[(Z)- 香豆酰基] 獐牙菜苦素 青叶胆 Swertia mileensis

6'-O-[(Z)-coumaroyl]swertiamarin 6'-O-[(Z)- 香豆酰基] 獐牙菜苦素 狭叶獐牙菜 Swertia angustifolia, 青叶胆 S. mileensis

3-O-[(α-L-arabinopyranosyl)-(1 → 2)]-[-D-glucuronopyranosyl-6-O-methyl ester]-oleanolic acid 3-O-[(α-L- 吡喃阿拉伯糖基)-(1 → 2)]-[-β-D- 吡喃葡萄醛酸基 -6-O- 甲酯]- 齐墩果酸 无梗五加 Eleutherococcus sessiliflorus

7-O-[(α-L-rhamnopyranosyl-(1 → 2)-β-D-xylopyranosyl]-1,8-dihydroxy-3-methoxyxanthone 7-O-[(α-L- 吡喃鼠李糖基 -(1 → 2)-β-D- 吡喃木糖基]-1,8- 二羟基 -3- 甲氧基𠮿酮 川西獐牙菜 Swertia mussotii

3β-O-[(α-L-rhamnopyranosyl)(1 → 2)]-[β-D-glucuronopyranosyl-6-O-methyl ester]-olean-12-ene-28-olic acid 3β-O-[(α-L- 吡喃鼠李糖基)(1 → 2)]-[β-D- 葡萄糖醛酸基 -6-O- 甲酯]- 齐墩果 -12- 烯 -28- 酸 刺五加 Eleutherococcus senticosus

4-[2-[[6-O-[[3-ethylidene-2-(β-D-glucopyranosyloxy)-3,4-dihydro-5-methoxycarbonyl-2H-pyran-4-yl]acetyl]-β-D-glucopyranosyl]oxy]ethyl] phenyl ester 4-[2-[[6-O-[[3- 亚乙基 -2-(β-D- 吡喃葡萄糖氧基)-3,4- 二氢 -5- 甲氧基羰基 -2H- 吡喃 -4- 基] 乙酰基]-β-D- 吡喃葡萄糖] 氧基] 乙基] 苯酯 红花五味子 Schisandra rubriflora

2-O-[1-(3-methylbutanoyl)phloroglucinol]-β-D-glucopyranoside 2-O-[1-(3- 甲基丁酰基) 根皮酚]-β-D- 吡喃葡萄糖苷 短萼仪花 Lysidice brevicalyx

1-O-[2,3,4-tri-O-acetyl-α-L-rhamnopyranosyl-(1 → 2)-4-O-acetyl-α-L-arabinopyranosyl]-21-O-acetyl-epitrillenogenin 1-O-[2,3,4- 三 -O- 乙酰基 -α-L- 吡喃鼠李糖基 -(1 → 2)-4-O- 乙酰基 -α-L- 吡喃阿拉伯糖基]-21-O- 乙酰基 - 表延龄草烯苷元▲ 延龄草 Trillium tschonoskii

1-O-[2",3",4"-tri-O-acetyl-α-L-rhamno-pyranosyl-(1 → 2)-α-L-arabinopyranosyl]epitrillenogenin 1-O-[2",3",4"- 三 -O- 乙酰基 -α-L- 吡喃鼠李糖基 -(1 → 2)-α-L- 吡喃阿拉伯糖基] 表延龄草烯苷元▲ 延龄草 Trillium tschonoskii

1-O-[2",3",4"-tri-O-acetyl-α-L-rhamnopyranosyl-(1 → 2)-α-L-arabinopyranosyl]epitrillenogenin-24-O-acetate 1-O-[2",3",4"- 三 -O- 乙酰基 -α-L- 吡喃鼠李糖基 -(1 → 2)-α-L- 吡喃阿拉伯糖基] 表延龄草烯苷元▲-24-O- 乙酸酯 延龄草 Trillium tschonoskii

1-O-[2",4"-di-O-acetyl-α-L-rhamnopyranosyl-(1 → 2)-α-L-arabinopyranosyl]epitrillenogenin-24-O-acetate 1-O-[2",4"- 二 -O- 乙酰基 -α-L- 吡喃鼠李糖基 -(1 → 2)-α-L- 吡喃阿拉伯糖基] 表延龄草烯苷元▲-24-O- 乙酸酯 延龄草 Trillium tschonoskii

4-O-[2'-hydroxy-1'-(hydroxymethyl)ethyl]dihydroconiferyl alcohol-6"-(p-hydroxybenzoyl)-β-D-glucopyranoside 4-O-[2'- 羟基 -1'- 羟甲基乙基]- 二氢二松柏醇 -6"- 对羟基苯甲酰基 -β-D- 吡喃葡萄糖苷 红茴香 Illicium henryi

4-O-[2'-hydroxy-1'-(hydroxymethyl)ethyl]dihydroconiferyl alcohol-vanilloyl-glucopyranoside 4-O-[2'- 羟基 -1'- 羟甲基乙基 - 二氢二松柏醇 - 香荚兰酰基 - 吡喃葡萄糖苷 红茴香 Illicium henryi

1-O-[2'-methoxy-4'-hydroxyphenyl]-6-O-syringyl-β-D-glucopyranoside 1-O-[2'- 甲氧基 -4'- 羟基苯基]-6-O- 丁香基 -β-D- 吡喃葡萄糖苷 小叶红叶藤 Rourea microphylla

7-O-[2-O-(5-O-syringoyl-β-D-apiofuranosyl)-β-D-glucopyranosyl]-6-methoxycoumarin 7-O-[2-O-(5-O- 丁香酰基 -β-D- 呋喃芹糖基)-β-D- 吡喃葡萄糖基]-6- 甲氧基香豆素 麻辣仔藤 Erycibe obtusifolia

3-O-[2-O-(6-O-(trans-caffeoyl)-β-D-glucopyranosyl)-6-O-(4-O-(6-O-(3-O-(β-D-glucopyranosyl)-trans-caffeoyl)-β-D-glucopyranosyl)-trans-caffeoyl)-β-D-glucopyranoside]-5-O-β-D-glucopyranoside 3-O-[2-O-(6-O- 反式 - 咖啡酰基 -β-D- 吡喃葡萄糖基)-6-O-(4-O-(6-O-(3-O-(β-D- 吡喃葡萄糖基)- 反式 - 咖啡酰基)-β-D- 吡喃葡萄糖基)- 反式 - 咖啡酰基)-β-D- 吡喃葡萄糖苷]-5-O-β-D- 吡喃葡萄糖苷 牵牛 Ipomoea nil

O

3-*O*-[6'-*O*-stearoyl-*β*-D-glucosyl]-stigmasta-5,25(27)-diene 3-*O*-[6'-*O*- 硬脂酰基 -*β*-D- 葡萄糖基]- 豆甾 -5,25(27)- 二烯 秤星树 Ilex asprella

4-*O*-[7-hydroperoxy-5,6*E*-dehydro-6,7-dihydrogeranyl]-coniferyl alcohol 4-*O*-[7- 氢过氧 -5,6*E*- 去氢 -6,7- 二氢香叶基]- 松柏醇 刚毛橐吾 Ligularia achyrotricha, 大黄橐吾 L. duciformis

4-*O*-[7-hydroperoxy-5,6*E*-dehydro-6,7-dihydrogeranyl]-sinapyl alcohol 4-*O*-[7- 氢过氧 -5,6*E*- 去氢 -6,7- 二氢香叶基]- 芥子醇 刚毛橐吾 Ligularia achyrotricha

4-*O*-[7-hydroxy-5,6*E*-dehydro-6,7-dihydrogeranyl]-coniferyl alcohol 4-*O*-[7- 羟基 -5,6*E*- 去氢 -6,7- 二氢香叶基]- 松柏醇 大黄橐吾 Ligularia duciformis

4-*O*-[7-hydroxy-5,6*E*-dehydro-6,7-dihydrogeranyl]-sinapyl alcohol 4-*O*-[7- 羟基 -5,6*E*- 去氢 -6,7- 二氢香叶基]- 芥子醇 大黄橐吾 Ligularia duciformis

6-*O*-[*E*]-sinapoyl-(*α*,*β*)-D-glucopyranoside 6-*O*-[*E*]- 芥子酰基 -(*αβ*)-D- 吡喃葡萄糖苷 华北白前 Cynanchum mongolicum

6-*O*-[*E*]-sinapoyl-D-glucopyranoside 6-*O*-[*E*]- 芥子酰基 -D- 吡喃葡萄糖苷 合掌消 Cynanchum amplexicaule

3-*O*-[*O*-*β*-D-glucopyranosyl-(1→4)-*O*-*β*-D-glucopyranosyl-(1→3)-(*β*-D-glucuronopyranosyl)]oleanolic acid 3-*O*-[*O*-*β*-D- 吡喃葡萄糖基 -(1→4)-*O*-*β*-D- 吡喃葡萄糖基 -(1→3)-(*β*-D- 吡喃葡萄糖醛酸基)] 齐墩果酸 山石榴 Catunaregam spinosa

3-*O*-[*O*-*β*-D-glucopyranosyl-(1→6)-*O*-*β*-D-glucopyranosyl-(1→3)-(*β*-D-glucuronopyranosyl)]oleanolic acid 3-*O*-[*O*-*β*-D- 吡喃葡萄糖基 -(1→6)-*O*-*β*-D- 吡喃葡萄糖基 -(1→3)-(*β*-D- 吡喃葡萄糖醛酸基)] 齐墩果酸 山石榴 Catunaregam spinosa

3*β*-*O*-[*p*-hydroxy-(*E*)-cinnamoyl]-12 oleanen-28-oic acid 3*β*-*O*-[对羟基 -(*E*)- 桂皮酰基]-12 齐墩果烯 -28- 酸 山芝麻 Helicteres angustifolia

6-*O*-[α-L-(2"-3''',4'''-dimethoxycinnamoyl)-rhamnopyranosyl]-catalpol 6-*O*-[α-L-(2"-3''',4'''- 二甲氧基桂皮酰基)- 吡喃鼠李糖基]- 梓醇 毛蕊花 Verbascum thapsum

6-*O*-[α-L-(2"-*trans*-caffeoyl)-rhamnopyranosyl]-catalpol 6-*O*-[α-L-(2"- 反式 - 咖啡酰基)- 吡喃鼠李糖基]- 梓醇 毛蕊花 Verbascum thapsum

6-*O*-[α-L-(2"-*trans*-feruloyl)-rhamnopyranosyl]-catalpol 6-*O*-[α-L-(2"- 反式 - 阿魏酰基)- 吡喃鼠李糖基]- 梓醇 毛蕊花 Verbascum thapsum

6-*O*-[α-L-(3"-3''',4'''-dimethoxycinnamoyl)-rhamnopyranosyl]-catalpol 6-*O*-[α-L-(3"-3''',4'''- 二甲氧基桂皮酰基)- 吡喃鼠李糖基]- 梓醇 毛蕊花 Verbascum thapsum

6-*O*-[α-L-(3"-*O*-isoferuloyl)-rhamnopyranosyl]-catalpol 6-*O*-[α-L-(3"-*O*- 异阿魏酰基)- 吡喃鼠李糖基]- 梓醇 毛蕊花 Verbascum thapsum

6-*O*-[α-L-(3"-*trans*-caffeoyl)-rhamnopyranosyl]-catalpol 6-*O*-[α-L-(3"- 反式 - 咖啡酰基)- 吡喃鼠李糖基]- 梓醇 毛蕊花 Verbascum thapsum

6-*O*-[α-L-(4"-caffeoyl)-rhamnopyranosyl]-catalpol 6-*O*-[α-L-(4"- 咖啡酰基)- 吡喃鼠李糖基]- 梓醇 毛蕊花 Verbascum thapsum

6-*O*-[α-L-(4"-isoferuloyl)-rhamnopyranosyl]-catalpol 6-*O*-[α-L-(4"- 异阿魏酰基)- 吡喃鼠李糖基]- 梓醇 毛蕊花 Verbascum thapsum

6-*O*-[α-L-(4"-*O*-*trans*-*p*-coumaroyl)-rhamnopyranosyl]-catapol 6-*O*-[α-L-(4"-*O*- 反式 - 对香豆酰基)- 吡喃鼠李糖基]- 梓醇 毛蕊花 Verbascum thapsum

6-*O*-[α-L-(4"-*trans*-feruloyl)-rhamnopyranosyl]-catalpol 6-*O*-[α-L-(4"- 反式 - 阿魏酰基)- 吡喃鼠李糖基]- 梓醇 毛蕊花 Verbascum thapsum

3-*O*-[α-L-arabinopyranosyl-(1→2)]-6-*O*-methyl-*β*-D-glucuronopyranosyl methyl asiatate 3-*O*-[α-L- 吡喃阿拉伯糖基 -(1→2)]-6-*O*- 甲基 -*β*-D- 吡喃葡萄糖醛酸基积雪草酸甲酯 白花油麻藤 Mucuna birdwoodiana

3-*O*-[α-L-arabinopyranosyl-(1→2)]-6-*O*-methyl-*β*-D-glucuronopyranosyl methyl maslinate 3-*O*-[α-L- 吡喃阿拉伯糖基 -(1→2)]-6-*O*- 甲基 -*β*-D- 吡喃葡萄糖醛酸基山楂酸甲酯 白花油麻藤 Mucuna birdwoodiana

O

3-*O*-[-*α*-L-arabinopyranosyl-(1→2)]-*β*-D-glucuronopyranosyl-azukisapogenol 3-*O*-[-*α*-L- 吡喃阿拉伯糖基 -(1→2)]-*β*-D- 吡喃葡萄糖醛酸基 - 赤豆皂醇 杂种车轴草 Trifolium hybridum

3-*O*-[α-L-arabinopyranosyl-(1→2)-*β*-D-glucopyranosyl-(1→2)-*α*-L-arabinopyranosyl]-28-*O*-*β*-D-glucopyranoside medicagenate 3-*O*-[α-L- 吡喃阿拉伯糖基 -(1→2)-*β*-D- 吡喃葡萄糖基 -(1→2)-*α*-L- 吡喃阿拉伯糖基]-28-*O*-*β*-D- 吡喃葡萄糖基苜蓿酸酯苷 紫苜蓿 Medicago sativa

3-*O*-[α-L-arabinopyranosyl-(1→2)-*β*-D-glucopyranosyl-(1→2)-*α*-L-arabinopyranosyl]-28-*O*-*β*-D-glucopyranosylhederagenin 3-*O*-[α-L- 吡喃阿拉伯糖基 -(1→2)-*β*-D- 吡喃葡萄糖基 -(1→2)-*α*-L- 吡喃阿拉伯糖基]-28-*O*-*β*-D- 吡喃葡萄糖基常春藤皂苷元 紫苜蓿 Medicago sativa

3*β*-*O*-[α-L-arabinopyranosyl-(1→2)-*β*-D-glucuronic acid]-oleanolic acid-28-*O*-*β*-D-glucopyranosyl ester 3*β*-*O*-[α-L- 吡喃阿拉伯糖基 -(1→2)-*β*-D- 葡萄糖醛酸]- 齐墩果酸 -28-*O*-*β*-D- 吡喃葡萄糖基酯 枸骨 Ilex cornuta

3-*O*-[-*α*-L-arabinopyranosyl-(1→2)-*β*-D-glucuronopyranosyl]-29-*O*-*β*-D-glucopyranosyl-azukisapogenol 3-*O*-[-*α*-L- 吡喃阿拉伯糖基 -(1→2)-*β*-D- 吡喃葡萄糖醛酸基]-29-*O*-*β*-D- 吡喃葡萄糖基 - 赤豆皂醇 杂种车轴草 Trifolium hybridum

3-*O*-[α-L-arabinopyranosyl-(1→2)-*β*-D-glucuronopyranosyl]oleanolic acid-28-*O*-*β*-D-glucopyranoside 3-*O*-[α-L- 吡喃阿拉伯糖基 -(1→2)-*β*-D- 吡喃葡萄糖醛酸基] 齐墩果酸 -28-*O*-*β*-D- 吡喃葡萄糖苷 鹅掌藤 Heptapleurum arboricola

3-*O*-[α-L-arabinopyranosyl-(1→4)-[2-*O*-acetyl]-*β*-D-glucuronopyranosyl-28-*O*-[*β*-D-glucopyranosyl]-oleanolic acid 3-*O*-[α-L- 喃阿拉伯糖基 -(1→4)-[2-*O*- 乙酰基]-*β*-D- 吡喃葡萄糖醛酸基 -28-*O*-[*β*-D- 吡喃葡萄糖基]- 齐墩果酸 团花山矾 Symplocos glomerata

3-*O*-[α-L-arabinopyranosyl-(1→4)-*β*-D-glucuronopyranosyl]-28-*O*-[*β*-D-glucopyranosyl]-oleanolic acid 3-*O*-[α-L- 吡喃阿拉伯糖基 -(1→4)-*β*-D- 吡喃葡萄糖醛酸基]-28-*O*-[*β*-D- 吡喃葡萄糖基]- 齐墩果酸 团花山矾 Symplocos glomerata

3-*O*-[α-L-rhamnopyranoside(1→2)-*α*-L-arabinopyranosyl-(1→2-*β*-D-glucuronopyranosyl]-sophoradiol 3-*O*-[α-L- 吡喃鼠李糖苷 (1→2)-*α*-L- 吡喃阿拉伯糖基 -(1→2-*β*-D- 吡喃葡萄糖醛酸基]- 槐二醇 葛 Pueraria montana var. lobata

3-*O*-[α-L-rhamnopyranosyl-(1→2)-*α*-L-arabinopyranosyl]-hederagenin 3-*O*-[α-L- 吡喃鼠李糖基 -(1→2)-*α*-L- 吡喃阿拉伯糖基]- 常春藤皂苷元 腺毛黑种草 Nigella glandulifera

3-*O*-[α-L-rhamnopyranosyl-(1→2)-*α*-L-arabinopyranosyl]hederagenin-28-*O*-[α-L-rhamnopyranosyl-(1→4)-*β*-D-glucopyranosyl-(1→6)-*β*-D-glucopyranosyl]ester 3-*O*-[α-L- 吡喃鼠李糖基 -(1→2)-*α*-L- 吡喃阿拉伯糖基]- 常春藤皂苷元 -28-*O*-*α*-L- 吡喃鼠李糖基 -(1→4)-*β*-D- 吡喃葡萄糖基 -(1→6)-*β*-D- 吡喃葡萄糖基酯苷 腺毛黑种草 Nigella glandulifera

3-*O*-[α-L-rhamnopyranosyl-(1→2)-*α*-L-arabinopyranosyl]-hederagenin-28-*O*-[*β*-D-glucopyranosyl-(1→6)-*β*-D-glucopyranosyl]ester 3-*O*-[α-L-

繁穗苋 Amaranthus cruentus
3-β-O-[α-L-rhamnopyranosyl-(1 → 3)-β-D-glucuronopyranosyl]-2β,3β-dihydroxyolean-12-en-28-oic acid-28-O-[β-D-glucopyranosyl]ester 3-β-O-[α-L- 吡喃鼠李糖基 -(1 → 3)-β-D- 吡喃葡萄糖醛酸基]-2β,3β- 二羟基齐墩果 -12- 烯 -28- 酸 -28-O-[β-D- 吡喃葡萄糖基] 酯 繁穗苋 Amaranthus cruentus
3-O-[α-L-rhamnopyranosyl-(1 → 3)-β-D-glucuronopyranosyl]-oleanolic acid 3-O-[α-L- 吡喃鼠李糖基 -(1 → 3)-β-D- 吡喃葡萄糖醛酸基]- 齐墩果酸 印度田菁 Sesbania sesban
3-O-[α-L-rhamnopyranosyl-(1 → 4)-O-β-D-glucopyranosyl-(1 → 3)]-[O-β-D-glucopyranosyl-(1 → 2)]-O-β-D-glucopyranosyl-(1 → 4)-O-β-D-galactopyranoside-5α,25R-spirostan-3β-ol 3-O-[α-L- 吡喃鼠李糖基 -(1 → 4)-O-β-D- 吡喃鼠李糖基 -(1 → 3)]-[O-β-D- 吡喃葡萄糖基 -(1 → 2)]-O-β-D- 吡喃葡萄糖基 -(1 → 4)-O-β-D- 吡喃半乳糖苷 -5α,25R- 螺甾 -3β- 醇 凤尾丝兰 Yucca gloriosa
3-O-[α-L-rhamnopyranosyl-(1 → 4)-O-β-D-glucopyranosyl-(1 → 3)]-[O-β-D-glucopyranosyl-(1 → 3)-O-β-D-glucopyranosyl-(1 → 2)]-O-β-D-glucopyranosyl-(1→4)-O-β-D-galactopyranoside-5α,25R-spirostan-3β-ol 3-O-[α-L- 吡喃鼠李糖基 -(1→4)-O-β-D- 吡喃葡萄糖基 -(1→3)]-[O-β-D- 吡喃葡萄糖基 -(1 → 3)-O-β-D- 吡喃葡萄糖基 -(1 → 2)]-O-β-D- 吡喃葡萄糖基 -(1 → 4)-O-β-D- 吡喃半乳糖苷 -5α,25R- 螺甾 -3β- 醇 凤尾丝兰 Yucca gloriosa
3-O-[α-L-rhamnopyranosyl-(1 → 4)-β-D-glucopyranosyl-(1 → 3)]-[β-D-glucopyranosyl-(1 → 2)-[β-D-fucopyranosylolean-11,13(18)-diene-3β,23,28-triol 3-O-[α-L- 吡喃鼠李糖基 -(1 → 4)-β-D- 吡喃葡萄糖基 -(1 → 3)]-[β-D- 吡喃葡萄糖基 -(1 → 2)-[β-D- 吡喃呋喃糖基齐墩果 -11,13(18)- 二烯 -3β,23,28- 三醇 白背枫 Buddleja asiatica
3-O-[α-L-rhamnopyranosyl-(1 → 4)-β-D-glucopyranosyl-(1 → 3)]-[β-D-xylopyranosyl-(1 → 2)]-β-D-glucuronopyranosylolean-11,13(18)-diene-3β,23,28-triol 3-O-[α-L- 吡喃鼠李糖基 -(1 → 4)-β-D- 吡喃葡萄糖基 -(1 → 3)]-[β-D- 吡喃木糖基 -(1 → 2)]-β-D- 吡喃葡萄糖醛酸基齐墩果 -11,13(18)- 二烯 -3β,23,28- 三醇 白背枫 Buddleja asiatica
3-O-[α-L-rhamnopyranosyl-(1→4)-β-D-glucopyranosyl-(1→4)-β-D-glucopyranosyl-(1→3)]-β-D-fucopyranosylolean-11,13(18)-diene-3β,23,28-triol 3-O-[α-L- 吡喃鼠李糖基 -(1 → 4)-β-D- 吡喃葡萄糖基 -(1 → 4)-β-D- 吡喃葡萄糖基 -(1 → 3)]-β-D- 吡喃呋糖基齐墩果 -11,13(18)- 二烯 -3β,23,28- 三醇 白背枫 Buddleja asiatica
3-O-[α-L-rhamnopyranosyl-(1 → 4)-β-D-glucopyranosyl]-26-O-[β-D-glucopyranosyl]-(25S)-5β-spirostan-3β-ol 3-O-[α-L- 吡喃鼠李糖基 -(1 → 4)-β-D- 吡喃葡萄糖基]-26-O-(β-D- 吡喃葡萄糖基)-(25S)-5β- 螺甾 -3β- 醇 天门冬 Asparagus cochinchinensis
3-O-[α-L-rhamnopyranosyl-(1 → 4)-β-D-glucpyranosyl]-26-O-(β-D-glucopyranosyl)-(25R)-furost-5,20-dien-3β,26-diol 3-O-[α-L- 吡喃鼠李糖基 -(1 → 4)-β-D- 吡喃葡萄糖基]-26-O-(β-D- 吡喃葡萄糖基)-(25R)- 呋甾 -5,20- 二烯 -3β,26- 二醇 天门冬 Asparagus cochinchinensis
3-O-[α-L-rhamnopyranosyl-(1 → 4)-β-D-glucuronopyranosyl]echinocystic acid 3-O-[α-L- 吡喃鼠李糖基 -(1 → 4)-β-D- 吡喃葡萄糖醛酸基] 刺囊酸 鹅掌藤 Heptapleurum arboricola
3-O-[α-L-rhamnopyranosyl-(1 → 4)-β-D-glucuronopyranosyl]oleanolic acid 3-O-[α-L- 吡喃鼠李糖基 -(1 → 4)-β-D- 吡喃葡萄糖醛酸基] 齐墩果酸 鹅掌藤 Heptapleurum arboricola
3-O-[α-L-rhamnopyranosyl-(1 → 4)-β-D-glucuronopyranosyl]oleanolic acid 28-O-β-D-glucopyranoside 3-O-[α-L- 吡喃鼠李糖基 -(1 → 4)-β-D- 吡喃葡萄糖醛酸基] 齐墩果酸 -28-O-β-D- 吡喃葡萄糖苷 鹅掌藤 Heptapleurum arboricola
3-β-O-[α-rhamnopyranosyl-(1 → 3)-β-D-glucuronopyranosyl]-2β,3β-dihydroxy-23-oxoolean-12-en-28-oic acid-28-O-[β-D-glucopyranosyl]ester 3-β-O-[α- 吡喃鼠李糖基 -(1 → 3)-β-D- 吡喃葡萄糖醛酸基]-2β,3β- 二羟基 -23- 氧代齐墩果 -12- 烯 -28- 酸 -28-O-[β-D- 吡喃葡萄糖基] 酯 繁穗苋 Amaranthus cruentus
3-O-[β-D-(6-methyl)-glucuronopyranosyl-(1→2)-D-glucuronopyranosyl]-24-hydroxyglabrolide 3-O-[β-D-(6- 甲基)- 吡喃葡萄糖醛酸基 -(1→2)-β-D- 吡喃葡萄糖醛酸基]-24- 羟基 - 光果甘草内酯 甘草 Glycyrrhiza uralensis
3-O-[β-D-(6'-nonadecanoate)-glucopyranosyl]-β-sitosterol 3-O-[β-D-(6'- 十九酸酯)- 吡喃葡萄糖基]-β- 谷甾醇 水茄 Solanum torvum
4'-O-[β-D-apio-D-furanosyl-(1 → 2)-β-D-glucopyranosyl]-liquiritigenin 4'-O-[β-D- 呋喃芹糖基 -(1 → 2)-β-D- 吡喃葡萄糖基]- 甘草苷元 甘草 Glycyrrhiza uralensis
3-O-[β-D-apiofuranosyl-(1 → 4)-β-D-glucuronopyranosyl]oleanolic acid 28-O-β-D-glucopyranosyl ester 3-O-[β-D- 呋喃芹糖基 -(1 → 4)-β-D- 吡喃葡萄糖醛酸基] 齐墩果酸 -28-O-β-D- 吡喃葡萄糖基酯 鹅掌藤 Heptapleurum arboricola
13-O-[β-D-apiofuranosyl-(1 → 6)-β-D-glucopyranosyl]-(12R)-heraclenol 13-O-[β-D- 呋喃芹菜糖基 -(1 → 6)-β-D- 吡喃葡萄糖基]-(12R)- 独活醇 鹤庆独活 Heracleum rapula
8-O-[β-D-apiofuranosyl-(1 → 6)-β-D-glucopyranosyl]-8-hydroxybergapten 8-O-[β-D- 呋喃芹菜糖基 -(1 → 6)-β-D- 吡喃葡萄糖基]-8- 羟基香柠檬烯 鹤庆独活 Heracleum rapula
8-O-[β-D-apiofuranosyl-(1 → 6)-β-D-glucopyranosyl]xanthotoxol 8-O-[β-D- 呋喃芹糖基 -(1 → 6)-β-D- 吡喃葡萄糖基] 花椒毒酚 鹤庆独活 Heracleum rapula
3β-O-[β-D-galactopyranosyl-(1 → 2)]-[β-D-xylopyranosyl-(1 → 3)]-β-D-glucuronopyranosyl-quillaic acid-28-O-[α-L-rhamnopyranosyl-(1 → 2)]-4-O-acetyl-3-O-(E/Z)-para-methoxycinnamoyl-β-D-fucopyranosyl ester 3β-O-[β-D- 吡喃半乳糖基 -(1→2)]-[β-D- 吡喃木糖基 -(1→3)]-β-D- 吡喃葡萄糖醛酸基 - 皂皮树酸 -28-O-[α-L- 吡喃鼠李糖基 -(1 → 2)]-4-O- 乙酰基 -3-O-(E/Z)- 对甲氧基肉桂酰基 -β-D- 吡喃岩藻糖基酯 圆锥石头花 Gypsophila paniculata
3-O-[β-D-galactopyranosyl-(1 → 2)-α-L-arabinopyranosyl]-28-O-D-glucopyranosylhederagenin 3-O-[β-D- 吡喃半乳糖基 -(1 → 2)-α-L- 吡喃阿拉伯糖基]-28-O-D- 吡喃葡萄糖基常春藤皂苷元 紫苜蓿 Medicago sativa
3-O-[β-D-galactopyranosyl-(1 → 2)-β-D-glucuronopyranosyl]-28-O-[[α-L-arabinopyranosyl-(1 → 2)-α-L-arabinopyranosyl-(1 → 3)-β-D-xylopyranosyl-(1 → 4)-α-L-rhamnopyranosyl-(1 → 2)]-[β-D-glucopyranosyl-(1 → 3)]-4-O-acetyl-β-D-fucopyranosyl]quillaic acid 3-O-[β-D- 吡喃半乳糖基 -(1 → 2)-β-D- 吡喃葡萄糖基]-28-O-[[α-L- 吡喃阿拉伯糖基 -(1 → 2)-α-L- 吡喃阿拉伯糖基 -(1 → 3)-β-D- 吡喃木糖基 -(1 → 4)-α-L- 吡喃鼠李糖基 -(1 → 2)]-[β-D- 吡喃葡萄糖基 -(1 → 3)]-4-O- 乙酰基 -β-D- 吡喃岩藻糖基] 皂皮树酸 鹤草 Silene fortunei
3β-O-[β-D-galactopyranosyl-(1 → 3)-β-D-galactopyranosyl-(1 → 4)-α-L-rhamnopyranosyl]-21β-hydroxy-16,23-dioxo-28-nor-17α,18β-olean-12-

O

O

皂醇 小花棘豆 Oxytropis glabra

3-O-[β-D-glucopyranosyl-(1→2)-β-D-xylopyranosyl-(1→2)]-α-L-rabinopyranosyl]-oleanolic acid 3-O-[β-D- 吡喃葡萄糖基 -(1→2)-β-D- 吡喃木糖基 -(1→2)-α-L- 阿拉伯糖基]- 齐墩果酸 黄毛楤木 Aralia chinensis

3-O-[β-D-glucopyranosyl-(1→2)-β-D-xylopyranosyl]-6-O-β-D-xylopyranosyl cycloastragenol 3-O-[β-D- 吡喃葡萄糖基 -(1→2)-β-D- 吡喃木基]-6-O-β-D- 吡喃木基环黄芪醇 斜茎黄耆 Astragalus adsurgens

3-O-[β-D-glucopyranosyl-(1→3)-(4-O-trans-p-coumaroyl)-α-L-rhamnopyranosyl-(1→6)-β-D-glucopyranosyl]-7-O-[β-D-glucopyranosyl-(1→3)-α-L-rhamnopyranosyl]-kaempferol 3-O-[β-D- 吡喃葡萄糖基 -(1→3)-(4-O- 反式 - 对香豆酰基)-α-L- 吡喃鼠李糖基 -(1→6)-β-D- 吡喃葡萄糖基]-7-O-[β-D- 吡喃葡萄糖基 -(1→3)-α-L- 吡喃鼠李糖基]- 山柰酚 船盔乌头 Aconitum naviculare

3-O-[β-D-glucopyranosyl-(1→3)-(4-O-trans-p-coumaroyl)-α-L-rhamnopyranosyl-(1→6)-β-D-glucopyranosyl]-7-O-[β-D-glucopyranosyl-(1→3)-α-L-rhamnopyranosyl] quercetin 3-O-[β-D- 吡喃葡萄糖基 -(1→3)-(4-O- 反式 - 对香豆酰基)-α-L- 吡喃鼠李糖基 -(1→6)-β-D- 吡喃葡萄糖基]-7-O-[β-D- 吡喃葡萄糖基 -(1→3)-α-L- 吡喃鼠李糖基] 槲皮素 船盔乌头 Aconitum naviculare

3-O-[β-D-glucopyranosyl-(1→3)-α-L-arabinopyranosyl]-echinocystic acid 3-O-[β-D- 吡喃葡萄糖基 -(1→3)-α-L- 吡喃阿拉伯糖基]- 刺囊酸 辽东楤木 Aralia elata var. glabrescens

3β-O-[β-D-glucopyranosyl-(1→3)-α-L-arabinopyranosyloxy]-29-hydroxyolean-12-en-28-oic acid-O-α-L-rhamnopyranosyl-(1→4)-β-D-glucopyranosyl-(1→6)-β-D-glucopyranosylester 3β-O-[β-D- 吡喃葡萄糖基 -(1→3)-α-L- 吡喃阿拉伯糖氧基]-29- 羟基齐墩果 -12- 烯 -28- 酸 -O-α-L- 吡喃鼠李糖基 -(1→4)-β-D- 吡喃葡萄糖基 -(1→6)-β-D- 吡喃葡萄糖基酯苷 木通 Akebia quinata

3β-O-[β-D-glucopyranosyl-(1→3)-α-L-deoxytalosyl-(1→2)-α-L-arabinosyl-jujubasterol] 3β-O-[β-D- 吡喃葡萄糖基 -(1→3)-α-L- 去氧塔罗糖基 -(1→2)-α-L- 吡喃阿拉伯糖基酸枣萜醇] 小花鬼针草 Bidens parviflora

3β-O-[β-D-glucopyranosyl-(1→3)-α-L-rhamnopyranosyl-(1→2)-α-L-arabinopyranosyl]-16α,23-dihydroxyoleanolic acid-28-O-{α-L-rhamnopyranosyl-(1→4)-[β-D-quinovopyranosyl-(1→2)]-β-D-glucopyranosyl-(1→6)-β-D-glucopyranosyl}}ester 3β-O-[β-D- 吡喃葡萄糖基 -(1→3)-α-L- 吡喃鼠李糖基 -(1→2)-α-L- 吡喃阿拉伯糖基]-16α,23- 二羟基齐墩果酸 -28-O-{-α-L- 吡喃鼠李糖基 -(1→4)-[β-D- 吡喃异鼠李糖基 -(1→2)]-β-D- 吡喃葡萄糖基 -(1→6)-β-D- 吡喃葡萄糖基 }} 酯苷 刺通草 Trevesia palmata

3β-O-[β-D-glucopyranosyl-(1→3)-α-L-rhamnopyranosyl-(1→2)-α-L-arabinopyranosyl]echinocystic acid-28-O-[α-L-rhamnopyranosyl-(1→4)-β-D-glucopyranosyl-(1→6)-β-D-glucopyranosyl]ester 3β-O-[β-D- 吡喃葡萄糖基 -(1→3)-α-L- 吡喃鼠李糖基 -(1→2)-α-L- 吡喃阿拉伯糖基] 刺囊酸 -28-O-[α-L- 吡喃鼠李糖基 -(1→4)-β-D- 吡喃葡萄糖基 -(1→6)-β-D- 吡喃葡萄糖基] 酯苷 刺通草 Trevesia palmata

3β-O-[β-D-glucopyranosyl-(1→3)-α-L-rhamnopyranosyl-(1→2)-α-L-arabinopyranosyl]oleanolic acid-28-O-[α-L-rhamnopyranosyl-(1→4)-β-D-glucopyranosyl-(1→6)-β-D-glucopyranosyl]ester 3β-O-[β-D- 吡喃葡萄糖基 -(1→3)-α-L- 吡喃鼠李糖基 -(1→2)-α-L- 吡喃阿拉伯糖基] 齐墩果酸 -28-O-[α-L- 吡喃鼠李糖基 -(1→4)-β-D- 吡喃葡萄糖基 -(1→6)-β-D- 吡喃葡萄糖基] 酯苷 刺通草 Trevesia palmata

3β-O-[β-D-glucopyranosyl-(1→3)-α-L-rhamnopyranosyl-(1→2)-α-L-arabinopyranosyl]oleanolic acid-28-O-[β-D-glucopyranosyl-(1→3)-α-L-rhamnopyranosyl-(1→4)-β-D-glucopyranosyl-(1→6)-β-D-glucopyranosyl]ester 3β-O-[β-D- 吡喃葡萄糖基 -(1→3)-α-L- 吡喃鼠李糖基 -(1→2)-α-L- 吡喃阿拉伯糖基] 齐墩果酸 -28-O-[β-D- 吡喃葡萄糖基 -(1→3)-α-L- 吡喃鼠李糖基 -(1→4)-β-D- 吡喃葡萄糖基 -(1→6)-β-D- 吡喃葡萄糖基] 酯苷 刺通草 Trevesia palmata

7-O-[β-D-glucopyranosyl-(1→3)-α-L-rhamnopyranosyl]quercetin 7-O-β-D- 吡喃葡萄糖基 -(1→3)-α-L- 吡喃鼠李糖基槲皮素 船盔乌头 Aconitum naviculare

3-O-[β-D-glucopyranosyl-(1→3)-β-D-6-O-methyl-glucuronopyranosyloxy]-2β-hydroxy-olean-12-en-28-oic acid 3-O-[β-D- 吡喃葡萄糖基 -(1→3)-β-D-6-O- 甲基 - 吡喃葡萄糖醛酸氧基]-2β- 羟基 - 齐墩果 -12- 烯 -28- 酸 山石榴 Catunaregam spinosa

3-O-[β-D-glucopyranosyl-(1→3)-β-D-glucopyranosyl-(1→3)]-[β-D-glucopyranosyl-(1→2)]-β-D-glucopyranosyl-hederagenin-28-O-β-D-glucopyranoside 3-O-[β-D- 吡喃葡萄糖基 -(1→3)-β-D- 吡喃葡萄糖基 -(1→3)]-[β-D- 吡喃葡萄糖基 -(1→2)]-β-D- 吡喃葡萄糖基 - 常春藤皂苷元 -28-O-β-D- 吡喃葡萄糖苷 辽东楤木 Aralia elata var. glabrescens

16-O-[β-D-glucopyranosyl-(1→3)-β-D-glucopyranosyl]-(20S,24S)-3β,16β,20,24,25-pentahydroxy-9,19-cyclolanostane 16-O-[β-D- 吡喃葡萄糖基 -(1→3)-β-D- 吡喃葡萄糖基]-(20S,24S)-3β,16β,20,24,25- 五羟基 -9,19- 环羊毛脂烷 地角儿苗 Oxytropis bicolor

16-O-[β-D-glucopyranosyl-(1→3)-β-D-glucopyranosyl]-20-O-α-L-arabinopyranosyl-(20S,24S)-3β,16β,20,24,25-pentahydroxy-9,19-cyclolanostane 16-O-[β-D- 吡喃葡萄糖基 -(1→3)-β-D- 吡喃葡萄糖基]-20-O-α-L- 吡喃阿拉伯糖基 -(20S,24S)-3β,16β,20,24,25- 五羟基 -9,19- 环羊毛脂烷 地角儿苗 Oxytropis bicolor

3-O-[β-D-glucopyranosyl-(1→3)-β-D-glucopyranosyl]-28-O-[β-D-xylopyranosyl-(1→4)-α-L-rhamnopyranosyl-(1→2)-α-L-arabinopyranoside medicagenate 3-O-[β-D- 吡喃葡萄糖基 -(1→3)-β-D- 吡喃葡萄糖基]-28-O-[β-D- 吡喃木糖基 -(1→4)-α-L- 吡喃鼠李糖基 -(1→2)-α-L- 吡喃阿拉伯糖基苜蓿酸酯苷 紫苜蓿 Medicago sativa

3-O-[β-D-glucopyranosyl-(1→3)-β-D-glucopyranosyl]-28-O-β-D-glucopyranoside medicagenate 3-O-[β-D- 吡喃葡萄糖基 -(1→3)-β-D- 吡喃葡萄糖基]-28-O-β-D- 吡喃葡萄糖基苜蓿酸酯苷 紫苜蓿 Medicago sativa

3-O-[β-D-glucopyranosyl-(1→3)-β-D-glucopyranosyl]-phytolaccagenic acid-28-O-β-D-glucopyranosylester 3-O-[β-D- 吡喃葡萄糖基 -(1→3)-β-D- 吡喃葡萄糖基]- 商陆酸 -28-O-β-D- 吡喃葡萄糖基酯苷 苍白秤钩风 Diploclisia glaucescens

3-O-[β-D-glucopyranosyl-(1→4)-β-D-glucopyranosyl-(1→4)-α-L-arabinopyranosyl]-oleanolic acid 3-O-[β-D- 吡喃葡萄糖基 -(1→4)-β-D- 吡喃葡萄糖基 -(1→4)-α-L- 吡喃阿拉伯糖基]- 齐墩果酸 聚合草 Symphytum officinale

3-O-[β-D-glucopyranosyl-(1→6)-(3'-O-angeloyl)-β-D-glucopyranosyl]-28-O-β-D-glucopyranosyl-(1→6)[α-L-rhamnopyranosyl-(1→2)-β-D-glucopyranosyl]-16-deoxybarringtogenol C 3-O-[β-D- 吡喃葡萄糖基 -(1→6)-(3'-O- 当归酰基)-β-D- 吡喃葡萄糖基]-28-O-β-D- 吡喃葡萄糖基 -(1→6)[α-L- 吡喃鼠李糖基 -(1→2)-β-D- 吡喃葡萄糖基]-16- 去氧玉蕊皂醇 ▲C 文冠果 Xanthoceras sorbifolium

5-O-[β-D-glucopyranosyl-(1→6)-β-D-glucopyrano-syl]-8-hydroxybergaptol 5-O-[β-D- 吡喃葡萄糖基 -(1→6)-β-D- 吡喃葡萄糖基]-8- 羟基香柠檬酚 鹤庆独活 Heracleum rapula

(20S)-20-O-[β-D-glucopyranosyl-(1→6)-β-D-glucopyranosyl-(1→6)-β-D-glucopyranosyl]dammar-24-ene-3β,6α,12β,20-tetrol (20S)-20-O-[β-

D- 吡喃葡萄糖基 -(1 → 6)-β-D- 吡喃葡萄糖基 -(1 → 6)-β-D- 吡喃葡萄糖基] 达玛 -24- 烯 -3β,6α,12β,20- 四醇 三七 Panax notoginseng

3-O-[β-D-glucopyranosyl-(1 → 6)-β-D-glucopyranosyl]-(20S,22R)-1α,3β-dihydroxywitha-5,24-dienolide 3-O-[β-D- 吡喃葡萄糖基 -(1 → 6)-β-D- 吡喃葡萄糖基]-(20S,22R)-1α,3β- 二羟基睡茄 -5,24- 二烯内酯 睡茄 Withania somnifera

1-O-[β-D-glucopyranosyl-(1 → 6)-β-D-glucopyranosyl]-3,8-dihydroxy-4,5-dimethoxyxanthone 1-O-[β-D- 吡喃葡萄糖基 -(1 → 6)-β-D- 吡喃葡萄糖基]-3,8- 二羟基 -4,5- 二甲氧基𠮿酮 獐牙菜 Swertia bimaculata

1-O-[β-D-glucopyranosyl-(1 → 6)-β-D-glucopyranosyl]-8-hydroxy-3,7-dimethoxyxanthone 1-O-[β-D- 吡喃葡萄糖基 -(1 → 6)-β-D- 吡喃葡萄糖基]-8- 羟基 -3,7- 二甲氧基𠮿酮 贵州獐牙菜 Swertia kouitchensis

3-O-[β-D-glucopyranosyl)-(1 → 4)-β-D-glucopyranosyl-(1 → 4)-α-L-arabinopyranosyl]-hederagenin-28-O-[α-L-rhamnopyranosyl-(1 → 4)-β-D-glucopyranosyl-(1 → 6)-β-D-glucopyranosyl]ester 3-O-[β-D- 吡喃葡萄糖基)-(1 → 4)-β-D- 吡喃葡萄糖基 -(1 → 4)-α-L- 吡喃阿拉伯糖基]- 常春藤皂苷元 -28-O-[α-L- 吡喃鼠李糖基 -(1 → 4)-β-D- 吡喃葡萄糖基 -(1 → 6)-β-D- 吡喃葡萄糖基] 酯苷 聚合草 Symphytum officinale

1-O-[β-D-glucopyranosyl]-(2S,3R,5R,9E)-2-N-[tridecanoyl]-nonacosasphinga-9-ene 1-O-[β-D- 吡喃葡萄糖基]-(2S,3R,5R,9E)-2-N-[十三碳酰基]- 二十九碳鞘 -9- 烯 冬青卫矛 Euonymus japonicus

1-O-[β-D-glucopyranosyl]-(2S,3R,9E)-3-hydroxymethyl-2-N-[(2R)-hydroxynonacosanoyl]-tridecasphinga-9-ene 1-O-[β-D- 吡喃葡萄糖基]-(2S,3R,9E)-3- 羟甲基 -2-N-[(2R)- 羟基二十九碳酰基]- 十三碳鞘 -9- 烯 冬青卫矛 Euonymus japonicus

1-O-[β-D-glucopyranosyl]-(2S,3R,9E,12E)-2-N-[(2R)-hydroxytetracosanoyl]-octadecasphinga-9,12-diene 1-O-[β-D- 吡喃葡萄糖基]-(2S,3R,9E,12E)-2-N-[(2R)- 羟基二十四碳酰基]- 十八碳鞘 -9,12- 二烯 冬青卫矛 Euonymus japonicus

3-O-[β-D-glucopyranosyl]-28-O-[α-L-rhamnopyranosyl-(1 → 2)-β-D-glucopyranosyl]arjunolic acid 3-O-[β-D- 吡喃葡萄糖基]-28-O-[α-L- 吡喃鼠李糖基 -(1 → 2)-β-D- 吡喃葡萄糖基] 阿江榄仁酸 光叶山矾 Symplocos lancifolia

3-O-[β-D-glucopyranosyl]-28-O-[α-L-rhamnopyranosyl-(1 → 2)-β-D-glucopyranosyl]asiatic acid 3-O-[β-D- 吡喃葡萄糖基]-28-O-[α-L- 吡喃鼠李糖基 -(1 → 2)-β-D- 吡喃葡萄糖基] 积雪草酸 光叶山矾 Symplocos lancifolia

3-O-[β-D-glucopyranosyl]-28-O-[α-L-rhamnopyranosyl-(1 → 2)-β-D-glucopyranosyl]maslinic acid 3-O-[β-D- 吡喃葡萄糖基]-28-O-[α-L- 吡喃鼠李糖基 -(1 → 2)-β-D- 吡喃葡萄糖基] 山楂酸 光叶山矾 Symplocos lancifolia

3-O-[β-D-glucopyranosyl]-28-O-[β-D-xylopyranosyl-(1 → 4)-α-L-rhamnopyranosyl-(1 → 2)-α-L-arabinopyranoside]medicagenate 3-O-β-D- 吡喃葡萄糖基 -28-O-[β-D- 吡喃木糖基 -(1 → 4)-α-L- 吡喃鼠李糖基 -(1 → 2)-α-L- 吡喃阿拉伯糖苷]- 苜蓿酸酯 紫苜蓿 Medicago sativa

3-O-[β-D-glucuronopyranosyl-(1 → 2)-β-D-glucuronopyranosyl]-24-hydroxyglabrolide 3-O-[β-D- 吡喃葡萄糖醛酸基 -(1 → 2)-β-D- 吡喃葡萄糖醛酸基]-24- 羟基光果甘草内酯 甘草 Glycyrrhiza uralensis

3-O-[-β-D-glucuronopyranosyl-(1 → 2)-β-D-glucuronopyranosyl]-29-O-β-D-glucopyranosyl-azukisapogenol 3-O-[-β-D- 吡喃葡萄糖醛酸基 -(1 → 2)-β-D- 吡喃葡萄糖醛酸基]-29-O-β-D- 吡喃葡萄糖基 - 赤豆皂醇 杂种车轴草 Trifolium hybridum

3β-O-[β-D-glucuronopyranosyl-(1 → 2)-β-D-glucuronopyranosyl]-glycyrretol 3β-O-[β-D- 吡喃葡萄糖醛酸基 -(1 → 2)-β-D- 吡喃葡萄糖醛酸基]- 甘草醇 甘草 Glycyrrhiza uralensis

3β-O-[β-D-glucuronopyranosyl-(1 → 3)-α-L-arabinopyranosyloxy]-23-hydroxyolean-12-en-28-oic acid-O-β-L-rhamnopyranosyl-(1 → 4)-β-D-glucopyranosyl-(1 → 6)-β-D-glucopyranosylester 3β-O-[β-D- 吡喃葡萄糖醛酸基 -(1 → 3)-α-L- 吡喃阿拉伯糖氧基]-23- 羟基齐墩果 -12- 烯 -28- 酸 -O-β-L- 吡喃鼠李糖基 -(1 → 4)-β-D- 吡喃葡萄糖基 -(1 → 6)-β-D- 吡喃葡萄糖基酯苷 木通 Akebia quinata

3β-O-[β-D-glucuronopyranosyl-(1 → 3)-α-L-arabinopyranosyloxy]-olean-12-en-28-oic acid-O-α-L-rhamnopyranosyl-(1 → 4)-β-D-glucopyranosyl-(1 → 6)-β-D-glucopyranosylester 3β-O-[β-D- 吡喃葡萄糖醛酸基 -(1 → 3)-α-L- 吡喃阿拉伯糖氧基]- 齐墩果 -12- 烯 -28- 酸 -O-α-L- 吡喃鼠李糖基 -(1 → 4)-β-D- 吡喃葡萄糖基 -(1 → 6)-β-D- 吡喃葡萄糖基酯苷 木通 Akebia quinata

3-O-[β-D-glucuronopyranosyl-(1 → 3)-α-L-rhamnopyranosyl-(1 → 2)-β-D-glucopyranosyl]-4α,20α-dihydroxymethylolean-12-en-28-oic acid 3-O-[β-D- 吡喃葡萄糖基 -(1 → 3)-α-L- 吡喃鼠李糖基 -(1 → 2)-β-D- 吡喃葡萄糖基]-4α,20α- 二羟甲基齐墩果 -12- 烯 -28- 酸 蓖麻 Ricinus communis

3-β-O-[β-D-glucuronopyranosyl]-2β,3β-dihydroxy-30-norolean-12,20(29)-diene-23,28-dioic acid-28-O-[β-D-glucopyranosyl]ester 3-β-O-[β-D- 吡喃葡萄糖醛酸基]-2β,3β- 二羟基 -30- 去甲齐墩果 -12,20(29)- 二烯 -23,28- 二酸 -28-O-[β-D- 吡喃葡萄糖基] 酯 繁穗苋 Amaranthus cruentus

3β-O-[β-D-quinovopyranosyl-(1 → 2)-α-L-arabinopyranosyl]hederagenin-28-O-[α-L-rhamnopyranosyl-(1 → 4)-β-D-glucopyranosyl-(1 → 6)-β-D-glucopyranosyl]ester 3β-O-[β-D- 吡喃异鼠李糖基 -(1 → 2)-α-L- 吡喃阿拉伯糖基] 常春藤皂苷元 -28-O-[α-L- 吡喃鼠李糖基 -(1 → 4)-β-D- 吡喃葡萄糖基 -(1 → 6)-β-D- 吡喃葡萄糖基] 酯苷 刺通草 Trevesia palmata

3β-O-[β-D-quinovopyranosyl-(1 → 2)-α-L-arabinopyranosyl]oleanolic acid-28-O-[α-L-rhamnopyranosyl-(1 → 4)-β-D-glucopyranosyl-(1 → 6)-β-D-glucopyranosyl]ester 3β-O-[β-D- 吡喃异鼠李糖基 -(1 → 2)-α-L- 吡喃阿拉伯糖基] 齐墩果酸 -28-O-[α-L- 吡喃鼠李糖基 -(1 → 4)-β-D- 吡喃葡萄糖基 -(1 → 6)-β-D- 吡喃葡萄糖基] 酯苷 刺通草 Trevesia palmata

3-O-[β-D-quinovopyranosyl]quinovic acid 3-O-[β-D- 吡喃鸡纳糖基] 鸡纳酸 白钩藤 Uncaria sessilifructus

3β-O-[β-D-ribopyranosyl-(1 → 3)-α-L-rhamnopyranosyl-(1 → 2)-α-L-arabinopyranosyl]-23-hydroxy-olean-11,13-dien-28-oic acid 3β-O-[β-D- 吡喃核糖基 -(1 → 3)-α-L- 吡喃鼠李糖基 -(1 → 2)-α-L- 吡喃阿拉伯糖基]-23- 羟基 - 齐墩果 -11,13- 二烯 -28- 酸 粗齿铁线莲 Clematis grandidentata

3β-O-[β-D-ribopyranosyl-(1 → 3)-α-L-rhamnopyranosyl-(1 → 2)-α-L-arabinopyranosyl]hederagenin-11,13-dien-28-oic acid 3β-O-[β-D- 吡喃核糖基 -(1 → 3)-α-L- 吡喃鼠李糖基 -(1 → 2)-α-L- 吡喃阿拉伯糖基]- 常春藤皂苷元 -11,13- 二烯 -28- 酸 粗齿铁线莲 Clematis grandidentata

3-O-[β-D-xylopyranosyl-(1 → 2)-[β-D-glucopyranosyl-(1 → 3)]-β-D-glucopyranosyl-(1 → 4)-[α-L-rhamnopyranosyl-(1 → 2)-β-D-galactopyranosyl]-neohecogenin 3-O-[β-D- 吡喃木糖基 -(1 → 2)-[β-D- 吡喃葡萄糖基 -(1 → 3)]-β-D- 吡喃葡萄糖基 -(1 → 4)-[α-L- 吡喃鼠李糖基 -(1 → 2)-β-D- 吡喃半乳糖基]- 新海柯皂苷元 大花蒺藜 Tribulus cistoides

O

3-*O*-[*β*-D-xylopyranosyl-(1→2)-[*β*-D-xylopyranosyl-(1→3)]-*β*-D-glucopyranosyl-(1→4)-[*α*-L-rhamnopyranosyl-(1→2)]-*β*-D-galactopyranosyl]-26-*β*-D-glucopyranosyl-22-methoxy-(3*β*,5*α*,25*S*)-furostan-3,26-diol 3-*O*-[*β*-D- 吡喃木糖基 -(1→2)-[*β*-D- 吡喃木糖基 -(1→3)]-*β*-D- 吡喃葡萄糖基 -(1→4)-[*α*-L- 吡喃鼠李糖基 -(1→2)]-*β*-D- 吡喃半乳糖基]-26-*β*-D- 吡喃葡萄糖基 -22- 甲氧基 -(3*β*,5*α*,25*S*)- 呋甾 -3,26-二醇 大花蒺藜 Tribulus cistoides

3-*O*-[*β*-D-xylopyranosyl(1→2)-*β*-D-glucopyranosyl-(1→2)-*β*-D-glucopyranosyl]-serjanic acid-28-*O*-*β*-D-glucopyranosylester 3-*O*-[*β*-D- 吡喃木糖基 -(1→2)-*β*-D- 吡喃葡萄糖基 -(1→2)-*β*-D- 吡喃葡萄糖基]- 塞战藤酸 -28-*O*-*β*-D- 吡喃葡萄糖基酯苷 苍白秤钩风 Diploclisia glaucescens

7-*O*-[*β*-D-xylopyranosyl-(1→2)-*β*-D-xylopyranosyl]-1,7,8-trihydroxy-3-methoxyxanthone 7- 羟基 -1,7,8- 三羟基 -3- 甲氧基 𠮿酮 -7-*O*-[*β*-D- 吡喃木糖基 -(1→2)-*β*-D- 吡喃木糖苷 抱茎獐牙菜 Swertia franchetiana

7-*O*-[*β*-D-xylopyranosyl-(1→2)-*β*-D-xylopyranosyl]-1,8-dihydroxy-3-methoxyxanthone 7-*O*-[*β*-D- 吡喃木糖基 -(1→2)-*β*-D- 吡喃木糖基]-1,8- 二羟基 -3- 甲氧基 𠮿酮 川西獐牙菜 Swertia mussotii

(20*S*)-6-*O*-[*β*-D-xylopyranosyl-(1→2)-*β*-D-xylopyranosyl]dammar-24-ene-3*β*,6*α*,12*β*,20-tetrol (20*S*)-6-*O*-[*β*-D- 吡喃木糖基 -(1→2)-*β*-D- 吡喃木糖基] 达玛 -24- 烯 -3*β*,6*α*,12*β*,20- 四醇 三七 Panax notoginseng

3-*O*-[*β*-D-xylopyranosyl-(1→3)-*α*-L-rhamnopyranosyl-(1→2)-*α*-L-arabinopyranosyl]-28-*O*-[*α*-L-rhamnopyranosyl-(1→4)-*β*-D-glucopyranosyl-(1→6)-*β*-D-glucopyranosyl]-hederagenin 3-*O*-[*β*-D- 吡喃木糖基 -(1→3)-*α*-L- 吡喃鼠李糖基 -(1→2)-*α*-L- 吡喃阿拉伯糖基 -28-*O*-[*α*-L- 吡喃鼠李糖基 -(1→4)-*β*-D- 吡喃葡萄糖基 -(1→6)-*β*-D- 吡喃葡萄糖基]- 常春藤皂苷元 青钱柳 Cyclocarya paliurus

3-*O*-[*β*-D-xylopyranosyl-(1→3)-*α*-L-rhamnopyranosyl-(1→2)-*α*-L-arabinopyranosyl]-hederagenin 3-*O*-[*β*-D- 吡喃木糖基 -(1→3)-*α*-L- 吡喃鼠李糖基 -(1→2)-*α*-L- 吡喃阿拉伯糖基]- 常春藤皂苷元 腺毛黑种草 Nigella glandulifera

3-*O*-[*β*-D-xylopyranosyl-(1→3)-*α*-L-rhamnopyranosyl-(1→2)-*α*-L-arabinopyranosyl]-hederagenin-28-*O*-[*α*-L-rhamnopyranosyl-(1→4)-*β*-D-glucopyranosyl-(1→6)-*β*-D-glucopyranosyl]ester 3-*O*-[*β*-D- 吡喃木糖基 -(1→3)-*α*-L- 吡喃鼠李糖基 -(1→2)-*α*-L- 吡喃阿拉伯糖基]- 常春藤皂苷元 -28-*O*-[*α*-L- 吡喃鼠李糖基 -(1→4)-*β*-D- 吡喃葡萄糖基 -(1→6)-*β*-D- 吡喃葡萄糖基] 酯苷 腺毛黑种草 Nigella glandulifera

3-*O*-[*β*-D-xylopyranosyl-(1→3)-*α*-L-rhamnopyranosyl-(1→2)-*α*-L-arabinopyranosyl]-hederagenin-28-*O*-*β*-D-glucopyranosyl ether 3-*O*-*β*-D- 吡喃木糖基 -(1→3)-*α*-L- 吡喃鼠李糖基 -(1→2)-*α*-L- 吡喃阿拉伯糖常春藤皂苷元 -28-*O*-*β*-D- 吡喃葡萄糖酯苷 腺毛黑种草 Nigella glandulifera

3-*O*-[*β*-D-xylopyranosyl-(1→3)-*α*-L-rhamnopyranosyl-(1→2)-*β*-D-glucopyranosyl]-12-oleanene-3*β*,28-diol 3-*O*-[*β*-D- 吡喃木糖基 -(1→3)-*α*-L- 吡喃鼠李糖基 -(1→2)-*β*-D- 吡喃葡萄糖基]-12- 齐墩果烯 -3*β*,28- 二醇 粗齿铁线莲 Clematis grandidentata

3*β*-*O*-[*β*-D-xylopyranosyl-(1→3)-*α*-L-rhamnopyranosyl-(1→2)-*β*-D-glucopyranosyl]-28-hydroxy-18*αH*ursan-20-en 3*β*-*O*-[*β*-D- 吡喃木糖基 -(1→3)-*α*-L- 吡喃鼠李糖基 -(1→2)-*β*-D- 吡喃葡萄糖基]-28- 羟基 -18*αH* 熊果 -20- 烯 粗齿铁线莲 Clematis grandidentata

3*β*-*O*-[*β*-D-xylopyranosyl-(1→3)-*α*-L-rhamnopyranosyl-(1→2)-*β*-D-glucopyranosyl]-28-hydroxy-olean-12-en 3*β*-*O*-[*β*-D- 吡喃木糖基 -(1→3)-*α*-L- 吡喃鼠李糖基 -(1→2)-*β*-D- 吡喃葡萄糖基]-28- 羟基 - 齐墩果 -12- 烯 粗齿铁线莲 Clematis grandidentata

3*β*-*O*-[*β*-D-xylopyranosyl-(1→3)-*α*-L-rhamnopyranosyl-(1→2)-*β*-D-glucopyranosyl]-28-hydroxytaraxeran-14-en 3*β*-*O*-[*β*-D- 吡喃木糖基 -(1→3)-*α*-L- 吡喃鼠李糖基 -(1→2)-*β*-D- 吡喃葡萄糖基]-28- 羟基蒲公英赛烷 -14- 烯 粗齿铁线莲 Clematis grandidentata

3*β*-*O*-[*β*-D-xylopyranosyl-(1→4)-[2-*O*-acetyl]-*β*-D-glucuronopyranosyl]-28-*O*-[*β*-D-glucopyranosyl]-morolic acid 3*β*-*O*-[*β*-D- 吡喃木糖基 -(1→4)-[2-*O*- 乙酰基]-*β*-D- 吡喃葡萄糖醛酸基]-28-*O*-[*β*-D- 吡喃葡萄糖基]- 摩拉豆酸▲ 团花山矾 Symplocos glomerata

28-*O*-[*β*-D-xylopyranosyl-(1→4)-*α*-L-rhamnopyranosyl-(1→2)-*α*-L-arabinopyranosyl]-3-*O*-[*β*-D-glucopyranosyl-(1→2)-*β*-D-glucopyranosyl] medicagenate 28-*O*-[*β*-D- 吡喃木糖基 -(1→4)-*α*-L- 吡喃鼠李糖基 -(1→2)-*α*-L- 吡喃阿拉伯糖基]-3-*O*-[*β*-D- 吡喃葡萄糖基 -(1→2)-*β*-D- 吡喃葡萄糖基] 苜蓿酸酯苷 紫苜蓿 Medicago sativa

28-*O*-[*β*-D-xylopyranosyl-(1→4)-*α*-L-rhamnopyranosyl-(1→2)-*α*-L-arabinopyranosyl]-3-*O*-*β*-D-glucopyranosylmedicagenate 28-*O*-[*β*-D- 吡喃木糖基 -(1→4)-*α*-L- 吡喃鼠李糖基 -(1→2)-*α*-L- 吡喃阿拉伯糖基]-3-*O*-*β*-D- 吡喃葡萄糖基苜蓿酸酯苷 紫苜蓿 Medicago sativa

28-*O*-[*β*-D-xylopyranosyl-(1→4)-*α*-L-rhamnopyranosyl-(1→2)-*α*-L-arabinopyranosyl]-3-*O*-*β*-D-glucuronopyranosylmedicagenate 28-*O*-[*β*-D- 吡喃木糖基 -(1→4)-*α*-L- 吡喃鼠李糖基 -(1→2)-*α*-L- 吡喃阿拉伯糖基]-3-*O*-*β*-D- 吡喃葡萄糖醛酸基苜蓿酸酯苷 紫苜蓿 Medicago sativa

28-*O*-[*β*-D-xylopyranosyl-(1→4)-*α*-L-rhamnopyranosyl-(1→2)-*α*-L-arabinopyranosyl]medicagenate 28-*O*-[*β*-D- 吡喃木糖基 -(1→4)-*α*-L- 吡喃鼠李糖基 -(1→2)-*α*-L- 吡喃阿拉伯糖基] 苜蓿酸酯苷 紫苜蓿 Medicago sativa

3-*O*-[*β*-D-xylopyranosyl-(1→4)-*β*-D-glucopyranosyl-(1→2)-*β*-D-glucopyranosyl]-(25*S*)-5*β*-spirostan-3*β*-ol 3-*O*-[*β*-D- 吡喃果糖基 -(1→4)-*β*-D- 吡喃葡萄糖基 -(1→2)-*β*-D- 吡喃葡萄糖基]-(25*S*)-5*β*- 螺甾 -3*β*- 醇 戈壁天门冬 Asparagus gobicus

3-*O*-[*β*-D-xylopyranosyl-(1→4)-*β*-D-glucopyranosyl-(1→3)-[*β*-D-glucopyranosyl-(1→2)]-*β*-D-glucopyranosyl-(1→4)-galactopyranosyl]-neotigogenin [3-*O*-[*β*-D- 吡喃木糖基 -(1→4)-*β*-D- 吡喃葡萄糖基 -(1→3)-[*β*-D- 吡喃葡萄糖基 -(1→2)]-*β*-D- 吡喃葡萄糖基 -(1→4)-吡喃半乳糖基]- 新替告皂苷元 大花蒺藜 Tribulus cistoides

3-*O*-[*β*-D-xylopyranosyl-(1→4)-*β*-D-glucopyranosyl-(1→3)-[*β*-D-glucopyranosyl-(1→2)]-*β*-D-glucopyranosyl-(1→4)-*β*-D-galactopyranosyl]-neogitogenin 3-*O*-[*β*-D- 吡喃木糖基 -(1→4)-*β*-D- 吡喃葡萄糖基 -(1→3)-[*β*-D- 吡喃葡萄糖基 -(1→2)]-*β*-D- 吡喃葡萄糖基 -(1→4)-*β*-D-吡喃半乳糖基]- 新吉托皂苷元 大花蒺藜 Tribulus cistoides

3-*O*-[*β*-D-xylopyranosyl-(1→4)-*β*-D-glucopyranosyl-(1→4)] [*α*-L-rhamnopyranosyl-(1→3)]-*O*-*β*-D-glucopyranosyl-(1→3)-*O*-*α*-L-rhamnopyranosyl-(1→2)-*O*-*α*-L-arabinopyranosyl-hederagenin 3-*O*-[*β*-D- 吡喃木糖基 -(1→4)-*β*-D- 吡喃葡萄糖基 -(1→4)] [*α*-L- 吡喃鼠李糖基 -(1→3)]-*O*-*β*-D- 吡喃葡萄糖基 -(1→3)-*O*-*α*-L- 吡喃鼠李糖基 -(1→2)-*O*-*α*-L- 吡喃阿拉伯糖基 - 常春藤皂苷元 川续断 Dipsacus asperoides

3-*O*-[*β*-D-xylopyranosyl-(1→4)-*β*-D-glucopyranosyl-(1→4)][*α*-L-rhamnopyranosyl-(1→3)]-*O*-*β*-D-glucopyranosyl-(1→3)-*O*-*α*-L-rhamnopyranosyl-(1→2)-*O*-*α*-L-arabinopyranosyl-hederagenin-28-*O*-*β*-D-glucopyranosyl ester 3-*O*-[*β*-D- 吡喃木糖基 -(1→4)-*β*-D- 吡喃

O

O

glucuronopyranosyl}-barringtogenol C-21,22-*O*-diangeloate 3-*O*-{[*α*- 吡喃鼠李糖基 -(1→2)-*α*-L- 吡喃鼠李糖基 -(1→2)-*β*-D- 吡喃半乳糖基 -(1→3)]-[*β*-D- 吡喃葡萄糖基 -(1→2)]-*β*-D- 吡喃葡萄糖醛酸基]} 玉蕊皂醇 ▲C-21,22-*O*- 二当归酸酯 称杆树 Maesa ramentacea

3-*O*-{[*α*-L-rhamnopyranosyl-(1→2)-*β*-D-galactopyranosyl-(1→2)-*β*-D-glucuronopyranosyl}-22-*O*-[*α*-L-rhamnopyranosyl-(1→2)-*α*-L-arabinopyranosyl]-3*β*,22*β*,24-trihydroxyolean-12-ene 3-*O*-{[*α*-L- 吡喃鼠李糖基 -(1→2)-*β*-D- 吡喃半乳糖基 -(1→2)-*β*-D- 吡喃葡萄糖醛酸基 }-22-*O*-[*α*-L- 吡喃鼠李糖基 -(1→2)-*R*-L- 吡喃阿拉伯糖基]-3*β*,22*β*,24- 三羟基齐墩果 -12- 烯 大豆 Glycine max

3-*O*-{[*α*-L-rhamnopyranosyl-(1→2)-*β*-D-galactopyranosyl-(1→2)-*β*-D-glucuronopyranosyl}-22-*O*-[*α*-L-rhamnopyranosyl-(1→2)-*β*-D-glucopyranosyl]-3*β*,22*β*,24-trihydroxyolean-12-ene 3-*O*-{[*α*-L- 吡喃鼠李糖基 -(1→2)-*β*-D- 吡喃半乳糖基 -(1→2)-*β*-D- 吡喃葡萄糖醛酸基 }-22-*O*-[*α*-L- 吡喃鼠李糖基 -(1→2)-*β*-D- 吡喃葡萄糖]-3*β*,22*β*,24- 三羟基齐墩果 -12- 烯 大豆 Glycine max

3-*O*-{[*β*-D-galactopyranosyl-(1→6)]-*O*-*β*-D-galactopyranosyl}-23(*R*),24(*R*),25-trihydroxycucurbit-5-ene 3-*O*-{[*β*-D- 吡喃半乳糖基 -(1→6)]-*O*-*β*-D- 吡喃半乳糖基 }-23(*R*),24(*R*),25- 三羟基葫芦 -5- 烯 苦瓜 Momordica charantia

3-*O*-{[*β*-D-glucopyranosyl-(1→2)]-[*α*-L-arabinofuranosyl(1→4)]-[3-*O*-acetyl]-*β*-D-glucuronopyranosyl}-28-*O*-[*β*-D-glucopyranosyl]-oleanolic acid 3-*O*-{[*β*-D- 吡喃葡萄糖基 -(1→2)]-[*α*-L- 吡喃阿拉伯糖基 (1→4)]-[3-*O*- 乙酰基]-*β*-D- 吡喃葡萄糖醛酸基 }-28-*O*-[*β*-D- 吡喃葡萄糖基]- 齐墩果酸 团花山矾 Symplocos glomerata

3-*O*-{[*β*-D-glucopyranosyl-(1→2)]-[*β*-D-glucopyranosyl-(1→3)-*β*-D-glucopyranosyl-(1→3)]-*β*-D-glucopyranosyl}-oleanolic acid-28-*O*-*β*-D-glucopyranosyl ester 3-*O*-{[*β*-D- 吡喃葡萄糖基 -(1→2)]-[*β*-D- 吡喃葡萄糖基 -(1→3)-*β*-D- 吡喃葡萄糖基 -(1→3)]-*β*-D- 吡喃葡萄糖基 }- 齐墩果酸 -28-*O*-*β*-D- 吡喃葡萄糖基酯 辽东楤木 Aralia elata var. glabrescens

3-*O*-{[*β*-D-glucopyranosyl-(1→2)]-[*β*-D-xylopyranosyl-(1→4)]-[3-*O*-acetyl]-*β*-D-glucuronopyranosyl}-28-*O*-[*β*-D-glucopyranosyl]-oleanolic acid 3-*O*-{[*β*-D- 吡喃葡萄糖基 -(1→2)]-[*β*-D- 吡喃木糖基 -(1→4)]-[3-*O*- 乙酰基]-*β*-D- 吡喃葡萄糖醛酸基 }-28-*O*-[*β*-D- 吡喃葡萄糖基]- 齐墩果酸 团花山矾 Symplocos glomerata

3-*O*-{[*β*-D-glucopyranosyl-(1→4)-*β*-D-glucopyranosyl-(1→3)]-[*β*-D-glucopyranosyl-(1→2)]-*β*-D-fucopyranosyl}-olean-12-en-3*β*,23,28-triol 3-*O*-{[*β*-D- 吡喃葡萄糖基 -(1→4)-*β*-D- 吡喃葡萄糖基 -(1→3)]-[*β*-D- 吡喃葡萄糖基 -(1→2)]-*β*-D- 吡喃岩藻糖基 }- 齐墩果 -12- 烯 -3*β*,23,28- 三醇 相思子 Abrus precatorius

3-*O*-{[*β*-D-glucopyranosyl-(1→4)-*β*-D-glucopyranosyl-(1→3)]-[*β*-D-glucopyranosyl-(1→2)-*β*-D-fucopyranosyl}-olean-12-en-3*β*,6*β*,23,28-tetraol 3-*O*-{[*β*-D- 吡喃葡萄糖基 -(1→4)-*β*-D- 吡喃葡萄糖基 -(1→3)]-[*β*-D- 吡喃葡萄糖基 -(1→2)-*β*-D- 吡喃岩藻糖基 }- 齐墩果 -12- 烯 -3*β*,6*β*,23,28- 四醇 相思子 Abrus precatorius

3-*O*-{[*β*-D-glucopyranosyl-(1→6)]-*O*-*α*-L-rhamnopyranosyl-(1→2)-*O*-*β*-D-glucopyranosyl-(1→2)}-*O*-*β*-D-glucopyranosyl-(1→3)-*O*-*β*-D-glucopyranosyl-cycloarta-22,24-dien-27-oic acid 3-*O*-{[*β*-D- 吡喃葡萄糖基 -(1→6)]-*O*-*α*-L- 吡喃鼠李糖基 -(1→2)-*O*-*β*-D- 吡喃葡萄糖基 -(1→2)}-*O*-*β*-D- 吡喃葡萄糖基 -(1→3)-*O*-*β*-D- 吡喃葡萄糖基 - 环阿廷屯 -22,24- 二烯 -27- 酸 大叶玉叶金花 Mussaenda macrophylla

3-*O*-{[*β*-D-xylopyranosyl-(1→2)]-[*β*-D-xylopyranosyl-(1→4)]-[3-*O*-acetyl]-*β*-D-glucuronopyranosyl}-28-*O*-[*β*-D-glucopyranosyl]-oleanolic acid 3-*O*-{[*β*-D- 吡喃木糖基 -(1→2)]-[*β*-D- 吡喃木糖基 -(1→4)]-[3-*O*- 乙酰基]-*β*-D- 喃葡萄糖醛酸基 }-28-*O*-[*β*-D- 吡喃葡萄糖基]- 齐墩果酸 团花山矾 Symplocos glomerata

O

{6''-*O*-{delphinidin-3-*O*-[6''-*O*-(*β*-D-glucopyransoyl)-*β*-D-glucopyranosyl]}}{6''-*O*-[apigenin-7-*O*-(*β*-D-glucopyranosyl)]}}malonate {6''-*O*-{ 飞燕草素 -3-*O*-[6''-*O*-(*β*-D- 吡喃葡萄糖基)-*β*-D- 吡喃葡萄糖基]}}{6''-*O*-[芹菜苷元 -7-*O*-(*β*-D- 吡喃葡萄糖基)]}} 丙二酸酯 凤眼蓝 Eichhornia crassipes

6''-*O*-{kaempferol-3-*O*-[*β*-D-glucopyranosyl-(2→1)-*β*-D-glucopyranoside]-7-*O*-(*β*-glucopyranosiduronic acid-2-*O*-malonate)}-cyanidin-3-*O*-*β*-(3-*O*-acetylglucopyranoside) 6''-*O*-{ 山柰酚 -3-*O*-[*β*-D- 吡喃葡萄糖基 -(2→1)-*β*-D- 吡喃葡萄糖苷]-7-*O*-(*β*- 吡喃葡萄糖醛酸 -2-*O*- 丙二酰酯)}- 矢车菊素 -3-*O*-*β*-(3- 乙酰氧基吡喃葡萄糖苷）北葱 Allium schoenoprasum

6''-*O*-{kaempferol-3-*O*-[*β*-D-glucopyranosyl-(2→1)-*β*-D-glucopyranoside]-7-*O*-[(methyl-*O*-*β*-D-glucopyranosiduronate)-2-*O*-malonate]}-cyanidin-3-*O*-*β*-(3-*O*-acetylglucopyranoside) 6''-*O*-{ 山柰酚 -3-*O*-[*β*-D- 吡喃葡萄糖基 -(2→1)-*β*-D- 吡喃葡萄糖苷]-7-*O*-[(*β*-D- 吡喃葡萄糖醛酸甲酯)-2-*O*- 丙二酰酯]}- 矢车菊素 -3-*O*-*β*-(3- 乙酰氧基吡喃葡萄糖苷）北葱 Allium schoenoprasum

6-*O*-{kaempferol-3-*O*-[*β*-D-glucopyranosyl-(2→1)-*β*-D-glucopyranoside]-7-*O*-[(methyl-*O*-*β*-D-glucopyranosiduronate)-2-*O*-malonate]}-cyanidin-3-*O*-*β*-glucopyranoside 6-*O*-{ 山柰酚 -3-*O*-[*β*-D- 吡喃葡萄糖基 -(2→1)-*β*-D- 吡喃葡萄糖苷]-7-*O*-[(*β*-D- 吡喃葡萄糖醛酸甲酯)-2-*O*- 丙二酰酯]}- 矢车菊素 -3-*O*-*β*- 吡喃葡萄糖苷 北葱 Allium schoenoprasum

6''-*O*-{kaempferol-3-*O*-[*β*-D-glucopyranosyl-(2→1)-*β*-D-glucopyranoside]-7-*O*-*β*-D-(glucopyranosiduronic acid-2-*O*-malonate)}-cyanidin-3-*O*-*β*-glucopyranoside 6''-*O*-[山柰酚 -3-*O*-(*β*-D- 吡喃葡萄糖基 -(2→1)-*β*-D- 吡喃葡萄糖苷)-7-*O*-(2-*O*- 丙二酰酯基 -*β*-D- 吡喃葡萄糖醛酸)]- 矢车菊素 -3-*O*-*β*- 吡喃葡萄糖苷 北葱 Allium schoenoprasum

1-*O*-{*O*-(2,3-*O*-diacetyl-*α*-L-rhamnopyranosyl)-(1→2)-*O*-[*β*-D-xylopyranosyl-(1→3)]-*α*-L-arabinopyranoside} 1-*O*-{*O*-(2,3-*O*- 二乙酰基 -*α*-L- 吡喃鼠李糖基)-(1→2)-*O*-[*β*-D- 吡喃木糖基 -(1→3)]-*α*-L- 吡喃阿拉伯糖苷 } 虎尾兰 Sansevieria trifasciata

1-*O*-{*O*-(4-*O*-acetyl-*α*-L-rhamnopyranosyl)-(1→2)-*O*-[*β*-D-xylopyranosyl-(1→3)]-*α*-L-arabinopyranoside} 1-*O*-{*O*-(4-*O*- 乙酰基 -*α*-L- 吡喃鼠李糖基)-(1→2)-*O*-[*β*-D- 吡喃木糖基 -(1→3)]-*α*-L- 吡喃阿拉伯糖苷 } 虎尾兰 Sansevieria trifasciata

(20*R*,23*R*)-3*β*-*O*-{*α*-L-rhamnopyranosyl-(1→2)-*O*-[*β*-D-xylopyranosyl-(1→3)]-6-*O*-acetyl-*β*-D-glucopyranosyloxy}-20,23-dihydroxydammar-24-en-21-oic acid-21,23-lactone (20*R*,23*R*)-3*β*-*O*-{*α*-L- 吡喃鼠李糖基 -(1→2)-*O*-[*β*-D- 吡喃木糖基 -(1→3)]-6-*O*- 乙酰基 -*β*-D- 吡喃葡萄糖氧基 }-20,23- 二羟基达玛 -24- 烯 -21- 酸 -21,23- 内酯 苦瓜 Momordica charantia

3*β*-*O*-{*α*-L-rhamnopyranosyl-(1→2)-*β*-D-glucopyranosyl-(1→4)-[*β*-D-glucopyranosyl-(1→2)]-*α*-L-arabinopyranosyl}-16*α*,28-dihydroxy-olean-12-ene 3*β*-*O*-{*α*-L- 吡喃鼠李糖基 -(1→2)-*β*-D- 吡喃葡萄糖基 -(1→4)-[*β*-D- 吡喃葡萄糖基 -(1→2)]-*α*-L- 吡喃阿拉伯糖基 }-16*α*,28- 二羟基齐墩果 -12- 烯 九节龙 Ardisia pusilla

3*β*-*O*-{*α*-L-rhamnopyranosyl-(1→2)-*β*-D-glucopyranosyl-(1→4)-[*β*-D-glucopyranosyl-(1→2)]-*α*-L-arabinopyranosyl}-28,30-dihydroxyolean-12-ene 3*β*-*O*-{*α*-L- 吡喃鼠李糖基 -(1→2)-*β*-D- 吡喃葡萄糖基 -(1→4)-[*β*-D- 吡喃葡萄糖基 -(1→2)]-*α*-L- 吡喃阿拉伯糖基 }-28,30-

二羟基齐墩果 -12- 烯 九节龙 Ardisia pusilla

3β-O-{α-L-rhamnopyranosyl-(1→3)-[β-D-xylopyranosyl-(1→2)]-β-D-galactopyranosyl-(1→4)-[β-D-6-O-acetyl-glucopyranosyl-(1→2)]-α-L-arabinopyranosyl}-cyclamiretin A 3β-O-{α-L- 吡喃鼠李糖基 -(1→3)-[β-D- 吡喃木糖基 -(1→2)]-β-D- 吡喃半乳糖基 -(1→4)-[β-D-6-O-乙酰基 - 吡喃葡萄糖基 -(1→2)]-α-L- 吡喃阿拉伯糖基 }- 仙客来亭 ▲A 走马胎 Ardisia gigantifolia

3β-O-{α-L-rhamnopyranosyl-(1→3)-[β-D-xylopyranosyl-(1→2)]-β-D-galactopyranosyl-(1→4)-[β-D-glucopyranosyl-(1→2)]-α-L-arabinopyranoside}-16α-hydroxy-13,28-epoxy-oleanane 3β-O-{α-L- 吡喃鼠李糖基 -(1→3)-[β-D- 吡喃木糖基 -(1→2)]-β-D- 吡喃半乳糖基 -(1→4)-[β-D- 吡喃葡萄糖基 -(1→2)]-α-L- 吡喃阿拉伯糖基 }-16α- 羟基 -13,28- 环氧 - 齐墩果烷 走马胎 Ardisia gigantifolia

3β-O-{α-L-rhamnopyranosyl-(1→3)-[β-D-xylopyranosyl-(1→2)]-β-D-glucopyranosyl-(1→4)-[β-D-glucopyranosyl-(1→2)]-α-L-arabinopyranoside}-16,28-dihydroxy-30-acetoxyoleana-12-en 3β-O-{α-L- 吡喃鼠李糖基 -(1→3)-[β-D- 吡喃木糖基 -(1→2)]-β-D- 吡喃葡萄糖基 -(1→4)-[β-D- 吡喃葡萄糖基 -(1→2)]-α-L- 吡喃阿拉伯糖苷 }-16,28- 二羟基 -30- 乙酰氧基齐墩果 -12- 烯 走马胎 Ardisia gigantifolia

3β-O-{α-L-rhamnopyranosyl-(1→3)-[β-D-xylopyranosyl-(1→2)]-β-D-glucopyranosyl-(1→4)-α-L-arabinopyranosyl}-3β-hydroxy-13β,28-epoxy-oleanan-16-oxo-30-al 3β-O-{α-L- 吡喃鼠李糖基 -(1→3)-[β-D- 吡喃木糖基 -(1→2)]-β-D- 吡喃葡萄糖基 -(1→4)-α-L- 吡喃阿拉伯糖基 }-3β- 羟基 -13β,28- 环氧 - 齐墩果 -16- 氧代 -30- 醛 走马胎 Ardisia gigantifolia

3β-O-{α-L-rhamnopyranosyl-(1→4)-β-D-glucopyranosyl-(1→2)-{β-D-glucopyranosyl-(1→4)-α-L-arabinopyranoside}-16α-hydroxy-13,28-epoxyolean-29-oic acid 3β-O-{α-L- 吡喃鼠李糖基 -(1→4)-β-D- 吡喃葡萄糖基 -(1→2)-{β-D- 吡喃葡萄糖基 -(1→4)-α-L- 吡喃阿拉伯糖苷 }-16α- 羟基 -13,28- 环氧齐墩果 -29- 酸 紫金牛 Ardisia japonica

1-O-{β-D-apiofuranosyl-(1→3)-α-L-rhamnopyranosyl-(1→2)-[β-D-xylopyranosyl-(1→3)]-α-L-arabinopyranosyl}epitrillenogenin-24-O-α-L-rhamnopyranoside 1-O-{β-D- 呋喃芹菜糖基 -(1→3)-α-L- 吡喃鼠李糖基 -(1→2)-[β-D- 吡喃木糖基 -(1→3)]-α-L- 吡喃阿拉伯糖基 } 表延龄草烯苷元 ▲-24-O-α-L- 吡喃鼠李糖苷 延龄草 Trillium tschonoskii

3-O-{β-D-glucopyranosyl-(1→2)-[β-D-xylopyranosyl-(1→4)]-β-D-glucopyranosyl}-(25S)-spirostan-3β-ol 3-O-{β-D- 吡喃葡萄糖基 -(1→2)-[β-D- 吡喃木糖基 -(1→4)]-β-D- 吡喃葡萄糖基 }-(25S)- 螺甾 -3β- 醇 南玉带 Asparagus oligoclonos

3β-O-{β-D-glucopyranosyl-(1→2)-{β-D-xylopyranosyl-(1→2)-[β-D-glucopyranosyl-(1→3)-β-D-glucopyranosyl-(1→3)]-β-D-glucopyranosyl-(1→4)}-α-L-arabinopyranosyl}-16α-hydroxy-13β,28-epoxy-oleanan-30-al 3β-O-{β-D- 吡喃葡萄糖基 -(1→2)-{β-D- 吡喃木糖基 -(1→2)-[β-D- 吡喃葡萄糖基 -(1→3)-β-D- 吡喃葡萄糖基 -(1→3)]-β-D- 吡喃葡萄糖基 -(1→4)}-α-L- 吡喃阿拉伯糖基 }-16α- 羟基 -13β,28- 环氧 - 齐墩果 -30- 醛 九节龙 Ardisia pusilla

3β-O-{β-D-glucopyranosyl-(1→3)-O-[α-L-rhamnopyranosyl-(1→2)]-α-L-arabinopyranosyloxy}-23,29-dihydroxyolean-12-en-28-oic acid 3β-O-{β-D- 吡喃葡萄糖基 -(1→3)-O-[α-L- 吡喃鼠李糖基 -(1→2)]-α-L- 吡喃阿拉伯糖氧基 }-23,29- 二羟基齐墩果 -12- 烯 -28- 酸 木通 Akebia quinata

3β-O-{β-D-glucopyranosyl-(1→3)-O-[α-L-rhamnopyranosyl-(1→2)]-α-L-arabinopyranosyloxy}-23,29-dihydroxy-olean-12-en-28-oic acid-O-α-L-rhamnopyranosyl-(1→4)-β-D-glucopyranosyl-(1→6)-β-D-glucopyranosylester 3β-O-{β-D- 吡喃葡萄糖基 -(1→3)-O-[α-L- 吡喃鼠李糖基 -(1→2)]-α-L- 吡喃阿拉伯糖氧基 }-23,29- 二羟基齐墩果 -12- 烯 -28- 酸 -O-α-L- 吡喃鼠李糖基 -(1→4)-β-D- 吡喃葡萄糖基 -(1→6)-β-D- 吡喃葡萄糖基酯苷 木通 Akebia quinata

3β-O-{β-D-glucopyranosyl-(1→3)-O-[α-L-rhamnopyranosyl-(1→2)]-α-L-arabinopyranosyloxy}-29-hydroxyolean-12-en-28-oic acid 3β-O-{β-D- 吡喃葡萄糖基 -(1→3)-O-[α-L- 吡喃鼠李糖基 -(1→2)]-α-L- 吡喃阿拉伯糖基 }-29- 羟基齐墩果 -12- 烯 -28- 酸 木通 Akebia quinata

3β-O-{β-D-glucopyranosyl-(1→3)-O-[α-L-rhamnopyranosyl-(1→2)]-α-L-arabinopyranosyloxy}-29-hydroxyolean-12-en-28-oic acid-O-α-L-rhamnopyranosyl-(1→4)-β-D-glucopyranosyl-(1→6)-β-D-glucopyranosylester 3β-O-{β-D- 吡喃葡萄糖基 -(1→3)-O-[α-L- 吡喃鼠李糖基 -(1→2)]-α-L- 吡喃阿拉伯糖基氧基 }-29- 羟基齐墩果 -12- 烯 -28- 酸 -O-α-L- 吡喃鼠李糖基 -(1→4)-β-D- 吡喃葡萄糖基 -(1→6)-β-D- 吡喃葡萄糖基酯苷 木通 Akebia quinata

3β-O-{β-D-glucopyranosyl-(1→3)-α-L-arabinopyranosyloxy}-23,29-dihydroxyolean-12-en-28-oic acid-O-α-L-rhamnopyranosyl-(1→4)-β-D-glucopyranosyl-(1→6)-β-D-glucopyranosylester 3β-O-{β-D- 吡喃葡萄糖基 -(1→3)-α-L- 吡喃阿拉伯糖氧基 }-23,29- 二羟基齐墩果 -12- 烯 -28- 酸 -O-α-L- 吡喃鼠李糖基 -(1→4)-β-D- 吡喃葡萄糖基 -(1→6)-β-D- 吡喃葡萄糖基酯苷 木通 Akebia quinata

3-O-{β-D-glucopyranosyl-(1→6)-[α-L-rhamnopyranosyl-(1→2)]-β-D-glucopyranosyl-(1→4)-[β-D-glucopyranosyl-(1→2)]-β-D-xylopyranosyl}-2,16-dihydroxy-23,29-dihydroxymethylolean-11,13(18)-diene-28-oic acid 3-O-{β-D- 吡喃葡萄糖基 -(1→6)-[α-L- 吡喃鼠李糖基 -(1→2)]-β-D- 吡喃葡萄糖基 -(1→4)-[β-D- 吡喃葡萄糖基 -(1→2)]-β-D- 吡喃木糖基 }-2,16- 二羟基 -23,29- 二羟甲基齐墩果 -11,13(18)- 二烯 -28-酸 灰毛豆 Tephrosia purpurea

3β-O-{β-D-glucuronopyranosyl-(1→3)-O-[α-L-rhamnopyranosyl-(1→2)]-α-L-arabinopyranosyloxy}-23-hydroxyolean-12-en-28-oic acid-O-α-L-rhamnopyranosyl-(1→4)-β-D-glucopyranosyl-(1→6)-β-D-glucopyranosylester 3β-O-{β-D- 吡喃葡萄糖醛酸基 -(1→3)-O-[α-L- 吡喃鼠李糖基 -(1→2)]-α-L- 吡喃阿拉伯糖氧基 }-23- 羟基齐墩果 -12- 烯 -28- 酸 -O-α-L- 吡喃鼠李糖基 -(1→4)-β-D- 吡喃葡萄糖基 -(1→6)-β-D-吡喃葡萄糖基酯苷 木通 Akebia quinata

3β-O-{β-D-glucuronopyranosyl-(1→3)-O-[α-L-rhamnopyranosyl-(1→2)]-α-L-arabinopyranosyloxy}-29-hydroxyolean-12-en-28-oic acid-O-α-L-rhamnopyranosyl-(1→4)-β-D-glucopyranosyl-(1→6)-β-D-glucopyranosylester 3β-O-{β-D- 吡喃葡萄糖基 -(1→3)-O-[α-L- 吡喃鼠李糖基 -(1→2)]-α-L- 吡喃阿拉伯糖氧基 }-29- 羟基齐墩果 -12- 烯 -28- 酸 -O-α-L- 吡喃鼠李糖基 -(1→4)-β-D- 吡喃葡萄糖基 -(1→6)-β-D-吡喃葡萄糖基酯苷 木通 Akebia quinata

3β-O-{β-D-glucuronopyranosyl-(1→3)-O-[α-L-rhamnopyranosyl-(1→2)]-α-L-arabinopyranosyloxy}-olean-12-en-28-oic acid-O-α-L-rhamnopyranosyl-(1→4)-β-D-glucopyranosyl-(1→6)-β-D-glucopyranosylester 3β-O-{β-D- 吡喃葡萄糖醛酸基 -(1→3)-O-[α-L- 吡喃鼠李糖基 -(1→2)]-α-L- 吡喃阿拉伯糖氧基 }- 齐墩果 -12- 烯 -28- 酸 -O-α-L- 吡喃鼠李糖基 -(1→4)-β-D- 吡喃葡萄糖基 -(1→6)-β-D- 吡喃葡萄糖基酯苷 木通 Akebia quinata

O

3-*O*-{*β*-D-glucuronopyranosyl-(1 → 4)-[*β*-D-galactopyranosyl-(1 → 2)]-*β*-D-xylopyranosyl-(1 → 3)-*β*-D-glucopyranosyl}-2,16*α*-dihydroxy-4,20-hydroxymethyl olean-12-ene-28-oic acid 3-*O*-{*β*-D-吡喃葡萄糖醛酸氧基-(1 → 4)-[*β*-D-吡喃半乳糖基-(1 → 2)]-*β*-D-吡喃木糖基-(1 → 3)-*β*-D-吡喃葡萄糖基}-2,16*α*-二羟基-4,20-羟甲基齐墩果-12-烯-28-酸 狭叶番泻 Cassia angustifolia

3*β*-*O*-{*β*-D-ribopyranosyl-(1 → 3)-*α*-L-rhamnopyranosyl-(1 → 2)-[*β*-D-glucopyranosyl-(1 → 4)]-*β*-D-xylopyranosyl}-oleanolic acid 3*β*-*O*-{*β*-D-吡喃核糖基-(1 → 3)-*α*-L-吡喃鼠李糖基-(1 → 2)-[*β*-D-吡喃葡萄糖基-(1 → 4)]-*β*-D-吡喃木糖基}-齐墩果酸 粗齿铁线莲 Clematis grandidentata

3-*O*-{*β*-D-xylopyranosyl-(1 → 2)-[*α*-L-rhamnopyranosyl-(1 → 6)]-*β*-D-glucopyranoside 3-*O*-*β*-D-吡喃木糖基-(1 → 2)-[*α*-L-吡喃鼠李糖基-(1 → 6)]-*β*-D-吡喃葡萄糖苷 油茶 Camellia oleifera

3*β*-*O*-{*β*-D-xylopyranosyl-(1 → 2)-*β*-D-glucopyranosyl-(1 → 4)-*α*-L-arabinopyranosyl}-3*β*-hydroxy-13*β*,28-epoxy-16*β*-hydroxy-30-al 3*β*-*O*-{*β*-D-吡喃木糖基-(1 → 2)-*β*-D-吡喃葡萄糖基-(1 → 4)-*α*-L-吡喃阿拉伯糖基}-3*β*-羟基-13*β*,28-环氧-16*β*-羟基-30-醛 走马胎 Ardisia gigantifolia

4-*O*-11-methyloleoside-*p*-hydroxyphenyl-(6'-11-methyloleoside)-*β*-D-glucopyranoside 4-*O*-11-甲基木犀榄苷▲-对羟基苯基-(6'-11-甲基木犀榄苷▲)-*β*-D-吡喃葡萄糖苷 紫丁香 Syringa oblata

3-*O*-14,15-eicosylenoyl-1-cyano-2-methyl-1,2-propene) 3-*O*-14,15-二十烯酰基-1-氰基-2-甲基-1,2-丙烯 栾树 Koelreuteria paniculata

3-*O*-14,15-eicosylenoyl-4-*O*-stearoyl-1-cyano-2-oxymethyl-1,2-propene 3-*O*-14,15-二十烯酰基-4-*O*-硬脂酰基-1-氰基-2-氧甲基-1,2-丙烯 栾树 Koelreuteria paniculata

O-16-syringylbuxaminol E *O*-16-丁香黄杨胺醇 E 锦熟黄杨 Buxus sempervirens

O-2-(3-hydroxy-4-methoxyphenyl)-ethyl-*O*-2,3-di-*O*-acetyl-*α*-L-rhamnopyranosyl-(1 → 3)-(4-*O*-cis-feruloyl)-*β*-D-glucopyranoside *O*-2-(3-羟基-4-甲氧基苯基)-乙基-*O*-2,3-二-*O*-乙酰基-*α*-L-吡喃鼠李糖基-(1 → 3)-(4-*O*-顺式-阿魏酰)-*β*-D-吡喃葡萄糖苷 臭牡丹 Clerodendrum bungei

4'-*O*-2,3,4-trihydroxy-2-methylbutyl-*trans*-caffeoyl-2,3,4-trihydroxy-3-methylbutyl ester 4'-*O*-2,3,4-三羟基-2-甲基丁基-反式-咖啡酰基-2,3,4-三羟基-3-甲基丁基酯 土丁桂 Evolvulus alsinoides

3*β*-[*O*-2,6-dideoxy-3-*O*-methyl-*α*-L-ribohexopyranosyl-(1 → 4)-*O*-2,6-dideoxy-3-*O*-methyl-*β*-D-ribohexopyranosyl-(1 → 4)-*O*-2,6-dideoxy-3-*O*-methyl-*α*-L-ribohexopyranosyl-(1 → 4)-*O*-2,6-dideoxy-3-*O*-methyl-*β*-D-ribo-hexopyranosyl-(1 → 4)-2,6-dideoxy-3-*O*-methyl-*β*-D-ribohexopyranosyloxy]-12,*β*14*β*-dihydroxypregn-5-en-20-one 3*β*-[*O*-2,6-二去氧-3-*O*-甲基-*α*-L-吡喃核己糖基-(1 → 4)-*O*-2,6-二去氧-3-*O*-甲基-*β*-D-吡喃核己糖基-(1 → 4)-*O*-2,6-二去氧-3-*O*-甲基-*α*-L-吡喃核己糖基-(1 → 4)-*O*-2,6-二去氧-3-*O*-甲基-*β*-D-吡喃核己糖基-(1 → 4)-2,6-二去氧-3-*O*-甲基-*β*-D-吡喃核己糖氧基]-12*β*,14*β*-二羟基孕甾-5-烯-20-酮 萝藦 Metaplexis japonica

3*β*-[*O*-2,6-dideoxy-3-*O*-methyl-*α*-L-ribohexopyranosyl-(1→4)-*O*-2,6-dideoxy-3-*O*-methyl-*β*-D-ribohexopyranosyl-(1→4)-*O*-2,6-dideoxy-3-*O*-methyl-*α*-L-ribohexopyranosyl-(1 → 4)-*O*-2,6-dideoxy-3-*O*-methyl-*β*-D-ribohexopyranosyl-(1 → 4)-2,6-dideoxy-3-*O*-methyl-*β*-D-ribohexopyranosyloxy]-12*β*,14*β*17*α*-trihydroxypregn-5-en-20-one 3*β*-[*O*-2,6-二去氧-3-*O*-甲基-*α*-L-吡喃核己糖基-(1 → 4)-*O*-2,6-二去氧-3-*O*-甲基-*β*-D-吡喃核己糖基-(1 → 4)-*O*-2,6-二去氧-3-*O*-甲基-*α*-L-吡喃核己糖基-(1 → 4)-*O*-2,6-二去氧-3-*O*-甲基-*β*-D-吡喃核己糖基-(1 → 4)-2,6-二去氧-3-*O*-甲基-*β*-D-吡喃核己糖氧基]-12*β*,14*β*,17*α*-三羟基孕甾-5-烯-20-酮 萝藦 Metaplexis japonica

O

3*β*-[*O*-2,6-dideoxy-3-*O*-methyl-*α*-L-ribohexopyranosyl-(1 → 4)-*O*-2,6-dideoxy-3-*O*-methyl-*β*-D-ribohexopyranosyl-(1 → 4)-*O*-2,6-dideoxy-3-*O*-methyl-*α*-L-ribohexopyranosyl-(1 → 4)-*O*-2,6-dideoxy-3-*O*-methyl-*β*-D-ribohexopyranosyl-(1 → 4)-2,6-dideoxy-3-*O*-methyl-*β*-D-ribohexopyranosyloxy]-8,12*β*,14*β*,17*α*-tetrahydroxypregn-5-en-20-one 3*β*-[*O*-2,6-二去氧-3-*O*-甲基-*α*-L-吡喃核己糖基-(1 → 4)-*O*-2,6-二去氧-3-*O*-甲基-*β*-D-吡喃核己糖基-(1 → 4)-*O*-2,6-二去氧-3-*O*-甲基-*α*-L-吡喃核己糖基-(1 → 4)-*O*-2,6-二去氧-3-*O*-甲基-*β*-D-吡喃核己糖基-(1 → 4)-2,6-二去氧-3-*O*-甲基-*β*-D-吡喃核己糖氧基]-8,12*β*,14*β*,17*α*-四羟基孕甾-5-烯-20-酮 萝藦 Metaplexis japonica

3*β*-[*O*-2,6-dideoxy-3-*O*-methyl-*α*-L-ribohexopyranosyl-(1 → 4)-*O*-2,6-dideoxy-3-*O*-methyl-*β*-ribo-hexopyranosyl-(1 → 4)-*O*-2,6-dideoxy-3-*O*-methyl-*α*-L-ribohexopyranosyl-(1 → 4)-*O*-2,6-dideoxy-3-*O*-methyl-*β*-ribohexopyranosyl-(1 → 4)-2,6-dideoxy-*β*-ribohexopyranosyloxy]-8,14*β*,17*α*-trihydroxypregn-5-en-20-one 3*β*-[*O*-2,6-二去氧-3-*O*-甲基-*α*-L-吡喃核己糖基-(1 → 4)-*O*-2,6-二去氧-3-*O*-甲基-*β*-吡喃核己糖基-(1 → 4)-*O*-2,6-二去氧-3-*O*-甲基-*α*-L-吡喃核己糖基-(1 → 4)-*O*-2,6-二去氧-3-*O*-甲基-*β*-吡喃核己糖基-(1 → 4)-2,6-二去氧-*β*-吡喃核己糖氧基]-8,14*β*,17*α*-三羟基孕甾-5-烯-20-酮 萝藦 Metaplexis japonica

16-*O*-21-episerratriol 16-*O*-21-表千层塔三醇 垂穗石松 Palhinhaea cernua

3-*O*-28-friedelanoic acid 3-*O*-28-无羁萜酸 南川卫矛 Euonymus bockii

4-*O*-2-hydroxy-6-methoxyacetophenone glycosides 4-*O*-2-羟基-6-甲氧基苯乙酮苷 长梗秦艽 Gentiana waltonii

(2'*S*,7'*S*)-*O*-2-methylbutanoylcolumbianetin (2'*S*,7'*S*)-*O*-2-甲基丁酰氧基二氢欧山芹素 异果黄堇 Corydalis heterocarpa

11*α*-*O*-2-methylbutyryl-12*β*-*O*-acetyltenacigenin B 11*α*-*O*-2-甲基丁酰基-12*β*-*O*-乙酰通光藤苷元 B 通光藤 Marsdenia tenacissima

11*α*-*O*-2-methylbutyryl-12*β*-*O*-benzoyltenacigenin B 11*α*-*O*-2-甲基丁酰基-12*β*-*O*-苯甲酰通光藤苷元 B 通光藤 Marsdenia tenacissima

11*α*-*O*-2-methylbutyryl-12*β*-*O*-tigloyltenacigenin B 11*α*-*O*-2-甲基丁酰基-12*β*-*O*-巴豆酰通光藤苷元 B 通光藤 Marsdenia tenacissima

3''-*O*-2-methylbutyrylisoswertiajaponin 3''-*O*-2-甲基丁酰异日本当药素 金莲花 Trollius chinensis

2''-*O*-2-methylbutyrylisoswertisin 2''-*O*-2-甲基丁酰异獐牙菜素 金莲花 Trollius chinensis

3''-*O*-2-methylbutyrylisoswertisin 3''-*O*-2-甲基丁酰异獐牙菜素 金莲花 Trollius chinensis

3''-*O*-2-methylbutyrylvitexin 3''-*O*-2-甲基丁酰牡荆素 金莲花 Trollius chinensis

(3*β*,4*α*)-3-[(*O*-2-*O*-acetyl-*β*-D-xylopyranosyl-(1 → 3)-*O*-*α*-L-rhamnopyranosyl-(1 → 2)-*α*-L-arabinopyranosyloxy]-23-hydroxyoleanolic acid (3*β*,4*α*)-3-[*O*-2-*O*-乙酰基-*β*-D-吡喃木糖基-(1 → 3)-*O*-*α*-L-吡喃鼠李糖基-(1 → 2)-*α*-L-吡喃阿拉伯糖氧基]-23-羟基齐墩果酸 无患子 Sapindus saponaria

1-*O*-3,4-(dihydroxyphenyl)ethyl-*α*-L-rhamnopyranosyl-(1 → 2)-4-*O*-caffeoyl-*β*-D-glucopyranoside 1-*O*-3,4-(二羟基苯基)-乙基-*α*-L-吡喃鼠李糖基-(1 → 2)-4-*O*-咖啡酰基-*β*-D-吡喃葡萄糖苷 半枝莲 Scutellaria barbata

1-*O*-3,4-(dihydroxyphenyl)-ethyl-*β*-D-apiofuranosyl-(1 → 4)-*α*-*L*-rharmnopyranosyl-(1 → 3)-4-*O*-caffeoyl-*β*-D-glucopyranoside 1-*O*-3,4-(二羟

基苯基)-乙基-β-D-呋喃芹糖基-(1→4)-α-L-吡喃鼠李糖基-(1→3)-4-O-咖啡酰基-β-D-吡喃葡萄糖苷 苦玄参 Picria felterrae

1-O-3,4-dimethoxy-5-hydroxyphenyl-(6-O-3,5-dimethoxygalloyl)-β-D-glucopyranoside 1-O-3,4-二甲氧基-5-羟基苯基-(6-O-3,5-二甲氧基没食子酰基)-β-D-吡喃葡萄糖苷 红花八角 Illicium dunnianum

1-O-3,4-dimethoxy-5-hydroxyphenyl-(6-O-vanilloyl)-β-D-glucopyranoside 1-O-3,4-二甲氧基-5-羟基苯基-(6-O-香荚兰酰基)-β-D-吡喃葡萄糖苷 红花八角 Illicium dunnianum

1-O-3,4-dimethoxy-5-hydroxyphenyl-6-O-(3,5-di-O-methylgalloyl)-β-glucopyranoside 1-O-3,4-二甲氧基-5-羟基苯基-6-O-(3,5-二-O-甲基没食子酰基)-β-吡喃葡萄糖苷 茶梨 Anneslea fragrans

(3β,4α)-3-[(O-3,4-di-O-acetyl-β-D-xylopyranosyl-(1→3)-O-6-deoxy-α-L-mannopyranosyl-(1→2)-α-L-arabinopyranosyl)oxy]-23-hydroxy-oleanolic acid (3β,4α)-3-[(O-3,4-二-O-乙酰基-β-D-吡喃木糖基-(1→3)-O-6-去氧-α-L-吡喃甘露糖基-(1→2)-α-L-吡喃阿拉伯糖基)氧]-23-羟基-齐墩果酸 川滇无患子 Sapindus delavayi

(4α)-3β-[O-3,4-di-O-acetyl-β-D-xylopyranosyl-(1→3)-O-α-L-rhamnopyranosyl-(1→2)-α-L-arabinopyranosyloxy]-23-hydroxyoleanolic acid (4α)-3β-[(O-3,4-二-O-乙酰基-β-D-吡喃木糖基-(1→3)-O-α-L-吡喃鼠李糖基-(1→2)-α-L-吡喃阿拉伯糖氧基]-23-羟基齐墩果酸 无患子 Sapindus saponaria

(3β,4α)-3-[O-3,5-di-O-acetyl-α-L-arabinofuranosyl-(1→3)-O-α-L-rhamnopyranosyl-(1→2)-α-L-arabinopyranosyloxy]-23-hydroxyoleanolic acid (3β,4α)-3-[O-3,5-二-O-乙酰基-α-L-呋喃阿拉伯糖基-(1→3)-O-α-L-吡喃鼠李糖基-(1→2)-α-L-吡喃阿拉伯糖基氧]-23-羟基齐墩果酸 川滇无患子 Sapindus delavayi

3-O-3'-bidroserone 3-O-3'-双茅膏菜酮 紫花丹 Plumbago indica

6''-O-3-hydroxy-3-methylglutarylorientin 6''-O-3-羟基-3-甲戊二酰荭草素 牛筋草 Eleusine coracana

4''-O-3-hydroxy-3-methylglutarylvitexin 4''-O-3-羟基-3-甲基戊二酰牡荆素 牛筋草 Eleusine coracana

2,3-O-4,4',5,5',6,6'-HHDP-(α/β)-D-glucose 2,3-O-4,4',5,5',6,6'-六羟基二苯甲酰基-(α/β)-D-葡萄糖 泡核桃 Juglans sigillata

8-O-4/8-O-4-dehydrotriferulic acid 8-O-4/8-O-4-去氢阿魏酸三聚体 八角金盘 Fatsia japonica, 海金子 Pittosporum illicioides

8-O-4-dehydrodiferulic acid 8-O-4-去氢二阿魏酸 八角金盘 Fatsia japonica

1-O-4-dimethoxyphenylethyl-4-O-3,4-dimethoxyphenylethy-β-D-glucopyranoside 1-O-4-二甲氧基苯乙基-4-O-3,4-二甲氧基苯乙基-β-D-吡喃葡萄糖苷 大叶醉鱼草 Buddleja davidii

6-O-4''-hydroxy-3''-methoxybenzoylajugol 6-O-4''-羟基-3''-甲氧基苯甲酰筋骨草醇 菜豆树 Radermachera sinica

2''-O-4-hydroxybenzoylhyperin 2''-O-4-羟基苯甲酰金丝桃苷 鹿蹄草 Pyrola calliantha

1-O-4'-methoxybenzoyl-β-D-gluconic acid 1-O-4'-甲氧基苯甲酰基-β-D-葡萄糖酸 云南兔耳草 Lagotis yunnanensis

1-O-4'-methoxybenzoyl-β-D-glucopyranose 1-O-4'-甲氧基苯甲酰基-β-D-吡喃葡萄糖 云南兔耳草 Lagotis yunnanensis

O-4-methylhydroxyluninium chloride O-4-甲基羟基月芸香季铵碱▲盐酸盐 榆橘 Ptelea trifoliata

O-4-methylptelefolinium chloride O-4-甲基榆橘季铵碱▲盐酸盐 榆橘 Ptelea trifoliata

8-O-4'-neolignan-3'-O-β-D-glucopyranoside 8-O-4'-新木脂素-3'-O-β-D-吡喃葡萄糖苷 喙果黑面神 Breynia rostrata

3β-O-5,25-stigmastadien-β-D-glucopyranoside 3β-O-5,25-豆甾二烯-β-D-吡喃葡萄糖苷 点地梅 Androsace umbellata

3-O-6-deoxy-3-O-methyl-β-D-allopyranosyl-(1→4)-β-D-cymmanopyranosyl-11α-O-tigloyl-12β-O-2-methylbutyryl tenacigenin B 3-O-6-去氧-3-O-甲基-β-D-吡喃阿洛糖基-(1→4)-β-D-吡喃磁麻糖基-11α-O-巴豆酰基-12β-O-2-甲基丁酰通光藤苷元 B 通光藤 Marsdenia tenacissima

3-O-6-deoxy-3-O-methyl-β-D-allopyranosyl-(1→4)-β-D-oleandropyranosyl-11α-O-acetyl-12β-O-2-methylbutyryl tenacigenin B 3-O-6-去氧-3-O-甲基-β-D-吡喃阿洛糖基-(1→4)-β-D-吡喃夹竹桃糖基-11α-O-乙酰基-12β-O-2-甲基丁酰通光藤苷元 B 通光藤 Marsdenia tenacissima

3-O-6-deoxy-3-O-methyl-β-D-allopyranosyl-(1→4)-β-D-olenadropyranosyl-11α-O-acetyl-12β-O-benzoyltenacigenin B 3-O-6-去氧-3-O-甲基-β-D-吡喃阿洛糖基-(1→4)-β-D-吡喃夹竹桃糖基-11α-O-乙酰基-12β-O-苯甲酰通光藤苷元 B 通光藤 Marsdenia tenacissima

1-O-7,8-dihydro-7α-methoxycaffeoyl-5-O-trans-caffeoylquinic acid 1-O-7,8-二氢-7α-甲氧基咖啡酰基-5-O-反式-咖啡酰奎宁酸 短果茴芹 Pimpinella brachycarpa

3-O-7''-biluteolin 3-O-7''-双木犀草素 艾纳香 Blumea balsamifera

4-O-acetophenone-β-D-glucopyranosyl-(1→3)-β-D-glucopyranoside 4-O-苯乙酮-β-D-吡喃葡萄糖基-(1→3)-β-D-吡喃葡萄糖苷 圆头蒿 Artemisia sphaerocephala

25-O-acetoxy-cimigenol-3-O-β-D-xylopyranoside 25-O-乙酰氧基升麻醇-3-O-β-D-吡喃木糖苷 升麻 Cimicifuga foetida

3-O-acetoxyoleanolic acid 3-O-乙酰氧基齐墩果酸 西桦 Betula alnoides

3-O-acetoxyverticinone 3-O-乙酰贝母碱酮 天目贝母 Fritillaria monantha

2'-O-acetyl cimiracemoside M 2'-O-乙酰总状升麻苷 M 类叶升麻 Actaea asiatica

16-O-acetyl isoiridogermanal 16-O-异德国鸢尾醛 射干 Belamcanda chinensis

6-O-acetyl ixerin N 6-O-乙酰苦荬菜内酯 N 小苦荬 Ixeridium dentatum

3-O-acetyl pomolic acid 3-O-乙酰坡模酸 皱皮木瓜 Chaenomeles speciosa

6''-O-acetyl-(3R)-7,2'-dihydroxy-3',4'-dimethoxyisoflavan-7-O-β-D-glucopyranoside 6''-O-乙酰基-(3R)-7,2'-二羟基-3',4'-二甲氧基异黄烷-7-O-β-D-吡喃葡萄糖苷 蒙古黄耆 Astragalus penduliflorus

6''-O-acetyl-(6aR,11aR)-3-hydroxy-9,10-dimethoxypterocarpan-3-O-β-D-glucopyranoside 6''-O-乙酰基-(6aR,11aR)-3-羟基-9,10-二甲氧基紫檀烷-3-O-β-D-吡喃葡萄糖苷 蒙古黄耆 Astragalus penduliflorus

19-O-acetyl-10-methoxy-19,20-dihydrovinorine 19-O-乙酰基-10-甲氧基-19,20-二氢小蔓长春花碱▲ 蔓长春花 Vinca major

1-O-acetyl-10-norpluviine 1-O-乙酰基-10-降雨石蒜碱 假水仙 Narcissus pseudonarcissus

3-O-acetyl-11α,12α-epoxy-oleanane-28,13β-olide 3-O-乙酰基-11α,12α-环氧-齐墩果-28,13β-内酯 水茄 Solanum torvum

O

3-O-acetyl-11α,12α-oxidotaraxerane-28-al 3-O- 乙酰基 -11α,12α- 环氧蒲公英赛烷 -28- 醛 禾叶风毛菊 Saussurea graminea

20-O-acetyl-12-O-cinnamoyl-3-O-(β-D-oleandropyranosyl-(1→4)-β-D-oleandropyranosyl-(1→4)-β-D-cymaropyranosyl)-8,14-secosarcostin-8,14-dione 20-O- 乙酰基 -12-O- 桂皮酰基 -3-O-(β-D- 吡喃夹竹桃糖基 -(1→4)-β-D- 吡喃夹竹桃糖基 -(1→4)-β-D- 吡喃磁麻糖基)-8,14- 裂环肉珊瑚素 ▲-8,14- 二酮 西藏牛皮消 Cynanchum auriculatum

13-O-acetyl-12-O-n-deca-2,4,6-trienoylphorbol 13-O- 乙酰基 -12-O- 正癸烷 -2,4,6- 三烯酸佛波醇 白木乌桕 Neoshirakia japonica

3β-O-acetyl-12β-hydroxy-23,24,25,26,27-hexanordammarane-20-one 3β-O- 乙酰基 -12β- 羟基 -23,24,25,26,27- 五降达玛 -20- 酮 蒙古荚蒾 Viburnum mongolicum

23-O-acetyl-12β-hydroxysolasodine 23-O- 乙酰基 -12β- 羟基澳洲茄胺 龙葵 Solanum nigrum

19-O-acetyl-14-deoxy-11,12-didehydroandrographolide 19-O- 乙酰基 -14- 去氧 -11,12- 二去氢穿心莲内酯 穿心莲 Andrographis paniculata

6-O-acetyl-14-methoxydelphinifoline 6-O- 乙酰基 -14- 甲氧基 - 翠雀叶乌头碱 ▲ 草地乌头 Aconitum umbrosum

3-O-acetyl-14-O-benzoyl-10-deoxyfloridanolide 3-O- 乙酰基 -14-O- 苯甲酰基 -10- 去氧佛罗里达八角内酯 ▲ 台湾八角 Illicium arborescens

3-O-acetyl-14-O-benzoylminwanensin 3-O- 乙酰基 -14-O- 苯甲酰闽皖八角素 台湾八角 Illicium arborescens

3-O-acetyl-15-O-veratroylgermine 3-O- 乙酰基 -15-O- 藜芦酰白藜芦胺 ▲ 阿尔泰藜芦 Veratrum lobelianum

12β-O-acetyl-15α,17β-dihydroxy-3-oxo-20,21,22-23,24,25,26,27-octanordammanrane 12β-O- 乙酰基 -15α,17β- 二羟基 -3- 酮基 -20,21,22-23,24,25,26,27- 八降达玛烷 蒙古荚蒾 Viburnum mongolicum

6α-O-acetyl-15α,19β-di-O-ethyl-2,19:4,18:11,16:15,16-tetraepoxyneoclerodane-6,15,19-triol 6α-O- 乙酰基 -15α,19β- 二 -O- 乙基 -2,19:4,18:11,16:15,16- 四环氧赪桐 -6,15,19- 三醇 异色黄芩 Scutellaria discolor

12β-O-acetyl-15α-hydroxy-17β-methoxy-3-oxo-20,21,22-23,24,25,26,27-octanordammanrane 12β-O- 乙酰基 -15α- 羟基 -17β- 甲氧基 -3- 酮基 -20,21,22-23,24,25,26,27- 八降达玛烷 蒙古荚蒾 Viburnum mongolicum

6α-O-acetyl-15β,19β-di-O-ethyl-2,19:4,18:11,16:15,16-tetraepoxyneoclerodane-6,15,19-triol 6α-O- 乙酰基 -15β,19β- 二 -O- 乙基 -2,19:4,18:11,16:15,16- 四环氧新赪桐 -6,15,19- 三醇 异色黄芩 Scutellaria discolor

13-O-acetyl-16-hydroxyphorbol 13-O- 乙酰基 -16- 羟基佛波醇 油桐 Vernicia fordii

3-O-acetyl-16α-hydroxydehydrotrametenolic acid 3-O- 乙酰基 -16α- 羟基去氢栓菌烯醇酸 ▲ 猪苓 Polyporus umbellatus

3-O-acetyl-16α-hydroxytrametenolic acid 3-O- 乙酰基 -16α- 羟基栓菌烯醇酸 ▲ 猪苓 Polyporus umbellatus

3β-O-acetyl-16β-hydroxy-11-oxoolean-12-ene 3β-O- 乙酰基 -16β- 羟基 -11- 氧代齐墩果 -12- 烯 山茶 Camellia japonica

3β-O-acetyl-16β-hydroxy-11-oxo-olean-12-ene 3β- 乙酰氧基 -16β- 羟基 -12- 齐墩果烯 -11- 酮 孜然芹 Cuminum cyminum

3β-O-acetyl-16β-hydroxy-12-oxoolean 3β-O- 乙酰基 -16β- 羟基 -12- 氧代齐墩果烷 山茶 Camellia japonica

3β-O-acetyl-16β-hydroxyolean-12-ene 3β-O- 乙酰基 -16β- 羟基齐墩果 -12- 烯 山茶 Camellia japonica

15-O-acetyl-17-hydroxyjolkinol 15-O- 乙酰基 -17- 羟基南大戟醇 土瓜狼毒 Euphorbia prolifera

19-O-acetyl-19-epi-scholaricine 19-O- 乙酰基 -19- 表 - 糖胶树辛碱 ▲ 糖胶树 Alstonia scholaris

6α-O-acetyl-19β-O-ethyl-2,19:4,18:11,16:15,16-tetraepoxyneoclerodane-6,15,19-triol 6α-O- 乙酰基 -19β-O- 乙基 -2,19:4,18:11,16:15,16- 四环氧新赪桐 -6,15,19- 三醇 异色黄芩 Scutellaria discolor

25-O-acetyl-1α-hydroxycimigenol-3-O-β-D-xylopyranoside 25-O- 乙酰基 -1α- 羟基 - 升麻醇 -3-O-β-D- 吡喃木糖苷 单穗升麻 Cimicifuga simplex

23-O-acetyl-1α-hydroxyshengmanol-3-O-β-D-xylopyranoside 23-O- 乙酰基 -1α- 羟基 - 升麻新醇 -3-O-β-D- 吡喃木糖苷 单穗升麻 Cimicifuga simplex

3α-O-acetyl-20(29)-lupen-2α-ol 3α-O- 乙酰基 -20(29)- 羽扇豆烯 -2α- 醇 三叶鼠尾草 Salvia trijuga

11α-O-acetyl-20(S),24(R)-epoxy-dammmaran-3β,11α-25-triol 11α-O- 乙酰基 -20(S),24(R)- 环氧达玛 -3β,11α-25- 三醇 岳桦 Betula ermanii

12-O-acetyl-20,24-epoxy-3α,12β,20(S),24(R),25-pentahydroxydammar-3-yl-hydrogenpropanedioate 12-O- 乙酰基 -20,24- 环氧 -3α,12β,20(S),24(R),25- 五羟基达玛 -3- 氢化丙二酸酯 垂枝桦 Betula pendula

6-O-acetyl-20,24-epoxy-dammarane-3β,6α,25-triol 6-O- 乙酰基 -20,24- 环氧达玛 -3β,6α,25- 三醇 岳桦 Betula ermanii

3-O-acetyl-20-hydroxyecdysone 3-O- 乙酰基 -20- 羟基蜕皮素 华麻花头 Serratula chinensis

12-O-acetyl-20-O-benzoyl-(14,17,18-orthoacetate)-dihydrosarcostin-3-O-β-D-glucopyranosyl-(1→4)-O-β-D-glucopyranosyl-(1→4)-O-β-D-thevetopyranosyl-(1→4)-O-β-D-oleandropyranosyl-(1→4)-O-β-D-cymaropyranoside 12-O- 乙酰基 -20-O- 苯甲酰基 -(14,17,18- 原乙酸酯)- 二氢肉珊瑚素 ▲-3-O-β-D- 吡喃葡萄糖基 -(1→4)-O-β-D- 吡喃葡萄糖基 -(1→4)-O-β-D- 吡喃磁麻糖基 -(1→4)-O-β-D- 吡喃夹竹桃糖基 -(1→4)-O-β-D- 吡喃磁麻糖苷 贯筋藤 Dregea sinensis var. corrugata

12-O-acetyl-20-O-benzoyl-(14,17,18-orthoacetate)-dihydrosarcostin-3-O-β-D-glycopyranosyl-(1→4)-O-β-D-thevetopyranosyl-(1→4)-O-β-D-oleandropyranosyl-(1→4)-O-β-D-cymaropyranoside 12-O- 乙酰基 -20-O- 苯甲酰基 -(14,17,18- 原乙酸酯)- 二氢肉珊瑚素 ▲-3-O-β-D- 吡喃葡萄糖基 -(1→4)-O-β-D- 吡喃磁麻糖基 -(1→4)-O-β-D- 吡喃夹竹桃糖基 -(1→4)-O-β-D- 吡喃磁麻糖苷 贯筋藤 Dregea sinensis var. corrugata

12-O-acetyl-20-O-benzoyl-(14,17,18-orthoacetate)-dihydrosarcostin-3-O-β-D-glycopyranosyl-(1→4)-O-β-D-thevetopyranosyl-(1→4)-O-β-D-oleandropyranosyl-(1→4)-O-β-D-cymaropyranosyl-(1→4)-O-β-D-cymaropyranoside 12-O- 乙酰基 -20-O- 苯甲酰基 -(14,17,18- 原乙酸酯)- 二氢肉珊瑚素 ▲-3-O-β-D- 吡喃葡萄糖基 -(1→4)-O-β-D- 吡喃磁麻糖基 -(1→4)-O-β-D- 吡喃夹竹桃糖基 -(1→4)-O-β-D- 吡喃磁麻糖基 -(1→4)-O-β-D- 吡喃磁麻糖苷 贯筋藤 Dregea sinensis var. corrugata

12-O-acetyl-20-O-benzoyl-(14,17,18-orthoacetate)-dihydrosarcostin-3-O-β-D-thevetopyranosyl-(1→4)-O-β-D-oleandropyranosyl-(1→4)-O-β-D-cymaropyranoside 12-O- 乙酰基 -20-O- 苯甲酰基 -(14,17,18- 原乙酸酯)- 二氢肉珊瑚素 ▲-3-O-β-D- 吡喃磁麻糖基 -(1→4)-O-β-D- 吡喃夹竹桃糖基 -(1→4)-O-β-D- 吡喃磁麻糖苷 贯筋藤 Dregea sinensis var. corrugata

12-O-acetyl-20-O-benzoyl-(8,14,18-orthoacetate)-dihydrosarcostin-3-O-β-D-glucopyranosyl-(1→4)-O-β-D-glucopyranosyl-(1→4)-O-β-D-thevetopyranosyl-(1→4)-O-β-D-oleandropyranosyl-(1→4)-O-β-D-cymaropyranoside 12-O- 乙酰基 -20-O- 苯甲酰基 -(8,14,18- 原乙酸酯)-

O

酮 翼齿六棱菊 Laggera crispata

6'-*O*-acetyl-3'-*O*-[3-(*β*-D-glucopyranosyloxy)-2-hydroxybenzoyl]sweroside 6'-*O*- 乙酰基 -3'-*O*-[3-(*β*-D- 吡喃葡萄糖氧基)-2- 羟基苯甲酰基] 獐牙菜苷 条叶龙胆 Gentiana manshurica

4-*O*-acetyl-3-*O*-angeloylplucheinol 4-*O*- 乙酰基 -3-*O*- 当归酰基阔苞菊烯醇 田基黄 Grangea maderaspatana

12-*O*-acetyl-3-*O*-benzoyl-2-epiingol-8-tiglate 12-*O*- 乙酰基 -3-*O*- 苯甲酰基 -2- 表巨大戟醇 ▲-8- 二苯甲酸酯 霸王鞭 Euphorbia royleana

12-*O*-acetyl-3-*O*-benzoylingol-8-tiglate 12-*O*- 乙酰基 -3-*O*- 苯甲酰巨大戟醇 ▲-8- 巴豆酸酯 霸王鞭 Euphorbia royleana

5-*O*-acetyl-3-*O*-butanoyl-12-hydroxylathyrol 5-*O*- 乙酰基 -3-*O*- 丁酰氧基 -12- 羟基续随子醇 续随子 Euphorbia lathyris

β-D-(1-*O*-acetyl-3-*O*-*cis*-feruloyl)-fructofuranosyl-*α*-D-2',3',6'-*O*-triacetylglucopyranoside *β*-D-(l-*O*- 乙酰基 -3-*O*- 顺式 - 阿魏酰基)- 呋喃果糖基 -*α*-D-2',3',6'-*O*- 三乙酰基吡喃葡萄糖苷 黑三棱 Sparganium stoloniferum

12-*O*-acetyl-3-*O*-malonylbetulafolienetriol 12-*O*- 乙酰基 -3-*O*- 丙二酰基桦叶烯三醇 白桦 Betula platyphylla

β-D-(1-*O*-acetyl-3-*O*-*trans*-feruloyl)-fructofuranosyl-*α*-D-2',4',6'-*O*-triacetylglucopyranoside *β*-D-(l-*O*- 乙酰基 -3-*O*- 反式 - 阿魏酰基)- 呋喃果糖基 -*α*-D-2',4',6'-*O*- 三乙酰基吡喃葡萄糖苷 黑三棱 Sparganium stoloniferum

12-*O*-acetyl-3*α*,12*β*,17*α*,20(*S*),24(*R*)-pentahydroxydammar-25-en-3-yl-hydrogenpropanedioate 12-*O*- 乙酰基 -3*α*,12*β*,17*α*,20(*S*),24(*R*)- 五羟基达玛 -25- 烯 -3- 氢化丙二酸酯 垂枝桦 Betula pendula

12-*O*-acetyl-3*α*,12*β*,20(*S*),24(*R*)-tetrahydroxy-dammar-25-en-3-yl-hydrogenpropanedioate 12-*O*- 乙酰基 -3*α*,12*β*,20(*S*),24(*R*)- 四羟基达玛 -25- 烯 -3- 氢化丙二酸酯 垂枝桦 Betula pendula

12-*O*-acetyl-3*α*,12*β*,20(*S*),24(*S*)-tetrahydroxydammar-25-en-3-yl-hydrogenpropanedionate 12-*O*- 乙酰基 -3*α*,12*β*,20(*S*),24(*S*)- 四羟基达玛 -25- 烯 -3- 氢化丙二酸酯 垂枝桦 Betula pendula

12-*O*-acetyl-3*α*,12*β*,20(*S*),25-pentahydroxy-dammar-23(*E*)-en-3-yl-hydrogenpropanedioate 12-*O*- 乙酰基 -3*α*,12*β*,20(*S*),25- 五羟基达玛 -23(*E*)- 烯 -3- 氢化丙二酸酯 垂枝桦 Betula pendula

23-*O*-acetyl-3*β*,12*β*,23*S*,24*R*-tetrahydroxy-20*S*,25-epoxydammarane-3-*O*-[*β*-D-xylopyranosyl-(1 → 2)-*β*-D-glucopyranoside 23-*O*- 乙酰基 -3*β*,12*β*,23*S*,24*R*- 四羟基 -20*S*,25- 环氧达玛 -3-*O*-[*β*-D- 吡喃木糖基 -(1 → 2)-*β*-D- 吡喃葡萄糖苷 绞股蓝 Gynostemma pentaphyllum

23-*O*-acetyl-3*β*,12*β*,23*S*,24*R*-tetrahydroxy-20*S*,25-epoxy-dammarane-3-*O*-[*β*-D-xylopyranosyl-(1 → 2)-*β*-D-xylopyranoside 23-*O*- 乙酰基 -3*β*,12*β*,23*S*,24*R*- 四羟基 -20*S*,25- 环氧达玛 -3-*O*-[*β*-D- 吡喃木糖基 (1 → 2)-*β*-D- 吡喃木糖苷 绞股蓝 Gynostemma pentaphyllum

23-*O*-acetyl-3*β*,12*β*,23*S*,24*R*-tetrahydroxy-20*S*,25-epoxydammarane-3-*O*-[*β*-D-xylopyranosyl-(1 → 2)-*β*-D-xylopyranosyl-(1 → 6)-*β*-D-glucopyranoside 23-*O*- 乙酰基 -3*β*,12*β*,23*S*,24*R*- 四羟基 -20*S*,25- 环氧达玛 -3-*O*-[*β*-D- 吡喃木糖基 -(1 → 2)-*β*-D- 吡喃木糖基 (1 → 6)-*β*-D- 吡喃葡萄糖苷 绞股蓝 Gynostemma pentaphyllum

13-*O*-acetyl-4-deoxy-4*α*-phorbol-20-linoleate 13-*O*- 乙酰基 -4- 去氧 -4*α*- 佛波醇 -20- 亚油酸酯 巴豆 Croton tiglium

13-*O*-acetyl-4-deoxy-4*α*-phorbol-20-oleate 13-*O*- 乙酰基 -4- 去氧 -4*α*- 佛波醇 -20- 油酸酯 巴豆 Croton tiglium

3'-*O*-acetyl-4'-*O*-benzoylseselin 3'-*O*- 乙酰基 -4'- 苯甲酰邪蒿素 圆锥花远志 Polygala paniculata

2'-*O*-acetyl-4'-*O*-*cis*-feruloylswertiamarin 2'-*O*- 乙酰基 -4'-*O*- 顺式 - 阿魏酰獐牙菜苦素 青叶胆 Swertia mileensis

2'-*O*-acetyl-4'-*O*-*cis*-*p*-coumaroylswertiamarin 2'-*O*- 乙酰基 -4'-*O*- 顺式 - 对香豆酰獐牙菜苦素 青叶胆 Swertia mileensis

2'-*O*-acetyl-4'-*O*-*trans*-feruloylswertiamarin 2'-*O*- 乙酰基 -4'-*O*- 反式 - 阿魏酰獐牙菜苦素 青叶胆 Swertia mileensis

2'-*O*-acetyl-4'-*O*-*trans*-*p*-coumaroylswertiamarin 2'-*O*- 乙酰基 -4'-*O*- 反式 - 对香豆酰獐牙菜苦素 青叶胆 Swertia mileensis

8-*O*-acetyl-5,6-dihydro-5,6-epoxymultiplolide A 8-*O*- 乙酰基 -5,6- 二氢 -5,6- 环氧多枝炭角菌内酯 ▲A 喜树 Camptotheca acuminata

4-*O*-acetyl-5-*O*-benzoyl-3*β*-hydroxy-20-deoxyingenol 4-*O*- 乙酰基 -5-*O*- 苯甲酰基 -3*β*- 羟基 -20- 去氧巨大戟烯醇 ▲ 甘遂 Euphorbia kansui

2-*O*-acetyl-5-*O*-methylrapanone 2-*O*- 乙酰基 -5-*O*- 甲基密花树醌 ▲ 九管血 Ardisia brevicaulis

8-*O*-acetyl-6-*O*-(*p*-methoxy-*cis*-cinnamoyl)-shanzhiside 8-*O*- 乙酰基 -6-*O*-(对甲氧基顺式 - 桂皮酰基)- 山栀苷 花叶假杜鹃 Barleria lupulina

8-*O*-acetyl-6-*O*-(*p*-methoxy-*trans*-cinnamoyl)-shanzhiside 8-*O*- 乙酰基 -6-*O*-(对甲氧基反式 - 桂皮酰基)- 山栀苷 花叶假杜鹃 Barleria lupulina

β-D-(l-*O*-acetyl-6-*O*-feruloyl)-fructofuranosyl-*α*-D-2',4',6'-*O*-triacetyl-glucopyranoside *β*-D-(l-*O*- 乙酰基 -6-*O*- 阿魏酰基)- 呋喃果糖基 -*α*-D-2',4',6'-*O*- 三乙酰基吡喃葡萄糖苷 黑三棱 Sparganium stoloniferum

2-*O*-acetyl-6-*O*-methylzeylenol 2-*O*- 乙酰基 -6-*O*- 甲基锡兰紫玉盘烯醇 ▲ 山椒子 Uvaria grandiflora

3''-*O*-acetyl-6''-*O*-*trans*-crotonylcolubrin 3''-*O*- 乙酰基 -6''-*O*- 反式 - 巴豆酰蛇藤素 ▲ 蛇藤 Colubrina asiatica

8-*O*-acetyl-6-*O*-*trans*-*p*-coumaroylshanzhiside 8-*O*- 乙酰基 -6-*O*- 反式 - 对香豆酰山栀苷 花叶假杜鹃 Barleria lupulina

25-*O*-acetyl-7,8-didehydrocimigenol 25-*O*- 乙酰基 -7,8- 二去氢升麻醇 大三叶升麻 Cimicifuga heracleifolia

25-*O*-acetyl-7,8-didehydrocimigenol-3-*O*-*α*-L-arabinopyranoside 25-*O*- 乙酰基 -7,8- 去二氢升麻醇 -3-*O*-*α*-L- 阿拉伯糖苷 单穗升麻 Cimicifuga simplex

25-*O*-acetyl-7,8-didehydrocimigenol-3-*O*-*β*-D-xylopyranoside 25-*O*- 乙酰基 -7,8- 二去氢升麻醇 -3-*O*-*β*-D- 吡喃木糖苷 兴安升麻 Cimicifuga dahurica, 小升麻 C. japonica, 单穗升麻 C. simplex

24-*O*-acetyl-7,8-didehydrohydroshengmanol-3-*O*-*α*-L-arabinopyranoside 24-*O*- 乙酰基 -7,8- 去二氢氢化升麻新醇 -3-*O*-*α*-L- 阿拉伯糖苷 单穗升麻 Cimicifuga simplex

24-*O*-acetyl-7,8-didehydrohydroshengmanol-3-*O*-*β*-D-xylopyranoside 24-*O*- 乙酰基 -7,8- 二去氢氢化升麻新醇 -3-*O*-*β*-D- 吡喃木糖苷 单穗升麻 Cimicifuga simplex

23-*O*-acetyl-7,8-didehydroshengmanol-3-*O*-(2'-*O*-malonyl)-*β*-D-xylopyranoside 23-*O*- 乙酰基 -7,8- 去二氢升麻新醇 -3-*O*-(2'-*O*- 丙二酰基 -*β*-D- 吡喃木糖苷 单穗升麻 Cimicifuga simplex

23-*O*-acetyl-7,8-didehydroshengmanol-3-*O*-*α*-L-arabinopyranoside 23-*O*- 乙酰基 -7,8- 二去氢升麻新醇 -3-*O*-*α*-L- 阿拉伯糖苷 单穗升麻 Cimicifuga simplex

O

O

25-*O*-acetylcimigenol-3-*O*-(4'-*O*-acetyl)-*β*-D-xylopyranoside 25-*O*- 乙酰升麻醇 -3-*O*-(4'-*O*- 乙酰基)-*β*-D- 吡喃木糖苷 升麻 Cimicifuga foetida

25-*O*-acetylcimigenol-3-*O*-[2'-*O*-(*E*)-2-butenoyl]-*β*-D-xylopyranoside 25-*O*- 乙酰升麻醇 -3-*O*-[2'-*O*-(*E*)-2- 丁烯酰基]-*β*-D- 吡喃木糖苷 升麻 Cimicifuga foetida

25-*O*-acetylcimigenol-3-*O*-*α*-L-arabinopyranoside 25-*O*- 乙酰升麻醇 -3-*O*-*α*-L- 吡喃阿拉伯糖苷 兴安升麻 Cimicifuga dahurica, 升麻 C. foetida, 云南升麻 C. yunnanensis

25-*O*-acetylcimigenol-3-*O*-*β*-D-galactopyranoside 25-*O*- 乙酰升麻醇 -3-*O*-*β*-D- 吡喃半乳糖苷 单穗升麻 Cimicifuga simplex

25-*O*-acetylcimigenol-3-*O*-*β*-D-glucopyranoside 25-*O*- 乙酰升麻醇 -3-*O*-*β*-D- 吡喃葡萄糖苷 单穗升麻 Cimicifuga simplex

25-*O*-acetylcimigenol-3-*O*-*β*-D-glucopyranosyl-(1 → 3)-*β*-D-xylopyranoside 25-*O*- 乙酰升麻醇 -3-*O*-*β*-D- 吡喃葡萄糖基 -(1 → 3)-*β*-D- 吡喃木糖苷 升麻 Cimicifuga foetida, 单穗升麻 C. simplex

23-*O*-acetylcimigenol-3-*O*-*β*-D-xylopyranoside 23-*O*- 乙酰升麻醇 -3-*O*-*β*-D- 吡喃木糖苷 兴安升麻 Cimicifuga dahurica

24-*O*-acetylcimigenol-3-*O*-*β*-D-xylopyranoside 24-*O*- 乙酰升麻醇 -3-*O*-*β*-D- 吡喃木糖苷 兴安升麻 Cimicifuga dahurica

25-*O*-acetylcimigenol-3-*O*-*β*-D-xylopyranoside 25-*O*- 乙酰升麻醇 -3-*O*-*β*-D- 吡喃木糖苷 类叶升麻 Actaea asiatica, 兴安升麻 Cimicifuga dahurica, 升麻 C. foetida, 单穗升麻 C. simplex, 云南升麻 C. yunnanensis, 黄三七 Souliea vaginata

2'-*O*-acetylcimigenol-3-*O*-*β*-D-xylopyranoside 2'-*O*- 乙酰升麻醇 -3-*O*-*β*-D- 吡喃木糖苷 升麻 Cimicifuga foetida

3'-*O*-acetylcimigenol-3-*O*-*β*-D-xylopyranoside 3'-*O*- 乙酰升麻醇 -3-*O*-*β*-D- 吡喃木糖苷 类叶升麻 Actaea asiatica, 小升麻 Cimicifuga japonica

(23*R*,24*S*)-25-*O*-acetyl-cimigenol-3-*O*-*β*-D-xylopyranoside (23*R*,24*S*)-25-*O*- 乙酰升麻醇 -3-*O*-*β*-D- 吡喃木糖苷 升麻 Cimicifuga foetida

25-*O*-acetylcimigenoside 25-*O*- 乙酰升麻醇苷 ▲ 小升麻 Cimicifuga japonica

12*β*-*O*-acetylcimiracemonol 12*β*-*O*- 乙酰总状升麻醇 升麻 Cimicifuga foetida, 云南升麻 C. yunnanensis

3''-*O*-acetylcolubrin 3''-*O*- 乙酰蛇藤素 ▲ 蛇藤 Colubrina asiatica

O-acetylcolumbianetin *O*- 乙酰哥伦比亚狭缝芹亭 ▲ 蛇床 Cnidium monnieri, 台湾蛇床 C. monnieri var. formosanum, 异果黄堇 Corydalis heterocarpa

16-*O*-acetylcucurbitacin F 16-*O*- 乙酰葫芦素 F 彭县雪胆 Hemsleya pengxianensis

25-*O*-acetylcucurbitacin F 25-*O*- 乙酰葫芦素 F 中华杜英 Elaeocarpus chinensis, 椭圆果雪胆 Hemsleya ellipsoidea

25-*O*-acetylcucurbitacin-2-*O*-*β*-glucopyranoside 25-*O*- 乙酰葫芦素 -2-*O*-*β*- 吡喃葡萄糖苷 三尖栝楼 Trichosanthes tricuspidata

(24*S*)-24-*O*-acetyl-cycloartane-3*β*,16*β*,24,25,30-pentaol-3,25-di-*O*-*β*-D-glucopyranoside (24*S*)-24-*O*- 乙酰基 - 环木菠萝 -3*β*,16*β*,24,25,30- 五醇 -3,25- 二 -*O*-*β*-D- 吡喃葡萄糖苷 华东唐松草 Thalictrum fortunei

24-*O*-acetyldahurinol-3-*O*-*β*-D-xylopyranoside 24-*O*- 乙酰兴安升麻醇 -3-*O*-*β*-D- 吡喃木糖苷 类叶升麻 Actaea asiatica, 黄三七 Souliea vaginata

7-*O*-acetyldaphnoretin 7-*O*- 乙酰西瑞香素 滇结香 Edgeworthia gardneri

16-*O*-acetyldarutigenol 16-*O*- 乙酰基豨莶精醇 豨莶 Sigesbeckia orientalis

16-*O*-acetyldarutoside 16-*O*- 乙酰基豨莶苷 豨莶 Sigesbeckia orientalis

3-*O*-acetyldaturadiol 3-*O*- 乙酰曼陀罗二醇 大叶玉叶金花 Mussaenda macrophylla

6'-*O*-acetyldaucosterol 6'-*O*- 乙酰胡萝卜苷 杨梅 Myrica rubra, 海桑 Sonneratia caseolaris, 葡萄 Vitis vinifera

1-*O*-acetyldauricumine 1-*O*- 乙酰蝙蝠葛明 风龙 Sinomenium acutum

O-acetyldehydrolycopodine *O*- 乙酰去氢石松碱 玉柏 Lycopodium obscurum

6-*O*-acetyldemethylenedelcorine 6-*O*- 乙酰去次甲基伞花翠雀碱 ▲ 牛扁 Aconitum barbatum var. puberulum, 草地乌头 A. umbrosum

O-acetyldihydrocrinine *O*- 乙酰二氢文殊兰碱 水鬼蕉 Hymenocallis littoralis

25-*O*-acetyl-dihydrocucurbitacin F 25-*O*- 乙酰基 -23,24- 二氢葫芦素 F 雪胆 Hemsleya chinensis

O-acetyldihydrolycopodine *O*- 乙酰二氢石松碱 玉柏 Lycopodium obscurum

3-*O*-acetyl-D-methyl galacturonate 3-*O*- 乙酰基 -D- 半乳糖醛酸甲酯 人心果 Manilkara zapota

7-*O*-acetyldunnianin 7-*O*- 乙酰红花八角素 台湾八角 Illicium arborescens

3'-*O*-acetylechimidine 3'-*O*- 乙酰蓝蓟定 蓝蓟 Echium vulgare

5'-*O*-acetylechimidine 5'-*O*- 乙酰蓝蓟定 蓝蓟 Echium vulgare

2'-*O*-acetylechinacoside 2'-*O*- 乙酰松果菊苷 过江藤 Phyla nodiflora

17-*O*-acetylechitamine 17-*O*- 乙酰糖胶树胺 ▲ 糖胶树 Alstonia scholaris

3*β*-*O*-acetyl-*ent*-atisan-16*α*,17-diol 3*β*-*O*- 乙酰基 - 对映 - 阿替 -16*α*,17- 二醇 钩腺大戟 Euphorbia sieboldiana

3-*O*-acetyl-*epi*-betulinic acid 3-*O*- 乙酰 - 表 - 白桦脂酸 角果木 Ceriops tagal

8-*O*-acetylexcelsine 8-*O*- 乙酰紫花高乌头辛 ▲ 高乌头 Aconitum sinomontanum

2'-*O*-acetylfrangulin A 2'-*O*- 乙酰基欧鼠李苷 A 尼泊尔鼠李 Rhamnus napalensis

3'-*O*-acetylfrangulin A 3'-*O*- 乙酰基欧鼠李苷 A 尼泊尔鼠李 Rhamnus napalensis

3'-*O*-acetylfrugoside 3'-*O*- 乙酰钉头果勾苷 ▲ 牛角瓜 Calotropis gigantea

O-acetylgalanthamine *O*- 乙酰加兰他敏 假水仙 Narcissus pseudonarcissus

7-*β*-*O*-acetylgardoside methyl ester 7-*β*-*O*- 乙酰栀子新苷甲酯 长舟马先蒿 Pedicularis dolichocymba

10-*O*-acetylgeniposide 10-*O*- 乙酰京尼平苷 栀子 Gardenia jasminoides

6'-*O*-acetylgeniposide 6'-*O*- 乙酰京尼平苷 栀子 Gardenia jasminoides

10-*O*-acetyl-geniposidic acid 10-*O*- 乙酰京尼平苷酸 车前 Plantago asiatica

3'-*O*-acetylgentiopicroside 3'-*O*- 乙酰龙胆苦苷 达乌里秦艽 Gentiana dahurica

O

4''-*O*-acetylmartynoside 4''-*O*- 乙酰角胡麻苷 大叶醉鱼草 Buddleja davidii, 尖齿臭茉莉 Clerodendrum lindleyi
cis-2'',3''-*O*-acetylmartynoside 顺式 -2'',3''-*O*- 乙酰角胡麻苷 江南马先蒿 Pedicularis henryi
17-*O*-acetylmicrolepin 17-*O*- 乙酰鳞盖蕨苷 边缘鳞盖蕨 Microlepia marginata
6'-*O*-acetylmicrolepin 6'-*O*- 乙酰鳞盖蕨苷 边缘鳞盖蕨 Microlepia marginata
6-*O*-acetylmioporoside 6-*O*- 乙酰苦槛蓝苷▲ 药水苏 Betonica officinalis
8-*O*-acetylmioporoside 8-*O*- 乙酰苦槛蓝苷▲ 龙吐珠 Clerodendrum thomsoniae
8-*O*-acetylmultiplolide A 8-*O*- 乙酰多枝炭角菌内酯▲A 喜树 Camptotheca acuminata
8-*O*-acetylmussaendoside methyl ester 8-*O*- 乙酰玉叶金花多苷▲甲酯 玉叶金花 Mussaenda pubescens
8-*O*-acetylmussaenoside 8-*O*- 乙酰玉叶金花诺苷▲ 花叶假杜鹃 Barleria lupulina
O-acetyl-*N*-(*N*'-benzoyl-L-phenylalanyl)-L-phenylalaninol *O*- 乙酰基 -*N*-(*N*'- 苯甲酰基 -L- 苯丙氨酰基)-L- 苯丙氨醇 狼毒大戟 Euphorbia fischeriana
(-)-*O*-acetyl-*N*-benzoylbuxidienine (-)-*O*- 乙酰基 -*N*- 苯甲酰黄杨二烯宁碱 锦熟黄杨 Buxus sempervirens
14-*O*-acetylneoline 14-*O*- 乙酰新欧乌林碱▲ 乌头 Aconitum carmichaelii
O-acetylnitraraine *O*- 乙酰白刺拉因 大白刺 Nitraria roborowskii
17-*O*-acetylnortetraphyllicine 17-*O*- 乙酰降四叶萝芙木辛碱▲ 思茅山橙 Melodinus cochinchinensis
3-*O*-acetylohchinolal 3-*O*- 乙酰日楝醇醛▲ 川楝 Melia toosendan
3*β*-*O*-acetyl-olean-12-en 3*β*-*O*- 乙酰齐墩果 -12- 烯 山辣子皮 Daphne papyracea var. crassiuscula
3-*O*-acetyloleanolic acid 3-*O*- 乙酰齐墩果酸 藿香 Agastache rugosa, 杜仲 Eucommia ulmoides, 地果 Ficus tikoua, 铁冬青 Ilex rotunda, 大叶玉叶金花 Mussaenda macrophylla, 鸡矢藤 Paederia foetida, 迷迭香 Rosmarinus officinalis, 齿叶玄参 Scrophularia dentata, 尾叶那藤 Stauntonia obovatifoliola subsp. urophylla, 羽叶丁香 Syringa pinnatifolia, 草本威灵仙 Veronicastrum sibiricum
3*β*-*O*-acetyloleanolic acid 3*β*-*O*- 乙酰齐墩果酸 中华猕猴桃 Actinidia chinensis, 马利筋 Asclepias curassavica, 全缘叶紫珠 Callicarpa integerrima, 长花厚壳树 Ehretia longiflora, 蓝萼毛叶香茶菜 Isodon japonicus var. glaucocalyx, 马缨丹 Lantana camara, 黑龙骨 Periploca forrestii, 水茄 Solanum torvum, 海桑 Sonneratia caseolaris
3-*O*-acetyloleanolic acid-*O*-*β*-D-glucopyranosyl-(1-4)-*O*-*β*-D-xylopyranoside 3-*O*- 乙酰齐墩果酸 -*O*-*β*-D- 吡喃葡萄糖基 -(1-4)-*O*-*β*-D- 吡喃木糖苷 鹊肾树 Streblus asper
3-*O*-acetyloleanolic aldehyde 3-*O*- 乙酰齐墩果醛 藿香 Agastache rugosa, 皖鄂丹参 Salvia paramiltiorrhiza
6''-*O*-acetyl-ononin 6''-*O*- 乙酰芒柄花苷 蒙古黄耆 Astragalus penduliflorus
14-*O*-acetyl-oridonin 14-*O*- 乙酰冬凌草甲素 冬凌草 Isodon rubescens
2''-*O*-acetylorientin 2''-*O*- 乙酰荭草素 毛金丝桃 Hypericum hirsutum
6''-*O*-acetylorientin 6''-*O*- 乙酰荭草素 川陕金莲花 Trollius buddae, 金莲花 T. chinensis
6''-*O*-acetylorientin 6''-*O*- 乙酰荭草素 短瓣金莲花 Trollius ledebourii
2''-*O*-acetyloxypeucedanin hydrate 2''-*O*- 乙酰氧基前胡素水合物 灰叶当归 Angelica glauca
12-*O*-acetylpergularin 12-*O*- 乙酰萝藦素▲ 萝藦 Metaplexis japonica
6'''-*O*-acetylpersicoside 6'''-*O*- 乙酰桃苷 鞭打绣球 Hemiphragma heterophyllum
13-*O*-acetylphorbol 13-*O*- 乙酰佛波醇 狼毒大戟 Euphorbia fischeriana
12-*O*-acetylphorbol-13-(2-methylbutyrate) 12-*O*- 乙酰佛波醇 -13-(2- 甲基丁酸酯) 巴豆 Croton tiglium
12-*O*-acetylphorbol-13-decanoate 12-*O*- 乙酰佛波醇 -13- 癸酸酯 巴豆 Croton tiglium
12-*O*-acetylphorbol-13-dodecanoate 12-*O*- 乙酰佛波醇 -13- 十四酸酯 巴豆 Croton tiglium
12-*O*-acetylphorbol-13-tigliate 12-*O*- 乙酰佛波醇 -13- 巴豆酸酯 巴豆 Croton tiglium
13-*O*-acetylphorbol-20-linoleate 13-*O*- 乙酰佛波醇 -20- 亚油酸酯 巴豆 Croton tiglium
13-*O*-acetylphorbol-20-oleate 13-*O*- 乙酰佛波醇 -20- 油酸酯 巴豆 Croton tiglium
6''-*O*-acetylplumieride-*p*-*E*-coumarate 6''-*O*- 乙酰鸡蛋花苷 - 对 -*E*- 香豆酸酯 钝叶鸡蛋花 Plumeria obtusa
6''-*O*-acetylplumieride-*p*-*Z*-coumarate 6''-*O*- 乙酰鸡蛋花苷 - 对 -*Z*- 香豆酸酯 钝叶鸡蛋花 Plumeria obtusa
2'-*O*-acetylpoliumoside 2'-*O*- 乙酰灰香科科苷▲ 沙苁蓉 Cistanche sinensis, 分枝列当 Orobanche aegyptiaca
3''-*O*-acetylpolygalacin D 3''-*O*- 乙酰远志皂苷 D 桔梗 Platycodon grandiflorus
2''-*O*-acetylpolygalacin D 2''-*O*- 乙酰远志皂苷 D 桔梗 Platycodon grandiflorus
3''-*O*-acetylpolygalacin D_2 3''-*O*- 乙酰远志皂苷 D_2 桔梗 Platycodon grandiflorus
2''-*O*-acetylpolygalacin D_2 2''-*O*- 乙酰远志皂苷 D_2 桔梗 Platycodon grandiflorus
(-)-(7*R*,8*R*)-7-*O*-acetylpolysphorin (-)-(7*R*,8*R*)-7-*O*- 乙酰多籽脂素 三白草 Saururus chinensis
3-*O*-acetylpomolic acid 3-*O*- 乙酰果渣酸▲ 委陵菜 Potentilla chinensis
3*β*-*O*-acetylpomolic acid 3*β*-*O*- 乙酰果渣酸▲ 马缨丹 Lantana camara
3-*O*-acetylpomolic acid methyl ester 3-*O*- 乙酰果渣酸▲甲酯 单瓣李叶绣线菊 Spiraea prunifolia var. simpliciflora
4*α*-*O*-acetylpseudoguaian-6*β*,12-olide 4*α*-*O*- 乙酰基拟愈创木烷 -6*β*,12- 内酯 银胶菊 Parthenium hysterophorus
6'-*O*-acetylpseudolaric acid B-*O*-*β*-D-glucopyranoside 6'-*O*- 乙酰金钱松酸 B-*O*-*β*-D- 吡喃葡萄糖苷 金钱松 Pseudolarix amabilis
12-*O*-acetylpseurata B 12-*O*- 乙酰川藏香茶菜萜素▲B 川藏香茶菜 Isodon pharicus
7-*O*-acetylpseurata C 7-*O*- 乙酰川藏香茶菜萜素▲C 川藏香茶菜 Isodon pharicus
4''-*O*-acetylquercitrin 4''-*O*- 乙酰槲皮苷 锈毛梨果寄生 Scurrula ferruginea
24-*O*-acetylquinatic acid 24-*O*- 乙酰木通酸 尾叶那藤 Stauntonia obovatifoliola subsp. urophylla
12-*O*-acetylramanone 12-*O*- 乙酰萝藦酮▲ 萝藦 Metaplexis japonica

O

6'-*O*-acetylsweroside 6'-*O*- 乙酰獐牙菜苷 条叶龙胆 Gentiana manshurica
2'-*O*-acetylswertiamarin 2'-*O*- 乙酰獐牙菜苦素 丽江獐牙菜 Swertia delavayi, 贵州獐牙菜 S. kouitchensis, 青叶胆 S. mileensis
4''-*O*-acetylswertianoside E 4''-*O*- 乙酰獐牙菜诺苷 ▲E 西南獐牙菜 Swertia cincta
3-*O*-acetyltaraxerol 3-*O*- 乙酰蒲公英赛醇 日本桤木 Alnus japonica
2'-*O*-acetylthevetin B 2'-*O*- 乙酰黄花夹竹桃素 ▲B 海杧果 Cerbera manghas
12-*O*-acetyltrichilin B 12-*O*- 乙酰鹧鸪花素 ▲B 楝 Melia azedarach, 川楝 M. toosendan
1-*O*-acetyltrichilin H 1-*O*- 乙酰鹧鸪花素 ▲H 川楝 Melia toosendan
3-*O*-acetylursolic acid 3-*O*- 乙酰熊果酸 海杧果 Cerbera manghas, 皱皮木瓜 Chaenomeles speciosa, 柳叶假木荷 Craibiodendron henryi, 杜仲 Eucommia ulmoides, 腺花香茶菜 Isodon adenanthus, 迷迭香 Rosmarinus officinalis, 高山地榆 Sanguisorba alpina
3*β*-*O*-acetylursolic acid 3*β*-*O*- 乙酰熊果酸 中华猕猴桃 Actinidia chinensis, 全缘叶紫珠 Callicarpa integerrima, 大黄药 Elsholtzia penduliflora, 秤星树 Ilex asprella, 蓝萼毛叶香茶菜 Isodon japonicus var. glaucocalyx, 蒲桃 Syzygium jambos
O-acetylushinsunine *O*- 乙酰黄心树宁碱 台湾含笑 Michelia compressa
3-*O*-acetyluvaol 3-*O*- 乙酰氧基熊果醇 红花龙胆 Gentiana rhodantha
3*β*-*O*-acetyluvaol 3*β*-*O*- 乙酰熊果醇 秤星树 Ilex asprella
O-acetylvallesamine *O*- 乙酰河谷木胺 ▲ 狗牙花 Tabernaemontana divaricata
2'-*O*-acetylverbascoside 2'-*O*- 乙酰毛蕊花苷 来江藤 Brandisia hancei, 分枝列当 Orobanche aegyptiaca
6'-*O*-acetylverbascoside 6'-*O*- 乙酰毛蕊花苷 直立黄钟花 Tecoma stans
3-*O*-acetylverticine 3-*O*- 乙酰贝母碱 天目贝母 Fritillaria monantha
14-*O*-acetylvirescenine 14-*O*- 乙酰绿翠雀宁碱 ▲ 牛扁 Aconitum barbatum var. puberulum
2''-*O*-acetylvitexin 2''-*O*- 乙酰牡荆素 山里红 Crataegus pinnatifida var. major
3''-*O*-acetylvitexin 3''-*O*- 乙酰牡荆素 山里红 Crataegus pinnatifida var. major
6''-*O*-acetylvitexin 6''-*O*- 乙酰牡荆素 川陕金莲花 Trollius buddae, 金莲花 T. chinensis, 短瓣金莲花 T. ledebourii
6''-*O*-acetylvitexin 6''-*O*- 乙酰牡荆素 山里红 Crataegus pinnatifida var. major
7-*O*-acetylvulgarine 7-*O*- 乙酰蓝蓟灵 ▲ 蓝蓟 Echium vulgare
7-*O*-acetylvulgarine-*N*-oxide 7-*O*- 乙酰蓝蓟灵 ▲-*N*- 氧化物 蓝蓟 Echium vulgare
25-*O*-acetylvulgaroside 24-*O*- 乙酰榅桲萜内酯 ▲ 榅桲 Cydonia oblonga
18-*O*-acetylwithaphysalin C 18-*O*- 乙酰睡茄酸浆素 C 小酸浆 Physalis minima
O-acetylyamataimine *O*- 乙酰雅塔蟹甲草碱 ▲ 苍山橐吾 Ligularia tsangchanensis
O-acetylyamataimine-*N*-oxide *O*- 乙酰雅塔蟹甲草碱 ▲-*N*- 氧化物 苍山橐吾 Ligularia tsangchanensis
3-*O*-acetyl-*α*-amyrin 3-*O*- 乙酰基 -*α*- 香树脂醇 黑桑 Morus nigra
(6*α*,11*α*)-6-[(2-*O*-acetyl-*α*-L-arabinopyranosyl)oxy]-3-oxotaraxast-20-ene-11,28-diyl diacetate (6*α*,11*α*)-6-(2-*O*- 乙酰基 -*α*-L- 吡喃阿拉伯糖氧基)-3- 氧代蒲公英萜 -20- 烯 -11,28- 二乙酸酯 青海刺参 Morina kokonorica
4-(4''-*O*-acetyl-*α*-rhamnopyranosyl)ellagic acid 4-(4''-*O*- 乙酰基 -*α*- 吡喃鼠李糖基) 鞣花酸 云南风车子 Combretum griffithii var. yunnanense
3-*O*-acetyl-*β*-amyrin 3-*O*- 乙酰基 -*β*- 香树脂醇 日本桤木 Alnus japonica, 大狼毒 Euphorbia jolkinii, 黑桑 Morus nigra
3*β*-*O*-acetyl-*β*-amyrin 3*β*-*O*- 乙酰基 -*β*- 香树脂醇 马利筋 Asclepias curassavica
4-*O*-acetyl-*β*-cymaropyranosyl-(1 → 4)-*O*-*β*-D-cymaropyranosyl-(1 → 4)-*O*-*β*-D-canaropyranosyl-(1 → 4)-*O*-*β*-D-cymaropyranosyl-(1 → 4)-*O*-oleandronic acid-*δ*-lactone 4-*O*- 乙酰基 -*β*- 吡喃磁麻糖基 -(1 → 4)-*O*-*β*-D- 吡喃磁麻糖基 -(1 → 4)-*O*-*β*-D- 吡喃加那利毛地黄糖基 -(1 → 4)-*O*-*β*-D- 吡喃磁麻糖基 -(1 → 4)-*O*- 夹竹桃糖酸 -*δ*- 内酯 青蛇藤 Periploca calophylla
(6*S*,13*S*)-6-[6-*O*-acetyl-*β*-D-glucopyranosyl-(1 → 4)-*O*-*α*-L-rhamnopyranosyl]-13-[*α*-L-rhamnopyranosyl-(1 → 4)-*O*-*β*-D-fucopyranosyl]-cleroda-3,14-diene (6*S*,13*S*)-6-[6-*O*- 乙酰基 -*β*-D- 吡喃葡萄糖基 -(1 → 4)-*O*-*α*-L- 吡喃鼠李糖基]-13-[*α*-L- 吡喃鼠李糖基 -(1 → 4)-*O*-*β*-D- 吡喃岩藻糖基]- 赪桐 -3,14- 二烯 大芒萁 Dicranopteris ampla, 铁芒萁 D. linearis, 芒萁 D. pedata
(3*β*,9*β*,10*α*,24*R*)-25-(6-*O*-acetyl-*β*-D-glucopyranosyloxy)-3-[*O*-*α*-L-rhamnopyranosyl-(1 → 2)-*O*-*β*-D-glucopyranosyl-(1 → 2)-*β*-D-glucopyranosyloxy]-24-hydroxy-9-methyl-19-norlanost-5-en-11-one (3*β*,9*β*,10*α*,24*R*)-25-(6-*O*- 乙酰基 -*β*-D- 吡喃葡萄糖氧基)-3-[*O*-*α*-L- 吡喃鼠李糖基 -(1 → 2)-*O*-*β*-D- 吡喃葡萄糖基 -(1 → 2)-*β*-D- 吡喃葡萄糖氧基]-24- 羟基 -9- 甲基 -19- 降羊毛脂 -5- 烯 -11- 酮 王瓜 Trichosanthes cucumeroides
(6*α*,11*α*)-6-[(2-*O*-acetyl-*β*-D-xylopyranosyl)oxy]-3-oxotaraxast-20-ene-11,28-diyl diacetate (6*α*,11*α*)-6-(2-*O*- 乙酰基 -*β*-D- 木糖氧基)-3- 氧代蒲公英萜 -20- 烯 -11,28- 二乙酸酯 青海刺参 Morina kokonorica
2-*O*-acryl-3,6-di-*O*-3-nitropropanoyl-*α*-D-glucopyranose 2-*O*- 丙烯基 -3,6- 二 -*O*-3- 硝基丙酰基 -*α*-D- 吡喃葡萄糖 苏木蓝 Indigofera carlesii
6'-*O*-acylclionasterol-3-*O*-glucopyranoside 6'-*O*- 酰基穿贝海绵甾醇 -3-*O*- 吡喃葡萄糖苷 云南杨梅 Myrica nana
3-*O*-acyl-L-rhamnose 3-*O*- 酰化 -L- 鼠李糖 人心果 Manilkara zapota
6-*O*-acyl-*β*-D-glucosyl-*β*-sitosterol 6-*O*- 乙酰基 -*β*-D- 葡萄糖基 -*β*- 谷甾醇 辣根 Armoracia rusticana
O-amino-*N*-formylbenzyamine *O*- 氨基 -*N*- 甲酰苄胺 骆驼蒿 Peganum nigellastrum
9-*O*-angeloyl-8,10-dehydrothymol 9-*O*- 当归酰基 -8,10- 去氢麝香草酚 台湾泽兰 Eupatorium formosanum
9*β*-*O*-angeloylakichenol 9*β*-*O*- 当归酰山地阿魏烯醇 ▲ 中亚阿魏 Ferula jaeschkeana
22-*O*-angeloylbarrigenol A1-3-*O*-[*α*-L-rhamnopyransyl-(1 → 2)]-[*β*-D-glucopyranosyl-(1 → 2)-*β*-D-galactopyranosyl-(1 → 4)]-*β*-D-glucouronopyranoside 22-*O*- 当归酰玉蕊精醇 ▲A1-3-*O*-[*α*-L- 吡喃鼠李糖基 -(1 → 2)]-[*β*-D- 吡喃葡萄糖基 -(1 → 2)-*β*-D- 吡喃半乳糖基 (1 → 4)]-*β*-D- 吡喃葡萄糖醛酸苷 红木荷 Schima wallichii
21-*O*-angeloylbarringtogenol C 21-*O*- 当归酰玉蕊皂醇 ▲C 灵香草 Lysimachia foenum-graecum
21-*O*-angeloyl-barringtogenol C 21-*O*- 当归酰基 - 玉蕊皂苷元 C 海桐 Pittosporum tobira

3-O-angeloylcarolenalone 3-O- 当归酰北卡堆心菊酮▲ 堆心菊 Helenium autumnale
3'-O-angeloylhamaudol 3'-O- 当归酰日本当归醇▲ 宽萼岩风 Libanotis laticalycina, 防风 Saposhnikovia divaricata, 迷果芹 Sphallerocarpus gracilis
7-O-angeloylheliotridine 7-O- 当归酰天芥菜定 全叶千里光 Senecio cannabifolius var. integrifolius
7-O-angeloylheliotridine-N-oxide 7-O- 当归酰天芥菜定 -N- 氧化物 全叶千里光 Senecio cannabifolius var. integrifolius
3-O-angeloylingenol 3-O- 当归酰巨大戟烯醇▲ 火殃勒 Euphorbia antiquorum
22β-O-angeloyllantanolic acid 22β-O- 当归酰马缨丹醇酸▲ 马缨丹 Lantana camara
22β-O-angeloyloleanolic acid 22β-O- 当归酰齐墩果酸 马缨丹 Lantana camara
6-O-angeloylplenolin 6-O- 当归酰多梗贝氏菊素▲ 石胡荽 Centipeda minima
3-O-angeloylplucheinol 3-O- 当归酰基阔苞菊烯醇 田基黄 Grangea maderaspatana
21-O-angeloyl-R1-barrigenol 21-O- 当归酰基 -R1- 玉蕊醇 海桐 Pittosporum tobira
9-O-angeloylretronecine 9-O- 当归酰倒千里光裂碱 蓝蓟 Echium vulgare, 砂引草 Messerschmidia sibirica
7-O-angeloylturneforcidine 7-O- 当归酰砂引草定▲ 全叶千里光 Senecio cannabifolius var. integrifolius
25-O-anhydrocimigenol-3-O-β-D-xylopyranoside 25-O- 脱水升麻醇 -3-O-β-D- 吡喃木糖苷 升麻 Cimicifuga foetida
14-O-anisoylneoline 14-O- 茴香酰新欧乌林碱▲ 乌头 Aconitum carmichaelii
6'-O-apiofuranosyldendranthemoside A 6'-O- 呋喃芹糖基菊苷▲A 树参 Dendropanax dentiger
7-O-apioglucosyl-7,4'-dihydroxyflavone 7-O- 芹糖葡萄糖基 -7,4'- 二羟基黄酮 粗毛甘草 Glycyrrhiza aspera
2''-O-apiosylverbascoside 2''-O- 芹糖基毛蕊花苷 西南猫尾木 Markhamia stipulata
3β-O-arabinosyl-hydroxyursolic-12,19-diene-28-β-D-glucopyranosyl ester 3β-O- 阿拉伯糖基 - 熊果 -12,19- 二烯 -28- 酸 -β-D- 吡喃葡萄糖酯苷 地榆 Sanguisorba officinalis
obaberine 黄小檗碱 台湾千金藤 Stephania merrillii, 亚欧唐松草 Thalictrum minus
obaculactone 黄柏内酯 酸橙 Citrus aurantium, 狭叶白鲜 Dictamnus angustifolius, 黄檗 Phellodendron amurense, 川黄檗 P. chinense, 紫丁香 Syringa oblata
trans-obacunoic acid-17-O-β-D-glucopyranoside 反式 - 黄柏酸 -17-O-β-D- 吡喃葡萄糖苷 葡萄柚 Citrus paradisi
obacunoic acid-17-O-β-D-glucopyranoside 黄柏酸 -17-O-β-D- 吡喃葡萄糖苷 葡萄柚 Citrus paradisi
7α-obacunol 7α- 黄柏醇 香肉果 Casimiroa edulis
obacunone 黄柏酮 香肉果 Casimiroa edulis, 酸橙 Citrus aurantium, 宜昌橙 C. ichangensis, 香橙 C. junos, 柚 C. maxima, 橘红 C. maxima 'Tomentosa', 香橼 C. medica, 佛手 C. medica var. sarcodactylis, 葡萄柚 C. paradisi, 柑橘 C. reticulata, 狭叶白鲜 Dictamnus angustifolius, 白鲜 D. dasycarpus, 吴茱萸 Euodia ruticarpa, 牛筋果 Harrisonia perforata, 黄檗 Phellodendron amurense, 川黄檗 P. chinense
obacunone glucoside 黄柏酮葡萄糖苷 酸橙 Citrus aurantium, 文旦 C. maxima'Wentan', 福橘 C. reticulata 'Tangerina'
obacunone-17-β-D-glucopyranoside 黄柏酮 -17-β-D- 吡喃葡萄糖苷 柚 Citrus maxima, 葡萄柚 C. paradisi, 黄檗 Phellodendron amurense
obacunonic acid 黄柏酸 狭叶白鲜 Dictamnus angustifolius, 白鲜 D. dasycarpus
7α-obacunyl acetate 7α- 黄柏醇乙酸酯 白鲜 Dictamnus dasycarpus
obassioside A, B, C 玉玲花苷▲A, B, C 玉铃花 Styrax obassis
(3β)-14-O-benzoyl-10-deoxy-3-hydroxyfloridanolide (3β)-14-O- 苯甲酰基 -10- 去氧 -3- 羟基佛罗里达八角内酯▲ 台湾八角 Illicium arborescens
6-O-benzoyl-10-deoxyeucommiol 6-O- 苯甲酰基 -10- 去氧杜仲醇 葫芦树 Crescentia cujete
10-O-benzoyl-10-O-deacetyl-11-demethoxy-11-ethoxydaphylloside 10-O- 苯甲酰基 -10-O- 去乙酰基 -11- 去甲氧基 -11- 乙氧基交让木苷 狭叶虎皮楠 Daphniphyllum angustifolium
10-O-benzoyl-10-O-deacetylasperuloside 10-O- 苯甲酰基 -10-O- 去乙酰车叶草苷 狭叶虎皮楠 Daphniphyllum angustifolium
10-O-benzoyl-10-O-deacetyldaphylloside 10-O- 苯甲酰基 -10-O- 去乙酰交让木苷 狭叶虎皮楠 Daphniphyllum angustifolium
3β-O-benzoyl-11-oxo-ursolic acid 3β-O- 苯甲酰 -11- 氧代熊果酸 云南木鳖 Momordica dioica
11α-O-benzoyl-12β-O-acetyltenacigenin B 11α-O- 苯甲酰基 -12β-O- 乙酰通光藤苷元 B 通光藤 Marsdenia tenacissima
3-O-benzoyl-13,17-dibenzoyloxy-20-deoxyingenol 3-O- 苯甲酰氧基 -13,17- 二苯甲酰氧基 -20- 去氧巨大戟烯醇▲ 乳浆大戟 Euphorbia esula
3-O-benzoyl-13,17-dibenzoyloxyingenol 3-O- 苯甲酰基 -13,17- 二苯甲酰氧基巨大戟烯醇▲ 乳浆大戟 Euphorbia esula
3-O-benzoyl-13-octanoyloxyingenol 3-O- 苯甲酰基 -13- 辛酰氧基巨大戟烯醇▲ 乳浆大戟 Euphorbia esula
3-O-benzoyl-13-O-dodecanoyl-20-O-acetylingenol 3-O- 苯甲酰基 -13-O- 十二酰基 -20- 乙酰巨大戟烯醇▲ 甘遂 Euphorbia kansui
20-O-benzoyl-13-O-dodecanoylingenol 20-O- 苯甲酰基 -13-O- 十二酰巨大戟烯醇▲ 甘遂 Euphorbia kansui
3-O-benzoyl-13-O-dodecanoylingenol 3-O- 苯甲酰基 -13-O- 十二酰巨大戟烯醇▲ 甘遂 Euphorbia kansui
12-O-benzoyl-14-O-(2E,4E)-decadienoyl-5β,12β-dihydroxyresiniferonol-6α,7α-oxide 12-O- 苯甲酰基 -14-O-(2E,4E)- 癸二烯基 -5β,12β- 二羟基树脂大戟醇 -6α,7α- 氧化物 瑞香 Daphne odora
3-O-benzoyl-17-benzoyloxy-13-(2,3-dimethylbutanoyloxy)ingenol 3-O- 苯甲酰基 -17- 苯甲酰氧基 -13-(2,3- 二甲基丁酰氧基) 巨大戟烯醇▲ 乳浆大戟 Euphorbia esula
3-O-benzoyl-17-benzoyloxy-13-octanoyloxy-20-deoxyingenol 3-O- 苯甲酰基 -17- 苯甲酰氧基 -13- 辛酰氧基 -20- 去氧巨大戟烯醇▲ 乳浆大戟 Euphorbia esula
3-O-benzoyl-17-benzoyloxy-13-octanoyloxyingenol 3-O- 苯甲酰基 -17- 苯甲酰氧基 -13- 辛酰氧基巨大戟烯醇▲ 乳浆大戟 Euphorbia esula
3-O-benzoyl-20-deoxyingenol 3-O- 苯甲酰基 -20- 去氧巨大戟烯醇▲ 甘遂 Euphorbia kansui
5-O-benzoyl-20-deoxyingenol 5-O- 苯甲酰基 -20- 去氧巨大戟烯醇▲ 甘遂 Euphorbia kansui

2-*O*-benzoyl-2-deacetylmayteine 2-*O*- 苯甲酰基 -2- 去乙酰美登木因▲ 雷公藤 Tripterygium wilfordii
4-*O*-benzoyl-3'-*O*-3,4,5-trimethoxycinnamoylsucrose 4-*O*- 苯甲酰基 -3'-*O*-3,4,5- 三甲氧基桂皮酰蔗糖 密花远志 Polygala tricornis
6-*O*-benzoyl-3'-*O*-3,4,5-trimethoxycinnamoylsucrose 6-*O*- 苯甲酰基 -3'-*O*-3,4,5- 三甲氧基桂皮酰蔗糖 密花远志 Polygala tricornis
2-*O*-benzoyl-3-*O*-debenzoylzeylenone 2-*O*- 苯甲酰基 -3-*O*- 去苯甲酰锡兰紫玉盘烯酮▲ 山椒子 Uvaria grandiflora
6-*O*-benzoyl-3'-*O*-sinapoylsucrose 6-*O*- 苯甲酰基 -3'-*O*- 芥子酰蔗糖 密花远志 Polygala tricornis
3-*O*-benzoyl-3β-hydroxy-20-deoxyingenol 3-*O*- 苯甲酰基 -3β- 羟基 -20- 去氧巨大戟烯醇▲ 甘遂 Euphorbia kansui
5-*O*-benzoyl-3β-hydroxy-20-deoxyingenol 5-*O*- 苯甲酰基 -3β- 羟基 -20- 去氧巨大戟烯醇▲ 甘遂 Euphorbia kansui
6'-*O*-benzoyl-4''-hydroxy-3''-methoxypaeoniflorin 6'-*O*- 苯甲酰基 -4''- 羟基 -3''- 甲氧基 - 芍药苷 川赤芍 Paeonia anomala subsp. veitchii
6'-*O*-benzoyl-4''-hydroxy-3''-methoxy-paeoniflorin 6'-*O*- 苯甲酰基 -4''- 羟基 -3''- 甲氧基 - 芍药苷 滇牡丹 Paeonia delavayi
15β-*O*-benzoyl-5α-hydroxyisolathyrol 15β-*O*- 苯甲酰基 -5α- 羟基异续随子醇 甘青大戟 Euphorbia micractina
3-*O*-benzoyl-6'-*O*-*trans*-cinnamoylsucrose 3-*O*- 苯甲酰基 -6'-*O*- 反式桂皮酰蔗糖 越南叶下珠 Phyllanthus cochinchinensis
3β-*O*-benzoyl-6-oxo-ursolic acid 3β-*O*- 苯甲酰 -6- 氧代熊果酸 云南木鳖 Momordica dioica
10-*O*-benzoyl-6'-*O*-α-L-arabinopyranosyl-(1 → 6)-β-D-glucopyranosylgeniposidic acid 10-*O*- 苯甲酰基 -6'-*O*-α-L- 吡喃阿拉伯糖基 -(1 → 6)-β-D- 吡喃葡萄糖基京尼平苷酸 白花蛇舌草 Hedyotis diffusa
12-*O*-benzoyl-8,11-ditigloyl-3β,8β,11α,12β,14β-pentahydroxypregn-14-ol-20-one-3-*O*-methyl-β-D-allopyranosyl-(1 → 4)-β-D-thevetopyranoside 12-*O*- 苯甲酰基 -8,11- 二巴豆酰基 -3β,8β,11α,12β,14β- 五羟基 - 孕甾 -14- 醇 -20- 酮 -3-*O*- 甲基 -β-D- 吡喃阿洛糖基 -(1 → 4)-β-D- 吡喃磁麻糖苷 南山藤 Dregea volubilis
14-*O*-benzoyl-8-ethoxybikhaconine 14-*O*- 苯甲酰基 -8- 乙氧基印度乌头原碱▲ 展花乌头 Aconitum chasmanthum
14-*O*-benzoyl-8-methoxybikhaconine 14-*O*- 苯甲酰基 -8- 甲氧基印度乌头原碱▲ 展花乌头 Aconitum chasmanthum
12β-*O*-benzoyl-8β,14β,17β-trihydroxypregn-2,5-diene-20-one 12β-*O*- 苯甲酰基 -8β,14β,17β- 三羟基孕甾 -2,5- 二烯 -20- 酮 隔山消 Cynanchum wilfordii
10-*O*-benzoyladoxosidic acid 10-*O*- 苯甲酰五福花苷酸▲ 毛八角枫 Alangium kurzii
6'-*O*-benzoylalbiflorin 6'-*O*- 苯甲酰白芍苷 滇牡丹 Paeonia delavayi, 芍药 P. lactiflora
6'-*O*-benzoyldaucosterol 6'-*O*- 苯甲酰胡萝卜苷 三叶崖爬藤 Tetrastigma hemsleyanum
12-*O*-benzoyldeacetylmetaplexigenin 12-*O*- 苯甲酰去乙酰萝藦苷元 马利筋 Asclepias curassavica, 隔山消 Cynanchum wilfordii
1β-*O*-benzoyl-D-glucopyranoside 1β-*O*- 苯甲酰 -D- 吡喃葡萄糖苷 罗布麻 Apocynum venetum
6-*O*-benzoyl-dihydrocatalpolgenin 6-*O*- 苯甲酰基 - 二氢梓醇苷元 葫芦树 Crescentia cujete
14-*O*-benzoylfloridanolide 14-*O*- 苯甲酰佛罗里达八角内酯▲ 红花八角 Illicium dunnianum
3'-*O*-benzoylfrugoside 3'-*O*- 苯甲酰钉头果勾苷▲ 牛角瓜 Calotropis gigantea
6-*O*-benzoylgomisin 6-*O*- 苯甲酰戈米辛 血散薯 Stephania dielsiana
6-*O*-benzoylgomisin O 6-*O*- 苯甲酰北五味子素▲O 五味子 Schisandra chinensis, 滇藏五味子 S. neglecta, 合蕊五味子 S. propinqua, 毛叶五味子 S. pubescens, 华中五味子 S. sphenanthera
3''-*O*-benzoylhenryoside 3''-*O*- 苯甲酰巴东荚蒾苷▲ 巴东荚蒾 Viburnum henryi
20-*O*-benzoylingenol 20-*O*- 苯甲酰巨大戟烯醇▲ 甘遂 Euphorbia kansui
3-*O*-benzoylingenol 3-*O*- 苯甲酰巨大戟烯醇▲ 甘遂 Euphorbia kansui
2'-*O*-benzoylkingiside 2'-*O*- 苯甲酰莫罗忍冬吉苷▲ 龙胆 Gentiana scabra
12-*O*-benzoyllineolon-3-*O*-α-L-cymaropyranosyl-(1 → 4)-β-D-cymaropyranosyl-(1 → 4)-α-L-diginopyranosyl-(1 → 4)-β-D-cymaropyranoside 12-*O*- 苯甲酰细纹厚果草酮▲-3-*O*-α-L- 吡喃磁麻糖基 -(1 → 4)-β-D- 吡喃磁麻糖基 -(1 → 4)-α-L- 吡喃洋地黄糖基 -(1 → 4)-β-D- 吡喃磁麻糖苷 牛皮消 Cynanchum boudieri
7-*O*-benzoylloganic acid 7-*O*- 苯甲酰马钱酸 三裂瓜木 Alangium platanifolium var. trilobum
2'-*O*-benzoylmangiferin 2'-*O*- 苯甲酰杧果苷 尾叶远志 Polygala caudata
14-*O*-benzoylminwanensin 14-*O*- 苯甲酰闽皖八角素 台湾八角 Illicium arborescens
8-*O*-benzoylpaeonidanin 8-*O*- 苯甲酰欧芍药苷▲ 牡丹 Paeonia suffruticosa
2'-*O*-benzoylpaeoniflorin 2'-*O*- 苯甲酰芍药苷 芍药 Paeonia lactiflora
6-*O*-benzoylphlorigidoside B 6-*O*- 苯甲酰坚硬糙苏苷 B 杜虹花 Callicarpa formosana
12-*O*-benzoylphorbol-13-nonanoate 12-*O*- 苯甲酰佛波醇 -13- 壬酸酯 橙花瑞香 Daphne aurantiaca
12-*O*-benzoylphorbol-13-octanoate 12-*O*- 苯甲酰佛波醇 -13- 辛酸酯 橙花瑞香 Daphne aurantiaca, 狼毒 Stellera chamaejasme, 革叶荛花 Wikstroemia scytophylla
1-*O*-benzoylsalannic acid methyl ester 1-*O*- 苯甲酰印楝沙兰宁酸甲酯 楝 Melia azedarach
6'-*O*-benzoylsalicortinol 6'-*O*- 苯甲酰柳皮苷醇 胡杨 Populus euphratica
12-*O*-benzoylsarcostin 12-*O*- 苯甲酰肉珊瑚素▲ 马利筋 Asclepias curassavica
10-*O*-benzoylscandoside methyl ester 10-*O*- 苯甲酰鸡矢藤次苷甲酯 伞房花耳草 Hedyotis corymbosa
1'-*O*-benzoylsucrose 1'-*O*- 苯甲酰蔗糖 草芍药 Paeonia obovata
6-*O*-benzoylsucrose 6-*O*- 苯甲酰蔗糖 密花远志 Polygala tricornis
7-*O*-benzoyltecomoside 7-*O*- 苯甲酰黄钟花苷 硬骨凌霄 Tecomaria capensis
10-*O*-benzoyltheveside 10-*O*- 苯甲酰黄花夹竹桃维苷▲ 海杧果 Cerbera manghas
1-*O*-benzyl-[5-*O*-benzoyl-β-D-apiofuranosyl-(1 → 2)]-β-D-glucopyranoside 1-*O*- 苄基 -[5-*O*- 苯甲酰基 -β-D- 呋喃芹糖基 -(1 → 2)]-β-D- 吡喃葡萄糖苷 南瓜 Cucurbita moschata, 扁枝槲寄生 Viscum articulatum
12-*O*-benzyl-dihydrosarcostin-3-*O*-β-D-thevetopyranosyl-(1 → 4)-β-D-oleandropyranosyl-(1 → 4)-β-D-digitoxopyranosyl-(1 → 4)-β-D-

obtusilactone A 三桠乌药内酯 A 三桠乌药 Lindera obtusiloba
obtusilactone B 三桠乌药内酯 B 红楠 Machilus thunbergii
obtusilic acid 钝叶鸡蛋花素酸▲ 钝叶鸡蛋花 Plumeria obtusa
obtusilin 钝叶鸡蛋花西林▲ 钝叶鸡蛋花 Plumeria obtusa
obtusilinic acid 钝叶鸡蛋花林酸▲ 钝叶鸡蛋花 Plumeria obtusa
obtusilinin 钝叶鸡蛋花林宁▲ 白桦 Betula platyphylla, 钝叶鸡蛋花 Plumeria obtusa
obtusilobicinin 钝裂银莲花宁素▲ 钝裂银莲花 Anemone obtusiloba
obtusilobin 钝裂银莲花素▲ 钝裂银莲花 Anemone obtusiloba
obtusin 钝叶鸡蛋花素▲ 钝叶鸡蛋花 Plumeria obtusa
obtusin 钝叶决明辛▲ 决明 Senna tora, 钝叶决明 S. tora var. obtusifolia
obtusinidin 钝叶鸡蛋花尼定▲ 钝叶鸡蛋花 Plumeria obtusa
obtusinin 钝叶鸡蛋花西宁▲ 钝叶鸡蛋花 Plumeria obtusa
obtusol 钝叶鸡蛋花醇▲ 钝叶鸡蛋花 Plumeria obtusa
24-*O*-butyl-2α,3β,19α,24-tetrahydroxyursolic acid 24-*O*- 丁基 -2α,3β,19α,24- 四羟基熊果酸 香莓 Rubus pungens var. oldhamii
6-*O*-butyl-aucubin 6-*O*- 丁基桃叶珊瑚苷 中国马先蒿 Pedicularis chinensis
25-*O*-butylcimigenol-3-*O*-β-D-xylopyranoside 25-*O*- 丁基升麻醇 -3-*O*-β-D- 吡喃木糖苷 云南升麻 Cimicifuga yunnanensis
6-*O*-butyl-epiaucubin 6-*O*- 丁基表桃叶珊瑚苷 中国马先蒿 Pedicularis chinensis
12-*O*-butylinophyllum D 12-*O*- 丁基海棠果素 D 红厚壳 Calophyllum inophyllum
(-)-(1*S*,2*S*)-1-*O*-butylnyasicoside (-)-(1*S*,2*S*)-1-*O*- 丁基尼亚小金梅草苷▲ 大叶仙茅 Curculigo capitulata
(+)-(1*R*,2*S*)-1-*O*-butylnyasicoside (+)-(1*R*,2*S*)-1-*O*- 丁基尼亚小金梅草苷▲ 大叶仙茅 Curculigo capitulata
4-*O*-butylpaeoniflorin 4-*O*- 丁基芍药苷 牡丹 Paeonia suffruticosa
7-*O*-butylsecologanic acid 7-*O*- 丁基裂环马钱酸 忍冬 Lonicera japonica
8-*O*-cafeoylmassenoside 8-*O*- 咖啡酰玉叶金花苷 香莸 Caryopteris odorata
10-*O*-caffeoyl daphylloside 10-*O*- 咖啡交让木苷 短花水金京 Wendlandia formosana subsp. breviflora
1-*O*-caffeoyl glycerol 1-*O*- 咖啡酰甘油酯 假百合 Notholirion bulbuliferum
1-*O*-caffeoyl glycopyranoside 1-*O*- 咖啡酰吡喃葡萄糖苷 海州常山 Clerodendrum trichotomum
10-*O*-caffeoyl scandoside methyl ester 10-*O*- 咖啡鸡矢藤次苷甲酯 短花水金京 Wendlandia formosana subsp. breviflora
1-*O*-caffeoyl-(2*E*)-2-methyl-2-butene-1,4-diol-4-*O*-β-D-glucopyranoside 1-*O*- 咖啡酰基 -(2*E*)-2- 甲基 -2- 丁烯 -1,4- 二醇 -4-*O*-β-D- 吡喃葡萄糖苷 海南冬青 Ilex hainanensis
1-*O*-caffeoyl-(4-*O*-galloyl)-β-D-glucopyranose 1-*O*- 咖啡酰基 -(4-*O*- 没食子酰基)-β-D- 吡喃葡萄糖 红冬蛇菰 Balanophora harlandii
12-*O*-caffeoyl-12-hydroxyldodecanoic acid 12-*O*- 咖啡酰基 -12- 羟基十二酸 槲蕨 Drynaria roosii
16-*O*-caffeoyl-16-hydroxylhexadecanoic acid 16-*O*- 咖啡酰基 -16- 羟基十六酸 大狼毒 Euphorbia jolkinii
2-*O*-caffeoyl-2-*C*-methyl-D-erythronic acid 2-*O*- 咖啡酰基 -2-*C*- 甲基 -D- 赤酮酸 鬼针草 Bidens pilosa
3-*O*-caffeoyl-2-*C*-methyl-D-erythrono-1,4-lactone 3-*O*- 咖啡酰基 -2-*C*- 甲基 -D- 赤酮酸 -1,4- 内酯 鬼针草 Bidens pilosa
1-*O*-caffeoyl-3-*O*-galloyl-β-D-glucopyranose 1-*O*- 咖啡酰基 -3-*O*- 没食子酰基 -β-D- 吡喃葡萄糖 红冬蛇菰 Balanophora harlandii
5-*O*-caffeoyl-3-*O*-sinapoylquinic acid 5-*O*- 咖啡酰基 -3-*O*- 芥子酰奎宁酸 麻辣仔藤 Erycibe obtusifolia
4-*O*-caffeoyl-3-*O*-sinapoylquinic acid methyl ester 4-*O*- 咖啡酰基 -3-*O*- 芥子酰奎宁酸甲酯 麻辣仔藤 Erycibe obtusifolia
4-*O*-caffeoyl-3-*O*-syringoylquinic acid methyl ester 4-*O*- 咖啡酰基 -3-*O*- 丁香酰奎宁酸甲酯 麻辣仔藤 Erycibe obtusifolia
4-*O*-caffeoyl-3-*O*-vanilloylquinic acid 4-*O*- 咖啡酰基 -3-*O*- 香荚兰酰奎宁酸 麻辣仔藤 Erycibe obtusifolia
5-*O*-caffeoyl-3-*O*-vanilloylquinic acid 5-*O*- 咖啡酰基 -3-*O*- 香荚兰酰奎宁酸 麻辣仔藤 Erycibe obtusifolia
4-*O*-caffeoyl-3-*O*-vanilloylquinic acid methyl ester 4-*O*- 咖啡酰基 -3-*O*- 香荚兰酰奎宁酸甲酯 麻辣仔藤 Erycibe obtusifolia
5-*O*-caffeoyl-3-*O*-vanilloylquinic acid methyl ester 5-*O*- 咖啡酰基 -3-*O*- 香荚兰酰奎宁酸甲酯 麻辣仔藤 Erycibe obtusifolia
5-*O*-caffeoyl-4-methoxylquinic acid 5-*O*- 咖啡酰基 -4- 甲氧基奎宁酸 荚蒾 Viburnum dilatatum
3-*O*-caffeoyl-4-*O*-feruloyquinic acid 3-*O*- 咖啡酰基 -4-*O*- 阿魏酰奎宁酸 中粒咖啡 Coffea canephora
3-*O*-caffeoyl-4-*O*-methylquinic acid 3-*O*- 咖啡酰基 -4-*O*- 甲基奎宁酸 木奶果 Baccaurea ramiflora
5-*O*-caffeoyl-4-*O*-syringoylquinic acid methyl ester 5-*O*- 咖啡酰基 -4-*O*- 丁香酰奎宁酸甲酯 麻辣仔藤 Erycibe obtusifolia
5-*O*-caffeoyl-4-*O*-vanilloylquinic acid 5-*O*- 咖啡酰基 -4-*O*- 香荚兰酰奎宁酸 麻辣仔藤 Erycibe obtusifolia
6'-*O*-caffeoyl-8-*O*-acetylharpagide 6'-*O*- 咖啡酰基 -8-*O*- 乙酰钩果草吉苷▲ 兰香草 Caryopteris incana
6'-*O*-caffeoylacteoside 6'-*O*- 咖啡酰洋丁香酚苷 兰香草 Caryopteris incana
2-*O*-caffeoylalphitolic acid 2-*O*- 咖啡酰麦珠子酸 虎皮楠 Daphniphyllum oldhamii
2'-*O*-caffeoylarbutin 2'-*O*- 咖啡酰熊果苷 红果越桔 Vaccinium koreanum, 越桔 V. vitis-idaea
2-*O*-caffeoylarbutin 2-*O*- 咖啡酰熊果苷 越桔 Vaccinium vitis-idaea
6'-*O*-caffeoylarbutin 6'-*O*- 咖啡酰熊果苷 兰香草 Caryopteris incana
11-*O*-caffeoylbergenin 11-*O*- 咖啡酰岩白菜素 白饭树 Flueggea virosa
3-*O*-caffeoylbetulin 3-*O*- 咖啡酰白桦脂醇 扶芳藤 Euonymus fortunei
3β-*O*-caffeoylbetulinic acid 3β-*O*- 咖啡酰白桦脂酸 短柱金丝桃 Hypericum hookerianum
8-*O*-caffeoylcaryoptoside 8-*O*- 咖啡酰莸苷▲A 香莸 Caryopteris odorata
10-*O*-caffeoyl-deacetyldaphylloside 10-*O*- 咖啡酰基 - 脱乙酰基交让木苷 光叶海桐 Pittosporum glabratum
3-*O*-caffeoyl-D-glucopyranose 3-*O*- 咖啡酰基 -D- 吡喃葡萄糖 金毛狗 Cibotium barometz

6-*O*-caffeoyl-D-glucopyranoside 6-*O*- 咖啡酰基 -D- 吡喃葡萄糖苷 山樱花 Cerasus serrulata, 海金沙 Lygodium japonicum

2'-*O*-caffeoyl-D-glucopyranoside ester 2'-*O*- 咖啡酰基 -D- 葡萄糖酯苷 川续断 Dipsacus asperoides

6-*O*-caffeoyl-D-glucose 6-*O*- 咖啡酰基 -D- 葡萄糖 兰香草 Caryopteris incana

4-*O*-caffeoyl-D-quinic acid 4-*O*- 咖啡酰基 -D- 奎宁酸 块根糙苏 Phlomis tuberosa

6-*O*-caffeoylglucose 6-*O*- 咖啡酰葡萄糖 兰香草 Caryopteris incana

(*S*,*R*)-1-*O*-caffeoylglycerol (*S*,*R*)-1-*O*- 咖啡酰甘油 梅 Armeniaca mume

1-*O*-caffeoylglycerol 1-*O*- 咖啡酰甘油 菠萝 Ananas comosus, 大花鸡肉参 Incarvillea mairei var. grandiflora

6''-*O*-caffeoylharpagide 6''-*O*- 咖啡酰钩果草吉苷▲ 玄参 Scrophularia ningpoensis

7-*O*-caffeoylhydroxymaltol-3-*O*-*β*-D-glucopyranoside 7-*O*- 咖啡酰羟基麦芽酚 -3-*O*-*β*-D- 吡喃葡萄糖苷 剑叶凤尾蕨 Pteris ensiformis

2'-*O*-caffeoyllloganic acid 2'-*O*- 咖啡酰马钱酸 华南龙胆 Gentiana loureiroi

4-*O*-caffeoyl-L-threonic acid 4-*O*- 咖啡酰基 -L- 苏阿糖酸 莓叶委陵菜 Potentilla fragarioides

3-*O*-caffeoyllupeol 3-*O*- 咖啡酰羽扇豆醇 扶芳藤 Euonymus fortunei

2-*O*-caffeoylmalic acid 2-*O*- 咖啡酰苹果酸 无花果 Ficus carica

3-*O*-caffeoyloleanolic acid 3-*O*- 咖啡酰齐墩果酸 白桦 Betula platyphylla, 福建胡颓子 Elaeagnus oldhamii

6-*O*-caffeoylphlinoside A 6-*O*- 咖啡酰线叶糙苏苷▲A 兰香草 Caryopteris incana

6'-*O*-caffeoyl-*p*-hydroxyacetophenone-4-*O*-*β*-D-glucopyranoside 6'-*O*- 咖啡酰基 - 对羟基苯乙酮 -4-*O*-*β*-D- 吡喃葡萄糖苷 茵陈蒿 Artemisia capillaris

13-*O*-caffeoylplumieride 13-*O*- 咖啡酰鸡蛋花苷 鸡蛋花 Plumeria rubra 'Acutifolia'

(-)-5-*O*-caffeoylquinic acid (-)-5-*O*- 咖啡酰基奎宁酸 东风菜 Doellingeria scabra

1-*O*-caffeoylquinic acid 1-*O*- 咖啡酰奎宁酸 灰毡毛忍冬 Lonicera macranthoides, 三叶崖爬藤 Tetrastigma hemsleyanum, 山牡荆 Vitex quinata

3-*O*-caffeoylquinic acid 3-*O*- 咖啡酰奎宁酸 木通 Akebia quinata, 东北蛇葡萄 Ampelopsis glandulosa var. brevipedunculata, 魁蒿 Artemisia princeps, 竹节树 Carallia brachiata, 小粒咖啡 Coffea arabica, 中粒咖啡 C. canephora, 单柱菟丝子 Cuscuta monogyna, 苹果形榅桲 Cydonia oblonga var. maliformis, 树参 Dendropanax dentiger, 柳兰 Epilobium angustifolium, 啤酒花 Humulus lupulus, 牵牛 Ipomoea nil, 胡桃 Juglans regia, 白花刺参 Morina nepalensis var. alba, 桑 Morus alba, 月见草 Oenothera biennis, 鳄梨 Persea americana, 滨海前胡 Peucedanum japonicum, 小叶冷水花 Pilea microphylla, 拳参 Polygonum bistorta, 翅果菊 Pterocypsela indica, 虎杖 Reynoutria japonica, 草珊瑚 Sarcandra glabra, 窄叶蓝盆花 Scabiosa comosa, 木龙葵 Solanum scabrum, 加拿大一枝黄花 Solidago canadensis, 蒲公英 Taraxacum mongolicum, 三叶崖爬藤 Tetrastigma hemsleyanum, 款冬 Tussilago farfara, 欧荨麻 Urtica urens, 黄鹌菜 Youngia japonica

4-*O*-caffeoylquinic acid 4-*O*- 咖啡酰奎宁酸 云南小膜盖蕨 Araiostegia yunnanensis, 魁蒿 Artemisia princeps, 小花鬼针草 Bidens parviflora, 白花鬼针草 B. pilosa var. radiata, 竹节树 Carallia brachiata, 菊花 Chrysanthemum morifolium, 小粒咖啡 Coffea arabica, 中粒咖啡 C. canephora, 苹果形榅桲 Cydonia oblonga var. maliformis, 湖南稗子 Echinochloa frumentacea, 糙叶五加 Eleutherococcus henryi, 啤酒花 Humulus lupulus, 灰毡毛忍冬 Lonicera macranthoides, 桑 Morus alba, 烟草 Nicotiana tabacum, 月见草 Oenothera biennis, 滨海前胡 Peucedanum japonicum, 桔梗 Platycodon grandiflorus, 支柱蓼 Polygonum suffultum, 欧洲李 Prunus domestica, 草珊瑚 Sarcandra glabra, 木龙葵 Solanum scabrum, 欧荨麻 Urtica urens, 睡茄 Withania somnifera

5-*O*-caffeoylquinic acid 5-*O*- 咖啡酰奎宁酸 穿心莲 Andrographis paniculata, 中亚苦蒿 Artemisia absinthium, 魁蒿 A. princeps, 小花鬼针草 Bidens parviflora, 竹节树 Carallia brachiata, 小粒咖啡 Coffea arabica, 中粒咖啡 C. canephora, 苹果形榅桲 Cydonia oblonga var. maliformis, 湖南稗子 Echinochloa frumentacea, 糙叶五加 Eleutherococcus henryi, 啤酒花 Humulus lupulus, 胡桃 Juglans regia, 苹果 Malus pumila, 桑 Morus alba, 黑桑 M. nigra, 烟草 Nicotiana tabacum, 鳄梨 Persea americana, 滨海前胡 Peucedanum japonicum, 欧洲李 Prunus domestica, 剑叶凤尾蕨 Pteris ensiformis, 翅果菊 Pterocypsela indica, 草珊瑚 Sarcandra glabra, 窄叶蓝盆花 Scabiosa comosa, 木龙葵 Solanum scabrum, 加拿大一枝黄花 Solidago canadensis, 三叶崖爬藤 Tetrastigma hemsleyanum, 婆婆纳 Veronica polita, 荚蒾 Viburnum dilatatum, 山牡荆 Vitex quinata

trans-3-*O*-caffeoylquinic acid 反式 -3-*O*- 咖啡酰奎宁酸 无花果 Ficus carica, 忍冬 Lonicera japonica

trans-5-*O*-caffeoylquinic acid 反式 -5-*O*- 咖啡酰奎宁酸 东北蛇葡萄 Ampelopsis glandulosa var. brevipedunculata

3-*O*-caffeoylquinic acid butyl ester 3-*O*- 咖啡酰奎宁酸丁酯 青钱柳 Cyclocarya paliurus

5-*O*-caffeoylquinic acid butyl ester 5-*O*- 咖啡酰奎宁酸丁酯 薜荔 Ficus pumila, 华南忍冬 Lonicera confusa, 灰毡毛忍冬 L. macranthoides

3-*O*-caffeoylquinic acid ethyl ester 3-*O*- 咖啡酰奎宁酸乙酯 桑 Morus alba

4-*O*-caffeoylquinic acid ethyl ester 4-*O*- 咖啡酰奎宁酸乙酯 桑 Morus alba

5-*O*-caffeoylquinic acid ethyl ester 5-*O*- 咖啡酰奎宁酸乙酯 桑 Morus alba

3-*O*-caffeoylquinic acid methyl ester 3-*O*- 咖啡酰奎宁酸甲酯 滇瑞香 Daphne feddei, 忍冬 Lonicera japonica, 桑 Morus alba, 草血竭 Polygonum paleaceum, 欧洲李 Prunus domestica

4-*O*-caffeoylquinic acid methyl ester 4-*O*- 咖啡酰奎宁酸甲酯 梅 Armeniaca mume, 桑 Morus alba, 欧洲李 Prunus domestica, 荚蒾 Viburnum dilatatum

5-*O*-caffeoylquinic acid methyl ester 5-*O*- 咖啡酰奎宁酸甲酯 梅 Armeniaca mume, 木奶果 Baccaurea ramiflora, 麻辣仔藤 Erycibe obtusifolia, 薜荔 Ficus pumila, 忍冬 Lonicera japonica, 桑 Morus alba, 荚蒾 Viburnum dilatatum, 黄荆 Vitex negundo, 苍耳 Xanthium sibiricum

3-*O*-caffeoyl-rosmarinic acid 3-*O*- 咖啡酰迷迭香酸 地笋 Lycopus lucidus

3-*O*-caffeoyl-rosmarinic acid-9''-methyl ester 3-*O*- 咖啡酰迷迭香酸 -9''- 甲酯 地笋 Lycopus lucidus

8-*O*-caffeoylshanzhiside methyl ester 8-*O*- 咖啡酰山栀苷甲酯 香莸 Caryopteris odorata

3-*O*-caffeoylshikimic acid 3-*O*- 咖啡酰莽草酸 草珊瑚 Sarcandra glabra

4-*O*-caffeoylshikimic acid 4-*O*- 咖啡酰莽草酸 草珊瑚 Sarcandra glabra

5-*O*-caffeoylshikimic acid 5-*O*- 咖啡酰莽草酸 苏铁蕨 Brainea insignis, 苦槠 Castanopsis sclerophylla, 蕨 Pteridium aquilinum var. latiusculum, 草珊瑚 Sarcandra glabra
3'-*O*-caffeoylsweroside 3'-*O*- 咖啡酰獐牙菜苷 团花 Neolamarckia cadamba
3-*O*-caffeoylursolic acid 3-*O*- 咖啡酰熊果酸 福建胡颓子 Elaeagnus oldhamii
4-*O*-caffeoyl-*α*-D-glucopyranose 4-*O*- 咖啡酰基 -*α*-D- 吡喃葡萄糖 金毛狗 Cibotium barometz
1-*O*-caffeoyl-*α*-D-glucopyranoside 1-*O*- 咖啡酰基 -*α*-D- 吡喃葡萄糖苷 白枪杆 Fraxinus malacophylla
1-*O*-caffeoyl-*β*-D-apiofuranosyl-(1 → 6)-*β*-D-glucopyranoside 1-*O*- 咖啡酰基 -*β*-D- 呋喃芹糖基 -(1 → 6)-*β*-D- 吡喃葡萄糖苷 撒尔维亚 Salvia officinalis
6-*O*-caffeoyl-*β*-D-fructofuranosyl-(2 → 1)-*α*-D-glucopyranoside 6-*O*- 咖啡酰基 -*β*-D- 呋喃果糖基 -(2 → 1)-*α*-D- 吡喃葡萄糖苷 撒尔维亚 Salvia officinalis, 玄参 Scrophularia ningpoensis
1-*O*-caffeoyl-*β*-D-glucopyranose 1-*O*- 咖啡酰基 -*β*-D- 吡喃葡萄糖 铁线蕨 Adiantum capillus-veneris, 红冬蛇菰 Balanophora harlandii, 滇山茶 Camellia reticulata, 金毛狗 Cibotium barometz, 柳叶绣线菊 Spiraea salicifolia
3-*O*-caffeoyl-*β*-D-glucopyranose 3-*O*- 咖啡酰基 -*β*-D- 吡喃葡萄糖 红冬蛇菰 Balanophora harlandii
4-*O*-caffeoyl-*β*-D-glucopyranose 4-*O*- 咖啡酰基 -*β*-D- 吡喃葡萄糖 金毛狗 Cibotium barometz
(*E*)-1-*O*-caffeoyl-*β*-D-glucopyranoside (*E*)-1-*O*- 咖啡酰基 -*β*-D- 吡喃葡萄糖苷 筒鞘蛇菰 Balanophora involucrata
1-*O*-caffeoyl-*β*-D-glucopyranoside 1-*O*- 咖啡酰基 -*β*-D- 吡喃葡萄糖苷 草玉梅 Anemone rivularis, 东京樱桃 Cerasus yedoensis, 圆锥铁线莲 Clematis terniflora, 白枪杆 Fraxinus malacophylla, 毛酸浆 Physalis philadelphica, 水生酸模 Rumex aquaticus, 毛脉酸模 R. gmelinii, 钟形火焰树 Spathodea campanulata
4-(6-*O*-caffeoyl-*β*-D-glucopyranosyloxy)-5-hydroxyprenyl caffeate 4-(6-*O*- 咖啡酰基 -*β*-D- 吡喃葡萄糖氧基)-5- 羟基异戊烯基咖啡酸酯 大柄冬青 Ilex macropoda, 野桂花 Osmanthus yunnanensis
1-*O*-caffeoyl-*β*-D-glucose 1-*O*- 咖啡酰基 -*β*-D- 葡萄糖 丝瓜 Luffa cylindrica
3'-*O*-caffeylerigeroside 3'-*O*- 咖啡酰飞蓬苷 一年蓬 Erigeron annuus
6'-*O*-caffeylerigeroside 6'-*O*- 咖啡酰基飞蓬苷 多舌飞蓬 Erigeron multiradiatus
occidentalol 望江南醇▲ 鹧鸪花 Trichilia connaroides
occidentalol I, II 望江南醇▲I, II 望江南 Senna occidentalis
ochnaflavone 金连木黄酮 忍冬 Lonicera japonica
ochnaflavone-4'-*O*-methylether 金连木黄酮 -4'-*O*- 甲醚 忍冬 Lonicera japonica
ochnaflavone-7''-*O*-*β*-D-glucopyranoside 金连木黄酮 -7''-*O*-*β*-D- 吡喃葡萄糖苷 忍冬 Lonicera japonica
ochnaflavone-7-*O*-*β*-D-glucopyranoside 金连木黄酮 -7-*O*-*β*-D- 吡喃葡萄糖苷 忍冬 Lonicera japonica
ochotensimine 黄紫堇明碱 赛北紫堇 Corydalis impatiens, 黄紫堇 C. ochotensis
ochotensine 黄紫堇碱 赛北紫堇 Corydalis impatiens, 黄紫堇 C. ochotensis
ochrobirine 淡黄紫堇碱 皱波黄堇 Corydalis crispa, 赛北紫堇 C. impatiens
ocimarin 罗勒香豆素▲ 圣罗勒 Ocimum sanctum
(*E*)-*β*-ocimene (*E*)-*β*- 罗勒烯 挥发油成分，未统计基源
(*E*)-ocimene (*E*)- 罗勒烯 挥发油成分，未统计基源
(*Z*)-*β*-ocimene (*Z*)-*β*- 罗勒烯 挥发油成分，未统计基源
(*Z*)-ocimene (*Z*)- 罗勒烯 挥发油成分，未统计基源
Z-ocimene *Z*- 罗勒烯 挥发油成分，未统计基源
α-ocimene *α*- 罗勒烯 挥发油成分，未统计基源
β-*trans*-ocimene *β*- 反式 - 罗勒烯 挥发油成分，未统计基源
β-ocimene *β*- 罗勒烯 挥发油成分，未统计基源
β-*cis*-ocimene *β*- 顺式 - 罗勒烯 挥发油成分，未统计基源
p-ocimene 对罗勒烯 挥发油成分，未统计基源
trans-*β*-ocimene 反式 -*β*- 罗勒烯 挥发油成分，未统计基源
trans-ocimene 反式 - 罗勒烯 挥发油成分，未统计基源
ocimene 罗勒烯 挥发油成分，未统计基源
cis-*α*-ocimene 顺式 -*α*- 罗勒烯 挥发油成分，未统计基源
cis-*β*-ocimene 顺式 -*β*- 罗勒烯 挥发油成分，未统计基源
cis-ocimene 顺式 - 罗勒烯 挥发油成分，未统计基源
β-ocimene-Y *β*- 罗勒烯 -Y 挥发油成分，未统计基源
(*E*)-ocimenone (*E*)- 罗勒烯酮 挥发油成分，未统计基源
ocimenone 罗勒烯酮 伊朗蒿 Artemisia persica
ocimin 罗勒素 灰罗勒 Ocimum americanum
ocimol 罗勒醇▲ 罗勒 Ocimum basilicum
ocimumoside A, B 罗勒脑苷▲A, B 圣罗勒 Ocimum sanctum
1-*O*-cinnamoyl-1-*O*-debenzoylohchinal 1-*O*- 桂皮酰基 -1-*O*- 去苯甲酰日楝醛▲ 川楝 Melia toosendan
6-*O*-cinnamoyl-1-*O*-*p*-coumaroylglucose 6-*O*- 桂皮酰基 -1-*O*- 对香豆酰葡萄糖 斑皮桉 Eucalyptus maculata
12-*O*-cinnamoyl-20-nicotinoyl-dihydrosarcostin-3-*O*-*β*-D-thevetopyranosyl-(1 → 4)-*β*-D-oleandropyranosyl-(1 → 4)-*β*-D-cymaropyranoside 12-*O*- 桂皮酰基 -20- 烟酰基 - 二氢肉珊瑚素▲-3-*O*-*β*-D- 吡喃磁麻糖基 -(1 → 4)-*β*-D- 吡喃夹竹桃糖基 -(1 → 4)-*β*-D- 吡喃磁麻糖苷

O

贯筋藤 Dregea sinensis var. corrugata

17β-O-cinnamoyl-3β,8β,14β-trihydroxypregn-12,20-ether 17β-O- 桂皮酰基 -3β,8β,14β- 三羟基孕甾 -12,20- 醚 隔山消 Cynanchum wilfordii

6-O-cinnamoylcatalpol 6-O- 桂皮酰梓醇 互叶醉鱼草 Buddleja alternifolia

12-O-cinnamoyl-deacetylmetaplexigenin-3-O-β-D-cymaropyranosyl-(1→4)-O-β-D-thevetopyranosyl-(1→4)-O-β-D-cymaropyranosyl-(1→4)-O-β-D-digitoxopyranoside 12-O- 桂皮酰基 - 去乙酰萝藦苷元 -3-O-β-D- 吡喃磁麻糖基 -(1→4)-O-β-D- 吡喃黄花夹竹桃糖基 -(1→4)-O-β-D- 吡喃磁麻糖基 -(1→4)-O-β-D- 吡喃洋地黄毒糖苷 尖槐藤 Oxystelma esculentum

12-O-cinnamoyl-dihydrosarcostin-3-O-β-D-thevetopyranosyl-(1→4)-β-D-oleandropyranosyl-(1→4)-β-D-cymaropyranosyl-(1→4)-β-D-cymaropyranoside 12-O- 桂皮酰基 - 二氢肉珊瑚素▲-3-O-β-D- 吡喃磁麻糖基 -(1→4)-β-D- 吡喃夹竹桃糖基 -(1→4)-β-D- 吡喃磁麻糖基 -(1→4)-β-D- 吡喃磁麻糖苷 贯筋藤 Dregea sinensis var. corrugata

12-O-cinnamoyl-dihydrosarcostin-3-O-β-D-thevetopyranosyl-(1→4)-β-D-oleandropyranosyl-(1→4)-β-D-digitoxopyranosyl-(1→4)-β-D-cymaropyranoside 12-O- 桂皮酰基 - 二氢肉珊瑚素▲-3-O-β-D- 吡喃磁麻糖基 -(1→4)-β-D- 吡喃夹竹桃糖基 -(1→4)-β-D- 吡喃洋地黄毒糖基 -(1→4)-β-D- 吡喃磁麻糖苷 贯筋藤 Dregea sinensis var. corrugata

6'-O-cinnamoylharpagide 6'-O- 桂皮酰钩果草吉苷▲ 玄参 Scrophularia ningpoensis

14-O-cinnamoylneoline 14-O- 桂皮酰新欧乌林碱▲ 乌头 Aconitum carmichaelii

8-O-cinnamoylneoline 8-O- 桂皮酰新欧乌林碱▲ 乌头 Aconitum carmichaelii

4-O-cinnamoylquinic acid 4-O- 桂皮酰奎宁酸 扁枝槲寄生 Viscum articulatum, 槲寄生 V. coloratum

20-O-cinnamoylsarcostin 20-O- 桂皮酰肉珊瑚素▲ 云南匙羹藤 Gymnema yunnanense, 蓝叶藤 Marsdenia tinctoria

10-O-cinnamoylsinuatol 10-O- 桂皮酰深波毛蕊花醇 炮仗竹 Russelia equisetiformis

1-O-cinnamoyltrichilinin 1-O- 桂皮酰鹧鸪花宁▲ 楝 Melia azedarach, 川楝 M. toosendan

25-O-cinnamoylvulgaroside 25-O- 桂皮酰榅桲萜内酯▲ 榅桲 Cydonia oblonga

6-O-cinnamoyl-α-D-glucopyranose 6-O- 桂皮酰基 -α-D- 吡喃葡萄糖 玄参 Scrophularia ningpoensis

6-O-cinnamoyl-β-D-glucopyranose 6-O- 桂皮酰基 -β-D- 吡喃葡萄糖 玄参 Scrophularia ningpoensis

6-O-cinnamoyl-β-fructofuranosyl-(2→1)-O-α-glucopyranosyl-(6→1)-O-α-glucopyranoside 6-O- 桂皮酰基 -β- 呋喃果糖基 -(2→1)-O-α- 吡喃葡萄糖基 -(6→1)-O-α- 吡喃葡萄糖苷 玄参 Scrophularia ningpoensis

27-O-cis-caffeoylcylicodiscic acid 27-O- 顺式 - 咖啡酰圆盘豆酸▲ 白桦 Betula platyphylla

27-O-cis-caffeoylmyricerol 27-O- 顺式 - 咖啡酰蜡果杨梅醇▲ 白桦 Betula platyphylla

5-O-cis-caffeoylquinic acid methyl ester 5-O- 顺式 - 咖啡酰奎宁酸甲酯 短果茴芹 Pimpinella brachycarpa

6'-O-cis-cinnamoylsalicin 6'-O- 顺式 - 桂皮酰水杨苷 胡杨 Populus euphratica

2-O-cis-cinnamoyl-α-L-rhamnopyranose 2-O- 顺式 - 桂皮酰基 -α-L- 吡喃鼠李糖 云南石梓 Gmelina arborea

1-O-cis-cinnamoyl-β-D-glucopyranoside 1-O- 顺式 - 桂皮酰基 -β-D- 吡喃葡萄糖苷 珍珠绣线菊 Spiraea thunbergii

3β-O-cis-coumaroyl-2α-hydroxyurs-12-en-28-oic acid 3β-O- 顺式 - 对香豆酰基 -2α- 羟基熊果 -12- 烯 -28- 酸 番石榴 Psidium guajava

3β-O-cis-coumaroylbetulin 3β-O- 顺式 - 香豆酰白桦脂醇 角果木 Ceriops tagal, 山芝麻 Helicteres angustifolia

3β-O-cis-coumaroylbetulinic acid 3β-O- 顺式 - 香豆酰白桦脂酸 秋枫 Bischofia javanica, 角果木 Ceriops tagal

5-O-cis-coumaroylquinic acid methyl ester 5-O- 顺式 - 香豆酰奎宁酸甲酯 短果茴芹 Pimpinella brachycarpa

4'-O-cis-coumaroylswertiamarin 4'-O- 顺式 - 对香豆酰獐牙菜苦素 丽江獐牙菜 Swertia delavayi

(+)-9'-O-cis-feruloyl-5,5'-dimethoxylariciresinol (+)-9'-O- 顺式 - 阿魏酰基 -5,5'- 二甲氧基落叶松树脂醇 山胡椒 Lindera glauca

3β-O-cis-feruloylbetulin 3β-O- 顺式 - 阿魏酰白桦脂醇 角果木 Ceriops tagal

27-O-cis-feruloylcylicodiscic acid 27-O- 顺式 - 阿魏酰圆盘豆酸▲ 白桦 Betula platyphylla

3β-O-cis-ferulyl-2α-hydroxyurs-12-en-28-oic acid 3β-O- 顺式 - 阿魏酰基 -2α- 羟基熊果 -12- 烯 -28- 酸 番石榴 Psidium guajava

10-O-cis-p-coumaroyl-10-O-deacetyldaphylloside 10-O- 顺式 - 对香豆酰基 -10-O- 去乙酰交让木苷 猪殃殃 Galium spurium

6-O-cis-p-coumaroyl-1β-O-methylovatofuranic acid methyl ester 6-O- 顺式 - 对香豆酰基 -1β-O- 甲基梓树呋喃酸甲酯▲ 梓 Catalpa ovata

3β-O-cis-p-coumaroyl-2α,23-dihydroxy olean-12-en-28-oic acid 3β-O- 顺式 - 对香豆酰基 -2α,23- 二羟基齐墩果 -12- 烯 -28- 酸 桃金娘 Rhodomyrtus tomentosa

3-O-cis-p-coumaroyl-2α-hydroxyursolic acid 2α- 羟基熊果酸 -3-O- 顺式 - 对香豆酸酯 矮桃 Lysimachia clethroides

6-O-cis-p-coumaroyl-3α-O-methyl-7-deoxyrehmaglutin A 6-O- 顺式 - 对香豆酰基 -3α-O- 甲基 -7- 去氧地黄素 A 梓 Catalpa ovata

6-O-cis-p-coumaroyl-3β-O-methyl-7-deoxyrehmaglutin A 6-O- 顺式 - 对香豆酰基 -3β-O- 甲基 -7- 去氧地黄素 A 梓 Catalpa ovata

10-O-cis-p-coumaroyl-6α-hydroxyl-dihydromonotropein 10-O- 顺式 - 对羟基桂皮酰基 -6α- 羟基 - 二氢水晶兰苷 南烛 Vaccinium bracteatum

6-O-cis-p-coumaroyl-7-deoxy-rehmaglutin A 6-O- 顺式 - 对香豆酰基 -7- 去氧地黄素 A 梓 Catalpa ovata

6-O-cis-p-coumaroyl-8-O-acetylshanzhiside methyl ester 6-O- 顺式 - 对香豆酰基 -8-O- 乙酰山栀苷甲酯 黄花假杜鹃 Barleria prionitis

3-O-cis-p-coumaroylalphitolic acid 3-O- 顺式 - 对香豆酰麦珠子酸 枣 Ziziphus jujuba

6-O-cis-p-coumaroylcatalpol 6-O- 顺式 - 对香豆酰梓醇 互叶醉鱼草 Buddleja alternifolia, 梓 Catalpa ovata, 炮仗竹 Russelia equisetiformis, 蚊母草 Veronica peregrina

10-O-cis-p-coumaroyldesacetylasperulosidic acid 10-O- 顺式 - 对香豆酰去乙酰车叶草苷酸 柳叶假木荷 Craibiodendron henryi

2'-O-cis-p-coumaroylloganic acid 2'-O- 顺式 - 对香豆酰马钱酸 华南龙胆 Gentiana loureiroi

3-O-cis-p-coumaroylmaslinic acid 3-O- 顺式 - 对香豆酰山楂酸 矮桃 Lysimachia clethroides

3β-O-cis-p-coumaroylmaslinic acid 3β-O- 顺式 - 对香豆酰山楂酸 番石榴 Psidium guajava

10-O-cis-p-coumaroylmonotropein 10-O- 顺式 - 对羟基桂皮酰水晶兰苷 南烛 Vaccinium bracteatum

10-O-cis-p-coumaroylscandoside 10-O- 顺式 - 对香豆酰鸡矢藤次苷 柳叶假木荷 Craibiodendron henryi, 猪殃殃 Galium spurium

3-O-cis-p-coumaroyltormentic acid 3-O- 顺式 - 对香豆酰委陵菜酸 枇杷 Eriobotrya japonica, 矮桃 Lysimachia clethroides, 扁核木 Prinsepia

O

utilis
3-O-cis-p-hydroxycinnamoyloleanolic acid 3-O- 顺式 - 对羟基桂皮酰齐墩果酸 福建胡颓子 Elaeagnus oldhamii
3-O-cis-p-hydroxycinnamoylursolic acid 3-O- 顺式 - 对羟基桂皮酰熊果酸 福建胡颓子 Elaeagnus oldhamii
2-O-cis-p-methoxycinnamoyl rhamnopyranose 2-O- 顺式 - 对甲氧基桂皮酰吡喃鼠李糖苷 豆腐柴 Premna microphylla
ocokryptine 绿心樟隐亭碱 ▲ 鼎湖钓樟 Lindera chunii
(3S,5S,8R,9S,10R,13R,14S,17R,20Z,2'R,2''S)-3,19-O-coroglaucigenin dilactate (3S,5S,8R,9S,10R,13R,14S,17R,20Z,2'R,2''S)-3,19-O- 灰叶小冠花苷元 ▲ 二乳酸酯 马利筋 Asclepias curassavica
(3S,5S,8R,9S,10R,13R,14S,17R,20Z,2''S)-19-O-coroglaucigenin lactate (3S,5S,8R,9S,10R,13R,14S,17R,20Z,2''S)-19-O- 灰叶小冠花苷元 ▲ 乳酸酯 马利筋 Asclepias curassavica
(+)-ocoteine (+)- 绿心樟碱 ▲ 偏翅唐松草 Thalictrum delavayi, 箭头唐松草 T. simplex
ocoteine 绿心樟碱 ▲ 无根藤 Cassytha filiformis
20(R)-ocotillol 20(R)- 福桂树醇 ▲ 西洋参 Panax quinquefolius
24(R)-ocotillol 24(R)- 福桂树醇 ▲ 三七 Panax notoginseng
ocotillol 福桂树醇 ▲ 小叶桦 Betula microphylla, 圆叶桦 B. rotundifolia, 杧果 Mangifera indica
ocotillol I 福桂树醇 ▲I 山茶 Camellia japonica, 杨梅 Myrica rubra
ocotillol II 福桂树醇 ▲II 山茶 Camellia japonica, 杧果 Mangifera indica, 落萼叶下珠 Phyllanthus flexuosus
ocotillol II-3-O-caffeate 福桂树醇 ▲II-3-O- 咖啡酸酯 白桦 Betula platyphylla
ocotillol acetate 福桂树醇 ▲ 乙酸酯 雀梅藤 Sageretia thea
ocotillone 福桂树酮 ▲ 臭椿 Ailanthus altissima, 楝 Melia azedarach
10-O-coumaroyl-10-O-deacetyl-11-demethoxy-11-daphylloside 10-O- 香豆酰基 -10-O- 去乙酰基 -11- 去甲氧基 -11- 交让木苷 狭叶虎皮楠 Daphniphyllum angustifolium
10-O-coumaroyl-10-O-deacetylasperuloside 10-O- 香豆酰基 -10-O- 去乙酰车叶草苷 狭叶虎皮楠 Daphniphyllum angustifolium
10-O-coumaroyl-10-O-deacetyldaphylloside 10-O- 香豆酰基 -10-O- 去乙酰交让木苷 狭叶虎皮楠 Daphniphyllum angustifolium
6'-O-coumaroyl-1'-O-[2-(3,4-dihydroxyphenyl)ethyl]-β-D-glucopyranoside 6'-O- 香豆酰基 -1'-O-[2-(3,4- 二羟基苯基) 乙基]-β-D- 吡喃葡萄糖苷 柃木 Eurya japonica
(1-p-O-coumaroyl-3,6-di-O-feruroyl)-β-D-fructofuranosyl-α-D-glucopyranoside (1- 对 -O- 香豆酰基 -3,6- 二 -O- 阿魏酰基)-β-D- 呋喃果糖基 -α-D- 吡喃葡萄糖苷 圆锥菝葜 Smilax bracteata
(1-p-O-coumaroyl-6-O-feruroyl)-β-D-fructofuranosyl-α-D-glucopyranoside (1- 对 -O- 香豆酰基 -6-O- 阿魏酰基)-β-D- 呋喃果糖基 -α-D- 吡喃葡萄糖苷 圆锥菝葜 Smilax bracteata
1'-O-coumaroyl-6'-O-galloyl-β-D-glucopyranose 1'-O- 香豆酰基 -6'-O- 没食子酰基 -β-D- 吡喃葡萄糖 狐尾藻 Myriophyllum verticillatum
6'-O-coumaroylantirrinoside 6'-O- 香豆酰金鱼草苷 兰香草 Caryopteris incana
2'-O-coumaroylmussaenosidic acid 2'-O- 香豆酰玉叶金花苷酸 海榄雌 Avicennia marina
2'-O-coumaroylplantarenaloside 2'-O- 香豆酰对叶车前苷 ▲ 两头毛 Incarvillea arguta
13-O-coumaroylplumieride 13-O- 香豆酰鸡蛋花苷 红鸡蛋花 Plumeria rubra, 鸡蛋花 P. rubra 'Acutifolia'
5-O-coumaroylquinic acid 5-O- 香豆酰奎宁酸 垂枝桦 Betula pendula, 苦槠 Castanopsis sclerophylla, 翅果菊 Pterocypsela indica
5-O-coumaroylquinic acid methyl ester 5-O- 香豆酰奎宁酸甲酯 地耳草 Hypericum japonicum
1-O-coumaroyl-β-D-glucopyranose 1-O- 香豆酰基 -β-D- 吡喃葡萄糖 柳叶绣线菊 Spiraea salicifolia
1-O-coumaryl-β-D-galactopyranse sulfate 1-O- 香豆酰基 -β-D- 吡喃半乳糖硫酸酯 铁线蕨 Adiantum capillus-veneris
1-O-coumaryl-β-D-glucopyranse sulfate 1-O- 香豆酰基 -β-D- 吡喃葡萄糖硫酸酯 铁线蕨 Adiantum capillus-veneris
3-O-courmaroylquinic acid 3-O- 香豆酰奎宁酸 枳椇 Hovenia acerba
(3R)-oct-1-en-3-ol-O-α-L-arabinopyranosyl-(1 → 6)-O-β-D-glucopyranoside (3R)- 辛 -1- 烯 -3- 醇 -O-α-L- 吡喃阿拉伯糖基 -(1 → 6)-O-β-D- 吡喃葡萄糖苷 兰香草 Caryopteris incana
(3R)-oct-1-en-3-ol-O-α-L-arabinopyranosyl-(1''' → 6'')-O-β-D-glucopyranosyl-(1'' → 2')-O-β-D-glucopyranoside (3R)- 辛 -1- 烯 -3- 醇 -O-α-L- 吡喃阿拉伯糖基 -(1''' → 6'')-O-β-D- 吡喃葡萄糖基 -(1'' → 2')-O-β-D- 吡喃葡萄糖苷 兰香草 Caryopteris incana
(3R)-oct-1-en-3-ol-O-β-D-glucopyranosyl-(1'' → 2')-O-β-D-glucopyranoside (3R)- 辛 -1- 烯 -3- 醇 -O-β-D- 吡喃葡萄糖基 -(1'' → 2')-O-β-D- 吡喃葡萄糖苷 兰香草 Caryopteris incana
(R)-oct-1-en-3-yl-O-α-L-arabinopyranosyl-(1 → 6)-β-D-glucopyranoside (R)- 八 -1- 烯 -3-O-α-L- 吡喃阿拉伯糖基 -(1 → 6)-β-D- 吡喃葡萄糖苷 绵萆薢 Dioscorea spongiosa
(2E)-oct-2-enoate-2-O-β-D-glucopyranosyl-β-D-glucopyranoside (2E)- 辛 -2- 烯酯 -2-O-β-D- 吡喃葡萄糖基 -β-D- 吡喃葡萄糖苷 海滨木巴戟 Morinda citrifolia
oct-3-ene 辛 -3- 烯 挥发油成分，未统计基源
octacos-1-ene 正辛烯 白檀 Symplocos paniculata
octacosan-1-ol 二十八烷 -1- 醇 杉木 Cunninghamia lanceolata
octacosanal 二十八醛 羊蹄甲 Bauhinia purpurea
octacosane 二十八烷 挥发油成分，未统计基源
n-octacosane 正二十八烷 挥发油成分，未统计基源
(6R,8S)-octacosanediol (6R,8S)- 二十八烷二醇 红花 Carthamus tinctorius
(7R,9S)-octacosanediol (7R,9S)- 二十八烷二醇 红花 Carthamus tinctorius
1-octacosanly ferulate 1- 二十八醇阿魏酸酯 云南红景天 Rhodiola yunnanensis

9,11-octadecadienoic acid 9,11- 十八碳二烯酸 明党参 Changium smyrnioides, 地鳞伞 Pholiota terrestris
9,12-octadecadienoic acid 9,12- 十八碳二烯酸 挥发油成分，未统计基源
9,22-octadecadienoic acid 9,22- 十八碳二烯酸 挥发油成分，未统计基源
9*Z*,12*Z*-octadecadienoic acid 9*Z*,12*Z*- 十八碳二烯酸 挥发油成分，未统计基源
octadecadienoic acid 十八碳二烯酸 挥发油成分，未统计基源
9,12-octadecadienoic acid ethyl ester 9,12- 十八碳二烯酸乙酯 挥发油成分，未统计基源
(9*Z*,12*Z*)-octadecadienoic acid methyl ester (9*Z*,12*Z*)- 十八碳二烯酸甲酯 甘遂 Euphorbia kansui
(*E*,*E*)-9,12-octadecadienoic acid methyl ester (*E*,*E*)-9,12- 十八碳二烯酸甲酯 挥发油成分，未统计基源
10,13-octadecadienoic acid methyl ester 10,13- 十八碳二烯酸甲酯 挥发油成分，未统计基源
9,12-octadecadienoic acid methyl ester 9,12- 十八碳二烯酸甲酯 挥发油成分，未统计基源
octadecadienoic acid monoglyceride 十八碳二烯酸单甘油酯 稻尾孢 Cercospora oryzae
9,12-octadecadienoic acid-(*Z*,*Z*)-(2,2-dimethyl-1,3-dioxolan-4-yl)methyl ester 9,12- 十八烷二烯酸 -(*Z*,*Z*)-(2,2- 二甲基 -1,3- 二氧戊环 -4- 基) 甲酯 挥发油成分，未统计基源
(*Z*,*Z*)-9,12-octadecadienoic acid-2-hydroxy-1,3-propanedinyl ester (*Z*,*Z*)-9,12- 十八碳二烯酸 -2- 羟基 -1,3- 丙二酸酯 三七 Panax notoginseng
(2*S*)-1-*O*-(9*Z*-octadecadienoly)-3-*O*-*β*-galactopyranosyl-glycerol (2*S*)-1-*O*-(9*Z*- 十八碳二烯酰)-3-*O*-*β*- 吡喃半乳糖基 - 甘油 木犀 Osmanthus fragrans
9,12-octadecadienoyl ethyl ester 9,12- 十八二烯酸乙酯 挥发油成分，未统计基源
6'-8"*E*,11"*E*-octadecadienoylclionasterol-3-*O*-*β*-D-glucopyranoside 6'-8"*E*,11"*E*- 十八碳二烯酰穿贝海绵甾醇 -3-*O*-*β*-D- 吡喃葡萄糖苷 鸡肉参 Incarvillea mairei
2,5-octadecadiynoic acid methyl ester 2,5- 十八碳二烯酸甲酯 挥发油成分，未统计基源
octadecanal 十八醛 挥发油成分，未统计基源
cis-9,10-octadecanamide 顺式 -9,10- 十八烯酰胺 鹿蹄草 Pyrola calliantha
octadecane 十八烷 挥发油成分，未统计基源
n-octadecane 正十八烷 挥发油成分，未统计基源
octadecanoic acid 十八酸 挥发油成分，未统计基源
n-octadecanoic acid 正十八酸 密脉鹅掌柴 Heptapleurum ellipticum, 紫背贵州鼠尾草 Salvia cavaleriei var. erythrophylla
octadecanoic acid ethyl ester 十八酸乙酯 挥发油成分，未统计基源
n-octadecanoic acid hexacosyl ester 正十八酸二十六酯 黄连花 Lysimachia davurica
octadecanoic acid-2,3-dihydroxypropyl ester 十八酸 -2,3- 二羟基丙酯 合蕊五味子 Schisandra propinqua
1-octadecanol 1- 十八醇 挥发油成分，未统计基源
octadecanol 十八醇 挥发油成分，未统计基源
octadecanol acetate 十八醇乙酸酯 挥发油成分，未统计基源
2-octadecanone 2- 十八烷酮 臭节草 Boenninghausenia albiflora
[(2*E*)-octadecanoyl]pyrrolidine [(2*E*)- 十八碳酰基] 吡咯烷 胡椒 Piper nigrum
(3*S*,4*S*,5*R*)-3-octadecanoylamino-4-hydroxy-5-dodecane-2,3,4,5-tetrahydrofuran (3*S*,4*S*,5*R*)-3- 十八碳酰胺 -4- 羟基 -5- 十二烷 -2,3,4,5- 四氢呋喃 刺五加 Eleutherococcus senticosus
n-octadecanyl 3-methoxy-4-hydroxy-*trans*-benzeneacrylate 3- 甲氧基 -4- 羟基 - 反式苯丙烯酸正十八酯 钩腺大戟 Euphorbia sieboldiana
(*Z*,*Z*,*Z*)-9,12,15-octadecatrien-1-ol (*Z*,*Z*,*Z*)-9,12,15- 十八碳三烯 -1- 醇 挥发油成分，未统计基源
cis-9,12,15-octadecatrien-1-ol 顺式 -9,12,15- 十八碳三烯 -1- 醇 挥发油成分，未统计基源
(2*E*,4*E*,9*Z*)-octadecatrien-6-yne-1,18-diol (2*E*,4*E*,9*Z*)- 十八碳三烯 -6- 炔 -1,18- 二醇 大叶柴胡 Bupleurum longiradiatum
(2*E*,4*E*,9*Z*)-octadecatrien-6-yne-1,18-diyl diacetate (2*E*,4*E*,9*Z*)- 十八碳三烯 -6- 炔 -1,18- 二乙酸酯 大叶柴胡 Bupleurum longiradiatum
9,12,12-octadecatrienal 9,12,12- 十八碳三烯醛 挥发油成分，未统计基源
9,12,15-octadecatrienal 9,12,15- 十八碳三烯醛 挥发油成分，未统计基源
(*Z*,*Z*,*Z*)-9,12,15-octadecatrienoate ester (*Z*,*Z*,*Z*)-9,12,15- 十八三烯酸酯 长波叶山蚂蝗 Desmodium sequax
6-(9*Z*,12*Z*,15*Z*)-octadecatrienoate-3*β*-stigmast-5-en-3-*O*-*β*-D-glucopyranoside 6-(9*Z*,12*Z*,15*Z*)- 十八碳烯酸 -3*β*- 豆甾 -5- 烯 -3-*O*-*β*-D- 葡萄糖苷 盘花垂头菊 Cremanthodium discoideum
(*Z*,*Z*,*Z*)-9,12,15-octadecatrienoic acid (*Z*,*Z*,*Z*)-9,12,15- 十八碳三烯酸 华蟹甲 Sinacalia tangutica
5,9,12-octadecatrienoic acid 5,9,12- 十八碳三烯酸 地肤 Kochia scoparia
9,13,15-octadecatrienoic acid 9,13,15- 十八碳三烯酸 臭辣吴萸 Euodia fargesii
9*E*,12*E*,15*E*-octadecatrienoic acid 9*E*,12*E*,15*E*- 十八碳三烯酸 莲 Nelumbo nucifera
octadecatrienoic acid 十八碳三烯酸 乌桕 Triadica sebifera
cis-5,9,12-octadecatrienoic acid 顺式 -5,9,12- 十八碳三烯酸 长白鱼鳞云杉 Picea jezoensis var. komarovii
cis-6,9,12-octadecatrienoic acid 顺式 -6,9,12- 十八碳三烯酸 月见草 Oenothera biennis
cis-9,12,15-octadecatrienoic acid 顺式 -9,12,15- 十八碳三烯酸 月见草 Oenothera biennis
(*Z*,*Z*,*Z*)-9,12,15-octadecatrienoic acid ethyl ester (*Z*,*Z*,*Z*)-9,12,15- 十八碳三烯酸乙酯 挥发油成分，未统计基源
9,12,15-octadecatrienoic acid ethyl ester 9,12,15- 十八碳三烯酸乙酯 黄皮 Clausena lansium
(*Z*,*Z*,*Z*)-9,12,15-octadecatrienoic acid methy ester (*Z*,*Z*,*Z*)-9,12,15- 十八碳三烯酸甲酯 挥发油成分，未统计基源
9,12,15-octadecatrienoic acid-2,3-dihydroxypropyl ester 9,12,15- 十八碳三烯酸 -2,3- 二羟基丙酯 挥发油成分，未统计基源
1-[(2*E*,4*E*,12*Z*)-octadecatrienoyl]–*N*-isobutylamide 1-[(2*E*,4*E*,12*Z*)- 十八碳三烯酰基]–*N*- 异丁基酰胺 胡椒 Piper nigrum

O

1,7-octadiene 1,7- 辛二烯 沙生风毛菊 Saussurea arenaria

[(2*E*,4*E*)-octadienoyl]-*N*-isobutylamide [(2*E*,4*E*)- 辛二烯酰]-*N*- 异丁基酰胺 胡椒 Piper nigrum

1-octadienoylglycerol 1- 十八碳二烯酰基甘油 美花石斛 Dendrobium loddigesii

octagalloylglucose 八没食子酰葡萄糖 红叶 Cotinus coggygria var. cinerea, 檵木 Loropetalum chinense, 清香木 Pistacia weinmanniifolia

octahydro-1-(1-methoxy-2-methylpropyl)-3a-methyl-7-methylene-1*H*-inden-4-ol 八氢 -1-(1- 甲氧基 -2- 甲基丙基)-3a- 甲基 -7- 亚甲基 -1*H*- 茚 -4- 醇 小窃衣 Torilis japonica

1,2,3,4a,9,10,10a-octahydro-1,1,4a-trlmethyl-7-(1-methylethyl)-phenanthrene 1,2,3,4,4a,9,10,10a- 八氢 -1,1,4a- 三甲基 -7-(1- 甲基乙基)- 菲 樟子松 Pinus sylvestris var. mongolica

1,1a,4,5,6,7,7b-octahydro-1,1,7,7a-tetramethyl-2*H*-cyclopropa[a]naphtha 1,1a,4,5,6,7,7b,8- 八氢 -1,1,7,7a- 四甲基 -2*H*- 环丙基 [a] 萘 -2- 酮 挥发油成分，未统计基源

1,3a,4,4a,5,6,7,8-octahydro-1,2,3a,5-tetramethyl-(1*R*,3a*S*,4a*S*,5*S*,8*R*,8a*S*)-*rel*-(-)-cyclopenta[1,4]cyclobuta[1,2]benzen-8-ol 1,3a,4,4a,5,6,7,8- 八氢 -1,2,3a,5- 四甲基 -(1*R*,3a*S*,4a*S*,5*S*,8*R*,8a*S*)- 相对 -(-)- 环戊 [1,4] 环丁 [1,2] 苯 -8- 醇 北艾 Artemisia vulgaris

(1*S*,2*S*,4a*S*,6a*S*,8*R*,10a*R*,11a*S*,13*S*)-6a-[(acetyloxy)methyl]-2,3,4,4a,7,8,11,11a-octahydro-11a-hydroxy-13-methoxy-1,2,9-trimethyl-1*H*-8,10a-epoxy-1,10-methanodibenz[b,e]oxepin-6(6a*H*)-one (1*S*,2*S*,4a*S*,6a*S*,8*R*,10a*R*,11a*S*,13*S*)-6a-[(乙酰氧基) 甲基]-2,3,4,4a,7,8,11,11a- 八氢 -11a- 羟基 -13- 甲氧基 -1,2,9- 三甲基 -1*H*-8,10a- 环氧 -1,10- 甲醇基二苯并 [b,e] 氧杂草 -6(6a*H*)- 酮 箭叶橐吾 Ligularia sagitta

octahydro-1*H*,5*H*-dipyrrolo[1,2-*a*:1',2'-*d*] pyrazine 八氢 -1*H*,5*H*- 二吡咯 [1,2-*a*:1',2'-*d*] 吡嗪 连翘 Forsythia suspensa

octahydro-1-methyl-6-methylene-4-(1-methylethenyl)-2(1*H*)-naphthalenone 八氢 -1- 甲基 -6- 亚甲基 -4-(1- 甲基乙烯基)-2(1*H*)- 萘酮 黄花蒿 Artemisia annua

[1*R*-(1*α*,2*β*,4a*β*,7*α*)]-1,2,3,4,4a,5,6,7-octahydro-2-(1-hydroxy-1-methylethyl)-4a,8-dimethyl-1,7-Naphthalenediol-7-acetate [1*R*-(1*α*,2*β*,4a*β*,7*α*)]-1,2,3,4,4a,5,6,7- 八氢 -2-(1- 羟基异丙基)-4a,8- 二甲基 -1,7- 萘二酚 -7- 乙酸酯 香藜 Chenopodium botrys

(1*S*,2*S*,4a*R*,6*R*,8a*S*)-1,2,4a,5,6,7,8,8a-octahydro-2,6-dimethyl-1-naphthalenepropanoic acid (1*S*,2*S*,4a*R*,6*R*,8a*S*)-1,2,4a,5,6,7,8,8a- 八氢 -2,6- 二甲基 -1- 萘烯丙酸 红曲 Monascus purpureus

3,3a,4,4a,7a,8,9,9a-octahydro-3,4a,8-trimethyl-4-(2-methyl-1-oxopropyl)-azuleno[6,5-b]furan-2,5-dione 3,3a,4,4a,7a,8,9,9a- 八氢 -3,4a,8- 三甲基 -4-(2- 甲基 -1- 氧代丙基)- 薁 [6,5-b] 呋喃 -2,5- 二酮 石胡荽 Centipeda minima

[4a*S*-(4a*α*,5*α*,8a*α*)]-4,4a,5,6,7,8,8a,9-octahydro-3,4a-dimethyl-naphtho[2,3-b]furan-5-carboxylic acid methyl ester [4a*S*-(4a*α*,5*α*,8a*α*)]-4,4a,5,6,7,8,8a,9- 八氢 -3,4a- 二甲基 - 萘 [2,3-b] 呋喃 -5- 羧酸甲酯 狭苞橐吾 Ligularia intermedia

2,4a,5,6,7,8,9,9a-octahydro-3,5,5-trimethyl-9-methylene-1*H*-benzocycloheptene 2,4a,5,6,7,8,9,9a- 八氢 -3,5,5- 三甲基 -9- 亚甲基 -1*H*- 苯并环己烯 挥发油成分，未统计基源

3a,4,5,5a,6,7,8,9b-octahydro-3a-hydroxy-5a,9-dimethyl-3-methylene-[3a*S*-(3a*α*,5a*α*,9b*β*)]-naphtho[1,2-b]furan-2(3*H*)-one 3a,4,5,5a,6,7,8,9b- 八氢 -3a- 羟基 -5a,9- 二甲基 -3- 亚甲基 -[3a*S*-(3a*α*,5a*α*,9b*β*)]- 萘并 [1,2-b] 呋喃 -2(3*H*)- 酮 绒毛戴星草 Sphaeranthus indicus

(1*R*,3a*R*,4*R*,7a*S*)-octahydro-3a-methyl-7-methylene-1-(2-methyl-1-propen-1-yl)-1*H*-inden-4-ol (1*R*,3a*R*,4*R*,7a*S*)- 八氢 -3a- 甲基 -7- 亚甲基 -1-(2- 甲基 -1- 丙烯 -1- 基)-1*H*- 茚 -4- 醇 小窃衣 Torilis japonica

[1*R*-(1*α*,3a*β*,4*β*,7a*α*)]-octahydro-3a-methyl-7-methylene-1-(2-methyl-2-propenyl)-1*H*-inden-4-ol [1*R*-(1*α*,3a*β*,4*β*,7a*α*)]- 八氢 -3a- 甲基 -7- 亚甲基 -1-(2- 甲基 -2- 丙烯基)-1*H*- 茚 -4- 醇 小窃衣 Torilis japonica

[1a*R*-(1a*α*,5*α*,9a*α*)]-1,1a,4,5,7,8,9,9a-octahydro-3-hydroxy-1,1,2,5-tetramethyl-7-methylene-6*H*-cyclopropa[3,4]cyclohept[1,2-e]inden-6-one [1a*R*-(1a*α*,5*α*,9a*α*)]-1,1a,4,5,7,8,9,9a- 八氢 -3- 羟基 -1,1,2,5- 四甲基 -7- 亚甲基 -6*H*- 环丙 [3,4] 环七碳 [1,2-e] 茚 -6- 酮 麻疯树 Jatropha curcas

[1a*R*-(1a*α*,5*β*,9a*α*)]-1,1a,4,5,7,8,9,9a-octahydro-3-hydroxy-1,1,2,5-tetramethyl-7-methylene-6*H*-cyclopropa[3,4]cyclohept[1,2-e]inden-6-one [1a*R*-(1a*α*,5*β*,9a*α*)]-1,1a,4,5,7,8,9,9a- 八氢 -3- 羟基 -1,1,2,5- 四甲基 -7- 亚甲基 -6*H*- 环丙 [3,4] 环七碳 [1,2-e] 茚 -6- 酮 麻疯树 Jatropha curcas

(6a*R*,9a*S*,9b*R*)-6-[(acetyloxy)methyl]-3,3a,4,5,6,6a,9a,9b-octahydro-4,6a-dihydroxy-9a-methyl-3-methylene-azuleno[4,5-b]furan-2,9-dione (6a*R*,9a*S*,9b*R*)-6-[(乙酰氧基) 甲基]-3,3a,4,5,6,6a,9a,9b- 八氢 -4,6a- 二羟基 -9a- 甲基 -3- 亚甲基 - 薁 [4,5-b] 呋喃 -2,9- 二酮 银胶菊 Parthenium hysterophorus

4a*S*,7*S*,7a*R*-2-(3*R*,4*R*,4a*R*,7*S*,7a*R*-octahydro-4,7-dimethyl-1-oxocyclopenta[C]pyran-3-yl) nepetalactam 4a*S*,7*S*,7a*R*-2-(3*R*,4*R*,4a*R*,7*S*,7a*R*- 八氢 -4,7- 二甲基 -1- 氧代环戊烷 [C] 吡喃 -3- 基) 荆芥酰胺 挥发油成分，未统计基源

(4*R*,4a*R*,7*S*,7a*R*)-octahydro-4,7-dimethyl-cyclopenta[c]pyran (4*R*,4a*R*,7*S*,7a*R*)- 八氢 -4,7- 二甲基 - 环戊烷 [c] 吡喃 蜘蛛香 Valeriana jatamansi

[4*S*-(4*α*,4a*α*,5*α*,8a*α*,9a*β*)]-4a,5,6,7,8,8a,9,9a-octahydro-4,9a-dihydroxy-3,4a,5-trimethyl-naphtho[2,3-b]furan-2(4*H*)-one [4*S*-(4*α*,4a*α*,5*α*,8a*α*,9a*β*)]-4a,5,6,7,8,8a,9,9a- 八氢 -4,9a- 二羟基 -3,4a,5- 三甲基 - 萘 [2,3-b] 呋喃 -2(4*H*)- 酮 黄帚橐吾 Ligularia virgaurea

[1*S*-(1*α*,2*β*,4a*β*,8a*α*)]-1,2,3,4,4a,5,6,8a-octahydro-4a,8-dimethyl-2-(1-methylethenyl)-1-naphthalenol acetate [1*S*-(1*α*,2*β*,4a*β*,8a*α*)]-1,2,3,4,4a,5,6,8a- 八氢 -4a,8- 二甲基 -2-(1- 甲基乙烯基)-1- 萘酚乙酸酯 香藜 Chenopodium botrys

(2*S*-*cis*)-1,2,3,4,4a,5,6,7-octahydro-4a,8-dimethyl-*α*-methylene-4-oxo-2-naphthaleneacetic acid (2*S*- 顺式)-1,2,3,4,4a,5,6,7- 八氢 -4a,8- 二甲基 -*α*- 亚甲基 -4- 氧代 -2- 萘乙酸 湿地蒿 Artemisia tournefortiana

4b,5,6,7,8a,9,10-octahydro-4b,8-dlmethyl-2-isopropylphenanthrene 4b,5,6,7,8a,9,10- 八氢 -4b,8- 二甲基 -2- 异丙基菲 樟子松 Pinus sylvestris var. mongolica

3a*R*,3b*S*,4*R*,5a*S*,6a*R*,7*S*,9a*S*)-octahydro-4-hydroxy-1,3b,7-trimethyl-4*H*-oxireno[1,8a]azuleno[4,5-b]furan-2(1*H*)-one (3a*R*,3b*S*,4*R*,5a*S*,6a*R*,7*S*,9a*S*)- 八氢 -4- 羟基 -1,3b,7- 三甲基 -4*H*- 环氧乙烷 [1,8a] 薁 [4,5-b] 呋喃 -2(1*H*)- 酮 银胶菊 Parthenium hysterophorus

(4*R*,4a*R*,5*S*,8a*R*,9a*S*)-4a,5,6,7,8,8a,9,9a-octahydro-4-hydroxy-3,4a,5-trimethyl-naphtho[2,3-b]furan-2(4*H*)-one (4*R*,4a*R*,5*S*,8a*R*,9a*S*)-4a,5,6,7,8,8a,9,9a- 八氢 -4- 羟基 -3,4a,5- 三甲基萘 [2,3-b] 呋喃 -2(4*H*)- 酮 黄帚橐吾 Ligularia virgaurea

[3*S*-(3*α*,3a*α*,4*β*,6a*α*,9*α*,9a*α*,9b*β*)]-octahydro-4-hydroxy-3,9-dimethyl-6-methylene-azuleno[4,5-b]furan-2,8(3*H*,4*H*)-dione [3*S*-(3*α*,3a*α*,4*β*,6a*α*,9*α*,

酮 离舌橐吾 Ligularia veitchiana

(2aS,5aR,6aR,9bR,9cS)-3,4,5,5a,6,6a,9b,9c-octahydro-6a-hydroxy-9,9c-dimethyl-2H-furo[3',2': 2,3]naphtha[1,8-bc]furan-2,8(2aH)-dione (2aS,5aR,6aR,9bR,9cS)-3,4,5,5a,6,6a,9b,9c- 八氢 -6a- 羟基 -9,9c- 二甲基 2H- 呋喃 [3',2': 2,3] 萘 [1,8-bc] 呋喃 -2,8(2aH)- 二酮 狭苞橐吾 Ligularia intermedia

3a,4,5,6,6a,7,9a,9b-octahydro-7-hydroxy-3,9-dimethyl-6-methylene-[3R-(3α,3aβ,6aβ,7α,9aβ,9bα)]-azuleno[4,5-b]furan-2(3H)-one 3a,4,5,6,6a,7,9a,9b- 八氢 -7- 羟基 -3,9- 二甲基 -6- 亚甲基 -[3R-(3α,3aβ,6aβ,7α,9aβ,9bα)]- 薁 4,5-b] 呋喃 -2(3H)- 酮 大籽蒿 Artemisia sieversiana

(4S,4aS,5S,8R,8aS)-4,4a,5,6,7,8,8a,9-octahydro-8,8a-dihydroxy-3,4a,5-trimethylnaphtho[2,3-b]furan-4-yl-2-(hydroxymethyl)prop-2-enoate (4S,4aS,5S,8R,8aS)-4,4a,5,6,7,8,8a,9- 八氢 -8,8a- 二羟基 -3,4a,5- 三甲基萘 [2,3-b] 呋喃 -4-yl-2-(羟甲基)-2- 丙烯酯 箭叶橐吾 Ligularia sagitta

(4R,4aS,5S,8S,8aS)-2,4,4a,5,6,7,8,8a-octahydro-8a-hydroxy-3,4a,5-trimethyl-2-oxonaphtho[2,3-b]furan-4,8-diol (4R,4aS,5S,8S,8aS)-2,4,4a,5,6,7,8,8a- 八氢 -8a- 羟基 -3,4a,5- 三甲基 -2- 氧代萘 [2,3-b] 呋喃 -4,8- 二醇 箭叶橐吾 Ligularia sagitta

[1aR-(1aα,4β,4aβ,5β,8aβ,9aS*)]-1a,2,4,4a,5,7,8a,9-octahydro-8a-hydroxy-4,4a,6-trimethyl-7-oxo-3H-oxireno[8,8a]naphtho[2,3-b]furan-5-yl-2-methoxymethyl-2-propenoic acid ester [1aR-(1aα,4β,4aβ,5β,8aβ,9aS*)]-1a,2,4,4a,5,7,8a,9- 八氢 -8a- 羟基 -4,4a,6- 三甲基 -7- 氧代 -3H- 环氧乙烷 [8,8a] 萘 [2,3-b] 呋喃 -5- 基 -2- 甲氧基甲基 -2- 丙烯酸酯 离舌橐吾 Ligularia veitchiana

[1aR-(1aα,4β,4aβ,5β,8aβ,9aS*)]-1a,2,4,4a,5,7,8a,9-octahydro-8a-methoxy-4,4a,6-trimethyl-7-oxo-3H-oxireno[8,8a]naphtha[2,3-b]furan-5-yl-2-hydroxymethyl-2-propenoic acid ester [1aR-(1aα,4β,4aβ,5β,8aβ,9aS*)]-1a,2,4,4a,5,7,8a,9- 八氢 -8a- 甲氧基 -4,4a,6- 三甲基 -7- 氧代 -3H- 环氧乙烷 [8,8a] 萘 [2,3-b] 呋喃 -5-yl-2- 羟甲基 -2- 丙烯酸酯 离舌橐吾 Ligularia veitchiana

[1aR-(1aα,4β,4aβ,5β,8aβ,9aS*)]-1a,2,4,4a,5,7,8a,9-octahydro-8a-methoxy-4,4a,6-trimethyl-7-oxo-3H-oxireno[8,8a]naphtho[2,3-b]furan-5-yl-2-hydroxymethyl-2-propenoic acid ester [1aR-(1aα,4β,4aβ,5β,8aβ,9aS*)]-1a,2,4,4a,5,7,8a,9- 八氢 -8a- 甲氧基 -4,4a,6- 三甲基 -7- 酮 -3H- 环氧乙烷 [8,8a] 萘 [2,3-b] 呋喃 -5- 基 -2- 羟甲基 -2- 丙烯酸酯 离舌橐吾 Ligularia veitchiana

[3R-(3α,3aα,8α,8aα)]-1,2,3,3a,6,7,8,8a-octahydro-8-hydroxy-8a-methyl-3-(1-methylethyl)-5-azulenemethanol [3R-(3α,3aα,8α,8aα)]-1,2,3,3a,6,7,8,8a- 八氢化 -8- 羟基 -8a- 甲基 -3- 异丙基 -5- 薁甲醇 樫木 Dysoxylum excelsum

[3R-(3α,3aα,8β,8aα)]-1,2,3,3a,6,7,8,8a-octahydro-8-hydroxy-8a-methyl-3-(1-methylethyl)-5-azulenemethanol [3R-(3α,3aα,8β,8aα)]-1,2,3,3a,6,7,8,8a- 八氢化 -8- 羟基 -8a- 甲基 -3- 异丙基 -5- 薁甲醇 樫木 Dysoxylum excelsum

(3aS,6S,9S,9aS,9bR)-3a,4,5,6,8,9,9a,9b-octahydro-9-hydroxy-3,6,9a-trimethylazuleno[4,5-b]furan-2(3H)-one (3aS,6S,9S,9aS,9bR)-3a,4,5,6,8,9,9a,9b- 八氢 -9- 羟基 -3,6,9a- 三甲基薁 [4,5-b] 呋喃 -2(3H)- 酮 银胶菊 Parthenium hysterophorus

(4aR,9R,9aR)-2,3,4,4a,7,8,9,9a-octahydro-9-hydroxy-4,4,9a-trimethyl-1H-benzocycloheptene-6-methanol (4aR,9R,9aR)-2,3,4,4a,7,8,9,9a- 八氢 -9- 羟基 -4,4,9a- 三甲基 -1H- 苯并环庚三烯 -6- 甲醇 浆果楝 Cipadessa baccifera

(4aS,9R,9aS)-2,4a,5,6,7,8,9,9a-octahydro-9-hydroxy-5,5,9-trimethyl-1H-benzocycloheptene-3-methanol (4aS,9R,9aS)-2,4a,5,6,7,8,9,9a- 八氢 -9- 羟基 -5,5,9- 三甲基 -1H- 苯并环庚三烯 -3- 甲醇 浆果楝 Cipadessa baccifera

octahydrocurcumin 八氢姜黄素 印尼莪术 Curcuma zanthorrhiza

trans-octahydroindane-7β-isopropyl-4-methylene-9β-methyl-1β-ol 反式 - 八氢二氢化茚 -7β- 异丙基 -4- 亚甲基 -9β- 甲基 -1β- 醇 柠条锦鸡儿 Caragana korshinskii

O

1,2,3,5,6,7,8,8a-octahydronaphthalene 1,2,3,5,6,7,8,8a- 八氢萘 丽叶女贞 Ligustrum henryi

(2R-*cis*)-1,2,3,4,4α,5,6,7-octahydro-α,α,4α,8-tetramethyl-2-naphthalenemethanol (2R- 顺式)-1,2,3,4,4α,5,6,7- 八氢 -α,α,4α,8- 四甲基 -2- 萘甲醇 青杨 Populus cathayana

2R-(2α,4α,α,8αβ)-1,2,3,4,4α,5,6,8α-octahydro-α,α,4α,8-tetramethyl-2-naphthalenemethanol 2R-(2α,4α,α,8αβ)-1,2,3,4,4α,5,6,8α- 八氢 -α,α,4α,8- 四甲基 -2- 萘甲醇 挥发油成分，未统计基源

δ-octalactone δ- 辛内酯 挥发油成分，未统计基源

n-octaldehyde 正辛醛 挥发油成分，未统计基源

octaldehyde; octanal 辛醛 挥发油成分，未统计基源

4,4",8,8",9,9",4',4'"-octamethoxy-1,1"-diphenyl-2,2",3,3"-tetrahydro-7,7"-bi(1H-phenalene) 4,4",8,8",9,9",4',4'"- 八甲氧基 -1,1"- 二苯基 -2,2",3,3"- 四氢 -7,7"- 双 (1H- 菲那烯) 凤眼蓝 Eichhornia crassipes

6,6",8,8",9,9",4',4'"-octamethoxy-1,1"-diphenyl-2,2",3,3"-tetrahydro-7,7"-bi(1H-phenalene) 6,6",8,8",9,9",4',4'"- 八甲氧基 -1,1"- 二苯基 -2,2",3,3"- 四氢 -7,7"- 双 (1H- 菲那烯) 凤眼蓝 Eichhornia crassipes

2,3,4,5,2',4',5',6'-octamethoxychalcone 2,3,4,5,2',4',5',6'- 八甲氧基查耳酮 韩信草 Scutellaria indica

octamethoxynaphthalene 八甲氧基萘 节果决明 Cassia javanica

octane 辛烷 挥发油成分，未统计基源

(2S*,7S*)-(-)-octane-1,2,7,8-tetrol (2S*,7S*)-(-)- 辛烷 -1,2,7,8- 四醇 缩砂密 Amomum villosum var. xanthioides

octane-1-en-3-ol-3-O-β-D-glucopyranosyl-(1 → 2)-β-D-glucopyranoside 辛烷 -1- 烯 -3- 醇 -3-O-β-D- 吡喃葡萄糖基 -(1 → 2)-β-D- 吡喃葡萄糖苷 过山蕨 Camptosorus sibiricus

octanedioic acid 辛二酸 天葵 Semiaquilegia adoxoides

octanedioic acid-2-ethyl-bis(2-ethylhexyl)ester 辛二酸 -2- 乙基 - 二 (2- 乙基已基) 酯 羽叶白头树 Garuga pinnata

2,3-octanedione 2,3- 辛烷二酮 挥发油成分，未统计基源

octanoic acid 辛酸 挥发油成分，未统计基源

octanoic acid hexacosyl ester 辛酸二十六酯 积雪草 Centella asiatica

1-octanol 1- 辛醇 挥发油成分，未统计基源

3-octanol 3- 辛醇 挥发油成分，未统计基源

octanol 辛醇 挥发油成分，未统计基源

O

1-O-deacetyl-1-O-benzoylohchinolide B 1-O- 去乙酰基 -1-O- 苯甲酰日楝内酯 ▲B 楝 Melia azedarach
1-O-deacetyl-1-O-tigloylohchinolide A, B 1-O- 去乙酰基 -1-O- 巴豆酰日楝内酯 ▲A, B 楝 Melia azedarach
3-O-deacetyl-3-O-tigloylsalannin 3-O- 去乙酰基 -3-O- 巴豆酰印楝沙兰宁 楝 Melia azedarach
17-O-deacetyl-5β,11-dimethoxyakuammiline 17-O- 去乙酰基 -5β,11- 二甲氧基苦籽木林碱 ▲ 萝芙木 Rauvolfia verticillata
6-O-deacetylajugamarin 6-O- 去乙酰筋骨草马灵 ▲ 金疮小草 Ajuga decumbens
10-O-deacetylasperulosidic acid methyl ester 10-O- 去乙酰车叶草酸甲酯 狭叶虎皮楠 Daphniphyllum angustifolium
2-O-deacetyleuonine 2-O- 去乙酰卫矛宁碱 ▲ 昆明山海棠 Tripterygium hypoglaucum
19-O-deacetyljodrellin A 19-O- 去乙酰乔德黄芩素 ▲A 异色黄芩 Scutellaria discolor
3-O-deacetylmaoecrystal J 3-O- 去乙酰毛萼晶 J 露珠香茶菜 Isodon irroratus
15-O-deacetylnimbolidin B 15-O- 去乙酰印楝波力定 ▲B 楝 Melia azedarach
O-deacetyl-N-methyllederine O- 脱乙酰基 -N- 甲基对叶元胡任碱 薯根延胡索 Corydalis ledebouriana
1-O-deacetylohchinolide A, B 1-O- 去乙酰日楝内酯 ▲A, B 楝 Melia azedarach
7-O-deacetylorthosiphol B 7-O- 去乙酰鸡脚参醇 B 肾茶 Clerodendranthus spicatus
3-O-deacetylorthosiphol I 3-O- 去乙酰鸡脚参醇 I 肾茶 Clerodendranthus spicatus
2-O-deacetylorthosiphol J 2-O- 去乙酰鸡脚参醇 J 肾茶 Clerodendranthus spicatus
O-deacetylpachysandrine B O- 去乙酰粉蕊黄杨碱 B 顶花板凳果 Pachysandra terminalis
O-deacetylpicraline O- 去乙酰苦籽木碱 ▲ 大叶糖胶树 Alstonia macrophylla
3-O-deacetylsalannin 3-O- 去乙酰印楝沙兰宁 楝 Melia azedarach
13-O-deacetyltaxumairol Z 13-O- 去乙酰基南方紫杉醇 Z 喜马拉雅红豆杉 Taxus wallichiana, 南方红豆杉 T. wallichinana var. mairei
12-O-deacetyltrichilin H 12-O- 去乙酰鹧鸪花素 ▲H 楝 Melia azedarach
3-O-debenzoylgrandiflorone 3-O- 去苯甲酰大花紫玉盘酮 ▲ 山椒子 Uvaria grandiflora
11-O-debenzoyltashironin 11-O- 去苯甲酰峦大八角宁 ▲ 红毒茴 Illicium lanceolatum
3-O-debenzoylzeylenone 3-O- 去苯甲酰锡兰紫玉盘烯酮 ▲ 山椒子 Uvaria grandiflora
3-O-decanoyl-16-O-acetylisoiridogermanal 3-O- 癸酰基 -16-O- 乙酰异德国鸢尾醛 射干 Belamcanda chinensis
2-O-decanoyl-3,1',3'-tri-O-isobutyryl sucrose 2-O- 癸酰基 -3,1',3'- 三 -O- 异丁酰葡萄糖 毛酸浆 Physalis philadelphica
2-O-decanoyl-3-O-(2-methylbutyryl)-1',3'-di-O-isobutyryl sucrose 2-O- 癸酰基 -3-O-(2- 甲基丁酰基)-1',3'- 二 -O- 异丁酰葡萄糖 毛酸浆 Physalis philadelphica
20-O-decanoylingenol 20-O- 癸酰巨大戟烯醇 ▲ 甘遂 Euphorbia kansui
12-O-decanoylphorbol-13-(2-methylbutyrate) 12-O- 癸酰佛波醇 -13-(2- 甲基丁酸酯) 巴豆 Croton tiglium
12-O-decanoylphorbol-13-acetate 12-O- 十碳酰佛波醇 -13- 乙酸酯 芫花 Daphne genkwa
1-O-decinnamoyl-1-O-benzoyl-23-hydroxyohchininolide 1-O- 去桂皮酰基 -1-O- 苯甲酰基 -23- 羟基日楝宁内酯 ▲ 楝 Melia azedarach
1-O-decinnamoyl-1-O-benzoyl-28-oxoohchinin 1-O- 去桂皮酰基 -1-O- 苯甲酰基 -28- 氧代日楝宁 ▲ 楝 Melia azedarach
1-O-decinnamoyl-1-O-benzoylohchinin acetate 1-O- 去桂皮酰基 -1-O- 苯甲酰日楝宁 ▲ 乙酸酯 楝 Melia azedarach
1-O-decinnamoyl-1-O-benzoylohchininolide 1-O- 去桂皮酰基 -1-O- 苯甲酰日楝宁内酯 ▲ 楝 Melia azedarach
22-O-demethyl-22-O-β-D-glucopyranosylisocorynoxeine 22-O- 去甲基 -22-O-β-D- 吡喃葡萄糖基异柯楠赛因碱 ▲ 钩藤 Uncaria rhynchophylla
3-O-demethyl-2-O-methylalangiside 3-O- 去甲基 -2-O- 甲基八角枫苷 土坛树 Alangium salviifolium
(7'S,8'S)-5-O-demethyl-4'-O-methylbilagrewin (7'S,8'S)-5-O- 去甲基 -4'-O- 甲基二片扁担杆素 簕欓花椒 Zanthoxylum avicennae
9-O-demethyl-7-O-methyllycorenine 9-O- 去甲基 -7-O- 甲基石蒜宁碱 玉簪 Hosta plantaginea
4-O-demethylabrectorin-7-O-α-L-rhamnopyranosyl-3'-O-β-D-xylopyranoside 4-O- 去甲基相思子黄酮 -7-O-α-L- 吡喃鼠李糖基 -3'-O-β-D- 吡喃木糖苷 土荆芥 Chenopodium ambrosioides
2-O-demethylacutumine 2-O- 去甲基风龙明碱 ▲ 风龙 Sinomenium acutum
3-O-demethylamorphigenin 3-O- 去甲基紫穗槐苷元 紫穗槐 Amorpha fruticosa
6-O-demethylantofine 6-O- 去甲基安托芬 华北白前 Cynanchum mongolicum
4-O-demethylbarbatic acid 4-O- 去甲基须松萝酸 ▲ 长松萝 Usnea longissima
4-O-demethylbarbatic acid methyl ester 4-O- 去甲基须松萝酸 ▲ 甲酯 雀石蕊 Cladonia stellaris
9-O-demethylbianfugenine 9-O- 去甲基蝙蝠葛宁 桐叶千金藤 Stephania japonica var. discolor
(7R,8R)-5-O-demethylbilagrewin (7R,8R)-5-O- 去甲基长叶扁担杆素 ▲ 檀香 Santalum album
10-O-demethylboeravinone C 10-O- 去甲基黄细心酮 C 黄细心 Boerhavia diffusa
6-O-demethylboeravinone H 6-O- 去甲基黄细心酮 H 黄细心 Boerhavia diffusa
17-O-demethylbonducellpin C 17-O- 去甲基刺果苏木素 ▲C 刺果苏木 Caesalpinia bonduc
8-O-demethylchelerythrine 8-O- 去甲白屈菜红碱 博落回 Macleaya cordata
5-O-demethylcitromitin 5-O- 去甲基四季橘素 ▲ 柑橘 Citrus reticulata, 南丰蜜橘 C. reticulata 'Kinokuni'
3-O-demethylcolchicine-3-O-α-D-glucopyranoside 3-O- 去甲基秋水仙碱 -3-O-α-D- 吡喃葡萄糖苷 嘉兰 Gloriosa superba
6-O-demethyldauriporphine 6-O- 去甲基北豆根朴啡碱 ▲ 风龙 Sinomenium acutum
6-O-demethyldelsoline 6-O- 去甲基琉璃飞燕草林碱 ▲ 山地乌头 Aconitum monticola, 紫花高乌头 A. septentrionale
(-)-10-O-demethyldiscretine (-)-10-O- 去甲基稀疏木瓣树亭 ▲ 鹰爪花 Artabotrys hexapetalus
3'-O-demethylepipinoresinol 3'-O- 去甲基表松脂酚 红棕杜鹃花 Rhododendron rubiginosum
3'-O-demethyl-epipinoresinol 3'-O- 去甲基 - 表松脂酚 紫玉兰 Yulania liliiflora
O-demethylgalanthamine O- 去甲基加兰他敏 忽地笑 Lycoris aurea

3'',2'''-*O*-diacetylcolubrin 3'',2'''-*O*- 二乙酰蛇藤皂苷 蛇藤 Colubrina asiatica
16,25-*O*-diacetylcucurbitacin F-2-*O*-*β*-D-glucopyranoside 16,25-*O*- 二乙酰葫芦素 F-2-*O*-*β*-D- 吡喃葡萄糖苷 彭县雪胆 Hemsleya pengxianensis
8,12-*O*-diacetylingol-3,7-dibenzoate 8,12-*O*- 二乙酰巨大戟醇▲-3,7- 二苯甲酸酯 霸王鞭 Euphorbia royleana
8,12-*O*-diacetylingol-3,7-ditiglate 8,12-*O*- 二乙酰巨大戟醇▲-3,7- 二巴豆酸酯 霸王鞭 Euphorbia royleana
2',24-*O*-diacetylisodahurinol-3-*O*-*α*-L-arabinopyranoside 2',24-*O*- 二乙酰异兴安升麻醇 -3-*O*-*α*-L- 吡喃阿拉伯糖苷 升麻 Cimicifuga foetida
7,2'-*O*-diacetylloganic acid 7,2'-*O*- 二乙酰马钱酸 催吐萝芙木 Rauvolfia vomitoria
3'',6''-*O*-diacetylsaikosapon b_2 3'',6''-*O*- 二乙酰柴胡皂苷 b_2 汶川柴胡 Bupleurum wenchuanense
2',23-*O*-diacetylshengmanol-3-*O*-*α*-L-arabinopyranoside 2',23-*O*- 二乙酰升麻新醇 -3-*O*-*α*-L- 吡喃阿拉伯糖苷 升麻 Cimicifuga foetida
4',23-*O*-diacetylshengmanol-3-*O*-*α*-L-arabinopyranoside 4',23-*O*- 二乙酰升麻新醇 -3-*O*-*α*-L- 吡喃阿拉伯糖苷 升麻 Cimicifuga foetida
24,25-*O*-diacetylvulgaroside 24,25-*O*- 二乙酰榅桲萜内酯▲ 榅桲 Cydonia oblonga
1,5-*O*-dicaffeoyl-3,4-di-*O*-succinylquinic acid 1,5-*O*- 二咖啡酰基 -3,4-*O*- 二琥珀酰奎宁酸 牛蒡 Arctium lappa
1,5-*O*-dicaffeoyl-3-*O*-succinylquinic acid 1,5-*O*- 二咖啡酰基 -3-*O*- 琥珀酰奎宁酸 牛蒡 Arctium lappa
1,5-*O*-dicaffeoyl-4-*O*-succinylquinic acid 1,5-*O*- 二咖啡酰基 -4-*O*- 琥珀酰奎宁酸 牛蒡 Arctium lappa
1,2-*O*-dicaffeoylcyclopentan-3-ol 1,2-*O*- 二咖啡酰环戊烷 -3- 醇 款冬 Tussilago farfara
(-)-3,5-*O*-dicaffeoylquinic acid (-)-3,5-*O*- 二咖啡酰基奎宁酸 东风菜 Doellingeria scabra
(-)-4,5-*O*-dicaffeoylquinic acid (-)-4,5-*O*- 二咖啡酰基奎宁酸 东风菜 Doellingeria scabra
1,5-*O*-dicaffeoylquinic acid 1,5-*O*- 二咖啡酰奎宁酸 牛蒡 Arctium lappa, 毛冬青 Ilex pubescens
1',5'-*O*-dicaffeoylquinic acid 1',5'-*O*- 二咖啡酰奎宁酸 马鞭草 Verbena officinalis
3,4-*O*-dicaffeoylquinic acid 3,4-*O*- 二咖啡酰奎宁酸 穿心莲 Andrographis paniculata, 小粒咖啡 Coffea arabica, 毛冬青 Ilex pubescens, 翼齿六棱菊 Laggera crispata, 白花刺参 Morina nepalensis var. alba, 黄鹌菜 Youngia japonica
3,5-*O*-dicaffeoylquinic acid 3,5-*O*- 二咖啡酰奎宁酸 小粒咖啡 Coffea arabica, 洋常春藤 Hedera helix, 毛冬青 Ilex pubescens, 迎红杜鹃花 Rhododendron mucronulatum
4,5-*O*-dicaffeoylquinic acid 4,5-*O*- 二咖啡酰奎宁酸 小粒咖啡 Coffea arabica, 中粒咖啡 C. canephora, 毛冬青 Ilex pubescens, 迎红杜鹃花 Rhododendron mucronulatum
4',5'-*O*-dicaffeoylquinic acid 4',5'-*O*- 二咖啡酰奎宁酸 马鞭草 Verbena officinalis
3,4-*O*-dicaffeoylquinic acid butyl ester 3,4-*O*- 二咖啡酰奎宁酸丁酯 穿心莲 Andrographis paniculata
3,4-*O*-dicaffeoylquinic acid methyl ester 3,4-*O*- 二咖啡酰奎宁酸甲酯 穿心莲 Andrographis paniculata
4,5-*O*-dicaffeoylquinic acid methyl ester 4,5-*O*- 二咖啡酰奎宁酸甲酯 穿心莲 Andrographis paniculata
3'-*O*-didehydrolutein 3'-*O*- 二去氢叶黄素 驴蹄草 Caltha palustris
4',5-*O*-didemethylcyclogalgravin 4',5-*O*- 二去甲基环瓣蕊花格拉文▲ 金山五味子 Schisandra glaucescens
9,9'-*O*-diferuloyl-(-)-secoisolariciresionol 9,9'-*O*- 二阿魏酰基 - 左旋 - 裂环异落叶松树脂醇 扯根菜 Penthorum chinense
1,2-*O*-diferuloylglycerol 1,2-*O*- 二阿魏酰甘油 野百合 Lilium brownii
1,3-*O*-diferuloylglycerol 1,3-*O*- 二阿魏酰甘油 石刁柏 Asparagus officinalis, 野百合 Lilium brownii
2-*O*-diferuloylglycerol 2-*O*- 二阿魏酰甘油 石刁柏 Asparagus officinalis
(-)-(2*R*,3*R*)-1,4-*O*-diferuloylsecoisolariciresinol (-)-(2*R*,3*R*)-1,4-*O*- 二阿魏酰裂环异落叶松树脂醇 金丝桃 Hypericum monogynum, 桃金娘 Rhodomyrtus tomentosa
1,4-*O*-diferuloylsecoisolariciresinol 1,4-*O*- 二阿魏酰裂环异落叶松树脂醇 日本桤木 Alnus japonica, 观光木 Michelia odora, 栝楼 Trichosanthes kirilowii
9,9'-*O*-diferuloylsecoisolariciresinol 9,9'-*O*- 二阿魏酰裂环异落叶松树脂醇 红楠 Machilus thunbergii
3,6'-*O*-diferuloylsucrose 3,6'-*O*- 二阿魏酰蔗糖 野百合 Lilium brownii, 药百合 L. speciosum var. gloriosoides
9,9'-*O*-diformacylcedrusin 9,9'-*O*- 二甲酰雪松脂素▲ 金钱松 Pseudolarix amabilis
6',7-*O*-diformylloganin 6',7-*O*- 二甲酰马钱苷 盆架树 Alstonia rostrata
3-*O*-digalloyl-1,2,4,6-tetra-*O*-galloyl-*β*-D-glucose 3-*O*- 二没食子酰基 -1,2,4,6- 四 -*O*- 没食子酰基 -*β*-D- 葡萄糖 柞栎 Quercus dentata
1,6-*O*-digalloyl-*β*-D-glucopyranose 1,6-*O*- 二没食子酰基 -*β*-D- 吡喃葡萄糖 滇山茶 Camellia reticulata, 栓皮栎 Quercus variabilis, 波叶大黄 Rheum rhabarbarum
10-*O*-dihydroferuloyldeacetyldaphylloside 10-*O*- 二氢阿魏酰去乙酰交让木苷 染色水锦树 Wendlandia tinctoria
4'-*O*-dihydrophaseic acid-*β*-D-glucopyranoside methyl ester 4'-*O*- 二氢菜豆酸 -*β*-D- 葡萄糖苷甲酯 红花 Carthamus tinctorius
β-*O*-dilignol *β*-*O*- 二聚木脂酚▲ 北美鹅掌楸 Liriodendron tulipifera
5,8-*O*-dimethyl-11-deoxyalkannin 5,8-*O*- 二甲基 -11- 去氧紫朱草素 软紫草 Arnebia euchroma
3',4'-*O*-dimethyl-3,4-methylenedioxyellagic acid 3',4'-*O*- 二甲基 -3,4- 亚甲二氧基鞣花酸 喜树 Camptotheca acuminata
1,10-*O*-dimethyl-3-dehydroargophyllin B diol 1,10-*O*- 二甲基 -3- 去氢绢毛向日葵素 B 二醇 向日葵 Helianthus annuus
3',4-*O*-dimethylcedrusin 3',4-*O*- 二甲基雪松脂素▲ 大叶醉鱼草 Buddleja davidii, 小叶香茶菜 Isodon parvifolius, 紫玉兰 Yulania liliiflora
3,4'-*O*-dimethylellagic acid 3,4'-*O*- 二甲基鞣花酸 喜树 Camptotheca acuminata
4,4'-*O*-dimethylellagic acid-3-(2''-*O*-acetyl)-*α*-rhamnopyranoside 4,4'-*O*- 二甲基鞣花酸 -3-(2''-*O*- 乙酰基)-*α*- 吡喃鼠李糖苷 滑桃树 Trevia nudiflora
3,3'-*O*-dimethylellagic acid-4'-*O*-*α*-L-rhamnopyranoside 3,3'-*O*- 二甲基鞣花酸 -4'-*O*-*α*-L- 吡喃鼠李糖苷 余甘子 Phyllanthus emblica
3,5-*O*-dimethylgallic acid 3,5-*O*- 二甲基没食子酸 大血藤 Sargentodoxa cuneata
7,4'-*O*-dimethylnaringenin 7,4'-*O*- 二甲基柚皮苷元 米仔兰 Aglaia odorata
3,4'-*O*-dimethylquercetin 3,4'-*O*- 二甲基槲皮素 毛梗豨莶 Sigesbeckia glabrescens

oenanthoside A 水芹苷 ▲A 水芹 Oenanthe javanica
oenanthotoxin 水芹毒素 大叶柴胡 Bupleurum longiradiatum
oenothein A 月见草素 A 虾子花 Woodfordia fruticosa
oenothein B 月见草素 B 柳兰 Epilobium angustifolium, 柳叶菜 E. hirsutum, 小花柳叶菜 E. parviflorum, 月见草 Oenothera biennis, 虾子花 Woodfordia fruticosa
oenothein C 月见草素 C 山茱萸 Cornus officinalis, 直杆蓝桉 Eucalyptus maidenii, 虾子花 Woodfordia fruticosa
oenotheralanosterol A, B 月见草羊毛脂醇 ▲A, B 月见草 Oenothera biennis
oenotheraphenoxylactone 月见草酚内酯 ▲ 月见草 Oenothera biennis
oenotheraphytyllactone 月见草植醇内酯 ▲ 月见草 Oenothera biennis
oenotherin T_1, T_2 月见草灵 ▲T_1, T_2 四翅月见草 Oenothera tetraptera
5-*O*-*E*-*p*-coumaroylquinic acid 5-*O*-*E*- 对香豆酰奎宁酸 梅 Armeniaca mume
5-*O*-*E*-*p*-coumaroylquinic acid ethyl ester 5-*O*-*E*- 对香豆酰奎宁酸乙酯 梅 Armeniaca mume
5-*O*-*E*-*p*-coumaroylquinic acid methyl ester 5-*O*-*E*- 对香豆酰奎宁酸甲酯 梅 Armeniaca mume
6-*O*-*epi*-acetylscandoside 6-*O*- 表 - 乙酰鸡矢藤次苷 蓬子菜 Galium verum
6'-*O*-*E*-*p*-methoxycinnamoylharpagide 6'-*O*-*E*- 对甲氧基桂皮酰钩果草吉苷 ▲ 北玄参 Scrophularia buergeriana
8-*O*-*E*-*p*-methoxycinnamoylharpagide 8-*O*-*E*- 对甲氧基桂皮酰钩果草吉苷 ▲ 北玄参 Scrophularia buergeriana
7-*O*-ethyl madolin W 7-*O*- 乙基马兜铃素 W 西藏马兜铃 Aristolochia griffithii
8-*O*-ethyl-14-benzoylmesaconitine 8-*O*- 乙基 -14- 苯甲酰中乌头碱 北乌头 Aconitum kusnezoffii
O-ethyl-14-epimelohenine B *O*- 乙基 -14- 表思茅山橙宁 ▲B 思茅山橙 Melodinus cochinchinensis
12-*O*-ethyl-1-deacetylnimbolinin B 12-*O*- 乙基 -1- 去乙酰印楝波力宁 ▲B 川楝 Melia toosendan
12-*O*-ethyl-1-deactylnimbolinin B 12-*O*- 乙基 -1- 去乙酰基 - 印楝波力宁 ▲B 川楝 Melia toosendan
O-ethyl-5-*epi*-nareline *O*- 乙基 -5- 表 - 糖胶树林碱 ▲ 糖胶树 Alstonia scholaris
1-*O*-ethyl-6-(*p*-hydroxybenzoyl)-*β*-D-glucopyranoside 1-*O*- 乙基 -6- 对羟基苯甲酰基 -*β*-D- 吡喃葡萄糖苷 美国梓 Catalpa bignonioides
O-ethylaegeline *O*- 乙基木橘碱 木橘 Aegle marmelos
19-*O*-ethylangustoline 19-*O*- 乙氧基牛眼马钱林碱 ▲ 乌檀 Nauclea officinalis
2-*O*-ethylarboreol 2-*O*- 乙基云南石梓醇 ▲ 云南石梓 Gmelina arborea
6-*O*-ethyl-aucubin 6-*O*- 乙基 - 桃叶珊瑚苷 大王马先蒿 Pedicularis rex
8-*O*-ethylcammaconine 8-*O*- 乙基卡乌头原碱 丽江乌头 Aconitum forrestii
10-*O*-ethylcannabitriol 10-*O*- 乙基大麻三醇 ▲ 大麻 Cannabis sativa
2-*O*-ethylcephalofortuneine 2-*O*- 乙基三尖杉因碱 ▲ 三尖杉 Cephalotaxus fortunei
25-*O*-ethylcimigenol-3-*O*-*β*-D-xylopyranoside 25-*O*- 乙基升麻醇 -3-*O*-*β*-D- 吡喃木糖苷 类叶升麻 Actaea asiatica
5-*O*-ethylcleroindicin D 5-*O*- 乙酰长管大青素 D 臭牡丹 Clerodendrum bungei
4-*O*-ethylcryptomeridiol 4-*O*- 乙基柳杉二醇 柳杉 Cryptomeria japonica var. sinensis, 滇姜花 Hedychium yunnanense
6-*O*-ethyl-epiaucubin 6-*O*- 乙基 - 表桃叶珊瑚苷 大王马先蒿 Pedicularis rex
2-*O*-ethylepicephalofortuneine 2-*O*- 乙基表三尖杉因碱 ▲ 三尖杉 Cephalotaxus fortunei
4-*O*-ethylgallic acid 4-*O*- 乙基没食子酸 牛角瓜 Calotropis gigantea, 四裂算盘子 Glochidion ellipticum, 厚叶算盘子 G. hirsutum, 算盘子 G. puberum, 牛筋果 Harrisonia perforata
7-*O*-ethylguaiacylglycerol 7-*O*- 乙基愈创木基甘油 臭冷杉 Abies nephrolepis, 假桂乌口树 Tarenna attenuata
7-*O*-ethylhorminone 7-*O*- 乙基荷茗草酮 ▲ 一串红 Salvia splendens
12-*O*-ethylinophyllum D 12-*O*- 乙基海棠果素 D 红厚壳 Calophyllum inophyllum
3-*O*-ethyllactarolide A 3-*O*- 乙基乳菇内酯 ▲A 绒白乳菇 Lactarius vellereus
3-*O*-ethyllactarolide B 3-*O*- 乙基乳菇内酯 ▲B 绒白乳菇 Lactarius vellereus
2'-*O*-ethylmurrangatin 2'-*O*- 乙基长叶九里香亭 ▲ 千里香 Murraya paniculata
12-*O*-ethylnimbolinin B 12-*O*- 乙基印楝波力宁 ▲B 川楝 Melia toosendan
O-ethylnordictamnine *O*- 乙基降白鲜碱 白鲜 Dictamnus dasycarpus
O-ethylnornuciferine *O*- 乙基降荷叶碱 莲 Nelumbo nucifera
O-ethylnorskimmianine *O*- 乙基降茵芋碱 白鲜 Dictamnus dasycarpus
8'-*O*-ethylnorstictic acid 8'-*O*- 乙基降牛皮叶酸 ▲ 金丝刷 Lethariella cladonioides
O-ethylnor-*γ*-fagarine *O*- 乙基降 -*γ*- 崖椒碱 白鲜 Dictamnus dasycarpus
4-*O*-ethylpaeoniflorin 4-*O*- 乙基芍药苷 滇牡丹 Paeonia delavayi
3-*O*-ethyltazettinol 3-*O*- 乙基水仙花醇 忽地笑 Lycoris aurea
8-*O*-ethylyunaconitine 8-*O*- 乙基滇乌碱 直缘乌头 Aconitum transsectum
O-ethyl-*α*-D-galactoside *O*- 乙基 -*α*-D- 半乳糖苷 鸭嘴花 Justicia adhatoda
1-*O*-ethyl-*β*-D-glucopyranoside 1-*O*- 乙基 -*β*-D- 吡喃葡萄糖苷 红花五味子 Schisandra rubriflora
4-*O*-feruloyl quinic acid 4-*O*- 阿魏酰奎尼酸 百部 Stemona japonica
9,9'-*O*-feruloyl-(-)-secoisolariciresinol 9,9'-*O*- 阿魏酰基 -(-)- 裂环异落叶松树脂醇 台湾芙蓉 Hibiscus taiwanensis
6-*α*-L-(4''-*O*-feruloyl)-rhamnopyranosylcatalpol 6-*α*-L-(4''-*O*- 阿魏酰基)- 吡喃鼠李糖基梓醇 伞序臭黄荆 Premna serratifolia
5-*O*-feruloyl-2-deoxy-D-ribono-*γ*-lactone 5-*O*- 阿魏酰基 -2- 去氧 -D- 核糖基 -*γ*- 内酯 辣蓼铁线莲 Clematis terniflora var. mandshurica
(-)-2-(1-*O*-feruloyl-2-hydroxyisopropyl)-5,6-dimethyoxybenzofuran (-)-2-(1-*O*- 阿魏酰基 -2- 羟基异丙基)-5,6- 二甲氧基苯并呋喃 掌叶橐吾

O

Asclepias curassavica

3-O-fucopyranosylsaikogenin F 3-O- 吡喃海藻糖基柴胡皂苷元 F 毛蕊花 Verbascum thapsum

3-O-fucosyl-quinovic acid 3-O- 岩藻糖基 - 奎诺酸 猫爪藤 Macfadyena unguis-cati

3-O-galloyl-(-)-epicatechin 3-O- 没食子酰基 -(-)- 表儿茶素 七叶鬼灯檠 Rodgersia aesculifolia

3-O-galloyl-(-)-epicatechin-(4β-8)-(3-O-galloyl)-epicatechin 3-O- 没食子酰基 - 表儿茶素 -(4β-8)-(3-O- 没食子酰基)- 表儿茶素 七叶鬼灯檠 Rodgersia aesculifolia

3-O-galloyl-(-)-shikimic acid 3-O- 没食子酰基 -(-)- 莽草酸 苦槠 Castanopsis sclerophylla, 牻牛儿苗 Erodium stephanianum

5-O-galloyl-(-)-shikimic acid 5-O- 没食子酰基 -(-)- 莽草酸 日本桤木 Alnus japonica, 苦槠 Castanopsis sclerophylla

7-O-galloyl-(+)-catechin 7-O- 没食子酰基 -(+)- 儿茶素 秦岭岩白菜 Bergenia scopulosa, 毛叶钝果寄生 Taxillus nigrans

6-O-galloyl-2,3-(S)-HHDP-D-glucose 6-O- 没食子酰基 -2,3-(S)- 六羟基联苯二甲酰基 -D- 葡萄糖 乌冈栎 Quercus phillyraeoides

1-O-galloyl-2,3;4,6-bis-(S)-4,4',5,5',6,6'-hexahydroxydiphenoyl-β-D-glucose 1-O- 没食子酰基 -2,3;4,6- 双 -(S)-4,4',5,5',6,6'- 六羟基联苯二甲酰基 -β-D- 葡萄糖 马尾树 Rhoiptelea chiliantha

1-O-galloyl-2,3-HHDP-α-D-glucose 1-O- 没食子酰基 -2,3- 六羟基联苯二甲酰基 -α-D- 吡喃葡萄糖 泽漆 Euphorbia helioscopia

1-O-galloyl-2-O-cinnamoyl-glucose 1-O- 没食子酰基 -2-O- 桂皮酰基 - 葡萄糖 掌叶大黄 Rheum palmatum

1-O-galloyl-2-O-cinnamoyl-β-D-glucopyranose 1-O- 没食子酰基 -2-O- 桂皮酰基 -β-D- 吡喃葡萄糖 唐古特大黄 Rheum tanguticum

1-O-galloyl-3,6-hexahydroxydiphenoyl-D-B-1,4-glucopyranose 1-O- 没食子酰基 -3,6- 六羟基二苯氧基 -D-B-1,4- 吡喃葡萄糖 紫锦木 Euphorbia cotinifolia subsp. cotinoides

1-O-galloyl-3,6-hexahydroxydiphenoyl-β-D-glucopyranoside 1-O- 没食子酰基 -3,6- 六羟基二苯氧基 -β-D- 吡喃葡萄糖苷 紫锦木 Euphorbia cotinifolia subsp. cotinoides

1-O-galloyl-3,6-valoneoyl-D-B-1,4-glucopyranose 1-O- 没食子酰基 -3,6- 橡宛酰基 -D-B-1,4- 吡喃葡萄糖 紫锦木 Euphorbia cotinifolia subsp. cotinoides

2-O-galloyl-3-O-(1-dehydrodigalloyl)-4,6-hexahydroxydiphenoylglucopyranose 2-O- 没食子酰基 -3-O-(1- 去氢二没食子酰基)-4,6- 六羟基二苯甲酰吡喃葡萄糖 刚毛柽柳 Tamarix hispida, 多枝柽柳 T. ramosissima

1-O-galloyl-3-O-brevifolincarboxyl-β-D-glucopyranose 1-O- 没食子酰基 -3-O- 短叶苏木羧基 -β-D- 吡喃葡萄糖 血桐 Macaranga tanarius var. tomentosa

2-O-galloyl-3-O-valoneoyl dilactone-(α/β)-$^4C_1$-glucopyranose 2-O- 没食子酰基 -3-O- 橡碗酰基二内酯 -(α/β)-$^4C_1$- 吡喃葡萄糖 柳叶菜 Epilobium hirsutum

1-O-galloyl-4,6-(S)-hexahydroxydiphenoyl-β-D-glucopyranose 1-O- 没食子酰基 -4,6-(S)- 六羟基联苯二甲酰基 -β-D- 吡喃葡萄糖 多蕊蛇菰 Balanophora polyandra

3-O-galloyl-4,6-(S)-hexahydroxydiphenoyl-β-D-glucopyranose 3-O- 没食子酰基 -4,6-(S)- 六羟基联苯二甲酰基 -β-D- 吡喃葡萄糖 多蕊蛇菰 Balanophora polyandra

1-O-galloyl-4,6-hexahydroxybiphenylformyl-β-D-glucopyranose 1-O- 没食子酰基 -4,6- 六羟基联苯甲酰基 -β-D- 吡喃葡萄糖 柳兰 Epilobium angustifolium

2-O-galloyl-4,6-O-(S)-valoneoyl-D-glucose 2-O- 没食子酰基 -4,6-O-(S)- 橡腕酰基 -D- 葡萄糖 苦槠 Castanopsis sclerophylla

3''-O-galloyl-4'-O-galloyl-4-O-galloylgallic acid 3''-O- 没食子酰基 -4'-O- 没食子酰基 -4-O- 没食子酰没食子酸 栾树 Koelreuteria paniculata

1-O-galloyl-6-O-cinnamoyl-glucose 1-O- 没食子酰基 -6-O- 桂皮酰基 - 葡萄糖 掌叶大黄 Rheum palmatum

1-O-galloyl-6'-O-vanilloyl-β-glucopyranoside 1-O- 没食子酰基 -6'-O- 香草酰基 -β- 吡喃葡萄糖苷 红背山麻杆 Alchornea trewioides

4-O-galloylalbiflorin 4-O- 没食子酰白芍苷 芍药 Paeonia lactiflora

6'-O-galloylalbiflorin 6'-O- 没食子酰白芍苷 芍药 Paeonia lactiflora

6'-O-galloylarbutin 6'-O- 没食子酰熊果苷 秦岭岩白菜 Bergenia scopulosa

6-O-galloylarbutin 6-O- 没食子酰熊果苷 苦槠 Castanopsis sclerophylla, 黄连木 Pistacia chinensis, 珠芽蓼 Polygonum viviparum

3''-O-galloylbenzyl-O-α-L-rhamnopyranosyl-(1 → 6)-β-D-glucopyranoside 3''-O- 没食子酰苄基 -O-α-L- 吡喃鼠李糖基 -(1 → 6)-β-D- 吡喃葡萄糖苷 泽漆 Euphorbia helioscopia

4''-O-galloyl-benzyl-O-α-L-rhamnopyranosyl-(1 → 6)-β-D-glucopyranoside 4''-O- 没食子酰基 - 苄基 -O-α-L- 吡喃鼠李糖基 -(1 → 6)-β-D- 吡喃葡萄糖苷 白大凤 Cladogynos orientalis

11-O-galloylbergenin 11-O- 没食子酰岩白菜素 走马胎 Ardisia gigantifolia, 落新妇 Astilbe chinensis, 小叶云实 Caesalpinia millettii, 翼茎白粉藤 Cissus pteroclada, 四川蜡瓣花 Corylopsis willmottiae, 野梧桐 Mallotus japonicus, 胡黄连 Neopicrorhiza scrophulariiflora, 扯根菜 Penthorum chinense, 鬼灯檠 Rodgersia podophylla

4-O-galloylbergenin 4-O- 没食子酰岩白菜素 走马胎 Ardisia gigantifolia, 落新妇 Astilbe chinensis, 四川蜡瓣花 Corylopsis willmottiae, 野梧桐 Mallotus japonicus, 粗糠柴 M. philippensis, 扯根菜 Penthorum chinense

7-O-galloylcatechin 7-O- 没食子酰儿茶素 地榆 Sanguisorba officinalis, 叉须崖爬藤 Tetrastigma hypoglaucum, 狭叶崖爬藤 T. serrulatum

4''-O-galloylchestanin 4''-O- 没食子酰栗瘿鞣质 苦槠 Castanopsis sclerophylla

4-O-galloylchlorogenic acid 4-O- 没食子酰绿原酸 人心果 Manilkara zapota

6'-O-galloyldesbenzoylalbiflorin 6'-O- 没食子酰去苯甲酰白芍苷 草芍药 Paeonia obovata

6'-O-galloyldesbenzoylpaeoniflorin 6'-O- 没食子酰去苯甲酰芍药苷 草芍药 Paeonia obovata

8-O-galloyldesbenzoylpaeoniflorin 8-O- 没食子酰去苯甲酰芍药苷 草芍药 Paeonia obovata

1-β-O-galloyl-D-glucopyranose 1-β-O- 没食子酰基 -D- 吡喃葡萄糖 龙眼 Dimocarpus longan

3-O-galloyl-D-glucose 3-O- 没食子酰基 -D- 葡萄糖 山茱萸 Cornus officinalis, 柳兰 Epilobium angustifolium

6-O-galloyl-D-glucose 6-O- 没食子酰基 -D- 葡萄糖 金荞麦 Fagopyrum dibotrys, 化香树 Platycarya strobilacea, 草血竭 Polygonum paleaceum,

O

归 Polygonum perfoliatum

ogarukaya A 橘草醚▲A 橐吾 Ligularia sibirica

1-*O*-gentiobiosyl-3,7-dimethoxy-8-hydroxyxanthone 1-*O*- 龙胆二糖基 -3,7- 二甲氧基 -8- 羟基𠮿酮 川西獐牙菜 Swertia mussotii

(*E*)-*O*-geranylconiferyl alcohol (*E*)-*O*- 香叶基松柏醇 花椒簕 Zanthoxylum scandens

(*E*)-*O*-geranylconiferyl alcohol(9*Z*,12*Z*)-linoleate (*E*)-*O*- 香叶基松柏醇 (9*Z*,12*Z*)- 亚油酸酯 花椒簕 Zanthoxylum scandens

4-*O*-geranyl-sinapyl alcohol 4-*O*- 香叶基 - 芥子醇 刚毛橐吾 Ligularia achyrotricha

2-*O*-glucocucurbitacin J 2-*O*- 葡萄糖基葫芦素 J 三尖栝楼 Trichosanthes tricuspidata

20-*O*-glucoginsenoside Rf 20-*O*- 葡萄糖基人参皂苷 R_f 竹节参 Panax japonicus, 珠子参 P. japonicus var. major, 三七 P. notoginseng

12-*O*-glucoginsenoside Rh_4 12-*O*- 葡萄糖基人参皂苷 Rh_4 人参 Panax ginseng

3*β*-*O*-glucopyranosyl-5*α*,6*β*-dihydroxyergosta-7,22-diene 3*β*-*O*- 吡喃葡萄糖基 -5*α*,6*β*- 二羟基麦角甾 -7,22- 二烯 木蹄层孔菌 Fomes fomentarius

prim-*O*-glucopyranosylangelicain 伯 -*O*- 吡喃葡萄糖基当归因▲ 升麻 Cimicifuga foetida

4-*O*-glucopyranosylcaffeic acid 4-*O*- 吡喃葡萄糖基咖啡酸 中华青荚叶 Helwingia chinensis

2-*O*-glucopyranosylisoswertisin 2-*O*- 葡萄糖基异獐牙菜素 酸枣 Ziziphus jujuba var. spinosa

7-*O*-glucopyranosylliquiritigenin 7-*O*- 吡喃葡萄糖基甘草苷元 矮桃 Lysimachia clethroides

7-*O*-glucopyranosylmangiferin 7-*O*- 葡萄糖基芒果苷 知母 Anemarrhena asphodeloides

6'''-*O*-glucopyranosylorientin 6'''-*O*- 吡喃葡萄糖基荭草素 短瓣金莲花 Trollius ledebourii

3-*O*-glucopyranosylplumbagic acid methyl ester 3-*O*- 吡喃葡萄糖基白花丹酸甲酯 白花丹 Plumbago zeylanica

6'-*O*-glucopyranosyltheviridoside 6'-*O*- 吡喃葡萄糖基黄花夹竹桃醚萜苷▲ 黄花夹竹桃 Thevetia peruviana

2''-*O*-glucopyranosylvitexin 2''-*O*- 吡喃葡萄糖基牡荆素 大麻 Cannabis sativa, 三点金 Desmodium triflorum

6'''-*O*-glucopyranosylvitexin 6'''-*O*- 吡喃葡萄糖基牡荆素 短瓣金莲花 Trollius ledebourii

7-*O*-glucoside-1,6-dimethyl-2-hydroxy-5-vinyl-9,10-dihydrophenanthrene 7-*O*- 葡萄糖苷 -1,6- 二甲基 -2- 羟基 -5- 乙烯基 -9,10- 二氢菲 灯心草 Juncus effusus

2-*O*-glucoside-1,6-dimethyl-7-hydroxy-5-vinyl-9,10-dihydrophenanthrene 2-*O*- 葡萄糖苷 -1,6- 二甲基 -7- 羟基 -5- 乙烯基 -9,10- 二氢菲 灯心草 Juncus effusus

prim-*O*-glucosylcimifugin 伯 -*O*- 葡萄糖基升麻素 福参 Angelica morii, 小金梅草 Hypoxis aurea, 防风 Saposhnikovia divaricata

sec-*O*-glucosylhamaudol 仲 -*O*- 葡萄糖基日本当归醇▲ 珊瑚菜 Glehnia littoralis, 宽萼岩风 Libanotis laticalycina, 防风 Saposhnikovia divaricata

3-*O*-glucosyl-quinovic acid 3-*O*- 葡萄糖基 - 奎诺酸 猫爪藤 Macfadyena unguis-cati

ohchinal 日楝醛▲ 川楝 Melia toosendan

ohchinin 日楝宁▲ 楝 Melia azedarach

ohchinin acetate 日楝宁▲乙酸酯 楝 Melia azedarach

ohchininolide 日楝宁内酯▲ 楝 Melia azedarach

ohchinolal 日楝醇醛▲ 楝 Melia azedarach, 川楝 M. toosendan

ohchinolide A 日楝内酯▲A 楝 Melia azedarach

ohchinolide B 日楝内酯▲B 楝 Melia azedarach, 川楝 M. toosendan

ohchinolide C 日楝内酯▲C 川楝 Melia toosendan

1-*O*-hexacosanoic acid glycerol ester 1-*O*- 二十六酸甘油酯 羊角天麻 Dobinea delavayi

1-*O*-hexadecanolenin 1-*O*- 十六酸甘油酯 栾树 Koelreuteria paniculata, 紫参 Rubia yunnanensis

1-*O*-hexadecanoyl glycerol 1-*O*- 十六烷酰 - 甘油 台湾前胡 Peucedanum formosanum

1-*O*-hexadecanoyl-2-*O*-(9Z,12*Z*-octadecadienoly)-3-*O*-[*α*-D-galactopyranosyl-(1''→6')-*O*-*β*-galactopyranosyl]-glycerol 1-*O*- 棕榈酰基 -2-*O*-(9Z,12*Z*- 十八碳二烯酰)-3-*O*-[*α*-D- 吡喃半乳糖基 -(1''→6')-*O*-*β*- 吡喃半乳糖基] 甘油 锡兰肉桂 Cinnamomum verum

(2*S*)-1-*O*-hexadecanoyl-3-*O*-[*α*-D-galactopyranosyl-(1→6)-*β*-D-galactopyranosyl]glycerol (2*S*)-1-*O*- 十六碳酰基 -3-*O*-[*α*-D- 吡喃半乳糖基 -(1→6)-*β*-D- 吡喃半乳糖基] 甘油 荔枝 Litchi chinensis

1-*O*-hexadecanoyl-3-*O*-*β*-D-galactopyranosylglycerol 1- 棕榈酰基 -3-*O*-*β*-D- 半乳糖基甘油酯 土茯苓 Smilax glabra

1-*O*-hexadecanoylglycerol 1-*O*- 十六碳酰甘油 和尚菜 Adenocaulon himalaicum

3-*O*-hexadecanoyl-ingenol 20-*O*- 十六酰巨大戟烯醇▲ 续随子 Euphorbia lathyris

12-*O*-hexadecanoylphorbol-13-acetate 12-*O*- 十六酰佛波醇 -13- 乙酸酯 巴豆 Croton tiglium

O-hexadecanoyl-*β*-amyrin *O*- 十六酰香树脂醇 火筒树 Leea indica

6'-*O*-hexadecanoyl-*β*-D-glucosylclionasterol 6'-*O*- 十六烷酰 -*β*-D- 葡萄糖基穿贝海绵甾醇 缬草 Valeriana officinalis

1-*O*-hexnoyl-glyceroleterol 1-*O*- 十六碳酰甘油酯 蒌叶 Piper betle

ohioensin A, C, F, G 俄亥俄金发藓素▲A, C, F, G 拟金发藓 Polytrichastrum alpinum

ohioensin H 俄亥俄金发藓素▲H 金发藓 Polytrichum commune

24-*O*-hydroxy-7,8-didehydrohydroshengmanol-3-*O*-*β*-D-galactopyranoside 24-*O*- 羟基 -7,8- 二去氢氢化升麻新醇 -3-*O*-*β*-D- 吡喃半乳糖苷 单穗升麻 Cimicifuga simplex

O-hydroxyphenol 邻羟基苯酚 金线兰 Anoectochilus roxburghii

27-oic-3-oxo-28-friedelanoic acid 27- 酸 -3- 氧代 -28- 无羁萜酸 黄槿 Hibiscus tiliaceus

tert-*O*-imperatorinyl-heraclenol 叔 -*O*- 欧前胡素基独活醇 白亮独活 Heracleum candicans

O-iodosobenzoic acid *O*- 亚碘酰苯甲酸 洋吊钟 Kalanchoe verticillata

6-β-O-isobutylbritannilactone 6-β-O-异丁基欧亚旋覆花内酯 欧亚旋覆花 Inula britannica
6-O-isobutyroylplenolin 6-O-异丁酰多梗贝氏菊素▲ 石胡荽 Centipeda minima
2α-O-isobutyryl-3β,5α,7β,10,15β-penta-O-acetyl-14α-O-benzoyl-10,18-dihydromyrsinol 2α-O-异丁酰基-3β,5α,7β,10,15β-五-O-乙酰基-14α-O-苯甲酰基-10,18-二氢铁仔酚▲ 土瓜狼毒 Euphorbia prolifera
2α-O-isobutyryl-3β-O-propionyl-5α,7β,10,15β-tetra-O-acetyl-10,18-dihydromyrsinol 2α-O-异丁酰基-3β-O-丙酰基-5α,7β,10,15β-四-O-乙酰基-10,18-二氢铁仔酚▲ 土瓜狼毒 Euphorbia prolifera
3-O-isobutyryl-8-methoxy-9-hydroxythymol 3-O-异丁酰基-8-甲氧基-9-羟基麝香草酚 佩兰 Eupatorium fortunei
20-O-isobutyrylingenol 20-O-异丁基巨大戟烯醇▲ 紫锦木 Euphorbia cotinifolia subsp. cotinoides
5-O-isoferuloyl-2-deoxy-D-ribono-γ-lacton 5-O-异阿魏酰基-2-去氧-D-核糖-γ-内酯 辣蓼铁线莲 Clematis terniflora var. mandshurica
5-(4-O-isopentanoylbutyn-1-yl)-2,2'-bithiophene 5-(4-O-异戊酰丁烷-1-基)-2,2'-联噻吩 华东蓝刺头 Echinops grijsii
O-isopentenylhalfordinol O-异戊烯基哈氏芸香酚▲ 木橘 Aegle marmelos
1-O-isopropyl-6-O-[2-O-methyl-α-L-rhamnopyranosyl-(1→6)]-β-D-glucopyranoside 1-O-异丙基-6-O-[2-O-甲基-α-L-吡喃鼠李糖基-(1→6)]-β-D-吡喃葡萄糖苷 金钱松 Pseudolarix amabilis
1',2'-O-isopropylidene murrangatin 1',2'-O-异亚丙基长叶九里香亭▲ 千里香 Murraya paniculata
23,25-O-isopropylidenecycloartanol 23,25-O-异丙叉-环木菠萝烷醇 乳浆大戟 Euphorbia esula
O-isopropylideneheraclenol O-异亚丙基独活醇 鹤庆独活 Heracleum rapula
1,2-O-isopropylidene-O-β-D-fructopyranose 1,2-O-异丙叉基-O-β-D-吡喃果糖苷 金钱松 Pseudolarix amabilis
3,4-O-isopropylideneshikimic acid 3,4-O-异亚丙基莽草酸 多穗金粟兰 Chloranthus multistachys, 毛地钱 Dumortiera hirsuta
3,4-O-isopropylidene-shikimic acid 3,4-O-异亚丙基-莽草酸 遍地金 Hypericum wightianum
4,5-O-isopropylidene-α-tetralone 4,5-O-异丙叉基-α-四氢萘酮 胡桃 Juglans regia
2,3-O-isopropylidenyl euscaphic acid 2,3-O-异丙亚烯基野鸦椿酸 灰毛泡 Rubus irenaeus
3α,23-O-isopropylidenyl-2α,19α-dihydroxyursolic acid 3α,23-O-异亚丙基-2α,19α-二羟基熊果酸 粗叶悬钩子 Rubus alceifolius
2,3-O-isopropylidenyl-2α,3α,19α-trihydroxyursolic acid 2,3-O-异丙亚烯基-2α,3α,19α-三羟基熊果酸 黄果悬钩子 Rubus xanthocarpus
3β,23-O-isopropylidenyl-3β,23-dihydroxyolean-12-en-28-oic acid 3β,23-O-异亚丙基-3β,23-二羟基齐墩果-12-烯-28-酸 西域旌节花 Stachyurus himalaicus
3,4-O-isopropylidenylshikimic acid 3,4-O-二氧异丙基莽草酸 金丝桃 Hypericum monogynum
1-O-isopropyl-β-D-glucopyranoside 1-O-异丙基-β-D-吡喃葡萄糖苷 台湾银线兰 Anoectochilus formosanus, 马蜂橙 Citrus hystrix
8-O-isovaleryldesbenzoylpaeoniflorin 8-O-异戊酰去苯甲酰芍药苷 草芍药 Paeonia obovata
6-O-isovanilloylcatalposide 6-O-异香荚兰酰梓苷 长果婆婆纳 Veronica ciliata
okanin 圆盘豆素▲ 婆婆针 Bidens bipinnata, 大狼杷草 B. frondosa, 两色金鸡菊 Coreopsis tinctoria
okanin-3'-O-β-D-glucoside 圆盘豆素▲-3'-O-β-D-葡萄糖苷 鬼针草 Bidens pilosa
okanin-4-methyl ether 3'-O-β-D-glucoside 圆盘豆素▲-4-甲醚-3'-O-β-D-葡萄糖苷 鬼针草 Bidens pilosa
okanin-4-methyl ether-3',4'-di-O-β-(4'',6'',4''',6'''-tetraacetyl)-glucopyranoside 圆盘豆素▲-4-甲醚-3',4'-二-O-β-(4'',6'',4''',6'''-四乙酰基)-吡喃葡萄糖苷 鬼针草 Bidens pilosa
okanin-4-methyl ether-3'-O-β-D-glucopyranoside 圆盘豆素▲-4-甲基醚-3'-O-β-D-吡喃葡萄糖苷 短柄五加 Eleutherococcus brachypus
okanin-4-O-(2''-caffeoyl-6''-p-coumaroyl-β-D-glucopyranoside) 圆盘豆素▲-4-O-(2''-咖啡酰基-6''-对香豆酰基-β-D-吡喃葡萄糖苷) 大狼杷草 Bidens frondosa
okanin-4-O-(6''-O-acetyl-2''-O-caffeoyl-β-D-glucopyranoside) 圆盘豆素▲-4-O-(6''-O-乙酰基-2''-O-咖啡酰基-β-D-吡喃葡萄糖苷) 大狼杷草 Bidens frondosa
okanin-4'-O-β-(6''-O-malonyl)-glucopyranoside 圆盘豆素▲-4'-O-β-(6''-O-丙二酰基)-吡喃葡萄糖苷 两色金鸡菊 Coreopsis tinctoria
okanin-4'-O-β-D-(2'',4'',6''-triacetyl)-glucoside 圆盘豆素▲-4'-O-β-D-(2'',4'',6''-三乙酰基)-葡萄糖苷 婆婆针 Bidens bipinnata, 鬼针草 B. pilosa
okanin-4'-O-β-D-(2'',4''-diacetyl-6''-trans-p-coumaroyl)-glucoside 圆盘豆素▲-4'-O-β-D-(2'',4''-二乙酰基-6''-反式-对香豆酰基)-葡萄糖苷 鬼针草 Bidens pilosa
okanin-4'-O-β-D-(3'',4'',6''-triacetyl)-glucopyranoside 圆盘豆素▲-4'-O-β-D-(3'',4'',6''-三乙酰基)-吡喃葡萄糖苷 白花鬼针草 Bidens pilosa var. radiata
okanin-4'-O-β-D-(3'',4''-diacetyl-6''-trans-p-coumaroyl)-glucoside 圆盘豆素▲-4'-O-β-D-(3'',4''-二乙酰基-6''-反式-对香豆酰基)-葡萄糖苷 鬼针草 Bidens pilosa
okanin-4'-O-β-D-(4'',6''-diacetyl)-glucopyranoside 圆盘豆素▲-4'-O-β-D-(4'',6''-二乙酰基)-吡喃葡萄糖苷 白花鬼针草 Bidens pilosa var. radiata
okanin-4'-O-β-D-(4''-acetyl-6''-trans-p-coumaroyl)-glucoside 圆盘豆素▲-4'-O-β-D-(4''-乙酰基-6''-反式-对香豆酰基)-葡萄糖苷 鬼针草 Bidens pilosa
okanin-4'-O-β-D-(6''-trans-p-coumaroyl)-glucoside 圆盘豆素▲-4'-O-β-D-(6''-反式-对香豆酰基)-葡萄糖苷 鬼针草 Bidens pilosa
OL-2 雷丸多糖-2 雷丸 Omphalia lapidescens
2-O-lactoylborapetoside B 2-O-乳酰小瘤青牛胆苷▲B 波叶青牛胆 Tinospora crispa
6'-O-lactoylborapetoside B 6'-O-乳酰小瘤青牛胆苷▲B 波叶青牛胆 Tinospora crispa
oldhamactam 瓜馥木异内酰胺▲ 瓜馥木 Fissistigma oldhamii
oldhamiaine A, B 长蕊石头花碱▲A, B 长蕊石头花 Gypsophila oldhamiana
oldhamianoside I 长蕊石头花苷▲I 长蕊石头花 Gypsophila oldhamiana

O

oldhamine A 虎皮楠明胺▲A 虎皮楠 Daphniphyllum oldhamii
oldhamioside 虎皮楠苷▲ 虎皮楠 Daphniphyllum oldhamii, 红花八角 Illicium dunnianum
oldhamiphylline A 虎皮楠林碱▲A 虎皮楠 Daphniphyllum oldhamii
oleagenin 夹竹桃苷元▲ 夹竹桃 Nerium oleander
oleagenin-L-thevetoside 夹竹桃苷元▲-L- 黄花夹竹桃糖苷 海杧果 Cerbera manghas
oleamide 油酸酰胺 挥发油成分，未统计基源
oleamolic acid 齐敦果酸 多被银莲花 Anemone raddeana
olean-11,13(18)-dien-3-one 齐墩果 -11,13(18)- 二烯 -3- 酮 雷公藤 Tripterygium wilfordii
olean-11,13(18)-dien-3*β*,24-diol 齐墩果 -11,13(18)- 二烯 -3*β*,24- 二醇 落萼叶下珠 Phyllanthus flexuosus
olean-11,13(18)-dien-3*β*,30-diol 齐墩果 -11,13(18)- 二烯 -3*β*,30- 二醇 福建假卫矛 Microtropis fokienensis
olean-11,13(18)-dien-3*β*-ol acetate 齐墩果 -11,13(18)- 二烯 -3*β*- 醇乙酸酯 金盏花 Calendula officinalis, 日本水龙骨 Polypodiodes niponica
(1*α*,3*β*,6*β*)-olean-12-en-1,3,6-triol (1*α*,3*β*,6*β*)- 齐墩果 -12- 烯 -1,3,6- 三醇 油桐 Vernicia fordii
olean-12-en-2,3,22-triol 齐墩果 -12- 烯 -2,3,22- 三醇 水红木 Viburnum cylindricum
2,3-olean-12-en-2,3-diol 2,3- 齐墩果 -12- 烯 -2,3- 二醇 水红木 Viburnum cylindricum
(2*β*,3*β*,4*α*,6*β*)-olean-12-en-28-oic acid-3-[(6-*O*-*β*-D-glucopyranosyl-*β*-D-glucopyranosyl)oxy]-2,6,23-trihydroxy-*β*-D-glucopyranosyl ester (2*β*,3*β*,4*α*,6*β*)- 齐墩果 -12- 烯 -28- 酸 -3-[(6-*O*-*β*-D- 吡喃葡萄糖基 -*β*-D- 吡喃葡萄糖基) 氧基]-2,6,23- 三羟基 -*β*-D- 吡喃葡萄糖基酯 尾穗苋 Amaranthus caudatus
(2*β*,3*β*,4*α*,6*β*)-olean-12-en-28-oic acid-3-[(*O*-*α*-L-arabinopyranosyl-(1 → 2)-*O*-[*β*-D-glucopyranosyl-(1 → 6)]-*β*-D-glucopyranosyl)oxy]-2,6,23-trihydroxy-*β*-D-glucopyranosyl ester (2*β*,3*β*,4*α*,6*β*)- 齐墩果 -12- 烯 -28- 酸 -3-*O*-[(*O*-*α*-L- 吡喃阿拉伯糖基 -(1 → 2)-*O*-[*β*-D- 吡喃葡萄糖基 -(1 → 6)]-*β*-D- 吡喃葡萄糖基) 氧基]-2,6,23- 三羟基 -*β*-D- 吡喃葡萄糖基酯 尾穗苋 Amaranthus caudatus
(2*β*,3*β*)-olean-12-en-28-oic acid-3-*O*-*β*-D-glucopyranosyl-2-hydroxy-*β*-D-glucopyranosyl ester (2*β*,3*β*)- 齐墩果 -12- 烯 -28- 酸 -3-*O*-*β*-D- 吡喃葡萄糖 -2- 羟基 -*β*-D- 吡喃葡萄糖基酯 尾穗苋 Amaranthus caudatus
olean-12-en-2*β*,3*β*,22*α*-triol 齐墩果 -12- 烯 -2*β*,3*β*,22*α*- 三醇 毛连菜 Picris hieracioides
olean-12-en-2*β*,3*β*,28-triol 齐墩果 -12- 烯 -2*β*,3*β*,28- 三醇 毛连菜 Picris hieracioides
olean-12-en-3,24-diol 齐墩果 -12- 烯 -3,24- 二醇 镰荚棘豆 Oxytropis falcata
olean-12-en-3-ol 齐墩果 -12- 烯 -3- 醇 气球果 Gomphocarpus physocarpus
olean-12-en-3-one 齐墩果 -12- 烯 -3- 酮 挥发油成分，未统计基源
olean-12-en-3*β*,11*α*,16*β*-triol-3-hexadecanoate 齐墩果 -12- 烯 -3*β*,11*α*,16*β*- 三醇 -3- 十六酸酯 川西小黄菊 Pyrethrum tatsienense
olean-12-en-3*β*,15*α*,24-triol 齐墩果 -12- 烯 -3*β*,15*α*,24- 三醇 落萼叶下珠 Phyllanthus flexuosus
olean-12-en-3*β*,15*α*-diol 齐墩果 -12- 烯 -3*β*,15*α*- 二醇 落萼叶下珠 Phyllanthus flexuosus
olean-12-en-3*β*,16*α*-diol-22-*O*-(2-methylbutyryl)-28-al 齐墩果 -12- 烯 -3*β*,16*α*- 二醇 -22-*O*-(2- 甲基丁酰基)-28- 醛 包疮叶 Maesa indica
olean-12-en-3*β*,16*α*-diol-22-*O*-hexanoyl-28-al 齐墩果 -12- 烯 -3*β*,16*α*- 二醇 -22-*O*- 己烯酰基 -28- 醛 包疮叶 Maesa indica
olean-12-en-3*β*,16*β*,28-triol 齐墩果 -12- 烯 -3*β*,16*β*,28- 三醇 金盏花 Calendula officinalis
olean-12-en-3*β*,22*β*,24-triol 齐墩果 -12- 烯 -3*β*,22*β*,24- 三醇 刺桐 Erythrina variegata
olean-12-en-3*β*,22*β*-diol 齐墩果 -12- 烯 -3*β*,22*β*- 二醇 鹦哥花 Erythrina arborescens, 刺桐 E. variegata
olean-12-en-3*β*,23-diol 齐墩果 -12- 烯 -3*β*,23- 二醇 粉背南蛇藤 Celastrus hypoleucus
olean-12-en-3*β*,24-diol 齐墩果 -12- 烯 -3*β*,24- 二醇 落萼叶下珠 Phyllanthus flexuosus, 红车轴草 Trifolium pratense
olean-12-en-3*β*,27-diol 齐墩果 -12- 烯 -3*β*,27- 二醇 木犀 Osmanthus fragrans
olean-12-en-3*β*,28,29-triol 齐墩果 -12- 烯 -3*β*,28,29- 三醇 金草 Hedyotis acutangula
olean-12-en-3*β*,30-diol 齐墩果 -12- 烯 -3*β*,30- 二醇 福建假卫矛 Microtropis fokienensis
olean-12-en-3*β*-acetyl-11-one 齐墩果 -12- 烯 -3*β*- 乙酰基 -11- 酮 人心果 Manilkara zapota
olean-12-en-3*β*-yl acetate-29-oic acid 齐墩果 -12- 烯 -3*β*- 乙酰基 -29- 酸 垂枝桦 Betula pendula
olean-12-ene-11*α*-methoxy-3*β*-acetate 齐墩果 -12- 烯 -11*α*- 甲氧基 -3*β*- 乙酸酯 绿茎还阳参 Crepis lignea
olean-12-ene-2,3,23,28-tetrol 齐墩果 -12- 烯 -2,3,23,28- 四醇 玉蕊 Barringtonia racemosa
olean-12-ene-2*β*,3*β*-diol-3-acetate 齐墩果 -12- 烯 -2*β*,3*β*- 二羟基 -3- 乙酸酯 琴叶榕 Ficus pandurata
olean-12-ene-3,11-dione 齐墩果 -12- 烯 -3,11- 二酮 岭南臭椿 Ailanthus triphysa, 常春卫矛 Euonymus hederaceus
olean-12-ene-3*β*,16*β*,21*β*,22*α*,23,28-hexol 齐墩果 -12- 烯 -3*β*,16*β*,21*β*,22*α*,23,28- 六醇 匙羹藤 Gymnema sylvestre
olean-12-ene-3*β*,16*β*,23,28-tetrayltetraacetate 齐墩果 -12- 烯 -3*β*,16*β*,23,28- 四乙酸酯 匙羹藤 Gymnema sylvestre
olean-12-ene-3*β*,16*β*,23,28-tetrol 齐墩果 -12- 烯 -3*β*,16*β*,23,28- 四醇 匙羹藤 Gymnema sylvestre, 黑腺珍珠菜 Lysimachia heterogenea
18*α*-olean-12-ene-3*β*,23,28-triol 18*α*- 齐墩果 -12- 烯 -3*β*,23,28- 三醇 饿蚂蝗 Desmodium multiflorum
olean-12-ene-3*β*,23,28-triol 齐墩果 -12- 烯 -3*β*,23,28- 三醇 一年蓬 Erigeron annuus
olean-12-ene-3*β*,28-diol 齐墩果 -12- 烯 -3*β*,28- 二醇 鹦哥花 Erythrina arborescens, 鸡冠刺桐 E. crista-galli, 刺桐 E. variegata, 黄花龙胆 Gentiana flavomaculata, 向日葵 Helianthus annuus, 毛杨梅 Myrica esculenta, 夏枯草 Prunella vulgaris
olean-12-ene-3*β*,28-diol-3*β*-palmitate 齐墩果 -12- 烯 -3*β*,28- 二醇 -3*β*- 棕榈酸酯 黄花龙胆 Gentiana flavomaculata
olean-12-ene-3*β*,29-diol 齐墩果 -12- 烯 -3*β*,29- 二醇 复盆子 Rubus idaeus, 雷公藤 Tripterygium wilfordii
olean-12-ene-3*β*-ol 齐墩果 -12- 烯 -3*β*- 醇 一年蓬 Erigeron annuus, 中华小苦荬 Ixeridium chinense
olean-13(18)-en-3-acetate 齐墩果 -13(18)- 烯 -3- 乙酸酯 欧亚旋覆花 Inula britannica
olean-13(18)-ene-11-one 齐墩果 -13(18)- 烯 -11- 酮 杧果 Mangifera indica
olean-13(18)-ene-2*α*,3*β*,11*α*-triol 齐墩果 -13(18)- 烯 -2*α*,3*β*,11*α*- 三醇 长冠鼠尾草 Salvia plectranthoides

olean-18-en-3-ol 齐墩果 -18- 烯 -3- 醇 海漆 Excoecaria agallocha
olean-18-en-3-one 齐墩果 -18- 烯 -3- 酮 铁线蕨 Adiantum capillus-veneris, 扇叶铁线蕨 A. flabellulatum
olean-18-en-3*β*-*O*-*E*-coumaroyl ester 齐墩果 -18- 烯 -3*β*-*O*-*E*- 香豆酸酯 玉蕊 Barringtonia racemosa
olean-18-en-3*β*-*O*-*Z*-coumaroyl ester 齐墩果 -18- 烯 -3*β*-*O*-*Z*- 香豆酸酯 玉蕊 Barringtonia racemosa
olean-18-ene 齐墩果 -18- 烯 友水龙骨 Polypodiodes amoena
olean-18-ene-1*β*,2*α*,3*α*-triol 齐墩果 -18- 烯 -1*β*,2*α*,3*α*- 三醇 复盆子 Rubus idaeus
olean-20(29)-en-3-tone 齐墩果 -20(29)- 烯 -3- 酮 木棉 Bombax ceiba
olean-3-one 齐墩果烷 -3- 酮 华东蓝刺头 Echinops grijsii
olean-5-en-3*α*-ol 齐墩果 -5- 烯 -3*α*- 醇 鸭嘴花 Justicia adhatoda, 米团花 Leucosceptrum canum
olean-9(11),12-dien-1*β*,3*β*-diol-3-palmitate 齐墩果烷 -9(11),12- 二烯 -1*β*,3*β*- 二醇 -3- 棕榈酸酯 乌苏里风毛菊 Saussurea ussuriensis
olean-9(11),12-dien-3-*O*-palmitate 齐墩果 -9(11),12- 二烯 -3-*O*- 棕榈酸酯 草玉梅 Anemone rivularis
olean-9(11),12-dien-3*β*-ol 齐墩果 -9(11),12- 二烯 -3*β*- 醇 臭椿 Ailanthus altissima
oleana-11,13(18)-diene 齐墩果 -11,13(18)- 二烯 日本水龙骨 Polypodiodes niponica
9(11),12-oleanadien-3*β*-caffeate 9(11),12- 齐墩果二烯 -3*β*- 咖啡酸酯 粉背南蛇藤 Celastrus hypoleucus
9(11),12-oleanadien-3*β*-ol 9(11),12- 齐墩果二烯 -3*β*- 醇 粉背南蛇藤 Celastrus hypoleucus
oleanan-3*β*-ol 齐墩果 -3*β*- 醇 枳 Poncirus trifoliata
18*α*-oleanane 18*α*- 齐墩果烷 落地生根 Bryophyllum pinnatum, 辣蓼铁线莲 Clematis terniflora var. mandshurica
oleanane 齐墩果烷 猕猴桃藤山柳 Clematoclethra scandens subsp. actinidioides, 高山杜鹃花 Rhododendron lapponicum, 全叶千里光 Senecio cannabifolius var. integrifolius
oleanane-*β*-D-glucopyranosiduronic acid deriv 齐墩果 -*β*-D- 葡萄糖苷糖醛酸衍生物 野茉莉 Styrax japonicus
oleanderene 欧夹竹桃烯▲ 夹竹桃 Nerium oleander
oleanderocioic acid 欧夹竹桃酯酸▲ 夹竹桃 Nerium oleander
oleanderoic acid 欧夹竹桃醚酸▲ 夹竹桃 Nerium oleander
oleanderol 欧夹竹桃醇▲ 夹竹桃 Nerium oleander
oleanderolide 欧夹竹桃内酯▲ 尖山橙 Melodinus fusiformis
oleandigoside 欧夹竹桃地高苷▲ 夹竹桃 Nerium oleander
oleandrigenin 欧夹竹桃苷元 断肠花 Beaumontia brevituba
5*α*-oleandrigenin-3-*α*-L-rhamnopyranoside 5*α*- 夹竹桃苷元 -3-*α*-L- 吡喃鼠李糖苷 滑桃树 Trevia nudiflora
5*α*-oleandrigenin-3-*β*-D-glucopyranosyl-(1 → 4)-*α*-L-rhamnopyranoside 5*α*- 夹竹桃苷元 -3-*β*-D- 吡喃葡萄糖基 -(1 → 4)-*α*-L- 吡喃鼠李糖苷 滑桃树 Trevia nudiflora
oleandrin 欧夹竹桃苷 清明花 Beaumontia grandiflora, 夹竹桃 Nerium oleander, 钝叶鸡蛋花 Plumeria obtusa
9(11),12-oleanedien-3-one 9(11),12- 齐墩果二烯 -3- 酮 粉背南蛇藤 Celastrus hypoleucus
12-oleanen-3,11-dione 12- 齐墩果烯 -3,11- 二酮 马棘 Indigofera pseudotinctoria
18-oleanen-3-ol 18- 齐墩果烯 -3- 醇 海漆 Excoecaria agallocha
18-oleanen-3-one 18- 齐墩果烯 -3- 酮 海漆 Excoecaria agallocha
12-oleanene-2*α*,3*α*,24-triol 12- 齐墩果烯 -2*α*,3*α*,24- 三醇 大籽猕猴桃 Actinidia macrosperma
12-oleanene-3,22-diol 12- 齐墩果烯 -3,22- 二醇 长蕊珍珠菜 Lysimachia lobelioides
12-oleanene-3*β*,21*β*-diol 12- 齐墩果烯 -3*β*,21*β*- 二醇 假连翘 Duranta erecta
12-oleanene-3*β*,6*α*-diol 12- 齐墩果烯 -3*β*,6*α*- 二醇 粉背南蛇藤 Celastrus hypoleucus
12-oleanene-3*β*-caffeate 12- 齐墩果烯 -3*β*- 咖啡酸酯 粉背南蛇藤 Celastrus hypoleucus
oleanolic acid 齐墩果酸 常见成分，至少分布于 100 种以上植物中
oleanolic acid acetate 齐墩果酸乙酸酯 罗布麻 Apocynum venetum, 浆果乌桕 Balakata baccata, 黄花假杜鹃 Barleria prionitis, 黑桦 Betula dahurica, 金盏花 Calendula officinalis, 木紫珠 Callicarpa arborea, 四川虎刺 Damnacanthus officinarum, 毛叶香茶菜 Isodon japonicus, 马缨丹 Lantana camara, 杨梅 Myrica rubra, 马醉木 Pieris japonica, 水飞蓟 Silybum marianum, 昆明山海棠 Tripterygium hypoglaucum
oleanolic acid acetate methyl ester 乙酰齐墩果酸甲酯 白桦 Betula platyphylla
oleanolic acid caffeate 齐墩果酸咖啡酸酯 岳桦 Betula ermanii
oleanolic acid glucuronide 齐墩果酸葡萄糖醛酸苷 柳叶牛膝 Achyranthes longifolia
oleanolic acid methyl ester 齐墩果酸甲酯 木紫珠 Callicarpa arborea
oleanolic acid-11,13(18)-dien-3-*O*-*β*-D-glucuronopyranoside 齐墩果酸 -11,13(18)- 二烯 -3-*O*-*β*-D- 吡喃葡萄糖醛酸苷 蟛蜞菊 Wedelia chinensis
oleanolic acid-11,13(18)-dien-3-*O*-*β*-D-glucuronopyranosyl methyl ester 齐墩果酸 -11,13(18)- 二烯 -3-*O*-*β*-D- 葡萄糖醛酸甲酯 蟛蜞菊 Wedelia chinensis
oleanolic acid-28-*O*-*α*-D-glucopyranoside 齐墩果酸 -28-*O*-*α*-D- 吡喃葡萄糖苷 对叶榕 Ficus hispida
oleanolic acid-28-*O*-*α*-L-rhamnopyranosyl-(1 → 2)-[*β*-D-xylopyranosyl-(1 → 6)]-*β*-D-glucopyranosyl ester 齐墩果酸 -28-*O*-*α*-L- 吡喃鼠李糖基 -(1 → 2)-[*β*-D- 吡喃木糖基 -(1 → 6)]-*β*-D- 吡喃葡萄糖基乙酯 忍冬 Lonicera japonica
oleanolic acid-28-*O*-*α*-L-rhamnopyranosyl-(1 → 4)-*β*-D-glucopyranosyl-(1 → 6)-*β*-D-glucopyranoside 齐墩果酸 -28-*O*-*α*-L- 吡喃鼠李糖基 -(1 → 4)-*β*-D- 吡喃葡萄糖基 -(1 → 6)-*β*-D- 吡喃葡萄糖苷 鹅掌草 Anemone flaccida, 朝鲜白头翁 Pulsatilla cernua, 兴安白头翁 P. dahurica
oleanolic acid-28-*O*-*β*-D-glucopyranoside 齐墩果酸 -28-*O*-*β*-D- 吡喃葡萄糖苷 牛膝 Achyranthes bidentata, 喜旱莲子草 Alternanthera

O

philoxeroides, 野楤头 Aralia armata, 东北土当归 A. cantinentalis, 食用土当归 A. cordata, 头序楤木 A. dasyphylloides, 辽东楤木 A. elata var. glabrescens, 樟味藜 Camphorosma monspeliaca, 雪胆 Hemsleya chinensis, 白花鹅掌柴 Heptapleurum leucanthum, 狭叶假人参 Panax bipinnatifidus var. angustifolius, 竹节参 P. japonicus, 珠子参 P. japonicus var. major, 屏边三七 P. stipuleanatus, 败酱 Patrinia scabiosifolia, 盐角草 Salicornia europaea

oleanolic acid-28-*O*-*β*-D-glucopyranosyl ester 齐墩果酸 -28-*O*-*β*-D- 吡喃葡萄糖基酯 长果雪胆 Hemsleya dolichocarpa, 毛冬青 Ilex pubescens, 铁冬青 I. rotunda, 地肤 Kochia scoparia, 硬毛地笋 Lycopus lucidus var. hirtus

oleanolic acid-28-*O*-*β*-D-glucopyranosyl-(1 → 3)-*α*-L-rhamnopyranosyl-(1 → 4)-*β*-D-glucopyranosyl-(1 → 6)-*β*-D-glucopyranosyl ester 齐墩果酸 -28-*O*-*β*-D- 吡喃葡萄糖基 -(1 → 3)-*α*-L- 吡喃鼠李糖基 -(1 → 4)-*β*-D- 吡喃葡萄糖基 -(1 → 6)-*β*-D- 吡喃葡萄糖基酯苷 黑水银莲花 Anemone amurensis

oleanolic acid-28-*O*-*β*-D-glucopyranosyl-(1 → 3)-*β*-D-xylopyranosyl-[*β*-D-xylopyranosyl-(1 → 4)]-(1 → 3)-*α*-L-rhamnopyranosyl-(1 → 2)-*α*-L-arabinopyranoside 齐墩果酸 -28-*O*-*β*-D- 吡喃葡萄糖基 -(1 → 3)-*β*-D- 吡喃木糖基 -[*β*-D- 吡喃木糖基 -(1 → 4)]-(1 → 3)-*α*-L- 吡喃鼠李糖基 -(1 → 2)-*α*-L- 吡喃阿拉伯糖苷 冬瓜 Benincasa hispida

oleanolic acid-28-*O*-*β*-D-glucopyranosyl-(1 → 6)-*O*-*β*-D-glycopyranosyl ester 齐墩果酸 -28-*O*-*β*-D- 吡喃葡萄糖基 -(1 → 6)-*O*-*β*-D- 吡喃葡萄糖基酯苷 灰毡毛忍冬 Lonicera macranthoides

oleanolic acid-28-*O*-*β*-D-glucopyranosyl-(1 → 6)-*β*-D-glucopyranoside 齐墩果酸 -28-*O*-*β*-D- 吡喃葡萄糖基 -(1 → 6)-*β*-D- 吡喃葡萄糖苷 雪胆 Hemsleya chinensis

oleanolic acid-28-*O*-*β*-D-xylopyranosyl-[*β*-D-xylopyranosyl-(1 → 4)]-(1 → 3)-*α*-L-rhamnopyranosyl-(1 → 2)-*α*-L-arabinopyranoside 齐墩果酸 -28-*O*-*β*-D- 吡喃木糖基 -[*β*-D- 吡喃木糖基 -(1 → 4)]-(1 → 3)-*α*-L- 吡喃鼠李糖基 -(1 → 2)-*α*-L- 吡喃阿拉伯糖苷 冬瓜 Benincasa hispida

oleanolic acid-3-(6'-methyl ester)-*β*-D-glucopyranosyl-(1→3)-*α*-L-arabinopyranoside 齐墩果酸 -3-(6'- 甲酯)-*β*-D- 吡喃葡萄糖醛酸基 -(1→3)-*α*-L- 吡喃阿拉伯糖苷 雪胆 Hemsleya chinensis

oleanolic acid-3-acetate 齐墩果酸 -3- 乙酸酯 疏毛白绒草 Leucas mollissima var. chinensis

oleanolic acid-3-glucoside 齐墩果酸 -3- 葡萄糖苷 丝瓜 Luffa cylindrica

oleanolic acid-3-glucosyl-28-diglucoside 齐墩果酸 -3- 葡萄糖基 -28- 二葡萄糖苷 丝瓜 Luffa cylindrica

oleanolic acid-3-*O*-(*β*-D-glucuronopyranoside-6'-*O*-butyl ester)-28-*O*-*β*-D-glucopyranoside 齐墩果酸 -3-*O*-(*β*-D- 吡喃葡萄糖醛酸苷 -6'-*O*- 丁酯)-28-*O*-*β*-D- 吡喃葡萄糖苷 牛膝 Achyranthes bidentata

oleanolic acid-3-*O*-(*β*-D-glucuronopyranoside-6'-*O*-ethyl ester)-28-*O*-*β*-D-glucopyranoside 齐墩果酸 -3-*O*-(*β*-D- 吡喃葡萄糖醛酸苷 -6'-*O*- 乙酯)-28-*O*-*β*-D- 吡喃葡萄糖苷 牛膝 Achyranthes bidentata

oleanolic acid-3-*O*-(*β*-D-glucuronopyranoside-6'-*O*-methyl ester)-28-*O*-*β*-D-glucopyranoside 齐墩果酸 -3-*O*-(*β*-D- 吡喃葡萄糖醛酸苷 -6'-*O*- 甲酯)-28-*O*-*β*-D- 吡喃葡萄糖苷 牛膝 Achyranthes bidentata

oleanolic acid-3-*O*-[*α*-L-arabinofuranosyl-(1 → 4)-*β*-D-glucuronopyranoside] 齐墩果酸 -3-*O*-[*α*-L- 呋喃阿拉伯糖基 -(1 → 4)-*β*-D- 吡喃葡萄糖醛酸苷] 通脱木 Tetrapanax papyrifer

oleanolic acid-3-*O*-[*α*-L-rhamnopyranosyl-(1→2)-*β*-D-glucopyranosyl-(1→3)-*α*-L-arabinopyranoside 齐墩果酸 -3-*O*-[*α*-L- 吡喃鼠李糖基 -(1→2)-*β*-D- 吡喃葡萄糖基 -(1 → 3)-*α*-L- 吡喃阿拉伯糖苷 亚欧唐松草 Thalictrum minus

O

oleanolic acid-3-*O*-[*β*-D-glucopyranosyl-(1 → 2)-*β*-D-glucuronopyranosyl-6'-*O*-butyl ester] 齐墩果酸 -3-*O*-[*β*-D- 吡喃葡萄糖基 -(1 → 2)-*β*-D- 吡喃葡萄糖醛酸基 -6'-*O*- 丁酯] 珠子参 Panax japonicus var. major

oleanolic acid-3-*O*-[*β*-D-glucopyranosyl-(1 → 3)-*α*-L-arabinopyranoside] 齐墩果酸 -3-*O*-[*β*-D- 吡喃葡萄糖基 -(1 → 3)-*α*-L- 吡喃阿拉伯糖苷] 亚欧唐松草 Thalictrum minus

oleanolic acid-3-*O*-[*β*-D-glucopyranosyl-(1→3)-*α*-L-arabinopyranoside]-28-*O*-*β*-D-glucopyranoside 齐墩果酸 -3-*O*-[*β*-D- 吡喃葡萄糖基 -(1→3)-*α*-L- 吡喃阿拉伯糖苷]-28-*O*-*β*-D- 吡喃葡萄糖基酯苷 亚欧唐松草 Thalictrum minus

oleanolic acid-3-*O*-6'-buthyl-*β*-D-glucuronopyranoside 齐墩果酸 -3-*O*-*β*-D- 吡喃葡萄醛酸正丁酯苷 无梗五加 Eleutherococcus sessiliflorus

oleanolic acid-3-*O*-6'-*O*-methyl-*β*-D-glucuronopyranoside 齐墩果酸 -3-*O*-6'-*O*- 甲基 -*β*-D- 吡喃葡萄糖醛酸苷 五加 Eleutherococcus nodiflorus var. gracilistylus, 无梗五加 E. sessiliflorus

oleanolic acid-3-*O*-acetate 齐墩果酸 -3-*O*- 乙酸酯 白桦 Betula platyphylla, 石榴 Punica granatum, 葡萄 Vitis vinifera

oleanolic acid-3-*O*-L-rhamnopyranosyl-(1 → 2)-*α*-L-arabinopyranoside 齐墩果酸 -3-*O*-L- 吡喃鼠李糖基 -(1 → 2)-*α*-L- 吡喃阿拉伯糖苷 驴蹄草 Caltha palustris

oleanolic acid-3-*O*-*α*-L-arabinofuranosyl-(1 → 4)-*β*-D-glucopyranosiduronic acid 齐墩果酸 -3-*O*-*α*-L- 呋喃阿拉伯糖基 -(1 → 4)-*β*-D- 吡喃葡萄糖醛酸苷 辽东楤木 Aralia elata var. glabrescens

oleanolic acid-3-*O*-*α*-L-arabinofuranosyl-(1 → 4)-*β*-L-glucuronopyranoside 齐墩果酸 -3-*O*-*α*-L- 呋喃阿拉伯糖基 -(1 → 4)-*β*-L- 吡喃葡萄糖醛酸苷 通脱木 Tetrapanax papyrifer

oleanolic acid-3-*O*-*α*-L-arabinopyranoside 齐墩果酸 -3-*O*-*α*-L- 吡喃阿拉伯糖苷 多被银莲花 Anemone raddeana, 草玉梅 A. rivularis, 洋常春藤 Hedera helix, 穗序鹅掌柴 Heptapleurum delavayi, 墓头回 Patrinia heterophylla, 败酱 P. scabiosifolia, 亚欧唐松草 Thalictrum minus

oleanolic acid-3-*O*-*α*-L-arabinopyranoside-28-*O*-*β*-D-glucopyranoside 齐墩果酸 -3-*O*-*α*-L- 吡喃阿拉伯糖苷 -28-*O*-*β*-D- 吡喃葡萄糖苷 竹节参 Panax japonicus

oleanolic acid-3-*O*-*α*-L-arabinopyranosyl-(1 → 3)-*O*-*β*-D-glucopyranoside-28-*O*-*β*-D-glucopyranoside 齐墩果酸 -3-*O*-*α*-L- 吡喃阿拉伯糖基 -(1 → 3)-*O*-*β*-D- 吡喃葡萄糖苷 -28-*O*-*β*-D- 吡喃葡萄糖苷 刺苞菜蓟 Cynara cardunculus

oleanolic acid-3-*O*-*α*-L-arabinopyranosyl-28-*O*-*α*-L-rhamnopyranosyl-(1 → 4)-*β*-D-glucopyranosyl-(1 → 6)-*β*-D-glucopyranosyl ester 齐墩果酸 -3-*O*-*α*-L- 吡喃阿拉伯糖基 -28-*O*-*α*-L- 吡喃鼠李糖基 -(1 → 4)-*β*-D- 吡喃葡萄糖基 -(1 → 6)-*β*-D- 吡喃葡萄糖基酯苷 铁破锣 Beesia calthifolia

oleanolic acid-3-*O*-*α*-L-rhamnopyranosyl-(1 → 2)-[*β*-D-glucopyranosyl-(1 → 4)]-*α*-L-arabinopyranoside 齐敦果酸 -3-*O*-*α*-L- 吡喃鼠李糖基 -

oleanolic acid-3-*O*-*β*-D-glucopyranosyl-(1→3)-*α*-L-rhamnopyranosyl-(1→2)-*β*-D-xylopyranoside 齐墩果酸 -3-*O*-*β*-D- 吡喃葡萄糖基 -(1→3)-*α*-L- 吡喃鼠李糖基 -(1→2)-*β*-D- 吡喃木糖苷 败酱 Patrinia scabiosifolia

oleanolic acid-3-*O*-*β*-D-glucopyranosyl-(1→3)-*β*-D-glucopyranoside 齐墩果酸 -3-*O*-*β*-D- 吡喃葡萄糖基 -(1→3)- 吡喃葡萄糖苷 黄水枝 Tiarella polyphylla

oleanolic acid-3-*O*-*β*-D-glucopyranosyl-(1→3)-*β*-D-glucopyranosyl-28-*O*-*β*-D-glucopyranosyl ester 齐墩果酸 -3-*O*-*β*-D- 吡喃葡萄糖基 -(1→3)-*β*-D- 吡喃葡萄糖基 -28-*O*-*β*-D- 吡喃葡萄糖酯苷 黄水枝 Tiarella polyphylla

oleanolic acid-3-*O*-*β*-D-glucopyranosyl-(1→4)-*O*-*α*-L-arabinopyranoside 齐墩果酸 -3-*O*-*β*-D- 吡喃葡萄糖基 -(1→4)-*O*-*α*-L- 吡喃阿拉伯糖苷 八角金盘 Fatsia japonica

oleanolic acid-3-*O*-*β*-D-glucopyranosyl-(1→4)-*O*-*β*-D-glucopyranosyl-(1→3)-*O*-*α*-L-rhamnopyranosyl-(1→2)-*O*-[*β*-D-glucopyranosyl-(1→4)]-*α*-L-arabinopyranoside 齐墩果酸 -3-*O*-*β*-D- 吡喃葡萄糖基 -(1→4)-*O*-*β*-D- 吡喃葡萄糖基 -(1→3)-*O*-*α*-L- 吡喃鼠李糖基 -(1→2)-*O*-[*β*-D- 吡喃葡萄糖基 -(1→4)]-*α*-L- 吡喃阿拉伯糖苷 白头翁 Pulsatilla chinensis

oleanolic acid-3-*O*-*β*-D-glucopyranosyl-(1→4)-*O*-*β*-D-glucopyranosyl-(1→3)-*O*-*α*-L-rhamnopyranosyl-(1→2)-*α*-L-arabinopyranoside 齐墩果酸 -3-*O*-*β*-D- 吡喃葡萄糖基 -(1→4)-*O*-*β*-D- 吡喃葡萄糖基 -(1→3)-*O*-*α*-L- 吡喃鼠李糖基 -(1→2)-*α*-L- 吡喃阿拉伯糖苷 白头翁 Pulsatilla chinensis

oleanolic acid-3-*O*-*β*-D-glucopyranosyl-(1→4)-*α*-L-arabinopyranoside 齐墩果酸 -3-*O*-*β*-D- 吡喃葡萄糖基 -(1→4)-*α*-L- 吡喃阿拉伯糖苷 多被银莲花 Anemone raddeana, 八角金盘 Fatsia japonica, 墓头回 Patrinia heterophylla

oleanolic acid-3-*O*-*β*-D-glucopyranosyl-(1→4)-*β*-D-glucopyranosyl-(1→3)-*α*-L-rhamnopyranosyl-(1→2)[*β*-D-glucopyranosyl-(1→4)]-*α*-L-arabinopyranosyl-28-*O*-*α*-L-rhamnopyranosyl-(1→4)-*β*-D-glucopyranosyl-(1→6)-*β*-D-glucopyranosyl ester 齐墩果酸 -3-*O*-*β*-D- 吡喃葡萄糖基 -(1→4)-*β*-D- 吡喃葡萄糖基 -(1→3)-*α*-L- 吡喃鼠李糖基 -(1→2)[*β*-D- 吡喃葡萄糖基 -(1→4)]-*α*-L- 吡喃阿拉伯糖基 -28-*O*-*α*-L- 吡喃鼠李糖基 -(1→4)-*β*-D- 吡喃葡萄糖基 -(1→6)-*β*-D- 吡喃葡萄糖基酯苷 朝鲜白头翁 Pulsatilla cernua, 兴安白头翁 P. dahurica

oleanolic acid-3-*O*-*β*-D-glucopyranosyl-(1→4)-*β*-D-glucopyranosyl-(1→4)-*β*-D-xylopyranosyl-(1→3)-*α*-L-xylopyranosyl-(1→2)-*α*-L-arabinopyranoside 齐墩果酸 -3-*O*-*β*-D- 吡喃葡萄糖基 -(1→4)-*β*-D- 吡喃葡萄糖基 -(1→4)-*β*-D- 吡喃木糖基 -(1→3)-*α*-L- 吡喃鼠李糖基 -(1→2)-*α*-L- 吡喃阿拉伯糖苷 威灵仙 Clematis chinensis

oleanolic acid-3-*O*-*β*-D-glucopyranosyl-(1→4)-*β*-D-xylopyranosyl-(1→3)-*α*-L-rhamnopyranosyl-(1→2)-*α*-L-arabinopyranoside 齐墩果酸 -3-*O*-*β*-D- 吡喃葡萄糖基 -(1→4)-*β*-D- 吡喃木糖基 -(1→3)-*α*-L- 吡喃鼠李糖基 -(1→2)-*α*-L- 吡喃阿拉伯糖苷 威灵仙 Clematis chinensis

oleanolic acid-3-*O*-*β*-D-glucopyranosyl-(1→6)-*β*-D-glucopyranoside 齐墩果酸 -3-*O*-*β*-D- 吡喃葡萄糖基 -(1→6)-*β*-D- 吡喃葡萄糖苷 匙羹藤 Gymnema sylvestre

oleanolic acid-3-*O*-*β*-D-glucopyranoxyl-(1→3)-*α*-L-rhamnopyranosyl-(1→2)-*α*-L-arabinopyranoside 齐墩果酸 -3-*O*-*β*-D- 吡喃葡萄糖氧基 -(1→3)-*α*-L- 吡喃鼠李糖基 -(1→2)-*α*-L- 吡喃阿拉伯糖苷 败酱 Patrinia scabiosifolia

oleanolic acid-3-*O*-*β*-D-glucuronopyranoside 齐墩果酸 -3-*O*-*β*-D- 吡喃葡萄糖醛酸苷 牛膝 Achyranthes bidentata, 刺苋 Amaranthus spinosus, 黑水银莲花 Anemone amurensis, 鹅掌草 A. flaccida, 辽东楤木 Aralia elata var. glabrescens, 川牛膝 Cyathula officinalis, 无梗五加 Eleutherococcus sessiliflorus, 栀子 Gardenia jasminoides, 巨花雪胆 Hemsleya gigantha, 秤星树 Ilex asprella, 地肤 Kochia scoparia, 狭叶假人参 Panax bipinnatifidus var. angustifolius, 枫香槲寄生 Viscum liquidambaricola

oleanolic acid-3-*O*-*β*-D-glucuronopyranoside methyl ester 齐墩果酸 -3-*O*-*β*-D- 吡喃葡萄糖醛酸苷甲酯 刺苋 Amaranthus spinosus, 黑水银莲花 Anemone amurensis, 黄毛楤木 Aralia chinensis, 地肤 Kochia scoparia

oleanolic acid-3-*O*-*β*-D-glucuronopyranoside-6′-*O*-buthyl ester 齐墩果酸 -3-*O*-*β*-D- 吡喃葡萄糖醛酸苷 -6′-*O*- 丁酯 牛膝 Achyranthes bidentata

oleanolic acid-3-*O*-*β*-D-glucuronopyranoside-6-*O*-butyl ester 齐墩果酸 -3-*O*-*β*-D- 葡萄糖醛酸苷 -6-*O*- 丁酯 野楤头 Aralia armata

oleanolic acid-3-*O*-*β*-D-glucuronopyranoside-6′-*O*-methyl ester 齐墩果酸 -3-*O*-*β*-D- 吡喃葡萄糖醛酸苷 -6′-*O*- 甲酯 牛膝 Achyranthes bidentata, 喜旱莲子草 Alternanthera philoxeroides, 栀子 Gardenia jasminoides, 枫香槲寄生 Viscum liquidambaricola

oleanolic acid-3-*O*-*β*-D-glucuronopyranoside-6-*O*-methyl ester 齐墩果酸 -3-*O*-*β*-D- 吡喃葡萄糖醛酸苷 -6-*O*- 甲酯 金腰箭 Synedrella nodiflora

oleanolic acid-3-*O*-*β*-D-glucuronypyranose methyl ester 齐墩果酸 -3-*O*-*β*-D- 吡喃葡萄糖醛酸甲酯 鹅掌草 Anemone flaccida

oleanolic acid-3-*O*-*β*-D-glucuronypyranosyl-methyl ester-28-*O*-*α*-L-rhamnopyranosyl-(1→4)-*β*-D-glucopyranosyl-(1→6)-*β*-D-glucopyranoside 齐墩果酸 -3-*O*-*β*-D- 吡喃葡萄糖醛酸甲酯 -28-*O*-*α*-L- 吡喃鼠李糖基 -(1→4)-*β*-D- 吡喃葡萄糖基 -(1→6)-*β*-D- 吡喃葡萄糖苷 鹅掌草 Anemone flaccida

oleanolic acid-3-*O*-*β*-D-ribopyranosyl-(1→3)-*α*-L-rhamnopyranosyl-(1→2)-*α*-L-arabinopyranoside 齐墩果酸 -3-*O*-*β*-D- 吡喃核糖基 -(1→3)-*α*-L- 吡喃鼠李糖基 -(1→2)-*α*-L- 吡喃阿拉伯糖苷 打破碗花花 Anemone hupehensis

oleanolic acid-3-*O*-*β*-D-ribopyranosyl-(1→3)-*α*-L-rhamnopyranosyl-(1→2)-*β*-D-xylopyranoside 齐墩果酸 -3-*O*-*β*-D- 吡喃核糖基 -(1→3)-*α*-L- 吡喃鼠李糖基 -(1→2)-*β*-D- 吡喃木糖苷 打破碗花花 Anemone hupehensis

oleanolic acid-3-*O*-*β*-D-xylopyranosyl-(1→2)-*O*-*β*-D-glucuronopyranoside-28-*O*-*β*-D-glucopyranoside 齐墩果酸 -3-*O*-*β*-D- 吡喃木糖基 -(1→2)-*O*-*β*-D- 吡喃葡萄糖醛酸苷 -28-*O*-*β*-D- 吡喃葡萄糖苷 竹节参 Panax japonicus

oleanolic acid-3-*O*-*β*-D-xylopyranosyl-(1→3)-*α*-L-rhamnopyranosyl-(1→2)-*α*-L-arabopyranoside 齐墩果酸 -3-*O*-*β*-D- 吡喃木糖基 -(1→3)-*α*-L- 吡喃鼠李糖基 -(1→2)-*α*-L- 吡喃阿拉伯糖苷 木通 Akebia quinata, 西南银莲花 Anemone davidii

oleanolic acid-3-*O*-*β*-D-xylopyranosyl-(1→3)-*α*-L-rhamnopyranosyl-(1→2)-*β*-D-glucopyranosyl-(1→4)-*α*-L-arabopyranoside 齐墩果酸 -3-*O*-*β*-D- 吡喃木糖基 -(1→3)-*α*-L- 吡喃鼠李糖基 -(1→2)-*β*-D- 吡喃葡萄糖基 -(1→4)-*α*-L- 吡喃阿拉伯糖苷 西南银莲花 Anemone davidii

oleanolic acid-3-*O*-*β*-D-xylopyranosyl-(1→6)-*β*-D-glucopyranosyl-(1→6)-*β*-D-glucopyranoside 齐墩果酸 -3-*O*-*β*-D- 吡喃木糖基 -(1→6)-*β*-D- 吡喃葡萄糖基 -(1→6)-*β*-D- 吡喃葡萄糖苷 匙羹藤 Gymnema sylvestre

oleanolic acid-3-*O*-*β*-glucuronopyranoside 齐墩果酸 -3-*O*-*β*- 吡喃葡萄糖醛酸苷 刺五加 Eleutherococcus senticosus

oleanolic acid-3-*O*-*β*-sophoroside 齐墩果酸 -3-*O*-*β*- 槐糖苷 八角金盘 Fatsia japonica

oleracein A~D, F~I, K, L, N, O~S 马齿苋素▲A~D, F~K, L, N, O~S 马齿苋 Portulaca oleracea
oleracein E 马齿苋素▲E 乌头 Aconitum carmichaelii, 全缘叶绿绒蒿 Meconopsis integrifolia, 马齿苋 Portulaca oleracea
oleragenoside 菠菜皂苷▲ 菠菜 Spinacia oleracea
oleum eucalypti-4(14),7(11)-diene 桉叶油 -4(14),7(11)- 二烯 蕈树 Altingia chinensis
oleuricine A, B 木犀榄瑞辛▲A, B 木犀榄 Olea europaea
(-)-oleuropeic acid (-)- 木犀榄烯酸▲ 木犀榄 Olea europaea
(±)-oleuropeic acid (±)- 油橄榄酸 直杆蓝桉 Eucalyptus maidenii
oleuropeic acid 木犀榄烯酸▲ 秦岭冷杉 Abies chensiensis, 五味子 Schisandra chinensis
(-)-oleuropeic acid-1'-*O*-*β*-D-glucopyranosyl ester (-)- 木犀榄烯酸▲-1'-*O*-*β*-D- 吡喃葡萄糖酯苷 木犀榄 Olea europaea
(-)-oleuropeic acid-6'-*O*-*α*-D-glucopyranosyl ester (-)- 木犀榄烯酸▲-6'-*O*-*α*-D- 吡喃葡萄糖酯苷 木犀榄 Olea europaea
(-)-oleuropeic acid-6'-*O*-*β*-D-glucopyranosyl ester (-)- 木犀榄烯酸▲-6'-*O*-*β*-D- 吡喃葡萄糖酯苷 木犀榄 Olea europaea
(-)-oleuropeic acid-8-*O*-*β*-D-glucopyranoside (-)- 木犀榄烯酸▲-8-*O*-*β*- 吡喃葡萄糖苷 南五味子 Kadsura longipedunculata
oleuropeic aldehyde-8-*O*-*β*-D-glucopyranoside 欧木樨橄醛▲-8-*O*-*β*-D- 吡喃葡萄糖苷 羌活 Notopterygium incisum
oleuropein 油橄榄苦苷 流苏树 Chionanthus retusus, 白蜡树 Fraxinus chinensis, 花曲柳 F. chinensis subsp. rhynchophylla, 苦枥木 F. insularis, 毛冬青 Ilex pubescens, 素馨花 Jasminum grandiflorum, 多花素馨 J. polyanthum, 日本女贞 Ligustrum japonicum, 女贞 L. lucidum, 木犀榄 Olea europaea, 锈鳞木犀榄 O. europaea subsp. cuspidata, 紫丁香 Syringa oblata, 白丁香 S. oblata var. alba, 巧玲花 S. pubescens, 关东巧玲花 S. pubescens subsp. patula, 欧丁香 S. vulgaris
oleuropein-4''-mether 油橄榄苦苷 -4''- 甲酯 花曲柳 Fraxinus chinensis subsp. rhynchophylla
oleuropeinic acid 木犀榄苦苷酸▲ 日本女贞 Ligustrum japonicum
oleuroside 木犀榄洛苷▲ 木犀榄 Olea europaea
olibanumol A~H, J~N 乳香醇▲A~H, J~N 乳香树 Boswellia carteri
olibanumol I 乳香醇▲I 乳香树 Boswellia carteri, 肉花卫矛 Euonymus carnosus
olibergin A 奥氏黄檀素▲A 降香 Dalbergia odorifera
oligandriortholactone 少药八角邻内酯▲ 少药八角 Illicium oligandrum
oligandrumin A, C, E 少药八角素▲A, C, E 少药八角 Illicium oligandrum
oligandrumin B 少药八角素▲B 少药八角 Illicium oligandrum, 野八角 I. simonsii
oligandrumin D 少药八角素▲D 地枫皮 Illicium difengpi, 少药八角 I. oligandrum, 野八角 I. simonsii
oligantha A, B 少花风毛菊烷▲A, B 少花风毛菊 Saussurea oligantha
oliganthin A~G 单花山竹子素▲A~G 单花山竹子 Garcinia oligantha
oliganthone A 单花山竹子屾酮▲A 单花山竹子 Garcinia oligantha
oligasaccharide A, C_1, D_2, F_1, F_2 寡糖 A, C_1, D_2, F_1, F_2 杠柳 Periploca sepium
oligomeric proanthocyanidin 多聚原花青素 日本木瓜 Chaenomeles japonica
oligomeric procyanidin 多聚原矢车菊素 莲 Nelumbo nucifera
(2*S*)-1-*O*-linolenoyl-2-*O*-linolenoyl-3-*O*-[*α*-D-galactopyranosyl-(1''→6')-*β*-D-galactopyranosyl]glycerol (2*S*)-1-*O*- 亚麻酰基 -2-*O*- 亚麻酰基 -3-*O*-[*α*-D- 吡喃半乳糖基 -(1''→6')-*β*-D- 吡喃半乳糖基] 甘油 宁夏枸杞 Lycium barbarum
(2*S*)-1-*O*-linolenoyl-2-*O*-linoleoyl-3-*O*-[*α*-D-galactopyranosyl-(1''→6')-*β*-D-galactopyranosyl]glycerol (2*S*)-1-*O*- 亚麻酰基 -2-*O*- 亚油酰基 -3-*O*-[*α*-D- 吡喃半乳糖基 -(1''→6')-*β*-D- 吡喃半乳糖基] 甘油 宁夏枸杞 Lycium barbarum
3-*O*-linolenoylglyceryl-*O*-*α*-D-galactopyranosyl-(1→6)-*β*-D-galactopyranoside 3-*O*- 亚油酰甘油 -*O*-*α*-D- 吡喃半乳糖基 -(1→6)-*β*-D- 吡喃半乳糖苷 康藏荆芥 Nepeta prattii
3-*O*-linolenoylglyceryl-*O*-*β*-D-galactopyranoside 3-*O*- 亚油酰甘油 -*O*-*β*-D- 吡喃半乳糖苷 康藏荆芥 Nepeta prattii
6'-*O*-linolenoylsucrose 6'-*O*- 亚麻酰蔗糖 黄耆 Astragalus penduliflorus subsp. mongholicus var. dahuricus
(2*S*)-1-*O*-linoleoyl-2-*O*-linolenoyl-3-*O*-*β*-galactopyranosyl-glycerol (2*S*)-1-*O*- 油酰基 -2-*O*- 油烯酰基 -3-*O*-*β*- 吡喃半乳糖基 - 甘油 木犀 Osmanthus fragrans
1-*O*-linoleoyl-glycerol 1-*O*- 亚油酰甘油 鳄梨 Persea americana
6'-*O*-linoleylsucrose 6'-*O*- 亚油酰蔗糖 黄耆 Astragalus penduliflorus subsp. mongholicus var. dahuricus
6-*O*-linoleylsucrose 6-*O*- 亚油酰蔗糖 黄耆 Astragalus penduliflorus subsp. mongholicus var. dahuricus
olitorin 长蒴黄麻灵▲ 长蒴黄麻 Corchorus olitorius
olitoriside 长蒴黄麻苷 黄麻 Corchorus capsularis, 长蒴黄麻 C. olitorius, 小花糖芥 Erysimum cheiranthoides
olitoriusin 长蒴黄麻素▲ 长蒴黄麻 Corchorus olitorius
oliveriflavone 篦子三尖杉黄酮 篦子三尖杉 Cephalotaxus oliveri
oliveroline 橄榄灵碱 白兰 Michelia × alba, 台湾含笑 M. compressa, 地不容 Stephania epigaea
olivetolic acid 橄榄斑叶酚酸▲ 雀石蕊 Cladonia stellaris
olivetoric acid 橄榄斑叶酸▲ 粉缘斑叶 Cetrelia cetrarioides, 橄榄斑叶 C. olivetorum, 雀石蕊 Cladonia stellaris, 槽枝衣 Sulcaria sulcata
olivieroside 奥氏龙胆苷▲ 粗茎秦艽 Gentiana crassicaulis, 龙胆 G. scabra
(-)-olivil (-)- 橄榄脂素 假虎刺 Carissa spinarum, 海杧果 Cerbera manghas, 杜仲 Eucommia ulmoides, 毛冬青 Ilex pubescens, 素馨花 Jasminum grandiflorum, 棣棠花 Kerria japonica, 刺叶桂樱 Laurocerasus spinulosa, 辽东水蜡树 Ligustrum obtusifolium subsp. suave, 刺茶美登木 Maytenus variabilis, 木犀榄 Olea europaea, 木犀 Osmanthus fragrans, 石南藤 Piper wallichii, 白马骨 Serissa serissoides, 星毛珍珠梅 Sorbaria sorbifolia var. stellipila, 羽叶楸 Stereospermum colais, 关东巧玲花 Syringa pubescens subsp. patula, 小果荨麻 Urtica atrichocaulis

O

O

喃芹糖基 -(1 → 6)-*β*-D-[2''- 反式 - 桂皮酰基]- 吡喃葡萄糖苷 短柄五加 Eleutherococcus brachypus

3-*O*-methyl-(*E*)-resveratrol-5-*O*-*β*-D-apiofuranosyl-(1 → 6)-*β*-D-[2''-vanilloyl]-glucopyranoside 3-*O*- 甲基 - 反式 - 白藜芦醇 -5-*O*-*β*-D- 呋喃芹糖基 -(1 → 6)-*β*-D-[2''- 香荚兰酰基]- 吡喃葡萄糖苷 短柄五加 Eleutherococcus brachypus

3-*O*-methyl-1,2:5,6-bis-*O*-(1-methylethylidene)-*d*-chiro-inositol 3-*O*- 甲基 -1,2:5,6- 双 -*O*-(1- 甲基亚乙基)-*d*- 手性 - 肌醇 光肺衣 Lobaria kurokawae

7-*O*-methyl-10-oxythymol-gentiobioside 7-*O*- 甲基 -10- 氧化麝香草酚 - 龙胆二糖苷 牛尾菜 Smilax riparia

7a-*O*-methyl-12a-hydroxydeguelol 7a-*O*- 甲基 -12a- 羟基鱼藤醇 鱼藤 Derris trifoliata

O-methyl-16-*epi*-Δ^{14}-vincanol *O*- 甲基 -16- 表 -Δ^{14}- 蔓长春花醇▲ 雷打果 Melodinus yunnanensis

15-*O*-methyl-18-oxoneovibsanin F 15-*O*- 甲基 -18- 氧代新荚蒾宁 F 日本珊瑚树 Viburnum odoratissimum var. awabuki

12-*O*-methyl-1-*O*-deacetylnimbolinin B 12-*O*- 甲基 -1-*O*- 去乙酰印楝波力宁▲B 川楝 Melia toosendan

12-*O*-methyl-1-*O*-tigloyl-1-*O*-deacetylnimbolinin B 12-*O*- 甲基 -1-*O*- 当归酰基 -1-*O*- 去乙酰印楝波力宁▲B 川楝 Melia toosendan

25-*O*-methyl-1*α*-hydroxy-24-*O*-acetylhydroshengmanol-3-*O*-*β*-D-xylopyranoside 25-*O*- 甲基 -1*α*- 羟基 -24-*O*- 乙酰氢化升麻新醇 -3-*O*-*β*-D- 吡喃木糖苷 单穗升麻 Cimicifuga simplex

4'-*O*-methyl-2''-hydroxydihydroalpinumisoflavone 4'-*O*- 甲基 -2''- 羟基二氢高山毒豆异黄酮▲ 柘树 Cudrania tricuspidata

25-*O*-methyl-24-*O*-acetylhydroshengmanol-3-*O*-D-xylopyranoside 25-*O*- 甲基 -24-*O*- 乙酰氢化升麻新醇 -3-*O*-D- 吡喃木糖苷 黄三七 Souliea vaginata

25-*O*-methyl-24-*O*-acetylhydroshengmanol-3-*O*-*β*-D-xylopyranoside 25-*O*- 甲基 -24-*O*- 乙酰氢化升麻新醇 -3-*O*-*β*-D- 吡喃木糖苷 单穗升麻 Cimicifuga simplex, 云南升麻 C. yunnanensis

22-*O*-methyl-26-*O*-*β*-D-glucopyranosyl-(25*R*)-5*β*-furostan-1*β*,2*β*,3*β*,4*β*,5*β*,22*ζ*,26-heptol-5-*O*-*β*-D-galactopyranosid 22-*O*- 甲基 -26-*O*-*β*-D- 吡喃葡萄糖基 -(25*R*)-5*β*- 呋甾 -1*β*,2*β*,3*β*,4*β*,5*β*,22*ζ*,26- 七醇 -5-*O*-*β*-D- 吡喃半乳糖苷 吉祥草 Reineckea carnea

22-*O*-methyl-26-*O*-*β*-D-glucopyranosyl-(25*R*)-furost-5-en-3*β*,22*ζ*,26-triol-3-*O*-{*O*-*α*-L-rhamnopyranosyl-(1 → 2)-*O*-[*α*-L-arabinopyranosyl-(1 → 3)]-*β*-D-glucopyranoside} 22-*O*- 甲基 -26-*O*-*β*-D- 吡喃葡萄糖基 -(25*R*)- 呋甾 -5- 烯 -3*β*,22*ζ*,26- 三羟基 -3-*O*-{*O*-*α*-L- 吡喃鼠李糖基 -(1 → 2)-*O*-[*α*-L- 吡喃阿拉伯糖基 -(1 → 3)]-*β*-D- 吡喃葡萄糖苷 } 麝香百合 Lilium longiflorum var. scabrum

22-*O*-methyl-26-*O*-*β*-D-glucopyranosyl-(25*R*)-furost-5-en-3*β*,22*ζ*,26-triol-3-*O*-{*O*-*α*-L-rhamnopyranosyl-(1 → 2)-*O*-[*β*-D-gulcopyranosyl-(1 → 4)]-*β*-D-glucopyranoside} 22-*O*- 甲基 -26-*O*-*β*-D- 吡喃葡萄糖基 -(25*R*)- 呋甾 -5- 烯 -3*β*,22*ζ*,26- 三醇 -3-*O*-{*O*-*α*-L- 吡喃鼠李糖基 -(1 → 2)-*O*-[*β*-D- 吡喃葡萄糖基 -(1 → 4)]-*β*-D- 吡喃葡萄糖苷 } 麝香百合 Lilium longiflorum var. scabrum

22-*O*-methyl-26-*O*-*β*-D-glucopyranosyl-(25*R*)-furost-5-en-3*β*,22*ζ*,26-triol-3-*O*-{*O*-*α*-L-rhamnopyranosyl-(1→2)-*O*-[*β*-D-xylopyranosyl-(1→3)]-*β*-D-glucopyranoside} 22-*O*- 甲基 -26-*O*-*β*-D- 吡喃葡萄糖基 -(25*R*)- 呋甾 -5- 烯 -3*β*,22*ζ*,26- 三醇 -3-*O*-{*O*-*α*-L- 吡喃鼠李糖基 -(1 → 2)-*O*-[*β*-D- 吡喃木糖基 -(1 → 3)]-*β*-D- 吡喃葡萄糖苷 } 麝香百合 Lilium longiflorum var. scabrum

22-*O*-methyl-26-*O*-*β*-D-glucopyranosyl-(25*R*)-furost-5-en-3*β*,22*ζ*,26-triol-3-*O*-{*O*-*β*-D-glucopyranosyl-(1→2)-*O*-[*β*-D-xylopyranosyl-(1→3)]-*O*-*β*-D-glucopyranosyl-(1→4)-*β*-D-galactopyranoside} 22-*O*- 甲基 -26-*O*-*β*-D- 吡喃葡萄糖基 -(25*R*)- 呋甾 -5- 烯 -3*β*,22*ζ*,26- 三醇 -3-*O*-{*O*-*β*-D- 吡喃葡萄糖基 -(1 → 2)-*O*-[*β*-D- 吡喃木糖基 -(1 → 3)]-*O*-*β*-D- 吡喃葡萄糖基 -(1 → 4)-*β*-D- 吡喃半乳糖苷 } 吉祥草 Reineckea carnea

1-L-1-*O*-methyl-2-acetyl-3-*p*-*cis*-coumaryl-*myo*-inositol 1-L-1-*O*- 甲基 -2- 乙酰基 -3- 对顺式 - 香豆酰肌肉肌醇 车桑子 Dodonaea viscosa

1-L-1-*O*-methyl-2-acetyl-3-*p*-*trans*-coumaryl-*myo*-inositol 1-L-1-*O*- 甲基 -2- 乙酰基 -3- 对反式 - 香豆酰肌肉肌醇 车桑子 Dodonaea viscosa

5-*O*-methyl-2-deprenylrheediaxanthone B 5-*O*- 甲基 -2- 去异戊烯基瑞地亚木呲酮▲B 红芽木 Cratoxylum formosum subsp. pruniflorum

2'-*O*-methyl-3,3',4-trihydroxysappanchalcone 2'-*O*- 甲基 -3,3',4- 三羟基苏木查耳酮 苏木 Caesalpinia sappan

3'-*O*-methyl-3,4-methylenedioxyellagic acid 3'-*O*- 甲基 -3,4- 亚甲二氧基鞣花酸 喜树 Camptotheca acuminata, 大花紫薇 Lagerstroemia speciosa

3'-*O*-methyl-3,4-methylenedioxyellagic acid-4'-*O*-*β*-D-glucopyranoside 3'-*O*- 甲基 -3,4- 亚甲二氧基鞣花酸 -4'-*O*-*β*-D- 吡喃葡萄糖苷 番石榴 Psidium guajava

3'-*O*-methyl-3,4-*O*,*O*-methylideneellagic acid 3'-*O*- 甲基 -3,4-*O*,*O*- 次甲基鞣花酸 珙桐 Davidia involucrata

(23*S*)-21*β*-*O*-methyl-3*β*,20*ξ*-dihydroxy-12-oxo-21,23-epoxydammar-24-ene-3-*O*-[*α*-L-rhamnopyranosyl-(1 → 2)][*β*-D-glucopyranosyl-(1 → 3)]-*α*-L-arabinopyranoside (23*S*)-21*β*-*O*- 甲基 -3*β*,20*ξ*- 二羟基 -12- 氧代 -21,23- 环氧达玛 -24- 烯 -3-*O*-[*α*-L- 吡喃鼠李糖基 -(1 → 2)][*β*-D- 吡喃葡萄糖基 -(1 → 3)]-*α*-L- 吡喃阿拉伯糖苷 绞股蓝 Gynostemma pentaphyllum

1-*O*-methyl-4,5-dihydroniveusin A 1-*O*- 甲基 -4,5- 二羟基雪叶向日葵素▲A 向日葵 Helianthus annuus

5-*O*-methyl-4'-desmethoxymatteucinol 5-*O*- 甲基 -4'- 去甲氧基荚果蕨酚 洋蒲桃 Syzygium samarangense

4-*O*-methyl-4''-hydroxy-3''-methoxy-paeoniflorin 4-*O*- 甲基 -4''- 羟基 -3''- 甲氧基 - 芍药苷 滇牡丹 Paeonia delavayi

3-*O*-methyl-4-hydroxybenzoic acid 3-*O*- 甲基 -4- 羟基苯甲酸 红波罗花 Incarvillea delavayi

9-*O*-methyl-4-hydroxyboeravinone B 9-*O*- 甲基 -4- 羟基黄细心酮 B 紫茉莉 Mirabilis jalapa, 山紫茉莉 Oxybaphus himalaicus

18-*O*-methyl-5-epivibsanin K 18-*O*- 甲基 -5- 表荚蒾宁 K 日本珊瑚树 Viburnum odoratissimum var. awabuki

3'-*O*-methyl-5'-hydroxydiplacone 3'-*O*- 甲基 -5'-*O*- 羟基沟酸浆酮▲ 毛泡桐 Paulownia tomentosa

3'-*O*-methyl-5'-methoxydiplacol 3'-*O*- 甲基 -5'-*O*- 甲基沟酸浆醇▲ 毛泡桐 Paulownia tomentosa

3'-*O*-methyl-5'-*O*-methyldiplacone 3'-*O*- 甲基 -5'-*O*- 甲基沟酸浆酮▲ 毛泡桐 Paulownia tomentosa

1-*O*-methyl-6-*O*-caffeoyl-*β*-D-glucopyranose 1-*O*- 甲基 -6-*O*- 咖啡酰基 -*β*-D- 吡喃葡萄糖苷 紫萼路边青 Geum rivale

3-*O*-methyl-6-oxotingenol 3-*O*- 甲基 -6- 氧代染用卫矛醇▲ 刺果卫矛 Euonymus acanthocarpus

8-*O*-methyl-7-hydroxyaloin A, B 8-*O*- 甲基 -7- 羟基芦荟素 A, B 芦荟 Aloe vera

25-*O*-methyl-7*β*-hydroxy-24-*O*-acetylhydroshengmanol-3-*O*-*β*-D-xylopyranoside 25-*O*- 甲基 -7*β*- 羟基 -24-*O*- 乙酰氢化升麻新醇 -3-*O*-*β*-D- 吡喃木糖苷 单穗升麻 Cimicifuga simplex

4'-*O*-methyl-8-prenylkaempferol-3-*O*-(*α*-L-rhamnopyranosyl-(1 → 6)-*β*-D-galactopyranoside)-7-*O*-*β*-D-galactopyranoside 4'-*O*- 甲基 -8- 异戊烯

基山柰酚 -3-*O*-(α-L- 吡喃鼠李糖基 -(1 → 6)-*β*-D- 吡喃半乳糖苷)-7-*O*-*β*-D- 吡喃半乳糖苷 大花田菁 Sesbania grandiflora

7-*O*-methyl-8-prenylnaringenin 7-*O*- 甲基 -8- 异戊烯基柚皮苷元 啤酒花 Humulus lupulus

14-*O*-methylacetal-15-*O*-[6'-(*p*-hydroxyphenylacetyl)]-*β*-D-glucopyranosylurospermal A 14-*O*- 甲基缩醛 -15-*O*-[6'-(对 - 羟基苯乙酰基)]-*β*-D-吡喃葡萄糖基尾喙苣醛 ▲A 花叶滇苦菜 Sonchus asper

6-*O*-methylacrylylplenolin 6-*O*- 甲基丙烯酰多梗贝氏菊素 ▲ 石胡荽 Centipeda minima

5'-*O*-methyladenosine 5'-*O*- 甲基腺苷 莲 Nelumbo nucifera

2-*O*-methylaegeline 2-*O*- 甲基木橘碱 木橘 Aegle marmelos

O-methylaegeline *O*- 甲基木橘碱 木橘 Aegle marmelos

5-*O*-methylafzelechin 5-*O*- 甲氧基缅茄儿茶素 ▲ 黄瑞香 Daphne giraldii

19-*O*-methylagatholic acid 19-*O*- 甲基贝壳杉醇酸 偃松 Pinus pumila

6-*O*-methylalaternin 6-*O*- 甲基意大利鼠李素 ▲ 帚枝鼠李 Rhamnus virgata

4-*O*-methylalbiflorin 4-*O*- 甲基白芍苷 芍药 Paeonia lactiflora

10-*O*-methylalismoxide 10-*O*- 甲基泽泻薁醇氧化物 东方泽泻 Alisma orientale, 重瓣五味子 Schisandra plena

25-*O*-methylalisol A 25-*O*- 甲基泽泻醇 A 东方泽泻 Alisma orientale

O-methylalloptaeroxylin *O*- 甲基别嚏木素 ▲ 牛筋果 Harrisonia perforata

4'-*O*-methylalpinumisoflavone 4'-*O*- 甲基高山毒豆异黄酮 ▲ 构棘 Cudrania cochinchinensis, 柘树 C. tricuspidata

7''-*O*-methylamentoflavone 7''-*O*- 甲基穗花杉黄酮 卷柏 Selaginella tamariscina

7-*O*-methylamentoflavone 7-*O*- 甲基穗花杉黄酮 大叶藤黄 Garcinia xanthochymus

9'-*O*-methylamericanol A 9'-*O*- 甲基美商陆醇 A 垂序商陆 Phytolacca americana

19-*O*-methylangustoline 19-*O*- 甲基牛眼马钱林碱 ▲ 喜树 Camptotheca acuminata, 蔓长春花 Vinca major

5-*O*-methylapigenin 5-*O*- 甲基芹菜素 甘蔗 Saccharum officinarum

7-*O*-methylapigenin-5-*O*-xylopyranosylglucopyranoside 7-*O*- 甲基芹菜苷元 -5-*O*- 吡喃木糖基吡喃葡萄糖苷 土沉香 Aquilaria sinensis

5-*O*-methylapigenin-7-*O*-*β*-D-glucopyranoside 5-*O*- 甲基芹菜苷元 -7-*O*-*β*-D- 吡喃葡萄糖苷 土沉香 Aquilaria sinensis

2-*O*-methylarboreol 2-*O*- 甲基云南石梓醇 ▲ 云南石梓 Gmelina arborea

(+)-*O*-methylarmepavine (+)-*O*- 甲基亚美尼亚罂粟碱 番荔枝 Annona squamosa

4-*O*-methylarmillaridin 4-*O*- 甲基蜜环菌定 ▲ 蜜环菌 Armillaria mellea

7-*O*-methylaromadendrin 7-*O*- 甲基香树素 柠檬桉 Eucalyptus citriodora, 斑皮桉 E. maculata, 鸢尾 Iris tectorum, 银白杨 Populus alba, 毛白杨 P. tomentosa

4'-*O*-methylatalantoflavone 4'-*O*- 甲基酒饼簕黄酮 ▲ 酒饼簕 Atalantia buxifolia

O-methylatheroline *O*- 甲基芒籽林碱 北美鹅掌楸 Liriodendron tulipifera

(*R*)-5-*O*-methylatifolin (*R*)-5-*O*- 甲基阔叶黄檀素 降香 Dalbergia odorifera

6-*O*-methylaucubin 6-*O*- 甲基桃叶珊瑚苷 短茎马先蒿 Pedicularis artselaeri, 中国马先蒿 P. chinensis

4-*O*-methylbalanophonin 4-*O*- 甲基蛇菰宁 无根藤 Cassytha filiformis

O-methylbalfourodinium *O*- 甲基巴福木季胺碱 ▲ 臭常山 Orixa japonica

(-)-(*S*)-*O*-methylbalfourodinium cation (-)-(*S*)-*O*- 甲基巴福木季铵碱 ▲ 花椒簕 Zanthoxylum scandens

3'-*O*-methylbatatasin III 3'-*O*- 甲基山药素 III 白及 Bletilla striata, 长鳞贝母兰 Coelogyne ovalis, 手参 Gymnadenia conopsea, 独蒜兰 Pleione bulbocodioides

5-*O*-methylbatatasin III 5-*O*- 甲基山药素 III 手参 Gymnadenia conopsea

3'-*O*-methylbatatasin III-3-*O*-glucoside 3'-*O*- 甲基山药素 III-3-*O*- 葡萄糖苷 独蒜兰 Pleione bulbocodioides

4'-*O*-methylbavachalcone 4'-*O*- 甲基补骨脂查耳酮 补骨脂 Cullen corylifolia

4-*O*-methylbenzoylpaeoniflorin 4-*O*- 甲基苯甲酰芍药苷 芍药 Paeonia lactiflora, 牡丹 P. suffruticosa

7-*O*-methylbiochanin A 7-*O*- 甲基鹰嘴豆芽素 A 花榈木 Ormosia henryi

3'-*O*-methylbrazilin 3'-*O*- 甲基巴西苏木素 苏木 Caesalpinia sappan

O-methyl-bufotenine *O*- 甲基蟾毒色胺 刺毛黧豆 Mucuna pruriens

(+)-*O*-methylbulbocapnine (+)-*O*- 甲基山延胡索宁碱 ▲ 延胡索 Corydalis yanhusuo, 黑壳楠 Lindera megaphylla

O-methylbulbocapnine *O*- 甲基球紫堇碱 南天竹 Nandina domestica

6-*O*-methylcaesalpinianone 6-*O*- 甲基云实酮 ▲ 刺果苏木 Caesalpinia bonduc

2'-*O*-methylcajanone 2'-*O*- 甲基木豆酮 木豆 Cajanus cajan

3'-*O*-methylcalotropin 3'-*O*- 甲基牛角瓜素 ▲ 牛角瓜 Calotropis gigantea

4'-*O*-methylcalycopterin 4'-*O*- 甲基萼翅藤素 ▲ 萼翅藤 Getonia floribunda

3'''-*O*-methylcampneoside I 3'''-*O*- 甲基凌霄新苷 I 密生波罗花 Incarvillea compacta

7-*O*-methylcapillarisin 7-*O*- 甲基茵陈色原酮 茵陈蒿 Artemisia capillaris

12-*O*-methylcarnosic acid 12-*O*- 甲基肉质鼠尾草酸 ▲ 撒尔维亚 Salvia officinalis

12-*O*-methylcarnosol 12-*O*- 甲基肉质鼠尾草酚 ▲ 撒尔维亚 Salvia officinalis

O-methylcaryachine *O*- 甲基华厚壳桂碱 花菱草 Eschscholzia californica

O-methylcassythine *O*- 甲基无根藤碱 黄唐松草 Thalictrum flavum

6-*O*-methylcatalpol 6-*O*- 甲基梓醇 玄参 Scrophularia ningpoensis

7-*O*-methylcatechin-5-*O*-*β*-D-glucopyranoside7-*O*-methylcatechin-5-*O*-*β*-D-glucopyranoside 7-*O*- 甲基儿茶素 -5-*O*-*β*-D- 吡喃葡萄糖苷 直杆蓝桉 Eucalyptus maidenii

O

3'-*O*-methylcatechin-7-*O*-*β*-D-glucopyranoside 3'-*O*- 甲基儿茶素 -7-*O*-*β*-D- 吡喃葡萄糖苷 珠仔树 Symplocos racemosa
3-*O*-methyl-caudatin 3-*O*- 甲基 - 尾叶牛皮消素▲ 隔山消 Cynanchum wilfordii
O-methylcedrelopsin *O*- 甲基拟洋椿素▲ 椿叶花椒 Zanthoxylum ailanthoides
(±)-*rel*-(2*α*,3*β*)-7-*O*-methylcedrusin (±)- 相对 -(2*α*,3*β*)-7-*O*- 甲基雪松辛素 麻疯树 Jatropha curcas
2*α*,3*β*-7-*O*-methylcedrusin 2*α*,3*β*-7-*O*- 甲基雪松脂素▲ 黄荆 Vitex negundo
4-*O*-methylcedrusin 4-*O*- 甲基雪松脂素▲ 茶 Camellia sinensis, 麻叶风轮菜 Clinopodium urticifolium, 紫玉兰 Yulania liliiflora
rel-(2*α*,3*β*)-7-*O*-methylcedrusin 相对 -(2*α*,3*β*)-7-*O*- 甲基雪松脂素▲ 芡实 Euryale ferox
5-*O*-methylcelebixanthone 5-*O*- 甲基西里伯黄牛木𠮿酮▲ 黄牛木 Cratoxylum cochinchinense
6-*O*-methylcerevisterol 6-*O*- 甲基酒酵母甾醇 食用土当归 Aralia cordata, 斑玉蕈 Hypsizygus marmoreus
7-*O*-methylchrysin 7-*O*- 甲基白杨素 木蝴蝶 Oroxylum indicum
1-*O*-methylcachinol 1-*O*- 甲基凌霄醇▲ 凌霄 Campsis grandiflora
1-*O*-methylchrysophanol 1-*O*- 甲基大黄酚 钝叶决明 Senna tora var. obtusifolia
8-*O*-methylchrysophanol 8-*O*- 甲基大黄酚 萱草 Hemerocallis fulva, 钝叶决明 Senna tora var. obtusifolia
15-*O*-methylcimigenol 15-*O*- 甲基升麻醇 小升麻 Cimicifuga japonica
25-*O*-methylcimigenol 25-*O*- 甲基升麻醇 单穗升麻 Cimicifuga simplex
25-*O*-methyl-cimigenol-3-*O*-*β*-D-xylopyranoside 25-*O*- 甲基升麻醇 -3-*O*-*β*-D- 吡喃木糖苷 类叶升麻 Actaea asiatica
25-*O*-methylcimigenolxylopyranoside 25-*O*- 甲基升麻醇吡喃木糖苷 黄三七 Souliea vaginata
25-*O*-methylcimigenoside 25-*O*- 甲基升麻醇苷▲ 小升麻 Cimicifuga japonica
4-*O*-methylcinnamyl acetate 4-*O*- 甲基肉桂醇乙酸酯 圆萼刺参 Morina chinensis
4-*O*-methylcinnamyl alcohol 4-*O*- 甲基肉桂醇 圆萼刺参 Morina chinensis
4-*O*-methylcinnamyl methyl ether 4-*O*- 甲基肉桂醇甲醚 圆萼刺参 Morina chinensis
5-*O*-methylcitrusinine I 5-*O*- 甲基甜橙碱 I 酒饼簕 Atalantia buxifolia
O-methylclausenolide *O*- 甲基黄皮诺内酯▲ 假黄皮 Clausena excavata
(7'*S*,8'*S*)-4'-*O*-methylcleomiscosin D (7'*S*,8'*S*)-4-*O*- 甲基黄花草素▲D 簕欓花椒 Zanthoxylum avicennae
(+)-*O*-methylcocsoline (+)-*O*- 甲基垂木防己灵▲ 木防己 Cocculus orbiculatus
O-methylcocsoline *O*- 甲基垂木防己灵▲ 毛木防己 Cocculus orbiculatus var. mollis
O-methylcorledine *O*- 甲基对叶延胡索碱 薯根延胡索 Corydalis ledebouriana
12-*O*-methylcoumestrol 12-*O*- 甲基香豆雌酚 鹰嘴豆 Cicer arietinum
4'-*O*-methylcoumestrol 4'-*O*- 甲基香豆雌酚 刺果甘草 Glycyrrhiza pallidiflora
3-*O*-methylcowaxanthone 3-*O*- 甲基云树𠮿酮▲ 云树 Garcinia cowa
3'''-*O*-methylcrenatoside 3'''-*O*- 甲基圆齿列当苷 密生波罗花 Incarvillea compacta, 冠唇花 Microtoena insuavis, 南川冠唇花 M. prainiana, 广藿香 Pogostemon cablin
3-*O*-methylcrenatoside 3-*O*- 甲基圆齿列当苷 弯管列当 Orobanche cernua
11-*O*-methylcrinamine 11-*O*- 甲基文殊兰胺 文殊兰 Crinum asiaticum var. sinicum
(9*R*)-9-*O*-methylcubebin (9*R*)-9-*O*- 甲基荜澄茄素 大叶醉鱼草 Buddleja davidii, 紫丁香 Syringa oblata
(9*S*)-9-*O*-methylcubebin (9*S*)-9-*O*- 甲基荜澄茄素 大叶醉鱼草 Buddleja davidii, 紫丁香 Syringa oblata, 羽叶丁香 S. pinnatifolia
α-*O*-methylcubebin *α*-*O*- 甲基荜澄茄素 枪刀药 Hypoestes purpurea
β-*O*-methylcubebin *β*-*O*- 甲基荜澄茄素 枪刀药 Hypoestes purpurea
3-*O*-methyl-cudratrixanthone G 3-*O*- 甲基 - 柘树三𠮿酮▲G 柘树 Cudrania tricuspidata
5-*O*-methylcurculigin 5-*O*- 甲基大叶仙茅素 绒叶仙茅 Curculigo crassifolia
1-*O*-methylcurculigine 1-*O*- 甲基仙茅素 大叶仙茅 Curculigo capitulata
(+)-4''-*O*-methylcurine (+)-4''-*O*- 甲基箭毒碱 铁藤 Cyclea polypetala
O-methylcyclolaudenol *O*- 甲基环阿片甾烯醇 月桂茵芋 Skimmia laureola
15-*O*-methylcyclovibsanin A, B 15-*O*- 甲基环荚蒾宁 A, B 日本珊瑚树 Viburnum odoratissimum var. awabuki
O-methyldauricine *O*- 甲基蝙蝠葛碱 蛇藤 Colubrina asiatica, 越南咀签 Gouania leptostachya var. tonkinensis
4'-*O*-methyldavidioside 4'-*O*- 甲基川西荚蒾苷▲ 茶梨 Anneslea fragrans
6-*O*-methyldeacetylasperulosidic acid methyl ester 6-*O*- 甲基去乙酰车叶草苷酸甲酯 栀子 Gardenia jasminoides, 白花蛇舌草 Hedyotis diffusa, 纤花耳草 H. tenelliflora
4-*O*-methyldebenzoylpaeoniflorin 4-*O*- 甲基去苯甲酰芍药苷 芍药 Paeonia lactiflora
7a-*O*-methyldeguelol 7a-*O*- 甲基鱼藤醇 鱼藤 Derris trifoliata
4-*O*-methyl-D-glucuronic acid 4-*O*- 甲基 -4- 葡萄糖醛酸 山香 Hyptis suaveolens
6-*O*-methyldhurrin 6-*O*- 甲基高粱苦苷 十齿花 Dipentodon sinicus
7-*O*-methyldihydrokaempferol 7-*O*- 甲基二氢山柰酚 黄菖蒲 Iris pseudacorus
(2*R*,3*R*)-(+)-4'-*O*-methyldihydroquercetin (2*R*,3*R*)-(+)-4'-*O*- 甲基二氢槲皮素 厚皮树 Lannea coromandelica
4'-*O*-methyldihydroquercetin 4'-*O*- 甲基二氢槲皮素 罗汉果 Siraitia grosvenorii
7-*O*-methyldihydrowogonin 7-*O*- 甲基二氢汉黄芩素 穿心莲 Andrographis paniculata, 山地香茶菜 Isodon oresbius
O-methyl-D-inositol *O*- 甲基 -D- 肌醇 香青 Anaphalis sinica
3-*O*-methyldiorcinol 3-*O*- 甲基双苔黑酚 海漆 Excoecaria agallocha
3'-*O*-methyldiplacol 3'-*O*- 甲基沟酸浆醇▲ 白花泡桐 Paulownia fortunei, 毛泡桐 P. tomentosa

O

3'-*O*-methyldiplacone 3'-*O*- 甲基沟酸浆酮▲ 白花泡桐 Paulownia fortunei, 毛泡桐 P. tomentosa

O-methyldiversifolin *O*- 甲基肿柄菊素▲ 肿柄菊 Tithonia diversifolia

O-methyldomesticine *O*- 甲基南天竹碱 南天竹 Nandina domestica

(-)-7'-*O*-methylegenine (-)-7'-*O*- 甲基短梗烟堇宁▲ 连翘 Forsythia suspensa

3'-*O*-methylellagic acid 3'-*O*- 甲基鞣花酸 南山茶 Camellia semiserrata, 化香树 Platycarya strobilacea

3-*O*-methylellagic acid 3-*O*- 甲基鞣花酸 蓝桉 Eucalyptus globulus, 大狼毒 Euphorbia jolkinii, 大花紫薇 Lagerstroemia speciosa, 冠唇花 Microtoena insuavis, 火炭母 Polygonum chinense

4-*O*-methylellagic acid-3'-(4''-*O*-acetyl)-α-L-rhamnoside 4-*O*- 甲基鞣花酸 3'-(4''-*O*- 乙酰基)-α-L- 鼠李糖苷 滑桃树 Trevia nudiflora

3-*O*-methylellagic acid-3'-*O*-α-2''-*O*-acetylrhamnopyranoside 3-*O*- 甲基鞣花酸 -3'-*O*-α-2''-*O*- 乙酰吡喃鼠李糖苷 蓝桉 Eucalyptus globulus

3-*O*-methyl-ellagic acid-3'-*O*-α-3''-*O*-acetylrhamnopyranoside 3-*O*- 甲基鞣花酸 -3'-*O*-α-3''-*O*- 乙酰吡喃鼠李糖苷 蓝桉 Eucalyptus globulus

3-*O*-methylellagic acid-3'-*O*-α-4''-*O*-acetylrhamnopyranoside 3-*O*- 甲基鞣花酸 -3'-*O*-α-4''-*O*- 乙酰吡喃鼠李糖苷 蓝桉 Eucalyptus globulus

3-*O*-methylellagic acid-3'-*O*-α-L-rhamnopyranoside 3-*O*- 甲基鞣花酸 -3'-*O*-α-L- 吡喃鼠李糖苷 蓝桉 Eucalyptus globulus, 直杆蓝桉 E. maidenii

3-*O*-methylellagic acid-3'-*O*-α-L-rhamnoside 3-*O*- 甲基鞣花酸 -3'-*O*-α-L- 鼠李糖苷 滑桃树 Trevia nudiflora

3-*O*-methylellagic acid-3'-*O*-α-rhamnopyranoside 3-*O*- 甲基鞣花酸 -3'-*O*-α- 吡喃鼠李糖苷 蓝桉 Eucalyptus globulus

4-*O*-methylellagic acid-3'-α-rhamnopyranoside 4-*O*- 甲基鞣花酸 -3'-α- 吡喃鼠李糖苷 余甘子 Phyllanthus emblica

3-*O*-methylellagic acid-4'-*O*-(2''-*O*-acetyl)-α-L-rhamnopyranoside 3-*O*- 甲基鞣花酸 -4'-*O*-(2''-*O*- 乙酰基)-α-L- 吡喃鼠李糖苷 蓝桉 Eucalyptus globulus

3'-*O*-methylellagic acid-4-*O*-xyloside 3'-*O*- 甲基鞣花酸 4-*O*- 木糖苷 化香树 Platycarya strobilacea

3-*O*-methylellagic acid-4'-*O*-α-L-rhamnopyranoside 3-*O*- 甲基鞣花酸 -4'-*O*-α-L- 吡喃鼠李糖苷 糙叶树 Aphananthe aspera, 蓝桉 Eucalyptus globulus, 余甘子 Phyllanthus emblica, 赤胫散 Polygonum runcinatum var. sinense

3-*O*-methylellagic acid-4-*O*-α-L-rhamnopyranoside 3-*O*- 甲基鞣花酸 -4-*O*-α-L- 吡喃鼠李糖苷 桃金娘 Rhodomyrtus tomentosa

4'-*O*-methylellagic acid-4-*O*-β-D-glucopyranoside 4'-*O*- 甲基鞣花酸 -4-*O*-β-D- 吡喃葡萄糖苷 滇牡丹 Paeonia delavayi

3-*O*-methylellagic acid-4'-*O*-β-D-xylopyranoside 3-*O*- 甲基鞣花酸 -4'-*O*-β-D- 吡喃木糖苷 糙叶树 Aphananthe aspera, 准噶尔大戟 Euphorbia soongarica

3'-*O*-methylellagic acid-4-*O*-β-D-xylopyranoside 3'-*O*- 甲基鞣花酸 -4-*O*-β-D- 吡喃木糖苷 马蹄参 Diplopanax stachyanthus

3-*O*-methylellagic acid-4'-α-L-rhamnopyranoside 3-*O*- 甲基鞣花酸 -4'-α-L- 吡喃鼠李糖苷 余甘子 Phyllanthus emblica

7a-*O*-methylelliptonol 7a-*O*- 甲基毛鱼藤醇 鱼藤 Derris trifoliata

7a-*O*-methylelliptonone 7a-*O*- 甲基毛鱼藤酮 鱼藤 Derris trifoliata

5-*O*-methylembelin 5-*O*- 甲基信筒子醌 阳桃 Averrhoa carambola, 铁仔 Myrsine africana

(-)-4'-*O*-methylenshicine (-)-4'-*O*- 甲基恩施五味子辛 华中五味子 Schisandra sphenanthera

6-*O*-methylepiaucubin 6-*O*- 甲基表桃叶珊瑚苷 短茎马先蒿 Pedicularis artselaeri

4'-*O*-methylepicatechin 4'-*O*- 甲基表儿茶素 楝 Melia azedarach

3'-*O*-methylepicatechin-7-*O*-β-D-glucopyranoside 3'-*O*- 甲基表儿茶素 -7-*O*-β-D- 吡喃葡萄糖苷 草麻黄 Ephedra sinica, 珠仔树 Symplocos racemosa

4-*O*-methylepisappanol 4-*O*- 甲基表苏木醇 苏木 Caesalpinia sappan

3-*O*-methyl-episwercinctolide B 3-*O*- 甲基 - 表西南獐牙菜内酯▲B 滇龙胆草 Gentiana rigescens

O-methylepivincanol *O*- 甲基表蔓长春花醇▲ 奶子藤 Bousigonia mekongensis

4'-*O*-methylequisetumpyrone 4'-*O*- 甲基问荆吡喃酮▲ 黑水银莲花 Anemone amurensis

4'-*O*-methylequisetumpyrone-[3,4-hydroxy-6-(3'-hydroxy-4'-methoxy-*E*-styryl)-2-pyrone-3-*O*-β-D-glucopyranoside] 4'-*O*- 甲基问荆吡喃酮▲-[3,4- 羟基 -6-(3'- 羟基 -4'- 甲氧基 -*E*- 苯乙烯基)-2- 吡喃酮 -3-*O*-β-D- 葡萄糖吡喃糖苷] 问荆 Equisetum arvense

7-*O*-methyleucomol 7-*O*- 甲基凤梨百合醇▲ 剑麻 Agave sisalana

3'-*O*-methylevomonoside 3'-*O*- 甲基卫矛单糖苷 阔叶竹桃 Thevetia ahouai, 黄花夹竹桃 T. peruviana

O-methylferulic acid *O*- 甲基阿魏酸 白背枫 Buddleja asiatica

(+)-*O*-methylflavinantine (+)-*O*- 甲基黄巴豆亭 瓜馥木 Fissistigma oldhamii, 山胡椒 Lindera glauca

O-methylflavinantine *O*- 甲基黄巴豆亭 五脉绿绒蒿 Meconopsis quintuplinervia

(-)-*O*-methylflavinatine (-)-*O*- 黄巴豆亭▲ 无根藤 Cassytha filiformis

14-*O*-methylforesticine 14-*O*- 甲基丽乌辛▲ 紫花高乌头 Aconitum septentrionale

2'-*O*-methylformononetin 2'-*O*- 甲基芒柄花素 降香 Dalbergia odorifera

5-*O*-methylformoxanthone C 5-*O*- 甲基越南黄牛木屾酮▲C 柘树 Cudrania tricuspidata

3-*O*-methylfuranovibsanin A 3-*O*- 甲基呋喃荚蒾宁 A 日本珊瑚树 Viburnum odoratissimum var. awabuki

3-*O*-methylgallic acid 3-*O*- 甲基没食子酸 福建胡颓子 Elaeagnus oldhamii, 厚叶算盘子 Glochidion hirsutum

4-*O*-methylgallic acid 4-*O*- 甲基没食子酸 刀豆 Canavalia gladiata

3-*O*-methylgallic acid-4'-(5''-ethyl)-α-L-arabinofuranoside 3-*O*- 甲基没食子酸 -4'-(5''- 乙基)-α-L- 呋喃阿拉伯糖苷 皂荚 Gleditsia sinensis

3-*O*-methylgallic acid-4'-*O*-α-L-rhamnopyranoside 3-*O*- 甲基没食子酸 -4'-*O*-α-L- 吡喃鼠李糖苷 皂荚 Gleditsia sinensis

4'-*O*-methylgallocatechin 4'-*O*- 甲基没食子儿茶素 桂火绳 Eriolaena kwangsiensis, 刺果卫矛 Euonymus acanthocarpus, 山小橘 Glycosmis pentaphylla

4-*O*-methylgalloylpaeoniflorin 4-*O*- 甲基没食子酰芍药苷 芍药 Paeonia lactiflora

7-*O*-methylgarcinone 7-*O*- 甲基藤黄新酮▲ 云树 Garcinia cowa

O

7-*O*-methylgarcinone E 7-*O*- 甲基藤黄新酮▲E 云树 Garcinia cowa, 莽吉柿 G. mangostana
3-*O*-methylgartanin 3-*O*- 甲基莽吉柿素▲ 莽吉柿 Garcinia mangostana
5-*O*-methylgenistein 5-*O*- 甲基染料木素 柘树 Cudrania tricuspidata, 绵三七 Eriosema himalaicum
5-*O*-methylgenistein-7-*O*-*β*-D-glucopyranoside 5-*O*- 甲基染料木素 -7-*O*-*β*-D- 吡喃葡萄糖苷 大叶山蚂蝗 Desmodium gangeticum, 绵三七 Eriosema himalaicum
4'-*O*-methylgenistein-7-*O*-*β*-D-rutinoside 4'-*O*- 甲基染料木素 -7-*O*-*β*-D- 芸香糖苷 水黄皮 Pongamia pinnata
3-*O*-methylgigantol 3-*O*- 甲基大叶兰酚 铁皮石斛 Dendrobium officinale
23-*O*-methylginsenoside-Rg_{11} 23-*O*- 甲基人参皂苷 Rg_{11} 人参 Panax ginseng
7-*O*-methylglabranin 7-*O*- 甲基光果甘草宁 洋甘草 Glycyrrhiza glabra
4'-*O*-methylglabridin 4'-*O*- 甲基光果甘草定 洋甘草 Glycyrrhiza glabra
1-*O*-methylglobuxanthone 1-*O*- 甲基小球合蕊木𠮿酮▲ 大叶藤黄 Garcinia xanthochymus
3-*O*-methylglycocitrine II 3-*O*- 甲基小花山小橘春碱▲II 小花山小橘 Glycosmis parviflora
O-methylglycosolone *O*- 甲基山小橘酮▲ 小花山小橘 Glycosmis parviflora, 山小橘 G. pentaphylla
5-*O*-methylglycyol 5-*O*- 甲基甘草酚 A 甘草 Glycyrrhiza uralensis
3-*O*-methylglycyrol 3-*O*- 甲基甘草酚 甘草 Glycyrrhiza uralensis
15-*O*-methylgraciliflorin F 15-*O*- 甲基细花线纹香茶菜素 F 细花线纹香茶菜 Isodon lophanthoides var. graciliflorus
(10*R*,20*R*)-4-*O*-methylguaiacylglycerol (10*R*,20*R*)-4-*O*- 甲基愈创木基甘油 汉城细辛 Asarum sieboldii
1-*O*-methyl-guaiacylglycerol 1-*O*- 甲基 - 愈创木基甘油 鸡肉参 Incarvillea mairei
O-methylhalfordinol *O*- 甲基哈氏芸香酚▲ 木橘 Aegle marmelos
7-*O*-methylhayatidine 7-*O*- 甲基海牙替定碱 轮环藤 Cyclea racemosa, 西南轮环藤 C. wattii
O-methylheraclenol *O*- 甲基独活醇 枳 Poncirus trifoliata
tert-*O*-methylheraclenol 叔 -*O*- 甲基独活醇 黄皮 Clausena lansium, 白亮独活 Heracleum candicans
10-*O*-methylhernovine 10-*O*- 甲基莲叶桐文碱▲ 云和新木姜子 Neolitsea aurata var. paraciculata
(5*R*)-*O*-methylhirsutanonol (5*R*)-*O*- 甲基辽东桤木酮醇▲ 日本桤木 Alnus japonica
(5*S*)-*O*-methylhirsutanonol (5*S*)-*O*- 甲基辽东桤木酮醇▲ 辽东桤木 Alnus hirsuta
4-*O*-methylhonokiol 4-*O*- 甲基和厚朴酚 厚朴 Houpoëa officinalis, 长喙厚朴 H. rostrata
7-*O*-methylhorminone 7-*O*- 甲基荷茗草酮▲ 狭基线纹香茶菜 Isodon lophanthoides var. gerardianus, 新疆鼠尾草 Salvia deserta
5-*O*-methylhoslundin 5-*O*- 甲基霍氏木素▲ 鬼针草 Bidens pilosa
10-*O*-methylhostasine 10-*O*- 甲基玉簪碱 玉簪 Hosta plantaginea
O-methylhydroxyptelefolonium *O*- 甲基羟基榆橘季铵碱▲ 榆橘 Ptelea trifoliata
1-*O*-methylinositol 1-*O*- 甲基肌醇 银桦 Grevillea robusta
2-*O*-methylinositol 2-*O*- 甲基肌醇 茶条木 Delavaya toxocarpa, 巴天酸模 Rumex patientia
1-*O*-methyl-inositol 1-*O*- 甲基 - 肌醇 小叶买麻藤 Gnetum parvifolium
L-(-)-2-*O*-methyl-inositol L-(-)-2-*O*- 甲基肌醇 止痢蚤草 Pulicaria dysenterica
O-methylismine *O*- 甲基秘鲁水仙碱▲ 花朱顶红 Hippeastrum vittatum
O-methylisoboldine *O*- 甲基异波尔定 高山唐松草 Thalictrum alpinum
O-methylisocorydine *O*- 甲基异紫堇定 樟叶木防己 Cocculus laurifolius
O-methylisocorydine methiodide *O*- 甲基异紫堇定甲碘化物 玉兰 Yulania denudata
(*Z*)-3'''-*O*-methylisocrenatoside (*Z*)-3'''-*O*- 甲基异圆齿列当苷 密生波罗花 Incarvillea compacta
5-*O*-methylisocurculigin 5-*O*- 甲基异大叶仙茅素 绒叶仙茅 Curculigo crassifolia
1-*O*-methylisocurculigine 1-*O*- 甲基异仙茅素 大叶仙茅 Curculigo capitulata
25-*O*-methylisodahurinol 25-*O*- 甲基异兴安升麻醇 小升麻 Cimicifuga japonica
2-*O*-methylisohemigossylic acid lactone 2-*O*- 甲基异半棉酸内酯 木棉 Bombax ceiba
2'-*O*-methylisoliquiritigenin 2'-*O*- 甲基异甘草苷元 知母 Anemarrhena asphodeloides, 降香 Dalbergia odorifera
7-*O*-methylisomucronulatol 7-*O*- 甲基异尖叶军刀豆酚▲ 蒙古黄耆 Astragalus penduliflorus
O-methylisopiline *O*- 甲基柔毛等瓣木碱▲ 毛叶假鹰爪 Desmos dumosus
4'-*O*-methylisoscutellarein-7-*O*-(6'''-*O*-acetyl-*β*-D-allopyranosyl)-(1''' → 2'')-*β*-D-glucopyranoside 4'-*O*- 甲基异高黄芩素 -7-*O*-(6'''-*O*- 乙酰基 -*β*-D- 吡喃阿洛糖基)-(1''' → 2'')-*β*-D- 吡喃葡萄糖苷 阿拉伯婆婆纳 Veronica persica
3-*O*-methylisotanapartholide 3-*O*- 甲基异短舌匹菊内酯▲ 湘赣艾 Artemisia gilvescens
3-*O*-methylkaempferol 3-*O*- 甲基山柰酚 白皮锦鸡儿 Caragana leucophloea, 延药睡莲 Nymphaea nouchali, 穗花牡荆 Vitex agnus-castus
7-*O*-methylkaempferol-3-*O*-*β*-rhamnoside 7-*O*- 甲基山柰酚 -3-*O*-*β*- 吡喃鼠李糖苷 帚枝鼠李 Rhamnus virgata
25-*O*-methylkaravilagenin D 25-*O*- 甲基苦瓜洛苷元▲D 苦瓜 Momordica charantia
trans-4'-*O*-methylkhellactone 反式 -4'-*O*- 甲基阿米芹内酯▲ 胀果芹 Phlojodicarpus sibiricus
cis-4'-*O*-methylkhellactone 顺式 -4'-*O*- 甲基阿米芹内酯▲ 胀果芹 Phlojodicarpus sibiricus
3-*O*-methyllactarolide 3-*O*- 甲基乳菇内酯 美味红菇 Russula delica
6-*O*-methyllaudanosoline-1-*O*-glucoside 6-*O*- 甲基鸦片尼索林碱▲-1-*O*- 葡萄糖苷 风龙 Sinomenium acutum
O-methyllaureolol *O*- 甲基月桂茵芋洛醇▲ 月桂茵芋 Skimmia laureola, 多脉茵芋 S. multinervia
2-*O*-methyl-L-*chiro*-inositol 2-*O*- 甲基 -L- 手性 - 肌醇 葫芦茶 Tadehagi triquetrum
O-methylleuconolam *O*- 甲基白汁藤内酰胺▲ 海南蕊木 Kopsia hainanensis

O

7-O-methylleucopelargonidin-3-monoglucofuranoside 7-O- 甲基白天竺葵素 -3- 单呋喃葡萄糖苷 珠仔树 Symplocos racemosa
2'-O-methyl-licodione 2'-O- 甲基 - 甘草二酮 刺果甘草 Glycyrrhiza pallidiflora
4'-O-methylliquiritigenin-7-O-α-L-rhamnopyranoside 4'-O- 甲基甘草苷元 -7-O-α-L- 吡喃鼠李糖苷 高盆樱桃 Cerasus cerasoides
3'-O-methylloniflavone 3'-O- 甲基忍冬黄酮▲ 忍冬 Lonicera japonica
O-methylluninium O- 甲基月芸香季铵碱▲ 榆橘 Ptelea trifoliata
7-O-methylluteone 7-O- 甲基羽扇豆异黄酮 甘草 Glycyrrhiza uralensis
O-methyllycorenine O- 甲基石蒜宁碱 玉簪 Hosta plantaginea, 水鬼蕉 Hymenocallis littoralis, 忽地笑 Lycoris aurea, 石蒜 L. radiata, 假水仙 Narcissus pseudonarcissus
O-methyllycorenine-N-oxide O- 甲基石蒜宁碱 -N- 氧化物 石蒜 Lycoris radiata
10-O-methylmacluraxanthone 10-O- 甲基桑橙呫吨酮▲ 红芽木 Cratoxylum formosum subsp. pruniflorum
O-methylmacusine B 甲氧基毒马钱辛碱▲B 吕宋果 Strychnos ignatii
3-O-methylmagnolol 3-O- 甲基厚朴酚 长喙厚朴 Houpoëa rostrata
O-methylmahanine O- 甲基马汉九里香宁碱 调料九里香 Murraya koenigii
7-O-methylmangiferin 7-O- 甲基杧果苷 香港远志 Polygala hongkongensis, 远志 P. tenuifolia
6-O-methylmangostanin 6-O- 甲基倒捻子宁 云树 Garcinia cowa, 莽吉柿 G. mangostana
3-O-methylmangostenone D 3-O- 甲基倒捻子烯酮▲D 黄牛木 Cratoxylum cochinchinense
5-O-methylmarcanine D 5-O- 甲基马氏哥纳香碱▲D 圆滑番荔枝 Annona glabra
7'-O-methylmarmin 7'-O- 甲基木橘素 木橘 Aegle marmelos
5'-O-methylmelledonal 5'-O- 甲基蜜环菌醛▲ 蜜环菌 Armillaria mellea
4-O-methylmelleolide 4-O- 甲基蜜环菌酯▲ 蜜环菌 Armillaria mellea
(23R*)-23-O-methylmomordicin IV (23R*)-23-O- 甲基苦瓜素 IV 苦瓜 Momordica charantia
8-O-methylmonotropein methyl ester 8-O- 甲基水晶兰苷甲酯 栀子 Gardenia jasminoides
(7α)-7-O-methylmorroniside (7α)-7-O- 甲基莫罗忍冬苷 蔓长春花 Vinca major
7R-O-methylmorroniside 7R-O- 甲基莫罗忍冬苷 山茱萸 Cornus officinalis
7S-O-methylmorroniside 7S-O- 甲基莫罗忍冬苷 山茱萸 Cornus officinalis
O-methylmoschatoline O- 甲基芒籽碱 鹰爪花 Artabotrys hexapetalus, 依兰 Cananga odorata, 毛叶假鹰爪 Desmos dumosus, 瓜馥木 Fissistigma oldhamii, 黄兰 Michelia champaca, 斜脉暗罗 Polyalthia plagioneura
2-O-methylmuketanin 2-O- 甲基 -2,5- 二羟基 -3- 甲基 -6- 十一烷基 -1,4- 苯醌 铁仔 Myrsine africana
O-methylmukonal O- 甲基调料九里香醛▲ 假黄皮 Clausena excavata
O-methylmurrayamine A O- 甲基九里香胺 A 调料九里香 Murraya koenigii
1-O-methyl-myo-inositol 1-O- 甲基 - 肌肉肌醇 文冠果 Xanthoceras sorbifolium
D-1-O-methyl-myo-inositol D-1-O- 甲基 - 肌肉肌醇 荔枝 Litchi chinensis
4'-O-methylmyricetin-3-O-(6-O-α-L-rhamnopyranoside)-β-D-glucopyranoside 4'-O- 甲基杨梅素 -3-O-(6-O-α-L- 吡喃鼠李糖基)-β-D- 吡喃葡萄糖苷 银杏 Ginkgo biloba
4'-O-methylmyricetin-3-O-[4''-O-β-D-galactopyranosyl]-β-D-galactopyranoside 4'-O- 甲基杨梅素 -3-O-[4''-O-β-D- 吡喃半乳糖基]-β-D- 吡喃半乳糖苷 黄荆 Vitex negundo
7-O-methylmyricetin-3-O-α-L-arabinofuranoside 7-O- 甲基杨梅素 -3-O-α-L- 呋喃阿拉伯糖苷 雀梅藤 Sageretia thea
3-O-methylmyricetin-3'-O-β-D-xylopyranoside 3-O- 甲基杨梅素 -3'-O-β-D- 吡喃木糖苷 翼蓼 Pteroxygonum giraldii
5-O-methylnaringenin 5-O- 甲基柚皮苷元 云南草蔻 Alpinia blepharocalyx
4'-O-methylnaringin 4'-O- 甲基柚皮苷 细刺枸骨 Ilex hylonoma
6-O-methyl-N-deacetylipecosidic acid 6-O- 甲基 -N- 去乙酰吐根苷酸▲ 毛八角枫 Alangium kurzii
15-O-methylneovibsanin F 15-O- 甲基新荚蒾宁 F 日本珊瑚树 Viburnum odoratissimum var. awabuki
2-O-methylneovibsanin H 2-O- 甲基新荚蒾宁 H 日本珊瑚树 Viburnum odoratissimum var. awabuki
2-O-methylneovibsanin I 2-O- 甲基新荚蒾宁 I 日本珊瑚树 Viburnum odoratissimum var. awabuki
12-O-methylnimbolinin A 12-O- 甲基印楝波力宁▲A 楝 Melia azedarach
12-O-methylnimbolinin B 12-O- 甲基印楝波力宁▲B 川楝 Melia toosendan
2-O-methylnimbolinin B 2-O- 甲基印楝波力宁▲B 楝 Melia azedarach
3-O-methylniveusin A 3-O- 甲基雪叶向日葵素▲A 向日葵 Helianthus annuus
(-)-O-methyl-N-norlirinine (-)-O- 甲基 -N- 降鹅掌楸宁 鹰爪花 Artabotrys hexapetalus
2-O-methylnordivaricatic acid 2-O- 甲基降柔扁枝衣酸 柔扁枝衣 Evernia divaricata
3-O-methylnormangostin 3-O- 甲基降倒捻子素 莽吉柿 Garcinia mangostana
O-methylnotopterol O- 甲基羌活醇 羌活 Notopterygium incisum
7'-O-methylnotoptol 7'-O- 甲基异羌活醇▲ 羌活 Notopterygium incisum
(1R,2R)-1-O-methylnyasicoside (1R,2R)-1-O- 甲基尼亚小金梅草苷▲ 绒叶仙茅 Curculigo crassifolia
(1S,2R)-1-O-methylnyasicoside (1S,2R)-1-O- 甲基尼亚小金梅草苷▲ 绒叶仙茅 Curculigo crassifolia
(1S,2R)-O-methylnyasicoside (1S,2R)-O- 甲基尼亚小金梅草苷▲ 大叶仙茅 Curculigo capitulata
1-O-methylnyasicoside 1-O- 甲基尼亚小金梅草苷▲ 大叶仙茅 Curculigo capitulata
(-)-(R)-4'-O-methylnyasol (-)-(R)-4'-O- 甲基尼亚金梅草酚▲ 海桑 Sonneratia caseolaris
(+)-4'-O-methylnyasol (+)-4'-O- 甲基尼亚小金梅草酚▲ 羊齿天门冬 Asparagus filicinus

O

4'-*O*-methylnyasol 4'-*O*- 甲基尼亚小金梅草酚▲ 知母 Anemarrhena asphodeloides
(-)-4'-*O*-methyl-nyasol (-)-4'-*O*- 甲基尼亚小金梅草酚▲ 车前状垂头菊 Cremanthodium ellisii
(-)-8-*O*-methyloblongine (-)-8-*O*- 甲基长圆叶小檗碱▲ 山鸡椒 Litsea cubeba
O-methyloduline *O*- 甲基香水仙灵 假水仙 Narcissus pseudonarcissus
4-*O*-methylokanin-4'-*O*-(6'-*O*-acetyl-2''-*O*-caffeoyl-*β*-D-glucopyranoside) 4- 甲氧基圆盘豆素▲-4'-*O*-(6'-*O*- 乙酰基 -2''-*O*- 咖啡酰基 -*β*-D- 吡喃葡萄糖苷）大狼杷草 Bidens frondosa
4-*O*-methylokanin-4'-*O*-(6''-*O*-*p*-coumaroyl-*β*-D-glucopyranoside) 4- 甲氧基圆盘豆素▲-4'-*O*-(6''-*O*- 对香豆酰基 -*β*-D- 吡喃葡萄糖苷）大狼杷草 Bidens frondosa
4-*O*-methylokanin-4'-*O*-acetyl-*β*-D-glucopyranoside) 4- 甲氧基圆盘豆素▲-4'-*O*- 乙酰基 -*β*-D- 吡喃葡萄糖苷）大狼杷草 Bidens frondosa
6'-*O*-methyloleuropein 6'-*O*- 甲基油橄榄苦苷 木犀榄 Olea europaea
4-*O*-methylolivetoric acid 4-*O*- 甲基橄榄斑叶酸▲ 雀石蕊 Cladonia stellaris
(+)-3'-*O*-methylorixine (+)-3'-*O*- 臭常山碱 臭常山 Orixa japonica
3'-*O*-methylorobol 3'-*O*- 甲基香豌豆酚▲ 背扁黄耆 Astragalus complanatus, 构棘 Cudrania cochinchinensis, 柘树 C. tricuspidata, 鳢肠 Eclipta prostrata, 千斤拔 Flemingia philippinensis, 黄菖蒲 Iris pseudacorus
7-*O*-methylorobol 7-*O*- 甲基香豌豆酚▲ 蝴蝶花（模式变型）Iris japonica
3'-*O*-methylorobol-7-*O*-glucopyranoside 3'-*O*- 甲基香豌豆酚▲-7-*O*- 吡喃葡萄糖苷 背扁黄耆 Astragalus complanatus
3'-*O*-methylorobol-7-*O*-*β*-D-glucopyranoside 3'-*O*- 甲基香豌豆酚▲-7-*O*-*β*-D- 吡喃葡萄糖苷 千斤拔 Flemingia philippinensis
4-*O*-methyloxypaeoniflorin 4-*O*- 甲基氧化芍药苷 牡丹 Paeonia suffruticosa
3-*O*-methylpaeoniflorin 3-*O*- 甲基芍药苷 芍药 Paeonia lactiflora
4-*O*-methylpaeoniflorin 4-*O*- 甲基芍药苷 芍药 Paeonia lactiflora, 牡丹 P. suffruticosa
3-*O*-methylpaeonisuffral 3-*O*- 甲基牡丹醛▲ 牡丹 Paeonia suffruticosa
(31*R*)-31-*O*-methylpassiflorine (31*R*)-31-*O*- 甲基西番连碱 鸡蛋果 Passiflora edulis
(31*S*)-31-*O*-methylpassiflorine (31*S*)-31-*O*- 甲基西番连碱 鸡蛋果 Passiflora edulis
7-*O*-methylpelargonidin-3-*O*-[6-*O*-(*α*-rhamnopyranosyl)-*β*-galactopyranoside] 7-*O*- 甲基天竺葵素 -3-*O*-[6-*O*-(*α*- 吡喃鼠李糖基)-*β*- 吡喃半乳糖苷] 长春花 Catharanthus roseus
7-*O*-methylpelargonidin-3-*O*-*β*-galactopyranoside 7-*O*- 甲基天竺葵素 -3-*O*-*β*- 吡喃半乳糖苷 长春花 Catharanthus roseus
(*S*)-7-*O*-methyl-peucedanol-3'-*O*-*β*-D-apiofuranosyl-(1 → 6)-*β*-D-glucopyranoside (*S*)-7-*O*- 甲基前胡醇 -3'-*O*-*β*-D- 呋喃芹糖基 -(1 → 6)-*β*-D- 吡喃葡萄糖苷 珊瑚菜 Glehnia littoralis
(*S*)-7-*O*-methylpeucedanol-3'-*O*-*β*-D-glucopyranoside (*S*)-7-*O*- 甲基前胡醇 -3'-*O*-*β*-D- 吡喃葡萄糖苷 珊瑚菜 Glehnia littoralis
7-*O*-methylphellodenol B 7-*O*- 甲基黄柏烯醇 B 蛇床 Cnidium monnieri
4-*O*-methylphloracetophenone 4-*O*- 甲基根皮酚乙酮 兴安杜鹃花 Rhododendron dauricum
3-*O*-methylphysalin X 3-*O*- 甲基酸浆素 X 挂金灯 Physalis alkekengi var. francheti
4'-*O*-methylpiceid 4'-*O*- 甲基云杉新苷 掌叶大黄 Rheum palmatum
7-*O*-methyl-platypterophthalide 7-*O*- 甲基阔翼蜡菊苯酞▲ 乳白香青 Anaphalis lactea
(1*R*,2*S*,5*R*,6*R*)-5'-*O*-methylpluviatilol (1*R*,2*S*,5*R*,6*R*)-5'-*O*- 甲基雨花椒酚▲ 辽细辛 Asarum heterotropoides var. mandshuricum, 汉城细辛 A. sieboldii
O-methylpongamol *O*- 甲基水黄皮二酮 灰毛豆 Tephrosia purpurea
O-methylpraecoxine methiodide *O*- 甲基大果山胡椒辛碱▲ 甲碘化物 玉兰 Yulania denudata
21-*O*-methyl-pregn-5-ene-3*β*,14*β*,17*β*,21-tetraol-20-one 21-*O*- 甲基 - 孕甾 -5- 烯 -3*β*,14*β*,17*β*,21- 四醇 -20- 酮 杠柳 Periploca sepium
6-*O*-methylpropanoyl-*α*-D-glucopyranoside 6-*O*- 甲基丙酰基 -*α*-D- 吡喃葡萄糖苷 喙果黑面神 Breynia rostrata
7-*O*-methylpseudobaptigenin 7-*O*- 甲基伪赝靛苷元 槐 Sophora japonica
O-methylptelefolonium *O*- 甲基榆橘季铵碱▲ 榆橘 Ptelea trifoliata
O-methylpunjabine *O*- 甲基旁遮普小檗碱▲ 台湾千金藤 Stephania merrillii
3'-*O*-methylquercetin 3'-*O*- 甲基槲皮素 天胡荽 Hydrocotyle sibthorpioides
3-*O*-methylquercetin 3-*O*- 甲基槲皮素 鄂羊蹄甲 Bauhinia glauca subsp. hupehana, 白皮锦鸡儿 Caragana leucophloea, 小果皂荚 Gleditsia australis, 麻疯树 Jatropha curcas, 延药睡莲 Nymphaea nouchali, 尖头瓶尔小草 Ophioglossum pedunculosum, 头花蓼 Polygonum capitatum, 毛梗豨莶 Sigesbeckia glabrescens, 文冠果 Xanthoceras sorbifolium
4'-*O*-methylquercetin 4'-*O*- 甲基槲皮素 洋葱 Allium cepa
3'-*O*-methyl-quercetin-3-glucoside 3'-*O*- 甲基槲皮素 -3- 葡萄糖苷 铁仔 Myrsine africana
3'-*O*-methylquercetin-3-rutinoside 3'-*O*- 甲基槲皮素 -3- 芸香糖苷 铁仔 Myrsine africana
3-*O*-methylquercetin-4',7-di-*O*-*β*-D-glucopyranoside 3-*O*- 甲基槲皮素 -4',7- 二 -*O*-*β*-D- 吡喃葡萄糖苷 尖头瓶尔小草 Ophioglossum pedunculosum
3-*O*-methylquercetin-4'-*O*-*β*-D-glucopyranoside 3-*O*- 甲基槲皮素 -4'-*O*-*β*-D- 吡喃葡萄糖苷 尖头瓶尔小草 Ophioglossum pedunculosum
3-*O*-methylquercetin-4'-*O*-*β*-D-glucopyranoside-7-[*O*-*β*-D-glucopyranosyl-(1 → 2)-*β*-D-glucopyranoside 3-*O*- 甲基槲皮素 -4'-*O*-*β*-D- 吡喃葡萄糖苷 -7-[*O*-*β*-D- 吡喃葡萄糖基 -(1 → 2)-*β*-D- 吡喃葡萄糖苷 尖头瓶尔小草 Ophioglossum pedunculosum
3-*O*-methylquercetin-7-[*O*-*β*-D-glucopyranosyl-(1 → 2)-*β*-D-glucopyranoside] 3-*O*- 甲基槲皮素 -7-[*O*-*β*-D- 吡喃葡萄糖基 -(1 → 2)-*β*-D- 吡喃葡萄糖苷] 尖头瓶尔小草 Ophioglossum pedunculosum
3-*O*-methylquercetin-7-*O*-[α-L-rhamnopyranosyl-(1 → 2)-glucopyranoside] 3-*O*- 甲基 - 槲皮素 -7-*O*-[α-L- 吡喃鼠李糖基 -(1 → 2)- 吡喃葡萄糖苷] 矮桃 Lysimachia clethroides

O

3-*O*-methylquercetin-7-*O*-di-glucoside-4'-*O*-glucoside 3-*O*- 甲基槲皮素 -7-*O*- 二 - 葡萄糖 -4'-*O*- 葡萄糖苷 瓶尔小草 Ophioglossum vulgatum
3-*O*-methylquercetin-7-*O*-*β*-D-glucopyranoside 3-*O*- 甲基槲皮素 -7-*O*-*β*-D- 吡喃葡萄糖苷 尖头瓶尔小草 Ophioglossum pedunculosum, 仙人掌 Opuntia stricta var. dillenii
trans-3-*O*-methyl-resveratrol-2-*C*-*β*-glucopyranoside 反式 -3-*O*- 甲基 - 白藜芦醇 -2-*C*-*β*- 吡喃葡萄糖苷 白粉藤 Cissus repens
cis-3-*O*-methyl-resveratrol-2-*C*-*β*-glucopyranoside 顺式 -3-*O*- 甲基 - 白藜芦醇 -2-*C*-*β*- 吡喃葡萄糖苷 白粉藤 Cissus repens
(*E*)-3-*O*-methylresveratrol-5-*O*-*α*-L-rhamnopyranosyl-(1 → 6)-*β*-D-2''-[(*E*)-feruloyl]glucopyranoside (*E*)-3-*O*- 甲基白藜芦醇 -5-*O*-*α*-L- 吡喃鼠李糖基 -(1 → 6)-*β*-D-2''-[(*E*)- 咖啡酰基] 吡喃葡萄糖苷 短柄五加 Eleutherococcus brachypus
(*E*)-3-*O*-methyl-resveratrol-5-*O*-*β*-D-apiofuranosyl-(1 → 6)-*β*-D-(2''-vanilloyl)glucopyranoside (*E*)-3-*O*- 甲基白藜芦醇 -5-*O*-*β*-D- 呋喃芹糖基 -(1 → 6)-*β*-D-(2''- 香荚兰酰)- 吡喃葡萄糖苷 短柄五加 Eleutherococcus brachypus
8-*O*-methylretusin 8-*O*- 甲基微凹黄檀素▲ 毛相思子 Abrus mollis, 紫穗槐 Amorpha fruticosa, 罗布麻 Apocynum venetum, 香花崖豆藤 Callerya dielsiana, 丰城崖豆藤 C. nitida var. hirsutissima, 翅荚香槐 Cladrastis platycarpa, 台湾山豆根 Euchresta formosana, 伏毛山豆根 E. horsfieldii, 甘草 Glycyrrhiza uralensis, 云南甘草 G. yunnanensis, 朝鲜槐 Maackia amurensis, 白花油麻藤 Mucuna birdwoodiana, 越南槐 Sophora tonkinensis
8-*O*-methylretusin-7-*O*-*β*-D-glucopyranoside 8-*O*- 甲基微凹黄檀素▲-7-*O*-*β*-D- 吡喃葡萄糖苷 毛相思子 Abrus mollis
8-*O*-methylretusin-7-*O*-*β*-glucopyranosylglucoside 8-*O*- 甲基微凹黄檀素▲-7-*O*-*β*- 吡喃葡萄糖基葡萄糖苷 翅荚香槐 Cladrastis platycarpa
(-)-*O*-methylroehybridine (-)-*O*- 甲基紫花疆罂粟定▲ 紫花疆罂粟 Roemeria hybrida
(-)-*O*-methylroemeridine (-)-*O*- 甲基疆罂粟定▲ 紫花疆罂粟 Roemeria hybrida
7-*O*-methylrutin 7-*O*- 甲基芦丁 银桦 Grevillea robusta
7-*O*-methylsalicin 7-*O*- 甲基水杨苷 三裂瓜木 Alangium platanifolium var. trilobum
4-*O*-methylsappanol 4-*O*- 甲基苏木醇 苏木 Caesalpinia sappan
4-*O*-methylsaurucinol H 4-*O*- 甲基三白草新醇▲H 三白草 Saururus chinensis
6-*O*-methylscandoside methyl ester 6-*O*- 甲基鸡矢藤次苷甲酯 栀子 Gardenia jasminoides, 纤花耳草 Hedyotis tenelliflora
6-*O*-methylscorzocreticoside I 6-*O*- 甲基克里特鸦葱苷▲I 蒜叶婆罗门参 Tragopogon porrifolius
7-*O*-methylscutellarein 7-*O*- 甲基高黄芩素 甘青青兰 Dracocephalum tanguticum
4'-*O*-methylscutellarin-6-*O*-apiosylgalactopyranoside 4'-*O*- 甲基高黄芩苷 -6-*O*- 芹糖基吡喃半乳糖苷 猫爪藤 Macfadyena unguis-cati
O-methylsecoschelhammericine *O*- 甲基裂环谢氏百合辛碱▲ 高山三尖杉 Cephalotaxus fortunei var. alpina
O-methylshinpterocarpin *O*- 甲基新疆甘草紫檀素 洋甘草 Glycyrrhiza glabra
O-methylsolanocapsine *O*- 甲基珊瑚樱碱▲ 珊瑚樱 Solanum pseudocapsicum
22-*O*-methylsophoradiol 22-*O*- 甲基槐二醇 葛 Pueraria montana var. lobata
9a-*O*-methylstemoenonine 9a-*O*- 甲基百部烯碱▲ 大百部 Stemona tuberosa
14-*O*-methylsuaveolic acid 14-*O*- 甲基山香酸▲ 山香 Hyptis suaveolens
4-*O*-methylsuffrupaeoniflorin B 4-*O*- 甲基牡丹芍药苷▲B 牡丹 Paeonia suffruticosa
(+)-(7*S*)-7-*O*-methylsydonic acid (+)-(7*S*)-7-*O*- 甲基赛氏曲霉酸▲ 海漆 Excoecaria agallocha
1-*O*-methylsymphoxanthone 1-*O*- 甲基合蕊木𠮿酮▲ 大叶藤黄 Garcinia xanthochymus
O-methyltembamide *O*- 甲基冬崖椒酰胺▲ 椿叶花椒 Zanthoxylum ailanthoides
7''-*O*-methyltetrahydrohinokiflavone 7''-*O*- 甲基四氢扁柏黄酮 翠云草 Selaginella uncinata
(-)-*O*-methylthaicanine (-)-*O*- 甲基泰加连蕊藤碱▲ 连蕊藤 Parabaena sagittata
O-methylthalibrine *O*- 甲基罗氏唐松草碱 大叶唐松草 Thalictrum faberi, 金丝马尾连 T. glandulosissimum, 亚欧唐松草 T. minus
(+)-*O*-methylthalicberine (+)-*O*- 甲基马尾黄连碱 高原唐松草 Thalictrum cultratum
O-methylthalicberine *O*- 甲基马尾黄连碱 大叶唐松草 Thalictrum faberi, 黄唐松草 T. flavum, 腺毛唐松草 T. foetidum, 华东唐松草 T. fortunei, 亚欧唐松草 T. minus, 东亚唐松草 T. minus var. hypoleucum
(-)-*O*-methylthalisopavine (-)-*O*- 甲基唐松草异帕文碱▲ 野罂粟 Papaver nudicaule
O-methylthalmethine *O*- 甲基亚欧唐松草美辛▲ 亚欧唐松草 Thalictrum minus
(-)-*O*-methylthalmine (-)-*O*- 甲基唐松草明碱 高原唐松草 Thalictrum cultratum
8-*O*-methyltianmushanol 8-*O*- 甲基天目金粟兰醇▲ 狭叶金粟兰 Chloranthus angustifolius
21-*O*-methyltoosendapentol 21-*O*- 甲基川楝烯五醇 川楝 Melia toosendan
3'-*O*-methyltricin-7-*O*-*β*-D-glucuronopyranoside 3'-*O*- 甲基小麦黄素 -7-*O*-*β*-D- 吡喃葡萄糖醛酸苷 紫苜蓿 Medicago sativa
O-methyltylophorinidine *O*- 甲基娃儿藤定碱 对叶榕 Ficus hispida, 娃儿藤 Tylophora ovata
7-*O*-methylunonal 7- 甲氧基假番荔枝醛▲ 落葵薯 Anredera cordifolia
3'-*O*-methylvaginol 3'-*O*- 甲基鞘亮蛇床醇▲ 蛇床 Cnidium monnieri
18-*O*-methylvibsanin G 18-*O*- 甲基荚蒾宁 G 珊瑚树 Viburnum odoratissimum
18-*O*-methylvibsanin K 18-*O*- 甲基荚蒾宁 K 日本珊瑚树 Viburnum odoratissimum var. awabuki
9'-*O*-methylvibsanol 9'-*O*- 甲基荚蒾散醇 日本珊瑚树 Viburnum odoratissimum var. awabuki, 鸡树条荚蒾 V. opulus var. calvescens
O-methylvincanol *O*- 甲基蔓长春花醇▲ 奶子藤 Bousigonia mekongensis
(3*R*)-3'-*O*-methylviolanone (3*R*)-3'-*O*- 甲基堇紫黄檀酮▲ 降香 Dalbergia odorifera
5-*O*-methylvisamminol 5-*O*- 甲基阿米芹诺醇▲ 防风 Saposhnikovia divaricata
12-*O*-methylvolkensin 12-*O*- 甲基沃氏藤黄辛 楝 Melia azedarach, 川楝 M. toosendan
5-*O*-methylwithaphysalin R 5-*O*- 甲基睡茄酸浆素 R 小酸浆 Physalis minima
7-*O*-methylwogonin 7-*O*- 甲基汉黄芩素 穿心莲 Andrographis paniculata, 苦郎树 Clerodendrum inerme, 有梗石龙尾 Limnophila indica,

杠板归 Polygonum perfoliatum, 旱柳 Salix matsudana, 半枝莲 Scutellaria barbata

7-*O*-methylwogonin-5-glucoside 7-*O*- 甲基汉黄芩素 -5- 葡萄糖苷 穿心莲 Andrographis paniculata

4'-*O*-methylxanthohumol 4'-*O*- 甲基酒花黄酚 ▲ 啤酒花 Humulus lupulus

5-*O*-methylxanthone V_1 5-*O*- 甲基𠮿酮 V_1 单花山竹子 Garcinia oligantha, 金丝李 G. paucinervis

17*α*-*O*-methylyohimbine 17*α*-*O*- 甲基育亨宾碱 水甘草 Amsonia elliptica

3'-*O*-methyl-*α*, *β*-dihydrorhaponticin 3'-*O*- 甲基 -*α*, *β*- 二氢土大黄苷 黄花婆罗门参 Tragopogon orientalis

O-methyl-Δ^{14}-epivincanol *O*- 甲基 -Δ^{14}- 表蔓长春花醇 ▲ 奶子藤 Bousigonia mekongensis

O-methyl-Δ^{14}-vincanol *O*- 甲基 -Δ^{14}- 蔓长春花醇 ▲ 薄叶山橙 Melodinus tenuicaudatus, 雷打果 M. yunnanensis

2'-*O*-*m*-hydroxybenzoylswertiamarin 2'-*O*- 间羟基苯甲酰獐牙菜苦素 西南獐牙菜 Swertia cincta

omphalocarpin 脐果九里香卡品 ▲ 千里香 Murraya paniculata

1-*O*-myristoyl-3-*O*-(6'sulfo-*α*D-quinovopyranosyl)glycerol 1-*O*- 肉豆蔻酰基 -3-*O*-(6'- 硫代 -*α*-*D*- 吡喃鸡纳糖基) 甘油 羊栖菜 Hizikia fusiformis

6-*O*-myristoylsucrose 6-*O*- 肉豆蔻酰蔗糖 黄耆 Astragalus penduliflorus subsp. mongholicus var. dahuricus

13-*O*-myristyl-20-*O*-acetyl-12-deoxyphorbol 13-*O*- 肉豆蔻酰基 -20-*O*- 乙酰基 -12- 去氧佛波醇 石栗 Aleurites moluccana

(23*S*)-21*R*-*O*-*n*-butyl-19-oxo-3*β*,20*ξ*,21-trihydroxy-21,23-epoxydammar-24-ene-3-*O*-[*α*-L-rhamnopyranosyl-(1 → 2)][*β*-D-xylopyranosyl-(1 → 3)]-*α*-L-arabinopyranoside (23*S*)-21*R*-*O*- 正丁基 -19- 氧代 -3*β*,20*ξ*,21- 三羟基 -21,23- 环氧达玛 -24- 烯 -3-*O*-[*α*-L- 吡喃鼠李糖基 -(1 → 2)][*β*-D- 吡喃木糖基 -(1 → 3)]-*α*-L- 吡喃阿拉伯糖苷 绞股蓝 Gynostemma pentaphyllum

(23*S*)-21*S*-*O*-*n*-butyl-19-oxo-3*β*,20*ξ*,21-trihydroxy-21,23-epoxydammar-24-ene-3-*O*-[*α*-L-rhamnopyranosyl-(1 → 2)][*β*-D-xylopyranosyl-(1 → 3)]-*α*-L-arabinopyranoside (23*S*)-21*S*-*O*- 正丁基 -19- 氧代 -3*β*,20*ξ*,21- 三羟基 -21,23- 环氧达玛 -24- 烯 -3-*O*-[*α*-L- 吡喃鼠李糖基 -(1 → 2)][*β*-D- 吡喃木糖基 -(1 → 3)]-*α*-L- 吡喃阿拉伯糖苷 绞股蓝 Gynostemma pentaphyllum

(23*S*)-21*S*-*O*-n-butyl-3*β*,20*ξ*,21-trihydroxy-21,23-epoxydammar-24-ene-3-*O*-[*α*-L-rhamnopyranosyl-(1 → 2)][*β*-D-xylopyranosyl-(1 → 3)]-*β*-D-glucopyranoside (23*S*)-21*S*-*O*- 正丁基 -3*β*,20*ξ*,21- 三羟基 -21,23- 环氧达玛 -24- 烯 -3-*O*-[*α*-L- 吡喃鼠李糖基 -(1 → 2)][*β*-D- 吡喃木糖基 -(1 → 3)]-*β*-D- 吡喃葡萄糖苷 绞股蓝 Gynostemma pentaphyllum

(23*S*)-21*R*-*O*-*n*-butyl-3*β*,20*ξ*,21-trihydroxy-21,23-epoxydammar-24-ene-3-*O*-[*α*-L-rhamnopyranosyl-(1 → 2)][*β*-D-xylopyranosyl-(1 → 3)]-*β*-D-glucopyranoside (23*S*)-21*R*-*O*- 正丁基 -3*β*,20*ξ*,21- 三羟基 -21,23- 环氧达玛 -24- 烯 -3-*O*-[*α*-L- 吡喃鼠李糖基 -(1 → 2)][*β*-D- 吡喃木糖基 -(1 → 3)]-*β*-D- 吡喃葡萄糖苷 绞股蓝 Gynostemma pentaphyllum

23(*S*)-21(*R*)-*O*-n-butyl-3*β*,20*ξ*-dihydroxy-21,23-epoxydammar-24-ene-3-*O*-*α*-L-rhamnopyranosyl-(1 → 2)-[*β*-D-xylopyranosyl-(1 → 3)]-*β*-D-arabinopyranoside 23(*S*)-21(*R*)-*O*- 正丁基 -3*β*,20*ξ*- 二羟基 -21,23- 环氧达玛 -24- 烯 -3-*O*-*α*-L- 吡喃鼠李糖基 -(1 → 2)-[*β*-D- 吡喃木糖基 -(1 → 3)]-*β*-D- 吡喃阿拉伯糖苷 绞股蓝 Gynostemma pentaphyllum

oncosepalin A, B 隆萼当归素 ▲A, B 隆萼当归 Angelica oncosepala

3-onecycloartane 3- 酮基 - 环菠萝蜜烷 桑黄 Phellinus igniarius

12-*O*-neodecanoyl-7-oxo-5-ene-phorbol-13-acetate 12-*O*- 新十碳酰基 -7- 氧代 -5- 烯 - 佛波醇 -13- 乙酸酯 芫花 Daphne genkwa

O

12-*O*-nicotinoyl-20-cinnamoyl-dihydrosarcostin-3-*O*-*β*-D-thevetopyranosyl-(1 → 4)-*β*-D-oleandropyranosyl-(1 → 4)-*β*-D-cymaropyranoside 12-*O*- 烟酰基 -20- 桂皮酰基 - 二氢肉珊瑚素 ▲-3-*O*-*β*-D- 吡喃磁麻糖基 -(1 → 4)-*β*-D- 吡喃夹竹桃糖基 -(1 → 4)-*β*-D- 吡喃磁麻糖苷 贯筋藤 Dregea sinensis var. corrugata

6-*O*-nicotinoyl-7-*O*-acetylscutebarbatine G 6-*O*- 烟酰基 -7-*O*- 乙酰半枝莲碱 G 半枝莲 Scutellaria barbata, 沙滩黄芩 S. strigillosa

6-*O*-nicotinoylbarbatin A 6-*O*- 烟酰半枝莲亭素 ▲A 半枝莲 Scutellaria barbata, 沙滩黄芩 S. strigillosa

8-*O*-nicotinoylbarbatin A 8-*O*- 烟酰半枝莲亭素 ▲A 半枝莲 Scutellaria barbata

12-*O*-nicotinoylsarcostin-3-*O*-*β*-L-cymaropyranosyl-(1 → 4)-*β*-D-cymaropyranosyl-(1 → 4)-*α*-L-diginopyranosyl-(1 → 4)-*β*-D-cymaropyranoside 12-*O*- 烟酰肉珊瑚素 ▲-3-*O*-*β*-L- 吡喃磁麻糖基 -(1 → 4)-*β*-D- 吡喃磁麻糖基 -(1 → 4)-*α*-L- 吡喃洋地黄糖基 -(1 → 4)-*β*-D- 吡喃磁麻糖苷 白首乌 Cynanchum bungei

6-*O*-nicotinoylscutebarbatine G 6-*O*- 烟酰半枝莲碱 G 半枝莲 Scutellaria barbata

7-*O*-nicotinoylscutebarbatine H 7-*O*- 烟酰半枝莲碱 H 半枝莲 Scutellaria barbata

6-*O*-nicotinoyl-*α*-D-glucopyranose 6-*O*- 烟酰基 -*α*-D- 葡萄糖 古钩藤 Cryptolepis buchananii

onikulactone 草苁蓉新内酯 ▲ 草苁蓉 Boschniakia rossica

onitin 金粉蕨亭 ▲ 金毛狗 Cibotium barometz, 凤丫蕨 Coniogramme japonica, 姬蕨 Hypolepis punctata

onitin-15-*O*-*β*-D-glucopyranoside 金粉蕨亭 ▲-15-*O*-*β*-D- 吡喃葡萄糖苷 金毛狗 Cibotium barometz

onitin-2'-*O*-*β*-D-alloside 金粉蕨亭 ▲-2'-*O*-*β*-D- 阿洛糖苷 金毛狗 Cibotium barometz, 凤丫蕨 Coniogramme japonica

onitin-2'-*O*-*β*-D-glucoside 金粉蕨亭 ▲-2'-*O*-*β*-D- 葡萄糖苷 金毛狗 Cibotium barometz, 凤丫蕨 Coniogramme japonica

onitioside A 金粉蕨苷 A 碗蕨 Dennstaedtia scabra

onitisin 金粉蕨辛 碗蕨 Dennstaedtia scabra

onitisin-2'-*O*-*β*-D-glycoside 金粉蕨辛 -2'-*O*-*β*-D- 葡萄糖苷 傅氏凤尾蕨 Pteris fauriei

onjisaponin 远志皂苷 A, B, E, F, Fg, G, H, J, L, Ng, O, R, V, Vg, W, Wg, X, Y, Z 远志 Polygala tenuifolia

onjixanthone I, II 小草𠮿酮 ▲I, II 远志 Polygala tenuifolia

onocera-7,13-diene 芒柄花 -7,13- 二烯 伏石蕨 Lemmaphyllum microphyllum

onocera-7,14(27)-diene 芒柄花 -7,14(27)- 二烯 伏石蕨 Lemmaphyllum microphyllum

onocera-7,14-diene 芒柄花 -7,14- 二烯 伏石蕨 Lemmaphyllum microphyllum

onocera-8,14(27)-diene 芒柄花 -8,14(27)- 二烯 伏石蕨 Lemmaphyllum microphyllum

α-onoceradiene *α*- 芒柄花二烯 伏石蕨 Lemmaphyllum microphyllum

β-onoceradiene *β*- 芒柄花二烯 伏石蕨 Lemmaphyllum microphyllum
α-onoceradienedione *α*- 芒柄花二烯二酮 石松 Lycopodium japonicum
onoceranoxide 倒卵伏石蕨芒柄花环氧萜 倒卵伏石蕨 Lemmaphyllum microphyllum var. obovatum
α-onocerin *α*- 芒柄花灵 ▲ 扁枝石松 Diphasiastrum complanatum, 东北石松 Lycopodium clavatum, 石松 L. japonicum, 玉柏 L. obscurum, 沙针 Osyris quadripartita, 垂穗石松 Palhinhaea cernua, 金丝条马尾杉 Phlegmariurus fargesii, 催吐萝芙木 Rauvolfia vomitoria
ononin; ononoside 芒柄花苷 较常见成分，至少分布于 30 种以上植物中，常见于豆科植物，偶见于列当科、茄科、松科、苋科等
(+)-ononitol (+)- 芒柄花醇 华南云实 Caesalpinia crista, 钝叶决明 Senna tora var. obtusifolia
onopordopicrin 刺蓟苦素 牛蒡 Arctium lappa
O-nornuciferine *O*- 降荷叶碱 莲 Nelumbo nucifera, 金线吊乌龟 Stephania cephalantha
onychin 金粉蕨素 荔枝 Litchi chinensis, 黑足金粉蕨 Onychium contiguum, 野鸡尾金粉蕨 O. japonicum, 栗柄金粉蕨 O. japonicum var. lucidum
onychiol B 金粉蕨醇 ▲B 野鸡尾金粉蕨 Onychium japonicum, 栗柄金粉蕨 O. japonicum var. lucidum
onychiol C 金粉蕨醇 ▲C 野鸡尾金粉蕨 Onychium japonicum
(2*S*)-onysilin (2*S*)- 金粉蕨林素 ▲ 胡桃楸 Juglans mandshurica
onysilin 金粉蕨林素 ▲ 山核桃 Carya cathayensis, 水蓼 Polygonum hydropiper
(2*S*)-3-*O*-octadeca-9*Z*,12*Z*,15*Z*-trienoylglyceryl-6'-*O*-(*α*-D-galactopyranosyl)-*β*-D-galactopyranoside (2*S*)-3-*O*- 十八碳 -9*Z*,12*Z*,15*Z*- 三烯酰甘油基 -6'-*O*-(*α*-D- 吡喃半乳糖基)-*β*-D- 吡喃半乳糖苷 榕树 Ficus microcarpa
2(*S*)-3-*O*-octadeca-9*Z*,12*Z*,15*Z*-trienoylglyceryl-*O*-*β*-D-galactopyranoside 2(*S*)-3-*O*- 十八碳 -9*Z*,12*Z*,15*Z*- 三烯酰甘油基 -*O*-*β*-D- 吡喃半乳糖苷 榕树 Ficus microcarpa
1-*O*-octadecanoylglycerol 1-*O*- 十八酰基甘油 天仙子 Hyoscyamus niger
1-*O*-octadecylanateglycerol 1-*O*- 十八酰甘油 毛叶合欢 Albizia mollis
6-*O*-octadienoylcatalpol 6-*O*- 辛二烯酰梓醇 菜豆树 Radermachera sinica
oosporein 卵孢霉素 白僵菌 Beauveria bassiana
O-oxalylhomoserine *O*- 草酰高丝氨酸 家山黧豆 Lathyrus sativus
27-*O*-*p*-(*E*)-coumaroylursolic acid 27-*O*- 对 -(*E*)- 香豆酰熊果酸 枸骨 Ilex cornuta
27-*O*-*p*-(*Z*)-coumaroylursolic acid 27-*O*- 对 -(*Z*)- 香豆酰熊果酸 枸骨 Ilex cornuta
(6'-*O*-palmitoyl)-sitosterol-3-*O*-*β*-D-glucopyranoside 6'-*O*- 棕榈酰谷甾醇 -3-*O*-*β*-D- 吡喃葡萄糖苷 青蛇藤 Periploca calophylla
(6'-*O*-palmitoyl)-sitosterol-3-*O*-*β*-D-glucoside (6'-*O*- 棕榈酰基)- 谷甾醇 -3-*O*-*β*-D- 葡萄糖苷 绒毛假阴地蕨 Botrypus lanuginosus
6-*O*-palmitoyl-1,6-dihydroxy-5,7-dimethoxyxanthone 6-*O*- 棕榈酰基 -1,6- 二羟基 -5,7- 二甲氧基呫酮 黄海棠 Hypericum ascyron
(2*S*)-1-*O*-palmitoyl-2-*O*-(11*Z*-octadecenoyl)-3-*O*-(6'-sulfo-*α*-D-quinovopyranosyl)glycerol (2*S*)-1-*O*- 棕榈酰基 -2-*O*-(11*Z*- 十八碳烯酰基)-3-*O*-(6'- 硫代 -*α*-D- 吡喃鸡纳糖基) 甘油 铁钉菜 Ishige okamurae
(2*S*)-1-*O*-palmitoyl-2-*O*-(11*Z*-octadecenoyl)-3-*O*-*β*-D-galacto-pyranosylglycerol (2*S*)-1-*O*- 棕榈酰基 -2-*O*-(11*Z*- 十八烯酰基)-3-*O*-*β*-D- 吡喃半乳糖基甘油 铁钉菜 Ishige okamurae
(2*S*)-1-*O*-palmitoyl-2-*O*-linolenoyl-3-*O*-[*α*-D-galactopyranosyl-(1" → 6")-(3"-*O*-linolenoyl)-*β*-D-galactopyranosyl]glycerol (2*S*)-1-*O*- 棕榈酰基 -2-*O*- 亚麻酰基 -3-*O*-[*α*-D- 吡喃半乳糖基 -(1" → 6")-(3"-*O*- 亚麻酰基)-*β*-D- 吡喃半乳糖基] 甘油 宁夏枸杞 Lycium barbarum
(2*S*)-1-*O*-palmitoyl-2-*O*-linolenoyl-3-*O*-[*α*-D-galactopyranosyl-(1" → 6')-(3"-*O*-linoleoyl)-*β*-D-galactopyranosyl]glycerol (2*S*)-1-*O*- 棕榈酰基 -2-*O*- 亚麻酰基 -3-*O*-[*α*-D- 吡喃半乳糖基 -(1" → 6')-(3"-*O*- 亚麻酰基)-*β*-D- 吡喃半乳糖基] 甘油 宁夏枸杞 Lycium barbarum
(2*S*)-1-*O*-palmitoyl-2-*O*-linolenoyl-3-*O*-[*α*-D-galactopyranosyl-(1" → 6')-(3"-*O*-palmitoyl)-*β*-D-galactopyranosyl]-glycerol (2*S*)-1-*O*- 棕榈酰基 -2-*O*- 亚麻酰基 -3-*O*-[*α*-D- 吡喃半乳糖基 -(1" → 6')-(3"-*O*- 棕榈酰基)-*β*-D- 吡喃半乳糖基]- 甘油 宁夏枸杞 Lycium barbarum
(2*S*)-1-*O*-palmitoyl-2-*O*-linolenoyl-3-*O*-[*α*-D-galactopyranosyl-(1" → 6')-*β*-D-galactopyranosyl]glycerol (2*S*)-1-*O*- 棕榈酰基 -2-*O*- 亚麻酰基 -3-*O*-[*α*-D- 吡喃半乳糖基 -(1" → 6')-*β*-D- 吡喃半乳糖基] 甘油 宁夏枸杞 Lycium barbarum
(2*S*)-1-*O*-palmitoyl-2-*O*-linolenoyl-3-*O*-*β*-D-galactopyranosylglycerol (2*S*)-1-*O*- 棕榈酰基 -2-*O*- 亚麻酰基 -3-*O*-*β*-D- 吡喃半乳糖基甘油 宁夏枸杞 Lycium barbarum
(2*S*)-1-*O*-palmitoyl-2-*O*-linoleoyl-3-*O*-[*α*-D-galactopyranosyl-(1" → 6')-(3"-*O*-palmitoyl)-*β*-D-galactopyranosyl]glycerol (2*S*)-1-*O*- 棕榈酰基 -2-*O*- 亚油酰基 -3-*O*-[*α*-D- 吡喃半乳糖基 -(1" → 6')-(3"-*O*- 棕榈酰基)-*β*-D- 吡喃半乳糖基] 甘油 宁夏枸杞 Lycium barbarum
(2*S*)-1-*O*-palmitoyl-2-*O*-linoleoyl-3-*O*-[*α*-D-galactopyranosyl-(1" → 6')-*β*-D-galactopyranosyl]glycerol (2*S*)-1-*O*- 棕榈酰基 -2-*O*- 亚油酰基 -3-*O*-[*α*-D- 吡喃半乳糖基 -(1" → 6')-*β*-D- 吡喃半乳糖基] 甘油 宁夏枸杞 Lycium barbarum
(2*S*)-1-*O*-palmitoyl-2-*O*-linoleoyl-3-*O*-*β*-D-galactopyranosylglycerol (2*S*)-1-*O*- 棕榈酰基 -2-*O*- 亚油酰基 -3-*O*-*β*-D- 吡喃半乳糖基甘油 宁夏枸杞 Lycium barbarum
(2*S*)-1-*O*-palmitoyl-2-*O*-myristoyl-3-*O*-(6-sulfo-*β*-D-quinovopyranosyl)glycerol (2*S*)-1-*O*- 棕榈酰基 -2-*O*- 肉豆蔻酰基 -3-*O*-(6'- 硫代 -*α*-D- 吡喃鸡纳糖基) 甘油 铁钉菜 Ishige okamurae
(2*S*)-1-*O*-palmitoyl-2-*O*-oleoyl-3-*O*-[*α*-D-galactopyranosyl-(1" → 6')-*β*-D-galactopyranosyl]glycerol 2*S*)-1-*O*- 棕榈酰基 -2-*O*- 油酰基 -3-*O*-[*α*-D- 吡喃半乳糖基 -(1" → 6')-*β*-D- 吡喃半乳糖基] 甘油 宁夏枸杞 Lycium barbarum
(2*S*)-1-*O*-palmitoyl-2-*O*-oleoyl-3-*O*-*β*-D-galactopyranosylglycerol (2*S*)-1-*O*- 棕榈酰基 -2-*O*- 油酰基 -3-*O*-*β*-D- 吡喃半乳糖基甘油 宁夏枸杞 Lycium barbarum
(2*S*)-1-*O*-palmitoyl-2-*O*-palmitoyl-3-*O*-(6-sulfo-*α*-D-quinovopyranosyl)glycerol (2*S*)-1-*O*- 棕榈酰基 -2-*O*- 棕榈酰基 -3-*O*-(6'- 硫代 -*α*-D- 吡喃鸡纳糖基) 甘油 铁钉菜 Ishige okamurae
(2*S*)-1-*O*-palmitoyl-2-*O*-palmitoyl-3-*O*-[*α*-D-galactopyranosyl-(1" → 6')-(3"-*O*-palmitoyl)-*β*-D-galactopyrano-syl]-glycerol (2*S*)-1-*O*- 棕榈酰基 -2-*O*- 棕榈酰基 -3-*O*-[*α*-D- 吡喃半乳糖基 -(1" → 6')-(3"-*O*- 棕榈酰基)-*β*-D- 吡喃半乳糖基]- 甘油 宁夏枸杞 Lycium barbarum

(2*S*)-1-*O*-palmitoyl-2-*O*-palmitoyl-3-*O*-[*α*-D-galactopyranosyl-(1''→6')-*β*-D-galactopyranosyl]glycerol (2*S*)-1-*O*- 棕榈酰基 -2-*O*- 棕榈酰基 -3-*O*-[*α*-D- 吡喃半乳糖基 -(1''→6')-*β*-D- 吡喃半乳糖基] 甘油 宁夏枸杞 Lycium barbarum

1-*O*-palmitoyl-3-O(6'sulfo-*α*-D-quinovopyranosyl)glycerol 1-*O*- 棕榈酰基 -3-*O*-(6'- 硫代 -*α*-*D*- 吡喃鸡纳糖基) 甘油 羊栖菜 Hizikia fusiformis

(2*S*)-1-*O*-palmitoyl-3-*O*-*β*-D-galactopyranosyl-sn-glycerol (2*S*)-1-*O*- 棕榈酰基 -3-*O*-*β*-D- 吡喃半乳糖基 -sn- 甘油 金毛狗 Cibotium barometz

12-*O*-palmitoyl-4-deoxy-16-hydroxylumiphorbol-13-acetate 12-*O*- 棕榈酰基 -4- 去氧 -16- 羟基鲁米佛波醇 -13- 乙酸酯 油桐 Vernicia fordii

12-*O*-palmitoyl-4-deoxy-4*α*-16-hydroxyphorbol-13-acetate 12-*O*- 棕榈酰基 -4- 去氧 -4*α*-16- 羟基佛波醇 -13- 乙酸酯 油桐 Vernicia fordii

12-*O*-palmitoyl-4-deoxy-4*β*-16-hydroxyphorbol-13-acetate 12-*O*- 棕榈酰基 -4- 去氧 -4*β*-16- 羟基佛波醇 -13- 乙酸酯 油桐 Vernicia fordii

6'-*O*-palmitoyldaucosterol 6'-*O*- 棕榈酰胡萝卜苷 异株荨麻 Urtica dioica

1-*O*-palmitoylglycerol 1-*O*- 棕榈酰甘油 铁钉菜 Ishige okamurae

6'-*O*-palmitoylsucrose 6'-*O*- 棕榈酰蔗糖 黄耆 Astragalus penduliflorus subsp. mongholicus var. dahuricus

6-*O*-palmitoylsucrose 6-*O*- 棕榈酰蔗糖 黄耆 Astragalus penduliflorus subsp. mongholicus var. dahuricus

6'-*O*-palmitoyltubeimoside I 6'-*O*- 棕榈酰土贝母苷 I 假贝母 Bolbostemma paniculatum

3*β*-*O*-palmitoyl-*β*-amyrin 3*β*-*O*- 棕榈酰香树脂醇 窄叶小苦荬 Ixeridium gramineum

6'-*O*-palmitoyl-*β*-D-glucosylsitosterol 6'-*O*- 棕榈酸酰基 -*β*-D- 吡喃葡萄糖基谷甾醇 锦鸡儿 Caragana sinica

α-*O*-palmitoyl-*β*-*O*-(9*Z*-octadecaenoyl)-*α*'-*O*-palmitoylglycerol *α*-*O*- 十六碳酰基 -*β*-*O*-(9*Z*- 十八碳烯酰基)-*α*-*O*- 十六烷酰甘油酯 木犀 Osmanthus fragrans

6-*O*-palmitoyl-*β*-sitosteryl-D-glucoside 6-*O*- 棕榈酰基 -*β*- 谷甾醇 -D- 葡萄糖苷 毛叶木姜子 Litsea mollis

12-*O*-palmityl-13-*O*-acetyl-16-hydroxyphorbal 12-*O*- 棕榈酰基 -13-*O*- 乙酰基 -16- 羟基佛波醛 油桐 Vernicia fordii

12-*O*-palmityl-13-*O*-acetyl-16-hydroxyphorbol 12-*O*- 棕榈酰基 -13-*O*- 乙酰基 -16- 羟基佛波醇 油桐 Vernicia fordii

12-*O*-palmityl-13-*O*-acetylphorbol 12-*O*- 棕榈酰基 -13-*O*- 乙酰佛波醇 木油桐 Vernicia montana

6-*O*-*p*-*cis*-coumaroyl-8-*O*-acetylshanzhiside methyl ester 6-*O*- 对 - 顺式 - 香豆酰基 -8-*O*- 乙酰山栀苷甲酯 花叶假杜鹃 Barleria lupulina

6''-*O*-*p*-*cis*-coumaroylgenipin gentiobioside 6''-*O*- 对 - 顺式 - 香豆酰京尼平龙胆二糖苷 栀子 Gardenia jasminoides

(2*S*)-1-*O*-*p*-coumaroyl glyceride (2*S*)-1-*O*- 对香豆酰甘油酯 灯心草 Juncus effusus

1-*O*-*p*-coumaroyl-2-*O*-feruloylglycerol 1-*O*- 对香豆酰基 -2-*O*- 阿魏酰甘油 野百合 Lilium brownii

6'-*O*-*p*-coumaroyl-8-epikingiside 6'-*O*- 对香豆酰基 -8- 表莫罗忍冬吉苷▲ 红花龙胆 Gentiana rhodantha

6'-*O*-*p*-coumaroyl-8-*O*-acetylharpagide 6'-*O*- 对香豆酰基 -8-*O*- 乙酰钩果草吉苷▲ 兰香草 Caryopteris incana

6-*O*-*p*-coumaroylajugol 6-*O*- 对香豆酰筋骨草醇 地黄 Rehmannia glutinosa

1-*O*-*p*-coumaroyl-copaborneol 1-*O*- 对香豆酰可巴龙脑 石油菜 Pilea cavaleriei subsp. valida

1-*O*-*p*-coumaroyl-D-glucopyranose 1-*O*- 对羟基桂皮酰基 -D- 吡喃葡萄糖苷 密花远志 Polygala tricornis

6-*O*-*p*-coumaroyl-D-glucopyranoside 6-*O*- 对香豆酰基 -D- 吡喃葡萄糖苷 海金沙 Lygodium japonicum

4-*O*-*p*-coumaroyl-D-glucose 4-*O*- 对香豆酰基 -D- 葡萄糖 华中瘤足蕨 Plagiogyria euphlebia

6'-*O*-*p*-coumaroylgeniposide 6'-*O*- 对香豆酰京尼平苷 栀子 Gardenia jasminoides

1-*O*-*p*-coumaroylglucopyranose 1-*O*- 对香豆酰吡喃葡萄糖 红冬蛇菰 Balanophora harlandii

1-*O*-*p*-coumaroylglucose 1-*O*- 对香豆酰葡萄糖 长柄异木患 Allophylus longipes

1-*O*-*p*-coumaroylglycerol 1-*O*- 对香豆酰甘油 菠萝 Ananas comosus, 灯心草 Juncus effusus, 野百合 Lilium brownii

2-*O*-*p*-coumaroylglycerol 2-*O*- 对香豆酰甘油 灯心草 Juncus effusus

6'-*O*-*p*-coumaroylharpagide 6'-*O*- 对香豆酰钩果草吉苷▲ 齿叶玄参 Scrophularia dentata

6-*O*-*p*-coumaroyl-L-galactono-1,4-lactone 6-*O*- 对香豆酰基 -L- 半乳糖基 -1,4- 内酯 啤酒花 Humulus lupulus

7-*O*-*p*-coumaroylloganin 7-*O*- 对香豆酰马钱苷 蔓长春花 Vinca major

7-*O*-*p*-coumaroyloxyugandoside 7-*O*- 对香豆酰氧基乌干达赪桐苷▲ 三对节 Clerodendrum serratum

1-*O*-*p*-coumaroylquinic acid 1-*O*- 对香豆酰奎宁酸 三叶崖爬藤 Tetrastigma hemsleyanum

3-*O*-*p*-coumaroylquinic acid 3-*O*- 对香豆酰奎宁酸 菊苣 Cichorium intybus, 榅桲 Cydonia oblonga, 泥胡菜 Hemistepta lyrata, 月见草 Oenothera biennis, 鳄梨 Persea americana

4-*O*-*p*-coumaroylquinic acid 4-*O*- 对香豆酰奎宁酸 啤酒花 Humulus lupulus, 月见草 Oenothera biennis

5-*O*-*p*-coumaroylquinic acid 5-*O*- 对香豆酰奎宁酸 榅桲 Cydonia oblonga, 三叶崖爬藤 Tetrastigma hemsleyanum

trans-3-*O*-*p*-coumaroylquinic acid 反式 -3-*O*- 对香豆酰奎宁酸 啤酒花 Humulus lupulus

cis-3-*O*-*p*-coumaroylquinic acid 顺式 -3-*O*- 对香豆酰奎宁酸 啤酒花 Humulus lupulus

(*Z*)-6-*O*-*p*-coumaroylscandoside methylester (*Z*)-6-*O*- 对香豆酰鸡矢藤次苷甲酯 白花蛇舌草 Hedyotis diffusa

1-*O*-*p*-coumaroyl-*β*-D-glucopyranose 1-*O*- 对香豆酰基 -*β*-D- 吡喃葡萄糖 滇山茶 Camellia reticulata

(*E*)-1-*O*-*p*-coumaroyl-*β*-D-glucopyranoside (*E*)-1-*O*- 对香豆酰基 -*β*-D- 吡喃葡萄糖苷 筒鞘蛇菰 Balanophora involucrata, 雪松 Cedrus deodara

1-*O*-*p*-coumaroyl-*β*-D-glucose 1-*O*- 对香豆酰基 -*β*-D- 葡萄糖 丝瓜 Luffa cylindrica

1-*O*-*p*-coumaroyl-*β*-D-xylopyranosyl-(1→6)-*β*-D-glucopyraboside 1-*O*- 对香豆酰基 -*β*-D- 吡喃木糖基 -(1→6)-*β*-D- 吡喃葡萄糖苷 辽细辛 Asarum heterotropoides var. mandshuricum

6-*O*-*p*-coumaroyl-*β*-fructofuranosyl-(2→1)-*α*-D-glucopyranoside 6-*O*- 对香豆酰基 -*β*- 呋喃果糖基 -(2→1)-*α*-D- 吡喃葡萄糖苷 通城虎 Aristolochia fordiana

O-*p*-coumaryldryocrassol *O*- 对香豆酰东北贯众醇 曲轴海金沙 Lygodium flexuosum

11-*O*-*p*-coumaryl-nepeticin 11-*O*- 对香豆酰荆芥替辛▲ 背扁黄耆 Astragalus complanatus

O

3,5,10,14,15-*O*-pentaacetyl-8-*O*-benzoylcyclomyrsinol 3,5,10,14,15-*O*- 五乙酰基 -8-*O*- 苯甲酰环铁仔酚▲ 大狼毒 Euphorbia jolkinii
1,2,3,4,6-*O*-pentagalloyl-*β*-D-glucopyranoside 1,2,3,4,6-*O*- 五没食子酰基 -*β*-D- 吡喃葡萄糖苷 地榆 Sanguisorba officinalis
operculin VII 囊萼番薯素▲VII 番薯 Ipomoea batatas
operculinic acid A 囊萼番薯酸▲A 假厚藤 Ipomoea imperati, 七爪龙 I. mauritiana
operculinic acid B 囊萼番薯酸▲B 假厚藤 Ipomoea imperati
operculinoside A~D 盒果藤苷▲A~D 盒果藤 Operculina turpethum
opercurin A 顶盖丝瓜素▲A 栝楼 Trichosanthes kirilowii
(*Z*)-6-*O*-*p*-feruloylscandoside methyl ester (*Z*)-6-*O*- 对阿魏酰鸡矢藤次苷甲酯 白花蛇舌草 Hedyotis diffusa
1'-*O*-phenethyl-*α*-L-rhamnopyranosyl-(1 → 6)-*β*-D-glucopyranoside 1'-*O*- 苯乙基 -*α*-L- 吡喃鼠李糖基 -(1 → 6)-*β*-D- 吡喃葡萄糖苷 小果菝葜 Smilax davidiana, 黄蜡果 Stauntonia brachyanthera
1'-*O*-phenethyl-*β*-D-apiofuranosyl-(1 → 2)-*β*-D-glucopyranoside 1'-*O*- 苯乙基 -*β*-D- 呋喃芹菜糖基 -(1 → 2)-*β*-D- 吡喃葡萄糖苷 小果菝葜 Smilax davidiana
(-)-ophiocarpine (-)- 蛇果紫堇碱 蛇果黄堇 Corydalis ophiocarpa
ophiocarpine 蛇果紫堇碱 地柏枝 Corydalis cheilanthifolia
(-)-ophiocarpine-*N*-oxide (-)- 蛇果紫堇碱 -*N*- 氧化物 蛇果黄堇 Corydalis ophiocarpa
ophioglonin 瓶尔小草宁 钝头瓶尔小草 Ophioglossum petiolatum
ophioglonin-4'-*O*-*β*-D-glucopyranoside 瓶尔小草宁 -4'-*O*-*β*-D- 吡喃葡萄糖苷 尖头瓶尔小草 Ophioglossum pedunculosum
ophioglonin-7-*O*-*β*-D-glucopyranoside 瓶尔小草宁 -7-*O*-*β*-D- 吡喃葡萄糖苷 钝头瓶尔小草 Ophioglossum petiolatum
ophioglonol 瓶尔小草酚 钝头瓶尔小草 Ophioglossum petiolatum, 狭叶瓶尔小草 O. thermale
ophioglonol prenyl ether 瓶尔小草酚异戊烯基醚 钝头瓶尔小草 Ophioglossum petiolatum
ophioglonol-4'-*O*-*α*-D-glucopyranoside 瓶尔小草酚 -4'-*O*-*α*-D- 吡喃葡萄糖苷 狭叶瓶尔小草 Ophioglossum thermale
ophioglonol-4'-*O*-*β*-D-glucopyranoside 瓶尔小草酚 -4'-*O*-*β*-D- 吡喃葡萄糖苷 钝头瓶尔小草 Ophioglossum petiolatum
ophioparmin 红盘衣明▲ 红盘衣 Ophioparma ventosa
ophiopogonanone B 麦冬黄烷酮 B 禾叶山麦冬 Liriope graminifolia
ophiopogonin A, B 麦冬皂苷 A, B 山麦冬 Liriope spicata
ophiopogonin C' 麦冬皂苷 C' 天仙子 Hyoscyamus niger, 滇黄精 Polygonatum kingianum
ophiopogonin D 麦冬皂苷 D 漆姑草 Sagina japonica
ophiopogonin D' 麦冬皂苷 D' 卷丹 Lilium lancifolium
ophiorine A, B 蛇根草碱 A, B 日本蛇根草 Ophiorrhiza japonica
ophiorine A methyl ester 蛇根草碱 A 甲酯 日本蛇根草 Ophiorrhiza japonica
ophiorine B-methyl ester 蛇根草碱 B 甲酯 日本蛇根草 Ophiorrhiza japonica
ophiosetin 大团囊虫草亭▲ 大团囊虫草 Elaphocordyceps ophioglossoides
1-*O*-phloroglucinyl-2-*O*-galloyl-6-*O*-cinnamoyl-*β*-D-glucopyranoside 1-*O*- 根皮酚 -2-*O*- 没食子酰基 -6-*O*- 桂皮酰基 -*β*-D- 吡喃葡萄糖苷 掌叶大黄 Rheum palmatum
ophthaldialdehyde 邻苯二甲醛 狗牙根 Cynodon dactylon
6-*O*-*p*-hydroxybenzoyl asystasioside E 6-*O*- 对羟基苯甲酰十万错苷▲E 梓 Catalpa ovata
6-*O*-*p*-hydroxybenzoyl-10-deoxyeucommiol 6-*O*- 对羟基苯甲酰基 -10- 去氧杜仲醇 葫芦树 Crescentia cujete
6'-*O*-*p*-hydroxybenzoyl-4''-hydroxyalbiflorin 6'-*O*- 对羟基苯甲酰基 -4''- 羟基白芍苷 窄叶芍药 Paeonia anomala
6-*O*-*p*-hydroxybenzoyl-6-epiaucubin 6-*O*- 对羟基苯甲酰基 -6- 表桃叶珊瑚苷 葫芦树 Crescentia cujete
1-*O*-*p*-hydroxybenzoyl-6-*O*-galloyl-*β*-D-glucose 1-*O*- 对羟基苯甲酰基 -6-*O*- 没食子酰基 -*β*-D- 葡萄糖 乌冈栎 Quercus phillyraeoides
7-*O*-*p*-hydroxybenzoyl-8-epiloganic acid 7-*O*- 对羟基苯甲酰基 -8- 表马钱酸 北水苦荬 Veronica anagallis-aquatica
6-*O*-*p*-hydroxybenzoylajugol 6-*O*- 对羟基苯甲酰筋骨草醇 葫芦树 Crescentia cujete, 毛蕊花 Verbascum thapsum
5*α*-*O*-*p*-hydroxybenzoylakichenol 5*α*-*O*- 对羟基苯甲酰山地阿魏烯醇▲ 中亚阿魏 Ferula jaeschkeana
6-*O*-*p*-hydroxybenzoylaucubin 6-*O*- 对羟基苯甲酰桃叶珊瑚苷 葫芦树 Crescentia cujete
6'-*O*-*p*-hydroxybenzoylcatalposide 6'-*O*- 对羟基苯甲酰梓苷 梓 Catalpa ovata
7-*O*-*p*-hydroxybenzoylgardoside 7-*O*- 对羟基苯甲酰栀子新苷 北水苦荬 Veronica anagallis-aquatica
6'-*O*-*p*-hydroxybenzoyl-gardoside 6'-*O*- 对羟基苯甲酰栀子新苷 黄荆 Vitex negundo
6-*O*-*p*-hydroxybenzoylglutinoside 6-*O*- 对羟基苯甲酰地黄诺苷▲ 梓 Catalpa ovata
6''-*O*-*p*-hydroxybenzoyliridin 6''-*O*- 对羟基苯甲酰鸢尾苷 射干 Belamcanda chinensis
2'-*O*-*p*-hydroxybenzoylloganic acid 2'-*O*- 对羟基苯甲酰马钱酸 华南龙胆 Gentiana loureiroi
3'-*O*-*p*-hydroxybenzoylmangiferin 3'-*O*- 对羟基苯甲酰杧果苷 阔叶骨碎补 Davallia solida
3-*O*-*p*-hydroxybenzoylmangiferin 3-*O*- 对羟基苯甲酰杧果苷 阔叶骨碎补 Davallia solida
4'-*O*-*p*-hydroxybenzoylmangiferin 4'-*O*- 对羟基苯甲酰杧果苷 阔叶骨碎补 Davallia solida
6'-*O*-*p*-hydroxybenzoylmangiferin 6'-*O*- 对羟基苯甲酰杧果苷 阔叶骨碎补 Davallia solida
6'-*O*-*p*-hydroxybenzoylmussaenosidic acid 6'-*O*- 对羟基苯甲酰玉叶金花苷酸 穗花牡荆 Vitex agnus-castus
7-*O*-*p*-hydroxybenzoylovatol-1-*O*-(6'-*O*-*p*-hydroxybenzoyl)-*β*-D-glucopyranoside 7-*O*- 对羟基苯甲酰基梓树醇 -1-*O*-(6'-*O*- 对羟基苯甲酰基)-*β*-D- 吡喃葡萄糖苷 梓 Catalpa ovata
1-*O*-*p*-hydroxybenzoyl-*β*-D-apiofuranosyl-(1 → 6)-*β*-D-glucopyranoside 1-*O*- 对羟基苯甲酰基 -*β*-D- 呋喃芹糖基 -(1 → 6)-*β*-D- 吡喃葡萄糖苷 撒尔维亚 Salvia officinalis

1-*O*-*p*-hydroxybenzoyl-β-D-glucopyranoside 1-*O*- 对羟基苯甲酰基 -β-D- 吡喃葡萄糖苷 美国梓 Catalpa bignonioides
6-*O*-*p*-hydroxycinnamoyl-glucose 6-*O*- 对羟基桂皮酰葡萄糖 木通马兜铃 Aristolochia manshuriensis
1-*O*-*p*-hydroxycinnamoylglycerol-(2*S*)-2,3-acetonide 1-*O*- 对羟基桂皮酰甘油 -(2*S*)-2,3- 丙酮化物 灯心草 Juncus effusus
3-*O*-*p*-hydroxy-*trans*-cinnamoylmaslinic acid 3-*O*- 对羟基 - 反式 - 桂皮酰山楂酸 珍珠花 Lyonia ovalifolia, 小果珍珠花 L. ovalifolia var. elliptica
oplodiol 日本刺参二醇▲ 臭冷杉 Abies nephrolepis, 牡蒿 Artemisia japonica, 蜡梅 Chimonanthus praecox, 及已 Chloranthus serratus, 金粟兰 C. spicatus, 千年健 Homalomena occulta, 野八角 Illicium simonsii, 异形南五味子 Kadsura heteroclita, 重瓣五味子 Schisandra plena, 华蟹甲 Sinacalia tangutica, 望春玉兰 Yulania biondii, 玉兰 Y. denudata
oplodiol-1-*O*-β-D-glucopyranoside 日本刺参二醇▲-1-*O*-β-D- 吡喃葡萄糖苷▲ 华蟹甲 Sinacalia tangutica
oplopanaxogenin C 刺参皂苷元 C 川赤芍 Paeonia anomala subsp. veitchii
oplopandiol 刺参二醇▲ 当归 Angelica sinensis, 旱芹 Apium graveolens, 刺参 Oplopanax elatus
(-)-oplopanone (-)- 日本刺参萜酮 益智 Alpinia oxyphylla
(+)-oplopanone (+)- 日本刺参萜酮 黄皮 Clausena lansium, 假地枫皮 Illicium jiadifengpi
oplopanone 日本刺参萜酮 益智 Alpinia oxyphylla, 三脉紫菀 Aster ageratoides, 金盏花 Calendula officinalis, 金粟兰 Chloranthus spicatus, 野菊 Chrysanthemum indicum, 卵叶巴豆 Croton caudatus, 千年健 Homalomena occulta, 叉子圆柏 Juniperus sabina, 昆仑多子柏 J. semiglobosa, 栗色鼠尾草 Salvia castanea, 望春玉兰 Yulania biondii
oplopanone B 日本刺参萜酮 B 刺五加 Eleutherococcus senticosus
oplopanone-10-*O*-β-D-glucopyranoside 日本刺参萜酮 -10-*O*-β-D- 吡喃葡萄糖苷 柔软紫菀 Aster flaccidus
β-oplopenone β- 日本刺参烯酮 挥发油成分，未统计基源
oplopenone 日本刺参烯酮▲ 挥发油成分，未统计基源
oploxyne A, B 刺参炔▲A, B 刺参 Oplopanax elatus
(*Z*)-6-*O*-*p*-methoxycinnamoylscandoside methyl ester (*Z*)-6-*O*- 对甲氧基桂皮酰鸡矢藤次苷甲酯 白花蛇舌草 Hedyotis diffusa
6-*O*-*p*-methoxy-*cis*-cinnamoyl-8-*O*-acetylshanzhiside methyl ester 6-*O*- 对甲氧基 - 顺式 - 桂皮酰基 -8-*O*- 乙酰山栀苷甲酯 花叶假杜鹃 Barleria lupulina
6-*O*-*p*-methoxy-*trans*-cinnamoyl-8-*O*-acetylshanzhiside methyl ester 6-*O*- 对甲氧基 - 反式 - 桂皮酰基 -8-*O*- 乙酰山栀苷甲酯 花叶假杜鹃 Barleria lupulina
opposide 尖药木苷▲ 尖药木 Acokanthera oppositifolia
(7*R**)-opposit-4(15)-en-1β,11-diol (7*R**)- 对凹顶藻 -4(15)- 烯 -1β,11- 二醇 剑叶金鸡菊 Coreopsis lanceolata
(7*R**)-opposit-4(15)-en-1β,7-diol (7*R**)- 对凹顶藻 -4(15)- 烯 -1β,7- 二醇 剑叶金鸡菊 Coreopsis lanceolata, 樫木 Dysoxylum excelsum, 一年蓬 Erigeron annuus, 短果茴芹 Pimpinella brachycarpa, 柚木 Tectona grandis
(7*R**)-opposit-4(15)-en-1β,7α-diol (7*R**)- 对凹顶藻 -4(15)- 烯 -1β,7α- 二醇 剑叶金鸡菊 Coreopsis lanceolata
(7*R**)-opposit-4(15)-en-1β,8-diol (7*R**)- 对凹顶藻 -4(15)- 烯 -1β,8- 二醇 剑叶金鸡菊 Coreopsis lanceolata
opposit-4(15)-ene-1β,11-diol 对凹顶藻 -4(15)- 烯 -1β,11- 二醇 小连翘 Hypericum erectum, 薄片变豆菜 Sanicula lamelligera
4(15)-oppositene-1,11-diol 4(15)- 对凹顶藻烯 -1,11- 二醇 柚木 Tectona grandis
7-*O*-prenylaesculetin 7-*O*- 异戊烯基七叶树内酯 朝鲜当归 Angelica gigas
7-*O*-prenylpinocembrin 7-*O*- 异戊烯基瑞士松素 悬铃木 Platanus acerifolia
7-*O*-prenylumbelliferone 7-*O*- 异戊烯基伞形酮 柠檬 Citrus limon
O-prenyl-umbelliferone *O*- 异戊烯基伞形酮 宽叶羌活 Notopterygium franchetii, 羌活 N. incisum
1-*O*-primeverosyl-3,7,8-trimethoxyxanthone 1-*O*- 樱草糖基 -3,7,8- 三甲氧基𠮿酮 贵州獐牙菜 Swertia kouitchensis, 紫红獐牙菜 S. punicea
1-*O*-primeverosyl-3,7-dimethoxy-8-hydroxyxanthone 1-*O*- 樱草糖基 -3,7- 二甲氧基 -8- 羟基𠮿酮 紫红獐牙菜 Swertia punicea
2-(2-*O*-propenyl)-acetaldehyde 2-(2-*O*- 丙烯基)- 乙醛 忍冬 Lonicera japonica
2-*O*-protocatechuoylalphitolic acid 3-*O*- 原儿茶酰麦珠子酸 酸枣 Ziziphus jujuba var. spinosa
11-*O*-protocatechuoylbergenin 11-*O*- 原儿茶酰岩白菜素 走马胎 Ardisia gigantifolia
3-*O*-protocatechuoylceanothic acid 3-*O*- 原儿茶酰美洲茶酸 酸枣 Ziziphus jujuba var. spinosa
1-*O*-protocatechuoylglucose 1-*O*- 原儿茶酰葡萄糖 紫萼路边青 Geum rivale
6-*O*-*p*-*trans*-coumaroyl-8-*O*-acetylshanzhiside methyl ester 6-*O*- 对 - 反式 - 香豆酰基 -8-*O*- 乙酰山栀苷甲酯 花叶假杜鹃 Barleria lupulina
6''-*O*-*p*-*trans*-coumaroylgenipin gentiobioside 6''-*O*- 对 - 反式 - 香豆酰京尼平龙胆二糖苷 栀子 Gardenia jasminoides
opuntiaester 仙人掌酯 仙人掌 Opuntia stricta var. dillenii
opuntine B 仙人掌碱▲B 普通仙人掌 Opuntia vulgaris
opuntiol 仙人掌醇 单刺仙人掌 Opuntia monacantha, 仙人掌 O. stricta var. dillenii, 普通仙人掌 O. vulgaris
opuntioside I 仙人掌苷 I 仙人掌 Opuntia stricta var. dillenii
2-*O*-quebrachitol 2-*O*- 白雀木醇 木豆 Cajanus cajan
orbicularin 圆形枸子素▲ 广东金钱草 Desmodium styracifolium
orbiculatinine 毛木防己宁▲ 毛木防己 Cocculus orbiculatus var. mollis
orbiculatoside A, B 圆果薯蓣皂苷 A, B 圆果三角叶薯蓣 Dioscorea deltoidea var. orbiculata
orbiculin A~F 南蛇藤林素▲A~F 南蛇藤 Celastrus orbiculatus
orbiculin G 南蛇藤林素▲G 南蛇藤 Celastrus orbiculatus, 福建假卫矛 Microtropis fokienensis
orchinol 红门兰酚 竹叶兰 Arundina graminifolia, 细叶石仙桃 Pholidota cantonensis, 绶草 Spiranthes sinensis
β-orcinol β- 苔黑酚 地茶衣 Thamnolia vermicularis

orcinol 苔黑酚 海漆 Excoecaria agallocha, 大叶梅衣 Parmotrema tinctorum, 髯花杜鹃 Rhododendron anthopogon, 兴安杜鹃花 R. dauricum, 美味石耳 Umbilicaria esculenta, 长松萝 Usnea longissima
orcinol glucopyranoside 地衣酚吡喃葡萄糖苷 仙茅 Curculigo orchioides
orcinol glucoside 地衣酚葡萄糖苷 短葶仙茅 Curculigo breviscapa, 小金梅草 Hypoxis aurea, 尼泊尔酸模 Rumex nepalensis
orcinol-1-*O*-β-D-apiofuranosyl-(1 → 6)-β-D-glucopyranoside 地衣酚 -1-*O*-β-D- 呋喃芹菜糖基 -(1 → 6)-β-D- 吡喃葡萄糖 仙茅 Curculigo orchioides
orcinol-1-*O*-β-D-glucoside 地衣酚 -1-*O*-β-D- 葡萄糖苷 大叶仙茅 Curculigo capitulata
orcinol-3-*O*-β-D-glucopyranoside 苔黑酚 -9-*O*-β-*O*- 吡喃葡萄糖苷 秃叶黄檗 Phellodendron chinense var. glabriusculum
orcinol-3-*O*-β-glucopyranoside 地衣酚 -3-*O*-β-D- 吡喃葡萄糖苷 萱草 Hemerocallis fulva
β-orcinolcarboxylic acid β- 苔黑酚羧酸 长松萝 Usnea longissima
orcinol-*O*-β-D-glucopyranoside 苔黑酚 -*O*-β-D- 吡喃葡萄糖苷 短柄五加 Eleutherococcus brachypus, 樱草杜鹃 Rhododendron primuliflorum
orcinol-β-D-glucopyranoside 地衣酚 -β-D- 吡喃葡萄糖苷 沙生蜡菊 Helichrysum arenarium
oregonin 俄勒冈桤木宁▲ 辽东桤木 Alnus hirsuta, 日本桤木 A. japonica
oregonoyl A, B 俄勒冈桤木芳烷▲A, B 日本桤木 Alnus japonica
oreolactone 紫麻内酯▲ 紫麻 Oreocnide frutescens
oreophiline 橙色罂粟碱▲ 刻叶紫堇 Corydalis incisa
oreoselone 山芹前胡酮▲ 准噶尔前胡 Peucedanum morisonii
oreosolenoside 藏玄参苷▲ 藏玄参 Oreosolen wattii, 呆白菜 Triaenophora rupestris
oresbiuside 山地香茶菜苷▲ 山地香茶菜 Isodon oresbius
oresbiusin 山地香茶菜素▲ 山地香茶菜 Isodon oresbius
oresbiusin A 山地香茶菜素▲A 东紫苏 Elsholtzia bodinieri, 活血丹 Glechoma longituba, 山地香茶菜 Isodon oresbius, 荨麻叶龙头草 Meehania urticifolia, 野生紫苏 Perilla frutescens var. purpurascens, 朝鲜白头翁 Pulsatilla cernua, 茴茴蒜 Ranunculus chinensis, 华鼠尾草 Salvia chinensis
oresbiusin B 山地香茶菜素▲B 山地香茶菜 Isodon oresbius
3-*O*-rhamnocitrin-6-*O*-benzoyl-β-D-glucopyranoside 3-*O*- 鼠李柠檬素 -6-*O*- 苯甲酰基 -β-D- 吡喃葡萄糖苷 黄花棘豆 Oxytropis ochrocephala
3-*O*-rhamnopyranosyl-(1 → 2)-arabinopyranosyloleanolic acid 3-*O*- 吡喃鼠李糖基 -(1 → 2)- 吡喃阿拉伯糖基齐墩果酸 刺五加 Eleutherococcus senticosus
2''-(2''-*O*-rhamnopyranosyl)-icariside II 2''-(2''-*O*- 吡喃鼠李糖基)- 淫羊藿次苷 II 粗毛淫羊藿 Epimedium acuminatum
2''-*O*-rhamnopyranosylikarisoside A 2''-*O*- 吡喃鼠李糖基大花淫羊藿苷 A 粗毛淫羊藿 Epimedium acuminatum, 巫山淫羊藿 E. wushanense
2''-*O*-rhamnopyranosylvitexin 2''-*O*- 吡喃鼠李糖基牡荆素 半蒴苣苔 Hemiboea subcapitata
2''-*O*-rhamnopyranosylvitexin 2''-*O*- 吡喃鼠李糖基牡荆素 柿 Diospyros kaki
2''-*O*-rhamnosylicariside II 2''-*O*- 鼠李糖基淫羊藿次苷 II 淫羊藿 Epimedium brevicornu, 朝鲜淫羊藿 E. koreanum, 黔岭淫羊藿 E. leptorrhizum, 三枝九叶草 E. sagittatum, 巫山淫羊藿 E. wushanense
2''-*O*-rhamnosylikarisoside A 2''-*O*- 鼠李糖基大花淫羊藿苷 A 巫山淫羊藿 Epimedium wushanense
2''-*O*-rhamnosylisoorientin 2''-*O*- 鼠李糖基异荭草素 湖南稗子 Echinochloa frumentacea, 含羞草 Mimosa pudica
O''-rhamnosylisoswertisin *O*''- 鼠李糖基异獐牙菜素 燕麦 Avena sativa
2''-*O*-rhamnosylorientin 2''-*O*- 鼠李糖基荭草素 含羞草 Mimosa pudica
2''-*O*-rhamnosylscoparin 2''-*O*- 鼠李糖基金雀儿苷▲ 百日青 Podocarpus neriifolius
2''-*O*-rhamnosylswertisin 2''-*O*- 鼠李糖基獐牙菜素 石栗 Aleurites moluccana
2''-*O*-rhamnosylvitexin 2''-*O*- 鼠李糖牡荆素 百日青 Podocarpus neriifolius
oridonin 冬凌草甲素 细锥香茶菜 Isodon coetsa, 毛萼香茶菜 I. eriocalyx, 拟缺香茶菜 I. excisoides, 尾叶香茶菜 I. excisus, 鄂西香茶菜 I. henryi, 毛叶香茶菜 I. japonicus, 蓝萼毛叶香茶菜 I. japonicus var. glaucocalyx, 长管香茶菜 I. longitubus, 大萼香茶菜 I. macrocalyx, 歧伞香茶菜 I. macrophyllus, 显脉香茶菜 I. nervosus, 叶穗香茶菜 I. phyllostachys, 瘿花香茶菜 I. rosthornii, 冬凌草 I. rubescens, 皱叶香茶菜 I. rugosus, 溪黄草 I. serra
orientalide 豨莶内酯▲ 豨莶 Sigesbeckia orientalis
orientalin 红蓼素▲ 红蓼 Polygonum orientale
orientalin A 豨莶素▲A 豨莶 Sigesbeckia orientalis
orientalin B 豨莶素▲B 毛梗豨莶 Sigesbeckia glabrescens, 豨莶 S. orientalis
(-)-orientaline (-)- 东方罂粟灵 翅果刺桐 Erythrina subumbrans
orientaline 东罂粟灵 黄叶地不容 Stephania viridiflavens
(-)-orientalinone (-)- 东方罂粟酮▲ 紫花疆罂粟 Roemeria hybrida
orientalol A~F 泽泻萜醇 A~F 东方泽泻 Alisma orientale
orientalone 东方酸模酮▲ 尼泊尔酸模 Rumex nepalensis
orientaloside 东方酸模苷▲ 尼泊尔酸模 Rumex nepalensis, 巴天酸模 R. patientia
orientaloside A~L 东方铁线莲皂苷▲A~L 东方铁线莲 Clematis orientalis
orientin 荭草素 常见成分，至少分布于 100 种以上植物中
orientin 豨莶亭▲ 豨莶 Sigesbeckia orientalis
orientin-2''-*O*-glucoside 荭草素 -2''-*O*- 葡萄糖苷 大麻 Cannabis sativa
orientin-2''-*O*-*p*-*trans*-coumarate 荭草素 -2''-*O*- 对 - 反式 - 香豆酸酯 胡卢巴 Trigonella foenum-graecum

O

orientin-2''-*O*-xyloside 荭草素 -2''-*O*- 木糖苷 狗尾草 Setaria viridis
orientin-2''-*O*-α-L-rhamnopyranoside 荭草素 -2''-*O*-α-L- 吡喃鼠李糖苷 三叶崖爬藤 Tetrastigma hemsleyanum
orientin-2''-*O*-β-D-glucopyranoside 荭草素 -2''-*O*-β-D- 吡喃葡萄糖苷 刺花莲子草 Alternanthera pungens
orientin-2''-*O*-β-D-pyranxyloside 荭草素 -2''-*O*-β-D- 吡喃木糖苷 长瓣金莲花 Trollius macropetalus
orientin-6''-*O*-(*E*)-ferulyl-2''-*O*-xyloside 荭草素 -6''-*O*-(*E*)- 阿魏酰基 -2''-*O*- 木糖苷 粟 Setaria italica
orientin-7-caffeate 荭草素 -7- 咖啡酸酯 西藏秦艽 Gentiana tibetica
orientin-7-glucoside 荭草素 -7- 葡萄糖苷 大麻 Cannabis sativa
orientin-7-rhamnopyranoside 荭草素 -7- 吡喃鼠李糖苷 亚麻 Linum usitatissimum
orientin-X''-*O*-(*E*)-ferulyl-2''-*O*-glucoside 荭草素 -X''-*O*-(*E*)- 阿魏酰基 -2''-*O*- 葡萄糖苷 粟 Setaria italica
orientinxyloside 荭草素木糖苷 北侧金盏花 Adonis sibirica, 天山侧金盏花 A. tianschanica
orientoside 荭草苷 堆心菊 Helenium autumnale, 乌苏里瓦韦 Lepisorus ussuriensis
orientoside A 山黄麻苷▲A 山黄麻 Trema orientalis
origanine A, B, C 牛至宁▲A, B, C 牛至 Origanum vulgare
origanol A, B 牛至酚▲A, B 牛至 Origanum vulgare
origanoside 牛至酚苷▲ 牛至 Origanum vulgare
oripavine 东方罂粟碱 罂粟 Papaver somniferum
orivalerianol 缬草新萜醇 缬草 Valeriana officinalis
orixalone A~D 臭常山隆酮▲A~D 臭常山 Orixa japonica
orixiarine 臭常山灵碱 臭常山 Orixa japonica, 月桂茵芋 Skimmia laureola
orixidine 臭常山定碱 臭常山 Orixa japonica
orixidinine 臭常山宁碱 臭常山 Orixa japonica
orixine 臭常山碱 臭常山 Orixa japonica
orixinone 臭常山酮 臭常山 Orixa japonica
ormocarpin 链夹木素▲ 显苞芒毛苣苔 Aeschynanthus bracteatus
ormosanine 红豆萨宁 沙冬青 Ammopiptanthus mongolicus, 牛栓藤 Connarus paniculatus
ormosinol 红豆酚▲ 花榈木 Ormosia henryi
ormosinoside 红豆苷▲ 花榈木 Ormosia henryi
orobanchoside 列当苷 尖尾枫 Callicarpa longissima, 海滨车前 Plantago camtschatica, 平车前 P. depressa, 广藿香 Pogostemon cablin
orobol 香豌豆酚▲ 沙冬青 Ammopiptanthus mongolicus, 翅荚香槐 Cladrastis platycarpa, 柘树 Cudrania tricuspidata, 降香 Dalbergia odorifera, 鳢肠 Eclipta prostrata, 锈毛麻辣仔藤 Erycibe expansa, 大叶千斤拔 Flemingia macrophylla, 千斤拔 F. philippinensis, 甘草 Glycyrrhiza uralensis, 朝鲜槐 Maackia amurensis, 小槐花 Ohwia caudata, 槐 Sophora japonica, 紫椴 Tilia amurensis
orobol-3'-methyl ether 香豌豆酚▲-3'- 甲基醚 旋覆花 Inula japonica
orobol-7-*O*-β-D-glucopyranoside 香豌豆酚▲-7-*O*-β-D- 吡喃葡萄糖苷 大花紫薇 Lagerstroemia speciosa
orobol-7-*O*-β-D-glucopyranoside-6''-*O*-malonate 香豌豆酚▲-7-*O*-β-D- 吡喃葡萄糖苷 -6''-*O*- 丙二酸酯 红车轴草 Trifolium pratense
orobolside 香豌豆苷 佛甲草 Sedum lineare
4'-*O*-robustaflavone methyl ether 4'-*O*- 粗贝壳杉黄酮甲醚 细叶卷柏 Selaginella labordei, 江南卷柏 S. moellendorffii, 粗叶卷柏 S. trachyphylla
oroselol 山芹醇 甘松 Nardostachys jatamansi, 雪莲花 Saussurea involucrata
oroselone 山芹前胡烯酮▲ 疏叶当归 Angelica laxifoliata, 下延叶古当归 Archangelica decurrens, 蛇床 Cnidium monnieri
orotinin 奥罗矛果豆素▲ 攀倒甑 Patrinia villosa
orotinin-5-methyl ether 奥罗矛果豆素▲-5- 甲醚 攀倒甑 Patrinia villosa
oroxin A 木蝴蝶苷 A 木蝴蝶 Oroxylum indicum, 黄芩 Scutellaria baicalensis
oroxin B 木蝴蝶苷 B 木蝴蝶 Oroxylum indicum
oroxindin 木蝴蝶定 假马齿苋 Bacopa monnieri, 木蝴蝶 Oroxylum indicum
oroxylin A 木蝴蝶素 A 穿心莲 Andrographis paniculata, 百两金 Ardisia crispa, 红柴胡 Bupleurum scorzonerifolium, 山柑 Capparis spinosa, 二刺叶兔唇花 Lagochilus diacanthophyllus, 木蝴蝶 Oroxylum indicum, 灵枝草 Rhinacanthus nasutus, 滇黄芩 Scutellaria amoena, 黄芩 S. baicalensis, 盔状黄芩 S. galericulata, 连翘叶黄芩 S. hypericifolia, 丽江黄芩 S. likiangensis, 狭叶黄芩 S. regeliana, 甘肃黄芩 S. rehderiana, 棱茎黄芩 S. scandens, 沙滩黄芩 S. strigillosa, 粘毛黄芩 S. viscidula, 地蚕 Stachys geobombycis, 西域旌节花 Stachyurus himalaicus
oroxylin A-7-*O*-glucuronide methyl ester 木蝴蝶素 A-7-*O*- 葡萄糖醛酸苷甲酯 黄芩 Scutellaria baicalensis
oroxylin A-7-*O*-β-D-glucuronide 木蝴蝶素 A-7-*O*-β-D- 葡萄糖醛酸苷 黄芩 Scutellaria baicalensis, 盔状黄芩 S. galericulata
oroxyloside 木蝴蝶洛苷▲ 并头黄芩 Scutellaria scordifolia
orsellinic acid 苔色酸 蜜环菌 Armillaria mellea, 粉缘斑叶 Cetrelia cetrarioides, 大叶梅衣 Parmotrema tinctorum, 樱草杜鹃 Rhododendron primuliflorum, 美味石耳 Umbilicaria esculenta, 红腹石耳衣 U. hypococcinea, 长松萝 Usnea longissima
orsellinic acid-2-*O*-β-D-glucopyranoside 苔色酸 -2-*O*-β-D- 吡喃葡萄糖苷 丁香 Syzygium aromaticum
orthoarisin A~I 猫须草素▲A~I 肾茶 Clerodendranthus spicatus
orthochromene A 鸡脚参色烯 A 肾茶 Clerodendranthus spicatus
orthodene 苯苧烯 挥发油成分，未统计基源
(11)7,14-ortholactone-1α-hydroxyfloridanolide (11)7,14- 邻内酯 -1α- 羟基佛罗里达八角内酯▲ 假地枫皮 Illicium jiadifengpi
7,14-ortholactone-3-hydroxyfloridanolide 7,14- 邻内酯 -3- 羟基佛罗里达八角内酯▲ 红茴香 Illicium henryi

orthosilignin 鸡脚参木脂素 鸡脚参 Orthosiphon wulfenioides
orthosiphoic acid A~D 猫须草酸▲A~D 肾茶 Clerodendranthus spicatus
orthosiphol A, B, D~Z 鸡脚参醇 A, B, D~Z 肾茶 Clerodendranthus spicatus
orthosiphonol 鸡脚参诺醇▲ 鸡脚参 Orthosiphon wulfenioides
orthosiphonone A~D 鸡脚参酮 A~D 肾茶 Clerodendranthus spicatus
orthosphenic acid 直楔木酸▲ 南川卫矛 Euonymus bockii, 五层龙 Salacia prinoides, 东北雷公藤 Tripterygium regelii, 雷公藤 T. wilfordii
3-*O*-rutinosylquercetin 3-*O*- 芸香糖基槲皮素 蓬子菜 Galium verum
oruwacin 亮叶巴戟天素▲ 南山花 Prismatomeris tetrandra
oryzadine 稻定碱▲ 稻（模式亚种）Oryza sativa
oryzamutaic acid A 稻突变酸▲A 稻（模式亚种）Oryza sativa
osajaxanthone 柘橙屾酮▲ 红芽木 Cratoxylum formosum subsp. pruniflorum, 构棘 Cudrania cochinchinensis
osajin 橙桑素 柘树 Cudrania tricuspidata, 异翅鱼藤 Derris malaccensis, 伏毛山豆根 Euchresta horsfieldii, 大叶千斤拔 Flemingia macrophylla, 千斤拔 F. philippinensis
osajin-4'-methyl ether 橙桑素 -4'- 甲醚 细枝山竹子 Corethrodendron scoparium
20-*O*-salicyl-kidjoranin 20-*O*- 水杨酰假防己宁▲ 隔山消 Cynanchum wilfordii
osbeckic acid 金锦香酸 金锦香 Osbeckia chinensis
oscillatoxin A 颤藻毒素 A 巨大鞘丝藻 Lyngbya majuscula
6-*O*-*sec*-hydroxyaeginetoylajugol 6-*O*- 裂 - 羟基野菰酰筋骨草醇 地黄 Rehmannia glutinosa
22*β*-*O*-senecioyloleanolic acid 22*β*-*O*- 千里光酰齐墩果酸 马缨丹 Lantana camara
6-*O*-senecioylplenolin 6-*O*- 异戊烯酰多梗贝氏菊素▲ 石胡荽 Centipeda minima
6'-*O*-sinapinoyl esculin 6'-*O*- 芥子酰七叶树苷 白蜡树 Fraxinus chinensis
4-*O*-sinapoyl-5-*O*-caffeoylquinic acid 4-*O*- 芥子酰基 -5-*O*- 咖啡酰奎宁酸 栀子 Gardenia jasminoides
1'-*O*-sinapoyl-6'-*O*-galloyl-*β*-D-glucopyranose 1'-*O*- 芥子酰基 -6'-*O*- 没食子酰基 -*β*-D- 吡喃葡萄糖 狐尾藻 Myriophyllum verticillatum
6'-*O*-sinapoyl-demethylalangiside 6'-*O*- 芥子酰基 - 去甲基八角枫苷 三裂瓜木 Alangium platanifolium var. trilobum
6'-*O*-sinapoyldesglucouzarin 6'-*O*- 芥子酰去葡萄糖基波叶刚毛果苷▲ 马利筋 Asclepias curassavica
6'-*O*-sinapoylgeniposide 6'-*O*- 芥子酰京尼平苷 假连翘 Duranta erecta, 栀子 Gardenia jasminoides
1-*O*-sinapoylglucitol 1-*O*- 芥子酰葡萄糖醇 葶苈 Draba nemorosa
6'''-*O*-sinapoylincanoside D 6'''-*O*- 芥子酰兰香草苷 D 兰香草 Caryopteris incana
6'-*O*-sinapoyljasminoside A 6'-*O*- 芥子酰栀子诺苷▲A 栀子 Gardenia jasminoides
6'-*O*-sinapoyljasminoside C 6'-*O*- 芥子酰栀子诺苷▲C 栀子 Gardenia jasminoides
6-*β*-*O*-sinapoylscandoside methyl ester 6-*β*-*O*- 芥子酰鸡矢藤次苷甲酯 鸡矢藤 Paederia foetida
6''-*O*-sinapoylsucrose octaacetate 6''-*O*- 芥子酰蔗糖八乙酸酯 华北白前 Cynanchum mongolicum
1-*O*-sinapoyl-*β*-D-glucose 1-*O*- 芥子酰基 -*β*-D- 葡萄糖 蔊菜 Rorippa indica
osladine 欧亚水龙骨甜素 欧亚多足蕨 Polypodium vulgare
osmanthuside A 木犀苷▲A 粗壮女贞 Ligustrum robustum subsp. chinense
osmanthuside B 木犀苷▲B 盐生肉苁蓉 Cistanche salsa, 短筒兔耳草 Lagotis brevituba, 总梗女贞 Ligustrum pedunculare, 粗壮女贞 L. robustum subsp. chinense, 齿叶玄参 Scrophularia dentata, 棱茎黄芩 Scutellaria scandens
osmanthuside B_6 木犀苷▲B_6 腺茉莉 Clerodendrum glandulosum, 粗壮女贞 Ligustrum robustum subsp. chinense
osmanthuside D 木犀苷▲D 总梗女贞 Ligustrum pedunculare
osmanthuside E 木犀苷▲E 三叶木通 Akebia trifoliata, 盔状黄芩 Scutellaria galericulata
osmanthuside F 木犀苷▲F 小连翘 Hypericum erectum, 女贞 Ligustrum lucidum, 日本珊瑚树 Viburnum odoratissimum var. awabuki
osmanthuside H 木犀苷▲H 白芷 Angelica dahurica, 柿 Diospyros kaki, 白蜡树 Fraxinus chinensis, 花曲柳 F. chinensis subsp. rhynchophylla, 秦岭梣 F. paxiana, 冬红 Holmskioldia sanguinea, 黄檗 Phellodendron amurense, 大血藤 Sargentodoxa cuneata
osmaronin epoxide 拟樱桃素▲环氧化物 蕤核 Prinsepia uniflora
osmorhizole 香根芹醚 挥发油成分，未统计基源
osmundalactone 紫萁内酯 披针观音座莲 Angiopteris caudatiformis, 紫萁 Osmunda japonica
osmundalin 紫萁林素▲ 披针观音座莲 Angiopteris caudatiformis, 福建观音座莲 A. fokiensis, 紫萁 Osmunda japonica
(2*S*)-1-*O*-stearoyl-2-*O*-linoleoyl-3-*O*-[α-D-galactopyranosyl-(1''→6')-*β*-D-galactopyranosyl]glycerol (2*S*)-1-*O*- 硬脂酰基 -2-*O*- 亚油酰基 -3-*O*-[α-D- 吡喃半乳糖基 -(1''→6')-*β*-D- 吡喃半乳糖基] 甘油 宁夏枸杞 Lycium barbarum
1-*O*-stearoyl-glycerol 1-*O*- 硬脂酰甘油 鳄梨 Persea americana
6'-*O*-stearoyl-*β*-D-glucosylsitosterol 6'-*O*- 硬脂酸酰基 -*β*-D- 吡喃葡萄糖基谷甾醇 锦鸡儿 Caragana sinica
osthenol 欧前胡酚▲ 白芷 Angelica dahurica, 旱芹 Apium graveolens, 马蜂橙 Citrus hystrix, 佛手 C. medica var. sarcodactylis, 葡萄柚 C. paradisi, 茴香 Foeniculum vulgare, 羌活 Notopterygium incisum, 椿叶花椒 Zanthoxylum ailanthoides
osthenol-7-*O*-*β*-D-gentiobioside 欧前胡酚▲-7-*O*-*β*-D- 龙胆二糖苷 珊瑚菜 Glehnia littoralis
osthenol-7-*O*-*β*-gentiobioside 欧前胡酚▲-7-*O*-*β*- 龙胆二糖苷 珊瑚菜 Glehnia littoralis
(*E*)-osthenone (*E*)- 欧前胡烯酮▲ 大管 Micromelum falcatum
osthenone 欧前胡烯酮▲ 葡萄柚 Citrus paradisi, 九里香 Murraya exotica, 千里香 M. paniculata
osthol; osthole 欧前胡醚▲ 较常见成分，至少分布于 30 种以上植物中，常见于伞形科与芸香科植物，偶见于唇形科、菊科、马钱科、毛茛科、瑞香科等

ostopanic acid 叶轮木酸▲ 橘黄裸伞 Gymnopilus spectabilis
ostreasterol 牡蛎甾醇 茄 Solanum melongena
ostruthin 欧前胡辛▲ 紫花前胡 Angelica decursiva, 云南刺篱木 Flacourtia jangomas, 密花岩风 Libanotis condensata, 羌活 Notopterygium incisum
ostruthol 欧前胡醇 拐芹 Angelica polymorpha, 林当归 A. sylvestris, 下延叶古当归 Archangelica decurrens
ostryopsitrienol 虎榛三烯醇▲ 滇虎榛 Ostryopsis nobilis
ostryopsitriol 虎榛三醇▲ 滇虎榛 Ostryopsis nobilis
10-*O*-succinoylgeniposide 10-*O*- 丁二酰京尼平苷 栀子 Gardenia jasminoides
19-*O*-succinyl-agatholic acid 19-*O*- 琥珀酰贝壳杉醇酸 偃松 Pinus pumila
3*β*-*O*-sulfate-gypsogenin 3*β*-*O*- 硫酸酯基 - 石头花苷元▲ 大叶石头花 Gypsophila pacifica
3*β*-*O*-sulfate-gypsogenin-28-*O*-*β*-D-glucopyranosyl ester 3*β*-*O*- 硫酸酯基 - 石头花苷元▲-28-*O*-*β*-D- 吡喃葡萄糖酯苷 大叶石头花 Gypsophila pacifica
3*β*-*O*-sulfate-quillaic acid 3*β*-*O*- 硫酸酯基 - 皂皮树酸 大叶石头花 Gypsophila pacifica
3''-*O*-sulfo-astragalin 3''-*O*- 磺基 - 紫云英苷 驼蹄瓣 Zygophyllum fabago
4-*O*-sulfooxy-3,3',4'-tri-*O*-methylellagic acid 4-*O*- 磺酸基 -3,3',4'- 三 -*O*- 甲基鞣花酸 对叶大戟 Euphorbia sororia
4-*O*-sulfooxy-3,3'-di-*O*-methylellagic acid 4-*O*- 磺酸基 -3,3'- 二 -*O*- 甲基鞣花酸 对叶大戟 Euphorbia sororia
6-*O*-syingylbarlerin 6-*O*- 丁香基假杜鹃素 独一味 Lamiophlomis rotata
21-*O*-syringoyl-(3*S*,4*S*,15*S*,20*R*)-antirhine-N_4-oxide-4'-*O*-*β*-D-glucopyranoside 21-*O*- 丁香酰基 -(3*S*,4*S*,15*S*,20*R*)- 毛茶碱 -N_4- 氧化物 -4'-*O*-*β*-D- 吡喃葡萄糖苷 牛眼马钱 Strychnos angustiflora
3-*O*-syringoyl-4-*O*-caffeoylquinic acid 3-*O*- 丁香酰基 -4-*O*- 咖啡酰奎宁酸 麻辣仔藤 Erycibe obtusifolia
4-*O*-syringoyl-5-*O*-caffeoylquinic acid 4-*O*- 丁香酰基 -5-*O*- 咖啡酰奎宁酸 麻辣仔藤 Erycibe obtusifolia
6-*O*-syringoylajugol 6-*O*- 丁香酰筋骨草醇 毛蕊花 Verbascum thapsum
18-*O*-syringoylalangine-4'-*O*-*β*-D-glucopyranoside 18-*O*- 丁香酰八角枫碱▲-4'-*O*-*β*-D- 吡喃葡萄糖苷 牛眼马钱 Strychnos angustiflora
21-*O*-syringoylantirhine 21-*O*- 丁香酰毛茶碱 牛眼马钱 Strychnos angustiflora
21-*O*-syringoylantirhine-4'-*O*-[(*E*)-6''-*O*-feruloyl]-*β*-d-glucopyranoside 21-*O*- 丁香酰毛茶碱 -4'-*O*-[(*E*)-6''-*O*- 阿魏酰基]-*β*-d- 吡喃葡萄糖苷 牛眼马钱 Strychnos angustiflora
21-*O*-syringoylantirhine-4'-*O*-[(*E*)-6''-*O*-sinapoyl]-*β*-d-glucopyranoside 21-*O*- 丁香酰毛茶碱 -4'-*O*-[(*E*)-6''-*O*- 芥子酰基]-*β*-D- 吡喃葡萄糖苷 牛眼马钱 Strychnos angustiflora
21-*O*-syringoylantirhine-4'-*O*-[6''-*O*-syringoyl]-*β*-d-glucopyranoside 21-*O*- 丁香酰毛茶碱 -4'-*O*-[6''-*O*- 丁香酰基]-*β*-d- 吡喃葡萄糖苷 牛眼马钱 Strychnos angustiflora
21-*O*-syringoylantirhine-4'-*O*-*β*-d-glucopyranoside 21-*O*- 丁香酰毛茶碱 -4'-*O*-*β*-D- 吡喃葡萄糖苷 牛眼马钱 Strychnos angustiflora
6-*O*-syringyl-8-*O*-acetylshanzhiside methyl ester 6-*O*- 丁香基 -8-*O*- 乙酰山栀苷甲酯 假秦艽 Phlomis betonicoides, 毛地黄鼠尾草 Salvia digitaloides
11-*O*-syringylbergenin 11-*O*- 丁香基岩白菜素 走马胎 Ardisia gigantifolia, 四川蜡瓣花 Corylopsis willmottiae
6'-*O*-syringylphlorigidoside C 6'-*O*- 丁香基坚硬糙苏苷 C 独一味 Lamiophlomis rotata
2,3,4,6-*O*-tetra-acyl-*α*-D-glucopyranosyl-*β*-D-fructofuranoside 2,3,4,6-*O*- 四酰基 -*α*-D- 吡喃葡萄糖基 -*β*-D- 呋喃果糖苷 碧冬茄 Petunia hybrida
3-*O*-tetradecanoyl-16-*O*-acetylisoiridogermanal 3-*O*- 十四酰基 -16-*O*- 乙酰异德国鸢尾醛 射干 Belamcanda chinensis
3-*O*-tetradecanoyl-1-cyano-2-methyl-1,2-propene 3-*O*- 十四碳酰基 -1- 氰基 -2- 甲基 -1,2- 丙烯 栾树 Koelreuteria paniculata
12-*O*-tetradecanoylphorbol-13-acetate 12-*O*- 十四烷酰佛波醇 -13- 乙酸酯 巴豆 Croton tiglium, 草鞋木 Macaranga henryi
3,5,7,4'-*O*-tetramethylkaempferol 3,5,7,4'-*O*- 四甲基山柰酚 地锦 Parthenocissus tricuspidata
4-*O*-tigloyl-11,13-dihydroautumnolide 4-*O*- 当归酰基 -11,13- 二氢秋堆心菊内酯 堆心菊 Helenium autumnale
11*α*-*O*-tigloyl-12*β*-*O*-acetyltenacigenin B 11*α*-*O*- 巴豆酰基 -12*β*-*O*- 乙酰通光藤苷元 B 通光藤 Marsdenia tenacissima
11*α*-*O*-tigloyl-17*β*-*O*-tenacigenin 11*α*-*O*- 巴豆酰基 -17*β*- 通光藤苷元 通光藤 Marsdenia tenacissima
12*α*-1-*O*-tigloyl-1-*O*-deacetyl-nimbolinin B 12*α*-1-*O*- 当归酰基 -1-*O*- 去乙酰基 - 印楝波力宁▲B 川楝 Melia toosendan
12*β*-1-*O*-tigloyl-1-*O*-deacetyl-nimbolinin B 12*β*-1-*O*- 当归酰基 -1-*O*- 去乙酰基 - 印楝波力宁▲B 川楝 Melia toosendan
1-*O*-tigloyl-1-*O*-debenzoylohchinal 1-*O*- 巴豆酰基 -1-*O*- 去苯甲酰日楝醛▲ 川楝 Melia toosendan
3-*O*-tigloylcarolenalone 3-*O*- 巴豆酰北卡堆心菊酮▲ 堆心菊 Helenium autumnale
O-tigloylcyclovirobuxeine B *O*- 巴豆酰环锦熟黄杨烯碱▲B 锦熟黄杨 Buxus sempervirens
8-*O*-tigloylingol 8-*O*- 巴豆酰巨大戟醇▲ 火殃勒 Euphorbia antiquorum
12-*O*-tigloylphorbol-13-(2-methylbutyrate) 12-*O*- 巴豆酰佛波醇 -13-(2- 甲基丁酸酯）巴豆 Croton tiglium
13-*O*-tigloylphorbol-20-linoleate 13-*O*- 巴豆酰佛波醇 -20- 亚油酸酯 巴豆 Croton tiglium
7-*O*-tigloylsecologanol 7-*O*- 巴豆酰裂环马钱醇 蝴蝶戏珠花 Viburnum plicatum var. tomentosum
7-*O*-tigloylsecologanolic acid 7-*O*- 巴豆酰裂环马钱苷酸 蝴蝶戏珠花 Viburnum plicatum var. tomentosum
12-*O*-tiglyl-4-deoxy-4*α*-phorbol-13-(2-methylbutyrate) 12-*O*- 巴豆酰基 -4- 去氧 -4*α*- 佛波醇 -13-(2- 甲基丁酸酯）巴豆 Croton tiglium
12-*O*-tiglyl-4-deoxy-4*α*-phorbol-13-acetate 12-*O*- 巴豆酰基 -4- 去氧 -4*α*- 佛波醇 -13- 乙酸酯 巴豆 Croton tiglium
12-*O*-tiglyl-4-deoxy-4*α*-phorbol-13-decanoate 12-*O*- 巴豆酰基 -4- 去氧 -4*α*- 佛波醇 -13- 癸酸酯 巴豆 Croton tiglium
12-*O*-tiglyl-4-deoxy-4*α*-phorbol-13-isobutyrate 12-*O*- 巴豆酰基 -4- 去氧 -4*α*- 佛波醇 -13- 异丁酸酯 巴豆 Croton tiglium
12-*O*-tiglyl-4-deoxy-4*α*-phorbol-13-phenylacetate 12-*O*- 巴豆酰基 -4- 去氧 -4*α*- 佛波醇 -13- 苯乙酸酯 巴豆 Croton tiglium

12-O-tiglylphorbol-13-isobutyrate 12-O- 巴豆酰佛波醇 -13- 异丁酸酯 巴豆 Croton tiglium
12-O-tiglylporbol-13-propionate 12-O- 巴豆酰佛波醇 -13- 丙酸酯 巴豆 Croton tiglium
otobain 奥托肉豆蔻素 台湾肉豆蔻 Myristica cagayanensis
otobanone 奥托肉豆蔻酮▲ 台湾肉豆蔻 Myristica cagayanensis
otobaphenol 奥托肉豆蔻酚 南五味子 Kadsura longipedunculata, 三白草 Saururus chinensis
otogirin 小连翘素▲ 小连翘 Hypericum erectum
otogirinin A 小连翘宁▲A 赶山鞭 Hypericum attenuatum, 小连翘 H. erectum
otogirinin B 小连翘宁▲B 赶山鞭 Hypericum attenuatum, 小连翘 H. erectum
otogirinin C, E, F, G 小连翘宁▲C, E, F, G 小连翘 Hypericum erectum
otogirinin D 小连翘宁▲D 赶山鞭 Hypericum attenuatum, 小连翘 H. erectum
otogirone 小连翘已酮▲ 小连翘 Hypericum erectum
o-tolualdehyde 邻甲基苯甲醛 挥发油成分，未统计基源
otophylloside A 青羊参苷 A 青羊参 Cynanchum otophyllum, 昆明杯冠藤 C. wallichii
otophylloside B 青羊参苷 B 青羊参 Cynanchum otophyllum, 昆明杯冠藤 C. wallichii
otophylloside C~F, H~W 青羊参苷 C~F, H~W 青羊参 Cynanchum otophyllum
otophylloside G 青羊参苷 G 西藏牛皮消 Cynanchum auriculatum, 青羊参 C. otophyllum, 萝藦 Metaplexis japonica
otosenine 奥索千里光碱 新疆千里光 Senecio jacobaea, 菊状千里光 S. laetus
3β-O-trans-4-methoxycinnamoyl-15α-hydroxy-β-amyrin 3β-O- 反式 - 对甲氧基桂皮酰基 -15α- 羟基 -β- 香树脂醇 红茄苳 Rhizophora mucronata
3-O-trans-caffeoyl-1-O-galloyl-β-D-glucopyranose) 3-O- 反式 - 咖啡酰基 -1-O- 没食子酰基 -β-D- 吡喃葡萄糖 多蕊蛇菰 Balanophora polyandra
2-O-trans-caffeoyl-1-O-p-trans-coumaroyl-β-D-glucopyranose 2-O- 反式 - 咖啡酰基 -1-O- 对 - 反式 - 香豆酰基 -β-D- 吡喃葡萄糖 多蕊蛇菰 Balanophora polyandra
3β-O-trans-caffeoyl-29-hydroxybetulin 3β-O- 反式 - 咖啡酰基 -29- 羟基白桦脂醇 猕猴桃藤山柳 Clematoclethra scandens subsp. actinidioides
1-O-trans-caffeoyl-2'-O-trans-sinapoyl gentiobiose 1-O- 反式 - 咖啡酰基 -2'-O- 反式 - 芥子酰龙胆二糖 块茎山萮菜 Eutrema wasabi
1-O-trans-caffeoyl-3,4,6-tri-O-galloyl-β-D-glucopyranose 1-O- 反式 - 咖啡酰基 -3,4,6- 三 -O- 没食子酰基 -β-D- 吡喃葡萄糖 蛇菰 Balanophora fungosa
1-O-trans-caffeoyl-3-O-galloyl-4,6-(S)-HHDP-β-D-glucopyranose 1-O- 反式 - 咖啡酰基 -3-O- 没食子酰基 -4,6-(S)- 六羟基联苯二甲酰基 -β-D- 吡喃葡萄糖 蛇菰 Balanophora fungosa, 筒鞘蛇菰 B. involucrata
1-O-trans-caffeoyl-3-O-galloyl-β-D-glucopyranose 1-O- 反式 - 咖啡酰基 -3-O- 没食子酰基 -β-D- 吡喃葡萄糖 蛇菰 Balanophora fungosa, 疏花蛇菰 B. laxiflora, 多蕊蛇菰 B. polyandra
27-O-trans-caffeoyl-3-oxo-lup-20(29)-en-28-oic acid 27-O- 反式 - 咖啡酰基 -3- 氧代 - 羽扇豆 -20(29)- 烯 -28- 酸 白桦 Betula platyphylla
1-O-trans-caffeoyl-4,6-(S)-hexahydroxydiphenoyl-β-D-glucopyranose 1-O- 反式 - 咖啡酰基 -4,6-(S)- 六羟基联苯二甲酰基 -β-D- 吡喃葡萄糖 蛇菰 Balanophora fungosa, 红冬蛇菰 B. harlandii, 疏花蛇菰 B. laxiflora
1-O-trans-caffeoyl-4,6-[1,1'-(3,3',4,4'-tetrahydroxydibenzofuran-dicarboxyl)]-β-D-glucopyranose 1-O-(反式 - 咖啡酰基)-4,6-[1,1'-(3,3',4,4'- 四羟基二苯并呋喃二羧酰)]-β-D- 吡喃葡萄糖 多蕊蛇菰 Balanophora polyandra
1-O-trans-caffeoyl-4,6-di-O-galloyl-β-D-glucopyranose 1-O- 反式 - 咖啡酰基 -4,6- 二 -O- 没食子酰基 -β-D- 吡喃葡萄糖 红冬蛇菰 Balanophora harlandii, 疏花蛇菰 B. laxiflora, 多蕊蛇菰 B. polyandra
1-O-trans-caffeoyl-4-O-galloyl-β-D-glucopyranose 1-O- 反式 - 咖啡酰基 -4-O- 没食子酰基 -β-D- 吡喃葡萄糖 红冬蛇菰 Balanophora harlandii, 筒鞘蛇菰 B. involucrata
6-O-trans-caffeoyl-5,7-bisdeoxycynanchoside 6-O- 反式 - 咖啡酰基 -5,7- 二去氧牛皮消猫爪藤苷 钟形火焰树 Spathodea campanulata
1-O-trans-caffeoyl-5-O-7,8-dihydro-7α-methoxycaffeoylquinic acid 1-O- 反式 - 咖啡酰基 -5-O-7,8- 二氢 -7α- 甲氧基咖啡酰奎宁酸 短果茴芹 Pimpinella brachycarpa
1-O-trans-caffeoyl-5-O-trans-p-coumaroylquinic acid 1-O- 反式 - 咖啡酰基 -5-O- 反式 - 对香豆酰奎宁酸 短果茴芹 Pimpinella brachycarpa
1-O-trans-caffeoyl-6-O-galloyl-β-D-glucopyranose 1-O- 反式 - 咖啡酰基 -6-O- 没食子酰基 -β-D- 吡喃葡萄糖 红冬蛇菰 Balanophora harlandii
10-O-trans-caffeoyl-6α-hydroxygeniposide 10-O- 反式 - 咖啡酰基 -6α- 羟基京尼平苷 栀子 Gardenia jasminoides
6-O-trans-caffeoyl-asystasioside E 6-O- 反式 - 咖啡酰基 - 十万错苷▲E 钟形火焰树 Spathodea campanulata
3β-O-trans-caffeoylbetulin 3β-O- 反式 - 咖啡酰白桦脂醇 山芝麻 Helicteres angustifolia
27-O-trans-caffeoylcylicodiscic acid 27-O- 反式 - 咖啡酰圆盘豆酸▲ 土坛树 Alangium salviifolium, 白桦 Betula platyphylla
6-O-trans-caffeoyl-decinnamoylglobularimin 6-O- 反式 - 咖啡酰基 - 去桂皮酰球花明苷▲ 钟形火焰树 Spathodea campanulata
2'-O-trans-caffeoylgardoside 2'-O- 反式 - 阿魏酰栀子新苷 栀子 Gardenia jasminoides
6''-O-trans-caffeoylgenipin gentiobioside 6''-O- 反式 - 咖啡酰京尼平龙胆二糖苷 栀子 Gardenia jasminoides
6'-O-trans-caffeoyl-loganic acid 6'-O- 反式 - 咖啡酰基 - 马钱酸 钟形火焰树 Spathodea campanulata
3β-O-trans-caffeoyllupeol 3β-O- 反式 - 咖啡酰扇豆醇 角果木 Ceriops tagal
3β-O-trans-caffeoyl-morolic acid 3β-O- 反式 - 咖啡酰模绕酸 青钱柳 Cyclocarya paliurus
4-O-trans-caffeoylquinic acid methyl ester 4-O- 反式 - 咖啡酰奎宁酸甲酯 短果茴芹 Pimpinella brachycarpa
5-O-trans-caffeoylquinic acid methyl ester 5-O- 反式 - 咖啡酰奎宁酸甲酯 短果茴芹 Pimpinella brachycarpa
6'-O-trans-caffeoylsalicin 6'-O- 反式 - 咖啡酰水杨苷 八角枫 Alangium chinense

3-*O*-*trans*-caffeoyltormentic acid 3-*O*- 反式 - 咖啡酰委陵菜酸 枇杷 Eriobotrya japonica
4-*O*-*trans*-caffeoyl-α-L-rhamnopyranosyl-(1' → 3)-α-D-glucopyranose 4-*O*- 反式 - 咖啡酰基 -α-L- 吡喃鼠李糖基 -(1' → 3)-α-D- 吡喃葡萄糖 直立黄钟花 Tecoma stans
4-*O*-*trans*-caffeoyl-α-L-rhamnopyranosyl-(1' → 3)-β-D-glucopyranose 4-*O*- 反式 - 咖啡酰基 -α-L- 吡喃鼠李糖基 -(1' → 3)-β-D- 吡喃葡萄糖 直立黄钟花 Tecoma stans
1-*O*-*trans*-caffeoyl-β-D-glucopyranose 1-*O*- 反式 - 咖啡酰基 -β-D- 吡喃葡萄糖 筒鞘蛇菰 Balanophora involucrata, 疏花蛇菰 B. laxiflora, 多蕊蛇菰 B. polyandra
1-*O*-*trans*-caffeoyl-β-gentiobiose 1-*O*- 反式 - 咖啡酰基 -β- 龙胆二糖 钟形火焰树 Spathodea campanulata
1-*O*-*trans*-cinnamoyl-3-*O*-galloyl-4,6-(*S*)-HHDP-β-D-glucopyranose 1-*O*- 反式 - 桂皮酰基 -3-*O*- 没食子酰基 -4,6-(*S*)- 六羟基联苯二甲酰基 -β-D- 吡喃葡萄糖 蛇菰 Balanophora fungosa
1-*O*-*trans*-cinnamoyl-4-*O*-galloyl-β-D-glucopyranose 1-*O*- 反式 - 桂皮酰基 -4-*O*- 没食子酰基 -β-D- 吡喃葡萄糖 蛇菰 Balanophora fungosa
7-*O*-*trans*-cinnamoyl-6β-hydroxyloganin 7-*O*- 反式 - 桂皮酰基 -6β- 羟基马钱苷 夜花 Nyctanthes arbor-tristis
8-*O*-*trans*-cinnamoylcaryoptoside 8-*O*- 反式 - 桂皮酰莸苷 ▲A 香莸 Caryopteris odorata
6-*O*-*trans*-cinnamoyl-*E*-harpagoside 6-*O*- 反式 - 桂皮酰基 -*E*- 钩果草苷 云南马蓝 Strobilanthes yunnanensis
6''-*O*-*trans*-cinnamoylgenipin gentiobioside 6''-*O*- 反式 - 桂皮酰京尼平龙胆二糖苷 栀子 Gardenia jasminoides
O-*trans*-cinnamoylglutinol *O*- 反式 - 桂皮酰欧洲桤木醇 ▲ 疏花鱼藤 Derris laxiflora
8-*O*-*trans*-cinnamoylmussaenoside 8-*O*- 反式 - 桂皮酰玉叶金花诺苷 ▲ 香莸 Caryopteris odorata
6-*O*-*trans*-cinnamoylphlorigidoside B 6-*O*- 反式 - 桂皮酰坚硬糙苏苷 B 杜虹花 Callicarpa formosana
6'-*O*-*trans*-cinnamoylsalicin 6'-*O*- 反式 - 桂皮酰水杨苷 胡杨 Populus euphratica
8-*O*-*trans*-cinnamoylshanzhiside methyl ester 8-*O*- 反式 - 桂皮酰山栀苷甲酯 香莸 Caryopteris odorata
1-*O*-*trans*-cinnamoyl-α-L-rhamnopyranose 1-*O*- 反式 - 桂皮酰基 -α-L- 吡喃鼠李糖 云南石梓 Gmelina arborea
2-*O*-*trans*-cinnamoyl-α-L-rhamnopyranose 2-*O*- 反式 - 桂皮酰基 -α-L- 吡喃鼠李糖 云南石梓 Gmelina arborea
3-*O*-*trans*-cinnamoyl-α-L-rhamnopyranose 3-*O*- 反式 - 桂皮酰基 -α-L- 吡喃鼠李糖 云南石梓 Gmelina arborea
1-*O*-*trans*-cinnamoyl-β-D-glucopyranose 1-*O*- 反式桂皮酰基 -β-D- 吡喃葡萄糖 腰果 Anacardium occidentale, 草莓 Fragaria × ananassa
1-*O*-*trans*-cinnamoyl-β-D-glucopyranoside 1-*O*- 反式桂皮酰基 -β-D- 吡喃葡萄糖苷 珍珠绣线菊 Spiraea thunbergii
1-*O*-*trans*-cinnamoyl-β-D-glucopyranosyl-(1 → 6)-β-D-glucopyranoside 1-*O*- 反式 - 桂皮酰基 -β-D- 吡喃葡萄糖基 -(1 → 6)-β-D- 吡喃葡萄糖苷 灯笼果 Physalis peruviana
3β-*O*-*trans*-coumaroyl-12-en-28-oleanolic acid 3β-*O*- 反式对羟基桂皮酰基 -12- 烯 -28- 齐墩果酸 窿缘桉 Eucalyptus exserta
3β-*O*-*trans*-coumaroyl-12-en-28-ursolic acid 3β-*O*- 反式对羟基桂皮酰基 -2α- 羟基 -12- 烯 -28- 熊果酸 窿缘桉 Eucalyptus exserta
1-*O*-*trans*-coumaroyl-3,4,6-tri-*O*-galloyl-β-D-glucopyranose 1-*O*- 反式 - 香豆酰基 -3,4,6- 三 -*O*- 没食子酰基 -β-D- 吡喃葡萄糖 蛇菰 Balanophora fungosa
1-*O*-*trans*-coumaroyl-3-*O*-galloyl-4,6-(*S*)-HHDP-β-D-glucopyranose 1-*O*- 反式 - 香豆酰基 -3-*O*- 没食子酰基 -4,6-(*S*)- 六羟基联苯二甲酰基 -β-D- 吡喃葡萄糖 蛇菰 Balanophora fungosa
1-*O*-*trans*-coumaroyl-4,6-(*S*)-HHDP-β-D-glucopyranose 1-*O*- 反式 - 香豆酰基 -4,6-(*S*)- 六羟基联苯二甲酰基 -β-D- 吡喃葡萄糖 蛇菰 Balanophora fungosa
3β-*O*-*trans*-coumaroylbetulin 3β-*O*- 反式 - 香豆酰白桦脂醇 菲律宾朴 Celtis philippensis, 角果木 Ceriops tagal, 山芝麻 Helicteres angustifolia
3α-*O*-*trans*-coumaroylbetulinic acid 3α-*O*- 反式 - 香豆酰白桦脂酸 角果木 Ceriops tagal
3β-*O*-*trans*-coumaroylbetulinic acid 3β-*O*- 反式 - 香豆酰白桦脂酸 角果木 Ceriops tagal, 山芝麻 Helicteres angustifolia, 雀儿舌头 Leptopus chinensis
3-*O*-*trans*-coumaroylquinic acid 3-*O*- 反式 - 香豆酰奎宁酸 重齿当归 Angelica biserrata
4-*O*-*trans*-coumaroylquinic acid methyl ester 4-*O*- 反式 - 香豆酰奎宁酸甲酯 短果茴芹 Pimpinella brachycarpa
5-*O*-*trans*-coumaroylquinic acid methyl ester 5-*O*- 反式 - 香豆酰奎宁酸甲酯 短果茴芹 Pimpinella brachycarpa
1,5-*O*-*trans*-dicaffeoylquinic acid 1,5-*O*- 反式 - 二咖啡酰奎宁酸 短果茴芹 Pimpinella brachycarpa
3,4-*O*-*trans*-dicaffeoylquinic acid methyl ester 3,4-*O*- 反式 - 二咖啡酰奎宁酸甲酯 短果茴芹 Pimpinella brachycarpa
3,5-*O*-*trans*-dicaffeoylquinic acid methyl ester 3,5-*O*- 反式 - 二咖啡酰奎宁酸甲酯 短果茴芹 Pimpinella brachycarpa
4,5-*O*-*trans*-dicaffeoylquinic acid methyl ester 4,5-*O*- 反式 - 二咖啡酰奎宁酸甲酯 短果茴芹 Pimpinella brachycarpa
1-*O*-*trans*-feruloyl-2'-*O*-*trans*-sinapoyl gentiobiose 1-*O*- 反式 - 阿魏酰基 -2'-*O*- 反式 - 芥子酰龙胆二糖 块茎山萮菜 Eutrema wasabi
(+)-9'-*O*-*trans*-feruloyl-5,5'-dimethoxylariciresinol (+)-9'-*O*- 反式 - 阿魏酰基 -5,5'- 二甲氧基落叶松树脂醇 山胡椒 Lindera glauca, 三桠乌药 L. obtusiloba, 青花椒 Zanthoxylum schinifolium
6-*O*-*trans*-feruloylajugol 6-*O*- 反式 - 阿魏酰筋骨草醇 大叶醉鱼草 Buddleja davidii
3β-*O*-*trans*-feruloylbetulin 3β-*O*- 反式 - 阿魏酰白桦脂醇 菲律宾朴 Celtis philippensis, 角果木 Ceriops tagal, 山芝麻 Helicteres angustifolia
3α-*O*-*trans*-feruloylbetulinic acid 3α-*O*- 反式 - 阿魏酰白桦脂酸 角果木 Ceriops tagal
3β-*O*-*trans*-feruloylbetulinic acid 3β-*O*- 反式 - 阿魏酰白桦脂酸 山芝麻 Helicteres angustifolia
6-*O*-*trans*-feruloylcatalpol 6-*O*- 反式 - 阿魏酰梓醇 互叶醉鱼草 Buddleja alternifolia, 草本威灵仙 Veronicastrum sibiricum
6''-*O*-*trans*-feruloylgenipin gentiobioside 6''-*O*- 反式 - 阿魏酰京尼平龙胆二糖苷 栀子 Gardenia jasminoides
6''-*O*-*trans*-feruloylhomoplantaginin 6''-*O*- 反式 - 阿魏酰高车前苷 迷迭香 Rosmarinus officinalis
6''-*O*-*trans*-feruloylnepitrin 6''-*O*- 反式 - 阿魏酰荆芥苷 ▲ 迷迭香 Rosmarinus officinalis
6'-*O*-*trans*-feruloyl-nodakenin 6'-*O*- 反式 - 阿魏酰基 - 异紫花前胡苷元 羌活 Notopterygium incisum

O

3-*O*-*trans*-feruloylquinic acid 3-*O*- 反式 - 阿魏酰奎宁酸 重齿当归 Angelica biserrata
2-*O*-*trans*-feruloylrhamnopyranose 2-*O*- 反式 - 阿魏酰吡喃鼠李糖 齿叶玄参 Scrophularia dentata
3-*O*-*trans*-feruloylrhamnopyranose 3-*O*- 反式 - 阿魏酰吡喃鼠李糖 齿叶玄参 Scrophularia dentata
6'-*O*-*trans*-feruloylsucrose 6'-*O*- 反式 - 阿魏酰蔗糖 黑龙骨 Periploca forrestii
1-*O*-*trans*-feruloyl-*β*-D-glucopyranose 1-*O*- 反式 - 阿魏酰基 -*β*-D- 吡喃葡萄糖 疏花蛇菰 Balanophora laxiflora
3*β*-*O*-*trans*-ferulyl-2*α*,19*α*-dihydroxyursolic acid 3*β*-*O*- 反式 - 阿魏酰基 -2*α*,19*α*- 二羟基熊果酸 粗叶悬钩子 Rubus alceifolius
3*β*-*O*-*trans*-ferulyl-2*α*,23-dihydroxyolean-12-en-28-oic acid 3*β*-*O*- 反式 - 阿魏酰基 -2*α*,23- 二羟基齐墩果 -12- 烯 -28- 酸 桃金娘 Rhodomyrtus tomentosa
3*β*-*O*-*trans*-ferulyl-2*α*-hydroxyurs-12-en-28-oic acid 3*β*-*O*- 反式 - 阿魏酰基 -2*α*- 羟基熊果 -12- 烯 -28- 酸 番石榴 Psidium guajava
2-*O*-*trans*-isoferuloylrhamnopyranoside 2-*O*- 反式 - 异阿魏酰吡喃鼠李糖苷 豆腐柴 Premna microphylla
3-*O*-*trans*-isoferuloylrhamnopyranoside 3-*O*- 反式 - 异阿魏酰吡喃鼠李糖苷 豆腐柴 Premna microphylla
2-*O*-*trans*-methoxycinnamoylrhamnopyranoside 2-*O*- 反式 - 甲氧基桂皮酰吡喃鼠李糖苷 豆腐柴 Premna microphylla
3*β*-*O*-*trans*-*p*-caffeoylalphitolic acid 3*β*-*O*- 反式 - 对咖啡酰麦珠子酸 皂荚 Gleditsia sinensis
3-*O*-*trans*-*p*-caffeoyl-quercetin 3-*O*- 反式 - 对咖啡酰槲皮素 积雪草 Centella asiatica
3-*O*-*trans*-*p*-coumaroyl rotundic acid 3-*O*- 反式 - 对香豆酰铁冬青酸 枇杷 Eriobotrya japonica
10-*O*-*trans*-*p*-coumaroyl-10-*O*-deacetyldaphylloside 10-*O*- 反式 - 对香豆酰基 -10-*O*- 去乙酰交让木苷 猪殃殃 Galium spurium
6-*O*-*trans*-*p*-coumaroyl-1*β*-*O*-methylovatofuranic acid methyl ester 6-*O*- 反式 - 对香豆酰基 -1*β*-*O*- 甲基梓树呋喃酸甲酯▲ 梓 Catalpa ovata
3*β*-*O*-*trans*-*p*-coumaroyl-2*α*,23-dihydroxyolean-12-en-28-oic acid 3*β*-*O*- 反式 - 对香豆酰基 -2*α*,23- 二羟基齐墩果 -12- 烯 -28- 酸 桃金娘 Rhodomyrtus tomentosa
3-*O*-*trans*-*p*-coumaroyl-2*α*-hydroxyolean-12-en-28-oic acid 3-*O*- 反式 - 对香豆酰基 -2*α*- 羟基齐墩果酸 女贞 Ligustrum lucidum
3-*O*-*trans*-*p*-coumaroyl-2*α*-hydroxyursolic acid 3-*O*- 反式 - 对香豆酰基 -2*α*- 羟基熊果酸 矮桃 Lysimachia clethroides
6-*O*-*trans*-*p*-coumaroyl-3*α*-*O*-methyl-7-deoxyrehmaglutin A 6-*O*- 反式 - 对香豆酰基 -3*α*-*O*- 甲基 -7- 去氧地黄素 A 梓 Catalpa ovata
6-*O*-*trans*-*p*-coumaroyl-3*β*-*O*-methyl-7-deoxyrehmaglutin A 6-*O*- 反式 - 对香豆酰基 -3*β*-*O*- 甲基 -7- 去氧地黄素 A 梓 Catalpa ovata
1-*O*-*trans*-*p*-coumaroyl-5-*O*-*cis*-*p*-coumaroylquinic acid 1-*O*- 反式 - 对香豆酰基 -5-*O*- 顺式 - 对香豆酰奎宁酸 短果茴芹 Pimpinella brachycarpa
1-*O*-*trans*-*p*-coumaroyl-6-*O*-cinnamoyl-*β*-D-glucopyranoside 1-*O*- 反式 - 对香豆酰 -6-*O*- 桂皮酰基 -*β*-D- 吡喃葡萄糖苷 柠檬桉 Eucalyptus citriodora
10-*O*-*trans*-*p*-coumaroyl-6-*O*-*α*-L-rhamnopyranosylcatalpol 10-*O*- 反式 - 对香豆酰基 -6-*O*-*α*-L- 吡喃鼠李糖基梓醇 伞序臭黄荆 Premna serratifolia
10-*O*-*trans*-*p*-coumaroyl-6*α*-hydroxyl-dihydromonotropein 10-*O*- 反式 - 对羟基桂皮酰基 -6*α*- 羟基 - 二氢水晶兰苷 南烛 Vaccinium bracteatum
6-*O*-*trans*-*p*-coumaroyl-7-deoxyrehmaglutin A 6-*O*- 反式 - 对香豆酰基 -7- 去氧地黄素 A 梓 Catalpa ovata
6-*O*-*trans*-*p*-coumaroyl-8-*O*-acetylshanzhiside methyl ester 6-*O*- 反式 - 对香豆酰基 -8-*O*- 乙酰山栀苷甲酯 花叶假杜鹃 Barleria lupulina, 黄花假杜鹃 B. prionitis
3-*O*-*trans*-*p*-coumaroylactinidic acid 3-*O*- 反式 - 对香豆酰猕猴桃酸▲ 软枣猕猴桃 Actinidia arguta
3-*O*-*trans*-*p*-coumaroylalphitolic acid 3-*O*- 反式 - 对香豆酰麦珠子酸 枣 Ziziphus jujuba
3*β*-*O*-*trans*-*p*-coumaroylalphitolic acid 3*β*-*O*- 反式 - 对香豆酰麦珠子酸 皂荚 Gleditsia sinensis
10-*O*-*trans*-*p*-coumaroylcatalpol 10-*O*- 反式 - 对香豆酰梓醇 伞序臭黄荆 Premna serratifolia
10-*O*-*trans*-*p*-coumaroyldesacetyl asperulosidic acid 10-*O*- 反式 - 对香豆酰去乙酰车叶草苷酸 柳叶假木荷 Craibiodendron henryi
6'-*O*-*trans*-*p*-coumaroylgeniposide 6'-*O*- 反式 - 对香豆酰京尼平苷 栀子 Gardenia jasminoides
6'-*O*-*trans*-*p*-coumaroylgeniposidic acid 6'-*O*- 反式 - 对香豆酰京尼平苷酸 栀子 Gardenia jasminoides
1-*O*-*trans*-*p*-coumaroylglycerol 1-*O*- 反式 - 对香豆酰甘油 长苞香蒲 Typha angustata
3-*O*-*trans*-*p*-coumaroyl-kaempferol 3-*O*- 反式 - 对香豆酰基 - 山柰酚 积雪草 Centella asiatica
2'-*O*-*trans*-*p*-coumaroylloganic acid 2'-*O*- 反式 - 对香豆酰马钱酸 华南龙胆 Gentiana loureiroi
3-*O*-*trans*-*p*-coumaroylmaslinic acid 3-*O*- 反式 - 对香豆酰山楂酸 广防风 Anisomeles indica, 矮桃 Lysimachia clethroides
3*β*-*O*-*trans*-*p*-coumaroylmaslinic acid 3*β*-*O*- 反式 - 对香豆酰山楂酸 番石榴 Psidium guajava
4'-*O*-*trans*-*p*-coumaroylmussaenoside 4'-*O*- 反式 - 对香豆酰玉叶金花诺苷▲ 杜虹花 Callicarpa formosana
6''-*O*-*trans*-*p*-coumaroylnepitrin 6''-*O*- 反式 - 对香豆酰荆芥苷▲ 迷迭香 Rosmarinus officinalis
3-*O*-*trans*-*p*-coumaroyloleanolic acid 3-*O*- 反式 - 对香豆酰齐墩果酸 桃金娘 Rhodomyrtus tomentosa
3'-*O*-*trans*-*p*-coumaroylquinic acid 3'-*O*- 反式 - 对香豆酰奎宁酸 青钱柳 Cyclocarya paliurus
5'-*O*-*trans*-*p*-coumaroylquinic acid 5'-*O*- 反式 - 对香豆酰奎宁酸 青钱柳 Cyclocarya paliurus
10-*O*-*trans*-*p*-coumaroylscandoside 10-*O*- 反式 - 对香豆酰鸡矢藤次苷 柳叶假木荷 Craibiodendron henryi, 猪殃殃 Galium spurium, 伞房花耳草 Hedyotis corymbosa, 南烛 Vaccinium bracteatum
6-*O*-*trans*-*p*-coumaroylshanzhiside methyl ester 6-*O*- 反式 - 对香豆酰山栀苷甲酯 杜虹花 Callicarpa formosana
4'-*O*-*trans*-*p*-coumaroylswertiamarin 4'-*O*- 反式 - 对香豆酰獐牙菜苦素 青叶胆 Swertia mileensis
11*α*-*O*-*trans*-*p*-coumaroyltaraxerol 11*α*-*O*- 反式 - 对香豆酰蒲公英赛醇 柳叶假木荷 Craibiodendron henryi
3-*O*-*trans*-*p*-coumaroyltormentic acid 3-*O*- 反式 - 对香豆酰委陵菜酸 枇杷 Eriobotrya japonica, 矮桃 Lysimachia clethroides, 扁核木 Prinsepia utilis
6-*O*-*trans*-*p*-coumaroyl-*α*-D-glucopyranoside 6-*O*- 反式 - 对香豆酰基 -*α*-D- 吡喃葡萄糖苷 柠檬桉 Eucalyptus citriodora
1-*O*-*trans*-*p*-coumaroyl-*α*-L-rhamnopyranoside 1-*O*- 反式 - 对香豆酰基 -*α*-L- 吡喃鼠李糖苷 伞序臭黄荆 Premna serratifolia

1-*O*-*trans*-*p*-coumaroyl-*β*-D-glucopyranose 1-*O*- 反式 - 对香豆酰基 -*β*-D- 吡喃葡萄糖 筒鞘蛇菰 Balanophora involucrata, 疏花蛇菰 B. laxiflora
6-*O*-*trans*-*p*-coumaroyl-*β*-D-glucopyranoside 6-*O*- 反式 - 对香豆酰基 -*β*-D- 吡喃葡萄糖苷 柠檬桉 Eucalyptus citriodora
3-*O*-*trans*-*p*-hydroxycinnamoyloleanolic acid 3-*O*- 反式 - 对羟基桂皮酰齐墩果酸 福建胡颓子 Elaeagnus oldhamii
3-*O*-*trans*-*p*-hydroxycinnamoylursolic acid 3-*O*- 反式 - 对羟基桂皮酰熊果酸 福建胡颓子 Elaeagnus oldhamii
10-*O*-*trans*-*p*-methoxycinnamoylcatalpol 10-*O*- 反式 - 对甲氧基桂皮酰吡喃鼠李糖基梓醇 伞序臭黄荆 Premna serratifolia
3-*O*-*trans*-*p*-methoxycinnamoyl-*α*-L-rhamnopyranose 3-*O*- 反式 - 对甲氧基桂皮酰基 -*α*-L- 吡喃鼠李糖 云南石梓 Gmelina arborea
4-*O*-*trans*-*p*-methoxycinnamoyl-*α*-L-rhamnopyranoside ester 4-*O*- 反式 - 对甲氧基桂皮酰基 -*α*-L- 吡喃鼠李糖酯苷 北玄参 Scrophularia buergeriana
6'-*O*-*trans*-sinapoylgardoside 6'-*O*- 反式 - 芥子酰栀子新苷 栀子 Gardenia jasminoides
6''-*O*-*trans*-sinapoylgenipin gentiobioside 6''-*O*- 反式 - 芥子酰京尼平龙胆二糖苷 栀子 Gardenia jasminoides
10-*O*-*trans*-sinapoylgeniposide 10-*O*- 反式 - 芥子酰京尼平苷 栀子 Gardenia jasminoides
10-(6-*O*-*trans*-sinapoylglucopyranosyl)-gardendiol 10-(6-*O*- 反式 - 芥子酰葡萄糖基)- 栀子二醇 栀子 Gardenia jasminoides
11-(6-*O*-*trans*-sinapoylglucopyranosyl)-gardendiol 11-(6-*O*- 反式 - 芥子酰葡萄糖基)- 栀子二醇 栀子 Gardenia jasminoides
7-*O*-*trans*-sinapoylisovitexin 7-*O*- 反式 - 芥子酰异牡荆素 块茎山萮菜 Eutrema wasabi
7-*O*-*trans*-sinapoylisovitexin-4'-*O*-(6-*O*-*trans*-sinapoyl-*β*-D-glucopyranoside) 7-*O*- 反式 - 芥子酰异牡荆素 -4'-*O*-(6-*O*- 反式 - 芥子酰基 -*β*-D- 吡喃葡萄糖苷 块茎山萮菜 Eutrema wasabi
7-*O*-*trans*-sinapoylisovitexin-4'-*O*-*β*-D-glucopyranoside 7-*O*- 反式 - 芥子酰异牡荆素 -4'-*O*-*β*-D- 吡喃葡萄糖苷 块茎山萮菜 Eutrema wasabi
6'-*O*-*trans*-sinapoyljasminoside A 6'-*O*- 反式 - 芥子酰栀子诺苷 ▲A 栀子 Gardenia jasminoides
6'-*O*-*trans*-sinapoyljasminoside B 6'-*O*- 反式 - 芥子酰栀子诺苷 ▲B 栀子 Gardenia jasminoides
6'-*O*-*trans*-sinapoyljasminoside C 6'-*O*- 反式 - 芥子酰栀子诺苷 ▲C 栀子 Gardenia jasminoides
6'-*O*-*trans*-sinapoyljasminoside L 6'-*O*- 反式 - 芥子酰栀子诺苷 ▲L 栀子 Gardenia jasminoides
5,15,17-*O*-triacetyl-3-*O*-benzoyl-17-hydroxyisolathyrol 5,15,17-*O*- 三乙酰基 -3-*O*- 苯甲酰基 -17- 羟基异续随子醇 续随子 Euphorbia lathyris
3,8,12-*O*-triacetylingol-7-benzoate 3,8,12-*O*- 三乙酰巨大戟醇 ▲-7- 苯甲酸酯 霸王鞭 Euphorbia royleana
2,3,4-*O*-tri-acyl-*α*-D-glucopyranosyl-4-*O*-acyl-6-*O*-acetyl-*β*-D-fructofuranoside 2,3,4-*O*- 三酰基 -*α*-D- 吡喃葡萄糖基 -4-*O*- 酰基 -6-*O*- 乙酰基 -*β*-D- 呋喃果糖苷 碧冬茄 Petunia hybrida
2,3,4-*O*-tri-acyl-*α*-D-glucopyranosyl-l-*O*-malonyl-4-*O*-acyl-6-*O*-acetyl-*β*-D-fructofuranoside 2,3,4-*O*- 三酰基 -*α*-D- 吡喃葡萄糖基 -l-*O*- 丙二酰基 -4-*O*- 酰基 -6-*O*- 乙酰基 -*β*-D- 呋喃果糖苷 碧冬茄 Petunia hybrida
1,3,5-*O*-tricaffeoyl-4-*O*-succinylquinic acid 1,3,5-*O*- 三咖啡酰基 -4-*O*- 琥珀酰奎宁酸 牛蒡 Arctium lappa
1,2,3-*O*-trigalloyl-*β*-D-glucose 1,2,3-*O*- 三没食子酰基 -*β*-D- 葡萄糖 诃子 Terminalia chebula
3,4,3'-*O*-trimethylellagic acid 3,4,3'-*O*- 三甲基鞣花酸 蓝桉 Eucalyptus globulus, 余甘子 Phyllanthus emblica
3,3',4-*O*-trimethylellagic acid-4'-*O*-*β*-D-glucopyranoside 3,4,3'-*O*- 三甲基鞣花酸 -4'-*O*-*β*-D- 吡喃葡萄糖苷 余甘子 Phyllanthus emblica
3,7,4'-*O*-trimethylquercetin 3,7,4'-*O*- 三甲基槲皮素 毛梗豨莶 Sigesbeckia glabrescens
7,3',5'-*O*-trimethyltricetin 7,3',5'-*O*- 三甲基小麦亭 ▲ 兜唇石斛 Dendrobium aphyllum
1,3,6-*O*-trinicotinol-*α*-D-glucopyranose 1,3,6-*O*- 三烟醇 -*α*-D- 吡喃葡萄糖 古钩藤 Cryptolepis buchananii
ottelione A, B 龙舌草酮 ▲A, B 龙舌草 Ottelia alismoides
ouabain 乌本箭毒苷 尖药木 Acokanthera oppositifolia, 西非羊角拗 Strophanthus sarmentosus
oudemansin 奥德蘑素 ▲ 白环黏奥德蘑 Oudemansiella mucida
ourateacatechin 番金莲木儿茶素 ▲ 大叶千斤拔 Flemingia macrophylla, 刺果卫矛 Euonymus acanthocarpus
ouvrardiandine A, B 德钦乌头定 ▲A, B 德钦乌头 Aconitum ouvrardianum
ouvrardianine A, B 德钦乌头碱 ▲A, B 德钦乌头 Aconitum ouvrardianum
ouvrardiantine 德钦乌头亭 ▲ 德钦乌头 Aconitum ouvrardianum
(3*R*,5*S*,8*R*,9*S*,10*S*,13*R*,14*S*,17*R*,20*Z*,2'*R*)-3-*O*-uzarigenin lactate (3*R*,5*S*,8*R*,9*S*,10*S*,13*R*,14*S*,17*R*,20*Z*,2'*R*)-3-*O*- 波叶刚毛果苷元 ▲ 乳酸酯 马利筋 Asclepias curassavica
(3*R*,5*S*,8*R*,9*S*,10*S*,13*R*,14*S*,17*R*,20*Z*,2'*S*)-3-*O*-uzarigenin lactate (3*R*,5*S*,8*R*,9*S*,10*S*,13*R*,14*S*,17*R*,20*Z*,2'*S*)-3-*O*- 波叶刚毛果苷元 ▲ 乳酸酯 马利筋 Asclepias curassavica
ovafolinin A~E 珍珠花素 ▲A~E 珍珠花 Lyonia ovalifolia
(-)-ovafolinin B-9'-*O*-*β*-D-glucopyranoside (-)- 珍珠花素 B-9'-*O*-*β*-D- 吡喃葡萄糖苷 柃木 Eurya japonica
(+)-ovafolinin B-9'-*O*-*β*-D-glucopyranoside (+)- 珍珠花素 B-9'-*O*-*β*-D- 吡喃葡萄糖苷 柃木 Eurya japonica
(-)-ovafolinin *E*-9'-*O*-*β*-D-glucopyranoside (-)- 珍珠花素 *E*-9'-*O*-*β*-D- 吡喃葡萄糖苷 柃木 Eurya japonica
(+)-ovafolinin *E*-9'-*O*-*β*-D-glucopyranoside (+)- 珍珠花素 *E*-9'-*O*-*β*-D- 吡喃葡萄糖苷 柃木 Eurya japonica
ovalichromene B 卵叶崖豆藤色烯 ▲B 水黄皮 Pongamia pinnata
ovaliflavanone A 卵叶崖豆藤黄烷酮 ▲A 黔滇崖豆藤 Callerya gentiliana, 干花豆 Fordia cauliflora, 水黄皮 Pongamia pinnata
ovalifoliogenin 小果珍珠花苷元 ▲ 水红木 Viburnum cylindricum
ovalifoliolide B 油桦内酯 ▲B 西桦 Betula alnoides
ovalifolioside 珍珠花苷 ▲ 珍珠花 Lyonia ovalifolia, 小果珍珠花 L. ovalifolia var. elliptica
ovalitenone 卵叶崖豆藤酮 盐肤木 Rhus chinensis
1-*O*-vanillic acid-6-*O*-3'',5''-dimethoxygalloyl-*β*-D-glucoside 1-*O*- 香荚兰酸 -6-*O*-3'',5''- 二 -*O*- 甲基 - 没食子酰基 -*β*-D- 葡萄糖苷 大血藤 Sargentodoxa cuneata

4-O-vanilloyl-5-O-caffeoylquinic acid methyl ester 4-O- 香荚兰酰 -5-O- 咖啡酰奎宁酸甲酯 麻辣仔藤 Erycibe obtusifolia
1-O-vanilloyl-6-O-feruloyl-β-D-glucopyranoside 1-O- 香草酰基 -6-O- 阿魏酰基 -β-D- 吡喃葡萄糖苷 越南香荚兰 Vanilla annamica
6-O-vanilloylajugol 6-O- 香荚兰酰筋骨草醇 醉鱼草 Buddleja lindleyana, 裸花紫珠 Callicarpa nudiflora, 菜豆树 Radermachera sinica, 地黄 Rehmannia glutinosa, 毛蕊花 Verbascum thapsum
6'-O-vanilloylarbutin 6'-O- 香荚兰酰熊果苷 红花八角 Illicium dunnianum
10-O-vanilloylaucubin 10-O- 香荚兰酰桃叶珊瑚苷 牡荆 Vitex negundo var. cannabifolia, 单叶蔓荆 V. trifolia subsp. litoralis
11-O-vanilloylbergenin 11-O- 香荚兰酰岩白菜素 走马胎 Ardisia gigantifolia
12-O-vanilloyl-deacetylmetaplexigenin 12-O- 香荚兰酰去乙酰萝藦苷元 隔山消 Cynanchum wilfordii
6''-O-vanilloyliridin 6''-O- 香荚兰酰鸢尾苷 射干 Belamcanda chinensis
6'-O-vanilloylisotachioside 6'-O- 香荚兰酰直蒴苔苷▲ 木奶果 Baccaurea ramiflora, 牛角瓜 Calotropis gigantea, 红花八角 Illicium dunnianum, 泡核桃 Juglans sigillata
20-O-vanilloyl-kidjoranin 20-O- 香荚兰酰假防己宁▲ 隔山消 Cynanchum wilfordii
6'-O-vanilloyltachioside 6'-O- 香荚兰酰异直蒴苔苷▲ 木奶果 Baccaurea ramiflora, 牛角瓜 Calotropis gigantea, 红花八角 Illicium dunnianum, 泡核桃 Juglans sigillata
2''-O-vanilloylvitexin 2''-O- 香荚兰酰牡荆素 短瓣金莲花 Trollius ledebourii
1-O-vanilloyl-β-D-(6-O-galloyl)-glucose 1-O- 香荚兰酰基 -β-D-(6-O- 没食子酰基)- 葡萄糖 苦槠 Castanopsis sclerophylla
1'-O-vanilloyl-β-D-glucopyranoside 1'-O- 香草酰基 -β-D- 吡喃葡萄糖苷 含羞草 Mimosa pudica
1-O-vanilloyl-β-D-glucopyranoside 1-O- 香草酰基 -β-D- 吡喃葡萄糖苷 缩砂密 Amomum villosum var. xanthioides
1-O-vanilloyl-β-D-glucose 1-O- 香荚兰酰基 -β-D- 葡萄糖 泡核桃 Juglans sigillata
6'-O-vanillyl esculin 6'-O- 香荚兰酰七叶树苷 白蜡树 Fraxinus chinensis
6'-O-vanillylpaeoniflorin 6'-O- 香荚兰酰芍药苷 芍药 Paeonia lactiflora
6-O-vanillylpaeoniflorin 6-O- 香荚兰酰芍药苷 草芍药 Paeonia obovata, 牡丹 P. suffruticosa
ovatic acid methyl ester-7-O-(6'-O-p-hydroxybenzoyl)-β-D-glucopyranoside 梓酸甲酯 -7-O-(6'-O- 对羟基苯甲酰基)-β-D- 吡喃葡萄糖苷 梓 Catalpa ovata
ovatifolin 卵叶柄花菊素▲ 百能葳葳 Blainvillea acmella, 蓼子朴 Inula salsoloides
ovatodiolide 广防风二内酯▲ 广防风 Anisomeles indica, 黄花香茶菜 Isodon sculponeatus
ovatolactone-7-O-(6'-O-p-hydroxybenzoyl)-β-D-glucopyranoside 梓树内酯 -7-O-(6'-O- 对羟基苯甲酰基)-β-D- 吡喃葡萄糖苷 梓 Catalpa ovata
6-O-veratroyl catalpol ester 6-O- 藜芦酰梓醇酯 草本威灵仙 Veronicastrum sibiricum
11-O-veratroylbergenin 11-O- 藜芦酰岩白菜素 走马胎 Ardisia gigantifolia
6-O-veratroylcatalpol 6-O- 藜芦酰梓醇 阿拉伯婆婆纳 Veronica persica
6-O-veratroylcatalposide 6-O- 藜芦酰梓苷 美国梓 Catalpa bignonioides, 长果婆婆纳 Veronica ciliata, 婆婆纳 V. polita
10-O-veratroyleranthemoside 10-O- 藜芦酰喜花草苷▲ 染色水锦树 Wendlandia tinctoria
15-O-veratroylgermine 15-O- 藜芦酰白藜芦胺▲ 阿尔泰藜芦 Veratrum lobelianum
2''-O-veratroylisoswertisin 2''-O- 藜芦酰异獐牙菜素 金莲花 Trollius chinensis
14-O-veratroylneoline 14-O- 藜芦酰新欧乌林碱▲ 乌头 Aconitum carmichaelii, 黄草乌 A. vilmorinianum
ovigerine 莲叶桐任碱▲ 莲叶桐 Hernandia nymphaeifolia, 云和新木姜子 Neolitsea aurata var. paraciculata
ovihernangerine 莲叶桐灵碱▲ 莲叶桐 Hernandia nymphaeifolia
oviisocorydine 莲叶桐异紫堇定▲ 莲叶桐 Hernandia nymphaeifolia
ovoideal A~G 米念芭素▲A~G 米念芭 Tirpitzia ovoidea
(24Z)-3a-oxa-3a-homo-27-hydroxy-7,24-tirucalladien-3-one (24Z)-3a- 氧杂 -3a- 高 -27- 羟基 -7,24- 绿玉树二烯 -3- 酮 苦树 Picrasma quassioides
3-oxaachillicin 3- 氧代蓍草辛 亚洲蓍 Achillea asiatica
8-oxabicyclo-(3,3,1)-5-hydroxy-4-oxo-non-2-ene 8- 氧杂双环 -(3,3,1)-5- 羟基 -4- 氧代 - 壬 -2- 烯 毛地黄 Digitalis purpurea
7-oxabicyclo[2,2,1]-5-heptene-ethanone 7- 氧杂双环 [2,2,1]-5- 庚烯 - 乙酮 雪松 Cedrus deodara
rel-(6R,5R,9R)-(2-oxa-bicyclo[3,3,0]oct-3-one-8-en-9,8-diyl)dimethanol 相对 -(6R,5R,9R)-(2- 氧杂 - 双环 [3,3,0] 辛 -3- 酮 -8- 烯 -9,8- 二基) 二甲醇 中国马先蒿 Pedicularis chinensis
oxacycloheptadec-8-en-2-one 氧杂环十七碳 -8- 烯 -2- 酮 挥发油成分，未统计基源
(-)-2-oxakolavenic acid (-)-2- 氧代羽叶哈威豆尼酸▲ 柚木 Tectona grandis
oxalic acid 草酸 藤金合欢 Acacia sinuata, 五月茶 Antidesma bunius, 四季秋海棠 Begonia cucullata var. hookeri, 辣椒 Capsicum annuum, 枸杞 Lycium chinense, 台湾林檎 Malus doumeri, 红花酢浆草 Oxalis corymbosa, 西洋参 Panax quinquefolius, 天竺葵 Pelargonium hortorum, 樱桃李 Prunus cerasifera, 坡油甘 Smithia sensitiva, 番杏 Tetragonia tetragonoides, 赤瓟 Thladiantha dubia, 油黄口蘑 Tricholoma equestre, 笃斯越桔 Vaccinium uliginosum
oxanordentatin 氧杂降齿叶黄皮素 佛手 Citrus medica var. sarcodactylis
2-oxatricyclo[13.2.2.13,7]eicosa-3,5,7(20),15,17,18-hexaen-10-16-diol 2- 氧杂三环 [13.2.2.13,7] 二十碳 -3,5,7(20),15,17,18- 己烯 -10-16- 二醇 辽东桤木 Alnus hirsuta
2-oxatricyclo[13.2.2.13,7]eicosa-3,5,7-(20),15,17,18-hexaen-10-one 2- 氧杂三环 [13.2.2.13,7] 二十碳 -3,5,7-(20),15,17,18- 己烯 -10- 酮 辽东桤木 Alnus hirsuta
oxazolidine-2-thione 口恶唑 -2- 硫酮 马槟榔 Capparis masaikai

oxerine 肿冠花碱▲ 光果莸 Caryopteris tangutica
oxidized aristolane I, II, III 氧化马兜铃烷 I, II, III 马兜铃 Aristolochia debilis
3α,4α-oxidoagarofuran 3α,4α- 环氧沉香呋喃 山姜 Alpinia japonica
16,23-oxidoalisol B 16,23- 氧化泽泻醇 B 草泽泻 Alisma gramineum, 东方泽泻 A. orientale
8β,13β-oxidoeperu-14-en-18-oic acid 8β,13β- 氧化木荚 -14- 烯 -18- 酸 小叶香茶菜 Isodon parvifolius
25,26-oxidofriedel-1,3-dione 25,26- 环氧无羁萜 -1,3- 二酮 五层龙 Salacia prinoides
oxidoisotrilobolide-6-O-isobutyrate 氧化异三叶拉色芹内酯 -6-O- 异丁酸酯 卤地菊 Wedelia prostrata
11α,12α-oxidotaraxerane-3-one 11α,12α- 环氧蒲公英赛烷 -3- 酮 禾叶风毛菊 Saussurea graminea
11α,12α-oxidotaraxerol 11α,12α- 环氧蒲公英赛醇 飞扬草 Euphorbia hirta, 杧果 Mangifera indica, 紫藤 Wisteria sinensis
11α,12α-oxidotaraxerol acetate 11α,12α- 氧化蒲公英赛醇乙酸酯 水同木 Ficus fistulosa
oxime cyclodecanone 环癸酮肟 挥发油成分，未统计基源
1-oxime-3'-methoxymethylrocaglate 1- 肟 -3'- 甲氧基洛克米仔兰酸甲酯 米仔兰 Aglaia odorata
(+)-3-oxo-1,7αH-guai-4(5),11(13)-dien-10,12-diol (+)-3- 氧代 -1,7αH- 愈创木 -4(5),11(13)- 二烯 -10,12- 二醇 狼毒 Stellera chamaejasme
(+)-(11S)-3-oxo-1,7αH-guai-4-en-10α,12-diol (+)-(11S)-3- 氧代 -1,7αH- 愈创木 -4- 烯 -10α,12- 二醇 狼毒 Stellera chamaejasme
(+)-(11S)-3-oxo-1,7αH-guai-4-en-11,12-diol (+)-(11S)-3- 氧代 -1,7αH- 愈创木 -4- 烯 -11,12- 二醇 狼毒 Stellera chamaejasme
9-oxo-10,11-dehydroageraphorone 9- 氧代 -10,11- 去氢紫茎泽兰酮▲ 紫茎泽兰 Ageratina adenophora
7-oxo-10α-cucurbitadienol 7- 氧代 -10α- 葫芦二烯醇 栝楼 Trichosanthes kirilowii
4-oxo-11-eudesmene-8,12-olide 4- 氧代 -11- 桉叶烯 -8,12- 内酯 土木香 Inula helenium
3-oxo-11-methoxytabersonine 3- 氧代 -11- 甲氧基柳叶水甘草碱 鸡骨常山 Alstonia yunnanensis
(Z)-7-oxo-11-octadecenoic acid (Z)-7- 氧代 -11- 十八烯酸 望江南 Senna occidentalis
3-oxo-11α,12α-epoxyurs-13β,28-olide 3- 氧代 -11α,12α- 环氧熊果 -13β,28- 内酯 毛土连翘 Hymenodictyon orixense
3-oxo-11α-hydroxyfriedelane 3- 氧代 -11α- 羟基无羁萜烷 杨梅 Myrica rubra
3-oxo-11α-hydroxyleukamenin E 3- 氧代 -11α- 羟基白花阴生香茶菜素 E 贵州鼠尾草 Salvia cavaleriei
3-oxo-11α-hydroxy-olean-12-ene 3- 氧代 -11α- 羟基齐墩果 -12- 烯 四川清风藤 Sabia schumanniana
7-oxo-12a,13β-dihydroxyabiet-8(14)-en-18-oic acid 7- 氧代 -12a,13β- 二羟基冷杉 -8(14)- 烯 -18- 酸 华山松 Pinus armandii
3-oxo-12-en-ursane-28-O-α-L-arabinofuranosyl-(1→6)-β-D-glucopyranoside 3- 氧代 -12- 烯 - 熊果 -28-O-α-L- 呋喃阿拉伯糖基 -(1→6)-β-D- 吡喃葡萄糖苷 杜仲 Eucommia ulmoides
(24Z)-3-oxo-12α-acetoxylanosta-8,24-dien-26-oic acid (24Z)-3- 氧代 -12α- 乙酰氧基羊毛脂 -8,24- 二烯 -26- 酸 南五味子 Kadsura longipedunculata
(24Z)-3-oxo-12α-hydroxylanosta-8,24-dien-26-oic acid (24Z)-3- 氧代 -12α- 羟基羊毛脂 -8,24- 二烯 -26- 酸 狭叶南五味子 Kadsura angustifolia, 南五味子 K. longipedunculata
3-oxo-12α-hydroxyoleanan-28,13β-olide 3- 氧代 -12α- 羟基齐墩果 -28,13β- 内酯 枫香树 Liquidambar formosana
(6S,7E,9E,11E)-3-oxo-13-apo-α-caroten-13-one (6S,7E,9E,11E)-3- 酮 -13- 阿朴 -α- 胡萝卜素 -13- 酮 藜 Chenopodium album
ent-3-oxo-13-epi-manoyl oxide 对映 -3- 氧代 -13- 表 - 泪柏醚 海漆 Excoecaria agallocha
7-oxo-13-epi-pimara-8,15-dien-18-oic acid 7- 氧代 -13- 表海松 -8,15- 二烯 -18- 酸 欧洲刺柏 Juniperus communis
7-oxo-13R-hydroxyabiet-8(14)-en-18-oic acid 7- 氧代 -13R- 羟基冷杉 -8(14)- 烯 -18- 酸 秦岭冷杉 Abies chensiensis
7-oxo-13β-hydroxyabiet-8(14)-en-18-oic acid 7- 氧代 -13β- 羟基冷杉 -8(14)- 烯 -18- 酸 华山松 Pinus armandii
ent-2-oxo-15,16,19-trihydroxypimar-8(14)-en-19-O-β-D-glucopyranoside 对映 -2- 氧代 -15,16,19- 三羟基海松 -8(14)- 烯 -19-O-β-D- 吡喃葡萄糖苷 豨莶 Sigesbeckia orientalis
ent-2-oxo-15,16,19-trihydroxypimar-8(14)-ene 对映 -2- 氧代 -15,16,19- 三羟基海松 -8(14)- 烯 豨莶 Sigesbeckia orientalis, 腺梗豨莶 S. pubescens
ent-2-oxo-15,16-dihydroxypimar-8(14)-en-16-O-β-glucopyranoside 对映 -2- 氧代 -15,16- 二羟基海松 -8(14)- 烯 -16-O-β- 吡喃葡萄糖苷 豨莶 Sigesbeckia orientalis
(-)-13-oxo-15,16-dinorlabda-8(17),11e-dien-19-oic acid (-)-13- 氧代 -15,16- 二降半日花 -8(17),11e- 二烯 -19- 酸 太白红杉 Larix potaninii var. chinensis
16-oxo-15,16H-hardwickiic acid 16- 酮基 -15,16H- 哈威豆酸▲ 田基黄 Grangea maderaspatana
7-oxo-15-hydroxydehydroabietic acid 7- 氧代 -15 羟基去氢冷杉酸 蜜环菌 Armillaria mellea
12-oxo-15-hydroxylabda-8(17),13E-dien-19-oic acid 12- 氧代 -15- 羟基半日花 -8(17),13E- 二烯 -19- 酸 宽叶金粟兰 Chloranthus henryi, 多穗金粟兰 C. multistachys
6-oxo-16,20-episilicine 6- 氧代 -16,20- 表沙地狗牙花碱▲ 药用狗牙花 Tabernaemontana bovina
3-oxo-16α-hydroxy-olean-12-en-28-oic acid 3- 氧代 -16α- 羟基 - 齐墩果 -12- 烯 -28- 酸 东风菜 Doellingeria scabra
3-oxo-18β-glycyrrhetic acid 3- 氧代 -18β- 甘草次酸 胀果甘草 Glycyrrhiza inflata
5-oxo-19,20-dehydroervatamine 5- 氧代 -19,20- 去氢狗牙花碱 伞房狗牙花 Tabernaemontana corymbosa
3-oxo-19-epi-heyneanine 3- 氧代 -19- 表 - 海涅狗牙花碱▲ 伞房狗牙花 Tabernaemontana corymbosa
3-oxo-19α,23,24-trihydroxyurs-12-en-28-oic acid 3- 氧代 -19α,23,24- 三羟基熊果 -12- 烯 -28- 酸 华山矾 Symplocos chinensis, 白檀 S. paniculata
3-oxo-19α-hydroxyurs-12-en-28-oic acid 3- 氧代 -19α- 羟基熊果 -12- 烯 -28- 酸 长柄异木患 Allophylus longipes
3-oxo-19α-hydroxy-ursolic acid 3- 氧代 -19α- 羟基熊果酸 漏芦 Stemmacantha uniflora

3-oxo-1-*O*-methyl-4,5-dihydroniveusin A 3- 酮基 -1-*O*- 甲基 -4,5- 二羟基雪叶向日葵素 ▲A 向日葵 Helianthus annuus

(*E*,*Z*,*E*)-1-(1-oxo-2,4,12-tetradecatriene-8,10-diynyl)-piperidine (*E*,*Z*,*E*)-1-(1- 氧代 -2,4,12- 十四癸三烯 -8,10- 二炔)- 哌啶 紫花野菊 Chrysanthemum zawadskii

3-oxo-20(*S*)-dammar-24-en-6*α*,20,26-triol-26-*O*-*β*-D-glucopyranoside 3- 氧代 -20(*S*)- 达玛 -24- 烯 -6*α*,20,26- 三醇 -26-*O*-*β*-D- 吡喃葡萄糖苷 尼泊尔常春藤 Hedera nepalensis

22-oxo-20-hydroxyecdysone 22- 氧代 -20- 羟基蜕皮素 蛛丝毛蓝耳草 Cyanotis arachnoidea

(20*S*)-3-oxo-20-hydroxytaraxastane (20*S*)-3- 氧代 -20- 羟基蒲公英赛烷 大果榕 Ficus auriculata

3-oxo-20S,24*R*-epoxy-dammarane-25*ζ*,26-diol 3- 氧代 -20*S*,24*R*- 环氧 - 达玛 -25*ζ*,26- 二醇 杧果 Mangifera indica

22-oxo-20-taraxasten-3*β*-ol 22- 氧代 -20- 蒲公英烯 -3*β*- 醇 少花风毛菊 Saussurea oligantha

3-oxo-21*α*-ethoxy-24,25,26,27-tetranortirucall-7-ene-23(21)-lactone 3- 氧代 -21*α*- 乙氧基 -24,25,26,27- 四降绿玉树 -7- 烯 -23(21)- 内酯 大叶山楝 Aphanamixis grandifolia

3-oxo-21*α*-methoxy-24,25,26,27-tetranortirucall-7-ene-23(21)-lactone 3- 氧代 -21*α*- 甲氧基 -24,25,26,27- 四降绿玉树 -7- 烯 -23(21)- 内酯 大叶山楝 Aphanamixis grandifolia

3-oxo-21*β*-methoxy-24,25,26,27-tetranortirucall-7-ene-23(21)-lactone 3- 氧代 -21*β*- 甲氧基 -24,25,26,27- 四降绿玉树 -7- 烯 -23(21)- 内酯 大叶山楝 Aphanamixis grandifolia

3-oxo-22-hydroxyhopane 3- 氧代 -22- 羟基何帕烷 土沉香 Aquilaria sinensis

3-oxo-23-hydroxy-lup-20(29)-en-28-oic acid 3- 氧代 -23- 羟基羽扇豆 -20(29)- 烯 -28- 酸 白头翁 Pulsatilla chinensis

3-oxo-23*ζ*-hydroxycycloar-24-en-26-oic acid 3- 氧代 -23*ζ*- 羟基环木菠萝 -24- 烯 -26- 酸 杧果 Mangifera indica

3-oxo-24,25,26,27-tetranortirucall-7-ene-23(21)-lactone 3- 氧代 24,25,26,27- 四降绿玉树 -7- 烯 -23(21)- 内酯 大叶山楝 Aphanamixis grandifolia

3-oxo-24-methyl-5*α*-lanost-8,25-dien-21-oic acid 3- 氧代 -24- 甲基 -5*α*- 羊毛脂 -8,25- 二烯 -21- 酸 红缘拟层孔菌 Fomitopsis pinicola

(25*R*)-3-oxo-24-methylenecycloart-26-ol (25*R*)-3- 氧代 -24- 亚甲基环木菠萝 -26- 醇 杧果 Mangifera indica

3-oxo-24-methylenecycloartane 3- 氧代 -24- 亚甲基环木菠萝烷 红曲 Monascus purpureus

3-oxo-24-norolean-12-en-28-oic acid 3- 氧代 -24- 降齐墩果 -12- 烯 -28- 酸 南蛇藤 Celastrus orbiculatus

3-oxo-25-methylhydroxy-22*β*-[(*Z*)-2'-butenoyloxy]-olean-12-ene-28-oic acid 3- 氧代 -25- 羟甲基 -22*β*-[(*Z*)-2'- 丁烯酰氧基]- 齐墩果 -12- 烯 -28- 酸 马缨丹 Lantana camara

3-oxo-27-hydroxyacetate friedelan-28-oic acid 3- 氧代 -27- 羟基乙酸酯无羁萜 -28- 酸 红厚壳 Calophyllum inophyllum

25-oxo-27-normomordicoside L 25- 氧代 -27- 降苦瓜苷 L 苦瓜 Momordica charantia

3-oxo-28-friedelanoic acid 3- 氧代 -28- 无羁萜酸 红厚壳 Calophyllum inophyllum

3-oxo-29-hydroxyfriedelane 3- 氧代 -29- 羟基无羁萜 雷公藤 Tripterygium wilfordii

1-(1-oxo-2*E*,4*E*-decadienyl)piperidine 1-(1- 氧代 -2*E*,4*E*- 十碳二烯基) 哌啶 胡椒 Piper nigrum

1-(1-oxo-2*E*,4*E*-decadienyl)pyrrolidine 1-(1- 氧代 -2*E*,4*E*- 十碳二烯基) 吡咯烷 胡椒 Piper nigrum

1-(1-oxo-2*E*,4*E*-dodecadienyl)pyrrolidine 1-(1- 氧代 -2*E*,4*E*- 十二碳二烯基) 吡咯烷 胡椒 Piper nigrum

1-(1-oxo-2*E*-decaenyl)piperidine 1-(1- 氧代 -2*E*- 十碳烯基) 哌啶 胡椒 Piper nigrum

1-oxo-2-methyl-6,7-dimethoxy-1,2-dihydroisoquinoline 1- 环氧 -2- 甲基 -6,7- 二甲氧基 -1,2- 二氢异喹啉 紫堇叶唐松草 Thalictrum isopyroides

2-(1'-oxo-2'-methylpropyl)-2-methyl-6,7-dimethoxychromene 2-(1'- 氧代 -2'- 甲基丙基)-2- 甲基 -6,7- 二甲氧基色烯 挥发油成分，未统计基源

5-oxo-2-pyrrolidinecarboxylic acid ethyl ester 5- 氧代 -2- 吡咯烷羧酸乙酯 挥发油成分，未统计基源

3-oxo-2*α*,23-dihydroxy-olean-12-en-28-oic acid 3- 氧代 -2,*α*23- 二羟基 - 齐敦果 -12- 烯 -28- 酸 双花华蟹甲 Sinacalia davidii

12-oxo-2*α*,3*β*,20(*S*)-trihydroxydammar-24-ene-3-*O*-[*β*-D-glucopyranosyl-(1→2)-*β*-D-glucopyranosyl]-20-*O*-[*α*-L-rhamnopyranosyl-(1→6)-*β*-D-glucopyranoside] 12- 氧代 -2*α*,3*β*,20(*S*)- 三羟基达玛 -24- 烯 -3-*O*-[*β*-D- 吡喃葡萄糖基 -(1 → 2)-*β*-D- 吡喃葡萄糖基]-20-*O*-[*α*-L- 吡喃鼠李糖基 -(1 → 6)-*β*-D- 吡喃葡萄糖苷] 绞股蓝 Gynostemma pentaphyllum

12-oxo-2*α*,3*β*,20(*S*)-trihydroxydammar-24-ene-3-*O*-[*β*-D-glucopyranosyl-(1 → 2)-*β*-D-glucopyranosyl]-20-*O*-[*β*-D-xylopyranosyl-(1 → 6)-*β*-D-glucopyranoside] 12- 氧代 -2*α*,3*β*,20(*S*)- 三羟基达玛 -24- 烯 -3-*O*-[*β*-D- 吡喃葡萄糖基 -(1 → 2)-*β*-D- 吡喃葡萄糖基]-20-*O*-[*β*-D- 吡喃木糖基 -(1 → 6)-*β*-D- 吡喃葡萄糖苷] 绞股蓝 Gynostemma pentaphyllum

ent-15-oxo-2*β*,16,19-trihydroxypimar-8(14)-ene 对映 -15- 氧代 -2*β*,16,19- 三羟基海松 -8(14)- 烯 豨莶 Sigesbeckia orientalis

3-oxo-2*ζ*,4*β*,9*β*-trihydroxy-5*β*-(2-methylbutyloxy)-8*α*-angeloxy-germacrane-6*α*,12-olide 3- 氧代 -2*ζ*,4*β*,9*β*- 三羟基 -5*β*-(2- 甲基丁酰氧基)-8*α*- 当归酰氧基 - 吉马 -6*α*,12- 内酯 羊耳菊 Duhaldea cappa

3-oxo-2*ζ*,4*β*,9*β*-trihydroxy-5*β*,8*α*-diangeloxy-germacrane-6*α*,12-olide 3- 氧代 -2*ζ*,4*β*,9*β*- 三羟基 -5*β*,8*α*- 二当归酰氧基 - 吉马 -6*α*,12- 内酯 羊耳菊 Duhaldea cappa

1-[1-oxo-3-(3,4-methylenedioxy-5-methoxyphenyl)-2*Z*-propenyl]piperidine 1-[1- 氧代 -3-(3,4- 亚甲二氧基苯基 -5- 甲氧基苯基)-2*Z*- 丙烯基] 哌啶 胡椒 Piper nigrum

1-[1-oxo-3-(3,4-methylenedioxyphenyl)-2*E*-propenyl]piperidine 1-[1- 氧代 -3-(3,4- 亚甲二氧基苯基)-2*E*- 丙烯基] 哌啶 胡椒 Piper nigrum

1-[1-oxo-3-(3,4-methylenedioxyphenyl)-2*E*-propenyl]pyrrolidine 1-[1- 氧代 -3-(3,4- 亚甲二氧基苯基)-2*E*- 丙烯基] 吡咯烷 胡椒 Piper nigrum

1-[1-oxo-3-(3,4-methylenedioxyphenyl)-2*Z*-propenyl]piperidine 1-[1- 氧代 -3-(3,4- 亚甲二氧基苯基)-2*Z*- 丙烯基] 哌啶 胡椒 Piper nigrum

1-[1-oxo-3-(3,4-methylenedioxyphenyl)propyl]piperidine 1-[1- 氧代 -3-(3,4- 亚甲二氧基苯基) 丙烯基] 哌啶 胡椒 Piper nigrum

O

6-[1'-oxo-3'(*R*)-hydroxy-butyl]-5,7-dimethoxy-2,2-dimethyl-2*H*-1-benzopyran 6-[1'- 羰基 -3'(*R*)- 羟基 - 丁基]-5,7- 二甲氧基 -2,2- 二甲基 -2*H*-1- 苯并吡喃 白背叶 Mallotus apelta

6-[1'-oxo-3'(*R*)-methoxy-butyl]-5,7-dimethoxy-2,2-dimethyl-2*H*-1-benzopyran 6-[1'- 羰基 -3'(*R*)- 甲氧基 - 丁基]-5,7- 二甲氧基 -2,2- 二甲基 -2*H*-1- 苯并吡喃 白背叶 Mallotus apelta

(1*R*)-2-oxo-3,4-dehydroneomajucin (1*R*)-2- 氧代 -3,4- 去氢新大八角素 假地枫皮 Illicium jiadifengpi, 大八角 I. majus

(1*R*,10*S*)-2-oxo-3,4-dehydroneomajucin (1*R*,10*S*)-2- 氧代 -3,4- 去氢新大八角素 大八角 Illicium majus

(1*S*)-2-oxo-3,4-dehydroneomajucin (1*S*)-2- 氧代 -3,4- 去氢新大八角素 假地枫皮 Illicium jiadifengpi, 大八角 I. majus

2-oxo-3,4-dehydroneomajucin 2- 氧代 -3,4- 去氢新大八角素 小花八角 Illicium micranthum

(1*R*)-2-oxo-3,4-dehydroxyneomajucin (1*R*)-2- 氧代 -3,4- 去羟基新大八角素 假地枫皮 Illicium jiadifengpi

(1*R**)-2-oxo-3,4-dehydroxyneomajucin (1*R**)-2- 氧代 -3,4- 去羟基新大八角素 假地枫皮 Illicium jiadifengpi

2-oxo-3,4-dehydroxyneomajucin 2- 氧代 -3,4- 去羟基新大八角素 假地枫皮 Illicium jiadifengpi

4-oxo-3,4-seco-A(1)-norfriedelan-2-oic acid 4- 氧代 -3,4- 降无羁萜 -2- 酸 镰叶西番莲 Passiflora wilsonii

3-oxo-3,4-secolanosta-8,24*Z*-dien-26-oic acid 3- 氧代 -3,4- 裂环羊毛脂 -8,24*Z*- 二烯 -26- 酸 南五味子 Kadsura longipedunculata

12-oxo-3,4-seco-olean-4(24)-ene-3-oic acid 12- 氧代 -3,4- 裂环 - 齐墩果 -4(24)- 烯 -3- 酸 垂枝桦 Betula pendula

11-oxo-3,7,12,13,17-penta-hydroxy[7,0]-metacyclophane 11- 氧代 -3,7,12,13,17- 五羟基 [7,0]- 间环芳 千金榆 Carpinus cordata

8-[(2*E*)-6-oxo-3,7-dimethyloct-2-enyloxy]psoralen 8-[(2*E*)-6- 氧代 -3,7- 二甲基 - 八碳 -2- 烯氧基] 补骨脂素 珊瑚菜 Glehnia littoralis

11-oxo-3,9,12,17-tetrahydroxy[7,0]-metacyclophane 11- 氧代 -3,9,12,17- 四羟基 [7,0]- 间环芳 千金榆 Carpinus cordata

3-oxo-30-carboethoxyolean-12,18-dien-28-oic acid 3- 氧代 -30- 乙氧羰基齐墩果 -12,18- 二烯 -28- 酸 金发藓 Polytrichum commune

3-oxo-30-carbomethoxy-23-norolean-12-en-28-oic acid 3- 氧代 -30- 甲氧羰基 -23- 去甲齐墩果 -12- 烯 -28- 酸 垂序商陆 Phytolacca americana

11-oxo-3-acetyl-*β*-boswellic acid 11- 氧代 -3- 乙酰基 -*β*- 乳香酸 乳香树 Boswellia carteri

8-(2'-oxo-3'-methyl)butoxy-7-methoxycoumarin 8-(2'- 氧代 -3'- 甲基) 丁氧基 -7- 甲氧基香豆素 千里香 Murraya paniculata

1-[1-oxo-3-phenyl-2*E*-propenyl]-piperidine 1-[1- 氧代 -3- 苯基 -2*E*- 丙烯基]- 哌啶 胡椒 Piper nigrum

1-[1-oxo-3-phenyl-2*E*-propenyl]-pyrrolidine 1-[1- 氧代 -3- 苯基 -2*E*- 丙烯基]- 吡咯烷 胡椒 Piper nigrum

16-oxo-3*α*-hydroxyserrat-14-en-21*α*-ol 16- 氧代 -3*α*- 羟基千层塔 -14- 烯 -21*α*-ol 石松 Lycopodium japonicum

16-oxo-3*α*-hydroxyserrat-14-en-21*β*-ol 16- 氧代 -3*α*- 羟基千层塔 -14- 烯 -21*β*- 醇 石松 Lycopodium japonicum

ent-2-oxo-3*β*,15,16-trihydroxypimar-8(14)-en-3-*O*-*β*-glucopyranoside 对映 -2- 氧代 -3*β*,15,16- 三羟基海松 -8(14)- 烯 -3-*O*-*β*- 吡喃葡萄糖苷 豨莶 Sigesbeckia orientalis

2-oxo-3*β*,19*α*,23-trihydroxyurs-12-en-28-oic acid-*β*-D-glucopyranosyl ester 2- 酮基 -3*β*,19*α*,23- 三羟基熊果 -12- 烯 -28- 酸 -*β*-D- 吡喃葡萄糖基酯苷 石南藤 Piper wallichii

2-oxo-3*β*,19*α*-dihydroxyolean-12-en-28-oic acid-*β*-D-glucopyranosyl ester 2- 氧代 -3*β*,19*α*- 二羟基齐墩果 -12- 烯 -28- 酸 -*β*-D- 吡喃葡萄糖酯苷 小白花地榆 Sanguisorba tenuifolia var. alba

2-oxo-3*β*,19*α*-dihydroxyursolic acid-*β*-D-glucopyranosyl ester 2- 氧代 -3*β*,19*α*- 二羟基熊果酸 -*β*-D- 吡喃葡萄糖酯苷 高山地榆 Sanguisorba alpina

19-oxo-3*β*,20(*S*),21-trihydroxy-25-hydroperoxydammar-23-ene-3-*O*-[*α*-L-rhamnopyranosyl-(1 → 2)-*β*-D-xylopyranosyl-(1 → 3)-*α*-L-arabinopyranosyl]-21-*O*-*β*-D-glucopyranoside 19- 氧代 -3*β*,20*S*,21- 三羟基 -25- 氢过氧基达玛 -23- 烯 -3-*O*-[*α*-L- 吡喃鼠李糖基 -(1→2)-*β*-D- 吡喃木糖基 -(1 → 3)-*α*-L- 吡喃阿拉伯糖基]-21-*O*-*β*-D- 吡喃葡萄糖苷 绞股蓝 Gynostemma pentaphyllum

19-oxo-3*β*,20(*S*)-dihydroxydammar-24-ene-3-*O*-[*β*-*O*-glucopyranosyl-(2 → 1)-*β*-D-glucopyranosyl]-20-*O*-[*α*-L-rhamnopyranosyl-(6 → 1)-*β*-*O*-glucopyranoside] 19- 氧代 -3*β*,20*S*- 二羟基达玛 -24- 烯 -3-*O*-[*β*-*O*- 吡喃葡萄糖基 -(2 →1)-*β*-D- 吡喃葡萄糖基]-20-*O*-[*α*-L- 吡喃鼠李糖基 -(6 → 1)-*β*-*O*- 吡喃葡萄糖苷 绞股蓝 Gynostemma pentaphyllum

19-oxo-3*β*,20*S*,21,24*S*-tetrahydroxydammar-25-ene-3-*O*-[*α*-L-rhamnopyranosyl-(1→2)-*β*-D-xylopyranosyl-(1→3)-*α*-L-arabinopyranosyl]-21-*O*-*β*-D-glucopyranoside 19- 氧代 -3*β*,20*S*,21,24*S*- 四羟基达玛 -25- 烯 -3-*O*-[*α*-L- 吡喃鼠李糖基 -(1 → 2)-*β*-D- 吡喃木糖基 -(1 → 3)-*α*-L- 吡喃阿拉伯糖基]-21-*O*-*β*-D- 吡喃葡萄糖苷 绞股蓝 Gynostemma pentaphyllum

12-oxo-3*β*,20*S*,21,25-tetrahydroxydammar-23-ene-3-*O*-{[*α*-L-rhamnopyranosyl-(1 → 2)][*β*-D-glucopyranosyl-(1 → 6)-*β*-D-glucopyranosyl-(1 → 3)]-*α*-L-arabinopyranosyl}-21-*O*-*β*-D-glucopyranoside 12- 氧代 -3*β*,20*S*,21,25- 四羟基达玛 -23- 烯 -3-*O*-{[*α*-L- 吡喃鼠李糖基 -(1 → 2)][*β*-D- 吡喃葡萄糖基 -(1 → 6)-*β*-D- 吡喃葡萄糖基 -(1 → 3)]-*α*-L- 吡喃阿拉伯糖基 }-21-*O*-*β*-D- 吡喃葡萄糖苷 绞股蓝 Gynostemma pentaphyllum

19-oxo-3*β*,20*S*-dihydroxydammar-24-ene-3-*O*-[*α*-L-arabinopyranosyl-(2 → 1)-*β*-D-glucopyranosyl]-20-*O*-*β*-D-glucopyranoside 19- 氧代 -3*β*,20*S*- 二羟基达玛 -24- 烯 -3-*O*-[*α*-L- 吡喃阿拉伯糖基 -(2 → 1)-*β*-D- 吡喃葡萄糖基]-20-*O*-*β*-D- 吡喃葡萄糖苷 绞股蓝 Gynostemma pentaphyllum

22-oxo-3*β*,24-dihydroxyolean-12-ene 22- 氧代 -3*β*,24- 二羟基齐墩果 -12- 烯 马缨丹 Lantana camara, 紫藤 Wisteria sinensis

7-oxo-3*β*-hydroxy-5,20(29)diene-24-norlupane 7- 氧代 -3*β*- 羟基 -5,20(29) 二烯 -24- 去甲羽扇豆烷 紫薇 Lagerstroemia indica

11-oxo-3*β*-hydroxy-olean-12-ene 11- 氧代 -3*β*- 羟基齐墩果 -12- 烯 四川清风藤 Sabia schumanniana

1-oxo-3*β*-hydroxytotarol 1- 氧代 -3*β*- 羟基新西兰罗汉松酚▲ 圆柏 Juniperus chinensis

threo-6-oxo-4'-(3-methoxy-4-hydroxyphenylglycol-8")-feruloylajugol 苏式 -6-*O*-4'-(3- 甲氧基 -4- 羟基苯丙三醇 -8")- 阿魏酰筋骨草醇 醉鱼草 Buddleja lindleyana

erythro-6-oxo-4'-(3-methoxy-4-hydroxyphenylglycol-8")-feruloylajugol 赤式 -6-*O*-4'-(3- 甲氧基 -4- 羟基苯丙三醇 -8")- 阿魏酰筋骨草醇 醉鱼草 Buddleja lindleyana

1-oxo-4(*S*),9-dihydroxy-8-methoxy-6-hydroxymethyl-1,2,3,4-tetrahydroanthracene 1- 氧代 -4(*S*),9- 二羟基 -8- 甲氧基 -6- 羟甲基 -1,2,3,4- 四

氢蒽 独尾草 Eremurus chinensis

3-oxo-4-benzyl-3,4-dihydro-1H-pyrrolo[2,1-c]oxazine-6-methylal 3- 氧代 -4- 苄基 -3,4- 二氢 -1H- 吡咯并 [2,1-c] 噁嗪 -6- 甲缩醛 南蛇藤 Celastrus orbiculatus

3-oxo-4-en-sitosterone 3- 氧代 -4- 烯 - 谷甾酮 红大戟 Knoxia roxburghii

3-oxo-4-hydro-friedooleanan-27-oic acid methyl ester 3- 氧代 -4- 氢 - 飞齐墩果 -27- 酸甲酯 多毛板凳果 Pachysandra axillaris var. stylosa

(6R)-3-oxo-4-hydroxy-7,8-dihydro-α-ionol-9-O-β-D-glucopyranoside (6R)-3- 氧代 -4- 羟基 -7,8- 二氢 -α- 香堇醇 -9-O-β-D- 吡喃葡萄糖苷 榅桲 Cydonia oblonga

2-oxo-4-O-acetyl-desacetylxanthanol 2- 氧代 -4-O- 乙酰基 - 去乙酰基苍耳醇 刺苍耳 Xanthium spinosum

3-oxo-4β,8α-dihydroxy-5β-angeloxy-9β-(2-methylbutyloxy)-germacrane-6α,12-olide 3- 氧代 -4β,8α- 二羟基 -5β- 当归酰氧基 -9β-(2- 甲基丁酰氧基)- 吉马 -6α,12- 内酯 羊耳菊 Duhaldea cappa

1-[1-oxo-5-(3,4-methylenedioxyphenyl)-2E,4E-pentadienyl]pyrrolidine 1-[1- 氧代 -5-(3,4- 亚甲二氧基苯基)-2E,4E- 戊二烯基] 吡咯烷 胡椒 Piper nigrum

1-[1-oxo-5-(3,4-methylenedioxyphenyl)-2E,4E-pentadienyl]-pyrrolidine 1-[1- 氧代 -5-(3,4- 亚甲二氧基苯基)-2E,4E- 戊二烯基]- 吡咯烷 荜拔 Piper longum

1-[1-oxo-5-(3,4-methylenedioxyphenyl)-2E,4Z-pentadienyl]piperidine 1-[1- 氧代 -5-(3,4- 亚甲二氧基苯基)-2E,4Z- 戊二烯基] 哌啶 胡椒 Piper nigrum

1-[1-oxo-5-(3,4-methylenedioxyphenyl)-2E,4Z-pentadienyl]pyrrolidine 1-[1- 氧代 -5-(3,4- 亚甲二氧基苯基)-2E,4Z- 戊二烯基] 吡咯烷 胡椒 Piper nigrum

1-[1-oxo-5-(3,4-methylenedioxyphenyl)-2E-pentenyl]piperidine 1-[1- 氧代 -5-(3,4- 亚甲二氧基苯基)-2E- 丙烯基] 哌啶 胡椒 Piper nigrum

1-[1-oxo-5-(3,4-methylenedioxyphenyl)-2E-pentenyl]pyrrolidine 1-[1- 氧代 -5-(3,4- 亚甲二氧基苯基)-2E- 戊烯基] 吡咯烷 胡椒 Piper nigrum

1-[1-oxo-5-(3,4-methylenedioxyphenyl)-2E-pentenyl]-pyrrolidine 1-[1- 氧代 -5-(3,4- 亚甲二氧基苯基)-2E- 戊烯基]- 吡咯烷 荜拔 Piper longum

1-[1-oxo-5-(3,4-methylenedioxyphenyl)-2Z,4E-pentadienyl]piperidine 1-[1- 氧代 -5-(3,4- 亚甲二氧基苯基)-2Z,4E- 戊二烯基] 哌啶 胡椒 Piper nigrum

1-[1-oxo-5(3,4-methylenedioxyphenyl)-2Z,4E-pentadienyl]pyrrolidine 1-[1- 氧代 -5(3,4- 亚甲二氧基苯基)-2Z,4E- 戊二烯基] 吡咯烷烷 胡椒 Piper nigrum

4-oxo-5(6),11-eudesmadiene-8,12-olide 4- 氧代 -5(6),11- 桉叶烷二烯 -8,12- 内酯 土木香 Inula helenium

7-oxo-5,6-dihydrostigmasterol 7- 氧代 -5,6- 二氢豆甾醇 土沉香 Aquilaria sinensis

3-oxo-5,6-epoxy-β-ionol 3- 氧代 -5,6- 环氧 -β- 香堇醇 榅桲 Cydonia oblonga

5-oxo-5,6-H-silphiperfolene 5- 氧代 -5,6-H- 穿叶松香草烯 阔苞菊 Pluchea indica

9-oxo-5-megastigmen-11-oic acid 9- 氧代 -5- 大柱香波龙烯 -11- 酸 冷杉 Abies fabri

3β-oxo-5α-lanosta-8,24-dien-21-oic acid 3β- 氧代 -5α- 羊毛脂 -8,24- 二烯 -21- 酸 松杉灵芝 Ganoderma tsugae

(25S)-3-oxo-5α-spirostan-6α-yl-O-β-D-xylopyranoside (25S)-3- 氧代 -5α- 螺甾 -6α-O-β-D- 吡喃木糖苷 水茄 Solanum torvum

6-oxo-6a,12a-dehydrodeguelin 6- 氧代 -6a,12a- 去氢鱼藤素 毛鱼藤 Derris elliptica

6-oxo-6a,12a-dehydro-α-toxicarol 6- 氧代 -6a,12a- 去氢 -α- 毒灰毛豆酚 兰屿鱼藤 Derris oblonga

2-oxo-6-dehydroxyneoanisatin 2- 氧代 -6- 去羟基新莽草素 大八角 Illicium majus

2-oxo-6-deoxy-3,4-dehydro-1-epineoanisatin 2- 氧代 -6- 去氧 -3,4- 去氢 -1- 表新莽草素 大八角 Illicium majus

2-oxo-6-deoxy-3,4-dehydroneoanisatin 2- 氧代 -6- 去氧 -3,4- 去氢新莽草素 大八角 Illicium majus

2-oxo-6-deoxyneoanisatin 2- 氧代 -6- 去氧新莽草素 大八角 Illicium majus

2-oxo-6-deoxyneomajucin 2- 氧代 -6- 去氧新大八角素 大花八角 Illicium macranthum

8'-oxo-6-hydroxy-dihydrophaseic acid 8'- 氧代 -6- 羟基 - 二氢菜豆酸 红花八角 Illicium dunnianum, 红茴香 I. henryi

8'-oxo-6-hydroxy-dihydrophaseic acid methyl ester 8'- 氧代 -6- 羟基 - 二氢菜豆酸甲酯 红花八角 Illicium dunnianum

3-oxo-6α-hydroxy-eudesma-4(5),11(13)-dien-12,8β-olide 3- 氧代 -6α- 羟基 - 桉叶 -4(5),11(13)- 二烯 -12,8β- 内酯 湖北旋覆花 Inula hupehensis

1-oxo-6β,7α,11βH,17β-methylgermacra-4(5)-en-12,6-olide 1- 氧代 -6β,7α,11βH,17β- 甲基吉玛 -4(5)- 烯 -12,6- 内酯 东北蛔蒿 Seriphidium finitum

1-oxo-6β,7α,11βH-germacra-4(5),10(14)-dien-12,6-olide 1- 氧代 -6β,7α,11βH- 吉玛 -4(5),10(14)- 二烯 -12,6- 内酯 东北蛔蒿 Seriphidium finitum

3-oxo-6β-hydroxyolean-12-en-28-oic acid 3- 氧代 -6β- 羟基齐墩果 -18- 烯 -28- 酸 盐肤木 Rhus chinensis

1-[1-oxo-7-(3,4-methylenedioxyphenyl)-2E,4E,6E-heptatrienyl]piperidine 1-[1- 氧代 -7-(3,4- 亚甲二氧基苯基)-2E,4E,6E- 庚三烯基] 哌啶 胡椒 Piper nigrum

1-[1-oxo-7-(3,4-methylenedioxyphenyl)-2E,4E,6E-heptatrienyl]pyrrolidine 1-[1- 氧代 -7-(3,4- 亚甲二氧基苯基)-2E,4E,6E- 庚三烯基] 吡咯烷 胡椒 Piper nigrum

1-[1-oxo-7-(3,4-methylenedioxyphenyl)-2E,6E-heptadienyl]pyrrolidine 1-[1- 氧代 -7-(3,4- 亚甲二氧基苯基)-2E,6E- 庚二烯基] 吡咯烷 胡椒 Piper nigrum

1-(1-oxo-7,10-hexadecadienyl)-pyrrolidine 1-(1- 氧代 -7,10- 十六碳二烯基)- 吡咯 半夏 Pinellia ternata

6-oxo-7,11,13-labdatrien-16,15-olide 6- 酮基 -7,11,13- 半日花三烯 -16,15- 内酯 草果药 Hedychium spicatum

3-oxo-7,8-dihydro-α-ionone-11-O-β-glucoside 3- 氧代 -3-(7,8- 二氢)-α- 香堇酮 -11-O-β- 葡萄糖苷 地锦 Euphorbia humifusa

9(*S*)-4-oxo-7,8-dihydro-*β*-ionol 9(*S*)-4- 氧代 -7,8- 二氢 -*β*- 香堇醇 柚木 Tectona grandis
(7*α*,7'*α*,8*α*,8'*α*)-9-oxo-7,9',7',9-diepoxylignan-3,4,3',4',5'-pentaol (7*α*,7'*α*,8*α*,8'*α*)-9- 氧代 -7,9',7',9- 二环氧木脂素 -3,4,3',4',5'- 五醇 乌墨 Syzygium cumini
1-oxo-7*α*-hydroxysitosterol 1- 氧代 -7*α*- 羟基谷甾醇 胶质鼠尾草 Salvia glutinosa
16-oxo-8(17),12-labdadien-15-oic acid 16- 酮基 -8(17),12- 半日花二烯 -15- 酸 高良姜 Alpinia officinarum
15-oxo-8(17)-labden-18-oic acid 15- 酮基 -8(17)- 半日花烯 -18- 酸 樟子松 Pinus sylvestris var. mongolica
7-oxo-8,11,13-abietatrien-12-ol 7- 氧代 -8,11,13- 冷杉三烯 -12- 醇 杉木 Cunninghamia lanceolata
7-oxo-8,15-isopimaradien-18-ol 7- 氧代 -8,15- 异海松二烯 -18- 醇 杉木 Cunninghamia lanceolata
3-oxo-8,9-dihydro-(20*R*)-21-hydroxy-13-norlanosterol 3- 氧代 -8,9- 二氢 -(20*R*)-21- 羟基 -13- 去甲基羊毛脂醇 羽叶白头树 Garuga pinnata
(8*E*)-10-oxo-8-decenoic acid (8*E*)-10- 氧代 -8- 十烯酸 水粉杯伞 Clitocybe nebularis
1-oxo-8-hydroxy-10*H*-eremophil-7(11)-en-12,8-olide 1- 氧代 -8- 羟基 -10*H*- 荒漠木 -7(11)- 烯 -12,8- 内酯 宽舌橐吾 Ligularia platyglossa
(+)-4-oxo-8-hydroxy-2,6-di(3,4-methylenedioxy)phenyl-3,7-dioxabicyclo[3.3.0]octane (+)-4- 氧代 -8- 羟基 -2,6- 二 (3,4- 亚甲二氧基) 苯基 -3,7- 二氧杂双环 [3.3.0] 辛烷 黄荆 Vitex negundo
3-oxo-8*α*-hydroxy-10*αH*-eremophila-1,7(11)-dien-12,8*β*-olide 3- 氧代 -8*α*- 羟基 -10*αH*- 荒漠木 -1,7(11)- 二烯 -12,8*β*- 内酯 蹄叶橐吾 Ligularia fischeri
3-oxo-8*α*-methoxy-10*αH*-eremophila-1,7(11)-dien-12,8*β*-olide 3- 氧代 -8*α*- 甲氧基 -10*αH*- 荒漠木 -1,7(11)- 二烯 -12,8*β*- 内酯 蹄叶橐吾 Ligularia fischeri
7-oxo-8*β*-D:C-friedo-olean-9(11)-ene-3*α*,29-diol 7- 氧代 -8*β*-D:C- 无羁萜齐墩果 -9(11)- 烯 -3*α*,29- 二醇 栝楼 Trichosanthes kirilowii
6-oxo-8*β*-hydroxy-eremophil-7(11)-en-12,8*α*-olide 6- 氧代 -8*β*- 羟基 - 荒漠木 -7(11)- 烯 -12,8*α*- 内酯 蹄叶橐吾 Ligularia fischeri
4-oxo-8*β*-isobutyroyloxy-3,4-secoguaia-11(13)-en-6*α*,12,10*α*,3-diolide 4- 氧代 -8*β*- 异丁酰氧基 -3,4- 裂环愈创木 -11(13)- 烯 -6*α*,12,10*α*,3- 二内酯 肿柄菊 Tithonia diversifolia
1-[1-oxo-9-(3,4-methylenedioxyphenyl)-2*E*,4*E*,8*E*-nonatrienyl]pyrrolidine 1-[1- 氧代 -9-(3,4- 亚甲二氧基苯基)-2*E*,4*E*,8*E*- 壬三烯基] 吡咯烷 胡椒 Piper nigrum
1-[1-oxo-9-(3,4-methylenedioxyphenyl)-2*E*,8*E*-nonadienyl]piperidine 1-[1- 氧代 -9-(3,4- 亚甲二氧基苯基)-2*E*,8*E*- 壬二烯基] 哌啶 胡椒 Piper nigrum
1-[1-oxo-9-(3,4-methylenedioxyphenyl)-2*E*,8*E*-nonadienyl]pyrrolidine 1-[1- 氧代 -9-(3,4- 亚甲二氧基苯基)-2*E*,8*E*- 壬二烯基] 吡咯烷 胡椒 Piper nigrum
1-[1-oxo-9-(3,4-methylenedioxyphenyl)-2*E*,8*E*-nonadienyl]-pyrrolidine 1-[1- 氧代 -9-(3,4- 亚甲二氧基苯基)-2*E*,8*E*- 壬二烯基]- 吡咯烷 荜拔 Piper longum
erythro-1-[1-oxo-9(3,4-methylenedioxyphenyl)-8,9-dihydroxy-2*E*-nonenyl]-piperidine 赤式 -1-[1- 氧代 -9(3,4- 亚甲二氧苯基)-8,9- 二羟基 -2*E*- 壬烯基]- 哌啶 荜拔 Piper longum
threo-1-[1-oxo-9(3,4-methylenedioxyphenyl)-8,9-dihydroxy-2*E*-nonenyl]-piperidine 苏式 -1-[1- 氧代 -9(3,4- 亚甲二氧苯基)-8,9- 二羟基 -2*E*- 壬烯基]- 哌啶 荜拔 Piper longum
1-[1-oxo-9-(3,4-methylenedioxyphenyl)-8*E*-nonenyl])piperidine 1-[1- 氧代 -9-(3,4- 亚甲二氧基苯基)-8*E*- 壬烯基] 哌啶 胡椒 Piper nigrum
1-[1-oxo-9-(3,4-methylenedioxyphenyl)-8*E*-nonenyl]pyrrolidine 1-[1- 氧代 -9-(3,4- 亚甲二氧基苯基)-8*E*- 壬烯基] 吡咯烷 胡椒 Piper nigrum
1-oxo-9-desoxycacalol 1- 氧代 -9- 去氧蟹甲草酚 大叶橐吾 Ligularia macrophylla, 箭叶橐吾 L. sagitta, 林荫千里光 Senecio nemorensis
13-oxo-9*Z*,11*E*-octadecadienoic acid 13- 酮基 -9*Z*,11*E*- 十八碳二烯酸 薏米 Coix lacryma-jobi var. ma-yuen
3-oxo-9*βH*-lanosta-7,22*Z*,24-trien-26,23-olide 3- 氧代 -9*βH*- 羊毛脂 -7,22*Z*,24- 三烯 -26,23- 内酯 臭冷杉 Abies nephrolepis
3-oxo-9*βH*-lanosta-7-en-23,26-olide 3- 氧代 -9*βH*- 羊毛脂 -7- 烯 -23,26- 内酯 岷江冷杉 Abies fargesii var. faxoniana
3-oxo-9*β*-lanosta-7,22*Z*,24-trien-26,23-olide 3- 氧代 -9*β*- 羊毛脂 -7,22*Z*,24- 三烯 -26,23- 内酯 岷江冷杉 Abies fargesii var. faxoniana
3-oxo-9*β*-lanosta-7,24-dien-26,23*R*-olide 3- 氧代 -9*β*- 羊毛脂 -7,24- 二烯 -26,23*R*- 内酯 冷杉 Abies fabri, 岷江冷杉 A. fargesii var. faxoniana
3-oxo-abieta-8,11,13-triene 3- 氧代 - 冷杉 -8,11,13- 三烯 长毛紫珠 Callicarpa pilosissima
7-oxo-abieta-8,11,13-triene 7- 氧代 - 冷杉 -8,11,13- 三烯 长毛紫珠 Callicarpa pilosissima
3,11,14-oxo-abieta-8,12-diene 3,11,14- 氧代 - 冷杉 -8,12- 二烯 昆明山海棠 Tripterygium hypoglaucum
3-oxo-acan-koreagenin dimethyl ester 3- 氧代朝鲜五加苷元二甲酯 鹅掌柴 Heptapleurum heptaphyllum
9-oxoacerogenin A 9- 氧代槭苷元 A 毛果槭 Acer nikoense
oxoactinidol isomer 氧代猕猴桃醇异构体 黑刺李 Prunus spinosa
12-oxo-affinoside E 12- 氧代鳝藤苷 E 鳝藤 Anodendron affine
9-oxoageraphorone 9- 氧代紫茎泽兰酮▲ 紫茎泽兰 Ageratina adenophora
10-oxo-aglaxiflorin D 10- 氧代疏花米仔兰素▲D 米仔兰 Aglaia odorata
22-oxo-ajugasterone C 22- 氧代 - 筋骨草甾酮 C 蛛丝毛蓝耳草 Cyanotis arachnoidea
1-oxoaleuritolic acid 1- 氧代石栗萜酸▲ 水柳 Homonoia riparia
16-oxoalisol A 16- 酮基泽泻醇 A 东方泽泻 Alisma orientale
6-oxoalstophyllal 6- 氧代大叶糖胶树醛▲ 大叶糖胶树 Alstonia macrophylla
6-oxoalstophylline 6- 氧代大叶糖胶树碱▲ 大叶糖胶树 Alstonia macrophylla
oxoanolobine 氧代番荔枝三裂泡泡碱▲ 假鹰爪 Desmos chinensis, 夜合花 Lirianthe coco, 紫玉盘 Uvaria microcarpa
19-oxoanthranoyllycotonine 19- 氧氨茴酰狼毒乌头碱 飞燕草 Consolida ajacis

O

7-oxodihydrokarounidiol-3-benzoate 7- 氧代二氢栝楼二醇 -3- 苯甲酸酯 甜瓜 Cucumis melo, 黄瓜 C. sativus, 王瓜 Trichosanthes cucumeroides
7-oxodihydrokarounitriol 7- 氧代二氢栝楼三醇 王瓜 Trichosanthes cucumeroides
8'-oxo-dihydrophaseic acid 8'- 氧代 - 二氢菜豆酸 红茴香 Illicium henryi
5-oxodolichantoside 5- 氧代长花马钱苷▲ 香果树 Emmenopterys henryi
19-oxoeburnamine 19- 氧代乳白仔榄树胺▲ 思茅山橙 Melodinus cochinchinensis
3*α*-(1-oxoeicosyloxy)-lup-20(29)-en-23,28-dioic acid 3*α*-(1- 氧代二十烷氧基)- 羽扇豆 -20(29)- 烯 -23,28- 二羧酸 鹅掌柴 Heptapleurum heptaphyllum
3-oxo-*ent*-kaurane-16*α*,17-diol 3- 氧代 - 对映 - 贝壳杉 -16*α*,17- 二醇 钩腺大戟 Euphorbia sieboldiana
7-oxo-*ent*-pimara-8(14),15-diene-19-oic acid 7- 氧代 - 对映 - 海松 -8(14),15- 二烯 -19- 酸 东北土当归 Aralia cantinentalis, 食用土当归 A. cordata
3-oxo-*ent*-trachyloban-17-oic acid 3- 氧代 - 对映 - 粗裂豆 -17- 酸 大果大戟 Euphorbia wallichii
8-oxo-epiberberine 8- 氧代表小檗碱 黄连 Coptis chinensis
oxoepistephamiersine 氧代表千金藤默星碱 千金藤 Stephania japonica
2-oxoeremophil-1(10),7(11),8(9)-trien-12,8-olide 2- 氧代荒漠木 -1(10),7(11),8(9)- 三烯 -12,8- 内酯 宽舌橐吾 Ligularia platyglossa
11(*RS*)-8-oxoeremophil-6(7)-en-dimethyl-12,15-dioate 11(*RS*)-8- 氧代荒漠木 -6(7)- 烯 - 二甲基 -12,15- 二酯 掌叶橐吾 Ligularia przewalskii
1-oxoeremophil-7(11)-en-10*αH*-12,8*β*-olide 1- 氧代荒漠木 -7(11)- 烯 -10*αH*-12,8*β*- 内酯 林荫千里光 Senecio nemorensis
8-oxoeremophila-6,9-dien-12-oic acid 8- 氧代荒漠木 -6,9- 二烯 -12- 酸 掌叶橐吾 Ligularia przewalskii
3,8-oxo-eremophila-6,9-dien-12-oic acid 3,8- 氧代 - 荒漠木 -6,9- 二烯 -12- 酸 兔儿风蟹甲草 Parasenecio ainsliaeflorus
4*S*,5*R*,7*R*-8-oxoeremophila-9,11(13)-dien-12-al 4*S*,5*R*,7*R*-8- 氧代荒漠木 -9,11(13)- 二烯 -12- 醛 膜苞垂头菊 Cremanthodium stenactinium
4*S*,5*R*,7*S*-8-oxoeremophila-9,11(13)-dien-12-al 4*S*,5*R*,7*S*-8- 氧代荒漠木 -9,11(13)- 二烯 -12- 醛 膜苞垂头菊 Cremanthodium stenactinium
8-oxo-erythraline 8- 氧代 - 刺桐灵碱 鸡冠刺桐 Erythrina crista-galli
8-oxo-erythrinine 8- 氧代 - 刺桐碱▲ 鸡冠刺桐 Erythrina crista-galli
11-oxo-erythrodiol 11- 氧代 - 古柯二醇 大柄冬青 Ilex macropoda
(7*α*)-8-oxoeudesm-4(14)-en-12-oic acid (7*α*)-8- 氧代桉叶 -4(14)- 烯 -12- 酸 宽叶金粟兰 Chloranthus henryi
(11*S*)-1-oxoeudesm-4(14)-eno-13,6*α*-lactone (11*S*)-1- 氧代桉叶 -4(14)- 烯醇 -13,6*α*- 内酯 台湾含笑 Michelia compressa
3-oxoeudesma-1,4,11(13)-trien-12,6*α*-olide 3- 氧代桉叶 -1,4,11(13)- 三烯 -12,6*α*- 内酯 月桂 Laurus nobilis
3-oxo-eudesma-1,4,11(13)-trien-12,6*α*-olide 3- 氧代 - 桉叶 -1,4,11(13)- 三烯 -12,6*α*- 内酯 月桂 Laurus nobilis
oxofangchirine 氧代防己碱 粉防己 Stephania tetrandra
9-oxofarnesol 9- 氧代金合欢醇 挥发油成分，未统计基源
9-oxofarnesol acetate 9- 氧代金合欢醇乙酸酯 挥发油成分，未统计基源
18-oxoferruginol 18- 氧代锈色罗汉松酚▲ 榧树 Torreya grandis, 日本榧树 T. nucifera
6-oxoferruginol 6- 氧代锈色罗汉松酚▲ 刺柏 Juniperus formosana
6-oxo-ferruginol 6- 氧代 - 锈色罗汉松酚▲ 云南鼠尾草 Salvia yunnanensis
oxoflaccidin 氧代林荫银莲素 栗鳞贝母兰 Coelogyne flaccida
3-oxofriedelan-1(2)-ene 3- 氧代 -1(2)- 无羁烯 山茶 Camellia japonica
3-oxofriedelan-28-al 3- 氧代无羁萜 -28- 醛 独子藤 Celastrus monospermus
3-oxofriedelan-28-oic acid 3- 氧代无羁萜 -28- 酸 红厚壳 Calophyllum inophyllum, 变叶美登木 Maytenus diversifolia
3-oxofriedelan-29-oic acid 3- 氧代无羁萜 -29- 酸 变叶美登木 Maytenus diversifolia
3-oxofriedelan-29-oic acid methyl ester 3- 氧代无羁萜 -29- 酸甲酯 昆明山海棠 Tripterygium hypoglaucum
3-oxofriedelane 3- 氧代无羁萜烷 独子藤 Celastrus monospermus
7-oxofriedelin 7- 氧代无羁萜 疏花卫矛 Euonymus laxiflorus
3-oxo-friedooleanan-28-oic acid methyl ester 3- 氧代 - 飞齐墩果 -28- 酸甲酯 多毛板凳果 Pachysandra axillaris var. stylosa
6-oxo-furanoeremophilane 6- 氧代 - 呋喃荒漠木烷 橐吾 Ligularia sibirica
19-oxo-gelsenicine 19- 氧代 - 钩吻尼辛▲ 钩吻 Gelsemium elegans
oxoglaucidaline 氧代海罂粟达林碱 三裂紫堇 Corydalis trifoliata
oxoglaucine 氧代海罂粟碱 三裂紫堇 Corydalis trifoliata, 延胡索 C. yanhusuo, 腺毛唐松草 Thalictrum foetidum, 开口箭 Tupistra chinensis
3-oxo-glycyrrhetic acid 3- 氧代 - 甘草次酸 甘草 Glycyrrhiza uralensis
3-oxograyanotoxin Ⅸ 3- 氧代木藜芦毒素Ⅸ 照山白 Rhododendron micranthum
4*α*,5*α*,8*α*,11*αH*-3-oxoguai-1(10)-en-12,8-olide-7*α*-diol 4*α*,5*α*,8*α*,11*αH*-3- 氧代愈创木 -1(10)- 烯 -12,8- 内酯 -7*α*- 二醇 橙花瑞香 Daphne aurantiaca
4*α*,5*α*,8*α*,11(*H*)*α*-2-oxo-guai-1(10)-en-12,8-olide-7*α*-ol 4*α*,5*α*,8*α*,11(*H*)*α*-2- 氧代 - 愈创木 -1(10)- 烯 -12,8- 内酯 -7*α*- 醇 橙花瑞香 Daphne aurantiaca
4*α*,5*α*,8*α*,11*βH*-3-oxoguai-1(10)-en-12,8-olide-7*β*-diol 4*α*,5*α*,8*α*,11*βH*-3- 氧代愈创木 -1(10)- 烯 -12,8- 内酯 -7*β*- 二醇 橙花瑞香 Daphne aurantiaca
4*α*,5*α*,8*α*,15*β*,11(*H*)*α*-2-oxo-guai-1(10)-en-12,8-olide-7*β*-ol 4*α*,5*α*,8*α*,15*β*,11(*H*)*α*-2- 氧代 - 愈创木 -1(10)- 烯 -12,8- 内酯 -7*β*- 醇 橙花瑞香 Daphne aurantiaca
5*α*,7(*H*)*α*-6-oxo-guai-1(10)-ene-4*β*-ol 5*α*,7(*H*)*α*-6- 氧代 - 愈创木 -1(10)- 烯 -4*β*- 醇 橙花瑞香 Daphne aurantiaca

O

1α,4α,5α,8α,11(*H*)β-2-oxo-guai-12,8-olide-7β-ol 1α,4α,5α,8α,11(*H*)β-2- 氧代 - 愈创木 -12,8- 内酯 -7β- 醇 橙花瑞香 Daphne aurantiaca
1α,10β-3-oxo-guai-4,11-diene-7β-ol 1α,10β-3- 氧代 - 愈创木 -4,11- 二烯 -7β- 醇 橙花瑞香 Daphne aurantiaca
3-oxoguai-4-ene-11,12-diol 3- 氧代愈创木 -4- 烯 -11,12- 二醇 橙花瑞香 Daphne aurantiaca
3-oxo-guai-4-ene-11,12-diol 3- 羰基愈创木 -4- 烯 -11,12- 二醇 狼毒 Stellera chamaejasme
3-oxoguai-4-ene-11β,12-diol 3- 氧代愈创木 -4- 烯 -11β,12- 二醇 橙花瑞香 Daphne aurantiaca
oxohakonanol 氧代单盖铁线蕨烷醇▲ 单盖铁线蕨 Adiantum monochlamys
12-oxo-hardwickiic acid 12- 氧代 - 哈威豆酸▲ 广东蛇葡萄 Ampelopsis cantoniensis
16-oxohasubanonine 16- 氧代日本千金藤碱▲ 千金藤 Stephania japonica
3-oxo-hederagenin 3- 氧代常春藤皂苷元 朝鲜白头翁 Pulsatilla cernua, 兴安白头翁 P. dahurica
18-oxohelioscopinolide A 18- 氧代泽漆内酯 A 云南马蓝 Strobilanthes yunnanensis
11-oxo-heneicosanylcyclohexane 11- 氧代 - 二十一烷基环己烷 积雪草 Centella asiatica
7-oxohernagine 7- 氧代莲叶桐精 莲叶桐 Hernandia nymphaeifolia, 鼎湖钓樟 Lindera chunii
oxohernandaline 氧代莲叶桐林碱▲ 莲叶桐 Hernandia nymphaeifolia
7-oxohernangerine 7- 氧代莲叶桐碱 莲叶桐 Hernandia nymphaeifolia
3α-(1-oxohexacosyloxy)-lup-20(29)-en-23, 28-dioic acid 3α-(1- 氧代二十六烷氧基)- 羽扇豆 -20(29)- 烯 -23,28- 二羧酸 鹅掌柴 Heptapleurum heptaphyllum
(2*S*)-2-[(1-oxohexadecyl)oxy]-3-[[(9*Z*)-1-oxo-9-octadecen-1-yl]oxy]propyl-6-deoxy-6-sulfo-α-D-glucopyranoside (2*S*)-2-[(1- 氧代十六烷基) 氧基]-3-[[(9*Z*)-1- 氧代 -9- 十八碳烯 -1- 基] 氧基] 丙基 -6- 去氧 -6- 硫基 -α-D- 吡喃葡萄糖苷 华东蹄盖蕨 Athyrium niponicum
(2*S*)-2-[(1-oxohexadecyl)oxy]-3-[[(9*Z*,12*Z*)-1-oxo-9,12-octadecadien-1-yl]oxy]propyl-6-deoxy-6-sulfo-α-D-glucopyranoside (2*S*)-2-[(1- 氧代十六烷基) 氧基]-3-[[(9*Z*,12*Z*)-1- 氧代 -9,12- 十八碳二烯 -1- 基] 氧基] 丙基 -6- 去氧 -6- 硫基 -α-D- 吡喃葡萄糖苷 华东蹄盖蕨 Athyrium niponicum
(2*S*)-2-[(1-oxohexadecyl)oxy]-3-[[(9*Z*,12*Z*,15*Z*)-1-oxo-9,12,15-octadecatrien-1-yl]oxy]propyl-6-deoxy-6-sulfo-α-D-glucopyranoside (2*S*)-2-[(1- 氧代十六烷基) 氧基]-3-[[(9*Z*,12*Z*,15*Z*)-1- 氧代 -9,12,15- 十八碳三烯 -1- 基] 氧基] 丙基 -6- 去氧 -6- 硫基 -α-D- 吡喃葡萄糖苷 华东蹄盖蕨 Athyrium niponicum
3β-[(1-oxohexadecyl)oxy]-urs-12-en-11-one 3β-[(1- 氧代十六碳) 氧基]- 熊果 -12- 烯 -11- 酮 枸骨 Ilex cornuta
2*S*-3-(1-oxo-hexadecyloxy)-2-(9*Z*,12*Z*,15*Z*-1-oxo-9,12,15-octadecatrienoxy)propyl-β-D-glucopyranoside 2*S*-3-(1- 氧代 - 十六烷基氧)-2-(9*Z*,12*Z*,15*Z*-1- 氧代 -9,12,15- 十八烷三烯氧) 丙烷 -β-D- 吡喃葡萄糖苷 茼蒿 Glebionis coronaria
3α-(1-oxohexadecyloxy)-lup-20(29)-en-23,28-dioic acid 3α-(1- 氧代十六烷氧基)- 羽扇豆 -20(29)- 烯 -23,28- 二羧酸 鹅掌柴 Heptapleurum heptaphyllum
16-oxohuperzinine 16- 氧代石杉宁碱▲ 藤石松 Lycopodiastrum casuarinoides
oxohydrastinine 氧代白毛茛分碱 细果角茴香 Hypecoum leptocarpum
(1*S*,4*S*,5*S*)-5-oxo-hydrocamphor-5-*O*-β-D-glucopyranoside (1*S*,4*S*,5S)-5- 氧代 - 氢化樟脑 -5-*O*-β-D- 吡喃葡萄糖苷 迷迭香 Rosmarinus officinalis
(7*S*)-3-oxoibogaine hydroxyindolenine (7*S*)-3- 氧代伊波花碱▲羟基伪吲哚 药用狗牙花 Tabernaemontana bovina
3-oxoishwarane 3- 氧代印度马兜铃烷▲ 马兜铃 Aristolochia debilis
(-)-8-oxoisocorypalmine (-)-8- 氧代异紫堇杷明碱 风龙 Sinomenium acutum
(-)-oxoisocorypalmine (-)- 氧代异紫堇杷明碱 风龙 Sinomenium acutum
3-oxoisocostic acid 3- 氧代异木香酸 六棱菊 Laggera alata
(±)-3-oxo-isocostic acid (±)-3- 氧代异木香酸 六棱菊 Laggera alata
19-oxoisoeburnamine 19- 氧代异乳白仔榄树胺▲ 思茅山橙 Melodinus cochinchinensis
(±)-3-oxoisoelaeocarpine (±)-3- 氧代异杜英碱 圆果杜英 Elaeocarpus angustifolius
7-oxoisomultiflorenol 7- 氧代异多花白树烯醇▲ 栝楼 Trichosanthes kirilowii
3-oxo-isopolygalic-13(14)-en-28-acid-28-*O*-[α-L-rhamnopyranosyl-(1 → 4)-*O*-β-D-glucopyranosyl-(1 → 6)]-β-D-glucopyranoside 3- 氧代异远志 -13(14)- 烯 -28- 酸 -28-*O*-[α-L- 吡喃鼠李糖基 -(1 → 4)-*O*-β-D- 吡喃葡萄糖基 -(1 → 6)]-β-D- 吡喃葡萄糖苷 短序鹅掌柴 Heptapleurum bodinieri
11-oxo-kansenonol 11- 氧代 - 甘遂烯酮醇 甘遂 Euphorbia kansui
3-oxokanzui-8,24-dien-21-carboxylic acid 3- 氧代甘遂 -8,24- 二烯 -21- 羧酸 乳香树 Boswellia carteri
ent-17-oxokaur-15(16)-en-19-oic acid 对映 -17- 氧代贝壳杉 -15(16)- 烯 -19- 酸 菊芋 Helianthus tuberosus
(4β)-15-oxo-kaur-16-en-18-oic acid (4β)-15- 氧代 - 贝壳杉 -16- 烯 -18- 酸 越南巴豆 Croton kongensis
ent-16β-*H*-3-oxokauran-17-ol 对映 -16β-*H*-3- 氧代贝壳杉 -17- 醇 狼毒大戟 Euphorbia fischeriana
ent-3-oxokaurane-16α,17-diol 对映 -3- 氧代贝壳杉 -16α,17- 二醇 甘肃大戟 Euphorbia kansuensis
(±)-oxokopsanone (±)- 氧代蕊木酮 思茅山橙 Melodinus cochinchinensis
5-oxokopsinic acid 5- 氧代蕊木酸▲ 蕊木 Kopsia arborea
21-oxokoumine 21- 氧代钩吻明▲ 钩吻 Gelsemium elegans
6-oxo-labda-7,11,14-trien-16-oic acid lactone 6- 酮基 - 半日花 -7,11,14- 三烯 -16- 酸内酯 草果药 Hedychium spicatum
15-oxolabda-8(17),13*E*-dien-19-oic acid 15- 氧代半日花 -8(17),13*E*- 二烯 -19- 酸 柳杉 Cryptomeria japonica var. sinensis
(13α,14β,17α,20*S*)-3-oxo-lanost-7-en-26-oic acid methyl ester (13α,14β,17α,20*S*)-3- 氧代 - 羊毛脂 -7- 烯 -26- 酸甲酯 阿月浑子 Pistacia vera
3-oxolanost-9(11)-en-24*S*,25-diol 3- 氧代羊毛脂 -9(11)- 烯 -24*S*,25- 二醇 冷杉 Abies fabri

O

24-oxolanost-9(11)-en-3*R*,25-diol 24- 氧代羊毛脂 -9(11)- 烯 -3*R*,25- 二醇 冷杉 Abies fabri
3-oxolanost-9*βH*-7-en-24,25,26-triol 3- 氧代羊毛脂 -9*βH*-7- 烯 -24,25,26- 三醇 臭冷杉 Abies nephrolepis
3-oxolanost-9*βH*-7-en-24*S*,25-diol 3- 氧代羊毛脂 -9*βH*-7- 烯 -24*S*,25- 二醇 臭冷杉 Abies nephrolepis
3-oxo-lanosta-20,25-dien-3-one 3- 氧代羽扇豆 -20,25- 二烯 -3- 酮 月桂茵芋 Skimmia laureola
3-oxolanosta-8,24-dien-21-oic acid 3- 氧代羊毛甾 -8,24- 二烯 -21- 羧酸 萱草 Hemerocallis fulva
3-oxolanosta-8,24*E*-dien-26-oic acid 3- 氧代羊毛脂 -8,24*E*- 二烯 -26- 酸 南五味子 Kadsura longipedunculata
6-oxolasiodiplodin 6- 氧代毛色二孢素 大果榕 Ficus auriculata
oxolaurenine; oxolaureline 氧化月桂碱 滇藏玉兰 Yulania campbellii
11-oxoleukamenin E 11- 氧代白花阴生香茶菜素 E 贵州鼠尾草 Salvia cavaleriei
21-oxo-leurosine 21- 氧代 - 长春洛辛▲ 长春花 Catharanthus roseus
8-oxolinalool 8- 氧代芳樟醇 软枣猕猴桃 Actinidia arguta
3-oxo-lochnericine 3- 氧代长春瑞辛▲ 蔓长春花 Vinca major
5-oxo-L-proline methyl ester 5- 氧代 -L- 脯氨酸甲酯 金顶侧耳 Pleurotus citrinopileatus
3-oxolup-20(29)-en-28-oic acid 3- 氧代羽扇豆 -20(29)- 烯 -28- 酸 岳桦 Betula ermanii, 人心果 Manilkara zapota
3-oxolup-20(29)ene-27,28-dioic acid 3- 氧代羽扇豆 -20(29)- 烯 -27,28- 二羧酸 幌伞枫 Heteropanax fragrans
(20*S*)-3-oxolupan-29-oic acid (20*S*)-3- 氧代羽扇豆 -29- 酸 肉花卫矛 Euonymus carnosus
3-oxo-lupane-30-al 3- 氧代羽扇豆 -30- 醛 五层龙 Salacia prinoides
(+)-17-oxolupanine (+)-17- 氧代羽扇豆碱 野决明 Thermopsis lupinoides
17-oxolupanine 17- 氧代羽扇豆碱 沙冬青 Ammopiptanthus mongolicus, 野决明 Thermopsis lupinoides
30-oxolupeol 30- 氧代羽扇豆醇 枸骨 Ilex cornuta
29-oxo-lupeol 29- 醛基羽扇豆醇 白花地胆草 Elephantopus tomentosus
30-oxo-lupeol 30- 醛基羽扇豆醇 羊角棉 Alstonia mairei, 黄脉九节 Psychotria straminea
16-oxolyclanitin-29-yl-(*E*)-4'-hydroxyl-3'-methoxycinnamate 16- 氧代东北石松尼亭▲-29-(*E*)-4'- 羟基 -3'- 甲氧基桂皮酸酯 扁枝石松 Diphasiastrum complanatum
16-oxolyclanitin-29-yl-*p*-coumarate 16- 氧代东北石松尼亭▲-29- 对香豆酸酯 扁枝石松 Diphasiastrum complanatum
16-oxo-lyclanitin-30-yl-*p*-coumarate 16- 氧代 - 东北石松尼亭▲-30- 对香豆酸酯 玉柏 Lycopodium obscurum
16-oxolycoclavanol 16- 氧代东北石松诺醇▲ 东北石松 Lycopodium clavatum, 垂穗石松 Palhinhaea cernua
23-oxo-mariesiic acid B 23- 氧代马氏冷杉酸▲B 岷江冷杉 Abies fargesii var. faxoniana, 臭冷杉 A. nephrolepis
7'-oxomatairesinol 7'- 氧代穗罗汉松树脂酚 狼毒 Stellera chamaejasme
oxomatairesinol 氧代穗罗汉松树脂酚 云南油杉 Keteleeria evelyniana
3-oxomehranine 3- 氧代狗牙花兰宁▲ 药用狗牙花 Tabernaemontana bovina
11-oxomogroside IA$_1$ 11- 氧代罗汉果苷 IA$_1$ 罗汉果 Siraitia grosvenorii
11-oxomogroside IIA$_1$ 11- 氧代罗汉果苷 IIA$_1$ 罗汉果 Siraitia grosvenorii
11-oxomogroside IIE 11- 氧代罗汉果苷 IIE 罗汉果 Siraitia grosvenorii
7-oxomogroside IIE 7- 氧代罗汉果苷 IIE 罗汉果 Siraitia grosvenorii
11-oxomogroside III 11- 氧代罗汉果苷 III 罗汉果 Siraitia grosvenorii
11-oxomogroside IVA 11- 氧代罗汉果苷 IVA 罗汉果 Siraitia grosvenorii
11-oxomogroside V 11- 氧代罗汉果苷 V 罗汉果 Siraitia grosvenorii, 翅子罗汉果 S. siamensis
7-oxomogroside V 7- 氧代罗汉果苷 V 罗汉果 Siraitia grosvenorii
7-oxomultiflor-8-ene-3*α*,29-diol-3,29-dibenzoate 7- 氧代多花白树 -8- 烯 -3*α*,29- 二醇 -3,29- 二苯甲酸酯 栝楼 Trichosanthes kirilowii
7-oxomultiflor-8-ene-3*α*,29-diol-3-acetate-29-benzoate 7- 氧代多花白树 -8- 烯 -3*α*,29- 二醇 -3- 乙酸酯 -29- 苯甲酸酯 笋瓜 Cucurbita maxima
13-oxomuramine 13- 氧代黑水罂粟胺▲ 野罂粟 Papaver nudicaule
oxonantenine 氧代南天竹宁 圆滑番荔枝 Annona glabra, 牛心番荔枝 A. reticulata, 山延胡索 Corydalis solida, 莲叶桐 Hernandia nymphaeifolia, 粉防己 Stephania tetrandra
2-oxoneomajucin 2- 氧代新大八角素 假地枫皮 Illicium jiadifengpi, 大八角 I. majus, 小花八角 I. micranthum
3*S*-(+)-9-oxonerolidol 3*S*-(+)-9- 氧代橙花叔醇 沙生风毛菊 Saussurea arenaria
9-oxonerolidol 9- 氧代橙花叔醇 挥发油成分，未统计基源
(*E*)-4-oxonon-2-enoic acid (*E*)-4- 氧代壬 -2- 烯酸 栀子皮 Itoa orientalis
oxonuciferine 氧代荷叶碱 山胡椒 Lindera glauca
3*α*-(1-oxooctacosyl)oxy-lup-20(29)-en-23,28-dioic acid 3*α*-(1- 氧代二十八烷氧基)- 羽扇豆 -20(29)- 烯 -23,28- 二羧酸 鹅掌柴 Heptapleurum heptaphyllum
9-oxooctadec-10-enic acid 9- 氧代十八碳 -10- 烯酸 鼬瓣花 Galeopsis bifida
12-oxooctadec-9-enoic acid 12- 氧代十八碳 -9- 烯酸 鼬瓣花 Galeopsis bifida
9-oxooctadeca-10,12-dienoic acid 9- 氧代十八碳 -10,12- 二烯酸 鼬瓣花 Galeopsis bifida
12-oxooctadeca-9,13,15-trienic acid 12- 氧代十八碳 -9,13,15- 三烯酸 鼬瓣花 Galeopsis bifida
10-oxooctadecanoic acid 10- 氧代十八酸 鼬瓣花 Galeopsis bifida
9-oxooctadecanoic acid 9- 氧代十八酸 鼬瓣花 Galeopsis bifida

3α-(1-oxooctadecyloxy)-lup-20(29)-en-23,28-dioic acid 3α-(1- 氧代十八烷氧基)- 羽扇豆 -20(29)- 烯 -23,28- 二羧酸 鹅掌柴 Heptapleurum heptaphyllum
5-oxooctylthioglycoside 5- 氧代辛基硫苷 播娘蒿 Descurainia sophia
3-oxo-olean-11,13(18)-dien-28,19β-olide 3- 氧代齐墩果 -11,13(18)- 二烯 -28,19β- 内酯 越南安息香 Styrax tonkinensis
3-oxo-olean-11,13(18)-diene 3- 氧代齐墩果 -11,13(18)- 二烯 簇花清风藤 Sabia fasciculata, 四川清风藤 S. schumanniana, 云南清风藤 S. yunnanensis
3-oxo-olean-12(13),18(19)-dien-29α-carboxylic acid 3- 氧代齐墩果 -12(13),18(19)- 二烯 -29α- 羧酸 有梗石龙尾 Limnophila indica
3-oxo-olean-12-en-27-oic acid 3- 氧代齐墩果 -12- 烯 -27- 酸 大落新妇 Astilbe grandis
3-oxo-olean-12-en-28-oic acid 3- 氧代齐墩果 -12- 烯 -28- 酸 南蛇藤 Celastrus orbiculatus, 甘青青兰 Dracocephalum tanguticum, 台湾芙蓉 Hibiscus taiwanensis, 楝 Melia azedarach
24-oxoolean-12-en-28-oic acid methyl ester 24- 氧代齐墩果 -12- 烯 -28- 酸甲酯 多毛板凳果 Pachysandra axillaris var. stylosa
3-oxo-olean-12-en-29-oic acid 3- 氧代齐墩果 -12- 烯 -29- 酸 雷公藤 Tripterygium wilfordii
(7β,16β)-3-oxoolean-12-en-7,16,28-triyl triacetate (7β,16β)-3- 氧代齐墩果 -12- 烯 -7,16,28- 三乙酸酯 箭叶橐吾 Ligularia sagitta
3-oxo-olean-12-ene-7β,16β,28-triol 3- 氧代齐墩果 -12- 烯 -7β,16β,28- 三醇 箭叶橐吾 Ligularia sagitta
3-oxo-olean-9(11),12-diene 3- 氧代齐墩果 -9(11),12- 二烯 四川清风藤 Sabia schumanniana, 云南清风藤 S. yunnanensis, 昆明山海棠 Tripterygium hypoglaucum
3-oxo-oleane-9(11)-ene 3- 氧代 - 齐墩果 -9(11)- 烯 黄果茄 Solanum virginianum
3-oxooleanolic acid 3- 氧代齐墩果酸 垂枝桦 Betula pendula, 岩败酱 Patrinia rupestris, 裂叶翼首花 Pterocephalus bretschneideri, 昆明山海棠 Tripterygium hypoglaucum
oxo-*O*-methylbulbocapnine 氧代 -*O*- 甲基球紫堇碱 莲叶桐 Hernandia nymphaeifolia
3-oxopachysiphine 3- 氧代厚管狗牙花碱▲ 思茅山橙 Melodinus cochinchinensis
4-oxopaulownin 4- 氧代泡桐素 黄荆 Vitex negundo
2-oxopentanedioic acid 2- 酮基戊二酸 挥发油成分，未统计基源
2-(1-oxo-pentyl)-benzoic acid methyl ester 2-(1- 氧代 - 戊基)- 苯甲酸甲酯 川芎 Ligusticum sinense 'Chuanxiong'
4-oxopinoresinol 4- 氧代松脂酚 豆腐柴 Premna microphylla
8-oxopinoresinol 8- 氧代松脂酚 杠板归 Polygonum perfoliatum
9-oxoplatyphyllide 9- 氧代阔叶千里光内酯 蹄叶橐吾 Ligularia fischeri
13-oxopodocarp-8(14)-en-19-oic acid 13- 氧代罗汉松 -8(14)- 烯 -19- 酸 假地枫皮 Illicium jiadifengpi
(+)-2-oxopomolic acid (+)-2- 氧代果渣酸▲ 蛇泡筋 Rubus cochinchinensis
2-oxopomolic acid 2- 氧代果渣酸▲ 台湾枇杷 Eriobotrya deflexa, 野蔷薇 Rosa multiflora, 寒莓 Rubus buergeri, 白叶莓 R. innominatus, 灰毛泡 R. irenaeus, 木莓 R. swinhoei, 高山地榆 Sanguisorba alpina, 小白花地榆 S. tenuifolia var. alba
2-oxo-pomolic acid 2- 氧代 - 果渣酸▲ 红大戟 Knoxia roxburghii
2-oxopomolic acid-β-D-glucopyranoside 2- 氧代果渣酸▲-β-D- 吡喃葡萄糖酯苷 小白花地榆 Sanguisorba tenuifolia var. alba
5-oxo-proline methyl ester 5- 氧代脯氨酸甲酯 日本续断 Dipsacus japonicus
16-oxoprometaphanine 16- 氧代原间千金藤碱 千金藤 Stephania japonica
3-(2-oxopropyl)-19-*epi*-heyneanine 3-(2- 氧代丙基)-19- 表 - 海涅狗牙花碱▲ 伞房狗牙花 Tabernaemontana corymbosa
3-(2-oxopropyl)coronaridine 3-(2- 氧代丙基) 冠狗牙花定 尖蕾狗牙花 Tabernaemontana bufalina, 伞房狗牙花 T. corymbosa
5-(2-oxopropyl)-hygrine 5-(2- 氧代丙基)- 古豆碱 掌叶鱼黄草 Merremia vitifolia
21-(2-oxopropyl)-koumine 21-(2- 氧代丙基)- 钩吻明▲ 钩吻 Gelsemium elegans
3-(2-oxopropyl)voacangine 3-(2- 氧代丙基) 伏康树碱▲ 伞房狗牙花 Tabernaemontana corymbosa, 狗牙花 T. divaricata
13-oxoprotopine 13- 氧代原阿片碱 皱波黄堇 Corydalis crispa
5-oxopseudostrychnine 5- 氧代伪番木鳖碱 马钱子 Strychnos nux-vomica
oxopurpureine 氧代紫番荔枝碱 小果唐松草 Thalictrum microgynum, 开口箭 Tupistra chinensis
3-oxoquinovic acid 3- 氧代鸡纳酸 乌檀 Nauclea officinalis
(*E*)-3-oxo-retro-α-ionol (*E*)-3- 氧代 - 反 -α- 香堇醇 莲 Nelumbo nucifera
3-oxo-*R*-ionol 3- 氧代 -*R*- 香堇醇 蒙自草胡椒 Peperomia heyneana
7-oxosandaracopimaric acid 7- 氧代山达海松酸 食用土当归 Aralia cordata
19-oxoscholaricine 19- 氧代糖胶树辛碱▲ 糖胶树 Alstonia scholaris
16-oxoserratenediol 16- 氧代千层塔烯二醇 蛇足石杉 Huperzia serrata
16-oxoserratriol 16- 氧代千层塔三醇 蛇足石杉 Huperzia serrata
4-oxosesamin 4- 氧代芝麻素 黄荆 Vitex negundo
7-oxositosterol 7- 氧代谷甾醇 光叶闭鞘姜 Costus tonkinensis, 凤庆南五味子 Kadsura interior, 驼绒藜 Krascheninnikovia ceratoides, 喜马拉雅红豆杉 Taxus wallichiana, 宽叶香蒲 Typha latifolia, 黄荆 Vitex negundo
7-oxositosteryl-3-*O*-β-D-glucopyranoside 7- 氧代谷甾醇 -3-*O*-β-D- 吡喃葡萄糖苷 菊三七 Gynura japonica
17-oxosparteine 17- 氧代鹰爪豆碱 沙冬青 Ammopiptanthus mongolicus
2-oxostenine 2- 氧代百部宁碱 云南百部 Stemona mairei, 直立百部 S. sessilifolia
oxostephabenine 氧代千金藤檗宁碱 千金藤 Stephania japonica
oxostephamiersine 氧代千金藤默星碱 千金藤 Stephania japonica

oxostephanine 氧代千金藤碱 尖萼耧斗菜 Aquilegia oxysepala, 暗罗 Polyalthia suberosa, 千金藤 Stephania japonica
oxostephanosine 氧代显脉千金藤辛▲ 陵水暗罗 Polyalthia nemoralis
oxostephasunoline 氧代千金藤苏诺林碱 金线吊乌龟 Stephania cephalantha, 千金藤 S. japonica
7-oxostigmasterol 7- 氧代豆甾醇 光叶闭鞘姜 Costus tonkinensis, 菊三七 Gynura japonica, 红大戟 Knoxia roxburghii, 驼绒藜 Krascheninnikovia ceratoides
7-oxostigmasteryl-3-*O*-(6'-hexadecanoyl)-*β*-D-glucopyranoside 7- 氧代豆甾醇 -3-*O*-(6'- 十六酰基)-*β*-D- 吡喃葡萄糖苷 鸭舌草 Monochoria vaginalis
7-oxostigmasteryl-3-*O*-*β*-D-glucopyranoside 7- 氧代豆甾醇 -3-*O*-*β*-D- 吡喃葡萄糖苷 菊三七 Gynura japonica
3-oxosulfurenic acid 3- 氧代硫色多孔菌酸 硫黄菌 Laetiporus sulphureus
19'-oxotabernamine 19'- 氧代狗牙花胺▲ 伞房狗牙花 Tabernaemontana corymbosa
3-oxotabersonine 3- 氧代柳叶水甘草碱 鸡骨常山 Alstonia yunnanensis, 思茅山橙 Melodinus cochinchinensis, 山橙 M. suaveolens, 雷打果 M. yunnanensis, 蔓长春花 Vinca major
8-oxotabersonine 8- 氧代柳叶水甘草碱 水甘草 Amsonia elliptica
3-oxotaraxastene 3- 氧代蒲公英烯 杧果 Mangifera indica
3-oxotaraxer-14-en-30-al 3- 氧代蒲公英赛 -14- 烯 -30- 醛 单叶蔓荆 Vitex trifolia subsp. litoralis
16-oxotaraxer-14-ene 16- 氧代蒲公英 -14- 烯 台湾水龙骨 Polypodiodes formosana, 日本水龙骨 P. niponica
3*α*-(1-oxotetracosyloxy)-lup-20(29)-en-23,28-dioic acid 3*α*-(1- 氧代二十四烷氧基)- 羽扇豆 -20(29)- 烯 -23,28- 二羧酸 鹅掌柴 Heptapleurum heptaphyllum
(6*E*,12*E*)-3-oxo-tetradeca-6,12-dien-8,10-diyn-1-ol (6*E*,12*E*)-3- 氧代 - 十四碳 -6,12- 二烯 -8,10- 二炔 -1- 醇 鬼针草 Bidens pilosa
(-)-8-oxotetrahydropalmatine (-)-8- 氧代四氢巴马汀 细圆藤 Pericampylus glaucus
8-oxotetrahydropalmatine 8- 氧代四氢防己碱 风龙 Sinomenium acutum
(-)-8-oxotetrahydrothalifendine (-)-8- 氧代四氢芬氏唐松草定碱 风龙 Sinomenium acutum
3-oxotirucall-7-ene-3,20-dione 3- 氧代绿玉树 -7- 烯 -3,20- 二酮 大叶山楝 Aphanamixis grandifolia
3-oxotirucalla-7,24-dien-21-oic acid 3- 氧代绿玉树 -7,24- 二烯 -21- 酸 长柄异木患 Allophylus longipes, 骆驼蒿 Peganum nigellastrum
7-oxototarol 7- 氧代新西兰罗汉松酚▲ 高山柏 Juniperus squamata
7-oxotrachyloban-15,19-diol 7- 氧代粗裂豆▲-15,19- 二醇 向日葵 Helianthus annuus
12-oxotribulosin 12- 氧代蒺藜素 大花蒺藜 Tribulus cistoides, 蒺藜 T. terrestris
14-oxotricosanoic acid 14- 氧代二十三酸 闭鞘姜 Costus speciosus
2-oxotridecanyl acetate 2- 氧代十三基乙酸酯 臭檀吴萸 Euodia daniellii
oxotuberostemonine 氧代对叶百部碱 大百部 Stemona tuberosa
3-oxo-urs-12-en-28-oic acid 3- 氧代熊果 -12- 烯 -28- 酸 鸡矢藤 Paederia foetida, 荫生鼠尾草 Salvia umbratica, 云南鼠尾草 S. yunnanensis
3-oxo-urs-12-ene 3- 氧代熊果 -12- 烯 扣树 Ilex kaushue
3-oxo-urs-12-ene-27,28-dioic acid 3- 氧代熊果 -12- 烯 -27,28- 二酸 细叶水团花 Adina rubella, 乌檀 Nauclea officinalis
3-oxo-urs-20*α*,18(19)-dien-28-oic acid 3- 氧代熊果 -20*α*,18(19)- 二烯 -28- 酸 珠仔树 Symplocos racemosa
3-oxoursan-12-en-28-oic acid 3- 酮基熊果 -12- 烯 -28- 酸 薰衣草 Lavandula angustifolia
3-oxoursolic acid 3- 氧代熊果酸 山楂 Crataegus pinnatifida, 委陵菜 Potentilla chinensis
oxoushinsunine 氧代黄心树宁碱 圆滑番荔枝 Annona glabra, 牛心番荔枝 A. reticulata, 番荔枝 A. squamosa, 白兰 Michelia × alba, 黄兰 M. champaca, 台湾含笑 M. compressa, 莲 Nelumbo nucifera
11-oxouzarigenin-3-*α*-L-rhamnopyranoside 11- 氧代波叶刚毛果苷元▲-3-*α*-L- 鼠李糖苷 滑桃树 Trevia nudiflora
4-oxovaleric acid 4- 氧代戊酸 挥发油成分，未统计基源
β-oxoverbascoside *β*- 氧代毛蕊花苷 海滨车前 Plantago camtschatica, 阴行草 Siphonostegia chinensis
oxoverbascoside 氧代毛蕊花苷 苦槛蓝 Pentacoelium bontioides
3-oxovincadifformine 3- 氧代异形蔓长春花胺 水甘草 Amsonia elliptica
22-oxo-vincaleukoblastine 22- 氧代 - 长春花碱 长春花 Catharanthus roseus
3-oxovoacangine 3- 氧代伏康树碱▲ 狗牙花 Tabernaemontana divaricata
3-oxo-voaphylline 3- 氧代 - 伏康树叶碱▲ 雷打果 Melodinus yunnanensis
2''-oxovoruscharin 2''- 氧代前白花牛角瓜灵▲ 牛角瓜 Calotropis gigantea
(20*R*,22*S*)-1-oxo-witha-2,5,24-trienolide-20*β*-*O*-*β*-D-glucopyranoside (20*R*,22*S*)-1- 氧代 - 睡茄 -2,5,24- 三烯内酯 -20*β*-*O*-*β*-D- 吡喃葡萄糖苷 睡茄 Withania somnifera
oxoxylopine 氧代木瓣树碱▲ 牛心番荔枝 Annona reticulata, 白叶瓜馥木 Fissistigma glaucescens, 瓜馥木 F. oldhamii, 日本厚朴 Houpoëa obovata, 北美鹅掌楸 Liriodendron tulipifera, 白兰 Michelia × alba
17-oxo-yuzurimine 17- 氧代交让木胺 交让木 Daphniphyllum macropodum
1-oxo-zacatechinolide 1- 氧代 - 杂卡特奇内酯 菊芋 Helianthus tuberosus
11-oxo-*α*-amyrin 11- 氧代 -*α*- 香树脂醇 枸骨 Ilex cornuta
11-oxo-*α*-amyrin acetate 11- 氧代 -*α*- 香树脂醇乙酸酯 滇榄 Canarium strictum, 粗叶榕 Ficus hirta, 尖蕾狗牙花 Tabernaemontana bufalina
11-oxo-*α*-amyrin palmitate 11- 氧代 -*α*- 香树脂醇棕榈酸酯 枸骨 Ilex cornuta, 马钱子 Strychnos nux-vomica
15-oxo-*α*-cadinol 15- 氧代 -*α*- 杜松醇 依兰 Cananga odorata
3-oxo-*α*-ionol 3- 氧代 -*α*- 香堇醇 挥发油成分，未统计基源
6*R*,9*R*-3-oxo-*α*-ionol 6*R*,9*R*-3- 氧代 -*α*- 香堇醇 活血丹 Glechoma longituba

O

3-oxo-α-ionol-9-O-β-D-apiofuranosyl-(1→6)-β-D-glucopyranoside 3- 氧代 -α- 香堇醇 -9-O-β-D- 呋喃芹糖基 -(1→6)-β-D- 吡喃葡萄糖苷 榅桲 Cydonia oblonga, 无翅猪毛菜 Salsola komarovii
(6R,9R)-3-oxo-α-ionol-9-O-β-D-glucopyranoside (6R,9R)-3- 氧代 -α- 香堇醇 -9-O-β-D- 吡喃葡萄糖苷 新疆党参 Codonopsis clematidea, 洋金花 Datura metel, 活血丹 Glechoma longituba, 金铁锁 Psammosilene tunicoides
(6S,9R)-3-oxo-α-ionol-9-O-β-D-glucopyranoside (6S,9R)-3- 氧代 -α- 香堇醇 -9-O-β-D- 吡喃葡萄糖苷 宽叶荨麻 Urtica laetevirens
3-oxo-α-ionol-9-O-β-D-glucopyranoside 3- 氧代 -α- 香堇醇 -9-O-β-D- 吡喃葡萄糖苷 苦瓜 Momordica charantia
(6R,9R)-3-oxo-α-ionol-9-O-β-D-glucopyranosyl-(1→2)-β-D-glucopyranoside (6R,9R)-3- 氧代 -α- 香堇醇 -9-O-β-D- 吡喃葡萄糖基 -(1→2)-β-D- 吡喃葡萄糖苷 宽叶荨麻 Urtica laetevirens
(6S,9R)-3-oxo-α-ionol-9-O-β-D-glucopyranosyl-(1→2)-β-D-glucopyranoside (6S,9R)-3- 氧代 -α- 香堇醇 -9-O-β-D- 吡喃葡萄糖基 -(1→2)-β-D- 吡喃葡萄糖苷 宽叶荨麻 Urtica laetevirens
3-oxo-α-ionol-O-β-D-apiofuranosyl-(1''→6')-β-D-glucopyranoside 3- 氧代 -α- 香堇醇 -O-β-D- 呋喃芹糖基 -(1''→6')-β-D- 吡喃葡萄糖苷 石栗 Aleurites moluccana
(6R,9R)-3-oxo-α-ionol-O-β-D-glucopyranoside (6R,9R)-3- 氧代 -α- 香堇醇 -O-β-D- 吡喃葡萄糖苷 附地菜 Trigonotis peduncularis
3-oxo-α-ionol-O-β-D-glucopyranoside 3- 氧代 -α- 香堇醇 -O-β-D- 吡喃葡萄糖苷 石栗 Aleurites moluccana
(6R,9R)-3-oxo-α-ionol-β-D-glucopyranoside (6R,9R)-3- 酮基 -α- 香堇醇 -β-D- 吡喃葡萄糖苷 豆瓣菜 Nasturtium officinale
(6R,9S)-3-oxo-α-ionol-β-D-glucopyranoside (6R,9S)-3- 氧代 -α- 香堇醇 -β-D- 吡喃葡萄糖苷 臭冷杉 Abies nephrolepis, 挂金灯 Physalis alkekengi var. francheti, 翅子树 Pterospermum acerifolium, 无翅猪毛菜 Salsola komarovii
3-oxo-α-ionol-β-D-glucopyranoside 3- 氧代 -α- 香堇醇 -β-D- 吡喃葡萄糖苷 葎草 Humulus scandens, 红紫麻 Oreocnide rubescens
(6R,9R)-3-oxo-α-ionol-β-D-glucoside (6R,9R)-3- 氧代 -α- 香堇醇 -β-D- 葡萄糖苷 血桐 Macaranga tanarius var. tomentosa, 心叶风毛菊 Saussurea cordifolia
(6R,9S)-3-oxo-α-ionol-β-D-glucoside (6R,9S)-3- 氧代 -α- 香堇醇 -β-D- 葡萄糖苷 青荚叶 Helwingia japonica, 血桐 Macaranga tanarius var. tomentosa
3-oxo-α-ionone 3- 氧代 -α- 香堇酮 挥发油成分，未统计基源
(+)-3-oxo-α-ionylglucopyranoside (+)-3- 氧代 -α- 香堇基吡喃葡萄糖苷 地黄连 Munronia sinica
(±)-3-oxo-α-ionylglucopyranoside (±)-3- 氧代 -α- 香堇基酰吡喃葡萄糖苷 背扁黄耆 Astragalus complanatus
(-)-3-oxo-α-ionyl-O-β-D-glucopyranoside (-)-3- 氧代 -α- 香堇醇 -O-β-D- 吡喃葡萄糖苷 蓝花参 Wahlenbergia marginata
(+)-3-oxo-α-ionyl-O-β-D-glucopyranoside (+)-3- 氧代 -α- 香堇醇 -O-β-D- 吡喃葡萄糖苷 异叶翅子树 Pterospermum heterophyllum, 蓝花参 Wahlenbergia marginata
17-oxo-α-isosparteine 17- 氧代 -α- 异鹰爪豆碱 越南槐 Sophora tonkinensis
oxo-α-ylangene 氧代 -α- 依兰烯 挥发油成分，未统计基源
11-oxo-β-amyrin 11- 氧代 -β- 香树脂醇 枸骨 Ilex cornuta
11-oxo-β-amyrin acetate 11- 氧代 -β- 香树脂醇乙酸酯 猩猩草 Euphorbia cyathophora, 白苞猩猩草 E. heterophylla, 榕树 Ficus microcarpa
11-oxo-β-amyrin palmitate 11- 氧代 -β- 香树脂醇棕榈酸酯 枸骨 Ilex cornuta
7-oxo-β-daucosterol 7- 氧代 -β- 胡萝卜苷 算盘子 Glochidion puberum
(9R)-4-oxo-β-ionol-β-D-glucopyranoside (9R)-4- 酮基 -β- 香堇醇 -β-D- 吡喃葡萄糖苷 豆瓣菜 Nasturtium officinale
4-oxo-β-ionol-β-D-glucopyranoside 4- 氧代 -β- 香堇醇 -β-D- 吡喃葡萄糖苷 黄花香茶菜 Isodon sculponeatus
3-oxo-β-ionone 3- 氧代 -β- 香堇酮 挥发油成分，未统计基源
7-oxo-β-sitosterol 7- 氧代 -β- 谷甾醇 灯油藤 Celastrus paniculatus, 三桠苦 Euodia lepta, 准噶尔大戟 Euphorbia soongarica, 菊三七 Gynura japonica, 红大戟 Knoxia roxburghii, 马比木 Nothapodytes pittosporoides, 毛地黄鼠尾草 Salvia digitaloides
15-oxo-τ-cadinol 15- 氧代 -τ- 杜松醇 麻疯树 Jatropha curcas
oxyacanthine 欧洲小檗碱▲ 黄芦木 Berberis amurensis, 伊犁小檗 B. iliensis, 豪猪刺 B. julianae, 粉叶小檗 B. pruinosa, 西伯利亚小檗 B. sibirica, 日本小檗 B. thunbergii, 变绿小檗 B. virescens, 石生黄堇 Corydalis saxicola, 十大功劳 Mahonia fortunei, 亚欧唐松草 Thalictrum minus
oxyallobetulin 氧化别白桦脂醇 君迁子 Diospyros lotus
3β-oxyanticopalic acid 3β- 氧代柯巴酸 偃松 Pinus pumila
oxyavicine 氧化簕欓花椒碱▲ 构树 Broussonetia papyrifera, 飞龙掌血 Toddalia asiatica, 椿叶花椒 Zanthoxylum ailanthoides, 簕欓花椒 Z. avicennae, 两面针 Z. nitidum
oxyayanin B 羟基阿亚黄素 B 止痢蚤草 Pulicaria dysenterica
oxyberberine 氧化小檗碱 黄连 Coptis chinensis, 细柄十大功劳 Mahonia gracilipes, 台湾十大功劳 M. japonica, 黄檗 Phellodendron amurense, 尖叶唐松草 Thalictrum acutifolium, 高山唐松草 T. alpinum, 腺毛唐松草 T. foetidum, 多叶唐松草 T. foliolosum, 爪哇唐松草 T. javanicum, 峨眉唐松草 T. omeiense
3,3'-[oxybis(methylene)]-bis(9-methoxy-9H-carbazole) 3,3'-(氧代二亚甲基)- 二 (9- 甲氧基 -9H- 咔唑) 调料九里香 Murraya koenigii
5,5'-[oxybis(methylene)]-bis-2-furancarboxaldehyde 5,5'- 氧化双亚甲基 - 双 -2- 甲酰糠基 石菖蒲 Acorus gramineus
oxycapnolactone 氧化烟叶芹内酯▲ 假黄皮 Clausena excavata
oxychelerythrine 氧化白屈菜红碱 楝叶吴萸 Euodia glabrifolia, 飞龙掌血 Toddalia asiatica, 椿叶花椒 Zanthoxylum ailanthoides, 两面针 Z. nitidum, 花椒簕 Z. scandens, 野花椒 Z. simulans
4,7-oxycycloanisomelic acid 4,7- 环氧广防风酸▲ 广防风 Anisomeles indica
oxydihydromorusin 氧化二氢桑皮素 桑 Morus alba
5,5'-oxydimethylene-bis-(2-furfural) 5,5'- 氧二亚甲基 - 二 -(2- 糠醛) 罗汉果 Siraitia grosvenorii

O

oxydimurrayafoline 氧化双豆叶九里香碱▲ 豆叶九里香 Murraya euchrestifolia
1'-oxyethyl-D-galactopyranoside 1'- 氧乙基 -D- 吡喃半乳糖苷 耳草 Hedyotis auricularia
oxyimperatorin 氧化欧前胡素 臭常山 Orixa japonica
3-oxykojic acid 3- 氧代曲酸 马醉木 Pieris japonica
oxylin 尖槐藤林素▲ 尖槐藤 Oxystelma esculentum
oxylipin 氧脂素 辣椒 Capsicum annuum
6''-*O*-xylosylglycitin 6''-*O*- 木糖基黄豆黄苷 葛 Pueraria montana var. lobata
6''-*O*-xylosyltectoridin 6''-*O*- 木糖基鸢尾黄酮苷 葛 Pueraria montana var. lobata
2''-*O*-xylosylvitexin 2''-*O*- 木糖基牡荆素 酸橙 Citrus aurantium, 鸭嘴花 Justicia adhatoda
oxymaistemonine 氧化狭叶百部碱 百部 Stemona japonica, 云南百部 S. mairei
oxymarmesin-5'-*O*-*β*-D-glucopyranoside 氧化木橘辛素▲-5'-*O*-*β*-D- 吡喃葡萄糖苷 珊瑚菜 Glehnia littoralis
(+)-oxymatrine (+)- 氧化苦参碱 山豆根 Euchresta japonica, 苦参 Sophora flavescens, 绒毛槐 S. tomentosa, 越南槐 S. tonkinensis
oxymatrine 氧化苦参碱 虎皮楠 Daphniphyllum oldhamii, 伏毛山豆根 Euchresta horsfieldii, 苦豆子 Sophora alopecuroides, 白刺花 S. davidii, 苦参 S. flavescens, 砂生槐 S. moorcroftiana, 绒毛槐 S. tomentosa
oxymyrioside 多叶棘豆黄酮苷▲ 多叶棘豆 Oxytropis myriophylla
oxynitidine 氧化两面针碱 飞龙掌血 Toddalia asiatica, 椿叶花椒 Zanthoxylum ailanthoides, 两面针 Z. nitidum, 花椒簕 Z. scandens
oxypaeonidanin 氧化欧芍药苷▲ 牡丹 Paeonia suffruticosa
oxypaeoniflorin 氧化芍药苷 窄叶芍药 Paeonia anomala, 川赤芍 P. anomala subsp. veitchii, 滇牡丹 P. delavayi, 多花芍药 P. emodi, 芍药 P. lactiflora, 草芍药 P. obovata, 凤丹 P. ostii, 卵叶牡丹 P. qiui, 紫斑牡丹 P. rockii, 牡丹 P. suffruticosa
oxypalmatine 氧化巴马汀 西伯利亚小檗 Berberis sibirica, 黄檗 Phellodendron amurense
(+)-oxypeucedanin (+)- 氧化前胡素 白芷 Angelica dahurica, 马蜂橙 Citrus hystrix
(±)-oxypeucedanin (±)- 氧化前胡素 天山棱子芹 Pleurospermum lindleyanum
oxypeucedanin 氧化前胡素 莳萝 Anethum graveolens, 阿坝当归 Angelica apaensis, 白芷 A. dahurica, 杭白芷 A. dahurica 'Hangbaizhi', 祁白芷 A. dahurica 'Qibaizhi', 灰叶当归 A. glauca, 峨眉当归 A. omeiensis, 林当归 A. sylvestris, 下延叶古当归 Archangelica decurrens, 川明参 Chuanminshen violaceum, 柠檬 Citrus limon, 橘红 C. maxima 'Tomentosa', 白亮独活 Heracleum candicans, 宽萼岩风 Libanotis laticalycina, 调料九里香 Murraya koenigii, 宽叶羌活 Notopterygium franchetii, 大齿山芹 Ostericum grosseserratum, 欧芹 Petroselinum crispum, 前胡 Peucedanum praeruptorum, 异叶茴芹 Pimpinella diversifolia, 太白棱子芹 Pleurospermum giraldii
oxypeucedanin ethanolate 氧化前胡素乙醇化物 祁白芷 Angelica dahurica 'Qibaizhi', 拐芹 A. polymorpha
(+)-oxypeucedanin hydrate (+)- 氧化前胡素水合物 台湾前胡 Peucedanum formosanum, 滨海前胡 P. japonicum
(*R*)-(+)-oxypeucedanin hydrate (*R*)-(+)- 氧化前胡素水合物 马蜂橙 Citrus hystrix
oxypeucedanin hydrate 氧化前胡素水合物 莳萝 Anethum graveolens, 阿坝当归 Angelica apaensis, 重齿当归 A. biserrata, 白芷 A. dahurica, 杭白芷 A. dahurica 'Hangbaizhi', 祁白芷 A. dahurica 'Qibaizhi', 峨眉当归 A. omeiensis, 拐芹 A. polymorpha, 林当归 A. sylvestris, 见血封喉 Antiaris toxicaria, 下延叶古当归 Archangelica decurrens, 川明参 Chuanminshen violaceum, 马蜂橙 Citrus hystrix, 柠檬 C. limon, 佛手 C. medica var. sarcodactylis, 高山芹 Coelopleurum saxatile, 薜荔 Ficus pumila, 岩风 Libanotis buchtormensis, 宽萼岩风 L. laticalycina, 宽叶羌活 Notopterygium franchetii, 羌活 N. incisum, 大齿山芹 Ostericum grosseserratum, 欧芹 Petroselinum crispum, 马山前胡 Peucedanum mashanense, 岩前胡 P. medicum var. gracile, 前胡 P. praeruptorum
oxypeucedanin hydrate-3''-*tert*-butyl ether 氧化前胡素水合物 -3''- 叔 - 丁基醚 白芷 Angelica dahurica
oxypeucedanin methanolate 氧化前胡素甲醇化物 白芷 Angelica dahurica, 大齿山芹 Ostericum grosseserratum, 枳 Poncirus trifoliata
oxyphyllacinol 益智醇 益智 Alpinia oxyphylla
oxyphyllenodiol A 益智烯二醇▲A 益智 Alpinia oxyphylla, 香桂 Cinnamomum subavenium, 金山五味子 Schisandra glaucescens
oxyphyllenodiol B 益智烯二醇▲B 益智 Alpinia oxyphylla, 金丝桃 Hypericum monogynum, 轮叶木姜子 Litsea verticillata
oxyphyllenone A, B 益智烯酮▲A, B 益智 Alpinia oxyphylla
oxyphyllol A, B, C 益智仁醇 A, B, C 益智 Alpinia oxyphylla
oxyphyllone A, B 益智酮▲A, B 益智 Alpinia oxyphylla
oxyphyllumchalcone C 尖叶长柄山蚂蝗查耳酮▲C 水蛇麻 Fatoua villosa
oxypinnatanine 氧化羽叶省沽油碱▲ 叉歧繁缕 Stellaria dichotoma
oxypseudopalmatine 氧化伪巴马汀 三裂紫堇 Corydalis trifoliata
2'-oxyresveratrol 2'- 氧化白藜芦醇 构棘 Cudrania cochinchinensis
oxyresveratrol 氧化白藜芦醇 波罗蜜 Artocarpus heterophyllus, 白桂木 A. hypargyreus, 桂木 A. nitidus subsp. lingnanensis, 构棘 Cudrania cochinchinensis, 柘树 C. tricuspidata, 直杆蓝桉 Eucalyptus maidenii, 八角金盘 Fatsia japonica, 山小橘 Glycosmis pentaphylla, 海南买麻藤 Gnetum hainanense, 桑 Morus alba, 鸡桑 M. australis, 奶桑 M. macroura, 蒙桑 M. mongolica, 黑桑 M. nigra, 菝葜 Smilax china, 毛叶藜芦 Veratrum grandiflorum, 牯岭藜芦 V. schindleri
oxyresveratrol-2-*O*-*β*-D-glucopyranoside 氧化白藜芦醇 -2-*O*-*β*-D- 吡喃葡萄糖苷 鸡桑 Morus australis
oxyresveratrol-3,4'-*O*-*β*-D-diglycoside 氧化白藜芦醇 -3,4'-*O*-*β*-D- 二葡萄糖苷 兴安藜芦 Veratrum dahuricum
oxyresveratrol-3-*O*-glucoside 氧化白藜芦醇 -3-*O*- 葡萄糖苷 毛叶藜芦 Veratrum grandiflorum
oxyresveratrol-3-*O*-*β*-D-glycoside 氧化白藜芦醇 -3-*O*-*β*-D- 葡萄糖苷 兴安藜芦 Veratrum dahuricum
oxyresveratrol-4'-*O*-*β*-D-glycoside 氧化白藜芦醇 -4'-*O*-*β*-D- 葡萄糖苷 兴安藜芦 Veratrum dahuricum
oxyriaflavonol 山蓼黄酮醇▲ 山蓼 Oxyria digyna
oxysanguinarine 氧化血根碱 白屈菜 Chelidonium majus, 地丁草 Corydalis bungeana, 薯根延胡索 C. ledebouriana, 血水草 Eomecon

O

chionantha, 飞龙掌血 Toddalia asiatica

oxysin 尖槐藤辛▲ 尖槐藤 Oxystelma esculentum

oxysolavetivone 氧化马铃薯香根草酮▲ 两头毛 Incarvillea arguta

oxysophocarpine 氧化槐果碱 虎皮楠 Daphniphyllum oldhamii, 苦豆子 Sophora alopecuroides, 白刺花 S. davidii, 苦参 S. flavescens, 砂生槐 S. moorcroftiana

oxystelmin 尖槐藤素▲ 尖槐藤 Oxystelma esculentum

oxystelmoside 尖槐藤苷▲ 尖槐藤 Oxystelma esculentum

oxystemoenonine 氧化百部烯碱▲ 大百部 Stemona tuberosa

oxystemofoline 氧化百部叶碱 细花百部 Stemona parviflora

oxystemoninine 氧化百部新碱 大百部 Stemona tuberosa

oxyterihanine 氧化两面针哈宁▲ 飞龙掌血 Toddalia asiatica

8-oxytetrahydropalmatine 8- 氧代四氢巴马汀 古山龙 Arcangelisia gusanlung

8-oxythalifendine 8- 氧代芬氏唐松草定碱 古山龙 Arcangelisia gusanlung

oxytorilolide 氧化窃衣内酯 小窃衣 Torilis japonica

oxytrofalcatin A~F 镰形棘豆素▲A~F 镰荚棘豆 Oxytropis falcata

oxytroflavoside A~G 棘豆黄苷▲A~G 镰荚棘豆 Oxytropis falcata

oxytropisoflavan A, B 棘豆黄烷▲A, B 镰荚棘豆 Oxytropis falcata

oxytroside 棘豆苷 硬毛棘豆 Oxytropis hirta, 多叶棘豆 O. myriophylla

1-*O*-*Z*-cinnamoylsalannic acid methyl ester 1-*O*-*Z*- 桂皮酰印楝沙兰宁酸甲酯 楝 Melia azedarach

6-*O*-*Z*-feruloylajugol 6-*O*-*Z*- 阿魏酰筋骨草醇 地黄 Rehmannia glutinosa

12,13*E*-ozic acid 12,13*E*- 奥济丹尼豆酸▲ 杉木 Cunninghamia lanceolata

ozoroalide 奥佐木内酯▲ 马槟榔 Capparis masaikai

6'-*O*-*Z*-*p*-methoxycinnamoylharpagide 6'-*O*-*Z*- 对甲氧基桂皮酰钩果草吉苷▲ 北玄参 Scrophularia buergeriana

8-*O*-*Z*-*p*-methoxycinnamoylharpagide 8-*O*-*Z*- 对甲氧基桂皮酰钩果草吉苷▲ 北玄参 Scrophularia buergeriana

3-*O*-α-actylfriedelan-27 → 15α-olide 3-*O*-α- 乙酰无羁萜 -27 → 15α- 内酯 马蛋果 Gynocardia odorata

3-*O*-α-actylfriedelan-27 → 16α-olide 3-*O*-α- 乙酰无羁萜 -27 → 16α- 内酯 马蛋果 Gynocardia odorata

4-*O*-α-D-furanoallulosyl-α-D-pyranoglucose 4-*O*-α-D- 呋喃阿洛酮糖 -α-D- 吡喃葡萄糖 圆萼刺参 Morina chinensis

O-α-D-galaclopyranosyl-(1 → 6)-*O*-α-D-mannopyranosyl-(1 → 4)-*O*-β-D-mannopyranose *O*-α-D- 吡喃半乳糖基 -(1 → 6)-*O*-α-D- 吡喃甘露糖基 -(1 → 4)-*O*-β-D- 吡喃甘露糖 马钱子 Strychnos nux-vomica

O-α-D-galactopyranosyl-(1 → 6)-*O*-[*O*-α-D-galactopyranosyl-(1 → 6)-*O*-[β-D-mannopyranosyl-(1 → 4)]-*O*-β-D-mannopyranosyl-(1 → 4)-β-D-mannopyranosyl-(1 → 4)]-*O*-β-D-mannopyranosyl-(1 → 4)-β-D-mannopyranose *O*-α-D- 吡喃半乳糖基 -(1 → 6)-*O*-[*O*-α-D- 吡喃半乳糖基 -(1 → 6)-*O*-[β-D- 吡喃甘露糖基 -(1 → 4)]-*O*-β-D- 吡喃甘露糖基 -(1 → 4)-β-D- 吡喃甘露糖基 -(1 → 4)]-*O*-β-D- 吡喃甘露糖基 -(1 → 4)-β-D- 吡喃甘露糖 虎掌藤 Ipomoea pes-tigridis

O-α-D-galactopyranosyl-(1 → 6)-*O*-α-D-galactopyranosyl-(1 → 6)-*O*-α-D-galactopyranosyl-(1 → 6)-*O*-α-D-galactopyranosyl-(1 → 6)-*O*-α-D-galactopyranosyl-(1 → 6)-*O*-α-D-galactopyranosyl-(1 → 6)-*O*-α-D-galactopyranosyl-(1 → 6)-*O*-α-D-glucopyranosyl-(1 → 2)-*O*-β-D-fructofuranoside *O*-α-D- 吡喃半乳糖基 -(1 → 6)-*O*-α-D- 吡喃半乳糖基 -(1 → 6)-*O*-α-D- 吡喃半乳糖基 -(1 → 6)-*O*-α-D- 吡喃半乳糖基 -(1 → 6)-*O*-α-D- 吡喃半乳糖基 -(1 → 6)-*O*-α-D- 吡喃半乳糖基 -(1 → 6)-*O*-α-D- 吡喃半乳糖基 -(1 → 6)-*O*-α-D- 吡喃葡萄糖基 -(1 → 2)-*O*-β-D- 呋喃果糖 毛蕊花 Verbascum thapsum

O-α-D-galactopyranosyl-(1 → 6)-*O*-α-D-galactopyranosyl-(1 → 6)-*O*-α-D-galactopyranosyl-(1 → 6)-*O*-α-D-galactopyranosyl-(1 → 6)-*O*-α-D-galactopyranosyl-(1 → 6)-*O*-α-D-galactopyranosyl-(1 → 6)-*O*-α-D-glucopyranosyl-(1 → 2)-*O*-β-D-fructofuranoside *O*-α-D- 吡喃半乳糖基 -(1 → 6)-*O*-α-D- 吡喃半乳糖基 -(1 → 6)-*O*-α-D- 吡喃半乳糖基 -(1 → 6)-*O*-α-D- 吡喃半乳糖基 -(1 → 6)-*O*-α-D- 吡喃半乳糖基 -(1 → 6)-*O*-α-D- 吡喃半乳糖基 -(1 → 6)-*O*-α-D- 吡喃葡萄糖基 -(1 → 2)-*O*-β-D- 呋喃果糖 毛蕊花 Verbascum thapsum

O-α-D-galactopyranosyl-(1 → 6)-*O*-α-D-galactopyranosyl-(1 → 6)-*O*-α-D-galactopyranosyl-(1 → 6)-*O*-α-D-galactopyranosyl-(1 → 6)-*O*-α-D-galactopyranosyl-(1 → 6)-*O*-α-D-glucopyranosyl-(1 → 2)-*O*-β-D-fructofuranoside *O*-α-D- 吡喃半乳糖基 -(1 → 6)-*O*-α-D- 吡喃半乳糖基 -(1 → 6)-*O*-α-D- 吡喃半乳糖基 -(1 → 6)-*O*-α-D- 吡喃半乳糖基 -(1 → 6)-*O*-α-D- 吡喃半乳糖基 -(1 → 6)-*O*-α-D- 吡喃葡萄糖基 -(1 → 2)-*O*-β-D- 呋喃果糖 毛蕊花 Verbascum thapsum

O-α-D-galactopyranosyl-(1 → 6)-*O*-α-D-mannopyranose *O*-α-D- 吡喃半乳糖基 -(1 → 6)-*O*-α-D- 吡喃甘露糖 马钱子 Strychnos nux-vomica

O-α-D-galactopyranosyl-(1 → 6)-*O*-β-D-mannopyranosyl-(1 → 5)-D-mannose *O*-α-D- 吡喃半乳糖基 -(1 → 6)-*O*-β-D- 吡喃甘露糖基 -(1 → 5)-D- 甘露糖 虎掌藤 Ipomoea pes-tigridis

1D-5-*O*-α-D-galactopyranosyl-4-*O*-methyl-myoinositol 1D-5-*O*-α-D- 吡喃半乳糖基 -4-*O*- 甲基肌肉肌醇 赤豆 Vigna angularis

(2-*O*-α-D-galactopyranosyl-4-*O*-methyl-α-D-glucuronosyl)-D-xylan (2-*O*-α-D- 吡喃半乳糖基 -4-*O*- 甲基 -α-D- 葡萄糖醛酸基)-D- 树胶质 蓝桉 Eucalyptus globulus

6'-*O*-α-D-galactopyranosylbarlerin 6'-*O*-α-D- 吡喃半乳糖基假杜鹃素 独一味 Lamiophlomis rotata

6''-*O*-α-D-galactopyranosylharpagoside 6''-*O*-α-D- 吡喃半乳糖基钩果草苷 玄参 Scrophularia ningpoensis

6-*O*-α-D-galactopyranosylharpagoside 6-*O*-α-D- 吡喃半乳糖基钩果草苷 玄参 Scrophularia ningpoensis

6'-*O*-α-D-galactopyranosylphlorigidoside C 6'-*O*-α-D- 吡喃半乳糖基坚硬糙苏苷 C 独一味 Lamiophlomis rotata

6'-*O*-α-D-galactopyranosylsesamoside 6'-*O*-α-D- 吡喃半乳糖基芝麻苷 独一味 Lamiophlomis rotata

6'-*O*-α-D-galactopyranosylshanzhiside methyl ester 6'-*O*-α-D- 吡喃半乳糖基山栀苷甲酯 独一味 Lamiophlomis rotata

6'-*O*-α-D-galactopyranosylsyringopicroside 6'-*O*-α-D- 吡喃半乳糖基丁香苦苷 暴马丁香 Syringa reticulata subsp. amurensis

O-α-D-galactosyl-(1 → 6)-O-β-D-galactosyl-(1 → 1)-glycerin O-α-D- 半乳糖基 -(1 → 6)-O-β-D- 半乳糖基 -(1 → 1)- 甘油 珊瑚藻 Corallina officinalis

O-α-D-glucopyranosyl-(1 → 4)-α-D-glucopyranosyl-(1 → 4)-α-D-glucopyranosyl-(1 → 2)-β-D-fructofuranoside O-α-D- 吡喃葡萄糖基 -(1 → 4)-α-D- 吡喃葡萄糖基 -(1 → 4)-α-D- 吡喃葡萄糖基 -(1 → 2)-β-D- 呋喃果糖苷 蒺藜 Tribulus terrestris

3β-[O-α-D-glucopyranosyl-(1 → 4)-β-D-glucopyranosyl]-2β-hydroxy-Δ^{12}-oleanene-23,28-dioic acid 3β-[O-α-D- 吡喃葡萄糖基 -(1 → 4)-β-D- 吡喃葡萄糖基]-2β- 羟基 -Δ^{12}- 齐墩果烯 -23,28- 二酸 紫苜蓿 Medicago sativa

1-O-α-D-glucopyranosyl-(2S,3R,4E,8Z)-2-N-palmitoyloctade-casphinga-4,8-dienine 1-O-α-D- 吡喃葡萄糖基 -(2S,3R,4E,8Z)-2-N- 棕榈酰十八碳鞘氨醇 -4,8- 二烯 披针观音座莲 Angiopteris caudatiformis

7-O-α-D-glucopyranosyl-(6'''-p-hydroxcinnamoyl)-3,4'-dihydroxy-3'-(4-hydroxy-3-methylbutyl)-5,6-dimethoxyflavone 7-O-α-D- 吡喃葡萄糖基 -(6'''- 对羟基桂皮酰)-3,4'- 二羟基 -3'-(4- 羟基 -3- 甲基丁基)-5,6- 二甲氧基黄酮 假连翘 Duranta erecta

2-O-α-D-glucopyranosyl-2,7-dihydroxy-1,6-dimethyl-9,10,12,13-tetrahydropyrene 2-O-α-D- 吡喃葡萄糖基 -2,7- 二羟基 -1,6- 二甲基 -9,10,12,13- 四氢芘 灯心草 Juncus effusus

7-O-α-D-glucopyranosyl-3,4'-dihydroxy-3'-(4''-acetoxyl-3''-methylbutyl)-5,6-dimethoxyflavone 7-O-α-D- 吡喃葡萄糖基 -3,4'- 二羟基 -3'-(4''- 乙酰氧基 -3''- 甲基丁基)-5,6- 二甲氧黄酮 假连翘 Duranta erecta

7-O-α-D-glucopyranosyl-3,4'-dihydroxy-3'-(4-hydroxy-3-methylbutyl)-5,6-dimethoxyflavone 7-O-α-D- 吡喃葡萄糖基 -3,4'- 二羟基 -3'-(4- 羟基 -3- 甲基丁基)-5,6- 二甲氧基黄酮 假连翘 Duranta erecta

7-O-α-D-glucopyranosyl-3,5-dihydroxy-3'-(4''-acetoxyl-3''-methylbutyl)-6,4'-dimethoxyflavone 7-O-α-D- 吡喃葡萄糖基 -3,5- 二羟基 -3'-(4''- 乙酰氧基 -3''- 甲基丁基)-6,4'- 二甲氧黄酮 假连翘 Duranta erecta

26-O-α-D-glucopyranosyl-furost-5(6),20(22)-dien-3α,26-diol 26-O-α-D- 吡喃葡萄糖基 - 呋甾 -5(6),20(22)- 二烯 -3α,26- 二醇 穿龙薯蓣 Dioscorea nipponica

O-α-D–mannopyranosyl-(1 → 6)-O-β-D-mannopyranose O-α-D- 吡喃甘露糖基 -(1 → 6)-O-β-D- 吡喃甘露糖 马钱子 Strychnos nux-vomica

23α-O-α-D-ribofuranosyl-oleanolic acid-28-O-α-L-rhamnopyranosyl-(1 → 4)-O-β-D-glucopyranosyl-(1 → 6)-β-D-glucopyranosyl ester 23α-O-α-D- 呋喃核糖基 - 齐墩果酸 -28-O-α-L- 吡喃鼠李糖基 -(1 → 4)-O-β-D- 吡喃葡萄糖基 -(1 → 6)-β-D- 吡喃葡萄糖基酯苷 白头翁 Pulsatilla chinensis

3-[O-α-galactopyranosyl-(1'' → 6')-O-β-galactopyranosyl]-1-O-linolenyl-2-O-palmitylglyceride 3-[O-α- 吡喃半乳糖基 -(1'' → 6')-O-β- 吡喃半乳糖基]-1-O- 亚麻酰基 -2-O- 棕榈酰甘油酯 马蜂橙 Citrus hystrix

6'-O-α-glucopyranosylpaeoniflorin 6'-O-α- 吡喃葡萄糖基芍药苷 芍药 Paeonia lactiflora

6-O-α-L-(2'',3''-di-O-trans-cinnamoyl)-rhamnopyranosylcatalpol 6-O-α-L-(2'',3''- 二 -O- 反式 - 桂皮酰基)- 吡喃鼠李糖基梓醇 云南石梓 Gmelina arborea

6-O-α-L-(2''-O-feruloyl)-rhamnopyranosylcatalpol 6-O-α-L-(2''-O- 阿魏酰基)- 吡喃鼠李糖基梓醇 豆腐柴 Premna microphylla

6-O-α-L-(2''-O-isoferuloyl)rhamnopyranosylcatalpol 6-O-α-L-(2''-O- 异阿魏酰基) 吡喃鼠李糖基梓醇 互叶醉鱼草 Buddleja alternifolia

6-O-α-L-(2''-O-methoxycinnamoyl)-rhamnopyranosylcatalpol 6-O-α-L-(2''-O- 甲氧基桂皮酰基)- 吡喃鼠李糖基梓醇 豆腐柴 Premna microphylla

6-O-α-L-(2''-O-trans-cinnamoyl)rhamnopyranosylcatalpol 6-O-α-L-(2''-O- 反式 - 桂皮酰基) 吡喃鼠李糖基梓醇 云南石梓 Gmelina arborea, 冬红 Holmskioldia sanguinea

6-O-α-L-(2''-O-trans-p-coumaroyl)-rhamnopyranosylcatalpol 6-O-α-L-(2''-O- 反式 - 对香豆酰基)- 吡喃鼠李糖基梓醇 云南石梓 Gmelina arborea

6-O-α-L-(2''-O-trans-p-methoxycinnamoyl)-rhamnopyranosyl-catapol 6-O-[α-L-(2''-O- 反式 - 对甲氧基桂皮酰基)- 吡喃鼠李糖基]- 梓醇 毛蕊花 Verbascum thapsum

6-O-α-L-(2''-O-trans-p-methoxycinnamoyl-4''-acetoxy)-rhamnopyranosyl-catapol 6-O-[α-L-(2''-O- 反式 - 对甲氧基桂皮酰基 -4''- 乙酰氧基)- 吡喃鼠李糖基]- 梓醇 毛蕊花 Verbascum thapsum

6-O-α-L-(3'',4''-di-O-trans-cinnamoyl)-rhamnopyranosylcatalpol 6-O-α-L-(3'',4''- 二 -O- 反式 - 桂皮酰基)- 吡喃鼠李糖基梓醇 云南石梓 Gmelina arborea

6-O-α-L-(3''-O-feruloyl)-rhamnopyranosylcatalpol 6-O-α-L-(3''-O- 阿魏酰基)- 吡喃鼠李糖基梓醇 豆腐柴 Premna microphylla

6-O-α-L-(3''-O-isoferuloyl)-rhamnopyranosylcatalpol 6-O-α-L-(3''-O- 异阿魏酰基) 吡喃鼠李糖基梓醇 互叶醉鱼草 Buddleja alternifolia

6-O-α-L-(3''-O-trans-cinnamoyl)rhamnopyranosylcatalpol 6-O-α-L-(3''-O- 反式 - 桂皮酰基) 吡喃鼠李糖基梓醇 冬红 Holmskioldia sanguinea

6-O-α-L-(3''-O-trans-cinnamoyl)-rhamnopyranosylcatalpol 6-O-α-L-(3''-O- 反式 - 桂皮酰基)- 吡喃鼠李糖基梓醇 云南石梓 Gmelina arborea

6-O-α-L-(3''-O-trans-p-methoxycinnamoyl)-rhamnopyranosylcatalpol 6-O-α-L-(3''-O- 反式 - 对甲氧基反式 - 桂皮酰基)- 吡喃鼠李糖基梓醇 云南石梓 Gmelina arborea

6-O-α-L-(3-O-trans-p-methoxycinnamoyl)-rhamnopyranosyl-catalpol 6-O-[α-L-(3-O- 反式 - 对甲氧基桂皮酰基)- 吡喃鼠李糖基]- 梓醇 毛蕊花 Verbascum thapsum

6-O-α-L-(4''-O-trans-cinnamoyl)-rhamnopyranosylcatalpol 6-O-α-L-(4''-O- 反式 - 桂皮酰基)- 吡喃鼠李糖基梓醇 齿叶玄参 Scrophularia dentata

6-O-α-L-(4''-O-trans-p-coumaroyl)-rhamnopyranosylcatalpol 6-O-α-L-(4''-O- 反式 - 对香豆酰基)- 吡喃鼠李糖基梓醇 齿叶玄参 Scrophularia dentata

6-O-α-L-(4''-O-cis-feruloyl)rhamnopyranosylcatalpol 6-O-α-L-(4''-O- 顺式 - 阿魏酰基) 吡喃鼠李糖基梓醇 冬红 Holmskioldia sanguinea

6-O-α-L-(4''-O-cis-p-coumaroyl)rhamnopyranosylcatalpol 6-O-α-L-(4''-O- 顺式 - 对桂皮酰基) 吡喃鼠李糖基梓醇 冬红 Holmskioldia sanguinea

6-O-α-L-(4''-O-feruloyl)-rhamnopyranosylcatalpol 6-O-α-L-(4''-O- 阿魏酰基)- 吡喃鼠李糖基梓醇 豆腐柴 Premna microphylla

3β-O-α-L-arabinopyranosyl-19α-hydroxyursolic acid 3β-O-α-L- 吡喃阿拉伯糖基 -19α- 羟基熊果酸 地榆 Sanguisorba officinalis

3-O-α-L-arabinopyranosyl-28-O-α-L-rhamnopyranosyl-(1 → 4)-β-D-glucopyranosyl-(1 → 6)-β-D-glucopyranosyl-hederagenin 3-O-α-L- 吡喃阿拉伯糖基 -28-O-α-L- 吡喃鼠李糖基 -(1 → 4)-β-D- 吡喃葡萄糖基 -(1 → 6)-β-D- 吡喃葡萄糖基常春藤皂苷元 朝鲜白头翁 Pulsatilla cernua

3-O-α-L-arabinopyranosyl-2α,3β,6β,23α-tetrahydroxyurs-12-ene-28-oic acid 3-O-α-L- 吡喃阿拉伯糖基 -2α,3β,6β,23α- 四羟基熊果 -12- 烯 -28- 酸 积雪草 Centella asiatica

3-O-α-L-arabinopyranosyl-30-norhederagenin-28-O-α-L-rhamnopyranosyl-(1 → 4)-β-D-glucopyranosyl-(1 → 6)-β-D-glucopyranoside 3-O-α-L- 吡喃阿拉伯糖基 -30- 去甲基常春藤皂苷元 -28-O-α-L- 吡喃鼠李糖基 -(1 → 4)-β-D- 吡喃葡萄糖基 -(1 → 6)-β-D- 吡喃葡萄糖苷 串果藤 Sinofranchetia chinensis

3-O-α-L-arabinopyranosyl-30-nor-hederagenin-28-O-α-L-rhamnopyranosyl-(1 → 4)-β-D-glucopyranosyl-(1 → 6)-β-D-glucopyranosyl ester 3-O-α-L- 吡喃阿拉伯糖基 -30- 去甲常春藤皂苷元 -28-O-α-L- 吡喃鼠李糖基 -(1 → 4)-β-D- 吡喃葡萄糖基 -(1 → 6)-β-D- 吡喃葡萄糖基酯苷 尾叶那藤 Stauntonia obovatifoliola subsp. urophylla

3-O-α-L-arabinopyranosyl-30-norhederagenin-28-O-α-L-rhamnopyranosyl-(1 → 4)-β-D-glucopyranosyl-(1 → 6)-β-D-glucopyranosylester 3-O-α-L- 吡喃阿拉伯糖基 -30- 去甲基常春藤皂苷元 -28-O-α-L- 吡喃鼠李糖基 -(1 → 4)-β-D- 吡喃葡萄糖基 -(1 → 6)-β-D- 吡喃葡萄糖基酯苷 野木瓜 Stauntonia chinensis

3β-O-α-L-arabinopyranosyl-30-noroleana-12,20(29)-dien-28-oic acid 3β-O-α-L- 吡喃阿拉伯糖基 -30- 降齐墩果 -12,20(29)- 二烯 -28- 酸 刺五加 Eleutherococcus senticosus

3-O-α-L-arabinopyranosyl-3β,23-dihydroxy-lup-20(29)-en-28-oic acid 3-O-α-L- 吡喃阿拉伯糖基 -3β,23- 二羟基羽扇豆 -20(29)- 烯 -28- 酸 白头翁 Pulsatilla chinensis

3-O-α-L-arabinopyranosyl-4-hydroxybenzoic acid 3-O-α-L- 吡喃阿拉伯糖基 -4- 羟基苯甲酸 琴叶榕 Ficus pandurata

6-O-α-L-arabinopyranosyl-8-C-α-L-arabinopyranosylapigenin 6-O-α-L- 吡喃阿拉伯糖基 -8-C-α-L- 吡喃阿拉伯糖基芹菜苷元 四齿四棱草 Schnabelia tetrodonta

3-O-α-L-arabinopyranosylakebonic acid 3-O-α-L- 吡喃阿拉伯糖基木通萜酸 黄蜡果 Stauntonia brachyanthera

3-O-α-L-arabinopyranosyl-arjunolic acid-28-O-α-L-rhamnopyranosyl-(1 → 4)-O-β-D-glucopyranosyl-(1 → 6)-O-β-D-glucopyranoside 3-O-α-L- 吡喃阿拉伯糖基 - 阿江榄仁酸 -28-O-α-L- 吡喃鼠李糖基 -(1 → 4)-O-β-D- 吡喃葡萄糖基 -(1 → 6)-O-β-D- 吡喃葡萄糖苷 刺楸 Kalopanax septemlobus

3-O-α-L-arabinopyranosylcimigenol-15-O-β-D-glucopyranoside 3-O-α-L- 吡喃阿拉伯糖基升麻醇 -15-O-β-D- 吡喃葡萄糖苷 兴安升麻 Cimicifuga dahurica

3-O-α-L-arabinopyranosylechinocystic acid 3-O-α-L- 吡喃阿拉伯糖基刺囊酸 辽东楤木 Aralia elata var. glabrescens

3-O-α-L-arabinopyranosylgypsogenin-28-O-α-L-rhamnopyranosyl-(1 → 4)-β-D-glucopyranosyl-(1 → 6)-β-D-glucopyranosyl ester 3-O-α-L- 吡喃阿拉伯糖基石头花苷元▲-28-O-α-L- 吡喃鼠李糖基 -(1 → 4)-β-D- 吡喃葡萄糖基 -(1 → 6)-β-D- 吡喃葡萄糖基酯苷 小花草玉梅 Anemone rivularis var. flore-minore

O

3-O-α-L-arabinopyranosylhederagenin 3-O-α-L- 吡喃阿拉伯糖基常春藤皂苷元 小花草玉梅 Anemone rivularis var. flore-minore, 八角金盘 Fatsia japonica, 朝鲜白头翁 Pulsatilla cernua

3-O-α-L-arabinopyranosylhederagenin-28-O-α-L-rhamnopyranosyl ester 3-O-α-L- 吡喃阿拉伯糖基常春藤皂苷元 -28-O-α-L- 鼠李糖酯 甘青铁线莲 Clematis tangutica

3-O-α-L-arabinopyranosylhederagenin-28-O-α-L-rhamnopyranosyl-(1 → 4)-O-β-D-glucopyranosyl-(1 → 6)-O-β-D-glucopyranosyl ester 3-O-α-L- 吡喃阿拉伯糖基常春藤皂苷元 -28-O-α-L- 吡喃鼠李糖基 -(1 → 4)-O-β-D- 吡喃葡萄糖基 -(1 → 6)-O-β-D- 吡喃葡萄糖基酯 刺楸 Kalopanax septemlobus

3-O-α-L-arabinopyranosylhederagenin-28-O-α-L-rhamnopyranosyl-(1 → 4)-β-D-glucopyranosyl-(1 → 6)-β-D-glucopyranoside 3-O-α-L- 吡喃阿拉伯糖基常春藤皂苷元 -28-O-α-L- 吡喃鼠李糖基 -(1 → 4)-β-D- 吡喃葡萄糖基 -(1 → 6)-β-D- 吡喃葡萄糖苷 兴安白头翁 Pulsatilla dahurica

3-O-α-L-arabinopyranosylhederagenin-28-O-α-L-rhamnopyranosyl-(1 → 4)-β-D-glucopyranosyl-(1 → 6)-β-D-glucopyranosyl ester 3-O-α-L- 吡喃阿拉伯糖基常春藤皂苷元 -28-O-α-L- 吡喃鼠李糖基 -(1 → 4)-β-D- 吡喃葡萄糖基 -(1 → 6)-β-D- 吡喃葡萄糖基酯苷 白头翁 Pulsatilla chinensis, 兴安白头翁 P. dahurica, 野木瓜 Stauntonia chinensis

3-O-α-L-arabinopyranosylhederagenin-28-O-β-D-glucopyranosyl-(1 → 6)-β-D-glucopyranoside 3-O-α-L- 吡喃阿拉伯糖基常春藤皂苷元 -28-O-β-D- 吡喃葡萄糖基 -(1 → 6)-β-D- 吡喃葡萄糖苷 木通 Akebia quinata, 三叶木通 A. trifoliata

3-O-α-L-arabinopyranosyl-hederagenin-28-O-β-D-glucopyranosyl-(1 → 6)-β-D-glucopyranoside 3-O-α-L- 吡喃阿拉伯糖常春藤皂苷元 -28-O-β-D- 吡喃葡萄糖 -(1 → 6)-β-D- 吡喃葡萄糖苷 石竹 Dianthus chinensis

3-O-α-L-arabinopyranosylhederagenin-28-O-β-D-glucopyranosyl-(1 → 6)-β-D-glucopyranoside-2'-acetate 3-O-α-L- 吡喃阿拉伯糖基常春藤皂苷元 -28-O-β-D- 吡喃葡萄糖 -(1 → 6)-β-D- 吡喃葡萄糖基酯苷 -2'- 乙酸酯 败酱 Patrinia scabiosifolia

3-O-α-L-arabinopyranosyl-hederagenin-28-α-L-rhamnopyranosyl-(1 → 4)-β-D-glucopyranosyl-(1 → 6)-β-D-glucopyranosyl ester 3-O-α-L- 吡喃阿拉伯糖基 - 常春藤皂苷元 -28-α-L- 吡喃鼠李糖基 -(1 → 4)-β-D- 吡喃葡萄糖基 -(1 → 6)-β-D- 吡喃葡萄糖基酯 红毛五加 Eleutherococcus giraldii

3-O-α-L-arabinopyranosyl-hederagenin-28-β-D-glucopyranosyl-(1 → 6)-β-D-glucopyranosyl ester 3-O-α-L- 吡喃阿拉伯糖基 - 常春藤皂苷元 -28-β-D- 吡喃葡萄糖基 -(1 → 6)-β-D- 吡喃葡萄糖基酯 红毛五加 Eleutherococcus giraldii

3-β-O-α-L-arabinopyranosyljujubogenin 3-β-O-α-L- 吡喃阿拉伯糖基酸枣仁苷元 假马齿苋 Bacopa monnieri

3-O-α-L-arabinopyranosyl-kaempferol-7-O-α-L-rhamnopyranoside 3-O-α-L- 吡喃阿拉伯糖基 - 山柰酚 -7-O-α-L- 吡喃鼠李糖苷 中国沙棘 Hippophae rhamnoides subsp. sinensis

鼠李糖基 -(1 → 2)[β-D- 吡喃葡萄糖基 -(1 → 4)]-α-L- 吡喃阿拉伯糖基常春藤皂苷元 -28-O-β-D- 吡喃葡萄糖苷 朝鲜白头翁 Pulsatilla cernua

3-O-α-L-rhamnopyranosyl-(1 → 2)[β-D-glucopyranosyl-(1 → 4)]-α-L-arabinopyranosyl-oleanolic acid 28-α-L-rhamnopyranosyl-(1 → 4)-β-D-glucopyranosyl-(1 → 6)-β-D-glucopyranoside 3-O-α-L- 吡喃鼠李糖基 -(1 → 2)[β-D- 吡喃葡萄糖基 -(1 → 4)]-α-L- 吡喃阿拉伯糖基 - 齐墩果酸 -28-O-α-L- 吡喃鼠李糖基 -(1 → 4)-β-D- 吡喃葡萄糖基 -(1 → 6)-β-D- 吡喃葡萄糖苷 朝鲜白头翁 Pulsatilla cernua

3-β-O-α-L-rhamnopyranosyl-(1 → 2)-6-O-methyl-β-D-glucopyranosyl-2β,3β-dihydroxyolean-12-en-28-oic acid-28-O-β-D-glucopyranosyl ester 3-β-O-α-L- 吡喃鼠李糖基 -(1 → 2)-6-O- 甲基 -β-D- 吡喃葡萄糖基 -2β,3β- 二羟基齐墩果酸 -28-O-β-D- 吡喃葡萄糖基酯 尾穗苋 Amaranthus caudatus

3β-[(O-α-L-rhamnopyranosyl-(1 → 2)-O-[O-β-D-glucopyranosyl-(1 → 4)]-α-L-arabinopyranosyl)oxy]lup-20(29)-en-28-oic acid 3β-[(O-α-L- 吡喃鼠李糖基 -(1 → 2)-O-[O-β-D- 吡喃葡萄糖基 -(1 → 4)]-α-L- 吡喃阿拉伯糖基) 氧基] 羽扇豆 -20(29)- 烯 -28- 酸 朝鲜白头翁 Pulsatilla cernua

3β-{(O-α-L-rhamnopyranosyl-(1 → 2)-O-[O-β-D-glucopyranosyl-(1 → 4)-α-L-rhamnopyranosyl-(1 → 3)]-β-D-glucopyranosyl)oxy}pregn-5,16-dien-20-one 3β-{(O-α-L- 吡喃鼠李糖基 -(1 → 2)-O-[O-β-D- 吡喃葡糖基 -(1 → 4)-α-L- 吡喃鼠李糖基 -(1 → 3)]-β-D- 吡喃葡糖基) 氧基 } 孕甾 -5,16- 二烯 -20- 酮 箭根薯 Tacca chantrieri

3β-[(O-α-L-rhamnopyranosyl-(1 → 2)-O-[α-L-glucopyranosyl-(1 → 3)]-β-D-glucopyranosyl)oxy]-pregn-5,16-en-20-one 3β-[(O-α-L- 吡喃鼠李糖基 -(1 → 2)-O-[α-L- 吡喃葡萄糖基 -(1 → 3)]-β-D- 吡喃葡萄糖基) 氧基]- 孕甾 -5,16- 烯 -20- 酮 福州薯蓣 Dioscorea futschauensis

3β-[(O-α-L-rhamnopyranosyl-(1 → 2)-O-[α-L-rhamnopyranosyl-(1 → 4)]-β-D-glucopyranosyl)oxy]-pregn-5,16-en-20-one 3β-[(O-α-L- 吡喃鼠李糖基 -(1 → 2)-O-[α-L- 吡喃鼠李糖基 -(1 → 4)]-β-D- 吡喃葡萄糖基) 氧基]- 孕甾 -5,16- 烯 -20- 酮 福州薯蓣 Dioscorea futschauensis

3β-[O-α-L-rhamnopyranosyl-(1 → 2)-O-[α-L-rhamnopyranosyl-(1 → 4)-O-α-L-rhamnopyranosyl-(1 → 4)]-β-D-glucopyranosyloxy]-pregna-5,16-dien-20-one 3β-[O-α-L- 吡喃鼠李糖基 -(1 → 2)-O-[α-L- 吡喃鼠李糖基 -(1 → 4)-O-α-L- 吡喃鼠李糖基 (1 → 4)]-β-D- 吡喃葡萄糖氧基]-孕甾 -5,16- 二烯 -20- 酮 丫蕊花 Ypsilandra thibetica

3β-[(O-α-L-rhamnopyranosyl-(1 → 2)-O-[β-D-glucopyranosyl-(1 → 4)]-α-L-arabinopyranosyl)]-lup-20(29)-en-28-oic acid 3β-[(O-α-L- 吡喃鼠李糖基 -(1 → 2)-O-[β-D- 吡喃葡萄糖基 -(1 → 4)]-α-L- 吡喃阿拉伯糖基)]- 羽扇豆 -20(29)- 烯 -28- 酸 白头翁 Pulsatilla chinensis

3β-[(O-α-L-rhamnopyranosyl-(1 → 2)-O-[β-D-glucopyranosyl-(1 → 4)]-α-L-arabinopyranosyl)oxy]lup-20(29)-en-28-oic acid-28-O-α-L-rhamnopyranosyl-(1→4)-O-β-D-glucopyranosyl-(1→6)-β-D-glucopyranosyl ester 3β-[(O-α-L- 吡喃鼠李糖基 -(1→2)-O-[β-D- 吡喃葡萄糖基 -(1 → 4)]-α-L- 吡喃阿拉伯糖基) 氧基] 羽扇豆 -20(29)- 烯 -28- 酸 -28-O-α-L- 吡喃鼠李糖基 -(1 → 4)-O-β-D- 吡喃葡萄糖基 -(1 → 6)-β-D- 吡喃葡萄糖基酯苷 朝鲜白头翁 Pulsatilla cernua

3-[(O-α-L-rhamnopyranosyl-(1→2)-O-[β-D-xylopyranosyl-(1→3)]-α-L-arabinopyranosyloxy]-21,23-epoxy-20,21-dihydroxy-(3β,20ξ)-dammar-24-en-19-al 3-[(O-α-L-吡喃鼠李糖基-(1→2)-O-[β-D-吡喃木糖基-(1→3)]-α-L-吡喃阿拉伯糖氧基]-21,23-环氧-20,21-二羟基-(3β,20ξ)-达玛 -24- 烯 -19- 醛 绞股蓝 Gynostemma pentaphyllum

(3β,20ξ)-3-[(O-α-L-rhamnopyranosyl-(1 → 2)-O-[β-D-xylopyranosyl-(1 → 3)]-α-L-arabinopyranosyloxy]-21,23-epoxy-21-ethoxy-20-hydroxy-dammar-24-en-19-al (3β,20ξ)-3-[(O-α-L- 吡喃鼠李糖基 -(1 → 2)-O-[β-D- 吡喃木糖基 -(1 → 3)]-α-L- 吡喃阿拉伯糖氧基]-21,23- 环氧 -21-乙氧基 -20- 羟基 - 达玛 -24- 烯 -19- 醛 绞股蓝 Gynostemma pentaphyllum

(4α)-3β-[O-α-L-rhamnopyranosyl-(1 → 2)-O-[β-D-xylopyranosyl-(1 → 3)]-α-L-arabinopyranosyloxy]-23-hydroxyoleanolic acid (4α)-3β-[(O-α-L- 吡喃甘露糖基 -(1 → 2)-O-[β-D- 吡喃木糖基 -(1 → 3)]-α-L- 吡喃阿拉伯糖氧基]-23- 羟基齐墩果酸 无患子 Sapindus saponaria

(3β,5α,17β)-3-[(O-α-L-rhamnopyranosyl-(1 → 2)-O-[β-D-xylopyranosyl-(1 → 3)]-α-L-arabinopyranosyloxy]-4,4,8,14-tetramethyl-17-[(1S)-1,2,4-trihydroxy-3-(1-hydroxy-1-methylethyl)cyclopentyl]-18-norandrostan-19-al (3β,5α,17β)-3-[(O-α-L- 吡喃鼠李糖基 -(1 → 2)-O-[β-D- 吡喃木糖基 -(1 → 3)]-α-L- 吡喃阿拉伯糖氧基)-4,4,8,14- 四甲基 -17-[(1S)-1,2,4- 三羟基 -3-(1- 羟基 -1- 甲基乙基) 环戊基]-18- 降雄甾 -19-醛 绞股蓝 Gynostemma pentaphyllum

3-[(O-α-L-rhamnopyranosyl-(1 → 2)-O-[β-D-xylopyranosyl-(1 → 3)]-α-L-arabinopyranosyloxy]-4,4,8,14-tetramethyl-17-[1,2,4-trihydroxy-3-(1-methylethenyl)cyclopentyl]-(3β,5α,17β)-18-norandrostan-19-al 3-[(O-α-L- 吡喃鼠李糖基 -(1 → 2)-O-[β-D- 吡喃木糖基 -(1 → 3)]-α-L- 吡喃阿拉伯糖氧基]-4,4,8,14- 四甲基 -17-[1,2,4- 三羟基 -3-(1- 甲基乙烯基) 环戊基]-(3β,5α,17β)-18- 降雄甾 -19- 醛 绞股蓝 Gynostemma pentaphyllum

3-O-α-L-rhamnopyranosyl-(1 → 2)-O-β-D-glucopyranosyl-(1 → 2)-α-L-arabinopyranosyl-oleanolic acid 3-O-α-L- 吡喃鼠李糖基 -(1 → 2)-O-β-D- 吡喃葡萄糖基 -(1 → 2)-α-L- 吡喃阿拉伯糖基 - 齐墩果酸 八月瓜 Holboellia latifolia

3β-[O-α-L-rhamnopyranosyl-(1 → 2)-O-β-D-glucopyranosyl-(1 → 3)-β-D-glucopyranosyloxy]-20S,23S-dihydroxydammar-24-en-21-oic acid-21,23-lactone 3β-[O-α-L- 吡喃鼠李糖基 -(1 → 2)-O-β-D- 吡喃葡萄糖基 -(1 → 3)-β-D- 吡喃葡萄糖氧基]-20S,23S- 二羟基达玛 -24- 烯 -21-酸 -21,23- 内酯 绞股蓝 Gynostemma pentaphyllum

3-O-α-L-rhamnopyranosyl-(1 → 2)-O-β-D-glucopyranosyl-furost-5-en-3β,17α,22,26-tetraol-26-O-β-D-glucopyranoside 3-O-α-L- 吡喃鼠李糖基 -(1 → 2)-O-β-D- 吡喃葡萄糖基 - 呋甾 -5- 烯 -3β,17α,22,26- 四醇 -26-O-β-D- 吡喃葡萄糖苷 吉林延龄草 Trillium kamtschaticum

3-O-α-L-rhamnopyranosyl-(1 → 2)-O-β-D-glucopyranosyl-hederagenin 3-O-α-L- 吡喃鼠李糖基 -(1 → 2)-O-β-D- 吡喃葡萄糖基 - 常春藤皂苷元 粗齿铁线莲 Clematis grandidentata

3-O-α-L-rhamnopyranosyl-(1 → 2)-O-β-D-glucopyranosyl-kryptogenin-26-O-β-D-glucopyranoside 3-O-α-L- 吡喃鼠李糖基 -(1 → 2)-O-β-D-吡喃葡萄糖基 - 延龄草皂苷元 -26-O-β-D- 吡喃葡萄糖苷 吉林延龄草 Trillium kamtschaticum

3β-[O-α-L-rhamnopyranosyl-(1→2)-O-β-D-xylopyranosyl-(1→3)-(6-O-acetyl-β-D-glucopyranosyloxy)]-20R,23R-dihydroxydammar-24-en-21-oic acid-21,23-lactone 3β-[O-α-L- 吡喃鼠李糖基 -(1 → 2)-O-β-D- 吡喃木糖基 -(1 → 3)-(6-O- 乙酰基 -β-D- 吡喃葡萄糖氧基)-20R,23R-二羟基达玛 -24- 烯 -21- 酸 -21,23- 内酯 绞股蓝 Gynostemma pentaphyllum

3β-[(O-α-L-rhamnopyranosyl-(1→2)-O-β-D-xylopyranosyl-(1→3)-(6-O-acetyl-β-D-glucopyranosyloxy)]-20S,23S-dihydroxydammar-24-en-21-oic acid-21,23-lactone 3β-[O-α-L- 吡喃鼠李糖基 -(1 → 2)-O-β-D- 吡喃木糖基 -(1 → 3)-(6-O- 乙酰基 -β-D- 吡喃葡萄糖氧基)-20S,23S-

二羟基达玛 -24- 烯 -21- 酸 -21,23- 内酯 绞股蓝 Gynostemma pentaphyllum

(5α)-3β-[O-α-L-rhamnopyranosyl-(1 → 2)-O-β-D-xylopyranosyl-(1 → 3)-α-L-arabinopyranosyloxy]-17β-[1,2-dihydroxy-3-(1-hydroxy-1-methylethyl)-cyclopentyl]-18-norandrostan-19-al (5α)-3β-[(O-α-L- 吡喃鼠李糖基 -(1 → 2)-O-β-D- 吡喃木糖基 -(1 → 3)-α-L- 吡喃阿拉伯糖氧基]-17β-[1,2- 二羟基 -3-(1- 羟基 -1- 甲基乙基)- 环戊基]-18- 降雄甾 -19- 醛 绞股蓝 Gynostemma pentaphyllum

3β-[O-α-L-rhamnopyranosyl-(1 → 2)-O-β-D-xylopyranosyl-(1 → 3)-α-L-arabinopyranosyloxy]-19,20-dihydroxydammar-24-en-21-β-D-glucopyranoside 3β-[O-α-L- 吡喃鼠李糖基 -(1 → 2)-O-β-D- 吡喃木糖基 -(1 → 3)-α-L- 吡喃阿拉伯糖氧基]-19,20- 二羟基达玛 -24- 烯 -21-β-D- 吡喃葡萄糖苷 绞股蓝 Gynostemma pentaphyllum

3β-[(O-α-L-rhamnopyranosyl-(1 → 2)-O-β-D-xylopyranosyl-(1 → 3)-α-L-arabinopyranosyloxy]-25-hydroperoxy-20,21-dihydroxydammar-23E-en-19-al 3β-[O-α-L- 吡喃鼠李糖基 -(1 → 2)-O-β-D- 吡喃木糖基 -(1 → 3)-α-L- 吡喃阿拉伯糖氧基)-25- 氢过氧 -20,21- 二羟基达玛 -23E- 烯 -19-醛 绞股蓝 Gynostemma pentaphyllum

3β-O-α-L-rhamnopyranosyl-(1 → 2)-O-β-D-xylopyranosyl-(1 → 3)-α-L-arabinopyranosyloxy-19,20-dihydroxydammar-24-en-21-β-D-glucopyranoside 3β-O-α-L- 吡喃鼠李糖基 -(1 → 2)-O-β-D- 吡喃木糖基 -(1 → 3)-α-L- 吡喃阿拉伯糖氧基 -19,20- 二羟基达玛 -24- 烯 -21-β-D- 吡喃葡萄糖苷 绞股蓝 Gynostemma pentaphyllum

3β-O-α-L-rhamnopyranosyl-(1 → 2)-O-β-D-xylopyranosyl-(1 → 3)-α-L-arabinopyranosyloxy-21-β-D-glucopyranosyloxy-20,24S-dihydroxydammar-25-en-19-al 3β-O-α-L- 吡喃鼠李糖基 -(1 → 2)-O-β-D- 吡喃木糖基 -(1 → 3)-α-L- 吡喃阿拉伯糖氧基 -21-β-D- 吡喃葡萄糖氧基 -20,24S-二羟基达玛 -25- 烯 -19- 醛 绞股蓝 Gynostemma pentaphyllum

3β-O-α-L-rhamnopyranosyl-(1 → 2)-O-β-D-xylopyranosyl-(1 → 3)-α-L-arabinopyranosyloxy-21-β-D-glucopyranosyloxy-25-hydroperoxy-20-hydroxydammar-23E-en-19-al 3β-O-α-L- 吡喃鼠李糖基 -(1 → 2)-O-β-D- 吡喃木糖基 -(1 → 3)-α-L- 吡喃阿拉伯糖氧基 -21-β-D- 吡喃葡萄糖氧基 -25- 氢过氧 -20- 羟基达玛 -23E- 烯 -19- 醛 绞股蓝 Gynostemma pentaphyllum

3β-[O-α-L-rhamnopyranosyl-(1 → 2)-O-β-D-xylopyranosyl-(1 → 3)-β-D-glucopyranosyloxy]-20R,23R-dihydroxy-dammar-24-en-21-oic acid-21,23-lactone 3β-[O-α-L- 吡喃鼠李糖基 -(1 → 2)-O-β-D- 吡喃木糖基 -(1 → 3)-β-D- 吡喃葡萄糖基氧基)-20R,23R- 二羟基达玛 -24- 烯 -21-酸 -21,23- 内酯 绞股蓝 Gynostemma pentaphyllum

3β-[O-α-L-rhamnopyranosyl-(1 → 2)-O-β-D-xylopyranosyl-(1 → 3)-β-D-glucopyranosyloxy]-20S,23S-dihydroxydammar-24-en-21-oic acid-21,23-lactone 3β-[O-α-L- 吡喃鼠李糖基 -(1 → 2)-O-β-D- 吡喃木糖基 -(1 → 3)-β-D- 吡喃葡萄糖氧基)-20S,23S- 二羟基达玛 -24- 烯 -21- 酸 -21,23- 内酯 绞股蓝 Gynostemma pentaphyllum

3β-[(O-α-L-rhamnopyranosyl-(1 → 2)-α-L-arabinopyranosyl)]-lup-20(29)-en-28-oic acid-28-O-β-D-glucopyranosyl-(1 → 6)-β-D-glucopyranosylester 3β-[(O-α-L- 吡喃鼠李糖基 -(1 → 2)-α-L- 吡喃阿拉伯糖基)]- 羽扇豆 -20(29)- 烯 -28- 酸 -28-O-β-D- 吡喃葡萄糖基 -(1 → 6)-β-D- 吡喃葡萄糖基酯苷 白头翁 Pulsatilla chinensis

3β-[(O-α-L-rhamnopyranosyl-(1 → 2)-α-L-arabinopyranosyl)oxy]lup-20(29)-en-28-oic acid 28-O-α-L-rhamnopyranosyl-(1 → 4)-O-β-D-glucopyranosyl-(1 → 6)-β-D-glucopyranosylester 3β-[(O-α-L- 吡喃鼠李糖基 -(1 → 2)-α-L- 吡喃阿拉伯糖基) 氧基] 羽扇豆 -20(29)- 烯 -28-酸 -28-O-α-L- 吡喃鼠李糖基 -(1 → 4)-O-β-D- 吡喃葡萄糖基 -(1 → 6)-β-D- 吡喃葡萄糖基酯苷 白头翁 Pulsatilla chinensis

3β-[(O-α-L-rhamnopyranosyl-(1 → 2)-α-L-arabinopyranosyl)oxy]lup-20(29)-en-28-oic acid-28-O-β-D-glucopyranosyl-(1 → 6)-β-D-glucopyranosyl ester 3β-[(O-α-L- 吡喃鼠李糖基 -(1 → 2)-α-L- 吡喃阿拉伯糖基) 氧基] 羽扇豆 -20(29)- 烯 -28- 酸 -28-O-β-D- 吡喃葡萄糖基 -(1 → 6)-β-D- 吡喃葡萄糖基酯苷 朝鲜白头翁 Pulsatilla cernua

3-O-α-L-rhamnopyranosyl-(1 → 2)-α-L-arabinopyranosyl-30-norhederagenin-28-O-α-L-rhamnopyranosyl-(1 → 4)-β-D-glucopyranosyl-(1 → 6)-β-D-glucopyranosylester 3-O-α-L- 吡喃鼠李糖基 -(1 → 2)-α-L- 吡喃阿拉伯糖基 -30- 去甲基常春藤皂苷元 -28-O-α-L- 吡喃鼠李糖基 -(1 → 4)-β-D- 吡喃葡萄糖基 -(1 → 6)-β-D- 吡喃葡萄糖基酯苷 野木瓜 Stauntonia chinensis

3-O-α-L-rhamnopyranosyl-(1 → 2)-α-L-arabinopyranosyl-30-norolean-12,20(29)-dien-28-oic acid 3-O-α-L- 吡喃鼠李糖基 -(1 → 2)-α-L- 吡喃阿拉伯糖基 -30- 去甲基齐墩果 -12,20(29)- 二烯 -28- 酸 黄蜡果 Stauntonia brachyanthera

3-O-α-L-rhamnopyranosyl-(1 → 2)-α-L-arabinopyranosyl-3β,23-dihydroxylup-20(29)-en-28-oic acid 3-O-α-L- 吡喃鼠李糖基 -(1 → 2)-α-L- 吡喃阿拉伯糖基 -3β,23- 二羟基羽扇豆 -20(29)- 烯 -28- 酸 白头翁 Pulsatilla chinensis

3-O-α-L-rhamnopyranosyl-(1 → 2)-α-L-arabinopyranosylgypsogenin 3-O-α-L- 吡喃鼠李糖基 -(1 → 2)-α-L- 吡喃阿拉伯糖基石头花苷元 ▲ 木通 Akebia quinata

3-O-α-L-rhamnopyranosyl-(1 → 2)-α-L-arabinopyranosylhederagenin 3-O-α-L- 吡喃鼠李糖基 -(1 → 2)-α-L- 吡喃阿拉伯糖基常春藤皂苷元 野木瓜 Stauntonia chinensis

3-O-α-L-rhamnopyranosyl-(1 → 2)-α-L-arabinopyranosylhederagenin-28-O-α-L-rhamnopyranosyl-(1 → 4)-β-D-glucopyranosyl-(1 → 6)-β-D-gcopyranoside 3-O-α-L- 吡喃鼠李糖基 -(1 → 2)-α-L- 吡喃阿拉伯糖基 - 常春藤皂苷元 -28-O-α-L- 吡喃鼠李糖基 -(1 → 4)-β-D- 吡喃葡萄糖基 -(1 → 6)-β-D- 吡喃葡萄糖苷 木通 Akebia quinata

3-O-α-L-rhamnopyranosyl-(1 → 2)-α-L-arabinopyranosylhederagenin-28-O-α-L-rhamnopyranosyl-(1 → 4)-β-D-glucopyranosyl-(1 → 6)-β-D-glucopyranoside 3-O-α-L- 吡喃鼠李糖基 -(1 → 2)-α-L- 吡喃阿拉伯糖基常春藤皂苷元 -28-O-α-L- 吡喃鼠李糖基 -(1 → 4)-β-D- 吡喃葡萄糖基 -(1 → 6)-β-D- 吡喃葡萄糖苷 三叶木通 Akebia trifoliata

3-O-α-L-rhamnopyranosyl-(1 → 2)-α-L-arabinopyranosylhederagenin-28-O-α-L-rhamnopyranosyl-(1 → 4)-β-D-glucopyranosyl-(1 → 6)-β-D-glucopyranosylester 3-O-α-L- 吡喃鼠李糖基 -(1 → 2)-α-L- 吡喃阿拉伯糖基常春藤皂苷元 -28-O-α-L- 吡喃鼠李糖基 -(1 → 4)-β-D- 吡喃葡萄糖基 -(1 → 6)-β-D- 吡喃葡萄糖基酯 白头翁 Pulsatilla chinensis, 野木瓜 Stauntonia chinensis

3-O-α-L-rhamnopyranosyl-(1 → 2)-α-L-arabinopyranosylhederagenin-28-O-α-L-rhamnopyranosyl-(1 → 4)-β-D-glucopyranosylester 3-O-α-L- 吡喃鼠李糖基 -(1 → 2)-α-L- 吡喃阿拉伯糖基常春藤皂苷元 -28-O-α-L- 吡喃鼠李糖基 -(1 → 4)-β-D- 吡喃葡萄糖基酯 三叶木通 Akebia trifoliata

3-O-α-L-rhamnopyranosyl-(1 → 2)-α-L-arabinopyranosylhederagenin-28-O-β-D-glucopyranosyl-(1 → 6)-β-D-glucopyranosyl ester 3-O-α-L-吡喃鼠李糖基 -(1 → 2)-α-L- 吡喃阿拉伯糖基常春藤皂苷元 -28-O-β-D- 吡喃葡萄糖基 -(1 → 6)-β-D- 吡喃葡萄糖基酯 尾叶那藤

O

Stauntonia obovatifoliola subsp. urophylla

3-*O*-α-L-rhamnopyranosyl-(1 → 2)-α-L-arabinopyranosylhederagenin-28-*O*-β-D-xylopyranosyl-(1 → 6)-β-D-glucopyranosyl ester 3-*O*-α-L- 吡喃鼠李糖基 -(1 → 2)-α-L- 吡喃阿拉伯糖基常春藤皂苷元 -28-*O*-β-D- 吡喃木糖基 -(1 → 6)-β-D- 吡喃葡萄糖基酯 辽东楤木 Aralia elata var. glabrescens, 忍冬 Lonicera japonica, 尾叶那藤 Stauntonia obovatifoliola subsp. urophylla

3-*O*-α-L-rhamnopyranosyl-(1 → 2)-α-L-arabinopyranosylhederagenin-28-α-L-rhamnopyranosyl-(1 → 4)-β-D-glucopyranosyl-(1 → 6)-β-D-glucopyranosyl ester 3-*O*-α-L- 吡喃鼠李糖基 -(1 → 2)-α-L- 吡喃阿拉伯糖基 - 常春藤皂苷元 -28-α-L- 吡喃鼠李糖基 -(1 → 4)-β-D- 吡喃葡萄糖基 -(1 → 6)-β-D- 吡喃葡萄糖基酯 红毛五加 Eleutherococcus giraldii

3β-*O*-α-L-rhamnopyranosyl-(1 → 2)-α-L-arabinopyranosyloleanolic acid 3β-*O*-α-L- 吡喃鼠李糖基 -(1 → 2)-α-L- 吡喃阿拉伯糖基齐墩果酸 扬子铁线莲 Clematis puberula var. ganpiniana

3β-*O*-α-L-rhamnopyranosyl-(1 → 2)-α-L-arabinopyranosyl-oleanolic acid-28-*O*-β-D-glucopyranosyl-(1 → 6)-β-D-glucopyranosyl ester 3β-*O*-α-L- 吡喃鼠李糖基 -(1 → 2)-α-L- 吡喃阿拉伯糖基 - 齐墩果酸 -28-*O*-β-D- 吡喃葡萄糖基 -(1 → 6)-β-D- 吡喃葡萄糖基酯苷 鹅掌草 Anemone flaccida

3-*O*-α-L-rhamnopyranosyl-(1 → 2)-α-L-arabinopyranosyloleanolic acid-28-*O*-α-L-rhamnopyranosyl-(1 → 4)-β-D-glucopyranosyl-(1 → 6)-β-D-glucopyranoside 3-*O*-α-L- 吡喃鼠李糖基 -(1 → 2)-α-L- 吡喃阿拉伯糖基齐墩果酸 -28-*O*-α-L- 吡喃鼠李糖基 -(1 → 4)-β-D- 吡喃葡萄糖基 -(1 → 6)-β-D- 吡喃葡萄糖苷 木通 Akebia quinata, 鹅掌草 Anemone flaccida, 粗齿铁线莲 Clematis grandidentata

3-*O*-α-L-rhamnopyranosyl-(1 → 2)-α-L-arabinopyranosyloleanolic acid-28-*O*-α-L-rhamnopyranosyl-(1 → 4)-β-D-glucopyranosyl-(1 → 6)-β-D-glucopyranoside 3-*O*-α-L- 吡喃鼠李糖基 -(1 → 2)-α-L- 吡喃阿拉伯糖基 - 齐墩果酸 -28-*O*-α-L- 吡喃鼠李糖基 -(1 → 4)-β-D- 吡喃葡萄糖基 -(1 → 6)-β-D- 吡喃葡萄糖苷 朝鲜白头翁 Pulsatilla cernua

3-*O*-α-L-rhamnopyranosyl-(1 → 2)-α-L-arabinopyranosyloleanolic acid-28-*O*-α-L-rhamnopyranosyl-(1 → 4)-β-D-glucopyranosyl-(1 → 6)-β-D-glucopyranosylester 3-*O*-α-L- 吡喃鼠李糖基 -(1 → 2)-α-L- 吡喃阿拉伯糖基齐墩果酸 -28-*O*-α-L- 吡喃鼠李糖基 -(1 → 4)-β-D- 吡喃葡萄糖基 -(1 → 6)-β-D- 吡喃葡萄糖基酯苷 白头翁 Pulsatilla chinensis

3-*O*-α-L-rhamnopyranosyl-(1 → 2)-α-L-arabinopyrasyl-oleanolic acid 3-*O*-α-L- 吡喃鼠李糖基 -(1 → 2)-α-L- 吡喃阿拉伯糖基 - 齐墩果酸 鹅掌草 Anemone flaccida

3-*O*-α-L-rhamnopyranosyl-(1 → 2)-α-L-xylopyranosyloleanolic acid-28-*O*-α-L-rhamnopyranosyl-(1 → 4)-β-D-glucopyranosyl-(1 → 6)-β-D-glucopyranoside 3-*O*-α-L- 吡喃鼠李糖基 -(1 → 2)-α-L- 吡喃木糖基齐墩果酸 -28-*O*-α-L- 吡喃鼠李糖基 -(1 → 4)-β-D- 吡喃葡萄糖基 - (1 → 6)-β-D- 吡喃葡萄糖苷 鹅掌草 Anemone flaccida

3-*O*-α-L-rhamnopyranosyl-(1 → 2)-β-D-galactopyranosyl-(1 → 2)-6-*O*-methyl-β-D-glucuronopyranosyl-soyasapogenol B-22-*O*-β-D-glucopyranoside 3-*O*-α-L- 吡喃鼠李糖基 -(1 → 2)-β-D- 吡喃半乳糖基 -(1 → 2)-6-*O*- 甲基 -β-D- 吡喃葡萄糖醛酸基 - 大豆皂醇 B-22-*O*-β-D- 吡喃葡萄糖苷 背扁黄耆 Astragalus complanatus

3-*O*-α-L-rhamnopyranosyl-(1 → 2)-β-D-glucopyranosyl-(1 → 2)-β-D-glucoronopyranosylkudzusapogenol A 3-*O*-α-L- 吡喃鼠李糖基 -(1 → 2)-β-D- 吡喃葡萄糖基 -(1 → 2)-β-D- 吡喃葡萄糖醛酸基葛根皂醇 A 葛 Pueraria montana var. lobata

3-*O*-α-L-rhamnopyranosyl-(1 → 2)-β-D-glucopyranosyl-(1 → 4)-α-L-arabinopyranosyl-27-hydroxyoleanolic acid-28-*O*-α-L-rhamnopyranosyl-(1 → 4)-β-D-glucopyranosyl-(1 → 6)-β-D-glucopyranoside 3-*O*-α-L- 吡喃鼠李糖基 -(1 → 2)-β-D- 吡喃葡萄糖基 -(1 → 4)-α-L- 吡喃阿拉伯糖基 -27- 羟基齐墩果酸 -28-*O*-α-L- 吡喃鼠李糖基 -(1 → 4)-β-D- 吡喃葡萄糖基 -(1 → 6)-β-D- 吡喃葡萄糖苷 多被银莲花 Anemone raddeana

3-β-*O*-α-L-rhamnopyranosyl-(1 → 2)-β-D-glucopyranosyl-2β,3β,6α-trihydroxy-23-oxoolean-12-en-28-oic acid-28-*O*-β-D-glucopyranosyl ester 3-β-*O*-α-L- 吡喃鼠李糖基 -(1 → 2)-β-D- 吡喃葡萄糖基 -2β,3β,6α- 三羟基 -23- 氧 - 齐墩果酸 -28-*O*-β-D- 吡喃葡萄糖基酯 尾穗苋 Amaranthus caudatus

3-β-*O*-α-L-rhamnopyranosyl-(1 → 2)-β-D-glucopyranosyl-2β,3β-dihydroxy-23-oxoolean-12-en-28-oic acid-28-*O*-β-D-glucopyranosyl ester 3-β-*O*-α-L- 吡喃鼠李糖基 -(1 → 2)-β-D- 吡喃葡萄糖基 -2β,3β- 二羟基 -23- 氧代齐墩果酸 -28-*O*-β-D- 吡喃葡萄糖基酯 尾穗苋 Amaranthus caudatus

3-β-*O*-α-L-rhamnopyranosyl-(1 → 2)-β-D-glucopyranosyl-2β,3β-dihydroxyolean-12-en-28-oic acid-28-*O*-β-D-glucopyranosyl ester 3-β-*O*-α-L- 吡喃鼠李糖基 -(1 → 2)-β-D- 吡喃葡萄糖基 -2β,3β- 二羟基齐墩果酸 -28-*O*-β-D- 吡喃葡萄糖基酯 尾穗苋 Amaranthus caudatus

3-*O*-α-L-rhamnopyranosyl-(1 → 2)-β-D-glucopyranosyloleanolic acid 3-*O*-α-L- 吡喃鼠李糖基 -(1 → 2)-β-D- 吡喃葡萄糖基齐墩果酸 鹅掌草 Anemone flaccida

3-*O*-α-L-rhamnopyranosyl-(1 → 2)-β-D-glucopyranosyl-oleanolic acid-28-*O*-α-L-rhamnopyranosyl-(1 → 4)-β-D-glucopyranosyl-(1 → 6)-β-D-glucopyranoside 3-*O*-α-L- 吡喃鼠李糖基 -(1 → 2)-β-D- 吡喃葡萄糖基齐墩果酸 -28-*O*-α-L- 吡喃鼠李糖基 -(1 → 4)-β-D- 吡喃葡萄糖基 -(1 → 6)-β-D- 吡喃葡萄糖苷 鹅掌草 Anemone flaccida

3-*O*-α-L-rhamnopyranosyl-(1 → 2)-β-D-glucopyranosyloleanolic acid-28-*O*-β-D-glucopyranosyl-(1 → 6)-β-D-glucopyranosyl ester 3-*O*-α-L- 吡喃鼠李糖基 -(1 → 2)-β-D- 吡喃葡萄糖基齐墩果酸 -28-*O*-β-D- 吡喃葡萄糖基 -(1 → 6)-β-D- 吡喃葡萄糖基酯苷 鹅掌草 Anemone flaccida

7-[2-*O*-α-L-rhamnopyranosyl-(1 → 2)-β-D-glucopyranosyloxy]-5-hydroxy-4*H*-1-benzopyran-4-one 7-[2-*O*-α-L- 吡喃鼠李糖基 -(1 → 2)-*O*-β-D- 吡喃葡萄糖氧基]-5- 羟基 -4*H*-1- 苯并吡喃 -4- 酮 槲蕨 Drynaria roosii

3-*O*-α-L-rhamnopyranosyl-(1 → 2)-β-D-xylopyranosyl-(1 → 2)-6-*O*-methyl-β-D-glucuronopyranosyl-soyasapogenol B-22-*O*-β-D-glucopyranoside 3-*O*-α-L- 吡喃鼠李糖基 -(1 → 2)-β-D- 吡喃木糖基 -(1 → 2)-6-*O*- 甲基 -β-D- 吡喃葡萄糖醛酸基 - 大豆皂醇 B-22-*O*-β-D- 吡喃葡萄糖苷 背扁黄耆 Astragalus complanatus

3-*O*-α-L-rhamnopyranosyl-(1 → 2)-β-D-xylopyranosyl-(1 → 2)-β-D-glucuronopyranosyl-3β,22β,24-trihydroxy-11-oxoolean-12-ene 3-*O*-α-L- 吡喃鼠李糖基 -(1 → 2)-β-D- 吡喃木糖基 -(1 → 2)-β-D- 吡喃葡萄糖醛酸基 -3β,22β,24- 三羟基 -11- 氧代齐墩果 -12- 烯 紫云英 Astragalus sinicus

O

3-O-α-L-rhamnopyranosyl-(1 → 2)-β-D-xylopyranosylhederagenin-28-O-β-D-galactopyranosyl-(1 → 6)-β-D-galactopyranosyl ester 3-O-α-L-吡喃鼠李糖基 -(1 → 2)-β-D- 吡喃木糖基常春藤皂苷元 -28-O-β-D- 吡喃半乳糖基 -(1 → 6)-β-D- 吡喃半乳糖酯苷 素馨花 Jasminum grandiflorum

3-O-α-L-rhamnopyranosyl-(1 → 2)-β-D-xylopyranosyloleanolic acid 3-O-α-L- 吡喃鼠李糖基 -(1 → 2)-α-L- 吡喃木糖基齐墩果酸 鹅掌草 Anemone flaccida

(3S)-O-α-L-rhamnopyranosyl-(1 → 3)-[4-O-(E)-coumaroyl]-α-L-rhamnopyranosyl-(1 → 6)-β-D-glucopyranosyllinalool (3S)-O-α-L- 吡喃鼠李糖基 -(1 → 3)-[4-O-(E)- 香豆酰基]-α-L- 吡喃鼠李糖基 -(1 → 6)-β-D- 吡喃葡萄糖基芳樟醇 台湾枇杷 Eriobotrya deflexa

(3S)-O-α-L-rhamnopyranosyl-(1 → 3)-[4-O-(Z)-coumaroyl]-α-L-rhamnopyranosyl-(1 → 6)-β-D-glucopyranosyllinalool (3S)-O-α-L- 吡喃鼠李糖基 -(1 → 3)-[4-O-(Z)- 香豆酰基]-α-L- 吡喃鼠李糖基 -(1 → 6)-β-D- 吡喃葡萄糖基芳樟醇 台湾枇杷 Eriobotrya deflexa

3β-O-α-L-rhamnopyranosyl-(1→3)-[β-D-glucopyranosyl-(1→4)-β-D-xylopyranosyl-(1→2)]-β-D-glucopyranosyl-(1→4)-[β-D-glucopyranosyl-(1 → 2)]-α-L-arabinopyranosyl-16α-hydroxy-13,28-epoxy-oleanane 3β-O-α-L- 吡喃鼠李糖基 -(1 → 3)-[β-D- 吡喃葡萄糖基 -(1 → 4)-β-D- 吡喃木糖基 -(1 → 2)]-β-D- 吡喃葡萄糖基 -(1 → 4)-[β-D- 吡喃葡萄糖基 -(1 → 2)]-α-L- 吡喃阿拉伯糖基 -16α- 羟基 -13,28- 环氧 - 齐墩果烷 走马胎 Ardisia gigantifolia

3β-O-α-L-rhamnopyranosyl-(1→3)-[β-D-xylopyranosyl-(1→2)]-β-D-glucopyranosyl-(1→4)-[β-D-6-O-acetylglucopranosyl-(1→2)]-α-L-arabinopyranosyl-16α-hydroxy-13,28-epoxy-oleanane 3β-O-α-L- 吡喃鼠李糖基 -(1 → 3)-[β-D- 吡喃木糖基 -(1 → 2)]-β-D- 吡喃葡萄糖基 - (1 → 4)-[β-D-6-O- 乙酰吡喃葡萄糖基 -(1 → 2)]-α-L- 吡喃阿拉伯糖基 -16α- 羟基 -13,28- 环氧 - 齐墩果烷 走马胎 Ardisia gigantifolia

3β-O-α-L-rhamnopyranosyl-(1 → 3)-[β-D-xylopyranosyl-(1 → 2)]-β-D-glucopyranosyl-(1 → 4)-[β-D-glucopyranosyl-(1 → 2)]-α-L-arabinopyranosyl-16α-hydroxy-13,28-epoxy-30-acetoxy-oleanane 3β-O-α-L- 吡喃鼠李糖基 -(1 → 3)-[β-D- 吡喃木糖基 -(1 → 2)]-β-D- 吡喃葡萄糖基 -(1 → 4)-[β-D- 吡喃葡萄糖基 -(1 → 2)]-α-L- 吡喃阿拉伯糖基 -16α- 羟基 -13,28- 环氧 -30- 乙酰氧基 - 齐墩果烷 走马胎 Ardisia gigantifolia

3β-O-α-L-rhamnopyranosyl-(1 → 3)-[β-D-xylopyranosyl-(1 → 2)]-β-D-glucopyranosyl-(1 → 4)-[β-D-glucopyranosyl-(1 → 2)]-α-L-arabinopyranosyl-16α-hydroxy-13,28-epoxy-oleanane 3β-O-α-L- 吡喃鼠李糖基 -(1 → 3)-[β-D- 吡喃木糖基 -(1 → 2)]-β-D- 吡喃葡萄糖基 -(1 → 4)-[β-D- 吡喃葡萄糖基 -(1 → 2)]-α-L- 吡喃阿拉伯糖基 -16α- 羟基 -13,28- 环氧 - 齐墩果烷 走马胎 Ardisia gigantifolia

(4α)-3β-[(O-α-L-rhamnopyranosyl-(1 → 3)-O-[β-D-xylopyranosyl-(1 → 2)]-α-L-arabinopyranosyloxy]-23-hydroxyoleanolic acid (4α)-3β-[α-L- 吡喃鼠李糖基 -(1 → 3)-O-[β-D- 吡喃木糖基 -(1 → 2)]-α-L- 吡喃阿拉伯糖氧基]-23- 羟基齐墩果酸 无患子 Sapindus saponaria

3-O-α-L-rhamnopyranosyl-(1 → 3)-O-β-D-glucopyranosyl-(1 → 3)-O-α-L-rhamnopyranosyl-(1 → 2)-O-α-L-arabinopyranosyl-hederagenin-28-O-β-glucopyranosyl-(1 → 6)-O-β-D-glucopyranosyl ester 3-O-α-L- 吡喃鼠李糖基 -(1 → 3)-O-β-D- 吡喃葡萄糖基 -(1 → 3)-O-α-L- 吡喃鼠李糖基 -(1 → 2)-O-α-L- 吡喃阿拉伯糖基常春藤皂苷元 -28-O-β- 吡喃葡萄糖基 -(1 → 6)-O-β-D- 吡喃葡萄糖酯苷 川续断 Dipsacus asperoides

3-O-α-L-rhamnopyranosyl-(1 → 3)-β-D-glucuronopyranosyl-2β,3β-dihydroxy-30-norolean-12,20(29)-dien-23-al-28-oic acid-28-O-β-D-glucopyranosyl ester 3-O-α-L- 吡喃鼠李糖基 -(1 → 3)-β-D- 吡喃葡萄糖醛酸基 -2β,3β- 二羟基 -30- 去氧齐墩果 -12,20(29)- 二烯 -23-al-28- 酸 -28-O-β-D- 吡喃葡萄糖基酯 千穗谷 Amaranthus hypochondriacus

3-O-α-L-rhamnopyranosyl-(1 → 3)-β-D-glucuronopyranosyl-2β,3β-dihydroxy-30-norolean-12,20(29)-dien-28-oic acid-28-O-β-D-glucopyranosyl ester 3-O-α-L- 吡喃鼠李糖基 -(1 → 3)-β-D- 吡喃葡萄糖醛酸基 -2β,3β- 二羟基 -30- 去氧齐墩果 -12,20(29)- 二烯 -28- 酸 -28-O-β-D- 吡喃葡萄糖基酯 千穗谷 Amaranthus hypochondriacus

3-O-α-L-rhamnopyranosyl-(1→3)-β-D-glucuronopyranosyl-2β,3β-dihydroxyolean-12-en-23-al-28-oic acid-28-O-β-D-glucopyranosyl ester 3-O-α-L- 吡喃鼠李糖基 -(1 → 3)-β-D- 吡喃葡萄糖醛酸基 -2β,3β- 二羟基齐墩果 -12- 烯 -23- 醛 -28- 酸 -28-O-β-D- 吡喃葡萄糖基酯 千穗谷 Amaranthus hypochondriacus

3-O-α-L-rhamnopyranosyl-(1 → 3)-β-D-glucuronopyranosyl-2β,3β-dihydroxyolean-12-en-28-oic acid-28-O-β-D-glucopyranosyl ester 3-O-α-L- 吡喃鼠李糖基 -(1 → 3)-β-D- 吡喃葡萄糖醛酸基 -2β,3β- 二羟基齐墩果酸 -28-O-β-D- 吡喃葡萄糖基酯 千穗谷 Amaranthus hypochondriacus

3-O-α-L-rhamnopyranosyl-(1 → 4)-(β-D-glucuronopyranosyl)-oleanolic acid-28-O-β-D-glucopyranoside 3-O-α-L- 吡喃鼠李糖基 -(1 → 4)-β-D- 吡喃葡萄糖醛酸基齐墩果酸 -28-O-β-D- 吡喃葡萄糖苷 土牛膝 Achyranthes aspera

3-O-α-L-rhamnopyranosyl-(1 → 4)-(β-D-glucuronopyranosyl)-oleanolic acid-28-O-β-D-glucopyranosyl-(1 → 4)-β-D-glucopyranoside 3-O-α-L- 吡喃鼠李糖基 -(1 → 4)-(β-D- 吡喃葡萄糖醛酸基齐墩果酸 -28-O-β-D- 吡喃葡萄糖基 -(1 → 4)-β-D- 吡喃葡萄糖苷 土牛膝 Achyranthes aspera

3-O-α-L-rhamnopyranosyl-(1 → 4)-[α-L-arabinopyranosyl-(1 → 2)]-β-D-glucuronopyranosyloleanolic acid 3-O-α-L- 吡喃鼠李糖基 -(1 → 4)-[α-L- 吡喃阿拉伯糖基 -(1 → 2)]-β-D- 吡喃葡萄糖醛酸基齐墩果酸 鹅掌藤 Heptapleurum arboricola

3-O-α-L-rhamnopyranosyl-(1 → 4)-[α-L-arabinopyranosyl-(1 → 2)]-β-D-glucuronopyranosyloleanolic acid-28-O-β-D-glucopyranosyl ester 3-O-α-L- 吡喃鼠李糖基 -(1 → 4)-[α-L- 吡喃阿拉伯糖基 -(1 → 2)]-β-D- 吡喃葡萄糖醛酸基齐墩果酸 -28-O-β-D- 吡喃葡萄糖基酯 鹅掌藤 Heptapleurum arboricola

3-O-α-L-rhamnopyranosyl-(1 → 4)-[β-D-galactopyranosyl-(1 → 2)]-β-D-glucuronopyranosyloleanolic acid 3-O-α-L- 吡喃鼠李糖基 -(1 → 4)-[β-D- 吡喃半乳糖基 -(1 → 2)]-β-D- 吡喃葡萄糖醛酸基齐墩果酸 鹅掌藤 Heptapleurum arboricola

3-O-α-L-rhamnopyranosyl-(1 → 4)-[β-D-galactopyranosyl-(1 → 2)]-β-D-glucuronopyranosyloleanolic acid-28-O-β-D-glucopyranosyl ester 3-O-α-L- 吡喃鼠李糖基 -(1 → 4)-[β-D- 吡喃半乳糖基 -(1 → 2)-]-β-D- 吡喃葡萄糖醛酸基齐墩果酸 -28-O-β-D- 吡喃葡萄糖基酯 鹅掌藤 Heptapleurum arboricola

3-O-α-L-rhamnopyranosyl-(1 → 4)-O-α-L-rhamnopyranosyl-(1 → 4)-[O-α-L-rhamnopyranosyl-(1 → 2)]-O-β-D-glucopyranosyl-furost-5-en-3β,17α,22,26-tetraol-26-O-β-D-glucopyranoside 3-O-α-L- 吡喃鼠李糖基 -(1 → 4)-O-α-L- 吡喃鼠李糖基 -(1 → 4)-[O-α-L- 吡喃鼠李糖基 -

O

(1→2)]-*O*-*β*-D-吡喃葡萄糖基-呋甾-5-烯-3*β*,17*α*,22,26-四醇-26-*O*-*β*-D-吡喃葡萄糖苷 吉林延龄草 Trillium kamtschaticum

3*β*-[*O*-*α*-L-rhamnopyranosyl-(1→4)-*O*-*α*-L-rhamnopyranosyl-(1→4)-*O*-*α*-L-rhamnopyranosyl-(1→4)]-*β*-D-glucopyranosyloxy]-16*β*-[[(4*R*)-5-(*β*-D-glucopyranosyloxy)-4-methyl-1-oxopentyl]oxy]-pregn-5-en-20-one 3*β*-[*O*-*α*-L-吡喃鼠李糖基-(1→4)-*O*-*α*-L-吡喃鼠李糖基-(1→4)-*O*-*α*-L-吡喃鼠李糖基-(1→4)]-*β*-D-吡喃葡萄糖氧基]-16*β*-[[(4*R*)-5-(*β*-D-吡喃葡萄糖氧基-4-甲基-1-氧代戊基]氧基]-孕甾-5-烯-20-酮 丫蕊花 Ypsilandra thibetica

28-[(*O*-*α*-L-rhamnopyranosyl-(1→4)-*O*-*β*-D-glucopyranosyl-(1→6)-*β*-D-glucopyranosyl)oxy]-28-oxoolean-12-en-3*β*-*O*-*α*-L-arabinofuranosyl-(1→4)-*O*-[*β*-D-galactopyranosyl-(1→2)]-*β*-D-glucuronopyranoside 28-[(*O*-*α*-L-吡喃鼠李糖基-(1→4)-*O*-*β*-D-吡喃葡萄糖基-(1→6)-*β*-D-吡喃葡萄糖基)氧基]-28-氧代齐墩果-12-烯-3*β*-*O*-*α*-L-吡喃阿拉伯糖基-(1→4)-*O*-[*β*-D-吡喃半乳糖基-(1→2)]-*β*-D-吡喃葡萄糖醛酸苷 通脱木 Tetrapanax papyrifer

28-[(*O*-*α*-L-rhamnopyranosyl-(1→4)-*O*-*β*-D-glucopyranosyl-(1→6)-*β*-D-glucopyranosyl)oxy]-28-oxoolean-12-en-3*β*-*O*-*α*-L-arabinofuranosyl-(1→4)-*β*-D-glucuronopyranoside 28-[(*O*-*α*-L-吡喃鼠李糖基-(1→4)-*O*-*β*-D-吡喃葡萄糖基-(1→6)-*β*-D-吡喃葡萄糖基)氧基]-28-氧代齐墩果-12-烯-3*β*-*O*-*α*-L-呋喃阿拉伯糖基-(1→4)-*β*-D-吡喃葡萄糖醛酸苷 通脱木 Tetrapanax papyrifer

28-[(*O*-*α*-L-rhamnopyranosyl-(1→4)-*O*-*β*-D-glucopyranosyl-(1→6)-*β*-D-glucopyranosyl)oxy]-28-oxoolean-12-en-3*β*-*O*-*β*-D-galactopyranosyl-(1→6)-*β*-D-glucuronopyranoside 28-[(*O*-*α*-L-吡喃鼠李糖基-(1→4)-*O*-*β*-D-吡喃葡萄糖基-(1→6)-*β*-D-吡喃葡萄糖基)氧基]-28-氧代齐墩果-12-烯-3*β*-*O*-*β*-D-吡喃半乳糖基-(1→6)-*β*-D-吡喃葡萄糖醛酸苷 通脱木 Tetrapanax papyrifer

3-*O*-*α*-L-rhamnopyranosyl-(1→4)-*α*-L-arabinopyranosyloleanolicacid-28-*O*-*α*-L-rhamnopyranosyl-(1→4)-*β*-D-glucopyranosyl-(1→6)-*β*-D-glucopyranosyl ester 3-*O*-*α*-L-吡喃鼠李糖基-(1→4)-*α*-L-吡喃阿拉伯糖基-齐墩果酸-28-*O*-*α*-L-吡喃鼠李糖基-(1→4)-*β*-D-吡喃葡萄糖基-(1→6)-*β*-D-吡喃葡萄糖基酯苷 三叶木通 Akebia trifoliata

3*β*-*O*-*α*-L-rhamnopyranosyl-(1→4)-*β*-D-glucopyranosyl-(1→2)-[*β*-D-glucopyranosyl-(1→4)}-*α*-L-arabinopyranoside)-16*α*-hydroxy-13,28-epoxy-30,30-dimethoxyoleane 3*β*-*O*-*α*-L-吡喃鼠李糖基-(1→4)-*β*-D-吡喃葡萄糖基-(1→2)-[*β*-D-吡喃葡萄糖基-(1→4)}-*α*-L-吡喃阿拉伯糖苷)-16*α*-羟基-13,28-环氧-30,30-二甲氧基齐墩果烷 紫金牛 Ardisia japonica

3-*O*-*α*-L-rhamnopyranosyl-(1→4)-*β*-D-glucopyranosyl-3*β*,5*β*,6*α*,16*β*-tetrahydroxypregnan-16-[5-*O*-*β*-D-glucopyranoyl-4(*S*)-methyl-5-hydroxypentanoic acid] ester 3-*O*-*α*-L-吡喃鼠李糖基-(1→4)-*β*-D-吡喃葡萄糖基-3*β*,5*β*,6*α*,16*β*-四羟基孕甾-16-[5-*O*-*β*-D-吡喃葡萄糖基-4(*S*)-甲基-5-羟基戊酸]酯 韭菜 Allium tuberosum

3*β*-[(*O*-*α*-L-rhamnopyranosyl-(1→6)-*O*-*β*-D-glucopyranosyl-(1→4)-*O*-*β*-D-glucopyranosyl-(1→3)-*O*-*α*-L-rhamnopyranosyl-(1→2)-*α*-L-arabinopyranosyl)oxy]-oleanolic acid 3*β*-[(*O*-*α*-L-吡喃鼠李糖基-(1→6)-*O*-*β*-D-吡喃葡萄糖基-(1→4)-*O*-*β*-D-吡喃葡萄糖基-(1→3)-*O*-*α*-L-吡喃鼠李糖基-(1→2)-*α*-L-吡喃阿拉伯糖基)氧基]-齐墩果酸 白头翁 Pulsatilla chinensis

3*β*-[(*O*-*α*-L-rhamnopyranosyl-(1→6)-*O*-*β*-D-glucopyranosyl-(1→4)-*O*-*β*-D-glucopyranosyl-(1→4)-*O*-*β*-D-ribopyranosyl-(1→3)-*O*-*α*-L-rhamnopyranosyl-(1→2)-*α*-L-arabinopyranosyl)oxy]-oleanolic acid 3*β*-[(*O*-*α*-L-吡喃鼠李糖基-(1→6)-*O*-*β*-D-吡喃葡萄糖基-(1→4)-*O*-*β*-D-吡喃葡萄糖基-(1→4)-*O*-*β*-D-吡喃核糖基-(1→3)-*O*-*α*-L-吡喃鼠李糖基-(1→2)-*α*-L-吡喃阿拉伯糖基)氧]-齐墩果酸 威灵仙 Clematis chinensis

3*β*-[(*O*-*α*-L-rhamnopyranosyl-(1→6)-*O*-*β*-D-glucopyranosyl-(1→4)-*O*-*β*-D-glucopyranosyl-(1→4)-*O*-*β*-D-ribopyranosyl-(1→3)-*O*-*α*-L-rhamnopyranosyl-(1→2)-*α*-L-arabinopyranosyl)oxy]-oleanolic acid-28-*O*-*α*-L-rhamnopyranosyl-(1→4)-*O*-*β*-D-glucopyranosyl-(1→6)-*β*-D-glucopyranosyl ester 3*β*-[(*O*-*α*-L-吡喃鼠李糖基-(1→6)-*O*-*β*-D-吡喃葡萄糖基-(1→4)-*O*-*β*-D-吡喃葡萄糖基-(1→4)-*O*-*β*-D-吡喃核糖基-(1→3)-*O*-*α*-L-吡喃鼠李糖基-(1→2)-*α*-L-吡喃阿拉伯糖氧基]-齐墩果酸-28-*O*-*α*-L-吡喃鼠李糖基-(1→4)-*O*-*β*-D-吡喃葡萄糖基-(1→6)-*β*-D-吡喃葡萄糖基酯苷 威灵仙 Clematis chinensis

3*β*-[(*O*-*α*-L-rhamnopyranosyl-(1→6)-*O*-*β*-D-glucopyranosyl-(1→4)-*O*-*β*-D-glucopyranosyl-(1→4)-*O*-*β*-D-ribopyranosyl-(1→3)-*O*-*α*-L-rhamnopyranosyl-(1→2)-*α*-L-arabinopyranosyl)oxy]-oleanolic acid-28-*O*-*β*-D-glucopyranosyl ester 3*β*-[*O*-*α*-L-吡喃鼠李糖基-(1→6)-*O*-*β*-D-吡喃葡萄糖基-(1→4)-*O*-*β*-D-吡喃葡萄糖基-(1→4)-*O*-*β*-D-吡喃核糖基-(1→3)-*O*-*α*-L-吡喃鼠李糖基-(1→2)-*α*-L-吡喃阿拉伯糖氧基]-齐墩果酸-28-*O*-*β*-D-吡喃葡萄糖基酯苷 威灵仙 Clematis chinensis

3-*O*-*α*-L-rhamnopyranosyl-(1→6)-*β*-D-glucopyranosyl-(1→4)-*β*-D-glucopyranosyl-(1→4)-*β*-D-ribopyranose-(1→3)-*α*-L-rhamnopyranosyl-(1→2)-*α*-L-arabinopyranosyloleanolic acid 3-*O*-*α*-L-吡喃鼠李糖基-(1→6)-*β*-D-吡喃葡萄糖基-(1→4)-*β*-D-吡喃葡萄糖基-(1→4)-*β*-D-吡喃核糖基-(1→3)-*α*-L-吡喃鼠李糖基-(1→2)-*α*-L-吡喃阿拉伯糖基齐墩果酸 辣蓼铁线莲 Clematis terniflora var. mandshurica

3-*O*-*α*-L-rhamnopyranosyl-1-*O*-sulfo-(25*S*)-ruscogenin 3-*O*-*α*-L-吡喃鼠李糖基-1-*O*-硫酸酯-(25*S*)-假叶树皂苷元 禾叶山麦冬 Liriope graminifolia

(3*β*,4*α*,17*α*,21*β*)-3-*O*-*α*-L-rhamnopyranosyl-21-hydroxy-16-oxo-28-norolean-12-en-23-al (3*β*,4*α*,17*α*,21*β*)-3-*O*-*α*-L-吡喃鼠李糖基-21-羟基-16-酮基-28-降齐墩果-12-烯-23-醛 红花 Carthamus tinctorius

3*β*-*O*-*α*-L-rhamnopyranosyl-30-norolean-12,19-dien-28-oic acid-28-*O*-[*β*-D-glucopyranosyl-(1→4)-*O*-*β*-D-galactopyranosyl]-ester 3*β*-*O*-*α*-L-吡喃鼠李糖基-30-降齐墩果-12,19-二烯-28-酸28-*O*-[*β*-D-吡喃葡萄糖基-(1→4)-*O*-*β*-D-吡喃半乳糖基]-酯苷 野莴苣 Lactuca serriola

6′-*O*-*α*-L-rhamnopyranosyl-4-*epi*-microlepin 6′-*O*-*α*-L-吡喃鼠李糖基-4-表鳞盖蕨苷 边缘鳞盖蕨 Microlepia marginata

6-*O*-*α*-L-rhamnopyranosylaucubin 6-*O*-*α*-L-吡喃鼠李糖基桃叶珊瑚苷 玄参 Scrophularia ningpoensis

6-*O*-*α*-L-rhamnopyranosylcatalpol 6-*O*-*α*-L-吡喃鼠李糖基梓醇 云南石梓 Gmelina arborea, 冬红 Holmskioldia sanguinea

6-*O*-*α*-L-rhamnopyranosyldaphnogirin 6-*O*-*α*-L-吡喃鼠李糖基黄瑞香素 黄瑞香 Daphne giraldii

4-*O*-*α*-L-rhamnopyranosylellagic acid 4-*O*-*α*-L-吡喃鼠李糖基鞣花酸 龙眼 Dimocarpus longan

20-*O*-*α*-L-rhamnopyranosylisovitexin 20-*O*-*α*-L-吡喃鼠李糖基异牡荆素 日本双蝴蝶 Tripterospermum japonicum

7-*O*-*α*-L-rhamnopyranosylkaempferol 7-*O*-*α*-L-吡喃鼠李糖基山柰酚 扶芳藤 Euonymus fortunei

7-*O*-*α*-L-rhamnopyranosyl-kaempferol-3-*O*-*β*-D-glucopyranoside 7-*O*-*α*-L-吡喃鼠李糖基山柰酚-3-*O*-*β*-D-吡喃葡萄糖苷 鹅绒藤 Cynanchum chinense, 小蜡 Ligustrum sinense

O

7-O-α-L-rhamnopyranosyl-kaempferol-3-O-β-D-glucopyranosyl-(1→2)-β-D-glucopyranoside 7-O-α-L-吡喃鼠李糖基山柰酚-3-O-β-D-吡喃葡萄糖基-(1→2)-β-D-吡喃葡萄糖苷 鹅绒藤 Cynanchum chinense

3-O-α-L-rhamnopyranosylmyricetinyl-(I-2",II-2")-3-O-α-L-rhamnopyranosylmyricetin 3-O-α-L-吡喃鼠李糖基杨梅素基-(I-2",II-2")-3-O-α-L-吡喃鼠李糖基杨梅素 岗松 Baeckea frutescens

(3β,22ξ,25R)-3-(2-O-α-L-rhamnopyranosyl-O-β-D-glucopyranosyl)-22-hydroxyfurost-5-en-26-β-D-glucopyranoside (3β,22ξ,25R)-3-(2-O-α-L-吡喃鼠李糖基)-O-β-D-吡喃葡萄糖基}-22-羟基呋甾-5-烯-26-β-D-吡喃葡萄糖苷 点花黄精 Polygonatum punctatum

7-O-α-L-rhamnopyranosyl-quercetin-3-O-β-D-6-caffeoylglucopyranosyl-(1→2)-α-L-rhamnopyranoside 7-O-α-L-吡喃鼠李糖基-槲皮素-3-O-β-D-6-咖啡酰吡喃葡萄糖基-(1→2)-α-L-吡喃鼠李糖苷 辽东楤木 Aralia elata var. glabrescens

7-O-α-L-rhamnopyranosyl-quercetin-3-O-β-D-glucopyranosyl-(1→2)-α-L-rhamnopyranoside 7-O-α-L-吡喃鼠李糖基-槲皮素-3-O-β-D-吡喃葡萄糖基-(1→2)-α-L-吡喃鼠李糖苷 辽东楤木 Aralia elata var. glabrescens

2"-O-α-L-rhamnopyranosyltrifolin 2"-O-α-L-吡喃鼠李糖基车轴草苷▲ 双蝴蝶 Tripterospermum chinense

4-O-α-L-rhamnopyranosyl-urs-12-en-3β-O-β-D-glucopyranoside 4-O-α-L-吡喃鼠李糖基-熊果-12-烯-3β-O-β-D-吡喃葡萄糖苷 腰骨藤 Ichnocarpus frutescens

5-O-α-L-rhamnopyranosylvelutin 5-O-α-L-吡喃鼠李糖基毡毛美洲茶素 节果决明 Cassia javanica

3β-(2-O-α-L-rhamnopyranosyl-α-L-arabinopyranosyloxy)-oleanolic acid 6-O-β-D-glucopyranosyl-β-D-glucopyranosyl ester 3β-(2-O-α-L-吡喃鼠李糖基-α-L-吡喃阿拉伯糖氧基)-齐墩果酸-6-O-β-D-吡喃葡萄糖基-β-D-吡喃葡萄糖基酯 辽东楤木 Aralia elata var. glabrescens

3β-(2-O-α-L-rhamnopyranosyl-α-L-arabinopyranosyloxy)-oleanolic acid-6-O-β-D-xylopyranosyl-β-D-glucopyranosyl ester 3β-(2-O-α-L-吡喃鼠李糖基)-α-L-吡喃阿拉伯糖氧基)-齐墩果酸-6-O-β-D-吡喃木糖基-β-D-吡喃葡萄糖基酯 辽东楤木 Aralia elata var. glabrescens

7-O-α-L-rhamnopyransoylisoorientin 7-O-α-L-吡喃鼠李糖基异荭草素 双蝴蝶 Tripterospermum chinense

7-O-α-L-rhamnopyransoylisovitexin 7-O-α-L-吡喃鼠李糖基异牡荆素 双蝴蝶 Tripterospermum chinense

7-O-α-L-rhamnopyransoyl-kaempferol-3-O-β-D-glucopyranosyl-(1→6)-β-D-glucopyranoside 7-O-α-L-吡喃鼠李糖基-山柰酚-3-O-β-D-吡喃葡萄糖基-(1→6)-β-D-吡喃葡萄糖苷 宽瓣重楼 Paris polyphylla var. yunnanensis

1-O-α-L-rhamnosyl-(22S)-cholest-5-en-1β,3β,16β,22-tetrahydroxy-16-O-β-D-glucoside 1-O-α-L-鼠李糖-(22S)-胆甾-5-烯-1β,3β,16β,22-四羟基-16-O-β-D-葡萄糖苷 韭菜 Allium tuberosum

2"-O-α-L-rhamnosyl-6-C-fucosyl-3'-methoxyluteolin 2"-O-α-L-鼠李糖基-6-C-岩藻糖基-3'-甲氧基木犀草素 玉蜀黍 Zea mays

2"-O-α-L-rhamnosyl-6-C-fucosyl-luteolin 2"-O-α-L-鼠李糖基-6-C-岩藻糖基-木犀草素 玉蜀黍 Zea mays

2"-O-α-L-rhamnosyl-6-C-quinovosyl-luteolin 2"-O-α-L-鼠李糖基-6-C-喹诺糖基-木犀草素 玉蜀黍 Zea mays

3-O-α-L-rhamonpyranosyl-(1→2)-β-D-glucopyranosyl-26-O-(β-D-glucopyranosyl)-22α-methoxy-(25R)-furost-5-en-3β,26-diol 3-O-α-L-吡喃鼠李糖基-(1→2)-β-D-吡喃葡萄糖基-26-O-(β-D-吡喃葡萄糖基)-22α-甲氧基-(25R)-呋甾-5-烯-3β,26-二醇 闭鞘姜 Costus speciosus

3-O-α-methyl-olean-12-ene 3-O-α-甲基-齐墩果-12-烯 欧夏至草 Marrubium vulgare

1-O-α-palmitoyl-2-O-linolenoyl-3-O-β-galactopyranosyl-glycerol 1-O-α-棕榈酰基-2-O-亚麻酰基-3-O-β-吡喃半乳糖基甘油 马蜂橙 Citrus hystrix

3-O-α-rhamnopyranosyl-(1→2)-[β-glucopyranosyl-(1→3)]-α-arabinopyranosyl-hederagenin 3-O-α-吡喃鼠李糖基-(1→2)-[β-吡喃葡萄糖基-(1→3)]-α-吡喃阿拉伯糖基-常春藤皂苷元 毛冬青 Ilex pubescens

3-O-α-rhamnopyranosyl-(1→2)-α-arabinopyranosyl-mesembryanthemoidigenic acid 3-O-α-吡喃鼠李糖基-(1→2)-α-吡喃阿拉伯糖基日中花仙人棒精酸▲ 刺五加 Eleutherococcus senticosus

6-trans-(2"-O-α-rhamnopyranosyl)ethenyl-5,7,3',4'-tetrahydroxyflavone 6-反式-(2"-O-α-吡喃鼠李糖基)乙烯基-5,7,3',4'-四羟基黄酮 金丝草 Pogonatherum crinitum

3-O-β-D-glucopyranosyl-(1→2)-β-D-glucopyranosylhederagenin-28-O-α-L-rhamnopyranosyl-(1→4)-β-D-glucopyranosyl-(1→6)-β-D-glucopyranosyl ester 3-O-β-D-吡喃葡萄糖基-(1→2)-β-D-吡喃葡萄糖基常春藤皂苷元-28-O-α-L-吡喃鼠李糖基-(1→4)-β-D-吡喃葡萄糖基-(1→6)-β-D-吡喃葡萄糖基酯苷 兴安白头翁 Pulsatilla dahurica

15-O-β-D-glucopyranosylurospermal A 15-O-β-D-吡喃葡萄糖基尾喙苣醛▲A 花叶滇苦菜 Sonchus asper

1'-O-β-(4-hydroxyphenethyl)-β-D-apiofuranosyl-(1→2')-glucopyranoside 1'-O-β-(4-羟基苯乙基)-β-D-呋喃芹糖基-(1→2')-吡喃葡萄糖苷 珊瑚苣苔 Corallodiscus lanuginosus

3-O-β-[(β-D-glucopyranosyl-(1→4)-O-β-D-xylopyranosyl)]-11β-methoxyjaligonic acid-30-methyl ester-28-O-β-D-glucopyranoside 3-O-β-[(β-D-吡喃葡萄糖基-(1→4)-O-β-D-吡喃木糖基)]-11β-甲氧基商陆尼酸▲-30-甲酯-28-O-β-D-吡喃葡萄糖苷 商陆 Phytolacca acinosa

3-O-β-[{α-L-rhamnopyranosyl-(1→2)-β-D-apiofuranosyl-(1→6)}-β-D-glucopyranosyl]-rosasterol 3-O-β-[{α-L-吡喃鼠李糖基-(1→2)-β-D-呋喃芹糖基-(1→6)}-β-D-吡喃葡萄糖基]-扶桑甾醇 尖顶羊肚菌 Morchella conica

3-O-β-[{α-L-rhamnopyranosyl-(1→2)-β-D-xylopyranosyl}-β-D-glucopyranosyl]-rosasterol 3-O-β-[{α-L-吡喃鼠李糖基-(1→2)-β-D-吡喃木糖基}-β-D-吡喃葡萄糖基]-扶桑甾醇 尖顶羊肚菌 Morchella conica

3-O-β-3",6"-diacetylglucopyranoside 3-O-β-3",6"-二乙酰吡喃葡萄糖苷 红芽大戟 Knoxia sumatrensis

23-O-β-allopyranosyl-cucurbita-5,24-dien-7α,3β,22R,23S-tetraol-3-O-β-allopyranoside 23-O-β-吡喃阿洛糖基葫芦-5,24-二烯-7α,3β,22R,23S-四醇-3-O-β-吡喃阿洛糖苷 苦瓜 Momordica charantia

4'-O-β-cellobiosyl-12β-hydroxyfrugoside 4'-O-β-纤维二糖基-12β-羟基钉头果勾苷▲ 马利筋 Asclepias curassavica

4'-O-β-cellobiosyl-frugoside 4'-O-β-纤维二糖基钉头果勾苷▲ 马利筋 Asclepias curassavica

4'-O-β-cellobiosyl-gofruside 4'-O-β-纤维二糖基钉头果伏苷▲ 马利筋 Asclepias curassavica

4'-O-β-D-(2",6"-di-O-galloylglucopyranosyl)-phenyl-2-butanone 4'-O-β-D-(2",6"-二-O-没食子酰吡喃葡萄糖基)-苯基-2-丁酮 唐古特大黄 Rheum tanguticum

4'-O-β-D-(2"-O-cinnamoyl-6"-O-galloyl-glucopyranosyl)-phenyl-2-butanone 4'-O-β-D-(2"-O-桂皮酰基-6"-O-没食子酰基-吡喃葡萄糖基)-

O

苯基 -2- 丁酮 唐古特大黄 Rheum tanguticum

4'-O-β-D-(2-O-galloyl-6-O-cinnamoyl)-glucopyranoside 4'-O-β-D-(2-O- 没食子酰基 -6-O- 苯乙烯基)- 吡喃葡萄糖苷 药用大黄 Rheum officinale

4'-O-β-D-(2''-O-galloyl-6''-O-p-coumaroyl-glucopyranosyl)-phenyl-2-butanone 4'-O-β-D-(2''-O- 没食子酰基 -6''-O- 对香豆酰基 - 吡喃葡萄糖基)- 苯基 -2- 丁酮 唐古特大黄 Rheum tanguticum

4'-O-β-D-(2''-O-galloyl-6''-O-trans-cinnamoylglucopyranosyl)-phenyl-2-butanone 4'-O-β-D-(2''-O- 没食子酰基 -6''-O- 反式 - 桂皮酰吡喃葡萄糖基)- 苯基 -2- 丁酮 唐古特大黄 Rheum tanguticum

4'-O-β-D-(2''-O-galloyl-6''-O-trans-p-hydroxycinnamoylglucopyranosyl)-phenyl-2-butanone 4'-O-β-D-(2''-O- 没食子酰基 -6''-O- 反式 - 对羟基桂皮酰吡喃葡萄糖基)- 苯基 -2- 丁酮 唐古特大黄 Rheum tanguticum

3-O-β-D-(2'-O-galloyl-glucopyranosyl)-4,5-dihydroxybenzoic acid 3-O-β-D-(2'-O- 没食子酰基 - 吡喃葡萄糖基)-4,5- 二羟基苯甲酸 唐古特大黄 Rheum tanguticum

1'-O-β-D-(3,4-dihydroxyphenethyl)-6'-O-vanilloyl-glucopyranoside 1'-O-β-D-(3,4- 二羟基苯乙基)-6'-O- 香荚兰酰吡喃葡萄糖苷 珊瑚苣苔 Corallodiscus lanuginosus

1'-O-β-D-(3,4-dihydroxyphenyl)-ethyl-6'-O-trans-caffeoyl-β-D-apiofuranosyl-(1→3')-glucopyranoside 1'-O-β-D-(3,4- 二羟基苯基)- 乙基 -6'-O- 反式 - 阿魏酰基 -β-D- 呋喃芹糖基 -(1 → 3')- 吡喃葡萄糖苷 旋蒴苣苔 Boea hygrometrica

1'-O-β-D-(3,4-dihydroxyphenyl)-ethyl-6'-O-vanilloyl-glucopyranoside 1'-O-β-D-(3,4- 二羟基苯乙基)-6'-O- 香荚兰酰基 - 葡萄糖苷 黄蜡果 Stauntonia brachyanthera

1'-O-β-D-(3-hydroxy-4-methoxy-phenyl)-ethyl-α-L-rhamnopyranosyl-(1 → 3')-4-trans-feruloyl-glucopyranoside 1'-O-β-D-(3- 羟基 -4- 甲氧基 - 苯基)- 乙基 -α-L- 吡喃鼠李糖基 -(1 → 3')-4- 反式 - 阿魏酰基 - 吡喃葡萄糖苷 中国马先蒿 Pedicularis chinensis

1'-O-β-D-(3-hydroxy-4-methoxy-phenyl)-ethyl-β-D-apiosyl-1-(1' → 3')-α-L-rhamnopyranosyl-(1 → 6')-4'-trans-feruloyl-glucopyranoside 1'-O-β-D-(3- 羟基 -4- 甲氧基 - 苯基)- 乙基 -β-D- 芹糖基 -1-(1 → 3')-α-L- 吡喃鼠李糖基 -(1 → 6')-4'- 反式 - 阿魏酰基 - 吡喃葡萄糖苷 中国马先蒿 Pedicularis chinensis

1-O-β-D-(4-hydroxybenzoyl)-glucopyranoside 1-O-β-D-(4- 羟基苯甲酰基)- 吡喃葡萄糖苷 芍药 Paeonia lactiflora

1-O-β-D-(4-hydroxybenzoyl)glucose 1-O-β-D- 对羟基苯甲酰葡萄糖苷 牡丹 Paeonia suffruticosa

1-O-β-D-(4-hydroxybenzoyl)-glucose 1-O-β-D-(4- 羟基苯甲酰基)- 葡萄糖 滇牡丹 Paeonia delavayi, 草芍药 P. obovata, 凤丹 P. ostii, 卵叶牡丹 P. qiui, 紫斑牡丹 P. rockii

4'-O-β-D-(5-trans-cinnamyloylapiofuranosyl)-[(2S)-5-hydroxy-3'-methoxyflavanone]-7-O-β-D-glucopyranoside 4'-O-β-D-(5- 反式 - 桂皮酰呋喃芹糖基)-[(2S)-5- 羟基 -3'- 甲氧基黄烷酮 -7-O-β-D- 吡喃葡萄糖苷] 扁枝槲寄生 Viscum articulatum

3-O-β-D-(6-acetoxyl-glucopyranosyl)-(3β,12β)-12,20-dihydroxydammar-24-ene 3-O-β-D-(6- 乙酰氧基 - 吡喃葡萄糖基)-(3β,12β)-12,20- 二羟基达玛 -24- 烯 人参 Panax ginseng

1-O-β-D-(6'-O-galloyl)-glucopyranosyl-3-methoxy-5-hydroxybenzene 1-O-β-D-(6'-O- 没食子酰基)- 吡喃葡萄糖基 -3- 甲氧基 -5- 羟基苯 头花蓼 Polygonum capitatum

O

1-O-β-D-(6'-O-galloyl)-glucuronopyranosyl-3-methoxy-5-phenol 1-O-β-D-(6'-O- 没食子酰基)- 吡喃葡萄糖醛酸基 -3- 甲氧基 -5- 苯酚 清香木 Pistacia weinmanniifolia

4-O-β-D-(6'-O-galloyl-glucopyranosyl)-3,5-dihydroxybenzoic acid 4-O-β-D-(6'-O- 没食子酰基 - 吡喃葡萄糖基)-3,5- 二羟基苯甲酸 唐古特大黄 Rheum tanguticum

4-O-β-D-(6'-O-trans-cinnamoyl)-glucopyranosyl-2-butanone 4-O-β-D-(6'-O- 反式 - 桂皮酰基)- 吡喃葡萄糖基 -2- 丁酮 唐古特大黄 Rheum tanguticum

4'-O-β-D-(6''-O-trans-p-hydroxycinnamoylglucopyranosyl)-phenyl-2-butanone 4'-O-β-D-(6''-O- 反式 - 对羟基桂皮酰吡喃葡萄糖基)- 苯基 -2- 丁酮 唐古特大黄 Rheum tanguticum

7-O-β-D-(6'-O-β-D-xylopyranosyl)glucopyranoside 7-O-β-D-(6'-O-β-D- 吡喃木糖基) 吡喃葡萄糖苷 瓜木 Alangium platanifolium

4-O-β-D-[(2'-O-galloyl)-(6'-O-trans-p-coumaroyl)]-glucopyranosyl-2-butanone 4-O-β-D-[(2'-O- 没食子酰基)-(6'-O- 反式 - 对香豆酰基)- 吡喃葡萄糖基]-2- 丁酮 唐古特大黄 Rheum tanguticum

3-O-β-D-allopyranosyl-7β,25-dihydroxycucurbita-5,23E-dien-19-al 3-O-β-D- 吡喃阿洛糖基 -7β,25- 二羟基葫芦 -5,23E- 二烯 -19- 醛 苦瓜 Momordica charantia

7-O-β-D-allopyranosyl-apigenin 4'-O-β-allopyranoside 7-O-β-D- 吡喃阿洛糖基芹菜苷元 -4'-O-β- 吡喃阿洛糖苷 亚欧唐松草 Thalictrum minus, 展枝唐松草 T. squarrosum

4-O-β-D-apifuranosyl-(1 → 2)-β-D-glucopyranosyl-2-hydroxy-6-methoxyacetophenone 4-O-β-D- 呋喃芹糖基 -(1 → 2)-β-D- 吡喃葡萄糖基 -2- 羟基 -6- 甲氧基苯乙酮 青葙 Celosia argentea, 鸡冠花 C. cristata

O-β-D-apiofuranosyl-(1'' → 6')-β-D-glucopyranoside O-β-D- 呋喃芹糖基 -(1'' → 6')-β-D- 吡喃葡萄糖苷 珊瑚菜 Glehnia littoralis

3-O-β-D-apiofuranosyl-(1 → 2)-β-D-glucopyranosylkaempferol-4'-O-β-D-glucopyranoside 3-O-β-D- 呋喃芹糖基 -(1 → 2)-β-D- 吡喃葡萄糖基山柰酚 -4'-O-β-D- 吡喃葡萄糖苷 背扁黄耆 Astragalus complanatus

3-O-β-D-apiofuranosyl-(1 → 2)-β-D-glucopyranosylrhamnocitrin-4'-O-β-D-glucopyranoside 3-O-β-D- 呋喃芹糖基 -(1 → 2)-β-D- 吡喃葡萄糖基鼠李柠檬素 -4'-O-β-D- 吡喃葡萄糖苷 背扁黄耆 Astragalus complanatus

(R)-1-O-β-D-apiofuranosyl-(1 → 2)-β-D-glucopyransoyl-1,3-octanediol (R)-1-O-β-D- 呋喃芹糖基 -(1 → 2)-β-D- 吡喃葡萄糖基 -1,3- 辛二醇 葫芦树 Crescentia cujete

3-O-β-D-apiofuranosyl-(1 → 4)-[α-L-arabinopyranosyl-(1 → 2)]-β-D-glucuronopyranosyloleanolic acid 3-O-β-D- 呋喃芹糖基 -(1 → 4)-[α-L- 吡喃阿拉伯糖基 -(1 → 2)]-β-D- 吡喃葡萄糖醛酸基齐墩果酸 鹅掌藤 Heptapleurum arboricola

3-O-β-D-apiofuranosyl-(1 → 4)-[α-L-arabinopyranosyl-(1 → 2)]-β-D-glucuronopyranosyloleanolic acid-28-O-β-D-glucopyranosyl ester

3-*O*-β-D- 呋喃芹糖基 -(1 → 4)-[α-L- 吡喃阿拉伯糖基 -(1 → 2)-β-D- 吡喃葡萄糖醛酸基齐墩果酸 -28-*O*-β-D- 吡喃葡萄糖基酯 鹅掌藤 Heptapleurum arboricola

tert-*O*-β-D-apiofuranosyl-(1 → 6)-*O*-β-D-glucopyranosyl-byakangelicin 叔 -*O*-β- 呋喃芹菜糖基 -(1 → 6)-β-D- 吡喃葡萄糖苷基白当归素 白芷 Angelica dahurica

tert-*O*-β-D-apiofuranosyl-(1 → 6)-*O*-β-D-glucopyranosyl-oxypeucedanin hydrate 叔 -*O*-β- 呋喃芹菜糖基 -(1 → 6)-β-D- 吡喃葡萄糖基 - 氧化前胡素水合物 白芷 Angelica dahurica

sec-*O*-β-D-apiofuranosyl-(1 → 6)-*O*-β-D-glucopyranosyl-oxypeucedanin hydrate 仲 -*O*-β- 呋喃芹菜糖基 -(1 → 6)-β-D- 吡喃葡萄糖基 - 氧化前胡素水合物 白芷 Angelica dahurica

7-*O*-β-D-apiofuranosyl-(1 → 6)-β-D-glucopyranosylmatteucinol 7-*O*-β-D- 呋喃芹糖基 -(1 → 6)-β-D- 吡喃葡萄糖基荚果蕨酚 杜鹃花 Rhododendron simsii

2'-*O*-β-D-apiofuranosyl-(1 → 6)-β-D-glucopyranosyl-peucedanol 2'-*O*-β-D- 呋喃芹菜糖基 -(1 → 6)-β-D- 吡喃葡萄糖基 - 前胡醇 白芷 Angelica dahurica

7-*O*-β-D-apiofuranosyl-(1 → 6)-β-D-glucopyranosylscopoletin 7-*O*-β-D- 呋喃芹菜糖基 -(1 → 6)-β-D- 吡喃葡萄糖基东莨菪内酯 白芷 Angelica dahurica

6-*O*-β-D-apiofuranosyldaphnogirin 6-*O*-β-D- 呋喃芹糖基黄瑞香素 黄瑞香 Daphne giraldii

6'-*O*-β-D-apiofuranosyldianthoside 6'-*O*-β-D- 呋喃芹糖基石竹苷 ▲ 显苞芒毛苣苔 Aeschynanthus bracteatus, 沙生蜡菊 Helichrysum arenarium

6'-*O*-β-D-apiofuranosylsweroside 6'-*O*-β-D- 呋喃芹糖基獐牙菜苷 川续断 Dipsacus asperoides

(5*S*)-5-[(2-*O*-β-D-apiofuranosyl-β-D-glucopyranosyl)oxy]-1,7-bis(4-hydroxyphenyl)-3-heptanone (5*S*)-5-(2-*O*-β-D- 呋喃芹糖基 -β-D- 吡喃葡萄糖氧基)-1,7- 双 (4- 羟基苯基)-3- 庚酮 垂枝桦 Betula pendula

3-(2''-*O*-β-D-apiofuranosyl-β-D-glucopyranosyloxy)-4',5-dihydroxy-7-methoxyflavone 3-(2''-*O*-β-D- 呋喃芹糖基 -β-D- 吡喃葡萄糖氧基)-4',5- 二羟基 -7- 甲氧基黄酮 背扁黄耆 Astragalus complanatus

3-(2''-*O*-β-D-apiofuranosyl-β-D-glucopyranosyloxy)-4'-β-D-glucopyranosyloxy-5,7-dihydroxyflavone 3-(2''-*O*-β-D- 呋喃芹糖基 -β-D- 吡喃葡萄糖氧基)-4'-β-D- 吡喃葡萄糖氧基 -5,7- 二羟基黄酮 背扁黄耆 Astragalus complanatus

3-(2''-*O*-β-D-apiofuranosyl-β-D-glucopyranosyloxy)-4'-β-D-glucopyranosyloxy-5-hydroxy-7-methoxyflavone 3-(2''-*O*-β-D- 呋喃芹糖基 -β-D- 吡喃葡萄糖氧基)-4'-β-D- 吡喃葡萄糖氧基 -5- 羟基 -7- 甲氧基黄酮 背扁黄耆 Astragalus complanatus

25-*O*-β-D-arabinopyranosyl-(1 → 4)-β-D-glucopyranosyl-9,19-cycloart-7β,24*R*,25-triol-1-en-3-one 25-*O*-β-D- 吡喃阿拉伯糖基 -(1 → 4)-β-D- 吡喃葡萄糖基 -9,19- 环木菠萝 -7β,24*R*,25- 三醇 -1- 烯 -3- 酮 苦马豆 Sphaerophysa salsula

3-*O*-β-D-arabinopyranosylpomolic acid 3-*O*-β-D- 吡喃阿拉伯糖基果渣酸 ▲ 寒莓 Rubus buergeri

3,12-*O*-β-D-diglucopyranosyl-11,16-dihydroxyabieta-8,11,13-triene 3,12-*O*-β-D- 二吡喃葡萄糖基 -11,16- 二羟基冷杉 -8,11,13- 三烯 臭牡丹 Clerodendrum bungei

3,7-*O*-β-D-diglucopyranosylquencetin 3,7-*O*-β-D- 二吡喃葡萄糖基槲皮素 蓬子菜 Galium verum

1-*O*-β-D-ethyl-mannopyranoside 1-*O*-β-D- 乙基甘露糖苷 牡丹 Paeonia suffruticosa

O-β-D-fructofuranosyl-(2→6)-α-D-glucopyranosyl-(1→6)-β-D-fructofuranosyl-(2→6)-β-D-fructofuranosyl-(2→1)-α-D-glucopyranosyl-(6→2)-β-D-fructofuranoside *O*-β-D- 呋喃果糖基 -(2 → 6)-α-D- 吡喃葡萄糖基 -(1 → 6)-β-D- 呋喃果糖基 -(2 → 6)-β-D- 呋喃果糖基 -(2 → 1)-α-D- 吡喃葡萄糖基 -(6 → 2)-β-D- 呋喃果糖苷 蒺藜 Tribulus terrestris

10-*O*-β-D-fructofuranosyltheviridoside 10-*O*-β-D- 呋喃果糖基黄花夹竹桃醚萜苷 ▲ 黄花夹竹桃 Thevetia peruviana

3-*O*-β-D-fucopyranosylsaikogenin F 3-*O*-β-D- 吡喃岩藻糖基柴胡皂苷元 F 竹叶柴胡 Bupleurum marginatum, 窄竹叶柴胡 B. marginatum var. stenophyllum, 丽江柴胡 B. rockii, 灯笼草 Clinopodium polycephalum, 长梗喉毛花 Comastoma pedunculatum

3-*O*-β-D-galactopyranosyl-(1 → 2)-[α-L-arabinopyranosyl-(1 → 3)]-β-D-glucopyranosylquillaic acid-28-*O*-α-L-arabinopyranosyl-(1 → 3)-β-D-xylopyranosyl-(1 → 4)-[β-D-glucopyranosyl-(1 → 3)]-α-L-rhamnopyranosyl-(1 → 2)-[α-L-rhamnopyranosyl-(1 → 4)]-β-D-fucopyranosyl ester 3-*O*-β-D- 吡喃半乳糖基 -(1 → 2)-[α-L- 吡喃阿拉伯糖基 -(1 → 3)]-β-D- 吡喃葡萄糖基皂皮树酸 -28-*O*-α-L- 吡喃阿拉伯糖基 -(1 → 3)-β-D- 吡喃木糖基 -(1 → 4)-[β-D- 吡喃葡萄糖基 -(1 → 3)]-α-L- 吡喃鼠李糖基 -(1 → 2)-[α-L- 吡喃鼠李糖基 -(1 → 4)]-β-D- 吡喃岩藻糖基酯 大叶石头花 Gypsophila pacifica

3-*O*-β-D-galactopyranosyl-(1 → 2)-[α-L-arabinopyranosyl-(1 → 3)]-β-D-glucuronopyranosyl-quillaic acid-28-*O*-β-D-xylopyranosyl-(1 → 4)-[β-D-6-*O*-acetyl-glucopyranosyl-(1 → 3)]-α-L-rhamnopyranosyl-(1 → 2)-β-D-fucopyranoside 3-*O*-β-D- 吡喃半乳糖基 -(1 → 2)-[α-L- 吡喃阿拉伯糖基 -(1 → 3)]-β-D- 吡喃葡萄糖醛酸基 - 皂皮树酸 -28-*O*-β-D- 吡喃木糖基 -(1 → 4)-[β-D-6-*O*- 乙酰基 - 吡喃葡萄糖基 -(1 → 3)]-α-L- 吡喃鼠李糖基 -(1 → 2)-β-D- 吡喃岩藻糖苷 肥皂草 Saponaria officinalis

3-*O*-β-D-galactopyranosyl-(1 → 2)-[β-D-xylopyranosyl-(1 → 3)]-β-D-6-*O*-ethylglucuronopyranosyl quillaic acid 3-*O*-β-D- 吡喃半乳糖基 -(1 → 2)-[β-D- 吡喃木糖基 -(1 → 3)]-β-D-6-*O*- 乙基吡喃葡萄糖醛酸基皂皮树酸 金铁锁 Psammosilene tunicoides

3-*O*-β-D-galactopyranosyl-(1 → 2)-[β-D-xylopyranosyl-(1 → 3)]-β-D-6-*O*-methylglucuronopyranosyl quillaic acid 3-*O*-β-D- 吡喃半乳糖基 -(1 → 2)-[β-D- 吡喃木糖基 -(1 → 3)]-β-D-6-*O*- 甲基吡喃葡萄糖醛酸基皂皮树酸 金铁锁 Psammosilene tunicoides

3-*O*-β-D-galactopyranosyl-(1 → 2)-[β-D-xylopyranosyl-(1 → 3)]-β-D-6-*O*-methylglucuronopyranosyl-gypsogenin 3-*O*-β-D- 吡喃半乳糖基 -(1 → 2)-[β-D- 吡喃木糖基 -(1 → 3)]-β-D-6-*O*- 甲基吡喃葡萄糖醛酸基石头花苷元 ▲ 金铁锁 Psammosilene tunicoides

3-*O*-β-D-galactopyranosyl-(1 → 2)-[β-D-xylopyranosyl-(1 → 3)]-β-D-glucuronopyranosyl gypsogenin-28-*O*-(6-*O*-acetyl)-β-D-glucopyranosyl-(1 → 3)-[β-D-xylopyranosyl-(1 → 4)]-α-L-rhamnopyranosyl-(1 → 2)-β-D-fucopyranoside 3-*O*-β-D- 吡喃半乳糖基 -(1 → 2)-[β-D- 吡喃木糖基 -(1 → 3)]-β-D- 吡喃葡萄糖醛酸基石头花苷元 ▲-28-*O*-(6-*O*- 乙酰基)-β-D- 吡喃葡萄糖基 -(1 → 3)-[β-D- 吡喃木糖基 -(1 → 4)]-α-L- 吡喃鼠李糖基 -(1 → 2)-β-D- 吡喃岩藻糖苷 长蕊石头花 Gypsophila oldhamiana

3-*O*-β-D-galactopyranosyl-(1 → 2)-[β-D-xylopyranosyl-(1 → 3)]-β-D-glucuronopyranosyl quillaic acid methyl ester 3-*O*-β-D- 吡喃半乳糖基 -

O

(1 → 2)-[β-D- 吡喃木糖基 -(1 → 3)]-β-D- 吡喃葡萄糖糖醛酸基皂皮树酸甲酯 长蕊石头花 Gypsophila oldhamiana

{3-O-β-D-galactopyranosyl-(1 → 2)-[β-D-xylopyranosyl-(1 → 3)]-β-D-glucuronopyranosyl quillaic acid-28-{O-β-D-fucopyranosyl-(1 → 4)-[β-D-glucopyranosyl-(1 → 3)]-α-L-rhamnopyranosyl}ester 3-O-β-D- 吡喃半乳糖基 -(1 → 2)-[β-D- 吡喃木糖基 -(1 → 3)]-β-D- 吡喃葡萄糖糖醛酸基皂皮树酸 -28-{O-β-D- 吡喃岩藻糖基 -(1 → 4)-[β-D- 吡喃葡萄糖糖基 -(1 → 3)]-α-L- 吡喃鼠李糖基 } 酯 长蕊石头花 Gypsophila oldhamiana

3-O-β-D-galactopyranosyl-(1 → 2)-[β-D-xylopyranosyl-(1 → 3)]-β-D-glucuronopyranosyl-gypsogenin 3-O-β-D- 吡喃半乳糖基 -(1 → 2)-[β-D- 吡喃木糖基 -(1 → 3)- 吡喃葡萄糖醛酸基石头花苷元▲ 金铁锁 Psammosilene tunicoides

3-O-β-D-galactopyranosyl-(1 → 2)-[β-D-xylopyranosyl-(1 → 3)]-β-D-glucuronopyranosyl-gypsogenin methyl ester 3-O-β-D- 吡喃半乳糖基 -(1 → 2)-[β-D- 吡喃木糖基 -(1 → 3)]-β-D- 吡喃葡萄糖糖醛酸基石头花苷元▲ 甲酯 长蕊石头花 Gypsophila oldhamiana

3-O-β-D-galactopyranosyl-(1 → 2)-[β-D-xylopyranosyl-(1 → 3)]-β-D-glucuronopyranosyl-gypsogenin-28-O-α-L-arabinopyranosyl-(1 → 3)-β-D-xylopyranosyl-(1→4)-α-L-rhamnopyranosyl-(1→2)-β-D-fucopyranoside 3-O-β-D- 吡喃半乳糖基 -(1→2)-[β-D- 吡喃木糖基 -(1→3)]-β-D-吡喃葡萄糖醛酸基 - 石头花苷元▲-28-O-α-L- 吡喃阿拉伯糖基 -(1 → 3)-β-D- 吡喃木糖基 -(1 → 4)-α-L- 吡喃鼠李糖基 -(1 → 2)-β-D- 吡喃岩藻糖苷 长蕊石头花 Gypsophila oldhamiana

3-O-β-D-galactopyranosyl-(1 → 2)-[β-D-xylopyranosyl-(1 → 3)]-β-D-glucuronopyranosylgypsogenin-28-O-α-L-arabinopyranosyl-(1 → 4)-α-L-arabinopyranosyl-(1 → 3)-β-D-xylopyranosyl-(1 → 4)-α-L-rhamnopyranosyl-(1 → 2)-β-D-fucopyranosyl ester 3-O-β-D- 吡喃半乳糖基 -(1 → 2)-[β-D- 吡喃木糖基 -(1 → 3)]-β-D- 吡喃葡萄糖醛酸基石头花苷元▲-28-O-α-L- 吡喃阿拉伯糖基 -(1 → 4)-α-L- 吡喃阿拉伯糖基 -(1 → 3)-β-D- 吡喃木糖基 -(1 → 4)-α-L- 吡喃鼠李糖基 -(1 → 2)-β-D- 吡喃岩藻糖基酯 大叶石头花 Gypsophila pacifica

3-O-β-D-galactopyranosyl-(1 → 2)-[β-D-xylopyranosyl-(1 → 3)]-β-D-glucuronopyranosyl-gypsogenin-28-O-β-D-6-O-acetyl-glucopyranosyl-(1 → 3)-[β-D-xylopyranosyl-(1 → 4)]-α-L-rhamnopyranosyl-(1 → 2)-β-D-fucopyranoside 3-O-β-D- 吡喃半乳糖基 -(1 → 2)-[β-D- 吡喃木糖基 -(1 → 3)]-β-D- 吡喃葡萄糖醛酸基 - 石头花苷元▲-28-O-β-D-6-O- 乙酰基 - 吡喃葡萄糖基 -(1 → 3)-[β-D- 吡喃木糖基 -(1 → 4)]-α-L-吡喃鼠李糖基 -(1 → 2)-β-D- 吡喃岩藻糖苷 肥皂草 Saponaria officinalis

3-O-β-D-galactopyranosyl-(1 → 2)-[β-D-xylopyranosyl-(1 → 3)]-β-D-glucuronopyranosyl-gypsogenin-28-O-β-D-glucopyranosyl-(1 → 3)-[β-D-xylopyranosyl-(1→3)-β-D-xylopyranosyl-(1→4)]-α-L-rhamnopyranosyl-(1→2)-β-D-fucopyranoside 3-O-β-D- 吡喃半乳糖基 -(1→2)-[β-D-吡喃木糖基 -(1 → 3)]-β-D- 吡喃葡萄糖醛酸基 - 石头花苷元▲-28-O-β-D- 吡喃葡萄糖基 -(1 → 3)-[β-D- 吡喃木糖基 -(1 → 3)-β-D- 吡喃木糖基 -(1 → 4)]-α-L- 吡喃鼠李糖基 -(1 → 2)-β-D- 吡喃岩藻糖苷 肥皂草 Saponaria officinalis

3-O-β-D-galactopyranosyl-(1 → 2)-[β-D-xylopyranosyl-(1 → 3)]-β-D-glucuronopyranosyl-gypsogenin-28-O-β-D-glucopyranosyl-(1 → 3)-[β-D-xylopyranosyl-(1→4)]-α-L-rhamnopyranosyl-(1→2)-β-D-fucopyranoside 3-O-β-D- 吡喃半乳糖基 -(1→2)-[β-D- 吡喃木糖基 -(1→3)]-β-D-吡喃葡萄糖醛酸基 - 石头花苷元▲-28-O-β-D- 吡喃葡萄糖基 -(1 → 3)-[β-D- 吡喃木糖基 -(1 → 4)]-α-L- 吡喃鼠李糖基 -(1 → 2)-β-D- 吡喃岩藻糖苷 肥皂草 Saponaria officinalis

3β-O-β-D-galactopyranosyl-(1 → 2)-[β-D-xylopyranosyl-(1 → 3)]-β-D-glucuronopyranosyl-gypsogenin-28-O-β-D-glucopyranosyl-(1 → 3)-[β-D-xylopyranosyl-(1→4)]-α-L-rhamnopyranosyl-(1→2)-β-D-fucopyranoside 3β-O-β-D- 吡喃半乳糖基 -(1→2)-[β-D- 吡喃木糖基 -(1→3)]-β-D-吡喃葡萄糖醛酸基石头花苷元▲-28-O-β-D- 吡喃葡萄糖基 -(1 → 3)-[β-D- 吡喃木糖基 -(1 → 4)]-α-L- 吡喃鼠李糖基 -(1 → 2)-β-D- 岩藻糖苷 大叶石头花 Gypsophila pacifica

O

3-O-β-D-galactopyranosyl-(1 → 2)-[β-D-xylopyranosyl-(1 → 3)]-β-D-glucuronopyranosyl-gypsogenin-28-O-β-D-O-acetyl-glucopyranosyl-(1 → 3)-[β-D-xylopyranosyl-(1 → 3)-β-D-xylopyranosyl-(1 → 4)]-α-L-rhamnopyranosyl-(1 → 2)-β-D-fucopyranoside 3-O-β-D- 吡喃半乳糖基 -(1 → 2)-[β-D- 吡喃木糖基 -(1 → 3)]-β-D- 吡喃葡萄糖醛酸基 - 石头花苷元▲-28-O-β-D-O- 乙酰基 - 吡喃葡萄糖基 -(1 → 3)-[β-D- 吡喃木糖基 -(1 → 3)-β-D- 吡喃木糖基 -(1 → 4)]-α-L- 吡喃鼠李糖基 -(1 → 2)-β-D- 吡喃岩藻糖苷 肥皂草 Saponaria officinalis

3-O-β-D-galactopyranosyl-(1 → 2)-[β-D-xylopyranosyl-(1 → 3)]-β-D-glucuronopyranosyl-gypsogenin-28-O-β-D-xylopyranosyl-(1 → 3)-β-D-xylopyranosyl-(1→4)-α-L-rhamnopyranosyl-(1→2)-β-D-fucopyranoside 3-O-β-D- 吡喃半乳糖基 -(1→2)-[β-D- 吡喃木糖基 -(1→3)]-β-D-吡喃葡萄糖醛酸基 - 石头花苷元▲-28-O-β-D- 吡喃木糖基 -(1 → 3)-β-D- 吡喃木糖基 -(1 → 4)-α-L- 吡喃鼠李糖基 -(1 → 2)-β-D- 吡喃岩藻糖苷 肥皂草 Saponaria officinalis

3-O-β-D-galactopyranosyl-(1 → 2)-[β-D-xylopyranosyl-(1 → 3)]-β-D-glucuronopyranosyl-gypsogenin-28-O-β-D-xylopyranosyl-(1 → 4)-[β-D-glucopyranosyl-(1→3)]-α-L-rhamnopyranosyl-(1→2)-β-D-fucopyranoside 3-O-β-D- 吡喃半乳糖基 -(1→2)-[β-D- 吡喃木糖基 -(1→3)]-β-D-吡喃葡萄糖醛酸基石头花苷元▲-28-O-β-D- 吡喃木糖基 -(1 → 4)-[β-D- 吡喃葡萄糖基 -(1 → 3)]-α-L- 吡喃鼠李糖基 -(1 → 2)-β-D- 吡喃岩藻糖苷 金铁锁 Psammosilene tunicoides

3β-O-β-D-galactopyranosyl-(1 → 2)-[β-D-xylopyranosyl-(1 → 3)]-β-D-glucuronopyranosyl-gypsogenin-28-O-β-D-xylopyranosyl-(1 → 4)-α-L-rhamnopyranosyl-(1 → 2)-β-D-fucopyranoside 3β-O-β-D- 吡喃半乳糖基 -(1 → 2)-[β-D- 吡喃木糖基 -(1 → 3)]-β-D- 吡喃葡萄糖醛基石头花苷元▲-28-O-β-D- 吡喃木糖基 -(1 → 4)-α-L- 吡喃鼠李糖基 -(1 → 2)-β-D- 岩藻糖苷 大叶石头花 Gypsophila pacifica

3β-O-β-D-galactopyranosyl-(1 → 2)-[β-D-xylopyranosyl-(1 → 3)]-β-D-glucuronopyranosyl-quillaic acid-28-O-α-L-arabinopyranosyl-(1 → 4)-α-L-arabinopyranosyl-(1→3)-β-D-xylopyranosyl-(1→4)-α-L-rhamnopyranosyl-(1→2)-β-D-fucopyranoside 3β-O-β-D- 吡喃半乳糖基 -(1→2)-[β-D- 吡喃木糖基 -(1 → 3)]-β-D- 吡喃葡萄糖醛酸基皂皮树酸 -28-O-α-L- 吡喃阿拉伯糖基 -(1 → 4)-α-L- 吡喃阿拉伯糖基 -(1 → 3)-β-D-吡喃木糖基 -(1 → 4)-α-L- 吡喃鼠李糖基 -(1 → 2)-β-D- 岩藻糖苷 大叶石头花 Gypsophila pacifica

3-O-β-D-galactopyranosyl-(1 → 2)-[β-D-xylopyranosyl-(1 → 3)]-β-D-glucuronopyranosyl-quillaic acid-28-O-β-D-6-O-acetyl-glucopyranosyl-(1 → 3)-[β-D-xylopyranosyl-(1 → 3)-β-D-xylopyranosyl-(1 → 4)]-α-L-rhamnopyranosyl-(1 → 2)-β-D-fucopyranoside 3-O-β-D- 吡喃半乳糖基 -(1 → 2)-[β-D- 吡喃木糖基 -(1 → 3)]-β-D- 吡喃葡萄糖醛酸基 - 皂皮树酸 -28-O-β-D-6-O- 乙酰基 - 吡喃葡萄糖基 -(1 → 3)-[β-D- 吡喃木糖基 -(1 → 3)-β-D- 吡喃木糖基 -(1 → 4)]-α-L- 吡喃鼠李糖基 -(1 → 2)-β-D- 吡喃岩藻糖苷 肥皂草 Saponaria officinalis

3-O-β-D-galactopyranosyl-(1 → 2)-[β-D-xylopyranosyl-(1 → 3)]-β-D-glucuronopyranosyl-quillaic acid-28-O-β-D-6-O-acetyl-glucopyranosyl-(1 → 3)-[β-D-xylopyranosyl-(1 → 4)]-α-L-rhamnopyranosyl-(1 → 2)-β-D-fucopyranoside 3-O-β-D- 吡喃半乳糖基 -(1 → 2)-[β-D- 吡喃木糖基 -(1 → 3)]-β-D- 吡喃葡萄糖醛酸基 - 皂皮树酸 -28-O-β-D-6-O- 乙酰基 - 吡喃葡萄糖基 -(1 → 3)-[β-D- 吡喃木糖基 -(1 → 4)]-α-L- 吡

喃鼠李糖基 -(1 → 2)-β-D- 吡喃岩藻糖苷 肥皂草 Saponaria officinalis

3β-O-β-D-galactopyranosyl-(1 → 2)-[β-D-xylopyranosyl-(1 → 3)]-β-D-glucuronopyranosyl-quillaic acid-28-O-β-D-arabinopyranosyl-(1 → 4)-β-D-arabinopyranosyl-(1 → 3)-β-D-xylopyranosyl-(1 → 4)-α-L-rhamnopyranosyl-(1 → 2)-β-D-fucopyranoside 3β-O-β-D- 吡喃半乳糖基 -(1 → 2)-[β-D- 吡喃木糖基 -(1 → 3)]-β-D- 吡喃葡萄糖醛酸基皂皮树酸 -28-O-β-D- 吡喃阿拉伯糖基 -(1 → 4)-β-D- 吡喃阿拉伯糖基 -(1 → 3)-β-D- 吡喃木糖基 -(1 → 4)-α-L- 吡喃鼠李糖基 -(1 → 2)-β-D- 吡喃岩藻糖苷 圆锥石头花 Gypsophila paniculata

3-O-β-D-galactopyranosyl-(1 → 2)-[β-D-xylopyranosyl-(1 → 3)]-β-D-glucuronopyranosylquillaic acid-28-O-β-D-glucopyranosyl-(1 → 3)-[β-D-glucopyranosyl-(1 → 4)]-α-L-rhamnopyranosyl-(1 → 2)-[α-L-arabinopyranosyl-(1 → 4)]-β-D-fucopyranosyl ester 3-O-β-D- 吡喃半乳糖基 -(1 → 2)-[β-D- 吡喃木糖基 -(1 → 3)]-β-D- 吡喃葡萄糖醛酸基皂皮树酸 -28-O-β-D- 吡喃葡萄糖基 -(1 → 3)-[β-D- 吡喃葡萄糖基 -(1 → 4)]-α-L- 吡喃鼠李糖基 -(1 → 2)-[α-L- 吡喃阿拉伯糖基 -(1 → 4)]-β-D- 吡喃岩藻糖基酯 大叶石头花 Gypsophila pacifica

3-O-β-D-galactopyranosyl-(1 → 2)-[β-D-xylopyranosyl-(1 → 3)]-β-D-glucuronopyranosyl-quillaic acid-28-O-β-D-glucopyranosyl-(1 → 3)-[β-D-xylopyranosyl-(1 → 3)-β-D-xylopyranosyl-(1 → 4)]-α-L-rhamnopyranosyl-(1 → 2)-[α-D-galactopyranosyl-(1 → 4)]-β-D-fucopyranoside 3-O-β-D- 吡喃半乳糖基 -(1 → 2)-[β-D- 吡喃木糖基 -(1 → 3)]-β-D- 吡喃葡萄糖醛酸基 - 皂皮树酸 -28-O-β-D- 吡喃葡萄糖基 -(1 → 3)-[β-D- 吡喃木糖基 -(1 → 3)-β-D- 吡喃木糖基 -(1 → 4)]-α-L- 吡喃鼠李糖基 -(1 → 2)-[α-D- 吡喃半乳糖基 -(1 → 4)]-β-D- 吡喃岩藻糖苷 肥皂草 Saponaria officinalis

3-O-β-D-galactopyranosyl-(1 → 2)-[β-D-xylopyranosyl-(1 → 3)]-β-D-glucuronopyranosyl-quillaic acid-28-O-β-D-glucopyranosyl-(1 → 3)-[β-D-xylopyranosyl-(1 → 3)-β-D-xylopyranosyl-(1 → 4)]-α-L-rhamnopyranosyl-(1 → 2)-β-D-fucopyranoside 3-O-β-D- 吡喃半乳糖基 -(1 → 2)-[β-D- 吡喃木糖基 -(1 → 3)]-β-D- 吡喃葡萄糖醛酸基 - 皂皮树酸 -28-O-β-D- 吡喃葡萄糖基 -(1 → 3)-[β-D- 吡喃木糖基 -(1 → 3)-β-D- 吡喃木糖基 -(1 → 4)]-α-L- 吡喃鼠李糖基 -(1 → 2)-β-D- 吡喃岩藻糖苷 肥皂草 Saponaria officinalis

3-O-β-D-galactopyranosyl-(1 → 2)-[β-D-xylopyranosyl-(1 → 3)]-β-D-glucuronopyranosyl-quillaic acid-28-O-β-D-glucopyranosyl-(1 → 3)-[β-D-xylopyranosyl-(1 → 4)]-α-L-rhamnopyranosyl-(1 → 2)-β-D-fucopyranoside 3-O-β-D- 吡喃半乳糖基 -(1 → 2)-[β-D- 吡喃木糖基 -(1 → 3)]-β-D- 吡喃葡萄糖醛酸基 - 皂皮树酸 -28-O-β-D- 吡喃葡萄糖基 -(1 → 3)-[β-D- 吡喃木糖基 -(1 → 4)]-α-L- 吡喃鼠李糖基 -(1 → 2)-β-D- 吡喃岩藻糖苷 肥皂草 Saponaria officinalis

3β-O-β-D-galactopyranosyl-(1 → 2)-[β-D-xylopyranosyl-(1 → 3)]-β-D-glucuronopyranosyl-quillaic acid-28-O-β-D-glucopyranosyl-(1 → 3)-[β-D-xylopyranosyl-(1 → 4)]-α-L-rhamnopyranosyl-(1 → 2)-β-D-fucopyranoside 3β-O-β-D- 吡喃半乳糖基 -(1 → 2)-[β-D- 吡喃木糖基 -(1 → 3)]-β-D- 吡喃葡萄糖醛酸基皂皮树酸 -28-O-β-D- 吡喃葡萄糖基 -(1 → 3)-[β-D- 吡喃木糖基 -(1 → 4)]-α-L- 吡喃鼠李糖基 -(1 → 2)-β-D- 吡喃岩藻糖苷 大叶石头花 Gypsophila pacifica, 圆锥石头花 G. paniculata

3-O-β-D-galactopyranosyl-(1 → 2)-[β-D-xylopyranosyl-(1 → 3)]-β-D-glucuronopyranosylquillaic acid-28-O-β-D-xylopyranosyl-(1 → 4)-[β-D-6-O-acetyl-glucopyranosyl-(1 → 3)]-α-L-rhamnopyranosyl-(1 → 2)-[α-D-galactopyranosyl-(1 → 4)]-β-D-fucopyranoside 3-O-β-D- 吡喃半乳糖基 -(1 → 2)-[β-D- 吡喃木糖基 -(1 → 3)]-β-D- 吡喃葡萄糖醛酸基 - 皂皮树酸 -28-O-β-D- 吡喃木糖基 -(1 → 4)-[β-D-6-O- 乙酰基 - 吡喃葡萄糖基 -(1 → 3)]-α-L- 吡喃鼠李糖基 -(1 → 2)-[α-D- 吡喃半乳糖基 -(1 → 4)]-β-D- 吡喃岩藻糖苷 肥皂草 Saponaria officinalis

3-O-β-D-galactopyranosyl-(1 → 2)-[β-D-xylopyranosyl-(1 → 3)]-β-D-glucuronopyranosylquillaic acid-28-O-β-D-xylopyranosyl-(1 → 4)-[β-D-glucopyranosyl-(1 → 3)]-α-L-rhamnopyranosyl-(1 → 2)-[α-D-galactopyranosyl-(1 → 4)]-β-D-fucopyranoside 3-O-β-D- 吡喃半乳糖基 -(1 → 2)-[β-D- 吡喃木糖基 -(1 → 3)]-β-D- 吡喃葡萄糖醛酸基 - 皂皮树酸 -28-O-β-D- 吡喃木糖基 -(1 → 4)-[β-D- 吡喃葡萄糖基 -(1 → 3)]-α-L- 吡喃鼠李糖基 -(1 → 2)-[α-D- 吡喃半乳糖基 -(1 → 4)]-β-D- 吡喃岩藻糖苷 肥皂草 Saponaria officinalis

3β-O-β-D-galactopyranosyl-(1 → 2)-[β-D-xylopyranosyl-(1 → 3)]-β-D-glucuronopyranosyl-quillaic acid-28-O-β-D-xylopyranosyl-(1 → 4)-α-L-rhamnopyranosyl-(1 → 2)-β-D-fucopyranoside 3β-O-β-D- 吡喃半乳糖基 -(1 → 2)-[β-D- 吡喃木糖基 -(1 → 3)]-β-D- 吡喃葡萄糖醛酸基皂皮树酸 -28-O-β-D- 吡喃木糖基 -(1 → 4)-α-L- 吡喃鼠李糖基 -(1 → 2)-β-D- 吡喃岩藻糖苷 大叶石头花 Gypsophila pacifica

3-O-β-D-galactopyranosyl-(1 → 2)-β-D-glucuronopyranosyl gypsogenin 3-O-β-D- 吡喃半乳糖基 -(1 → 2)-β-D- 吡喃葡萄糖醛酸基石头花苷元▲ 金铁锁 Psammosilene tunicoides

3-O-β-D-galactopyranosyl-(1 → 2)-β-D-glucuronopyranosyl gypsogenin-28-O-β-D-xylopyranosyl-(1 → 4)-α-L-rhamnopyranosyl-(1 → 2)-β-D-fucopyranoside 3-O-β-D- 吡喃半乳糖基 -(1 → 2)-β-D- 吡喃葡萄糖醛酸基石头花苷元▲-28-O-β-D- 吡喃木糖基 -(1 → 4)-α-L- 吡喃鼠李糖基 -(1 → 2)-β-D- 吡喃岩藻糖苷 长蕊石头花 Gypsophila oldhamiana

3-O-β-D-galactopyranosyl-(1 → 2)-β-D-glucuronopyranosyl-gypsogenin-28-O-β-D-xylopyranosyl-(1 → 4)-[β-D-6-O-acetylglucopyranosyl-(1 → 3)]-α-L-rhamnopyranosyl-(1 → 2)-β-D-fucopyranoside 3-O-β-D- 吡喃半乳糖基 -(1 → 2)-β-D- 吡喃葡萄糖醛酸基石头花苷元▲-28-O-β-D- 吡喃木糖基 -(1 → 4)-[β-D-6-O- 乙酰葡萄糖基 -(1 → 3)]-α-L- 吡喃鼠李糖基 -(1 → 2)-β-D- 吡喃岩藻糖苷 金铁锁 Psammosilene tunicoides

3-O-β-D-galactopyranosyl-(1 → 2)-β-D-glucuronopyranosyl-gypsogenin-28-O-β-D-xylopyranosyl-(1 → 4)-[β-D-glucopyranosyl-(1 → 3)]-α-L-rhamnopyranosyl-(1 → 2)-β-D-fucopyranoside 3-O-β-D- 吡喃半乳糖基 -(1 → 2)-β-D- 吡喃葡萄糖醛酸基石头花苷元▲-28-O-β-D- 吡喃吡喃木糖基 -(1 → 4)-[β-D- 吡喃葡萄糖基 -(1 → 3)]-α-L- 吡喃鼠李糖基 -(1 → 2)-β-D- 吡喃岩藻糖苷 金铁锁 Psammosilene tunicoides

3β-O-β-D-galactopyranosyl-(1 → 3)-β-D-glucopyranosyl-gypsogenin-28-O-[β-D-glucopyranosyl-(1 → 3)-[β-D-xylopyranosyl-(1 → 4)]-α-L-rhamnopyranosyl-(1 → 2)-[β-D-fucopyranosyl-(1 → 3)]-α-L-arabinopyranosyl]ester 3β-O-β-D- 吡喃半乳糖基 -(1 → 3)-β-D- 吡喃葡萄糖基石头花苷元▲-28-O-{β-D- 吡喃葡萄糖基 -(1 → 3)-[β-D- 吡喃木糖基 -(1 → 4)]-α-L- 吡喃鼠李糖基 -(1 → 2)-[β-D- 吡喃岩藻糖基 -(1 → 3)]-α-L- 吡喃阿拉伯糖基酯 圆锥石头花 Gypsophila paniculata

3-O-β-D-galactopyranosyl-(1 → 3)-β-D-glucuronopyranosylgypsogenin-28-O-β-D-xylopyranosyl-(1 → 3)-β-D-xylopyranosyl-(1 → 4)-α-L-rhamnopyranosyl-(1 → 2)-β-D-fucopyranosyl ester 3-O-β-D- 吡喃半乳糖基 -(1 → 3)-β-D- 吡喃葡萄糖醛酸基石头花苷元▲-28-O-β-D- 吡喃木糖基 -(1 → 3)-β-D- 吡喃木糖基 -(1 → 4)-α-L- 吡喃鼠李糖基 -(1 → 2)-β-D- 吡喃岩藻糖基酯 大叶石头花 Gypsophila pacifica

O-β-D-galactopyranosyl-(1 → 4)-O-β-D-mannopyranose O-β-D- 吡喃半乳糖基 -(1 → 4)-O-β-D- 吡喃甘露糖 马钱子 Strychnos nux-vomica

2-O-β-D-galactopyranosyl-(3β,4α)-23-hydroxy-28-[(O-β-D-xylopyranosyl-(1 → 3)-O-β-D-xylopyranosyl-(1 → 4)-O-α-L-rhamnopyranosyl-(1 → 2)-β-D-xylopyranosyloxy]olean-12-en-3-O-β-D-glucopyranosidonic acid 2-O-β-D- 吡喃半乳糖基 -(3β,4α)-23- 羟基 -28-[(O-β-D- 吡喃木糖基 -(1 → 3)-O-β-D- 吡喃木糖基 -(1 → 4)-O-α-L- 吡喃鼠李糖基 -(1 → 2)-β-D- 吡喃木糖氧基] 齐墩果 -12- 烯 -3-O-β-D- 吡喃葡萄糖醛

O

酸 无患子 Sapindus saponaria

1-O-β-D-galactopyranosyl-(6→1)-α-D-galactopyranosyl-2,3-dihexadecanoylglycerol 1-O-β-D- 吡喃半乳糖基 -(6→1)-α-D- 吡喃半乳糖基 -2,3-O- 十六酸甘油二酯 蒌叶 Piper betle

4-O-β-D-galactopyranosyl-3-hydroxyl-phenylethene 4-O-β-D- 吡喃半乳糖基 -3- 羟基 - 苯乙烯 毛蕊铁线莲 Clematis lasiandra

3-O-β-D-galactopyranosylcorniculatusin 3-O-β-D- 吡喃半乳糖基百脉根素▲ 百脉根 Lotus corniculatus

4-O-β-D-galactopyranosyl-ethyl-trans-caffeate 4-O-β-D- 吡喃半乳糖基 - 乙基 - 反式 - 咖啡酸酯 毛蕊铁线莲 Clematis lasiandra

3-O-β-D-galactopyranosylhelioscopinolide A 3-O-β-D- 吡喃半乳糖基泽漆内酯 A 云南马蓝 Strobilanthes yunnanensis

3-O-β-D-galactopyranosyloxy-lup-12-en-28-oic acid 3-O-β-D- 吡喃半乳糖氧基 - 羽扇豆 -12- 烯 -28- 酸 红花 Carthamus tinctorius

1-O-β-D-galactosyl-(6→1)-α-D-galactosyl-2,3-O-hexadecanoic acid diglyceride 1-O-β-D- 半乳糖基 -(6→1)-α-D- 半乳糖基 -2,3-O- 十六酸甘油二酯 荚果蕨 Matteuccia struthiopteris

1-O-β-D-gentiotriosyl-D-mannitol 1-O-β-D- 龙胆三糖基 -D- 甘露醇 绳藻 Chorda filum

1-O-β-D-glucopyrano-2-O-oleo-3-O-hexadecanolenin 1-O-β-D- 吡喃葡萄糖基 -2-O- 油酰基 -3-O- 十六酸甘油酯 栾树 Koelreuteria paniculata

7-O-β-D-glucopyranopyranosyl-noreugenin 7-O-β-D- 吡喃葡萄糖基 - 降丁香宁 水团花 Adina pilulifera

3-O-β-D-glucopyranoside medicagenate 3-O-β-D- 吡喃葡萄糖苷苜蓿酸酯 紫苜蓿 Medicago sativa

3-(4-O-β-D-glucopyranoside-3,5-dimethoxyphenyl)-2-propen-1-ol 3-(4-O-β-D- 吡喃葡萄糖苷 -3,5- 二甲氧基苯基)-2- 丙烯 -1- 醇 大花菟丝子 Cuscuta reflexa

4-O-β-D-glucopyranoside-3-hydroxymethyl benzoate 4-O-β-D- 吡喃葡萄糖基 -3- 羟基苯甲酸甲酯 银桦 Grevillea robusta

7-O-β-D-glucopyranoside-8-(2',3'-dihydroxy-3'-methylbutyl)coumarin 8-(2',3'- 二羟基 -3'- 甲基丁基) 香豆素 -7-O-β-D- 吡喃葡萄糖苷 胀果芹 Phlojodicarpus sibiricus

(-)-1-O-β-D-glucopyranoside-8-oxotetrahydropalmatine (-)-1-O-β-D- 吡喃葡萄糖苷 -8- 氧代四氢巴马汀 小叶地不容 Stephania succifera

3-O-β-D-glucopyranosyl-1,3-dihydroxy-4,5-dimethoxyxanthone 3-O-β-D- 吡喃葡萄糖基 -1,3- 二羟基 -4,5- 二甲氧基呫酮 獐牙菜 Swertia bimaculata

(1'S,6'R)-8-O-β-D-glucopyranosyl abscisate sodium (1'S,6'R)-8-O-β-D- 吡喃葡萄糖基脱落酸钠盐 印度榕 Ficus elastica

4-O-β-D-glucopyranosyl coumaric acid 4-O-β-D- 吡喃葡萄糖基香豆酸 槲蕨 Drynaria roosii

3-O-β-D-glucopyranosyl ethyl cholestan-22-enol 3-O-β-D- 吡喃葡萄糖基乙基胆甾 -22- 烯醇 远志 Polygala tenuifolia

3-O-β-D-glucopyranosyl-O-β-D-galactopyranosylferuloylisorhamnetin 3-O-β-D- 吡喃葡萄糖基 -O-β-D- 吡喃半乳糖基阿魏酰异鼠李素 沙枣 Elaeagnus angustifolia

7-O-β-D-glucopyranosyl-(-)-afzelechin 7-O-β-D- 吡喃葡萄糖基 -(-)- 缅茄儿茶素▲ 滇瑞香 Daphne feddei

7-O-β-D-glucopyranosyl-(-)-epiafzelechin 7-O-β-D- 吡喃葡萄糖基 -(-)- 表缅茄儿茶素▲ 黄瑞香 Daphne giraldii

3β-O-β-D-glucopyranosyl-(1→2)-[α-L-rhamnopyranosyl-(1→2)-β-D-glucopyranosyl-(1→4)]-α-L-arabinopyranosyl-13β,28-epoxy-16α-hydroxyoleanane 3β-O-β-D- 吡喃葡萄糖基 -(1→2)-[α-L- 吡喃鼠李糖基 -(1→2)-β-D- 吡喃葡萄糖基 -(1→4)]-α-L- 吡喃阿拉伯糖基 -13β,28- 环氧 -16α- 羟基齐墩果烷 紫金牛 Ardisia japonica

3-O-β-D-glucopyranosyl-(1→2)-[α-L-rhamnopyranosyl-(1→2)-β-D-glucopyranosyl-(1→4)]-α-L-arabinopyranosyl-13β,28-epoxy-3β,16α-dihydroxyoleanane 3-O-β-D- 吡喃葡萄糖基 -(1→2)-[α-L- 吡喃鼠李糖基 -(1→2)-β-D- 吡喃葡萄糖基 -(1→4)]-α-L- 吡喃阿拉伯糖基 -13β,28- 环氧 -3β,16α- 二羟基齐墩果烷 矮桃 Lysimachia clethroides

3-O-β-D-glucopyranosyl-(1→2)-[α-L-rhamnopyranosyl-(1→2)-β-D-glucopyranosyl-(1→4)]-α-L-arabinopyranosyl-3β,16α,28-trihydroxyolean-12-ene 3-O-β-D- 吡喃葡萄糖基 -(1→2)-[α-L- 吡喃鼠李糖基 -(1→2)-β-D- 吡喃葡萄糖基 -(1→4)]-α-L- 吡喃阿拉伯糖基 -3β,16α,28- 三羟基齐墩果 -12- 烯 矮桃 Lysimachia clethroides

3-O-β-D-glucopyranosyl-(1→2)-[α-L-rhamnopyranosyl-(1→4)]-α-L-arabinopyranosyl-hedetragenin-28-O-α-L-rhamnopyranosyl-(1→4)-β-D-glucopyranosyl-(1→6)-β-D-glucopyranoside 3-O-β-D- 吡喃葡萄糖基 -(1→2)-[α-L- 吡喃鼠李糖基 -(1→4)]-α-L- 吡喃阿拉伯糖基常春藤皂苷元 -28-O-α-L- 吡喃鼠李糖基 -(1→4)-β-D- 吡喃葡萄糖基 -(1→6)-β-D- 吡喃葡萄糖苷 木通 Akebia quinata

3-O-β-D-glucopyranosyl-(1→2)-[β-D-glucopyranosyl-(1→3)]-β-D-glucopyranosyl-5β(25R)-spirostan-3β,12β-diol 3-O-β-D- 吡喃葡萄糖基 -(1→2)-[β-D- 吡喃葡萄糖基 -(1→3)]-β-D- 吡喃葡萄糖基 -5β(25R)- 螺甾 -3β,12β- 二醇 凤尾丝兰 Yucca gloriosa

3-O-β-D-glucopyranosyl-(1→2)[β-D-glucopyranosyl-(1→4)]-α-L-arabinopyranosylhederagenin-28-O-α-L-rhamnopyranosyl-(1→4)-β-D-glucopyranosyl-(1→6)-β-D-glucopyranosyl ester 3-O-β-D- 吡喃葡萄糖基 -(1→2)[β-D- 吡喃葡萄糖基 -(1→4)]-α- 吡喃阿拉伯糖基常春藤皂苷元 -28-O-α-L- 吡喃鼠李糖基 -(1→4)-β-D- 吡喃葡萄糖基 -(1→6)-β-D- 吡喃葡萄糖酯苷 兴安白头翁 Pulsatilla dahurica

3-O-β-D-glucopyranosyl-(1→2)-[β-D-glucopyranosyl-1(→3)]-β-D-glucopyranosyl-(1→4)-β-D-galactopyranosyl-22-methoxy-(25R,S)-furost-5-en-3β,14α,26-triol-26-O-β-D-glucopyranoside 3-O-β-D- 吡喃葡萄糖基 -(1→2)-[β-D- 吡喃葡萄糖基 -1(→3)]-β-D- 吡喃葡萄糖基 -(1→4)-β-D- 吡喃半乳糖基 -22- 甲氧基 -(25R,S)- 呋甾 -5- 烯 -3β,14α,26- 三醇 -26-O-β-D- 吡喃葡萄糖苷 玉竹 Polygonatum odoratum

3-O-β-D-glucopyranosyl-(1→2)-[β-D-xylopyranosyl-(1→3)]-β-D-glucopyranosyl-(1→4)-galactopyranosyl-25(S)-spirost-5(6),14(15)-dien-3β-ol 3-O-β-D- 吡喃葡萄糖基 -(1→2)-[β-D- 吡喃木糖基 -(1→3)]-β-D- 吡喃葡萄糖基 -(1→4)- 吡喃半乳糖基 -25(S)- 螺甾 -5(6),14(15)- 二烯 -3β- 醇 玉竹 Polygonatum odoratum

3-O-β-D-glucopyranosyl-(1→2)-[β-D-xylopyranosyl-(1→3)]-β-D-glucopyranosyl-(1→4)-galactopyranosyl-25(S)-spirost-5(6)-en-3β,14α-diol 3-O-β-D- 吡喃葡萄糖基 -(1→2)-[β-D- 吡喃木糖基 -(1→3)]-β-D- 吡喃葡萄糖基 -(1→4)- 吡喃半乳糖基 -25(S)- 螺甾 -5(6)- 烯 -3β,14α- 二醇 玉竹 Polygonatum odoratum

3-O-β-D-glucopyranosyl-(1→2)-[β-D-xylopyranosyl-(1→3)]-β-D-glucopyranosyl-(1→4)-galactopyranosyl-25(S)-spirost-5(6)-en-3β-ol 3-O-β-D- 吡喃葡萄糖基 -(1→2)-[β-D- 吡喃木糖基 -(1→3)]-β-D- 吡喃葡萄糖基 -(1→4)- 吡喃半乳糖基 -25(S)- 螺甾 -5(6)- 烯 -3β- 醇 玉竹 Polygonatum odoratum

3-O-β-D-glucopyranosyl-(1→2)-glucopyranosyl-hederagenin-28-O-α-L-rhamnopyranosyl-(1→4)-β-D-glucopyranosyl-(1→6)-β-D-

O

glucopyranosyl 3-*O*-β-D- 吡喃葡萄糖基 -(1 → 2)-β-D- 吡喃葡萄糖基 - 常春藤皂苷元 -28-*O*-α-L- 吡喃鼠李糖基 -(1 → 4)-β-D- 吡喃葡萄糖基 -(1 → 6)-β-D- 吡喃葡萄糖苷 朝鲜白头翁 Pulsatilla cernua

(25*R*)-3β-[(*O*-β-D-glucopyranosyl-(1 → 2)-*O*-[β-D-xylopyranosyl-(1 → 3)]-*O*-β-D-glucopyranosyl-(1 → 4)-β-D-galactopyranosyl)oxy]-26-[(β-D-glucopyranosyl)oxy]-2α-hydroxycholesta-5,17-diene-16,22-dione (25*R*)-3β-[(*O*-β-D- 吡喃葡萄糖基 -(1 → 2)-*O*-[β-D- 吡喃木糖基 -(1 → 3)]-*O*-β-D- 吡喃葡萄糖基 -(1 → 4)-β-D- 吡喃半乳糖) 氧基]-26-[(β-D- 吡喃葡萄糖基) 氧基]-2α- 羟基胆甾 -5,17- 二烯 -16,22- 二酮 夜香树 Cestrum nocturnum

3-*O*-β-D-glucopyranosyl-(1 → 2)-α-L-arabinopyranosyl-(20*R*)-pregnan-5-ene-3β,20-diol 3-*O*-β-D- 吡喃葡萄糖基 -(1 → 2)-α-L- 吡喃阿拉伯糖基 -(20*R*)- 孕甾 -5- 烯 -3β,20- 二醇 鸦胆子 Brucea javanica

3β-*O*-β-D-glucopyranosyl-(1 → 2)-α-L-arabinopyranosyl-19-hydroxy-20α-urs-12-en-28-oic acid-28-*O*-β-D-glucopyranosyl ester 3β-*O*-β-D- 吡喃葡萄糖基 -(1 → 2)-α-L- 吡喃阿拉伯糖基 -19- 羟基 -20α- 熊果 -12- 烯 -28- 酸 -28-*O*-β-D- 吡喃葡萄糖基酯 枸骨 Ilex cornuta, 铁冬青 I. rotunda

3-*O*-β-D-glucopyranosyl-(1 → 2)-α-L-arabinopyranosyl-30-norolean-12,20(29)-dien-28-oic acid-*O*-α-L-rhamnopyranosyl-(1 → 4)-β-D-glucopyranosyl-(1 → 6)-β-D-glucopyranosyl ester 3-*O*-β-D- 吡喃葡萄糖基 -(1 → 2)-α-L- 吡喃阿拉伯糖基 -30- 降齐墩果 -12,20(29)- 二烯 -28- 酸 -*O*-α-L- 吡喃鼠李糖基 -(1 → 4)-β-D- 吡喃葡萄糖基 -(1 → 6)-β-D- 吡喃葡萄糖基酯 三叶木通 Akebia trifoliata

3-*O*-β-D-glucopyranosyl-(1 → 2)-α-L-arabinopyranosyl-30-norolean-12-en-28-oic acid 3-*O*-β-D- 吡喃葡萄糖基 -(1 → 2)-α-L- 吡喃阿拉伯糖基 -30- 去甲基齐墩果 -12- 烯 -28- 酸 白木通 Akebia trifoliata subsp. australis

3-*O*-β-D-glucopyranosyl-(1 → 2)-α-L-arabinopyranosylcyclamiretin A 3-*O*-β-D- 吡喃葡萄糖基 -(1 → 2)-α-L- 吡喃阿拉伯糖基仙客来亭 ▲A 点地梅 Androsace umbellata

3-*O*-β-D-glucopyranosyl-(1 → 2)-α-L-arabinopyranosylhederagenin-28-*O*-α-L-rhamnopyranosyl-(1 → 4)-β-D-glucopyranosyl-(1 → 6)-β-D-glucopyranosyl ester 3-*O*-β-D- 吡喃葡萄糖基 -(1 → 2)-α-L- 吡喃阿拉伯糖基常春藤皂苷元 -28-*O*-α-L- 吡喃鼠李糖基 -(1 → 4)-β-D- 吡喃葡萄糖基 -(1 → 6)-β-D- 吡喃葡萄糖酯苷 小花草玉梅 Anemone rivularis var. flore-minore, 兴安白头翁 Pulsatilla dahurica

3-*O*-β-D-glucopyranosyl-(1 → 2)-α-L-arabinopyranosylhederagenin-28-*O*-β-D-glucopyranosyl-(1 → 6)-β-D-glucopyranoside 3-*O*-β-D- 吡喃葡萄糖基 -(1 → 2)-α-L- 吡喃阿拉伯糖基常春藤皂苷元 -28-*O*-β-D- 吡喃葡萄糖基 -(1 → 6)-β-D- 吡喃葡萄糖苷 木通 Akebia quinata

3-*O*-β-D-glucopyranosyl-(1 → 2)-α-L-arabinopyranosylhederagenin-28-*O*-β-D-glucopyranosyl-(1 → 6)-β-D-glucopyranosylester 3-*O*-β-D- 吡喃葡萄糖基 -(1 → 2)-α-L- 吡喃阿拉伯糖基常春藤皂苷元 -28-*O*-β-D- 吡喃葡萄糖基 -(1 → 6)- 吡喃葡萄糖基酯苷 白木通 Akebia trifoliata subsp. australis

3-*O*-β-D-glucopyranosyl-(1 → 2)-α-L-arabinopyranosyloleanolic acid 3-*O*-β-D- 吡喃葡萄糖基 -(1 → 2)-α-L- 吡喃阿拉伯糖基齐墩果酸 鹅掌草 Anemone flaccida, 小花草玉梅 A. rivularis var. flore-minore, 广东冬青 Ilex kwangtungensis

3-*O*-β-D-glucopyranosyl-(1 → 2)-α-L-arabinopyranosyloleanolic acid-28-*O*-α-L-rhanopyranosyl-(1 → 4)-β-D-glucopyranosyl-(1 → 6)-β-D-glucopyranosylester 3-*O*-β-D- 吡喃葡萄糖基 -(1 → 2)-α-L- 吡喃阿拉伯糖基齐墩果酸 -28-*O*-α-L- 吡喃鼠李糖基 -(1 → 4)-β-D- 吡喃葡萄糖基 -(1 → 6)-β-D- 吡喃葡萄糖基酯苷 三叶木通 Akebia trifoliata

3-*O*-β-D-glucopyranosyl-(1 → 2)-α-L-arabinopyranosyloleanolicacid-28-*O*-α-L-rhamnopyranosyl-(1 → 4)-β-D-glucopyranosyl-(1 → 6)-β-D-glucopyranosyl ester 3-*O*-β-D- 吡喃葡萄糖基 -(1 → 2)-α-L- 吡喃阿拉伯糖基 - 齐墩果酸皂苷元 -28-*O*-α-L- 吡喃鼠李糖基 -(1 → 4)-β-D- 吡喃葡萄糖基 -(1 → 6)-β-D- 吡喃葡萄糖基酯苷 小花草玉梅 Anemone rivularis var. flore-minore

3-*O*-β-D-glucopyranosyl-(1 → 2)-α-L-rhamnopyranosyl-(1 → 4)-α-L-arabinopyranosylhederagenin-28-α-L-rhamnopyranosyl-(1 → 4)-β-D-glucopyranosyl-(1 → 6)-β-D-glucopyranosylester 3-*O*-β-D- 吡喃葡萄糖基 -(1 → 2)-*O*-α-L- 吡喃鼠李糖基 -(1 → 4)-α-L- 吡喃阿拉伯糖基常春藤皂苷元 -28-α-L- 吡喃鼠李糖基 -(1 → 4)-β-D- 吡喃葡萄糖基 -(1 → 6)-β-D- 吡喃葡萄糖基酯苷 白木通 Akebia trifoliata subsp. australis

3-*O*-β-D-glucopyranosyl-(1 → 2)-α-L-xylopyranosyloleanolic acid 3-*O*-β-D- 吡喃葡萄糖基 -(1 → 2)-α-L- 吡喃木糖基齐墩果酸 鹅掌草 Anemone flaccida

3-*O*-β-D-glucopyranosyl-(1 → 2)-β-D-galactopyranosyl-5β-(25*R*)-spirostan-2β,3β,12β-triol 3-*O*-β-D- 吡喃葡萄糖基 -(1 → 2)-β-D- 吡喃半乳糖基 -5β-(25*R*)- 螺甾 -2β,3β,12β- 三醇 凤尾丝兰 Yucca gloriosa

3-*O*-β-D-glucopyranosyl-(1 → 2)-β-D-galactopyranosyl-5β(25*R*)-spirostan-3β,12β-diol 3-*O*-β-D- 吡喃葡萄糖基 -(1 → 2)-β-D- 吡喃半乳糖基 -5β (25*R*)- 螺甾 -3β,12β- 二醇 凤尾丝兰 Yucca gloriosa

3-*O*-β-D-glucopyranosyl-(1 → 2)-β-D-galactopyranosylhederagenin-28-*O*-α-L-rhamnopyranosyl-(1 → 4)-β-D-glucopyranosyl-(1 → 6)-β-D-glucopyranosyl ester 3-*O*-β-D- 吡喃葡萄糖基 -(1 → 2)-β-D- 吡喃半乳糖基常春藤皂苷元 -28-*O*-α-L- 吡喃鼠李糖基 -(1 → 4)-β-D- 吡喃葡萄糖基 -(1 → 6)-β-D- 吡喃葡萄糖酯苷 掌叶白头翁 Pulsatilla patens var. multifida

3-*O*-β-D-glucopyranosyl-(1 → 2)-β-D-galactopyranosylhederagenin-28-*O*-β-D-glucopyranosyl ester 3-*O*-β-D- 吡喃葡萄糖基 -(1 → 2)-β-D- 吡喃半乳糖基常春藤皂苷元 -28-*O*-β-D- 吡喃葡萄糖酯苷 掌叶白头翁 Pulsatilla patens var. multifida

3-*O*-β-D-glucopyranosyl-(1 → 2)-β-D-galactopyranosyl-oleanolic acid-28-*O*-α-L-rhamnopyranosyl-(1 → 4)-β-D-glucopyranosyl-(1 → 6)-β-D-glucopyranosyl ester 3-*O*-β-D- 吡喃葡萄糖基 -(1 → 2)-β-D- 吡喃半乳糖基齐墩果酸 -28-*O*-α-L- 吡喃鼠李糖基 -(1 → 4)-β-D- 吡喃葡萄糖基 -(1 → 6)-β-D- 吡喃葡萄糖酯苷 掌叶白头翁 Pulsatilla patens var. multifida

3β-*O*-β-D-glucopyranosyl(1 → 2)-β-D-glucopyranosyl(1 → 3)-α-L-arabinopyranosyl-hederagenin 3β-*O*-β-D- 吡喃葡萄糖基 -(1 → 2)-β-D- 吡喃葡萄糖基 -(1 → 3)-α-L- 吡喃阿拉伯糖基常春藤皂苷元 辽东楤木 Aralia elata var. glabrescens

3-*O*-β-D-glucopyranosyl-(1 → 2)-β-D-glucopyranosyl-(1 → 4)-α-L-arabinopyranosyloleanolic acid-28-*O*-α-L-rhamnopyranosyl-(1 → 4)-β-D-glucopyranosyl-(1 → 6)-β-D-glucopyranoside 3-*O*-β-D- 吡喃葡萄糖基 -(1 → 2)-β-D- 吡喃葡萄糖基 -(1 → 4)-α-L- 吡喃阿拉伯糖基齐墩果酸 -28-*O*-α-L- 吡喃鼠李糖基 -(1 → 4)-β-D- 吡喃葡萄糖基 -(1 → 6)-β-D- 吡喃葡萄糖苷 卵叶银莲花 Anemone begoniifolia

3-*O*-β-D-glucopyranosyl-(1 → 2)-β-D-glucopyranosyl-(1 → 4)-β-D-galactopyranoside-(25ξ)-solanidan-3β,23β-diol 3-*O*-β-D- 吡喃葡萄糖基 -(1 → 2)-β-D- 吡喃葡萄糖基 -(1 → 4)-β-D- 吡喃半乳糖苷 -(25ξ)- 茄甾 -3β,23β- 二醇 白英 Solanum lyratum

O

3-*O*-β-D-glucopyranosyl-(1 → 2)-β-D-glucopyranosyl(1 → 6)-β-D-galactopyranosylhederagenin-28-*O*-α-L-rhamnopyranosyl-(1 → 4)-β-D-glucopyranosyl-(1 → 6)-β-D-glucopyranosyl ester 3-*O*-β-D- 吡喃葡萄糖基 -(1 → 2)-β-D- 吡喃葡萄糖基 -(1 → 6)-β-D- 吡喃半乳糖基常春藤皂苷元 -28-*O*-α-L- 吡喃鼠李糖基 -(1 → 4)-β-D- 吡喃葡萄糖基 -(1 → 6)-β-D- 吡喃葡萄糖酯苷 **掌叶白头翁 Pulsatilla patens var. multifida**

3-*O*-β-D-glucopyranosyl-(1 → 2)-β-D-glucopyranosyl-14-formylbetulinic acid-28-*O*-β-D-glucopyranoside 3-*O*-β-D- 吡喃葡萄糖基 -(1 → 2)-β-D- 吡喃葡萄糖基 -14- 醛基 - 白桦脂酸 -28-*O*-β-D- 吡喃葡萄糖苷 **密脉鹅掌柴 Heptapleurum ellipticum**

1-*O*-β-D-glucopyranosyl-(1 → 2)-β-D-glucopyranosyl-2,6-dimethoxy-4-benzenepropenol 1-*O*-β-D- 吡喃葡萄糖基 -(1 → 2)-β-D- 吡喃葡萄糖基 -2,6- 二甲氧基 -4- 苯丙烯醇 **狼毒 Stellera chamaejasme**

3-*O*-β-D-glucopyranosyl-(1 → 2)-β-D-glucopyranosyl-28-*O*-α-D-rhamnopyranosyl-(1 → 2)[β-D-glucopyranosyl-(1 → 6)]-β-D-glucopyranosy-21β,22α-dihydroxyl-olean-12-ene 3-*O*-β-D- 吡喃葡萄糖基 -(1 → 2)-β-D- 吡喃葡萄糖基 -28-*O*-α-D- 吡喃鼠李糖基 -(1 → 2)[β-D- 吡喃葡萄糖基 -(1 → 6)]-β-D- 吡喃葡萄糖基 -21β,22α- 二羟基齐墩果 -12- 烯 **文冠果 Xanthoceras sorbifolium**

3-*O*-β-D-glucopyranosyl-(1 → 2)-β-D-glucopyranosylhederagenin 3-*O*-β-D- 吡喃葡萄糖基 -(1 → 2)-β-D- 吡喃葡萄糖基 - 常春藤皂苷元 **辽东楤木 Aralia elata var. glabrescens**

3β-*O*-β-D-glucopyranosyl-(1 → 2)-β-D-glucopyranosylhederagenin 3β-*O*-β-D- 吡喃葡萄糖基 -(1 → 2)-β-D- 吡喃葡萄糖基常春藤皂苷元 **辽东楤木 Aralia elata var. glabrescens**

3-*O*-β-D-glucopyranosyl-(1 → 2)-β-D-glucopyranosylpresenegenin-28-*O*-β-D-xylopyranosyl-(1 → 4)-α-L-rhamnopyranosyl-(1 → 2)-β-D-3,4-diacetylfucopyranosyl ester 3-*O*-β-D- 吡喃葡萄糖基 -(1 → 2)-β-D- 吡喃葡萄糖基前美远志苷元 -28-*O*-β-D- 吡喃木糖基 -(1 → 4)-α-L- 吡喃鼠李糖基 -(1 → 2)-β-D-3,4- 二乙酰吡喃岩藻糖酯苷 **黄花倒水莲 Polygala fallax**

3-*O*-β-D-glucopyranosyl-(1 → 2)-β-D-glucopyranosylpresenegenin-28-*O*-β-D-xylopyranosyl-(1 → 4)-α-L-rhamnopyranosyl-(1 → 2)-β-D-3-*O*-acetylfucopyranosyl ester 3-*O*-β-D- 吡喃葡萄糖基 -(1 → 2)-β-D- 吡喃葡萄糖基前美远志苷元 -28-*O*-β-D- 吡喃木糖基 -(1 → 4)-α-L- 吡喃鼠李糖基 -(1 → 2)-β-D-3-*O*- 乙酰吡喃岩藻糖酯苷 **黄花倒水莲 Polygala fallax**

3-*O*-β-D-glucopyranosyl-(1 → 2)-β-D-glucopyranosylpresenegenin-28-*O*-β-D-xylopyranosyl-(1 → 4)-α-L-rhamnopyranosyl-(1 → 2)-β-D-4-*O*-acetylfucopyranosyl ester 3-*O*-β-D- 吡喃葡萄糖基 -(1 → 2)-β-D- 吡喃葡萄糖基前美远志苷元 -28-*O*-β-D- 吡喃木糖基 -(1 → 4)-α-L- 吡喃鼠李糖基 -(1 → 2)-β-D-4-*O*- 乙酰吡喃岩藻糖酯苷 **黄花倒水莲 Polygala fallax**

3-*O*-β-D-glucopyranosyl-(1 → 2)-β-D-glucopyranosylpresenegenin-28-*O*-β-D-xylopyranosyl-(1 → 4)-α-L-rhamnopyranosyl-(1 → 2)-β-D-fucopyranosyl ester 3-*O*-β-D- 吡喃葡萄糖基 -(1 → 2)-β-D- 吡喃葡萄糖基前美远志苷元 -28-*O*-β-D- 吡喃木糖基 -(1 → 4)-α-L- 吡喃鼠李糖基 -(1 → 2)-β-D- 吡喃岩藻糖酯苷 **黄花倒水莲 Polygala fallax**

3-*O*-β-D-glucopyranosyl-(1 → 2)-β-D-glucopyranosylsubprogenin D 3-*O*-β-D- 吡喃葡萄糖基 -(1 → 2)-β-D- 吡喃葡萄糖基越南槐苷元 ▲D **相思子 Abrus precatorius**

3-*O*-β-D-glucopyranosyl-(1 → 2)-β-D-glucuronopyranosyl-21-*O*-acetyl-22-*O*-angeloyl-R_1-barrigenol 3-*O*-β-D- 吡喃葡萄糖基 -(1 → 2)-β-D- 吡喃葡萄糖醛酸基 -21-*O*- 乙酰基 -22-*O*- 当归酰基 -R_1- 玉蕊精醇 ▲ **扁叶刺芹 Eryngium planum**

3-*O*-β-D-glucopyranosyl-(1 → 2)-β-D-glucuronopyranosyl-22-*O*-angeloyl-A_1-barrigenol 3-*O*-β-D- 吡喃葡萄糖基 -(1 → 2)-β-D- 吡喃葡萄糖醛酸基 -22-*O*- 当归酰基 -A_1- 玉蕊精醇 ▲ **扁叶刺芹 Eryngium planum**

3-*O*-β-D-glucopyranosyl-(1 → 2)-β-D-glucuronopyranosyl-22-*O*-angeloyl-R_1-barrigenol 3-*O*-β-D- 吡喃葡萄糖基 -(1 → 2)-β-D- 吡喃葡萄糖醛酸基 -22-*O*- 当归酰基 -R_1- 玉蕊精醇 ▲ **扁叶刺芹 Eryngium planum**

3β-*O*-β-D-glucopyranosyl-(1 → 2)-β-D-glucuronopyranosyl-gypsogenin-28-*O*-β-D-glucopyranosyl-(1 → 3)-[β-D-xylopyranosyl-(1 → 4)]-α-L-rhamnopyranosyl-(1 → 2)-β-D-fucopyranoside 3β-*O*-β-D- 吡喃葡萄糖基 -(1 → 2)-β-D- 吡喃葡萄糖醛酸基石头花苷元 ▲-28-*O*-β-D- 吡喃葡萄糖基 -(1 → 3)-[β-D- 吡喃木糖基 -(1 → 4)]-α-L- 吡喃鼠李糖基 -(1 → 2)-β-D- 吡喃岩藻糖苷 **圆锥石头花 Gypsophila paniculata**

3-*O*-β-D-glucopyranosyl-(1 → 2)-β-D-glucuropyranosyl-oleanolic acid-28-*O*-β-D-glucopyranosyl-(1 → 6)-β-D-glucopyranoside 3-*O*-β-D- 吡喃葡萄糖基 -(1 → 2)-β-D- 吡喃葡萄糖醛酸基齐墩果酸 -28-*O*-β-D- 吡喃葡萄糖基 -(1 → 6)-β-D- 吡喃葡萄糖苷 **巨花雪胆 Hemsleya gigantha**

3-*O*-β-D-glucopyranosyl(1 → 3)-[α-L-rhamnopyranosyl(1 → 2)]-α-L-arabinopyranosyl-urs-12,19(29)-dien-28-oic acid-28-*O*-α-L-rhamnopyranosyl(1 → 2)-β-D-glucopyranosyl ester 3-*O*-β-D- 吡喃葡萄糖基 (1 → 3)-[α-L- 吡喃鼠李糖基 (1 → 2)]-α-L- 吡喃阿拉伯糖基 - 熊果 -12,19(29)- 二烯 -28- 酸 -28-*O*-α-L- 吡喃鼠李糖基 (1 → 2)-β-D- 吡喃葡萄糖基酯 **扣树 Ilex kaushue**

3-*O*-β-D-glucopyranosyl-(1 → 3)-*O*-(β-D-glucopyranosyloleanolic acid)-28-*O*-β-D-glucuronopyranoside 3-*O*-β-D- 吡喃葡萄糖基 -(1 → 3)-*O*-(β-D- 吡喃葡萄糖基齐墩果酸)-28-*O*-β-D- 吡喃葡萄糖醛酸苷 **喜旱莲子草 Alternanthera philoxeroides**

3β-[(*O*-β-D-glucopyranosyl-(1 → 3)-*O*-α-L-rhamnopyranosyl-(1 → 2)-α-L-arabinopyranosyl)oxy]lup-20(29)-en-28-oic acid 3β-[(*O*-β-D- 吡喃葡萄糖基 -(1 → 3)-*O*-α-L- 吡喃鼠李糖基 -(1 → 2)-α-L- 吡喃阿拉伯糖基) 氧基] 羽扇豆 -20(29)- 烯 -28- 酸 **朝鲜白头翁 Pulsatilla cernua**

3β-*O*-β-D-glucopyranosyl-(1 → 3)-*O*-α-L-rhamnopyranosyl-(1 → 2)-α-L-arabinopyranosyloxy-oleanolic acid 3β-*O*-β-D- 吡喃葡萄糖基 -(1 → 3)-*O*-α-L- 吡喃鼠李糖基 -(1 → 2)-α-L- 吡喃阿拉伯糖氧基 - 齐墩果酸 **辽东楤木 Aralia elata var. glabrescens**

3-*O*-β-D-glucopyranosyl-(1 → 3)-*O*-α-L-rhamnopyranosyl-(1 → 2)-α-L-arabinopyranosyloxy-oleanolic acid-6-*O*-β-D-glucopyranosyl-β-D-glucopyranosyl ester 3-*O*-β-D- 吡喃葡萄糖基 -(1 → 3)-*O*-α-L- 吡喃鼠李糖基 -(1 → 2)-α-L- 吡喃阿拉伯糖基 - 齐墩果酸 -6-*O*-β-D- 吡喃葡萄糖基 -β-D- 吡喃葡萄糖基酯 **辽东楤木 Aralia elata var. glabrescens**

3β-[(*O*-β-D-glucopyranosyl-(1 → 3)-*O*-β-D-glucopyranosyl-(1 → 2)-*O*-[β-D-xylopyranosyl-(1 → 3)]-*O*-β-D-glucopyranosyl-(1 → 4)-β-D-galactopyranosyl)oxy]-16β-[[(4*R*)-5-β-D-glucopyranosyloxyl-4-methyl-1-oxopentyl]oxy]-2α-hydroxypregn-5-en-20-one 3β-[(*O*-β-D- 吡喃葡萄糖基 -(1 → 3)-*O*-β-D- 吡喃葡萄糖基 -(1 → 2)-*O*-[β-D- 吡喃木糖基 -(1 → 3)]-*O*-β-D- 吡喃葡萄糖基 -(1 → 4)-β-D- 吡喃半乳糖氧基]-16β-[[(4*R*)-5-β-D- 吡喃葡萄糖氧基 -4- 甲基 -1- 氧代戊基] 氧基]-2α- 羟基孕甾 -5- 烯 -20- 酮 **夜香树 Cestrum nocturnum**

(25*R*)-3β-[(*O*-β-D-glucopyranosyl-(1 → 3)-*O*-β-D-glucopyranosyl-(1 → 2)-*O*-[β-D-xylopyranosyl-(1 → 3)]-*O*-β-D-glucopyranosyl-(1 → 4)-β-D-galactopyranosyl)-oxy]-26-[(β-D-glucopyranosyl)oxy]-2α-hydroxycholesta-5,17-diene-16,22-dione (25*R*)-3β-[(*O*-β-D- 吡喃葡萄糖基 -(1 → 3)-

3-*O*-β-D-glucopyranosyl-(1 → 3)-β-D-glucopyranosyl-(1 → 3)-α-L-arabinopyranosylechinocystic acid 3-*O*-β-D- 吡喃葡萄糖基 -(1 → 3)-β-D- 吡喃葡萄糖基 -(1 → 3)-α-L- 吡喃阿拉伯糖基刺囊酸 辽东楤木 Aralia elata var. glabrescens

3-*O*-β-D-glucopyranosyl-(1 → 3)-β-D-glucopyranosyl-(1 → 3)-β-D-glucopyranosyl-16α-hydroxy-oleanolic acid-28-*O*-β-D-glucopyranosyl ester 3-*O*-β-D- 吡喃葡萄糖基 -(1 → 3)-β-D- 吡喃葡萄糖基 -(1 → 3)-β-D- 吡喃葡萄糖基 -16α- 羟基齐墩果酸 -28-*O*-β-D- 吡喃葡萄糖基酯 辽东楤木 Aralia elata var. glabrescens

3-*O*-β-D-glucopyranosyl-(1 → 3)-β-D-glucopyranosyl-(1 → 3)-β-D-glucopyranosyl-echinocystic acid 3-*O*-β-D- 吡喃葡萄糖基 -(1 → 3)-β-D- 吡喃葡萄糖基 -(1 → 3)-β-D- 吡喃葡萄糖基 - 刺囊酸 辽东楤木 Aralia elata var. glabrescens

3-*O*-β-D-glucopyranosyl-(1 → 3)-β-D-glucopyranosyl-(1 → 3)-β-D-glucopyranosyl-oleanolic acid 3-*O*-β-D- 吡喃葡萄糖基 -(1 → 3)-β-D- 吡喃葡萄糖基 -(1 → 3)-β-D- 吡喃葡萄糖基 - 齐墩果酸 辽东楤木 Aralia elata var. glabrescens

3-*O*-β-D-glucopyranosyl-(1 → 3)-β-D-glucopyranosyl-(1 → 3)-β-D-glucopyranosyl-oleanolic acid-28-*O*-β-D-glucopyranoside 3-*O*-β-D- 吡喃葡萄糖基 -(1 → 3)-β-D- 吡喃葡萄糖基 -(1 → 3)-β-D- 吡喃葡萄糖基 - 齐墩果酸 -28-*O*-β-D- 吡喃葡萄糖基苷 辽东楤木 Aralia elata var. glabrescens

3-*O*-β-D-glucopyranosyl-(1 → 3)-β-D-glucopyranosyl-28-*O*-β-D-glucopyranosyloleanolic acid 3-*O*-β-D- 吡喃葡萄糖基 -(1 → 3)-β-D- 吡喃葡萄糖基 -28-*O*-β-D- 吡喃葡萄糖基齐墩果酸 苍白秤钩风 Diploclisia glaucescens

3-*O*-β-D-glucopyranosyl-(1 → 3)-β-D-glucopyranosyl-2β,12α,16α,23α-tetrahydroxyoleanane-28(13)-lactone 3-*O*-β-D- 吡喃葡萄糖基 -(1 → 3)-β-D- 吡喃葡萄糖基 -2β,12α,16α,23α- 四羟基齐墩果烷 -28(13)- 内酯 桔梗 Platycodon grandiflorus

3-*O*-β-D-glucopyranosyl-(1 → 3)-β-D-glucopyranosyl-hederagenin-28-*O*-β-D-glucopyranosyl ester 3-*O*-β-D- 吡喃葡萄糖基 -(1 → 3)-β-D- 吡喃葡萄糖基 - 常春藤皂苷元 -28-*O*-β-D- 吡喃葡萄糖基酯 辽东楤木 Aralia elata var. glabrescens

3-*O*-β-D-glucopyranosyl-(1 → 3)-β-D-glucopyranosyloleanolic acid 3-*O*-β-D- 吡喃葡萄糖基 -(1 → 3)-β-D- 吡喃葡萄糖基齐墩果酸 广东冬青 Ilex kwangtungensis

3β-*O*-β-D-glucopyranosyl-(1 → 3)-β-D-glucopyranosyloleanolic acid-28-*O*-β-D-glucopyranosyl ester 3β-*O*-β-D- 吡喃葡萄糖基 -(1 → 3)-β-D- 吡喃葡萄糖基齐墩果酸 -28-*O*-β-D- 吡喃葡萄糖基酯 辽东楤木 Aralia elata var. glabrescens

3-*O*-β-D-glucopyranosyl-(1 → 3)-β-D-glucuronopyranoside-28-*O*-β-D-glucopyranosyl-oleanolic acid methyl ester 3-*O*-β-D- 吡喃葡萄糖基 -(1 → 3)-β-D- 吡喃葡萄糖醛酸苷 -28-*O*-β-D- 吡喃葡萄糖基 - 齐墩果酸甲酯 屏边三七 Panax stipuleanatus

3-*O*-β-D-glucopyranosyl-(1 → 3)-β-D-xylopyranosyl-(1 → 2)-[α-L-rhamnopyranosyl-(1 → 3)]-β-D-glucopyranosyl-(1 → 4)-[β-D-glucopyranosyl-(1 → 2)]-α-L-arabinopyranosyl-3β,16α,28,30-tetrahydroxy-olean-12-ene 3-*O*-β-D- 吡喃葡萄糖基 -(1 → 3)-β-D- 吡喃木糖基 -(1 → 2)-[α-L- 吡喃鼠李糖基 -(1 → 3)]-β-D- 吡喃葡萄糖基 -(1 → 4)-[β-D- 吡喃葡萄糖基 -(1 → 2)]-α-L- 吡喃阿拉伯糖基 -3β,16α,28,30- 四羟基 - 齐墩果 -12- 烯 走马胎 Ardisia gigantifolia

3-*O*-β-glucopyranosyl-(1 → 3)-β-glucuronopyranosyl-3β,15α-dihydroxy-oleana-12-en-16-one 3-*O*-β- 吡喃葡萄糖基 -(1 → 3)-β- 吡喃葡萄糖醛酸基 -3β,15α- 二羟基 - 齐墩果 -12- 烯 -16- 酮 苦葛 Pueraria peduncularis

3-*O*-β-D-glucopyranosyl-(1 → 4)-*O*-[*O*-α-L-rhamnopyranosyl-(1 → 2)-β-D-glucopyranosyl-(1 → 2)-β-D-glucuronopyranosyl-protoprimulagenin] 3-*O*-β-D- 吡喃葡萄糖基 -(1 → 4)-*O*-[*O*-α-L- 吡喃鼠李糖基 -(1 → 2)-β-D- 吡喃葡萄糖基 -(1 → 2)-β-D- 吡喃葡萄糖醛酸 - 原报春花苷元] 峨眉报春 Primula faberi

3β-[(*O*-β-D-glucopyranosyl-(1 → 4)-*O*-[*O*-β-D-glucopyranosyl-(1 → 3)-α-L-rhamnopyranosyl]-α-L-arabinopyranosyl)oxy]-oleanolic acid 3β-[(*O*-β-D- 吡喃葡萄糖基 -(1 → 4)-*O*-[*O*-β-D- 吡喃葡萄糖基 -(1 → 3)-α-L- 吡喃鼠李糖基]-α-L- 吡喃阿拉伯糖基) 氧基]- 齐墩果酸 白头翁 Pulsatilla chinensis

3-*O*-β-D-glucopyranosyl-(1 → 4)-*O*-α-L-rhamnopyranosyl-(1 → 2)-[*O*-β-D-glucopyranosyl-(1 → 4)]-*O*-α-L-arabinopyranosyl-oleanolic acid 3-*O*-β-D- 吡喃葡萄糖基 -(1 → 4)-*O*-α-L- 吡喃鼠李糖基 -(1 → 2)-[*O*-β-D- 吡喃葡萄糖基 -(1 → 4)]-*O*-α-L- 吡喃阿拉伯糖基 - 齐墩果酸 朝鲜白头翁 Pulsatilla cernua

(6*S*,13*S*)-6-[6-*O*-β-D-glucopyranosyl-(1 → 4)-*O*-α-L-rhamnopyranosyl]-13-[α-L-rhamnopyranosyl-(1 → 4)-*O*-β-D-fucopyranosyl]-cleroda-3,14-diene (6*S*,13*S*)-6-[6-*O*-β-D- 吡喃葡萄糖基 -(1 → 4)-*O*-α-L- 吡喃鼠李糖基]-13-[α-L- 吡喃鼠李糖基 -(1 → 4)-*O*-β-D- 吡喃岩藻糖]- 赪桐 -3,14- 二烯 大芒萁 Dicranopteris ampla

3β-[*O*-β-D-glucopyranosyl-(1 → 4)-*O*-β-D-digitoxopyranosyl]-5β-hydroxy-15(14 → 8)-abeo-(8*S*)-14-oxo-card-20(22)-enolide 3β-[*O*-β-D- 吡喃葡萄糖基 -(1 → 4)-*O*-β-D- 吡喃洋地黄毒糖基]-5β- 羟基 -15(14 → 8)- 移 -(8*S*)-14- 氧代 - 强心甾 -20(22)- 烯内酯 黑龙骨 Periploca forrestii

3β-[(*O*-β-D-glucopyranosyl-(1 → 4)-*O*-β-D-glucopyranosyl-(1 → 4)-β-D-glucopyranosyl)oxy]-olean-12-en-28-oic acid-β-D-glucopyranosyl ester 3β-[(*O*-β-D- 吡喃葡萄糖基 -(1 → 4)-*O*-β-D- 吡喃葡萄糖基 -(1 → 4)-β-D- 吡喃葡萄糖氧基]- 齐墩果 -12- 烯 -28- 酸 -β-D- 吡喃葡萄糖基酯苷 银胶菊 Parthenium hysterophorus

3β-[*O*-β-D-glucopyranosyl-(1 → 4)-*O*-β-D-glucopyranosyl]-5α,14β,17β-trihydroxycard-20(22)-enolide 3β-[*O*-β-D- 吡喃葡萄糖基 -(1 → 4)-*O*-β-D- 吡喃葡萄糖基]-5α,14β,17β- 三羟基强心甾 -20(22)- 烯内酯 夏侧金盏花 Adonis aestivalis

3β-[(*O*-β-D-glucopyranosyl-(1 → 4)-*O*-β-D-ribopyranosyl-(1 → 3)-*O*-α-L-rhamnopyranosyl-(1 → 2)-α-L-arabinopyranosyl)oxy]-21α-hydroxyoleanolic acid-28-*O*-α-L-rhamnopyranosyl-(1 → 4)-*O*-β-D-glucopyranosyl-(1 → 6)-β-D-glucopyranosyl ester 3β-[*O*-β-D- 吡喃葡萄糖基 -(1 → 4)-*O*-β-D- 吡喃核糖基 -(1 → 3)-*O*-α-L- 吡喃鼠李糖基 -(1 → 2)-α-L- 吡喃阿拉伯糖氧基]-21α- 羟基齐墩果酸 -28-*O*-α-L- 吡喃鼠李糖基 -(1 → 4)-*O*-β-D- 吡喃葡萄糖基 -(1 → 6)-β-D- 吡喃葡萄糖基酯苷 威灵仙 Clematis chinensis

3β-[(*O*-β-D-glucopyranosyl-(1 → 4)-*O*-β-D-ribopyranosyl-(1 → 3)-*O*-α-L-rhamnopyranosyl-(1 → 2)-α-L-arabinopyranosyl)oxy]-oleanolic acid 3β-[(*O*-β-D- 吡喃葡萄糖基 -(1 → 4)-*O*-β-D- 吡喃核糖基 -(1 → 3)-*O*-α-L- 吡喃鼠李糖基 -(1 → 2)-α-L- 吡喃阿拉伯糖基) 氧基]- 齐墩果酸 粗齿铁线莲 Clematis grandidentata

3β-[(*O*-β-D-glucopyranosyl-(1 → 4)-*O*-β-D-ribopyranosyl-(1 → 3)-*O*-α-L-rhamnopyranosyl-(1 → 2)-α-L-arabinopyranosyl)oxy]-oleanolic acid-28-*O*-β-D-glucopyranosyl ester 3β-[*O*-β-D- 吡喃葡萄糖基 -(1 → 4)-*O*-β-D- 吡喃核糖基 -(1 → 3)-*O*-α-L- 吡喃鼠李糖基 -(1 → 2)-α-L- 吡喃阿拉伯糖氧基]- 齐墩果酸 -28-*O*-β-D- 吡喃葡萄糖基酯苷 威灵仙 Clematis chinensis

3-*O*-β-D-glucopyranosyl-(1 → 4)-*O*-β-D-xylopyranosyl-(1 → 3)-*O*-α-L-rhamnopyranosyl-(1 → 2)-*O*-α-L-arabinopyranosyl-oleanolic acid-28-*O*-

α-L-rhamnopyranosyl-(1→4)-O-6-acetyl-β-D-glucopyranosyl-(1→6)-O-β-D-glucopyranosyl ester 3-O-β-D-吡喃葡萄糖基-(1→4)-O-β-D-吡喃木糖基-(1→3)-O-α-L-吡喃鼠李糖基-(1→2)-O-α-L-吡喃阿拉伯糖-齐墩果酸-28-O-α-L-吡喃鼠李糖基-(1→4)-β-D-吡喃葡萄糖基-(1→6)-O-6-O-乙酰基-β-D-吡喃葡萄糖基酯 白花鹅掌柴 Heptapleurum leucanthum

3-O-β-D-glucopyranosyl-(1→4)-O-β-D-xylopyranosyl-(1→3)-O-α-L-rhamnopyranosyl-(1→2)-O-α-L-arabinopyranosyl-oleanolic acid-28-O-α-L-rhamnopyranosyl-(1→4)-O-β-D-glucopyranosyl-(1→6)-O-β-D-glucopyranosyl ester 3-O-β-D-吡喃葡萄糖基-(1→4)-O-β-D-吡喃木糖基-(1→3)-O-α-L-吡喃鼠李糖基-(1→2)-O-α-L-吡喃阿拉伯糖-齐墩果酸-28-O-α-L-吡喃鼠李糖基-(1→4)-β-D-吡喃葡萄糖基-(1→6)-O-β-D-吡喃葡萄糖基酯 白花鹅掌柴 Heptapleurum leucanthum

3-O-β-D-glucopyranosyl-(1→4)-α-L-arabinopyranosyl-28-O-α-L-rhamnopyranosyl-(1→4)-β-D-glucopyranosyl-(1→6)-β-D-glucopyranosylhederagenin 3-O-β-D-吡喃葡萄糖基-(1→4)-α-L-吡喃阿拉伯糖基-28-O-α-L-吡喃鼠李糖基-(1→4)-β-D-吡喃葡萄糖基-(1→6)-β-D-吡喃葡萄糖基常春藤皂苷元 朝鲜白头翁 Pulsatilla cernua

3-O-β-D-glucopyranosyl-(1→4)-α-L-arabinopyranosyl-bayogenin-28-O-α-L-rhamnopyranosyl-(1→4)-β-D-glucopyranosyl-(1→6)-β-D-glucopyranosyl ester 3-O-β-D-吡喃葡萄糖基-(1→4)-α-L-吡喃阿拉伯糖基-栗豆树苷元▲-28-O-α-L-吡喃鼠李糖基-(1→4)-β-D-吡喃葡萄糖基-(1→6)-β-D-吡喃葡萄糖基酯苷 朝鲜白头翁 Pulsatilla cernua, 兴安白头翁 P. dahurica

3-O-β-D-glucopyranosyl-(1→4)-α-L-arabinopyranosylhederagenin 3-O-β-D-吡喃葡萄糖基-(1→4)-α-L-吡喃阿拉伯糖基常春藤皂苷元 兴安白头翁 Pulsatilla dahurica

3-O-β-D-glucopyranosyl–(1→4)-α-L-arabinopyranosylhederagenin-28-O-α-L-rhamnopyranosyl ester 3-O-β-D-吡喃葡萄糖基-(1→4)-α-L-常春藤皂苷元-28-O-α-L-吡喃鼠李糖基酯苷 甘青铁线莲 Clematis tangutica

3-O-β-D-glucopyranosyl-(1→4)-α-L-arabinopyranosylhederagenin-28-O-α-L-rhamnopyranosyl-(1→4)-β-D-glucopyranosyl-(1→6)-β-D-glucopyranoside 3-O-β-D-吡喃葡萄糖基-(1→4)-α-L-吡喃阿拉伯糖基常春藤皂苷元-28-O-α-L-吡喃鼠李糖基-(1→4)-β-D-吡喃葡萄糖基-(1→6)-β-D-吡喃葡萄糖酯苷 兴安白头翁 Pulsatilla dahurica

3-O-β-D-glucopyranosyl-(1→4)-α-L-arabinopyranosyl-hederagenin-28-O-α-L-rhamnopyranosyl-(1→4)-β-D-glucopyranosyl-(1→6)-β-D-glucopyranoside 3-O-β-D-吡喃葡萄糖基-(1→4)-α-L-吡喃阿拉伯糖基常春藤皂苷元-28-O-α-L-吡喃鼠李糖基-(1→4)-β-D-吡喃葡萄糖基-(1→6)-β-D-吡喃葡萄糖苷 兴安白头翁 Pulsatilla dahurica

3-O-β-D-glucopyranosyl-(1→4)-α-L-rhamnopyranosylcannogenin 3-O-β-D-吡喃葡萄糖基-(1→4)-α-L-吡喃鼠李糖基印第安麻苷元▲ 见血封喉 Antiaris toxicaria

3-O-β-D-glucopyranosyl-(1→4)-β-D-fucopyranoside 3-O-β-D-吡喃葡萄糖基-(1→4)-β-D-吡喃果糖苷 细叶水团花 Adina rubella

3-O-β-D-glucopyranosyl-(1→4)-β-D-fucopyranosyl-(22S,24Z)-cycloart-24-en-3β,22,26,29-tetraol-26-O-β-D-glucopyranoside 3-O-β-D-吡喃葡萄糖基-(1→4)-β-D-吡喃岩藻糖基-(22S,24Z)-环木菠萝-24-烯-3β,22,26,29-四醇-26-O-β-D-吡喃葡萄糖苷 华东唐松草 Thalictrum fortunei

3-O-β-D-glucopyranosyl-(1→4)-β-D-fucopyranosyl-(22S,24Z)-cycloart-24-en-3β,22,26,30-tetraol-26-O-β-D-glucopyranoside 3-O-β-D-吡喃葡萄糖基-(1→4)-β-D-吡喃岩藻糖基-(22S,24Z)-环木菠萝-24-烯-3β,22,26,30-四醇-26-O-β-D-吡喃葡萄糖苷 华东唐松草 Thalictrum fortunei

3-O-β-D-glucopyranosyl-(1→4)-β-D-fucopyranosyl-(22S,24Z)-cycloart-24-en-3β,22,26-triol-26-O-α-L-arabinopyranosyl-(1→6)-β-D-glucopyranoside 3-O-β-D-吡喃葡萄糖基-(1→4)-β-D-吡喃岩藻糖基-(22S,24Z)-环木菠萝-24-烯-3β,22,26-三醇-26-O-α-L-吡喃阿拉伯糖基-(1→6)-β-D-吡喃葡萄糖苷 华东唐松草 Thalictrum fortunei

3-O-β-D-glucopyranosyl-(1→4)-β-D-fucopyranosyl-(22S,24Z)-cycloart-24-en-3β,22,26-triol-26-O-β-D-glucopyranoside 3-O-β-D-吡喃葡萄糖基-(1→4)-β-D-吡喃岩藻糖基-(22S,24Z)-环木菠萝-24-烯-3β,22,26-三醇-26-O-β-D-吡喃葡萄糖苷 华东唐松草 Thalictrum fortunei

3-O-β-D-glucopyranosyl-(1→4)-β-D-fucopyranosyl-(22S,24Z)-cycloart-24-en-3β,22,26-triol-26-O-β-D-quinovopyranosyl-(1→6)-β-D-glucopyranoside 3-O-β-D-吡喃葡萄糖基-(1→4)-β-D-吡喃岩藻糖基-(22S,24Z)-环木菠萝-24-烯-3β,22,26-三醇-26-O-β-D-吡喃鸡纳糖基-(1→6)-β-D-吡喃葡萄糖苷 华东唐松草 Thalictrum fortunei

3-O-β-D-glucopyranosyl-(1→4)-β-D-fucopyranosyl-(22S,24Z)-cycloart-24-en-3β,22,26-triol-26-O-β-D-xylopyranosyl-(1→6)-β-D-glucopyranoside 3-O-β-D-吡喃葡萄糖基-(1→4)-β-D-吡喃岩藻糖基-(22S,24Z)-环木菠萝-24-烯-3β,22,26-三醇-26-O-β-D-吡喃木糖基-(1→6)-β-D-吡喃葡萄糖苷 华东唐松草 Thalictrum fortunei

3-O-β-D-glucopyranosyl-(1→4)-β-D-glucopyranosyl-(1→4)-[α-L-rhamnopyranosyl-(1→2)]-α-L-arabinopyranosyl-21α-hydroxyoleanolic acid-28-O-α-L-rhamnopyranosyl-(1→4)-β-D-glucopyranosyl-(1→6)-β-D-glucopyranosyl ester 3-O-β-D-吡喃葡萄糖基-(1→4)-β-D-吡喃葡萄糖基-(1→4)-[α-L-吡喃鼠李糖基-(1→2)]-α-L-吡喃阿拉伯糖基-21α-羟基齐墩果酸-28-O-α-L-吡喃鼠李糖基-(1→4)-β-D-吡喃葡萄糖基-(1→6)-β-D-吡喃葡萄糖基酯苷 小花草玉梅 Anemone rivularis var. flore-minore

3-O-β-D-glucopyranosyl-(1→4)-β-D-glucopyranosyl-(1→4)-β-D-ribopyranosyl-(1→3)-α-L-rhamnopyranosyl-(1→2)-α-L-arabinopyranosylhederagenin 3-O-β-D-吡喃葡萄糖基-(1→4)-β-D-吡喃葡萄糖基-(1→4)-β-D-吡喃核糖基-(1→3)-α-L-吡喃鼠李糖基-(1→2)-α-L-吡喃阿拉伯糖基常春藤皂苷元 威灵仙 Clematis chinensis

3-O-β-D-glucopyranosyl-(1→4)-β-D-glucopyranosyl-(1→4)-β-D-ribopyranosyl-(1→3)-α-L-rhamnopyranosyl-(1→2)-α-L-arabinopyranosyl-hederagenin-28-O-α-L-rhamnopyranosyl-(1→4)-β-D-glucopyranosyl-(1→6)-β-D-glucopyranoside 3-O-β-D-吡喃葡萄糖基-(1→4)-β-D-吡喃葡萄糖基-(1→4)-β-D-吡喃核糖基-(1→3)-α-L-吡喃鼠李糖基-(1→2)-α-L-吡喃阿拉伯糖基常春藤皂苷元-28-O-α-L-吡喃鼠李糖基-(1→4)-β-D-吡喃葡萄糖基-(1→6)-β-D-吡喃葡萄糖苷 威灵仙 Clematis chinensis

3-O-β-D-glucopyranosyl-(1→4)-β-D-glucopyranosyl-(25R)-5β-furost-1β,3β,22α,26-tetrol-26-O-β-D-glucopyranoside 3-O-β-D-吡喃葡萄糖基-(1→4)-β-D-吡喃葡萄糖基-(25R)-5β-呋甾-1β,3β,22α,26-四醇-26-O-β-D-吡喃葡萄糖苷 开口箭 Tupistra chinensis

3-O-β-D-glucopyranosyl-(1→4)-β-D-glucopyranosyl-(25S)-5β-furost-1β,3β,22α,26-tetrol-26-O-β-D-glucopyranoside 3-O-β-D-吡喃葡萄糖基-(1→4)-β-D-吡喃葡萄糖基-(25S)-5β-呋甾-1β,3β,22α,26-四醇-26-O-β-D-吡喃葡萄糖苷 开口箭 Tupistra chinensis

3-O-β-D-glucopyranosyl-(1→4)-β-D-glucopyranosylechinocystic acid 3-O-β-D-吡喃葡萄糖基-(1→4)-β-D-吡喃葡萄糖基刺囊酸 辽东楤

O

木 Aralia elata var. glabrescens

3-*O*-*β*-D-glucopyranosyl-(1 → 4)-*β*-D-glucopyranosyl-oleanolic acid 3*β*-*O*-*β*-D- 吡喃葡萄糖基 -(1 → 4)-*β*-D- 吡喃葡萄糖基 - 齐墩果酸 辽东楤木 Aralia elata var. glabrescens

3-*O*-*β*-D-glucopyranosyl-(1 → 4)-*β*-D-glucopyranosyl-oleanolic acid-28-*O*-*β*-D-glucopyranosyl ester 3-*O*-*β*-D- 吡喃葡萄糖基 -(1 → 4)-*β*-D- 吡喃葡萄糖基 - 齐墩果酸 28-*O*-*β*-D- 吡喃葡萄糖基酯 辽东楤木 Aralia elata var. glabrescens

3-*O*-*β*-D-glucopyranosyl-(1 → 4)-*β*-D-glucuronopyranosyl-hederagenin-28-*O*-*β*-D-glucopyranosyl ester 3-*O*-*β*-D- 葡萄糖基 -(1 → 4)-*β*-D- 葡萄糖醛酸基 - 常春藤苷元 -28-*O*-*β*-D- 葡萄糖基酯苷 千年健 Homalomena occulta

3-*O*-*β*-D-glucopyranosyl-(1 → 4)-*β*-D-glucuronopyranosyl-oleanolic acid 3-*O*-*β*-D- 吡喃葡萄糖基 -(1 → 4)-*β*-D- 吡喃葡萄糖醛酸基齐墩果酸 细刺枸骨 Ilex hylonoma

3-*O*-*β*-D-glucopyranosyl-(1 → 4)-*β*-D-glucuronopyranosyl-oleanolic acid-28-*O*-*β*-D-glucopyranoside 3-*O*-*β*-D- 吡喃葡萄糖基 -(1 → 4)-*β*-D- 吡喃葡萄糖醛酸基齐墩果酸 -28-*O*-*β*-D- 吡喃葡萄糖苷 细刺枸骨 Ilex hylonoma

3-*O*-*β*-D-glucopyranosyl-(1 → 4)-*β*-D-ribopyranosyl-(1 → 3)-*α*-L-rhamnopyranosyl-(1 → 2)-*α*-L-arabinopyranosylhederagenin 3-*O*-*β*-D- 吡喃葡萄糖基 -(1 → 4)-*β*-D- 吡喃核糖基 -(1 → 3)-*α*-L- 吡喃鼠李糖基 -(1 → 2)-*α*-L- 吡喃阿拉伯糖基常春藤皂苷元 威灵仙 Clematis chinensis

3-*O*-*β*-D-glucopyranosyl-(1 → 4)-*β*-D-ribopyranosyl-(l → 3)-*α*-L-rhamnopyranosyl-(1 → 2)-*α*-L-arabinopyranosyloleanolic acid 3-*O*-*β*-D- 吡喃葡萄糖基 -(1 → 4)-*β*-D- 吡喃核糖基 -(l → 3)-*α*-L- 吡喃鼠李糖基 -(1 → 2)-*α*-L- 吡喃阿拉伯糖基齐墩果酸 威灵仙 Clematis chinensis

3-*O*-*β*-D-glucopyranosyl-(1 → 6)-(2'-angeloyl)-*β*-D-glucopyranosyl-28-*O*-*β*-D-glucopyranosyl-(1 → 6)[*α*-L-rhamnopyranosyl-(1 → 2)-*β*-D-glucopyranosyl]-16-deoxybarringtogenol C 3-*O*-*β*-D- 吡喃葡萄糖基 -(1 → 6)-(2'- 当归酰基)-*β*-D- 吡喃葡萄糖基 -28-*O*-*β*-D- 吡喃葡萄糖基 -(1 → 6)[*α*-L- 吡喃鼠李糖基 -(1 → 2)-*β*-D- 吡喃葡萄糖基]-16- 去氧玉蕊皂醇 ▲C 文冠果 Xanthoceras sorbifolium

3-*O*-*β*-D-glucopyranosyl-(1 → 6)-[angeloyl-(1 → 2)]-*β*-D-glucopyranosyl-28-*O*-*α*-L-rhamnopyranosyl-(1 → 2)-[*β*-D-glucopyranosyl-(1 → 6)]-*β*-D-glucopyranosyl-21*β*,22*α*-dihydroxyl-olean-12-ene 3-*O*-*β*-D- 吡喃葡萄糖基 -(1 → 6)-[当归酰基 -(1 → 2)]-*β*-D- 吡喃葡萄糖基 -28-*O*-*α*-L- 吡喃鼠李糖基 -(1 → 2)-[*β*-D- 吡喃葡萄糖基 -(1 → 6)]-*β*-D- 吡喃葡萄糖基 -21*β*,22*α*- 二羟基齐墩果 -12- 烯 文冠果 Xanthoceras sorbifolium

3-*O*-*β*-D-glucopyranosyl-(1 → 6)[*α*-L-arabinofuranosy-(1 → 2)]-*β*-D-glucopyranosyl-21,22-di-*O*-angeloyl-R_1-barringenol 3-*O*-*β*-D- 吡喃葡萄糖基 -(1 → 6)[*α*-L- 呋喃阿拉伯糖基 -(1 → 2)]-*β*-D- 吡喃葡萄糖基 -21,22- 二 -*O*- 当归酰基 -R_1- 玉蕊精醇 ▲ 文冠果 Xanthoceras sorbifolium

3*β*-[(*O*-*β*-D-glucopyranosyl-(1 → 6)-*O*-*β*-D-glucopyranosyl-(1 → 4)-2,6-dideoxy-3-*O*-methyl-*α*-L-ribo-hexopyranosyl)oxy]-14-hydroxy-(5*β*,17*α*)-card-20(22)-enolide 3*β*-[*O*-*β*-D- 吡喃葡萄糖基 -(1 → 6)-*O*-*β*-D- 吡喃葡萄糖基 -(1 → 4)-2,6- 二去氧 -3-*O*- 甲基 -*α*-L- 核己吡喃糖氧基]-14- 羟基 -(5*β*,17*α*)- 强心甾 -20(22)- 烯内酯 断肠花 Beaumontia brevituba

3-[*O*-*β*-D-glucopyranosyl-(1→6)-*O*-*β*-D-glucopyranosyl-(1→4)-2,6-dideoxy-3-*O*-methyl-*α*-L-ribo-hexopyranosyloxy]-14-hydroxy-(3*β*,5*β*)-card-16,20(22)-dienolide 3-[(*O*-*β*-D- 吡喃葡萄糖基 -(1 → 6)-*O*-*β*-D- 吡喃葡萄糖基 -(1 → 4)-2,6- 去氧 -3-*O*- 甲基 -*α*-L- 吡喃核己糖氧基]-14- 羟基 -(3*β*,5*β*)- 强心 -16,20(22)- 二烯内酯 思茅清明花 Beaumontia murtonii

3-[*O*-*β*-D-glucopyranosyl-(1 → 6)-*O*-*β*-D-glucopyranosyl-(1 → 4)-2,6-dideoxy-3-*O*-methyl-*α*-L-ribohexopyranosyloxy]-14-hydroxy-(3*β*,5*β*,17*α*)-card-20(22)-enolide 3-[*O*-*β*-D- 吡喃葡萄糖基 -(1 → 6)-*O*-*β*-D- 吡喃葡萄糖基 -(1 → 4)-2,6- 去氧 -3-*O*- 甲基 -*α*-L- 吡喃核己糖基氧基]-14- 羟基 -(3*β*,5*β*,17*α*)- 强心 -20(22)- 烯内酯 思茅清明花 Beaumontia murtonii

3-[(*O*-*β*-D-glucopyranosyl-(1 → 6)-*O*-*β*-D-glucopyranosyl-(1 → 4)-2,6-dideoxy-3-*O*-methyl-*β*-D-ribohexopyranosyl)oxy]-14-hydroxy-(3*β*,5*β*,17*α*)-card-20(22)-enolide 3-[(*O*-*β*-D- 吡喃葡萄糖基 -(1 → 6)-*O*-*β*-D- 吡喃葡萄糖基 -(1 → 4)-2,6- 二去氧 -3-*O*- 甲基 -*β*-D- 核己吡喃糖氧基 -14- 羟基 -(3*β*,5*β*,17*α*)- 强心甾 -20(22)- 烯内酯 断肠花 Beaumontia brevituba

3-[*O*-*β*-D-glucopyranosyl-(1 → 6)-*O*-*β*-D-glucopyranosyl-(1 → 4)-2,6-dideoxy-3-*O*-methyl-*β*-D-ribo-hexopyranosyloxy)]-14-hydroxy-(3*β*,5*β*)-card-16,20(22)-dienolide 3-[*O*-*β*-D- 吡喃葡萄糖基 -(1 → 6)-*O*-*β*-D- 吡喃葡萄糖基 -(1 → 4)-2,6- 二去氧 -3-*O*- 甲基 -*β*-D- 吡喃核己糖氧基]-14- 羟基 -(3*β*,5*β*)- 强心 -16,20(22)- 二烯内酯 思茅清明花 Beaumontia murtonii

3-*O*-*β*-D-glucopyranosyl-(1 → 6)-*α*-L-rhamnopyranosyl-(1 → 2)-*α*-L-arabinopyranosyl-hederagenin-28-*O*-*α*-L-rhamnopyranosyl-(1 → 4)-*β*-D-glucopyranosyl-(1 → 6)-*β*-D-glucopyranosylester 3-*O*-*β*-D- 吡喃葡萄糖基 -(1 → 6)-*α*-L- 吡喃鼠李糖基 -(1 → 2)-*α*-L- 吡喃阿拉伯糖基常春藤皂苷元 -28-*O*-*α*-L- 吡喃鼠李糖基 -(1 → 4)-*β*-D- 吡喃葡萄糖基 -(1 → 6)-*β*-D- 吡喃葡萄糖基酯苷 腺毛黑种草 Nigella glandulifera

3-*O*-*β*-D-glucopyranosyl-(1 → 6)-*α*-L-rhamnosylquercetin 3-*O*-*β*-D- 吡喃葡萄糖基 -(1 → 6)-*α*-L- 鼠李糖基槲皮素 竹节草 Chrysopogon aciculatus

(*R*)-1-*O*-*β*-D-glucopyranosyl-(1 → 6)-*β*-D-glucopyranosyl-1,3-octanediol (*R*)-1-*O*-*β*-D- 吡喃葡萄糖基 -(1 → 6)-*β*-D- 吡喃葡萄糖基 -1,3- 辛二醇 葫芦树 Crescentia cujete

3-*O*-*β*-D-glucopyranosyl-(1→6)-*β*-D-glucopyranosyl-12*β*-hydroxy-25-hydroperoxydammaran-23,24(*E*)-ene-20(*S*)-*O*-*β*-D-xylopyranosyl-(1→6)-*β*-D-glucopyranoside 3-*O*-*β*-D- 吡喃葡萄糖基 -(1 → 6)-*β*-D- 吡喃葡萄糖基 -12*β*- 羟基 -25- 氢过氧达玛 -23,24(*E*)- 烯 -20(*S*)-*O*-*β*-D- 吡喃木糖基 -(1 → 6)-*β*-D- 吡喃葡萄糖苷 绞股蓝 Gynostemma pentaphyllum

(2*R*,4*S*)-2-*O*-*β*-D-glucopyranosyl-(1 → 6)-*β*-D-glucopyranosyl-2,4-pentanediol (2*R*,4*S*)-2-*O*-*β*-D- 吡喃葡萄糖基 -(1 → 6)-*β*-D- 吡喃葡萄糖基 -2,4- 戊烷二醇 葫芦树 Crescentia cujete

3-*O*-*β*-D-glucopyranosyl-(1→6)-*β*-D-glucopyranosyl-28-*O*-[*α*-L-rhamnopyranosyl-(1→2)-*β*-D-glucopyranosyl-16-deoxybarringtogenol C 3-*O*-*β*-D- 吡喃葡萄糖基 -(1 → 6)-*β*-D- 吡喃葡萄糖基 -28-*O*-[*α*-L- 吡喃鼠李糖基 -(1 → 2)-*β*-D- 吡喃葡萄糖基 -16- 去氧玉蕊皂醇 ▲C 文冠果 Xanthoceras sorbifolium

3-*O*-*β*-D-glucopyranosyl-(1 → 6)-*β*-D-glucopyranosyl-28-*O*-*α*-D-rhamnopyranosyl-(1 → 2)-[*β*-D-glucopyranosyl-(1 → 6)]-*β*-D-glucopyranosyl-21*β*,22*α*-dihydroxyl-olean-12,15-diene 3-*O*-*β*-D- 吡喃葡萄糖基 -(1 → 6)-*β*-D- 吡喃葡萄糖基 -28-*O*-*α*-D- 吡喃鼠李糖基 -(1 → 2)-[*β*-D- 吡喃葡萄糖基 -(1 → 6)]-*β*-D- 吡喃葡萄糖基 -21*β*,22*α*- 二羟基齐墩果 -12,15- 二烯 文冠果 Xanthoceras sorbifolium

3-*O*-*β*-D-glucopyranosyl-(1→6)-*β*-D-glucopyranosyl-28-*O*-*β*-D-glucopyranosyl-(1→6)[*α*-L-rhamnopyranosyl-(1→2)]-*β*-D-glucopyranosyl-16-

26-O-β-D-glucopyranosyl-(25R)-furost-3β,22ξ,26-triol-5-ene-3-α-L-rhamnopyranosyl-(1→2)-[3-O-(3-O-acetyl)-α-L-rhamnopyranosyl-(1→4)]-β-D-glucopyranoside 26-O-β-D-吡喃葡萄糖基-(25R)-呋甾-3β,22ξ,26-三醇-5-烯-3-α-L-吡喃鼠李糖基-(1→2)-[3-O-(3-O-乙酰基)-α-L-吡喃鼠李糖基-(1→4)]-β-D-吡喃葡萄糖苷 旋花茄 Solanum spirale

26-O-β-D-glucopyranosyl-(25R)-furost-5,20(22)-dien-3β,26-dihydroxy-3-O-[α-L-rhamnopyranosyl-(1→2)]-β-D-glucopyranoside 26-O-β-D-吡喃葡萄糖基-(25R)-呋甾-5,20(22)-二烯-3β,26-二羟基-3-O-[α-L-吡喃鼠李糖基-(1→2)]-β-D-吡喃葡萄糖苷 黑叶菝葜 Smilax nigrescens

26-O-β-D-glucopyranosyl-(25R)-furost-5-en-3β,12,17α,22ξ,26-pentol-12-O-acetyl-3-O-α-rhamnopyranosyl-(1→2)-β-D-glucopyranoside 26-O-β-D-吡喃葡萄糖基-(25R)-呋甾-5-烯-3β,12,17α,22ξ,26-五醇-12-O-乙酰基-3-O-α-吡喃鼠李糖基-(1→2)-β-D-吡喃葡萄糖苷 鹿药 Smilacina japonica

26-O-β-D-glucopyranosyl-(25R)-furost-5-en-3β,17α-dihydroxy-3-O-[α-L-rhamnopyranosyl(1→2)]-α-L-rhamnopyranoside 26-O-β-D-吡喃葡萄糖基-(25R)-呋甾-5-烯-3β,17α-二羟基-3-O-[α-L-吡喃鼠李糖基(1→2)]-α-L-吡喃鼠李糖苷 短梗菝葜 Smilax scobinicaulis

26-O-β-D-glucopyranosyl-(25R)-furost-5-en-3β,22ζ,26-triol 26-O-β-D-吡喃葡萄糖基-(25R)-呋甾-5-烯-3β,22ζ,26-三醇 闭鞘姜 Costus speciosus

26-O-β-D-glucopyranosyl-(25R)-furost-5-en-3β,22ξ,26-triol-3-O-β-D-glucopyranosyl-(1→3)-β-D-glucopyranosyl-(1→4)-[α-L-rhamnopyranosyl-(1→2)]-β-D-glucopyranoside 26-O-β-D-吡喃葡萄糖基-(25R)-呋甾-5-烯-3β,22ξ,26-三醇-3-O-β-D-吡喃葡萄糖基-(1→3)-β-D-吡喃葡萄糖基-(1→4)-[α-L-吡喃鼠李糖基-(1→2)]-β-D-吡喃葡萄糖苷 黄山药 Dioscorea panthaica

26-O-β-D-glucopyranosyl-(25R)-furost-5-ene-3β,22ζ,26-triol-3-O-β-D-glucopyranoside 26-O-β-D-吡喃葡萄糖基-(25R)-呋甾-5-烯-3β,22ζ,26-三醇 3-O-β-D-葡萄糖苷 糖棕 Borassus flabellifer

26-O-β-D-glucopyranosyl-(25R/S)-5-en-furost-3β,22α,26-triol-3-O-α-L-rhamnopyranosyl-(1→2)-[β-D-glucopyranosyl-(1→6)]-β-D-glucopyranosyl-(1→3)-[β-D-glucopyranosyl-(1→4)]-β-D-glucopyranoside 26-O-β-D-吡喃葡萄糖基-(25R/S)-5-烯-呋甾-3β,22α,26-三醇-3-O-α-L-吡喃鼠李糖基-(1→2)-[β-D-吡喃葡萄糖基-(1→6)-β-D-吡喃葡萄糖基-(1→3)-β-D-吡喃葡萄糖基-(1→4)]-β-D-吡喃葡萄糖苷 胡卢巴 Trigonella foenum-graecum

26-O-β-D-glucopyranosyl-(25R/S)-5α-furostane-12-one-20(22)-en-3β,26-diol-3-O-β-D-glucopyranosyl-(1→4)-β-D-galactopyranoside 26-O-β-D-吡喃葡萄糖基-(25R/S)-5α-呋甾-12-羰基-20(22)-烯-3β,26-二醇-3-O-β-D-吡喃葡萄糖基-(1→4)-β-D-吡喃半乳糖苷 蒺藜 Tribulus terrestris

26-O-β-D-glucopyranosyl-(25S),5α-furost-20(22)-en-12-one-2α,3β,26-triol-3-O-β-D-glucopyranosyl-(1→4)-β-D-galactopyranoside 26-O-β-D-吡喃葡萄糖基-(25S),5α-呋甾-20(22)-烯-12-酮-2α,3β,26-三醇-3-O-β-D-吡喃葡萄糖基-(1→4)-β-D-吡喃半乳糖苷 蒺藜 Tribulus terrestris

3-O-β-D-glucopyranosyl-(25S)-22-O-methyl-5β-furost-1β,3β,5β,22α,26-pentaol-26-O-β-D-glucopyranoside 3-O-β-D-吡喃葡萄糖基-(25S)-22-O-甲基-5β-呋甾-1β,3β,5β,22α,26-五醇-26-O-β-D-吡喃葡萄糖苷 开口箭 Tupistra chinensis

26-O-β-D-glucopyranosyl-(25S)-3β,5β,6α,22ζ,26-pentahydroxyl-5β-furostan-3-O-α-L-rhamnopyranosyl-(1→4)-β-D-glucopyranoside 26-O-β-D-吡喃葡萄糖基-(25S)-3β,5β,6α,22ζ,26-五羟基-5β-呋甾-3-O-α-L-吡喃鼠李糖基-(1→4)-β-D-吡喃葡萄糖苷 韭菜 Allium tuberosum

26-O-β-D-glucopyranosyl-(25S)-5α-furost-20(22)-en-12-one-3β,26-diol-3-O-β-D-galactopyranosyl-(1→2)-β-D-glucopyranosyl-(1→4)-β-D-galactopyranoside 26-O-β-D-吡喃葡萄糖基-(25S)-5α-呋甾-20(22)-烯-12-酮-3β,26-二醇-3-O-β-D-吡喃半乳糖基-(1→2)-β-D-吡喃葡萄糖基-(1→4)-β-D-吡喃半乳糖苷 蒺藜 Tribulus terrestris

26-O-β-D-glucopyranosyl-(25S)-5α-furost-20(22)-en-2α,3β,26-triol-3-O-β-D-glucopyranosyl-(1→2)-O-β-D-glucopyranosyl-(1→4)-β-D-galactopyranoside 26-O-β-D-吡喃葡萄糖基-(25S)-5α-呋甾-20(22)-烯-2α,3β,26-三醇-3-O-β-D-吡喃葡萄糖基-(1→2)-O-β-D-吡喃葡萄糖基-(1→4)-β-D-吡喃半乳糖苷 蒺藜 Tribulus terrestris

26-O-β-D-glucopyranosyl-(25S)-5α-furost-20(22)-en-3β,26-diol-3-O-α-L-rhamnopyranosyl-(1→2)-[β-D-glucopyranosyl-(1→4)]-β-D-galactopyranoside 26-O-β-D-吡喃葡萄糖基-(25S)-5α-呋甾-20(22)-烯-3β,26-二醇-3-O-α-L-吡喃鼠李糖基-(1→2)-[β-D-吡喃葡萄糖基-(1→4)]-β-D-吡喃半乳糖苷 蒺藜 Tribulus terrestris

26-O-β-D-glucopyranosyl-(25S)-5α-furost-3β,22α,26-triol-3-O-β-D-rhamnopyranosyl-(1→2)-[β-D-glucopyranosyl-(1→4)]-β-D-galactopyranoside 26-O-β-D-吡喃葡萄糖基-(25S)-5α-呋甾-3β,22α,26-三醇-3-O-β-D-吡喃鼠李糖基-(1→2)-[β-D-吡喃葡萄糖基-(1→4)]-β-D-吡喃半乳糖苷 蒺藜 Tribulus terrestris

26-O-β-D-glucopyranosyl-(25S)-5α-furostan-12-one-22-methoxy-3β,26-diol-3-O-{α-L-rhamnopyranosyl-(1→2)-O-[β-D-glucopyranosyl-(1→4)]-β-D-galactopyranoside} 26-O-β-D-吡喃葡萄糖基-(25S)-5α-呋甾-12-酮-22-甲氧基-3β,26-二醇-3-O-{α-L-吡喃鼠李糖基-(1→2)-O-[β-D-吡喃葡萄糖基-(1→4)]-β-D-吡喃半乳糖苷} 蒺藜 Tribulus terrestris

26-O-β-D-glucopyranosyl-(25S)-5α-furostan-22-methoxy-2α,3β,26-triol-3-O-β-D-glucopyranosyl-(1→2)-β-D-glucopyranosyl-(1→4)-β-D-galactopyranoside 26-O-β-D-吡喃葡萄糖基-(25S)-5α-呋甾-22-甲氧基-2α,3β,26-三醇-3-O-β-D-吡喃葡萄糖基-(1→2)-β-D-吡喃葡萄糖基-(1→4)-β-D-吡喃半乳糖苷 蒺藜 Tribulus terrestris

26-O-β-D-glucopyranosyl-(25S)-5α-furostane-20(22)-en-12-one-3β,26-diol-3-O-α-L-rhamnopyranosyl-(1→2)-[β-D-glucopyranosyl-(1→4)]-β-D-galactopyranoside 26-O-β-D-吡喃葡萄糖基-(25S)-5α-呋甾-20(22)-烯-12-酮-3β,26-二醇-3-O-α-L-吡喃鼠李糖基-(1→2)-[β-D-吡喃葡萄糖基-(1→4)]-β-D-吡喃半乳糖苷 蒺藜 Tribulus terrestris

26-O-β-D-glucopyranosyl-(25S)-furost-5-ene-3β,22ζ,26-triol-3-O-β-D-glucopyranoside 26-O-β-D-吡喃葡萄糖基-(25S)-呋甾-5-烯-3β,22ζ,26-三醇-3-O-β-D-葡萄糖苷 糖棕 Borassus flabellifer

1'-O-β-D-glucopyranosyl-(2R,3S)-3'-hydroxynodakenetin 1'-O-β-D-吡喃葡萄糖基-(2R,3S)-3'-羟基紫花前胡苷元 蛇床 Cnidium monnieri

10-O-β-D-glucopyranosyl-(2R,3S)-3-hydroxynodakenetin 10-O-β-D-吡喃葡萄糖基-(2R,3S)-3-羟基紫花前胡苷元 羌活 Notopterygium incisum

1'-O-β-D-glucopyranosyl-(2R,3S)-3-hydroxynodakenetin 1'-O-β-D- 吡喃葡萄糖基 -(2R,3S)-3- 羟基紫花前胡苷元 白芷 Angelica dahurica, 黄皮 Clausena lansium

1-O-β-D-glucopyranosyl-(2S,3R)-3-hydroxymethyl-N-(2'-hydroxy nonacosanoyl)-trideca-9E-sphingenine 1-O-β-D- 吡喃葡萄糖基 -(2S,3R)-3- 羟甲基 -N-(2'- 羟基二十九酰基)- 十三碳 -9E- 神经鞘氨醇 菘蓝 Isatis tinctoria

1-O-β-D-glucopyranosyl-(2S,3R)-N-(2'-hydroxyhexacosanoyl)-octadecasphingenine 1-O-β-D- 吡喃葡萄糖基 -(2S,3R)-N-(2'- 羟基二十六酰基) 十八神经鞘氨醇 菘蓝 Isatis tinctoria

1-O-β-D-glucopyranosyl-(2S,3R)-N-(2'-hydroxy-hexadecanoyl)-octadeca-4E,8E-sphingenine 1-O-β-D- 吡喃葡萄糖基 -(2S,3R)-N-(2'- 羟基十六酰基)- 十八碳 -4E,8E- 神经鞘氨醇 菘蓝 Isatis tinctoria

1-O-β-D-glucopyranosyl-(2S,3R)-N-(2'-hydroxypentacosanoyl)-octadeca-11E-sphingenine 1-O-β-D- 吡喃葡萄糖基 -(2S,3R)-N-(2'- 羟基二十五酰基)- 十八碳 -11E- 神经鞘氨醇 菘蓝 Isatis tinctoria

1-O-β-D-glucopyranosyl-(2S,3R,4E)-2-N-(2'-hydroxypalmitoyl)octadecasphinga-4-enine 1-O-β-D- 吡喃葡萄糖基 -(2S,3R,4E)-2-N-(2'- 羟基棕榈酰基) 十八烷基鞘 -4- 烯氨 三花莸 Caryopteris terniflora

1-O-β-D-glucopyranosyl-(2S,3R,4E,8E)-2-[(2-hydroxyhexadecanoyl)-amido-]-4,8-octadecadiene-1,3-diol 1-O-β-D- 吡喃葡萄糖糖基 - (2S,3R,4E,8E)-2-[(2- 羟基十六酰基) 氨基]-4,8- 十八碳二烯基 -1,3- 二醇 白英 Solanum lyratum

1-O-β-D-glucopyranosyl-(2S,3R,4E,8Z)-2-[(2(R)-hydroxyeicosanoyl)-amido]-4,8-octadecadien-1,3-diol-daucosterol 1-O-β-D- 吡喃葡萄糖基 -(2S,3R,4E,8Z)-2-[(2(R)- 羟基二十酰) 氨基]-4,8- 十八烷二烯 -1,3- 二醇 - 胡萝卜苷 黑三棱 Sparganium stoloniferum

1-O-β-D-glucopyranosyl-(2S,3R,4E,8Z)-2[(2(R)-hydroxyhexadecanoyl)amido]-4,8-octadecadiene-1,3-diol} 1-O-β-D- 葡萄糖基 -(2S,3R,4E,8Z)-2[(2(R)- 羟基十六酰基) 氨基]-4,8- 十八碳二烯 -1,3- 二醇 亚麻 Linum usitatissimum

1-O-β-D-glucopyranosyl-(2S,3R,4E,8Z)-2-[(2-hydroxyeicosanoyl)amido]-4,8-octadecadiene-1,3-diol 1-O-β-D- 吡喃葡萄糖基 -(2S,3R,4E,8Z)-2-[(2- 羟基二十碳酰基) 氨基]-4,8- 十八碳二烯 -1,3- 二醇 胖大海 Sterculia lychnophora

1-O-β-D-glucopyranosyl-(2S,3R,4E,8Z)-2-[(2-hydroxyhexadecanoyl)-amido]-4,8-octadecadiene-1,3-diol 1-O-β-D- 吡喃葡萄糖糖基 -(2S,3R,4E,8Z)- 2-[(2- 羟基十六酰基) 氨基]-4,8- 十八碳二烯基 -1,3- 二醇 白英 Solanum lyratum

1-O-β-D-glucopyranosyl-(2S,3R,4E,8Z)-2-[(2-hydroxyoctadecanoyl)amido]-4,8-octadecadiene-1,3-diol 1-O-β-D- 吡喃葡萄糖基 -(2S,3R,4E,8Z)-2-[(2- 羟基十八碳酰基) 氨基]-4,8- 十八碳二烯 -1,3- 二醇 胖大海 Sterculia lychnophora

1-O-β-D-glucopyranosyl-(2S,3R,4E,8Z)-2-[(2R-hydroxy-hexadecanoyl)-amino]-4,8-octadecadiene-1,3-diol 1-O-β-D-吡喃葡萄糖基 -(2S,3R,4E,8Z)-2-[(2R- 羟基 - 十六碳酰基)- 氨基]-4,8- 十八碳二烯 -1,3- 二醇 绒毛假阴地蕨 Botrypus lanuginosus

1-O-β-D-glucopyranosyl-(2S,3R,4E,8Z)-2-N-(2'-hydroxypalmitoyl)octadecasphinga-4,8-dienine 1-O-β-D- 吡喃葡萄糖基 -(2S,3R,4E,8Z)-2-N-(2'- 羟基棕榈酰基) 十八碳鞘氨 -4,8- 二烯醇 枸杞 Lycium chinense

1-O-β-D-glucopyranosyl-(2S,3R,4E,8Z)-2-N-(2'-hydroxypalmitoyl)-octadecasphinga-4,8-dienine 1-O-β-D- 吡喃葡萄糖基 -(2S,3R,4E,8Z)-2-N-(2'- 羟基棕榈酰基)- 十八碳鞘氨 -4,8- 二烯醇 红叶藤 Rourea minor

1-O-β-D-glucopyranosyl-(2S,3R,4E,8Z)-2-N-palmitoyloctadecasphinga-4,8-dienine 1-O-β-D- 吡喃葡萄糖基 -(2S,3R,4E,8Z)-2-N- 棕榈酰十八碳鞘氨 -4,8- 二烯醇 枸杞 Lycium chinense

1-O-β-D-glucopyranosyl-(2S,3R,4E,9E)-2-(2'R-hydroxyhexadecanoy)-4,9-octadecadien-1,3-diol 1-O-β-D- 吡喃葡萄糖苷 -(2S,3R,4E,9E)-2-(2'R- 羟基十六酰基)-4,9- 十八碳二烯 -1,3- 二醇 臭椿 Ailanthus altissima

1-O-β-D-glucopyranosyl-(2S,3S,4R,10E)-2-[(2'R)-2'-hydroxyltricosanoyl-amino]-10-octadecene-1,3,4-triol 1-O-β-D- 吡喃葡萄糖基 -(2S,3S,4R,10E)-2-[(2'R)-2'- 羟基二十三烷酰 - 氨]-10- 十八碳烯 -1,3,4- 三醇 白子菜 Gynura divaricata

1-O-β-D-glucopyranosyl-(2S,3S,4R,10Z)-2-[(2'R)-2'-hydroxylignocenoyl-amino]-10-octadecene-1,3,4-triol 1-O-β-D- 吡喃葡萄糖基 -(2S,3S,4R,10Z)-2-[(2'R)-2'- 羟基二十四烷酰 - 氨]-10- 十八碳烯 -1,3,4- 三醇 白子菜 Gynura divaricata

1-O-β-D-glucopyranosyl-(2S,3S,4R,5E,9Z)-2-N-(2'-hydroxytetracosanamido)-1,3,4-trihydroxy-5,9-octadecadiene 1-O-β-D-吡喃葡萄糖基-(2S,3S,4R,5E,9Z)-2-N-(2'- 羟基二十四碳酰氨基)-1,3,4- 三羟基 - 十八碳 -5,9- 二烯 阔叶十大功劳 Mahonia bealei

1-O-β-D-glucopyranosyl-(2S,3S,4R,8E)-2-[(2'R)-2'-hydroxypalmitoylamino]-8-octadecene-1,3,4-triol 1-O-β-D- 吡喃葡萄糖基 -(2S,3S,4R,8E)-2-[(2'R)-2'- 羟基棕榈酰氨基]-8- 十八烯 -1,3,4- 三醇 三七 Panax notoginseng

1-O-β-D-glucopyranosyl-(2S,3S,4R,8E)-2-[(2'R)-2'-hydroxy-pentadecanoylamino]-nonadecane-1,3,4-triol-8-ene 1-O-β-D- 葡萄糖基 -(2S,3S,4R,8E)-2-[(2'R)-2'- 羟基 - 十五碳酰胺基]- 十九碳 -1,3,4- 三羟基 -8- 烯 五加 Eleutherococcus nodiflorus var. gracilistylus

1-O-β-D-glucopyranosyl-(2S,3S,4R,8E)-2-[(2R)-2-hydroxytetracosanoylamino]-1,3,4-octodecanetriol-8-ene 1-O-β-D- 吡喃葡萄糖基 -(2S, 3S, 4R,8E)-2-[(2R)-2- 羟基十四酰氨基]-1,3,4- 十八烷三醇 -8- 烯 两头毛 Incarvillea arguta

1-O-β-D-glucopyranosyl-(2S,3S,4R,8E)-2N-[(2'R)-2'-hydroxytetracosanoyl]-3,4-dihydroxy-8-octadecene 1-O-β-D- 吡喃葡萄糖基 -(2S,3S,4R, 8E)-2-[(2'R)-2'- 羟基二十四酰基]-3,4- 二羟基 -8- 十八烯 毛鱼藤 Derris elliptica

1-O-β-D-glucopyranosyl-(2S,3S,4R,8E/Z)-2-[(2R)-2-hydroxydocosanoyl)amino]-8-octadecene-1,3,4-triol 1-O-β-D- 吡喃葡萄糖基 -(2S,3S,4R, 8E/Z)-2-[(2R)-2- 羟基二十二碳酰氨]-8- 十八烯 -1,3,4- 三醇 忍冬 Lonicera japonica

1-O-β-D-glucopyranosyl-(2S,3S,4R,8E/Z)-2-[(2'R)-2'-hydroxydocosanoylamino]-8-octadecene-1,3,4-triol 1-O-β-D- 吡喃葡萄糖基 -(2S,3S,4R, 8E/Z)-2-[(2'R)-2'- 羟基二十二烷酰氨基]-8- 十八碳烯 -1,3,4- 三醇 芍药 Paeonia lactiflora

1-O-β-D-glucopyranosyl-(2S,3S,4R,8E/Z)-2-[(2R)-2-hydroxypentacosanoylamino]-8-octadecene-1,3,4-triol 1-O-β-D- 吡喃葡萄糖基 -(2S,3S,4R, 8E/Z)-2-[(2R)-2- 羟基二十五碳酰氨]-8- 十八烯 -1,3,4- 三醇 忍冬 Lonicera japonica

1-O-β-D-glucopyranosyl-(2S,3S,4R,8E/Z)-2-[(2'R)-2'-hydroxytetracosanoylamino)]-8-octadecene-1,3,4-triol 1-O-β-D- 吡喃葡萄糖基 - (2S, 3S, 4R,8E/Z)-2-[(2'R)-2'- 羟基二十四烷酰氨基)]-8- 十八烯 -1,3,4- 三醇 虎耳草 Saxifraga stolonifera

1-O-β-D-glucopyranosyl-(2S,3S,4R,8E/Z)-2-[(2R)-2-hydroxytetracosanoylamino]-8-octadecene-1,3,4-triol 1-O-β-D- 吡喃葡萄糖基 -(2S,3S,4R, 8E/Z)-2-[(2R)-2- 羟基二十四碳酰氨]-8- 十八烯 -1,3,4- 三醇 忍冬 Lonicera japonica

1-O-β-D-glucopyranosyl-(2S,3S,4R,8E/Z)-2-[(2'R)-2'-hydroxytetracosanoylamino]-8-octadecene-1,3,4-triol 1-O-β-D- 吡喃葡萄糖基 -(2S,3S,4R,

O

8*E*/*Z*)-2-[(2'*R*)-2'- 羟基二十四烷酰氨基]-8- 十八碳烯 -1,3,4- 三醇 芍药 Paeonia lactiflora

1-*O*-*β*-D-glucopyranosyl-(2*S*,3*S*,4*R*,8*E*/*Z*)-2-[(2*R*)-2-hydroxytricosanoylamino]-8-octadecene-1,3,4-triol 1-*O*-*β*-D- 吡喃葡萄糖基 -(2*S*,3*S*, 4*R*,8*E*/*Z*)-2-[(2*R*)-2- 羟基二十三碳酰氨]-8- 十八烯 -1,3,4- 三醇 忍冬 Lonicera japonica

1-*O*-*β*-D-glucopyranosyl-(2*S*,3*S*,4*R*,8*E*/*Z*)-2-[(2'*R*)-2'-hydroxytricosanoylamino]-8-octadecene-1,3,4-triol 1-*O*-*β*-D- 吡喃葡萄糖基 -(2*S*,3*S*,4*R*,8*E*/*Z*)-2-[(2'*R*)-2'- 羟基三十二烷酰]-8- 十八碳烯 -1,3,4- 三醇 芍药 Paeonia lactiflora

1-*O*-*β*-D-glucopyranosyl-(2*S*,3*S*,4*R*,8*E*/*Z*)-2-amino-8-octadecene-1,3,4-triol 1-*O*-*β*-D- 吡喃葡萄糖基 -(2*S*,3*S*,4*R*,8*E*/*Z*)-2- 氨基 -8- 十八碳烯 -1,3,4- 三醇 芍药 Paeonia lactiflora

1-*O*-*β*-D-glucopyranosyl-(2*S*,3*S*,4*R*,8*Z*)-2-[(2*R*)-2-hydroxydocosanoylamino]-8-octadecene-1,3,4-triol 1-*O*-*β*-D- 吡喃葡萄糖基 -(2*S*,3*S*,4*R*,8*Z*)-2-[(2*R*)-2- 羟基二十二烷酰氨基]-8- 十八碳烯 -1,3,4- 三醇 豆腐柴 Premna microphylla

1-*O*-*β*-D-glucopyranosyl-(2*S*,3*S*,4*R*,8*Z*)-2-[(2'*R*)-2'-hydroxydocosanoylhexacosanoyl, octacosanoyl amino]-1,3,4-octadecanetriol-8-ene 1-*O*-*β*-D- 吡喃葡萄糖基 -(2*S*,3*S*,4*R*,8*Z*)-2-[(2'*R*)-2'- 羟基二十二酰二十六酰，二十八酰氨基]-1,3,4- 十八碳三醇 -8- 烯 对叶大戟 Euphorbia sororia

1-*O*-*β*-D-glucopyranosyl-(2S,3S,4R,8Z)-2-[(2*R*)-2-hydroxyl docosylamino]-8-octadecene-1,3,4-triol 1-*O*-*β*-D- 吡喃葡萄糖基 -(2*S*,3*S*,4*R*,8*Z*)-2-[(2*R*)-2- 羟基二十二酰胺基]-8- 十八烯 -1,3,4- 三醇 海南黄檀 Dalbergia hainanensis

1-*O*-*β*-D-glucopyranosyl(2*S*,3*S*,4*R*,8*Z*)-2-[(2'*R*)-2'-hydroxypal-mitoylamino]-8-octadecene-1,3,4-triol 1-*O*-*β*-D- 吡喃葡萄糖基 -(2*S*,3*S*,4*R*,8*Z*)-2-[(2'*R*)-2'- 羟基棕榈酰氨基]-8- 十八烯 -1,3,4- 三醇 三七 Panax notoginseng

1-*O*-*β*-D-glucopyranosyl-(2*S*,3*S*,4*R*,8*Z*)-2-*N*-(2'-hydroxytetracosanoyl)heptadecasphinga-8-ene 1-*O*-*β*-D- 吡喃葡萄糖基 -(2*S*,3*S*,4*R*,8*Z*)-2-*N*-(2'- 羟基二十四酰) 十七鞘氨 -8- 烯 矮陀陀 Munronia pinnata

1-*O*-*β*-D-glucopyranosyl-(2*S*,3*S*,4*R*,8*Z*,12*E*)-2-*N*-[(2'*R*)-2'-hydroxyheptacosanoyl]-8,12-docosadiene-1,3,4-triol 1-*O*-*β*-D- 吡喃葡萄糖基 -(2*S*,3*S*,4*R*,8*Z*,12*E*)-2-*N*-[(2'*R*)-2'- 羟基二十七烷酰基]-8,12- 二十二烷二烯 -1,3,4- 三醇 山矾 Symplocos sumuntia

3-*O*-*β*-D-glucopyranosyl-(3*R*)-1-octen-3-ol 3-*O*-*β*-D- 吡喃葡萄糖基 -(3*R*)-1- 辛烯 -3- 醇 荨麻叶龙头草 Meehania urticifolia

3-*O*-*β*-D-glucopyranosyl-(3*R*)-4-dihydroxybutanoic acid 3-*O*-*β*-D- 吡喃葡萄糖基 -(3*R*)-4- 二羟基丁酸 台湾银线兰 Anoectochilus formosanus

tert-*O*-*β*-D-glucopyranosyl-(*R*)-byakangelicin 叔 -*O*-*β*-D- 吡喃葡萄糖基 -(*R*)- 白当归素 杭白芷 Angelica dahurica 'Hangbaizhi'

tert-*O*-*β*-D-glucopyranosyl-(*R*)-heraclenol 叔 -*O*-*β*-D- 吡喃葡萄糖基 -(*R*)- 独活醇 杭白芷 Angelica dahurica 'Hangbaizhi', 藏波罗花 Incarvillea younghusbandii

4-*O*-*β*-D-glucopyranosyl-(*Z*)-*p*-coumaric acid 4-*O*-*β*-D- 吡喃葡萄糖基 -(Z)- 对香豆酸 五脉绿绒蒿 Meconopsis quintuplinervia

6'''-(4''''-*O*-*β*-D-glucopyranosyl)-benzoylspinosin 6'''-(4''''-*O*-*β*-D- 吡喃葡萄糖基)- 苯甲酰酸枣素 ▲ 滇刺枣 Ziziphus mauritiana

1-(4'-*O*-*β*-D-glucopyranosyl)benzyl-ethan-2-ol 1-(4'-*O*-*β*-D- 吡喃葡萄糖苷) 苄基 - 乙烷 -2- 醇 剑叶龙血树 Dracaena cochinchinensis

4-(*O*-*β*-D-glucopyranosyl)-hydroxy-7-(3',4'-dihydroxybenzoyl)-benzyl alcohol 4-(*O*-*β*-D- 吡喃葡萄糖基)- 羟基 -7-(3',4'- 二羟基苯甲酰基)- 苄醇 牛至 Origanum vulgare

6'''-(4''''-*O*-*β*-D-glucopyranosyl)-vanilloylspinosin 6'''-(4''''-*O*-*β*-D- 吡喃葡萄糖基)- 香荚兰酰酸枣素 ▲ 滇刺枣 Ziziphus mauritiana

3'-*O*-*β*-D-glucopyranosyl-[2'',3:7,8]furanoflavone 3'-*O*-*β*-D- 吡喃葡萄糖基 -[2'',3:7,8] 呋喃黄酮 牛心番荔枝 Annona reticulata

8-*O*-*β*-D-glucopyranosyl-1,1',8'-trihydroxy-3,3'-dimethyl-2,7'-bianthraquinone 8-*O*-*β*-D- 吡喃葡萄糖基 -1,1',8'- 三羟基 -3,3'- 二甲基 -2,7'- 联蒽醌 独尾草 Eremurus chinensis

8-*O*-*β*-D-glucopyranosyl-1,3,5,8-tetrahydroxyxanthone 8-*O*-*β*-D- 吡喃葡萄糖基 -1,3,5,8- 四羟基呫酮 抱茎獐牙菜 Swertia franchetiana

8-*O*-*β*-D-glucopyranosyl-1,3,5-trihydroxyxanthone 8-*O*-*β*-D- 吡喃葡萄糖基 -1,3,5- 三羟基呫酮 川东獐牙菜 Swertia davidii, 红直獐牙菜 S. erythrosticta, 黄花獐牙菜 S. kingii

2-*O*-*β*-D-glucopyranosyl-1,3,6,7-tetrahydroxyxanthone 2-*O*-*β*-D- 吡喃葡萄糖基 -1,3,6,7- 四羟基呫酮 紫红獐牙菜 Swertia punicea

8-*O*-*β*-D-glucopyranosyl-1,3,7-trihydroxanthone 8-*O*-*β*-D- 吡喃葡萄糖基 -1,3,7- 三羟基呫酮 黄花獐牙菜 Swertia kingii

5-*O*-*β*-D-glucopyranosyl-1,3,8-trihydroxy-5,6,7,8-tetrahydroxanthone 5-*O*-*β*-D- 吡喃葡萄糖基 -1,3,8- 三羟基 -5,6,7,8- 四甲氧基呫酮 肋柱花 Lomatogonium carinthiacum

5-*O*-*β*-D-glucopyranosyl-1,3,8-trihydroxyxanthone 5-*O*-*β*-D- 吡喃葡萄糖基 -1,3,8- 三羟基呫酮 川东獐牙菜 Swertia davidii

1-*O*-*β*-D-glucopyranosyl-1,3-dihydroxy-4,5-dimethoxyxanthone 1-*O*-*β*-D- 吡喃葡萄糖基 -1,3- 二羟基 -4,5- 二甲氧基呫酮 獐牙菜 Swertia bimaculata

(*R*)-1-*O*-*β*-D-glucopyranosyl-1,3-octanediol (*R*)-1-*O*-*β*-D- 吡喃葡萄糖基 -1,3- 辛二醇 葫芦树 Crescentia cujete

8-*O*-*β*-D-glucopyranosyl-1,5-dihydroxy-3-methoxyxanthone 8-*O*-*β*-D- 吡喃葡萄糖基 -1,5- 二羟基 -3- 甲氧基呫酮 红直獐牙菜 Swertia erythrosticta

1-*O*-*β*-D-glucopyranosyl-1,7,8-trihydroxyxanthone 3-*O*-*β*-D- 吡喃葡萄糖基 -1,7,8- 三羟甲氧基呫酮 大籽獐牙菜 Swertia macrosperma

5-*O*-*β*-D-glucopyranosyl-1,8-dihydroxy-3-methoxyxanthone 5-*O*-*β*-D- 吡喃葡萄糖基 -1,8- 二羟基 -3- 甲氧基呫酮 川东獐牙菜 Swertia davidii

3-*O*-*β*-D-glucopyranosyl-1,8-dihydroxy-5-methoxyxanthone 3-*O*-*β*-D- 吡喃葡萄糖基 -1,8- 二羟基 -5- 甲氧基呫酮 獐牙菜 Swertia bimaculata

2'-*O*-*β*-D-glucopyranosyl-11-hydroxyvincoside lactam 2'-*O*-*β*-D- 吡喃葡萄糖基 -11- 羟基小蔓长春花苷内酰胺 ▲ 钩藤 Uncaria rhynchophylla

2-*O*-*β*-D-glucopyranosyl-11*α*,13-dihydro-8-*epi*-desacetylxanthiuminol 2-*O*-*β*-D- 吡喃葡萄糖基 -11*α*,13- 二氢 -8- 表 - 去乙酰基苍耳明醇 刺苍耳 Xanthium spinosum

4-*O*-*β*-D-glucopyranosyl-11*α*,13-dihydro-8-*epi*-desacetylxanthiuminol 4-*O*-*β*-D- 吡喃葡萄糖基 -11*α*,13- 二氢 -8- 表 - 去乙酰基苍耳明醇 刺苍耳 Xanthium spinosum

15-*O*-*β*-D-glucopyranosyl-11*β*,13-dihydrourospermal A 15-*O*-*β*-D- 吡喃葡萄糖基 -11*β*,13- 二氢尾喙苣醛 ▲A 花叶滇苦菜 Sonchus asper

6'-*O*-*β*-D-glucopyranosyl-12a-hydroxydalpanol 6'-*O*-*β*-D- 吡喃葡萄糖基 -12a- 羟基圆锥黄檀醇 紫穗槐 Amorpha fruticosa

4'-*O*-*β*-D-glucopyranosyl-12*β*-hydroxyfrugoside 4'-*O*-*β*-D- 吡喃葡萄糖基 -12*β*- 羟基钉头果勾苷 ▲ 马利筋 Asclepias curassavica

(1*S*,4*S*,5*R*,6*R*,9*S*)-13-*O*-*β*-D-glucopyranosyl-13-hydroxyallo-cedra-2,11-dione (1*S*,4*S*,5*R*,6*R*,9*S*)-13-*O*-*β*-D- 吡喃葡萄糖基 -13- 羟基别 - 雪松 -2,11- 二酮 假地枫皮 Illicium jiadifengpi

3-*O*-β-D-glucopyranosyl-16-deoxy-barringtogenol C 3-*O*-β-D- 吡喃葡萄糖基 -16- 去氧玉蕊皂醇 ▲C 文冠果 Xanthoceras sorbifolium

3-*O*-β-D-glucopyranosyl-16-oxo-platycodigenin-28-*O*-β-D-apiofuranosyl-(1→3)-β-D-xylopyranosyl-(1→4)-α-L-rhamnopyranosyl-(1→2)-α-L-arabinopyranosyl ester 3-*O*-β-D- 吡喃葡萄糖基 -16- 氧代 - 桔梗皂苷元 -28-*O*-β-D- 呋喃芹糖基 -(1 → 3)-β-D- 吡喃木糖基 -(1 → 4)-α-L-吡喃鼠李糖基 -(1 → 2)-α-L- 吡喃阿拉伯糖基酯苷 桔梗 Platycodon grandiflorus

17-*O*-β-D-glucopyranosyl-16α-ent-kauran-19-oic acid 17-*O*-β-D- 吡喃葡萄糖基 -16α- 对映 - 贝壳杉 -19- 羧酸 旋覆花 Inula japonica

28-*O*-β-D-glucopyranosyl-16α-hydroxy-23-deoxyprotobassic acid 28-*O*-β-D- 吡喃葡萄糖基 -16α- 羟基 -23- 去氧原雾冰藜酸 ▲ 大叶玉叶金花 Mussaenda macrophylla

3'-*O*-β-D-glucopyranosyl-16α-hydroxycalotropin 3'-*O*-β-D- 吡喃葡萄糖基 -16α- 羟基牛角瓜素 ▲ 马利筋 Asclepias curassavica

17-*O*-β-D-glucopyranosyl-16β*H*-ent-kauran-19-oic acid 17-*O*-β-D- 吡喃葡萄糖基 -16β*H*- 对映 - 贝壳杉 -19- 羧酸 旋覆花 Inula japonica

17-*O*-β-D-glucopyranosyl-16β*H*-ent-kauran-19-oic acid-19-*O*-β-D-glucopyranoside 17-*O*-β-D- 吡喃葡萄糖基 -16β*H*- 对映 - 贝壳杉 -19- 羧酸 -19-*O*-β-D- 吡喃葡萄糖苷 旋覆花 Inula japonica

26-*O*-β-D-glucopyranosyl-17(20)-dehydrokryptogenin-3-*O*-α-L-rhamnopyranosyl-(1 → 2)-[*O*-α-L-rhamnopyranosyl-(1 → 4)]-*O*-β-D-glucopyranoside 26-*O*-β-D- 吡喃葡萄糖基 -17(20)- 去氢延龄草皂苷元 -3-*O*-α-L- 吡喃鼠李糖基 -(1→2)-[*O*-α-L- 吡喃鼠李糖基 -(1→4)]-*O*-β-D- 吡喃葡萄糖苷 吉林延龄草 Trillium kamtschaticum

26-*O*-β-D-glucopyranosyl-17(20)-dehydrokryptogenin-3-*O*-α-L-rhamnopyranosyl-(1 → 2)-*O*-β-D-glucopyranoside 26-*O*-β-D- 吡喃葡萄糖基 -17(20)- 去氢延龄草皂苷元 -3-*O*-α-L- 吡喃鼠李糖基 -(1 → 2)-*O*-β-D- 吡喃葡萄糖苷 吉林延龄草 Trillium kamtschaticum

26-*O*-β-D-glucopyranosyl-17(20)-dehydrokryptogenin-3-*O*-α-L-rhamnopyranosyl-(1 → 2)-β-D-glucopyranoside 26-*O*-β-D- 吡喃葡萄糖基 -17(20)- 去氢延龄草皂苷元 -3-*O*-α-L- 吡喃鼠李糖基 -(1 → 2)-β-D- 吡喃葡萄糖苷 吉林延龄草 Trillium kamtschaticum

18-*O*-β-D-glucopyranosyl-19-hydroxyneoclerodadiene butenolide 18-*O*-β-D- 吡喃葡萄糖基 -19- 羟基新克罗烷二烯 - 丁烯酸内酯 缘毛紫菀 Aster souliei

4-[(1*E*,3*R*)-3-*O*-β-D-glucopyranosyl-1-butenyl]-2-hydroxy-3,5,5-trimethyl-3-cyclohexen-1-one 4-[(1*E*,3*R*)-3-*O*-β-D- 吡喃葡萄糖 -1- 丁基]-2- 羟基 -3,5,5- 三甲基 -3- 环己烯 -1- 酮 尾穗苋 Amaranthus caudatus

(6-*O*-β-D-glucopyranosyl-1*H*-indol-3-yl)-carboxylic acid methyl ester (6-*O*-β-D- 吡喃葡萄糖基 -1*H*- 吲哚 -3- 基)- 羧酸甲酯 圆锥铁线莲 Clematis terniflora

8-*O*-β-D-glucopyranosyl-1-hydroxy-2,3,5-trimethoxyxanthone 8-*O*-β-D- 吡喃葡萄糖基 -1- 羟基 -2,3,5- 三甲氧基吡酮 丽江獐牙菜 Swertia delavayi, 川西獐牙菜 S. mussotii

4-*O*-β-D-glucopyranosyl-1-hydroxy-3-(3'-hydroxy-3'-methylbutyl)-2-naphthalenecarboxylic acid methyl ester 4-*O*-β-D- 吡喃葡萄糖基 -1- 羟基 -3-(3'- 羟基 -3'- 甲基丁基)-2- 萘酸甲酯 茜草 Rubia cordifolia

1-*O*-β-D-glucopyranosyl-1-hydroxy-3,7,8-trimethoxyxanthone 1- 羟基 -3,7,8- 三甲氧基吡酮 -1-*O*-β-D- 吡喃葡萄糖苷 抱茎獐牙菜 Swertia franchetiana

3-*O*-β-D-glucopyranosyl-1-hydroxy-4,5-dimethoxyxanthone 3-*O*-β-D- 吡喃葡萄糖基 -1- 羟基 -4,5- 二甲氧基吡酮 獐牙菜 Swertia bimaculata

3-*O*-β-D-glucopyranosyl-2-(4-hydroxy-3-methoxyphenyl)propanol 3-*O*-β-D- 吡喃葡萄糖基 -2-(4- 羟基 -3- 甲氧基苯基) 丙醇 滨海前胡 Peucedanum japonicum

3-*O*-β-D-glucopyranosyl-2',4,6'-trihydroxybenzophenone 3-*O*-β-D- 吡喃葡萄糖基 -2',4,6'- 三羟基苯并酚酮 黄牛木 Cratoxylum cochinchinense

(2*R*,4*S*)-2-*O*-β-D-glucopyranosyl-2,4-pentanediol (2*R*,4*S*)-2-*O*-β-D- 吡喃葡萄糖基 -2,4- 戊烷二醇 葫芦树 Crescentia cujete

3-*O*-β-D-glucopyranosyl-2',5,6'-trihydroxybenzophenone 3-*O*-β-D- 吡喃葡萄糖基 -2',5,6'- 三羟基苯并酚酮 黄牛木 Cratoxylum cochinchinense

4-*O*-β-D-glucopyranosyl-2,6,4'-trihydroxybenzophenone 4-*O*-β-D- 吡喃葡萄糖基 -2,6,4'- 三羟基二苯甲酮 阔叶骨碎补 Davallia solida

1-*O*-β-D-glucopyranosyl-2,6,8-trihydroxyxanthone 1-*O*-β-D- 吡喃葡萄糖基 -2,6,8- 三羟甲氧基吡酮 大籽獐牙菜 Swertia macrosperma

8-*O*-β-D-glucopyranosyl-2,7'-bi(1,8-dihydroxy-3-methyl-9,10-anthraquinonyl) 8-*O*-β-D- 吡喃葡萄糖基 -2,7'- 联 (1,8- 二羟基 -3- 甲基 -9,10- 蒽醌) 独尾草 Eremurus chinensis

2-*O*-β-D-glucopyranosyl-2,7-dihydroxy-1,6-dimethyl-9,10,12,13-tetrahydropyrene 2-*O*-β-D- 吡喃葡萄糖基 -2,7- 二羟基 -1,6- 二甲基 -9,10,12,13-四氢芘 灯心草 Juncus effusus

(-)-(2*R*)-1-*O*-β-D-glucopyranosyl-2-[2,6-dimethoxy-4-[1-(*E*)-propen-3-ol]phenoxyl]propan-3-ol (-)-(2*R*)-1-*O*-β-D- 吡喃葡萄糖基 -2-[2,6- 二甲氧基 -4-[1-(*E*)- 丙烯 -3- 醇] 苯氧基] 丙烷 -3- 醇 微花藤 Iodes cirrhosa

(-)-(2*R*)-1-*O*-β-D-glucopyranosyl-2-[2-methoxy-4-[1-(*E*)-propen-3-ol]phenoxyl]propan-3-ol (-)-(2*R*)-1-*O*-β-D- 吡喃葡萄糖基 -2-[2- 甲氧基 -4-[1-(*E*)- 丙烯 -3- 醇] 苯氧基] 丙烷 -3- 醇 微花藤 Iodes cirrhosa

(-)-(2*R*)-1-*O*-β-D-glucopyranosyl-2-{2-methoxy-4-[(*E*)-formylvinyl]phenoxyl}propane-3-ol (-)-(2*R*)-1-*O*-β-D- 吡喃葡萄糖基 -2-(2- 甲氧基 -4-*E*-甲酰乙烯基苯氧基) 丙烷 -3- 醇 微花藤 Iodes cirrhosa

(25*R*)-26-*O*-β-D-glucopyranosyl-20(22)-en-furost-1β,3β,5β,26-tetraol-3-*O*-β-D-glucoside (25*R*)-26-*O*-β-D- 吡喃葡萄糖基 -20(22)- 烯 - 呋甾 -1β,3β,5β,26- 四醇 -3-*O*-β-D- 葡萄糖苷 开口箭 Tupistra chinensis

3-*O*-β-D-glucopyranosyl-20-hydroxyecdysone 3-*O*-β-D- 吡喃葡萄糖基 -20- 羟基蜕皮素 苍白秤钩风 Diploclisia glaucescens

6-*O*-β-D-glucopyranosyl-20-*O*-β-D-glucopyranosyl-20(*S*)-protopanaxadiol-3-one 6-*O*-β-D- 吡喃葡萄糖基 -20-*O*-β-D- 吡喃葡萄糖基 -20(*S*)-原人参二醇 -3- 酮 三七 Panax notoginseng

28-*O*-β-D-glucopyranosyl-21-*O*-angeloyl-R1-barrigenol 28-*O*-β-D- 吡喃葡萄糖基 -21-*O*- 当归酰基 -R_1- 玉蕊精醇 ▲ 文冠果 Xanthoceras sorbifolium

3-*O*-β-D-glucopyranosyl-21β-hydroxyhederagenin 3-*O*-β-D- 吡喃葡萄糖基 -21β- 羟基常春藤皂苷元 丝瓜 Luffa cylindrica

3-*O*-β-D-glucopyranosyl-21-β-hydroxylaportea macrostachya triterpenoid saponin 3-*O*-β-D- 吡喃葡萄糖基 -21-β- 羟基艾麻三萜皂苷 葡萄叶艾麻 Laportea violacea

(22*S*,25*S*)-26-*O*-β-D-glucopyranosyl-22,25-epoxyfurost-5-en-3β,26-diol-3-*O*-[α-L-rhamnopyranosyl-(1 → 2)]-β-D-glucopyranoside (22*S*,25*S*)-

O

26-O-β-D-吡喃葡萄糖基-22,25-环氧呋甾-5-烯-3β,26-二醇-3-O-[α-L-吡喃鼠李糖基-(1→2)]-β-D-吡喃葡萄糖苷 野百合 Lilium brownii

3-O-β-D-glucopyranosyl-22E,24R-5α,8α-epidioxyergosta-6,22-diene 3-O-β-D-吡喃葡萄糖基-22E,24R-5α,8α-环二氧麦角甾-6,22-二烯 多汁乳菇 Lactarius volemus

3-O-β-D-glucopyranosyl-22E,24R-5β,8β-epidioxyergosta-6,22-diene 3-O-β-D-吡喃葡萄糖基-22E,24R-5β,8β-环二氧麦角甾-6,22-二烯 多汁乳菇 Lactarius volemus

(25R)-26-O-β-D-glucopyranosyl-22-hydroxy-5-β-furost-3β,26-diol-3-O-β-D-glucopyranosyl-(1→2)-β-D-galactopyranoside (25R)-26-O-β-D-吡喃葡萄糖基-22-羟基-5-β-呋甾-3β,26-二醇-3-O-β-D-吡喃葡萄糖基-(1→2)-β-D-吡喃半乳糖苷 薤白 Allium macrostemon

(25S)-26-O-β-D-glucopyranosyl-22-hydroxy-5β-furostan-3β,26-diol-3-O-β-D-glucopyranosyl-(1→2)-β-D-galactopyranoside (25S)-26-O-β-D-吡喃葡萄糖基-22-羟基-5β-呋甾-3β,26-二醇-3-O-β-D-吡喃葡萄糖基-(1→2)-β-D-吡喃半乳糖苷 知母 Anemarrhena asphodeloides

(5α,22α,25R)-26-O-β-D-glucopyranosyl-22-hydroxy-furost-3β,26-diol-3-O-β-D-glucopyranosyl-(1→2)-O-[β-D-glucopyranosyl-(1→3)]-O-β-D-glucopyranosyl-(1→4)-O-β-D-galactopyranoside (5α,22α,25R)-26-O-β-D-吡喃葡萄糖基-22-羟基-呋甾-3β,26-二醇-3-O-β-D-吡喃葡萄糖基-(1→2)-O-[β-D-吡喃葡萄糖基-(1→3)]-O-β-D-吡喃葡萄糖基-(1→4)-O-β-D-吡喃半乳糖苷 龙葵 Solanum nigrum

(25R)-26-O-β-D-glucopyranosyl-22-hydroxy-furost-3β,26β-diol-3-O-β-D-glucopyranosyl-(1→2)-β-D-galactopyranoside (25R)-26-O-β-D-吡喃葡萄糖基-22-羟基-呋甾-3β,26β-二醇-3-O-β-D-吡喃葡萄糖基-(1→2)-β-D-吡喃半乳糖苷 薤白 Allium macrostemon

(25S)-26-O-β-D-glucopyranosyl-22-hydroxy-furost-3β,26β-diol-3-O-β-D-glucopyranosyl-(1→2)-β-D-galactopyranoside (25S)-26-O-β-D-吡喃葡萄糖基-22-羟基-呋甾-3β,26β-二醇-3-O-β-D-吡喃葡萄糖基-(1→2)-β-D-吡喃半乳糖苷 薤白 Allium macrostemon

(25R)-26-O-β-D-glucopyranosyl-22-hydroxyfurost-5(6)en-3β,26-diol-3-O-β-D-glucopyranosyl-(1→2)-[-β-D-glucopyranosyl-(1→3)]-β-D-glucopyranosyl-(1→4)-β-D-galactopyranoside (25R)-26-O-β-D-吡喃葡萄糖基-22-羟基呋甾-5(6)烯-3β,26-二醇-3-O-β-D-吡喃葡萄糖基-(1→2)-[-β-D-吡喃葡萄糖基-(1→3)]-β-D-吡喃葡萄糖基-(1→4)-β-D-吡喃半乳糖苷 薤白 Allium macrostemon

(22α,25R)-26-O-β-D-glucopyranosyl-22-hydroxy-furost-5-en-3β,26-diol-3-O-β-D-glucopyranosyl-(1→2)-O-[β-D-xylopyranosyl-(1→3)]-O-β-D-glucopyranosyl-(1→4)-O-β-D-galactopyranoside (22α,25R)-26-O-β-D-吡喃葡萄糖基-22-羟基-呋甾-5-烯-3β,26-二醇-3-O-β-D-吡喃葡萄糖基-(1→2)-O-[β-D-吡喃木糖基-(1→3)]-O-β-D-吡喃葡萄糖基-(1→4)-O-β-D-吡喃半乳糖苷 龙葵 Solanum nigrum

26-O-β-D-glucopyranosyl-22-methoxy-(25R)-furost-5-en-3,26-dihydroxy-3-O-[α-L-rhamnopyranosyl-(1→2)]-β-D-glucopyranoside 26-O-β-吡喃葡萄糖基-22-甲氧基-(25R)-呋甾-5-烯-3,26-二羟基-3-[α-L-吡喃鼠李糖基-(1→2)]-β-D-葡萄吡喃糖苷 黑叶菝葜 Smilax nigrescens

26-O-β-D-glucopyranosyl-22-methoxy-5β-furostan-1β,2β,3β,4β,5β,26-hexaol-5-O-β-D-glucopyranoside 26-O-β-D-吡喃葡萄糖基-22-甲氧基-5β-呋甾-1β,2β,3β,4β,5β,26-六醇-5-O-β-D-吡喃葡萄糖苷 蜘蛛抱蛋 Aspidistra elatior

26-O-β-D-glucopyranosyl-22-methoxy-5β-furostan-1β,3β,4β,5β,26-pentaol-5-O-β-D-glucopyranoside 26-O-β-D-吡喃葡萄糖基-22-甲氧基-5β-呋甾-1β,3β,4β,5β,26-五醇-5-O-β-D-吡喃葡萄糖苷 蜘蛛抱蛋 Aspidistra elatior

26-O-β-D-glucopyranosyl-22-methoxyfurostan-3β,26-diol-3-O-[β-D-glucopyranosyl-(1→2)][β-D-xylopyranosyl-(1→4)][α-L-rhamnopyranosyl-(1→6)]-β-D-glucopyranoside 26-O-β-D-吡喃葡萄糖基-22-甲氧基呋甾-3β,26-二醇-3-O-[β-D-吡喃葡萄糖基-(1→2)][β-D-吡喃木糖基-(1→4)][α-L-吡喃鼠李糖基-(1→6)]-β-D-吡喃葡萄糖苷 天门冬 Asparagus cochinchinensis

26-O-β-D-glucopyranosyl-22-methoxyfurostan-3β,26-diol-3-O-α-L-rhamnopyranosyl-(1→6)-β-D-glucopyranoside 26-O-β-D-吡喃葡萄糖基-22甲氧基呋甾-3β,26-二醇-3-O-α-L-吡喃鼠李糖基-(1→6)-β-D-吡喃葡萄糖苷 天门冬 Asparagus cochinchinensis

(5α,22α,25R)-26-O-β-D-glucopyranosyl-22-methoxy-furostan-3β,26-diol-3-O-β-D-glucopyranosyl-(1→2)-O-[β-D-glucopyranosyl-(1→3)]-O-β-D-glucopyranosyl-(1→4)-O-β-D-galactopyranoside (5α,22α,25R)-26-O-β-D-吡喃葡萄糖基-22-甲氧基-呋甾-3β,26-二醇-3-O-β-D-吡喃葡萄糖基-(1→2)-O-[β-D-吡喃葡萄糖基-(1→3)]-O-β-D-吡喃葡萄糖基-(1→4)-O-β-D-吡喃半乳糖苷 龙葵 Solanum nigrum

26-O-β-D-glucopyranosyl-22-methoxyfurostan-3β,26-diol-3-O-β-D-xylopyranosyl-(1→4)-[α-L-rhamnopyranosyl-(1→6)]-β-D-glucopyranoside 26-O-β-D-吡喃葡萄糖基-22-甲氧基呋甾-3β,26-二醇-3-O-β-D-吡喃木糖基-(1→4)-[α-L-吡喃鼠李糖基-(1→6)]-β-D-吡喃葡萄糖苷 天门冬 Asparagus cochinchinensis

26-O-β-D-glucopyranosyl-22-methoxyfurostan-3β,26-diol-3-O-β-D-xylopyranosyl-(1→4)-β-D-glucopyranoside 26-O-β-D-吡喃葡萄糖基-22-甲氧基呋甾-3β,26-二醇-3-O-β-D-吡喃木糖基-(1→4)-β-D-吡喃葡萄糖苷 天门冬 Asparagus cochinchinensis

26-O-β-D-glucopyranosyl-22-methoxyl-(25R)-furost-5-en-3β,26-diol-3-O-β-D-glucopyranosyl-(1→2)-β-D-glucopyranosyl-(1→4)-β-D-galactopyranoside 26-O-β-D-吡喃葡萄糖基-22-甲氧基-(25R)-呋甾-5-烯-3β,26-二醇-3-O-β-D-吡喃葡萄糖基-(1→2)-β-D-吡喃葡萄糖基-(1→4)-β-D-吡喃半乳糖苷 高大鹿药 Smilacina atropurpurea

26-O-β-D-glucopyranosyl-22-O-methyl-(25S)-5α-fustan-1β,3α,22,26-tetrol-3-O-β-D-glucopyranoside 26-O-β-D-吡喃葡萄糖苷-22-O-甲基-(25S)-5α-呋甾-1β,3α,22,26-四醇 3-O-β-D-吡喃葡萄糖苷 剑叶朱蕉 Cordyline stricta

26-O-β-D-glucopyranosyl-22-O-methyl-(25S)-5α-fustan-3α,22ζ,26-triol-3-O-β-D-glucopyranoside 26-O-β-D-吡喃葡萄糖苷-22-O-甲基-(25S)-5α-呋甾-3α,22ζ,26-三醇-3-O-β-D-吡喃葡萄糖苷 剑叶朱蕉 Cordyline stricta

26-O-β-D-glucopyranosyl-22-O-methyl-25(S)-furost-5-en-3β,26-diol-3-O-β-lycotetraoside 26-O-β-D-吡喃葡萄糖基-22-O-甲基-25(S)-呋甾-5-烯-3β,26-二醇-3-O-β-石蒜四糖 短筒黄精 Polygonatum altelobatum

26-O-β-D-glucopyranosyl-22-O-methyl-5α-furost-25(27)-en-1β,3α,22ζ,26-tetrol-1-O-{O-α-L-rhamnopyranosyl-(1→2)-O-[β-D-xylopyranosyl-(1→3)]-β-D-fucopyranoside} 26-O-β-D-吡喃葡糖基-22-O-甲基-5α-呋甾-25(27)-烯-1β,3α,22ζ,26-四醇-1-O-{O-α-L-吡喃鼠李糖基-(1→2)-O-[β-D-吡喃木糖基-(1→3)]-β-D-吡喃岩藻糖苷} 剑叶朱蕉 Cordyline stricta

26-O-β-D-glucopyranosyl-22-O-methylfurost-5,25(27)-dien-1β,3α,22ζ,26-tetrol-1-O-{O-α-L-rhamnopyranosyl-(1→2)-O-[β-D-xylopyranosyl-(1→3)]-β-D-fucopyranoside} 26-O-β-D-吡喃葡萄糖基-22-O-甲基呋甾-5,25(27)-二烯-1β,3α,22ζ,26-四醇-1-O-{O-α-L-吡喃鼠李糖基-(1→2)-O-[β-D-吡喃木糖基-(1→3)]-β-D-吡喃岩藻糖苷} 剑叶朱蕉 Cordyline stricta

26-O-β-D-glucopyranosyl-22-O-methylfurosta-5,25(27)-dien-1β,3β,22ξ,26-tetrol-1-O-[O-α-L-rhamnopyranosyl-(1→2)-α-L-arabinopyranoside]

26-O-β-D-吡喃葡萄糖基-22-O-甲基呋甾-5,25(27)-二烯-1β,3β,22ξ,26-四醇-1-O-[O-α-L-吡喃鼠李糖基)-(1→2)-α-L-吡喃阿拉伯糖苷] 龙血藤 Daemonorops draco

(5α)-3β-O-β-D-glucopyranosyl-22R-hydroxy-4α-methyl-stigmast-7-en-6-one (5α)-3β-O-β-D-吡喃葡萄糖基-22R-羟基-4α-甲基-豆甾-7-烯-6-酮 黄果茄 Solanum virginianum

(5α)-3β-O-β-D-glucopyranosyl-22R-methoxy-4α-methyl-stigmast-7-en-6-one (5α)-3β-O-β-D-吡喃葡萄糖基-22R-甲氧基-4α-甲基-豆甾-7-烯-6-酮 黄果茄 Solanum virginianum

(25R)-26-O-β-D-glucopyranosyl-22α-methoxy-5β-furostan-3β,26-diol-3-O-[β-D-glucopyranosyl-(1→2)-O-β-D-galactopyranoside] (25R)-26-O-β-D-吡喃葡萄糖基-22α-甲氧基-5β-呋甾-3β,26-二醇-3-O-[β-D-吡喃葡萄糖基-(1→2)-O-β-D-吡喃半乳糖苷] 凤尾丝兰 Yucca gloriosa

20-O-β-D-glucopyranosyl-22ξ-methoxy-(25R,S)-5α-furostan-2α,3β,6β,26-tetraol-3-O-β-D-glucopyranosyl-(1→2)-O-[β-D-xylopyranosyl-(1→3)]-O-β-D-glucopyranosyl-(1→4)-β-D-galactopyranoside 20-O-β-D-吡喃葡萄糖基-22ξ-甲氧基-(25R,S)-5α-呋甾-2α,3β,6β,26-四醇-3-O-β-D-吡喃葡萄糖基-(1→2)-O-[β-D-吡喃木糖基-(1→3)]-O-β-D-吡喃葡萄糖基-(1→4)-β-D-吡喃半乳糖苷 茖葱 Allium victorialis

3-O-β-D-glucopyranosyl-23-hydroxyursolic acid 3-O-β-D-吡喃葡萄糖基-23-羟基熊果酸 猫儿刺 Ilex pernyi

3β-O-β-D-glucopyranosyl-23α-O-α-D-ribofuranosyl-oleanolic acid 3β-O-β-D-吡喃葡萄糖基-23α-O-α-D-呋喃核糖基-齐墩果酸 白头翁 Pulsatilla chinensis

3-O-β-D-glucopyranosyl-24E-22ξ-acetoxy-1α,3β-dihydroxyergosta-5,24-dien-26-oic acid-26-O-β-D-glucopyranosyl-(1→4)-β-D-glucopyranosyl-6''-acetoxy-(1→2)-glucopyranosyl ester 3-O-β-D-吡喃葡萄糖基-24E-22ξ-乙酰氧基-1α,3β-二羟基麦角甾-5,24-二烯-26-酸-26-O-吡喃葡萄糖基-(1→4)-吡喃葡萄糖基-6''-乙酰氧基-(1→2)-吡喃葡萄糖基酯苷 灯笼果 Physalis peruviana

3-O-β-D-glucopyranosyl-24E-22ξ-acetoxy-1α,3β-dihydroxyergosta-5,24-dien-26-oic acid-26-O-β-D-glucopyranosyl-6'''-acetoxy-(1→4)-β-D-glucopyranosyl-6''-acetoxy-(1→2)-glucopyranosyl ester 3-O-β-D-吡喃葡萄糖基-24E-22ξ-乙酰氧基-1α,3β-二羟基麦角甾-5,24-二烯-26-酸-26-O-β-D-吡喃葡萄糖基-6'''-乙酰氧基-(1→4)-β-D-吡喃葡萄糖基-6''-乙酰氧基-(1→2)-吡喃葡萄糖基酯苷 灯笼果 Physalis peruviana

3-O-β-D-glucopyranosyl-24-ethylcholest-5-ene 3-O-β-D-吡喃葡萄糖基-24-乙基胆甾-5-烯 水竹叶 Murdannia triquetra

3-O-β-D-glucopyranosyl-24-O-acetyl-(24S)-cycloartane-3β,16β,24,25,30-pentaol-25-O-β-D-glucopyranosyl-(1→6)-β-D-glucopyranoside 3-O-β-D-吡喃葡萄糖基-24-O-乙酰基-(24S)-环木菠萝-3β,16β,24,25,30-五醇-25-O-β-D-吡喃葡萄糖基-(1→6)-β-D-吡喃葡萄糖苷 华东唐松草 Thalictrum fortunei

26-O-β-D-glucopyranosyl-25(R)-5α-furostan-12-one-3β,22α,26-triol-3-O-α-L-rhamnopyranosyl-(1→2)-O-[β-D-glucopyranosyl-(1→4)]-β-D-galactopyranoside 26-O-β-D-吡喃葡萄糖基-25(R)-5α-呋甾-12-酮-3β,22α,26-三醇-3-O-α-L-吡喃鼠李糖基-(1→2)-O-[β-D-吡喃葡萄糖基-(1→4)]-β-D-吡喃半乳糖苷 蒺藜 Tribulus terrestris

26-O-β-D-glucopyranosyl-25(R)-furost-5-en-3β,22,26-triol-12-one-3-O-β-D-glucopyranosyl-(1→4)-β-D-fucopyranoside 26-O-β-D-吡喃葡萄糖基-25(R)-呋甾-5-烯-3β,22,26-三醇-12-酮-3-O-β-D-吡喃葡萄糖基-(1→4)-β-D-吡喃岩藻糖苷 滇黄精 Polygonatum kingianum

26-O-β-D-glucopyranosyl-25(R,S)-furost-5-en-3,22ξ,26-triol-3-O-α-L-rhamnopyranosyl-(1→2)-[β-D-glucopyranosyl-(1→3)]-β-D-glucopyranoside 26-O-β-D-吡喃葡萄糖基-25(R,S)-呋甾-5-烯-3,22ξ,26-三醇-3-O-α-L-吡喃鼠李糖基-(1→2)-[β-D-吡喃葡萄糖基-(1→3)]-β-D-吡喃葡萄糖苷 剑叶龙血树 Dracaena cochinchinensis

26-O-β-D-glucopyranosyl-25(R,S)-spirost-5-en-3,22ξ,26-triol-3-O-α-L-rhamnopyranosyl-(1→2)-[α-L-rhamnopyranosyl-(1→4)]-β-D-glucopyranoside 26-O-β-D-吡喃葡萄糖基-25(R,S)-螺甾-5-烯-3,22ξ,26-三醇-3-O-α-L-吡喃鼠李糖基-(1→2)-[α-L-吡喃鼠李糖基-(1→4)]-β-D-吡喃葡萄糖苷 剑叶龙血树 Dracaena cochinchinensis

26-O-β-D-glucopyranosyl-25(S)-furost-5-en-3β,22,26-triol-12-one-3-O-β-D-glucopyranosyl-(1→4)-β-D-fucopyranoside 26-O-β-D-吡喃葡萄糖基-25(S)-呋甾-5-烯-3β,22,26-三醇-12-酮-3-O-β-D-吡喃葡萄糖基-(1→4)-β-D-吡喃岩藻糖苷 滇黄精 Polygonatum kingianum

3-O-β-D-glucopyranosyl-28-O-[α-L-rhamnopyranosyl-(1→2)]-β-D-glucopyranosyl-21β,22α-dihydroxyl-olean-12-ene 3-O-β-D-吡喃葡萄糖基-28-O-[α-L-吡喃鼠李糖基-(1→2)]-β-D-吡喃葡萄糖基-21β,22α-二羟基齐墩果-12-烯 文冠果 Xanthoceras sorbifolium

3-O-β-D-glucopyranosyl-28-O-[α-L-rhamnopyranosyl-(1→2)-α-L-arabinopyranoside]medicagenate 3-O-β-D-吡喃葡萄糖基-28-O-[α-L-吡喃鼠李糖基-(1→2)-α-L-吡喃阿拉伯糖基]苜蓿酸酯苷 紫苜蓿 Medicago sativa

3-O-β-D-glucopyranosyl-28-O-[β-D-glucopyranosyl-(1→2)]-β-D-glucopyranosyl-21β,22α-dihydroxyl-olean-12-ene 3-O-β-D-吡喃葡萄糖基-28-O-[β-D-吡喃葡萄糖基-(1→2)]-β-D-吡喃葡萄糖基-21β,22α-二羟基齐墩果-12-烯 文冠果 Xanthoceras sorbifolium

3-O-β-D-glucopyranosyl-28-O-α-L-rhamnopyranosyl-16α-hydroxy-23-deoxyprotobassic acid 3-O-β-D-吡喃葡萄糖基-28-O-α-L-吡喃鼠李糖基-16α-羟基-23-去氧原雾冰藜酸▲ 大叶玉叶金花 Mussaenda macrophylla

3-O-β-D-glucopyranosyl-28-O-α-L-rhamnopyranosyl-16α-hydroxyprotobassic acid 3-O-β-D-吡喃葡萄糖基-28-O-α-L-吡喃鼠李糖基-16α-羟基原雾冰藜酸▲ 大叶玉叶金花 Mussaenda macrophylla

3-O-β-D-glucopyranosyl-28-O-β-D-glucopyranoside medicagenate 3-O-β-D-吡喃葡萄糖基-28-O-β-D-吡喃葡萄糖基苜蓿酸酯苷 紫苜蓿 Medicago sativa

3-O-β-D-glucopyranosyl-28-O-β-D-glucopyranosylphytolaccagenic acid 3-O-β-D-吡喃葡萄糖基-28-O-β-D-吡喃葡萄糖基商陆酸 苍白秤钩风 Diploclisia glaucescens

(2R)-2-O-β-D-glucopyranosyl-2H-1,4-benzoxazin-3(4H)-one (2R)-2-O-β-D-吡喃葡萄糖基-2H-1,4-苯并恶嗪-3(4H)-酮 老鼠簕 Acanthus ilicifolius, 块茎芦莉草 Ruellia tuberosa

2-O-β-D-glucopyranosyl-2H-1,4-benzoxazin-3(4H)-one 2-O-β-D-吡喃葡萄糖基-2H-1,4-苯并恶嗪-3(4H)-酮 马蓝 Strobilanthes cusia

1-O-β-D-glucopyranosyl-2-hydroxy-4-allylbenzene 1-O-β-D-吡喃葡萄糖基-2-羟基-4-苯丙烯 高良姜 Alpinia officinarum

3-O-β-D-glucopyranosyl-2-hydroxymethyl-D-ribono-γ-lactone 3-O-β-D-吡喃葡萄糖基-2-羟甲基-D-核糖酸-γ-内酯 棉团铁线莲 Clematis hexapetala

4'-*O*-β-D-glucopyranosyl-2'-hydroxyresveratrol-3-(6-*O*-β-D-apiofuranosyl-β-D-glucopyranoside) 4'-*O*-β-D- 吡喃葡萄糖基 -2'- 羟基白藜芦醇 -3-(6-*O*-β-D- 呋喃芹糖基 -β-D- 吡喃葡萄糖苷 桑 Morus alba

4'-*O*-β-D-glucopyranosyl-2'-hydroxyresveratrol-3-(6-*O*-β-D-glucopyranosyl-β-D-glucopyranoside) 4'-*O*-β-D- 吡喃葡萄糖基 -2'- 羟基白藜芦醇 -3-(6-*O*-β-D- 吡喃葡萄糖基 -β-D- 吡喃葡萄糖苷) 桑 Morus alba

3-*O*-β-D-glucopyranosyl-2'-hydroxyresveratrol-4'-(6-*O*-β-D-glucopyranosyl-β-D-glucopyranoside) 3-*O*-β-D- 吡喃葡萄糖基 -2'- 羟基白藜芦醇 -4'-(6-*O*-β-D- 吡喃葡萄糖基 -β-D- 吡喃葡萄糖苷) 桑 Morus alba

1-*O*-β-D-glucopyranosyl-2-methoxy-3-(2-hydroxytriaconta-3,12-dienoate)-glycerol 1-*O*-β-D- 吡喃葡萄糖基 -2- 甲氧基 -3-(2- 羟基三十烷 -3,12- 二烯酸酯)- 甘油 白背枫 Buddleja asiatica

1-*O*-β-*D*-glucopyranosyl-2-*N*-2'-hydroxypalmitoyl-sphinga-4-*trans*-8-*trans*-dienine 1-*O*-β-D- 吡喃葡萄糖基 -2-*N*-2'- 羟基棕榈酰基 - 鞘氨 -4- 反式 -8- 反式 - 二烯酰胺 红丝线 Lycianthes biflora

3-*O*-β-D-glucopyranosyl-2-oxo-olean-12-en-23,28-dioic acid-28-*O*-β-D-xylopyranosyl-(1 → 4)-*O*-β-D-apiofuranosyl-(1 → 3)]-*O*-α-L-rhamnopyranosyl-(1 → 2)-*O*-β-D-glucopyranosyl ester 3-*O*-β-D- 葡萄糖基 -2- 氧代 - 齐墩果 -12- 烯 -23,28- 二酸 -28-*O*-β-D- 吡喃木糖基 -(1 → 4)-*O*-β-D- 呋喃芹糖基 -(1 → 3)-*O*-α-L- 吡喃鼠李糖基 -(1 → 2)-*O*-β-D- 吡喃葡萄糖酯苷 瓜子金 Polygala japonica

3-*O*-β-D-glucopyranosyl-2-oxo-olean-12-en-23,28-dioic acid-28-*O*-β-D-xylopyranosyl-(1 → 4)-*O*-β-D-apiofuranosyl-(1 → 3)-*O*-α-L-rhamnopyranosyl-(1 → 2)-*O*-β-D-glucopyranosyl ester 3-*O*-β-D- 吡喃葡萄糖基 -2- 氧代 - 齐墩果 -12- 烯 -23,28- 二酸 -28-*O*-β-D- 吡喃木糖基 -(1 → 4)-*O*-β-D- 呋喃芹糖基 -(1 → 3)-*O*-α-L- 吡喃鼠李糖基 -(1 → 2)-*O*-β-D- 吡喃葡萄糖酯苷 西伯利亚远志 Polygala sibirica

1-*O*-β-D-glucopyranosyl-(2*S*,3*S*,4*R*,8*Z*)-2-*N*-(2'*R*)-2'-hydroxytetracosanoyl-3,4-dihydroxy-8-octadene 1-*O*-β-D- 吡喃葡萄糖 -(2*S*,3*S*,4*R*,8*Z*)-2-*N*-(2'*R*)-2'- 羟基二十四酰氨基 -3,4- 二羟基 -8- 十八烯 芝麻 Sesamum indicum

3-*O*-β-D-glucopyranosyl-2α,19α-dihydroxyursolic acid-β-D-glucopyranosyl ester 3-*O*-β-D- 吡喃葡萄糖基 -2α,19α- 二羟基熊果酸 -β-D- 吡喃葡萄糖酯苷 高山地榆 Sanguisorba alpina

3-*O*-β-D-glucopyranosyl-2α,3β,12β,20*S*-dammar-24-en-3-ol-20-*O*-β-D-glucopyranoside 3-*O*-β-D- 吡喃葡萄糖基 -2α,3β,12β,20*S*- 达玛 -24- 烯 -3- 醇 -20-*O*-β-D- 吡喃葡萄糖苷 绞股蓝 Gynostemma pentaphyllum

3-*O*-β-D-glucopyranosyl-2α,3β,6β,19α,21β,23-hexahydroxyolean-12-en-28-oic acid 3-*O*-β-D- 吡喃葡萄糖基 -2α,3β,6β,19α,21β,23- 六羟基齐墩果 -12- 烯 -28- 酸 狗枣猕猴桃 Actinidia kolomikta

3-*O*-β-D-glucopyranosyl-2α-hydroxy-24-en-dammaran-20(*S*)-*O*-β-D-xylopyranosyl-(1 → 6)-β-D-glucopyranoside 3-*O*-β-D- 吡喃葡萄糖基 -2α- 羟基 -24- 烯 - 达玛 -20(*S*)-*O*-β-D- 吡喃木糖基 -(1 → 6)-β-D- 吡喃葡萄糖苷 绞股蓝 Gynostemma pentaphyllum

3-*O*-β-D-glucopyranosyl-2α-hydroxygypsogenin 2α- 羟基石头花苷元▲-3-*O*-β-D- 吡喃葡萄糖苷 丝瓜 Luffa cylindrica

3-*O*-β-D-glucopyranosyl-2β,3β,16α,23,24-pentahydroxyoleanane-28(13)-lactone 3-*O*-β-D- 吡喃葡萄糖基 -2β,3β,16α,23,24- 五羟基齐墩果烷 -28(13)- 内酯 桔梗 Platycodon grandiflorus

3-*O*-β-D-glucopyranosyl-2β,3β,16β-trihydroxy-28-norolean-12-en-15-one-23-oic acid 3-*O*-β-D- 吡喃葡萄糖基 -2β,3β,16β- 三羟基 -28- 异 -12- 烯 -15- 酮 -23- 齐墩果酸 四齿四棱草 Schnabelia tetrodonta

3-*O*-β-D-glucopyranosyl-2β,3β-dihydroxy-30-norolean-12,20(29)-dien-23,28-dioic acid-23,28-di-*O*-β-D-glucopyranosyl ester 3-*O*-β-D- 吡喃葡萄糖基 -2β,3β- 二羟基 -30- 去氧齐墩果 -12,20(29)- 二烯 -23,28- 二酸 -23,28- 二 -*O*-β-D- 吡喃葡萄糖基酯 尾穗苋 Amaranthus caudatus

12-*O*-β-D-glucopyranosyl-3,11,16-trihydroxyabieta-8,11,13-triene 12-*O*-β-D- 吡喃葡萄糖基 -3,11,16- 三羟基冷杉 -8,11,13- 三烯 臭牡丹 Clerodendrum bungei

2-*O*-β-D-glucopyranosyl-3,16,20,25-tetrahydroxy-9-methyl-19-norlanosta-5,23-diene-22-one 2-*O*-β-D- 吡喃葡萄糖基 -3,16,20,25- 四羟基 -9- 甲基 19- 降羊毛脂 -5,23- 二烯 -22- 酮 胡黄连 Neopicrorhiza scrophulariiflora

2-*O*-β-D-glucopyranosyl-3,16,20-trihydroxy-25-acetoxy-9-methyl-19-norlanosta-5,23-diene-22-one 2-*O*-β-D- 吡喃葡萄糖基 -3,16,20- 三羟基 -25- 乙酰氧基 -9- 甲基 19- 降羊毛脂 -5,23- 二烯 -22- 酮 胡黄连 Neopicrorhiza scrophulariiflora

4-*O*-β-D-glucopyranosyl-3,3',4'-tri-*O*-methylellagic acid 4-*O*-β-D- 吡喃葡萄糖基 -3,3',4'- 三 -*O*- 甲基鞣花酸 地稔 Melastoma dodecandrum, 金锦香 Osbeckia chinensis

4-*O*-β-D-glucopyranosyl-3,3'-di-*O*-methylellagic acid 4-*O*-β-D- 吡喃葡萄糖基 -3,3'- 二 -*O*- 甲基鞣花酸 金锦香 Osbeckia chinensis

3'(*R*)-*O*-β-D-glucopyranosyl-3',4'-dihydroxanthyletin 3'(*R*)-*O*-β-D- 吡喃葡萄糖 -3',4'- 二氢花椒内酯 朝鲜当归 Angelica gigas

3'(*S*)-*O*-β-D-glucopyranosyl-3',4'-dihydroxanthyletin 3'(*S*)-*O*-β-D- 吡喃葡萄糖基 -3',4'- 二氢花椒内酯 朝鲜当归 Angelica gigas

1-*O*-β-D-glucopyranosyl-3,5,6-trimethoxyxanthone 1-*O*-β-D- 吡喃葡萄糖基 -3,5,6- 三甲氧基吨酮 川西獐牙菜 Swertia mussotii

4-*O*-β-D-glucopyranosyl-3,5-dihydroxybenzoic acid 4-*O*-β-D- 吡喃葡萄糖基 -3,5- 二羟基苯甲酸 唐古特大黄 Rheum tanguticum

4-*O*-β-D-glucopyranosyl-3,5-dimethoxybenzoic acid 4-*O*-β-D- 吡喃葡萄糖基 -3,5- 二甲氧基苯甲酸 唐古特大黄 Rheum tanguticum

4-(4'-*O*-β-D-glucopyranosyl-3',5'-dimethoxyphenyl)-2-butanone 4-(4'-*O*-β-D- 吡喃葡萄糖基 -3',5'- 二甲氧基苯基)-2- 丁酮 唐古特大黄 Rheum tanguticum

erythro-1-(4-*O*-β-D-glucopyranosyl-3,5-dimethoxyphenyl)-2-syringaresinoxyl-propane-1,3-diol 赤式 -1-(4-*O*-β-D- 吡喃葡萄糖基 -3,5- 二甲氧基苯基)-2- 丁香树脂酚氧基 - 丙烷 -1,3- 二醇 耳叶紫菀 Aster auriculatus

erythro-1-(4-*O*-β-D-glucopyranosyl-3,5-dimethyoxyphenyl)-2-syringaresinoxyl-propane-1,3-diol 赤式 -1-(4-*O*-β-D- 吡喃葡萄糖基 -3,5 二甲氧基苯基)-2- 丁香树脂酚氧基 - 丙烷 -1,3- 二醇 盐角草 Salicornia europaea

1-*O*-β-D-glucopyranosyl-3,8-dihydroxy-4,5-dimethoxyxanthone 1-*O*-β-D- 吡喃葡萄糖基 -3,8- 二羟基 -4,5- 二甲氧基吨酮 獐牙菜 Swertia bimaculata

5-*O*-β-D-glucopyranosyl-3-hydroxy-1-(4-hydroxy-3-methoxyphenyl)-decane 5-*O*-β-D- 吡喃葡萄糖基 -3- 羟基 -1-(4- 羟基 -3- 甲氧基苯基)- 癸烷 姜 Zingiber officinale

1'-*O*-β-D-glucopyranosyl-3-hydroxynodakenetin 1'-*O*-β-D- 吡喃葡萄糖基 -3- 羟基紫花前胡苷元 藏波罗花 Incarvillea younghusbandii, 心叶

棱子芹 Pleurospermum rivulorum

(4-*O*-*β*-D-glucopyranosyl-3-hydroxyphenyl)-3,4-dihydroxybenzoic acid ester (4-*O*-*β*-D- 吡喃葡萄糖基 -3- 羟基苯基)-3,4- 二羟基苯甲酸酯 潺槁木姜子 Litsea glutinosa

1-*O*-*β*-D-glucopyranosyl-3-methoxy-5-hydroxybenzene 1-*O*-*β*-D- 吡喃葡萄糖基 -3- 甲氧基 -5- 羟基苯 粗茎鳞毛蕨 Dryopteris crassirhizoma

erythro-1-(4-*O*-*β*-D-glucopyranosyl-3-methoxyphenyl)-2-[4-(3-hydroxypropyl)-2,6-dimethoxyphenoxy]-1,3-propanediol 赤式 -1-(4-*O*-*β*-D- 吡喃葡萄糖基 -3- 甲氧基苯基)-2-[4-(3- 羟丙基)-2,6- 二甲氧基苯氧基]-1,3- 丙二醇 长距石斛 Dendrobium longicornu

1-(4-*O*-*β*-D-glucopyranosyl-3-methoxyphenyl)-3,5-dihydroxydecane 1-(4-*O*-*β*-D- 吡喃葡萄糖基 -3- 甲氧基苯基)-3,5- 二羟基癸烷 姜 Zingiber officinale

28-*O*-*β*-D-glucopyranosyl-3-*O*-[*α*-L-rhamnopyranosyl-(1 → 2)-*β*-D-glucopyranosyl-(1 → 2)-*β*-D-glucopyranosyl]medicagenate 28-*O*-*β*-D- 吡喃葡萄糖基 -3-*O*-[*α*-L- 吡喃鼠李糖基 -(1 → 2)-*β*-D- 吡喃葡萄糖基 -(1 → 2)-*β*-D- 吡喃葡萄糖基] 苜蓿酸酯苷 紫苜蓿 Medicago sativa

23-*O*-*β*-D-glucopyranosyl-3-*O*-[*β*-D-galactopyranosyl-(1 → 2)-*β*-D-glucopyranosyl]medicagenate 23-*O*-*β*-D- 吡喃葡萄糖基 -3-*O*-[*β*-D- 吡喃半乳糖基 -(1 → 2)-*β*-D- 吡喃葡萄糖基] 苜蓿酸酯苷 紫苜蓿 Medicago sativa

28-*O*-*β*-D-glucopyranosyl-3-*O*-[*β*-D-galactopyranosyl-(1 → 2)-*β*-D-glucopyranosyl]medicagenate 28-*O*-*β*-D- 吡喃葡萄糖基 -3-*O*-[*β*-D- 吡喃半乳糖基 -(1 → 2)-*β*-D- 吡喃葡萄糖基] 苜蓿酸酯苷 紫苜蓿 Medicago sativa

4-*O*-*β*-D-glucopyranosyl-3-*O*-methylellagic acid 4-*O*-*β*-D- 吡喃葡萄糖基 -3-*O*- 甲基鞣花酸 金锦香 Osbeckia chinensis

26-*O*-*β*-D-glucopyranosyl-3-*O*-*β*-D-xylopyranosyl-(1 → 3)-*β*-D-galactopyranosyl-(1 → 2))-*β*-D-glucopyranosyl-(1 → 4)-*β*-D-glucopyranosyl-5*α*-furost-20(22)-en-12-one-3*β*,26-diol 26-*O*-*β*-D- 吡喃葡萄糖基 -3-*O*-*β*-D- 吡喃木糖基 -(1 → 3)-*β*-D- 吡喃半乳糖基 -(1 → 2)-*β*-D- 吡喃葡萄糖基 -(1 → 4)-*β*-D- 吡喃葡萄糖基 -5*α*- 呋甾 -20(22)- 烯 -12- 酮 -3*β*,26- 二醇 蒺藜 Tribulus terrestris

26-*O*-*β*-D-glucopyranosyl-3-*O*-*β*-D-xylopyranosyl-(1 → 3)-*β*-D-galactopyranosyl-(1 → 2)-*β*-D-glucopyranosyl-(1 → 4)-*β*-D-glucopyranosyl-5*α*-furostan-12-one-3*β*,22,26-triol 26-*O*-*β*-D- 吡喃葡萄糖基 -3-*O*-*β*-D- 吡喃木糖基 -(1 → 3)-*β*-D- 吡喃半乳糖基 -(1 → 2)-*β*-D- 吡喃葡萄糖基 -(1 → 4)-*β*-D- 吡喃葡萄糖基 -5*α*- 呋甾 -12- 酮 -3*β*,22,26- 三醇 蒺藜 Tribulus terrestris

(3*R*)-3-*O*-*β*-D-glucopyranosyl-3-phenylpropanoic acid (3*R*)-3-*O*-*β*-D- 吡喃葡萄糖基 -3- 苯基丙酸 草麻黄 Ephedra sinica

3-*O*-*β*-D-glucopyranosyl-3*α*,11*α*-dihydroxylup-20(29)-en-28-oic acid 3-*O*-*β*-D- 吡喃葡萄糖基 -3*α*,11*α*- 二羟基羽扇豆 -20(29)- 烯 -28- 酸 五加 Eleutherococcus nodiflorus var. gracilistylus

3-*O*-*β*-D-glucopyranosyl-3*β*,15*α*-dihydroxypregn-5-en-20-one 3-*O*-*β*-D- 吡喃葡萄糖基 -3*β*,15*α*- 二羟基孕甾 -5- 烯 -20- 酮 秀丽莓 Rubus amabilis

(25*R*)-26-*O*-*β*-D-glucopyranosyl-3*β*,20*α*,26-trihydroxyfurost-5,22-dien-3-*O*-*α*-L-rhamnopyranosyl-(1 → 2)-[*α*-L-rhamnopyranosyl-(1 → 4)]-*O*-*β*-D-glucopyranoside (25*R*)-26-*O*-*β*-D- 吡喃葡萄糖基 -3*β*,20*α*,26- 三羟基呋甾 -5,22- 二烯 -3-*O*-*α*-L- 吡喃鼠李糖基 -(1 → 2)-[*α*-L- 吡喃鼠李糖基 -(1 → 4)]-*O*-*β*-D- 吡喃葡萄糖苷 菝葜 Smilax china

3-*O*-*β*-D-glucopyranosyl-3*β*,21*α*,23-trihydroxy-urs-12-en-28-oic acid-21-*O*-*β*-D-glucopyranoside 3-*O*-*β*-D- 吡喃葡萄糖基 -3*β*,21*α*,23- 三羟基 - 熊果 -12- 烯 -28- 酸 -21-*O*-*β*-D- 吡喃葡萄糖苷 毛冬青 Ilex pubescens

21-*O*-*β*-D-glucopyranosyl-3*β*,21*α*,30-trihydroxyolean-13(18)-en-24-oic acid 21-*O*-*β*-D- 吡喃葡萄糖基 -3*β*,21*α*,30- 三羟基 -13(18)- 烯 -24- 齐墩果酸 四齿四棱草 Schnabelia tetrodonta

26-*O*-*β*-D-glucopyranosyl-3*β*,22*ζ*,26-trihydroxy-(25*R*)-5*α*-furostan-6-one-3-*O*-*α*-L-arabinopyranosyl-(1 → 6)-*β*-D-glucopyranoside 26-*O*-*β*-D- 吡喃葡萄糖基 -3*β*,22*ζ*,26- 三羟基 -(25*R*)-5*α*- 呋甾 -6- 酮 -3-*O*-*α*-L- 吡喃阿拉伯糖基 -(1 → 6)-*β*-D- 吡喃葡萄糖苷 华东菝葜 Smilax sieboldii

26-*O*-*β*-D-glucopyranosyl-3*β*,22*ζ*,26-trihydroxy-(25*R*)-5*α*-furstan-6-one-3-*O*-*β*-D-glucopyranosyl-(1→4)-*O*-[*α*-L-arabinopyranosyl-(1→6)]-*β*-D-glucopyranoside 26-*O*-*β*-D- 吡喃葡萄糖基 -3*β*,22*ζ*,26- 三羟基 -(25*R*)-5*α*- 呋甾 -6- 酮 -3-*O*-*β*-D- 吡喃葡萄糖基 -(1 → 4)-*O*-[*α*-L- 吡喃阿拉伯糖基 -(1 → 6)]-*β*-D- 吡喃葡萄糖苷 华东菝葜 Smilax sieboldii

(23*S*)-26-*O*-*β*-D-glucopyranosyl-3*β*,23-dihydroxyfurosta-5,20(22),25(27)-trien-1*β*-sulfonate (23*S*)-26-*O*-*β*-D- 吡喃葡萄糖基 -3*β*,23- 二羟基呋甾 -5,20(22),25(27)- 三烯 -1*β*- 硫酸酯 铁筷子 Helleborus thibetanus

26-*O*-*β*-D-glucopyranosyl-3*β*,26-dihydroxy-25(*R*)-furost-5,20(22)-dien-3-*O*-*α*-L-rhamnopyranosyl-(1 → 2)-*β*-D-glucopyranoside 26-*O*-*β*-D- 吡喃葡萄糖基 -3*β*,26- 二羟基 -25(*R*)- 呋甾 -5,20(22)- 二烯 -3-*O*-*α*-L- 吡喃鼠李糖基 -(1 → 2)-*β*-D- 吡喃葡萄糖苷 福州薯蓣 Dioscorea futschauensis

26-*O*-*β*-D-glucopyranosyl-3*β*,26-dihydroxy-5-cholesten-16,22-dioxy-3-*O*-*α*-L-rhamnopyranosyl-(1 → 2)-*β*-D-glucopyranoside 26-*O*-*β*-D- 吡喃葡萄糖基 -3*β*,26- 二羟基 -5- 胆甾烯 -16,22- 二氧 -3-*O*-*α*-L- 吡喃鼠李糖基 -(1 → 2)-*β*-D- 吡喃葡萄糖苷 百合 Lilium brownii var. viridulum

26-*O*-*β*-D-glucopyranosyl-3*β*,26-dihydroxy-cholestan-16,22-dioxo-3-*O*-*α*-L-rhamnopyranosyl-(1 → 2)-*β*-D-glucopyranoside 26-*O*-*β*-D- 吡喃葡萄糖基 -3*β*,26- 二羟基胆甾 -16,22- 二氧代 -3-*O*-*α*-L- 吡喃鼠李糖基 -(1 → 2)-*β*-D- 吡喃葡萄糖苷 百合 Lilium brownii var. viridulum

26-*O*-*β*-D-glucopyranosyl-3*β*,26-diol-23(*S*)-methoxy-(25*R*)-furost-5,20(22)-dien-3-*O*-[*α*-L-rhamnopyranosyl-(1 → 2)-*β*-D-glucopyranosyl-(1 → 3)]-*β*-D-glucopyranoside 26-*O*-*β*-D- 吡喃葡萄糖基 -3*β*,26- 二醇 -23(*S*)- 甲氧基 -(25*R*)- 呋甾 -5,20(22)- 二烯 -3-*O*-[*α*-L- 吡喃鼠李糖基 -(1 → 2)-*β*-D- 吡喃葡萄糖基 -(1 → 3)]-*β*-D- 吡喃葡萄糖苷 福州薯蓣 Dioscorea futschauensis

26-*O*-*β*-D-glucopyranosyl-3*β*,26-diol-25(*R*)-$\Delta^{5,20(22)}$-dien-furost-3-*O*-[*α*-L-rhamnopyranosyl-(1 → 4)]-*β*-D-glucopyranoside 26-*O*-*β*-D- 吡喃葡萄糖基 -3*β*,26- 二醇 -25(*R*)-$\Delta^{5,20(22)}$- 二烯 - 呋甾 -3-*O*-[*α*-L- 吡喃鼠李糖基 -(1 → 4)]-*β*-D- 吡喃葡萄糖苷 黄山药 Dioscorea panthaica

16-*O*-*β*-D-glucopyranosyl-3*β*-20-epoxy-3-hydroxyabieta-8,11,13-triene 16-*O*-*β*-D- 吡喃葡萄糖基 -3*β*-20- 环氧 -3- 羟基冷杉 -8,11,13- 三烯 臭牡丹 Clerodendrum bungei

28-*O*-*β*-D-glucopyranosyl-3*β*-hydroxy-lup-20(29)-en-28-oate 28-*O*-*β*-D- 吡喃葡萄糖基 -3*β*- 羟基 - 羽扇豆 -20(29)- 烯 -28- 酯苷 白花鹅掌柴 Heptapleurum leucanthum

2-*O*-*β*-D-glucopyranosyl-3*β*-*O*-D-glucopyranosiduronyl-(4*α*)-23-hydroxy-oleanolic acid-28-*O*-*β*-D-glucopyranosyl ester 2-*O*-*β*-D- 吡喃葡萄糖

O

基 -3*β*-*O*-D- 吡喃葡萄糖醛酸基 -(4*α*)-23- 羟基齐墩果酸 -28-*O*-*β*-D- 吡喃葡萄糖基酯 伞花冬青 Ilex godajam

(-)-(2*R*)-2-*O*-*β*-D-glucopyranosyl-4-(4-*β*-D-glucopyranosyloxybenzyl)-2-isobutylmalate (-)-(2*R*)-2-*O*-*β*-D- 吡喃葡萄糖基 -4-(4-*β*-D- 吡喃葡萄糖氧苄基)-2- 异丁基苹果酸酯 手参 Gymnadenia conopsea

2-*O*-*β*-D-glucopyranosyl-4,4,9,14-tetramethyl-19-norpregn-5-en-20-one 2-*O*-*β*-D- 吡喃葡萄糖基 -4,4,9,14- 四羟基 -19- 降羊毛脂 -5- 烯 -20- 酮 胡黄连 Neopicrorhiza scrophulariiflora

1-(3-*O*-*β*-D-glucopyranosyl-4,5-dihydroxyphenyl)-ethanone 1-(3-*O*-*β*-D- 吡喃葡萄糖基 -4,5- 二羟基苯基)- 乙酮 圆穗蓼 Polygonum macrophyllum, 虎杖 Reynoutria japonica

7-*O*-*β*-D-glucopyranosyl-4',8-dimethoxyisoflavone 7-*O*-*β*-D- 吡喃葡萄糖基 -4',8- 二甲氧基异黄酮 刺槐 Robinia pseudoacacia

1-*O*-*β*-D-glucopyranosyl-4-allylbenzene 1-*O*-*β*-D- 吡喃葡萄糖基 -4- 苯丙烯 高良姜 Alpinia officinarum

1-*O*-*β*-D-glucopyranosyl-4-epiamplexine 1-*O*-*β*-D- 吡喃葡萄糖基 -4- 表抱茎闭花木素▲ 红花龙胆 Gentiana rhodantha, 龙胆 G. scabra

(2*R*)-2-*O*-*β*-D-glucopyranosyl-4-hydroxy-2*H*-1,4-benzoxazin-3(4*H*)-one (2*R*)-2-*O*-*β*-D- 吡喃葡萄糖基 -4- 羟基 -2*H*-1,4- 苯并恶嗪 -3(4*H*)- 酮 块茎芦莉草 Ruellia tuberosa, 马蓝 Strobilanthes cusia

(*R*)-4-*O*-*β*-D-glucopyranosyl-4-hydroxy-2-pentanone (*R*)-4-*O*-*β*-D- 吡喃葡萄糖基 -4- 羟基 -2- 戊酮 葫芦树 Crescentia cujete

4-(3'-*O*-*β*-D-glucopyranosyl-4'-hydroxyphenyl)-2-butanone 4-(3'-*O*-*β*-D- 吡喃葡萄糖基 -4'- 羟基苯基)-2- 丁酮 鹿角杜鹃花 Rhododendron latoucheae

2-(3'-*O*-*β*-D-glucopyranosyl-4'-hydroxyphenyl)-ethanol 2-(3'-*O*-*β*-D- 吡喃葡萄糖基 -4'- 羟苯基)- 乙醇 合柄铁线莲 Clematis connata, 翅果菊 Pterocypsela indica

3-(2-*O*-*β*-D-glucopyranosyl-4-hydroxyphenyl)propanoic acid 3-(2-*O*-*β*-D- 吡喃葡萄糖基 -4- 羟苯基) 丙酸 滨海前胡 Peucedanum japonicum

(±)-(2*E*,4*E*)-*O*-*β*-D-glucopyranosyl-4'-hydroxy-*β*-ionylideneacetic acid ester (±)-(2*E*,4*E*)-*O*-*β*-D- 吡喃葡萄糖基 -5'- 羟基 -*β*- 芷香叉乙酸酯 木瓜 Chaenomeles sinensis

2-*O*-*β*-D-glucopyranosyl-4-methoxy-methylbenzoate 2-*O*-*β*-D- 吡喃葡萄糖基 -4- 甲氧基 - 苯甲酸甲酯 胭脂花 Primula maximowiczii

3-*O*-*β*-D-glucopyranosyl-4'-*O*-(3'''-*O*-dihydrophaseoyl-*β*-D-glucopyranosyl)-rhamnocitrin 3-*O*-*β*-D- 吡喃葡萄糖基 -4'-*O*-(3'''-*O*- 二氢红花菜豆酰基 -*β*-D- 吡喃葡萄糖基)- 鼠李柠檬素 背扁黄耆 Astragalus complanatus

3-*O*-*β*-D-glucopyranosyl-5,22,24-stigmastatrienol 3-*O*-*β*-D- 吡喃葡萄糖基 -5,22,24- 豆甾三烯醇 人参 Panax ginseng

4'-*O*-*β*-D-glucopyranosyl-5,7-dihydroxyisoflavone 4'-*O*-*β*-D- 吡喃葡萄糖基 -5,7- 二羟基异黄酮 宽苞棘豆 Oxytropis latibracteata

1-*O*-*β*-D-glucopyranosyl-5-hydroxy-3-methoxyxanthone 1-*O*-*β*-D- 吡喃葡萄糖基 -5- 羟基 -3- 甲氧基吅酮 湿生扁蕾 Gentianopsis paludosa

8-*O*-*β*-D-glucopyranosyl-5-methoxylpsoralen 8-*O*-*β*-D- 吡喃葡萄糖基 -5- 甲氧基 - 补骨脂素 明党参 Changium smyrnioides

4'-*O*-*β*-D-glucopyranosyl-5-*O*-methylvisamminol 4'-*O*-*β*-D- 吡喃葡萄糖基 -5-*O*- 甲基阿米芹诺醇▲ 迷果芹 Sphallerocarpus gracilis

2*α*-*O*-*β*-D-glucopyranosyl-5*α*,11*αH*-eudesma-4(15)-en-12,8*β*-olide 2*α*-*O*-*β*-D- 吡喃葡萄糖基 -5*α*,11*αH*- 桉叶 -4(15)- 烯 -12,8*β*- 内酯 大花金挖耳 Carpesium macrocephalum

3*β*-*O*-*β*-D-glucopyranosyl-5*α*,14*β*,17*β*-trihydroxycard-20(22)-enolide 3*β*-*O*-*β*-D- 吡喃葡萄糖基 -5*α*,14*β*,17*β*- 三羟基强心甾 -20(22)- 烯内酯 夏侧金盏花 Adonis aestivalis

O

(25*R*)-26-*O*-*β*-D-glucopyranosyl-5*α*-furost-12-one-3*β*,22*α*,26-triol-3-*O*-*β*-D-glucopyranosyl-(1 → 4)-*β*-D-galactopyranoside (25*R*)-26-*O*-*β*-D- 吡喃葡萄糖基 -5*α*- 呋甾 -12- 酮 -3*β*,22*α*,26- 三醇 -3-*O*-*β*-D- 吡喃葡萄糖基 -(1 → 4)-*β*-D- 吡喃半乳糖苷 蒺藜 Tribulus terrestris

26-*O*-*β*-D-glucopyranosyl-5*α*-furost-20(22)-en-12-one-3-*O*-*β*-D-glucopyranosyl-(1 → 4)-*β*-D-galactopyranoside 26-*O*-*β*-D- 吡喃葡萄糖基 -5*α*- 呋甾 -20(22)- 烯 -12- 酮 -3-*O*-*β*-D- 吡喃葡萄糖基 -(1 → 4)-*β*-D- 吡喃半乳糖苷 蒺藜 Tribulus terrestris

26-*O*-*β*-D-glucopyranosyl-5*α*-furost-20(22)-en-1*β*,3*α*,26-triol-3-*O*-*β*-D-glucopyranoside 26-*O*-*β*-D- 吡喃葡萄糖基 -5*α*- 呋甾 -20(22)- 烯 -1*β*,3*α*,26- 三醇 -3-*O*-*β*-D- 吡喃葡萄糖苷 剑叶朱蕉 Cordyline stricta

25(*S*)-26-*O*-*β*-D-glucopyranosyl-5*α*-furost-22(20)-en-3-one-6*α*,26-diol-6-*O*-[*α*-L-rhamnopyranosyl-(1 → 3)-*O*-*β*-D-quinovopyranoside] 25(*S*)-26-*O*-*β*-D- 吡喃葡萄糖基 -5*α*- 呋甾 -22(20)- 烯 -3- 酮 -6*α*,26- 二醇 -6-*O*-[*α*-L- 吡喃鼠李糖基 -(1 → 3)-*O*-*β*-D- 吡喃金鸡纳糖苷] 水茄 Solanum torvum

25(*S*)-26-*O*-*β*-D-glucopyranosyl-5*α*-furost-22(20)-en-3*β*,6*α*,26-triol-6-*O*-[*α*-L-rhamnopyranosyl-(1 → 3)-*O*-*β*-D-quinovopyranoside] 25(*S*)-26-*O*-*β*-D- 吡喃葡萄糖基 -5*α*- 呋甾 -22(20)- 烯 -3*β*,6*α*,26- 三醇 -6-*O*-[*α*-L- 吡喃鼠李糖基 -(1 → 3)-*O*-*β*-D- 吡喃金鸡纳糖苷] 水茄 Solanum torvum

25(*S*)-26-*O*-*β*-D-glucopyranosyl-5*α*-furost-22(20)-en-3*β*,6*α*,26-triol-6-*O*-*β*-D-quinovopyranoside 25(*S*)-26-*O*-*β*-D- 吡喃葡萄糖基 -5*α*- 呋甾 -22(20)- 烯 -3*β*,6*α*,26- 三醇 -6-*O*-*β*-D- 吡喃金鸡纳糖苷 水茄 Solanum torvum

26-*O*-*β*-D-glucopyranosyl-5*α*-furost-25(27)-en-3*β*,12*β*,22,26-tetraol-3-*O*-*β*-D-glucopyranosyl-(1 → 2)[*β*-D-glucopyranosyl-(1 → 3)]-*β*-D-glucopyranosyl-(1 → 4)-*β*-D-galactopyranoside 26-*O*-*β*-D- 吡喃葡萄糖基 -5*α*- 呋甾 -25(27)- 烯 -3*β*,12*β*,22,26- 四醇 -3-*O*-*β*-D- 吡喃葡萄糖基 -(1 → 2)-[*β*-D- 吡喃葡萄糖基 -(1 → 3)]-*β*-D- 吡喃葡萄糖基 -(1 → 4)-*β*-D- 吡喃半乳糖苷 薤白 Allium macrostemon

26-*O*-*β*-D-glucopyranosyl-5*α*-furostan-12-one-20(22)-ene-3*β*,23,26-triol-3-*O*-*β*-D-xylopyranosyl-(1 → 2)-[*β*-D-xylopyranosyl-(1 → 3)]-*β*-D-glucopyranosyl-(1 → 4)-[*α*-L-rhamnopyranosyl-(1 → 2)]-*β*-D-galactopyranoside 26-*O*-*β*-D- 吡喃葡萄糖基 -5*α*- 呋甾 -12- 酮 -20(22)- 烯 -3*β*,23,26- 三醇 -3-*O*-*β*-D- 吡喃木糖基 -(1 → 2)-[*β*-D- 吡喃木糖基 -(1 → 3)]-*β*-D- 吡喃葡萄糖基 -(1 → 4)-[*α*-L- 吡喃鼠李糖基 -(1 → 2)]-*β*-D- 吡喃半乳糖苷 蒺藜 Tribulus terrestris

26-*O*-*β*-D-glucopyranosyl-5*α*-furostan-20(22)-ene-3*β*,23,26-triol-3-*O*-*β*-D-xylopyranosyl-(1 → 2)-[*β*-D-xylopyranosyl-(1 → 3)]-*β*-D-glucopyranosyl-(1 → 4)-[*α*-L-rhamnopyranosyl-(1 → 2)]-*β*-D-galactopyranoside 26-*O*-*β*-D- 吡喃葡萄糖基 -5*α*- 呋甾 -20(22)- 烯 -3*β*,23,26- 三醇 -3-*O*-*β*-D- 吡喃木糖基 -(1 → 2)-[*β*-D- 吡喃木糖基 -(1 → 3)]-*β*-D- 吡喃葡萄糖基 -(1 → 4)-[*α*-L- 吡喃鼠李糖基 -(1 → 2)]-*β*-D- 吡喃半乳糖苷 蒺藜 Tribulus terrestris

2*α*-*O*-*β*-D-glucopyranosyl-5*αH*-eudesma-4(15),11(13)-dien-12,8*β*-olide 2*α*-*O*-*β*-D- 吡喃葡萄糖基 -5*αH*- 桉叶 -4(15),11(13)- 二烯 -12,8*β*- 内酯 大花金挖耳 Carpesium macrocephalum

O

4-O-β-D-glucopyranosylconiferyl aldehyde 4-O-β-D- 吡喃葡萄糖基松柏醛 印度蛇菰 Balanophora indica, 筒鞘蛇菰 B. involucrata

2-O-β-D-glucopyranosylcucurbitacin 2-O-β-D- 吡喃葡萄糖基葫芦素 曲莲 Hemsleya amabilis

2-O-β-D-glucopyranosylcucurbitacin D 2-O-β-D- 吡喃葡萄糖基葫芦素 D 云南兔耳草 Lagotis yunnanensis

2-O-β-D-glucopyranosylcucurbitacin I 2-O-β-D- 吡喃葡萄糖基葫芦素 I 土沉香 Aquilaria sinensis

6'-O-β-D-glucopyranosyldalpanol 6'-O-β-D- 葡萄糖基圆锥黄檀醇 紫穗槐 Amorpha fruticosa

7-O-β-D-glucopyranosyl-dihydroquercetin-3-O-α-D-glucopyranoside 7-O-β-D- 吡喃葡萄糖基 - 二氢槲皮素 -3-O-α-D- 吡喃葡萄糖苷 蕹菜 Ipomoea aquatica

3-O-β-D-glucopyranosyl-echinocystic acid 3-O-β-D- 吡喃葡萄糖基刺囊酸 鳢肠 Eclipta prostrata

3-O-β-D-glucopyranosylechinocystic acid-28-O-β-D-glucopyranoside 3-O-β-D- 吡喃葡萄糖基刺囊酸 -28-O-β-D- 吡喃葡萄糖醛酸苷 鳢肠 Eclipta prostrata

1α-O-β-D-glucopyranosylenmenol 1α-O-β-D- 吡喃葡萄糖基延命草醇 毛叶香茶菜 Isodon japonicus

19-O-β-D-glucopyranosyl-ent-labda-8(17),13-dien-15,16,19-triol 19-O-β-D- 吡喃葡萄糖基 - 对映 - 半日花 -8(17),13- 二烯 -15,16,19- 三醇 穿心莲 Andrographis paniculata

4-O-β-D-glucopyranosylfagomine 4-O-β-D- 吡喃葡萄糖基荞麦碱 桑 Morus alba

3-(4-O-β-D-glucopyranosylferuloyl)-quinic acid 3-(4-O-β-D- 吡喃葡萄糖基阿魏酰基)- 奎宁酸 刺五加 Eleutherococcus senticosus

1'''-O-β-D-glucopyranosylfraxiformoside 1'''-O-β-D- 吡喃葡萄糖基台湾白蜡树苷 白枪杆 Fraxinus malacophylla

4'-O-β-D-glucopyranosyl-frugoside 4'-O-β-D- 吡喃葡萄糖基钉头果勾苷▲ 马利筋 Asclepias curassavica

(25R)-26-O-β-D-glucopyranosyl-furost-1β,3β,22α,26-tetraol-3-O-β-D-glucoside (25R)-26-O-β-D- 吡喃葡萄糖基 - 呋甾 -1β,3β,22α,26- 四醇 -3-O-β-D- 葡萄糖苷 开口箭 Tupistra chinensis

(25S)-26-O-β-D-glucopyranosyl-furost-1β,3β,22α,26-tetraol-3-O-β-D-glucoside (25S)-26-O-β-D- 吡喃葡萄糖基 - 呋甾 -1β,3β,22α,26- 四醇 -3-O-β-D- 葡萄糖苷 开口箭 Tupistra chinensis

26-O-β-D-glucopyranosyl-furost-1β,3β,5β,22α,26-pentaol-25(27)-en-3-O-β-D-glucoside 26-O-β-D- 吡喃葡萄糖基 - 呋甾 -1β,3β,5β,22α,26- 五醇 -25(27)- 烯 -3-O-β-D- 葡萄糖苷 开口箭 Tupistra chinensis

(25R)-26-O-β-D-glucopyranosyl-furost-1β,3β,5β,22α,26-pentaol-3-O-β-D-glucoside (25R)-26-O-β-D- 吡喃葡萄糖基 - 呋甾 -1β,3β,5β,22α,26- 五醇 -3-O-β-D- 葡萄糖苷 开口箭 Tupistra chinensis

(25S)-26-O-β-D-glucopyranosyl-furost-1β,3β,5β,22α,26-pentaol-3-O-β-D-glucoside (25S)-26-O-β-D- 吡喃葡萄糖基 - 呋甾 -1β,3β,5β,22α,26- 五醇 -3-O-β-D- 葡萄糖苷 开口箭 Tupistra chinensis

26-O-β-D-glucopyranosyl-furost-3β,22,26-triol-3-O-β-D-glucopyranosyl-(1→2)-O-β-D-glucopyranoside 26-O-β-D- 吡喃葡萄糖基 - 呋甾 -3β,22,26- 三醇 -3-O-β-D- 吡喃葡萄糖基 -(1→2)-O-β-D- 吡喃葡萄糖苷 天门冬 Asparagus cochinchinensis

26-O-β-D-glucopyranosyl-furost-3β,26-diol-22-methoxy-3-O-α-L-rhamnopyranosyl-(1→4)-O-β-D-glucopyranoside 26-O-β-D- 吡喃葡萄糖基 - 呋甾 -3β,26- 二醇 -22- 甲氧基 -3-O-α-L- 吡喃鼠李糖基 -(1→4)-O-β-D- 吡喃葡萄糖苷 天门冬 Asparagus cochinchinensis

26-O-β-D-glucopyranosyl-furost-5,20(22),25(27)-trien-1β,3β,26-triol-1-O-[α-L-rhamnopyranosyl-(1→2)]-α-L-arabinopyranoside 26-O-β-D- 吡喃葡萄糖苷 - 呋甾 -5,20(22),25(27)- 三烯 -1β,3β,22β,26- 三醇 -1-O-[α-L- 吡喃鼠李糖基 -(1→2)]-α-L- 吡喃阿拉伯糖苷 剑叶龙血树 Dracaena cochinchinensis

26-O-β-D-glucopyranosyl-furost-5,20-en-3β,2α,26-triol-3-O-[α-L-rhamnopyranosyl-(1→2)]-[α-L-rhamnopyranosyl-(1→4)]-β-D-glucopyranoside 26-O-β-D- 吡喃葡萄糖基 - 呋甾 -5,20- 烯 -3β,2α,26- 三醇 -3-O-[α-L- 吡喃鼠李糖基 -(1→2)]-[α-L- 吡喃鼠李糖基 -(1→4)]-β-D- 吡喃葡萄糖苷 天门冬 Asparagus cochinchinensis

26-O-β-D-glucopyranosyl-furost-5,25(27)-dien-1β,3β,22β,26-tetraol-1-O-[α-L-rhamnopyranosyl-(1→2)]-α-L-arabinopyranoside 26-O-β-D- 吡喃葡萄糖基 - 呋甾 -5,25(27)- 二烯 -1β,3β,22β,26- 四醇 -1-O-[α-L- 吡喃鼠李糖基 -(1→2)]-α-L- 吡喃阿拉伯糖苷 剑叶龙血树 Dracaena cochinchinensis

(25S)-26-O-β-D-glucopyranosyl-furost-5-en-3β,22ζ,26-triol-3-O-β-D-glucopyranosyl-(1→2)-[β-D-xylopyranosyl-(1→3)]-β-D-glucopyranosyl-(1→4)-β-D-galactopyranoside (25S)-26-O-β-D- 吡喃葡萄糖基 - 呋甾 -5- 烯 -3β,22ζ,26- 三醇 -3-O-β-D- 吡喃葡萄糖基 -(1→2)-[β-D- 吡喃木糖基 -(1→3)]-β-D- 吡喃葡萄糖基 -(1→4)-β-D- 吡喃半乳糖苷 蜘蛛抱蛋 Aspidistra elatior

(25R)-26-O-β-D-glucopyranosyl-furost-5-en-3β,22ζ-diol-3-O-β-D-glucopyranosyl-(1→3)-β-D-glucopyranosyl-(1→4)-[α-L-rhamnopyranosyl-(1→2)]-β-D-glucopyranoside (25R)-26-O-β-D- 吡喃葡萄糖基 - 呋甾 -5- 烯 -3β,22ζ- 二醇 -3-O-β-D- 吡喃葡萄糖基 -(1→3)-β-D- 吡喃葡萄糖基 -(1→4)-[α-L- 吡喃鼠李糖基 -(1→2)]-β-D- 吡喃葡萄糖苷 盾叶薯蓣 Dioscorea zingiberensis

(25R)-26-O-β-D-glucopyranosyl-furost-5-en-3β,22ξ,26-triol-3-O-α-L-rhamnopyranosyl-(1→2)-β-D-glucopyranoside (25R)-26-O-β-D- 吡喃葡萄糖基 - 呋甾 -5- 烯 -3β,22ξ,26- 三醇 -3-O-α-L- 吡喃鼠李糖基 -(1→2)-β-D- 吡喃葡萄糖苷 盾叶薯蓣 Dioscorea zingiberensis

(25R)-26-O-β-D-glucopyranosyl-furost-5-en-3β,22ξ,26-triol-3-O-β-D-glucopyranosyl-(1→3)-β-D-glucopyranosyl-(1→4)-[α-L-rhamnopyranosyl-(1→2)]-β-D-glucopyranoside (25R)-26-O-β-D- 吡喃葡萄糖基 - 呋甾 -5- 烯 -3β,22ξ,26- 三醇 -3-O-β-D- 吡喃葡萄糖基 -(1→3)-β-D- 吡喃葡萄糖基 -(1→4)-[α-L- 吡喃鼠李糖基 -(1→2)]-β-D- 吡喃葡萄糖苷 盾叶薯蓣 Dioscorea zingiberensis

(25R)-26-O-β-D-glucopyranosyl-furost-5-en-3β,22ξ,26-triol-3-O-β-D-glucopyranosyl-(1→4)-[α-L-rhamnopyranosyl-(1→2)]-β-D-glucopyranoside (25R)-26-O-β-D- 吡喃葡萄糖基 - 呋甾 -5- 烯 -3β,22ξ,26- 三醇 -3-O-β-D- 吡喃葡萄糖基 -(1→4)-[α-L- 吡喃鼠李糖基 -(1→2)]-β-D- 吡喃葡萄糖苷 盾叶薯蓣 Dioscorea zingiberensis

3'-O-β-D-glucopyranosylgentiopicroside 3'-O-β-D- 吡喃葡萄糖基龙胆苦苷 粗茎秦艽 Gentiana crassicaulis, 龙胆 G. scabra

4'-O-β-D-glucopyranosylgentiopicroside 4'-O-β-D- 吡喃葡萄糖基龙胆苦苷 粗茎秦艽 Gentiana crassicaulis, 龙胆 G. scabra, 川西獐牙菜 Swertia mussotii

6'-O-β-D-glucopyranosylgentiopicroside 6'-O-β-D- 吡喃葡萄糖基龙胆苦苷 太白龙胆 Gentiana apiata, 粗茎秦艽 G. crassicaulis, 达乌里秦艽 G. dahurica, 秦艽 G. macrophylla, 龙胆 G. scabra, 西藏秦艽 G. tibetica, 长梗秦艽 G. waltonii, 川西獐牙菜 Swertia mussotii, 大药獐牙菜

O

S. tibetica

6-O-β-D-glucopyranosylgentiopicroside 6-O-β-D- 吡喃葡萄糖基龙胆苦苷 三花龙胆 Gentiana triflora

3-O-β-Dglucopyranosylgibberellin A_1 3-O-β-D- 吡喃葡萄糖基赤霉素 A_1 扁豆 Lablab purpureus

4'-O-β-D-glucopyranosyl-gofruside 4'-O-β-D- 吡喃葡萄糖基钉头果伏苷▲ 马利筋 Asclepias curassavica

12-O-β-D-glucopyranosylgosferol 12-O-β-D- 吡喃葡萄糖基阿魏栓翅芹醇 阿坝当归 Angelica apaensis

3-O-β-D-glucopyranosyl-gypensapogenin D 3-O-β-D- 吡喃葡萄糖基绞股蓝皂苷元 D 绞股蓝 Gynostemma pentaphyllum

3-O-β-D-glucopyranosylgypsogenic acid-28-O-α-D-galactopyranosyl-(1 → 6)-β-D-glucopyranosyl-(1 → 6)-[β-D-glucopyranosyl-(1 → 3)]-β-D-glucopyranosyl ester 3-O-β-D- 吡喃葡萄糖基石头花苷元酸▲-28-O-α-D- 吡喃半乳糖基 -(1 → 6)-β-D- 吡喃葡萄糖基 -(1 → 6)-[β-D- 吡喃葡萄糖基 -(1 → 3)]-β-D- 吡喃葡萄糖酯苷 大叶石头花 Gypsophila pacifica

3-O-β-D-glucopyranosylgypsogenin 3-O-β-D- 吡喃葡萄糖基石头花苷元▲ 云南木鳖 Momordica dioica

3-O-β-D-glucopyranosylhederagenin 3-O-β-D- 吡喃葡萄糖基常春藤皂苷元 八角金盘 Fatsia japonica, 洋常春藤 Hedera helix, 丝瓜 Luffa cylindrica, 云南木鳖 Momordica dioica

3-O-β-D-glucopyranosyl-hederagenin-23α-O-α-D-ribofuranoside 3-O-β-D- 吡喃葡萄糖基 - 常春藤皂苷元 -23α-O-α-D- 呋喃核糖苷 白头翁 Pulsatilla chinensis

3-O-β-D-glucopyranosylhelioscopinolide A 3-O-β-D- 吡喃葡萄糖基泽漆内酯 A 云南马蓝 Strobilanthes yunnanensis

6''-O-β-D-glucopyranosylhenryoside 6''-O-β-D- 吡喃葡萄糖基巴东荚蒾苷▲ 八角枫 Alangium chinense

tert-O-β-D-glucopyranosylheraclenol 叔 -O-β-D- 吡喃葡萄糖基独活醇 白芷 Angelica dahurica, 心叶棱子芹 Pleurospermum rivulorum

8-O-β-D-glucopyranosylisorengyol 8-O-β-D- 吡喃葡萄糖基异连翘醇 老鸦烟筒花 Millingtonia hortensis

3-O-β-D-glucopyranosyl-isorhamnetin-7-O-α-L-rhamnopyranoside 3-O-β-D- 吡喃葡萄糖基 - 异鼠李素 -7-O-α-L- 吡喃鼠李糖苷 中国沙棘 Hippophae rhamnoides subsp. sinensis

4'-O-β-D-glucopyranosylisorinic acid 4'-O-β-D- 吡喃葡萄糖基火索麻酸▲ 火索麻 Helicteres isora

7-O-β-D-glucopyranosyl-kaempferol-3-O-β-D-glucopyranosyl-(1 → 2)-β-D-galactopyranoside 7-O-β-D- 吡喃葡萄糖基 - 山柰酚 -3-O-β-D- 吡喃葡萄糖基 -(1 → 2)-β-D- 半乳糖苷 四叶重楼 Paris quadrifolia

7-O-β-D-glucopyranosyl-kaempferol-3-O-β-L-rhamnopyranosyl-(1 → 2)-β-D-glucopyranoside 7-O-β-D- 吡喃葡萄糖基 - 山柰酚 -3-O-β-L- 吡喃鼠李糖基 -(1 → 2)-β-D- 吡喃葡萄糖基 北重楼 Paris verticillata

3-O-β-D-glucopyranosyl-kaempferol-7-O-{2-O-[2(E)-2,6-dimethyl-6-hydroxy-2,7-octadienoyl]}-α-L-rhamnopyranoside 3-O-β-D- 吡喃葡萄糖基 - 山柰酚 -7-O-{2-O-[2(E)-2,6- 二甲基 -6- 羟基 -2,7- 辛二烯酰基]}-α-L- 吡喃鼠李糖苷 中国沙棘 Hippophae rhamnoides subsp. sinensis

3-O-β-D-glucopyranosyl-kaempferol-7-O-α-L-rhamnopyranoside 3-O-β-D- 吡喃葡萄糖基 - 山柰酚 -7-O-α-L- 吡喃鼠李糖苷 中国沙棘 Hippophae rhamnoides subsp. sinensis

6-O-β-D-glucopyranosyllactinolide 6-O-β-D- 吡喃葡萄糖基芍药新内酯▲ 芍药 Paeonia lactiflora

4''-O-β-D-glucopyranosyllinearoside 4''-O-β-D- 吡喃葡萄糖基狭叶龙胆苷▲ 条叶龙胆 Gentiana manshurica, 龙胆 G. scabra

6'-O-β-D-glucopyranosylloganic acid 6'-O-β-D- 吡喃葡萄糖基马钱酸 粗茎秦艽 Gentiana crassicaulis

7-O-β-D-glucopyranosylluteolin 7-O-β-D- 吡喃葡萄糖基木犀草素 蓬子菜 Galium verum

(-)-2a-O-β-D-glucopyranosyllyoniresinol (-)-2a-O-β-D- 吡喃葡萄糖基南烛树脂醇 柃木 Eurya japonica

(+)-3a-O-β-D-glucopyranosyllyoniresinol (+)-3a-O-β-D- 吡喃葡萄糖基南烛树脂醇 柃木 Eurya japonica

(+)-9-O-β-D-glucopyranosyllyoniresinol (+)-9-O-β-D- 吡喃葡萄糖基南烛树脂醇 马蓝 Strobilanthes cusia

(2R,3S,4R)-3α-O-β-D-glucopyranosyllyoniresinol (2R,3S,4R)-3α-O-β-D- 吡喃葡萄糖基南烛树脂醇 古山龙 Arcangelisia gusanlung

(2R,3S,4S)-3α-O-β-D-glucopyranosyllyoniresinol (2R,3S,4S)-3α-O-β-D- 吡喃葡萄糖基南烛树脂醇 古山龙 Arcangelisia gusanlung

(2S,3R,4R)-3α-O-β-D-glucopyranosyllyoniresinol (2S,3R,4R)-3α-O-β-D- 吡喃葡萄糖基南烛树脂醇 古山龙 Arcangelisia gusanlung

(2S,3R,4S)-3α-O-β-D-glucopyranosyllyoniresinol (2S,3R,4S)-3α-O-β-D- 吡喃葡萄糖基南烛树脂醇 古山龙 Arcangelisia gusanlung

3-O-β-D-glucopyranosylmaslinic acid 3-O-β-D- 吡喃葡萄糖基山楂酸 丝瓜 Luffa cylindrica

3-O-β-D-glucopyranosylmedicagenic acid-28-O-β-D-xylopyranosyl-(1→4)-O-β-D-apiofuranosyl-(1→3)-O-α-L-rhamnopyranosyl-(1→2)-O-β-D-glucopyranosyl ester 3-O-β-D- 吡喃葡萄糖基苜蓿酸 -28-O-β-D- 吡喃木糖基 (1 → 4)-O-β-D- 呋喃芹糖基 -(1 → 3)-O-α-L- 吡喃鼠李糖基 -(1 → 2)-O-β-D- 吡喃葡萄糖酯苷 西伯利亚远志 Polygala sibirica

3-O-β-D-glucopyranosylmedicagenic acid-28-O-β-D-xylopyranosyl-(1→4)-O-β-D-apiofuranosyl-(1→3)-O-α-L-rhamnopyranosyl-(1→2)-β-D-glucopyranosyl ester 3-O-β-D- 吡喃葡萄糖基苜蓿酸 -28-O-β-D- 吡喃木糖基 -(1 → 4)-O-β-D- 呋喃芹糖基 -(1 → 3)-O-α-L- 吡喃鼠李糖基 -(1 → 2)-O-β-D- 吡喃葡萄糖酯苷 瓜子金 Polygala japonica

2'-O-β-D-glucopyranosylmomordin Ic 2'-O-β-D- 吡喃葡萄糖基苦瓜定▲Ic 地肤 Kochia scoparia

2'-O-β-D-glucopyranosylmomordin IIc 2'-O-β-D- 吡喃葡萄糖基苦瓜定▲IIc 地肤 Kochia scoparia

6'-O-β-D-glucopyranosylmorroniside 6'-O-β-D- 吡喃葡萄糖基莫罗忍冬苷 日本双蝴蝶 Tripterospermum japonicum

5-O-β-D-glucopyranosylmyricanol 5-O-β-D- 吡喃葡萄糖基杨梅醇 毛杨梅 Myrica esculenta

11-O-β-D-glucopyranosylneotriptophenolide 11-O-β-D- 吡喃葡萄糖基新雷公藤酚内酯 昆明山海棠 Tripterygium hypoglaucum

26-O-β-D-glucopyranosylnuatigenin-3-O-α-L-rhamnopyranosyl-(1 → 4)-β-D-glucopyranoside 26-O-β-D- 吡喃葡萄糖基纽阿替皂苷元 -3-O-α-L- 吡喃鼠李糖基 -(1 → 4)-β-D- 吡喃葡萄糖苷 黄果茄 Solanum virginianum

26-O-β-D-glucopyranosyl-nuatigenin-3-O-α-L-rhamnopyransoyl-(1 → 2)[α-L-rhamnopyranosyl-(1 → 4)]-β-D-glucopyranoside 26-O-β-D- 吡喃葡萄糖基 - 纽阿替皂苷元 -3-O-α-L- 吡喃鼠李糖基 -(1 → 2)[α-L- 吡喃鼠李糖基 -(1 → 4)]-β-D- 吡喃葡萄糖苷 宽瓣重楼 Paris polyphylla var. yunnanensis

3'-O-β-D-glucopyranosylokanin-4-methyl ether 3'-O-β-D- 吡喃葡萄糖基金鸡菊查耳酮 -4- 甲醚 短柄五加 Eleutherococcus brachypus

3-O-β-D-glucopyranosylolean-11,13(18)-diene-23,28-dioic acid 3-O-β-D- 吡喃葡萄糖基齐墩果 -11,13(18)- 二烯 -23,28- 二酸 瞿麦 Dianthus

O

superbus

3-O-β-D-glucopyranosyl-olean-11,13(18)-diene-23,28-dioic acid-28-O-β-D-glucopyranoside 3-O-β-D- 吡喃葡萄糖基齐墩果 -11,13(18)- 二烯 -23,28- 二酸 -28-O-β-D- 吡喃葡萄糖苷 瞿麦 Dianthus superbus

3β-O-β-D-glucopyranosylolean-12-ene-1α,2α,3β-trihydroxy-28-oic acid 3β-O-β-D- 吡喃葡萄糖基齐墩果 -12- 烯 -1α,2α,3β- 三羟基 -28- 酸 复盆子 Rubus idaeus

3β-O-β-D-glucopyranosylolean-12-ene-1α,2α,3β-triol 3β-O-β-D- 吡喃葡萄糖基 - 齐墩果 -12- 烯 -1α,2α,3β- 三醇 复盆子 Rubus idaeus

21-O-β-D-glucopyranosyl-olean-12-ene-3β,16α,21β,22α,28-pentol-3-O-β-D-glucopyranosyl-(1 → 2)-[β-D-arabinopyranosyl-(1 → 3)]-β-D-glucopyranoside 21-O-β-D- 吡喃葡萄糖基 - 齐墩果 -12- 烯 -3β,16α,21β,22α,28- 五醇 -3-O-β-D- 吡喃葡萄糖基 -(1 → 2)-[β-D- 吡喃阿拉伯糖基 -(1 → 3)]-β-D- 吡喃葡萄糖苷 薄片变豆菜 Sanicula lamelligera

3-O-β-D-glucopyranosyl-olean-9(11),12-diene-23,28-dioic acid-28-O-β-D-glucopyranoside 3-O-β-D- 吡喃葡萄糖基齐墩果 -9(11),12- 二烯 -23,28- 二酸 -28-O-β-D- 吡喃葡萄糖苷 瞿麦 Dianthus superbus

3-O-β-D-glucopyranosyloleanolic acid 3-O-β-D- 吡喃葡萄糖基齐墩果酸 丝瓜 Luffa cylindrica

3-O-β-D-glucopyranosyloleanolic acid-28-O-β-D-glucopyranoside 3-O-β-D- 吡喃葡萄糖基齐墩果酸 -28-O-β-D- 吡喃葡萄糖苷 牛膝 Achyranthes bidentata, 喜旱莲子草 Alternanthera philoxeroides, 雪胆 Hemsleya chinensis

3-O-β-D-glucopyranosyloleanolic acid-28-O-β-D-glucopyranosyl ester 3-O-β-D- 吡喃葡萄糖基齐墩果酸 -28-O-β-D- 吡喃葡萄糖基酯 牛膝 Achyranthes bidentata

28-O-β-D-glucopyranosyl-oleanolic acid-3-O-methyl-β-D-glucopyranosiduronate 28-O-β-D- 吡喃葡萄糖基齐墩果酸 -3-O- 甲基 -β-D- 吡喃葡萄糖醛酸酯 川牛膝 Cyathula officinalis

28-O-β-D-glucopyranosyl-oleanolic acid-3-O-α-L-rhamnopyranosyl-(1 → 3)-n-butyl-β-D-glucopyranosiduronate 28-O-β-D- 吡喃葡萄糖基齐墩果酸 -3-O-α-L- 吡喃鼠李糖基 -(1 → 3)- 正丁基 -β-D- 吡喃葡萄糖醛酸酯 川牛膝 Cyathula officinalis

28-O-β-D-glucopyranosyl-oleanolic acid-3-O-α-L-rhamnopyranosyl-(1→3)-β-D-glucuronopyranoside 28-O-β-D- 吡喃葡萄糖基齐墩果酸 -3-O-α-L- 吡喃鼠李糖基 -(1 → 3)-β-D- 吡喃葡萄糖醛酸苷 川牛膝 Cyathula officinalis

28-O-β-D-glucopyranosyl-oleanolic acid-3-O-β-D-glucopyranosyl-(1 → 2)-α-L-rhamnopyranosyl-(1 → 3)-β-D-glucuronopyranoside 28-O-β-D- 吡喃葡萄糖基齐墩果酸 -3-O-β-D- 吡喃葡萄糖基 -(1 → 2)-α-L- 吡喃鼠李糖基 -(1 → 3)-β-D- 吡喃葡萄糖醛酸苷 川牛膝 Cyathula officinalis

6''-O-β-D-glucopyranosyloleuropein 6''-O-β-D- 吡喃葡萄糖 - 油橄榄苦苷 木犀榄 Olea europaea

6''-O-β-D-glucopyranosyl-oleuropein 6''-O-β-D- 吡喃葡萄糖基油橄榄苦苷 多花素馨 Jasminum polyanthum

6''-O-β-D-glucopyranosylorientin 6''-O-β-D- 吡喃葡萄糖基荭草素 川陕金莲花 Trollius buddae, 金莲花 T. chinensis, 短瓣金莲花 T. ledebourii

3-(2'-O-β-D-glucopyranosyloxy)phenylpropionic acid methyl ester 3-(2'-O-β-D- 吡喃葡萄糖氧基) 苯基丙酸甲酯 佩兰 Eupatorium fortunei

2-O-β-D-glucopyranosyloxy-1-hydroxytrideca-3,5,7,9,11-pentayne 2-O-β-D- 吡喃葡萄糖基 -1- 羟基十三烷 -3,5,7,9,11- 五炔 鬼针草 Bidens pilosa

2-O-β-D-glucopyranosyloxy-1-hydroxy-5(E)-tridecene-7,9,11-triyne 2-O-β-D- 吡喃葡萄糖基 -1- 羟基 -5(E)- 十三烷烯 -7,9,11- 三炔 鬼针草 Bidens pilosa

3-O-β-D-glucopyranosyloxy-1-hydroxy-6-(E)-tetradecene-8,10,12-triyne 3-O-β-D- 吡喃葡萄糖基 -1- 羟基 -6(E)- 十四烷烯 -8,10,12- 三炔 鬼针草 Bidens pilosa

30-O-β-D-glucopyranosyloxy-2α,3α,24-trihydroxyurs-12,18-diene-28-oic acid-28-O-β-D-glucopyranosyl ester 30-O-β-D- 吡喃葡萄糖氧基 -2α,3α,24- 三羟基熊果 -12,18- 二烯 -28- 酸 -28-O-β-D- 吡喃葡萄糖基酯 对萼猕猴桃 Actinidia valvata

3-(4-O-β-D-glucopyranosyloxy-3,5-dimethoxy)-phenyl-2E-propenol 3-(4-O-β-D- 吡喃葡萄糖氧基 -3,5- 二甲氧基)- 苯基 -2E- 丙烯醇 准噶尔大戟 Euphorbia soongarica

1-O-β-D-glucopyranosyloxy-3-methylbut-2-en-1-ol 1-O-β-D- 吡喃葡萄糖氧基 -3- 甲基丁烷 -2- 烯 -1- 醇 北柴胡 Bupleurum chinense

2-O-β-D-glucopyranosyloxy-3α,19α-dihydroxyoleanolic acid 2-O-β-D- 吡喃葡萄糖氧基 -3α,19α- 二羟基齐墩果酸 广东紫珠 Callicarpa kwangtungensis

2-O-β-D-glucopyranosyloxy-3α,19α-dihydroxyursolic acid 2-O-β-D- 吡喃葡萄糖氧基 -3α,19α- 二羟基熊果酸 广东紫珠 Callicarpa kwangtungensis

3-O-β-D-glucopyranosyloxy-4',5,7-trihydroxyflavone 3-O-β-D- 吡喃葡萄糖基 -4',5,7- 三羟基黄酮 地稔 Melastoma dodecandrum

9-O-β-D-glucopyranosyloxy-5-megastigmen-4-one 9-O-β-D- 吡喃葡萄糖氧基 -5- 大柱香波龙烯 -4- 酮 短柄野芝麻 Lamium album

5-O-β-D-glucopyranosyloxy-6-methyl-3'-methoxy-3,7,4'-trihydroxyflavan 5-O-β-D- 吡喃葡萄糖氧基 -6- 甲氧基 -3'- 甲氧基 -3,7,4'- 三羟基黄烷 圆锥菝葜 Smilax bracteata

5-O-β-D-glucopyranosyloxy-6-methyl-4'-methoxy-3,7,4'-trihydroxyflavan 5-O-β-D- 吡喃葡萄糖氧基 -6- 甲基 -4'- 甲氧基 -3,7,4'- 三羟基黄烷 圆锥菝葜 Smilax bracteata

7-O-β-D-glucopyranosyloxy-8-(3-butenyl-2-oxo)-coumarin 7-O-β-D- 吡喃葡萄糖氧基 -8-(3- 丁烯基 -2- 氧代)- 香豆素 千里香 Murraya paniculata

7-O-β-D-glucopyranosyloxy-8-(butenyl-3'-methyl)-coumarin 7-O-β-D- 吡喃半乳糖氧基 -8-(丁烯基 -3'- 甲基)- 香豆素 千里香 Murraya paniculata

4-O-β-D-glucopyranosyloxybenzoic acid 4-O-β-D- 吡喃葡萄糖氧基苯甲酸 红花 Carthamus tinctorius, 榅桲 Cydonia oblonga

4-O-β-D-glucopyranosyloxybenzoic acid methyl ester 4-O-β-D- 吡喃葡萄糖基苯甲酸甲酯 红茴香 Illicium henryi

6β-O-β-D-glucopyranosylpaederosidic acid 6β-O-β-D- 吡喃葡萄糖基鸡矢藤苷酸 鸡矢藤 Paederia foetida

1-O-β-D-glucopyranosylpaeonisuffrone 1-O-β-D- 吡喃葡萄糖基牡丹酮 芍药 Paeonia lactiflora, 凤丹 P. ostii, 牡丹 P. suffruticosa

(Z)-4-O-β-D-glucopyranosyl-p-coumaric acid (Z)-4-O-β-D- 吡喃葡萄糖基对香豆酸 竹节树 Carallia brachiata

4-*O*-*β*-D-glucopyranosyl-*p*-coumaric acid 4-*O*-*β*-D- 吡喃葡萄糖基 - 对香豆酸 骨碎补 Davallia mariesii

4-(4-*O*-*β*-D-glucopyranosyl-phenoxy)-1-*O*-*β*-D-glucopyranosyl-1,3-benzenediol 4-(4-*O*-*β*-D- 吡喃葡萄糖基 - 苯氧基)-1-*O*-*β*-D- 吡喃葡萄糖基 -1,3- 苯二酚 黑面神 Breynia fruticosa

4-(4'-*O*-*β*-D-glucopyranosylphenyl)-2-butanone 4-(4'-*O*-*β*-D- 吡喃葡萄糖基苯基)-2- 丁酮 鹿角杜鹃花 Rhododendron latoucheae

4'-*O*-*β*-D-glucopyranosylphenyl-2-butanone 4'-*O*-*β*-D- 吡喃葡萄糖基苯基 -2- 丁酮 掌叶大黄 Rheum palmatum, 唐古特大黄 R. tanguticum

6'-*O*-*β*-D-glucopyranosylphlorigidoside C 6'-*O*-*β*-D- 吡喃葡萄糖基坚硬糙苏苷 C 独一味 Lamiophlomis rotata

27-*O*-*β*-D-glucopyranosylphysagulin D 27-*O*-*β*-D- 吡喃葡萄糖基苦蘵素 D 睡茄 Withania somnifera

3-*O*-*β*-D-glucopyranosylphytolaccagenic acid 3-*O*-*β*-D- 吡喃葡萄糖基商陆酸 苍白秤钩风 Diploclisia glaucescens

3-*O*-*β*-D-glucopyranosylphytolaccagenic acid-28-*O*-*β*-D-glucopyranosylester 3-*O*-*β*-D- 吡喃葡萄糖基商陆酸 -28-*O*-*β*-D- 吡喃葡萄糖基酯苷 苍白秤钩风 Diploclisia glaucescens

(8*R*,8'*R*)-9'-*O*-*β*-D-glucopyranosylpiperphilippinin VI (8*R*,8'*R*)-9'-*O*-*β*-D- 吡喃葡萄糖基菲律宾胡椒素▲VI 金山五味子 Schisandra glaucescens

(8*R*,8'*R*)-9-*O*-*β*-D-glucopyranosylpiperphilippinin VI (8*R*,8'*R*)-9-*O*-*β*-D- 吡喃葡萄糖基菲律宾胡椒素▲VI 金山五味子 Schisandra glaucescens

3-*O*-*β*-D-glucopyranosylplatycodigenin 3-*O*-*β*-D- 吡喃葡萄糖基桔梗皂苷元 桔梗 Platycodon grandiflorus

3-*O*-*β*-D-glucopyranosylplatycodigenin methyl ester 3-*O*-*β*-D- 吡喃葡萄糖基桔梗皂苷元甲酯 桔梗 Platycodon grandiflorus

28-*O*-*β*-D-glucopyranosylpomolic acid 28-*O*-*β*-D- 吡喃葡萄糖基果渣酸▲ 秤星树 Ilex asprella, 枸骨 I. cornuta, 锈色蛛毛苣苔 Paraboea rufescens

3*β*-*O*-*β*-D-glucopyranosylpomolic acid-28-*O*-*β*-D-glucopyranosyl ester 3*β*-*O*-*β*-D- 吡喃葡萄糖基果渣酸▲-28-*O*-*β*-D- 吡喃葡萄糖基酯 海南玉叶金花 Mussaenda hainanensis

3-*O*-*β*-D-glucopyranosylpresenegenin-28-*O*-*α*-L-arabipyranosyl-(1 → 3)-*β*-D-xylopyranosyl-(1 → 4)-[*β*-D-apiofuranosyl-(1 → 3)]-*α*-L-rhamnopyranosyl-(1 → 2)-[*α*-L-rhamnopyranosyl-(1 → 3)]-*β*-D-fucopyranosyl ester 3-*O*-*β*-D- 吡喃葡萄糖基前美远志苷元 -28-*O*-*α*-L- 吡喃阿拉伯糖基 -(1 → 3)-*β*-D- 吡喃木糖基 -(1 → 4)-[*β*-D- 呋喃芹糖基 -(1 → 3)]-*α*-L- 吡喃鼠李糖基 (1 → 2)-[*α*-L- 吡喃鼠李糖基 -(1 → 3)]-*β*-D- 吡喃岩藻糖酯苷 远志 Polygala tenuifolia

3-*O*-*β*-D-glucopyranosylpresenegenin-28-*O*-*β*-D-galactopyranosyl-(1 → 4)-*β*-D-xylopyranosyl-(1 → 4)-*α*-L-rhamnopyranosyl-(1 → 2)-[6-*O*-acetyl-*β*-D-glucopyranosyl-(1 → 3)]-{4-*O*-[(*E*/*Z*)-3,4-dimethoxycinnamoyl]}-*β*-D-fucopyranosyl ester 3-*O*-*β*-D- 吡喃葡萄糖基前美远志苷元 -28-*O*-*β*-D- 吡喃半乳糖基 -(1 → 4)-*β*-D- 吡喃木糖基 -(1 → 4)-*α*-L- 吡喃鼠李糖基 -(1 → 2)-[6-*O*- 乙酰基 -*β*-D- 吡喃葡萄糖基 -(1 → 3)]-{4-*O*-[(*E*/*Z*)-3,4- 二甲氧基桂皮酰基]}-*β*-D- 吡喃岩藻糖基酯苷 西南远志 Polygala crotalarioides

3-*O*-*β*-D-glucopyranosylpresenegenin-28-*O*-*β*-D-xylopyranosyl-(1 → 4)-[*β*-D-apiofuranosyl-(1 → 3)]-*α*-L-rhamnopyranosyl-(1 → 2)-(3,4-di-*O*-acetyl)-*β*-D-fucopyranosyl ester 3-*O*-*β*-D- 吡喃葡萄糖基前美远志苷元 -28-*O*-*β*-D- 吡喃木糖基 -(1 → 4)-[*β*-D- 呋喃芹糖基 -(1 → 3)]-*α*-L- 吡喃鼠李糖基 -(1 → 2)-(3,4- 二 -*O*- 乙酰基)-*β*-D- 吡喃海藻糖基酯苷 西伯利亚远志 Polygala sibirica

7-*O*-*β*-D-glucopyranosylpseudomajucin 7-*O*-*β*-D- 吡喃葡萄糖基伪大八角素 假地枫皮 Illicium jiadifengpi, 小花八角 I. micranthum

14-*O*-*β*-D-glucopyranosylpseudomajucinone 14-*O*-*β*-D- 吡喃葡萄糖基伪大八角酮▲ 假地枫皮 Illicium jiadifengpi

3-*O*-*β*-D-glucopyranosylpterosin C 3-*O*-*β*-D- 吡喃葡萄糖基蕨素 C 西南凤尾蕨 Pteris wallichiana

3-*O*-*β*-D-glucopyranosylpyrocincholate 3-*O*-*β*-D- 吡喃葡萄糖基焦金鸡纳酸酯苷 驼蹄瓣 Zygophyllum fabago

3-*O*-*β*-D-glucopyranosylquercetin 3-*O*-*β*-D- 吡喃葡萄糖基槲皮素 蓬子菜 Galium verum

7-*O*-*β*-D-glucopyranosylquercetin 7-*O*-*β*-D- 吡喃葡萄糖基槲皮素 蓬子菜 Galium verum

3-*O*-*β*-D-glucopyranosylquinovic acid 3-*O*-*β*-D- 吡喃葡萄糖基鸡纳酸 驼蹄瓣 Zygophyllum fabago

3*β*-*O*-*β*-D-glucopyranosylquinovic acid-27-*O*-*β*-D-glucopyranosyl ester 3*β*-*O*-*β*-D- 吡喃葡萄糖基鸡纳酸 -27-*O*-*β*-D- 吡喃葡萄糖基酯 络石 Trachelospermum jasminoides

3-*O*-*β*-D-glucopyranosylquinovic acid-28-*O*-*β*-D-glucopyranosyl ester 3-*O*-*β*-D- 吡喃葡萄糖基鸡纳酸 -28-*O*-*β*-D- 吡喃葡萄糖基酯苷 驼蹄瓣 Zygophyllum fabago

3*β*-*O*-*β*-D-glucopyranosylquinovic acid-28-*O*-*β*-D-glucopyranosyl ester 3*β*-*O*-*β*-D- 吡喃葡萄糖基鸡纳酸 -28-*O*-*β*-D- 吡喃葡萄糖基酯 锐尖山香圆 Turpinia arguta

4'-*O*-*β*-D-glucopyranosylrosmarinic acid 4'-*O*-*β*-D- 吡喃葡萄糖基迷迭香酸 火索麻 Helicteres isora

4-*O*-*β*-D-glucopyranosyl-rosmarinic acid 4-*O*-*β*-D- 葡萄糖基迷迭香酸 薄片变豆菜 Sanicula lamelligera

28-*O*-*β*-D-glucopyranosylrotundioic acid 28-*O*-*β*-D- 吡喃葡萄糖基铁冬青二酸▲ 野桂花 Osmanthus yunnanensis

2''-*O*-*β*''-D-glucopyranosylsaikosaponin b_2 2''-*O*-*β*''-D- 吡喃葡萄糖基柴胡皂苷 b_2 长茎柴胡 Bupleurum longicaule

2''-*O*-*β*-D-glucopyranosylsaikosaponin b_2 2''-*O*-*β*-D- 吡喃葡萄糖基柴胡皂苷 b_2 汶川柴胡 Bupleurum wenchuanense

7-*O*-*β*-D-glucopyranosylsalicin 7-*O*-*β*-D- 吡喃葡萄糖基水杨苷 八角枫 Alangium chinense

3'-*O*-*β*-D-glucopyranosylsalidroside 3'-*O*-*β*-D- 吡喃葡萄糖基红景天苷 暴马丁香 Syringa reticulata subsp. amurensis

4'''-*O*-*β*-D-glucopyranosylscabraside 4'''-*O*-*β*-D- 吡喃葡萄糖基糙龙胆苷▲ 龙胆 Gentiana scabra

6'-*O*-*β*-D-glucopyranosylsesamoside 6'-*O*-*α*-D- 吡喃葡萄糖基芝麻苷 独一味 Lamiophlomis rotata

3-*O*-*β*-D-glucopyranosylspinasterol 3-*O*-*β*-D- 葡萄糖基菠菜甾醇 坚硬女娄菜 Silene firma

3-*O*-*β*-D-glucopyranosylstigmasterol 3-*O*-*β*-D- 吡喃葡萄糖基豆甾醇 酸枣 Ziziphus jujuba var. spinosa

3-*O*-*β*-D-glucopyranosyl-stigmasterol 3-*O*-*β*-D- 吡喃葡萄糖基 - 豆甾醇 夏枯草 Prunella vulgaris

3'-*O*-*β*-D-glucopyranosylstilbericoside 3'-*O*-*β*-D- 吡喃葡萄糖基石南密穗草苷▲ 桂叶山牵牛 Thunbergia laurifolia

6-(4'-*O*-*β*-D-glucopyranosylstyryl)-4-methoxy-2-pyrone 6-(4'-*O*-*β*-D- 吡喃葡萄糖基)-4- 甲氧基 -2- 吡喃酮 黄腺香青 Anaphalis aureopunctata

3'-*O*-*β*-D-glucopyranosylsweroside 3'-*O*-*β*-D- 吡喃葡萄糖基獐牙菜苷 川续断 Dipsacus asperoides, 川西獐牙菜 Swertia mussotii

4-*O*-*β*-D-glucopyranosylsyringic acid 4-*O*-*β*-D- 葡萄糖基丁香酸 大山黧豆 Lathyrus davidii

4-*O*-*β*-D-glucopyranosylsyringic acid methylester 4-*O*-*β*-D- 葡萄糖基丁香酸甲酯 大山黧豆 Lathyrus davidii

O

11-*O*-*β*-D-glucopyranosylthamnosmonin 11-*O*-*β*-D- 吡喃葡萄糖基塔姆斯宁 阿坝当归 Angelica apaensis
10-*O*-*β*-D-glucopyranosyltheviridoside 10-*O*-*β*-D- 吡喃葡萄糖基黄花夹竹桃醚萜苷▲ 黄花夹竹桃 Thevetia peruviana
3'-*O*-*β*-D-glucopyranosyltheviridoside 3'-*O*-*β*-D- 吡喃葡萄糖基黄花夹竹桃醚萜苷▲ 黄花夹竹桃 Thevetia peruviana
6'-*O*-*β*-D-glucopyranosyl-theviridoside 6'-*O*-*β*-D- 吡喃葡萄糖基黄花夹竹桃醚萜苷▲ 黄花夹竹桃 Thevetia peruviana
4-*O*-*β*-D-glucopyranosyl-*trans*-*p*-coumaric acid 4-*O*-*β*-D- 吡喃葡萄糖基 - 反式 - 对香豆酸 黄芩 Scutellaria baicalensis
4'''-*O*-*β*-D-glucopyranosyltrifloroside 4'''-*O*-*β*-D- 吡喃葡萄糖基三花龙胆苷 龙胆 Gentiana scabra
28-*O*-*β*-D-glucopyranosylurs-12-ene-2*α*,3*β*,19*α*-trihydroxy-28-oic acid 28-*O*-*β*-D- 吡喃葡萄糖基 - 熊果 -12- 烯 -2*α*,3*β*,19*α*- 三羟基 -28- 酸 复盆子 Rubus idaeus
4-*O*-*β*-D-glucopyranosylvanillc acid 4-*O*-*β*-D- 吡喃葡萄糖香荚兰酸 泡核桃 Juglans sigillata
27-*O*-*β*-D-glucopyranosylviscosalactone B 27-*O*-*β*-D- 吡喃葡萄糖基黏酸浆内酯▲B 睡茄 Withania somnifera
8-*O*-*β*-D-glucopyranosylxanthotoxol 8-*O*-*β*-D- 吡喃葡萄糖基花椒毒酚 杭白芷 Angelica dahurica 'Hangbaizhi'
7-*O*-*β*-D-glucopyranosyl-*α*-homonojirimycin 7-*O*-*β*-D- 吡喃葡萄糖基 -*α*- 高野尻霉素 鸭跖草 Commelina communis, 山梗菜 Lobelia sessilifolia
6-*O*-*β*-D-glucopyranosyl-*β*-D-glucopyranose-1-benzoate 6-*O*-*β*-D- 吡喃葡萄糖基 -*β*-D- 吡喃葡萄糖 -1- 苯甲酸酯 沙生蜡菊 Helichrysum arenarium
3*β*-[(6-*O*-*β*-D-glucopyranosyl-*β*-D-glucopyranosyl)oxy]-21*β*,22*α*-dihydroxyolean-12-en-28-*O*-*α*-L-rhamnopyranosyl-(1 → 2)-*O*-[*β*-D-glucopyranosyl-(1 → 6)]-*β*-D-glucopyranoside 3*β*-[(6-*O*-*β*-D- 吡喃葡萄糖基 -*β*-D- 吡喃葡萄糖基) 氧基]-21*β*,22*α*- 二羟基齐墩果 -12- 烯 -28-*O*-*α*-L- 吡喃鼠李糖基 -(1 → 2)-*O*-[*β*-D- 吡喃葡萄糖基 -(1 → 6)]-*β*-D- 吡喃葡萄糖苷 文冠果 Xanthoceras sorbifolium
3*β*-[(4-*O*-*β*-D-glucopyranosyl-*β*-D-glucopyranosyl)oxy]-olean-12-en-28-oic acid-*β*-D-glucopyranosyl ester 3*β*-[(4-*O*-*β*-D- 吡喃葡萄糖基 -*β*-D- 吡喃葡萄糖氧基]- 齐墩果 -12- 烯 -28- 酸 -*β*-D- 吡喃葡萄糖基酯苷 银胶菊 Parthenium hysterophorus
3-(6-*O*-*β*-D-glucopyranosyl-*β*-D-glucopyranosyloxy)-5-hydroxy-2-(4-hydroxyphenyl)-4-oxo-flavan-7-yl-*β*-D-glucopyranosiduronic acid 3-(6-*O*-*β*-D- 吡喃葡萄糖基 -*β*-D- 吡喃葡萄糖氧基)-5- 羟基 -2-(4- 羟基苯基)-4- 氧代 - 黄烷 -7- 基 -*β*-D- 吡喃葡萄糖醛酸 郁金香 Tulipa gesneriana
(*R*)-2-(2-*O*-*β*-D-glucopyranosyl-*β*-D-glucopyranosyloxy)-phenylacetonitrile (*R*)-2-(2-*O*-*β*-D- 吡喃葡萄糖基 -*β*-D- 吡喃葡萄糖氧基)- 苯基乙腈 野生紫苏 Perilla frutescens var. purpurascens
3-*O*-*β*-D-glucopyranosyl-*β*-stigmasterol 3-*O*-*β*-D- 吡喃葡萄糖基 -*β*- 豆甾醇 平卧菊三七 Gynura procumbens, 催吐萝芙木 Rauvolfia vomitoria
3-*O*-*β*-D-glucopyranoxyl-(1 → 3)-*α*-L-rhamnopyranosyl-(1 → 2)-*α*-L-arabinopyranosyloleanolic acid-28-*O*-*β*-D-glucopyranosyl-(1 → 6)-*β*-D-glucopyranoside 3-*O*-*β*-D- 吡喃葡萄糖氧基 -(1 → 3)-*α*-L- 吡喃鼠李糖基 -(1 → 2)-*α*-L- 吡喃阿拉伯糖基齐墩果酸 -28-*O*-*β*-D- 吡喃葡萄糖基 -(1 → 6)-*β*-D- 吡喃葡萄糖基酯苷 败酱 Patrinia scabiosifolia
8-*O*-*β*-D-glucopyranoxyl-1,3,5-trihydroxyxanthone 8-*O*-*β*-D- 吡喃葡萄糖 -1,3,5- 三羟基呫酮 苇叶獐牙菜 Swertia phragmitiphylla
8-*O*-*β*-D-glucopyranoxyl-1,5-dihydroxyxanthone 8-*O*-*β*-D- 吡喃葡萄糖基 -1,5- 二羟基呫酮 苇叶獐牙菜 Swertia phragmitiphylla
1-*O*-*β*-D-glucopyranoyl-D-mannitol 1-*O*-*β*-D- 吡喃葡萄糖基 -D- 甘露醇 绳藻 Chorda filum
3*β*-*O*-*β*-D-glucopyranuronosyl-28-*O*-*β*-D-glucopyranosyl-oleanolic acid 3*β*-*O*-*β*-D- 吡喃葡萄糖醛酸基 -28-*O*-*β*-D- 吡喃葡萄糖基 - 齐墩果酸 五加 Eleutherococcus nodiflorus var. gracilistylus
3*β*-*O*-*β*-D-glucopyranuronosyl-oleanolic acid 3*β*-*O*-*β*-D- 吡喃葡萄糖醛酸基齐墩果酸 五加 Eleutherococcus nodiflorus var. gracilistylus
1-*O*-*β*-D-glucopyronaosyl-(2*S*,3*S*,4*R*,5*E*,9*Z*)-2-*N*-(2'-hydroxytetracosanoyl)-1,3,4-trihydroxy-5,9-octadienine 1-*O*-*β*-D- 吡喃葡萄糖 -(2*S*,3*S*,4*R*,5*E*,9*Z*)-2-*N*-(2'- 羟基二十四酰氨基)-1,3,4- 三羟基 - 十八碳 -5,9- 二烯 芝麻 Sesamum indicum
1-*O*-*β*-D-glucoside-(-2*S*,3*R*,4*E*,8*E*)-2-*N*-(2'-hydroxy-heneicosylcarbonyl)-sphingosine-4,8-diene 1-*O*-*β*-D- 葡萄糖苷 -(2*S*,3*R*,4*E*,8*E*)-2-*N*-(2'- 羟基 - 二十一酰基)- 十八鞘氨醇 -4,8- 二烯 毛叶合欢 Albizia mollis
3-*O*-*β*-D-glucosyl-(1 → 3)-*β*-D-glucosylkaempferol 3-*O*-*β*-D- 葡萄糖基 -(1 → 3)-*β*-D- 葡萄糖基山柰酚 沙生蜡菊 Helichrysum arenarium
3-*O*-*β*-D-glucosyl-(1 → 6)-*β*-D-glucosyl-7-*O*-*α*-L-rhamnosylkaempferol 3-*O*-*β*-D- 葡萄糖基 -(1 → 6)-*β*-D- 葡萄糖基 -7-*O*-*α*-L- 鼠李糖基山柰酚 守宫木 Sauropus androgynus
3-*O*-*β*-D-glucosyl-(1 → 6)-*β*-D-glucosylkaempferol 3-*O*-*β*-D- 葡萄糖基 -(1 → 6)-*β*-D- 葡萄糖基山柰酚 沙生蜡菊 Helichrysum arenarium, 守宫木 Sauropus androgynus
1-*O*-*β*-D-glucosyl-(2*S*,3*R*,4*E*,8*Z*)-2-*N*-(2'-hydroxy-docosacarbonyl)-cosacarbonsphingosine-4,8-diene 1-*O*-*β*-D- 葡萄糖基 -(2*S*,3*R*,4*E*,8*Z*)-2-*N*-(2'- 羟基二十二碳酰)- 二十碳鞘氨醇 -4,8- 二烯 荚果蕨 Matteuccia struthiopteris
(11*R*)-6-*O*-*β*-D-glucosyl-11,13-dihydrotatridin B (11*R*)-6-*O*-*β*-D- 葡萄糖基 -11,13- 二氢三齿蒿定▲B 除虫菊 Pyrethrum cinerariifolium
21-*O*-*β*-D-glucosyl-2*α*,3*β*,21*β*,23-tetrahydroxyolean-12-en-28-oic acid 21-*O*-*β*-D- 葡萄糖基 -2*α*,3*β*,21*β*,23- 四羟基齐墩果 -12- 烯 -28- 酸 倒提壶 Cynoglossum amabile
4'-*O*-*β*-D-glucosyl-5-*O*-methylvisamminol 4'-*O*-*β*-D- 葡萄糖基 -5-*O*- 甲基阿米芹诺醇▲ 宽萼岩风 Libanotis laticalycina, 防风 Saposhnikovia divaricata
4''-*O*-*β*-D-glucosyl-6'-*O*-(4-*O*-*β*-D-glucosylcaffeoyl)linearoside 4''-*O*-*β*-D- 吡喃葡萄糖基 -6'-*O*-(4-*O*-*β*-D- 吡喃葡萄糖基咖啡酰基) 狭叶龙胆苷▲ 条叶龙胆 Gentiana manshurica
6'-*O*-*β*-D-glucosyl-7'-hydroxybergamottin 6'-*O*-*β*-D- 葡萄糖基 -7'- 羟基佛手柑素 宽叶羌活 Notopterygium franchetii
3-*O*-*β*-D-glucosyl-7-*O*-*α*-L-rhamnosylkaempferol 3-*O*-*β*-D- 葡萄糖基 -7-*O*-*α*-L- 鼠李糖基山柰酚 守宫木 Sauropus androgynus
(25*R*)-26-*O*-*β*-D-glucosylfurost-5-en-3*β*,26-diol-22-methoxy-3-*O*-{*α*-L-rhamnosyl-(1 → 4)-[*β*-D-glucosyl-(1 → 3)-*β*-D-glucosyl-(1 → 2)]-*β*-D-glucoside} (25*R*)-26-*O*-*β*-D- 葡萄糖基呋甾 -5- 烯 -3*β*,26- 二醇 -22- 甲氧基 -3-*O*-{*α*-L- 鼠李糖基 -(1 → 4)-[*β*-D- 葡萄糖基 -(1 → 3)-*β*-D- 葡萄糖基 -(1 → 2)]-*β*-D- 葡萄糖苷 } 盾叶薯蓣 Dioscorea zingiberensis

6'-*O*-β-D-glucosylgentiopicroside 6'-*O*-β-D- 葡萄糖基龙胆苦苷 麻花艽 Gentiana straminea

6''-*O*-β-D-glucosylhenryoside 6''-*O*-β-D- 葡萄糖基巴东荚蒾苷▲ 毛八角枫 Alangium kurzii

2-*O*-β-D-glucosyloxy-4-methoxybenzenepropanoic acid 2-*O*-β-D- 吡喃葡萄糖基 -4- 甲氧基苯丙酸 刺果苏木 Caesalpinia bonduc

1-*O*-β-D-glucosylpaeonisuffrone 1-*O*-β-D- 葡萄糖基牡丹酮 芍药 Paeonia lactiflora

3-*O*-β-D-glucosylstigmasta-5,25(27)-diene 3-*O*-β-D- 葡萄糖基豆甾 -5,25(27)- 二烯 秤星树 Ilex asprella

2-*O*-β-D-glucosyltrideca-11*E*-en-3,5,7,9-tetrayn-1,2-diol 2-*O*-β-D- 葡萄糖基十三烷 -11*E*- 烯 -3,5,7,9- 四炔 -1,2- 二醇 鬼针草 Bidens pilosa

2''-*O*-β-D-glucosylvitexin 2''-*O*-β-D- 葡萄糖基牡荆素 蛇婆子 Waltheria indica

3-*O*-β-D-glucouronopyranoside-22-*O*-acetyl-21-*O*-(3',4'-*O*-diangeloyl)-β-D-fucopyranosoyltheasapogenol B 3-*O*-β-D- 吡喃葡萄糖醛酸苷 -22-*O*- 乙酰基 -21-*O*-(3',4'-*O*- 二当归酰基)-β-D- 吡喃岩藻糖基茶皂醇 B 文冠果 Xanthoceras sorbifolium

3-*O*-β-D-glucuronopyranosyl-(1 → 2)-β-D-glucopyranosyl-14-formylbetulinic acid-28-*O*-β-D-glucopyranoside 3-*O*-β-D- 吡喃葡萄糖醛酸基 -(1 → 2)-β-D- 吡喃葡萄糖基 -14- 醛基 - 白桦脂酸 -28-*O*-β-D- 吡喃葡萄糖苷 密脉鹅掌柴 Heptapleurum ellipticum

3-*O*-β-D-glucuronopyranosyl-28-*O*-[β-D-xylopyranosyl-(1 → 4)-α-L-rhamnopyranosyl-(1 → 2)-α-L-arabinopyranoside medicagenate 3-*O*-β-D- 吡喃葡萄糖醛酸基 -28-*O*-[β-D- 吡喃木糖基 -(1 → 4)-α-L- 吡喃鼠李糖基 -(1 → 2)-α-L- 吡喃阿拉伯糖基苜蓿酸酯苷 紫苜蓿 Medicago sativa

3-*O*-β-D-glucuronopyranosyl-28-*O*-β-D-glucopyranosylphytolaccagenic acid 3-*O*-β-D- 吡喃葡萄糖醛酸基 -28-*O*-β-D- 吡喃葡萄糖基商陆酸 苍白秤钩风 Diploclisia glaucescens

3-*O*-β-D-glucuronopyranosyl-28-*O*-β-D-glucopyranosylserjanic acid 3-*O*-β-D- 吡喃葡萄糖醛酸基 -28-*O*-β-D- 吡喃葡萄糖基塞战藤酸 苍白秤钩风 Diploclisia glaucescens

3-*O*-β-D-glucuronopyranosyl-28-*O*-β-D-glucopyranosyl-siaresinolic acid 3-*O*-β-D- 吡喃葡萄糖醛酰基 -28-*O*-β-D- 吡喃葡萄糖基泰国树脂酸 光叶海桐 Pittosporum glabratum

3-*O*-β-D-glucuronopyranosyl-2α,3β,23-trihydroxyurs-12-en-28-oic acid-β-D-glucopyranosyl ester 3-*O*-β-D- 吡喃葡萄糖醛酸基 -2α,3β,23- 三羟基熊果 -12- 烯 -28- 酸 -β-D- 吡喃葡萄糖基酯 猫儿刺 Ilex pernyi

3-*O*-β-D-glucuronopyranosylgypsogenin 3-*O*-β-D- 吡喃葡萄糖醛酸基石头花苷元▲ 云南木鳖 Momordica dioica

3-*O*-β-D-glucuronopyranosylhederagenin-28-*O*-β-D-glucopyranosyl-(1 → 3)-α-L-rhamnopyranosyl-(1 → 4)-β-D-glucopyranosyl-(1 → 6)-β-D-glucopyranoside 3-*O*-β-D- 吡喃葡萄糖醛酸基常春藤皂苷元 -28-*O*-β-D- 吡喃葡萄糖基 -(1 → 3)-α-L- 吡喃鼠李糖基 -(1 → 4)-β-D- 吡喃葡萄糖基 -(1 → 6)-β-D- 吡喃葡萄糖苷 黑水银莲花 Anemone amurensis

3-*O*-β-D-glucuronopyranosylolean-12-en-22,24-diol 3-*O*-β-D- 吡喃葡萄糖基齐墩果 -12- 烯 -22,24- 二醇 绛车轴草 Trifolium incarnatum

3-*O*-β-D-glucuronopyranosylolean-12-en-28-oic acid-28-*O*-α-L-rhamnopyranosyl-(1 → 4)-β-D-glucopyranosyl-(1 → 6)-β-D-glucopyranoside 3-*O*-β-D- 吡喃葡萄糖醛酸基齐墩果酸 -28-*O*-α-L- 吡喃鼠李糖基 -(1 → 4)-β-D- 吡喃葡萄糖基 -(1 → 6)-β-D- 吡喃葡萄糖苷 黑水银莲花 Anemone amurensis

3-*O*-β-D-glucuronopyranosyloleanolic acid 3-*O*-β-D- 吡喃葡萄糖醛酸基齐墩果酸 雪胆 Hemsleya chinensis

3-*O*-β-D-glucuronopyranosyloleanolic acid-28-*O*-α-L-arabinopyranoside 3-*O*-β-D- 吡喃葡萄糖醛酸基齐墩果酸 -28-*O*-α-L- 吡喃阿拉伯糖 雪胆 Hemsleya chinensis

3-*O*-β-D-glucuronopyranosyloleanolic acid-28-*O*-β-D-glucopyranoside 3-*O*-β-D- 吡喃葡萄糖醛酸基齐墩果酸 -28-*O*-β-D- 吡喃葡萄糖苷 川牛膝 Cyathula officinalis, 巨花雪胆 Hemsleya gigantha, 细刺枸骨 Ilex hylonoma, 枫香槲寄生 Viscum liquidambaricola

3-*O*-β-D-glucuronopyranosyloleanolic acid-28-*O*-β-D-glucopyranosyl ester 3-*O*-β-D- 吡喃葡萄糖醛酸基齐墩果酸 -28-*O*-β-D- 吡喃葡萄糖基酯 假连翘 Duranta erecta

3-*O*-β-D-glucuronopyranosyloleanolic acid-28-*O*-β-D-glucopyranosyl-(1 → 3)-α-L-rhamnopyranosyl-(1 → 4)-β-D-glucopyranosyl-(1 → 6)-β-D-glucopyranoside 3-*O*-β-D- 吡喃葡萄糖醛酸基齐墩果酸 -28-*O*-β-D- 吡喃葡萄糖基 -(1 → 3)-α-L- 吡喃鼠李糖基 -(1 → 4)-β-D- 吡喃葡萄糖基 -(1 → 6)-β-D- 吡喃葡萄糖苷 黑水银莲花 Anemone amurensis

3-*O*-β-D-glucuronopyranosyloleanolic acid-28-*O*-β-D-glucopyranosyl-(1 → 6)-β-D-glucopyranoside 3-*O*-β-D- 吡喃葡萄糖醛酸基齐墩果酸 -28-*O*-β-D- 吡喃葡萄糖基 -(1 → 6)-β-D- 吡喃葡萄糖苷 雪胆 Hemsleya chinensis, 枫香槲寄生 Viscum liquidambaricola

3-*O*-β-D-glucuronopyranosyloleanolic acid-28-*O*-β-D-mannopyranoside 3-*O*-β-D- 吡喃葡萄糖醛酸基齐墩果酸 -28-*O*-β-D- 吡喃甘露糖苷 雪胆 Hemsleya chinensis

3-*O*-β-D-glucuronopyranosylphytolaccagenic acid 3-*O*-β-D- 吡喃葡萄糖醛酸基商陆酸 苍白秤钩风 Diploclisia glaucescens

3-*O*-β-D-glucuronopyranosylserjanic acid 3-*O*-β-D- 吡喃葡萄糖基塞战藤酸 苍白秤钩风 Diploclisia glaucescens

3-*O*-β-D-glucuronopyransyl-(1 → 2)-β-D-rhamnopyranosyl-14-epihydroxymethyloleanolic acid 3-*O*-β-D- 吡喃葡萄糖醛酸基 -(1 → 2)-β-D- 吡喃鼠李糖基 -14- 表羟甲基齐墩果酸 密脉鹅掌柴 Heptapleurum ellipticum

3-*O*-β-D-glucuronyl-16α-hydroxy-olean-12-en-28-oic acid-28-*O*-α-L-arabinopyranosyl-(1 →4)-α-L-rhamnopyranosyl-(1 →2)-β-D-xylopyranosyl-(1 → 3)-β-D-xylopyranosyl-(1 → 3)-α-L-arabinopyranoside 3-*O*-β-D- 吡喃葡萄糖醛酸基 -16α- 羟基 - 齐墩果 -12- 烯 -28- 酸 -28-*O*-α-L- 吡喃阿拉伯糖基 -(1 → 4)-α-L- 吡喃鼠李糖基 -(1 → 2)-β-D- 吡喃木糖基 -(1 → 3)-β-D- 吡喃木糖基 -(1 → 3)-α-L- 吡喃阿拉伯糖基酯苷 耳叶紫菀 Aster auriculatus

3-*O*-β-D-glucuronyl-16α-hydroxy-oleanolic acid-28-*O*-β-D-xylopyranosyl-(1 → 3)-α-L-arabinopyranosyl-(1 → 4)-β-D-apiofuranosyl-(1 → 3)-α-L-rhmnopyranosyl-(1 → 2)-β-D-xylopyranoside methyl ester 3-*O*-β-D- 吡喃葡萄糖醛酸基 -16α- 羟基齐墩果酸 -28-*O*-β-D- 吡喃木糖基 -(1 → 3)-α-L- 吡喃阿拉伯糖基 -(1 → 4)-β-D- 呋喃芹糖基 -(1 → 3)-α-L- 吡喃鼠李糖基 (1 → 2)-β-D- 吡喃木糖基酯苷甲酯 耳叶紫菀 Aster auriculatus

8-*O*-β-D-glucuronylhypolaetin-4'-methyl ether 8-*O*-β-D- 葡萄糖醛酸基颖苞草亭▲-4'- 甲醚 山芝麻 Helicteres angustifolia

6-*O*-β-D-glucuronylluteolin 6-*O*-β-D- 葡萄糖醛酸基木犀草素 香苹婆 Sterculia foetida

7-(2-*O*-β-D-glucuronyl-β-D-glucuronyloxy)-5,3',4'-trihydroxyflavone 7-(2-*O*-β-D- 葡萄糖醛酸基 -β-D- 葡萄糖醛酸氧基)-5,3',4'- 三羟基黄酮

野生紫苏 Perilla frutescens var. purpurascens

3-*O*-*β*-D-glucuronypyranosyl-oleanolic acid-28-*O*-*α*-L-rhamnopyranosyl-(1 → 4)-*β*-D-glucopyranosyl-(1 → 6)-*β*-D-glucopyranoside 3-*O*-*β*-D-吡喃葡萄糖醛酸基 - 齐墩果酸 -28-*O*-*α*-L- 吡喃鼠李糖基 -(1 → 4)-*β*-D- 吡喃葡萄糖基 -(1 → 6)-*β*-D- 吡喃葡萄糖苷 鹅掌草 Anemone flaccida

3-*O*-*β*-D-glucuronypyranosyloleanolic acid-28-*O*-*β*-D-glucopyranosyl-(1 → 6)-*β*-D-glucopyranoside 3-*O*-*β*-D- 吡喃葡萄糖醛酸基 - 齐墩果酸 -28-*O*-*β*-D- 吡喃葡萄糖基 -(1 → 6)-*β*-D- 吡喃葡萄糖苷 鹅掌草 Anemone flaccida

3-*O*-*β*-D-glucuropyranosyloleanolic acid-28-*O*-*α*-L-arabinopyranoside 3-*O*-*β*-D- 吡喃葡萄糖醛酸基齐墩果酸 -28-*O*-*α*-L- 吡喃阿拉伯糖苷 巨花雪胆 Hemsleya gigantha

3-*O*-*β*-D-glucuropyranosyloleanolic acid-28-*O*-*β*-D-glucuropyranoside 3-*O*-*β*-D- 吡喃葡萄糖醛酸基齐墩果酸 -28-*O*-*β*-D- 吡喃葡萄糖醛酸苷 巨花雪胆 Hemsleya gigantha

4-*O*-*β*-D-glycopyranosyl-2-hydroxy-6-methoxy-acetophenone 4-*O*-*β*-D- 吡喃葡萄糖基 -2- 羟基 -6- 甲氧基苯乙酮 川东獐牙菜 Swertia davidii

8-*O*-*β*-D-glycopyranosylxanthotoxol 8-*O*-*β*-D- 吡喃葡萄糖基花椒毒酚 - 白芷 Angelica dahurica

4-*O*-*β*-D-mannopyranosyl-mannopyranose 4-*O*-*β*-D- 吡喃甘露糖基 - 吡喃甘露糖 虎掌藤 Ipomoea pes-tigridis

O-*β*-D-mannospyranosyl-(1 → 4)-*O*-*β*-D-mannopyranosyl-(1 → 4)-*O*-*β*-D-mannopyranose *O*-*β*-D- 吡喃甘露糖基 -(1 → 4)-*O*-*β*-D- 吡喃甘露糖基 -(1 → 4)-*O*-*β*-D- 吡喃甘露糖 马钱子 Strychnos nux-vomica

4-*O*-*β*-D-psicofuranosyl-*α*-D-glucopyranose 4-*O*-*β*-D- 呋喃阿洛酮糖基 -*α*-D- 吡喃葡萄糖 矮陀陀 Munronia pinnata

3-*O*-*β*-D-quinovopyranosylcincholic acid 3-*O*-*β*-D- 吡喃鸡纳糖基金鸡纳酸 驼蹄瓣 Zygophyllum fabago

3-*O*-*β*-D-quinovopyranosylpyrocincholate 3-*O*-*β*-D- 吡喃鸡纳糖基焦金鸡纳酸酯苷 驼蹄瓣 Zygophyllum fabago

3-*O*-*β*-D-quinovopyranosylquinovic acid 3-*O*-*β*-D- 吡喃鸡纳糖基鸡纳酸 驼蹄瓣 Zygophyllum fabago

3-*O*-*β*-D-rhamnopyranosyl-(1 → 2)-[*α*-L-arabinofuranosyl-(1 → 3)]-*β*-D-glucuronopyransyl-oleanolic acid-28-*O*-*β*-D-glucopyranosyl ester 3-*O*-*β*-D- 吡喃鼠李糖基 -(1 → 2)-[*α*-L- 吡喃阿拉伯糖基 -(1 → 3)]-*β*-D- 吡喃葡萄糖醛酸基 - 齐墩果酸 -28-*O*-*β*-D- 吡喃葡萄糖基酯 密脉鹅掌柴 Heptapleurum ellipticum

3*β*-*O*-*β*-D-ribopyranosyl-(1 → 3)-*O*-*α*-L-rhamnopyranosyl-(1 → 2)-[*β*-D-glucopyranosyl-(1 → 4)-*α*-L-arabinopyranosyl]oxy olean-12-en-28-oic acid *O*-*β*-D-glucopyranosyl-(1 → 3)-*α*-L-rhamnopyranosyl-(1 → 4)-*O*-*β*-D-glucopyranosyl-(1 → 6)-*β*-D-glucopyranosyl ester 3*β*-*O*-*β*-D- 吡喃核糖基 -(1 → 3)-*O*-*α*-L- 吡喃鼠李糖基 -(1 → 2)-[*β*-D- 吡喃葡萄糖基 -(1 → 4)*α*-L- 吡喃阿拉伯糖基] 齐墩果 -12- 烯 -28- 酸 -*O*-*β*-D- 吡喃葡萄糖基 -(1 → 3)-*α*-L- 吡喃鼠李糖基 -(1 → 4)-*O*-*β*-D- 吡喃葡萄糖基 -(1 → 6)-*β*-D- 吡喃葡萄糖酯苷 秋牡丹 Anemone hupehensis var. japonica

3*β*-[(*O*-*β*-D-ribopyranosyl-(1 → 3)-*O*-*α*-L-rhamnopyranosyl-(1 → 2)-*α*-L-arabinopyranosyl)oxy]-23-hydroxyolean-12-en-28-oic acid *O*-*β*-D-glucopyranosyl-(1 → 3)-*α*-L-rhamnopyranosyl-(1 → 4)-*O*-*β*-D-glucopyranosyl-(1 → 6)-*β*-D-glucopyranosyl ester 3*β*-*O*-*β*-D- 吡喃核糖基 -(1 → 3)-*O*-*α*-L- 吡喃鼠李糖基 -(1 → 2)-*α*-L- 吡喃阿拉伯糖基 -23- 羟基齐墩果 -12- 烯 -28- 酸 -*O*-*β*-D- 吡喃葡萄糖基 -(1 → 3)-*α*-L- 吡喃鼠李糖基 -(1 → 4)-*O*-*β*-D- 吡喃葡萄糖基 -(1 → 6)-*β*-D- 吡喃葡萄糖酯苷 秋牡丹 Anemone hupehensis var. japonica

O

3*β*-[(*O*-*β*-D-ribopyranosyl-(1 → 3)-*O*-*α*-L-rhamnopyranosyl-(1 → 2)-*α*-L-arabinopyranosyl)oxy]olean-12-en-28-oic acid *O*-*β*-D-glucopyranosyl-(1 → 3)-*α*-L-rhamnopyranosyl-(1 → 4)-*O*-*β*-D-glucopyranosyl-(1 → 6)-*β*-D-glucopyranosyl ester 3*β*-*O*-*β*-D- 吡喃核糖基 -(1 → 3)-*O*-*α*-L- 吡喃鼠李糖基 -(1 → 2)-*α*-L- 吡喃阿拉伯糖基齐墩果 -12- 烯 -28- 酸 -*O*-*β*-D- 吡喃葡萄糖基 -(1 → 3)-*α*-L- 吡喃鼠李糖基 -(1 → 4)-*O*-*β*-D- 吡喃葡萄糖基 -(1 → 6)-*β*-D- 吡喃葡萄糖酯苷 秋牡丹 Anemone hupehensis var. japonica

3-*O*-*β*-D-ribopyranosyl-(1 → 3)-*α*-L-rhamnopyranosyl-(1 → 2)-[*β*-D-glucopyranosyl-(1 → 4)]-*α*-L-arabinopyranosylhederagenin 3-*O*-*β*-D- 吡喃核糖基 -(1 → 3)-*α*-L- 吡喃鼠李糖基 -(1 → 2)-[*β*-D- 吡喃葡萄糖基 -(1 → 4)]-*α*-L- 吡喃阿拉伯糖基常春藤皂苷元 毛蕊铁线莲 Clematis lasiandra

3-*O*-*β*-D-ribopyranosyl-(1 → 3)-*α*-L-rhamnopyranosyl-(1 → 2)-[*β*-D-glucopyranosyl-(1 → 4)]-*α*-L-arabinopyranosyl-oleanolic acid 3-*O*-*β*-D- 吡喃核糖基 -(1 → 3)-*α*-L- 吡喃鼠李糖基 -(1 → 2)-[*β*-D- 吡喃葡萄糖基 -(1 → 4)]-*α*-L- 吡喃阿拉伯糖基 - 齐墩果酸 粗齿铁线莲 Clematis grandidentata

3-*O*-*β*-D-ribopyranosyl-(1 → 3)-*α*-L-rhamnopyranosyl-(1 → 2)-[*β*-D-glucopyranosyl-(1 → 4)]-*α*-L-arabinopyranosyl-oleanolic acid-28-*O*-*α*-L-rhamnopyranosyl-(1 → 4)-*β*-D-glucopyranosyl-(1 → 6)-*β*-D-glucopyranoside 3-*O*-*β*-D- 吡喃核糖基 -(1 → 3)-*α*-L- 吡喃鼠李糖基 -(1 → 2)-[*β*-D- 吡喃核糖基 -(1 → 4)]-*α*-L- 吡喃阿拉伯糖基 - 齐墩果酸 -28-*O*-*α*-L- 吡喃鼠李糖基 -(1 → 4)-*β*-D- 吡喃葡萄糖基 -(1 → 6)-*β*-D- 吡喃葡萄糖苷 粗齿铁线莲 Clematis grandidentata

3-*O*-*β*-D-ribopyranosyl-(1 → 3)-*α*-L-rhamnopyranosyl-(1 → 2)-[*β*-D-glucopyranosyl-(1 → 4)]-*β*-D-xylopyranosylhederagenin 3-*O*-*β*-D- 吡喃核糖基 -(1 → 3)-*α*-L- 吡喃鼠李糖基 -(1 → 2)-[*β*-D- 吡喃葡萄糖基 -(1 → 4)]-*β*-D- 吡喃木糖基常春藤皂苷元 毛蕊铁线莲 Clematis lasiandra

3-*O*-*β*-D-ribopyranosyl-(1 → 3)-*α*-L-rhamnopyranosyl-(1 → 2)-*α*-L-arabinopyranosylhederagenin 3-*O*-*β*-D- 吡喃核糖基 -(1 → 3)-*α*-L- 吡喃鼠李糖基 -(1 → 2)-*α*-L- 吡喃阿拉伯糖基常春藤皂苷元 威灵仙 Clematis chinensis

3-*O*-*β*-D-ribopyranosyl-(1 → 3)-*α*-L-rhamnopyranosyl-(1 → 2)-*α*-L-arabinopyranosylhederagenin-28-*O*-*α*-L-rhamnopyranosyl-(1 → 4)-*β*-D-glucopyranosyl-(1 → 6)-*β*-D-glucopyranosyl ester 3-*O*-*β*-D- 吡喃核糖基 -(1 → 3)-*α*-L- 吡喃鼠李糖基 -(1 → 2)-*α*-L- 吡喃阿拉伯糖基 - 常春藤皂苷元 -28-*O*-*α*-L- 吡喃鼠李糖基 -(1 → 4)-*β*-D- 吡喃葡萄糖基 -(1 → 6)-*β*-D- 吡喃葡萄糖基酯苷 小花草玉梅 Anemone rivularis var. flore-minore

3-*O*-*β*-D-ribopyranosyl-(1 → 3)-*α*-L-rhamnopyranosyl-(1 → 2)-*α*-L-arabinopyranosyloleanolic acid 3-*O*-*β*-D- 吡喃核糖基 -(1 → 3)-*α*-L- 吡喃鼠李糖基 -(1 → 2)-*α*-L- 吡喃阿拉伯糖基齐墩果酸 毛蕊铁线莲 Clematis lasiandra

3-*O*-*β*-D-ribopyranosyl-(1 → 3)-*α*-L-rhamnopyranosyl-(1 → 2)-*α*-L-arabinopyranosyl-oleanolic acid-28-*O*-*β*-D-glucopyranosyl-(1 → 6)-*β*-D-glucopyranoside 3-*O*-*β*-D- 吡喃核糖基 -(1 → 3)-*α*-L- 吡喃鼠李糖基 -(1 → 2)-*α*-L- 吡喃阿拉伯糖基 - 齐墩果酸 -28-*O*-*β*-D- 吡喃葡萄糖基 -

(1→6)-β-D-吡喃葡萄糖苷 粗齿铁线莲 Clematis grandidentata

3-O-β-D-ribopyranosyl-(1→3)-α-L-rhamnopyranosyl-(1→2)-β-D-xylopyranosyl oleanolic acid 3-O-β-D-吡喃核糖基-(1→3)-α-L-吡喃鼠李糖基-(1→2)-β-D-吡喃木糖基齐墩果酸 毛蕊铁线莲 Clematis lasiandra

3-O-β-D-ribopyranosyl-(1→3)-α-L-rhamnopyranosyl-(1→2)-β-D-xylopyranosyl-3β,21α-dihydroxyolean-12-en-28-oic acid 3-O-β-D-吡喃核糖基-(1→3)-α-L-吡喃鼠李糖基-(1→2)-β-D-吡喃木糖基-3β,21α-二羟基齐墩果-12-烯-28-酸 粗齿铁线莲 Clematis grandidentata

3-O-β-D-ribopyranosyl-(1→3)-α-L-rhamnopyranosyl-(1→2)-β-D-xylopyranosylhederagenin 3-O-β-D-吡喃核糖基-(1→3)-α-L-吡喃鼠李糖基-(1→2)-β-D-吡喃木糖基常春藤皂苷元 毛蕊铁线莲 Clematis lasiandra

3-O-β-D-ribopyranosyl-(1→3)-α-L-rhamnopyranosyl-(1→2)-β-D-xylopyranosyl-hederagenin 3-O-β-D-吡喃核糖基-(1→3)-α-L-吡喃鼠李糖基-(1→2)-β-D-吡喃木糖基-常春藤皂苷元 粗齿铁线莲 Clematis grandidentata

3-O-β-D-ribopyranosyl-(1→3)-α-L-rhamnopyranosyl-(1→2)-β-D-xylopyranosyl-oleanolic acid 3-O-β-D-吡喃核糖基-(1→3)-α-L-吡喃鼠李糖基-(1→2)-β-D-吡喃木糖基-齐墩果酸 粗齿铁线莲 Clematis grandidentata

3-O-β-D-ribopyranosyl-(1→3)-α-L-rhamnopyranosyl-(1→2)-β-D-xylopyranosyloleanolic acid-28-O-β-D-glucopyranosyl ester 3-O-β-D-吡喃核糖基-(1→3)-α-L-吡喃鼠李糖基-(1→2)-β-D-吡喃木糖基齐墩果酸-28-O-β-D-吡喃葡萄糖基酯苷 毛蕊铁线莲 Clematis lasiandra

3-O-β-D-ribopyranosyl-(1→3)-α-L-rhamnopyranosyl-(1→2)-α-L-arabinopyranosyl oleanolic acid 3-O-β-D-吡喃核糖基-(1→3)-α-L-吡喃鼠李糖基-(1→2)-α-L-吡喃阿拉伯糖基齐墩果酸 威灵仙 Clematis chinensis

3-O-β-D-rutinosyl-kaempferol-7-O-α-L-rhamnopyranoside 3-O-β-D-芸香糖基-山柰酚-7-O-α-L-吡喃鼠李糖苷 中国沙棘 Hippophae rhamnoides subsp. sinensis

3-O-β-D-sophorosyl-kaempferol-7-O-{2-O-[2(E)-2,6-dimethyl-6-hydroxy-2,7-octadienoyl]}-α-L-rhamnopyranoside 3-O-β-D-槐糖基-山柰酚-7-O-{2-O-[2(E)-2,6-二甲基-6-羟基-2,7-辛二烯酰基]}-α-L-吡喃鼠李糖苷 中国沙棘 Hippophae rhamnoides subsp. sinensis

3-O-β-D-sophorosyl-kaempferol-7-O-{3-O-[2(E)-2,6-dimethyl-6-hydroxy-2,7-octadienoyl]}-α-L-rhamnopyranoside 3-O-β-D-槐糖基-山柰酚-7-O-{3-O-[2(E)-2,6-二甲基-6-羟基-2,7-辛二烯酰基]}-α-L-吡喃鼠李糖苷 中国沙棘 Hippophae rhamnoides subsp. sinensis

3-O-β-D-xylopyranosyl spathodic acid-28-O-β-D-glucopyranosyl ester 3-O-β-D-吡喃木糖基火焰木酸-28-O-β-D-吡喃葡萄糖基酯 毛冬青 Ilex pubescens

3-O-β-D-xylopyranosyl-(1→2)-[β-D-glucopyranosyl-(1→3)]-α-L-arabinopyranosyloleanolic acid-28-O-β-D-glucopyranosyl ester 3-O-β-D-吡喃木糖基-(1→2)-[β-D-吡喃葡萄糖基-(1→3)]-α-L-吡喃阿拉伯糖基齐墩果酸-28-O-β-D-吡喃葡萄糖酯苷 锦鸡儿 Caragana sinica

(3β,5α,25R)-3-O-β-D-xylopyranosyl-(1→2)-O-β-D-xylopyranosyl-(1→3)-O-β-D-glucopyranosyl-(1→4)-O-α-L-rhamnopyranosyl-(1→2)-β-D-galactopyranosyloxy-spirost-12-one (3β,5α,25R)-3-O-β-D-吡喃木糖基-(1→2)-O-β-D-吡喃木糖基-(1→3)-O-β-D-吡喃葡萄糖基-(1→4)-O-α-L-吡喃鼠李糖基-(1→2)-β-D-吡喃半乳糖氧基-螺甾-12-酮 蒺藜 Tribulus terrestris

3-O-β-D-xylopyranosyl-(1→2)-α-L-arabinopyranosyl-28-O-β-D-glucopyranosyl-(1→6)-β-D-glucopyranosylgypsogenin 3-O-β-D-吡喃木糖基-(1→2)-α-L-吡喃阿拉伯糖基-28-O-β-D-吡喃葡萄糖基-(1→6)-β-D-吡喃葡萄糖基石头花苷元▲ 木通 Akebia quinata

3-O-β-D-xylopyranosyl-(1→2)-α-L-arabinopyranosylgypsogenin 3-O-β-D-吡喃木糖基-(1→2)-α-L-吡喃阿拉伯糖基丝石头花苷元▲ 木通 Akebia quinata

3-O-β-D-xylopyranosyl-(1→2)-α-L-arabinopyranosylhedereagenin-28-O-β-D-glucopyranosyl-(1→6)-β-D-glucopyranoside 3-O-β-D-吡喃木糖基-(1→2)-α-L-吡喃阿拉伯糖基常春藤皂苷元-28-O-β-D-吡喃葡萄糖基-(1→6)-β-D-吡喃葡萄糖基苷 白木通 Akebia trifoliata subsp. australis

3-O-β-D-xylopyranosyl-(1→2)-β-D-glucopyranosyl-(1→4)-[β-D-glucopyranosyl-(1→2)]-α-L-arabinopyranosyl-3β-hydroxy-13β,28-epoxy-16-oxo-oleanan-30-al 3-O-β-D-吡喃木糖基-(1→2)-β-D-吡喃葡萄糖基-(1→4)-[β-D-吡喃葡萄糖基-(1→2)]-α-L-吡喃阿拉伯糖基-3β-羟基-13β,28-环氧-16-氧代-齐墩果-30-醛 点地梅 Androsace umbellata

3-O-β-D-xylopyranosyl-(1→2)-β-D-glucopyranosyl-(1→4)-α-L-arabinopyranosyl-3β-hydroxy-13β,28-epoxy-16-oxo-oleanan-30-al 3-O-β-D-吡喃木糖基-(1→2)-β-D-吡喃葡萄糖基-(1→4)-α-L-吡喃阿拉伯糖基-3β-羟基-13β,28-环氧-16-氧代-齐墩果-30-醛 点地梅 Androsace umbellata

3-O-β-D-xylopyranosyl-(1→2)-β-D-glucopyranosyl-28-O-β-D-glucopyranosyl-oleanolic acid 3-O-β-D-吡喃木糖基-(1→2)-β-D-吡喃葡萄糖基-28-O-β-D-吡喃葡萄糖基-齐墩果酸 苍白秤钩风 Diploclisia glaucescens, 屏边三七 Panax stipuleanatus

3β-O-β-D-xylopyranosyl-(1→3)-[β-D-galactopyranosyl-(1→2)]-β-D-glucuronopyranosyl-gypsogenin-28-O-β-D-glucopyranosyl-(1→3)-[β-D-xylopyranosyl-(1→4)]-α-L-rhamnopyranosyl-(1→2)-β-D-fucopyranoside 3β-O-β-D-吡喃木糖基-(1→3)-[β-D-吡喃半乳糖基-(1→2)]-β-D-吡喃葡萄糖醛酸基石头花苷元▲-28-O-β-D-吡喃葡萄糖基-(1→3)-[β-D-吡喃木糖基-(1→4)]-α-L-吡喃鼠李糖基-(1→2)-β-D-吡喃岩藻糖苷 圆锥石头花 Gypsophila paniculata

3-O-β-D-xylopyranosyl-(1→3)-[β-D-galactopyranosyl-(1→2)]-β-D-glucuronopyranosyl-gypsogenin-28-O-β-D-xylopyranosyl-(1→3)-β-D-xylopyranosyl-(1→4)-[β-D-glucopyranosyl-(1→3)]-α-L-rhamnopyranosyl-(1→2)-β-D-4-O-acetylfucopyranoside 3-O-β-D-吡喃木糖基-(1→3)-[β-D-吡喃半乳糖基-(1→2)]-β-D-吡喃葡萄糖醛酸基石头花苷元▲-28-O-β-D-吡喃木糖基-(1→3)-β-D-吡喃木糖基-(1→4)-[β-D-吡喃葡萄糖基-(1→3)]-α-L-吡喃鼠李糖基-(1→2)-β-D-4-O-乙酰岩吡喃藻糖苷 麦仙翁 Agrostemma githago

3-O-β-D-xylopyranosyl-(1→3)-[β-D-galactopyranosyl-(1→2)]-β-D-glucuronopyranosylgypsogenin-28-O-β-D-xylopyranosyl-(1→4)-[β-D-glucopyranosyl-(1→3)]-α-L-rhamnopyranosyl-(1→2)-β-D-4-O-acetylfucopyranoside 3-O-β-D-吡喃木糖基-(1→3)-[β-D-吡喃半乳糖基-(1→2)]-β-D-吡喃葡萄糖醛酸基石头花苷元▲-28-O-β-D-吡喃木糖基-(1→4)-[β-D-吡喃葡萄糖基-(1→3)]-α-L-吡喃鼠李糖基-(1→2)-β-D-4-O-乙酰岩吡喃藻糖苷 麦仙翁 Agrostemma githago

3-O-β-D-xylopyranosyl-(1→3)-L-3β-O-β-D-xylopyranosyl-(1→3)-α-L-rhamnopyranosyl-pyrocincholic acid-28-O-β-D-glucopyranosyl-(1→6)-β-D-glucopyranosyl ester 3-O-β-D-吡喃木糖基-(1→3)-L-3β-O-β-D-吡喃木糖基-(1→3)-α-L-吡喃鼠李糖基-焦金鸡纳酸-28-O-β-D-

吡喃葡萄糖基-(1→6)-β-D-吡喃葡萄糖基酯 水团花 Adina pilulifera

3-O-β-D-xylopyranosyl-(1→3)-O-α-L-rhamnopyranosyl-(1→2)-O-α-L-arabinopyranosylhederagenin-28-O-β-D-glucopyranosyl-(1→6)-O-(3-O-caffeoyl)-β-D-glucopyranosyl ester 3-O-β-D-吡喃木糖基-(1→3)-O-α-L-吡喃鼠李糖基-(1→2)-O-α-L-吡喃阿拉伯糖基常春藤皂苷元-28-O-β-D-吡喃葡萄糖基-(1→6)-O-(3-O-咖啡酰基)-β-D-吡喃葡萄糖基酯苷 水忍冬 Lonicera dasystyla

3-O-β-D-xylopyranosyl-(1→3)-α-L-rhamnopyranosyl-(1→2)-[β-D-glucopyranosyl-(1→4)]-α-L-arabinopyranosylgypsogenin-28-O-α-L-rhamnopyranosyl-(1→4)-β-D-glucopyranosyl-(1→6)-β-D-glucopyranosyl ester 3-O-β-D-吡喃木糖基-(1→3)-α-L-吡喃鼠李糖基-(1→2)-[β-D-吡喃葡萄糖基-(1→4)]-α-L-吡喃阿拉伯糖基石头花苷元▲-28-O-α-L-吡喃鼠李糖基-(1→4)-β-D-吡喃葡萄糖基-(1→6)-β-D-吡喃葡萄糖基酯苷 小花草玉梅 Anemone rivularis var. flore-minore

3-O-β-D-xylopyranosyl-(1→3)-α-L-rhamnopyranosyl-(1→2)-[β-D-glucopyranosyl-(1→4)]-α-L-arabinopyranosylgypsogenin-28-O-β-D-glucopyranosyl ester 3-O-β-D-吡喃木糖基-(1→3)-α-L-吡喃鼠李糖基-(1→2)-[β-D-吡喃葡萄糖基-(1→4)]-α-L-吡喃阿拉伯糖基石头花苷元▲-28-O-β-D-吡喃葡萄糖基酯苷 小花草玉梅 Anemone rivularis var. flore-minore

3-O-β-D-xylopyranosyl-(1→3)-α-L-rhamnopyranosyl-(1→2)-[β-D-glucopyranosyl-(1→4)]-α-L-arabinopyranosyl-oleanolic acid 3-O-β-D-吡喃木糖基-(1→3)-α-L-吡喃鼠李糖基-(1→2)-[β-D-吡喃葡萄糖基-(1→4)]-α-L-吡喃阿拉伯糖基-齐墩果酸 小花草玉梅 Anemone rivularis var. flore-minore

3-O-β-D-xylopyranosyl-(1→3)-α-L-rhamnopyranosyl-(1→2)-[β-D-glucopyranosyl-(1→4)-β-D-glucopyranosyl-(1→4)]-α-L-arabinopyranosyl-oleanolic acid-28-O-β-D-glucopyranosyl ester 3-O-β-D-吡喃木糖基-(1→3)-α-L-吡喃鼠李糖基-(1→2)-[β-D-吡喃葡萄糖基-(1→4)-β-D-吡喃葡萄糖基-(1→4)]-α-L-吡喃阿拉伯糖基-齐墩果酸-28-O-β-D-吡喃葡萄糖基酯苷 小花草玉梅 Anemone rivularis var. flore-minore

3-O-β-D-xylopyranosyl-(1→3)-α-L-rhamnopyranosyl-(1→2)-α-L-arabinopyranosyl-oleanolic acid-28-O-β-D-glucopyranosyl ester 3-O-β-D-吡喃木糖基-(1→3)-α-L-吡喃鼠李糖基-(1→2)-α-L-吡喃阿拉伯糖基齐墩果酸-28-O-β-D-吡喃葡萄糖基酯苷 败酱 Patrinia scabiosifolia

28-O-β-D-xylopyranosyl-(1→3)-β-D-xylopyranosyl-(1→4)-α-L-rhamnopyranosyl-(1→2)-[α-L-rhamnopyranosyl-(1→3)]-β-D-fucopyranosyl-gypsogenin-3-O-β-D-glucopyranosyl-(1→2)-β-D-glucopyranosiduronic acid 28-O-β-D-吡喃木糖基-(1→3)-β-D-吡喃木糖基-(1→4)-α-L-吡喃鼠李糖基-(1→2)-[α-L-吡喃鼠李糖基-(1→3)]-β-D-吡喃岩藻糖基-石头花苷元▲-3-O-β-D-吡喃葡萄糖糖基-(1→2)-β-D-吡喃葡萄糖醛酸 苦瓜 Momordica charantia

28-O-β-D-xylopyranosyl-(1→4)-α-L-rhamnopyranosyl-(1→2)-[α-L-rhamnopyranosyl-(1→3)]-β-D-fucopyranosyl-gypsogenin-3-O-β-D-glucopyranosyl-(1→2)-β-D-glucopyranosiduronic acid 28-O-β-D-吡喃木糖基-(1→4)-α-L-吡喃鼠李糖基-(1→2)-[α-L-吡喃鼠李糖基-(1→3)]-β-D-吡喃岩藻糖基-石头花苷元▲-3-O-β-D-吡喃葡萄糖糖基-(1→2)-β-D-吡喃葡萄糖醛酸 苦瓜 Momordica charantia

3-O-β-D-xylopyranosyl-(1→6)-β-D-glucopyranosyl-(1→4)-β-D-fucopyranosyl-(22S,24Z)-cycloart-24-en-3β,22,26-triol-26-O-(6-O-acetyl)-β-D-glucopyranoside 3-O-β-D-吡喃木糖基-(1→6)-β-D-吡喃葡萄糖基-(1→4)-β-D-吡喃岩藻糖基-(22S,24Z)-环木菠萝-24-烯-3β,22,26-三醇-26-O-(6-O-乙酰基)-β-D-吡喃葡萄糖苷 华东唐松草 Thalictrum fortunei

3-O-β-D-xylopyranosyl-(1→6)-β-D-glucopyranosyl-(1→6)-β-D-glucopyranosyloleanolic acid-28-O-β-D-glucopyranosyl ester 3-O-β-D-吡喃木糖基-(1→6)-β-D-吡喃葡萄糖基-(1→6)-β-D-吡喃葡萄糖基齐墩果酸-28-O-β-D-吡喃葡萄糖基酯 匙羹藤 Gymnema sylvestre

(2R,4S)-2-O-β-D-xylopyranosyl-(1→6)-β-D-glucopyranosyl-2,4-pentanediol (2R,4S)-2-O-β-D-吡喃木糖基-(1→6)-β-D-吡喃葡萄糖基-2,4-戊烷二醇 葫芦树 Crescentia cujete

3-O-β-D-xylopyranosyl-(6→1)-D-glucopyranosyl-linalool 3-O-β-D-吡喃木糖基-(6→1)-D-葡萄糖基芳樟醇 华北白前 Cynanchum mongolicum

3β-O-β-D-xylopyranosyl-(1→3)-α-L-rhamnopyranosyl-cincholic acid-28-O-β-D-glucopyranosyl ester 3β-O-β-D-吡喃木糖基-(1→3)-α-L-吡喃鼠李糖基-金鸡纳酸-28-O-β-D-吡喃葡萄糖基酯 水团花 Adina pilulifera

3-O-β-D-xylopyranosyl-16α-hydroxygypsogenic acid-28-O-[β-D-glucopyranosyl-(1→3)]-[α-D-galactopyranosyl-(1→6)-α-D-galactopyranosyl-(1→6)-β-D-glucopyranosyl-(1→6)]-β-D-glucopyranoside 3-O-β-D-吡喃木糖基-16α-羟基石头花苷元酸▲-28-O-[β-D-吡喃葡萄糖基-(1→3)]-[α-D-吡喃半乳糖基-(1→6)-α-D-吡喃半乳糖基-(1→6)-β-D-吡喃葡萄糖基-(1→6)]-β-D-吡喃葡萄糖苷 肥皂草 Saponaria officinalis

3-O-β-D-xylopyranosyl-16α-hydroxygypsogenic acid-28-O-[β-D-glucopyranosyl-(1→6)]-β-D-glucopyranoside 3-O-β-D-吡喃木糖基-16α-羟基石头花苷元酸▲-28-O-[β-D-吡喃葡萄糖基-(1→6)]-β-D-吡喃葡萄糖苷 肥皂草 Saponaria officinalis

1-O-β-D-xylopyranosyl-3-O-α-L-rhamnopyranosyl-(25S)-ruscogenin 1-O-β-D-吡喃木糖基-3-O-α-L-吡喃鼠李糖基-(25S)-假叶树皂苷元 禾叶山麦冬 Liriope graminifolia

3-O-β-D-xylopyranosyl-3β-hydroxyurs-12,18(19)-dien-28-oic acid-28-O-β-D-glucopyranosyl ester 3-O-β-D-吡喃木糖基-3β-羟基熊果-12,18(19)-二烯-28-酸-28-O-β-D-吡喃葡萄糖基酯 秤星树 Ilex asprella

7-O-β-D-xylopyranosyl-4'-methoxy-vitexin 7-O-β-D-吡喃木糖基-4'-甲氧基-牡荆素 石蝉草 Peperomia blanda

(7R,8S)-9-O-β-D-xylopyranosyl-9'-O-α-L-rhamnopyranosyl-(1→6)-β-D-glucopyranosyldihydrodehydrodiconiferyl alcohol (7R,8S)-9-O-β-D-吡喃木糖基-9'-O-α-L-吡喃鼠李糖基-(1→6)-β-D-吡喃葡萄糖基二氢去氢二松柏醇 少药八角 Illicium oligandrum

6'-O-β-D-xylopyranosylgentiopicroside 6'-O-β-D-吡喃木糖基龙胆苦苷 粗茎秦艽 Gentiana crassicaulis

3-O-β-D-xylopyranosyl-gypsogenic acid-28-O-[β-D-glucopyranosyl-(1→3)]-[6-O-(3-hydroxy-3-methylglutaryl)-β-D-glucopyranosyl-(1→6)]-β-D-glucopyranoside 3-O-β-D-吡喃木糖基石头花苷元酸▲-28-O-[β-D-吡喃葡萄糖基-(1→3)]-[6-O-(3-羟基-3-甲基戊二酰基)-β-D-吡喃葡萄糖基-(1→6)]-β-D-吡喃葡萄糖苷 肥皂草 Saponaria officinalis

3-O-β-D-xylopyranosylhederagenin-28-O-α-L-rhamnopyranosyl-(1→4)-O-β-D-glucopyranosyl-(1→6)-O-β-D-glucopyranosyl ester 3-O-β-D-吡喃木糖基常春藤苷元-28-O-α-L-吡喃鼠李糖基-(1→4)-O-β-D-吡喃葡萄糖基-(1→6)-O-β-D-吡喃葡萄糖基酯 白花鹅掌柴 Heptapleurum leucanthum

7-O-β-D-xylopyranosyl-1,8-dihydroxy-3-methoxyxanthone 7-O-β-D-吡喃木糖基-1,8-二羟基-3-甲氧基𠮿酮 藏獐牙菜 Swertia racemosa

11-*O*-β-D-xylopyranosylmyricanol 11-*O*-β-D-吡喃木糖基杨梅醇 青杨梅 Myrica adenophora

3-*O*-β-D-xylopyranosyloleanolic acid 3-*O*-β-D-吡喃木糖基齐墩果酸 大火草 Anemone tomentosa

2''-*O*-β-D-xylopyranosylsaikosaponin b_2 2''-*O*-β-D-吡喃木糖基柴胡皂苷 b_2 汶川柴胡 Bupleurum wenchuanense

6'-*O*-β-D-xylopyranosylsalicin 6'-*O*-β-D-吡喃木糖基水杨苷 八角枫 Alangium chinense

3-*O*-β-D-xylopyranosylspathodic acid 3-*O*-β-D-吡喃木糖基火焰树酸 毛果巴豆 Croton lachnocarpus

3-*O*-β-D-xylopyranosylstrophanthidin 3-*O*-β-D-吡喃木糖基羊角拗定▲ 见血封喉 Antiaris toxicaria

2-*O*-β-D-xylopyranosylvitexin 2-*O*-β-D-吡喃木糖基牡荆素 三点金 Desmodium triflorum

3-[(3-*O*-β-D-xylopyranosyl-β-D-galactopyranosyl)oxy]-lup-12-en-28-oic acid 3-[(3-*O*-β-D-吡喃木糖基-β-D-吡喃半乳糖基)氧基]-羽扇豆-12-烯-28-酸 红花 Carthamus tinctorius

3-(3-*O*-β-D-xylopyranosyl-β-D-galactopyranosyloxy)-lup-12-en-28-oic acid-*O*-α-L-rhamnopyranosyl ester 3-(3-*O*-β-D-吡喃木糖基-β-D-吡喃半乳糖氧基)-羽扇豆-12-烯-28-酸-*O*-α-L-鼠李糖基酯苷 红花 Carthamus tinctorius

3-(2''-*O*-β-D-xylopyranosyl-β-D-glucopyranosyloxy)-3',4',5,5',7-pentahydroxyflavone 3-(2''-*O*-β-D-吡喃木糖基-β-D-吡喃葡萄糖氧基-3',4',5,5',7-五羟基黄酮 背扁黄耆 Astragalus complanatus

3'-*O*-β-gentiobiosyl-16α-hydroxycalotropin 3'-*O*-β-龙胆二糖基-16α-羟基牛角瓜素▲ 马利筋 Asclepias curassavica

1-*O*-β-gentiobiosyl-6-*O*-β-D-glucopyranosyl-D-mannitol 1-*O*-β-龙胆二糖基-6-*O*-β-D-吡喃葡萄糖基-D-甘露醇 绳藻 Chorda filum

1-*O*-β-gentiobiosyl-D-mannitol 1-*O*-β-龙胆二糖基-D-甘露醇 绳藻 Chorda filum

26-*O*-β-glucopyranosyl-(25*S*)-5α-furostane-12-one-3β,22α,26-triol-3-*O*-β-glucopyranosyl(1 → 2)-β-galactopyranoside 26-*O*-β-吡喃葡萄糖基-(25*S*)-5α-呋喃甾醇-12-酮-3β,22α,26-三醇-3-*O*-β-吡喃葡萄糖基-(1 → 2)-β-吡喃半乳糖苷 蒺藜 Tribulus terrestris

26-*O*-β-glucopyranosyl-(25*S*)-5α-furostane-12-one-3β,22α,26-triol-3-*O*-β-glucopyranosyl-(1 → 4)-α-rhamnopyranosyl-(1 → 2)-β-galactopyranoside 26-*O*-β-吡喃葡萄糖基-(25*S*)-5α-呋喃甾醇-12-酮-3β,22α,26-三醇-3-*O*-β-吡喃葡萄糖基-(1 → 4)-α-吡喃鼠李糖基-(1 → 2)-β-吡喃半乳糖苷 蒺藜 Tribulus terrestris

1-*O*-β-glucopyranosyl-(2*S*,3*R*,4*E*,8*Z*)-2-*N*-[(2'*R*)-hydroxyoctadecanoyl]-4,8-sphingadienine 1-*O*-β-吡喃葡萄糖基-(2*S*,3*R*,4*E*,8*Z*)-2-*N*-[(2'*R*)-羟基十八酰]-4,8-神经鞘氨二烯醇 黄耆 Astragalus penduliflorus subsp. mongholicus var. dahuricus

1-*O*-β-glucopyranosyl-(2*S*,3*S*,4*R*,8*Z*)-2-*N*-[(2'*R*)-hydroxytetracosanoyl]-4-hydroxy-8-sphingenine 1-*O*-β-吡喃葡萄糖基-(2*S*,3*S*,4*R*,8*Z*)-2-*N*-[(2'*R*)-羟基二十四酰]-4-羟基-8-神经鞘氨二烯醇 黄耆 Astragalus penduliflorus subsp. mongholicus var. dahuricus

(9*S*,10*S*)-3-[7-(5-*O*-β-glucopyranosyl-10-hydroxy-9-hydroxymethyl-2,6-dimethoxy)-9,10-dihydrophenanthrenyl]propenal (9*S*,10*S*)-3-[7-(5-*O*-β-吡喃葡萄糖基-10-羟基-9-羟基甲基-2,6-二甲氧基)-9,10-二氢菲基]丙烯醛 山黄麻 Trema orientalis

28-*O*-β-glucopyranosyl-16α-hydroxy-23-deoxyprotobassic acid 28-*O*-β-吡喃葡萄糖基-16α-羟基-23-去氧原雾冰藜酸▲ 黄毛豆腐柴 Premna fulva

2-(4-*O*-β-glucopyranosyl-3-hydroxybut-1-yn-1-yl)-5-(penta-1,3-diyn-1-yl)thiophene 2-(4-*O*-β-吡喃葡萄糖基-3-羟基正丁炔-1-基)-5-(1,3-戊二炔-1-基)噻吩 阔苞菊 Pluchea indica

4'-*O*-β-glucopyranosyl-3'-hydroxy-nodakenetin 4'-*O*-β-吡喃葡萄糖基-3'-羟基-紫花前胡苷元 岩木瓜 Ficus tsiangii

(*Z*)-2-*O*-β-glucopyranosyl-3-phenylpropenoic acid (*Z*)-2-*O*-β-吡喃葡萄糖基-3-苯丙烯酸 川党参 Codonopsis pilosula subsp. tangshen

28-*O*-β-glucopyranosyl-3β,7β-dihydroxy-lup-20(29)-en-28-oate 28-*O*-β-吡喃葡萄糖基-3β,7β-二羟基羽扇豆-20(29)-烯-28-酯 红蓼 Polygonum orientale

(3*S*)-*O*-β-glucopyranosyl-6-[3-oxo-(2*R*)-butenylidenyl]-1,1,5-trimethylcyclohexane-(5*R*)-ol (3*S*)-*O*-β-吡喃葡萄糖基-6-[3-氧代-(2*R*)-丁烯亚基]-1,1,5-三甲基环己烷-(5*R*)-醇 啤酒花 Humulus lupulus

6'-*O*-β-glucopyranosylalbiflorin 6'-*O*-β-吡喃葡萄糖基白芍苷 滇牡丹 Paeonia delavayi, 芍药 P. lactiflora, 草芍药 P. obovata, 凤丹 P. ostii, 卵叶牡丹 P. qiui, 紫斑牡丹 P. rockii, 牡丹 P. suffruticosa

7-*O*-β-glucopyranosylbombaxone 7-*O*-β-吡喃葡萄糖基木棉酮▲ 木棉 Bombax ceiba

3'-*O*-β-glucopyranosyl-calotropin 3'-*O*-β-吡喃葡萄糖基牛角瓜素▲ 马利筋 Asclepias curassavica

9-*O*-β-glucopyranosylcycloshizukaol A 9-*O*-β-吡喃葡萄糖基环银线草醇 A 丝穗金粟兰 Chloranthus fortunei

6''-*O*-β-glucopyranosylharpagoside 6''-*O*-β-吡喃葡萄糖基钩果草苷 玄参 Scrophularia ningpoensis

4-*O*-β-glucopyranosyl-*p*-coumaric acid 4-*O*-β-吡喃葡萄糖基-对香豆酸 啤酒花 Humulus lupulus

4-*O*-β-glucopyranosyl-*p*-hydroxybenzoic acid 4-*O*-β-吡喃葡萄糖基-对羟基苯甲酸 啤酒花 Humulus lupulus

6'-*O*-β-glucopyranosylsecologanol 6'-*O*-β-吡喃葡萄糖基裂环马钱醇▲ 红花龙胆 Gentiana rhodantha

6'-*O*-β-glucopyranosylsecologanoside 6'-*O*-β-吡喃葡萄糖基裂环马钱诺苷▲ 红花龙胆 Gentiana rhodantha

6'-*O*-β-glucosylaucubin 6'-*O*-β-葡萄糖基桃叶珊瑚苷 车前 Plantago asiatica

tert-*O*-β-glucosylheraclenol 叔-*O*-β-葡萄糖基独活醇 鹤庆独活 Heracleum rapula

3-*O*-β-glucuronyl-oleanolic acid-28-*O*-α-rhamnopyranosyl-(1 → 2)-α-arabinopyranosyl ester 3-*O*-β-吡喃葡萄糖醛酸基-齐墩果酸-28-*O*-α-吡喃鼠李糖基-(1 → 2)-α-吡喃阿拉伯糖基酯苷 耳叶紫菀 Aster auriculatus

2''-*O*-β-L-galactopyranosylorientin 2''-*O*-β-L-吡喃半乳糖基荭草素 短瓣金莲花 Trollius ledebourii

2''-*O*-β-L-galactopyranosylvitexin 2''-*O*-β-L-吡喃半乳糖基牡荆素 短瓣金莲花 Trollius ledebourii

3-*O*-β-L-glucopyranosylhederagenin 3-*O*-β-L-吡喃葡萄糖基常春藤皂苷元 丝瓜 Luffa cylindrica

3-*O*-β-lycotetraoside 3-*O*-β-石蒜四糖 黄精 Polygonatum sibiricum

3-*O*-β-lycotetraosyl-22-methoxy-(25*R*,*S*)-furost-5-en-3β,14α,26-triol-26-*O*-β-D-glucopyranoside 3-*O*-β-石蒜四糖基-22-甲氧基-(25*R*,*S*)-呋甾-5-烯-3β,14α,26-三羟基-26-*O*-β-D-吡喃葡萄糖苷 玉竹 Polygonatum odoratum

3-*O*-β-lycotetraosyl-3β-hydroxy-5α-pregn-16-en-20-one 3-*O*-β-番茄四糖基-3β-羟基-5α-孕甾-16-烯-20-酮 番茄 Lycopersicon esculentum

3-*O*-β-lycotetraosyl-5α-pregna-3β,16β-diol-20-one 3-*O*-β-番茄四糖基-5α-孕甾-3β,16β-二醇-20-酮 番茄 Lycopersicon esculentum

O

3-*O*-*β*-ribopyranosyl-(1 → 3)-*α*-rhamnopyranosyl-(1 → 2)-*α*-arabinopyranosyl-hederagenin-28-*O*-*α*-L-rhamnopyranosyl-(1 → 4)-*β*-D-glucopyranosyl-(1 → 6)-*β*-D-glucopyranoside 3-*O*-*β*- 吡喃核糖基 -(1 → 3)-*α*- 吡喃鼠李糖基 -(1 → 2)-*α*- 吡喃阿拉伯糖基常春藤皂苷元 -28-*O*-*α*-L- 吡喃鼠李糖基 -(1 → 4)-*β*-D- 吡喃葡萄糖基 -(1 → 6)-*β*-D- 吡喃葡萄糖苷 绣球藤 Clematis monta var. montana

3-{[2-*O*-*β*-xylopyranosyl-3-*O*-*β*-glucopyranosyl]-*β*-glucopyranosyl-(1 → 4)-*β*-glucopyranosyl-(1 → 4)-*β*-galactopyranosyl}oxy-(25*R*)-spirost-5-en-3-*β*-ol-12-one 3-{[2-*O*-*β*- 吡喃木糖基 -3-*O*-*β*- 吡喃葡萄糖基]-*β*- 吡喃葡萄糖基 -(1 → 4)-*β*- 吡喃葡萄糖基 -(1 → 4)-*β*- 吡喃半乳糖基 } 氧基 -(25*R*)- 螺甾 -5- 烯 -3-*β*- 醇 -12- 酮 舞鹤草 Maianthemum bifolium

5-*O*-*β*-xylopyranosylgentisic acid 5-*O*-*β*- 吡喃木糖基龙胆酸 啤酒花 Humulus lupulus

6-*O*-*β*-xyloxylaucubin 6-*O*-*β*- 木糖基桃叶珊瑚苷 毛蕊花 Verbascum thapsum

1-*O*-*p*-ethoxy-cinnamoyl-D-glucopyranose 1-*O*- 对乙氧桂皮酰基 -D- 吡喃葡萄糖 伏毛直序乌头 Aconitum richardsonianum var. pseudosessiliflorum

P

pabularinone 牧草栓翅芹酮 拐芹 Angelica polymorpha, 心叶棱子芹 Pleurospermum rivulorum

pabulenol 牧草栓翅芹烯醇▲ 阿坝当归 Angelica apaensis, 白芷 A. dahurica, 杭白芷 A. dahurica 'Hangbaizhi', 祁白芷 A. dahurica 'Qibaizhi', 拐芹 A. polymorpha, 柠檬 Citrus limon, 羌活 Notopterygium incisum

pabulenone 栓翅芹烯酮▲ 美国凌霄 Campsis radicans

pacharin 总状花羊蹄甲素▲ 羊蹄甲 Bauhinia purpurea, 总状花羊蹄甲 B. racemosa, 紫荆 Cercis chinensis

pachyaximine A 板凳果胺▲A 板凳果 Pachysandra axillaris, 野扇花 Sarcococca ruscifolia, 海南野扇花 S. vagans

pachyaximine B 板凳果胺▲B 板凳果 Pachysandra axillaris, 野扇花 Sarcococca ruscifolia

pachyaxioside A, B 板凳果苷▲A, B 板凳果 Pachysandra axillaris

pachybasin 厚基孢素▲ 卵果大黄 Rheum moorcroftianum, 柚木 Tectona grandis

pachycarin A~E 厚果崖豆藤素▲A~E 厚果崖豆藤 Millettia pachycarpa

pachycarpine 厚果槐碱 无叶假木贼 Anabasis aphylla, 披针叶野决明 Thermopsis lanceolata, 野决明 T. lupinoides

pachylobin 海南崖豆藤素▲ 海南崖豆藤 Millettia pachyloba

pachymic acid 茯苓酸 红缘拟层孔菌 Fomitopsis pinicola, 牛筋果 Harrisonia perforata, 猪苓 Polyporus umbellatus, 茯苓 Wolfiporia extensa

pachypodol 厚足花酚▲ 海榄雌 Avicennia marina, 短柄五加 Eleutherococcus brachypus, 三桠苦 Euodia lepta, 金刚纂 Euphorbia neriifolia, 萼翅藤 Getonia floribunda, 细花线纹香茶菜 Isodon lophanthoides var. graciliflorus, 龙珠果 Passiflora foetida, 广藿香 Pogostemon cablin, 槲寄生 Viscum coloratum, 长序荆 Vitex peduncularis

pachyrrhizin 豆薯素▲ 豆薯 Pachyrhizus erosus

pachyrrhizone 豆薯酮 豆薯 Pachyrhizus erosus

pachysamine 粉蕊黄杨胺 黄精叶钩吻 Croomia japonica

pachysamine A 粉蕊黄杨胺 A 板凳果 Pachysandra axillaris, 顶花板凳果 P. terminalis, 野扇花 Sarcococca ruscifolia, 海南野扇花 S. vagans

pachysamine B 粉蕊黄杨胺 B 板凳果 Pachysandra axillaris, 顶花板凳果 P. terminalis

pachysamine G 粉蕊黄杨胺 G 板凳果 Pachysandra axillaris, 羽脉野扇花 Sarcococca hookeriana, 野扇花 S. ruscifolia

pachysamine H 粉蕊黄杨胺 H 板凳果 Pachysandra axillaris, 羽脉野扇花 Sarcococca hookeriana, 野扇花 S. ruscifolia

pachysamine I~L, N~R 粉蕊黄杨胺 I~L, N~R 板凳果 Pachysandra axillaris

pachysamine M 粉蕊黄杨胺 M 板凳果 Pachysandra axillaris, 双蕊野扇花 Sarcococca hookeriana var. digyna

pachysan-16-ene-3*β*,28-diol 板凳果 -16- 烯 -3*β*,28- 二醇 顶花板凳果 Pachysandra terminalis

pachysana-16,21-diene-3*β*,28-diol 板凳果 -16,21- 二烯 -3*β*,28- 二醇 顶花板凳果 Pachysandra terminalis

pachysandienol A, B 粉蕊黄杨二烯醇 A, B 顶花板凳果 Pachysandra terminalis

pachysandiol 粉蕊黄杨二醇 黄槿 Hibiscus tiliaceus, 镰叶西番莲 Passiflora wilsonii

pachysandiol A 粉蕊黄杨二醇 A 蜜环菌 Armillaria mellea, 粗糠柴 Mallotus philippensis, 顶花板凳果 Pachysandra terminalis

pachysandiol B 粉蕊黄杨二醇 B 顶花板凳果 Pachysandra terminalis

pachysandrine A 粉蕊黄杨碱 A 顶花板凳果 Pachysandra terminalis, 海南野扇花 Sarcococca vagans

pachysandrine B, C, D 粉蕊黄杨碱 B, C, D 顶花板凳果 Pachysandra terminalis

pachysanone 板凳果甾酮 板凳果 Pachysandra axillaris

pachysanonin 板凳果宁 板凳果 Pachysandra axillaris

pachysantermine A 粉蕊黄杨特明 A 顶花板凳果 Pachysandra terminalis

pachysantriol 粉蕊黄杨三醇 顶花板凳果 Pachysandra terminalis

pachysapogenin A, B 豆薯皂苷元▲A, B 豆薯 Pachyrhizus erosus

pachysaponin A, B 豆薯皂苷▲A, B 豆薯 Pachyrhizus erosus

pachysiphine 厚管狗牙花碱▲ 尖山橙 Melodinus fusiformis, 狗牙花 Tabernaemontana divaricata

pachysonol 粉蕊黄杨酮醇 变叶美登木 Maytenus diversifolia, 顶花板凳果 Pachysandra terminalis

pachystermine A, B, E 粉蕊黄杨明碱 A, B, E 顶花板凳果 Pachysandra terminalis

pacidine 太平洋高翠雀定▲ 甘青乌头 Aconitum tanguticum

(-)-pacifigorgiol (-)- 太平洋柳珊瑚醇▲ 缬草 Valeriana officinalis

pacifigorgiol 太平洋柳珊瑚醇▲ 齐藤凹顶藻 Laurencia saitoi

padiaxanthone 金丝梅新呫酮▲ 柘藤 Cudrania fruticosa, 金丝梅 Hypericum patulum, 元宝草 H. sampsonii

P

P

paeonovicinoside 芍药巢菜糖苷▲ 窄叶芍药 Paeonia anomala, 块根芍药 P. intermedia
paesuffrioside 牡丹吡咯苷▲ 牡丹 Paeonia suffruticosa
paglucinol 金丝梅酚▲ 尖萼金丝桃 Hypericum acmosepalum, 金丝梅 H. patulum
(+)-pakistanamine (+)- 巴基斯坦小檗胺▲ 西伯利亚小檗 Berberis sibirica
pakistanamine 巴基斯坦小檗胺▲ 豪猪刺 Berberis julianae
pakistanine 巴基斯坦小檗碱▲ 西伯利亚小檗 Berberis sibirica
palatiferin A, B 山壳骨素▲A, B 山壳骨 Pseuderanthemum latifolium
palbinone 芍药二酮 滇牡丹 Paeonia delavayi, 芍药 P. lactiflora, 紫斑牡丹 P. rockii, 牡丹 P. suffruticosa
palcernine A 垂穗石松瑟宁▲A 垂穗石松 Palhinhaea cernua
palhicerine A~F 垂穗石松灵碱▲A~F 垂穗石松 Palhinhaea cernua
palhinine A 垂穗石松宁碱▲A 石松 Lycopodium japonicum, 垂穗石松 Palhinhaea cernua
palhinine B 垂穗石松宁碱▲B 石松 Lycopodium japonicum, 垂穗石松 Palhinhaea cernua
palhinine C 垂穗石松宁碱▲C 垂穗石松 Palhinhaea cernua
palisadin A, B 栅状凹顶藻素▲A, B 齐藤凹顶藻 Laurencia saitoi
pallidiflorin 刺果甘草素 千斤拔 Flemingia philippinensis, 印度崖豆 Millettia pulchra
(-)-pallidine (-)- 深山黄堇碱 石生黄堇 Corydalis saxicola
pallidine 深山黄堇碱 土元胡 Corydalis humosa, 黄堇 C. pallida, 乌药 Lindera aggregata, 山胡椒 L. glauca, 大叶唐松草 Thalictrum faberi
pallidol 苍白粉藤酚 光叶蛇葡萄 Ampelopsis glandulosa var. hancei, 锦鸡儿 Caragana sinica, 狭叶锦鸡儿 C. stenophylla, 乌蔹莓 Cayratia japonica, 绿叶地锦 Parthenocissus laetevirens, 五叶地锦 P. quinquefolia, 地锦 P. tricuspidata, 山葡萄 Vitis amurensis, 葡萄 V. vinifera, 网脉葡萄 V. wilsoniae
palmarumycin BG_1 掌状盾壳霉素▲BG_1 大果榕 Ficus auriculata
palmarumycin BG_3, C_{11}, SA_1, SA_2, SA_3 掌状盾壳霉素▲BG_3, C_{11}, SA_1, SA_2, SA_3 牛眼马钱 Strychnos angustiflora
palmatine 巴马汀 较常见成分，至少分布于 30 种以上植物中，见于番荔枝科、防己科、毛茛科、小檗科、罂粟科、芸香科、棕榈科等
palmatine chloroform 氯仿巴马汀 延胡索 Corydalis yanhusuo
palmatine *p*-hydroxybenzoate 巴马汀对羟基苯甲酸酯 臭檀吴萸 Euodia daniellii
palmatoside A, B, C 扇蕨苷▲A, B, C 扇蕨 Neocheiropteris palmatopedata
palmatoside C 非洲防己苷 C 青牛胆 Tinospora sagittata, 云南青牛胆 T. sagittata var. yunnanensis
palmatoside E 非洲防己苷 E 短柄五加 Eleutherococcus brachypus
palmatrubine 巴马汀红碱 天仙藤 Fibraurea recisa, 西藏地不容 Stephania glabra
palmidin A, B, C 掌叶大黄定▲A, B, C 掌叶大黄 Rheum palmatum
8-palmitadienoyl-benzoylmesaconine 8- 棕榈二烯酰基 - 苯甲酰中乌头胺 乌头 Aconitum carmichaelii
palmitamide 棕榈酰胺 香肉果 Casimiroa edulis, 云南松 Pinus yunnanensis
palmitate-1-monoglyceride 棕榈酸 -1- 甘油单酯 刺茶美登木 Maytenus variabilis
3*β*-palmitate-28-hydroxy-*α*-amyrin 3*β*- 棕榈酸酯 -28- 羟基 -*α*- 香树脂醇 高山龙胆 Gentiana algida, 线叶龙胆 G. farreri
3*β*-palmitate-28-hydroxy-*β*-amyrin 3*β*- 棕榈酸酯 -28- 羟基 -*β*- 香树脂醇 高山龙胆 Gentiana algida, 线叶龙胆 G. farreri
9-palmitelaidic acid 9- 棕榈油酸 挥发油成分，未统计基源
palmitic acid 棕榈酸 挥发油成分，未统计基源
palmitic acid ethyl ester 棕榈酸乙酯 挥发油成分，未统计基源
palmitic acid methyl ester 棕榈酸甲酯 挥发油成分，未统计基源
palmitic acid *α*-monoglyceride 棕榈酸 *α*- 单甘油酯 羊蹄甲 Bauhinia purpurea
palmitic acid-2,3-dihydroxypropanenyl ester 棕榈酸 -2,3- 二羟基丙烯酸酯 大果大戟 Euphorbia wallichii
palmitic aldehyde 棕榈醛 挥发油成分，未统计基源
palmitic monoglycerol ester 棕榈酸单甘油酯 峨眉海桐 Pittosporum omeiense
(-)-*α*-palmitin (-)-*α*- 棕榈酸甘油酯 野核桃 Juglans cathayensis
palmitodilinolin 棕榈酰二亚油精 刺天茄 Solanum violaceum
palmitodiolein 棕榈酰二油酰甘油酯 刺天茄 Solanum violaceum
palmitoleic acid 棕榈油酸 挥发油成分，未统计基源
8-palmitoleoyl-benzoylaconine 8- 棕榈油酰基 - 苯甲酰乌头原碱 乌头 Aconitum carmichaelii
8-palmitoleoyl-benzoylhypaconine 8- 棕榈油酰基 - 苯甲酰次乌头胺 乌头 Aconitum carmichaelii
8-palmitoleoyl-benzoylmesaconine 8- 棕榈油酰基 - 苯甲酰中乌头胺 乌头 Aconitum carmichaelii
α-palmitoleoylglycerol *α*- 棕榈油酰甘油 柠条锦鸡儿 Caragana korshinskii
1-palmitoleylglycerol 1- 棕榈油酰甘油 华蟹甲 Sinacalia tangutica
palmitone 棕榈酮 寻骨风 Aristolochia mollissima, 管花马兜铃 A. tubiflora, 银杏 Ginkgo biloba, 西南猫尾木 Markhamia stipulata, 红茄苳 Rhizophora mucronata
palmitooleolinolin 棕榈酰油酰亚油精 刺天茄 Solanum violaceum
palmitoylarucadiol 棕榈酰银白鼠尾草二醇 丹参 Salvia miltiorrhiza
3*β*-palmitoyl-11-carboyl-urs-12-ene 3*β*- 棕榈酰基 -11- 羰基 - 熊果 -12- 烯 扣树 Ilex kaushue
1-palmitoyl-2-linoleoylphosphatidylcholine 1- 棕榈酰基 -2- 亚麻酰磷脂酰胆碱 石蒜 Lycoris radiata
2-palmitoylglycerol 2- 棕榈酰甘油 红血藤 Spatholobus sinensis

(3*S*,10*S*)-panaxydiol (3*S*,10*S*)- 人参炔二醇 珠子参 Panax japonicus var. major
panaxydol 人参环氧炔醇 人参 Panax ginseng, 三七 P. notoginseng, 西洋参 P. quinquefolius
panaxydol chlorohydrin 人参环氧炔醇氯代醇 人参 Panax ginseng
panaxydol linoleate 人参环氧炔醇亚油酸酯 人参 Panax ginseng
panaxyne 人参炔 人参 Panax ginseng
panaxyne B~K 人参炔 B~K 人参 Panax ginseng
panaxyne epoxide 人参炔环氧化物 人参 Panax ginseng
(-)-panaxynol (-)- 人参炔醇 洋常春藤 Hedera helix
panaxynol 人参炔醇 珊瑚菜 Glehnia littoralis, 天胡荽 Hydrocotyle sibthorpioides, 宽萼岩风 Libanotis laticalycina, 隔山香 Ostericum citriodorum, 人参 Panax ginseng, 三七 P. notoginseng, 西洋参 P. quinquefolius, 台湾前胡 Peucedanum formosanum, 防风 Saposhnikovia divaricata, 松叶西风芹 Seseli yunnanense, 迷果芹 Sphallerocarpus gracilis
panaxynol linoleate 人参炔醇亚油酸酯 人参 Panax ginseng
panaxynone 人参炔酮 洋常春藤 Hedera helix
(3*R*,9*R*,10*R*)-panaxytriol (3*R*,9*R*,10*R*)- 人参炔三醇 屏边三七 Panax stipuleanatus
(3*S*,9*R*,10*R*)-panaxytriol (3*S*,9*R*,10*R*)- 人参炔三醇 珠子参 Panax japonicus var. major
panaxytriol 人参炔三醇 肉苁蓉 Cistanche deserticola, 人参 Panax ginseng, 三七 P. notoginseng, 西洋参 P. quinquefolius
pancixanthone A 少花红厚壳呫吨酮▲A 红厚壳 Calophyllum inophyllum
pancoridine 帕米尔黄堇定碱▲ 直茎黄堇 Corydalis stricta
pancorine 帕米尔黄堇碱▲ 土元胡 Corydalis humosa, 飞龙掌血 Toddalia asiatica
pancracine 滨海全能花星碱 花朱顶红 Hippeastrum vittatum, 长筒石蒜 Lycoris longituba
pancratistatin 水鬼蕉碱 花朱顶红 Hippeastrum vittatum, 水鬼蕉 Hymenocallis littoralis, 葱莲 Zephyranthes candida, 韭莲 Z. grandiflora
pandine 狗牙花定碱▲ 平脉狗牙花 Tabernaemontana pandacaqui
pangelin 潘当归素 白芷 Angelica dahurica, 芸香 Ruta graveolens
panial 千里香醛▲ 千里香 Murraya paniculata
paniculacin 千里香辛素▲ 千里香 Murraya paniculata
panicualal 千里香库醛▲ 葡萄柚 Citrus paradisi, 九里香 Murraya exotica, 千里香 M. paniculata
paniculata saponin C 栾树皂宁 C 栾树 Koelreuteria paniculata
paniculatadiol 灯油藤二醇▲ 灯油藤 Celastrus paniculatus, 紫檀 Pterocarpus indicus
paniculatic anhydride 栾树酸酐 栾树 Koelreuteria paniculata
paniculatin 千里香亭素▲ 千里香 Murraya paniculata
paniculatine A~L 灯油藤碱 A~L 灯油藤 Celastrus paniculatus
paniculatine A 灯油藤碱 A 皱叶南蛇藤 Celastrus rugosus
paniculatonoid A, B 栾树黄酮 A, B 栾树 Koelreuteria paniculata
paniculatumoside A, B 徐长卿苷▲A, B 徐长卿 Cynanchum paniculatum
paniculidine A, B, C 千里香利定碱▲A, B, C 千里香 Murraya paniculata
paniculin 千里香林素▲ 千里香 Murraya paniculata
paniculogenin 锥花茄苷元▲ 水茄 Solanum torvum
paniculoid 栾树萜▲ 栾树 Koelreuteria paniculata
paniculol 千里香碱醇▲ 千里香 Murraya paniculata
paniculonol isovalerate 千里香酮醇▲异缬草酸酯 九里香 Murraya exotica, 千里香 M. paniculata
paniculoside II 锥花甜叶菊苷▲II 下田菊 Adenostemma lavenia
paniculoside III 锥花甜叶菊苷▲III 下田菊 Adenostemma lavenia, 刺齿半边旗 Pteris dispar
paniculoside IV 锥花甜叶菊苷▲IV 圆滑番荔枝 Annona glabra
panicutine 圆锥乌头亭▲ 黄草乌 Aconitum vilmorinianum
panoside 白楸苷▲ 野梧桐 Mallotus japonicus, 白楸 M. paniculatus
pantothenic acid 泛酸 扇形拟伊藻 Ahnfeltiopsis flabelliformis, 角叉菜 Chondrus ocellatus, 石花菜 Gelidium amansii, 海萝 Gloiopeltis furcata, 扁江蓠 Gracilaria textorii, 冻沙菜 Hypnea japonica
papain 木瓜蛋白酶 番木瓜 Carica papaya
papaverine 罂粟碱 罂粟 Papaver somniferum
papaverrubine D, E 罂粟红碱 D, E 尼泊尔绿绒蒿 Meconopsis napaulensis
(+)-papilamine (+)- 乳突黄杨胺▲ 锦熟黄杨 Buxus sempervirens
paprazine 印度烟堇碱▲ 鹰爪花 Artabotrys hexapetalus, 大麻 Cannabis sativa, 山胡椒 Lindera glauca, 金钟藤 Merremia boisiana, 山猪菜 M. umbellata subsp. orientalis, 黄花胡椒 Piper flaviflorum, 胡椒 P. nigrum, 假蒟 P. sarmentosum, 红蓼 Polygonum orientale, 青檀 Pteroceltis tatarinowii, 波叶青牛胆 Tinospora crispa, 狭叶山黄麻 Trema angustifolia, 蚬壳花椒 Zanthoxylum dissitum
papyriferic acid 纸桦酸▲ 黑桦 Betula dahurica, 白桦 B. platyphylla
papyriflavonol A 构皮黄酮醇▲A 构树 Broussonetia papyrifera
papyriogenin A~J 通脱木皂苷元 A~J 通脱木 Tetrapanax papyrifer
papyrioside IIb, IId, L-IIa, L-IIc, LA, LB, LC, LD, LE, LF, LG, LH 通脱木皂苷 IIb, IId, L-IIa, L-IIc, LA, LB, LC, LD, LE, LF, LG, LH 通脱木 Tetrapanax papyrifer

paraaspidin 副绵马素 欧洲鳞毛蕨 Dryopteris filix-mas
parabaroside A, B, C 杜仲藤苷 ▲A, B, C 毛杜仲藤 Urceola huaitingii
(7'*S*)-parabenzlactone (7'*S*)- 假山胡椒内酯 ▲ 冷饭藤 Kadsura oblongifolia
paradrymonoside 近树苣苔苷 ▲ 显苞芒毛苣苔 Aeschynanthus bracteatus
parakmerin A 云南拟单性木兰素 A 通城虎 Aristolochia fordiana
parameritannin A_1 长节珠鞣质 ▲A_1 肉桂 Cinnamomum cassia, 长节珠 Parameria laevigata, 酸模 Rumex acetosa
parameritannin A_2, A_3 长节珠鞣质 ▲A_2, A_3 长节珠 Parameria laevigata
paramicholide 合果含笑内酯 ▲ 合果木 Michelia baillonii
paramiltioic acid 皖鄂丹参酸 ▲ 皖鄂丹参 Salvia paramiltiorrhiza
paraquilgin 假耧斗菜素 乳突拟耧斗菜 Paraquilegia anemonoides
paraquinin A, B, C 假耧斗菜宁 ▲A, B, C 拟耧斗菜 Paraquilegia microphylla
paraquinoside A, B 假耧斗菜苷 ▲A, B 拟耧斗菜 Paraquilegia microphylla
parasiticin A, B, C 华南毛蕨辛 ▲A, B, C 华南毛蕨 Cyclosorus parasiticus
parasorboside 花楸酸苷 和尚菜 Adenocaulon himalaicum, 紫萁 Osmunda japonica
paraxanthine 副黄嘌呤 小粒咖啡 Coffea arabica
parguerol 帕尔古拉海兔醇 ▲ 齐藤凹顶藻 Laurencia saitoi
parguerol-16,19-diacetate 帕尔古拉海兔醇 ▲-16,19- 乙酸酯 齐藤凹顶藻 Laurencia saitoi
parguerol-16-acetate 帕尔古拉海兔醇 ▲-16- 乙酸酯 齐藤凹顶藻 Laurencia saitoi
parguerol-7,16,19-triacetate 帕尔古拉海兔醇 ▲-7,16,19- 乙酸酯 齐藤凹顶藻 Laurencia saitoi
parguerol-7,16-diacetate 帕尔古拉海兔醇 ▲-7,16- 乙酸酯 齐藤凹顶藻 Laurencia saitoi
paridiformoside A, B 重楼排草苷 A, B 落地梅 Lysimachia paridiformis
parietin 墙黄衣素 ▲ 红芽木 Cratoxylum formosum subsp. pruniflorum, 皱黄卷岛衣 Flavocetraria cucullata, 翼核果 Ventilago leiocarpa
parinaric acid 帕里纳里木酸 ▲ 凤仙花 Impatiens balsamina
pariphyllin A, B 七叶一枝花素 A, B 七叶一枝花 Paris polyphylla
paris saponin I 重楼皂苷 I 巴山重楼 Paris bashanensis, 凌云重楼 P. cronquistii, 竹根七 P. dunniana, 球药隔重楼 P. fargesii, 毛重楼 P. mairei, 华重楼 P. polyphylla var. chinensis, 长药隔重楼 P. polyphylla var. pseudothibetica, 狭叶重楼 P. polyphylla var. stenophylla, 宽瓣重楼 P. polyphylla var. yunnanensis, 黑籽重楼 P. thibetica, 北重楼 P. verticillata
paris saponin II 重楼皂苷 II 葱 Allium fistulosum, 巴山重楼 Paris bashanensis, 凌云重楼 P. cronquistii, 竹根七 P. dunniana, 球药隔重楼 P. fargesii, 毛重楼 P. mairei, 七叶一枝花 P. polyphylla, 华重楼 P. polyphylla var. chinensis, 长药隔重楼 P. polyphylla var. pseudothibetica, 狭叶重楼 P. polyphylla var. stenophylla, 宽瓣重楼 P. polyphylla var. yunnanensis, 黑籽重楼 P. thibetica, 棕榈 Trachycarpus fortunei, 丫蕊花 Ypsilandra thibetica
paris saponin V 重楼皂苷 V 巴山重楼 Paris bashanensis, 凌云重楼 P. cronquistii, 竹根七 P. dunniana, 球药隔重楼 P. fargesii, 毛重楼 P. mairei, 七叶一枝花 P. polyphylla, 华重楼 P. polyphylla var. chinensis, 长药隔重楼 P. polyphylla var. pseudothibetica, 狭叶重楼 P. polyphylla var. stenophylla, 宽瓣重楼 P. polyphylla var. yunnanensis, 黑籽重楼 P. thibetica, 丫蕊花 Ypsilandra thibetica
paris saponin VI 重楼皂苷 VI 巴山重楼 Paris bashanensis, 凌云重楼 P. cronquistii, 竹根七 P. dunniana, 球药隔重楼 P. fargesii, 毛重楼 P. mairei, 七叶一枝花 P. polyphylla, 华重楼 P. polyphylla var. chinensis, 长药隔重楼 P. polyphylla var. pseudothibetica, 狭叶重楼 P. polyphylla var. stenophylla, 宽瓣重楼 P. polyphylla var. yunnanensis, 黑籽重楼 P. thibetica, 吉林延龄草 Trillium kamtschaticum
paris saponin VII 重楼皂苷 VII 巴山重楼 Paris bashanensis, 凌云重楼 P. cronquistii, 竹根七 P. dunniana, 球药隔重楼 P. fargesii, 禄劝花叶重楼 P. luquanensis, 毛重楼 P. mairei, 七叶一枝花 P. polyphylla, 华重楼 P. polyphylla var. chinensis, 长药隔重楼 P. polyphylla var. pseudothibetica, 狭叶重楼 P. polyphylla var. stenophylla, 宽瓣重楼 P. polyphylla var. yunnanensis, 四叶重楼 P. quadrifolia, 黑籽重楼 P. thibetica, 北重楼 P. verticillata, 吉林延龄草 Trillium kamtschaticum, 丫蕊花 Ypsilandra thibetica
paris saponin H 重楼皂苷 H 巴山重楼 Paris bashanensis
parisaponin I 滇重楼皂苷 ▲I 火葱 Allium cepa var. aggregatum, 毛重楼 Paris mairei, 宽瓣重楼 P. polyphylla var. yunnanensis
parisaponin Pb 滇重楼皂苷 ▲Pb 湖北黄精 Polygonatum zanlanscianense
parishin A~E 帕氏万代兰素 A~E 天麻 Gastrodia elata
parispolyside A, F, G 七叶一枝花皂苷 A, F, G 宽瓣重楼 Paris polyphylla var. yunnanensis
parispolyside E 七叶一枝花皂苷 E 华重楼 Paris polyphylla var. chinensis, 长药隔重楼 P. polyphylla var. pseudothibetica
parispseudoside A 长药隔重楼苷 ▲A 长药隔重楼 Paris polyphylla var. pseudothibetica, 丫蕊花 Ypsilandra thibetica
parispseudoside B 长药隔重楼苷 ▲B 长药隔重楼 Paris polyphylla var. pseudothibetica
parispseudoside C 长药隔重楼苷 ▲C 长药隔重楼 Paris polyphylla var. pseudothibetica, 丫蕊花 Ypsilandra thibetica
paristerone 重楼甾酮 苍白秤钩风 Diploclisia glaucescens, 粗茎秦艽 Gentiana crassicaulis, 七叶一枝花 Paris polyphylla
paristerone-20,22-monoacetonide 重楼甾酮 -20,22- 单丙酮化物 苍白秤钩风 Diploclisia glaucescens
(3*β*,25*R*)-parisyunnanoside F (3*β*,25*R*)- 滇重楼甾苷 F 七叶一枝花 Paris polyphylla
parisyunnanoside F 滇重楼甾苷 F 长药隔重楼 Paris polyphylla var. pseudothibetica
parkeol 牛油果烯醇 ▲ 欧洲七叶树 Aesculus hippocastanum, 南五味子 Kadsura longipedunculata, 紫参 Rubia yunnanensis
parkinsonin A, B 扁轴木素 A, B 扁轴木 Parkinsonia aculeata
parkintin 扁轴木亭 ▲ 扁轴木 Parkinsonia aculeata
parsonsianidine 同心结尼定 ▲ 海南同心结 Parsonsia alboflavescens
parsonsianidine-*N*-oxide 同心结尼定 ▲-*N*- 氧化物 海南同心结 Parsonsia alboflavescens

P

parsonsianine 同心结宁碱▲ 海南同心结 Parsonsia alboflavescens
parsonsianine-*N*-oxide 同心结宁碱▲-*N*- 氧化物 海南同心结 Parsonsia alboflavescens
parsonsine 同心结辛碱▲ 海南同心结 Parsonsia alboflavescens
parthenin 银胶菊素 鱼眼草 Dichrocephala integrifolia, 银胶菊 Parthenium hysterophorus
parthenin-8*β*-isopentanoate 银胶菊素 -8*β*- 异戊醇酯 银胶菊 Parthenium hysterophorus
parthenin-8*β*-isopentenoate 银胶菊素 -8*β*- 异戊烯醇酯 银胶菊 Parthenium hysterophorus
partheniol 银胶菊醇 挥发油成分，未统计基源
parthenocissin A 地锦素▲A 酸蔹藤 Ampelocissus artemisiifolia, 绿叶地锦 Parthenocissus laetevirens, 五叶地锦 P. quinquefolia
parthenocissin B 地锦素▲B 绿叶地锦 Parthenocissus laetevirens, 五叶地锦 P. quinquefolia
parthenocissin M, N 地锦素▲M, N 五叶地锦 Parthenocissus quinquefolia
(-)-parthenolide (-)- 小白菊内酯 合果木 Michelia baillonii, 台湾含笑 M. compressa
parthenolide 小白菊内酯 长叶天名精 Carpesium longifolium, 山玉兰 Lirianthe delavayi, 荷花木兰 Magnolia grandiflora, 香子含笑 Michelia gioi, 观光木 M. odora, 云南含笑 M. yunnanensis, 银胶菊 Parthenium hysterophorus, 短舌匹菊 Pyrethrum parthenium, 菊蒿 Tanacetum vulgare, 望春玉兰 Yulania biondii, 玉兰 Y. denudata
parthenosin 地锦辛▲ 地锦 Parthenocissus tricuspidata
parthenostilbenin A 地锦芪素▲A 绿叶地锦 Parthenocissus laetevirens, 地锦 P. tricuspidata
parthenostilbenin B 地锦芪素▲B 地锦 Parthenocissus tricuspidata
parvifloroside A 小花水苏苷 A 直立黄钟花 Tecoma stans
parvifloroside B 小花水苏苷 B 绵毛鹿茸草 Monochasma savatieri
parvifloside 小花盾叶薯蓣苷 小花盾叶薯蓣 Dioscorea sinoparviflora
parvifolin 小叶香茶菜素 小叶香茶菜 Isodon parvifolius
parvifolin A, AB, B, C, D, F, H~R, T~Z 小叶香茶菜素 A, AB, B, C, D, F, H~R, T~Z 小叶香茶菜 Isodon parvifolius
parvifolin AA 小叶香茶菜素 AA 小叶香茶菜 Isodon parvifolius, 冬凌草 I. rubescens
parvifolin E 小叶香茶菜素 E 歧伞香茶菜 Isodon macrophyllus, 小叶香茶菜 I. parvifolius
parvifolin G 小叶香茶菜素 G 毛叶香茶菜 Isodon japonicus, 显脉香茶菜 I. nervosus, 小叶香茶菜 I. parvifolius, 溪黄草 I. serra
parvifolin S 小叶香茶菜素 S 小叶香茶菜 Isodon parvifolius, 冬凌草 I. rubescens
parvifolinoic acid 小叶香茶菜酸▲ 小叶香茶菜 Isodon parvifolius
parvifoliol F 小花藤黄酚▲F 云树 Garcinia cowa, 岭南山竹子 G. oblongifolia, 金丝李 G. paucinervis
parvifoliside 小叶香茶菜苷 小叶香茶菜 Isodon parvifolius
parvifoliumol I 小叶杜鹃醇 I 高山杜鹃花 Rhododendron lapponicum
parvifolixanthone A 小花藤黄㕮酮▲A 金丝李 Garcinia paucinervis
parvifolixanthone B 小花藤黄㕮酮▲B 岭南山竹子 Garcinia oblongifolia
parvifolixanthone C 小花藤黄㕮酮▲C 莽吉柿 Garcinia mangostana
parvifolol A~D 小叶买麻藤酚 A~D 小叶买麻藤 Gnetum parvifolium
parvigemone 小芽新木姜子酮▲ 乌药 Lindera aggregata
parvilobaside A 裂叶铁线莲苷▲A 裂叶铁线莲 Clematis parviloba
parvineostemonine 细花新百部碱 细花百部 Stemona parviflora
parvisoflavanone 小花杂花豆异黄烷酮▲ 美花狸尾豆 Uraria picta
parvisoflavone B 小花杂花豆异黄酮▲B 九丁榕 Ficus nervosa
parvistemin A~D 细花百部素▲A~D 细花百部 Stemona parviflora
parvistemoamide 细花百部酰胺 细花百部 Stemona parviflora
parvistemoline 细花百部次碱 细花百部 Stemona parviflora
parvistemonine 细花百部碱 细花百部 Stemona parviflora
pashanone 肾石苣苔酮▲ 乌药 Lindera aggregata, 中华野独活 Miliusa sinensis
paspaloside 两耳草苷 两耳草 Paspalum conjugatum
passiedulin 鸡蛋果苷 鸡蛋果 Passiflora edulis
passifloric acid 西番莲酸 鸡蛋果 Passiflora edulis
passiflorin 西番连素▲ 鸡蛋果 Passiflora edulis
(31*R*)-passiflorine (31*R*)- 西番连碱 鸡蛋果 Passiflora edulis
(31*S*)-passiflorine (31*S*)- 西番连碱 鸡蛋果 Passiflora edulis
passionsterone 西番莲甾酮▲ 镰叶西番莲 Passiflora wilsonii
patagonic acid 巴塔哥尼亚酒神菊酸▲ 田基黄 Grangea maderaspatana, 柳叶斑鸠菊 Vernonia saligna
α-patchoulene *α*- 广藿香烯 挥发油成分，未统计基源
β-patchoulene *β*- 广藿香烯 挥发油成分，未统计基源
γ-patchoulene *γ*- 广藿香烯 挥发油成分，未统计基源
patchoulene 广藿香烯 挥发油成分，未统计基源
1-patchoulene-4*α*,7*α*-diol 1- 广藿香烯 -4*α*,7*α*- 二醇 苍术 Atractylodes lancea
patchouli alcohol 广藿香醇 挥发油成分，未统计基源
patchulane 广藿香烷 挥发油成分，未统计基源

P

paucinone A~D 金丝李酮素 ▲A~D 金丝李 Garcinia paucinervis
paulitin 库曼豚草素 ▲ 蓍 Achillea millefolium
(+)-paulownin (+)- 泡桐素 黄荆 Vitex negundo
paulownin 泡桐素 梧桐 Firmiana simplex, 木蹄层孔菌 Fomes fomentarius, 云南石梓 Gmelina arborea, 亚洲石梓 G. asiatica, 小叶香茶菜 Isodon parvifolius, 叶穗香茶菜 I. phyllostachys, 西南猫尾木 Markhamia stipulata, 兰考泡桐 Paulownia elongata, 白花泡桐 P. fortunei, 台湾泡桐 P. kawakamii, 毛泡桐 P. tomentosa, 黄毛豆腐柴 Premna fulva, 东方香蒲 Typha orientalis, 牡荆 Vitex negundo var. cannabifolia, 蔓荆 V. trifolia
paulownin acetate 泡桐素乙酸酯 云南石梓 Gmelina arborea, 狭基线纹香茶菜 Isodon lophanthoides var. gerardianus
paulownioside 泡桐苷 毛泡桐 Paulownia tomentosa
pavetannin A 大沙叶鞣质 ▲A 髭脉桤叶树 Clethra barbinervis, 铜钱叶白珠 Gaultheria nummularioides, 落地梅 Lysimachia paridiformis
pavetannin C-1 大沙叶鞣质 ▲C-1 长节珠 Parameria laevigata
paxanthone 金丝梅叫酮 ▲ 金丝梅 Hypericum patulum
paxanthonin 金丝梅叫酮宁 ▲ 金丝梅 Hypericum patulum
paxdaphnidine A, B 脉叶虎皮楠定碱 ▲A, B 脉叶虎皮楠 Daphniphyllum paxianum
paxdaphnine A 脉叶虎皮楠碱 ▲A 交让木 Daphniphyllum macropodum, 虎皮楠 D. oldhamii, 脉叶虎皮楠 D. paxianum
paxdaphnine B 脉叶虎皮楠碱 ▲B 牛耳枫 Daphniphyllum calycinum, 交让木 D. macropodum, 虎皮楠 D. oldhamii, 脉叶虎皮楠 D. paxianum
paxillarine A, B 板凳果灵碱 A, B 板凳果 Pachysandra axillaris
paxiphylline A~E 脉叶虎皮楠林碱 ▲A~E 脉叶虎皮楠 Daphniphyllum paxianum
PCL 多花黄精凝集素 多花黄精 Polygonatum cyrtonema
Pd-Ia 紫花前胡新素 Ia 前胡 Peucedanum praeruptorum
Pd-Ib 紫花前胡新素 Ib 美脉藁本 Ligusticum likiangense, 少毛北前胡 Peucedanum harry-smithii var. subglabrum, 前胡 P. praeruptorum, 泰山前胡 P. wawrae
Pd-II 紫花前胡新素 II 前胡 Peucedanum praeruptorum
Pd-III 紫花前胡新素 III 前胡 Peucedanum praeruptorum
Pd-C-I 紫花前胡新素 C-I 紫花前胡 Angelica decursiva
Pd-C-II 紫花前胡新素 C-II 紫花前胡 Angelica decursiva
Pd-C-IV 紫花前胡新素 C-IV 紫花前胡 Angelica decursiva
Pd-C-V 紫花前胡新素 C-V 紫花前胡 Angelica decursiva
Pd-D-V 紫花前胡新素 D-V 紫花前胡 Angelica decursiva
pectic polysaccharide 果胶多糖 莲座蓟 Cirsium esculentum
pectin 果胶 蕉柑 Citrus reticulata 'Tankan', 毛蕊花 Verbascum thapsum
pectin SB_{1-1}, SB_{2-1} 果胶 SB_{1-1}, SB_{2-1} 人参 Panax ginseng
pectolinarigenin 果胶柳穿鱼苷元 ▲ 日本桤木 Alnus japonica, 茵陈蒿 Artemisia capillaris, 蒙古蒿 A. mongolica, 毛莲蒿 A. vestita, 岳桦 Betula ermanii, 苏铁蕨 Brainea insignis, 飞机草 Chromolaena odorata, 蓟 Cirsium japonicum, 长管大青 Clerodendrum indicum, 甘青青兰 Dracocephalum tanguticum, 假连翘 Duranta erecta, 大麻叶泽兰 Eupatorium cannabinum, 中亚兔耳草 Lagotis integrifolia, 米团花 Leucosceptrum canum, 紫苏草 Limnophila aromatica, 华西龙头草 Meehania fargesii, 老鸦烟筒花 Millingtonia hortensis, 玫瑰 Rosa rugosa, 荔枝草 Salvia plebeia
pectolinarigenin-7-*O*-*α*-L-rhamnopyranosyl-(1‴ → 2″)-*O*-*β*-D-glucuronopyranoside 果胶柳穿鱼苷元 ▲-7-*O*-*α*-L- 吡喃鼠李糖基 -(1‴ → 2″)-*O*-*β*-D- 吡喃葡萄糖醛酸苷 块茎芦莉草 Ruellia tuberosa
pectolinarigenin-7-*O*-*β*-D-glucopyranoside 果胶柳穿鱼苷元 ▲-7-*O*-*β*-D- 吡喃葡萄糖苷 地笋 Lycopus lucidus, 猫爪藤 Macfadyena unguis-cati, 块茎芦莉草 Ruellia tuberosa
pectolinarigenin-7-*O*-*β*-D-glucuronopyranoside 果胶柳穿鱼苷元 ▲-7-*O*-*β*-D- 吡喃葡萄糖醛酸苷 地笋 Lycopus lucidus
pectolinarigenin-7-*O*-*β*-D-glucuronopyranoside methyl ester 果胶柳穿鱼苷元 ▲-7-*O*-*β*-D- 吡喃葡萄糖醛酸苷甲酯 地笋 Lycopus lucidus
pectolinarigenin-7-*O*-*β*-glucopyranoside 果胶柳穿鱼苷元 ▲-7-*O*- 葡萄糖苷 阴地蒿 Artemisia sylvatica
pectolinarigenin-rutinoside 果胶柳穿鱼苷元 ▲- 芸香糖苷 树形杜鹃花 Rhododendron arboreum
pectolinarin 果胶柳穿鱼苷 ▲ 蓟 Cirsium japonicum, 珊瑚苣苔 Corallodiscus lanuginosus, 海滨柳穿鱼 Linaria japonica, 柳穿鱼 L. vulgaris subsp. sinensis, 山萝花 Melampyrum roseum, 野甘草 Scoparia dulcis
pedaliin; pedalin 胡麻苷 甘青青兰 Dracocephalum tanguticum, 紫毛香茶菜 Isodon enanderianus
pedaliin-6″-acetate 胡麻苷 -6″- 乙酸酯 白花枝子花 Dracocephalum heterophyllum, 甘青青兰 D. tanguticum
pedalitin 胡麻素 广防风 Anisomeles indica, 猪毛蒿 Artemisia scoparia, 甘青青兰 Dracocephalum tanguticum, 紫毛香茶菜 Isodon enanderianus, 拟缺香茶菜 I. excisoides, 尾叶香茶菜 I. excisus, 内折香茶菜 I. inflexus, 毛叶香茶菜 I. japonicus, 蓝萼毛叶香茶菜 I. japonicus var. glaucocalyx, 冬凌草 I. rubescens, 黄花香茶菜 I. sculponeatus, 溪黄草 I. serra, 马缨丹 Lantana camara, 豆腐柴 Premna microphylla, 一串红 Salvia splendens, 芝麻 Sesamum indicum, 穗花牡荆 Vitex agnus-castus
pedalitin-3′-*O*-*β*-glucopyranoside 胡麻素 -3′-*O*-*β*- 吡喃葡萄糖苷 甘青青兰 Dracocephalum tanguticum
pedalitin-6-*O*-(2-*O*-feruloyl)-diglucuronide 胡麻素 -6-*O*-(2-*O*- 阿魏酰基)- 二葡萄糖醛酸苷 马鞭草 Verbena officinalis
pedalitin-6-*O*-diglucuronide 胡麻素 -6-*O*- 二葡萄糖醛酸苷 马鞭草 Verbena officinalis
pedalitin-6-*O*-glucoside 胡麻素 -6-*O*- 葡萄糖苷 芝麻 Sesamum indicum
pedalitin-6-*O*-*β*-D-galactopyranoside 胡麻素 -6-*O*-*β*-D- 吡喃半乳糖苷 马鞭草 Verbena officinalis
pedalitin-6-*O*-*β*-D-glucopyranoside 胡麻素 -6-*O*-*β*-D- 吡喃葡萄糖苷 甘青青兰 Dracocephalum tanguticum, 马鞭草 Verbena officinalis

P

pedatisectine A~G 掌叶半夏碱 A~G 虎掌 Pinellia pedatisecta
pedatisectine E 掌叶半夏碱戊 款冬 Tussilago farfara
pedicularioside 马先蒿苷 甘肃马先蒿 Pedicularis kansuensis, 藓生马先蒿 P. muscicola
pedicularioside A 马先蒿苷 A 醉鱼草 Buddleja lindleyana, 穗花马先蒿 Pedicularis spicata, 红纹马先蒿 P. striata
pedicularioside E, F 马先蒿苷 E, F 毛颏马先蒿 Pedicularis lasiophrys
pedicularioside G 马先蒿苷 G 白花枝子花 Dracocephalum heterophyllum, 穗花马先蒿 Pedicularis spicata
pedicularioside H 马先蒿苷 H 穗花马先蒿 Pedicularis spicata, 红纹马先蒿 P. striata
pedicularioside I 马先蒿苷 I 长花马先蒿 Pedicularis longiflora
pedicularioside N 马先蒿苷 N 中国马先蒿 Pedicularis chinensis
pedicularis lactone 马先蒿内酯 中国马先蒿 Pedicularis chinensis, 北玄参 Scrophularia buergeriana
pedicularis lactone-1-*O*-*β*-D-glucopyranoside 马先蒿内酯 -1-*O*-*β*-D- 吡喃葡萄糖苷 美观马先蒿 Pedicularis decora
pedicurexoside 大王马先蒿苷▲ 大王马先蒿 Pedicularis rex
pedilanthocoumarin A, B 红雀珊瑚香豆素▲A, B 红雀珊瑚 Pedilanthus tithymaloides
peduncin 苦葛辛碱 苦葛 Pueraria peduncularis
peduncloside 长梗冬青苷 亮叶杨桐 Adinandra nitida, 蜂斗菜 Petasites japonicus
pedunculagin 夏栎鞣精▲ 日本桤木 Alnus japonica, 红毛野海棠 Bredia tuberculata, 山茶 Camellia japonica, 喜树 Camptotheca acuminata, 板栗 Castanea mollissima, 苦槠 Castanopsis sclerophylla, 皱果蛇莓 Duchesnea chrysantha, 牛奶子 Elaeagnus umbellata, 柳兰 Epilobium angustifolium, 多花桉 Eucalyptus polyanthemos, 千根草 Euphorbia thymifolia, 柔毛路边青 Geum japonicum var. chinense, 泡核桃 Juglans sigillata, 千屈菜 Lythrum salicaria, 展毛野牡丹 Melastoma normale, 芍药 Paeonia lactiflora, 草芍药 P. obovata, 化香树 Platycarya strobilacea, 翻白草 Potentilla discolor, 槲栎 Quercus aliena, 蒙古栎 Q. mongolica, 乌冈栎 Q. phillyraeoides, 夏栎 Q. robur, 使君子 Quisqualis indica, 桃金娘 Rhodomyrtus tomentosa, 金樱子 Rosa laevigata, 缫丝花 R. roxburghii, 丘角菱 Trapa japonica
pedunculaidine 序柄狗牙花定▲ 狗牙花 Tabernaemontana divaricata
peduncularisadiol 苦葛二醇 苦葛 Pueraria peduncularis
peduncularisde 长序荆苷▲ 长序荆 Vitex peduncularis
pedunculairsin 长序荆素▲ 长序荆 Vitex peduncularis
pedunculatic acid B 总梗紫珠酸▲B 枇杷叶紫珠 Callicarpa kochiana
pedunculine 序柄狗牙花碱▲ 药用狗牙花 Tabernaemontana bovina
peduncluoside 具柄冬青苷 无心菜 Arenaria serpyllifolia, 冬青 Ilex chinensis, 枸骨 I. cornuta, 全缘冬青 I. integra, 具柄冬青 I. pedunculosa, 毛冬青 I. pubescens, 铁冬青 I. rotunda, 牛叠肚 Rubus crataegifolius
pedunculosumoside A, C~G 尖头瓶尔小草苷▲A, C~G 尖头瓶尔小草 Ophioglossum pedunculosum
pedunculosumoside B 尖头瓶尔小草苷▲B 尖头瓶尔小草 Ophioglossum pedunculosum, 狭叶瓶尔小草 O. thermale
pedunsaponin A, B, C 苦葛皂苷 A, B, C 苦葛 Pueraria peduncularis
pedunxanthone C 大果藤黄吅酮▲C 岭南山竹子 Garcinia oblongifolia
pegamine 骆驼蓬胺 骆驼蒿 Peganum nigellastrum
pegamine-*β*-D-glucopyranoside 骆驼蓬胺 -*β*-D- 吡喃葡萄糖苷 骆驼蒿 Peganum nigellastrum
peganetin 骆驼蓬苷 多裂骆驼蓬 Peganum multisectum
peganidine 骆驼蓬定碱 鸭嘴花 Justicia adhatoda
(±)-peganine (±)- 骆驼蓬宁碱▲ 骆驼蒿 Peganum nigellastrum
L-peganine L- 骆驼蓬宁碱▲ 骆驼蓬 Peganum harmala
peganine 骆驼蓬宁碱▲ 鸭嘴花 Justicia adhatoda, 骆驼蓬 Peganum harmala, 骆驼蒿 P. nigellastrum
peguangxienin 广西前胡素 广西前胡 Peucedanum guangxiense
peiioside A 藤紫珠苷▲A 尖尾枫 Callicarpa longissima
peiioside A_1, A_2, B 藤紫珠苷▲A_1, A_2, B 藤紫珠 Callicarpa integerrima var. chinensis
peimine; verticine 贝母碱 川贝母 Fritillaria cirrhosa, 梭砂贝母 F. delavayi, 天目贝母 F. monantha, 甘肃贝母 F. przewalskii, 浙贝母 F. thunbergii, 平贝母 F. ussuriensis, 黄花贝母 F. verticillata
peiminine 贝母宁碱 川贝母 Fritillaria cirrhosa, 梭砂贝母 F. delavayi, 天目贝母 F. monantha, 浙贝母 F. thunbergii, 平贝母 F. ussuriensis
peiminoside 贝母宁苷 浙贝母 Fritillaria thunbergii
peimisine 贝母辛 安徽贝母 Fritillaria anhuiensis, 川贝母 F. cirrhosa, 梭砂贝母 F. delavayi, 额敏贝母 F. meleagroides, 伊贝母 F. pallidiflora, 甘肃贝母 F. przewalskii, 太白贝母 F. taipaiensis, 浙贝母 F. thunbergii, 平贝母 F. ussuriensis
pekinenal 京大戟醛 大戟 Euphorbia pekinensis
pekinenin A~F 京大戟素 A~F 大戟 Euphorbia pekinensis
pelargonic acid 天竺葵酸▲ 挥发油成分，未统计基源
pelargonic acid ethyl ester 天竺葵酸▲乙酯 挥发油成分，未统计基源
pelargonidin 天竺葵素 金鱼草 Antirrhinum majus, 黑果小檗 Berberis atrocarpa, 细叶小檗 B. poiretii, 草莓 Fragaria × ananassa, 木槿 Hibiscus syriacus, 凤仙花 Impatiens balsamina, 剪春罗 Lychnis coronata, 剪红纱花 L. senno, 丝瓣剪秋罗 L. wilfordii, 大蕉 Musa × paradisiaca, 藏报春 Primula sinensis, 树形杜鹃花 Rhododendron arboreum, 杜鹃花 R. simsii, 茜堇菜 Viola phalacrocarpa, 深山堇菜 V. selkirkii
pelargonidin 3-*O*-(2''-*O*-glucosyl)rutinoside 天竺葵素 -3-*O*-(2''-*O*- 葡萄糖基) 芸香糖苷 复盆子 Rubus idaeus
pelargonidin-3-*O*-[(4'''-*O*-*trans*-feruloyl)-*α*-L-rhamnopyranosyl)-(1''' → 6'')-*β*-D-glucopyranoside]-5-*O*-*β*-D-glucopyranoside 天竺葵素 -3-*O*-

P

[(4'''-*O*- 反式 - 阿魏酰基)-*α*-L- 吡喃鼠李糖基)-(1''' → 6'')-*β*-D- 吡喃葡萄糖基]-5-*O*-*β*-D- 吡喃葡萄糖苷 阳芋 Solanum tuberosum
pelargonidin glucopyranoside 天竺葵素吡喃葡萄糖苷 刺芙蓉 Hibiscus surattensis
pelargonidin glucoside 天竺葵素葡萄糖苷 刚毛柽柳 Tamarix hispida, 蛇婆子 Waltheria indica
pelargonidin hexoside 天竺葵素己糖苷 桑 Morus alba
pelargonidin rhamnosylhexoside 天竺葵素鼠李糖基己糖苷 桑 Morus alba
pelargonidin-3-(3''-succinylglucoside)-5-glucoside 天竺葵素 -3-(3''- 丁二酰葡萄糖苷)-5- 葡萄糖苷 矢车菊 Centaurea cyanus
pelargonidin-3-(6-caffeoylglucoside)-5-(4,6-dimalonylglucoside) 天竺葵素 -3-(6- 咖啡酰葡萄糖苷)-5-(4,6- 二丙二酰葡萄糖苷) 一串红 Salvia splendens
pelargonidin-3-(6-caffeoylglucoside)-5-(6-malonylglucoside) 天竺葵素 -3-(6- 咖啡酰葡萄糖苷)-5-(6- 丙二酰葡萄糖苷) 一串红 Salvia splendens
pelargonidin-3-(6-caffeoylglucoside)-5-glucoside 天竺葵素 -3-(6- 咖啡酰葡萄糖苷)-5- 葡萄糖苷 一串红 Salvia splendens
pelargonidin-3-(6-*p*-coumaroylglucoside)-5-(4,6-dimalonylglucoside) 天竺葵素 -3-(6- 对香豆酰葡萄糖苷)-5-(4,6- 二丙二酰葡萄糖苷) 一串红 Salvia splendens
pelargonidin-3-(6-*p*-coumaroylglucoside)-5-(6-malonylglucoside) 天竺葵素 -3-(6- 对香豆酰葡萄糖苷)-5-(6- 丙二酰葡萄糖苷) 一串红 Salvia splendens
pelargonidin-3-(6-*p*-coumaroylglucoside)-5-glucoside 天竺葵素 -3-(6- 对香豆酰葡萄糖苷)-5- 葡萄糖苷 一串红 Salvia splendens
pelargonidin-3,5-diglucoside 天竺葵素 -3,5- 二葡萄糖苷 蓝果忍冬 Lonicera caerulea, 籼稻 Oryza sativa subsp. indica, 一串红 Salvia splendens, 中国无忧花 Saraca dives, 虾子花 Woodfordia fruticosa
pelargonidin-3,5-di-*O*-glucopyranoside 天竺葵素 -3,5- 二 -*O*- 吡喃葡萄糖苷 粟米草 Mollugo stricta, 矮牡丹 Paeonia jishanensis, 菜豆 Phaseolus vulgaris
pelargonidin-3,5-di-*O*-glycoside 天竺葵素 -3,5- 二 -*O*- 糖苷 月季 Rosa chinensis
pelargonidin-3,5-di-*O*-*β*-D-glucopyranoside 天竺葵素 -3,5- 二 -*O*-*β*-D- 吡喃葡萄糖苷 石榴 Punica granatum, 山葡萄 Vitis amurensis
pelargonidin-3-[2''-(2''-*trans*-caffeoyl-*β*-D-glucopyranosyl)-*β*-D-galactopyranoside] 天竺葵素 -3-[2''-(2''- 反式 - 咖啡酰基 -*β*-D- 吡喃葡萄糖基)-*β*-D- 吡喃半乳糖苷] 朝鲜白头翁 Pulsatilla cernua
pelargonidin-3-caffeoyl glucoside-5-dimalonyl-glucoside 天竺葵素 -3- 咖啡酰葡萄糖苷 -5- 二丙二酰葡萄糖苷 朱唇 Salvia coccinea
pelargonidin-3-glucoside 天竺葵素 -3- 葡萄糖苷 首阳小檗 Berberis dielsiana, 芋 Colocasia esculenta, 草莓 Fragaria × ananassa, 野草莓 F. vesca, 蓝果忍冬 Lonicera caerulea, 使君子 Quisqualis indica, 黑茶藨子 Ribes nigrum, 复盆子 Rubus idaeus
pelargonidin-3-*O*-(6''-*O*-*α*-rhamnopyranosyl-*β*-glucopyranoside) 天竺葵素 -3-*O*-(6''-*O*-*α*- 吡喃鼠李糖基 -*β*- 吡喃葡萄糖苷) 老鸦瓣 Tulipa edulis
pelargonidin-3-*O*-(*p*-coumaroyl)-diglucoside 天竺葵素 -3-*O*-(对香豆酰基)- 二葡萄糖苷 白刺 Nitraria tangutorum
pelargonidin-3-*O*-[(4'''-*O*-*p*-coumaroyl)-*α*-L-rhamnopyranosyl)-(1''' → 6'')-*β*-D-glucopyranoside]-5-*O*-*β*-D-glucopyranoside 天竺葵素 -3-*O*-[(4'''-*O*- 对香豆酰基)-*α*-L- 吡喃鼠李糖基)-(1''' → 6'')-*β*-D- 吡喃葡萄糖基]-5-*O*-*β*-D- 吡喃葡萄糖苷 阳芋 Solanum tuberosum
pelargonidin-3-*O*-[2-*O*-(6-*O*-(*trans*-caffeoyl-3-*O*-(*β*-glucopyranosyl))-*β*-glucopyranosyl)-*β*-glucopyranoside] 天竺葵素 -3-*O*-[2-*O*-(6-*O*-(反式 - 咖啡酰基 -3-*O*-(*β*- 吡喃葡萄糖基))-*β*- 吡喃葡萄糖基)-*β*- 吡喃葡萄糖苷] 牵牛 Ipomoea nil
pelargonidin-3-*O*-[6''-*O*-(2'''-*O*-acetyl-*α*-rhamnopyranosyl)-*β*-glucopyranoside] 天竺葵素 -3-*O*-[6''-*O*-(2'''-*O*- 乙酰基 -*α*- 吡喃鼠李糖基)-*β*- 吡喃葡萄糖苷 老鸦瓣 Tulipa edulis
pelargonidin-3-*O*-diglucoside 天竺葵素 -3-*O*- 二葡萄糖苷 白刺 Nitraria tangutorum
pelargonidin-3-*O*-glucopyranoside 天竺葵素 -3-*O*- 吡喃葡萄糖苷 菜豆 Phaseolus vulgaris
pelargonidin-3-*O*-glucoside 天竺葵素 -3-*O*- 葡萄糖苷 高山栎 Quercus semecarpifolia
pelargonidin-3-*O*-rutinoside 天竺葵素 -3-*O*- 芸香糖苷 树番茄 Cyphomandra betacea, 黑桑 Morus nigra, 插田泡 Rubus coreanus
pelargonidin-3-*O*-xylosylglucoside 天竺葵素 -3-*O*- 木糖基葡萄糖苷 落霜红 Ilex serrata
pelargonidin-3-*O*-*β*-(6-malonyl-sophoroside) 天竺葵素 -3-*O*-*β*-(6- 丙二酰槐糖苷) 野罂粟 Papaver nudicaule
pelargonidin-3-*O*-*β*-D-glucopyranoside 天竺葵素 -3-*O*-*β*-D- 吡喃葡萄糖苷 树番茄 Cyphomandra betacea, 聚果榕 Ficus racemosa, 潺槁木姜子 Litsea glutinosa, 黑桑 Morus nigra, 石榴 Punica granatum, 桃金娘 Rhodomyrtus tomentosa, 马六甲蒲桃 Syzygium malaccense
pelargonidin-3-*O*-*β*-sophorosyl-7-*O*-*β*-glucoside 天竺葵素 -3-*O*-*β*- 槐糖基 -7-*O*-*β*- 葡萄糖苷 野罂粟 Papaver nudicaule
pelargonidin-3-*p*-coumaroyl glucoside-5-dimalonylglucoside 天竺葵素 -3- 对香豆酰葡萄糖苷 -5- 二丙二酰葡萄糖苷 朱唇 Salvia coccinea
pelargonidin-3-rutinoside 天竺葵素 -3- 芸香糖苷 欧洲甜樱桃 Cerasus avium, 草莓 Fragaria × ananassa, 蓝果忍冬 Lonicera caerulea, 大蕉 Musa × paradisiaca, 黑茶藨子 Ribes nigrum, 复盆子 Rubus idaeus
pelargonidin-3-sophoroside 天竺葵素 -3- 槐糖苷 牵牛 Ipomoea nil, 复盆子 Rubus idaeus
pelargonidin-3-sophoroside-7-glucopyranoside 天竺葵素 -3- 槐糖 -7- 吡喃葡萄糖苷 星毛粟米草 Mollugo lotoides, 簇花粟米草 M. oppositifolia
pelargonidin-3-xylosylglucoside 天竺葵素 -3- 木糖基葡萄糖苷 南天竹 Nandina domestica
pelargonidin-5-*O*-*β*-D-glucopyranoside 天竺葵素 -5-*O*-*β*-D- 葡萄糖苷 潺槁木姜子 Litsea glutinosa
pelargonin chloride 氯化天竺葵苷 百日菊 Zinnia elegans
pelargonin chloride monoacetate 氯化天竺葵苷单乙酸酯 百日菊 Zinnia elegans
peliosanthoside A, B, C 球子草苷 A, B, C 匍匐球子草 Peliosanthes sinica
pelirine 霹雳萝芙木灵碱▲ 萝芙木 Rauvolfia verticillata
pelletierine; punicine 石榴碱 石榴 Punica granatum, 珠芽景天 Sedum bulbiferum, 日本景天 S. japonicum, 藓状景天 S. polytrichoides, 垂盆草 S. sarmentosum

P

pellioniareside 吐烟花苷▲ 吐烟花 Pellionia repens
trans-pellitorine 反式 - 火热回环菊碱▲ 长柄胡椒 Piper sylvaticum
pellitorine 火热回环菊碱▲ 龙蒿 Artemisia dracunculus, 辽细辛 Asarum heterotropoides var. mandshuricum, 汉城细辛 A. sieboldii, 楝叶吴萸 Euodia glabrifolia, 蒌叶 Piper betle, 山蒟 P. hancei, 荜拔 P. longum, 胡椒 P. nigrum, 假荜拔 P. retrofractum, 假蒟 P. sarmentosum, 石南藤 P. wallichii
α-peltatin α- 盾叶鬼臼素 八角莲 Dysosma versipellis
β-peltatin β- 盾叶鬼臼素 川八角莲 Dysosma delavayi, 八角莲 D. versipellis, 白头翁 Pulsatilla chinensis
β-peltatin A methyl ether β- 盾叶鬼臼素 A 甲醚 叉子圆柏 Juniperus sabina
peltatone A 茅膏菜酮▲A 茅膏菜 Drosera peltata
β-peltoboykinolic acid β- 涧边草酸▲ 大落新妇 Astilbe grandis, 溪畔落新妇 A. rivularis, 日本金腰 Chrysosplenium japonicum, 裸茎金腰 C. nudicaule
penangianol A, B 披针新月蕨酚▲A, B 披针新月蕨 Pronephrium penangianum
penangin 绿籽山小橘素▲ 小花山小橘 Glycosmis parviflora
penduletin 垂序布氏菊素▲ 灰苞蒿 Artemisia roxburghiana, 长毛紫珠 Callicarpa pilosissima, 三花莸 Caryopteris terniflora, 白花菜 Cleome gynandra, 车桑子 Dodonaea viscosa, 冬凌草 Isodon rubescens, 翼齿六棱菊 Laggera crispata, 穗花牡荆 Vitex agnus-castus, 牡荆 V. negundo var. cannabifolia, 蔓荆 V. trifolia
penduliflaworosin 垂花巴豆沃罗素▲ 鸡骨香 Croton crassifolius
pendulin 垂序布氏菊苷▲ 刺苍耳 Xanthium spinosum
pendulin 纹瓣兰素▲ 纹瓣兰 Cymbidium aloifolium
penduline 雪乌碱 铁棒锤 Aconitum pendulum, 拟玉龙乌头 A. pseudostapfianum
pendulone 垂序崖豆藤醌▲ 乌拉特黄耆 Astragalus hoantchy, 香花崖豆藤 Callerya dielsiana, 镰荚棘豆 Oxytropis falcata, 藤萝 Wisteria villosa
pengshenine B 彭州乌头碱▲B 紫乌头 Aconitum episcopale, 贡嘎乌头 A. liljestrandii
penniclavine 狼尾草麦角碱 麦角菌 Claviceps purpurea
pennogenin 偏诺皂苷元 竹根七 Paris dunniana, 四叶重楼 P. quadrifolia, 吉林延龄草 Trillium kamtschaticum
pennogenin 3-*O*-α-L-rhamnopyranosyl-(1 → 2)-[β-D-glucopyranosyl-(1 → 3)]-β-D-glucopyranoside 偏诺皂苷元 -3-*O*-α-L- 吡喃鼠李糖基 -(1 → 2)-[β-D- 吡喃葡萄糖基 -(1 → 3)]-β-D- 吡喃葡萄糖苷 凌云重楼 Paris cronquistii, 七叶一枝花 P. polyphylla, 黑籽重楼 P. thibetica
pennogenin diglycoside 偏诺皂苷元二葡萄糖苷 七叶一枝花 Paris polyphylla
pennogenin tetraglycoside 偏诺皂苷元四葡萄糖苷 四叶重楼 Paris quadrifolia, 北重楼 P. verticillata
pennogenin3-*O*-{*O*-α-L-rhamnopyranosyl-(1 → 2)-*O*-[*O*-β-xylopyranosyl-(1 → 5)-α-L-arabinofuranosyl-(1 → 4)]-β-D-glucopyranoside 偏诺皂苷元 3-*O*-{*O*-α-L- 吡喃鼠李糖基 -(1 → 2)-*O*-[*O*-β- 吡喃木糖基 -(1 → 5)-α-L- 呋喃阿拉伯糖基 -(1 → 4)]-β-D- 吡喃葡萄糖苷 } 七叶一枝花 Paris polyphylla
pennogenin-3-*O*-[β-D-xylopyranosyl-(1 → 5)-α-L-arabinofuranosyl-(1 → 4)]-[α-L-rhamnopyranosyl-(1 → 2)]-β-D-glucopyranoside 偏诺皂苷元 -3-*O*-[β-D- 吡喃木糖基 -(1 → 5)-α-L- 呋喃阿拉伯糖基 -(1 → 4)]-[α-L- 吡喃鼠李糖基 -(1 → 2)]-β-D- 吡喃葡萄糖苷 长药隔重楼 Paris polyphylla var. pseudothibetica
pennogenin-3-*O*-{*O*-α-L-rhamnopyranosyl-(1 → 4)-*O*-α-L-rhamnopyranosyl-(1 → 4)-β-D-glucopyranoside} 偏诺皂苷元 -3-*O*-{*O*-α-L- 吡喃鼠李糖基 -(1 → 4)-*O*-α-L- 吡喃鼠李糖基 -(1 → 4)-β-D- 吡喃葡萄糖苷 } 宽瓣重楼 Paris polyphylla var. yunnanensis
pennogenin-3-*O*-α-arabinopyranosyl-(1 → 4)-β-D-glucopyranoside 偏诺皂苷元 -3-*O*-α- 吡喃阿拉伯糖基 -(1 → 4)-β-D- 吡喃葡萄糖苷 宽瓣重楼 Paris polyphylla var. yunnanensis
pennogenin-3-*O*-α-L-arabinofuranosyl-(1 → 4)-[α-L-rhamnopyranosyl-(1 → 2)]-β-D-glucopyranoside 偏诺皂苷元 -3-*O*-α-L- 呋喃阿拉伯糖基 -(1 → 4)-[α-L- 吡喃鼠李糖基 -(1 → 2)]-β-D- 吡喃葡萄糖苷 禄劝花叶重楼 Paris luquanensis, 长药隔重楼 P. polyphylla var. pseudothibetica, 宽瓣重楼 P. polyphylla var. yunnanensis, 北重楼 P. verticillata
pennogenin-3-*O*-α-L-arabinofuranosyl-(1 → 4)-β-D-glucopyranoside 偏诺皂苷元 -3-*O*-α-L- 呋喃阿拉伯糖基 -(1 → 4)-β-D- 吡喃葡萄糖苷 巴山重楼 Paris bashanensis, 凌云重楼 P. cronquistii, 竹根七 P. dunniana, 球药隔重楼 P. fargesii, 毛重楼 P. mairei, 七叶一枝花 P. polyphylla, 华重楼 P. polyphylla var. chinensis, 长药隔重楼 P. polyphylla var. pseudothibetica, 狭叶重楼 P. polyphylla var. stenophylla, 黑籽重楼 P. thibetica, 北重楼 P. verticillata
pennogenin-3-*O*-α-L-arabinofuranosyl-(1 → 4)-β-D-glucoside 偏诺皂苷元 -3-*O*-α-L- 呋喃阿拉伯糖基 -(1 → 4)-β-D- 葡萄糖苷 宽瓣重楼 Paris polyphylla var. yunnanensis
pennogenin-3-*O*-α-L-glucopyranoside 偏诺皂苷元 -3-*O*-α-L- 吡喃葡萄糖苷 长药隔重楼 Paris polyphylla var. pseudothibetica
pennogenin-3-*O*-α-L-rhamnopyranosyl-(1 → 2)-[*O*-α-L-rhamnopyranosyl-(1 → 4)]-*O*-β-D-glucopyranoside 偏诺皂苷元 -3-*O*-α-L- 吡喃鼠李糖基 -(1 → 2)-[*O*-α-L- 吡喃鼠李糖基 -(1 → 4)]-*O*-β-D- 吡喃葡萄糖苷 吉林延龄草 Trillium kamtschaticum
pennogenin-3-*O*-α-L-rhamnopyranosyl-(1 → 2)-[α-L-arabinofuranosyl-(1 → 4)]-β-D-glucopyranoside 偏诺皂苷元 -3-*O*-α-L- 吡喃鼠李糖基 -(1 → 2)-[α-L- 呋喃阿拉伯糖基 -(1 → 4)]-β-D- 吡喃葡萄糖苷 巴山重楼 Paris bashanensis, 凌云重楼 P. cronquistii, 竹根七 P. dunniana, 球药隔重楼 P. fargesii, 毛重楼 P. mairei, 七叶一枝花 P. polyphylla, 狭叶重楼 P. polyphylla var. stenophylla, 宽瓣重楼 P. polyphylla var. yunnanensis, 黑籽重楼 P. thibetica
pennogenin-3-*O*-α-L-rhamnopyranosyl-(1 → 2)-[α-L-rhamnopyranosyl-(1 → 4)]-β-D-glucopyranoside 偏诺皂苷元 -3-*O*-α-L- 吡喃鼠李糖基 -(1 → 2)-[α-L- 吡喃鼠李糖基 -(1 → 4)]-β-D- 吡喃葡萄糖苷 巴山重楼 Paris bashanensis, 四叶重楼 P. quadrifolia, 丫蕊花 Ypsilandra thibetica
pennogenin-3-*O*-α-L-rhamnopyranosyl-(1 → 2)-*O*-β-D-glucopyranoside 偏诺皂苷元 -3-*O*-α-L- 吡喃鼠李糖基 -(1 → 2)-*O*-β-D- 吡喃葡萄糖苷

P

吉林延龄草 Trillium kamtschaticum

pennogenin-3-*O*-*α*-L-rhamnopyranosyl-(1 → 4)-[*α*-L-rhamnopyranosyl-(1 → 2)]-*β*-D-glucopyranoside 偏诺皂苷元 -3-*O*-*α*-L- 吡喃鼠李糖基 -(1 → 4)-[*α*-L- 吡喃鼠李糖基 -(1 → 2)]-*β*-D- 吡喃葡萄糖苷 长药隔重楼 Paris polyphylla var. pseudothibetica

pennogenin-3-*O*-*α*-L-rhamnopyranosyl-(1 → 4)-*O*-*α*-L-rhamnopyranosyl-(1 → 4)-[*O*-*α*-L-rhamnopyranosyl-(1 → 2)]-*O*-*β*-D-glucopyranoside 偏诺皂苷元 -3-*O*-*α*-L- 吡喃鼠李糖基 -(1 → 4)-*O*-*α*-L- 吡喃鼠李糖基 -(1 → 4)-[*O*-*α*-L- 吡喃鼠李糖基 -(1 → 2)]-*O*-*β*-D- 吡喃葡萄糖苷 吉林延龄草 Trillium kamtschaticum

pennogenin-3-*O*-*α*-L-rhamnopyranosyl-(1 → 4)-*α*-L-arabinofuranosyl-(1 → 4)-[*α*-L-arabinofuranosyl-(1 → 2)]-*β*-D-glycopyranoside 偏诺皂苷元 -3-*O*-*α*-L- 吡喃鼠李糖基 -(1 → 4)-*α*-L- 吡喃鼠李糖基 -(1 → 4)-[*α*-L- 吡喃鼠李糖基 -(1 → 2)]-*β*-D- 吡喃葡萄糖苷 巴山重楼 Paris bashanensis, 四叶重楼 P. quadrifolia

pennogenin-3-*O*-*α*-L-rhamnopyranosyl-(1 → 4)-*β*-D-glucopyranoside 偏诺皂苷元 -3-*O*-*α*-L- 吡喃鼠李糖基 -(1 → 4)-*β*-D- 吡喃葡萄糖苷 丫蕊花 Ypsilandra thibetica

pennogenin-3-*O*-*β*-chacotrioside 偏诺皂苷元 -3-*O*-*β*- 马铃薯三糖苷 吉林延龄草 Trillium kamtschaticum

pennogenin-3-*O*-*β*-D-glucopyranoside 偏诺皂苷元 -3-*O*-*β*-D- 吡喃葡萄糖苷 吉林延龄草 Trillium kamtschaticum

pennogenin-3-*O*-*β*-D-glucopyranosyl-(1→6)-[*O*-*α*-L-rhamnopyranosyl-(1→2)]-*O*-*β*-D-glucopyranoside 偏诺皂苷元 -3-*O*-*β*-D- 吡喃葡萄糖基 -(1 → 6)-[*O*-*α*-L- 吡喃鼠李糖基 -(1 → 2)]-*O*-*β*-D- 吡喃葡萄糖苷 吉林延龄草 Trillium kamtschaticum

penstemonoside 钓钟柳诺苷▲ 独一味 Lamiophlomis rotata, 藓生马先蒿 Pedicularis muscicola, 沼生马先蒿 P. palustris

penstemoside 钓钟柳苷 独一味 Lamiophlomis rotata, 沼生马先蒿 Pedicularis palustris, 螃蟹甲 Phlomis younghusbandii

2-(pent-1,3-diynyl)-5-(3,4-dihydroxybuta-1-ynyl)-thiophene 2-(1,3- 戊二炔)-5-(3,4- 二羟基 -1- 丁炔)- 噻吩 阔苞菊 Pluchea indica

2-(pent-1,3-diynyl)-5-(4-acetoxy-3-chloro-buta-1-ynyl)-thiophene 2-(1,3- 戊二炔)-5-(4- 乙酰氧基 -3- 氯 -1- 丁炔)- 噻吩 阔苞菊 Pluchea indica

2-(pent-1,3-diynyl)-5-(4-acetoxy-3-hydroxybuta-1-ynyl)-thiophene 2-(1,3- 戊二炔)-5-(4- 乙酰氧基 -3- 羟基 -1- 丁炔)- 噻吩 阔苞菊 Pluchea indica

5-{4-[4-(5-pent-1,3-diynylthiophen-2-yl)-but-3-ynyloxy]-but-1-ynyl}-2,2'-bithiophene 5-{4-[4-(5- 戊 -1,3- 二炔噻吩 -2- 基)- 丁 -3- 炔氧基]- 丁 -1- 炔基 }-2,2'- 联噻吩 驴欺口 Echinops davuricus

(3*Z*)-pent-2-one-*β*-D-glucopyranoside (3*Z*)- 戊烷 -2- 酮 -*β*-D- 吡喃葡萄糖苷 金铁锁 Psammosilene tunicoides

2',3,3',4,4'-penta hydroxychalcone-4'-*β*-D-glucopyranoside 2',3,3',4,4'- 五羟基查耳酮 -4'-*β*-D- 吡喃葡萄糖苷 鬼针草 Bidens pilosa

1'-(5-penta-1,3-diyn-1-yl-2-thienyl)-but-2'-yne-3'-diol 1'-(5- 戊烷 -1,3- 二炔 -1- 基 -2- 噻吩基)- 丁 -2'- 炔 -3'- 醇 顶羽菊 Acroptilon repens

3'-(5-penta-1,3-diyn-thiophen-2-yl-ethynyl)-oxirane 3'-(戊烷 -1,3- 二炔 - 噻吩 -2- 基 - 乙炔基)- 环氧乙烷 顶羽菊 Acroptilon repens

5-(penta-1,3-diynyl)-2-(3,4-dihydroxybut-1-ynyl)-thiophene 5-(戊 -1,3- 二炔基)-2-(3,4- 二羟基丁烷 -1- 炔基)- 噻吩 华东蓝刺头 Echinops grijsii

2-(penta-1,3-diynyl)-5-(3,4-dihydroxybut-1-ynyl)-thiophene 2-(戊 -1,3- 二炔)-5-(3,4- 二羟基丁烷 -1- 炔基)- 噻吩 华东蓝刺头 Echinops grijsii

2-(penta-1,3-diynyl)-5-(4-hydroxybut-1-ynyl)-thiophene 2-(戊 -1,3- 二炔)-5-(4- 羟基丁烷 -1- 炔基)- 噻吩 华东蓝刺头 Echinops grijsii, 硬叶蓝刺头 E. ritro

2*α*,3*β*,5*α*,9*α*,15*β*-pentaacetoxy-11,12-epoxy-7*β*,8*α*-diisobutyryloxyjatropha-6(17)-en-14-one 2*α*,3*β*,5*α*,9*α*,15*β*- 五乙酰氧基 -11,12- 环氧 -7*β*,8*α*- 二异丁酰氧基麻疯树 -6(17)- 烯 -14- 酮 乳浆大戟 Euphorbia esula

rel-(2*R*,3*S*,6*S*,7*R*,8*R*,9*S*,13*R*,15*R*)-(4*Z*,11*E*)-6,7,8,9,15-pentaacetoxy-3-benzoyloxy-14-oxojatropha-4,11-diene 相对 -(2*R*,3*S*,6*S*,7*R*,8*R*,9*S*,13*R*,15*R*)-(4*Z*,11*E*)-6,7,8,9,15- 五乙酰氧基 -3- 苯甲酰氧基 -14- 氧代麻疯树 -4,11- 二烯 细齿大戟 Euphorbia bifida

(2*S**,3*S**,4*R**,5*R**,6*R**,8*R**,9*R**,10*R**,12*S**,13*S**,14*R**,15*R**)-5,8,9,10,14-pentaacetoxy-3-benzoyloxy-15-hydroxypepluane (2*S**,3*S**,4*R**,5*R**,6*R**,8*R**,9*R**,10*R**,12*S**,13*S**,14*R**,15*R**)-5,8,9,10,14- 五乙酰氧基 -3- 苯甲酰氧基 -15- 羟基南欧大戟烷 南欧大戟 Euphorbia peplus

(2*R**,3*R**,4*S**,5*R**,7*S**,8*S**,9*S**,13*S**,14*S**,15*R**)-2,5,7,9,14-pentaacetoxy-3-benzoyloxy-8,15-dihydroxyjatropha-6(17),11*E*-diene (2*R**,3*R**,4*S**, 5*R**,7*S**,8*S**,9*S**,13*S**,14*S**,15*R**)-2,5,7,9,14- 五乙酰氧基 -3- 苯甲酰氧基 -8,15- 二羟基麻疯树 -6(17),11*E*- 二烯 南欧大戟 Euphorbia peplus

rel-(2*S*,3*S*,6*S*,7*R*,8*R*,9*S*,13*S*,14*S*)-(4*Z*,11*E*)-6,7,8,9,14-pentaacetoxy-3-benzoyloxyjatropha-1(15),4,11-triene 相对 -(2*S*,3*S*,6*S*,7*R*,8*R*,9*S*,13*S*,14*S*)-(4*Z*,11*E*)-6,7,8,9,14- 五乙酰氧基 -3- 苯甲酰氧基麻疯树 -1(15),4,11- 三烯 细齿大戟 Euphorbia bifida

7,8*β*,9*β*,14*α*,15*β*-pentaacetoxy-3*β*-benzoyloxy-1*α*,5*β*-dihydroxyjatropha-6(7),12-dien 7,8*β*,9*β*,14*α*,15*β*- 五乙酰氧基 -3*β*- 苯甲酰氧基 -1*α*,5*β*- 二羟基麻疯树 -6(7),12- 二烯 红雀珊瑚 Pedilanthus tithymaloides

1*α*,8*β*,9*β*,14*α*,15*β*-pentaacetoxy-3*β*-benzoyloxy-7-oxojatropha-5,12-diene 1*α*,8*β*,9*β*,14*α*,15*β*- 五乙酰氧基 -3*β*- 苯甲酰氧基 -7- 羰基麻疯树 -5,12*E*- 二烯 红雀珊瑚 Pedilanthus tithymaloides

1*β*,2*β*,5*α*,8*β*,11-pentaacetoxy-4*α*-hydroxy-3*α*-(2-methylbutanoyl)-15-nicotinoyl-7-oxo-dihydroagarofuran 1*β*,2*β*,5*α*,8*β*,11- 五乙酰氧基 -4*α*- 羟基 -3*α*-(2- 甲基丁酰基)-15- 烟酰基 -7- 氧代 - 二氢沉香呋喃 卫矛 Euonymus alatus

1*β*,2*β*,6*α*,9*β*,15-pentaacetoxy-8*β*-benzoyloxy-dihydro-*β*-agarofuran 1*β*,2*β*,6*α*,9*β*,15- 五乙酰氧基 -8*β*- 苯甲酰氧基 - 二氢 -*β*- 沉香呋喃 胶州卫矛 Euonymus kiautschovicus

1*β*,2*β*,6*α*,9*β*,15-pentaacetoxy-8*β*-benzoyloxy-*β*-dihydroagarofuran 1*β*,2*β*,6*α*,9*β*,15- 五乙酰氧基 -8*β*- 苯甲酰氧基 -*β*- 二氢沉香呋喃 冬青卫矛 Euonymus japonicus

(2*R**,3*R**,4*S**,5*R**,7*R**,9*R**,13*R**,15*R**)-2,3,5,7,15-pentaacetoxy-9-nicotinoyloxy-14-oxojatropha-6(1),11*E*-diene (2*R**,3*R**,4*S**,5*R**,7*R**,9*R**,13*R**,15*R**)-2,3,5,7,15- 五乙酰氧基 -9- 烟酰氧基 -14- 氧代麻疯树 -6(1),11*E*- 二烯 南欧大戟 Euphorbia peplus

1*α*,2*α*,6*α*,8*α*,13-pentaacetoxy-9*α*-benzoyloxy-4*β*,6*β*-dihydroxy-*β*-dihydroagarofuran 1*α*,2*α*,6*α*,8*α*,13- 五乙酰氧基 -9*α*- 苯甲酰氧基 -4*β*,6*β*- 二羟基 -*β*- 二氢沉香呋喃 苦皮藤 Celastrus angulatus

P

1β,2β,6α,8β,15-pentaacetoxy-9α-benzoyloxy-dihydro-β-agarofuran 1β,2β,6α,8β,15- 五乙酰氧基 -9α- 苯甲酰氧基 - 二氢 -β- 沉香呋喃 胶州卫矛 Euonymus kiautschovicus

1β,2β,6α,8β,15-pentaacetoxy-9α-benzoyloxy-β-dihydroagarofuran 1β,2β,6α,8β,15- 五乙酰氧基 -9α- 苯甲酰氧基 -β- 二氢沉香呋喃 冬青卫矛 Euonymus japonicus

2α,3β,5α,7β,15β-pentaacetoxy-9α-nicotinoyloxyjatropha-6(17),11-dien-14-one 2α,3β,5α,7β,15β- 五乙酰氧基 -9α- 烟酰麻疯树 -6(17),11- 二烯 -14- 酮 乳浆大戟 Euphorbia esula

pentaacetoxytaxadiene 五乙酰氧基紫杉二烯▲ 喜马拉雅红豆杉 Taxus wallichiana

1α,2α,6β,9α,15-pentaacetyl-8α-benzyl-dihydroagarofuran-6-ester 1α,2α,6β,9α,15- 五乙酰基 -8α- 苯基 - 二氢沉香呋喃 -6- 酯 扶芳藤 Euonymus fortunei

pentaborane 戊硼烷 挥发油成分，未统计基源

1,1,1,4,4-pentabromobut-3-en-2-ol 1,1,1,4,4- 五溴丁 -3- 烯 -2- 醇 紫杉状海门冬 Asparagopsis taxiformis

pentabromopropen-2-yl dibromoacetate 五溴丙烯 -2- 基 - 二溴乙酸酯 紫杉状海门冬 Asparagopsis taxiformis

pentabromopropen-2-yl tribromoacetate 五溴丙烯 -2- 基 - 三溴乙酸酯 紫杉状海门冬 Asparagopsis taxiformis

1α,2α,6β,8α,15-pentacetoxy-9α-benzoyloxy-β-agarofuran 1α,2α,6β,8α,15- 五乙酰氧基 -9α- 苯甲酰氧基 -β- 沉香呋喃 雷公藤 Tripterygium wilfordii

n-pentacontanol 正五十醇 湖北大戟 Euphorbia hylonoma

16*Z*,19*Z*-pentacosadienoic acid 16*Z*,19*Z*- 二十五碳二烯酸 万寿菊 Tagetes erecta

pentacosane 二十五烷 挥发油成分，未统计基源

n-pentacosane 正二十五烷 挥发油成分，未统计基源

(6*R*,8*S*)-pentacosanediol (6*R*,8*S*)- 二十五烷二醇 红花 Carthamus tinctorius

pentacosanoic acid 二十五酸 东北南星 Arisaema amurense, 刺槐 Robinia pseudoacacia, 柄果槲寄生 Viscum multinerve

n-pentacosanoic acid 正二十五酸 五加 Eleutherococcus nodiflorus var. gracilistylus

pentacosanol 二十五醇 野核桃 Juglans cathayensis, 忍冬 Lonicera japonica, 槲寄生 Viscum coloratum

8-pentacosanoyl-benzoyldeoxyaconine 8- 二十五烷酰基 - 苯甲酰去氧乌头原碱 乌头 Aconitum carmichaelii

8-pentacosanoyl-benzoylhypaconine 8- 二十五烷酰基 - 苯甲酰次乌头胺 乌头 Aconitum carmichaelii

(*Z*)-9-pentacosene (*Z*)-9- 二十五烯 挥发油成分，未统计基源

n-pentacosonyl-*n*-octadec-9-enoate 正十八碳 -9- 烯酸正二十五酯 绿穗苋 Amaranthus hybridus

pentacosyl dihydro-*p*-coumarate 二氢对香豆酸二十五酯 银桦 Grevillea robusta

pentacosyl ferulate 阿魏酸二十五酯 小叶锦鸡儿 Caragana microphylla, 绶草 Spiranthes sinensis

pentacosyl *trans*-ferulate 反式 - 阿魏酸二十五酯 黄樟 Cinnamomum parthenoxylon

2-pentacosyl-2,5,7-trihydroxy-chromanone 2- 二十五基 -2,5,7- 三羟基二氢色酮 木藤蓼 Polygonum aubertii

5-pentadec-10-enylresorcinol 5- 十五碳 -10- 烯基树脂苔黑酚▲ 银桦 Grevillea robusta

pentadec-11-enoic acid methyl ester 十五碳 -11- 烯酸甲酯 翅子树 Pterospermum acerifolium

5-[(8*Z*)-pentadec-8-en-1-yl]resorcinol 5-[(8*Z*)- 十五碳 -8- 烯 -1- 基] 树脂苔黑酚▲ 九管血 Ardisia brevicaulis

cis-5-*n*-pentadec-8'-enylresorcinol 顺式 -5- 正十五烷 -8'- 烯基 - 树脂苔黑酚▲ 银桦 Grevillea robusta

5-pentadec-8-enylresorcinol 5- 十五碳 -8- 烯基树脂苔黑酚▲ 银桦 Grevillea robusta

6*Z*,9*Z*-pentadecadien-1-ol 6*Z*,9*Z*- 十五碳二烯 -1- 醇 挥发油成分，未统计基源

2*E*,4*Z*-pentadecadienal 2*E*,4*Z*- 十五二烯醛 普通小麦 Triticum aestivum

(*Z*,*Z*)-2,9-pentadecadiene-4,6-diyn-1-ol (*Z*,*Z*)-2,9- 十五碳二烯 -4,6- 二炔 -1- 醇 大叶柴胡 Bupleurum longiradiatum

pentadecan-1-ol 十五烷 -1- 醇 小叶黑面神 Breynia vitis-idaea

pentadecanal 十五醛 挥发油成分，未统计基源

pentadecane 十五烷 阳桃 Averrhoa carambola, 贡山三尖杉 Cephalotaxus lanceolata, 单穗升麻 Cimicifuga simplex, 臭荠 Coronopus didymus, 橘草 Cymbopogon goeringii, 欧洲鳞毛蕨 Dryopteris filix-mas, 啤酒花 Humulus lupulus, 红花青藤 Illigera rhodantha, 茸毛木蓝 Indigofera stachyodes, 山柰 Kaempferia galanga, 独一味 Lamiophlomis rotata, 檵木 Loropetalum chinense, 楝 Melia azedarach, 孩儿草 Rungia pectinata, 垂盆草 Sedum sarmentosum, 青花椒 Zanthoxylum schinifolium

n-pentadecane 正十五烷 挥发油成分，未统计基源

pentadecane pelargonate 壬酸十五酯 川楝 Melia toosendan

pentadecanoate triglyceride 正十五酸三甘油酯 狭叶瓶尔小草 Ophioglossum thermale

14-pentadecanoic acid 14- 十五酸 挥发油成分，未统计基源

pentadecanoic acid 十五酸 挥发油成分，未统计基源

n-pentadecanoic acid 正十五酸 挥发油成分，未统计基源

pentadecanoic acid ethyl ester 十五酸乙酯 四川千金藤 Stephania sutchuenensis

pentadecanoic acid-3-(6-aminomethyl-3,4,5-trihydroxy-tetrahydropyran-2-yloxy)-2-pentadecanoyloxypropyl ester) 十五酸 -3-(6- 氨基甲基 -3,4,5- 三羟基 - 四氢吡喃 -2- 氧基)-2- 十五酰氧基丙酯 大叶山蚂蝗 Desmodium gangeticum

2-pentadecanone 2- 十五酮 挥发油成分，未统计基源

8-pentadecanoyl-benzoyl-3,13-dideoxyaconine 8- 十五烷酰基 - 苯甲酰基 -3,13- 二去氧乌头原碱 乌头 Aconitum carmichaelii

8-pentadecanoyl-benzoyldeoxyaconine 8- 十五烷酰基 - 苯甲酰去氧乌头原碱 乌头 Aconitum carmichaelii

8-pentadecanoyl-benzoylhypaconine 8- 十五烷酰基 - 苯甲酰次乌头胺 乌头 Aconitum carmichaelii

8-pentadecanoyl-benzoylmesaconine 8- 十五烷酰基 - 苯甲酰中乌头胺 乌头 Aconitum carmichaelii

P

5,9,13-pentadecatrien-2-one 5,9,13- 十五碳三烯 -2- 酮 挥发油成分，未统计基源
(2*Z*,8*E*,10*E*)-pentadecatriene-4,6-diyn-1-ol (2*Z*,8*E*,10*E*)- 十五碳三烯 -4,6- 二炔 -1- 醇 大叶柴胡 Bupleurum longiradiatum
(11*Z*)-pentadecenal (11*Z*)- 十五烯醛 鳄梨 Persea americana
1-pentadecene 1- 十五烯 挥发油成分，未统计基源
pentadecenoic acid 十五烯酸 挥发油成分，未统计基源
(*E*)-10-pentadecenol (*E*)-10- 十五碳烯醇 挥发油成分，未统计基源
8-pentadecenoyl-benzoylaconine 8- 十五碳烯酰基 - 苯甲酰乌头原碱 乌头 Aconitum carmichaelii
8-pentadecenoyl-benzoylhypaconine 8- 十五碳烯酰基 - 苯甲酰次乌头胺 乌头 Aconitum carmichaelii
8-pentadecenoyl-benzoylmesaconine 8- 十五碳烯酰基 - 苯甲酰中乌头胺 乌头 Aconitum carmichaelii
5-(8*Z*-pentadecenyl)-1,3-benzenediol 5-(8*Z*- 十五烯基)-1,3- 苯二酚 白花酸藤子 Embelia ribes
2-(1*E*-pentadecenyl)furan 2-(1*E*- 十五烯基) 呋喃 鳄梨 Persea americana
5-(8'*Z*-pentadecenyl)resorcinol 5-(8'*Z*- 十五烯基) 树脂苔黑酚 ▲ 走马胎 Ardisia gigantifolia
5-(8'*Z*-pentadecenyl)resorcinol monoacetate 5-(8'*Z*- 十五烯基) 树脂苔黑酚 ▲ 单乙酸酯 走马胎 Ardisia gigantifolia
pentadecyl caffeate 咖啡酸十五酯 驼绒藜 Krascheninnikovia ceratoides
pentadecyl ether 十五烷基醚 麻疯树 Jatropha curcas
n-pentadecyl[3-(4-hydroxyphenyl)]propanoate 正十五烷基 [3-(4- 羟基苯基)] 丙酸酯 香莸 Caryopteris odorata
5-pentadecyl-1,3-benzenediol 5- 十五烷基 -1,3- 苯二酚 山血丹 Ardisia lindleyana, 白花酸藤子 Embelia ribes
2-pentadecylfuran 2- 十五烷基呋喃 鳄梨 Persea americana
5-pentadecylresorcinol 5- 十五烷基树脂苔黑酚 ▲ 九管血 Ardisia brevicaulis, 走马胎 A. gigantifolia
5-*n*-pentadecylresorcinol 5- 正十五烷基树脂苔黑酚 ▲ 银桦 Grevillea robusta
cis-5-*n*-pentadecylresorcinol 顺式 -5- 正十五烷基树脂苔黑酚 ▲ 银桦 Grevillea robusta
6-pentadecylsalicylic acid 6- 十五烷基水杨酸 滨盐肤木 Rhus chinensis var. roxburghii
2-pentadecyn-1-ol 2- 炔基 -1- 十五醇 挥发油成分，未统计基源
7-pentadecyne 7- 十五炔 白刺 Nitraria tangutorum
2,4-pentadienoic acid 2,4- 戊二烯酸 枸杞 Lycium chinense
2,4-pentadienoic acid-4-hydroxy-5-(5-methyl-2-thienyl)-γ-lactone 2,4- 戊二烯酸 -4- 羟基 -5-(5- 甲基 -2- 噻吩)-γ- 内酯 果香菊 Chamaemelum nobile
(*E*)-2-(2,4-pentadiynylidene)-1,6-dioxaspiro[4.5]dec-3-ene (*E*)-2-(2,4- 戊二炔亚基)-1,6- 二氧螺环 [4.5] 癸烷 -3- 烯 蒿子杆 Glebionis carinatum
1,2,3,4,6-pentagalloylglucose 1,2,3,4,6- 五没食子酰葡萄糖 云南红景天 Rhodiola yunnanensis, 黑蕊虎耳草 Saxifraga melanocentra
pentagalloylglucose 五没食子酰葡萄糖 红叶 Cotinus coggygria var. cinerea, 龙眼 Dimocarpus longan, 榄李 Lumnitzera racemosa
pentagalloyl-HHDP-glucopyranose 五没食子酰基六羟基联苯甲酰吡喃葡萄糖 龙眼 Dimocarpus longan
1,2,3,4,6-pentagalloyl-*O*-β-D-glucopyranoside 1,2,3,4,6- 五没食子酰基 -*O*-β-D- 吡喃葡萄糖苷 芍药 Paeonia lactiflora
1,2,3,4,6-penta-galloyl-β-D-glucopyranose 1,2,3,4,6- 五没食子酰基 -β-D- 吡喃葡萄糖 芍药 Paeonia lactiflora
pentagalloyl-β-D-glucose 五没食子酰基 -β-D- 葡萄糖 牡丹 Paeonia suffruticosa
3,3',4',5,7-pentahydoxyflavan(4 → 8)-3,3',4',5,7-pentahydoxyflavan 3,3',4',5,7- 五羟基黄烷 (4 → 8)-3,3',4',5,7- 五羟基黄烷 莳萝 Anethum graveolens
2β,16α,20,23,26-pentahydroxy-10α-cucurbit-5,24-(*E*)-diene-3,11-dione 2β,16α,20,23,26- 五羟基 -10α- 葫芦 -5,24-(*E*)- 二烯 -3,11- 二酮 甜瓜 Cucumis melo
3β,6β,19α,21α,24-pentahydroxy-12-en-28-oleanolic acid 3β,6β,19α,21α,24- 五羟基齐墩果 -12- 烯 -28- 酸 光叶海桐 Pittosporum glabratum
2α,3β,5,11α,14-pentahydroxy-12-oxo-5β,14β-card-20(22)-enolide 2α,3β,5,11α,14- 五羟基 -12- 氧代 -5β,14β- 强心甾 -20(22)- 烯内酯 鳝藤 Anodendron affine
2β,3β,20(*S*),26,27-pentahydroxy-16α,23(*S*)-epoxycucurbita-5,24-dien-11-one 2β,3β,20(*S*),26,27- 五羟基 -16α,23(*S*)- 环氧葫芦 -5,24- 二烯 -11- 酮 曲莲 Hemsleya amabilis
(24*R*)-3β,7β,24,25,30-pentahydroxy-1-en-cycloartane-24-*O*-β-D-glucopyranoside (24*R*)-3β,7β,24,25,30- 五羟基 -1- 烯 - 环木菠萝 -24-*O*-β-D- 吡喃葡萄糖苷 过山蕨 Camptosorus sibiricus
5β,6α,14α,17β,20β-pentahydroxy-1-oxo-20*S*,22*R*-witha-2,24-dienolide 5β,6α,14α,17β,20β- 五羟基 -1- 氧代 -20*S*,22*R*- 睡茄 -2,24- 二烯内酯 睡茄 Withania somnifera
(20*R*,22*R*)-5α,6β,14α,20,27-pentahydroxy-1-oxowith-24-enolide (20*R*,22*R*)-5α,6β,14α,20,27- 五羟基 -1- 氧代睡茄 -24- 烯内酯 灯笼果 Physalis peruviana
4,4',5,5',7-pentahydroxy-2,2'-dimethyl-1,1'-bianthraquinone 4,4',5,5',7- 五羟基 -2,2'- 二甲基 -1,1'- 二聚蒽醌 铁刀木 Senna siamea
2β,3β,14α,20*R*,22*R*-pentahydroxy-24*R*-methyl-5β-cholest-7-en-6-one-3-*O*-β-D-glucopyranoside 2β,3β,14α,20*R*,22*R*- 四羟基 -24*R*- 甲基 -5β- 胆甾 -7- 烯 -6- 酮 -3-*O*-β-D- 吡喃葡萄糖苷 海金沙 Lygodium japonicum
3,5,7,3',5'-pentahydroxy-2*R*,3*R*-flavanonol 3-*O*-α-L-rhamnopyranoside 3,5,7,3',5'- 五羟基 -2*R*,3*R*- 黄烷酮醇 3-*O*-α-L- 吡喃鼠李糖苷 海漆 Excoecaria agallocha
2,5,7,3',4'-pentahydroxy-3,4-flavandione 2,5,7,3',4'- 五羟基 -3,4- 黄烷二酮 洋葱 Allium cepa
(-)-(7*S*,8*R*,7'*E*)-4,7,9,3',9'-pentahydroxy-3,5'-dimethoxy-8-4'-oxyneolign-7'-ene-3'-*O*-β-D-glucopyranoside (-)-(7*S*,8*R*,7'*E*)-4,7,9,3',9'- 五羟基 -3,5'- 二甲氧基 -8-4'- 氧代新木脂素 -7'- 烯 -3'-*O*-β-D- 吡喃葡萄糖苷 微花藤 Iodes cirrhosa
2,3',4,4',α-pentahydroxy-3,5'-diprenyl-dihydrochalcone 2,3',4,4',α- 五羟基 -3,5'- 二异戊烯基二氢查耳酮 洋甘草 Glycyrrhiza glabra

P

P

2',3,3',4,4'-pentahydroxychalcone-4'-β-D-glucopyranosyl-(1 → 6)-glucopyranoside 2',3,3',4,4'- 五羟基查耳酮 -4'-β-D- 吡喃葡萄糖基 -(1 → 6)-葡萄糖苷 鬼针草 Bidens pilosa

1β,6β,7α,8α,10-pentahydroxy-*cis*-2-oxabicyclo[4.3.0]nonane 1β,6β,7α,8α,10- 五羟基 - 顺式 -2- 氧杂双环 [4.3.0] 壬烷 十字架树 Crescentia alata

2',3,4',5,5'-pentahydroxy-*cis*-stilbene 2',3,4',5,5'- 五羟基 - 顺式 - 芪 黑桑 Morus nigra

3β,7β,24β,25,30-pentahydroxycycloartane-24,30-di-*O*-β-D-glucopyranoside 3β,7β,24,25,30- 五羟基环木菠萝 -24,30- 二 -*O*-β-D- 吡喃葡萄糖苷 过山蕨 Camptosorus sibiricus

3β,7β,24β,25,30-pentahydroxycycloartane-24-*O*-β-D-glucopyranoside 3β,7β,24β,25,30- 五羟基环木菠萝 -24-*O*-β-D- 吡喃葡萄糖苷 过山蕨 Camptosorus sibiricus

(24*R*)-3β,7β,24,25,30-pentahydroxycycloartane-30-*O*-coumaroyl-3-*O*-β-D-glucopyranosyl-24-*O*-β-D-glucopyranosyl-(1 → 2)-β-D-glucopyranoside (24*R*)-3β,7β,24,25,30- 五羟基环木菠萝 -30-*O*- 香豆酰基 -3-*O*-β-D- 吡喃葡萄糖基 -24-*O*-β-D- 吡喃葡萄糖基 -(1 → 2)-β-D- 吡喃葡萄糖苷 过山蕨 Camptosorus sibiricus

(24*R*)-3β,7β,24,25,30-pentahydroxycycloartane-30-*O*-coumaroyl-3-*O*-β-D-glucopyranosyl-24-*O*-β-D-glucopyranosyl-(1 → 6)-β-D-glucopyranoside (24*R*)-3β,7β,24,25,30- 五羟基环木菠萝 -30-*O*- 香豆酰基 -3-*O*-β-D- 吡喃葡萄糖基 -24-*O*-β-D- 吡喃葡萄糖基 -(1 → 6)-β-D- 吡喃葡萄糖苷 过山蕨 Camptosorus sibiricus

3β,7β,24β,25,30-pentahydroxycycloartane-3-*O*-β-D-glucopyranoside-24-*O*-β-D-glucopyranoside 3β,7β,24β,25,30- 五羟基环木菠萝 -3-*O*-β-D- 吡喃葡萄糖苷 -24-*O*-β-D- 吡喃葡萄糖苷 过山蕨 Camptosorus sibiricus

3β,7β,24β,25,30-pentahydroxycycloartane-3-*O*-β-D-glucopyranoside-24-*O*-β-D-glucopyranosyl-(1 → 2)-D-glucopyranoside 3β,7β,24β,25,30- 五羟基环木菠萝 -3-*O*-β-D- 吡喃葡萄糖苷 -24-*O*-β-D- 吡喃葡萄糖基 -(1 → 2)-β-D- 吡喃葡萄糖苷 过山蕨 Camptosorus sibiricus

(24*R*)-3β,7β,24,25,30-pentahydroxycycloartane-3-*O*-β-D-glucopyranosyl-(1 → 2)-β-D-glucopyranosyl-24-*O*-β-D-xylopyranosyl-(1 → 2)-β-D-glucopyranoside (24*R*)-3β,7β,24,25,30- 五羟基环木菠萝 -3-*O*-β-D- 吡喃葡萄糖基 -(1 → 2)-β-D- 吡喃葡萄糖基 -24-*O*-β-D- 吡喃木糖基 -(1 → 2)-β-D- 吡喃葡萄糖苷 过山蕨 Camptosorus sibiricus

(24*R*)-3β,7β,24,25,30-pentahydroxycycloartane-3-*O*-β-D-glucopyranosyl-(1 →4)-[α-L-arabinopyranosyl-(1 →2)-β-D-glucopyranosyl]-24-*O*-β-D-glucopyranoside (24*R*)-3β,7β,24,25,30- 五羟基环木菠萝 -3-*O*-β-D- 吡喃葡萄糖基 -(1 → 4)-[α-L- 吡喃阿拉伯糖基 -(1 → 2)-β-D- 吡喃葡萄糖基]-24-*O*-β-D- 吡喃葡萄糖苷 过山蕨 Camptosorus sibiricus

(24*R*)-3β,7β,24,25,30-pentahydroxycycloartane-3-*O*-β-D-glucopyranosyl-(1 →4)-[β-D-galactopyranosyl-(1 →2)-β-D-glucopyranosyl]-24-*O*-β-D-glucopyranoside (24*R*)-3β,7β,24,25,30- 五羟基环木菠萝 -3-*O*-β-D- 吡喃葡萄糖基 -(1 → 4)-[β-D- 吡喃半乳糖基 -(1 → 2)-β-D- 吡喃葡萄糖基]-24-*O*-β-D- 吡喃葡萄糖苷 过山蕨 Camptosorus sibiricus

(24*R*)-3β,7β,24,25,30-pentahydroxycycloartane-3-*O*-β-D-glucopyranosyl-24-*O*-β-D-glucopyranosyl-30-*O*-β-D-glucopyranoside (24*R*)-3β,7β,24,25,30- 五羟基环木菠萝 -3-*O*-β-D- 吡喃葡萄糖基 -24-*O*-β-D- 吡喃葡萄糖基 -30-*O*-β-D- 吡喃葡萄糖苷 过山蕨 Camptosorus sibiricus

3β,6α,12β,20*S*,25-pentahydroxydammar-23(24)-ene 3β,6α,12β,20*S*,25- 五羟基达玛 -23(24)- 烯 三七 Panax notoginseng

3β,6α,12β,20*S*,25-pentahydroxydammar-23-ene-3-*O*-β-D-xylopyranosyl-(1 → 6)-β-D-glucopyranosyl-6-*O*-β-D-glucopyranosyl-20-*O*-β-D-glucopyranosside 3β,6α,12β,20*S*,25- 五羟基达玛 -23- 烯 -3-*O*-β-D- 吡喃木糖基 -(1 → 6)-β-D- 吡喃葡萄糖基 -6-*O*-β-D- 吡喃葡萄糖基 -20-*O*-β-D- 吡喃葡萄糖苷 西洋参 Panax quinquefolius

3,4,8,9,10-pentahydroxydibenzo[b,d]pyran-6-one 3,4,8,9,10- 五羟基二苯并 [b,d] 吡喃 -6- 酮 臭椿 Ailanthus altissima, 胡桃 Juglans regia, 大花紫薇 Lagerstroemia speciosa, 毛草龙 Ludwigia octovalvis

3,4,8,9,10-pentahydroxy-dibenzopyran-6-one 3,4,8,9,10- 五羟基 - 二苯并吡喃 -6- 酮 山苦茶 Mallotus peltatus

(α*R*)-α,3,4,2',4'-pentahydroxydihydrochalcone (α*R*)-α,3,4,2',4'- 五羟基二氢查耳酮 蒙自木蓝 Indigofera mengtzeana

α,2',3,4,4'-pentahydroxydihydrochalcone α,2',3,4,4'- 五羟基二氢查耳酮 降香 Dalbergia odorifera

3,5,7,3',5'-pentahydroxydihydroflavone 3,5,7,3',5'- 五羟基二氢黄酮 披针叶荚蒾 Viburnum lancifolium

2β,14β,15α,16α,17-pentahydroxy-*ent*-kaurane 2β,14β,15α,16α,17- 五羟基 - 对映 - 贝壳杉烷 凤尾蕨 Pteris cretica var. nervosa

(2*R*,3*R*)-3,5,7,3',4'-pentahydroxyflavan (2*R*,3*R*)-3,5,7,3',4'- 五羟基黄烷 红花八角 Illicium dunnianum

(2*R*,3*R*)-3,5,7,3',5'-pentahydroxyflavan (2*R*,3*R*)-3,5,7,3',5'- 五羟基黄烷 红花八角 Illicium dunnianum, 红茴香 I. henryi, 菝葜 Smilax china, 昆明山海棠 Tripterygium hypoglaucum

(2*S*,3*R*)-3,5,7,3',4'-pentahydroxyflavan (2*S*,3*R*)-3,5,7,3',4'- 五羟基黄烷 云南油杉 Keteleeria evelyniana

2*R*,3*R*-3,3',5,5',7-pentahydroxyflavan 2*R*,3*R*-3,3',5,5',7- 五羟基黄烷 紫荆 Cercis chinensis

(2*R*-*cis*)-3,3',5,5',7-pentahydroxyflavan (2*R*- 顺式)-3,3',5,5',7- 五羟基黄烷 木竹子 Garcinia multiflora

3,3',4',5,7-pentahydroxyflavan 3,3',4',5,7- 五羟基黄烷 小花八角 Illicium micranthum, 红花五味子 Schisandra rubriflora

ent-3,5,7,2',5'-pentahydroxyflavan 对映 -3,5,7,2',5'- 五羟基黄烷 一年蓬 Erigeron annuus

4,5,7,3',4'-pentahydroxyflavan-3-*O*-β-D-glucopyranoside 4,5,7,3',4'- 五羟基黄烷 -3-*O*-β-D- 吡喃葡萄糖苷 五桠果 Dillenia indica

(-)-5,7,3',4',5'-pentahydroxyflavane (-)-5,7,3',4',5'- 五羟基黄烷 猴耳环 Pithecellobium clypearia

2*R*,3*R*-3,5,7,3',5'-pentahydroxyflavane 2*R*,3*R*-3,5,7,3',5'- 五羟基黄烷 酸枣 Ziziphus jujuba var. spinosa

(+)-3,3',5',5,7-pentahydroxyflavanone (+)-3,3',5',5,7- 五羟基黄烷酮 北枳椇 Hovenia dulcis

(2*R*,3*R*)-2',3,5,6',7-pentahydroxyflavanone (2*R*,3*R*)-2',3,5,6',7- 五羟基黄烷酮 滇黄芩 Scutellaria amoena, 黄芩 S. baicalensis

(2*R*,3*R*)-3,3',5,5',7-pentahydroxyflavanone (2*R*,3*R*)-3,3',5,5',7- 五羟基黄烷酮 云树 Garcinia cowa, 文冠果 Xanthoceras sorbifolium

(2*S*)-3',4',5,5',7-pentahydroxyflavanone (2*S*)-3',4',5,5',7- 五羟基黄烷酮 文冠果 Xanthoceras sorbifolium

(2*R*,3*S*)-5,7,3',4',5'-pentahydroxyflavanone [(2*R*,3*S*)-5,7,3',4',5'- 五羟基黄烷酮 显齿蛇葡萄 Ampelopsis grossedentata

2',3,4',5,7-pentahydroxyflavanone 2',3,4',5,7- 五羟基黄烷酮 构棘 Cudrania cochinchinensis

2',3,5,6',7-pentahydroxyflavanone 2',3,5,6',7- 五羟基黄烷酮 黄芩 Scutellaria baicalensis

3,3',5,5',7-pentahydroxyflavanone 3,3',5,5',7- 五羟基黄酮 滇山茶 Camellia reticulata, 流苏树 Chionanthus retusus
3',4',5',5,7-pentahydroxyflavanone 3',4',5',5,7- 五羟基黄烷酮 短萼仪花 Lysidice brevicalyx
3,5,7,3',4'-pentahydroxyflavanone 3,5,7,3',4'- 五羟基黄烷酮 牛膝菊 Galinsoga parviflora
3,5,7,3',5'-pentahydroxyflavanone 3,5,7,3',5'- 五羟基黄烷酮 两色金鸡菊 Coreopsis tinctoria
5,7,3',4',5'-pentahydroxyflavanone 5,7,3',4',5'- 五羟基黄烷酮 广东蛇葡萄 Ampelopsis cantoniensis, 显齿蛇葡萄 A. grossedentata
5,6,7,3',4'-pentahydroxyflavanone-7-*O*-β-D-glucuronide 5,6,7,3',4'- 五羟基黄烷酮 -7-*O*-β-D- 葡萄糖醛酸苷 黄芩 Scutellaria baicalensis
5,7,8,3',4'-pentahydroxyflavanone-7-*O*-β-D-glucuronide 5,7,8,3',4'- 五羟基黄烷酮 -7-*O*-β-D- 葡萄糖醛酸苷 黄芩 Scutellaria baicalensis
3,5,7,3',5'-pentahydroxyflavanonol 3,5,7,3',5'- 五羟基黄烷酮醇 鄂羊蹄甲 Bauhinia glauca subsp. hupehana
2*R*,3*R*-3,5,6,7,4'-pentahydroxy-flavanonol 2*R*,3*R*-3,5,6,7,4'- 五羟基黄烷酮醇 地锦 Parthenocissus tricuspidata
(2*R*,3*R*)-3,5,7,3',4'-pentahydroxyflavanonol-3-*O*-(3''-*O*-galloyl)-α-L-rhamnopyranoside (2*R*,3*R*)-3,5,7,3',4'- 五羟基黄烷酮醇 -3-*O*-(3''-*O*- 没食子酰基)-α-L- 吡喃鼠李糖苷 黄杞 Engelhardia roxburghiana
(2*R*,3*R*)-3,5,7,3',4'-pentahydroxyflavanonol-3-*O*-(3''-*O*-*trans*-*p*-coumaroyl)-α-L-rhamnopyranoside (2*R*,3*R*)-3,5,7,3',4'- 五羟基黄烷酮醇 -3-*O*-(3''-*O*- 反式 - 对香豆酰基)-α-L- 吡喃鼠李糖苷 黄杞 Engelhardia roxburghiana
2',3,4',6,8-pentahydroxyflavone 2',3,4',6,8- 五羟基黄酮 白花丹 Plumbago zeylanica
2',3,5,6',7-pentahydroxyflavone 2',3,5,6',7- 五羟基黄酮 黄芩 Scutellaria baicalensis
3,3',4',5,6-pentahydroxyflavone 3,3',4',5,6- 五羟基黄酮 白花丹 Plumbago zeylanica
3,3',4',5,7-pentahydroxyflavone 3,3',4',5,7- 五羟基黄酮 构树 Broussonetia papyrifera, 厚藤 Ipomoea pes-caprae, 金露梅 Potentilla fruticosa
3,3',4',7,8-pentahydroxyflavone 3,3',4',7,8- 五羟基黄酮 香合欢 Albizia odoratissima
3',4',3,5,7-pentahydroxyflavone 3',4',3,5,7- 五羟基黄酮 多序岩黄耆 Hedysarum polybotrys
3,5,7,2'',6''-pentahydroxyflavone 3,5,7,2'',6''- 五羟基黄酮 丽江黄芩 Scutellaria likiangensis
3,5,7,3',4'-pentahydroxyflavone 3,5,7,3',4'- 五羟基黄酮 日本桤木 Alnus japonica, 沼猪殃殃 Galium uliginosum, 驼绒藜 Krascheninnikovia ceratoides, 广藿香 Pogostemon cablin
3,5,8,3',4'-pentahydroxyflavone 3,5,8,3',4'- 五羟基黄酮 黄海棠 Hypericum ascyron
3,7,8,3',4'-pentahydroxyflavone 3,7,8,3',4'- 五羟基黄酮 台湾相思 Acacia confusa
3,7,8,3'4'-pentahydroxyflavone 3,7,8,3'4'- 五羟基黄酮 厚藤 Ipomoea pes-caprae
5,7,3',4',5'-pentahydroxyflavone 5,7,3',4',5'- 五羟基黄酮 辐状肋柱花 Lomatogonium rotatum
7,3',4',5,5'-pentahydroxyflavone 7,3',4',5,5'- 五羟基黄酮 细梗香草 Lysimachia capillipes
2',3,5,6',7-pentahydroxyflavone-2'-*O*-β-D-glucopyranoside 2',3,5,6',7- 五羟基黄酮 -2'-*O*-β-D- 吡喃葡萄糖苷 黄芩 Scutellaria baicalensis
3,3',4',5,7-pentahydroxyflavone-3-*O*-rutinoside 3,3',4',5,7- 五羟基黄酮 -3-*O*- 芸香糖苷 曲轴海金沙 Lygodium flexuosum
3,3',4',5,7-pentahydroxyflavone-3-*O*-α-L-rhamnopyranoside 3,3',4',5,7- 五羟基黄酮 -3-*O*-α-L- 吡喃鼠李糖苷 金露梅 Potentilla fruticosa, 菊叶委陵菜 P. tanacetifolia
3,4',5,5',7-pentahydroxyflavone-3'-*O*-β-D-xylopyranoside 3,4',5,5',7- 五羟基黄酮 -3'-*O*-β-D- 吡喃木糖苷 杜香 Ledum palustre
3',4',5',5,7-pentahydroxyflavone-3-*O*-β-D-xylopyranosyl-(1 → 2)-β-D-glucopyranoside 3',4',5',5,7- 五羟基黄酮 -3-*O*-β-D- 吡喃木糖基 -(1 → 2)-β-D- 吡喃葡萄糖苷 苦马豆 Sphaerophysa salsula
3,3',4',6,7-pentahydroxyflavone-5-*O*-β-D-glucopyranoside 3,3',4',6,7- 五羟基黄酮 -5-*O*-β-D- 吡喃葡萄糖苷 柳叶斑鸠菊 Vernonia saligna
3,5,7,3',4'-pentahydroxyflavone-7-*O*-rhamnopyranoside 3,5,7,3',4'- 五羟基黄酮 -7-*O*- 吡喃鼠李糖苷 地耳草 Hypericum japonicum
3',4',5,6,7-pentahydroxyflavone-7-*O*-β-D-glucopyranosyl-(1'' → 2')-β-D-glucopyranoside 3',4',5,6,7- 五羟基黄酮 -7-*O*-β-D- 吡喃葡萄糖基 -(1'' → 2')-β-D- 吡喃葡萄糖苷 水蔓菁 Pseudolysimachion linariifolium subsp. dilatatum
5,7,2',3',4'-pentahydroxyflavone-8-*C*-glucopyranoside 5,7,2',3',4'- 五羟基黄酮 -8-*C*- 吡喃葡萄糖苷 山蓼 Oxyria digyna
3,3',5',5,7-pentahydroxyflavonol 3,3',5',5,7- 五羟基黄酮醇 皂荚 Gleditsia sinensis
3,5,7,3',5'-pentahydroxyflavonol 3,5,7,3',5'- 五羟基二氢黄酮醇 地耳草 Hypericum japonicum
5,7,3',4',5'-pentahydroxyflavonol 5,7,3',4',5'- 五羟基黄酮醇 马六甲蒲桃 Syzygium malaccense
3-(2,2,3*S*,4*R*,5*S*-pentahydroxy-hexyloxy)-coumarin 3-(2,2,3*S*,4*R*,5*S*- 五羟基 - 己氧基)- 香豆素 牛奶子 Elaeagnus umbellata
5,7,2',3',4'-pentahydroxyisoflavone 5,7,2',3',4'- 五羟基异黄酮 千斤拔 Flemingia philippinensis
5,7,8,2',4'-pentahydroxyisoflavone 5,7,8,2',4'- 五羟基异黄酮 棉豆 Phaseolus lunatus
3β,16β,22α,23,28-pentahydroxyolean-12-en-21β-(2*E*)-2-methylbut-2-enoate 3β,16β,22α,23,28- 五羟基齐墩果 -12- 烯 -21β-(2*E*)-2- 甲基丁 -2- 烯酸酯 匙羹藤 Gymnema sylvestre
3β,16β,22α,23,28-pentahydroxyolean-12-en-21β-(2*S*)-2-methylbutanoate 3β,16β,22α,23,28- 五羟基齐墩果 -12- 烯 -21β-(2*S*)-2- 甲基丁酸酯 匙羹藤 Gymnema sylvestre
1β,2α,3β,16β,19β-pentahydroxyolean-12-en-28-oic acid 1β,2α,3β,16β,19β- 五羟基齐墩果 -12- 烯 -28- 酸 钩腺大戟 Euphorbia sieboldiana
1β,2α,3β,19β,23-pentahydroxyolean-12-en-28-oic acid 1β,2α,3β,19β,23- 五羟基齐墩果 -12- 烯 -28- 酸 钩腺大戟 Euphorbia sieboldiana
2α,3β,16α,19α,23-pentahydroxyolean-12-en-28-oic acid 2α,3β,16α,19α,23- 五羟基齐墩果 -12- 烯 -28- 酸 广东紫珠 Callicarpa kwangtungensis
3α,16α,21α,22α,28-pentahydroxy-olean-12-en-28-*O*-β-D-xylopyranoside 3α,16α,21α, 22α,28- 五羟基 - 齐墩果 -12- 烯 -28-*O*-β-D- 吡喃木糖酯苷 石胡荽 Centipeda minima
3β,16α,21β,22α,28-pentahydroxy-olean-12-en-28-*O*-β-D-xylopyranoside 3β,16α,21β,22α,28- 五羟基 - 齐墩果 -12- 烯 -28-*O*-β-D- 吡喃木糖酯苷 石胡荽 Centipeda minima
16β,21β,22α,23,28-pentahydroxyolean-12-en-3-one 16β,21β,22α,23,28- 五羟基齐墩果 -12- 烯 -3- 酮 匙羹藤 Gymnema sylvestre
3β,16β,21α,23,28-pentahydroxyolean-12-ene 3β,16β,21α,23,28- 五羟基齐墩果 -12- 烯 匙羹藤 Gymnema sylvestre
3β,16β,21β,23,28-pentahydroxyolean-12-ene 3β,16β,21β,23,28- 五羟基齐墩果 -12- 烯 匙羹藤 Gymnema sylvestre

2β,3β,16α,23,24-pentahydroxyolean-12-ene-28-oic acid-3-*O*-β-D-glucopyranoside 2β,3β,16α,23,24- 五羟基齐墩果 -12- 烯 -28- 酸 -3-*O*-β-D- 吡喃葡萄糖苷 桔梗 Platycodon grandiflorus

3β,14α,15α,21β,29-pentahydroxyserrat-14-en-24-oic acid-3β-(4-hydroxybenzoate) 3β,14α,15α,21β,29- 五羟基千层塔 -14- 烯 -24- 酸 -3β-(4- 羟基苯甲酸酯) 垂穗石松 Palhinhaea cernua

3,4,2',3',4'-pentahydroxy-*trans*-chalcone 3,4,2',3',4'- 五羟基 - 反式 - 查耳酮 台湾相思 Acacia confusa

2α,3α,11α,21α,23-pentahydroxyurs-12-en-28-oic acid 2α,3α,11α,21α,23- 五羟基熊果 -12- 烯 -28- 酸 广东紫珠 Callicarpa kwangtungensis

2α,3α,19α,23,24-pentahydroxyurs-12-en-28-oic acid 2α,3α,19α,23,24- 五羟基熊果 -12- 烯 -28- 酸 中华猕猴桃 Actinidia chinensis

1β,2α,3β,19α,23-pentahydroxy-urs-12-en-28-oic acid-28-*O*-β-D-xylopyranoside 1β,2α,3β,19α,23- 五羟基 - 熊果 -12- 烯 -28- 酸 -28-*O*-β-D- 吡喃木糖酯苷 石胡荽 Centipeda minima

1α,2α,6β,8α,12-pentakis(acetyloxy)-9α-(benzoyloxy)dihydro-β-agarofuran 1α,2α,6β,8α,12- 五 (乙酰氧基)-9α-(苯甲酰氧基) 二氢 -β- 沉香呋喃 苦皮藤 Celastrus angulatus, 雷公藤 Tripterygium wilfordii

3β,16β,22α,23,28-pentakis(acetyloxy)olean-12-en-21β-(2*S*)-2-methylbutanoate 3β,16β,22α,23,28- 五乙酰氧基齐墩果 -12- 烯 -21β-(2*S*)-2- 甲基丁酸酯 匙羹藤 Gymnema sylvestre

2,3,4,5,7-pentamethoxy-1-*O*-gentiobisyloxyxanthone 2,3,4,5,7- 五甲氧基 -1-*O*- 龙胆二糖氧基𠮿酮 花锚 Halenia corniculata

2,3,4,5,7-pentamethoxy-1-*O*-primeverosyloxyxanthone 2,3,4,5,7- 五甲氧基 -1-*O*- 樱草糖氧基𠮿酮 花锚 Halenia corniculata, 椭圆叶花锚 H. elliptica

5,6,7,8,5'-pentamethoxy-3',4'-methylenedioxyflavone 5,6,7,8,5'- 五甲氧基 -3',4'- 亚甲二氧基黄酮 羽萼木 Colebrookea oppositifolia

5,6,7,8,3'-pentamethoxy-4',5'-methylenedioxyflavone 5,6,7,8,3'- 五甲氧基 -4',5'- 亚甲二氧基黄酮 藿香蓟 Ageratum conyzoides

3',4',5',5,7-pentamethoxy-4-acetyldelphinidin-3-*O*-α-L-rhamnoside 3',4',5',5,7- 五甲氧基 -4- 乙酰飞燕草素 -3-*O*-α-L- 鼠李糖苷 对叶榕 Ficus hispida

5,6,7,8,3'-pentamethoxy-4'-hydroxyflavone 5,6,7,8,3'- 五甲氧基 -4'- 羟基黄酮 藿香蓟 Ageratum conyzoides

(-)-(8*R*)-$\Delta^{8'}$-3,4,5,3',5'-pentamethoxy-8-*O*-4'-neolignan (-)-(8*R*)-$\Delta^{8'}$-3,4,5,3',5'- 五甲氧基 -8-*O*-4'- 新木脂素 肉豆蔻 Myristica fragrans

2,3,4,6,7-pentamethoxy-9,10-dihydrophenanthrene 2,3,4,6,7- 五甲氧基 -9,10- 二氢菲 朝鲜淫羊藿 Epimedium koreanum

(7*R*,8*S*,7'*S*,8'*R*)-(3,4,5,3',4')-pentamethoxy-9,7'-dihydroxy-8.8',7.*O*.9'-lignan (7*R*,8*S*,7'*S*,8'*R*)-(3,4,5,3',4')- 五甲氧基 -9,7'- 二羟基 -8.8',7.*O*.9'- 木脂素 望春玉兰 Yulania biondii

3',4',5',5,7-pentamethoxydelphinidin-3-*O*-α-L-rhamnoside 3',4',5',5,7- 五甲氧基飞燕草素 -3-*O*-α-L- 鼠李糖苷 对叶榕 Ficus hispida

3,4,2',4',6'-pentamethoxydihydrochalcone 3,4,2',4',6'- 五甲氧基二氢查耳酮 小花鬼针草 Bidens parviflora

(2*S*)-5,6,7,3',4'-pentamethoxydihydroflavone (2*S*)-5,6,7,3',4'- 五甲氧基二氢黄酮 千里香 Murraya paniculata

(2*S*)-5,6,7,3',4'-pentamethoxyflavanone (2*S*)-5,6,7,3',4'- 五甲氧基黄烷酮 南丰蜜橘 Citrus reticulata 'Kinokuni', 瓯柑 C. reticulata 'Suavissima'

(2*S*)-5,6,7,8,4'-pentamethoxyflavanone (2*S*)-5,6,7,8,4'- 五甲氧基黄烷酮 南丰蜜橘 Citrus reticulata 'Kinokuni'

5,7,8,3',4'-pentamethoxyflavanone 5,7,8,3',4'- 五甲氧基黄烷酮 南丰蜜橘 Citrus reticulata 'Kinokuni'

5,7,3',4',5'-pentamethoxyflavanonol 5,7,3',4',5'- 五甲氧基黄烷酮醇 千里香 Murraya paniculata

5,7,8,3',4'-pentamethoxyflavanonol 5,7,8,3,'4'- 五甲氧基黄烷酮醇 千里香 Murraya paniculata

3,3',4',5,7-pentamethoxyflavone 3,3',4',5,7- 五甲氧基黄酮 杜虹花 Callicarpa formosana

3,3',5,7,8-pentamethoxyflavone 3,3',5,7,8- 五甲氧基黄酮 旱柳 Salix matsudana

3',4',3,5,7-pentamethoxyflavone 3',4',3,5,7- 五甲氧基黄酮 辽藁本 Ligusticum jeholense

3',4',5,5',7-pentamethoxyflavone 3',4',5,5',7- 五甲氧基黄酮 千里香 Murraya paniculata

3',4',5',5,7-pentamethoxyflavone 3',4',5',5,7- 五甲氧基黄酮 虎舌红 Ardisia mamillata

3',4',5,6,7-pentamethoxyflavone 3',4',5,6,7- 五甲氧基黄酮 伞房花耳草 Hedyotis corymbosa

3',4',5,7,8-pentamethoxyflavone 3',4',5,7,8- 五甲氧基黄酮 金柑 Fortunella japonica

3,5,6,8,4'-pentamethoxyflavone 3,5,6,8,4'- 五甲氧基黄酮 柑橘 Citrus reticulata

3,5,7,3',4'-pentamethoxyflavone 3,5,7,3',4'- 五甲氧基黄酮 米仔兰 Aglaia odorata, 野草果 Amomum koenigii

4',5,6,7,8-pentamethoxyflavone 4',5,6,7,8- 五甲氧基黄酮 粗叶榕 Ficus hirta

5,6,7,3',4'-pentamethoxyflavone 5,6,7,3',4'- 五甲氧基黄酮 龙须藤 Bauhinia championii, 九里香 Murraya exotica, 千里香 M. paniculata

5,6,7,8,4'-pentamethoxyflavone 5,6,7,8,4'- 五甲氧基黄酮 栝楼 Trichosanthes kirilowii

5,7,3',4',5'-pentamethoxyflavone 5,7,3',4',5'- 五甲氧基黄酮 鞍叶羊蹄甲 Bauhinia brachycarpa, 绿花崖豆藤 Callerya championii, 栀子 Gardenia jasminoides, 益母草 Leonurus japonicus

pentamethoxyflavone 五甲氧基黄酮 柑橘 Citrus reticulata

3,4',5,7,8-pentamethoxyflavone) 3,4',5,7,8- 五甲氧基黄酮 开口箭 Tupistra chinensis

3,6,7,3',4'-pentamethoxyflavone-5-*O*-glucopyranosyl-(4 → 1)-rhamnopyranoside 3,6,7,3',4'- 五甲氧基黄酮 -5-*O*- 吡喃葡萄糖基 -(4 → 1)- 吡喃鼠李糖苷 黄荆 Vitex negundo

3,3',4',7,8-pentamethoxyflavonol 3,3',4',7,8- 五甲氧基黄酮醇 香合欢 Albizia odoratissima

5,6,7,8,4'-pentamethoxyflavonol 5,6,7,8,4'- 五甲氧基黄酮醇 大叶冬青 Ilex latifolia

2-(*S*)-5,7,3',4',5'-pentamethoxyflavonone 2-(*S*)-5,7,3',4',5'- 五甲氧基黄烷酮 千里香 Murraya paniculata

2,3,4,6,7-pentamethoxyphenanthrene 2,3,4,6,7- 五甲氧基菲 朝鲜淫羊藿 Epimedium koreanum

1,2,3,6,7-pentamethoxyxanthone 1,2,3,6,7- 五甲氧基𠮿酮 西伯利亚远志 Polygala sibirica, 远志 P. tenuifolia

1,3,4,5,8-pentamethoxyxanthone 1,3,4,5,8- 五甲氧基𠮿酮 狭叶獐牙菜 Swertia angustifolia

1,3,4,7,8-pentamethoxyxanthone 1,3,4,7,8- 五甲氧基𠮿酮 狭叶獐牙菜 Swertia angustifolia

2,3,4,5,7-pentamethoxyxanthone-1-*O*-primeveroside 2,3,4,5,7- 五甲氧基𠮿酮 -1-*O*- 樱草糖苷 椭圆叶花锚 Halenia elliptica

8-(2',6',10',14',18'-pentamethyl-*n*-eicos-1'-5',13',17'-teraene-10'-oxy)-coumarin 8-(2',6',10',14',18'- 五甲基 - 正二十碳 -1'-5',13',17'- 四烯 -10'- 氧基)- 香豆素 木橘 Aegle marmelos

8-(2',6',10',14',18'-pentamethyl-nonadec-8',12',18'-triene-2'-ol-3-oxy)-coumarin 8-(2',6',10',14',18'- 五甲基 - 十五碳 -8',12',18'- 三烯 -2'- 醇 -3- 氧基)- 香豆素 木橘 Aegle marmelos

pentamidine 戊烷脒 腊肠树 Cassia fistula

pentanal 戊醛 挥发油成分，未统计基源

pentane 戊烷 挥发油成分，未统计基源

pentane-2,4-diol-4-*O*-*β*-D-glucopyranoside 戊烷 -2,4- 二醇 -4-*O*-*β*-D- 吡喃葡萄糖苷 黑果越桔 Vaccinium myrtillus

pentanedinitrile 戊二腈 挥发油成分，未统计基源

pentanoic acid 戊酸 挥发油成分，未统计基源

pentanoic acid-3-methylate 3- 甲基 - 戊酸 挥发油成分，未统计基源

1-pentanol 1- 戊醇 挥发油成分，未统计基源

pentanol 戊醇 挥发油成分，未统计基源

2-pentanone 2- 戊酮 挥发油成分，未统计基源

2-pentanonitrile 2- 戊腈 挥发油成分，未统计基源

penta-*O*-galloylglucopyranose 五 -*O*- 没食子酰吡喃葡萄糖 杧果 Mangifera indica

1,2,3,4,6-penta-*O*-galloylglucose 1,2,3,4,6- 五 -*O*- 没食子酰葡萄糖 血桐 Macaranga tanarius var. tomentosa, 余甘子 Phyllanthus emblica

1,2,3,4,6-penta-*O*-galloyl-*β*-D-glucopyranose 1,2,3,4,6- 五 -*O*- 没食子酰基 -*β*-D- 吡喃葡萄糖 红穗铁苋菜 Acalypha hispida, 茶条槭 Acer tataricum subsp. ginnala, 朱缨花 Calliandra haematocephala, 方榄 Canarium bengalense, 飞扬草 Euphorbia hirta, 湖北大戟 E. hylonoma, 大狼毒 E. jolkinii, 斑地锦 E. maculata, 大戟 E. pekinensis, 千根草 E. thymifolia, 野梧桐 Mallotus japonicus, 睡莲 Nymphaea tetragona, 块根芍药 Paeonia intermedia, 芍药 P. lactiflora, 余甘子 Phyllanthus emblica, 盐肤木 Rhus chinensis, 粗叶悬钩子 Rubus alceifolius, 香椿 Toona sinensis, 毛漆树 Toxicodendron trichocarpum

1,2,3,4,6-penta-*O*-galloyl-*β*-D-glucopyranoside 1,2,3,4,6- 五 -*O*- 没食子酰基 -*β*-D- 吡喃葡萄糖苷 白蔹 Ampelopsis japonica, 地蔷薇 Chamaerhodos erecta, 杨梅叶蚊母树 Distylium myricoides, 大花红景天 Rhodiola crenulata

penta-*O*-galloyl-*β*-D-glucopyranoside 五 -*O*- 没食子酰基 -*β*-D- 吡喃葡萄糖苷 清香木 Pistacia weinmanniifolia

1,2,3,4,6-penta-*O*-galloyl-*β*-D-glucose 1,2,3,4,6- 五 -*O*- 没食子酰基 -*β*-D- 葡萄糖 山茶 Camellia japonica, 山茱萸 Cornus officinalis, 胡桃 Juglans regia, 泡核桃 J. sigillata, 散沫花 Lawsonia inermis, 草芍药 Paeonia obovata, 牡丹 P. suffruticosa, 大车前 Plantago major, 化香树 Platycarya strobilacea, 石榴 Punica granatum, 槲栎 Quercus aliena, 乌冈栎 Q. phillyraeoides, 马尾树 Rhoiptelea chiliantha, 山刺玫 Rosa davurica, 丁香 Syzygium aromaticum, 诃子 Terminalia chebula, 漆 Toxicodendron vernicifluum, 虾子花 Woodfordia fruticosa

pentatetracontanoic acid 四十五酸 紫珠 Callicarpa bodinieri

pentatriacont-17-ene 三十五碳 -17- 烯 麻疯树 Jatropha curcas

pentatriacontan-7,24-diol 三十五烷 -7,24- 二醇 磨盘草 Abutilon indicum

pentatriacontane 三十五烷 挥发油成分，未统计基源

n-pentatriacontane 正三十五烷 红椿 Toona ciliata

(6*R*,8*S*)-pentatriacontanediol (6*R*,8*S*)- 三十五烷二醇 红花 Carthamus tinctorius

(8*R*,10*S*)-pentatriacontanediol (8*R*,10*S*)- 三十五烷二醇 红花 Carthamus tinctorius

pentatriacontanoic acid 1,3-dihydroxypropyl ester 三十五酸 -1,3- 二羟基丙酯 黑果山姜 Alpinia nigra

17-pentatriacontanol 17- 三十五醇 土牛膝 Achyranthes aspera

n-pentatriacontanol 正三十五醇 红根草 Lysimachia fortunei

6-pentatriacontanone 6- 三十五烷基酮 土牛膝 Achyranthes aspera

17-pentatriacontene 17- 三十五烯 挥发油成分，未统计基源

(*Z*)-2-penten-1-ol (*Z*)-2- 戊烯 -1- 醇 挥发油成分，未统计基源

2-penten-1-ol 2- 戊烯 -1- 醇 挥发油成分，未统计基源

trans-3-penten-1-ol 反式 -3- 戊烯 -1- 醇 挥发油成分，未统计基源

2-pentenal 2- 戊醛 挥发油成分，未统计基源

4-pentenal 4- 戊烯醛 挥发油成分，未统计基源

4-pentenamide 4- 戊烯酰胺 播娘蒿 Descurainia sophia

1-pentene-2,2,6-trimethylcyclohexane 1- 戊烯 -2,2,6- 三甲环已烷 挥发油成分，未统计基源

4-pentenyl isothiocyanate 4- 戊烯基异硫氰酸酯 挥发油成分，未统计基源

5-(4-pentenyl)-2-furaldehyde 5-(4- 戊烯基)-2- 糠醛 乳白耙菌 Irpex lacteus

2-(3-pentenyl)-3,7-dimethylbenzofuran-1,4-dione 2-(3- 戊烯基)-3,7- 二甲基苯并呋喃 -1,4- 二酮 黄帚橐吾 Ligularia virgaurea

[2*S*-[2*α*(*Z*),3*α*(*Z*)]]-11-[3-(2-pentenyl)oxiranyl]-9-undecenoic acid [2*S*-[2*α*(*Z*),3*α*(*Z*)]]-11-[3-(2- 戊烯基) 环氧乙烷]-9- 十一烯酸 鼬瓣花 Galeopsis bifida

pentologenin 五羟螺皂苷元 吉祥草 Reineckea carnea

pentosan 戊聚糖 臭冷杉 Abies nephrolepis

$\Delta^{25(27)}$-pentrogenin $\Delta^{25(27)}$- 喷托皂苷元 橙花开口箭 Tupistra aurantiaca, 开口箭 T. chinensis

pentyl gallate 没食子酸戊酯 杧果 Mangifera indica, 拳参 Polygonum bistorta

pentyl hentriacontanoate 三十一酸戊酯 树状软骨藻 Chondria armata

pentyl hydrodisulfide 戊基氢二硫醚 北葱 Allium schoenoprasum

P

pentyl α-D-fructofuranoside 戊基 -α-D- 呋喃果糖苷 短瓣花 Brachystemma calycinum
pentyl β-D-fructofuranoside 戊基 -β-D- 呋喃果糖苷 短瓣花 Brachystemma calycinum
5-pentyl-2-furaldehyde 5- 戊基 -2- 糠醛 乳白耙菌 Irpex lacteus
2-pentyl-3,4,5,6-tetrahydropyridine 2- 戊基 -3,4,5,6- 四氢吡啶 毒参 Conium maculatum
α-n-pentyl-4-methoxyquinoline α-n- 戊基 -4- 甲氧基喹啉 簕欓花椒 Zanthoxylum avicennae
2-tert-pentylanthraquinone 2- 叔戊基蒽醌 腊肠树 Cassia fistula
pentylbenzene 戊基苯 挥发油成分，未统计基源
pentylcyclohexadiene 戊基环已二烯 挥发油成分，未统计基源
2-pentylfuran 2- 戊基呋喃 挥发油成分，未统计基源
penupogenin 尾叶白前苷元▲ 乳突果 Adelostemma gracillimum, 青羊参 Cynanchum otophyllum, 云南匙羹藤 Gymnema yunnanense, 蓝叶藤 Marsdenia tinctoria, 华萝藦 Metaplexis hemsleyana
penupogenin-3-O-β-D-glucopyranosyl-(1 → 4)-β-L-cymaropyranosyl-(1 → 4)-β-D-cymaropyranosyl-(1 → 4)-α-L-diginopyranosyl-(1 → 4)-β-D-cymaropyranoside 尾叶白前苷元▲-3-O-β-D- 吡喃葡萄糖基 -(1 → 4)-β-L- 吡喃磁麻糖基 -(1 → 4)-β-D- 吡喃磁麻糖基 -(1 → 4)-α-L- 吡喃洋地黄糖基 -(1 → 4)-β-D- 吡喃磁麻糖苷 白首乌 Cynanchum bungei
peonan PA 芍药聚糖 PA 芍药 Paeonia lactiflora
peonanin 芍药宁▲ 阳芋 Solanum tuberosum
peonidin-3-(6''-malonylglucoside) 芍药素 -3-(6''- 丙二酰葡萄糖苷) 虉草 Phalaris arundinacea
peonidin-3-(6''-O-trans-p-coumaroyl)-β-D-glucoside 芍药素 -3-(6''-O- 反式 - 对香豆酰基)-β-D- 葡萄糖苷 山葡萄 Vitis amurensis
peonidin-3-(coumaroyl-rutinoside)-5-glucoside 芍药素 -3-(香豆酰芸香糖苷)-5- 葡萄糖苷 番茄 Lycopersicon esculentum
peonidin-3-(dimalonylglucoside) 芍药素 -3-(二丙二酰葡萄糖苷) 虉草 Phalaris arundinacea
peonidin-3,5-diglucoside 芍药素 -3,5- 二葡萄糖苷 牵牛 Ipomoea nil, 蓝果忍冬 Lonicera caerulea
peonidin-3,5-di-O-glucopyranoside 芍药素 -3,5- 二 -O- 吡喃葡萄糖苷 日本厚朴 Houpoëa obovata, 滇牡丹 Paeonia delavayi, 矮牡丹 P. jishanensis, 卵叶牡丹 P. qiui
peonidin-3,5-di-O-β-D-glucopyranoside 芍药素 -3,5- 二 -O-β-D- 吡喃葡萄糖苷 夏枯草 Prunella vulgaris, 马六甲蒲桃 Syzygium malaccense, 山葡萄 Vitis amurensis
peonidin-3-glucoside 芍药素 -3- 葡萄糖苷 牵牛 Ipomoea nil, 蓝果忍冬 Lonicera caerulea, 虉草 Phalaris arundinacea, 黑刺李 Prunus spinosa, 黑茶藨子 Ribes nigrum, 绛车轴草 Trifolium incarnatum
peonidin-3-glucosylcaffeylglucoside-5-glucoside 芍药素 -3- 葡萄糖基咖啡酰葡萄糖苷 -5- 葡萄糖苷 牵牛 Ipomoea nil
peonidin-3-O-(4-p-trans-coumaroyl-α-L-rhamnopyranosyl)-(1 → 6)-O-β-D-glucopyranoside-5-O-β-D-glucopyranoside 芍药素 -3-O-(4- 对反式香豆酰基 -α-L- 吡喃鼠李糖基)-(1 → 6)-O-β-D- 吡喃葡萄糖苷 -5-O-β-D- 吡喃葡萄糖苷 玉蝉花 Iris ensata
peonidin-3-O-(4''-sinapolygentiobioside) 芍药素 -3-O-(4''- 芥子酰龙胆二糖) 参薯 Dioscorea alata
peonidin-3-O-(6''-O-malonyl-β-glucopyranoside) 芍药素 -3-O-(6''-O- 丙二酰基 -β- 吡喃葡萄糖苷) 洋葱 Allium cepa
peonidin-3-O-(6''-O-malonyl-β-glucopyranoside)-5-O-β-glucopyranoside 芍药素 -3-O-(6''-O- 丙二酰基 -β- 吡喃葡萄糖苷)-5-O-β- 吡喃葡萄糖苷 洋葱 Allium cepa
cis-peonidin-3-O-(6-O-p-coumaryl)-glucoside 顺式 - 芍药素 -3-O-(6-O- 对香豆酰基)- 葡萄糖苷 山葡萄 Vitis amurensis
peonidin-3-O-(p-coumaroyl)-rutinoside-5-O-β-D-glucopyranoside 芍药素 -3-O-(对香豆酰基)- 芸香糖苷 -5-O-β-D- 吡喃葡萄糖苷 早开堇菜 Viola prionantha
peonidin-3-O-[2-O-(6-O-(3-O-(β-D-glucopyranosyl)-trans-caffeoyl)-β-D-glucopyranosyl)-6-O-(4-O-(6-O-(3-O-(β-D-glucopyranosyl)-trans-caffeoyl)-β-D-glucopyranosyl)-trans-caffeoyl)-β-glucopyranoside] 芍药素 -3-O-[2-O-(6-O-(3-O-(β-D- 吡喃葡萄糖基)- 反式 - 咖啡酰基)-β-D- 吡喃葡萄糖基)-6-O-(4-O-(6-O-(3-O-(β-D- 吡喃葡萄糖基)- 反式 - 咖啡酰基)-β-D- 吡喃葡萄糖基)- 反式 - 咖啡酰基)-β- 吡喃葡萄糖苷] 牵牛 Ipomoea nil
peonidin-3-O-[2-O-(6-O-(trans-caffeoyl)-β-D-glucopyranosyl)-6-O-(4-O-(6-O-(3-O-(β-D-glucopyranosyl)-trans-caffeoyl)-β-D-glucopyranosyl)-trans-caffeoyl)-β-D-glucopyranoside] 芍药素 -3-O-[2-O-(6-O-(反式 - 咖啡酰基)-β-D- 吡喃葡萄糖基)-6-O-(4-O-(6-O-(3-O-(β-D- 吡喃葡萄糖基)- 反式 - 咖啡酰基)-β-D- 吡喃葡萄糖基)- 反式 - 咖啡酰基)-β-D- 吡喃葡萄糖苷] 牵牛 Ipomoea nil
peonidin-3-O-[2-O-(6-O-(trans-caffeoyl)-β-D-glucopyranosyl)-β-D-glucopyranoside] 芍药素 -3-O-[2-O-(6-O- 反式 - 咖啡酰基 -β-D- 吡喃葡萄糖基)-β-D- 吡喃葡萄糖苷] 牵牛 Ipomoea nil
peonidin-3-O-[2-O-(6-O-(trans-caffeoyl)-β-D-glucopyranosyl)-β-D-glucopyranoside]-5-O-β-D-glucopyranoside 芍药素 -3-O-[2-O-(6-O-(反式 - 咖啡酰基)-β-D- 吡喃葡萄糖基)-β-D- 吡喃葡萄糖苷]-5-O-β-D- 吡喃葡萄糖苷 牵牛 Ipomoea nil
peonidin-3-O-[6-O-(trans-3-O-(β-D-glucopyranosyl)caffeoyl)-β-D-glucopyranoside] 芍药素 -3-O-[6-O-(反式 -3-O-(β-D- 吡喃葡萄糖基) 咖啡酰基)-β-D- 吡喃葡萄糖苷] 牵牛 Ipomoea nil
peonidin-3-O-diglucoside 芍药素 -3-O- 二葡萄糖苷 白刺 Nitraria tangutorum
peonidin-3-O-glucopyranoside 芍药素 -3-O- 吡喃葡萄糖苷 异果小檗 Berberis heteropoda, 黑果枸杞 Lycium ruthenicum, 滇牡丹 Paeonia delavayi, 豇豆 Vigna unguiculata
peonidin-3-O-malonylglucopyranoside 芍药素 -3-O- 丙二酰吡喃葡萄糖苷 豇豆 Vigna unguiculata
peonidin-3-O-rutinoiside 芍药素 -3-O- 芸香苷 地稔 Melastoma dodecandrum
peonidin-3-O-rutinoside 芍药素 -3-O- 芸香糖苷 蛇莓 Duchesnea indica
peonidin-3-O-rutinoside-5-glucoside 芍药素 -3-O- 芸香糖苷 -5- 葡萄糖苷 玉蝉花 Iris ensata
peonidin-3-O-α-L-arabinopyranoside 芍药素 -3-O-α-L- 吡喃阿拉伯糖苷 黑果越桔 Vaccinium myrtillus, 腺齿越桔 V. oldhamii, 笃斯越桔 V. uliginosum

P

perilla alcohol 紫苏醇 挥发油成分，未统计基源
perilla aldehyde; perillaldehyde 紫苏醛 挥发油成分，未统计基源
perillaketone 紫苏酮 挥发油成分，未统计基源
perillascens 野生紫苏素▲ 野生紫苏 Perilla frutescens var. purpurascens
perillaside 紫苏拉苷▲ 野生紫苏 Perilla frutescens var. purpurascens
perillen 紫苏烯 挥发油成分，未统计基源
(-)-perillic acid-1'-*O*-*β*-D-primeverosyl ester (-)- 紫苏酸 -1'-*O*-*β*-D- 樱草糖酯苷 木犀榄 Olea europaea
perillic anhydride 紫苏酐▲ 挥发油成分，未统计基源
perilloside A~E 紫苏苷 A~E 紫苏 Perilla frutescens
perilloxin 紫苏氧杂辛▲ 野生紫苏 Perilla frutescens var. purpurascens
perimivine 长春米文▲ 长春花 Catharanthus roseus
peripalloside 杠柳阿洛糖苷▲ 见血封喉 Antiaris toxicaria
periperoxide A~E 杠柳过氧化物▲A~E 杠柳 Periploca sepium
periplocin; periplocoside 杠柳苷 宽叶秦岭藤 Biondia hemsleyana, 蓬子菜 Galium verum, 青蛇藤 Periploca calophylla, 黑龙骨 P. forrestii, 杠柳 P. sepium
periplocogenin 杠柳酮苷元▲ 杠柳 Periploca sepium
periplocoside A~F, H_1, J, K, L, NW, O, P, X 杠柳苷 A~F, H_1, J, K, L, NW, O, P, X 杠柳 Periploca sepium
periplocoside M 杠柳苷 M 青蛇藤 Periploca calophylla, 黑龙骨 P. forrestii, 杠柳 P. sepium
periplocoside N 杠柳苷 N 宽叶秦岭藤 Biondia hemsleyana, 青蛇藤 Periploca calophylla, 黑龙骨 P. forrestii, 杠柳 P. sepium
periplocymarin 杠柳磁麻苷 黑龙骨 Periploca forrestii, 杠柳 P. sepium, 箭毒羊角拗 Strophanthus hispidus
periploforgeside A, B 黑龙骨苷 A, B 黑龙骨 Periploca forrestii
17*βH*-periplogenin 17*βH*- 杠柳苷元 杠柳 Periploca sepium
periplogenin 杠柳苷元 木橘 Aegle marmelos, 见血封喉 Antiaris toxicaria, 秦岭藤 Biondia chinensis, 青蛇藤 Periploca calophylla, 黑龙骨 P. forrestii, 杠柳 P. sepium, 万年青 Rohdea japonica
periplogenin glucoside 杠柳苷元葡萄糖苷 见血封喉 Antiaris toxicaria
periplogenin-3-[*O*-*β*-glucopyranosyl-(1 → 4)-*β*-sarmentopyranoside] 杠柳苷元 -3-[*O*-*β*- 吡喃葡萄糖基 -(1 → 4)-*β*- 吡喃西非羊角拗糖苷] 杠柳 Periploca sepium
periplogenin-3-*O*-D-glucopyranosyl-(1 → 6)(1 → 4)-D-cymaropyranoside 杠柳苷元 -3-*O*-D- 吡喃葡萄糖基 -(1 → 6)(1 → 4)-D- 吡喃磁麻糖苷 葫芦 Lagenaria siceraria
periplogenin-3-*O*-*β*-D-cymaropyranoside 杠柳苷元 -3-*O*-*β*-D- 吡喃磁麻糖苷 黑龙骨 Periploca forrestii
periplogenin-3-*O*-*β*-D-digitoxopyranoside 杠柳苷元 -3-*O*-*β*-D- 吡喃洋地黄毒糖苷 黑龙骨 Periploca forrestii
periplogenin-3-*O*-*β*-D-glucopyranosyl-(1 → 4)-*O*-*β*-D-cymaropyranoside 杠柳苷元 -3-*O*-*β*-D- 吡喃葡萄糖基 -(1 → 4)-*O*-*β*-D- 吡喃磁麻糖苷 黑龙骨 Periploca forrestii
periplogenin-3-*O*-*β*-D-glucopyranosyl-(1 → 4)-*O*-*β*-D-digitoxopyranoside 杠柳苷元 -3-*O*-*β*-D- 吡喃葡萄糖基 -(1 → 4)-*O*-*β*-D- 吡喃洋地黄毒糖苷 黑龙骨 Periploca forrestii
periplogenin-3-*O*-*β*-D-glucopyranosyl-(1 → 6)-*β*-D-glucopyaranosyl-(1 → 4)-D-cymaropyranoside 杠柳苷元 -3-*O*-*β*-D- 吡喃葡萄糖基 -(1 → 6)-*β*-D- 吡喃葡萄糖基 -(1 → 4)-D- 吡喃磁麻糖苷 木橘 Aegle marmelos
periplogenin-6-deoxy-*β*-D-guloside 杠柳苷元 -6- 脱氧 -*β*-D- 古洛糖苷 铃兰 Convallaria majalis
periplogulcoside 杠柳古洛糖苷▲ 见血封喉 Antiaris toxicaria
periplorhamnoside 杠柳鼠李糖苷 见血封喉 Antiaris toxicaria, 铃兰 Convallaria majalis
perisaccharide A, C 杠柳糖▲A, C 杠柳 Periploca sepium
perisaccharide B 杠柳糖▲B 青蛇藤 Periploca calophylla, 杠柳 P. sepium
periseoside A~E 杠柳赛苷▲A~E 杠柳 Periploca sepium
perisepiumoside A~I 杠柳莫苷▲A~I 杠柳 Periploca sepium
perisesaccharide A~E 杠柳寡糖 A~E 杠柳 Periploca sepium
peristrophamide I, II 红丝线酰胺 I, II 观音草 Peristrophe bivalvis
peritassine A 佩里塔萨木碱▲A 灯油藤 Celastrus paniculatus, 昆明山海棠 Tripterygium hypoglaucum, 雷公藤 T. wilfordii
perividine 长春立维定▲ 长春花 Catharanthus roseus
perivine 长春文碱▲ 长春花 Catharanthus roseus, 尖蕾狗牙花 Tabernaemontana bufalina
perlatolic acid 珠光梅衣酚酸▲ 粉缘斑叶 Cetrelia cetrarioides, 雀石蕊 Cladonia stellaris
perlolyrine 多年黑麦草碱 羊乳 Codonopsis lanceolata, 党参 C. pilosula, 刺五加 Eleutherococcus senticosus, 北枳椇 Hovenia dulcis, 川芎 Ligusticum sinense 'Chuanxiong', 人参 Panax ginseng, 远志 Polygala tenuifolia, 鹊肾树 Streblus asper
perosine 长春派洛辛▲ 长春花 Catharanthus roseus
perosine sulfate 硫酸长春派洛辛▲ 长春花 Catharanthus roseus
peroxiatractylenolide III 过氧白术烯内酯▲III 白术 Atractylodes macrocephala
α-peroxyachifolid *α*- 过氧千叶蓍内酯 蓍 Achillea millefolium
3*α*-peroxyarmefolin 3*α*- 过氧墨西哥蒿素 月桂 Laurus nobilis
peroxyauraptenol 过氧橙皮油烯醇 九里香 Murraya exotica
5*α*,8*α*-peroxydehydrotumulosic acid 5*α*,8*α*- 过氧去氢丘陵多孔菌酸▲ 猪苓 Polyporus umbellatus

P

petilinine glucoside 平贝碱苷 平贝母 Fritillaria ussuriensis
petroselaidic acid 反式欧芹酸 峨参 Anthriscus sylvestris
petroselinic acid 欧芹酸 林当归 Angelica sylvestris, 峨参 Anthriscus sylvestris, 葛缕子 Carum carvi, 野胡萝卜 Daucus carota, 胡萝卜 D. carota var. sativa, 马蹄参 Diplopanax stachyanthus
petroside 欧芹苷▲ 欧芹 Petroselinum crispum
petuniasterone A~G, G_1, G_2, H_1, H_2 碧冬茄甾酮 A~G, G_1, G_2, H_1, H_2 碧冬茄 Petunia hybrida
petuniasterone C-22-*O*-[(methylthio)carbonyl]acetate 碧冬茄甾酮 C-22-*O*-(甲硫基羰基)乙酸酯 碧冬茄 Petunia hybrida
petuniasterone C-22-*O*-acetate 碧冬茄甾酮 C-22-*O*- 乙酸酯 碧冬茄 Petunia hybrida
petuniasterone D diacetate 碧冬茄甾酮 D 二乙酸酯 碧冬茄 Petunia hybrida
petuniasterone G-22-*O*-acetate 碧冬茄甾酮 G-22-*O*- 乙酸酯 碧冬茄 Petunia hybrida
petunidin 碧冬茄素 长春花 Catharanthus roseus, 木槿 Hibiscus syriacus, 大蕉 Musa × paradisiaca, 碧冬茄 Petunia hybrida, 藏报春 Primula sinensis, 杜鹃花 Rhododendron simsii, 黑果越桔 Vaccinium myrtillus, 蚕豆 Vicia faba, 茜堇菜 Viola phalacrocarpa, 深山堇菜 V. selkirkii
petunidin chloride 碧冬茄素氯化物 一品红 Euphorbia pulcherrima
petunidin rhamnosylhexoside 碧冬茄素鼠李糖基己糖苷 桑 Morus alba
petunidin-3-(6''-coumaroylglucoside) 碧冬茄素 -3-(6''- 香豆酰葡萄糖苷) 黑茶藨子 Ribes nigrum
petunidin-3-(6''-*O*-trans-*p*-coumaroyl)-*β*-D-glucoside 碧冬茄素 -3-(6''-*O*- 反式 - 对香豆酰基)-*β*-D- 葡萄糖苷 山葡萄 Vitis amurensis
petunidin-3-(caffeoyl-rutinoside)-5-glucoside 碧冬茄素 -3-(咖啡酰芸香糖苷)-5- 葡萄糖苷 番茄 Lycopersicon esculentum
petunidin-3-(coumaroyl)-rutinoside-5-glucoside 碧冬茄素 -3-(香豆酰芸香糖苷)-5- 葡萄糖苷 番茄 Lycopersicon esculentum
petunidin-3-(*p*-coumaroyl)-rhamnosylglucoside-5-glucoside 碧冬茄素 -3- 对香豆酰鼠李葡萄糖苷 -5- 葡萄糖 玉蝉花 Iris ensata
petunidin-3-(*p*-coumaroyl)-rutinosido-5-glucoside 碧冬茄素 -3- 对香豆酰芸香糖苷 -5- 葡萄糖苷 燕子花 Iris laevigata
petunidin-3,5-di-*O*-*β*-D-glucopyranoside 碧冬茄素 -3,5- 二 -*O*-*β*-D- 吡喃葡萄糖苷 山葡萄 Vitis amurensis
petunidin-3,5-*O*-diglucoside 碧冬茄素 -3,5-*O*- 二葡萄糖苷 山葡萄 Vitis amurensis, 刺葡萄 V. davidii
petunidin-3-arabinopyranoside 碧冬茄素 -3- 吡喃阿拉伯糖苷 紫薇 Lagerstroemia indica
petunidin-3-glucoside 碧冬茄素 -3- 葡萄糖苷 玉蝉花 Iris ensata, 黑茶藨子 Ribes nigrum, 少根紫萍 Spirodela oligorrhiza
petunidin-3-monoglucopyranoside 碧冬茄素 -3- 单吡喃葡萄糖苷 葛藟葡萄 Vitis flexuosa
petunidin-3-*O*-(4-*p*-*trans*-coumaroyl-*α*-L-rhamnopyranosyl)-(1 → 6)-*O*-*β*-D-glucopyranoside 碧冬茄素 -3-*O*-(4- 对反式香豆酰基 -*α*-L- 吡喃鼠李糖基)-(1 → 6)-*O*-*β*-D- 吡喃葡萄糖苷 玉蝉花 Iris ensata
petunidin-3-*O*-(4-*p*-*trans*-coumaroyl-*α*-L-rhamnopyranosyl)-(1 → 6)-*O*-*β*-D-glucopyranoside-5-*O*-*β*-D-glucopyranoside 碧冬茄素 -3-*O*-(4- 对反式香豆酰基 -*α*-L- 吡喃鼠李糖基)-(1 → 6)-*O*-*β*-D- 吡喃葡萄糖苷 -5-*O*-*β*-D- 葡萄糖苷 玉蝉花 Iris ensata, 燕子花 I. laevigata
petunidin-3-*O*-(6-*O*-acetyl)-5-*O*-diglucoside 碧冬茄素 -3-*O*-(6-*O*- 乙酰基)-5-*O*- 二葡萄糖苷 山葡萄 Vitis amurensis
petunidin-3-*O*-(6-*O*-acetyl)-glucoside 碧冬茄素 -3-*O*-(6-*O*- 乙酰基)- 葡萄糖苷 山葡萄 Vitis amurensis
trans-petunidin-3-*O*-(6-*O*-*p*-coumaryl)-5-*O*-diglucoside 反式 - 碧冬茄素 -3-*O*-(6-*O*- 对香豆酰基)-5-*O*- 二葡萄糖苷 山葡萄 Vitis amurensis
cis-petunidin-3-*O*-(6-*O*-*p*-coumaryl)-5-*O*-diglucoside 顺式 - 碧冬茄素 -3-*O*-(6-*O*- 对香豆酰基)-5-*O*- 二葡萄糖苷 山葡萄 Vitis amurensis
petunidin-3-*O*-(6-*O*-*p*-coumaryl)-glucoside 碧冬茄素 -3-*O*-(6-*O*- 对香豆酰基)- 葡萄糖苷 山葡萄 Vitis amurensis
petunidin-3-*O*-(6-*O*-*p*-coumaryl)-rutinoside-5-*O*-glucopyranoside 碧冬茄素 -3-*O*-(6-*O*- 对香豆酰基)- 芸香糖苷 -5-*O*- 吡喃葡萄糖苷 黑果枸杞 Lycium ruthenicum

P

petunidin-3-*O*-[(4'''-*O*-*trans*-feruloyl)-*α*-L-rhamnopyranosyl)-(1''' → 6'')-*β*-D-glucopyranoside]-5-*O*-*β*-D-glucopyranoside 碧冬茄素 -3-*O*-[(4'''-*O*- 反式 - 阿魏酰基)-*α*-L- 吡喃鼠李糖基)-(1''' → 6'')-*β*-D- 吡喃葡萄糖基]-5-*O*-*β*-D- 吡喃葡萄糖苷 阳芋 Solanum tuberosum
petunidin-3-*O*-caffeoylglucopyranosyl-*p*-coumaroylrutinoside-5-glucopyranoside 碧冬茄素 -3-*O*- 咖啡酰吡喃葡萄糖基 - 对香豆酰芸香糖苷 -5- 吡喃葡萄糖苷 碧冬茄 Petunia hybrida
petunidin-3-*O*-coumaroylglucoside-5-*O*-glucoside 碧冬茄素 -3-*O*- 香豆酰葡萄糖苷 -5-*O*- 葡萄糖苷 刺葡萄 Vitis davidii
petunidin-3-*O*-feruoyl-hexoside-5-*O*-hexoside 碧冬茄素 -3-*O*- 阿魏酰己糖苷 -5-*O*- 己糖苷 木龙葵 Solanum scabrum
petunidin-3-*O*-galactopyranoside-5-*O*-glucopyranoside 碧冬茄素 -3-*O*- 吡喃半乳糖苷 -5-*O*- 吡喃葡萄原去半乳糖替告皂苷糖苷 黑果枸杞 Lycium ruthenicum
petunidin-3-*O*-glucopyranoside 碧冬茄素 -3-*O*- 吡喃葡萄糖苷 异果小檗 Berberis heteropoda, 菜豆 Phaseolus vulgaris, 豇豆 Vigna unguiculata
petunidin-3-*O*-glucopyranoside-(feruloyl)-5-*O*-glucopyranoside 碧冬茄素 -3-*O*- 吡喃葡萄糖苷 -(阿魏酰基)-5-*O*- 吡喃葡萄糖苷 黑果枸杞 Lycium ruthenicum
petunidin-3-*O*-glucopyranoside-(maloyl)-5-*O*-glucopyranoside 碧冬茄素 -3-*O*- 吡喃葡萄糖苷 -(丙二酰基)-5-*O*- 吡喃葡萄糖苷 黑果枸杞 Lycium ruthenicum
petunidin-3-*O*-glucopyranoside-5-*O*-glucopyranoside 碧冬茄素 -3-*O*- 吡喃葡萄糖苷 -5-*O*- 吡喃葡萄糖苷 黑果枸杞 Lycium ruthenicum
petunidin-3-*O*-*p*-coumaroyl-hexoside-5-*O*-hexoside 碧冬茄素 -3-*O*- 对香豆酰己糖苷 -5-*O*- 己糖苷 木龙葵 Solanum scabrum
petunidin-3-*O*-rutinoside 碧冬茄素 -3-*O*- 芸香糖苷 蛇莓 Duchesnea indica
petunidin-3-*O*-rutinoside-(caffeoyl)-5-*O*-glucopyranoside 碧冬茄素 -3-*O*- 芸香糖苷 -(咖啡酰基)-5-*O*- 吡喃葡萄糖苷 黑果枸杞 Lycium ruthenicum
petunidin-3-*O*-rutinoside-(*cis*-*p*-coumaroyl)-5-*O*-glucopyranoside 碧冬茄素 -3-*O*- 芸香糖苷 -(顺式 - 对香豆酰基)-5-*O*- 吡喃葡萄糖苷 黑果枸杞 Lycium ruthenicum
petunidin-3-*O*-rutinoside-(*trans*-*p*-coumaroyl)-5-*O*-glucopyranoside 碧冬茄素 -3-*O*- 芸香糖苷 -(反式 - 对香豆酰基)-5-*O*- 吡喃葡萄糖苷 黑果枸杞 Lycium ruthenicum

P

phanoside 绞股蓝番诺苷▲ 绞股蓝 Gynostemma pentaphyllum
phanostenine 台湾千金藤宁碱▲ 圆滑番荔枝 Annona glabra, 小叶地不容 Stephania succifera
phantomolin 白花地胆草林素▲ 白花地胆草 Elephantopus tomentosus
pharbilignan A~D 牵牛木脂素▲A~D 牵牛 Ipomoea nil
pharbinilic acid 牵牛尼酸▲ 牵牛 Ipomoea nil
pharbitoside A, B 牵牛托苷▲A, B 牵牛 Ipomoea nil
pharboside A~H 牵牛苷▲A~H 牵牛 Ipomoea nil
pharicinin A~E 川藏香茶菜宁 A~E 川藏香茶菜 Isodon pharicus
pharicinin D acetonide 川藏香茶菜宁 D 丙酮化物 川藏香茶菜 Isodon pharicus
pharicinin F acetonide 川藏香茶菜宁 F 丙酮化物 川藏香茶菜 Isodon pharicus
pharicunin N~R 川藏香茶菜苦素▲N~R 川藏香茶菜 Isodon pharicus
phaseic acid 菜豆酸 臭椿 Ailanthus altissima, 榕树 Ficus microcarpa, 薜荔 F. pumila, 少花米口袋 Gueldenstaedtia verna, 红花八角 Illicium dunnianum, 毛豹皮樟 Litsea coreana var. lanuginosa, 小果荨麻 Urtica atrichocaulis
phaselic acid 菜豆酚酸▲ 菜豆 Phaseolus vulgaris, 红车轴草 Trifolium pratense
phaseolidin; phaseollidin 菜豆定 鸡冠刺桐 Erythrina crista-galli, 刺桐 E. variegata, 短梗胡枝子 Lespedeza cyrtobotrya, 棉豆 Phaseolus lunatus, 菜豆 P. vulgaris
phaseolin 菜豆素 翅果刺桐 Erythrina subumbrans, 刺桐 E. variegata, 胀果甘草 Glycyrrhiza inflata, 短梗胡枝子 Lespedeza cyrtobotrya, 菜豆 Phaseolus vulgaris
phaseollinisoflavan 菜豆异黄烷 菜豆 Phaseolus vulgaris
phaseoloidin 榼藤子苷 榼藤 Entada phaseoloides
phaseoloside D, E 菜豆皂苷 D, E 菜豆 Phaseolus vulgaris
phaseolus vulgaris leucoagglutinin; PHA-L 菜豆白细胞凝集素 菜豆 Phaseolus vulgaris
phaseoside IV 菜豆苷 IV 豆薯 Pachyrhizus erosus
6‴-(-)-phaseoylspinosin 6‴-(-)- 红花菜豆酰酸枣素▲ 滇刺枣 Ziziphus mauritiana
phebalosin 费巴芸香素▲ 大管 Micromelum falcatum, 九里香 Murraya exotica, 千里香 M. paniculata, 圆锥花远志 Polygala paniculata
phegopolin 水龙骨卵果蕨素▲ 迷迭香 Rosmarinus officinalis
pheliposide 黄肉苁蓉苷▲ 来江藤 Brandisia hancei
phellamurin 黄檗灵素▲ 楝叶吴萸 Euodia glabrifolia, 狭叶落地梅 Lysimachia paridiformis var. stenophylla, 黄檗 Phellodendron amurense, 川黄檗 P. chinense, 秃叶黄檗 P. chinense var. glabriusculum
phellandral 水芹醛 挥发油成分，未统计基源
(+)-*β*-phellandrene (+)-*β*- 水芹烯 挥发油成分，未统计基源
1-phellandrene 1- 水芹烯 挥发油成分，未统计基源
α-phellandrene *α*- 水芹烯 挥发油成分，未统计基源
β-phellandrene *β*- 水芹烯 挥发油成分，未统计基源
δ-phellandrene *δ*- 水芹烯 挥发油成分，未统计基源
phellandrene 水芹烯 挥发油成分，未统计基源
phellatin 黄檗亭素▲ 黄檗 Phellodendron amurense
phellavin 黄檗文素▲ 黄檗 Phellodendron amurense
phellifuropyranone A 木层孔菌呋喃吡喃酮▲A 裂蹄木层孔菌 Phellinus linteus
phelligridimer A 二聚桑黄素 A 桑黄 Phellinus igniarius, 裂蹄木层孔菌 P. linteus
phelligridin A~F 桑黄素 A~F 桑黄 Phellinus igniarius
phelligridin G 桑黄素 G 裂蹄木层孔菌 Phellinus linteus
phelligridin H, I, J 桑黄素 H, I, J 桑黄 Phellinus igniarius
phelligrin A, B 桑黄灵▲A, B 桑黄 Phellinus igniarius
phelline 石冬青碱▲ 三尖杉 Cephalotaxus fortunei
phellinusfuran A, B 木层孔菌呋喃▲A, B 裂蹄木层孔菌 Phellinus linteus
phellochin 黄檗钦素▲ 川黄檗 Phellodendron chinense, 秃叶黄檗 P. chinense var. glabriusculum
phellochinin A 黄檗钦宁▲A 川黄檗 Phellodendron chinense
phellodendric acid A 黄檗酸▲A 黄檗 Phellodendron amurense
phellodendrine 黄檗碱▲ 黄檗 Phellodendron amurense
phellodendroside 黄檗苷▲ 黄檗 Phellodendron amurense
phellodenol A 黄檗醇▲A 黄檗 Phellodendron amurense
phellodenol D 黄檗醇▲D 川黄檗 Phellodendron chinense
phellodenol E 黄檗醇▲E 黄檗 Phellodendron amurense, 川黄檗 P. chinense
phellodenol F, G, H 黄檗醇▲F, G, H 黄檗 Phellodendron amurense
phellodensin D, E, F 黄檗辛素▲D, E, F 秃叶黄檗 Phellodendron chinense var. glabriusculum
(2*R*)-phellodensin F (2*R*)- 黄檗辛素▲F 黄檗 Phellodendron amurense
phellodensin G 黄檗辛素▲G 川黄檗 Phellodendron chinense
phellogine 黄檗精▲ 秃叶黄檗 Phellodendron chinense var. glabriusculum

P

phellolactone 黄檗酚内酯▲ 川黄檗 Phellodendron chinense
phellopterin 珊瑚菜素 白芷 Angelica dahurica, 杭白芷 A. dahurica 'Hangbaizhi', 祁白芷 A. dahurica 'Qibaizhi', 大叶当归 A. megaphylla, 福参 A. morii, 拐芹 A. polymorpha, 林当归 A. sylvestris, 下延叶古当归 Archangelica decurrens, 香肉果 Casimiroa edulis, 明党参 Changium smyrnioides, 川明参 Chuanminshen violaceum, 柠檬 Citrus limon, 沙田柚 C. maxima 'Shatian Yu', 细叶黄皮 Clausena anisum-olens, 黄皮 C. lansium, 珊瑚菜 Glehnia littoralis, 白亮独活 Heracleum candicans, 鹤庆独活 H. rapula, 藏波罗花 Incarvillea younghusbandii, 伊犁岩风 Libanotis iliensis, 宽萼岩风 L. laticalycina, 调料九里香 Murraya koenigii, 宽叶羌活 Notopterygium franchetii, 广西前胡 Peucedanum guangxiense, 华山前胡 P. ledebourielloides, 马山前胡 P. mashanense, 岩前胡 P. medicum var. gracile, 心叶棱子芹 Pleurospermum rivulorum, 枳 Poncirus trifoliata, 榆橘 Ptelea trifoliata, 防风 Saposhnikovia divaricata, 飞龙掌血 Toddalia asiatica, 城口东俄芹 Tongoloa silaifolia, 椿叶花椒 Zanthoxylum ailanthoides, 两面针 Z. nitidum
phellozide 黄檗叶苷▲ 黄檗 Phellodendron amurense
phenanthraindolizidine II 菲并吲哚里西定 II 对叶榕 Ficus hispida
1,4-phenanthraquinone 1,4- 菲醌 蝙蝠葛 Menispermum dauricum
phenanthrene 菲 挥发油成分，未统计基源
2-phenanthrenol 2- 菲醇 雷公藤 Tripterygium wilfordii
phenethanol 苯乙醇 挥发油成分，未统计基源
phenethyl alcohol-*β*-sophoroside 苯乙醇 -*β*- 槐糖苷 白花甘肃马先蒿 Pedicularis kansuensis subsp. kansuensis f. albiflora
2-phenethyl alcohol-6-*O*-*α*-L-arabinopyranosyl-*β*-glucopyranoside 2- 苯乙醇 -6-*O*-*α*-L- 吡喃阿拉伯糖基 -*β*-D- 吡喃葡萄糖苷 五层龙 Salacia prinoides
phenethyl alcohol-8-*O*-*β*-D-glucopyranosyl-(1 → 2)-*β*-D-glucopyranoside 苯乙醇 -8-*O*-*β*-D- 吡喃葡萄糖基 -(1 → 2)-*β*-D- 吡喃葡萄糖苷 卫矛 Euonymus alatus
phenethyl alcohol-*O*-*β*-D-glucopyranosyl-(2 → 1)-*O*-*β*-D-glucopyranoside 苯乙醇 -*O*-*β*-D- 吡喃葡萄糖基 -(2 → 1)-*O*-*β*-D- 吡喃葡萄糖苷 洋金花 Datura metel
phenethyl alcohol-*β*-D-xylopyranosyl-(1 → 6)-*β*-D-glucopyranoside 苯乙醇 -*β*-D- 吡喃木糖基 -(1 → 6)-*β*-D- 吡喃葡萄糖苷 连翘 Forsythia suspensa
phenethyl ferulate 苯乙基阿魏酸酯 羌活 Notopterygium incisum
phenethyl isothiocyanate 苯乙基异硫氰酸酯 弹裂碎米荠 Cardamine impatiens, 白芥 Sinapis alba
phenethyl methyl oxide 苯乙基甲醚 挥发油成分，未统计基源
phenethyl-8-*O*-*β*-D-glucopyranoside 苯乙基 -8-*O*-*β*-D- 吡喃葡萄糖苷 多穗金粟兰 Chloranthus multistachys, 大青 Clerodendrum cyrtophyllum, 库页红景天 Rhodiola sachalinensis
phenethyl-alcohol-xylopyranosyl-(1 → 6)-glucopyranoside 苯乙醇 - 吡喃木糖基 -(1 → 6)- 吡喃葡萄糖苷 三裂瓜木 Alangium platanifolium var. trilobum
phenethylamine 苯乙胺 豆瓣菜 Nasturtium officinale
phenethylcinnamamide 苯乙基桂皮酰胺 镰荚棘豆 Oxytropis falcata, 细叶黄皮 Clausena anisum-olens
2-phenethylglucosinolate 2- 苯乙基芥子油苷 家独行菜 Lepidium sativum
phenethyl-*O*-*β*-D-glucopyranosyl-(1 → 2)-*O*-*β*-D-glucopyranoside 苯乙基 -*O*-*β*-D- 吡喃葡萄糖基 -(1 → 2)-*O*-*β*-D- 吡喃葡萄糖苷 西南猫尾木 Markhamia stipulata
phenethylpyrrole-2-carboxylate 苯乙基吡咯 -2- 羧酸酯 黑三棱 Sparganium stoloniferum
2-phenethylrutinoside 2- 苯乙基芸香糖苷 老鸦烟筒花 Millingtonia hortensis, 乌檀 Nauclea officinalis
phenethyl-*trans*-ferulate 苯乙基 - 反式 - 阿魏酸酯 宽叶羌活 Notopterygium franchetii
phenethyl-*α*-L-rhamnopyranosyl-(1 → 6)-*β*-D-glucopyranoside 苯乙基 -*α*-L- 吡喃鼠李糖基 -(1 → 6)-*β*-D- 吡喃葡萄糖苷 关苍术 Atractylodes japonica
phenethyl-*β*-D-glucopyranoside 苯乙基 -*β*-D- 吡喃葡萄糖苷 珊瑚菜 Glehnia littoralis, 量天尺 Hylocereus undatus, 荔枝 Litchi chinensis, 法国蔷薇 Rosa gallica
phenethyl-*β*-primeveroside 苯乙基 -*β*- 樱草糖苷 八角枫 Alangium chinense, 罗布麻 Apocynum venetum, 沙生蜡菊 Helichrysum arenarium, 人参 Panax ginseng
phenicopterone 红鹳酮▲ 雨生红球藻 Haematococcus pluvialis
phenmerhylol 苄醇 光萼小蜡 Ligustrum sinense var. myrianthum
phenol 苯酚 挥发油成分，未统计基源
phenol A 苯酚 A 挥发油成分，未统计基源
phenolbetain 甜菜碱酚 夜花藤 Hypserpa nitida
4''-phenolic-6-*O*-methylpropanoyl-*β*-D-glucopyranoside 4''- 苯酚基 -6-*O*- 甲基丙酰基 -*β*-D- 吡喃葡萄糖苷 喙果黑面神 Breynia rostrata
phenolphthalein 酚酞 苦瓜 Momordica charantia
phenoxazine 吩口恶嗪 红孔菌 Pycnoporus cinnabarinus
2'-phenoxy-3,3',4,4'-tetramethoxychalcone 2'- 苯氧基 -3,3',4,4'- 四甲氧基查耳酮 香合欢 Albizia odoratissima
2-phenoxyethanol 2- 苯氧基乙醇 挥发油成分，未统计基源
l-phenyl-2-imido-1-propanol 1- 苯基 -2- 亚胺基 -1- 丙醇 草麻黄 Ephedra sinica
phenyl acrylic acid 苯基丙烯酸 短葶飞蓬 Erigeron breviscapus
2-phenyl ethylbutanoate 2- 苯乙基酸酯 挥发油成分，未统计基源
phenyl methyl ketone 苯甲酮 挥发油成分，未统计基源

P

3-phenyl-1-(2',6'-dihydroxy-phenyl-4'-*O*-*β*-D-glucopyranosyl)-1-propanone 3- 苯基 -1-(2',6'- 二羟基 - 苯基 -4'-*O*-*β*-D- 吡喃葡萄糖基)-1- 丙酮 披针叶胡颓子 Elaeagnus lanceolata

(2*S*)-3-phenyl-1,2-propanediol-2-benzoate (2*S*)-3- 苯基 -1,2- 丙二醇 -2- 苯甲酸酯 蜂斗菜 Petasites japonicus

1-phenyl-1,2-propanedione 1- 苯基 -1,2- 丙二酮 巧茶 Catha edulis

1-phenyl-1,3,5-heptatriyne 1- 苯基 -1,3,5- 庚三炔 鬼针草 Bidens pilosa, 白花鬼针草 B. pilosa var. radiata

(2-phenyl-1,3-dioxolan-4-yl)methyl-9-octadecenoic acid ester (2- 苯基 -1,3- 二氧戊烷 -4- 基) 甲基 -9- 十八烯酸酯 杉木 Cunninghamia lanceolata

1-phenyl-1,3-diyn-5-en-7-ol acetate 1- 苯基 -1,3- 二炔 -5- 烯 -7- 醇 - 乙酸酯 鬼针草 Bidens pilosa

2-phenyl-1,4-benzopyrone 2- 苯基 -1,4- 苯并吡喃 峨眉报春 Primula faberi

4-phenyl-1-butene 4- 苯基 -1- 丁烯 挥发油成分，未统计基源

2-phenyl-1*H*-benz[de]isoquinoline-1,3(2*H*)-dione 2- 苯基 -1*H*- 苯并 [de] 异喹啉 -1,3(2*H*)- 二酮 挥发油成分，未统计基源

3-phenyl-1*H*-dibenzo[b,d]pyran-1,4(6*H*)-dione 3- 苯基 -1*H*- 二苯并 [b,d] 吡喃 -1,4(6*H*)- 二酮 桦褶孔菌 Lenzites betulina

5-phenyl-2-(1'-propynyl)-thiophene 5- 苯基 -2-(1'- 丙炔基)- 噻吩 剑叶金鸡菊 Coreopsis lanceolata

1-phenyl-2,3-butanediol 1- 苯基 -2,3- 丁二醇 挥发油成分，未统计基源

(2*S*,3*S*)-1-phenyl-2,3-butanediol-3-*O*-*β*-D-glucopyranoside (2*S*,3*S*)-1- 苯基 -2,3- 丁烷二醇 -3-*O*-*β*-D- 吡喃葡萄糖苷 野菊 Chrysanthemum indicum

3-phenyl-2-butanone 3- 苯基 -2- 丁酮 挥发油成分，未统计基源

4-phenyl-2-butanone 4- 苯基 -2- 丁酮 挥发油成分，未统计基源

4-phenyl-2-butyl acetate 4- 苯基 -2- 丁醇乙酸酯 挥发油成分，未统计基源

7-phenyl-2-hepten-4,6-diynal 7- 苯基 -2- 庚烯 -4,6- 二炔醛 大丽花 Dahlia pinnata

7-phenyl-2-heptene-4,6-diyn-1-ol 7- 苯基 -2- 庚烯 -4,6- 二炔 -1- 醇 鬼针草 Bidens pilosa

(±)-1-phenyl-2-imido-1-propanol (±)-1- 苯基 -2- 酰亚胺 -1- 丙醇 草麻黄 Ephedra sinica

3-phenyl-2-methyl acrylate 3- 苯基 -2- 丙烯酸甲酯 挥发油成分，未统计基源

1-phenyl-2-methyl-6,7-dimethoxy-1,2,3,4-tetrahydroisoquinoline 1- 苯基 -2- 甲基 -6,7- 二甲氧基 -1,2,3,4- 四氢异喹啉 鸭嘴花 Justicia adhatoda

(2*R*)-4-phenyl-2-*O*-[*β*-D-xylopyranosyl-(1→6)-*β*-D-glucopyranosyl]butane (2*R*)-4- 苯基 -2-*O*-[*β*-D- 吡喃木糖基 -(1→6)-*β*-D- 吡喃葡萄糖基] 丁烷 烈香杜鹃花 Rhododendron anthopogonoides

2-(1*S*-1-phenyl-2-propen-1-yl)-1,4-benzenediol 2-(1*S*-1- 苯基 -2- 丙烯 -1- 基)-1,4- 苯二酚 印度黄檀 Dalbergia sissoo

(2*E*)-3-phenyl-2-propenoic acid (2*E*)-3- 苯基 -2- 丙烯酸 蕹菜 Ipomoea aquatica

(*E*)-3-phenyl-2-propenoic acid (*E*)-3- 苯基 -2- 丙烯酸 麦蓝菜 Vaccaria hispanica

(2*E*)-3-phenyl-2-propenoic acid-2-oxo-2-phenylethyl ester (2*E*)-3- 苯基 -2- 丙烯酸 -2- 氧代 -2- 苯乙酯 黄皮 Clausena lansium

4-(1*S*-1-phenyl-2-propenyl)-1,3-benzenediol 4-(1*S*-1- 苯基 -2- 丙烯基)-1,3- 苯二酚 印度黄檀 Dalbergia sissoo

3-phenyl-2-*trans*-propenoic acid 3- 苯基 -2 反式 - 丙烯酸 挥发油成分，未统计基源

6-phenyl-3,5-hexadien-2-one 6- 苯基 -3,5- 己二烯 -2- 酮 胡椒 Piper nigrum

2-phenyl-4-chromone 2- 苯基 -4- 色酮 南紫薇 Lagerstroemia subcostata

[(benzoxy)methyl]-phenyl-4-*O*-*α*-L-rhamnopyranosyl-(1→6)-*β*-D-glucopyranoside [(苯甲酰氧基) 甲基]- 苯基 -4-*O*-*α*-L- 吡喃鼠李糖基 -(1→6)-*β*-D- 吡喃葡萄糖苷 青兰 Dracocephalum ruyschiana

P

4-phenyl-5,7-dihydroxy-6-(2'-methylbutanoyl)-8-(3''-methylbut-2''-enyl)-coumarin 4- 苯基 -5,7- 二羟基 -6-(2'- 甲基丁酰基)-8-(3''- 甲基丁 -2''- 烯基)- 香豆素 铁力木 Mesua ferrea

4-phenyl-5,7-dihydroxy-6-(2'-methylbutanoyl)-8-[(*E*)-3'',7''-dimethylocta-2'',6''-dienyl]-coumarin 4- 苯基 -5,7- 二羟基 -6-(2'- 甲基丁酰基)-8-[(*E*)-3'',7''- 二甲基辛 -2'',6''- 二烯基]- 香豆素 铁力木 Mesua ferrea

4-phenyl-5,7-dihydroxy-6-(2'-methylbutanoyl)-coumarin 4- 苯基 -5,7- 二羟基 -6-(2'- 甲基丁酰基)- 香豆素 铁力木 Mesua ferrea

4-phenyl-5,7-dihydroxy-6-(3'-methylbutanoyl)-8-[(*E*)-3'',7''-dimethylocta-2'',6''-dienyl]-coumarin 4- 苯基 -5,7- 二羟基 -6-(3'- 甲基丁酰基)-8-[(*E*)-3'',7''- 二甲基辛 -2'',6''- 二烯基]- 香豆素 铁力木 Mesua ferrea

4-phenyl-5,7-dihydroxy-8-(2''-methylbutanoyl)-6-[(*E*)-3',7'-dimethylocta-2,6-dienyl]-coumarin 4- 苯基 -5,7- 二羟基 -8-(2''- 甲基丁酰基)-6-[(*E*)-3',7'- 二甲基辛 -2,6- 二烯基]- 香豆素 铁力木 Mesua ferrea

4-phenyl-5,7-dihydroxy-8-(3''-methylbutanoyl)-6-(3'-methylbut-2'-enyl)-coumarin 4- 苯基 -5,7- 二羟基 -8-(3''- 甲基丁酰基)-6-(3'- 甲基丁 -2'- 烯基)- 香豆素 铁力木 Mesua ferrea

4-phenyl-5,7-dihydroxy-8-(3''-methylbutanoyl)-6-[(*E*)-3',7'-dimethylocta-2',6'-dienyl]-coumarin 4- 苯基 -5,7- 二羟基 -8-(3''- 甲基丁酰基)-6-[(*E*)-3',7'- 二甲基辛 -2',6'- 二烯基]- 香豆素 铁力木 Mesua ferrea

4-phenyl-5-hydroxy-6-(2'-methylbutanoyl)-8-[10-methyl-(4''-methylpent-3''-enyl)-2*H*-pyrano[2,3-h]coumarin 4- 苯基 -5- 羟基 -6-(2'- 甲基丁烷氧基基)-8-[10- 甲基 -(4''- 甲基 -3''- 戊烯基)-2*H*- 吡喃并 [2,3-h] 香豆素 铁力木 Mesua ferrea

4-phenyl-5-hydroxy-6-(2'-methylbutanoyl)-8a-(2''-hydroxypropan-2''-yl)-8,9-dihydro-furo[2,3-h]coumarin 4- 苯基 -5- 羟基 -6-(2'- 甲基丁酰基)-8a-(2''- 羟基丙烷 -2''- 基)-8,9- 二氢 - 呋喃 [2,3-h] 香豆素 铁力木 Mesua ferrea

4-phenyl-5-hydroxy-6-(2'-methylbutanoyl)-8a-(prop-1''-en-2''-yl)-8,9-dihydro-furo[2,3-h]coumarin 4- 苯基 -5- 羟基 -6-(2'- 甲基丁酰基)-8a-(丙 -1''- 烯 -2''- 基)-8,9- 二氢 - 呋喃 [2,3-h] 香豆素 铁力木 Mesua ferrea

4-phenyl-5-hydroxy-6-(3'-methylbutanoyl)-10-dimethyl-2*H*-pyrano[2,3-h]coumarin 4- 苯基 -5- 羟基 -6-(3'- 甲基丁酰基)-10- 二甲基 -2*H*- 吡喃并 [2,3-h] 香豆素 铁力木 Mesua ferrea

4-phenyl-5-hydroxy-6-(3'-methylbutanoyl)-8a-(2''-hydroxypropan-2''-yl)-8,9-dihydro-furo[2,3-h]coumarin 4- 苯基 -5- 羟基 -6-(3'- 甲基丁烷氧

P

2-(2-phenylethyl)chromone 2-(2- 苯乙基) 色酮 土沉香 Aquilaria sinensis
2-phenylethyl-1-O-β-D-glucopyranoside 2- 苯乙基 -1-O-β-D- 吡喃葡萄糖苷 大花红景天 Rhodiola crenulata
2-phenylethyl-1-O-β-D-glucopyranosyl-(1 → 6)-O-α-L-arabinofuranoside 2- 苯乙基 -1-O-β-D- 吡喃葡萄糖基 -(1 → 6)-O-α-L- 呋喃阿拉伯糖苷 大花红景天 Rhodiola crenulata
2-phenylethyl-1-O-β-D-glucopyranosyl-(1 → 6)-O-β-D-xylopyranoside 2- 苯乙基 -1-O-β-D- 吡喃葡萄糖基 -(1 → 6)-O-β-D- 吡喃木糖苷 大花红景天 Rhodiola crenulata
2-phenylethyl-2,6-dihydroxybenzoate 2,6- 二羟基苯甲酸 -2- 苯乙酯 爱地草 Geophila repens
phenylethyl-2-O-β-D-glucopyranosyl-(1 → 6)-β-D-glucopyranoside 苯乙醇 -2-O-β-D- 吡喃葡萄糖基 -(1 → 6)-β-D- 吡喃葡萄糖苷 省沽油 Staphylea bumalda
2-phenylethyl-3-O-α-L-rhamnopyranosyl-β-D-glucopyranoside 2- 苯乙基 -3-O-α-L- 吡喃鼠李糖基 -β-D- 吡喃葡萄糖苷 臭牡丹 Clerodendrum bungei
2-phenylethyl-6-O-β-D-glucopyranosyl-β-D-glucopyranoside 2- 苯乙基 -6-O-β-D- 吡喃葡萄糖基 -β-D- 吡喃葡萄糖苷 沙生蜡菊 Helichrysum arenarium
phenylethylamide 苯乙基酰胺 镰荚棘豆 Oxytropis falcata
β-phenylethylamine β- 苯乙胺 大叶山蚂蝗 Desmodium gangeticum, 三点金 D. triflorum, 赛葵 Malvastrum coromandelianum, 心叶黄花稔 Sida cordifolia
phenylethylamine 苯乙胺 美味牛肝菌 Boletus edulis, 三点金 Desmodium triflorum
2-phenylethyl-D-rutinoside 2- 苯乙基 -D- 芸香糖苷 温州蜜柑 Citrus reticulata 'Unshiu'
acetic acid-2-phenylethyl ester 乙酸 -2- 苯乙酯 挥发油成分，未统计基源
phenylethyl-glucopyranoside 苯乙基 - 吡喃葡萄糖苷 波缘冷水花 Pilea cavaleriei
β-phenylethylisothiocyanate β- 苯乙基异硫氰酸酯 挥发油成分，未统计基源
phenylethyl-O-(6-β-O-α-L-arabinofuranoside)-β-D-glucopyranoside 苯乙基 -O-(6-β-O-α-L- 呋喃阿拉伯糖基)-β-D- 吡喃葡萄糖苷 短萼仪花 Lysidice brevicalyx
2-phenylethyl-O-D-rutinoside 2- 苯乙基 -O-D- 芸香糖苷 东北蛇葡萄 Ampelopsis glandulosa var. brevipedunculata
2-phenylethyl-O-rutinoside 2- 苯乙基 -O- 芸香糖苷 胡杨 Populus euphratica
phenylethyl-O-α-L-arabinofuranoside-(1 → 6)-β-D-glucopyranoside 苯乙基 -O-α-L- 呋喃阿拉伯糖基 -(1 → 6)-β-D- 吡喃葡萄糖苷 背扁黄耆 Astragalus complanatus
2-phenylethyl-O-α-L-arabinofuranosyl-β-D-glucopyranoside 2- 苯乙基 -O-α-L- 吡喃阿拉伯基 -β-D- 吡喃葡萄糖苷 髭脉桤叶树 Clethra barbinervis
2-phenylethyl-O-α-L-arabinopyranosyl-(1 → 6)-β-glucopyranoside 2- 苯乙基 -O-α-L- 吡喃阿拉伯糖基 -(1 → 6)-β- 吡喃葡萄糖苷 毛冬青 Ilex pubescens, 红景天 Rhodiola rosea
2-phenylethyl-O-α-L-rhamnopyranosyl-(1 → 6)-β-D-glucopyranoside 2- 苯乙基 -O-α-L- 吡喃鼠李糖基 -(1 → 6)-β-D- 吡喃葡萄糖苷 髭脉桤叶树 Clethra barbinervis, 小连翘 Hypericum erectum
2-phenylethyl-O-β-D-glucopyranoside 2- 苯乙基 -O-β-D- 吡喃葡萄糖苷 挥发油成分，未统计基源
phenylethyl-O-β-D-glucopyranoside 苯乙基 -O-β-D- 吡喃葡萄糖苷 老鼠簕 Acanthus ilicifolius, 短萼仪花 Lysidice brevicalyx
phenylethyl-O-β-D-glucopyranosyl-(1 → 2)-β-D-glucopyranoside 苯乙基 -O-β-D- 吡喃葡萄糖 -(1 → 2)-β-D- 吡喃葡萄糖苷 老鼠簕 Acanthus ilicifolius, 藏波罗花 Incarvillea younghusbandii
2-phenylethyl-O-β-D-xylopyranosyl-(1 → 2)-β-D-glucopyranoside 2- 苯乙基 -O-β-D- 吡喃木糖基 -(1 → 2)-β-D- 吡喃葡萄糖苷 长舟马先蒿 Pedicularis dolichocymba
2-phenylethyl-O-β-D-xylopyranosyl-(1 → 6)-β-D-glucopyranoside 2- 苯乙基 -O-β-D- 吡喃木糖基 -(1 → 6)-β-D- 吡喃葡萄糖苷 地黄 Rehmannia glutinosa
2-phenylethyl-O-β-glucoside 2- 苯乙基 -O-β- 葡萄糖苷 毛地黄鼠尾草 Salvia digitaloides
phenylethyl-O-β-L-arabinopyranosyl-(1 → 6)-O-β-D-glucopyranoside 苯乙基 -O-β-L- 吡喃阿拉伯糖基 -(1 → 6)-O-β-D- 吡喃葡萄糖苷 毛脉酸模 Rumex gmelinii
phenylethyl-rutinoside 苯乙基 - 芸香糖苷 波缘冷水花 Pilea cavaleriei
2-phenylethyl-α-L-arabinopyranosyl-(1 → 6)-β-D-glucopyranoside 2- 苯乙醇 -α-L- 吡喃阿拉伯糖基 -(1 → 6)-β-D- 吡喃葡萄糖苷 圣地红景天 Rhodiola sacra
2-phenylethyl-β-D-glucopyranoside 2- 苯乙基 -β-D- 吡喃葡萄糖苷 黑面神 Breynia fruticosa, 白背枫 Buddleja asiatica, 温州蜜柑 Citrus reticulata 'Unshiu', 髭脉桤叶树 Clethra barbinervis, 顶花板凳果 Pachysandra terminalis, 野生紫苏 Perilla frutescens var. purpurascens, 翅果菊 Pterocypsela indica
β-phenylethyl-β-D-glucopyranoside β- 苯乙基 -β-D- 吡喃葡萄糖苷 绣球 Hydrangea macrophylla
β-phenylethyl-β-D-glucoside β- 苯乙基 -β-D- 葡萄糖苷 阔苞菊 Pluchea indica
2-phenylethyl-β-D-xylopyranosyl-(1 → 6)-β-D-glucopyranoside 2- 苯乙基 -β-D- 吡喃木糖基 -(1 → 6)-β-D- 吡喃葡萄糖苷 暴马丁香 Syringa reticulata subsp. amurensis
2-phenylethyl-β-primeveroside 2- 苯乙基 -β- 樱草糖苷 太白美花草 Callianthemum taipaicum, 列当 Orobanche coerulescens
2-phenylethyl-β-vicianoside 2- 苯乙基 -β-D- 蚕豆糖苷 大花红景天 Rhodiola crenulata
5-(2-phenylethynyl)-2-thiophene methanol 5-(2- 苯基乙炔基)-2- 噻吩甲醇 鬼针草 Bidens pilosa
5-(2-phenylethynyl)-2-β-glucosylmethyl-thiophene 5-(2- 苯基乙炔基)-2-β- 葡萄糖基甲基 - 噻吩 鬼针草 Bidens pilosa
2-phenylethy-β-D-glucoside 2- 苯乙基 -β-D- 葡萄糖苷 番木瓜 Carica papaya

d-phenylglucosazone (+)- 苯基葡萄糖脎 香肉果 Casimiroa edulis
7-phenylhept-4,6-diyn-2-en-1-yl acetate 7- 苯基庚烷 -4,6- 二炔 -2- 烯 -1- 乙酸酯 羽叶鬼针草 Bidens maximowicziana
1-phenylhepta-1,3,5-triyne 1- 苯基庚烷 -1,3,5- 三炔 挥发油成分，未统计基源
1-phenyl-hepta-1,3,5-triyne 1- 苯基 - 庚烷 -1,3,5- 三炔 鬼针草 Bidens pilosa
1-phenylhepta-1,3-diyn-5-ene 1- 苯基庚 -1,3- 二炔 -5- 烯 大丽花 Dahlia pinnata
7-phenylhepta-2,4,6-triyn-1-yl acetate 7- 苯基庚 -2,4,6- 三炔 -1- 乙酸酯 大丽花 Dahlia pinnata
7-phenyl-hepta-2,4,6-triyn-2-ol 7- 苯基 - 庚烷 -2,4,6- 三炔 -2- 醇 鬼针草 Bidens pilosa
7-phenyl-hepta-4,6-diyn-1,2-diol 7- 苯基 - 庚烷 -4,6- 二炔 -1,2- 二醇 鬼针草 Bidens pilosa
7-phenylhepta-4,6-diyn-2-en-1-yl acetate 7- 苯基庚 -4,6- 二炔 -2- 烯 -1- 乙酸酯 大丽花 Dahlia pinnata
7-phenyl-hepta-4,6-diyn-2-ol 7- 苯基 - 庚烷 -4,6- 二炔 -2- 醇 鬼针草 Bidens pilosa
phenylheptatriyne 苯基庚三炔 大丽花 Dahlia pinnata
6-phenyl-hexylgallate 6- 苯基没食子酸己酯 杧果 Mangifera indica
3-phenyllactic acid 3- 苯基乳酸 蓝蓟 Echium vulgare
D-*β*-phenyllactic acid D-*β*- 苯基乳酸 烟草 Nicotiana tabacum
β-phenyllactic acid *β*- 苯基乳酸 雪岭云杉 Picea schrenkiana, 雪莲花 Saussurea involucrata
(*R*)-3-phenyllactic acid methyl ester (*R*)-3- 苯基乳酸甲酯 酸枣 Ziziphus jujuba var. spinosa
phenylmethanal 苯甲醛 挥发油成分，未统计基源
phenylmethanol 苯甲醇 挥发油成分，未统计基源
phenylmethanol glucopyranoside 苯甲醇吡喃葡萄糖苷 空桶参 Soroseris erysimoides
phenylmethyl-2-*O*-(5-*O*-benzoyl-*β*-D-apiofuranosyl)-*β*-D-glucopyranoside 苯甲基 -2-*O*-(5-*O*- 苯甲酰基 -*β*-D- 呋喃芹糖基)-*β*-D- 吡喃葡萄糖苷 扁枝槲寄生 Viscum articulatum
phenylmethyl-6-*O*-*α*-L-arabinofuranosyl-*β*-D-glucopyranoside 苯甲基 -6-*O*-*α*-L- 呋喃阿拉伯糖基 -*β*-D- 吡喃葡萄糖苷 红景天 Rhodiola rosea
phenylmethyl-6-*O*-*α*-L-arabinopyranosyl-*β*-D-glucopyranoside 苯甲基 -6-*O*-*α*-L- 吡喃阿拉伯糖基 -*β*-D- 吡喃葡萄糖苷 红景天 Rhodiola rosea
phenylmethyl-*O*-*β*-D-glucopyranosyl-(1 → 2)-*O*-[*β*-D-xylopyranosyl-(1 → 6)]-*β*-D-glucopyranoside 苯甲基 -*O*-*β*-D- 吡喃葡萄糖基 -(1 → 2)-*O*-[*β*-D- 吡喃木糖基 -(1 → 6)]-*β*-D- 吡喃葡萄糖苷 八角枫 Alangium chinense
phenylmethyl-*O*-*β*-d-glucopyranosyl-(1 → 6)-*β*-d-glucopyranoside 苯甲基 -*O*-*β*-D- 吡喃葡萄糖基 -(1 → 6)-*β*-D- 吡喃葡萄糖苷 小连翘 Hypericum erectum
phenylmethyl-*β*-D-allopyranoside 苯甲基 -*β*-D- 吡喃阿洛糖苷 鸡蛋果 Passiflora edulis
phenylmethyl-*β*-D-apiofuranosyl-(1 → 6)-*β*-D-glucopyranoside 苄基 -*β*-D- 呋喃芹糖 -(1 → 6)-*β*-D- 吡喃葡萄糖醛酸 冬红 Holmskioldia sanguinea
3-phenyl-*N*-(2-phenylethyl)-2-propenamide 3- 苯基 -*N*-(2- 苯乙基)-2- 丙烯酰胺 多叶棘豆 Oxytropis myriophylla
(2*S*-*trans*)-3-phenyl-*N*-(2-phenylethyl)-oxiranecarboxamide (2*S*- 反式)-3- 苯基 -*N*-(2- 苯乙基)- 氧杂环丙烷酰胺 黄皮 Clausena lansium
(*R*)-9-phenylnonan-2-ol (*R*)-9- 苯酚基壬烷 -2- 醇 箭叶秋葵 Abelmoschus sagittifolius
6-phenylnonylic acid 6- 苯基壬酸 明党参 Changium smyrnioides
24-phenyl-*n*-tetracosan-10-one-19-ol 24- 苯基 - 正二十四烷 -10- 酮 -19- 醇 蓖麻 Ricinus communis
phenyl-*O*-*β*-D-glucopyranoside 苯基 -*O*-*β*-D- 吡喃葡萄糖苷 川牛膝 Cyathula officinalis
phenyl-*O*-*β*-xylopyranosyl-(1 → 6)-*O*-*β*-glucopyranoside 苯基 -*O*-*β*- 吡喃木糖基 -(1 → 6)-*O*-*β*- 吡喃葡萄糖苷 玄参 Scrophularia ningpoensis
o-phenylphenol 邻苯基苯酚 山桂花 Bennettiodendron leprosipes
1-phenylpropane-1,2-dione 1- 苯基丙烷 -1,2- 二酮 草麻黄 Ephedra sinica
2-phenylpropane-1,3-diol 2- 苯基丙烷 -1,3- 二醇 大叶龙角 Hydnocarpus annamensis
2-phenylpropanol 2- 苯基丙醇 紫苞雪莲 Saussurea iodostegia
phenylpropanolamine 苯丙醇胺 红木荷 Schima wallichii
phenylpropionaldehyde 苯丙醛 挥发油成分，未统计基源
β-phenylpropionic acid *β*- 苯丙酸 挥发油成分，未统计基源
2-(3-phenylpropionyl)-1,3-cyclohexanedione 2-(3- 苯基丙酰)-1,3- 环己烷二酮 石蝉草 Peperomia blanda
3-(2'-phenylpropionyloxy)-tropane 3-(2'- 苯丙酰氧基)- 托品烷 树番茄 Cyphomandra betacea
α-phenyl-taloside *α*- 苯基 - 塔洛糖苷 红景天 Rhodiola rosea
24-phenyltetracosan-6-one-19-ol 24- 苯基二十四烷 -6- 酮 -19- 醇 蓖麻 Ricinus communis
11-phenylundecanoyl-2,6-dihydroxybenzene 11- 十一酚酰 -2,6- 二羟基苯 风吹楠 Horsfieldia glabra
phenyl-*β*-D-glucopyranoside 苯基 -*β*-D- 吡喃葡萄糖苷 海榄雌 Avicennia marina
phenyl-*β*-naphthylamine 苯基 -*β*- 萘胺 多根乌头 Aconitum karakolicum, 顶羽菊 Acroptilon repens
1,3,16*β*-phenypropylacetate-lanostan-5,11,14,16,23,25-hexen-22-one 1,3,16*β*- 苯丙基乙酸酯 - 羊毛脂 -5,11,14,16,23,25- 六烯 -22- 酮 假马鞭 Stachytarpheta jamaicensis
pheophorbide a 脱镁叶绿酸 a 辣椒 Capsicum annuum, 化石树 Clerodendrum calamitosum, 海漆 Excoecaria agallocha, 盐角草 Salicornia europaea, 野火球 Trifolium lupinaster
pheophorbide a methyl ester 脱镁叶绿酸 a 甲酯 椿叶花椒 Zanthoxylum ailanthoides
pheophorbide b methyl ester 脱镁叶绿酸 b 甲酯 椿叶花椒 Zanthoxylum ailanthoides

(13^2R)-pheophytin a (13^2R)- 脱镁叶绿素 a 榕树 Ficus microcarpa

(13^2S)-pheophytin a (13^2S)- 脱镁叶绿素 a 榕树 Ficus microcarpa

13^2(R)-pheophyton a 13^2(R)- 脱镁叶绿素酮 a 榕树 Ficus microcarpa

13^2(S)-pheophyton a 13^2(S)- 脱镁叶绿素酮 a 榕树 Ficus microcarpa

philadelphicalactone A~D 毛酸浆内酯 ▲A~D 毛酸浆 Physalis philadelphica

(-)-phillygenin (-)- 欧女贞苷元 ▲ 肉果草 Lancea tibetica

(+)-phillygenin (+)- 欧女贞苷元 ▲ 木犀 Osmanthus fragrans, 望春玉兰 Yulania biondii

phillygenin 欧女贞苷元 ▲ 光枝勾儿茶 Berchemia polyphylla var. leioclada, 流苏树 Chionanthus retusus, 秦连翘 Forsythia giraldiana, 连翘 F. suspensa, 金钟花 F. viridissima, 木犀 Osmanthus fragrans

phillygenol 欧女贞苷元酚 ▲ 肉果草 Lancea tibetica

phillyraeoidin A~E 乌冈栎鞣素 ▲A~E 乌冈栎 Quercus phillyraeoides

(+)-phillyrin (+)- 欧女贞苷 ▲ 大青 Clerodendrum cyrtophyllum

phillyrin 欧女贞苷 ▲ 汶川柴胡 Bupleurum wenchuanense, 流苏树 Chionanthus retusus, 胡颓子 Elaeagnus pungens, 秦连翘 Forsythia giraldiana, 连翘 F. suspensa, 金钟花 F. viridissima, 红素馨 Jasminum beesianum, 肉果草 Lancea tibetica, 红柄木犀 Osmanthus armatus, 木犀 O. fragrans, 柊树 O. heterophyllus

philonotisflavone 泽藓黄酮 ▲ 直叶珠藓 Bartramia ithyphylla, 泽藓 Philonotis fontana

philoxeroic acid 喜旱莲子草酸 ▲ 喜旱莲子草 Alternanthera philoxeroides

philoxeroideside A~D 喜旱莲子草苷 ▲A~D 喜旱莲子草 Alternanthera philoxeroides

phlebic acid A~D 射脉菌酸 ▲A~D 绿皮地卷衣 Peltigera aphthosa

phlebotrichin 毛脉荚蒾酚苷 黑面神 Breynia fruticosa, 喙果黑面神 B. rostrata

phlegmaric acid 马尾杉酸 石松 Lycopodium japonicum, 马尾杉 Phlegmariurus phlegmaria

phlegmariurine A, C, M 马尾杉碱 A, C, M 福氏马尾杉 Phlegmariurus fordii

phlegmariurine B 马尾杉碱 B 扁枝石松 Diphasiastrum complanatum, 垂穗石松 Palhinhaea cernua, 福氏马尾杉 Phlegmariurus fordii, 粗糙马尾杉 P. squarrosus

phlinoside A 线叶糙苏苷 ▲A 兰香草 Caryopteris incana

phllegmanol A~F 马尾杉醇 A~F 马尾杉 Phlegmariurus phlegmaria

phlobaphene 栎皮鞣酐 倒地铃 Cardiospermum halicacabum

phlobatannin 栎皮鞣质 倒地铃 Cardiospermum halicacabum

phlobatannins 红鞣质 厚皮树 Lannea coromandelica

phlogacantholide B, C 火焰花内酯 B, C 火焰花 Phlogacanthus curviflorus

phlogacantholide C diacetate 火焰花内酯 C 二乙酸酯 火焰花 Phlogacanthus curviflorus

phlogacanthoside A, B, C 火焰花内酯苷 A, B, C 火焰花 Phlogacanthus curviflorus

phloidicarpin 胀果芹素 ▲ 胀果芹 Phlojodicarpus sibiricus

phlomiol 糙苏醇 ▲ 独一味 Lamiophlomis rotata, 螃蟹甲 Phlomis younghusbandii

phlomisethanoside 糙苏乙醇苷 ▲ 臭牡丹 Clerodendrum bungei

phlomishexaol A~D 糙苏六醇 A~D 糙苏 Phlomis umbrosa

phlomisin 糙苏辛素 糙苏 Phlomis umbrosa

phlomisoic acid 糙苏酸 ▲ 萝卜秦艽 Phlomis medicinalis

phlomisone 糙苏酮 ▲ 糙苏 Phlomis umbrosa

phlomisoside I 糙苏苷 I 假秦艽 Phlomis betonicoides, 螃蟹甲 P. younghusbandii

phlomisoside II 糙苏苷 II 假秦艽 Phlomis betonicoides, 毛地黄鼠尾草 Salvia digitaloides

phlomisoside III 糙苏苷 III 萝卜秦艽 Phlomis medicinalis, 螃蟹甲 P. younghusbandii

phlomisoside IV 糙苏苷 IV 螃蟹甲 Phlomis younghusbandii

phlomisoside V 糙苏苷 V 萝卜秦艽 Phlomis medicinalis

phlomisoside F 糙苏苷 F 螃蟹甲 Phlomis younghusbandii

phlomispentaol 糙苏五醇 糙苏 Phlomis umbrosa

phlomistetraol A, C 糙苏四醇 A, C 糙苏 Phlomis umbrosa

phlomistetraol B 糙苏四醇 B 益母草 Leonurus japonicus, 糙苏 Phlomis umbrosa

phlomisumbroside A, B 糙苏醇苷 ▲A, B 糙苏 Phlomis umbrosa

phlomuroside 金黄糙苏苷 ▲ 萱草 Hemerocallis fulva, 薄片变豆菜 Sanicula lamelligera

phloracetophenone-2'-glucopyranoside 根皮酚乙酮 -2'- 吡喃葡萄糖苷 直杆蓝桉 Eucalyptus maidenii

phloraspin 根皮绵马素 欧洲鳞毛蕨 Dryopteris filix-mas

phloretic acid 根皮酸 西葫芦 Cucurbita pepo, 胀果甘草 Glycyrrhiza inflata, 扭瓦韦 Lepisorus contortus, 番茄 Lycopersicon esculentum, 台湾林檎 Malus doumeri, 直立黄钟花 Tecoma stans, 黄花婆罗门参 Tragopogon orientalis

phloretin 根皮素 蜀葵 Alcea rosea, 红冬蛇菰 Balanophora harlandii, 木姜叶柯 Lithocarpus litseifolius, 山荆子 Malus baccata, 湖北海棠 M. hupehensis, 西府海棠 M. micromalus, 丽江山荆子 M. rockii, 海棠花 M. spectabilis, 美丽马醉木 Pieris formosa, 马醉木 P. japonica, 西洋梨 Pyrus communis var. sativa, 羊踯躅 Rhododendron molle

phloretin-2'-*O*-glucoside 根皮素 -2'-*O*- 葡萄糖苷 苹果 Malus pumila

phloretin-2'-*O*-xyloglucoside 根皮素 -2'-*O*- 木糖葡萄糖苷 苹果 Malus pumila

P

蕈 Hypsizygus marmoreus
phosphodihexose-*N*-(2-hydroxyhexadecanoyl)-4-hydroxy-C18-sphinganine 磷酸二己糖 -*N*-(2- 羟基十六酰基)-4- 羟基 -C18- 鞘氨烷醇 斑玉蕈 Hypsizygus marmoreus
phosphodihexose-*N*-(2-hydroxyoctadecanoyl)-4-hydroxy-C18-sphinganine 磷酸二己糖 -*N*-(2- 羟基十八酰基)-4- 羟基 -C18- 鞘氨烷醇 斑玉蕈 Hypsizygus marmoreus
phosphodihexose-*N*-(2-hydroxytetracosanoyl)-4-hydroxy-C18-sphinganine 磷酸二己糖 -*N*-(2- 羟基二十四酰基)-4- 羟基 -C18- 鞘氨烷醇 斑玉蕈 Hypsizygus marmoreus
phospholipid complex 磷脂复合物 灰毛糖芥 Erysimum canescens
(+)-*α*-photosantalol A (+)-*α*- 光檀香醇 A 小花八角 Illicium micranthum
α-photosantalol A *α*- 光檀香醇▲A 酒饼簕 Atalantia buxifolia
(+)-(10*R*)-*α*-photosantalol B (+)-(10*R*)-*α*- 光檀香醇 B 小花八角 Illicium micranthum
(+)-(10*S*)-*α*-photosantalol B (+)-(10*S*)-*α*- 光檀香醇 B 小花八角 Illicium micranthum
phoyunbene A~D 云南石仙桃芪 A~D 云南石仙桃 Pholidota yunnanensis
phoyunnanin A, B, C, E 云南石仙桃宁 A, B, C, E 云南石仙桃 Pholidota yunnanensis
phoyunnanin D 云南石仙桃宁 D 石仙桃 Pholidota chinensis, 云南石仙桃 P. yunnanensis
phragmalin 内雄楝林素▲ 麻楝 Chukrasia tabularis
phragmalin monoacetate 内雄楝林素▲单乙酰物 麻楝 Chukrasia tabularis
phragmalin-3,30-diisobutyrate 内雄楝林素▲-3,30- 二异丁酸酯 麻楝 Chukrasia tabularis
phrymarin II 透骨草素▲II 透骨草 Phryma leptostachya subsp. asiatica
phrymarol 透骨草洛醇▲ 透骨草 Phryma leptostachya subsp. asiatica
phrymarolin I, II, III, IV, V, B 透骨草灵 I, II, III, IV, V, B 透骨草 Phryma leptostachya subsp. asiatica
phthalaldehyde 酞醛 蘘荷 Zingiber mioga
phthalate 酞酸酯 挥发油成分，未统计基源
phthalic acid 酞酸 挥发油成分，未统计基源
phthalic acid bis-(2-ethylhexy1)ester 酞酸二 -2- 乙基己酯 雪松 Cedrus deodara
phthalic acid bis-(2-ethylhexyl)ester 酞酸二 (2- 乙基己基) 酯 石莼 Ulva lactuca
phthalic acid bis(2-methoxy ethyl)ester 酞酸双 (2- 甲氧乙基) 酯 挥发油成分，未统计基源
phthalic acid bis(2-methylheptyl)ester 酞酸二 (2- 甲基庚基) 酯 枳 Poncirus trifoliata
phthalic acid butyl isobutyl ester 邻苯甲酸正丁异丁酯 三桠苦 Euodia lepta
phthalic acid dibutyl ester 酞酸二丁酯 挥发油成分，未统计基源
phthalic acid diisobutyl ester 酞酸二异丁酯 挥发油成分，未统计基源
phthalic acid dipentyl ester 酞酸二戊酯 挥发油成分，未统计基源
phthalic acid isobutyl octyl ester 酞酸异丁辛酯 挥发油成分，未统计基源
p-phthalic acid-di(4-octyl)ester 对苯二甲酸二 (4- 辛基) 酯 土沉香 Aquilaria sinensis
phtheirospermoside 松蒿苷▲ 松蒿 Phtheirospermum japonicum
(+)-phulchowkiamide A (+)- 普尔乔基野扇花酰胺▲A 羽脉野扇花 Sarcococca hookeriana
phutdonginin 蕊木精宁▲ 蕊木 Kopsia arborea
phygrine 酸浆双古豆碱 掌叶鱼黄草 Merremia vitifolia, 酸浆 Physalis alkekengi, 苦蘵 P. angulata, 小酸浆 P. minima, 灯笼果 P. peruviana, 毛酸浆 P. philadelphica
phyllaemblic acid 余甘子酸 算盘子 Glochidion puberum, 余甘子 Phyllanthus emblica
phyllaemblic acid B, C 余甘子酸 B, C 余甘子 Phyllanthus emblica
phyllaemblic acid methyl ester 余甘子酸甲酯 余甘子 Phyllanthus emblica
phyllaemblicin A~F 余甘子素 A~F 余甘子 Phyllanthus emblica
phyllaemblicone A 余甘子酮 A 余甘子 Phyllanthus emblica
phyllanflexoid A, B, C 落萼叶下珠萜▲A, B, C 落萼叶下珠 Phyllanthus flexuosus
ent-phyllanthidine 对映 - 叶下珠碱 一叶萩 Flueggea suffruticosa
phyllanthidine 叶下珠碱 一叶萩 Flueggea suffruticosa
phyllanthidine B 叶下珠碱 B 一叶萩 Flueggea suffruticosa
phyllanthoid A, B 叶下珠萜▲A, B 越南叶下珠 Phyllanthus cochinchinensis
phyllanthunin 叶下珠宁▲ 余甘子 Phyllanthus emblica
phyllanthusiin A, B, D 叶下珠鞣素▲A, B, D 落萼叶下珠 Phyllanthus flexuosus
phyllanthusiin C 叶下珠鞣素▲C 红穗铁苋菜 Acalypha hispida, 血桐 Macaranga tanarius var. tomentosa, 落萼叶下珠 Phyllanthus flexuosus
phyllanthusiin E 叶下珠鞣素▲E 落萼叶下珠 Phyllanthus flexuosus, 石榴 Punica granatum
phyllanthusiin E methyl ester 叶下珠鞣素▲E 甲酯 地锦 Euphorbia humifusa
phyllanthusiin F, G 叶下珠鞣素▲F, G 叶下珠 Phyllanthus urinaria
phyllanthusmin B, C 叶下珠明素▲B, C 小果叶下珠 Phyllanthus reticulatus
phyllantidine 叶下珠替定▲ 白饭树 Flueggea virosa
phyllemtannin 余甘子鞣质▲ 余甘子 Phyllanthus emblica
phyllocactin 昙花亭▲ 厚皮菜 Beta vulgaris var. cicla, 量天尺 Hylocereus undatus

P

phyllocladan-16α,19-diol 扁枝杉 -16α,19- 二醇 岭南臭椿 Ailanthus triphysa
phyllocladan-16α-ol 叶枝杉 -16α- 醇 柳杉 Cryptomeria japonica var. sinensis
16-phyllocladanol 16- 叶枝杉醇▲ 日本柳杉 Cryptomeria japonica
phyllocladene 叶枝杉烯▲ 雪松 Cedrus deodara, 柳杉 Cryptomeria japonica var. sinensis
phyllocoumarin 扁枝杉香豆素 狭叶五味子 Schisandra lancifolia
phyllostachysin A 叶穗香茶菜素 A 细锥香茶菜 Isodon coetsa, 紫毛香茶菜 I. enanderianus, 小叶香茶菜 I. parvifolius, 叶穗香茶菜 I. phyllostachys, 瘿花香茶菜 I. rosthornii
phyllostachysin B~H 叶穗香茶菜素 B~H 叶穗香茶菜 Isodon phyllostachys
phyllostacin A~I 叶穗香茶菜辛▲A~I 叶穗香茶菜 Isodon phyllostachys
phyllostone 叶蕊厚壳桂酮▲ 棱果榕 Ficus septica
phyltetralin 月下珠四氢萘▲ 黄珠子草 Phyllanthus virgatus
phyperunolide A~F 灯笼果内酯▲A~F 灯笼果 Physalis peruviana
physacoztolide B 考茨酸浆内酯▲B 小酸浆 Physalis minima
physagulin A, C, E~I, L, M, O 苦蘵素 A, C, E~I, L, M, O 苦蘵 Physalis angulata
physagulin B 苦蘵素 B 挂金灯 Physalis alkekengi var. francheti, 苦蘵 P. angulata
physagulin D 苦蘵素 D 苦蘵 Physalis angulata, 睡茄 Withania somnifera
physagulin D(1 $\rightarrow$ 6)-β-D-glucopyranosyl-(1 $\rightarrow$ 4)-β-D-glucopyranoside 苦蘵素 D(1 $\rightarrow$ 6)-β-D- 吡喃葡萄糖基 -(1 $\rightarrow$ 4)-β-D- 吡喃葡萄糖苷 睡茄 Withania somnifera
physagulin J 苦蘵素 J 挂金灯 Physalis alkekengi var. francheti, 苦蘵 P. angulata, 毛苦蘵 P. angulata var. villosa, 小酸浆 P. minima
physagulin K 苦蘵素 K 苦蘵 Physalis angulata, 毛苦蘵 P. angulata var. villosa, 小酸浆 P. minima
physagulin N 苦蘵素 N 苦蘵 Physalis angulata, 毛苦蘵 P. angulata var. villosa
physagulin P, Q 苦蘵素 P, Q 毛苦蘵 Physalis angulata var. villosa
physalactone 酸浆萨内酯▲ 酸浆 Physalis alkekengi, 灯笼果 P. peruviana
physalin I, II, III, IV 酸浆素 I, II, III, IV 挂金灯 Physalis alkekengi var. francheti
physalin A 酸浆素 A 酸浆 Physalis alkekengi, 挂金灯 P. alkekengi var. francheti, 苦蘵 P. angulata, 小酸浆 P. minima, 灯笼果 P. peruviana
physalin B 酸浆素 B 酸浆 Physalis alkekengi, 挂金灯 P. alkekengi var. francheti, 苦蘵 P. angulata, 小酸浆 P. minima, 灯笼果 P. peruviana, 龙葵 Solanum nigrum
physalin C 酸浆素 C 挂金灯 Physalis alkekengi var. francheti, 小酸浆 P. minima
physalin D 酸浆素 D 酸浆 Physalis alkekengi, 挂金灯 P. alkekengi var. francheti, 苦蘵 P. angulata, 小酸浆 P. minima
physalin E 酸浆素 E 挂金灯 Physalis alkekengi var. francheti, 苦蘵 P. angulata
physalin F 酸浆素 F 挂金灯 Physalis alkekengi var. francheti, 苦蘵 P. angulata, 小酸浆 P. minima, 龙葵 Solanum nigrum
physalin G 酸浆素 G 酸浆 Physalis alkekengi, 挂金灯 P. alkekengi var. francheti, 苦蘵 P. angulata, 龙葵 Solanum nigrum
physalin H 酸浆素 H 苦蘵 Physalis angulata, 小酸浆 P. minima, 龙葵 Solanum nigrum
physalin I 酸浆素 I 酸浆 Physalis alkekengi, 挂金灯 P. alkekengi var. francheti, 苦蘵 P. angulata
physalin J 酸浆素 J 苦蘵 Physalis angulata
physalin K 酸浆素 K 酸浆 Physalis alkekengi, 挂金灯 P. alkekengi var. francheti, 苦蘵 P. angulata, 龙葵 Solanum nigrum
physalin L 酸浆素 L 酸浆 Physalis alkekengi, 挂金灯 P. alkekengi var. francheti, 小酸浆 P. minima
physalin M, N, Q, R, S 酸浆素 M, N, Q, R, S 挂金灯 Physalis alkekengi var. francheti
physalin O 酸浆素 O 酸浆 Physalis alkekengi, 挂金灯 P. alkekengi var. francheti
physalin P 酸浆素 P 酸浆 Physalis alkekengi, 挂金灯 P. alkekengi var. francheti, 苦蘵 P. angulata
physalin T 酸浆素 T 挂金灯 Physalis alkekengi var. francheti, 苦蘵 P. angulata
physalin U, V 酸浆素 U, V 苦蘵 Physalis angulata
physalin W 酸浆素 W 挂金灯 Physalis alkekengi var. francheti, 苦蘵 P. angulata
physalin X 酸浆素 X 挂金灯 Physalis alkekengi var. francheti, 小酸浆 P. minima
physalin Y, Z 酸浆素 Y, Z 挂金灯 Physalis alkekengi var. francheti
physalindicanol A 印度小酸浆醇 A 树番茄 Cyphomandra betacea, 洋金花 Datura metel
physaliside A 酸浆苷▲A 毛酸浆 Physalis philadelphica
physalolactone 酸浆内酯 灯笼果 Physalis peruviana
physalolactone B, C 酸浆内酯 B, C 灯笼果 Physalis peruviana
physalolactone B-β-D-glucopyranoside 酸浆内酯 B-β-D- 吡喃葡萄糖苷 灯笼果 Physalis peruviana
physaminimin A~F 小酸浆素 A~F 小酸浆 Physalis minima
physangulide 苦蘵内酯 苦蘵 Physalis angulata
physangulidine A, B, C 苦蘵利定▲A, B, C 苦蘵 Physalis angulata
physanol A, B 酸浆醇 A, B 挂金灯 Physalis alkekengi var. francheti
physanolide A 酸浆诺内酯▲A 苦蘵 Physalis angulata
physanoside A, B 酸浆诺苷▲A, B 挂金灯 Physalis alkekengi var. francheti
physapruin A 灯笼果素▲A 苦蘵 Physalis angulata
physapubescin A~D 毛酸浆素▲A~D 毛酸浆 Physalis philadelphica
physcion 大黄素甲醚 常见成分，至少分布于 100 种以上植物中

P

physcion anthranol B 大黄素甲醚蒽酚 B 厚皮树 Lannea coromandelica
physcion anthrone 大黄素甲醚蒽酮 红柄木犀 Osmanthus armatus, 掌叶大黄 Rheum palmatum, 酸模 Rumex acetosa
physcion glucoside 大黄素甲醚葡萄糖苷 长柄鼠李 Rhamnus longipes
physcion-10,10'-bianthrone 大黄素甲醚 -10,10'- 蒽酮 羊蹄 Rumex japonicus, 豆茶决明 Senna nomame
physcion-1-*O*-*β*-D-glucopyranoside 大黄素甲醚 -1-*O*-*β*-D- 吡喃葡萄糖苷 何首乌 Polygonum multiflorum, 藏边大黄 Rheum australe, 酸模 Rumex acetosa, 望江南 Senna occidentalis
physcion-1-*O*-*β*-gentiobioside 大黄素甲醚 -1-*O*-*β*- 龙胆二糖苷 钝叶决明 Senna tora var. obtusifolia
physcion-8-*O*-glucoside 大黄素甲醚 -8-*O*- 葡萄糖苷 鼠李 Rhamnus davurica
physcion-8-*O*-*β*-D-(6'-*O*-acetyl)-glucopyranoside 大黄素甲醚 -8-*O*-*β*-D-(6'-*O*- 乙酰基)- 吡喃葡萄糖苷 何首乌 Polygonum multiflorum
physcion-8-*O*-*β*-D-glucopyranoside 大黄素甲醚 -8-*O*-*β*-D- 吡喃葡萄糖苷 光枝勾儿茶 Berchemia polyphylla var. leioclada, 黑龙骨 Periploca forrestii, 何首乌 Polygonum multiflorum, 虎杖 Reynoutria japonica, 藏边大黄 Rheum australe, 河套大黄 R. hotaoense, 矮大黄 R. nanum, 药用大黄 R. officinale, 掌叶大黄 R. palmatum, 波叶大黄 R. rhabarbarum, 唐古特大黄 R. tanguticum, 酸模 Rumex acetosa, 皱叶酸模 R. crispus, 齿果酸模 R. dentatus, 羊蹄 R. japonicus, 尼泊尔酸模 R. nepalensis, 巴天酸模 R. patientia, 钝叶决明 Senna tora var. obtusifolia, 白英 Solanum lyratum
physcion-8-*O*-*β*-gentiobioside 大黄素甲醚 -8-*O*-*β*- 龙胆二糖苷 帚枝鼠李 Rhamnus virgata
physcion-8-*β*-D-glucoside 大黄素甲醚 -8-*β*-D- 葡萄糖苷 玉柏 Lycopodium obscurum
physcion-9-anthrone 大黄素甲醚 -9- 蒽酮 豆茶决明 Senna nomame
physciondianthrone 大黄素甲醚二蒽酮 长叶冻绿 Rhamnus crenata, 槐叶决明 Senna occidentalis var. sophera
physcionglucopyranoside 大黄素甲醚吡喃葡萄糖苷 翅荚决明 Senna alata
physcionin 大黄素甲醚宁 尖叶番泻 Cassia acutifolia
(+)-physoperuvine (+)- 灯笼草碱 灯笼果 Physalis peruviana
(±)-physoperuvine (±)- 灯笼草碱 灯笼果 Physalis peruviana
physoperuvine 灯笼草碱 灯笼果 Physalis peruviana
(*E*)-1,3-phytadiene (*E*)-1,3- 植二烯 挥发油成分，未统计基源
(*Z*)-1,3-phytadiene (*Z*)-1,3- 植二烯 挥发油成分，未统计基源
phytane 植烷 挥发油成分，未统计基源
phytate P 肌醇六磷酸酯 P 赤小豆 Vigna umbellata
phytenal 植烯醛 海南大风子 Hydnocarpus hainanensis, 半边莲 Lobelia chinensis
phytic acid 植酸 阔瓣含笑 Michelia cavaleriei var. platypetala
phytoalexin 植保素 白菜 Brassica rapa var. glabra
phytocassane A~D 水稻卡山防御素▲A~D 稻（模式亚种）Oryza sativa
trans-phytoene 反式 - 八氢番茄红素 七爪龙 Ipomoea mauritiana
phytoene 植烯 落葵 Basella alba, 南丰蜜橘 Citrus reticulata 'Kinokuni', 温州蜜柑 C. reticulata 'Unshiu', 直立黄钟花 Tecoma stans
phytofluene 植物荧光烯 香圆 Citrus grandisjunos, 南丰蜜橘 C. reticulata 'Kinokuni', 温州蜜柑 C. reticulata 'Unshiu', 柘树 Cudrania tricuspidata, 胡萝卜 Daucus carota var. sativa, 顶冰花 Gagea nakaiana, 忍冬 Lonicera japonica, 万寿菊 Tagetes erecta, 直立黄钟花 Tecoma stans
phytofluene II 植物荧光烯 II 直立黄钟花 Tecoma stans
(-)-phytol (-)- 植醇 野鸦椿 Euscaphis japonica
(*E*)-phytol (*E*)- 植醇 挥发油成分，未统计基源
(Z)-phytol (*Z*)- 植醇 挥发油成分，未统计基源
trans-phytol 反式 - 植醇 挥发油成分，未统计基源
phytol 植醇 挥发油成分，未统计基源
phytolacacinoside A 商陆诺苷▲A 商陆 Phytolacca acinosa
phytolacain G, R 商陆素▲G, R 垂序商陆 Phytolacca americana
phytolacca cerebroside 商陆脑苷 龙眼 Dimocarpus longan, 蒌叶 Piper betle
phytolaccagenic acid 美商陆苷元酸 商陆 Phytolacca acinosa, 垂序商陆 P. americana
phytolaccagenin 美商陆苷元 商陆 Phytolacca acinosa, 垂序商陆 P. americana
phytolaccanol 商陆醇 商陆 Phytolacca acinosa
phytolaccasaponin N-1, N-2, N-3, N-4, N-5 商陆皂苷▲N-1, N-2, N-3, N-4, N-5 垂序商陆 Phytolacca americana
phytolaccatoxin 商陆毒素 垂序商陆 Phytolacca americana
phytolaccoside A 美商陆苷 A 商陆 Phytolacca acinosa, 垂序商陆 P. americana, 华钩藤 Uncaria sinensis
phytolaccoside B 美商陆苷 B 垂序商陆 Phytolacca americana
phytolaccoside C 美商陆苷 C 商陆 Phytolacca acinosa
phytolaccoside D, D_2, E, G 美商陆苷 D, D_2, E, G 垂序商陆 Phytolacca americana
phytolaccoside F 美商陆苷 F 商陆 Phytolacca acinosa, 垂序商陆 P. americana
phytolaccoside H, I, O 美商陆苷 H, I, O 商陆 Phytolacca acinosa
phytomoitogen 植物丝裂原 商陆 Phytolacca acinosa
phytone 植酮 挥发油成分，未统计基源
(2*S*,3*S*,4*R*)-phytosphingosine (2*S*,3*S*,4*R*)- 植物鞘氨醇 思茅藤 Epigynum auritum

P

phytosphingosine 植物鞘氨醇 水飞蓟 Silybum marianum
phytosterin B 植物甾醇 B 鬼针草 Bidens pilosa
phytosteryl-(6'-palmitoyl)-*β*-D-glucopyranoside 植物甾醇 -(6'- 棕榈酰)-*β*-D- 吡喃葡萄糖苷 北重楼 Paris verticillata
phytosteryl-*β*-D-glucopyranoside 植物甾醇 -*β*-D- 吡喃葡萄糖苷 北重楼 Paris verticillata
phytyl acetate 植醇乙酸酯 总状蕨藻 Caulerpa racemosa, 石莼 Ulva lactuca
phytyl elaidate 植醇反油酸酯 紫露草 Tradescantia virginiana
phytyl linoleate 植醇亚麻油酸酯 紫露草 Tradescantia virginiana
phytyl linolenate 植醇亚麻酸酯 紫露草 Tradescantia virginiana
phytyl myristate 肉豆蔻酸植醇酯 细锥香茶菜 Isodon coetsa
phytyl palmitate 植醇棕榈酸酯 紫露草 Tradescantia virginiana
phytyl stearate 植醇硬脂酸酯 紫露草 Tradescantia virginiana, 石莼 Ulva lactuca
(*E*)-piceatannol (*E*)- 云杉鞣酚 桦叶葡萄 Vitis betulifolia, 葡萄 V. vinifera
trans-piceatannol 反式 - 云杉鞣酚 藏边大黄 Rheum australe, 波叶大黄 R. rhabarbarum, 窄叶大黄 R. sublanceolatum
piceatannol 云杉鞣酚 荆三棱 Bolboschoenus yagara, 红千层 Callistemon rigidus, 红花锦鸡儿 Caragana rosea, 毛刺锦鸡儿 C. tibetica, 翅荚香槐 Cladrastis platycarpa, 直杆蓝桉 Eucalyptus maidenii, 光叶马鞍树 Maackia tenuifolia, 桑 Morus alba, 五叶地锦 Parthenocissus quinquefolia, 地锦 P. tricuspidata, 鸡蛋果 Passiflora edulis, 心叶大黄 Rheum acuminatum, 藏边大黄 R. australe, 波叶大黄 R. rhabarbarum, 桃金娘 Rhodomyrtus tomentosa, 铁刀木 Senna siamea, 菝葜 Smilax china, 黑果越桔 Vaccinium myrtillus, 山葡萄 Vitis amurensis, 葡萄 V. vinifera
piceatannol-(6'-*O*-galloyl)-glucoside 云杉鞣酚 -(6'-*O*- 没食子酰基)- 葡萄糖苷 小大黄 Rheum pumilum
piceatannol-3'-*O*-*β*-D-glucopyranoside 云杉鞣酚 -3'-*O*-*β*-D- 吡喃葡萄糖苷 太白红杉 Larix potaninii var. chinensis, 虎杖 Reynoutria japonica, 阿尔泰大黄 Rheum altaicum, 藏边大黄 R. australe, 河套大黄 R. hotaoense, 波叶大黄 R. rhabarbarum, 山葡萄 Vitis amurensis
piceatannol-4'-*O*-*β*-D-(6''-*O*-galloyl)-glucopyranoside 云杉鞣酚 -4'-*O*-*β*-D-(6''-*O*- 没食子酰基)- 吡喃葡萄糖苷 藏边大黄 Rheum australe
piceatannol-4'-*O*-*β*-D-(6''-*O*-*p*-coumaroyl)-glucopyranoside 云杉鞣酚 -4'-*O*-*β*-D-(6''-*O*- 对香豆酰基)- 吡喃葡萄糖苷 藏边大黄 Rheum australe
piceatannol-4'-*O*-*β*-D-glucopyranoside 云杉鞣酚 -4'-*O*-*β*-D- 吡喃葡萄糖苷 藏边大黄 Rheum australe
(+)-*E*-piceid (+)-*E*- 云杉新苷 葡萄 Vitis vinifera
(*E*)-piceid (*E*)- 云杉新苷 番茄 Lycopersicon esculentum, 桦叶葡萄 Vitis betulifolia
(*Z*)-piceid (*Z*)- 云杉新苷 番茄 Lycopersicon esculentum
trans-piceid 反式 - 云杉新苷 酸蔹藤 Ampelocissus artemisiifolia, 地锦 Parthenocissus tricuspidata, 披针叶荚蒾 Viburnum lancifolium, 山葡萄 Vitis amurensis, 秋葡萄 V. romanetii
cis-piceid 顺式 - 云杉新苷 光叶蛇葡萄 Ampelopsis glandulosa var. hancei, 虎杖 Reynoutria japonica, 山葡萄 Vitis amurensis, 秋葡萄 V. romanetii
piceid 云杉新苷 臭冷杉 Abies nephrolepis, 光叶蛇葡萄 Ampelopsis glandulosa var. hancei, 背扁黄耆 Astragalus complanatus, 青钱柳 Cyclocarya paliurus, 鸡肉参 Incarvillea mairei, 桑 Morus alba, 地锦 Parthenocissus tricuspidata, 阿尔泰大黄 Rheum altaicum, 波叶大黄 R. rhabarbarum, 苦马豆 Sphaerophysa salsula, 兴安藜芦 Veratrum dahuricum, 毛叶藜芦 V. grandiflorum, 牯岭藜芦 V. schindleri, 大理藜芦 V. taliense, 山葡萄 Vitis amurensis, 毛葡萄 V. heyneana
piceid-(1 → 6)-*β*-D-glucopyranoside 云杉新苷 -(1 → 6)-*β*-D- 吡喃葡萄糖苷 地锦 Parthenocissus tricuspidata
piceid-2''-*O*-coumarate 云杉新苷 -2''-*O*- 香豆酸酯 毛脉蓼 Polygonum ciliinerve
piceid-2''-*O*-gallate 云杉新苷 -2''-*O*- 没食子酸 毛脉蓼 Polygonum ciliinerve
picein 云杉素 珙桐 Davidia involucrata, 胡黄连 Neopicrorhiza scrophulariiflora, 胭脂花 Primula maximowiczii, 红景天 Rhodiola rosea, 撒尔维亚 Salvia officinalis
picein; piceoside 云杉苷 仙人掌 Opuntia stricta var. dillenii, 旱柳 Salix matsudana
piceol 云杉酚 显苞芒毛苣苔 Aeschynanthus bracteatus, 烟管头草 Carpesium cernuum
picfeltarraegenin 苦玄参苷元 I, II, III, IV, VI, VII 苦玄参 Picria felterrae
picfeltarraenin 苦玄参苷 IA, IB, II, IV, V, VI, VIII, IX, X, XI 苦玄参 Picria felterrae
picfeltarraenone 苦玄参酮 苦玄参 Picria felterrae
picfeltarraenone II 苦玄参酮 II 苦玄参 Picria felterrae
picfeoside A, B, C 苦玄参奥苷 ▲A, B, C 苦玄参 Picria felterrae
pichierenol 毛连菜烯醇 毛连菜 Picris hieracioides
pichierenone 毛连菜烯酮 毛连菜 Picris hieracioides
pichierenyl acetate 毛连菜烯醇乙酸酯 毛连菜 Picris hieracioides
1*β*-picolinoyloxy-2*β*,6*α*-diacetoxy-8*β*,13-diisobutanoyloxy-9*α*-benzoyloxy-4*α*-hydroxy-*β*-dihydroagarofuran 1*β*- 异烟酰氧基 -2*β*,6*α*- 二乙酰氧基 -8*β*,13- 二异丁酰氧基 -9*α*- 苯甲酰氧基 -4*α*- 羟基 -*β*- 二氢沉香呋喃 苦皮藤 Celastrus angulatus
1*β*-picolinoyloxy-2*β*,6*α*-diacetoxy-8*β*,13-diisobutanoyloxy-9*α*-furanoyloxy-4*α*-hydroxy-*β*-dihydroagarofuran 1*β*- 异烟酰氧基 -2*β*,6*α*- 二乙酰氧基 -8*β*,13- 二异丁酰氧基 -9*α*- 呋喃甲酰氧基 -4*α*- 羟基 -*β*- 二氢沉香呋喃 苦皮藤 Celastrus angulatus
picralinal 苦籽木醛▲ 大叶糖胶树 Alstonia macrophylla, 羊角棉 A. mairei, 糖胶树 A. scholaris, 鸡骨常山 A. yunnanensis
picraline 苦籽木碱▲ 糖胶树 Alstonia scholaris, 鸡骨常山 A. yunnanensis
picramicine 苦籽木米辛▲ 红花蕊木 Kopsia fruticosa
picraqualide A~E 苦树萜内酯▲A~E 苦树 Picrasma quassioides

P

picraquassioside A 苦树苷▲A 蛇床 Cnidium monnieri, 苦树 Picrasma quassioides, 芸香 Ruta graveolens
picraquassioside B 苦树苷▲B 蛇床 Cnidium monnieri, 苦树 Picrasma quassioides
picraquassioside C 苦树苷▲C 萱草 Hemerocallis fulva, 苦树 Picrasma quassioides, 杠板归 Polygonum perfoliatum
picraquassioside D 苦树苷▲D 苦树 Picrasma quassioides
picrasidine A, C, E~H, K, M~S, U, W, X, Y 苦树定碱 A, C, E~H, K, M~S, U, W, X, Y 苦树 Picrasma quassioides
picrasidine I 苦树定碱 I 常绿苦树 Picrasma javanica, 苦树 P. quassioides
picrasidine J 苦树定碱 J 常绿苦树 Picrasma javanica, 苦树 P. quassioides
(±)-picrasidine T (±)- 苦树定碱 T 苦树 Picrasma quassioides
picrasidine-T-HCl 苦树定碱 T 盐酸盐 常绿苦树 Picrasma javanica
picrasin A~G 苦树素 A~G 苦树 Picrasma quassioides
picrasinol A, B, C 苦树醇 A, B, C 苦树 Picrasma quassioides
picrasinoside A~H 苦树素苷 A~H 苦树 Picrasma quassioides
picrasmalignan A 苦树木脂素▲A 苦树 Picrasma quassioides
picrinine 苦籽木宁▲ 大叶糖胶树 Alstonia macrophylla, 羊角棉 A. mairei, 糖胶树 A. scholaris, 鸡骨常山 A. yunnanensis, 药用狗牙花 Tabernaemontana bovina, 狗牙花 T. divaricata, 小蔓长春花 Vinca minor
picriside A, C 毛连莱苷 A, C 菊苣 Cichorium intybus
picriside B 毛连莱苷 B 菊苣 Cichorium intybus, 小苦荬 Ixeridium dentatum, 云木香 Saussurea costus
picrocrocin 番红花苦素 番红花 Crocus sativus
picrocrocinic acid 苦番红花酸▲ 栀子 Gardenia jasminoides
picrodendrin A 苦皮桐素▲A 苦树 Picrasma quassioides
picrogentioside I, II, A~D 胡黄连龙胆苷▲I, II, A~D 胡黄连 Neopicrorhiza scrophulariiflora
picrohelenin 苦堆心菊素 堆心菊 Helenium autumnale
picrolide A 顶羽菊醇内酯▲A 顶羽菊 Acroptilon repens
picropodophyllin 鬼臼苦素 南方山荷叶 Diphylleia sinensis, 云南八角莲 Dysosma aurantiocaulis, 昆仑多子柏 Juniperus semiglobosa
picropodophyllin glucoside 鬼臼苦素葡萄糖苷 南方山荷叶 Diphylleia sinensis
picropodophyllin-1-ethyl ether 鬼臼苦素 -1- 乙醚 南方山荷叶 Diphylleia sinensis
picropodophyllone 鬼臼苦酮 云南八角莲 Dysosma aurantiocaulis, 六角莲 D. pleiantha, 叉子圆柏 Juniperus sabina
picropodophyllotoxin 苦鬼臼毒素 峨参 Anthriscus sylvestris, 八角莲 Dysosma versipellis, 浙贝母 Fritillaria thunbergii, 叉子圆柏 Juniperus sabina, 桃儿七 Sinopodophyllum hexandrum
picropodophyllotoxin acetate 苦鬼臼毒素乙酸酯 叉子圆柏 Juniperus sabina
picropodophyllotoxin-4-*O*-*β*-D-glucopyranoside 苦鬼臼毒素 -4-*O*-*β*-D- 吡喃葡萄糖苷 八角莲 Dysosma versipellis
picropodophyllotoxin-4-*O*-*β*-D-glucopyranosyl-(1 → 6)-*β*-D-glucopyranoside 苦鬼臼毒素 -4-*O*-*β*-D- 吡喃葡萄糖基 -(1 → 6)-*β*-D- 吡喃葡萄糖苷 八角莲 Dysosma versipellis
picrosecoside I, II, A, B 胡黄连裂苷▲I, II, A, B 胡黄连 Neopicrorhiza scrophulariiflora
picroside 胡黄连苷 水蔓菁 Pseudolysimachion linariifolium subsp. dilatatum
picroside I, II 胡黄连苷 I, II 胡黄连 Neopicrorhiza scrophulariiflora
picroside III 胡黄连苷 III 梓 Catalpa ovata, 胡黄连 Neopicrorhiza scrophulariiflora
picroside IV 胡黄连苷 IV 毛蕊花 Verbascum thapsum
picroside VI 胡黄连苷 VI 胡黄连 Neopicrorhiza scrophulariiflora
picrotin 印防己苦内酯 细茎石斛 Dendrobium moniliforme
pictoside A, B 刺楸苷▲A, B 刺楸 Kalopanax septemlobus
pierisformoside A~I 美丽马醉木苷▲A~I 美丽马醉木 Pieris formosa
pierisformosin A 美丽马醉木素▲A 云南假木荷 Craibiodendron yunnanense, 美丽马醉木 Pieris formosa
pierisformosin B, C, E~H, L 美丽马醉木素▲B, C, E~H, L 美丽马醉木 Pieris formosa
pierisformotoxin A~G 美丽马醉木毒素 A~G 美丽马醉木 Pieris formosa
pierisoid A, B 马醉木萜▲A, B 美丽马醉木 Pieris formosa
pieristoxin A, B, C, F, G, I, J, K 马醉木毒素 A, B, C, F, G, I, J, K 马醉木 Pieris japonica
pieristoxin H 马醉木毒素 H 云南假木荷 Craibiodendron yunnanense, 马醉木 Pieris japonica
pieroside A 马醉木洛苷▲A 美丽马醉木 Pieris formosa, 马醉木 P. japonica, 陇蜀杜鹃花 Rhododendron przewalskii
pieroside B 马醉木洛苷▲B 美丽马醉木 Pieris formosa
pierotin A, B 马醉木亭▲A, B 马醉木 Pieris japonica
pigment X 色素 X 直立黄钟花 Tecoma stans
pikuroside 库洛胡黄连苷▲ 胡黄连 Neopicrorhiza scrophulariiflora
piliostigmin 帽柱豆素▲ 繁穗苋 Amaranthus cruentus
pilloin 皮洛瑞香素▲ 鸡蛋花 Plumeria rubra 'Acutifolia'
pilloin-6-*C*-*β*-D-glucopyranoside 皮洛瑞香素▲-6-*C*-*β*-D- 吡喃葡萄糖苷 扁轴木 Parkinsonia aculeata
pilocarpine 毛果芸香碱 麻疯树 Jatropha curcas
pilosanol A, B, C, N 龙芽草醇▲A, B, C, N 龙芽草 Agrimonia pilosa
pilosanol A, B, C 毛马齿苋醇▲A, B, C 毛马齿苋 Portulaca pilosa

P

pilosanone A, B, C 毛马齿苋酮▲A, B, C 毛马齿苋 Portulaca pilosa
piloselloidal 毛大丁草醛 兔耳一枝箭 Piloselloides hirsuta
piloselloidone 毛大丁草酮 兔耳一枝箭 Piloselloides hirsuta
pilosidine 毛仙茅定▲ 短葶仙茅 Curculigo breviscapa, 绒叶仙茅 C. crassifolia
ent-pimar-15-en-8*α*,19-diol 对映 - 海松 -15- 烯 -8*α*,19- 二醇 食用土当归 Aralia cordata
1*β*,15(*R*)-*ent*-pimar-8(14)-en-1,15,16-triol 1*β*,15(*R*)- 对映 - 海松 -8(14)- 烯 -1,15,16- 三醇 木榄 Bruguiera gymnorhiza
ent-pimara-8(14),15-dien-18-oic acid 对映 - 海松 -8(14),15- 二烯 -18- 酸 食用土当归 Aralia cordata
ent-pimara-8(14),15-dien-19-oic acid 对映 - 海松 -8(14),15- 二烯 -19- 酸 东北土当归 Aralia cantinentalis, 食用土当归 A. cordata, 龙眼独活 A. fargesii, 白簕 Eleutherococcus trifoliatus
ent-pimara-8(14),15-dien-19-ol 对映 - 海松 -8(14),15- 二烯 -19- 醇 食用土当归 Aralia cordata
ent-pimara-8(14),15-dien-3,12-dione 对映 - 海松 -8(14),15- 二烯 -3,12- 二酮 米念芭 Tirpitzia ovoidea
ent-pimara-8(14),15-diene 对映 - 海松 -8(14),15- 二烯 贡山三尖杉 Cephalotaxus lanceolata, 臭常山 Orixa japonica
(-)-pimara-9(11),15-dien-19-oic acid (-)- 海松 -9(11),15- 二烯 -19- 酸 短柄五加 Eleutherococcus brachypus
8,15-pimaradien-18-oate 8,15- 海松二烯 -18- 酸酯 雪岭云杉 Picea schrenkiana
pimaradiene 海松二烯 石斛 Dendrobium nobile
pimaradienoic acid 海松二烯酸 食用土当归 Aralia cordata
pimaral 海松醛 食用土当归 Aralia cordata, 白皮松 Pinus bungeana, 高山松 P. densata, 华南五针松 P. kwangtungensis, 雅加松 P. massoniana var. hainanensis
ent-8(14)-pimarene-15*R*,16-diol 对映 -8(14)- 海松烯 -15*R*,16- 二醇 木榄 Bruguiera gymnorhiza, 角果木 Ceriops tagal
(5*R*,9*S*,10*R*,13*S*,15*S*)-*ent*-8(14)-pimarene-1-oxo-15*R*,16-diol (5*R*,9*S*,10*R*,13*S*,15*S*)- 对映 -8(14)- 海松烯 -1- 氧代 -15*R*,16- 二醇 木榄 Bruguiera gymnorhiza
ent-8(14)-pimarene-1*α*,15*R*,16-triol 对映 -8(14)- 海松烯 -1*α*,15*R*,16- 三醇 木榄 Bruguiera gymnorhiza
8,15-pimaric acid 8,15- 海松酸 黄山松 Pinus taiwanensis
D-pimaric acid D- 海松酸 赤松 Pinus densiflora
pimaric acid 海松酸 臭冷杉 Abies nephrolepis, 土沉香 Aquilaria sinensis, 食用土当归 Aralia cordata, 蜜环菌 Armillaria mellea, 龙血藤 Daemonorops draco, 糙叶五加 Eleutherococcus henryi, 长白鱼鳞云杉 Picea jezoensis var. komarovii, 雪岭云杉 P. schrenkiana, 白皮松 Pinus bungeana, 高山松 P. densata, 赤松 P. densiflora, 海南五针松 P. fenzeliana, 思茅松 P. kesiya, 华南五针松 P. kwangtungensis, 雅加松 P. massoniana var. hainanensis, 新疆五针松 P. sibirica, 樟子松 P. sylvestris var. mongolica, 黄山松 P. taiwanensis, 黑松 P. thunbergii
pimarol 海松醇 土沉香 Aquilaria sinensis, 高山松 Pinus densata, 思茅松 P. kesiya, 樟子松 P. sylvestris var. mongolica
pimelea factor P_2 稻花因子 P_2 芫花 Daphne genkwa, 狼毒 Stellera chamaejasme, 河朔荛花 Wikstroemia chamaedaphne
pimelea factor P_3 稻花因子 P_3 河朔荛花 Wikstroemia chamaedaphne
pimpinellin 茴芹素 羊角棉 Alstonia mairei, 白芷 Angelica dahurica, 杭白芷 A. dahurica 'Hangbaizhi', 紫花前胡 A. decursiva, 短茎古当归 Archangelica brevicaulis, 柠檬 Citrus limon, 兴安独活 Heracleum dissectum, 裂叶独活 H. millefolium, 短毛独活 H. moellendorffii, 少管短毛独活 H. moellendorffii var. paucivittatum, 鹤庆独活 H. rapula, 糙独活 H. scabridum, 狭翅独活 H. stenopterum, 平截独活 H. vicinum, 卧龙独活 H. wolongense, 永宁独活 H. yungningense, 广西前胡 Peucedanum guangxiense, 马山前胡 P. mashanense, 狼毒 Stellera chamaejasme, 飞龙掌血 Toddalia asiatica, 刺异叶花椒 Zanthoxylum ovalifolium var. spinifolium
2*α*-pinan-3-one-2-*O*-*β*-glucopyranoside 2*α*- 蒎烷 -3- 酮 -2-*O*-*β*- 吡喃葡萄糖苷 活血丹 Glechoma longituba
5*α*-pinan-3-one-5-*O*-*β*-glucopyranoside 5*α*- 蒎烷 -3- 酮 -5-*O*-*β*- 吡喃葡萄糖苷 活血丹 Glechoma longituba
pinane 蒎烷 挥发油成分，未统计基源
(1*S*,2*S*,3*R*)-2,3-pinanediol (1*S*,2*S*,3*R*)-2,3- 蒎烷二醇 活血丹 Glechoma longituba
3-pinanone 3- 蒎酮 挥发油成分，未统计基源
pindrolactone 印度冷杉内酯▲ 臭冷杉 Abies nephrolepis
pinellic acid 半夏酸 白花地胆草 Elephantopus tomentosus, 紫椴 Tilia amurensis, 春榆 Ulmus davidiana var. japonica
pinelloside 半夏苷 半夏 Pinellia ternata
(-)-*β*-pinene (-)-*β*- 蒎烯 挥发油成分，未统计基源
(+)-*α*-pinene (+)-*α*- 蒎烯 挥发油成分，未统计基源
(1*S*)-*β*-pinene (1*S*)-*β*- 蒎烯 挥发油成分，未统计基源
1*R*-*α*-pinene 1*R*-*α*- 蒎烯 挥发油成分，未统计基源
1*S*-*α*-pinene 1*S*-*α*- 蒎烯 挥发油成分，未统计基源
1-*β*-pinene 1-*β*- 蒎烯 挥发油成分，未统计基源
2*β*-pinene 2*β*- 蒎烯 挥发油成分，未统计基源
2-*β*-pinene 2-*β*- 蒎烯 挥发油成分，未统计基源
d-*α*-pinene *d*-*α*- 蒎烯 挥发油成分，未统计基源
d-*β*-pinene *d*-*β*- 蒎烯 挥发油成分，未统计基源
L-*β*-pinene L-*β*- 蒎烯 雪松 Cedrus deodara
α-pinene *α*- 蒎烯 挥发油成分，未统计基源
β-pinene *β*- 蒎烯 挥发油成分，未统计基源
pinene 蒎烯 挥发油成分，未统计基源
cis-pinene hydrate 顺式 - 蒎烯水合物 挥发油成分，未统计基源

trans-pinene hydrate 反式 - 蒎烯水合物 挥发油成分，未统计基源
β-pinene oxide *β*- 蒎烯氧化物 挥发油成分，未统计基源
β-pinene-3-ol *β*- 蒎烯 -3- 醇 樟子松 Pinus sylvestris var. mongolica
α-pinene-7*β*-*O*-*β*-D-2,6-diacetylglucopyranoside *α*- 蒎烯 -7*β*-*O*-*β*-D-2,6- 二乙酰基吡喃葡萄糖苷 见霜黄 Blumea lacera
pinfaenoic acid 红毛悬钩子酸▲ 木莓 Rubus swinhoei, 华鼠尾草 Salvia chinensis
pinfaenoic acid-28-*O*-*β*-D-glucopyranoside 红毛悬钩子酸▲-28-*O*-*β*-D- 吡喃葡萄糖酯苷 小果蔷薇 Rosa cymosa
pinfaensin 红毛悬钩子素 红毛悬钩子 Rubus wallichianus
pingbeidinoside 平贝啶苷 平贝母 Fritillaria ussuriensis
pingbeinine 平贝宁 平贝母 Fritillaria ussuriensis
pingbeininoside 平贝宁苷 平贝母 Fritillaria ussuriensis
pingbeinone 平贝酮 平贝母 Fritillaria ussuriensis
pingpeimine 平贝碱 平贝母 Fritillaria ussuriensis
pingpeimine A, B, C 平贝碱 A, B, C 平贝母 Fritillaria ussuriensis
pingpeisaponin 平贝皂苷 平贝母 Fritillaria ussuriensis
pinicolic acid 松苓酸 淡黄木层孔菌 Phellinus gilvus
pinicolic acid A 松苓酸 A 乳香树 Boswellia carteri, 红缘拟层孔菌 Fomitopsis pinicola
pinicolic acid E 松苓酸 E 红缘拟层孔菌 Fomitopsis pinicola
pinicolol C 松苓醇 C 红缘拟层孔菌 Fomitopsis pinicola
pinifolic acid 松叶酸 樟子松 Pinus sylvestris var. mongolica
(+)-pinitol (+)- 松醇 柴胡叶链荚豆 Alysicarpus bupleurifolius, 沙冬青 Ammopiptanthus mongolicus, 倒地铃 Cardiospermum halicacabum, 三点金 Desmodium triflorum, 酸豆 Tamarindus indica
D-(+)-pinitol D-(+)- 松醇 象耳豆 Enterolobium cyclocarpum
D-pinitol D- 松醇 金合欢 Acacia farnesiana, 飞蛾槭 Acer oblongum, 楹树 Albizia chinensis, 狭叶番泻 Cassia angustifolia, 毛樱桃 Cerasus tomentosa, 小叶三点金 Codariocalyx microphyllus, 豆 Glycine soja, 山岩黄耆 Hedysarum alpinum, 截叶铁扫帚 Lespedeza cuneata, 列当 Orobanche coerulescens, 刺槐 Robinia pseudoacacia, 大花蒺藜 Tribulus cistoides, 绛车轴草 Trifolium incarnatum, 红车轴草 T. pratense
pinitol 松醇 毛相思子 Abrus mollis, 北马兜铃 Aristolochia contorta, 紫荆 Cercis chinensis, 银杏 Ginkgo biloba, 洋甘草 Glycyrrhiza glabra, 香柏 Juniperus pingii var. wilsonii, 白皮松 Pinus bungeana, 西藏猫乳 Rhamnella gilgitica
pinnatanine 羽叶省沽油碱▲ 萱草 Hemerocallis fulva
pinnatasterone 羽叶牡荆甾酮 巴山重楼 Paris bashanensis
pinnatifidin 山楂定 山楂 Crataegus pinnatifida
pinnatifin C, D, I 山楂素 C, D, I 山里红 Crataegus pinnatifida var. major
pinnatifin E 山楂素 E 麦蓝菜 Vaccaria hispanica
pinnatifinoside 山楂苷 山里红 Crataegus pinnatifida var. major
pinnatifolin 羽叶丁香素▲ 羽叶丁香 Syringa pinnatifolia
pinnatifolin A, B 羽叶丁香素▲A, B 羽叶丁香 Syringa pinnatifolia
pinnatin 水黄皮亭 干花豆 Fordia cauliflora, 厚果崖豆藤 Millettia pachycarpa, 水黄皮 Pongamia pinnata
pinobanksin 北美短叶松素▲ 珠光香青 Anaphalis margaritacea, 伯乐树 Bretschneidera sinensis, 密花石豆兰 Bulbophyllum odoratissimum, 木蝴蝶 Oroxylum indicum, 乔松 Pinus wallichiana, 香杨 Populus koreana
pinobanksin-3-acetate 北美短叶松素▲-3- 乙酸酯 香杨 Populus koreana
pinobanksin-7-methyl ether 北美短叶松素▲-7- 甲醚 乔松 Pinus wallichiana
pinobatol 欧洲赤松皮醇▲ 臭冷杉 Abies nephrolepis, 南五味子 Kadsura longipedunculata
cis-pinocamphone 顺式 - 蒎莰酮 挥发油成分，未统计基源
pinocamphone 松樟酮 挥发油成分，未统计基源
trans-(-)-pinocarveol 反式 -(-)- 松葛缕子醇 挥发油成分，未统计基源
trans-pinocarveol 反式 - 松葛缕子醇 挥发油成分，未统计基源
pinocarveol 松葛缕子醇 挥发油成分，未统计基源
pinocarveol-*β*-D-glucopyranoside 松葛缕子醇 -*β*-D- 吡喃葡萄糖苷 兰香草 Caryopteris incana
d-pinocarvone *d*- 松葛缕子酮 挥发油成分，未统计基源
trans-pinocarvone 反式 - 松葛缕子酮 挥发油成分，未统计基源
pinocarvone 松葛缕子酮 挥发油成分，未统计基源
trans-pinocarvyl acetate 反式 - 松葛缕子醇乙酸酯 挥发油成分，未统计基源
pinocarvyl acetate 松葛缕子醇乙酸酯 挥发油成分，未统计基源
(±)-pinocembrin (±)- 瑞士五针松素▲ 山橿 Lindera reflexa
(2*S*)-pinocembrin (2*S*)- 瑞士五针松素▲ 见血封喉 Antiaris toxicaria, 降香 Dalbergia odorifera, 槲寄生 Viscum coloratum
(*S*)-pinocembrin (*S*)- 瑞士五针松素▲ 洋蒲桃 Syzygium samarangense
2*S*-pinocembrin 2*S*- 瑞士五针松素▲ 假酸浆 Nicandra physalodes
pinocembrin 瑞士五针松素▲ 较常见成分，至少分布于 30 种以上植物中，见于八角科、唇形科、大戟科、豆科、胡椒科、胡桃科、虎耳草科、桦木科、姜科、菊科、蓼科、漆树科、蔷薇科、桑科、石竹科、松科、桃金娘科、碗蕨科、无患子科、杨柳科、樟科、紫葳科等

P

pinoresinol-4,4'-di-*O*-*β*-D-glucopyranoside 松脂酚 -4,4'- 二 -*O*-*β*-D- 吡喃葡萄糖苷 糙叶败酱 Patrinia scabra
pinoresinol-4,4'-di-*β*-*O*-D-glucopyranoside 松脂酚 -4,4'- 二 -*β*-*O*-D- 吡喃葡萄糖苷 滇刺枣 Ziziphus mauritiana
pinoresinol-4,4-di-*β*-*O*-D-glucopyranoside 松脂酚 -4,4- 二 -*β*-*O*-D- 吡喃葡萄糖苷 刺五加 Eleutherococcus senticosus
(+)-pinoresinol-4,4'-*O*-bisglucopyranoside (+)- 松脂酚 -4,4'-*O*- 二吡喃葡萄糖苷 毛冬青 Ilex pubescens
(+)-pinoresinol-4,4'-*O*-bis-*β*-D-glucopyranoside (+)- 松脂酚 -4,4'-*O*- 二 -*β*-D- 吡喃葡萄糖苷 小木通 Clematis armandii, 裂叶铁线莲 C. parviloba, 狼毒 Stellera chamaejasme
(+)-pinoresinol-4,4'-*O*-*β*-D-glucopyranoside (+)- 松脂酚 -4,4'-*O*-*β*-D- 吡喃葡萄糖苷 柊树 Osmanthus heterophyllus
pinoresinol-4''-*O*-*β*-D-glucopyranoside 松脂酚 -4''-*O*-*β*-D- 吡喃葡萄糖苷 陇蜀杜鹃花 Rhododendron przewalskii
(+)-pinoresinol-4-*O*-[6''-*O*-galloyl]-*β*-D-glucopyranoside (+)- 松脂酚 -4-*O*-[6''-*O*- 没食子酰基]-*β*-D- 葡萄糖苷 血桐 Macaranga tanarius var. tomentosa
(+)-pinoresinol-4-*O*-[6''-*O*-vanilloyl]-*β*-D-glucopyranoside (+)- 松脂酚 -4-*O*-[6''-*O*- 香荚兰酰]-*β*-D- 吡喃葡萄糖苷 牛角瓜 Calotropis gigantea
(+)-pinoresinol-4'-*O*-D-glucopyranoside (+)- 松脂酚 -4'-*O*-D- 吡喃葡萄糖苷 辽东水蜡树 Ligustrum obtusifolium subsp. suave
(-)-pinoresinol-4-*O*-glucoside (-)- 松脂酚 -4-*O*- 葡萄糖苷 忍冬 Lonicera japonica
pinoresinol-4-*O*-*α*-L-rhamnopyranosyl-(1 → 2)-*β*-D-glucopyranoside 松脂酚 -4-*O*-*α*-L- 吡喃鼠李糖基 -(1 → 2)-*β*-D- 吡喃葡萄糖苷 宽叶荨麻 Urtica laetevirens
pinoresinol-4-*O*-*β*-D-apiofuranosyl-(1 → 2)-*β*-D-glucopyranoside 松脂酚 -4-*O*-*β*-D- 呋喃芹糖基 -(1 → 2)-*β*-D- 吡喃葡萄糖苷 三角槭 Acer buergerianum
pinoresinol-4-*O*-*β*-D-apiosyl-(1 → 2)-*β*-D-glucopyranoside 松脂酚 -4-*O*-*β*-D- 芹糖基 -(1 → 2)-*β*-D- 吡喃葡萄糖苷 马蓝 Strobilanthes cusia
(+)-pinoresinol-4''-*O*-*β*-D-glucopyranoside (+)- 松脂酚 -4''-*O*-*β*-D- 吡喃葡萄糖苷 紫丁香 Syringa oblata
(-)-pinoresinol-4'-*O*-*β*-D-glucopyranoside (-)- 松脂酚 -4'-*O*-*β*-D- 吡喃葡萄糖苷 团花山矾 Symplocos glomerata
(+)-pinoresinol-4'-*O*-*β*-D-glucopyranoside (+)- 松脂酚 -4'-*O*-*β*-D- 吡喃葡萄糖苷 草苁蓉 Boschniakia rossica, 朴树 Celtis sinensis, 管花肉苁蓉 Cistanche tubulosa, 小木通 Clematis armandii, 裂叶铁线莲 C. parviloba, 棣棠花 Kerria japonica, 香子含笑 Michelia gioi, 弯管列当 Orobanche cernua, 顶花板凳果 Pachysandra terminalis, 川西小黄菊 Pyrethrum tatsienense
pinoresinol-4'-*O*-*β*-D-glucopyranoside 松脂酚 -4'-*O*-*β*-D- 吡喃葡萄糖苷 构树 Broussonetia papyrifera, 圆穗兔耳草 Lagotis ramalana
(-)-pinoresinol-4-*O*-*β*-D-glucopyranoside (-)- 松脂酚 -4-*O*-*β*-D- 吡喃葡萄糖苷 元宝槭 Acer truncatum, 太白美花草 Callianthemum taipaicum, 滇瑞香 Daphne feddei, 黄瑞香 D. giraldii, 日本粗叶木 Lasianthus japonicus, 紫椴 Tilia amurensis
(+)-pinoresinol-4-*O*-*β*-D-glucopyranoside (+)- 松脂酚 -4-*O*-*β*-D- 吡喃葡萄糖苷 阿尔泰银莲花 Anemone altaica, 丁座草 Boschniakia himalaica, 辣蓼铁线莲 Clematis terniflora var. mandshurica, 连翘 Forsythia suspensa, 尖叶假龙胆 Gentianella acuta, 显脉香茶菜 Isodon nervosus, 血桐 Macaranga tanarius var. tomentosa, 野茉莉 Styrax japonicus
pinoresinol-4-*O*-*β*-D-glucopyranoside 松脂酚 -4-*O*-*β*-D- 吡喃葡萄糖苷 三角槭 Acer buergerianum, 疏花蛇菰 Balanophora laxiflora, 芫花 Daphne genkwa, 连翘 Forsythia suspensa, 花曲柳 Fraxinus chinensis subsp. rhynchophylla, 中华卷柏 Selaginella sinensis
(+)-pinoresinol-4'-*O*-*β*-D-glucopyranosyl-4''-*O*-*β*-D-apiofuranoside (+)- 松脂酚 -4'-*O*-*β*-D- 吡喃葡萄糖基 -4''-*O*-*β*-D- 呋喃芹糖苷 构树 Broussonetia papyrifera
(-)-pinoresinol-4-*O*-*β*-D-glucoside (-)- 松脂酚 -4-*O*-*β*-D- 葡萄糖苷 朝鲜瑞香 Daphne pseudomezereum var. koreana
(+)-pinoresinol-4-*O*-*β*-D-glucoside (+)- 松脂酚 -4-*O*-*β*-D- 葡萄糖苷 臭冷杉 Abies nephrolepis
(+)-pinoresinol-4'-*O*-*β*-rutinoside (+)- 松脂酚 -4'-*O*-*β*- 芸香糖苷 朴树 Celtis sinensis
(+)-pinoresinol-8-*O*-*β*-D-glucopyranoside (+)- 松脂酚 -8-*O*-*β*-D- 吡喃葡萄糖苷 尖叶假龙胆 Gentianella acuta
(+)-pinoresinol-D-glucoside (+)- 松脂酚 -D- 葡萄糖苷 流苏树 Chionanthus retusus
(-)-pinoresinol-di-*O*-*β*-D-glucopyranoside (-)- 松脂酚 - 二 -*O*-*β*-D- 吡喃葡萄糖苷 黄瑞香 Daphne giraldii
(+)-pinoresinol-di-*O*-*β*-D-glucopyranoside (+)- 松脂酚 - 二 -*O*-*β*-D- 吡喃葡萄糖苷 刺五加 Eleutherococcus senticosus, 杜仲 Eucommia ulmoides, 散沫花 Lawsonia inermis
(-)-pinoresinol-glucopyranoside (-)- 松脂酚吡喃葡萄糖苷 唐古特瑞香 Daphne tangutica
(+)-pinoresinolglucoside (+)- 松脂酚葡萄糖苷 芝麻 Sesamum indicum
pinoresinol-monoglucoside 松脂酚单葡萄糖苷 阔苞菊 Pluchea indica
(+)-pinoresinol-*O*-*β*-D-diglucopyranoside (+)- 松脂酚 -*O*-*β*-D- 双吡喃葡萄糖苷 洋金花 Datura metel
(+)-pinoresinol-*O*-*β*-D-glucopyranoside (+)- 松脂酚 -*O*-*β*-D- 吡喃葡萄糖苷 黄杨 Buxus sinica, 蒙古肉苁蓉 Cistanche mongolica, 洋金花 Datura metel, 刺五加 Eleutherococcus senticosus, 杜仲 Eucommia ulmoides, 细叶益母草 Leonurus sibiricus
pinoresinol-*O*-*β*-D-glucopyranoside 松脂酚 -*O*-*β*-D- 吡喃葡萄糖苷 疏花蛇菰 Balanophora laxiflora, 丁座草 Boschniakia himalaica, 杜仲 Eucommia ulmoides
(+)-pinoresinol-*O*-*β*-D-glucopyranosyl-(1 → 6)-*β*-D-glucopyranoside (+)- 松脂酚 -*O*-*β*-D- 吡喃葡萄糖基 -(1 → 6)-*β*-D- 吡喃葡萄糖苷 黄精 Polygonatum sibiricum
(+)-pinoresinol-*β*-D-glucopyranoside (+)- 松脂酚 -*β*-D- 吡喃葡萄糖苷 尖瓣瑞香 Daphne acutiloba, 连翘 Forsythia suspensa, 金钟花 F. viridissima, 欧洲李 Prunus domestica, 朝鲜白头翁 Pulsatilla cernua
pinoresinol-*β*-D-glucopyranoside 松脂酚 -*β*-D- 吡喃葡萄糖苷 尖瓣瑞香 Daphne acutiloba, 连翘 Forsythia suspensa, 白蜡树 Fraxinus chinensis, 水芹 Oenanthe javanica, 红柄木犀 Osmanthus armatus
(+)-pinoresinol-*β*-D-glucoside (+)- 松脂酚 -*β*-D- 葡萄糖苷 四川山矾 Symplocos setchuensis, 暴马丁香 Syringa reticulata subsp. amurensis, 缬草 Valeriana officinalis
(-)-pinostrobin (-)- 北美乔松素 ▲ 镰荚棘豆 Oxytropis falcata

P

piperitol-γ,γ-dimethylallylethe 辣薄荷醇 -γ,γ- 二甲基烯丙基醚 刺花椒 Zanthoxylum acanthopodium
piperitone 辣薄荷酮 挥发油成分，未统计基源
trans-piperitone oxide 反式 - 辣薄荷酮氧化物 挥发油成分，未统计基源
piperitone oxide 辣薄荷酮氧化物 挥发油成分，未统计基源
(8*R*)-piperitone-4-en-9-*O*-*β*-D-glucopyranoside (8*R*)- 胡椒酮 -4- 烯 -9-*O*-*β*-D- 吡喃葡萄糖苷 滇牡丹 Paeonia delavayi, 芍药 P. lactiflora, 草芍药 P. obovata, 凤丹 P. ostii, 卵叶牡丹 P. qiui, 紫斑牡丹 P. rockii, 牡丹 P. suffruticosa
piperitylhonokiol 辣薄荷基和厚朴酚 厚朴 Houpoëa officinalis
(-)-piperitylmagnolol (-)- 辣薄荷基厚朴酚 厚朴 Houpoëa officinalis
piperitylmagnolol 辣薄荷基厚朴酚 厚朴 Houpoëa officinalis
piperkadsin A, B, C 风藤新素 ▲A, B, C 风藤 Piper kadsura
piperlactam S 胡椒内酰胺 S 毛蒟 Piper hongkongense, 风藤 P. kadsura
piperlongimine A, B 荜茇吉明碱 ▲A, B 荜拔 Piper longum
piperlongumamide A, B, C 荜茇酰胺 ▲A, B, C 荜拔 Piper longum
piperlongumide 荜茇烯胺 荜拔 Piper longum
piperlongumine 荜茇明碱 荜拔 Piper longum, 胡椒 P. nigrum, 假荜拔 P. retrofractum, 长柄胡椒 P. sylvaticum
piperlonguminine 荜茇明宁碱 卵叶胡椒 Piper attenuatum, 苎叶蒟 P. boehmeriifolium, 黄花胡椒 P. flaviflorum, 山蒟 P. hancei, 荜拔 P. longum, 胡椒 P. nigrum, 石南藤 P. wallichii
trans,trans-piperlonguminine 反式 , 反式 - 荜茇明宁碱 石南藤 Piper wallichii
pipermacramide A 粗梗胡椒酰胺 A 大叶蒟 Piper laetispicum
pipernonaline 荜茇纳灵 ▲ 荜拔 Piper longum, 胡椒 P. nigrum, 假荜拔 P. retrofractum
piperoctadecalidine 荜茇十八碳哌啶 假荜拔 Piper retrofractum
piperodione 胡椒哌二酮 假荜拔 Piper retrofractum
piperoic acid 胡椒酚酸 ▲ 荜拔 Piper longum
piperolactam A 胡椒内酰胺 A 瓜叶马兜铃 Aristolochia cucurbitifolia, 大叶马兜铃 A. kaempferi, 排骨灵 Fissistigma bracteolatum, 白叶瓜馥木 F. glaucescens, 蕺菜 Houttuynia cordata, 蒌叶 Piper betle, 黄花胡椒 P. flaviflorum, 山蒟 P. hancei, 风藤 P. kadsura, 荜拔 P. longum, 胡椒 P. nigrum
piperolactam B 胡椒内酰胺 B 瓜馥木 Fissistigma oldhamii, 黄花胡椒 Piper flaviflorum, 风藤 P. kadsura, 荜拔 P. longum
piperolactam C 胡椒内酰胺 C 瓜馥木 Fissistigma oldhamii, 苎叶蒟 Piper boehmeriifolium, 荜拔 P. longum
piperolactam D 胡椒内酰胺 D 卵叶胡椒 Piper attenuatum, 苎叶蒟 P. boehmeriifolium, 山蒟 P. hancei, 胡椒 P. nigrum, 假蒟 P. sarmentosum, 紫玉盘 Uvaria microcarpa
piperoleine A 胡椒油碱 A 胡椒 Piper nigrum
piperoleine B 胡椒油碱 B 蒌叶 Piper betle, 荜拔 P. longum, 胡椒 P. nigrum, 假荜拔 P. retrofractum
piperonal 胡椒醛 挥发油成分，未统计基源
piperonyl butoxide 胡椒基丁醚 菜豆 Phaseolus vulgaris
2-piperonyl-3-(hydroxymethyl)-4-(α-hydroxy-3,4-methylenedioxybenzyl)-4-hydroxytetrahydrofuran 2- 胡椒基 -3-(羟甲基)-4-(α- 羟基 -3,4- 亚甲二氧基苄基)-4- 羟基四氢呋喃 云南石梓 Gmelina arborea
piperonylacrolein 胡椒基丙烯醛 樟 Cinnamomum camphora
piperonylic acid 胡椒醚酸 宜昌润楠 Machilus ichangensis
piperoside 假荜茇苷 ▲ 假荜拔 Piper retrofractum
piperovatine 卵形胡椒碱 山蒟 Piper hancei
piperphilippinin VI 菲律宾胡椒素 VI 羽叶丁香 Syringa pinnatifolia
pipertipine 胡椒替平碱 ▲ 胡椒 Piper nigrum
(2*E*,12*E*)-pipertridecadienamide (2*E*,12*E*)- 胡椒十三碳二烯胺 假荜拔 Piper retrofractum
piperulin A, B, C 毛蒟脂素 ▲A, B, C 毛蒟 Piper hongkongense
piperumbellactam B 台湾胡椒内酰胺 B 三白草 Saururus chinensis
piperundecalidine 荜茇十一碳哌啶 荜拔 Piper longum, 假荜拔 P. retrofractum
piperwalliol A 石南藤醇 ▲A 石南藤 Piper wallichii
piperwallioside A~D 石南藤苷 ▲A~D 石南藤 Piper wallichii
piperyline 胡椒林碱 苎叶蒟 Piper boehmeriifolium, 粗梗胡椒 P. macropodum, 胡椒 P. nigrum
pipilyasine 胡椒雅辛碱 ▲ 胡椒 Piper nigrum
pipkirine 胡椒卡灵碱 ▲ 胡椒 Piper nigrum
piplartine 荜茇亭 毛蒟 Piper hongkongense, 荜拔 P. longum, 假荜拔 P. retrofractum, 假蒟 P. sarmentosum
piplartine dimer 二聚荜茇亭 毛蒟 Piper hongkongense
pipnoohine 胡椒诺因碱 ▲ 胡椒 Piper nigrum
pipoxide 胡椒环氧化物 ▲ 卵叶胡椒 Piper attenuatum
pipoxide chlorohydrin 胡椒环氧化物氯氢素 山椒子 Uvaria grandiflora
piprone 3, 4 荜茇酮 3, 4 荜拔 Piper longum
pipsaeedine 胡椒萨伊定碱 ▲ 胡椒 Piper nigrum
piptanthine 黄花木碱 沙冬青 Ammopiptanthus mongolicus, 牛栓藤 Connarus paniculatus

P

P

Clerodendrum trichotomum, 美观马先蒿 Pedicularis decora, 车前 Plantago asiatica
plantainoside D 车前因苷 ▲D 丁座草 Boschniakia himalaica, 毛地黄 Digitalis purpurea, 鞭打绣球 Hemiphragma heterophyllum, 胡黄连 Neopicrorhiza scrophulariiflora, 车前 Plantago asiatica, 平车前 P. depressa, 弄岗苣苔 Primulina longgangensis
plantainoside E 车前因苷 ▲E 鞭打绣球 Hemiphragma heterophyllum, 车前 Plantago asiatica
plantainoside F 车前因苷 ▲F 车前 Plantago asiatica
plantamajoside 大车前苷 丁座草 Boschniakia himalaica, 鞭打绣球 Hemiphragma heterophyllum, 短筒兔耳草 Lagotis brevituba, 胡黄连 Neopicrorhiza scrophulariiflora, 车前 Plantago asiatica, 平车前 P. depressa, 大车前 P. major, 北车前 P. media, 牛耳朵 Primulina eburnea, 弄岗苣苔 P. longgangensis
plantarenaloside 对叶车前苷 ▲ 小米草 Euphrasia pectinata, 两头毛 Incarvillea arguta, 短茎马先蒿 Pedicularis artselaeri, 头花马先蒿 P. cephalantha, 江南马先蒿 P. henryi, 沼生马先蒿 P. palustris, 大王马先蒿 P. rex, 轮叶马先蒿 P. verticillata, 松蒿 Phtheirospermum japonicum, 对叶车前 Plantago arenaria, 大车前 P. major, 直立黄钟花 Tecoma stans
plantasan 车前多糖 车前 Plantago asiatica
plantasioside 车前酚苷 ▲ 车前 Plantago asiatica
plantenolic acid 车前烯醇酸 ▲ 车前 Plantago asiatica
plasiaticine A~D 车前碱 ▲A~D 车前 Plantago asiatica
plastoquinone-9 质体醌 -9 辣根 Armoracia rusticana
platanetin 悬铃木亭 悬铃木 Platanus acerifolia
platanic acid 悬铃木酸 ▲ 广东蛇葡萄 Ampelopsis cantoniensis, 黑面神 Breynia fruticosa, 垂叶榕 Ficus benjamina, 榕树 F. microcarpa, 紫荆木 Madhuca pasquieri, 一球悬铃木 Platanus occidentalis, 毛果锡叶藤 Tetracera scandens, 蔓荆 Vitex trifolia
platanic acid-28-*O*-*β*-D-glucopyranosyl ester 悬铃木酸 ▲-28-*O*-*β*-D- 吡喃葡萄糖基酯苷 毛果锡叶藤 Tetracera scandens
platanin 悬铃木宁 ▲ 悬铃木 Platanus acerifolia
platanionoside A~J 瓜木香堇苷 ▲A~J 瓜木 Alangium platanifolium
platanoside 悬铃木苷 粗糠柴 Mallotus philippensis, 悬铃木 Platanus acerifolia, 三球悬铃木 P. orientalis
plataplatanoside 瓜木酚苷 ▲ 瓜木 Alangium platanifolium
plathymenin 黄苏木素 ▲ 印度黄檀 Dalbergia sissoo, 密花豆 Spatholobus suberectus
platycariin 化香树鞣质 ▲ 化香树 Platycarya strobilacea
platycarpanetin 翅荚香槐亭 ▲ 翅荚香槐 Cladrastis platycarpa
platycarpanetin-1-*O*-*β*-glucopyranoside 翅荚香槐亭 ▲-1-*O*-*β*- 吡喃葡萄糖苷 翅荚香槐 Cladrastis platycarpa
platycarpanetin-7-*O*-*β*-glucopyranoside 翅荚香槐亭 ▲-7-*O*-*β*- 吡喃葡萄糖苷 翅荚香槐 Cladrastis platycarpa
platycaryanin A 化香树鞣宁 ▲A 胡桃 Juglans regia, 化香树 Platycarya strobilacea, 丁香 Syzygium aromaticum
platycaryanin B, C, D 化香树鞣宁 ▲B, C, D 化香树 Platycarya strobilacea
platycarynol 化香树醇 ▲ 化香树 Platycarya strobilacea
platycodigenin 桔梗皂苷元 桔梗 Platycodon grandiflorus
platycodin A, C, D, D_2, D_3, V 桔梗皂苷 A, C, D, D_2, D_3, V 桔梗 Platycodon grandiflorus
platycodoside C, E, G_1 桔梗苷 ▲C, E, G_1 桔梗 Platycodon grandiflorus
platycogenic acid A, B, C 桔梗酸 A, B, C 桔梗 Platycodon grandiflorus
platyconic acid A 桔梗苷酸 A 桔梗 Platycodon grandiflorus
platyconic acid A lactone 桔梗苷酸 A 内酯 桔梗 Platycodon grandiflorus
platyconin 桔梗色素 桔梗 Platycodon grandiflorus
platycoside 桔梗糖苷 A~F, G_1, G_2, G_3, H~L, M_1, M_2, M_3 桔梗 Platycodon grandiflorus
(+)-platydesmine (+)- 阔果芸香碱 椿叶花椒 Zanthoxylum ailanthoides, 野花椒 Z. simulans
platydesmine 阔果芸香碱 白鲜 Dictamnus dasycarpus, 花椒簕 Zanthoxylum scandens
platydesminium chloride 阔果芸香碱盐酸盐 榆橘 Ptelea trifoliata
platyphyllenone 白桦烯酮 ▲ 辽东桤木 Alnus hirsuta, 日本桤木 A. japonica, 尼泊尔桤木 A. nepalensis, 白桦 Betula platyphylla
platyphyllide 阔叶千里光内酯 蹄叶橐吾 Ligularia fischeri, 掌叶橐吾 L. przewalskii, 离舌橐吾 L. veitchiana
platyphyllin 白桦素 ▲ 白桦 Betula platyphylla
platyphyllin A 白桦素 ▲A 白桦 Betula platyphylla
platyphylline 阔叶千里光碱 大头橐吾 Ligularia japonica, 峨眉千里光 Senecio faberi
platyphyllone 白桦酮 ▲ 日本桤木 Alnus japonica, 白桦 Betula platyphylla
platyphyllonol-5-*O*-*β*-D-xylopyranoside 白桦酮醇 ▲-5-*O*-*β*-D- 吡喃木糖苷 辽东桤木 Alnus hirsuta, 日本桤木 A. japonica
platyphylloside 白桦酮苷 ▲ 辽东桤木 Alnus hirsuta, 日本桤木 A. japonica, 垂枝桦 Betula pendula, 白桦 B. platyphylla, 金花茶 Camellia petelotii, 弄岗苣苔 Primulina longgangensis, 帚状鸦葱 Scorzonera pseudodivaricata
platypterophthalide 阔翼蜡菊苯酞 ▲ 乳白香青 Anaphalis lactea
plebeiafuran 荔枝草呋喃 ▲ 荔枝草 Salvia plebeia
plebeiolide A, B, C 荔枝草内酯 ▲A, B, C 荔枝草 Salvia plebeia
plecostonol 细锥香茶菜酮醇 ▲ 细锥香茶菜 Isodon coetsa
plectocomine-12-methyl-5-*O*-*β*-D-glucopyranoside-*N*-oxide 类钩叶藤胺 ▲-12- 甲基 -5-*O*-*β*-D- 吡喃葡萄糖苷 -*N*- 氧化物 臭辣吴萸 Euodia fargesii
pleiocarpamine 多果树胺 ▲ 大叶糖胶树 Alstonia macrophylla, 水甘草 Amsonia elliptica, 长春花 Catharanthus roseus, 红花蕊木 Kopsia

pluviatilol 雨花椒酚▲ 川北细辛 Asarum chinense, 辽细辛 A. heterotropoides var. mandshuricum, 汉城细辛 A. sieboldii, 三桠乌药 Lindera obtusiloba

pluviatilol-3,3-dimethylallyl ether 雨花椒酚▲-3,3- 二甲基烯丙基醚 椿叶花椒 Zanthoxylum ailanthoides, 蚬壳花椒 Z. dissitum

pluviatilol-γ,γ-dimethylallylether 雨花椒酚▲-γ,γ- 二甲基烯丙基醚 刺花椒 Zanthoxylum acanthopodium

pluviatolide 雨花椒内酯▲ 长叶榧树 Torreya jackii

pluviine 雨石蒜碱 中国石蒜 Lycoris chinensis, 鹿葱 L. squamigera, 假水仙 Narcissus pseudonarcissus

Pn-AMP1 牵牛抗菌肽 1 牵牛 Ipomoea nil

Pn-AMP2 牵牛抗菌肽 2 牵牛 Ipomoea nil

podacycline A, B 佛肚树环肽 A, B 佛肚树 Jatropha podagrica

podecdysone A 罗汉松蜕皮素 A 伪泥胡菜 Serratula coronata

podecdysone C 罗汉松蜕皮素 C 牛膝 Achyranthes bidentata, 蛛丝毛蓝耳草 Cyanotis arachnoidea, 华麻花头 Serratula chinensis

podioda-7,17,21-triene 水龙骨 -7,17,21- 三烯 日本水龙骨 Polypodiodes niponica

podioda-8,17,21-triene 水龙骨 -8,17,21- 三烯 日本水龙骨 Polypodiodes niponica

podocarioside A 长柄山蚂蝗苷▲A 长柄山蚂蝗 Hylodesmum podocarpum

podocarnone 长柄山蚂蝗酮▲ 长柄山蚂蝗 Hylodesmum podocarpum

podocarp-8(14)-en-15-oic acid-13β-methyl-13-vinyl-ester 罗汉松 -8(14)- 烯 -15- 酸 -13β- 甲基 -13- 乙烯 - 醚 云南松 Pinus yunnanensis

podocarpa-8,11,13-triene 罗汉松 -8,11,13- 三烯 贡山三尖杉 Cephalotaxus lanceolata

podocarpa-8,11,13-triene-3α,13-diol 罗汉松 -8,11,13- 三烯 -3α,13- 二醇 细花线纹香茶菜 Isodon lophanthoides var. graciliflorus

8(14)-podocarpen-13-on-18-oic acid 8(14)- 罗汉松烯 -13- 酮 -18- 酸 秦岭冷杉 Abies chensiensis, 华山松 Pinus armandii, 红松 P. koraiensis

8(14)-podocarpen-7,13-dien-18-oic acid 8(14)- 罗汉松烯 -7,13- 二烯 -18- 酸 臭冷杉 Abies nephrolepis

8(14)-podocarpen-7,13-dion-18-oic acid 8(14)- 罗汉松烯 -7,13- 二酮 -18- 酸 秦岭冷杉 Abies chensiensis

podocarpusflavone A 罗汉松黄酮 A 苏铁 Cycas revoluta, 杜松 Juniperus rigida, 叉子圆柏 J. sabina, 鬼吹箫 Leycesteria formosa, 台湾罗汉松 Podocarpus nakaii, 百日青 P. neriifolius, 猫爪草 Ranunculus ternatus, 江南卷柏 Selaginella moellendorffii

podocarpusflavone B 罗汉松黄酮 B 台湾罗汉松 Podocarpus nakaii, 百日青 P. neriifolius

podolactone A 百日青内酯▲A 百日青 Podocarpus neriifolius

podolactone B 百日青内酯▲B 罗汉松 Podocarpus macrophyllus, 百日青 P. neriifolius

podolactone C 百日青内酯▲C 短叶罗汉松 Podocarpus macrophyllus var. maki, 百日青 P. neriifolius

podolactone D 百日青内酯▲D 罗汉松 Podocarpus macrophyllus, 短叶罗汉松 P. macrophyllus var. maki, 百日青 P. neriifolius

podolactone E 百日青内酯▲E 台湾罗汉松 Podocarpus nakaii, 百日青 P. neriifolius

podonaka A 台湾罗汉松素▲A 台湾罗汉松 Podocarpus nakaii

podopetaline 足瓣豆碱▲ 牛栓藤 Connarus paniculatus

podophyllotoxin 鬼臼毒素 峨参 Anthriscus sylvestris, 南方山荷叶 Diphylleia sinensis, 云南八角莲 Dysosma aurantiocaulis, 川八角莲 D. delavayi, 小八角莲 D. difformis, 六角莲 D. pleiantha, 西藏八角莲 D. tsayuensis, 八角莲 D. versipellis, 叉子圆柏 Juniperus sabina, 桃儿七 Sinopodophyllum hexandrum

podophyllotoxin-4-O-β-D-glucopyranoside 鬼臼毒素 -4-O-β-D- 吡喃葡萄糖苷 八角莲 Dysosma versipellis

podophyllotoxin-7'-O-β-D-glucopyranoside 鬼臼毒素 -7'-O-β-D- 吡喃葡萄糖苷 桃儿七 Sinopodophyllum hexandrum

podophyllotoxone 鬼臼毒酮 南方山荷叶 Diphylleia sinensis, 云南八角莲 Dysosma aurantiocaulis, 六角莲 D. pleiantha, 八角莲 D. versipellis

podorhizol 鬼臼根醇 莲叶桐 Hernandia nymphaeifolia

podototarin 新西兰罗汉松素▲ 竹柏 Nageia nagi

pogostol 广藿香托醇▲ 挥发油成分，未统计基源

poinsettifolin A 一品红叶琉桑酚素▲A 竹节草 Chrysopogon aciculatus

pokeberrygenin 美商陆浆果苷元▲ 垂序商陆 Phytolacca americana

poke-weed cerebroside 美商陆脑苷 中华紫芝 Ganoderma sinense, 通光藤 Marsdenia tenacissima, 催吐萝芙木 Rauvolfia vomitoria

polemoniogenin 花荵皂苷元▲ 花荵 Polemonium caeruleum

polemonioside B, C 花荵皂苷▲B, C 花荵 Polemonium caeruleum

polemoniumgenin A 花荵苷元 A 花荵 Polemonium caeruleum

polianthoside 晚香玉苷▲ 蒺藜 Tribulus terrestris

polianthoside B~G 晚香玉苷▲B~G 晚香玉 Polianthes tuberosa

poliothrysin 山拐枣素▲ 山桐子 Idesia polycarpa, 栀子皮 Itoa orientalis

poliothrysoside 山拐枣苷▲ 构树 Broussonetia papyrifera, 刺篱木 Flacourtia indica, 大果刺篱木 F. ramontchi, 斯里兰卡天料木 Homalium ceylanicum, 大叶龙角 Hydnocarpus annamensis, 栀子皮 Itoa orientalis, 箣柊 Scolopia chinensis

politoside 婆婆纳托苷▲ 婆婆纳 Veronica polita

poliumoside 灰香科科苷▲ 花叶假杜鹃 Barleria lupulina, 来江藤 Brandisia hancei, 大叶醉鱼草 Buddleja davidii, 密蒙花 B. officinalis, 白棠子树 Callicarpa dichotoma, 日本紫珠 C. japonica, 广东紫珠 C. kwangtungensis, 尖尾枫 C. longissima, 沙苁蓉 Cistanche sinensis, 青藤仔 Jasminum nervosum, 迎春花 J. nudiflorum, 分枝列当 Orobanche aegyptiaca

pollenitin B 茶花粉亭▲B 草麻黄 Ephedra sinica

pollinastanol 花粉甾烷醇▲ 光叶闭鞘姜 Costus tonkinensis, 欧亚多足蕨 Polypodium vulgare

polpunonic acid 杨叶普伦木酸▲ 刺果卫矛 Euonymus acanthocarpus, 昆明山海棠 Tripterygium hypoglaucum, 东北雷公藤 T. regelii, 雷公藤 T. wilfordii

poly[oxy-1-carboxy-2-(3,4-dihydroxyphenyl)ethylene] 聚 [氧代 -1- 羧基 -2-(3,4- 二羟基苯基) 乙烯] 牛舌草 Anchusa italica
polyacetyleneginsenoside Ro 聚乙炔人参皂苷 Ro 人参 Panax ginseng
polyalcohol A~D 多聚乙醇 A~D 灯油藤 Celastrus paniculatus
(+)-polyalthic acid (+)- 暗罗酸▲ 单叶蔓荆 Vitex trifolia subsp. litoralis
polyandraside A, B 多蕊商陆苷▲A, B 多蕊商陆 Phytolacca polyandra
polyanoside 多花素馨诺苷▲ 多花素馨 Jasminum polyanthum
polyarvin 小花远志素▲ 小花远志 Polygala arvensis
polybotrin 多序岩黄芪素▲ 多序岩黄耆 Hedysarum polybotrys
polycarponin A, B, C 多荚草素▲A, B, C 多荚草 Polycarpon prostratum
polycartine A, B 山桐子亭▲A, B 山桐子 Idesia polycarpa
polycaudoside A 尾叶远志苷▲A 尾叶远志 Polygala caudata
polychlorinated biphenyl 多氯化联苯 日本珊瑚树 Viburnum odoratissimum var. awabuki
polycopene 聚番茄烯 柘树 Cudrania tricuspidata
polydactin B 多型短指软珊瑚亭▲B 樫木 Dysoxylum excelsum, 香叶树 Lindera communis
trans-polydatin 反式 - 虎杖苷 山葡萄 Vitis amurensis
polydatin 虎杖苷 酸蔹藤 Ampelocissus artemisiifolia, 金线草 Antenoron filiforme, 淡枝沙拐枣 Calligonum leucocladum, 短萼仪花 Lysidice brevicalyx, 毛脉蓼 Polygonum ciliinerve, 虎杖 Reynoutria japonica, 藏边大黄 Rheum australe
polydatin-6''-*O*-(*E*)-coumarate 虎杖苷 -6''-*O*-(*E*)- 香豆酸酯 短萼仪花 Lysidice brevicalyx
polyene D, E, F 多烯 D, E, F 野菰 Aeginetia indica
polyflavanostilbene A 蓼黄烷芪▲A 虎杖 Reynoutria japonica
polygalacerebroside 远志脑苷 蓝玉簪龙胆 Gentiana veitchiorum, 大花鸡肉参 Incarvillea mairei var. grandiflora, 平车前 Plantago depressa, 夏枯草 Prunella vulgaris
polygalacic acid 远志酸 桔梗 Platycodon grandiflorus
polygalacic acid 3-*O*-*β*-D-glucopyranosyl-(1 → 3)-*β*-D-glucopyranoside 远志酸 -3-*O*-*β*-D- 吡喃葡萄糖 -(1 → 3)-*β*-D- 吡喃葡萄糖苷 桔梗 Platycodon grandiflorus
polygalacic acid-3-*O*-glucopyranoside-28-*O*-[rhamnopyranosyl-(1 → 3)-xylopyranosyl-(1 → 4)-rhamnopyranosyl-(1 → 2)-arabinopyranoside] 远志酸 -3-*O*- 吡喃葡萄糖苷 -28-*O*-[吡喃鼠李糖基 -(1 → 3)- 吡喃木糖基 -(1 → 4)- 吡喃鼠李糖基 -(1 → 2)- 吡喃阿拉伯糖苷] 假连翘 Duranta erecta
polygalacic acid-3-*O*-glucopyranoside-28-*O*-{rhamnopyranosyl-(1 → 3')-apiofuranosyl-(1 → 4)-rhamnopyranosyl-(1 → 2)-arabinopyranoside} 远志酸 -3-*O*- 吡喃葡萄糖苷 -28-*O*-{ 吡喃鼠李糖基 -(1 → 3')- 呋喃芹糖基 -(1 → 4)- 吡喃鼠李糖基 -(1 → 2)- 吡喃阿拉伯糖苷 } 假连翘 Duranta erecta
polygalacic acid-3-*O*-glucopyranoside-28-*O*-{rhamnopyranosyl-(1→3)-xylopyranosyl-(1→4)-[apiofuranosyl-(1→3)]-rhamnopyranosyl-(1→2)-arabinopyranoside} 远志酸 -3-*O*- 吡喃葡萄糖苷 -28-*O*-{ 吡喃鼠李糖基 -(1 → 3)- 吡喃木糖基 -(1 → 4)-[呋喃芹糖基 -(1 → 3)]- 吡喃鼠李糖基 -(1 → 2)- 吡喃阿拉伯糖苷 } 假连翘 Duranta erecta
polygalacic acid-3-*O*-*β*-D-glucopyranoside 远志酸 -3-*O*-*β*-D- 吡喃葡萄糖苷 桔梗 Platycodon grandiflorus
polygalacic acid-3-*O*-*β*-D-laminaribioside 远志酸 -3-*O*-*β*-D- 海带多糖苷 桔梗 Platycodon grandiflorus
polygalacin D, D_2 远志皂苷 D, D_2 桔梗 Platycodon grandiflorus
polygalasaponin I 瓜子金皂苷 I 瓜子金 Polygala japonica, 西伯利亚远志 P. sibirica
polygalasaponin 瓜子金皂苷 II, III, IV, VI, VII, VIII, IX, X, XI, XII, XIII, XIV, XV, XVI, XVII, XVIII, XIX, XX, XXI, XXII, XXIII, XXV, XXVI 瓜子金 Polygala japonica
polygalasaponin V 瓜子金皂苷 V 瓜子金 Polygala japonica, 西伯利亚远志 P. sibirica
polygalasaponin XXIV 瓜子金皂苷 XXIV 瓜子金 Polygala japonica, 西伯利亚远志 P. sibirica, 远志 P. tenuifolia
polygalasaponin XXVII 瓜子金皂苷 XXVII 瓜子金 Polygala japonica, 远志 P. tenuifolia
polygalasaponin XXVIII 瓜子金皂苷 XXVIII 瓜子金 Polygala japonica, 西伯利亚远志 P. sibirica, 远志 P. tenuifolia
polygalasaponin XXIX 瓜子金皂苷 XXIX 瓜子金 Polygala japonica, 西伯利亚远志 P. sibirica
polygalasaponin XXX 瓜子金皂苷 XXX 西南远志 Polygala crotalarioides, 瓜子金 P. japonica
polygalasaponin XXXI 瓜子金皂苷 XXXI 瓜子金 Polygala japonica, 远志 P. tenuifolia
polygalasaponin XXXII 瓜子金皂苷 XXXII 瓜子金 Polygala japonica, 远志 P. tenuifolia
polygalasaponin XXXIII 瓜子金皂苷 XXXIII 黄花倒水莲 Polygala fallax, 西伯利亚远志 P. sibirica
polygalasaponin 瓜子金皂苷 XXXIV, XXXVII, XXXVIII, XXXIX, XL, XLI 黄花倒水莲 Polygala fallax
polygalasaponin XXXV 瓜子金皂苷 XXXV 荷包山桂花 Polygala arillata, 黄花倒水莲 P. fallax, 西伯利亚远志 P. sibirica
polygalasaponin XXXVI 瓜子金皂苷 XXXVI 黄花倒水莲 Polygala fallax, 西伯利亚远志 P. sibirica
polygalasaponin 瓜子金皂苷 XLII, XLIII, XLV, XLVI 华南远志 Polygala glomerata
polygalasaponin XLIV 瓜子金皂苷 XLIV 西南远志 Polygala crotalarioides, 华南远志 P. glomerata
polygalasaponin 瓜子金皂苷 XLVII, XLVIII, XLIX, L 西伯利亚远志 Polygala sibirica
polygalasaponin 瓜子金皂苷 LI, LII, LIII 瓜子金 Polygala japonica
polygalasaponin F 瓜子金皂苷 F 瓜子金 Polygala japonica, 西伯利亚远志 P. sibirica
polygalasibiricose I 西伯利亚远志糖 I 西伯利亚远志 Polygala sibirica
polygalasterol A 远志甾醇 A 西伯利亚远志 Polygala sibirica

P

polygalatenoside B 远志诺苷 ▲B 远志 Polygala tenuifolia
polygalatenoside E 远志诺苷 ▲E 西伯利亚远志 Polygala sibirica
polygalaxanthone III 远志呫酮 III 香港远志 Polygala hongkongensis, 西伯利亚远志 P. sibirica, 远志 P. tenuifolia
polygalaxanthone IV, VI, VII, XI 远志呫酮 IV, VI, VII, XI 远志 Polygala tenuifolia
polygalaxanthone V 远志呫酮 V 香港远志 Polygala hongkongensis, 远志 P. tenuifolia, 密花远志 P. tricornis
polygalin A 远志灵 A 瓜子金 Polygala japonica, 西伯利亚远志 P. sibirica
polygalin B 远志灵 B 瓜子金 Polygala japonica
polygalin C 远志灵 C 瓜子金 Polygala japonica, 西伯利亚远志 P. sibirica
polygalin D~G 远志灵 D~G 西伯利亚远志 Polygala sibirica
polygalitol 远志醇 茶条槭 Acer tataricum subsp. ginnala, 菘蓝 Isatis tinctoria, 荷包山桂花 Polygala arillata, 小花远志 P. arvensis, 西伯利亚远志 P. sibirica, 苦远志 P. sibirica var. megalopha, 远志 P. tenuifolia
polygalolide A, B 远志内酯 ▲A, B 黄花倒水莲 Polygala fallax
polyglucosan 葡聚糖 糖棕 Borassus flabellifer
polygochalcone 蓼查耳酮 ▲ 水蓼 Polygonum hydropiper, 春蓼 P. persicaria
polygodial 蓼二醛 ▲ 水蓼 Polygonum hydropiper, 蘘荷 Zingiber mioga
polygodial methylacetal 蓼二醛 ▲缩二甲醇 水蓼 Polygonum hydropiper
polygonal 蓼醛 ▲ 水蓼 Polygonum hydropiper
polygonapholine 黄精佛林 短筒黄精 Polygonatum altelobatum
polygonaquinone A, B 黄精醌 A, B 短筒黄精 Polygonatum altelobatum
polygonatine A, B, C 黄精碱 A, B, C 黄精 Polygonatum sibiricum
polygonatoside A, B 黄精苷 A, B 湖北黄精 Polygonatum zanlanscianense
polygonatoside B_3 黄精苷 B_3 狭叶黄精 Polygonatum stenophyllum
polygonatoside C 黄精苷 C 湖北黄精 Polygonatum zanlanscianense
polygonatoside C_1 黄精苷 C_1 滇黄精 Polygonatum kingianum, 狭叶黄精 P. stenophyllum
polygonatoside C_2 黄精苷 C_2 狭叶黄精 Polygonatum stenophyllum
polygonatoside D 黄精苷 D 湖北黄精 Polygonatum zanlanscianense
polygonflavanol A 蓼黄烷醇 ▲A 何首乌 Polygonum multiflorum
(-)-polygonic acid (-)- 蓼酸 水蓼 Polygonum hydropiper
polygonimitin B, C 何首乌素 ▲B, C 何首乌 Polygonum multiflorum
polygonin A, B 蓼宁 ▲A, B 虎杖 Reynoutria japonica
polygonolide 蓼内酯 ▲ 水蓼 Polygonum hydropiper
(+)-polygonone (+)- 蓼酮 ▲ 水蓼 Polygonum hydropiper
polygonoside A, B 黄精诺苷 A, B 黄精 Polygonatum sibiricum
polygonumate 蓼酯 水蓼 Polygonum hydropiper
polygonumin A, B 蓼素 ▲A, B 红蓼 Polygonum orientale
polygonumoside A~D 蓼苷 ▲A~D 何首乌 Polygonum multiflorum
polygosumic acid 香蓼酸 ▲ 香蓼 Polygonum viscosum
polyhongkongenoside A, B 香港远志苷 ▲A, B 香港远志 Polygala hongkongensis
polyhongkongenoxanthone A, B 香港远志呫酮 ▲A, B 香港远志 Polygala hongkongensis
polyhongkonggaline 香港远志碱 ▲ 香港远志 Polygala hongkongensis
polyhydroxy xanthophyll 多羟基叶黄素 酸浆 Physalis alkekengi
polymeric leucorobinetinidin tannin 多聚白刺槐亭定单宁 刺槐 Robinia pseudoacacia
polymorchromone A, B 拐芹色酮 ▲A, B 拐芹 Angelica polymorpha
polynapstilbene A, B 蓼萘芪 ▲A, B 虎杖 Reynoutria japonica
polynemoraline A~D 陵水暗罗碱 ▲A~D 陵水暗罗 Polyalthia nemoralis
polyneuridine 多脉白坚木定 ▲ 山橙 Melodinus suaveolens
polypetaloside A 多瓣驴蹄草苷 ▲A 洋常春藤 Hedera helix
polyphenol oxidase 多酚氧化酶 植物基础成分，未统计基源
polyphyllin A~H, P 重楼素 A~H, P 七叶一枝花 Paris polyphylla
polyphylloside III 滇重楼苷 ▲III 宽瓣重楼 Paris polyphylla var. yunnanensis, 丫蕊花 Ypsilandra thibetica
polyphylloside IV 滇重楼苷 ▲IV 宽瓣重楼 Paris polyphylla var. yunnanensis
(13*E*,17*E*)-polypoda-7,13,17,21-tetraen-3*β*-ol (13*E*,17*E*)- 多足蕨 -7,13,17,21- 四烯 -3*β*- 醇 黄牛木 Cratoxylum cochinchinense
(13*E*,17*E*)-polypoda-8(26),13,17,21-tetraene-3*β*-ol (13*E*,17*E*)- 多足蕨 -8(26),13,17,21- 四烯 -3*β*- 醇 黄牛木 Cratoxylum cochinchinense
α-polypodatetraene *α*- 多足蕨四烯 ▲ 伏石蕨 Lemmaphyllum microphyllum, 棕鳞耳蕨 Polystichum polyblepharum
γ-polypodatetraene *γ*- 多足蕨四烯 ▲ 棕鳞耳蕨 Polystichum polyblepharum
polypodatetraene 多足蕨四烯 聚果榕 Ficus racemosa
polypodin B 水龙骨素 B 金疮小草 Ajuga decumbens, 绵参 Eriophyton wallichii, 短柄野芝麻 Lamium album
polypodin B-22-*O*-benzoate 水龙骨素 B-22-*O*- 苯甲酸酯 鹿草 Stemmacantha carthamoides
polypodine B 多足蕨素 ▲B 牛膝 Achyranthes bidentata, 轴藜 Axyris amaranthoides, 藜 Chenopodium album, 铁筷子 Helleborus thibetanus,

地肤 Kochia scoparia, 洼瓣花 Lloydia serotina, 剪秋罗 Lychnis fulgens, 丝瓣剪秋罗 L. wilfordii, 四叶重楼 Paris quadrifolia, 欧亚多足蕨 Polypodium vulgare, 伪泥胡菜 Serratula coronata, 拔毒散 Sida szechuensis, 蔓茎蝇子草 Silene repens, 云南青牛胆 Tinospora sagittata var. yunnanensis, 吉林延龄草 Trillium kamtschaticum

polypodine B-20,22-monoacetonide 多足蕨素▲B-20,22- 单丙酮化物 西域旌节花 Stachyurus himalaicus

polypodoside A 多足蕨苷▲A 欧亚多足蕨 Polypodium vulgare

polyporenic acid 多孔菌烯酸▲ 红缘拟层孔菌 Fomitopsis pinicola

polyporenic acid A 多孔菌烯酸▲A 桦剥管菌 Piptoporus betulinus

polyporenic acid C 多孔菌烯酸▲C 红肉拟层孔菌 Fomitopsis rosea, 桦剥管菌 Piptoporus betulinus, 猪苓 Polyporus umbellatus, 茯苓 Wolfiporia extensa

polyporusterone I 多孔菌甾酮 I 日本水龙骨 Polypodiodes niponica

polyporusterone A~G 多孔菌甾酮 A~G 猪苓 Polyporus umbellatus

polyprosterone 多孔菌洛甾酮▲ 猪苓 Polyporus umbellatus

polypunctoside A~D 点花黄精苷 A~D 点花黄精 Polygonatum punctatum

polysaccharide 多糖 湖北地黄 Rehmannia henryi

polysaccharide Fa, Fb, Fc, Fd, Fe, Ff 多糖 Fa, Fb, Fc, Fd, Fe, Ff 过路黄 Lysimachia christiniae

polysaccharide PP_1, PP_2, PP_3, PP_4, PP_5 多糖 PP_1, PP_2, PP_3, PP_4, PP_5 竹节参 Panax japonicus

polyschistine A 多裂乌头碱 A 铁棒锤 Aconitum pendulum, 多裂乌头 A. polyschistum, 亚东乌头 A. spicatum

polyschistine B, C 多裂乌头碱 B, C 多裂乌头 Aconitum polyschistum

polyschistine D 多裂乌头碱 D 铁棒锤 Aconitum pendulum, 多裂乌头 A. polyschistum

polysperlactone A, B, D, E 多子南五味子内酯▲A, B, D, E 多子南五味子 Kadsura polysperma

polysperlignan A~K 多子南五味子木脂素▲A~K 多子南五味子 Kadsura polysperma

(7*S*,8*S*)-polysphorin (7*S*,8*S*)- 多籽脂素 三白草 Saururus chinensis

polystachoside 多穗蓼苷▲ 欧洲七叶树 Aesculus hippocastanum, 山岩黄耆 Hedysarum alpinum, 烈香杜鹃花 Rhododendron anthopogonoides, 牛皮杜鹃花 R. aureum, 皱皮杜鹃花 R. wiltonii, 甜叶菊 Stevia rebaudiana, 虾子花 Woodfordia fruticosa

polystachyol 山楝脂醇▲ 臭椿 Ailanthus altissima, 山楝 Aphanamixis polystachya, 刺果卫矛 Euonymus acanthocarpus, 金樱子 Rosa laevigata

polystanin A 山楝萜宁▲A 大叶山楝 Aphanamixis grandifolia, 山楝 A. polystachya

polystanin B 山楝萜宁▲B 山楝 Aphanamixis polystachya

polystanin C 山楝萜宁▲C 大叶山楝 Aphanamixis grandifolia, 山楝 A. polystachya

polystanin D 山楝萜宁▲D 大叶山楝 Aphanamixis grandifolia, 山楝 A. polystachya

polystanin E 山楝萜宁▲E 大叶山楝 Aphanamixis grandifolia

polysthicol 耳蕨醇 棕鳞耳蕨 Polystichum polyblepharum

polysyphorin 樟叶胡椒素▲ 爬树龙 Rhaphidophora decursiva, 望春玉兰 Yulania biondii

poly-*β*-hydroxybutyric acid 聚 -*β*- 羟基丁酸 救荒野豌豆 Vicia sativa

pomasterone A 紫萁甾酮 A 紫萁 Osmunda japonica

pomatoside A 羽叶点地梅苷 A 羽叶点地梅 Pomatosace filicula

pomiferin 柘橙素▲ 柘树 Cudrania tricuspidata, 大叶千斤拔 Flemingia macrophylla, 千斤拔 F. philippinensis, 厚果崖豆藤 Millettia pachycarpa

pomiferin A 柘橙素▲A 臭冷杉 Abies nephrolepis

pomiferin-4'-*O*-methyl ether 柘橙素▲-4'-*O*- 甲醚 异翅鱼藤 Derris malaccensis

pomolic acid 果渣酸▲ 较常见成分，至少分布于 30 种以上植物中，见于唇形科、冬青科、菊科、爵床科、鹿蹄草科、马鞭草科、木犀科、茜草科、蔷薇科、省沽油科、桃金娘科、玄参科、荨麻科、芸香科、紫葳科等

pomolic acid acetate 果渣酸▲ 乙酸酯 蛇莓 Duchesnea indica

pomolic acid-28-*O*-*β*-D-glucopyranoside 果渣酸▲-28-*O*-*β*-D- 吡喃葡萄糖苷 枸骨 Ilex cornuta

pomolic acid-3*β*-*O*-*α*-L-2-acetoxyarabinopyranosyl-28-*O*-*β*-D-glucopyranoside 果渣酸▲-3*β*-*O*-*α*-L-2- 乙酰氧基吡喃阿拉伯糖基 -28-*O*-*β*-D- 吡喃葡萄糖苷 枸骨 Ilex cornuta

pomonic acid 果渣酮酸▲ 马缨丹 Lantana camara, 苹果 Malus pumila

pompeygenin 泼姆皂苷元 剑叶朱蕉 Cordyline stricta

ponalactone A 台湾罗汉松内酯 A 台湾罗汉松 Podocarpus nakaii

ponalactone A glucoside 台湾罗汉松内酯 A 葡萄糖苷 台湾罗汉松 Podocarpus nakaii

ponasterone A 台湾罗汉松甾酮▲A 卤蕨 Acrostichum aureum, 苏铁蕨 Brainea insignis, 分株紫萁 Osmunda cinnamomea var. asiatica, 紫萁 O. japonica, 罗汉松 Podocarpus macrophyllus, 台湾罗汉松 P. nakaii, 百日青 P. neriifolius, 蕨 Pteridium aquilinum var. latiusculum, 缢苞麻花头 Serratula strangulata, 喜马拉雅红豆杉 Taxus wallichiana, 南方红豆杉 T. wallichinana var. mairei, 东方狗脊蕨 Woodwardia orientalis, 单芽狗脊蕨 W. unigemmata

ponasterone B, C, D 台湾罗汉松甾酮▲B, C, D 台湾罗汉松 Podocarpus nakaii

ponasteroside A 台湾罗汉松甾酮苷▲A 苏铁蕨 Brainea insignis, 蕨 Pteridium aquilinum var. latiusculum

poncimarin 枸橘香豆素 枳 Poncirus trifoliata

poncirin 枸橘苷 酸橙 Citrus aurantium, 代代 C. aurantium 'Daidai', 柠檬 C. limon, 橘红 C. maxima 'Tomentosa', 葡萄柚 C. paradisi, 金橘 Fortunella margarita, 华中枸骨 Ilex centrochinensis, 马甲子 Paliurus ramosissimus, 枳 Poncirus trifoliata, 乔木茵芋 Skimmia arborescens

pondaplin 圆滑番荔枝林素▲ 圆滑番荔枝 Annona glabra

P

pomfolin 枸橘福林 假黄皮 Clausena excavata, 枳 Poncirus trifoliata
pongabiflavone 水黄皮双黄酮▲ 水黄皮 Pongamia pinnata
pongachin 水黄皮钦素▲ 水黄皮 Pongamia pinnata
pongachromene 水黄皮色烯▲ 水黄皮 Pongamia pinnata
pongacoumestan 水黄皮香豆雌烷▲ 水黄皮 Pongamia pinnata
pongaflavanol 水黄皮黄烷醇 水黄皮 Pongamia pinnata
pongaglabol 光水黄皮酚▲ 水黄皮 Pongamia pinnata, 灰毛豆 Tephrosia purpurea
pongaglabol methylether 光水黄皮酚▲甲醚 水黄皮 Pongamia pinnata
pongaglabrone 光水黄皮酮▲ 鹦哥花 Erythrina arborescens, 水黄皮 Pongamia pinnata
pongamiabiaurone 水黄皮双橙酮▲ 水黄皮 Pongamia pinnata
pongamiaflavonylflavonol 水黄皮黄酮基黄酮醇 水黄皮 Pongamia pinnata
pongamol 水黄皮二酮 水黄皮 Pongamia pinnata, 灰毛豆 Tephrosia purpurea
pongamone A~E 水黄皮酮▲A~E 水黄皮 Pongamia pinnata
pongamoside A, B 水黄皮苷▲A, B 水黄皮 Pongamia pinnata
pongamoside C 水黄皮苷▲C 天仙子 Hyoscyamus niger, 水黄皮 Pongamia pinnata
pongamoside D 水黄皮苷▲D 天仙子 Hyoscyamus niger, 水黄皮 Pongamia pinnata
ponganone 水黄皮诺酮▲ I, II, III, IV, V, VI, VII, VIII, XI 水黄皮 Pongamia pinnata
pongapin 水黄皮品素▲ 长波叶山蚂蝗 Desmodium sequax, 水黄皮 Pongamia pinnata, 盐肤木 Rhus chinensis
pongapinnol A~D 水黄皮酚▲A~D 水黄皮 Pongamia pinnata
pongapinone A, B 水黄皮品酮▲A, B 水黄皮 Pongamia pinnata
pongarotene 水黄皮鱼藤烯▲ 水黄皮 Pongamia pinnata
ponicidin 冬凌草乙素 细锥香茶菜 Isodon coetsa, 鄂西香茶菜 I. henryi, 毛叶香茶菜 I. japonicus, 大萼香茶菜 I. macrocalyx, 显脉香茶菜 I. nervosus, 叶穗香茶菜 I. phyllostachys, 瘿花香茶菜 I. rosthornii, 冬凌草 I. rubescens
ponnalide 开环红厚壳内酯 红厚壳 Calophyllum inophyllum
pontevedrine 黄海罂粟灵碱 延胡索 Corydalis yanhusuo
pontica epoxide 西北蒿环氧化物 菊苣 Cichorium intybus
populene A~H 桐棉烯▲A~H 桐棉 Thespesia populnea
populin 杨素▲ 栀子皮 Itoa orientalis, 山杨 Populus davidiana, 毛白杨 P. tomentosa, 箣柊 Scolopia chinensis
populnein 桐棉素▲ 桐棉 Thespesia populnea
populnin 桐棉苷▲ 鹰嘴豆 Cicer arietinum, 柘树 Cudrania tricuspidata, 银杏 Ginkgo biloba, 鸡眼草 Kummerowia striata, 鸡矢藤 Paederia foetida, 日本水龙骨 Polypodiodes niponica, 杂种车轴草 Trifolium hybridum
populoside 杨苷▲ 山杨 Populus davidiana
populoside A, C 杨苷▲A, C 山杨 Populus davidiana
populoside B 杨苷▲B 斯里兰卡天料木 Homalium ceylanicum, 山杨 Populus davidiana
populusol A 杨醇▲A 山杨 Populus davidiana
poriacosone A, B 茯苓酮 A, B 猪苓 Polyporus umbellatus
poricoic acid A 茯苓新酸 A 猪苓 Polyporus umbellatus, 茯苓 Wolfiporia extensa
poricoic acid B 茯苓新酸 B 猪苓 Polyporus umbellatus, 茯苓 Wolfiporia extensa
poricoic acid BM 茯苓新酸 BM 猪苓 Polyporus umbellatus
poricoic acid C 茯苓新酸 C 猪苓 Polyporus umbellatus, 茯苓 Wolfiporia extensa
poricoic acid D 茯苓新酸 D 猪苓 Polyporus umbellatus, 茯苓 Wolfiporia extensa
poricoic acid E 茯苓新酸 E 猪苓 Polyporus umbellatus, 茯苓 Wolfiporia extensa
poricoic acid F 茯苓新酸 F 猪苓 Polyporus umbellatus, 茯苓 Wolfiporia extensa
poricoic acid G 茯苓新酸 G 猪苓 Polyporus umbellatus, 茯苓 Wolfiporia extensa
poricoic acid H 茯苓新酸 H 猪苓 Polyporus umbellatus, 茯苓 Wolfiporia extensa
poriferast-5-en-3*β*,7*α*-diol 多孔甾 -5- 烯 -3*β*,7*α*- 二醇 白蔹 Ampelopsis japonica
poriferast-5-ene-3*β*,4*β*-diol 多孔甾 -5- 烯 -3*β*,4*β*- 二醇 长柄异木患 Allophylus longipes, 栝楼 Trichosanthes kirilowii
poriferasta-5,25-diene-3*β*,4*β*-diol 多孔甾 -5,25- 二烯 -3*β*,4*β*- 二醇 栝楼 Trichosanthes kirilowii
poriferastane-3*β*,6*α*-diol 多孔甾 -3*β*,6*α*- 二醇 栝楼 Trichosanthes kirilowii
poriferasterol 多孔海绵甾醇 儿茶 Acacia catechu, 飞机草 Chromolaena odorata, 鹅掌藤 Heptapleurum arboricola
poriferasterol-3-*O*-*α*-L-rhamnopyranoside 多孔海绵甾醇 -3-*O*-*α*-L- 吡喃鼠李糖苷 山楝 Aphanamixis polystachya
poriferasterol-*β*-D-glucopyranoside 多孔海绵甾醇 -*β*-D- 吡喃葡萄糖苷 儿茶 Acacia catechu
porphyra 334 紫菜氨酸 334 条斑紫菜 Porphyra yezoensis
porphyra polysaccharide 紫菜多糖 坛紫菜 Porphyra haitanensis
porphyra yezoensis polysaccharide 条斑紫菜多糖 条斑紫菜 Porphyra yezoensis
porson 甜杨梅酮▲ 青杨梅 Myrica adenophora, 云南杨梅 M. nana
portensterol 灰褐纹口蘑甾醇▲ 水粉杯伞 Clitocybe nebularis
portulacaldehyde 马齿苋卡醛▲ 马齿苋 Portulaca oleracea
portulacaxanthin II, III 马齿苋黄素 II, III 大花马齿苋 Portulaca grandiflora

portulal 马齿苋醛 大花马齿苋 Portulaca grandiflora, 毛马齿苋 P. pilosa
portulene 马齿苋烯▲ 大花马齿苋 Portulaca grandiflora, 马齿苋 P. oleracea
portulene acetal 马齿苋烯缩醛▲ 大花马齿苋 Portulaca grandiflora
portulenol 马齿苋烯醇▲ 大花马齿苋 Portulaca grandiflora
portulenone 马齿苋烯酮▲ 大花马齿苋 Portulaca grandiflora
portulic acid 马齿苋酸 大花马齿苋 Portulaca grandiflora
portulic lactone 马齿苋内酯 大花马齿苋 Portulaca grandiflora
portulide 马齿苋萜内酯▲ 大花马齿苋 Portulaca grandiflora
portuloside A, B 马齿苋苷▲A, B 马齿苋 Portulaca oleracea
porusterone 猪苓酯甾酮▲ 猪苓 Polyporus umbellatus, 沙柳 Salix cheilophila
postanisine F 黑水翠雀花辛碱 F 康定翠雀花 Delphinium tatsienense
posterone; poststerone 罗汉松泼甾酮▲ 藜 Chenopodium album, 头花杯苋 Cyathula capitata
potamogetonan 眼子菜多糖 浮叶眼子菜 Potamogeton natans
potamogetonin 眼子菜宁 竹叶眼子菜 Potamogeton malaianus, 浮叶眼子菜 P. natans
potamogetonol 眼子菜醇 竹叶眼子菜 Potamogeton malaianus
potamogetonyde 眼子菜醛 竹叶眼子菜 Potamogeton malaianus
potanidine A, B 黑翠碱 A, B 黑水翠雀花 Delphinium potaninii
potanine 黑水翠雀宁▲ 峨眉翠雀花 Delphinium omeiense, 黑水翠雀花 D. potaninii
potanisine A, C, D, E, G 黑水翠雀辛▲A, C, D, E, G 黑水翠雀花 Delphinium potaninii
potanisine B 黑水翠雀辛▲B 峨眉翠雀花 Delphinium omeiense, 黑水翠雀花 D. potaninii
potanisine F 黑水翠雀辛▲F 黑水翠雀花 Delphinium potaninii, 云南翠雀花 D. yunnanense
potassium (2*R*,3*R*)-2,3,4-trihydroxy-2-methylbutanoate (2*R*,3*R*)-2,3,4- 三羟基 -2- 甲基丁酸钾 银合欢 Leucaena leucocephala
potassium aeschynomate 合萌酸钾▲ 合萌 Aeschynomene indica
trans-potassium lespedezate 反式 - 胡枝子酸钾 截叶铁扫帚 Lespedeza cuneata
cis-potassium lespedezate 顺式 - 胡枝子酸钾 截叶铁扫帚 Lespedeza cuneata
potassium oxalate 草酸钾 山油柑 Acronychia pedunculata
potassium-(4-*β*-D-glucosyl)protocatechuate 4-*β*-D- 葡萄糖基原儿茶酸钾 台琼海桐 Pittosporum pentandrum var. formosanum
potengriffioside A 柔毛委陵菜苷▲A 蛇莓 Duchesnea indica, 草棉 Gossypium herbaceum, 山芝麻 Helicteres angustifolia, 长柔毛委陵菜 Potentilla griffithii var. velutina, 多茎委陵菜 P. multicaulis, 异叶翅子树 Pterospermum heterophyllum, 小果蔷薇 Rosa cymosa
potentillin 蛇含鞣质 龙芽草 Agrimonia pilosa, 地蔷薇 Chamaerhodos erecta, 柔毛路边青 Geum japonicum var. chinense
potifulgene 西南委陵菜双黄酮 西南委陵菜 Potentilla lineata
powelline 鲍威文珠兰碱 文殊兰 Crinum asiaticum var. sinicum, 西南文殊兰 C. latifolium
PPQ5-2 西洋参多糖 5-2 西洋参 Panax quinquefolius
PQ1-3-one 西洋参醇▲1-3- 酮 西洋参 Panax quinquefolius
praderin 大果山胡椒素▲ 宜昌荚蒾 Viburnum erosum
praecoxin A 旌节花鞣辛▲A 日本桤木 Alnus japonica, 化香树 Platycarya strobilacea, 槲栎 Quercus aliena
praeroside I, IV, V 白花前胡苷 I, IV, V 前胡 Peucedanum praeruptorum
praeroside II 白花前胡苷 II 滨海前胡 Peucedanum japonicum, 前胡 P. praeruptorum
praeroside III 白花前胡苷 III 滨海前胡 Peucedanum japonicum, 前胡 P. praeruptorum
(+)-praeruptorin (+)- 白花前胡素 灵枝草 Rhinacanthus nasutus
(+)-praeruptorin A (+)- 白花前胡素 A 竹叶柴胡 Bupleurum marginatum, 马山前胡 Peucedanum mashanense
(±)-praeruptorin A (±)- 白花前胡素 A 前胡 Peucedanum praeruptorum
(+)-praeruptorin B (+)- 白花前胡素 B 美脉藁本 Ligusticum likiangense, 广西前胡 Peucedanum guangxiense
(±)-praeruptorin B (±)- 白花前胡素 B 美脉藁本 Ligusticum likiangense, 前胡 Peucedanum praeruptorum
(+)-praeruptorin C, D (+)- 白花前胡素 C, D 前胡 Peucedanum praeruptorum
praeruptorin D, E 白花前胡素 D, E 少毛北前胡 Peucedanum harry-smithii var. subglabrum
(+)-praeruptorin E (+)- 白花前胡素 E 台湾前胡 Peucedanum formosanum, 前胡 P. praeruptorum, 泰山前胡 P. wawrae
pranferin 阿魏栓翅芹素▲ 柚 Citrus maxima, 橘红 C. maxima 'Tomentosa', 龙胆 Gentiana scabra, 茵芋 Skimmia reevesiana
prangenin 栓翅芹苷元▲ 枳 Poncirus trifoliata
prangol 栓翅芹醇▲ 白芷 Angelica dahurica, 林当归 A. sylvestris, 迷果芹 Sphallerocarpus gracilis
prasterone 普拉雄酮 洋甘草 Glycyrrhiza glabra
pratensein 红车轴草素 沙冬青 Ammopiptanthus mongolicus, 落花生 Arachis hypogaea, 蒙古黄耆 Astragalus penduliflorus, 木豆 Cajanus cajan, 鹰嘴豆 Cicer arietinum, 印度黄檀 Dalbergia sissoo, 锈毛鱼藤 Derris ferruginea, 长柄山蚂蝗 Hylodesmum podocarpum, 黄菖蒲 Iris pseudacorus, 地肤 Kochia scoparia, 黄花棘豆 Oxytropis ochrocephala, 黄花木 Piptanthus concolor, 佛甲草 Sedum lineare, 红车轴草 Trifolium pratense
pratensein-7-*O*-glucopyranoside 红车轴草素 -7-*O*- 吡喃葡萄糖苷 紫穗槐 Amorpha fruticosa, 背扁黄耆 Astragalus complanatus
pratensein-7-*O*-*β*-D-glucopyranoside 红车轴草素 -7-*O*-*β*-D- 吡喃葡萄糖苷 沙冬青 Ammopiptanthus mongolicus, 红车轴草 Trifolium pratense
pratensein-7-*O*-*β*-D-glucopyranoside-6''-*O*-malonate 红车轴草素 -7-*O*-*β*-D- 吡喃葡萄糖苷 -6''-*O*- 丙二酸酯 红车轴草 Trifolium pratense

pratensein-7-*O*-*β*-D-glucoside 红车轴草素 -7-*O*-*β*-D- 葡萄糖苷 蒙古黄耆 Astragalus penduliflorus, 千斤拔 Flemingia philippinensis
pratioside A, B, C, E_1, F_1 康定玉竹苷 A, B, C, E_1, F_1 康定玉竹 Polygonatum prattii
(25*R*,*S*)-pratioside D1 (25*R*,*S*)- 康定玉竹苷 D_1 滇黄精 Polygonatum kingianum
pratioside D_1 康定玉竹苷 D_1 滇黄精 Polygonatum kingianum, 康定玉竹 P. prattii
pratol 红车轴草酚▲ 金荞麦 Fagopyrum dibotrys
pratorimine 草原文殊兰胺 西南文殊兰 Crinum latifolium
pratorine 草原文殊兰素 西南文殊兰 Crinum latifolium
pratorinine 草原文殊兰宁碱 文殊兰 Crinum asiaticum var. sinicum, 西南文殊兰 C. latifolium
pratosine 草原文殊兰星碱 西南文殊兰 Crinum latifolium
prattol 康藏荆芥醇▲ 康藏荆芥 Nepeta prattii
prebalamide 前印度黄皮胺▲ 细叶黄皮 Clausena anisum-olens
prebetanin 前甜菜苷 垂序商陆 Phytolacca americana
precarthamin 前红花苷 红花 Carthamus tinctorius
precatorin I, II, III 相思子任▲I, II, III 相思子 Abrus precatorius
precatorine 相思子林碱▲ 相思子 Abrus precatorius
precocene 早熟素 挥发油成分，未统计基源
precocene I 早熟素 I 挥发油成分，未统计基源
precocene II 早熟素 II 挥发油成分，未统计基源
precyasterone 前杯苋甾酮 头花杯苋 Cyathula capitata, 川牛膝 C. officinalis
predicentrine 前荷包牡丹碱 无根藤 Cassytha filiformis, 山延胡索 Corydalis solida, 荷包牡丹 Dicentra spectabilis, 北美鹅掌楸 Liriodendron tulipifera
pregeijerene 前耶伊木烯▲ 挥发油成分，未统计基源
pregeijerene B 前耶伊木烯▲B 挥发油成分，未统计基源
5*α*-pregn-16-en-20-one-3*β*,6*α*-diol-6-*O*-[*α*-L-rhamnopyranosyl-(1 → 3)-*β*-D-quinovopyranoside] 5*α*- 孕甾 -16- 烯 -20- 酮 -3*β*,6*α*- 二醇 -6-*O*-[*α*-L- 吡喃鼠李糖基 -(1 → 3)-*β*-D- 吡喃金鸡纳糖苷] 水茄 Solanum torvum
5*α*-pregn-16-en-3,20-dione-6*α*-ol-6-*O*-[*α*-L-rhamnopyranosyl-(1 → 3)-*β*-D-quinovopyranoside] 5*α*- 孕甾 -16- 烯 -3,20- 二酮 -6*α*- 醇 -6-*O*-[*α*-L- 吡喃鼠李糖基 -(1 → 3)-*β*-D- 吡喃金鸡纳糖苷] 水茄 Solanum torvum
5*α*-pregn-16-en-3*β*-ol-20-one-lycotetraoside 5*α*- 孕甾 -16- 烯 -3*β*- 醇 -20- 酮 - 石蒜四糖苷 龙葵 Solanum nigrum
pregn-4-ene-3,20-dione 孕甾 -4- 烯 -3,20- 二酮 宽叶秦岭藤 Biondia hemsleyana, 臭阿魏 Ferula teterrima
pregn-5(10)-en-3*β*,17*α*,20*β*-triol 孕甾 -5(10)- 烯 -3*β*,17*α*,20*β*- 三醇 竹黄 Shiraia bambusicola
pregn-5,16-dien-1*β*,3*β*-diol-1-*O*-[*α*-L-rhamnopyranosyl-(1 → 2)]-*α*-L-arabinopyranoside 孕甾 -5,16- 二烯 -1*β*,3*β*- 二醇 -1-*O*-[*α*-L- 吡喃鼠李糖基 -(1 → 2)]-*α*-L- 吡喃阿拉伯糖苷 长花龙血树 Dracaena angustifolia
pregn-5,16-dien-3*β*-ol-20-one-3-*O*-[*α*-L-rhamnopyranosyl-(1 → 2)][*α*-L-rhamnopyranosyl-(1 → 4)]-*β*-D-glucopyranoside 孕甾 -5,16- 二烯 -3*β*- 醇 -20- 酮 -3-*O*-[*α*-L- 吡喃鼠李糖基 -(1 → 2)][*α*-L- 吡喃鼠李糖基 -(1 → 4)]-*β*-D- 吡喃葡萄糖苷 黑叶菝葜 Smilax nigrescens
pregn-5,16-dien-3*β*-ol-20-one-3-*O*-bi[*α*-L-arabinopyranosyl-(1→2)(1→4)]-*β*-D-glucopyranoside 孕甾 -5,16- 二烯 -3*β*- 醇 -20- 酮 -3-*O*- 双 [*α*-L- 吡喃阿拉伯糖基 -(1 → 2)(1 → 4)]-*β*-D- 吡喃葡萄糖苷 粗糙菝葜 Smilax lebrunii, 防己叶菝葜 S. menispermoidea
pregn-5,16-dien-3*β*-ol-20-one-3-*O*-*β*-chacotrioside 孕甾 -5,16- 二烯 -3*β*- 醇 -20- 酮 -3-*O*-*β*- 马铃薯三糖苷 七叶一枝花 Paris polyphylla
pregn-5-en-3-ol-20-carboxylic acid 孕甾 -5- 烯 -3- 醇 -20- 羧酸 苦蘵 Physalis angulata
pregn-5-en-3*β*,20(*S*)-diol-3-*O*-bis-*β*-D-glucopyranosyl-(1 → 2,1 → 6)-*β*-D-glucopyranoside 孕甾 -5- 烯 -3*β*,20(*S*)- 二醇 -3-*O*- 二 -*β*-D- 吡喃葡萄糖基 -(1 → 2,1 → 6)-*β*-D- 吡喃葡萄糖苷 羌活 Notopterygium incisum
pregn-5-en-3*β*-ol-20-one-3-*O*-bis-*β*-D-glucopyranosyl-(1→ 2,1 → 6)-*β*-D-glucopyranoside 孕甾 -5- 烯 -3*β*- 醇 -20- 酮 -3-*O*- 二 -*β*-D- 吡喃葡萄糖基 -(1 → 2,1 → 6)-*β*-D- 吡喃葡萄糖苷 羌活 Notopterygium incisum
pregn-5-ene-3*β*,16*α*,20(*S*)-triol-20-*O*-*β*-D-glucopyranosyl-(1 → 6)-*β*-D-glucopyranosyl-(1 → 2)-*β*-D-digitalopyranoside 孕甾 -5- 烯 -3*β*,16*α*,20(*S*)- 三醇 -20-*O*-*β*-D- 吡喃葡萄糖基 -(1 → 6)-*β*-D- 吡喃葡萄糖基 -(1 → 2)-*β*-D- 吡喃洋地黄糖苷 杠柳 Periploca sepium
pregn-5-ene-3*β*,16*β*,20(*R*)-triol-20-*O*-*β*-D-glucopyranosyl-(1 → 6)-*O*-*β*-D-glucopyranosyl-(1 → 2)-*O*-*β*-D-digitalopyranoside 孕甾 -5- 烯 -3*β*,16*β*,20(*R*)- 三醇 -20-*O*-*β*-D- 吡喃葡萄糖基 -(1 → 6)-*O*-*β*-D- 吡喃葡萄糖基 -(1 → 2)-*O*-*β*-D- 吡喃洋地黄糖苷 杠柳 Periploca sepium
pregn-5-ene-3*β*,16*β*,20(*R*)-triol-20-*O*-*β*-D-glucopyranosyl-(1 → 6)-*β*-D-glucopyranosyl-(1 → 2)-*β*-D-digitalopyranoside 孕甾 -5- 烯 -3*β*,16*β*,20(*R*)- 三醇 -20-*O*-*β*-D- 吡喃葡萄糖基 -(1 → 6)-*β*-D- 吡喃葡萄糖基 -(1 → 2)-*β*-D- 吡喃洋地黄糖苷 杠柳 Periploca sepium
pregn-5-ene-3*β*,17,20*S*-triol 孕甾 -5- 烯 -3*β*,17,20*S*- 三醇 杠柳 Periploca sepium
pregn-5-ene-3*β*,17,20*S*-triol-20-[*O*-*β*-glucopyranosyl-(1→6)-*O*-glucopyranosyl-(1→4)-*β*-canaropyranoside] 孕甾 -5- 烯 -3*β*,17,20*S*- 三醇 -20-[*O*-*β*- 吡喃葡萄糖基 -(1 → 6)-*O*- 吡喃葡萄糖基 -(1 → 4)-*β*- 吡喃加那利毛地黄糖苷] 杠柳 Periploca sepium
pregn-5-ene-3*β*,17*α*,20(*S*)-triol-20-*O*-*β*-D-canaropyranoside 孕甾 -5- 烯 -3*β*,17*α*,20(*S*)- 三醇 -20-*O*-*β*-D- 吡喃加那利毛地黄糖苷 杠柳 Periploca sepium
pregn-5-ene-3*β*,20(*S*)-diol-20-*O*-*β*-D-glucopyranosyl-(1→6)-*β*-D-glucopyranoside 孕甾 -5- 烯 -3*β*,20(*S*)- 二醇 -20-*O*-*β*-D- 吡喃葡萄糖基 -(1→6)-*β*-D- 吡喃葡萄糖苷 杠柳 Periploca sepium
pregn-5-ene-3*β*,20(*S*)-diol-20-*O*-*β*-D-glucopyranosyl-(1 → 6)-*β*-D-glucopyranosyl-(1 → 2)-*β*-D-digitalopyranoside 孕甾 -5- 烯 -3*β*,20(*S*)- 二醇 -20-*O*-*β*-D- 吡喃葡萄糖基 -(1 → 6)-*β*-D- 吡喃葡萄糖基 -(1 → 2)-*β*-D- 吡喃洋地黄糖苷 杠柳 Periploca sepium
pregn-5-ene-3*β*,20(*S*)-diol-3-*O*-*β*-D-glucopyranosyl-20-*O*-*β*-D-glucopyranosyl-(1 → 6)-*β*-D-glucopyranoside 孕甾 -5- 烯 -3*β*,20(*S*)- 二醇 -3-*O*-*β*-D- 吡喃葡萄糖基 -20-*O*-*β*-D- 吡喃葡萄糖基 -(1 → 6)-*β*-D- 吡喃葡萄糖苷 杠柳 Periploca sepium

P

pregn-5-ene-3β,20-diol 孕甾 -5- 烯 -3β,20- 二醇 杠柳 Periploca sepium
pregn-5-ene-3β,20*S*-diol 孕甾 -5- 烯 -3β,20*S*- 二醇 杠柳 Periploca sepium
pregn-5-ene-3β,20*S*-diol-20-[*O*-β-glucopyranosyl-(1 → 6)-β-glucopyranoside] 孕甾 -5- 烯 -3β,20*S*- 二醇 -20-[*O*-β- 吡喃葡萄糖基 -(1 → 6)-β- 吡喃葡萄糖苷] 杠柳 Periploca sepium
pregn-5-ene-3β,20*S*-diol-3-*O*-β-D-glucopyranoside-20-*O*-β-D-glucopyranoside 孕甾 -5- 烯 -3β,20*S*- 二醇 -3-*O*-β-D- 吡喃葡萄糖苷 -20-*O*-β-D- 吡喃葡萄糖苷 杠柳 Periploca sepium
pregna-4,16-diene-3,12,20-trione 孕甾 -4,16- 二烯 -3,12,20- 三酮 鳝藤 Anodendron affine
pregna-5,16-dien-3β-ol-20-one-3-*O*-α-L-rhamnopyranosyl-(1 → 2)-*O*-[α-L-rhamnopyranosyl-(1 → 4)]-*O*-β-D-glucopyranoside 孕甾 -5,16- 二烯 -3β- 醇 -20- 酮 -3-*O*-α-L- 吡喃鼠李糖基 -(1 → 2)-*O*-[α-L- 吡喃鼠李糖基 -(1 → 4)]-*O*-β-D- 吡喃葡萄糖苷 龙葵 Solanum nigrum
pregna-5,16-diene-20-one-3β-*O*-α-L-rhamnopyranosyl-(1 → 2)-*O*-[β-D-glucopyranosyl-(1 → 4)]-β-D-glucopyranoside 孕甾 -5,16- 二烯 -20- 酮 -3β-*O*-α-L- 吡喃鼠李糖基 -(1 → 2)-*O*-[β-D- 吡喃葡萄糖基 -(1 → 4)]-β-D- 吡喃葡萄糖苷 铁筷子 Helleborus thibetanus
4,16-pregnadien-12β-hydroxy-3,20-dione 4,16- 孕甾二烯 -12β- 羟基 -3,20- 二酮 黄花夹竹桃 Thevetia peruviana
5,16-pregnadien-3β-ol-20-one acetate 5,16- 孕甾二烯 -3β- 醇 -20- 酮乙酸酯 楝 Melia azedarach
pregnadienolone-3-*O*-β-chacotrioside 孕甾二烯醇酮 -3-*O*-β- 马铃薯三糖 绵萆薢 Dioscorea spongiosa
pregnadienolone-3-*O*-β-gracillimatriose 孕甾二烯醇酮 -3-*O*-β- 纤细薯蓣三糖苷 ▲ 绵萆薢 Dioscorea spongiosa
5α-pregnan-16(17)-en-20-one-3-*O*-β-D-xylopyranosyl-(1 → 2)-[β-D-xylopyranosyl-(1 → 3)]-β-D-glucopyranosyl-(1 → 4)-[α-L-rhamnopyranosyl-(1 → 2)]-β-D-galactopyranoside 5α- 孕甾 -16(17)- 烯 -20- 酮 -3-*O*-β-D- 吡喃木糖基 -(1 → 2)-[β-D- 吡喃木糖基 -(1 → 3)]-β-D- 吡喃葡萄糖基 -(1 → 4)-[α-L- 吡喃鼠李糖基 -(1 → 2)]-β-D- 吡喃半乳糖苷 蒺藜 Tribulus terrestris
5α-pregnan-16-en-20-one-3-*O*-β-xylopyranosyl-(1 → 3)-[β-D-glucopyranosyl-(1 → 2)]-β-D-glucopyranosyl-(1 → 4)-β-D-galactopyranoside 5α- 孕甾 -16- 烯 -20- 酮 -3-*O*-β- 吡喃木糖基 -(1 → 3)-[β-D- 吡喃葡萄糖基 -(1 → 2)]-β-D- 吡喃葡萄糖基 -(1 → 4)-β-D- 吡喃半乳糖苷 蒺藜 Tribulus terrestris
5α-pregnan-3,20-dione 5α- 孕甾 -3,20- 二酮 三角叶薯蓣 Dioscorea deltoidea
5α-pregnan-3-one 5α- 孕甾 -3- 酮 止泻木 Holarrhena pubescens
(20*S*)-5α-pregnan-3β,20-diol-20-*O*-β-D-glucopyranoside (20*S*)-5α- 孕甾 -3β,20- 二醇 -20-*O*-β-D- 吡喃葡萄糖苷 龙舌兰 Agave americana
5α-pregnan-3β,20β-diol 5α- 孕甾 -3β,20β- 二醇 剑麻 Agave sisalana, 三角叶薯蓣 Dioscorea deltoidea
5α-pregnan-3β-ol-20-one 5α- 孕甾 -3β- 醇 -20- 酮 三角叶薯蓣 Dioscorea deltoidea
pregnanediol 孕甾二醇 海枣 Phoenix dactylifera
pregna-4,6,16-triene-3,12,20-trione 孕甾 -4,6,16- 三烯 -3,12,20- 三酮 鳝藤 Anodendron affine
Δ^{5}-pregnene-3β,17α,20α-triol Δ^{5}- 孕甾烯 -3β,17α,20α- 三醇 黑龙骨 Periploca forrestii
pregnene-3β,20(*S*)-diol-3-*O*-[2-*O*-acetyl-β-D-digitalopyranosyl-(1 → 4)-*O*-β-D-cymaropyranoside]-20-*O*-β-D-glucopyranosyl-(1 → 6)-*O*-β-D-glucopyranosyl-(1 → 2)-*O*-β-D-digitalopyranoside 孕甾烯 -3β,20(*S*)- 二醇 -3-*O*-[2-*O*- 乙酰基 -β-D- 吡喃毛地黄糖基 -(1 → 4)-*O*-β-D- 吡喃磁麻糖苷]-20-*O*-β-D- 吡喃葡萄糖基 -(1 → 6)-*O*-β-D- 吡喃葡萄糖基 -(1 → 2)-*O*-β-D- 吡喃洋地黄糖苷 杠柳 Periploca sepium
Δ^{10}-5α-pregnenolone Δ^{10}-5α- 孕烯醇酮 假烟叶树 Solanum erianthum
$\Delta^{5,16}$-pregnenolone $\Delta^{5,16}$- 孕烯醇酮 假烟叶树 Solanum erianthum
pregnenolone 孕甾烯醇酮 兴安柴胡 Bupleurum sibiricum, 鞘山芎 Conioselinum vaginatum, 白鲜 Dictamnus dasycarpus, 鹤庆独活 Heracleum rapula, 川芎 Ligusticum sinense 'Chuanxiong', 宽叶羌活 Notopterygium franchetii, 羌活 N. incisum, 心叶棱子芹 Pleurospermum rivulorum, 云木香 Saussurea costus, 华马钱 Strychnos cathayensis, 椿叶花椒 Zanthoxylum ailanthoides
pregomisin 前北五味子素 ▲ 阿里山五味子 Schisandra arisanensis, 五味子 S. chinensis, 狭叶五味子 S. lancifolia, 合蕊五味子 S. propinqua, 毛叶五味子 S. pubescens, 红花五味子 S. rubriflora, 华中五味子 S. sphenanthera
prehispanolone 前西班牙巴洛草醇酮 ▲ 益母草 Leonurus japonicus
preisocalamendiol 前异菖蒲烯二醇 挥发油成分，未统计基源
preleoheterin 前益母草灵素 ▲ 益母草 Leonurus japonicus
preleosibirone A, B 前细叶益母草酮 A, B 细叶益母草 Leonurus sibiricus
prelunularic acid 前半月苔酸 蛇苔 Conocephalum conicum
premarrubiin I, II 前欧夏至草素 I, II 欧夏至草 Marrubium vulgare
premcoryoside 伞序臭黄荆奥苷 ▲ 伞序臭黄荆 Premna serratifolia
premfulvaoside 黄毛豆腐柴苷 ▲ 黄毛豆腐柴 Premna fulva
premnacorymboside A 伞序臭黄荆苷 ▲A 伞序臭黄荆 Premna serratifolia
premnacorymboside B 伞序臭黄荆苷 ▲B 伞序臭黄荆 Premna serratifolia, 毛蕊花 Verbascum thapsum
premnadimer 豆腐柴二聚物 ▲ 伞序臭黄荆 Premna serratifolia
premnafolioside 钝叶臭黄荆苷 ▲ 伞序臭黄荆 Premna serratifolia
premnaodoroside A 香豆腐柴苷 ▲A 伞序臭黄荆 Premna serratifolia
premnenol 豆腐柴烯醇 ▲ 伞序臭黄荆 Premna serratifolia
premnoside C, D 豆腐柴苷 ▲C, D 伞序臭黄荆 Premna serratifolia
premnosidic acid 豆腐柴苷酸 ▲ 伞序臭黄荆 Premna serratifolia
premyrsinol-3-propanoate-5-benzoate-7,13,17-triacetate 前铁仔酚 ▲-3- 丙酸酯 -5- 苯甲酸酯 -7,13,17- 三乙酸酯 土瓜狼毒 Euphorbia prolifera
prenal 异戊烯醛 挥发油成分，未统计基源
prenantheside A 盘果菊苷 ▲A 菊苣 Cichorium intybus

P

prenigroxanthin 前黑牛角椒黄质▲ 辣椒 Capsicum annuum
prenol -11, -12, -13 异戊烯醇 -11, -12, -13 波叶异木患 Allophylus caudatus
3-prenyl-2',4,4'-trihydroxychalcone 3- 异戊烯基 -2',4,4'- 三羟基查耳酮 洋甘草 Glycyrrhiza glabra
8-prenyl-2',4'-dihydroxy-6''-dimethyl-pyrano[2'',3'':6,7]-dihydroflavone 8- 异戊烯基 -2',4'- 二羟基 -6''- 二甲基 - 吡喃并 [2'',3'':6,7]- 二氢黄酮 山豆根 Euchresta japonica
(2S)-8-prenyl-3',4',5,7-tetrahydroxyflavanone (2S)-8- 异戊烯基 -3',4',5,7- 四羟基黄烷酮 胀果甘草 Glycyrrhiza inflata
(6aR,11aR)-4-prenyl-3-hydroxy-9-methoxy-pterocarpan (6aR,11aR)-4- 异戊烯基 -3- 羟基 -9- 甲氧基紫檀烷 洋甘草 Glycyrrhiza glabra
6-prenyl-4',5,7-trihydroxyflavone 6- 异戊烯基 -4',5,7- 三羟基黄酮 波罗蜜 Artocarpus heterophyllus
3-prenyl-5(or 8)-methoxy-1,4-naphthoquinone 3- 异戊烯基 -5 或 8- 甲氧基 -1,4- 萘醌 茜草 Rubia cordifolia
6-prenyl-5,7,4'-trihydroxyflavone 6- 异戊烯基 -5,7,4'- 三羟基黄酮 云南甘草 Glycyrrhiza yunnanensis
(6R,12R,13S)-10-prenyl-6,12-methano-6H,12H-dibenzo[b,f][1,5]dioxocin-2,9,13-triol (6R,12R,13S)-10- 异戊烯基 -6,12- 甲醇基 -6H,12H- 二苯并 [b,f][1,5] 二氧杂环辛三烯 -2,9,13- 三醇 小槐花 Ohwia caudata
3-prenyl-6-[(1S,2S)-1,2-dihydroxy-3-methylbutyl]-2',4',5-trihydroxy-7-methoxyflavone 3- 异戊烯基 -6-[(1S,2S)-1,2- 二羟基 -3- 甲基丁基]-2',4',5- 三羟基 -7- 甲氧基黄酮 波罗蜜 Artocarpus heterophyllus
6-prenyl-7,3',4'-trihydroxyflavone 6- 戊烯基 -7,3',4'- 三羟基黄酮 云南甘草 Glycyrrhiza yunnanensis
6,8-prenyl-7,4'-dihydroxyflavone 6,8- 异戊烯基 -7,4'- 二羟基黄酮 云南甘草 Glycyrrhiza yunnanensis
3'-prenylapigenin 3'- 异戊烯基芹菜素 攀倒甑 Patrinia villosa
6-prenylapigenin 6- 异戊烯基芹菜苷元 波罗蜜 Artocarpus heterophyllus, 柘树 Cudrania tricuspidata, 壶托榕 Ficus ischnopoda, 大叶藤黄 Garcinia xanthochymus
3'-prenylapigenine-7-O-rutinoside 3'- 异戊烯基芹菜苷元 -7-O- 芸香糖苷 牛蹄豆 Pithecellobium dulce
(2E)-prenylbenzoate-4-O-α-L-arabinopyranosyl-(1 → 6)-β-D-glucopyranoside (2E)- 异戊烯基苯甲酸酯 -4-O-α-L- 吡喃阿拉伯糖基 -(1 → 6)-β-D- 吡喃葡萄糖苷 刺五加 Eleutherococcus senticosus
5-prenylbutein 5- 异戊烯基紫铆因 胀果甘草 Glycyrrhiza inflata
prenylcitpressine 异戊烯基扁平橘碱 柚 Citrus maxima
8-prenyldaidzein 8- 异戊烯基大豆苷元 补骨脂 Cullen corylifolia
8-prenyleriodictyol 8- 异戊烯基圣草酚 胀果甘草 Glycyrrhiza inflata
8-prenylgalangin 8- 异戊烯基高良姜素 尾叶血桐 Macaranga kurzii
prenylhydroquinone 异戊烯基氢醌 长花厚壳树 Ehretia longiflora
7-prenyljacareubin 7- 异戊烯基巴西红厚壳素 金丝李 Garcinia paucinervis
8-prenylkaempferol 8- 异戊烯基山柰酚 石菖蒲 Acorus gramineus, 朝鲜淫羊藿 Epimedium koreanum, 桃儿七 Sinopodophyllum hexandrum, 苦参 Sophora flavescens
8-prenylkaempferol-3-O-β-D-glucopyranoside 8- 异戊烯基山柰酚 -3-O-β-D- 吡喃葡萄糖苷 无心菜 Arenaria serpyllifolia
8-prenylkaempferol-4'-methylether-3-[O-β-D-xylopyranosyl-(1 → 4)-O-α-L-rhamnopyranoside]-7-O-β-D-glucopyranoside 8- 异戊烯基山柰酚 -4'- 甲醚 -3-[O-β-D- 吡喃木糖基 -(1 → 4)-O-α-L- 吡喃鼠李糖苷]-7-O-β-D- 吡喃葡萄糖苷 巫山淫羊藿 Epimedium wushanense
5'-prenyllicodione 5'- 异戊烯基甘草二酮▲ 胀果甘草 Glycyrrhiza inflata
3-prenylluteolin 3- 异戊烯基木犀草素 波罗蜜 Artocarpus heterophyllus
6-prenylnaringenin 6- 异戊烯基柚皮苷元 胀果甘草 Glycyrrhiza inflata, 啤酒花 Humulus lupulus
8-prenylnaringenin 8- 异戊烯基柚皮苷元 胀果甘草 Glycyrrhiza inflata, 啤酒花 Humulus lupulus, 苦参 Sophora flavescens
5-prenyloxy-7-methoxycoumarin 5- 异戊烯氧基 -7- 甲氧基香豆素 柠檬 Citrus limon, 香橼 C. medica
6-prenyloxy-7-methoxycoumarin 6- 异丙氧基 -7- 甲氧基香豆素 橘红 Citrus maxima 'Tomentosa'
6-prenylpinocembrin 6- 异戊烯基瑞士五针松素▲ 台湾榕 Ficus formosana
8-prenylquercetin 8- 异戊烯基槲皮素 小槐花 Ohwia caudata, 桃儿七 Sinopodophyllum hexandrum
6-prenylquercetin-3-methyl ether 6- 异戊烯基槲皮素 -3- 甲醚 胀果甘草 Glycyrrhiza inflata, 遍地金 Hypericum wightianum
8-prenylquercetin-3-methyl ether 8- 异戊烯基槲皮素 -3- 甲醚 桃儿七 Sinopodophyllum hexandrum
3'-prenylrubranine 3'- 异戊烯基玫瑰木宁▲ 粗糠柴 Mallotus philippensis
8-prenyltoxyloxanthone C 8- 异戊烯基橙桑叫酮▲C 柘藤 Cudrania fruticosa
3-prenylumbelliferone 3- 异戊烯基伞形酮 马桑 Coriaria nepalensis
8-prenylwighteone 8- 异戊烯基怀特大豆酮▲ 厚果崖豆藤 Millettia pachycarpa
5'-prenylxanthohumol 5'- 异戊烯基酒花黄酚▲ 啤酒花 Humulus lupulus
(+)-preocoteine (+)- 前绿心樟碱▲ 箭头唐松草 Thalictrum simplex
preocoteine 前绿心樟碱▲ 黄唐松草 Thalictrum flavum, 紫堇叶唐松草 T. isopyroides
preocoteine-N-oxide 前绿心樟碱▲-N- 氧化物 亚欧唐松草 Thalictrum minus, 箭头唐松草 T. simplex
preoleanatetraene 前齐墩果四烯 友水龙骨 Polypodiodes amoena, 台湾水龙骨 P. formosana
preorixine 前臭常山碱 臭常山 Orixa japonica
preparguene 前帕尔古拉海兔烯▲ 齐藤凹顶藻 Laurencia saitoi
prephytoene alcohol 前植物烯乙醇 狐尾藻 Myriophyllum verticillatum
preschisanartanin 前五味子木菠萝宁▲ 五味子 Schisandra chinensis
preschisanartanin A 前五味子木菠萝宁▲A 阿里山五味子 Schisandra arisanensis, 五味子 S. chinensis
preschisanartanin B 前五味子木菠萝宁▲B 阿里山五味子 Schisandra arisanensis, 五味子 S. chinensis

preschisanartanin C, D 前五味子木菠萝宁▲C, D 合蕊五味子 Schisandra propinqua
preschisanartanin E 前五味子木菠萝宁▲E 五味子 Schisandra chinensis, 华中五味子 S. sphenanthera
preschisanartanin F 前五味子木菠萝宁▲F 五味子 Schisandra chinensis, 华中五味子 S. sphenanthera
preschisanartanin G~J 前五味子木菠萝宁▲G~J 华中五味子 Schisandra sphenanthera
preschisanartanin K~N 前五味子木菠萝宁▲K~N 五味子 Schisandra chinensis
preschisandrin 前五味子素 合蕊五味子 Schisandra propinqua
presenegenin 前美远志苷元 黄花倒水莲 Polygala fallax, 瓜子金 P. japonica
presengulone 前槐叶决明醌▲ 槐叶决明 Senna occidentalis var. sophera
presilphiperfolanol 原串叶松香草烷醇 止痢蚤草 Pulicaria dysenterica
preskimmianine 前茵芋碱 狭叶白鲜 Dictamnus angustifolius, 白鲜 D. dasycarpus, 铜钱叶白珠 Gaultheria nummularioides, 臭常山 Orixa japonica
presqualene alcohol 前角鲨烯醇 岭南山竹子 Garcinia oblongifolia
pressafonin A 台湾含笑素▲A 小花八角 Illicium micranthum, 台湾含笑 Michelia compressa
pressafonin B 台湾含笑素▲B 台湾含笑 Michelia compressa
pressalanine A, B 台湾含笑碱▲A, B 台湾含笑 Michelia compressa
(-)-prestegane B (-)- 前胡萝卜树脂素▲ 石南藤 Piper wallichii
prestegane B 前胡萝卜树脂素▲B 河朔荛花 Wikstroemia chamaedaphne
pretazettine 前多花水仙碱 水鬼蕉 Hymenocallis littoralis
preussomerin BG_1, C, SA_1 异构光黑壳素▲BG_1, C, SA_1 牛眼马钱 Strychnos angustiflora
previtexilactone 前牡荆内酯 蔓荆 Vitex trifolia, 单叶蔓荆 V. trifolia subsp. litoralis
primacrosaponin 硕萼报春皂苷▲ 硕萼报春 Primula veris subsp. macrocalyx
primeverin 樱草苷 胭脂花 Primula maximowiczii
primeverose 樱草糖 扁蕾 Gentianopsis barbata, 药鼠李 Rhamnus cathartica
2-primeverosyl-5-methoxy-acetophenone 2- 樱草糖基 -5- 甲氧基 - 苯乙酮 胭脂花 Primula maximowiczii
4-primeverosyl-acetophenone 4- 樱草糖基 - 苯乙酮 胭脂花 Primula maximowiczii
primflasin; primflasine 寒地报春黄苷▲ 寒地报春 Primula algida
primulagenin 报春花苷元 北点地梅 Androsace septentrionalis
primulanin 报春宁素▲ 点地梅 Androsace umbellata, 朱砂根 Ardisia crenata, 走马胎 A. gigantifolia, 紫金牛 A. japonica, 过路黄 Lysimachia christiniae, 黄连花 L. davurica
primulanin A 报春宁素▲A 黄连花 Lysimachia davurica
primulinoside 樱草素馨苷▲ 野迎春 Jasminum mesnyi
prineoparaquinone 红根草新对醌▲ 红根草 Salvia prionitis
prinoidin 栎叶鼠李素▲ 尼泊尔鼠李 Rhamnus napalensis
prinoidin bianthrone A, B 栎叶鼠李素▲二蒽酮 A, B 尼泊尔鼠李 Rhamnus napalensis
prinoidin-emodin bianthrone A~D 栎叶鼠李素▲- 大黄素二蒽酮 A~D 尼泊尔鼠李 Rhamnus napalensis
prinsepiol 扁核木醇▲ 滇瑞香 Daphne feddei, 棣棠花 Kerria japonica, 刺茶美登木 Maytenus variabilis, 红柄木犀 Osmanthus armatus, 石南藤 Piper wallichii, 五味子 Schisandra chinensis, 金山五味子 S. glaucescens, 狭叶五味子 S. lancifolia, 野茉莉 Styrax japonicus, 蜘蛛香 Valeriana jatamansi, 缬草 V. officinalis
prinsepiol-4-*O*-*β*-D-glucoside 扁核木醇▲-4-*O*-*β*-D- 葡萄糖苷 蜘蛛香 Valeriana jatamansi, 缬草 V. officinalis
prioketolactone 红根草酮内酯 红根草 Salvia prionitis, 三叶鼠尾草 S. trijuga
prioline 红根草林碱▲ 红根草 Salvia prionitis
prionanthoside 早开堇菜苷 戟叶堇菜 Viola betonicifolia, 紫花堇菜 V. grypoceras, 长萼堇菜 V. inconspicua, 东北堇菜 V. mandshurica, 白花地丁 V. patrinii, 紫花地丁 V. philippica, 早开堇菜 V. prionantha, 斑叶堇菜 V. variegata
prionitin 红根草亭▲ 红根草 Salvia prionitis
prionitiside A, B 红根草苷▲A, B 红根草 Salvia prionitis
prionoid A~F 红根草萜▲A~F 红根草 Salvia prionitis
prismatomerin 三角瓣花素▲ 南山花 Prismatomeris tetrandra
pristane 姥鲛烷 柿 Diospyros kaki
pristimerin 扁蒴藤素 过山枫 Celastrus aculeatus, 粉背南蛇藤 C. hypoleucus, 独子藤 C. monospermus, 南蛇藤 C. orbiculatus, 灯油藤 C. paniculatus, 东北雷公藤 Tripterygium regelii
pristimerol 扁蒴藤醇 过山枫 Celastrus aculeatus
priverogenin B-22-acetate-3-*O*-{*β*-D-xylopyranosyl-(1 → 2)-*β*-D-glucopyranosyl-(1 → 4)-[*β*-D-glucopyranosyl-(1 → 2)]-*α*-L-arabinopyranoside} 黄花九轮草皂苷元 B-22- 乙酸酯 -3-*O*-{*β*-D- 吡喃木糖基 -(1 → 2)-*β*-D- 吡喃葡萄糖基 -(1 → 4)-[*β*-D- 吡喃葡萄糖基 -(1 → 2)]-*α*-L- 吡喃阿拉伯糖苷 } 小叶珍珠菜 Lysimachia parvifolia
priverosaponin B 黄花九轮草皂苷▲B 硕萼报春 Primula veris subsp. macrocalyx
priverosaponin B-22-acetate 黄花九轮草皂苷▲B-22- 乙酸酯 硕萼报春 Primula veris subsp. macrocalyx
2-(pro-1-ynyl)-5-(5,6-dihydroxyhexa-1,3-diynyl)-thiophene 2- 正丙炔 -5-(5,6- 二羟基己烷 -1,3- 二炔基)- 噻吩 华东蓝刺头 Echinops grijsii
proacacipetalin-6′-*O*-*β*-D-glucopyranoside 原毛瓣金合欢素▲-6′-*O*-*β*-D- 吡喃葡萄糖苷 筒鞘蛇菰 Balanophora involucrata
proanthocyanidin 原花青素 红桦 Betula albosinensis, 沼委陵菜 Comarum palustre, 萼翅藤 Getonia floribunda, 草芍药 Paeonia obovata, 异齿

P

红景天 Rhodiola heterodonta, 红景天 R. rosea

proanthocyanidin A_1 原花青素 A_1 红淡比 Cleyera japonica, 莽吉柿 Garcinia mangostana, 荔枝 Litchi chinensis, 美丽马醉木 Pieris formosa, 春榆 Ulmus davidiana var. japonica, 杜仲藤 Urceola micrantha, 越桔 Vaccinium vitis-idaea

proanthocyanidin A_2 原花青素 A_2 柳叶假木荷 Craibiodendron henryi, 云南假木荷 C. yunnanense, 莽吉柿 Garcinia mangostana, 白果白珠 Gaultheria leucocarpa, 荔枝 Litchi chinensis, 黑龙骨 Periploca forrestii, 爆仗花 Rhododendron spinuliferum, 杜仲藤 Urceola micrantha, 腺齿越桔 Vaccinium oldhamii, 文冠果 Xanthoceras sorbifolium, 欧洲七叶树 Aesculus hippocastanum

proanthocyanidin A_4 原花青素 A_4 云南假木荷 Craibiodendron yunnanense, 草麻黄 Ephedra sinica, 欧洲七叶树 Aesculus hippocastanum

proanthocyanidin A_6 原花青素 A_6 荔枝 Litchi chinensis, 长节珠 Parameria laevigata, 欧洲七叶树 Aesculus hippocastanum

proanthocyanidin A_7, B_5, C_1 原花青素 A_7, B_5, C_1 欧洲七叶树 Aesculus hippocastanum

proanthocyanidin B_2 原花青素 B_2 柳叶假木荷 Craibiodendron henryi, 荔枝 Litchi chinensis, 欧洲七叶树 Aesculus hippocastanum

proanthocyanidin B_3 原花青素 B_3 软条七蔷薇 Rosa henryi, 玫瑰 R. rugosa

proanthocyanidin B_4 原花青素 B_4 软枣猕猴桃 Actinidia arguta, 荔枝 Litchi chinensis, 软条七蔷薇 Rosa henryi

proaporphine 原阿朴啡 西伯利亚小檗 Berberis sibirica, 西藏地不容 Stephania glabra

proceranolide 高大苦油楝内酯 茸果鹧鸪花 Trichilia sinensis

proceranone 高大苦油楝酮▲ 香椿 Toona sinensis

proceraoside A~D 黄豆树皂苷▲A~D 黄豆树 Albizia procera

procerin 非洲桧素 挥发油成分，未统计基源

procesterol 白花牛角瓜甾醇▲ 牛角瓜 Calotropis gigantea, 甘肃大戟 Euphorbia kansuensis

procumbenoside A~F, H, J 爵床苷 A~F, H, J 爵床 Justicia procumbens

procumbide 平卧钩果草别苷▲ 穿心莲 Andrographis paniculata

procumbiene 爵床烯▲ 爵床 Justicia procumbens

procumboside 平卧钩果草苷▲ 穿心莲 Andrographis paniculata

procumboside A 平卧钩果草苷▲A 爬岩红 Veronicastrum axillare

procumphthalide A 爵床萘内酯▲A 爵床 Justicia procumbens

procurcumenol 原莪术烯醇 川郁金 Curcuma sichuanensis, 温郁金 C. wenyujin

procyanidin 原矢车菊素 苹果形榅桲 Cydonia oblonga var. maliformis, 薯莨 Dioscorea cirrhosa, 墨江千斤拔 Flemingia chappar, 可可 Theobroma cacao

procyanidin A 原矢车菊素 A 落花生 Arachis hypogaea

procyanidin A_1 原矢车菊素 A_2 槟榔 Areca catechu, 山胡椒 Lindera glauca

procyanidin A_2 原矢车菊素 A_2 川明参 Chuanminshen violaceum, 肉桂 Cinnamomum cassia, 山胡椒 Lindera glauca, 荔枝 Litchi chinensis, 帘子藤 Pottsia laxiflora, 酸模 Rumex acetosa

procyanidin A-type dimmer 原矢车菊素 A- 型二聚物 龙眼 Dimocarpus longan

procyanidin B 原矢车菊素 B 地果 Ficus tikoua, 唐古特大黄 Rheum tanguticum

(+)-procyanidin B_1, B_2 (+)- 原矢车菊素 B_1, B_2 金荞麦 Fagopyrum dibotrys

procyanidin B_1 原矢车菊素 B_1 骆驼刺 Alhagi camelorum, 三裂蛇葡萄 Ampelopsis delavayana, 五月茶 Antidesma bunius, 槟榔 Areca catechu, 白桦 Betula platyphylla, 秋枫 Bischofia javanica, 毛杭子梢 Campylotropis hirtella, 竹节树 Carallia brachiata, 欧洲甜樱桃 Cerasus avium, 肉桂 Cinnamomum cassia, 大叶骨碎补 Davallia formosana, 古柯 Erythroxylum novogranatense, 榕树 Ficus microcarpa, 啤酒花 Humulus lupulus, 荔枝 Litchi chinensis, 苹果 Malus pumila, 草芍药 Paeonia obovata, 草血竭 Polygonum paleaceum, 欧洲李 Prunus domestica, 番石榴 Psidium guajava, 红花鹿蹄草 Pyrola asarifolia subsp. incarnata, 乌冈栎 Quercus phillyraeoides, 夏栎 Q. robur, 兴安杜鹃花 Rhododendron dauricum, 酸模 Rumex acetosa, 钝叶酸模 R. obtusifolius, 大果榆 Ulmus macrocarpa, 越桔 Vaccinium vitis-idaea, 赤豆 Vigna angularis, 山葡萄 Vitis amurensis, 葡萄 V. vinifera

procyanidin B_1-3-*O*-gallate 原矢车菊素 B_1-3-*O*- 没食子酸酯 草芍药 Paeonia obovata

procyanidin B_2 原矢车菊素 B_2 骆驼刺 Alhagi camelorum, 短毛金线草 Antenoron filiforme var. neofiliforme, 五月茶 Antidesma bunius, 槟榔 Areca catechu, 滇山茶 Camellia reticulata, 毛杭子梢 Campylotropis hirtella, 欧洲甜樱桃 Cerasus avium, 肉桂 Cinnamomum cassia, 黄牛木 Cratoxylum cochinchinense, 大叶骨碎补 Davallia formosana, 骨碎补 D. mariesii, 龙眼 Dimocarpus longan, 莽吉柿 Garcinia mangostana, 大麦 Hordeum vulgare, 荔枝 Litchi chinensis, 红楠 Machilus thunbergii, 苹果 Malus pumila, 草血竭 Polygonum paleaceum, 番石榴 Psidium guajava, 虎杖 Reynoutria japonica, 酸模 Rumex acetosa, 钝叶酸模 R. obtusifolius, 中国无忧花 Saraca dives, 大血藤 Sargentodoxa cuneata, 酸豆 Tamarindus indica, 昆明山海棠 Tripterygium hypoglaucum, 杜仲藤 Urceola micrantha, 山葡萄 Vitis amurensis

procyanidin B_2 monogallate 原花青素 B_2- 单没食子酸酯 西南鬼灯檠 Rodgersia sambucifolia

procyanidin B_2-3,3''-di-*O*-gallate 原矢车菊素 B_2-3,3''- 二 -*O*- 没食子酸酯 葡萄 Vitis vinifera

procyanidin B_2-3,3'-di-*O*-gallate 原矢车菊素 B_2-3,3'- 二 -*O*- 没食子酸酯 红花鹿蹄草 Pyrola asarifolia subsp. incarnata, 酸模 Rumex acetosa, 钝叶酸模 R. obtusifolius

procyanidin B_2-3'-*O*-gallate 原矢车菊素 B_2-3'-*O*- 没食子酸酯 短毛金线草 Antenoron filiforme var. neofiliforme, 草芍药 Paeonia obovata, 酸模 Rumex acetosa

procyanidin B_2-3-*O*-gallate 原矢车菊素 B_2-3-*O*- 没食子酸酯 红花鹿蹄草 Pyrola asarifolia subsp. incarnata, 虎杖 Reynoutria japonica

procyanidin B_2-3''-*O*-*β*-D-allopyranoside 原矢车菊素 B_2-3''-*O*-*β*-D- 吡喃阿洛糖苷 大叶骨碎补 Davallia formosana

procyanidin B-28-*C*-*β*-D-glucopyranoside 原矢车菊素 -28-*C*-*β*-D- 吡喃葡萄糖苷 肉桂 Cinnamomum cassia

procyanidin B_3 原矢车菊素 B_3 白桦 Betula platyphylla, 古柯 Erythroxylum novogranatense, 榕树 Ficus microcarpa, 大麦 Hordeum vulgare, 南五味子 Kadsura longipedunculata, 草芍药 Paeonia obovata, 番石榴 Psidium guajava, 红花鹿蹄草 Pyrola asarifolia subsp. incarnata,

P

L-prolyl-L-valine L- 脯氨酰 -L- 缬氨酸 虎掌 Pinellia pedatisecta
L-prolyl-L-valine anhydride L- 脯氨酰 -L- 缬氨酸酐 虎掌 Pinellia pedatisecta
pronaphthalide A 新爵床萘内酯 ▲A 爵床 Justicia procumbens
(-)-pronuciferine (-)- 原荷叶碱 乌药 Lindera aggregata
(+)-pronuciferine (+)- 原荷叶碱 西伯利亚小檗 Berberis sibirica, 西藏地不容 Stephania glabra, 粪箕笃 S. longa
pronuciferine 原荷叶碱 西伯利亚小檗 Berberis sibirica, 毛叶假鹰爪 Desmos dumosus, 夜花藤 Hypserpa nitida, 莲 Nelumbo nucifera, 台湾千金藤 Stephania merrillii, 四川千金藤 S. sutchuenensis
2-(prop-1-yn-1-yl)-5-(6-acetoxy-5-hydroxyhexa-1,3-diyn-1-yl)thiophene 2-(正丙炔 -1- 基)-5-(6- 乙酰氧基 -5- 羟基 -1,3- 己二炔 -1- 基) 噻吩 阔苞菊 Pluchea indica
propanal diethylacetal 丙醛二乙缩醛 挥发油成分，未统计基源
(2*S*)-1,2-propanediol-1-*O*-*β*-D-glucopyranoside-6'-*O*-gallate (2*S*)-1,2- 丙二醇 -1-*O*-*β*-D- 吡喃葡萄糖苷 -6'-*O*- 没食子酸酯 青皮木 Schoepfia jasminodora
1,2,3-propanetriol 1,2,3- 丙三醇 羊蹄甲 Bauhinia purpurea
propanetriol 丙三醇 红毛五加 Eleutherococcus giraldii
8-(7',8',9'-propanetriol-4'-methoxy-3'-*O*-phenylpropanoid)-7-hydroxy-6-methoxycoumarin 8-(7',8',9'- 丙三醇 -4'- 甲氧基 -3'-*O*- 苯基)-7- 羟基 -6- 甲氧基香豆素 米仔兰 Aglaia odorata
propanoic acid 丙酸 挥发油成分，未统计基源
propanoic acid ethyl ester 丙酸乙酯 挥发油成分，未统计基源
n-propanol acetate 正丙醇乙酸酯 挥发油成分，未统计基源
propanyl-4-hydroxybenzoate 对羟基苯甲酰丙酯 莲 Nelumbo nucifera
propapyriogenin A_1, A_2 原通脱木皂苷元 A_1, A_2 通脱木 Tetrapanax papyrifer
propelargonidin-*C*-glucopyranoside 原天竺葵素 -*C*- 吡喃葡萄糖苷 木橘 Aegle marmelos
(1*E*)-1-propene-1,2,3-tricarboxylic acid magnesium potassium salt (1*E*)-1- 丙烯 -1,2,3- 三羧酸镁钾盐 含羞草 Mimosa pudica
trans-propenoic ethyl ester 反式 - 丙烯酸乙酯 黄芦木 Berberis amurensis
4-propenoxycoumarin 4- 丙烯氧基香豆素 粟 Setaria italica
propenyl propyl trisulfide 丙烯基丙基三硫醚 野葱 Allium chrysanthum
1-(1-*E*-propenyl)-2,4,5-trimethoxybenzene 1-(1-*E*- 丙烯基)-2,4,5- 三甲氧基苯 假蒟 Piper sarmentosum
(+)-*S*-(*trans*-1-propenyl)-L-cysteine sulfoxide (+)-*S*- 反式 -1- 丙烯基)-L- 半胱氨酸亚砜 蒜 Allium sativum
trans-4-(1-propenyl)-phenol-*β*-D-glucopyranoside 反式 -4-(1- 丙烯基)- 苯酚 -*β*-D- 吡喃葡萄糖苷 棒柄花 Cleidion brevipetiolatum
(7*R*,8*S*)-2-(4-propenyl-2-methoxyphenoxy)-1-(3,4,5-trimethoxyphenyl)-propan-1-ol (7*R*,8*S*)-2-(4- 丙烯基 -2- 甲氧基苯氧基)-1-(3,4,5- 三甲氧基苯基)- 丙烷 -1- 醇 肉豆蔻 Myristica fragrans
propenylbenzene 丙烯苯 紫苞雪莲 Saussurea iodostegia
4-propenylphenol 4- 丙烯基苯酚 羊红膻 Pimpinella thellungiana
4-*E*-propenylphenol-1-*O*-*β*-D-rutinoside 4-*E*- 丙烯基苯酚 -1-*O*-*β*-D- 芸香糖苷 棒柄花 Cleidion brevipetiolatum
propindilactone A 合蕊五味子二内酯 ▲A 合蕊五味子 Schisandra propinqua, 华中五味子 S. sphenanthera
propindilactone B, C, E~P, R, S 合蕊五味子二内酯 ▲B, C, E~P, R, S 合蕊五味子 Schisandra propinqua
propindilactone D 合蕊五味子二内酯 ▲D 合蕊五味子 Schisandra propinqua, 华中五味子 S. sphenanthera
propindilactone Q 合蕊五味子二内酯 ▲Q 五味子 Schisandra chinensis, 合蕊五味子 S. propinqua
propinic lactone A 合蕊五味子内酯 A 合蕊五味子 Schisandra propinqua, 华中五味子 S. sphenanthera
propinic lactone B 合蕊五味子内酯 B 合蕊五味子 Schisandra propinqua
propinquain E, F, G, I, J, K 合蕊五味子素 ▲E, F, G, I, J, K 合蕊五味子 Schisandra propinqua
propinquain H 合蕊五味子素 ▲H 冷饭藤 Kadsura oblongifolia, 合蕊五味子 Schisandra propinqua
propinqualin 石莲姜槲蕨素 ▲ 石莲姜槲蕨 Drynaria propinqua
propinquanin A, B, D, E, F 合蕊五味子宁 ▲A, B, D, E, F 合蕊五味子 Schisandra propinqua
propinquanin C 合蕊五味子宁 ▲C 冷饭藤 Kadsura oblongifolia, 合蕊五味子 Schisandra propinqua
propintrilactone A 合蕊五味子三内酯 ▲A 五味子 Schisandra chinensis, 合蕊五味子 S. propinqua
propintrilactone B 合蕊五味子三内酯 ▲B 五味子 Schisandra chinensis, 合蕊五味子 S. propinqua
propionic acid 丙酸 挥发油成分，未统计基源
(-)-4-propionyl-2,6-dimethoxyphenyl-*β*-D-glucopyranoside (-)-4- 丙酰基 -2,6- 二甲氧基苯基 -*β*-D- 吡喃葡萄糖苷 微花藤 Iodes cirrhosa
4-propionyl-2,6-dimethoxyphenyl-*β*-D-glucopyranoside 4- 丙酰基 -2,6- 二甲氧基苯基 -*β*-D- 吡喃葡萄糖苷 熊胆草 Conyza blinii
(-)-4-propionyl-3,5-dimethoxyphenyl-*β*-D-glucopyranoside (-)-4- 丙酰基 -3,5- 二甲氧基苯基 -*β*-D- 吡喃葡萄糖苷 微花藤 Iodes cirrhosa
(12*E*,2*S*,3*S*,4*R*,5*R*,6*S*,9*S*,11*S*,15*R*)-3-propionyloxy-5,15-diacetoxy-6,17-epoxylathyra-12-en-14-one (12*E*,2*S*,3*S*,4*R*,5*R*,6*S*,9*S*,11*S*,15*R*)-3- 丙酰氧基 -5,15- 二乙酰氧基 -6,17- 环氧续随子 -12- 烯 -14- 酮 土瓜狼毒 Euphorbia prolifera
3*α*-propionyloxytropane 3*α*- 丙酸基托品烷 掌叶鱼黄草 Merremia vitifolia
propiophenone 苯丙酮 挥发油成分，未统计基源
propolone A 古巴蜂胶酮 ▲A 赶山鞭 Hypericum attenuatum
2-propoxyjuglone 2- 丙氧基胡桃醌 胡桃 Juglans regia
propoxyl oxokadsurane 丙酰氧基氧代南五味子烷 黑老虎 Kadsura coccinea
propterol B 原紫檀酚 B 镰荚棘豆 Oxytropis falcata

P

P

prostratol 平卧槐酚▲ 多花胡枝子 Lespedeza floribunda
prostratoside A~J 多荚草苷▲A~J 多荚草 Polycarpon prostratum
protoanemonin 原银莲花素 挥发油成分，未统计基源
protoaspidistrin 原蜘蛛抱蛋苷 蜘蛛抱蛋 Aspidistra elatior, 四川蜘蛛抱蛋 A. sichuanensis, 棕粑叶 A. zongbayi
protoberberine 原小檗碱 西伯利亚小檗 Berberis sibirica, 连蕊藤 Parabaena sagittata, 西藏地不容 Stephania glabra
protobioside 原比奥皂苷 圆果三角叶薯蓣 Dioscorea deltoidea var. orbiculata, 黄山药 D. panthaica
protocatecheuic acid-3-*O*-*β*-glucopyranoside 原儿茶酸 -3-*O*-*β*- 吡喃葡萄糖苷 黄蜀葵 Abelmoschus manihot
protocatechualdehyde; protocatechuic aldehyde 原儿茶醛 较常见成分，至少分布于 30 种以上植物中，见于蚌壳蕨科、茶茱萸科、唇形科、刺革菌科、冬青科、防己科、槲蕨科、姜科、菊科、蕨科、兰科、藜科、楝科、蓼科、列当科、鳞始蕨科、灵芝科、马鞭草科、毛茛科、猕猴桃科、蔷薇科、瑞香科、水龙骨科、天南星科、卫矛科、无患子科、梧桐科、五加科、玄参科、荨麻科、棕榈科等
protocatechuic acid 原儿茶酸 常见成分，至少分布于 100 种以上植物中
protocatechuic acid ethyl ester 原儿茶酸乙酯 水蔓菁 Pseudolysimachion linariifolium subsp. dilatatum
protocatechuic acid hexose ester 原儿茶酸己糖酯 刺葡萄 Vitis davidii
protocatechuic acid methyl ester 原儿茶酸甲酯 岭南臭椿 Ailanthus triphysa, 缩砂密 Amomum villosum var. xanthioides, 假东风草 Blumea riparia, 肾茶 Clerodendranthus spicatus, 黄连 Coptis chinensis, 番红花 Crocus sativus, 珊瑚菜 Glehnia littoralis, 垂子买麻藤 Gnetum pendulum, 马兰 Kalimeris indica, 红楠 Machilus thunbergii, 裂蹄木层孔菌 Phellinus linteus, 抱茎蓼 Polygonum amplexicaule, 杜鹃花 Rhododendron simsii, 虎耳草 Saxifraga stolonifera, 地桃花 Urena lobata
protocatechuic acid-3-glucoside 原儿茶酸 -3- 葡萄糖苷 豆梨 Pyrus calleryana
protocatechuic acid-3-*O*-(6-*O*-hydroxybenzoyl)-*β*-D-glucopyranoside 原儿茶酸 -3-*O*-(6-*O*- 羟基苯甲酰基)-*β*-D- 吡喃葡萄糖苷 线纹香茶菜 Isodon lophanthoides
protocatechuic acid-3-*O*-*β*-D-xylopyranoside 原儿茶酸 -3-*O*-*β*-D- 吡喃木糖苷 矮桃 Lysimachia clethroides
protocatechuic acid-4-*O*-*β*-D-glucopyranoside 原儿茶酸 -4-*O*-*β*-D- 吡喃葡萄糖苷 矮桃 Lysimachia clethroides
protocatechuoyl calleryanin 原儿茶酰鹿梨苷 豆梨 Pyrus calleryana
protocetraric acid 原冰岛衣酸 岛衣 Cetraria islandica, 深红松萝 Usnea rubicunda
protodeltonin 原三角叶薯蓣皂苷宁 盾叶薯蓣 Dioscorea zingiberensis
protodesgalactotigonin 原去半乳糖替告皂苷 蒜 Allium sativum, 辣椒 Capsicum annuum
protodioscin 原薯蓣皂苷 石刁柏 Asparagus officinalis, 闭鞘姜 Costus speciosus, 粉背薯蓣 Dioscorea collettii var. hypoglauca, 圆果三角叶薯蓣 D. deltoidea var. orbiculata, 福州薯蓣 D. futschauensis, 纤细薯蓣 D. gracillima, 穿龙薯蓣 D. nipponica, 黄山药 D. panthaica, 绵萆薢 D. spongiosa, 山萆薢 D. tokoro, 宽瓣重楼 Paris polyphylla var. yunnanensis, 点花黄精 Polygonatum punctatum, 菝葜 Smilax china, 黑叶菝葜 S. nigrescens, 茄 Solanum melongena, 旋花茄 S. spirale, 野茄 S. undatum, 刺天茄 S. violaceum, 蒺藜 Tribulus terrestris
protodioscin Pb 原薯蓣皂苷 Pb 火葱 Allium cepa var. aggregatum
protoescigenin 原七叶树皂苷元 长柄七叶树 Aesculus assamica
protofarrerol 原丁香杜鹃酚▲ 稀子蕨 Monachosorum henryi
protogenkwanin-4'-glucoside 原芫花素 -4'- 葡萄糖苷 问荆 Equisetum arvense
protogenkwanin-4'-gossypitrin 原芫花素 -4'- 棉黄苷 问荆 Equisetum arvense
protogenkwanone 原芫花酮▲ 延羽卵果蕨 Phegopteris decursive-pinnata
protogracillin 原纤细薯蓣皂苷 闭鞘姜 Costus speciosus, 粉背薯蓣 Dioscorea collettii var. hypoglauca, 圆果三角叶薯蓣 D. deltoidea var. orbiculata, 福州薯蓣 D. futschauensis, 小花盾叶薯蓣 D. sinoparviflora, 绵萆薢 D. spongiosa, 山萆薢 D. tokoro
protohypericin 原金丝桃素 赶山鞭 Hypericum attenuatum, 延伸金丝桃 H. elongatum, 贯叶连翘 H. perforatum
protohypoglaucin A 原粉背薯蓣苷▲A 粉背薯蓣 Dioscorea collettii var. hypoglauca
protoisoeruboside B 原异紫蒜苷 B 蒜 Allium sativum
protojujuboside A 原枣苷▲A 酸枣 Ziziphus jujuba var. spinosa
d-protolichesterinic acid *d*- 原地衣硬脂酸 皱黄卷岛衣 Flavocetraria cucullata
protolichesterinic acid 原地衣硬脂酸 岛衣 Cetraria islandica, 条衣 Everniastrum cirrhatum, 肉刺树花 Ramalina roesleri
protolignin 原木质宁 水飞蓟 Silybum marianum
protolyofoligenic acid 原珍珠花精酸▲ 珍珠花 Lyonia ovalifolia
protoneodioscin 原新薯蓣皂苷 糖棕 Borassus flabellifer, 粉背薯蓣 Dioscorea collettii var. hypoglauca, 圆果三角叶薯蓣 D. deltoidea var. orbiculata, 福州薯蓣 D. futschauensis
protoneogracillin 原新纤细薯蓣皂苷 粉背薯蓣 Dioscorea collettii var. hypoglauca, 圆果三角叶薯蓣 D. deltoidea var. orbiculata, 福州薯蓣 D. futschauensis
protoneoyonogenin 原新扬诺皂苷元 山萆薢 Dioscorea tokoro
20(*R*)-protopanaxadiol 20(*R*)- 原人参二醇 人参 Panax ginseng, 三七 P. notoginseng, 西洋参 P. quinquefolius
20(*S*)-protopanaxadiol 20(*S*)- 原人参二醇 绞股蓝 Gynostemma pentaphyllum, 人参 Panax ginseng, 三七 P. notoginseng, 西洋参 P. quinquefolius
protopanaxadiol 原人参二醇 人参 Panax ginseng, 三七 P. notoginseng
20*S*-protopanaxadiol-3-*O*-{[α-L-rhamnopyranosyl-(1 → 2)][*β*-D-glucopyranosyl-(1 → 3)]-*β*-D-glucopyranosyl}-20-*O*-*β*-D-glucopyranoside 20*S*- 原人参二醇 -3-*O*-{[α-L- 吡喃鼠李糖基 -(1 → 2)][*β*-D- 吡喃葡萄糖基 -(1 → 3)]-*β*-D- 吡喃葡萄糖基 }-20-*O*-*β*-D- 吡喃葡萄糖苷 绞股蓝 Gynostemma pentaphyllum
20*S*-protopanaxadiol-3-*O*-{[α-L-rhamnopyranosyl-(1 → 2)][*β*-D-xylopyranosyl-(1 → 3)]-6-*O*-acetyl-*β*-D-glucopyranosyl}-20-*O*-*β*-D-

glucopyranoside 20*S*- 原人参二醇 -3-*O*-{[α-L- 吡喃鼠李糖基 -(1 → 2)][β-D- 吡喃木糖基 -(1 → 3)]-6-*O*- 乙酰基 -β-D- 吡喃葡萄糖基 }-20-*O*-β-D- 吡喃葡萄糖苷 绞股蓝 Gynostemma pentaphyllum

20(*S*)-protopanaxadiol-3-one 20(*S*)- 原人参二醇 -3- 酮 胡桃楸 Juglans mandshurica, 胡桃 J. regia

20(*S*)-protopanaxatriol 20(*S*)- 原人参三醇 人参 Panax ginseng, 三七 P. notoginseng

protopanaxatriol 原人参三醇 人参 Panax ginseng, 三七 P. notoginseng

(20*R*)-protopanaxatriol-6-*O*-α-L-rhamnopyranosyl-(1 → 2)-*O*-β-D-6'-*O*-acetylglucopyranoside (20*R*)- 原人参三醇 -6-*O*-α-L- 吡喃鼠李糖基 -(1 → 2)-*O*-β-D-6'-*O*- 乙酰葡萄糖苷 西洋参 Panax quinquefolius

(20*S*)-protopanaxatriol-6-*O*-α-L-rhamnopyranosyl-(1 → 2)-*O*-β-D-6'-*O*-acetylglucopyranoside (20*S*)- 原人参三醇 -6-*O*-α-L- 吡喃鼠李糖基 -(1 → 2)-*O*-β-D-6'-*O*- 乙酰葡萄糖苷 西洋参 Panax quinquefolius

20(*R*)-protopanaxtriol 20(*R*)- 原人参三醇 人参 Panax ginseng, 三七 P. notoginseng, 西洋参 P. quinquefolius

20(*R*/*S*)-protopanaxtriol 20(*R*/*S*)- 原人参三醇 三七 Panax notoginseng

protopine 原阿片碱 较常见成分，至少分布于 30 种以上植物中，常见于罂粟科植物，少见于毛茛科、清风藤科、桑科、小檗科等

protopine-*N*-oxide 原阿片碱 -*N*- 氧化物 博落回 Macleaya cordata

1α-protoplumericin A 1α- 原鸡蛋花素 A 鸡蛋花 Plumeria rubra 'Acutifolia'

protoplumericin A 原鸡蛋花素 A 钝叶鸡蛋花 Plumeria obtusa, 鸡蛋花 P. rubra 'Acutifolia'

protoprogenin II 普洛原薯蓣皂苷元 ▲II 丫蕊花 Ypsilandra thibetica

protopseudohypericin 原伪金丝桃素 赶山鞭 Hypericum attenuatum, 延伸金丝桃 H. elongatum

(+)-protoquercitol (+)- 原栎醇 连蕊藤 Parabaena sagittata

protosappanin A~D, E-1, E-2 原苏木素 A~D, E-1, E-2 苏木 Caesalpinia sappan

protosappanin A dimethyl acetal 原苏木素 A 二甲基缩醛 苏木 Caesalpinia sappan

protosinomenine 原青藤碱 翅果刺桐 Erythrina subumbrans, 乌药 Lindera aggregata

protostemodiol 原百部二醇 百部 Stemona japonica

protostemonamide 原百部酰胺 直立百部 Stemona sessilifolia

protostemonine 原百部碱 云南百部 Stemona mairei, 直立百部 S. sessilifolia

protostemotinine 原百部次碱 直立百部 Stemona sessilifolia

protostephanine 原千金藤碱 千金藤 Stephania japonica, 粪箕笃 S. longa

protosterol B 原甾醇 B 紫藤 Wisteria sinensis

protostrychnine 原番木鳖碱 吕宋果 Strychnos ignatii

prototimosaponin AIII 原知母皂苷 AIII 知母 Anemarrhena asphodeloides

prototribestin 原蒺藜亭 ▲ 蒺藜 Tribulus terrestris

protoveratridine 原藜芦定 毛穗藜芦 Veratrum maackii, 牯岭藜芦 V. schindleri

protoveratrine A 原藜芦碱 A 阿尔泰藜芦 Veratrum lobelianum, 藜芦 V. nigrum, 尖被藜芦 V. oxysepalum

protoverine 原藜芦因 阿尔泰藜芦 Veratrum lobelianum

protoyonogenin 原扬诺皂苷元 山萆薢 Dioscorea tokoro

provitamin A 原维生素 A 落葵 Basella alba, 树番茄 Cyphomandra betacea

provitamin D_2 原维生素 D_2 木耳 Auricularia auricula, 草菇 Volvariella volvacea

provitamin D_4 原维生素 D_4 草菇 Volvariella volvacea

pro-γ-carotene 原 -γ- 胡萝卜素 扶芳藤 Euonymus fortunei

(2*R*)-prunasin (2*R*)- 野樱苷 野生紫苏 Perilla frutescens var. purpurascens

(*R*)-prunasin (*R*)- 野樱苷 鸡蛋果 Passiflora edulis

2*R*-prunasin 2*R*- 野黑樱苷 洋蒲桃 Syzygium samarangense

prunasin 野樱苷 和尚菜 Adenocaulon himalaicum, 梅 Armeniaca mume, 日本木瓜 Chaenomeles japonica, 泡叶栒子 Cotoneaster bullatus, 刺齿枝子花 Dracocephalum peregrinum, 野拔子 Elsholtzia rugulosa, 茼蒿 Glebionis coronaria, 刺叶桂樱 Laurocerasus spinulosa, 大丁草 Leibnitzia anandria, 江香薷 Mosla chinensis 'jiangxiangru', 紫苏 Perilla frutescens, 小叶石楠 Photinia parvifolia, 石南藤 Piper wallichii, 黑刺李 Prunus spinosa, 高山地榆 Sanguisorba alpina

prunasin-4'-*O*-caffeate 野樱苷 -4'-*O*- 咖啡酸酯 粗毛鳞盖蕨 Microlepia strigosa

prunasin-4'-*O*-*p*-coumarate 野樱苷 -4'-*O*- 对香豆酸酯 粗毛鳞盖蕨 Microlepia strigosa

prunasinamide 野樱苷酰胺 石南藤 Piper wallichii

prunellin 夏枯草多糖 夏枯草 Prunella vulgaris

prunelloside A, B 夏枯草新苷 A, B 夏枯草 Prunella vulgaris

prunetin 樱黄素 木豆 Cajanus cajan, 丰城崖豆藤 Callerya nitida var. hirsutissima, 昌都锦鸡儿 Caragana changduensis, 高盆樱桃 Cerasus cerasoides, 黑樱桃 C. maximowiczii, 翅荚香槐 Cladrastis platycarpa, 印度黄檀 Dalbergia sissoo, 毛鱼藤 Derris elliptica, 锈毛鱼藤 D. ferruginea, 疏花鱼藤 D. laxiflora, 九丁榕 Ficus nervosa, 岩木瓜 F. tsiangii, 大叶千斤拔 Flemingia macrophylla, 千斤拔 F. philippinensis, 洋甘草 Glycyrrhiza glabra, 云南甘草 G. yunnanensis, 红花鸢尾 Iris milesii, 朝鲜槐 Maackia amurensis, 思茅崖豆 Millettia leptobotrya, 钟花报春 Primula sikkimensis, 槐 Sophora japonica, 密花豆 Spatholobus suberectus, 红车轴草 Trifolium pratense

prunetin-4'-*O*-galactopyranoside 樱黄素 -4'-*O*- 吡喃半乳糖苷 印度黄檀 Dalbergia sissoo

prunetin-4'-*O*-β-D-apiofuranosyl-(1 → 6)-β-D-glucopyranoside 樱黄素 -4'-*O*-β-D- 呋喃芹糖基 -(1 → 6)-β-D- 吡喃葡萄糖苷 印度黄檀 Dalbergia sissoo

prunetin-4'-*O*-β-D-glucopyranoside 樱黄素 -4'-*O*-β-D- 吡喃葡萄糖苷 印度黄檀 Dalbergia sissoo, 槐 Sophora japonica, 红车轴草 Trifolium

pratense
prunetin-4'-O-β-D-glucopyranoside-6''-O-acetate 樱黄素 -4'-O-β-D-7-O-β-D- 吡喃葡萄糖苷 -6''-O- 乙酸酯 红车轴草 Trifolium pratense
prunetin-4'-O-β-D-glucoside 樱黄素 -4'-O-β-D- 葡萄糖苷 槐 Sophora japonica
prunetin-4'-α-D-glucopyranoside 樱黄素 -4'-α-D- 吡喃葡萄糖苷 红车轴草 Trifolium pratense
prunetinoside 樱黄素苷 高盆樱桃 Cerasus cerasoides
pruniflorone A~F, I~U 红芽木酮▲A~F, I~U 红芽木 Cratoxylum formosum subsp. pruniflorum
pruniflorone G 红芽木酮▲G 黄牛木 Cratoxylum cochinchinense, 红芽木 C. formosum subsp. pruniflorum
pruniflorone H 红芽木酮▲H 红芽木 Cratoxylum formosum subsp. pruniflorum, 药鼠李 Rhamnus cathartica
prunifloroside A, B, C 红芽木苷▲A, B, C 红芽木 Cratoxylum formosum subsp. pruniflorum
prunifoline A~F 蕊木叶林碱▲A~F 蕊木 Kopsia arborea
prunin 樱桃苷 臭冷杉 Abies nephrolepis, 单盖铁线蕨 Adiantum monochlamys, 显苞芒毛苣苔 Aeschynanthus bracteatus, 山桃 Amygdalus davidiana, 红木 Bixa orellana, 东京樱桃 Cerasus yedoensis, 柠檬 Citrus limon, 香橼 C. medica, 肾茶 Clerodendranthus spicatus, 风轮菜 Clinopodium chinense, 杜仲 Eucommia ulmoides, 大戟 Euphorbia pekinensis, 马蹄荷 Exbucklandia populnea, 沙生蜡菊 Helichrysum arenarium, 鸡眼草 Kummerowia striata, 矮桃 Lysimachia clethroides, 余甘子 Phyllanthus emblica
prunin-6''-p-coumarate 樱桃苷 -6''- 对香豆酸酯 广防风 Anisomeles indica
prunioside A 李叶绣线菊苷▲A 李叶绣线菊 Spiraea prunifolia, 单瓣李叶绣线菊 S. prunifolia var. simpliciflora
prunose I, II, III 梅酰糖▲I, II, III 梅 Armeniaca mume
prupaside 稠李苷▲ 毛杭子梢 Campylotropis hirtella
prurienene 刺毛黧豆烯 刺毛黧豆 Mucuna pruriens
prurienidine 刺毛黧豆定 刺毛黧豆 Mucuna pruriens
prurieninene 刺毛黧豆宁烯 刺毛黧豆 Mucuna pruriens
prurieninine 刺毛黧豆宁 刺毛黧豆 Mucuna pruriens
pruvuloside A 夏枯草苷 A 全缘叶紫珠 Callicarpa integerrima, 枇杷叶紫珠 C. kochiana, 夏枯草 Prunella vulgaris, 甘露子 Stachys sieboldii
pruvuloside B 夏枯草苷 B 夏枯草 Prunella vulgaris
przewalidine chloride 氯化长柄唐松草里定▲ 长柄唐松草 Thalictrum przewalskii
przewaline 长柄唐松草灵▲ 长柄唐松草 Thalictrum przewalskii
przewalskin 甘西鼠尾草素▲ 栗色鼠尾草 Salvia castanea, 毛地黄鼠尾草 S. digitaloides, 云南鼠尾草 S. yunnanensis
przewalskin A~G, Y-1 甘西鼠尾草素▲A~G, Y-1 甘西鼠尾草 Salvia przewalskii
przewalskine 长柄唐松草因▲ 长柄唐松草 Thalictrum przewalskii
przewalskinic acid A, B, C 甘西鼠尾草酸 A, B, C 甘西鼠尾草 Salvia przewalskii
przewalskinine 长柄唐松草宁▲ 长柄唐松草 Thalictrum przewalskii
przewalskinone B 紫丹参蒽醌 B 皱叶酸模 Rumex crispus, 甘西鼠尾草 Salvia przewalskii
przewalskone 甘西鼠尾草酮▲ 甘西鼠尾草 Salvia przewalskii
przewalstidine 长柄唐松草定▲ 长柄唐松草 Thalictrum przewalskii
przewalstidinine 长柄唐松草定宁▲ 长柄唐松草 Thalictrum przewalskii
przewalstine 长柄唐松草亭▲ 长柄唐松草 Thalictrum przewalskii
przewalstinine 长柄唐松草亭宁▲ 长柄唐松草 Thalictrum przewalskii
przewanoic acid A, B 甘西鼠尾草萜酸▲A, B 甘西鼠尾草 Salvia przewalskii
przewaquinone A 紫丹参醌 A 栗色鼠尾草 Salvia castanea, 甘西鼠尾草 S. przewalskii, 褐毛甘西鼠尾草 S. przewalskii var. mandarinorum
przewaquinone B 紫丹参醌 B 栗色鼠尾草 Salvia castanea, 甘西鼠尾草 S. przewalskii, 褐毛甘西鼠尾草 S. przewalskii var. mandarinorum
przewaquinone C~F 紫丹参醌 C~F 褐毛甘西鼠尾草 Salvia przewalskii var. mandarinorum
psammosilenin A, B 金铁锁素▲A, B 金铁锁 Psammosilene tunicoides
pseudaconine 伪乌头原碱 瓜叶乌头 Aconitum hemsleyanum, 工布乌头 A. kongboense, 贡嘎乌头 A. liljestrandii, 德钦乌头 A. ouvrardianum, 黄草乌 A. vilmorinianum
pseudaconitine 伪乌头碱 亚东乌头 Aconitum spicatum
pseudane VII, IX 假单胞菌烷▲VII, IX 芸香 Ruta graveolens
pseudoakuammigine 伪苦籽木精碱▲ 糖胶树 Alstonia scholaris, 蔓长春花 Vinca major
pseudoakuammigine-N_b-oxide 伪苦籽木精碱▲-N_b- 氧化物 糖胶树 Alstonia scholaris
pseudoanisatin 伪莽草素 红花八角 Illicium dunnianum, 红茴香 I. henryi, 大花八角 I. macranthum, 少药八角 I. oligandrum
pseudoanisatin-4,7-hemiketal 伪莽草素 -4,7- 半缩酮 少药八角 Illicium oligandrum
pseudoaspidin 伪绵马素 龙芽草 Agrimonia pilosa
pseudoaspidinol B 伪绵马酚 B 阔鳞鳞毛蕨 Dryopteris championii
pseudobaptigenin 伪赝靛苷元 香花崖豆藤 Callerya dielsiana, 鬼箭锦鸡儿 Caragana jubata, 小叶锦鸡儿 C. microphylla, 锦鸡儿 C. sinica, 翅荚香槐 Cladrastis platycarpa, 毛鱼藤 Derris elliptica, 镰荚棘豆 Oxytropis falcata, 槐 Sophora japonica, 密花豆 Spatholobus suberectus, 红车轴草 Trifolium pratense
pseudobaptigenin diglucoside 伪赝靛苷元二葡萄糖苷 翅荚香槐 Cladrastis platycarpa
pseudobaptigenin glucoside 伪赝靛苷元葡萄糖苷 翅荚香槐 Cladrastis platycarpa
pseudobaptigenin-7-O-β-D-glucopyranoside-6''-O-acetate 伪赝靛苷元 -7-O-β-D- 吡喃葡萄糖苷 -6''-O- 乙酸酯 红车轴草 Trifolium pratense
pseudobaptigenin-7-O-β-D-glucopyranoside-6''-O-malonate 伪赝靛苷元 -7-O-β-D- 吡喃葡萄糖苷 -6''-O- 丙二酸酯 红车轴草 Trifolium

P

P

pseudopalmatine 伪巴马汀 圆滑番荔枝 Annona glabra, 黄芦木 Berberis amurensis, 异果小檗 B. heteropoda
pseudopelletierine 假石榴碱 石榴 Punica granatum
pseudoproto Pb 伪原薯蓣皂苷 Pb 丫蕊花 Ypsilandra thibetica
pseudoprotodioscin 伪原薯蓣皂苷 天门冬 Asparagus cochinchinensis, 糖棕 Borassus flabellifer, 福州薯蓣 Dioscorea futschauensis, 穿龙薯蓣 D. nipponica, 黄山药 D. panthaica, 菝葜 Smilax china, 防已叶菝葜 S. menispermoidea, 鞘柄菝葜 S. stans
pseudoprotogracillin 伪原纤细薯蓣皂苷 福州薯蓣 Dioscorea futschauensis
pseudoprotoneodioscin 伪原新薯蓣皂苷 糖棕 Borassus flabellifer
pseudoprotopine 伪原阿片碱 西伯利亚小檗 Berberis sibirica, 野罂粟 Papaver nudicaule, 偏翅唐松草 Thalictrum delavayi
pseudoprototimosaponin AIII 伪原知母皂苷 AIII 知母 Anemarrhena asphodeloides
pseudoprotoverine 伪原藜芦因 阿尔泰藜芦 Veratrum lobelianum
pseudopurpurin 伪紫茜素 蓬子菜 Galium verum, 茜草 Rubia cordifolia
pseudoreserpine 伪利血平 萝芙木 Rauvolfia verticillata
pseudorubijervine 伪红藜芦碱▲ 阿尔泰藜芦 Veratrum lobelianum
pseudosanguidiogenin A 伪地榆二苷元 A 深裂锈毛莓 Rubus reflexus var. lanceolobus
pseudoselagine 伪卷柏石松碱 小杉兰 Huperzia selago
(-)-pseudosemiglabrin (-)- 伪半秃灰毛豆素▲ 灰毛豆 Tephrosia purpurea
(+)-pseudosemiglabrin (+)- 伪半秃灰毛豆素▲ 木蓝 Indigofera tinctoria
pseudostellarin A~H 孩儿参素▲A~H 孩儿参 Pseudostellaria heterophylla
pseudostrychnine 伪番木鳖碱 吕宋果 Strychnos ignatii, 马钱子 S. nux-vomica, 长籽马钱 S. wallichiana
pseudotaraxasterol 伪蒲公英萜醇▲ 蓍 Achillea millefolium, 中华猕猴桃 Actinidia chinensis, 金盏花 Calendula officinalis, 红厚壳 Calophyllum inophyllum, 菊花 Chrysanthemum morifolium, 菊苣 Cichorium intybus, 砂蓝刺头 Echinops gmelinii, 大狼毒 Euphorbia jolkinii, 高山龙胆 Gentiana algida, 线叶龙胆 G. farreri, 窄叶小苦荬 Ixeridium gramineum, 毛裂蜂斗菜 Petasites tricholobus, 川西小黄菊 Pyrethrum tatsienense, 云南清风藤 Sabia yunnanensis
pseudotaraxasterol acetate 伪蒲公英萜醇▲ 乙酸酯 金盏花 Calendula officinalis, 蓟 Cirsium japonicum, 砂蓝刺头 Echinops gmelinii
pseudotaraxasterol benzoate 伪蒲公英萜醇▲ 苯甲酸酯 金盏花 Calendula officinalis
pseudotaraxasterol-3*β*-*O*-palmitate 伪蒲公英萜醇▲-3*β*-*O*- 棕榈酸酯 高山龙胆 Gentiana algida
pseudothymine 伪胸腺嘧啶 土坛树 Alangium salviifolium
pseudotropine 伪托品碱 田旋花 Convolvulus arvensis, 树番茄 Cyphomandra betacea, 木本曼陀罗 Datura arborea, 毛曼陀罗 D. inoxia, 洋金花 D. metel, 酸浆 Physalis alkekengi, 睡茄 Withania somnifera
pseudouridine 伪尿苷 鹰嘴豆 Cicer arietinum
pseudovincaleukoblastinediol 伪长春碱二醇 长春花 Catharanthus roseus
pseudoyohimbine 伪育亨宾碱 萝芙木 Rauvolfia verticillata
pseurata A 川藏香茶菜萜素▲A 鄂西香茶菜 Isodon henryi, 川藏香茶菜 I. pharicus
pseurata B, D~I 川藏香茶菜萜素▲B, D~I 川藏香茶菜 Isodon pharicus
pseurata B acetal 川藏香茶菜萜素▲B 乙缩醛 川藏香茶菜 Isodon pharicus
pseurata B acetonide 川藏香茶菜萜素▲B 丙酮化物 川藏香茶菜 Isodon pharicus
pseurata C 川藏香茶菜萜素▲C 毛叶香茶菜 Isodon japonicus, 川藏香茶菜 I. pharicus
psidial A, B, C 番石榴西二醛▲A, B, C 番石榴 Psidium guajava
psiguadial A~D 番石榴二醛▲A~D 番石榴 Psidium guajava
psiguanin A~D 番石榴宁▲A~D 番石榴 Psidium guajava
psilocybin 裸盖菇素 橘黄裸伞 Gymnopilus spectabilis
psilostachyin C 裸穗豚草素▲C 蓍 Achillea millefolium
psilotic acid 松叶蕨酸 松叶蕨 Psilotum nudum
psilotin 松叶蕨苷 松叶蕨 Psilotum nudum
trans-psinapoyl-*β*-D-glucopyranoside 反式 - 芥子酰基 -*β*-D- 吡喃葡萄糖苷 五层龙 Salacia prinoides
psorachalcone A 补骨脂查耳酮 A 补骨脂 Cullen corylifolia
psoracorylifol A~E 补骨脂萜酚 A~E 补骨脂 Cullen corylifolia
psoralen 补骨脂素 较常见成分，至少分布于 30 种以上植物中，常见于伞形科、芸香科与桑科植物，少见于白花丹科、豆科、胡颓子科、桔梗科、菊科、兰科、蓼科、萝藦科等
psoralenflavanone 补骨脂黄烷酮 补骨脂 Cullen corylifolia
psoralenol 补骨脂酮醇▲ 补骨脂 Cullen corylifolia
psoralenoside 补骨脂苷 补骨脂 Cullen corylifolia, 无花果 Ficus carica
psoralester 补骨脂酯 补骨脂 Cullen corylifolia
psoralidin 补骨脂定 补骨脂 Cullen corylifolia, 棉豆 Phaseolus lunatus
psoralidin 2',3'-oxide diacetate 补骨脂定 2',3'- 氧化物二乙酸酯 补骨脂 Cullen corylifolia
psoromic acid 茶痂衣酸 软石蕊 Cladonia mitis, 槽枝衣 Sulcaria sulcata
psycacoraone A 九节菖蒲酮▲A 云南九节 Psychotria yunnanensis
psychohenin 滇南九节碱▲ 滇南九节 Psychotria henryi
psychorubrin 九节素 九节 Psychotria asiatica

pteron-9(11)-en-12-one 蕨 -9(11)- 烯 -12- 酮 扇叶铁线蕨 Adiantum flabellulatum

pteron-9(11)-ene 蕨 -9(11)- 烯 扇叶铁线蕨 Adiantum flabellulatum

pteropodine 翅柄钩藤碱▲ 北越钩藤 Uncaria homomalla, 攀茎钩藤 U. scandens, 华钩藤 U. sinensis

pteroside A~D, K 蕨苷 A~D, K 蕨 Pteridium aquilinum var. latiusculum

3*S*-pteroside D 3*S*- 蕨苷 D 姬蕨 Hypolepis punctata

pteroside M 蕨苷 M 野鸡尾金粉蕨 Onychium japonicum

pteroside P 蕨苷 P 蕨 Pteridium aquilinum var. latiusculum

pteroside S, T, U, W, X 蕨苷 S, T, U, W, X 傅氏凤尾蕨 Pteris fauriei

pteroside Z 蕨苷 Z 蕨 Pteridium aquilinum var. latiusculum

pterosin A 蕨素 A 碗蕨 Dennstaedtia scabra, 姬蕨 Hypolepis punctata, 江南星蕨 Microsorum fortunei, 蕨 Pteridium aquilinum var. latiusculum, 凤尾蕨 Pteris cretica var. nervosa

2*R*-pterosin B 2*R*- 蕨素 B 粗毛鳞盖蕨 Microlepia strigosa

pterosin B 蕨素 B 凤丫蕨 Coniogramme japonica, 蕨 Pteridium aquilinum var. latiusculum, 凤尾蕨 Pteris cretica var. nervosa, 指叶凤尾蕨 P. dactylina, 西南凤尾蕨 P. wallichiana

2*S*,3*S*-pterosin C 2*S*,3*S*- 蕨素 C 粗毛鳞盖蕨 Microlepia strigosa

pterosin C 蕨素 C 蕨 Pteridium aquilinum var. latiusculum, 凤尾蕨 Pteris cretica var. nervosa, 西南凤尾蕨 P. wallichiana

2*S*,3*S*-pterosin C-3-*O*-β-L-glucopyranoside 2*S*,3*S*- 蕨素 C-3-*O*-β-L- 吡喃葡萄糖苷 粗毛鳞盖蕨 Microlepia strigosa

3*R*-pterosin D 3*R*- 蕨素 D 姬蕨 Hypolepis punctata, 粗毛鳞盖蕨 Microlepia strigosa

3*S*-pterosin D 3*S*- 蕨素 D 姬蕨 Hypolepis punctata

pterosin D 蕨素 D 姬蕨 Hypolepis punctata, 蕨 Pteridium aquilinum var. latiusculum

pterosin E 蕨素 E 蕨 Pteridium aquilinum var. latiusculum

2*R*-pterosin F 2*R*- 蕨素 F 粗毛鳞盖蕨 Microlepia strigosa

pterosin F 蕨素 F 碗蕨 Dennstaedtia scabra, 蕨 Pteridium aquilinum var. latiusculum, 指叶凤尾蕨 Pteris dactylina

pterosin G 蕨素 G 蕨 Pteridium aquilinum var. latiusculum

pterosin H, I 蕨素 H, I 姬蕨 Hypolepis punctata

pterosin J, L 蕨素 J, L 蕨 Pteridium aquilinum var. latiusculum

pterosin K 蕨素 K 碗蕨 Dennstaedtia scabra, 姬蕨 Hypolepis punctata, 蕨 Pteridium aquilinum var. latiusculum

2*R*,3*R*-pterosin L 2*R*,3*R*- 蕨素 L 粗毛鳞盖蕨 Microlepia strigosa

pterosin M 蕨素 M 野鸡尾金粉蕨 Onychium japonicum

pterosin N 蕨素 N 蕨 Pteridium aquilinum var. latiusculum

2*R*-pterosin O 2*R*- 蕨素 O 粗毛鳞盖蕨 Microlepia strigosa

pterosin O 蕨素 O 蕨 Pteridium aquilinum var. latiusculum, 指叶凤尾蕨 Pteris dactylina

2*S*-pterosin P 2*S*- 蕨素 P 粗毛鳞盖蕨 Microlepia strigosa

pterosin Q 蕨素 Q 指叶凤尾蕨 Pteris dactylina

pterosin R 蕨素 R 金毛狗 Cibotium barometz, 凤丫蕨 Coniogramme japonica

pterosin S 蕨素 S 凤尾蕨 Pteris cretica var. nervosa

pterosin *S*-3-*O*-β-D-glucose 蕨素 *S*-3-*O*-β-D- 葡萄糖 井栏边草 Pteris multifida

pterosin *S*-*O*-β-D-(4'-caffeoyl)glucose 蕨素 *S*-*O*-β-D-(4'- 咖啡酰基)- 葡萄糖 井栏边草 Pteris multifida

pterosin V 蕨素 V 碗蕨 Dennstaedtia scabra

pterosin W, X 蕨素 W, X 傅氏凤尾蕨 Pteris fauriei

pterosin Y 蕨素 Y 凤丫蕨 Coniogramme japonica

pterosin Z 蕨素 Z 金毛狗 Cibotium barometz, 姬蕨 Hypolepis punctata, 蕨 Pteridium aquilinum var. latiusculum

2*R*,3*R*-pterosin-L-2'-*O*-β-D-glucoside 2*R*,3*R*- 蕨素 -L-2'-*O*-β-D- 葡萄糖苷 姬蕨 Hypolepis punctata

2*S*,3*R*-pterosin-L-2'-*O*-β-D-glucoside 2*S*,3*R*- 蕨素 -L-2'-*O*-β-D- 葡萄糖苷 姬蕨 Hypolepis punctata

pterosterol A, B 翅子树甾醇 A, B 翅子树 Pterospermum acerifolium

pterosterone 蕨甾酮 卤蕨 Acrostichum aureum, 苍白秤钩风 Diploclisia glaucescens, 短柄野芝麻 Lamium album, 伏石蕨 Lemmaphyllum microphyllum, 蕨 Pteridium aquilinum var. latiusculum, 伪泥胡菜 Serratula coronata, 拔毒散 Sida szechuensis, 东方狗脊蕨 Woodwardia orientalis

pterosterone-3-*O*-β-D-glucopyranoside 蕨甾酮 -3-*O*-β-D- 吡喃葡萄糖苷 白背黄花稔 Sida rhombifolia

pterostilbene 紫檀芪 剑叶龙血树 Dracaena cochinchinensis, 桑 Morus alba, 宽叶羌活 Notopterygium franchetii, 羌活 N. incisum, 黑果越桔 Vaccinium myrtillus

pteroxygonumnol A 翼蓼醇▲A 翼蓼 Pteroxygonum giraldii

pteroxygonumoside 翼蓼苷▲ 翼蓼 Pteroxygonum giraldii

(+)-pteryxin (+)- 波翅芹素▲ 滨海前胡 Peucedanum japonicum, 石防风 P. terebinthaceum

pteryxin 波翅芹素▲ 福参 Angelica morii, 密花岩风 Libanotis condensata, 美脉藁本 Ligusticum likiangense, 少毛北前胡 Peucedanum harry-smithii var. subglabrum, 前胡 P. praeruptorum

ptiloepoxide 刺羽菊环氧化物▲ 盆架树 Alstonia rostrata, 少花风毛菊 Saussurea oligantha

pubadysone 毛止泻木酮▲ 止泻木 Holarrhena pubescens

pubamide 毛止泻木酰胺▲ 止泻木 Holarrhena pubescens

pubatriol 毛止泻木三醇▲ 止泻木 Holarrhena pubescens
puberaconitidine 牛扁替定碱 牛扁 Aconitum barbatum var. puberulum
puberaconitine 牛扁亭碱 牛扁 Aconitum barbatum var. puberulum, 紫花高乌头 A. septentrionale
puberanidine 牛扁定碱 牛扁 Aconitum barbatum var. puberulum
puberanine 牛扁宁碱 牛扁 Aconitum barbatum var. puberulum
puberoside A~E 算盘子萜苷▲A~E 算盘子 Glochidion puberum
puberulic acid 柔毛青霉酸▲ 板栗 Castanea mollissima
puberulin 柔毛布枯素▲ 青花椒 Zanthoxylum schinifolium
puberuline A~F 牛扁灵碱▲A~F 牛扁 Aconitum barbatum var. puberulum
puberullumine 毛蒟明碱▲ 毛蒟 Piper hongkongense
puberumine A~D 牛扁明碱▲A~D 牛扁 Aconitum barbatum var. puberulum
pubescenic acid 毛冬青酸 毛冬青 Ilex pubescens
pubescenoside A~D 毛冬青诺苷▲A~D 毛冬青 Ilex pubescens
pubescenside A 巧玲花苷▲A 巧玲花 Syringa pubescens
pubescimine 毛止泻木胺▲ 止泻木 Holarrhena pubescens
pubescine 毛蔓长春花碱▲ 长春花 Catharanthus roseus
pubescine 毛止泻木碱▲ 止泻木 Holarrhena pubescens
pubesenolide 毛酸浆烯内酯▲ 苦蘵 Physalis angulata, 睡茄 Withania somnifera
pubeside A 腺梗豨莶苷▲A 豨莶 Sigesbeckia orientalis, 腺梗豨莶 S. pubescens
pubeside B 腺梗豨莶苷▲B 豨莶 Sigesbeckia orientalis, 腺梗豨莶 S. pubescens
pubeside C 腺梗豨莶苷▲C 豨莶 Sigesbeckia orientalis, 腺梗豨莶 S. pubescens
pubeside D 腺梗豨莶苷▲D 豨莶 Sigesbeckia orientalis, 腺梗豨莶 S. pubescens
pubeside E 腺梗豨莶苷▲E 腺梗豨莶 Sigesbeckia pubescens
pubetallin 腺梗豨莶素▲ 豨莶 Sigesbeckia orientalis
pubinernoid A 毛脉五味子萜 A 黄桐 Endospermum chinense
puddumin A 高盆樱桃素▲A 高盆樱桃 Cerasus cerasoides
puerariafuran 葛根呋喃 白英 Solanum lyratum
puerarin 葛根素 北柴胡 Bupleurum chinense, 川牛膝 Cyathula officinalis, 狭叶虎皮楠 Daphniphyllum angustifolium, 刺五加 Eleutherococcus senticosus, 萱草 Hemerocallis fulva, 黄毛萼葛 Pueraria calycina, 食用葛 P. edulis, 葛麻姆 P. montana, 葛 P. montana var. lobata, 三裂叶野葛 P. phaseoloides, 须弥葛 P. wallichii, 香苹婆 Sterculia foetida, 酸枣 Ziziphus jujuba var. spinosa
puerarin-4'-*O*-D-glucopyranoside 葛根素 -4'-*O*-D- 吡喃葡萄糖苷 葛 Pueraria montana var. lobata
puerarol 葛根酚 葛 Pueraria montana var. lobata
puerol A 葛醇 A 槐 Sophora japonica
puerol B 葛醇 B 葛 Pueraria montana var. lobata, 槐 Sophora japonica
pueroside A~D 葛苷 A~D 葛 Pueraria montana var. lobata
pulchellamine A~G 美花风毛菊胺▲A~G 美花风毛菊 Saussurea pulchella
pulchellin C 天人菊素▲C 欧亚旋覆花 Inula britannica, 里海旋覆花 I. caspica
pulchellin PI, PII, PIII, PIV 美丽相思子素▲PI, PII, PIII, PIV 美丽相思子 Abrus pulchellus
pulchellin-2α-*O*-tiglate 天人菊素▲-2α-*O*- 巴豆酸酯 石胡荽 Centipeda minima
pulchelloside I 美丽马鞭草苷▲I 螃蟹甲 Phlomis younghusbandii
pulchelstyrene A~D 排钱树苯乙烯 A~D 排钱树 Phyllodium pulchellum
pulcherralpin 金凤花品素▲ 金凤花 Caesalpinia pulcherrima
pulcherrimin 金凤花明素▲ 金凤花 Caesalpinia pulcherrima
pulcherrimin A, E, F 金凤花明素▲A, E, F 金凤花 Caesalpinia pulcherrima
pulcherrol 一品红醇▲ 一品红 Euphorbia pulcherrima
pulchinenoside A 白头翁萜苷▲A 白头翁 Pulsatilla chinensis
pulchinenoside A_3 白头翁萜苷▲A_3 白头翁 Pulsatilla chinensis, 细叶白头翁 P. turczaninovii
pulchinenoside B 白头翁萜苷▲B 朝鲜白头翁 Pulsatilla cernua, 白头翁 P. chinensis
pulchinenoside B_4 白头翁萜苷▲B_4 白头翁 Pulsatilla chinensis, 细叶白头翁 P. turczaninovii
pulchinenoside C 白头翁萜苷▲C 朝鲜白头翁 Pulsatilla cernua, 白头翁 P. chinensis
pulegol 唇萼薄荷醇▲ 挥发油成分，未统计基源
pulegone 唇萼薄荷酮▲ 挥发油成分，未统计基源
pulespenone 唇萼薄荷烯酮▲ 挥发油成分，未统计基源
pulidysenterin 止痢蚤草素▲ 止痢蚤草 Pulicaria dysenterica
pulmatin 掌叶大黄苷▲ 掌叶大黄 Rheum palmatum, 唐古特大黄 R. tanguticum, 酸模 Rumex acetosa
pulsaquinone 白头翁醌 朝鲜白头翁 Pulsatilla cernua
pulsatilla saponin 白头翁皂苷 白头翁 Pulsatilla chinensis
pulsatilla saponin A 白头翁皂苷 A 毛酸浆 Physalis philadelphica, 朝鲜白头翁 Pulsatilla cernua
pulsatilla saponin B 白头翁皂苷 B 川续断 Dipsacus asperoides, 八角金盘 Fatsia japonica, 灰毡毛忍冬 Lonicera macranthoides, 朝鲜白头翁

Pulsatilla cernua, 无患子 Sapindus saponaria
pulsatilla saponin C 白头翁皂苷 C 卵叶银莲花 Anemone begoniifolia
pulsatilla saponin D 白头翁皂苷 D 小花草玉梅 Anemone rivularis var. flore-minore, 毛酸浆 Physalis philadelphica, 朝鲜白头翁 Pulsatilla cernua
pulsatilla saponin F, H 白头翁皂苷 F, H 朝鲜白头翁 Pulsatilla cernua
pulsatilla triterpenic acid A, B, C 白头翁三萜酸 A, B, C 白头翁 Pulsatilla chinensis
pulsatillic acid 白头翁酸▲ 白头翁 Pulsatilla chinensis
pulsatilloside A 白头翁苷 A 钟萼白头翁 Pulsatilla campanella, 朝鲜白头翁 P. cernua, 白头翁 P. chinensis
pulsatilloside B 白头翁苷 B 钟萼白头翁 Pulsatilla campanella, 朝鲜白头翁 P. cernua, 白头翁 P. chinensis, 细叶白头翁 P. turczaninovii
pulsatilloside C 白头翁苷 C 钟萼白头翁 Pulsatilla campanella, 朝鲜白头翁 P. cernua, 白头翁 P. chinensis, 细叶白头翁 P. turczaninovii
pulsatilloside D 白头翁苷 D 钟萼白头翁 Pulsatilla campanella, 白头翁 P. chinensis
pulsatilloside E 白头翁苷 E 朝鲜白头翁 Pulsatilla cernua, 白头翁 P. chinensis
pulsatilloside F 白头翁苷 F 朝鲜白头翁 Pulsatilla cernua
pulsatiloside C 白头翁洛苷▲C 兴安白头翁 Pulsatilla dahurica
pulveraven A, B 黄粉末牛肝菌素▲A, B 黄粉末牛肝菌 Pulveroboletus ravenelii
pulverolide 牛肝菌内酯▲ 黄粉末牛肝菌 Pulveroboletus ravenelii
pulverulentoside I 被粉毛蕊花苷▲I 毛蕊花 Verbascum thapsum
pulvinatabiflavone 垫状卷柏双黄酮 垫状卷柏 Selaginella pulvinata
pulvinatadione 垫状卷柏二酮 垫状卷柏 Selaginella pulvinata
pulvinatal 垫状鸟巢菌醛▲ 粪生黑蛋巢菌 Cyathus stercoreus
pulvinic acid 狐扁枝衣酸▲ 褐黑口蘑 Tricholoma ustale
pumilaside A 薜荔苷 A 南蛇藤 Celastrus orbiculatus, 薜荔 Ficus pumila
pumilaside B, C 薜荔苷 B, C 薜荔 Ficus pumila
(3S)-pumiloside (3S)- 短小蛇根草苷▲ 马比木 Nothapodytes pittosporoides, 短小蛇根草 Ophiorrhiza pumila
pumiloside 短小蛇根草苷▲ 乌檀 Nauclea officinalis, 东方乌檀 N. orientalis
pumilum A 山丹甾苷 A 山丹 Lilium pumilum
pummeline 柚碱▲ 葡萄柚 Citrus paradisi
punarnavine 黄细辛碱 黄细心 Boerhavia diffusa
pungen A, B, C 胡颓子素 A, B, C 胡颓子 Elaeagnus pungens
pungenin 辛辣云杉素▲ 棱果榕 Ficus septica
punicacortein A 石榴皮素▲A 金锦香 Osbeckia chinensis, 石榴 Punica granatum, 槲栎 Quercus aliena
punicacortein B, C, D 石榴皮素▲B, C, D 石榴 Punica granatum
punicafolin 石榴叶素▲ 泽漆 Euphorbia helioscopia, 血桐 Macaranga tanarius var. tomentosa, 石岩枫 Mallotus repandus, 石榴 Punica granatum, 黑蕊虎耳草 Saxifraga melanocentra
α-punicalagin α- 石榴鞣精▲ 千果榄仁 Terminalia myriocarpa
β-punicalagin β- 石榴鞣精▲ 千果榄仁 Terminalia myriocarpa
punicalagin 石榴鞣精▲ 秋枫 Bischofia javanica, 榄李 Lumnitzera racemosa, 石榴 Punica granatum, 使君子 Quisqualis indica, 榄仁树 Terminalia catappa, 诃子 T. chebula
punicalin 石榴鞣素 石榴 Punica granatum, 使君子 Quisqualis indica, 榄仁树 Terminalia catappa
punicanolic acid 石榴萜酸▲ 石榴 Punica granatum
punicatannin A, B, C 石榴鞣宁▲A, B, C 石榴 Punica granatum
puniceaside A~E 紫红獐牙菜苷▲A~E 紫红獐牙菜 Swertia punicea
punigluconin 石榴葡萄糖鞣素▲ 牛奶子 Elaeagnus umbellata, 直杆蓝桉 Eucalyptus maidenii, 石榴 Punica granatum
puqiedine 蒲贝啶碱 甘肃贝母 Fritillaria przewalskii
puraquinonic acid 洁小菇醌酸▲ 洁小菇 Mycena pura
purine 嘌呤 水粉杯伞 Clitocybe nebularis
purlanoside A, B 紫毛花洋地黄苷▲A, B 毛地黄 Digitalis purpurea
purpnigenin 紫花洋地黄宁苷元▲ 毛地黄 Digitalis purpurea
purpnin 紫花洋地黄宁苷▲ 毛地黄 Digitalis purpurea
purpronin 紫花洋地黄普宁苷▲ 毛地黄 Digitalis purpurea
purpurea glycoside A, B 紫花洋地黄苷 A, B 毛地黄 Digitalis purpurea
purpureamethide 灰毛豆甲基化物 灰毛豆 Tephrosia purpurea
purpureaside 紫花洋地黄瑞苷▲ 地黄 Rehmannia glutinosa
purpureaside A, D, E 紫花洋地黄瑞苷▲A, D, E 毛地黄 Digitalis purpurea
purpureaside B 紫花洋地黄瑞苷▲B 苦郎树 Clerodendrum inerme, 毛地黄 Digitalis purpurea
purpureaside C 紫花洋地黄瑞苷▲C 毛地黄 Digitalis purpurea, 夏至草 Lagopsis supina, 地黄 Rehmannia glutinosa
purpurenone 灰毛豆吡喃酮 灰毛豆 Tephrosia purpurea
purpureusone 红曲酮▲ 红曲 Monascus purpureus
(+)-purpurin (+)- 灰毛豆灵▲ 穗序木蓝 Indigofera spicata, 灰毛豆 Tephrosia purpurea

P

P

3-pyridinecarboxylic acid 3- 吡啶羧酸 韭菜 Allium tuberosum
3,5-pyridinedicarboxamide 3,5- 吡啶二甲酰胺 九头狮子草 Peristrophe japonica
pyridine-*N*-oxide 吡啶 -*N*- 氧化物 陵水暗罗 Polyalthia nemoralis
2-pyridinethiolate-*N*-oxide 2- 吡啶硫醇 -*N*- 氧化物 陵水暗罗 Polyalthia nemoralis
1*H*-pyrido[3,4-b]indole-1,3,4(2*H*,9*H*)-trione 1*H*- 吡啶 [3,4-b] 吲哚 -1,3,4(2*H*,9*H*)- 三酮 苦树 Picrasma quassioides
pyridylpaeoniflorin 吡啶基芍药苷 滇牡丹 Paeonia delavayi, 草芍药 P. obovata, 凤丹 P. ostii, 卵叶牡丹 P. qiui, 紫斑牡丹 P. rockii, 牡丹 P. suffruticosa
pyrimidine 嘧啶 挥发油成分，未统计基源
pyrimidine-2,4(1*H*, 3*H*)-dione 嘧啶 -2,4(1*H*,3*H*)- 二酮 水烛 Typha angustifolia
pyrimidine-2,4-dione 嘧啶 -2,4- 二酮 麻疯树 Jatropha curcas
2,4(1*H*,3*H*)-pyrimidinedione 2,4(1*H*,3*H*)- 嘧啶二酮 砂珍棘豆 Oxytropis racemosa
pyroangolensolide 焦安哥拉紫檀内酯▲ 楝 Melia azedarach
pyrocallianthaside A, B 美花鹿蹄草苷▲A, B 鹿蹄草 Pyrola calliantha
pyrocatechol 焦儿茶酚 土沉香 Aquilaria sinensis, 华北耧斗菜 Aquilegia yabeana, 白桦 Betula platyphylla, 十齿花 Dipentodon sinicus, 无梗五加 Eleutherococcus sessiliflorus, 刺篱木 Flacourtia indica, 白枪杆 Fraxinus malacophylla, 银杏 Ginkgo biloba, 手参 Gymnadenia conopsea, 绣球 Hydrangea macrophylla, 山桐子 Idesia polycarpa, 野八角 Illicium simonsii, 红毛丹 Nephelium lappaceum, 西番莲 Passiflora caerulea, 地黄 Rehmannia glutinosa, 小果红莓苔子 Vaccinium microcarpum
pyrocatechol-1-*O*-*β*-D-apiofuranosyl-(1''→6')-*β*-D-glucopyranoside 焦儿茶酚 -1-*O*-*β*-D- 呋喃芹糖基 -(1''→6')-*β*-D- 吡喃葡萄糖苷 南岭柞木 Xylosma controversa
pyrocatechol-1-*O*-*β*-D-glucopyranoside 焦儿茶酚 -1-*O*-*β*-D- 吡喃葡萄糖苷 斯里兰卡天料木 Homalium ceylanicum, 南岭柞木 Xylosma controversa
pyrocatechol-1-*O*-*β*-D-xylopyranosyl-(1''→6')-*β*-D-glucopyranoside 焦儿茶酚 -1-*O*-*β*-D- 吡喃木糖基 -(1''→6')-*β*-D- 吡喃葡萄糖苷 南岭柞木 Xylosma controversa
pyrocatechol-1-*O*-*β*-D-xylopyranosyl-(1→6)-*β*-D-glucopyranoside 焦儿茶酚 -1-*O*-*β*-D- 吡喃木糖基 -(1→6)-*β*-D- 吡喃葡萄糖苷 八角枫 Alangium chinense
pyrocatechol-*β*-D-glucopyranoside 焦儿茶酚 -*β*-D- 吡喃葡萄糖苷 栀子皮 Itoa orientalis
(-)-pyrocatechuic acid (-)- 焦儿茶酸 岭南臭椿 Ailanthus triphysa
p-pyrocatechuic acid 对焦儿茶酸 黑茶藨子 Ribes nigrum
(-)-pyrocatechuic acid-(4→6)-pyrocatechuic acid (-)- 焦儿茶酸 -(4→6)- 焦儿茶酸 岭南臭椿 Ailanthus triphysa
pyrochasmaconitine 焦展花乌头碱 工布乌头 Aconitum kongboense
pyrocincholic acid 焦金鸡纳酸 毛钩藤 Uncaria hirsuta
pyrocincholic acid ethyl ester 焦金鸡纳酸乙酯 毛钩藤 Uncaria hirsuta
pyrocincholic acid-3*β*-*O*-*α*-L-rhamnopyranoside 焦金鸡纳酸 -3*β*-*O*-*α*-L- 吡喃鼠李糖苷 乌檀 Nauclea officinalis
pyrocincholic acid-3*β*-*O*-*α*-L-rhamnopyranosy1-28-*O*-*β*-D-glucopyranosyl ester 焦金鸡纳酸 -3*β*-*O*-*α*-L- 吡喃鼠李糖基 -28-*O*-*β*-D- 吡喃葡萄糖基酯 乌檀 Nauclea officinalis
pyrocincholic acid-3*β*-*O*-*α*-L-rhamnopyranosy1-28-*O*-*β*-D-glucopyranosyl-(1→6)-*β*-D-glucopyranosyl ester 焦金鸡纳酸 -3*β*-*O*-*α*-L- 吡喃鼠李糖基 -28-*O*-*β*-D- 吡喃葡萄糖基 -(1→6)-*β*-D- 吡喃葡萄糖基酯 乌檀 Nauclea officinalis
pyrocincholic acid-3*β*-*O*-*α*-L-rhamnopyranosyl-(28→1)-*β*-D-glucopyranosyl ester 焦金鸡纳酸 -3*β*-*O*-*α*-L- 吡喃鼠李糖基 -(28→1)-*β*-D- 吡喃葡萄糖基酯 细叶水团花 Adina rubella
pyrocincholic acid-3*β*-*O*-*β*-D-glucopyranosyl-(1→2)-*β*-D-fucopyranosyl-(28→1)-*β*-D-glucopyranosyl-(1→6)-*β*-D-glucopyranosyl ester 焦金鸡纳酸 -3*β*-*O*-*β*-D- 吡喃葡萄糖基 -(1→2)-*β*-D- 吡喃岩藻糖基 -(28→1)-*β*-D- 吡喃葡萄糖基 -(1→6)-*β*-D- 吡喃葡萄糖基酯 细叶水团花 Adina rubella
pyrocincholic acid-3*β*-*O*-*β*-D-glucopyranosyl-(1→2)-*β*-D-glucopyranosyl-(28→1)-*β*-D-glucopyranosyl-(1→6)-*β*-D-glucopyranosyl ester 焦金鸡纳酸 -3*β*-*O*-*β*-D- 吡喃葡萄糖基 -(1→2)-*β*-D- 吡喃葡萄糖基 -(28→1)-*β*-D- 吡喃葡萄糖基 -(1→6)-*β*-D- 吡喃葡萄糖基酯 细叶水团花 Adina rubella
pyrocincholic acid-3*β*-*O*-*β*-D-quinovopyranosyl-28-*O*-*β*-D-glucopyranoside 焦金鸡纳酸 -3*β*-*O*-*β*-D- 吡喃鸡纳糖氧基 -28-*O*-*β*-D- 吡喃葡萄糖苷 毛钩藤 Uncaria hirsuta
pyroclavine 冰草麦角文碱▲ 麦角菌 Claviceps purpurea
pyrocrassicauline A 焦粗茎乌头碱 A 工布乌头 Aconitum kongboense
pyrocurzerenone 焦莪术酮 温郁金 Curcuma wenyujin
pyrogallic acid 焦没食子酸 草果 Amomum tsaoko, 芡实 Euryale ferox, 锐尖山香圆 Turpinia arguta
pyrogallol 焦倍酚 铁角蕨 Asplenium trichomanes, 红木 Bixa orellana, 橄榄 Canarium album, 杜仲 Eucommia ulmoides, 泽漆 Euphorbia helioscopia, 胡桃 Juglans regia, 穗状狐尾藻 Myriophyllum spicatum, 日本瓦松 Orostachys japonica, 红雀珊瑚 Pedilanthus tithymaloides, 余甘子 Phyllanthus emblica, 拳参 Polygonum bistorta, 大花红景天 Rhodiola crenulata, 直根酸模 Rumex thyrsiflorus, 诃子 Terminalia chebula, 小果红莓苔子 Vaccinium microcarpum
L-pyroglutamic acid L- 焦谷氨酸 天麻 Gastrodia elata, 蓝黄红菇 Russula cyanoxantha
pyroglutamic acid 焦谷氨酸 枸杞 Lycium chinense, 桑 Morus alba, 人参 Panax ginseng, 孩儿参 Pseudostellaria heterophylla, 红根须腹菌 Rhizopogon rubescens, 栝楼 Trichosanthes kirilowii
pyroglutamic acid ethyl ester 焦谷氨酸乙酯 桑 Morus alba, 孩儿参 Pseudostellaria heterophylla, 栝楼 Trichosanthes kirilowii

P

pyrolaside A 鹿蹄草苷▲A 鹿蹄草 Pyrola calliantha, 圆叶鹿蹄草 P. rotundifolia
pyrolaside B 鹿蹄草苷▲B 鹿蹄草 Pyrola calliantha, 圆叶鹿蹄草 P. rotundifolia
pyrolin 鹿蹄草素 鹿蹄草 Pyrola calliantha
pyrolone A, B 鹿蹄草酮▲A, B 鹿蹄草 Pyrola calliantha
pyromeconic acid 焦袂康酸 短葶飞蓬 Erigeron breviscapus, 多舌飞蓬 E. multiradiatus, 金丝李 Garcinia paucinervis
pyromeconic acid-3-*O*-[6'-*O*-(4-hydroxylbenzoyl)]-*β*-D-glucopyranoside 焦袂康酸 -3-*O*-[6'-*O*-(4- 羟基苯甲酰基)]-*β*-D- 吡喃葡萄糖苷 苏门白酒草 Conyza sumatrensis
pyromucic acid 焦粘酸 尖尾芋 Alocasia cucullata, 千里光 Senecio scandens, 密花豆 Spatholobus suberectus
β-pyronene *β*- 吡喃烯 挥发油成分，未统计基源
pyropheophytin a 焦脱镁叶绿素 a 榕树 Ficus microcarpa
pyroside 洋梨苷 越桔 Vaccinium vitis-idaea
pyrrole amide 吡咯酰胺 假蒟 Piper sarmentosum
1-pyrrole-2,5-dicarboxylic acid 1- 吡咯 -2,5- 二羧酸 马齿苋 Portulaca oleracea
pyrrolezanthine 吡咯花椒碱▲ 骆驼刺 Alhagi camelorum, 野花椒 Zanthoxylum simulans
pyrrolezanthine-6-methyl ether 吡咯花椒碱▲-6- 甲醚 骆驼刺 Alhagi camelorum
pyrrolidin-2-one 吡啶 -2- 酮 挥发油成分，未统计基源
4-(pyrrolidin-2-one)-phenylacetic acid 4-(吡咯烷 -2- 酮基)- 苯基乙酸 全叶千里光 Senecio cannabifolius var. integrifolius
pyrrolidine-2,5-dione-5-oxime 吡咯 -2,5- 二酮 -5- 肟 亚麻 Linum usitatissimum
pyrrolidinone 吡咯酮 挥发油成分，未统计基源
6-(2-pyrrolidinone-5-yl)-(-)-epicatechin 6-(2- 吡咯烷酮 -5- 基)-(-)- 表儿茶素 软枣猕猴桃 Actinidia arguta
8-(2-pyrrolidinone-5-yl)-(-)-epicatechin 8-(2- 吡咯烷酮 -5- 基)-(-)- 表儿茶素 软枣猕猴桃 Actinidia arguta, 荔枝 Litchi chinensis
2-pyrrolidone-5-carboxylic acid 2- 吡咯烷酮 -5- 羧酸 黄菖蒲 Iris pseudacorus
pyrrolopiperazine-2,5-dione 吡咯并哌嗪 -2,5- 二酮 石莼 Ulva lactuca
pyrropetioside A 有柄石韦苷▲A 有柄石韦 Pyrrosia petiolosa
(18*S*)-pyrrosialactol (18*S*)- 石韦内酯醇 石韦 Pyrrosia lingua
(18*S*)-pyrrosialactone (18*S*)- 石韦内酯 石韦 Pyrrosia lingua
pyrroside B 石韦苷▲B 显苞芒毛苣苔 Aeschynanthus bracteatus
pyruvic acid 丙酮酸 枸杞 Lycium chinense

Q

qianhucoumarin A~D, F, G, H, J 前胡香豆素 A~D, F, G, H, J 前胡 Peucedanum praeruptorum
qianhucoumarin E 前胡香豆素 E 紫花前胡 Angelica decursiva, 前胡 Peucedanum praeruptorum
qinanone A~E, G 奇楠沉香酮▲A~E, G 土沉香 Aquilaria sinensis
qingdainone 青黛酮 菘蓝 Isatis tinctoria
qinglongyitin A 青龙衣亭 A 胡桃楸 Juglans mandshurica
qingyangshengenin 青羊参苷元 青羊参 Cynanchum otophyllum, 隔山消 C. wilfordii
qingyangshengenin-3-*O*-*α*-L-cymaropyranosyl-(1 → 4)-*β*-D-oleandropyranosyl-(1 → 4)-*β*-D-cymaropyranosyl-(1 → 4)-*β*-D-digitoxopyranoside 青羊参苷元 -3-*O*-*α*-L- 吡喃磁麻糖基 -(1 → 4)-*β*-D- 吡喃夹竹桃糖基 -(1 → 4)-*β*-D- 吡喃磁麻糖基 -(1 → 4)-*β*-D 吡喃洋地黄毒糖苷 昆明杯冠藤 Cynanchum wallichii
qingyangshengenin-3-*O*-*β*-D-cymaropyranosyl-(1 → 4)-*β*-D-digitoxopyranoside 青羊参苷元 -3-*O*-*β*-D- 吡喃磁麻糖基 -(1 → 4)-*β*-D- 吡喃洋地黄毒糖苷 青羊参 Cynanchum otophyllum
qingyangshengenin-3-*O*-*β*-D-oleandropyranosyl-(1 → 4)-*β*-D-cymaropyranoside 青羊参苷元 -3-*O*-*β*-D- 吡喃夹竹桃糖基 -(1 → 4)-*β*-D- 吡喃磁麻糖苷 昆明杯冠藤 Cynanchum wallichii
qingyangshengenin-3-*O*-*β*-D-oleandropyranosyl-(1 → 4)-*β*-D-cymaropyranosyl-(1 → 4)-*β*-D-digitoxopyranoside 青羊参苷元 -3-*O*-*β*-D- 吡喃夹竹桃糖基 -(1 → 4)-*β*-D- 吡喃磁麻糖基 -(1 → 4)-*β*-D- 吡喃洋地黄毒糖苷 青羊参 Cynanchum otophyllum
qingyangshengenin-3-*O*-*β*-D-oleandropyranosyl-(1 → 4)-*β*-D-oleandropyranosyl-(1 → 4)-*β*-D-cymaropyranoside 青羊参苷元 -3-*O*-*β*-D- 吡喃夹竹桃糖基 -(1 → 4)-*β*-D- 吡喃夹竹桃糖基 -(1 → 4)-*β*-D- 吡喃磁麻糖苷 昆明杯冠藤 Cynanchum wallichii
qinjiaoamide 秦艽酰胺 秦艽 Gentiana macrophylla
qinjiaoside A 秦艽苷 A 秦艽 Gentiana macrophylla
quadrangularin A 方茎青紫葛素▲A 乌蔹莓 Cayratia japonica, 绿叶地锦 Parthenocissus laetevirens, 地锦 P. tricuspidata, 葡萄 Vitis vinifera
quadranoside IV 四角风车子苷▲IV 积雪草 Centella asiatica
quadranoside VIII 四角风车子苷▲VIII 栽秧泡 Rubus ellipticus var. obcordatus
4,5,4',5'-quadrihydroxy-1,2-diphenyl ether 4,5,4',5'- 四羟基 -1,2- 双苯醚 丹参 Salvia miltiorrhiza
quaillic acid 皂皮树酸▲ 染用卫矛 Euonymus tingens
quamoclinic acid A 茑萝酸▲A 七爪龙 Ipomoea mauritiana
quassidine A~H 苦树西定碱▲A~H 苦树 Picrasma quassioides
quassin 苦木素 苦树 Picrasma quassioides
quaternine 四数鸡骨常山碱▲ 大叶糖胶树 Alstonia macrophylla

(+)-quebrachamine (+)- 白坚木胺▲ 小蔓长春花 Vinca minor
14β,15β-20*S*-quebrachamine 14β,15β-20*S*- 白坚木胺▲ 雷打果 Melodinus yunnanensis
quebrachamine 白坚木胺▲ 蕊木 Kopsia arborea, 蔓长春花 Vinca major
quebrachidine 白坚木钦定▲ 大叶糖胶树 Alstonia macrophylla
L-quebrachitol L- 白雀木醇 三角槭 Acer buergerianum, 中国沙棘 Hippophae rhamnoides subsp. sinensis, 肿柄菊 Tithonia diversifolia
quebrachitol 白雀木醇 广州相思子 Abrus cantoniensis, 海红豆 Adenanthera pavonina var. microsperma, 密毛白莲蒿 Artemisia sacrorum var. messerschmidtiana, 大叶胡颓子 Elaeagnus macrophylla, 槲寄生 Viscum coloratum
quecetin-3-*O*-rhamnoglucoside 槲皮素 3-*O*- 鼠李糖基葡萄糖苷 岩须 Cassiope selaginoides
quercefin-3-methyl ether glycoside 槲皮葡萄糖苷素 3- 甲醚葡萄糖苷 乌苏里瓦韦 Lepisorus ussuriensis
quercetagetin 槲皮万寿菊素 熏倒牛 Biebersteinia heterostemon, 汉荭鱼腥草 Geranium robertianum, 欧亚旋覆花 Inula britannica, 翼齿六棱菊 Laggera crispata, 母菊 Matricaria recutita, 鹿草 Stemmacantha carthamoides, 万寿菊 Tagetes erecta, 孔雀草 T. patula
quercetagetin hexamethyl ether 槲皮万寿菊素六甲醚 代代 Citrus aurantium 'Daidai', 甜橙 C. sinensis
quercetagetin-3,3'-dimethyl ether 槲皮万寿菊素 -3,3'- 二甲酯 六棱菊 Laggera alata
quercetagetin-3,6,3',4'-tetramethyl ether 槲皮万寿菊素 -3,6,3',4'- 四甲醚 菊蒿 Tanacetum vulgare
quercetagetin-3,6,3'-trimethyl ether 槲皮万寿菊素 -3,6,3'- 三甲醚 鬼针草 Bidens pilosa, 除虫菊 Pyrethrum cinerariifolium
quercetagetin-3,6,3'-trimethyl ether-7-*O*-β-glucoside 槲皮万寿菊素 -3,6,3'- 三甲醚 -7-*O*-β- 葡萄糖苷 鬼针草 Bidens pilosa
quercetagetin-3,6,4'-trimethyl ether 槲皮万寿菊素 -3,6,4'- 三甲醚 除虫菊 Pyrethrum cinerariifolium, 短舌匹菊 P. parthenium
quercetagetin-3,6,7,3',4'-pentamethyl ether 槲皮万寿菊素 -3,6,7,3',4'- 五甲醚 高山榕 Ficus altissima
quercetagetin-3,6,7-trimethyl ether 槲皮万寿菊素 -3,6,7- 三甲醚 芙蓉菊 Crossostephium chinense
quercetagetin-3,6-dimethyl ether 槲皮万寿菊素 -3,6- 二甲醚 芙蓉菊 Crossostephium chinense, 白茎绢蒿 Seriphidium terraealbae
quercetagetin-3,6-dimethyl ether-4'-*O*-β-D-pyranoglucoside 槲皮万寿菊素 -3,6- 二甲醚 -4'-*O*-β-D- 吡喃葡萄糖苷 白茎绢蒿 Seriphidium terraealbae
quercetagetin-3,6-dimethyl ether-7-*O*-β-D-pyranoglucoside 槲皮万寿菊素 -3,6- 二甲醚 -7-*O*-β-D- 吡喃葡萄糖苷 白茎绢蒿 Seriphidium terraealbae
quercetagetin-3,7,3',4'-tetramethyl ether 槲皮万寿菊素 -3,7,3',4'- 四甲醚 黄花蒿 Artemisia annua, 止痢蚤草 Pulicaria dysenterica
quercetagetin-3,7,3'-trimethyl ether 槲皮万寿菊素 -3,7,3'- 三甲醚 止痢蚤草 Pulicaria dysenterica
quercetagetin-3,7,3'-trimethyl ether-6-*O*-β-glucoside 槲皮万寿菊素 -3,7,3'- 三甲醚 -6-*O*-β- 葡萄糖苷 鬼针草 Bidens pilosa
quercetagetin-3,7-dimethyl ether 槲皮万寿菊素 -3,7- 二甲醚 鱼眼草 Dichrocephala integrifolia, 止痢蚤草 Pulicaria dysenterica
quercetagetin-3-*O*-glucoside 槲皮万寿菊素 -3-*O*- 葡萄糖苷 万寿菊 Tagetes erecta
quercetagetin-5-methyl ether 槲皮万寿菊素 -5- 甲醚 万寿菊 Tagetes erecta
quercetagetin-6,3'-dimethylether 槲皮万寿菊素 -6,3'- 二甲醚 万寿菊 Tagetes erecta
quercetagetin-6,7,3',4'-tetramethyl ether 槲皮万寿菊素 -6,7,3',4'- 四甲基醚 黄花蒿 Artemisia annua
quercetagetin-6,7,4'-trimethyl ether 槲皮万寿菊素 -6,7,4'- 三甲基醚 黄花蒿 Artemisia annua
quercetagetin-7-methylether 槲皮万寿菊素 -7- 甲醚 万寿菊 Tagetes erecta
quercetagetin-7-methylether-6-*O*-β-D-glucopyranoside 槲皮万寿菊素 -7- 甲醚 -6-*O*-β-D- 吡喃葡萄糖苷 万寿菊 Tagetes erecta
quercetagitrin 槲皮万寿菊苷 两色金鸡菊 Coreopsis tinctoria, 旋覆花 Inula japonica, 万寿菊 Tagetes erecta, 孔雀草 T. patula
quercetin 槲皮素 常见成分，至少分布于 100 种以上植物中
quercetin bis-3-*O*-β-glucoside 槲皮素 - 双 -3-*O*-β- 葡萄糖苷 红凤菜 Gynura bicolor
quercetin deoxyhexoside 槲皮素去氧己糖苷 杨梅 Myrica rubra
quercetin diglycoside 槲皮素二糖苷 刺苋 Amaranthus spinosus
quercetin galactoside 槲皮素半乳糖苷 北方拉拉藤 Galium boreale
quercetin glucopyranoside 槲皮素吡喃葡萄糖苷 牛蹄豆 Pithecellobium dulce
quercetin glucoside 槲皮素葡萄糖苷 山桃 Amygdalus davidiana, 牛蹄豆 Pithecellobium dulce
quercetin glucuronide 槲皮素葡萄糖醛酸苷 桑 Morus alba, 复盆子 Rubus idaeus
quercetin glycoside 槲皮素糖苷 高山蓝盆花 Scabiosa alpestris
quercetin hexoside 槲皮素己糖苷 洋甘草 Glycyrrhiza glabra, 桑 Morus alba
quercetin hexoside-malonate 槲皮素己糖苷丙二酸酯 黑茶藨子 Ribes nigrum
quercetin hexosylhexoside 槲皮素己糖基己糖苷 桑 Morus alba
quercetin rhamnoglucoside 槲皮素鼠李葡萄糖苷 野豌豆 Vicia sepium
quercetin rhamnoside 槲皮素鼠李糖苷 桑 Morus alba, 月季 Rosa chinensis
quercetin rhamnosylhexoside 槲皮素鼠李糖基己糖苷 海枣 Phoenix dactylifera
quercetin spiraeoside 槲皮素绣线菊苷 火葱 Allium cepa var. aggregatum
quercetin triglycoside 槲皮素三糖苷 紫药女贞 Ligustrum delavayanum, 欧亚多足蕨 Polypodium vulgare
quercetin-3-(2,6-di-*O*-α-rhamnopyranosyl)-β-galactopyranoside 槲皮素 -3-(2,6- 二 -*O*-α- 吡喃鼠李糖基)-β- 吡喃半乳糖苷 黑龙江野豌豆 Vicia amurensis
quercetin-3-(2,6-dirhamnopyranosylgalactopyranoside) 槲皮素 -3-(2,6- 二吡喃鼠李糖基吡喃半乳糖苷) 红根草 Lysimachia fortunei
quercetin-3-(2''-galloyl)-rhamnoside 槲皮素 -3-(2''- 没食子酰基)- 鼠李糖苷 费菜 Phedimus aizoon
quercetin-3-(2-pentosyl)-hexoside 槲皮素 -3-(2- 戊糖基)- 己糖苷 千日红 Gomphrena globosa
quercetin-3-(2-pentosyl-6-rhamnosyl)-hexoside 槲皮素 -3-(2- 戊糖基 -6- 鼠李糖基)- 己糖苷 千日红 Gomphrena globosa

quercetin-3-(6-feruloylglucopyranosyl)(1 → 2)-galactopyranosyl-(1 → 2)-glucopyranoside 槲皮素 -3-(6- 阿魏酰吡喃葡萄糖基)(1 → 2)- 吡喃半乳糖基 -(1 → 2)- 吡喃葡萄糖苷 腺毛黑种草 Nigella glandulifera
quercetin3-(6''-malonylglucoside) 槲皮素 -3-(6''- 丙二酰葡萄糖苷) 黑茶藨子 Ribes nigrum
quercetin-3-(6-*O*-galloylgalactoside) 槲皮素 -3-(6-*O*- 没食子酰葡萄糖) 芹叶牻牛儿苗 Erodium cicutarium
quercetin-3-(6-rhamnosyl)-hexoside 槲皮素 -3-(6- 鼠李糖基)- 己糖苷 千日红 Gomphrena globosa
quercetin-3,3',4',7-*O*-tetramethyl ether 槲皮素 -3,3',4',7-*O*- 四甲醚 香苹婆 Sterculia foetida
quercetin-3,3',4'-trimethyl ether 槲皮素 -3,3',4'- 三甲醚 灰苞蒿 Artemisia roxburghiana, 长柄紫珠 Callicarpa longipes
quercetin-3,3',4'-trisulfate 槲皮素 -3,3',4'- 三硫酸酯 台湾火筒树 Leea guineensis
quercetin-3,3'-diglucopyranoside 槲皮素 -3,3'- 二吡喃葡萄糖苷 欧洲七叶树 Aesculus hippocastanum
quercetin-3,3'-dimethoxy-7-*O*-glucoside 槲皮素 -3,3'- 二甲氧基 -7-*O*- 葡萄糖苷 鬼针草 Bidens pilosa
quercetin-3,3'-dimethoxy-7-*O*-rutinoside 槲皮素 3,3'- 二甲氧基 -7-*O*- 芸香糖苷 鬼针草 Bidens pilosa
quercetin-3,3'-dimethyl ether 槲皮素 -3,3'- 二甲醚 长柄紫珠 Callicarpa longipes, 白花菜 Cleome gynandra, 胀果甘草 Glycyrrhiza inflata, 甘草 G. uralensis, 多腺悬钩子 Rubus phoenicolasius, 白茎绢蒿 Seriphidium terraealbae, 水烛 Typha angustifolia, 槲寄生 Viscum coloratum
quercetin-3,3'-dimethyl ether-4'-*O*-*β*-D-glucopyranoside 槲皮素 -3,3'- 二甲醚 -4'-*O*-*β*-D- 吡喃葡萄糖苷 水烛 Typha angustifolia
quercetin-3,3'-di-*O*-*α*-L-rhamnopyranoside 槲皮素 -3,3'- 二 -*O*-*α*-L- 吡喃鼠李糖苷 过路黄 Lysimachia christiniae, 巴东过路黄 L. patungensis
quercetin-3,3'-di-*O*-*β*-D-glucopyranoside 槲皮素 -3,3'- 二 -*O*-*β*-D- 吡喃葡萄糖苷 沙生蜡菊 Helichrysum arenarium, 莲 Nelumbo nucifera
quercetin-3,3'-disulfate 槲皮素 -3,3'- 二硫酸酯 台湾火筒树 Leea guineensis
quercetin-3',4',5,7-*O*-tetramethyl ether 槲皮素 -3',4',5,7-*O*- 四甲醚 香苹婆 Sterculia foetida
quercetin-3',4',7-trimethyl ether 槲皮素 -3',4',7- 三甲醚 蒲公英 Taraxacum mongolicum
quercetin-3,4'-diglucoside 槲皮素 -3,4'- 二葡萄糖苷 蒲葵 Livistona chinensis, 复盆子 Rubus idaeus
quercetin-3,4'-dimethyl ether 槲皮素 -3,4'- 二甲醚 艾纳香 Blumea balsamifera, 胀果甘草 Glycyrrhiza inflata
quercetin-3',4'-dimethyl ether 槲皮素 -3',4'- 二甲醚 五层龙 Salacia prinoides, 柽柳 Tamarix chinensis
quercetin-3,4'-dimethyl ether-7-*O*-rutinoside 槲皮素 -3,4'- 二甲醚 -7-*O*- 芸香糖苷 白花鬼针草 Bidens pilosa var. radiata
quercetin-3,4'-di-*O*-*β*-D-glucoside 槲皮素 -3,4'- 二 -*O*-*β*-D- 葡萄糖苷 韭菜 Allium tuberosum
quercetin-3,4'-*O*-diglucopyranoside 槲皮素 -3,4'-*O*- 二吡喃葡萄糖苷 鳄梨 Persea americana, 蚕豆 Vicia faba
quercetin-3,4'-*O*-*β*-D-diglucopyranoside 槲皮素 -3,4'-*O*-*β*-D- 二吡喃葡萄糖苷 火葱 Allium cepa var. aggregatum, 沙枣 Elaeagnus angustifolia
quercetin-3,4'-*O*-*β*-diglucopyranoside 槲皮素 -3,4'-*O*-*β*- 二吡喃葡萄糖苷 洋葱 Allium cepa
quercetin-3,7,3',4'-tetramethyl ether 槲皮素 -3,7,3',4'- 四甲醚 柑橘 Citrus reticulata
quercetin-3,7,3'-trimethyl ether 槲皮素 -3,7,3'- 三甲醚 艾纳香 Blumea balsamifera, 南川冠唇花 Microtoena prainiana
quercetin-3,7,4'-*O*-*β*-D-triglucopyranoside 槲皮素 -3,7,4'-*O*-*β*-D- 三吡喃葡萄糖苷 火葱 Allium cepa var. aggregatum
quercetin-3,7,4'-*O*-*β*-triglucopyranoside 槲皮素 -3,7,4'-*O*-*β*- 三吡喃葡萄糖苷 洋葱 Allium cepa
quercetin-3,7,4'-trimethyl ether 槲皮素 -3,7,4'- 三甲醚 艾纳香 Blumea balsamifera
quercetin-3,7-diglucopyranoside 槲皮素 -3,7- 二吡喃葡萄糖苷 蚕豆 Vicia faba
quercetin-3,7-diglucoside 槲皮素 -3,7- 二葡萄糖苷 芜菁 Brassica rapa, 番茄 Lycopersicon esculentum, 紫苜蓿 Medicago sativa, 鸡树条荚蒾 Viburnum opulus var. calvescens
quercetin-3,7-dimethyl ether 槲皮素 -3,7- 二甲醚 多腺悬钩子 Rubus phoenicolasius
quercetin-3,7-di-*O*,*O*-glucoside 槲皮素 -3,7- 二 -*O*,*O*- 葡萄糖苷 地丁草 Corydalis bungeana
quercetin-3,7-di-*O*-*α*-L-rhamnopyranoside 槲皮素 -3,7- 二 -*O*-*α*-L- 吡喃鼠李糖苷 多枝雾水葛 Pouzolzia zeylanica var. microphylla
quercetin-3,7-di-*O*-*α*-rhamnopyranoside 槲皮素 -3,7- 二 -*O*-*α*- 吡喃鼠李糖苷 拟南芥 Arabidopsis thaliana, 灰毛豆 Tephrosia purpurea
quercetin-3,7-di-*O*-*β*-D-glucopyranoside 槲皮素 -3,7- 二 -*O*-*β*-D- 吡喃葡萄糖苷 刺花莲子草 Alternanthera pungens, 天蓬子 Atropanthe sinensis, 野菊 Chrysanthemum indicum, 凹舌兰 Coeloglossum viride, 构棘 Cudrania cochinchinensis, 柘树 C. tricuspidata, 播娘蒿 Descurainia sophia, 糙叶五加 Eleutherococcus henryi, 白杜 Euonymus maackii, 陆地棉 Gossypium hirsutum, 桑 Morus alba, 酸浆 Physalis alkekengi, 挂金灯 P. alkekengi var. francheti, 松潘棱子芹 Pleurospermum franchetianum, 救荒野豌豆 Vicia sativa
quercetin-3,7-dirhamnopyranoside 槲皮素 -3,7- 二吡喃鼠李糖苷 火索藤 Bauhinia aurea, 百脉根 Lotus corniculatus
quercetin-3,7-glucoarabinoside 槲皮素 -3,7- 葡萄糖基阿拉伯糖苷 天山大黄 Rheum wittrockii
quercetin-3,7-*O*-diglucopyranoside 槲皮素 -3,7-*O*- 二吡喃葡萄糖苷 葡萄柚 Citrus paradisi
quercetin-3,7-*O*-diglucoside 槲皮素 -3,7-*O*- 二葡萄糖苷 皱叶荚蒾 Viburnum rhytidophyllum
quercetin-3,7-*O*-*α*-L-dirhamnopyranoside 槲皮素 -3,7-*O*-*α*-L- 二吡喃鼠李糖苷 南蛇藤 Celastrus orbiculatus, 皱叶南蛇藤 C. rugosus, 卫矛 Euonymus alatus
quercetin-3,7-*O*-*β*-D-diglucopyranoside 槲皮素 -3,7-*O*-*β*-D- 二吡喃葡萄糖苷 臭冷杉 Abies nephrolepis, 萱草 Hemerocallis fulva, 蒲公英 Taraxacum mongolicum
quercetin-3,7-triglucopyranoside 槲皮素 -3,7- 三吡喃葡萄糖苷 葡萄柚 Citrus paradisi
quercetin-3-[6-ferulyl-*β*-D-glucopyranosyl-(1 → 2)-*β*-D-glucopyranosyl-(1 → 2)-*β*-D-glucopyranoside] 槲皮素 -3-[6- 阿魏酰基 -*β*-D- 吡喃葡萄糖基 -(1 → 2)-*β*-D- 吡喃葡萄糖基 -(1 → 2)-*β*-D- 吡喃葡萄糖苷] 腺毛黑种草 Nigella glandulifera
quercetin-3-[*O*-*α*-L-rhamnopyranosyl-(1 → 2)-*O*-[*β*-D-glucopyranosyl-(1 → 6)]-*β*-D-galactopyranoside 槲皮素 -3-[*O*-*α*-L- 吡喃鼠李糖基 -(1 → 2)-*O*-[*β*-D- 吡喃葡萄糖基 -(1 → 6)]-*β*-D- 吡喃半乳糖苷 龙葵 Solanum nigrum
quercetin-3-2^{G}-rhamnosylrutinoside 槲皮素 -3-2^{G}- 鼠李糖基芸香糖苷 猕猴桃藤山柳 Clematoclethra scandens subsp. actinidioides
quercetin-3-arabinopyranoside 槲皮素 -3- 吡喃阿拉伯糖苷 细叶千斤拔 Flemingia lineata, 虎杖 Reynoutria japonica, 黑果越桔 Vaccinium myrtillus, 花椒 Zanthoxylum bungeanum

Q

quercetin-3-arabinoside 槲皮素 -3- 阿拉伯糖苷 李 Prunus salicina, 黑茶藨子 Ribes nigrum
quercetin-3-D-glucoside 槲皮素 -3-D- 葡萄糖苷 吉林费菜 Phedimus middendorffianus
quercetin-3-digalactopyranoside 槲皮素 -3- 二吡喃半乳糖苷 圆叶茅膏菜 Drosera rotundifolia, 黄花夹竹桃 Thevetia peruviana
quercetin-3-di-*O*-*β*-D-glucopyranoside 槲皮素 -3- 二 -*O*-*β*-D- 吡喃葡萄糖苷 地锦 Parthenocissus tricuspidata, 鳄梨 Persea americana
quercetin-3-dirhamnoglucoside 槲皮素 -3- 二鼠李糖葡萄糖苷 珊瑚樱 Solanum pseudocapsicum
quercetin-3-galactodirhamnoside 槲皮素 -3- 半乳二鼠李糖苷 铃兰 Convallaria majalis
quercetin-3-galactoglucoside 槲皮素 -3- 半乳糖基葡萄糖苷 稠李 Padus avium
quercetin-3-galactopyranoside 槲皮素 -3- 吡喃半乳糖苷 麻楝 Chukrasia tabularis, 细叶千斤拔 Flemingia lineata, 白睡莲 Nymphaea alba, 黄连木 Pistacia chinensis, 春蓼 Polygonum persicaria, 虎杖 Reynoutria japonica
quercetin-3-galactorhamnoside 槲皮素 -3- 半乳鼠李糖苷 铃兰 Convallaria majalis
quercetin-3-galactoside 槲皮素 -3- 半乳糖苷 莳萝 Anethum graveolens, 铃兰 Convallaria majalis, 苹果形榅桲 Cydonia oblonga var. maliformis, 芳香白珠 Gaultheria fragrantissima, 铁仔 Myrsine africana, 稠李 Padus avium, 黑茶藨子 Ribes nigrum
quercetin-3-galactoxylosidoglucoside 槲皮素 -3- 半乳糖基木糖基葡萄糖苷 稠李 Padus avium
quercetin-3-galloylglucopyranoside 槲皮素 -3- 没食子酰吡喃葡萄糖苷 萹蓄 Polygonum aviculare
quercetin-3-glucoglucoside 槲皮素 -3- 葡萄糖基葡萄糖苷 黑果越桔 Vaccinium myrtillus
quercetin-3-glucoglucuronide 槲皮素 -3- 葡萄糖基葡萄糖醛酸苷 茴香 Foeniculum vulgare
quercetin-3'-glucopyranoside 槲皮素 -3'- 吡喃葡萄糖苷 矮锦鸡儿 Caragana pygmaea
quercetin-3-glucopyranoside-7-galactopyranoside 槲皮素 -3- 吡喃葡萄糖苷 -7- 吡喃半乳糖苷 黄连木 Pistacia chinensis
quercetin-3-glucopyranosyl-(1 → 2)-galactopyranosyl-(1 → 2)-glucopyranoside 槲皮素 -3- 吡喃葡萄糖基 -(1 → 2)- 吡喃半乳糖基 -(1 → 2)- 吡喃葡萄糖苷 腺毛黑种草 Nigella glandulifera
quercetin-3-glucopyranosyl-(1 → 4)-galactopyranoside 槲皮素 -3- 吡喃葡萄糖基 -(1 → 4)- 吡喃半乳糖苷 网果酸模 Rumex chalepensis
quercetin-3'-glucoside 槲皮素 -3'- 葡萄糖苷 玉蜀黍 Zea mays
quercetin-3-glucosyl-(1'''→4'')-rhamnoside-7-rhamnosyl-(1'''''→6'''')-glucoside 槲皮素 -3- 葡萄糖基 -(1'''→4'')- 鼠李糖苷 -7- 鼠李糖基 -(1'''''→6'''')- 葡萄糖苷 铁仔 Myrsine africana
quercetin-3-glucosylgalactoside 槲皮素 -3- 葡萄糖基半乳糖苷 八角枫 Alangium chinense
quercetin-3-glucuronide 槲皮素 -3- 葡萄糖醛酸苷 铁线蕨 Adiantum capillus-veneris, 扇叶铁线蕨 A. flabellulatum, 白花鬼针草 Bidens pilosa var. radiata, 葛缕子 Carum carvi, 止痢蚤草 Pulicaria dysenterica, 秀丽莓 Rubus amabilis, 珍珠梅 Sorbaria sorbifolia
quercetin-3-hexoside 槲皮素 -3- 己糖苷 千日红 Gomphrena globosa
quercetin-3-L-arabinoside 槲皮素 -3-L- 阿拉伯糖苷 茴香 Foeniculum vulgare
quercetin-3'-methoxy-3-*O*-*α*-L-arabinofuranoside 槲皮素 -3'- 甲氧基 -3-*O*-*α*-L- 呋喃阿拉伯糖苷 干香柏 Cupressus duclouxiana
quercetin-3'-methyl ether 槲皮素 -3'- 甲醚 细梗胡枝子 Lespedeza virgata, 尖叶棘豆 Oxytropis oxyphylla, 巴天酸模 Rumex patientia, 柽柳 Tamarix chinensis
quercetin-3-methyl ether 槲皮素 -3- 甲醚 羊蹄甲 Bauhinia purpurea, 木豆 Cajanus cajan, 美国凌霄 Campsis radicans, 海通 Clerodendrum mandarinorum, 遍地金 Hypericum wightianum, 蓝萼毛叶香茶菜 Isodon japonicus var. glaucocalyx, 猫爪藤 Macfadyena unguis-cati, 雪白睡莲 Nymphaea candida, 萹蓄 Polygonum aviculare, 头花蓼 P. capitatum, 红蓼 P. orientale, 多腺悬钩子 Rubus phoenicolasius, 山葡萄 Vitis amurensis
quercetin-3'-methyl ether-3-*O*-*α*-L-arabinofuranoside 槲皮素 -3'- 甲醚 -3-*O*-*α*-L- 呋喃阿拉伯糖苷 多花勾儿茶 Berchemia floribunda
quercetin-3-methyl ether-3'-*O*-*β*-D-xylopyranoside 槲皮素 -3- 甲醚 -3'-*O*-*β*-D- 吡喃木糖苷 雪白睡莲 Nymphaea candida
quercetin-3-methyl ether-7-*O*-*α*-L-arabinofranosyl-(1 → 6)-*β*-D-glucopyranoside 槲皮素 -3- 甲醚 -7-*O*-*α*-L- 呋喃阿拉伯糖基 -(1 → 6)-*β*-D- 吡喃葡萄糖苷 流苏树 Chionanthus retusus
quercetin-3-neohesperidoside 槲皮素 -3- 新橙皮糖苷 猕猴桃藤山柳 Clematoclethra scandens subsp. actinidioides, 宽叶香蒲 Typha latifolia
quercetin-3-*O*-(2'',6''-*α*-L-dirhamnopyranosyl)-*β*-D-glucoside 槲皮素 -3-*O*-(2'',6''-*α*-L- 二吡喃鼠李糖基)-*β*-D- 葡萄糖苷 银杏 Ginkgo biloba
quercetin-3-*O*-(2''-galloyl)-rhamnoside 槲皮素 -3-*O*-(2''- 没食子酰基)- 鼠李糖苷 枫杨 Pterocarya stenoptera
quercetin-3'-*O*-(2''-*O*-acetyl)-*β*-D-glucopyranoside 槲皮素 -3'-*O*-(2''-*O*- 乙酰基)-*β*-D- 吡喃葡萄糖苷 梅 Armeniaca mume
quercetin-3-*O*-(2''-*O*-galloyl)-*α*-L-rhamnopyranoside 槲皮素 -3-*O*-(2''- 没食子酰基)-*α*-L- 吡喃鼠李糖苷 头花蓼 Polygonum capitatum
quercetin-3-*O*-(2''-*O*-galloyl)-*β*-D-galactoside 槲皮素 -3-*O*-(2''-*O*- 没食子酰基)-*β*-D- 半乳糖苷 化香树 Platycarya strobilacea
quercetin-3-*O*-(2''-*O*-galloyl)-*β*-D-glucopyranoside 槲皮素 -3-*O*-(2''-*O*- 没食子酰基)-*β*-D- 吡喃葡萄糖苷 头花蓼 Polygonum capitatum
quercetin-3-*O*-(2''-*O*-galloyl)-*β*-D-glucoside 槲皮素 -3-*O*-(2''-*O*- 没食子酰基)-*β*-D- 葡萄糖苷 化香树 Platycarya strobilacea
quercetin-3-*O*-(2''-*O*-*α*-L-rhamnopyranosyl)-*β*-D-glucuronopyranoside 槲皮素 -3-*O*-(2''-*O*-*α*-L- 鼠李糖基)-*β*-D- 吡喃葡萄糖醛酸苷 红蓼 Polygonum orientale
quercetin-3-*O*-(2''-*O*-*α*-rhamnopyranosyl-6''-*O*-malonyl)-*β*-glucopyranoside 槲皮素 -3-*O*-(2''-*O*-*α*- 吡喃鼠李糖基 -6''-*O*- 丙二酰基)-*β*- 吡喃葡萄糖苷 啤酒花 Humulus lupulus
quercetin-3-*O*-(2''-*O*-*β*-D-glucopyranosyl)-*α*-L-arabinfuranoside 槲皮素 -3-*O*-(2''-*O*-*β*-D- 吡喃葡萄糖基)-*α*-L- 呋喃阿拉伯糖苷 乌药 Lindera aggregata
quercetin-3-*O*-(2''-*O*-*β*-D-glucopyranosyl)-*α*-L-xylopyranoside 槲皮素 -3-*O*-(2''-*O*-*β*-D- 吡喃葡萄糖基)-*β*-D- 吡喃木糖苷 乌药 Lindera aggregata
quercetin-3-*O*-(2''-*β*-D-galactopyranosyl)-*β*-D-glucopyranoside 槲皮素 -3-*O*-(2''-*β*-D- 吡喃半乳糖基)-*β*-D- 吡喃葡萄糖苷 野茄 Solanum undatum
quercetin3-*O*-(2''-*β*-D-glucopyranosyl)-*α*-L-rhamnoside 槲皮素 -3-*O*-(2''-*β*-D- 吡喃葡萄糖基)-*α*-L- 鼠李糖苷 银杏 Ginkgo biloba

Q

quercetin-3-*O*-(2,3-bis-*O*-(3,4,5-trihydroxybenzoyl)-β-D-glucopyranoside 槲皮素 -3-*O*-(2,3- 二 -*O*-(3,4,5- 三羟基苯甲酰基)-β-D- 吡喃葡萄糖苷 斑地锦 Euphorbia maculata

quercetin-3-*O*-(2",3"-digalloyl)-β-D-galactopyranoside 槲皮素 -3-*O*-(2",3"- 二没食子酰基)-β-D- 吡喃半乳糖苷 乳浆大戟 Euphorbia esula, 高山大戟 E. stracheyi

quercetin-3-*O*-(2",6"-di-*O*-α-L-rhamnopyranosyl)-β-D-galactopyranoside 槲皮素 -3-*O*-(2",6"- 二 -*O*-α-L- 吡喃鼠李糖基)-β-D- 吡喃半乳糖苷 胭脂花 Primula maximowiczii

quercetin-3-*O*-(2",6"-di-*O*-α-L-rhamnopyranosyl)-β-D-glucopyranoside 槲皮素 -3-*O*-(2",6"- 二 -*O*-α-L- 吡喃鼠李糖基)-β-D- 吡喃葡萄糖苷 胭脂花 Primula maximowiczii

quercetin-3-*O*-(2,6-di-*O*-α-L-rhamnopyranosyl-β-D-galactopyranoside 槲皮素 -3-*O*-(2,6- 二 -*O*-α-L- 吡喃鼠李糖基 -β-D- 吡喃半乳糖苷 虎尾草 Lysimachia barystachys

quercetin-3-*O*-(2,6-dirhamnoosylglucoside) 槲皮素 -3-*O*-(2,6- 二鼠李糖基葡萄糖苷) 矮桃 Lysimachia clethroides

quercetin-3-*O*-(2,6-di-α-L-rhamnopyranosyl)-β-D-galactopyranoside 槲皮素 -3-*O*-(2,6- 二 -α-L- 吡喃鼠李糖基)-β-D- 吡喃半乳糖苷 细梗香草 Lysimachia capillipes

quercetin-3-*O*-(2,6-α-L-dirhamnopyranosyl)-l-β-D-glucopyranoside 槲皮素 -3-*O*-(2,6-α-L- 二吡喃鼠李糖基)-l-β-D- 吡喃葡萄糖苷 破布木 Cordia dichotoma

quercetin-3-*O*-(2"-acetyl)-β-D-galactopyranoside 槲皮素 -3-*O*-(2"- 乙酰基)-β-D- 吡喃半乳糖苷 小连翘 Hypericum erectum

quercetin-3-*O*-(2"-acetyl)-β-D-glucopyranoside 槲皮素 -3-*O*-(2"- 乙酰基)-β-D- 吡喃葡萄糖苷 小连翘 Hypericum erectum

quercetin-3-*O*-(2-acetyl-*O*-α-L-arabinofuranoside) 槲皮素 -3-*O*-(2- 乙酰基 -*O*-α-L- 呋喃阿拉伯糖苷) 多花勾儿茶 Berchemia floribunda

quercetin-3-*O*-(2"-galloyl)-rutinoside 槲皮素 -3-*O*-(2"- 没食子酰基)- 芸香糖苷 罗勒 Ocimum basilicum

quercetin-3-*O*-(2"-galloyl)-α-L-arabinopyranoside 槲皮素 -3-*O*-(2"- 没食子酰基)-α-L- 吡喃阿拉伯糖苷 黄苞大戟 Euphorbia sikkimensis

quercetin-3-*O*-(2"-galloyl)-β-D-galactopyranoside 槲皮素 -3-*O*-(2"- 没食子酰基)-β-D- 吡喃半乳糖苷 乳浆大戟 Euphorbia esula

quercetin-3-*O*-(2'-galloyl-glucuronide) 槲皮素 -3-*O*-(2'- 没食子酰葡萄糖醛酸苷) 月见草 Oenothera biennis

quercetin-3-*O*-(2^{G}-*p*-coumaroyl-3^{G}-*O*-β-L-arabinosyl-3^{R}-*O*-β-D-glucosylrutinoside 槲皮素 -3-*O*-(2^{G}- 对香豆酰基 -3^{G}-*O*-β-L- 阿拉伯糖基 -3^{R}-*O*-β-D- 葡萄糖基芸香糖苷 茶 Camellia sinensis

quercetin-3-*O*-(2G-β-D-xylopyranosylrutinoside) 槲皮素 -3-*O*-(2G-β-D- 吡喃木糖基芸香糖苷) 珠仔树 Symplocos racemosa

quercetin-3-*O*-(2"-*O*-galactopyranosyl)-glucopyranoside 槲皮素 -3-*O*-(2"-*O*- 吡喃半乳糖基)- 吡喃葡萄糖苷 鳝藤 Anodendron affine

quercetin-3-*O*-(2"-*O*-galloyl)-rutinoside 槲皮素 -3-*O*-(2"-*O*- 没食子酰基)- 芸香糖苷 甘肃大戟 Euphorbia kansuensis, 大戟 E. pekinensis

quercetin-3-*O*-(2"-*O*-galloyl)-α-L-rhamnopyranoside 槲皮素 -3-*O*-(2"-*O*- 没食子酰基)-α-L- 吡喃鼠李糖苷 大戟 Euphorbia pekinensis

quercetin-3-*O*-(2"-*O*-galloyl)-β-D-galactopyranoside 槲皮素 -3-*O*-(2"-*O*- 没食子酰基)-β-D- 吡喃半乳糖苷 草地老鹳草 Geranium pratense, 杨梅 Myrica rubra

quercetin-3-*O*-(2"-*O*-galloyl)-β-D-glucopyranoside 槲皮素 -3-*O*-(2"-*O*- 没食子酰基)-β-D- 吡喃葡萄糖苷 金线草 Antenoron filiforme, 甘青大戟 Euphorbia micractina, 大戟 E. pekinensis, 准噶尔大戟 E. soongarica, 草地老鹳草 Geranium pratense, 乌桕 Triadica sebifera

quercetin-3-*O*-(2"-*O*-galloylrutinoside) 槲皮素 -3-*O*-(2"-*O*- 没食子酰芸香糖苷) 黑蕊虎耳草 Saxifraga melanocentra

quercetin-3-*O*-(2"-*O*-galloyl-β-D-glucopyranoside 槲皮素 -3-*O*-(2"-*O*- 没食子酰基 -β-D- 吡喃葡萄糖苷 柿 Diospyros kaki

quercetin-3-*O*-(2"-*O*-*p*-hydroxy-coumaroyl)-β-D-glucopyranoside 槲皮素 3-*O*-(2"-*O*- 对羟基香豆酰)-β-D- 吡喃葡萄糖苷 金荞麦 Fagopyrum dibotrys

quercetin-3-*O*-(2-*O*-α-L-rhanmopyranosyl)-β-D-galactopyranoside 槲皮素 -3-*O*-(2-*O*-α-L- 吡喃鼠李糖基)-β-D- 吡喃半乳糖苷 东北蛇葡萄 Ampelopsis glandulosa var. brevipedunculata

quercetin-3-*O*-(2"-*O*-α-rhamnopyranosyl)-β-glucopyranoside 槲皮素 -3-*O*-(2"-*O*-α- 吡喃鼠李糖基)-β- 吡喃葡萄糖苷 乌柿 Diospyros cathayensis

quercetin-3-*O*-(2"-*O*-α-rhamnopyranosyl)-β-glucuronopyranoside 槲皮素 -3-*O*-(2"-*O*-α- 吡喃鼠李糖基)-β- 吡喃葡萄糖醛酸苷 乌柿 Diospyros cathayensis

quercetin-3-*O*-(2"-*O*-β-apiofuranosyl-6"-*O*-α-rhamnopyranosyl)-β-glucopyranoside 槲皮素 -3-*O*-(2"-*O*-β- 呋喃芹糖基 -6"-*O*-α- 吡喃鼠李糖基)-β- 吡喃葡萄糖苷 番茄 Lycopersicon esculentum

quercetin-3-*O*-(2-*O*-β-D-glucopyranosyl)-β-D-galactopyranoside 槲皮素 -3-*O*-(2-*O*-β-D- 吡喃葡萄糖基)-β-D- 吡喃半乳糖苷 白花蛇舌草 Hedyotis diffusa

quercetin-3-*O*-(2"-*O*-β-D-glucopyranosyl)-β-D-glucopyranoside 槲皮素 -3-*O*-(2"-*O*-β-D- 吡喃葡萄糖基)-β-D- 吡喃葡萄糖苷 白花蛇舌草 Hedyotis diffusa

quercetin-3-*O*-(2-*O*-β-D-xylopyranosyl)-β-D-galactopyranoside 槲皮素 -3-*O*-(2-*O*-β-D- 吡喃木糖苷)-β-D- 吡喃半乳糖苷 钟形火焰树 Spathodea campanulata

quercetin-3-*O*-(2'''-*p*-*E*-coumaroylrhamnosyl)(1''' → 6")-[β-D-glucopyranosyl-(1'''' → 2")-β-D-glucopyranosyl]-7-*O*-α-L-rhamnopyranoside 槲皮素 -3-*O*-(2'''-*E*- 对香豆酰鼠李糖基)(1''' → 6")-[β-D- 吡喃葡萄糖基 -(1'''' → 2")-β-D- 吡喃葡萄糖基 -7-*O*-α-L- 吡喃鼠李糖苷 三球悬铃木 Platanus orientalis

quercetin-3-*O*-(2'-α-L-rhamnopyranosyl)-rutinoside 槲皮素 -3-*O*-(2'-α-L- 鼠李糖基)- 芸香糖苷 长苞香蒲 Typha angustata, 达香蒲 T. davidiana

quercetin-3-*O*-(2"-β-D-xylopyranosyl)-β-D-galactopyranoside 槲皮素 -3-*O*-(2"-β-D- 吡喃木糖基)-β-D- 吡喃半乳糖苷 白车轴草 Trifolium repens

quercetin-3-*O*-(3"-*O*-galloyl)-α-L-rhamnopyranoside 槲皮素 -3-*O*-(3"-*O*- 没食子酰基)-α-L- 吡喃鼠李糖苷 头花蓼 Polygonum capitatum

quercetin-3-*O*-(3"-*O*-galloyl)-β-D-glucopyranoside 槲皮素 -3-*O*-(3"-*O*- 没食子酰基)-β-D- 吡喃葡萄糖苷 头花蓼 Polygonum capitatum

Q

quercetin-3-*O*-(3''-*O*-methyl-*α*-L-rhamnopyranoside) 槲皮素 -3-*O*-(3''-*O*- 甲基 -*α*-L- 吡喃鼠李糖苷) 海漆 Excoecaria agallocha
quercetin-3-*O*-(3''-*O*-methyl-*α*-L-rhamnopyranosyl)-(1 → 5)-*O*-*β*-D-apiofuranoside 槲皮素 -3-*O*-(3''-*O*- 甲基 -*α*-L- 吡喃鼠李糖基)-(1 → 5)-*O*-*β*-D- 呋喃芹糖苷 海漆 Excoecaria agallocha
quercetin-3-*O*-(3-pentosyl)-hexoside 槲皮素 -3-*O*-(3- 戊糖基)- 己糖苷 千日红 Gomphrena globosa
quercetin-3-*O*-(4''-HMG)-*α*-rhamnoside 槲皮素 -3-*O*-(4''-HMG)-*α*- 鼠李糖苷 越桔 Vaccinium vitis-idaea
quercetin-3-*O*-(4''-methoxy)-*α*-L-rhamnopyranoside 槲皮素 -3-*O*-(4''- 甲氧基)-*α*-L- 吡喃鼠李糖苷 头花蓼 Polygonum capitatum
quercetin-3-*O*-(4''-*O*-acetyl)-*α*-L-rhamnopyranoside 槲皮素 -3-*O*-(4''-*O*- 乙酰基)-*α*-L- 吡喃鼠李糖苷 头花蓼 Polygonum capitatum
quercetin-3-*O*-(4-*O*-acetyl)-*α*-L-rhamnopyranoside 槲皮素 -3-*O*-(4-*O*- 乙酰基)-*α*-L- 吡喃鼠李糖苷 白桦 Betula platyphylla
quercetin-3-*O*-(4-pentosyl)-hexoside 槲皮素 -3-*O*-(4- 戊糖基)- 己糖苷 千日红 Gomphrena globosa
quercetin-3-*O*-(6''-*E*-*p*-coumaroyl)-glucopyranoside 槲皮素 -3-*O*-(6''-*E*- 对香豆酰基)- 吡喃葡萄糖苷 苦槠 Castanopsis sclerophylla
quercetin-3-*O*-(6''-feruloyl)-*β*-D-galactopyranoside 槲皮素 -3-*O*-(6''- 阿魏酰基)-*β*-D- 吡喃半乳糖苷 香蓼 Polygonum viscosum
quercetin-3-*O*-(6''-galloyl)-*β*-D-galactopyranoside 槲皮素 -3-*O*-(6''- 没食子酰基)-*β*-D- 吡喃半乳糖苷 虾子花 Woodfordia fruticosa
quercetin-3-*O*-(6''-galloyl)-*β*-D-glucopyranoside 槲皮素 -3-*O*-(6''- 没食子酰基)-*β*-D- 吡喃葡萄糖苷 虾子花 Woodfordia fruticosa
quercetin-3-*O*-(6''-malonyl)-D-galactoside 槲皮素 -3-*O*-(6''- 丙二酰基)-D- 半乳糖苷 铁线蕨 Adiantum capillus-veneris
quercetin-3-*O*-(6''-*O*-acetyl)-*β*-D-glucopyranoside 槲皮素 -3-*O*-(6''-*O*- 乙酰基)-*β*-D- 吡喃葡萄糖苷 梅 Armeniaca mume
quercetin-3-*O*-(6''-*O*-acetyl)-*β*-D-glucoside 槲皮素 -3-*O*-(6''-*O*- 乙酰基)-*β*-D- 葡萄糖苷 桑 Morus alba
quercetin-3-*O*-(6''-*O*-benzoyl)-*β*-D-galactopyranoside 槲皮素 -3-*O*-(6''-*O*- 苯甲酰基)-*β*-D- 吡喃半乳糖苷 梅 Armeniaca mume
quercetin-3-*O*-(6''-*O*-*p*-coumaroyl)-*β*-D-glucopyranoside 槲皮素 -3-*O*-(6''-*O*- 对香豆酰基)-*β*-D- 吡喃葡萄糖苷 地稔 Melastoma dodecandrum
quercetin-3-*O*-(6''-acetyl)-*β*-D-glucopyranoside 槲皮素 -3-*O*-(6''- 乙酰基)-*β*-D- 吡喃葡萄糖苷 东方肉穗草 Sarcopyramis bodinieri var. delicata
quercetin-3-*O*-(6''-acetyl-*β*-D-galactopyranoside)-7-*O*-*α*-L-rhamnopyranoside 槲皮素 -3-*O*-(6''- 乙酰基 -*β*-D- 吡喃半乳糖基)-7-*O*-*α*-L- 吡喃鼠李糖苷 蚕豆 Vicia faba
quercetin-3-*O*-(6''-caffeoyl)-*β*-D-galactopyranoside 槲皮素 -3-*O*-(6''- 咖啡酰基)-*β*-D- 吡喃半乳糖苷 香蓼 Polygonum viscosum
quercetin-3-*O*-(6''-ferucoyl)-*β*-D-galactopyranoside 槲皮素 -3-*O*-(6''- 芥子酸)-*β*-D- 吡喃半乳糖苷 番石榴 Psidium guajava
quercetin-3-*O*-(6''-feruloyl)-*β*-D-galactopyranoside 槲皮素 -3-*O*-(6''- 阿魏酰基)-*β*-D- 吡喃半乳糖苷 直杆蓝桉 Eucalyptus maidenii, 番石榴 Psidium guajava
quercetin-3-*O*-(6''-galloyl)-*β*-D-galactopyranoside 槲皮素 -3-*O*-(6''- 没食子酰基)-*β*-*D*- 吡喃半乳糖苷 火索藤 Bauhinia aurea, 乳浆大戟 Euphorbia esula, 香蓼 Polygonum viscosum, 毛叶钝果寄生 Taxillus nigrans
quercetin-3-*O*-(6''-galloyl)-*β*-D-glucopyranoside 槲皮素 -3-*O*-(6''- 没食子酰基)-*β*-*D*- 吡喃葡萄糖苷 火索藤 Bauhinia aurea, 锈毛钝果寄生 Taxillus levinei, 毛叶钝果寄生 T. nigrans
quercetin-3-*O*-(6''-galloyl)-*β*-D-glucoside 槲皮素 -3-*O*-(6''- 没食子酰基)-*β*-D- 葡萄糖苷 黄连木 Pistacia chinensis
quercetin-3-*O*-(6''-malonyl)-*D*-galactoside 槲皮素 -3-*O*-(6''- 丙二酰基)-D- 半乳糖苷 扇叶铁线蕨 Adiantum flabellulatum
quercetin-3-*O*-(6''-malonylglucoside) 槲皮素 -3-*O*-(6''- 丙二酰葡萄糖苷) 盐角草 Salicornia europaea
quercetin-3-*O*-(6''-*O*-acetyl)neohesperidoside 槲皮素 -3-*O*-(6''-*O*- 乙酰基) 新橙皮苷 软枝黄蝉 Allamanda cathartica
quercetin-3-*O*-(6''-*O*-acetyl)-*β*-D-glucopyranoside 槲皮素 -3-*O*-(6''-*O*- 乙酰基)-*β*-D- 吡喃葡萄糖苷 罗布麻 Apocynum venetum
quercetin-3-*O*-(6''-*O*-caffeoyl)-*β*-D-glucoside 槲皮素 -3-*O*-(6''-*O*- 咖啡酰基)-*β*-D- 吡喃葡萄糖苷 台琼海桐 Pittosporum pentandrum var. formosanum
quercetin-3-*O*-(6-*O*-caffeoyl)-*β*-galactoside 槲皮素 -3-*O*-(6-*O*- 咖啡酰基)-*β*- 半乳糖苷 麻叶绣线菊 Spiraea cantoniensis
quercetin-3-*O*-(6''-*O*-crotonyl)-*β*-D-glucopyranoside 槲皮素 -3-*O*-(6''-*O*- 巴豆酰)-*β*-D- 吡喃葡萄糖苷 风毛菊 Saussurea japonica
quercetin-3-*O*-(6'-*O*-galloyl)-*β*-D-galactopyranoside 槲皮素 -3-*O*-(6'-*O*- 没食子酰基)-*β*-D- 吡喃半乳糖苷 柳兰 Epilobium angustifolium, 番石榴 Psidium guajava
quercetin-3-*O*-(6''-*O*-galloyl)-*β*-D-glucopyranoside 槲皮素 -3-*O*-(6''-*O*- 没食子酰基)-*β*-D- 吡喃葡萄糖苷 蒙古栎 Quercus mongolica
quercetin-3-*O*-(6''-*O*-malonyl)-glucopyranoside 槲皮素 -3-*O*-(6''-*O*- 丙二酸单酰基)- 吡喃葡萄糖苷 咖啡黄葵 Abelmoschus esculentus
quercetin-3-*O*-(6''-*O*-malonyl)-*β*-D-galactoside 槲皮素 -3-*O*-(6''-*O*- 丙二酰基)-*β*-D- 半乳糖苷 罗布麻 Apocynum venetum
quercetin-3-*O*-(6''-*O*-malonyl)-*β*-D-glucopyranoside 槲皮素 -3-*O*-(6''-*O*- 丙二酰基)-*β*-D- 吡喃葡萄糖苷 罗布麻 Apocynum venetum, 无花果 Ficus carica
quercetin-3-*O*-(6''-*O*-*trans*-feruloyl)-*β*-D-glucopyranoside 槲皮素 -3-*O*-(6''-*O*- 反式 - 阿魏酰基 -*β*-D- 吡喃葡萄糖苷 东方肉穗草 Sarcopyramis bodinieri var. delicata
quercetin-3-*O*-(6''-*O*-*trans*-*p*-coumaroyl)-*β*-D-glucopyranoside 槲皮素 -3-*O*-(6''-*O*- 反式 - 对香豆酰基)-*β*-D- 吡喃葡萄糖苷 东方肉穗草 Sarcopyramis bodinieri var. delicata
quercetin-3-*O*-(6''-*O*-*α*-L-arabinopyranosyl)-*β*-D-galactopyranoside 槲皮素 -3-*O*-(6''-*O*-*α*-L- 吡喃阿拉伯糖基)-*β*-D- 吡喃半乳糖苷 柳叶绣线菊 Spiraea salicifolia
quercetin-3-*O*-(6''-*α*-L-rhamnopyranosyl-2''-*β*-D-xylopyranosyl)-*β*-D-galactopyranoside 槲皮素 -3-*O*-(6''-*α*-L- 吡喃鼠李糖基 -2''-*β*-D- 吡喃木糖基)-*β*-D- 吡喃半乳糖苷 白车轴草 Trifolium repens
quercetin-3-*O*-(6'''-*α*-L-rhamnosyl-6''-*β*-D-glucosyl)-*β*-D-glucoside 槲皮素 -3-*O*-(6'''-*α*-L- 鼠李糖基 -6''-*β*-D- 葡萄糖基)-*β*-D- 葡萄糖苷 山柑 Capparis spinosa
quercetin-3-*O*-(*α*-L-2''-*O*-galloylrhamnopyranoside) 槲皮素 -3-*O*-(*α*-L-2''-*O*- 没食子酰吡喃鼠李糖苷) 短毛金线草 Antenoron filiforme var. neofiliforme
quercetin-3-*O*-(*β*-D-2''-*O*-galloylglucopyranoside) 槲皮素 -3-*O*-(*β*-D-2''-*O*- 没食子酰吡喃葡萄糖苷) 短毛金线草 Antenoron filiforme var.

Q

吡喃鼠李糖基 -(1 → 6)]-*β*-D- 吡喃半乳糖苷 黄蜀葵 Abelmoschus manihot

quercetin-3-*O*-[*β*-D-xylopyranosyl-(1 → 3)]-[*α*-L-rhamnopyranosyl-(1 → 6)]-*β*-D-glucopyranoside 槲皮素 -3-*O*-[*β*-D- 吡喃木糖基 -(1 → 3)]-[*α*-L- 吡喃鼠李糖基 -(1 → 6)]-*β*-D- 吡喃葡糖糖苷 滇山茶 Camellia reticulata

quercetin-3-*O*-[*β*-xylopyranosyl-(1 → 2)-*O*-*β*-D-glucopyranosyl-(1 → 3)]-*O*-*β*-D-glucopyranoside 槲皮素 -3-*O*-[*β*- 吡喃木糖基 -(1 → 2)-*O*-*β*-D- 吡喃葡萄糖基 -(1 → 3)]-*O*-*β*-D- 吡喃葡萄糖苷 欧洲七叶树 Aesculus hippocastanum

quercetin-3-*O*-2(*E*-caffeoyl)-*α*-L-arabinopyranosyl-(1 → 2)-*β*-D-glucopyranoside-7-*O*-*β*-D-glucopyranoside 槲皮素 -3-*O*-2(*E*- 咖啡酰基)-*α*-L- 吡喃阿拉伯糖基 -(1 → 2)-*β*-D- 吡喃葡萄糖苷 -7-*O*-*β*-D- 吡喃葡萄糖苷 洋金花 Datura metel

quercetin-3-*O*-2G-rhamnosylrutinoside 槲皮素 -3-*O*-2G- 鼠李糖芸香糖苷 金盏花 Calendula officinalis

quercetin-3-*O*-6''-malonylglucoside 槲皮素 -3-*O*-6''- 丙二酰葡萄糖苷 滇刺枣 Ziziphus mauritiana

quercetin-3-*O*-6''-(3-hydroxyl-3-methylglutaryl)-*β*-D-glucopyranoside 槲皮素 -3-*O*-6''-(3- 羟基 -3- 甲戊二酰基)-*β*-D- 吡喃葡萄糖苷 甘肃大戟 Euphorbia kansuensis

quercetin-3-*O*-6''-acetylglucopyranoside 槲皮素 -3-*O*-6''- 乙酰吡喃葡萄糖苷 豇豆 Vigna unguiculata

quercetin-3-*O*-acetylglucopyranoside 槲皮素 -3-*O*- 乙酰吡喃葡萄糖苷 葡萄柚 Citrus paradisi

quercetin-3-*O*-acetylrutinoside 槲皮素 -3-*O*- 乙酰芸香糖苷 葡萄柚 Citrus paradisi

quercetin-3-*O*-apiosyl-(1 → 2)-[rhamnopyranosyl-(1 → 6)]-glucopyranoside 槲皮素 -3-*O*- 芹菜糖基 -(1 → 2)-[鼠李糖基 -(1 → 6)]- 葡萄糖苷 鞘花 Macrosolen cochinchinensis

quercetin-3-*O*-arabinofuranoside 槲皮素 -3-*O*- 呋喃阿拉伯糖苷 儿茶 Acacia catechu, 柳叶假木荷 Craibiodendron henryi, 紫背鹿蹄草 Pyrola atropurpurea

quercetin-3-*O*-arabinopyranoside 槲皮素 -3-*O*- 吡喃阿拉伯糖苷 节果决明 Cassia javanica, 柳叶菜 Epilobium hirsutum, 独一味 Lamiophlomis rotata, 牧地山黧豆 Lathyrus pratensis, 血桐 Macaranga tanarius var. tomentosa, 木蝴蝶 Oroxylum indicum, 鳄梨 Persea americana, 篱蓼 Polygonum dumetorum

quercetin-3-*O*-arabinopyranosylglucopyranoside 槲皮素 -3-*O*- 吡喃阿拉伯糖基吡喃葡萄糖苷 鳄梨 Persea americana

quercetin-3-*O*-arabinoside 槲皮素 -3-*O*- 阿拉伯糖苷 苹果 Malus pumila, 卷茎蓼 Polygonum convolvulus, 月季 Rosa chinensis, 甜叶菊 Stevia rebaudiana

quercetin-3-*O*-arabinosylgalactoside 槲皮素 -3-*O*- 吡喃阿拉伯糖基半乳糖苷 厚壳树 Ehretia thyrsiflora, 延龄草 Trillium tschonoskii

quercetin-3-*O*-arabinosylglucoside 槲皮素 -3-*O*- 阿拉伯糖基葡萄糖苷 川陕金莲花 Trollius buddae, 金莲花 T. chinensis, 短瓣金莲花 T. ledebourii

quercetin-3-*O*-caffeylglucoside 槲皮素 -3-*O*- 咖啡酰葡萄糖苷 葛缕子 Carum carvi

quercetin-3-*O*-D-glucopyranoside 槲皮素 -3-*O*-*D*- 吡喃葡萄糖苷 牧地山黧豆 Lathyrus pratensis

quercetin-3-*O*-diglucopyranoside 槲皮素 -3-*O*- 二吡喃葡萄糖苷 牧地山黧豆 Lathyrus pratensis, 杧果 Mangifera indica, 阳芋 Solanum tuberosum, 豇豆 Vigna unguiculata

quercetin-3-*O*-diglucoside 槲皮素 -3-*O*- 二葡萄糖苷 虎尾铁角蕨 Asplenium incisum, 木芙蓉 Hibiscus mutabilis

quercetin-3-*O*-galactopyranoside 槲皮素 -3-*O*- 吡喃半乳糖苷 儿茶 Acacia catechu, 双叶细辛 Asarum caulescens, 清明花 Beaumontia grandiflora, 紫荆 Cercis chinensis, 血桐 Macaranga tanarius var. tomentosa, 鳄梨 Persea americana, 小酸浆 Physalis minima, 齿翅蓼 Polygonum dentatoalatum, 篱蓼 P. dumetorum, 髯花杜鹃 Rhododendron anthopogon, 异株荨麻 Urtica dioica

quercetin-3-*O*-galactoside 槲皮素 -3-*O*- 半乳糖苷 扁桃 Amygdalus communis, 北艾 Artemisia vulgaris, 贯众 Cyrtomium fortunei, 大叶贯众 C. macrophyllum, 车桑子 Dodonaea viscosa, 细叶小苦荬 Ixeridium gracile, 黄山梅 Kirengeshoma palmata, 苹果 Malus pumila, 月见草 Oenothera biennis, 田葱 Philydrum lanuginosum, 卷茎蓼 Polygonum convolvulus, 树形杜鹃花 Rhododendron arboreum, 鼠麴雪兔子 Saussurea gnaphalodes, 刺葡萄 Vitis davidii, 滇刺枣 Ziziphus mauritiana

quercetin-3-*O*-galactosylglucoside 槲皮素 -3-*O*- 半乳糖基葡萄糖苷 天蓬子 Atropanthe sinensis

quercetin-3-*O*-gentiobiopyranoside 槲皮素 -3-*O*- 吡喃龙胆二糖苷 咖啡黄葵 Abelmoschus esculentus

quercetin-3-*O*-gentiobioside 槲皮素 -3-*O*- 龙胆二糖苷 狭叶番泻 Cassia angustifolia, 胭脂花 Primula maximowiczii, 番石榴 Psidium guajava, 龙葵 Solanum nigrum, 蚕豆 Vicia faba

quercetin-3-*O*-gentiobiosyl-7-*O*-rhamnoside 槲皮素 -3-*O*- 龙胆二糖基 -7-*O*- 鼠李糖苷 豆瓣菜 Nasturtium officinale

quercetin-3-*O*-glucopyranoside-7-*O*-rhamnopyranoside 槲皮素 -3-*O*- 吡喃葡萄糖苷 -7-*O*- 吡喃鼠李糖苷 厚叶美花草 Callianthemum alatavicum

quercetin-3-*O*-glucopyranoside-7-*O*-rutinoside 槲皮素 -3-*O*- 吡喃葡萄糖苷 -7-*O*- 芸香糖苷 汉城细辛 Asarum sieboldii

quercetin-3-*O*-glucopyranoside-7-*O*-xylopyranoside 槲皮素 -3-*O*- 吡喃葡萄糖苷 -7-*O*- 吡喃木糖苷 厚叶美花草 Callianthemum alatavicum

quercetin-3-*O*-glucopyranosyl-(1''' → 6'')-glucopyranoside 槲皮素 -3-*O*- 吡喃葡萄糖基 -(1''' → 6'')- 吡喃葡萄糖苷 咖啡黄葵 Abelmoschus esculentus

quercetin-3'-*O*-glucoside 槲皮素 -3'-*O*- 葡萄糖苷 水鬼蕉 Hymenocallis littoralis, 菝葜 Smilax china

quercetin-3-*O*-glucosylrhamnosylglucoside 槲皮素 -3-*O*- 葡萄糖基鼠李糖基葡萄糖苷 阳芋 Solanum tuberosum

quercetin-3-*O*-glucuronide 槲皮素 -3-*O*- 葡萄糖醛酸苷 旋果蚊子草 Filipendula ulmaria, 紫萼路边青 Geum rivale, 胡桃 Juglans regia, 月见草 Oenothera biennis, 刺葡萄 Vitis davidii

quercetin-3-*O*-hexoside 槲皮素 -3-*O*- 已糖苷 榄李 Lumnitzera racemosa

quercetin-3-*O*-L-rhamnopyranoside 槲皮素 -3-*O*-L- 吡喃鼠李糖苷 多穗蓼 Polygonum polystachyum, 长叶多穗蓼 P. polystachyum var. longifolium

quercetin-3-*O*-L-rhamnoside 槲皮素 -3-*O*-L- 鼠李糖苷 元宝槭 Acer truncatum

quercetin-3-*O*-malonylglucoside 槲皮素 -3-*O*- 丙二酰葡萄糖苷 桑 Morus alba, 滇刺枣 Ziziphus mauritiana

Q

quercetin-3-*O*-*α*-arabinopyranoside 槲皮素 -3-*O*-*α*- 吡喃阿拉伯糖苷 高山大戟 Euphorbia stracheyi

quercetin-3-*O*-*α*-arabinopyranosyl-(1 → 6)-*β*-galactopyranoside 槲皮素 -3-*O*-*α*- 吡喃阿拉伯糖基 -(1 → 6)-*β*- 吡喃半乳糖苷 吉林延龄草 Trillium kamtschaticum

quercetin-3-*O*-*α*-arabinopyranosyl-(1''' → 6'')-*β*-glucopyranoside 槲皮素 -3-*O*-*α*- 吡喃阿拉伯糖基 -(1''' → 6'')-*β*- 吡喃葡萄糖苷 地丁草 Corydalis bungeana

quercetin-3-*O*-*α*-arabinopyranosyl-(1''' → 6'')-*β*-glucopyranosyl-7-*O*-*β*-glucopyranoside 槲皮素 -3-*O*-*α*- 吡喃阿拉伯糖基 -(1''' → 6'')-*β*- 吡喃葡萄糖基 -7-*O*-*β*- 吡喃葡萄糖苷 地丁草 Corydalis bungeana

quercetin-3-*O*-*α*-arabinosyl-(1''' → 6''')-*β*-glucoside 槲皮素 -3-*O*-*α*- 阿拉伯糖苷 -(1''' → 6''')-*β*- 葡萄糖苷 胭脂花 Primula maximowiczii

quercetin-3-*O*-*α*-D-arabinofuranoside 槲皮素 -3-*O*-*α*-D- 呋喃阿拉伯糖苷 西南山茶 Camellia pitardii, 沙戟 Chrozophora sabulosa, 准噶尔大戟 Euphorbia soongarica, 乌药 Lindera aggregata, 爆仗花 Rhododendron spinuliferum

quercetin-3-*O*-*α*-D-arabinopyranoside 槲皮素 -3-*O*-*α*-D- 吡喃阿拉伯糖苷 厚壳树 Ehretia thyrsiflora, 冷饭藤 Kadsura oblongifolia, 鳄梨 Persea americana, 抱茎蓼 Polygonum amplexicaule

quercetin-3-*O*-*α*-D-glucopyranoside 槲皮素 -3-*O*-*α*-D- 吡喃葡萄糖苷 乌药 Lindera aggregata

quercetin-3-*O*-*α*-D-glucuronopyranoside 槲皮素 -3-*O*-*α*-D- 吡喃葡萄糖醛酸苷 青钱柳 Cyclocarya paliurus

quercetin-3-*O*-*α*-D-xylopyranosyl-7-*O*-*β*-D-glucopyranoside 槲皮素 -3-*O*-*α*-D- 吡喃木糖基 -7-*O*-*β*-D- 吡喃葡萄糖苷 白杜 Euonymus maackii

quercetin-3-*O*-*α*-galactopyranoside 槲皮素 -3-*O*-*α*- 吡喃半乳糖苷 兴安杜鹃花 Rhododendron dauricum

quercetin-3-*O*-*α*-glucopyranosyl-(1 → 2)-*β*-glucopyranoside 槲皮素 -3-*O*-*α*- 吡喃葡萄糖氧基 -(1 → 2)-*β*- 吡喃葡萄糖苷 杧果 Mangifera indica

quercetin-3-*O*-*α*-L-(2,4-di-*O*-acetyl)rhamnopyranoside-7-*O*-*α*-L-rhamnopyranoside 槲皮素 -3-*O*-*α*-L-(2,4- 二 -*O*- 乙酰基) 吡喃鼠李糖苷 -7-*O*-*α*-L- 吡喃鼠李糖苷 叶下珠 Phyllanthus urinaria

quercetin-3-*O*-*α*-L-(3,4-di-*O*-acetyl)rhamnopyranoside-7-*O*-*α*-L-rhamnopyranoside 槲皮素 -3-*O*-*α*-L-(3,4- 二 -*O*- 乙酰基) 吡喃鼠李糖苷 -7-*O*-*α*-L- 吡喃鼠李糖苷 叶下珠 Phyllanthus urinaria

quercetin-3-*O*-*α*-L-(4-caffeoylrhamnopyranosyl)(1 → 6)-[*α*-L-rhamnopyranosyl-(1 → 2)]-*β*-D-galactopyranoside 槲皮素 -3-*O*-*α*-L-(4- 咖啡酰吡喃鼠李糖基)-(1 → 6)-[吡喃鼠李糖基 (1 → 2)]-*β*-D- 吡喃乳糖苷 光叶子花 Bougainvillea glabra

quercetin-3-*O*-*α*-L-arabinofuranoside 槲皮素 -3-*O*-*α*-L- 呋喃阿拉伯糖苷 欧洲七叶树 Aesculus hippocastanum, 显脉羊蹄甲 Bauhinia glauca subsp. pernervosa, 多花勾儿茶 Berchemia floribunda, 茶 Camellia sinensis, 地锦 Euphorbia humifusa, 水松 Glyptostrobus pensilis, 黄海棠 Hypericum ascyron, 冷饭藤 Kadsura oblongifolia, 马醉木 Pieris japonica, 红松 Pinus koraiensis, 委陵菜 Potentilla chinensis, 黑刺李 Prunus spinosa, 番石榴 Psidium guajava, 鹿蹄草 Pyrola calliantha, 普通鹿蹄草 P. decorata, 马缨杜鹃花 Rhododendron delavayi, 迎红杜鹃花 R. mucronulatum

quercetin-3-*O*-*α*-L-arabinopyaranosyl-(1 → 2)-*β*-D-galactopyranoside 槲皮素 -3-*O*-*α*-L- 吡喃阿拉伯糖基 -(1 → 2)-*β*-D- 吡喃半乳糖苷 刺五加 Eleutherococcus senticosus

quercetin-3-*O*-*α*-L-arabinopyranoside 槲皮素 -3-*O*-*α*-L- 吡喃阿拉伯糖苷 较常见成分，至少分布于 30 种以上植物中，见于八角科、大戟科、冬青科、豆科、杜鹃花科、椴树科、胡桃科、桦木科、壳斗科、蓼科、柳叶菜科、鹿蹄草科、萝藦科、马桑科、牻牛儿苗科、漆树科、槭树科、千屈菜科、蔷薇科、伞形科、杉科、鼠李科、桃金娘科、藤黄科、卫矛科、樟科等

quercetin-3-*O*-*α*-L-arabinopyranosyl-(1 → 6)-*β*-D-galactopyranoside 槲皮素 -3-*O*-*α*-L- 吡喃阿拉伯糖基 -(1 → 6)-*β*-D- 吡喃半乳糖苷 窄叶鲜卑花 Sibiraea angustata

quercetin-3-*O*-*α*-L-arabinoside 槲皮素 -3-*O*-*α*-L- 阿拉伯糖苷 山地虎耳草 Saxifraga montana

quercetin-3-*O*-*α*-L-glucopyranoside 槲皮素 -3-*O*-*α*-L- 吡喃葡萄糖苷 飞蛾藤 Porana racemosa, 香椿 Toona sinensis

quercetin-3-*O*-*α*-L-glucopyranosyl-(1 → 2)-*β*-D-glucopyranoside 槲皮素 -3-*O*-*α*-L- 吡喃阿拉伯糖基 -(1 → 2)-*β*-D- 吡喃葡萄糖苷 杜仲 Eucommia ulmoides

quercetin-3-*O*-*α*-L-rhamnofuranoside 槲皮素 -3-*O*-*α*-L- 呋喃鼠李糖苷 鬼箭锦鸡儿 Caragana jubata

quercetin-3'-*O*-*α*-L-rhamnopyranoside 槲皮素 -3'-*O*-*α*-L- 吡喃鼠李糖苷 赶山鞭 Hypericum attenuatum, 红蓼 Polygonum orientale

quercetin-3-*O*-*α*-L-rhamnopyranoside 槲皮素 -3-*O*-*α*-L- 吡喃鼠李糖苷 常见成分，至少分布于 100 种以上植物中

quercetin-3-*O*-*α*-L-rhamnopyranoside-7-*O*-*α*-D-glucopyranoside 槲皮素 -3-*O*-*α*-L- 吡喃鼠李糖基 -7-*O*-*α*-D- 吡喃葡萄糖苷 三白草 Saururus chinensis

quercetin-3-*O*-*α*-L-rhamnopyranoside-7-*O*-*α*-L-rhamnopyranosyl-(1 → 2)-*β*-D-glucopyranoside 槲皮素 -3-*O*-*α*-L- 吡喃鼠李糖苷 -7-*O*-*α*-L- 吡喃鼠李糖基 (1 → 2)-*β*-D- 吡喃葡萄糖苷 荔枝 Litchi chinensis

quercetin-3-*O*-*α*-L-rhamnopyranoside-7-*O*-*β*-D-glucopyranoside 槲皮素 -3-*O*-*α*-L- 吡喃鼠李糖苷 -7-*O*-*β*-D- 吡喃葡萄糖苷 辣椒 Capsicum annuum, 粉背南蛇藤 Celastrus hypoleucus, 皱叶南蛇藤 C. rugosus, 百脉根 Lotus corniculatus

quercetin-3-*O*-*α*-L-rhamnopyranosyl-(1 → 2)-[*α*-L-rhamnopyranosyl-(1 → 6)]-*β*-D-galactopyranoside-7-*O*-*α*-L-rhamnopyranoside 槲皮素 -3-*O*-*α*-L- 吡喃鼠李糖基 -(1 → 2)-[*α*-L- 吡喃鼠李糖基 -(1 → 6)]-*β*-D- 吡喃半乳糖苷 -7-*O*-*α*-L- 吡喃鼠李糖苷 甘青乌头 Aconitum tanguticum

quercetin-3-*O*-*α*-L-rhamnopyranosyl-(1 → 2)-[*β*-D-glucopyranosyl-(1 → 3)-*α*-L-(4-*O*-*trans*-*p*-coumaroylrhamnopyranosyl)-(1 → 6)]-*β*-D-galactopyranoside-7-*O*-*α*-L-rhamnopyranoside 槲皮素 -3-*O*-*α*-L- 吡喃鼠李糖基 -(1 → 2)-[*β*-D- 吡喃葡萄糖基 -(1 → 3)-*α*-L-(4-*O*- 反式 - 对香豆酰吡喃鼠李糖基)-(1 → 6)]-*β*-D- 吡喃半乳糖苷 -7-*O*-*α*-L- 吡喃鼠李糖苷 甘青乌头 Aconitum tanguticum

quercetin-3-*O*-*α*-L-rhamnopyranosyl-(1 → 2)-*O*-*α*-L-rhamnopyranoside 槲皮素 -3-*O*-*α*-L- 吡喃鼠李糖基 -(1 → 2)-*O*-*α*-L- 吡喃鼠李糖苷 地耳草 Hypericum japonicum

quercetin-3-*O*-*α*-L-rhamnopyranosyl-(1 → 2)-*α*-L-arabinofuranoside 槲皮素 -3-*O*-*α*-L- 吡喃鼠李糖基 -(1 → 2)-*α*-L- 呋喃阿拉伯糖苷 鹰爪花 Artabotrys hexapetalus

quercetin-3-*O*-*α*-L-rhamnopyranosyl-(1 → 2)-*α*-L-arabinopyranoside 槲皮素 -3-*O*-*α*-L- 吡喃鼠李糖基 -(1 → 2)-*α*-L- 吡喃阿拉伯糖苷 播娘蒿

Q

Q

quercetin-3-*O*-*α*-rhamnosyl-*β*-D-glucoside 槲皮素 -3-*O*-*α*- 鼠李糖基 -*β*-D- 葡萄糖苷 水烛 Typha angustifolia
quercetin-3-*O*-*β*-(2''-*O*-acetyl-*β*-D-glucuronopyranoside) 槲皮素 -3-*O*-*β*-(2''-*O*- 乙酰基 -*β*-D- 吡喃葡萄糖醛酸苷 萹蓄 Polygonum aviculare
quercetin-3-*O*-*β*-(3''-*O*-acetyl-*β*-D-glucuronopyranoside) 槲皮素 -3-*O*-*β*-(3''-*O*- 乙酰基 -*β*-D- 吡喃葡萄糖醛酸苷 萹蓄 Polygonum aviculare
quercetin-3-*O*-*β*-(6''-galloylglucopyranoside) 槲皮素 -3-*O*-*β*-6''- 没食子酰吡喃葡萄糖苷 臭椿 Ailanthus altissima
quercetin-3-*O*-*β*-(6-*O*-malonyl)-glucopyranoside 槲皮素 -3-*O*-*β*-(6-*O*- 丙二酰基)- 吡喃葡萄糖苷 啤酒花 Humulus lupulus
quercetin-3-*O*-*β*-(D-glucopyranosyl-6-*β*-D-glucopyranoside) 槲皮素 -3-*O*-*β*-(D- 吡喃葡萄糖基 -6-*β*-D- 吡喃葡萄糖) 苷 香藜 Chenopodium botrys
quercetin-3-*O*-*β*-D-glucopyranosyl-(6 → 1)-*α*-L-rhamnopyranosyl-7-*α*-L-rhamnopyranoside 槲皮素 -3-*O*-*β*-D- 吡喃葡萄糖苷 -(6 → 1)-*α*-L- 吡喃鼠李糖苷 -7-*α*-L- 吡喃鼠李糖苷 泡囊草 Physochlaina physaloides
quercetin-3-*O*-*β*-D-(2'',6''-di-*O*-*β*-L-rhamnopyranosyl)-glucopyranoside 槲皮素 -3-*O*-*β*-D-(2'',6''- 二 -*O*-*β*-L- 吡喃鼠李糖基)- 吡喃葡萄糖苷 长叶胡颓子 Elaeagnus bockii
quercetin-3-*O*-*β*-D-(2''-galloyl)-glucopyranoside 槲皮素 -3-*O*-*β*-D-(2''- 没食子酰基)- 吡喃葡萄糖苷 酸模叶蓼 Polygonum lapathifolium
quercetin-3-*O*-*β*-D-(2''-galloyl)-rhamnopyranoside 槲皮素 3-*O*-*β*-D-(2''- 没食子酰基)- 吡喃鼠李糖苷 酸模叶蓼 Polygonum lapathifolium
quercetin-3-*O*-*β*-D-(6''-galloyl)-galactopyranoside 槲皮素 -3-*O*-*β*-D-(6''- 没食子酰基)- 吡喃半乳糖苷 萹蓄 Polygonum aviculare
quercetin-3-*O*-*β*-D-(6''-*n*-butylglucuropyranonide) 槲皮素 -3-*O*-*β*-D-(6''- 正丁基葡萄糖醛酸苷) 山茱萸 Cornus officinalis
quercetin-3-*O*-*β*-D-(6''-*O*-*α*-L-rhamnopyranosyl)glucopyranoside 槲皮素 -3-*O*-*β*-D-(6''-*O*-*α*-L- 吡喃鼠李糖基) 吡喃葡萄糖苷 少药八角 Illicium oligandrum
quercetin-3-*O*-*β*-D-(6''-*p*-coumaroyl)-galactopyranoside 槲皮素 -3-*O*-*β*-D-(6''-*p*- 香豆酰基)- 吡喃半乳糖苷 矮桃 Lysimachia clethroides
quercetin-3-*O*-*β*-D-(6''-feruloyl)-galactopyranoside 槲皮素 -3-*O*-*β*-D-(6''- 阿魏酸)- 吡喃半乳糖苷 酸模叶蓼 Polygonum lapathifolium
quercetin-3-*O*-*β*-D-(6-malonylglucoside) 槲皮素 -3-*O*-*β*-D-(6- 丙二酰吡喃葡萄糖苷) 长蒴黄麻 Corchorus olitorius
2''*E*-quercetin-3-*O*-*β*-D-(6''''-*O*-[3''(4''''-hydroxyphenyl)-propylene acyl])-glucopyranoside 2''*E*- 槲皮素 -3-*O*-*β*-D-(6''''-*O*-[3''(4''''- 羟基苯基)- 丙烯酰基])- 吡喃葡萄糖苷 胡桃楸 Juglans mandshurica
quercetin-3-*O*-*β*-D-(6''-*O*-acetyl)-galactopyranoside 槲皮素 -3-*O*-*β*-D-(6''-*O*- 乙酰基)- 吡喃半乳糖苷 白车轴草 Trifolium repens
quercetin-3-*O*-*β*-D-(6''-*O*-galloyl)glucopyranoside 槲皮素 -3-*O*-*β*-D-(6''-*O*- 没食子酰基) 吡喃葡萄糖苷 莼菜 Brasenia schreberi
quercetin-3-*O*-*β*-D-(6''-*O*-galloyl)-glucopyranoside 槲皮素 -3-*O*-*β*-D-(6''-*O*- 没食子酰基)- 吡喃葡萄糖苷 珠仔树 Symplocos racemosa
quercetin-3-*O*-*β*-D-(6'''-*O*-*α*-L-rhamnopyranosyl)-glucopyranoside 槲皮素 -3-*O*-*β*-D-(6'''-*O*-*α*-L- 吡喃鼠李糖基)- 吡喃葡萄糖苷 灰毛浆果楝 Cipadessa cinerascens
quercetin-3-*O*-*β*-D-[2^{G}-*O*-*β*-D-xylopyranosyl-6^{G}-*O*-*α*-L-rhamnopyranosyl]-glucopyranoside 槲皮素 -3-*O*-*β*-D-[2^{G}-*O*-*β*-D- 吡喃木糖基 -6^{G}-*O*-*α*-L- 吡喃鼠李糖基]- 吡喃葡萄糖苷 陕西猕猴桃 Actinidia arguta var. giraldii
quercetin-3-*O*-*β*-D-[2-*O*-(6-*O*-*E*-sinapoyl)-*β*-D-glucopymosyl]-*β*-D-glucopyranoside 槲皮素 -3-*O*-*β*-D-[2-*O*-(6-*O*-*E*- 芥子酰基)-*β*-D- 吡喃葡萄糖基]- 吡喃葡萄糖苷 独行菜 Lepidium apetalum
quercetin-3-*O*-*β*-D-[6'''-*O*-acetyl-glucopyranosyl-(1 → 3)-*β*-D-galactopyranoside] 槲皮素 -3-*O*-*β*-D-[6'''-*O*- 乙酰吡喃葡萄糖基 -(1 → 3)-*β*-D- 吡喃半乳糖苷 飞扬草 Euphorbia hirta
quercetin-3-*O*-*β*-D-6''-acetylglucopyranoside 槲皮素 -3-*O*-*β*-D-6''- 乙酰吡喃葡萄糖苷 黄蜀葵 Abelmoschus manihot, 矮桃 Lysimachia clethroides, 西域旌节花 Stachyurus himalaicus
quercetin-3-*O*-*β*-D-6''-acetylglucopyranoside 槲皮素 -3-*O*-*β*-D-6''- 乙酰吡喃葡萄糖苷 红芽大戟 Knoxia sumatrensis
quercetin-3-*O*-*β*-D-alloside 槲皮素 -3-*O*-*β*-D- 阿洛糖苷 耳羽岩蕨 Woodsia polystichoides
quercetin-3-*O*-*β*-D-arabinfuranoside 槲皮素 -3-*O*-*β*-D- 呋喃阿拉伯糖苷 乌药 Lindera aggregata
quercetin-3'-*O*-*β*-D-arabinopyranoside 槲皮素 -3'-*O*-*β*-D- 吡喃阿拉伯糖苷 栾树 Koelreuteria paniculata
quercetin-3-*O*-*β*-D-arabinopyranoside 槲皮素 -3-*O*-*β*-D- 吡喃阿拉伯糖苷 北柴胡 Bupleurum chinense, 岩须 Cassiope selaginoides, 白花酸藤子 Embelia ribes, 萹蓄 Polygonum aviculare, 习见蓼 P. plebeium, 马缨杜鹃花 Rhododendron delavayi, 款冬 Tussilago farfara
quercetin-3-*O*-*β*-D-diglucopyranoside 槲皮素 -3-*O*-*β*-D- 二吡喃葡萄糖苷 陆地棉 Gossypium hirsutum
quercetin-3'-*O*-*β*-D-galactopyranoside 槲皮素 -3'-*O*-*β*-D- 吡喃半乳糖苷 小连翘 Hypericum erectum
quercetin-3-*O*-*β*-D-galactopyranoside 槲皮素 -3-*O*-*β*-D- 吡喃半乳糖苷 常见成分，至少分布于 100 种以上植物中
quercetin-3-*O*-*β*-D-galactopyranoside-4'-*O*-*β*-D-glucopyranoside 槲皮素 -3-*O*-*β*-D- 吡喃半乳糖苷 -4'-*O*-*β*-D- 吡喃葡萄糖苷 沙枣 Elaeagnus angustifolia
quercetin-3-*O*-*β*-D-galactopyranosyl-(1 → 2)-*O*-*β*-D-glucopyranoside 槲皮素 -3-*O*-*β*-D- 吡喃半乳糖基 -(1 → 2)-*O*-*β*-D- 吡喃葡萄糖苷 刺参 Oplopanax elatus
quercetin-3-*O*-*β*-D-galactopyranosyl-(1 → 6)-glucopyranoside 槲皮素 -3-*O*-*β*-D- 吡喃半乳糖基 -(1 → 6)- 吡喃葡萄糖苷 五脉绿绒蒿 Meconopsis quintuplinervia
quercetin-3-*O*-*β*-D-galactopyranosyl-(1 → 6)-*O*-*β*-D-glucopyranoside 槲皮素 -3-*O*-*β*-D- 吡喃半乳糖基 -(1 → 6)-*O*-*β*-D- 吡喃葡萄糖苷 窄叶野豌豆 Vicia pilosa
quercetin-3-*O*-*β*-D-galactopyranosyl-(2 → 1)-*O*-*β*-D-glucopyranoside 槲皮素 -3-*O*-*β*-D- 吡喃半乳糖基 -(2 → 1)-*O*-*β*-D- 吡喃葡萄糖苷 三七 Panax notoginseng
quercetin-3-*O*-*β*-D-galactopyranosyl-(2 → 1)-*β*-D-apioside 槲皮素 -3-*O*-*β*-D- 吡喃半乳糖基 -(2 → 1)-*β*-D- 芹糖苷 南方菟丝子 Cuscuta australis
quercetin-3-*O*-*β*-D-galactopyranosyl-(6 → 1)-*α*-L-rhamnopyranoside 槲皮素 -3-*O*-*β*-D- 吡喃半乳糖基 -(6 → 1)-*α*-L- 吡喃鼠李糖苷 山里红 Crataegus pinnatifida var. major, 葫芦茶 Tadehagi triquetrum
quercetin-3-*O*-*β*-D-galactopyranosyl-7-*O*-*β*-D-glucopyranoside 槲皮素 -3-*O*-*β*-D- 吡喃半乳糖基 -7-*O*-*β*-D- 吡喃葡萄糖苷 野百合 Crotalaria

Q

sessiliflora, 三白草 Saururus chinensis
quercetin-3-O-β-D-galacturonopyranoside 槲皮素 -3-O-β-D- 吡喃半乳糖醛酸苷 芳香白珠 Gaultheria fragrantissima
quercetin-3-O-β-D-gentiobioside 槲皮素 -7-O-β-D- 龙胆二糖苷 月季 Rosa chinensis
quercetin-3-O-β-D-glucofuranoside 槲皮素 -3-O-β-D- 呋喃葡萄糖苷 荚蒾 Viburnum dilatatum
quercetin-3'-O-β-D-glucopyranoside 槲皮素 -3'-O-β-D- 吡喃葡萄糖苷 黄蜀葵 Abelmoschus manihot, 金线兰 Anoectochilus roxburghii, 树棉 Gossypium arboreum, 海岛棉 G. barbadense, 陆地棉 G. hirsutum, 赶山鞭 Hypericum attenuatum, 拳参 Polygonum bistorta, 蒙古栎 Quercus mongolica
quercetin-3-O-β-D-glucopyranoside 槲皮素 -3-O-β-D- 吡喃葡萄糖苷 常见成分，至少分布于 100 种以上植物中
quercetin-3'-O-β-D-glucopyranoside-3,5,7,4'-tetramethyl ether 槲皮素 -3'-O-β-D- 吡喃葡萄糖苷 -3,5,7,4'- 四甲醚 陆地棉 Gossypium hirsutum
quercetin-3-O-β-D-glucopyranoside-4'-O-α-L-rhamnopyranoside 槲皮素 -3-O-β-D- 吡喃葡萄糖苷 -4'-O-α-L- 吡喃鼠李糖苷 牛至 Origanum vulgare
quercetin-3-O-β-D-glucopyranoside-6''-gallate 槲皮素 -3-O-β-D- 吡喃葡萄糖苷 -6''- 没食子酸酯 芍药 Paeonia lactiflora
quercetin-3-O-β-D-glucopyranoside-6''-gallate 槲皮素 -3-O-β-D- 吡喃葡萄糖苷 -6''- 没食子酸酯 紫锦木 Euphorbia cotinifolia subsp. cotinoides
quercetin-3-O-β-D-glucopyranoside-7-O-α-L-arabinopyranoside 槲皮素 -3-O-β-D- 吡喃葡萄糖苷 -7-O-α-L- 吡喃阿拉伯糖苷 毛翠雀花 Delphinium trichophorum
quercetin-3-O-β-D-glucopyranoside-7-O-α-L-rhamnopyranoside 槲皮素 -3-O-β-D- 吡喃葡萄糖苷 -7-O-α-L- 吡喃鼠李糖苷 南蛇藤 Celastrus orbiculatus, 皱叶南蛇藤 C. rugosus, 罗汉果 Siraitia grosvenorii, 蚕豆 Vicia faba
quercetin-3-O-β-D-glucopyranosyl-(1→2)-[α-L-rhamnopyranosyl-(1→6)]-β-D-glucopyranoside 槲皮素 -3-O-β-D- 吡喃葡萄糖基 -(1→2)-[α-L- 吡喃鼠李糖基 -(1→6)]-β-D- 吡喃葡萄糖苷 多刺锦鸡儿 Caragana spinosa
quercetin-3-O-β-D-glucopyranosyl-(1→2)-[α-L-rhamnopyranosyl-(1→6)]-β-D-glucopyranoside-7-O-α-L-rhamnopyranoside 槲皮素 -3-O-β-D- 吡喃葡萄糖基 -(1→2)-[α-L- 吡喃鼠李糖基 -(1→6)]-β-D- 吡喃葡萄糖苷 -7-O-α-L- 吡喃鼠李糖苷 多刺锦鸡儿 Caragana spinosa
quercetin-3-O-β-D-glucopyranosyl-(1→2)-O-β-D-galactopyranoside 槲皮素 -3-O-β-D- 吡喃葡萄糖基 -(1→2)-O-β-D- 吡喃半乳糖苷 三七 Panax notoginseng
quercetin-3-O-β-D-glucopyranosyl-(1→2)-α-D-glucopyranoside 槲皮素 -3-O-β-D- 吡喃葡萄糖基 -(1→2)-α-D- 吡喃葡萄糖苷 醉魂藤 Heterostemma brownii
quercetin-3-O-β-D-glucopyranosyl-(1→2)-α-L-arabinopyranoside 槲皮素 -3-O-β-D- 吡喃葡萄糖基 -(1→2)-α-L- 吡喃阿拉伯糖苷 枸骨 Ilex cornuta
quercetin-3-O-β-D-glucopyranosyl-(1→2)-α-L-mannopyranoside 槲皮素 -3-O-β-D- 吡喃葡萄糖基 -(1→2)-α-L- 吡喃甘露糖苷 清风藤 Sabia japonica
quercetin-3-O-β-D-glucopyranosyl-(1→2)-β-D-galactopyranoside 槲皮素 -3-O-β-D- 吡喃葡萄糖基 -(1→2)-β-D- 吡喃半乳糖苷 黄花夹竹桃 Thevetia peruviana
quercetin-3-O-β-D-glucopyranosyl-(1→2)-β-D-galactoside 槲皮素 -3-O-β-D- 吡喃葡萄糖基 -(1→2)-β-D- 半乳糖苷 日本珊瑚树 Viburnum odoratissimum var. awabuki
quercetin-3-O-β-D-glucopyranosyl-(1→2)-β-D-glucopyranoside 槲皮素 -3-O-β-D- 吡喃葡萄糖基 -(1→2)-β-D- 吡喃葡萄糖苷 多刺锦鸡儿 Caragana spinosa, 杜仲 Eucommia ulmoides
quercetin-3-O-β-D-glucopyranosyl-(1→2)-β-D-glucopyranosyl-7-O-β-D-glucopyranoside 槲皮素 -3-O-β-D- 吡喃葡萄糖基 -(1→2)-β-D- 吡喃葡萄糖基 -7-O-β-D- 吡喃葡萄糖苷 家独行菜 Lepidium sativum
quercetin-3-O-β-D-glucopyranosyl-(1→2)-β-D-xylopyranoside 槲皮素 -3-O-β-D- 吡喃葡萄糖基 -(1→2)-β-D- 吡喃木糖苷 穗状狐尾藻 Myriophyllum spicatum
quercetin-3-O-β-D-glucopyranosyl-(1→4)-α-L-rhamnopyranoside 槲皮素 -3-O-β-D- 吡喃葡萄糖基 (1→4)-α-L- 吡喃鼠李糖苷 三白草 Saururus chinensis
quercetin-3-O-β-D-glucopyranosyl-(1→4)-O-α-L-rhamnopyranoside 槲皮素 -3-O-β-D- 吡喃葡萄萄糖基 -(1→4)-O-α-L- 吡喃鼠李糖苷 欧洲七叶树 Aesculus hippocastanum
quercetin-3-O-β-D-glucopyranosyl-(1→4)-α-L-rhamnopyranoside 槲皮素 -3-O-β-D- 吡喃葡萄糖基 -(1→4)-α-L- 吡喃鼠李糖苷 穗状狐尾藻 Myriophyllum spicatum
quercetin-3-O-β-D-glucopyranosyl-(1→4)-β-D-galactopyranoside 槲皮素 -3-O-β-D- 吡喃葡萄糖基 -(1→4)-β-D- 吡喃半乳糖苷 网果酸模 Rumex chalepensis
quercetin-3-O-β-D-glucopyranosyl-(1'''→6'')-β-D-glucopyranoside 槲皮素 -3-O-β-D- 吡喃葡萄糖基 -(1'''→6'')-β-D- 吡喃葡萄糖苷 咖啡黄葵 Abelmoschus esculentus
quercetin-3-O-β-D-glucopyranosyl-(1→6)-O-α-L-rhamnopyranoside 槲皮素 -3-O-β-D- 吡喃葡萄糖基 -(1→6)-O-α-L- 吡喃鼠李糖苷 水柳 Homonoia riparia
quercetin-3-O-β-D-glucopyranosyl-(1→6)-O-β-D-glucopyranoside 槲皮素 -3-O-β-D- 吡喃葡萄糖基 -(1→6)-O-β-D- 吡喃葡萄糖苷 麻叶风轮菜 Clinopodium urticifolium, 台湾十大功劳 Mahonia japonica
quercetin-3-O-β-D-glucopyranosyl-(1→6)-β-D-galactopyranoside 槲皮素 -3-O-β-D- 吡喃葡萄糖基 -(1→6)-β-D- 吡喃半乳糖苷 龙葵 Solanum nigrum
quercetin-3-O-β-D-glucopyranosyl-(6→1)-glucopyranoside 槲皮素 -3-O-β-D- 吡喃葡萄糖基 -(6→1)- 吡喃葡萄糖苷 山地虎耳草 Saxifraga montana
quercetin-3-O-β-D-glucopyranosyl-(6→1)-α-L-rhamnopyranoside 槲皮素 -3-O-β-D- 吡喃葡萄糖基 -(6→1)-α-L- 吡喃鼠李糖苷 山里红

Q

Crataegus pinnatifida var. major, 葫芦茶 Tadehagi triquetrum

quercetin-3-*O*-*β*-D-glucopyranosyl-(6 → 1)-*α*-L-rhamnoside 槲皮素 -3-*O*-*β*-D- 吡喃葡萄糖基 -(6 → 1)-*α*-L- 鼠李糖苷 红凤菜 Gynura bicolor, 白子菜 G. divaricata

quercetin-3-*O*-*β*-D-glucopyranosyl-(6 → 1)-*β*-D-glucopyranoside 槲皮素 -3-*O*-*β*-D- 吡喃葡萄糖基 -(6 → 1)-*β*-D- 吡喃葡萄糖苷 桂火绳 Eriolaena kwangsiensis

quercetin-3-*O*-*β*-D-glucopyranosyl-(6 → 1)-*β*-L-rhamnopyranosyl-(4 → 1)-*β*-D-glucopyranoside 槲皮素 -3-*O*-*β*-D- 吡喃葡萄糖基 -(6 → 1)-*β*-L- 吡喃鼠李糖基 -(4 → 1)-*β*-D- 吡喃葡萄糖苷) 泡囊草 Physochlaina physaloides

quercetin-3'-*O*-*β*-D-glucopyranosyl-3-*O*-rutinoside 槲皮素 -3'-*O*-*β*-D- 吡喃葡萄糖基 -3-*O*- 芸香糖苷 楹树 Albizia chinensis

quercetin-3-*O*-*β*-D-glucopyranosyl-7-*O*-gentiobioside 槲皮素 -3-*O*-*β*-D- 吡喃葡萄糖基 -7-*O*-*β*- 龙胆二糖苷 播娘蒿 Descurainia sophia

quercetin-3-*O*-*β*-D-glucopyranosyl-7-*O*-rhamnopyranoside 槲皮素 -3-*O*-*β*-D- 吡喃葡萄糖基 -7-*O*- 吡喃鼠李糖苷 蚕豆 Vicia faba

quercetin-3-*O*-*β*-D-glucopyranosyl-7-*O*-*α*-L-rhamnopyranoside 槲皮素 -3-*O*-*β*-D- 吡喃葡萄糖基 -7-*O*-*α*-L- 吡喃鼠李糖苷 点地梅 Androsace umbellata, 冬青卫矛 Euonymus japonicus

quercetin-3-*O*-*β*-D-glucopyranosyl-7-*α*-L-rhamnopyranoside 槲皮素 -3-*O*-*β*-D- 吡喃葡萄糖基 -7-*α*-L- 吡喃鼠李糖苷 驴蹄草 Caltha palustris

quercetin-3-*O*-*β*-D-glucopyranosylgalactoside 槲皮素 -3-*O*-*β*-D- 吡喃葡萄糖基半乳糖苷 海岛棉 Gossypium barbadense

quercetin-3-*O*-*β*-D-glucopyranosyl-*O*-*β*-D-mannopyranoside 槲皮素 -3-*O*-*β*-D- 吡喃葡萄糖基 -*O*-*β*-D- 吡喃甘露糖苷 黄果茄 Solanum virginianum

quercetin-3-*O*-*β*-D-glucopyranosylrutinoside 槲皮素 -3-*O*-*β*-D- 吡喃葡萄糖基芸香糖苷 海岛棉 Gossypium barbadense

quercetin-3-*O*-*β*-D-glucopyranosyl-*α*-L-rhamnopyranoside 槲皮素 -3-*O*-*β*-D- 吡喃葡萄糖基 -*α*-L- 吡喃鼠李糖苷 广东紫珠 Callicarpa kwangtungensis, 越桔 Vaccinium vitis-idaea

quercetin-3-*O*-*β*-D-glucopyranosyl-*β*-D-xylopyranoside 槲皮素 -3-*O*-*β*-D- 吡喃葡萄糖基 -*β*-D- 吡喃木糖苷 莓叶委陵菜 Potentilla fragarioides

quercetin-3-*O*-*β*-D-glucoside 槲皮素 -3-*O*-*β*-D- 葡萄糖苷 半边莲 Lobelia chinensis

quercetin-3-*O*-*β*-D-glucoside-2''-gallate 槲皮素 -3-*O*-*β*-D- 葡萄糖苷 -2''- 没食子酸酯 罗勒 Ocimum basilicum

quercetin-3-*O*-*β*-D-glucoside-6''-acetate 槲皮素 -3-*O*-*β*-D- 葡萄糖苷 -6''- 乙酸酯 洋甘草 Glycyrrhiza glabra

quercetin-3-*O*-*β*-D-glucuronic acid-6''-methylester 槲皮素 -3-*O*-*β*-D- 吡喃葡萄糖醛酸 -6''- 甲酯 宽苞水柏枝 Myricaria bracteata

quercetin-3-*O*-*β*-D-glucuronide 槲皮素 -3-*O*-*β*-D- 葡萄糖醛酸苷 莳萝 Anethum graveolens, 红柴胡 Bupleurum scorzonerifolium, 积雪草 Centella asiatica, 地蔷薇 Chamaerhodos erecta, 川明参 Chuanminshen violaceum, 青兰 Dracocephalum ruyschiana, 茴香 Foeniculum vulgare, 莲 Nelumbo nucifera, 蕨麻 Potentilla anserina, 光叶蔷薇 Rosa wichuraiana, 南烛 Vaccinium bracteatum, 葡萄 Vitis vinifera

quercetin-3-*O*-*β*-D-glucuronide methyl ester 槲皮素 -3-*O*-*β*-D- 葡萄糖醛酸苷甲酯 地蔷薇 Chamaerhodos erecta, 地锦 Parthenocissus tricuspidata, 南烛 Vaccinium bracteatum

quercetin-3-*O*-*β*-D-glucuronide-6''-methyl ester 槲皮素 -3-*O*-*β*-D- 葡萄糖醛酸苷 -6''- 甲酯 野拔子 Elsholtzia rugulosa, 杠柳 Periploca sepium

quercetin-3-*O*-*β*-D-glucuronopyranate sodium 槲皮素 -3-*O*-*β*-D- 吡喃葡萄糖醛酸钠盐 葡萄 Vitis vinifera

quercetin-3-*O*-*β*-D-glucuronopyranoside 槲皮素 -3-*O*-*β*-D- 吡喃葡萄糖醛酸苷 北疆风铃草 Campanula glomerata, 苦槠 Castanopsis sclerophylla, 长花铁线莲 Clematis rehderiana, 山茱萸 Cornus officinalis, 青钱柳 Cyclocarya paliurus, 直杆蓝桉 Eucalyptus maidenii, 芳香白珠 Gaultheria fragrantissima, 白果白珠 G. leucocarpa, 杨梅 Myrica rubra, 地锦 Parthenocissus tricuspidata, 两栖蓼 Polygonum amphibium, 萹蓄 P. aviculare, 水蓼 P. hydropiper, 红蓼 P. orientale, 草血竭 P. paleaceum, 杠板归 P. perfoliatum, 水生酸模 Rumex aquaticus, 毛脉酸模 R. gmelinii, 巴天酸模 R. patientia, 三白草 Saururus chinensis, 广寄生 Taxillus chinensis, 锈毛钝果寄生 T. levinei, 毛叶钝果寄生 T. nigrans, 南烛 Vaccinium bracteatum, 绿豆 Vigna radiata, 山葡萄 Vitis amurensis

quercetin-3-*O*-*β*-D-glucuronopyranoside ethyl ester 槲皮素 -3-*O*-*β*-D- 吡喃葡萄糖醛酸苷乙酯 黄连花 Lysimachia davurica, 葡萄 Vitis vinifera

quercetin-3-*O*-*β*-D-glucuronopyranoside-6''-butyl ester 槲皮素 -3-*O*-*β*-D- 吡喃葡萄糖醛酸苷 -6''- 丁酯 杠板归 Polygonum perfoliatum

quercetin-3-*O*-*β*-D-glucuronopyranoside-6''-methyl ester 槲皮素 -3-*O*-*β*-D- 吡喃葡萄糖醛酸苷 -6''- 甲酯 杠板归 Polygonum perfoliatum

quercetin-3-*O*-*β*-D-glucuronopyranosyl methyl ester 槲皮素 -3-*O*-*β*-D- 吡喃葡萄糖醛酸甲酯苷 三白草 Saururus chinensis

quercetin-3-*O*-*β*-D-mannopyranoside 槲皮素 -3-*O*-*β*-D- 吡喃甘露糖苷 萹蓄 Polygonum aviculare

quercetin-3-*O*-*β*-D-rhamnopyranoside 槲皮素 -3-*O*-*β*-D- 吡喃鼠李糖苷 西南山茶 Camellia pitardii, 樟 Cinnamomum camphora, 潺槁木姜子 Litsea glutinosa

quercetin-3-*O*-*β*-D-robinobioside-7-*O*-*β*-D-glucopyranoside 槲皮素 -3-*O*-*β*-D- 刺槐二糖苷 -7-*O*-*β*-D- 吡喃葡萄糖苷 樱草杜鹃 Rhododendron primuliflorum

quercetin-3-*O*-*β*-D-robinoside 槲皮素 -3-*O*-*β*-D- 刺槐糖苷 白花鬼针草 Bidens pilosa var. radiata

quercetin-3-*O*-*β*-D-rutinoside 槲皮素 -3-*O*-*β*-D- 芸香糖苷 常见成分，至少分布于 100 种以上植物中

quercetin-3-*O*-*β*-D-sambubioside 槲皮素 -3-*O*-*β*-D- 接骨木二糖苷 蕨麻 Potentilla anserina

quercetin-3-*O*-*β*-D-sophoroside 槲皮素 -3-*O*-*β*-D- 槐糖苷 月季 Rosa chinensis

quercetin-3-*O*-*β*-D-xylofuranoside 槲皮素 -3-*O*-*β*-D- 呋喃木糖苷 兴安杜鹃花 Rhododendron dauricum

quercetin-3-*O*-*β*-D-xylofuranosyl-(1 → 2)-*β*-D-galactopyranoside 槲皮素 -3-*O*-*β*-D- 呋喃木糖基 -(1 → 2)-*β*-D- 吡喃半乳糖苷 莲 Nelumbo nucifera

quercetin-3-*O*-*β*-D-xylopyranoside 槲皮素 -3-*O*-*β*-D- 吡喃木糖苷 鬼箭锦鸡儿 Caragana jubata, 紫锦木 Euphorbia cotinifolia subsp. cotinoides, 水松 Glyptostrobus pensilis, 短柱八角 Illicium brevistylum, 八角 I. verum, 星花灯心草 Juncus diastrophanthus, 乌药 Lindera aggregata, 穗状狐尾藻 Myriophyllum spicatum, 雪白睡莲 Nymphaea candida, 黄连木 Pistacia chinensis, 番石榴 Psidium guajava, 越桔 Vaccinium vitis-idaea, 虾子花 Woodfordia fruticosa

quercetin-3-*O*-*β*-D-xylopyranosyl-(1 → 2)-*β*-D-galactopyranoside 槲皮素 -3-*O*-*β*-D- 吡喃木糖基 -(1 → 2)-*β*-D- 半乳糖苷 莲 Nelumbo

Q

vulgaris
quercetin-3-rhamnopyranoside-2''-gallate 槲皮素 -3- 吡喃鼠李糖苷 -2''- 没食子酸酯 羊踯躅 Rhododendron molle
quercetin-3-rhamnopyranosyl-(1 → 2)-galactopyranoside 槲皮素 -3- 吡喃鼠李糖基 -(1 → 2)- 吡喃半乳糖苷 黄连花 Lysimachia davurica
quercetin-3-rhamnoside-3'-glucoside 槲皮素 -3- 鼠李糖苷 -3'- 葡萄糖苷 密花树 Myrsine seguinii
quercetin-3-rhamnosyl-(1 → 2)-galactoside 槲皮素 -3- 鼠李糖基 -(1 → 2)- 半乳糖苷 红根草 Lysimachia fortunei, 毛黄连花 L. vulgaris
quercetin-3-rhamnosyl-(1 → 3)-galactoside 槲皮素 -3- 鼠李糖基 -(1 → 3)- 半乳糖苷 铁仔 Myrsine africana
quercetin-3-rhamnosyl-(1 → 6)-galactoside 槲皮素 -3- 鼠李糖基 -(1 → 6)- 半乳糖苷 铁仔 Myrsine africana
quercetin-3-rhamnosyl-7-glucoside 槲皮素 -3- 半乳糖基 -7- 葡萄糖苷 地榆 Sanguisorba officinalis
quercetin-3-rhamnosyldiglucoside 槲皮素 -3- 鼠李糖基二葡萄糖苷 番茄 Lycopersicon esculentum
quercetin-3-robinobioside 槲皮素 -3- 刺槐二糖苷 中华双扇蕨 Dipteris chinensis
quercetin-3-rutino-7-glucopyranoside 槲皮素 -3- 芸香糖基 -7- 吡喃葡萄糖苷 小蔓长春花 Vinca minor
quercetin-3-rutinoside-7-glucoside 槲皮素 -3- 芸香糖苷 -7- 葡萄糖苷 番茄 Lycopersicon esculentum
quercetin-3-rutinoside-7-rhamnoside 槲皮素 -3- 芸香糖苷 -7- 鼠李糖苷 林木贼 Equisetum sylvaticum
quercetin-3-rutinoside-feruloyl-hexose 槲皮素 -3- 芸香糖苷 - 阿魏酰己糖 番茄 Lycopersicon esculentum
quercetin-3-rutinoside-*p*-coumaroyl-hexose 槲皮素 -3- 芸香糖苷 - 对香豆酰己糖 番茄 Lycopersicon esculentum
quercetin-3-rutinoside-*p*-coumaroyl-pentose 槲皮素 -3- 芸香糖苷 - 对香豆酰戊糖 番茄 Lycopersicon esculentum
quercetin-3-rutinoside-pentoside 槲皮素 -3- 芸香糖 - 戊糖苷 番茄 Lycopersicon esculentum
quercetin-3-sophoroside 槲皮素 -3- 槐糖苷 芜菁 Brassica rapa, 日本珊瑚树 Viburnum odoratissimum var. awabuki
quercetin-3-sophorosyl-7-glucoside 槲皮素 -3- 槐糖基 -7- 葡萄糖苷 芜菁 Brassica rapa
quercetin-3-sophorotrioside 槲皮素 -3- 槐三糖苷 腺毛黑种草 Nigella glandulifera
quercetin-3-sulfate 槲皮素 -3- 硫酸酯 欧亚旋覆花 Inula britannica, 水蓼 Polygonum hydropiper
quercetin-3'-sulfate-3-*O*-*α*-L-rhamnopyranoside 槲皮素 -3'- 硫酸酯 -3-*O*-*α*-L- 吡喃鼠李糖苷 台湾火筒树 Leea guineensis
quercetin-3-xyloside 槲皮素 -3- 木糖苷 苹果形榅桲 Cydonia oblonga var. maliformis
quercetin-3-*α*-L-arabinofuranoside 槲皮素 -3-*α*-L- 呋喃阿拉伯糖苷 杧果 Mangifera indica
quercetin-3*α*-L-arabinopyranoside 槲皮素 -3*α*-L- 吡喃阿拉伯糖苷 长叶多穗蓼 Polygonum polystachyum var. longifolium
quercetin-3-*α*-L-arabinoside 槲皮素 -3-*α*-L- 阿拉伯糖苷 红花寄生 Scurrula parasitica
quercetin-3-*α*-L-rhamnopyranoside 槲皮素 -3-*α*-L- 吡喃鼠李糖苷 印度黄檀 Dalbergia sissoo
quercetin-3-*α*-L-rhamnosyl-*β*-D-xyloside 槲皮素 -3-*α*-L- 鼠李糖基 -*β*-D- 木糖苷 落地生根 Bryophyllum pinnatum
quercetin-3-*β*-D-galactopyranoside 槲皮素 -3-*β*-D- 吡喃半乳糖苷 茶 Camellia sinensis, 杧果 Mangifera indica
quercetin-3-*β*-D-glucopyranosyl 槲皮素 -3-*β*-D- 吡喃葡萄糖苷 华北白前 Cynanchum mongolicum
quercetin-3-*β*-D-glucopyranosyl-(1 → 4)-*α*-L-ramnopyranoside 槲皮素 -3-*β*-D- 吡喃葡萄糖基 -(1 → 4)-*α*-L- 吡喃鼠李糖苷 野蔷薇 Rosa multiflora
quercetin-3-*β*-D-glucopyranosyl-(1 → 6)-*β*-D-glucopyranosyl-(1 → 4)-*α*-L-ramnopyranoside 槲皮素 -3-*β*-D- 吡喃葡萄糖基 -(1 → 6)-*β*-D- 吡喃葡萄糖基 -(1 → 4)-*α*-L- 吡喃鼠李糖苷 野蔷薇 Rosa multiflora
quercetin-3-*β*-D-glucopyranosyl-4'-*O*-*α*-D-glucpyranoside 槲皮素 -3-*β*-D- 吡喃葡萄糖基 -4'-*O*-*α*-D- 吡喃葡萄糖苷 日本桤木 Alnus japonica
quercetin-3-*β*-D-rutinoside 槲皮素 -3-*β*-D- 芸香糖苷 木通 Akebia quinata
quercetin-3-*β*-galactopyranoside 槲皮素 -3-*β*- 吡喃半乳糖苷 千根草 Euphorbia thymifolia, 拳参 Polygonum bistorta
quercetin-3-*β*-glucopyranoside 槲皮素 -3-*β*- 吡喃葡萄糖苷 垂盆草 Sedum sarmentosum, 荚蒾 Viburnum dilatatum
quercetin-3-*β*-glucuronide 槲皮素 -3-*β*- 葡萄糖醛酸苷 复盆子 Rubus idaeus
quercetin-3*β*-L-arabinopyranoside 槲皮素 -3*β*-L- 吡喃阿拉伯糖苷 长叶多穗蓼 Polygonum polystachyum var. longifolium
quercetin-3'-*β*-L-arabinopyranoside 槲皮素 -3'-*β*-L- 吡喃阿拉伯糖苷 杧果 Mangifera indica
quercetin-3-*β*-L-arabinopyranoside 槲皮素 -3-*β*-L- 吡喃阿拉伯糖苷 窄叶半枫荷 Pterospermum lanceifolium
quercetin-3-*β*-sophoroside 槲皮素 -3-*β*- 槐糖苷 白麻 Apocynum pictum
quercetin-4''-*O*-methy-3-*O*-*β*-D-glucopyranoside 槲皮素 -4''-*O*- 甲基 -3-*O*-*β*-D- 吡喃葡萄糖苷 咖啡黄葵 Abelmoschus esculentus
quercetin-4'-*O*-D-galactopyranoside 槲皮素 -4'-*O*-D- 吡喃半乳糖苷 斑唇马先蒿 Pedicularis longiflora var. tubiformis
quercetin-4-*O*-glucopyranosyl-3-*O*-rhamnopyranoside 槲皮素 -4-*O*- 吡喃葡萄糖基 -3-*O*- 吡喃鼠李糖苷 刺桐 Erythrina variegata
quercetin-4'-*O*-glucoside 槲皮素 -4'-*O*- 葡萄糖苷 旋果蚊子草 Filipendula ulmaria, 款冬 Tussilago farfara
quercetin-4'-*O*-rutinoside 槲皮素 -4'-*O*- 芸香糖苷 地桃花 Urena lobata
quercetin-4'-*O*-*β*-D-galactopyranoside 槲皮素 -4'-*O*-*β*-D- 吡喃半乳糖苷 高山大戟 Euphorbia stracheyi, 鹿蹄草 Pyrola calliantha, 烈香杜鹃花 Rhododendron anthopogonoides
quercetin-4'-*O*-*β*-D-glucopyranoside 槲皮素 -4'-*O*-*β*-D- 吡喃葡萄糖苷 欧洲七叶树 Aesculus hippocastanum, 火葱 Allium cepa var. aggregatum, 吉龙草 Elsholtzia communis, 高山大戟 Euphorbia stracheyi, 赶山鞭 Hypericum attenuatum, 阿尔泰大黄 Rheum altaicum, 土茯苓 Smilax glabra
quercetin-4'-*O*-*β*-D-glucoside 槲皮素 -4'-*O*-*β*-D- 葡萄糖苷 二裂委陵菜 Potentilla bifurca, 菝葜 Smilax china
quercetin-4'-*O*-*β*-galactopyranoside 槲皮素 -4'-*O*-*β*- 吡喃半乳糖苷 甘肃大戟 Euphorbia kansuensis, 旋果蚊子草 Filipendula ulmaria
quercetin-4'-*O*-*β*-glucopyranoside 槲皮素 -4'-*O*-*β*- 吡喃葡萄糖苷 洋葱 Allium cepa
quercetin-5-*O*-[*α*-L-rhamnopyranosyl-(1 → 6)]-*β*-D-glucopyranoside 槲皮素 -5-*O*-[*α*-L- 吡喃鼠李糖基 -(1 → 6)]-*β*-D- 吡喃葡萄糖苷 夹竹桃 Nerium oleander
quercetin-5-*O*-glucoside 槲皮素 -5-*O*- 葡萄糖苷 鼠麴雪兔子 Saussurea gnaphalodes, 鹿草 Stemmacantha carthamoides

quercetin-5-O-β-D-fucopyranosyl-(1 → 2)-α-L-rhamnopyranoside 槲皮素 -5-O-β-D- 吡喃岩藻糖基 -(1 → 2)-α-L- 吡喃鼠李糖基 虎杖 Reynoutria japonica
quercetin-5-O-β-D-glucopyranoside 槲皮素 -5-O-β-D- 吡喃葡萄糖苷 乌药 Lindera aggregata, 珠芽蓼 Polygonum viviparum, 翅果菊 Pterocypsela indica, 虎耳草 Saxifraga stolonifera
quercetin-5-O-β-D-glucoside 槲皮素 -5-O-β-D- 葡萄糖苷 杏香兔儿风 Ainsliaea fragrans, 额河千里光 Senecio argunensis
quercetin-5-β-D-glucoside 槲皮素 -5-β-D- 葡萄糖苷 虎耳草 Saxifraga stolonifera
quercetin-6-C-glucopyranoside 槲皮素 -6-C- 吡喃葡萄糖苷 刺榆 Hemiptelea davidii
quercetin-6-C-glucoside 槲皮素 -6-C- 葡萄糖苷 榉树 Zelkova serrata
quercetin-6-O-α-L-rhamnosyl-β-D-glucoside 槲皮素 -6-O-α-L- 鼠李糖基 -β-D- 葡萄糖苷 山葡萄 Vitis amurensis
quercetin-7,3',4'-trimethyl ether 槲皮素 -7,3',4'- 三甲醚 假东风草 Blumea riparia, 广藿香 Pogostemon cablin, 柽柳 Tamarix chinensis
quercetin-7,3',4'-trimethyl-3-O-rutinoside 槲皮素 -7,3',4'- 三甲基 -3-O- 芸香糖苷 水金凤 Impatiens nolitangere
quercetin-7,3'-dimethyl ether 槲皮素 -7,3'- 二甲醚 毛唇芋兰 Nervilia fordii, 尖叶棘豆 Oxytropis oxyphylla
quercetin-7,4'-dimethyl ether 槲皮素 -7,4'- 二甲醚 飞机草 Chromolaena odorata, 五爪金龙 Ipomoea cairica
quercetin-7,4'-di-O-β-D-glucopyranoside 槲皮素 -7,4'- 二 -O-β-D- 吡喃葡萄糖苷 刺花莲子草 Alternanthera pungens
quercetin-7,4'-O-β-D-diglucopyranoside 槲皮素 -7,4'-O-β-D- 二吡喃葡萄糖苷 火葱 Allium cepa var. aggregatum
quercetin-7-glucopyranoside 槲皮素 -7- 吡喃葡萄糖苷 飞扬草 Euphorbia hirta
quercetin-7-glucoside 槲皮素 -7- 葡萄糖苷 玉蜀黍 Zea mays
quercetin-7-methyl ether 槲皮素 -7- 甲醚 颠茄 Atropa belladonna, 厚皮香八角 Illicium ternstroemioides, 含羞草 Mimosa pudica
quercetin-7-O-(6''-O-acetyl)-β-D-glucopyranoside 槲皮素 -7-O-(6''-O- 乙酰基)-β-D- 吡喃葡萄糖苷 红花 Carthamus tinctorius
quercetin-7-O-(6''-O-trans-caffeoyl)-β-D-glucopyranoside 槲皮素 -7-O-(6''-O- 反式 - 阿魏酰基)-β-D- 吡喃葡萄糖苷 金花茶 Camellia petelotii
quercetin-7-O-gentiobioside 槲皮素 -7-O- 龙胆二糖苷 播娘蒿 Descurainia sophia
quercetin-7-O-glucopyranoside 槲皮素 -7-O- 吡喃葡萄糖苷 瓜叶马兜铃 Aristolochia cucurbitifolia, 篱蓼 Polygonum dumetorum, 豇豆 Vigna unguiculata
quercetin-7-O-glucopyranosyl-3-O-diglycopyranoside 槲皮素 -7-O- 吡喃葡萄糖基 -3-O- 二吡喃糖苷 葡萄柚 Citrus paradisi
quercetin-7-O-glucopyranosyl-3-O-rutinoside 槲皮素 -7-O- 吡喃葡萄糖基 -3-O- 芸香糖苷 葡萄柚 Citrus paradisi
quercetin-7-O-glucoside 槲皮素 -7-O- 葡萄糖苷 地丁草 Corydalis bungeana, 茅膏菜 Drosera peltata, 菊芋 Helianthus tuberosus, 家独行菜 Lepidium sativum, 卷茎蓼 Polygonum convolvulus, 鼠李 Rhamnus davurica, 鼠麴雪兔子 Saussurea gnaphalodes
quercetin-7-O-glucoside-3-O-glucogalactoside 槲皮素 -7-O- 葡萄糖苷 -3-O- 葡萄糖基半乳糖苷 毛曼陀罗 Datura inoxia
quercetin-7-O-glucoside-3-O-glucogalactoside-p-coumarate 槲皮素 -7-O- 葡萄糖苷 -3-O- 葡萄糖基半乳糖苷 - 对香豆酸酯 毛曼陀罗 Datura inoxia
quercetin-7-O-glucoside-3-O-sophoroside 槲皮素 -7-O-β-D- 葡萄糖苷 -3-O- 槐糖苷 毛曼陀罗 Datura inoxia
quercetin-7-O-hexoside 槲皮素 -7-O- 己糖苷 介蕨 Dryoathyrium boryanum
quercetin-7-O-neohespridoside 槲皮素 -7-O- 新橙皮糖苷 蔓荆 Vitex trifolia
quercetin-7-O-rhamnoglucoside 槲皮素 -7-O- 鼠李糖基葡萄糖苷 陆地棉 Gossypium hirsutum
quercetin-7-O-rhamnopyranoside 槲皮素 -7-O- 吡喃鼠李糖苷 银莲花 Anemone cathayensis, 田旋花 Convolvulus arvensis
quercetin-7-O-rhamnoside 槲皮素 -7-O- 鼠李糖苷 婆婆针 Bidens bipinnata, 林木贼 Equisetum sylvaticum, 侧柏 Platycladus orientalis, 金丝草 Pogonatherum crinitum, 蔊菜 Rorippa indica
quercetin-7-O-rutinoside 槲皮素 -7-O- 芸香糖苷 臭冷杉 Abies nephrolepis, 大叶紫珠 Callicarpa macrophylla
quercetin-7-O-sinapoyl-3-O-rutinoside 槲皮素 -7-O- 芥子酰基 -3-O- 芸香糖苷 葡萄柚 Citrus paradisi
quercetin-7-O-α-D-glucopyranoside 槲皮素 -7-O-α-D- 吡喃葡萄糖苷 光叶铁仔 Myrsine stolonifera, 三白草 Saururus chinensis
quercetin-7-O-α-L-arabinopyranosyl-3-O-β-D-6''-acetylglucopyranoside 槲皮素 -7-O-α-L- 吡喃阿拉伯糖基 -3-O-β-D-6''- 乙酰吡喃葡萄糖苷 红芽大戟 Knoxia sumatrensis
quercetin-7-O-α-L-rhamnofuranoside 槲皮素 -7-O-α-L- 呋喃鼠李糖苷 家山黧豆 Lathyrus sativus
quercetin-7-O-α-L-rhamnopyranoside 槲皮素 -7-O-α-L- 吡喃鼠李糖苷 刺花莲子草 Alternanthera pungens, 猪毛蒿 Artemisia scoparia, 驴蹄草 Caltha palustris, 土荆芥 Chenopodium ambrosioides, 卫矛 Euonymus alatus, 地耳草 Hypericum japonicum, 红波罗花 Incarvillea delavayi, 尾叶香茶菜 Isodon excisus, 爵床 Justicia procumbens, 白刺 Nitraria tangutorum, 红蓼 Polygonum orientale, 多枝雾水葛 Pouzolzia zeylanica var. microphylla, 了哥王 Wikstroemia indica
quercetin-7-O-α-L-rhamnopyranoside-3-O-α-L-rhamnopyranosyl-(1 → 2)-β-D-glucopyranoside 槲皮素 -7-O-α-L- 吡喃鼠李糖苷 -3-O-α-L- 吡喃鼠李糖基 -(1 → 2)-β-D- 吡喃葡萄糖苷 虎尾草 Lysimachia barystachys
quercetin-7-O-α-L-rhamnoside 槲皮素 -7-O-α-L- 鼠李糖苷 中亚滨藜 Atriplex centralasiatica, 华紫珠 Callicarpa cathayana, 遍地金 Hypericum wightianum, 半边莲 Lobelia chinensis
quercetin-7-O-β-(6''-galloyl-glucopyranoside) 槲皮素 -7-O-β-(6''- 没食子酰吡喃葡萄糖苷) 金合欢 Acacia farnesiana
quercetin-7-O-β-D-[6''-O-(trans-feruloyl)]-glucopyranoside 槲皮素 -7-O-β-D-[6''-O-(反式 - 阿魏酰)]- 吡喃葡萄糖苷 金线兰 Anoectochilus roxburghii
quercetin-7-O-β-D-apiofuranosyl-(1 → 2)-β-D-xylopyranoside 槲皮素 -7-O-β-D- 呋喃芹糖基 -(1 → 2)-β-D- 吡喃木糖苷 神香草 Hyssopus officinalis
quercetin-7-O-β-D-apiofuranosyl-(1 → 2)-β-D-xylopyranoside-3'-O-β-D-glucopyranoside 槲皮素 -7-O-β-D- 呋喃芹糖基 -(1 → 2)-β-D- 吡喃木糖苷 -3'-O-β-D 吡喃葡萄糖苷 神香草 Hyssopus officinalis
quercetin-7-O-β-D-arabinopyranoside 槲皮素 -7-O-β-D- 吡喃阿拉伯糖苷 糙枝金丝桃 Hypericum scabrum

quercetin-7-*O*-*β*-D-diglucopyranoside 槲皮素 -7-*O*-*β*-D- 二吡喃葡萄糖苷 苘麻 Abutilon theophrasti
quercetin-7-*O*-*β*-D-galactopyranoside 槲皮素 -7-*O*-*β*-D- 吡喃半乳糖苷 蚕豆 Vicia faba
quercetin-7-*O*-*β*-D-glucopyranoside 槲皮素 -7-*O*-*β*-D- 吡喃葡萄糖苷 较常见成分，至少分布于 30 种以上植物中，见于百合科、报春花科、川续断科、唇形科、大麻科、豆科、胡桃科、锦葵科、桔梗科、壳斗科、千屈菜科、茜草科、茄科、三白草科、桑科、山茶科、十字花科、睡莲科、蹄盖蕨科、卫矛科、玄参科、旋花科、荨麻科、紫葳科等
quercetin-7-*O*-*β*-D-glucopyranosyl-(1 → 6)-*β*-D-glucopyranoside 槲皮素 -7-*O*-*β*-D- 吡喃葡萄糖基 -(1 → 6)-*β*-D- 吡喃葡萄糖苷 播娘蒿 Descurainia sophia, 蒲公英 Taraxacum mongolicum
quercetin-7-*O*-*β*-D-glucopyranosyl-*β*-L-rhamnopyranoside 槲皮素 -7-*O*-*β*-D- 吡喃葡萄糖基 -*β*-L- 吡喃鼠李糖苷 山柑 Capparis spinosa
quercetin-7-*O*-*β*-D-glucoside 槲皮素 -7-*O*-*β*-D- 葡萄糖苷 金线兰 Anoectochilus roxburghii, 婆婆针 Bidens bipinnata, 芙蓉菊 Crossostephium chinense
quercetin-7-*O*-*β*-D-glucuronide 槲皮素 -7-*O*-*β*-D- 葡萄糖醛酸苷 沙戟 Chrozophora sabulosa, 除虫菊 Pyrethrum cinerariifolium, 短舌匹菊 P. parthenium
quercetin-7-rhamnopyranoside 槲皮素 -7- 吡喃鼠李糖苷 含羞草 Mimosa pudica
quercetin-7-rhamnoside 槲皮素 -7- 鼠李糖苷 台湾溲疏 Deutzia taiwanensis, 抱茎独行菜 Lepidium perfoliatum
quercetin-7-*α*-L-rhamnopyranoside 槲皮素 -7-*α*-L- 吡喃鼠李糖苷 金丝桃 Hypericum monogynum
quercetin-7-*β*-D-diglucose-3-*β*-D-glucoside 槲皮素 -7-*β*-D- 二葡萄糖基 -3-*β*-D- 葡萄糖苷 毛黄连花 Lysimachia vulgaris
quercetin-7-*β*-D-glucoside 槲皮素 -7-*β*-D- 葡萄糖苷 毛黄连花 Lysimachia vulgaris
3-(quercetin-8-yl)-2,3-epoxyflavanone 3-(槲皮素 -8- 基)-2,3- 环氧黄烷酮 洋葱 Allium cepa
quercetin-arabinoglucoside 槲皮素 - 阿拉伯糖基葡萄糖苷 欧亚绣线菊 Spiraea media
quercetin-catechin 槲皮素 - 儿茶素 地果 Ficus tikoua
quercetin-dihexose-deoxyhexose 槲皮素 - 二己糖 - 去氧己糖 番茄 Lycopersicon esculentum
quercetin-dihexose-deoxyhexose-*p*-coumaric acid 槲皮素 - 二己糖 - 去氧己糖 - 对香豆酸 番茄 Lycopersicon esculentum
quercetin-dihexose-deoxyhexose-pentose 槲皮素 - 二己糖 - 去氧己糖 - 戊糖 番茄 Lycopersicon esculentum
quercetin-dihexoside 槲皮素 - 二己糖苷 海枣 Phoenix dactylifera
quercetin-galactosylrhamnoside 槲皮素 - 半乳糖基鼠李糖苷 复盆子 Rubus idaeus
quercetin-glucopyranosyl-rhamnopyranoside 槲皮素 - 吡喃葡萄糖基 - 吡喃鼠李糖苷 树形杜鹃花 Rhododendron arboreum
quercetin-hexose-deoxyhexose-pentose 槲皮素 - 己糖 - 去氧己糖 - 戊糖 番茄 Lycopersicon esculentum
quercetin-*O*-arabinopyranoside 槲皮素 -*O*- 吡喃阿拉伯糖苷 高山大黄 Rheum nobile
quercetin-*O*-rhamnogalactoside 槲皮素 -*O*- 鼠李半乳糖苷 鸡纳树 Cinchona pubescens
quercetin-*O*-rhamnopyranoside 槲皮素 -*O*- 吡喃鼠李糖苷 红花鹿蹄草 Pyrola asarifolia subsp. incarnata
quercetin-*O*-xyloside 槲皮素 -*O*- 木糖苷 刺葡萄 Vitis davidii
quercetin-*O*-*α*-L-rhamnopyranosyl-(1 → 6)-(4-*O*-*trans*-*p*-coumaroyl)-*β*-D-galactopyranoside 槲皮素 -*O*-*α*-L- 吡喃鼠李糖基 -(1 → 6)-(4-*O*- 反式 - 对香豆酰基)-*β*-D- 吡喃半乳糖苷 鸡仔木 Sinoadina racemosa
quercetin-*O*-*β*-D-galactopyranoside 槲皮素 -*O*-*β*-D- 吡喃半乳糖苷 野菊 Chrysanthemum indicum
quercetin-*O*-*β*-D-glucopyranoside 槲皮素 -*O*-*β*-D- 吡喃葡萄糖苷 野菊 Chrysanthemum indicum, 红蓼 Polygonum orientale
quercetin-*β*-D-glucopyranoside-3*β*-L-arabinofuranoside 槲皮素 -*β*-D- 吡喃葡萄糖苷 -3*β*-L- 呋喃阿拉伯糖苷 黄盆花 Scabiosa ochroleuca
quercilicoside A 冬青栎苷 ▲A 药用牛舌草 Anchusa officinalis, 柞栎 Quercus dentata
quercimeritrin; quercimeritroside 槲皮黄苷 矢车菊 Centaurea cyanus, 柘树 Cudrania tricuspidata, 白杜 Euonymus maackii, 球穗千斤拔 Flemingia strobilifera, 汉荭鱼腥草 Geranium robertianum, 南茼蒿 Glebionis segetum, 林地鼠麹草 Gnaphalium sylvaticum, 海岛棉 Gossypium barbadense, 草棉 G. herbaceum, 陆地棉 G. hirsutum, 向日葵 Helianthus annuus, 木芙蓉 Hibiscus mutabilis, 欧亚旋覆花 Inula britannica, 旋覆花 I. japonica, 厚藤 Ipomoea pes-caprae, 鸡眼草 Kummerowia striata, 地笋 Lycopus lucidus, 鸡矢藤 Paederia foetida, 除虫菊 Pyrethrum cinerariifolium, 苣荬菜 Sonchus arvensis, 菊蒿 Tanacetum vulgare, 络石 Trachelospermum jasminoides
quercimeritrin-3,5,3',4'-tetramethyl ether 槲皮黄苷 -3,5,3',4'- 四甲醚 陆地棉 Gossypium hirsutum
1-quercitol 1- 栎醇 匙羹藤 Gymnema sylvestre
d-quercitol *d*- 栎醇 南轮环藤 Cyclea tonkinensis, 人心果 Manilkara zapota
quercitol 栎醇 铁仔 Myrsine africana, 针齿铁仔 M. semiserrata, 鳄梨 Persea americana
quercitrin; quercitroside 槲皮苷 常见成分，至少分布于 100 种以上植物中
quercitrin-2''-*O*-gallate 槲皮苷 -2''-*O*- 没食子酸酯 水蓼 Polygonum hydropiper
quercitrin-2'',3''-di-*O*-gallate 槲皮苷 -2'',3''- 二 -*O*- 没食子酸酯 朱缨花 Calliandra haematocephala
quercitrin-2''-gallate 槲皮苷 -2''- 没食子酸酯 栾树 Koelreuteria paniculata
quercitrin-2''-*O*-caffeate 槲皮苷 -2''-*O*- 咖啡酸酯 朱缨花 Calliandra haematocephala
quercitrin-2''-*O*-gallate 槲皮苷 -2''-*O*- 没食子酸酯 金线草 Antenoron filiforme, 朱缨花 Calliandra haematocephala, 头花蓼 Polygonum capitatum
quercitrin-3''-*O*-gallate 槲皮苷 -3''-*O*- 没食子酸酯 朱缨花 Calliandra haematocephala
quercitrin-7-*O*-*β*-D-glucopyranoside 槲皮素苷 -7-*O*-*β*-D- 吡喃葡萄糖苷 海南冬青 Ilex hainanensis
queretaroic acid 栎焦油酸 三对节 Clerodendrum serratum
questin 常现青霉素 ▲ 中华猕猴桃 Actinidia chinensis, 黑龙骨 Periploca forrestii, 虎杖 Reynoutria japonica, 鼠李 Rhamnus davurica, 铁刀木 Senna siamea, 钝叶决明 S. tora var. obtusifolia, 繁缕 Stellaria media
questinol 常现青霉醇 ▲ 何首乌 Polygonum multiflorum

Q

Q

quinovic acid-3β-O-β-D-glucopyranoside 鸡纳酸 -3β-O-β-D- 吡喃葡萄糖苷 菘蓝 Isatis tinctoria, 络石 Trachelospermum jasminoides
quinovic acid-3β-O-β-D-glucopyranosyl-(28 → 1)-β-D-glucopyranosyl ester 鸡纳酸 -3β-O-β-D- 吡喃葡萄糖基 -(28 → 1)-β-D- 吡喃葡萄糖酯苷 菘蓝 Isatis tinctoria
quinovic acid-3-β-rhamnopyranoside 鸡纳酸 -3-β- 吡喃鼠李糖苷 乌檀 Nauclea officinalis
quinquefolan A, B, C 西洋参叶聚糖 ▲A, B, C 西洋参 Panax quinquefolius
quinquefoloside La, Lb, Lc 西洋参叶皂苷 ▲La, Lb, Lc 西洋参 Panax quinquefolius
quinqueloside 五裂益母草苷▲ 金花忍冬 Lonicera chrysantha
quinquenin L1 西洋参脂素 ▲L1 泽漆 Euphorbia helioscopia, 西洋参 Panax quinquefolius
quinquenoside 西洋参皂苷 I, II, III, IV, F_1, F_6, Ja, Jb, L_1, L_2, L_3, L_9, L_{10}, L_{14}, L_{16} 西洋参 Panax quinquefolius
quinquenoside V 西洋参皂苷 V 三七 Panax notoginseng, 西洋参 P. quinquefolius
quinquenoside L_{17} 西洋参皂苷 L_{17} 三七 Panax notoginseng, 西洋参 P. quinquefolius
quinquenoside R_1 西洋参皂苷 R_1 人参 Panax ginseng, 珠子参 P. japonicus var. major, 三七 P. notoginseng, 西洋参 P. quinquefolius
quisqualic acid 使君子酸 使君子 Quisqualis indica
quisqualin A, B 使君子素 A, B 使君子 Quisqualis indica
quresimin A, B 睡茄明素 ▲A, B 睡茄 Withania somnifera

R

rabdocoetsin A 细锥香茶菜新素 ▲A 细锥香茶菜 Isodon coetsa, 紫毛香茶菜 I. enanderianus
rabdocoetsin B 细锥香茶菜新素 ▲B 细锥香茶菜 Isodon coetsa, 紫毛香茶菜 I. enanderianus, 鄂西香茶菜 I. henryi, 大锥香茶菜 I. megathyrsus
rabdocoetsin C 细锥香茶菜新素 ▲C 细锥香茶菜 Isodon coetsa, 大锥香茶菜 I. megathyrsus
rabdocoetsin D 细锥香茶菜新素 ▲D 细锥香茶菜 Isodon coetsa, 紫毛香茶菜 I. enanderianus, 大锥香茶菜 I. megathyrsus
rabdoepigibberellolide 香茶菜表赤霉素内酯▲ 毛叶香茶菜 Isodon japonicus, 冬凌草 I. rubescens
rabdoinflexin A 内折香茶菜萜素 ▲A 内折香茶菜 Isodon inflexus, 溪黄草 I. serra
rabdoinflexin B 内折香茶菜萜素 ▲B 内折香茶菜 Isodon inflexus, 叶穗香茶菜 I. phyllostachys
rabdokaurin A, B, D 长管香茶菜贝壳杉素 A, B, D 长管香茶菜 Isodon longitubus
rabdokaurin C 长管香茶菜贝壳杉素 C 长管香茶菜 Isodon longitubus, 冬凌草 I. rubescens
rabdoketone A, B 香茶菜酮 ▲A, B 毛萼香茶菜 Isodon eriocalyx
rabdokunmin C 昆明香茶菜素 C 细锥香茶菜 Isodon coetsa, 尾叶香茶菜 I. excisus
rabdokunmin D 昆明香茶菜素 D 叶穗香茶菜 Isodon phyllostachys
rabdolasional 毛果延命草醛▲ 毛叶香茶菜 Isodon japonicus, 小叶香茶菜 I. parvifolius, 溪黄草 I. serra
rabdolongin A 长管香茶菜新素 A 毛叶香茶菜 Isodon japonicus, 长管香茶菜 I. longitubus
rabdoloxin A 弯锥香茶菜素 ▲A 叶穗香茶菜 Isodon phyllostachys
rabdoloxin B 弯锥香茶菜素 ▲B 大萼香茶菜 Isodon macrocalyx, 小叶香茶菜 I. parvifolius, 叶穗香茶菜 I. phyllostachys
rabdonervosin A 显脉香茶菜新素 A 显脉香茶菜 Isodon nervosus, 瘿花香茶菜 I. rosthornii, 黄花香茶菜 I. sculponeatus
rabdonervosin B 显脉香茶菜新素 B 细锥香茶菜 Isodon coetsa, 鄂西香茶菜 I. henryi, 显脉香茶菜 I. nervosus, 瘿花香茶菜 I. rosthornii, 冬凌草 I. rubescens
rabdonervosin C~J 显脉香茶菜新素 C~J 显脉香茶菜 Isodon nervosus
rabdophyllin G 大叶香茶菜素 G 鄂西香茶菜 Isodon henryi, 蓝萼毛叶香茶菜 I. japonicus var. glaucocalyx, 长管香茶菜 I. longitubus, 歧伞香茶菜 I. macrophyllus
rabdophyllin H 大叶香茶菜素 H 大萼香茶菜 Isodon macrocalyx, 歧伞香茶菜 I. macrophyllus
rabdoserrin A, D 溪黄草素 A, D 溪黄草 Isodon serra
rabdoserrin B 溪黄草素 B 尾叶香茶菜 Isodon excisus, 溪黄草 I. serra
rabdosiacoside A 香茶菜考苷 ▲A 狭基线纹香茶菜 Isodon lophanthoides var. gerardianus
rabdosianin B 香茶菜宁 B 鄂西香茶菜 Isodon henryi
rabdosianone I, II 香茶菜醚酮 ▲I, II 毛叶香茶菜 Isodon japonicus
rabdosichuanin A, B 四川香茶菜素 A, B 毛萼香茶菜 Isodon eriocalyx
rabdosichuanin C 四川香茶菜素 C 尾叶香茶菜 Isodon excisus, 毛叶香茶菜 I. japonicus, 冬凌草 I. rubescens
rabdosichuanin D 四川香茶菜素 D 拟缺香茶菜 Isodon excisoides, 显脉香茶菜 I. nervosus, 溪黄草 I. serra
(-)-rabdoside 1, 2 (-)- 香茶菜苷 1, 2 毛萼香茶菜 Isodon eriocalyx
rabdosiin 香茶菜脂素▲ 毛叶香茶菜 Isodon japonicus, 云南鼠尾草 Salvia yunnanensis
rabdosin A 香茶菜素 A 毛叶香茶菜 Isodon japonicus, 歧伞香茶菜 I. macrophyllus, 冬凌草 I. rubescens
rabdosin B 香茶菜素 B 拟缺香茶菜 Isodon excisoides, 毛叶香茶菜 I. japonicus, 歧伞香茶菜 I. macrophyllus, 溪黄草 I. serra
rabdosin C 香茶菜素 C 毛叶香茶菜 Isodon japonicus
rabdosin D 香茶菜素 D 狭基线纹香茶菜 Isodon lophanthoides var. gerardianus
rabdosinate 香茶菜酯▲ 拟缺香茶菜 Isodon excisoides, 尾叶香茶菜 I. excisus, 毛叶香茶菜 I. japonicus, 蓝萼毛叶香茶菜 I. japonicus var. glaucocalyx, 歧伞香茶菜 I. macrophyllus
rabdoternin A 牛尾草宁 ▲A 细锥香茶菜 Isodon coetsa, 鄂西香茶菜 I. henryi, 小叶香茶菜 I. parvifolius, 瘿花香茶菜 I. rosthornii, 冬凌草

R

I. rubescens, 牛尾草 I. ternifolius
rabdoternin B 牛尾草宁▲B 细锥香茶菜 Isodon coetsa, 鄂西香茶菜 I. henryi, 瘿花香茶菜 I. rosthornii, 冬凌草 I. rubescens, 牛尾草 I. ternifolius
rabdoternin C 牛尾草宁▲C 小叶香茶菜 Isodon parvifolius, 叶穗香茶菜 I. phyllostachys, 冬凌草 I. rubescens, 牛尾草 I. ternifolius
rabdoternin D 牛尾草宁▲D 冬凌草 Isodon rubescens, 牛尾草 I. ternifolius
rabdoternin E 牛尾草宁▲E 细锥香茶菜 Isodon coetsa, 鄂西香茶菜 I. henryi, 叶穗香茶菜 I. phyllostachys, 瘿花香茶菜 I. rosthornii, 冬凌草 I. rubescens, 牛尾草 I. ternifolius
rabdoternin F 牛尾草宁▲F 鄂西香茶菜 Isodon henryi, 叶穗香茶菜 I. phyllostachys, 瘿花香茶菜 I. rosthornii, 冬凌草 I. rubescens, 牛尾草 I. ternifolius
rabdoternin G 牛尾草宁▲G 小叶香茶菜 Isodon parvifolius, 冬凌草 I. rubescens, 牛尾草 I. ternifolius
rabdoternin H 牛尾草宁▲H 毛叶香茶菜 Isodon japonicus, 牛尾草 I. ternifolius
rabdoumbrosanin 阴生香茶菜宁▲ 银叶巴豆 Croton cascarilloides, 越南巴豆 C. kongensis
rabyuennane A, B 不育红素▲A, B 不育红 Isodon yuennanensis
rabyuennane C 不育红素▲C 腺花香茶菜 Isodon adenanthus, 不育红 I. yuennanensis
racemic rengyolone 外消旋连翘醇酮 老鸦烟筒花 Millingtonia hortensis
racemosic acid 聚果榕酸▲ 聚果榕 Ficus racemosa
racemosidine A 轮环藤定碱▲A 轮环藤 Cyclea racemosa
racemosidine B 轮环藤定碱▲B 轮环藤 Cyclea racemosa, 西南轮环藤 C. wattii
racemosidine C 轮环藤定碱▲C 轮环藤 Cyclea racemosa, 西南轮环藤 C. wattii
racemosin 总状花酒饼簕素▲ 石椒草 Boenninghausenia sessilicarpa
racemosin A 总序香茶菜素▲A 鄂西香茶菜 Isodon henryi, 总序香茶菜 I. racemosus
racemosinine A 轮环藤辛宁▲A 轮环藤 Cyclea racemosa, 西南轮环藤 C. wattii
racemosinine B, C 轮环藤辛宁▲B, C 轮环藤 Cyclea racemosa
racemosol 飞蛾藤醇▲ 飞蛾藤 Porana racemosa
racemosol 总状花羊蹄甲酚▲ 总状花羊蹄甲 Bauhinia racemosa
racemosol A 玉蕊醇▲A 玉蕊 Barringtonia racemosa
racemulosine A, B 岩乌头碱 A, B 岩乌头 Aconitum racemulosum
raddeanin A~F, R_2, R_3 竹节香附素 A~F, R_2, R_3 多被银莲花 Anemone raddeana
(±)-raddeanine (±)- 多被银莲花碱▲ 薯根延胡索 Corydalis ledebouriana
(±)-raddeanone (±)- 多被银莲花酮▲ 薯根延胡索 Corydalis ledebouriana
raddeanoside 多被银莲花苷▲ 12~18, 20, 21, R_8~R_{11} 多被银莲花 Anemone raddeana
raddeanoside R_{13} 多被银莲花苷▲R_{13} 朝鲜白头翁 Pulsatilla cernua
raddeanoside R_{14} 多被银莲花苷▲R_{14} 白头翁 Pulsatilla chinensis
raddeanoside R_{17} 多被银莲花苷▲R_{17} 朝鲜白头翁 Pulsatilla cernua
raddeanoside R_{19}~R_{23}, Ra, Rb 多被银莲花苷▲R_{19}~R_{23}, Ra, Rb 多被银莲花 Anemone raddeana
radermasinin 菜豆树宁▲ 菜豆树 Radermachera sinica
radiatinol 少辐前胡醇▲ 迷果芹 Sphallerocarpus gracilis
radiatinoside 少辐前胡醇苷▲ 迷果芹 Sphallerocarpus gracilis
radicamine A, B 半边莲胺▲A, B 半边莲 Lobelia chinensis
radicol 根状白鲜醇▲ 狭叶白鲜 Dictamnus angustifolius
D-(+)-raffinose D-(+)- 棉子糖 吊石苣苔 Lysionotus pauciflorus
raffinose 棉子糖 藤金合欢 Acacia sinuata, 铁苋菜 Acalypha australis, 东方泽泻 Alisma orientale, 山茶 Camellia japonica, 矢车菊 Centaurea cyanus, 黄茅 Heteropogon contortus, 菜豆 Phaseolus vulgaris, 豌豆 Pisum sativum, 千里香杜鹃花 Rhododendron thymifolium, 疏叶卷柏 Selaginella remotifolia, 玉米黑粉菌 Ustilago maydis, 毛蕊花 Verbascum thapsum, 豇豆 Vigna unguiculata
raimonol 雷蒙德氏烟草醇 代儿茶 Dichrostachys cinerea
raimonol isomer 雷蒙德氏烟草醇异构体 代儿茶 Dichrostachys cinerea
rakanmakilactone A, B, E, F, G, I, J 短叶罗汉松内酯▲A, B, E, F, G, I, J 短叶罗汉松 Podocarpus macrophyllus var. maki
rakanmakilactone C 短叶罗汉松内酯▲C 罗汉松 Podocarpus macrophyllus, 短叶罗汉松 P. macrophyllus var. maki
rakanmakilactone D 短叶罗汉松内酯▲D 罗汉松 Podocarpus macrophyllus, 短叶罗汉松 P. macrophyllus var. maki
rakanmakilactone G-7-*O*-*β*-D-apiofuranoside 短叶罗汉松内酯▲G-7-*O*-*β*-D- 呋喃芹糖苷 短叶罗汉松 Podocarpus macrophyllus var. maki
rakanmakilactone H 短叶罗汉松内酯▲H 罗汉松 Podocarpus macrophyllus, 短叶罗汉松 P. macrophyllus var. maki
ramanone 萝藦酮▲ 萝藦 Metaplexis japonica
ramentoxide 台湾穗花杉醚▲ 台湾穗花杉 Amentotaxus formosana
ramentoxidone 台湾穗花杉醚酮▲ 台湾穗花杉 Amentotaxus formosana
ramontoside 大果刺篱木苷▲ 大果刺篱木 Flacourtia ramontchi
ramosine A, B, C 马甲子碱▲A, B, C 马甲子 Paliurus ramosissimus
ranaconidine 高乌头尼定 高乌头 Aconitum sinomontanum
ranaconine 毛茛叶乌头原碱▲ 高乌头 Aconitum sinomontanum
ranaconitine 毛茛叶乌头碱 牛扁 Aconitum barbatum var. puberulum, 赣皖乌头 A. finetianum, 露蕊乌头 A. gymnandrum, 紫花高乌头

R

A. septentrionale, 高乌头 A. sinomontanum, 狭盔高乌头 A. sinomontanum var. angustius
randainal 台湾檫木醛▲ 厚朴 Houpoëa officinalis, 台湾檫木 Sassafras randaiense
randainol 台湾檫木醇▲ 台湾檫木 Sassafras randaiense
randaiol 台湾檫木酚▲ 厚朴 Houpoëa officinalis, 红花木莲 Manglietia insignis, 台湾檫木 Sassafras randaiense, 鹊肾树 Streblus asper
randialic acid B 山黄皮酸▲B 秤星树 Ilex asprella
randianin 山石榴宁▲ 药用牛舌草 Anchusa officinalis, 山石榴 Catunaregam spinosa
randioside A 山石榴醇苷▲ 山石榴 Catunaregam spinosa
rangiformic acid 鹿角石蕊酸▲ 软石蕊 Cladonia mitis
ranhuadujuanine A 髯花杜鹃素 A 髯花杜鹃 Rhododendron anthopogon, 烈香杜鹃花 R. anthopogonoides
ranhuadujuanine B, D 髯花杜鹃素 B, D 髯花杜鹃 Rhododendron anthopogon
ranhuadujuanine C 髯花杜鹃素 C 髯花杜鹃 Rhododendron anthopogon, 烈香杜鹃花 R. anthopogonoides
rankinidine 兰金钩吻定▲ 钩吻 Gelsemium elegans
ranmogenin A 兰莫皂苷元 A 橙花开口箭 Tupistra aurantiaca, 开口箭 T. chinensis
ranmogenin B, C 兰莫皂苷元 B, C 橙花开口箭 Tupistra aurantiaca
ranmogenin D 兰莫皂苷元 D 橙花开口箭 Tupistra aurantiaca, 弯蕊开口箭 T. wattii
ranmogenin J 兰莫皂苷元 J 弯蕊开口箭 Tupistra wattii
ranunchinesin A 茴茴蒜素▲A 茴茴蒜 Ranunculus chinensis
ranunculin 毛茛苷 多被银莲花 Anemone raddeana, 毛茛 Ranunculus japonicus, 石龙芮 R. sceleratus
ranunculinin 毛茛宁▲ 毛茛 Ranunculus japonicus
rapanone 密花树醌▲ 朱砂根 Ardisia crenata, 红叶藤 Rourea minor
raphanusol B 莱菔酚 B 柠檬 Citrus limon
rapisterone 鹿草甾酮 鹿草 Stemmacantha carthamoides
rapisterone D 鹿草甾酮 D 鹿草 Stemmacantha carthamoides
rapulaside A, B 鹤庆独活苷▲A, B 鹤庆独活 Heracleum rapula
rapultririn A 鹤庆独活三聚素▲A 鹤庆独活 Heracleum rapula
raraoside A 毛瓣无患子苷▲A 毛瓣无患子 Sapindus rarak
rarasaponin I, II, IV, V, VI 毛瓣无患子皂苷▲I, II, IV, V, VI 毛瓣无患子 Sapindus rarak
rarasaponin III 毛瓣无患子皂苷▲III 毛瓣无患子 Sapindus rarak, 无患子 S. saponaria
rashomonic acid A~D 荨麻叶龙头草酸▲A~D 荨麻叶龙头草 Meehania urticifolia
raspberry ketone 覆盆子酮 三角槭 Acer buergerianum, 毛果槭 A. nikoense
raucaffricine 卡菲尔萝芙木辛碱▲ 思茅山橙 Melodinus cochinchinensis, 蛇根木 Rauvolfia serpentina, 四叶萝芙木 R. tetraphylla
raucaffrinoline 卡菲尔萝芙木林碱▲ 鸡骨常山 Alstonia yunnanensis
raucaffrinoline-N^4-oxide 卡菲尔萝芙木林碱▲-N^4-氧化物 鸡骨常山 Alstonia yunnanensis
raucubainine methochloride 柳叶萝芙木因宁▲甲氯化物 小蔓长春花 Vinca minor
raunescine 灰毛萝芙木碱▲ 萝芙木 Rauvolfia verticillata
rausutranine 苏门答腊萝芙木宁碱▲ 苏门答腊萝芙木 Rauvolfia sumatrana
rausutrine 苏门答腊萝芙木碱▲ 苏门答腊萝芙木 Rauvolfia sumatrana
rauvotetraphylline A~E 四叶萝芙木碱▲A~E 四叶萝芙木 Rauvolfia tetraphylla
rauvovertine A, B, C 萝芙木碱▲A, B, C 萝芙木 Rauvolfia verticillata
ravenelone 黄粉末牛肝菌酮▲ 黄粉末牛肝菌 Pulveroboletus ravenelii
rayalinol 驼绒藜醇▲ 驼绒藜 Krascheninnikovia ceratoides
rebaudioside A~F 瑞宝甜菊苷▲A~F 甜叶菊 Stevia rebaudiana
rebaudioside F acid 瑞宝甜菊苷▲F 酸 甜叶菊 Stevia rebaudiana
rebouliadienol 石地钱二烯醇▲ 石地钱 Reboulia hemisphaerica
rebouoside A~D 石地钱苷▲A~D 石地钱 Reboulia hemisphaerica
recedensic acid 隐居红厚壳酸▲ 滇南红厚壳 Calophyllum polyanthum
reduced glutathione 还原型谷胱甘肽 三七 Panax notoginseng
reduced scytonemin 还原型伪枝藻素 地木耳 Nostoc commune
reevesianine A, B 茵芋宁碱 A, B 茵芋 Skimmia reevesiana
reflexin 大花菟丝子素▲ 大花菟丝子 Cuscuta reflexa
(-)-refractamine (-)-红花疆罂粟明▲ 红花疆罂粟 Roemeria refracta
refractamine 红花疆罂粟明▲ 野罂粟 Papaver nudicaule
(-)-reframidine (-)-红花疆罂粟定▲ 红花疆罂粟 Roemeria refracta
reframidine 红花疆罂粟定▲ 野罂粟 Papaver nudicaule
reframine 红花疆罂粟碱▲ 红花疆罂粟 Roemeria refracta
(-)-reframoline (-)-红花疆罂粟莫灵▲ 多刺绿绒蒿 Meconopsis horridula, 红花疆罂粟 Roemeria refracta
reframoline 红花疆罂粟莫灵▲ 美丽绿绒蒿 Meconopsis speciosa
regaloside A 岷江百合苷 A 野百合 Lilium brownii, 毛百合 L. dauricum, 卷丹 L. lancifolium, 药百合 L. speciosum var. gloriosoides, 吉林延龄草 Trillium kamtschaticum

R

regaloside B 岷江百合苷 B 野百合 Lilium brownii
regaloside C 岷江百合苷 C 卷丹 Lilium lancifolium
regaloside D 岷江百合苷 D 野百合 Lilium brownii
regaloside H 岷江百合苷 H 毛百合 Lilium dauricum
regelide 东北雷公藤内酯 东北雷公藤 Tripterygium regelii, 雷公藤 T. wilfordii
regelidine 东北雷公藤定碱▲ 昆明山海棠 Tripterygium hypoglaucum, 东北雷公藤 T. regelii, 雷公藤 T. wilfordii
regelin 东北雷公藤素▲ 昆明山海棠 Tripterygium hypoglaucum, 东北雷公藤 T. regelii, 雷公藤 T. wilfordii
regelin C, D 东北雷公藤素▲C, D 东北雷公藤 Tripterygium regelii
regelindiol A, B 东北雷公藤素二醇▲A, B 东北雷公藤 Tripterygium regelii
regelinol 东北雷公藤素醇▲ 东北雷公藤 Tripterygium regelii, 雷公藤 T. wilfordii
regeol C 东北雷公藤醇▲C 南蛇藤 Celastrus orbiculatus
regholarrhenine A~F 区域止泻木碱▲A~F 止泻木 Holarrhena pubescens
regiaoleate 胡桃油酸酯▲ 胡桃 Juglans regia
regiapalmitate 胡桃棕榈酸酯▲ 胡桃 Juglans regia
reginin A, B 大花紫薇宁▲A, B 大花紫薇 Lagerstroemia speciosa
(-)-regiolone (-)-胡桃醇酮▲ 黄杞 Engelhardia roxburghiana, 胡桃楸 Juglans mandshurica
(4*R*)-(-)-regiolone (4*R*)-(-)-胡桃醇酮▲ 胡桃楸 Juglans mandshurica
(*S*)-regiolone (*S*)-胡桃醇酮▲ 胡桃楸 Juglans mandshurica
regiolone 胡桃醇酮▲ 胡桃楸 Juglans mandshurica, 胡桃 J. regia
rehderianin I 甘肃黄芩素 I 甘肃黄芩 Scutellaria rehderiana
rehmaglutin A 地黄素 A 胡黄连 Neopicrorhiza scrophulariiflora, 地黄 Rehmannia glutinosa
rehmaglutin B 地黄素 B 地黄 Rehmannia glutinosa, 炮仗竹 Russelia equisetiformis
rehmaglutin C 地黄素 C 梓 Catalpa ovata, 杜仲 Eucommia ulmoides, 地黄 Rehmannia glutinosa
rehmaglutin D 地黄素 D 奇蒿 Artemisia anomala, 蒙古芯芭 Cymbaria mongolica, 胡黄连 Neopicrorhiza scrophulariiflora, 细叶穗花 Pseudolysimachion linariifolium, 天目地黄 Rehmannia chingii, 地黄 R. glutinosa, 炮仗竹 Russelia equisetiformis
rehmaionoside A, B, C 地黄香堇苷▲A, B, C 地黄 Rehmannia glutinosa
rehmamegastigmane 地黄大柱香波龙烷 地黄 Rehmannia glutinosa
rehmannan FS-I, FS-II, SA, SB 地黄多糖▲FS-I, FS-II, SA, SB 地黄 Rehmannia glutinosa
rehmannidine 地黄定 地黄 Rehmannia glutinosa
rehmannioside 地黄苷 甘露子 Stachys sieboldii
rehmannioside A~D 地黄苷 A~D 地黄 Rehmannia glutinosa
rehmanone A, B, C 地黄酮▲A, B, C 地黄 Rehmannia glutinosa
rehmapicrogenin 地黄苦苷元 栀子 Gardenia jasminoides, 地黄 Rehmannia glutinosa
rehmapicrogenin monomethyl ester 地黄苦苷元单甲酯 地黄 Rehmannia glutinosa
rehmapicroside 地黄苦苷 地黄 Rehmannia glutinosa
reidin A 大黄定▲A 掌叶大黄 Rheum palmatum
reiniose D 瑞尼远志糖▲D 黄花倒水莲 Polygala fallax
reiniose F 瑞尼远志糖▲F 荷包山桂花 Polygala arillata
reiniose G 瑞尼远志糖▲G 华南远志 Polygala glomerata
reinioside B~F 瑞尼远志苷▲B~F 黄花倒水莲 Polygala fallax
religiosin B, C 菩提树素▲B, C 菩提树 Ficus religiosa
(2*R*)-rel-*N*-[(3*R*,4*S*,5*S*)-5-(4*E*)-4-heptadecen-1-yl-tetrahydro-4-hydroxy-3-furanyl]-2-hydroxy-docosanamide (2*R*)-相对-*N*-[(3*R*,4*S*,5*S*)-5-(4*E*)-4-十七碳烯-1-四氢-4-羟基-3-呋喃基]-2-羟基-二十二烷酰胺 雪莲花 Saussurea involucrata
(2*R*)-rel-*N*-[(3*R*,4*S*,5*S*)-5-(4*E*)-4-heptadecen-1-yl-tetrahydro-4-hydroxy-3-furanyl]-2-hydroxy-eicosanamide (2*R*)-相对-*N*-[(3*R*,4*S*,5*S*)-5-(4*E*)-4-十七碳烯-1-四氢-4-羟基-3-呋喃基]-2-羟基-二十烷酰胺 雪莲花 Saussurea involucrata
(2*R*)-rel-*N*-[(3*R*,4*S*,5*S*)-5-(4*E*)-4-heptadecen-1-yl-tetrahydro-4-hydroxy-3-furanyl]-2-hydroxy-heneicosanamide (2*R*)-相对-*N*-[(3*R*,4*S*,5*S*)-5-(4*E*)-4-十七碳烯-1-四氢-4-羟基-3-呋喃基]-2-羟基-二十一烷酰胺 雪莲花 Saussurea involucrata
(2*R*)-rel-*N*-[(3*R*,4*S*,5*S*)-5-(4*E*)-4-heptadecen-1-yl-tetrahydro-4-hydroxy-3-furanyl]-2-hydroxy-nonadecanamide (2*R*)-相对-*N*-[(3*R*,4*S*,5*S*)-5-(4*E*)-4-十七碳烯-1-四氢-4-羟基-3-呋喃基]-2-羟基-十九烷酰胺 雪莲花 Saussurea involucrata
(2*R*)-rel-*N*-[(3*R*,4*S*,5*S*)-5-(4*E*)-4-heptadecen-1-yl-tetrahydro-4-hydroxy-3-furanyl]-2-hydroxy-pentacosanamide (2*R*)-相对-*N*-[(3*R*,4*S*,5*S*)-5-(4*E*)-4-十七碳烯-1-四氢-4-羟基-3-呋喃基]-2-羟基-二十五烷酰胺 雪莲花 Saussurea involucrata
(2*R*)-rel-*N*-[(3*R*,4*S*,5*S*)-5-(4*E*)-4-heptadecen-1-yl-tetrahydro-4-hydroxy-3-furanyl]-2-hydroxy-tetracosanamide (2*R*)-相对-*N*-[(3*R*,4*S*,5*S*)-5-(4*E*)-4-十七碳烯-1-四氢-4-羟基-3-呋喃基]-2-羟基-二十四烷酰胺 雪莲花 Saussurea involucrata
(2*R*)-rel-*N*-[(3*R*,4*S*,5*S*)-5-(4*E*)-4-heptadecen-1-yl-tetrahydro-4-hydroxy-3-furanyl]-2-hydroxy-tricosanamide (2*R*)-相对-*N*-[(3*R*,4*S*,5*S*)-5-(4*E*)-4-十七碳烯-1-四氢-4-羟基-3-呋喃基]-2-羟基-二十三烷酰胺 雪莲花 Saussurea involucrata
remijinine 铜色树宁碱▲ 金鸡纳树 Cinchona calisaya
remrefine 红花疆罂粟芬碱▲ 红花疆罂粟 Roemeria refracta
renardine; senkirkine 雷纳千里光碱 新疆千里光 Senecio jacobaea
renchanglactone A 仁昌南五味子内酯▲A 华中五味子 Schisandra sphenanthera

R

rengynic acid 连翘酸 连翘 Forsythia suspensa
rengynic acid-1'-*O*-*β*-D-glucopyranoside 连翘酸 -1'-*O*-*β*-D- 吡喃葡萄糖苷 连翘 Forsythia suspensa
rengyol 连翘醇 连翘 Forsythia suspensa, 红波罗花 Incarvillea delavayi, 藏波罗花 I. younghusbandii, 老鸦烟筒花 Millingtonia hortensis, 木蝴蝶 Oroxylum indicum
(+)-rengyolone (+)- 连翘醇酮 臭牡丹 Clerodendrum bungei, 藏波罗花 Incarvillea younghusbandii
rengyolone 连翘醇酮 灯台树 Bothrocaryum controversum, 臭牡丹 Clerodendrum bungei, 连翘 Forsythia suspensa, 两头毛 Incarvillea arguta, 红波罗花 I. delavayi, 大花鸡肉参 I. mairei var. grandiflora, 藏波罗花 I. younghusbandii, 木蝴蝶 Oroxylum indicum, 过江藤 Phyla nodiflora, 直立婆婆纳 Veronica arvensis
rengyoside A 连翘醇苷 A 连翘 Forsythia suspensa, 老鸦烟筒花 Millingtonia hortensis
rengyoside B 连翘醇苷 B 连翘 Forsythia suspensa, 藏波罗花 Incarvillea younghusbandii, 西南猫尾木 Markhamia stipulata, 老鸦烟筒花 Millingtonia hortensis, 硬骨凌霄 Tecomaria capensis
rengyoside C 连翘醇苷 C 连翘 Forsythia suspensa
rengyoxide 连翘醇氧化物 连翘 Forsythia suspensa
renifolin 肾叶鹿蹄草苷 伞形喜冬草 Chimaphila umbellata, 鹿蹄草 Pyrola calliantha, 小叶鹿蹄草 P. media, 肾叶鹿蹄草 P. renifolia, 圆叶鹿蹄草 P. rotundifolia
renifolin C 肾叶山蚂蝗素▲C 水蛇麻 Fatoua villosa
reniformin A 肾形香茶菜素 A 尾叶香茶菜 Isodon excisus
reniformin C 肾形香茶菜素 C 拟缺香茶菜 Isodon excisoides, 尾叶香茶菜 I. excisus
reomeroline 红花疆罂粟洛灵▲ 红花疆罂粟 Roemeria refracta
(-)-repandine (-)- 波状瑞青楠素 毛叶轮环藤 Cyclea barbata
repandinin A 石岩枫鞣宁▲A 红穗铁苋菜 Acalypha hispida
repandusin 石岩枫素▲ 石岩枫 Mallotus repandus
repandusinic acid A 石岩枫酸 A 血桐 Macaranga tanarius var. tomentosa, 石岩枫 Mallotus repandus
repandusinic acid B 石岩枫酸 B 石岩枫 Mallotus repandus
repandusinin 石岩枫宁 石岩枫 Mallotus repandus
repanduthylin 石岩枫林素▲ 石岩枫 Mallotus repandus
repdiolide 匍匐矢车菊二醇内酯▲ 顶羽菊 Acroptilon repens
repenin A~D 假连翘素▲A~D 假连翘 Duranta erecta
repenoside 假连翘诺苷▲ 假连翘 Duranta erecta
repensin A, B 白车轴草素 A, B 白车轴草 Trifolium repens
repin 顶羽菊素 顶羽菊 Acroptilon repens
reptanthrin 伏生石豆兰菲▲ 伏生石豆兰 Bulbophyllum reptans
reptoside 匍匐筋骨草苷 九味一枝蒿 Ajuga bracteosa, 金疮小草 A. decumbens, 药水苏 Betonica officinalis, 龙吐珠 Clerodendrum thomsoniae
resacetophenone 树脂苯乙酮▲ 杉木 Cunninghamia lanceolata, 徐长卿 Cynanchum paniculatum, 紫斑牡丹 Paeonia rockii, 牡丹 P. suffruticosa
rescinnamine 利血胺 吊罗山萝芙木 Rauvolfia tiaolushanensis
resedin C 木犀叶栓果菊素▲C 苦槠 Castanopsis sclerophylla
reserpiline 利血平灵 四叶萝芙木 Rauvolfia tetraphylla, 萝芙木 R. verticillata
3*R*,4*S*-reserpiline-*N*-oxide 3*R*,4*S*- 利血平灵 -*N*- 氧化物 思茅山橙 Melodinus cochinchinensis
reserpine 利血平 长春花 Catharanthus roseus, 古巴萝芙木 Rauvolfia cubana, 蛇根木 R. serpentina, 四叶萝芙木 R. tetraphylla, 吊罗山萝芙木 R. tiaolushanensis, 萝芙木 R. verticillata, 催吐萝芙木 R. vomitoria, 蔓长春花 Vinca major
reserpinine 利血平宁 蛇根木 Rauvolfia serpentina, 四叶萝芙木 R. tetraphylla, 蔓长春花 Vinca major
reserpinine oxindole 利血平宁氧化吲哚 蔓长春花 Vinca major
resinoside A, B 树脂桉苷▲A, B 树脂桉 Eucalyptus resinifera
resorcinol 树脂苔黑酚▲ 含羞草决明 Chamaecrista mimosoides, 泽漆 Euphorbia helioscopia, 云南九节 Psychotria yunnanensis, 垂柳 Salix babylonica
α-resorcylic acid *α*- 树脂苔黑酸▲ 山茱萸 Cornus officinalis, 桔梗 Platycodon grandiflorus
β-resorcylic acid *β*- 树脂苔黑酸▲ 鹿石蕊 Cladonia rangiferina, 多伞阿魏 Ferula feruloides, 雪岭云杉 Picea schrenkiana, 地茶衣 Thamnolia vermicularis
m-resorcylic acid 间树脂苔黑酸▲ 西伯利亚远志 Polygala sibirica
α-resorcylic acid-3-*O*-*β*-D-glucopyranoside *α*- 树脂苔黑酸▲-3-*O*-*β*-D- 吡喃葡萄糖苷 矮桃 Lysimachia clethroides
resoreinol 间苯二酚 苦皮藤 Celastrus angulatus
(*Z*)-resveratrol (*Z*)- 白藜芦醇 番茄 Lycopersicon esculentum
resveratrol 白藜芦醇 较常见成分，至少分布于 30 种以上植物中，见于百合科、豆科、杜鹃花科、金缕梅科、蓼科、龙舌兰科、马钱科、买麻藤科、葡萄科、茄科、桑科、芍药科、莎草科、桃金娘科、西番莲科、鸢尾科等
cis-resveratrol 顺式 - 白藜芦醇 地锦 Parthenocissus tricuspidata, 山葡萄 Vitis amurensis
resveratrol-(6'-*O*-feruoxyl)-glucoside 白藜芦醇 -(6'-*O*- 阿魏酰氧基)- 葡萄糖苷 小大黄 Rheum pumilum
resveratrol-(6'-*O*-galloyl)-diglucoside 白藜芦醇 -(6'-*O*- 没食子酰基)- 二葡萄糖苷 总序大黄 Rheum racemiferum
resveratrol-(6'-*O*-galloyl)-glucoside 白藜芦醇 -(6'-*O*- 没食子酰基)- 葡萄糖苷 小大黄 Rheum pumilum
(+)-resveratrol-10-*C*-glucopyranoside (+)- 白藜芦醇 -10-*C*- 吡喃葡萄糖苷 葡萄 Vitis vinifera

(-)-resveratrol-11-*C*-glucopyranoside (-)-白藜芦醇-11-*C*-吡喃葡萄糖苷 葡萄 Vitis vinifera
trans-resveratrol-2-*C*-*β*-glucopyranoside 反式-白藜芦醇-2-*C*-*β*-吡喃葡萄糖苷 白粉藤 Cissus repens
cis-resveratrol-2-*C*-*β*-glucopyranoside 顺式-白藜芦醇-2-*C*-*β*-吡喃葡萄糖苷 白粉藤 Cissus repens
(*E*)-resveratrol-3,5-*O*-*β*-D-diglucopyranoside (*E*)-白藜芦醇-3,5-*O*-*β*-D-二吡喃葡萄糖苷 毛菥子梢 Campylotropis hirtella
(*E*)-resveratrol-3-*O*-(6-*O*-coumaroyl)-*β*-D-glucopyranoside (*E*)-白藜芦醇-3-*O*-(6-*O*-香豆酰基)-*β*-D-吡喃葡萄糖苷 短萼仪花 Lysidice brevicalyx
(*E*)-resveratrol-3-*O*-(6-*O*-feruoyl)-*β*-D-glucopyranoside (*E*)-白藜芦醇-3-*O*-(6-*O*-阿魏酰基)-*β*-D-吡喃葡萄糖苷 短萼仪花 Lysidice brevicalyx
(*E*)-resveratrol-3-*O*-[6-*O*-(3-methoxy-4-hydroxy)-benzoyl]-*β*-D-glucopyranoside (*E*)-白藜芦醇-3-*O*-[6-*O*-(3-甲氧基-4-羟基)-苯甲酰基]-*β*-D-吡喃葡萄糖苷 短萼仪花 Lysidice brevicalyx
(*E*)-resveratrol-3-*O*-[6-*O*-(4-hydroxy)-benzoyl]-*β*-D-glucopyranoside (*E*)-白藜芦醇-3-*O*-[6-*O*-(4-羟基)-苯甲酰基]-*β*-D-吡喃葡萄糖苷 短萼仪花 Lysidice brevicalyx
(*E*)-resveratrol-3-*O*-[6-*O*-(4-methoxy)-benzoyl]-*β*-D-glucopyranoside (*E*)-白藜芦醇-3-*O*-[6-*O*-(4-甲氧基)-苯甲酰基]-*β*-D-吡喃葡萄糖苷 短萼仪花 Lysidice brevicalyx
(*E*)-resveratrol-3-*O*-rutinoside (*E*)-白藜芦醇-3-*O*-芸香糖苷 短萼仪花 Lysidice brevicalyx
(*E*)-resveratrol-3-*O*-*α*-D-glucopyranoside (*E*)-白藜芦醇-3-*O*-*α*-D-吡喃葡萄糖苷 短柄五加 Eleutherococcus brachypus
(*E*)-resveratrol-3-*O*-*α*-L-rhamnopyranosyl-(1→2)-*β*-D-xylopyranoside (*E*)-白藜芦醇-3-*O*-*α*-L-吡喃鼠李糖基-(1→2)-*β*-D-吡喃木糖苷 毛脉蓼 Polygonum ciliinerve
resveratrol-3-*O*-*β*-D-glucopyranoside 白藜芦醇-3-*O*-*β*-D-吡喃葡萄糖苷 云南油杉 Keteleeria evelyniana, 马缨杜鹃花 Rhododendron delavayi, 土茯苓 Smilax glabra
trans-resveratrol-3-*O*-*β*-D-glucopyranoside 反式-白藜芦醇-3-*O*-*β*-D-吡喃葡萄糖苷 茴香 Foeniculum vulgare, 地锦 Parthenocissus tricuspidata, 毛脉酸模 Rumex gmelinii, 小果菝葜 Smilax davidiana, 红枝崖爬藤 Tetrastigma erubescens
cis-resveratrol-3-*O*-*β*-D-glucopyranoside 顺式-白藜芦醇-3-*O*-*β*-D-吡喃葡萄糖苷 小果菝葜 Smilax davidiana
trans-resveratrol-3-*O*-*β*-D-xylopyranosid) 反式-白藜芦醇-3-*O*-*β*-D-吡喃木糖苷 淡枝沙拐枣 Calligonum leucocladum
(*E*)-resveratrol-3-*O*-*β*-D-xylopyranoside (*E*)-白藜芦醇-3-*O*-*β*-D-吡喃木糖苷 短萼仪花 Lysidice brevicalyx
resveratrol-3-*O*-*β*-glucopyranoside 白藜芦醇-3-*O*-*β*-吡喃葡萄糖苷 五叶地锦 Parthenocissus quinquefolia
cis-resveratrol-3-*β*-D-glucopyranoside 顺式-白藜芦醇-3-*β*-D-吡喃葡萄糖苷 苦马豆 Sphaerophysa salsula
resveratrol-4'-methyl ether 白藜芦醇-4'-甲醚 皱叶酸模 Rumex crispus
trans-resveratrol-4'-*O*-*β*-D-(2''-*O*-galloyl)-glucopyranoside 反式-白藜芦醇-4'-*O*-*β*-D-(2''-*O*-没食子酰基)-吡喃葡萄糖苷 唐古特大黄 Rheum tanguticum
resveratrol-4'-*O*-*β*-D-(6''-*O*-galloyl)-glucopyranoside 白藜芦醇-4'-*O*-*β*-D-(6''-*O*-没食子酰基)-吡喃葡萄糖苷 唐古特大黄 Rheum tanguticum
trans-resveratrol-4'-*O*-*β*-D-(6''-*O*-galloyl)-glucopyranoside 反式-白藜芦醇-4'-*O*-*β*-D-(6''-*O*-没食子酰基)-吡喃葡萄糖苷 唐古特大黄 Rheum tanguticum
resveratrol-4'-*O*-*β*-D-glucopyranoside 白藜芦醇-4'-*O*-*β*-D-吡喃葡萄糖苷 虎杖 Reynoutria japonica, 唐古特大黄 Rheum tanguticum
trans-resveratrol-4'-*O*-*β*-D-glucopyranoside 反式-白黎芦醇-4'-*O*-*β*-D-吡喃葡萄糖苷 芍药 Paeonia lactiflora
(*E*)-resveratroloside (*E*)-白藜芦醇苷 山葡萄 Vitis amurensis
resveratroloside 白藜芦醇苷 三裂蛇葡萄 Ampelopsis delavayana, 光叶蛇葡萄 A. glandulosa var. hancei, 小槐花 Ohwia caudata, 虎杖 Reynoutria japonica, 唐古特大黄 Rheum tanguticum
resveratrol-*trans*-dehydrodimer 白藜芦醇-反式-去氢二聚物 海南买麻藤 Gnetum hainanense, 五叶地锦 Parthenocissus quinquefolia
retene 惹烯 挥发油成分，未统计基源
reticulacinone 牛心果酮▲ 牛心番荔枝 Annona reticulata
reticulatacin 牛心果辛▲ 牛心番荔枝 Annona reticulata
reticulatain -1, -2 牛心果素▲-1, -2 牛心番荔枝 Annona reticulata
reticulatain-1 牛心果素▲-1 圆滑番荔枝 Annona glabra
reticulatuside A, B 小果叶下珠苷 A, B 小果叶下珠 Phyllanthus reticulatus
(+)-reticuline (+)-牛心果碱 鹰爪花 Artabotrys hexapetalus, 海罂粟 Glaucium fimbrilligerum, 莲叶桐 Hernandia nymphaeifolia, 小花青藤 Illigera parviflora, 月桂 Laurus nobilis, 乌药 Lindera aggregata, 黑壳楠 L. megaphylla, 山鸡椒 Litsea cubeba, 长梗润楠 Machilus duthiei, 南亚新木姜子 Neolitsea zeylanica, 黄叶地不容 Stephania viridiflavens
(*S*)-reticuline (*S*)-牛心果碱 夜花藤 Hypserpa nitida, 亚欧唐松草 Thalictrum minus
reticuline 牛心果碱 圆滑番荔枝 Annona glabra, 牛心番荔枝 A. reticulata, 番荔枝 A. squamosa, 异果小檗 Berberis heteropoda, 樟 Cinnamomum camphora, 直茎黄堇 Corydalis stricta, 秤钩风 Diploclisia affinis, 日本厚朴 Houpoëa obovata, 厚朴 H. officinalis, 狭叶山胡椒 Lindera angustifolia, 山胡椒 L. glauca, 山鸡椒 Litsea cubeba, 红楠 Machilus thunbergii, 多叶唐松草 Thalictrum foliolosum
(+)-1*S*,2*S*-reticuline-N_{α}-oxide (+)-1*S*,2*S*-牛心果碱-N_{α}-氧化物 黄叶地不容 Stephania viridiflavens
(+)-1*S*,2*R*-reticuline-N_{β}-oxide (+)-1*S*,2*R*-牛心果碱-N_{β}-氧化物 黄叶地不容 Stephania viridiflavens
retigeranic acid 网肺衣尼酸▲ 网肺衣 Lobaria retigera
retigeric acid A 网肺衣酸▲A 粉缘斑叶 Cetrelia cetrarioides, 裂芽肺衣 Lobaria isidiosa, 光肺衣 L. kurokawae, 网肺衣 L. retigera
retigeric acid B 网肺衣酸▲B 光肺衣 Lobaria kurokawae, 网肺衣 L. retigera
retinal 视黄醛 五味子 Schisandra chinensis
retinol 视黄醇 野菰 Aeginetia indica

(2*R*,3*R*)-2',3,5,7-retrahydroxyflavanone (2*R*,3*R*)-2',3,5,7- 四羟基黄烷酮 滇黄芩 Scutellaria amoena
retrofractamide A 假荜茇酰胺 A 华南胡椒 Piper austrosinense, 山蒟 P. hancei, 短蒟 P. mullesua, 假荜拔 P. retrofractum
retrofractamide B 假荜茇酰胺 B 假荜拔 Piper retrofractum
retrofractamide C 假荜茇酰胺 C 荜拔 Piper longum, 胡椒 P. nigrum, 假荜拔 P. retrofractum
retrofractamide D 假荜茇酰胺 D 裸果胡椒 Piper nudibaccatum, 毛叶胡椒 P. puberulilimbum, 假荜拔 P. retrofractum
retrohelioxanthin 倒赛菊芋黄质 宿根亚麻 Linum perenne
retrohoustine 逆熊耳草碱▲ 熊耳草 Ageratum houstonianum
retroisosenine 逆异千里光碱▲ 林荫千里光 Senecio nemorensis
retronecine 倒千里光裂碱 蓝蓟 Echium vulgare
retronecine-*N*-oxide 倒千里光裂碱 -*N*- 氧化物 吊裙草 Crotalaria retusa
retrorsine 倒千里光碱 欧洲千里光 Senecio vulgaris
retusamine 吊裙草胺▲ 吊裙草 Crotalaria retusa
retusin 微凹黄檀素▲ 朝鲜槐 Maackia amurensis
retusin; retusine 岩牡丹素▲ 蒌蒿 Artemisia selengensis, 甜橙 Citrus sinensis, 广藿香 Pogostemon cablin, 胶质鼠尾草 Salvia glutinosa
retusin-7,8-*O*-*β*-D-diglucopyranoside 微凹黄檀素▲-7,8-*O*-*β*-D- 二吡喃葡萄糖苷 丰城崖豆藤 Callerya nitida var. hirsutissima
retusine 吊裙草碱 吊裙草 Crotalaria retusa
revandchinone 1~4 藏边大黄酮▲1~4 藏边大黄 Rheum australe
reynosin 密花豚草素▲ 奇蒿 Artemisia anomala, 川木香 Dolomiaea souliei, 土木香 Inula helenium, 月桂 Laurus nobilis, 夜合花 Lirianthe coco, 荷花木兰 Magnolia grandiflora, 台湾含笑 Michelia compressa, 云南含笑 M. yunnanensis, 短舌匹菊 Pyrethrum parthenium, 云木香 Saussurea costus, 菊蒿 Tanacetum vulgare
reynoutrin 虎杖素 合萌 Aeschynomene indica, 阔荚合欢 Albizia lebbeck, 苦槠 Castanopsis sclerophylla, 虎杖 Reynoutria japonica, 烈香杜鹃花 Rhododendron anthopogonoides, 樱草杜鹃 R. primuliflorum, 蓖麻 Ricinus communis, 洋蒲桃 Syzygium samarangense
rhabarberone 大黄醌▲ 藏边大黄 Rheum australe, 光茎大黄 R. glabricaule, 河套大黄 R. hotaoense, 矮大黄 R. nanum, 掌叶大黄 R. palmatum, 波叶大黄 R. rhabarbarum, 穗序大黄 R. spiciforme, 六盘山大黄 R. tanguticum var. liupanshanense, 单脉大黄 R. uninerve, 喜马拉雅大黄 R. webbianum
rhamnan sulfate 硫酸鼠李聚糖 礁膜 Monostroma nitidum
rhamnazin 鼠李秦素 日本桤木 Alnus japonica, 射干 Belamcanda chinensis, 岳桦 Betula ermanii, 裸花紫珠 Callicarpa nudiflora, 蓝桉 Eucalyptus globulus, 野鸢尾 Iris dichotoma, 三春水柏枝 Myricaria paniculata, 豆瓣菜 Nasturtium officinale, 毛唇芋兰 Nervilia fordii, 水蓼 Polygonum hydropiper, 多穗蓼 P. polystachyum, 长叶多穗蓼 P. polystachyum var. longifolium, 槲寄生 Viscum coloratum, 柄果槲寄生 V. multinerve
rhamnazin 3-*β*-D-glucopyranoside 鼠李秦素 -3-*β*-D- 吡喃葡萄糖 白柳 Salix alba
rhamnazin-3-*O*-sophoroside 鼠李秦素 -3-*O*- 槐糖苷 豆瓣菜 Nasturtium officinale
rhamnazin-3-*O*-*β*-D-(6''-*β*-hydroxy-*β*-methylglutaryl)-*β*-D-glucopyranoside-4'-*O*-*β*-D-glucopyranoside 鼠李秦素 -3-*O*-*β*-D-(6''-*β*- 羟基 -*β*- 甲基戊二酰基)-*β*-D- 吡喃葡萄糖苷 -4'-*O*-*β*-D- 吡喃葡萄糖苷 槲寄生 Viscum coloratum
rhamnazin-3-*O*-*β*-D-6''-acetylglucopyranoside 鼠李秦素 -3-*O*-*β*-D-6''- 乙酰吡喃葡萄糖苷 槲寄生 Viscum coloratum
rhamnazin-3-*O*-*β*-D-glucopyranoside 鼠李秦素 -3-*O*-*β*-D- 吡喃葡萄糖苷 青葙 Celosia argentea, 豆瓣菜 Nasturtium officinale, 莲 Nelumbo nucifera, 毛唇芋兰 Nervilia fordii, 槲寄生 Viscum coloratum, 柄果槲寄生 V. multinerve
rhamnazin-3-*O*-*β*-D-rutinoside 鼠李秦素 -3-*O*-*β*-D- 芸香糖苷 臭冷杉 Abies nephrolepis, 大叶橐吾 Ligularia macrophylla
rhamnazin-3-rutinoside 鼠李秦素 -3- 芸香糖苷 西葫芦 Cucurbita pepo
rhamnepalin A, B, C 尼泊尔鼠李素▲A, B, C 尼泊尔鼠李 Rhamnus napalensis
rhamnetin 鼠李素 较常见成分，至少分布于 30 种以上植物中，见于百合科、柽柳科、大戟科、豆科、禾本科、胡椒科、桔梗科、菊科、兰科、蓼科、鹿蹄草科、马鞭草科、茜草科、桑寄生科、山龙眼科、十字花科、鼠李科、桃金娘科、五桠果科、旋花科、杨柳科、远志科等
rhamnetin hexopyranoside 鼠李素吡喃己糖苷 杧果 Mangifera indica
rhamnetin-3,3',4'-tri-*O*-glucoside 鼠李素 -3,3',4'- 三 -*O*- 葡萄糖苷 绿花鹿蹄草 Pyrola chlorantha
rhamnetin-3-galactopyranoside 鼠李素 -3- 吡喃半乳糖苷 匍匐大戟 Euphorbia prostrata
rhamnetin-3-glucopyranoside 鼠李素 -3- 吡喃葡萄糖苷 小花五桠果 Dillenia pentagyna
rhamnetin-3-*O*-(2''-*O*-*β*-D-mannopyranosyl)-*β*-D-allopyranoside 鼠李素 -3-*O*-(2''-*O*-*β*-D- 吡喃甘露糖基)-*β*-D- 吡喃阿洛糖苷 翅荚决明 Senna alata
rhamnetin-3-*O*-(6''-*O*-*α*-L-rhamnopyranosyl)-*β*-D-galactopyranoside 鼠李素 -3-*O*-(6''-*O*-*α*-L- 吡喃鼠李糖基)-*β*-D- 吡喃半乳糖苷 铁刀木 Senna siamea
rhamnetin-3-*O*-[(*S*)-3-hydroxy-3-methyl-glutaroyl-(1 → 6)]-*β*-D-glucopyranoside 鼠李素 -3-*O*-[(*S*)-3- 羟基 -3- 甲基 - 戊二酰基 -(1 → 6)]-*β*-D- 吡喃葡萄糖苷 砂珍棘豆 Oxytropis racemosa
rhamnetin-3-*O*-arabinoside-3',4'-di-*O*-glucoside 鼠李素 -3-*O*- 阿拉伯糖苷 -3',4'- 二 -*O*- 葡萄糖苷 绿花鹿蹄草 Pyrola chlorantha
rhamnetin-3-*O*-arabinoside-4'-*O*-glucoside 鼠李素 -3-*O*- 阿拉伯糖苷 -4'-*O*- 葡萄糖苷 紫背鹿蹄草 Pyrola atropurpurea
rhamnetin-3-*O*-galactopyranoside 鼠李素 -3-*O*- 吡喃半乳糖苷 南欧大戟 Euphorbia peplus
rhamnetin-3-*O*-galactoside 鼠李素 -3-*O*- 半乳糖苷 紫背鹿蹄草 Pyrola atropurpurea
rhamnetin-3'-*O*-glucoside 鼠李素 -3'-*O*- 葡萄糖苷 紫背鹿蹄草 Pyrola atropurpurea
rhamnetin-3-*O*-malonylglucopyranoside 鼠李素 -3-*O*- 丙二酰吡喃葡萄糖苷 砂珍棘豆 Oxytropis racemosa

R

3-*O*-[α-L-rhamnopyranosyl-(1 → 2)-β-D-glucopyranosyl-(1 → 2)-β-D-glucopyranoside]-medicagenate 3-*O*-[α-L- 吡喃鼠李糖基 -(1 → 2)-β-D- 吡喃葡萄糖基 -(1 → 2)-β-D- 吡喃葡萄糖基] 苜蓿酸酯苷 紫苜蓿 Medicago sativa

3-*O*-[α-L-rhamnopyranosyl-(1 → 2)-β-D-glucopyranosyl-(1 → 2)-β-D-glucopyranosyl]-28-*O*-β-D-glucopyranoside medicagenate 3-*O*-[α-L- 吡喃鼠李糖基 -(1 → 2)-β-D- 吡喃葡萄糖基 -(1 → 2)-β-D- 吡喃葡萄糖基]-28-*O*-β-D- 吡喃葡萄糖基苜蓿酸酯苷 紫苜蓿 Medicago sativa

3β-α-L-rhamnopyranosyl-(1 → 2)-β-D-glucopyranosyloxy-26-hydroxy-22,26-epoxy-6-oxo-5α-cholest-7-ene 3β-α-L- 吡喃鼠李糖基 -(1 → 2)-β-D- 吡喃葡萄糖氧基 -26- 羟基 -22,26- 环氧 -6- 氧代 -5α- 胆甾 -7- 烯 欧亚多足蕨 Polypodium vulgare

α-L-rhamnopyranosyl-(1→3)-[2-*O*-(11*S*)-11-hydroxyhexadecanoyl]-[4-*O*-(2*R*,3*R*)-3-hydroxy-2-methylbutyryl]-α-L-rhamnopyranosyl-(1→2)-[6-*O*-acetyl]-D-glucopyranose α-L- 吡喃鼠李糖基 -(1 → 3)-[2-*O*-(11*S*)-11- 羟基十六烷基]-[4-*O*-(2*R*,3*R*)-3- 羟基 -2- 甲基丁酰基]-α-L- 吡喃鼠李糖基 -(1 → 2)-[6-*O*- 乙酰基]-D- 吡喃葡萄糖苷 菟丝子 Cuscuta chinensis

α-L-rhamnopyranosyl-(1→3)-[2-*O*-(11*S*)-11-hydroxytetradecanoyl]-[4-*O*-(2*R*,3*R*)-3-hydroxy-2-methylbutyryl]-α-L-rhamnopyranosyl-(1→2)-[6-*O*-acetyl]-D-glucopyranose α-L- 吡喃鼠李糖基 -(1 → 3)-[2-*O*-(11*S*)-11- 羟基十四烷基]-[4-*O*-(2*R*,3*R*)-3- 羟基 -2- 甲基丁酰基]-α-L- 吡喃鼠李糖基 -(1 → 2)-[6-*O*- 乙酰基]-D- 吡喃葡萄糖苷 菟丝子 Cuscuta chinensis

α-L-rhamnopyranosyl-(1 → 3)-1-*O*-caffeoyl-β-D-glucopyranoside α-L- 吡喃鼠李糖基 -(1 → 3)-1-*O*- 咖啡酰基 -β-D- 吡喃葡萄糖苷 野菰 Aeginetia indica

L-rhamnopyranosyl-(1 → 3')-4-*cis*-feruloyl-glucopyranoside L- 吡喃鼠李糖基 -(1 → 3')-4- 顺式 - 阿魏酰基 - 吡喃葡萄糖苷 中国马先蒿 Pedicularis chinensis

[α-L-rhamnopyranosyl-(1 → 3)-*O*-(α-L-rhamnopyranosyl-(1 → 6)]-1-*O*-*E*-caffeoyl-β-D-glucopyranoside [α-L- 吡喃鼠李糖基 -(1 → 3)-*O*-α-L- 吡喃鼠李糖基 -(1 → 6)]-1-*O*-*E*- 咖啡酰基 -β-D- 吡喃葡萄糖苷 青藤仔 Jasminum nervosum

α-L-rhamnopyranosyl-(1→4)-*O*-β-D-glucopyranosyl-(1→6)-*O*-β-D-glucopyranoside α-L- 吡喃鼠李糖基 -(1→4)-*O*-β-D- 吡喃葡萄糖基 -(1→6)-*O*-β-D- 吡喃葡萄糖苷 短序鹅掌柴 Heptapleurum bodinieri

α-L-rhamnopyranosyl-(1 → 4)-*O*-β-D-glucopyranosyl-(1 → 6)-β-D-glucopyranose α-L- 吡喃鼠李糖基 -(1 → 4)-*O*-β-D- 吡喃葡萄糖基 -(1 → 6)-β-D- 吡喃葡萄糖 鹅掌柴 Heptapleurum heptaphyllum

3β-(α-L-rhamnopyranosyl-(1 → 4)-α-L-rhamnopyranosyl-(1 → 2)-β-D-glucopyranosyloxy)-26-(β-D-glucopyranosyloxy)-22α-methoxy-(25*R*)-furost-5-ene 3β-(α-L- 吡喃鼠李糖基 -(1 → 4)-α-L- 吡喃鼠李糖基 -(1 → 2)-β-D- 吡喃葡萄糖氧基)-26-(β-D- 吡喃葡萄糖氧基)-22α- 甲氧基 -(25*R*)- 呋甾 -5- 烯 蓝胡卢巴 Trigonella caerulea

α-L-rhamnopyranosyl-(1 → 4)-β-D-glucopyranosyl-(1 → 6)-β-D-glucopyranosyloleanate-3-*O*-α-L-arabinofuranosyl-(1 → 4)-methyl-(β-D-glucopyranosid)uronate α-L- 吡喃鼠李糖基 -(1 → 4)-β-D- 吡喃葡萄糖基 -(1 → 6)-β-D- 吡喃葡萄糖基齐墩果酸酯苷 -3-*O*-α-L- 呋喃阿拉伯糖基 -(1 → 4)- 甲基 -(β-D- 吡喃葡萄糖基) 醛酸酯 通脱木 Tetrapanax papyrifer

α-L-rhamnopyranosyl-(1 → 5)-β-D-xylofuranosyl-(1 → 3)-α-amyrin α-L- 吡喃鼠李糖基 -(1 → 5)-β-D- 呋喃木糖基 -(1 → 3)-α- 香树脂醇 紫藤 Wisteria sinensis

α-L-rhamnopyranosyl-(1 → 6)-β-D-glucopyranosyl-3-indolecarbonate α-L- 吡喃鼠李糖基 -(1 → 6)-β-D- 吡喃葡萄糖基 -3- 吲哚羧酸酯苷 辣蓼铁线莲 Clematis terniflora var. mandshurica

1-(α-L-rhamnopyranosyl-(1 → 6)-β-D-glucopyranosyloxy)-3,4,5-trimethoxybenzene 1-(α-L- 吡喃鼠李糖基 -(1 → 6)-β-D- 吡喃葡萄糖氧基)-3,4,5- 三甲氧基苯 蜀葵 Alcea rosea, 厚朴 Houpoëa officinalis

1-[α-L-rhamnopyranosyl-(1 → 6)-β-D-glucopyranosyloxy]-3,4,5-trimethoxybenzene 1-[α-L- 吡喃鼠李糖基 -(1 → 6)-β-D- 吡喃葡萄糖氧基]-3,4,5- 三甲氧基苯 大果刺篱木 Flacourtia ramontchi

α-L-rhamnopyranosyl-3β-hydroxy-lup-20(29)-en-28-oic acid α-L- 吡喃鼠李糖基 -3β- 羟基 - 羽扇豆 -20(29)- 烯 -28- 酸 小花五桠果 Dillenia pentagyna

2''-α-L-rhamnopyranosyl-7-*O*-methylvitexin 2''-α-L- 吡喃鼠李糖基 -7-*O*- 甲基牡荆素 小槐花 Ohwia caudata

2''-α-rhamnopyranosylisoorientin 2''-α- 吡喃鼠李糖基异荭草素 剪红纱花 Lychnis senno

2''-α-rhamnopyranosylisovitexin 2''-α- 吡喃鼠李糖基异牡荆素 剪红纱花 Lychnis senno

(25*S**)-l(*R**)-(α-L-rhamnopyranosyloxy)-3(*R**)-(β-D-galactopyranosyloxy)cholest-5-en-16(*S**),22(*S**),26-triol (25*S**)-l(*R**)-(α-L- 吡喃鼠李糖氧基)-3(*R**)-(β-D- 吡喃半乳糖氧基) 胆甾 -5- 烯 -16(*S**),22(*S**),26- 三醇 大花蒺藜 Tribulus cistoides

1(*R**)-(α-L-rhamnopyranosyloxy)-3(*R**)-(β-D-galactopyranosyloxy)-cholest-5-en-16(*S**),22(*S**)-diol 1(*R**)-(α-L- 吡喃鼠李糖基基)-3(*R**)-(β-D- 吡喃半乳糖氧基)- 胆甾 -5- 烯 -16(*S**),22(*S**)- 二醇 大花蒺藜 Tribulus cistoides

L-rhamnose L- 鼠李糖 土荆芥 Chenopodium ambrosioides, 蒺藜 Tribulus terrestris

α-L-rhamnose α-L- 鼠李糖 积雪草 Centella asiatica, 含羞草决明 Chamaecrista mimosoides

β-rhamnose β- 鼠李糖 盒果藤 Operculina turpethum

rhamnose 鼠李糖 蝉翼藤 Securidaca inappendiculata, 毗黎勒 Terminalia bellirica

rhamnosyldihexosylquercetin sulfate 鼠李糖基二己糖基槲皮素硫酸酯 海枣 Phoenix dactylifera

2'-rhamnosylicariin A 2'- 鼠李糖基淫羊藿苷 A 光叶淫羊藿 Epimedium sagittatum var. glabratum

rhamnosylvitexin 鼠李糖基牡荆素 鸭嘴花 Justicia adhatoda

rhamnoveracintine 鼠李糖藜芦辛亭▲ 阿尔泰藜芦 Veratrum lobelianum

rhaphidecurperoxin 爬树龙过氧素▲ 爬树龙 Rhaphidophora decursiva

rhaphidecursinol A 爬树龙醇▲A 爬树龙 Rhaphidophora decursiva, 望春玉兰 Yulania biondii

rhaphidecursinol B 爬树龙醇▲B 爬树龙 Rhaphidophora decursiva

rhapisterone B 鹿草甾酮 B 鹿草 Stemmacantha carthamoides

rhapisterone C 鹿草甾酮 C 鹿草 Stemmacantha carthamoides, 漏芦 S. uniflora

rhaponticin 土大黄苷 蟛蜞菊 Wedelia chinensis

R

rhaponticin-2''-*O*-gallate 食用大黄苷 -2''-*O*- 没食子酸酯 波叶大黄 Rheum rhabarbarum
rhaponticol 漏芦醇 漏芦 Stemmacantha uniflora
rhaponticoside A~H 漏芦糖苷 A~H 鹿草 Stemmacantha carthamoides
rhaponticum 漏芦素甲 漏芦 Stemmacantha uniflora
rhapontigenin 食用大黄苷元 海南买麻藤 Gnetum hainanense, 垂子买麻藤 G. pendulum, 桑 Morus alba, 阿尔泰大黄 Rheum altaicum, 藏边大黄 R. australe, 河套大黄 R. hotaoense, 掌叶大黄 R. palmatum, 波叶大黄 R. rhabarbarum, 南方荚蒾 Viburnum fordiae
rhapontigenin-(6'-*O*-galloyl)-glucoside 食用大黄苷元 -(6'-*O*- 没食子酰基)- 葡萄糖苷 小大黄 Rheum pumilum
rhapontigenin-3-*O*-*β*-glucopyranoside 食用大黄苷元 -3-*O*-*β*- 吡喃葡萄糖苷 小叶买麻藤 Gnetum parvifolium
rhapontigenin-4-*O*-*β*-glucopyranoside 食用大黄苷元 -4-*O*-*β*- 吡喃葡萄糖苷 小叶买麻藤 Gnetum parvifolium
rhapontin; rhaponticin; ponticin 食用大黄苷 桑 Morus alba, 阿尔泰大黄 Rheum altaicum, 藏边大黄 R. australe, 河套大黄 R. hotaoense, 丽江大黄 R. likiangense, 药用大黄 R. officinale, 掌叶大黄 R. palmatum, 波叶大黄 R. rhabarbarum
rhapontisterone 漏芦甾酮 漏芦 Stemmacantha uniflora
rhapontisterone B 漏芦甾酮 B 牛膝 Achyranthes bidentata
rhazidine 拉齐木定▲ 腋花山橙 Melodinus axillaris
rhazimanine 瑞兹马宁碱 蛇根木 Rauvolfia serpentina
rhazimol 拉齐木醇▲ 羊角棉 Alstonia mairei, 长春花 Catharanthus roseus, 思茅山橙 Melodinus cochinchinensis, 雷打果 M. yunnanensis
rhazinaline 拉齐木那林▲ 思茅山橙 Melodinus cochinchinensis, 雷打果 M. yunnanensis, 药用狗牙花 Tabernaemontana bovina
rhazinilam 拉齐木内酰胺▲ 蕊木 Kopsia arborea, 腋花山橙 Melodinus axillaris, 思茅山橙 M. cochinchinensis
rhazinoline 拉齐木诺林▲ 蕊木 Kopsia arborea
rheediachromenoxanthone 瑞地亚木色烯吨酮▲ 薄叶红厚壳 Calophyllum membranaceum, 木竹子 Garcinia multiflora
rheediaxanthone A 瑞地亚木吨酮▲A 岭南山竹子 Garcinia oblongifolia, 大叶藤黄 G. xanthochymus
rhein ethyl ester 大黄酸乙酯 昆明山海棠 Tripterygium hypoglaucum
rhein methyl ester 大黄酸甲酯 腊肠树 Cassia fistula
rhein; rheinic acid 大黄酸 较常见成分，至少分布于 30 种以上植物中，见于百合科、唇形科、豆科、胡桃科、卷柏科、兰科、蓼科、麻黄科、茜草科等
rhein-11-*O*-*β*-D-glucopyranoside 大黄酸 -11-*O*-*β*-D- 吡喃葡萄糖苷 藏边大黄 Rheum australe
rhein-11-*O*-*β*-D-glucopyranoside-hexaacetate 大黄酸 -11-*O*-*β*-D- 吡喃葡萄糖苷六乙酯 藏边大黄 Rheum australe
rhein-8-*O*-*β*-D-[6'-*O*-(3''-methoxyl malonyl)]-glucopyranoside 大黄酸 -8-*O*-*β*-D-[6'-*O*-(3''- 甲氧基丙二酰基)]- 吡喃葡萄糖苷 掌叶大黄 Rheum palmatum
rhein-8-*O*-*β*-D-glucopyranoside 大黄酸 -8-*O*-*β*-D- 吡喃葡萄糖苷 小大黄 Rheum pumilum, 唐古特大黄 R. tanguticum, 望江南 Senna occidentalis
rheinal 大黄醛 藏边大黄 Rheum australe
rheindianthrone 大黄二蒽酮 掌叶大黄 Rheum palmatum
rheinoside A, B 大黄苷 A, B 药用大黄 Rheum officinale
rheinoside C 大黄苷 C 药用大黄 Rheum officinale, 小大黄 R. pumilum
rheinoside D 大黄苷 D 药用大黄 Rheum officinale, 小大黄 R. pumilum
rheochrysin 大黄素甲醚苷 藏边大黄 Rheum australe, 河套大黄 R. hotaoense
rheoside 藏边大黄苷▲ 藏边大黄 Rheum australe
rheosmin 大黄明 药用大黄 Rheum officinale, 掌叶大黄 R. palmatum
rhetsinine 瑞特花椒宁碱▲ 尖叶花椒 Zanthoxylum oxyphyllum
rheumaustralin 藏边大黄素▲ 藏边大黄 Rheum australe
rheumin 大黄酯素▲ 藏边大黄 Rheum australe, 河套大黄 R. hotaoense, 波叶大黄 R. rhabarbarum
rheumone A 大黄酮▲A 掌叶大黄 Rheum palmatum
rhinacanthin A~Q 白鹤灵芝素 A~Q 灵枝草 Rhinacanthus nasutus
rhinacanthone 白鹤灵芝酮 灵枝草 Rhinacanthus nasutus
rhinchoin Ia 钩藤鞣素▲Ia 苦槠 Castanopsis sclerophylla
rhinocerotinoic acid 犀牛鞘毛菊酸▲ 柚木 Tectona grandis
rhizoctonic acid 丝核菌酸▲ 狗牙根 Cynodon dactylon
rhizolotine 百脉根瘤碱▲ 细叶百脉根 Lotus tenuis
rhizonic acid 地图衣尼酸▲ 卷梢亚铃孢衣 Heterodermia boryi, 金丝刷 Lethariella cladonioides, 地茶衣 Thamnolia vermicularis, 长松萝 Usnea longissima
rhizophorin A 红树素▲A 海漆 Excoecaria agallocha, 红茄苳 Rhizophora mucronata
rhizophorin B 红树素▲B 海漆 Excoecaria agallocha, 红茄苳 Rhizophora mucronata
rhizophorin C, D, E 红树素▲C, D, E 红茄苳 Rhizophora mucronata
rhizophorine 红树碱▲ 红茄苳 Rhizophora mucronata
rhodalidin 红景天里定▲ 红景天 Rhodiola rosea
rhodalin; rodalin 喜冷红景天林素▲ 红景天 Rhodiola rosea
rhodanthenone A~D 红花龙胆酚酮▲A~D 红花龙胆 Gentiana rhodantha
rhodanthoside A, B, C 红花龙胆苷▲A, B, C 红花龙胆 Gentiana rhodantha

R

rhodeasapogenin 万年青皂苷元 万年青 Rohdea japonica
rhodeasapogenin-1-*O*-α-L-rhamnopyranosyl-(1 → 2)-β-D-xylopyranoside 万年青皂苷元 -1-*O*-α-L- 吡喃鼠李糖 -(1 → 2)-β-D- 吡喃木糖苷 吉祥草 Reineckea carnea
rhodeasapogenin-3-*O*-β-D-glucopyranoside 万年青皂苷元 -3-*O*-β-D- 吡喃葡萄糖苷 开口箭 Tupistra chinensis
rhodeasapogenin-3-*O*-β-D-glucopyranosyl-(1 → 4)-β-D-glucopyranoside 万年青皂苷元 -3-*O*-β-D- 吡喃葡萄糖基 -(1 → 4)-β-D- 吡喃葡萄糖苷 开口箭 Tupistra chinensis
rhodexin A 万年青苷 A 铃兰 Convallaria majalis, 万年青 Rohdea japonica, 弯蕊开口箭 Tupistra wattii
rhodexin B, C, D 万年青苷 B, C, D 万年青 Rohdea japonica
rhodexoside 万年青新苷 铃兰 Convallaria majalis, 万年青 Rohdea japonica rhodiocyanoside A 红景天氰苷 A 异齿红景天 Rhodiola heterodonta, 红景天 R. rosea, 圣地红景天 R. sacra
rhodiocyanoside D 红景天氰苷 D 大花红景天 Rhodiola crenulata, 圣地红景天 R. sacra
rhodiolatuntoside 德钦红景天苷 大花红景天 Rhodiola crenulata
rhodiolgidin 红景天吉定▲ 红景天 Rhodiola rosea
rhodiolgin 红景天吉素▲ 狭叶红景天 Rhodiola kirilowii, 红景天 R. rosea
rhodiolin 红景天林素▲ 长鞭红景天 Rhodiola fastigiata, 红景天 R. rosea, 库页红景天 R. sachalinensis
rhodioloside A, B, C, E, F 红景天苷 A, B, C, E, F 红景天 Rhodiola rosea
rhodioloside D 红景天苷 D 红景天 Rhodiola rosea, 库页红景天 R. sachalinensis
rhodioloside; salidroside 红景天苷 较常见成分，至少分布于 30 种以上植物中，见于唇形科、大戟科、大血藤科、杜鹃花科、胡桃科、虎耳草科、桦木科、景天科、菊科、爵床科、兰科、蓼科、列当科、马鞭草科、马兜铃科、马钱科、毛茛科、木通科、木犀科、忍冬科、伞形科、藤黄科、五味子科、小檗科、玄参科、樟科、紫葳科、醉鱼草科等
rhodionidin 红景天尼定▲ 红景天 Rhodiola rosea
rhodionin 红景天宁▲ 大花红景天 Rhodiola crenulata, 小丛红景天 R. dumulosa, 红景天 R. rosea, 库页红景天 R. sachalinensis
rhodiooctanoside 红景天辛醇苷 狭叶红景天 Rhodiola kirilowii, 圣地红景天 R. sacra
rhodiosin 红景天素 大花红景天 Rhodiola crenulata, 小丛红景天 R. dumulosa, 红景天 R. rosea, 库页红景天 R. sachalinensis
rhodisin 红景天鞣素▲ 狭叶红景天 Rhodiola kirilowii
rhodocladonic acid 红石蕊酸▲ 粉杯红石蕊 Cladonia pleurota
rhododaurichromanic acid A, B 兴安杜鹃色烷酸▲A, B 兴安杜鹃花 Rhododendron dauricum
rhododendrin 杜鹃素 冷杉 Abies fabri, 臭冷杉 A. nephrolepis, 垂枝桦 Betula pendula, 白桦 B. platyphylla, 牛皮杜鹃花 Rhododendron aureum, 凝毛杜鹃花 R. phaeochrysum var. agglutinatum
rhododendroketoside 杜鹃酮苷 毛果槭 Acer nikoense
(-)-rhododendrol (-)- 杜鹃醇 白桦 Betula platyphylla, 凝毛杜鹃花 Rhododendron phaeochrysum var. agglutinatum
(+)-rhododendrol (+)- 杜鹃醇 毛果槭 Acer nikoense, 鹿角杜鹃花 Rhododendron latoucheae
rhododendrol 杜鹃醇 冷杉 Abies fabri, 臭冷杉 A. nephrolepis, 牛皮杜鹃花 Rhododendron aureum
rhododendrol-4'-*O*-β-D-glucopyranoside 杜鹃醇 -4'-*O*-β-D- 吡喃葡萄糖苷 草麻黄 Ephedra sinica
rhododendrone A 杜鹃酮▲A 陇蜀杜鹃花 Rhododendron przewalskii
rhododendronside 杜鹃酮苷▲ 陇蜀杜鹃花 Rhododendron przewalskii
rhodoic acid 红藻酸 角叉菜 Chondrus ocellatus
rhodoic polysaccharide 红藻多糖 扁江蓠 Gracilaria textorii
rhodojaponin I 日本杜鹃素 I 马醉木 Pieris japonica
rhodojaponin II 日本杜鹃素 II 马醉木 Pieris japonica, 羊踯躅 Rhododendron molle
rhodojaponin III 日本杜鹃素 III 柳叶假木荷 Craibiodendron henryi, 马醉木 Pieris japonica, 羊踯躅 Rhododendron molle, 陇蜀杜鹃花 R. przewalskii
rhodojaponin III-6-acetate 日本杜鹃素 III-6- 乙酸酯 羊踯躅 Rhododendron molle
rhodojaponin VI 日本杜鹃素 VI 云南假木荷 Craibiodendron yunnanense, 羊踯躅 Rhododendron molle
(+)-rhodolatouchol (+)- 鹿角杜鹃醇▲ 鹿角杜鹃花 Rhododendron latoucheae
rhodolatouside 鹿角杜鹃苷▲ 海滨木巴戟 Morinda citrifolia
rhodolatouside A, B 鹿角杜鹃苷▲A, B 鹿角杜鹃花 Rhododendron latoucheae
rhodomicranol A~F 照山白醇▲A~F 照山白 Rhododendron micranthum
rhodomolin A, B, C 羊踯躅林素▲A, B, C 羊踯躅 Rhododendron molle
rhodomollein 羊踯躅素 云南假木荷 Craibiodendron yunnanense
rhodomollein I 羊踯躅素 I 柳叶假木荷 Craibiodendron henryi, 羊踯躅 Rhododendron molle
rhodomollein 羊踯躅素 II, III, IX, X, XI, XII, XIII, XIV, XV, XVI, XVII, XIX, XX, F, G 羊踯躅 Rhododendron molle
rhodomollein XVIII 羊踯躅素 XVIII 柳叶假木荷 Craibiodendron henryi, 羊踯躅 Rhododendron molle
rhodomoside A, B 羊踯躅苷 A, B 羊踯躅 Rhododendron molle
1β-rhodomoside B 1β- 羊踯躅苷 B 羊踯躅 Rhododendron molle
rhodomyrtone 桃金娘呲酮▲ 桃金娘 Rhodomyrtus tomentosa
rhodomyrtosone A~D, I 桃金娘松酮▲A~D, I 桃金娘 Rhodomyrtus tomentosa
rhodotoxin 杜鹃花毒素 陇蜀杜鹃花 Rhododendron przewalskii
rhodoxanthin 紫杉红质▲ 问荆 Equisetum arvense, 华西忍冬 Lonicera webbiana, 泥炭藓 Sphagnum palustre, 粗叶泥炭藓 S. squarrosum

R

ricinine 蓖麻碱 毛丹麻杆 Discocleidion rufescens, 蓖麻 Ricinus communis
ricinoleic acid 蓖麻酸 蜀葵 Alcea rosea, 一叶萩 Flueggea suffruticosa, 风筝果 Hiptage benghalensis, 阿尔泰亚麻 Linum altaicum, 延药睡莲 Nymphaea nouchali, 雪岭云杉 Picea schrenkiana, 蓖麻 Ricinus communis
ricintriglyceride 蓖麻三甘油酯 蓖麻 Ricinus communis
ricinusteryl benzoate 蓖麻甾苯甲酸酯 蓖麻 Ricinus communis
ricipentatriacontanol 蓖麻三十五醇 蓖麻 Ricinus communis
ricipiperanyl ester 蓖麻胡椒基酯 蓖麻 Ricinus communis
ridentin 三齿蒿素 冷蒿 Artemisia frigida, 白莲蒿 A. sacrorum
rigenolide A 坚龙胆内酯 A 滇龙胆草 Gentiana rigescens
riligustilide 双藁本内酯 当归 Angelica sinensis, 藁本 Ligusticum sinense, 川芎 L. sinense 'Chuanxiong'
rimuene 芮木泪柏烯 挥发油成分，未统计基源
rinderine 翅果草碱▲ 硬萼软紫草 Arnebia decumbens, 飞机草 Chromolaena odorata, 倒提壶 Cynoglossum amabile, 红花琉璃草 C. officinale, 佩兰 Eupatorium fortunei
rinderine-*N*-oxide 翅果草碱▲-*N*- 氧化物 红花琉璃草 Cynoglossum officinale
rindoside 伯格龙胆苷▲ 高山龙胆 Gentiana algida, 秦艽 G. macrophylla, 龙胆 G. scabra, 西藏秦艽 G. tibetica
riparoside A, B 牛尾菜苷▲A, B 牛尾菜 Smilax riparia
ritigalin 毛里求斯山小橘素▲ 小花山小橘 Glycosmis parviflora
rivulacerebroside 草玉梅脑苷 草玉梅 Anemone rivularis
rivularin 向天盏素▲ 二刺叶兔唇花 Lagochilus diacanthophyllus, 黄芩 Scutellaria baicalensis, 半枝莲 S. barbata, 韩信草 S. indica
rivularinin 草玉梅宁▲ 草玉梅 Anemone rivularis
rivulobirin A 心叶棱子芹二聚素▲A 鹤庆独活 Heracleum rapula, 藏波罗花 Incarvillea younghusbandii, 心叶棱子芹 Pleurospermum rivulorum
rivulobirin B 心叶棱子芹二聚素▲B 鹤庆独活 Heracleum rapula, 心叶棱子芹 Pleurospermum rivulorum
rivulobirin C, D, E 心叶棱子芹二聚素▲C, D, E 心叶棱子芹 Pleurospermum rivulorum
rivulotririn A, B, C 心叶棱子芹三聚素▲A, B, C 心叶棱子芹 Pleurospermum rivulorum
robinetin 刺槐亭 海红豆 Adenanthera pavonina var. microsperma, 蜀葵 Alcea rosea, 刺槐 Robinia pseudoacacia
(-)-robinetinidol (-)- 刺槐亭醇 仪花 Lysidice rhodostegia, 刺槐 Robinia pseudoacacia
robinin 洋槐苷 合萌 Aeschynomene indica, 阔荚合欢 Albizia lebbeck, 岩蒿 Artemisia rupestris, 斜茎黄耆 Astragalus adsurgens, 刀豆 Canavalia gladiata, 菜蓟 Cynara scolymus, 假木豆 Dendrolobium triangulare, 草木犀 Melilotus officinalis, 马松子 Melochia corchorifolia, 镰荚棘豆 Oxytropis falcata, 孩儿参 Pseudostellaria heterophylla, 葛 Pueraria montana var. lobata, 刺槐 Robinia pseudoacacia, 杂种车轴草 Trifolium hybridum, 蔓长春花 Vinca major, 大叶堇菜 Viola diamantiaca, 白花堇菜 V. lactiflora
robinioside I 刺槐皂苷 I 藤萝 Wisteria villosa
robinlin 刺槐林素▲ 刺槐 Robinia pseudoacacia
robinoside E 刺槐糖苷 E 大豆 Glycine max
robipseudin A 刺槐定▲A 刺槐 Robinia pseudoacacia
robtein 刺槐因 刺槐 Robinia pseudoacacia
robtin 刺槐波亭▲ 刺槐 Robinia pseudoacacia
roburic acid 夏栎酸▲ 达乌里秦艽 Gentiana dahurica, 秦艽 G. macrophylla, 麻花艽 G. straminea
roburin A~E 夏栎素▲A~E 夏栎 Quercus robur
robustadial A, C, D, E 大叶桉二醛 A, C, D, E 桉 Eucalyptus robusta
robustadial B 大叶桉二醛 B 蓝桉 Eucalyptus globulus, 桉 E. robusta
robustaflavone 粗贝壳杉黄酮 点地梅 Androsace umbellata, 杉木 Cunninghamia lanceolata, 欧洲刺柏 Juniperus communis, 香柏 J. pingii var. wilsonii, 百日青 Podocarpus neriifolius, 小翠云 Selaginella kraussiana, 细叶卷柏 S. labordei, 江南卷柏 S. moellendorffii, 翠云草 S. uncinata, 野漆 Toxicodendron succedaneum
robustaflavone-4',4'''-dimethyl ether 粗贝壳杉黄酮 -4',4''- 二甲醚 薄叶卷柏 Selaginella delicatula
robustaflavone-4'-methyl ether 粗贝壳杉黄酮 -4'- 甲醚 猫爪草 Ranunculus ternatus, 薄叶卷柏 Selaginella delicatula, 翠云草 S. uncinata
robustaflavone-7,4',4'''-trimethyl ether 粗贝壳杉黄酮 -7,4',4'''- 三甲醚 薄叶卷柏 Selaginella delicatula
robustaflavone-7,4',7''-trimethyl ether 粗贝壳杉黄酮 -7,4',7''- 三甲醚 深绿卷柏 Selaginella doederleinii
robustaflavone-7''-methylether 粗贝壳杉黄酮 -7''- 甲醚 百日青 Podocarpus neriifolius
robustanic acid 大叶桉酸▲ 桉 Eucalyptus robusta, 厚皮香 Ternstroemia gymnanthera
robustaquinone D 粗壮金鸡纳醌▲D 白花蛇舌草 Hedyotis diffusa, 印度羊角藤 Morinda umbellata
robustaside A 银桦苷▲A 小叶黑面神 Breynia vitis-idaea, 银桦 Grevillea robusta, 调羹树 Heliciopsis lobata
robustaside B 银桦苷▲B 银桦 Grevillea robusta, 潞西山龙眼 Helicia tsaii, 调羹树 Heliciopsis lobata, 二歧马先蒿 Pedicularis dichotoma
robustaside C, E, F, G 银桦苷▲C, E, F, G 银桦 Grevillea robusta
robustaside D 银桦苷▲D 银桦 Grevillea robusta, 潞西山龙眼 Helicia tsaii
robustine 粗芸香碱▲ 狭叶白鲜 Dictamnus angustifolius, 臭辣吴萸 Euodia fargesii, 楝叶吴萸 E. glabrifolia, 大叶芸香 Haplophyllum perforatum, 椿叶花椒 Zanthoxylum ailanthoides, 簕欓花椒 Z. avicennae, 蚬壳花椒 Z. dissitum, 野花椒 Z. simulans
robustol 银桦醚酚▲ 银桦 Grevillea robusta
rocaglamide 洛克米仔兰酰胺 米仔兰 Aglaia odorata

R

rocaglamide-3'-carboxylic acid methyl ester 洛克米仔兰酰胺 -3'- 羧酸甲酯 米仔兰 Aglaia odorata
rocaglaol 洛克米仔兰醇 米仔兰 Aglaia odorata
rockiiol C 紫斑牡丹酚▲C 紫斑牡丹 Paeonia rockii
rockogenin 洛柯皂苷元 龙舌兰 Agave americana, 剑麻 A. sisalana, 凤尾丝兰 Yucca gloriosa
rodgersinol 鬼灯檠醇▲ 鬼灯檠 Rodgersia podophylla
rodiolinozide 条叶红景天苷▲ 青葙 Celosia argentea, 狭叶红景天 Rhodiola kirilowii
(+)-roebramine (+)- 紫花疆罂拉明▲ 紫花疆罂粟 Roemeria hybrida
(-)-roecarboline (-)- 疆罂粟咔啉▲ 紫花疆罂粟 Roemeria hybrida
(+)-roefractine (+)- 红花疆罂粟亭▲ 红花疆罂粟 Roemeria refracta
roeharmine 疆罂粟哈尔明▲ 紫花疆罂粟 Roemeria hybrida
(-)-roehybramine (-)- 紫花疆罂粟胺▲ 紫花疆罂粟 Roemeria hybrida
(-)-roehybramine-*β*-*N*-oxide (-)- 紫花疆罂粟胺▲-*β*-*N*- 氧化物 紫花疆罂粟 Roemeria hybrida
(-)-roehybridine (-)- 紫花疆罂粟定▲ 紫花疆罂粟 Roemeria hybrida
(-)-roehybridine-*α*-*N*-oxide (-)- 紫花疆罂粟定▲-*α*-*N*- 氧化物 紫花疆罂粟 Roemeria hybrida
(-)-roehybridine-*β*-*N*-oxide (-)-*β*-*N*-*O*- 紫花疆罂粟定▲ 紫花疆罂粟 Roemeria hybrida
(-)-roehybrine (-)- 紫花疆罂粟灵▲ 紫花疆罂粟 Roemeria hybrida
(+)-roehymine (+)- 紫花疆罂粟亥明▲ 紫花疆罂粟 Roemeria hybrida
(-)-roemebramine (-)- 紫花疆罂粟明▲ 紫花疆罂粟 Roemeria hybrida
(+)-roemecarine (+)- 疆罂粟卡任▲ 红花疆罂粟 Roemeria refracta
(-)-*α*-roemehybrine (-)-*α*- 紫花疆罂粟任▲ 紫花疆罂粟 Roemeria hybrida
roemeramine 红花疆罂粟胺▲ 红花疆罂粟 Roemeria refracta
(-)-roemerialinone (-)- 疆罂粟酮▲ 紫花疆罂粟 Roemeria hybrida
(-)-roemeridine (-)- 疆罂粟定▲ 紫花疆罂粟 Roemeria hybrida, 红花疆罂粟 R. refracta
(-)-roemerine (-)- 疆罂粟碱▲ 鹰爪花 Artabotrys hexapetalus, 天仙藤 Fibraurea recisa, 黄兰 Michelia champaca, 新木姜子 Neolitsea aurata, 云南地不容 Stephania yunnanensis
(+)-roemerine (+)- 疆罂粟碱▲ 鹅掌楸 Liriodendron chinense, 宝华玉兰 Yulania zenii
(*R*)-roemerine (*R*)- 疆罂粟碱▲ 莲 Nelumbo nucifera
l-roemerine *l*- 疆罂粟碱▲ 广西地不容 Stephania kwangsiensis
roemerine; remerine 疆罂粟碱▲ 圆滑番荔枝 Annona glabra, 日本厚朴 Houpoëa obovata, 厚朴 H. officinalis, 北美鹅掌楸 Liriodendron tulipifera, 台湾含笑 Michelia compressa, 莲 Nelumbo nucifera, 虞美人 Papaver rhoeas, 山楠 Phoebe chinensis, 红花疆罂粟 Roemeria refracta, 台湾千金藤 Stephania merrillii, 云南地不容 S. yunnanensis
roemerine-*N*-oxide 疆罂粟碱▲-*N*- 氧化物 北美鹅掌楸 Liriodendron tulipifera
(*R*)-roemeroline (*R*)- 裂叶罂粟碱 粪箕笃 Stephania longa, 台湾千金藤 S. merrillii
roemeronine 红花疆罂粟宁▲ 红花疆罂粟 Roemeria refracta
rofficerone 迷迭香酮▲ 迷迭香 Rosmarinus officinalis
rohituka 1~7, 9, 12~15 山楝三萜▲1~7, 9, 12~15 山楝 Aphanamixis polystachya
rohitukin 山楝素▲ 大叶山楝 Aphanamixis grandifolia
rolliniastatin-1 罗林果抑素▲-1 牛心番荔枝 Annona reticulata
rolliniastatin-2 罗林果抑素▲-2 牛心番荔枝 Annona reticulata
romucosine 黏质罗林果碱▲ 瓜馥木 Fissistigma oldhamii, 台湾含笑 Michelia compressa
rorifamide 焯菜酰胺 无瓣焯菜 Rorippa dubia
rorifone 焯菜砜▲ 无瓣焯菜 Rorippa dubia
roripanoside 焯菜苷▲ 焯菜 Rorippa indica
rosalaevin A 金樱子脂素▲A 金樱子 Rosa laevigata
rosalaevin B 金樱子脂素▲B 石南藤 Piper wallichii, 金樱子 Rosa laevigata
rosamine 长春萨胺▲ 长春花 Catharanthus roseus
rosamultic acid 野蔷薇酸 三叶委陵菜 Potentilla freyniana, 地榆 Sanguisorba officinalis
rosamultin 野蔷薇苷 毛杭子梢 Campylotropis hirtella, 牛筋条 Dichotomanthes tristaniicarpa, 柿 Diospyros kaki, 蛇莓 Duchesnea indica, 蜂斗菜 Petasites japonicus, 蕨麻 Potentilla anserina, 长柔毛委陵菜 P. griffithii var. velutina, 小果蔷薇 Rosa cymosa, 野蔷薇 R. multiflora, 大花香水月季 R. odorata var. gigantea, 缫丝花 R. roxburghii, 玫瑰 R. rugosa, 栽秧泡 Rubus ellipticus var. obcordatus, 高山地榆 Sanguisorba alpina, 小白花地榆 S. tenuifolia var. alba, 大血藤 Sargentodoxa cuneata, 尼泊尔水东哥 Saurauia napaulensis, 锐尖山香圆 Turpinia arguta
rosarin 玫瑰红景天林素▲ 异齿红景天 Rhodiola heterodonta, 红景天 R. rosea, 金佛山荚蒾 Viburnum chinshanense
β-rosasterol *β*- 扶桑甾醇 石栗 Aleurites moluccana, 尼泊尔桤木 Alnus nepalensis, 海漆 Excoecaria agallocha, 欧亚旋覆花 Inula britannica, 毛杨梅 Myrica esculenta, 水飞蓟 Silybum marianum, 金腰箭 Synedrella nodiflora
β-rosasterol oxide *β*- 扶桑甾醇氧化物 毛蓼 Polygonum barbatum
β-rosaterol palmitate *β*- 扶桑甾醇棕榈酸酯 蔓荆 Vitex trifolia
rosavin; rosavidin 玫瑰红景天维素▲ 假马齿苋 Bacopa monnieri, 肉桂 Cinnamomum cassia, 异齿红景天 Rhodiola heterodonta, 红景天 R. rosea, 库页红景天 R. sachalinensis
cis-rose oxide 顺式 - 玫瑰醚 挥发油成分，未统计基源

R

roseadine 长春花定▲ 长春花 Catharanthus roseus
roseanoic acid 紫花丹酸▲ 紫花丹 Plumbago indica
roseanone 紫花丹酮▲ 紫花丹 Plumbago indica
rosefuran 蔷薇呋喃 挥发油成分，未统计基源
rosefuran epoxide 蔷薇呋喃环氧化物 挥发油成分，未统计基源
rosenonolactone 玫瑰菌素 香附子 Cyperus rotundus, 假连翘 Duranta erecta
(6*R*,9*R*)-roseoside (6*R*,9*R*)- 长春花苷 八角金盘 Fatsia japonica, 多叶棘豆 Oxytropis myriophylla
(6*R*,9*S*)-roseoside (6*R*,9*S*)- 长春花苷 苦瓜 Momordica charantia, 毛杨梅 Myrica esculenta, 多叶棘豆 Oxytropis myriophylla, 草珊瑚 Sarcandra glabra
(6*S*,7*E*,9*R*)-roseoside (6*S*,7*E*,9*R*)- 长春花苷 潺槁木姜子 Litsea glutinosa
(6*S*,8*R*)-roseoside (6*S*,8*R*)- 长春花苷 鸡蛋果 Passiflora edulis
(6*S*,9*R*)-roseoside (6*S*,9*R*)- 长春花苷 瓜木 Alangium platanifolium, 石栗 Aleurites moluccana, 宽叶十万错 Asystasia gangetica, 短瓣花 Brachystemma calycinum, 板栗 Castanea mollissima, 白大凤 Cladogynos orientalis, 长蒴黄麻 Corchorus olitorius, 直杆蓝桉 Eucalyptus maidenii, 少花米口袋 Gueldenstaedtia verna, 贯叶连翘 Hypericum perforatum, 胡桃 Juglans regia, 女贞 Ligustrum lucidum, 山苦茶 Mallotus peltatus, 西南猫尾木 Markhamia stipulata, 苦瓜 Momordica charantia, 江香薷 Mosla chinensis 'jiangxiangru', 挂金灯 Physalis alkekengi var. francheti, 鸡仔木 Sinoadina racemosa, 阴行草 Siphonostegia chinensis, 毛葡萄 Vitis heyneana
(6*S*,9*S*)-roseoside (6*S*,9*S*)- 长春花苷 老鼠簕 Acanthus ilicifolius, 构树 Broussonetia papyrifera, 板栗 Castanea mollissima, 胡桃 Juglans regia, 江香薷 Mosla chinensis 'jiangxiangru', 罗勒 Ocimum basilicum, 挂金灯 Physalis alkekengi var. francheti, 水蓼 Polygonum hydropiper, 翅果菊 Pterocypsela indica
6*S*,9*R*-roseoside 6*S*,9*R*- 长春花苷 印度榕 Ficus elastica
7*Z*-roseoside 7*Z*- 长春花苷 香港远志 Polygala hongkongensis
cis-roseoside 顺式 - 长春花苷 春榆 Ulmus davidiana var. japonica
roseoside 长春花苷 八角枫 Alangium chinense, 三裂瓜木 A. platanifolium var. trilobum, 酸味子 Antidesma japonicum, 背扁黄耆 Astragalus complanatus, 茶 Camellia sinensis, 红花 Carthamus tinctorius, 皱皮木瓜 Chaenomeles speciosa, 柚 Citrus maxima, 长管大青 Clerodendrum indicum, 榅桲 Cydonia oblonga, 披针叶胡颓子 Elaeagnus lanceolata, 萱草 Hemerocallis fulva, 蕺菜 Houttuynia cordata, 假地枫皮 Illicium jiadifengpi, 泡核桃 Juglans sigillata, 血桐 Macaranga tanarius var. tomentosa, 红紫麻 Oreocnide rubescens, 骆驼蒿 Peganum nigellastrum, 多裂委陵菜 Potentilla multifida, 欧洲李 Prunus domestica, 异叶翅子树 Pterospermum heterophyllum, 块茎芦莉草 Ruellia tuberosa, 苦马豆 Sphaerophysa salsula, 狗舌草 Tephroseris kirilowii, 络石 Trachelospermum jasminoides, 葡萄 Vitis vinifera, 蓝花参 Wahlenbergia marginata, 无刺枣 Ziziphus jujuba var. inermis
roseoside II 长春花苷 II 木通 Akebia quinata, 泽漆 Euphorbia helioscopia, 金钱松 Pseudolarix amabilis, 宽叶荨麻 Urtica laetevirens
trans-roseoxide 反式 - 玫瑰醚 挥发油成分，未统计基源
(6*S*,9*R*)-roseside (6*S*,9*R*)- 蜀葵黄酮苷 大蕉 Musa × paradisiaca
roshenin A~E 软条七蔷薇鞣素▲A~E 软条七蔷薇 Rosa henryi
rosicine 长春西辛▲ 长春花 Catharanthus roseus
rosifoliol 空心泡醇▲ 刺参 Oplopanax elatus
rosin 玫瑰红景天素▲ 胡杨 Populus euphratica, 异齿红景天 Rhodiola heterodonta, 红景天 R. rosea
rosiridin 玫瑰红景天定▲ 红景天 Rhodiola rosea, 库页红景天 R. sachalinensis
rosiridol 玫瑰红景天醇▲ 红景天 Rhodiola rosea
rosiridoside A, B, C 玫瑰红景天醇苷▲A, B, C 库页红景天 Rhodiola sachalinensis
rosmadial 迷迭香二醛 迷迭香 Rosmarinus officinalis, 撒尔维亚 Salvia officinalis, 荔枝草 S. plebeia, 云南鼠尾草 S. yunnanensis
rosmanol 迷迭香酚 迷迭香 Rosmarinus officinalis, 撒尔维亚 Salvia officinalis, 甘西鼠尾草 S. przewalskii, 云南鼠尾草 S. yunnanensis
rosmaquinone 迷迭香醌▲ 迷迭香 Rosmarinus officinalis
rosmaquinone A, B 迷迭香醌▲A, B 迷迭香 Rosmarinus officinalis
rosmaricine 迷迭香碱 迷迭香 Rosmarinus officinalis
rosmaridiphenol 迷迭香二酚 迷迭香 Rosmarinus officinalis
(-)-rosmarinic acid (-)- 迷迭香酸 朝鲜白头翁 Pulsatilla cernua
rosmarinic acid 迷迭香酸 较常见成分，至少分布于 30 种以上植物中，常见于唇形科植物，少见于百合科、金粟兰科、景天科、菊科、爵床科、马齿苋科、漆树科、茜草科、瑞香科、伞形科、卫矛科、乌毛蕨科、梧桐科、五加科、玄参科、旋花科、紫草科等
cis-rosmarinic acid 顺式 - 迷迭香酸 苏铁蕨 Brainea insignis
R-(*Z*)-rosmarinic acid B *R*-(*Z*)- 迷迭香酸 B 麻叶风轮菜 Clinopodium urticifolium
rosmarinic acid ethyl ester 迷迭香酸乙酯 肾茶 Clerodendranthus spicatus, 东紫苏 Elsholtzia bodinieri, 地笋 Lycopus lucidus
rosmarinic acid methyl ester 迷迭香酸甲酯 肾茶 Clerodendranthus spicatus, 东紫苏 Elsholtzia bodinieri, 活血丹 Glechoma longituba, 毛萼香茶菜 Isodon eriocalyx, 毛叶香茶菜 I. japonicus, 冬凌草 I. rubescens, 欧地笋 Lycopus europaeus, 回回苏 Perilla frutescens var. crispa, 野生紫苏 P. frutescens var. purpurascens
rosmarinic acid monomethyl ester 迷迭香酸单甲酯 裂叶荆芥 Nepeta tenuifolia
rosmarinic acid-3-*O*-*β*-D-glucopyranoside 迷迭香酸 -3-*O*-*β*-D- 吡喃葡萄糖苷 紫苏 Perilla frutescens, 回回苏 P. frutescens var. crispa
rosmarinic acid-4-*O*-*β*-D-glucopyranoside 迷迭香酸 -4-*O*-*β*-D- 吡喃葡萄糖苷 草珊瑚 Sarcandra glabra
rosmariquinone 迷迭香瑞醌▲ 迷迭香 Rosmarinus officinalis
rosolic acid 玫红酸 美蔷薇 Rosa bella, 白叶莓 Rubus innominatus

R

1,4,5-rrihydroxy-2-methylanthraquinone 1,4,5- 三羟基 -2- 甲基蒽醌 金鸡纳树 Cinchona calisaya
ruageanin A 鲁阿楝宁▲A 浆果楝 Cipadessa baccifera, 灰毛浆果楝 C. cinerascens
ruageanin B 鲁阿楝宁▲B 鹧鸪花 Trichilia connaroides
rubanol 杨梅诺醇▲ 杨梅 Myrica rubra
rubanone 杨梅诺酮▲ 杨梅 Myrica rubra
ruberythric acid 茜红酸▲ 金剑草 Rubia alata, 东南茜草 R. argyi, 中国茜草 R. chinensis, 茜草 R. cordifolia, 金线草 R. membranacea, 钩毛茜草 R. oncotricha, 柄花茜草 R. podantha, 大叶茜草 R. schumanniana, 染色茜草 R. tinctorum, 多花茜草 R. wallichiana
rubesanolide A~E 冬凌草内酯▲A~E 冬凌草 Isodon rubescens
rubescensin A 冬凌草素 A 歧伞香茶菜 Isodon macrophyllus, 冬凌草 I. rubescens
rubescensin B, E~H, K~N, Q~U 冬凌草素 B, E~H, K~N, Q~U 冬凌草 Isodon rubescens
rubescensin C 冬凌草素 C 细锥香茶菜 Isodon coetsa, 小叶香茶菜 I. parvifolius, 冬凌草 I. rubescens
rubescensin D 冬凌草素 D 总序香茶菜 Isodon racemosus, 瘿花香茶菜 I. rosthornii, 冬凌草 I. rubescens
rubescensin I 冬凌草素 I 小叶香茶菜 Isodon parvifolius, 冬凌草 I. rubescens
rubescensin J 冬凌草素 J 小叶香茶菜 Isodon parvifolius, 冬凌草 I. rubescens
rubescensin J acetonide 冬凌草素 J 丙酮化物 冬凌草 Isodon rubescens
rubescensin O 冬凌草素 O 瘿花香茶菜 Isodon rosthornii, 冬凌草 I. rubescens
rubescensin P 冬凌草素 P 小叶香茶菜 Isodon parvifolius, 冬凌草 I. rubescens
rubescensin W 冬凌草素 W 瘿花香茶菜 Isodon rosthornii, 冬凌草 I. rubescens
rubiacordone A 茜草酮▲A 茜草 Rubia cordifolia
rubiadin 茜草定▲ 喜旱莲子草 Alternanthera philoxeroides, 金鸡纳树 Cinchona calisaya, 虎刺 Damnacanthus indicus, 头状花耳草 Hedyotis capitellata, 白花蛇舌草 H. diffusa, 牛白藤 H. hedyotidea, 毛土连翘 Hymenodictyon orixense, 红大戟 Knoxia roxburghii, 海滨木巴戟 Morinda citrifolia, 巴戟天 M. officinalis, 印度羊角藤 M. umbellata, 南山花 Prismatomeris tetrandra, 茜草 Rubia cordifolia, 染色茜草 R. tinctorum, 紫参 R. yunnanensis, 粉叶决明 Senna surattensis subsp. glauca
rubiadin glycoside 茜草定▲糖苷 印度羊角藤 Morinda umbellata
rubiadin-1-methyl ether 茜草定▲-1- 甲醚 喜旱莲子草 Alternanthera philoxeroides, 银叶巴豆 Croton cascarilloides, 虎刺 Damnacanthus indicus, 伞房花耳草 Hedyotis corymbosa, 毛土连翘 Hymenodictyon orixense, 红大戟 Knoxia roxburghii, 巴戟天 Morinda officinalis, 印度羊角藤 M. umbellata, 鸡矢藤 Paederia foetida, 南山花 Prismatomeris tetrandra
rubiadin-1-methyl ether-11-*O*-*β*-primeveroside 茜草定▲-1- 甲醚 -11-*O*-*β*- 樱草糖苷 海滨木巴戟 Morinda citrifolia
rubiadin-1-methylether-glycoside 茜草定▲-1- 甲醚糖苷 印度羊角藤 Morinda umbellata
rubiadin-primviroside 茜草定▲樱草糖苷 蓬子菜 Galium verum
rubialatin A, B 金剑草素▲A, B 金剑草 Rubia alata
rubianin 茜草宁▲ 染色茜草 Rubia tinctorum
rubianol a~e, g 茜草诺醇▲a~e, g 紫参 Rubia yunnanensis
rubianol e-3-*O*-(6'-*O*-acetyl)-*β*-D-glucopyranoside 茜草诺醇▲e-3-*O*-(6'-*O*- 乙酰基)-*β*-D- 吡喃葡萄糖苷 紫参 Rubia yunnanensis
rubianoside I, II, III, IV, A 茜草诺苷▲I, II, III, IV, A 紫参 Rubia yunnanensis
rubianthraquinone 茜蒽醌 紫参 Rubia yunnanensis
rubiarbonol A 茜草乔木醇 A 钩毛茜草 Rubia oncotricha, 紫参 R. yunnanensis
rubiarbonol A-3-*O*-*β*-D-glucopyranosyl-(1 → 2)-*β*-D-glucopyranoside 茜草乔木醇 A-3-*O*-*β*-D- 吡喃葡萄糖基 -(1 → 2)-*β*-D- 吡喃葡萄糖苷 紫参 Rubia yunnanensis
rubiarbonol A-7-acetate 茜草乔木醇 A-7- 乙酸酯 紫参 Rubia yunnanensis
rubiarbonol B 茜草乔木醇 B 中国绣球 Hydrangea chinensis, 钩毛茜草 Rubia oncotricha, 紫参 R. yunnanensis
rubiarbonol C 茜草乔木醇 C 钩毛茜草 Rubia oncotricha, 紫参 R. yunnanensis
rubiarbonol D 茜草乔木醇 D 东南茜草 Rubia argyi, 钩毛茜草 R. oncotricha, 紫参 R. yunnanensis
rubiarbonol E 茜草乔木醇 E 钩毛茜草 Rubia oncotricha, 紫参 R. yunnanensis
rubiarbonol F 茜草乔木醇 F 钩毛茜草 Rubia oncotricha, 紫参 R. yunnanensis
rubiarbonol G, L 茜草乔木醇 G, L 紫参 Rubia yunnanensis
rubiarbonol K 茜草乔木醇 K 大叶茜草 Rubia schumanniana, 紫参 R. yunnanensis
rubiarbonone A~F 茜草乔木酮 A~F 紫参 Rubia yunnanensis
rubiarbonone *E*-19-acetate 茜草乔木酮 *E*-19- 乙酸酯 紫参 Rubia yunnanensis
rubiarboside A, C, F, G 茜草乔木苷▲A, C, F, G 紫参 Rubia yunnanensis
rubiarboside G-28-acetate 茜草乔木苷▲G-28- 乙酸酯 紫参 Rubia yunnanensis
rubiarboside G-28-al 茜草乔木苷▲G-28- 醛 紫参 Rubia yunnanensis
rubiasin A, B 茜草辛▲A, B 巴戟天 Morinda officinalis
rubiatriol 茜草三醇▲ 茜草 Rubia cordifolia
rubiawallin A, B, C 多花茜草素▲A, B, C 多花茜草 Rubia wallichiana
rubicordifolin 茜草林素▲ 茜草 Rubia cordifolia
rubicunoside C 九子参苷 C 圆锥石头花 Gypsophila paniculata
rubifolic acid 茜草萜酸 蓬子菜 Galium verum, 大叶茜草 Rubia schumanniana
rubijervine 红藜芦碱▲ 兴安藜芦 Veratrum dahuricum, 阿尔泰藜芦 V. lobelianum, 藜芦 V. nigrum, 尖被藜芦 V. oxysepalum

rudbeckianone 金光菊酮 百能葳葳 Blainvillea acmella
rudrakine 金刚菩提碱▲ 圆果杜英 Elaeocarpus angustifolius
rufescidride 红毛破布木酐▲ 蒲公英 Taraxacum mongolicum
rugosanin 皱叶香茶菜素 皱叶香茶菜 Isodon rugosus, 黄花香茶菜 I. sculponeatus
rugosin A 玫瑰鞣质 A 匍匐大戟 Euphorbia prostrata, 蚊子草 Filipendula palmata, 丁香 Syzygium aromaticum
rugosin B 玫瑰鞣质 B 匍匐大戟 Euphorbia prostrata, 千根草 E. thymifolia
rugosin C 玫瑰鞣质 C 榛 Corylus heterophylla, 匍匐大戟 Euphorbia prostrata, 胡桃 Juglans regia, 丁香 Syzygium aromaticum
rugosin C methyl ester 玫瑰鞣质 C 甲酯 番石榴 Psidium guajava
rugosin D 玫瑰鞣质 D 匍匐大戟 Euphorbia prostrata, 蚊子草 Filipendula palmata, 檵木 Loropetalum chinense, 丁香 Syzygium aromaticum
rugosin E 玫瑰鞣质 E 苦槠 Castanopsis sclerophylla, 大狼毒 Euphorbia jolkinii, 匍匐大戟 E. prostrata, 蚊子草 Filipendula palmata, 檵木 Loropetalum chinense, 丁香 Syzygium aromaticum
rugosin F 玫瑰鞣质 F 榛 Corylus heterophylla, 蚊子草 Filipendula palmata, 胡桃 Juglans regia, 缫丝花 Rosa roxburghii, 丁香 Syzygium aromaticum
rugosin G 玫瑰鞣质 G 匍匐大戟 Euphorbia prostrata, 蚊子草 Filipendula palmata, 檵木 Loropetalum chinense
rugosinin 皱叶香茶菜宁▲ 皱叶香茶菜 Isodon rugosus
rugosinone 皱叶唐松草酮碱▲ 多叶唐松草 Thalictrum foliolosum, 爪哇唐松草 T. javanicum
rugosusine A, B 皱叶南蛇藤碱 A, B 皱叶南蛇藤 Celastrus rugosus
ruixianglangdusu A, B 瑞香狼毒素 A, B 狼毒 Stellera chamaejasme
rulepidadiene A, B 红菇二烯▲A, B 红菇 Russula lepida
rulepidadiol 红菇二醇▲ 红菇 Russula lepida
rulepidanol 红菇诺醇▲ 红菇 Russula lepida
rulepidatriol 红菇三醇▲ 红菇 Russula lepida
rulepidol 红菇醇▲ 红菇 Russula lepida, 缬草 Valeriana officinalis
rumarin 刺酸模素 白花刺参 Morina nepalensis var. alba
rumejaposide 羊蹄苷▲ 皱叶南蛇藤 Celastrus rugosus
rumejaposide A~D 羊蹄苷▲A~D 羊蹄 Rumex japonicus
rumejaposide E 羊蹄苷▲E 齿果酸模 Rumex dentatus, 羊蹄 R. japonicus, 巴天酸模 R. patientia
rumejaposide F, G, H 羊蹄苷▲F, G, H 齿果酸模 Rumex dentatus
rumejaposide I 羊蹄苷▲I 药鼠李 Rhamnus cathartica, 药用大黄 Rheum officinale, 齿果酸模 Rumex dentatus, 巴天酸模 R. patientia
rumexin 酸模素▲ 毛脉酸模 Rumex gmelinii
rumexneposide A, B 尼泊尔酸模酚苷▲A, B 尼泊尔酸模 Rumex nepalensis
rumexone 酸模酮▲ 皱叶酸模 Rumex crispus
rumexoside 酸模酚苷▲ 戟叶酸模 Rumex hastatus, 尼泊尔酸模 R. nepalensis, 巴天酸模 R. patientia
rumexoside C 酸模酚苷▲C 尼泊尔酸模 Rumex nepalensis
rumic acid 酸模酸▲ 北柴胡 Bupleurum chinense
rumoside A 酸模苷 A 毛脉酸模 Rumex gmelinii
rumphiol E 波叶青牛胆萜醇▲E 波叶青牛胆 Tinospora crispa
runanine 汝兰宁碱 地不容 Stephania epigaea, 汝兰 S. sinica
runcinatside 赤胫散苷▲ 赤胫散 Polygonum runcinatum var. sinense
rupesin A, C, D 岩败酱辛▲A, C, D 岩败酱 Patrinia rupestris
rupesin B 岩败酱辛▲B 岩败酱 Patrinia rupestris, 蜘蛛香 Valeriana jatamansi
rupesin E 岩败酱辛▲E 岩败酱 Patrinia rupestris, 蜘蛛香 Valeriana jatamansi
rupestine 一枝蒿碱 岩蒿 Artemisia rupestris
rupestonic acid 一枝蒿酮酸 岩蒿 Artemisia rupestris
rupestric acid 一枝蒿酸 岩蒿 Artemisia rupestris
rupestrin A, B, C 石生齿缘草素▲A, B, C 石生齿缘草 Eritrichium rupestre
rupestriside A 一枝蒿苷 A 岩蒿 Artemisia rupestris
rupicolin A 岩生三裂蒿素▲A 无毛牛尾蒿 Artemisia dubia var. subdigitata, 阴地蒿 A. sylvatica
rupicolin A acetate 岩生三裂蒿素▲A 乙酸酯 无毛牛尾蒿 Artemisia dubia var. subdigitata, 阴地蒿 A. sylvatica
rupicolin B 岩生三裂蒿素▲B 无毛牛尾蒿 Artemisia dubia var. subdigitata
rupicolin B acetate 岩生三裂蒿素▲B 乙酸酯 无毛牛尾蒿 Artemisia dubia var. subdigitata, 阴地蒿 A. sylvatica
25*S*-ruscogenin 25*S*- 假叶树皂苷元▲ 虎尾兰 Sansevieria trifasciata
ruscogenin 假叶树皂苷元▲ 间型沿阶草 Ophiopogon intermedius, 虎尾兰 Sansevieria trifasciata, 蒺藜 Tribulus terrestris
(25*S*)-ruscogenin-1-*O*-[(2-*O*-acetyl)-α-L-rhamnopyranosyl-(1→2)][β-D-xylopyranosyl-(1→3)]-β-D-fucopyranoside (25*S*)- 假叶树皂苷元▲-1-*O*-[(2-*O*-乙酰基)-α-L- 吡喃鼠李糖基 -(1→2)][β-D- 吡喃木糖基 -(1→3)]-β-D- 吡喃岩藻糖苷 山麦冬 Liriope spicata
(25*S*)-ruscogenin-1-*O*-[(3-*O*-acetyl)-α-L-rhamnopyranosyl-(1→2)][β-D-xylopyranosyl-(1→3)]-β-D-fucopyranoside (25*S*)- 假叶树皂苷元▲-1-*O*-[(3-*O*-乙酰基)-α-L- 吡喃鼠李糖基 -(1→2)][β-D- 吡喃木糖基 -(1→3)]-β-D- 吡喃岩藻糖苷 山麦冬 Liriope spicata
(25*R*)-ruscogenin-1-*O*-[2-*O*-(acetyl)-α-L-rhamnopyranosyl-(1→2)]-[β-D-xylopyranosyl-(1→3)]-β-D-fucopyranoside (25*R*)- 假叶树皂苷元 -1-*O*-[2-*O*-乙酰基 -α-L- 鼠李吡喃糖基 -(1→2)]-[β-D- 吡喃木糖基 -(1→3)]-β-D- 吡喃岩藻糖苷 漆姑草 Sagina japonica

(25*R*)-ruscogenin-1-*O*-[3-*O*-*α*-L-rhamnopyranosyl-(1→2)]-[*β*-D-xylopyranosyl-(1→3)]-*β*-D-fucopyranoside (25*R*)-假叶树皂苷元-1-*O*-[3-*O*-乙酰基-*α*-L-吡喃鼠李糖基-(1→2)]-[*β*-D-吡喃木糖糖基-(1→3)]-*β*-D-吡喃岩藻糖苷 漆姑草 Sagina japonica

ruscogenin-1-*O*-[*α*-L-arabinopyranosyl-(1→2)]-*β*-D-glucopyranoside 假叶树皂苷元▲1-*O*-[*α*-L-吡喃阿拉伯糖基-(1→2)]-*β*-D-吡喃葡萄糖苷 间型沿阶草 Ophiopogon intermedius

(25*S*)-ruscogenin-1-*O*-[*α*-L-rhamnopyranosyl-(1→2)][*β*-D-xylopyranosyl-(1→3)]-*β*-D-fucopyranoside (25*S*)-假叶树皂苷元▲-1-*O*-[*α*-L-吡喃鼠李糖基-(1→2)][*β*-D-吡喃木糖基-(1→3)]-*β*-D-吡喃岩藻糖苷 山麦冬 Liriope spicata

25(*S*)-ruscogenin-1-*O*-[*α*-L-rhamnopyranosyl-(1→2)][*β*-D-xylopyranosyl-(1→3)]-*β*-D-fucopyranoside 25(*S*)-假叶树皂苷元▲-1-*O*-[*α*-L-吡喃鼠李糖基-(1→2)][*β*-D-吡喃木糖基-(1→3)]-*β*-D-吡喃岩藻糖苷 山麦冬 Liriope spicata

(25*R*)-ruscogenin-1-*O*-*α*-L-rhamnopyranosyl-(1→2)-*α*-L-arabinopyranoside (25*R*)-假叶树皂苷元▲-1-*O*-*α*-L-吡喃鼠李糖基-(1→2)-*α*-L-吡喃阿拉伯糖苷 火葱 Allium cepa var. aggregatum

(25*S*)-ruscogenin-1-*O*-*α*-L-rhamnopyranosyl-(1→2)-*α*-L-arabinopyranoside (25*S*)-假叶树皂苷元▲-1-*O*-*α*-L-吡喃鼠李糖基-(1→2)-*α*-L-吡喃阿拉伯糖苷 火葱 Allium cepa var. aggregatum

ruscogenin-1-*O*-*α*-L-rhamnopyranosyl-(1→2)-*β*-D-6-acetylglucopyranoside 假叶树皂苷元▲-1-*O*-*α*-L-吡喃鼠李糖基-(1→2)-*β*-D-6-乙酰吡喃葡萄糖苷 蒺藜 Tribulus terrestris

25(*S*)-ruscogenin-1-*O*-*α*-L-rhamnopyranosyl-(1→2)-*β*-D-fucopyranoside 25(*S*)-假叶树皂苷元▲-1-*O*-*α*-L-吡喃鼠李糖基-(1→2)-*β*-D-吡喃岩藻糖苷 阔叶山麦冬 Liriope muscari

(25*R*)-ruscogenin-1-*O*-*α*-L-rhamnopyranosyl-(1→2)-*β*-D-galactopyranoside (25*R*)-假叶树皂苷元▲-1-*O*-*α*-L-吡喃鼠李糖基-(1→2)-*β*-D-吡喃半乳糖苷 火葱 Allium cepa var. aggregatum

(25*S*)-ruscogenin-1-*O*-*α*-L-rhamnopyranosyl-(1→2)-*β*-D-galactopyranoside (25*S*)-假叶树皂苷元▲-1-*O*-*α*-L-吡喃鼠李糖基-(1→2)-*β*-D-吡喃半乳糖苷 火葱 Allium cepa var. aggregatum

(25*S*)-ruscogenin-1-*O*-*α*-L-rhamnopyranosyl(1→2)-*β*-D-xylopyranoside (25*S*)-假叶树皂苷元▲-1-*O*-*α*-L-吡喃鼠李糖基-(1→2)-*β*-D-吡喃木糖苷 山麦冬 Liriope spicata

25(*S*)-ruscogenin-1-*O*-*α*-L-rhamnopyranosyl-(1→2)-*β*-D-xylopyranoside 25(*S*)-假叶树皂苷元▲-1-*O*-*α*-L-吡喃鼠李糖基-(1→2)-*β*-D-吡喃木糖苷 山麦冬 Liriope spicata

(25*S*)-ruscogenin-1-*O*-*β*-D-fucopyranoside-3-*O*-*α*-L-rhamnopyranoside (25*S*)-假叶树皂苷元▲-1-*O*-*β*-D-吡喃岩藻糖基-3-*O*-*α*-L-吡喃鼠李糖苷 山麦冬 Liriope spicata

25(*S*)-ruscogenin-1-*O*-*β*-D-fucopyranoside-3-*O*-*α*-L-rhamnopyranoside 25(*S*)-假叶树皂苷元▲-1-*O*-*β*-D-吡喃岩藻糖苷-3-*O*-*α*-L-吡喃鼠李糖苷 阔叶山麦冬 Liriope muscari, 山麦冬 L. spicata

(25*S*)-ruscogenin-1-*O*-*β*-D-xylopyranoside-3-*O*-*α*-L-rhamnopyranoside (25*S*)-假叶树皂苷元▲-1-*O*-*β*-D-吡喃木糖苷-3-*O*-*α*-L-吡喃鼠李糖苷 山麦冬 Liriope spicata

(25*S*)-ruscogenin-1-*O*-*β*-D-xylopyranosyl-3-*O*-*α*-L-rhamnopyranoside (25*S*)-假叶树皂苷元-1-*O*-*β*-D-吡喃木糖基-3-*O*-*α*-L-吡喃鼠李糖苷 禾叶山麦冬 Liriope graminifolia

(25*S*)-ruscogenin-1-sulfate-3-*O*-*α*-L-rhamnopyranoside (25*S*)-假叶树皂苷元-1-硫酸酯-3-*O*-*α*-L-吡喃鼠李糖苷 禾叶山麦冬 Liriope graminifolia

ruscogenin-1-sulfate-3-*O*-*α*-L-rhamnopyranoside 假叶树皂苷元▲-1-硫酸酯-3-*O*-*α*-L-鼠李糖苷 阔叶山麦冬 Liriope muscari

ruscogenin-3-*O*-*α*-L-rhamnopyranoside 假叶树皂苷元▲-3-*O*-*α*-L-吡喃鼠李糖苷 阔叶山麦冬 Liriope muscari

ruscogenin-3-*O*-*β*-D-glucopyranosyl-(1→3)-*α*-L-rhamnopyranoside 假叶树皂苷元▲-3-*O*-*β*-D-吡喃葡萄糖基-(1→3)-*α*-L-吡喃鼠李糖苷 阔叶山麦冬 Liriope muscari

russelianoside A 炮仗竹苷▲A 炮仗竹 Russelia equisetiformis

russlfoen 臭黄菇素▲ 臭黄菇 Russula foetens

russulanorol 红菇降醇▲ 美味红菇 Russula delica

rutacridone 芸香吖啶酮 臭节草 Boenninghausenia albiflora, 芸香 Ruta graveolens

rutacridone epoxide 芸香吖啶酮环氧化物 芸香 Ruta graveolens

rutacultin 芸香素 芸香 Ruta graveolens

rutaecarpine 吴茱萸次碱 酒饼簕 Atalantia buxifolia, 楝叶吴萸 Euodia glabrifolia, 吴茱萸 E. ruticarpa, 波氏吴萸 E. ruticarpa var. bodinieri, 石虎 E. ruticarpa var. officinalis, 伞房狗牙花 Tabernaemontana corymbosa

rutaecarpine-10-*O*-rutinoside 吴茱萸次碱-10-*O*-芸香糖苷 吴茱萸 Euodia ruticarpa

rutaevin 吴茱萸苦素 显齿蛇葡萄 Ampelopsis grossedentata, 白鲜 Dictamnus dasycarpus, 楝叶吴萸 Euodia glabrifolia, 吴茱萸 E. ruticarpa, 石虎 E. ruticarpa var. officinalis, 牛筋果 Harrisonia perforata, 微孔草 Microula sikkimensis, 红蓼 Polygonum orientale, 杠板归 P. perfoliatum

rutaevin acetate 吴茱萸苦素乙酸酯 显齿蛇葡萄 Ampelopsis grossedentata, 白鲜 Dictamnus dasycarpus, 吴茱萸 Euodia ruticarpa, 红蓼 Polygonum orientale, 杠板归 P. perfoliatum

rutaevin-7-*O*-caffeate 吴茱萸苦素-7-*O*-咖啡酸酯 显齿蛇葡萄 Ampelopsis grossedentata

rutaevin-7-*O*-gallate 吴茱萸苦素-7-*O*-没食子酸酯 显齿蛇葡萄 Ampelopsis grossedentata

rutaevinexic acid 吴茱萸苦素酸 楝叶吴萸 Euodia glabrifolia

rutalinium 芸香季铵碱▲ 芸香 Ruta graveolens

rutamarin 芸香苦素 臭节草 Boenninghausenia albiflora, 石椒草 B. sessilicarpa, 芸香 Ruta graveolens

rutamarin alcohol 芸香苦素醇 芸香 Ruta graveolens

rutamontin 山芸香素 尖瓣瑞香 Daphne acutiloba, 结香 Edgeworthia chrysantha, 滇结香 E. gardneri

rutarensin 阿勒颇芸香素▲ 石椒草 Boenninghausenia sessilicarpa, 黄瑞香 Daphne giraldii, 结香 Edgeworthia chrysantha
(+)-rutaretin (+)- 芸香亭 台湾前胡 Peucedanum formosanum
rutaretin 芸香亭 旱芹 Apium graveolens, 川明参 Chuanminshen violaceum, 芸香 Ruta graveolens
rutaretin-8-*O*-*α*-L-rhamnosyl-(1 → 6)-*β*-D-glucoside 芸香亭 -8-*O*-*α*-L- 鼠李糖基 -(1 → 6)-*β*-D- 葡萄糖苷 芸香 Ruta graveolens
rutarin 芸香灵 前胡 Peucedanum praeruptorum, 芸香 Ruta graveolens
rutarin-*β*-D-glucopyranoside 芸香灵 -*β*-D- 吡喃葡萄糖苷 芸香 Ruta graveolens
rutin 芦丁 常见成分，至少分布于 100 种以上植物中
rutinose 芸香糖 灯心草 Juncus effusus
rutoside 芸香苷 三脉紫菀 Aster ageratoides, 狭苞紫菀 A. farreri, 丽江柴胡 Bupleurum rockii, 汶川柴胡 B. wenchuanense, 欧当归 Levisticum officinale
ruwenine 鲁文千里光碱▲ 大黄橐吾 Ligularia duciformis
ryobunin A, B, C 髭脉桤叶树宁▲A, B, C 髭脉桤叶树 Clethra barbinervis
ryobunoside 髭脉桤叶树脂苷▲ 髭脉桤叶树 Clethra barbinervis
ryobusaponin A~G 髭脉桤叶树皂苷▲A~G 髭脉桤叶树 Clethra barbinervis

S

S-(2-aminoethyl)-L-cysteine *S*-(2- 氨乙基)-L- 半胱氨酸 皱盖罗鳞伞 Rozites caperatus
sabialactone 清风藤内酯 尖叶清风藤 Sabia swinhoei
sabian 清风藤黄素 云南清风藤 Sabia yunnanensis
sabianone 清风藤酮 尖叶清风藤 Sabia swinhoei
sabilactone 圆柏内酯 叉子圆柏 Juniperus sabina
sabina ketone 香桧酮 挥发油成分，未统计基源
sabinaketone 桧酮 挥发油成分，未统计基源
d-sabinene *d*- 桧烯 挥发油成分，未统计基源
trans-sabinene 反式 - 桧烯 挥发油成分，未统计基源
sabinene 桧烯 挥发油成分，未统计基源
cis-sabinene 顺式 - 桧烯 挥发油成分，未统计基源
trans-sabinene hydrate 反式 - 桧烯水合物 挥发油成分，未统计基源
sabinene hydrate 水合桧烯 挥发油成分，未统计基源
cis-sabinene hydrate 顺式 - 桧烯水合物 挥发油成分，未统计基源
sabinine 桧宁 挥发油成分，未统计基源
trans-sabinol 反式 - 桧醇 挥发油成分，未统计基源
sabinol 桧醇 挥发油成分，未统计基源
cis-sabinol 顺式 - 桧醇 挥发油成分，未统计基源
trans-sabinyl acetate 反式 - 桧醇乙酸酯 挥发油成分，未统计基源
sabphenol A, B 清风藤酚▲A, B 清风藤 Sabia japonica
sabphenoside A~D 清风藤酚苷▲A~D 清风藤 Sabia japonica
saccatol A, B, C 西藏牛皮消醇▲A, B, C 西藏牛皮消 Cynanchum auriculatum
saccatoside 囊状毛蕊花苷▲ 伞序臭黄荆 Premna serratifolia, 毛蕊花 Verbascum thapsum
saccharopine 酵母氨酸 香菇 Lentinula edodes
α-saccharostenone *α*- 甘蔗甾烯酮▲ 林当归 Angelica sylvestris
saccharumoside C 糖槭酚苷▲C 海滨木巴戟 Morinda citrifolia, 小槐花 Ohwia caudata
sachaconitine 萨柯乌头碱 膝瓣乌头 Aconitum geniculatum, 瓜叶乌头 A. hemsleyanum, 拳距瓜叶乌头 A. hemsleyanum var. circinatum, 工布乌头 A. kongboense, 岩乌头 A. racemulosum, 黄草乌 A. vilmorinianum
sachalinol A 库页红景天醇▲A 红景天 Rhodiola rosea, 库页红景天 R. sachalinensis
sachalinol B, C 库页红景天醇▲B, C 库页红景天 Rhodiola sachalinensis
sachalinoside A, B 库页红景天苷▲A, B 库页红景天 Rhodiola sachalinensis
sachaliside 龙江柳苷▲ 草苁蓉 Boschniakia rossica, 半夏 Pinellia ternata, 红景天 Rhodiola rosea
sacidumlignan A~D 肉珊瑚木脂素▲A~D 肉珊瑚 Sarcostemma acidum
sacidumol A, B 肉珊瑚酚▲A, B 肉珊瑚 Sarcostemma acidum
sacranoside A 圣地红景天苷 A 无心菜 Arenaria serpyllifolia, 苦瓜 Momordica charantia, 圣地红景天 Rhodiola sacra
sacranoside B 圣地红景天苷 B 栀子 Gardenia jasminoides, 狭叶红景天 Rhodiola kirilowii, 圣地红景天 R. sacra
safficinolide 撒尔维亚内酯▲ 撒尔维亚 Salvia officinalis
safflomin A, B, C 红花明苷 A, B, C 红花 Carthamus tinctorius
safflor yellow A, B 红花黄色素 A, B 红花 Carthamus tinctorius
safflospermidine A, B 红花亚精胺 A, B 红花 Carthamus tinctorius
safranal 番红花醛 挥发油成分，未统计基源
safrole 黄樟醚 香楠 Aidia canthioides, 川滇细辛 Asarum delavayi, 杜衡 A. forbesii, 辽细辛 A. heterotropoides var. mandshuricum, 汉城

saikosaponin O, P 柴胡皂苷 O, P 小叶黑柴胡 Bupleurum smithii var. parvifolium
saikosaponin Q_1 柴胡皂苷 Q_1 北柴胡 Bupleurum chinense
saikosaponin R 柴胡皂苷 R 红柴胡 Bupleurum scorzonerifolium
saikosaponin S_1 柴胡皂苷 S_1 北柴胡 Bupleurum chinense, 韭叶柴胡 B. kunmingense
saikosaponin $S_2, S_3, S_4, S_5, S_8, S_9, S_{10}$ 柴胡皂苷 $S_2, S_3, S_4, S_5, S_8, S_9, S_{10}$ 韭叶柴胡 Bupleurum kunmingense
saikosaponin $S_{13}, S_{14}, S_{15}, S_{16}, S_{17}, S_{18}, S_{19}, S_{20}, S_{21}, S_{22}, S_{23}, S_{24}, S_{25}$ 柴胡皂苷 $S_{13}, S_{14}, S_{15}, S_{16}, S_{17}, S_{18}, S_{19}, S_{20}, S_{21}, S_{22}, S_{23}, S_{24}, S_{25}$ 多枝柴胡 Bupleurum polyclonum
saikosaponin $S_{26}, S_{27}, S_{28}, S_{29}, S_{31}, S_{32}, S_{33}, S_{34}, S_{36}$ 柴胡皂苷 $S_{26}, S_{27}, S_{28}, S_{29}, S_{31}, S_{32}, S_{33}, S_{34}, S_{36}$ 韭叶柴胡 Bupleurum kunmingense
saikosaponin S_{37}, S_{38}, S_{40} 柴胡皂苷 S_{37}, S_{38}, S_{40} 多枝柴胡 Bupleurum polyclonum
saikosaponin U 柴胡皂苷 U 红柴胡 Bupleurum scorzonerifolium
saikosaponin V 柴胡皂苷 V 北柴胡 Bupleurum chinense, 红柴胡 B. scorzonerifolium
saikosaponin V_1, V_2, W 柴胡皂苷 V_1, V_2, W 北柴胡 Bupleurum chinense
sainfuran 驴食草呋喃▲ 多序岩黄耆 Hedysarum polybotrys
saiyutone A~D 假鹰爪酮▲A~D 假鹰爪 Desmos chinensis
sajabalal acetate 魁蒿醛▲ 乙酸酯 魁蒿 Artemisia princeps
sajaponicin C, D 漆姑草素▲C, D 漆姑草 Sagina japonica
sakuragenin 樱花苷元 球兰 Hoya carnosa
(-)-sakuranetin (-)- 樱花素 欧洲甜樱桃 Cerasus avium
(*S*)-(-)-sakuranetin (*S*)-(-)- 樱花素 镰荚棘豆 Oxytropis falcata
sakuranetin 樱花素 圆头蒿 Artemisia sphaerocephala, 波罗蜜 Artocarpus heterophyllus, 岳桦 Betula ermanii, 黑樱桃 Cerasus maximowiczii, 飞机草 Chromolaena odorata, 橙花瑞香 Daphne aurantiaca, 滇瑞香 D. feddei, 车桑子 Dodonaea viscosa, 柠檬桉 Eucalyptus citriodora, 银桦 Grevillea robusta, 红花鸢尾 Iris milesii, 山地香茶菜 Isodon oresbius, 桑黄 Phellinus igniarius, 山杨 Populus davidiana, 香杨 P. koreana, 毛白杨 P. tomentosa, 鼠李 Rhamnus davurica
sakuranetin chalcone 樱花素查耳酮 香杨 Populus koreana
sakuranetin-4'-methyl ether 樱花素 -4'- 甲醚 飞机草 Chromolaena odorata
sakuranin 樱花苷 黑樱桃 Cerasus maximowiczii, 东京樱桃 C. yedoensis, 橙花瑞香 Daphne aurantiaca, 滇瑞香 D. feddei, 黄瑞香 D. giraldii, 朝鲜瑞香 D. pseudomezereum var. koreana, 山杨 Populus davidiana, 毛白杨 P. tomentosa
sakuraresinol 樱花树脂醇 柃木 Eurya japonica, 地枫皮 Illicium difengpi, 红花八角 I. dunnianum, 红茴香 I. henryi
(-)-sakuraresinoside (-)- 樱花树脂苷 毛果槭 Acer nikoense
sakuraso-saponin 樱草皂苷 樱草 Primula sieboldii
salacianone 五层龙酮 毛冬青 Ilex pubescens
salacinol 五层龙辛醇▲ 五层龙 Salacia prinoides
salannin 印楝沙兰宁 楝 Melia azedarach, 川楝 M. toosendan
salaquinone A, B 五层龙奎酮▲A, B 五层龙 Salacia prinoides
salasol A, B 五层龙索醇▲A, B 五层龙 Salacia prinoides
salasone A~E 五层龙索酮▲A~E 五层龙 Salacia prinoides
salaspermic acid 大子五层龙酸 南蛇藤 Celastrus orbiculatus, 南川卫矛 Euonymus bockii, 美登木 Maytenus hookeri, 五层龙 Salacia prinoides, 昆明山海棠 Tripterygium hypoglaucum, 东北雷公藤 T. regelii, 雷公藤 T. wilfordii
salaspermic acid-3-ethyl ether 大子五层龙酸 -3- 乙醚 雷公藤 Tripterygium wilfordii
salazinic acid 沙拉珊瑚枝酸▲ 粉缘斑叶 Cetrelia cetrarioides, 条衣 Everniastrum cirrhatum, 皱黄卷岛衣 Flavocetraria cucullata, 石梅衣 Parmelia saxatilis, 大叶梅衣 Parmotrema tinctorum
salbige A, B 毕氏盐角草苷▲A, B 盐角草 Salicornia europaea
salcolin A 猪毛菜素▲A 燕麦 Avena sativa, 猪毛菜 Salsola collina
salcolin B 猪毛菜素▲B 燕麦 Avena sativa, 猪毛菜 Salsola collina
saletpangponoside A, B, C 刺血红苷▲A, B, C 花叶假杜鹃 Barleria lupulina
salicifoline 柳叶木兰碱 桂南木莲 Manglietia conifera, 四川木莲 M. szechuanica, 白兰 Michelia × alba, 武当玉兰 Yulania sprengeri
salicifoline chloride 盐酸柳叶木兰碱 紫玉兰 Yulania liliiflora
(-)-salicifoliol (-)- 柳叶柴胡酚▲ 野花椒 Zanthoxylum simulans
salicifoliol 柳叶柴胡酚▲ 丁座草 Boschniakia himalaica, 威灵仙 Clematis chinensis, 观光木 Michelia odora, 了哥王 Wikstroemia indica
salicin; salicoside 水杨苷 木橘 Aegle marmelos, 沙蓬 Agriophyllum squarrosum, 八角枫 Alangium chinense, 瓜木 A. platanifolium, 三裂瓜木 A. platanifolium var. trilobum, 短柄五加 Eleutherococcus brachypus, 四川五加 E. setchuenensis, 泥胡菜 Hemistepta lyrata, 斯里兰卡天料木 Homalium ceylanicum, 栀子皮 Itoa orientalis, 半边莲 Lobelia chinensis, 日本水龙骨 Polypodiodes niponica, 胡杨 Populus euphratica, 毛白杨 P. tomentosa, 垂柳 Salix babylonica, 旱柳 S. matsudana, 五蕊柳 S. pentandra, 毛果一枝黄花 Solidago virgaurea, 宜昌荚蒾 Viburnum erosum, 南方荚蒾 V. fordiae, 皱叶荚蒾 V. rhytidophyllum, 三色堇 Viola tricolor
salicin-2'-benzoate 水杨苷 -2'- 苯甲酸酯 旱柳 Salix matsudana
salicin-2-benzoate 水杨苷 -2- 苯甲酸酯 千根草 Euphorbia thymifolia
salicin-6'-*O*-*β*-D-apiofuranoside 水杨苷 -6'-*O*-*β*-D- 呋喃芹糖苷 八角枫 Alangium chinense, 瓜木 A. platanifolium
salicinolide 柳叶大戟内酯 乳浆大戟 Euphorbia esula
salicornate 盐角草酯▲ 盐角草 Salicornia europaea

salviaflaside methyl ester 黄花鼠尾草苷▲甲酯 攀茎耳草 Hedyotis scandens, 荔枝草 Salvia plebeia
salvialoside A~E 鼠尾草洛苷▲A~E 毛地黄鼠尾草 Salvia digitaloides
salviamiltamide 丹参酰胺 丹参 Salvia miltiorrhiza
salviamine A~F 鼠尾草胺▲A~F 云南鼠尾草 Salvia yunnanensis
salviamone 丹参莫酮▲ 丹参 Salvia miltiorrhiza
salvianan 鼠尾草烷▲ 丹参 Salvia miltiorrhiza
salvianen 鼠尾草烯▲ 丹参 Salvia miltiorrhiza
salvianic acid A 丹参酸 A 丹参 Salvia miltiorrhiza
salvianin 鼠尾草宁▲ 朱唇 Salvia coccinea, 一串红 S. splendens
salvianol A 鼠尾草醇 A 一串红 Salvia splendens
salvianolic acid 丹酚酸 火炬树 Rhus typhina
salvianolic acid A 丹酚酸 A 细风轮菜 Clinopodium gracile, 细花线纹香茶菜 Isodon lophanthoides var. graciliflorus, 南丹参 Salvia bowleyana, 贵州鼠尾草 S. cavaleriei, 血盆草 S. cavaleriei var. simplicifolia, 华鼠尾草 S. chinensis, 毛地黄鼠尾草 S. digitaloides, 黄花鼠尾草 S. flava, 丹参 S. miltiorrhiza, 云南鼠尾草 S. yunnanensis, 台湾紫丹 Tournefortia sarmentosa
salvianolic acid B 丹酚酸 B 细风轮菜 Clinopodium gracile, 南丹参 Salvia bowleyana, 贵州鼠尾草 S. cavaleriei, 血盆草 S. cavaleriei var. simplicifolia, 华鼠尾草 S. chinensis, 毛地黄鼠尾草 S. digitaloides, 雪山鼠尾草 S. evansiana, 黄花鼠尾草 S. flava, 丹参 S. miltiorrhiza, 甘西鼠尾草 S. przewalskii
salvianolic acid C 丹酚酸 C 肾茶 Clerodendranthus spicatus, 南丹参 Salvia bowleyana, 贵州鼠尾草 S. cavaleriei, 华鼠尾草 S. chinensis, 雪山鼠尾草 S. evansiana, 丹参 S. miltiorrhiza, 云南鼠尾草 S. yunnanensis
salvianolic acid D 丹酚酸 D 华鼠尾草 Salvia chinensis, 丹参 S. miltiorrhiza
salvianolic acid E 丹酚酸 E 丹参 Salvia miltiorrhiza
salvianolic acid F 丹酚酸 F 丹参 Salvia miltiorrhiza, 台湾紫丹 Tournefortia sarmentosa
salvianolic acid G 丹酚酸 G 雪山鼠尾草 Salvia evansiana, 丹参 S. miltiorrhiza
salvianolic acid H 丹酚酸 H 肾茶 Clerodendranthus spicatus, 贵州鼠尾草 Salvia cavaleriei, 雪山鼠尾草 S. evansiana
salvianolic acid I 丹酚酸 I 贵州鼠尾草 Salvia cavaleriei, 雪山鼠尾草 S. evansiana, 撒尔维亚 S. officinalis
salvianolic acid J 丹酚酸 J 薄荷 Mentha canadensis, 雪山鼠尾草 Salvia evansiana, 黄花鼠尾草 S. flava
cis-salvianolic acid J 顺式 - 丹酚酸 J 薄荷 Mentha canadensis
salvianolic acid K 丹酚酸 K 新疆鼠尾草 Salvia deserta, 撒尔维亚 S. officinalis
salvianolic acid L 丹酚酸 L 雪山鼠尾草 Salvia evansiana, 撒尔维亚 S. officinalis
salvianolic acid N 丹酚酸 N 云南鼠尾草 Salvia yunnanensis
salvianonol 鼠尾草酮酚▲ 丹参 Salvia miltiorrhiza
salviaplebeiaside 荔枝草苷▲ 荔枝草 Salvia plebeia, 牡荆 Vitex negundo var. cannabifolia
salviarin 鼠尾草素 银粉背蕨 Aleuritopteris argentea, 一串红 Salvia splendens
salviatalin A 毛地黄鼠尾草素 A 毛地黄鼠尾草 Salvia digitaloides
salviatalin A-19-*O*-*β*-D-glucopyranoside 毛地黄鼠尾草素 A-19-*O*-*β*-D- 吡喃葡萄糖苷 毛地黄鼠尾草 Salvia digitaloides
salviatane B 鼠尾草酚烷▲B 一串红 Salvia splendens
salvicanol 加那利鼠尾草醇 栗色鼠尾草 Salvia castanea
salvidorol 道尔鼠尾草醇▲ 云南鼠尾草 Salvia yunnanensis
salvigenin 鼠尾草苷元 日本桤木 Alnus japonica, 奇蒿 Artemisia anomala, 香藜 Chenopodium botrys, 飞机草 Chromolaena odorata, 甜橙 Citrus sinensis, 肾茶 Clerodendranthus spicatus, 香青兰 Dracocephalum moldavica, 硬尖神香草 Hyssopus cuspidatus, 紫苏草 Limnophila aromatica, 大叶石龙尾 L. rugosa, 山鸡椒 Litsea cubeba, 柠檬留兰香 Mentha citrata, 直齿荆芥 Nepeta nuda, 刺尖荆芥 N. pungens, 牛至 Origanum vulgare, 撒尔维亚 Salvia officinalis, 一串红 S. splendens, 黄芩 Scutellaria baicalensis, 半枝莲 S. barbata, 长毛香科科 Teucrium pilosum, 金莲花 Trollius chinensis, 短瓣金莲花 T. ledebourii
salviifoside A, B, C 土坛树苷▲A, B, C 土坛树 Alangium salviifolium
salvilenone 鼠尾草烯酮▲ 丹参 Salvia miltiorrhiza, 红根草 S. prionitis
salvinolactone 丹参酚内酯 红根草 Salvia prionitis
salvinolone 丹参酚酮 浙江大青 Clerodendrum kaichianum, 红根草 Salvia prionitis
salvinone 鼠尾草酮 丹参 Salvia miltiorrhiza
salvinorin 鼠尾草诺灵▲ 一串红 Salvia splendens
salviol 鼠尾草酚 丹参 Salvia miltiorrhiza
salviolone 鼠尾草酚酮 丹参 Salvia miltiorrhiza, 皖鄂丹参 S. paramiltiorrhiza
salvipisone 埃塞俄比亚鼠尾草酮▲ 云南鼠尾草 Salvia yunnanensis
salvirecognine 真鼠尾草宁▲ 云南鼠尾草 Salvia yunnanensis
salviskinone A 甘西鼠尾草醌▲A 甘西鼠尾草 Salvia przewalskii
salvisplendin A~D 一串红素▲A~D 一串红 Salvia splendens
salvitrijudin A 鼠尾草三元环素▲A 毛地黄鼠尾草 Salvia digitaloides
salviviridinol 彩苞鼠尾草醇▲ 柳杉 Cryptomeria japonica var. sinensis
salvonitin 红根草素 红根草 Salvia prionitis
salyunnanin A~F 云南鼠尾草素▲A~F 云南鼠尾草 Salvia yunnanensis

S

samarangenin B 洋蒲桃素▲B 补血草 Limonium sinense
samarkandin acetate 撒马尔罕阿魏素▲乙酸酯 臭阿魏 Ferula teterrima
sambacin 茉莉花素▲ 茉莉花 Jasminum sambac
sambacolignoside 茉莉花木脂苷 茉莉花 Jasminum sambac
sambacoside A 茉莉苷▲A 探春花 Jasminum floridum, 茉莉花 J. sambac
sambacoside E, F 茉莉苷▲E, F 茉莉花 Jasminum sambac
sambuculin A 接骨木灵▲A 佛肚树 Jatropha podagrica, 川西小黄菊 Pyrethrum tatsienense
sambucunol A, B 接骨木醇▲A, B 接骨木 Sambucus williamsii
sambunigrin 西洋接骨木苷▲ 茼蒿 Glebionis coronaria, 江香薷 Mosla chinensis 'jiangxiangru', 紫苏 Perilla frutescens, 黑刺李 Prunus spinosa
samidin 萨阿米芹定▲ 滨海前胡 Peucedanum japonicum
(+)-samin (+)-芝麻半素▲ 芝麻 Sesamum indicum
(+)-saminol (+)-芝麻半素酚▲ 芝麻 Sesamum indicum
samioside 萨莫斯糙苏苷▲ 裸花紫珠 Callicarpa nudiflora
sammangaoside A 苦郎树苷▲A 构树 Broussonetia papyrifera, 苦郎树 Clerodendrum inerme, 笔管草 Equisetum ramosissimum subsp. debile
sammangaoside B 苦郎树苷▲B 苦郎树 Clerodendrum inerme, 狗骨柴 Diplospora dubia
sammangaoside C 苦郎树苷▲C 苦郎树 Clerodendrum inerme
samogenin-3-*O*-*β*-D-glucopyranosyl-(1 → 2)-*β*-D-galactopyranoside 萨莫兰皂苷元▲-3-*O*-*β*-D-吡喃葡萄糖基-(1 → 2)-*β*-D-半乳糖苷 凤尾丝兰 Yucca gloriosa
sampsone A, B, C 元宝草新酮▲A, B, C 元宝草 Hypericum sampsonii
sampsonione 元宝草酮 小连翘 Hypericum erectum
sampsonione A, B, D, H, I, J, L, P, Q 元宝草酮 A, B, D, H, I, J, L, P, Q 元宝草 Hypericum sampsonii
sampsonione C 元宝草酮 C 赶山鞭 Hypericum attenuatum, 元宝草 H. sampsonii
sampsonione E 元宝草酮 E 赶山鞭 Hypericum attenuatum, 元宝草 H. sampsonii
sampsonione F 元宝草酮 F 赶山鞭 Hypericum attenuatum, 元宝草 H. sampsonii
sampsonione G 元宝草酮 G 赶山鞭 Hypericum attenuatum, 元宝草 H. sampsonii
sampsonione K 元宝草酮 K 赶山鞭 Hypericum attenuatum, 元宝草 H. sampsonii
sampsonione M 元宝草酮 M 赶山鞭 Hypericum attenuatum, 元宝草 H. sampsonii
sampsonione N 元宝草酮 N 赶山鞭 Hypericum attenuatum, 元宝草 H. sampsonii
sampsonione O 元宝草酮 O 赶山鞭 Hypericum attenuatum, 元宝草 H. sampsonii
sampsonione R 元宝草酮 R 赶山鞭 Hypericum attenuatum, 元宝草 H. sampsonii
sampsonol A~F 元宝草醇▲A~F 元宝草 Hypericum sampsonii
sanangoside 萨南木苷▲ 显苞芒毛苣苔 Aeschynanthus bracteatus, 日本厚朴 Houpoëa obovata, 长喙厚朴 H. rostrata
sanchinoside B_1 三七苷 B_1 人参 Panax ginseng, 三七 P. notoginseng
sanchinoside T_2 三七苷 T_2 人参 Panax ginseng
20(*S*)-sanchirhinoside A_1~A_6 20(*S*)-三七根苷▲A_1~A_6 三七 Panax notoginseng
sanchirhinoside B, D 三七根苷▲B, D 三七 Panax notoginseng
sandaracopimar-15-en-8*β*,12*β*-diol 山达海松-15-烯-8*β*,12*β*-二醇 东紫苏 Elsholtzia bodinieri, 驼绒藜 Krascheninnikovia ceratoides
sandaracopimaradien-1*α*,2*α*-diol 山达海松二烯-1*α*,2*α*-二醇 苦山柰 Kaempferia marginata
sandaracopimaradien-1*α*-ol 山达海松二烯-1*α*-醇 苦山柰 Kaempferia marginata
sandaracopimaradiene 山达海松二烯 日本柳杉 Cryptomeria japonica, 苦山柰 Kaempferia marginata
8(14),15-sandaracopimaradiene-2*α*,18,19-triol 8(14),15-山达海松二烯-2*α*,18,19-三醇 台湾穗花杉 Amentotaxus formosana
ent-8(14),15-sandaracopimaradiene-2*α*,18-diol 对映-8(14),15-山达海松二烯-2*α*,18-二醇 台湾穗花杉 Amentotaxus formosana
8(14),15-sandaracopimaradiene-2*α*,3*α*,18-triol 8(14),15-山达海松二烯-2*α*,3*α*,18-三醇 台湾穗花杉 Amentotaxus formosana
sandaracopimaral; sandaracopimarinal 山达海松醛 日本柳杉 Cryptomeria japonica, 齿叶鳞花草 Lepidagathis fasciculata, 高山松 Pinus densata, 海南五针松 P. fenzeliana, 思茅松 P. kesiya, 华南五针松 P. kwangtungensis, 雅加松 P. massoniana var. hainanensis, 黄山松 P. taiwanensis, 黑松 P. thunbergii
sandaracopimaric acid 山达海松酸 臭冷杉 Abies nephrolepis, 蜜环菌 Armillaria mellea, 乳香树 Boswellia carteri, 日本柳杉 Cryptomeria japonica, 西藏柏木 Cupressus torulosa, 龙血藤 Daemonorops draco, 中华双扇蕨 Dipteris chinensis, 圆柏 Juniperus chinensis, 欧洲刺柏 J. communis, 刺柏 J. formosana, 叉子圆柏 J. sabina, 长白鱼鳞云杉 Picea jezoensis var. komarovii, 雪岭云杉 P. schrenkiana, 华山松 Pinus armandii, 白皮松 P. bungeana, 高山松 P. densata, 海南五针松 P. fenzeliana, 思茅松 P. kesiya, 红松 P. koraiensis, 华南五针松 P. kwangtungensis, 雅加松 P. massoniana var. hainanensis, 新疆五针松 P. sibirica, 黄山松 P. taiwanensis, 黑松 P. thunbergii, 南方红豆杉 Taxus wallichinana var. mairei
sandaracopimarinol 山达海松醇 日本柳杉 Cryptomeria japonica
sandaracopimarinol acetate 山达海松醇乙酸酯 日本柳杉 Cryptomeria japonica
ent-sandaracopinara-8(14),15-diene-2*β*,18-diol 对映-山达海松-8(14),15-二烯-2*β*,18-二醇 台湾穗花杉 Amentotaxus formosana
8(14),15-sanderacopimaradiene-1*α*,6*β*,9*α*-triol 8(14),15-山达海松二烯-1*α*,6*β*,9*α*-三醇 苦山柰 Kaempferia marginata
8(14),15-sanderacopimaradiene-1*α*,9*α*-diol 8(14),15-山达海松二烯-1*α*,9*α*-二醇 苦山柰 Kaempferia marginata
sandosaponin a 莱豆皂苷 a 黄金凤 Impatiens siculifer
sandrosaponin IX 桑德柴胡皂苷▲IX 番薯 Ipomoea batatas

S

sandwicensin 夏威夷刺桐素▲ 鸡冠刺桐 Erythrina crista-galli
sandwicine 三文治萝芙木辛碱▲ 古巴萝芙木 Rauvolfia cubana, 萝芙木 R. verticillata, 催吐萝芙木 R. vomitoria
sanggenofuran A 桑根呋喃 A 鸡桑 Morus australis
sanggenofuran B 桑根呋喃 B 华桑 Morus cathayana
sanggenol A~G, I, J, K 桑根醇 A~G, I, J, K 华桑 Morus cathayana
sanggenol H 桑根醇 H 华桑 Morus cathayana, 黑桑 M. nigra
sanggenol L 桑根醇 L 华桑 Morus cathayana, 蒙桑 M. mongolica
sanggenol M 桑根醇 M 蒙桑 Morus mongolica
sanggenol N, O, P 桑根醇 N, O, P 鸡桑 Morus australis
sanggenon A 桑根酮 A 桑 Morus alba, 华桑 M. cathayana, 蒙桑 M. mongolica
sanggenon B 桑根酮 B 桑 Morus alba, 蒙桑 M. mongolica
sanggenon C 桑根酮 C 桑 Morus alba, 鸡桑 M. australis, 华桑 M. cathayana, 蒙桑 M. mongolica
sanggenon D 桑根酮 D 桑 Morus alba, 蒙桑 M. mongolica
sanggenon E 桑根酮 E 桑 Morus alba, 黑桑 M. nigra
sanggenon F, G, H, K, N, P 桑根酮 F, G, H, K, N, P 桑 Morus alba
sanggenon I 桑根酮 I 桑 Morus alba, 鸡桑 M. australis
sanggenon J 桑根酮 J 桑 Morus alba, 鸡桑 M. australis
sanggenon L 桑根酮 L 桑 Morus alba, 华桑 M. cathayana
sanggenon M 桑根酮 M 桑 Morus alba, 华桑 M. cathayana, 蒙桑 M. mongolica
sanggenon O 桑根酮 O 桑 Morus alba, 华桑 M. cathayana, 蒙桑 M. mongolica
sanggenon Q 桑根酮 Q 蒙桑 Morus mongolica
sanggenon T 桑根酮 T 鸡桑 Morus australis
sanguidioside A~D 地榆双皂苷 A~D 地榆 Sanguisorba officinalis
sanguiin H_1, H_3 地榆鞣质▲H_1, H_3 地榆 Sanguisorba officinalis
sanguiin H_2 地榆鞣质▲H_2 软条七蔷薇 Rosa henryi, 地榆 Sanguisorba officinalis
sanguiin H_4 地榆鞣质▲H_4 滇山茶 Camellia reticulata, 金樱子 Rosa laevigata
sanguiin H_5 地榆鞣质▲H_5 板栗 Castanea mollissima, 狼毒大戟 Euphorbia fischeriana, 芍药 Paeonia lactiflora, 槲栎 Quercus aliena
sanguiin H_6 地榆鞣质▲H_6 软条七蔷薇 Rosa henryi, 复盆子 Rubus idaeus, 地榆 Sanguisorba officinalis
sanguiin H_{10} 地榆鞣质▲H_{10} 复盆子 Rubus idaeus
sanguiin H_{11} 地榆鞣质▲H_{11} 地榆 Sanguisorba officinalis
sanguinarine 血根碱 蓟罂粟 Argemone mexicana, 白屈菜 Chelidonium majus, 地柏枝 Corydalis cheilanthifolia, 薯根延胡索 C. ledebouriana, 蛇果黄堇 C. ophiocarpa, 荷包牡丹 Dicentra spectabilis, 天山海罂粟 Glaucium elegans, 海罂粟 G. fimbrilligerum, 新疆海罂粟 G. squamigerum, 荷青花 Hylomecon japonica, 博落回 Macleaya cordata, 小果博落回 M. microcarpa, 金罂粟 Stylophorum lasiocarpum, 蚬壳花椒 Zanthoxylum dissitum, 两面针 Z. nitidum
sanguinine 血红石蒜碱▲ 网球花 Haemanthus multiflorus
sanguinolentaquinone 血红小菇醌▲ 红汁小菇 Mycena haematopus
sanguisorbic acid dilactone 地榆酸二内酯 地锦 Euphorbia humifusa, 软条七蔷薇 Rosa henryi, 地榆 Sanguisorba officinalis
sanguisorbin I 地榆皂苷 I 华东蓝刺头 Echinops grijsii
sanguisorbin A~E, I, II, III 地榆皂苷 A~E, I, II, III 地榆 Sanguisorba officinalis
saniculamoid A, A_1, B, C, D 薄片变豆菜萜▲A, A_1, B, C, D 薄片变豆菜 Sanicula lamelligera
sanjidin A 独蒜兰脂素▲A 独蒜兰 Pleione bulbocodioides
sanjidin B 独蒜兰脂素▲B 节茎石仙桃 Pholidota articulata
sanjoinine 酸枣宁碱▲ Ia, Ib, A, B, D, E, F, G_1, G_2, K 酸枣 Ziziphus jujuba var. spinosa
sanleng acid methylester 三棱酸甲酯 黑三棱 Sparganium stoloniferum
sanleng diphenylacetylene 三棱二苯乙炔 黑三棱 Sparganium stoloniferum
sanleng diphenyllactone 三棱双苯内酯 黑三棱 Sparganium stoloniferum
sansevierigenin 虎尾兰皂苷元 虎尾兰 Sansevieria trifasciata
γ-sanshool *γ*- 山椒素 椿叶花椒 Zanthoxylum ailanthoides, 花椒 Z. bungeanum, 大叶臭花椒 Z. myriacanthum
sansoakamine 假黄皮卡明碱▲ 假黄皮 Clausena excavata
santaflavone 圣麻蓍黄酮▲ 肾茶 Clerodendranthus spicatus, 香青兰 Dracocephalum moldavica
santal 檀香素 乌拉特黄耆 Astragalus hoantchy, 香港远志 Polygala hongkongensis
(*E*)-*α*-santalal (*E*)-*α*- 檀香醛 檀香 Santalum album
(*E*)-*β*-santalal (*E*)-*β*- 檀香醛 檀香 Santalum album
(*Z*)-*α*-santalal (*Z*)-*α*- 檀香醛 檀香 Santalum album
(*Z*)-*β*-santalal (*Z*)-*β*- 檀香醛 檀香 Santalum album
α-santalal *α*- 檀香醛 檀香 Santalum album
β-santalal *β*- 檀香醛 檀香 Santalum album
(+)-*α*-santalan-12-one (+)-*α*- 檀香 -12- 酮 酒饼簕 Atalantia buxifolia
α-santalane-11,12,13-triol *α*- 檀香烷 -11,12,13- 三醇 酒饼簕 Atalantia buxifolia

α-santaldiol α- 檀香二醇 挥发油成分，未统计基源
β-santaldiol β- 檀香二醇 挥发油成分，未统计基源
(-)-α-santalen-11-one (-)-α- 檀香 -11- 酮 酒饼簕 Atalantia buxifolia
(+)-(E)-α-santalen-12-oic acid (+)-(E)-α- 檀香 -12- 酸 黄皮 Clausena lansium
α-santalene α- 檀香烯 挥发油成分，未统计基源
β-santalene β- 檀香烯 挥发油成分，未统计基源
santalene 檀香烯 挥发油成分，未统计基源
α-santalene epoxide α- 檀香烯环氧化物 酒饼簕 Atalantia buxifolia
(Z)-α-santalol (Z)-α- 檀香醇 挥发油成分，未统计基源
α-santalol α- 檀香醇 挥发油成分，未统计基源
β-(Z)-santalol β-(Z)- 檀香醇 挺茎遍地金 Hypericum elodeoides
β-santalol β- 檀香醇 挥发油成分，未统计基源
santalol 檀香醇 挥发油成分，未统计基源
α-santalone α- 檀香酮 挥发油成分，未统计基源
santalone 檀香酮 挥发油成分，未统计基源
(Z)-β-santalyl formate (Z)-β- 檀香醇甲酸酯 檀香 Santalum album
(Z)-α-santalylformate (Z)-α- 檀香醇甲酸酯 檀香 Santalum album
santamarin; santamarine 短舌匹菊素▲ 杯菊 Cyathocline purpurea, 川木香 Dolomiaea souliei, 土木香 Inula helenium, 月桂 Laurus nobilis, 荷花木兰 Magnolia grandiflora, 台湾含笑 Michelia compressa, 短舌匹菊 Pyrethrum parthenium, 云木香 Saussurea costus, 菊蒿 Tanacetum vulgare
santene 檀烯 挥发油成分，未统计基源
santin 圣丁菊素▲ 车桑子 Dodonaea viscosa, 大麻叶泽兰 Eupatorium cannabinum, 短舌匹菊 Pyrethrum parthenium
santolina triene 檀香三烯 挥发油成分，未统计基源
santolona triene 神圣亚麻三烯 挥发油成分，未统计基源
α-santonin α- 茴蒿素 东北蛔蒿 Seriphidium finitum, 白茎绢蒿 S. terraealbae
sapelin B 柱果内雄楝素▲B 云南地黄连 Munronia delavayi
sapimukoside A~J 木患子苷▲A~J 无患子 Sapindus saponaria
sapindoside A 无患子苷 A 南苜蓿 Medicago polymorpha, 败酱 Patrinia scabiosifolia, 川滇无患子 Sapindus delavayi, 无患子 S. saponaria
sapindoside B 无患子苷 B 小花草玉梅 Anemone rivularis var. flore-minore, 黄褐毛忍冬 Lonicera fulvotomentosa, 川滇无患子 Sapindus delavayi, 毛瓣无患子 S. rarak, 无患子 S. saponaria
sapindoside C 无患子苷 C 刺楸 Kalopanax septemlobus, 无患子 Sapindus saponaria
sapindoside D, E 无患子苷 D, E 无患子 Sapindus saponaria
sapinmusaponin A~D, F~R 木患子皂苷▲A~D, F~R 无患子 Sapindus saponaria
sapinofuranone B 松球壳孢呋喃酮▲B 海南大风子 Hydnocarpus hainanensis
sapodivarin 防风灵 防风 Saposhnikovia divaricata
saponaretin 肥皂草素 构树 Broussonetia papyrifera, 酸橙 Citrus aurantium, 问荆 Equisetum arvense, 秦艽 Gentiana macrophylla, 洋甘草 Glycyrrhiza glabra, 圆锥石头花 Gypsophila paniculata, 木槿 Hibiscus syriacus, 柱毛独行菜 Lepidium ruderale, 尖叶铁扫帚 Lespedeza juncea, 亚麻 Linum usitatissimum, 酢浆草 Oxalis corniculata, 尖叶匐灯藓 Plagiomnium acutum, 拳参 Polygonum bistorta, 匍枝毛茛 Ranunculus repens, 胡卢巴 Trigonella foenum-graecum, 狸尾豆 Uraria lagopodioides
saponarin 肥皂草苷 木棉 Bombax ceiba, 黄瓜 Cucumis sativus, 石竹 Dianthus chinensis, 日本石竹 D. japonicus, 拉毛果 Dipsacus sativus, 滇龙胆草 Gentiana rigescens, 西藏秦艽 G. tibetica, 木槿 Hibiscus syriacus, 菘蓝 Isatis tinctoria, 葫芦 Lagenaria siceraria, 西番莲 Passiflora caerulea, 龙珠果 P. foetida, 尖叶匐灯藓 Plagiomnium acutum, 匐灯藓 P. cuspidatum, 少根紫萍 Spirodela oligorrhiza, 双蝴蝶 Tripterospermum chinense
saponarin-4'-O-glucopyranoside 肥皂草苷 -4'-O- 吡喃葡萄糖苷 黄瓜 Cucumis sativus
saponarioside A~M 肥皂草皂苷▲A~M 肥皂草 Saponaria officinalis
saponin CP_4 皂苷 CP_4 粗齿铁线莲 Clematis grandidentata, 柱果铁线莲 C. uncinata, 无患子 Sapindus saponaria
saponin CP_6 皂苷 CP_6 柱果铁线莲 Clematis uncinata
saponin CP_7 皂苷 CP_7 粗齿铁线莲 Clematis grandidentata, 柱果铁线莲 C. uncinata
saponin G 皂苷 G 三叶木通 Akebia trifoliata
saponin P_{13} 皂苷 P_{13} 甘青铁线莲 Clematis tangutica
saponin Pa 皂苷 Pa 滇黄精 Polygonatum kingianum, 点花黄精 P. punctatum
saponin Pb 皂苷 Pb 三叶木通 Akebia trifoliata, 滇黄精 Polygonatum kingianum
saponin PE 皂苷 PE 白木通 Akebia trifoliata subsp. australis, 甘青铁线莲 Clematis tangutica, 牛蹄豆 Pithecellobium dulce
saponin PH, PJ_1 皂苷 PH, PJ_1 白木通 Akebia trifoliata subsp. australis
saponin PJ_3 皂苷 PJ_3 三叶木通 Akebia trifoliata, 粗齿铁线莲 Clematis grandidentata
saponin PK 皂苷 PK 甘青铁线莲 Clematis tangutica, 多叶棘豆 Oxytropis myriophylla
saponin R_4, R_5, R_6, R_7 皂苷 R_4, R_5, R_6, R_7 多被银莲花 Anemone raddeana
saponin Tb 皂苷 Tb 滇黄精 Polygonatum kingianum
saponin Th 皂苷 Th 丫蕊花 Ypsilandra thibetica

S

saponoside A~D, F 金盏花皂醇苷▲A~D, F 金盏花 Calendula officinalis
sapopyroside 肥皂草吡喃苷▲ 肥皂草 Saponaria officinalis
saposebifeic acid 乌桕酸▲ 乌桕 Triadica sebifera
sappanchalcone 苏木查耳酮 云实 Caesalpinia decapetala, 苏木 C. sappan
sappanol 苏木醇 苏木 Caesalpinia sappan
sappanone A, B 苏木酮 A, B 苏木 Caesalpinia sappan
sapriolactone 降红根草内酯▲ 红根草 Salvia prionitis
saprionide 红根草酸酐▲ 红根草 Salvia prionitis
sapriparaquinone 红根草对醌 红根草 Salvia prionitis
saprirearine 红根草灵▲ 红根草 Salvia prionitis
saprorthoquinone 红根草邻醌 红根草 Salvia prionitis
saprosmoside E 染木树苷▲E 鸡矢藤 Paederia foetida
sarasapogenone 知母皂苷元酮 叉蕊薯蓣 Dioscorea collettii
sarcaboside A, B 草珊瑚宝苷▲A, B 草珊瑚 Sarcandra glabra
sarcaglaboside A 肿节风苷▲A 银线草 Chloranthus japonicus, 金粟兰 C. spicatus, 草珊瑚 Sarcandra glabra
sarcaglaboside B 肿节风苷▲B 金粟兰 Chloranthus spicatus, 草珊瑚 Sarcandra glabra
sarcaglaboside C, D, E 肿节风苷▲C, D, E 草珊瑚 Sarcandra glabra
sarcandracoumarin 草珊瑚香豆素▲ 草珊瑚 Sarcandra glabra
sarcandralactone A~E 草珊瑚内酯 A~E 草珊瑚 Sarcandra glabra
sarcandrolide A~J 草珊瑚二聚内酯▲A~J 草珊瑚 Sarcandra glabra
sarcandrone A~D 草珊瑚酮▲A~D 海南草珊瑚 Sarcandra glabra subsp. brachystachys
sarcandroside A, B, D 草珊瑚苷 A, B, D 草珊瑚 Sarcandra glabra
sarcanolide A, B 草珊瑚醇内酯▲A, B 海南草珊瑚 Sarcandra glabra subsp. brachystachys
sarcidumitol 肉珊瑚醇▲ 肉珊瑚 Sarcostemma acidum
sarcodinine 野扇花定宁▲ 云南野扇花 Sarcococca wallichii
sarcorine 野扇花灵碱▲ 多毛板凳果 Pachysandra axillaris var. stylosa
sarcorucinine A 清香桂碱 A 板凳果 Pachysandra axillaris, 野扇花 Sarcococca ruscifolia
sarcorucinine A_1 清香桂碱 A_1 板凳果 Pachysandra axillaris, 野扇花 Sarcococca ruscifolia
sarcorucinine B 清香桂碱 B 板凳果 Pachysandra axillaris, 野扇花 Sarcococca ruscifolia
sarcorucinine D 清香桂碱 D 板凳果 Pachysandra axillaris, 野扇花 Sarcococca ruscifolia
sarcosine 肌氨酸 野蘑菇 Agaricus campestris
sarcosine ethyl ester 肌氨酸乙酯 细穗玄参 Scrofella chinensis
sarcostin 肉珊瑚素▲ 马利筋 Asclepias curassavica, 隔山消 Cynanchum wilfordii, 云南匙羹藤 Gymnema yunnanense, 蓝叶藤 Marsdenia tinctoria, 萝藦 Metaplexis japonica
sarcovagenine C 海南野扇花宁碱 C 羽脉野扇花 Sarcococca hookeriana
sarcovagine A, B 海南野扇花碱 A, B 海南野扇花 Sarcococca vagans
sarcovagine C 海南野扇花碱 C 羽脉野扇花 Sarcococca hookeriana, 海南野扇花 S. vagans
sarcovagine D 海南野扇花碱 D 板凳果 Pachysandra axillaris, 多毛板凳果 P. axillaris var. stylosa, 羽脉野扇花 Sarcococca hookeriana, 野扇花 S. ruscifolia, 海南野扇花 S. vagans
sargaol 马尾藻酚▲ 华南毛蕨 Cyclosorus parasiticus
sargentol 大血藤醇 树参 Dendropanax dentiger, 大血藤 Sargentodoxa cuneata
sarhamnoloside 西非羊角拗鼠李糖苷▲ 铃兰 Convallaria majalis, 羊角拗 Strophanthus divaricatus, 西非羊角拗 S. sarmentosus
saringosterol 任氏马尾藻甾醇▲ 刺枝鱼栖苔 Acanthophora spicifera, 盘花垂头菊 Cremanthodium discoideum, 榅桲 Cydonia oblonga, 羊栖菜 Hizikia fusiformis, 铁钉菜 Ishige okamurae, 挂金灯 Physalis alkekengi var. francheti
saringosteryl glucosdie 任氏马尾藻甾醇▲葡萄糖苷 人参 Panax ginseng
sarmentamide A, B, C 假蒟酰胺▲A, B, C 假蒟 Piper sarmentosum
sarmentine 假蒟亭碱 荜拔 Piper longum, 胡椒 P. nigrum, 假蒟 P. sarmentosum
sarmentocymarin 西非羊角拗磁麻苷▲ 古钩藤 Cryptolepis buchananii, 西非羊角拗 Strophanthus sarmentosus
17*βH*-sarmentogenin 17*βH*- 西非羊角拗苷元▲ 羊角拗 Strophanthus divaricatus
5*α*-sarmentogenin 5*α*- 沙门苷元 滑桃树 Trevia nudiflora
sarmentogenin 西非羊角拗苷元▲ 古钩藤 Cryptolepis buchananii, 羊角拗 Strophanthus divaricatus, 西非羊角拗 S. sarmentosus
sarmentogenin-3-*O*-6'-deoxy-*β*-D-allosido-*α*-L-rhamnoside 沙门苷元 -3-*O*-6'- 脱氧 -*β*-D- 阿洛糖苷 -*α*-L- 鼠李糖苷 铃兰 Convallaria majalis
sarmentogenin-3-*O*-6'-deoxy-*β*-D-guloside 沙门苷元 -3-*O*-6'- 脱氧 -*β*-D- 古洛糖苷 铃兰 Convallaria majalis
sarmentogenin-3-*O*-*β*-D-glucopyranosyl-(1 → 4)-*α*-L-rhamnopyranoside 沙门苷元 -3-*O*-*β*-D- 吡喃葡萄糖基 -(1 → 4)-*α*-L- 吡喃鼠李糖苷 毗黎勒 Terminalia bellirica
5*α*-sarmentogenin-3-*α*-L-rhamnopyranoside 5*α*- 沙门苷元 -3-*α*-L- 吡喃鼠李糖苷 滑桃树 Trevia nudiflora
sarmentoic acid 垂盆草酸▲ 垂盆草 Sedum sarmentosum
sarmentol A 垂盆草醇▲A 垂盆草 Sedum sarmentosum
sarmentolin 垂盆草素▲ 垂盆草 Sedum sarmentosum

sarmentologenin-3-*O*-6'-deoxy-*β*-D-alloside 西非羊角拗洛苷元▲-3-*O*-6'-脱氧-*β*-D-阿洛糖苷 铃兰 Convallaria majalis
sarmentoloside 西非羊角拗洛苷▲ 羊角拗 Strophanthus divaricatus, 西非羊角拗 S. sarmentosus
sarmentomicine 假蒟米辛▲ 假蒟 Piper sarmentosum
sarmentoside A, D, E 西非羊角拗苷▲A, D, E 西非羊角拗 Strophanthus sarmentosus
sarmentosidic A acid ethyl ester 西非羊角拗苷▲A 酸乙酯 西非羊角拗 Strophanthus sarmentosus
sarmentosigenin-3-*O*-6'-deoxy-*β*-D-alloside 西非羊角拗西苷元▲-3-*O*-6'-脱氧-*β*-D-阿洛糖苷 铃兰 Convallaria majalis
sarmentosin 垂盆草苷 库页红景天 Rhodiola sachalinensis, 垂盆草 Sedum sarmentosum
sarmentosine 假蒟碱 苎叶蒟 Piper boehmeriifolium, 假蒟 P. sarmentosum
sarmentosumin A~D 假蒟素▲A~D 假蒟 Piper sarmentosum
sarmentosumol A~F 假蒟酚▲A~F 假蒟 Piper sarmentosum
sarmethoside 西非羊角拗索苷▲ 鹊肾树 Streblus asper
sarmutoside 西非羊角拗托苷▲ 西非羊角拗 Strophanthus sarmentosus
sarnovide 西非羊角拗新苷▲ 羊角拗 Strophanthus divaricatus, 西非羊角拗 S. sarmentosus
saroaspidin A 田基黄绵马素 A 地耳草 Hypericum japonicum, 贯叶连翘 H. perforatum
saroaspidin B, C 田基黄绵马素 B, C 地耳草 Hypericum japonicum
sarolactone 地耳草内酯▲ 地耳草 Hypericum japonicum
saropeptate 地耳草肽酯▲ 合掌消 Cynanchum amplexicaule
saropyrone 地耳草吡酮▲ 地耳草 Hypericum japonicum
sarothralen A~D, G 田基黄棱素 A~D, G 地耳草 Hypericum japonicum
sarothralin 田基黄林素 地耳草 Hypericum japonicum
sarothranol 田基黄酚▲ 地耳草 Hypericum japonicum
sarpagine 蛇根精 鸡骨常山 Alstonia yunnanensis, 古巴萝芙木 Rauvolfia cubana, 四叶萝芙木 R. tetraphylla, 萝芙木 R. verticillata
sarracenin 瓶子草素 水团花 Adina pilulifera, 金花忍冬 Lonicera chrysantha, 岩败酱 Patrinia rupestris
sarracine 瓶草千里光碱 林荫千里光 Senecio nemorensis
6*β*-sarracinoyloxy-1*β*,10*β*-epoxy-furanoeremophilane 6*β*-瓶子草酰氧基-1*β*,10*β*-环氧-呋喃荒漠木烷 大叶橐吾 Ligularia macrophylla
sarsasapogenin 洋菝葜皂苷元▲ 知母 Anemarrhena asphodeloides
sarsasapogenin M, N, O 洋菝葜皂苷元▲M, N, O 石刁柏 Asparagus officinalis
sarsasapogenone 洋菝葜皂苷元酮▲ 石刁柏 Asparagus officinalis
sarusubine A 南紫薇宾碱▲A 南紫薇 Lagerstroemia subcostata
sasanquin 茶梅素▲ 短柄五加 Eleutherococcus brachypus, 四川五加 E. setchuenensis, 连翘 Forsythia suspensa, 栀子皮 Itoa orientalis
sassarandainol 台湾檫木脂酚▲ 台湾檫木 Sassafras randaiense
(-)-sativan (-)-紫苜蓿烷▲ 藤萝 Wisteria villosa
sativan 紫苜蓿烷▲ 毛刺锦鸡儿 Caragana tibetica, 紫苜蓿 Medicago sativa, 大花田菁 Sesbania grandiflora, 密花豆 Spatholobus suberectus, 杂种车轴草 Trifolium hybridum
sativanine A~H, M, N, O 枣树宁碱▲A~H, M, N, O 枣 Ziziphus jujuba
sativanine K 枣树宁碱▲K 枣 Ziziphus jujuba, 滇刺枣 Z. mauritiana
(3*R*)-sativanone (3*R*)-紫苜蓿烷酮▲ 降香 Dalbergia odorifera
sativene 小麦长蠕孢烯 挥发油成分，未统计基源
sativoside B_1, C, R_1, R_2 大蒜苷▲B_1, C, R_1, R_2 蒜 Allium sativum
(-)-saucerneol (-)-三白草醇▲ 三白草 Saururus chinensis
7''*R*,8''*S*-saucerneol 7''*R*,8''*S*-三白草醇▲ 三白草 Saururus chinensis
saucerneol A~K 三白草醇▲A~K 三白草 Saururus chinensis
(-)-(7''*R*,8''*R*)-saucerneol J (-)-(7''*R*,8''*R*)-三白草醇▲J 三白草 Saururus chinensis
(-)-saucerneol methyl ether (-)-三白草醇▲甲醚 三白草 Saururus chinensis
(+)-saucernetin (+)-三白草亭▲ 三白草 Saururus chinensis
saucernetin 三白草亭▲ 三白草 Saururus chinensis
saucernetin A 三白草亭▲A 巴天酸模 Rumex patientia
saucernetin diol 三白草亭二醇▲ 肉豆蔻 Myristica fragrans, 三白草 Saururus chinensis
saucernetin-7 三白草亭▲-7 三白草 Saururus chinensis
saucernetin-8 三白草亭▲-8 三白草 Saururus chinensis
ent-sauchinone 对映-三白草酮 三白草 Saururus chinensis
sauchinone 三白草酮 三白草 Saururus chinensis
sauchinone A~D 三白草酮 A~D 三白草 Saururus chinensis
saulatine 泡叶阿布藤素▲ 延胡索 Corydalis yanhusuo
saurine 风毛菊素▲ 美花风毛菊 Saussurea pulchella
sauristolactam 三白草马兜铃内酰胺▲ 蕺菜 Houttuynia cordata, 三白草 Saururus chinensis
saurolactam 三白草内酰胺▲ 三白草 Saururus chinensis
sauroposide 守宫木苷▲ 守宫木 Sauropus androgynus
saurucinol A~K 三白草新醇▲A~K 三白草 Saururus chinensis

S

saurufuran 三白草呋喃 三白草 Saururus chinensis
saurufuran A, B 三白草呋喃 A, B 三白草 Saururus chinensis
saurufurin A~D 三白草呋灵 ▲A~D 三白草 Saururus chinensis
saurulignan A~E 三白草木脂素 ▲A~E 三白草 Saururus chinensis
saurunarin 三白草纳灵 ▲ 三白草 Saururus chinensis
saururenin 三白草宁 ▲ 南五味子 Kadsura longipedunculata, 三白草 Saururus chinensis, 二色五味子 Schisandra bicolor
saururin A, B 三白草素 ▲A, B 三白草 Saururus chinensis
(+)-saururinone (+)- 三白草灵酮 ▲ 三白草 Saururus chinensis
sausinlactone A, B, C 雪莲花内酯 ▲A, B, C 雪莲花 Saussurea involucrata
saussol 风毛菊脂醇 长毛风毛菊 Saussurea hieracioides
saussurea lactone 云木香内酯 ▲ 土木香 Inula helenium, 云木香 Saussurea costus
saussureal 木香萜醛 云木香 Saussurea costus
saussurealdehyde 风毛菊醛 云木香 Saussurea costus
saussureamine A~E 风毛菊胺 A~E 云木香 Saussurea costus
saussurenoside 风毛菊诺苷 ▲ 风毛菊 Saussurea japonica
saussureoside B 风毛菊苷 ▲B 黄鹌菜 Youngia japonica
saussurine 风毛菊碱 云木香 Saussurea costus
saussurol 风毛菊醇 小果雪兔子 Saussurea simpsoniana
savaside A~E 绵毛鹿茸草苷 ▲A~E 绵毛鹿茸草 Monochasma savatieri
(-)-savinin (-)- 新疆圆柏素 昆仑多子柏 Juniperus semiglobosa
(8'*R*,7*E*)-savinin (8'*R*,7*E*)- 新疆圆柏素 刺五加 Eleutherococcus senticosus
savinin 桧脂素 刺果峨参 Anthriscus sylvestris subsp. nemorosa, 糙叶五加 Eleutherococcus henryi, 无梗五加 E. sessiliflorus, 芸香 Ruta graveolens, 两面针 Zanthoxylum nitidum
sawaranin 日本花柏宁 ▲ 深绿山龙眼 Helicia nilagirica
saxalin 高山芹素 ▲ 拐芹 Angelica polymorpha, 高山芹 Coelopleurum saxatile, 欧芹 Petroselinum crispum, 天山棱子芹 Pleurospermum lindleyanum
saxicolaline A 石生黄堇碱 ▲A 石生黄堇 Corydalis saxicola
saxifragifolin A 喉咙草素 ▲A 石莲叶点地梅 Androsace integra, 点地梅 A. umbellata
saxifragifolin B 百金素 岩芋 Remusatia vivipara
saxifragifolin B, C, D 喉咙草素 ▲B, C, D 点地梅 Androsace umbellata
saxifragin 虎耳草苷 蜀葵 Alcea rosea, 甘草 Glycyrrhiza uralensis, 拳参 Polygonum bistorta
saxitoxin 石房蛤毒素 链状亚历山大藻 Alexandrium catenella
scaberoside $A_1, A_2, A_3, B_1, B_2, B_3, B_4, B_5$ 东风菜苷 ▲$A_1, A_2, A_3, B_1, B_2, B_3, B_4, B_5$ 东风菜 Doellingeria scabra
scaberoside A_4 东风菜苷 ▲A_4 缘毛紫菀 Aster souliei, 东风菜 Doellingeria scabra
scaberoside B_6 东风菜苷 ▲B_6 三脉紫菀 Aster ageratoides, 东风菜 Doellingeria scabra
scaberoside B_6 methyl ester 东风菜苷 ▲B_6 甲酯 耳叶紫菀 Aster auriculatus
scabertopin 地胆草内酯 地胆草 Elephantopus scaber
scabiosaponin A~D, F~K 蓝盆花皂苷 ▲A~D, F~K 华北蓝盆花 Scabiosa tschiliensis
scabiosaponin E 蓝盆花皂苷 ▲E 华北蓝盆花 Scabiosa tschiliensis, 野木瓜 Stauntonia chinensis
scabioside A 黄花败酱皂苷 A 败酱 Patrinia scabiosifolia, 朝鲜白头翁 Pulsatilla cernua
scabioside B, D~G 黄花败酱皂苷 B, D~G 败酱 Patrinia scabiosifolia
scabioside C 黄花败酱皂苷 C 八角金盘 Fatsia japonica, 败酱 Patrinia scabiosifolia, 朝鲜白头翁 Pulsatilla cernua
scabran G_3 糙龙胆素 ▲G_3 粗茎秦艽 Gentiana crassicaulis, 龙胆 G. scabra
scabran G_4 糙龙胆素 ▲G_4 粗茎秦艽 Gentiana crassicaulis, 龙胆 G. scabra
scabran G_5 糙龙胆素 ▲G_5 龙胆 Gentiana scabra
(1*S*,5*R*,9*R*)-scabraside (1*S*,5*R*,9*R*)- 糙龙胆苷 ▲ 三花龙胆 Gentiana triflora
scabraside 糙龙胆苷 ▲ 条叶龙胆 Gentiana manshurica, 龙胆 G. scabra, 三花龙胆 G. triflora
scabrogenin 卯花苷元 台湾溲疏 Deutzia taiwanensis
scabroside 卯花苷 台湾溲疏 Deutzia taiwanensis
scabrosidol 卯花醇 台湾溲疏 Deutzia taiwanensis
scaconine 花葶乌头宁 等叶花葶乌头 Aconitum scaposum var. hupehanum
scaconitine 花葶乌头碱 等叶花葶乌头 Aconitum scaposum var. hupehanum
scandenogenin A 藤三七雪胆苷元 A 彭县雪胆 Hemsleya pengxianensis
scandenogenin D 藤三七雪胆苷元 D 曲莲 Hemsleya amabilis
scandenolide 攀援假泽兰内酯 ▲ 假泽兰 Mikania cordata
scandenoside R_1 藤三七雪胆苷 R_1 短柄雪胆 Hemsleya delavayi, 藤三七雪胆 H. panacis-scandens
scandenoside R_2~R_7, R_9, R_{10}, R_{11} 藤三七雪胆苷 R_2~R_7, R_9, R_{10}, R_{11} 藤三七雪胆 Hemsleya panacis-scandens
scandenoside R_8 藤三七雪胆苷 R_8 短柄雪胆 Hemsleya delavayi, 藤三七雪胆 H. panacis-scandens
scandine 攀援山橙碱 ▲ 海南蕊木 Kopsia hainanensis, 腋花山橙 Melodinus axillaris, 思茅山橙 M. cochinchinensis, 尖山橙 M. fusiformis,

S

川山橙 M. hemsleyanus, 山橙 M. suaveolens, 薄叶山橙 M. tenuicaudatus, 雷打果 M. yunnanensis

scandine-N_b-oxide 攀援山橙碱▲-N_b 氧化物 思茅山橙 Melodinus cochinchinensis, 尖山橙 M. fusiformis, 山橙 M. suaveolens

scandomeline 攀援山橙林碱▲ 山橙 Melodinus suaveolens

scandomelonine 攀援山橙宁碱▲ 山橙 Melodinus suaveolens

scandoside 鸡矢藤次苷 熏倒牛 Biebersteinia heterostemon, 四叶葎 Galium bungei, 猪殃殃 G. spurium, 蓬子菜 G. verum, 长叶蓬子菜 G. verum var. asiaticum, 白花蛇舌草 Hedyotis diffusa, 牛白藤 H. hedyotidea, 鸡矢藤 Paederia foetida, 阔叶丰花草 Spermacoce alata

scandoside methyl ester 鸡矢藤次苷甲酯 四叶葎 Galium bungei, 蓬子菜 G. verum, 栀子 Gardenia jasminoides, 大黄栀子 G. sootepensis, 金毛耳草 Hedyotis chrysotricha, 白花蛇舌草 H. diffusa, 纤花耳草 H. tenelliflora, 海滨木巴戟 Morinda citrifolia, 鸡矢藤 Paederia foetida, 短花水金京 Wendlandia formosana subsp. breviflora

scandoside-10-*O*-acetate 鸡矢藤次苷 -10-*O*- 乙酸酯 杜仲 Eucommia ulmoides

scaphopetalone 舟瓣木酮▲ 红花木莲 Manglietia insignis

scapiformolactone A~I 地埂鼠尾草内酯▲A~I 地埂鼠尾草 Salvia scapiformis

scaritoxin 鹦嘴鱼毒素 红海束毛藻 Trichodesmium erythraeum

schaftoside 夏佛塔雪轮苷▲ 亨利原始观音座莲 Archangiopteris henryi, 东北南星 Arisaema amurense, 一把伞南星 A. erubescens, 冷蒿 Artemisia frigida, 辣椒 Capsicum annuum, 芋 Colocasia esculenta, 巴豆藤 Craspedolobium schochii, 广东金钱草 Desmodium styracifolium, 牛筋草 Eleusine indica, 无花果 Ficus carica, 粗毛甘草 Glycyrrhiza aspera, 胀果甘草 G. inflata, 大麦 Hordeum vulgare, 细花线纹香茶菜 Isodon lophanthoides var. graciliflorus, 毛唇芋兰 Nervilia fordii, 稻（模式亚种）Oryza sativa, 欧亚多足蕨 Polypodium vulgare, 除虫菊 Pyrethrum cinerariifolium, 坚硬女娄菜 Silene firma, 普通小麦 Triticum aestivum, 紫花地丁 Viola philippica

scheffarboside A, B 鹅掌藤苷▲A, B 鹅掌藤 Heptapleurum arboricola

scheffarboside C 鹅掌藤苷▲C 鹅掌藤 Heptapleurum arboricola, 白花鹅掌柴 H. leucanthum, 毛冬青 Ilex pubescens

scheffarboside D 鹅掌藤苷▲D 鹅掌藤 Heptapleurum arboricola, 白花鹅掌柴 H. leucanthum

schefflerasideⅠ 鹅掌柴皂苷Ⅰ 穗序鹅掌柴 Heptapleurum delavayi, 白花鹅掌柴 H. leucanthum

schefflerasideⅡ 鹅掌柴皂苷Ⅱ 髭脉桤叶树 Clethra barbinervis, 穗序鹅掌柴 Heptapleurum delavayi

schefflerin A~G 鹅掌藤素▲A~G 鹅掌藤 Heptapleurum arboricola

scheffleside A~H 鹅掌柴萜苷▲A~H 白花鹅掌柴 Heptapleurum leucanthum

scheffoleoside A 鹅掌柴齐墩果苷▲A 三叶木通 Akebia trifoliata, 白木通 A. trifoliata subsp. australis, 积雪草 Centella asiatica

scheffoleoside B~E 鹅掌柴齐墩果苷▲B~E 鹅掌柴 Heptapleurum heptaphyllum

scheffoleoside F 鹅掌柴齐墩果苷▲F 积雪草 Centella asiatica, 鹅掌柴 Heptapleurum heptaphyllum

scheffursoside A, C~F 鹅掌柴熊果苷▲A, C~F 鹅掌柴 Heptapleurum heptaphyllum

scheffursoside B 鹅掌柴熊果苷▲B 积雪草 Centella asiatica, 鹅掌柴 Heptapleurum heptaphyllum

schekwangsienin 广西鹅掌柴素▲ 白花鹅掌柴 Heptapleurum leucanthum

schekwangsienside A~G 广西鹅掌柴苷▲A~G 白花鹅掌柴 Heptapleurum leucanthum

schelhammera alkaloid B 谢氏百合碱▲B 篦子三尖杉 Cephalotaxus oliveri

schelhammeridine 谢氏百合定▲ 贡山三尖杉 Cephalotaxus lanceolata

schensianolside A, B 陕西卫矛醇苷▲A, B 陕西卫矛 Euonymus schensianus

schiarisanrin A 阿里山五味子灵▲A 黑老虎 Kadsura coccinea, 日本南五味子 K. japonica, 阿里山五味子 Schisandra arisanensis

schiarisanrin B 阿里山五味子灵▲B 黑老虎 Kadsura coccinea, 日本南五味子 K. japonica, 阿里山五味子 Schisandra arisanensis

schiarisanrin C 阿里山五味子灵▲C 黑老虎 Kadsura coccinea, 异形南五味子 K. heteroclita, 日本南五味子 K. japonica, 阿里山五味子 Schisandra arisanensis

schiarisanrin D 阿里山五味子灵▲D 日本南五味子 Kadsura japonica, 阿里山五味子 Schisandra arisanensis

schiarisanrin E 阿里山五味子灵▲E 阿里山五味子 Schisandra arisanensis

schibicolignan A 二色五味子木脂素▲A 二色五味子 Schisandra bicolor

schicagenin 五味子笼萜素▲ 华中五味子 Schisandra sphenanthera

schicagenin A, B 五味子笼萜素▲A, B 五味子 Schisandra chinensis

schicagenin C 五味子笼萜素▲C 五味子 Schisandra chinensis, 滇藏五味子 S. neglecta

schicagenin D~G 五味子笼萜素▲D~G 滇藏五味子 Schisandra neglecta

schidigeragenin A 莫哈韦丝兰皂苷元▲A 铁筷子 Helleborus thibetanus

schiglaucin A 金山五味子素▲A 金山五味子 Schisandra glaucescens, 华中五味子 S. sphenanthera

schiglaucin B 金山五味子素▲B 金山五味子 Schisandra glaucescens, 华中五味子 S. sphenanthera

schiglaucyclozic acid 金山五味子环酸▲ 金山五味子 Schisandra glaucescens

schiglausin A 金山五味子辛▲A 金山五味子 Schisandra glaucescens, 华中五味子 S. sphenanthera

schiglausin B, D~O 金山五味子辛▲B, D~O 金山五味子 Schisandra glaucescens

schiglausin C 金山五味子辛▲C 金山五味子 Schisandra glaucescens, 华中五味子 S. sphenanthera

schiglautone A 金山五味子酮▲A 金山五味子 Schisandra glaucescens

schiglauzic acid 金山五味子酸▲ 金山五味子 Schisandra glaucescens

schigrandilactone A, B, C 大花五味子二内酯▲A, B, C 大花五味子 Schisandra grandiflora

schilancidilactone A, B, F, G 披针叶五味子二内酯▲A, B, F, G 狭叶五味子 Schisandra lancifolia

schilancidilactone V, W 披针叶五味子二内酯▲V, W 鹤庆五味子 Schisandra wilsoniana

schilancifolignan A~E 披针叶五味子木脂素▲A~E 狭叶五味子 Schisandra lancifolia

schilancitrilactone A, B, C 披针叶五味子三内酯▲A, B, C 狭叶五味子 Schisandra lancifolia
schimawalin A, B 西南木荷素▲A, B 红木荷 Schima wallichii
schinalactone A, B, C 华中五味子内酯▲A, B, C 华中五味子 Schisandra sphenanthera
schinarisanlactone A 台湾五味子新内酯▲A 阿里山五味子 Schisandra arisanensis
schinchinenin A~H 北五味子宁▲A~H 五味子 Schisandra chinensis
schinchinenlactone A, B, C 北五味子内酯▲A, B, C 五味子 Schisandra chinensis
schindilactone A, B, C, F~K 五味子新二内酯▲A, B, C, F~K 五味子 Schisandra chinensis
schindilactone D 五味子新二内酯▲D 阿里山五味子 Schisandra arisanensis, 五味子 S. chinensis
schindilactone E 五味子新二内酯▲E 阿里山五味子 Schisandra arisanensis, 五味子 S. chinensis
schineglignan A, B 滇藏五味子果木脂素▲A, B 滇藏五味子 Schisandra neglecta
schineolignin A, B, C 五味子新木质素▲A, B, C 五味子 Schisandra chinensis
schinesdilactone A, B 北五味子二内酯▲A, B 五味子 Schisandra chinensis
schinifolin 青花椒内酯 青花椒 Zanthoxylum schinifolium
schinifoline 青花椒碱 青花椒 Zanthoxylum schinifolium, 野花椒 Z. simulans
schinifolisatin A 青花椒萨亭▲A 青花椒 Zanthoxylum schinifolium
schinilenol 青花椒烯醇 簕欓花椒 Zanthoxylum avicennae, 青花椒 Z. schinifolium
schinindiol 青花椒二醇 青花椒 Zanthoxylum schinifolium
schinlignin A 五味子木质素▲A 三白草 Saururus chinensis, 五味子 Schisandra chinensis
schinlignin B 五味子木质素▲B 五味子 Schisandra chinensis
schintrilactone A, B 五味子三内酯▲A, B 五味子 Schisandra chinensis
schintrilactone C 五味子三内酯▲C 华中五味子 Schisandra sphenanthera
schiprolactone A 合蕊五味子内酯▲A 翼梗五味子 Schisandra henryi, 滇五味子 S. henryi var. yunnanensis, 合蕊五味子 S. propinqua
schiprolactone B 合蕊五味子内酯▲B 翼梗五味子 Schisandra henryi
schirubridilactone A 红花五味子二内酯▲A 红花五味子 Schisandra rubriflora, 华中五味子 S. sphenanthera
schirubridilactone B, C, F 红花五味子二内酯▲B, C, F 红花五味子 Schisandra rubriflora
schirubridilactone D 红花五味子二内酯▲D 红花五味子 Schisandra rubriflora, 华中五味子 S. sphenanthera
schirubridilactone E 红花五味子二内酯▲E 滇藏五味子 Schisandra neglecta, 红花五味子 S. rubriflora
schirubrisin A, C, D 红花五味子辛▲A, C, D 红花五味子 Schisandra rubriflora
schirubrisin B 红花五味子辛▲B 红花五味子 Schisandra rubriflora, 华中五味子 S. sphenanthera
schisanbicolorin A 二色五味子灵▲A 二色五味子 Schisandra bicolor, 华中五味子 S. sphenanthera
schisanbilactone A, B 二色五味子内酯▲A, B 二色五味子 Schisandra bicolor
schisanchinin A~D 五味子宁▲A~D 五味子 Schisandra chinensis
schisandilactone A~J 五味子安二内酯▲A~J 合蕊五味子 Schisandra propinqua
schisandlignan A~D 五味子木脂素▲A~D 华中五味子 Schisandra sphenanthera
schisandraflorin 大花五味子素▲ 大花五味子 Schisandra grandiflora
schisandrene 五味子烯▲ 五味子 Schisandra chinensis
schisandrene A 五味子烯▲A 红花五味子 Schisandra rubriflora
schisandrin A 五味子素 A 南五味子 Kadsura longipedunculata, 兴山五味子 Schisandra incarnata, 狭叶五味子 S. lancifolia, 滇藏五味子 S. neglecta, 红花五味子 S. rubriflora
schisandrin A_1 五味子素 A_1 华中五味子 Schisandra sphenanthera
(-)-schisandrin B (-)- 五味子素 B 刺五加 Eleutherococcus senticosus
schisandrin C 五味子素 C 凤庆南五味子 Kadsura interior, 鹤庆五味子 Schisandra wilsoniana, 血散薯 Stephania dielsiana
schisandrin C epoxide 五味子素 C 环氧化物 狭叶南五味子 Kadsura angustifolia
schisandrin; schizandrin 五味子素 白及 Bletilla striata, 长柄山蚂蝗 Hylodesmum podocarpum, 大花鸡肉参 Incarvillea mairei var. grandiflora, 狭叶南五味子 Kadsura angustifolia, 凤庆南五味子 K. interior, 南五味子 K. longipedunculata, 二色五味子 Schisandra bicolor, 五味子 S. chinensis, 滇藏五味子 S. neglecta, 毛叶五味子 S. pubescens, 红花五味子 S. rubriflora, 华中五味子 S. sphenanthera, 鹤庆五味子 S. wilsoniana
schisandriside; schizandriside 五味子苷▲ 白蔹 Ampelopsis japonica, 樟 Cinnamomum camphora, 壶托榕 Ficus ischnopoda, 南五味子 Kadsura longipedunculata, 月桂 Laurus nobilis, 荔枝 Litchi chinensis, 头花蓼 Polygonum capitatum, 紫椴 Tilia amurensis
schisandrol A; schizandrol A 五味子醇 A 五味子 Schisandra chinensis, 翼梗五味子 S. henryi
schisandrol B; schizandrol B 五味子醇 B 美丽崖豆藤 Callerya speciosa, 南五味子 Kadsura longipedunculata, 五味子 Schisandra chinensis
schisandrolic acid; schizandrolic acid 五味子醇酸▲ 红花八角 Illicium dunnianum, 合蕊五味子 Schisandra propinqua
schisandrone 五味子酮 翼梗五味子 Schisandra henryi, 华中五味子 S. sphenanthera
schisandronic acid; schizandronic acid 五味子酮酸▲ 红花八角 Illicium dunnianum, 黑老虎 Kadsura coccinea, 异形南五味子 K. heteroclita, 南五味子 K. longipedunculata, 滇五味子 Schisandra henryi var. yunnanensis, 小花五味子 S. micrantha, 合蕊五味子 S. propinqua, 华中五味子 S. sphenanthera
schisanhenol 翼梗五味子酚 南五味子 Kadsura longipedunculata, 翼梗五味子 Schisandra henryi, 滇藏五味子 S. neglecta, 合蕊五味子 S. propinqua, 毛叶五味子 S. pubescens, 红花五味子 S. rubriflora, 华中五味子 S. sphenanthera
schisanhenol acetate 翼梗五味子酚乙酸酯 红花五味子 Schisandra rubriflora

schisanhenol B 翼梗五味子酚 B 滇藏五味子 Schisandra neglecta, 红花五味子 S. rubriflora
schisanhenric acid 翼梗五味子酸 翼梗五味子 Schisandra henryi
schisanhenrin 翼梗五味子酯 翼梗五味子 Schisandra henryi
schisanlactone A 五味子内酯 A 南五味子 Kadsura longipedunculata, 滇五味子 Schisandra henryi var. yunnanensis, 合蕊五味子 S. propinqua
schisanlactone B 五味子内酯 B 异形南五味子 Kadsura heteroclita, 南五味子 K. longipedunculata, 滇五味子 Schisandra henryi var. yunnanensis, 合蕊五味子 S. propinqua, 毛叶五味子 S. pubescens, 华中五味子 S. sphenanthera
schisanlactone C, D 五味子内酯 C, D 华中五味子 Schisandra sphenanthera
schisanlactone E 五味子内酯 E 异形南五味子 Kadsura heteroclita, 南五味子 K. longipedunculata
schisanlactone E methyl ester 五味子内酯 E 甲酯 南五味子 Kadsura longipedunculata
schisanlactone G 五味子内酯 G 金山五味子 Schisandra glaucescens, 华中五味子 S. sphenanthera
schisanlactone H 五味子内酯 H 金山五味子 Schisandra glaucescens, 华中五味子 S. sphenanthera
schisanlignaol D 五味子木脂醇▲D 绿叶五味子 Schisandra viridis
schisanlignone A 五味子木脂酮▲A 异形南五味子 Kadsura heteroclita
schisanlignone C, D, E 五味子木脂酮▲C, D, E 绿叶五味子 Schisandra viridis
schisanol 五味子萜醇▲ 华中五味子 Schisandra sphenanthera
schisansphene A 华中五味子烯▲A 华中五味子 Schisandra sphenanthera
schisansphenin A~D 华中五味子宁▲A~D 华中五味子 Schisandra sphenanthera
schisansphenìnal A 华中五味子宁醛▲A 大花五味子 Schisandra grandiflora
schisanterpene A, B 五味子萜▲A, B 合蕊五味子 Schisandra propinqua
schisantherin 五味子酯 五味子 Schisandra chinensis, 合蕊五味子 S. propinqua
schisantherin A 五味子酯 A 凤庆南五味子 Kadsura interior, 急弯棘豆 Oxytropis deflexa, 阿里山五味子 Schisandra arisanensis, 五味子 S. chinensis, 翼梗五味子 S. henryi, 合蕊五味子 S. propinqua, 毛叶五味子 S. pubescens, 红花五味子 S. rubriflora, 华中五味子 S. sphenanthera, 鹤庆五味子 S. wilsoniana
schisantherin B 五味子酯 B 狭叶南五味子 Kadsura angustifolia, 南五味子 K. longipedunculata, 阿里山五味子 Schisandra arisanensis, 二色五味子 S. bicolor, 五味子 S. chinensis, 翼梗五味子 S. henryi, 毛叶五味子 S. pubescens, 红花五味子 S. rubriflora, 华中五味子 S. sphenanthera, 鹤庆五味子 S. wilsoniana
schisantherin C 五味子酯 C 五味子 Schisandra chinensis, 华中五味子 S. sphenanthera, 鹤庆五味子 S. wilsoniana
schisantherin D 五味子酯 D 狭叶南五味子 Kadsura angustifolia, 凤庆南五味子 K. interior, 阿里山五味子 Schisandra arisanensis, 二色五味子 S. bicolor, 五味子 S. chinensis, 红花五味子 S. rubriflora, 华中五味子 S. sphenanthera, 鹤庆五味子 S. wilsoniana
schisantherin E 五味子酯 E 五味子 Schisandra chinensis, 红花五味子 S. rubriflora, 华中五味子 S. sphenanthera
schisantherin F 五味子酯 F 狭叶南五味子 Kadsura angustifolia, 冷饭藤 K. oblongifolia, 合蕊五味子 Schisandra propinqua
schisantherin G 五味子酯 G 冷饭藤 Kadsura oblongifolia, 合蕊五味子 Schisandra propinqua
schisantherin H 五味子酯 H 冷饭藤 Kadsura oblongifolia, 合蕊五味子 Schisandra propinqua
schisantherin I 五味子酯 I 合蕊五味子 Schisandra propinqua
schisantherin K 五味子酯 K 冷饭藤 Kadsura oblongifolia, 绿叶五味子 Schisandra viridis
schisantherin L 五味子酯 L 狭叶南五味子 Kadsura angustifolia, 黑老虎 K. coccinea
schisantherin M, N 五味子酯 M, N 黑老虎 Kadsura coccinea
schisantherin O 五味子酯 O 黑老虎 Kadsura coccinea, 鹤庆五味子 Schisandra wilsoniana
schisantherin P 五味子酯 P 狭叶南五味子 Kadsura angustifolia, 黑老虎 K. coccinea, 合蕊五味子 Schisandra propinqua
schisantherin Q 五味子酯 Q 狭叶南五味子 Kadsura angustifolia, 黑老虎 K. coccinea
schisanwilsonene A, B, C 鹤庆五味子烯 A, B, C 鹤庆五味子 Schisandra wilsoniana
schisanwilsonin A 鹤庆五味子素 A 滇藏五味子 Schisandra neglecta, 鹤庆五味子 S. wilsoniana
schisanwilsonin B 鹤庆五味子素 B 华中五味子 Schisandra sphenanthera, 鹤庆五味子 S. wilsoniana
schisanwilsonin C 鹤庆五味子素 C 滇藏五味子 Schisandra neglecta, 鹤庆五味子 S. wilsoniana
schisanwilsonin D 鹤庆五味子素 D 华中五味子 Schisandra sphenanthera, 鹤庆五味子 S. wilsoniana
schisanwilsonin E, F, K~O 鹤庆五味子素 E, F, K~O 鹤庆五味子 Schisandra wilsoniana
schisanwilsonin G 鹤庆五味子素 G 华中五味子 Schisandra sphenanthera, 鹤庆五味子 S. wilsoniana
schisarisanlactone A, B 台湾五味子内酯▲A, B 阿里山五味子 Schisandra arisanensis
schiscupatetralin A 五味子柏芳四氢萘▲A 华中五味子 Schisandra sphenanthera
schisdilactone A~J 五味子斯二内酯▲A~J 五味子 Schisandra chinensis
schismoside 裂果草苷▲ 独一味 Lamiophlomis rotata
schisphendilactone A, B 华中五味子二内酯▲A, B 华中五味子 Schisandra sphenanthera
schisphenin A, C, D, E, G 华中五味子素▲A, C, D, E, G 华中五味子 Schisandra sphenanthera
schisphenin F 华中五味子素▲F 滇藏五味子 Schisandra neglecta, 华中五味子 S. sphenanthera
schisphenlignan 华中五味子木脂素▲ 华中五味子 Schisandra sphenanthera
schisphenlignan A~K 华中五味子木脂素▲A~K 华中五味子 Schisandra sphenanthera
schisphenone 华中五味子酮▲ 滇藏五味子 Schisandra neglecta, 华中五味子 S. sphenanthera
schisphentetralone A 华中五味子四氢萘酮▲A 华中五味子 Schisandra sphenanthera
schisphenthin A, B, C 华中五味子辛▲A, B, C 华中五味子 Schisandra sphenanthera

S

(-)-schizandrin (-)- 五味子素 华中五味子 Schisandra sphenanthera
(+)-schizandrin (+)- 五味子素 狭叶五味子 Schisandra lancifolia, 鹤庆五味子 S. wilsoniana
(±)-γ-schizandrin (±)-γ- 五味子素 五味子 Schisandra chinensis
γ-schizandrin γ- 五味子素 五味子 Schisandra chinensis, 胡卢巴 Trigonella foenum-graecum
schizandrin A, B, C 五味子素 A, B, C 五味子 Schisandra chinensis
schizandriside 黑五味子苷 元宝槭 Acer truncatum, 洋紫荆 Bauhinia variegata, 白背叶 Mallotus apelta, 云南红景天 Rhodiola yunnanensis, 中国无忧花 Saraca dives
schizandronol 五味子酮醇 隆纹黑蛋巢菌 Cyathus striatus
schizandronol-l8,13β-oxide 五味子酮醇 -8,13β- 环氧化物 隆纹黑蛋巢菌 Cyathus striatus
schizanrin A 五味子灵 ▲A 阿里山五味子 Schisandra arisanensis
schizanrin B~N 五味子灵 ▲B~N 日本南五味子 Kadsura japonica
schizanrin F 五味子灵 ▲F 黑老虎 Kadsura coccinea, 异形南五味子 K. heteroclita, 南五味子 K. longipedunculata, 冷饭藤 K. oblongifolia, 阿里山五味子 Schisandra arisanensis
schizanrin G 五味子灵 ▲G 冷饭藤 Kadsura oblongifolia
schizanrin H 五味子灵 ▲H 黑老虎 Kadsura coccinea
schizanrin J 五味子灵 ▲J 合蕊五味子 Schisandra propinqua
schizanrutonin 红花五味子酮素 ▲ 红花五味子 Schisandra rubriflora
schizoflavine 裂褶菌黄素 ▲ 裂褶菌 Schizophyllum commune
schizonepetoside A~E 裂叶荆芥苷 ▲A~E 裂叶荆芥 Nepeta tenuifolia
schizonodiol 裂叶荆芥二醇 ▲ 裂叶荆芥 Nepeta tenuifolia
schizonol 裂叶荆芥醇 ▲ 裂叶荆芥 Nepeta tenuifolia
schizophyllan 裂褶菌多糖 裂褶菌 Schizophyllum commune
schizotenuin A 裂叶荆芥素 ▲A 地笋 Lycopus lucidus, 裂叶荆芥 Nepeta tenuifolia
schlanctin A 狭叶五味子亭 ▲A 狭叶五味子 Schisandra lancifolia
schnabelolide A, B 四棱草内酯 A, B 四齿四棱草 Schnabelia tetrodonta
schnabepeptide 四棱草肽 四棱草 Schnabelia oligophylla, 四齿四棱草 S. tetrodonta
schnabepeptide B, C, D 四棱草肽 B, C, D 四齿四棱草 Schnabelia tetrodonta
schobericine 大白刺辛 ▲ 大白刺 Nitraria roborowskii
schoberidine 大白刺定 ▲ 大白刺 Nitraria roborowskii
schoberine 大白刺碱 ▲ 垂花密脉木 Myrioneuron nutans, 大白刺 Nitraria roborowskii
schoepfiajasmin A~H 青皮木明 ▲A~H 青皮木 Schoepfia jasminodora
schoepfin A, B 青皮木素 ▲A, B 华南青皮木 Schoepfia chinensis
schoepfin C 青皮木素 ▲C 华南青皮木 Schoepfia chinensis, 青皮木 S. jasminodora
scholarein A~D 糖胶树素 ▲A~D 糖胶树 Alstonia scholaris
scholaricine 糖胶树辛碱 ▲ 糖胶树 Alstonia scholaris
(-)-scholarine (-)- 糖胶树灵碱 ▲ 糖胶树 Alstonia scholaris
scholarine 糖胶树灵碱 ▲ 糖胶树 Alstonia scholaris
scholarine-N^4-oxide 糖胶树灵碱 ▲N^4- 氧化物 糖胶树 Alstonia scholaris
(±)-scholarisine II (±)- 糖胶树碱 ▲II 糖胶树 Alstonia scholaris
scholarisine A~O 糖胶树碱 ▲A~O 糖胶树 Alstonia scholaris
schpropinrin A~D 合蕊五味子灵 ▲A~D 铁箍散 Schisandra propinqua var. sinensis
schproplignan C 合蕊五味子木脂素 ▲C 合蕊五味子 Schisandra propinqua
schrenkianaone 雪岭杉酮 ▲ 雪岭云杉 Picea schrenkiana
(-)-schumanniofioside A (-)- 华丽舒曼木苷 ▲A 省沽油 Staphylea bumalda
sciadopitysin 金松素 高山三尖杉 Cephalotaxus fortunei var. alpina, 篦子三尖杉 C. oliveri, 日本柳杉 Cryptomeria japonica, 银杏 Ginkgo biloba, 水杉 Metasequoia glyptostroboides, 竹柏 Nageia nagi, 罗汉松 Podocarpus macrophyllus, 百日青 P. neriifolius, 密叶红豆杉 Taxus fuana, 喜马拉雅红豆杉 T. wallichiana
scillabene A 绵枣儿芪 A 绵枣儿 Barnardia japonica
scillanoside L-1, L-2 绵枣儿苷 L-1, L-2 绵枣儿 Barnardia japonica
scillasaponin A, B, C 绵枣儿皂苷 A, B, C 绵枣儿 Barnardia japonica
scillascillin 绵枣儿素 绵枣儿 Barnardia japonica
scillascilloside D-1, E-1, E-2, E-3, E-4, E-5, G-1 绵枣儿糖苷 D-1, E-1, E-2, E-3, E-4, E-5, G-1 绵枣儿 Barnardia japonica
scillavone A, B 绵枣儿酮 A, B 绵枣儿 Barnardia japonica
scilliphaeosidin-3-O-β-D-glucopyranosyl-(1 → 2)-L-rhamnopyranoside 海葱西定 ▲-3-O-β-D- 吡喃葡萄糖基 -(1 → 2)-L- 吡喃鼠李糖苷 酸豆 Tamarindus indica
(E)-scirpusin A (E)- 藨草素 A 葡萄 Vitis vinifera
scirpusin A 藨草素 A 荆三棱 Bolboschoenus yagara, 红花锦鸡儿 Caragana rosea, 毛刺锦鸡儿 C. tibetica, 朝鲜槐 Maackia amurensis, 山葡萄 Vitis amurensis
cis-scirpusin A 顺式 - 藨草素 A 红花锦鸡儿 Caragana rosea

scirpusin B 藨草素 B 荆三棱 Bolboschoenus yagara, 红千层 Callistemon rigidus, 鬼箭锦鸡儿 Caragana jubata, 红花锦鸡儿 C. rosea, 毛刺锦鸡儿 C. tibetica, 朝鲜槐 Maackia amurensis, 鸡蛋果 Passiflora edulis, 翼蓼 Pteroxygonum giraldii
sclarene 欧丹参烯▲ 食用土当归 Aralia cordata
sclareol 欧丹参醇▲ 臭冷杉 Abies nephrolepis, 雪松 Cedrus deodara, 杉木 Cunninghamia lanceolata, 蔓荆 Vitex trifolia
sclareol-18-*β*-D-glucopyranoside 欧丹参醇▲-18-*β*-D- 吡喃葡萄糖苷 光里白 Diplopterygium laevissimum
sclareolide 欧丹参内酯▲ 白花羊蹄甲 Bauhinia acuminata, 常春藤 Hedera nepalensis var. sinensis, 烟草 Nicotiana tabacum
(-)-sclerodin (-)- 枯梢菌素▲ 前胡 Peucedanum praeruptorum
sclerophynin A, B 苦槠宁▲A, B 苦槠 Castanopsis sclerophylla
scolochinenoside A, B, C, E 箣柊酚苷▲A, B, C, E 箣柊 Scolopia chinensis
scolochinenoside D 箣柊酚苷▲D 大果刺篱木 Flacourtia ramontchi, 箣柊 Scolopia chinensis
scolopianate A 箣柊酯▲A 箣柊 Scolopia chinensis
scoloposide C 箣柊苷▲C 箣柊 Scolopia chinensis
scoloside A 箣柊洛苷▲A 箣柊 Scolopia chinensis
scolymoside; scolimoside 菜蓟莫苷▲ 草木犀状黄耆 Astragalus melilotoides, 地构叶 Speranskia tuberculata, 菊花 Chrysanthemum morifolium, 刺苞菜蓟 Cynara cardunculus, 菜蓟 C. scolymus, 荨麻叶龙头草 Meehania urticifolia, 棕榈 Trachycarpus fortunei
scopadiol 野甘草二醇▲ 野甘草 Scoparia dulcis
scopadiol decanoate 野甘草二醇▲癸酸酯 野甘草 Scoparia dulcis
scopadulcic acid A, B, C 野甘草西酸▲A, B, C 野甘草 Scoparia dulcis
scopadulciol 野甘草西醇▲ 野甘草 Scoparia dulcis
scopadulin 野甘草林素▲ 野甘草 Scoparia dulcis
scopaline 鹤乌碱 紫乌头 Aconitum episcopale
scopanolal 野甘草拉醛▲ 野甘草 Scoparia dulcis
scoparal 滨蒿醛 猪毛蒿 Artemisia scoparia
scoparic acid A~D 野甘草酸▲A~D 野甘草 Scoparia dulcis
scoparin 金雀花素 甘肃雪灵芝 Arenaria kansuensis
scoparin-2''-*O*-glucoside 金雀花素 -2''-*O*- 葡萄糖苷 粟 Setaria italica
scoparin-2''-*O*-xyloside 金雀花素 -2''-*O*- 木糖苷 粟 Setaria italica
scoparinol 野甘草醇▲ 野甘草 Scoparia dulcis
scoparone 滨蒿内酯 较常见成分，至少分布于 30 种以上植物中，见于大戟科、豆科、橄榄科、夹竹桃科、金粟兰科、锦葵科、菊科、爵床科、蜡梅科、兰科、龙胆科、毛茛科、木兰科、木棉科、茜草科、蔷薇科、伞形科、鼠李科、五加科、旋花科、榆科、芸香科等
scopine 东莨菪品碱 树番茄 Cyphomandra betacea
α-scopodonnine *α*- 东莨菪宁碱 毛曼陀罗 Datura inoxia
β-scopodonnine *β*- 东莨菪宁碱 毛曼陀罗 Datura inoxia
scopodrimol A 东莨菪林仙醚▲A 伊朗蒿 Artemisia persica
scopofarnol 东莨菪金合欢醚▲ 伊朗蒿 Artemisia persica
(*S*)-scopolamine (*S*)- 东莨菪碱 天蓬子 Atropanthe sinensis
scopolamine 东莨菪碱 三分三 Anisodus acutangulus, 铃铛子 A. luridus, 山莨菪 A. tanguticus, 颠茄 Atropa belladonna, 天蓬子 Atropanthe sinensis, 灰毛浆果楝 Cipadessa cinerascens, 树番茄 Cyphomandra betacea, 木本曼陀罗 Datura arborea, 毛曼陀罗 D. inoxia, 洋金花 D. metel, 小天仙子 Hyoscyamus bohemicus, 天仙子 H. niger, 中亚天仙子 H. pusillus, 青海茄参 Mandragora chinghaiensis, 漏斗泡囊草 Physochlaina infundibularis, 马尿泡 Przewalskia tangutica
scopoletin 东莨菪内酯 常见成分，至少分布于 100 种以上植物中
scopoletin glucopyranoside 东莨菪内酯吡喃葡萄糖苷 绵头雪兔子 Saussurea laniceps, 月桂茵芋 Skimmia laureola
scopoletin methyl ether 东莨菪内酯甲醚 香肉果 Casimiroa edulis, 密花石斛 Dendrobium densiflorum, 流苏石斛 D. fimbriatum
scopoletin-7-*O*-*β*-D-glucopyranoside 东莨菪内酯 -7-*O*-*β*-D- 吡喃葡萄糖苷 中亚紫菀木 Asterothamnus centraliasiaticus, 柳叶蜡梅 Chimonanthus salicifolius
scopoletin-*O*-*β*-D-glucopyranoside 东莨菪内酯 -*O*-*β*-D- 吡喃葡萄糖苷 海滨木巴戟 Morinda citrifolia
scopoletin-*β*-D-glucopyranoside 东莨菪内酯 -*β*-D- 葡萄糖苷 猪毛蒿 Artemisia scoparia
scopoletin-*β*-D-xylopyranosyl-(1 → 6)-*β*-D-glucopyranoside 东莨菪内酯 -*β*-D- 吡喃木糖基 -(1 → 6)-*β*-D- 吡喃葡萄糖苷 微花藤 Iodes cirrhosa
scopoletin-*β*-gentiobioside 东莨菪内酯 -*β*- 龙胆二糖苷 铃铛子 Anisodus luridus
scopolin; scopoloside 东莨菪苷 较常见成分，至少分布于 30 种以上植物中，见于茶茱萸科、刺革菌科、大戟科、杜鹃花科、椴树科、禾本科、夹竹桃科、金粟兰科、锦葵科、菊科、苦木科、蜡梅科、兰科、萝藦科、马钱科、木棉科、木通科、木犀科、七叶树科、茜草科、茄科、忍冬科、伞形科、桑科、桃金娘科、梧桐科、旋花科、荨麻科、榆科、芸香科等
scopoline 东莨菪林碱 树番茄 Cyphomandra betacea
scoposide E 扫帚聚首花苷▲E 三七 Panax notoginseng
scorodioside 香蜂花叶玄参苷▲ 藏玄参 Oreosolen wattii, 齿叶玄参 Scrophularia dentata
scorzocreticoside I 克里特鸦葱苷▲I 蒜叶婆罗门参 Tragopogon porrifolius
scorzodihydrostilbene A~E 鸭葱二氢二苯乙烯 A~E 毛梗鸦葱 Scorzonera radiata

S

scorzoneric acid 鸭葱酸▲ 帚状鸦葱 Scorzonera pseudodivaricata
scorzonerin 鸭葱素▲ 帚状鸦葱 Scorzonera pseudodivaricata
scorzoneroside A, B, C 红柴胡苷▲A, B, C 红柴胡 Bupleurum scorzonerifolium
scotanamine A~D 山莨菪酰胺▲A~D 山莨菪 Anisodus tanguticus
(-)-scoulerine (-)- 斯氏紫堇碱 石生黄堇 Corydalis saxicola, 山延胡索 C. solida, 海罂粟 Glaucium fimbrilligerum
L-scoulerine L- 斯氏紫堇碱 巨紫堇 Corydalis gigantea, 尼泊尔黄堇 C. hendersonii
scoulerine 斯氏紫堇碱 地丁草 Corydalis bungeana, 夏天无 C. decumbens, 稀花黄堇 C. dubia, 全叶延胡索 C. repens, 石生黄堇 C. saxicola, 直茎黄堇 C. stricta, 荷包牡丹 Dicentra spectabilis, 金罂粟 Stylophorum lasiocarpum
(-)-β-scoulerine methohydroxide (-)-β- 斯氏紫堇碱甲羟化物 蓟罂粟 Argemone mexicana
scrocaffeside A, B, C 胡黄连咖啡酸苷▲A, B, C 胡黄连 Neopicrorhiza scrophulariiflora
scrodentoid A~E 齿叶玄参萜▲A~E 齿叶玄参 Scrophularia dentata
scrodentoside A~E 齿叶玄参苷 A~E 齿叶玄参 Scrophularia dentata
scrokoelziside A, B 科兹玄参苷▲A, B 玄参 Scrophularia ningpoensis
scroneoside A, B 胡黄连新苷▲A, B 胡黄连 Neopicrorhiza scrophulariiflora
scrophenoside A, B, C, E, F 胡黄连酚苷▲A, B, C, E, F 胡黄连 Neopicrorhiza scrophulariiflora
scrophularianine A, B, C 玄参宁碱 A, B, C 玄参 Scrophularia ningpoensis
scrophularianoid A, B 玄参萜▲A, B 玄参 Scrophularia ningpoensis
scrophularioside 玄参奥苷▲ 草本威灵仙 Veronicastrum sibiricum
scrophulasapoin II, III, IV 玄参皂苷 II, III, IV 丹东玄参 Scrophularia kakudensis
scrophulein 玄参黄酮 肾茶 Clerodendranthus spicatus, 香青兰 Dracocephalum moldavica
scrophuloside A~D 胡黄连洛苷▲A~D 胡黄连 Neopicrorhiza scrophulariiflora
scrophuloside A_4, B_4 玄参洛苷▲A_4, B_4 玄参 Scrophularia ningpoensis
scrophuside 玄参夫苷▲ 玄参 Scrophularia ningpoensis
scropolioside A 斯氏玄参苷▲A 玄参 Scrophularia ningpoensis
scropolioside B, D 斯氏玄参苷▲B, D 齿叶玄参 Scrophularia dentata
scroside A, B, C, F~I 胡黄连醇苷▲A, B, C, F~I 胡黄连 Neopicrorhiza scrophulariiflora
scroside D 胡黄连醇苷▲D 毛地黄 Digitalis purpurea, 胡黄连 Neopicrorhiza scrophulariiflora
scroside E 胡黄连醇苷▲E 胡黄连 Neopicrorhiza scrophulariiflora, 弄岗苣苔 Primulina longgangensis
scrospioside A, B 穗花玄参苷▲A, B 穗花玄参 Scrophularia spicata
sculponeatic acid 黄花香茶菜酸 黄花香茶菜 Isodon sculponeatus
sculponeatin A 黄花香茶菜素 A 显脉香茶菜 Isodon nervosus, 黄花香茶菜 I. sculponeatus, 糙苏 Phlomis umbrosa
sculponeatin B 黄花香茶菜素 B 显脉香茶菜 Isodon nervosus, 叶穗香茶菜 I. phyllostachys, 冬凌草 I. rubescens, 黄花香茶菜 I. sculponeatus
sculponeatin C 黄花香茶菜素 C 毛萼香茶菜 Isodon eriocalyx, 叶穗香茶菜 I. phyllostachys, 冬凌草 I. rubescens, 黄花香茶菜 I. sculponeatus, 糙苏 Phlomis umbrosa
sculponeatin 黄花香茶菜素 D, G, H, I, K, L, M, N ($C_{20}H_{28}O_4$), N ($C_{25}H_{40}O_4$), O ($C_{21}H_{32}O_5$), O ($C_{28}H_{40}O_4$), P~S 黄花香茶菜 Isodon sculponeatus
sculponeatin E 黄花香茶菜素 E 鄂西香茶菜 Isodon henryi, 毛叶香茶菜 I. japonicus, 瘿花香茶菜 I. rosthornii, 黄花香茶菜 I. sculponeatus
sculponeatin F 黄花香茶菜素 F 黄花香茶菜 Isodon sculponeatus, 溪黄草 I. serra
sculponeatin J 黄花香茶菜素 J 冬凌草 Isodon rubescens, 黄花香茶菜 I. sculponeatus
sculponin A~Z 黄花香茶菜宁 A~Z 黄花香茶菜 Isodon sculponeatus
sculponiside 黄花香茶菜苷 黄花香茶菜 Isodon sculponeatus, 地黄 Rehmannia glutinosa
scupolin I 多齿黄芩素▲I 二刺叶兔唇花 Lagochilus diacanthophyllus, 半枝莲 Scutellaria barbata
scutalbin A 白黄芩素▲A 盔状黄芩 Scutellaria galericulata
scutalpin 高山黄芩素 凉粉草 Mesona chinensis
scutaltisin 高黄芩辛▲ 异色黄芩 Scutellaria discolor
scuteamoenin 滇黄芩素 滇黄芩 Scutellaria amoena
scuteamoenoside 滇黄芩苷 滇黄芩 Scutellaria amoena
scutebaicalin 黄芩林素▲ 黄芩 Scutellaria baicalensis
scutebarbatine A, C, D, E, G~J, L~O, W~Z 半枝莲碱 A, C, D, E, G~J, L~O, W~Z 半枝莲 Scutellaria barbata
scutebarbatine B 半枝莲碱 B 半枝莲 Scutellaria barbata, 沙滩黄芩 S. strigillosa
scutebarbatine F 半枝莲碱 F 半枝莲 Scutellaria barbata, 沙滩黄芩 S. strigillosa
scutebarbatine K 半枝莲碱 K 半枝莲 Scutellaria barbata, 沙滩黄芩 S. strigillosa
scutebata A~T 半枝莲萜▲A~T 半枝莲 Scutellaria barbata
scutecolumnin C 哥伦黄芩素▲C 盔状黄芩 Scutellaria galericulata
scutegalerin A, B 盔状黄芩灵▲A, B 盔状黄芩 Scutellaria galericulata
scutegalin A~D 盔状黄芩素 A~D 盔状黄芩 Scutellaria galericulata
scutehenanine A~D, H 河南半枝莲碱▲A~D, H 半枝莲 Scutellaria barbata
scutelinquanine A~D 临泉半枝莲碱▲A~D 半枝莲 Scutellaria barbata
scutellarein 高黄芩素 红花 Carthamus tinctorius, 蒙古莸 Caryopteris mongholica, 长管大青 Clerodendrum indicum, 三对节 C. serratum, 假连翘 Duranta erecta, 老鸦烟筒花 Millingtonia hortensis, 木蝴蝶 Oroxylum indicum, 大车前 Plantago major, 水蓼 Polygonum hydropiper,

止痢蚤草 Pulicaria dysenterica, 千解草 Pygmaeopremna herbacea, 野甘草 Scoparia dulcis, 黄芩 Scutellaria baicalensis, 半枝莲 S. barbata, 盔状黄芩 S. galericulata, 韩信草 S. indica, 塔头狭叶黄芩 S. regeliana var. ikonnikovii, 棱茎黄芩 S. scandens, 并头黄芩 S. scordifolia, 珍珠梅 Sorbaria sorbifolia, 沼生水苏 Stachys palustris

scutellarein 6-methyl ether 高黄芩素 -6- 甲醚 除虫菊 Pyrethrum cinerariifolium, 菊蒿 Tanacetum vulgare

scutellarein tetramethyl ether 高黄芩素四甲醚 高山榕 Ficus altissima

scutellarein-4'-methyl ether 高黄芩素 -4'- 甲醚 马鞭草 Verbena officinalis

scutellarein-5-galactoside 高黄芩素 -5- 半乳糖苷 老鸦烟筒花 Millingtonia hortensis

scutellarein-5-*O*-[*α*-L-rhamnopyranosyl-(1 → 4)-*β*-D-6-*O*-acetylglucopyranoside] 高黄芩素 -5-*O*-[*α*-L- 吡喃鼠李糖基 -(1 → 4)-*β*-D-6-*O*- 乙酰吡喃葡萄糖苷] 粗榧 Cephalotaxus sinensis

scutellarein-6,4'-dimethyl ether 高黄芩素 -6,4'- 二甲醚 除虫菊 Pyrethrum cinerariifolium

scutellarein-6,7,4'-trimethyl ether 高黄芩素 -6,7,4'- 三甲醚 卷毛婆婆纳 Veronica teucrium

scutellarein-7-neohesperidoside 高黄芩素 - 新橙皮糖苷 黄花假杜鹃 Barleria prionitis

scutellarein-7-*O*-(2-*O*-feruloyl)-diglucuronide 高黄芩素 -7-*O*-(2-*O*- 阿魏酰基)- 二葡萄糖醛酸苷 马鞭草 Verbena officinalis

scutellarein-7-*O*-diglucuronide 高黄芩素 -7-*O*- 二葡萄糖醛酸苷 马鞭草 Verbena officinalis

scutellarein-7-*O*-glucuronide 高黄芩素 -7-*O*- 葡萄糖醛酸苷 马鞭草 Verbena officinalis

scutellarein-7-*O*-rutinoside 高黄芩素 -7-*O*- 芸香糖苷 扁轴木 Parkinsonia aculeata

scutellarein-7-*O*-*α*-glucuronamide 高黄芩素 -7-*O*-*α*- 葡萄糖醛酸胺 野甘草 Scoparia dulcis

scutellarein-7-*O*-*α*-L-rhamnopyranoside 高黄芩素 -7-*O*-*α*-L- 吡喃鼠李糖苷 雾水葛 Pouzolzia zeylanica, 刺蒴麻 Triumfetta rhomboidea

scutellarein-7-*O*-*α*-L-rhamnoside 高黄芩素 -7-*O*-*α*-L- 鼠李糖苷 麻叶荨麻 Urtica cannabina

scutellarein-7-*O*-*β*-D-glucopyranoside 高黄芩素 -7-*O*-*β*-D- 吡喃葡萄糖苷 白背枫 Buddleja asiatica, 蒙古莸 Caryopteris mongholica, 苏门白酒草 Conyza sumatrensis, 木蝴蝶 Oroxylum indicum, 韩信草 Scutellaria indica, 马鞭草 Verbena officinalis

scutellarein-7-*O*-*β*-D-glucopyranosyl-(1 → 6)-*β*-D-glucopyranoside 高黄芩素 -7-*O*-*β*-D- 吡喃葡萄糖基 -(1 → 6)-*β*-D- 吡喃葡萄糖苷 木蝴蝶 Oroxylum indicum

scutellarein-7-*O*-*β*-D-glucoside 高黄芩素 -7-*O*-*β*-D- 葡萄糖苷 多舌飞蓬 Erigeron multiradiatus

scutellarein-7-*O*-*β*-D-glucuronide 高黄芩素 -7-*O*-*β*-D- 葡萄糖醛酸苷 光果莸 Caryopteris tangutica, 长管大青 Clerodendrum indicum, 盔状黄芩 Scutellaria galericulata, 塔头狭叶黄芩 S. regeliana var. ikonnikovii

scutellarein-7-*O*-*β*-D-glucuronide methyl ester 高黄芩素 -7-*O*-*β*-D- 葡萄糖醛酸苷甲酯 广防风 Anisomeles indica, 短葶飞蓬 Erigeron breviscapus

scutellarein-7-*O*-*β*-D-glucuronide-6''-methyl ester 高黄芩素 -7-*O*-*β*-D- 葡萄糖醛酸苷 -6''- 甲酯 苏门白酒草 Conyza sumatrensis

scutellarein-7-rutinoside 高黄芩素 -7- 芸香糖苷 木蝴蝶 Oroxylum indicum

scutellariae flavonol 黄芩黄酮醇 狭叶黄芩 Scutellaria regeliana

scutellaric acid 黄芩酸 苦苣苔 Conandron ramondioides, 海滨木巴戟 Morinda citrifolia, 半枝莲 Scutellaria barbata, 沙滩黄芩 S. strigillosa

scutellarin 高黄芩苷 香青 Anaphalis sinica, 光果莸 Caryopteris tangutica, 重瓣臭茉莉 Clerodendrum chinense, 苏门白酒草 Conyza sumatrensis, 假连翘 Duranta erecta, 短葶飞蓬 Erigeron breviscapus, 鼬瓣花 Galeopsis bifida, 地笋 Lycopus lucidus, 木蝴蝶 Oroxylum indicum, 野生紫苏 Perilla frutescens var. purpurascens, 野甘草 Scoparia dulcis, 黄芩 Scutellaria baicalensis, 半枝莲 S. barbata, 韩信草 S. indica, 塔头狭叶黄芩 S. regeliana var. ikonnikovii, 棱茎黄芩 S. scandens, 并头黄芩 S. scordifolia

scutellarin A 高黄芩苷 A 多舌飞蓬 Erigeron multiradiatus, 多裂委陵菜 Potentilla multifida, 除虫菊 Pyrethrum cinerariifolium

scutellarin B 高黄芩苷 B 多舌飞蓬 Erigeron multiradiatus, 黄芩 Scutellaria baicalensis

scutellarin methyl ester 高黄芩苷甲酯 短葶飞蓬 Erigeron breviscapus

scutellarioside II 黄芩萜苷 ▲II 伞序臭黄荆 Premna serratifolia

scutellin A 半枝莲林素 ▲A 半枝莲 Scutellaria barbata

scutellone A~I 半枝莲酮 ▲A~I 半枝莲 Scutellaria barbata

scutequinone 五彩苏醌 ▲ 五彩苏 Coleus scutellarioides

scuterivulactone A, B, C_1, C_2, D 半枝莲内酯 A, B, C_1, C_2, D 半枝莲 Scutellaria barbata

scutevulin 半枝莲素 半枝莲 Scutellaria barbata, 韩信草 S. indica

scutianine C 对刺藤宁碱 ▲C 枣 Ziziphus jujuba

scyllo-inositol 鲨肌醇 山蜡梅 Chimonanthus nitens, 鼠掌老鹳草 Geranium sibiricum

scytonemin 伪枝藻素 地木耳 Nostoc commune

sczukidine 宽乌定 宽叶蔓乌头 Aconitum sczukinii

sczukinine 宽乌宁 宽叶蔓乌头 Aconitum sczukinii

sczukitine 宽乌亭 宽叶蔓乌头 Aconitum sczukinii

seabuckthorn flavonoid glycoside A, B 沙棘黄酮苷 A, B 中国沙棘 Hippophae rhamnoides subsp. sinensis

sebacic acid 皮脂酸 蜀葵 Alcea rosea

sebiferic acid 乌白酸 乌桕 Triadica sebifera

sebiferine 潺槁木姜子灵 ▲ 樟叶木防己 Cocculus laurifolius, 潺槁木姜子 Litsea glutinosa, 山楠 Phoebe chinensis

sebiferone 乌柏脂酮 ▲ 乌桕 Triadica sebifera

seboehausine 石椒草碱 石椒草 Boenninghausenia sessilicarpa

secaclavine 黑麦麦角碱 ▲ 麦角菌 Claviceps purpurea

secamonoide A, B 蛇胆草素 ▲A, B 蛇胆草 Tylophora secamonoides

secaubryenol 裂奥氏栀子烯醇▲ 大黄栀子 Gardenia sootepensis
sechiumin 佛手瓜素 佛手瓜 Sechium edule
3,4-*seco*-(24*Z*)-cycloart-4(28),24-diene-3,26-dioic acid-26-methyl ester (24*Z*)-3,4- 裂环 - 环木菠萝 -4(28),24- 二烯 -3,26- 二酸 -26- 甲酯 八角 Illicium verum
3,4-seco-(24*Z*)-cycloart-4(28),24-diene-3,26-dioic acid-3-methyl ester 3,4- 裂环 -(24*Z*)- 环木菠萝 -4(28),24- 二烯 -3,26- 二酸 -3- 甲酯 红花八角 Illicium dunnianum
3,4-seco-12*R*,13*S*-dihydroxy-4(18),8(17),14(15)-labdatrien-3-oic acid 3,4- 裂 -12*R*,13*S*- 二羟基 -4(18),8(17),14(15)- 半日花三烯 -3- 酸 裸花紫珠 Callicarpa nudiflora
ent-3,4-seco-12*R*,15-epoxy-4(18),8(17),13-labdatrien-3-oic acid 对映 -3,4- 裂 -12*R*,15- 环氧 -4(18),8(17),13- 半日花三烯 -3- 酸 裸花紫珠 Callicarpa nudiflora
ent-3,4-seco-14-carbonyl-15,16-epoxy-4(18),8(17),13(14)-labdatrien-3-oic acid 对映 -3,4- 裂 -14- 羰基 -15,16- 环氧 -4(18),8(17),13(14)- 半日花三烯 -3- 酸 裸花紫珠 Callicarpa nudiflora
ent-3,4-seco-16-hydroxy-12,15-epoxy-4(18),8(17),12,14-labdatetraen-3-oic acid 对映 -3,4- 裂 -16- 羟基 -12,15- 环氧 -4(18),8(17),12,14- 半日花四烯 -3- 酸 裸花紫珠 Callicarpa nudiflora
4,6-*seco*-19,20-epoxyangustilobine B 4,6- 裂 -19,20- 环氧狭裂鸡骨常山碱▲B 糖胶树 Alstonia scholaris
2,3-seco-22(29)-hopene-2-carboxyl-3-aldehyde 2,3- 裂环 -22(29)- 何帕烯 -2- 羧基 -3- 醛 大钟花 Megacodon stylophorus
15,16-seco-22*αH*,25*βH*-solanida-5,14-dien-3*β*-ol-*O*-*β*-D-glucopyranosyl-(1 → 4)-*β*-D-xylopyranoside 15,16- 裂环 -22*αH*,25*βH*- 茄次碱 -5,14- 二烯 -3*β*- 醇 -*O*-*β*-D- 吡喃葡萄糖基 -(1 → 4)-*β*-D- 吡喃果糖苷 轮叶贝母 Fritillaria maximowiczii
18,19-seco-2*α*,3*α*-dihydroxy-19-oxo-urs-11,13(18)-dien-28-oic acid 18,19- 裂环 -2*α*,3*α*- 二羟基 -19- 氧代 - 熊果 -11,13(18)- 二烯 -28- 酸 蛇莓 Duchesnea indica
seco-3,4-friedelin 裂环 -3,4- 无羁萜 银叶树 Heritiera littoralis
18,19-seco-3*β*-hydroxy-urs-12-en-18-one 18,19- 裂环 -3*β*- 羟基 - 熊果 -12- 烯 -18- 酮 柿 Diospyros kaki
3,4-seco-4(23),20(30)-taraxastadien-3-oic acid 3,4- 裂环 -4(23),20(30)- 蒲公英萜二烯 -3- 酸 垂枝桦 Betula pendula
2,3-seco-4(23),22(29)-hopene-2-carboxyl-3-aldehyde 2,3- 裂环 -4(23),22(29)- 何帕烯 -2- 羧基 -3- 醛 大钟花 Megacodon stylophorus
3,4-seco-4(28),6,8(14),22*Z*,24-mariesapentaen-26,23-olide-3-oic acid 3,4- 裂环 -4(28),6,8(14),22*Z*,24- 马氏冷杉五烯 -26,23- 内酯 -3- 酸 岷江冷杉 Abies fargesii var. faxoniana
ent-3,4-seco-4,16b,17-trihydroxykauran-3-oic acid 对映 -3,4- 裂环 -4,16*β*,17- 三羟基贝壳杉 -3- 酸 金刚纂 Euphorbia neriifolia
ent-6,7-seco-6,20-epoxy-6*β*-methoxykaur-16-ene-15*α*,20*β*-diol 对映 -6,7- 裂环 -6,20- 环氧 -6*β*- 甲氧基贝壳杉 -16- 烯 -15*α*,20*β*- 二醇 毛叶香茶菜 Isodon japonicus
9,10-seco-8,11,13-abietatrien-18-yl-hemisuccinate 9,10- 裂环 -8,11,13- 冷杉三烯 -18- 半琥珀酸酯 冷杉 Abies fabri
3,4-seco-8*βH*-ferna-4(23),9(11)-dien-3-oic acid 3,4- 裂环 -8*βH*- 羊齿 -4(23),9(11)- 二烯 -3- 酸 千根草 Euphorbia thymifolia
secoaconitine 裂环乌头碱 铁棒锤 Aconitum pendulum
secoaggregatalactone A 裂环乌药叶内酯▲A 乌药 Lindera aggregata
(+)-6,7-secoangustilobine B (+)-6,7- 裂环狭裂鸡骨常山碱▲B 盆架树 Alstonia rostrata
6,7-seco-angustilobine B 6,7- 裂环狭裂鸡骨常山碱▲B 糖胶树 Alstonia scholaris
(-)-13a*α*-secoantofine (-)-13a*α*- 裂环安托芬 水同木 Ficus fistulosa
secoantofine 裂环安托芬 棱果榕 Ficus septica
6,7-seco-argroclavine 6,7- 裂环 - 田麦角碱 麦角菌 Claviceps purpurea
(1*S*,5*R*,7*R*,10*R*)-secoatractylolactone-11-*O*-*β*-D-glucopyranoside (1*S*,5*R*,7*R*,10*R*)- 断苍术醇内酯 -11-*O*-*β*-D- 吡喃葡糖苷 关苍术 Atractylodes japonica
ent-2,3-seco-beyer-15-en-2,3-dioic acid 对映 -2,3- 裂环 - 贝叶 -15- 烯 -2,3- 二酸 海漆 Excoecaria agallocha
secocepharanthine 裂环金线吊乌龟碱▲ 地不容 Stephania epigaea, 台湾千金藤 S. merrillii
13,14-secocholest-5-en-3*β*,27-diol-27-methanoate-3*β*-hexadeca-11',13',15'-trien-1'-oate 13,14- 裂环胆甾 -5- 烯 -3*β*,27- 二醇 -27- 甲酯 -3*β*- 十六碳 -11',13',15'- 三烯 -1'- 羧酸酯 猪毛蒿 Artemisia scoparia
13,14-secocholest-7-en-3,6*α*,27-triol 3,27-diocta-5,7-dienoate 13,14- 裂环胆甾 -7- 烯 -3,6*α*,27- 三醇 -3,27- 二辛 -5,7- 二烯酸酯 猪毛蒿 Artemisia scoparia
15,16-seco-cimiterpene A, B 15,16- 裂环 - 升麻萜 A, B 云南升麻 Cimicifuga yunnanensis
secoclausenamide 裂环黄皮酰胺 细叶黄皮 Clausena anisum-olens, 黄皮 C. lansium
seco-coccinic acid A~K 裂环黑老虎酸 A~K 黑老虎 Kadsura coccinea
seco-coccinic acid F 裂环黑老虎酸 F 异形南五味子 Kadsura heteroclita
(24*E*)-3,4-secocucurbita-4,24-diene-3,26,29-trioic acid (24*E*)-3,4- 裂环葫芦 -4,24- 二烯 -3,26,29- 三酸 红菇 Russula lepida
(24*E*)-3,4-secocucurbita-4,24-diene-3,26-dioic acid (24*E*)-3,4- 裂环葫芦 -4,24- 二烯 -3,26- 二酸 红菇 Russula lepida
3,4-seco-dammara-4(29),20(21),24(25)-trien-3-oic acid 3,4- 裂环 - 达玛 -4(29),20(21),24(25)- 三烯 -3- 酸 垂枝桦 Betula pendula
secodaphniphylline 裂环虎皮楠碱 牛耳枫 Daphniphyllum calycinum, 虎皮楠 D. oldhamii
seco-dehydrodiconiferyl alcohol-4-*O*-*β*-D-glucopyranoside 裂环 - 去氢二松柏醇 -4-*O*-*β*-D- 吡喃葡萄糖苷 臭椿 Ailanthus altissima
2,3-seco-dicarboxylpregn-17-en-16-one 2,3- 裂环 - 二羰基孕甾 -17- 烯 -16- 酮 楝 Melia azedarach
secoeremopetasitolide A, B 裂环荒漠木蜂斗菜内酯▲A, B 蜂斗菜 Petasites japonicus
6,7-secoferruginol-6,7-dial 6,7- 裂环锈色罗汉松酚▲-6,7- 二醛 圆柏 Juniperus chinensis
3,4-secofriedelan-3,28-dioic acid 3,4- 裂环无羁萜 -3,28- 二羧酸 红厚壳 Calophyllum inophyllum

S

3,4-secofriedelan-3-oic acid 3,4- 裂环无羁萜 -3- 酸 扶芳藤 Euonymus fortunei, 白背算盘子 Glochidion wrightii

2,3-secofriedelane-2,3-dioic acid 2,3- 裂环无羁萜 -2,3- 二酸 油桐 Vernicia fordii

secogalioside 裂环拉拉藤苷▲ 四叶葎 Galium bungei

(7S,1(10)Z)-4,5-secoguaia-1(10),11-diene-4,5-dione (7S,1(10)Z)-4,5- 裂环愈创木 -1(10),11- 二烯 -4,5- 二酮 宽叶金粟兰 Chloranthus henryi

secohinokiol 裂环扁柏醇 尖尾枫 Callicarpa longissima

7,8-secoholostylone B 7,8- 裂环全柱花酮▲B 滇藏五味子 Schisandra neglecta, 华中五味子 S. sphenanthera, 鹤庆五味子 S. wilsoniana

secoisolancifolide 裂环异朝鲜木姜子内酯▲ 香叶树 Lindera communis

(-)-secoisolariciresinol (-)- 裂环异落叶松树脂醇 大叶山楝 Aphanamixis grandifolia, 黄芦木 Berberis amurensis, 假虎刺 Carissa spinarum, 珊瑚菜 Glehnia littoralis, 红花八角 Illicium dunnianum, 刺楸 Kalopanax septemlobus, 亚麻 Linum usitatissimum, 蒙古栎 Quercus mongolica, 紫参 Rubia yunnanensis, 檀香 Santalum album, 羽叶楸 Stereospermum colais, 羽叶丁香 Syringa pinnatifolia, 喜马拉雅红豆杉 Taxus wallichiana, 南方红豆杉 T. wallichinana var. mairei, 栝楼 Trichosanthes kirilowii, 小果荨麻 Urtica atrichocaulis, 异株荨麻 U. dioica, 了哥王 Wikstroemia indica, 椿叶花椒 Zanthoxylum ailanthoides

(+)-secoisolariciresinol (+)- 裂环异落叶松树脂醇 瑞香 Daphne odora, 亚麻 Linum usitatissimum

(±)-secoisolariciresinol (±)- 裂环异落叶松树脂醇 番荔枝 Annona squamosa

(2R,3R)-secoisolariciresinol (2R,3R)- 裂环异落叶松树脂醇 小木通 Clematis armandii

secoisolariciresinol 裂环异落叶松树脂醇 疏花蛇菰 Balanophora laxiflora, 鸦胆子 Brucea javanica, 毛荒子梢 Campylotropis hirtella, 土肉桂 Cinnamomum osmophloeum, 滇瑞香 Daphne feddei, 云南土沉香 Excoecaria acerifolia, 水鬼蕉 Hymenocallis littoralis, 爵床 Justicia procumbens, 刺茶美登木 Maytenus variabilis, 马尾松 Pinus massoniana, 石榴 Punica granatum, 西洋梨 Pyrus communis var. sativa, 荔枝草 Salvia plebeia, 风龙 Sinomenium acutum, 羽叶丁香 Syringa pinnatifolia, 轮叶蒲桃 Syzygium grijsii, 喜马拉雅红豆杉 Taxus wallichiana

meso-secoisolariciresinol 内消旋 - 裂环异落叶松树脂醇 雪松 Cedrus deodara, 红花木莲 Manglietia insignis

(+)-secoisolariciresinol-9'-*O*-*β*-D-glucopyranoside (+)- 裂环异落叶松树脂醇 -9'-*O*-*β*-D- 吡喃葡萄糖苷 显脉香茶菜 Isodon nervosus

(-)-secoisolariciresinol diglucoside (-)- 裂环异落叶松树脂醇双糖苷 亚麻 Linum usitatissimum

(+)-secoisolariciresinol diglucoside (+)- 裂环异落叶松树脂醇双糖苷 亚麻 Linum usitatissimum

secoisolariciresinol diglucoside 裂环异落叶松树脂醇双糖苷 亚麻 Linum usitatissimum

secoisolariciresinol dimethyl ether 裂环异落叶松树脂醇二甲醚 爵床 Justicia procumbens

secoisolariciresinol dimethyl ether diacetate 裂环异落叶松树脂醇二甲醚二乙酸酯 狗肝菜 Dicliptera chinensis, 爵床 Justicia procumbens

(-)-secoisolariciresinol-4-*O*-*β*-D-glucopyranoside (-)- 裂环异落叶松树脂醇 -4-*O*-*β*-D- 吡喃葡萄糖苷 番荔枝 Annona squamosa, 红冬蛇菰 Balanophora harlandii, 珊瑚菜 Glehnia littoralis, 短柄小连翘 Hypericum petiolulatum, 异株荨麻 Urtica dioica

secoisolariciresinol-4-*O*-*β*-D-glucopyranoside 裂环异落叶松树脂醇 -4-*O*-*β*-D- 吡喃葡萄糖苷 筒鞘蛇菰 Balanophora involucrata

8R,8'R-secoisolariciresinol-9,9'-di-*O*-*β*-D-glucopyranoside 8R,8'R- 裂环异落叶松树脂醇 -9,9'- 二 -*O*-*β*-D- 吡喃葡萄糖苷 阿尔泰亚麻 Linum altaicum, 宿根亚麻 L. perenne, 野亚麻 L. stelleroides

(-)-secoisolariciresinol-9'-*O*-*β*-D-glucopyranoside (-)- 裂环异落叶松树脂醇 -9'-*O*-*β*-D- 吡喃葡萄糖苷 少药八角 Illicium oligandrum

secoisolariciresinol-9'-*O*-*β*-D-glucopyranoside 裂环异落叶松树脂醇 -9'-*O*-*β*-D- 吡喃葡萄糖苷 毛荒子梢 Campylotropis hirtella

(-)-secoisolariciresinol-9-*O*-*β*-D-glucopyranoside (-)- 裂环异落叶松树脂醇 -9-*O*-*β*-D- 吡喃葡萄糖苷 关东巧玲花 Syringa pubescens subsp. patula

secoisolariciresinol-9-*O*-*β*-D-glucopyranoside 裂环异落叶松树脂醇 -9-*O*-*β*-D- 吡喃葡萄糖苷 薜荔 Ficus pumila

(-)-secoisolariciresinol-9-*O*-*β*-D-xylopyranoside (-)- 裂环异落叶松树脂醇 -9-*O*-*β*-D- 吡喃木糖苷 白粉藤 Cissus repens, 金山五味子 Schisandra glaucescens

(+)-secoisolariciresinol-9-*O*-*β*-D-xylopyranoside (+)- 裂环异落叶松树脂醇 -9-*O*-*β*-D- 吡喃木糖苷 月桂 Laurus nobilis

(-)-secoisolariciresinol-*O*-*α*-L-rhamnopyranoside (-)- 裂环异落叶松树脂醇 -*O*-*α*-L- 吡喃鼠李糖苷 秀丽莓 Rubus amabilis, 华中五味子 Schisandra sphenanthera

secoisolariciresinol-*O*-*α*-L-rhamnopyranoside 裂环异落叶松树脂醇 -*O*-*α*-L- 吡喃鼠李糖苷 红茴香 Illicium henryi

secoisolariciresinol-*β*-D-glucopyranoside 裂环异落叶松树脂醇 -*β*-D- 吡喃葡萄糖苷 异株荨麻 Urtica dioica

seco-isopowellaminone 裂环 - 异鲍威文珠兰氨酮 文殊兰 Crinum asiaticum var. sinicum

secokaraconitine 裂环多根乌头亭▲ 多根乌头 Aconitum karakolicum

3,4-seco-lanosta-4(28),7,9(11),24(31)-tetraen-3,21-dioic acid 3,4- 裂环 - 羊毛脂 -4(28),7,9(11),24(31)- 四烯 -3,21- 二酸 猪苓 Polyporus umbellatus

(+)-3,4-secolanosta-4(28),8,24-trien-3,21-dioic acid (+)-3,4- 裂环羊毛脂 -4(28),8,24- 三烯 -3,21- 二酸 红缘拟层孔菌 Fomitopsis pinicola

secolinarioside 裂柳穿鱼奥苷▲ 海滨柳穿鱼 Linaria japonica

secolincomolide A, B 裂环香叶树内酯▲A, B 香叶树 Lindera communis

secologanic acid 裂环马钱酸 雪柳 Fontanesia phillyreoides subsp. fortunei, 麻花艽 Gentiana straminea, 绣球 Hydrangea macrophylla, 忍冬 Lonicera japonica, 鸡仔木 Sinoadina racemosa

secologanin 裂环马钱苷 绣球 Hydrangea macrophylla, 金花忍冬 Lonicera chrysantha, 菰腺忍冬 L. hypoglauca, 忍冬 L. japonica, 新疆忍冬 L. tatarica, 定心藤 Mappianthus iodoides, 鸡仔木 Sinoadina racemosa

secologanin dibutyl acetal 裂环马钱苷二丁基乙缩醛 忍冬 Lonicera japonica

secologanin dimethyl acetal 裂环马钱苷二甲基乙缩醛 金花忍冬 Lonicera chrysantha, 忍冬 L. japonica, 鸡仔木 Sinoadina racemosa, 莛子藨 Triosteum pinnatifidum

secologanol 裂环马钱醇▲ 山茱萸 Cornus officinalis, 雪柳 Fontanesia phillyreoides subsp. fortunei

secologanoside 裂环马钱诺苷▲ 龙胆 Gentiana scabra, 忍冬 Lonicera japonica, 木犀榄 Olea europaea, 鸡仔木 Sinoadina racemosa, 日本双蝴

S

蝶 Tripterospermum japonicum
secologanoside-7-methyl ester 裂环马钱诺苷▲-7- 甲酯 鸡仔木 Sinoadina racemosa, 暴马丁香 Syringa reticulata subsp. amurensis
secologanosidedimethyl ester 裂环马钱诺苷▲二甲酯 鸡仔木 Sinoadina racemosa
3,4-seco-lup-20(29)-en-3-oic acid methyl ester 3,4- 裂环 - 羽扇豆 -20(29)- 烯 -3- 酸甲酯 徐长卿 Cynanchum paniculatum
3,4-secolup-4,20-dihydroxy-3,28-dioic acid-3-oic acid methyl ester 3,4- 裂环羽扇豆 -4,20- 二羟基 -3,28- 二酸 -3- 酸甲酯 日本珊瑚树 Viburnum odoratissimum var. awabuki
3,4-seco-lupa-4(23),20(29)-dien-24-hydroxy-3-oic acid 3,4- 裂环羽扇豆 -4(23),20(29)- 二烯 -24- 羟基 -3- 酸 地锦 Euphorbia humifusa
3,4-seco-lupan-20(29)-en-3,28-dioic acid 3,4- 裂环 - 羽扇豆 -20(29)- 烯 -3,28- 二羧酸 刺五加 Eleutherococcus senticosus
3,4-seco-lupan-20(30)-ene-3,28-dioic acid 3,4- 裂环羽扇豆 -20(30)- 烯 -3,28- 二羧酸 无梗五加 Eleutherococcus sessiliflorus
3,4-secoolean-12-en-4-ol-3,28-dioic acid 3,4- 裂环齐墩果 -12- 烯 -4- 醇 -3,28- 二酸 狭苞橐吾 Ligularia intermedia
3,4-secoolean-4(23),18(19)-dien-3-oic acid 3,4- 裂环齐墩果 -4(23),18(19)- 二烯 -3- 酸 千根草 Euphorbia thymifolia
secoorthosiphol A, B, C 裂环鸡脚参醇 A, B, C 肾茶 Clerodendranthus spicatus
7,8-seco-para-ferruginone 7,8- 裂环 - 对锈色罗汉松酮 红根草 Salvia prionitis
secopieristoxin A, B 裂环马醉木毒素▲A, B 美丽马醉木 Pieris formosa
secorhodomollolide A 裂环羊踯躅内酯▲A 珍珠花 Lyonia ovalifolia, 羊踯躅 Rhododendron molle
secorhodomollolide B 裂环羊踯躅内酯▲B 羊踯躅 Rhododendron molle
secorhodomollolide C 裂环羊踯躅内酯▲C 美丽马醉木 Pieris formosa, 羊踯躅 Rhododendron molle
secorhodomollolide D 裂环羊踯躅内酯▲D 珍珠花 Lyonia ovalifolia, 美丽马醉木 Pieris formosa, 羊踯躅 Rhododendron molle
secorhodomollolide E~H 裂环羊踯躅内酯▲E~H 美丽马醉木 Pieris formosa
secoroemerine 裂环疆罂粟碱▲ 台湾含笑 Michelia compressa
15,16-seco-shengmanol C 15,16- 裂环 - 升麻新醇 C 云南升麻 Cimicifuga yunnanensis
1,9a-*seco*-stemoenonine 1,9a- 裂环 - 百部烯碱▲ 大百部 Stemona tuberosa
secostrychnosin 裂环马钱素 岷县龙胆 Gentiana purdomii, 华马钱 Strychnos cathayensis, 青叶胆 Swertia mileensis
secosubamolide 裂环香桂内酯▲ 香桂 Cinnamomum subavenium, 红楠 Machilus thunbergii
secosubamolide A 裂环香桂内酯▲A 香桂 Cinnamomum subavenium
secotanapartholide A, B 裂环短舌匹菊内酯▲A, B 短舌匹菊 Pyrethrum parthenium
2,3-secotirucalla-2,3;2,29-diepoxy-7-ene-3,23-dione 2,3- 裂环绿玉树 -2,3;2,29- 二环氧 -7- 烯 -3,23- 二酮 大叶山楝 Aphanamixis grandifolia
secouncarilic acid 裂钩藤利酸▲ 白钩藤 Uncaria sessilifructus
3,4-seco-urs-20(30)-en-3-oic acid 3,4- 裂环 - 熊果 -20(30)- 烯 -3- 酸 马利筋 Asclepias curassavica, 水麻 Debregeasia orientalis
secowithametelin 裂环睡茄白曼陀罗素▲ 洋金花 Datura metel
1,10-secowithametelin B 1,10- 裂环睡茄白曼陀罗素▲B 洋金花 Datura metel
1,10-secowithaperuvin C 1,10- 裂环睡茄灯笼果素 C 灯笼果 Physalis peruviana
secoxyloganin 裂环氧化马钱苷 水忍冬 Lonicera dasystyla, 菰腺忍冬 L. hypoglauca, 忍冬 L. japonica, 蛇根木 Rauvolfia serpentina, 鸡仔木 Sinoadina racemosa, 马钱子 Strychnos nux-vomica
secoxyloganin-3,4-dihydroxyphenethyl ester 裂环氧化马钱苷 -3,4- 二羟基苯乙基酯 木犀榄 Olea europaea
secoyunaconitine 裂环滇乌碱 紫乌头 Aconitum episcopale
secu'amamine A 奄美一叶萩胺▲A 一叶萩 Flueggea suffruticosa
secundiflorol I 侧花槐藤素 I 锈毛麻辣仔藤 Erycibe expansa, 刺槐 Robinia pseudoacacia
securinegine 一叶萩精▲ 一叶萩 Flueggea suffruticosa
(-)-securinine (-)- 一叶萩碱 白饭树 Flueggea virosa
(+)-securinine (+)- 一叶萩碱 一叶萩 Flueggea suffruticosa, 白饭树 F. virosa
securinine 一叶萩碱 一叶萩 Flueggea suffruticosa, 青灰叶下珠 Phyllanthus glaucus
securinol A~D 一叶萩醇 A~D 一叶萩 Flueggea suffruticosa
securioside A, B 蝉翼藤苷▲A, B 蝉翼藤 Securidaca inappendiculata
securiphenone A, B 蝉翼藤酚酮▲A, B 蝉翼藤 Securidaca inappendiculata
securisteroside 蝉翼藤甾苷▲ 瓜子金 Polygala japonica, 玄参 Scrophularia ningpoensis
securiterpenoside 蝉翼藤萜苷▲ 蝉翼藤 Securidaca inappendiculata
securitinine 一叶萩宁碱▲ 一叶萩 Flueggea suffruticosa
securixanside B, C 蝉翼藤吡酮苷▲B, C 蝉翼藤 Securidaca inappendiculata
securixanthone A~G 蝉翼藤吡酮 A~G 蝉翼藤 Securidaca inappendiculata
(±)-sedamine (±)- 景天胺 费菜 Phedimus aizoon, 杂交景天 P. hybridus
sedanenolide; senkyunolide 芹菜烯内酯▲ 当归 Angelica sinensis, 旱芹 Apium graveolens
sedanoic acid; sedanonic acid 芹菜酮酸▲ 旱芹 Apium graveolens, 川芎 Ligusticum sinense 'Chuanxiong'
sedanolide 芹菜内酯▲ 旱芹 Apium graveolens
(-)-sedinine (-)- 景天宁 费菜 Phedimus aizoon, 杂交景天 P. hybridus
sedoheptose 景天庚糖 长药八宝 Hylotelephium spectabile
sedoheptulosan 景天庚酮聚糖 山茱萸 Cornus officinalis, 瓦松 Orostachys fimbriata
sedridine 景天定 日本景天 Sedum japonicum, 藓状景天 S. polytrichoides
sedumoside A_1, A_2, A_3, B, C, D 景天苷▲A_1, A_2, A_3, B, C, D 垂盆草 Sedum sarmentosum

S

sedumoside F_1 景天苷 ▲F_1 莲 Nelumbo nucifera, 心叶风毛菊 Saussurea cordifolia
segelin I 麦蓝菜林素 ▲I 麦蓝菜 Vaccaria hispanica
segetalic acid-28-*O*-α-L-arabinopyranosyl-(1→4)-α-L-arabinopyranosyl-(1→3)-β-D-xylopyranosyl-(1→4)-α-L-rhamnopyranosyl-(1→2)-β-D-fucopyranosyl ester 麦蓝菜酸 ▲-28-*O*-α-L- 吡喃阿拉伯糖基 -(1→4)-α-L- 吡喃阿拉伯糖基 -(1→3)-β-D- 吡喃木糖基 -(1→4)-α-L- 吡喃鼠李糖基 -(1→2)-β-D- 吡喃岩藻糖基基酯 长蕊石头花 Gypsophila oldhamiana
segetalin A~H 麦蓝菜素 ▲A~H 麦蓝菜 Vaccaria hispanica
segetoside A~I, L 麦蓝菜托苷 ▲A~I, L 麦蓝菜 Vaccaria hispanica
segetoside K 麦蓝菜托苷 ▲K 日本石竹 Dianthus japonicus, 麦蓝菜 Vaccaria hispanica
seguiniilactone A, B, C 藤状火把花内酯 ▲A, B, C 藤状火把花 Colquhounia seguinii
seguinoside A 密花树酚苷 ▲A 银桦 Grevillea robusta, 密花树 Myrsine seguinii
seguinoside B 密花树酚苷 ▲B 关苍术 Atractylodes japonica, 密花树 Myrsine seguinii
seguinoside C, D, G~J 密花树酚苷 ▲C, D, G~J 密花树 Myrsine seguinii
seguinoside E 密花树酚苷 ▲E 密花树 Myrsine seguinii, 黄花胡椒 Piper flaviflorum
seguinoside F 密花树酚苷 ▲F 山小橘 Glycosmis pentaphylla, 密花树 Myrsine seguinii
seguinoside K 密花树酚苷 ▲K 美丽崖豆藤 Callerya speciosa, 臭牡丹 Clerodendrum bungei, 大青 C. cyrtophyllum, 苦郎树 C. inerme, 西南猫尾木 Markhamia stipulata, 密花树 Myrsine seguinii, 黄花胡椒 Piper flaviflorum, 黄蜡果 Stauntonia brachyanthera
sekikaic acid 石树花酸 ▲ 日本绵腹衣 Anzia japonica, 肉刺树花 Ramalina roesleri
selagin 小杉兰素 ▲ 芙蓉菊 Crossostephium chinense, 小杉兰 Huperzia selago, 肉果草 Lancea tibetica, 猪毛菜 Salsola collina, 鼠麴雪兔子 Saussurea gnaphalodes
selagin-7-methyl ether 石杉黄素 -7- 甲醚 鼠麴雪兔子 Saussurea gnaphalodes
selagine 卷柏石松碱 小杉兰 Huperzia selago
selaginellin 卷柏素 中华卷柏 Selaginella sinensis
selaginellin A, B 卷柏素 A, B 卷柏 Selaginella tamariscina
selaginose 卷柏糖 疏叶卷柏 Selaginella remotifolia
selaginoside 卷柏苷 中华卷柏 Selaginella sinensis
selagoline 小杉兰碱 ▲ 小杉兰 Huperzia selago
selenic acid 硒酸 少根紫萍 Spirodela oligorrhiza
selenocysteic acid; selenocysteine 硒代半胱氨酸 少根紫萍 Spirodela oligorrhiza
selin-11-en-4α-ol 芹子 -11- 烯 -4α- 醇 挥发油成分，未统计基源
selina-3,11-diene 芹子 -3,11- 二烯 挥发油成分，未统计基源
selina-3,7(11)-dien-8-one 芹子 -3,7(11)- 二烯 -8- 酮 挥发油成分，未统计基源
selina-3,7(11)-diene 芹子 -3,7(11)- 二烯 挥发油成分，未统计基源
5α,10β-selina-4(14),7(11)-dien-8-one 5α,10β- 蛇床 -4(14),7(11)- 二烯 -8- 酮 关苍术 Atractylodes japonica
selina-4(14),7(11)-dien-8-one 芹子 -4(14),7(11)- 二烯 -8- 酮 朝鲜苍术 Atractylodes koreana
selina-4(14),7(11)-diene 芹子 -4(14),7(11)- 二烯 挥发油成分，未统计基源
(7*R*,10*S*)-selina-4,11(13)-dien-3-on-12-oic acid (7*R*,10*S*)- 芹子 -4,11(13)- 二烯 -3- 酮 -12- 酸 尖裂黄瓜菜 Paraixeris serotina
selina-4,11-diene 芹子 -4,11- 二烯 挥发油成分，未统计基源
selina-4,7(11)-dien-8-one 芹子 -4,7(11)- 二烯 -8- 酮 挥发油成分，未统计基源
selina-4,7(11)-diene 芹子 -4,7(11)- 二烯 小缬草 Valeriana tangutica
selina-6-en-4-ol 芹子 -6- 烯 -4- 醇 挥发油成分，未统计基源
10β-selinan-4β,11-diol 10β- 芹子 -4β,11- 二醇 柳杉 Cryptomeria japonica var. sinensis
11-selinen-4α,7β-ol 11- 芹子烯 -4α,7β- 二醇 调料九里香 Murraya koenigii
(-)-α-selinene (-)-α- 芹子烯 挥发油成分，未统计基源
α-selinene α- 芹子烯 挥发油成分，未统计基源
β-selinene β- 芹子烯 挥发油成分，未统计基源
γ-selinene γ- 芹子烯 挥发油成分，未统计基源
δ-selinene δ- 芹子烯 挥发油成分，未统计基源
selinene 芹子烯 挥发油成分，未统计基源
α-selinenol α- 芹子烯醇 毛蓼 Polygonum barbatum
β-selinenol β- 芹子烯醇 挥发油成分，未统计基源
selinenol 芹子烯醇 挥发油成分，未统计基源
ent-7(11)-selinen-ol 对映 -7(11)- 芹子烯醇 翼齿六棱菊 Laggera crispata
(-)-selinidin (-)- 亮蛇床定 滨海前胡 Peucedanum japonicum
(±)-selinidin (±)- 亮蛇床定 少毛北前胡 Peucedanum harry-smithii var. subglabrum, 长前胡 P. turgeniifolium
selinidin 亮蛇床定 短片藁本 Ligusticum brachylobum, 少毛北前胡 Peucedanum harry-smithii var. subglabrum
sellowin B 塞氏罗汉松素 B 罗汉松 Podocarpus macrophyllus
semenoside A 鸡冠子苷 ▲A 鸡冠花 Celosia cristata
(*E*)-semiaquilegin (*E*)- 天葵素 ▲ 天葵 Semiaquilegia adoxoides
(*Z*)-semiaquilegin (*Z*)- 天葵素 ▲ 天葵 Semiaquilegia adoxoides

semiaquilegine A 天葵碱▲A 天葵 Semiaquilegia adoxoides
semiaquilegoside A 天葵萜苷▲A 天葵 Semiaquilegia adoxoides
semiaquilinoside 天葵苷 天葵 Semiaquilegia adoxoides
semicarbazone 缩氨基脲 野胡萝卜 Daucus carota
(-)-semiglabrin (-)-半秃灰毛豆素▲ 灰毛豆 Tephrosia purpurea
semiglabrin 半秃灰毛豆素▲ 木蓝 Indigofera tinctoria, 灰毛豆 Tephrosia purpurea
semiglabrinol 半秃灰毛豆醇▲ 灰毛豆 Tephrosia purpurea
semiglabrinone 半秃灰毛豆酮▲ 灰毛豆 Tephrosia purpurea
semilepidinoside A, B 半独行菜苷 A, B 家独行菜 Lepidium sativum
semilicoisoflavone B 半甘草异黄酮 B 粗毛甘草 Glycyrrhiza aspera, 甘草 G. uralensis
semitortoside A, B 半扭卷马先蒿苷▲A, B 半扭卷马先蒿 Pedicularis semitorta
(*R*)-semixanthomegnin (*R*)-半麦格尼毛癣菌黄素▲ 谷精草 Eriocaulon buergerianum
semi-*α*-carotenone 半-*α*-胡萝卜酮 九里香 Murraya exotica
(+)-semperviramidine (+)-锦熟黄杨胺定碱▲ 锦熟黄杨 Buxus sempervirens
(+)-semperviraminol (+)-锦熟黄杨胺醇▲ 锦熟黄杨 Buxus sempervirens
(+)-semperviraminone (+)-锦熟黄杨胺酮▲ 锦熟黄杨 Buxus sempervirens
(+)-sempervirine (+)-锦熟黄杨碱 锦熟黄杨 Buxus sempervirens
(+)-sempervirol (+)-地中海柏木酚▲ 西藏柏木 Cupressus torulosa
(-)-semperviroxazolidine (-)-锦熟黄杨口恶唑定碱▲ 锦熟黄杨 Buxus sempervirens
senburiside III, IV 日本当药瑞苷▲III, IV 抱茎獐牙菜 Swertia franchetiana
senbusine A 乌头森布碱 A 乌头 Aconitum carmichaelii, 瓜叶乌头 A. hemsleyanum, 拳距瓜叶乌头 A. hemsleyanum var. circinatum
senbusine B, C 乌头森布碱 B, C 乌头 Aconitum carmichaelii
sen-byakangelicol 鲜白当归脑 阿坝当归 Angelica apaensis, 白芷 A. dahurica
sendanin 楝素 大叶山楝 Aphanamixis grandifolia, 楝 Melia azedarach
sendanolactone 楝萜内酯▲ 楝 Melia azedarach
seneciannabine 麻叶千里光碱▲ 麻叶千里光 Senecio cannabifolius
senecine 千里光因 全叶千里光 Senecio cannabifolius var. integrifolius
senecioic acid 千里光酸 单穗升麻 Cimicifuga simplex
trans-seneciolactone 反式-千里光内酯 千里光 Senecio scandens
senecionine 千里光碱 菊三七 Gynura japonica, 大头橐吾 Ligularia japonica, 额河千里光 Senecio argunensis, 菊状千里光 S. laetus, 千里光 S. scandens, 欧洲千里光 S. vulgaris, 款冬 Tussilago farfara
senecionine-*N*-oxide 千里光碱-*N*-氧化物 额河千里光 Senecio argunensis, 千里光 S. scandens, 欧洲千里光 S. vulgaris
7-senecioxycleistanth-13,15-dien-18-oic acid 7-异戊烯酰闭花木-13,15-二烯-18-酸 水珍珠菜 Pogostemon auricularius
7*β*-senecioyl-3-epibetulinic acid 7*β*-千里光酰基-3-表白桦脂酸 福建假卫矛 Microtropis fokienensis
3'(*R*),4'(*R*)-3'-senecioyl-4'-angeloyl-3',4'-dihydroseselin 3'(*R*),4'(*R*)-3'-千里光酰基-4'-当归酰基-3',4'-氢邪蒿素 前胡 Peucedanum praeruptorum
7-senecioyl-9-sarracinoyl-retronecine 7-千里光酰-9-瓶草酰倒千里光裂碱 林荫千里光 Senecio nemorensis
3-senecioyloxy-furanoeremophilane 3-千里光酰氧基-呋喃荒漠木烷 大叶橐吾 Ligularia macrophylla
2'-senecioyloxy-1',2'-dihydroxanthyletin 2'-千里光酰氧基-1',2'-二氢美洲花椒素 黄耆 Astragalus penduliflorus subsp. mongholicus var. dahuricus
3'(*R*)-senecioyloxy-4'(*R*)-angeloyloxy-3',4'-dihydroseselin 3'(*R*)-(3-甲基-2-丁烯酰氧基)-4'(*R*)-当归酰氧基-3',4'-二氢邪蒿素 美脉藁本 Ligusticum likiangense
4-senecioyloxymethyl-3,4-dimethoxycoumarin 4-异戊烯酰氧甲基-3,4-二甲氧基香豆素 西南文殊兰 Crinum latifolium
7*β*-senecioyloxyoplopa-3(14)*Z*,8(10)-dien-2-one 7*β*-千里光酰氧基日本刺参-3(14)*Z*,8(10)-二烯-2-酮 款冬 Tussilago farfara
9-senecioylretronecine 9-千里光酰倒千里光裂碱 蓝蓟 Echium vulgare
(*E*)-seneciphylline (*E*)-阔叶千里光灵碱▲ 菊三七 Gynura japonica
seneciphylline 阔叶千里光灵碱▲ 菊三七 Gynura japonica, 额河千里光 Senecio argunensis, 菊状千里光 S. laetus, 千里光 S. scandens, 欧洲千里光 S. vulgaris, 款冬 Tussilago farfara
seneciphylline-*N*-oxide 阔叶千里光灵碱▲-*N*-氧化物 额河千里光 Senecio argunensis, 千里光 S. scandens
seneciphyllinine 阔叶千里光宁碱▲ 菊三七 Gynura japonica
senecrassidiol 肉叶千里光二醇▲ 人参 Panax ginseng
senegalensein 塞内加尔刺桐素▲ 疏花鱼藤 Derris laxiflora
senegalensin 塞内加尔刺桐辛▲ 柘树 Cudrania tricuspidata
(*E*)-senegasaponin A (*E*)-美远志皂苷▲A 远志 Polygala tenuifolia
(*E*/*Z*)-senegasaponin C (*E*/*Z*)-美远志皂苷 C 西南远志 Polygala crotalarioides
senegenin 美远志苷元 西伯利亚远志 Polygala sibirica
(*Z*)-senegin II (*Z*)-美远志苷 II 华南远志 Polygala glomerata
senegin II 美远志苷 II 华南远志 Polygala glomerata
senegin III 美远志苷 III 黄花倒水莲 Polygala fallax

senegose G 美远志糖▲G 黄花倒水莲 Polygala fallax
senepodine A~H 中华石杉碱▲A~H 中华石杉 Huperzia chinensis
sengosterone 森告甾酮 金疮小草 Ajuga decumbens, 头花杯苋 Cyathula capitata, 川牛膝 C. officinalis
sengulone 槐叶决明醌▲ 槐叶决明 Senna occidentalis var. sophera
senkirkine 克氏千里光碱 一点红 Emilia sonchifolia, 大吴风草 Farfugium japonicum, 蜂斗菜 Petasites japonicus, 额河千里光 Senecio argunensis, 千里光 S. scandens, 款冬 Tussilago farfara
senkyunolide 川芎内酯 莳萝 Anethum graveolens, 欧当归 Levisticum officinale
senkyunolide A 川芎内酯 A 当归 Angelica sinensis, 藁本 Ligusticum sinense, 川芎 L. sinense 'Chuanxiong'
senkyunolide B 川芎内酯 B 藁本 Ligusticum sinense, 川芎 L. sinense 'Chuanxiong'
senkyunolide C, D, L, M, P~S 川芎内酯 C, D, L, M, P~S 川芎 Ligusticum sinense 'Chuanxiong'
(*E*)-senkyunolide E (*E*)- 川芎内酯 E 川芎 Ligusticum sinense 'Chuanxiong'
senkyunolide E 川芎内酯 E 东当归 Angelica acutiloba, 川芎 Ligusticum sinense 'Chuanxiong'
senkyunolide F 川芎内酯 F 东当归 Angelica acutiloba, 当归 A. sinensis, 川芎 Ligusticum sinense 'Chuanxiong'
senkyunolide G 川芎内酯 G 当归 Angelica sinensis, 藁本 Ligusticum sinense, 川芎 L. sinense 'Chuanxiong'
senkyunolide H 川芎内酯 H 东当归 Angelica acutiloba, 当归 A. sinensis, 藁本 Ligusticum sinense, 川芎 L. sinense 'Chuanxiong'
senkyunolide I 川芎内酯 I 东当归 Angelica acutiloba, 当归 A. sinensis, 鸭儿芹 Cryptotaenia japonica, 藁本 Ligusticum sinense, 川芎 L. sinense 'Chuanxiong', 金钱松 Pseudolarix amabilis
senkyunolide J 川芎内酯 J 当归 Angelica sinensis, 旱芹 Apium graveolens, 川芎 Ligusticum sinense 'Chuanxiong'
senkyunolide N 川芎内酯 N 旱芹 Apium graveolens, 川芎 Ligusticum sinense 'Chuanxiong'
senkyunolide O 川芎内酯 O 当归 Angelica sinensis, 川芎 Ligusticum sinense 'Chuanxiong'
senkyunone 洋川芎醌 川芎 Ligusticum sinense 'Chuanxiong'
sennidin B 番泻苷元 B 掌叶大黄 Rheum palmatum
sennidin C 番泻苷元 C 尖叶番泻 Cassia acutifolia, 掌叶大黄 Rheum palmatum
sennoside A 番泻苷 A 尖叶番泻 Cassia acutifolia, 狭叶番泻 C. angustifolia, 虎杖 Reynoutria japonica, 掌叶大黄 Rheum palmatum, 唐古特大黄 R. tanguticum, 酸模 Rumex acetosa, 小酸模 R. acetosella, 皱叶酸模 R. crispus
sennoside B 番泻苷 B 尖叶番泻 Cassia acutifolia, 狭叶番泻 C. angustifolia, 虎杖 Reynoutria japonica, 掌叶大黄 Rheum palmatum, 唐古特大黄 R. tanguticum, 酸模 Rumex acetosa, 小酸模 R. acetosella, 皱叶酸模 R. crispus
sennoside C 番泻苷 C 狭叶番泻 Cassia angustifolia, 唐古特大黄 Rheum tanguticum
sennoside D 番泻苷 D 狭叶番泻 Cassia angustifolia, 唐古特大黄 Rheum tanguticum
sennoside G 番泻苷 G 狭叶番泻 Cassia angustifolia
sepaconitine 北方乌头亭▲ 白喉乌头 Aconitum leucostomum, 紫花高乌头 A. septentrionale
sepedonin 黄瘤孢素 黄瘤孢菌 Sepedonium chrysospermum
septatisine 北方乌头辛▲ 高乌头 Aconitum sinomontanum
septemfidoside 西亚龙胆苷▲ 西南獐牙菜 Swertia cincta
septemloside I 刺楸洛苷▲I 刺楸 Kalopanax septemlobus, 尾叶那藤 Stauntonia obovatifoliola subsp. urophylla
septemloside III 刺楸洛苷▲III 刺楸 Kalopanax septemlobus
septemoside A 刺楸莫苷▲A 刺楸 Kalopanax septemlobus, 尾叶那藤 Stauntonia obovatifoliola subsp. urophylla
septentriocine 北方乌头钦碱▲ 紫花高乌头 Aconitum septentrionale
septentriodine 北方乌头定碱 两色乌头 Aconitum alboviolaceum, 牛扁 A. barbatum var. puberulum, 紫花高乌头 A. septentrionale
septentrionine 北方乌头碱 牛扁 Aconitum barbatum var. puberulum, 紫花高乌头 A. septentrionale
(-)-septicine (-)- 棱果榕辛碱▲ 棱果榕 Ficus septica
(*S*)-(+)-septicine (*S*)-(+)- 棱果榕辛碱▲ 娃儿藤 Tylophora ovata
sequirin C 红杉素▲C 日本柳杉 Cryptomeria japonica
sequoiaflavone 红杉黄酮 点地梅 Androsace umbellata, 杉木 Cunninghamia lanceolata, 密叶红豆杉 Taxus fuana
sequoyitol 红杉醇 银杏 Ginkgo biloba, 肾蕨 Nephrolepis auriculata, 喜马拉雅红豆杉 Taxus wallichiana, 绛车轴草 Trifolium incarnatum
sericeol 舟山新木姜子醇▲ 黄苞大戟 Euphorbia sikkimensis
sericic acid 绢毛榄仁酸▲ 野蔷薇 Rosa multiflora, 栽秧泡 Rubus ellipticus var. obcordatus
sericoside 绢毛榄仁苷 亮叶杨桐 Adinandra nitida, 夏枯草 Prunella vulgaris, 小果蔷薇 Rosa cymosa, 野蔷薇 R. multiflora, 栽秧泡 Rubus ellipticus var. obcordatus
L-serine L- 丝氨酸 植物基础成分，未统计基源
serine 丝氨酸 植物基础成分，未统计基源
serine-betaxanthin 丝氨酸 - 甜菜黄素 厚皮菜 Beta vulgaris var. cicla
serjanic acid 塞战藤酸▲ 短梗大参 Macropanax rosthornii
serotobenine 红花色胺宁▲ 爬树龙 Rhaphidophora decursiva
serotonin 5- 羟色胺 洋金花 Datura metel, 大白刺 Nitraria roborowskii, 阳芋 Solanum tuberosum
serpentine 蛇根碱 长春花 Catharanthus roseus, 蛇根木 Rauvolfia serpentina, 蔓长春花 Vinca major
serpentinic acid 蛇根酸 长春花 Catharanthus roseus, 萝芙木 Rauvolfia verticillata
serpentinine 蛇根木替宁▲ 四叶萝芙木 Rauvolfia tetraphylla, 萝芙木 R. verticillata
serpinine 蛇根木宁▲ 萝芙木 Rauvolfia verticillata, 蔓长春花 Vinca major

S

serralabdane A~E 及已半日花烷▲A~E 及已 Chloranthus serratus
serralactone A~D 及已内酯▲A~D 及已 Chloranthus serratus
serrat-14-en-3β,21α-diol 千层塔 -14- 烯 -3β,21α- 二醇 扁枝石松 Diphasiastrum complanatum, 石松 Lycopodium japonicum, 垂穗石松 Palhinhaea cernua
serrat-14-en-3β,21β,24-triol 千层塔 -14- 烯 -3β,21β,24- 三醇 石松 Lycopodium japonicum
serrat-14-en-3β,21β-diol 千层塔 -14- 烯 -3β,21β- 二醇 扁枝石松 Diphasiastrum complanatum, 石松 Lycopodium japonicum, 垂穗石松 Palhinhaea cernua
serrat-3-one 千层塔 -3- 酮 垂叶榕 Ficus benjamina
serratagenic acid 三对节萜酸 三叶木通 Akebia trifoliata, 三对节 Clerodendrum serratum, 掌叶梁王茶 Macropanax delavayi, 短梗大参 M. rosthornii
serratagenic acid-3-O-α-(2'-O-acetyl)-L-arabinopyranosyl-28-O-[-α-L-rhamnopyranosyl-(1 → 4)-β-D-glucopyranosyl-(1 → 6)-β-D-glucopyranosyl]ester 三对节萜酸 -3-O-α-(2'-O- 乙酰基)-L- 吡喃阿拉伯糖基 -28-O-α-L- 吡喃鼠李糖基 -(1 → 4)-β-D- 吡喃葡萄糖基 -(1 → 6)-β-D- 吡喃葡萄糖基酯 掌叶梁王茶 Macropanax delavayi
serratagenic acid-3-O-α-(4'-O-acetyl)-L-arabino pyranosyl-28-O-[-α-L-rhamnopyranosyl-(1 → 4)-β-D-glucopyranosyl-(1 → 6)-β-D-glucopyranosyl]ester 三对节萜酸 -3-O-α-(4'-O- 乙酰基)-L- 吡喃阿拉伯糖基 -28-O-α-L- 吡喃鼠李糖基 -(1 → 4)-β-D- 吡喃葡萄糖基 -(1 → 6)-β-D- 吡喃葡萄糖基酯 掌叶梁王茶 Macropanax delavayi
serratagenic acid-3-O-α-L-arabinopyranoside 三对节萜酸 -3-O-α-L- 吡喃阿拉伯糖苷 掌叶梁王茶 Macropanax delavayi
serratagenic acid-3-O-α-L-arabinopyranosyl-28-O-[α-L-rhamnopyranosyl-(1 → 4)-β-D-glucopyranosyl-(1 → 6)-β-D-glucopyranosyl]ester 三对节萜酸 -3-O-α-L- 吡喃阿拉伯糖 -28-O-α-L- 吡喃鼠李糖基 -(1 → 4)-β-D- 吡喃葡萄糖基 -(1 → 6)-β-D- 吡喃葡萄糖基酯 掌叶梁王茶 Macropanax delavayi
serratagenic acid-3-O-α-L-arabinopyranosyl-28-O-β-D-glucopyranosyl ester 三对节萜酸 -3-O-α-L- 吡喃阿拉伯糖基 -28-O-β-D- 吡喃葡萄糖基酯 掌叶梁王茶 Macropanax delavayi
serratagenic acid-3-O-β-(2', 4'-O-diacetyl)-D-xylopyranosyl-28-O-[α-L-rhamnopyranosyl-(1 → 4)-β-D-glucopyranosyl-(1 → 6)-β-D-glucopyranosyl]ester 三对节萜酸 -3-O-β-(2',4'-O- 二乙酰基)-D- 吡喃木糖基 -28-O-α-L- 吡喃鼠李糖基 -(1 → 4)-β-D- 吡喃葡萄糖基 -(1 → 6)-β-D- 吡喃葡萄糖基酯 掌叶梁王茶 Macropanax delavayi
serratagenic acid-3-O-β-(3'-O-acetyl)-D-xylopyranoside 三对节萜酸 -3-O-β-(3'-O- 乙酰基)-D- 吡喃木糖苷 异叶梁王茶 Macropanax davidii
serratagenic acid-3-O-β-D-xylopyranoside 三对节萜酸 -3-O-β-D- 吡喃木糖苷 异叶梁王茶 Macropanax davidii
serratagenic acid-3-O-β-D-xylopyranosyl-28-O-[-α-L-rhamnopyranosyl-(1 → 4)-β-D-glucopyranosyl-(1 → 6)-β-D-glucopyranosyl]ester 三对节萜酸 -3-O-β-D- 吡喃木糖基 -28-O-α-L- 吡喃鼠李糖基 -(1 → 4)-β-D- 吡喃葡萄糖基 -(1 → 6)-β-D- 吡喃葡萄糖基酯 掌叶梁王茶 Macropanax delavayi
14β,15β-serratane 14β,15β- 千层塔烷 长白鱼鳞云杉 Picea jezoensis var. komarovii
serratane-3α,14α,15α,20β,21β,24,29-heptol 千层塔 -3α,14α,15α,20β,21β,24,29- 七醇 扁枝石松 Diphasiastrum complanatum
serratanidine 千层塔它尼定碱 蛇足石杉 Huperzia serrata
serratanine 千层塔它宁碱 蛇足石杉 Huperzia serrata
serratene 千层塔烯 欧亚多足蕨 Polypodium vulgare
serratenediol 千层塔烯二醇 扁枝石松 Diphasiastrum complanatum, 皱边石杉 Huperzia crispata, 蛇足石杉 H. serrata, 东北石松 Lycopodium clavatum, 石松 L. japonicum, 玉柏 L. obscurum, 垂穗石松 Palhinhaea cernua, 金丝条马尾杉 Phlegmariurus fargesii, 福氏马尾杉 P. fordii, 马尾杉 P. phlegmaria
serratenediol-21-acetate 千层塔烯二醇 -21- 乙酸酯 蛇足石杉 Huperzia serrata
serratenediol-3-acetate 千层塔烯二醇 -3- 乙酸酯 皱边石杉 Huperzia crispata, 蛇足石杉 H. serrata, 马尾杉 Phlegmariurus phlegmaria
serratenedione 千层塔烯二酮 石松 Lycopodium japonicum
serratenol acetate 千层塔烯醇乙酸酯 石松 Lycopodium japonicum
serratezomine A, B 蛇足石杉左明碱▲A, B 蛇足石杉 Huperzia serrata
serratezomine C 蛇足石杉左明碱▲C 蛇足石杉 Huperzia serrata, 石松 Lycopodium japonicum
serratidine 千层塔替定 东北石杉 Huperzia miyoshiana, 小杉兰 H. selago
serratin-7-O-[β-D-glucopyranosyl-(1 → 4)-O-β-D-galactopyranoside] 指裂西番莲素▲-7-O-[β-D- 吡喃葡萄糖基 -(1 → 4)-O-β-D- 吡喃半乳糖苷] 灰毛豆 Tephrosia purpurea
serratine 千层塔碱 蛇足石杉 Huperzia serrata
serratinidine 千层塔尼定碱 蛇足石杉 Huperzia serrata
serratinine 千层塔宁碱 东北石杉 Huperzia miyoshiana, 蛇足石杉 H. serrata
serratoside A 三对节苷▲A 三对节 Clerodendrum serratum, 三台花 C. serratum var. amplexifolium
serratoside B 三对节苷▲B 三台花 Clerodendrum serratum var. amplexifolium
serratriol 千层塔三醇 蛇足石杉 Huperzia serrata, 垂穗石松 Palhinhaea cernua, 金丝条马尾杉 Phlegmariurus fargesii, 福氏马尾杉 P. fordii, 马尾杉 P. phlegmaria
serratumin A 三对节素▲A 三台花 Clerodendrum serratum var. amplexifolium
serratumoside A 三对节莫苷▲A 三台花 Clerodendrum serratum var. amplexifolium
serratustone A, B 及已酮▲A, B 及已 Chloranthus serratus
serrin A, D 溪黄草灵 A, D 溪黄草 Isodon serra
serrin B 溪黄草灵 B 叶穗香茶菜 Isodon phyllostachys, 溪黄草 I. serra

serrin C 溪黄草灵 C 毛叶香茶菜 Isodon japonicus, 溪黄草 I. serra
serrulatin A 细齿大戟素▲A 细齿大戟 Euphorbia bifida, 石楠 Photinia serratifolia
serrulatin B 细齿大戟素▲B 细齿大戟 Euphorbia bifida, 石楠 Photinia serratifolia
serrulatin C, D, E 细齿大戟素▲C, D, E 石楠 Photinia serratifolia
(-)-sesamin (-)- 芝麻素 川北细辛 Asarum chinense, 杜衡 A. forbesii, 辽细辛 A. heterotropoides var. mandshuricum, 香桂 Cinnamomum subavenium, 刺五加 Eleutherococcus senticosus, 无梗五加 E. sessiliflorus, 红楠 Machilus thunbergii, 假荜拔 Piper retrofractum, 假蒟 P. sarmentosum, 紫椴 Tilia amurensis, 椿叶花椒 Zanthoxylum ailanthoides, 花椒 Z. bungeanum, 两面针 Z. nitidum
sesamin; (+)-sesamin; *d*-sesamin (+)- 芝麻素 较常见成分，至少分布于 30 种以上植物中，见于百部科、唇形科、大戟科、胡椒科、胡麻科、菊科、马鞭草科、爵床科、马兜铃科、马钱科、木兰科、瑞香科、三白草科、桃金娘科、梧桐科、五加科、玄参科、旋花科、芸香科、樟科等
d-sesamin *d*- 芝麻素 复毛胡椒 Piper bonii
l-sesamin *l*- 芝麻素 刺五加 Eleutherococcus senticosus, 龙胆 Gentiana scabra, 天胡荽 Hydrocotyle sibthorpioides, 黄荆 Vitex negundo, 竹叶花椒 Zanthoxylum armatum, 两面针 Z. nitidum
(-)-sesamin-2,2'-diol (-)- 芝麻素 -2,2'- 二醇 毛叶香茶菜 Isodon japonicus
(+)-sesaminol (+)- 芝麻素酚 芝麻 Sesamum indicum
(+)-sesaminol diglucoside (+)- 芝麻素酚二葡萄糖苷 芝麻 Sesamum indicum
sesaminol-2'-*O*-*β*-D-glucopyranoside 芝麻素酚 -2'-*O*-*β*-D- 吡喃葡萄糖苷 肉果草 Lancea tibetica
(+)-sesaminol-2-*O*-*β*-D-glucopyranoside (+)- 芝麻素酚 -2-*O*-*β*-D- 吡喃葡萄糖苷 芝麻 Sesamum indicum
(+)-sesaminol-2'-*O*-*β*-D-glucopyranosyl-(1 → 2)-*O*-*β*-D-glucopyranoside (+)- 芝麻素酚 -2'-*O*-*β*-D- 吡喃葡萄糖基 -(1 → 2)-*O*-*β*-D- 吡喃葡萄糖苷 芝麻 Sesamum indicum
sesaminone 芝麻素酮 辽细辛 Asarum heterotropoides var. mandshuricum, 绵萆薢 Dioscorea spongiosa, 椿叶花椒 Zanthoxylum ailanthoides, 两面针 Z. nitidum
sesamol 芝麻酚 芝麻 Sesamum indicum
(-)-sesamolactol (-)- 芝麻酚乳糖醇▲ 芝麻 Sesamum indicum
(+)-sesamolin (+)- 芝麻林素 芝麻 Sesamum indicum
(+)-sesamolinol (+)- 芝麻林素酚 芝麻 Sesamum indicum
(+)-sesamolinol-4'-*O*-*β*-D-glucopyranoside (+)- 芝麻林素酚 -4'-*O*-*β*-D- 吡喃葡萄糖苷 芝麻 Sesamum indicum
sesamoside 芝麻苷 独一味 Lamiophlomis rotata, 藓生马先蒿 Pedicularis muscicola, 萝卜秦艽 Phlomis medicinalis, 串铃草 P. mongolica, 块根糙苏 P. tuberosa, 糙苏 P. umbrosa, 螃蟹甲 P. younghusbandii
se-saponin A 三对节皂苷▲A 三台花 Clerodendrum serratum var. amplexifolium
sesartemin 艾脂麻素 中亚苦蒿 Artemisia absinthium, 大籽蒿 A. sieversiana
seselidiol 邪蒿二醇 竹叶西风芹 Seseli mairei
seselin 邪蒿素 旱芹 Apium graveolens, 马蜂橙 Citrus hystrix, 葡萄柚 C. paradisi, 假黄皮 Clausena excavata, 水蛇麻 Fatoua villosa, 茴香 Foeniculum vulgare, 金橘 Fortunella margarita, 大叶芸香 Haplophyllum perforatum, 枳 Poncirus trifoliata, 萝芙木 Rauvolfia verticillata
seselinal 西风芹醛▲ 千里香 Murraya paniculata
sesibiricin 西伯利亚西风芹素▲ 岩风 Libanotis buchtormensis, 红前胡 Peucedanum rubricaule
sesquiartemisol 蛔蒿倍半萜醇 蛔蒿 Seriphidium cinum
sesquicaranoic acid A, B 倍半蒈烯酸 A, B 假地枫皮 Illicium jiadifengpi
sesquimarocanol B 摩洛哥冷杉倍半脂醇▲B 荔枝 Litchi chinensis
α-sesquiphellandrene *α*- 倍半水芹烯 挥发油成分，未统计基源
β-sesquiphellandrene *β*- 倍半水芹烯 挥发油成分，未统计基源
sesquipinsapol B 西班牙冷杉倍半脂醇▲B 草麻黄 Ephedra sinica, 荔枝 Litchi chinensis
sesquisabinene 倍半桧烯 挥发油成分，未统计基源
trans-sesquisabinene hydrate 反式 - 倍半桧烯水合物 挥发油成分，未统计基源
cis-sesquisabinene hydrate 顺式 - 倍半桧烯水合物 挥发油成分，未统计基源
sesquiterpene ketolactone 倍半萜酮内酯 蒲公英 Taraxacum mongolicum
sesquiterpenic diol 倍半萜二醇 栉叶蒿 Neopallasia pectinata
sessilifol A~Q 四川金粟兰醇▲A~Q 四川金粟兰 Chloranthus sessilifolius
sessilifolan 山梗菜聚糖 山梗菜 Lobelia sessilifolia
sessilifoliamide A~J 直立百部酰胺 A~J 直立百部 Stemona sessilifolia
sessilifolic acid-3-*O*-isovalerate 无柄沙参酸 -3-*O*- 异戊酸酯 无柄沙参 Adenophora stricta subsp. sessilifolia
sessilifoline A, B 直立百部碱▲A, B 直立百部 Stemona sessilifolia
sessiline 无梗五加碱▲ 无梗五加 Eleutherococcus sessiliflorus
sessilistemonamine A~D 直立百部胺 A~D 直立百部 Stemona sessilifolia
sessiloside 短梗五加苷▲ 刺五加 Eleutherococcus senticosus, 无梗五加 E. sessiliflorus
setoclavine 狼尾麦角碱▲ 麦角菌 Claviceps purpurea
setulosopteroside 有刺凤尾蕨苷 凤丫蕨 Coniogramme japonica
setulosopterosin 有刺凤尾蕨素 凤丫蕨 Coniogramme japonica
severibuxine 东风橘新碱▲ 酒饼簕 Atalantia buxifolia

severibuxine acetate 东风橘新碱▲乙酸酯 酒饼簕 Atalantia buxifolia
severifoline 东风橘碱▲ 酒饼簕 Atalantia buxifolia
severinolide 东风橘内酯▲ 酒饼簕 Atalantia buxifolia
sexangularetin 六棱景天素▲ 山茶 Camellia japonica, 柳兰 Epilobium angustifolium, 百脉根 Lotus corniculatus
sexangulic acid 海莲酸▲ 海莲 Bruguiera sexangula
seychellane 塞舌尔广藿香烷▲ 甘松 Nardostachys jatamansi
seychellene 塞舌尔广藿香烯▲ 挥发油成分，未统计基源
S-fukinolide *S*- 蜂斗菜苦内酯 蜂斗菜 Petasites japonicus
S-furanopetasitin *S*- 呋喃蜂斗菜亭▲ 蜂斗菜 Petasites japonicus
shahidine 木橘定碱▲ 木橘 Aegle marmelos
shakurichin 金荞麦素▲ 金荞麦 Fagopyrum dibotrys
shaliuin 沙柳素 沙柳 Salix cheilophila
shancidin 独蒜兰西定▲ 独蒜兰 Pleione bulbocodioides, 绶草 Spiranthes sinensis
shancignol 独蒜兰醇▲ 独蒜兰 Pleione bulbocodioides
shancigusin A 山慈菇素▲A 云南石仙桃 Pholidota yunnanensis, 云南独蒜兰 Pleione yunnanensis
shancigusin B 山慈菇素▲B 云南石仙桃 Pholidota yunnanensis, 云南独蒜兰 Pleione yunnanensis
shancigusin C 山慈菇素▲C 云南石仙桃 Pholidota yunnanensis, 云南独蒜兰 Pleione yunnanensis
shancigusin D 山慈菇素▲D 云南石仙桃 Pholidota yunnanensis, 云南独蒜兰 Pleione yunnanensis
shancilin 独蒜兰灵▲ 独蒜兰 Pleione bulbocodioides
shanciol 独蒜兰西醇▲ 独蒜兰 Pleione bulbocodioides
shanciol A~H 独蒜兰西醇▲A~H 独蒜兰 Pleione bulbocodioides
shanyenoside A 山楂叶苷 A 山楂 Crataegus pinnatifida, 山里红 C. pinnatifida var. major
shanzhigenin methyl ester 山栀苷元甲酯 糙苏 Phlomis umbrosa
shanzhiside 山栀苷 花叶假杜鹃 Barleria lupulina, 栀子 Gardenia jasminoides, 钩萼草 Notochaete hamosa, 细穗玄参 Scrofella chinensis
shanzhiside methyl ester 山栀苷甲酯 甘青乌头 Aconitum tanguticum, 甘川紫菀 Aster smithianus, 假杜鹃 Barleria cristata, 花叶假杜鹃 B. lupulina, 黄花假杜鹃 B. prionitis, 独一味 Lamiophlomis rotata, 宝盖草 Lamium amplexicaule, 马缨丹 Lantana camara, 海南玉叶金花 Mussaenda hainanensis, 小玉叶金花 M. parviflora, 玉叶金花 M. pubescens, 短茎马先蒿 Pedicularis artselaeri, 美观马先蒿 P. decora, 藓生马先蒿 P. muscicola, 沼生马先蒿 P. palustris, 半扭卷马先蒿 P. semitorta, 穗花马先蒿 P. spicata, 扭旋马先蒿 P. torta, 假秦艽 Phlomis betonicoides, 萝卜秦艽 P. medicinalis, 块根糙苏 P. tuberosa, 糙苏 P. umbrosa, 螃蟹甲 P. younghusbandii, 毛地黄鼠尾草 Salvia digitaloides, 北水苦荬 Veronica anagallis-aquatica
shanzhiside methyl ester-8-*O*-acetate 山栀苷甲酯 -8-*O*- 乙酸酯 假秦艽 Phlomis betonicoides
shashenoside I 沙参苷▲I 轮叶沙参 Adenophora tetraphylla, 毛果枳椇 Hovenia trichocarpa
shashenoside II, III 沙参苷▲II, III 轮叶沙参 Adenophora tetraphylla
shegansu A, C 射干素 A, C 射干 Belamcanda chinensis
shegansu B 射干素 B 射干 Belamcanda chinensis, 小叶买麻藤 Gnetum parvifolium, 垂子买麻藤 G. pendulum
shelincaoide A 蛇鳞草苷 A 三羽新月蕨 Pronephrium triphyllum
shengmanol xylopyranoside 升麻新醇吡喃木糖苷 兴安升麻 Cimicifuga dahurica
shengmanol xyloside 升麻新醇木糖苷 小升麻 Cimicifuga japonica
shengmaxinside A, B, C 升麻新苷 A, B, C 单穗升麻 Cimicifuga simplex
shephagenin A 水牛果素 A 牛奶子 Elaeagnus umbellata
shepherin I, II 荠菜多肽 I, II 荠菜 Capsella bursa-pastoris
shidasterone 日本乌毛蕨甾酮▲ 铁筷子 Helleborus thibetanus, 漆姑草 Sagina japonica, 华麻花头 Serratula chinensis
shihulimonin A 石虎柠檬素 A 吴茱萸 Euodia ruticarpa, 石虎 E. ruticarpa var. officinalis
shihunidine 石斛宁定 美花石斛 Dendrobium loddigesii
shihunine 石斛宁 美花石斛 Dendrobium loddigesii
shijiacaolactone A 石椒草内酯 A 石椒草 Boenninghausenia sessilicarpa
(-)-shikimic acid (-)- 莽草酸 流苏石斛 Dendrobium fimbriatum, 红背桂花 Excoecaria cochinchinensis, 冷饭藤 Kadsura oblongifolia
shikimic acid 莽草酸 较常见成分，至少分布于 30 种以上植物中，常见于八角科植物，少见于百合科、大戟科、槲寄生科、虎耳草科、桔梗科、卷柏科、蕨科、牻牛儿苗科、木兰科、茜草科、蔷薇科、桑科、使君子科、松科、藤黄科、乌毛蕨科、无患子科、五味子科、小二仙草科、芸香科等
shikimic acid methyl ester 莽草酸甲酯 云南土沉香 Excoecaria acerifolia, 大花八角 Illicium macranthum, 厚皮香八角 I. ternstroemioides, 盐肤木 Rhus chinensis
(-)-shikimic acid-4-*O*-gallate (-)- 莽草酸 -4-*O*- 没食子酸酯 泽漆 Euphorbia helioscopia
(-)-shikimic acid-5-*O*-gallate (-)- 莽草酸 -5-*O*- 没食子酸酯 泽漆 Euphorbia helioscopia
shikokianal acetate 四国香茶菜醛乙酸酯▲ 毛叶香茶菜 Isodon japonicus, 显脉香茶菜 I. nervosus
shikokianidin 四国香茶菜定▲ 毛萼香茶菜 Isodon eriocalyx
shikokianin 四国香茶菜素▲ 紫毛香茶菜 Isodon enanderianus, 鄂西香茶菜 I. henryi, 毛叶香茶菜 I. japonicus, 歧伞香茶菜 I. macrophyllus, 小叶香茶菜 I. parvifolius, 冬凌草 I. rubescens
shikokiol 四国大蓟醇 云木香 Saussurea costus

S

shikometabolin A, E, F 紫草代谢素▲A, E, F 紫草 Lithospermum erythrorhizon
shikometabolin G 紫草代谢素▲G 滇紫草 Onosma paniculatum
(+)-shikonin (+)-紫草素 密花滇紫草 Onosma confertum
shikonin 紫草素 软紫草 Arnebia euchroma, 黄花软紫草 A. guttata, 紫草 Lithospermum erythrorhizon, 密花滇紫草 Onosma confertum, 昭苏滇紫草 O. echioides, 露蕊滇紫草 O. exsertum, 细花滇紫草 O. hookeri, 长花滇紫草 O. hookeri var. longiflorum, 滇紫草 O. paniculatum
shikonofuran A 紫草呋喃 A 软紫草 Arnebia euchroma, 紫草 Lithospermum erythrorhizon
shikonofuran B 紫草呋喃 B 软紫草 Arnebia euchroma, 紫草 Lithospermum erythrorhizon
shikonofuran C 紫草呋喃 C 软紫草 Arnebia euchroma, 紫草 Lithospermum erythrorhizon
shikonofuran D 紫草呋喃 D 紫草 Lithospermum erythrorhizon
shikonofuran E 紫草呋喃 E 软紫草 Arnebia euchroma, 紫草 Lithospermum erythrorhizon
shikonofuran E 紫草呋喃 E 滇紫草 Onosma paniculatum
shimobashiraside C 日本香简草苷▲C 华山矾 Symplocos chinensis
shinanolone 信浓山柿酮▲ 野柿 Diospyros kaki var. silvestris, 君迁子 D. lotus, 罗浮柿 D. morrisiana
shinflavanone 新疆甘草黄烷酮 洋甘草 Glycyrrhiza glabra
shinjudilactone 臭椿双内酯 臭椿 Ailanthus altissima
shinjuglycoside A~F 臭椿糖苷 A~F 臭椿 Ailanthus altissima
shinjulactone 臭椿内酯 臭椿 Ailanthus altissima
shinjulactone A~N 臭椿内酯 A~N 臭椿 Ailanthus altissima
shinpterocarpin 新疆甘草紫檀素 洋甘草 Glycyrrhiza glabra
shiona-19(*E*),21-dien-3β-ol 紫菀酮-19*E*,21-二烯-3β-醇 卵叶紫菀 Aster ageratoides var. oophyllus
shiona-21-en-3β-ol 紫菀酮-21-烯-3β-醇 卵叶紫菀 Aster ageratoides var. oophyllus
shiona-22(29)-ene-3β,21-diol 紫菀酮-22(29)-烯-3β,21-二醇 卵叶紫菀 Aster ageratoides var. oophyllus
(+)-shiona-3,21-diene (+)-紫菀-3,21-二烯 友水龙骨 Polypodiodes amoena
shiona-8,21-diene 紫菀-8,21-二烯 倒卵伏石蕨 Lemmaphyllum microphyllum var. obovatum
shionone 紫菀酮 三脉紫菀 Aster ageratoides, 耳叶紫菀 A. auriculatus, 白舌紫菀 A. baccharoides, 灰枝紫菀 A. poliothamnus, 紫菀 A. tataricus, 东俄洛紫菀 A. tongolensis, 美丽崖豆藤 Callerya speciosa
shionoside A, B, C 紫菀醇苷▲A, B, C 紫菀 Aster tataricus
shiraiachrome A, B, C 竹黄色素▲A, B, C 竹黄 Shiraia bambusicola
shisonin 紫苏宁 茄 Solanum melongena
shizukaacoradienol 银线草菖蒲二烯醇▲ 丝穗金粟兰 Chloranthus fortunei, 银线草 C. japonicus
shizukafuranol 银线草呋喃醇 银线草 Chloranthus japonicus, 金粟兰 C. spicatus
shizukanolide 银线草内酯 宽叶金粟兰 Chloranthus henryi, 银线草 C. japonicus, 乌药 Lindera aggregata, 草珊瑚 Sarcandra glabra
shizukanolide B 银线草内酯 B 金粟兰 Chloranthus spicatus
shizukanolide C 银线草内酯 C 丝穗金粟兰 Chloranthus fortunei, 银线草 C. japonicus, 金粟兰 C. spicatus
shizukanolide D 银线草内酯 D 银线草 Chloranthus japonicus
shizukanolide E 银线草内酯 E 宽叶金粟兰 Chloranthus henryi, 银线草 C. japonicus, 及已 C. serratus, 草珊瑚 Sarcandra glabra
shizukanolide F 银线草内酯 F 丝穗金粟兰 Chloranthus fortunei, 银线草 C. japonicus, 及已 C. serratus, 金粟兰 C. spicatus, 草珊瑚 Sarcandra glabra
shizukanolide G 银线草内酯 G 丝穗金粟兰 Chloranthus fortunei
shizukanolide H 银线草内酯 H 丝穗金粟兰 Chloranthus fortunei, 草珊瑚 Sarcandra glabra
shizukaol A 银线草醇 A 丝穗金粟兰 Chloranthus fortunei, 银线草 C. japonicus
shizukaol B 银线草醇 B 狭叶金粟兰 Chloranthus angustifolius, 丝穗金粟兰 C. fortunei, 宽叶金粟兰 C. henryi, 银线草 C. japonicus, 及已 C. serratus, 金粟兰 C. spicatus, 草珊瑚 Sarcandra glabra
shizukaol C 银线草醇 C 丝穗金粟兰 Chloranthus fortunei, 宽叶金粟兰 C. henryi, 银线草 C. japonicus, 多穗金粟兰 C. multistachys, 及已 C. serratus, 金粟兰 C. spicatus, 草珊瑚 Sarcandra glabra
shizukaol D 银线草醇 D 丝穗金粟兰 Chloranthus fortunei, 银线草 C. japonicus, 多穗金粟兰 C. multistachys, 及已 C. serratus, 金粟兰 C. spicatus, 草珊瑚 Sarcandra glabra
shizukaol E 银线草醇 E 丝穗金粟兰 Chloranthus fortunei, 银线草 C. japonicus, 金粟兰 C. spicatus, 草珊瑚 Sarcandra glabra
shizukaol F 银线草醇 F 丝穗金粟兰 Chloranthus fortunei, 银线草 C. japonicus, 多穗金粟兰 C. multistachys, 金粟兰 C. spicatus
shizukaol G 银线草醇 G 丝穗金粟兰 Chloranthus fortunei, 银线草 C. japonicus, 金粟兰 C. spicatus, 草珊瑚 Sarcandra glabra
shizukaol H 银线草醇 H 银线草 Chloranthus japonicus, 金粟兰 C. spicatus, 草珊瑚 Sarcandra glabra
shizukaol I 银线草醇 I 丝穗金粟兰 Chloranthus fortunei, 银线草 C. japonicus
shizukaol J 银线草醇 J 丝穗金粟兰 Chloranthus fortunei, 银线草 C. japonicus
shizukaol K~N 银线草醇 K~N 丝穗金粟兰 Chloranthus fortunei
shizukaol O 银线草醇 O 丝穗金粟兰 Chloranthus fortunei, 银线草 C. japonicus
shizukaol P 银线草醇 P 丝穗金粟兰 Chloranthus fortunei, 金粟兰 C. spicatus
shizukolidol 银线草内酯醇 鱼子兰 Chloranthus erectus, 宽叶金粟兰 C. henryi, 银线草 C. japonicus, 金粟兰 C. spicatus
trans,*cis*-*n*-shogaol 反式,顺式-*n*-姜烯酚 姜 Zingiber officinale
trans,*cis*-methyl-*n*-shogaol 反式,顺式-甲基-n-姜烯酚 姜 Zingiber officinale

shogaol 姜烯酚 姜 Zingiber officinale
shomaside A 升麻酚苷▲A 兴安升麻 Cimicifuga dahurica, 大三叶升麻 C. heracleifolia
shomaside B 升麻酚苷▲B 兴安升麻 Cimicifuga dahurica, 大三叶升麻 C. heracleifolia
shomaside C 升麻酚苷▲C 兴安升麻 Cimicifuga dahurica, 大三叶升麻 C. heracleifolia
shomaside D 升麻酚苷▲D 兴安升麻 Cimicifuga dahurica, 大三叶升麻 C. heracleifolia
shomaside E 升麻酚苷▲E 兴安升麻 Cimicifuga dahurica, 大三叶升麻 C. heracleifolia
shomaside F 升麻酚苷▲F 小升麻 Cimicifuga japonica, 荨麻叶龙头草 Meehania urticifolia
shonanin 肖楠素▲ 五爪金龙 Ipomoea cairica
shuanghuaol 双花醇 挥发油成分，未统计基源
shuilongguine III 水龙骨素▲III 日本水龙骨 Polypodiodes niponica
shuterin 宿苞豆素▲ 光宿苞豆 Shuteria involucrata var. glabrata
shuterol 宿苞豆酚▲ 光宿苞豆 Shuteria involucrata var. glabrata
shuterone A, B 宿苞豆酮▲A, B 光宿苞豆 Shuteria involucrata var. glabrata
S-(4-hydroxybenzyl)-glutathione *S*-4- 羟苄基 - 谷胱甘肽 天麻 Gastrodia elata
S-hydroxymethyl homocysteine *S*- 羟甲基高半胱氨酸 角叉菜 Chondrus ocellatus
shyobunone 白菖酮 挥发油成分，未统计基源
siamenoside I 翅子罗汉果苷▲I 罗汉果 Siraitia grosvenorii, 翅子罗汉果 S. siamensis
siamine 铁刀木明碱▲ 铁刀木 Senna siamea
siaminine A, B, C 铁刀木宁碱▲A, B, C 铁刀木 Senna siamea
siaresinolic acid 暹罗树脂酸 秤星树 Ilex asprella, 枸骨 I. cornuta, 胡桃 Juglans regia, 钟形火焰树 Spathodea campanulata, 越南安息香 Styrax tonkinensis, 钩藤 Uncaria rhynchophylla
siaresinolic acid-28-*O*-*β*-D-glucopyranosyl ester 暹罗树脂酸 -28-*O*-*β*-D- 吡喃葡萄糖基酯 栀子 Gardenia jasminoides, 毛冬青 Ilex pubescens
siaresinolic acid-3-*O*-*β*-D-glucuronopyranoside-6'-*O*-methyl ester 暹罗树脂酸 -3-*O*-*β*-D- 吡喃葡萄糖醛酸苷 -6'-*O*- 甲酯 栀子 Gardenia jasminoides
sibiraic acid 鲜卑花酸▲ 窄叶鲜卑花 Sibiraea angustata
sibirate 鲜卑花酯 窄叶鲜卑花 Sibiraea angustata
sibiricaphenone 西伯利亚远志苯酮 西伯利亚远志 Polygala sibirica, 远志 P. tenuifolia
sibiricasaponin A~E 西伯利亚远志皂苷▲A~E 西伯利亚远志 Polygala sibirica
sibiricaxanthone A, C~G 西伯利亚远志呫酮 A, C~G 西伯利亚远志 Polygala sibirica
sibiricaxanthone B 西伯利亚远志呫酮 B 西伯利亚远志 Polygala sibirica, 远志 P. tenuifolia
sibiricin 亚洲岩风素▲ 千里香 Murraya paniculata
sibiricin A, B 砂引草辛▲A, B 砂引草 Messerschmidia sibirica
sibiricine 北紫堇碱▲ 皱波黄堇 Corydalis crispa, 北紫堇 C. sibirica
sibiricinone A 细叶益母草新酮▲A 细叶益母草 Leonurus sibiricus
(+)-sibiricinone B (+)- 细叶益母草新酮▲B 细叶益母草 Leonurus sibiricus
sibiricinone B~E 细叶益母草新酮▲B~E 细叶益母草 Leonurus sibiricus
sibiricol 西伯利亚邪蒿酚 佛手 Citrus medica var. sarcodactylis, 九里香 Murraya exotica
sibiricose A_1 西伯利亚远志糖 A_1 合掌消 Cynanchum amplexicaule, 荷包山桂花 Polygala arillata, 西伯利亚远志 P. sibirica
sibiricose A_2, A_4 西伯利亚远志糖 A_2, A_4 西伯利亚远志 Polygala sibirica
sibiricose A_3 西伯利亚远志糖 A_3 西伯利亚远志 Polygala sibirica, 远志 P. tenuifolia
sibiricose A_5 西伯利亚远志糖 A_5 荷包山桂花 Polygala arillata, 西伯利亚远志 P. sibirica, 远志 P. tenuifolia
sibiricose A_6 西伯利亚远志糖 A_6 荷包山桂花 Polygala arillata, 西伯利亚远志 P. sibirica, 远志 P. tenuifolia, 密花远志 P. tricornis
sibiricoside 黄精皂苷 多花黄精 Polygonatum cyrtonema
sibiricoside A, B 黄精皂苷 A, B 黄精 Polygonatum sibiricum
sibiricoside D, E 戟叶鹅绒藤苷▲D, E 戟叶鹅绒藤 Cynanchum acutum subsp. sibiricum
sibiridine 小果白刺碱▲ 大白刺 Nitraria roborowskii, 小果白刺 N. sibirica
sibirigenin 戟叶鹅绒藤苷元▲ 戟叶鹅绒藤 Cynanchum acutum subsp. sibiricum
sibirine 小果白刺任碱▲ 小果白刺 Nitraria sibirica
sibiriolide A, B 苍耳内酯▲A, B 苍耳 Xanthium sibiricum
sibirioside A 斩龙剑苷 A 玄参 Scrophularia ningpoensis, 草本威灵仙 Veronicastrum sibiricum
sibirioside B 斩龙剑苷 B 草本威灵仙 Veronicastrum sibiricum
sibiriquinone A 斩龙剑醌▲A 草本威灵仙 Veronicastrum sibiricum
sibiriquinone B 斩龙剑醌▲B 栗色鼠尾草 Salvia castanea, 草本威灵仙 Veronicastrum sibiricum
sibiroside A, B, C 西伯利亚败酱苷▲A, B, C 西伯利亚败酱 Patrinia sibirica
sibiscolacton 鲜卑花内酯▲ 窄叶鲜卑花 Sibiraea angustata
sibiskoside 鲜卑花苷▲ 窄叶鲜卑花 Sibiraea angustata
siderin 毒马草素▲ 小木通 Clematis armandii, 昆仑多子柏 Juniperus semiglobosa, 红椿 Toona ciliata
sideritoflavone 毒马草黄酮 冬凌草 Isodon rubescens
sideroxylin 铁木桉素▲ 米仔兰 Aglaia odorata, 窿缘桉 Eucalyptus exserta, 树脂桉 E. resinifera, 桉 E. robusta

S

sideroxylonal B 铁木桉醛 ▲B 桉 Eucalyptus robusta
sieboldianine A, B, C 钩腺大戟宁素 ▲A, B, C 钩腺大戟 Euphorbia sieboldiana
sieboldianoside A 异株五加苷 ▲A 木通 Akebia quinata, 鹅掌藤 Heptapleurum arboricola, 白花鹅掌柴 H. leucanthum, 刺楸 Kalopanax septemlobus, 败酱 Patrinia scabiosifolia, 野木瓜 Stauntonia chinensis, 尾叶那藤 S. obovatifoliola subsp. urophylla
sieboldianoside B 异株五加苷 ▲B 西南银莲花 Anemone davidii, 小花草玉梅 A. rivularis var. flore-minore, 野木瓜 Stauntonia chinensis
sieboldii saponin A 甘露子皂苷 A 甘露子 Stachys sieboldii
sieboldiin A, B 华东菝葜素 A, B 华东菝葜 Smilax sieboldii
sieboldin 三叶海棠素 ▲ 筒鞘蛇菰 Balanophora involucrata, 三叶海棠 Malus sieboldii
sieboldin-3'-ketocarboxylic acid 三叶海棠素 ▲-3'- 酮羧酸 筒鞘蛇菰 Balanophora involucrata
sieboldine A 鳞叶马尾杉碱 ▲A 鳞叶马尾杉 Phlegmariurus sieboldii
sieboldogenin 华东菝葜皂苷元 菝葜 Smilax china
siebolside B 西氏杨苷 ▲B 毛白杨 Populus tomentosa
siegesbeckic acid 腺梗豨莶酸 腺梗豨莶 Sigesbeckia pubescens
siegesbeckiol 腺梗豨莶醇 腺梗豨莶 Sigesbeckia pubescens
siegesbeckioside 腺梗豨莶苷 毛梗豨莶 Sigesbeckia glabrescens, 腺梗豨莶 S. pubescens
siegesesteric acid 豨莶酯酸 毛梗豨莶 Sigesbeckia glabrescens, 豨莶 S. orientalis
siegesetheric acid 豨莶醚酸 豨莶 Sigesbeckia orientalis
siegeskaurolic acid 豨莶贝壳杉酸 ▲ 毛梗豨莶 Sigesbeckia glabrescens, 腺梗豨莶 S. pubescens
siegesmethyletheric acid 豨莶甲醚酸 ▲ 腺梗豨莶 Sigesbeckia pubescens
sieversinin 白蒿宁 东北丝裂蒿 Artemisia adamsii
sieversol 白蒿醇 大籽蒿 Artemisia sieversiana
sifanghaoine I, II, III 四方蒿素 I, II, III 四方蒿 Elsholtzia blanda
(±)-sigmoidin A (±)- 反曲刺酮素 ▲A 见血封喉 Antiaris toxicaria
sigmoidin B 反曲刺桐素 ▲B 胀果甘草 Glycyrrhiza inflata, 甘草 G. uralensis
sigmoidin C 反曲刺桐素 ▲C 胀果甘草 Glycyrrhiza inflata
(-)-sigmoidin E (-)- 反曲刺桐素 ▲E 朝鲜槐 Maackia amurensis
sikkimenoid A, C~F 黄苞大戟萜 ▲A, C~F 黄苞大戟 Euphorbia sikkimensis
sikkimenoid B 黄苞大戟萜 ▲B 黄苞大戟 Euphorbia sikkimensis, 麻疯树 Jatropha curcas
sikokianin A 四国荛花素 ▲A 狼毒 Stellera chamaejasme, 了哥王 Wikstroemia indica
sikokianin B, D 四国荛花素 ▲B, D 了哥王 Wikstroemia indica
sikokianin C 四国荛花素 ▲C 狼毒 Stellera chamaejasme, 了哥王 Wikstroemia indica
cis-silandrin 顺式 - 水飞木质灵 水飞蓟 Silybum marianum
silandrin A 水飞木质灵 A 水飞蓟 Silybum marianum
(-)-silandrin B (-)- 水飞木脂灵 B 云南土沉香 Excoecaria acerifolia
silandrin B 水飞木质灵 B 水飞蓟 Silybum marianum
silenoviscoside D, F 粘萼蝇子草苷 ▲D, F 粘萼蝇子草 Silene viscidula
silphioside A 松香草苷 ▲A 辽东楤木 Aralia elata var. glabrescens, 金盏花 Calendula officinalis
silphioside B 松香草苷 ▲B 尾穗苋 Amaranthus caudatus, 药用牛舌草 Anchusa officinalis, 鹅掌草 Anemone flaccida, 辽东楤木 Aralia elata var. glabrescens
silphioside E 松香草苷 ▲E 辽东楤木 Aralia elata var. glabrescens, 竹节参 Panax japonicus
silphioside F 松香草苷 ▲F 喜旱莲子草 Alternanthera philoxeroides, 山石榴 Catunaregam spinosa
silphioside G 松香草苷 ▲G 土牛膝 Achyranthes aspera, 喜旱莲子草 Alternanthera philoxeroides, 莲子草 A. sessilis
silybin 水飞蓟宾 头花蓼 Polygonum capitatum, 水飞蓟 Silybum marianum, 猫尾草 Uraria crinita
silybin A 水飞蓟宾 A 刺果卫矛 Euonymus acanthocarpus, 水飞蓟 Silybum marianum
silybin B 水飞蓟宾 B 刺果卫矛 Euonymus acanthocarpus, 太白龙胆 Gentiana apiata, 水飞蓟 Silybum marianum
(+)-silychristin (+)- 水飞蓟亭 刺果卫矛 Euonymus acanthocarpus
silychristin 水飞蓟亭 水飞蓟 Silybum marianum
silychristin A, B 水飞蓟亭 A, B 水飞蓟 Silybum marianum
silydianin 水飞蓟宁 水飞蓟 Silybum marianum
silymarin 水飞蓟素 水飞蓟 Silybum marianum
silymin A, B 水飞蓟明 ▲A, B 水飞蓟 Silybum marianum
simalikalactone C 苦木内酯 C 苦树 Picrasma quassioides
simiarenol 猴头杜鹃烯醇 小蓬草 Conyza canadensis, 一年蓬 Erigeron annuus, 棱果榕 Ficus septica, 白背算盘子 Glochidion wrightii, 长节耳草 Hedyotis uncinella, 白茅 Imperata cylindrica, 大驳骨 Justicia ventricosa, 牛皮杜鹃花 Rhododendron aureum, 山黄麻 Trema orientalis
simiarenone 猴头杜鹃烯酮 南欧大戟 Euphorbia peplus, 中华抱茎蓼 Polygonum amplexicaule var. sinense
simonic acid A 西蒙番薯酸 ▲A 番薯 Ipomoea batatas
simonic acid B 西蒙番薯酸 ▲B 假厚藤 Ipomoea imperati
simonin IV 西蒙番薯素 ▲IV 番薯 Ipomoea batatas
simonin A 野八角宁 ▲A 野八角 Illicium simonsii

S

simonol A, B 野八角醇▲A, B 野八角 Illicium simonsii
simonsienol A, B, C 野八角烯酚▲A, B, C 野八角 Illicium simonsii
simonsin A, B 野八角素▲A, B 野八角 Illicium simonsii
simonsinol 野八角脂酚▲ 野八角 Illicium simonsii
simonsol A~E 野八角酚▲A~E 野八角 Illicium simonsii
simplexin 单茎稻花素▲ 芫花 Daphne genkwa, 狼毒 Stellera chamaejasme, 河朔荛花 Wikstroemia chamaedaphne
simplexoside 单爵床苷▲ 无梗五加 Eleutherococcus sessiliflorus, 臭檀吴萸 Euodia daniellii, 肉果草 Lancea tibetica, 青花椒 Zanthoxylum schinifolium
simplocosin 山矾素▲ 肉果草 Lancea tibetica
(-)-simulanol (-)- 野花椒醇 刺果卫矛 Euonymus acanthocarpus, 卫矛 E. alatus, 刺楸 Kalopanax septemlobus, 金樱子 Rosa laevigata, 野花椒 Zanthoxylum simulans
(+)-simulanol (+)- 野花椒醇 卫矛 Euonymus alatus
simulanol 野花椒醇 红花八角 Illicium dunnianum, 黄果茄 Solanum virginianum
simulanoquinoline 野花椒喹啉▲ 野花椒 Zanthoxylum simulans
simulansine 野花椒辛碱▲ 野花椒 Zanthoxylum simulans
simulenoline 野花椒醇碱 野花椒 Zanthoxylum simulans
simvastatin 辛伐他汀 荜拔 Piper longum
sinaconitine A, B 高乌头亭▲A, B 高乌头 Aconitum sinomontanum
(+)-sinactine (+)- 风龙碱▲ 细叶黄堇 Corydalis meifolia
(±)-sinactine (±)- 风龙碱▲ 山延胡索 Corydalis solida
sinactine 风龙碱▲ 堇叶延胡索 Corydalis fumariifolia, 石生黄堇 C. saxicola, 齿瓣延胡索 C. turtschaninovii, 风龙 Sinomenium acutum
sinaiticin 西奈毛蕊花素▲ 泰国大风子 Hydnocarpus anthelminthicus
sinalbin; glucosinalbin 白芥子苷 白芥 Sinapis alba
trans-sinapaldehyde 反式 - 芥子醛 探春花 Jasminum floridum
sinapaldehyde glucopyranoside 芥子醛吡喃葡萄糖苷 铁冬青 Ilex rotunda
sinapaldehyde glucoside 芥子醛葡萄糖苷 白蜡树 Fraxinus chinensis
sinapaldehyde; sinapic aldehyde; sinapyl aldehyde 芥子醛 显苞芒毛苣苔 Aeschynanthus bracteatus, 猪肚木 Canthium horridum, 欧洲甜樱桃 Cerasus avium, 阴香 Cinnamomum burmannii, 薏米 Coix lacryma-jobi var. ma-yuen, 滇瑞香 Daphne feddei, 树参 Dendropanax dentiger, 苦绳 Dregea sinensis, 贯筋藤 D. sinensis var. corrugata, 野鸦椿 Euscaphis japonica, 白蜡树 Fraxinus chinensis, 秦岭梣 F. paxiana, 椭圆叶花锚 Halenia elliptica, 台湾芙蓉 Hibiscus taiwanensis, 厚朴 Houpoëa officinalis, 铁冬青 Ilex rotunda, 红茴香 Illicium henryi, 石南藤 Piper wallichii, 胡杨 Populus euphratica, 巴天酸模 Rumex patientia, 华鼠尾草 Salvia chinensis, 大耳叶风毛菊 Saussurea macrota, 黄蜡果 Stauntonia brachyanthera, 羽叶楸 Stereospermum colais, 狭叶獐牙菜 Swertia angustifolia, 大籽獐牙菜 S. macrosperma, 假桂乌口树 Tarenna attenuata, 椿叶花椒 Zanthoxylum ailanthoides, 野花椒 Z. simulans
(*E*)-sinapaldehyde-*O*-*β*-D-glucopyranoside (*E*)- 芥子醛 -*O*-*β*-D- 吡喃葡萄糖苷 长喙厚朴 Houpoëa rostrata
trans-sinapic acid 反式 - 芥子酸 辣椒 Capsicum annuum, 播娘蒿 Descurainia sophia, 块茎山萮菜 Eutrema wasabi, 蓬子菜 Galium verum, 烟草 Nicotiana tabacum
cis-sinapic acid 顺式 - 芥子酸 烟草 Nicotiana tabacum
sinapic acid ethyl ester 芥子酸乙酯 播娘蒿 Descurainia sophia
(*E*)-sinapic acid methyl ester (*E*)- 芥子酸甲酯 萝卜 Raphanus sativus
trans-sinapic acid methyl ester 反式 - 芥子酸甲酯 块茎山萮菜 Eutrema wasabi
sinapic acid methyl ester 芥子酸甲酯 龙葵 Solanum nigrum, 蔓长春花 Vinca major
sinapic acid; sinapinic acid 芥子酸 较常见成分，至少分布于 30 种以上植物中，见于报春花科、唇形科、豆科、杜鹃花科、橄榄科、葫芦科、虎耳草科、锦葵科、菊科、藜科、萝藦科、葡萄科、茜草科、蔷薇科、茄科、清风藤科、伞形科、商陆科、十字花科、苋科、小二仙草科、荨麻科、远志科、芸香科、紫草科、紫葳科等
sinapic acid-4-*O*-*β*-D-(6'-sinapoyl)glucopyranoside 芥子酸 -4-*O*-*β*-D-(6'- 芥子酰基) 吡喃葡萄糖苷 合掌消 Cynanchum amplexicaule
cis-sinapic acid-4-*O*-*β*-D-allopyranoside 顺式 - 芥子酸 -4-*O*-*β*-D- 吡喃阿洛糖苷 甘青乌头 Aconitum tanguticum
trans-sinapic acid-4-*O*-*β*-glucopyranoside 反式 - 芥子酸 -4-*O*-*β*-D- 吡喃葡萄糖苷 甘青乌头 Aconitum tanguticum
sinapic alcohol; sinapyl alcohol 芥子醇 圆萼刺参 Morina chinensis, 天女花 Oyama sieboldii, 异株荨麻 Urtica dioica
sinapine bisulfate 芥子碱硫酸氢盐 播娘蒿 Descurainia sophia
sinapine iodide 芥子碱碘化物 葶苈 Draba nemorosa
sinapoyl malic acid 芥子酰苹果酸 木龙葵 Solanum scabrum
β-D-(3-*O*-sinapoyl)-fructofuranosyl-*α*-D-(6-*O*-sinapoyl)-glucopyranoside *β*-D-(3-*O*- 芥子酰基)- 呋喃果糖基 -*α*-D-(6-*O*- 芥子酰基)- 吡喃葡萄糖苷 绿叶甘橿 Lindera neesiana, 远志 Polygala tenuifolia, 萝卜 Raphanus sativus
α-D-(6-*O*-sinapoyl)-glucopyranosyl-(1 → 2)-*β*-D-(3-*O*-sinapoyl)-fructofuranose *α*-D-(6-*O*- 白芥子酰基)- 葡萄吡喃糖基 -(1 → 2)-*β*-D-(3-*O*- 白芥子酰基)- 呋喃果糖 荷包山桂花 Polygala arillata
sinapoyl-4-*O*-*β*-D-glucopyranoside 芥子酰基 -4-*O*-*β*-D- 吡喃葡萄糖苷 列当 Orobanche coerulescens
3'-sinapoyl-6-benzoylsucrose 3'- 芥子酰基 -6- 苯甲酰蔗糖 西伯利亚远志 Polygala sibirica
3'-sinapoyl-6-feruloylsucrose 3'- 芥子酰基 -6- 阿魏酰蔗糖 芸香 Ruta graveolens
sinapoylerysimoside 芥子酰糖芥苷 灰毛糖芥 Erysimum canescens

S

1-sinapoylglucopyranoside 1-芥子酰吡喃葡萄糖苷 青蛇藤 Periploca calophylla

1-sinapoylglucose 1-芥子酰葡萄糖 紫萍 Spirodela polyrrhiza

sinapoylmalate 芥子酰苹果酸酯 芸苔 Brassica rapa var. oleifera

3*α*-*trans*-sinapoyloxy-jhanol-18-*O*-*β*-D-glucopyranoside 3*α*-反式-芥子酰氧基-简尼泽兰醇▲-18-*O*-*β*-D-吡喃葡萄糖苷 短柄五加 Eleutherococcus brachypus

3*β*-*trans*-sinapoyloxylup-20(29)-en-28-ol 3*β*-反式-芥子酰氧基羽扇豆-20(29)-烯-28-醇 菲律宾朴 Celtis philippensis

5-sinapoylquinic acid 5-芥子酰奎宁酸 菊花 Chrysanthemum morifolium

6'''-sinapoylspinosin 6'''-芥子酰酸枣素▲ 滇刺枣 Ziziphus mauritiana

6-sinapoylspinosin 6-芥子酰酸枣素▲ 酸枣 Ziziphus jujuba var. spinosa

sinapoyl-*β*-D-galactosyl-6-*C*-arabinosylapigenin 芥子酰基-*β*-D-半乳糖基-6-*C*-阿拉伯糖芹菜素 普通小麦 Triticum aestivum

1-sinapoyl-*β*-D-glucopyranoside 1-芥子酰基-*β*-D-吡喃葡萄糖苷 萝卜 Raphanus sativus

trans-*p*-sinapoyl-*β*-D-glucopyranoside 反式-对芥子酰基-*β*-D-吡喃葡萄糖苷 辣椒 Capsicum annuum, 槲蕨 Drynaria roosii

sinapyl acid-4-*O*-*β*-D-glucopyranoside 芥子酸-4-*O*-*β*-D-吡喃葡萄糖苷 榅桲 Cydonia oblonga

sinapyl alcohol-1,3'-di-*O*-*β*-D-glucopyranoside 芥子醇-1,3'-二-*O*-*β*-D-吡喃葡萄糖苷 黄瑞香 Daphne giraldii, 茴香 Foeniculum vulgare, 狼毒 Stellera chamaejasme

sinapyl diangelate 芥子醇二当归酸酯 显脉旋覆花 Duhaldea nervosa

sinapyl-9-*O*-*β*-*O*-glucopyranoside 芥子醇-9-*O*-*β*-*O*-吡喃葡萄糖苷 秃叶黄檗 Phellodendron chinense var. glabriusculum

sinapylaldehyde-4-*O*-*β*-D-glucopyranoside 芥子醛-4-*O*-*β*-D-吡喃葡萄糖苷 蓟 Cirsium japonicum, 大果树参 Dendropanax chevalieri, 树参 D. dentiger, 刺五加 Eleutherococcus senticosus, 毛冬青 Ilex pubescens

sinaspirolide 当归螺内酯▲ 当归 Angelica sinensis

sincoetsin A, B 新细锥香茶菜素▲A, B 细锥香茶菜 Isodon coetsa

sinenoside I 小蜡苷 I 小蜡 Ligustrum sinense

sinensal 甜橙醛 挥发油成分，未统计基源

sinensetin 甜橙素 霍香蓟 Ageratum conyzoides, 香藜 Chenopodium botrys, 酸橙 Citrus aurantium, 代代 C. aurantium 'Daidai', 柠檬 C. limon, 柚 C. maxima, 柑橘 C. reticulata, 九月黄 C. reticulata 'Erythrosa', 南丰蜜橘 C. reticulata 'Kinokuni', 黄岩蜜橘 C. reticulata 'Subcompressa', 天台山蜜柑 C. reticulata 'Succosa', 福橘 C. reticulata 'Tangerina', 蕉柑 C. reticulata 'Tankan', 温州蜜柑 C. reticulata 'Unshiu', 甜橙 C. sinensis, 肾茶 Clerodendranthus spicatus, 卵叶巴豆 Croton caudatus, 菘蓝 Isatis tinctoria, 苦槛蓝 Pentacoelium bontioides

sinensin 藏报春素▲ 沙生蜡菊 Helichrysum arenarium, 藏报春 Primula sinensis

sinensin A, B 绶草素▲A, B 绶草 Spiranthes sinensis

sinensine A~E 紫芝碱 A~E 中华紫芝 Ganoderma sinense

sinensiol A, B 中华卷柏醇▲A, B 中华卷柏 Selaginella sinensis

sinensisin A, B, C 铁箍散辛▲A, B, C 铁箍散 Schisandra propinqua var. sinensis

sinensol A~H 绶草酚▲A~H 绶草 Spiranthes sinensis

sinetirucallol 绶草绿玉树醇▲ 绶草 Spiranthes sinensis

7,12'-single bridged bisbenzylisoquinoline alkaloid 7,12'-单桥双苄基异喹啉生物碱 四川轮环藤 Cyclea sutchuenensis

8,9-single-epoxybrevifolin 8,9-单环氧短叶苏木酚 黄珠子草 Phyllanthus virgatus

singueanol I 东非决明醇▲I 望江南 Senna occidentalis

sinigrin 芥子苷 芝麻菜 Eruca vesicaria

sinkianone 新疆阿魏酮▲ 大果阿魏 Ferula lehmannii, 新疆阿魏 F. sinkiangensis, 臭阿魏 F. teterrima

sinoacutine 华防己碱 秃疮花 Dicranostigma leptopodum, 南天竹 Nandina domestica, 风龙 Sinomenium acutum, 白线薯 Stephania brachyandra, 金线吊乌龟 S. cephalantha, 血散薯 S. dielsiana, 雅丽千金藤 S. elegans, 地不容 S. epigaea, 广西地不容 S. kwangsiensis, 马山地不容 S. mashanica, 小花地不容 S. micrantha, 药用地不容 S. officinarum, 云南地不容 S. yunnanensis

(-)-sinococuline (-)-风龙木防己灵▲ 木防己 Cocculus orbiculatus

sinococuline 风龙木防己灵▲ 木防己 Cocculus orbiculatus, 毛木防己 C. orbiculatus var. mollis, 地不容 Stephania epigaea, 江南地不容 S. excentrica, 千金藤 S. japonica, 四川千金藤 S. sutchuenensis

sinocrassoside A_1~A_{12}, B_1~B_5, D_1, D_2 石莲苷▲A_1~A_{12}, B_1~B_5, D_1, D_2 石莲 Sinocrassula indica

sinocrassoside C_1 石莲苷▲C_1 红景天 Rhodiola rosea, 石莲 Sinocrassula indica

sinocrassuloside I, II, VI, VII, VIII, IX 石莲醇苷▲I, II, VI, VII, VIII, IX 粘萼蝇子草 Silene viscidula

sinodielide A 滇芹内酯▲A 滇芹 Meeboldia yunnanensis, 红前胡 Peucedanum rubricaule

sinodielide B 滇芹内酯▲B 滇芹 Meeboldia yunnanensis, 红前胡 Peucedanum rubricaule

sinodielide C~H 滇芹内酯▲C~H 滇芹 Meeboldia yunnanensis

sinoflavonoid A, B 桃儿七黄酮▲A, B 桃儿七 Sinopodophyllum hexandrum

sinomacutine A~E 风龙新碱 A~E 风龙 Sinomenium acutum

sinomarinoside B 裂冠藤苷▲B 青羊参 Cynanchum otophyllum

sinomendine 青藤定碱 风龙 Sinomenium acutum

sinomenine 青藤碱 定心藤 Mappianthus iodoides, 蝙蝠葛 Menispermum dauricum, 风龙 Sinomenium acutum, 白线薯 Stephania brachyandra, 金线吊乌龟 S. cephalantha, 血散薯 S. dielsiana, 地不容 S. epigaea, 小花地不容 S. micrantha, 汝兰 S. sinica

sinomenine-*N*-oxide 青藤碱-*N*-氧化物 风龙 Sinomenium acutum

sinomontanine A~I 高乌头碱 A~I 高乌头 Aconitum sinomontanum

sinomontanitine A, B 高乌头尼亭▲A, B 高乌头 Aconitum sinomontanum
sinoracutine 风龙亭碱▲ 风龙 Sinomenium acutum
sinoside 中国羊角拗苷▲ 羊角拗 Strophanthus divaricatus
sinostroside 中国羊角拗托苷▲ 羊角拗 Strophanthus divaricatus
sinpeinine A 新贝甲素 额敏贝母 Fritillaria meleagroides, 甘肃贝母 F. przewalskii, 新疆贝母 F. walujewii
sintenin 长颈蓍内酯 蓍 Achillea millefolium
sinugibberodiol 驼峰短指软珊瑚二醇▲ 短果茴芹 Pimpinella brachycarpa
siol acetate 泽芹醇▲乙酸酯 欧泽芹 Sium latifolium
sioraside 鹊肾树苷▲ 鹊肾树 Streblus asper
siphonodin 管齿木素▲ 椭圆果雪胆 Hemsleya ellipsoidea, 红毛丹 Nephelium lappaceum
siphonol A~E 鸡脚参新醇▲A~E 肾茶 Clerodendranthus spicatus
siphonostegiol 阴行草醇 阴行草 Siphonostegia chinensis, 华马钱 Strychnos cathayensis
siraitic acid IIA, IIB, IIC, A~F 罗汉果酸 IIA, IIB, IIC, A~F 罗汉果 Siraitia grosvenorii
sisalagenin 剑麻皂苷元 剑麻 Agave sisalana
sisalanin A~G 剑麻皂苷 A~G 剑麻 Agave sisalana
sissosterol 印度黄檀甾醇▲ 印度黄檀 Dalbergia sissoo
sissotrin 印度黄檀苷 蒙古黄耆 Astragalus penduliflorus, 鹰嘴豆 Cicer arietinum, 红花山竹子 Corethrodendron multijugum, 印度黄檀 Dalbergia sissoo, 千斤拔 Flemingia philippinensis, 花榈木 Ormosia henryi, 葛 Pueraria montana var. lobata, 槐 Sophora japonica, 红车轴草 Trifolium pratense
sistosterol-5-en-3β,7α-diol 谷甾醇-5-烯-3β,7α-二醇 白背算盘子 Glochidion wrightii
sistosterol-5-en-3β,7β-diol 谷甾醇-5-烯-3β,7β-二醇 白背算盘子 Glochidion wrightii
sistoterol-5-en-3β-hydroxy-7-one 谷甾醇-5-烯-3β-羟基-7-酮 白背算盘子 Glochidion wrightii
sisymbrifolin 蒜芥茄素▲ 蓬莱葛 Gardneria multiflora, 卵叶蓬莱葛 G. ovata, 白柳 Salix alba
sitakisogenin 日本黑鳗藤苷元▲ 匙羹藤 Gymnema sylvestre
sitakisoside I, II, VI, VII 日本黑蔓藤苷▲I, II, VI, VII 黑鳗藤 Jasminanthes mucronata
sitoindoside I 大蕉谷甾苷▲I 黑面神 Breynia fruticosa, 神黄豆 Cassia agnes, 甘青青兰 Dracocephalum tanguticum, 榕树 Ficus microcarpa, 蕺菜 Houttuynia cordata, 红波罗花 Incarvillea delavayi, 云南地黄连 Munronia delavayi, 大蕉 Musa × paradisiaca, 山壳骨 Pseuderanthemum latifolium
sitoindoside II 大蕉谷甾苷▲II 桂火绳 Eriolaena kwangsiensis, 云南地黄连 Munronia delavayi, 大蕉 Musa × paradisiaca
sitoindoside III 大蕉谷甾苷▲III 大蕉 Musa × paradisiaca
sitoindoside IV 大蕉谷甾苷▲IV 光叶闭鞘姜 Costus tonkinensis
sitoindoside VII, VIII, IX 大蕉谷甾苷▲VII, VIII, IX 睡茄 Withania somnifera
sitost-4-en-3-one 谷甾-4-烯-3-酮 镰叶西番莲 Passiflora wilsonii, 掌叶木 Tabebuia rosea
sitosta-5,23-dien-3β-ol 谷甾-5,23-二烯-3β-醇 止泻木 Holarrhena pubescens
sitostanol 谷甾烷醇 大麻 Cannabis sativa, 金鱼藻 Ceratophyllum demersum, 光叶闭鞘姜 Costus tonkinensis, 湖南稗子 Echinochloa frumentacea, 黑果越桔 Vaccinium myrtillus
sitostanol-3-O-β-D-glucopyranoside 谷甾烷醇-3-O-β-D-吡喃葡萄糖苷 胡椒 Piper nigrum
β-sitostanone β-谷甾烷酮 台湾含笑 Michelia compressa
sitostanone 谷甾烷酮 乔松 Pinus wallichiana, 睡茄 Withania somnifera
β-sitostenone β-谷甾烯酮 秋枫 Bischofia javanica, 辣椒 Capsicum annuum, 黄杞 Engelhardia roxburghiana, 柠檬桉 Eucalyptus citriodora, 黄苞大戟 Euphorbia sikkimensis, 榕树 Ficus microcarpa, 木竹子 Garcinia multiflora, 厚朴 Houpoëa officinalis, 山胡椒 Lindera glauca, 北美鹅掌楸 Liriodendron tulipifera, 山鸡椒 Litsea cubeba, 蝙蝠葛 Menispermum dauricum, 黄兰 Michelia champaca, 台湾含笑 M. compressa, 日本瓦松 Orostachys japonica, 露兜树 Pandanus tectorius, 木藤蓼 Polygonum aubertii, 两面针 Zanthoxylum nitidum
sitostenone 谷甾烯酮 广藿香 Pogostemon cablin, 掌叶木 Tabebuia rosea
7α-sitosterol 7α-谷甾醇 薏米 Coix lacryma-jobi var. ma-yuen
α-sitosterol α-谷甾醇 雪松 Cedrus deodara
sitosterol; β-sitosterol 谷甾醇 常见成分，至少分布于 100 种以上植物中
γ-sitosterol γ-谷甾醇 铁线蕨 Adiantum capillus-veneris, 福建观音座莲 Angiopteris fokiensis, 毛樱桃 Cerasus tomentosa, 三叶蝶豆 Clitoria mariana, 可拉 Cola nitida, 锁阳 Cynomorium songaricum, 播娘蒿 Descurainia sophia, 葎草 Humulus scandens, 卷丹 Lilium lancifolium, 垂花悬铃花 Malvaviscus penduliflorus, 小果白刺 Nitraria sibirica, 白刺 N. tangutorum, 大叶糙苏 Phlomis maximowiczii, 白鼓钉 Polycarpaea corymbosa, 黑鳞耳蕨 Polystichum makinoi, 马缨杜鹃花 Rhododendron delavayi, 半枝莲 Scutellaria barbata, 苦豆子 Sophora alopecuroides, 马蓝 Strobilanthes cusia, 白车轴草 Trifolium repens, 霸王 Zygophyllum xanthoxylon
20R-β-sitosterol acetate 20R-β-谷甾醇乙酸酯 短筒兔耳草 Lagotis brevituba
20S-β-sitosterol acetate 20S-β-谷甾醇乙酸酯 短筒兔耳草 Lagotis brevituba
β-sitosterol acetate β-谷甾醇乙酸酯 冬瓜 Benincasa hispida, 牛角瓜 Calotropis gigantea, 卵叶巴豆 Croton caudatus, 青藏大戟 Euphorbia altotibetica, 棱果榕 Ficus septica, 大花紫薇 Lagerstroemia speciosa, 刺槐 Robinia pseudoacacia, 半枝莲 Scutellaria barbata, 滇刺枣 Ziziphus mauritiana
γ-sitosterol acetate γ-谷甾醇乙酸酯 滑桃树 Trevia nudiflora
γ-sitosterol benzoate γ-谷甾醇苯甲酸酯 滑桃树 Trevia nudiflora

sitosterol benzoate 谷甾醇苯甲酸酯 拳参 Polygonum bistorta
β-sitosterol cerotate β- 谷甾醇蜡酸酯 猫爪藤 Macfadyena unguis-cati
β-sitosterol fatty acid ester β- 谷甾醇脂肪酸酯 红椿 Toona ciliata
β-sitosterol galactopyranoside β- 谷甾醇吡喃半乳糖苷 宽托叶老鹳草 Geranium wallichianum
β-sitosterol gentiobioside β- 谷甾醇龙胆二糖苷 来江藤 Brandisia hancei
β-sitosterol glucoside β- 谷甾醇葡萄糖苷 台湾罗汉松 Podocarpus nakaii, 喜马拉雅红豆杉 Taxus wallichiana
β-sitosterol laurate β- 谷甾醇月桂酸酯 菘蓝 Isatis tinctoria
β-sitosterol linoleate β- 谷甾醇亚油酸酯 白蔹 Ampelopsis japonica, 乌药 Lindera aggregata, 川赤芍 Paeonia anomala subsp. veitchii
sitosterol oleate 谷甾醇油酸酯 岭南山竹子 Garcinia oblongifolia
β-sitosterol palmitate β- 谷甾醇棕榈酸酯 无柄沙参 Adenophora stricta subsp. sessilifolia, 落新妇 Astilbe chinensis, 羊蹄甲 Bauhinia purpurea, 锁阳 Cynomorium songaricum, 黄瑞香 Daphne giraldii, 苦荞麦 Fagopyrum tataricum, 肾蕨 Nephrolepis auriculata, 枳 Poncirus trifoliata, 西南凤尾蕨 Pteris wallichiana, 土茯苓 Smilax glabra, 海桑 Sonneratia caseolaris, 黑三棱 Sparganium stoloniferum, 长苞香蒲 Typha angustata, 茶荚蒾 Viburnum setigerum, 紫藤 Wisteria sinensis
β-sitosterol stearate β- 谷甾醇硬脂酸酯 羊蹄甲 Bauhinia purpurea, 三球悬铃木 Platanus orientalis, 百日青 Podocarpus neriifolius, 洋蒲桃 Syzygium samarangense
sitosterol-(6'-O-linolenoyl)-β-D-glucopyranoside 谷甾醇 -(6'-O- 亚麻酰基)-β-D- 吡喃葡萄糖苷 刺篱木 Flacourtia indica
sitosterol-(6'-O-linoleoyl)-β-D-glucopyranoside 谷甾醇 -(6'-O- 亚油酰基)-β-D- 吡喃葡萄糖苷 刺篱木 Flacourtia indica
sitosterol-(6'-O-margaroyl)-β-D-glucopyranoside 谷甾醇 -(6'-O- 十七碳酰基)-β-D- 吡喃葡萄糖苷 刺篱木 Flacourtia indica
sitosterol-(6'-O-palmitoyl)-β-D-glucopyranoside 谷甾醇 -(6'-O- 棕榈酰基)-β-D- 吡喃葡萄糖苷 刺篱木 Flacourtia indica
sitosterol-(6'-O-stearoyl)-β-D-glucopyranoside 谷甾醇 -(6'-O- 硬脂酰基)-β-D- 吡喃葡萄糖苷 刺篱木 Flacourtia indica
β-sitosterol-(6-palmitoyl)-glucopyranoside β- 谷甾醇 -(6- 棕榈酰基)- 吡喃葡萄糖苷 铃铛子 Anisodus luridus
β-sitosterol-3-(6'-linoleoyl)glucopyranoside β- 谷甾醇 -3-(6'- 亚油酰基) 吡喃葡萄糖苷 人参 Panax ginseng
β-sitosterol-3-(6'-palmitoleoyl)glucopyranoside β- 谷甾醇 -3-(6'- 棕榈油酰基) 吡喃葡萄糖苷 人参 Panax ginseng
β-sitosterol-3-(6'-palmitoyl)glucopyranoside β- 谷甾醇 -3-(6'- 棕榈酰基) 吡喃葡萄糖苷 人参 Panax ginseng
β-sitosterol-3-(6'-stearoyl)glucopyranoside β- 谷甾醇 -3-(6'- 硬脂酰基) 吡喃葡萄糖苷 人参 Panax ginseng
β-sitosterol-3,5,6-triol β- 谷甾醇 -3,5,6- 三醇 伏毛铁棒锤 Aconitum flavum
β-sitosterol-3-O-(6'-acyloxy)-β-D-glucoside β- 谷甾醇 -3-O-(6'- 酰氧基)-β-D- 葡萄糖苷 金毛狗 Cibotium barometz
β-sitosterol-3-O-(6'-glyceride)-β-D-glucoside β- 谷甾醇 -3-O-(6'- 甘油酯)-β-D- 葡萄糖苷 乳浆大戟 Euphorbia esula
β-sitosterol-3-O-(6'-hexadecanoyloxy)-β-D-glucoside β- 谷甾醇 -3-O-(6'- 正十六酰氧基)-3-β-D- 葡萄糖苷 金毛狗 Cibotium barometz
β-sitosterol-3-O-(6'-octadecanoyl)-β-D-glucopyranoside β- 谷甾醇 -3-O-(6'- 硬脂酰基)-β-D- 吡喃葡萄糖苷 榕树 Ficus microcarpa
sitosterol-3-O-(6'-O-palmityl)-β-D-glucoside 谷甾醇 -3-O-(6'-O- 棕榈酰基)-β-D- 葡萄糖苷 团花 Neolamarckia cadamba
sitosterol-3-O-[2',4'-O-diacetyl-6'-O-stearyl]-β-D-glucopyranoside 谷甾醇 -3-O-[2',4'- 二乙酰基 -6'-O- 十八酰基]-β-D- 吡喃葡萄糖苷 大薸 Pistia stratiotes
sitosterol-3-O-[2'-O-stearyl]-β-D-xylopyranoside 谷甾醇 -3-O-[2'-O- 十八酰基]-β-D- 木糖苷 大薸 Pistia stratiotes
sitosterol-3-O-[4'-O-stearyl]-β-D-xylopyranoside 谷甾醇 -3-O-[4'-O- 十八酰基]-β-D- 木糖苷 大薸 Pistia stratiotes
sitosterol-3-O-12',13'-epoxy-9'-oxo-(10'E)-octadecenoate 谷甾醇 -3-O-12',13'- 环氧 -9'- 氧 -(10' 反式)- 十八烯酸甲酯 矮陀陀 Munronia pinnata
sitosterol-3-O-6-stearoyl-β-D-glucopyranoside 谷甾醇 -3-O-6- 硬脂酰基 -β-D- 吡喃葡萄糖苷 泽泻 Alisma plantago-aquatica, 甘遂 Euphorbia kansui
β-sitosterol-3-O-β-D-arabinofuranosyl-O-α-L-rhamnopyranosyl-O-β-D-glucopyranoside β- 谷甾醇 -3-O-β-D- 呋喃阿拉伯糖基 -O-α-L- 吡喃鼠李糖基 -O-β-D- 吡喃葡萄糖苷 鹊肾树 Streblus asper
β-sitosterol-3-O-β-D-glucopyranoside-6'-monopalmitate β- 谷甾醇 -3-O-β-D- 吡喃葡萄糖苷 -6'- 单棕榈酸酯 准噶尔大戟 Euphorbia soongarica
Δ-4-sitosterol-3-one Δ-4- 谷甾醇 -3- 酮 挥发油成分，未统计基源
sitosterol-3-O-xyloside 谷甾醇 -3-O- 木糖苷 飞廉 Carduus nutans
β-sitosterol-3-O-β-D-(3,4-acetonide)-pyranoglucoside β- 谷甾醇 -3-O-β-D-(3,4- 丙酮缩合)- 吡喃葡萄糖苷 万丈深 Crepis phoenix
β-sitosterol-3-O-β-D-(6'-O-palmitate)-glucopyranoside β- 谷甾醇 -3-O-(6'-O- 棕榈酰基)-β-D- 吡喃葡萄糖苷 巴东醉鱼草 Buddleja albiflora
β-sitosterol-3-O-β-D-arabinofuronosyl-(1→4)-O-α-L-rhamnopyranosyl-(1→4)-O-β-D-glucopyranoside β- 谷甾醇 -3-O-β-D- 呋喃阿拉伯糖基 -(1→4)-O-L- 吡喃鼠李糖基 -(1→4)-O-β-D- 吡喃葡萄糖苷 龙舌兰 Agave americana
β-sitosterol-3-O-β-D-galactopyranoside β- 谷甾醇 -3-O-β-D- 吡喃半乳糖苷 白英 Solanum lyratum
β-sitosterol-3-O-β-D-glucopyranoside-6'-O-palmitate β- 谷甾醇 -3-O-β-D- 吡喃葡萄糖 -6'- 棕榈酸酯 蒌叶 Piper betle
β-sitosterol-3-O-β-D-glucoside β- 谷甾醇 -3-O-β-D- 葡萄糖苷 小蓬草 Conyza canadensis
β-sitosterol-3-O-β-D-glucoside-3'-O-tritriacontanate β- 谷甾醇 -3-O-β-D- 吡喃葡萄糖基 -3'-O- 三十三酸酯 十齿花 Dipentodon sinicus
β-sitosterol-3-O-β-D-xylopyranoside β- 谷甾醇 -3-O-β-D- 吡喃木糖苷 窿缘桉 Eucalyptus exserta, 水飞蓟 Silybum marianum
β-sitosterol-3-β-D-glucuronopyranoside β- 谷甾醇 -3-β-D- 吡喃葡萄糖醛酸苷 黑三棱 Sparganium stoloniferum
β-sitosterol-3β-O-laminaribioside β- 谷甾醇 -3β-O- 昆布二糖苷 地稔 Melastoma dodecandrum
β-sitosterol-6'-O-acyl-β-D-glucopyranoside β- 谷甾醇 -6'-O- 酰基 -β-D- 吡喃葡萄糖苷 两头毛 Incarvillea arguta
sitosterol-cis-p-coumarate 谷甾醇 - 顺式对香豆酸酯 豆 Glycine soja
β-sitosterolhexadecanoate β- 谷甾醇十六酸酯 米仔兰 Aglaia odorata

3*β*-sitosterol-palmitate 3*β*- 谷甾醇 - 棕榈酸酯 十字架树 Crescentia alata
sitosterol-*trans*-*p*-coumarate 谷甾醇 - 反式 - 对香豆酸酯 豆 Glycine soja
β-sitosterol-*β*-D-galactopyranoside *β*- 谷甾醇 -*β*-D- 吡喃半乳糖苷 倒地铃 Cardiospermum halicacabum, 玫瑰茄 Hibiscus sabdariffa, 黄果茄 Solanum virginianum
sitosterol-*β*-D-galactoside 谷甾醇 -*β*-D- 半乳糖苷 九里香 Murraya exotica
β-sitosterone *β*- 谷甾酮 冷杉 Abies fabri, 卫矛 Euonymus alatus, 榕树 Ficus microcarpa, 秦艽 Gentiana macrophylla, 菊三七 Gynura japonica, 莲叶桐 Hernandia nymphaeifolia, 红波罗花 Incarvillea delavayi, 木犀 Osmanthus fragrans, 马醉木 Pieris japonica, 拳参 Polygonum bistorta, 蒙古栎 Quercus mongolica, 毛地黄鼠尾草 Salvia digitaloides, 台湾檫木 Sassafras randaiense, 长叶榧树 Torreya jackii
sitosterone 谷甾酮 佛肚树 Jatropha podagrica, 毛蓼 Polygonum barbatum, 柽柳 Tamarix chinensis
6'-(*α*-sitosteroyl-3-*O*-*α*-glucopyranosidyl)hexacosanate 6'-(*α*- 谷甾醇 -3-*O*-*α*- 吡喃葡萄糖苷基) 二十六烷酯 三花莸 Caryopteris terniflora
sitostery1-3-*O*-*β*-D-glucoside-6'-*O*-palmitate 谷甾醇 -3-*O*-*β*-D- 葡萄糖苷 -6'- 棕榈酸酯 马铜铃 Hemsleya graciliflora
6'-(*β*-sitostery-3-*O*-*β*-D-glucopyranosidyl)-hexadecanoate 6'-(*β*- 谷甾醇 -3-*O*-*β*-D- 吡喃葡萄糖苷基)- 十六酸酯 广防风 Anisomeles indica
β-sitosteryl arachidonate *β*- 谷甾醇 - 花生四烯酸酯 刺桐 Erythrina variegata
β-sitosteryl ferulate *β*- 谷甾醇阿魏酸酯 稻（模式亚种）Oryza sativa, 野豇豆 Vigna vexillata
sitosteryl heneicosanoate 谷甾醇二十一酸酯 仪花 Lysidice rhodostegia
sitosteryl palmitate 谷甾醇棕榈酸酯 台湾泡桐 Paulownia kawakamii
β-sitosteryl pentadecanate *β*- 谷甾醇十五酸酯 无柄沙参 Adenophora stricta subsp. sessilifolia
β-sitosteryl-3-*O*-[6'-*O*-oleoyl]-*β*-D-glucopyranoside *β*- 谷甾醇 -3-*O*-[6'-*O*- 油酰基]-*β*-D- 吡喃葡萄糖苷 锦鸡儿 Caragana sinica
β-sitosteryl-3-*O*-*β*-D-glucopyranoside-2'-*O*-palmitate *β*- 谷甾醇 -3-*O*-*β*-D- 吡喃葡萄糖苷 -2'-*O*- 棕榈酸酯 马比木 Nothapodytes pittosporoides
β-sitosteryl-3-*O*-*β*-D-glucopyranosyl-6'-*O*-palmitate *β*- 谷甾醇 -3-*O*-*β*-D- 吡喃葡萄糖苷 -6'-*O*- 棕榈酸酯 日本瓦松 Orostachys japonica
β-sitosteryl-3*β*-glucopyranoside-6'-*O*-palmitate *β*- 谷甾醇 -3*β*- 吡喃葡萄糖苷 -6'-*O*- 棕榈酸酯 圆叶南蛇藤 Celastrus kusanoi
sitosteryl-3*β*-glucopyranoside-6'-*O*-palmitate 谷甾醇 -3*β*- 吡喃葡萄糖苷 -6'-*O*- 棕榈酸酯 柳叶假木荷 Craibiodendron henryi
sitosteryl-6'-*O*-undecanoate-D-glucopyranoside 谷甾醇 -6'-*O*- 十一酸酯 -D- 吡喃葡萄糖苷 福建观音座莲 Angiopteris fokiensis
β-sitosteryl-*β*-D-glucoside-6'-monopalmitate *β*- 谷甾醇 -*β*-D- 葡萄糖苷 -6'- 单棕榈酸酯 羊蹄甲 Bauhinia purpurea
β-sitosteryl-D-glucoside-6'-palmitate *β*- 谷甾醇 -D- 葡萄糖苷 -6'- 棕榈酸酯 弄岗苣苔 Primulina longgangensis, 东方狗脊蕨 Woodwardia orientalis
β-sitosteryl-glucoside-3'-*O*-heptadecoicate *β*- 谷甾醇葡萄糖苷 -3'-*O*- 十七酸酯 盐生肉苁蓉 Cistanche salsa
β-sitosteryl-glucoside-6'-*O*-heptadecoicate *β*- 谷甾醇葡萄糖苷 -6'-*O*- 正十七酸酯 白子菜 Gynura divaricata
3-*β*-sitosterylpalmitate 3-*β*- 谷甾醇棕榈酸酯 柠条锦鸡儿 Caragana korshinskii
16*R*-*E*-sitsirikine 16*R*-*E*- 长春钦碱▲ 萝芙木 Rauvolfia verticillata
16*S*-*E*-sitsirikine 16*S*-*E*- 长春钦碱▲ 萝芙木 Rauvolfia verticillata
sitsirikine 长春钦碱▲ 长春花 Catharanthus roseus, 萝芙木 Rauvolfia verticillata
siwanine A 冀北翠雀碱▲A 秦岭翠雀花 Delphinium giraldii, 冀北翠雀花 D. siwanense
siwanine B, C, D 冀北翠雀碱▲B, C, D 冀北翠雀花 Delphinium siwanense
siwanine E 冀北翠雀碱▲E 河南翠雀花 Delphinium honanense
skatole 粪臭素 直立黄钟花 Tecoma stans
skimmial 茵芋醛▲ 月桂茵芋 Skimmia laureola
skimmianine 茵芋碱 较常见成分，至少分布于 30 种以上植物中，常见于芸香科植物，偶见于夹竹桃科、茄科等
skimmianone 茵芋酮▲ 月桂茵芋 Skimmia laureola
skimmiarepin A, C 匍匐茵芋素▲A, C 木橘 Aegle marmelos
(+)-skimmidiol (+)- 茵芋酚醇▲ 月桂茵芋 Skimmia laureola
skimmilaureol 月桂茵芋醇▲ 月桂茵芋 Skimmia laureola
skimmin 茵芋苷 木橘 Aegle marmelos, 白芷 Angelica dahurica, 朝鲜当归 A. gigas, 南山茶 Camellia semiserrata, 宽叶金粟兰 Chloranthus henryi, 构棘 Cudrania cochinchinensis, 滇瑞香 Daphne feddei, 马蹄金 Dichondra micrantha, 甘青青兰 Dracocephalum tanguticum, 结香 Edgeworthia chrysantha, 多枝桉 Eucalyptus viminalis, 楝叶吴萸 Euodia glabrifolia, 短毛独活 Heracleum moellendorffii, 中国绣球 Hydrangea chinensis, 叉子圆柏 Juniperus sabina, 灰毡毛忍冬 Lonicera macranthoides, 前胡 Peucedanum praeruptorum, 黄檗 Phellodendron amurense, 云南清风藤 Sabia yunnanensis, 长毛风毛菊 Saussurea hieracioides, 乔木茵芋 Skimmia arborescens, 月桂茵芋 S. laureola, 茵芋 S. reevesiana, 狼毒 Stellera chamaejasme
skimminin 茵芋宁▲ 月桂茵芋 Skimmia laureola
skimmiol 茵芋醇▲ 月桂茵芋 Skimmia laureola
skullcapflavone 黄芩黄酮 狭叶黄芩 Scutellaria regeliana
skullcapflavone I 黄芩黄酮 I 二刺叶兔唇花 Lagochilus diacanthophyllus, 有梗石龙尾 Limnophila indica, 黄芩 Scutellaria baicalensis, 半枝莲 S. barbata, 粘毛黄芩 S. viscidula
skullcapflavone I-2'-glucoside 黄芩黄酮 I-2'- 葡萄糖苷 穿心莲 Andrographis paniculata
skullcapflavone I-2'-methylether 黄芩黄酮 I-2'- 甲醚 穿心莲 Andrographis paniculata
skullcapflavone II 黄芩黄酮 II 滇黄芩 Scutellaria amoena, 黄芩 S. baicalensis
skyrin 冰岛青霉灵▲ 翼核果 Ventilago leiocarpa
(*S*)-(+)-skyrin-6-*O*-*α*-L-arabinofuranoside (*S*)-(+)- 醌茜素 -6-*O*-*α*-L- 呋喃阿拉伯糖苷 贯叶连翘 Hypericum perforatum
(*R*)-(-)-skyrin-6-*O*-*β*-D-glucopyranoside (*R*)-(-)- 醌茜素 -6-*O*-*β*-D- 吡喃葡萄糖苷 贯叶连翘 Hypericum perforatum, 元宝草 H. sampsonii

(*S*)-(-)-skyrin-6-*O*-*β*-D-glucopyranoside (*S*)-(-)- 醌茜素 -6-*O*-*β*-D- 吡喃葡萄糖苷 元宝草 Hypericum sampsonii
(*S*)-(+)-skyrin-6-*O*-*β*-D-glucopyranoside (*S*)-(+)- 醌茜素 -6-*O*-*β*-D- 吡喃葡萄糖苷 贯叶连翘 Hypericum perforatum
(*R*)-(-)-skyrin-6-*O*-*β*-D-xylopyranoside (*R*)-(-)- 醌茜素 -6-*O*-*β*-D- 吡喃木糖苷 元宝草 Hypericum sampsonii
(*S*)-(+)-skyrin-6-*O*-*β*-D-xylopyranoside (*S*)-(+)- 醌茜素 -6-*O*-*β*-D- 吡喃木糖苷 贯叶连翘 Hypericum perforatum
β-skytanthine *β*- 多花藤碱▲ 大花鸡肉参 Incarvillea mairei var. grandiflora, 藏波罗花 I. younghusbandii
δ-skytanthine *δ*- 多花藤碱▲ 红波罗花 Incarvillea delavayi, 直立黄钟花 Tecoma stans
smeathxanthone A 史氏藤黄屾酮▲A 莽吉柿 Garcinia mangostana
smiglanin 光叶菝葜苷 土茯苓 Smilax glabra
smiglaside 土茯苓苷 土茯苓 Smilax glabra
smiglaside A~D 土茯苓苷 A~D 土茯苓 Smilax glabra
smiglaside E 土茯苓苷 E 菝葜 Smilax china, 土茯苓 S. glabra
smilacinoside A~D 鹿药苷▲A~D 高大鹿药 Smilacina atropurpurea
smilagenin 菝葜皂苷元 天门冬 Asparagus cochinchinensis, 凤尾丝兰 Yucca gloriosa
smilagenin-3-*O*-*β*-D-glucopyranosyl-(1→2)-[*β*-D-glucopyranosyl-(1→3)]-*β*-D-galactopyranoside 菝葜皂苷元 -3-*O*-*β*-D- 吡喃葡萄糖苷 -(1→2)-[*β*-D- 吡喃葡萄糖基 -(1→3)]-*β*-D- 半乳糖苷 凤尾丝兰 Yucca gloriosa
smilagenin-3-*O*-*β*-D-glucopyranosyl-(1→2)-[*β*-D-glucopyranosyl-(1→3)]-*β*-D-glucopyranoside 菝葜皂苷元 -3-*O*-*β*-D- 吡喃葡萄糖基 -(1→2)-[*β*-D- 吡喃葡萄糖基 -(1→3)]-*β*-D- 吡喃葡萄糖苷 凤尾丝兰 Yucca gloriosa
smilagenin-3-*O*-*β*-D-glucopyranosyl-(1→2)-*β*-D-galactopyranoside 菝葜皂苷元 -3-*O*-*β*-D- 吡喃葡萄糖基 -(1→2)-*β*-D- 半乳糖苷 凤尾丝兰 Yucca gloriosa
smilagenin-3-*O*-*β*-D-glucopyranosyl-(1→2)-*β*-D-glucopyranoside 菝葜皂苷元 -3-*O*-*β*-D- 吡喃葡萄糖基 -(1→2)-*β*-D- 吡喃葡萄糖苷 深裂竹根七 Disporopsis pernyi, 凤尾丝兰 Yucca gloriosa
smilagenone 菝葜皂苷元酮 叉蕊薯蓣 Dioscorea collettii
smilanippin A 白背牛尾菜皂苷 A 白背牛尾菜 Smilax nipponica
smilaside A~D, F 菝葜拉苷 A~D, F 菝葜 Smilax china
smilaside E 菝葜拉苷 E 圆锥菝葜 Smilax bracteata, 菝葜 S. china
smilaside G~L 菝葜拉苷 G~L 圆锥菝葜 Smilax bracteata
smilaxchinoside A 菝葜皂苷 A 菝葜 Smilax china, 野茄 Solanum undatum
smilaxchinoside B 菝葜皂苷 B 菝葜 Smilax china, 丫蕊花 Ypsilandra thibetica
smilaxchinoside C, D 菝葜皂苷 C, D 菝葜 Smilax china
smilaxin 菝葜素 菝葜 Smilax china, 土茯苓 S. glabra
smilaxin A 菝葜素 A 山丹 Lilium pumilum, 华东菝葜 Smilax sieboldii
smilaxin B, C 菝葜素 B, C 华东菝葜 Smilax sieboldii
smilglaside F 穿鞘菝葜素 F 穿鞘菝葜 Smilax perfoliata
smirnovine 没药豆碱 藏新黄耆 Astragalus tibetanus
smithoside A, B 甘川紫菀苷▲A, B 甘川紫菀 Aster smithianus
smitilbin 菝葜落新妇苷▲ 滇山茶 Camellia reticulata
smyrindiol 没药芹二醇▲ 祁白芷 Angelica dahurica 'Qibaizhi'
smyrindioloside 没药芹二醇苷▲ 鹤庆独活 Heracleum rapula
sn-glycerol-l-eicosa-9,12-dienoate-2-palmitoleate-3-1inoleate *sn*- 甘油 -1- 二十碳 -9,12- 二烯酸酯 -2- 棕榈油酸酯 -3- 亚油酸酯 蓟罂粟 Argemone mexicana
SOD 超氧化物歧化酶 植物基础成分，未统计基源
sodium (1*S*,4a*R*,5*R*,7a*R*)-7-hydroxymethyl-5-methoxy-1-*β*-D-glucopyranosyloxy-1,4a,5,7a-tetrahydrocyclopenta[c]pyran-4-carboxylate (1*S*,4a*R*,5*R*,7a*R*)-7- 羟甲基 -5- 甲氧基 -1-*β*-D- 吡喃葡萄糖氧基 -1,4a,5,7a- 四氢环戊 [c] 吡喃 -4- 羧酸钠 脉耳草 Hedyotis vestita
sodium (2*R*)-*p*-hydroxyphenyllactate (2*R*)- 对羟基苯基乳酸钠 大叶马兜铃 Aristolochia kaempferi
sodium 1*β*,3*β*,5*β*-trihydroxy-(25*R*)-5*β*-spirostan-4*β*-yl sulfate 1*β*,3*β*,5*β*- 三羟基 -(25*R*)-5*β*- 螺甾 -4*β*- 基硫酸钠 吉祥草 Reineckea carnea
sodium 3,4-dimethoxybenzoate 3,4- 二甲氧基苯甲酸钠 瓜叶马兜铃 Aristolochia cucurbitifolia
sodium 3^1,3^2-didehydro-1,10,15,20,22,24-hexahydro-8^2-hydroxy-13^2-methoxycarbonyl-4,5-dioxo-4,5-seco-21H,23*H*-phytoporphyrinate 3^1,3^2- 二去氢 -1,10,15,20,22,24- 六羟基 -8^2- 羟基 -13^2- 甲氧羰基 -4,5- 二氧 -4,5- 裂环 -21H,23*H*- 植物卟啉钠 连香树 Cercidiphyllum japonicum
sodium 7-hydroxyl-8-methoxyaristolate 7- 羟基 -8- 甲氧基马兜铃酸钠 瓜叶马兜铃 Aristolochia cucurbitifolia
sodium 7-hydroxylaristolochate 7- 羟基马兜铃酸钠 瓜叶马兜铃 Aristolochia cucurbitifolia
sodium alginate 海藻酸钠 裙带菜 Undaria pinnatifida
sodium aristofolin A 瓜叶马兜铃素▲A 钠盐 瓜叶马兜铃 Aristolochia cucurbitifolia
sodium aristolochate I 马兜铃酸钠 I 瓜叶马兜铃 Aristolochia cucurbitifolia, 大叶马兜铃 A. kaempferi, 木通马兜铃 A. manshuriensis
sodium aristolochate II 马兜铃酸钠 II 瓜叶马兜铃 Aristolochia cucurbitifolia, 大叶马兜铃 A. kaempferi
sodium aristolochate III 马兜铃酸钠 III 瓜叶马兜铃 Aristolochia cucurbitifolia
sodium aristolochate IIIa 马兜铃酸钠 IIIa 大叶马兜铃 Aristolochia kaempferi
sodium aristolochate IVa 马兜铃酸钠 IVa 瓜叶马兜铃 Aristolochia cucurbitifolia, 大叶马兜铃 A. kaempferi
sodium ferulate 阿魏酸钠 络石 Trachelospermum jasminoides
sodium lithospermate B 紫草酸 B 钠盐 薄荷 Mentha canadensis

sodium mannoside glycerate 甘露糖苷甘油酸钠 树状软骨藻 Chondria armata
sodium scutellarin 高黄芩苷钠盐 野甘草 Scoparia dulcis
sodium usnate 松萝酸钠 岛衣 Cetraria islandica
sodoponin 毛叶香茶菜宁▲ 狭叶香茶菜 Isodon angustifolius, 毛萼香茶菜 I. eriocalyx, 拟缺香茶菜 I. excisoides, 毛叶香茶菜 I. japonicus, 山地香茶菜 I. oresbius, 小叶香茶菜 I. parvifolius, 冬凌草 I. rubescens, 牛尾草 I. ternifolius
solacapine 珊瑚樱品碱▲ 珊瑚樱 Solanum pseudocapsicum
solacaproine 茄已酰碱▲ 树番茄 Cyphomandra betacea
solacasine 珊瑚樱新碱▲ 珊瑚樱 Solanum pseudocapsicum
soladulcidine 欧白英定▲ 番茄 Lycopersicon esculentum, 南苜蓿 Medicago polymorpha, 欧白英 Solanum dulcamara, 白英 S. lyratum
soladulcidine-3-*O*-*β*-D-glucopyranosyl-(1 → 2)-[*β*-D-xylopyranosyl-(1 → 3)-*β*-D-glucopyranosyl-(1 → 4)-*β*-D-galactopyranoside 欧白英定▲-3-*O*-*β*-D-吡喃葡萄糖基 -(1 → 2)-[*β*-D- 吡喃木糖基 -(1 → 3)-*β*-D- 吡喃葡萄糖基 (1 → 5)-*β*-D- 吡喃半乳糖苷 白英 Solanum lyratum
soladulcidine-3-*O*-*β*-lycotetraoside 欧白英定▲-3-*O*-*β*- 石蒜四糖苷 野海茄 Solanum japonense
α-soladulcine *α*- 欧白英辛▲ 欧白英 Solanum dulcamara
β-soladulcine *β*- 欧白英辛▲ 欧白英 Solanum dulcamara
γ-soladulcine *γ*- 欧白英辛▲ 欧白英 Solanum dulcamara
soladulcine A 欧白英辛▲A 欧白英 Solanum dulcamara
soladulcine B 欧白英辛▲B 番茄 Lycopersicon esculentum, 欧白英 Solanum dulcamara
solafloridine 密花茄碱 假烟叶树 Solanum erianthum
solafuranone 茄呋喃酮▲ 假烟叶树 Solanum erianthum, 刺天茄 S. violaceum
solagenin-6-*O*-[*β*-D-xylopyranosyl-(1 → 3)-*O*-*β*-D-quinovopyranoside] 茄苷元 -6-*O*-[*β*-D- 吡喃木糖基 -(1 → 3)-*O*-*β*-D- 吡喃金鸡纳糖苷] 水茄 Solanum torvum
solagenin-6-*O*-*α*-L-rhamnopyranosyl-(1 → 3)-*β*-D-quinovopyranoside 茄苷元 -6-*O*-*α*-L- 吡喃鼠李糖基 -(1 → 3)-*β*-D- 吡喃鸡纳糖苷 水茄 Solanum torvum
solagenin-6-*O*-*β*-D-quinovopyranoside 茄苷元 -6-*O*-*β*-D- 吡喃鸡纳糖苷 水茄 Solanum torvum
solajiangxin A, C, E, G, H, I 江西白英素 A, C, E, G, H, I 白英 Solanum lyratum
solajiangxin B 江西白英素 B 白英 Solanum lyratum, 青杞 S. septemlobum
solajiangxin D 江西白英素 D 白英 Solanum lyratum, 青杞 S. septemlobum
solajiangxin F 江西白英素 F 白英 Solanum lyratum, 青杞 S. septemlobum
solakhasianin 喀西茄宁▲ 喀西茄 Solanum aculeatissimum
solakhasoside 苦天茄苷▲ 喀西茄 Solanum aculeatissimum, 刺天茄 S. violaceum
solalyratin A, B 白英素▲A, B 白英 Solanum lyratum
solalyratine A, B 白英碱▲A, B 白英 Solanum lyratum
α-solamargine *α*- 边茄碱▲ 阳芋 Solanum tuberosum
β_2-solamargine β_2- 边茄碱▲ 龙葵 Solanum nigrum, 黄果茄 S. virginianum
β-solamargine *β*- 边茄碱▲ 龙葵 Solanum nigrum, 黄果茄 S. virginianum
γ-solamargine *γ*- 边茄碱▲ 龙葵 Solanum nigrum
solamargine 边茄碱▲ 喀西茄 Solanum aculeatissimum, 欧白英 S. dulcamara, 假烟叶树 S. erianthum, 野海茄 S. japonense, 澳洲茄 S. laciniatum, 白英 S. lyratum, 茄 S. melongena, 龙葵 S. nigrum, 野茄 S. undatum, 红果龙葵 S. villosum, 刺天茄 S. violaceum, 黄果茄 S. virginianum
α-solamarine *α*- 欧白英碱▲ 欧白英 Solanum dulcamara
β-solamarine *β*- 欧白英碱▲ 欧白英 Solanum dulcamara
solamarine 欧白英碱▲ 欧白英 Solanum dulcamara
solamin 刺果番荔枝明▲ 圆滑番荔枝 Annona glabra, 牛心番荔枝 A. reticulata, 番荔枝 A. squamosa
solamine 茄胺 树番茄 Cyphomandra betacea
solanacarpine 黄果茄碱▲ 黄果茄 Solanum virginianum
solanachromene 茄色烯 沙滩黄芩 Scutellaria strigillosa
solanaviol 澳洲茄醇▲ 龙葵 Solanum nigrum
solanaviol-3-*O*-*β*-solatrioside 澳洲茄醇▲-3-*O*-*β*- 茄三糖苷 龙葵 Solanum nigrum
solanerianone A 假烟叶树酮▲A 假烟叶树 Solanum erianthum, 青杞 S. septemlobum
solanerianone B 假烟叶树酮▲B 假烟叶树 Solanum erianthum
solanesol 茄烯醇▲ 挥发油成分，未统计基源
(22*S*,25*S*)-solanid-5,20(21)-dien-3*β*-ol (22*S*,25*S*)- 茄次碱 -5,20(21)- 二烯 -3*β*- 醇 安徽贝母 Fritillaria anhuiensis
(22*S*,25*S*)-solanid-5-en-3*β*-ol (22*S*,25*S*)- 茄次碱 -5- 烯 -3*β*- 醇 安徽贝母 Fritillaria anhuiensis
(25*ξ*)-solanidan-3*β*,23*β*-diol-3-*O*-*β*-D-glucopyranosyl-(1 → 2)-[*β*-D-xylopyranosyl-(1 → 3)]-*O*-*β*-D-glucopyranosyl-(1 → 4)-*β*-D-galactopyranoside] (25*ξ*)- 茄啶 -3*β*,23*β*- 二醇 -3-*O*-*β*-D- 吡喃葡萄糖基 -(1→2)-[*β*-D- 吡喃木糖基 -(1→3)]-*O*-*β*-D- 吡喃葡萄糖基 -(1→4)-*β*-D- 吡喃半乳糖苷] 白英 Solanum lyratum
(25*ξ*)-solanidan-3*β*,23*β*-diol-3-*O*-*β*-D-glucopyranosyl-(1→2)-*O*-*β*-D-glucopyranosyl-(1→4)-*β*-D-galactopyranoside (25*ξ*)- 茄啶 -3*β*,23*β*- 二醇 -3-*O*-*β*-D- 吡喃葡萄糖基 -(1 → 2)-*O*-*β*-D- 吡喃葡萄糖基 -(1 → 4)-*β*-D- 吡喃半乳糖苷 白英 Solanum lyratum
(22*R*,25*S*)-solanidane-3*β*-ol (22*R*,25*S*)- 茄啶 -3*β*- 醇 川贝母 Fritillaria cirrhosa

S

solanidiene; solanthrene 茄二烯 阳芋 Solanum tuberosum

solanidine 茄啶 浙贝母 Fritillaria thunbergii, 托里贝母 F. tortifolia, 假百合 Notholirion bulbuliferum, 毛茄 Solanum lasiocarpum, 龙葵 S. nigrum, 阳芋 S. tuberosum, 大理藜芦 Veratrum taliense

solanidine-3-*O*-α-L-rhamnopyranosyl-(1→2)-[β-D-glucopyranosyl-(1→4)]-β-D-glucopyranoside 茄啶-3-*O*-α-L-吡喃鼠李糖基-(1→2)-[β-D-吡喃葡萄糖基-(1→4)]-β-D-吡喃葡萄糖苷 川贝母 Fritillaria cirrhosa, 假百合 Notholirion bulbuliferum

solanidine-3-*O*-α-L-rhamnopyranosyl-(1→2)-[β-D-glucopyranosyl-(1→4)-]-β-D-glucopyranoside 茄啶-3-*O*-α-L-吡喃鼠李糖基 l-(1→2)-[β-D-吡喃葡萄糖基-(1→4)-]-β-D-吡喃葡萄糖苷 浙贝母 Fritillaria thunbergii

solanidine-3-*O*-α-L-rhamnopyranosyl-β-D-glucopyranoside 茄啶-3-*O*-α-L-吡喃鼠李糖基-(1→2)-β-D-吡喃葡萄糖苷 假百合 Notholirion bulbuliferum

solanidine-3-*O*-β-D-glucopyranoside 茄啶-3-*O*-β-D-吡喃葡萄糖苷 假百合 Notholirion bulbuliferum

solanigroside A~X 龙葵苷▲A~X 龙葵 Solanum nigrum

α-solanine α-茄碱 阳芋 Solanum tuberosum

solanine 茄碱 欧白英 Solanum dulcamara, 白英 S. lyratum, 茄 S. melongena, 龙葵 S. nigrum

solanocapsidine 珊瑚樱定碱▲ 珊瑚樱 Solanum pseudocapsicum

solanocapsine 珊瑚樱碱▲ 龙葵 Solanum nigrum, 珊瑚樱 S. pseudocapsicum, 珊瑚豆 S. pseudocapsicum var. diflorum

solanocarpone 黄果茄酮▲ 毛茄 Solanum lasiocarpum, 黄果茄 S. virginianum

solanocastrine 珊瑚豆灵碱▲ 珊瑚豆 Solanum pseudocapsicum var. diflorum

solanolactoside A, B, C 水茄乳糖苷 A, B, C 水茄 Solanum torvum

solanolide 茄内酯 水茄 Solanum torvum

solanoside 纽子花苷▲ 纽子花 Vallaris solanacea

solanoside A, B 茄苷▲A, B 黄果茄 Solanum virginianum

solaradinine 茄根宁▲ 澳洲茄 Solanum laciniatum

solaradixine 茄根碱▲ 澳洲茄 Solanum laciniatum

solashabanine 茄莎巴宁▲ 澳洲茄 Solanum laciniatum

solasodenone 海南茄烯酮碱 海南茄 Solanum procumbens

solasodiene 澳洲茄二烯 欧白英 Solanum dulcamara, 假烟叶树 S. erianthum, 乳茄 S. mammosum, 水茄 S. torvum

solasodine 澳洲茄胺 散沫花 Lawsonia inermis, 番茄 Lycopersicon esculentum, 喀西茄 Solanum aculeatissimum, 少花龙葵 S. americanum, 欧白英 S. dulcamara, 假烟叶树 S. erianthum, 澳洲茄 S. laciniatum, 白英 S. lyratum, 乳茄 S. mammosum, 龙葵 S. nigrum, 珊瑚樱 S. pseudocapsicum, 旋花茄 S. spirale, 水茄 S. torvum, 黄果茄 S. virginianum, 阿尔泰藜芦 Veratrum lobelianum

solasodine-3-*O*-β-lycotetraoside 澳洲茄胺-3-*O*-β-石蒜四糖苷 野海茄 Solanum japonense

α-solasonine α-澳洲茄碱 阳芋 Solanum tuberosum

β_1-solasonine β_1-澳洲茄碱 龙葵 Solanum nigrum

β_2-solasonine β_2-澳洲茄碱 龙葵 Solanum nigrum

solasonine 澳洲茄碱 喀西茄 Solanum aculeatissimum, 欧白英 S. dulcamara, 假烟叶树 S. erianthum, 澳洲茄 S. laciniatum, 茄 S. melongena, 龙葵 S. nigrum, 水茄 S. torvum, 红果龙葵 S. villosum, 刺天茄 S. violaceum, 黄果茄 S. virginianum

solaspigenin 硬毛茄苷元▲ 水茄 Solanum torvum

solaspiralidine 旋花茄定▲ 旋花茄 Solanum spirale

solasurine 黄果茄灵碱▲ 黄果茄 Solanum virginianum

solaverbascine 野烟叶辛▲ 假烟叶树 Solanum erianthum

solaverine I, II, III 野烟叶灵▲I, II, III 假烟叶树 Solanum erianthum

solaverol A, B 野烟叶醇 A, B 假烟叶树 Solanum erianthum

(-)-solavetivone (-)-马铃薯香根草酮▲ 假烟叶树 Solanum erianthum

solavetivone 马铃薯香根草酮▲ 枸杞 Lycium chinense, 马尿泡 Przewalskia tangutica, 刺天茄 Solanum violaceum

solavilline 毛茄碱 红果龙葵 Solanum villosum

solaxanine 黄果茄宁碱▲ 黄果茄 Solanum virginianum

solayamocidoside A 茄亚莫皂苷▲A 欧白英 Solanum dulcamara, 白英 S. lyratum

solayamocidoside B 茄亚莫皂苷▲B 欧白英 Solanum dulcamara, 白英 S. lyratum

solayamocidoside C 茄亚莫皂苷▲C 欧白英 Solanum dulcamara, 白英 S. lyratum

solayamocidoside D 茄亚莫皂苷▲D 欧白英 Solanum dulcamara, 白英 S. lyratum

solayamocidoside E 茄亚莫皂苷▲E 欧白英 Solanum dulcamara, 白英 S. lyratum

solayamocidoside F 茄亚莫皂苷▲F 欧白英 Solanum dulcamara, 白英 S. lyratum

soldanellic acid B 肾叶打碗花酸▲B 肾叶打碗花 Calystegia soldanella

soldanellin A, B 肾叶打碗花素▲A, B 肾叶打碗花 Calystegia soldanella

solicanolide 加拿大一枝黄花内酯 加拿大一枝黄花 Solidago canadensis

solidagenone 一枝黄花二萜烯酮 加拿大一枝黄花 Solidago canadensis

solidagolactone 一枝黄花内酯 加拿大一枝黄花 Solidago canadensis

solidagolactone II, III, V, VII 一枝黄花内酯 II, III, V, VII 毛果一枝黄花 Solidago virgaurea

solidagonal 一枝黄花醛▲ 柚木 Tectona grandis

solidagonal acid 一枝黄花醛酸▲ 柚木 Tectona grandis

(-)-solidagonic acid (-)- 一枝黄花酸 加拿大一枝黄花 Solidago canadensis
solidagosaponin XIV, XVIII 一枝黄花皂苷 XIV, XVIII 毛果一枝黄花 Solidago virgaurea
somalin 索马里箭毒素▲ 侧金盏花 Adonis amurensis, 辽吉侧金盏花 A. ramosa
somamide A, B 索摩鞘丝藻酰胺▲A, B 巨大鞘丝藻 Lyngbya majuscula
somniferanolide 催眠睡茄拉诺内酯▲ 睡茄 Withania somnifera
somniferawithanolide 催眠睡茄诺内酯▲ 睡茄 Withania somnifera
somnifericin 催眠睡茄辛▲ 睡茄 Withania somnifera
somniwithanolide 催眠睡茄萨诺内酯▲ 睡茄 Withania somnifera
sonchifolignan B 抱茎小苦荬木脂素 B 臭椿 Ailanthus altissima
sonchoside 苦苣菜黄酮苷 苣荬菜 Sonchus arvensis
sonchuionoside A, B, C 苦苣菜香堇酮苷▲A, B, C 花叶滇苦菜 Sonchus asper
sonchuside A 苦苣菜苷 A 菊苣 Cichorium intybus, 窄苞蒲公英 Taraxacum bessarabicum
sonchuside B, C 苦苣菜苷 B, C 菊苣 Cichorium intybus
sonchuside D~I 苦苣菜苷 D~I 花叶滇苦菜 Sonchus asper
sonderianial 桑德巴豆醛▲ 光叶巴豆 Croton laevigatus
sonderianol 银叶巴豆二萜醇 米念芭 Tirpitzia ovoidea
songaricol 准噶尔鸢尾醇 准噶尔鸢尾 Iris songarica
songarosaponin A 准噶尔毛蕊花皂苷▲A 密蒙花 Buddleja officinalis, 丹东玄参 Scrophularia kakudensis, 准噶尔毛蕊花 Verbascum songaricum
songarosaponin B~F 准噶尔毛蕊花皂苷▲B~F 准噶尔毛蕊花 Verbascum songaricum
songaroside A 准噶尔铁线莲苷▲A 密蒙花 Buddleja officinalis, 准噶尔铁线莲 Clematis songorica
songaroside A', B, B' 准噶尔铁线莲苷▲A', B, B' 准噶尔铁线莲 Clematis songorica
songbeinine 松贝宁 暗紫贝母 Fritillaria unibracteata
songoramine 准噶尔乌头胺 乌头 Aconitum carmichaelii, 工布乌头 A. kongboense, 山地乌头 A. monticola, 宣威乌头 A. nagarum var. lasiandrum, 铁棒锤 A. pendulum
songorine 准噶尔乌头碱 细叶黄乌头 Aconitum barbatum, 短柄乌头 A. brachypodum, 乌头 A. carmichaelii, 紫乌头 A. episcopale, 赣皖乌头 A. finetianum, 伏毛铁棒锤 A. flavum, 多根乌头 A. karakolicum, 工布乌头 A. kongboense, 白喉乌头 A. leucostomum, 山地乌头 A. monticola, 小白撑 A. nagarum var. heterotrichum, 宣威乌头 A. nagarum var. lasiandrum, 林地乌头 A. nemorum, 铁棒锤 A. pendulum, 准噶尔乌头 A. soongaricum, 白蓝翠雀花 Delphinium albocoeruleum
songorine-*N*-oxide 准噶尔乌头碱 -*N*- 氧化物 山地乌头 Aconitum monticola
songoroside A 准噶尔蓝盆花苷▲A 刺五加 Eleutherococcus senticosus, 败酱 Patrinia scabiosifolia, 匙叶翼首花 Pterocephalus hookeri
sonminine 狭叶白鲜宁碱▲ 狭叶白鲜 Dictamnus angustifolius
sonunin I, II 藤金合欢宁▲I, II 藤金合欢 Acacia sinuata
sonuside 藤金合欢苷 藤金合欢 Acacia sinuata
sootepdienone 大黄栀子二烯酮▲ 大黄栀子 Gardenia sootepensis
sootependial 大黄栀子二醛▲ 大黄栀子 Gardenia sootepensis
sootepenoic acid 大黄栀子酸▲ 大黄栀子 Gardenia sootepensis
sootepin A~E 大黄栀子素▲A~E 大黄栀子 Gardenia sootepensis
sopheranin 槐叶决明宁▲ 槐叶决明 Senna occidentalis var. sophera
(-)-sophocarpine (-)- 槐果碱 苦参 Sophora flavescens, 越南槐 S. tonkinensis
(+)-sophocarpine (+)- 槐果碱 苦参 Sophora flavescens
sophocarpine 槐果碱 虎皮楠 Daphniphyllum oldhamii, 小槐花 Ohwia caudata, 苦豆子 Sophora alopecuroides, 白刺花 S. davidii, 砂生槐 S. moorcroftiana, 百蕊草 Thesium chinense
(+)-sophocarpine-*N*-oxide (+)- 槐果碱 -*N*- 氧化物 绒毛槐 Sophora tomentosa, 越南槐 S. tonkinensis
sophocarpine-*N*-oxide 槐果碱 -*N*- 氧化物 苦豆子 Sophora alopecuroides
sophoflavescenol 苦参诺醇▲ 苦参 Sophora flavescens
sophorabioside 槐双苷 槐 Sophora japonica
sophoracarpan A 槐紫檀烷 A 绒毛槐 Sophora tomentosa
sophoracarpan B 槐紫檀烷 B 伏毛山豆根 Euchresta horsfieldii, 绒毛槐 Sophora tomentosa
sophorachromone A 槐色酮 A 绒毛槐 Sophora tomentosa
sophoracoumestan A 槐香豆雌烷 A 补骨脂 Cullen corylifolia
sophoradiol 槐二醇 翅果刺桐 Erythrina subumbrans, 大花卫矛 Euonymus grandiflorus, 槐 Sophora japonica, 猫尾草 Uraria crinita, 美花狸尾豆 U. picta
sophoradione 槐二酮 苦参 Sophora flavescens
sophoraflavanone A, C, D, E 槐黄烷酮 A, C, D, E 绒毛槐 Sophora tomentosa
sophoraflavanone B 槐黄烷酮 B 构棘 Cudrania cochinchinensis, 胀果甘草 Glycyrrhiza inflata, 小槐花 Ohwia caudata, 苦参 Sophora flavescens, 砂生槐 S. moorcroftiana, 绒毛槐 S. tomentosa
sophoraflavanone G 槐黄烷酮 G 苦豆子 Sophora alopecuroides, 白刺花 S. davidii, 砂生槐 S. moorcroftiana
sophoraflavanone H 槐黄烷酮 H 白刺花 Sophora davidii, 砂生槐 S. moorcroftiana

sophoraflavanone I 槐黄烷酮 I 苦豆子 Sophora alopecuroides, 白刺花 S. davidii, 砂生槐 S. moorcroftiana

sophoraflavanone J 槐黄烷酮 J 砂生槐 Sophora moorcroftiana

sophoraflavanone K, L 槐黄烷酮 K, L 苦参 Sophora flavescens

sophoraflavone B 槐黄酮 B 吉祥草 Reineckea carnea

sophoraflavone J 槐黄酮 J 苦参 Sophora flavescens

sophoraflavonoloside 槐黄酮醇苷 槐 Sophora japonica

sophoraflavoside I, II, III, IV 苦参皂苷 I, II, III, IV 苦参 Sophora flavescens

sophoraisoflavanone A 槐异黄烷酮 A 绒毛槐 Sophora tomentosa

sophoraisoflavone A 槐异黄酮 A 粗毛甘草 Glycyrrhiza aspera, 砂生槐 Sophora moorcroftiana

(-)-sophoramine (-)-槐胺 苦参 Sophora flavescens

(+)-sophoramine (+)-槐胺 越南槐 Sophora tonkinensis

sophoramine 槐胺 苦豆子 Sophora alopecuroides, 白刺花 S. davidii

sophoranochromene 槐诺色烯▲ 台湾山豆根 Euchresta formosana, 越南槐 Sophora tonkinensis

sophoranodichromane A, B, C 槐诺色烷▲A, B, C 苦参 Sophora flavescens

(+)-sophoranol (+)-槐醇 山豆根 Euchresta japonica, 越南槐 Sophora tonkinensis

sophoranol 槐醇 苦参 Sophora flavescens

(+)-sophoranol-*N*-oxide (+)-槐醇-*N*-氧化物 山豆根 Euchresta japonica, 苦参 Sophora flavescens, 越南槐 S. tonkinensis

sophoranol-*N*-oxide 槐醇-*N*-氧化物 伏毛山豆根 Euchresta horsfieldii, 苦参 Sophora flavescens

(-)-sophoranone (-)-柔枝槐酮 印度崖豆 Millettia pulchra

sophoranone 柔枝槐酮 越南槐 Sophora tonkinensis

sophoraside A 槐苷 A 槐 Sophora japonica

sophorastilbene A 槐芪▲A 砂生槐 Sophora moorcroftiana

sophoricoside 槐可苷▲ 花榈木 Ormosia henryi, 槐 Sophora japonica

(-)-sophoridine (-)-槐定碱 山豆根 Euchresta japonica

sophoridine 槐定碱 苦豆子 Sophora alopecuroides, 白刺花 S. davidii, 苦参 S. flavescens, 砂生槐 S. moorcroftiana

(-)-sophoridine-*N*-oxide (-)-槐定碱-*N*-氧化物 山豆根 Euchresta japonica

sophoridine-*N*-oxide 槐定碱-*N*-氧化物 苦豆子 Sophora alopecuroides

sophorol 槐酚▲ 朝鲜槐 Maackia amurensis

sophoronol 绒毛槐醇▲ 绒毛槐 Sophora tomentosa

sophorophenolone 槐酚酮▲ 黄耆 Astragalus penduliflorus subsp. mongholicus var. dahuricus, 黄细心 Boerhavia diffusa, 槐 Sophora japonica

sophororicoside 槐角苷 千斤拔 Flemingia philippinensis, 槐 Sophora japonica

α-sophorose *α*-槐糖 孩儿参 Pseudostellaria heterophylla

soranjidiol 海滨木巴戟二酚▲ 毛土连翘 Hymenodictyon orixense, 海滨木巴戟 Morinda citrifolia, 印度羊角藤 M. umbellata

soranjidiol-6-*O*-*β*-primeveroside-1-hydroxy-2-primeverosyloxy-methylanthraquinone-3-olate 海滨木巴戟二酚▲-6-*O*-*β*-樱草糖苷-1-羟基-2-樱草糖氧基-甲基蒽醌-3-酯 海滨木巴戟 Morinda citrifolia

sorbarin 珍珠梅素▲ 毛建草 Dracocephalum rupestre

sorbic acid 山梨酸 野拔子 Elsholtzia rugulosa

sorbifoliaside 文冠果苷▲ 文冠果 Xanthoceras sorbifolium

sorbifoliaside A~K 文冠果苷▲A~K 文冠果 Xanthoceras sorbifolium

sorbifolin 珍珠梅苷 珍珠梅 Sorbaria sorbifolia

D-sorbitol D-山梨醇 臭椿 Ailanthus altissima, 大芽南蛇藤 Celastrus gemmatus, 短序鹅掌柴 Heptapleurum bodinieri

sorbitol 山梨醇 日本木瓜 Chaenomeles japonica, 毛地黄 Digitalis purpurea, 柿 Diospyros kaki, 李 Prunus salicina, 药用大黄 Rheum officinale, 玉米黑粉菌 Ustilago maydis, 大叶藻 Zostera marina

sorbose 山梨糖 黑三棱 Sparganium stoloniferum

sorghumol 高粱醇 金线兰 Anoectochilus roxburghii, 奇蒿 Artemisia anomala

sorghumol-3-*O*-*E*-*p*-coumarate 高粱醇-3-*O*-*E*-对羟基香豆素 金线兰 Anoectochilus roxburghii

sorghumol-3-*O*-*Z*-*p*-coumarate 高粱醇-3-*O*-*Z*-对羟基香豆素 金线兰 Anoectochilus roxburghii

sorgoleone 高粱酮 高粱 Sorghum bicolor

sorgomol 高粱内酯醇 高粱 Sorghum bicolor

sorinin 日本鼠李苷▲ 药鼠李 Rhamnus cathartica

soroceal 索罗桑醛▲ 黑桑 Morus nigra

sorocein A 索罗桑素▲A 奶桑 Morus macroura

sorocein D, F 索罗桑素▲D, F 蒙桑 Morus mongolica

sororianolide A, B, C 对叶大戟内酯▲A, B, C 对叶大戟 Euphorbia sororia

sotetsuflavone 苏铁黄酮 日本柳杉 Cryptomeria japonica, 杉木 Cunninghamia lanceolata, 苏铁 Cycas revoluta

soulameanone 苏苦木酮▲ 柔毛鸦胆子 Brucea mollis

soulidine 川甘翠雀定▲ 川甘翠雀花 Delphinium souliei

soulidiol 缘毛紫菀二醇▲ 小舌紫菀 Aster albescens, 缘毛紫菀 A. souliei

soulidioside 缘毛紫菀苷▲ 缘毛紫菀 Aster souliei

soulieoside A~E 黄三七苷 A~E 黄三七 Souliea vaginata
soulieotin 黄三七亭碱 黄三七 Souliea vaginata
souline A~F 川甘翠雀碱▲A~F 川甘翠雀花 Delphinium souliei
soyabean saponin B-3-*O*-[*α*-D-rhamnopyranosyl-(1 → 2)-*β*-D-glucopyranosyl-(1 → 2)-*β*-D-glucuronic acid] 大豆皂苷 B-3-*O*-[*α*-D- 吡喃鼠李糖基 -(1 → 2)-*β*-D- 吡喃葡萄糖基 -(1 → 2)-*β*-D- 葡萄糖醛酸苷 少花米口袋 Gueldenstaedtia verna
soyacerebroside I 大豆脑苷 I 白木通 Akebia trifoliata subsp. australis, 韭菜 Allium tuberosum, 锡兰肉桂 Cinnamomum verum, 黄瓜 Cucumis sativus, 南瓜 Cucurbita moschata, 龙眼 Dimocarpus longan, 长蕊石头花 Gypsophila oldhamiana, 葎草 Humulus scandens, 凤仙花 Impatiens balsamina, 湖北凤仙花 I. pritzelii, 黄连花 Lysimachia davurica, 阔叶十大功劳 Mahonia bealei, 苦瓜 Momordica charantia, 半夏 Pinellia ternata, 广藿香 Pogostemon cablin, 金铁锁 Psammosilene tunicoides, 茜草 Rubia cordifolia, 白英 Solanum lyratum, 水茄 S. torvum, 胖大海 Sterculia lychnophora, 栝楼 Trichosanthes kirilowii, 钮子瓜 Zehneria maysorensis
soyacerebroside II 大豆脑苷 II 三花莸 Caryopteris terniflora, 金毛狗 Cibotium barometz, 锡兰肉桂 Cinnamomum verum, 龙眼 Dimocarpus longan, 长蕊石头花 Gypsophila oldhamiana, 葎草 Humulus scandens, 大叶冬青 Ilex latifolia, 湖北凤仙花 Impatiens pritzelii, 阔叶十大功劳 Mahonia bealei, 半夏 Pinellia ternata, 广藿香 Pogostemon cablin, 芝麻 Sesamum indicum, 胖大海 Sterculia lychnophora
soyaprosaponin 大豆原皂苷▲ 金铁锁 Psammosilene tunicoides
soyasapogenol A 大豆皂醇 A 大豆 Glycine max, 豆 G. soja, 紫苜蓿 Medicago sativa
soyasapogenol B 大豆皂醇 B 海莲 Bruguiera sexangula, 假地蓝 Crotalaria ferruginea, 翅果刺桐 Erythrina subumbrans, 大豆 Glycine max, 豆 G. soja, 刺果甘草 Glycyrrhiza pallidiflora, 圆果甘草 G. squamulosa, 天蓝苜蓿 Medicago lupulina, 紫苜蓿 M. sativa, 白花草木犀 Melilotus albus, 草木犀 M. officinalis, 镰荚棘豆 Oxytropis falcata, 甘肃棘豆 O. kansuensis, 黄花棘豆 O. ochrocephala, 苦葛 Pueraria peduncularis, 刺槐 Robinia pseudoacacia, 苦参 Sophora flavescens, 白车轴草 Trifolium repens, 救荒野豌豆 Vicia sativa
soyasapogenol B monoglucuronide 大豆皂醇 B 单葡萄糖醛酸苷 大豆 Glycine max, 毛山黧豆 Lathyrus palustris var. pilosus
soyasapogenol B_1 大豆皂醇 B_1 紫苜蓿 Medicago sativa
soyasapogenol B-3-*O*-[*α*-L-rhamnopyranosyl-(1 → 2)-*β*-D-galactopyranosyl-(1 → 2)-*β*-D-glucuronopyranoside] 大豆皂醇 B-3-*O*-[*α*-L- 吡喃鼠李糖基 -(1 → 2)-*β*-D- 吡喃半乳糖基 -(1 → 2)-*β*-D- 吡喃葡萄糖醛酸苷] 南苜蓿 Medicago polymorpha
soyasapogenol B-3-*O*-*β*-D-glucopyranosyl-(1 → 2)-*β*-D-glucopyranosyl-(1 → 2)-*β*-D-glucuronopyranoside 大豆皂醇 B-3-*O*-*β*-D- 吡喃葡萄糖基 -(1 → 2)-*β*-D- 吡喃葡萄糖基 -(1 → 2)-*β*-D- 吡喃葡萄糖醛酸苷 海滨山黧豆 Lathyrus japonicus
soyasapogenol B-3-*O*-*β*-D-glucuronopyranoside 大豆皂醇 B-3-*O*-*β*-D- 吡喃葡萄醛酸苷 紫云英 Astragalus sinicus, 大山黧豆 Lathyrus davidii
soyasapogenol B-3-*O*-*β*-D-glucuronopyranoside methylester 大豆皂醇 B-3-*O*-*β*-D- 吡喃葡萄醛酸苷甲酯 大山黧豆 Lathyrus davidii
soyasapogenol B-*O*-*β*-D-glucuronopyranoside 大豆皂醇 B-*O*-*β*-D- 吡喃葡萄糖醛酸苷 槐 Sophora japonica
soyasapogenol C 大豆皂醇 C 大豆 Glycine max, 天蓝苜蓿 Medicago lupulina, 紫苜蓿 M. sativa
soyasapogenol D 大豆皂醇 D 大豆 Glycine max, 天蓝苜蓿 Medicago lupulina
soyasapogenol E 大豆皂醇 E 豆 Glycine soja, 天蓝苜蓿 Medicago lupulina, 紫苜蓿 M. sativa, 镰荚棘豆 Oxytropis falcata, 紫藤 Wisteria sinensis
soyasapogenol F 大豆皂醇 F 天蓝苜蓿 Medicago lupulina
soyasapogenol G 大豆皂醇 G 紫苜蓿 Medicago sativa
soyasaponin 大豆皂苷 黄耆 Astragalus penduliflorus subsp. mongholicus var. dahuricus, 紫苜蓿 Medicago sativa, 胡卢巴 Trigonella foenum-graecum
soyasaponin I 大豆皂苷 I 广州相思子 Abrus cantoniensis, 毛相思子 A. mollis, 落花生 Arachis hypogaea, 金翼黄耆 Astragalus chrysopterus, 背扁黄耆 A. complanatus, 紫云英 A. sinicus, 红花山竹子 Corethrodendron multijugum, 响铃豆 Crotalaria albida, 广东金钱草 Desmodium styracifolium, 大豆 Glycine max, 甘草 Glycyrrhiza uralensis, 多序岩黄耆 Hedysarum polybotrys, 黄金凤 Impatiens siculifer, 天蓝苜蓿 Medicago lupulina, 紫苜蓿 M. sativa, 草木犀 Melilotus officinalis, 葛 Pueraria montana var. lobata, 粉葛 P. montana var. thomsonii, 苦参 Sophora flavescens, 槐 S. japonica, 草莓车轴草 Trifolium fragiferum, 杂种车轴草 T. hybridum, 绛车轴草 T. incarnatum, 红车轴草 T. pratense, 白车轴草 T. repens, 绿豆 Vigna radiata, 藤萝 Wisteria villosa
soyasaponin I methyl ester 大豆皂苷 I 甲酯 背扁黄耆 Astragalus complanatus, 黄耆 A. penduliflorus subsp. mongholicus var. dahuricus, 甘草 Glycyrrhiza uralensis, 黄金凤 Impatiens siculifer
soyasaponin II 大豆皂苷 II 紫云英 Astragalus sinicus, 红花山竹子 Corethrodendron multijugum, 大豆 Glycine max, 甘草 Glycyrrhiza uralensis, 多序岩黄耆 Hedysarum polybotrys, 黄金凤 Impatiens siculifer, 大山黧豆 Lathyrus davidii, 白车轴草 Trifolium repens
soyasaponin II methyl ester 大豆皂苷 II 甲酯 红花山竹子 Corethrodendron multijugum, 甘草 Glycyrrhiza uralensis, 多序岩黄耆 Hedysarum polybotrys, 大山黧豆 Lathyrus davidii
soyasaponin III 大豆皂苷 III 紫云英 Astragalus sinicus, 响铃豆 Crotalaria albida, 大豆 Glycine max, 南苜蓿 Medicago polymorpha, 刺槐 Robinia pseudoacacia, 槐 Sophora japonica, 绛车轴草 Trifolium incarnatum
soyasaponin IV 大豆皂苷 IV 紫云英 Astragalus sinicus, 大豆 Glycine max, 黄金凤 Impatiens siculifer, 黄花棘豆 Oxytropis ochrocephala
soyasaponin V 大豆皂苷 V 大豆 Glycine max, 大山黧豆 Lathyrus davidii
soyasaponin A_1 大豆皂苷 A_1 大豆 Glycine max, 黄金凤 Impatiens siculifer
soyasaponin A_2 大豆皂苷 A_2 大豆 Glycine max
soyasaponin B 大豆皂苷 B 菜豆 Phaseolus vulgaris
soyasaponin Bg 大豆皂苷 Bg 红花山竹子 Corethrodendron multijugum, 黄金凤 Impatiens siculifer
soyasaponin Bh 大豆皂苷 Bh 大豆 Glycine max
soyasaponin SA_3 大豆皂苷 SA_3 葛 Pueraria montana var. lobata
soyasaponin V methyl ester 大豆皂苷 V 甲酯 大山黧豆 Lathyrus davidii

soyasaponin αg, βa, βg, γa, γg 大豆皂苷 αg, βa, βg, γa, γg 大豆 Glycine max

spallidamine 黄堇胺▲ 地丁草 Corydalis bungeana, 刻叶紫堇 C. incisa

(-)-sparteine (-)- 鹰爪豆碱 霍州油菜 Thermopsis chinensis, 野决明 T. lupinoides

(+)-sparteine (+)- 鹰爪豆碱 朝鲜槐 Maackia amurensis, 尼泊尔黄花木 Piptanthus nepalensis, 高山野决明 Thermopsis alpina

d-sparteine *d*- 鹰爪豆碱 无叶假木贼 Anabasis aphylla

sparteine 鹰爪豆碱 沙冬青 Ammopiptanthus mongolicus, 白屈菜 Chelidonium majus, 朝鲜槐 Maackia amurensis, 小花棘豆 Oxytropis glabra, 黄花棘豆 O. ochrocephala, 披针叶野决明 Thermopsis lanceolata

spatheoside A, B, C 火焰树萜苷▲A, B, C 钟形火焰树 Spathodea campanulata

spathodic acid 火焰树酸 紫参 Rubia yunnanensis, 钟形火焰树 Spathodea campanulata

spathodol 火焰树醇▲ 钟形火焰树 Spathodea campanulata

spatholosineside A, B 红血藤苷 AA, B 红血藤 Spatholobus sinensis

spathoside 火焰树苷▲ 钟形火焰树 Spathodea campanulata

(-)-spathulenol (-)- 匙叶桉油烯醇 挥发油成分，未统计基源

(+)-spathulenol (+)- 匙叶桉油烯醇 挥发油成分，未统计基源

D-spathulenol D- 匙叶桉油烯醇 无毛牛尾蒿 Artemisia dubia var. subdigitata

β-spathulenol β- 匙叶桉油烯醇 款冬 Tussilago farfara

ent-spathulenol 对映 - 匙叶桉油烯醇 挥发油成分，未统计基源

spathulenol 匙叶桉油烯醇 挥发油成分，未统计基源

specionin 黄金树宁▲ 黄金树 Catalpa speciosa

speciophylline D 美丽帽蕊木叶碱▲D 北越钩藤 Uncaria homomalla, 攀茎钩藤 U. scandens

speciosaperoxide 皱皮木瓜过氧化物▲ 皱皮木瓜 Chaenomeles speciosa

(-)-specioside (-)- 黄金树苷 羽叶楸 Stereospermum colais

specioside 黄金树苷 互叶醉鱼草 Buddleja alternifolia, 美国梓 Catalpa bignonioides, 梓 C. ovata, 黄金树 C. speciosa, 菜豆树 Radermachera sinica, 炮仗竹 Russelia equisetiformis, 掌叶木 Tabebuia rosea, 蚊母草 Veronica peregrina

specnuezhenide 特女贞苷 女贞 Ligustrum lucidum, 小蜡 L. sinense

spectabiline 美丽猪屎豆碱 吊裙草 Crotalaria retusa, 大托叶猪屎豆 C. spectabilis

spegatrine 斯氏白坚木春▲ 萝芙木 Rauvolfia verticillata

speranberculatine A 地构叶双吡咯碱▲A 地构叶 Speranskia tuberculata

speranculatine A, B, C 地构叶双吡啶碱▲A, B, C 地构叶 Speranskia tuberculata

speranskatine A, B 地构叶吡啶碱▲A, B 地构叶 Speranskia tuberculata

speranskilatine A 地构叶吡咯吡啶碱▲A 地构叶 Speranskia tuberculata

spergulagenic acid A 长梗星粟草苷元酸▲A 商陆 Phytolacca acinosa

spermidine 亚精胺 美味牛肝菌 Boletus edulis, 菊苣 Cichorium intybus, 牵牛 Ipomoea nil, 扁豆 Lablab purpureus, 人参 Panax ginseng, 黑果越桔 Vaccinium myrtillus

spermine 精胺 美味牛肝菌 Boletus edulis, 扁豆 Lablab purpureus, 人参 Panax ginseng, 黑果越桔 Vaccinium myrtillus, 救荒野豌豆 Vicia sativa

S-petasin *S*- 蜂斗菜素 蜂斗菜 Petasites japonicus

sphaerobioside 圆荚草二糖苷 丰城崖豆藤 Callerya nitida var. hirsutissima, 柘树 Cudrania tricuspidata, 绵三七 Eriosema himalaicum

sphaerophyside SA, SB, SC, SD 苦马豆苷 SA, SB, SC, SD 苦马豆 Sphaerophysa salsula

sphaerophysin A 苦马豆素▲A 苦马豆 Sphaerophysa salsula

sphaerophysone A~D 苦马豆酮 A~D 苦马豆 Sphaerophysa salsula

sphaerosin S_1, S_2, S_3 苦马豆洛辛▲S_1, S_2, S_3 苦马豆 Sphaerophysa salsula

sphagnorubin 泥炭藓玉红素 中位泥炭藓 Sphagnum magellanicum

sphagnum acid 泥炭藓酸 中位泥炭藓 Sphagnum magellanicum

sphalleroside A 迷果芹苷▲A 迷果芹 Sphallerocarpus gracilis

sphenadilactone A~F 华中五味子二内酯 A~F 华中五味子 Schisandra sphenanthera

sphenalactone A~D 华中五味子内酯 A~D 华中五味子 Schisandra sphenanthera

sphenanlignan 华中五脂素 二色五味子 Schisandra bicolor, 华中五味子 S. sphenanthera

sphenanthin A 华中五味子酯▲A 华中五味子 Schisandra sphenanthera

sphenasin A 华中五味子萜素▲A 华中五味子 Schisandra sphenanthera

spherophysine 苦马豆辛碱 苦马豆 Sphaerophysa salsula

spherophysine carbonate 苦马豆辛碱碳酸酯 苦马豆 Sphaerophysa salsula

spherosin 苦马豆辛▲ 苦马豆 Sphaerophysa salsula

spherosinin 苦马豆辛宁▲ 苦马豆 Sphaerophysa salsula

(2*S*,3*S*,4*R*)-sphinganine-(2'*R*)-$\Delta^{5',6'(E)}$-2'-hydroxytetracosanoylamino (2*S*,3*S*,4*R*)- 鞘氨醇 -(2'*R*)-$\Delta^{5',6'(E)}$-2'- 羟基正二十四酰胺 大黄橐吾 Ligularia duciformis

sphingomyelin 鞘磷脂 木耳 Auricularia auricula

(2*R*,3*S*,2'*S*,4*E*,8*E*)-$\Delta^{4(5)}$, $\Delta^{8(9)}$-sphingosine-2'-hydroxyhexadecanoylamide (2*R*,3*S*,2'*S*,4*E*,8*E*)-$\Delta^{4(5)}$, $\Delta^{8(9)}$- 鞘氨醇 -2'- 羟基十六碳酰胺 赤瓟 Thladiantha dubia

S

sphondin 牛防风素 紫花前胡 Angelica decursiva, 短茎古当归 Archangelica brevicaulis, 梭果黄耆 Astragalus ernestii, 柠檬 Citrus limon, 白亮独活 Heracleum candicans, 兴安独活 H. dissectum, 裂叶独活 H. millefolium, 短毛独活 H. moellendorffii, 少管短毛独活 H. moellendorffii var. paucivittatum, 鹤庆独活 H. rapula, 糙独活 H. scabridum, 狭翅独活 H. stenopterum, 平截独活 H. vicinum, 卧龙独活 H. wolongense, 永宁独活 H. yungningense, 藏波罗花 Incarvillea younghusbandii, 前胡 Peucedanum praeruptorum, 芸香 Ruta graveolens, 竹叶西风芹 Seseli mairei, 狼毒 Stellera chamaejasme

spicachlorantin A 金粟兰素▲A 狭叶金粟兰 Chloranthus angustifolius, 宽叶金粟兰 C. henryi, 及已 C. serratus, 金粟兰 C. spicatus

spicachlorantin B 金粟兰素▲B 宽叶金粟兰 Chloranthus henryi, 银线草 C. japonicus, 多穗金粟兰 C. multistachys, 金粟兰 C. spicatus

spicachlorantin C 金粟兰素▲C 及已 Chloranthus serratus, 金粟兰 C. spicatus

spicachlorantin D, E, H, I, J 金粟兰素▲D, E, H, I, J 金粟兰 Chloranthus spicatus

spicachlorantin F 金粟兰素▲F 金粟兰 Chloranthus spicatus, 草珊瑚 Sarcandra glabra

spicachlorantin G 金粟兰素▲G 宽叶金粟兰 Chloranthus henryi, 金粟兰 C. spicatus

spicatanoic acid 草果药酸▲ 草果药 Hedychium spicatum

spicatanol 草果药醇▲ 草果药 Hedychium spicatum

spicatanol methyl ether 草果药醇▲甲醚 草果药 Hedychium spicatum

spicataside 福树苷 木竹子 Garcinia multiflora

spicatin 穗状内雄楝素▲ 浆果楝 Cipadessa baccifera

spicatine A 亚东乌头亭▲A 亚东乌头 Aconitum spicatum, 白蓝翠雀花 Delphinium albocoeruleum

spicatine B 亚东乌头亭▲B 亚东乌头 Aconitum spicatum

spicatolignan A, B 留兰香木脂素▲A, B 留兰香 Mentha spicata

spicatoside A, B 留兰香苷▲A, B 留兰香 Mentha spicata

spicatoside A 山麦冬皂苷 A 阔叶山麦冬 Liriope muscari, 山麦冬 L. spicata

spicatoside B 山麦冬皂苷 B 阔叶山麦冬 Liriope muscari, 山麦冬 L. spicata

spicatoside C 山麦冬皂苷 C 山麦冬 Liriope spicata

spicoside A 穗花婆婆纳苷▲A 兔儿尾苗 Pseudolysimachion longifolium, 穗花 P. spicatum, 轮叶穗花 P. spurium

spicoside B 穗花婆婆纳苷▲B 穗花 Pseudolysimachion spicatum, 轮叶穗花 P. spurium

spicoside C, F 穗花婆婆纳苷▲C, F 穗花 Pseudolysimachion spicatum

spicoside D 穗花婆婆纳苷▲D 穗花 Pseudolysimachion spicatum, 轮叶穗花 P. spurium

spicoside E 穗花婆婆纳苷▲E 穗花 Pseudolysimachion spicatum, 轮叶穗花 P. spurium

spilanthol 金纽扣酰胺 长茎金耳环 Asarum longerhizomatosum

spinacetin 菠菜亭▲ 沙生蜡菊 Helichrysum arenarium, 欧亚旋覆花 Inula britannica, 菠菜 Spinacia oleracea

spinacetin-3-gentiobioside 菠菜亭▲-3- 龙胆二糖苷 菠菜 Spinacia oleracea

spinacetin-3-*O*-*β*-D-(2''-feruloylglucopyranosyl)-(1 → 6)-[*β*-D-apiofuranosyl-(1 → 2)]-*β*-D-glucopyranoside 菠菜亭▲-3-*O*-*β*-D-(2''- 阿魏酸吡喃葡萄糖基)-(1 → 6)-[*β*-D- 呋喃芹糖基 -(1 → 2)]-*β*-D- 吡喃葡萄糖苷 菠菜 Spinacia oleracea

spinacetin-3-*O*-*β*-D-(2''-feruloylglucopyranosyl)-(1 → 6)-*β*-D-glucopyranoside 菠菜亭▲-3-*O*-*β*-D-(2''- 阿魏酸吡喃葡萄糖基)-(1 → 6)-*β*-D- 吡喃葡萄糖苷 菠菜 Spinacia oleracea

spinacetin-3-*O*-*β*-D-(2''-*p*-coumaroylglucopyranosyl)-(1 → 6)-[*β*-D-apiofuranosyl-(1 → 2)]-*β*-D-glucopyranoside 菠菜亭▲-3-*O*-*β*-D-(2''- 对香豆酰吡喃葡萄糖基)-(1 → 6)-[*β*-D- 呋喃芹糖 (1 → 2)]-*β*-D- 吡喃葡萄糖苷 菠菜 Spinacia oleracea

spinacetin-3-*O*-*β*-D-glucopyranosyl-(1→6)-[*β*-D-apiofuranosyl-(1→2)]-*β*-D-glucopyranoside 菠菜亭▲-3-*O*-*β*-D- 吡喃葡萄糖基 -(1→6)-[*β*-D- 呋喃芹糖基 -(1 → 2)]-*β*-D- 吡喃葡萄糖苷 菠菜 Spinacia oleracea

spinacoside C 菠菜苷▲C 菠菜 Spinacia oleracea

spinacoside D 菠菜苷▲D 藜 Chenopodium album, 菠菜 Spinacia oleracea

spinasaponin A 菠菜皂苷 A 辽东楤木 Aralia elata var. glabrescens, 山石榴 Catunaregam spinosa

spinasaponin A methyl ester 菠菜皂苷 A 甲酯 屏边三七 Panax stipuleanatus

spinasaponin A-28-*O*-glucopyranoside 菠菜皂苷 A-28-*O*- 吡喃葡萄糖苷 辽东楤木 Aralia elata var. glabrescens, 屏边三七 Panax stipuleanatus

α-spinasterol *α*- 菠菜甾醇 较常见成分，至少分布于 30 种以上植物中，见于报春花科、唇形科、灯心草科、豆科、凤仙花科、葫芦科、姜科、锦葵科、桔梗科、菊科、楝科、露兜树科、木犀科、漆树科、茄科、伞形科、山茶科、山矾科、商陆科、芍药科、石竹科、苋科、小檗科、玄参科、荨麻科、罂粟科、远志科、醉鱼草科等

β-spinasterol *β*- 菠菜甾醇 紫苜蓿 Medicago sativa

γ-spinasterol *γ*- 菠菜甾醇 思茅独活 Heracleum henryi

δ-spinasterol *δ*- 菠菜甾醇 党参 Codonopsis pilosula, 川党参 C. pilosula subsp. tangshen

spinasterol 菠菜甾醇 较常见成分，至少分布于 30 种以上植物中，见于唇形科、冬青科、豆科、凤仙花科、葫芦科、菊科、藜科、石竹科、五加科、玄参科、岩梅科、远志科等

α-spinasterol caproate *α*- 菠菜甾醇己酸酯 露兜树 Pandanus tectorius

α-spinasterol glucoside *α*- 菠菜甾醇葡萄糖苷 长梗绞股蓝 Gynostemma longipes, 山蚂蚱草 Silene jenisseensis

δ-spinasterol glucoside *δ*- 菠菜甾醇葡萄糖苷 党参 Codonopsis pilosula, 川党参 C. pilosula subsp. tangshen

α-spinasterol glycoside *α*- 菠菜甾醇皂苷 红木荷 Schima wallichii

α-spinasterol octacosanoate *α*- 菠菜甾醇十八酸酯 刺苋 Amaranthus spinosus

α-spinasterol octadecanate *α*- 菠菜甾醇硬脂酸酯 牛膝菊 Galinsoga parviflora, 云南木鳖 Momordica dioica

α-spinasterol-3-*O*-*β*-D-glucopyranoside *α*- 菠菜甾醇 -3-*O*-*β*-D- 吡喃葡萄糖苷 盒子草 Actinostemma tenerum, 冬瓜 Benincasa hispida, 醉鱼

草 Buddleja lindleyana, 北柴胡 Bupleurum chinense, 竹叶柴胡 B. marginatum, 山柑 Capparis spinosa, 红毛七 Caulophyllum robustum, 水金凤 Impatiens nolitangere, 云南木鳖 Momordica dioica, 牛蹄豆 Pithecellobium dulce, 桔梗 Platycodon grandiflorus, 松潘棱子芹 Pleurospermum franchetianum, 金铁锁 Psammosilene tunicoides, 丹东玄参 Scrophularia kakudensis, 赤瓟 Thladiantha dubia, 栝楼 Trichosanthes kirilowii

spinasterol-3-*O*-β-D-glucopyranoside 菠菜甾醇 -3-*O*-β-D- 吡喃葡萄糖苷 刺苋 Amaranthus spinosus, 蝉翼藤 Securidaca inappendiculata, 马蓝 Strobilanthes cusia

α-spinasterol-3-*O*-β-D-glucopyranoside-6'-heptadecanoate α- 菠菜甾醇 -3-*O*-β-D- 吡喃葡萄糖苷 -6'- 十七酸酯 浆果苋 Deeringia amaranthoides

α-spinasterol-3-*O*-β-D-glucopyranoside-6'-*O*-palmitate α- 菠菜甾醇 -3-*O*-β-D- 吡喃葡萄糖苷 -6'-*O*- 棕榈酸酯 金铁锁 Psammosilene tunicoides

α-spinasteryl-3-*O*-β-D-glucopyranoside-6'-palmitate α- 菠菜甾醇 -3-*O*-β-D- 吡喃葡萄糖苷 -6'- 棕榈酸酯 赤瓟 Thladiantha dubia

α-spinasterol-3-*O*-β-D-glucoside α- 菠菜甾醇 -3-*O*-β-D- 葡萄糖苷 合欢 Albizia julibrissin, 东风菜 Doellingeria scabra, 长蕊石头花 Gypsophila oldhamiana, 牛蹄豆 Pithecellobium dulce, 西伯利亚远志 Polygala sibirica, 密花远志 P. tricornis

spinasterol-3-*O*-β-D-glucoside 菠菜甾醇 -3-*O*-β-D- 葡萄糖苷 苏门白酒草 Conyza sumatrensis, 巨花雪胆 Hemsleya gigantha

α-spinasterol-3-*O*-β-D-glucoside-6'-*O*-palmitate α- 菠菜甾醇 -3-*O*-β-D- 葡萄糖苷 -6'-*O*- 棕榈酸酯 密花远志 Polygala tricornis

spinasterol-3-*O*-β-D-glucoside-6'-*O*-palmitate 菠菜甾醇 -3-*O*-β-D- 葡萄糖苷 -6'-*O*- 棕榈酸酯 苏门白酒草 Conyza sumatrensis

α-spinasterol-3-β-D-glucopyranoside α- 菠菜甾醇 -3-β-D- 吡喃葡萄糖苷 木鳖子 Momordica cochinchinensis

α-spinasterol-3β-*O*-β-D-glucopyranoside α- 菠菜甾醇 -3β-*O*-β-D- 吡喃葡萄糖苷 王瓜 Trichosanthes cucumeroides

α-spinasterol glucopyranoside α- 菠菜甾醇吡喃葡萄糖苷 泽珍珠菜 Lysimachia candida, 苦葛 Pueraria peduncularis

α-spinasterol-β-D-(6'-palmitylglucopyranoside) α- 菠菜甾醇 -β-D-(6'- 软脂酰吡喃葡萄糖苷) 鸡蛋参 Codonopsis convolvulacea

α-spinasterol-β-D-glucopyranoside α- 菠菜甾醇 -β-D- 吡喃葡萄糖苷 灰枝紫菀 Aster poliothamnus, 银州柴胡 Bupleurum yinchowense, 粟米草 Mollugo stricta, 孩儿参 Pseudostellaria heterophylla

α-spinasterol-β-D-glucoside α- 菠菜甾醇 -β-D- 葡萄糖苷 羊乳 Codonopsis lanceolata, 垂序商陆 Phytolacca americana

α-spinasterone α- 菠菜甾酮 茶 Camellia sinensis, 鸡蛋参 Codonopsis convolvulacea, 党参 C. pilosula, 楝 Melia azedarach

spinasterone 菠菜甾酮 紫菀 Aster tataricus, 罗伞 Brassaiopsis glomerulata

spinasteryl-β-D-glucopyranoside 菠菜甾醇 -β-D- 吡喃葡萄糖苷 商陆 Phytolacca acinosa

spinatoside 菠菜托苷▲ 菠菜 Spinacia oleracea

spinescin 刺状小号花素▲ 中亚苦蒿 Artemisia absinthium, 望春玉兰 Yulania biondii

spingolipid 鞘脂 拟南芥 Arabidopsis thaliana

spinoside 刺苋苷▲ 刺苋 Amaranthus spinosus

spinoside A, B 刺山柑苷▲A, B 山柑 Capparis spinosa

spinosin 酸枣素▲ 小槐花 Ohwia caudata, 鸡蛋果 Passiflora edulis, 酸枣 Ziziphus jujuba var. spinosa, 滇刺枣 Z. mauritiana

spiradine IV, IX, X, XI, A, B 绣线菊碱 IV, IX, X, XI, A, B 光叶绣线菊 Spiraea japonica var. fortunei

spiradine C, D, F 绣线菊碱 C, D, F 无毛绣线菊 Spiraea japonica var. glabra

spiraein 绣线菊素▲ 萹蓄 Polygonum aviculare

spiraeoside 绣线菊苷 旋果蚊子草 Filipendula ulmaria, 汉荭鱼腥草 Geranium robertianum, 鼠麴草 Gnaphalium affine, 拳参 Polygonum bistorta

spirafolide 荚叶旋花菊内酯▲ 月桂 Laurus nobilis

spiraline 同心结林碱▲ 海南同心结 Parsonsia alboflavescens

spiraline-*N*-oxide 同心结林碱▲-*N*- 氧化物 海南同心结 Parsonsia alboflavescens

spiramilactone B 绣线菊内酯 B 筛子花 Spiraea japonica var. stellaris

spiramine A 绣线菊胺 A 渐尖绣线菊 Spiraea japonica var. acuminata, 无毛绣线菊 S. japonica var. glabra, 筛子花 S. japonica var. stellaris

spiramine B 绣线菊胺 B 渐尖绣线菊 Spiraea japonica var. acuminata, 无毛绣线菊 S. japonica var. glabra, 筛子花 S. japonica var. stellaris

spiramine C 绣线菊胺 C 渐尖绣线菊 Spiraea japonica var. acuminata, 筛子花 S. japonica var. stellaris

spiramine D 绣线菊胺 D 渐尖绣线菊 Spiraea japonica var. acuminata, 筛子花 S. japonica var. stellaris

spiramine E, G, I 绣线菊胺 E, G, I 渐尖绣线菊 Spiraea japonica var. acuminata

spiramine F 绣线菊胺 F 渐尖绣线菊 Spiraea japonica var. acuminata, 筛子花 S. japonica var. stellaris

spiramine H 绣线菊胺 H 北乌头 Aconitum kusnezoffii, 渐尖绣线菊 Spiraea japonica var. acuminata, 筛子花 S. japonica var. stellaris

spiramine P, Q 绣线菊胺 P, Q 筛子花 Spiraea japonica var. stellaris

spiramine S, V 绣线菊胺 S, V 渐尖绣线菊 Spiraea japonica var. acuminata

spiraminol 绣线菊二萜醇 筛子花 Spiraea japonica var. stellaris

spiranthesol 盘龙参二聚菲酚 绶草 Spiranthes sinensis

spiranthol A, B, C 盘龙参酚 A, B, C 绶草 Spiranthes sinensis

spiranthoquinone 盘龙参醌 绶草 Spiranthes sinensis

spiraqine 光叶绣线菊碱▲ 光叶绣线菊 Spiraea japonica var. fortunei

spirasine 2, 5, 6, II, III 绣线菊新碱 2, 5, 6, II, III 无毛绣线菊 Spiraea japonica var. glabra

spirasine 3 绣线菊新碱 3 光叶绣线菊 Spiraea japonica var. fortunei, 无毛绣线菊 S. japonica var. glabra

spirasineol A, B 盘龙参新酚 A, B 绶草 Spiranthes sinensis

spiredine 绣线菊定碱▲ 光叶绣线菊 Spiraea japonica var. fortunei, 无毛绣线菊 S. japonica var. glabra

spirein 绣线菊因碱 旋果蚊子草 Filipendula ulmaria

spiro[(1a*S*,2*R*,7a*S*)-2,3-dihydroxy-1a,2,7,7a-tetrahydro-naphtho[2,3-b]oxirene-7,2'-naphtho[1,8-*de*]-1',3'-dioxin] 螺环 [(1a*S*,2*R*,7a*S*)-2,3- 二羟

基 -1a,2,7,7a- 四氢 - 萘并 [2,3-b] 环氧乙烯 -7,2'- 萘并 [1,8-de]-1',3'- 二氧杂芑] 木蝴蝶 Oroxylum indicum
spiro[furan-3(2*H*),1'(2'*H*)-naphthalene]-5'-carboxylic acid 螺环 [呋喃 -3(2*H*),1'(2'*H*)- 萘]-5'- 羧酸 鸡骨香 Croton crassifolius
spiro-13-homo-13-oxoelliptone 螺环 -13- 高 -13- 氧代毛鱼藤酮 鱼藤 Derris trifoliata
spiroabieslanostane A, A', B, B' 螺环冷杉羊毛脂烷 A, A', B, B' 岷江冷杉 Abies fargesii var. faxoniana
spirocadambine 螺团花碱▲ 团花 Neolamarckia cadamba
spiroconazole A 螺康唑 A 柬埔寨龙血树 Dracaena cambodiana
spirocurcasone 螺环麻疯树酮 麻疯树 Jatropha curcas
spiroethuliacoumarin 都丽菊螺环香豆素▲ 都丽菊 Ethulia conyzoides
spirononotsuoxodiol 螺环桦褐孔菌萜二醇 黄苞大戟 Euphorbia sikkimensis
spiroiridal 螺鸢尾醛 射干 Belamcanda chinensis
spirojatomol 甘松螺醇▲ 甘松 Nardostachys jatamansi
trans-spiroketalenolether polyyne 反式 - 螺缩醛烯醇醚多炔 野菊 Chrysanthemum indicum
cis-spiro-ketalenolether polyyne 顺式 - 螺缩醛烯醇醚多炔 野菊 Chrysanthemum indicum
spirooliganone A, B 螺环少药八角酮▲A, B 少药八角 Illicium oligandrum
spiropachysine 螺粉蕊黄杨碱 羽脉野扇花 Sarcococca hookeriana
spiropachysine A 螺粉蕊黄杨碱 A 板凳果 Pachysandra axillaris, 多毛板凳果 P. axillaris var. stylosa
spiropachysine B 螺粉蕊黄杨碱 B 板凳果 Pachysandra axillaris
spiropachysine glucopyranoside 螺粉蕊黄杨碱葡萄糖苷 羽脉野扇花 Sarcococca hookeriana
spiropachysine-20-one 螺粉蕊黄杨碱 -20- 酮 顶花板凳果 Pachysandra terminalis
spirosendan 螺旋楝素 川楝 Melia toosendan
(25*S*)-spirost-1,4-dien-3-one (25*S*)- 螺甾 -1,4- 二烯 -3- 酮 石刁柏 Asparagus officinalis
(25*R*,*S*)-5α-spirost-12-one-3β-*O*-β-xylopyranosyl-(1 → 2)-β-xylopyranosyl-(1 → 3)-β-glucopyranosyl-(1 → 4)-α-rhamnopyranosyl-(1 → 2)-β-galactopyranoside (25*R*,*S*)-5α- 螺甾 -12- 酮 -3β-*O*-β- 吡喃木糖基 -(1 → 2)-β- 吡喃木糖基 -(1 → 3)-β- 吡喃葡萄糖基 -(1 → 4)-α- 吡喃鼠李糖基 -(1 → 2))-β- 吡喃半乳糖苷 蒺藜 Tribulus terrestris
25(*R*)-spirost-14α-hydroxy-4-en-3-one 25(*R*)- 螺甾 -14α- 羟基 -4- 烯 -3- 酮 剑叶龙血树 Dracaena cochinchinensis
(25*S*)-5α-spirost-20-en-1β,3α-diol-3-*O*-β-D-glucopyranoside (25*S*)-5α- 螺甾 -20- 烯 -1β,3α- 二醇 3-*O*-β-D- 吡喃葡萄糖苷 剑叶朱蕉 Cordyline stricta
(23*S*,25*S*)-5α-spirost-24-one-3β,23-diol-3-*O*-{α-L-rhamnopyranosyl-(1 → 2)-*O*-[β-D-glucopyranosyl-(1 → 4)]-β-D-galactopyranoside (23*S*,25*S*)-5α- 螺甾 -24- 酮 -3β,23- 二醇 -3-*O*-{α-L- 吡喃鼠李糖基 -(1 → 2)-*O*-[β-D- 吡喃葡萄糖基 -(1 → 4)]-β-D- 吡喃半乳糖苷 } 蒺藜 Tribulus terrestris
25*R*-spirost-24β-ol-4-en-3,12-dione 25*R*- 螺甾 -24β- 醇 -4- 烯 -3,12- 酮 蒺藜 Tribulus terrestris
spirost-25(27)-en-1β,2β,3β,4β,5β,6β,7α-heptol 螺甾 -25(27)- 烯 -1β,2β,3β,4β,5β,6β,7α- 七醇 开口箭 Tupistra chinensis
(20*S*,22*R*)-spirost-25(27)-en-1β,2β,3β,4β,5β,7α-hexaol-6-one (20*S*,22*R*)- 螺甾 -25(27)- 烯 -1β,2β,3β,4β,5β,7α- 六醇 -6- 酮 开口箭 Tupistra chinensis
5α-spirost-25(27)-en-1β,3α-diol-1-*O*-{*O*-α-L-rhamnopyranosyl-(1 → 2)-*O*-[β-D-xylopyranosyl-(1 → 3)]-β-D-fucopyranoside} 5α- 螺甾 -25(27)- 烯 -1β,3α- 二醇 -1-*O*-{*O*-α-L- 吡喃鼠李糖基 -(1 → 2)-*O*-[β-D- 吡喃木糖基 -(1 → 3)]-β-D- 吡喃岩藻糖苷 } 剑叶朱蕉 Cordyline stricta
5α-spirost-25(27)-en-1β,3α-diol-1-*O*-{*O*-α-L-rhamnopyranosyl-(1 → 2)-*O*-[β-D-xylopyranosyl-(1 → 3)]-β-D-xylopyranoside} 5α- 螺甾 -25(27)- 烯 -1β,3α- 二醇 -1-*O*-{*O*-α-L- 吡喃鼠李糖基 -(1 → 2)-*O*-[β-D- 吡喃木糖基 -(1 → 3)]-β-D- 吡喃木糖苷 } 剑叶朱蕉 Cordyline stricta
5α-spirost-25(27)-en-1β,3α-diol-3-*O*-β-D-glucopyranoside 5α- 螺甾 -25(27)- 烯 -1β,3α- 二醇 -3-*O*-β-D- 吡喃葡萄糖苷 剑叶朱蕉 Cordyline stricta
25D,5β-spirost-2-ene 25D,5β- 螺甾 -2- 烯 山萆薢 Dioscorea tokoro
25*R*-spirost-2β,3α-diol-4-en-12-one 25*R*- 螺甾 -4- 烯 -2β,3α- 二醇 -12- 酮 蒺藜 Tribulus terrestris
25*R*-spirost-3,5-dien-12-one 25*R*- 螺甾 -3,5- 二烯 -12- 酮 蒺藜 Tribulus terrestris
25D-spirost-3,5-diene 25D- 螺甾 -3,5- 二烯 三角叶薯蓣 Dioscorea deltoidea
(5α,25*R*)-spirost-3,6,12-trione (5α,25*R*)- 螺甾 -3,6,12- 三酮 蒺藜 Tribulus terrestris
(3β,5α,25*R*)-spirost-3-*O*-α-L-rhamnopyranosyl-(1→2)-*O*-β-D-xylopyranosyl-(1→2)-*O*-β-D-xylopyranosyl-(1→3)-β-D-glucopyranosyl-(1→4)-β-D-galactopyranoside (3β,5α,25*R*)- 螺甾 -3-*O*-α-L- 吡喃鼠李糖基 -(1 → 2)-*O*-β-D- 吡喃木糖基 -(1 → 2)-*O*-β-D- 吡喃木糖基 -(1 → 3)-β-D- 吡喃葡萄糖基 -(1 → 4)-β-D- 吡喃半乳糖苷 蒺藜 Tribulus terrestris
(25D)-spirost-3β,17α,27-trihydroxy-3-*O*-β-D-glucopyranosyl-(1 → 4)-*O*-[α-L-arabinopyranosyl-(1 → 6)]-β-D-glucopyranoside (25D)- 螺甾 -3β,17α,27- 三羟基 -3-*O*-β-D- 吡喃葡萄糖基 -(1 → 4)-*O*-[α-L- 吡喃阿拉伯糖基 -(1 → 6)]-β-D- 吡喃葡萄糖苷 短梗菝葜 Smilax scobinicaulis
(23*S*,24*R*,25*R*)-5α-spirost-3β,23,24-triol-3-*O*-{α-L-rhamnopyranosyl-(1 → 2)-[β-D-glucopyranosyl-(1 → 4)]-β-D-galactopyranoside} (23*S*,24*R*,25*R*)-5α- 螺甾 -3β,23,24- 三醇 -3-*O*-{α-L- 吡喃鼠李糖基 -(1 → 2)-[β-D- 吡喃葡萄糖基 -(1 → 4)]-β-D- 吡喃半乳糖苷 } 蒺藜 Tribulus terrestris
(23*S*,24*R*,25*S*)-5α-spirost-3β,23,24-triol-3-*O*-{α-L-rhamnopyranosyl-(1 → 2)-[β-D-glucopyranosyl-(1 → 4)]-β-D-galactopyranoside} (23*S*,24*R*,25*S*)-5α- 螺甾 -3β,23,24- 三醇 -3-*O*-{α-L- 吡喃鼠李糖基 -(1 → 2)-[β-D- 吡喃葡萄糖基 -(1 → 4)]-β-D- 吡喃半乳糖苷 } 蒺藜 Tribulus terrestris
(24*S*,25*S*)-5α-spirost-3β,24-diol-3-*O*-{α-L-rhamnopyranosyl-(1 → 2)-*O*-[β-D-glucopyranosyl-(1 → 4)]-β-D-galactopyranoside} (24*S*,25*S*)-5α- 螺甾 -3β,24- 二醇 -3-*O*-{α-L- 吡喃鼠李糖基 -(1 → 2)-*O*-[β-D- 吡喃葡萄糖基 -(1 → 4)]-β-D- 吡喃半乳糖苷 } 蒺藜 Tribulus terrestris
(25*R*)-25α-spirost-3β,6α,23α-triol-3,6-di-*O*-β-D-glucopyranoside (25*R*)-25α- 螺甾 -3β,6α,23α- 三醇 3,6- 二 -*O*-β-*D*- 吡喃葡萄糖苷 龙舌兰

S

spirost-5-en-3-*O*-*β*-D-glucopyranosyl-(1 → 2)-*O*-[*β*-D-xylopyranosyl-(1 → 3)]-*O*-*β*-D-glucopyranosyl-(1 → 4)-*β*-D-galactopyranoside 螺甾 -5-烯 -3-*O*-*β*-D- 吡喃葡萄糖基 -(1 → 2)-*O*-[*β*-D- 吡喃木糖基 -(1 → 3)]-*O*-*β*-D- 吡喃葡萄糖基 -(1 → 4)-*β*-D- 吡喃半乳糖苷 二苞黄精 Polygonatum involucratum

spirost-5-en-3-yl-*β*-D-glucopyranosyl-(1 → 3)-*β*-D-glucopyranosyl-(1 → 4)-[*α*-L-rhamnopyranosyl-(1 → 2)]-*β*-D-glucopyranoside 螺甾 -5- 烯 -3-基 -*β*-D- 吡喃葡萄糖基 -(1 → 3)-*β*-D- 吡喃葡萄糖基 -(1 → 4)-[*α*-L- 吡喃鼠李糖基 -(1 → 2)]-*β*-D- 吡喃葡萄糖苷 盾叶薯蓣 Dioscorea zingiberensis

(20*S*,25*S*)-spirost-5-en-3*β*,11*α*,21-triol-3-*O*-*α*-L-rhamnopyranosyl-(1 → 2)-*β*-D-glucopyranoside (20*S*,25*S*)- 螺甾 -5- 烯 -3*β*,11*α*,21- 三醇 -3-*O*-*α*-L- 吡喃鼠李糖基 -(1 → 2)-*β*-D- 吡喃葡萄糖苷 北葱 Allium schoenoprasum

(25*R*)-spirost-5-en-3*β*,12*α*-diol-3-*O*-*α*-L-rhamnopyranosyl-(1 → 4)-*α*-L-rhamnopyranosyl-(1 → 4)-[*α*-L-rhamnopyranosyl-(1 → 2)]-*β*-D-glucopyranoside (25*R*)- 螺甾 -5- 烯 -3*β*,12*α*- 二醇 -3-*O*-*α*-L- 吡喃鼠李糖基 -(1 → 4)-*α*-L- 吡喃鼠李糖基 -(1 → 4)-[*α*-L- 吡喃鼠李糖基 -(1 → 2)]-*β*-D- 吡喃葡萄糖苷 宽瓣重楼 Paris polyphylla var. yunnanensis

(20*S*,25*S*)-spirost-5-en-3*β*,12*β*,21-triol-3-*O*-*α*-L-rhamnopyranosyl-(1 → 2)-*β*-D-glucopyranoside (20*S*,25*S*)- 螺甾 -5- 烯 -3*β*,12*β*,21- 三醇 -3-*O*-*α*-L- 吡喃鼠李糖基 -(1 → 2)-*β*-D- 吡喃葡萄糖苷 北葱 Allium schoenoprasum

(25*R*,*S*)-spirost-5-en-3*β*,14*α*-diol (25*R*,*S*)- 螺甾 -5- 烯 -3*β*,14*α*- 二醇 玉竹 Polygonatum odoratum

25(*R*)-spirost-5-en-3*β*,14*α*-diol 25(*R*)- 螺甾 -5- 烯 -3*β*,14*α*- 二醇 剑叶龙血树 Dracaena cochinchinensis

25(*R*)-spirost-5-en-3*β*,14*α*-diol-3-*O*-*α*-L-rhamnopyranosyl-(1 → 4)-*β*-D-glucopyranoside 25(*R*)- 螺甾 -5- 烯 -3*β*,14*α*- 二醇 -3-*O*-*α*-L- 吡喃鼠李糖基 -(1 → 4)-*β*-D- 吡喃葡萄糖苷 剑叶龙血树 Dracaena cochinchinensis

25(*R*)-spirost-5-en-3*β*,14*α*-diol-3-*O*-*β*-D-glucopyranoside 25(*R*)- 螺甾 -5- 烯 -3*β*,14*α*- 二醇 -3-*O*-*β*-D- 吡喃葡萄糖苷 剑叶龙血树 Dracaena cochinchinensis

25(*R*)-spirost-5-en-3*β*,14*α*-diol-3-*O*-*β*-D-glucopyranosyl-(1 → 2)-[*β*-D-xylopyranosyl-(1 → 3)]-*β*-D-glucopyranosyl-(1 → 4)-*β*-D-galactopyranoside 25(*R*)- 螺甾 -5- 烯 -3*β*,14*α*- 二醇 -3-*O*-*β*-D- 吡喃葡萄糖基 -(1 → 2)-[*β*-D- 吡喃木糖基 -(1 → 3)]-*β*-D- 吡喃葡萄糖基 -(1 → 4)-*β*-D- 吡喃半乳糖苷 玉竹 Polygonatum odoratum

25(*R*,*S*)-spirost-5-en-3*β*,14*α*-diol-3-*O*-*β*-D-glucopyranosyl-(1 → 2)-[*β*-D-xylopyranosyl-(1 → 3)]-*β*-D-glucopyranosyl-(1 → 4)-*β*-galactopyranoside 25(*R*,*S*)- 螺甾 -5- 烯 -3*β*,14*α*- 二醇 -3-*O*-*β*-D- 吡喃葡萄糖基 -(1 → 2)-[*β*-D- 吡喃木糖基 -(1 → 3)]-*β*-D- 吡喃葡萄糖基 -(1 → 4)-*β*- 吡喃半乳糖苷 玉竹 Polygonatum odoratum

(25D)-spirost-5-en-3*β*,17*α*,27-trihydroxy-3-*O*-*β*-D-glucopyranosyl-(1 → 4)-*O*-[*α*-L-arabinopyranosyl-(1 → 6)]-*β*-D-glucopyranoside (25D)- 螺甾 -5- 烯 -3*β*,17*α*,27- 三羟基 -3-*O*-*β*-D- 吡喃葡萄糖基 -(1 → 4)-*O*-[*α*-L- 吡喃阿拉伯糖基 -(1 → 6)]-*β*-D- 吡喃葡萄糖苷 短梗菝葜 Smilax scobinicaulis

(25*S*)-spirost-5-en-3*β*,17*α*,27-triol (25*S*)- 螺甾 -5- 烯 -3*β*,17*α*,27- 三醇 丫蕊花 Ypsilandra thibetica

(25*S*)-spirost-5-en-3*β*,17*α*,27-triol-3-*O*-[*α*-L-arabinopyranosyl-(1 → 4)]-*β*-D-glucopyranoside (25*S*)- 螺甾 -5- 烯 -3*β*,17*α*,27- 三羟基 -3-*O*-[*α*-L- 吡喃阿拉伯糖基 -(1 → 4)]-*β*-D- 葡萄糖苷 防己叶菝葜 Smilax menispermoidea

(25*S*)-spirost-5-en-3*β*,17*α*,27-triol-3-*O*-[*α*-L-arabinopyranosyl-(1 → 6)]-*β*-D-glucopyranoside (25*S*)- 螺甾 -5- 烯 -3*β*,17*α*,27- 三醇 -3-*O*-[*α*-L- 吡喃阿拉伯糖基 -(1 → 6)]-*β*-D- 吡喃葡萄糖苷 粗糙菝葜 Smilax lebrunii

(25*S*)-spirost-5-en-3*β*,17*α*,27-triol-3-*O*-[*α*-L-rhamnopyranosyl-(1 → 4)]-*β*-D-glucopyranoside (25*S*)- 螺甾 -5- 烯 -3*β*,17*α*,27- 三醇 -3-*O*-[*α*-L- 鼠李糖基 -(1 → 4)]-*β*-D- 吡喃葡萄糖苷 防己叶菝葜 Smilax menispermoidea

(25*S*)-spirost-5-en-3*β*,17*α*,27-triol-3-*O*-[*β*-D-glucopyranoside-(1 → 4)][*α*-L-arabinopyranosyl-(1 → 6)]-*β*-D-glucopyranoside (25*S*)- 螺甾 -5-烯 -3*β*,17*α*,27- 三醇 -3-*O*-[*β*-D- 吡喃葡萄糖苷 -(1 → 4)][*α*-L- 吡喃阿拉伯糖基 -(1 → 6)]-*β*-D- 吡喃葡萄糖苷 防己叶菝葜 Smilax menispermoidea

(25*S*)-spirost-5-en-3*β*,17*α*,27-triol-3-*O*-[*β*-D-glucopyranosyl-(1 → 4)][*α*-L-arabinopyranosyl-(1 → 6)]-*β*-D-glucopyranoside (25*S*)- 螺甾 -5- 烯 -3*β*,17*α*,27- 三醇 -3-*O*-[*β*-D- 吡喃葡萄糖基 -(1 → 4)][*α*-L- 吡喃阿拉伯糖基 -(1 → 6)]-*β*-D- 吡喃葡萄糖苷 粗糙菝葜 Smilax lebrunii

(25D)-spirost-5-en-3*β*,17*α*,27-triol-3-*O*-[*β*-L-rhamnopyranosyl-(1 → 2)][*α*-L-rhamnopyranosyl-(1 → 4)]-*α*-D-glucopyranoside (25D)- 螺甾 -5-烯 -3*β*,17*α*,27- 三醇 -3-*O*-[*β*-L- 吡喃鼠李糖基 -(1 → 2)][*α*-L- 吡喃鼠李糖基 -(1 → 4)]-*α*-D- 吡喃葡萄糖苷 防己叶菝葜 Smilax menispermoidea

(25*S*)-spirost-5-en-3*β*,17*α*,27-triol-3-*O*-*β*-D-galactopyranoside (25*S*)- 螺甾 -5- 烯 -3*β*,17*α*,27- 三醇 -3-*O*-*β*-D- 吡喃半乳糖苷 防己叶菝葜 Smilax menispermoidea

(25*S*)-spirost-5-en-3*β*,17*α*-27-triol-3-*O*-[*α*-L-rhamnopyranosyl-(1 → 2)][*α*-L-rhamnopyranosyl-(1 → 4)]-*β*-D-glucopyranoside (25*S*)- 螺甾 - 5-烯 -3*β*,17*α*-27- 三醇 -3-*O*-[*α*-L- 吡喃鼠李糖基 -(1 → 2)][*α*-L- 吡喃鼠李糖基 -(1 → 4)]-*β*-D- 吡喃葡萄糖苷 防己叶菝葜 Smilax menispermoidea

(25*S*)-spirost-5-en-3*β*,27-diol-30-[*α*-L-rhamnopyranosyl-(1 → 2)-*β*-D-glucopyranosyl-(1 → 3)]-*β*-D-glucopyranoside (25*S*)- 螺甾 -5- 烯 -3*β*,27-二醇 -30-[*α*-L- 吡喃鼠李糖基 -(1 → 2)-*β*-D- 吡喃葡萄糖基 -(1 → 3)]-*β*-D- 吡喃葡萄糖苷 福州薯蓣 Dioscorea futschauensis

(25*R*)-spirost-5-en-3*β*,27-diol-3-*O*-[*α*-L-arabinopyranosyl-(1 → 6)]-*β*-D-glucopyranoside (25*R*)- 螺甾 -5- 烯 -3*β*,27- 二醇 -3-*O*-[*α*-L- 吡喃阿拉伯糖基 -(1 → 6)]-*β*-D- 吡喃葡萄糖苷 粗糙菝葜 Smilax lebrunii

(25*S*)-spirost-5-en-3*β*,27-diol-3-*O*-[*α*-L-arabinopyranosyl-(1 → 6)]-*β*-D-glucopyranoside (25*S*)- 螺甾 -5- 烯 -3*β*,27- 二醇 -3-*O*-[*α*-L- 吡喃阿拉伯糖基 -(1 → 6)]-*β*-D- 吡喃葡萄糖苷 粗糙菝葜 Smilax lebrunii

(25*S*)-spirost-5-en-3*β*,27-diol-3-*O*-{*O*-*α*-L-rhamnopyranosyl-(1 → 2)-*O*-[*α*-L-arabinopyranosyl-(1 → 3)]-*β*-D-glucopyranoside} (25*S*)- 螺甾 - 5-烯 -3*β*,27- 二醇 -3-*O*-{*O*-*α*-L- 吡喃鼠李糖基 -(1 → 2)-*O*-[*α*-L- 吡喃阿拉伯糖基 -(1 → 3)]-*β*-D- 吡喃葡萄糖苷} 麝香百合 Lilium longiflorum var. scabrum

(25*S*)-spirost-5-en-3*β*,27-diol-3-*O*-{*O*-*α*-L-rhamnopyranosyl-(1 → 2)-*O*-[*β*-D-glucopyranosyl-(1 → 4)]-*β*-D-glucopyranoside} (25*S*)- 螺甾 -5- 烯 -3*β*,27- 二醇 -3-*O*-{*O*-*α*-L- 吡喃鼠李糖基 -(1 → 2)-*O*-[*β*-D- 吡喃葡萄糖基 -(1 → 4)]-*β*-D- 吡喃葡萄糖苷} 麝香百合 Lilium

S

longiflorum var. scabrum

(25R)-spirost-5-en-3β,7α-diol-3-O-α-L-arabinofuranosyl-(1→4)-[α-L-rhamnopyranosyl-(1→2)]-β-D-glucopyranoside (25R)-螺甾-5-烯-3β,7α-二醇-3-O-α-L-呋喃阿拉伯糖基-(1→4)-[α-L-吡喃鼠李糖基-(1→2)]-β-D-吡喃葡萄糖苷 七叶一枝花 Paris polyphylla

(25R)-spirost-5-en-3β,7β-diol-3-O-α-L-arabinofuranosyl-(1→4)-[α-L-rhamnopyranosyl-(1→2)]-β-D-glucopyranoside (25R)-螺甾-5-烯-3β,7β-二醇-3-O-α-L-呋喃阿拉伯糖基-(1→4)-[α-L-吡喃鼠李糖基-(1→2)]-β-D-吡喃葡萄糖苷 七叶一枝花 Paris polyphylla

25(R)-spirost-5-en-3β-ol 25(R)-螺甾-5-烯-3β-醇 剑叶龙血树 Dracaena cochinchinensis

(25S)-spirost-5-en-3β-ol-3-O-{O-α-L-rhamnopyranosyl-(1→2)-O-[α-L-arabinopyranosyl-(1→3)]-β-D-glucopyranoside} (25S)-螺甾-5-烯-3β-醇-3-O-{O-α-L-吡喃鼠李糖基-(1→2)-O-[α-L-吡喃阿拉伯糖基-(1→3)]-β-D-吡喃葡萄糖苷} 麝香百合 Lilium longiflorum var. scabrum

(25R)-spirost-5-en-3β-ol-3-O-α-L-rhamnopyranosyl-(1→2)-[α-L-rhamnopyranosyl-(1→4)]-β-D-glucopyranoside (25R)-螺甾-5-烯-3β-醇-3-O-α-L-吡喃鼠李糖基-(1→2)-[α-L-吡喃鼠李糖基-(1→4)]-β-D-吡喃葡萄糖苷 卷叶黄精 Polygonatum cirrhifolium

(25R)-spirost-5-en-3β-ol-3-O-α-L-rhamnopyranosyl-(1→4)-β-D-glucopyranoside (25R)-螺甾-5-烯-3β-醇-3-O-α-L-吡喃鼠李糖基-(1→4)-β-D-吡喃葡萄糖苷 卷叶黄精 Polygonatum cirrhifolium

(25R)-spirost-5-en-3β-O-α-L-rhamnopyranosyl-(1→2)-[β-D-glucopyranosyl-(1→6)]-β-D-glucopyranoside (25R)-螺甾-5-烯-3β-O-α-L-吡喃鼠李糖基-(1→2)-[β-D-吡喃葡萄糖基-(1→6)]-β-D-吡喃葡萄糖苷 卷丹 Lilium lancifolium

(25S)-spirost-5-en-3β-O-α-L-rhamnopyranosyl-(1→2)-O-[O-β-D-glucopyranosyl-(1→4)-α-L-rhamnopyranosyl-(1→3)]-β-D-glucopyranoside (25S)-螺甾-5-烯-3β-O-α-L-吡喃鼠李糖基-(1→2)-O-[O-β-D-吡喃葡糖基-(1→4)-α-L-吡喃鼠李糖基-(1→3)]-β-D-吡喃葡萄糖苷 箭根薯 Tacca chantrieri

(25S)-spirost-5-en-3β-O-α-L-rhamnopyranosyl-(1→2)-O-[α-L-rhamnopyranosyl-(1→3)]-β-D-glucopyranoside (25S)-螺甾-5-烯-3β-O-α-L-吡喃鼠李糖基-(1→2)-O-[α-L-吡喃鼠李糖基-(1→3)]-β-D-吡喃葡萄糖苷 箭根薯 Tacca chantrieri

(25R)-spirost-5-en-3β-O-α-L-rhamnopyranosyl-(1→2)-O-[α-L-rhamnopyranosyl-(1→4)]-β-D-glucopyranoside (25R)-螺甾-5-烯-3β-O-α-L-吡喃鼠李糖基-(1→2)-O-[α-L-吡喃鼠李糖基-(1→4)]-β-D-吡喃葡萄糖苷 七筋菇 Clintonia udensis

25(R,S)-spirost-5-en-3β-O-β-D-glucopyranosyl-(1→2)-[β-D-glucopyranosyl-(1→3)]-β-D-glucopyranosyl-(1→4)-β-galactopyranoside 25(R,S)-螺甾-5-烯-3β-醇-3-O-β-D-吡喃葡萄糖基-(1→2)-[β-D-吡喃葡萄糖基-(1→3)]-β-D-吡喃葡萄糖基(1→4)-β-吡喃半乳糖苷 玉竹 Polygonatum odoratum

(25R,S)-spirost-5-en-3β-O-β-D-glucopyranosyl-(1→2)-[β-D-xylopyranosyl-(1→3)]-β-D-glucopyranosyl-(1→4)-β-galactopyranoside (25R,S)-螺甾-5-烯-3β-O-β-D-吡喃葡萄糖基-(1→2)-[β-D-吡喃木糖基-(1→3)]-β-D-吡喃葡萄糖基-(1→4)-β-吡喃半乳糖苷 玉竹 Polygonatum odoratum

(25R)-spirost-5-en-3β-O-β-D-glucopyranosyl-(1→3)-O-[α-L-rhamnopyranosyl-(1→2)]-β-D-glucopyranoside (25R)-螺甾-5-烯-3β-O-β-D-吡喃葡萄糖基-(1→3)-O-[α-L-吡喃鼠李糖基-(1→2)]-β-D-吡喃葡萄糖苷 七筋菇 Clintonia udensis

(25S)-spirost-5-en-3β-O-β-D-glucopyranosyl-(1→4)-O-α-L-rhamnopyranosyl-(1→3)-β-D-glucopyranoside (25S)-螺甾-5-烯-3β-O-β-D-吡喃葡糖基-(1→4)-O-α-L-吡喃鼠李糖基-(1→3)-β-D-吡喃葡萄糖苷 箭根薯 Tacca chantrieri

(25R)-spirost-5-en-3β-O-β-D-glucopyranosyl-(1→6)-O-[α-L-rhamnopyranosyl-(1→2)]-β-D-glucopyranoside (25R)-螺甾-5-烯-3β-O-β-D-吡喃葡萄糖基-(1→6)-O-[α-L-吡喃鼠李糖基-(1→2)]-β-D-吡喃葡萄糖苷 七筋菇 Clintonia udensis

25S-spirost-5-ene-23β,14α-diol 25S-螺甾-5-烯-23β,14α-二醇 红茄苳 Rhizophora mucronata

(25R)-spirost-5-ene-2α,3β,15β-triol (25R)-螺甾-5-烯-2α,3β,15β-三醇 夜香树 Cestrum nocturnum

spirost-5-ene-3β,12β-diol 螺甾-5-烯-3β,12β-二醇 龙葵 Solanum nigrum

spirosta-3,5-diene 螺甾-3,5-二烯 蒺藜 Tribulus terrestris

(23S,24S)-spirosta-5,25(27)-dien-1β,3β,23,24-tetrol-1-O-[O-(2,3,4-tri-O-acetyl-α-L-rhamnopyranosyl)-(1→2)-α-L-arabinopyranosyl]-24-O-β-D-fucopyranoside (23S,24S)-螺甾-5,25(27)-二烯-1β,3β,23,24-四醇-1-O-[O-(2,3,4-三-O-乙酰基-α-L-吡喃鼠李糖基)-(1→2)-α-L-吡喃阿拉伯糖基]24-O-β-D-吡喃岩藻糖苷 龙血藤 Daemonorops draco

(23S,24S)-spirosta-5,25(27)-dien-1β,3β,23,24-tetrol-1-O-[O-(4-O-acetyl-α-L-rhamnopyranosyl)-(1→2)-α-L-arabinopyranoside] (23S,24S)-螺甾-5,25(27)-二烯-1β,3β,23,24-四醇-1-O-[O-(4-O-乙酰基-α-L-吡喃鼠李糖基-(1→2)-α-L-吡喃阿拉伯糖苷] 龙血藤 Daemonorops draco

(23S,24S)-spirosta-5,25(27)-dien-1β,3β,23,24-tetrol-1-O-[O-α-L-rhamnopyranosyl-(1→2)-α-L-arabinopyranoside] (23S,24S)-螺甾-5,25(27)-二烯-1β,3β,23,24-四醇-1-O-[O-α-L-吡喃鼠李糖基-(1→2)-α-L-吡喃阿拉伯糖苷] 龙血藤 Daemonorops draco

(23S)-spirosta-5,25(27)-dien-1β,3β,23-triol-1-O-[O-(4-O-acetyl-α-L-rhamnopyranosyl)-(1→2)-α-L-arabinopyranoside] (23S)-螺甾-5,25(27)-二烯-1β,3β,23-三醇-1-O-[O-(4-O-乙酰基-α-L-吡喃鼠李糖基)-(1→2)-α-L-吡喃阿拉伯糖苷] 龙血藤 Daemonorops draco

(23S)-spirosta-5,25(27)-dien-1β,3β,23-triol-1-O-[O-α-L-rhamnopyranosyl-(1→2)-α-L-arabinopyranoside] (23S)-螺甾-5,25(27)-二烯-1β,3β,23-三醇-1-O-[O-α-L-吡喃鼠李糖基)-(1→2)-α-L-吡喃阿拉伯糖苷] 龙血藤 Daemonorops draco

(23S)-spirosta-5,25(27)-dien-1β,3β,23-triol-1-O-{O-α-L-rhamnopyranosyl-(1→2)-O-[β-D-xylopyranosyl-(1→3)]-α-L-arabinopyranoside} (23S)-螺甾-5,25(27)-二烯-1β,3β,23-三醇-1-O-{O-α-L-吡喃鼠李糖基)-(1→2)-O-[β-D-吡喃木糖基-(1→3)]-α-L-吡喃阿拉伯糖苷} 龙血藤 Daemonorops draco

spirosta-5,25(27)-dien-1β,3β-diol-1-O-[O-α-L-rhamnopyranosyl-(1→2)-α-L-arabinopyranoside] 螺甾-5,25(27)-二烯-1β,3β-二醇 1-O-[O-α-L-吡喃鼠李糖基)-(1→2)-α-L-吡喃阿拉伯糖苷] 龙血藤 Daemonorops draco

(23S,24S)-spirosta-5,25(27)-diene-1β,3β,21,23,24-pentol-1-O-β-D-apiofuranosyl-(1→3)-α-L-rhamnopyranosyl-(1→2)-[β-D-xylopyranosyl-(1→3)]-β-D-glucopyranoside-21-O-β-D-apiofuranoside-24-O-β-D-fucopyranoside (23S,24S)-螺甾-5,25(27)-二烯-1β,3β,21,23,24-五醇-1-O-β-D-呋喃芹糖基-(1→3)-α-L-吡喃鼠李糖基-(1→2)-[β-D-吡喃木糖基-(1→3)]-β-D-吡喃葡萄糖苷-21-O-β-D-呋喃芹糖苷-24-O-β-D-吡喃呋糖苷 四叶重楼 Paris quadrifolia

S

(25R)-spirosta-5-en-3β-ol-3-O-[O-α-L-rhamnopyranosyl-(1→2)-β-D-glucopyranoside] (25R)- 螺甾 -5- 烯 -3β- 醇 -3-O-[O-α-L- 吡喃鼠李糖 -(1→2)-β-D- 吡喃葡萄糖苷] 龙血藤 Daemonorops draco

5β,25L-spirostan-1β,2β,3α,4β-tetrol-1-O-α-L-arabinopyranoside 5β,25L- 螺甾 -1β,2β,3α,4β- 四醇 -1-O-α-L- 吡喃阿拉伯糖苷 细柄薯蓣 Dioscorea tenuipes

(25R)-5β-spirostan-1β,2β,3β,4β,5β,6β-hexol (25R)-5β- 螺甾 -1β,2β,3β,4β,5β,6β- 六醇 吉祥草 Reineckea carnea

(25R)-5β-spirostan-1β,2β,3β,4β,5β-pentol-1-O-β-D-xylopyranoside (25R)-5β- 螺甾 -1β,2β,3β,4β,5β- 五醇 -1-O-β-D- 吡喃木糖苷 吉祥草 Reineckea carnea

(25R)-5α-spirostan-1β,3α,25-triol-3-O-β-D-glucopyranoside (25R)-5α- 螺甾 -1β,3α,25- 三醇 -3-O-β-D- 吡喃葡萄糖苷 剑叶朱蕉 Cordyline stricta

(25S)-5α-spirostan-1β,3α-diol-1-O-{O-α-L-rhamnopyranosyl-(1→2)-O-[β-D-xylopyranosyl-(1→3)]-β-D-xylopyranoside} (25S)-5α- 螺甾 -1β,3α- 二醇 -1-O-{O-α-L- 吡喃鼠李糖基 -(1→2)-O-[β-D- 吡喃木糖基 -(1→3)]-β-D- 吡喃木糖苷 } 剑叶朱蕉 Cordyline stricta

(25S)-5α-spirostan-1β,3α-diol-3-O-β-D-glucopyranoside (25S)-5α- 螺甾 -1β,3α- 二醇 -3-O-β-D- 吡喃葡萄糖苷 剑叶朱蕉 Cordyline stricta

(25S)-spirostan-1β,3β,5β-triol-3-O-β-D-glucopyranoside (25S)- 螺甾 -1β,3β,5β- 三醇 -3-O-β-D- 吡喃葡萄糖苷 开口箭 Tupistra chinensis

(25R,S)-5α-spirostan-2α,3β-diol-3-O-{O-β-D-glucopyranosyl-(1→2)-O-[β-D-glucopyranosyl-(1→3)]-O-β-D-glucopyranosyl-(1→4)-β-D-galactopyranoside} (25R,S)-5α- 螺甾 -2α,3β- 二醇 -3-O-{O-β-D- 吡喃葡萄糖基 -(1→2)-O-[β-D- 吡喃葡萄糖基 -(1→3)]-O-β-D- 吡喃葡萄糖基 -(1→4)-β-D- 吡喃半乳糖苷 } 薤头 Allium chinense

(25R,S)-5α-spirostan-2α,3β-diol-3-O-{O-β-D-glucopyranosyl-(1→2)-O-β-D-glucopyranosyl-(1→4)-β-D-galactopyranoside} (25R,S)-5α- 螺甾 -2α,3β- 二醇 -3-O-{O-β-D- 吡喃葡萄糖基 -(1→2)-O-β-D- 吡喃葡萄糖基 -(1→4)-β-D- 吡喃半乳糖苷 } 薤头 Allium chinense

(24S,25S)-5β-spirostan-2β,3β,24-triol-3-O-α-L-rhamnopyranoyl-(1→2)-O-[α-L-rhamnopyranosyl-(1→4)]-β-D-glucopyranoside (24S,25S)-5β- 螺甾 -2β,3β,24- 三醇 -3-O-α-L- 吡喃鼠李糖基 -(1→2)-O-[α-L- 吡喃鼠李糖基 -(1→4)]-β-D- 吡喃葡萄糖苷 韭菜 Allium tuberosum

(25R)-5α-spirostan-3β,11α-diol-3-O-β-D-glucopyranosyl-(1→3)-[β-D-glucopyranosyl-(1→4)]-β-D-galactopyranoside (25R)-5α- 螺甾烷 -3β,11α- 二醇 -3-O-β-D- 吡喃葡萄糖基 -(1→3)-[β-D- 吡喃葡萄糖基 -(1→4)]-β-D- 吡喃半乳糖苷 北葱 Allium schoenoprasum

(25S)-5β-spirostan-3β,17α-diol (25S)-5β- 螺甾 -3β,17α- 二醇 石刁柏 Asparagus officinalis

(25S)-spirostan-3β,5β,6α-triol-3-O-α-L-rhamnopyranosyl-(1→4)-β-D-glucopyranoside (25S)- 螺甾 -3β,5β,6α- 三醇 -3-O-α-L- 鼠李糖基 -(1→4)-β-D- 吡喃葡萄糖苷 韭菜 Allium tuberosum

(23S,25R)-5α-spirostan-3β,6α,23-triol-3-O-α-L-rhamnopyranosyl-(1→3)-β-D-glucopyranosyl-(1→2)-[β-D-xylopyranosyl-(1→3)]-β-D-glucopyranosyl-(1→4)-β-D-galactopyranoside (23S,25R)-5α- 螺甾 -3β,6α,23- 三醇 -3-O-α-L- 吡喃鼠李糖基 -(1→3)-β-D- 吡喃葡萄糖基 -(1→2)-[β-D- 吡喃木糖基 -(1→3)]-β-D- 吡喃葡萄糖基 -(1→4)-β-D- 吡喃半乳糖苷 龙舌兰 Agave americana

(25R)-5α-spirostan-3β,6α,23α-triol (25R)-5α- 螺甾 -3β,6α,23α- 三醇 落地梅 Lysimachia paridiformis

(25S)-5β-spirostan-3β,6α-diol-3-O-α-L-rhamnopyranosyl-(1→4)-β-D-glucopyranoside (25S)-5β- 螺甾 -3β,6α- 二醇 -3-O-α-L- 吡喃鼠李糖基 -(1→4)-β-D- 吡喃葡萄糖苷 韭菜 Allium tuberosum

(25R)-5α-spirostan-3β,6α-diol-3-O-β-D-glucopyranosyl-(1→2)-[β-D-xylopyranosyl-(1→3)]-β-D-glucopyranosyl-(1→4)-β-D-galactopyranoside (25R)-5α- 螺甾 -3β,6α- 二醇 -3-O-β-D- 吡喃葡萄糖基 -(1→2)-[β-D- 吡喃木糖基 -(1→3)]-β-D- 吡喃葡糖基 -(1→4)-β-D- 吡喃半乳糖苷 龙舌兰 Agave americana

25D-5α-spirostan-3β-ol-12-one 25D-5α- 螺甾 -3β- 醇 -12- 酮 龙舌兰 Agave americana

(25R,S)-5α-spirostan-3β-ol-3-O-{O-β-D-glucopyranosyl-(1→2)-O-[β-D-glucopyranosyl-(1→3)]-O-β-D-glucopyranosyl-(1→4)-β-D-galactopyranoside} (25R,S)-5α- 螺甾 -3β- 醇 -3-O-{O-β-D- 吡喃葡萄糖基 -(1→2)-O-[β-D- 吡喃葡萄糖基 -(1→3)]-O-β-D- 吡喃葡萄糖基 -(1→4)-β-D- 吡喃半乳糖苷 } 薤头 Allium chinense

(25R,S)-5α-spirostan-3β-ol-3-O-{β-D-glucopyranosyl-(1→2)-[β-D-glucopyranosyl-(1→3)]-(6-acetyl-β-D-glucopyranosyl)-(1→4)-β-D-galactopyranoside} (25R,S)-5α- 螺甾 -3β-ol-3-O-{β-D- 吡喃葡萄糖基 -(1→2)-[β-D- 吡喃葡萄糖基 -(1→3)]-(6- 乙酰基 -β-D- 吡喃葡萄糖基)-(1→4)-β-D- 吡喃半乳糖苷 } 薤头 Allium chinense

(25S)-5β-spirostan-3β-ol-3-O-α-l-rhamnopyranosyl-(1→2)-[α-L-rhamnopyranosyl-(1→4)]-β-D-glucopyranoside (25S)-5β- 螺甾 -3β- 醇 -3-O-α-L- 吡喃鼠李糖基 -(1→2)-[α-L- 吡喃鼠李糖基 -(1→4)]-β-D- 吡喃葡萄糖苷 石刁柏 Asparagus officinalis

(25R)-5β-spirostan-3β-ol-3-O-β-D-glucopyranoside (25R)-5β- 螺甾 -3β- 醇 -3-O-β-D- 吡喃葡萄糖苷 石刁柏 Asparagus officinalis

(25S)-5β-spirostan-3β-ol-3-O-β-D-glucopyranosyl-(1→2)-[β-D-xylopyranosyl-(1→4)]-β-D-glucopyranoside (25S)-5β- 螺甾 -3β- 醇 -3-O-β-D- 吡喃葡萄糖基 -(1→2)-[β-D- 吡喃木糖基 -(1→4)]-β-D- 吡喃葡萄糖苷 石刁柏 Asparagus officinalis

(25S)-5β-spirostan-3β-ol-3-O-β-D-glucopyranosyl-(1→2)-β-D-glucopyranoside (25S)-5β- 螺甾 -3β- 醇 -3-O-β-D- 吡喃葡萄糖基 -(1→2)-β-D- 吡喃葡萄糖苷 石刁柏 Asparagus officinalis, 南玉带 A. oligoclonos

(25R)-5α-spirostan-3β-ol-6-one-3-O-[α-L-arabinopyranosyl-(1→4)]-β-D-glucopyranoside (25R)-5α- 螺甾 -3β- 醇 -6- 酮 -3-O-[α-L- 吡喃阿拉伯糖基 -(1→4)]-β-D- 吡喃葡萄糖苷 粗糙菝葜 Smilax lebrunii

(25R)-spirostan-3β-ol-6-one-3-O-[α-L-arabinopyranosyl-(1→4)]-β-D-glucopyranoside (25R)- 螺甾 -3β- 醇 -6- 酮 -3-O-[α-L- 吡喃阿拉伯糖基 -(1→4)]-β-D- 吡喃葡萄糖苷 粗糙菝葜 Smilax lebrunii

(25R)-spirostan-3β-ol-6-one-3-O-[α-L-arabinopyranosyl-(1→6)]-β-D-glucopyranoside (25R)- 螺甾 -3β- 醇 -6- 酮 -3-O-[α-L- 吡喃阿拉伯糖基 -(1→6)]-β-D- 吡喃葡萄糖苷 粗糙菝葜 Smilax lebrunii

(25R)-spirostan-3β-ol-6-one-3-O-[β-D-glucopyranosyl-(1→4)][α-L-arabinopyranosyl(1→6)]-β-glucopyranoside (25R)- 螺甾 -3β- 醇 -6- 酮 -3-O-[β-D- 吡喃葡萄糖基 -(1→4)][α-L- 吡喃阿拉伯糖基 (1→6)]-β- 吡喃葡萄糖苷 粗糙菝葜 Smilax lebrunii

(25S)-5α-spirostan-3β-ol-6α-O-[β-D-xylopyranosyl-(1→3)-β-D-quinovopyranoside] (25S)-5α- 螺甾 -3β- 醇 -6α-O-[β-D- 吡喃木糖基 -(1→3)-β-D- 吡喃鸡纳糖苷] 水茄 Solanum torvum

(25R)-5α-spirostan-3β-O-α-L-rhamnopyranosyl-(1→2)-β-D-glucopyranoside (25R)-5α- 螺甾 -3β-O-α-L- 吡喃鼠李糖基 -(1→2)-β-D- 吡喃葡

萄糖苷 天仙子 Hyoscyamus niger

(25*R*)-5α-spirostan-3β-*O*-β-D-glucopyranosyl-(1 → 3)-[β-D-glucopyranosyl-(1 → 2)]-β-D-galactopyranoside (25*R*)-5α- 螺甾 -3β-*O*-β-D- 吡喃葡萄糖基 -(1 → 3)-[β-D- 吡喃葡萄糖基 -(1 → 2)]-β-D- 吡喃半乳糖苷 天仙子 Hyoscyamus niger

(25*R*)-5α-spirostan-3β-*O*-β-D-glucopyranosyl-(1 → 3)-β-D-galactopyranoside (25*R*)-5α- 螺甾 -3β-*O*-β-D- 吡喃葡萄糖基 -(1 → 3)-β-D- 吡喃半乳糖苷 天仙子 Hyoscyamus niger

(25*S*)-spirostan-5-en-3β-ol-3-*O*-α-L-rhamnopyranosyl-(1 → 2)-[α-L-rhamnopyranosyl-(1 → 4)]-β-D-glucopyranoside (25*S*)- 螺甾 -5- 烯 -3β- 醇 -3-*O*-α-L- 吡喃鼠李糖基 -(1 → 2)-[α-L- 吡喃鼠李糖基 -(1 → 4)]-β-D- 吡喃葡萄糖苷 石刁柏 Asparagus officinalis

spirostane-1β,2β,3β,4β,5β,6β-hexaol 螺甾 -1β,2β,3β,4β,5β,6β- 六醇 弯蕊开口箭 Tupistra wattii

25*R*,5α-spirostane-2α,3β-diol-3-*O*-β-D-glucopyranosyl-(1 → 2)-β-D-glucopyranosyl-(1 → 4)-β-D-galactopyranoside 25*R*,5α- 螺甾烷 -2α,3β- 二醇 -3-*O*-β-D- 吡喃葡萄糖基 -(1 → 2)-β-D- 吡喃葡萄糖基 -(1 → 4)-β-D- 吡喃半乳糖苷 赛葵 Malvastrum coromandelianum

(25*R*)-5β-spirostane-3β,12β-diol-3-*O*-β-D-glucopyranosyl-(1 → 2)-β-D-galactopyranoside (25*R*)-5β- 螺甾 -3β,12β- 二醇 -3-*O*-β-D- 吡喃葡萄糖基 -(1 → 2)-β-D- 吡喃半乳糖苷 薤白 Allium macrostemon

spirotorvoside 螺水茄苷 水茄 Solanum torvum

spiroveitchionolide 螺环韦氏冷杉内酯▲ 岷江冷杉 Abies fargesii var. faxoniana

spirovibsanin A 螺环荚蒾宁 A 日本珊瑚树 Viburnum odoratissimum var. awabuki

spirowallichiione 螺旋大果大戟酮 大果大戟 Euphorbia wallichii

splendidin 一串红定▲ 一串红 Salvia splendens

splendidin A, B, C 一串红定▲A, B, C 一串红 Salvia splendens

splendidine 光亮阿布藤碱▲ 蕺菜 Houttuynia cordata

splendoside 福桂树苷▲ 柳叶假木荷 Craibiodendron henryi

splenolide A, B, C 一串红内酯▲A, B, C 一串红 Salvia splendens

spongioside A, B 绵萆薢苷 A, B 绵萆薢 Dioscorea spongiosa

spongipregnoloside A~D 绵萆薢孕甾醇苷▲A~D 绵萆薢 Dioscorea spongiosa

spruceanol 斯氏库努大戟醇▲ 石栗 Aleurites moluccana, 小果叶下珠 Phyllanthus reticulatus, 米念芭 Tirpitzia ovoidea

squadinorlignoside 番荔枝降木脂苷▲ 番荔枝 Annona squamosa

squadiolin A, B, C 番荔枝邻二醇素▲A, B, C 番荔枝 Annona squamosa

squafosacin B, C, F, G 番荔枝呋辛▲B, C, F, G 番荔枝 Annona squamosa

squalene 角鲨烯 挥发油成分，未统计基源

all-trans-squalene 全反式 - 角鲨烯 挥发油成分，未统计基源

squamatic acid 鳞片衣酸 瘦柄石蕊 Cladonia macilenta, 鳞片石蕊 C. squamosa, 皱黄卷岛衣 Flavocetraria cucullata, 金丝刷 Lethariella cladonioides, 雪地茶衣 Thamnolia subuliformis, 地茶衣 T. vermicularis

squamigerine 鹿葱碱 鹿葱 Lycoris squamigera

squamigine 鹿葱精▲ 长筒石蒜 Lycoris longituba, 鹿葱 L. squamigera

squamin A, B 多鳞番荔枝明▲A, B 番荔枝 Annona squamosa

squamocin 多鳞番荔枝辛 圆滑番荔枝 Annona glabra, 牛心番荔枝 A. reticulata, 番荔枝 A. squamosa

squamocin C, D 多鳞番荔枝辛 C, D 圆滑番荔枝 Annona glabra

squamolone 多鳞番荔枝酮 番荔枝 Annona squamosa, 鹰爪花 Artabotrys hexapetalus, 黄杞 Engelhardia roxburghiana, 山胡椒 Lindera glauca

squamone 番荔枝酮 牛心番荔枝 Annona reticulata, 番荔枝 A. squamosa

squamostanin A~D 番荔枝抑宁▲A~D 番荔枝 Annona squamosa

12,15-*cis*-squamostatin A 12,15- 顺式 - 番荔枝抑素▲ 番荔枝 Annona squamosa

squamostatin A~E 番荔枝抑素▲A~E 番荔枝 Annona squamosa

squamotacin 番荔枝塔辛▲ 番荔枝 Annona squamosa

squarrofuric acid 展枝唐松草酸 展枝唐松草 Thalictrum squarrosum

squarrosanin A 粗糙白千层鞣宁▲A 丁香 Syzygium aromaticum

squarroside 展枝唐松草苷 I, II, III, IV, V, VI, VII, A_1, A_2, B_1~B_4, C 展枝唐松草 Thalictrum squarrosum

squasapogenol 圆果甘草皂醇▲ 圆果甘草 Glycyrrhiza squamulosa

squoside A 展枝唐松草萜苷▲A 展枝唐松草 Thalictrum squarrosum

S_R-podolactone D S_R- 百日青内酯▲D 短叶罗汉松 Podocarpus macrophyllus var. maki

S-sinapylglutathione *S*- 芥子酰谷胱甘肽 菠萝 Ananas comosus

S-sinapyl-L-cysteine *S*- 芥子酰基 -L- 半胱氨酸 菠萝 Ananas comosus

ssioriside 日本稠李苷▲ 土肉桂 Cinnamomum osmophloeum, 潺槁木姜子 Litsea glutinosa, 迎红杜鹃花 Rhododendron mucronulatum, 春榆 Ulmus davidiana var. japonica, 腺齿越桔 Vaccinium oldhamii

stachannin A 一年水苏宁▲A 三台花 Clerodendrum serratum var. amplexifolium

stachenol 螺穗木烯醇▲ 海漆 Excoecaria agallocha

stachenone 螺穗木烯酮▲ 海漆 Excoecaria agallocha

stachlic acid 旌节花酸▲ 毛地黄鼠尾草 Salvia digitaloides

stachlic acid A 旌节花酸▲A 三叶木通 Akebia trifoliata, 石楠 Photinia serratifolia, 西域旌节花 Stachyurus himalaicus

stachlic acid B, C 旌节花酸▲B, C 西域旌节花 Stachyurus himalaicus

stachsterol 旌节花甾醇 西域旌节花 Stachyurus himalaicus

stachyanthuside A, B 马蹄参苷▲A, B 马蹄参 Diplopanax stachyanthus
stachydrine 水苏碱 曲序南星 Arisaema tortuosum, 山柑 Capparis spinosa, 角叉菜 Chondrus ocellatus, 文旦 Citrus maxima'Wentan', 三点金 Desmodium triflorum, 刺桐 Erythrina variegata, 益母草 Leonurus japonicus, 细叶益母草 L. sibiricus, 突厥益母草 L. turkestanicus, 花苜蓿 Medicago ruthenica, 块根糙苏 Phlomis tuberosa, 并头黄芩 Scutellaria scordifolia, 茄 Solanum melongena
stachyose 水苏糖 藤金合欢 Acacia sinuata, 东方泽泻 Alisma orientale, 邻近风轮菜 Clinopodium confine, 马缨丹 Lantana camara, 异叶地笋 Lycopus lucidus var. maackianus, 菜豆 Phaseolus vulgaris, 豌豆 Pisum sativum, 丹东玄参 Scrophularia kakudensis, 疏叶卷柏 Selaginella remotifolia, 玉米黑粉菌 Ustilago maydis, 毛蕊花 Verbascum thapsum, 豇豆 Vigna unguiculata
stachysoside A, B 水苏苷 A, B 甘露子 Stachys sieboldii
stachysoside C 水苏苷 C 臭牡丹 Clerodendrum bungei, 甘露子 Stachys sieboldii
stachysoside D 水苏苷 D 绵参 Eriophyton wallichii
stachysterone A 旌节花甾酮 A 牛膝 Achyranthes bidentata, 粘萼蝇子草 Silene viscidula
stachysterone B 旌节花甾酮 B 羊齿天门冬 Asparagus filicinus, 苍白秤钩风 Diploclisia glaucescens, 铁筷子 Helleborus thibetanus
stachysterone C 旌节花甾酮 C 牛膝 Achyranthes bidentata, 苍白秤钩风 Diploclisia glaucescens
stachysterone D 旌节花甾酮 D 牛膝 Achyranthes bidentata, 紫背金盘 Ajuga nipponensis, 蛛丝毛蓝耳草 Cyanotis arachnoidea
stachyurin 旌节花素 日本桤木 Alnus japonica, 红毛野海棠 Bredia tuberculata, 板栗 Castanea mollissima, 大花紫薇 Lagerstroemia speciosa, 缫丝花 Rosa roxburghii
stahlianthusone 姜三七醌 土田七 Stahlianthus involucratus
staminol A~D 肾茶醇▲A~D 肾茶 Clerodendranthus spicatus
staminolactone A, B 肾茶内酯▲A, B 肾茶 Clerodendranthus spicatus
stansioside 直立黄钟花苷▲ 两头毛 Incarvillea arguta, 直立黄钟花 Tecoma stans
staphylin 省沽油素 省沽油 Staphylea bumalda
staphylionoside A, B, C, F, G, I, J 省沽油香堇苷▲A, B, C, F, G, I, J 省沽油 Staphylea bumalda
staphylionoside D 省沽油香堇苷▲D 银桦 Grevillea robusta, 无翅猪毛菜 Salsola komarovii, 青皮木 Schoepfia jasminodora, 半枝莲 Scutellaria barbata, 省沽油 Staphylea bumalda
staphylionoside E 省沽油香堇苷▲E 益母草 Leonurus japonicus, 省沽油 Staphylea bumalda
staphylionoside H 省沽油香堇苷▲H 披散木贼 Equisetum diffusum, 省沽油 Staphylea bumalda
staphylionoside K 省沽油香堇苷▲K 裂叶铁线莲 Clematis parviloba, 省沽油 Staphylea bumalda
staphyloside A, B 省沽油洛苷▲A, B 省沽油 Staphylea bumalda
starch 淀粉 植物基础成分，未统计基源
staunoside A 野木瓜诺苷▲A 八角金盘 Fatsia japonica, 洋常春藤 Hedera helix
staunoside B 野木瓜诺苷▲B 白花鹅掌柴 Heptapleurum leucanthum
staunoside C 野木瓜诺苷▲C 白花鹅掌柴 Heptapleurum leucanthum, 黄蜡果 Stauntonia brachyanthera
stauntogenin-3-*O*-*α*-L-oleandropyranosyl-(1 → 4)-*O*-*β*-D-digitoxopyranosyl-(1 → 4)-*O*-*β*-D-oleandropyranoside 柳叶白前苷元▲-3-*O*-*α*-L-吡喃夹竹桃糖基-(1 → 4)-*O*-*β*-D-吡喃洋地黄毒糖基-(1 → 4)-*O*-*β*-D-吡喃夹竹桃糖苷 合掌消 Cynanchum amplexicaule
stauntogenin-3-*O*-*α*-oleandropyranosyl-(1 → 4)-*β*-digitoxopyranosyl-(1 → 4)-*β*-oleandropyranoside 柳叶白前苷元▲-3-*O*-*α*-吡喃夹竹桃糖基-(1 → 4)-*β*-吡喃洋地黄毒糖基-(1 → 4)-*β*-吡喃夹竹桃糖苷 徐长卿 Cynanchum paniculatum
stauntonine 柳叶白前素▲ 柳叶白前 Cynanchum stauntonii
stauntosaponin A, B 柳叶白前皂苷▲A, B 柳叶白前 Cynanchum stauntonii
stauntoside A~T, UA_1, UA_2, UA_3 柳叶白前苷▲A~T, UA_1, UA_2, UA_3 柳叶白前 Cynanchum stauntonii
stauntoside A 野木瓜托苷▲A 野木瓜 Stauntonia chinensis, 尾叶那藤 S. obovatifoliola subsp. urophylla
stauntoside C_1 野木瓜托苷▲C_1 野木瓜 Stauntonia chinensis
staurosporinone 十字孢链霉酮▲ 粉瘤菌 Lycogala epidendrum
stearate decanoate ester 硬脂酸癸酯 徐长卿 Cynanchum paniculatum
stearic acid 硬脂酸 挥发油成分，未统计基源
stearic acid ethyl ester 硬脂酸乙酯 挥发油成分，未统计基源
stearidonic acid 硬脂四烯酸 黑茶藨子 Ribes nigrum
stearodilinolin 硬脂酰二亚油精 刺天茄 Solanum violaceum
stearodiolein 硬脂酰二油酰甘油酯 刺天茄 Solanum violaceum
stearooleolinolin 硬脂酰油酰亚油精 刺天茄 Solanum violaceum
stearoptene 硬脂萜 挥发油成分，未统计基源
8-stearoyl-benzoyl-3,13-dideoxyaconine 8-硬脂酰基-苯甲酰基-3,13-二去氧乌头原碱 乌头 Aconitum carmichaelii
8-stearoyl-benzoylhypaconine 8-硬脂酰基-苯甲酰次乌头胺 乌头 Aconitum carmichaelii
8-stearoyl-benzoylmesaconine 8-硬脂酰基-苯甲酰中乌头胺 乌头 Aconitum carmichaelii
stearoyldelicone 硬脂酰美味红菇酮▲ 美味红菇 Russula delica
stearoylplorantinone B 硬脂酰美味红菇醇酮▲B 美味红菇 Russula delica
stearoylvelutinal 硬脂酰绒白乳菇缩醛▲ 绒白乳菇 Lactarius vellereus
stearyl arachidate 花生酸十八酯 酢浆草 Oxalis corniculata
(*E*)-stearyl ferulate (*E*)-硬脂酰阿魏酸酯 长果颈黄耆 Astragalus englerianus
stearyl ferulate 阿魏酸正十八酯 香薷 Elsholtzia ciliata

stearyl-*O*-acetyl-*trans*-ferulate 十八烷基 -*O*- 乙酰基 - 反式 - 阿魏酸酯 米面蓊 Buckleya henryi
6'-stearyl-*α*-spinasteryl-3-*O*-*β*-D-glucopyraoside 6'- 硬脂酰基 -*α*- 菠菜甾醇 -3-*O*-*β*-D- 吡喃葡萄糖苷 灯笼草 Clinopodium polycephalum
stebisimine 千金藤双亚胺 千金藤 Stephania japonica
stellaria cyclopeptide 繁缕环肽▲ 银柴胡 Stellaria dichotoma var. lanceolata
stellaria cyclopeptide A, B 繁缕环肽▲A, B 银柴胡 Stellaria dichotoma var. lanceolata
stellarin A~H 繁缕素▲A~H 千针万线草 Stellaria yunnanensis
stellarine A 繁缕碱▲A 金铁锁 Psammosilene tunicoides, 银柴胡 Stellaria dichotoma var. lanceolata
stellarine B 繁缕碱▲B 银柴胡 Stellaria dichotoma var. lanceolata
stellasterol 海星甾醇 沙蓬 Agriophyllum squarrosum, 皱盖假芝 Amauroderma rude, 甘青大戟 Euphorbia micractina, 皱环球盖菇 Stropharia rugosoannulata, 印度块菌 Tuber indicum
stellatin 水虎尾素 水虎尾 Dysophylla stellata
stellerachama A 狼毒脂素 A 狼毒 Stellera chamaejasme
stelleracin A~E 狼毒辛▲A~E 狼毒 Stellera chamaejasme
stelleralide A, B, C 狼毒内酯 A, B, C 狼毒 Stellera chamaejasme
stelleralignan 狼毒木脂素 狼毒 Stellera chamaejasme
stelleranol 狼毒酚 狼毒 Stellera chamaejasme
stellerarin 狼毒灵▲ 狼毒 Stellera chamaejasme
stemanthrene F, G 百部菲 F, G 百部 Stemona japonica
stemmadenine 腺冠木碱▲ 思茅山橙 Melodinus cochinchinensis, 雷打果 M. yunnanensis
stemoenonine 百部烯碱▲ 大百部 Stemona tuberosa
stemofoline 百部叶碱 百部 Stemona japonica, 细花百部 S. parviflora
stemonacetal 百部缩醛▲ 广东蝶豆 Clitoria hanceana
stemonamine 蔓生百部碱 百部 Stemona japonica, 直立百部 S. sessilifolia
stemonidine 百部定碱 百部 Stemona japonica
stemonine 百部碱 百部 Stemona japonica
stemoninine 百部新碱 直立百部 Stemona sessilifolia
stemoninoamide 百部酰胺 直立百部 Stemona sessilifolia, 大百部 S. tuberosa
stemosessifoine 直立百部因碱 直立百部 Stemona sessilifolia
stemospironine 百部螺碱 直立百部 Stemona sessilifolia
stemotinine 滇百部碱 云南百部 Stemona mairei
stemphyperylenol 匍柄霉苝醇▲ 杯萼海桑 Sonneratia alba
stemucronatoside A~G, K, L 黑鳗藤苷▲A~G, K, L 黑鳗藤 Jasminanthes mucronata
stenine 百部宁碱 直立百部 Stemona sessilifolia
stenocarpin 狭果前胡素▲ 准噶尔前胡 Peucedanum morisonii
stenocarpin isobutyrate 狭果前胡素▲异丁酸酯 准噶尔前胡 Peucedanum morisonii
stenocarpoquinone B 狭果木醌▲B 海榄雌 Avicennia marina
stenocephalain 窄头橐吾因▲ 窄头橐吾 Ligularia stenocephala
stenocephalin A, B, C 窄头橐吾林素▲A, B, C 窄头橐吾 Ligularia stenocephala
stenophyllanin A, B 狭叶栎鞣素▲A, B 乌冈栎 Quercus phillyraeoides
stenophyllanin C 狭叶栎鞣素▲C 化香树 Platycarya strobilacea
stenophyllin H_1 狭叶栎素▲H_1 地锦 Euphorbia humifusa, 野鸦椿 Euscaphis japonica
stenophylline A, C, D 狭叶藜芦碱 A, C, D 狭叶藜芦 Veratrum stenophyllum
stenophylline B 狭叶藜芦碱 B 狭叶藜芦 Veratrum stenophyllum, 大理藜芦 V. taliense
stenophylline B-3-*O*-*β*-D-glucopyranoside 狭叶藜芦碱 B-3-*O*-*β*-D- 吡喃葡萄糖苷 大理藜芦 Veratrum taliense
stenophyllinin A 狭叶栎鞣宁▲A 乌冈栎 Quercus phillyraeoides
(+)-stenophyllol B (+)- 狭叶槐酚▲B 锦鸡儿 Caragana sinica
stenophyllol B 狭叶槐酚▲B 锦鸡儿 Caragana sinica
stephabenine 千金藤檗宁碱 千金藤 Stephania japonica
stephabine 千金藤宾碱▲ 古山龙 Arcangelisia gusanlung
stephaboline 千金藤波林碱 粪箕笃 Stephania longa
stephabyssine 阿比西尼亚千金藤碱▲ 千金藤 Stephania japonica, 粪箕笃 S. longa
stephadiamine 千金藤二胺▲ 千金藤 Stephania japonica
stephadione 千金藤二酮▲ 粉防己 Stephania tetrandra
stephaflavone A, B 千金藤黄酮▲A, B 粉防己 Stephania tetrandra
(-)-stephalagine (-)- 丁氏千金藤碱▲ 鹰爪花 Artabotrys hexapetalus
stephalonganine A, B, C 粪箕笃宁碱▲A, B, C 粪箕笃 Stephania longa
stephalonine A~D, F~K 粪箕笃洛宁碱▲A~D, F~K 粪箕笃 Stephania longa
stephalonine E 粪箕笃洛宁碱▲E 千金藤 Stephania japonica, 粪箕笃 S. longa
stephamiersine 千金藤默星碱 千金藤 Stephania japonica, 桐叶千金藤 S. japonica var. discolor

S

(-)-stephanine (-)- 千金藤碱 天仙藤 Fibraurea recisa, 粪箕笃 Stephania longa, 云南地不容 S. yunnanensis
stephanine 千金藤碱 白线薯 Stephania brachyandra, 金线吊乌龟 S. cephalantha, 血散薯 S. dielsiana, 河谷地不容 S. intermedia, 广西地不容 S. kwangsiensis, 小花地不容 S. micrantha, 云南地不容 S. yunnanensis
stephanoside B 黑鳗藤诺苷▲B 蓝叶藤 Marsdenia tinctoria
stephanoside H 黑鳗藤诺苷▲H 青羊参 Cynanchum otophyllum
stephaoxocanidine 千金藤氧杂环辛定▲ 金线吊乌龟 Stephania cephalantha
stephaoxocanine 千金藤氧杂环辛宁▲ 金线吊乌龟 Stephania cephalantha
stepharanine 千金藤宁碱 延胡索 Corydalis yanhusuo, 天仙藤 Fibraurea recisa, 陵水暗罗 Polyalthia nemoralis, 风龙 Sinomenium acutum, 西藏地不容 Stephania glabra, 河谷地不容 S. intermedia, 云南地不容 S. yunnanensis
(+)-stepharine (+)- 光千金藤碱 圆滑番荔枝 Annona glabra, 鹰爪花 Artabotrys hexapetalus, 天仙藤 Fibraurea recisa, 夜合花 Lirianthe coco, 西藏地不容 Stephania glabra, 粪箕笃 S. longa, 小花地不容 S. micrantha, 黄叶地不容 S. viridiflavens
D-stepharine D- 光千金藤碱 海南地不容 Stephania hainanensis, 河谷地不容 S. intermedia, 云南地不容 S. yunnanensis
stepharine 光千金藤碱 樟叶木防己 Cocculus laurifolius, 毛叶假鹰爪 Desmos dumosus, 蝙蝠葛 Menispermum dauricum, 西藏地不容 Stephania glabra
(+)-stephasubine (+)- 千金藤松宾碱 桐叶千金藤 Stephania japonica var. discolor
stephasunoline 千金藤苏诺林碱 千金藤 Stephania japonica, 桐叶千金藤 S. japonica var. discolor
stephenanthrine 粉防己菲碱 粉防己 Stephania tetrandra
(-)-stepholidine (-)- 光千金藤定碱 天仙藤 Fibraurea recisa, 风龙 Sinomenium acutum, 西藏地不容 Stephania glabra
(*S*)-stepholidine (*S*)- 光千金藤定碱 白线薯 Stephania brachyandra
l-stepholidine *l*- 光千金藤定碱 河谷地不容 Stephania intermedia, 长柄地不容 S. longipes, 云南地不容 S. yunnanensis
stepholidine 光千金藤定碱 秤钩风 Diploclisia affinis, 北美鹅掌楸 Liriodendron tulipifera, 蝙蝠葛 Menispermum dauricum, 西藏地不容 Stephania glabra
stephuline 千金藤富林碱▲ 桐叶千金藤 Stephania japonica var. discolor
stepinonine 千金藤诺宁▲ 千金藤 Stephania japonica
steponine 千金藤坡宁▲ 轮环藤 Cyclea racemosa, 千金藤 Stephania japonica
steporphine 千金藤朴啡碱▲ 台湾千金藤 Stephania merrillii
steppogenin 草原大戟苷元▲ 波罗蜜 Artocarpus heterophyllus, 柘树 Cudrania tricuspidata, 台湾榕 Ficus formosana
sterculic acid 苹婆酸 繁穗苋 Amaranthus cruentus, 梧桐 Firmiana simplex, 脉叶木蓝 Indigofera venulosa, 赛葵 Malvastrum coromandelianum, 马松子 Melochia corchorifolia, 午时花 Pentapetes phoenicea, 黄花稔 Sida acuta, 香苹婆 Sterculia foetida, 苹婆 S. monosperma, 长勾刺蒴麻 Triumfetta pilosa
(+)-sterculin A (+)- 苹婆素 A 地锦 Euphorbia humifusa
sterculin A 胖大海素 A 蕺菜 Houttuynia cordata, 窄叶半枫荷 Pterospermum lanceifolium, 华蟹甲 Sinacalia tangutica, 钮子瓜 Zehneria maysorensis
sterculinine I, II 苹婆宁碱▲I, II 胖大海 Sterculia lychnophora
sterculoside 苹婆苷 香苹婆 Sterculia foetida
stercurensin 刺苹婆素▲ 洋蒲桃 Syzygium samarangense
sterebin A~N 甜叶菊素 A~N 甜叶菊 Stevia rebaudiana
sterehirsutinal 毛韧革菌醛▲ 毛韧革菌 Stereum hirsutum
sterehirsutinol 毛韧革菌醇▲ 毛韧革菌 Stereum hirsutum
sterekunthal B 羽叶楸醌醛▲B 羽叶楸 Stereospermum colais
sterenin A~M 韧革菌宁▲A~M 毛韧革菌 Stereum hirsutum
stereochenol A 龟花树叶楸醌▲A 刺果苏木 Caesalpinia bonduc
sterequinone A~I 羽叶楸醌▲A~I 羽叶楸 Stereospermum colais
sterhirsutin A~L 毛韧革菌素▲A~L 毛韧革菌 Stereum hirsutum
sterin A, B, C 韧革菌灵▲A, B, C 毛韧革菌 Stereum hirsutum
steriolbioside 甜菊二糖苷 甜叶菊 Stevia rebaudiana
stesakine 台湾千金藤碱▲ 金线吊乌龟 Stephania cephalantha, 台湾千金藤 S. merrillii
stesakine-9-*O*-*β*-D-glucopyranoside 台湾千金藤碱▲-9-*O*-*β*-D- 吡喃葡萄糖苷 金线吊乌龟 Stephania cephalantha
stevenin 史氏黄檀素▲ 降香 Dalbergia odorifera
steviol monoside 甜菊醇单苷 甜茶 Rubus chingii var. suavissimus
stevioside 甜叶菊苷 大叶藓 Rhodobryum roseum, 甜叶菊 Stevia rebaudiana
stictan-3*β*,22*α*-diol 牛皮叶 -3*β*,22*α*- 二醇 光肺衣 Lobaria kurokawae
stictic acid 牛皮叶酸▲ 茸珊瑚枝 Stereocaulon tomentosum
stigma-5(6)-ene-3-*α*-*O*-*β*-D-glucopyranoside 豆甾 -5(6)- 烯 -3-*α*-*O*-*β*-D- 葡萄糖苷 菊苣 Cichorium intybus
stigma-5,22,25-trien-3*β*-ol 豆甾 -5,22,25- 三烯 -3*β*- 醇 大青 Clerodendrum cyrtophyllum
stigmahamone I, II 瓜馥木酮▲I, II 瓜馥木 Fissistigma oldhamii
stigmalactam 瓜馥木内酰胺▲ 瓜馥木 Fissistigma oldhamii, 苎叶蒟 Piper boehmeriifolium, 黄花胡椒 P. flaviflorum
(5*α*,22E,24*ξ*)-stigmast-22-en-3-one (5*α*,22*E*,24*ξ*)- 豆甾 -22- 烯 -3- 酮 毛蕊花 Verbascum thapsum
(5*β*,22E,24*ξ*)-stigmast-22-en-3-one (5*β*,22*E*,24*ξ*)- 豆甾 -22- 烯 -3- 酮 毛蕊花 Verbascum thapsum

5α-stigmast-22-en-3-one 5α- 豆甾 -22- 烯 -3- 酮 延药睡莲 Nymphaea nouchali
stigmast-22-en-3-one 豆甾 -22- 烯 -3- 酮 菊三七 Gynura japonica, 灵枝草 Rhinacanthus nasutus
5α-stigmast-22-en-3β-ol 5α- 豆甾 -22- 烯 -3β- 醇 巨藻 Macrocystis pyrifera
stigmast-22-en-3β-ol 豆甾 -22- 烯 -3β- 醇 远志 Polygala tenuifolia
stigmast-22-ene-3,6-dione 豆甾 -22- 烯 -3,6- 二酮 喜旱莲子草 Alternanthera philoxeroides, 苦蘵 Physalis angulata
stigmast-25-ene-3β,5α,6β-triol 豆甾 -25- 烯 -3β,5α,6β- 三醇 七星莲 Viola diffusa
stigmast-3,5,22-trien-7-one 豆甾 -3,5,22- 三烯 -7- 酮 锁阳 Cynomorium songaricum
(24*R*)-5α-stigmast-3,6-dione (24*R*)-5α- 豆甾 -3,6- 二酮 喜旱莲子草 Alternanthera philoxeroides, 木棉 Bombax ceiba, 越南枫杨 Pterocarya tonkinensis, 菜头肾 Strobilanthes sarcorrhiza
5α-stigmast-3,6-dione 5α- 豆甾 -3,6- 二酮 臭椿 Ailanthus altissima, 卵叶巴豆 Croton caudatus, 薜荔 Ficus pumila, 地果 F. tikoua, 麻疯树 Jatropha curcas, 厚皮树 Lannea coromandelica, 枸杞 Lycium chinense, 血桐 Macaranga tanarius var. tomentosa, 野蔷薇 Rosa multiflora, 苦马豆 Sphaerophysa salsula, 雷公藤 Tripterygium wilfordii, 长苞香蒲 Typha angustata, 东方香蒲 T. orientalis, 茭白黑粉菌 Ustilago esculenta, 苦草 Vallisneria natans, 蔓荆 Vitex trifolia
5α-stigmast-3-one 5α- 豆甾 -3- 酮 黄皮 Clausena lansium, 苦马豆 Sphaerophysa salsula
stigmast-3-*O*-β-D-glucopyranoside 豆甾 -3-*O*-β-D- 吡喃葡萄糖苷 披针观音座莲 Angiopteris caudatiformis
$\Delta^{5,22}$-stigmast-3-*O*-β-D-glucopyranosyl-6'-hexadecanoate $\Delta^{5,22}$- 豆甾 -3-*O*-β-D- 葡萄糖苷 -6'- 棕榈酸酯 喜旱莲子草 Alternanthera philoxeroides
(24*S*)-stigmast-3β,5α,6β-triol (24*S*)- 豆甾 -3β,5α,6β- 三醇 卵叶巴豆 Croton caudatus, 毛果巴豆 C. lachnocarpus
5α-stigmast-3β,6β-diol 5α- 豆甾 -3β,6β- 二醇 臭椿 Ailanthus altissima
stigmast-3β-ol-6-one 豆甾 -3β- 醇 -6- 酮 洋紫荆 Bauhinia variegata
(22*E*,24*R*)-stigmast-4,22-dien-3-one (22*E*,24*R*)- 豆甾 -4,22- 二烯 -3- 酮 海漆 Excoecaria agallocha
β-stigmast-4,22-dien-3-one β- 豆甾 -4,22- 二烯 -3- 酮 白鲜 Dictamnus dasycarpus
stigmast-4,22-dien-3-one 豆甾 -4,22- 二烯 -3- 酮 咖啡黄葵 Abelmoschus esculentus, 相思子 Abrus precatorius, 老鼠簕 Acanthus ilicifolius, 十字架树 Crescentia alata, 鸡冠刺桐 Erythrina crista-galli, 翅果刺桐 E. subumbrans, 密脉鹅掌柴 Heptapleurum ellipticum, 莲叶桐 Hernandia nymphaeifolia, 黄槿 Hibiscus tiliaceus, 厚朴 Houpoëa officinalis, 山胡椒 Lindera glauca, 黄兰 Michelia champaca, 紫麻 Oreocnide frutescens, 大薸 Pistia stratiotes, 西藏棱子芹 Pleurospermum hookeri var. thomsonii, 灵枝草 Rhinacanthus nasutus, 齿叶玄参 Scrophularia dentata, 金线吊乌龟 Stephania cephalantha, 华马钱 Strychnos cathayensis, 灰毛豆 Tephrosia purpurea, 苦草 Vallisneria natans, 野豇豆 Vigna vexillata
stigmast-4,6,8(14),22-tetraen-3-one 豆甾 -4,6,8(14),22- 四烯 -3- 酮 臭椿 Ailanthus altissima
stigmast-4-en-1,3-dione 豆甾 -4- 烯 -1,3- 二酮 砂仁 Amomum villosum
3β,6β-stigmast-4-en-3,6-diol 3β,6β- 豆甾 -4- 烯 -3,6- 二醇 狗肝菜 Dicliptera chinensis, 垂盆草 Sedum sarmentosum, 苦马豆 Sphaerophysa salsula
stigmast-4-en-3,6-diol 豆甾 -4- 烯 -3,6- 二醇 天女花 Oyama sieboldii
α-stigmast-4-en-3,6-dione α- 豆甾 -4- 烯 -3,6- 二酮 红车轴草 Trifolium pratense
stigmast-4-en-3,6-dione 豆甾 -4- 烯 -3,6- 二酮 咖啡黄葵 Abelmoschus esculentus, 老鼠簕 Acanthus ilicifolius, 臭椿 Ailanthus altissima, 瓜叶马兜铃 Aristolochia cucurbitifolia, 管花马兜铃 A. tubiflora, 变色马兜铃 A. versicolor, 软紫草 Arnebia euchroma, 菜蕨 Callipteris esculenta, 板栗 Castanea mollissima, 黄花草 Cleome viscosa, 鞘山芎 Conioselinum vaginatum, 毛叶假鹰爪 Desmos dumosus, 卫矛 Euonymus alatus, 苦荞麦 Fagopyrum tataricum, 大果榕 Ficus auriculata, 活血丹 Glechoma longituba, 皂荚 Gleditsia sinensis, 裸蒴 Gymnotheca chinensis, 蕺菜 Houttuynia cordata, 葎草 Humulus scandens, 齿叶橐吾 Ligularia dentata, 二色补血草 Limonium bicolor, 夜合花 Lirianthe coco, 思茅山橙 Melodinus cochinchinensis, 微孔草 Microula sikkimensis, 天女花 Oyama sieboldii, 露兜树 Pandanus tectorius, 蒌叶 Piper betle, 胡椒 P. nigrum, 火炭母 Polygonum chinense, 石龙芮 Ranunculus sceleratus, 旱生卷柏 Selaginella stauntoniana, 金线吊乌龟 Stephania cephalantha, 柽柳 Tamarix chinensis, 红车轴草 Trifolium pratense, 宽叶香蒲 Typha latifolia
(24*R*)-stigmast-4-en-3-one (24*R*)- 豆甾 -4- 烯 -3- 酮 金毛狗 Cibotium barometz, 灯心草 Juncus effusus, 朝天罐 Osbeckia opipara
(24*S*)-stigmast-4-en-3-one (24*S*)- 豆甾 -4- 烯 -3- 酮 昆明马兜铃 Aristolochia kunmingensis, 青藏大戟 Euphorbia altotibetica, 杜香 Ledum palustre, 尖蕾狗牙花 Tabernaemontana bufalina
β-stigmast-4-en-3-one β- 豆甾 -4- 烯 -3- 酮 白鲜 Dictamnus dasycarpus, 海漆 Excoecaria agallocha
stigmast-4-en-3-one 豆甾 -4- 烯 -3- 酮 较常见成分，至少分布于 30 种以上植物中，见于百合科、唇形科、大戟科、豆科、番荔枝科、防己科、红曲菌科、胡颓子科、桦木科、蒺藜科、夹竹桃科、锦葵科、菊科、爵床科、苦木科、兰科、楝科、马兜铃科、马钱科、木兰科、木犀科、葡萄科、茜草科、三白草科、桑科、杉科、鼠李科、锁阳科、桃金娘科、藤黄科、天南星科、卫矛科、梧桐科、五味子科、玄参科、荨麻科、鸭跖草科、榆科、雨久花科、芸香科、紫葳科等
stigmast-4-en-3β-ol 豆甾 -4- 烯 -3β- 醇 萱草 Hemerocallis fulva
stigmast-4-en-3β-ol-6-one 豆甾 -4- 烯 -3β- 醇 -6- 酮 沙柳 Salix cheilophila
stigmast-4-en-3β-ol-7-one 豆甾 -4- 烯 -3β- 醇 -7- 酮 牛耳朵 Primulina eburnea
stigmast-4-en-6α-ol-3-one 豆甾 -4- 烯 -6α- 醇 -3- 酮 菜蕨 Callipteris esculenta, 大果榕 Ficus auriculata, 青荚叶 Helwingia japonica, 齿叶橐吾 Ligularia dentata, 巴天酸模 Rumex patientia
β-stigmast-4-en-6β-ol-3-one β- 豆甾 -4- 烯 -6β- 醇 -3- 酮 北水苦荬 Veronica anagallis-aquatica
stigmast-4-en-6β-ol-3-one 豆甾 -4- 烯 -6β- 醇 -3- 酮 大叶山楝 Aphanamixis grandifolia, 菜蕨 Callipteris esculenta, 板栗 Castanea mollissima, 肉桂 Cinnamomum cassia, 浆果楝 Cipadessa baccifera, 黄皮 Clausena lansium, 黄花草 Cleome viscosa, 盘花垂头菊 Cremanthodium discoideum, 狗骨柴 Diplospora dubia, 大果榕 Ficus auriculata, 菊三七 Gynura japonica, 青荚叶 Helwingia japonica, 蕺菜 Houttuynia cordata, 黄花香茶菜 Isodon sculponeatus, 灯心草 Juncus effusus, 厚皮树 Lannea coromandelica, 齿叶橐吾 Ligularia dentata, 台湾含笑

S

Michelia compressa, 天女花 Oyama sieboldii, 露兜树 Pandanus tectorius, 苎叶蒟 Piper boehmeriifolium, 拳参 Polygonum bistorta, 牛耳朵 Primulina eburnea, 秀雅杜鹃花 Rhododendron concinnum, 喜马拉雅红豆杉 Taxus wallichiana, 扁担藤 Tetrastigma planicaule, 黄荆 Vitex negundo, 蔓荆 V. trifolia

stigmast-4-ene-3α,6β-diol 豆甾 -4- 烯 -3α,6β- 二醇 齐藤凹顶藻 Laurencia saitoi

stigmast-4-ene-3β,6α-diol 豆甾 -4- 烯 -3β,6α- 二醇 臭椿 Ailanthus altissima, 一年蓬 Erigeron annuus

stigmast-4-ene-3β,6β-diol 豆甾 -4- 烯 -3β,6β- 二醇 咖啡黄葵 Abelmoschus esculentus, 臭椿 Ailanthus altissima, 菜蕨 Callipteris esculenta, 蕺菜 Houttuynia cordata, 驼绒藜 Krascheninnikovia ceratoides, 巴天酸模 Rumex patientia, 红枝崖爬藤 Tetrastigma erubescens

stigmast-5,11(12)-dien-3β-ol 豆甾 -5,11(12)- 二烯 -3β- 醇 束花石斛 Dendrobium chrysanthum

stigmast-5,22-dien-3-O-α-D-glucopyranoside 豆甾 -5,22- 二烯 -3-O-α-D- 吡喃葡萄糖苷 五加 Eleutherococcus nodiflorus var. gracilistylus

stigmast-5,22-dien-3-O-β-D-glucopyranoside 豆甾 -5,22- 二烯 -3-O-β-D- 吡喃葡萄糖苷 翼茎白粉藤 Cissus pteroclada, 菟丝子 Cuscuta chinensis, 剑叶龙血树 Dracaena cochinchinensis, 耳草 Hedyotis auricularia, 盒果藤 Operculina turpethum, 小果叶下珠 Phyllanthus reticulatus, 吉祥草 Reineckea carnea, 半枝莲 Scutellaria barbata, 葫芦茶 Tadehagi triquetrum

stigmast-5,22-dien-3β,21-diol-3β,21-dihexadecanoate 豆甾 -5,22- 二烯 -3β,21- 二醇 -3β,21- 二十六酸酯 灰毛豆 Tephrosia purpurea

stigmast-5,22-diene-3β,7α-diol 豆甾 -5,22- 二烯 -3β,7α- 二醇 咖啡黄葵 Abelmoschus esculentus, 腺花香茶菜 Isodon adenanthus, 雪莲花 Saussurea involucrata, 马蓝 Strobilanthes cusia

stigmast-5-en-3,26-diol-26-benzoate 豆甾 -5- 烯 -3,26- 二醇 -26- 苯甲酸酯 家独行菜 Lepidium sativum

stigmast-5-en-3-acetate 豆甾 -5- 烯 -3- 乙酸酯 米团花 Leucosceptrum canum

stigmast-5-en-3-ol 豆甾 -5- 烯 -3- 醇 大叶千斤拔 Flemingia macrophylla, 丹东玄参 Scrophularia kakudensis

stigmast-5-en-3-ol oleate 豆甾 -5- 烯 -3- 醇油酸酯 鸡冠花 Celosia cristata

stigmast-5-en-3-ol-O-β-D-glucuronopyranoside 豆甾 -5- 烯 -3- 醇 -O-β-D- 吡喃葡萄糖醛酸苷 胡桃 Juglans regia

stigmast-5-en-3-O-β-D-glucopyranoside 豆甾 -5- 烯 -3-O-β-D- 吡喃葡萄糖苷 柚木 Tectona grandis

stigmast-5-en-3β,7α,20ξ-triol 豆甾 -5- 烯 -3β,7α,20ξ- 三醇 臭椿 Ailanthus altissima

stigmast-5-en-3β-O-(6-O-hexadecanoyl-β-D-glucopyranoside) 豆甾 -5- 烯 -3β-O-(6-O- 六癸酰基 -β-D- 吡喃葡萄糖苷) 海桑 Sonneratia caseolaris

stigmast-5-en-3β-ol 豆甾 -5- 烯 -3β- 醇 白药谷精草 Eriocaulon cinereum, 土丁桂 Evolvulus alsinoides, 胡桃 Juglans regia, 巨藻 Macrocystis pyrifera, 苦蘵 Physalis angulata, 西南鬼灯檠 Rodgersia sambucifolia

stigmast-5-en-3β-ol-3-O-β-D-(2'-n-triacontanoyl)-glucopyranoside 豆甾 -5- 烯 -3β- 醇 -3-O-β-D-(2'- 正三十酰基)- 吡喃葡萄糖苷 枸杞 Lycium chinense

stigmast-5-en-3β-ol-7-one 豆甾 -5- 烯 -3β- 醇 -7- 酮 咖啡黄葵 Abelmoschus esculentus, 羊蹄甲 Bauhinia purpurea, 洋紫荆 B. variegata, 大果榕 Ficus auriculata, 齿叶橐吾 Ligularia dentata, 楝 Melia azedarach, 台湾含笑 Michelia compressa, 桑 Morus alba, 日本水龙骨 Polypodiodes niponica, 沙柳 Salix cheilophila, 华中五味子 Schisandra sphenanthera

stigmast-5-en-3β-O-β-D-[6-(9Z,12Z,15Z-octadecatrienoyl)-glucopyranoside] 豆甾 -5- 烯 -3β-O-β-D-[6-(9Z,12Z,15Z- 十八碳三烯酰基) 吡喃葡萄糖苷] 地锦 Euphorbia humifusa

stigmast-5-en-3β-O-β-D-glucopyranoside 豆甾 -5- 烯 -3β-O-β-D- 吡喃葡萄糖苷 三脉紫菀 Aster ageratoides

stigmast-5-en-3β-yl-β-D-glucopyranoside-6'-tetracosanoate 豆甾 -5- 烯 -3β- 基 -β-D- 吡喃葡萄糖苷 -6'- 二十四酸酯 羊蹄甲 Bauhinia purpurea

stigmast-5-en-7-one 豆甾 -5- 烯 -7- 酮 舞花姜 Globba racemosa

stigmast-5-en-7-one-3-O-β-D-glucopyranoside 豆甾 -5- 烯 -7- 酮 -3-O-β-D- 吡喃葡萄糖苷 黄桐 Endospermum chinense

stigmast-5-en-7-one-3β-ol 豆甾 -5- 烯 -7- 酮 -3β- 醇 黄苞大戟 Euphorbia sikkimensis

stigmast-5-en-7-oxo-3β-ol 豆甾 -5- 烯 -7- 氧代 -3β- 醇 黑老虎 Kadsura coccinea

stigmast-5-en-7-oxo-3β-palmitate 豆甾 -5- 烯 -7- 酮 -3β- 棕榈酸酯 狗肝菜 Dicliptera chinensis

stigmast-5-en-7α,22α-diol-3β-tetradecanoate 豆甾 -5- 烯 -7α,22α- 二醇 -3β- 十四酸酯 华蟹甲 Sinacalia tangutica

(24S)-stigmast-5-en-7β-ethoxy-3β-ol (24S)- 豆甾 -5- 烯 -7β- 乙氧基 -3β- 醇 苦马豆 Sphaerophysa salsula

stigmast-5-ene-11-ol-3-O-β-D-glucopyranoside 豆甾 -5- 烯 -11- 醇 -3-O-β-D- 吡喃葡萄糖苷 绣球防风 Leucas ciliata

stigmast-5-ene-22β-ol-3β-dodecanoate 豆甾 -5- 烯 -22β- 醇 -3β- 月桂酸酯 华蟹甲 Sinacalia tangutica

stigmast-5-ene-3,7,16-triol 豆甾 -5- 烯 -3,7,16- 三醇 狭叶虎皮楠 Daphniphyllum angustifolium

stigmast-5-ene-3,7-diol 豆甾 -5- 烯 -3,7- 二醇 美丽崖豆藤 Callerya speciosa, 猩猩草 Euphorbia cyathophora, 白苞猩猩草 E. heterophylla, 鸡矢藤 Paederia foetida, 枳 Poncirus trifoliata

stigmast-5-ene-3β,21α,22R-triol 豆甾 -5- 烯 -3β,21α,22R- 三醇 大叶山楝 Aphanamixis grandifolia

stigmast-5-ene-3β,22R-diol 豆甾 -5- 烯 -3β,22R- 二醇 大叶山楝 Aphanamixis grandifolia

(3S,22R,24R)-stigmast-5-ene-3β,22α-diol (3S,22R,24R)- 豆甾 -5- 烯 -3β,22α- 二醇 川桂 Cinnamomum wilsonii

(24S)-stigmast-5-ene-3β,24-diol (24S)- 豆甾 -5- 烯 -3β,24- 二醇 薜荔 Ficus pumila

stigmast-5-ene-3β,4α-diol 豆甾 -5- 烯 -3β,4α- 二醇 春榆 Ulmus davidiana var. japonica

stigmast-5-ene-3β,4β-diol 豆甾 -5- 烯 -3β,4β- 二醇 枳 Poncirus trifoliata, 栝楼 Trichosanthes kirilowii

stigmast-5-ene-3β,7α,22α-triol 豆甾 -5- 烯 -3β,7α,22α- 三醇 川桂 Cinnamomum wilsonii

(24S)-stigmast-5-ene-3β,7α-diol (24S)- 豆甾 -5- 烯 -3β,7α- 二醇 苦马豆 Sphaerophysa salsula

stigmast-5-ene-3β,7α-diol 豆甾 -5- 烯 -3β,7α- 二醇 咖啡黄葵 Abelmoschus esculentus, 臭椿 Ailanthus altissima, 黑面神 Breynia fruticosa, 菜蕨 Callipteris esculenta, 川桂 Cinnamomum wilsonii, 唐古特瑞香 Daphne tangutica, 蔓胡颓子 Elaeagnus glabra, 一年蓬 Erigeron annuus, 黑老虎 Kadsura coccinea, 长叶火绒草 Leontopodium junpeianum, 石松 Lycopodium japonicum, 红楠 Machilus thunbergii, 台湾牛

S

stigmasta-5,22-dien-3-ol acetate 豆甾 -5,22- 二烯 -3- 醇乙酸酯 杏叶茴芹 Pimpinella candolleana
stigmasta-5,22-dien-3-one 豆甾 -5,22- 二烯 -3- 酮 延药睡莲 Nymphaea nouchali
stigmasta-5,22-dien-3β-ol 豆甾 -5,22- 二烯 -3β- 醇 土牛膝 Achyranthes aspera, 罗伞 Brassaiopsis glomerulata, 金盏花 Calendula officinalis, 佛手 Citrus medica var. sarcodactylis, 大青 Clerodendrum cyrtophyllum, 剑叶龙血树 Dracaena cochinchinensis, 土丁桂 Evolvulus alsinoides, 枳椇 Hovenia acerba, 微花藤 Iodes cirrhosa, 巨藻 Macrocystis pyrifera, 半夏 Pinellia ternata, 枳 Poncirus trifoliata, 半枝莲 Scutellaria barbata, 大唇香科科 Teucrium labiosum, 长毛香科科 T. pilosum
stigmasta-5,22-dien-3β-ol acetate 豆甾 -5,22 二烯 -3β- 醇乙酸酯 半枝莲 Scutellaria barbata
stigmasta-5,22-dien-3β-ol-7-one 豆甾 -5,22- 二烯 -3β- 醇 -7- 酮 咖啡黄葵 Abelmoschus esculentus, 台湾含笑 Michelia compressa
22E,22S-stigmasta-5,22-dien-3β-O-β-D-glucopyranoside 22E,22S- 豆甾 -5,22- 二烯 -3β-O-β-D- 吡喃葡萄糖苷 催吐萝芙木 Rauvolfia vomitoria
stigmasta-5,22-dien-7-one-3β-ol 豆甾 -5,22- 二烯 -7- 酮 -3β- 醇 毛脉火焰花 Phlogacanthus pubinervius
stigmasta-5,22-dien-3β-ol-3-O-β-D-glucopyranoside 豆甾 -5,22- 二烯 -3β- 醇 -3-O-β-D- 吡喃葡萄糖苷 微花藤 Iodes cirrhosa, 胡桃 Juglans regia
stigmasta-5,22E-dien-3β-O-β-D-glucopyranoside 豆甾 -5,22E- 二烯 -3β-O-β-D- 吡喃葡萄糖苷 羽脉野扇花 Sarcococca hookeriana
stigmasta-5,23-dien-3β-ol 豆甾 -5,23- 二烯 -3β- 醇 白花丹 Plumbago zeylanica, 白英 Solanum lyratum
stigmasta-5,24(28)-dien-3β-ol 豆甾 -5,24(28)- 二烯 -3β- 醇 金盏花 Calendula officinalis, 翅果油树 Elaeagnus mollis, 向日葵 Helianthus annuus
stigmasta-5,24(28)-dien-3β-O-β-D-galactopyranoside 豆甾 -5,24(28)- 二烯 -3β-O-β-D- 吡喃半乳糖苷 印度田菁 Sesbania sesban
stigmasta-5,24(28)-diene-3β-O-α-L-rhamnoside 豆甾 -5,24(28)- 二烯 -3β-O-α-L- 鼠李糖苷 黄花草 Cleome viscosa
stigmasta-5,24-dien-3-ol 豆甾 -5,24- 二烯 -3- 醇 半夏 Pinellia ternata
stigmasta-5,24-dien-3β-ol 豆甾 -5,24- 二烯 -3β- 醇 黑果越桔 Vaccinium myrtillus
stigmasta-5,25-dien-3β-ol 豆甾 -5,25- 二烯 -3β- 醇 茄 Solanum melongena
(3β,24ξ)-stigmasta-5,28-diene-3,24-diol (3β,24ξ)- 豆甾 -5,28- 二烯 -3,24- 二醇 巨藻 Macrocystis pyrifera
stigmasta-5,9(11)dien-3β-ol 豆甾 -5,9(11) 二烯 -3β- 醇 丝瓜 Luffa cylindrica
stigmasta-5-en-3β-ol-β-D-glucopyranoside 豆甾 -5- 烯 -3β- 醇 -β-D- 吡喃葡萄糖苷 胡桃 Juglans regia
24ζ-stigmasta-5trans,22-dien-3β-ol 24ζ- 豆甾 -5 反式 -,22- 二烯 -3β- 醇 葫芦 Lagenaria siceraria
stigmasta-7,16-dien-3β-ol 豆甾 -7,16- 二烯 -3β- 醇 白鼓钉 Polycarpaea corymbosa
(24R)-5α-stigmasta-7,22(E)-dien-3α-ol (24R)-5α- 豆甾 -7,22(E)- 二烯 -3α- 醇 窄头橐吾 Ligularia stenocephala, 高大翅果菊 Pterocypsela elata, 猫尾草 Uraria crinita
3β,5α,22E,24ζ-stigmasta-7,22,25-trien-3-ol 3β,5α,22E,24ζ- 豆甾 -7,22,25- 三烯 -3- 醇 葫芦 Lagenaria siceraria
stigmasta-7,22,25-trien-3β-ol 豆甾 -7,22,25- 三烯 -3β- 醇 假贝母 Bolbostemma paniculatum, 马钱子 Strychnos nux-vomica, 栝楼 Trichosanthes kirilowii
stigmasta-7,22,25-trien-3-nonadecanoic acid ester 豆甾 -7,22,25- 三烯 -3- 十九酸酯 假贝母 Bolbostemma paniculatum
stigmasta-7,22,25-triene-3-O-β-D-(6'-palmitoyl)-glucopyranoside 豆甾 -7,22,25- 三烯 -3-O-β-D-(6'- 棕榈酰基)- 葡萄糖苷 假贝母 Bolbostemma paniculatum
stigmasta-7,22-dien-3-ol 豆甾 -7,22- 二烯 -3- 醇 栝楼 Trichosanthes kirilowii, 麦蓝菜 Vaccaria hispanica
stigmasta-7,22-dien-3-one 豆甾 -7,22- 二烯 -3- 酮 夏枯草 Prunella vulgaris
stigmasta-7,22-dien-3-O-β-D-glucopyranoside 豆甾 -7,22- 二烯 -3-O-β-D- 吡喃葡萄糖苷 栝楼 Trichosanthes kirilowii, 中华栝楼 T. rosthornii
stigmasta-7,22-dien-3β,4β-diol 豆甾 -7,22- 二烯 -3β,4β- 二醇 白药谷精草 Eriocaulon cinereum
stigmasta-7,22-dien-3β-O-glucoside 豆甾 -7,22- 二烯 -3β-O- 葡萄糖苷 地涌金莲 Musella lasiocarpa
(E)-5α-stigmasta-7,22-dien-3β-ol (E)-5α- 豆甾 -7,22- 二烯 -3β- 醇 毛蕊花 Verbascum thapsum
5α,24ζ-stigmasta-7,22-dien-3β-ol 5α,24ζ- 豆甾 -7,22- 二烯 -3β- 醇 葫芦 Lagenaria siceraria
5α-stigmasta-7,22-dien-3β-ol 5α- 豆甾 -7,22- 二烯 -3β- 醇 山茶 Camellia japonica, 苦葛 Pueraria peduncularis, 毛蕊花 Verbascum thapsum
stigmasta-7,22-dien-3β-ol 豆甾 -7,22- 二烯 -3β- 醇 木鳖子 Momordica cochinchinensis, 王瓜 Trichosanthes cucumeroides, 栝楼 T. kirilowii, 中华栝楼 T. rosthornii
stigmasta-7,22-dien-3β-O-β-D-glucopyranoside 豆甾 -7,22- 二烯 -3β-O-β-D- 吡喃葡萄糖苷 夏枯草 Prunella vulgaris, 麦蓝菜 Vaccaria hispanica
stigmasta-7,22-diene 豆甾 -7,22- 二烯 密花远志 Polygala tricornis
stigmasta-7,22-diene-3β,5α,6α-triol 谷甾 -7,22- 二烯 -3β,5α,6α- 三醇 桑黄 Phellinus igniarius
stigmasta-7,22-diene-3β,5α,6β-triol 豆甾 -7,22- 二烯 -3β,5α,6β- 三醇 鸭儿芹 Cryptotaenia japonica, 雷丸 Omphalia lapidescens
stigmasta-7,22-dien-3β-palmitate 豆甾 -7,22- 二烯 -3β- 棕榈酸酯 小舌紫菀 Aster albescens
5α-stigmasta-7,24(28)-dien-3-ol 5α- 豆甾 -7,24(28)- 二烯 -3- 醇 葫芦 Lagenaria siceraria
(5α)-stigmasta-7,24(28)-dien-3β-ol (5α)- 豆甾 -7,24(28)- 二烯 -3β- 醇 向日葵 Helianthus annuus
stigmasta-7,24(28)-dien-3β-ol 豆甾 -7,24(28)- 二烯 -3β- 醇 翅果油树 Elaeagnus mollis
(5α)-stigmasta-7,24-dien-3β-ol (5α)- 豆甾 -7,24- 二烯 -3β- 醇 向日葵 Helianthus annuus
stigmasta-7,24-dien-3β-ol 豆甾 -7,24- 二烯 -3β- 醇 一年蓬 Erigeron annuus, 黑果越桔 Vaccinium myrtillus
3β,5α,24ζ-stigmasta-7,25-dien-3-ol 3β,5α,24ζ- 豆甾 -7,25- 二烯 -3- 醇 葫芦 Lagenaria siceraria
stigmasta-7,25-dien-3-ol 豆甾 -7,25- 二烯 -3- 醇 竹叶柴胡 Bupleurum marginatum
(5α)-stigmasta-7,9(11),24(28)-trien-3β-ol (5α)- 豆甾 -7,9(11),24(28)- 三烯 -3β- 醇 向日葵 Helianthus annuus
(22R)-stigmasta-7,9(11)-dien-22α-ol-3β-O-β-D-galactopyranoside (22R)- 豆甾 -7,9(11)- 二烯 -22α- 醇 -3β-O-β-D- 吡喃半乳糖苷 皱叶醉鱼草

S

Buddleja crispa
(22*R*)-stigmasta-7,9(11)-dien-22β-ol-3β-*O*-β-D-galactopyranoside (22*R*)- 豆甾 -7,9(11)- 二烯 -22β- 醇 -3β-*O*-β-D- 吡喃半乳糖苷 皱叶醉鱼草 Buddleja crispa
5α-stigmasta-7-enol 5α- 豆甾 -7- 烯醇 莲子草 Alternanthera sessilis
stigmasta-8,24-dien-3β-ol 豆甾 -8,24- 二烯 -3β- 醇 黑果越桔 Vaccinium myrtillus
5,22-stigmastadien-3-ol 5,22- 豆甾二烯 -3- 醇 挥发油成分，未统计基源
(24*R*)-5,28-stigmastadien-3β,24-diol (24*R*)-5,28- 豆甾二烯 -3β,24- 二醇 羊栖菜 Hizikia fusiformis
(24*S*)-5,28-stigmastadien-3β,24-diol (24*S*)-5,28- 豆甾二烯 -3β,24- 二醇 羊栖菜 Hizikia fusiformis
5,11-stigmastadien-3β-ol 5,11- 豆甾二烯 -3- 醇 甘肃棘豆 Oxytropis kansuensis
5,28-stigmastadien-3β-ol 5,28- 豆甾二烯 -3β- 醇 山地虎耳草 Saxifraga montana
5,22-stigmastadienol 5,22- 豆甾二烯醇 人参 Panax ginseng
5,25-stigmastadienol 5,25- 豆甾二烯醇 粟米草 Mollugo stricta
$\Delta^{7,22}$-stigmastadienol $\Delta^{7,22}$- 豆甾二烯醇 栝楼 Trichosanthes kirilowii
stigmastadienone 豆甾二烯酮 黑果越桔 Vaccinium myrtillus
stigmastan-3-one 豆甾 -3- 酮 日本桤木 Alnus japonica, 洋紫荆 Bauhinia variegata, 甘青青兰 Dracocephalum tanguticum, 蓝桉 Eucalyptus globulus, 菊三七 Gynura japonica, 茸毛木蓝 Indigofera stachyodes, 灵枝草 Rhinacanthus nasutus
stigmastan-3-one-21-oic acid 豆甾 -3- 酮 -21- 酸 玉柏 Lycopodium obscurum
(5α,24*S*)-stigmastan-3α-ol (5α,24*S*)- 豆甾 -3α- 醇 乔松 Pinus wallichiana
24*R*-stigmastan-3β,5α,6β-triol-25-ene-3-*O*-β-glucopyranoside 24*R*- 豆甾 -3β,5α,6β- 三醇 -25- 烯 -3-*O*-β- 吡喃葡萄糖苷 苦瓜 Momordica charantia
5α-stigmastan-3β-ol 5α- 豆甾 -3β- 醇 巨藻 Macrocystis pyrifera
stigmastan-3β-ol 豆甾 -3β- 醇 黑果越桔 Vaccinium myrtillus
stigmastane 豆甾烷 大薸 Pistia stratiotes
24*R*,5α-stigmastane-3,6-dione 24*R*,5α- 豆甾 -3,6- 二酮 磨盘草 Abutilon indicum
stigmastane-3,6-dione 豆甾 -3,6- 二酮 管花马兜铃 Aristolochia tubiflora, 变色马兜铃 A. versicolor, 乌拉特黄耆 Astragalus hoantchy, 毛叶假鹰爪 Desmos dumosus, 蓝桉 Eucalyptus globulus, 钩吻 Gelsemium elegans, 皂荚 Gleditsia sinensis, 刺果甘草 Glycyrrhiza pallidiflora, 二色补血草 Limonium bicolor, 胡椒 Piper nigrum, 火炭母 Polygonum chinense
stigmastane-3,7-dione 豆甾 -3,7- 二酮 木芙蓉 Hibiscus mutabilis
stigmastane-3β,5α,6β-triol 豆甾 -3β,5α,6β- 三醇 黑面神 Breynia fruticosa, 扶芳藤 Euonymus fortunei, 驼绒藜 Krascheninnikovia ceratoides, 甘蔗 Saccharum officinarum
(24*R*)-stigmastane-3β,5α,6β-triol-3-*O*-β-D-glucopyranoside (24*R*)- 豆甾 -3β,5α,6β- 三醇 -3-*O*-β-D- 吡喃葡萄糖苷 海金沙 Lygodium japonicum
5α-stigmastane-3β,6α-diol 5α- 豆甾 -3β,6α- 二醇 红花锦鸡儿 Caragana rosea, 雷公藤 Tripterygium wilfordii
stigmastane-3β,6α-diol 豆甾 -3β,6α- 二醇 乌拉特黄耆 Astragalus hoantchy, 板栗 Castanea mollissima, 排骨灵 Fissistigma bracteolatum, 黄花香茶菜 Isodon sculponeatus, 王瓜 Trichosanthes cucumeroides, 栝楼 T. kirilowii
stigmastane-7-one 豆甾 -7- 酮 瓜馥木 Fissistigma oldhamii
stigmastanol 豆甾烷醇 假马齿苋 Bacopa monnieri, 鸡蛋参 Codonopsis convolvulacea, 小粒咖啡 Coffea arabica, 翅果油树 Elaeagnus mollis, 胡椒 Piper nigrum
stigmastanol-3-*O*-β-D-glucopyranoside 豆甾烷醇 -3-*O*-β-D- 吡喃葡萄糖苷 胡椒 Piper nigrum
stigmastanone 豆甾烷酮 灰苞蒿 Artemisia roxburghiana
3α-stigmastanyl-β-D-(6'-palmitylglucopyranoside) 3α- 豆甾烷醇 -β-D-(6'- 软脂酰吡喃葡萄糖苷) 鸡蛋参 Codonopsis convolvulacea
Δ^{7}-stigmasten-3-one Δ^{7}- 豆甾烯 -3- 酮 中华栝楼 Trichosanthes rosthornii
5-stigmasten-3β,7α-diol 5- 豆甾烯 -3β,7α- 二醇 菠萝 Ananas comosus, 楝 Melia azedarach
7-stigmasten-3β-ol 7- 豆甾烯 -3β- 醇 竹叶柴胡 Bupleurum marginatum
Δ^{7}-stigmasten-3β-ol Δ^{7}- 豆甾烯 -3β- 醇 甘肃雪灵芝 Arenaria kansuensis
6'-(stigmast-5-en-7-one-3-*O*-β-glucopyranosidyl)hexadecanoate 6'-(豆甾 -5- 烯 -7- 酮 -3-*O*-β- 吡喃葡萄糖基) 十六酸酯 羊蹄甲 Bauhinia purpurea
(20*S*)-5-stigmastene-3β,7α,20-triol (20*S*)-5- 豆甾烯 -3β,7α,20- 三醇 楝 Melia azedarach
stigmastenetriol 豆甾烯三醇 驼绒藜 Krascheninnikovia ceratoides
7-stigmastenol 7- 豆甾烯醇 狗枣猕猴桃 Actinidia kolomikta
$\Delta^{5,22}$-stigmastenol $\Delta^{5,22}$- 豆甾烯醇 大果油麻藤 Mucuna macrocarpa
Δ^{7}-stigmastenol Δ^{7}- 豆甾烯醇 细风轮菜 Clinopodium gracile, 羊乳 Codonopsis lanceolata, 党参 C. pilosula, 番茄 Lycopersicon esculentum, 垂序商陆 Phytolacca americana, 救荒野豌豆 Vicia sativa
stigmastenol 豆甾烯醇 活血丹 Glechoma longituba
Δ^{7}-stigmastenol glucoside Δ^{7}- 豆甾烯醇葡萄糖苷 党参 Codonopsis pilosula
Δ^{7}-stigmastenol-3-*O*-β-D-glucopyranoside Δ^{7}- 豆甾烯醇 -3-*O*-β-D- 吡喃吡喃葡萄糖苷 细风轮菜 Clinopodium gracile
stigmastenol-3-*O*-β-D-glucopyranoside 豆甾烯醇 -3-*O*-β-D- 吡喃葡萄糖苷 地肤 Kochia scoparia
Δ^{7}-stigmastenol-β-D-glucoside Δ^{7}- 豆甾烯醇 -β-D- 葡萄糖苷 羊乳 Codonopsis lanceolata, 垂序商陆 Phytolacca americana
β-stigmastenone β- 豆甾烯酮 台湾含笑 Michelia compressa, 野花椒 Zanthoxylum simulans
stigmastenone 豆甾烯酮 北美鹅掌楸 Liriodendron tulipifera

S

Δ^7-stigmastenyl-β-D-(6'-eicosenyl-glucopyranoside) Δ^7- 豆甾烯醇 -β-D-(6'- 二十碳烯酰吡喃葡萄糖苷) 鸡蛋参 Codonopsis convolvulacea
Δ^7-stigmastenyl-β-D-(6'-palmitylglucopyranoside) Δ^7- 豆甾烯醇 -β-D-(6'- 软脂酰吡喃葡萄糖苷) 鸡蛋参 Codonopsis convolvulacea
α-stigmasterol α- 豆甾醇 对叶榕 Ficus hispida
stigmasterol; β-stigmasterol 豆甾醇 常见成分，至少分布于 100 种以上植物中
$\Delta^{5,22}$-stigmasterol $\Delta^{5,22}$- 豆甾醇 牛白藤 Hedyotis hedyotidea, 黄连木 Pistacia chinensis
Δ^7-stigmasterol Δ^7- 豆甾醇 小粒咖啡 Coffea arabica, 栝楼 Trichosanthes kirilowii, 中华栝楼 T. rosthornii
stigmasterol acetate 豆甾醇乙酸酯 翼茎白粉藤 Cissus pteroclada, 佛手 Citrus medica var. sarcodactylis
stigmasterol arachidate 豆甾醇花生酸酯 盔瓣耳叶苔 Frullania muscicola, 蓖麻 Ricinus communis
stigmasterol glucoside 豆甾醇葡萄糖苷 香附子 Cyperus rotundus, 九头狮子草 Peristrophe japonica, 葛 Pueraria montana var. lobata, 灵枝草 Rhinacanthus nasutus, 马钱子 Strychnos nux-vomica, 赤豆 Vigna angularis, 睡茄 Withania somnifera, 椿叶花椒 Zanthoxylum ailanthoides
stigmasterol oleate 豆甾醇油酸酯 蓖麻 Ricinus communis
stigmasterol palmitate 豆甾醇棕榈酸酯 旱芹 Apium graveolens, 白及 Bletilla striata
stigmasterol stearate 豆甾醇硬脂酸酯 蓖麻 Ricinus communis, 楮头红 Sarcopyramis nepalensis
stigmasterol-3-(6'-linoleoyl)glucopyranoside 豆甾醇 -3-(6'- 亚油酰基) 吡喃葡萄糖苷 人参 Panax ginseng
stigmasterol-3-(6'-oleoyl)glucopyranoside 豆甾醇 -3-(6'- 油酰基) 吡喃葡萄糖苷 人参 Panax ginseng
stigmasterol-3-(6'-palmitoleoyl)glucopyranoside 豆甾醇 -3-(6'- 棕榈油酰基) 吡喃葡萄糖苷 人参 Panax ginseng
stigmasterol-3-(6'-palmitoyl)glucopyranoside 豆甾醇 -3-(6'- 棕榈酰基) 吡喃葡萄糖苷 人参 Panax ginseng
stigmasterol-3-(6'-stearoyl)glucopyranoside 豆甾醇 -3-(6'- 硬脂酰基) 吡喃葡萄糖苷 人参 Panax ginseng
stigmasterol-3-*O*-β-D-arabinopyranosyl-(1 → 4)-*O*-β-D-glucopyranoside 豆甾醇 -3-*O*-β-D- 吡喃阿拉伯糖基 -(1 → 4)-*O*-β-D- 吡喃葡萄糖苷 白花酸藤子 Embelia ribes
stigmasterol-3-*O*-β-D-galactopyranoside 豆甾醇 -3-*O*-β-D- 吡喃半乳糖苷 海榄雌 Avicennia marina, 岭南山竹子 Garcinia oblongifolia, 欧白英 Solanum dulcamara, 白英 S. lyratum
$\Delta^{5,22}$-stigmasterol-3-*O*-β-D-glucopyranoside $\Delta^{5,22}$- 豆甾醇 -3-*O*-β-*D*- 吡喃葡萄糖苷 假地蓝 Crotalaria ferruginea
stigmasterol-3-*O*-β-D-glucopyranoside 豆甾醇 -3-*O*-β-D- 吡喃葡萄糖苷 常见成分，至少分布于 100 种以上植物中
stigmasterol-3-*O*-β-D-glucopyranosyl-6'-hexadecanoate 豆甾醇 -3-*O*-β-D- 葡萄糖苷 -6'- 棕榈酸酯 蕺叶秋海棠 Begonia limprichtii
stigmasterol-3-*O*-β-D-glucuronopyranoside 豆甾醇 -3-*O*-β-D- 吡喃葡萄糖醛酸 四棱草 Schnabelia oligophylla
Δ^7-stigmasterol-3-β-D-glucopyranoside Δ^7- 豆甾醇 -3-β-D- 吡喃葡萄糖苷 中华栝楼 Trichosanthes rosthornii
24*S*-stigmasterol-4,22-dien-3-one 24*S*- 豆甾 -4,22- 二烯 -3- 酮 假东风草 Blumea riparia
24*S*-stigmasterol-4-en-3-one 24*S*- 豆甾 -4- 烯 -3- 酮 假东风草 Blumea riparia
stigmasterol-4-en-3-one 豆甾醇 -4- 烯 -3- 酮 雪松 Cedrus deodara
stigmasterol-4-ene-3,6-di-one 豆甾醇 -4- 烯 -3,6- 二酮 荚果蕨 Matteuccia struthiopteris
stigmasterol-5,24(28)-dien-3β-ol 豆甾醇 -5,24(28)- 二烯 -3β- 醇 薜荔 Ficus pumila
stigmasterol-6'-hexadecoic acid-glucoside 豆甾醇 -6'- 十六酸 - 葡萄糖酯苷 阔苞菊 Pluchea indica
stigmasterol-α-D-glucopyranoside 豆甾醇 -α-D- 吡喃葡萄糖苷 昂天莲 Ambroma augustum
stigmasterone 豆甾酮 积雪草 Centella asiatica, 睡茄 Withania somnifera
6'-(stigmasteroyl-3-*O*-α-glucopyranosidyl)linolenate 6'-(谷甾醇 -3-*O*-α- 吡喃葡萄糖苷基) 亚麻酸酯 三花莸 Caryopteris terniflora
stigmasteryl stearate 硬脂酸豆甾醇酯 大薸 Pistia stratiotes
β-stigmasteryl-3-*O*-β-D-(6-palmitoyl)glucopyranoside β- 豆甾醇 -3-*O*-β-D-6- 棕榈酰葡萄糖苷 青杞 Solanum septemlobum
β-stigmasteryl-3-*O*-β-D-glucopyranoside β- 豆甾醇 -3-*O*-β-D- 吡喃葡萄糖苷 广防风 Anisomeles indica, 假黄皮 Clausena excavata, 台琼海桐 Pittosporum pentandrum var. formosanum
Δ^7-stigmasteryl-3-*O*-β-D-glucoside Δ^7- 豆甾醇 -3-*O*-β-D- 葡萄糖苷 岩匙 Berneuxia thibetica
22*E*,24*S*-stigmata-5,22,25-trien-3β-ol 22*E*,24*S*- 豆甾 -5,22,25- 三烯 -3β- 醇 海通 Clerodendrum mandarinorum
24*S*-stigmata-5,25-dien-3β-ol 24*S*- 豆甾 -5,25- 二烯 -3β- 醇 海通 Clerodendrum mandarinorum
(22*E*,20*S*,24*S*)-stigmata-7,22-diene-3-one (22*E*,20*S*,24*S*)- 豆甾 -7,22- 二烯 -3- 酮 夏枯草 Prunella vulgaris
$\Delta^{7,22,25}$-stigmsta-trien-3-ol $\Delta^{7,22,25}$- 豆甾三烯 -3- 醇 假贝母 Bolbostemma paniculatum
$\Delta^{7,22,25}$-stigmsta-trien-3-β-D-glucoside $\Delta^{7,22,25}$- 豆甾三烯 -3-β-D- 葡萄糖苷 假贝母 Bolbostemma paniculatum
trans-stilbene 反式 - 芪 掌叶大黄 Rheum palmatum
stilbene 芪 波叶大黄 Rheum rhabarbarum
stilbene-2,4,3',5'-tetraol 芪 -2,4,3',5'- 四醇 构棘 Cudrania cochinchinensis
3,4,3',5'-stilbenetetrol 3,4,3',5'- 芪四醇 节果决明 Cassia javanica
stilbericoside 石南密穗草苷 ▲ 翼叶山牵牛 Thunbergia alata, 碗花草 T. fragrans, 大花山牵牛 T. grandiflora
stilbostemin B 百部芪素 ▲B 活血丹 Glechoma longituba, 直立百部 Stemona sessilifolia
stilbostemin D 百部芪素 ▲D 活血丹 Glechoma longituba, 直立百部 Stemona sessilifolia
stilbostemin E, H, I 百部芪素 ▲E, H, I 直立百部 Stemona sessilifolia
stilbostemin J, K, L 百部芪素 ▲J, K, L 百部 Stemona japonica
stilbostemin M 百部芪素 ▲M 百部 Stemona japonica, 直立百部 S. sessilifolia
stilbostemin N, O 百部芪素 ▲N, O 直立百部 Stemona sessilifolia
stilbostemin P, Q, R 百部芪素 ▲P, Q, R 百部 Stemona japonica
stillopsin 斯氏金鸡菊苷 ▲ 卤地菊 Wedelia prostrata

S

strophanolloside 羊角拗醇苷▲ 见血封喉 Antiaris toxicaria
strophanthidin 羊角拗定▲ 北侧金盏花 Adonis sibirica, 天山侧金盏花 A. tianschanica, 见血封喉 Antiaris toxicaria, 播娘蒿 Descurainia sophia, 小花糖芥 Erysimum cheiranthoides
strophanthidin-3-*O*-6'-deoxy-*β*-D-allosido-*α*-L-arabinoside 羊角拗定▲-3-*O*-6'- 脱氧 -*β*-D- 阿洛糖苷 -*α*-L- 阿拉伯糖苷 铃兰 Convallaria majalis
strophanthidin-3-*O*-6'-deoxy-*β*-D-allosido-*α*-L-rhamnoside 羊角拗定▲-3-*O*-6'- 脱氧 -*β*-D- 阿洛糖苷 -*α*-L- 鼠李糖苷 铃兰 Convallaria majalis
strophanthidin-3-*O*-*α*-L-rhamnoside-2'-*β*-D-glucoside 羊角拗定▲-3-*O*-*α*-L- 鼠李糖苷 -2'-*β*-D- 葡萄糖苷 铃兰 Convallaria majalis
strophanthidin-3-*O*-*β*-D-digitoxopyranosyl-(4 → 1)-*α*-L-cymaropyranosyl-(4 → 1)-*β*-D-glucopyranoside 羊角拗定▲-3-*O*-*β*-D- 吡喃洋地黄毒糖基 -(4 → 1)-*α*-L- 吡喃磁麻糖基 -(4 → 1)-*β*-D- 吡喃葡萄糖苷 夏侧金盏花 Adonis aestivalis
strophanthidin-3-*O*-*β*-D-digitoxopyranosyl-(4 → 1)-*β*-D-digitoxopyranosyl-(4 → 1)-*α*-L-cymaropyranosyl-(4 → 1)-*β*-D-glucopyranoside 羊角拗定▲-3-*O*-*β*-D- 吡喃洋地黄毒糖基 -(4 → 1)-*β*-D- 吡喃洋地黄毒糖基 -*α*-L- 吡喃磁麻糖基 -(4 → 1)-*β*-D- 吡喃葡萄糖苷 夏侧金盏花 Adonis aestivalis
strophanthidin-3-*O*-*β*-D-glucopyranoside 羊角拗定▲-3-*O*-*β*-D- 吡喃葡萄糖苷 夏侧金盏花 Adonis aestivalis
strophanthidin-3-*O*-*β*-D-glucopyranosyl-(1 → 4)-*O*-*β*-D-xylopyranoside 羊角拗定▲-3-*O*-*β*-D- 吡喃葡萄糖基 -(1 → 4)-*O*-*β*-D- 吡喃木糖苷 含羞草 Mimosa pudica
strophanthidin-3-*O*-*β*-D-glucopyranosyl-(1→6)-*O*-*β*-D-glucopyranosyl-(1→4)-*O*-*β*-D-diginopyranosyl-(1→4)-*O*-*β*-D-oleandropyranosyl-(1→4)-*O*-*β*-D-digitoxopyranosyl-(1→4)-*β*-D-digitoxopyranoside 羊角拗定▲-3-*O*-*β*-D- 吡喃葡萄糖基 -(1→6)-*O*-*β*-D- 吡喃葡萄糖基 -(1→4)-*O*-*β*-D- 吡喃地支糖基 -(1 → 4)-*O*-*β*-D- 吡喃夹竹桃糖基 -(1 → 4)-*O*-*β*-D- 吡喃洋地黄毒糖基 -(1 → 4)-*β*-D- 吡喃洋地黄毒糖苷 夏侧金盏花 Adonis aestivalis
strophanthidin-6-deoxy-*β*-D-guloside 羊角拗定▲-6- 脱氧 -*β*-D- 古洛糖苷 铃兰 Convallaria majalis
strophanthidol 羊角拗定醇▲ 见血封喉 Antiaris toxicaria
strophanthidol-*O*-*α*-L-rhamnosyl-*β*-D-glucoside 羊角拗定醇▲-*O*-*α*-L- 鼠李糖基 -*β*-D- 葡萄糖苷 铃兰 Convallaria majalis
strophanthin 羊角拗素▲ 侧金盏花 Adonis amurensis, 箭毒羊角拗 Strophanthus hispidus
strophanthoid A, B 羊角拗萜▲A, B 羊角拗 Strophanthus divaricatus
strophanthojavoside 羊角拗爪哇糖苷▲ 见血封喉 Antiaris toxicaria
strophanthoside K 羊角拗苷▲K 侧金盏花 Adonis amurensis
strospeside 美丽羊角拗苷▲ 毛地黄 Digitalis purpurea
strychnilactone 乌药内酯▲ 乌药 Lindera aggregata
strychnine 番木鳖碱 白英 Solanum lyratum, 华马钱 Strychnos cathayensis, 吕宋果 S. ignatii, 毛柱马钱 S. nitida, 山马钱 S. nux-blanda, 马钱子 S. nux-vomica, 长籽马钱 S. wallichiana
strychnine methiodide 番木鳖碱甲碘化物 马钱子 Strychnos nux-vomica
strychnine-*N*-oxide 番木鳖碱 -*N*- 氧化物 吕宋果 Strychnos ignatii, 马钱子 S. nux-vomica, 长籽马钱 S. wallichiana
strychnistenolide 乌药烯醇内酯▲ 乌药 Lindera aggregata
strychnistenolide acetate 乙酰乌药烯醇内酯▲ 乌药 Lindera aggregata
8*α*-strychnistenolide-6-*O*-acetate 8*α*- 乌药烯醇内酯▲-6-*O*- 乙酸酯 乌药 Lindera aggregata
8*β*-strychnistenolide-6-*O*-acetate 8*β*- 乌药烯醇内酯▲-6-*O*- 乙酸酯 乌药 Lindera aggregata
strychnocarpine 胡颓子果马钱碱▲ 楝叶吴萸 Euodia glabrifolia
strychnochrysine 马钱橙碱▲ 马钱子 Strychnos nux-vomica
strychnoflavine 马钱黄碱▲ 马钱子 Strychnos nux-vomica
strychnolactone 吕宋果内酯 喜树 Camptotheca acuminata, 鳢肠 Eclipta prostrata
strynuxline A, B 马钱子林碱▲A, B 马钱子 Strychnos nux-vomica
stryvomicine 马钱子米辛▲ 马钱子 Strychnos nux-vomica
stryvomicine A 马钱子米辛▲A 马钱子 Strychnos nux-vomica
stryvomitine 马钱子米亭▲ 马钱子 Strychnos nux-vomica
(-)-stylopine (-)- 金罂粟碱 白屈菜 Chelidonium majus, 蛇果黄堇 Corydalis ophiocarpa, 山延胡索 C. solida, 天仙藤 Fibraurea recisa, 金罂粟 Stylophorum lasiocarpum
stylopine 金罂粟碱 草地乌头 Aconitum umbrosum, 白屈菜 Chelidonium majus, 地柏枝 Corydalis cheilanthifolia, 皱波黄堇 C. crispa, 尼泊尔黄堇 C. hendersonii, 细叶黄堇 C. meifolia, 全叶延胡索 C. repens, 石生黄堇 C. saxicola, 直茎黄堇 C. stricta, 三裂紫堇 C. trifoliata, 延胡索 C. yanhusuo, 野罂粟 Papaver nudicaule
stylopine hydroxymethylate 金罂粟碱羟甲基化物 直茎黄堇 Corydalis stricta
stylopine methochloride 金罂粟碱甲基氯化物 扭果紫金龙 Dactylicapnos torulosa
(-)-*α*-stylopine methohydroxide (-)-*α*- 金罂粟碱甲羟化物 蓟罂粟 Argemone mexicana
(-)-*β*-stylopine methohydroxide (-)-*β*- 金罂粟碱甲羟化物 蓟罂粟 Argemone mexicana
stylopine *α*-hydroxymethylate 金罂粟碱 *α*- 羟甲基化物 海罂粟 Glaucium fimbrilligerum
(-)-stylopine *β*-methohydroxide (-)- 金罂粟碱 -*β*- 甲羟化物 白屈菜 Chelidonium majus
(-)-stylopine-*α*-methohydroxide (-)- 金罂粟碱 -*α*- 甲羟化物 白屈菜 Chelidonium majus
stylosin 宿柱白蜡苷 宿柱梣 Fraxinus stylosa
styracifolin A, B, C 二色波罗蜜素▲A, B, C 二色波罗蜜 Artocarpus styracifolius
styracitol 安息香醇 齿果草 Salomonia cantoniensis

styranin F 安息香宁▲F 台湾安息香 Styrax formosanus
styranin S 安息香宁▲S 栓叶安息香 Styrax suberifolius
styraxjaponoside A, B 野茉莉苷▲A, B 野茉莉 Styrax japonicus
styraxjaponoside C 野茉莉苷▲C 肉果草 Lancea tibetica, 野茉莉 Styrax japonicus
styraxlignolide A~F 安息香木脂苷▲A~F 野茉莉 Styrax japonicus
styraxoside A, B 安息香苷▲A, B 野茉莉 Styrax japonicus
styrene 苯乙烯 挥发油成分，未统计基源
styrlignan A 安息香木脂素▲A 野茉莉 Styrax japonicus
6-styryl-2-pyrone-4-*O*-*β*-D-glucoside 6- 苯乙烯基 -2- 吡喃酮 -4-*O*-*β*-D- 葡萄糖苷 单芽狗脊蕨 Woodwardia unigemmata
styxone B 冥河蚁巢海绵酮▲B 橙花瑞香 Daphne aurantiaca
suaveolenine 山橙烯宁▲ 山橙 Melodinus suaveolens
suaveolic acid 山香酸▲ 山香 Hyptis suaveolens
suaveolol 山香醇▲ 山香 Hyptis suaveolens
suavioside A, B, C_1, D_1, D_2, E~J 甜茶糖苷 A, B, C_1, D_1, D_2, E~J 甜茶 Rubus chingii var. suavissimus
(+)-suavissimoside F_1 (+)- 甜茶苷 F_1 蛇泡筋 Rubus cochinchinensis
suavissimoside F_1 甜茶苷 F_1 显苞芒毛苣苔 Aeschynanthus bracteatus, 铁冬青 Ilex rotunda
suavissimoside R_1 甜茶苷 R_1 秤星树 Ilex asprella, 伞花冬青 I. godajam, 甜茶 Rubus chingii var. suavissimus, 牛叠肚 R. crataegifolius, 茅莓 R. parvifolius, 亚洲络石 Trachelospermum asiaticum, 满树星 Ilex aculeolata
suavissimoside R_1-3-*O*-glucopyranoside 甜茶苷 R_1-3-*O*- 吡喃葡萄糖苷 亚洲络石 Trachelospermum asiaticum
subalatin 方茎金丝桃素▲ 金丝桃 Hypericum monogynum
subamol 香桂醇▲ 香桂 Cinnamomum subavenium
subamolide A, C, D, E 香桂内酯▲A, C, D, E 香桂 Cinnamomum subavenium
subamolide B 香桂内酯▲B 香桂 Cinnamomum subavenium, 台湾檫木 Sassafras randaiense
subamone 香桂酮▲ 香桂 Cinnamomum subavenium
(a*R*)-subavenoside A (a*R*)- 香桂苷 A 香桂 Cinnamomum subavenium
(a*S*)-subavenoside A (a*S*)- 香桂苷 A 香桂 Cinnamomum subavenium
(a*R*)-subavenoside B (a*R*)- 香桂苷 B 香桂 Cinnamomum subavenium
(a*S*)-subavenoside B (a*S*)- 香桂苷 B 香桂 Cinnamomum subavenium
(a*R*)-subavenoside C (a*R*)- 香桂苷 C 香桂 Cinnamomum subavenium
(a*S*)-subavenoside C (a*S*)- 香桂苷 C 香桂 Cinnamomum subavenium
(a*R*)-subavenoside D (a*R*)- 香桂苷 D 香桂 Cinnamomum subavenium
(a*S*)-subavenoside D (a*S*)- 香桂苷 D 香桂 Cinnamomum subavenium
(a*R*)-subavenoside E (a*R*)- 香桂苷 E 香桂 Cinnamomum subavenium
(a*S*)-subavenoside E (a*S*)- 香桂苷 E 香桂 Cinnamomum subavenium
(a*R*)-subavenoside F (a*R*)- 香桂苷 F 香桂 Cinnamomum subavenium
(a*S*)-subavenoside F (a*S*)- 香桂苷 F 香桂 Cinnamomum subavenium
subcosine I, II 南紫薇辛碱▲I, II 南紫薇 Lagerstroemia subcostata
subdigitatone 牛尾蒿酮 牛尾蒿 Artemisia dubia
subelliptenone B, H 菲岛福木烯酮▲B, H 大叶藤黄 Garcinia xanthochymus
suberectin 密花豆素 密花豆 Spatholobus suberectus
(*E*)-suberenol (*E*)- 栓质花椒醇▲ 葡萄柚 Citrus paradisi, 粗叶榕 Ficus hirta
suberenone 栓质花椒酮 臭节草 Boenninghausenia albiflora, 文旦 Citrus maxima'Wentan', 葡萄柚 C. paradisi, 芸香 Ruta graveolens
suberic acid 软木酸 蜀葵 Alcea rosea
suberosenol A, B 侧扁软柳珊瑚烯醇▲A, B 两头毛 Incarvillea arguta
suberosenone 侧扁软柳珊瑚烯酮▲ 两头毛 Incarvillea arguta
suberosin 栓质花椒素▲ 白芷 Angelica dahurica, 祁白芷 A. dahurica 'Qibaizhi', 马蜂橙 Citrus hystrix, 黎檬 C. limonia, 柚 C. maxima, 金橘 Fortunella margarita, 白亮独活 Heracleum candicans, 城口东俄芹 Tongoloa silaifolia
suberosol 暗罗醇▲ 暗罗 Polyalthia suberosa, 山椒子 Uvaria grandiflora
suberosol B 侧扁软柳珊瑚醇▲B 大叶醉鱼草 Buddleja davidii
sublanceoside E_1, E_3, I_1 镇江白前苷▲E_1, E_3, I_1 白薇 Cynanchum atratum
subprogenin D 越南槐苷元▲D 相思子 Abrus precatorius
subproside V 越南槐苷▲V 粉葛 Pueraria montana var. thomsonii, 藤萝 Wisteria villosa
subtoxin A 稻花亚毒素▲A 狼毒 Stellera chamaejasme
subvellerolactone A~E 亚绒白乳菇内酯▲A~E 亚绒白乳菇 Lactarius subvellereus
succedaenin A, B 野漆黄酮 A, B 野漆 Toxicodendron succedaneum
succedaneaflavanone 野漆黄烷酮▲ 野漆 Toxicodendron succedaneum
succinic acid 琥珀酸 常见成分，至少分布于 100 种以上植物中
succinic acid monobutyl ester 琥珀酸单丁酯 细花线纹香茶菜 Isodon lophanthoides var. graciliflorus, 三七 Panax notoginseng
succinic acid monomethyl ester 琥珀酸单甲酯 三七 Panax notoginseng

S

succinic anhydride 琥珀酸酐 短葶飞蓬 Erigeron breviscapus, 欧洲李 Prunus domestica, 密褶红菇 Russula densifolia
succinimide 琥珀酰亚胺 喜旱莲子草 Alternanthera philoxeroides, 盐生肉苁蓉 Cistanche salsa
18-succinoyloxyabieta-8,11,13-triene 18- 琥珀酰氧基冷杉 -8,11,13- 三烯 秦岭冷杉 Abies chensiensis, 冷杉 A. fabri
18-succinoyloxyabieta-8,11,13-triene methyl ester 18- 琥珀酰氧基冷杉 -8,11,13- 三烯甲酯 冷杉 Abies fabri
succirubin 红金鸡纳碱 鸡纳树 Cinchona pubescens
succulentoside B 肉叶多荚草苷 ▲B 星毛粟米草 Mollugo lotoides
sucrose 蔗糖 植物基础成分，未统计基源
sucrose-2,4,3',4',6'-pentaisovalerate 2,4,3',4',6'- 五异戊酸蔗糖酯 关苍术 Atractylodes japonica
sucrose-2,4,3',4'-tetraisovalerate 2,4,3',4'- 四异戊酸蔗糖酯 关苍术 Atractylodes japonica
sucrose-2,6,3',4',6'-pentaisovalerate 2,6,3',4',6'- 五异戊酸蔗糖酯 关苍术 Atractylodes japonica
sucrose-2,6,3',4'-tetraisovalerate 2,6,3',4'- 四异戊酸蔗糖酯 关苍术 Atractylodes japonica
sucrosyl ferulic acid ester 阿魏酸蔗糖酯 牛尾菜 Smilax riparia
sucutinirane E 亮叶鲍迪豆烷 ▲E 苏木 Caesalpinia sappan
suffrupaeonidanin A~F 牡丹萜苷 ▲A~F 牡丹 Paeonia suffruticosa
suffrupaeoniflorin A, B 牡丹芍药苷 ▲A, B 牡丹 Paeonia suffruticosa
suffruticoside A~E 牡丹苷 A~E 牡丹 Paeonia suffruticosa
suffruticosine 叶底珠碱 一叶萩 Flueggea suffruticosa
suffruticosol A 牡丹芪酚 ▲A 芍药 Paeonia lactiflora, 紫斑牡丹 P. rockii, 牡丹 P. suffruticosa
suffruticosol B 牡丹芪酚 ▲B 芍药 Paeonia lactiflora, 紫斑牡丹 P. rockii, 牡丹 P. suffruticosa
suffruticosol C 牡丹芪酚 ▲C 紫斑牡丹 Paeonia rockii, 牡丹 P. suffruticosa
trans-suffruticosol D 反式 - 牡丹芪酚 ▲D 牡丹 Paeonia suffruticosa
cis-suffruticosol D 顺式 - 牡丹芪酚 ▲D 牡丹 Paeonia suffruticosa
sugebiol 香附子二醇 香附子 Cyperus rotundus
sugereoside 苏氏冬青苷 ▲ 白莲蒿 Artemisia sacrorum
sugetriol triacetate 香附子三醇三乙酸酯 香附子 Cyperus rotundus
sugikurojin A, C, E~J 日本柳杉黑心素 ▲A, C, E~J 日本柳杉 Cryptomeria japonica
sugikurojin B 日本柳杉黑心素 ▲B 日本柳杉 Cryptomeria japonica, 云南鼠尾草 Salvia yunnanensis
sugikurojin D 日本柳杉黑心素 ▲D 日本柳杉 Cryptomeria japonica, 柳杉 C. japonica var. sinensis
sugikurojinol A, B 日本柳杉黑心醇 ▲A, B 日本柳杉 Cryptomeria japonica
(+)-sugiol (+)- 柳杉酚 柳杉 Cryptomeria japonica var. sinensis
sugiol 柳杉酚 较常见成分，至少分布于 30 种以上植物中，见于柏科、唇形科、红豆杉科、菊科、罗汉松科、马鞭草科、木兰科、茄科、三尖杉科、杉科、石蕊科、卫矛科、玄参科、岩梅科等
sugiresinol 日本柳杉树脂酚 日本柳杉 Cryptomeria japonica
suillin 乳牛肝菌灵 ▲ 点柄乳牛肝菌 Suillus granulatus
suillusin 乳牛肝菌素 ▲ 点柄乳牛肝菌 Suillus granulatus
suimiyain A 碎米桠素 A 冬凌草 Isodon rubescens
(-)-sukhodianine (-)- 圆叶千金藤宁 ▲ 云南地不容 Stephania yunnanensis
(-)-sukhodianine-N_{β}-oxide (-)- 圆叶千金藤宁 ▲-N_{β}- 氧化物 小叶地不容 Stephania succifera
sukiramine 臭常山胺 ▲ 臭常山 Orixa japonica
suksdorfin; saxdorphin 苏氏狭缝芹素 ▲ 胀果芹 Phlojodicarpus sibiricus
sulfachyranthoside B, D 硫酸牛膝苷 ▲B, D 牛膝 Achyranthes bidentata
sulfapatrinoside I 硫酰败酱苷 ▲I 败酱 Patrinia scabiosifolia, 攀倒甑 P. villosa
sulfapatrinoside II 硫酰败酱苷 ▲II 败酱 Patrinia scabiosifolia, 攀倒甑 P. villosa
sulfated polysaccharide 硫酸化多糖 珊瑚藻 Corallina officinalis, 裙带菜 Undaria pinnatifida
sulferalin 硫堆心菊素 堆心菊 Helenium autumnale
sulfocostunolide A 硫代木香内酯 A 川木香 Dolomiaea souliei
13-sulfodihydroreynosin 13- 硫酸基 - 二氢密花豚草素 ▲ 云木香 Saussurea costus
13-sulfo-dihydrosantamarine 13- 硫酸基 - 二氢短舌匹菊素 云木香 Saussurea costus
12,15-sulfonyl-8(17),13-labdadien-19-oic acid 12,15- 磺酰基 -8(17),13- 半日花二烯 -19- 羧酸 安徽贝母 Fritillaria anhuiensis
3β-sulfooxy-olean-12-en-28-oic acid 3β- 磺酰氧基 - 齐墩果 -12- 烯 -28- 酸 大叶石头花 Gypsophila pacifica
sulfoquinovosyl diacylglycerol 硫代鸡纳糖基二酰甘油 黑茶藨子 Ribes nigrum
sulfur dioxide 二氧化硫 草莓 Fragaria × ananassa
sulfurein 硫黄菊苷 柳叶鬼针草 Bidens cernua, 大狼杷草 B. frondosa, 红叶 Cotinus coggygria var. cinerea, 素馨花 Jasminum grandiflorum, 卤地菊 Wedelia prostrata
sulfurenic acid; sulphurenic acid 硫色多孔菌酸 药用拟层孔菌 Fomitopsis officinalis, 硫黄菌 Laetiporus sulphureus
sulfuretin 硫黄菊素 沙冬青 Ammopiptanthus mongolicus, 小沙冬青 A. nanus, 鄂羊蹄甲 Bauhinia glauca subsp. hupehana, 大狼杷草 Bidens frondosa, 小花鬼针草 B. parviflora, 鬼针草 B. pilosa, 构树 Broussonetia papyrifera, 红叶 Cotinus coggygria var. cinerea, 降香 Dalbergia odorifera, 云南甘草 Glycyrrhiza yunnanensis, 短萼仪花 Lysidice brevicalyx, 星毛粟米草 Mollugo lotoides, 野漆 Toxicodendron succedaneum, 漆 T. vernicifluum

swerpunilactone B 紫红獐牙菜内酯 ▲B 紫红獐牙菜 Swertia punicea, 云南獐牙菜 S. yunnanensis
swertamarin 獐牙菜塔苦素 ▲ 麻花艽 Gentiana straminea
swertanone 獐牙菜酮 ▲ 椭圆叶花锚 Halenia elliptica
swertenol 獐牙菜烯醇 ▲ 毛连菜 Picris hieracioides
swertenyl acetate 獐牙菜烯醇 ▲ 乙酸酯 毛连菜 Picris hieracioides
swertiabisxanthone I 獐牙菜双呫酮 I 大籽獐牙菜 Swertia macrosperma, 紫红獐牙菜 S. punicea
swertiabisxanthone I-8'-*O*-*β*-D-glucopyranoside 獐牙菜双呫酮 I-8'-*O*-*β*-D- 吡喃葡萄糖苷 紫红獐牙菜 Swertia punicea
swertiadecoraxanthone II 观赏獐牙菜呫酮 II 獐牙菜 Swertia bimaculata, 丽江獐牙菜 S. delavayi
swertiajaponin 日当药黄素 柠檬草 Cymbopogon citratus, 高山龙胆 Gentiana algida, 马蔺 Iris lactea, 芦苇 Phragmites australis, 川东獐牙菜 Swertia davidii, 马蹄莲 Zantedeschia aethiopica
swertiajaponin-3'-*O*-gentiobioside 日当药黄素 -3'-*O*- 龙胆双糖苷 芦苇 Phragmites australis
swertiajaponin-3'-*O*-glucoside 日当药黄素 -3'-*O*- 葡萄糖苷 芦苇 Phragmites australis
swertiajaponin-4'-X-*O*-diglucopyranoside 日当药黄素 -4'-X-*O*- 二吡喃葡萄糖苷 黄瓜 Cucumis sativus
swertiajaposide A 日本当药苷 ▲A 龙胆 Gentiana scabra
swertiakoside A 贵州獐牙菜萜苷 ▲A 丽江獐牙菜 Swertia delavayi, 贵州獐牙菜 S. kouitchensis
swertiakoside B 贵州獐牙菜萜苷 ▲B 贵州獐牙菜 Swertia kouitchensis
swertiakoulactone 贵州獐牙菜内酯 贵州獐牙菜 Swertia kouitchensis
swertiamarin 獐牙菜苦素 较常见成分，至少分布于 30 种以上植物中，常见于龙胆科植物，偶见于大戟科、马鞭草科等
swertianglide 狭叶獐牙菜酯 ▲ 狭叶獐牙菜 Swertia angustifolia
swertianin 獐牙菜宁 ▲ 狭叶獐牙菜 Swertia angustifolia, 獐牙菜 S. bimaculata, 丽江獐牙菜 S. delavayi, 紫红獐牙菜 S. punicea, 藏獐牙菜 S. racemosa
swertianol 獐牙菜酚 ▲ 日本獐牙菜 Swertia diluta var. tosaensis
swertianolin 獐牙菜酚素 ▲ 高山龙胆 Gentiana algida, 辐状肋柱花 Lomatogonium rotatum, 獐牙菜 Swertia bimaculata, 西南獐牙菜 S. cincta, 川东獐牙菜 S. davidii, 日本獐牙菜 S. diluta var. tosaensis, 抱茎獐牙菜 S. franchetiana, 贵州獐牙菜 S. kouitchensis, 大籽獐牙菜 S. macrosperma, 川西獐牙菜 S. mussotii, 显脉獐牙菜 S. nervosa, 紫红獐牙菜 S. punicea, 云南獐牙菜 S. yunnanensis
swertianoside A, B, E, F 獐牙菜诺苷 ▲A, B, E, F 狭叶獐牙菜 Swertia angustifolia
swertianoside C 獐牙菜诺苷 ▲C 狭叶獐牙菜 Swertia angustifolia, 西南獐牙菜 S. cincta
swertianoside D 獐牙菜诺苷 ▲D 狭叶獐牙菜 Swertia angustifolia, 贵州獐牙菜 S. kouitchensis
swertiapunimarin 紫红獐牙菜苦素 秦艽 Gentiana macrophylla, 西南獐牙菜 Swertia cincta, 紫红獐牙菜 S. punicea
swertiapuniside 紫红獐牙菜尼苷 ▲ 瘤毛獐牙菜 Swertia pseudochinensis, 紫红獐牙菜 S. punicea
swertiaside 獐牙菜萜苷 ▲ 西南獐牙菜 Swertia cincta, 大籽獐牙菜 S. macrosperma, 川西獐牙菜 S. mussotii
swertifrancheside 抱茎獐牙菜苷 ▲ 抱茎獐牙菜 Swertia franchetiana
swertipunicoside 紫红獐牙菜酚苷 ▲ 辐状肋柱花 Lomatogonium rotatum, 紫红獐牙菜 Swertia punicea
swertisin 獐牙菜素 石栗 Aleurites moluccana, 尖萼耧斗菜 Aquilegia oxysepala, 长梗喉毛花 Comastoma pedunculatum, 喉毛花 C. pulmonarium, 鸭跖草 Commelina communis, 灰莉 Fagraea ceilanica, 高山龙胆 Gentiana algida, 蝴蝶花（模式变型）Iris japonica, 肋柱花 Lomatogonium carinthiacum, 辐状肋柱花 L. rotatum, 小槐花 Ohwia caudata, 酢浆草 Oxalis corniculata, 川东獐牙菜 Swertia davidii, 抱茎獐牙菜 S. franchetiana, 川西獐牙菜 S. mussotii, 藏獐牙菜 S. racemosa, 四翅獐牙菜 S. tetraptera, 狸尾豆 Uraria lagopodioides, 马蹄莲 Zantedeschia aethiopica, 钮子瓜 Zehneria maysorensis, 酸枣 Ziziphus jujuba var. spinosa
swertisin-2''-*O*-*α*-L-rhamnoside 獐牙菜素 -2''-*O*-*α*-L- 鼠李糖苷 狸尾豆 Uraria lagopodioides
swietemahonin G 桃花心木素 G 茸果鹧鸪花 Trichilia sinensis
swietemahonolide 桃花心木内酯 ▲A 浆果楝 Cipadessa baccifera, 灰毛浆果楝 C. cinerascens
swinhoeic acid 木莓酸 ▲ 木莓 Rubus swinhoei
(*S*)-(+)-sydonic acid (*S*)-(+)- 赛氏曲霉酸 ▲ 海漆 Excoecaria agallocha
sylvamide 长柄胡椒酰胺 ▲ 胡椒 Piper nigrum, 假蒟 P. sarmentosum, 长柄胡椒 P. sylvaticum
sylvatesmin 长柄胡椒脂素 ▲ 肉果草 Lancea tibetica, 莲 Nelumbo nucifera, 长柄胡椒 Piper sylvaticum
sylvatine 长柄胡椒碱 荜拔 Piper longum, 长柄胡椒 P. sylvaticum
d-sylvestrene *d*- 枞油烯 挥发油成分，未统计基源
sylvestrene 枞油烯 挥发油成分，未统计基源
sylvestrin 峨参脂素 ▲ 峨参 Anthriscus sylvestris
d-sylvestrine *d*- 枞油三烯 挥发油成分，未统计基源
sylvestroside I, II 林生续断苷 ▲I, II 糯米条 Abelia chinensis
sylvestroside III 林生续断苷 ▲III 糯米条 Abelia chinensis, 川续断 Dipsacus asperoides
sylviside 林地鼠麹草苷 ▲ 林地鼠麹草 Gnaphalium sylvaticum
sylvone 长柄胡椒酮 ▲ 长柄胡椒 Piper sylvaticum
symconoside A, B 山矾诺苷 ▲A, B 珠仔树 Symplocos racemosa
symcososide 山矾索苷 ▲ 珠仔树 Symplocos racemosa
symlandine 乌普兰聚合草定 ▲ 聚合草 Symphytum officinale
symphoxanthone 合蕊木呫酮 ▲ 大叶藤黄 Garcinia xanthochymus
symphytine 聚合草碱 ▲ 聚合草 Symphytum officinale

S

sympIoate 山矾酯▲ 珠仔树 Symplocos racemosa
symplocoside 山矾苷▲ 丰城崖豆藤 Callerya nitida var. hirsutissima, 卫矛 Euonymus alatus
symplocososide A~S, X, Y 华山矾苷▲A~S, X, Y 华山矾 Symplocos chinensis
symplocuronic acid 山矾糖醛酸▲ 珠仔树 Symplocos racemosa
symplolignanoside A 山矾木脂苷▲A 山矾 Symplocos sumuntia
symplomoside 珠仔树莫苷▲ 珠仔树 Symplocos racemosa
symploracemoside 珠仔树洛苷▲ 珠仔树 Symplocos racemosa
sympocemoside 珠仔树坡苷▲ 珠仔树 Symplocos racemosa
symposide 山矾坡苷▲ 珠仔树 Symplocos racemosa
sympracemoside 珠仔树拉苷▲ 珠仔树 Symplocos racemosa
syneilesine 兔儿伞碱 兔儿伞 Syneilesis aconitifolia
(-)-synephrine (-)-辛弗林 长突仙人掌 Mammillaria longimamma
synephrine 辛弗林 酸橙 Citrus aurantium, 代代 C. aurantium 'Daidai', 吴茱萸 Euodia ruticarpa
syriacusin A 木槿辛▲A 苘麻 Abutilon theophrasti, 木槿 Hibiscus syriacus, 黄槿 H. tiliaceus
syriacusin B, C 木槿辛▲B, C 木槿 Hibiscus syriacus
syringalactone A 丁香内酯 A 探春花 Jasminum floridum, 欧丁香 Syringa vulgaris
syringalactone B 丁香内酯 B 探春花 Jasminum floridum, 暴马丁香 Syringa reticulata subsp. amurensis, 欧丁香 S. vulgaris
syringaldehyde; syringic aldehyde 丁香醛 较常见成分，至少分布于 30 种以上植物中，见于八角科、柽柳科、唇形科、大戟科、冬青科、豆科、番荔枝科、禾本科、红曲菌科、红树科、槲寄生科、虎耳草科、黄杨科、夹竹桃科、锦葵科、桔梗科、菊科、爵床科、苦苣苔科、兰科、萝藦科、木兰科、木犀科、茜草科、蔷薇科、茄科、忍冬科、瑞香科、伞形科、桑科、山茶科、石竹科、卫矛科、五加科、苋科、杨柳科、芸香科、樟科、紫草科等
syringalide A-3'-*O*-α-L-rhamnopyranoside 丁香酯苷▲A-3'-*O*-α-L-吡喃鼠李糖苷 肉苁蓉 Cistanche deserticola, 蒙古肉苁蓉 C. mongolica, 管花肉苁蓉 C. tubulosa, 阴行草 Siphonostegia chinensis
syringalide A-3'-α-L-rhamnopyranoside 丁香酯苷▲A-3'-α-L-吡喃鼠李糖苷 总梗女贞 Ligustrum pedunculare
syringalide C 丁香酯苷▲C 欧丁香 Syringa vulgaris
(-)-DL-syringaresinol (-)-DL-丁香树脂酚 风龙 Sinomenium acutum
(-)-syringaresinol (-)-丁香树脂酚 较常见成分，至少分布于 30 种以上植物中，见于唇形科、大风子科、大戟科、豆科、杜鹃花科、椴树科、胡椒科、胡桃科、槲寄生科、虎耳草科、夹竹桃科、锦葵科、菊科、爵床科、兰科、毛茛科、猕猴桃科、茜草科、忍冬科、瑞香科、桑科、柿科、鼠李科、檀香科、天南星科、卫矛科、五加科、小檗科、芸香科、樟科等
(+)-syringaresinol (+)-丁香树脂酚 较常见成分，至少分布于 30 种以上植物中，见于八角科、百合科、败酱科、唇形科、大戟科、豆科、杜仲科、番荔枝科、槲寄生科、虎皮楠科、夹竹桃科、菊科、爵床科、苦木科、兰科、蓼科、列当科、龙胆科、萝藦科、马鞭草科、毛茛科、木兰科、木犀科、茜草科、茄科、瑞香科、桑科、薯蓣科、睡莲科、卫矛科、五加科、五味子科、小檗科、亚麻科、远志科、芸香科、樟科、紫金牛科等
(±)-syringaresinol (±)-丁香树脂酚 肉桂 Cinnamomum cassia, 小木通 Clematis armandii, 肾茶 Clerodendranthus spicatus, 黄瑞香 Daphne giraldii, 唐古特瑞香 D. tangutica, 雁婆麻 Helicteres hirsuta, 日本厚朴 Houpoëa obovata, 栀子皮 Itoa orientalis, 沙针 Osyris quadripartita, 黄花稔 Sida acuta, 飞龙掌血 Toddalia asiatica, 野花椒 Zanthoxylum simulans
dl-syringaresinol *dl*-丁香树脂酚 古山龙 Arcangelisia gusanlung, 厚朴 Houpoëa officinalis
syringaresinol 丁香树脂酚 常见成分，至少分布于 100 种以上植物中
syringaresinol diglucopyranoside 丁香树脂酚二吡喃葡萄糖苷 糙叶五加 Eleutherococcus henryi
syringaresinol diglucoside 丁香树脂酚二葡萄糖苷 水麻 Debregeasia orientalis, 红毛五加 Eleutherococcus giraldii, 四川五加 E. setchuenensis
(+)-syringaresinol dimethyl ether (+)-丁香树脂酚二甲醚 北美鹅掌楸 Liriodendron tulipifera
syringaresinol mono-β-D-glucopyranoside 丁香树脂酚单-β-D-吡喃葡萄糖苷 毛冬青 Ilex pubescens
syringaresinol-4',4''-*O*-bis-β-glucoside 丁香树脂酚-4',4''-*O*-双-β-葡萄糖苷 川续断 Dipsacus asperoides
(-)-syringaresinol-4,4'-bis-*O*-β-D-glucopyranoside (-)-丁香树脂酚-4,4'-双-*O*-β-D-葡萄糖苷 烟管头草 Carpesium cernuum, 短柄五加 Eleutherococcus brachypus, 猪毛菜 Salsola collina
(±)-syringaresinol-4,4'-bis-*O*-β-D-glucopyranoside (±)-丁香树脂酚-4,4'-二-*O*-β-D-吡喃葡萄糖苷 黄瑞香 Daphne giraldii
(-)-syringaresinol-4',4'-bis-*O*-β-D-glucopyranoside (-)-丁香树脂酚-4',4'-双-*O*-β-D-吡喃葡萄糖苷 秦艽 Gentiana macrophylla, 麻花艽 G. straminea
(-)-syringaresinol-4,4'-di-*O*-β-D-glucopyranoside (-)-丁香树脂酚-4,4'-二-*O*-β-D-吡喃葡萄糖苷 短柄五加 Eleutherococcus brachypus
(+)-syringaresinol-4,4'-di-*O*-β-D-glucopyranoside (+)-丁香树脂酚-4,4'-二-*O*-β-D-吡喃葡萄糖苷 欧活血丹 Glechoma hederacea, 柊树 Osmanthus heterophyllus
syringaresinol-4,4'-di-*O*-β-D-glucopyranoside 丁香树脂酚-4,4'-二-*O*-β-D-吡喃葡萄糖苷 土沉香 Aquilaria sinensis, 垫状卷柏 Selaginella pulvinata, 中华卷柏 S. sinensis, 南岭柞木 Xylosma controversa
syringaresinol-4',4''-di-*O*-β-D-glucopyranoside 丁香树脂酚-4',4''-二-*O*-β-D-吡喃葡萄糖苷 山桂花 Bennettiodendron leprosipes, 唐古特瑞香 Daphne tangutica, 铁冬青 Ilex rotunda
syringaresinol-4,4'-*O*-bis-glucopyranoside 丁香树脂酚-4,4'-*O*-二吡喃葡萄糖苷 蝙蝠葛 Menispermum dauricum
syringaresinol-4,4'-*O*-bis-β-D-glucopyranoside 丁香树脂酚-4,4'-*O*-双-β-D-吡喃葡萄糖苷 香青兰 Dracocephalum moldavica, 白蜡树 Fraxinus chinensis, 厚朴 Houpoëa officinalis, 块茎芦莉草 Ruellia tuberosa, 风龙 Sinomenium acutum
syringaresinol-4',4''-*O*-bis-β-D-glucoside 丁香树脂酚-4',4''-*O*-双-β-D-葡萄糖苷 海金子 Pittosporum illicioides

syringaresinol-4,4'-*O*-*β*-D-diglucopyranoside 丁香树脂酚 -4,4'-*O*-*β*-D- 二吡喃葡萄糖苷 花曲柳 Fraxinus chinensis subsp. rhynchophylla
(-)-syringaresinol-4,4'-*O*-*β*-D-glucopyranoside (-)- 丁香树脂酚 -4,4'-*O*-*β*-D- 吡喃葡萄糖苷 山槐 Albizia kalkora
(-)-syringaresinol-4-*O*-D-glucopyranoside (-)- 丁香树脂酚 -4-*O*-D- 吡喃葡萄糖苷 断肠花 Beaumontia brevituba
(-)-syringaresinol-4-*O*-*β*-D-apiofuranosyl-(1 → 2)-*β*-D-glucopyranoside (-)- 丁香树脂酚 -4-*O*-*β*-D- 呋喃芹糖基 -(1 → 2)-*β*-D- 吡喃葡萄糖苷 合欢 Albizia julibrissin, 山槐 A. kalkora
(-)-syringaresinol-4-*O*-*β*-D-apiofuranosyl-(1→2)-*β*-D-glucopyranoside-4'-*O*-*β*-D-glucopyranoside (-)- 丁香树脂酚 -4-*O*-*β*-D- 呋喃芹糖基 -(1→2)-*β*-D- 吡喃葡萄糖苷 -4'-*O*-*β*-D- 吡喃葡萄糖苷 山槐 Albizia kalkora
(-)-syringaresinol-4-*O*-*β*-D-apiofuranosyl-(1 → 2)-*β*-D-glucopyranoside (-)- 丁香树脂酚 -4-*O*-*β*-D- 呋喃芹糖基 -(1 → 2)-*β*-D- 吡喃葡萄糖苷 顶头马蓝 Strobilanthes affinis
(-)-syringaresinol-4''-*O*-*β*-D-glucopyranoside (-)- 丁香树脂酚 -4''-*O*-*β*-D- 吡喃葡萄糖苷 狭叶番泻 Cassia angustifolia, 夜合花 Lirianthe coco, 盐角草 Salicornia europaea
syringaresinol-4''-*O*-*β*-D-glucopyranoside 丁香树脂酚 -4''-*O*-*β*-D- 吡喃葡萄糖苷 中国马先蒿 Pedicularis chinensis, 藓生马先蒿 P. muscicola
(-)-syringaresinol-4'-*O*-*β*-D-glucopyranoside (-)- 丁香树脂酚 -4'-*O*-*β*-D- 吡喃葡萄糖苷 威灵仙 Clematis chinensis, 卵叶槲寄生 Viscum album subsp. meridianum
(+)-syringaresinol-4'-*O*-*β*-D-glucopyranoside (+)- 丁香树脂酚 -4'-*O*-*β*-D- 吡喃葡萄糖苷 垂枝桦 Betula pendula, 管花肉苁蓉 Cistanche tubulosa, 小木通 Clematis armandii, 裂叶铁线莲 C. parviloba, 辣蓼铁线莲 C. terniflora var. mandshurica, 刺五加 Eleutherococcus senticosus, 泽漆 Euphorbia helioscopia, 日本厚朴 Houpoëa obovata, 探春花 Jasminum floridum, 弯管列当 Orobanche cernua, 柊树 Osmanthus heterophyllus, 青蛇藤 Periploca calophylla, 远志 Polygala tenuifolia, 大花飞蛾藤 Porana spectabilis, 大血藤 Sargentodoxa cuneata, 风龙 Sinomenium acutum, 关东巧玲花 Syringa pubescens subsp. patula
syringaresinol-4'-*O*-*β*-D-glucopyranoside 丁香树脂酚 -4'-*O*-*β*-D- 吡喃葡萄糖苷 土沉香 Aquilaria sinensis, 羊齿天门冬 Asparagus filicinus, 构树 Broussonetia papyrifera, 肾茶 Clerodendranthus spicatus, 大青 Clerodendrum cyrtophyllum, 唐古特瑞香 Daphne tangutica, 贯筋藤 Dregea sinensis var. corrugata, 花曲柳 Fraxinus chinensis subsp. rhynchophylla, 铁冬青 Ilex rotunda, 棣棠花 Kerria japonica, 挂金灯 Physalis alkekengi var. francheti
(-)-syringaresinol-4-*O*-*β*-D-glucopyranoside (-)- 丁香树脂酚 -4-*O*-*β*-D- 吡喃葡萄糖苷 山槐 Albizia kalkora, 耳叶紫菀 Aster auriculatus, 柿 Diospyros kaki, 厚朴 Houpoëa officinalis, 山紫茉莉 Oxybaphus himalaicus, 白马骨 Serissa serissoides, 直立百部 Stemona sessilifolia
(+)-syringaresinol-4-*O*-*β*-D-glucopyranoside (+)- 丁香树脂酚 -4-*O*-*β*-D- 吡喃葡萄糖苷 火焰花 Phlogacanthus curviflorus
syringaresinol-4-*O*-*β*-D-glucopyranoside 丁香树脂酚 -4-*O*-*β*-D- 吡喃葡萄糖苷 山桂花 Bennettiodendron leprosipes, 香青兰 Dracocephalum moldavica, 刺五加 Eleutherococcus senticosus, 连翘 Forsythia suspensa, 栀子 Gardenia jasminoides, 大叶龙角 Hydnocarpus annamensis, 海南冬青 Ilex hainanensis, 长柱十大功劳 Mahonia duclouxiana, 桑 Morus alba, 胡黄连 Neopicrorhiza scrophulariiflora, 半扭卷马先蒿 Pedicularis semitorta, 黑龙骨 Periploca forrestii, 马醉木 Pieris japonica, 青檀 Pteroceltis tatarinowii, 蔓长春花 Vinca major, 南岭柞木 Xylosma controversa
(+)-syringaresinol-4'-*O*-*β*-D-glucopyranosyl-(1 → 6)-*β*-D-glucopyranoside (+)- 丁香树脂酚 -4'-*O*-*β*-D- 吡喃葡萄糖基 -(1 → 6)-*β*-D- 吡喃葡萄糖苷 土茯苓 Smilax glabra
syringaresinol-4'-*O*-*β*-D-glucoside 丁香树脂酚 -4'-*O*-*β*-D- 葡萄糖苷 苦绳 Dregea sinensis, 香港远志 Polygala hongkongensis
syringaresinol-4''-*O*-*β*-D-monoglucopyranoside 丁香树脂酚 -4''-*O*-*β*-D- 单吡喃葡萄糖苷 印度黄檀 Dalbergia sissoo
(+)-syringaresinol-4'-*O*-*β*-glucopyranoside (+)- 丁香树脂酚 -4'-*O*-*β*- 吡喃葡萄糖苷 石斛 Dendrobium nobile
(-)-syringaresinol-5,5-dimethoxylariciresinol (-)- 丁香树脂酚 -5, 5- 二甲氧基落叶松树脂醇 苍白秤钩风 Diploclisia glaucescens
(+)-syringaresinol-di-*O*-D-glucoside (+)- 丁香树脂酚 - 二 -*O*-D- 葡萄糖苷 四川五加 Eleutherococcus setchuenensis
(+)-syringaresinol-di-*O*-*β*-D-glucopyranoside (+)- 丁香树脂酚 - 二 -*O*-*β*-D- 吡喃葡萄糖苷 黄瑞香 Daphne giraldii, 树参 Dendropanax dentiger, 刺五加 Eleutherococcus senticosus, 白簕 E. trifoliatus, 狼毒 Stellera chamaejasme, 青花椒 Zanthoxylum schinifolium
syringaresinol-di-*O*-*β*-D-glucopyranoside 丁香树脂酚 - 二 -*O*-*β*-D- 吡喃葡萄糖苷 杜仲 Eucommia ulmoides, 长喙厚朴 Houpoëa rostrata, 散沫花 Lawsonia inermis, 黄檗 Phellodendron amurense
syringaresinol-di-*O*-*β*-D-glucoside 丁香树脂酚 - 二 -*O*-*β*-D- 葡萄糖苷 楝 Melia azedarach
(+)-syringaresinol-di-*O*-*β*-glucopyranoside (+)- 丁香树脂酚二 -*O*-*β*- 吡喃葡萄糖苷 守宫木 Sauropus androgynus
(-)-syringaresinolglucopyranoside (-)- 丁香树脂酚吡喃葡萄糖苷 日本鹿蹄草 Pyrola japonica
syringaresinol-mono-*β*-D-glucopyranoside 丁香树脂酚 - 单 -*β*-D- 吡喃葡萄糖苷 阿拉善马先蒿 Pedicularis alaschanica, 江南马先蒿 P. henryi, 五层龙 Salacia prinoides
(-)-syringaresinol-*O*-*β*-D-glucopyranoside (-)- 丁香树脂酚 -*O*-*β*-D- 吡喃葡萄糖苷 红花龙胆 Gentiana rhodantha
(+)-syringaresinol-*O*-*β*-D-glucopyranoside (+)- 丁香树脂酚 -*O*-*β*-D- 吡喃葡萄糖苷 清明花 Beaumontia grandiflora, 黄芦木 Berberis amurensis, 蒙古肉苁蓉 Cistanche mongolica, 盐生肉苁蓉 C. salsa, 刺五加 Eleutherococcus senticosus, 白花酸藤子 Embelia ribes, 杜仲 Eucommia ulmoides, 硬皮榕 Ficus callosa, 梧桐 Firmiana simplex, 猫儿刺 Ilex pernyi, 散沫花 Lawsonia inermis, 黄精 Polygonatum sibiricum, 沙滩黄芩 Scutellaria strigillosa
syringaresinol-*O*-*β*-D-glucopyranoside 丁香树脂酚 -*O*-*β*-D- 吡喃葡萄糖苷 短尾铁线莲 Clematis brevicaudata, 一年蓬 Erigeron annuus, 短葶飞蓬 E. breviscapus, 秤星树 Ilex asprella, 蒌叶 Piper betle, 广藿香 Pogostemon cablin, 风龙 Sinomenium acutum
(+)-syringaresinol-*O*-*β*-D-glucoside (+)- 丁香树脂酚 -*O*-*β*-D- 葡萄糖苷 四川五加 Eleutherococcus setchuenensis
syringaresinol-*β*-D-glucopyranoside 丁香树脂酚 -*β*-D- 吡喃葡萄糖苷 圆穗兔耳草 Lagotis ramalana
(+)-syringaresinol-*β*-D-glucoside (+)- 丁香树脂酚 -*β*-D- 葡萄糖苷 阔苞菊 Pluchea indica
syringaresinol-*β*-D-glucoside 丁香树脂酚 -*β*-D- 葡萄糖苷 吉祥草 Reineckea carnea
syringenin 丁香苷元 显苞芒毛苣苔 Aeschynanthus bracteatus

S

(7*S*,8*S*)-syringylglycerol (7*S*,8*S*)- 丁香基甘油 海南大风子 Hydnocarpus hainanensis
syringylglycerol 丁香基甘油 有齿鞘柄木 Toricellia angulata var. intermedia
threo-syringylglycerol 苏式 - 丁香基甘油 秦岭梣 Fraxinus paxiana, 南岭柞木 Xylosma controversa
syringylglycerol-2-*O*-*β*-D-glucopyranoside 丁香基甘油 -2-*O*-*β*-D- 吡喃葡萄糖苷 车前状垂头菊 Cremanthodium ellisii
syringylglycerol-8-*O*-4-(sinapyl alcohol)ether 丁香基甘油 -8-*O*-4-(芥子醇) 醚 芡实 Euryale ferox
7*S*,8*R*-syringylglycerol-8-*O*-4'-(synapyl alcohol)ether 7*S*,8*R*- 丁香基甘油 -8-*O*-4'-(芥子醇) 醚 刺果卫矛 Euonymus acanthocarpus, 卫矛 E. alatus
(7*S*,8*R*)-syringylglycerol-8-*O*-4'-sinapyl ether-9'-*O*-*β*-D-glucopyranoside (7*S*,8*R*)- 丁香基甘油 -8-*O*-4'- 芥子醚 -9'-*O*-*β*-D- 吡喃葡萄糖苷 关东巧玲花 Syringa pubescens subsp. patula
(-)-(7*R*,8*S*)-syringylglycerol-8-*O*-*β*-D-glucopyranoside (-)-(7*R*,8*S*)- 丁香基甘油 -8-*O*-*β*-D- 吡喃葡萄糖苷 微花藤 Iodes cirrhosa
(+)-(7S,8*S*)-syringylglycerol-8-*O*-*β*-D-glucopyranoside (+)-(7*S*,8*S*)- 丁香基甘油 -8-*O*-*β*-D- 吡喃葡萄糖苷 微花藤 Iodes cirrhosa
(-)-(7*R*,8*R*)-syringyl-glycerol-9-*O*-*β*-D-glucopyranoside (-)-(7*R*,8*R*)- 丁香基甘油 -9-*O*-*β*-D- 吡喃葡萄糖苷 微花藤 Iodes cirrhosa
threo-syringylglycerol-*α*-*O*-methyl-*β*-*O*-4-syringaresinol ether 苏式 - 丁香基甘油 -*α*-*O*- 甲基 -*β*-*O*-4- 丁香树脂酚醚 藜 Chenopodium album
erythro-syringylglycerol-*β*-*O*-4-sinapyl ether 赤式 - 丁香甘油 -*β*-*O*-4- 芥子醇醚 鸦胆子 Brucea javanica
syringylglycerol-*β*-syringaresinol ether-4'',4'''-di-*O*-*β*-D-glucopyranoside 丁香基甘油 -*β*- 丁香树脂酚醚 -4'',4'''- 二 -*O*-*β*-D- 吡喃葡萄糖苷 杜仲 Eucommia ulmoides
2'''-syringylrutin 2'''- 丁香基芦丁 益母草 Leonurus japonicus
syripinnalignan A~E 羽叶丁香木脂素 ▲A~E 羽叶丁香 Syringa pinnatifolia
syripinol 羽叶丁香醇 ▲ 羽叶丁香 Syringa pinnatifolia
syrveoside A, B 关东丁香苷 ▲A, B 关东巧玲花 Syringa pubescens subsp. patula
syzyginin A, B 蒲桃宁 A, B 丁香 Syzygium aromaticum
szechenyine 牛七碱 铁棒锤 Aconitum pendulum

T

tabebuialdehyde A, B, C 钟花树醛 ▲A, B, C 掌叶木 Tabebuia rosea
tabebuin 钟花树素 ▲ 掌叶木 Tabebuia rosea
tabercorine A, B, C 伞房狗牙花灵碱 ▲A, B, C 伞房狗牙花 Tabernaemontana corymbosa
taberhanine 狗牙花哈宁 ▲ 狗牙花 Tabernaemontana divaricata
tabernaebovine 药用狗牙花波文碱 ▲ 药用狗牙花 Tabernaemontana bovina
tabernaecorymbosine A 伞房狗牙花碱 ▲A 伞房狗牙花 Tabernaemontana corymbosa, 狗牙花 T. divaricata
tabernaecorymbosine B 伞房狗牙花碱 ▲B 伞房狗牙花 Tabernaemontana corymbosa, 狗牙花 T. divaricata
tabernaemontabovine 药用狗牙花碱 ▲ 药用狗牙花 Tabernaemontana bovina
tabernaemontanine 狗牙花宁碱 ▲ 药用狗牙花 Tabernaemontana bovina, 伞房狗牙花 T. corymbosa, 狗牙花 T. divaricata, 平脉狗牙花 T. pandacaqui, 亚洲络石 Trachelospermum asiaticum, 络石 T. jasminoides
tabernaemontavine 药用狗牙花文碱 ▲ 药用狗牙花 Tabernaemontana bovina
tabernamine 狗牙花胺 ▲ 尖蕾狗牙花 Tabernaemontana bufalina, 伞房狗牙花 T. corymbosa
tabernanthine 伊波花辛 ▲ 药用狗牙花 Tabernaemontana bovina, 狗牙花 T. divaricata
tabernaricatine A 狗牙花亭碱 ▲A 伞房狗牙花 Tabernaemontana corymbosa, 狗牙花 T. divaricata
tabernaricatine B 狗牙花亭碱 ▲B 伞房狗牙花 Tabernaemontana corymbosa, 狗牙花 T. divaricata
tabernaricatine C, E, F, G 狗牙花亭碱 ▲C, E, F, G 狗牙花 Tabernaemontana divaricata
tabernaricatine D 狗牙花亭碱 ▲D 伞房狗牙花 Tabernaemontana corymbosa, 狗牙花 T. divaricata
taberpsychin 九节叶狗牙花碱 ▲ 钩吻 Gelsemium elegans
(-)-tabersonine (-)- 柳叶水甘草碱 水甘草 Amsonia elliptica
tabersonine 柳叶水甘草碱 羊角棉 Alstonia mairei, 盆架树 A. rostrata, 鸡骨常山 A. yunnanensis, 奶子藤 Bousigonia mekongensis, 长春花 Catharanthus roseus, 海南蕊木 Kopsia hainanensis, 思茅山橙 Melodinus cochinchinensis, 尖山橙 M. fusiformis, 山橙 M. suaveolens, 薄叶山橙 M. tenuicaudatus, 雷打果 M. yunnanensis, 狗牙花 Tabernaemontana divaricata
(-)-tabersonine hydrochloride (-)- 柳叶水甘草碱盐酸盐 水甘草 Amsonia elliptica
tabersonine-N^4-oxide 柳叶水甘草碱 -N^4- 氧化物 雷打果 Melodinus yunnanensis
tabersonine-*N*-oxide 柳叶水甘草碱 -*N*- 氧化物 水甘草 Amsonia elliptica, 思茅山橙 Melodinus cochinchinensis
tabulalide A, B, E 麻楝内酯 ▲A, B, E 麻楝 Chukrasia tabularis
tabulalide C 麻楝内酯 ▲C 麻楝 Chukrasia tabularis, 毛麻楝 C. tabularis var. velutina
tabulalide D 麻楝内酯 ▲D 麻楝 Chukrasia tabularis, 毛麻楝 C. tabularis var. velutina
tabulalide F 麻楝内酯 ▲F 麻楝 Chukrasia tabularis, 毛麻楝 C. tabularis var. velutina
tabulalide G 麻楝内酯 ▲G 麻楝 Chukrasia tabularis, 毛麻楝 C. tabularis var. velutina
tabulalide H~O 麻楝内酯 ▲H~O 毛麻楝 Chukrasia tabularis var. velutina
tabulalin 麻楝林素 ▲ 麻楝 Chukrasia tabularis
tabulalin A~J 麻楝林素 ▲A~J 毛麻楝 Chukrasia tabularis var. velutina
tabularin 麻楝灵 ▲ 麻楝 Chukrasia tabularis

taiwanschirin D 台湾五味子灵▲D 日本南五味子 Kadsura japonica
taiwanxan 台湾紫杉烷▲ 南方红豆杉 Taxus wallichinana var. mairei
takakin-8-*O*-glucuronide 高唐素 -8-*O*- 葡萄糖醛酸苷 香丝草 Conyza bonariensis
takaonine 高尾乌头宁▲ 宾川乌头 Aconitum duclouxii
takaosamine 高尾乌头明▲ 飞燕草 Consolida ajacis, 峨眉翠雀花 Delphinium omeiense, 黑水翠雀花 D. potaninii
takatonine 东亚唐松草宁▲ 东亚唐松草 Thalictrum minus var. hypoleucum
talatisamine; talatizamine 塔拉乌头胺 短柄乌头 Aconitum brachypodum, 乌头 A. carmichaelii, 黄花乌头 A. coreanum, 宾川乌头 A. duclouxii, 紫乌头 A. episcopale, 丽江乌头 A. forrestii, 大渡乌头 A. franchetii, 膝瓣乌头 A. geniculatum, 露蕊乌头 A. gymnandrum, 瓜叶乌头 A. hemsleyanum, 拳距瓜叶乌头 A. hemsleyanum var. circinatum, 鸭绿乌头 A. jaluense, 工布乌头 A. kongboense, 北乌头 A. kusnezoffii, 贡嘎乌头 A. liljestrandii, 细叶乌头 A. macrorhynchum, 宣威乌头 A. nagarum var. lasiandrum, 林地乌头 A. nemorum, 德钦乌头 A. ouvrardianum, 拟玉龙乌头 A. pseudostapfianum, 岩乌头 A. racemulosum, 伏毛直序乌头 A. richardsonianum var. pseudosessiliflorum, 松潘乌头 A. sungpanense, 甘青乌头 A. tanguticum, 直缘乌头 A. transsectum, 黄草乌 A. vilmorinianum, 展毛黄草乌 A. vilmorinianum var. patentipilum
talatizidine 塔拉乌头定 露蕊乌头 Aconitum gymnandrum, 宣威乌头 A. nagarum var. lasiandrum, 黄草乌 A. vilmorinianum
talcarpine 塔氏多果树碱▲ 大叶糖胶树 Alstonia macrophylla
(+)-talikmidine (+)- 唐松草米定碱 樟叶木防己 Cocculus laurifolius
talikmidine 唐松草米定碱 异果小檗 Berberis heteropoda
taliscanine 塔里马兜铃宁▲ 紫玉盘 Uvaria microcarpa
talisman SI 塔泽泻多糖 SI 东方泽泻 Alisma orientale
talitine B 大理翠雀碱 B 蓝翠雀花 Delphinium caeruleum
tamanolide 红厚壳塔玛内酯▲ 红厚壳 Calophyllum inophyllum
tamanolide D, P 红厚壳塔玛内酯▲D, P 红厚壳 Calophyllum inophyllum
tamarin 羽叶芸香灵▲ 马蜂橙 Citrus hystrix, 葡萄柚 C. paradisi
tamariscina ester A 卷柏酯 A 卷柏 Selaginella tamariscina
tamariscinoside A 卷柏新苷▲A 垫状卷柏 Selaginella pulvinata
tamariscinoside B, C 卷柏新苷▲B, C 卷柏 Selaginella tamariscina
tamarixellagic acid 柽柳鞣花酸 刚毛柽柳 Tamarix hispida, 短穗柽柳 T. laxa, 多枝柽柳 T. ramosissima
tamarixetin 柽柳素 芨芨草 Achnatherum splendens, 杏香兔儿风 Ainsliaea fragrans, 艾纳香 Blumea balsamifera, 假东风草 B. riparia, 土蜜树 Bridelia tomentosa, 飞机草 Chromolaena odorata, 水翁 Cleistocalyx operculatus, 地梢瓜 Cynanchum thesioides, 一年蓬 Erigeron annuus, 钩吻 Gelsemium elegans, 银杏 Ginkgo biloba, 翼齿六棱菊 Laggera crispata, 兴安胡枝子 Lespedeza davurica, 临时救 Lysimachia congestiflora, 番石榴 Psidium guajava, 库页红景天 Rhodiola sachalinensis, 柽柳 Tamarix chinensis, 短穗柽柳 T. laxa, 多枝柽柳 T. ramosissima
tamarixetin-3,7-bis-glucoside 柽柳素 -3,7- 二葡萄糖 花椒 Zanthoxylum bungeanum
tamarixetin-3-*O*-(6''-*O*-*E*-caffeoyl)-*β*-D-galactopyranoside 柽柳素 -3-*O*-(6''-*O*- 反式 - 咖啡酰基)-*β*-D- 吡喃半乳糖苷 小叶云实 Caesalpinia millettii
tamarixetin-3-*O*-digalactopyranoside 柽柳素 -3-*O*- 二吡喃半乳糖苷 黄花夹竹桃 Thevetia peruviana
tamarixetin-3-*O*-galactopyranoside 柽柳素 -3-*O*- 吡喃半乳糖苷 黄花夹竹桃 Thevetia peruviana
tamarixetin-3-*O*-neohesperidoside 柽柳素 -3-*O*- 橙皮糖苷 八角 Illicium verum
tamarixetin-3-*O*-rutinoside 柽柳素 -3-*O*- 芸香糖苷 沙蓬 Agriophyllum squarrosum, 荔枝 Litchi chinensis, 海金子 Pittosporum illicioides
tamarixetin-3-*O*-*α*-L-rhamnopyranoside 柽柳素 -3-*O*-*α*-L- 吡喃鼠李糖苷 锡兰橄榄 Elaeocarpus serratus, 山胡椒 Lindera glauca, 柽柳 Tamarix chinensis, 长穗柽柳 T. elongata, 短穗柽柳 T. laxa
tamarixetin-3-*O*-*α*-L-rhamnoside 柽柳素 -3-*O*-*α*-L- 鼠李糖苷 小叶红叶藤 Rourea microphylla
tamarixetin-3-*O*-*α*-L-ribopyranoside 柽柳素 -3-*O*-*α*-L- 吡喃核糖苷 土蜜树 Bridelia tomentosa
tamarixetin-3-*O*-*β*-D-galactopyranoside 柽柳素 -3-*O*-*β*-D- 吡喃半乳糖苷 地梢瓜 Cynanchum thesioides
tamarixetin-3-*O*-*β*-D-glucopyranoside 柽柳素 -3-*O*-*β*-D- 吡喃葡萄糖苷 丁香 Syzygium aromaticum
tamarixetin-3-*O*-*β*-D-glucoside 柽柳素 -3-*O*-*β*-D- 葡萄糖苷 杏香兔儿风 Ainsliaea fragrans
tamarixetin-3-*O*-*β*-D-xylopyranosyl-(1 → 2)-*α*-L-ribopyranoside 柽柳素 -3-*O*-*β*-D- 吡喃木糖基 -(1 → 2)-*α*-L- 吡喃核糖苷 土蜜树 Bridelia tomentosa
tamarixetin-3-*O*-*β*-glucopyranoside-7-*O*-*α*-rhamnopyranoside 柽柳素 -3-*O*-*β*- 吡喃葡萄糖苷 -7-*O*-*α*- 吡喃鼠李糖苷 灰毛豆 Tephrosia purpurea
tamarixetin-3-rhamnoside 柽柳素 -3- 吡喃鼠李糖苷 假黄皮 Clausena excavata
tamarixetin-5-*O*-*β*-D-glucoside 柽柳素 -5-*O*-*β*-D- 葡萄糖苷 杏香兔儿风 Ainsliaea fragrans
tamarixetin-7-*O*-*β*-D-glucopyranoside 柽柳素 -7-*O*-*β*-D- 吡喃葡萄糖苷 柽柳 Tamarix chinensis
tamarixetin-7-*O*-*β*-D-glucoside 柽柳素 -7-*O*-*β*-D- 葡萄糖苷 杏香兔儿风 Ainsliaea fragrans, 桐棉 Thespesia populnea
tamarixin 柽柳苷 钩吻 Gelsemium elegans, 水茄 Solanum torvum
tamarixinol 柽柳酚▲ 柽柳 Tamarix chinensis
tamarixol 柽柳醇 柽柳 Tamarix chinensis
tamarixone 柽柳酮 柽柳 Tamarix chinensis
tamaulipin B acetate 密花豚草品素▲B 乙酸酯 无毛牛尾蒿 Artemisia dubia var. subdigitata

tanshindiol A, B, C 丹参二醇 A, B, C 丹参 Salvia miltiorrhiza
tanshinlactone 丹参内酯 南丹参 Salvia bowleyana, 丹参 S. miltiorrhiza, 甘西鼠尾草 S. przewalskii, 云南鼠尾草 S. yunnanensis
tanshinol B 丹参醇 B 甘西鼠尾草 Salvia przewalskii, 三叶鼠尾草 S. trijuga
tanshinone 丹参酮 芬芳安息香 Styrax odoratissimus
tanshinone I 丹参酮 I 土沉香 Aquilaria sinensis, 前胡 Peucedanum praeruptorum, 夏枯草 Prunella vulgaris, 橙色鼠尾草 Salvia aerea, 南丹参 S. bowleyana, 栗色鼠尾草 S. castanea, 毛地黄鼠尾草 S. digitaloides, 雪山鼠尾草 S. evansiana, 胶质鼠尾草 S. glutinosa, 河南鼠尾草 S. honania, 丹参 S. miltiorrhiza, 皖鄂丹参 S. paramiltiorrhiza, 红根草 S. prionitis, 甘西鼠尾草 S. przewalskii, 三叶鼠尾草 S. trijuga, 云南鼠尾草 S. yunnanensis, 水飞蓟 Silybum marianum, 草本威灵仙 Veronicastrum sibiricum
tanshinone IA 丹参酮 IA 河南鼠尾草 Salvia honania
tanshinone IIA 丹参酮 IIA 土沉香 Aquilaria sinensis, 甘松 Nardostachys jatamansi, 前胡 Peucedanum praeruptorum, 橙色鼠尾草 Salvia aerea, 南丹参 S. bowleyana, 栗色鼠尾草 S. castanea, 毛地黄鼠尾草 S. digitaloides, 雪山鼠尾草 S. evansiana, 胶质鼠尾草 S. glutinosa, 河南鼠尾草 S. honania, 丹参 S. miltiorrhiza, 皖鄂丹参 S. paramiltiorrhiza, 红根草 S. prionitis, 甘西鼠尾草 S. przewalskii, 三叶鼠尾草 S. trijuga, 云南鼠尾草 S. yunnanensis, 假鹊肾树 Streblus indicus, 草本威灵仙 Veronicastrum sibiricum
tanshinone IIA anhydride 丹参酮 IIA 酐 栗色鼠尾草 Salvia castanea, 丹参 S. miltiorrhiza, 甘西鼠尾草 S. przewalskii
tanshinone IIB 丹参酮 IIB 栗色鼠尾草 Salvia castanea, 雪山鼠尾草 S. evansiana, 丹参 S. miltiorrhiza, 甘西鼠尾草 S. przewalskii, 三叶鼠尾草 S. trijuga
tanshinone V, VI 丹参酮 V, VI 丹参 Salvia miltiorrhiza
tanshinone A, B, C 丹参酮 A, B, C 水飞蓟 Silybum marianum
tanwusine 甘乌辛▲ 甘青乌头 Aconitum tanguticum
taraffinisoside A 肖笼鸡苷▲A 顶头马蓝 Strobilanthes affinis
tarasaponin I, II, III, IV, V, VI, VII 龙牙楤木皂苷 I, II, III, IV, V, VI, VII 辽东楤木 Aralia elata var. glabrescens
tarasaponin II dimethyl ester 龙牙楤木皂苷 II 二甲酯 黄毛楤木 Aralia chinensis
tarasaponin IV methyl ester 龙牙楤木皂苷 IV 甲酯 黄毛楤木 Aralia chinensis
tarax-20-ene-3*β*,16*β*,22*α*-triol 蒲公英 -20- 烯 -3*β*,16*β*,22*α*- 三醇 金盏花 Calendula officinalis
tarax-20-ene-3*β*,16*β*,30-triol 蒲公英 -20- 烯 -3*β*,16*β*,30- 三醇 金盏花 Calendula officinalis
taraxacin 蒲公英苦素 蒲公英 Taraxacum mongolicum
taraxacin B 蒲公英苦素 B 蒲公英 Taraxacum mongolicum
taraxacine A, B 蒲公英碱▲A, B 蒲公英 Taraxacum mongolicum
taraxafolide 蒲公英酮内酯▲ 蒲公英 Taraxacum mongolicum
taraxafolin 蒲公英酚素▲ 蒲公英 Taraxacum mongolicum
(+)-taraxafolin B (+)- 蒲公英酚素▲B 翅果菊 Pterocypsela indica
taraxanthin 蒲公英黄质 南方菟丝子 Cuscuta australis, 款冬 Tussilago farfara
taraxast-1,20(30)-dien-3-one 蒲公英萜 -1,20(30)- 二烯 -3- 酮 黄花稔 Sida acuta
taraxast-20(30)-en-3*β*,16*β*,21*α*-triol 蒲公英 -20(30)- 烯 -3*β*,16*β*,21*α*- 三醇 石胡荽 Centipeda minima
taraxast-20(30)-ene-3*β*,12*β*-diol 蒲公英 -20(30)- 烯 -3*β*,12*β*- 二醇 云南假木荷 Craibiodendron yunnanense
taraxast-20(30)ene-3*β*,21*α*-diol 蒲公英 -20(30)- 烯 -3*β*,21*α*- 二醇 弯茎还阳参 Crepis flexuosa, 少花风毛菊 Saussurea oligantha
taraxast-20-en-3*β*,30-diol 蒲公英 -20- 烯 -3*β*,30- 二醇 少花风毛菊 Saussurea oligantha
taraxastane-20*β*,28*β*-epoxy-28-hydroxy-3*β*,11*α*-diol-11-*p*-hydroxylbenzoate 蒲公英 -20*β*,28*β*- 环氧 -28- 羟基 -3*β*,11*α*- 二醇 -11- 对羟基苯甲酸酯 多茎委陵菜 Potentilla multicaulis
ψ-taraxastane-3,20-diol *ψ*- 蒲公英赛 -3,20- 二醇 火殃勒 Euphorbia antiquorum
(20*R*)-taraxastane-3*β*,20-diol (20*R*)- 蒲公英 -3*β*,20- 二醇 山茶 Camellia japonica
ψ-taraxastane-3*β*,20-diol *ψ*- 蒲公英赛 -3*β*,20- 二醇 火殃勒 Euphorbia antiquorum, 杧果 Mangifera indica
19a(*H*)-taraxastane-3*β*,20*α*-diol 19a(*H*)- 蒲公英赛 -3*β*,20*α*- 二醇 五层龙 Salacia prinoides
taraxastane-3*β*,20*α*-diol 蒲公英 -3*β*,20*α*- 二醇 少花风毛菊 Saussurea oligantha
20*ζ*-taraxastanonol 20*ζ*- 蒲公英烷醇 杧果 Mangifera indica
ψ-taraxastene *ψ*- 蒲公英烯 日本水龙骨 Polypodiodes niponica
20-taraxastene-3*β*,12*β*,16*β*-triol 20- 蒲公英萜烯 -3*β*,12*β*,16*β*- 三醇 宽叶毒芹 Cicuta virosa var. latisecta
20(30)-taraxastene-3*β*,21*α*-diol 20(30)- 蒲公英烯 -3*β*,21*α*- 二醇 咸虾花 Vernonia patula
4-taraxasterol 4- 蒲公英萜醇▲ 细叶小苦荬 Ixeridium gracile
φ-taraxasterol *φ*- 蒲公英萜醇▲ 白花丹 Plumbago zeylanica
ψ-taraxasterol *ψ*- 蒲公英萜醇▲ 落地生根 Bryophyllum pinnatum, 野菊 Chrysanthemum indicum, 向日葵 Helianthus annuus, 毛连菜 Picris hieracioides, 迷迭香 Rosmarinus officinalis, 苣荬菜 Sonchus arvensis, 黄花夹竹桃 Thevetia peruviana
taraxasterol 蒲公英萜醇▲ 较常见成分，至少分布于 30 种以上植物中，常见于菊科植物，少见于白花丹科、唇形科、大戟科、豆科、杜鹃花科、胡颓子科、夹竹桃科、爵床科、萝藦科、桑科、山柑科、藤黄科等
taraxasterol 3-*O*-acetate 蒲公英萜醇▲3-*O*- 乙酸酯 水朝阳旋覆花 Inula helianthusaquatilis
ψ-taraxasterol acetate *ψ*- 蒲公英萜醇▲乙酸酯 滇榄 Canarium strictum, 毛连菜 Picris hieracioides, 蒲公英 Taraxacum mongolicum, 油桐 Vernicia fordii, 日本珊瑚树 Viburnum odoratissimum var. awabuki
taraxasterol acetate 蒲公英萜醇▲乙酸酯 牛蒡 Arctium lappa, 苍术 Atractylodes lancea, 牛角瓜 Calotropis gigantea, 丝毛飞廉 Carduus crispus, 飞廉 C. nutans, 芜菁还阳参 Crepis napifera, 牛皮消 Cynanchum boudieri, 朱砂藤 C. officinale, 砂蓝刺头 Echinops gmelinii,

T

tashironin 峦大八角宁▲ 红花八角 Illicium dunnianum, 红茴香 I. henryi, 假地枫皮 I. jiadifengpi, 红毒茴 I. lanceolatum, 大八角 I. majus, 八角 I. verum
tashironin A 峦大八角宁▲A 地枫皮 Illicium difengpi, 红花八角 I. dunnianum, 红茴香 I. henryi, 红毒茴 I. lanceolatum, 大八角 I. majus, 八角 I. verum
tashironin B, C 峦大八角宁▲B, C 红花八角 Illicium dunnianum
taspine 塔斯品碱 红毛七 Caulophyllum robustum
tasumatrol B 苏门答腊紫杉醇▲B 喜马拉雅红豆杉 Taxus wallichiana
tataramide A, B 石菖蒲酰胺▲A, B 石菖蒲 Acorus gramineus
tatarine A, B 石菖蒲碱▲A, B 石菖蒲 Acorus gramineus
tatarine C 石菖蒲碱▲C 石菖蒲 Acorus gramineus, 柿 Diospyros kaki
tatarinone 石菖蒲酮▲ 石菖蒲 Acorus gramineus
tatariside A~G 苦荞麦苷▲A~G 苦荞麦 Fagopyrum tataricum
tatarol 石菖蒲醇 石菖蒲 Acorus gramineus
tataroside 石菖蒲苷 石菖蒲 Acorus gramineus
tatridin A 三齿蒿定▲A 除虫菊 Pyrethrum cinerariifolium, 菊蒿 Tanacetum vulgare
tatridin B 三齿蒿定▲B 除虫菊 Pyrethrum cinerariifolium, 菊蒿 Tanacetum vulgare
tatsidine 康定翠雀定 康定翠雀花 Delphinium tatsienense
tatsienenseine A, B, C 康定翠雀因▲A, B, C 康定翠雀花 Delphinium tatsienense
tatsiensine 康定翠雀碱▲ 蓝翠雀花 Delphinium caeruleum, 秦岭翠雀花 D. giraldii, 展毛翠雀花 D. kamaonense var. glabrescens, 冀北翠雀花 D. siwanense, 康定翠雀花 D. tatsienense
tatsinine 康定翠雀宁▲ 康定翠雀花 Delphinium tatsienense
tatsirine 康定翠雀任 康定翠雀花 Delphinium tatsienense
tauremisin 牛蒿素 湖北旋覆花 Inula hupehensis
taurin 牛蒿灵▲ 毛莲蒿 Artemisia vestita
taurine 牛磺酸 木耳 Auricularia auricula, 角叉菜 Chondrus ocellatus, 海萝 Gloiopeltis furcata, 宁夏枸杞 Lycium barbarum, 巨藻 Macrocystis pyrifera
tauroside C 克里木常春藤苷▲C 辽东楤木 Aralia elata var. glabrescens
tauroside D 克里木常春藤苷▲D 洋常春藤 Hedera helix
tauroside E 克里木常春藤苷▲E 辽东楤木 Aralia elata var. glabrescens, 兴安白头翁 Pulsatilla dahurica
tauroside G_3 克里木常春藤苷▲G_3 辽东楤木 Aralia elata var. glabrescens, 缘毛紫菀 Aster souliei, 洋常春藤 Hedera helix
tauroside H_1 克里木常春藤苷▲H_1 刺五加 Eleutherococcus senticosus, 洋常春藤 Hedera helix
tauroside H_2 克里木常春藤苷▲H_2 辽东楤木 Aralia elata var. glabrescens
taveuniamide A~H, K 塔韦乌尼鞘丝藻酰胺▲A~H, K 巨大鞘丝藻 Lyngbya majuscula
taxabaccatin III 浆果紫杉亭▲III 东北红豆杉 Taxus cuspidata
taxachitriene A 中国紫杉三烯▲A 红豆杉 Taxus wallichiana var. chinensis, 南方红豆杉 T. wallichinana var. mairei
taxachitriene B 中国紫杉三烯▲B 红豆杉 Taxus wallichiana var. chinensis, 南方红豆杉 T. wallichinana var. mairei
taxacin 紫杉杂辛▲ 东北红豆杉 Taxus cuspidata, 南方红豆杉 T. wallichinana var. mairei
taxacustin 东北紫杉亭▲ 东北红豆杉 Taxus cuspidata, 密叶红豆杉 T. fuana, 喜马拉雅红豆杉 T. wallichiana
taxadiene 紫杉二烯▲ 南方红豆杉 Taxus wallichinana var. mairei
taxagifine 紫杉吉芬 东北红豆杉 Taxus cuspidata, 红豆杉 T. wallichiana var. chinensis, 南方红豆杉 T. wallichinana var. mairei
taxamairin A 南方紫杉素▲A 喜马拉雅红豆杉 Taxus wallichiana, 南方红豆杉 T. wallichinana var. mairei
taxamairin B, D~H 南方紫杉素▲B, D~H 南方红豆杉 Taxus wallichinana var. mairei
taxamairin C 南方紫杉素▲C 喜马拉雅红豆杉 Taxus wallichiana, 南方红豆杉 T. wallichinana var. mairei
taxawallin A, C, D, F~I, K 西藏紫杉素▲A, C, D, F~I, K 密叶红豆杉 Taxus fuana
taxayunnansin A, B 云南紫杉辛▲A, B 喜马拉雅红豆杉 Taxus wallichiana
taxayunnin 云南紫杉宁▲ 喜马拉雅红豆杉 Taxus wallichiana
taxayuntin 云南紫杉亭▲ 东北红豆杉 Taxus cuspidata, 密叶红豆杉 T. fuana
taxayuntin A~D, F, H, I, J 云南紫杉亭▲A~D, F, H, I, J 喜马拉雅红豆杉 Taxus wallichiana
taxayuntin E 云南紫杉亭▲E 喜马拉雅红豆杉 Taxus wallichiana, 南方红豆杉 T. wallichinana var. mairei
taxayuntin G 云南紫杉亭▲G 喜马拉雅红豆杉 Taxus wallichiana, 南方红豆杉 T. wallichinana var. mairei
taxchin A 中国紫杉辛▲A 喜马拉雅红豆杉 Taxus wallichiana, 红豆杉 T. wallichiana var. chinensis
taxchin B 中国紫杉辛▲B 红豆杉 Taxus wallichiana var. chinensis
taxchinin A 中国紫杉辛宁▲A 喜马拉雅红豆杉 Taxus wallichiana, 红豆杉 T. wallichiana var. chinensis
taxchinin B 中国紫杉辛宁▲B 东北红豆杉 Taxus cuspidata, 红豆杉 T. wallichiana var. chinensis
taxchinin C, D, E, G, H, J, K 中国紫杉辛宁▲C, D, E, G, H, J, K 红豆杉 Taxus wallichiana var. chinensis
taxchinin I 中国紫杉辛宁▲I 喜马拉雅红豆杉 Taxus wallichiana, 红豆杉 T. wallichiana var. chinensis
taxchinin I acetate 中国紫杉辛宁▲I 乙酸酯 喜马拉雅红豆杉 Taxus wallichiana
taxchinin L, M 中国紫杉辛宁▲L, M 南方红豆杉 Taxus wallichinana var. mairei
taxchinin N 中国紫杉辛宁▲N 红豆杉 Taxus wallichiana var. chinensis

taxilluside A~D 钝果寄生苷▲A~D 广寄生 Taxillus chinensis

taxin B 紫杉因▲B 南方红豆杉 Taxus wallichinana var. mairei

taxine II 紫杉碱▲II 南方红豆杉 Taxus wallichinana var. mairei

taxinine 紫杉宁 东北红豆杉 Taxus cuspidata, 喜马拉雅红豆杉 T. wallichiana, 南方红豆杉 T. wallichinana var. mairei

taxinine A 紫杉宁 A 东北红豆杉 Taxus cuspidata, 南方红豆杉 T. wallichinana var. mairei

taxinine B 紫杉宁 B 东北红豆杉 Taxus cuspidata, 喜马拉雅红豆杉 T. wallichiana, 南方红豆杉 T. wallichinana var. mairei

taxinine E 紫杉宁 E 密叶红豆杉 Taxus fuana, 喜马拉雅红豆杉 T. wallichiana, 南方红豆杉 T. wallichinana var. mairei

taxinine J 紫杉宁 J 喜马拉雅红豆杉 Taxus wallichiana, 南方红豆杉 T. wallichinana var. mairei

taxinine M 紫杉宁 M 东北红豆杉 Taxus cuspidata, 红豆杉 T. wallichiana var. chinensis, 南方红豆杉 T. wallichinana var. mairei

taxinine NN-4 紫杉宁 NN-4 喜马拉雅红豆杉 Taxus wallichiana

(2*R*)-taxiphyllin (2*R*)- 红豆杉氰苷 绣球 Hydrangea macrophylla

taxiphyllin 红豆杉叶素▲ 黄金间碧竹 Bambusa vulgaris cv. vittata, 龙竹 Dendrocalamus giganteus, 苦竹 Pleioblastus amarus, 武当玉兰 Yulania sprengeri

taxiphyllin-6'-*O*-gallate 红豆杉叶素 -6'-*O*- 没食子酸酯 洋蒲桃 Syzygium samarangense

taxiresinol 紫杉脂醇▲ 喜马拉雅红豆杉 Taxus wallichiana, 南方红豆杉 T. wallichinana var. mairei

taxisterone 紫杉甾酮 伪泥胡菜 Serratula coronata

taxodine 三尖杉定碱▲ 三尖杉 Cephalotaxus fortunei, 贡山三尖杉 C. lanceolata

taxodione 落羽杉二酮 柳杉 Cryptomeria japonica var. sinensis, 迷迭香 Rosmarinus officinalis, 新疆鼠尾草 Salvia deserta, 红根草 S. prionitis

taxol C-7-xyloside 紫杉醇 C-7- 木糖苷 喜马拉雅红豆杉 Taxus wallichiana

taxol; paclitaxel 紫杉醇 海南粗榧 Cephalotaxus mannii, 马松子 Melochia corchorifolia, 东北红豆杉 Taxus cuspidata, 密叶红豆杉 T. fuana, 喜马拉雅红豆杉 T. wallichiana, 红豆杉 T. wallichiana var. chinensis, 南方红豆杉 T. wallichinana var. mairei, 巴山榧树 Torreya fargesii, 云南榧树 T. fargesii var. yunnanensis

taxol A 紫杉醇 A 南方红豆杉 Taxus wallichinana var. mairei

taxol B 紫杉醇 B 喜马拉雅红豆杉 Taxus wallichiana

taxol C 紫杉醇 C 东北红豆杉 Taxus cuspidata, 红豆杉 T. wallichiana var. chinensis, 南方红豆杉 T. wallichinana var. mairei

taxol D 紫杉醇 D 东北红豆杉 Taxus cuspidata

taxoquinone 落羽杉醌▲ 新疆鼠尾草 Salvia deserta

taxuchin A 中国紫杉素▲A 喜马拉雅红豆杉 Taxus wallichiana, 红豆杉 T. wallichiana var. chinensis

taxuchin B 中国紫杉素▲B 喜马拉雅红豆杉 Taxus wallichiana

taxumairol A, C~O, R, U~Z 南方紫杉醇 A, C~O, R, U~Z 南方红豆杉 Taxus wallichinana var. mairei

taxumairol B 南方紫杉醇 B 喜马拉雅红豆杉 Taxus wallichiana, 南方红豆杉 T. wallichinana var. mairei

taxumairol E diacetate 南方紫杉醇 E 二乙酸酯 南方红豆杉 Taxus wallichinana var. mairei

taxumairone A 南方紫杉酮 A 南方红豆杉 Taxus wallichinana var. mairei

taxusabietane A~E 紫杉冷杉烷 A~E 南方红豆杉 Taxus wallichinana var. mairei

taxusin 紫杉素 东北红豆杉 Taxus cuspidata, 喜马拉雅红豆杉 T. wallichiana

taxuspine A, D~H, J~V 东北紫杉素▲A, D~H, J~V 东北红豆杉 Taxus cuspidata

taxuspine B 东北紫杉素▲B 东北红豆杉 Taxus cuspidata, 喜马拉雅红豆杉 T. wallichiana, 南方红豆杉 T. wallichinana var. mairei

taxuspine C 东北紫杉素▲C 东北红豆杉 Taxus cuspidata, 喜马拉雅红豆杉 T. wallichiana

taxuspine W 东北紫杉素▲W 东北红豆杉 Taxus cuspidata, 南方红豆杉 T. wallichinana var. mairei

taxuspine X 东北紫杉素▲X 喜马拉雅红豆杉 Taxus wallichiana, 红豆杉 T. wallichiana var. chinensis, 南方红豆杉 T. wallichinana var. mairei

taxuspine Z 东北紫杉素▲Z 东北红豆杉 Taxus cuspidata, 南方红豆杉 T. wallichinana var. mairei

taxuyunin A, B 云南紫杉脂素▲A, B 喜马拉雅红豆杉 Taxus wallichiana

taxuyunnanine A, B, D~Z 云南紫杉素 A, B, D~Z 喜马拉雅红豆杉 Taxus wallichiana

taxuyunnanine C 云南紫杉素 C 东北红豆杉 Taxus cuspidata, 喜马拉雅红豆杉 T. wallichiana

tazettine 多花水仙碱 花朱顶红 Hippeastrum vittatum, 水鬼蕉 Hymenocallis littoralis, 石蒜 Lycoris radiata, 鹿葱 L. squamigera, 长寿花 Narcissus jonquilla, 葱莲 Zephyranthes candida

tazopsine 图氏马钱藤辛▲ 粉防己 Stephania tetrandra

teadenol A, B 茶烯酚▲A, B 茶 Camellia sinensis

teasperin 茶曲霉素▲ 茶 Camellia sinensis

teasperol 茶曲霉酚▲ 茶 Camellia sinensis

teasterone 茶甾酮▲ 大麻 Cannabis sativa

techtochrysin 杨芽黄酮 益智 Alpinia oxyphylla, 草果药 Hedychium spicatum

tecomanine 黄钟花宁▲ 红波罗花 Incarvillea delavayi, 直立黄钟花 Tecoma stans

tecomaquinone I 掌叶木醌 I 掌叶木 Tabebuia rosea, 柚木 Tectona grandis

tecomaquinone III 掌叶木醌 III 掌叶木 Tabebuia rosea

tecomine 黄钟花碱 直立黄钟花 Tecoma stans

tecomoside 黄钟花苷 凌霄 Campsis grandiflora, 硬骨凌霄 Tecomaria capensis

tecostanine 直立黄钟花宁▲ 直立黄钟花 Tecoma stans

tecostidine 黄钟花定 直立黄钟花 Tecoma stans

tectochrysin 杨芽黄素 益智 Alpinia oxyphylla, 羊角棉 Alstonia mairei, 山核桃 Carya cathayensis, 欧洲甜樱桃 Cerasus avium, 黄牛木 Cratoxylum cochinchinense, 马蔺 Iris lactea, 准噶尔鸢尾 I. songarica, 乔松 Pinus wallichiana, 山杨 Populus davidiana, 黄脉九节 Psychotria straminea, 防风 Saposhnikovia divaricata

tectograndinol 柚木诺醇▲ 柚木 Tectona grandis

tectoionol A 柚木香堇醇▲A 柚木 Tectona grandis

tectoionol B 柚木香堇醇▲B 臭冷杉 Abies nephrolepis, 柚木 Tectona grandis

tectol 柚木酚▲ 梧桐 Firmiana simplex, 西南猫尾木 Markhamia stipulata, 柚木 Tectona grandis

tectone 柚木酮▲ 柚木 Tectona grandis

tectonoelin A, B 柚木降木脂素▲A, B 柚木 Tectona grandis

tectoquinone 柚木醌▲ 日本柳杉 Cryptomeria japonica, 曲轴海金沙 Lygodium flexuosum, 西南猫尾木 Markhamia stipulata, 海滨木巴戟 Morinda citrifolia, 印度羊角藤 M. umbellata, 弄岗苣苔 Primulina longgangensis, 钩毛茜草 Rubia oncotricha, 染色茜草 R. tinctorum, 柚木 Tectona grandis

tectoquinone A, B 柚木醌▲A, B 弄岗苣苔 Primulina longgangensis

tectoridin 鸢尾黄酮苷 老牛筋 Arenaria juncea, 射干 Belamcanda chinensis, 棉团铁线莲 Clematis hexapetala, 羊乳 Codonopsis lanceolata, 印度黄檀 Dalbergia sissoo, 扁竹兰 Iris confusa, 野鸢尾 I. dichotoma, 玉蝉花 I. ensata, 蝴蝶花（模式变型）I. japonica, 薄叶鸢尾 I. leptophylla, 红花鸢尾 I. milesii, 溪荪 I. sanguinea, 准噶尔鸢尾 I. songarica, 鸢尾 I. tectorum, 细叶鸢尾 I. tenuifolia, 朝鲜槐 Maackia amurensis, 金铁锁 Psammosilene tunicoides, 葛 Pueraria montana var. lobata, 粉葛 P. montana var. thomsonii, 草珊瑚 Sarcandra glabra, 槐 Sophora japonica, 南烛 Vaccinium bracteatum

tectorigenin 鸢尾苷元 射干 Belamcanda chinensis, 印度黄檀 Dalbergia sissoo, 台湾山豆根 Euchresta formosana, 扁竹兰 Iris confusa, 野鸢尾 I. dichotoma, 玉蝉花 I. ensata, 蝴蝶花（模式变型）I. japonica, 马蔺 I. lactea, 红花鸢尾 I. milesii, 黄菖蒲 I. pseudacorus, 溪荪 I. sanguinea, 准噶尔鸢尾 I. songarica, 鸢尾 I. tectorum, 细叶鸢尾 I. tenuifolia, 单花鸢尾 I. uniflora, 地肤 Kochia scoparia, 朝鲜槐 Maackia amurensis, 葛 Pueraria montana var. lobata, 粉葛 P. montana var. thomsonii, 槐 Sophora japonica, 尖叶木 Urophyllum chinense, 翼核果 Ventilago leiocarpa

tectorigenin-4'-*O*-*β*-D-apiofuranosyl-*O*-*β*-D-glucopyranoside 鸢尾苷元 -4'-*O*-*β*-D- 呋喃芹糖基 -*O*-*β*-D- 吡喃葡萄糖苷 印度黄檀 Dalbergia sissoo

tectorigenin-7-*O*-*β*-D-apiofuranosyl-(1 → 6)-*β*-D-glucopyranoside 鸢尾苷元 -7-*O*-*β*-D- 呋喃芹糖基 -(1 → 6)-*β*-D- 吡喃葡萄糖苷 印度黄檀 Dalbergia sissoo

tectorigenin-7-*O*-*β*-D-apiofuranosyl-*O*-*β*-D-glucopyranoside 鸢尾苷元 -7-*O*-*β*-D- 呋喃芹糖基 -*O*-*β*-D- 吡喃葡萄糖苷 印度黄檀 Dalbergia sissoo

tectorigenin-7-*O*-*β*-D-glucopyranoside 鸢尾苷元 -7-*O*-*β*-D- 吡喃葡萄糖苷 白花地丁 Viola patrinii

tectorigenin-7-*O*-*β*-D-xylopyranosyl-(1 → 6)-*β*-D-glucopyranoside 鸢尾苷元 -7-*O*-*β*-D- 吡喃木糖基 -(1 → 6)-*β*-D- 吡喃葡萄糖苷 葛 Pueraria montana var. lobata

tectorigenin-7-*O*-*β*-glucosyl-4'-*O*-*β*-glucoside 鸢尾苷元 -7-*O*- 葡萄糖 -4'-*O*- 葡萄糖苷 鸢尾 Iris tectorum

tectoroside 屋根草内酯苷▲ 小苦荬 Ixeridium dentatum

teikaside A, A-Ia, A-Ib, A-IIa, A-IIb, A-IIc, A-IIIb, A-IIIc, A-IIId, B-IVa, C-IIa, C-IIb, C-IIc, C-IIIa, C-IVa, C-O 亚洲络石甾苷▲A, A-Ia, A-Ib, A-IIa, A-IIb, A-IIc, A-IIIb, A-IIIc, A-IIId, B-IVa, C-IIa, C-IIb, C-IIc, C-IIIa, C-IVa, C-O 亚洲络石 Trachelospermum asiaticum

teinemine 大花藜芦胺▲ 毛叶藜芦 Veratrum grandiflorum

telekin 特勒菊素▲ 天名精 Carpesium abrotanoides, 烟管头草 C. cernuum, 大花金挖耳 C. macrocephalum, 总状土木香 Inula racemosa

telephioidin 小花远志定▲ 小花远志 Polygala arvensis

telephiose D, G 小花远志糖▲D, G 小花远志 Polygala arvensis

telisatine A, B 矛毒藤亭碱▲A, B 斜脉暗罗 Polyalthia plagioneura

telitoxine 矛毒藤碱▲ 风龙 Sinomenium acutum, 桐叶千金藤 Stephania japonica var. discolor

tellimagrandin 拟唢呐草素▲ 山茶 Camellia japonica, 榛 Corylus heterophylla, 翻白草 Potentilla discolor, 虾子花 Woodfordia fruticosa

tellimagrandin I 拟唢呐草素▲I 喜树 Camptotheca acuminata, 山茱萸 Cornus officinalis, 柳兰 Epilobium angustifolium, 蓝桉 Eucalyptus globulus, 地锦 Euphorbia humifusa, 匍匐大戟 E. prostrata, 蚊子草 Filipendula palmata, 丘角菱 Trapa japonica

tellimagrandin II 拟唢呐草素▲II 山茶 Camellia japonica, 喜树 Camptotheca acuminata, 山茱萸 Cornus officinalis, 榛 Corylus heterophylla, 匍匐大戟 Euphorbia prostrata, 绿玉树 E. tirucalli, 蚊子草 Filipendula palmata, 柔毛路边青 Geum japonicum var. chinense, 胡桃 Juglans regia, 穗状狐尾藻 Myriophyllum spicatum, 缫丝花 Rosa roxburghii, 丁香 Syzygium aromaticum

tellimoside 拟唢呐草苷▲ 番石榴 Psidium guajava

telosmogenin 夜来香苷元▲ 卧茎夜来香 Telosma procumbens

telosmoside A_1~A_{18} 夜来香苷▲A_1~A_{18} 卧茎夜来香 Telosma procumbens

(+)-tembamide (+)- 冬崖椒酰胺▲ 椿叶花椒 Zanthoxylum ailanthoides

tembamide 冬崖椒酰胺▲ 木橘 Aegle marmelos, 黄皮 Clausena lansium, 大叶臭花椒 Zanthoxylum myriacanthum

(+)-tembetarine (+)- 冬崖椒灵▲ 陵水暗罗 Polyalthia nemoralis, 两面针 Zanthoxylum nitidum

(*S*)-tembetarine (*S*)-*N*- 冬崖椒灵▲ 厚朴 Houpoëa officinalis

tembetarine 冬崖椒灵▲ 多叶唐松草 Thalictrum foliolosum, 紫堇叶唐松草 T. isopyroides, 簕欓花椒 Zanthoxylum avicennae, 大叶臭花椒 Z. myriacanthum

tenacigenin A, B, C 通光藤苷元 A, B, C 通光藤 Marsdenia tenacissima

tenacigenoside A~K 通光藤精苷▲A~K 通光藤 Marsdenia tenacissima

tenacissigenin 通光藤西苷元▲ 通光藤 Marsdenia tenacissima
tenacissimoside A~J 通光藤莫苷▲A~J 通光藤 Marsdenia tenacissima
tenacissoside A~N 通光藤苷 A~N 通光藤 Marsdenia tenacissima
tenasogenin 通光藤索苷元▲ 通光藤 Marsdenia tenacissima
tenaxin I 韧黄芩素 I 黄芩 Scutellaria baicalensis
tenaxin II 韧黄芩素 II 丽江黄芩 Scutellaria likiangensis, 粘毛黄芩 S. viscidula
tenellin 卵孢白僵菌素 白僵菌 Beauveria bassiana
teneoside A 纤花耳草苷 A 金毛耳草 Hedyotis chrysotricha, 纤花耳草 H. tenelliflora
teneoside B 纤花耳草苷 B 金毛耳草 Hedyotis chrysotricha, 纤花耳草 H. tenelliflora
teneoside C, D, E 纤花耳草苷 C, D, E 纤花耳草 Hedyotis tenelliflora
(-)-tenuamine (-)- 光叶马鞍树碱▲ 朝鲜槐 Maackia amurensis, 光叶马鞍树 M. tenuifolia
tenuicausine 薄叶山橙辛碱▲ 思茅山橙 Melodinus cochinchinensis, 山橙 M. suaveolens, 薄叶山橙 M. tenuicaudatus
tenuifodione 细叶远志二酮 细叶鸢尾 Iris tenuifolia
tenuifolin 细叶远志素 黄花倒水莲 Polygala fallax, 瓜子金 P. japonica, 西伯利亚远志 P. sibirica, 远志 P. tenuifolia
tenuifoliol-3-*O*-*α*-L-rhamnopyranosyl-(1 → 2)-*β*-D-glucopyranoside 细叶远志醇 -3-*O*-*α*-L- 吡喃鼠李糖基 -(1 → 2)-*β*-D- 吡喃葡萄糖苷 毛百合 Lilium dauricum
tenuifoliose A, B, D~O, Q 细叶远志糖 A, B, D~O, Q 远志 Polygala tenuifolia
tenuifoliose C 细叶远志糖 C 黄花倒水莲 Polygala fallax, 远志 P. tenuifolia
tenuifoliose P 细叶远志糖 P 黄花倒水莲 Polygala fallax, 远志 P. tenuifolia
tenuifolioside A, B, C 细叶远志利奥苷▲A, B, C 远志 Polygala tenuifolia
tenuifoliside A 细叶远志利苷▲A 香港远志 Polygala hongkongensis, 西伯利亚远志 P. sibirica, 远志 P. tenuifolia
tenuifoliside B 细叶远志利苷▲B 西伯利亚远志 Polygala sibirica
tenuifoliside C 细叶远志利苷▲C 荷包山桂花 Polygala arillata, 华南远志 P. glomerata, 瓜子金 P. japonica, 密花远志 P. tricornis
tenuifone 细叶鸢尾酮 细叶鸢尾 Iris tenuifolia
tenuifoside A 细叶远志皂苷 A 远志 Polygala tenuifolia
tenuipegenin 细柄薯蓣皂苷元 细柄薯蓣 Dioscorea tenuipes
tenuiside A~F 细叶远志苷▲A~F 远志 Polygala tenuifolia
tenulin 细叶堆心菊素 堆心菊 Helenium autumnale
tephroglabrin 半秃灰毛豆呋黄素 灰毛豆 Tephrosia purpurea
tephrone 灰毛豆如酮 灰毛豆 Tephrosia purpurea
tephropurpulin A 灰毛豆林素▲A 灰毛豆 Tephrosia purpurea
(+)-tephropurpurin (+)- 灰毛豆素▲ 穗序木蓝 Indigofera spicata, 灰毛豆 Tephrosia purpurea
(+)-tephrorin A, B (+)- 灰毛豆任▲A, B 灰毛豆 Tephrosia purpurea
tephroside A, B 狗舌草苷▲A, B 狗舌草 Tephroseris kirilowii
(±)-tephrosin (±)- 灰叶素 紫穗槐 Amorpha fruticosa
tephrosin 灰叶素 紫穗槐 Amorpha fruticosa, 毛鱼藤 Derris elliptica, 异翅鱼藤 D. malaccensis, 兰屿鱼藤 D. oblonga, 鱼藤 D. trifoliata, 锈毛麻辣仔藤 Erycibe expansa, 穗序木蓝 Indigofera spicata, 木蓝 I. tinctoria, 厚果崖豆藤 Millettia pachycarpa, 灰毛豆 Tephrosia purpurea
(+)-tephrosone (+)- 灰毛豆酮▲ 灰毛豆 Tephrosia purpurea
tephrosone 灰毛豆酮▲ 灰毛豆 Tephrosia purpurea
tepurindiol 灰毛豆二醇 灰毛豆 Tephrosia purpurea
teracrylmelazolide A, B 二甲基戊烯酰楝内酯 A, B 楝 Melia azedarach
2,3,5,6-terahydro-3,3,4,5,5,8-hexamethyl-*S*-indacene-1,7-dione 2,3,5,6- 四氢 -3,3,4,5,5,8- 六甲基 -*S*- 吲达烯 -1,7- 二烯 樟子松 Pinus sylvestris var. mongolica
tercatain 榄仁树鞣质▲ 狼毒大戟 Euphorbia fischeriana, 斑地锦 E. maculata, 一叶萩 Flueggea suffruticosa, 黑蕊虎耳草 Saxifraga melanocentra, 榄仁树 Terminalia catappa
terchebin 诃子宾▲ 泽漆 Euphorbia helioscopia, 血桐 Macaranga tanarius var. tomentosa
terchebulin 诃子鞣质 诃子 Terminalia chebula
terephthalic acid 对酞酸 长管萱草 Hemerocallis fulva var. angustifolia
teresantalic acid 对檀香酸 挥发油成分，未统计基源
teresantalol 对檀香醇 挥发油成分，未统计基源
tereticornate A, B 细叶桉萜酯 A, B 细叶桉 Eucalyptus tereticornis
terflavin A 诃子黄素▲A 榄仁树 Terminalia catappa, 诃子 T. chebula
terflavin B 诃子黄素▲B 榄仁树 Terminalia catappa
tergallagin 榄仁树鞣精▲ 榄仁树 Terminalia catappa
terihanine 两面针哈宁▲ 两面针 Zanthoxylum nitidum, 异叶花椒 Z. ovalifolium
termicalcicolanone A 钙生榄仁树酮▲A 金丝李 Garcinia paucinervis
termilignan 诃子木脂素▲ 毗黎勒 Terminalia bellirica
terminaline 顶花板凳果碱▲ 顶花板凳果 Pachysandra terminalis, 羽脉野扇花 Sarcococca hookeriana, 野扇花 S. ruscifolia
terminamine A~J 顶花板凳果胺 A~J 顶花板凳果 Pachysandra terminalis

T

terminoic acid 诃子诺酸▲ 诃子 Terminalia chebula
terminolic acid 诃子醇酸▲ 积雪草 Centella asiatica, 云南风车子 Combretum griffithii var. yunnanense, 短药蒲桃 Syzygium globiflorum
(-)-ternatin (-)-金黄菌寄生素▲ 云芝 Trametes versicolor
ternatin 新西兰蜜茱萸素▲ 酸叶胶藤 Urceola rosea
ternatin 阴地蕨素 阴地蕨 Sceptridium ternatum
ternatin A 猫爪草素▲A 猫爪草 Ranunculus ternatus
ternatolide 猫爪草内酯 毛茛 Ranunculus japonicus, 扬子毛茛 R. sieboldii, 猫爪草 R. ternatus
ternatoside A, C, D 猫爪草苷▲A, C, D 猫爪草 Ranunculus ternatus
ternatoside B 猫爪草苷▲B 茴茴蒜 Ranunculus chinensis, 猫爪草 R. ternatus
ternatusine A 猫爪草碱▲A 猫爪草 Ranunculus ternatus
terniflorin 圆锥铁线莲苷▲ 广防风 Anisomeles indica, 圆锥铁线莲 Clematis terniflora, 白柳 Salix alba
ternifolide A, B, C 牛尾草内酯 A, B, C 牛尾草 Isodon ternifolius
ternifolin 牛尾草林素▲ 毛萼香茶菜 Isodon eriocalyx, 牛尾草 I. ternifolius
ternstroemic acid 厚皮香酸▲ 厚皮香 Ternstroemia gymnanthera
α-terpen-4-ol *α*-松油烯-4-醇 挥发油成分，未统计基源
terpin-4-yl acetate 松油烯-4-醇乙酸酯 挥发油成分，未统计基源
Δ^1-terpine-4-ol Δ^1-松油烯-4-醇 挥发油成分，未统计基源
(-)-terpinen-4-ol (-)-松油烯-4-醇 挥发油成分，未统计基源
1-terpinen-4-ol 1-松油烯-4-醇 挥发油成分，未统计基源
terpinen-4-ol; terpinene-4-ol 松油烯-4-醇 挥发油成分，未统计基源
1-(1-terpinen-4-ol)-(*E*)-3-methoxystilbene 1-(1-萜品烯-4-醇)-(*E*)-3-甲氧基芪 草豆蔻 Alpinia hainanensis
α-terpinen-7-al *α*-松油烯-7-醛 挥发油成分，未统计基源
7-terpinene 7-松油烯 挥发油成分，未统计基源
α-terpinene *α*-松油烯 挥发油成分，未统计基源
β-terpinene *β*-松油烯 挥发油成分，未统计基源
γ-terpinene *γ*-松油烯 挥发油成分，未统计基源
τ-terpinene *τ*-松油烯 挥发油成分，未统计基源
terpinene 松油烯 挥发油成分，未统计基源
4-terpinenol 4-松油烯醇 挥发油成分，未统计基源
terpinenol 松油烯醇 木橘 Aegle marmelos
(-)-4-terpineol (-)-4-松油醇 挥发油成分，未统计基源
(-)-*α*-terpineol (-)-*α*-松油醇 挥发油成分，未统计基源
(+)-*α*-terpineol (+)-*α*-松油醇 挥发油成分，未统计基源
1-*α*-terpineol 1-*α*-松油醇 挥发油成分，未统计基源
1-terpineol 1-松油醇 挥发油成分，未统计基源
4-terpineol 4-松油醇 挥发油成分，未统计基源
d-*α*-terpineol *d*-*α*-松油醇 挥发油成分，未统计基源
L-4-terpineol L-4-松油醇 挥发油成分，未统计基源
α-terpineol *α*-松油醇 挥发油成分，未统计基源
β-terpineol *β*-松油醇 挥发油成分，未统计基源
γ-terpineol *γ*-松油醇 挥发油成分，未统计基源
δ-terpineol *δ*-松油醇 挥发油成分，未统计基源
cis-*α*-terpineol 顺式-*α*-松油醇 玉蜀黍 Zea mays
terpineol 松油醇 挥发油成分，未统计基源
terpineol acetate 松油醇乙酸酯 挥发油成分，未统计基源
terpineol-4 松油醇-4 挥发油成分，未统计基源
(4*ξ*)-*α*-terpineol-8-*O*-[*α*-L-arabinopyranosyl-(1 → 6)-*β*-D-glucopyranoside] (4*ξ*)-*α*-松油醇-8-*O*-[*α*-L-吡喃阿拉伯糖基-(1 → 6)-*β*-D-吡喃葡萄糖苷] 苦瓜 Momordica charantia
(-)-*α*-terpineol-8-*O*-*β*-D-glucopyranoside (-)-*α*-松油醇-8-*O*-*β*-D-吡喃葡萄糖苷 草麻黄 Ephedra sinica
(+)-*α*-terpineol-8-*O*-*β*-D-glucopyranoside (+)-*α*-松油醇-8-*O*-*β*-D-吡喃葡萄糖苷 草麻黄 Ephedra sinica
D-*α*-terpineol-*β*-D-*O*-glucopyranoside-3,4-diangelicate D-*α*-松油醇-*β*-D-*O*-吡喃葡萄糖苷-3,4-二当归酸酯 兔儿伞 Syneilesis aconitifolia
α-terpinolene *α*-萜品油烯 挥发油成分，未统计基源
terpinolene 萜品油烯 挥发油成分，未统计基源
4-terpinyl acetate 4-松油醇乙酸酯 挥发油成分，未统计基源
α-terpinyl acetate *α*-松油醇乙酸酯 挥发油成分，未统计基源
β-terpinyl acetate *β*-松油醇乙酸酯 紫茎泽兰 Ageratina adenophora
terpinyl acetate 松油醇乙酸酯 挥发油成分，未统计基源
(*R*)-*α*-terpinyl-*β*-D-glucoside (*R*)-*α*-松油醇-*β*-D-葡萄糖苷 蝴蝶戏珠花 Viburnum plicatum var. tomentosum
terpurinflavone 灰毛豆黄酮 灰毛豆 Tephrosia purpurea

terresoxazine 蒺藜噁嗪▲ 萱草 Hemerocallis fulva
terrestriamide 蒺藜酰胺▲ 蒺藜 Tribulus terrestris
terrestribisamide 蒺藜双酰胺▲ 蒺藜 Tribulus terrestris
terrestric acid 蒺藜酸 猪毛菜 Salsola collina, 蒺藜 Tribulus terrestris
terrestrinin A, B 蒺藜宁▲A, B 蒺藜 Tribulus terrestris
terrestroneoside A 蒺藜新苷▲A 蒺藜 Tribulus terrestris
terrestroside A, A_1, A_2, B, F 蒺藜甾苷▲A, A_1, A_2, B, F 蒺藜 Tribulus terrestris
terrestrosin A~K 蒺藜辛▲A~K 蒺藜 Tribulus terrestris
2,2',5',2''-terthienyl 2,2',5', 2''- 噻吩 华东蓝刺头 Echinops grijsii
α-terthiophene α- 三联噻吩 驴欺口 Echinops davuricus, 华东蓝刺头 E. grijsii, 丝毛蓝刺头 E. nanus, 硬叶蓝刺头 E. ritro, 鳢肠 Eclipta prostrata, 孔雀草 Tagetes patula
tessaric acid 特萨菊酸▲ 六棱菊 Laggera alata, 翼齿六棱菊 L. crispata
2,6,3',6'-tetra-(3-methylbutanoyl)sucrose 2,6,3',6'- 四 -(3- 甲基丁酰基) 蔗糖 苍术 Atractylodes lancea
2,4,3',4'-tetra-(3-methylbutanoyl)sucrose [2,4,3',4'- 四 -(3- 甲基丁酰基) 蔗糖 苍术 Atractylodes lancea
1',3',4',6'-tetra-(3-methylbutanoyl)sucrose 1',3',4',6'- 四 -(3- 甲基丁酰基) 蔗糖 苍术 Atractylodes lancea
2,1',3',6'-tetra-(3-methylbutanoyl)sucrose 2,1',3',6'- 四 -(3- 甲基丁酰基) 蔗糖 苍术 Atractylodes lancea
2,4,3',6'-tetra-(3-methylbutanoyl)sucrose 2,4,3',6'- 四 -(3- 甲基丁酰基) 蔗糖 苍术 Atractylodes lancea
2,6,3',4'-tetra-(3-methylbutanoyl)sucrose 2,6,3',4'- 四 -(3- 甲基丁酰基) 蔗糖 苍术 Atractylodes lancea
6α,8α,9β,13-tetraacetoxy-1β-cinnamoyloxy-2β,4α-dihydroxy-β-dihydroagarofuran 6α,8α,9β,13- 四乙酰氧基 -1β- 桂皮酰氧基 -2β,4α- 二羟基 -β- 二氢沉香呋喃 南蛇藤 Celastrus orbiculatus
rel-(2R,3R,6R,7R,8R,9S,13S,15R)-(4E,11E)-2,7,8,9-tetraacetoxy-3-(benzoyloxy)-6,15-dihydroxy-14-oxojatropha-4,11-diene 相对 -(2R,3R,6R,7R,8R,9S,13S,15R)-(4E,11E)-2,7,8,9- 四乙酰氧基 -3- 苯甲酰氧基 -6,15- 二羟基 -14- 氧代麻疯树 -4,11- 二烯 细齿大戟 Euphorbia bifida
(2R*,3R*,4S*,5R*,7S*,8S*,9S*,13S*,14S*,15R*)-2,5,9,14-tetraacetoxy-3-benzoyloxy-8,15-dihydroxy-7-isobutyroyloxyjatropha-6(17),11E-diene (2R*,3R*,4S*,5R*,7S*,8S*,9S*,13S*,14S*,15R*)-2,5,9,14- 四乙酰氧基 -3- 苯甲酰氧基 -8,15- 二羟基 -7- 异丁酰氧基麻疯树 -6(17),11E- 二烯 南欧大戟 Euphorbia peplus
(2R*,3R*,4S*,5R*,7S*,8S*,9S*,13S*,14S*,15R*)-2,5,7,14-tetraacetoxy-3-benzoyloxy-8,15-dihydroxy-9-nicotinoyloxyjatropha-6(17),11E-diene (2R*,3R*,4S*,5R*,7S*,8S*,9S*,13S*,14S*,15R*)-2,5,7,14- 四乙酰氧基 -3- 苯甲酰氧基 -8,15- 二羟基 -9- 烟酰氧基麻疯树 -6(17),11E- 二烯 南欧大戟 Euphorbia peplus
5α,8β,11β,15α-tetraacetoxy-3β-benzoyloxy-9α,16β-dihydroxypepluane 5α,8β,11β,15α- 四乙酰氧基 -3β- 苯甲酰氧基 -9α,16β- 二羟基南欧大戟烷 南欧大戟 Euphorbia peplus
(2S,3S,4R,5R,7S,8R,13S,15R)-3,5,8,15-tetraacetoxy-7-isobutanoyloxyjatropha-6(17),11E-diene-9,14-dione (2S,3S,4R,5R,7S,8R,13S,15R)-3,5,8,15- 四乙酰氧基 -7- 异丁酰氧基麻疯树 -6(17),11E- 二烯 -9,14- 二酮 对叶大戟 Euphorbia sororia
3β,5α,8α,15β-tetraacetoxy-7β-propionyloxyjatropha-6(17),11E-diene-9,14-dione 3β,5α,8α,15β- 四乙酰氧基 -7β- 丙酰氧基麻疯树 -6(17),11E- 二烯 -9,14- 二酮 对叶大戟 Euphorbia sororia
1α,2α,6β,13-tetraacetoxy-8α-isobutyryloxy-9β-furoyloxy-4β-hydroxy-β-dihydroagarofuran 1α,2α,6β,13- 四乙酰氧基 -8α- 异丁酰氧基 -9β- 呋喃酰氧基 -4β- 羟基 -β- 二氢沉香呋喃 苦皮藤 Celastrus angulatus
1β,2β,6α,15-tetraacetoxy-8β,9β-dibenzoyloxy-dihydro-β-agarofuran 1β,2β,6α,15- 四乙酰氧基 -8β,9β- 二苯甲酰氧基 - 二氢 -β- 沉香呋喃 胶州卫矛 Euonymus kiautschovicus
3,5,7,15-tetraacetoxy-9-nicotinoyloxy-14-oxojatropha-6(17),11-diene 3,5,7,15- 四乙酰氧基 -9- 烟酰氧基 -14- 氧代麻疯树 -6(17),11- 二烯 南欧大戟 Euphorbia peplus
1α,6β,8α,13-tetraacetoxy-9α-benzoyloxy-2α-hydroxy-β-dihydroagarofuran 1α,6β,8α,13- 四乙酰氧基 -9α- 苯甲酰氧基 -2α- 羟基 -β- 二氢沉香呋喃 苦皮藤 Celastrus angulatus, 雷公藤 Tripterygium wilfordii
1β,2β,6α,15-tetraacetoxy-9α-benzoyloxy-4α-hydroxy-dihydro-β-agarofuran 1β,2β,6α,15- 四乙酰氧基 -9α- 苯甲酰氧基 -4α- 羟基 - 二氢 -β- 沉香呋喃 矮卫矛 Euonymus nanus
1α,6β,8β,14-tetraacetoxy-9α-benzoyloxydihydro-β-agarofuran 1α,6β,8β,14- 四乙酰氧基 -9α- 苯甲酰氧基二氢 -β- 沉香呋喃 灯油藤 Celastrus paniculatus
1β,2β,6α,15-tetraacetoxy-9α-benzoyloxy-dihydro-β-agarofuran 1β,2β,6α,15- 四乙酰氧基 -9α- 苯甲酰氧基 - 二氢 -β- 沉香呋喃 矮卫矛 Euonymus nanus
1β,6α,8β,15-tetraacetoxy-9α-benzoyloxy-dihydro-β-agarofuran 1β,6α,8β,15- 四乙酰氧基 -9α- 苯甲酰氧基 - 二氢 -β- 沉香呋喃 胶州卫矛 Euonymus kiautschovicus
1β,6α,8β,15-tetraacetoxy-9α-benzoyloxy-β-dihydroagarofuran 1β,6α,8β,15- 四乙酰氧基 -9α- 苯甲酰氧基 -β- 二氢沉香呋喃 冬青卫矛 Euonymus japonicus
1β,2β,6α,15-tetraacetoxy-9α-nicotinoyloxy-dihydro-β-agarofuran 1β,2β,6α,15- 四乙酰氧基 -9α- 烟酰氧基 - 二氢 -β- 沉香呋喃 矮卫矛 Euonymus nanus
3β,5α,7β,15β-tetra-acetoxy-9α-nicotinoyloxyjatropha-6(17)-11E-dien-14-one 3β,5α,7β,15β- 四乙酰氧基 -9α- 烟酰氧基麻疯树 -6(17)-11E- 二烯 -14- 酮 甘遂 Euphorbia kansui
1β,6α,8β,15-tetraacetoxy-9α-nicotinoyloxy-β-dihydroagarofuran 1β,6α,8β,15- 四乙酰氧基 -9α- 烟酰氧基 -β- 二氢沉香呋喃 冬青卫矛 Euonymus japonicus
1β,2β,6α,15-tetraacetoxy-9β-benzoyloxy-4α-hydroxy-dihydro-β-agarofuran 1β,2β,6α,15- 四乙酰氧基 -9β- 苯甲酰氧基 -4α- 羟基 - 二氢 -β- 沉

T

T

Codonopsis pilosula
(6*E*,12*E*)-tetradeca-6,12-diene-8,10-diyne-1,3-diol diacetate (6*E*,12*E*)- 十四碳 -6,12- 二烯 -8,10- 二炔 -1,3- 二醇二乙酸酯 关苍术 Atractylodes japonica
(4*E*,6*E*)-4,6-tetradecadien-8,10,12-triyn-1,3-diyl diacetate (4*E*,6*E*)-4,6- 十四碳二烯 -8,10,12- 三炔 -1,3- 二乙酸酯 牛蒡 Arctium lappa
(4*E*,6*Z*)-4,6-tetradecadien-8,12-diyn-1,3-diyl diacetate (4*E*,6*Z*)-4,6- 十四碳二烯 -8,12- 二炔 -1,3- 二乙酸酯 牛蒡 Arctium lappa
tetradecadienamide 十四碳二烯酰胺 裸果胡椒 Piper nudibaccatum, 毛叶胡椒 P. puberulilimbum
1,13-tetradecadiene 1,13- 十四碳二烯 挥发油成分，未统计基源
4,6-tetradecadiene-8,10,12-triyne-1,3-diol 4,6- 十四碳二烯 -8,10,12- 三炔 -1,3- 二醇 大丽花 Dahlia pinnata
(6*E*,12*E*)-tetradecadiene-8,10-diyn-1,3-diol diacetate (6*E*,12*E*)- 十四癸三烯 -8,10- 二炔 -1,3- 二醇二乙酸酯 朝鲜苍术 Atractylodes koreana
(6*E*,12*E*)-tetradecadiene-8,10-diyn-1,3-diol-1-acetate (6*E*,12*E*)- 十四癸三烯 -8,10- 二炔 -1,3- 二醇 -1- 乙酸酯 朝鲜苍术 Atractylodes koreana
(6*E*,12*E*)-tetradecadiene-8,10-diyn-1,3-diol-3-acetate (6*E*,12*E*)- 十四癸三烯 -8,10- 二炔 -1,3- 二醇 -3- 乙酸酯 朝鲜苍术 Atractylodes koreana
(6*E*,12*E*)-tetradecadiene-8,10-diyne-1,3-diol (6*E*,12*E*)- 十四碳二烯 -8,10- 二炔 -1,3- 二醇 关苍术 Atractylodes japonica
tetradecadienoic acid 十四碳二烯酸 蜜楝吴萸 Euodia lenticellata
2,4-tetradecadienoic acid isobutylamide 2,4- 十四二烯酸异丁基酰胺 胡椒 Piper nigrum
2,4-tetradecadienoic acid iso-butylamide 2,4- 十四碳二烯酸异丁基酰胺 假蒟 Piper sarmentosum
8-tetradecadienoyl-benzoylaconine 8- 十四碳二烯酰基 - 苯甲酰乌头原碱 乌头 Aconitum carmichaelii
δ-tetradecalactone *δ*- 十四内酯 挥发油成分，未统计基源
tetradecanal 十四醛 挥发油成分，未统计基源
tetradecane 十四烷 挥发油成分，未统计基源
n-tetradecane 正十四烷 挥发油成分，未统计基源
tetradecane amine 十四烷胺 两面针 Zanthoxylum nitidum
1,14-tetradecanediol 1,14- 十四烷二醇 挥发油成分，未统计基源
tetradecanoic acid 十四酸 挥发油成分，未统计基源
tetradecanol 十四醇 大果树参 Dendropanax chevalieri, 五爪金龙 Ipomoea cairica
2-tetradecanone 2- 十四酮 挥发油成分，未统计基源
3*β*-tetradecanoyl-28-hydroxyolean-18-ene 3*β*- 十四酰基 -28- 羟基 - 齐墩果 -18- 烯 蒙古鸦葱 Scorzonera mongolica
8-tetradecanoyl-benzoylhypaconine 8- 十四烷酰基 - 苯甲酰次乌头胺 乌头 Aconitum carmichaelii
8-tetradecanoyl-benzoylmesaconine 8- 十四烷酰基 - 苯甲酰中乌头胺 乌头 Aconitum carmichaelii
3*β*-tetradecanoyloxy-1*β*-hydroxylup-20(29)-ene 3*β*- 十四酰氧基 -1*β*- 羟基羽扇豆 -20(29)- 烯 白背算盘子 Glochidion wrightii
(3*S*,5,3'*S*,5'*R*,6'*R*)-3-tetradecanoyloxy-5,3',5'-trihydroxy-6',7'-didehydro-5',6'-dihydro-5,6-*seco*-*β*,*β*-caroten-6-one (3*S*,5,3'*S*,5'*R*,6'*R*)-3- 四癸酰氧基 -5,3',5'- 三羟基 -6',7'- 二去氢 -5',6'- 二氢 -5,6- 开环 -*β*,*β*- 胡萝卜素 -6- 酮 海桐 Pittosporum tobira
(3*S*,5,3'*S*,5'*R*,6'*S*,9'*Z*)-3-tetradecanoyloxy-5',6'-epoxy-5,3'-dihydroxy-5',6'-dihydro-5,6-*seco*-*β*,*β*-caroten-6-one (3*S*,5,3'*S*,5'*R*,6'*S*,9'*Z*)-3- 四癸酰氧基 -5',6'- 环氧 -5,3'- 二羟基 -5',6'- 二氢 -5,6- 开环 -*β*,*β*- 胡萝卜素 -6- 酮 海桐 Pittosporum tobira
2*E*,4*E*,8*E*,10*E*,12*E*-tetradecapentaenoic acid *N*-(2-hydroxy-2-methylpropyl)amide 2*E*,4*E*,8*E*,10*E*,12*E*- 十四碳五烯酸 *N*-(2- 羟基 -2- 甲基丙基)- 酰胺 花椒 Zanthoxylum bungeanum
5,7,9,11-tetradecatetraen-1-ol 5,7,9,11- 十四碳四烯 -1- 醇 欧亚矢车菊 Centaurea ruthenica
5,7,9,11-tetradecatetraenyl benzoic acid ester 5,7,9,11- 十四碳四烯苯甲酸酯 欧亚矢车菊 Centaurea ruthenica
(4*E*,6*E*,12*E*)-4,6,12-tetradecatrien-8,10-diyn-1,3-diyl diacetate (4*E*,6*E*,12*E*)-4,6,12- 十四碳烯 -8,10- 二炔 -1,3- 二乙酸酯 牛蒡 Arctium lappa
(4*E*,6*Z*,12*E*)-4,6,12-tetradecatrien-8,10-diyn-1,3-diyl diacetate (4*E*,6*Z*,12*E*)-4,6,12- 十四碳烯 -8,10- 二炔 -1,3- 二乙酸酯 牛蒡 Arctium lappa
(4*E*,6*E*,12*E*)-tetradecatriene-8,10-dien-1,3-diynyl diacetate (4*E*,6*E*,12*E*)- 十三烷三烯 -8,10- 二烯 -1,3- 二炔二乙酸酯 苍术 Atractylodes lancea
4,6,12-tetradecatriene-8,10-diyn-1,3-diol 4,6,12- 十四碳三烯 -8,10- 二炔 -1,3- 二醇 大丽花 Dahlia pinnata
(4*E*,6*E*,12*E*)-tetradecatriene-8,10-diyn-1,3-diol diacetate (4*E*,6*E*,12*E*)- 十四烷三烯 -8,10- 二炔 -1,3- 二醇二乙酸酯 关苍术 Atractylodes japonica
4,6,12-tetradecatriene-8,10-diyn-1,3-diol diacetate 4,6,12- 十四碳三烯 -8,10- 二炔 -1,3- 二醇 - 二乙酸酯 大丽花 Dahlia pinnata
(4*E*,6*E*,12*E*)-tetradecatriene-8,10-diyn-1,3-diyl diacetate (4*E*,6*E*,12*E*)- 十四癸三烯 -8,10- 二炔 -1,3- 二乙酸酯 朝鲜苍术 Atractylodes koreana
(4*E*,6*E*,12*E*)-tetradecatriene-8,10-diyn-1-ol (4*E*,6*E*,12*E*)- 十四癸三烯 -8,10- 二炔 -1- 醇 朝鲜苍术 Atractylodes koreana
(4*Z*,6*E*,12*E*)-tetradecatriene-8,10-diyn-1-ol (4*Z*,6*E*,12*E*)- 十四癸三烯 -8,10- 二炔 -1- 醇 朝鲜苍术 Atractylodes koreana
cis-7-tetradecen-1-ol 顺式 -7- 十四碳烯 -1- 醇 挥发油成分，未统计基源
(*E*)-2-tetradecene (*E*)-2- 十四烯 挥发油成分，未统计基源
1-tetradecene 1- 十四烯 挥发油成分，未统计基源
tetradecenoic acid 十四烯酸 挥发油成分，未统计基源
cis-4-tetradecenoic acid 顺式 -4- 十四烯酸 乌药 Lindera aggregata, 锈叶新木姜子 Neolitsea cambodiana, 鸭公树 N. chui
5-(*Z*)-tetradecenolide 5-(*Z*)- 十四烯内酯 黄葵 Abelmoschus moschatus
8-tetradecenoyl-benzoylaconine 8- 十四碳烯酰基 - 苯甲酰乌头原碱 乌头 Aconitum carmichaelii
8-tetradecenoyl-benzoyldeoxyaconine 8- 十四碳烯酰基 - 苯甲酰去氧乌头原碱 乌头 Aconitum carmichaelii
8-tetradecenoyl-benzoylhypaconine 8- 十四碳烯酰基 - 苯甲酰次乌头胺 乌头 Aconitum carmichaelii
8-tetradecenoyl-benzoylmesaconine 8- 十四碳烯酰基 - 苯甲酰中乌头胺 乌头 Aconitum carmichaelii
2-tetradecenylcyclobutanone 2- 十四烯基环丁酮 腰果 Anacardium occidentale

tetradecyl (*E*)-ferulate (*E*)- 阿魏酸十四酯 南酸枣 Choerospondias axillaris
tetradecyl-(*E*)-ferulate 十四基 -(*E*)- 阿魏酸酯 卫矛 Euonymus alatus
5-tetradecyl-1,3-*m*-benzenediol 5- 十四烷基 -1,3- 间苯二酚 九管血 Ardisia brevicaulis
tetradecyl-11-methyltridecanoate 11- 甲基十三酸十四酯 闭鞘姜 Costus speciosus
tetradecyl-13-methylpentadecanoate 13- 甲基十五酸十四酯 闭鞘姜 Costus speciosus
2-tetradecylcyclobutanone 2- 十四烷基环丁酮 腰果 Anacardium occidentale
2-tetradecylfuran 2- 十四烷基呋喃 鳄梨 Persea americana
tetradecyl-oxirane 十四烷基环氧乙烷 云南松 Pinus yunnanensis
tetradecylplamitate 棕榈酸十四酯 商陆 Phytolacca acinosa
13-tetradecyn-2-one 13- 十四炔 -2- 酮 豺皮樟 Litsea rotundifolia var. oblongifolia
(12*β*,22*E*,24*E*)-22,23,24,25-tetradehydro-12-[(1-oxo-3-phenyl-2-propenyl)oxy]-simplexin (12*β*,22*E*,24*E*)-22,23,24,25- 四氢 -12-(1- 氧代 -3- 苯基 -2- 丙烯氧基)- 单茎稻花素▲ 瑞香 Daphne odora
7,8,13,13a-tetradehydro-2-hydroxy-3-methoxy-9,10-(methylenedioxy)-berbinium 7,8,13,13a- 四去氢 -2- 羟基 -3- 假氧基 -9,10-(亚甲二氧基)- 小檗因 石生黄堇 Corydalis saxicola
(-)-1,2,6,7-tetradehydro-3-carbomethoxy-3-chloroaspidospermidine (-)-1,2,6,7- 四氢 -3- 甲氧羰基 -3- 氯代白坚木定▲ 水甘草 Amsonia elliptica
17,4',5',6'-tetradehydro-3*α*-cinchophylline 17,4',5',6'- 四去氢 -3*α*- 金鸡纳叶碱▲ 金鸡纳树 Cinchona calisaya
1,2,18,19-tetradehydro-4-demethyl-4-formaldehyde-3,17-epoxy-7,20(2*H*,19*H*)-cyclovobasan 1,2,18,19- 四氢 -4- 去甲基 -4- 醛基 -3,17- 环氧 -7,20(2*H*,19*H*)- 环伏康树烷 钩吻 Gelsemium elegans
7,8,12,14-tetradehydro-5*α*,6,12,13*α*-tetrahydro-3*β*,13,23*β*-trihydroxyveratraman-6-one 7,8,12,14- 四去氢 -5*α*,6,12,13*α*- 四氢 -3*β*,13,23*β*- 三羟基藜芦满 -6- 酮 天目贝母 Fritillaria monantha
7,8,12,14-tetradehydro-5*α*,6,12,13*α*-tetrahydro-3*β*,23*β*-dihydroxyveratraman-6-one 7,8,12,14- 四去氢 -5*α*,6,12,13*α*- 四氢 -3*β*,23*β*- 二羟基藜芦满 -6- 酮 天目贝母 Fritillaria monantha
1,8,9,10-tetradehydroaristolan-2-one 1,8,9,10- 四去氢马兜铃 -2- 酮 甘松 Nardostachys jatamansi
1,2,9,10-tetradehydroaristolane 1,2,9,10- 四去氢马兜铃烷 甘松 Nardostachys jatamansi
1,2,9,10-tetradehydroaristolene 1,2,9,10- 四去氢马兜铃烯 甘松 Nardostachys jatamansi
3,4,5,6-tetradehydrodolichantoside 3,4,5,6- 四去氢长花马钱苷▲ 香果树 Emmenopterys henryi
tetradehydroscoulerine 四氢斯氏紫堇碱 石生黄堇 Corydalis saxicola
22,23,24,25-tetradehydrosimplexin 22,23,24,25- 四去氢单茎稻花素▲ 海漆 Excoecaria agallocha
3*β*,5*α*,6*β*,9*α*-tetradroxyergosta-7,22-diene 3*β*,5*α*,6*β*,9*α*- 四羟基麦角甾 -7,22- 二烯 松乳菇 Lactarius deliciosus
tetraflavaspidic acid 四黄绵马酸 欧洲鳞毛蕨 Dryopteris filix-mas
2,3,4,6-tetragallate D-glucose 2,3,4,6- 四没食子酸酯 -D- 葡萄糖 榄李 Lumnitzera racemosa
tetragalloyl glucose 四没食子酰吡喃葡萄糖 红叶 Cotinus coggygria var. cinerea
1,2,3,4-tetragalloyl-6-digalloyl-*β*-D-glucopyranose 1,2,3,4- 四没食子酰基 -6- 二没食子酰基 -*β*-D- 吡喃葡萄糖 芍药 Paeonia lactiflora
1,2,3,6-tetragalloylglucose 1,2,3,6- 四没食子酰葡萄糖 胡桃楸 Juglans mandshurica, 云南红景天 Rhodiola yunnanensis
1,2,3,6-tetragalloyl-*O*-*β*-D-glucopyranoside 1,2,3,6- 四没食子酰基 -*O*-*β*-D- 吡喃葡萄糖苷 芍药 Paeonia lactiflora
1,2,3,6-tetragalloyl-*β*-D-glucopyranose 1,2,3,6- 四没食子酰基 -*β*-D- 吡喃葡萄糖 胡桃楸 Juglans mandshurica
1,2,3,6-tetragalloyl-*β*-D-glucose 1,2,3,6- 四没食子酰基 -*β*-D- 葡萄糖 菱 Trapa bispinosa, 丘角菱 T. japonica
trans-5,7,2',6'-tetrahoxyflavonol 反式 -5,7,2',6'- 四羟基黄酮醇 滇黄芩 Scutellaria amoena
5,7,2',6'-tetrahoxyflavonol-2'-*O*-*β*-D-glucopyranoside 5,7,2',6'- 四羟基黄酮醇 -2'-*O*-*β*-D- 吡喃葡萄糖苷 滇黄芩 Scutellaria amoena
24*S*,3*β*,11*α*,16*β*,24-tetrahyaroxycycloartenol-3-*O*-*β*-D-glucopyranosyl-(1 → 2)-*β*-D-glucopyranoside 24*S*,3*β*,11*α*,16*β*,24- 四羟基环木菠萝烯醇 -3-*O*-*β*-D- 吡喃葡萄糖基 -(1 → 2)-*β*-D- 吡喃葡萄糖苷 仙茅 Curculigo orchioides
1,2,3,4-tetrahydro-1,1,6-trimethyl-naphthalene 1,2,3,4- 四氢 -1,1,6- 三甲基萘 挥发油成分，未统计基源
1,2,3,4-tetrahydro-1,2-dimethyl-6,7-isoquinolinediol 1,2,3,4- 四氢 -1,2- 二甲基 -6,7- 异喹啉二醇 地涌金莲 Musella lasiocarpa
1,2,3,4-tetrahydro-1,3,4-trioxo-*β*-carboline 1,2,3,4- 四氢 -1,3,4- 三氧代 -*β*- 咔啉 苦树 Picrasma quassioides, 蒲公英 Taraxacum mongolicum
1,2,3,4-tetrahydro-1,4,6,8-tetrahydroxyxanthone 1,2,3,4- 四氢 -1,4,6,8- 四羟基𠮿酮 獐牙菜 Swertia bimaculata
1,2,21,23-tetrahydro-11*β*,23-dihydroxy-21-oxoobacunoic acid 1,2,21,23- 四氢 -11*β*,23- 二羟基 -21- 氧代黄柏酸 假黄皮 Clausena excavata
2,3,4,5-tetrahydro-1-benzoxepin-3-ol 2,3,4,5- 四氢 -1- 苯并氧杂 -3- 醇 挥发油成分，未统计基源
2,3,4,9-tetrahydro-1*H*-pyrido[3,4-*b*]indole-3-carboxylic acid 2,3,4,9- 四氢 -1*H*- 吡啶并 [3,4-*b*] 吲哚 -3- 羧酸 阿尔泰银莲花 Anemone altaica, 重齿当归 Angelica biserrata, 宽叶荨麻 Urtica laetevirens
2,3,4,9-tetrahydro-1-methyl-1*H*-pyrido[3,4-b]indole-3-carboxylic acid 2,3,4,9- 四氢 -1- 甲基 -1*H*- 吡啶骈 [3,4-b] 吲哚 -3- 羧酸 宽叶荨麻 Urtica laetevirens
(1*S*,2*S*)-1,2,3,4-tetrahydro-1-methyl-2-(1-methylethenyl)-6-(1-methylethyl)-1-naphthalenepropanoic acid methyl ester (1*S*,2*S*)-1,2,3,4- 四氢 -1- 甲基 -2-(1- 甲基乙烯基)-6-(1- 甲基乙基)-1- 萘丙酸甲酯 长毛紫珠 Callicarpa pilosissima
1,2,3,4-tetrahydro-1-methylisoquinoline-7,8-diol 1,2,3,4- 四氢 -1- 甲基异喹啉 -7,8- 二醇 紫茉莉 Mirabilis jalapa
1,2,3,4-tetrahydro-1-methyl-*β*-carboline-3-carboxylic acid 1,2,3,4- 四氢 -1- 甲基 -*β*- 咔啉 -3- 羧酸 苦瓜 Momordica charantia, 白刺 Nitraria tangutorum, 拔毒散 Sida szechuensis
1,2,21,23-tetrahydro-1*α*,11*β*,23-trihydroxy-21-oxoobacunone 1,2,21,23- 四氢 -1*α*,11*β*,23- 三羟基 -21- 氧代黄柏酮 假黄皮 Clausena excavata
1,4a,5,7a-tetrahydro-1-*β*-D-glucopyranosyl-7-(3',4'-dihydroxybenzoyloxymethyl)-5-ketocyclopenta[c]pyran-4-carboxylic acid 1,4a,5,7a- 四氢 -1-

β-D- 吡喃葡萄糖基 -7-(3',4'- 二羟基苯甲酰氧基甲基)-5- 酮基环戊 [c] 吡喃 -4- 羧酸 黄荆 Vitex negundo

(2α,3β,4β)-tetrahydro-2-(4-hydroxy-3,5-dimethoxyphenyl)-4-[(3,4,5-trimethoxyphenyl)methyl]-3-furanmethanol (2α,3β,4β)- 四氢 -2-(4- 羟基 -3,5- 二甲氧基苯基)-4-[(3,4,5- 三甲氧基苯基) 甲基]-3- 呋喃甲醇 黄檗 Phellodendron amurense

tetrahydro-2-(4-hydroxy-3-methoxyphenyl)-4-(4-hydroxy-3-methoxybenzoyl)-3-furan methanol 四氢 -2-(4- 羟基 -3- 甲氧基苯基)-4-(4- 羟基 -3- 甲氧基苯甲酰基)-3- 呋喃甲醇 长白鱼鳞云杉 Picea jezoensis var. komarovii

tetrahydro-2-(4-hydroxy-3-methoxyphenyl)-4-[(4-hydroxyphenyl)methyl]-3-furanmethanol 四氢 -2-(4- 羟基 -3- 甲氧基苯基)-4-[(4- 羟基苯基) 甲基]-3- 呋喃甲醇 狼毒 Stellera chamaejasme

trans-(tetrahydro-2-(4-hydroxy-3-methoxyphenyl)-5-oxofuran-3-yl)-methyl benzoate 反式 -(四氢 -2-(4- 羟基 -3- 甲氧基苯基)-5- 氧代呋喃 -3- 基)- 苯甲酸甲酯 挥发油成分，未统计基源

1,7,8,12b-tetrahydro-2,2,4-trimethyl-2*H*-benzo[6,7]cyclohepta[1,2,3-de][1]benzopyran-5,10,11-triol 1,7,8,12b- 四氢 -2,2,4- 三甲基 -2*H*- 苯并 [6,7] 环戊 [1,2,3-de][1] 苯并吡喃 -5,10,11- 三醇 总状花羊蹄甲 Bauhinia racemosa

tetrahydro-2,4-bis-(4-hydroxy-3-methoxyphenyl)-3,4-furandimethanol 四氢 -2,4- 双 -(4- 羟基 -3- 甲氧基苯基)-3,4- 呋喃二甲醇 长白鱼鳞云杉 Picea jezoensis var. komarovii

(2*R*,3*R*,4*S*,5*S*)-tetrahydro-2,5-bis(4-hydroxy-3,5-dimethoxyphenyl)-4-(hydroxymethyl)-3-furanyl-β-D-glucopyranoside (2*R*,3*R*,4*S*,5*S*)- 四氢 -2,5- 二 (4- 羟基 -3,5- 二甲氧基苯基)-4- 羟甲基 -3- 呋喃基 -β-D- 吡喃葡萄糖苷 海南大风子 Hydnocarpus hainanensis

1,2,3,4-tetrahydro-2,5-dimethyl-8-(1-methylethyl)-1,2-naphthalenediol 1,2,3,4- 四氢 -2,5- 二甲基 -8-(1- 甲基乙基)-1,2- 萘二酚 轮叶木姜子 Litsea verticillata

(6*S*,7*R*,10*S*,11*S*,18*R*,22*S*)-16,17,19,20-tetrahydro-2,7,8,19,22,23-hexahydro-22-methyl-3-*O*,7:18,23-dicycloiridal (6*S*,7*R*,10*S*,11*S*,18*R*,22*S*)-16, 17,19,20- 四氢 -2,7,8,19,22,23- 六氢 -22- 甲基 -3-*O*,7:18,23- 二环鸢尾醛 香根鸢尾 Iris pallida

7,8,16,17-tetrahydro-23*R*,24*R*-*O*-acetyl-hydroshengmanol-3-*O*-β-D-galactopyranoside 7,8,16,17- 四氢 -23*R*,24*R*-*O*- 乙酰基 - 氢化升麻新醇 -3-*O*-β-D- 吡喃半乳糖苷 单穗升麻 Cimicifuga simplex

(*E*,*E*)-9-(tetrahydro-2*H*-pyran-2-yl)-2,8-nonadiene-4,6-diyn-1-ol (*E*,*E*)-9-(四氢 -2*H*- 吡喃 -2- 基)-2,8- 壬二烯 -4,6- 二炔 -1- 醇 北疆风铃草 Campanula glomerata

(*E*,*E*)-9-(tetrahydro-2*H*-pyran-2-yl)-2,8-nonadiene-4,6-diynal (*E*,*E*)-9-(四氢 -2*H*- 吡喃 -2- 基)-2,8- 壬二烯 -4,6- 二炔醛 北疆风铃草 Campanula glomerata

4a,5,6,10b-tetrahydro-3-(4-hydroxyphenyl)-1*H*-naphtho[2,1-b]pyran-1-one 4a,5,6,10b- 四氢 -3-(4- 羟基苯基)-1*H*- 萘 [2,1-b] 吡喃 -1- 酮 辽东桤木 Alnus hirsuta

(3*R*,3a*R*,3,6a*S*)-tetrahydro-3,4,5-tris(hydroxymethyl)-2*H*-cyclopenta[b]furan-2-one (3*R*,3a*R*,3,6a*S*)- 四氢 -3,4,5- 三 (羟甲基)-2*H*- 环戊 [b] 呋喃 -2- 酮 斜基粗叶木 Lasianthus attenuatus

5,6,7,8-tetrahydro-3,4-dihydroxy-5-methyl-8-(1-methylethyl)-2-naphthalenecarboxaldehyde 5,6,7,8- 四氢 -3,4- 二羟基 -5- 甲基 -8-(1- 甲基乙基)-2- 萘醛 土坛树 Alangium salviifolium

2*R*-(2α,3α,4α,5β)-4,4'-(tetrahydro-3,4-dimethyl-2,5-furandiyl)bis(2-methoxyphenol) 2*R*-(2α,3α,4α,5β)-4,4'-(四氢 -3,4- 二甲基 -2,5- 呋喃二基) 二 (2- 甲氧基苯酚) 铁箍散 Schisandra propinqua var. sinensis

(3*S*-*trans*)-5,5'-[(tetrahydro-3,4-furandiyl)bis(methylene)]bis-1,3-benzodioxole (3*S*- 反式)-5,5'-[(四氢 -3,4- 呋喃二基) 二亚甲基] 二 -1,3- 苯并二恶茂 方枝守宫木 Sauropus quadrangularis

(4a*S*,5*S*,8*R*)-5,6,7,8-tetrahydro-3,8-dihydroxy-4a,5-dimethylnaphthalen-2(4a*H*)-one (4a*S*,5*S*,8*R*)-5,6,7,8- 四氢 -3,8- 二羟基 -4a,5- 二甲基萘 -2(4a*H*)- 酮 箭叶橐吾 Ligularia sagitta

[1*R*-(1α,3β,3aβ,8bβ)]-1,2,3,3a-tetrahydro-3a-(3-hydroxy-4-methoxyphenyl)-6,8-dimethoxy-3-phenyl-8b*H*-cyclopenta[b]benzofuran-1,8b-diol [1*R*-(1α,3β,3aβ,8bβ)]-1,2,3,3a- 四氢 -3a-(3- 羟基 -4- 甲氧基苯基)-6,8- 二甲氧基 -3- 苯基 -8b*H*- 环戊 [b] 苯并呋喃 -1,8b- 二醇 米仔兰 Aglaia odorata

(3aα,6β,7aα)-2,3,7,7a-tetrahydro-3a,6(6*H*)-benzofurandiol (3aα,6β,7aα)-2,3,7,7a- 四氢 -3a,6(6*H*)- 苯并呋喃二醇 老鸦烟筒花 Millingtonia hortensis

1,2,3,4-tetrahydro-3-carboxy-2-carboline 1,2,3,4- 四氢 -3- 羧基 -2- 卡波林 番薯 Ipomoea batatas

1,2,3,4-tetrahydro-3-carboxyharmane 1,2,3,4- 四氢 -3- 羧基哈尔满 红花 Carthamus tinctorius

(2*R*,3*R*,4*R*)-rel-(-)-tetrahydro-3-hydroxy-2-(4-hydroxy-3-methoxyphenyl)-4-[(4-hydroxy-3-methoxyphenyl)methyl]-3-furanmethanol (2*R*,3*R*,4*R*)- 相对 -(-)- 四氢 -3- 羟基 -2-(4- 羟基 -3- 甲氧基苯基)-4-[(4- 羟基 -3- 甲氧基苯基) 甲基]-3- 呋喃甲醇 羽叶丁香 Syringa pinnatifolia

(5*S*-*cis*)-2,3,6,11-tetrahydro-3-oxo-1*H*-indolizino[8,7-b]indole-5,11b(5*H*)-dicarboxylic acid (5*S*- 顺式 -)-2,3,6,11- 四氢 -3- 氧代 -1*H*- 氮茚并 [8,7-b] 吲哚 -5,11b(5*H*)- 二羧酸 海州常山 Clerodendrum trichotomum

(5*S*-*trans*)-2,3,6,11-tetrahydro-3-oxo-1*H*-indolizino[8,7-b]indole-5,11-b(5*H*)-dicarboxylic acid (5*S*- 反式 -)-2,3,6,11- 四氢 -3- 氧代 -1*H*- 氮茚并 [8,7-b] 吲哚 -5,11-b(5*H*)- 二羧酸 海州常山 Clerodendrum trichotomum

1,3,5,6-tetrahydro-4-(3-hydroxy-3-methylbutyl)-7,8-diprenyl-xanthone 1,3,5,6- 四氢 -4-(3- 羟基 -3- 甲基丁基)-7,8- 二异戊烯基 - 咖酮 大叶藤黄 Garcinia xanthochymus

5,6,7,7a,-tetrahydro-4,4,7a-trimethyl-2(4*H*)-benzofuranone 5,6,7,7a,- 四氢 -4,4,7a- 三甲基 -2(4*H*)- 苯并呋喃酮 挥发油成分，未统计基源

5,6,7,7a-tetrahydro-4,4,7a-trinethylbenzofuran-2(4*H*)-one 5,6,7,7a- 四氢 -4,4,7a- 三甲基苯并呋喃 -2(4*H*)- 酮 挥发油成分，未统计基源

[4*R*-(4α,4aβ,5β,8aβ)]-4a,7,8,8a-tetrahydro-4,8a-dihydroxy-3,4a,5-trimethyl-naphtho[2,3-b]furan-2,6(4*H*,5*H*)-dione [4*R*-(4α,4aβ,5β,8aβ)]-4a,7,8, 8a- 四氢 -4,8a- 二羟基 -3,4a,5- 三甲基 - 萘 [2,3-b] 呋喃 -2,6(4*H*,5*H*)- 二酮 离舌橐吾 Ligularia veitchiana

(4*S*,4a*R*,5*S*,9a*S*)-4a,6,7,9a-tetrahydro-4,9a-dimethoxy-3,4a,5-trimethyl-naphtho[2,3-b]furan-2,8(4*H*,5*H*)-dione (4*S*,4a*R*,5*S*,9a*S*)-4a,6,7,9a- 四氢 -4,9a- 二甲氧基 -3,4a,5- 三甲基 - 萘 [2,3-b] 呋喃 -2,8(4*H*,5*H*)- 二酮 新疆千里光 Senecio jacobaea

(2R,4aR,8aR)-3,4,4a,8a-tetrahydro-4a-hydroxy-2,6,7,8a-tetramethyl-2-(4,8,12-trimethyltridecyl)-2H-chromene-5,8-dione (2R,4aR,8aR)-3,4,4a,8a- 四氢 -4a- 羟基 -2,6,7,8a- 四甲基 -2-(4,8,12- 三甲基十三烷基)-2H- 色烯 -5,8- 二酮 黄苞大戟 Euphorbia sikkimensis, 蓖麻 Ricinus communis

(8S,8aS)-6,7,8,8a-tetrahydro-4-hydroxy-8-(1-methylethenyl)-2H-naphtho[1,8-bc]furan-2-one (8S,8aS)-6,7,8,8a- 四氢 -4- 羟基 -8-(1- 甲基乙烯基)-2H- 萘 [1,8-bc] 呋喃 -2- 酮 准噶尔橐吾 Ligularia songarica

4-[(1R,3aR,4R,6aR)-tetrahydro-4-methoxy-1H,3H-furo[3,4-c]furan-1-yl]-phenol 4-[(1R,3aR,4R,6aR)- 四氢 -4- 甲氧基 -1H,3H- 呋喃 [3,4-c] 呋喃 -1- 基]- 苯酚 杨梅 Myrica rubra

(1S)-1,2,3,4-tetrahydro-4-oxo-naphthalen-1-yl-6-O-[(3,4,5-trihydroxyphenyl)carbonyl]-β-D-glucopyranoside (1S)-1,2,3,4- 四氢 -4- 氧代 - 萘 -1- 基 -6-O-[(3,4,5- 三羟基苯基) 羰基]-β-D- 吡喃葡萄糖苷 泡核桃 Juglans sigillata

(R)-2-((2R,5S)-tetrahydro-5-(2-oxopropyl)furan-2-yl)propanoic acid (R)-2-((2R,5S)- 四氢 -5-(2- 氧代丙基) 呋喃 -2- 基)- 丙酸 滑桃树 Trevia nudiflora

(5R,6S,7S,13aS)-5,6,7,8-tetrahydro-5,13,14-trimethoxy-6,7-dimethyl-cycloocta[1,2-f:3,4-f']bis[1,3]benzodioxole (5R,6S,7S,13aS)-5,6,7,8- 四氢 -5,13,14- 三甲氧基 -6,7- 二甲基 - 环辛 [1,2-f:3,4-f'] 二 [1,3] 苯并二噁茂 红花五味子 Schisandra rubriflora

1',2',3',4'-tetrahydro-5'-deoxypinnatanine 1',2',3',4'- 四氢 -5'- 去氧羽叶省沽油碱▲ 萱草 Hemerocallis fulva

1,2,3,4-tetrahydro-5-hydroxy-8-methoxy-2-methyl-4'-methoxybenzylisoquinoline 1,2,3,4- 四氢 -5- 羟基 -8- 甲氧基 -2- 甲基 -4'- 甲氧基苄基异喹啉 小花清风藤 Sabia parviflora

1,2,3,9-tetrahydro-5-methoxypyrrolo[2,1-b]quinazoline-3-ol 1,2,3,9- 四氢 -5- 甲氧基吡咯并 [2,1-b] 喹唑啉 -3- 醇 鸭嘴花 Justicia adhatoda

[3S-[3α,6α(1R,2R)]]-tetrahydro-6-(2-hydroxy-4-methyl-3-cyclohexen-1-yl)-2,2,6-trimethyl-3-acetate-2H-pyran-3-ol [3S-[3α,6α(1R,2R)]]- 四氢 -6-(2- 羟基 -4- 甲基 -3- 环己烯 -1- 基)-2,2,6- 三甲基 -3- 乙酸酯 -2H- 吡喃 -3- 醇 青蒿 Artemisia carvifolia carvifolia

rel-(3R,3'S,4R,4'S)-3,3',4,4'-tetrahydro-6,6'-dimethoxy[3,3'-bi-2H-benzopyran]-4,4'-diol 相对 -(3R,3'S,4R,4'S)-3,3',4,4'- 四氢 -6,6'- 二甲氧基 [3,3'- 二 -2H- 苯并吡喃]-4,4'- 二醇 钝叶鸡蛋花 Plumeria obtusa

1,2,3,4-tetrahydro-6,7-dihydroxy-1,1-dimethyl-3-isoquinolinecarboxylic acid 1,2,3,4- 四氢 -6,7- 二羟基 -1,1- 二甲基 -3- 异喹啉羧酸 刺毛黧豆 Mucuna pruriens

3',4',4a',9a'-tetrahydro-6,7'-dimethylspiro[benzofuran-3(2H),2'-pyrano-[2,3-b]benzofuran]-2,4a'-diol 3',4',4a',9a'- 四氢 -6,7'- 二甲基螺环 [苯并呋喃 -3(2H),2'- 吡喃 -[2,3-b] 苯并呋喃]-2,4a'- 二醇 台湾泽兰 Eupatorium formosanum

rel-(-)-4-[(2R,6S)-tetrahydro-6-[2-(4-hydroxyphenyl)ethyl]-2H-pyran-2-yl]-1,2-benzenediol 相对 -(-)-4-[(2R,6S)- 四氢 -6-(2- 对羟基苯乙基)-2H- 吡喃 -2- 基]-1,2- 苯二酚 尼泊尔桤木 Alnus nepalensis

1,4,10,11-tetrahydro-6'-[8'-(hydroxymethyl)ethenyl]-2,3-dimethoxy-benzopyran-12-one-8'-O-β-D-glucopyranosyl-O-α-D-arabinoside 1,4,10,11- 四氢 -6'-[8'-(羟甲基) 乙烯基]-2,3- 二甲氧基 - 苯并吡喃 -12- 酮 -8'-O-β-D- 吡喃葡萄糖基 -O-α-D- 阿拉伯糖苷 紫穗槐 Amorpha fruticosa

1,2,3,4-tetrahydro-6-hydroxy-1-[(4-hydroxyphenyl)methyl]-2-methyl-7-isoquinolinyl β-D-glucopyranoside 1,2,3,4- 四氢 -6- 羟基 -1-[(4- 羟基苯基) 甲基]-2- 甲基 -7- 异喹啉基 -β-D- 吡喃葡萄糖苷 黄檗 Phellodendron amurense

1,2,3,4-tetrahydro-6-methoxy-1-(4'-hydroxyphenyl)-methyl-7-isoquinolinol 1,2,3,4- 四氢 -6- 甲氧基 -1-[4'- 羟基苯基]- 甲基 -7- 异喹啉醇 灰绿黄堇 Corydalis adunca

2,3,4,9-tetrahydro-6-methoxy-1H-pyrido[3,4-b]indole 2,3,4,9- 四氢 -6- 甲氧基 -1H- 吡啶并 [3,4-b] 吲哚 华马钱 Strychnos cathayensis

(4R,6R)-tetrahydro-6-methyl-4-[[6-O-(3,4,5-trihydroxybenzoyl)-β-D-allopyranosyl] oxy]-2H-pyran-2-one (4R,6R)- 四氢 -6- 甲基 -4-[6-O-(3,4,5- 三羟基苯甲酰基)-β-D- 吡喃阿洛糖氧基]-2H- 吡喃 -2- 酮 草血竭 Polygonum paleaceum

1,2,3,4-tetrahydro-7-methoxy-1-(4-methoxybenzyl)-8-quinolinol 1,2,3,4- 四氢 -7- 甲氧基 -1-[4- 甲氧基苯基]- 甲基 -8- 异喹啉醇 灰绿黄堇 Corydalis adunca

(4R,4aS,10bS)-rel-(+)-3,4,4a,5-tetrahydro-7,10-dihydroxy-3,9-dimethoxy-4-methyl-8-(1-methylethyl)-1H-4,10b-propano-6H-naphtho[1,2-c]pyran-6-one (4R,4aS,10bS)-rel-(+)-3,4,4a,5- 四氢 -7,10- 二羟基 -3,9- 二甲氧基 -4- 甲基 -8-(1- 甲基乙基)-1H-4,10b- 丙烷基 -6H- 萘并 [1,2-c] 吡喃 -6- 酮 硬尖神香草 Hyssopus cuspidatus

1,2,3,4-tetrahydro-7,8-dihydroxy-1,1-dimethyl-3-isoquinolinecarboxylic acid 1,2,3,4- 四氢 -7,8- 二羟基 -1,1- 二甲基 -3- 异喹啉羧酸 刺毛黧豆 Mucuna pruriens

1,2,3,4-tetrahydro-7,8-dihydroxy-4-oxo-naphthalen-1-yl-6-O-[(3,4,5-trihydroxyphenyl)carbonyl]-β-D-glucopyranoside 1,2,3,4- 四氢 -7,8- 二羟基 -4- 氧代 - 萘 -1- 基 -6-O-[(3,4,5- 三羟基苯基) 羰基]-β-D- 吡喃葡萄糖苷 泡核桃 Juglans sigillata

[1R-(1α,2β,3β)]-[1,2,3,4-tetrahydro-7-hydroxy-1-(4-hydroxy-3,5-dimethoxyphenyl)-3-(hydroxymethyl)-6,8-dimethoxy-2-naphthalenyl]-methyl-β-D-glucopyranoside [1R-(1α,2β,3β)]-[1,2,3,4- 四氢 -7- 羟基 -1-(4- 羟基 -3,5- 二甲氧基苯基)-3-(羟基甲基)-6,8- 二甲氧基 -2- 萘]- 甲基 -β-D- 吡喃葡萄糖苷 番荔枝 Annona squamosa

1α,2β,3α,4-tetrahydro-7-hydroxy-1-(4-hydroxy-3,5-dimethoxyphenyl)-6-methoxy-2,3-naphthalenedimethanol 1α,2β,3α,4- 四氢 -7- 羟基 -1-(4- 羟基 -3,5- 二甲氧基苯基)-6- 甲氧基 -2,3- 二羟甲基萘 黄檗 Phellodendron amurense

1,2,3,4-tetrahydro-7-hydroxy-4-oxo-naphthalen-1-yl-6-O-[(3,4,5-trihydroxyphenyl)carbonyl]-β-D-glucopyranoside 1,2,3,4- 四氢 -7- 羟基 -4- 氧代 - 萘 -1- 基 -6-O-[(3,4,5- 三羟基苯基) 羰基]-β-D- 吡喃葡萄糖苷 泡核桃 Juglans sigillata

(+)-1,2,3,4-tetrahydro-7-hydroxyl-8-O-β-D-glucopyranosyl-4'-hydroxy-benzylisoquinoline (+)-1,2,3,4- 四氢 -7- 羟基 -8-O-β-D- 吡喃葡萄糖基 -4'- 羟基 - 苄基异喹啉 土元胡 Corydalis humosa

1,4a,5,7a-tetrahydro-7-hydroxymethylcyclopenta[c]pyran-4-carboxylic methyl ester 1,4a,5,7a- 四氢 -7- 羟甲基环戊烷 [c] 吡喃 -4- 羧酸甲酯 杜仲 Eucommia ulmoides

(6S,7S,8R)-5,6,7,8-tetrahydro-8-(4-hydroxy-3-methoxyphenyl)-6,7-bis(hydroxymethyl)-3-methoxy-2-naphthalenyl-β-D-glucopyranoside (6S,7S,8R)-5,6,7,8- 四氢 -8-(4- 羟基 -3- 甲氧基苯基)-6,7- 双羟甲基 -3- 甲氧基 -2- 萘 -β-D- 吡喃葡萄糖苷 锁阳 Cynomorium songaricum

T

1,5,6,10b-tetrahydro-8,9-dihydroxypyrrolo[2,1-a]isoquinolin-3(2*H*)-one 1,5,6,10b- 四氢 -8,9- 二羟基吡咯 [2,1-a] 异喹啉 -3(2*H*)- 酮 豆瓣绿 Peperomia tetraphylla

[1*R*-(1*α*,2*α*,3*β*,3a*β*,8b*β*)]-2,3,3a,8b-tetrahydro-8b-hydroxy-3a-(3-hydroxy-4-methoxyphenyl)-6,8-dimethoxy-1-[(methoxycarbonyl)oxy]-3-phenyl-1*H*-cyclopenta[b]benzofuran-2-carboxylic acid methyl ester [1*R*-(1*α*,2*α*,3*β*,3a*β*,8b*β*)]-2,3,3a,8b- 四氢 -8b- 羟基 -3a-(3- 羟基 -4- 甲氧基苯基)-6,8- 二甲氧基 -1- 甲氧基羰氧基 -3- 苯基 -1*H*- 环戊 [b] 苯并呋喃 -2- 羧酸甲酯 米仔兰 Aglaia odorata

(4a*S*,5*S*,8*R*)-5,6,7,8-tetrahydro-8-hydroxy-3-(1-hydroxypropan-2-yl)-4a,5-dimethylnaphthalen-2(4a*H*)-one (4a*S*,5*S*,8*R*)-5,6,7,8- 四氢 -8- 羟基 -3-(1- 羟基丙烷 -2- 基)-4a,5- 二甲基萘 -2(4a*H*)- 酮 箭叶橐吾 Ligularia sagitta

(1*S*)-1,2,3,4-tetrahydro-8-hydroxy-4-oxo-naphthalen-1-yl-6-*O*-[(3,4,5-trihydroxyphenyl)carbonyl]-*β*-D-glucopyranoside (1*S*)-1,2,3,4- 四氢 -8- 羟基 -4- 氧代 - 萘 -1- 基 -6-*O*-[(3,4,5- 三羟基苯基) 羰基]-*β*-D- 吡喃葡萄糖苷 泡核桃 Juglans sigillata

8,10'-[3,3',11,11'-tetrahydro-9,9'-dihydroxy-3,3',5,8'-tetramethyl-3,3'-bis(4-methyl-3-pentenyl)]bipyrano[3,2-a]carbazole 8,10'-[3,3',11,11'- 四氢 -9,9'- 二羟基 -3,3',5,8'- 四甲基 -3,3'- 二 (4- 甲基 -3- 戊烯基)] 二吡喃 [3,2-a] 咔唑 调料九里香 Murraya koenigii

2-{[(5*S*)-5,6,7,8-tetrahydro-9-hydroxy-3,5-dimethylnaphtho[2,3-b]furan-4-yl]methyl]}-3,5-dimethyl-6-[(3*E*)-pent-3-en-1-yl]-1-benzofuran-4,7-dione 2-{[(5*S*)-5,6,7,8- 四氢 -9- 羟基 -3,5- 二甲基萘 [2,3-b] 呋喃 -4-yl] 甲基]}-3,5- 二甲基 -6-[(3*E*)- 戊 -3- 烯 -1- 基]-1- 苯并呋喃 -4,7- 二酮 黄帚橐吾 Ligularia virgaurea

tetrahydroactinidiolide 四氢猕猴桃内酯 普通小麦 Triticum aestivum

tetrahydroalstonine 四氢鸡骨常山碱 鸡骨常山 Alstonia yunnanensis, 水甘草 Amsonia elliptica, 长春花 Catharanthus roseus, 蕊木 Kopsia arborea, 思茅山橙 Melodinus cochinchinensis, 古巴萝芙木 Rauvolfia cubana, 四叶萝芙木 R. tetraphylla, 萝芙木 R. verticillata, 催吐萝芙木 R. vomitoria

tetrahydroanhydroberberine 四氢脱水小檗碱 云南黄连 Coptis teeta

tetrahydroaplotaxene 四氢单紫杉烯 蓟 Cirsium japonicum

2,3,11,13-tetrahydroaromaticin 2,3,11,13- 四氢芳香堆心菊素 水朝阳旋覆花 Inula helianthusaquatilis

tetrahydrobenzylisoquinoline 四氢苄基异喹啉碱 鹦哥花 Erythrina arborescens

(-)-tetrahydroberberine (-)- 四氢小檗碱 山延胡索 Corydalis solida, 椿叶花椒 Zanthoxylum ailanthoides

dl-tetrahydroberberine *dl*- 四氢小檗碱 土元胡 Corydalis humosa

tetrahydroberberine 四氢小檗碱 土元胡 Corydalis humosa, 延胡索 C. yanhusuo, 山胡椒 Lindera glauca, 小果十大功劳 Mahonia bodinieri, 黄檗 Phellodendron amurense, 深山唐松草 Thalictrum tuberiferum

tetrahydrobungeanool 四氢花椒醇 花椒 Zanthoxylum bungeanum

Δ^9-tetrahydrocannabinol Δ^9- 四氢大麻酚 大麻 Cannabis sativa

tetrahydrocannabinolic acid 四氢大麻酸 大麻 Cannabis sativa

Δ^9-tetrahydrocannabiorcol Δ^9- 四氢大麻苔黑酚 ▲ 大麻 Cannabis sativa

Δ^9-tetrahydrocannabivarol Δ^9- 四氢大麻洛酚 ▲ 大麻 Cannabis sativa

l-tetrahydrocolumbamine *l*- 四氢非洲防己碱 三裂紫堇 Corydalis trifoliata, 紫金龙 Dactylicapnos scandens, 马山地不容 Stephania mashanica

tetrahydrocolumbamine 四氢非洲防己碱 灰绿黄堇 Corydalis adunca, 远志 Polygala tenuifolia, 马山地不容 Stephania mashanica, 小花地不容 S. micrantha

(-)-tetrahydrocoptisine (-)- 四氢黄连碱 土元胡 Corydalis humosa, 山延胡索 C. solida

(±)-tetrahydrocoptisine (±)- 四氢黄连碱 白屈菜 Chelidonium majus

dl-tetrahydrocoptisine *dl*- 四氢黄连碱 土元胡 Corydalis humosa, 小花黄堇 C. racemosa, 珠果黄堇 C. speciosa

L-tetrahydrocoptisine L- 四氢黄连碱 籽纹紫堇 Corydalis esquirolii

tetrahydrocoptisine 四氢黄连碱 云南黄连 Coptis teeta, 地丁草 Corydalis bungeana, 齿瓣延胡索 C. turtschaninovii

d-tetrahydrocorysamine *d*- 四氢刻叶紫堇明碱 薯根延胡索 Corydalis ledebouriana

L-tetrahydrocorysamine L- 四氢刻叶紫堇明碱 籽纹紫堇 Corydalis esquirolii

meso-tetrahydrocorysamine 内消旋 - 四氢刻叶紫堇明碱 石生黄堇 Corydalis saxicola

tetrahydrocorysamine 四氢刻叶紫堇明碱 地丁草 Corydalis bungeana, 迭裂黄堇 C. dasyptera, 延胡索 C. yanhusuo

tetrahydrocucurbitacin I 四氢葫芦素 I 三尖栝楼 Trichosanthes tricuspidata

3*α*,5*α*-tetrahydrodeoxycordifoline lactam 3*α*,5*α*- 四氢去氧心叶水团花碱内酰胺 ▲ 定心藤 Mappianthus iodoides, 乌檀 Nauclea officinalis

tetrahydroepiberberine 四氢表小檗碱 风龙 Sinomenium acutum

tetrahydroerysotrine 四氢刺桐特灵碱 樟叶木防己 Cocculus laurifolius

tetrahydrohaplopine 四氢拟芸香品碱 大叶芸香 Haplophyllum perforatum

tetrahydroharmane 四氢骆驼蓬满碱 ▲ 东方沙枣 Elaeagnus angustifolia var. orientalis, 尖果沙枣 E. oxycarpa, 牛奶子 E. umbellata, 沙枣 E. angustifolia, 木半夏 E. multiflora

tetrahydroharmol 四氢骆驼蓬酚 沙枣 Elaeagnus angustifolia, 东方沙枣 E. angustifolia var. orientalis, 木半夏 E. multiflora, 尖果沙枣 E. oxycarpa, 牛奶子 E. umbellata

tetrahydrohelenalin 四氢堆心菊素 石胡荽 Centipeda minima

tetrahydroionone 四氢香堇酮 挥发油成分，未统计基源

1,2,4,5-tetrahydrojacaranone 1,2,4,5- 四氢蓝花楹酮 全叶千里光 Senecio cannabifolius var. integrifolius

tetrahydrojacaranone 四氢蓝花楹酮 千里光 Senecio scandens

2,3,5,6-tetrahydro-jacaranone-4-*O*-*β*-D-glucopyranoside 2,3,5,6- 四氢 - 蓝花楹酮 -4-*O*-*β*-D- 吡喃葡萄糖苷 连翘 Forsythia suspensa

l-tetrahydrojatrorrhizine *l*- 四氢药根碱 马山地不容 Stephania mashanica

tetrahydrojatrorrhizine 四氢药根碱 云南黄连 Coptis teeta

T

2,3,4,9-tetrahydro-1H-pyrido-[3,4-b]indole-3-carboxylic acid 2,3,4,9- 四氢 -1H- 吡啶并 -[3,4-b] 吲哚 -3- 羧酸 藠头 Allium chinense
tetrahydrolinalool 四氢芳樟醇 挥发油成分，未统计基源
7,8,11,12-tetrahydrolycopene 7,8,11,12- 四氢番茄烯 七爪龙 Ipomoea mauritiana
tetrahydromaturinone 四氢多裂蟹甲草林酮▲ 黄帚橐吾 Ligularia virgaurea
(-)-tetrahydropalmatine (-)- 四氢巴马汀 黄堇 Corydalis pallida, 石生黄堇 C. saxicola, 天仙藤 Fibraurea recisa, 连蕊藤 Parabaena sagittata, 西藏地不容 Stephania glabra
(±)-tetrahydropalmatine (±)- 四氢巴马汀 山延胡索 Corydalis solida
(S)-tetrahydropalmatine (S)- 四氢巴马汀 白线薯 Stephania brachyandra, 汝兰 S. sinica
l-tetrahydropalmatine l- 四氢巴马汀 紫金龙 Dactylicapnos scandens, 白线薯 Stephania brachyandra, 血散薯 S. dielsiana, 地不容 S. epigaea, 西藏地不容 S. glabra, 海南地不容 S. hainanensis, 河谷地不容 S. intermedia, 桐叶千金藤 S. japonica var. discolor, 广西地不容 S. kwangsiensis, 马山地不容 S. mashanica, 小花地不容 S. micrantha, 药用地不容 S. officinarum, 黄叶地不容 S. viridiflavens, 云南地不容 S. yunnanensis, 大叶藤 Tinomiscium petiolare
tetrahydropalmatine 四氢巴马汀 古山龙 Arcangelisia gusanlung, 峨眉黄连 Coptis omeiensis, 云南黄连 C. teeta, 灰绿黄堇 Corydalis adunca, 迭裂黄堇 C. dasyptera, 夏天无 C. decumbens, 堇叶延胡索 C. fumariifolia, 土元胡 C. humosa, 薯根延胡索 C. ledebouriana, 小花黄堇 C. racemosa, 石生黄堇 C. saxicola, 山延胡索 C. solida, 珠果黄堇 C. speciosa, 三裂紫堇 C. trifoliata, 齿瓣延胡索 C. turtschaninovii, 延胡索 C. yanhusuo, 风龙 Sinomenium acutum, 金线吊乌龟 Stephania cephalantha, 雅丽千金藤 S. elegans, 西藏地不容 S. glabra, 草质千金藤 S. herbacea, 桂南地不容 S. kuinanensis, 马山地不容 S. mashanica, 小叶地不容 S. succifera, 紫玉盘 Uvaria microcarpa
tetrahydropalmatrubine 四氢巴马亭红碱 石生黄堇 Corydalis saxicola
3S,4R,5S,8R,10R-tetrahydroperezinone 3S,4R,5S,8R,10R- 四氢佩雷斯菊酮▲ 八角枫 Alangium chinense
3,4,5,6-tetrahydrophthalic anhydride 3,4,5,6- 四氢苯酐 挥发油成分，未统计基源
tetrahydropiperine 四氢胡椒碱 荜拔 Piper longum
tetrahydroprotoberberine 四氢原小檗碱 越南巴豆 Croton kongensis
(-)-tetrahydropseudocoptisine (-)- 四氢伪黄连碱 西伯利亚小檗 Berberis sibirica
(E,E)-9-(tetrahydropyran-2-yl)-2,8-nonadiene-4,6-diyn-1-ol (E,E)-9-(四氢吡喃 -2- 基)-2,8- 壬二烯 -4,6- 二炔 -1- 醇 北疆风铃草 Campanula glomerata
(E)-9-(tetrahydropyran-2-yl)-8-nonene-4,6-diyn-1-ol (E)-9-(四氢吡喃 -2- 基)-8- 壬烯 -4,6- 二炔 -1- 醇 北疆风铃草 Campanula glomerata
1,2,3,9-tetrahydropyrrolo[2,1-b]quinazolin-3-yl amine 1,2,3,9- 四氢吡咯 [2,1-b] 喹唑啉 -3- 胺 心叶黄花稔 Sida cordifolia
2,2",3,3"-tetrahydrorobustaflavone-7,4',7"-trimethyl ether 2,2",3,3"- 四氢粗贝壳杉黄酮 -7,4',7"- 三甲醚 深绿卷柏 Selaginella doederleinii, 粗叶卷柏 S. trachyphylla
(-)-1,2,3,4-tetrahydroroeharmine (-)-1,2,3,4- 四氢疆罂粟哈尔明▲ 紫花疆罂粟 Roemeria hybrida
tetrahydroserpentine 四氢蛇根碱 长春花 Catharanthus roseus
tetrahydroswertianolin 四氢獐牙菜酚素▲ 紫红獐牙菜 Swertia punicea
1,2,5,6-tetrahydrotanshinone I 1,2,5,6- 四氢丹参酮 I 丹参 Salvia miltiorrhiza
tetrahydrothalifendine 四氢芬氏唐松草定碱 古山龙 Arcangelisia gusanlung, 赛北紫堇 Corydalis impatiens
tetrahydrothiophene 四氢噻吩 挥发油成分，未统计基源
3',4',5,7-tetrahydroxry-6,8-diprenylflavone 3',4',5,7- 四羟基 -6,8- 二异戊烯基黄酮 葎草 Humulus scandens
6,7,3',4'-tetrahydroxy aurone 6,7,3',4'- 四羟基橙酮 婆婆针 Bidens bipinnata
5,6,7,4'-tetrahydroxy flavanonol 5,6,7,4'- 四羟基黄烷酮醇 两色金鸡菊 Coreopsis tinctoria
3β,5α,9α,14α-tetrahydroxy-(22E)-ergosta-7,22-diene-6-one 3β,5α,9α,14α- 四羟基 -(22E)- 麦角甾 -7,22- 二烯 -6- 酮 松口蘑 Tricholoma matsutake
3β,5α,9α,14β-tetrahydroxy-(22E)-ergosta-7,22-diene-6-one 3β,5α,9α,14β- 四羟基 -(22E)- 麦角甾 -7,22- 二烯 -6- 酮 松口蘑 Tricholoma matsutake
3β,5α,9α,14α-tetrahydroxy-(22E,24R)-ergosta-7,22-dien-6-one 3β,5α,9α,14α- 四羟基 -(22E,24R)- 麦角甾 -7,22- 二烯 -6- 酮 斑玉蕈 Hypsizygus marmoreus, 香菇 Lentinula edodes, 光帽鳞伞 Pholiota nameko
1β,2β,3β,5β-tetrahydroxy-(25R)-5β-spirostan-4β-yl sulfate 1β,2β,3β,5β- 四羟基 -(25R)-5β- 螺甾 -4β- 基硫酸酯 吉祥草 Reineckea carnea
(2"S,3"R,4"S)-5,7,3",4"-tetrahydroxy[2"-methyl-2"-(4-methyl-3-pentenyl)pyrano]-5",6":3',4'-isoflavone (2"S,3"R,4"S)-5,7,3",4"- 四羟基 [2"- 甲基 -2"-(4- 甲基 -3- 戊烯基) 吡喃]-5",6":3',4'- 异黄酮 毛菔子梢 Campylotropis hirtella
1,7α,12β,14β-tetrahydroxy-1,10-seco-ent-kaur-10,16-dien-15-one 1,7α,12β,14β- 四羟基 -1,10- 裂环 - 对映 - 贝壳杉 -10,16- 二烯 -15- 酮 拟缺香茶菜 Isodon excisoides
3,4,5,6-tetrahydroxy-1,8-naphalic anhydride 3,4,5,6- 四羟基 -1,8- 萘酐 胡桃楸 Juglans mandshurica
3β,8α,11α,13-tetrahydroxy-10(14)-guaien-1α,4β,5α,6βH-6α,12-olide 3β,8α,11α,13- 四羟基 -10(14)- 愈创木烯 -1α,4β,5α,6βH-6α,12- 内酯 莱蓟 Cynara scolymus
3β,7β,20,23ξ-tetrahydroxy-11,15-dioxolanosta-8-en-26-oic acid 3β,7β,20,23ξ- 四羟基 -11,15- 二氧羊毛脂 -8- 烯 -26- 酸 树舌灵芝 Ganoderma applanatum
ent-1α,7α,14β,20-tetrahydroxy-11,16-kauradien-15-one 对映 -1α,7α,14β,20- 四羟基 -11,16- 贝壳杉二烯 -15- 酮 溪黄草 Isodon serra
2α,3β,23,24-tetrahydroxy-12-ene-28-oleanolic acid 2α,3β,23,24- 四羟基 -12- 烯 -28- 齐墩果酸 糙苏 Phlomis umbrosa
2α,3β,11α,13β-tetrahydroxy-12-ketooleanan-28-oic acid 2α,3β,11α,13β- 四羟基齐墩果 -12- 酮基 -28- 酸 石楠 Photinia serratifolia
3β,16α,22α,28β-tetrahydroxy-13β,28-epoxyoleanane 3β,16α,22α,28β- 四羟基 -13β,28- 环氧齐墩果烷 包疮叶 Maesa indica
(21S,23S)-3β,20ξ,21,26-tetrahydroxy-19-oxo-21,23-epoxydammar-24-ene-3-O-[α-L-rhamnopyranosyl-(1→2)][β-D-xylopyranosyl-(1→3)]-α-L-arabinopyranoside (21S,23S)-3β,20ξ,21,26- 四羟基 -19- 氧代 -21,23- 环氧达玛 -24- 烯 -3-O-[α-L- 吡喃鼠李糖基 -(1→2)][β-D- 吡喃木糖基 -(1→3)]-α-L- 吡喃阿拉伯糖苷 绞股蓝 Gynostemma pentaphyllum

T

2,3,6,8-tetrahydroxy-1-methylxanthone 2,3,6,8- 四羟基 -1- 甲基呫酮 竹黄 Shiraia bambusicola

(20S,22R)-4β,5β,6α,27-tetrahydroxy-1-oxowitha-2,24-dienolide (20S,22R)-4β,5β,6α,27- 四羟基 -1- 氧代睡茄 -2,24- 二烯内酯 睡茄 Withania somnifera

(20S,22R)-4β,5β,6α,27-tetrahydroxy-1-oxo-witha-2,24-dienolide (20S,22R)-4β,5β,6α,27- 四羟基 -1- 氧代 - 睡茄 -2,24- 二烯内酯 睡茄 Withania somnifera

2,3,4,7-tetrahydroxy-1-O-β-D-xylopyranosyl-(1 → 6)-β-D-glucopyranoside 2,3,4,7- 四甲氧基呫酮 -1-O-β-D- 木糖基 -(1 → 6)-β-D- 吡喃葡萄糖苷 黄秦艽 Veratrilla baillonii

1,3,6,7-tetrahydroxy-2-(3'-methylbut-2'-enyl)-8-(2''-methylbut-3''-en-2''-yl)-xanthone 1,3,6,7- 四羟基 -2-(3'- 甲基丁 -2'- 烯基)-8-(2''- 甲基丁 -3''- 烯 -2''- 基)- 呫酮 柘树 Cudrania tricuspidata

4,4',7,7'-tetrahydroxy-2,2'-dimethoxy-9,9',10,10'-4H-1,1'-biphenanthrene 4,4',7,7'- 四羟基 -2,2'- 二甲氧基 -9,9',10,10'-4H-1,1'- 二联菲 云南石仙桃 Pholidota yunnanensis

4,4',5,5'-tetrahydroxy-2,2'-dimethyl-1,1'-bianthraquinone 4,4',5,5'- 四羟基 -2,2'- 二甲基 -1,1'- 二聚蒽醌 铁刀木 Senna siamea

4,8,9,10-tetrahydroxy-2,3,7-trimethoxyanthracene-6-O-β-D-glucopyranoside 4,8,9,10- 四羟基 -2,3,7- 三甲氧基蒽 -6-O-β-D- 吡喃葡萄糖苷 桃金娘 Rhodomyrtus tomentosa

5,7,3',4'-tetrahydroxy-2',5'-diprenylisoflavone 5,7,3',4'- 四羟基 -2',5'- 二异戊烯基异黄酮 千斤拔 Flemingia philippinensis

1,3,6,8-tetrahydroxy-2,7-dimethoxyxanthone 1,3,6,8- 四羟基 -2,7- 二甲氧基呫酮 谷精草 Eriocaulon buergerianum, 西南远志 Polygala crotalarioides, 苦远志 P. sibirica var. megalopha

1,3,6,7-tetrahydroxy-2,8-diprenyl-xanthone 1,3,6,7- 四羟基 -2,8- 二异戊烯基 - 呫酮 莽吉柿 Garcinia mangostana

3β,12β,23S,24R-tetrahydroxy-20S,25-epoxydammarane-3-O-[β-D-glucopyranosyl-(1 → 2)-β-D-xylopyranoside 3β,12β,23S,24R- 四羟基 -20S,25- 环氧达玛 -3-O-[β-D- 吡喃葡萄糖基 -(1 → 2)]-β-D- 吡喃木糖苷 绞股蓝 Gynostemma pentaphyllum

3β,12β,23S,24R-tetrahydroxy-20S,25-epoxydammarane-3-O-[β-D-glucopyranosyl-(1 → 2)-β-D-xylopyranosyl-(1 → 6)-β-D-glucopyranoside 3β,12β,23S,24R- 四羟基 -20S,25- 环氧达玛 -3-O-[β-D- 吡喃葡萄糖基 -(1 → 2)-β-D- 吡喃木糖基 (1 → 6)-β-D- 吡喃葡萄糖苷 绞股蓝 Gynostemma pentaphyllum

3β,12β,23S,24R-tetrahydroxy-20S,25-epoxydammarane-3-O-[β-D-xylopyranosyl-(1 → 2)-β-D-glucopyranoside 3β,12β,23S,24R- 四羟基 -20S,25- 环氧达玛烷 -3-O-[β-D- 吡喃木糖基 -(1 → 2)-β-D- 吡喃葡萄糖苷 绞股蓝 Gynostemma pentaphyllum

3β,12β,23S,24R-tetrahydroxy-20S,25-epoxydammarane-3-O-[β-D-xylopyranosyl-(1 → 2)-β-D-xylopyranosyl-(1 → 6)-β-D-glucopyranoside 3β,12β,23S,24R- 四羟基 -20S,25- 环氧达玛 -3-O-[β-D- 吡喃木糖基 -(1 → 2)-β-D- 吡喃木糖基 -(1 → 6)-β-D- 吡喃葡萄糖苷 绞股蓝 Gynostemma pentaphyllum

7β,18,20,26-tetrahydroxy-20S-dammar-24E-en-3-O-α-L-(3-acetylarabinopyranosyl)-(1 → 2)-β-D-glucopyranoside 7β,18,20,26- 四羟基 -20S- 达玛 -24E- 烯 -3-O-α-L-(3- 乙酰吡喃阿拉伯糖基)-(1 → 2)-β-D- 吡喃葡萄糖苷 假贝母 Bolbostemma paniculatum

7β,18,20,26-tetrahydroxy-20S-dammar-24E-en-3-O-α-L-(4-acetylarabinopyranosyl)-(1 → 2)-β-D-glucopyranoside 7β,18,20,26- 四羟基 -20S- 达玛 -24E- 烯 -3-O-α-L-(4- 乙酰吡喃阿拉伯糖基)-(1 → 2)-β-D- 吡喃葡萄糖苷 假贝母 Bolbostemma paniculatum

7β,18,20,26-tetrahydroxy-20S-dammar-24E-en-3-O-α-L-arabinopyranosyl-(1 → 2)-β-D-(6-acetyl-glucopyranoside) 7β,18,20,26- 四羟基 -20S- 达玛 -24E- 烯 -3-O-α-L- 吡喃阿拉伯糖基 -(1 → 2)-β-D-(6- 乙酰吡喃葡萄糖苷) 假贝母 Bolbostemma paniculatum

3β,14β,17β,20-tetrahydroxy-21-methoxypregn-5-ene 3β,14β,17β,20- 四羟基 -21- 甲氧基孕甾 -5- 烯 杠柳 Periploca sepium

2β,3β,19α,24-tetrahydroxy-23-norurs-12-en-28-oic acid 2β,3β,19α,24- 四羟基 -23- 降熊果 -12- 烯 -28- 酸 华山矾 Symplocos chinensis

3β,4β,23,30-tetrahydroxy-24-nor-olean-12-en-28-oic acid 3β,4β,23,30- 四羟基 -24- 降齐墩果 -12- 烯 -28- 酸 多花芍药 Paeonia emodi

3β,15α,16α,24α-tetrahydroxy-25,26,27-trinor-16,24-cyclo-cycloartane-23-one-3-O-β-D-xylopyranoside 3β,15α,16α,24α- 四羟基 -25,26,27- 去三甲基 -16,24- 环 - 环木菠萝 -23- 酮 -3-O-β-D- 吡喃木糖苷 大三叶升麻 Cimicifuga heracleifolia

3β,15α,16α,24α-tetrahydroxy-25,26,27-trinor-7,8-didehydro-16,24-cyclocycloartane-23-one-3-O-β-D-xylopyranoside 3β,15α,16α,24α- 四羟基 -25,26,27- 去三甲基 -7,8- 二去氢 -16,24- 环环木菠萝 -23- 酮 -3-O-β-D- 吡喃木糖苷 大三叶升麻 Cimicifuga heracleifolia

5α,6β,8α,12α-tetrahydroxy-28-norisotoonafolin 5α,6β,8α,12α- 四羟基 -28- 降异香椿叶素 ▲ 红椿 Toona ciliata

1,3,5,6-tetrahydroxy-2-ethoxymethylanthraquinone 1,3,5,6- 四羟基 -2- 乙氧甲基蒽醌 红大戟 Knoxia roxburghii

5,7,3',4'-tetrahydroxy-2-methoxy-3,4-flavandione-3-hydrate 5,7,3',4'- 四羟基 -2- 甲氧基 -3,4- 黄烷二酮 -3- 水合物 杧果 Mangifera indica

3,3',4,4'-tetrahydroxy-2'-methoxy-5-prenylchalcone 3,3',4,4'- 四羟基 -2'- 甲氧基 -5- 异戊烯基查耳酮 洋甘草 Glycyrrhiza glabra

6,8,3',4'-tetrahydroxy-2'-methoxy-6'-(1,1-dimethylallyl)isoflavone 6,8,3',4'- 四羟基 -2'- 甲氧基 -6'-(1,1- 二甲基烯丙基) 异黄酮 截叶铁扫帚 Lespedeza cuneata

6,8,3',4'-tetrahydroxy-2'-methoxy-7-methylisoflavanone 6,8,3',4'- 四羟基 -2'- 甲氧基 -7- 甲基异黄烷酮 截叶铁扫帚 Lespedeza cuneata

4,6,3',4'-tetrahydroxy-2-methoxybenzophenone 4,6,3',4'- 四羟基 -2- 甲氧基苯酚酮 木竹子 Garcinia multiflora

3,3',4,4'-tetrahydroxy-2'-methoxy-chalcone 3,3',4,4'- 四羟基 -2'- 甲氧基 - 查耳酮 巴东过路黄 Lysimachia patungensis

1,3,6,8-tetrahydroxy-2-methoxyxanthone 1,3,6,8- 四羟基 -2- 甲氧基呫酮 谷精草 Eriocaulon buergerianum

1,3,4,5-tetrahydroxy-2-methyl-anthraquinone 1,3,4,5- 四羟基 -2- 甲基蒽醌 翼核果 Ventilago leiocarpa

1,4,5,6-tetrahydroxy-2-oxo-cycloheptene 1,4,5,6- 四羟基 -2- 氧代 - 环庚烯 红厚壳 Calophyllum inophyllum

α,3,2',4'-tetrahydroxy-2'-O-β-D-glucopyranosylchalcone α,3,2',4'- 四羟基查耳酮 -2'-O-β-D- 吡喃葡萄糖苷 鬼针草 Bidens pilosa

1,3,5,6-tetrahydroxy-2-prenylxanthone 1,3,5,6- 四羟基 -2- 异戊烯基呫酮 红厚壳 Calophyllum inophyllum, 元宝草 Hypericum sampsonii

1α,3β,10,11-tetrahydroxy-2α,5α,8-triangeloyloxybisabola-(7)14-en-4-one 1α,3β,10,11- 四羟基 -2α,5α,8- 三当归酰氧基红没药 -(7)14- 烯 -4- 酮 齿叶橐吾 Ligularia dentata

2,2',4,4'-tetrahydroxy-3-(3-methyl-2-butenyl)-chalcone 2,2',4,4'- 四羟基 -3-(3- 甲基 -2- 丁烯基)- 查耳酮 波罗蜜 Artocarpus heterophyllus

(2E)-2',4',2'',4''-tetrahydroxy-3'-(methyl-2-buten-1-yl)-chalcone (2E)-2',4',2'',4''- 四羟基 -3'-(甲基 -2- 丁烯 -1- 基)- 查耳酮 鸡桑 Morus australis threo-4',4'',7'',9''-tetrahydroxy-3,3',3'',5-tetramethoxy-4,8''-oxy-7,9':7',9-diepoxylignan 苏式-4',4'',7'',9''-四羟基-3,3',3'',5-四甲氧基-4,8''-O-7,9':7',9-二环氧木脂素 观光木 Michelia odora

(7R,8R)-4,7,9,9'-tetrahydroxy-3,3'-diethoxy-8-O-4'-neolignan (7R,8R)-4,7,9,9'- 四羟基 -3,3'- 二乙氧基 -8-O-4'- 新木脂素 辣蓼铁线莲 Clematis terniflora var. mandshurica

(7R,8S)-4,7,9,9'-tetrahydroxy-3,3'-diethoxy-8-O-4'-neolignan (7R,8S)-4,7,9,9'- 四羟基 -3,3'- 二乙氧基 -8-O-4'- 新木脂素 辣蓼铁线莲 Clematis terniflora var. mandshurica

3,7,4',4''-tetrahydroxy-3',3''-dimethoxy-2,5-epoxylignan 3,7,4',4''- 四羟基 -3',3''- 二甲氧基 -2,5- 环氧木脂素 大籽獐牙菜 Swertia macrosperma

(S)-(+)-1,1',8,8'-tetrahydroxy-3,3'-dimethoxy-6,6'-dimethyl-2'-(3-methyl-2-butenyl)-[4,4'-bianthracene]-9,9',10,10'-tetratrone (S)-(+)-1,1',8,8'- 四羟基 -3,3'- 二甲氧基 -6,6'- 二甲基 -2'-(3- 甲基 -2- 丁烯基)-[4,4'- 二蒽烯]-9,9',10,10'- 四酮 黄牛木 Cratoxylum cochinchinense

(7R,8S,7'R,8'S)-4,9,4',9'-tetrahydroxy-3,3'-dimethoxy-7,7'-epoxylignan-9-O-β-D-glucopyranoside (7R,8S,7'R,8'S)-4,9,4',9'- 四羟基 -3,3'- 二甲氧基 -7,7'- 环氧木脂素 -9-O-β-D- 吡喃葡萄糖苷 地黄 Rehmannia glutinosa

(-)-(7R,8S,7'R,8'S)-4,9,4',9'-tetrahydroxy-3,3'-dimethoxy-7,7'-epoxylignan-9-O-β-D-xylopyranoside (-)-(7R,8S,7'R,8'S)-4,9,4',9'- 四羟基 -3,3'- 二甲氧基 -7,7'- 环氧木脂素 -9-O-β-D- 吡喃木糖苷 岭南杜鹃花 Rhododendron mariae

(7αH,8α'H)-4,4',8α,9-tetrahydroxy-3,3'-dimethoxy-7,9'-epoxylignan (7αH,8α'H)-4,4',8α,9- 四羟基 -3,3'- 二甲氧基 -7,9'- 环氧木脂素 球核荚蒾 Viburnum propinquum

4,4,9,7-tetrahydroxy-3,3-dimethoxy-7,9-epoxylignan 4,4,9,7- 四羟基 -3,3- 二甲氧基 -7,9- 环氧木脂素 海杧果 Cerbera manghas

4,4',8,9-tetrahydroxy-3,3'-dimethoxy-7,9'-monoepoxylignan 4,4',8,9- 四羟基 -3,3'- 二甲氧基 -7,9'- 单环氧木脂素 紫丁香 Syringa oblata

7,8-trans-4,5,9,9'-tetrahydroxy-3,3'-dimethoxy-7-O-5',8-O-4'-neolignan 7,8- 反式 -4,5,9,9'- 四羟基 -3,3'- 二甲氧基 -7-O-5',8-O-4'- 新木脂素 云南土沉香 Excoecaria acerifolia

(-)-(7S,8S)-4,7,9,9'-tetrahydroxy-3,3'-dimethoxy-8,4'-oxyneolignan-7-O-β-D-glucopyranoside (-)-(7S,8S)-4,7,9,9'- 四羟基 -3,3'- 二甲氧基 -8,4'- 氧代新木脂素 -7-O-β-D- 吡喃葡萄糖苷 髭脉桤叶树 Clethra barbinervis

(-)-(7S,8S)-4,7,9,9'-tetrahydroxy-3,3'-dimethoxy-8-4'-oxyneolignan-7-O-β-D-glucopyranoside (-)-(7S,8S)-4,7,9,9'- 四羟基 -3,3'- 二甲氧基 -8-4'- 氧代新木脂素 -7-O-β-D- 吡喃葡萄糖苷 微花藤 Iodes cirrhosa

(+)-(7S,8S)-4,7,9,9'-tetrahydroxy-3,3'-dimethoxy-8-4'-oxyneolignan-9'-O-β-D-glucopyranoside (+)-(7S,8S)-4,7,9,9'- 四羟基 -3,3'- 二甲氧基 -8-4'- 氧代新木脂素 -9'-O-β-D- 吡喃葡萄糖苷 微花藤 Iodes cirrhosa

4,7,9,9'-tetrahydroxy-3,3'-di-methoxy-8-O-4'-neolign-7'-ene 4,7,9,9'- 四羟基 -3,3'- 二甲氧基 -8-O-4'- 新木脂素 -7'- 烯 岩芋 Remusatia vivipara

(7S,8R)-erythro-4,7,9,9'-tetrahydroxy-3,3'-dimethoxy-8-O-4'-neolignan (7S,8R)- 赤式 -4,7,9,9'- 四羟基 -3,3'- 二甲氧基 -8-O-4'- 新木脂素 南五味子 Kadsura longipedunculata

erythro-4,7,9,9'-tetrahydroxy-3,3'-dimethoxy-8-O-4'-neolignan 赤式 -4,7,9,9'- 四羟基 -3,3'- 二甲氧基 -8-O-4'- 新木脂素 冷杉 Abies fabri, 臭冷杉 A. nephrolepis

(7R,8R)-4,7,9,9'-tetrahydroxy-3,3'-dimethoxy-8-O-4'-neolignan-7-O-β-D-glucopyranoside (7R,8R)-4,7,9,9'- 四羟基 -3,3'- 二甲氧基 -8-O-4'- 新木脂素 -7-O-β-D- 吡喃葡萄糖苷 台闽算盘子 Glochidion rubrum

(7R,8S)-4,7,9,9'-tetrahydroxy-3,3'-dimethoxy-8-O-4'-neolignan-7-O-β-D-glucopyranoside (7R,8S)-4,7,9,9'- 四羟基 -3,3'- 二甲氧基 -8-O-4'- 新木脂素 -7-O-β-D- 吡喃葡萄糖苷 台闽算盘子 Glochidion rubrum

4,4',8,8'-tetrahydroxy-3,3'-dimethoxyl-dibenzyl-ditetrahydrofuran 4,4',8,8'- 四羟基 -3,3'- 二甲氧基 - 二苯基双四氢呋喃 缬草 Valeriana officinalis

3,4',5,7-tetrahydroxy-3',5'-dimethoxydihydroflavone 3,4',5,7- 四羟基 -3',5'- 二甲氧基黄烷酮 直立黄钟花 Tecoma stans

3,5,6,4'-tetrahydroxy-3',5'-dimethoxyflavone 3,5,6,4'- 四羟基 -3',5'- 二甲氧基黄酮 栀子 Gardenia jasminoides

5,7,8,4'-tetrahydroxy-3',5'-dimethoxyflavone-3-O-β-D-galactopyranoside 5,7,8,4'- 四羟基 -3',5'- 二甲氧基黄酮 -3-O-β-D- 吡喃半乳糖苷 水翁 Cleistocalyx operculatus

(-)-threo-4,9,4',9'-tetrahydroxy-3,5,7,3'-tetramethoxy-8-O-8'-neolignan (-)- 苏式 -4,9,4',9'- 四羟基 -3,5,7,3'- 四甲氧基 -8-O-8'- 新木脂素 卫矛 Euonymus alatus

2,3',4,4'-tetrahydroxy-3,5'-diprenylchalcone 2,3',4,4'- 四羟基 -3,5'- 二异戊烯基查耳酮 洋甘草 Glycyrrhiza glabra

3',4',5,7-tetrahydroxy-3,6-dimethoxyflavone 3',4',5,7- 四羟基 -3,6- 甲氧基黄酮 甘蔗 Saccharum officinarum

(-)-threo-4,9,4',9'-tetrahydroxy-3,7,3',5'-tetramethoxy-8-O-8'-neolignan (-)- 苏式 -4,9,4',9'- 四羟基 -3,7,3',5'- 四甲氧基 -8-O-8'- 新木脂素 卫矛 Euonymus alatus

2',4',5,7-tetrahydroxy-3',6-diprenylisoflavanone 2',4',5,7- 四羟基 -3',6- 二异戊烯基二氢异黄酮 洋甘草 Glycyrrhiza glabra

5,7,3',4'-tetrahydroxy-3,8-dimethoxyflavone 5,7,3',4'- 四羟基 -3,8- 二甲氧基黄酮 柠条锦鸡儿 Caragana korshinskii

2',4',5,7-tetrahydroxy-3',8-diprenylisoflavanone 2',4',5,7- 四羟基 -3',8- 二异戊烯基二氢异黄酮 洋甘草 Glycyrrhiza glabra

5,7,2',4'-tetrahydroxy-3'-[7-hydroxy-3,7-dimethyl-2(E)-octenyl]isoflavanone 5,7,2',4'- 四羟基 -3'-(7- 羟基 -3,7- 二 - 甲基 -2E- 丁烯酸异黄烷酮) 毛荒子梢 Campylotropis hirtella

1,4,5,8-tetrahydroxy-3-ethylnaphthalene-2,6-dione (1,4,5,8- 四羟基 -3- 乙基萘 -2,6- 二酮 皱黄卷岛衣 Flavocetraria cucullata

5,7,2',4'-tetrahydroxy-3-geranylflavone 5,7,2',4'- 四羟基 -3- 香叶基黄酮 构树 Broussonetia papyrifera

5,7,3',4'-tetrahydroxy-3-methoxy-6-geranylflavone 5,7,3',4'- 四羟基 -3- 甲氧基 -6- 香叶基黄酮 构树 Broussonetia papyrifera

5,7,8,4'-tetrahydroxy-3-methoxy-6-methylfavone-8-O-β-D-glucopyranoside 5,7,8,4'- 四羟基 -3- 甲氧基 -6- 甲基黄酮 -8-O-β-D- 吡喃葡萄糖苷 红松 Pinus koraiensis

5,7,3',4'-tetrahydroxy-3-methoxy7-O-α-L-rhamnopyranosyl-(1 → 3)-O-β-galactopyranoside 5,7,3',4'- 四羟基 -3- 甲氧基 7-O-α-L- 吡喃鼠李糖基 -(1 → 3)-O-β- 吡喃半乳糖苷 洋紫荆 Bauhinia variegata

5,7,3',4'-tetrahydroxy-3-methoxy-8,5'-diprenylflavone 5,7,3',4'- 四羟基 -3- 甲氧基 -8,5'- 二异戊烯基黄酮 构树 Broussonetia papyrifera

5,7,3',4'-tetrahydroxy-3-methoxy-8-geranylflavone 5,7,3',4'- 四羟基 -3- 甲氧基 -8- 香叶基黄酮▲ 构树 Broussonetia papyrifera
5,7,3',4'-tetrahydroxy-3-methoxy-8-methylflavone 5,7,3',4'- 四羟基 -3- 甲氧基 -8- 甲基黄酮 鹿药 Smilacina japonica
(7*R*,8*R*)-*threo*-4,7,9,9'-tetrahydroxy-3-methoxy-8-*O*-4'-neolignan-3'-*O*-*β*-D-glucopyranoside (7*R*,8*R*)- 苏式 -4,7,9,9'- 四羟基 -3- 甲氧基 -8-*O*-4'- 新木脂素 -3'-*O*-*β*-D- 吡喃葡萄糖苷 羊踯躅 Rhododendron molle
2',4',5',6'-tetrahydroxy-3'-methoxychalcone 2',4',5',6'- 四羟基 -3'- 甲氧基查耳酮 红果山胡椒 Lindera erythrocarpa
3,5,7,4'-tetrahydroxy-3'-methoxyflavanone 3,5,7,4'- 四羟基 -3'- 甲氧基黄烷酮 卵叶槲寄生 Viscum album subsp. meridianum
3,4',5,7-tetrahydroxy-3'-methoxyflavone 3,4',5,7- 四羟基 -3'- 甲氧基黄酮 车桑子 Dodonaea viscosa
3,5,7,4'-tetrahydroxy-3'-methoxyflavone 3,5,7,4'- 四羟基 -3'- 甲氧基黄酮 显脉羊蹄甲 Bauhinia glauca subsp. pernervosa, 驼绒藜 Krascheninnikovia ceratoides
3',4',5,7-tetrahydroxy-3-methoxyflavone 3',4',5,7- 四羟基 -3- 甲氧基黄酮 苦槛蓝 Pentacoelium bontioides
4',5,7,8-tetrahydroxy-3-methoxyflavone 4',5,7,8- 四羟基 -3- 甲氧基黄酮 蜀葵 Alcea rosea
5,7,2',4'-tetrahydroxy-3-methoxyflavone 5,7,2',4'- 四羟基 -3- 甲氧基黄酮 鸡桑 Morus australis
5,7,3',4'-tetrahydroxy-3-methoxyflavone 5,7,3',4'- 四羟基 -3- 甲氧基黄酮 显脉羊蹄甲 Bauhinia glauca subsp. pernervosa, 长柄紫珠 Callicarpa longipes, 柠条锦鸡儿 Caragana korshinskii, 地耳草 Hypericum japonicum, 马缨杜鹃花 Rhododendron delavayi, 珍珠梅 Sorbaria sorbifolia
7,8,3',4'-tetrahydroxy-3-methoxyflavone 7,8,3',4'- 四羟基 -3- 甲氧基黄酮 台湾相思 Acacia confusa
5,7,4',5'-tetrahydroxy-3-methoxyflavone-2'-*O*-*β*-D-glucopyranoside 5,7,4',5'- 四羟基 -3- 甲氧基黄酮 -2'-*O*-*β*-D- 吡喃葡萄糖苷 翼蓼 Pteroxygonum giraldii
4',5,5',7-tetrahydroxy-3-methoxyflavone-3'-*O*-*α*-L-arabinopyranoside 4',5,5',7- 四羟基 -3- 甲氧基黄酮 -3'-*O*-*α*-L- 吡喃阿拉伯糖苷 翼蓼 Pteroxygonum giraldii
3,5,7,4'-tetrahydroxy-3'-methoxyflavone-3-*O*-*β*-D-glucopyranosyl-(1 → 6)-*α*-L-rhamnopyranoside 3,5,7,4'- 四羟基黄酮 -3'- 甲氧基黄酮 -3-*O*-*β*-D- 吡喃葡萄糖基 -(1 → 6)-*α*-L- 吡喃鼠李糖苷 驼绒藜 Krascheninnikovia ceratoides
4',5',5,7-tetrahydroxy-3-methoxyflavone-3'-*O*-*β*-D-xylopyranoside 4',5',5,7- 四羟基 -3- 甲氧基黄酮 -3'-*O*-*β*-D- 吡喃木糖苷 杜香 Ledum palustre
2',5,5',7-tetrahydroxy-3-methoxyflavone-4'-*O*-*β*-D-glucopyranoside 2',5,5',7- 四羟基 -3- 甲氧基黄酮 -4'-*O*-*β*-D- 吡喃葡萄糖苷 翼蓼 Pteroxygonum giraldii
5,7,3',4'-tetrahydroxy-3-methoxyflavone-5-*O*-*α*-L-rhamnopyranosyl-7-*O*-*β*-D-glucopyranosyl-(1 → 3)-*O*-*β*-D-xylopyranoside 5,7,3',4'- 四羟基 -3- 甲氧基黄酮 -5-*O*-*α*-L- 吡喃鼠李糖基 -7-*O*-*β*-D- 吡喃葡萄糖基 -(1 → 3)-*O*-*β*-D- 吡喃木糖苷 槐叶决明 Senna occidentalis var. sophera
3',4',5,7-tetrahydroxy-3-methoxyflavone-7-*O*-*α*-L-rhamnopyranosyl-(1 → 6)-*β*-D-glucopyranoside 3',4',5,7- 四羟基 -3- 甲氧基黄酮 -7-*O*-*α*-L- 吡喃鼠李糖基 -(1 → 6)-*β*-D- 吡喃葡萄糖苷 扭瓦韦 Lepisorus contortus
5,7,3',4'-tetrahydroxy-3-methoxyflavonol-3'-*O*-*β*-D-glucopyranoside 5,7,3',4'- 四羟基 -3- 甲氧基黄酮醇 -3'-*O*-*β*-D- 吡喃葡萄糖苷 香青 Anaphalis sinica
(7*R*,8*S*)-4,3',9,9'-tetrahydroxy-3-methoxyl-7,8-dihydrobenzofuran-1'-propylneolignan (7*R*,8*S*)-4,3',9,9'- 四羟基 -3- 甲氧基 -7,8- 二氢苯并呋喃 -1'- 丙基新木脂素 线纹香茶菜 Isodon lophanthoides
2,4,2',4'-tetrahydroxy-3'-prenylchalcone 2,4,2',4'- 四羟基 -3'- 异戊二烯基查耳酮 构树 Broussonetia papyrifera
1*α*,4*β*,6*α*,10*α*-tetrahydroxy-3*β*,5*α*,8*α*-triangeloyloxygermacr-11-en-9-one 1*α*,4*β*,6*α*,10*α*- 四羟基 -3*β*,5*α*,8*α*- 三当归酸氧基吉马 -11- 烯 -9- 酮 齿叶橐吾 Ligularia dentata
1*α*,7*β*,13*β*,14*α*-tetrahydroxy-3*β*-benzoyloxy-9*β*,15*β*-diacetoxyjatropha-5,11*E*-diene 1*α*,7*β*,13*β*,14*α*- 三羟基 -3*β*- 苯甲酰氧基 -9*β*,15*β*- 二乙酰麻疯树 -5,11*E*- 二烯 红雀珊瑚 Pedilanthus tithymaloides
1,2,5,4'-tetrahydroxy-4-(1,1-dimethylallyl)-5'-(2-hydroxypropan-2-yl)-4',5'-dihydro furano-(2',3':6,7)xanthone 1,2,5,4'- 四羟基 -4-(1,1- 二甲基烯丙基)-5'-(2- 羟基丙烷 -2- 基)-4',5'- 二氢呋喃并 (2',3':6,7) 呫酮 大叶藤黄 Garcinia xanthochymus
3',5',2,4-tetrahydroxy-4'-(3-methyl-1-butenyl)stilbene 3',5',2,4- 四羟基 -4'-(3- 甲基 -1- 正丁基) 芪 奶桑 Morus macroura
3',5',2,4-tetrahydroxy-4-(3-methyl-1-butenyl)stilbene 3',5',2,4- 四羟基 -4-(3- 甲基 -1- 丁烯基) 芪 桑 Morus alba
3',5',2,4-tetrahydroxy-4-(3-methyl-l-butenyl)-stilbene 3',5',2,4- 四羟基 -4-(3- 甲基 -l- 丁烯基)- 芪 蒙桑 Morus mongolica
3,2',4',6'-tetrahydroxy-4,3'-dimethoxychalcone 3,2',4',6'- 四羟基 -4,3' 二甲氧基查耳酮 过路黄 Lysimachia christiniae
1,3,5,6-tetrahydroxy-4,7,8-triprenylxanthone 1,3,5,6- 四羟基 -4,7,8- 三异戊烯基呫酮 大叶藤黄 Garcinia xanthochymus
1,3,6,7-tetrahydroxy-4-[6-*O*-(3,4,5-trihydroxybenzoyl)-*β*-D-glucopyranosyl]xanthone 1,3,6,7- 四羟基 -4-[6-*O*-(3,4,5- 三羟基苯甲酰基)-*β*-D- 吡喃葡萄糖基] 呫酮 杧果 Mangifera indica
(2*S*)-5,7,2',6'-tetrahydroxy-4'-lavandulylated flavanone (2*S*)-5,7,2',6'- 四羟基 -4'- 薰衣草酯基黄烷酮 攀倒甑 Patrinia villosa
3,5,6,7-tetrahydroxy-4'-methoxyflavone 3,5,6,7- 四羟基 -4'- 甲氧基黄酮 缢苞麻花头 Serratula strangulata
3,7,8,3'-tetrahydroxy-4'-methoxyflavone 3,7,8,3'- 四羟基 -4'- 甲氧基黄酮 台湾相思 Acacia confusa
5,7,8,3'-tetrahydroxy-4'-methoxyflavone 5,7,8,3'- 四羟基 -4'- 甲氧基黄酮 香苹婆 Sterculia foetida
5,7,3',5'-tetrahydroxy-4'-methoxyflavonol 5,7,3',5'- 四羟基 -4'- 甲氧基黄酮醇 马六甲蒲桃 Syzygium malaccense
3,5,7,3'-tetrahydroxy-4'-methoxyflavonone 3,5,7,3'- 四羟基 -4'- 甲氧基黄烷酮 艾纳香 Blumea balsamifera
5,6,7,3'-tetrahydroxy-4'-methoxyisoflavone 5,6,7,3'- 四羟基 -4'- 甲氧基异黄酮 射干 Belamcanda chinensis
3,3',5,5'-tetrahydroxy-4'-methoxystilbene 3,3',5,5'- 四羟基 -4'- 甲氧基芪 肖菝葜 Heterosmilax japonica
trans-3,4,3',5'-tetrahydroxy-4'-methylstilbene-4-*O*-*β*-D-xylopyranosyl-(1→6)-*β*-D-glucopyranoside 反式 -3,4,3',5'- 四羟基 -4'- 甲基芪 -4-*O*-*β*-D- 吡喃木糖基 -(1 → 6)-*β*-D- 吡喃葡萄糖苷 东紫苏 Elsholtzia bodinieri
1,3,5,6-tetrahydroxy-4-prenylxanthone 1,3,5,6- 四羟基 -4- 异戊烯基呫酮 金丝李 Garcinia paucinervis, 地耳草 Hypericum japonicum
6,6',7,7'-tetrahydroxy-5,5'-bicoumarin 6,6',7,7'- 四羟基 -5,5'- 双香豆素 挂金灯 Physalis alkekengi var. francheti

T

1,3,5,8-tetrahydroxy-5,6,7,8-tetrahydroxanthone 1,3,5,8- 四羟基 -5,6,7,8- 四甲氧基𠮿酮 肋柱花 Lomatogonium carinthiacum

6,11,12,16-tetrahydroxy-5,8,11,13-abitetetraen-7-one-9'-O-β-D-glucopyranoside 6,11,12,16- 四羟基 -5,8,11,13- 冷杉四烯 -7- 酮 -9'-O-β-D- 吡喃葡萄糖苷 海榄雌 Avicennia marina

6,6',7,7'-tetrahydroxy-5,8'-bicoumarin 6,6',7,7'- 四羟基 -5,8'- 双香豆素 紫花地丁 Viola philippica

5,7,3',4'-tetrahydroxy-5'-C-prenylflavone-7-O-α-glucopyranoside 5,7,3',4'- 四羟基 5'-C- 异戊二烯基黄酮 -7-O-α- 吡喃葡萄糖苷 野拔子 Elsholtzia rugulosa

3,7,3',4'-tetrahydroxy-5-methoxyflavone 3,7,3',4'- 四羟基 -5- 甲氧基黄酮 马醉木 Pieris japonica

3β,5,12β,14-tetrahydroxy-5β-card-20(22)-enolide 3β,5,12β,14- 四羟基 -5β- 强心甾 -20(22)- 内酯 见血封喉 Antiaris toxicaria

1β,2β,3β,4β-tetrahydroxy-5β-spirost-25(27)-en-5-β-D-galactopyranoside 1β,2β,3β,4β- 四羟基 -5β- 螺甾 -25(27)- 烯 -5-β-D- 吡喃半乳糖苷 铃兰 Convallaria majalis

(25S)-1β,2β,3β,4β-tetrahydroxy-5β-spirostan-5-α-L-arabinopyranoside (25S)-1β,2β,3β,4β- 四羟基 -5β- 螺甾 -5-α-L- 吡喃阿拉伯糖苷 铃兰 Convallaria majalis

(25S)-1β,2β,3β,4β-tetrahydroxy-5β-spirostan-5-β-D-galactopyranoside (25S)-1β,2β,3β,4β- 四羟基 -5β 螺甾 -5-β-D- 吡喃半乳糖苷 铃兰 Convallaria majalis

5,7,3',4'-tetrahydroxy-6-(3',3'-dimethylallyl)-flavanone 5,7,3',4'- 四羟基 -6-(3',3'- 二甲基烯丙基)- 黄烷酮 胀果甘草 Glycyrrhiza inflata

5,7,2',4'-tetrahydroxy-6,3'-di-(3,3-dimethylallyl)-isoflavone-5-O-α-L-rhamnopyranosyl-(1→4)-α-L-rhamnopyranoside 5,7,2',4'- 四羟基 -6,3'- 二 -(3,3- 二甲基烯丙基)- 异黄酮 5-O-α-L- 吡喃鼠李糖基 -(1 → 4)-α-L- 吡喃鼠李糖苷 霍香蓟 Ageratum conyzoides

5,7,2',4'-tetrahydroxy-6,3'-diprenylisoflavone (5,7,2',4'- 四羟基 -6,3'- 二异戊烯基异黄酮 印度崖豆 Millettia pulchra

5,7,3',5'-tetrahydroxy-6,4'-dimethoxyflavone 5,7,3',5'- 四羟基 -6,4'- 二甲氧基黄酮 栀子 Gardenia jasminoides, 柽柳 Tamarix chinensis

5,7,2',4'-tetrahydroxy-6,5'-dimethoxyflavone 5,7,2',4'- 四羟基 -6,5'- 二甲氧基黄酮 黑沙蒿 Artemisia ordosica, 猪毛蒿 A. scoparia

5,7,3',4'-tetrahydroxy-6,5'-dimethoxyflavone 5,7,3',4'- 四羟基 -6,5'- 二甲氧基黄酮 冷蒿 Artemisia frigida, 野菊 Chrysanthemum indicum

3,5,3',4'-tetrahydroxy-6,7-methylenedioxyflavone 3,5,3',4'- 四羟基 -6,7- 亚甲二氧基黄酮 千日红 Gomphrena globosa

3,5,3',4'-tetrahydroxy-6,7-methylenedioxyflavone-3-hexoside 3,5,3',4'- 四羟基 -6,7- 亚甲二氧基黄酮 -3- 己糖苷 千日红 Gomphrena globosa

3,5,7,4'-tetrahydroxy-6,8,3'-trimethoxyflavone-3-O-α-L-arabinopyranosyl-(1 → 3)-O-β-D-galactopyranoside 3,5,7,4'- 四羟基 -6,8,3'- 三甲氧基黄酮 -3-O-α-L- 吡喃阿拉伯糖基 -(1 → 3)-O-β-D- 吡喃半乳糖苷 水黄皮 Pongamia pinnata

3,5,7,4'-tetrahydroxy-6,8,3'-trimethoxyflavone-3-O-α-L-arabinopyranosyl-(1 → 3)-O-β-D-galactopyranosyl-(1 → 6)-O-β-D-galactopyranoside 3,5,7,4'- 四羟基 -6,8,3'- 三甲氧基黄酮 -3-O-α-L- 吡喃阿拉伯糖基 -(1 → 3)-O-β-D- 吡喃半乳糖基 -(1 → 6)-O-β-D- 吡喃半乳糖苷 水黄皮 Pongamia pinnata

5,7,2',6'-tetrahydroxy-6,8-di-(γ,γ-dimethylallyl)-flavanone 5,7,2',6'- 四羟基 -6,8- 二异戊烯基 - 黄烷酮 攀倒甑 Patrinia villosa

5,7,3',4'-tetrahydroxy-6,8-dimethoxyflavone 5,7,3',4'- 四羟基 -6,8- 二甲氧基黄酮 毛莲蒿 Artemisia vestita

5,7,3',4'-tetrahydroxy-6,8-dipentenylisoflavone 5,7,3',4'- 四羟基 -6,8- 二戊烯基异黄酮 千斤拔 Flemingia philippinensis

5,7,3',4'-tetrahydroxy-6,8-diprenylisoflavone 5,7,3',4'- 四羟基 -6,8- 二异戊烯基异黄酮 柘树 Cudrania tricuspidata, 鱼藤 Derris trifoliata, 千斤拔 Flemingia philippinensis, 厚果崖豆藤 Millettia pachycarpa

4',5,5',7-tetrahydroxy-6-[6-hydroxy-3,7-dimethyl-2(E),7-octadienyl]-3'-methoxyflavanone 4',5,5',7- 四羟基 -6-[6- 羟基 -3,7- 二甲基 -2(E),7- 辛二烯基]-3'- 甲氧基黄烷酮 毛泡桐 Paulownia tomentosa

3',4',5,7-tetrahydroxy-6-[6-hydroxy-3,7-dimethyl-2(E),7-octadienyl]flavanone 3',4',5,7- 四羟基 -6-[6- 羟基 -3,7- 二甲基 -2(E),7- 辛二烯基] 黄烷酮 毛泡桐 Paulownia tomentosa

3',4',5,7-tetrahydroxy-6-[7-hydroxy-3,7-dimethyl-2(E)-octenyl]flavanone 3',4',5,7- 四羟基 -6-[7- 羟基 -3,7- 二甲基 -2(E)- 辛烯基] 黄烷酮 毛泡桐 Paulownia tomentosa

5,7,3',4'-tetrahydroxy-6-C-[β-D-apiosyl-(1 → 4)]-β-D-glucopyranosylflavone 5,7,3',4'- 四羟基 -6-C-[β-D- 吡喃芹糖基 -(1 → 4)]-β-D- 吡喃葡萄糖基黄酮 含羞草 Mimosa pudica

3',4',5,7-tetrahydroxy-6-C-glucopyranosylflavone 3',4',5,7- 四羟基 -6-C- 吡喃葡萄糖基黄酮 厚叶铁线莲 Clematis crassifolia

5,7,3',4'-tetrahydroxy-6-C-β-D-glucopyranosylflavone 5,7,3',4'- 四羟基 -6-C-β-D- 吡喃葡萄糖基黄酮 含羞草 Mimosa pudica

5,7,3',4'-tetrahydroxy-6-C-β-D-glucopyranosylflavonoside 5,7,3',4'- 四羟基 -6-C-β-D- 吡喃葡萄糖基黄酮苷 撑篙竹 Bambusa pervariabilis

5,7,3',4'-tetrahydroxy-6-C-β-L-arabinosylflavonoside 5,7,3',4'- 四羟基 -6-C-β-L- 阿拉伯糖基黄酮苷 撑篙竹 Bambusa pervariabilis

(2R,3R)-2',3,4',5-tetrahydroxy-6''-dimethylpyrano[6,7:2'',3'']-dihydroflavonol (2R,3R)-2',3,4',5- 四羟基 -6''- 二甲基吡喃 [6,7:2'',3'']- 二氢黄酮醇 小槐花 Ohwia caudata

(2R,3R)-2',3,4',5-tetrahydroxy-6''-dimethylpyrano[6,7:2'',3'']-dihydroflavonol-4'-methyl ether (2R,3R)-2',3,4',5- 四羟基 -6''- 二甲基吡喃 [6,7:2'',3'']- 二氢黄酮醇 -4'- 甲醚 小槐花 Ohwia caudata

5,7,3',4'-tetrahydroxy-6-geranylflavonol 5,7,3',4'- 四羟基 -6- 香叶基黄酮醇 构树 Broussonetia papyrifera

(2S)-5,7,2',6'-tetrahydroxy-6-lavandulylated flavanone (2S)-5,7,2',6'- 四羟基 -6- 薰衣草酯基 - 黄烷酮 攀倒甑 Patrinia villosa

5,7,3',4'-tetrahydroxy-6-methoxy-8-C-[β-D-xylopyranosyl-(1 → 2)]-β-D-glucopyranosylflavone 5,7,3',4'- 四羟基 -6- 甲氧基 -8-C-[β-D- 吡喃木糖基 -(1 → 2)]-β-D- 吡喃葡萄糖基黄酮 旋蒴苣苔 Boea hygrometrica

5,7,3',4'-tetrahydroxy-6-methoxy-8-C-β-D-glucopyranosylflavone 5,7,3',4'- 四羟基 -6- 甲氧基 -8-C-β-D- 吡喃葡萄糖基黄酮苷 旋蒴苣苔 Boea hygrometrica

2,2',4',6-tetrahydroxy-6'-methoxychalcone 2,2',4',6- 四羟基 -6'- 甲氧基查耳酮 黄芩 Scutellaria baicalensis

(2S)-2',5',5,7-tetrahydroxy-6-methoxyflavanone (2S)-2',5',5,7- 四羟基 -6- 甲氧基黄烷酮 棱茎黄芩 Scutellaria scandens

2',5,5',7-tetrahydroxy-6-methoxyflavanone 2',5,5',7- 四羟基 -6- 甲氧基黄烷酮 毛蓼 Polygonum barbatum

(2S)-2',5',5,7-tetrahydroxy-6-methoxyflavanone-2'-O-β-D-(2''-O-trans-caffeoyl)glucopyranoside (2S)-2',5',5,7- 四羟基 -6- 甲氧基黄烷酮 -2'-O-β-

D-(2''-*O*- 反式 - 咖啡酰基)- 吡喃葡萄糖苷 棱茎黄芩 Scutellaria scandens

(2*S*)-2',5',5,7-tetrahydroxy-6-methoxyflavanone-2'-*O*-β-D-(6''-*O*-*trans*-caffeoyl)glucopyranoside (2*S*)-2',5',5,7- 四羟基 -6- 甲氧基黄烷酮 -2'-*O*-β-D-(6''-*O*- 反式 - 咖啡酰基)- 吡喃葡萄糖苷 棱茎黄芩 Scutellaria scandens

(2*S*)-2',5',5,7-tetrahydroxy-6-methoxyflavanone-2'-*O*-β-D-glucopyranoside (2*S*)-2',5',5,7- 四羟基 -6- 甲氧基黄烷酮 -2'-*O*-β-D- 吡喃葡萄糖苷 棱茎黄芩 Scutellaria scandens

5,7,3',4'-tetrahydroxy-6-methoxyflavone 5,7,3',4'- 四羟基 -6- 甲氧基黄酮 毛莲蒿 Artemisia vestita, 漆姑草 Sagina japonica

3',4',5,7-tetrahydroxy-6-methoxy-flavone-3-*O*-β-D-apiofuranosyl-(1→2)-*O*-[2-*O*-(1-oxo-3-phenyl-2-propenyl)-β-D-glucopyranosyl-(1→6)]-β-D-glucopyranoside 3',4',5,7- 四羟基 -6- 甲氧基黄酮 -3-*O*-β-D- 呋喃芹糖基 -(1 → 2)-*O*-[2-*O*-(1- 氧代 -3- 苯基 -2- 丙烯基)-β-D- 吡喃葡萄糖基 -(1 → 6)]-β-D- 吡喃葡萄糖苷 菠菜 Spinacia oleracea

3',4',5,7-tetrahydroxy-6-methoxyflavone-3-*O*-β-D-apiofuranosyl-(1 → 2)-*O*-[β-D-glucopyranosyl-(1 → 6)]-β-D-glucopyranoside 3',4',5,7- 四羟基 -6- 甲氧基黄酮 -3-*O*-β-D- 呋喃芹糖基 -(1 → 2)-*O*-[β-D- 吡喃葡萄糖基 -(1 → 6)]-β-D- 吡喃葡萄糖苷 菠菜 Spinacia oleracea

2',4',5,7-tetrahydroxy-6-methyl-homoisoflavanone 2',4',5,7- 四羟基 -6- 甲基 - 高异黄烷酮 玉竹 Polygonatum odoratum

5,7,8,4'-tetrahydroxy-6-methyoxyflavone 5,7,8,4'- 四羟基 -6- 甲氧基黄酮 三台花 Clerodendrum serratum var. amplexifolium

2',4',5,7-tetrahydroxy-6-prenyldihydroflavanone 5,7,2',4'- 四羟基 -6- 异戊烯基黄烷酮 构棘 Cudrania cochinchinensis

2',4',5,7-tetrahydroxy-6-prenylisoflavanone 2',4',5,7- 四羟基 -6- 异戊烯基异黄烷酮 大叶山蚂蝗 Desmodium gangeticum

1,4,5,6-tetrahydroxy-7,8-diprenyl-xanthone 1,4,5,6- 四羟基 -7,8- 二异戊烯基 - 吨酮 大叶藤黄 Garcinia xanthochymus

(3*S*,5*R*,6*R*,7*E*,9*S*)-3,5,6,9-tetrahydroxy-7-en-megastigmane (3*S*,5*R*,6*R*,7*E*,9*S*)-3,5,6,9- 四羟基 -7- 烯 - 大柱香波龙烷 卫矛 Euonymus alatus, 绞股蓝 Gynostemma pentaphyllum

1,2,5,6-tetrahydroxy-7-geranylxanthone 1,2,5,6- 四羟基 -7- 香叶基吨酮 ▲ 大叶藤黄 Garcinia xanthochymus

1,3,5,6-tetrahydroxy-7-geranylxanthone 1,3,5,6- 四羟基 -7- 香叶基吨酮 大叶藤黄 Garcinia xanthochymus

5,7,3',4'-tetrahydroxy-7-glucopyranosylflavanonol 5,7,3',4'- 四羟基 -7- 吡喃葡萄糖基黄烷酮醇 甘草 Glycyrrhiza uralensis

3*R*,5*S*,6*R*,7*E*,9*S*-3,5,6,9-tetrahydroxy-7-megastigmane 3*R*,5*S*,6*R*,7*E*,9*S*-3,5,6,9- 四羟基 -7- 甲基环己烯 海杧果 Cerbera manghas

3,5,4',5''-tetrahydroxy-7-methoxy-6-[1-(*p*-hydroxy-phenyl)ethyl]flavanone 3,5,4',5''- 四羟基 -7- 甲氧基 -6-[1-(对羟基苯基) 乙基] 黄烷酮 柠檬桉 Eucalyptus citriodora

3,5,2',3'-tetrahydroxy-7-methoxyflavanone 3,5,2',3'- 四羟基 -7- 甲氧基黄烷酮 细叶鸢尾 Iris tenuifolia

3,5,3',4'-tetrahydroxy-7-methoxyflavone 3,5,3',4'- 四羟基 -7- 甲氧基黄酮 艾纳香 Blumea balsamifera

3,6,3',4'-tetrahydroxy-7-methoxyflavone 3,6,3',4'- 四羟基 -7- 甲氧基黄酮 金荞麦 Fagopyrum dibotrys

5,6,3',4'-tetrahydroxy-7-methoxyflavone 5,6,3',4'- 四羟基 -7- 甲氧基黄酮 毛莲蒿 Artemisia vestita

5,8,3',4'-tetrahydroxy-7-methoxyflavone 5,8,3',4'- 四羟基 -7- 甲氧基黄酮 熊胆草 Conyza blinii

3,5,3',4'-tetrahydroxy-7-methoxyflavone-3-*O*-(2''-rhamnopyranosylglucopyranoside) 3,5,3',4'- 四羟基 -7- 甲氧基黄酮 -3-*O*-(2''- 吡喃鼠李糖基吡喃葡萄糖苷 望江南 Senna occidentalis

3,5,3',4'-tetrahydroxy-7-methoxyflavone-3-*O*-α-L-arabinopyranosyl-(1 → 3)-*O*-β-D-galactopyranoside 3,5,3',4'- 四羟基 -7- 甲氧基黄酮 -3-*O*-α-L- 吡喃阿拉伯糖基 -(1 → 3)-*O*-β-D- 吡喃半乳糖苷 水黄皮 Pongamia pinnata

3,5,3',4'-tetrahydroxy-7-methoxyflavone-3-*O*-α-L-arabinopyranosyl-(1 → 3)-*O*-β-D-galactopyranosyl-(1 → 6)-*O*-β-D-galactopyranoside 3,5,3',4'- 四羟基 -7- 甲氧基黄酮 -3-*O*-α-L- 吡喃阿拉伯糖基 -(1 → 3)-*O*-β-D- 吡喃半乳糖基 -(1 → 6)-*O*-β-D- 吡喃半乳糖苷 水黄皮 Pongamia pinnata

3,5,3',4'-tetrahydroxy-7-methoxyflavone3'-*O*-α-L-xylopyranosyl-(1 → 3)-*O*-α-L-arabinopyranosyl-(1 → 4)-*O*-β-D-galactopyranoside 3,5,3',4'- 四羟基 -7- 甲氧基黄酮 3'-*O*-α-L- 吡喃木糖基 -(1 → 3)-*O*-α-L- 吡喃阿拉伯糖基 -(1 → 4)-*O*-β-D- 吡喃半乳糖苷 补骨脂 Cullen corylifolia

3,5,3',4'-tetrahydroxy-7-methoxyflavone-3-*O*-β-D-glucopyranoside 3,5,3',4'- 四羟基 -7- 甲氧基黄酮 -3-*O*-β-D- 吡喃葡萄糖苷 瓜子金 Polygala japonica

3,5,3',4'-tetrahydroxy-7-methoxyflavonone 3,5,3',4'- 四羟基 -7- 甲氧基黄烷酮 艾纳香 Blumea balsamifera

3,5,3',4'-tetrahydroxy-7-methoxy-flavonone 3,5,3',4'- 四羟基 -7- 甲氧基 - 黄烷酮 艾纳香 Blumea balsamifera

1,4,5,6-tetrahydroxy-7-prenyl-xanthone 1,4,5,6- 四羟基 -7- 异戊烯基 - 吨酮 大叶藤黄 Garcinia xanthochymus

1α,6β,7β,15β-tetrahydroxy-7α,20-epoxy-*ent*-kaur-16-ene 1α,6β,7β,15β- 四羟基 -7α,20- 环氧 - 对映 - 贝壳杉 -16- 烯 黄花香茶菜 Isodon sculponeatus

2α,3β,11,12-tetrahydroxy-7β,20-epoxy-8,11,13-abietatriene 2α,3β,11,12- 四羟基 -7β,20- 环氧 -8,11,13- 冷杉三烯 痢止蒿 Ajuga forrestii

5,7,2',4'-tetrahydroxy-8-(1,1-dimethylprop-2-enyl)-isoflavone 5,7,2',4'- 四羟基 -8-(1,1- 二甲基丙 -2- 烯基)- 异戊烯基异黄酮 千斤拔 Flemingia philippinensis

5,7,3',4'-tetrahydroxy-8-(3',3'-dimethylallyl)-flavanone 5,7,3',4'- 四羟基 -8-(3',3'- 二甲基烯丙基)- 二氢黄烷酮 胀果甘草 Glycyrrhiza inflata

1,3,6,7-tetrahydroxy-8-(3-methyl-2-butenyl)-9*H*-xanthen-9-one 1,3,6,7- 四羟基 -8-(3- 甲基 -2- 丁烯基)-9*H*- 吨烯 -9- 酮 金丝梅 Hypericum patulum, 糙枝金丝桃 H. scabrum

1,3,6,7-tetrahydroxy-8-(3-methylbut-2-enyl)-2-(2-methylbut-3-en-2-yl)-xanthone 1,3,6,7- 四羟基 -8-(3- 甲基丁 -2- 烯基)-2-(2- 甲基丁 3- 烯 -2- 基)- 吨酮 柘树 Cudrania tricuspidata

1,3,6,7-tetrahydroxy-8-(3-methyl-but-2-enyl)-xanthone 1,3,6,7- 四羟基 -8-(3- 甲基 - 丁 -2- 烯基)- 吨酮 元宝草 Hypericum sampsonii

5,7,2',5'-tetrahydroxy-8,6'-dimethoxyflavone 5,7,2',5'- 四羟基 -8,6'- 二甲氧基黄酮 黄芩 Scutellaria baicalensis, 狭叶黄芩 S. regeliana

5,7,3',4'-tetrahydroxy-8-*C*-[β-D-apiose-(1 → 4)]-β-D-glycopyranosylflavone 5,7,3',4'- 四羟基 -8-*C*-[β-D- 吡喃芹糖基 -(1 → 4)]-β-D- 吡喃葡萄糖基黄酮 含羞草 Mimosa pudica

5,7,3',4'-tetrahydroxy-8-*C*-β-D-glucopyranosylflavone 5,7,3',4'- 四羟基 -8-*C*-β-D- 吡喃葡萄糖基黄酮 含羞草 Mimosa pudica

5,7,3',4'-tetrahydroxy-8-*C*-β-D-glucopyranosylflavonoside 5,7,3',4'- 四羟基 -8-*C*-β-D- 吡喃葡萄糖基黄酮苷 撑篙竹 Bambusa pervariabilis

T

7,9,2',4'-tetrahydroxy-8-isopentenyl-5-methoxychalcone 7,9,2',4'- 四羟基 -8- 异戊烯基 -5- 甲氧基查耳酮 苦参 Sophora flavescens
5,7,3',4'-tetrahydroxy-8-methoxy-6-methylflavone-3-*O*-α-glucopyranoside 5,7,3',4'- 四羟基 -8- 甲氧基 -6- 甲基黄酮 -3-*O*-α- 吡喃葡萄糖苷 尼泊尔桤木 Alnus nepalensis
3,5,7,4'-tetrahydroxy-8-methoxyflavone 3,5,7,4'- 四羟基 -8- 甲氧基黄酮 连香树 Cercidiphyllum japonicum
5,7,2',6'-tetrahydroxy-8-methoxyflavone-2'-*O*-β-D-(2-*O*-caffeoyl)glucopyranoside 5,7,2',6'- 四羟基 -8- 甲氧基黄酮 2'-*O*-β-D-(2-*O*- 咖啡酰基) 吡喃葡萄糖苷 异色黄芩 Scutellaria discolor
3',4',5,7-tetrahydroxy-8-methoxyisoflavone 3',4',5,7- 四羟基 -8- 甲氧基异黄酮 射干 Belamcanda chinensis
5,6,7,4'-tetrahydroxy-8-methoxylisoflavone 5,6,7,4'- 四羟基 -8- 甲氧基异黄酮 射干 Belamcanda chinensis
2',4',5,7-tetrahydroxy-8-methyl-6-methoxy-homoisoflavanone 2',4',5,7- 四羟基 -8- 甲基 -6- 甲氧基 - 高异黄烷酮 玉竹 Polygonatum odoratum
3',4',5',6'-tetrahydroxy-8-methyl-dihydroflavonol 3',4',5',6'- 四羟基 -8- 甲基 - 二氢黄酮醇 雪松 Cedrus deodara
3,5,7,4'-tetrahydroxy-8-methylflavone-3-*O*-α-L-rhamnopyranosyl-(1 → 6)-*O*-β-D-galactopyranoside 3,5,7,4'- 四羟基 -8- 甲基黄酮 -3-*O*-α-L- 吡喃鼠李糖基 -(1 → 6)-β-D- 吡喃半乳糖苷 大叶山蚂蝗 Desmodium gangeticum
3',4',5,7-tetrahydroxy-8-prenyl-flavone 3',4',5,7- 四羟基 -8- 异戊二烯基黄酮 野拔子 Elsholtzia rugulosa
1,3,6,7-tetrahydroxy-8-prenyl-xanthone 1,3,6,7- 四羟基 -8- 异戊烯基 - 𠮿酮 莽吉柿 Garcinia mangostana
2,4,6,7-tetrahydroxy-9,10-dihydrophenanthrene 2,4,6,7- 四羟基 -9,10- 二氢菲 黄独 Dioscorea bulbifera
(+)-3,4,3',4'-tetrahydroxy-9,7'α-epoxylignano-7α,9'-lactone (+)-3,4,3',4'- 四羟基 -9,7'α- 环氧木脂烷 -7α,9'- 内酯 海滨木巴戟 Morinda citrifolia
(-)-3,4,3',4'-tetrahydroxy-9,7'β-epoxylignano-7β,9'-lactone (-)-3,4,3',4'- 四羟基 -9,7'β- 环氧木脂烷 -7β,9'- 内酯 海滨木巴戟 Morinda citrifolia
2,3,4,6-tetrahydroxyacetophenone 2,3,4,6- 四羟基苯乙酮 地锦 Parthenocissus tricuspidata
2,3,4,6-tetrahydroxyacetophenone-3-*O*-β-D-glucopyranoside 2,3,4,6- 四羟基苯乙酮 -3-*O*-β-D- 吡喃葡萄糖苷 何首乌 Polygonum multiflorum
1,2,3,6-tetrahydroxyanthraquinone 1,2,3,6- 四羟基蒽醌 红大戟 Knoxia roxburghii
(*Z*)-6,7,3',4'-tetrahydroxyaurone (*Z*)-6,7,3',4'- 四羟基橙酮 鬼针草 Bidens pilosa
6,7,3',4'-tetrahydroxyaurone 6,7, 3',4'- 四羟基橙酮 鬼针草 Bidens pilosa
3,4,5,7-tetrahydroxybenzeneacetic acid 3,4,5,7- 四羟基苯乙酸 有齿鞘柄木 Toricellia angulata var. intermedia
2,4,6,3'-tetrahydroxybenzophenone 2,4,6,3'- 四羟基苯酚酮 木竹子 Garcinia multiflora
2-(1',2',3',4'-tetrahydroxybutyl)-6-(2",3",4"-trihydroxybutyl)-pyrazine 2-(1',2',3',4'- 四羟基丁基)-6-(2",3",4"- 三羟基丁基)- 吡嗪 白子菜 Gynura divaricata
3β,5α,14β,17β-tetrahydroxycard-20(22)-enolide 3β,5α,14β,17β- 四羟基强心甾 -20(22)- 烯内酯 夏侧金盏花 Adonis aestivalis
1,3,6,7-tetrahydroxy-*C*-glycosylxanthone 1,3,6,7- 四羟基 -*C*- 葡萄糖基𠮿酮 绒紫萁 Osmunda claytoniana var. pilosa
(2*E*)-2',4',2",4"-tetrahydroxychalcone (2*E*)-2',4',2",4"- 四羟基查耳酮 鸡桑 Morus australis
2,3',4,4'-tetrahydroxychalcone 2,3',4,4'- 四羟基查耳酮 狼杷草 Bidens tripartita
2',3,4,4'-tetrahydroxychalcone 2',3,4,4'- 四羟基查耳酮 蒙自木蓝 Indigofera mengtzeana, 驱虫斑鸠菊 Vernonia anthelmintica
2,4,2',4'-tetrahydroxychalcone 2,4,2',4'- 四羟基查耳酮 蒙桑 Morus mongolica
2',4',3,4-tetrahydroxychalcone 2',4',3,4- 四羟基查耳酮 沙冬青 Ammopiptanthus mongolicus, 小沙冬青 A. nanus, 密花豆 Spatholobus suberectus
3,4,2',4'-tetrahydroxychalcone 3,4,2',4'- 四羟基查耳酮 美丽崖豆藤 Callerya speciosa, 卤地菊 Wedelia prostrata
2',4,4',6'-tetrahydroxychalcone-2',4'-diglucoside 2',4,4',6'- 四羟基查耳酮 -2',4'- 二葡萄糖苷 小叶马蹄香 Asarum ichangense
4,2',4',6'-tetrahydroxy-chalcone-2',4'-di-*O*-β-D-glucopyraboside 4,2',4',6'- 四羟基查耳酮 -2',4'- 二 -*O*-β-D- 吡喃葡萄糖苷 辽细辛 Asarum heterotropoides var. mandshuricum
4,2',4',6'-tetrahydroxychalcone-2',4'-di-*O*-β-D-glucopyranoside 4,2',4',6'- 四羟基查尔酮 -2',4'- 二 -*O*-β-D- 吡喃葡萄糖苷 大叶马蹄香 Asarum maximum
4,2',4',6'-tetrahydroxychalcone-2'-*O*-β-D-glucopyranoside 4,2',4',6'- 四羟基查尔酮 -2'-*O*-β-D- 吡喃葡萄糖苷 大叶马蹄香 Asarum maximum
2',4,4',6'-tetrahydroxychalcone-2'-β-D-glucopyranoside 2',4,4',6'- 四羟基 - 查尔酮 -2'-β-D- 吡喃葡萄糖苷 沙生蜡菊 Helichrysum arenarium
2β,3β,16β,22β-tetrahydroxycholest-5-en-16-*O*-β-D-apiofuranoside 2β,3β,16β,22β- 四羟基胆甾 -5- 烯 -16-*O*-β-D- 呋喃芹糖苷 晚香玉 Polianthes tuberosa
(22*R*)-3β,16β,22,26-tetrahydroxycholest-5-ene-3-*O*-α-L-rhamnopyranosyl-(1 → 2)-β-D-glucuronopyranoside (22*R*)-3β,16β,22,26- 四羟基胆甾 -5- 烯 -3-*O*-α-L- 吡喃鼠李糖基 -(1 → 2)-β-D- 吡喃葡萄糖醛酸苷 白英 Solanum lyratum
6β,7β,8α,10-tetrahydroxy-*cis*-2-oxabicyclo[4.3.0]nonan-3-one 6β,7β,8α,10- 四羟基 - 顺式 -2- 氧杂双环 [4.3.0] 壬烷 -3- 酮 十字架树 Crescentia alata
(24*S*)-3β,11α,16β,24-tetrahydroxycloart-*O*-[β-D-glucopyranosyl-(1 → 3)-β-D-glucopyranosyl-(1 → 2)-β-D-glucopyranosyl]-24-*O*-β-D-glucopyranoside (24*S*)-3β,11α,16β,24- 四羟基环木菠萝 -3-*O*-[β-D- 吡喃葡萄糖基 -(1 → 3)-β-D- 吡喃葡萄糖基 -(1 → 2)-β-D- 吡喃葡萄糖基]-24-*O*-β-D- 吡喃葡萄糖苷 仙茅 Curculigo orchioides
3,5,7,4'-tetrahydroxycoumaronochromone 3,5,7,4'- 四羟基香豆色酮 广东金钱草 Desmodium styracifolium
(23*E*)-3β,7β,15β,25-tetrahydroxycucurbita-5,23-dien-19-al (23*E*)-3β,7β,15β,25- 四羟基葫芦 -5,23- 二烯 -19- 醛 苦瓜 Momordica charantia
3β,7β,22,23-tetrahydroxycucurbita-5,24-dien-19-al 3β,7β,22,23- 四羟基葫芦 -5,24- 二烯 -19- 醛 苦瓜 Momordica charantia
3β,7β,23,24-tetrahydroxycucurbita-5,25-dien-19-al 3β,7β,23,24- 四羟基葫芦 -5,25- 二烯 -19- 醛 苦瓜 Momordica charantia
(24*R*)-3β,7β,24,25-tetrahydroxycycloartane-3-*O*-β-D-glucopyranosyl-(1 → 2)-β-D-glucopyranosyl-24-*O*-β-D-glucopyranoside (24*R*)-3β,7β,24,25- 四羟基环木菠萝 -3-*O*-β-D- 吡喃葡萄糖基 -(1 → 2)-β-D- 吡喃葡萄糖基 -24-*O*-β-D- 吡喃葡萄糖苷 过山蕨 Camptosorus sibiricus
(24*R*)-3β,7β,24,25-tetrahydroxycycloartane-3-*O*-β-D-glucopyranosyl-24-*O*-β-D-glucopyranoside (24*R*)-3β,7β,24,25- 四羟基环木菠萝 -3-*O*-β-D- 吡喃葡萄糖基 -24-*O*-β-D- 吡喃葡萄糖苷 过山蕨 Camptosorus sibiricus

24S,3β,11α,16β,24-tetrahydroxycycloartenol-3-O-α-L-rhamnopyranosyl-(1 → 2)-β-D-glucopyranoside 24S,3β,11α,16β,24- 四羟基环木菠萝烯醇 -3-O-α-L- 吡喃鼠李糖基 -(1 → 2)-β-D- 吡喃葡萄糖苷 仙茅 Curculigo orchioides

3β,20S,21,25-tetrahydroxydammar-23-ene-3-O-{[α-L-rhamnopyranosyl-(1 → 2)][β-D-glucopyranosyl-(1 → 3)]-β-D-glucopyranosyl}-21-O-β-D-glucopyranoside 3β,20S,21,25- 四羟基达玛 -23- 烯 -3-O-{[α-L- 吡喃鼠李糖基 -(1 → 2)][β-D- 吡喃葡萄糖基 -(1 → 3)]-β-D- 吡喃葡萄糖基 }-21-O-β-D- 吡喃葡萄糖苷 绞股蓝 Gynostemma pentaphyllum

3β,19,20S,21-tetrahydroxydammar-24-ene-3-O-[α-L-rhamnopyranosyl-(1 → 2)-β-D-xylopyranosyl-(1 → 3)-α-L-arabinopyranosyl]-21-O-β-D-glucopyranoside 3β,19,20S,21- 四羟基达玛 -24- 烯 -3-O-[α-L- 吡喃鼠李糖基 -(1 → 2)-β-D- 吡喃木糖基 -(1 → 3)-α-L- 吡喃阿拉伯糖基]-21-O-β-D- 吡喃葡萄糖苷 绞股蓝 Gynostemma pentaphyllum

3β,19,20S,21-tetrahydroxydammar-24-ene-3-O-[α-L-rhamnopyranosyl-(1 → 2)-β-D-xylopyranosyl-(1 → 3)-β-D-glucopyranosyl]-21-O-β-D-glucopyranoside 3β,19,20S,21- 四羟基达玛 -24- 烯 -3-O-[α-L- 吡喃鼠李糖基 -(1 → 2)-β-D- 吡喃木糖基 -(1 → 3)-β-D- 吡喃葡萄糖基]-21-O-β-D- 吡喃葡萄糖苷 绞股蓝 Gynostemma pentaphyllum

2α,3β,12β,20S-tetrahydroxydammar-24-ene-3-O-[β-D-glucopyranosyl-(1 → 4)-β-D-glucopyranosyl]-20-O-[β-D-xylopyranosyl-(1 → 6)-β-D-glucopyranoside 2α,3β,12β,20S- 四羟基达玛 -24- 烯 -3-O-[β-D- 吡喃葡萄糖基 -(1 → 4)-β-D- 吡喃葡萄糖基]-20-O-[β-D- 吡喃木糖基 -(1 → 6)-β-D- 吡喃葡萄糖苷 绞股蓝 Gynostemma pentaphyllum

3β,12β,20S,21-tetrahydroxydammar-24-ene-3-O-{[α-L-rhamnopyranosyl-(1 → 2)][β-Dxylopyranosyl-(1 → 3)]-6-O-acetyl-β-D-glucopyranosyl}-21-O-β-D-glucopyranoside 3β,12β,20S,21- 四羟基达玛 -24- 烯 -3-O-{[α-L- 吡喃鼠李糖基 -(1 → 2)][β- 吡喃木糖基 -(1 → 3)]-6-O- 乙酰基 -β-D- 吡喃葡萄糖基 }-21-O-β-D- 吡喃葡萄糖苷 绞股蓝 Gynostemma pentaphyllum

2α,3β,12β,20S-tetrahydroxydammar-24-ene-3-O-β-D-glucopyranosyl-20-O-[β-D-6-O-acetylglucopyranosyl-(1 → 2)-β-D-glucopyranoside] 2α,3β,12β,20S- 四羟基达玛 -24- 烯 -3-O-β-D- 吡喃葡萄糖基 -20-O-[β-D-6-O- 乙酰吡喃葡萄糖基 -(1 → 2)-β-D- 吡喃葡萄糖苷 绞股蓝 Gynostemma pentaphyllum

3α,12β,20(S),24-tetrahydroxydammar-25-ene 3α,12β,20(S),24- 四羟基达玛 -25- 烯 白桦 Betula platyphylla

3β,6α,12β,25-tetrahydroxy-dammar-E-20(22)-ene-6-O-α-L-rhamnopyranosyl-(1 → 2)-β-D-glucopyranoside 3β,6α,12β,25- 四羟基 - 达玛 -E-20(22)- 烯 -6-O-α-L- 吡喃鼠李糖基 -(1 → 2)-β-D- 吡喃葡萄糖苷 人参 Panax ginseng

1,3,8,9-tetrahydroxydibenzo[b,d]pyran-6-one 1,3,8,9- 四羟基二苯并 [b,d] 吡喃 -6- 酮 窿缘桉 Eucalyptus exserta

2,4,6,4'-tetrahydroxydibenzophenone 2,4,6,4'- 四羟基二苯甲酮 德国鸢尾 Iris germanica

(-)-α,2',4,4'-tetrahydroxydihydrochalcone (-)-α,2',4,4'- 四羟基二氢查耳酮 胀果甘草 Glycyrrhiza inflata

(αR)-α,2',4,4'-tetrahydroxydihydrochalcone (αR)-α,2',4,4'- 四羟基二氢查耳酮 洋甘草 Glycyrrhiza glabra

α,2',4,4'-tetrahydroxydihydrochalcone α,2',4,4'- 四羟基二氢查耳酮 降香 Dalbergia odorifera, 滑桃树 Trevia nudiflora

α,4,2',4'-tetrahydroxydihydrochalcone α,4,2',4'- 四羟基二氢查耳酮 朝鲜槐 Maackia amurensis

3,4,2',6'-tetrahydroxydihydrochalcone-4'-O-(6''-galloyl)-β-D-glucopyranoside 3,4,2',6'- 四羟基二氢查耳酮 -4'-O-(6''- 没食子酰基)-β-D- 吡喃葡萄糖苷 筒鞘蛇菰 Balanophora involucrata

5,7,3',4'-tetrahydroxydihydroflavanol-3-O-α-L-rhamnopyranoside 5,7,3',4'- 四羟基二氢黄酮醇 -3-O- 吡喃鼠李糖苷 赶山鞭 Hypericum attenuatum

3,4,2',6'-tetrahydroxydihydroflavone-4'-O-β-D-glucopyranoside 3,4,2',6'- 四羟基二氢黄酮 -4'-O-β-D- 吡喃葡萄糖苷 筒鞘蛇菰 Balanophora involucrata

(-)-2,3-trans-3',4',7,8-tetrahydroxydihydroflavonol (-)-2,3- 反式 -3',4',7,8- 四羟基二氢黄酮醇 台湾相思 Acacia confusa

3,4',5,7-tetrahydroxydihydroflavonol 3,4',5,7- 四羟基二氢黄酮醇 构棘 Cudrania cochinchinensis

2α,4β,15,16-tetrahydroxydolabradane 2α,4β,15,16- 四羟基斧松烷 白背叶 Mallotus apelta

3β,7α,14β,19-tetrahydroxy-ent-kaur-16-en-12,15-dione 3β,7α,14β,19- 四羟基 - 对映 - 贝壳杉 -16- 烯 -12,15- 二酮 川藏香茶菜 Isodon pharicus

3α,7α,14β,15β-tetrahydroxy-ent-kaur-16-en-12-one 3α,7α,14β,15β- 四羟基 - 对映 - 贝壳杉 -16- 烯 -12- 酮 川藏香茶菜 Isodon pharicus

2β,15α,16α,17-tetrahydroxy-ent-kaurane 2β,15α,16α,17- 四羟基 - 对映 - 贝壳杉烷 凤尾蕨 Pteris cretica var. nervosa

(13R,14R)-3,13,14,19-tetrahydroxy-ent-labda-8(17),11-dien-16,15-olide (13R,14R)-3,13,14,19- 四羟基 - 对映 - 半日花 -8(17),11- 二烯 -16,15- 内酯 穿心莲 Andrographis paniculata

T

3α,16β,20,22-tetrahydroxyergosta-5,24(28)-diene 3α,16β,20,22- 四羟基麦角甾 -5,24(28)- 二烯 楝 Melia azedarach

(1α,3β,11β,22R,24E)-1,3,11,22-tetrahydroxy-ergosta-5,24-dien-26-oic acid-26-O-(6'-O-acetyl-β-D-glucopyranosyl)-(l → 2)-β-D-glucopyranosyl ester (1α,3β,11β,22R,24E)-1,3,11,22- 四羟基麦角甾 -5,24- 二烯 -26- 酸 -26-O-(6'-O- 乙酰基 -β-D- 吡喃葡萄糖基)-(l → 2)-β-D- 吡喃葡萄糖基酯苷 灯笼果 Physalis peruviana

(1α,3β,11β,22R,24E)-1,3,11,22-tetrahydroxy-ergosta-5,24-dien-26-oic acid-26-O-β-D-glucopyranosyl ester (1α,3β,11β,22R,24E)-1,3,11,22- 四羟基麦角甾 -5,24- 二烯 -26- 酸 -26-O-β-D- 吡喃葡萄糖基酯苷 灯笼果 Physalis peruviana

1,4,6,11-tetrahydroxyeudesmane 1,4,6,11- 四羟基桉叶烷 千年健 Homalomena occulta

(+)-3,5,7,4'-tetrahydroxyflavan (+)-3,5,7,4'- 四羟基黄烷 灯油藤 Celastrus paniculatus

4,7,3',4'-tetrahydroxyflavan 4,7,3',4'- 四羟基黄烷 离瓣寄生 Helixanthera parasitica

2,3-trans-3',4',7,8-tetrahydroxyflavan-3-ol 2,3- 反式 -3',4',7,8- 四羟基黄烷 -3- 醇 代儿茶 Dichrostachys cinerea

5,7,3',4'-tetrahydroxyflavan-3-ol 5,7,3',4'- 四羟基黄烷 -3- 醇 黄独 Dioscorea bulbifera

(2R,3R)-5,7,2',5'-tetrahydroxy-flavan-3-ol (2R,3R)-5,7,2',5'- 四羟基 - 黄烷 -3- 醇 抱茎蓼 Polygonum amplexicaule

(2S)-5,7,3',4'-tetrahydroxyflavan-5-O-β-D-glucopyranosie (2S)-5,7,3',4'- 四羟基黄烷 -5-O-β-D- 吡喃葡萄糖苷 清香藤 Jasminum lanceolarium

(-)-5,3',4',5'-tetrahydroxyflavan-7-O-gallate (-)-5,3',4',5'- 四羟基黄烷 -7-O- 没食子酸酯 猴耳环 Pithecellobium clypearia

3,5,7,4'-tetrahydroxyflavanol 3,5,7,4'- 四羟基黄酮醇 矮桃 Lysimachia clethroides

T

3,4',5,7-tetrahydroxyflavone 3,4',5,7- 四羟基黄酮 香青兰 Dracocephalum moldavica
3,5,7,3'-tetrahydroxyflavone 3,5,7,3'- 四羟基黄酮 圆锥铁线莲 Clematis terniflora
3,5,7,4'-tetrahydroxyflavone 3,5,7,4'- 四羟基黄酮 连香树 Cercidiphyllum japonicum, 黄花铁线莲 Clematis intricata, 沼猪殃殃 Galium uliginosum, 驼绒藜 Krascheninnikovia ceratoides, 翅荚决明 Senna alata
3,7,3',4'-tetrahydroxyflavone 3,7,3',4'- 四羟基黄酮 盐肤木 Rhus chinensis, 水红木 Viburnum cylindricum
3,7,8,4'-tetrahydroxyflavone 3,7,8,4'- 四甲氧基黄酮 丘陵老鹳草 Geranium collinum
5,6,7,4'-tetrahydroxyflavone 5,6,7,4'- 四羟基黄酮 长蕊珍珠菜 Lysimachia lobelioides
5,7,2',4'-tetrahydroxyflavone 5,7,2',4'- 四羟基黄酮 岩木瓜 Ficus tsiangii
5,7,2',5'-tetrahydroxyflavone 5,7,2',5'- 四羟基黄酮 小花鬼针草 Bidens parviflora, 蔓荆 Vitex trifolia
5,7,2',6'-tetrahydroxyflavone 5,7,2',6'- 四羟基黄酮 蓟罂粟 Argemone mexicana, 狭叶黄芩 Scutellaria regeliana
5,7,3',4'-tetrahydroxyflavone 5,7,3',4'- 四羟基黄酮 小苦荬 Ixeridium dentatum, 海桑 Sonneratia caseolaris, 藜芦 Veratrum nigrum
5,7,3',4-tetrahydroxyflavone 5,7,3',4- 四羟基黄酮 东紫苏 Elsholtzia bodinieri
5,7,3',5'-tetrahydroxyflavone 5,7,3',5'- 四羟基黄酮 藜芦 Veratrum nigrum
5,7,8,4'-tetrahydroxyflavone 5,7,8,4'- 四羟基黄酮 绿豆 Vigna radiata
tetrahydroxyflavone 四羟基黄酮 假连翘 Duranta erecta
3',4',5,7-tetrahydroxyflavone-3-*O*-gluco-rhamnoside 3',4',5,7- 四羟基黄酮 -3-*O*- 葡萄糖基 - 鼠李糖苷 香青兰 Dracocephalum moldavica
3,4',5,7-tetrahydroxyflavone-3-*O*-*α*-D-glucopyranoside 3,4',5,7- 四羟基黄酮 -3-*O*-*α*-D- 吡喃葡萄糖苷 菊叶委陵菜 Potentilla tanacetifolia
5,7,3',4'-tetrahydroxyflavone-3-*O*-*α*-L-rhamnopyranoside 5,7,3',4'- 四羟基黄酮 -3-*O*-*α*-L- 吡喃鼠李糖苷 驼绒藜 Krascheninnikovia ceratoides
5,7,3',4'-tetrahydroxyflavone-3-*O*-*β*-D-galactopyranoside 5,7,3',4'- 四羟基黄酮 -3-*O*-*β*-D- 吡喃半乳糖苷 越桔 Vaccinium vitis-idaea
5,7,3',4'-tetrahydroxyflavone-3'-*O*-*β*-D-glucopyranoside 5,7,3',4'- 四羟基黄酮 -3'-*O*-*β*-D- 吡喃葡萄糖苷 河朔荛花 Wikstroemia chamaedaphne
5,7,3',4'-tetrahydroxyflavone-3-*O*-*β*-D-glucopyranoside 5,7,3',4'- 四羟基黄酮 -3-*O*-*β*-D- 吡喃葡萄糖苷 驼绒藜 Krascheninnikovia ceratoides, 越桔 Vaccinium vitis-idaea, 河朔荛花 Wikstroemia chamaedaphne
3,5,7,4'-tetrahydroxyflavone-3'-*O*-*β*-D-xylopyranoside 3,5,7,4'- 四羟基黄酮 -3'-*O*-*β*-D- 吡喃木糖苷 延药睡莲 Nymphaea nouchali
5,7,3',4'-tetrahydroxyflavone-6-*C*-*β*-D-glucopyranoside 5,7,3',4'- 四羟基黄酮 -6-*C*-*β*-D- 吡喃葡萄糖苷 河朔荛花 Wikstroemia chamaedaphne
5,6,7,4'-tetrahydroxy-flavone-6-*O*-*β*-D-arabinopyranosyl-7-*O*-*α*-L-rhamnopyranoside 5,6,7,4'- 四羟基黄酮 -6-*O*-*β*-D- 吡喃阿拉伯糖基 -7-*O*-*α*-L- 吡喃鼠李糖苷 地桃花 Urena lobata
5,7,3',4'-tetrahydroxyflavone-6-*O*-*β*-D-glucopyranoside 5,7,3',4'- 四羟基黄酮 -6-*O*-*β*-D- 吡喃葡萄糖苷 线叶龙胆 Gentiana farreri
5,6,7,4'-tetrahydroxy-flavone-6-*O*-*β*-D-xylopyranosyl-7-*O*-*α*-L-rhamnopyranoside 5,6,7,4'- 四羟基黄酮 -6-*O*-*β*-D- 吡喃木糖基 -7-*O*-*α*-L- 吡喃鼠李糖苷 地桃花 Urena lobata
5,7,3',4'-tetrahydroxyflavone-7-glucoside 5,7,3',4'- 四羟基黄酮 -7- 葡萄糖苷 小苦荬 Ixeridium dentatum
5,6,8,4'-tetrahydroxyflavone-7-*O*-*α*-L-rhamnopyranoside 5,6,8,4'- 四羟基黄酮 -7-*O*-*α*-L- 吡喃鼠李糖苷 破布叶 Microcos paniculata
5,7,3',4'-tetrahydroxyflavone-7-*O*-*β*-D-galactocuronopyranoside-4'-*O*-*β*-D-glucopyranoside 5,7,3',4'- 四羟基黄酮 -7-*O*-*β*-D- 半乳糖醛酸苷 -4'-*O*-*β*-D- 吡喃葡萄糖苷 孜然芹 Cuminum cyminum
5,7,3',4'-tetrahydroxyflavone-7-*O*-*β*-D-galactofuranoside 5,7,3',4'- 四羟基黄酮 -7-*O*-*β*-D- 呋喃半乳糖苷 小叶忍冬 Lonicera microphylla
5,6,7,4'-tetrahydroxyflavone-7-*O*-*β*-D-glucopyranoside 5,6,7,4'- 四羟基黄酮 -7-*O*-*β*-D- 吡喃葡萄糖苷 鼬瓣花 Galeopsis bifida
5,7,3',4'-tetrahydroxyflavone-7-*O*-*β*-D-glucopyranoside 5,7,3',4'- 四羟基黄酮 -7-*O*-*β*-D- 吡喃葡萄糖苷 鼬瓣花 Galeopsis bifida
5,7,3',4'-tetrahydroxyflavone-8-*C*-*β*-D-glucopyranoside 5,7,3',4'- 四羟基黄酮 -8-*C*-*β*-D- 吡喃葡萄糖苷 河朔荛花 Wikstroemia chamaedaphne
5,7,3',4'-tetrahydroxyflavone-8-*O*-*β*-D-glucopyranoside) 5,7,3',4'- 四羟基黄酮 -8-*O*-*β*-D- 吡喃葡萄糖苷 浮萍 Lemna minor
3',4',7,8-tetrahydroxyflavonol 3',4',7,8- 四羟基黄酮醇 台湾相思 Acacia confusa, 三叶鼠尾草 Salvia trijuga
5,7,3',4'-tetrahydroxyflavonol 5,7,3',4'- 四羟基黄酮醇 角果木 Ceriops tagal, 元宝草 Hypericum sampsonii
3,5,7,4'-tetrahydroxyflavonol-3-*O*-*β*-D-glucopyranoside 3,5,7,4'- 四羟基黄酮醇 -3-*O*-*β*-D- 吡喃葡萄糖苷 长柄唐松草 Thalictrum przewalskii
5,7,3',5'-tetrahydroxyflavonol-3-*O*-*β*-D-glucopyranoside 5,7,3',5'- 四羟基黄酮醇 -3-*O*-*β*-D- 吡喃葡萄糖苷 黑三棱 Sparganium stoloniferum
2,3,4,5-tetrahydroxyhexyl-6-*O*-*trans*-caffeoyl-*β*-glucopyranoside 2,3,4,5- 四羟基丁基 -6-*O*- 反式 - 咖啡酰基 -*β*- 吡喃葡萄糖苷 荚蒾 Viburnum dilatatum
2',4',5,7-tetrahydroxyisoflavanone 2',4',5,7- 四羟基异黄烷酮 红花八角 Illicium dunnianum, 短梗胡枝子 Lespedeza cyrtobotrya, 美花狸尾豆 Uraria picta
2',4',5,7-tetrahydroxyisoflavone 2',4',5,7- 四羟基异黄酮 木豆 Cajanus cajan, 野百合 Crotalaria sessiliflora, 红血藤 Spatholobus sinensis
5,7,2',4'-tetrahydroxyisoflavone 5,7,2',4'- 四羟基异黄酮 丰城崖豆藤 Callerya nitida var. hirsutissima, 球穗千斤拔 Flemingia strobilifera
5,7,3',4'-tetrahydroxyisoflavone 5,7,3',4'- 四羟基异黄酮 梣叶槭 Acer negundo, 滇南红厚壳 Calophyllum polyanthum, 大叶千斤拔 Flemingia macrophylla, 千斤拔 F. philippinensis
7,8,2',4'-tetrahydroxyisoflavone 7,8,2',4'- 四羟基异黄酮 棉豆 Phaseolus lunatus
(4*α*,6*β*,7*β*)-6,7,16,17-tetrahydroxy-kauran-18-oic acid (4*α*,6*β*,7*β*)-6,7,16,17- 四羟基贝壳杉 -18- 酸 牵牛 Ipomoea nil
(4*α*,6*β*,7*β*,16*α*)-6,7,16,17-tetrahydroxy-kauran-18-oic acid (4*α*,6*β*,7*β*,16*α*)-6,7,16,17- 四羟基贝壳杉 -18- 酸 牵牛 Ipomoea nil
(4*β*,6*β*,7*β*,16*α*)-6,7,16,17-tetrahydroxy-kauran-18-oic acid (4*β*,6*β*,7*β*,16*α*)-6,7,16,17- 四羟基 - 贝壳杉 -18- 酸 牵牛 Ipomoea nil
(4*α*,6*β*,7*β*)-6,7,16,17-tetrahydroxy-kauran-18-oic acid methyl ester (4*α*,6*β*,7*β*)-6,7,16,17- 四羟基贝壳杉 -18- 酸甲酯 牵牛 Ipomoea nil
(4*β*,6*β*,7*β*,16*α*)-6,7,16,17-tetrahydroxy-kauran-18-oic acid methyl ester (4*β*,6*β*,7*β*,16*α*)-6,7,16,17- 四羟基贝壳杉 -18- 酸甲酯 牵牛 Ipomoea nil
(4*α*,6*α*,7*β*,16*α*)-6,7,16,17-tetrahydroxy-kauran-18-oic acid-*γ*-lactone (4*α*,6*α*,7*β*,16*α*)-6,7,16,17- 四羟基贝壳杉 -18- 酸 -*γ*- 内酯 牵牛 Ipomoea nil
(4*β*,6*β*,7*β*,16*α*)-6,7,16,17-tetrahydroxy-kauran-18-oic acid-*γ*-lactone (4*β*,6*β*,7*β*,16*α*)-6,7,16,17- 四羟基 - 贝壳杉 -18- 酸 -*γ*- 内酯 牵牛 Ipomoea nil
5,7,3',4'-tetrahydroxyl-6-*C*-[*α*-L-rhamnopyranosyl-(1 → 2)]-*β*-D-glucopyranosylflavone 5,7,3',4'- 四羟基 -6-*C*-[*α*-L- 吡喃鼠李糖基 -(1 → 2)]-*β*-

T

3β,16β,23,28-tetrahydroxyolean-13(18)-ene 3β,16β,23,28- 四羟基齐墩果 -13(18)- 烯 匙羹藤 Gymnema sylvestre
3β,22α,24,29-tetrahydroxyolean-l2-en-3-O-[β-D-arabinosyl-(1 → 3)]-β-D-arabinopyranoside 3β,22α,24,29- 四羟基齐墩果 -l2- 烯 -3-O-[β-D-阿拉伯糖基 -(1 → 3)]-β-D- 吡喃阿拉伯糖苷 菖蒲 Acorus calamus
2α,3α,19α,23-tetrahydroxyoleanolic acid-28-O-β-D-glucopyranoside 2α,3α,19α,23- 四羟基齐墩果酸 -28-O-β-D- 吡喃葡萄糖苷 广东紫珠 Callicarpa kwangtungensis
2α,3β,6β,19α-tetrahydroxyoleanolic acid-28-O-β-D-glucopyranoside 2α,3β,6β,19α- 四羟基齐墩果酸 -28-O-β-D- 吡喃葡萄糖苷 广东紫珠 Callicarpa kwangtungensis
2,4,5,6-tetrahydroxyphenanthrene 2,4,5,6- 四羟基菲 黄独 Dioscorea bulbifera
6β,7β,8α,10-tetrahydroxy-p-hydroxybenzoyl-cis-2-oxabicyclo[4.3.0]nonan-3-one 6β,7β,8α,10- 四羟基 - 对羟基苯甲酰基 - 顺式 -2- 氧杂双环 [4.3.0] 壬烷 -3- 酮 十字架树 Crescentia alata
ent-2β,15,16,19-tetrahydroxypimar-8(14)-en-19-O-β-glucopyranoside 对映 -2β,15,16,19- 四羟基海松 -8(14)- 烯 -19-O-β- 吡喃葡萄糖苷 豨莶 Sigesbeckia orientalis
ent-2α,15,16,19-tetrahydroxypimar-8(14)-ene 对映 -2α,15,16,19- 四羟基海松 -8(14)- 烯 豨莶 Sigesbeckia orientalis
ent-3α,15,16,19-tetrahydroxypimar-8(14)-ene 对映 -3α,15,16,19- 四羟基海松 -8(14)- 烯 腺梗豨莶 Sigesbeckia pubescens
ent-3α,7β,15,16-tetrahydroxypimar-8(14)-ene 对映 -3α,7β,15,16- 四羟基海松 -8(14)- 烯 腺梗豨莶 Sigesbeckia pubescens
1α,2β,3α,6α-tetrahydroxy-p-menthane 1α,2β,3α,6α- 四羟基 - 对 - 薄荷烷 天山橐吾 Ligularia narynensis
(1R,2S,3S,4S)-1,2,3,4-tetrahydroxy-p-menthene (1R,2S,3S,4S)-1,2,3,4- 四羟基对薄荷烯 土荆芥 Chenopodium ambrosioides
2α,3β,4β,18-tetrahydroxypregn-5-en-16-one 2α,3β,4β,18- 四羟基孕甾 -5- 烯 -16- 酮 楝 Melia azedarach
3α,21β,24,29-tetrahydroxyserrat-14-en-16-one 3α,21β,24,29- 四羟基千层塔 -14- 烯 -16- 酮 垂穗石松 Palhinhaea cernua
3β,14α,15α,21α-tetrahydroxyserrat-14-en-21-acetyl-3-(4'-hydroxybenzoate) 3β,14α,15α,21α- 四羟基千层塔 -14- 烯 -21- 乙酰基 -3-(4'- 羟基苯甲酸酯）垂穗石松 Palhinhaea cernua
3β,14α,15α,21α-tetrahydroxyserrat-14-en-3-(3'-methoxyl-4'-hydroxybenzoate) 3β,14α,15α,21α- 四羟基千层塔 -14- 烯 -3-(3'- 甲氧基 -4'- 羟基苯甲酸酯）垂穗石松 Palhinhaea cernua
3,20β,21β,24-tetrahydroxyserrat-14-ene 3,20β,21β,24- 四羟基千层塔 -14- 烯 石松 Lycopodium japonicum
1β,2β,3β,4β-tetrahydroxyspirost-25(27)-en-5-α-L-arabinopyranoside 1β,2β,3β,4β- 四羟基螺甾 -25(27)- 烯 -5-α-L- 吡喃阿拉伯糖苷 铃兰 Convallaria majalis
(E)-3,3',4,5'-tetrahydroxystilbene (E)-3,3',4,5'- 四羟基芪 翼蓼 Pteroxygonum giraldii
2,3',4,5'-tetrahydroxystilbene 2,3',4,5'- 四羟基芪 毛穗藜芦 Veratrum maackii
3,3',4,5'-tetrahydroxystilbene 3,3',4,5'- 四羟基芪 鸡桑 Morus australis
3,3',4',5-tetrahydroxystilbene 3,3',4',5- 四羟基芪 朝鲜槐 Maackia amurensis
3,5,2',4'-tetrahydroxystilbene 3,5,2',4'- 四羟基芪 菝葜 Smilax china
(E)-2,3,4',5-tetrahydroxystilbene-2-O-(2''-O-β-D-fructofuranosyl)-β-D-glucopyranoside (E)-2,3,4',5- 四羟基芪 -2-O-(2''-O-β-D- 呋喃果糖基)-β-D- 吡喃葡萄糖苷 何首乌 Polygonum multiflorum
(E)-2,3,4',5-tetrahydroxystilbene-2-O-(3''-O-galloyl)-β-D-glucopyranoside (E)-2,3,4',5- 四羟基芪 -2-O-(3''-O- 没食子酰基)-β-D- 吡喃葡萄糖苷 何首乌 Polygonum multiflorum
(E)-2,3,4',5-tetrahydroxystilbene-2-O-(4''-O-α-D-glucopyranosyl)-β-D-glucopyranoside (E)-2,3,4',5- 四羟基芪 -2-O-(4''-O-α-D- 吡喃葡萄糖基)-β-D- 吡喃葡萄糖苷 何首乌 Polygonum multiflorum
(E)-2,3,4',5-tetrahydroxystilbene-2-O-(6''-O-α-D-glucopyranosyl)-β-D-glucopyranoside (E)-2,3,4',5- 四羟基芪 -2-O-(6''-O-α-D- 吡喃葡萄糖基)-β-D- 吡喃葡萄糖苷 何首乌 Polygonum multiflorum
(E)-2,3,4',5-tetrahydroxystilbene-2-O-(6''-O-β-D-glucopyranosyl)-β-D-glucopyranoside (E)-2,3,4',5- 四羟基芪 -2-O-(6''-O-β-D- 吡喃葡萄糖基)-β-D- 吡喃葡萄糖苷 何首乌 Polygonum multiflorum
2,3,4',5-tetrahydroxystilbene-2-O-D-glucopyranoside 2,3,4',5- 四羟基芪 -2-O-β-D- 吡喃葡萄糖苷 金线草 Antenoron filiforme
(E)-2,3,4',5-tetrahydroxystilbene-2-O-β-D-(2''-O-galloyl)-glucopyranoside (E)-2,3,4',5- 四羟基芪 -2-O-β-D-(2''-O- 没食子酰基) 吡喃葡萄糖苷 何首乌 Polygonum multiflorum
(E)-2,3,4',5-tetrahydroxystilbene-2-O-β-D-(6''-O-acetyl)-glucopyranoside (E)-2,3,4',5- 四羟基芪 -2-O-β-D-(6''-O- 乙酰基)- 吡喃葡萄糖苷 何首乌 Polygonum multiflorum
(E)-2,3,5,4'-tetrahydroxystilbene-2-O-β-D-(6''-O-acetyl)-glucopyranoside (E)-2,3,5,4'- 四羟基芪 -2-O-β-D-(6''-O- 乙酰基)- 吡喃葡萄糖苷 何首乌 Polygonum multiflorum
(E)-2,3,4',5-tetrahydroxystilbene-2-O-β-D-(6''-O-galloyl)-glucopyranoside (E)-2,3,4',5- 四羟基芪 -2-O-β-D-(6''-O- 没食子酰基) 吡喃葡萄糖苷 何首乌 Polygonum multiflorum
(E)-2,3,4',5-tetrahydroxystilbene-2-O-β-D-glucopyranoside (E)-2,3,4',5- 四羟基芪 -2-O-β-D- 吡喃葡萄糖苷 何首乌 Polygonum multiflorum, 翼蓼 Pteroxygonum giraldii
(E)-2,3,5,4'-tetrahydroxystilbene-2-O-β-D-glucopyranoside (E)-2,3,5,4'- 四羟基芪 -2-O-β-D- 吡喃葡萄糖苷 矮桃 Lysimachia clethroides
(Z)-2,3,4',5-tetrahydroxystilbene-2-O-β-D-glucopyranoside (Z)-2,3,4',5- 四羟基芪 -2-O-β-D- 吡喃葡萄糖苷 何首乌 Polygonum multiflorum
2,3,5,4'-tetrahydroxystilbene-2-O-β-D-glucopyranoside 2,3,5,4'- 四羟基芪 -2-O-β-D- 吡喃葡萄糖苷 小叶珍珠菜 Lysimachia parvifolia
(E)-2,3,4',5-tetrahydroxystilbene-2-O-β-D-glucopyranosyl-4'-O-α-D-glucopyranoside (E)-2,3,4',5- 四羟基芪 -2-O-β-D- 吡喃葡萄糖基 -4'-O-α-D- 吡喃葡萄糖苷 何首乌 Polygonum multiflorum
(E)-2,3,4',5-tetrahydroxystilbene-2-O-β-D-glucopyranosyl-4'-O-β-D-glucopyranoside (E)-2,3,4',5- 四羟基芪 -2-O-β-D- 吡喃葡萄糖基 -4'-O-β-D- 吡喃葡萄糖苷 何首乌 Polygonum multiflorum

T

T

2α,3β,23,19α-tetrahydroxy-urs-12-en-28-oic acid-28-O-β-D-xylopyranoside 2α,3β, 23,19α- 四羟基 - 熊果 -12- 烯 -28- 酸 -28-O-β-D- 吡喃木糖苷 石胡荽 Centipeda minima

(2α,3β,16α)-2,3,16,19-tetrahydroxy-urs-12-en-28-oic acid-β-D-glucopyranosyl ester (2α,3β,16α)-2,3,16,19- 四羟基熊果烷 -12- 烯 -28- 酸 -β-D- 吡喃葡萄糖酯苷 婆罗门参 Tragopogon pratensis

2α,3α,19α,23-tetrahydroxyurs-12-en-28-O-β-D-glucopyranosyl ester 2α,3α,19α,23- 四羟基熊果 -12- 烯 -28-O-β-D- 吡喃葡萄糖基酯 光叶珙桐 Davidia involucrata var. vilmoriniana

2α,3β,23,24-tetrahydroxyurs-12-ene-28-oic acid 2α,3β,23,24- 四羟基熊果 -12- 烯 -28- 酸 鹿蹄草 Pyrola calliantha

2α,3β,23α-tetrahydroxyurs-12-ene-28-oic acid-28-O-β-D-glucopyranoside 2α,3β,23α- 四羟基熊果 -12- 烯 -28- 酸 -28-O-β-D- 吡喃葡萄糖苷 积雪草 Centella asiatica

2α,3α,19,24-tetrahydroxyurs-12-en-oic acid-28-O-β-D-glucopyranoside 2α,3α,19,24- 四羟基熊果 -12- 烯 - 酸 -28-O-β-D- 吡喃葡萄糖苷 紫珠 Callicarpa bodinieri

2α,3β,20,23-tetrahydroxyurs-28-oic acid 2α,3β,20, 23- 四羟基熊果 -28- 酸 积雪草 Centella asiatica

1,2,3,24-tetrahydroxyursa-12,20(30)-dien-28-oic acid 1,2,3,24- 四羟基熊果 -12,20(30)- 二烯 -28- 酸 西藏秦艽 Gentiana tibetica

1β,2α,3α,24-tetrahydroxyursa-12,20(30)-dien-28-oic acid 1β,2α,3α,24- 四羟基熊果 -12,20(30)- 二烯 -28- 酸 达乌里秦艽 Gentiana dahurica

(1α,2α,3β,4β)-1,2,3,23-tetrahydroxy-ursa-12,20(30)-dien-28-oic acid (1α,2α,3β,4β)-1,2,3,23- 四羟基 - 熊果 -12,20(30)- 二烯 -28- 酸 刺芒龙胆 Gentiana aristata

1α,2α,3β,19α-tetrahydroxyursolic acid 1α,2α,3β,19α- 四羟基熊果酸 黄果悬钩子 Rubus xanthocarpus

1β,2α,3α,19α-tetrahydroxyursolic acid 1β,2α,3α,19α- 四羟基熊果酸 地榆 Sanguisorba officinalis

2α,3α,19α,23-tetrahydroxyursolic acid 2α,3α,19α,23- 四羟基熊果酸 月季 Rosa chinensis, 金樱子 R. laevigata, 大花香水月季 R. odorata var. gigantea, 茅莓 Rubus parvifolius

2α,3β,23,27-tetrahydroxyursolic acid 2α,3β,23,27- 四羟基熊果酸 美味猕猴桃 Actinidia chinensis var. deliciosa

1β,2α,3β,19α-tetrahydroxyursolic acid-28-O-[β-D-glucopyranosyl-(1 → 2)]-β-D-galactopyranoside 1β,2α,3β,19α- 四羟基熊果酸 -28-O-[β-D- 吡喃葡萄糖基 -(1 → 2)]-β-D- 吡喃半乳糖苷 菖蒲 Acorus calamus

2α,3α,19α,23-tetrahydroxyursolic acid-28-O-β-D-glucopyranoside 2α,3α,19α,23- 四羟基熊果酸 -28-O-β-D- 吡喃葡萄糖苷 广东紫珠 Callicarpa kwangtungensis

2α,3α,6β,19α-tetrahydroxyursolic acid-28-O-β-D-glucopyranoside 2α,3α,6β,19α- 四羟基熊果酸 -28-O-β-D- 吡喃葡萄糖苷 广东紫珠 Callicarpa kwangtungensis

2α,3α,19α,23-tetrahydroxyursolic acid-28-O-β-D-glucopyranosyl ester 2α,3α,19α,23- 四羟基熊果酸 -28-O-β-D- 吡喃葡萄糖酯苷 小果蔷薇 Rosa cymosa

2α,3α,19α,24-tetrahydroxyursolic acid-28-O-β-D-glucopyranosyl ester 2α,3α,19α,24- 四羟基熊果酸 -28-O-β-D- 吡喃葡萄糖酯苷 黄果悬钩子 Rubus xanthocarpus

2α,3α,19α,23-tetrahydroxyursolic acid-3-O-β-D-glucopyranosyl ester 2α,3α,19α,23- 四羟基熊果酸 -3-O-β-D- 吡喃葡萄糖酯苷 大花香水月季 Rosa odorata var. gigantea

1β,2α,3α,19α-tetrahydroxyursolic acid-β-D-glucopyranosyl ester 1β,2α,3α,19α- 四羟基熊果酸 -β-D- 吡喃葡萄糖酯苷 牛筋条 Dichotomanthes tristaniicarpa

1,3,5,8-tetrahydroxyxanthen-9-one 1,3,5,8- 四羟基呫烯 -9- 酮 构棘 Cudrania cochinchinensis

1,2,6,8-tetrahydroxyxanthone 1,2,6,8- 四羟基呫酮 长梗喉毛花 Comastoma pedunculatum, 獐牙菜 Swertia bimaculata

1,3,5,6-tetrahydroxyxanthone 1,3,5,6- 四羟基呫酮 波罗蜜 Artocarpus heterophyllus, 黄牛木 Cratoxylum cochinchinense, 构棘 Cudrania cochinchinensis, 柘树 C. tricuspidata, 莽吉柿 Garcinia mangostana, 小连翘 Hypericum erectum, 地耳草 H. japonicum, 金丝桃 H. monogynum, 金丝梅 H. patulum, 贯叶连翘 H. perforatum, 元宝草 H. sampsonii, 糙枝金丝桃 H. scabrum, 小槐花 Ohwia caudata, 川西獐牙菜 Swertia mussotii, 蛇胆草 Tylophora secamonoides

1,3,5,8-tetrahydroxyxanthone 1,3,5,8- 四羟基呫酮 青藏大戟 Euphorbia altotibetica, 胡桃楸 Juglans mandshurica, 红直獐牙菜 Swertia erythrosticta, 贵州獐牙菜 S. kouitchensis, 大籽獐牙菜 S. macrosperma, 川西獐牙菜 S. mussotii, 苇叶獐牙菜 S. phragmitiphylla, 紫红獐牙菜 S. punicea

T

1,3,6,7-tetrahydroxyxanthone 1,3,6,7- 四羟基呫酮 构棘 Cudrania cochinchinensis, 柘树 C. tricuspidata, 云树 Garcinia cowa, 莽吉柿 G. mangostana, 木竹子 G. multiflora, 岭南山竹子 G. oblongifolia, 红花龙胆 Gentiana rhodantha, 黄海棠 Hypericum ascyron, 地耳草 H. japonicum, 金丝桃 H. monogynum, 肿足蕨 Hypodematium crenatum, 杧果 Mangifera indica, 台湾肺形草 Tripterospermum taiwanense

1,3,7,8-tetrahydroxyxanthone 1,3,7,8- 四羟基呫酮 青藏大戟 Euphorbia altotibetica, 红花龙胆 Gentiana rhodantha, 扁蕾 Gentianopsis barbata, 大钟花 Megacodon stylophorus, 西南獐牙菜 Swertia cincta, 红直獐牙菜 S. erythrosticta, 川西獐牙菜 S. mussotii, 紫红獐牙菜 S. punicea

3,5,6,8-tetrahydroxyxanthone-1-C-β-D-glucopyranoside 3,5,6,8- 四羟基呫酮 -1-C-β-D- 吡喃葡萄糖苷 川西獐牙菜 Swertia mussotii

1,3,6,7-tetrahydroxyxanthone-1-O-β-D-quinovoside 1,3,6,7- 四羟基呫酮 -1-O-β-D- 鸡纳糖苷 肿足蕨 Hypodematium crenatum

1,3,7,8-tetrahydroxyxanthone-8-O-β-D-glucopyranoside 1,3,7,8- 四羟基呫酮 -8-O-β-D- 吡喃葡萄糖苷 大籽獐牙菜 Swertia macrosperma

1,3,6,7-tetrahydroxyxanthone-O-glucoside 1,3,6,7- 四羟基呫酮 -O- 葡萄糖苷 莽吉柿 Garcinia mangostana

tetrahydro-α-(4-hydroxy-3-methoxyphenyl)-4-[(4-hydroxy-3-methoxyphenyl)methyl]-3-furanmethanol 四氢 -α-(4- 羟基 -3- 甲氧基苯基)-4-[(4- 羟基 -3- 甲氧基苯基) 甲基]-3- 呋喃甲醇 轮叶蒲桃 Syzygium grijsii

tetrahydro-α3,α4-bis(4-hydroxy-3-methoxyphenyl)-3,4-furandimethanol 四氢 -α3,α4- 二 (4- 羟基 -3- 甲氧基苯基)-3,4- 呋喃二甲醇 轮叶蒲桃 Syzygium grijsii

tetrahydro-α^4,2-bis(4-hydroxy-3-methoxyphenyl)-3,4-furandimethanol 四氢 -α^4,2- 双 (4- 羟基 -3- 甲氧基苯基)-3,4- 呋喃二甲醇 异株荨麻 Urtica dioica

tetrahydro-*α*-pyrone 四氢 -*α*- 吡喃酮 海通 Clerodendrum mandarinorum
10,11,12,13-tetrahydro-*β*-carboline 10,11,12,13- 四氢 -*β*- 咔啉 臭辣吴萸 Euodia fargesii
1,2,3,4-tetrahydro-*β*-carboline-1-carboxylic acid 1,2,3,4- 四氢 -*β*- 咔啉 -1- 羧酸 豆瓣菜 Nasturtium officinale
(3*S*)-1,2,3,4-tetrahydro-*β*-carboline-3-carboxylic acid (3*S*)-1,2,3,4- 四氢 -*β*- 咔啉 -3- 羧酸 马比木 Nothapodytes pittosporoides
1,2,3,4-tetrahydro-*β*-carboline-3-carboxylic acid 1,2,3,4- 四氢 -*β*- 咔啉 -3- 羧酸 菊苣 Cichorium intybus, 柠檬 Citrus limon, 啤酒花 Humulus lupulus
tetrahymanol 四膜虫醇▲ 掌叶铁线蕨 Adiantum pedatum
1,2,3,6-tetrakis-(3,4,5-trihydroxybenzoate)-D-glucopyranose 1,2,3,6- 四 -(3,4,5- 三羟基苯甲酸酯)-D- 吡喃葡萄糖 榄李 Lumnitzera racemosa
1*α*,2*α*,8*α*,12-tetrakis(acetyloxy)-9*α*-(furoyloxy)-4*β*-hydroxydihydro-*β*-agarofuran 1*α*,2*α*,8*α*,12- 四 (乙酰氧基)-9*α*- 呋喃酰氧基 -4*β*- 羟基二氢 -*β*- 沉香呋喃 苦皮藤 Celastrus angulatus
1*α*,2*α*,6*β*,8*α*-tetrakis(acetyloxy)-9*β*-(furoyloxy)-4*β*-hydroxy-(12-isobutyryloxy)dihydro-*β*-agarofuran 1*α*,2*α*,6*β*,8*α*- 四 (乙酰氧基)-9*β*-(呋喃酰氧基)-4*β*- 羟基 -(12- 异丁酰氧基) 二氢 -*β*- 沉香呋喃 苦皮藤 Celastrus angulatus
1*α*,2*α*,8*β*,14-tetrakis(acetyloxy)-9*β*-benzoyloxy-dihydro-*β*-agarofuran 1*α*,2*α*,8*β*,14- 四乙酰氧基 -9*β*- 苯甲酰氧基 - 二氢 -*β*- 沉香呋喃 灯油藤 Celastrus paniculatus
tetralone-4-*O*-*β*-D-glucopyranoside 四氢萘酮 -4-*O*-*β*-D- 吡喃葡萄糖苷 水苋菜 Ammannia baccifera
2',3',5,7-tetramethoxyflavanone 2',3',5,7- 四甲氧基黄烷酮 穿心莲 Andrographis paniculata
2,3,4,7-tetramethoxy-1-*O*-gentiobisyloxyxanthone 2,3,4,7- 四甲氧基 -1-*O*- 龙胆二糖氧基𠮿酮 花锚 Halenia corniculata
2,3,4,5-tetramethoxy-1-*O*-primeverosyloxyxanthone 2,3,4,5- 四甲氧基 -1-*O*- 樱草糖氧基𠮿酮 湿生扁蕾 Gentianopsis paludosa, 花锚 Halenia corniculata, 椭圆叶花锚 H. elliptica
2,3,4,7-tetramethoxy-1-*O*-primeverosyloxyxanthone 2,3,4,7- 四甲氧基 -1-*O*- 樱草糖氧基𠮿酮 湿生扁蕾 Gentianopsis paludosa, 椭圆叶花锚 Halenia elliptica
2,3,5,7-tetramethoxy-1-*O*-primeverosyloxyxanthone 2,3,5,7- 四甲氧基 1-*O*- 樱草糖氧基𠮿酮 花锚 Halenia corniculata
1,3,6,8-tetramethoxy-2,7-dimethylanthraquinone 1,3,6,8- 四甲氧基 -2,7- 二甲基蒽醌 黄花假杜鹃 Barleria prionitis
5,6,7,5'-tetramethoxy-3',4'-methylenedioxyflavone 5,6,7,5'- 四甲氧基 -3',4'- 亚甲二氧基黄酮 霍香蓟 Ageratum conyzoides, 鞍叶羊蹄甲 Bauhinia brachycarpa
5,7,3',4'-tetramethoxy-3-hydroxyflavone 5,7,3',4'- 四甲氧基 -3- 羟基黄酮 翼齿六棱菊 Laggera crispata
meso-tetramethoxy-4,4'-(2,3-dimethyltetramethylene)dipyrocatechol 内消旋 - 四甲氧基 -4,4'-(2,3- 二甲基四亚甲基) 二 -1,2- 二羟基苯 铁箍散 Schisandra propinqua var. sinensis, 红花五味子 S. rubriflora
3,5,3,5'-tetramethoxy-4,4'-biphenol 3,5,3',5'- 四甲氧基 -4,4'- 二苯酚 大叶藓 Rhodobryum roseum
2,6,2',6'-tetramethoxy-4,4'-bis(2,3-epoxy-1-hydroxypropyl)biphenyl 2,6,2',6'- 四甲氧基 -4,4'- 二 (2,3- 环氧 -1- 羟基丙基) 联苯 肾茶 Clerodendranthus spicatus, 白薇 Cynanchum atratum
(7*S*,8*R*,5'*R*)-$\Delta^{8'}$-3,4,5,5'-tetramethoxy-4',5'-dihydro-4'-oxo-7.*O*.2',8.1'-neolignan (7*S*,8*R*,5'*R*)-$\Delta^{8'}$-3,4,5,5'- 四甲氧基 -4',5'- 二氢 -4'- 酮 -7.*O*.2',8.1'- 新木脂素 玉兰 Yulania denudata
5,6,7,3'-tetramethoxy-4',5'-methylenedioxyflavone 5,6,7,3'- 四甲氧基 -4',5'- 亚甲二氧基黄酮 霍香蓟 Ageratum conyzoides, 绿花崖豆藤 Callerya championii
6,7,8,2'-tetramethoxy-5,6'-dihydroxyflavone 6,7,8,2'- 四甲氧基 -5,6'- 二羟基黄酮 香椿 Toona sinensis
3,6,3',5'-tetramethoxy-5,7,4'-trihydroxyflavonol 3,6,3',5'- 四甲氧基 -5,7,4'- 三羟基黄酮醇 青钱柳 Cyclocarya paliurus
1,2,3,4-tetramethoxy-5-allylbenzene 1,2,3,4- 四甲氧基丙烷 - 烯丙基苯 红金耳环 Asarum petelotii
3',4',5',5-tetramethoxy-6,7-methylenedioxyisoflavone 3',4',5',5- 四甲氧基 -6,7- 亚甲二氧基异黄酮 卷鞘鸢尾 Iris potaninii
3,3',5,5'-tetramethoxy-7,9':7',9-diepoxylignan-4,4'-di-*O*-*β*-D-glucopyranoside 3,3',5,5'- 四甲氧基 -7,9':7',9- 二环氧木脂素 -4,4'- 二 -*O*-*β*-D- 吡喃葡萄糖苷 仙茅 Curculigo orchioides
(7'*R**,8'*S**)-3,3',4,5'-tetramethoxy-7-en-7',9-epoxy-8,8'-lignan (7'*R**,8'*S**)-3,3',4,5'- 四甲氧基 -7- 烯 -7',9- 环氧 -8,8'- 木脂素 紫玉兰 Yulania liliiflora
7*R*,8*S*,7'*S*,8'*R*-3,4,3',4'-tetramethoxy-9,7'-dihydroxy-8.8',7.*O*.9'-lignan 7*R*,8*S*,7'*S*,8'*R*-3,4,3',4'- 四甲氧基 -9,7'- 二羟基 -8.8',7.*O*.9'- 木脂素 望春玉兰 Yulania biondii
7*S*,8*R*,7'*S*,8'*R*-3,4,3',4'-tetramethoxy-9,7'-dihydroxy-8.8',7.*O*.9'-lignan 7*S*,8*R*,7'*S*,8'*R*-3,4,3',4'- 四甲氧基 -9,7'- 二羟基 -8.8',7.*O*.9'- 木脂素 望春玉兰 Yulania biondii
rel-[7*S*,8*S*,8'*S*]-3,4,3',4'-tetramethoxy-9,7'-dihydroxy-8.8',7.*O*.9'-lignan 相对 -[7*S*,8*S*,8'*S*]-3,4,3',4'- 四甲氧基 -9,7'- 二羟基 -8.8',7.*O*.9'- 木脂素 玉兰 Yulania denudata
(8*R*,8'*R*)-3,3',4,4'-tetramethoxy-9-oxo-8-8',9-*O*-9'-lignan (8*R*,8'*R*)-3,3',4,4'- 四甲氧基 -9- 氧代 -8-8',9-*O*-9'- 木脂素 樟 Cinnamomum camphora
1,2,5,6-tetramethoxyanthraquinone 1,2,5,6- 四甲氧基蒽醌 金鸡纳树 Cinchona calisaya
γ,3,4,5-tetramethoxybenzenepropanol *γ*,3,4,5- 四甲氧基苯丙醇 短裂苦苣菜 Sonchus uliginosus
5,7,3',4'-tetramethoxycatechin 5,7,3',4'- 四甲氧基儿茶素 红花八角 Illicium dunnianum
β,2',4',5'-tetramethoxychalcone *β*,2',4',5'- 四甲氧基查耳酮 干花豆 Fordia cauliflora
5,6,7,8-tetramethoxycoumarin 5,6,7,8- 四甲氧基香豆素 乌桕 Triadica sebifera
tetramethoxycoumarin 四甲氧基香豆素 臭椿 Ailanthus altissima
4,2',4',6'-tetramethoxydihydrochalcone 4,2',4',6'- 四甲氧基二氢查耳酮 小花鬼针草 Bidens parviflora
tetramethoxyfisetin 四甲氧基漆黄素 盐肤木 Rhus chinensis
(2*S*)-5,7,3',4'-tetramethoxyflavanone (2*S*)-5,7,3',4'- 四甲氧基黄烷酮 有梗石龙尾 Limnophila indica

T

5,6,7,4'-tetramethoxyflavanone 5,6,7,4'- 四甲氧基黄烷酮 飞机草 Chromolaena odorata, 甜橙 Citrus sinensis, 尼泊尔蓼 Polygonum nepalense
3,3',4',7-tetramethoxyflavone 3,3',4',7- 四甲氧基黄酮 鸭跖草 Commelina communis, 网脉橐吾 Ligularia dictyoneura
3,4',5,7-tetramethoxyflavone 3,4',5,7- 四甲氧基黄酮 杜虹花 Callicarpa formosana
3',4',5,7-tetramethoxyflavone 3',4',5,7- 四甲氧基黄酮 虎舌红 Ardisia mamillata, 全缘叶紫珠 Callicarpa integerrima, 芫花 Daphne genkwa
3',4',7,8-tetramethoxyflavone 3',4',7,8- 四甲氧基黄酮 香合欢 Albizia odoratissima
3',5,5',6-tetramethoxyflavone 3',5,5',6- 四甲氧基黄酮 香肉果 Casimiroa edulis
3,5,7,4'-tetramethoxyflavone 3,5,7,4'- 四甲氧基黄酮 野草果 Amomum koenigii
4',5,6,7-tetramethoxyflavone 4',5,6,7- 四甲氧基黄酮 日本紫珠 Callicarpa japonica, 羽萼木 Colebrookea oppositifolia
4,5,7,8-tetramethoxyflavone 4,5,7,8- 四甲氧基黄酮 柑橘 Citrus reticulata
4',5,7,8-tetramethoxyflavone 4',5,7,8- 四甲氧基黄酮 苦槛蓝 Pentacoelium bontioides
5,6,2',6'-tetramethoxyflavone 5,6,2',6'- 四甲氧基黄酮 硕萼报春 Primula veris subsp. macrocalyx
5,6,7,4'-tetramethoxyflavone 5,6,7,4'- 四甲氧基黄酮 飞机草 Chromolaena odorata, 南丰蜜橘 Citrus reticulata 'Kinokuni', 甜橙 C. sinensis, 羽萼木 Colebrookea oppositifolia, 卵叶巴豆 Croton caudatus, 伞房花耳草 Hedyotis corymbosa, 柠檬留兰香 Mentha citrata
5,7,2',5'-tetramethoxyflavone 5,7,2',5'- 四甲氧基黄酮 有梗石龙尾 Limnophila indica
5,7,3',4'-tetramethoxyflavone 5,7,3',4'- 四甲氧基黄酮 羊角棉 Alstonia mairei, 龙须藤 Bauhinia championii, 肾茶 Clerodendranthus spicatus, 千里香 Murraya paniculata
5,7,8,2'-tetramethoxyflavone 5,7,8,2'- 四甲氧基黄酮 穿心莲 Andrographis paniculata
5,7,3',4'-tetramethoxyflavone-3-*O*-rhamnopyranosyl-(1 → 6)-glucopyranoside 5,7,3',4'- 四羟基黄酮 -3-*O*- 吡喃鼠李糖基 -(1 → 6)- 吡喃葡萄糖苷 血满草 Sambucus adnata
3',5',5,7-tetramethoxyflavone-4'-*O*-*β*-glucopyranoside 3',5',5,7- 四甲氧基黄酮 -4'-*O*-*β*- 吡喃葡萄糖苷 绣球防风 Leucas ciliata
2',5',7,8-tetramethoxyflavone-5-*O*-*β*-D-glucopyranoside 2',5',7,8- 四甲氧基黄酮 -5-*O*-*β*-D- 吡喃葡萄糖苷 穿心莲 Andrographis paniculata
2',4',5',7-tetramethoxyisoflavone 2',4',5',7- 四甲氧基异黄酮 紫穗槐 Amorpha fruticosa
7,2',4',5'-tetramethoxyisoflavone 7,2',4',5'- 四甲氧基异黄酮 紫穗槐 Amorpha fruticosa
5,6,7,2'-tetramethoxyisoflavonoid 5,6,7,2'- 四甲氧基异黄酮 短叶假木贼 Anabasis brevifolia
8,9,10,12-tetramethoxynorchelerythrine 8,9,10,12- 四甲氧基降白屈菜红碱 飞龙掌血 Toddalia asiatica
2,3,4,5-tetramethoxyphenanthrene 2,3,4,5- 四甲氧基菲 广东石豆兰 Bulbophyllum kwangtungense
2,3,4,7-tetramethoxyphenanthrene 2,3,4,7- 四甲氧基菲 白及 Bletilla striata, 铁皮石斛 Dendrobium officinale
5,6,7,4'-tetramethoxyscutellarein 5,6,7,4'- 四甲氧基高黄芩素 甜橙 Citrus sinensis
tetramethoxyscutellarein 四甲氧基高黄芩素 酸橙 Citrus aurantium, 柠檬 C. limon
3,3',5,5'-tetramethoxy-*trans*-stilbene 3,3',5,5'- 四甲氧基 - 反式 - 二苯乙烯 石胡荽 Centipeda minima
1,2,3,7-tetramethoxyxanthone 1,2,3,7- 四甲氧基呫酮 红柴胡 Bupleurum scorzonerifolium, 西南远志 Polygala crotalarioides, 远志 P. tenuifolia
1,3,5,6-tetramethoxyxanthone 1,3,5,6- 四甲氧基呫酮 玉山双蝴蝶 Tripterospermum lanceolatum
1,3,6,7-tetramethoxyxanthone 1,3,6,7- 四甲氧基呫酮 玉山双蝴蝶 Tripterospermum lanceolatum
1,5,6,7-tetramethoxyxanthone 1,5,6,7- 四甲氧基呫酮 青叶胆 Swertia mileensis
2,3,4,7-tetramethoxyxanthone 2,3,4,7- 四甲氧基呫酮 仙茅 Curculigo orchioides
2,3,6,7-tetramethoxyxanthone 2,3,6,7- 四甲氧基呫酮 玉山双蝴蝶 Tripterospermum lanceolatum
3,4,5,6-tetramethoxyxanthone 3,4,5,6- 四甲氧基呫酮 玉山双蝴蝶 Tripterospermum lanceolatum
3,4,6,7-tetramethoxyxanthone 3,4,6,7- 四甲氧基呫酮 玉山双蝴蝶 Tripterospermum lanceolatum
2,3,4,5-tetramethoxyxanthone-1-*O*-gentiobioside 2,3,4,5- 四甲氧基呫酮 -1-*O*- 龙胆二糖苷 椭圆叶花锚 Halenia elliptica
2,3,4,5-tetramethoxyxanthone-1-*O*-primeveroside 2,3,4,5- 四甲氧基呫酮 -1-*O*- 樱草糖苷 椭圆叶花锚 Halenia elliptica
2,3,4,7-tetramethoxyxanthone-1-*O*-primeveroside 2,3,4,7- 四甲氧基呫酮 -1-*O*- 樱草糖苷 椭圆叶花锚 Halenia elliptica
2,3,5,7-tetramethoxyxanthone-1-*O*-primeveroside 2,3,5,7- 四甲氧基呫酮 -1-*O*- 樱草糖苷 椭圆叶花锚 Halenia elliptica
3,4,7,8-tetramethoxyxanthone-1-*O*-*β*-D-glucopyranoside 3,4,7,8- 四甲氧基呫酮 -1-*O*-*β*-D- 吡喃葡萄糖苷 川西獐牙菜 Swertia mussotii
11,15,19,23-tetramethy-5,9,17-tetracosatrienoic acid 11,15,19,23- 四甲基 -5,9,17- 二十四碳三烯酸 青藏大戟 Euphorbia altotibetica
tetramethyl diaminobutane 四甲基丁二胺 天仙子 Hyoscyamus niger
2,2,6,6-tetramethyl piperidone 2,2,6,6- 四甲基哌啶酮 梅 Armeniaca mume
tetramethyl salvianolic acid A 四甲基丹酚酸 A 丹参 Salvia miltiorrhiza
7(3',7',11',14'-tetramethyl)pentadec-2',6',10'-trienyloxycoumarin 7(3',7',11',14'- 四甲基) 十五烷 -2',6',10'- 三烯氧基香豆素 葡萄柚 Citrus paradisi
1,2,6,6-tetramethyl-1,3-cyclohexadiene 1,2,6,6- 四甲基 -1,3- 环己二烯 挥发油成分，未统计基源
(*Z,Z,Z*)-1,5,9,9-tetramethyl-1,4,7-cycloundecatriene (*Z,Z,Z*)-1,5,9,9- 四甲基 -1,4,7- 环十一碳三烯 挥发油成分，未统计基源
3,7,11,15-tetramethyl-1,6,10,14-hexadecatetraene-3,5,9-triol 3,7,11,15- 四甲基 -1,6,10,14- 十六碳四烯 -3,5,9- 三醇 欧地笋 Lycopus europaeus
(1*R*,3*E*,7*E*,11*S*)-4,8,15,15-tetramethyl-12-methylene-bicyclo[9.3.1]pentadeca-3,7-diene (1*R*,3*E*,7*E*,11*S*)-4,8,15,15- 四甲基 -12- 亚甲基 - 二环 [9.3.1] 十五碳 -3,7- 二烯 乳香树 Boswellia carteri
[1*R*-(1*R**,3*E*,7*E*,11*R**)]-1,5,5,8-tetramethyl-12-oxabicyclo[9.1.0]dodeca-3,7-diene [1*R*-(1*R**,3*E*,7*E*,11*R**)]-1,5,5,8- 四甲基 -12- 氧杂二环 [9.1.0] 十二碳 -3,7- 二烯 樟子松 Pinus sylvestris var. mongolica
1,5,5,8-tetramethyl-12-*O*-bicyclo[9,1,0]pentadeca-3,7-diene 1,5,5,8- 四甲基 -12-*O*- 二环 [9,1,0] 十五碳 -3,7- 二烯 鳢肠 Eclipta prostrata
1,5,5,8-tetramethyl-12-oxabicyclododeca-3,7-diene 1,5,5,8- 四甲基 -12- 氧杂双环十二碳 -3,7- 二烯 红球姜 Zingiber zerumbet
(3*β*,5*α*,17*β*)-4,4,8,14-tetramethyl-17-[(1*S*)-1,2,4-trihydroxy-3-(1-hydroxy-1-methylethyl)cyclopentyl]-18-norandrostan-3-*O*-*α*-L-rhamnopyranosyl-

T

T

(1R,4S,5R)-α,α,4,8-tetramethyl-spiro[4.5]dec-7-ene-1-methanol (1R,4S,5R)-α,α,4,8- 四甲基 - 螺环 [4.5] 十碳 -7- 烯 -1- 甲醇 挥发油成分，未统计基源

2,3,4,5-tetramethyl-tricyclo[3.2.1.02,7]-oct-3-ene 2,3,4,5- 四甲基 - 三环 [3.2.1.02,7]-3- 辛烯 挥发油成分，未统计基源

2,6,10,14-tetramethyltridecane 2,6,10,14- 四甲基十三烷 樟子松 Pinus sylvestris var. mongolica

[3R-(3α,3aα,7α,8aα)]-tetramethyl-α-cedrene [3R-(3α,3aα,7α,8aα)]- 四甲基 -α- 雪松烯 挥发油成分，未统计基源

D-tetrandrin D- 粉防己碱 毛叶轮环藤 Cyclea barbata

(+)-tetrandrine (+)- 汉防己甲素 毛叶轮环藤 Cyclea barbata

tetrandrine 粉防己碱 马兜铃 Aristolochia debilis, 毛叶轮环藤 Cyclea barbata, 纤细轮环藤 C. gracillima, 蝙蝠葛 Menispermum dauricum, 草质千金藤 Stephania herbacea, 粉防己 S. tetrandra

tetrandrine B, C, D, F~I 粉防己碱 B, C, D, F~I 粉防己 Stephania tetrandra

tetrandrine mono-N-2'-oxide 粉防己碱单 -N-2'- 氧化物 毛叶轮环藤 Cyclea barbata

tetrandrine-2'-N-β-oxide 粉防己碱 -2'-N-β- 氧化物 粉防己 Stephania tetrandra

tetraneurin A, E 四脉银胶菊素▲A, E 银胶菊 Parthenium hysterophorus

24,25,26,27-tetranorapotirucalla-(apoeupha)-1α,6α,12α-triacetoxyl-3α,7α-dihydroxyl-28-aldehyde-14,20,22-trien-21,23-epoxy 24,25,26,27- 四降阿朴绿玉树 -(阿朴大戟)-1α,6α,12α- 三乙酰氧基 -3α,7α- 二羟基 -28- 醛基 -14,20,22- 三烯 -21,23- 环氧 川楝 Melia toosendan

24,25,26,27-tetranorapotirucalla-(apoeupha)-1α-tigloyloxy-3α,7α-dihydroxyl-12α-acetoxyl-14,20,22-trien-21,23-epoxy-6,28-epoxy 24,25,26,27- 四降阿朴绿玉树 -(阿朴大戟)-1α- 当归酰氧基 -3α,7α- 二羟基 -12α- 乙酰氧基 -14,20,22- 三烯 -21,23- 环氧 -6,28- 环氧 川楝 Melia toosendan

13,14,15,16-tetranorlabda-8(17)-en-12-carboxylic acid 13,14,15,16- 四降半日花 -8(17)- 烯 -12- 羧酸 毛姜花 Hedychium villosum

24,25,26,27-tetranortirucall-1,7-diene-23(21)-lactone 24,25,26,27- 四降绿玉树 -1,7- 二烯 -23(21)- 内酯 大叶山楝 Aphanamixis grandifolia

2,3,4,6-tetra-O-(3-nitropropanoyl)-α-D-glucopyranose 2,3,4,6- 四 -O-3- 硝基丙酰基 -α-D- 吡喃葡萄糖 花木蓝 Indigofera kirilowii

2',3',4',6'-tetra-O-acetyl-3-O-E-p-coumaroylsucrose 2',3',4',6'- 四 -O- 乙酰基 -3-O-E- 对香豆酰蔗糖 梅 Armeniaca mume

2',3',4',6'-tetra-O-acetylhenryoside 2',3',4',6'- 四 -O- 乙酰巴东荚蒾苷▲ 水红木 Viburnum cylindricum

1,3,4,5-tetra-O-caffeoylquinic acid 1,3,4,5- 四 -O- 咖啡酰基奎宁酸 阔苞菊 Pluchea indica

2,3,4,6-tetra-O-galloyl-D-glucose 2,3,4,6- 四 -O- 没食子酰基 -D- 葡萄糖 延药睡莲 Nymphaea nouchali

1,2,3,6-tetra-O-galloylglucose 1,2,3,6- 四 -O- 没食子酰葡萄糖 血桐 Macaranga tanarius var. tomentosa

1,2,4,6-tetra-O-galloylglucose 1,2,4,6- 四 -O- 没食子酰葡萄糖 血桐 Macaranga tanarius var. tomentosa

1,3,4,6-tetra-O-galloylglucose 1,3,4,6- 四 -O- 没食子酰葡萄糖 黑蕊虎耳草 Saxifraga melanocentra

1,2,3,6-tetra-O-galloyl-β-D-allopyranose 1,2,3,6- 四 -O- 没食子酰基 -β-D- 吡喃阿洛糖 狼毒大戟 Euphorbia fischeriana, 大狼毒 E. jolkinii

1,2,3,6-tetra-O-galloyl-β-D-glucopyranose 1,2,3,6- 四 -O- 没食子酰基 -β-D- 吡喃葡萄糖 白蔹 Ampelopsis japonica, 筒鞘蛇菰 Balanophora involucrata, 山茱萸 Cornus officinalis, 芍药 Paeonia lactiflora, 余甘子 Phyllanthus emblica, 栓皮栎 Quercus variabilis, 粗叶悬钩子 Rubus alceifolius, 香椿 Toona sinensis

1,2,4,6-tetra-O-galloyl-β-D-glucopyranose 1,2,4,6- 四 -O- 没食子酰基 -β-D- 吡喃葡萄糖 白蔹 Ampelopsis japonica, 紫锦木 Euphorbia cotinifolia subsp. cotinoides, 余甘子 Phyllanthus emblica

1,3,4,6-tetra-O-galloyl-β-D-glucopyranose 1,3,4,6- 四 -O- 没食子酰基 -β-D- 吡喃葡萄糖 地锦 Euphorbia humifusa, 大戟 E. pekinensis, 千根草 E. thymifolia

1,2,3,4-tetra-O-galloyl-β-D-glucose 1,2,3,4- 四 -O- 没食子酰基 -β-D- 葡萄糖 胡桃 Juglans regia, 草芍药 Paeonia obovata

1,2,3,6-tetra-O-galloyl-β-D-glucose 1,2,3,6- 四 -O- 没食子酰基 -β-D- 葡萄糖 喜树 Camptotheca acuminata, 苦槠 Castanopsis sclerophylla, 山茱萸 Cornus officinalis, 榛 Corylus heterophylla, 泽漆 Euphorbia helioscopia, 大狼毒 E. jolkinii, 老鹳草 Geranium wilfordii, 胡桃 Juglans regia, 泡核桃 J. sigillata, 散沫花 Lawsonia inermis, 野梧桐 Mallotus japonicus, 槲栎 Quercus aliena, 山刺玫 Rosa davurica, 丁香 Syzygium aromaticum, 漆 Toxicodendron vernicifluum, 虾子花 Woodfordia fruticosa

1,2,4,6-tetra-O-galloyl-β-D-glucose 1,2,4,6- 四 -O- 没食子酰基 -β-D- 葡萄糖 苦槠 Castanopsis sclerophylla, 山茱萸 Cornus officinalis, 地锦 Euphorbia humifusa, 泡核桃 Juglans sigillata, 野梧桐 Mallotus japonicus, 展毛野牡丹 Melastoma normale, 石榴 Punica granatum, 槲栎 Quercus aliena, 七叶鬼灯檠 Rodgersia aesculifolia, 虾子花 Woodfordia fruticosa

T

1,3,4,6-tetra-O-galloyl-β-D-glucose 1,3,4,6- 四 -O- 没食子酰基 -β-D- 葡萄糖 大车前 Plantago major

2,3,4,6-tetra-O-galloyl-β-D-glucose 2,3,4,6- 四 -O- 没食子酰基 -β-D- 葡萄糖 草芍药 Paeonia obovata

2',3',4',6'-tetra-O-methyl-1-O-β-D-glucopyranosyl-3,4,5,8-tetramethoxyxanthone 2',3',4',6'- 四 -O- 甲基 -1-O-β-D- 吡喃葡萄糖基 -3,4,5,8- 四甲氧基呫酮 狭叶獐牙菜 Swertia angustifolia

2',3',4',6'-tetra-O-methyl-1-O-β-D-glucopyranosyl-3,4,7,8-tetramethoxyxanthone 2',3',4',6'- 四 -O- 甲基 -1-O-β-D- 吡喃葡萄糖 -3,4,7,8- 四甲氧基呫酮 狭叶獐牙菜 Swertia angustifolia

2',3',4',6'-tetra-O-methyl-1-O-β-D-glucopyranosyl-3,5,8-trimethoxyxanthone 2',3',4',6'- 四 -O- 甲基 -1-O-β-D- 吡喃葡萄糖 -3,5,8- 三甲氧基呫酮 狭叶獐牙菜 Swertia angustifolia

2',3',4',6'-tetra-O-methyl-1-O-β-D-glucopyranosyl-3,7,8-trimethoxyxanthone 2',3',4',6'- 四 -O- 甲基 -1-O-β-D- 吡喃葡萄糖 -3,7,8- 三甲氧基呫酮 狭叶獐牙菜 Swertia angustifolia

7,4',7',4'''-tetra-O-methylamentoflavone 7,4',7',4'''- 四 -O- 甲基穗花杉黄酮 深绿卷柏 Selaginella doederleinii, 细叶卷柏 S. labordei, 粗叶卷柏 S. trachyphylla

7,4',7'',4'''-tetra-O-methylamentoflavone 7,4',7'',4'''- 四 -O- 甲基穗花杉黄酮 江南卷柏 Selaginella moellendorffii

3,3',4,4'-tetra-O-methylellagic acid 3,3',4,4'- 四 -O- 甲基鞣花酸 杠板归 Polygonum perfoliatum

5,7,3',4'-tetra-O-methyl-ent-epicatechin-3-O-β-D-glucopyranoside 5,7,3',4'- 四 -O- 甲基 - 对映 - 表儿茶素 -3-O-β-D- 吡喃葡萄糖苷 毛果算盘

T

teupernin B 庐山香科科素 B 粉红动蕊花 Kinostemon alborubrum, 庐山香科科 Teucrium pernyi
teupernin C, D 庐山香科科素 C, D 庐山香科科 Teucrium pernyi
teuponin 穗花香科科宁▲ 穗花香科科 Teucrium japonicum
teuquadrin B 铁轴草素 B 铁轴草 Teucrium quadrifarium
teuscordinone 蒜味香科科酮 二齿香科科 Teucrium bidentatum, 蒜味香科科 T. scordium
teuscorodal 林石蚕醛▲ 血见愁 Teucrium viscidum
teuscorodonin 林石蚕素 庐山香科科 Teucrium pernyi
teuspinin 棘刺香科科素▲ 血见愁 Teucrium viscidum
teuvincenone A 文森特香科科酮▲A 浙江大青 Clerodendrum kaichianum
teuvincenone E 文森特香科科酮▲E 海州常山 Clerodendrum trichotomum
teuvincenone F 文森特香科科酮▲F 臭牡丹 Clerodendrum bungei, 大青 C. cyrtophyllum, 海州常山 C. trichotomum, 四棱草 Schnabelia oligophylla
teuvincenone G 文森特香科科酮▲G 浙江大青 Clerodendrum kaichianum
teuvincenone H 文森特香科科酮▲H 浙江大青 Clerodendrum kaichianum, 海州常山 C. trichotomum
teuvislactone A, B, C 血见愁内酯▲A, B, C 血见愁 Teucrium viscidum
teuvisone 血见愁酮▲ 血见愁 Teucrium viscidum
teuvisside A~H 血见愁苷▲A~H 血见愁 Teucrium viscidum
texasin 蓝花赝靛素 鬼箭锦鸡儿 Caragana jubata, 青甘锦鸡儿 C. tangutica
texasin-7-*O*-*β*-D-glucopyranoside-6''-*O*-malonate 蓝花赝靛素 -7-*O*-*β*-D- 吡喃葡萄糖苷 -6''-*O*- 丙二酸酯 红车轴草 Trifolium pratense
(-)-thaicanine (-)- 泰加连蕊藤碱▲ 连蕊藤 Parabaena sagittata
(-)-thaipetaline (-)- 狭瓣暗罗碱▲ 排骨灵 Fissistigma bracteolatum
thalactamine 亚欧唐松草胺▲ 偏翅唐松草 Thalictrum delavayi, 腺毛唐松草 T. foetidum, 亚欧唐松草 T. minus
thalbaicalidine 贝加尔唐松草定碱 贝加尔唐松草 Thalictrum baicalense
thalbaicaline 贝加尔唐松草灵碱 贝加尔唐松草 Thalictrum baicalense
thalfetidine; thalfoetidine 香唐松草碱 西南唐松草 Thalictrum fargesii, 黄唐松草 T. flavum, 腺毛唐松草 T. foetidum, 亚欧唐松草 T. minus
thalfinine 唐松草飞宁 大叶唐松草 Thalictrum faberi, 亚欧唐松草 T. minus
thalflavidine 黄白蓬草定 亚欧唐松草 Thalictrum minus
thalflavine 黄唐松草碱 腺毛唐松草 Thalictrum foetidum, 亚欧唐松草 T. minus
thaliadanine 唐松草达宁 亚欧唐松草 Thalictrum minus
thaliadine 亚欧唐松草定▲ 亚欧唐松草 Thalictrum minus, 峨眉唐松草 T. omeiense
thaliatraplexine 狭序唐松草辛▲ 狭序唐松草 Thalictrum atriplex
thaliatraplextine 狭序唐松草亭▲ 狭序唐松草 Thalictrum atriplex
thaliatrine 狭序唐松草灵▲ 狭序唐松草 Thalictrum atriplex
(+)-thalibealine (+)- 唐松草比灵▲ 丽江唐松草 Thalictrum wangii
(+)-thalibulamine (+)- 唐松草布拉明碱 高原唐松草 Thalictrum cultratum
(+)-thalicarpine (+)- 厚果唐松草碱 莲叶桐 Hernandia nymphaeifolia
thalicarpine 厚果唐松草碱 高山唐松草 Thalictrum alpinum, 多叶唐松草 T. foliolosum, 亚欧唐松草 T. minus
thalicberine 马尾黄连碱 黄唐松草 Thalictrum flavum, 亚欧唐松草 T. minus, 东亚唐松草 T. minus var. hypoleucum
thalicmidine 亚欧唐松草米定▲ 日本小檗 Berberis thunbergii, 腺毛唐松草 Thalictrum foetidum, 亚欧唐松草 T. minus
thalicmidine-*N*-oxide 亚欧唐松草米定▲-*N*- 氧化物 亚欧唐松草 Thalictrum minus
thalicmine 亚欧唐松草碱▲ 紫堇叶唐松草 Thalictrum isopyroides, 亚欧唐松草 T. minus, 箭头唐松草 T. simplex
thalicminine 亚欧唐松草米宁▲ 紫堇叶唐松草 Thalictrum isopyroides, 亚欧唐松草 T. minus, 箭头唐松草 T. simplex
thalicoside 唐松草皂苷▲ A, A_1, A_2, A_3, B, D, E, F, G_1, G_2, H_1 亚欧唐松草 Thalictrum minus
thalicrine 唐松草任碱 东亚唐松草 Thalictrum minus var. hypoleucum
(+)-thalicsimidine (+)- 箭头唐松草米定碱 箭头唐松草 Thalictrum simplex
thalicsimidine 箭头唐松草米定碱 黄唐松草 Thalictrum flavum, 盾叶唐松草 T. ichangense, 小果唐松草 T. microgynum, 箭头唐松草 T. simplex
(+)-thalicsimidine-*N*-oxide (+)- 箭头唐松草米定碱 -*N*- 氧化物 箭头唐松草 Thalictrum simplex
thalicthuberine 东亚唐松草碱 偏翅唐松草 Thalictrum delavayi, 亚欧唐松草 T. minus, 东亚唐松草 T. minus var. hypoleucum, 箭头唐松草 T. simplex
thalicthuberine-*N*-oxide 东亚唐松草碱 -*N*- 氧化物 箭头唐松草 Thalictrum simplex
thalictiin 唐松草素 东亚唐松草 Thalictrum minus var. hypoleucum
(-)-thalictine (-)- 唐松草亭 高原唐松草 Thalictrum cultratum
thalictine 唐松草亭 东亚唐松草 Thalictrum minus var. hypoleucum
thalictoside 唐松草苷 湖南淫羊藿 Epimedium hunanense, 黔岭淫羊藿 E. leptorrhizum, 野慈姑 Sagittaria trifolia, 唐松草 Thalictrum aquilegiifolium var. sibiricum
thalictoside A, C~F 唐松草苷 A, C~F 东亚唐松草 Thalictrum minus var. hypoleucum
thalictricavine 唐松草卡文碱 刻叶紫堇 Corydalis incisa
thalictricine; thalictrisine 箭头唐松草辛碱▲ 箭头唐松草 Thalictrum simplex

T

Thalictrum ichangense, 紫堇叶唐松草 T. isopyroides, 亚欧唐松草 T. minus
thalirabine 唐松草拉宾碱 亚欧唐松草 Thalictrum minus
thaliracebine 唐松草西宾碱 狭序唐松草 Thalictrum atriplex, 大叶唐松草 T. faberi, 亚欧唐松草 T. minus
thalirugidine 皱叶唐松草吉定▲ 多叶唐松草 Thalictrum foliolosum
thalisamine 箭头唐松草胺▲ 箭头唐松草 Thalictrum simplex
thalisopidine 紫堇叶唐松草定▲ 西南唐松草 Thalictrum fargesii, 紫堇叶唐松草 T. isopyroides
(-)-thalisopine (-)- 紫堇叶唐松草品▲ 高原唐松草 Thalictrum cultratum
thalisopine 紫堇叶唐松草品▲ 多叶唐松草 Thalictrum foliolosum, 紫堇叶唐松草 T. isopyroides, 爪哇唐松草 T. javanicum
thalisopinine 紫堇叶唐松草品宁▲ 狭序唐松草 Thalictrum atriplex, 紫堇叶唐松草 T. isopyroides
thalistine 唐松草斯亭 狭序唐松草 Thalictrum atriplex, 亚欧唐松草 T. minus
thalivarmine 亚欧唐松草瓦明碱▲ 亚欧唐松草 Thalictrum minus
thalmelatidine 秋唐松草替定碱 河南唐松草 Thalictrum honanense, 亚欧唐松草 T. minus, 东亚唐松草 T. minus var. hypoleucum, 峨眉唐松草 T. omeiense, 丽江唐松草 T. wangii
thalmelatine 东亚唐松草亭▲ 腺毛唐松草 Thalictrum foetidum, 亚欧唐松草 T. minus
thalmethine 亚欧唐松草美辛▲ 亚欧唐松草 Thalictrum minus
thalmetine 亚欧唐松草亭▲ 亚欧唐松草 Thalictrum minus
(+)-thalmiculatimine (+)- 高原唐松草替明碱 高原唐松草 Thalictrum cultratum
(-)-thalmiculimine (-)- 高原唐松草明碱 高原唐松草 Thalictrum cultratum
(-)-thalmiculine (-)- 高原唐松草灵碱 高原唐松草 Thalictrum cultratum
(-)-thalmine (-)- 唐松明碱 高原唐松草 Thalictrum cultratum
thalmine 唐松草明碱 亚欧唐松草 Thalictrum minus
thalmineline 亚欧唐松草林碱▲ 亚欧唐松草 Thalictrum minus, 峨眉唐松草 T. omeiense
thalmirabine 亚欧唐松草拉宾碱▲ 偏翅唐松草 Thalictrum delavayi, 亚欧唐松草 T. minus
thalpetaline 瓣蕊唐松草灵▲ 狭裂瓣蕊唐松草 Thalictrum petaloideum var. supradecompositum
thalphenine 唐松草芬宁 亚欧唐松草 Thalictrum minus
thalphenine chloride 氯化唐松草芬宁 长柄唐松草 Thalictrum przewalskii
thalphine; thalfine 唐松草芬碱▲ 腺毛唐松草 Thalictrum foetidum, 亚欧唐松草 T. minus
thalphinine 唐松草费宁 腺毛唐松草 Thalictrum foetidum
thalpindione 高山唐松草二酮▲ 高山唐松草 Thalictrum alpinum
thalprzewalskiinone 长柄唐松草酮▲ 长柄唐松草 Thalictrum przewalskii
thalrugosamine 皱叶唐松草明▲ 腺毛唐松草 Thalictrum foetidum
(-)-thalrugosaminine (-)- 皱叶唐松草米宁▲ 高原唐松草 Thalictrum cultratum
thalrugosaminine 皱叶唐松草米宁▲ 高山唐松草 Thalictrum alpinum, 多叶唐松草 T. foliolosum, 爪哇唐松草 T. javanicum, 亚欧唐松草 T. minus
(-)-thalrugosaminine-2-*α*-*N*-oxide (-)- 皱叶唐松草米宁▲-2-*α*-*N*- 氧化物 高原唐松草 Thalictrum cultratum
(-)-thalrugosidine (-)- 皱叶唐松草定碱▲ 高原唐松草 Thalictrum cultratum
thalrugosidine 皱叶唐松草定碱▲ 高山唐松草 Thalictrum alpinum, 大叶唐松草 T. faberi, 多叶唐松草 T. foliolosum
(+)-thalrugosine (+)- 皱叶唐松草碱▲ 毛叶轮环藤 Cyclea barbata
thalrugosine 皱叶唐松草碱▲ 小果十大功劳 Mahonia bodinieri, 千金藤 Stephania japonica, 台湾千金藤 S. merrillii, 四川千金藤 S. sutchuenensis, 亚欧唐松草 Thalictrum minus
(-)-thalrugosinone (-)- 皱叶唐松草醛碱▲ 高原唐松草 Thalictrum cultratum
thalsimine 箭头唐松草碱 唐松草 Thalictrum aquilegiifolium var. sibiricum, 箭头唐松草 T. simplex
(+)-thalsivasine (+)- 亚欧唐松草瓦星碱▲ 高原唐松草 Thalictrum cultratum
thalsivasine 亚欧唐松草瓦星碱▲ 亚欧唐松草 Thalictrum minus
(±)-thaltugosine (±)- 防己诺林碱 乳突拟耧斗菜 Paraquilegia anemonoides
thamnoliadepside A, B 地茶缩酚酸▲A, B 地茶衣 Thamnolia vermicularis
thamnolic acid 地茶酸 瘦柄石蕊 Cladonia macilenta, 金丝刷 Lethariella cladonioides, 红盘衣 Ophioparma ventosa, 地茶衣 Thamnolia vermicularis
thamnosin 灌丛芸香素▲ 柚 Citrus maxima
thamnosmonin 蒙大拿灌丛芸香素▲ 文旦 Citrus maxima'Wentan'
thankunic acid 积雪草尼酸▲ 积雪草 Centella asiatica
thankuniside 积雪草尼苷▲ 积雪草 Centella asiatica
thannilignan 毗黎勒木脂素▲ 毗黎勒 Terminalia bellirica
theacrine 茶可灵碱▲ 普洱茶 Camellia sinensis var. assamica, 大粒咖啡 Coffea liberica
theanine 茶氨酸 茶 Camellia sinensis
theasapogenin D 茶皂苷元 D 短萼海桐 Pittosporum brevicalyx
theasapogenol A 茶皂醇 A 花荵 Polemonium caeruleum
theasaponin A_1, A_2, A_3, A_4, A_5, C_1, E_1, E_2, E_3, E_4, E_5, E_6, E_7, E_8, E_9, F_1, F_2, F_3, G_1, H_1 茶皂苷 A_1, A_2, A_3, A_4, A_5, C_1, E_1, E_2, E_3, E_4, E_5, E_6, E_7, E_8, E_9, F_1, F_2, F_3, G_1, H_1 茶 Camellia sinensis

thiadiazole phenylurea 苯基噻二唑脲 棉豆 Phaseolus lunatus
thiamine 硫胺素 落地生根 Bryophyllum pinnatum, 石花菜 Gelidium amansii, 海带 Laminaria japonica, 大叶火筒树 Leea macrophylla, 宁夏枸杞 Lycium barbarum, 豌豆 Pisum sativum, 乳牛肝菌 Suillus bovinus
1-(2-thienyl)-2-pentanethiol 1-(2- 噻吩基)-2- 戊烷硫醇 挥发油成分，未统计基源
thioacetic anhydride 硫代乙酸酐 密褶红菇 Russula densifolia, 绿红菇 R. virescens
thiobismethane 二甲硫醚 挥发油成分，未统计基源
thiocyanate 硫氰酸酯 块茎山萮菜 Eutrema wasabi
thiohydroxypyridin-*N*-oxide-2-*S*-*β*-D-glucopyranoside 硫基羟基吡啶 -*N*- 氧化物 -2-*S*-*β*-D- 吡喃葡萄糖苷 陵水暗罗 Polyalthia nemoralis
thiophene 噻吩 华东蓝刺头 Echinops grijsii
2-thiouracil 2- 硫尿嘧啶 少根紫萍 Spirodela oligorrhiza
thladioside H_1 赤瓟皂苷▲H_1 无患子 Sapindus saponaria, 异叶赤瓟 Thladiantha hookeri
thollethoside 索氏羊角拗苷▲ 西非羊角拗 Strophanthus sarmentosus
tholloside 索朗羊角拗苷▲ 铃兰 Convallaria majalis
thoreliamide B 银钩花酰胺▲B 枸杞 Lycium chinense
thouvenol B 图维诺原漆酚▲B 台湾金粟兰 Chloranthus oldhamii
dl-threitol *dl*- 苏糖醇 番荔枝 Annona squamosa
D-threitol D- 苏糖醇 珊瑚菜 Glehnia littoralis
threonic acid 苏糖酸 问荆 Equisetum arvense, 枸杞 Lycium chinense
L-threonine L- 苏氨酸 植物基础成分，未统计基源
threonine 苏氨酸 植物基础成分，未统计基源
2,4(10)-thujadiene 2,4(10)- 侧柏二烯 挥发油成分，未统计基源
4-thujanol 4- 崖柏醇 挥发油成分，未统计基源
α-thujaplicin *α*- 北美乔柏素▲ 挥发油成分，未统计基源
β-thujaplicin *β*- 北美乔柏素▲ 挥发油成分，未统计基源
β-thujaplicinol *β*- 北美乔柏素醇▲ 西藏柏木 Cupressus torulosa
α-thujenal *α*- 崖柏醛 挥发油成分，未统计基源
2-thujene 2- 崖柏烯 挥发油成分，未统计基源
3-thujene 3- 崖柏烯 挥发油成分，未统计基源
4-thujene 4- 崖柏烯 挥发油成分，未统计基源
α-thujene *α*- 崖柏烯 挥发油成分，未统计基源
β-thujene *β*- 崖柏烯 挥发油成分，未统计基源
thujene 崖柏烯 挥发油成分，未统计基源
trans-thujenol 反式 - 崖柏烯 月桂 Laurus nobilis
cis-thujenol 顺式 - 崖柏烯 月桂 Laurus nobilis
2-thujone 2- 侧柏酮 挥发油成分，未统计基源
α-thujone *α*- 崖柏酮 挥发油成分，未统计基源
β-thujone *β*- 崖柏酮 挥发油成分，未统计基源
trans-thujone 反式 - 侧柏酮 挥发油成分，未统计基源
cis-thujone 顺式 - 崖柏酮 挥发油成分，未统计基源
thujone 崖柏酮 挥发油成分，未统计基源
(-)-thujopsadiene (-)- 罗汉柏二烯 雪岭云杉 Picea schrenkiana
thujopsan-2*α*-ol 罗汉柏 -2*α*- 醇 挥发油成分，未统计基源
3(15)-thujopsen-10*α*-ol 3(15)- 罗汉柏烯 -10*α*- 醇 石地钱 Reboulia hemisphaerica
thujopsen-12-ol 罗汉柏烯 -12- 醇 圆柏 Juniperus chinensis
(-)-thujopsene (-)- 罗汉柏烯 挥发油成分，未统计基源
thujopsene 罗汉柏烯 挥发油成分，未统计基源
cis-(-)-thujopsene 顺式 -(-)- 罗汉柏烯 垂枝柏 Juniperus recurva
α-thujylalcohol *α*- 崖柏醇 挥发油成分，未统计基源
thunalbene 笋兰烯▲ 石仙桃 Pholidota chinensis, 笋兰 Thunia alba
thunaloside 翼叶山牵牛洛苷▲ 翼叶山牵牛 Thunbergia alata
thunberginol A 甘茶酚▲A 绒毛假阴地蕨 Botrypus lanuginosus
(±)-thunberginol C (±)- 甘茶酚▲C 东方荚果蕨 Matteuccia orientalis
thunberginol C 甘茶酚▲C 杜仲 Eucommia ulmoides, 蒜叶婆罗门参 Tragopogon porrifolius
thunbergioside 山牵牛苷▲ 翼叶山牵牛 Thunbergia alata
thungfaine 大叶糖胶树因碱▲ 大叶糖胶树 Alstonia macrophylla
thwaitesixanthone 锡兰红厚壳吨酮▲ 莽吉柿 Garcinia mangostana
thyme camphor 百里香脑 显脉旋覆花 Duhaldea nervosa
thymidine 胸苷 植物基础成分，未统计基源
thymine 胸腺嘧啶 植物基础成分，未统计基源

T

thymine-2-desoxyriboside 胸腺嘧啶 -2- 去氧核苷 红花 Carthamus tinctorius

thymofolinoate A, B 千根草酯▲A, B 千根草 Euphorbia thymifolia

thymohydroquinone 百里香氢醌 挥发油成分，未统计基源

thymohydroquinone dimethyl ether 百里香氢醌二甲醚 豨莶 Sigesbeckia orientalis

thymohydroquinone-6-*O*-6'-acetyl-*β*-D-glucopyranoside 百里香氢醌 -6-*O*-6'- 乙酰基 -*β*-D- 葡萄糖苷 细叶糙果芹 Trachyspermum ammi

thymohydroquinone-6-*O*-*β*-6'-acetylglucoside 百里香氢醌 -6-*O*-*β*-6'- 乙酰葡萄糖苷 石胡荽 Centipeda minima

thymol 百里香酚 挥发油成分，未统计基源

thymol isobutyrate 百里香酚异丁酸酯 挥发油成分，未统计基源

thymol methyl ether 百里香酚甲醚 挥发油成分，未统计基源

thymol-3-*O*-(2-methylpropionate) 百里香酚 -3-*O*-(2- 甲基丙酸酯) 佩兰 Eupatorium fortunei

thymol-3-*O*-tiglate 百里香酚 -3-*O*- 巴豆酸酯 佩兰 Eupatorium fortunei

thymol-3-*O*-*β*-glucoside 百里香酚 -3-*O*-*β*- 葡萄糖苷 石胡荽 Centipeda minima

thymol-*β*-glucopyranoside 百里香酚 -*β*- 吡喃葡萄糖苷 石胡荽 Centipeda minima

thymonin 百里香宁▲ 姜味草 Micromeria biflora

thymoquinhydrone 百里香醌氢醌 挥发油成分，未统计基源

thymoquinol dimethyl ether 百里香氢醌二甲基醚 挥发油成分，未统计基源

thymoquinol-2-*O*-*β*-D-glucopyranoside 百里氢醌 -2-*O*-*β*-D- 吡喃葡萄糖苷 五味子 Schisandra chinensis

thymoquinol-2-*O*-*β*-glucopyranoside 百里香氢醌 -2-*O*-*β*- 吡喃葡萄糖苷 石胡荽 Centipeda minima

thymoquinol-5-*O*-*β*-D-glucopyranoside 百里氢醌 -5-*O*-*β*-D- 吡喃葡萄糖苷 五味子 Schisandra chinensis

thymoquinol-5-*O*-*β*-glucopyranoside 百里香氢醌 -5-*O*-*β*- 吡喃葡萄糖苷 石胡荽 Centipeda minima

thymoquinone 百里香醌 挥发油成分，未统计基源

thysanolactone 流苏子内酯▲ 大钟花 Megacodon stylophorus, 云南獐牙菜 Swertia yunnanensis

tianmushanol 天目金粟兰醇▲ 狭叶金粟兰 Chloranthus angustifolius

tianshanidine 天山翠雀定碱▲ 天山翠雀花 Delphinium tianshanicum

tianshanine 天山翠雀宁碱▲ 天山翠雀花 Delphinium tianshanicum

tianshanisine 天山翠雀辛碱▲ 天山翠雀花 Delphinium tianshanicum

tianshanxuelian polysaccharide 天山雪莲多糖 水母雪兔子 Saussurea medusa

tianshic acid 天师酸 牛膝 Achyranthes bidentata, 葱 Allium fistulosum, 苏门白酒草 Conyza sumatrensis, 猪毛菜 Salsola collina, 接骨木 Sambucus williamsii, 独角莲 Typhonium giganteum

tianshic acid methyl ester 天师酸甲酯 接骨木 Sambucus williamsii

tiarellic acid 黄水枝酸 黄水枝 Tiarella polyphylla

tibeticanol 毛刺锦鸡儿醇▲ 毛刺锦鸡儿 Caragana tibetica

tibeticoside A 肉果草苷▲A 肉果草 Lancea tibetica

tiegusanin A~H, J, K, N 铁箍散素▲A~H, J, K, N 铁箍散 Schisandra propinqua var. sinensis

tiegusanin I 铁箍散素▲I 多子南五味子 Kadsura polysperma, 铁箍散 Schisandra propinqua var. sinensis

tiegusanin L 铁箍散素▲L 铁箍散 Schisandra propinqua var. sinensis, 红花五味子 S. rubriflora

tiegusanin M 铁箍散素▲M 冷饭藤 Kadsura oblongifolia, 铁箍散 Schisandra propinqua var. sinensis

tigencaoside A, B 嚏根草苷▲A, B 铁筷子 Helleborus thibetanus

tiglic acid 巴豆酸 南方菟丝子 Cuscuta australis, 菟丝子 C. chinensis

tiglic acid-1-*O*-*β*-D-glucopyranoside 巴豆酸 -1-*O*-*β*-D- 吡喃葡萄糖苷 榅桲 Cydonia oblonga

tiglin A, B, C 巴豆灵 A, B, C 巴豆 Croton tiglium

tigloidine 巴豆酰伪托品碱 树番茄 Cyphomandra betacea, 洋金花 Datura metel, 酸浆 Physalis alkekengi, 灯笼果 P. peruviana

8*α*-tigloxy-3-oxaartabsin 8*α*- 巴豆酰氧基 -3- 氧代苦艾内酯 亚洲蓍 Achillea asiatica

8*α*-tigloxyartabsin 8*α*- 巴豆酰氧基苦艾内酯 亚洲蓍 Achillea asiatica

tigloycyclovirobuxine B 巴豆酰环锦熟黄杨辛碱▲B 锦熟黄杨 Buxus sempervirens

3-tigloyl-1,20-acetyl-11-methoxymeliacarpinin 3- 巴豆酰基 -1,20- 乙酰基 -11- 甲氧基楝卡品宁▲ 川楝 Melia toosendan

3-tigloyl-1,20-diacetyl-11-methoxymeliacarpinin 3- 巴豆酰基 -1,20- 二乙酰基 -11- 甲氧基楝卡品宁▲ 楝 Melia azedarach, 川楝 M. toosendan

3-tigloyl-11-methoxymeliacarpinin 3- 巴豆酰基 -11- 甲氧基楝卡品宁▲ 楝 Melia azedarach

1-tigloyl-3,20-diacetyl-11-methoxymeliacarpinin 1- 巴豆酰基 -3,20- 二乙酰基 -11- 甲氧基楝卡品宁▲ 楝 Melia azedarach, 川楝 M. toosendan

1-tigloyl-3-acetyl-11-methoxymeliacarpinin 1- 巴豆酰基 -3- 乙酰基 -11- 甲氧基楝卡品宁▲ 楝 Melia azedarach

21-tigloylbarringtogenol C 21- 巴豆酰玉蕊皂醇▲C 岩匙 Berneuxia thibetica

tigloylgomisin H 巴豆酰北五味子素▲H 五味子 Schisandra chinensis, 滇藏五味子 S. neglecta

(+)-14-tigloylgomisin K_3 (+)-14- 巴豆酰北五味子素▲K_3 红花五味子 Schisandra rubriflora

tigloylgomisin O 巴豆酰北五味子素▲O 华中五味子 Schisandra sphenanthera

tigloylgomisin P 巴豆酰北五味子素▲P 南五味子 Kadsura longipedunculata, 五味子 Schisandra chinensis, 滇藏五味子 S. neglecta, 毛叶五味子 S. pubescens, 红花五味子 S. rubriflora, 华中五味子 S. sphenanthera, 鹤庆五味子 S. wilsoniana

tigloylgomisin Q 巴豆酰北五味子素▲Q 二色五味子 Schisandra bicolor, 滇藏五味子 S. neglecta

7-tigloylheliotridine 7- 巴豆酰天芥菜定 红花琉璃草 Cynoglossum officinale

(±)-*cis*-4-tigloylkhellactone (±)- 顺式 -4- 巴豆酰阿米芹内酯▲ 滨海前胡 Peucedanum japonicum

T

(+)-*trans*-4'-tigloylkhellactone (+)- 反式 -4'- 巴豆酰阿米芹内酯 ▲ 滨海前胡 Peucedanum japonicum
3α-tigloylmelianol 3α- 巴豆酰楝醇 楝 Melia azedarach
8β-tigloyloxy-14-oxo-11β,13-dihydroacanthospermolide 8β- 巴豆酰氧基 -14- 代 -11β,13- 二氢刺苞菊内酯 百能葳葳 Blainvillea acmella
6α-tigloyloxy-1β-hydroxy-4(15),11-eudesmadien-8α,12-olide 6α- 当归酰氧基 -1β- 羟基 -4(15),11- 桉叶二烯 -8α,12- 内酯 麻疯树 Jatropha curcas
1α-tigloyloxy-3α-acetoxyl-7α-hydroxyl-12α-ethoxylnimbolinin 1α- 巴豆酰氧基 -3α- 乙酰氧基 -7α- 羟基 -12α- 乙氧基印楝波力宁 ▲ 川楝 Melia toosendan
3-tigloyloxy-6-(2'-methylbutyryloxy)tropane 3- 巴豆酰氧基 -6-(2'- 甲基丁酰氧基) 托品烷 树番茄 Cyphomandra betacea
3α-tigloyloxy-6,7-dihydroxytropane 3α- 巴豆酰氧基 -6,7- 二羟基托品烷 树番茄 Cyphomandra betacea
3-tigloyloxy-6,7-epoxytropane 3- 巴豆酰氧基 -6,7- 环氧托品烷 树番茄 Cyphomandra betacea
3-tigloyloxy-6-acetoxytropane 3- 巴豆酰氧基 -6- 乙酰氧基托品烷 树番茄 Cyphomandra betacea
3-tigloyloxy-6-hydroxytropane 3- 巴豆酰氧基 -6- 羟基托品烷 树番茄 Cyphomandra betacea
3-tigloyloxy-6-isobutyryloxy-7-hydroxytropane 3- 巴豆酰氧基 -6- 异丁酰氧基 -7- 羟基托品烷 树番茄 Cyphomandra betacea
3-tigloyloxy-6-isobutyryloxytropane 3- 巴豆酰氧基 -6- 异丁酰氧基托品烷 树番茄 Cyphomandra betacea
3α-tigloyloxy-6-isovaleroyloxy-7-hydroxytropane 3α- 巴豆酰氧基 -6- 异戊酰氧基 -7- 羟基托品烷 树番茄 Cyphomandra betacea
3β-tigloyloxy-6-isovaleroyloxy-7-hydroxytropane 3β- 巴豆酰氧基 -6- 异戊酰氧基 -7- 羟基托品烷 树番茄 Cyphomandra betacea
3-tigloyloxy-6-methylbutyryloxytropane 3- 巴豆酰氧基 -6- 甲基丁酰氧基托品烷 树番茄 Cyphomandra betacea
3-tigloyloxy-6-propionyloxy-7-hydroxytropane 3- 巴豆酰氧基 -6- 丙酰氧基 -7- 羟基托品烷 树番茄 Cyphomandra betacea
3-tigloyloxy-6-propionyloxytropane 3- 巴豆酰氧基 -6- 丙酰氧基托品烷 树番茄 Cyphomandra betacea
6α-tigloyloxychaparrin 6α- 巴豆酰氧基卡斯苦木素 ▲ 臭椿 Ailanthus altissima
6α-tigloyloxychaparrinone 6α- 巴豆酰氧基卡斯苦木酮 ▲ 臭椿 Ailanthus altissima
3α-tigloyloxy-*ent*-kaur-16-en-oic acid 3α- 巴豆酰氧基 - 对映 - 贝壳杉 -16- 烯 - 酸 卤地菊 Wedelia prostrata
6β-tigloyloxyglechomafuran 6β- 巴豆酰氧基活血丹呋喃 胶质鼠尾草 Salvia glutinosa
8α-tigloyloxyhirsutinolide 8α- 巴豆酰氧基硬毛钩藤内酯 夜香牛 Vernonia cinerea
8α-tigloyloxyhirsutinolide-13-*O*-acetate 8α- 巴豆酰氧基硬毛钩藤内酯 -13-*O*- 乙酸酯 夜香牛 Vernonia cinerea
3α-tigloyloxykaur-16-en-19-oic-acid 3α- 巴豆酰氧基贝壳杉 -16- 烯 -19- 酸 蟛蜞菊 Wedelia chinensis
6β-tigloyloxykolavenic acid 6β- 巴豆酰基羽叶哈威豆尼酸 ▲ 加拿大一枝黄花 Solidago canadensis
6-tigloyloxykolavenic acid 6- 巴豆酰氧基羽叶哈威豆尼酸 ▲ 加拿大一枝黄花 Solidago canadensis
6β-tigloyloxytropan-3α,7β-diol 6β- 巴豆酰氧基托品 -3α,7β- 二醇 洋金花 Datura metel
(-)-3α-tigloyloxytropan-6β-ol (-)-3α- 巴豆酰氧基托品 -6β- 醇 洋金花 Datura metel
3α-tigloyloxytropane 3α- 巴豆酰氧基托品烷 树番茄 Cyphomandra betacea, 洋金花 Datura metel, 酸浆 Physalis alkekengi, 灯笼果 P. peruviana
3β-tigloyloxytropane 3β- 巴豆酰氧基托品烷 树番茄 Cyphomandra betacea, 灯笼果 Physalis peruviana
(-)-6β-tigloyloxytropane-3α-ol (-)-6β- 巴豆酰氧基托品 -3α- 醇 洋金花 Datura metel
3α-tigloyloxytropane-*N*-oxide 3α- 巴豆酰氧基托品烷 -*N*- 氧化物 酸浆 Physalis alkekengi
7,9-tigloylretronecine 7,9- 巴豆酰倒千里光裂碱 硬萼软紫草 Arnebia decumbens
tigloylretronecine 巴豆酰倒千里光裂碱 蓝蓟 Echium vulgare
tigloylseneganolide A 巴豆酰非洲楝内酯 ▲A 浆果楝 Cipadessa baccifera
tigloylshikonin 巴豆酰紫草素 紫草 Lithospermum erythrorhizon
7-tiglylhydrox-9-viridiflorylretronecine 7- 羟甲基巴豆酰 -9- 绿花倒提壶倒千里光裂碱 聚合草 Symphytum officinale
tigogenin 替告皂苷元 龙舌兰 Agave americana, 狭叶龙舌兰 A. angustifolia, 剑麻 A. sisalana, 薤头 Allium chinense, 多星韭 A. wallichii, 闭鞘姜 Costus speciosus, 毛地黄 Digitalis purpurea, 丹参 Salvia miltiorrhiza, 欧白英 Solanum dulcamara, 白英 S. lyratum, 茄 S. melongena, 龙葵 S. nigrum, 珊瑚樱 S. pseudocapsicum, 红果龙葵 S. villosum, 蒺藜 Tribulus terrestris, 凤尾丝兰 Yucca gloriosa
tigogenin tetraoside 替告皂苷元四糖苷 龙葵 Solanum nigrum
tigogenin-3-*O*-{*O*-β-D-glucopyranosyl-(1 → 2)-*O*-[β-D-xylopyranosyl-(1 → 3)]-*O*-β-D-glucopyranosyl-(1 → 4)-β-D-galactopyranoside} 替告皂苷元 -3-*O*-{*O*-β-D- 吡喃葡萄糖基 -(1 → 2)-*O*-[β-D- 吡喃木糖基 -(1 → 3)]-*O*-β-D- 吡喃葡萄糖基 -(1 → 4)-β-D- 吡喃半乳糖苷 } 吊兰 Chlorophytum comosum
tigogenin-3-*O*-β-D-glucopyranoside 替告皂苷元 -3-*O*-β-D- 吡喃葡萄糖苷 白英 Solanum lyratum
tigogenin-3-*O*-β-D-glucopyranosyl-(1→2)-[β-D-xyloyranosyl-(1→3)]-β-D-glucopyranosyl-(1→4)-β-D-galactopyranoside 替告皂苷元 -3-*O*-β-D- 吡喃葡萄糖基 -(1 → 2)-[β-D- 吡喃木糖基 -(1 → 3)]-β-D- 吡喃葡萄糖基 -(1 → 4)-β-D- 吡喃半乳糖苷 晚香玉 Polianthes tuberosa
tigogenin-3-*O*-β-D-glucopyranosyl-(1 → 2)-*O*-[β-D-glucopyranosyl-(1 → 3)]-*O*-β-D-glucopyranosyl-(1 → 4)-*O*-β-D-galactopyranoside 替告皂苷元 -3-*O*-β-D- 吡喃葡萄糖基 -(1 → 2)-*O*-[β-D- 吡喃葡萄糖基 -(1 → 3)]-*O*-β-D- 吡喃葡萄糖基 -(1 → 4)-*O*-β-D- 吡喃半乳糖苷 龙葵 Solanum nigrum
tigogenin-3-*O*-β-D-glucopyranosyl-(1→2)-β-D-glucopyranosyl-(1→4)-β-D-galactopyranoside 替告皂苷元 -3-*O*-β-D- 吡喃葡萄糖基 -(1 → 2)-β-D- 吡喃葡萄糖基 -(1 → 4)-β-D- 吡喃半乳糖苷 白英 Solanum lyratum
tigogenin-3-*O*-β-D-glucopyranosyl-(1 → 4)-*O*-[α-L-arabinopyranosyl-(1 → 6)]-β-D-glucopyranoside 替告皂苷元 -3-*O*-β-D- 吡喃葡萄糖基 -(1 → 4)-*O*-[α-L- 吡喃阿拉伯糖基 -(1 → 6)]-β-D- 吡喃葡萄糖苷 华东菝葜 Smilax sieboldii
tigogenin-3-*O*-β-D-glucopyranosyl-(1 → 4)-*O*-[α-L-rhamnopyranosyl-(1 → 2)]-β-D-galactopyranoside 替告皂苷元 -3-*O*-β-D- 吡喃葡萄糖基 -(1 → 4)-*O*-[α-L- 吡喃鼠李糖基 -(1 → 2)]-β-D- 吡喃半乳糖苷 玉簪 Hosta plantaginea

T

tigogenin-3-*O*-*β*-D-xylopyranosyl-*β*-lycotetraoside 替告皂苷元 -3-*O*-*β*-D- 吡喃木糖基 -*β*- 石蒜四糖苷 凤尾丝兰 Yucca gloriosa

tigogenin-3-*O*-*β*-D-xyloyranosyl-(1 → 3)-*β*-D-glucopyranosyl-(1 → 2)-[*β*-D-xyloyranosyl-(1 → 3)]-*β*-D-glucopyranosyl-(1 → 4)-*β*-D-galactopyranoside 替告皂苷元 -3-*O*-*β*-D- 吡喃木糖基 -(1 → 3)-*β*-D- 吡喃葡萄糖基 -(1 → 2)-[*β*-D- 吡喃木糖基 -(1 → 3)]-*β*-D- 吡喃葡萄糖基 -(1 → 4)-*β*-D- 吡喃半乳糖苷 晚香玉 Polianthes tuberosa

tigogenin-3-*O*-*β*-glucopyranosyl-(1 → 2)-*β*-xylopyranosyl-(1 → 3)-*β*-glucopyranosyl-(1 → 4)-*β*-galactopyranoside 替告皂苷元 -3-*O*-*β*- 吡喃葡萄糖基 -(1 → 2)-*β*- 吡喃木糖基 -(1 → 3)-*β*- 吡喃葡萄糖基 -(1 → 4)-*β*- 吡喃半乳糖苷 蒺藜 Tribulus terrestris

tigogenin-3-*O*-*β*-glucopyranosyl-(1 → 4)-*β*-galactopyranoside 替告皂苷元 -3-*O*-*β*- 吡喃葡萄糖基 -(1 → 4)-*β*- 吡喃半乳糖苷 蒺藜 Tribulus terrestris

tigogenin-3-*O*-*β*-solatrioside 替告皂苷元 -3-*O*-*β*- 茄三糖苷 欧白英 Solanum dulcamara

tigogenin-3-*O*-*β*-xylopyranosyl-(1 → 2)-*β*-xylopyranosyl-(1 → 3)-*β*-glucopyranosyl-(1 → 4)-*α*-rhamnopyranosyl-(1 → 2)-*β*-galactopyranoside 替告皂苷元 -3-*O*-*β*- 吡喃木糖基 -(1 → 2)-*β*- 吡喃木糖基 -(1 → 3)-*β*- 吡喃葡萄糖基 -(1 → 4)-*α*- 吡喃鼠李糖基 -(1 → 2)-*β*- 吡喃半乳糖苷 蒺藜 Tribulus terrestris

tigogenone 替告皂苷元酮 白英 Solanum lyratum

tigonin 替告皂苷 辣椒 Capsicum annuum, 毛地黄 Digitalis purpurea

tiliacol A, B 黄槿醇 ▲A, B 黄槿 Hibiscus tiliaceus

tiliamuroside A, B 紫椴苷 A, B 紫椴 Tilia amurensis

tilianin 椴树素 藿香 Agastache rugosa, 尖萼耧斗菜 Aquilegia oxysepala, 岩蒿 Artemisia rupestris, 飞廉 Carduus nutans, 蓟 Cirsium japonicum, 香青兰 Dracocephalum moldavica, 甘青青兰 D. tanguticum, 五爪金龙 Ipomoea cairica, 海金沙 Lygodium japonicum, 薄荷 Mentha canadensis, 广藿香 Pogostemon cablin, 星状雪兔子 Saussurea stella, 菊蒿 Tanacetum vulgare, 短瓣金莲花 Trollius ledebourii, 蜘蛛香 Valeriana jatamansi

tilianin-7-*O*-*β*-D-glucopyranoside 椴树素 -7-*O*-*β*-D- 吡喃葡萄糖苷 蝴蝶花（模式变型）Iris japonica

tilianin-7-*O*-*β*-D-glucoside 椴树素 -7-*O*-*β*-D- 葡萄糖苷 菊花 Chrysanthemum morifolium

trans-tiliroside 反式 - 银椴苷 越南巴豆 Croton kongensis, 披针叶胡颓子 Elaeagnus lanceolata, 福建胡颓子 E. oldhamii, 翅子树 Pterospermum acerifolium, 朝鲜白头翁 Pulsatilla cernua, 刺蒴麻 Triumfetta rhomboidea

cis-tiliroside 顺式 - 银椴苷 福建胡颓子 Elaeagnus oldhamii

tiliroside 银椴苷 较常见成分，至少分布于 30 种以上植物中，见于报春花科、唇形科、大戟科、椴树科、锦葵科、菊科、蕨科、壳斗科、马兜铃科、毛茛科、木兰科、泥炭藓科、蔷薇科、瑞香科、睡莲科、梧桐科、五桠果科、悬铃木科、樟科等

tiliroside monoacetate 银椴苷单乙酸酯 旋叶香青 Anaphalis contorta

tiliroside-7-*O*-*β*-D-glucopyranoside 银椴苷 -7-*O*-*β*-D- 吡喃葡萄糖苷 芫花 Daphne genkwa

3-(3,4,5-timethoxyphenyl)propanoylpyrrole 3-(3,4,5- 三甲氧基苯基) 丙酰吡咯 苎叶蒟 Piper boehmeriifolium

timnodonic acid 二十碳五烯酸 松叶蕨 Psilotum nudum

timosaponin 知母皂苷 A-I, A-II, A-III, A-IV, B-I, B-II, B-III, B-IV, B-V, B-VI, C_1, C_2, D_1, D_2, E_1, E_2, F, G, H_2, I_1, I_2, N, O 知母 Anemarrhena asphodeloides

timosaponin H_1 知母皂苷 H_1 知母 Anemarrhena asphodeloides, 卵叶蜘蛛抱蛋 Aspidistra typica

timuramide A~D 竹叶花椒新酰胺 ▲A~D 竹叶花椒 Zanthoxylum armatum

tinctoralactone 蓝叶藤内酯 ▲ 蓝叶藤 Marsdenia tinctoria

tinctoramine 蓝叶藤胺 ▲ 蓝叶藤 Marsdenia tinctoria

tinctormine 红花胺 红花 Carthamus tinctorius

tinctoroside A, B, C 蓝叶藤苷 ▲A, B, C 蓝叶藤 Marsdenia tinctoria

tingenin B 染用卫矛素 B 五层龙 Salacia prinoides

tingenone 染用卫矛酮 ▲ 染用卫矛 Euonymus tingens, 楝 Melia azedarach, 五层龙 Salacia prinoides, 东北雷公藤 Tripterygium regelii

tinnevellin glucoside 狭叶番泻林素 ▲ 葡萄糖苷 狭叶番泻 Cassia angustifolia

tinocrispol A 波叶青牛胆醇 ▲A 波叶青牛胆 Tinospora crispa

tinocrisposide 波叶青牛胆苷 ▲ 波叶青牛胆 Tinospora crispa

tinophylloloside 菲律宾大叶藤苷 ▲ 青牛胆 Tinospora sagittata, 云南青牛胆 T. sagittata var. yunnanensis

tinosagittone A, B 青牛胆酮 ▲A, B 青牛胆 Tinospora sagittata

tinoscorside A 波叶青牛胆碱苷 ▲A 波叶青牛胆 Tinospora crispa

tinoside 金果榄苷 青牛胆 Tinospora sagittata

tinosinen 中华青牛胆烯 ▲ 中华青牛胆 Tinospora sinensis

tinosineside A, B 中华青牛胆苷 ▲A, B 中华青牛胆 Tinospora sinensis

tinospin E 青牛胆素 ▲E 青牛胆 Tinospora sagittata

tinospinoside A, B, D 青牛胆苷 ▲A, B, D 青牛胆 Tinospora sagittata

tinospinoside C 青牛胆苷 ▲C 青牛胆 Tinospora sagittata, 云南青牛胆 T. sagittata var. yunnanensis

tinospinoside E 青牛胆苷 ▲E 青牛胆 Tinospora sagittata, 云南青牛胆 T. sagittata var. yunnanensis

tinosposide A, B 青牛胆酚苷 ▲A, B 中华青牛胆 Tinospora sinensis

tinotufolin C, D 小瘤青牛胆叶素 ▲C, D 大花紫薇 Lagerstroemia speciosa

tinyatoxin 波氏大戟毒素 ▲ 飞扬草 Euphorbia hirta, 铁海棠 E. milii, 绿玉树 E. tirucalli

tirotundin 圆叶肿柄菊素 肿柄菊 Tithonia diversifolia

tirotundin ethyl ether 圆叶肿柄菊素乙醚 密花艾纳香 Blumea densiflora

tirotundin-3-*O*-methyl ether 圆叶肿柄菊素 -3-*O*- 甲醚 肿柄菊 Tithonia diversifolia
tirucalicine 绿玉树辛▲ 绿玉树 Euphorbia tirucalli
(3*S*,24*R*)-tirucall-7-ene-3,24,25-triol (3*S*,24*R*)- 原绿玉树 -7- 烯 -3,24,25- 三醇 显柱南蛇藤 Celastrus stylosus
tirucalla-5,24-dien-3*β*-ol 绿玉树 -5,24- 二烯 -3*β*- 醇 狼毒大戟 Euphorbia fischeriana
tirucalla-5,7,24-trien-3*β*-ol 绿玉树 -5,7,24- 三烯 -3*β*- 醇 山茶 Camellia japonica
tirucalla-7,21-diene 甘遂 -7,21- 二烯 倒卵伏石蕨 Lemmaphyllum microphyllum var. obovatum
tirucalla-7,24-dien-3-ol 绿玉树 -7,24- 二烯 -3- 醇 大叶藤黄 Garcinia xanthochymus
tirucalla-7,24-dien-3*β*,21,23-triol 绿玉树 -7,24- 二烯 -3*β*,21,23- 三醇 迷迭香 Rosmarinus officinalis
tirucalla-7,24-dien-3*β*-ol 绿玉树 -7,24- 二烯 -3*β*- 醇 紫菀 Aster tataricus, 鸦胆子 Brucea javanica, 金盏花 Calendula officinalis, 向日葵 Helianthus annuus, 红雀珊瑚 Pedilanthus tithymaloides, 毛连菜 Picris hieracioides
tirucalla-7,24-dien-3*β*-yl acetate 绿玉树 -7,24- 二烯 -3*β*- 醇乙酸酯 毛连菜 Picris hieracioides
(24*Z*)-tirucalla-7,24-diene-3*β*,11*β*,26-triol (24*Z*)- 绿玉树 -7,24- 二烯 -3*β*,11*β*,26- 三醇 显柱南蛇藤 Celastrus stylosus
tirucalla-7,25(26)-diene-3,24-dion-21,16-olide 绿玉树 -7,25(26)- 二烯 -3,24- 二酮 -21,16- 内酯 楝 Melia azedarach
(-)-(24*R*)-tirucalla-7,9(11),25-trien-3*β*,24-diol (-)-(24*R*)- 绿玉树 -7,9(11),25- 三烯 -3*β*,24- 二醇 甘青大戟 Euphorbia micractina
(-)-(23*E*)-tirucalla-8,23-dien-3*β*,25-diol-7-one (-)-(23*E*)- 绿玉树 -8,23- 二烯 -3*β*,25- 二醇 -7- 酮 甘青大戟 Euphorbia micractina
5*α*-tirucalla-8,23-dien-3*β*-ol 5*α*- 绿玉树 -8,23- 二烯 -3*β*- 醇 欧洲七叶树 Aesculus hippocastanum
(-)-(24*R*)-tirucalla-8,25-diene-3*β*,24-diol (-)-(24*R*)- 绿玉树 -8,25- 二烯 -3*β*,24- 二醇 甘青大戟 Euphorbia micractina
tirucalla-8,25-diene-3*β*,24-diol 绿玉树 -8,25- 二烯 -3*β*,24- 二醇 大狼毒 Euphorbia jolkinii
7,24-tirucalladien-3*β*,27-diol 7,24- 绿玉树二烯 -3*β*,27- 二醇 迷迭香 Rosmarinus officinalis
tirucalladienol 绿玉树二烯醇▲ 乳香树 Boswellia carteri
tirucallin A, B 绿玉树素▲A, B 绿玉树 Euphorbia tirucalli
Δ^7-tirucallol Δ^7- 绿玉树醇▲ 甘遂 Euphorbia kansui, 驱虫斑鸠菊 Vernonia anthelmintica
tirucallol 绿玉树醇▲ 甘肃大戟 Euphorbia kansuensis, 甘遂 E. kansui, 大戟 E. pekinensis, 千根草 E. thymifolia, 绿玉树 E. tirucalli, 雷丸 Omphalia lapidescens, 阿月浑子 Pistacia vera
tirucallone 绿玉树酮▲ 阿月浑子 Pistacia vera
tithofolinolide 肿柄菊诺内酯▲ 肿柄菊 Tithonia diversifolia
tithoniamarin 肿柄菊香豆素 肿柄菊 Tithonia diversifolia
tithoniamide B 肿柄菊酰胺▲B 肿柄菊 Tithonia diversifolia
tithonin 圆叶肿柄菊宁素▲ 肿柄菊 Tithonia diversifolia
tithoniquinone A 肿柄菊蒽醌▲A 肿柄菊 Tithonia diversifolia
tlatlancuayin 鸡冠血苋素▲ 青葙 Celosia argentea, 鸡冠花 C. cristata, 血苋 Iresine herbstii, 杠板归 Polygonum perfoliatum
tobiraxanthin A_1, A_2, A_3, B, C, D 海桐黄质▲A_1, A_2, A_3, B, C, D 海桐 Pittosporum tobira
tochibanan A, B 竹节参多糖▲A, B 竹节参 Panax japonicus
tocomoloside 软黄钟花苷 直立黄钟花 Tecoma stans
(-)-*α*-tocopherol (-)-*α*- 生育酚 薜荔 Ficus pumila
2*R*,4'*R*,8'*R*-*γ*-tocopherol 2*R*,4'*R*,8'*R*-*γ*- 生育酚 沙滩黄芩 Scutellaria strigillosa
dl-*α*-tocopherol *dl*-*α*- 生育酚 可拉 Cola nitida
α-tocopherol *α*- 生育酚 常见成分，至少分布于 100 种以上植物中
β-tocopherol *β*- 生育酚 扁桃 Amygdalus communis, 簇生垂幕菇 Hypholoma fasciculare, 麻疯树 Jatropha curcas, 枸杞 Lycium chinense, 番茄 Lycopersicon esculentum, 黄花稔 Sida acuta, 直立百部 Stemona sessilifolia
γ-tocopherol *γ*- 生育酚 东方泽泻 Alisma orientale, 降香 Dalbergia odorifera, 簇生垂幕菇 Hypholoma fasciculare, 亚麻 Linum usitatissimum, 枸杞 Lycium chinense, 番茄 Lycopersicon esculentum, 小果白刺 Nitraria sibirica, 白刺 N. tangutorum, 石榴 Punica granatum, 台湾檫木 Sassafras randaiense, 苦豆子 Sophora alopecuroides, 赤豆 Vigna angularis, 牡荆 Vitex negundo var. cannabifolia
δ-tocopherol *δ*- 生育酚 华南毛蕨 Cyclosorus parasiticus, 亚麻 Linum usitatissimum, 枸杞 Lycium chinense, 番茄 Lycopersicon esculentum, 石榴 Punica granatum, 日本榧树 Torreya nucifera, 赤豆 Vigna angularis
tocopherol 生育酚 常见成分，至少分布于 100 种以上植物中
γ-tocopherol-9 *γ*- 生育酚 -9 参薯 Dioscorea alata
γ-tocopheryl acetate *γ*- 生育酚乙酸酯 谷精草 Eriocaulon buergerianum
tocopherylquinone 生育醌 沙滩黄芩 Scutellaria strigillosa
α-tocoquinone; *α*-tocopherylquinone *α*- 生育醌 白蔹 Ampelopsis japonica, 艾纳香 Blumea balsamifera, 闭鞘姜 Costus speciosus, 黄苞大戟 Euphorbia sikkimensis, 木竹子 Garcinia multiflora, 杠板归 Polygonum perfoliatum, 毛果一枝黄花 Solidago virgaurea, 华马钱 Strychnos cathayensis, 狭叶獐牙菜 Swertia angustifolia, 广寄生 Taxillus chinensis, 白钩藤 Uncaria sessilifructus, 牡荆 Vitex negundo var. cannabifolia
α-tocospiro A *α*- 生育螺环▲A 白背算盘子 Glochidion wrightii, 菊三七 Gynura japonica
α-tocospiro B *α*- 生育螺环▲B 菊三七 Gynura japonica, 黄花稔 Sida acuta
α-tocospiro B *α*- 生育螺环▲B 白背算盘子 Glochidion wrightii
(-)-*α*-tocospirone (-)-*α*- 生育螺酮▲ 菊三七 Gynura japonica
γ-tocotrienol *γ*- 生育三烯酚 巨藻 Macrocystis pyrifera
δ-tocotrienol *δ*- 生育三烯酚 黄牛木 Cratoxylum cochinchinense, 木竹子 Garcinia multiflora, 岭南山竹子 G. oblongifolia
toddacoumalone 飞龙掌血香豆酮 飞龙掌血 Toddalia asiatica

tongolinine 川西翠雀宁碱▲ 凉山乌头 Aconitum liangshanicum, 毛果甘青乌头 A. tanguticum var. trichocarpum, 秦岭翠雀花 Delphinium giraldii
tonkinelin 东京紫玉盘林素▲ 扣匹 Uvaria tonkinensis
tonkinensine A, B 越南槐碱 A, B 越南槐 Sophora tonkinensis
tonkinensisol 越南槐醇 越南槐 Sophora tonkinensis
tonkinin A, B 东京紫玉盘宁▲A, B 扣匹 Uvaria tonkinensis
tonkinochromane A~L 越南槐色满▲A~L 越南槐 Sophora tonkinensis
toonaciliatin A~M 红椿素 A~M 红椿 Toona ciliata
toonaciliatine A 红椿亭▲A 红椿 Toona ciliata
toonaciliatone A~F 红椿酮▲A~F 红椿 Toona ciliata
toonacilin 红椿林素▲ 红椿 Toona ciliata
toonafolin 香椿叶素▲ 红椿 Toona ciliata
toonin A, B, C 香椿素▲A, B, C 香椿 Toona sinensis
toosendanal 川楝醛 川楝 Melia toosendan
toosendanic acid A, B 川楝酸▲A, B 川楝 Melia toosendan
toosendanone A 川楝达酮▲A 楝 Melia azedarach, 川楝 M. toosendan
toosendanoside 川楝苷 川楝 Melia toosendan
toosendansterol A, B 川楝甾醇 A, B 川楝 Melia toosendan
toosendone 川楝酮 川楝 Melia toosendan
topanol 托帕酚 挥发油成分，未统计基源
topazolin 黄玉羽扇豆素▲ 粗毛甘草 Glycyrrhiza aspera, 甘草 G. uralensis
topsentisterol E_1 托氏海绵甾醇▲E_1 猴头菌 Hericium erinaceus
torachrysone 决明酮 长叶冻绿 Rhamnus crenata, 藏边大黄 Rheum australe, 皱叶酸模 Rumex crispus, 尼泊尔酸模 R. nepalensis, 决明 Senna tora
torachrysone apioglucoside 决明酮芹糖葡萄糖苷 决明 Senna tora
torachrysone B 决明酮 B 长叶冻绿 Rhamnus crenata
torachrysone gentiobioside 决明酮龙胆二糖苷 决明 Senna tora
torachrysone-8-*O*-*β*-D-(6'-*O*-acetyl)-glucopyranoside 决明酮 -8-*O*-*β*-D-(6'-*O*- 乙酰基)- 吡喃葡萄糖苷 虎杖 Reynoutria japonica, 窄叶大黄 Rheum sublanceolatum
torachrysone-8-*O*-*β*-D-(6'-*O*-galloyl)-glucopyranoside 决明酮 -8-*O*-*β*-D-(6'-*O*- 没食子基)- 吡喃葡萄糖苷 何首乌 Polygonum multiflorum
torachrysone-8-*O*-*β*-D-(6'-*O*-malonyl)-glucopyranoside 决明酮 -8-*O*-*β*-D-(6'-*O*- 丙二酰基)- 吡喃葡萄糖苷 虎杖 Reynoutria japonica
torachrysone-8-*O*-*β*-D-[6'-*O*-(3''-methoxylmalonyl)]-glucopyranoside 决明酮 -8-*O*-*β*-D-[6'-*O*-(3''- 甲氧基丙二酰基)- 吡喃葡萄糖苷 虎杖 Reynoutria japonica
torachrysone-8-*O*-*β*-D-glucopyranoside 决明酮 -8-*O*-*β*-D- 吡喃葡萄糖苷 狭叶番泻 Cassia angustifolia, 何首乌 Polygonum multiflorum, 虎杖 Reynoutria japonica, 藏边大黄 Rheum australe, 矮大黄 R. nanum, 掌叶大黄 R. palmatum, 小大黄 R. pumilum, 总序大黄 R. racemiferum, 窄叶大黄 R. sublanceolatum, 唐古特大黄 R. tanguticum, 戟叶酸模 Rumex hastatus, 尼泊尔酸模 R. nepalensis, 巴天酸模 R. patientia
torachrysone-tetraglucoside 决明酮四葡萄糖苷 决明 Senna tora
toralactone 决明内酯 决明 Senna tora
toralactone-9-*O*-*β*-D-gentiobioside 决明内酯 -9-*O*-*β*-D- 龙胆二糖苷 决明 Senna tora
toralactone-9-*O*-*β*-D-glucopyranoside 决明内酯 -9-*O*-*β*-D- 吡喃葡萄糖苷 谷精草 Eriocaulon buergerianum
torenoside A 蝴蝶草苷▲A 单色蝴蝶草 Torenia concolor
torenoside B 蝴蝶草苷▲B 绵毛鹿茸草 Monochasma savatieri, 单色蝴蝶草 Torenia concolor
torilin 窃衣素 蛇床 Cnidium monnieri, 小窃衣 Torilis japonica, 春榆 Ulmus davidiana var. japonica
torilolide 窃衣内酯 小窃衣 Torilis japonica
torilolone 窃衣醇酮 蛇床 Cnidium monnieri, 橙花瑞香 Daphne aurantiaca, 小窃衣 Torilis japonica
torilolone-11-*O*-*β*-D-glucopyranoside 窃衣醇酮 -11-*O*-*β*-D- 吡喃葡萄糖苷 小窃衣 Torilis japonica
tormentic acid glucosyl ester 委陵菜酸葡萄糖酯 石楠 Photinia serratifolia
tormentic acid; tormentolic acid 委陵菜酸 较常见成分，至少分布于 30 种以上植物中，见于百合科、唇形科、虎耳草科、菊科、爵床科、蓼科、柳叶菜科、龙胆科、马鞭草科、木犀科、茜草科、蔷薇科、省沽油科、十字花科、石竹科、五味子科、旋花科、荨麻科、紫草科、紫金牛科、紫葳科等
tormentic acid-28-*O*-*α*-L-rhamnopyranosyl-(1 → 2)-*β*-D-glucopyranoside ester 委陵菜酸 -28-*O*-*α*-L- 吡喃鼠李糖基 -(1 → 2)-*β*-D- 吡喃葡萄糖基酯 豆腐柴 Premna microphylla
(+)-tormentoside (+)- 委陵菜皂苷 软枣猕猴桃 Actinidia arguta
torosachrysone 珠节决明蒽酮▲ 槐叶决明 Senna occidentalis var. sophera
torreferol 日本榧树醇 秦岭冷杉 Abies chensiensis, 冷杉 A. fabri, 岷江冷杉 A. fargesii var. faxoniana
torreyaflavone 榧树黄酮 榧树 Torreya grandis
torreyaflavonoloside 榧黄酮洛苷▲ 榧树 Torreya grandis
torreyagrandate 榧树酯▲ 榧树 Torreya grandis
torreyol 榧树醇 挥发油成分，未统计基源

T

tracheloside 络石苷 红花 Carthamus tinctorius, 蓟 Cirsium japonicum, 刺苞菜蓟 Cynara cardunculus, 泥胡菜 Hemistepta lyrata, 黄花夹竹桃 Thevetia peruviana, 亚洲络石 Trachelospermum asiaticum, 紫花络石 T. axillare, 络石 T. jasminoides
trachelosperogenin A 络石洛苷元▲A 显苞芒毛苣苔 Aeschynanthus bracteatus, 亚洲络石 Trachelospermum asiaticum
trachelosperogenin B 络石洛苷元▲B 亚洲络石 Trachelospermum asiaticum, 络石 T. jasminoides
trachelosperogenin C 络石洛苷元▲C 亚洲络石 Trachelospermum asiaticum
trachelosperoside 络石洛苷▲ 络石 Trachelospermum jasminoides
trachelosperoside A-1, B-2, C-1, C-2, D-2, F-2 络石洛苷▲A-1, B-2, C-1, C-2, D-2, F-2 亚洲络石 Trachelospermum asiaticum
trachelosperoside B-1 络石洛苷▲B-1 亚洲络石 Trachelospermum asiaticum, 络石 T. jasminoides
trachelosperoside D-1 络石洛苷▲D-1 亚洲络石 Trachelospermum asiaticum, 络石 T. jasminoides
trachelosperoside E-1 络石洛苷▲E-1 亚洲络石 Trachelospermum asiaticum, 络石 T. jasminoides
trachelosperoside F 络石洛苷▲F 亚洲络石 Trachelospermum asiaticum, 络石 T. jasminoides
ent-trachyloban-19-oic acid 对映 - 粗裂豆▲-19- 酸 向日葵 Helianthus annuus
trachylobanoic acid 粗裂豆酸▲ 向日葵 Helianthus annuus
trachyone 细穗胡椒酮碱▲ 胡椒 Piper nigrum
tragopogonic acid 婆罗门参酸▲ 蒜叶婆罗门参 Tragopogon porrifolius
tragopogonoside A~I 婆罗门参苷▲A~I 婆罗门参 Tragopogon pratensis
tragopogonsaponin A, C, E, G, I~R 婆罗门参皂苷▲A, C, E, G, I~R 蒜叶婆罗门参 Tragopogon porrifolius
tragopogonsaponin B 婆罗门参皂苷▲B 蒜叶婆罗门参 Tragopogon porrifolius, 婆罗门参 T. pratensis
tragopogonsaponin D 婆罗门参皂苷▲D 蒜叶婆罗门参 Tragopogon porrifolius, 婆罗门参 T. pratensis
tragopogonsaponin F 婆罗门参皂苷▲F 蒜叶婆罗门参 Tragopogon porrifolius, 婆罗门参 T. pratensis
tragopogonsaponin H 婆罗门参皂苷▲H 蒜叶婆罗门参 Tragopogon porrifolius, 婆罗门参 T. pratensis
tragoponol 婆罗门参醇▲ 蒜叶婆罗门参 Tragopogon porrifolius
tramesanguin 朱红栓菌素 红孔菌 Pycnoporus cinnabarinus
trametenolic acid 栓菌烯醇酸▲ 淡黄木层孔菌 Phellinus gilvus, 猪苓 Polyporus umbellatus, 茯苓 Wolfiporia extensa
trametenolic acid B 栓菌酸 B 乳香树 Boswellia carteri
trametenolic acid B 栓菌烯醇酸▲B 红缘拟层孔菌 Fomitopsis pinicola
transconitine A~E 直缘乌头碱▲A~E 直缘乌头 Aconitum transsectum
transilin 伊犁绢蒿素▲ 扭瓦韦 Lepisorus contortus
trapain 菱鞣素▲ 丘角菱 Trapa japonica
trapanin A, B 菱鞣宁▲A, B 丘角菱 Trapa japonica
traparin 菱鞣质▲ 菱 Trapa bispinosa
trapezifolixanthone 梯叶红厚壳屾酮▲ 莽吉柿 Garcinia mangostana
traumatic acid 创伤酸 荨麻叶龙头草 Meehania urticifolia
trans-traumatic acid 反式 - 创伤酸 挥发油成分，未统计基源
(-)-traxillagenin (-)- 紫花络石苷元 日本榧树 Torreya nucifera
traxillagenin 紫花络石苷元 亚洲络石 Trachelospermum asiaticum, 紫花络石 T. axillare, 络石 T. jasminoides
traxillaside 紫花络石苷 日本榧树 Torreya nucifera, 紫花络石 Trachelospermum axillare, 络石 T. jasminoides
Tr-B 罗卡鹧鸪花萜 B 山楝 Aphanamixis polystachya
treflorine 滑桃树灵▲ 滑桃树 Trevia nudiflora
trefolane A 茶银耳素▲A 茶银耳 Tremella foliacea
trefoliol B, C 茶银耳醇▲B, C 茶银耳 Tremella foliacea
α,α'-trehalose *α,α'*- 海藻糖 橘黄裸伞 Gymnopilus spectabilis
α,α-trehalose *α,α*- 海藻糖 苦瓜 Momordica charantia, 疏叶卷柏 Selaginella remotifolia
trehalose 海藻糖 羽阴地蕨 Botrychium lunaria, 皮果衣 Dermatocarpon miniatum, 树舌灵芝 Ganoderma applanatum, 枸杞 Lycium chinense, 桑黄 Phellinus igniarius, 地鳞伞 Pholiota terrestris, 垫状卷柏 Selaginella pulvinata
trematol 山黄麻醇▲ 山黄麻 Trema orientalis
tremediol 胶皱孔菌二醇▲ 胶皱孔菌 Merulius tremellosus
tremellin 银耳素▲ 金耳 Tremella aurantialba
tremetriol 胶皱孔菌三醇▲ 胶皱孔菌 Merulius tremellosus
tremulacin 欧洲山杨辛▲ 天料木 Homalium cochinchinense, 栀子皮 Itoa orientalis, 山杨 Populus davidiana, 胡杨 P. euphratica, 毛白杨 P. tomentosa
tremulacinol 欧洲山杨辛醇▲ 天料木 Homalium cochinchinense
tremuloidin 颤杨苷 天料木 Homalium cochinchinense, 山杨 Populus davidiana, 毛白杨 P. tomentosa, 垂柳 Salix babylonica
trenudine 滑桃树定▲ 滑桃树 Trevia nudiflora
trewianin 滑桃树阿宁▲ 滑桃树 Trevia nudiflora
trewiasine 滑桃树辛▲ 滑桃树 Trevia nudiflora
trewinin 滑桃树宁▲ 滑桃树 Trevia nudiflora
trewioside 滑桃树苷 滑桃树 Trevia nudiflora
1,3,6-tri(4-hydroxybenzyl)-4-methoxydihydrophenanthrene-2,7-diol 1,3,6- 三对羟苄基 -4- 甲氧基二氢菲 -2,7- 二醇 小白及 Bletilla

T

T

氧基麻疯树 -6(17),11(*E*)- 二烯 -14- 酮 乳浆大戟 Euphorbia esula

1*β*,2*β*,9*α*-triacetoxy-8*α*-(2-hydroxy-isobutyryoxy)-15-benzoyloxy-4*α*-hydroxy-*β*-dihydroagarofuran 1*β*,2*β*,9*α*- 三乙酰氧基 -8*α*-(2- 羟基 - 异丁酰氧基)-15- 苯甲酰氧基 -4*α*- 羟基 -*β*- 二氢沉香呋喃 苦皮藤 Celastrus angulatus

1*α*,2*α*,13-triacetoxy-8*α*,9*β*-difuroyloxy-4*β*,6*β*-dihydroxy-*β*-dihydroagarofuran 1*α*,2*α*,13- 三乙酰氧基 -8*α*,9*β*- 二呋喃酰氧基 -4*β*,6*β*- 二羟基 -*β*- 二氢沉香呋喃 苦皮藤 Celastrus angulatus

1*β*,2*α*,15-triacetoxy-8*β*-hydroxy-9*α*-benzoyloxy-*β*-dihydroagarofuran 1*β*,2*α*,15- 三乙酰氧基 -8*β*- 羟基 -9*α*- 苯甲酰氧基 -*β*- 二氢沉香呋喃 冬青卫矛 Euonymus japonicus

1*β*,6*α*,8*β*-triacetoxy-9*α*-(*β*-furancarbonyloxy)-*β*-dihydroagarofuran 1*β*,6*α*,8*β*- 三乙酰氧基 -9*α*-(*β*- 呋喃甲酰氧基)-*β*- 二氢沉香呋喃 灯油藤 Celastrus paniculatus

1*β*,6*α*,8*β*-triacetoxy-9*α*-(*β*-furoyloxy)-4*α*-hydroxy-2*β*,13-diisobutyryloxy-*β*-dihydroagarofuran 1*β*,6*α*,8*β*- 三乙酰氧基 -9*α*-(*β*- 呋喃酰氧基)-4*α*- 羟基 -2*β*,13- 二异丁酰氧基 -*β*- 二氢沉香呋喃 大芽南蛇藤 Celastrus gemmatus

1*α*,2*α*,8*β*-triacetoxy-9*α*-benzoyloxy-13-isobutyryloxy-4*β*,6*β*-dihydroxy-*β*-dihydroagarofuran 1*α*,2*α*,8*β*- 三乙酰氧基 -9*α*- 苯甲酰氧基 -13- 异丁酰氧基 -4*β*,6*β*- 二羟基 -*β*- 二氢沉香呋喃 苦皮藤 Celastrus angulatus

1*α*,6*α*,8*β*-triacetoxy-9*α*-benzoyloxy-2*β*,12-diisobutyryloxy-4*β*-hydrol-*β*-dihydroagarofuran 1*β*,6*α*,8*β*- 三乙酰氧基 -9*α*- 苯甲酰氧基 -2*β*,12- 二异丁酰氧基 -4*α*- 羟基 -*β*- 二氢沉香呋喃 苦皮藤 Celastrus angulatus

1*α*,6*β*,8*α*-triacetoxy-9*α*-benzoyloxydihydro-*β*-agarofuran 1*α*,6*β*,8*α*- 三乙酰氧基 -9*α*- 苯甲酰氧基二氢 -*β*- 沉香呋喃 灯油藤 Celastrus paniculatus

1*β*,6*α*,13-triacetoxy-9*α*-benzoyloxy-*β*-dihydroagarofuran 1*β*,6*α*,13- 三乙酰氧基 -9*α*- 苯甲酰氧基 -*β*- 二氢沉香呋喃 南蛇藤 Celastrus orbiculatus

1*β*,8*α*,12-triacetoxy-9*α*-furoyloxy-*β*-dihydroagarofuran 1*β*,8*α*,12- 三乙酰氧基 -9*α*- 呋喃酰氧基 -*β*- 二氢沉香呋喃 灯油藤 Celastrus paniculatus

1*β*,6*α*,15-triacetoxy-9*α*-nicotinoyloxy-*β*-dihydroagarofuran 1*β*,6*α*,15- 三乙酰氧基 -9*α*- 烟酰氧基 -*β*- 二氢沉香呋喃 冬青卫矛 Euonymus japonicus

1*β*,2*β*,8*α*-triacetoxy-9*β*,13-dinicotinoyloxy-*β*-dihydroagarofuran 1*β*,2*β*,8*α*- 三乙酰氧基 -9*β*,13- 二烟酰氧基 -*β*- 二氢沉香呋喃 苦皮藤 Celastrus angulatus

1*β*,2*β*,8*α*-triacetoxy-9*β*-benzoyloxy-13-nicotinoyloxy-*β*-dihydroagarofuran 1*β*,2*β*,8*α*- 三乙酰氧基 -9*β*- 苯甲酰氧基 -13- 烟酰氧基 -*β*- 二氢沉香呋喃 苦皮藤 Celastrus angulatus

1*α*,6*β*,8*β*-triacetoxy-9*β*-benzoyloxydihydro-*β*-agarofuran 1*α*,6*β*,8*β*- 三乙酰氧基 -9*β*- 苯甲酰氧基二氢 -*β*- 沉香呋喃 灯油藤 Celastrus paniculatus

1*β*,6*α*,15-triacetoxy-9*β*-benzoyloxy-dihydro-*β*-agarofuran 1*β*,6*α*,15- 三乙酰氧基 -9*β*- 苯甲酰氧基 - 二氢 -*β*- 沉香呋喃 胶州卫矛 Euonymus kiautschovicus

1*α*,6*β*,13-triacetoxy-9*β*-benzoyloxy-*β*-dihydroagarofuran 1*α*,6*β*,13- 三乙酰氧基 -9*β*- 苯甲酰氧基 -*β*- 二氢沉香呋喃 刺苞南蛇藤 Celastrus flagellaris

1*β*,6*α*,15-triacetoxy-9*β*-benzoyloxy-*β*-dihydroagarofuran 1*β*,6*α*,15- 三乙酰氧基 -9*β*- 苯甲酰氧基 -*β*- 二氢沉香呋喃 冬青卫矛 Euonymus japonicus

1*β*,6*α*,8*α*-triacetoxy-9*β*-benzoyloxy-*β*-dihydroagarofuran 1*β*,6*α*,8*α*- 三乙酰氧基 -9*β*- 苯甲酰氧基 -*β*- 二氢沉香呋喃 大芽南蛇藤 Celastrus gemmatus

1*β*,8*α*,13-triacetoxy-9*β*-benzoyloxy-*β*-dihydroagarofuran 1*β*,8*α*,13- 三乙酰氧基 -9*β*- 苯甲酰氧基 -*β*- 二氢沉香呋喃 苦皮藤 Celastrus angulatus

1*β*,8*β*,13-triacetoxy-9*β*-benzoyloxy-*β*-dihydroagarofuran 1*β*,8*β*,13- 三乙酰氧基 -9*β*- 苯甲酰氧基 -*β*- 二氢沉香呋喃 苦皮藤 Celastrus angulatus

1*α*,2*α*,8*β*-triacetoxy-9*β*-cinnamoyloxy-*β*-dihydroagarofuran 1*α*,2*α*,8*β*- 三乙酰氧基 -9*β*- 桂皮酰氧基 -*β*- 二氢沉香呋喃 南蛇藤 Celastrus orbiculatus

8,9,10-triacetoxyheptadeca-1-en-11,13-diyne 8,9,10- 三乙酰十七碳 -1- 烯 -11,13- 二炔 蓟 Cirsium japonicum

5,10,13-triacetyl-10-debenzoylbrevifoliol 5,10,13- 三乙酰基 -10- 去苯甲酰短叶紫杉醇▲ 喜马拉雅红豆杉 Taxus wallichiana

1,2',6'-triacetyl-3,6-diferuloylsucrose 1,2',6'- 三乙酰基 -3,6- 二阿魏酰蔗糖 杠板归 Polygonum perfoliatum

2',4',6'-triacetyl-3,6-diferuloylsucrose 2',4',6'- 三乙酰基 -3,6- 二阿魏酰蔗糖 杠板归 Polygonum perfoliatum

5,17,20-triacetyl-3-*O*-[(*Z*)-2-methyl-2-butenoyl]-17-hydroxyingenol 5,17,20- 三乙酰基 -3-*O*-[(*Z*)-2- 甲基 -2- 丁烯酰基]-17- 羟基巨大戟烯醇▲ 霸王鞭 Euphorbia royleana

1*α*,6*β*,7*α*-triacetylcoleonol B 1*α*,6*β*,7*α*- 三乙酰鞘蕊花诺醇▲B 毛喉鞘蕊花 Coleus forskohlii

triacetylglycoperine 三乙酰糖基大叶芸香任▲ 大叶芸香 Haplophyllum perforatum

(2*β*,3*β*,4*α*)-2,3,23-triacetyloxyolean-12-en-28-oic acid (2*β*,3*β*,4*α*)-2,3,23- 三乙酰氧基齐墩果 -12- 烯 -28- 酸 云南紫菀 Aster yunnanensis

7,10,2'-triacetylpatrinoside 7,10,2'- 三乙酰败酱苷▲ 皱叶荚蒾 Viburnum rhytidophyllum

2',3',4'-triacetyl-sitoindoside 2',3',4'- 三乙酰胡萝卜苷 -6- 棕榈酸酯 美登木 Maytenus hookeri

7,10,2'-triacetylsuspensolide F 7,10,2'- 三乙酰垂花荚蒾内酯▲ 鸡树条荚蒾 Viburnum opulus var. calvescens

n-triaconatanoic acid 正三十酸 黄连花 Lysimachia davurica

n-triacont-11-enoic acid 正三十碳 -11- 烯酸 枸杞 Lycium chinense

triaconta-1,30-diol 三十烷 -1,30- 二醇 水苋菜 Ammannia baccifera

triacontane 三十烷 挥发油成分，未统计基源

n-triacontane 正三十烷 挥发油成分，未统计基源

(7*R*,9*S*)-triacontanediol (7*R*,9*S*)- 三十烷二醇 红花 Carthamus tinctorius

1,30-triacontanediol 1,30- 三十烷二醇 卫矛 Euonymus alatus

1-triacontanoic acid 1- 三十酸 海桐 Pittosporum tobira

triacontanoic acid 三十酸 龙眼独活 Aralia fargesii, 金盏银盘 Bidens biternata, 蒙古莸 Caryopteris mongholica, 山石榴 Catunaregam spinosa, 闭鞘姜 Costus speciosus, 大叶拿身草 Desmodium laxiflorum, 一点红 Emilia sonchifolia, 银杏 Ginkgo biloba, 元宝草 Hypericum

sampsonii, 三叶鼠尾草 Salvia trijuga, 白刺花 Sophora davidii, 西域旌节花 Stachyurus himalaicus
triacontanoic acid methyl ester 三十酸甲酯 挥发油成分，未统计基源
15-triacontanol 15- 三十 - 醇 川楝 Melia toosendan
1-triacontanol 1- 三十醇 木竹子 Garcinia multiflora, 丝瓜 Luffa cylindrica, 土人参 Talinum paniculatum
triacontanol 三十醇 挥发油成分，未统计基源
n-triacontanol 正三十醇 小叶地锦 Euphorbia heyneana, 深绿山龙眼 Helicia nilagirica, 皱边石杉 Huperzia crispata, 遍地金 Hypericum wightianum, 西伯利亚远志 Polygala sibirica, 地构叶 Speranskia tuberculata, 狸尾豆 Uraria lagopodioides
16-triacontanone 16- 三十烷酮 檀香 Santalum album
n-triacontanyl acetate 正三十烷基乙酸酯 对叶榕 Ficus hispida
triacontanyl docosanoate 三十烷基二十二酸酯 九味一枝蒿 Ajuga bracteosa
n-triacontyl *cis*-*p*-coumarate 顺式 - 对香豆酸三十醇酯 流苏石斛 Dendrobium fimbriatum, 细茎石斛 D. moniliforme, 石斛 D. nobile
triacontyl palmitate 棕榈酸三十酯 珠仔树 Symplocos racemosa
trans-triacontyl-4-hydroxycinnamate 反式 - 对羟基桂皮酸三十醇酯 桃金娘 Rhodomyrtus tomentosa
n-triacontyl-*p*-hydroxy-*cis*-cinnamate 顺式 - 对羟基桂皮酸三十烷酯 钩状石斛 Dendrobium aduncum
triandrin 三蕊柳素▲ 滇山茶 Camellia reticulata
(1*S*,2*S*,3*S*,5*R*,6*S*)-1*β*,8,11-triangeloyloxy-2*β*,10-dihydroxy-3*α*-chloro-6*β*-acetyloxy-bisabol-7(14)-ene (1*S*,2*S*,3*S*,5*R*,6*S*)-1*β*,8- 二当归酰氧基 -2*β*,10,11- 三羟基 -3*α*- 氯 -6*β*- 乙酰氧基 - 红没药 -7(14)- 烯 塔序橐吾 Ligularia thyrsoidea
1,3,5-triazine-2,4,6-triamine 1,3,5- 三嗪 -2,4,6- 三胺 挥发油成分，未统计基源
1*β*,2*β*,9*β*-tribenzoyloxy-4*α*-hydroxy-6*α*,15-diacetoxy-*β*-dihydroagarofuran 1*β*,2*β*,9*β*- 三苯甲酰氧基 -4*α*- 羟基 -6*α*,15- 二乙酰氧基 -*β*- 二氢沉香呋喃 栓翅卫矛 Euonymus phellomanus
tribol 蒺藜醇▲ 蒺藜 Tribulus terrestris
2,4,6-tribromophenol 2,4,6- 三溴苯酚 昆布 Ecklonia kurome
tribufuroside B~E, G~J 蒺藜呋苷 B~E, G~J 蒺藜 Tribulus terrestris
tribulosaponin A, B 蒺藜皂苷 A, B 蒺藜 Tribulus terrestris
tribuloside 刺蒺藜苷 银叶树 Heritiera littoralis, 翻白草 Potentilla discolor, 多裂委陵菜 P. multifida
tribulosin 蒺藜素 大花蒺藜 Tribulus cistoides, 蒺藜 T. terrestris
tribulusamide A 蒺藜酰胺 A 黄果茄 Solanum virginianum, 蒺藜 Tribulus terrestris
tribulusamide B, C 蒺藜酰胺 B, C 蒺藜 Tribulus terrestris
tribuluside A 蒺藜苷 A 蒺藜 Tribulus terrestris
tribulusterine 刺蒺藜碱▲ 番红花 Crocus sativus, 蒺藜 Tribulus terrestris
tributylcitrate 三丁基柠檬酸酯 杨梅 Myrica rubra
tricadenic acid 毛腺木酮酸▲ 马蛋果 Gynocardia odorata
3,4,5-tricaffeoylquinic acid 3,4,5- 三咖啡酰奎宁酸 菊花 Chrysanthemum morifolium, 铁冬青 Ilex rotunda, 蜂斗菜 Petasites japonicus, 阔苞菊 Pluchea indica
tricalysiamide A~D 狗骨柴酰胺▲A~D 狗骨柴 Diplospora dubia
tricalysiol A, B 狗骨柴醇▲A, B 狗骨柴 Diplospora dubia
tricalysiolide A~I 狗骨柴内酯▲A~I 狗骨柴 Diplospora dubia
tricalysione A, B 狗骨柴酮▲A, B 狗骨柴 Diplospora dubia
tricalysioside A~U 狗骨柴苷▲A~U 狗骨柴 Diplospora dubia
tricetiflavan 小麦黄烷▲ 猴耳环 Pithecellobium clypearia
tricetin 小麦亭▲ 薜荔 Ficus pumila, 石榴 Punica granatum, 狭叶红景天 Rhodiola kirilowii
tricetin-3',4',5'-trimethyl ether 小麦亭▲-3',4',5'- 三甲醚 芙蓉菊 Crossostephium chinense, 川西小黄菊 Pyrethrum tatsienense
tricetin-3,5-dimethoxy-7-*O*-*β*-glucopyranoside 小麦亭▲-3,5- 二甲氧基 -7-*O*-*β*- 吡喃葡萄糖苷 苦竹 Pleioblastus amarus
tricetin-3',5'-dimethyl ether 小麦亭▲-3',5'- 二甲醚 岷江蓝雪花 Ceratostigma willmottianum, 三枝九叶草 Epimedium sagittatum
tricetin-3'-methoxy-4'-*O*-*β*-D-glucopyranoside 小麦亭▲-3'- 甲氧基 -4'-*O*-*β*-D- 吡喃葡萄糖苷 木瓜 Chaenomeles sinensis
tricetin-3'-methyl ether 小麦亭▲-3'- 甲醚 三枝九叶草 Epimedium sagittatum
tricetin-3-*O*-*D*-arabinopyranoside 小麦亭▲-3-*O*-*D*- 吡喃阿拉伯糖苷 牧地山黧豆 Lathyrus pratensis
tricetin-3'-*O*-*D*-glucopyranoside 小麦亭▲-3'-*O*-*D*- 吡喃葡萄糖苷 牧地山黧豆 Lathyrus pratensis
tricetin-4'-methylether-3'-*O*-*β*-D-glucoside 小麦亭▲-4'- 甲醚 -3'-*O*-*β*-D- 葡糖糖苷 银杏 Ginkgo biloba
tricetin-6,8-di-*C*-*β*-D-glucopyranoside 小麦亭▲-6,8- 二 -*C*-*β*-D- 吡喃葡萄糖苷 繁缕 Stellaria media
tricetin-6-*C*-*α*-L-arabinosyl-8-*C*-*β*-D-galactopyranoside 小麦亭▲-6-*C*-*α*-L- 阿拉伯糖基 -8-*C*-*β*-D- 吡喃葡萄糖苷 繁缕 Stellaria media
tricetin-7-*O*-diglucopyranoside 小麦亭▲-7- 二吡喃葡萄糖苷 牧地山黧豆 Lathyrus pratensis
tricetin-7-*O*-glucoside 小麦亭▲-7-*O*- 葡萄糖苷 水杉 Metasequoia glyptostroboides
trichadenic acid A 毛腺木酸▲A 马蛋果 Gynocardia odorata
trichagmalin A~F 鹧鸪花内雄楝林素▲A~F 鹧鸪花 Trichilia connaroides
trichamide 束毛藻酰胺▲ 红海束毛藻 Trichodesmium erythraeum
trichanolide 鹧鸪花内酯 鹧鸪花 Trichilia connaroides
trichiconnarin A, B 鹧鸪花灵▲A, B 鹧鸪花 Trichilia connaroides
trichiliasterone B 鹧鸪花甾酮 B 灰毛浆果楝 Cipadessa cinerascens

T

trichilin A 鹧鸪花素▲A 鹧鸪花 Trichilia connaroides
trichilin B 鹧鸪花素▲B 楝 Melia azedarach, 鹧鸪花 Trichilia connaroides
trichilin D 鹧鸪花素▲D 楝 Melia azedarach
trichilin H 鹧鸪花素▲H 楝 Melia azedarach, 川楝 M. toosendan
trichilin I~L 鹧鸪花素▲I~L 川楝 Melia toosendan
trichilinin B, C, E, H~L 鹧鸪花宁▲B, C, E, H~L 川楝 Melia toosendan
trichilinin D 鹧鸪花宁▲D 楝 Melia azedarach, 川楝 M. toosendan
trichiliton A, B 鹧鸪花酮▲A, B 鹧鸪花 Trichilia connaroides
trichilone 鹧鸪花甾酮▲ 鹧鸪花 Trichilia connaroides
trichinenlide A~T 茸果鹧鸪花内酯▲A~T 茸果鹧鸪花 Trichilia sinensis
3α-(4',4,4'-trichloro-2-phenylbutyroyl)-tropane 3α-(4,4,4-三氯代-2-苯基丁酰基)-托品烷 山莨菪 Anisodus tanguticus
8-trichloromethyl-7,8-dihydrocoptisine 8-三氯甲基-7,8-二氢黄连碱 延胡索 Corydalis yanhusuo
trichobenzolignan 栝楼苯并木脂素▲ 栝楼 Trichosanthes kirilowii
trichocarpidine 毛果甘青乌头定▲ 毛果甘青乌头 Aconitum tanguticum var. trichocarpum
trichocarpin 毛果杨苷 北重楼 Paris verticillata, 垂柳 Salix babylonica
trichocarpine A, B 毛果甘青乌头碱▲A, B 毛果甘青乌头 Aconitum tanguticum var. trichocarpum
trichocarpinine 毛果甘青乌头宁▲ 毛果甘青乌头 Aconitum tanguticum var. trichocarpum
trichocarpinine A, B, C 毛果甘青乌头宁▲A, B, C 毛果甘青乌头 Aconitum tanguticum var. trichocarpum
trichodelphinine A~F 毛翠雀花碱▲A~F 毛翠雀花 Delphinium trichophorum
trichodesmine 毛束草碱 菽麻 Crotalaria juncea, 野百合 C. sessiliflora, 四棱猪屎豆 C. tetragona
trichodonin 毛果香茶菜宁▲ 毛叶香茶菜 Isodon japonicus
trichokaurin 毛果香茶菜贝壳杉素 毛萼香茶菜 Isodon eriocalyx, 尾叶香茶菜 I. excisus, 毛叶香茶菜 I. japonicus, 长管香茶菜 I. longitubus, 小叶香茶菜 I. parvifolius, 冬凌草 I. rubescens
tricholein 毛穗胡椒因▲ 苎叶蒟 Piper boehmeriifolium
trichorabdal A 毛果香茶菜醛 A 紫毛香茶菜 Isodon enanderianus, 小叶香茶菜 I. parvifolius
trichorabdal B 毛果香茶菜醛 B 狭叶香茶菜 Isodon angustifolius, 紫毛香茶菜 I. enanderianus, 露珠香茶菜 I. irroratus
trichorabdal C, G 毛果香茶菜醛 C, G 长管香茶菜 Isodon longitubus
trichorabdal H 毛果香茶菜醛 H 毛叶香茶菜 Isodon japonicus, 小叶香茶菜 I. parvifolius
trichoranin 毛果香茶菜拉宁▲ 长管香茶菜 Isodon longitubus
trichosan A~E 栝楼聚糖 A~E 栝楼 Trichosanthes kirilowii
trichosanatine 栝楼碱 中华栝楼 Trichosanthes rosthornii
trichosanthrip 栝楼蛋白 栝楼 Trichosanthes kirilowii
trichostachine 毛穗胡椒碱 山蒟 Piper hancei
trichotomone 海州常山酮 海州常山 Clerodendrum trichotomum
trichotomone D, E, F 海州常山酮 D, E, F 海州常山 Clerodendrum trichotomum
trichotomoside 海州常山苷 臭牡丹 Clerodendrum bungei
tricin 小麦黄素 较常见成分，至少分布于 30 种以上植物中，见于百合科、唇形科、大戟科、豆科、橄榄科、禾本科、葫芦科、夹竹桃科、堇菜科、景天科、菊科、苦槛蓝科、兰科、藜科、蓼科、萝藦科、麻黄科、马鞭草科、毛茛科、木犀科、忍冬科、瑞香科、桑科、莎草科、十字花科、石榴科、石竹科、梧桐科、小檗科、玄参科、罂粟科、棕榈科等
tricin 7-methyl ether 小麦黄素-7-甲醚 雪白睡莲 Nymphaea candida
tricin glycosides 小麦黄素糖苷 疗齿草 Odontites vulgaris
tricin-4'-methyl ether 小麦黄素-4'-甲醚 川西小黄菊 Pyrethrum tatsienense
tricin-4'-*O*-glucopyranoside 小麦黄素-4'-*O*-吡喃葡萄糖苷 炮仗竹 Russelia equisetiformis
tricin-4'-*O*-β-D-apioside 小麦黄素-4'-*O*-β-D-芹糖苷 猪毛菜 Salsola collina
tricin-4'-*O*-β-guaiacylglyceryl ether 小麦黄素-4'-*O*-β-愈创木基甘油基酯 甘肃雪灵芝 Arenaria kansuensis
tricin-4'-*O*-β-guaiacylglyceryl-7-*O*-β-D-glucoside 小麦黄素-4'-*O*-β-愈创木酚甘油基-7-*O*-β-D-葡萄糖苷 川西小黄菊 Pyrethrum tatsienense
tricin-4'-*O*-β-L-arabinopyranoside 小麦黄素-4'-*O*-β-L-吡喃阿拉伯糖苷 大叶糖胶树 Alstonia macrophylla
tricin-5,7-di-*O*-glucopyranoside 小麦黄素-5,7-二-*O*-吡喃葡萄糖苷 野苜蓿 Medicago falcata, 草原苜蓿 M. falcata var. romanica
tricin-5-*O*-glucoside 小麦黄素-5-*O*-葡萄糖苷 香根草 Vetiveria zizanioides
tricin-5-*O*-β-D-glucopyranoside 小麦黄素-5-*O*-β-D-吡喃葡萄糖苷 野苜蓿 Medicago falcata, 草原苜蓿 M. falcata var. romanica, 红景天 Rhodiola rosea
tricin-7-glucoside 小麦黄素-7-葡萄糖苷 蒲葵 Livistona chinensis
tricin-7-*O*-[2'-*O*-feruloyl-β-D-glucuronopyranosyl-(1→2)-*O*-β-D-glucuronopyranoside] 小麦黄素-7-*O*-[2'-*O*-阿魏酰基-β-D-吡喃葡萄糖醛酸基-(1→2)-*O*-β-D-吡喃葡萄糖醛酸苷] 紫苜蓿 Medicago sativa
tricin-7-*O*-[2'-*O*-*p*-coumaroyl-β-D-glucuronopyranosyl-(1→2)-*O*-β-D-glucuronopyranoside] 小麦黄素-7-*O*-[2'-*O*-*p*-香豆酰基-β-D-吡喃葡萄糖醛酸基-(1→2)-*O*-β-D-吡喃葡萄糖醛酸苷] 紫苜蓿 Medicago sativa
tricin-7-*O*-[2'-*O*-sinapoyl-β-D-glucuronopyranosyl-(1→2)-*O*-β-D-glucuronopyranoside] 小麦黄素-7-*O*-[2'-*O*-芥子酰基-β-D-吡喃葡萄糖醛酸基-(1→2)-*O*-β-D-吡喃葡萄糖醛酸苷] 紫苜蓿 Medicago sativa
tricin-7-*O*-[β-D-glucuronopyranosyl-(1→2)-*O*-β-D-glucuronopyranoside] 小麦黄素-7-*O*-[β-D-吡喃葡萄糖醛酸基-(1→2)-*O*-β-D-吡喃葡

T

萄糖醛酸苷] 紫苜蓿 Medicago sativa

tricin-7-*O*-{2'-*O*-feruloyl-[*β*-D-glucuronopyranosyl-(1 → 3)]-*O*-*β*-D-glucuronopyranosyl-(1 → 2)-*O*-*β*-D-glucuronopyranoside} 小麦黄素 -7-*O*-{2'-*O*- 阿魏酰基 -[*β*-D- 吡喃葡萄糖醛酸基 -(1 → 3)]-*O*-*β*-D- 吡喃葡萄糖醛酸基 -(1 → 2)-*O*-*β*-D- 吡喃葡萄糖醛酸苷 } 紫苜蓿 Medicago sativa

tricin-7-*O*-glucopyranoside 小麦黄素 -7-*O*- 吡喃葡萄糖苷 炮仗竹 Russelia equisetiformis

tricin-7-*O*-neohesperidoside 小麦黄素 -7-*O*- 新橙皮糖苷 华南忍冬 Lonicera confusa, 毛金竹 Phyllostachys nigra var. henonis

tricin-7-*O*-*α*-L-rhamnopyranosyl(1 → 2)-*β*-D-glucopyranoside 小麦黄素 -7-*O*-*α*-L- 吡喃鼠李糖基 (1 → 2)-*β*-D- 吡喃葡萄糖苷 海枣 Phoenix dactylifera

tricin-7-*O*-*β*-(6''-methoxycinnamic)-glucoside 小麦黄素 -7-*O*-*β*-(6''- 甲氧基桂皮酰基)- 葡萄糖苷 甘蔗 Saccharum officinarum

tricin-7-*O*-*β*-D-apiosyl-(1 → 2)-*β*-D-glucopyranoside 小麦黄素 -7-*O*-*β*-D- 芹糖基 -(1 → 2)-*β*-D- 吡喃葡萄糖苷 猪毛菜 Salsola collina

tricin-7-*O*-*β*-D-glucopyranoside 小麦黄素 -7-*O*-*β*-D- 吡喃葡萄糖苷 甘肃雪灵芝 Arenaria kansuensis, 金鱼藻 Ceratophyllum demersum, 刺儿菜 Cirsium setosum, 达乌里芯芭 Cymbaria daurica, 硬皮榕 Ficus callosa, 栀子皮 Itoa orientalis, 云南兔耳草 Lagotis yunnanensis, 灰毡毛忍冬 Lonicera macranthoides, 海金沙 Lygodium japonicum, 野苜蓿 Medicago falcata, 草原苜蓿 M. falcata var. romanica, 稻 (模式亚种) Oryza sativa, 单花荠 Pegaeophyton scapiflorum, 海枣 Phoenix dactylifera, 毛金竹 Phyllostachys nigra var. henonis, 毛茛 Ranunculus japonicus, 扬子毛茛 R. sieboldii, 红景天 Rhodiola rosea, 猪毛菜 Salsola collina, 垂盆草 Sedum sarmentosum, 胡卢巴 Trigonella foenum-graecum

tricin-7-*O*-*β*-D-glucoside 小麦黄素 -7-*O*-*β*-D- 葡萄糖苷 华南忍冬 Lonicera confusa, 灰毡毛忍冬 L. macranthoides, 淡竹叶 Lophatherum gracile, 垂盆草 Sedum sarmentosum, 狗尾草 Setaria viridis

tricin-7-*O*-*β*-D-glucuronide 小麦黄素 -7-*O*-*β*-D- 葡萄糖醛酸苷 鹅绒藤 Cynanchum chinense, 白花甘肃马先蒿 Pedicularis kansuensis subsp. kansuensis f. albiflora, 斑唇马先蒿 P. longiflora var. tubiformis

tricin-7-*O*-*β*-D-glucuronopyranoside 小麦黄素 -7-*O*-*β*-*D*- 吡喃葡萄糖醛酸苷 紫苜蓿 Medicago sativa

tricin-7-*β*-L-arabinoside 小麦黄素 -7-*β*-L- 吡喃阿拉伯糖苷 扁轴木 Parkinsonia aculeata

tricornose A~L 密花远志糖 ▲A~L 密花远志 Polygala tricornis

tricornoside A~F 密花远志苷 A~F 密花远志 Polygala tricornis

n-tricos-10-en-1-ol-3-one 正二十三 -10- 烯 -1- 醇 -3- 酮 蓖麻 Ricinus communis

8-tricosadienoyl-benzoylaconine 8- 二十三碳二烯酰基 - 苯甲酰乌头原碱 乌头 Aconitum carmichaelii

8-tricosadienoyl-benzoymesaconine 8- 二十三碳二烯酰基 - 苯甲酰中乌头胺 乌头 Aconitum carmichaelii

tricosane 二十三烷 挥发油成分，未统计基源

(6*R*,8*S*)-tricosane diol (6*R*,8*S*)- 二十三烷二醇 红花 Carthamus tinctorius

tricosanoic acid 二十三酸 挥发油成分，未统计基源

12-tricosanol 12- 二十三醇 三球悬铃木 Platanus orientalis

1-tricosanol 1- 二十三醇 晚香玉 Polianthes tuberosa

tricosanol 二十三醇 大叶拿身草 Desmodium laxiflorum

n-tricosanyl-*n*-octadec-9,12-dienoate 正十八碳 -9,12- 二烯酸正二十三酯 绿穗苋 Amaranthus hybridus

(*Z*)-9-tricosene (*Z*)-9- 二十三碳烯 挥发油成分，未统计基源

9-*cis*-tricosene 9- 顺式 - 二十三烯 南欧大戟 Euphorbia peplus

2-tricosenoic acid 2- 三十烯酸 大叶拿身草 Desmodium laxiflorum

8-tricosenoyl-benzoylaconine 8- 二十三碳烯酰基 - 苯甲酰乌头原碱 乌头 Aconitum carmichaelii

8-tricosenoyl-benzoyldeoxyaconine 8- 二十三碳烯酰基 - 苯甲酰去氧乌头原碱 乌头 Aconitum carmichaelii

tricosyl *trans*-ferulate 反式 - 咖啡酸二十三酯 黄杞 Engelhardia roxburghiana

2-tricosyl-2,5,7-trihydroxy-chromanone 2- 二十三基 -2,5,7- 三羟基二氢色酮 木藤蓼 Polygonum aubertii

tricosylferulate 阿魏酸二十三酯 绶草 Spiranthes sinensis

tricrotonyltetramine 三丁烯四胺 苦豆子 Sophora alopecuroides

tricrozarin 雄黄兰茜素 ▲ 雄黄兰 Crocosmia × crocosmiiflora

tricuspidatin 三尖栝楼素 ▲ 三尖栝楼 Trichosanthes tricuspidata

tricuspidatol A 地锦酚 ▲A 地锦 Parthenocissus tricuspidata

tricycle[4.1.1.0(2,5)]octane 三环 [4.1.1.0(2,5)] 辛烷 对萼猕猴桃 Actinidia valvata

tricyclene 三环萜 挥发油成分，未统计基源

tricyclo[2.2.1.02.6]heptane 三环 [2.2.1.02.6] 庚烷 挥发油成分，未统计基源

tricycloekasantalal 三环准檀香醛 檀香 Santalum album

tricyclohumuladiol 三环葎草二醇 ▲ 挥发油成分，未统计基源

tridec-1-en-3,5,7,9,11-pentayne 十三烷 -1- 烯 -3,5,7,9,11- 五炔 普通小麦 Triticum aestivum

trideca-1,11-dien-3,5,7,9-tetrayne 十三烷 -1,11- 二烯 -3,5,7,9- 四炔 普通小麦 Triticum aestivum

trideca-2,12-diene-4,6,8,10-tetrayn-1-ol 十三烷 -2,12- 二烯 -4,6,8,10- 四炔 -1- 醇 鬼针草 Bidens pilosa

trideca-3,11-dien-5,7,9-triyn-1,2-diol 十三烷 -3,11- 二烯 -5,7,9- 三炔 -1,2- 二醇 鬼针草 Bidens pilosa

trideca-5-en-7,9,11-triyn-3-ol 十三烷 -5- 烯 -7,9,11- 三炔 -3- 醇 鬼针草 Bidens pilosa

(11*E*)-1,11-tridecadien-3,5,7,9-tetrayne (11*E*)-1,11- 十三碳二烯 -3,5,7,9- 四炔 牛蒡 Arctium lappa

3,11-tridecadiene-5,7,9-triyn-1,2-diol diacetate 3,11- 十三碳二烯 -5,7,9- 三炔 -1,2- 二醇二乙酸酯 欧亚矢车菊 Centaurea ruthenica

(5*E*)-1,5-tridecadiene-7,9-diyn-3,4,12-triol (5*E*)-1,5- 十三碳二烯 -7, 9- 二炔 -3,4,12- 三醇 鬼针草 Bidens pilosa

T

1,11-tridecadiene-3,5,7,9-tetrayne 1,11- 十三碳二烯 -3,5,7,9- 四炔 毛头牛蒡 Arctium tomentosum, 红花 Carthamus tinctorius, 大丽花 Dahlia pinnata

1,3-tridecadiene-5,7,9,11-tetrayne 1,3- 十三碳二烯 -5,7,9,11- 四炔 红花 Carthamus tinctorius, 大丽花 Dahlia pinnata

3,11-tridecadiene-5,7,9-triyn-1,2-diol 3,11- 十三碳二烯 -5,7,9- 三炔 -1,2- 二醇 欧亚矢车菊 Centaurea ruthenica

3,11-tridecadiene-5,7,9-triyn-1,2-diol-2-acetate 3,11- 十三碳二烯 -5,7,9- 三炔 -1,2- 二醇 -2- 乙酸酯 欧亚矢车菊 Centaurea ruthenica

trans-trans-3,11-tridecadiene-5,7,9-triyne-1,2-diol 反式 - 反式 -3,11- 十三烯 -5,7,9- 三炔 -1,2- 二醇 红花 Carthamus tinctorius

tridecanaldehyde 十三醛 挥发油成分，未统计基源

tridecane 十三烷 挥发油成分，未统计基源

n-tridecane 正十三烷 挥发油成分，未统计基源

tridecane amine 十三烷胺 两面针 Zanthoxylum nitidum

tridecanedial 十三碳二醛 挥发油成分，未统计基源

tridecanoic acid 十三酸 挥发油成分，未统计基源

n-tridecanoic acid 正十三酸 无叶假木贼 Anabasis aphylla, 斜茎黄耆 Astragalus adsurgens

2-tridecanol 2- 十三醇 挥发油成分，未统计基源

n-tridecanol hexacosanoic alcohol 正十三醇 地耳草 Hypericum japonicum

tridecanonchelerythrine 十三烷酮白屈菜红碱 椿叶花椒 Zanthoxylum ailanthoides

2-tridecanone 2- 十三酮 挥发油成分，未统计基源

1,3,5-tridecanoylbenzene 1,3,5- 三癸酰苯 蕺菜 Houttuynia cordata

n-tridecanyl *n*-octadec-9,12-dienoate 正十三醇正十八碳 -9,12- 二烯酸酯 枸杞 Lycium chinense

tridecapentaynene 十三碳五炔烯 珠光香青 Anaphalis margaritacea, 止痢蚤草 Pulicaria dysenterica

tridecapentyn-1-ene 十三碳五炔 -1- 烯 鬼针草 Bidens pilosa

1,3,5,11-tridecatetraene-7,9-diyne 1,3,5,11- 十三碳四烯 -7,9- 二炔 红花 Carthamus tinctorius, 大丽花 Dahlia pinnata

(3*E*,11*E*)-1,3,11-tridecatrien-5,7,9-triyne (3*E*,11*E*)-1,3,11- 十三碳三烯 -5,7,9- 三炔 牛蒡 Arctium lappa

erythro-(1,3*Z*,11*E*)-tridecatrien-7,9-dien-5, 6-diynyl diacetate 赤式 -(1,3*Z*,11*E*)- 十三烷三烯 -7,9- 二烯 -5,6- 二炔二乙酸酯 苍术 Atractylodes lancea

(3*E*,5*Z*,11*E*)-tridecatrien-7,9-diyn-1,2-diacetate (3*E*,5*Z*,11*E*)- 十三烷三烯 -7,9- 二炔 -1,2- 二乙酸酯 苍术 Atractylodes lancea

(3*Z*,5*E*,11*E*)-tridecatrien-7,9-diyn-1,2-diacetate (3*Z*,5*E*,11*E*)- 十三烷三烯 -7,9- 二炔 -1,2- 二乙酸酯 苍术 Atractylodes lancea

erythro-(1,5*E*,11*E*)-tridecatrien-7,9-diyn-3,4-diacetate 赤式 -(1,5*E*,11*E*)- 十三烷三烯 -7,9- 二炔 -3,4- 二乙酸酯 苍术 Atractylodes lancea

threo-(1,5*E*,11*E*)-tridecatrien-7,9-diyn-3,4-diacetate 苏式 -(1,5*E*,11*E*)- 十三烷三烯 -7,9- 二炔 -3,4- 二乙酸酯 苍术 Atractylodes lancea

(3*E*,5*E*,11*E*)-tridecatrien-7,9-diyn-1,2-diacetate (3*E*,5*E*,11*E*)- 十三烷三烯 -7,9- 二炔 -1,2- 二乙酸酯 苍术 Atractylodes lancea

(3*Z*,5*E*,11*E*)-tridecatrien-7,9-diynyl-1-*O*-(*E*)-ferulate (3*Z*,5*E*,11*E*)- 十三烷三烯 -7,9- 二炔 -1-*O*-(*E*) 阿魏酸酯 苍术 Atractylodes lancea

1,4,7-tridecatriene 1,4,7- 十三碳三烯 挥发油成分，未统计基源

1,3,11-tridecatriene-5,7,9-triyne 1,3,11- 十三碳三烯 -5,7,9- 三炔 毛头牛蒡 Arctium tomentosum, 红花 Carthamus tinctorius, 大丽花 Dahlia pinnata

1,3,5-tridecatriene-7,9,11-triyne 1,3,5- 十三烷三烯 -7,9,11- 三炔 红花 Carthamus tinctorius

3,5,11-tridecatriene-7,9-diyn-1,2-diol 3,5,11- 十三碳三烯 -7,9- 二炔 -1,2- 二醇 欧亚矢车菊 Centaurea ruthenica

3,5,11-tridecatriene-7,9-diyn-1,2-diol diacetate 3,5,11- 十三碳三烯 -7,9- 二炔 -1,2- 二醇二乙酸酯 欧亚矢车菊 Centaurea ruthenica

1,5,11-tridecatriene-7,9-diyn-3,4-diol diacetate 1,5,11- 十三碳三烯 -7,9- 二炔 -3,4- 二醇 - 二乙酸酯 大丽花 Dahlia pinnata

1,3,11-tridecatriene-7,9-diyn-5,6-diol diacetate 1,3,11- 十三碳三烯 -7,9- 二炔 -5,6- 二醇二乙酸酯 苍术 Atractylodes lancea

trans-3-tridecen-1-yen 反式 -3- 十三烯 -1- 炔 樟子松 Pinus sylvestris var. mongolica

(3*E*)-3-tridecen-5,7,9,11-tetrayn-1,2-epoxide (3*E*)-3- 十三碳烯 -5,7,9,11- 四炔 -1,2- 环氧化物 牛蒡 Arctium lappa

4-tridecen-6-yne 4- 十三烯 -6- 炔 挥发油成分，未统计基源

1-tridecene 1- 十三烯 挥发油成分，未统计基源

1-tridecene-3,5,7,9,11-pentayne 1- 十三烯 -3,5,7,9,11- 五炔 牛蒡 Arctium lappa, 红花 Carthamus tinctorius, 蓖麻 Ricinus communis

trans-3-tridecene-5,7,9,11-tetrayne-1,2-diol 反式 -3- 十三烯 -5,7,9,11- 四炔 -1,2- 双醇 红花 Carthamus tinctorius

tridecyl 4-hydroxybenzenepropanoate 4- 羟基苯丙酸十三酯 荜拔 Piper longum

tridecyl salicylate 水杨酸十三酯 小叶三点金 Codariocalyx microphyllus

2-tridecyl-3-[(2-tridecyl-4-acetoxy-6-methoxy)-phenoxyl]-6-methoxy-1,4-benzoquinone 2- 十三烷基 -3-[(2- 十三烷基 -4- 乙酰氧基 -6- 甲氧基)- 苯氧基]-6- 甲氧基 -1,4- 苯醌 山血丹 Ardisia lindleyana

5-tridecyl-6-*O*-acetyl-3-hydroxy-1-anisole 5- 十三烷基 -6-*O*- 乙酰基 -3- 羟基 -1- 茴芹醚▲ 九管血 Ardisia brevicaulis

3-tridecylphenol 3- 十三烷基苯酚 银杏 Ginkgo biloba

5-tridecylresorcinol 5- 十三烷基树脂苔黑酚▲ 九管血 Ardisia brevicaulis

trielaidin 甘油三反油酸酯 狭叶瓶尔小草 Ophioglossum thermale

9(*E*),11(*Z*),13(*E*)-trien-8,15-dione-octadecoic acid 9(*E*),11(*Z*),13(*E*)- 三烯 -8,15- 二酮十八酸 蟛蜞菊 Wedelia chinensis

3,5,11(13)-trieneudesma-12-oic acid 3,5,11(13)- 三烯桉叶烷 -12- 酸 六棱菊 Laggera alata

triene-urushiol 三烯漆酚 漆 Toxicodendron vernicifluum

trieporeticanin 三环氧牛心果宁▲ 牛心番荔枝 Annona reticulata

(3*β*,8*β*,9*α*,16*α*,17*α*)-14,16*β*:15,20*α*:18,20*β*-triepoxy-16*α*,17*α*-dihydroxy-14-oxo-13,14:14,15-disecopregna-5,13(18)-dien-3-yl-*α*-cymaropyranosyl-(1→4)-*α*-digitoxopyranosyl-(1→4)-*α*-oleandropyranoside (3*β*,8*β*,9*α*,16*α*,17*α*)-14,16*β*:15,20*α*:18,20*β*- 三环氧 -16*α*,17*α*- 二羟基 -14- 氧

代 -13,14:14,15- 二裂环孕甾 -5,13(18)- 二烯 -3-α- 吡喃磁麻糖基 -(1 → 4)-α- 洋地黄毒糖基 -(1 → 4)-α- 吡喃夹竹桃糖苷 徐长卿 Cynanchum paniculatum

(3β,8β,9α,16α,17α)-14,16β:15,20α:18,20β-triepoxy-16β,17α-dihydroxy-14-carbonyl-13,14:14,15-disecopregna-5,13(18)-dien-3-yl-α-oleandropyranosyl-(1 → 4)-α-digitoxopyranosyl-(1 → 4)-α-oleandropyranoside (3β,8β,9α,16α,17α)-14,16β:15,20α:18,20β- 三环氧 -16β,17α- 二羟基 -14- 氧代 -13,14:14,15- 二裂环孕甾 -5,13(18)- 二烯 -3-α- 吡喃夹竹桃糖基 -(1 → 4)-α- 洋地黄毒糖基 -(1 → 4)-α- 吡喃夹竹桃糖苷 徐长卿 Cynanchum paniculatum

(3β,8β,9α.16α,17α)-14,16β:15,20α:18.20β-triepoxy-16β:17α-dihydroxy-14-oxo-13,14:14,15-disecopregna-5,13(18)-dian-3-O-α-D-oleandropyranosyl-(1 → 4)-α-D-digitoxopyranosyl-(1 → 4)-α-L-cymaropyranoside (3β,8β,9α.16α,17α)-14,16β:15,20α:18.20β- 三环氧 -16β:17α- 二羟基 -14- 氧代 -13,14:14,15- 二裂环孕甾 -5,13(18)- 二烯 -3-O-α-D- 吡喃夹竹桃糖基 -(1 → 4)-α-D- 吡喃洋地黄毒糖基 -(1 → 4)-α-L- 吡喃磁麻糖苷 徐长卿 Cynanchum paniculatum

(3β,8β,9α.16α,17α)-14,16β:15,20α:18.20β-triepoxy-16β:17α-dihydroxy-14-oxo-13,14:14,15-disecopregna-5,13(18)-dien-3-O-α-cymaropyranosyl-(1 → 4)-β-digitoxopyransyl-(1 → 4)-β-oleandropyranoside (3β,8β,9α.16α,17α)-14,16β:15,20α:18.20β- 三环氧 -16β:17α- 二羟基 -14- 氧代 -13,14:14,15- 二裂环孕甾 -5,13(18)- 二烯 -3-O-α- 吡喃磁麻糖基 -(1 → 4)-β- 吡喃洋地黄毒糖基 -(1 → 4)-β- 吡喃夹竹桃糖苷 徐长卿 Cynanchum paniculatum

(3β,8β,9α.16α,17α)-14,16β:15,20α:18.20β-triepoxy-16β:17α-dihydroxy-14-oxo-13,14:14,15-disecopregna-5,13(18)-dien-3-O-α-D-oleandropyranosyl-(1 → 4)-α-D-digitoxopyranosyl-(1 → 4)-α-D-oleandropyranoside (3β,8β,9α.16α,17α)-14,16β:15,20α:18.20β- 三环氧 -16β:17α- 二羟基 -14- 氧代 -13,14:14,15- 二裂环孕甾 -5,13(18)- 二烯 -3-O-α-D- 吡喃夹竹桃糖基 -(1 → 4)-α-D- 吡喃洋地黄毒糖基 -(1 → 4)-α-D- 吡喃夹竹桃糖苷 徐长卿 Cynanchum paniculatum

(22R)-5β,6β:14α,17:14β,26-triepoxy-2α-ethoxy-13,20,22-trihydroxy-1,15-dioxo-16α,24-cyclo-13,14-secoergosta-18,27-dioic acid-18 → 20,27 → 22-dilactone (22R)-5β,6β:14α,17:14β,26- 三环氧 -2α- 乙氧基 -13,20,22- 三羟基 -1,15- 二氧代 -16α,24- 环 -13,14- 裂环麦角甾 -18,27- 二羧酸 -18 → 20,27 → 22- 二内酯 挂金灯 Physalis alkekengi var. francheti

triethyl chebulate 诃子酸三乙酯 丁香蓼 Ludwigia prostrata, 诃子 Terminalia chebula

tri-ethyl citrate 柠檬酸三乙酯 乌蔹莓 Cayratia japonica

triethylamine hydroiodide 三乙胺碘化物 假黄皮 Clausena excavata

triethylphenylamium chloride 氯化三乙基苯胺 扭果紫金龙 Dactylicapnos torulosa

trifloroside 三花龙胆苷 高山龙胆 Gentiana algida, 秦艽 G. macrophylla, 条叶龙胆 G. manshurica, 龙胆 G. scabra, 管花秦艽 G. siphonantha, 西藏秦艽 G. tibetica, 马鞭草 Verbena officinalis

trifolian 车轴草紫檀素▲ 红车轴草 Trifolium pratense

trifolin 车轴草苷▲ 较常见成分，至少分布于 30 种以上植物中，见于报春花科、大戟科、豆科、夹竹桃科、菊科、蓝果树科、龙胆科、萝藦科、木麻黄科、茜草科、柿科、水龙骨科、铁线蕨科、梧桐科、五加科、芸香科、樟科、紫草科、紫金牛科等

trifoliolasine A~F 三小叶翠雀碱▲A~F 三小叶翠雀花 Delphinium trifoliolatum

trifolione A~D 野慈姑酮 A~D 野慈姑 Sagittaria trifolia

(-)-trifolirhizin (-)- 车轴草根苷▲ 越南槐 Sophora tonkinensis

(6aR,11aR)-trifolirhizin (6aR,11aR)- 车轴草根苷▲ 红车轴草 Trifolium pratense

trifolirhizin 车轴草根苷▲ 小叶锦鸡儿 Caragana microphylla, 锦鸡儿 C. sinica, 台湾山豆根 Euchresta formosana, 山豆根 E. japonica, 刺果甘草 Glycyrrhiza pallidiflora, 朝鲜槐 Maackia amurensis, 苦树 Picrasma quassioides, 黄花木 Piptanthus concolor, 苦豆子 Sophora alopecuroides, 白刺花 S. davidii, 苦参 S. flavescens, 红车轴草 Trifolium pratense

trifolirhizin-6'-monoacetate 车轴草根苷▲-6'- 单乙酸酯 苦参 Sophora flavescens

trifolitin 车轴草亭▲ 两栖蓼 Polygonum amphibium, 拳参 P. bistorta

trifoside 车轴草福苷▲ 红车轴草 Trifolium pratense

trifoside A, B, C 三叶木通苷▲A, B, C 三叶木通 Akebia trifoliata

trifoside-6''-O-malonate 车轴草福苷▲-6''-O- 丙二酸酯 红车轴草 Trifolium pratense

7Z-trifostigmanoside I, II 7Z- 红车轴草大柱香波龙苷▲I, II 香港远志 Polygala hongkongensis

trigallic acid 三没食子酸 香椿 Toona sinensis

trigalloylgallic acid 三没食子酰没食子酸 鹿藿 Rhynchosia volubilis

1,2,6-trigalloylglucose 1,2,6- 三没食子酰葡萄糖 胡桃楸 Juglans mandshurica

trigalloylglucose 三没食子酰葡萄糖 月见草 Oenothera biennis

1,2,6-trigalloyl-β-D-glucopyranose 1,2,6- 三没食子酰基 -β-D- 吡喃葡萄糖 胡桃楸 Juglans mandshurica

1,2,6-trigalloyl-β-D-glucose 1,2,6- 三没食子酰基 -β-D- 葡萄糖 菱 Trapa bispinosa

1,2,3-trigalloyl-β-glucoside 1,2,3- 三没食子酰基 -β- 葡萄糖苷 丘角菱 Trapa japonica

1,2,6-trigalloyl-β-glucoside 1,2,6- 三没食子酰基 -β- 葡萄糖苷 丘角菱 Trapa japonica

triglochinin 海韭菜苷 海芋 Alocasia odora, 蓝堇草 Leptopyrum fumarioides, 海韭菜 Triglochin maritimum

triglyceride 三酰甘油 铃兰 Convallaria majalis, 侧耳 Pleurotus ostreatus

trigofoenoside A-1 胡卢巴甾苷 A-1 胡卢巴 Trigonella foenum-graecum

trigofoenoside D-1 胡卢巴甾苷 D-1 绵萆薢 Dioscorea spongiosa, 胡卢巴 Trigonella foenum-graecum

trigolute A~D 黄花三宝木碱▲A~D 黄花三宝木 Trigonostemon fragilis

trigolutesin A, B 黄花三宝木素▲A, B 黄花三宝木 Trigonostemon fragilis

trigonelline 胡卢巴碱 相思子 Abrus precatorius, 老鼠簕 Acanthus ilicifolius, 合萌 Aeschynomene indica, 小粒咖啡 Coffea arabica, 中粒咖啡 C. canephora, 三点金 Desmodium triflorum, 可爱花 Eranthemum pulchellum, 海南买麻藤 Gnetum hainanense, 小叶买麻藤 G. parvifolium,

T

番茄 Lycopersicon esculentum, 花苜蓿 Medicago ruthenica, 紫茉莉 Mirabilis jalapa, 山紫茉莉 Oxybaphus himalaicus, 茄 Solanum melongena, 胡卢巴 Trigonella foenum-graecum, 豇豆 Vigna unguiculata

trigonelline sugar ester 胡卢巴碱糖酯 相思子 Abrus precatorius

trigoneoside Ia, Ib, IIa, IIb, IIIa, IIIb, Ⅳ a, Va, Vb, VI, VIIb, VIII, VIIIb, IX, XIb, XIIa, Ⅹ IIb, XIIIa, Xa, Xb, A~D 胡卢巴苷 Ia, Ib, IIa, IIb, IIIa, IIIb, IVa, Va, Vb, VI, VIIb, VIII, VIIIb, IX, XIb, XIIa, Ⅹ IIb, XIIIa, Xa, Xb, A~D 胡卢巴 Trigonella foenum-graecum

trigonopol A, B 翅梗石斛醇▲A, B 翅梗石斛 Dendrobium trigonopus

trigonotin A, B, C 附地菜素▲A, B, C 附地菜 Trigonotis peduncularis

trigowiin A 长序三宝木素▲A 草鞋木 Macaranga henryi

trigoxazonane 胡卢巴口恶唑烷▲ 胡卢巴 Trigonella foenum-graecum

3,5,3'-trihydoxy-7,4'-dimethoxyflavone-3-*O*-*β*-D-galactopyranoside 3,5,3'- 三羟基 -7,4'- 二甲氧基黄酮 -3-*O*-*β*-D- 吡喃半乳糖苷 瓜子金 Polygala japonica

3,4,5-trihydoxybenzoic acid ethyl ester 3,4,5- 三羟基苯甲酸乙酯 路边青 Geum aleppicum

3,4,5-trihydoxybenzoic dehyde 3,4,5- 三羟基苯甲醛 路边青 Geum aleppicum

2*α*,3*β*,23-trihydroxy oleanolic acid-*O*-*β*-D-glucopyranoside 2*α*,3*β*,23- 三羟基齐墩果酸 -*O*-*β*-D- 吡喃葡萄糖酯苷 枇杷叶紫珠 Callicarpa kochiana

2*β*,6*β*,15*α*-trihydroxy-(-)-kaur-16-ene 2*β*,6*β*,15*α*- 三羟基 -(-)- 贝壳杉 -16- 烯 井栏边草 Pteris multifida

3*β*,5*α*,9*α*-trihydroxy-(22*E*)-ergosta-7-ene-6-one 3*β*,5*α*,9*α*- 三羟基 -(22*E*)- 麦角甾 -7- 烯 -6- 酮 松口蘑 Tricholoma matsutake

3*β*,5*α*,9*α*-trihydroxy-(22*E*,24*R*)-23-methylergosta-7,22-dien-6-one 3*β*,5*α*,9*α*- 三羟基 -(22*E*,24*R*)-23- 甲基麦角甾 -7,22- 二烯 -6- 酮 香菇 Lentinula edodes

3*β*,5*α*,9*α*-trihydroxy-(22*E*,24*R*)-ergosta-7,22-dien-6-one 3*β*,5*α*,9*α*- 三羟基 -(22*E*,24*R*)- 麦角甾 -7,22- 二烯 -6- 酮 斑玉蕈 Hypsizygus marmoreus, 香菇 Lentinula edodes, 光帽鳞伞 Pholiota nameko, 侧耳 Pleurotus ostreatus

3*β*,5*α*,9*α*-trihydroxy-(24*S*)-ergost-7-en-6-one 3*β*,5*α*,9*α*- 三羟基 -(24*S*)- 麦角甾 -7- 烯 -6- 酮 斑玉蕈 Hypsizygus marmoreus, 香菇 Lentinula edodes, 光帽鳞伞 Pholiota nameko, 侧耳 Pleurotus ostreatus

9,10,13-trihydroxy-(*E*)-11-octa-decenoic acid 9,10,13,- 三羟基 -(*E*)-11- 十八烯酸 川党参 Codonopsis pilosula subsp. tangshen

erythro-3-(1',2',3'-trihydroxy)-isopentyl-7-hydroxycoumarin 赤式 -3-(1',2',3'- 三羟基) 异戊基 -7- 羟基香豆素 三桠苦 Euodia lepta

4,4',5-trihydroxy-1,1'-di-2-propenylbiphenyl 4,4',5- 三羟基 -1,1'- 双 -2- 丙烯基联苯 厚朴 Houpoëa officinalis

3,10,11-trihydroxy-1,2-methylene-dioxynoraporphine 3,10,11- 三羟基 -1,2- 亚甲二氧基去氧阿扑菲 暗罗 Polyalthia suberosa

2,4,6-trihydroxy-1,3-dimethoxyanthraquinone 2,4,6- 三羟基 -1,3- 二甲氧基蒽醌 金鸡纳树 Cinchona calisaya

7,9,11-trihydroxy-1,3-methylenedioxyxanthone 7,9,11- 三羟基 -1,3- 亚甲二氧基呫酮 西南远志 Polygala crotalarioides

2,4,7-trihydroxy-1,5-dimethoxy-9-fluorenone 2,4,7- 三羟基 -1,5- 二甲氧基 -9- 芴酮 鼓槌石斛 Dendrobium chrysotoxum

2,6,8-trihydroxy-1,5-dimethoxyxanthone 2,6,8- 三羟基 -1,5- 二甲氧基呫酮 香港远志 Polygala hongkongensis

9,12,13-trihydroxy-10(*E*)-octadecenoic acid 9,12,13- 三羟基 -10(*E*)- 十八烯酸 小蓬草 Conyza canadensis, 山紫茉莉 Oxybaphus himalaicus

9*S*,12*S*,13*S*-trihydroxy-10*E*-octadecenoic acid 9*S*,12*S*,13*S*- 三羟基 -10*E*- 十八烯酸 红叶藤 Rourea minor

1,3,5-trihydroxy-10-methyl-acridone 1,3,5- 三羟基 -10- 甲基吖啶酮 葡萄柚 Citrus paradisi

3*α*,21*β*,22*α*-trihydroxy-11,13(18)-oleanadien-28-oic acid 3*α*,21*β*,22*α*- 三羟基 -11,13(18)- 齐墩果二烯 -28- 酸 通脱木 Tetrapanax papyrifer

2*α*,3*α*,24-trihydroxy-11,20(30)-dien-urs-28,13*β*-olide 2*α*,3*α*,24- 三羟基 -11,20(30)- 二烯 - 熊果 -28,13*β*- 内酯 拟缺香茶菜 Isodon excisoides

1*α*,3*β*,10-trihydroxy-11-methoxy-2*α*,5*α*,8-triangeloyloxybisabola-7(14)-en-4-one 1*α*,3*β*,10- 三羟基 -11- 甲氧基 -2*α*,5*α*,8- 三当归酰氧基红没药 -7(14)- 烯 -4- 酮 齿叶橐吾 Ligularia dentata

2*α*,3*α*,19*α*-trihydroxy-11-oxo-urs-12-en-28-oic acid 2*α*,3*α*,19*α*- 三羟基 -11- 氧代 - 熊果 -12- 烯 -28- 酸 飞龙掌血 Toddalia asiatica

2*α*,3*α*,24-trihydroxy-11*α*,12*α*-epoxy-urs-20(30)-en-28,13*β*-olide 2*α*,3*α*,24- 三羟基 -11*α*,12*α*- 环氧 - 熊果 -20(30)- 烯 -28,13*β*- 内酯 细锥香茶菜 Isodon coetsa, 拟缺香茶菜 I. excisoides

2*α*,3*β*,24-trihydroxy-11*α*,12*α*-epoxy-urs-28,13*β*-olide 2*α*,3*β*,24- 三羟基 -11*α*,12*α*- 环氧 - 熊果 -28,13*β*- 内酯 拟缺香茶菜 Isodon excisoides

Δ^5-3*β*,8*β*,14*β*-trihydroxy-11*α*,12*β*-*O*-dibenzoyl-pregnane Δ^5-3*β*,8*β*,14*β*- 三羟基 -11*α*,12*β*-*O*- 二苯甲酰基 - 孕甾烷 苦绳 Dregea sinensis

Δ^5-3*β*,8*β*,14*β*-trihydroxy-11*α*,12*β*-*O*-ditigloyl-pregnane Δ^5-3*β*,8*β*,14*β*- 三羟基 -11*α*,12*β*-*O*- 二巴豆酰基 - 孕甾烷 苦绳 Dregea sinensis

6*β*,12,23-trihydroxy-11*α*-methoxyurs-12-en-3-one 6*β*,12,23- 三羟基 -11*α*- 甲氧基熊果 -12- 烯 -3- 酮 福建假卫矛 Microtropis fokienensis

3*α*,4*α*,10*β*-trihydroxy-11*βH*-guai-1-en-12,6*α*-olide 3*α*,4*α*,10*β*- 三羟基 -11*βH*- 愈创木烷 -1- 烯 -12,6*α*- 内酯 大籽蒿 Artemisia sieversiana

(12*R*,13*S*)-2*α*,3*α*,24-trihydroxy-12,13-cyclotaraxer-14-en-28-oic acid (12*R*,13*S*)-2*α*,3*α*,24- 三羟基 -12,13- 环蒲公英 -14- 烯 -28- 酸 夏枯草 Prunella vulgaris

2*α*,3*α*,24-trihydroxy-12,20(30)-ursadien-28-oic acid 2*α*,3*α*,24- 三羟基 -12,20(30)- 熊果二烯 -28- 酸 细锥香茶菜 Isodon coetsa

3,6,20(*S*)-trihydroxy-12,23-epoxy-dammar-24-ene-6,20-di-*O*-*β*-D-glucopyranoside 3,6,20(*S*)- 三羟基 -12,23- 环氧达玛 -24- 烯 -6,20- 二 -*O*-*β*-D- 吡喃葡萄糖苷 人参 Panax ginseng

2*β*,3*β*,16*α*-trihydroxy-12-en-23*α*-al-nor-olean 2*β*,3*β*,16*α*- 三羟基 -12- 烯 -23*α*- 醛基 - 降齐墩果烷 卵叶紫菀 Aster ageratoides var. oophyllus

2*α*,3*α*,24-trihydroxy-12-en-28-ursolic acid 2*α*,3*α*,24- 三羟基 -12- 烯 -28- 熊果酸 软枣猕猴桃 Actinidia arguta

2*α*,3*β*,23-trihydroxy-12-ene-28-oleanolic acid 2*α*,3*β*,23- 三羟基 -12- 烯 -28- 齐墩果酸 糙苏 Phlomis umbrosa

(*Z*)-9,10,11-trihydroxy-12-octadecenoic acid (*Z*)-9,10,11- 三羟基 -12- 十八烯酸 挂金灯 Physalis alkekengi var. francheti

1*β*,3*β*,11*β*-trihydroxy-12-oleane-3-*O*-palmitate 1*β*,3*β*,11*β*- 三羟基 -12- 齐墩果烯 -3-*O*- 棕榈酸酯 短梗南蛇藤 Celastrus rosthornianus

3*β*,23,28-trihydroxy-12-oleanen-23-caffeate 3*β*,23,28- 三羟基 -12- 齐墩果烯 -23- 咖啡酸酯 饿蚂蝗 Desmodium multiflorum, 木槿 Hibiscus syriacus

1*α*,3*β*,23-trihydroxy-12-oleanen-28-oic acid 1*α*,3*β*,23- 三羟基 -12- 齐墩果烯 -28- 酸 锐尖山香圆 Turpinia arguta

2,3,19-trihydroxy-12-oleanen-28-oic acid 2,3,19- 三羟基齐墩果 -12- 烯 -28- 酸 台湾枇杷 Eriobotrya deflexa
2α,3α,24-trihydroxy-12-oleanen-28-oic acid 2α,3α,24- 三羟基 -12- 齐墩果烯 -28- 酸 尼泊尔水东哥 Sauraula napaulensis
3β,6β,19α-trihydroxy-12-oleanen-28-oic acid 3β,6β,19α- 三羟基 -12- 齐墩果 -28- 酸 大叶钩藤 Uncaria macrophylla
2α,3β,23-trihydroxy-12-oleanen-28-oic acid-β-D-glucopyranosyl ester 2α,3β,23- 三羟基 -12- 齐墩果烯 -28- 酸 -β-D- 吡喃葡萄糖基酯苷 滇牡丹 Paeonia delavayi
3β,23,28-trihydroxy-12-oleanen-3β-caffeate 3β,23,28- 三羟基 -12- 齐墩果烯 -3β- 咖啡酸酯 饿蚂蝗 Desmodium multiflorum
3β,23,28-trihydroxy-12-oleanene acetonide 3β,23,28- 三羟基 -12- 齐墩果烯丙酮化物 一年蓬 Erigeron annuus
3,23,28-trihydroxy-12-oleanene-3-caffeate 3,23,28- 三羟基 -12- 齐墩果烯 -3- 咖啡酸酯 木槿 Hibiscus syriacus
3,16,21-trihydroxy-12-ursaene 3,16,21- 三羟基 -12- 熊果烯 金盏花 Calendula officinalis
2α,3α,24-trihydroxy-12-ursen-23-al-28-oic acid 2α,3α,24- 三羟基 -12- 熊果烯 -23- 醛 -28- 酸 尼泊尔水东哥 Saurauia napaulensis
2α,3β,23-trihydroxy-12-ursen-28-oic acid 2α,3β,23- 三羟基 -12- 熊果烯 -28- 酸 烈香杜鹃花 Rhododendron anthopogonoides
2α,3β,24-trihydroxy-12-ursen-28-oic acid 2α,3β,24- 三羟基 -12- 熊果烯 -28- 酸 云南土沉香 Excoecaria acerifolia
2α,3β,21α-trihydroxy-12β,13β-oxidooleanan-30,22β-olide 2α,3β,21α- 三羟基 -12β,13β- 环氧齐墩果 -30,22β- 内酯 花荵 Polemonium caeruleum
3β,6α,20S-trihydroxy-12β,23R-epoxydammar-24-ene-6-O-[α-L-rhamnopyranosyl-(1 → 2)-β-D-glucopyranosyl]-20-O-β-D-glucopyranoside 3β,6α,20S- 三羟基 -12β,23R- 环氧达玛 -24- 烯 -6-O-[α-L- 吡喃鼠李糖基 -(1 → 2)-β-D- 吡喃葡萄糖基]-20-O-β-D- 吡喃葡萄糖苷 西洋参 Panax quinquefolius
1,3,5-trihydroxy-13,13-dimethyl-2H-pyran[7,6-b]xanthone 1,3,5- 三羟基 -13,13- 二甲基 -2H- 吡喃并 [7,6-b] 吅酮 莽吉柿 Garcinia mangostana, 岭南山竹子 G. oblongifolia
(13S,14R)-2α,3α,24-trihydroxy-13,14-cyclo-olean-11-en-28-oic acid (13S,14R)-2α,3α,24- 三羟基 -13,14- 环 - 齐墩果 -11- 烯 -28- 酸 夏枯草 Prunella vulgaris
4α,6α,10-trihydroxy-13-acetoxyguaia-11-ene 4α,6α,10- 三羟基 -13- 乙酰氧基愈创 -11- 烯 荷花木兰 Magnolia grandiflora
8α,15,16-trihydroxy-13-labdene 8α,15,16- 三羟基 -13- 烯半日花烯 熊胆草 Conyza blinii
2α,3β,16α-trihydroxy-13β,28-epoxyoleanan-30,22β-olide 2α,3β,16α- 三羟基 -13β,28- 环氧齐墩果 -30,22β- 内酯 花荵 Polemonium caeruleum
3β,7β,15β-trihydroxy-14-oxolathyra-5E,12E-dienyl-16-O-β-D-glucopyranoside 3β,7β,15β- 三羟基 -14- 氧代续随子 -5E,12E- 二烯 -16-O-β-D- 吡喃葡萄糖苷 泽漆 Euphorbia helioscopia
3β,12α,15β-trihydroxy-14β-acetoxy-ent-kaur-16-ene 3β,12α,15β- 三羟基 -14β- 乙酰氧基 - 对映 - 贝壳杉 -16- 烯 川藏香茶菜 Isodon pharicus
5,11β,12β-trihydroxy-15-oxo-ent-kuar-16-en-19-oic acid 5,11β,12β- 三羟基 -15- 氧代 - 对映 - 贝壳杉 -16- 烯 -19- 酸 刺齿半边旗 Pteris dispar
3β,5α,20-trihydroxy-15β-cinnamoyloxy-14-oxolathyra-6Z,12E-diene 3β,5α,20- 三羟基 -15β- 桂皮酰氧基 -14- 氧代续随子 -6Z,12E- 二烯 甘肃大戟 Euphorbia kansuensis
6β,13α,15β-trihydroxy-16-ene-3α,20-epoxy-ent-kaur-1,7-dione 6β,13α,15β- 三羟基 -16- 烯 -3α,20- 环氧 - 对映 - 贝壳杉 -1,7- 二酮 毛萼香茶菜 Isodon eriocalyx
ent-7β,14α,15β-trihydroxy-16-kauren-3-one 对映 -7β,14α,15β- 三羟基 -16- 贝壳杉烯 -3- 酮 蓝萼毛叶香茶菜 Isodon japonicus var. glaucocalyx
3α,20β,21β-trihydroxy-16-oxoserrat-14-en-24-oic acid 3α,20β,21β- 三羟基 -16- 氧代千层塔 -14- 烯 -24- 酸 扁枝石松 Diphasiastrum complanatum
3α,21β,29-trihydroxy-16-oxoserrat-14-en-24-oic acid 3α,21β,29- 三羟基 -16- 氧代千层塔 -14- 烯 -24- 酸 垂穗石松 Palhinhaea cernua
3β,21β,29-trihydroxy-16-oxoserrat-14-en-24-oic acid 3β,21β,29- 三羟基 -16- 氧代千层塔 -14- 烯 -24- 酸 垂穗石松 Palhinhaea cernua
(16β,22α)-4β,5β,6α-trihydroxy-17β,24Z-dimethyl-1-oxo-18-norfurosta-2,13,24-trien-26-oic acid methyl ester (16β,22α)-4β,5β,6α- 三羟基 -17β,24Z- 二甲基 -1- 氧代 -18- 降呋甾 -2,13,24- 三烯 -26- 酸甲酯 龙珠 Tubocapsicum anomalum
ent-7β,11α,14-trihydroxy-18-aldehyde-11β-20-epoxy-kaur-16-en-15-one 对映 -7β,11α,14- 三羟基 -18- 醛 -11β-20- 环氧 - 贝壳 -16- 烯 -15- 酮 三花莸 Caryopteris terniflora
3β,15α,16α-trihydroxy-18β-olean-12-en-28-oic acid 3β,15α,16α- 三羟基 -18β- 齐墩果 -12- 烯 -28- 酸 榼藤 Entada phaseoloides
23(S)-3β,20ξ,21ξ-trihydroxy-19-oxo-21,23-epoxydammar-24-ene-3-O-α-L-rhamnopyranosyl-(1 → 2)-[β-D-xylopyranosyl-(1 → 3)]-β-D-arabinopyranoside 23(S)-3β,20ξ,21ξ- 三羟基 -19- 氧代 -21,23- 环氧达玛 -24- 烯 -3-O-α-L- 吡喃鼠李糖基 -(1→2)-[β-D- 吡喃木糖基 -(1→3)]-β-D- 吡喃阿拉伯糖苷 绞股蓝 Gynostemma pentaphyllum
3β,5,14-trihydroxy-19-oxo-5β-card-20(22)-enolide 3β,5,14- 三羟基 -19-O-5β- 强心甾 -20(22)- 内酯 见血封喉 Antiaris toxicaria
3,4,5-trihydroxy-1-cyclohexene-1-carboxylic acid 3,4,5- 三羟基 -1- 环己烯 -1- 羧酸 红花五味子 Schisandra rubriflora
(3S,4S,5R)-3,4,5-trihydroxy-1-cyclohexenecarboxylic acid (3S,4S,5R)-3,4,5- 三羟基 -1- 环己烯羧酸 长距石斛 Dendrobium longicornu
(3aR,4aR,8R)-2,4α,8-trihydroxy-1-isopropyl-3α-methyl-5-methylene-2,3,3α,4,4α,5,6,7,8,8α,9,10-dodecahydrobenzo[f]azulen-10-yl acetate (3aR,4aR,8R)-2,4α,8- 三羟基 -1- 异丙基 -3α- 甲基 -5- 亚甲基 -2,3,3α,4,4α,5,6,7,8,8α,9,10- 十二氢化苯并 [f] 薁 -10- 乙酸酯 叉开网地藻 Dictyota divaricata
2,6,8-trihydroxy-1-methoxyxanthone 2,6,8- 三羟基 -1- 甲氧基吅酮 双蝴蝶 Tripterospermum chinense
3,5,6-trihydroxy-1-methoxyxanthone 3,5,6- 三羟基 -1- 甲氧基吅酮 柘藤 Cudrania fruticosa, 金丝桃 Hypericum monogynum
3,6,7-trihydroxy-1-methoxyxanthone 3,6,7- 三羟基 -1- 甲氧基吅酮 柘藤 Cudrania fruticosa, 栽秧花 Hypericum beanii, 地耳草 H. japonicum
3,6,8-trihydroxy-1-methylanthraquinone-2-carboxylate 3,6,8- 三羟基 -1- 甲基蒽醌 -2- 羧酸甲酯 唐菖蒲 Gladiolus × gandavensis
3,7,8-trihydroxy-1-methylanthraquinone-2-carboxylate 3,7,8- 三羟基 -1- 甲基蒽醌 -2- 羧酸甲酯 唐菖蒲 Gladiolus × gandavensis
3,6,8-trihydroxy-1-methylanthraquinone-2-carboxylic acid 3,6,8- 三羟基 -1- 甲基蒽醌 -2- 羧酸 唐菖蒲 Gladiolus × gandavensis
3,6,8-trihydroxy-1-methylxanthone 3,6,8- 三羟基 -1- 甲基吅酮 竹黄 Shiraia bambusicola

4β,7β,20R-trihydroxy-1-oxowitha-2,5-dien-22,26-olide 4β,7β,20R- 三羟基 -1- 氧代睡茄 -2,5- 二烯 -22,26- 内酯 毛酸浆 Physalis philadelphica

(20R,22R)-14α,20,27-trihydroxy-1-oxowitha-5,24-dienolide-3β-(O-β-D-glucopyranoside) (20R,22R)-14α,20,27- 三羟基 -1- 氧代睡茄 -5,24- 二烯内酯 -3β-(O-β-D- 吡喃葡萄糖苷) 灯笼果 Physalis peruviana

8,10-trihydroxy-1-O-β-D-glucopyranosyl-3-methyl-10-C(S)-β-D-glucopyranosyl-9-anthrone 8,10- 三羟基 -1-O-β-D- 吡喃葡萄糖基 -3- 甲基 -10-C(S)-β-D- 吡喃葡萄糖基 -9- 蒽酮 铁刀木 Senna siamea

4β,9β,10α-trihydroxy-1α,5α-H-guaia-6-en 4β,9β,10α- 三羟基 -1α,5α-H- 愈创木 -6- 烯 凤庆南五味子 Kadsura interior

3β,16β,28-trihydroxy-1-α-methoxy-olean-12-ene-3-O-β-D-glucopyranosyl-(1 → 3)-β-D-fucoside 3β,16β,28- 三羟基 -11-α- 甲氧基 - 齐墩果 -12-烯 -3-O-β-D- 吡喃葡萄糖基 -(1 → 3)-β-D- 墨角藻糖苷 北柴胡 Bupleurum chinense

5,3',4'-trihydroxy-2",2"-dimethylpyrano(5",6":7,8)isoflavone 5,3',4'- 三羟基 -2",2"- 二甲基吡喃并 (5",6":7,8) 异黄酮 地果 Ficus tikoua

1,6,7-trihydroxy-2-(1,1-dimethyl-2-propenyl)-3-methoxyxanthone 1,6,7- 三羟基 -2-(1,1- 二甲基 -2- 丙烯基)-3- 甲氧基呫酮 柘藤 Cudrania fruticosa

1,3,7-trihydroxy-2-(2-hydroxy-3-methyl-3-butenyl)-xanthone 1,3,7- 三羟基 -2-(2- 羟基 -3- 甲基 -3- 丁烯基)- 呫酮 金丝桃 Hypericum monogynum

1,3,7-trihydroxy-2-(2-hydroxy-3-methylbut-3-enyl)-4-(3-methylbut-2-enyl)xanthone 1,3,7- 三羟基 -2-(2- 羟基 -3- 甲基丁 -3- 烯基)-4-(3- 甲基丁 -2- 烯基) 呫酮 黄牛木 Cratoxylum cochinchinense

3,5,7-trihydroxy-2-(3,4,5-trihydroxyphenyl)-1-benzopyrylium 3,5,7- 三羟基 -2-(3,4,5- 三羟基苯基)-1- 苯并吡喃 莸 Caryopteris divaricata

1,3,6-trihydroxy-2-(3-hydroxy-3-methylbutyl)-7-methoxy-8-(3,3-dimethylallyl)-xanthone 1,3,6- 三羟基 -2-(3- 羟基 -3- 甲基丁基)-7- 甲氧基 -8-(3,3- 二甲基烯丙基)- 呫酮 黄牛木 Cratoxylum cochinchinense

(5S,6R,7R)-5,6,7-trihydroxy-2-(3'-hydroxy-4'-methoxyphenethyl)-5,6,7,8-tetrahydrochromone (5S,6R,7R)-5,6,7- 三羟基 -2-(3- 羟基 -4- 甲氧基苯乙基)-5,6,7,8- 四氢色酮 土沉香 Aquilaria sinensis

(5S,6R,7S)-5,6,7-trihydroxy-2-(3'-hydroxy-4'-methoxyphenethyl)-5,6,7,8-tetrahydrochromone (5S,6R,7S)-5,6,7- 三羟基 -2-(3- 羟基 -4- 甲氧基苯乙基)-5,6,7,8- 四氢色酮 土沉香 Aquilaria sinensis

1,3,8-trihydroxy-2-(3-methyl-2-butenyl)-4-(3-hydroxy-3-methylbutanoyl)-xanthone 1,3,8- 三羟基 -2-(3- 甲基 -2- 丁烯基)-4-(3- 羟基 -3- 甲基丁酰基)- 呫酮 莽吉柿 Garcinia mangostana

1,3,7-trihydroxy-2-(3-methyl-2-butenyl)-8-(3-hydroxy-3-methylbutyl)-xanthone 1,3,7- 三羟基 -2-(3- 甲基 -2- 丁烯基)-8-(3- 羟基 -3- 甲基丁基)-呫酮 莽吉柿 Garcinia mangostana

1,3,6-trihydroxy-2-(3-methyl-2-butenyl)xanthone 1,3,6- 三羟基 -2-(3- 甲基 -2- 丁烯基) 呫酮 波罗蜜 Artocarpus heterophyllus

1,3,7-trihydroxy-2-(3-methylbut-2-en-1-yl)-xanthone 1,3,7- 三羟基 -2-(3- 甲基丁 -2- 烯 -1- 基)- 呫酮 岭南山竹子 Garcinia oblongifolia

5,7,3'-trihydroxy-2'-(3-methylbut-2-enyl)-4',5'-(3,3-dimethylpyrano)-isoflavone 5,7,3'- 三羟基 -2'-(3- 甲基丁 -2- 烯基)-4',5'-(3,3- 二甲基吡喃)-异黄酮 千斤拔 Flemingia philippinensis

1,3,5-trihydroxy-2-(3-methylbut-2-enyl)xanthone 1,3,5- 三羟基 -2-(3- 甲基丁 -2- 烯基) 呫酮 柘树 Cudrania tricuspidata

1,3,7-trihydroxy-2-(3-methylbut-2-enyl)-xanthone 1,3,7- 三羟基 -2-(3- 甲基丁 -2- 烯)- 呫酮 金丝桃 Hypericum monogynum

3,5,7-trihydroxy-2-(4-hydroxy-3,5-dimethoxyphenyl)-1-benzopyrylium 3,5,7- 三羟基 -2-(4- 羟基 -3,5- 二甲氧苯基)-1- 苯并吡喃 莸 Caryopteris divaricata

3,5,7-trihydroxy-2-(4-hydroxy-3-hydroxyphenyl)-1-benzopyrylium 3,5,7- 三羟基 -2-(4- 羟基 -3- 羟基苯基)-1- 苯并吡喃 莸 Caryopteris divaricata

3,5,7-trihydroxy-2-(4-hydroxy-3-methoxyphenyl)-1-benzopyrylium 3,5,7- 三羟基 -2-(4- 羟基 -3- 甲氧苯基)-1- 苯并吡喃 莸 Caryopteris divaricata

3,5,7-trihydroxy-2,2,6-trimethyl-8-(3-phenyl-1-oxo-propyl)-3,4-dihydrobenzopyran 3,5,7- 三羟基 -2,2,6- 三甲基 -8-(3- 苯基 -1- 氧代丙基)-3,4-二氢苯并吡喃 悬铃木 Platanus acerifolia

4,5,7-trihydroxy-2,2,6-trimethyl-8-(3-phenyl-1-oxo-propyl)-3,4-dihydrobenzopyran 4,5,7- 三羟基 -2,2,6- 三甲基 -8-(3- 苯基 -1- 氧代丙基)-3,4-二氢苯并吡喃 悬铃木 Platanus acerifolia

7,9,12-trihydroxy-2,2-dimethyl-2H,6H-pyrano[3,2-b]xanthen-6-one 7,9,12- 三羟基 -2,2- 二甲基 -2H,6H- 吡喃并 [3,2-b] 呫烯 -6- 酮 云树 Garcinia cowa

T

(2S)-5,2',6'-trihydroxy-2",2"-dimethylpyrano-[5",6": 6,7]-flavanone (2S)-5,2',6'- 三羟基 -2",2"- 二甲基吡喃 -[5",6": 6,7] 黄烷酮 攀倒甑 Patrinia villosa

4,6,4'-trihydroxy-2,3'-dimethoxy-3-prenylbenzophenone 4,6,4'- 三羟基 -2,3'- 二甲氧基 -3- 异戊烯基苯酚酮 木竹子 Garcinia multiflora

5,5',7-trihydroxy-2',3-dimethoxy-flavone-4'-O-β-D-glucopyranoside 5,5',7- 三羟基 -2',3- 二甲氧基黄酮 -4'-O-β-D- 吡喃葡萄糖苷 翼蓼 Pteroxygonum giraldii

1,6,7-trihydroxy-2,3-dimethoxyxanthone 1,6,7- 三羟基 -2,3- 二甲氧基呫酮 荷包山桂花 Polygala arillata, 黄花倒水莲 P. fallax, 西伯利亚远志 P. sibirica, 苦远志 P. sibirica var. megalopha, 远志 P. tenuifolia, 蝉翼藤 Securidaca inappendiculata

1,6,8-trihydroxy-2,3-methylenedioxyxanthone 1,6,8- 三羟基 -2,3- 亚甲二氧基呫酮 西南远志 Polygala crotalarioides

1,3,7-trihydroxy-2,4-bis(3-methyl-2-butenyl)xanthone 1,3,7- 三羟基 -2,4- 二 (3- 甲基 -2- 丁烯基) 呫酮 黄牛木 Cratoxylum cochinchinense

1,3,7-trihydroxy-2,4-di(3-methylbut-2-enyl)xanthone 1,3,7- 三羟基 -2,4- 二 (3- 甲基丁 -2- 烯基) 呫酮 黄牛木 Cratoxylum cochinchinense

1,3,7-trihydroxy-2,4-diisoprenylxanthone 1,3,7- 三羟基 -2,4- 二异戊烯基呫酮 黄牛木 Cratoxylum cochinchinense, 红芽木 C. formosum subsp. pruniflorum

3',4',6-trihydroxy-2,4-dimethoxy-3-(3",4"-dihydroxybenzyl)chalcone 3',4',6- 三羟基 -2,4- 二甲氧基 -3-(3",4"- 二羟苄基) 查耳酮 野鸡尾金粉蕨 Onychium japonicum

3,4',5-trihydroxy-2',5',6,7-tetramethoxyflavone 3,4',5- 三羟基 -2',5',6,7- 四甲氧基黄酮 皱叶南蛇藤 Celastrus rugosus

1,3,6-trihydroxy-2,5,7-trimethoxyxanthone 1,3,6- 三羟基 -2,5,7- 三甲氧基吡酮 谷精草 Eriocaulon buergerianum

1,3,6-trihydroxy-2,5-bisprenyl-6',6'-dimethyl-4',5'-dihydropyrano[2',3':7,8]xanthone 1,3,6- 三羟基 -2,5- 二异戊烯基 -6',6'- 二甲基 -4',5'- 二氢吡喃并 [2',3':7,8] 吡酮 莽吉柿 Garcinia mangostana

(E)-4-(r-1',t-2',c-4'-trihydroxy-2',6',6'-trimethylcyclohexyl)but-3-en-2-one (E)-4-(r-1',t-2',c-4'- 三羟基 -2',6',6'- 三甲基环已基) 丁 -3- 烯 -2- 酮 绞股蓝 Gynostemma pentaphyllum

3',4,4'-trihydroxy-2,6-dimethoxychalcone 3',4,4'- 三羟基 -2,6- 二甲氧基查耳酮 野鸡尾金粉蕨 Onychium japonicum

4,3',4'-trihydroxy-2,6-dimethoxychalcone 4,3',4'- 三羟基 -2,6- 二甲氧基查耳酮 野鸡尾金粉蕨 Onychium japonicum

4',5,5'-trihydroxy-2',6-dimethoxyflavone 4',5,5'- 三羟基 -2',6- 二甲氧基黄酮 铁轴草 Teucrium quadrifarium

1,3,8-trihydroxy-2,6-dimethoxyxanthone 1,3,8- 三羟基 -2,6- 二甲氧基吡酮 西南远志 Polygala crotalarioides

1,3,6-trihydroxy-2,7,8-trimethoxyxanthone 1,3,6- 三羟基 -2,7,8- 三甲氧基吡酮 西南远志 Polygala crotalarioides

1,3,6-trihydroxy-2,7-dimethoxyxanthone 1,3,6- 三羟基 -2,7- 二甲氧基吡酮 西南远志 Polygala crotalarioides, 黄花倒水莲 P. fallax, 远志 P. tenuifolia, 蝉翼藤 Securidaca inappendiculata

1,3,7-trihydroxy-2,8-diprenyl-xanthone 1,3,7- 三羟基 -2,8- 二异戊烯基 - 吡酮 莽吉柿 Garcinia mangostana

1,3,11-trihydroxy-2,9-dimethoxy-6,6-dimethylaporphinium 1,3,11- 三羟基 -2,9- 二甲氧基 -6,6- 二甲基阿朴菲季铵碱 厚朴 Houpoëa officinalis

(2S,3S,4R,9E)-1,3,4-trihydroxy-2-[(2'R)-2'-hydroxytetracosanoylamino]-9-octadecene (2S,3S,4R,9E)-1,3,4- 三羟基 -2-[(2'R)-2'- 羟基二十四酰胺基]-9- 十八烯 鞭打绣球 Hemiphragma heterophyllum, 毛酸浆 Physalis philadelphica, 紫参 Rubia yunnanensis

2α,3α,15β-trihydroxy-20(S)-tigloylpregnane 2α,3α,15β- 三羟基 -20(S)- 巴豆酰孕甾烷 云南地黄连 Munronia delavayi

3,3',5-trihydroxy-20-methoxybibenzyl 3,3',5- 三羟基 -20- 甲氧基二苯乙烷 薯蓣 Dioscorea polystachya

3α,11α,25-trihydroxy-20S,24R-epoxydammarane 3α,11α,25- 三羟基 -20S,24R- 环氧达玛烷 小叶桦 Betula microphylla, 圆叶桦 B. rotundifolia

7β,20,26-trihydroxy-20S-dammar-24E-en-3-O-α-L-(3-acetylarabinopyranosyl)-(1 → 2)-β-D-glucopyranoside 7β,20,26- 三羟基 -20S- 达玛 -24E- 烯 -3-O-α-L-(3- 乙酰吡喃阿拉伯糖基)-(1 → 2)-β-D- 吡喃葡萄糖苷 假贝母 Bolbostemma paniculatum

7β,20,26-trihydroxy-20S-dammar-24E-en-3-O-α-L-(4-acetylarabinopyranosyl)-(1 → 2)-β-D-glucopyranoside 7β,20,26- 三羟基 -20S- 达玛 -24E- 烯 -3-O-α-L-(4- 乙酰吡喃阿拉伯糖基)-(1 → 2)-β-D- 吡喃葡萄糖苷 假贝母 Bolbostemma paniculatum

7β,20,26-trihydroxy-20S-dammar-24E-en-3-O-α-L-arabinopyranosyl-(1 → 2)-β-D-glucopyranoside 7β,20,26- 三羟基 -20S- 达玛 -24E- 烯 -3-O-α-L- 吡喃阿拉伯糖基 -(1 → 2)-β-D- 吡喃葡萄糖苷 假贝母 Bolbostemma paniculatum

3β,19α,23-trihydroxy-20αH-urs-12-en-28-oic acid-3β-O-α-L-arabinopyranoside 3β,19α,23- 三羟基 -20αH- 熊果 -12- 烯 -28- 酸 -3β-O-α-L- 吡喃阿拉伯糖苷 枸骨 Ilex cornuta

3α,24β,25-trihydroxy-21,21-dimethoxy-23-oxo-tirucall-7-ene 3α,24β,25- 三羟基 -21,21- 二甲氧基 -23- 氧代 - 绿玉树 -7- 烯 大叶山楝 Aphanamixis grandifolia

3β,14β,17α-trihydroxy-21-methoxypregn-5-en-20-one 3β,14β,17α- 三羟基 -21- 甲氧基孕甾 -5- 烯 -20- 酮 杠柳 Periploca sepium

3β,14β,17β-trihydroxy-21-methoxypregn-5-en-20-one 3β,14β,17β- 三羟基 -21- 甲氧基孕甾 -5- 烯 -20- 酮 杠柳 Periploca sepium

(3β,14β,17α)-trihydroxy-21-methoxy-pregn-5-en-20-one (3β,14β,17α)- 三羟基 -21- 甲氧基 - 孕甾 -5- 烯 -20- 酮 秦岭藤 Biondia chinensis

3β,14β,17α-trihydroxy-21-methoxypregn-5-en-20-one-3-[O-β-oleandropyranosyl-(1 → 4)-O-β-cymaropyranosyl-(1 → 4)-β-cymaropyranoside] 3β,14β,17α- 三羟基 -21- 甲氧基孕甾 -5- 烯 -20- 酮 -3-[O-β- 吡喃夹竹桃糖基 -(1 → 4)-O-β- 吡喃磁麻糖基 -(1 → 4)-β- 吡喃磁麻糖苷] 杠柳 Periploca sepium

3β,6β,19α-trihydroxy-23-methoxycarbonyl-urs-12-en-28-oic acid 3β,6β,19α- 三羟基 -23- 甲酯基 - 熊果 -12- 烯 -28- 酸 钩藤 Uncaria rhynchophylla

3β,19α,24-trihydroxy-23-norurs-12-en-28-oic acid 3β,19α,24- 三羟基 -23- 降熊果 -12- 烯 -28- 酸 香果树 Emmenopterys henryi

3β,6β,19α-trihydroxy-23-oxo-urs-12-en-28-oic acid 3β,6β,19α- 三羟基 -23- 氧代 - 熊果 -12- 烯 -28- 酸 大叶钩藤 Uncaria macrophylla, 钩藤 U. rhynchophylla, 白钩藤 U. sessilifructus

3β,4β,23-trihydroxy-24,30-dinorolean-12,20(29)-dien-28-oic acid 3β,4β,23- 三羟基 -24,30- 二降齐墩果 -12,20(29)- 二烯 -28- 酸 川赤芍 Paeonia anomala subsp. veitchii, 滇牡丹 P. delavayi, 紫斑牡丹 P. rockii

1α,3β,4β-trihydroxy-24,30-dinor-olean-6-en-28-oic acid 1α,3β,4β- 三羟基 -24,30- 去二甲基齐墩果 -6- 烯 -28- 酸 多花芍药 Paeonia emodi

3,5,8-trihydroxy-24-methylcholest-6,22-diene 3,5,8- 三羟基 -24- 甲基胆甾 -6,22- 二烯 牛角瓜 Calotropis gigantea

2α,3β,19α-trihydroxy-24-norolean-12-en-28-oic acid 2α,3β,19α- 三羟基 -24- 降齐墩果 -12- 烯 -28- 酸 锐齿槲栎 Quercus aliena var. acutiserrata

3β,4β,23-trihydroxy-24-norolean-12-en-28-oic acid 3β,4β,23- 三羟基 -24- 降齐墩果 -12- 烯 -28- 酸 紫斑牡丹 Paeonia rockii

2α,3α,19α-trihydroxy-24-norurs-4(23),12-dien-28-oic acid 2α,3α,19α- 三羟基 -24- 降熊果 -4(23),12- 二烯 -28- 酸 羊蹄 Rumex japonicus

3β,12,20(S)-trihydroxy-25-hydroperoxydammar-23-ene-3-O-[β-D-glucopyranosyl-(1 → 2)-β-D-glucopyranosyl]-20-O-[β-D-xylopyranosyl-(1 → 6)]-β-D-glucopyranoside 3β,12,20S- 三羟基 -25- 氢过氧基达玛 -23- 烯 -3-O-[β-D- 吡喃葡萄糖基 -(1 → 2)-β-D- 吡喃葡萄糖基]-20-O-β-D- 吡喃木糖基 -(1 → 6)-β-D- 吡喃葡萄糖苷 绞股蓝 Gynostemma pentaphyllum

5α,6β,8α-trihydroxy-28-norisotoonafolin 5α,6β,8α- 三羟基 -28- 降异香椿叶素▲ 红椿 Toona ciliata

2α,3α,19α-trihydroxy-28-norurs-12-ene 2α,3α,19α- 三羟基 -28- 降熊果 -12- 烯 东俄洛橐吾 Ligularia tongolensis

2α,3β,19α-trihydroxy-28-norurs-12-ene 2α,3β,19α- 三羟基 -28- 降熊果 -12- 烯 东俄洛橐吾 Ligularia tongolensis

3β,20α,24-trihydroxy-29-norolean-12-en-28-oic acid-24-O-β-D-glucopyranoside 3β,20α,24- 三羟基 -29- 去甲基齐墩果酸 -24-O-β-D- 吡喃葡萄糖苷 黄蜡果 Stauntonia brachyanthera

(1E,4,5,6)-4,5,6-trihydroxy-2-cyclohexen-1-ylidene acetonitrile (1E,4,5,6)-4,5,6- 三羟基 -2- 环已烯 -1- 亚基乙腈 天葵 Semiaquilegia adoxoides

T

1,3,5-trihydroxy-2-ethoxymethyl-6-methoxyanthraquinone 1,3,5- 三羟基 -2- 乙氧甲基 -6- 甲氧基蒽醌 红大戟 Knoxia roxburghii

1,3,5-trihydroxy-2-hydroxymethyl-6-methoxy-9,10-anthraquinone-3-hydroxy-2-hydroxymethyl-acetonide 1,3,5- 三羟基 -2- 羟甲基 -6- 甲氧基 -9,10- 蒽醌 -3- 羟基 -2- 羟甲基 - 丙酮化物 红大戟 Knoxia roxburghii

1,3,6-trihydroxy-2-hydroxymethyl-9,10-anthraquinone-3-hydroxy-2-hydroxymethyl-acetonide 1,3,6- 三羟基 -2- 羟甲基 -9,10- 蒽醌 -3- 羟基 -2- 羟甲基 - 丙酮化物 红大戟 Knoxia roxburghii

1,3,6-trihydroxy-2-hydroxymethyl-9,10-anthraquinone-3-*O*-(6'-*O*-acetyl)-β-D-glucopyranoside 1,3,6- 三羟基 -2- 羟甲基 -9,10- 蒽醌 -3-*O*-(6'-*O*-乙酰基)-β-D- 吡喃葡萄糖苷 紫参 Rubia yunnanensis

1,5,7-trihydroxy-2-hydroxymethylanthraquinone 1,5,7- 三羟基 -2- 羟甲基蒽醌 皱叶酸模 Rumex crispus

3,5,6-trihydroxy-2-hydroxymethylanthraquinone 3,5,6- 三羟基 -2- 羟甲基蒽醌 红大戟 Knoxia roxburghii

1,3,6-trihydroxy-2-hydroxymethylanthraquinone-3-*O*-α-L-rhamnopyranosyl-(1 → 2)-β-D-(6'-*O*-acetyl)-glucopyranoside 1,3,6- 三羟基 -2- 羟甲基蒽醌 -3-*O*-α-L- 吡喃鼠李糖基 -(1 → 2)-β-D-(6'-*O*- 乙酰基)- 吡喃葡萄糖苷 茜草 Rubia cordifolia

2,3,4-trihydroxy-2-isovaleric acid 2,3,4- 三羟基 -2- 异戊酸 小花鬼针草 Bidens parviflora

(11*R*)-3,11,17-trihydroxy-2-methoxy-1,16-oxo-7,13-diphenyl-11-heptanol (11*R*)-3,11,17- 三羟基 -2- 甲氧基 -1,16- 联氧 -7,13- 二苯基 -11- 庚醇 胡桃楸 Juglans mandshurica

5,7,4'-trihydroxy-2'-methoxy-2',3'-dimethoxyisoflavanone-7-*O*-β-glucopyranoside 5,7,4'- 三羟基 -2'- 甲氧基 -2',3'- 二甲氧基异黄烷酮 -7-*O*-β-吡喃葡萄糖苷 广东金钱草 Desmodium styracifolium

5,7,4'-trihydroxy-2'-methoxy-6,3'-diprenylisoflavone 5,7,4'- 三羟基 -2'- 甲氧基 -6,3'- 二异戊烯基异黄酮 印度崖豆 Millettia pulchra

1,9,10-trihydroxy-2-methoxy-6,6-dimethylaporphinium 1,9,10- 三羟基 -2- 甲氧基 -6,6- 二甲基阿朴菲季铵碱 厚朴 Houpoëa officinalis

3,4',5-trihydroxy-2'-methoxy-6"-dimethylpyrano[6,7:2",3"]-flavanol 3,4',5- 三羟基 -2'- 甲氧基 -6"- 二甲基吡喃 [6,7:2",3"]- 黄酮醇 小槐花 Ohwia caudata

1,4,7-trihydroxy-2-methoxy-6-methylanthraquinone 1,4,7- 三羟基 -2- 甲氧基 -6- 甲基蒽醌 桃金娘 Rhodomyrtus tomentosa

1,3,8-trihydroxy-2-methoxyanthraquinone 1,3,8- 三羟基 -2- 甲氧基蒽醌 巴戟天 Morinda officinalis

2,4,5-trihydroxy-2-methoxychalcone 2,4,5- 三羟基 -2- 甲氧基查耳酮 墨江千斤拔 Flemingia chappar

4,4',6-trihydroxy-2-methoxydihydrochalcone 4,4',6- 三羟基 -2- 甲氧基二氢查耳酮 剑叶龙血树 Dracaena cochinchinensis

5,7,4'-trihydroxy-2'-methoxyisoflavone 5,7,4'- 三羟基 -2'- 甲氧基异黄酮 猪屎豆 Crotalaria pallida

5,7,4'-trihydroxy-2'-methoxy-isoflavone 5,7,4'- 三羟基 -2'- 甲氧基 - 异黄酮 千斤拔 Flemingia philippinensis

1,3,6-trihydroxy-2-methoxymethylanthraquinone 1,3,6- 三羟基 -2- 甲氧甲基蒽醌 红大戟 Knoxia roxburghii

trans-3,3',5-trihydroxy-2'-methoxystilbene 反式 -3,3',5- 三羟基 -2'- 甲氧基芪 云南石仙桃 Pholidota yunnanensis

1,3,5-trihydroxy-2-methoxyxanthone 1,3,5- 三羟基 -2- 甲氧基𠮿酮 红厚壳 Calophyllum inophyllum

1,3,7-trihydroxy-2-methoxyxanthone 1,3,7- 三羟基 -2- 甲氧基𠮿酮 莽吉柿 Garcinia mangostana, 黄花倒水莲 Polygala fallax, 西伯利亚远志 P. sibirica, 远志 P. tenuifolia, 蝉翼藤 Securidaca inappendiculata

1,3,8-trihydroxy-2-methoxyxanthone 1,3,8- 三羟基 -2- 甲氧基𠮿酮 蝉翼藤 Securidaca inappendiculata

1,6,8-trihydroxy-2-methoxyxanthone 1,6,8- 三羟基 -2- 甲氧基𠮿酮 长梗喉毛花 Comastoma pedunculatum

1,3,5-trihydroxy-2-methyl-6-methoxyanthraguinone 1,3,5- 三羟基 -2- 甲基 -6- 甲氧基蒽醌 红大戟 Knoxia roxburghii

1,4,5-trihydroxy-2-methyl-9,10-anthracenedione 1,4,5- 三羟基 -2- 甲基 - 蒽醌 牛奶子 Elaeagnus umbellata

1,3,6-trihydroxy-2-methyl-9,10-anthraquinone 1,3,6- 三羟基 -2- 甲基 -9,10- 蒽醌 茜草 Rubia cordifolia

1,3,7-trihydroxy-2-methyl-9,10-anthraquinone 1,3,7- 三羟基 -2- 甲基 -9,10- 蒽醌 茜草 Rubia cordifolia

1,3,6-trihydroxy-2-methyl-9,10-anthraquinone-3-*O*-(3',6'-*O*-diacetyl)-α-rhamnopyranosyl-(1 → 2)-β-D-glucopyranoside 1,3,6- 三羟基 -2- 甲基蒽醌 -3-*O*-(3',6'-*O*- 二乙酰基)-α- 吡喃鼠李糖基 -(1 → 2)-β-D- 吡喃葡萄糖苷 林生茜草 Rubia sylvatica

1,3,6-trihydroxy-2-methyl-9,10-anthraquinone-3-*O*-(3'-*O*-acetyl)-α-L-rhamnopyranosyl-(1 → 2)-β-D-glucopyranoside 1,3,6- 三羟基 -2- 甲基 -9,10- 蒽醌 -3-*O*-(3'-*O*- 乙酰基)-α-L- 吡喃鼠李糖基 -(1 → 2)-β-D- 吡喃葡萄糖苷 紫参 Rubia yunnanensis

1,3,6-trihydroxy-2-methyl-9,10-anthraquinone-3-*O*-(4',6'-*O*-diacetyl)-α-rhamnopyranosyl-(1 → 2)-β-D-glucopyranoside 1,3,6- 三羟基 -2- 甲基蒽醌 -3-*O*-(4',6'-*O*- 二乙酰基)-α- 吡喃鼠李糖基 -(1 → 2)-β-D- 吡喃葡萄糖苷 林生茜草 Rubia sylvatica

1,3,6-trihydroxy-2-methyl-9,10-anthraquinone-3-*O*-(-6'-*O*-acetyl)-α-rhamnopyranosyl(1 → 2)-β-D-glucopyranoside 1,3,6- 三羟基 -2- 甲基蒽醌 -3-*O*-(6'- 乙酰基) 新橙皮糖苷 林生茜草 Rubia sylvatica

1,3,6-trihydroxy-2-methyl-9,10-anthraquinone-3-*O*-(6'-*O*-acetyl)-β-D-glucopyranoside 1,3,6- 三羟基 -2- 甲基 -9,10- 蒽醌 -3-*O*-(6'-*O*- 乙酰基)-β-D-吡喃葡萄糖苷 茜草 Rubia cordifolia, 紫参 R. yunnanensis

1,3,6-trihydroxy-2-methyl-9,10-anthraquinone-3-*O*-(6'-*O*-acetyl)-β-D-xylopyranosyl-(1 → 2)-β-D-glucopyranoside 1,3,6- 三羟基 -2- 甲基 -9,10- 蒽醌 -3-*O*-(6'-*O*- 乙酰基)-β-D- 吡喃木糖基 -(1 → 2)-β-D- 吡喃葡萄糖苷 紫参 Rubia yunnanensis

1,3,6-trihydroxy-2-methyl-9,10-anthraquinone-3-*O*-[α-L-rhamnopyranosyl-(1→2)-β-D-(6'-*O*-acetyl)-glucopyranoside] 1,3,6- 三羟基 -2- 甲基 -9, 10- 蒽醌 -3-*O*-[α-L- 吡喃鼠李糖基 -(1 → 2)-β-D-(6'-*O*- 乙酰基)- 吡喃葡萄糖苷] 茜草 Rubia cordifolia

1,3,6-trihydroxy-2-methyl-9,10-anthraquinone-3-*O*-α-L-rhamnopyranosyl-(1 → 2)-β-D-(3',6'-*O*-diacetyl)-glucopyranoside 1,3,6- 三羟基 -2- 甲基 -9,10- 蒽醌 -3-*O*-α-L- 吡喃鼠李糖基 -(1 → 2)-β-D-(3',6'-*O*- 二乙酰基)- 吡喃葡萄糖苷 茜草 Rubia cordifolia

1,3,6-trihydroxy-2-methyl-9,10-anthraquinone-3-*O*-α-L-rhamnopyranosyl-(1 → 2)-β-D-(3'-*O*-acetyl)-glucopyranoside 1,3,6- 三羟基 -2- 甲基 -9, 10- 蒽醌 -3-*O*-α-L- 吡喃鼠李糖基 -(1 → 2)-β-D-(3'-*O*- 乙酰基)- 吡喃葡萄糖苷 茜草 Rubia cordifolia

1,3,6-trihydroxy-2-methyl-9,10-anthraquinone-3-*O*-α-L-rhamnopyranosyl-(1 → 2)-β-D-(4',6'-*O*-diacetyl)-glucopyranoside 1,3,6- 三羟基 -2- 甲基 -9,10- 蒽醌 -3-*O*-α-L- 吡喃鼠李糖基 -(1 → 2)-β-D-(4',6'-*O*- 二乙酰基)- 吡喃葡萄糖苷 茜草 Rubia cordifolia

1,3,6-trihydroxy-2-methyl-9,10-anthraquinone-3-*O*-α-L-rhamnopyranosyl-(1 → 2)-β-D-(6'-*O*-acetyl)-glucopyranoside 1,3,6- 三羟基 -2- 甲基 -9, 10- 蒽醌 -3-*O*-α-L- 吡喃鼠李糖基 -(1 → 2)-β-D-(6'-*O*- 乙酰基)- 吡喃葡萄糖苷 茜草 Rubia cordifolia

1,3,6-trihydroxy-2-methyl-9,10-anthraquinone-3-*O*-*α*-L-rhamnopyranosyl-(1 → 2)-*β*-D-glucopyranoside 1,3,6- 三羟基 -2- 甲基 -9,10- 蒽醌 -3-*O*-*α*-L- 吡喃鼠李糖基 -(1 → 2)-*β*-D- 吡喃葡萄糖苷 茜草 Rubia cordifolia, 紫参 R. yunnanensis

1,3,6-trihydroxy-2-methyl-9,10-anthraquinone-3-*O*-*α*-rhamnopyranosyl(1 → 2)-*β*-D-glucopyranoside 1,3,6- 三羟基 -2- 甲基 -9,10- 蒽醌 -3-*O*-新橙皮糖苷 林生茜草 Rubia sylvatica

1,3,6-trihydroxy-2-methyl-9,10-anthraquinone-3-*O*-*β*-D-glucopyranoside 1,3,6- 三羟基 -2- 甲基 -9,10- 蒽醌 -3-*O*-*β*-D- 吡喃葡萄糖苷 茜草 Rubia cordifolia, 林生茜草 R. sylvatica

1,3,6-trihydroxy-2-methylanthraquinone 1,3,6- 三羟基 -2- 甲基蒽醌 松叶耳草 Hedyotis pinifolia, 红大戟 Knoxia roxburghii, 海滨木巴戟 Morinda citrifolia, 大叶茜草 Rubia schumanniana

1,3,8-trihydroxy-2-methylanthraquinone 1,3,8- 三羟基 -2- 甲基蒽醌 密叶决明 Senna multijuga

1,3,6-trihydroxy-2-methylanthraquinone-3-*O*-(6'-*O*-acetyl)-*α*-L-rhamnosyl-(1 → 2)-*β*-D-glucoside 1,3,6- 三羟基 -2- 甲基蒽醌 -3-*O*-(6'-*O*- 乙酰基)-*α*-L- 鼠李糖基 -(1 → 2)-*β*-D- 葡萄糖苷 金剑草 Rubia alata, 东南茜草 R. argyi, 中国茜草 R. chinensis, 金线草 R. membranacea, 钩毛茜草 R. oncotricha, 卵叶茜草 R. ovatifolia, 柄花茜草 R. podantha, 大叶茜草 R. schumanniana, 多花茜草 R. wallichiana

1,3,6-trihydroxy-2-methylanthraquinone-3-*O*-*α*-L-rhamnosyl-(1 → 2)-*β*-D-glucoside 1,3,6- 三羟基 -2- 甲基蒽醌 -3-*O*-*α*-L- 鼠李糖基 -(1 → 2)-*β*-D- 葡萄糖苷 金剑草 Rubia alata, 东南茜草 R. argyi, 中国茜草 R. chinensis, 金线草 R. membranacea, 钩毛茜草 R. oncotricha, 卵叶茜草 R. ovatifolia, 柄花茜草 R. podantha, 大叶茜草 R. schumanniana, 多花茜草 R. wallichiana

1,5,8-trihydroxy-2-methylanthraquinone-3-*O*-*β*-D-galactopyranoside 1,5,8- 三羟基 -2- 甲基蒽醌 -3-*O*-*β*-D- 吡喃半乳糖苷 铁刀木 Senna siamea

11,12,16-trihydroxy-2-oxo-5-methyl-10-demethyl-abieta-1[10],6,8,11,13-pentene 11,12,16- 三羟基 -2- 氧代 -5- 甲基 -10- 去甲基 - 冷杉 -1[10],6,8,11,13-五烯 伞序臭黄荆 Premna serratifolia

15,16,18-trihydroxy-2-oxo-*ent*-pimar-8(14)-ene 15,16,18- 三羟基 -2- 氧代 - 对映 - 海松 -8(14)- 烯 豨莶 Sigesbeckia orientalis

1,3,7-trihydroxy-2-prenylxanthone 1,3,7- 三羟基 -2- 异戊烯基呫酮 红芽木 Cratoxylum formosum subsp. pruniflorum, 构棘 Cudrania cochinchinensis, 金丝李 Garcinia paucinervis

1,3,7-trihydroxy-2-prenyl-xanthone 1,3,7- 三羟基 -2- 异戊烯基 - 呫酮 莽吉柿 Garcinia mangostana

1*α*,30,10-trihydroxy-2*α*,5*α*,8-triangeloyloxybisabola-7(14),11(12)-dien-4-one 1*α*,30,10- 三羟基 -2*α*,5*α*,8- 三当归酰氧基红没药 -7(14),11(12)-二烯 -4- 酮 齿叶橐吾 Ligularia dentata

5,7,4'-trihydroxy-3'-(2-hydroxy-3-methylbut-4-enyl)-flavone 5,7,4'- 三羟基 -3'-(2- 羟基 -3- 甲基丁 -4- 烯基)- 黄酮 三枝九叶草 Epimedium sagittatum

5,7,4'-trihydroxy-3'-(4-hydroxy-3-methylbutyl)-5'-(3-methyl-2-buten-1-yl)-3,6-dimethyoxyflavone 5,7,4'- 三羟基 -3'-(4- 羟基 -3- 甲基丁基)-5'-(3- 甲基 -2- 丁烯 -1- 基)-3,6- 二甲氧基黄酮 车桑子 Dodonaea viscosa

5,7,4'-trihydroxy-3'-(4-hydroxy-3-methylbutyl)-5'-(3-methylbut-2-enyl)-3,6-dimethoxyflavone 5,7,4'- 三羟基 -3'-(4- 羟基 -3- 甲基丁基)-5'-(3-甲基丁基 -2- 烯基)-3,6- 二甲氧基黄酮 车桑子 Dodonaea viscosa

3,7,4'-trihydroxy-3'-(4-hydroxy-3-methylbutyl)-5,6-dimethoxyflavone 3,7,4'- 三羟基 -3'-(4- 羟基 -3- 甲基丁基)-5,6- 二甲氧基黄酮 假连翘 Duranta erecta

3,4,7-trihydroxy-3-(4'-hydroxybenzyl)-chroman-4-one 3,4,7- 三羟基 -3-(4'- 对甲基苯)- 色烷 -4- 酮 苏木 Caesalpinia sappan

3,7,4'-trihydroxy-3'-(8''-acetoxy-7''-methyloctyl)-5,6-dimethoxyflavone 3,7,4'- 三羟基 -3'-(8''- 乙酰氧基 -7''- 甲基辛基)-5,6- 二甲氧黄酮 假连翘 Duranta erecta

(7''*S*,8''*R*)-4'',5,5'-trihydroxy-3,3',3'',4-tetramethoxy-4',8''-oxy-8,8'-sesquineolignan-7''-ol (7''*S*,8''*R*)-4'',5,5'- 三羟基 -3,3',3'',4- 四甲氧基 -4',8''- 氧 -8,8'- 倍半新木脂素 -7''- 醇 五味子 Schisandra chinensis

4,7,7'-trihydroxy-3,3',4'-trimethoxylignan-9,9'-olide 4,7,7'- 三羟基 -3,3',4'- 三甲氧基木脂素 -9,9'- 内酯 地锦 Parthenocissus tricuspidata

(7'*S**,8'*R**)-4,4',9'-trihydroxy-3,3',5,5'-tetramethoxy-7,8-dehydro-9-al-2,7'-cyclolignan (7'*S**,8'*R**)-4,4',9'- 三羟基 -3,3',5,5'- 四甲氧基 -7,8- 去氢 -9-al-2,7'- 环木脂素 海榄雌 Avicennia marina

(+)-(7'*S*,8*R*,8'*S*)-4,4',9-trihydroxy-3,3',5-trimethoxy-2,7'-lignan-9-*O*-*β*-D-glucopyranoside (+)-(7'*S*,8*R*,8'*S*)-4,4',9- 三羟基 -3,3',5- 三甲氧基 -2,7'-木脂素 -9-*O*-*β*-D- 吡喃葡萄糖 辣蓼铁线莲 Clematis terniflora var. mandshurica

(7*R*,8*S*)-*erythro*-7,9,9'-trihydroxy-3,3',5'-trimethoxy-8-*O*-4'-neolignan-4-*O*-*β*-D-glucopyranoside (7*R*,8*S*)- 赤式 -7,9,9'- 三羟基 -3,3',5'- 三甲氧基 -8-*O*-4'- 新木脂素 -4-*O*-*β*-D- 吡喃葡萄糖苷 山矾 Symplocos sumuntia

(7*S*,8*R*)-*erythro*-7,9,9'-trihydroxy-3,3',5'-trimethoxy-8-*O*-4'-neolignan-4-*O*-*β*-D-glucopyranoside (7*S*,8*R*)- 赤式 -7,9,9'- 三羟基 -3,3',5'- 三甲氧基 -8-*O*-4'- 新木脂素 -4-*O*-*β*-D- 吡喃葡萄糖苷 山矾 Symplocos sumuntia

7,9,9'-trihydroxy-3,3',5'-trimethoxy-8-*O*-4'-neolignan-4-*O*-*β*-D-glucopyranoside 7,9,9'- 三羟基 -3,3',5'- 三甲氧基 -8-*O*-4'- 新木脂素 -4-*O*-*β*-D-吡喃葡萄糖苷 臭椿 Ailanthus altissima

(7'*S*,8*R*,8'*S*)-4,4',9-trihydroxy-3,3',5-trimethoxy-9'-*O*-*β*-D-xylopyranosyl-2,7'-cyclolignan (7'*S*,8*R*,8'*S*)-4,4',9- 三羟基 -3,3',5- 三甲氧基 -9'-*O*-*β*-D-吡楠木糖基 -2,7'- 环木脂素 潺槁木姜子 Litsea glutinosa

(7'*S*,8*R*,8'*S*)-4,4',9-trihydroxy-3,3',5-trimethoxy-9'-*O*-*β*-D-xylopyranosyl-2,7'-cyclo-lignan (7'*S*,8*R*,8'*S*)-4,4',9- 三羟基 -3,3',5- 三甲氧基 -9'-*O*-*β*-D- 吡喃木糖基 -2,7'- 环木脂素 南五味子 Kadsura longipedunculata

7,8-*trans*-4,5,9-trihydroxy-3,3',9'-trimethoxy-7-*O*-5',8-*O*-4'-neolignan 7,8- 反式 -4,5,9- 三羟基 -3,3',9'- 三甲氧基 -7-*O*-5',8-*O*-4'- 新木脂素 云南土沉香 Excoecaria acerifolia

(7*S*,8*R*)-4,9,9'-trihydroxy-3,3'-dimethoxy-7,8-dihydrobenzofuran-1'-propylneolignan (7*S*,8*R*)-4,9,9'- 三羟基 -3,3'- 二甲氧基 -7,8- 二氢苯骈呋喃 -1'- 丙基新木脂素 中华卷柏 Selaginella sinensis

7,8-*threo*-4,9,9'-trihydroxy-3,3'-dimethoxy-8-*O*-4'-neolignan 7,8- 苏式 -4,9,9'- 三羟基 -3,3'- 二甲氧基 -8-*O*-4'- 新木脂素 檀香 Santalum album

(7*R*,8*R*)-*threo*-7,9,9'-trihydroxy-3,3'-dimethoxy-8-*O*-4'-neolignan-4-*O*-*β*-D-glucopyranoside (7*R*,8*R*)- 苏式 -7,9,9'- 三羟基 -3,3'- 二甲氧基 -8-*O*-

T

4'- 新木脂素 -4-*O*-*β*-D- 吡喃葡萄糖苷 山矾 Symplocos sumuntia

(7*S*,8*S*)-*threo*-7,9,9'-trihydroxy-3,3'-dimethoxy-8-*O*-4'-neolignan-4-*O*-*β*-D-glucopyranoside (7*S*,8*S*)- 苏式 -7,9,9'- 三羟基 -3,3'- 二甲氧基 -8-*O*-4'- 新木脂素 -4-*O*-*β*-D- 吡喃葡萄糖苷 山矾 Symplocos sumuntia

threo-4,9,9'-trihydroxy-3,3'-dimethoxy-8-*O*-4'-neolignan-7-*O*-*α*-L-rhamnopyranoside 苏式 -4,9,9'- 三羟基 -3,3'- 二甲氧基 -8-*O*-4'- 新木脂素 -7-*O*-*α*-L- 吡喃鼠李糖苷 红茴香 Illicium henryi

threo-4,9,9'-trihydroxy-3,3'-dimethoxy-8-*O*-4'-neolignan-7-*O*-*β*-D-glucopyranoside 苏式 -4,9,9'- 三羟基 -3,3'- 二甲氧基 -8-*O*-4'- 新木脂素 -7-*O*-*β*-D- 吡喃葡萄糖苷 红茴香 Illicium henryi

7,8-erythro-4,9,9'-trihydroxy-3,3'-dimethoxy-8-*O*-4'-neolignan 7,8- 赤式 -4,9,9'- 三羟基 -3,3'- 二甲氧基 -8-*O*-4'- 新木脂素 檀香 Santalum album

7*R*,8*R*-4,9,9'-trihydroxy-3,3'-dimethoxy-8-*O*-4'-neolignan 7*R*,8*R*-4,9,9'- 三羟基 -3,3'- 二甲氧基 -8-*O*-4'- 新木脂素 卫矛 Euonymus alatus

7*S*,8*S*-4,9,9'-trihydroxy-3,3'-dimethoxy-8-*O*-4'-neolignan 7*S*,8*S*-4,9,9'- 三羟基 -3,3'- 二甲氧基 -8-*O*-4'- 新木脂素 卫矛 Euonymus alatus

(7*R*,8*R*)-*threo*-7,9,9'-trihydroxy-3,3'-dimethoxy-8-*O*-4'-neolignan-4-*O*-*β*-D-glucopyranoside (7*R*,8*R*)- 苏式 -7,9,9'- 三羟基 -3,3'- 二甲氧基 -8-*O*-4'- 新木脂素 -4-*O*-*β*-D- 吡喃葡萄糖苷 欧活血丹 Glechoma hederacea

(7*R*,8*S*)-*erythro*-7,9,9'-trihydroxy-3,3'-dimethoxy-8-*O*-4'-neolignan-4-*O*-*β*-D-glucopyranoside (7*R*,8*S*)- 赤式 -7,9,9'- 三羟基 -3,3'- 二甲氧基 -8-*O*-4'- 新木脂素 -4-*O*-*β*-D- 吡喃葡萄糖苷 山矾 Symplocos sumuntia

(7*S*,8*R*)-erythro-7,9,9'-trihydroxy-3,3'-dimethoxy-8-*O*-4'-neolignan-4-*O*-*β*-D-glucopyranoside (7*S*,8*R*)- 赤式 -7,9,9'- 三羟基 -3,3'- 二甲氧基 -8-*O*-4'- 新木脂素 -4-*O*-*β*-D- 吡喃葡萄糖苷 臭冷杉 Abies nephrolepis, 山矾 Symplocos sumuntia

7,9,9'-trihydroxy-3,3'-dimethoxy-8-*O*-4'-neolignan-4-*O*-*β*-D-glucopyranoside 7,9,9'- 三羟基 -3,3'- 二甲氧基 -8-*O*-4'- 新木脂素 -4-*O*-*β*-D- 吡喃葡萄糖苷 山矾 Symplocos sumuntia

(7*S*,8*S*)-*erythro*-4,9,9'-trihydroxy-3,3'-dimethoxy-8-*O*-4'-neolignan-7-*O*-*β*-D-glucopyranoside (7*S*,8*S*)- 赤式 -4,9,9'- 三羟基 -3,3'- 二甲氧基 -8-*O*-4'- 新木脂素 -7-*O*-*β*-D- 吡喃葡萄糖苷 羊踯躅 Rhododendron molle

(7*S*,8*S*)-*threo*-4,9,9'-trihydroxy-3,3'-dimethoxy-8-*O*-4'-neolignan-7-*O*-*β*-D-glucopyranoside (7*S*,8*S*)- 苏式 -4,9,9'- 三羟基 -3,3'- 二甲氧基 -8-*O*-4'- 新木脂素 -7-*O*-*β*-D- 吡喃葡萄糖苷 羊踯躅 Rhododendron molle

4,7,9-trihydroxy-3,3'-dimethoxy-8-*O*-4'-neolignan-9-*O*-*α*-L-rhamnopyranoside 4,7,9- 三羟基 -3,3'- 二甲氧基 -8-*O*-4'- 新木脂素 -9-*O*-*α*-L- 吡喃鼠李糖苷 小花八角 Illicium micranthum

7*S*,8*R*-*erythro*-4,7,9-trihydroxy-3,3'-dimethoxy-8-*O*-4'-neolignan-9'-*O*-*β*-D-glucopyranoside 7*S*,8*R*- 赤式 -4,7,9- 三羟基 -3,3'- 二甲氧基 -8-*O*-4'- 新木脂素 -9'-*O*-*β*-D- 吡喃葡萄糖苷 五层龙 Salacia prinoides

8,4',9'-trihydroxy-3,3'-dimethoxy-9,7'-epoxylignan-4-*O*-*β*-D-glucopyranoside 8,4',9'- 三羟基 -3,3'- 二甲氧基 -9,7'- 环氧木脂素 -4-*O*-*β*-D- 吡喃葡萄糖苷 尖叶假龙胆 Gentianella acuta

(8*R*,8'*R*,9*R*)-4,4',9-trihydroxy-3,3'-dimethoxy-9,9'-epoxylignan (8*R*,8'*R*,9*R*)-4,4',9- 三羟基 -3,3'- 二甲氧基 -9,9'- 环氧木脂素 滇瑞香 Daphne feddei, 羽叶丁香 Syringa pinnatifolia

(8*R*,8'*R*,9*S*)-4,4',9-trihydroxy-3,3'-dimethoxy-9,9'-epoxylignan (8*R*,8'*R*,9*S*)-4,4',9- 三羟基 -3,3'- 二甲氧基 -9,9'- 环氧木脂素 滇瑞香 Daphne feddei

4,4',7-trihydroxy-3,3'-dimethoxy-9,9'-epoxylignan 4,4',7- 三羟基 -3,3'- 二甲氧基 -9,9'- 环氧木脂素 假桂乌口树 Tarenna attenuata

5,7,4'-trihydroxy-3,3'-dimethoxyflavone 5,7,4'- 三羟基 -3,3'- 二甲氧基黄酮 柠条锦鸡儿 Caragana korshinskii

(7*R*,8*S*)-4,9,9'-trihydroxy-3,3'-dimethoxyl-7,8-dihydrobenzofuran-1'-propylneolignan (7*R*,8*S*)-4,9,9'- 三羟基 -3,3'- 二甲氧基 -7,8- 二氢苯并呋喃 -1'- 丙基新木脂素 线纹香茶菜 Isodon lophanthoides

7,9,9'-trihydroxy-3,4,3'-trimethoxy-7'-ene-8,4'-oxyneolignan 7,9,9'- 三羟基 -3,4,3'- 三甲氧基 -7'- 烯 -8,4'- 氧代新木脂素 合蕊五味子 Schisandra propinqua

3,5,6-trihydroxy-3',4',7-trimethoxyflavone 3,5,6- 三羟基 -3',4',7- 三甲氧基黄酮 佛手 Citrus medica var. sarcodactylis

1-[(rel-2*S*,3*R*)-3,5,7-trihydroxy-3,4-dihydro-2*H*-chromen-2-yl]ethanone 1-[(相对 -2*S*,3*R*)-3,5,7- 三羟基 -3,4- 二氢 -2*H*- 色原烯 -2- 基] 乙酮 越南咀签 Gouania leptostachya var. tonkinensis

1-[(rel-2*S*,3*S*)-3,5,7-trihydroxy-3,4-dihydro-2*H*-chromen-2-yl]ethanone 1-[(相对 -2*S*,3*S*)-3,5,7- 三羟基 -3,4- 二氢 -2*H*- 色原烯 -2- 基] 乙酮 越南咀签 Gouania leptostachya var. tonkinensis

T

1,5,8-trihydroxy-3,4-dimehoxyxanthone 1,5,8- 三羟基 -3,4- 二甲氧基呫吨酮 川西獐牙菜 Swertia mussotii

1,7,8-trihydroxy-3,4-dimehoxyxanthone 1,7,8- 三羟基 -3,4- 二甲氧基呫吨酮 川西獐牙菜 Swertia mussotii

1,5,8-trihydroxy-3,4-dimethoxy-9*H*-xanthen-9-one 1,5,8- 三羟基 -3,4- 二甲氧基 -9*H*- 呫吨 -9- 酮 高山龙胆 Gentiana algida

3,5,7-trihydroxy-3',4'-dimethoxyflavone 3,5,7- 三羟基 -3',4'- 二甲氧基黄酮 白花甘肃马先蒿 Pedicularis kansuensis subsp. kansuensis f. albiflora, 广藿香 Pogostemon cablin, 长穗柽柳 Tamarix elongata, 短穗柽柳 T. laxa

5,7,8-trihydroxy-3',4'-dimethoxyflavone 5,7,8- 三羟基 -3',4'- 二甲氧基黄酮 香苹婆 Sterculia foetida

5,5',7-trihydroxy-3,4'-dimethoxyflavone-2'-*O*-*β*-D-glucopyranoside 5,5',7- 三羟基 -3,4'- 二甲氧基黄酮 -2'-*O*-*β*-D- 吡喃葡萄糖苷 翼蓼 Pteroxygonum giraldii

1,5,8-trihydroxy-3,4-dimethoxyxanthone 1,5,8- 三羟基 -3,4- 二甲氧基呫吨酮 高山龙胆 Gentiana algida, 川东獐牙菜 Swertia davidii, 显脉獐牙菜 S. nervosa

(7*S*,8*R*,7'*S*)-9,7',9'-trihydroxy-3,4-methylenedioxy-3'-methoxy[7-*O*-4',8-5']neolignan (7*S*,8*R*,7'*S*)-9,7',9'- 三羟基 -3,4- 亚甲二氧基 -3'- 甲氧基 [7-*O*-4',8-5'] 新木脂素 黑面神 Breynia fruticosa

5,6',7-trihydroxy-3',4'-methylenedioxyisoflavone-6'-*O*-*β*-D-glycoside 5,6',7- 三羟基 -3',4'- 亚甲二氧基异黄酮 -6'-*O*-*β*-D- 葡萄糖苷 槐 Sophora japonica

(7*R*,8*S*)-4,7,9-trihydroxy-3,5,3',5'-tetramethoxy-8-*O*-4'-neolignan-8'-ene (7*R*,8*S*)-4,7,9- 三羟基 -3,5,3',5'- 四甲氧基 -8-*O*-4'- 新木脂素 -8'- 烯

地枫皮 Illicium difengpi
5,7,4'-trihydroxy-3',5'-bis(3-methyl-2-buten-1-yl)-3,6-dimethoxyflavone 5,7,4'- 三羟基 -3',5'- 二 (3- 甲基 -2- 丁烯 -1- 基)-3,6- 二甲氧基黄酮 车桑子 Dodonaea viscosa
5,7,4'-trihydroxy-3',5'-bis(3-methyl-2-buten-1-yl)-3-methoxyflavone 5,7,4'- 三羟基 -3',5'- 二 (3- 甲基 -2- 丁烯 -1- 基)-3- 甲氧基黄酮 车桑子 Dodonaea viscosa
5,7,4'-trihydroxy-3',5'-di(3-methylbut-2-enyl)-3,6-dimethoxyflavone 5,7,4'- 三羟基 -3',5'- 二 (3- 甲基丁 -2- 烯基)-3,6- 二甲氧基黄酮 车桑子 Dodonaea viscosa
5,7,4'-trihydroxy-3',5'-dimethoxyflavanone 5,7,4'- 三羟基 -3',5'- 二甲氧基黄烷酮 牛尾蒿 Artemisia dubia
7,3',4'-trihydroxy-3,5-dimethoxyflavone 7,3',4'- 三羟基 -3,5- 二甲氧基黄酮 马缨杜鹃花 Rhododendron delavayi
3,5,7-trihydroxy-3',5'-dimethoxyflavone 3,5,7- 三羟基 -3',5'- 二甲氧基黄酮 瞿麦 Dianthus superbus, 朝鲜淫羊藿 Epimedium koreanum, 短穗兔耳草 Lagotis brachystachya, 斑唇马先蒿 Pedicularis longiflora var. tubiformis, 藜芦 Veratrum nigrum
4',5,7-trihydroxy-3',5'-dimethoxyflavone 4',5,7- 三羟基 -3',5'- 二甲氧基黄酮 枳椇 Hovenia acerba, 云南兔耳草 Lagotis yunnanensis
4',5',7-trihydroxy-3',5'-dimethoxyflavone 4',5',7- 三羟基 -3',5'- 二甲氧基黄酮 北枳椇 Hovenia dulcis
4',6,7-trihydroxy-3',5'-dimethoxyflavone 4',6,7- 三羟基 -3',5'- 二甲氧基黄酮 醉马草 Achnatherum inebrians
5,7,4'-trihydroxy-3',5'-dimethoxyflavone 5,7,4'- 三羟基 -3',5'- 二甲氧基黄酮 大籽蒿 Artemisia sieversiana, 甘青青兰 Dracocephalum tanguticum, 青藏大戟 Euphorbia altotibetica, 钩腺大戟 E. sieboldiana, 栀子 Gardenia jasminoides, 宽苞棘豆 Oxytropis latibracteata
2,4',7-trihydroxy-3',5-dimethoxyisoflavone 2,4',7- 三羟基 -3',5- 二甲氧基异黄酮 孪花蟛蜞菊 Wedelia biflora
(7'*S*,8*R*,8'*R*)-4,4',9-trihydroxy-3',5-dimethyl-9'-*O*-*β*-D-xylopyranosyl-2,7'-cyclolignan (7'*S*,8*R*,8'*R*)-4,4',9- 三羟基 -3',5- 二甲基 -9'-*O*-*β*-D- 吡喃木糖基 -2,7'- 环木脂素 潺槁木姜子 Litsea glutinosa
5,7,4'-trihydroxy-3,6,3'-trimethoxyflavone-7-*O*-(2''-rhamnopyranosylglucopyranoside) 5,7,4'- 三羟基 -3,6,3'- 三甲氧基黄酮 -7-*O*-(2''- 吡喃鼠李糖基吡喃葡萄糖苷) 望江南 Senna occidentalis
2',3',5-trihydroxy-3,6,7-trimethoxyflavone 2',3',5- 三羟基 -3,6,7- 三甲氧基黄酮 单叶蔓荆 Vitex trifolia subsp. litoralis
5,3',4'-trihydroxy-3,6,7-trimethoxyflavone 5,3',4'- 三羟基 -3,6,7- 三甲氧基黄酮 黄杨 Buxus sinica
5,7,4'-trihydroxy-3,6-dimethoxy-3'-isoprenyl-flavone 5,7,4'- 三羟基 -3,6- 二甲氧基 -3'- 异戊烯基 - 黄酮 车桑子 Dodonaea viscosa
4',5,7-trihydroxy-3,6-dimethoxyflavone 4',5,7- 三羟基 -3,6- 二甲氧基黄酮 车桑子 Dodonaea viscosa
4',5,7-trihydroxy-3',6-dimethoxyflavone 4',5,7- 三羟基 -3',6- 二甲氧基黄酮 中亚兔耳草 Lagotis integrifolia
4',5,7-trihydroxy-3',6-dimethoxyflavone-3-*O*-[6-*O*-[2-*O*-(1-oxo-3-phenyl-2-propenyl)-*β*-D-glucopyranosyl]-*β*-D-glucopyranoside 4',5,7- 三羟基 -3',6- 二甲氧基黄酮 -3-*O*-[6-*O*-[2-*O*-(1- 氧代 -3- 苯基 -2- 丙烯基)-*β*-D- 吡喃葡萄糖基]-*β*-D- 吡喃葡萄糖苷 菠菜 Spinacia oleracea
4',5,7-trihydroxy-3',6-dimethoxyflavone-3-*O*-*β*-D-apiofuranosyl-(1→2)-*O*-[2-*O*-(1-oxo-3-phenyl-2-propenyl)-*β*-D-glucopyranosyl-(1→6)]-*β*-D-glucopyranoside 4',5,7- 三羟基 -3',6- 二甲氧基黄酮 -3-*O*-*β*-D- 呋喃芹糖基 -(1→2)-*O*-[2-*O*-(1- 氧代 -3- 苯基 -2- 丙烯基)-*β*-D- 吡喃葡萄糖基 -(1→6)]-*β*-D- 吡喃葡萄糖苷 菠菜 Spinacia oleracea
4',5,7-trihydroxy-3',6-dimethoxyflavone-3-*O*-*β*-D-apiofuranosyl-(1→2)-*O*-[*β*-D-glucopyranosyl-(1→6)]-*β*-D-glucopyranoside 4',5,7- 三羟基 -3',6- 二甲氧基黄酮 -3-*O*-*β*-D- 呋喃芹糖基 -(1→2)-*O*-[*β*-D- 吡喃葡萄糖 -(1→6)]-*β*-D- 吡喃葡萄糖苷 菠菜 Spinacia oleracea
3',4',5-trihydroxy-3,6-dimethoxyflavone-7-*O*-*β*-D-glucopyranoside 3',4',5- 三羟基 -3,6- 二甲氧基黄酮 -7-*O*-*β*-D- 吡喃葡萄糖苷 裸茎金腰 Chrysosplenium nudicaule
4',5,7-trihydroxy-3,6-dimethoxyflavone-7-*O*-*β*-D-glucopyranoside 4',5,7- 三羟基 -3,6- 二甲氧基黄酮 -7-*O*-*β*-D- 吡喃葡萄糖苷 旋覆花 Inula japonica
4',5,7-trihydroxy-3',6-dimethoxyflavone-7-*O*-*β*-D-glucopyranoside 4',5,7- 三羟基 -3',6- 二甲氧基黄酮 -7-*O*-*β*-D- 吡喃葡萄糖苷 水蔓菁 Pseudolysimachion linariifolium subsp. dilatatum
4',5,7-trihydroxy-3',6-dimethoxyisoflavone 4',5,7- 三羟基 -3',6- 二甲氧基异黄酮 翅子树 Pterospermum acerifolium
5,6,4'-trihydroxy-3,7,3'-trimethoxyflavone-6-*O*-*β*-D-glucopyranoside 5,6,4'- 三羟基 -3,7,3'- 三甲氧基 - 黄酮 -6-*O*-*β*-D- 吡喃葡萄糖苷 圆穗兔耳草 Lagotis ramalana
5,2',5'-trihydroxy-3,7,4'-trimethoxyflavone 5,2',5'- 三羟基 -3,7,4'- 三甲氧基黄酮 蛇婆子 Waltheria indica
5,2',4'-trihydroxy-3,7,5'-trimethoxyflavonol-2'-*O*-*β*-D-galactopyranosyl-(1→4)-*O*-*β*-D-glucopyranoside 5,2',4'- 三羟基 -3,7,5'- 三甲氧基黄酮醇 -2'-*O*-*β*-D- 吡喃乳糖基 -(1→4)-*O*-*β*-D- 吡喃葡萄糖苷 黄豆树 Albizia procera
3',4',5-trihydroxy-3,7-dimethoxyflavone 3',4',5,- 三羟基 -3,7- 二甲氧基黄酮 思茅豆腐柴 Premna szemaoensis
5,3',4'-trihydroxy-3,7-dimethoxyflavone 5,3',4'- 三羟基 -3,7- 二甲氧基黄酮 艾纳香 Blumea balsamifera, 刺齿枝子花 Dracocephalum peregrinum, 粗叶榕 Ficus hirta, 麻疯树 Jatropha curcas
5,6,4'-trihydroxy-3,7-dimethoxyflavone 5,6,4'- 三羟基 -3,7- 二甲氧基黄酮 翼齿六棱菊 Laggera crispata, 银胶菊 Parthenium hysterophorus
1,4,8-trihydroxy-3,7-dimethoxyxanthone 1,4,8- 三羟基 -3,7- 二甲氧基叫酮 肋柱花 Lomatogonium carinthiacum
1,5,6-trihydroxy-3,7-dimethoxyxanthone 1,5,6- 三羟基 -3,7- 二甲氧基叫酮 云树 Garcinia cowa
1,5,6-trihydroxy-3,7-dimethoxy-xanthone 1,5,6- 三羟基 -3,7- 二甲氧基 - 叫酮 云树 Garcinia cowa
3',4',5-trihydroxy-3,7-methoxy-flavone 3',4',5- 三羟基 -3,7- 甲氧基 - 黄酮 硬毛地笋 Lycopus lucidus var. hirtus
6,7,9*α*-trihydroxy-3,8,11*α*-trimethylcyclohexo-[d,e]-coumarin 6,7,9*α*- 三羟基 -3,8,11*α*- 三甲基环己 -[d,e]- 香豆素 山芝麻 Helicteres angustifolia
3',4',7-trihydroxy-3,8-dimethoxyflavone 3',4',7- 三羟基 -3,8- 二甲氧基黄酮 含羞草 Mimosa pudica
5,7,4'-trihydroxy-3,8-dimethoxyflavone 5,7,4'- 三羟基 -3,8- 二甲氧基黄酮 柠条锦鸡儿 Caragana korshinskii, 连香树 Cercidiphyllum japonicum
5,7,4'-trihydroxy-3'-[7-hydroxy-3,7-dimethyl-2(*E*)-octenyl]isoflavone 5,7,4'- 三羟基 -3'-(7- 羟基 -3,7- 二 - 甲基 -2*E*- 辛烯基)- 异黄酮) 毛荭子梢 Campylotropis hirtella

T

2α,3β,20α-trihydroxy-30-norolean-12-en-28-oic acid 2α,3β,20α- 三羟基 -30- 去甲齐墩果 -12- 烯 -28- 酸 三叶木通 Akebia trifoliata

3β,21β,24-trihydroxy-30-noroleana-12,20(29)-dien-28-oic acid 3β,21β,24- 三羟基 -30- 去甲基齐墩果 -12,20(29)- 二烯 -28- 酸 尾叶那藤 Stauntonia obovatifoliola subsp. urophylla

2,6,2'-trihydroxy-3-acetyl-4'-(2'',6''-dihydroxy-3''-acetyl)phenyl-6'-methyl-benzophenone) 2,6,2'- 三羟基 -3- 乙酰基 -4'-(2'',6''- 二羟基 -3''- 乙酰基) 苯基 -6'- 甲基 - 苯甲酮) 隔山消 Cynanchum wilfordii

5,7,4'-trihydroxy-3C-methylflavone-5-O-α-L-rhamnopyranosyl-(1 → 4)-O-β-D-galactopyranoside 5,7,4'- 三羟基 -3C- 甲基黄酮 -5-O-α-L- 吡喃鼠李糖基 -(1 → 4)-O-β-D- 吡喃半乳糖苷 密节坡油甘 Smithia conferta

4,2',4'-trihydroxy-3'-C-β-D-glucopyranosylchalcone 4,2',4'- 三羟基 -3'-C-β-D- 吡喃葡萄糖基查耳酮 华南青皮木 Schoepfia chinensis

2',4,4'-trihydroxy-3'-C-β-glucopyranosylchalcone 2',4,4'- 三羟基 -3'-C-β- 吡喃葡萄糖基查耳酮 青皮木 Schoepfia jasminodora

1,7,8-trihydroxy-3-mehoxyxanthone 1,7,8- 三羟基 -3- 甲氧基吡酮 川西獐牙菜 Swertia mussotii

1,5,8-trihydroxy-3-mehoxy-xanthone 1,5,8- 三羟基 -3- 甲氧基吡酮 川西獐牙菜 Swertia mussotii

(7'E)-2',4,8-trihydroxy-3-methoxy-2,4'-epoxy-8,5''-neolign-7'-en-7-one (7'E)-2',4,8- 三羟基 -3- 甲氧基 -2,4'- 环氧 -8,5''- 新木脂素 -7'- 烯 -7- 酮 扯根菜 Penthorum chinense

1,5,8-trihydroxy-3-methoxy-2-prenyl)-xanthone 1,5,8- 三羟基 -3- 甲氧基 -2- 异戊烯基 - 吡酮 莽吉柿 Garcinia mangostana

1,5,6-trihydroxy-3-methoxy-4-(3-hydroxyl-3-methylbutyl)xanthone 1,5,6- 三羟基 -3- 甲氧基 -4-(3- 羟基 -3- 甲基丁基) 吡酮 云树 Garcinia cowa

3',4',5-trihydroxy-3-methoxy-6,7-methylenedioxyflavone-4'-glucuronide 3',4',5- 三羟基 -3- 甲氧基 -6,7- 亚甲二氧基黄酮 -4'- 葡萄糖醛酸苷 菠菜 Spinacia oleracea

4',5,7-trihydroxy-3'-methoxy-6,8-bis(3-methyl-2-butenyl)-flavone 4',5,7- 三羟基 -3'- 甲氧基 -6,8- 二 (3- 甲基 -2- 丁烯基)- 黄酮 旱柳 Salix matsudana

5,7,4'-trihydroxy-3'-methoxy-6,8-diprenylisoflavone 5,7,4'- 三羟基 -3'- 甲氧基 -6,8- 二异戊烯基异黄酮 千斤拔 Flemingia philippinensis

1,4,5-trihydroxy-3-methoxy-6-methyl-9,10-anthraquinone 1,4,5- 三羟基 -3- 甲氧基 -6- 甲基 -9,10- 蒽醌 桐棉 Thespesia populnea

(7S,8R)-9,3',9'-trihydroxy-3-methoxy-7,8-dihydrobenzofuran-1'-propanolneolignan-4-O-α-L-rhamnopyranoside (7S,8R)-9,3',9'- 三羟基 -3- 甲氧基 -7,8- 二氢苯并呋喃 -1'- 丙醇基新木脂素 -4-O-α-L- 吡喃鼠李糖苷 蒙古栎 Quercus mongolica

1,6,7-trihydroxy-3-methoxyanthraquinone 1,6,7- 三羟基 -3- 甲氧基蒽醌 唐菖蒲 Gladiolus × gandavensis, 羊蹄 Rumex japonicus

3,4',5-trihydroxy-3'-methoxybibenzyl 3,4',5- 三羟基 -3'- 甲氧基联苄 石斛 Dendrobium nobile, 翅梗石斛 D. trigonopus

3,4,5-trihydroxy-3-methoxybibenzyl 3,4,5- 三羟基 -3- 甲氧基联苄 兜唇石斛 Dendrobium aphyllum

2',4',4-trihydroxy-3-methoxychalcone 2',4',4- 三羟基 -3- 甲氧基查耳酮 沙冬青 Ammopiptanthus mongolicus, 小沙冬青 A. nanus

3,7,4'-trihydroxy-3'-methoxyflavanone-5-O-β-D-glucoside 3,7,4'- 三羟基 -3'- 甲氧基黄烷酮 -5-O-β-D- 葡萄糖苷 苦皮藤 Celastrus angulatus

(-)-cis-3,5,7-trihydroxy-3'-methoxyflavanone-7-(2-O-α-rhamnopyranosyl-β-glucopyranoside) (-)- 顺式 -3,5,7- 三羟基 -3'- 甲氧基黄烷酮 -7-(2-O-α- 吡喃鼠李糖基 -β- 吡喃葡萄糖苷) 香橙 Citrus junos

5,7,4'-trihydroxy-3'-methoxy-flavanone-7-O-α-L-rhamnopyranosyl-(1 → 6)-β-D-glucopyranoside 5,7,4'- 三羟基 -3'- 甲氧基 - 黄酮 -7-O-α-L- 吡喃鼠李糖基 -(1 → 6)-β-D- 吡喃葡萄糖苷 棉团铁线莲 Clematis hexapetala

4',5,7-trihydroxy-3'-methoxyflavone 4',5,7- 三羟基 -3'- 甲氧基黄酮 香青兰 Dracocephalum moldavica, 云南兔耳草 Lagotis yunnanensis, 亚洲络石 Trachelospermum asiaticum, 络石 T. jasminoides

5,7,4'-trihydroxy-3'-methoxyflavone 5,7,4'- 三羟基 -3'- 甲氧基黄酮 显脉羊蹄甲 Bauhinia glauca subsp. pernervosa, 裸花紫珠 Callicarpa nudiflora, 三对节 Clerodendrum serratum, 橙花瑞香 Daphne aurantiaca, 条纹龙胆 Gentiana striata, 白花泡桐 Paulownia fortunei, 藜芦 Veratrum nigrum

5,7,8-trihydroxy-3'-methoxyflavone 5,7,8- 三羟基 -3'- 甲氧基黄酮 香苹婆 Sterculia foetida

4',5,7-trihydroxy-3-methoxyflavone 4',5,7- 三羟基 -3- 甲氧基黄酮 降香 Dalbergia odorifera

7,3',4'-trihydroxy-3-methoxyflavone 7,3',4'- 三羟基 -3- 甲氧基黄酮 显脉羊蹄甲 Bauhinia glauca subsp. pernervosa

5,7,4'-trihydroxy-3'-methoxyflavone-3-O-α-L-rhamnopyranosyl-β-D-glucopyranoside 5,7,4'- 三羟基 -3'- 甲氧基黄酮 -3-O-α-L- 吡喃鼠李糖基 -β-D- 吡喃葡萄糖苷 多刺锦鸡儿 Caragana spinosa

5,7,4'-trihydroxy-3-methoxy-flavone-3'-O-β-D-xylopyranoside 5,7,4'- 三羟基 -3- 甲氧基 - 黄酮 -3'-O-β-D- 吡喃木糖苷 延药睡莲 Nymphaea nouchali

4',5,7-trihydroxy-3-methoxyflavone-7-O-rutinoside 4',5,7- 三羟基 -3- 甲氧基黄酮 -7-O- 芸香糖苷 扭瓦韦 Lepisorus contortus

4',5,7-trihydroxy-3-methoxyflavone-7-O-α-L-arabinofuranosyl-(1 → 6)-β-D-glucopyranoside 4',5,7- 三羟基 -3- 甲氧基黄酮 -7-O-α-L- 呋喃阿拉伯糖基 -(1 → 6)-β-D- 吡喃葡萄糖苷 扭瓦韦 Lepisorus contortus

5,7,4'-trihydroxy-3'-methoxyflavone-7-O-β-D-glucopyranoside 5,7,4'- 三羟基 -3'- 甲氧基黄酮 -7-O-β-D- 吡喃葡萄糖苷 鼬瓣花 Galeopsis bifida

4',5,7-trihydroxy-3-methoxyflavone-7-O-β-D-glucopyranoside 4',5,7- 三羟基 -3- 甲氧基黄酮 -7-O-β-D- 吡喃葡萄糖苷 扭瓦韦 Lepisorus contortus

5,7,4'-trihydroxy-3'-methoxyflavonol-3-O-{6-O-[(2E)-3-(4-hydroxy-3,5-dimethoxyphenyl)-1-oxo-2-propenyl]-β-D-glucopyranosyl]}-(1 → 2)-β-D-glucopyranoside 5,7,4'- 三羟基 -3'- 甲氧基黄酮醇 -3-O-{6-O-[(2E)-3-(4- 羟基 -3,5- 二甲氧基苯基)-1- 氧代 -2- 丙烯基]-β-D- 吡喃葡萄糖基]}-(1 → 2)-β-D- 吡喃葡萄糖苷 披针叶胡颓子 Elaeagnus lanceolata

5,7,4'-trihydroxy-3'-methoxyisoflavone 5,7,4'- 三羟基 -3'- 甲氧基异黄酮 蒙古黄耆 Astragalus penduliflorus, 紫椴 Tilia amurensis

5,7,4'-trihydroxy-3'-methoxyisoflavone-6-O-α-L-rhamnopyranoside 5,7,4'- 三羟基 -3'- 甲氧基异黄酮 -6-O-α-L- 吡喃鼠李糖苷 密节坡油甘 Smithia conferta

(7R,8S)-4,9,9'-trihydroxy-3-methoxyl-7,8-dihydrobenzofuran-1'-propylneolignan-3'-O-β-D-glucopyranoside (7R,8S)-4,9,9'- 三羟基 -3- 甲氧基 -7,8-

二氢苯并呋喃 -1'- 丙基新木脂素 -3'-O-β-D- 吡喃葡萄糖苷 线纹香茶菜 Isodon lophanthoides
(7R,8S)-9,3',9'-trihydroxy-3-methoxyl-7,8-dihydrobenzofuran-1'-propylneolignan-4-O-β-D-glucopyranoside (7R,8S)-9,3',9'- 三羟基 -3- 甲氧基 -7,8- 二氢苯并呋喃 -1'- 丙基新木脂素 -4-O-β-D- 吡喃葡萄糖苷 线纹香茶菜 Isodon lophanthoides
2,9,10-trihydroxy-3-methoxytetrahydroprotoberberine 2,9,10- 三羟基 -3- 甲氧基四氢原小檗碱 石生黄堇 Corydalis saxicola
1,2,7-trihydroxy-3-methoxyxanthone 1,2,7- 三羟基 -3- 甲氧基呫酮 瓜子金 Polygala japonica
1,4,7-trihydroxy-3-methoxyxanthone 1,4,7- 三羟基 -3- 甲氧基呫酮 香港远志 Polygala hongkongensis
1,5,6-trihydroxy-3-methoxyxanthone 1,5,6- 三羟基 -3- 甲氧基呫酮 金丝桃 Hypericum monogynum, 贯叶连翘 H. perforatum
1,5,7-trihydroxy-3-methoxyxanthone 1,5,7- 三羟基 -3- 甲氧基呫酮 大钟花 Megacodon stylophorus
1,5,8-trihydroxy-3-methoxyxanthone 1,5,8- 三羟基 -3- 甲氧基呫酮 胡桃楸 Juglans mandshurica, 大钟花 Megacodon stylophorus, 丽江獐牙菜 Swertia delavayi, 红直獐牙菜 S. erythrosticta, 大籽獐牙菜 S. macrosperma, 苇叶獐牙菜 S. phragmitiphylla, 紫红獐牙菜 S. punicea
1,7,8-trihydroxy-3-methoxyxanthone 1,7,8- 三羟基 -3- 甲氧基呫酮 细萼扁蕾 Gentianopsis barbata var. stenocalyx, 红直獐牙菜 Swertia erythrosticta, 贵州獐牙菜 S. kouitchensis, 大籽獐牙菜 S. macrosperma, 苇叶獐牙菜 S. phragmitiphylla, 云南獐牙菜 S. yunnanensis
1,5,8-trihydroxy-3-methoxyxanthone-8-O-β-D-glucopyranoside 1,5,8- 三羟基 -3- 甲氧基呫酮 -8-O-β-D- 吡喃葡萄糖苷 井栏边草 Pteris multifida
1,6,7-trihydroxy-3-methyl-4-(1,1,3-trimethyl-2-butenyl)-xanthone 1,6,7- 三羟基 -3- 甲基 -4-(1,1,3- 三甲基 -2- 丁烯基)- 呫酮 柘树 Cudrania tricuspidata
1,2,5-trihydroxy-3-methylanthraquinone 1,2,5- 三羟基 -3- 甲基蒽醌 海滨木巴戟 Morinda citrifolia
1,5,8-trihydroxy-3-methyl-anthraquinone 1,5,8- 三羟基 -3- 甲基蒽醌 多花勾儿茶 Berchemia floribunda
5,7,4'-trihydroxy-3'-methylflavan-4-ol 5,7,4'- 三羟基 -3'- 甲基黄烷 -4- 醇 二色补血草 Limonium bicolor
1,2,19-trihydroxy-3-oxo-12-ursen-28-oic acid 1,2,19- 三羟基 -3- 氧代 -12- 熊果烯 -28- 酸 台湾枇杷 Eriobotrya deflexa
16β,17,19-trihydroxy-3-oxo-atisane 16β,17,19- 三羟基 -3- 氧代 - 阿替烷 金刚纂 Euphorbia neriifolia
6β,8β,10β-trihydroxy-3-oxoeremophilenolide 6β,8β,10β- 三羟基 -3- 氧代荒漠木烯内酯 ▲ 兔儿风蟹甲草 Parasenecio ainsliaeflorus
(2R,3R)-3,4',7-trihydroxy-3'-prenylflavanone (2R,3R)-3,4',7- 三羟基 -3'- 异戊烯基黄烷酮 洋甘草 Glycyrrhiza glabra
3,4',5-trihydroxy-3'-prenylstilbene 3,4',5- 三羟基 -3'- 异戊烯基芪 桂木 Artocarpus nitidus subsp. lingnanensis
2α,4α,8α-trihydroxy-3α-acetoxy-11βH-guai-1(10)-en-12,6α-olide 2α,4α,8α- 三羟基 -3α- 乙酰氧基 -11βH- 愈创木 -1(10)- 烯 -12,6α- 内酯 大籽蒿 Artemisia sieversiana
7α,14β,15β-trihydroxy-3β,19-diacetoxy-ent-kaur-16-en-12-one 7α,14β,15β- 三羟基 -3β,19- 二乙酰氧基 - 对映 - 贝壳杉 -16- 烯 -12- 酮 川藏香茶菜 Isodon pharicus
2α,7β,20α-trihydroxy-3β,21-dimethoxy-5-pregnene 2α,7β,20α- 三羟基 -3β,21- 二甲氧基 -5- 孕甾烯 山芝麻 Helicteres angustifolia
1α,13β,14α-trihydroxy-3β,7β-dibenzoyloxy-9β,15β-diacetoxyjatropha-5,11E-diene 1α,13β,14α- 三羟基 -3β,7β- 二苯甲酰氧基 -9β,15β- 二乙酰麻疯树 -5,11E- 二烯 红雀珊瑚 Pedilanthus tithymaloides
7α,21S,25-trihydroxy-3β-acetoxy-21S,23R-epoxy-9(11)-en-dammarane 7α,21S,25- 三羟基 -3β- 乙酰氧基 -21S,23R- 环氧 -9(11)- 烯 - 达玛烷 香港樫木 Dysoxylum hongkongense
7α,12α,14β-trihydroxy-3β-acetoxy-ent-kaur-16-en-15-oxo-19-al 7α,12α,14β- 三羟基 -3β- 乙酰氧基 - 对映 - 贝壳杉 -16- 烯 -15- 氧代 -19- 醛 川藏香茶菜 Isodon pharicus
2β,13β,15α-trihydroxy-3β-acetoxyoleanan-12-one 2β,13β,15α- 三羟基 -3β- 乙酰氧基齐墩果 -12- 酮 茜草 Rubia cordifolia
(2S,3''S)-5,2',6'-trihydroxy-3''-γ,γ-dimethylallyl-2'',2''-dimethyl-3'',4''-dihydropyrano-[5'',6'': 6,7]-flavanone (2S,3''S)-5,2',6'- 三羟基 -3''- 异戊烯基 -2'',2''- 二甲基 -3'',4''- 二氢吡喃 -[5'',6'': 6,7] 黄烷酮 攀倒甑 Patrinia villosa
2',3,4'-trihydroxy-3'-γ,γ-dimethylallyl-6'',6''-dimethylpyrano[2'',3'':4,5]chalcone 2',3,4'- 三羟基 -3'-γ,γ- 二甲基烯丙基 -6'',6''- 二甲基吡喃 [2'',3'': 4,5] 查耳酮 洋甘草 Glycyrrhiza glabra
1,3,7-trihydroxy-4-(1,1-dimethyl-2-propenyl)-5,6-(2,2-dimethylchromeno)-xanthone 1,3,7- 三羟基 -4-(1,1- 二甲基 -2- 丙烯基)-5,6-(2,2- 二甲基色烯)- 呫酮 柘树 Cudrania tricuspidata
1,6,7-trihydroxy-4-(1,1-dimethylallyl)-3-methoxyxanthone 1,6,7- 三羟基 -4-(1,1- 二甲基烯丙基)-3- 甲氧基呫酮 构棘 Cudrania cochinchinensis
1,2,7-trihydroxy-4-(1,1-dimethylallyl)xanthone 1,2,7- 三羟基 -4-(1,1- 二甲基烯丙基) 呫酮 大叶藤黄 Garcinia xanthochymus
1,3,5-trihydroxy-4-(3'-hydroxy-3'-methylbutyl)xanthone 1,3,5- 三羟基 -4-(3'- 羟基 -3'- 甲基丁基) 呫酮 构棘 Cudrania cochinchinensis
1,3,5-trihydroxy-4-(3-hydroxy-3-methylbutyl)xanthone 1,3,5- 三羟基 -4-(3- 羟基 -3- 甲基丁基) 呫酮 柘藤 Cudrania fruticosa
2,7,2'-trihydroxy-4,4',7'-trimethoxy-1,1'-biphenanthrene 2,7,2'- 三羟基 -4,4',7'- 三甲氧基 -1,1'- 联菲 杜鹃兰 Cremastra appendiculata
2',5,7-trihydroxy-4',5'-(2,2-dimethylchromeno)-8-(3-hydroxy-3-methylbutyl)flavanone 2',5,7- 三羟基 -4',5'-(2,2- 二甲基苯并吡喃)-8-(3- 羟基 -3- 甲基丁基)- 黄烷酮 柘树 Cudrania tricuspidata
2,3,5-trihydroxy-4,6-dimethoxydihydrochalcone 2,3,5- 三羟基 -4,6- 二甲氧基二氢查耳酮 排骨灵 Fissistigma bracteolatum
3',5,7-trihydroxy-4',6-dimethoxyflavone 3',5,7- 三羟基 -4',6- 二甲氧基黄酮 短叶假木贼 Anabasis brevifolia
3,5,6-trihydroxy-4',7-dimethoxyflavone 3,5,6- 三羟基 -4',7- 二甲氧基黄酮 佛手 Citrus medica var. sarcodactylis
(6S,7E,9S)-6,9,10-trihydroxy-4,7-megastigmadien-3-one (6S,7E,9S)-6,9,10- 三羟基 -4,7- 大柱香波龙二烯 -3- 酮 苦瓜 Momordica charantia
(6S,7E,9S)-6,9,10-trihydroxy-4,7-megastigmadien-3-one-9-O-β-D-glucopyranoside (6S,7E,9S)-6,9,10- 三羟基 -4,7- 大柱香波龙二烯 -3- 酮 -9-O-β-D- 吡喃葡萄糖苷 黄皮 Clausena lansium
1,3,7-trihydroxy-4,8-dimethoxyxanthone 1,3,7- 三羟基 -4,8- 二甲氧基呫酮 红花龙胆 Gentiana rhodantha
2,3,5-trihydroxy-4,9-dimethoxyphenanthrene 2,3,5- 三羟基 -4,9- 二甲氧基菲 石斛 Dendrobium nobile
1,3,5-trihydroxy-4-geranylxanthone 1,3,5- 三羟基 -4- 香叶基呫酮 ▲ 红芽木 Cratoxylum formosum subsp. pruniflorum

(1*R*,6*R*,9*R*)-6,9,11-trihydroxy-4-megastigmen-3-one (1*R*,6*R*,9*R*)-6,9,11- 三羟基 -4- 大柱香波龙烯 -3- 酮 短果茴芹 Pimpinella brachycarpa
3,6,9-trihydroxy-4-megastigmene 3,6,9- 三羟基 -4- 大柱香波龙烯 藜 Chenopodium album
2',4,6'-trihydroxy-4'-methoxy-3'-methylchalcone 2',4,6'- 三羟基 -4'- 甲氧基 -3'- 甲基二氢查耳酮 萱草 Hemerocallis fulva
5,7,3'-trihydroxy-4'-methoxy-6,8-diprenylisoflavone 5,7,3'- 三羟基 -4'- 甲氧基 -6,8- 二异戊烯基异黄酮 厚果崖豆藤 Millettia pachycarpa
2',3',6'-trihydroxy-4'-methoxy-7-*O*-neohesperidoside 2',3',6'- 三羟基 -4'- 甲氧基 -7-*O*- 新橙皮糖苷 铁刀木 Senna siamea
3,5,7-trihydroxy-4'-methoxy-8-prenylflavone-3-*O*-*α*-L-rhamnopyranosyl-(1 → 2)-*α*-L-rhamnopyranoside 3,5,7- 三羟基 -4'- 甲氧基 -8- 异戊烯基黄酮 -3-*O*-*α*-L- 吡喃鼠李糖基 -(1 → 2)-*α*-L- 吡喃鼠李糖苷 朝鲜淫羊藿 Epimedium koreanum
2,2',5-trihydroxy-4-methoxybenzophenone 2,2',5- 三羟基 -4- 甲氧基苯甲酮 降香 Dalbergia odorifera
2,4',6-trihydroxy-4-methoxybenzophenone 2,4',6- 三羟基 -4- 甲氧基二苯甲酮 知母 Anemarrhena asphodeloides
2,6,4'-trihydroxy-4-methoxybenzophenone 2,6,4'- 三羟基 -4- 甲氧基二苯酮 知母 Anemarrhena asphodeloides
4,2',5'-trihydroxy-4'-methoxychalcone 4,2',5'- 三羟基 -4'- 甲氧基查耳酮 降香 Dalbergia odorifera
3,2',4'-trihydroxy-4-methoxy-chalcone 3,2',4'- 三羟基 -4- 甲氧基查耳酮 棉毛橐吾 Ligularia vellerea
3,3',4'-trihydroxy-4-methoxydibenzylether 3,3',4'- 三羟基 -4- 甲氧基二苄醚 买麻藤 Gnetum montanum
3',4,5'-trihydroxy-4'-methoxydihydrochalcone-3',5'-di-*O*-*β*-D-glucopyranoside 3',4,5'- 三羟基 -4'- 甲氧基二氢查耳酮 -3',5'- 二 -*O*-*β*-D- 吡喃葡萄糖苷 马醉木 Pieris japonica
3,5,7-trihydroxy-4'-methoxy-dihydroflavonol 3,5,7- 三羟基 -4'- 甲氧基黄烷酮醇 了哥王 Wikstroemia indica
3,3',5-trihydroxy-4'-methoxyflavanol-7-*O*-*β*-D-glucopyranoside 3,3',5- 三羟基 -4'- 甲氧基黄酮醇 -7-*O*-*β*-D- 吡喃葡萄糖苷 大花菟丝子 Cuscuta reflexa
2',5,7-trihydroxy-4'-methoxyflavanone 2',5,7- 三羟基 -4'- 甲氧基黄烷酮 波罗蜜 Artocarpus heterophyllus
3,5,7-trihydroxy-4'-methoxyflavanone 3,5,7- 三羟基 -4'- 甲氧基黄烷酮 飞机草 Chromolaena odorata
3',5'7-trihydroxy-4'-methoxyflavanone 3',5'7- 三羟基 -4'- 甲氧基黄烷酮 蒲公英 Taraxacum mongolicum
5,6,7-trihydroxy-4'-methoxyflavanone 5,6,7- 三羟基 -4'- 甲氧基黄烷酮 马缨丹 Lantana camara
5,7,3'-trihydroxy-4'-methoxyflavanone-7-*O*-(2''-*O*-*β*-D-glucopyranosyl)-*α*-L-rhamnopyranoside 5,7,3'- 三羟基 -4'- 甲氧基黄烷酮 -7-*O*-(2''-*O*-*β*-D- 吡喃葡萄糖)-*α*-L- 吡喃鼠李糖苷 山蓼 Oxyria digyna
3,3',7-trihydroxy-4'-methoxyflavone 3,3',7- 三羟基 -4'- 甲氧基黄酮 网脉橐吾 Ligularia dictyoneura
3,7,3'-trihydroxy-4'-methoxyflavone 3,7,3'- 三羟基 -4'- 甲氧基黄酮 小构树 Broussonetia kazinoki
5,6,7-trihydroxy-4'-methoxyflavone 5,6,7- 三羟基 -4'- 甲氧基黄酮 岩木瓜 Ficus tsiangii, 米团花 Leucosceptrum canum, 细穗玄参 Scrofella chinensis
5,7,3'-trihydroxy-4'-methoxyflavone 5,7,3'- 三羟基 -4'- 甲氧基黄酮 菟丝子 Cuscuta chinensis, 黄瑞香 Daphne giraldii, 圆穗兔耳草 Lagotis ramalana, 伞序臭黄荆 Premna serratifolia, 细穗玄参 Scrofella chinensis, 爬岩红 Veronicastrum axillare
5,7,3'-trihydroxy-4-methoxyflavone 5,7,3'- 三羟基 -4- 甲氧基黄酮 白刺花 Sophora davidii
5,7,3'-trihydroxy-4'-methoxyflavone-3-*O*-*α*-L-rhamnoside 5,7,3'- 三羟基 -4'- 甲氧基黄酮 -3-*O*-*α*-L- 鼠李糖苷 一点红 Emilia sonchifolia
3,5,7-trihydroxy-4'-methoxy-flavone-3'-*O*-*α*-*β*-D-galactopyranoside 3,5,7- 三羟基 -4'- 甲氧基 - 黄酮 -3'-*O*-*α*-*β*-D- 吡喃半乳糖苷 草棉 Gossypium herbaceum
3,5,7-trihydroxy-4'-methoxyflavone-3-*O*-*β*-D-galactopyranoside 3,5,7- 三羟基 -4'- 甲氧基黄酮 -3-*O*-*β*-D- 吡喃半乳糖苷 瓜子金 Polygala japonica
5,7,3'-trihydroxy-4'-methoxyflavone-7-*O*-*α*-L-rhamnopyranosyl-(1 → 3)-*O*-*β*-D-glucopyranosyl-(1 → 4)-*O*-*β*-D-xylopyranoside 5,7,3'- 三羟基 -4'- 甲氧基黄酮 -7-*O*-*α*-L- 吡喃鼠李糖基 -(1 → 3)-*O*-*β*-D- 吡喃葡萄糖基 -(1 → 4)-*O*-*β*-D- 吡喃木糖苷 决明 Senna tora
3,3',5,7-trihydroxy-4'-methoxyflavone-7-*O*-*β*-D-glucopyranoside 3,3',5,7- 三羟基 -4'- 甲氧基黄酮 -7-*O*-*β*-D- 吡喃葡萄糖苷 酢浆草 Oxalis corniculata
5,6,7,-trihydroxy-4'-methoxyflavone-7-*O*-*β*-D-glucopyranoside 5,6,7- 三羟基 -4'- 甲氧基黄酮 -7-*O*-*β*-D- 吡喃葡萄糖苷 三对节 Clerodendrum serratum
5,7,8-trihydroxy-4'-methoxyflavone-7-*O*-*β*-D-glucopyranoside 5,7,8- 三羟基 -4'- 甲氧基黄酮 -7-*O*-*β*-D- 吡喃葡萄糖苷 香苹婆 Sterculia foetida
3,5,6-trihydroxy-4'-methoxyflavone-7-*β*-D-galactoside 3,5,6- 三羟基 -4'- 甲氧基黄酮 7-*β*-D- 半乳糖苷 缢苞麻花头 Serratula strangulata
3,5,6-trihydroxy-4'-methoxyflavone-7-*β*-D-glucoside 3,5,6- 三羟基 -4'- 甲氧基黄酮 -7-*β*-D- 葡萄糖苷 缢苞麻花头 Serratula strangulata
5,7,8-trihydroxy-4'-methoxyflavone-8-*O*-*β*-D-glucopyranoside 5,7,8- 三羟基 -4'- 甲氧基黄酮 -8-*O*-*β*-D- 吡喃葡萄糖苷 香苹婆 Sterculia foetida
(3*R*)-2',3',7-trihydroxy-4'-methoxyisoflavan (3*R*)-2',3',7- 三羟基 -4'- 甲氧基异黄烷 洋甘草 Glycyrrhiza glabra
(3*R*)-7,2',3'-trihydroxy-4'-methoxyisoflavan (3*R*)-7,2',3'- 三羟基 -4'- 甲氧基异黄烷 黄耆 Astragalus penduliflorus subsp. mongholicus var. dahuricus, 镰荚棘豆 Oxytropis falcata
2',3',7-trihydroxy-4'-methoxyisoflavan 2',3',7- 三羟基 -4'- 甲氧基异黄烷 降香 Dalbergia odorifera
2',4,7-trihydroxy-4'-methoxyisoflavan 2',4,7- 三羟基 -4'- 甲氧基异黄烷 少花米口袋 Gueldenstaedtia verna
4,7,2'-trihydroxy-4'-methoxyisoflavan 4,7,2'- 三羟基 -4'- 甲氧基异黄烷 白英 Solanum lyratum
5,7,2'-trihydroxy-4'-methoxyisoflavone 5,7,2'- 三羟基 -4'- 甲氧基异黄酮 台湾山豆根 Euchresta formosana
5,7,3'-trihydroxy-4'-methoxyisoflavone 5,7,3'- 三羟基 -4'- 甲氧基异黄酮 鹿藿 Rhynchosia volubilis
3',5,7-trihydroxy-4-methoxystilbene 3',5,7- 三羟基 -4- 甲氧基芪 喜马拉雅大黄 Rheum webbianum
1,3,7-trihydroxy-4-methoxyxanthone 1,3,7- 三羟基 -4- 甲氧基𠮿酮 长梗喉毛花 Comastoma pedunculatum, 蝉翼藤 Securidaca inappendiculata
1,3,8-trihydroxy-4-methoxyxanthone 1,3,8- 三羟基 -4- 甲氧基𠮿酮 蝉翼藤 Securidaca inappendiculata

3,5,2'-trihydroxy-4-methylbibenzyl 3,5,2'- 三羟基 -4- 甲基二苯乙烷 百部 Stemona japonica
1,3,5-trihydroxy-4-prenylxanthone 1,3,5- 三羟基 -4- 异戊烯基吡酮 构棘 Cudrania cochinchinensis, 柘树 C. tricuspidata
1,3,6-trihydroxy-4-prenylxanthone 1,3,6- 三羟基 -4- 异戊烯基吡酮 构棘 Cudrania cochinchinensis
1,3,7-trihydroxy-4-prenylxanthone 1,3,7- 三羟基 -4- 异戊烯基吡酮 构棘 Cudrania cochinchinensis
1,3,7-trihydroxy-4-β-D-glucopyranosyl-xanthone 1,3,7- 三羟基吡酮 -4-β-D- 吡喃葡萄糖苷 台湾肺形草 Tripterospermum taiwanense
2,3,7-trihydroxy-5-(3,4-dihydroxy-*E*-styryl)-6,7,8,9-tetrahydro-5*H*-benzocycloheptene 2,3,7- 三羟基 -5-(3,4- 二羟基 - 反式 - 苯乙烯基)-6,7,8,9- 四氢 -5*H*- 苯并环已烯 香豆蔻 Amomum subulatum
7α,8β,13-trihydroxy-5,13-marasmanolide 7α,8β,13- 三羟基 -5,13- 小皮伞内酯 辣味乳菇 Lactarius piperatus
7,8,3'-trihydroxy-5,3'-dimethoxyflavonol 7,8,3'- 三羟基 -5,3'- 二甲氧基黄酮醇 刺花椒 Zanthoxylum acanthopodium
7,8,3'-trihydroxy-5,3'-dimethoxyflavonol 7-*O*-α-D-glucoside 7,8,3'- 三羟基 -5,3'- 二甲氧基黄酮醇 -7-*O*-α-D- 葡萄糖苷 刺花椒 Zanthoxylum acanthopodium
(3*S*,4*S*,5*R*,6*R*)-3,4,6-trihydroxy-5,6-dihydro-β-ionol (3*S*,4*S*,5*R*,6*R*)-3,4,6- 三羟基 -5,6- 二氢 -β- 香堇醇 绞股蓝 Gynostemma pentaphyllum
1,2,8-trihydroxy-5,6-dimethoxyxanthone 1,2,8- 三羟基 -5,6- 二甲氧基吡酮 双蝴蝶 Tripterospermum chinense
1,3,7-trihydroxy-5,6-dimethoxyxanthone 1,3,7- 三羟基 -5,6- 二甲氧基吡酮 金丝桃 Hypericum monogynum
1,3,6-trihydroxy-5,7-dimethoxyxanthone 1,3,6- 三羟基 -5,7- 二甲氧基吡酮 红厚壳 Calophyllum inophyllum
6,12,15-trihydroxy-5,8,11,13-abietatetraen-7-one 6,12,15- 三羟基 -5,8,11,13- 冷杉四烯 -7- 酮 细花线纹香茶菜 Isodon lophanthoides var. graciliflorus, 溪黄草 I. serra
(1*S*,3*R*,4*R*,5*R*)-1,3,4-trihydroxy-5-[[(2*E*)-3-(4-hydroxy-3-methoxyphenyl)-1-oxo-2-propenyl]oxy]-cyclohexanecarboxylic acid (1*S*,3*R*,4*R*,5*R*)-1,3,4- 三羟基 -5-{[(2 反式)-3 三羟基 -(4- 羟基 -3- 甲氧基苯基)-1- 氧 -2- 丙烯基] 氧 }- 环已烷羧酸 黄檗 Phellodendron amurense
1,3,4-trihydroxy-5-[[3-(3-hydroxyphenyl)-1-oxo-2-propenyl]oxy]-[1α,3α,4α,5β(*E*)]cyclohexanecarboxylic acid) 1,3,4- 三羟基 -5-[3-(3- 羟基苯基)-1- 氧代 -2- 丙烯氧基]-(1α,3α,4α,5β*E*) 环已烷羧酸 杏香兔儿风 Ainsliaea fragrans
1,3,6-trihydroxy-5-ethoxylmethylanthraguinone 1,3,6- 三羟基 -5- 乙氧甲基蒽醌 红大戟 Knoxia roxburghii
7,2',4'-trihydroxy-5-methoxy-3-arylcoumarin 7,2',4'- 三羟基 -5- 甲氧基 -3- 芳基香豆素 毛杭子梢 Campylotropis hirtella, 甘草 Glycyrrhiza uralensis
1,4,6-trihydroxy-5-methoxy-7-prenylxanthone 1,4,6- 三羟基 -5- 甲氧基 -7- 异戊烯基吡酮 大叶藤黄 Garcinia xanthochymus
1,2,6-trihydroxy-5-methoxy-7-prenyl-xanthone 1,2,6- 三羟基 -5- 甲氧基 -7- 异戊烯基 - 吡酮 大叶藤黄 Garcinia xanthochymus
1,4,6-trihydroxy-5-methoxy-7-prenyl-xanthone 1,4,6- 三羟基 -5- 甲氧基 -7- 异戊烯基 - 吡酮 大叶藤黄 Garcinia xanthochymus
2,4,7-trihydroxy-5-methoxy-9-fluorenone 2,4,7- 三羟基 -5- 甲氧基 -9- 芴酮 鼓槌石斛 Dendrobium chrysotoxum, 石斛 D. nobile
2,4,6-trihydroxy-5-methoxyactophenone 2,4,6- 三羟基 -5- 甲氧基苯乙酮 见血封喉 Antiaris toxicaria
2,3,4-trihydroxy-5-methoxybenzoic acid 2,3,4- 三羟基 -5- 甲氧基苯甲酸 东方泽泻 Alisma orientale
5,8,2'-trihydroxy-5'-methoxyflavanone 5,8,2'- 三羟基 -5'- 甲氧基黄烷酮 牛尾蒿 Artemisia dubia
(2*S*)-2',6',7-trihydroxy-5-methoxyflavanone (2*S*)-2',6',7- 三羟基 -5- 甲氧基黄烷酮 黄芩 Scutellaria baicalensis
3',4',7-trihydroxy-5-methoxyflavanone 3',4',7- 三羟基 -5- 甲氧基黄酮 野鸡尾金粉蕨 Onychium japonicum
5,8,2-trihydroxy-5-methoxyflavaone 5,8,2- 三羟基 -5'- 甲氧基黄烷酮 珠芽蓼 Polygonum viviparum
3,7,4'-trihydroxy-5-methoxyflavone 3,7,4'- 三羟基 -5- 甲氧基黄酮 长穗柽柳 Tamarix elongata, 短穗柽柳 T. laxa
7,3',4'-trihydroxy-5-methoxyflavone 7,3',4'- 三羟基 -5- 甲氧基黄酮 长穗柽柳 Tamarix elongata, 短穗柽柳 T. laxa
7,3',4'-trihydroxy-5-methoxyflavonol 7,3',4'- 三羟基 -5- 甲氧黄酮醇 厚藤 Ipomoea pes-caprae
1,4,7-trihydroxy-5-methoxyfluorenone 1,4,7- 三羟基 -5- 甲氧基芴酮 束花石斛 Dendrobium chrysanthum, 翅梗石斛 D. trigonopus
5,7,4'-trihydroxy-5'-methoxyisofalvone-3'-*O*-β-D-glucopyranoside 5,7,4'- 三羟基 -5'- 甲氧基异黄酮 -3'-*O*-β-D- 吡喃葡萄糖苷 翅子树 Pterospermum acerifolium
5,7,3'-trihydroxy-5'-methoxylisoflavone 5,7,3'- 三羟基 -5'- 甲氧基异黄酮 胡卢巴 Trigonella foenum-graecum
1,2,3-trihydroxy-5-methoxyxanthone 1,2,3- 三羟基 -5- 甲氧基吡酮 薄叶红厚壳 Calophyllum membranaceum, 花锚 Halenia corniculata
1,3,6-trihydroxy-5-methoxyxanthone 1,3,6- 三羟基 -5- 甲氧基吡酮 薄叶红厚壳 Calophyllum membranaceum, 红芽木 Cratoxylum formosum subsp. pruniflorum, 构棘 Cudrania cochinchinensis, 金丝桃 Hypericum monogynum
1,3,7-trihydroxy-5-methoxyxanthone 1,3,7- 三羟基 -5- 甲氧基吡酮 大叶藤黄 Garcinia xanthochymus, 金丝桃 Hypericum monogynum
1,3,8-trihydroxy-5-methoxyxanthone 1,3,8- 三羟基 -5- 甲氧基吡酮 胡桃楸 Juglans mandshurica, 川东獐牙菜 Swertia davidii, 红直獐牙菜 S. erythrosticta, 显脉獐牙菜 S. nervosa, 紫红獐牙菜 S. punicea
1,4,6-trihydroxy-5-methoxyxanthone 1,4,6- 三羟基 -5- 甲氧基吡酮 大叶藤黄 Garcinia xanthochymus
2α,3α,4β-trihydroxy-5-pregnan-16-one 2α,3α,4β- 三羟基 -5- 孕甾 -16- 酮 浆果楝 Cipadessa baccifera
3β,14β,16β-trihydroxy-5α-bufa-20,22-dienolide 3β,14β,16β- 三羟基 -5α- 蟾蜍甾 -20,22- 二烯酯 铁筷子 Helleborus thibetanus
2β,3α,9α-trihydroxy-5α-ergosta-7,22-dien 2β,3α,9α- 三羟基 -5α- 麦角甾 -7,22- 二烯 松杉灵芝 Ganoderma tsugae
4α,8β,9α-trihydroxy-5α*H*-7(11)-eudesmen-12,8α-olide 4α,8β,9α- 三羟基 -5α*H*-7(11)- 桉叶 -12,8α- 内酯 宽舌橐吾 Ligularia platyglossa
2α,3α,20*R*-trihydroxy-5α-pregnane-16β-methacrylate 2α,3α,20*R*- 三羟基 -5α- 孕甾 -16β- 丙烯酸甲酯 楝 Melia azedarach
(25*R*)-2α,3β,12β-trihydroxy-5α-spirostane-3-*O*-[*O*-α-L-rhamnopyranosyl-(1 → 2)-β-D-galactopyranoside] (25*R*)-2α,3β,12β- 三羟基 -5α- 螺甾 -3-*O*-[*O*-α-L- 吡喃鼠李糖基 -(1 → 2)-β-D- 吡喃半乳糖苷] 玉簪 Hosta plantaginea
(22*R*,23*R*,25*S*)-3β,6α,23-trihydroxy-5α-spirostane-6-*O*-β-D-xylopyranosyl-(1 → 3)-*O*-β-D-quinovopyranoside (22*R*,23*R*,25*S*)-3β,6α,23- 三羟基 -5α- 螺甾 -6-*O*-β-D- 吡喃木糖基 -(1 → 3)-*O*-β-D- 吡喃金鸡纳糖苷 黄果茄 Solanum virginianum
(22*R*,23*S*,25*S*)-3β,6α,23-trihydroxy-5α-spirostane-6-*O*-β-D-xylopyranosyl-(1 → 3)-*O*-β-D-quinovopyranoside (22*R*,23*S*,25*S*)-3β,6α,23- 三羟基 -5α-

T

螺甾 -6-O-β-D- 吡喃木糖基 -(1 → 3)-O-β-D- 吡喃金鸡纳糖苷 黄果茄 Solanum virginianum

(22R,23S,25R)-3β,6α,23-trihydroxy-5α-spirostane-6-O-β-D-xylopyranosyl-(1 → 3)-β-D-quinovopyranoside (22R,23S,25R)-3β,6α,23- 三羟基 -5α- 螺甾 -6-O-β-D- 吡喃木糖基 -(1 → 3)-β-D- 吡喃金鸡纳糖苷 黄果茄 Solanum virginianum

3β,5,14-trihydroxy-5β-card-20(22)-enolide 3β,5,14- 三羟基 -5β- 强心甾 -20(22)- 内酯 见血封喉 Antiaris toxicaria

3β,14,16β-trihydroxy-5β-card-20(22)-enolide-16-acetate 3β,14,16β- 三羟基 -5β- 强心甾 -20(22)- 烯内酯 -16- 乙酰化物 清明花 Beaumontia grandiflora

2β,3α,4β-trihydroxy-5β-pregn-16-en-20-one 2β,3α,4β- 三羟基 -5β- 孕甾 -16- 烯 -20- 酮 细柄薯蓣 Dioscorea tenuipes

1β,2β,3β-trihydroxy-5β-spirost-25(27)-en-5-β-D-galactopyranoside 1β,2β,3β- 三羟基 -5β- 螺甾 -25(27)- 烯 -5-β-D- 吡喃半乳糖苷 铃兰 Convallaria majalis

(25S)-1β,2β,3β-trihydroxy-5β-spirostan-5-β-D-galactopyranoside (25S)-1β,2β,3β- 三羟基 -5β- 螺甾 -5-β-D- 吡喃半乳糖苷 铃兰 Convallaria majalis

5,3',4'-trihydroxy-6",6"-dimethylpyrano-[2",3";7,6]isoflavone 5,3',4'- 三羟基 -6",6"- 二甲基吡喃 -[2",3";7,6] 异黄酮 柘树 Cudrania tricuspidata

5,7,4'-trihydroxy-6-(3,3-dimethylallyloxiranylmethyl)isoflavone 5,7,4'- 三羟基 -6-(3,3- 二甲基烯丙基环氧乙烷甲基)- 异黄酮 刺桐 Erythrina variegata

4',5,7-trihydroxy-6-(3",4"-dihydroxybenzyl)flavone 4',5,7- 三羟基 -6-(3",4"- 二羟苄基) 查耳酮 野鸡尾金粉蕨 Onychium japonicum

(2S)-2',5,7-trihydroxy-6-(3-hydroxy-3-methylbutyl)-6",6"-dimethylpyrano[2",3":4',5']flavanone (2S)-2',5,7- 三羟基 -6-(3- 羟基 -3- 甲基丁基)-6",6"- 二甲基吡喃 [2",3":4',5'] 黄烷酮 柘树 Cudrania tricuspidata

rel-2R,5S,9S,10R,11R,12-trihydroxy-6(7)-spirovetiven-8-one-9-O-β-D-glucopyranoside 相对匍匐筋骨草苷 -2R,5S,9S,10R,11R,12- 三羟基 -6(7)- 螺环岩兰草烯 -8- 酮 -9-O-β-D- 吡喃葡萄糖苷 黄花烟草 Nicotiana rustica

5,3',4'-trihydroxy-6-(γ,γ-dimethylallyl)-6",6"-dimethylpyrano-(2",3":7,8)-flavanone 5,3',4'- 三羟基 -6-(γ,γ- 二甲基烯丙基)-6",6"- 二甲基吡喃 -(2",3":7,8)- 黄烷酮 锈毛鱼藤 Derris ferruginea

5,7,4'-trihydroxy-6,3',5'-trimethoxyflavone 5,7,4'- 三羟基 -6,3',5'- 三甲氧基黄酮 冷蒿 Artemisia frigida

5,7,4'-trihydroxy-6,3'-dimethoxyflavone 5,7,4'- 三羟基 -6,3'- 二甲氧基黄酮 东北丝裂蒿 Artemisia adamsii, 冷蒿 A. frigida, 细裂叶莲蒿 A. gmelinii, 盔瓣耳叶苔 Frullania muscicola, 地肤 Kochia scoparia

5,4',6'-trihydroxy-6,3'-dimethoxyflavone-7-O-glucosylpyranoside 5,4',6'- 三羟基 -6,3'- 二甲氧基黄酮 -7-O- 吡喃葡萄糖苷 非洲戴星草 Sphaeranthus senegalensis

5,7,4'-trihydroxy-6,3'-dimethoxyflavone-7-O-α-L-arabinopyranosyl-(1 → 6)-O-β-D-galactopyranoside 5,7,4'- 三羟基 -6,3'- 二甲氧基黄酮 -7-O-α-L- 吡喃阿拉伯糖基 -(1 → 6)-O-β-D- 吡喃半乳糖苷 印度草木犀 Melilotus indicus

5,7,4'-trihydroxy-6,3'-diprenylisoflavone 5,7,4'- 三羟基 -6,3'- 二异戊烯基异黄酮 大叶千斤拔 Flemingia macrophylla, 厚果崖豆藤 Millettia pachycarpa

5,7,3'-trihydroxy-6,4',5'-trimethoxyflavone 5,7,3'- 三羟基 -6,4',5'- 三甲氧基黄酮 艾 Artemisia argyi, 冷蒿 A. frigida, 栀子 Gardenia jasminoides, 大黄栀子 G. sootepensis

5,7,3'-trihydroxy-6,4',5'-trimethoxyisoflavone 5,7,3'- 三羟基 -6,4',5'- 三甲氧基异黄酮 谷精草 Eriocaulon buergerianum

3,5,7-trihydroxy-6,4'-dimethoxyflavone 3,5,7- 三羟基 -6,4'- 二甲氧基黄酮 黄果茄 Solanum virginianum

5,7,3'-trihydroxy-6,4'-dimethoxyflavone 5,7,3'- 三羟基 -6,4'- 二甲氧基黄酮 菟丝子 Cuscuta chinensis, 过江藤 Phyla nodiflora

1,3,5-trihydroxy-6',6'-dimethyl-2H-pyrano(2',3':6,7)xanthone 1,3,5- 三羟基 -6',6'- 二甲基 -2H- 吡喃并 (2',3':6,7) 呫酮 云树 Garcinia cowa

3,5,4'-trihydroxy-6,7,3'-trimethoxyflavone 3,5,4'- 三羟基 -6,7,3'- 三甲氧基黄酮 粗叶榕 Ficus hirta

5,8,4'-trihydroxy-6,7,3'-trimethoxylflavone 5,8,4'- 三羟基 -6,7,3'- 三甲氧基黄酮 冬凌草 Isodon rubescens

5,3',5'-trihydroxy-6,7,4'-trimethoxyflavone 5,3',5'- 三羟基 -6,7,4'- 三甲氧基黄酮 千里香 Murraya paniculata

5,8,3'-trihydroxy-6,7,4'-trimethoxyflavone-8-O-β-D-glucopyranoside 5,8,3'- 三羟基 -6,7,4'- 三甲氧基黄酮 -8-O-β-D- 吡喃葡萄糖苷 千里香 Murraya paniculata

5,3',4'-trihydroxy-6,7,5'-trimethoxyflavone 5,3',4'- 三羟基 -6,7,5'- 三甲氧基黄酮 小叶马缨丹 Lantana montevidensis

5,2',6'-trihydroxy-6,7,8-trimethoxyflavanone 5,2',6'- 三羟基 -6,7,8- 三甲氧基黄烷酮 二刺叶兔唇花 Lagochilus diacanthophyllus

5,2',6'-trihydroxy-6,7,8-trimethoxyflavanone-2'-O-β-D-glucopyranoside 5,2',6'- 三羟基 -6,7,8- 三甲氧基黄烷酮 -2'-O-β-D- 吡喃葡萄糖苷 二刺叶兔唇花 Lagochilus diacanthophyllus

5,2',6'-trihydroxy-6,7,8-trimethoxyflavone 5,2',6'- 三羟基 -6,7,8- 三甲氧基黄酮 二刺叶兔唇花 Lagochilus diacanthophyllus

5,2',6'-trihydroxy-6,7,8-trimethoxyflavone-2'-glucopyranoside 5,2',6'- 三羟基 -6,7,8- 三甲氧基黄酮 -2'- 吡喃葡萄糖苷 黄芩 Scutellaria baicalensis

5,2',6'-trihydroxy-6,7,8-trimethoxyflavone-2'-O-β-D-glucopyranoside 5,2',6'- 三羟基 -6,7,8- 三甲氧基黄酮 -2'-O-β-D- 吡喃葡萄糖苷 二刺叶兔唇花 Lagochilus diacanthophyllus

1,3,5-trihydroxy-6,7-[2'-(1-hydroxy-1-methylethyl)-dihydrofurano]-xanthone 1,3,5- 三羟基 -6,7-[2'-(1- 羟基 -1- 甲基乙烯基)- 二氢呋喃]- 呫酮 黄海棠 Hypericum ascyron

1,3,5-trihydroxy-6,7-[2'-(1-methylethenyl)-dihydrofurano]-xanthone 1,3,5- 三羟基 -6,7-[2'-(1- 甲基乙烯基)- 二氢呋喃]- 呫酮 黄海棠 Hypericum ascyron

5,3',4'-trihydroxy-6,7-dimethoxy-8-C-[β-D-apiofuranosyl-(1 → 2)]-β-D-glucopyranosylflavone 5,3',4'- 三羟基 -6,7- 二甲氧基 -8-C-[β-D- 呋喃芹糖基 -(1 → 2)]-β-D- 吡喃葡萄糖基黄酮苷 旋蒴苣苔 Boea hygrometrica

5,3',4'-trihydroxy-6,7-dimethoxy-8-C-[β-D-xylopyranosyl-(1 → 2)]-β-D-glucopyranosylflavone 5,3',4'- 三羟基 -6,7- 二甲氧基 -8-C-[β-D- 吡喃木糖基 -(1 → 2)]-β-D- 吡喃葡萄糖基黄酮苷 旋蒴苣苔 Boea hygrometrica

1,2,7-trihydroxy-6,7-dimethoxyanthraquinone 1,2,8- 三羟基 -6,7- 二甲氧基蒽醌 钝叶决明 Senna tora var. obtusifolia

2',5,8-trihydroxy-6,7-dimethoxyflavone 2',5,8- 三羟基 -6,7- 二甲氧基黄酮 黄芩 Scutellaria baicalensis
3,4',5-trihydroxy-6,7-dimethoxyflavone 3,4',5- 三羟基 -6,7- 二甲氧基黄酮 假连翘 Duranta erecta
3',4',5-trihydroxy-6,7-dimethoxyflavone 3',4',5- 三羟基 -6,7- 二甲氧基黄酮 拟缺香茶菜 Isodon excisoides
5,3',4'-trihydroxy-6,7-dimethoxyflavone 5,3',4'- 三羟基 -6,7- 二甲氧基黄酮 野菊 Chrysanthemum indicum, 甘青青兰 Dracocephalum tanguticum
5,2',6'-trihydroxy-6,7-dimethoxyflavone-2'-*O*-*β*-D-glucopyranoside 5,2',6'- 三羟基 -6,7- 二甲氧基黄酮 -2'-*O*-*β*-D- 吡喃葡萄糖苷 黄芩 Scutellaria baicalensis
5,3',4'-trihydroxy-6,7-dimethoxyl-8-*C*-[*β*-D-xylocopyranosyl-(1 → 2)]-*β*-D-glucopyranosylflavone 5,3',4'- 三羟基 -6,7- 二甲氧基 -8-*C*-[*β*-D- 吡喃木糖基 -(1 → 2)]-*β*-D- 吡喃葡萄糖基黄酮 珊瑚苣苔 Corallodiscus lanuginosus
1,3,5-trihydroxy-6,7-dimethoxyxanthone 1,3,5- 三羟基 -6,7- 二甲氧基𠮿酮 金丝桃 Hypericum monogynum
3,5,4'-trihydroxy-6,7-methylenedioxy-3-*O*-*β*-D-glucopyranoside 3,5,4'- 三羟基 -6,7- 亚甲二氧基 -3-*O*-*β*-D- 吡喃葡萄糖苷 蓼蓝 Polygonum tinctorium
5,2',3'-trihydroxy-6,7-methylenedioxyflavanone 5,2',3'- 三羟基 -6,7- 亚甲二氧基黄烷酮 细叶鸢尾 Iris tenuifolia
3,5,4'-trihydroxy-6,7-methylenedioxyflavone 3,5,4'- 三羟基 -6,7- 亚甲二氧基黄酮 千日红 Gomphrena globosa, 蓼蓝 Polygonum tinctorium
3,5,4'-trihydroxy-6,7-methylenedioxyflavone-3-(2-pentosyl)-hexoside 3,5,4'- 三羟基 -6,7- 亚甲二氧基黄酮 -3-(2- 戊糖基)- 己糖苷 千日红 Gomphrena globosa
3,5,4'-trihydroxy-6,7-methylenedioxyflavone-3-(2-pentosyl-6-acetyl)-hexoside 3,5,4'- 三羟基 -6,7- 亚甲二氧基黄酮 -3-(2- 戊糖基 -6- 乙酰基)- 己糖苷 千日红 Gomphrena globosa
3,5,4'-trihydroxy-6,7-methylenedioxyflavone-3-(6-rhamnosyl)-hexoside 3,5,4'- 三羟基 -6,7- 亚甲二氧基黄酮 -3-(6- 鼠李糖基)- 己糖苷 千日红 Gomphrena globosa
3,5,4'-trihydroxy-6,7-methylenedioxyflavone-3-hexoside 3,5,4'- 三羟基 -6,7- 亚甲二氧基黄酮 -3- 己糖苷 千日红 Gomphrena globosa
3,5,4'-trihydroxy-6,7-methylenedioxyflavone-3-*O*-(6-acetyl)-hexoside 3,5,4'- 三羟基 -6,7- 亚甲二氧基黄酮 -3-(6- 乙酰基)- 己糖苷 千日红 Gomphrena globosa
6*β*,11*α*,15*α*-trihydroxy-6,7-seco-6,20-epoxy-1*α*,7-olide-*ent*-kaur-16-ene 6*β*,11*α*,15*α*- 三羟基 -6,7- 裂环 -6,20- 环氧 -1*α*,7- 内酯 - 对映 - 贝壳杉 -16- 烯 尾叶香茶菜 Isodon excisus
6*Hβ*-11,12,16-trihydroxy-6,7-secoabieta-8,11,13-trien-6,7-dial-11,6-hemiacetal 6*Hβ*-11,12,16- 三羟基 -6,7- 裂环冷杉 -8,11,13- 三烯 -6,7- 二醛 -11,6- 半缩醛 海榄雌 Avicennia marina
6*Hα*-11,12,16-trihydroxy-6,7-secoabieta-8,11,13-triene-6,7-dial-11,6-hemiacetal 6*Hα*-11,12,16- 三羟基 -6,7- 裂环冷杉 -8,11,13- 三烯 -6,7- 二醛 -11,6- 半缩醛 海榄雌 Avicennia marina
5,7,4'-trihydroxy-6,8,3',6'-tetramethoxy-2,3-dihydroflavonol 5,7,4'- 三羟基 -6,8,3',6'- 四甲氧基 -2,3- 二氢黄酮醇 狭叶番泻 Cassia angustifolia
2',4',7-trihydroxy-6,8-bis(3-methyl-2-butenyl)flavanone 2',4',7- 三羟基 -6,8- 二 (3- 甲基 -2- 丁烯基) 黄烷酮 越南槐 Sophora tonkinensis
4',5,7-trihydroxy-6,8-di-(2-hydroxy-3-methylbut-3-enyl)-flavanone 4',5,7- 三羟基 -6,8- 二 -(2- 羟基 -3- 甲基丁 -3- 烯基)- 黄烷酮 鱼藤 Derris trifoliata
5,7,4'-trihydroxy-6,8-di(3,3-dimethylallyl)isoflavone 5,7,4'- 三羟基 -6,8- 二 (3,3- 二甲基烯丙基) 异黄酮 刺桐 Erythrina variegata
1,2,7-trihydroxy-6,8-dimethoxy-3-methylanthraquinone 1,2,7- 三羟基 -6,8- 二甲氧基 -3- 甲基蒽醌 槐叶决明 Senna occidentalis var. sophera
1,2,5-trihydroxy-6,8-dimethoxyxanthone 1,2,5- 三羟基 -6,8- 二甲氧基𠮿酮 蝉翼藤 Securidaca inappendiculata
4',5,7-trihydroxy-6,8-dimethylhomoisoflavanone 4',5,7- 三羟基 -6,8- 二甲基高异黄烷酮 短筒黄精 Polygonatum altelobatum, 玉竹 P. odoratum
5,7,4'-trihydroxy-6,8-di-*p*-hydroxybenzylflavanone 5,7,4'- 三羟基 -6,8- 二对羟苄基黄烷酮 柘树 Cudrania tricuspidata
5,7,4'-trihydroxy-6,8-diprenylisoflavone 5,7,4'- 三羟基 -6,8- 二异戊烯基异黄酮 柘树 Cudrania tricuspidata, 刺桐 Erythrina variegata, 山豆根 Euchresta japonica, 大叶千斤拔 Flemingia macrophylla, 千斤拔 F. philippinensis, 厚果崖豆藤 Millettia pachycarpa
11,4',5'-trihydroxy-6a,12a-dehydrodeguelin 11,4',5'- 三羟基 -6a,12a- 去氢鱼藤素 毛鱼藤 Derris elliptica
cis-3,4,5-trihydroxy-6-acetyl-7-methoxy-2,2-dimethylchroman 顺式 -3,4,5- 三羟基 -6- 乙酰基 -7- 甲氧基 -2,2- 二甲基色烷 三桠苦 Euodia lepta
5,7,4'-trihydroxy-6-*C*-*β*-D-glucopyranosylflavonoside 5,7,4'- 三羟基 -6-*C*-*β*-D- 吡喃葡萄糖基黄酮苷 撑篙竹 Bambusa pervariabilis
2,3,5-trihydroxy-6-ethoxy-4-methoxydihydrochalcone 2,3,5- 三羟基 -6- 乙氧基 -4- 甲氧基二氢查耳酮 排骨灵 Fissistigma bracteolatum
3,8,9-trihydroxy-6*H*-benzo[c]chromen-6-one 3,8,9- 三羟基 -6*H*- 苯并 [c] 色烯 -6- 酮 苏木 Caesalpinia sappan
13-(3,4,5-trihydroxy-6-hydroxymethyltetrahydropyran-2-yloxymethyl)-14-oxa-12-azabicyclo[8.3.1]tetradec-5-en-11-one 13-(3,4,5- 三羟基 -6- 羟甲基四氢吡喃 -2- 氧甲基)-14- 氧杂 -12- 氮杂双环 [8.3.1] 十四碳 -5- 烯 -11- 酮 紫锦木 Euphorbia cotinifolia subsp. cotinoides
5,7,2'-trihydroxy-6-methoxlflavone-7-*O*-*β*-D-glucuronopyrdnoside methyl ester 5,7,2'- 三羟基 -6- 甲氧基黄酮 -7-*O*-*β*-D- 吡喃葡萄糖醛酸苷甲酯 滇黄芩 Scutellaria amoena
1,3,5-trihydroxy-6-methoxy-2-methoxymethylanthraquinone 1,3,5- 三羟基 -6- 甲氧基 -2- 甲氧甲基蒽醌 红大戟 Knoxia roxburghii
1,5,7-trihydroxy-6-methoxy-2-methoxymethylanthraquinone 1,5,7- 三羟基 -6- 甲氧基 -2- 甲氧基甲基蒽醌 海滨木巴戟 Morinda citrifolia
1,3,8-trihydroxy-6-methoxy-2-methylanthraquinone 1,3,8- 三羟基 -6- 甲氧基 -2- 甲基蒽醌 密叶决明 Senna multijuga
2,4,4'-trihydroxy-6-methoxy-3-(3''-hydroxy-2''-methoxy-3''-methylbutyl)-chalcone 2,4,4'- 三羟基 -6- 甲氧基 -3-(3''- 羟基 -2''- 甲氧基 -3''- 甲基丁基)- 查耳酮 啤酒花 Humulus lupulus
(*E*)-4,2',4'-trihydroxy-6'-methoxy-3',5'-dimethylchalcone (*E*)-4,2',4'- 三羟基 -6'- 甲氧基 -3',5'- 二甲基查耳酮 水翁 Cleistocalyx operculatus
2,2',4'-trihydroxy-6'-methoxy-3',5'-dimethylchalcone 2,2',4'- 三羟基 -6'- 甲氧基 -3',5'- 二甲基查耳酮 水翁 Cleistocalyx operculatus
3*R*,5*S*,6*S*,7*E*,9*S*-3,5,9-trihydroxy-6-methoxy-7-megastigmane 3*R*,5*S*,6*R*,7*E*,9*S*-3,5,9- 三羟基 -6- 甲氧基 -7- 甲基环己烯 海杧果 Cerbera

T

manghas

(3*R*,5*S*,6*S*,7*E*,9*R*)-3,5,9-trihydroxy-6-methoxy-7-megastigmene-9-*O*-*β*-D-glucopyranoside (3*R*,5*S*,6*S*,7*E*,9*R*)-3,5,9- 三羟基 -6- 甲氧基 -7- 大柱香波龙烯 -9-*O*-*β*-D- 吡喃葡萄糖苷 暴马丁香 Syringa reticulata subsp. amurensis

5,7,4'-trihydroxy-6-methoxy-8-*C*-[*β*-D-xylopyranosyl-(1 → 2)]-*β*-D-glucopyranosylflavone 5,7,4'- 三羟基 -6- 甲氧基 -8-*C*-[*β*-D- 吡喃木糖基 -(1 → 2)]-*β*-D- 吡喃葡萄糖基黄酮苷 旋蒴苣苔 Boea hygrometrica, 珊瑚苣苔 Corallodiscus lanuginosus

5,7,4'-trihydroxy-6-methoxy-8-*C*-*β*-D-glucopyranosylflavone 5,7,4'- 三羟基 -6- 甲氧基 -8-*C*-*β*-D- 吡喃葡萄糖基黄酮苷 旋蒴苣苔 Boea hygrometrica

2,3,4-trihydroxy-6-methoxyacetopenone-3-*β*-D-glucopyranoside 2,3,4- 三羟基 -6- 甲氧基苯乙酮 -3-*β*-D- 吡喃葡萄糖苷 番红花 Crocus sativus

2,2',4'-trihydroxy-6'-methoxychalcone 2,2',4'- 三羟基 -6'- 甲氧基查耳酮 沙滩黄芩 Scutellaria strigillosa

5,7,3'-trihydroxy-6-methoxycoumaronochromone 5,7,3'- 三羟基 -6- 甲氧香豆色酮 黄菖蒲 Iris pseudacorus

4',5,7-trihydroxy-6-methoxyflavanone 4',5,7- 三羟基 -6- 甲氧基黄烷酮 黄芩 Scutellaria baicalensis, 半枝莲 S. barbata

(2*S*)-5,7,4'-trihydroxy-6-methoxyflavanone-7-*O*-*β*-D-glucopyranoside (2*S*)-5,7,4'- 三羟基 -6- 甲氧基黄烷酮 -7-*O*-*β*-D- 吡喃葡萄糖苷 荔枝草 Salvia plebeia

2',5,7-trihydroxy-6'-methoxyflavone 2',5,7- 三羟基 -6'- 甲氧基黄酮 黄芩 Scutellaria baicalensis

5,7,2'-trihydroxy-6'-methoxyflavone 5,7,2'- 三羟基 -6'- 甲氧基黄酮 狭叶黄芩 Scutellaria regeliana

3,4,7-trihydroxy-6-methoxyflavone 3,4,7- 三羟基 -6- 甲氧基黄酮 血苋 Iresine herbstii

4',5,7-trihydroxy-6-methoxyflavone 4',5,7- 三羟基 -6- 甲氧基黄酮 米团花 Leucosceptrum canum, 荔枝草 Salvia plebeia, 半枝莲 Scutellaria barbata

5,7,2'-trihydroxy-6-methoxyflavone 5,7,2'- 三羟基 -6- 甲氧基黄酮 紫参 Rubia yunnanensis, 滇黄芩 Scutellaria amoena, 黄芩 S. baicalensis, 丽江黄芩 S. likiangensis, 狭叶黄芩 S. regeliana

5,7,4'-trihydroxy-6-methoxyflavone 5,7,4'- 三羟基 -6- 甲氧基黄酮 栀子 Gardenia jasminoides, 大黄栀子 G. sootepensis, 伞房花耳草 Hedyotis corymbosa, 地肤 Kochia scoparia, 黄芩 Scutellaria baicalensis, 马蓝 Strobilanthes cusia

4',5,7-trihydroxy-6-methoxyflavone-3-*O*-*β*-D-rutinoside 4',5,7- 三羟基 -6- 甲氧基黄酮 -3-*O*-*β*-D- 芸香糖苷 翼齿六棱菊 Laggera crispata

4',5,7-trihydroxy-6-methoxy-flavone-3-*O*-*β*-D-apiofuranosyl-(1 → 2)-*O*-[2-*O*-(1-oxo-3-phenyl-2-propenyl)-*β*-D-glucopyranosyl-(1 → 6)]-*β*-D-glucopyranoside 4',5,7- 三羟基 -6- 甲氧基黄酮 -3-*O*-*β*-D- 呋喃芹糖基 -(1 → 2)-*O*-[2-*O*-(1- 氧代 -3- 苯基 -2- 丙烯基)-*β*-D- 吡喃葡萄糖基 -(1 → 6)]-*β*-D- 吡喃葡萄糖苷 菠菜 Spinacia oleracea

5,7,4'-trihydroxy-6-methoxyflavone-7-*O*-*α*-L-rhamnopyranosyl-(1 → 2)-*β*-D-glucopyranoside 5,7,4'- 三羟基 -6- 甲氧基黄酮 -7-*O*-*α*-L- 吡喃鼠李糖基 -(1 → 2)-*β*-D- 吡喃葡萄糖苷 蓟 Cirsium japonicum

5,7,2'-trihydroxy-6-methoxyflavone-7-*O*-*β*-D-glucopyranoside 5,7,2'- 三羟基 -6- 甲氧基黄酮 -7-*O*-*β*-D- 吡喃葡萄糖苷 滇黄芩 Scutellaria amoena

5,7,4'-trihydroxy-6-methoxyflavone-7-*O*-*β*-D-glucopyranoside 5,7,4'- 三羟基 -6- 甲氧基黄酮 -7-*O*-*β*-D- 吡喃葡萄糖苷 荔枝草 Salvia plebeia, 马蓝 Strobilanthes cusia

5,7,2'-trihydroxy-6-methoxyisoflavone-7-*O*-*β*-D-glucopyranoside-6''-*O*-malonate 5,7,2'- 三羟基 -6- 甲氧基异黄酮 -7-*O*-*β*-D- 吡喃葡萄糖苷 -6''-*O*- 丙二酸酯 红车轴草 Trifolium pratense

4',5,7-trihydroxy-6-methoxyisoflavone-7-*O*-*β*-D-xylopyranosyl-(1 → 6)-*β*-D-glucopyranoside 4',5,7- 三羟基 -6- 甲氧基异黄酮 -7-*O*-*β*-D- 吡喃木糖基 -(1 → 6)-*β*-D- 吡喃葡萄糖苷 葛 Pueraria montana var. lobata

1,2,5-trihydroxy-6-methoxyxanthone 1,2,5- 三羟基 -6- 甲氧基叫酮 大叶藤黄 Garcinia xanthochymus

1,3,5-trihydroxy-6-methoxyxanthone 1,3,5- 三羟基 -6- 甲氧基叫酮 云树 Garcinia cowa, 栽秧花 Hypericum beanii, 金丝桃 H. monogynum

1,4,8-trihydroxy-6-methyl-3-methoxy-9,10-anthraquinone 1,4,8- 三羟基 -6- 甲基 -3- 甲氧基 -9,10- 蒽醌 莽吉柿 Garcinia mangostana

3,5,7-trihydroxy-6-methyl-4'-methoxydihydroflavanone 3,5,7- 三羟基 -6- 甲基 -4'- 甲氧基黄烷酮 尾穗苋 Amaranthus caudatus

4',5,7-trihydroxy-6-methyl-8-methoxyhomoisoflavanone 4',5,7- 三羟基 -6- 甲基 -8- 甲氧基高异黄烷酮 玉竹 Polygonatum odoratum

1,3,8-trihydroxy-6-methylanthraquinone 1,3,8- 三羟基 -6- 甲基蒽醌 翼核果 Ventilago leiocarpa

5,7,4'-trihydroxy-6-methylflavone 5,7,4'- 三羟基 -6- 甲基黄酮 剑叶龙血树 Dracaena cochinchinensis

4',5,7-trihydroxy-6-methylhomoisoflavanone 4',5,7- 三羟基 -6- 甲基高异黄烷酮 玉竹 Polygonatum odoratum

(3*R*)-4',5,7-trihydroxy-6-methyl-isoflavanone (3*R*)-4',5,7- 三羟基 -6- 甲基 - 二氢异黄酮 红花八角 Illicium dunnianum

7,3,4'-trihydroxy-6-*O*-(6''-acetyl-*β*-D-glucopyranosyl)-aurone 7,3',4'- 三羟基 -6-(6''- 乙酰氧基 -*β*-D- 吡喃葡萄糖基)- 橙酮 金盏银盘 Bidens biternata

1,3,5-trihydroxy-6-*O*-prenyl-xanthone 1,3,5- 三羟基 -6-*O*- 异戊二烯基 - 叫酮 黄海棠 Hypericum ascyron

2,3,7-trihydroxy-6-oxo-1,3,5(10),7-tetraene-24-norfriedelane-29-oic acid methyl ester 2,3,7- 三羟基 -6- 氧代 -1,3,5(10),7- 四烯 -24- 降无羁萜 -29- 酸甲酯 卷丝苣苔 Corallodiscus kingianus

3*β*,19*α*,23-trihydroxy-6-oxo-olean-12-en-28-oic acid 3*β*,19*α*,23- 三羟基 -6- 氧代 - 齐墩果 -12- 烯 -28- 酸 钩藤 Uncaria rhynchophylla

5,7,3'-trihydroxy-6-*O*-*β*-D-glucopyranosylflavone 5,7,3'- 三羟基 -6-*O*-*β*-D- 吡喃葡萄糖基黄酮 翅子树 Pterospermum acerifolium

5,7,4'-trihydroxy-6-*p*-hydroxybenzylflavanone 5,7,4'- 三羟基 -6- 对羟苄基黄烷酮 柘树 Cudrania tricuspidata

5,7,4'-trihydroxy-6-prenylisoflavone 5,7,4'- 三羟基 -6- 异戊烯基异黄酮 大叶千斤拔 Flemingia macrophylla

1*α*,8*β*,10*β*-trihydroxy-6*β*-(2-methylacryloyl)oxyeremophil-7(11)-en-8*α*,12-olide 1*α*,8*β*,10*β*- 三羟基 -6*β*-(2- 甲基丙烯酰基) 氧化荒漠木 -7(11)- 烯 -8*α*,12- 内酯 窄头橐吾 Ligularia stenocephala, 黄帚橐吾 L. virgaurea

(25*R*)-3*β*,5*α*,6*β*-trihydroxy-7(8)-en-spirostanol-3-*O*-*β*-D-glucopyranosyl-(1→3)-[*α*-L-rhamnopyranosyl-(1→2)]-*β*-D-glucopyranoside (25*R*)-3*β*,5*α*,6*β*- 三羟基 -7(8)- 烯 - 螺甾醇 -3-*O*-*β*-D- 吡喃葡萄糖基 -(1 → 3)-[*α*-L- 吡喃鼠李糖基 -(1 → 2)]-*β*-D- 吡喃葡萄糖苷 宽瓣重楼 Paris polyphylla var. yunnanensis

T

2,11,12-trihydroxy-7,20-epoxy-8,11,13-abietatriene 2,11,12- 三羟基 -7,20- 环氧 -8,11,13- 冷杉三烯 痢止蒿 Ajuga forrestii, 血见愁 Teucrium viscidum

ent-1*α*,14*β*,20-trihydroxy-7,20-epoxy-kaur-16-en-15-one 对映 -1*α*,14*β*,20- 三羟基 -7,20- 环氧 - 对映 - 贝壳杉 -16- 烯 -15- 酮 拟缺香茶菜 Isodon excisoides

3,5,3'-trihydroxy-7,2'-dimethoxyflavanone 3,5,3'- 三羟基 -7,2'- 二甲氧基黄烷酮 细叶鸢尾 Iris tenuifolia

5,6,4'-trihydroxy-7,3',5'-trimethoxyflavone 5,6,4'- 三羟基 -7,3',5'- 三甲氧基黄酮 小叶马缨丹 Lantana montevidensis

3,5,4'-trihydroxy-7,3'-dimethoxyflavanone 3,5,4'- 三羟基 -7,3'- 二甲氧基黄烷酮 龙蒿 Artemisia dracunculus, 艾纳香 Blumea balsamifera

5,6,4'-trihydroxy7,3'-dimethoxyflavone 5,6,4'- 三羟基 -7,3'- 二甲氧基黄酮 艾 Artemisia argyi

3,5,4'-trihydroxy-7,3'-dimethoxyflavone 3,5,4'- 三羟基 -7,3'- 二甲氧基黄酮 宽苞水柏枝 Myricaria bracteata

5,8,4'-trihydroxy-7,3'-dimethoxyflavone 5,8,4'- 三羟基 -7,3'- 二甲氧基黄酮 广防风 Anisomeles indica, 熊胆草 Conyza blinii

5,4',5'-trihydroxy-7,3'-dimethoxyflavonol 5,4',5'- 三羟基 -7,3'- 二甲氧基黄酮醇 挂金灯 Physalis alkekengi var. francheti

5,3,3'-trihydroxy-7,4'-dimethoxyflavanone 5,3,3'- 三羟基 -7,4'- 二甲氧基黄烷酮 卷鞘鸢尾 Iris potaninii

3,5,3'-trihydroxy-7,4'-dimethoxyflavone 3,5,3'- 三羟基 -7,4'- 二甲氧基黄酮 野草果 Amomum koenigii, 艾纳香 Blumea balsamifera

3,5,6-trihydroxy-7,4'-dimethoxyflavone 3,5,6- 三羟基 -7,4'- 二甲氧基黄酮 花椒 Zanthoxylum bungeanum

5,6,3'-trihydroxy-7,4'-dimethoxyflavone 5,6,3'- 三羟基 -7,4'- 二甲氧基黄酮 小叶马缨丹 Lantana montevidensis, 荔枝草 Salvia plebeia

3,5,3'-trihydroxy-7,4'-dimethoxyflavonone 3,5,3'- 三羟基 -7,4'- 二甲氧基黄烷酮 艾纳香 Blumea balsamifera

5,6,4'-trihydroxy-7,8,3'-trimethoxyflavone 5,6,4'- 三羟基 -7,8,3'- 三甲氧基黄酮 薄荷 Mentha canadensis

5,6,3'-trihydroxy-7,8,4'-trimethoxyflavone 5,6,3'- 三羟基 -7,8,4'- 三甲氧基黄酮 西南文殊兰 Crinum latifolium

5,6,2'-trihydroxy-7,8,6'-trimethoxyflavone 5,6,2'- 三羟基 -7,8,6'- 三甲氧基黄酮 二刺叶兔唇花 Lagochilus diacanthophyllus

4',5,6-trihydroxy-7,8-dihydroxyflavone 4',5,6- 三羟基 -7,8- 二甲氧基黄酮 吊石苣苔 Lysionotus pauciflorus

4',5,7-trihydroxy-7,8-dihydroxyflavone 4',5,7- 三羟基 -7,8- 二甲氧基黄酮 吊石苣苔 Lysionotus pauciflorus

1,2,6-trihydroxy-7,8-dimethoxy-3-methylanthraquinone 1,2,6- 三羟基 -7,8- 二甲氧基 -3- 甲基蒽醌 槐叶决明 Senna occidentalis var. sophera, 翼核果 Ventilago leiocarpa

5,3',4'-trihydroxy-7,8-dimethoxy-6-*C*-[*β*-D-xylopyranosyl-(1 → 2)]-*β*-D-glucopyranosylflavone 5,3',4'- 三羟基 -7,8- 二甲氧基 -6-*C*-[*β*-D- 吡喃木糖基 -(1 → 2)]-*β*-D- 吡喃葡萄糖基黄酮苷 旋蒴苣苔 Boea hygrometrica, 珊瑚苣苔 Corallodiscus lanuginosus

(2*S*)-5,2',5'-trihydroxy-7,8-dimethoxyflavanone (2*S*)-5,2',5'- 三羟基 -7,8- 二甲氧基黄烷酮 韩信草 Scutellaria indica

5,2',6'-trihydroxy-7,8-dimethoxyflavanone 5,2',6'- 三羟基 -7,8- 二甲氧基黄烷酮 二刺叶兔唇花 Lagochilus diacanthophyllus, 韩信草 Scutellaria indica

5,2',6'-trihydroxy-7,8-dimethoxyflavanone-2'-*O*-*β*-D-glucopyranoside 5,2',6'- 三羟基 -7,8- 二甲氧基黄烷酮 -2'-*O*-*β*-D- 吡喃葡萄糖苷 二刺叶兔唇花 Lagochilus diacanthophyllus

2',5,6'-trihydroxy-7,8-dimethoxyflavone 2',5,6'- 三羟基 -7,8- 二甲氧基黄酮 黄芩 Scutellaria baicalensis

2',5,6-trihydroxy-7,8-dimethoxyflavone 2',5,6- 三羟基 -7,8- 二甲氧基黄酮 半枝莲 Scutellaria barbata

3,5,4'-trihydroxy-7,8-dimethoxyflavone 3,5,4'- 三羟基 -7,8- 二甲氧基黄酮 银粉背蕨 Aleuritopteris argentea

5,2',4'-trihydroxy-7,8-dimethoxyflavone 5,2',4'- 三羟基 -7,8- 二甲氧基黄酮 异株荨麻 Urtica dioica

5,2',6'-trihydroxy-7,8-dimethoxyflavone 5,2',6'- 三羟基 -7,8- 二甲氧基黄酮 狭叶黄芩 Scutellaria regeliana

5,6,4'-trihydroxy-7,8-dimethoxyflavone 5,6,4'- 三羟基 -7,8- 二甲氧基黄酮 薄荷 Mentha canadensis

5,2',6'-trihydroxy-7,8-dimethoxyflavone-2'-*O*-*β*-D-glucopyranoside 5,2',6'- 三羟基 -7,8- 二甲氧基黄酮 -2'-*O*-*β*-D- 吡喃葡萄糖苷 黄芩 Scutellaria baicalensis

1,5,6-trihydroxy-7,8-diprenyl-6',6'-dimethylpyrano(2',3':3,4)-xanthone 1,5,6- 三羟基 -7,8- 二异戊烯基 -6',6'- 二甲基吡喃并 (2',3':3,4)- 屾酮 大叶藤黄 Garcinia xanthochymus

(7*R*,8*S*,8'*R*)-4,4',9-trihydroxy-7,9'-epoxy-8,8'-lignan (7*R*,8*S*,8'*R*)-4,4',9- 三羟基 -7,9'- 环氧 -8,8'- 木脂素 山核桃 Carya cathayensis

(3*R*,5*R*,6*R*,7*E*)3,5,6-trihydroxy-7-megastigmen-9-one (3*R*,5*R*,6*R*,7*E*)3,5,6- 三羟基 -7- 大柱香波龙烯 -9- 酮 石莼 Ulva lactuca

(3*R*,5*R*,6*R*,7*E*)-3,5,6-trihydroxy-7-megastigmen-9-one (3*R*,5*R*,6*R*,7*E*)-3,5,6- 三羟基 -7- 大柱香波龙烯 -9- 酮 血见愁 Teucrium viscidum

(3*S*,5*R*,6*S*,7*E*)-3,5,6-trihydroxy-7-megastigmen-9-one (3*S*,5*R*,6*S*,7*E*)-3,5,6- 三羟基 -7- 大柱香波龙烯 -9- 酮 巴豆 Croton tiglium, 朝鲜淫羊藿 Epimedium koreanum, 麻疯树 Jatropha curcas

2,3,8-trihydroxy-7-methoxy-[1]benzopyrano[5,4,3-cde][1]benzopyran-5,10-dione 2,3,8- 三羟基 -7- 甲氧基 -[1] 苯并吡喃 [5,4,3-cde][1] 苯并吡喃 -5,10- 二酮 紫锦木 Euphorbia cotinifolia subsp. cotinoides

3,6,8-trihydroxy-7-methoxy-1-methylanthraquinone-2-carboxylate 3,6,8- 三羟基 -7- 甲氧基 -1- 甲基蒽醌 -2- 羧酸甲酯 唐菖蒲 Gladiolus × gandavensis

1,6,8-trihydroxy-7-methoxy-2,3-methylenedioxyxanthone 1,6,8- 三羟基 -7- 甲氧基 -2,3- 亚甲二氧基屾酮 西南远志 Polygala crotalarioides

1,3,6-trihydroxy-7-methoxy-2,5-bis(3-methyl-2-butenyl)xanthone 1,3,6- 三羟基 -7- 甲氧基 -2,5- 二 (3- 甲基 -2- 丁烯基) 屾酮 云树 Garcinia cowa

1,3,6-trihydroxy-7-methoxy-2,8-di(3-methyl-but-2-enyl)-xanthone 1,3,6- 三羟基 -7- 甲氧基 -2,8- 二 (3- 甲基 - 丁 -2- 烯基)- 屾酮 长梗喉毛花 Comastoma pedunculatum

1,3,6-trihydroxy-7-methoxy-2,8-diprenyl-xanthone 1,3,6- 三羟基 -7- 甲氧基 -2,8- 二异戊烯基 - 屾酮 莽吉柿 Garcinia mangostana

3',4',5-trihydroxy-7-methoxy-6-*C*-*β*-D-glucopyranoside 3'4',5- 三羟基 -7- 甲氧 -6-*C*-*β*-D- 葡萄糖黄酮苷 野茄 Solanum undatum

3',4',5-trihydroxy-7-methoxy-6-*C*-*β*-D-glucopyranosyl-flavone 3',4',5- 三羟基 -7- 甲氧基 -6-*C*-*β*-D- 吡喃葡萄糖基黄酮 长梗喉毛花 Comastoma pedunculatum

1,3,6-trihydroxy-7-methoxy-8-(3,7-dimethyl-2,6-octadienyl)xanthone 1,3,6- 三羟基 -7- 甲氧基 -8-(3,7- 二甲基 -2,6- 辛二烯) 屾酮 云树

Garcinia cowa
1,4,5-trihydroxy-7-methoxy-9*H*-fluoren-9-one 1,4,5- 三羟基 -7- 甲氧基 -9*H*- 芴 -9- 酮 鼓槌石斛 Dendrobium chrysotoxum
(2*S*)-5,3',4'-trihydroxy-7-methoxyflavan (2*S*)-5,3',4'- 三羟基 -7- 甲氧基黄烷 华中枸骨 Ilex centrochinensis
2*R*,3*S*-3,5,4'-trihydroxy-7-methoxyflavanone 2*R*,3*S*-3,5,4'- 三羟基 -7- 甲氧基黄烷酮 洋甘草 Glycyrrhiza glabra
3,5,4'-trihydroxy-7-methoxyflavanone 3,5,4'- 三羟基 -7- 甲氧基黄烷酮 龙蒿 Artemisia dracunculus
3,5,8-trihydroxy-7-methoxyflavanone 3,5,8- 三羟基 -7- 甲氧基黄烷酮 毛蓼 Polygonum barbatum
5,2',3'-trihydroxy-7-methoxyflavanone 5,2',3'- 三羟基 -7- 甲氧基黄烷酮 细叶鸢尾 Iris tenuifolia
5,3',4'-trihydroxy-7-methoxyflavanone 5,3',4'- 三羟基 -7- 甲氧基黄烷酮 黑沙蒿 Artemisia ordosica
2',5,8-trihydroxy-7-methoxyflavone 2',5,8- 三羟基 -7- 甲氧基黄酮 黄芩 Scutellaria baicalensis
3,3',5-trihydroxy-7-methoxyflavone 3,3',5- 三羟基 -7- 甲氧基黄酮 黄细心 Boerhavia diffusa
3',4',5-trihydroxy-7-methoxyflavone 3',4',5- 三羟基 -7- 甲氧基黄酮 金合欢 Acacia farnesiana, 海榄雌 Avicennia marina, 短萼仪花 Lysidice brevicalyx
3,5,4'-trihydroxy-7-methoxyflavone 3,5,4'- 三羟基 -7- 甲氧基黄酮 宽苞水柏枝 Myricaria bracteata, 广藿香 Pogostemon cablin
5,2',4'-trihydroxy-7-methoxyflavone 5,2',4'- 三羟基 -7- 甲氧基黄酮 大叶石龙尾 Limnophila rugosa
5,2',6'-trihydroxy-7-methoxyflavone 5,2',6'- 三羟基 -7- 甲氧基黄酮 羽萼木 Colebrookea oppositifolia
5,3',4'-trihydroxy-7-methoxyflavone 5,3',4'- 三羟基 -7- 甲氧基黄酮 黑沙蒿 Artemisia ordosica, 橙花瑞香 Daphne aurantiaca, 欧地笋 Lycopus europaeus
5,6,4'-trihydroxy-7-methoxyflavone 5,6,4'- 三羟基 -7- 甲氧基黄酮 甘青青兰 Dracocephalum tanguticum
5,6,8-trihydroxy-7-methoxyflavone 5,6,8- 三羟基 -7- 甲氧基黄酮 排骨灵 Fissistigma bracteolatum
5,2',6'-trihydroxy-7-methoxyflavone-2'-*O*-*β*-D-glucopyranoside 5,2',6'- 三羟基 -7- 甲氧基黄酮 -2'-*O*-*β*-D- 吡喃葡萄糖苷 穿心莲 Andrographis paniculata
3,7,4'-trihydroxy-7-methoxyflavone-5-*O*-*β*-D-xylopyranosyl-(1→4)-*O*-*β*-D-glucopyranosyl-(1→4)-*O*-*α*-L-rhamnopyranoside 3,7,4'- 三羟基 -7- 甲氧基黄酮 -5-*O*-*β*-D- 吡喃木糖基 -(1→4)-*O*-*β*-D- 吡喃葡萄糖基 -(1→4)-*O*-*α*-L- 吡喃鼠李糖苷 槐叶决明 Senna occidentalis var. sophera
2',4',5-trihydroxy-7-methoxyisoflavone 2',4',5- 三羟基 -7- 甲氧基异黄酮 木豆 Cajanus cajan, 降香 Dalbergia odorifera
5,3',5'-trihydroxy-7-methoxylflavanone 5,3',5'- 三羟基 -7- 甲氧基黄烷酮 穗花牡荆 Vitex agnus-castus
1,3,6-trihydroxy-7-methoxyxanthone 1,3,6- 三羟基 -7- 甲氧基叫酮 红芽木 Cratoxylum formosum subsp. pruniflorum, 远志 Polygala tenuifolia
1,3,8-trihydroxy-7-methoxyxanthone 1,3,8- 三羟基 -7- 甲氧基叫酮 喉毛花 Comastoma pulmonarium, 川西獐牙菜 Swertia mussotii, 苇叶獐牙菜 S. phragmitiphylla
1,3,8-trihydroxy-7-methoxy-xanthone 1,3,8- 三羟基 -7- 甲氧基 - 叫酮 红厚壳 Calophyllum inophyllum
1,3,6-trihydroxy-7-methoxyxanthone-4-*O*-*β*-D-apiofuranosyl-(1→6)-*β*-D-glucopyranoside 1,3,6- 三羟基 -7- 甲氧基叫酮 -4-*O*-*β*-D- 呋喃芹糖基 -(1→6)-*β*-D- 吡喃葡萄糖苷 西南远志 Polygala crotalarioides
(2*S*)-2,6,7-trihydroxy-7-methyl-3-methyleneoctyl-*β*-D-glucopyranoside (2*S*)-2,6,7- 三羟基 -7- 甲基 -3- 亚甲基辛烷基 -*β*-D- 吡喃葡萄糖苷 珊瑚菜 Glehnia littoralis
1,3,5-trihydroxy-7-methyl-9,10-anthracenedione 1,3,5- 三羟基 -7- 甲基 -9,10- 蒽二酮 头花蓼 Polygonum capitatum
1,3,5-trihydroxy-7-methylanthraquinone 1,3,5- 三羟基 -7- 甲基蒽醌 刺苋 Amaranthus spinosus, 巴天酸模 Rumex patientia
1,3,5-trihydroxy-7-methyl-anthraquinone 1,3,5- 三羟基 -7- 甲基 - 蒽醌 白英 Solanum lyratum
1,3,5-trihydroxy-7-methylanthraquinone-2,2'-dimer 1,3,5- 三羟基 -7- 甲基蒽醌 -2,2'- 二聚物 桃金娘 Rhodomyrtus tomentosa
5,6,2'-trihydroxy-7-*O*-glucuronylflavone 5,6,2'- 三羟基 -7-*O*- 葡萄糖醛酸基黄酮 塔头狭叶黄芩 Scutellaria regeliana var. ikonnikovii
1,5,6-trihydroxy-7-prenyl-8-(3-hydroxy-3-methylbutyl)-5'-(1-hydroxy-1-methyl-ethyl)-4',5'-dihydrofurano(2',3':3,4)xanthone 1,5,6- 三羟基 -7- 异戊烯基 -8-(3- 羟基 -3- 甲基丁基)-5'-(1- 羟基 -1- 甲基乙基)-4',5'- 二氢呋喃并 (2',3':3,4) 叫酮 大叶藤黄 Garcinia xanthochymus
1,5,6-trihydroxy-7-prenyl-8-(3-hydroxy-3-methylbutyl)-6',6'-dimethylpyrano(2',3':3,4)xanthone 1,5,6- 三羟基 -7- 异戊烯基 -8-(3- 羟基 -3- 甲基丁基)-6',6'- 二甲基吡喃并 (2',3':3,4) 叫酮 大叶藤黄 Garcinia xanthochymus
1,5,6-trihydroxy-7-prenyl-8-(3-hydroxy-3-methylbutyl)-furano(2',3':3,4)xanthone 1,5,6- 三羟基 -7- 异戊烯基 -8-(3- 羟基 -3- 甲基丁基)- 呋喃并 (2',3':3,4) 叫酮 大叶藤黄 Garcinia xanthochymus
5,2',4'-trihydroxy-8-(3,3-dimethylally)-2'',2''-dimethylpyrano[5,6:6,7]isoflavone 5,2',4'- 三羟基 -8-(3,3- 二甲基烯丙基)-2'',2''- 二甲基吡喃 [5,6:6,7] 异黄酮 刺桐 Erythrina variegata
4',5,7-trihydroxy-8-(3,3-dimethylallyl)-flavonol-3-*O*-*β*-D-xylopyranosyl-(1→3)-4-*O*-acetyl-*α*-L-rhamnopyranoside 4',5,7- 三羟基 -8-(3,3- 二甲基烯丙基)- 黄酮醇 -3-*O*-*β*-D- 吡喃木糖基 -(1→3)-4-*O*- 乙酰基 -*α*-L- 吡喃鼠李糖苷 柔毛淫羊藿 Epimedium pubescens
6,11,12-trihydroxy-8,11,13-abietrien-7-one 6,11,12- 三羟基 -8,11,13- 冷杉三烯 -7- 酮 美登木 Maytenus hookeri
3,7,19-trihydroxy-8,11,13-ent-labdatrien-15,16-olide 3,7,19- 三羟基 -8,11,13- 对映 - 半日花三烯 -15,16- 内酯 穿心莲 Andrographis paniculata
3,7,9-trihydroxy-8,11,13-*ent*-labdtrien-15,16-olide 3,7,9- 三羟基 -8,11,13- 对映 - 半日花三烯 -15,16- 内酯 穿心莲 Andrographis paniculata
6*β*,7*β*,9*α*-trihydroxy-8,13-epoxylabd-14-en-11-one 6*β*,7*β*,9*α*- 三羟基 -8,13- 环氧半日花 -14- 烯 -11- 酮 毛喉鞘蕊花 Coleus forskohlii
5,7,4'-trihydroxy-8,2',5'-tri(3-methylbut-2-enyl)-isoflavone 5,7,4'- 三羟基 -8,2',5'- 三 (3- 甲基丁 -2- 烯)- 异黄酮 球穗千斤拔 Flemingia strobilifera
(2*S*)5,7,4'-trihydroxy-8,3',5'-triprenylflavanone (2*S*)5,7,4'- 三羟基 -8,3',5'- 三异戊烯基黄烷酮 印度崖豆 Millettia pulchra
5,7,4'-trihydroxy-8,3'-diprenylflavanone 5,7,4'- 三羟基 -8,3'- 二异戊烯基黄烷酮 大叶千斤拔 Flemingia macrophylla
5,7,4'-trihydroxy-8,3'-diprenylflavone 5,7,4'- 三羟基 -8,3'- 二异戊烯基黄酮 朝鲜淫羊藿 Epimedium koreanum

5,7,3'-trihydroxy-8,4',5'-trimethoxyflavone 5,7,3'- 三羟基 -8,4',5'- 三甲氧基黄酮 熏倒牛 Biebersteinia heterostemon, 栀子 Gardenia jasminoides

3,5,7-trihydroxy-8,4'-dimethoxyflavone 3,5,7- 三羟基 -8,4'- 二甲氧基黄酮 连香树 Cercidiphyllum japonicum

5,7,2'-trihydroxy-8,6'-dimethoxyflavone 5,7,2'- 三羟基 -8,6'- 二甲氧基黄酮 二刺叶兔唇花 Lagochilus diacanthophyllus, 黄芩 Scutellaria baicalensis, 异色黄芩 S. discolor, 狭叶黄芩 S. regeliana

5,7,4'-trihydroxy-8-*C*-*p*-hydroxybenzylflavone 5,7,4'- 三羟基 -8-*C*- 对羟基苄基黄酮 牛至 Origanum vulgare

5,7,4'-trihydroxy-8-*C*-*β*-D-glucopyranosylflavone 5,7,4'- 三羟基 -8-*C*-*β*-D- 吡喃葡萄糖基黄酮 含羞草 Mimosa pudica

5,7,4'-trihydroxy-8-ethoxycarbonylflavan 5,7,4'- 三羟基 -8- 乙氧羰基黄烷 毛瑞香 Daphne kiusiana var. atrocaulis

7*β*,20,26-trihydroxy-8-formyl-20*S*-dammar-24*E*-en-3-*O*-*α*-L-(3-acetylarabinopyranosyl)-(1 → 2)-*β*-D-glucopyranoside 7*β*,20,26- 三羟基 -8- 甲酰基 -20*S*- 达玛 -24*E*- 烯 -3-*O*-*α*-L-(3- 乙酰吡喃阿拉伯糖基)-(1 → 2)-*β*-D- 吡喃葡萄糖苷 假贝母 Bolbostemma paniculatum

7*β*,20,26-trihydroxy-8-formyl-20*S*-dammar-24*E*-en-3-*O*-*α*-L-(4-acetyl-arabinopyranosyl)-(1 → 2)-*β*-D-glucopyranoside 7*β*,20,26- 三羟基 -8- 甲酰基 -20*S*- 达玛 -24*E*- 烯 -3-*O*-*α*-L-(4- 乙酰吡喃阿拉伯糖基)-(1 → 2)-*β*-D- 吡喃葡萄糖苷 假贝母 Bolbostemma paniculatum

1,5,7-trihydroxy-8-methoxy-3-methylanthraquinone 1,5,7- 三羟基 -8- 甲氧基 -3- 甲基蒽醌 狭叶番泻 Cassia angustifolia

5,7,4'-trihydroxy-8-methoxy-6-*C*-[*β*-D-xylopyranosyl-(1 → 2)]-*β*-D-glucopyranosylflavone 5,7,4'- 三羟基 -8- 甲氧基 -6-*C*-[*β*-D- 吡喃木糖基 -(1 → 2)]-*β*-D- 吡喃葡萄糖基黄酮苷 旋蒴苣苔 Boea hygrometrica, 珊瑚苣苔 Corallodiscus lanuginosus

(±)-4',5,7-trihydroxy-8-methoxyflavanone (±)-4',5,7- 三羟基 -8- 甲氧基黄烷酮 半枝莲 Scutellaria barbata

(2*S*)-5,7,2'-trihydroxy-8-methoxyflavanone (2*S*)-5,7,2'- 三羟基 -8- 甲氧基黄烷酮 韩信草 Scutellaria indica

(2*S*)-5,7,4'-trihydroxy-8-methoxyflavanone (2*S*)-5,7,4'- 三羟基 -8- 甲氧基黄烷酮 沙滩黄芩 Scutellaria strigillosa

2',5,7-trihydroxy-8-methoxyflavone 2',5,7- 三羟基 -8- 甲氧基黄酮 黄芩 Scutellaria baicalensis

4',5,7-trihydroxy-8-methoxyflavone 4',5,7- 三羟基 -8- 甲氧基黄酮 黄芩 Scutellaria baicalensis, 半枝莲 S. barbata

5,7,2'-trihydroxy-8-methoxyflavone 5,7,2'- 三羟基 -8- 甲氧基黄酮 漆姑草 Sagina japonica, 异色黄芩 Scutellaria discolor

5,7,4'-trihydroxy-8-methoxyflavone 5,7,4'- 三羟基 -8- 甲氧基黄酮 栀子 Gardenia jasminoides, 忍冬 Lonicera japonica, 滇黄芩 Scutellaria amoena, 异色黄芩 S. discolor, 韩信草 S. indica, 粘毛黄芩 S. viscidula, 爬岩红 Veronicastrum axillare

5,7,4'-trihydroxy-8-methoxyflavone-3-*O*-glucopyranoside 5,7,4'- 三羟基 -8- 甲氧基黄酮 -3-*O*- 吡喃葡萄糖苷 连香树 Cercidiphyllum japonicum

3,4',5-trihydroxy-8-methoxy-flavone-7-*O*-*α*-L-rhamnopyranoside 3,4',5- 三羟基 -8- 甲氧基 - 黄酮 -7-*O*-*α*-L- 吡喃鼠李糖苷 草棉 Gossypium herbaceum

1,3,5-trihydroxy-8-methoxyxanthone 1,3,5- 三羟基 -8- 甲氧基𠮿酮 贵州獐牙菜 Swertia kouitchensis

1,3,7-trihydroxy-8-methoxyxanthone 1,3,7- 三羟基 -8- 甲氧基𠮿酮 红厚壳 Calophyllum inophyllum, 肋柱花 Lomatogonium carinthiacum

1,4,7-trihydroxy-8-methoxyxanthone 1,4,7- 三羟基 -8- 甲氧基𠮿酮 红芽木 Cratoxylum formosum subsp. pruniflorum

(3*R*)-2',5,7-trihydroxy-8-methyl-4'-methoxyhomoisoflavanone (3*R*)-2',5,7- 三羟基 -8- 甲基 -4'- 甲氧基高异黄烷酮 多花黄精 Polygonatum cyrtonema

1,3,6-trihydroxy-8-methylanthraquinone 1,3,6- 三羟基 -8- 甲基蒽醌 唐菖蒲 Gladiolus × gandavensis

(2*S*)-4',5,7-trihydroxy-8-methylflavanone (2*S*)-4',5,7- 三羟基 -8- 甲基黄烷酮 忽地笑 Lycoris aurea, 爆仗花 Rhododendron spinuliferum

4',5,7-trihydroxy-8-methylflavanone 4',5,7- 三羟基 -8- 甲基黄烷酮 樱草杜鹃 Rhododendron primuliflorum

5,7,4'-trihydroxy-8-methylflavone 5,7,4'- 三羟基 -8- 甲基黄酮 剑叶龙血树 Dracaena cochinchinensis

1,3,6-trihydroxy-8-methylxanthone 1,3,6- 三羟基 -8- 甲基𠮿酮 钝叶决明 Senna tora var. obtusifolia

6,7,10-trihydroxy-8-octadecenoic acid 6,7,10- 三羟基 -8- 十八烯酸 短柄五加 Eleutherococcus brachypus

5,7,4'-trihydroxy-8-*p*-hydroxybenzyldihydroflavonol 5,7,4'- 三羟基 -8- 对羟基苯甲基二氢黄酮醇 柘树 Cudrania tricuspidata

4',5,7-trihydroxy-8-prenylflavone-4'-*O*-*α*-L-rhamnopyranosyl-(1 → 6)-*β*-D-glucopyranoside 4',5,7- 三羟基 -8- 异戊烯基黄酮 -4'-*O*-*α*-L- 吡喃鼠李糖基 -(1 → 6)-*β*-D- 吡喃葡萄糖苷 大叶山蚂蝗 Desmodium gangeticum

3,4,5-trihydroxy-8-prenylflavone-7-*O*-[*β*-D-glucopyranosyl-(1 → 2)-*β*-D-glucopyranoside 3,4,5- 三羟基 -8- 异戊烯基黄酮 -7-*O*-[*β*-D- 吡喃葡萄糖基 -(1 → 2)-*β*-D- 吡喃葡萄糖苷 朝鲜淫羊藿 Epimedium koreanum

3*α*,4*α*,10*β*-trihydroxy-8*α*-acetoxy-11*βH*-guai-1-en-12,6*α*-olide 3*α*,4*α*,10*β*- 三羟基 -8*α*- 乙酰氧基 -11*βH*- 愈创木 -1- 烯 -12,6*α*- 内酯 大籽蒿 Artemisia sieversiana

4*β*,6*α*,15-trihydroxy-8*β*-(isobutyryloxy)-14-oxoguaia-9,11(13)-dien-12-oic acid 12,6-lactone 4*β*,6*α*,15- 三羟基 -8*β*-(异丁酰氧基)-14- 氧代愈创木 -9,11(13)- 二烯 -12- 酸 -12,6- 内酯 豨莶 Sigesbeckia orientalis

(4*β*,10*E*)-6*α*,14,15-trihydroxy-8*β*-(isobutyryloxy)germacra-10,11(13)-dien-12-oic acid-12,6-lactone (4*β*,10*E*)-6*α*,14,15- 三羟基 -8*β*-(异丁酰氧基) 大根老鹳草 -10,11(13)- 二烯 -12- 酸 -12,6- 内酯 豨莶 Sigesbeckia orientalis

1,4,5-trihydroxy-9,10-anthraquinone 1,4,5- 三羟基 -9,10- 蒽醌 鹰爪花 Artabotrys hexapetalus

2,4,7-trihydroxy-9,10-dihydrophenanthrene 2,4,7- 三羟基 -9,10- 二氢菲 兜唇石斛 Dendrobium aphyllum, 鼓槌石斛 D. chrysotoxum, 细茎石斛 D. moniliforme, 石仙桃 Pholidota chinensis, 云南石仙桃 P. yunnanensis

12,13,15-trihydroxy-9-octadecenoic acid 12,13,15- 三羟基 -9- 十八烯酸 毛鱼藤 Derris elliptica

11,12,14-trihydroxyabieta-8,11,13-trien-7-one 11,12,14- 三羟基冷杉 -8,11,13- 三烯 -7- 酮 臭茉莉 Clerodendrum chinense var. simplex

2,4,6-trihydroxyacetophenone-2,4-di-*O*-*β*-D-glucopyranoside 2,4,6- 三羟基苯乙酮 -2,4- 二 -*O*-*β*-D- 吡喃葡萄糖苷 小果菝葜 Smilax davidiana, 土茯苓 S. glabra

2,4,6-trihydroxyacetophenone-2-*O*-*β*-D-glucopyranoside 2,4,6- 三羟基苯乙酮 -2-*O*-*β*-D- 吡喃葡萄糖苷 散沫花 Lawsonia inermis, 巴东过路黄 Lysimachia patungensis

2,4,6-trihydroxyacetophenone-3,5-di-*C*-*β*-D-glucopyranoside 2,4,6- 三羟基苯乙酮 -3,5- 二 -*C*-*β*-D- 吡喃葡萄糖苷 三椏苦 Euodia lepta

T

2,4,6-trihydroxyacetophenone-3-*C*-*β*-D-glucopyranoside 2,4,6- 三羟基苯乙酮 -3-*C*-*β*-D- 吡喃葡萄糖苷 丁香 Syzygium aromaticum
2,4,6-trihydroxyacetophenone-3-*C*-*β*-D-glucopyranoside-2',3',4',6'-tetra-*O*-gallate 2,4,6- 三羟基苯乙酮 -3-*C*-*β*-D- 吡喃葡萄糖苷 -2',3',4',6'- 四氧没食子酸酯 丁香 Syzygium aromaticum
2,4,6-trihydroxyacetophenone-3-*C*-*β*-D-glucopyranoside-2',3',6'-tri-*O*-gallate 2,4,6- 三羟基苯乙酮 -3-*C*-*β*-D- 吡喃葡萄糖苷 -2',3',6'- 三氧没食子酸酯 丁香 Syzygium aromaticum
2,4,6-trihydroxyacetophenone-3-*C*-*β*-D-glucopyranoside-2',3'-di-*O*-gallate 2,4,6- 三羟基苯乙酮 -3-*C*-*β*-D- 吡喃葡萄糖苷 -2',3'- 二氧没食子酸酯 丁香 Syzygium aromaticum
2,4,6-trihydroxyacetophenone-3-*C*-*β*-D-glucopyranoside-2',6'-di-*O*-gallate 2,4,6- 三羟基苯乙酮 -3-*C*-*β*-D- 吡喃葡萄糖苷 -2',6'- 二氧没食子酸酯 丁香 Syzygium aromaticum
2,4,6-trihydroxyacetophenone-3-*C*-*β*-D-glucopyranoside-2'-*O*-gallate 2,4,6- 三羟基苯乙酮 -3-*C*-*β*-D- 吡喃葡萄糖苷 -2'-*O*- 没食子酸酯 丁香 Syzygium aromaticum
2,4,6-trihydroxyacetophenone-3-*C*-*β*-D-glucopyranoside-6'-*O*-gallate 2,4,6- 三羟基苯乙酮 -3-*C*-*β*-D- 吡喃葡萄糖苷 -6'-*O*- 没食子酸酯 丁香 Syzygium aromaticum
2,4,6-trihydroxyacetophenone-4-*O*-*β*-D-glucopyranoside 2,4,6- 三羟基苯乙酮 -4-*O*-*β*-D- 吡喃葡萄糖苷 火棘 Pyracantha fortuneana
2,4,6-trihydroxy-acetophenone-6-*O*-*β*-D-glucopyranoside 2,4,6- 三羟基苯乙酮 -6-*O*-*β*-D- 吡喃葡萄糖苷 火棘 Pyracantha fortuneana
1,2,3-trihydroxyacridone 1,2,3- 三羟基吖啶酮 酒饼簕 Atalantia buxifolia
10*β*,13,14-trihydroxy-allo-aromadendrane 10*β*,13,14- 三羟基 - 别香木兰烷 细茎石斛 Dendrobium moniliforme, 石斛 D. nobile
1,2,3-trihydroxyanthraquinone 1,2,3- 三羟基蒽醌 红大戟 Knoxia roxburghii
1,3,8-trihydroxyanthraquinone 1,3,8- 三羟基蒽醌 瓜子金 Polygala japonica
1,4,5-trihydroxyanthraquinone 1,4,5- 三羟基蒽醌 腊肠树 Cassia fistula
2-(ethoxymethyl)-1,3,6-trihydroxyanthraquinone 2-(乙氧甲基)-1,3,6- 三羟基蒽醌 红大戟 Knoxia roxburghii
(*Z*)-4,6,4'-trihydroxyaurone (*Z*)-4,6,4'- 三羟基橙酮 西藏猫乳 Rhamnella gilgitica
3',4',6-trihydroxyaurone 3',4',6- 三羟基橙酮 蒙自木蓝 Indigofera mengtzeana
6,3',4'-trihydroxyaurone 6,3',4'- 三羟基橙酮 火炬树 Rhus typhina
4,6,4'-trihydroxy-aurone-4,6-di-*O*-*β*-D-glucopyranoside 4,6,4'- 三羟基 - 橙酮 -4,6- 二 -*O*-*β*-D- 吡喃葡萄糖苷 长茎金耳环 Asarum longerhizomatosum
2,4,5-trihydroxybenzaldehyde 2,4,5- 三羟基苯甲醛 苏木 Caesalpinia sappan
1,2,3-trihydroxybenzene 1,2,3- 三羟基苯 续随子 Euphorbia lathyris, 芍药 Paeonia lactiflora
1,2,4-trihydroxybenzene 1,2,4- 三羟基苯 黄樟 Cinnamomum parthenoxylon, 地黄 Rehmannia glutinosa
1,3,5-trihydroxybenzene 1,3,5- 三羟基苯 红蓼 Polygonum orientale
α,3,4-trihydroxy-benzenepropanoic acid *α*,3,4,- 三羟基苯丙酸 尖萼耧斗菜 Aquilegia oxysepala
6-(3,4,5-trihydroxybenzoate)-2-methoxy-4-(2-propenyl)phenyl-*β*-D-glucopyranoside 6-(3,4,5- 三羟基苯甲酸酯)-2- 甲氧基 -4-(2- 丙烯基) 苯基 -*β*-D- 吡喃葡萄糖苷 丁香 Syzygium aromaticum
6-(3,4,5-trihydroxybenzoate)-4-hydroxy-3-methoxyphenyl-*β*-D-glucopyranoside 6-(3,4,5- 三羟基苯甲酸酯)-4- 羟基 -3- 甲氧基苯基 -*β*-D- 吡喃葡萄糖苷 丁香 Syzygium aromaticum
2,3,4-trihydroxybenzoic acid 2,3,4- 三羟基苯甲酸 北枳椇 Hovenia dulcis, 顶花板凳果 Pachysandra terminalis
2,4,6-trihydroxybenzoic acid 2,4,6- 三羟基苯甲酸 草龙 Ludwigia hyssopifolia, 扯根菜 Penthorum chinense
3,4,5-trihydroxybenzoic acid 3,4,5- 三羟基苯甲酸 滇南红厚壳 Calophyllum polyanthum, 威灵仙 Clematis chinensis, 光叶珙桐 Davidia involucrata var. vilmoriniana, 准噶尔大戟 Euphorbia soongarica, 云南土沉香 Excoecaria acerifolia, 红背桂花 E. cochinchinensis, 五叶地锦 Parthenocissus quinquefolia, 五味子 Schisandra chinensis, 马六甲蒲桃 Syzygium malaccense
3,4,5-trihydroxybenzoic acid dimmer 3,4,5- 三羟基苯甲酸二聚体 东北菱 Trapa manshurica
3,4,5-trihydroxybenzoic acid methyl ester 3,4,5- 三羟基苯甲酸甲酯 野鸦椿 Euscaphis japonica
2,4,6-trihydroxybenzoic acid-4-*O*-*β*-D-allopyranoside 2,4,6- 三羟基苯甲酸 -4-*O*-*β*-D- 吡喃阿洛糖苷 扇蕨 Neocheiropteris palmatopedata
2,4,6-trihydroxybenzophenone 2,4,6- 三羟基苯并酚酮 元宝草 Hypericum sampsonii
3,4',5-trihydroxybenzophenone 3,4',5- 三羟基二苯甲酮 地锦 Parthenocissus tricuspidata
3',4,6-trihydroxybenzophenone-2-*O*-*β*-D-glucopyranoside 3',4,6- 三羟基苯甲酮 -2-*O*-*β*-D- 吡喃葡萄糖苷 远志 Polygala tenuifolia
2,4,6-trihydroxybenzophenone-3-*C*-geranyl ether 2,4,6- 三羟基苯甲酮 -3-*C*- 香叶醇醚 元宝草 Hypericum sampsonii
2,4,6-trihydroxybenzophenone-4-*O*-geranyl ether 2,4,6- 三羟基苯并酚酮 -4-*O*- 香叶醇醚 元宝草 Hypericum sampsonii
2,4,6-trihydroxybenzophenone-4-*O*-geranylether 2,4,6- 三羟基本甲酮 -4-*O*- 香叶醇醚 赶山鞭 Hypericum attenuatum
2,3',4'-trihydroxybibenzyl 2,3',4'- 三羟基二苯乙烷 鸡桑 Morus australis
2',3,5-trihydroxybibenzyl 2',3,5- 三羟基二苯乙烷 薯蓣 Dioscorea polystachya
3,3',4-trihydroxybibenzyl 3,3',4- 三羟基联苄 长距石斛 Dendrobium longicornu
3,3',5-trihydroxybibenzyl 3,3',5- 三羟基联苄 云南石仙桃 Pholidota yunnanensis
3',5',3''-trihydroxybibenzyl 3',5',3''- 三羟基联苄 杜鹃兰 Cremastra appendiculata
4,2',3'-trihydroxybibenzyl 4,2',3'- 三羟基联苯 洋葱 Allium cepa
3,5,4'-trihydroxybibenzyl 3,5,4'- 三羟基联苄 兜唇石斛 Dendrobium aphyllum
3,4,5-trihydroxybibenzyl-3-*O*-*β*-D-glucopyranoside 3,4,5- 三羟基二苄基 -3-*O*-*β*-D- 吡喃葡萄糖苷 构树 Broussonetia papyrifera
1,2,3-trihydroxybutane 1,2,3- 三羟基丁烷 西洋参 Panax quinquefolius
3,4,*α*-trihydroxybutyl phenylpropionate 3,4,*α*- 三羟基苯丙酸丁酯 夏枯草 Prunella vulgaris

T

2,3,4-trihydroxybutyl-6-*O*-*trans*-caffeoyl-*β*-glucopyranoside 2,3,4- 三羟基丁基 -6-*O*- 反式 - 咖啡酰基 -*β*- 吡喃葡萄糖苷 荚蒾 Viburnum dilatatum

2,3,4-trihydroxybutyraldehyde 2,3,4- 三羟基丁醛 山楝 Aphanamixis polystachya

2,4,6-trihydroxybutyrophenone-2-*O*-*β*-D-glucopyranoside 2,4,6- 三羟基苯丁酮 -2-*O*-*β*-D- 吡喃葡萄糖苷 毛豹皮樟 Litsea coreana var. lanuginosa

2,2',4-trihydroxychalcone 2,2',4- 三羟基查尔酮 东方泽泻 Alisma orientale

2,2',4'-trihydroxychalcone 2,2',4'- 三羟基查耳酮 洋甘草 Glycyrrhiza glabra

2,4,4'-trihydroxychalcone 2,4,4'- 三羟基查耳酮 云南风车子 Combretum griffithii var. yunnanense, 洋甘草 Glycyrrhiza glabra

2',4,4'-trihydroxychalcone 2',4,4'- 三羟基查耳酮 紫穗槐 Amorpha fruticosa, 云实 Caesalpinia decapetala, 青甘锦鸡儿 Caragana tangutica, 泽漆 Euphorbia helioscopia, 胀果甘草 Glycyrrhiza inflata

2',4',4-trihydroxychalcone 2',4',4- 三羟基查耳酮 知母 Anemarrhena asphodeloides, 墨江千斤拔 Flemingia chappar, 镰荚棘豆 Oxytropis falcata, 刺槐 Robinia pseudoacacia

3',4',6-trihydroxychalcone 3',4',6- 三羟基查耳酮 狼杷草 Bidens tripartita

4,2',4'-trihydroxychalcone 4,2',4'- 三羟基查耳酮 蒙古黄耆 Astragalus penduliflorus, 美丽崖豆藤 Callerya speciosa, 棉毛橐吾 Ligularia vellerea, 多叶棘豆 Oxytropis myriophylla

4,4',6'-trihydroxychalcone 4,4',6'- 三羟基查尔酮 蒙古黄耆 Astragalus penduliflorus

3,4,2'-trihydroxychalcone-4'-*O*-*β*-D-glucoside 3,4,2'- 三羟基查耳酮 -4'-*O*-*β*-D- 葡萄糖苷 小花鬼针草 Bidens parviflora

2*α*,3*β*-(22*R*)-trihydroxycholestan-6-one-22-*O*-*β*-D-glucopyranosyl-(1 → 2)-*α*-L-arabinopyranoside 2*α*,3*β*-(22*R*)- 三羟基胆甾 -6- 酮 -22-*O*-*β*-D- 吡喃葡萄糖基 -(1 → 2)-*α*-L- 吡喃阿拉伯糖苷 乌苏里瓦韦 Lepisorus ussuriensis

3,5,7-trihydroxychromone 3,5,7- 三羟基色酮 蜀葵 Alcea rosea, 广东蛇葡萄 Ampelopsis cantoniensis, 云南黄杞 Engelhardia spicata, 愉悦蓼 Polygonum jucundum, 红蓼 P. orientale, 华鼠尾草 Salvia chinensis

3,5,7-trihydroxychromone-3-*O*-*α*-L-arabinofuranoside 3,5,7- 三羟基色酮 -3-*O*-*α*-L- 呋喃阿拉伯糖苷 红淡比 Cleyera japonica

3,5,7-trihydroxychromone-3-*O*-*α*-L-rhamnopyranoside 3,5,7- 三羟基色酮 -3-*O*-*α*-*L*- 吡喃鼠李糖苷 火索藤 Bauhinia aurea, 毛果杜鹃花 Rhododendron seniavinii

3,5,7-trihydroxychromone-3-*O*-*β*-D-xylopyranoside 3,5,7- 三羟基色酮 -3-*O*-*β*-D- 吡喃木糖苷 马银花 Rhododendron ovatum

trihydroxycinnamic acid 三羟基桂皮酸 欧洲李 Prunus domestica

cis-2,4,5-trihydroxycinnamic acid 顺式 -2,4,5- 三羟基桂皮酸 东方泽泻 Alisma orientale

23*R*,24*S*,25-trihydroxycucurbit-5-ene-3-*O*-[*β*-glucopyranosyl-(1 → 6)-*O*-*β*-glucopyranosyl]-25-*O*-*β*-glucopyranoside 23*R*,24*S*,25- 三羟基葫芦 -5- 烯 -3-*O*-[*β*- 吡喃葡萄糖基 -(1 → 6)-*O*-*β*- 吡喃葡萄糖基]-25-*O*-*β*- 吡喃葡萄糖苷 苦瓜 Momordica charantia

3*β*,7*β*,25-trihydroxycucurbita-5,(23*E*)-diene-19-al 3*β*,7*β*,25- 三羟基葫芦 -5,(23*E*)- 二烯 -19- 醛 苦瓜 Momordica charantia

3*β*,7*β*,25-trihydroxycucurbita-5,23(*E*)-dien-19-al 3*β*,7*β*,25- 三羟基葫芦 -5,23(*E*)- 二烯 -19- 醛 苦瓜 Momordica charantia

3*β*,7*β*,25-trihydroxycucurbita-5,23-dien-19-al-3-*O*-*β*-D-glucopyranoside 3*β*,7*β*,25- 三羟基葫芦 -5,23- 二烯 -19- 醛 -3-*O*-*β*-D- 吡喃葡萄糖苷 苦瓜 Momordica charantia

(23*S*)-3*β*,7*β*,23-trihydroxycucurbita-5,24-dien-19-al-7-*O*-*β*-D-glucopyranoside (23*S*)-3*β*,7*β*,23- 三羟基葫芦 -5,24- 二烯 -19- 醛 -7-*O*-*β*-D- 吡喃葡萄糖苷 苦瓜 Momordica charantia

3*β*,7*β*,23-trihydroxycucurbita-5,24-diene-7-*O*-*β*-D-glucopyranoside 3*β*,7*β*,23- 三羟基葫芦 -5,24- 二烯 -7-*O*-*β*-D- 吡喃葡萄糖苷 苦瓜 Momordica charantia

3*β*,11*α*,16*β*-trihydroxycycloart-24-one-3-*O*-[*β*-D-glucopyranosyl-(1 → 3)-*β*-D-glucopyranosyl-(1 → 2)-*β*-D-glucopyranosyl]-16-*O*-*α*-L-arabinopyranoside 3*β*,11*α*,16*β*- 三羟基环木菠萝 -24- 酮 -3-*O*-[*β*-D- 吡喃葡萄糖基 -(1 → 3)-*β*-D- 吡喃葡萄糖基 -(1 → 2)-*β*-D- 吡喃葡萄糖基]-16-*O*-*α*-L- 吡喃阿拉伯糖苷 仙茅 Curculigo orchioides

3*β*,20(*S*),25-trihydroxydammar-23(*Z*)-ene-3-caffeate 3*β*,20(*S*),25- 三羟基达玛 -23(*Z*)- 烯 -3- 咖啡酸酯 短梗南蛇藤 Celastrus rosthornianus

3*β*,20*S*,25-trihydroxydammar-23-en-21,28-dioic acid-3-*O*-[*α*-L-rhamnopyranosyl-(1 → 2)-*α*-L-rhamnopyranosyl-(1 → 6)-*β*-D-glucopyranosyl-(1 → 3)-*α*-L-arabinopyranosyl]-21-*O*-*β*-D-glucopyranoside 3*β*,20*S*,25- 三羟基达玛 -23- 烯 -21,28- 二酸 -3-*O*-[*α*-L- 吡喃鼠李糖基 (1 → 2)-*α*-L- 吡喃鼠李糖基 -(1 → 6)-*β*-D- 吡喃葡萄糖基 -(1 → 3)-*α*-L- 吡喃阿拉伯糖基]-21-*O*-*β*-D- 吡喃葡萄糖苷 心籽绞股蓝 Gynostemma cardiospermum

3*β*,20*S*,25-trihydroxydammar-23-en-21,29-dioic acid-3-*O*-[*α*-L-rhamnopyranosyl-(1→6)-*β*-D-glucopyranosyl-(1→3)-*α*-L-arabinopyranosyl]-21-*O*-*β*-D-glucopyranoside 3*β*,20*S*,25- 三羟基达玛 -23- 烯 -21,29- 二酸 -3-*O*-[*α*-L- 吡喃鼠李糖基 -(1 → 6)-*β*-D- 吡喃葡萄糖基 -(1 → 3)-*α*-L- 吡喃阿拉伯糖基]-21-*O*-*β*-D- 吡喃葡萄糖苷 毛绞股蓝 Gynostemma pubescens

12*β*,20,25-trihydroxy-dammar-23-en-3-one 12*β*,20,25- 三羟基 - 达玛 -23- 烯 -3- 酮 小叶桦 Betula microphylla, 圆叶桦 B. rotundifolia

3*β*,20*S*,29-trihydroxydammar-24-en-21-carboxylic acid-3-*O*-[*α*-L-rhamnopyranosyl-(1 → 2)-*α*-L-rhamnopyranosyl-(1 → 6)-*β*-D-glucopyranosyl-(1 → 3)-*α*-L-arabinopyranosyl]-21-*O*-*β*-D-glucopyranoside 3*β*,20*S*,29- 三羟基达玛 -24- 烯 -21- 羧酸 -3-*O*-[*α*-L- 吡喃鼠李糖基 -(1 → 2)-*α*-L- 吡喃鼠李糖基 -(1 → 6)-*β*-D- 吡喃葡萄糖基 -(1 → 3)-*α*-L- 吡喃阿拉伯糖基]-21-*O*-*β*-D- 吡喃葡萄糖苷 毛绞股蓝 Gynostemma pubescens

3*β*,20*S*,29-trihydroxydammar-24-en-21-carboxylic acid-3-*O*-[*α*-L-rhamnopyranosyl-(1 → 2)-*β*-D-glucopyranosyl-(1 → 2)-*α*-L-rhamnopyranosyl-(1 → 6)-*β*-D-glucopyranosyl-(1 → 3)-*β*-D-glucopyranosyl]-21-*O*-*β*-D-glucopyranoside 3*β*,20*S*,29- 三羟基达玛 -24- 烯 -21- 羧酸 -3-*O*-[*α*-L- 吡喃鼠李糖基 -(1 → 2)-*β*-D- 吡喃葡萄糖基 (1 → 2)-*α*-L- 吡喃鼠李糖基 -(1 → 6)-*β*-D- 吡喃葡萄糖基 -(1 → 3)-*β*-D- 吡喃葡萄糖基]-21-*O*-*β*-D- 吡喃葡萄糖苷 毛绞股蓝 Gynostemma pubescens

3*β*,20*S*,29-trihydroxydammar-24-en-21-carboxylic acid-3-*O*-{[*α*-L-rhamnopyranosyl-(1→2)]-[*α*-L-rhamnopyranosyl-(1→3)]-*β*-D-glucopyranosyl}-21-*O*-[*β*-D-glucopyranosyl-(1 → 2)]-[*α*-L-rhamnopyranosyl-(1 → 6)]-*β*-D-glucopyranoside 3*β*,20*S*,29- 三羟基达玛 -24- 烯 -21- 羧酸 -3-*O*-

T

{[α-L- 吡喃鼠李糖基 -(1 → 2)]-[α-L- 吡喃鼠李糖基 -(1 → 3)]-β-D- 吡喃葡萄糖基 }-21-O-[β-D- 吡喃葡萄糖基 -(1 → 2)]-[α-L- 吡喃鼠李糖基 -(1 → 6)]-β-D- 吡喃葡萄糖苷 绞股蓝 Gynostemma pentaphyllum

3β,20S,29-trihydroxydammar-24-en-21-carboxylic acid-3-O-{[α-L-rhamnopyranosyl-(1→2)]-[α-L-rhamnopyranosyl-(1→3)]-β-D-glucopyranosyl}-21-O-[β-D-glucopyranosyl-(1 → 2)]-β-D-glucopyranoside 3β,20S,29- 三羟基达玛 -24- 烯 -21- 羧酸 -3-O-{[α-L- 吡喃鼠李糖基 -(1 → 2)]-[α-L- 吡喃鼠李糖基 -(1 → 3)]-β-D- 吡喃葡萄糖基 }-21-O-[β-D- 吡喃葡萄糖基 -(1 → 2)]-β-D- 吡喃葡萄糖苷 绞股蓝 Gynostemma pentaphyllum

3β,20S,29-trihydroxydammar-24-en-21-carboxylic acid-3-O-{[α-L-rhamnopyranosyl-(1→2)]-[β-D-xylopyranosyl-(1→3)]-β-D-glucopyranosyl}-21-O-[β-D-glucopyranosyl-(1 → 2)]-[α-L-rhamnopyranosyl-(1 → 6)]-β-D-glucopyranoside 3β,20S,29- 三羟基达玛 -24- 烯 -21- 羧酸 -3-O-{[α-L- 吡喃鼠李糖基 -(1 → 2)]-[β-D- 吡喃木糖基 -(1 → 3)]-β-D- 吡喃葡萄糖基 }-21-O-[β-D- 吡喃葡萄糖基 -(1 → 2)]-[α-L- 吡喃鼠李糖基 -(1 → 6)]-β-D- 吡喃葡萄糖苷 绞股蓝 Gynostemma pentaphyllum

20R-3β,20,23ξ-trihydroxydammar-24-en-21-oic acid-21,23-lactone-3-O-[β-D-glucopyranosyl-(1 → 2)-α-L-arabinopyranosyl]-20-O-β-rhamnopyranoside 20R-3β,20,23ξ- 三羟基达玛 -24- 烯 -21- 酸 -21,23- 内酯 -3-O[β-D- 吡喃葡萄糖基 -(1 → 2)-α-L- 吡喃阿拉伯糖基]-20-O-β- 吡喃鼠李糖苷 绞股蓝 Gynostemma pentaphyllum

20S-3β,20,23ξ-trihydroxydammar-24-en-21-oic acid-21,23-lactone-3-O-[β-D-glucopyranosyl-(1 → 2)-α-L-arabinopyranosyl-20-O-β-rhamnopyranoside 20S-3β,20,23ξ- 三羟基达玛 -24- 烯 -21- 酸 -21,23- 内酯 -3-O[β-D- 吡喃葡萄糖基 -(1→2)-α-L- 吡喃阿拉伯糖基]-20-O-β- 吡喃鼠李糖苷 绞股蓝 Gynostemma pentaphyllum

3β,20S,21-trihydroxydammar-24-ene-3-O-[α-L-rhamnopyranosyl-(1 → 2)][β-D-glucopyranosyl-(1 → 3)]-β-D-glucopyranoside 3β,20S,21- 三羟基达玛 -24- 烯 -3-O-[α-L- 吡喃鼠李糖基 -(1 → 2)][β-D- 吡喃葡萄糖基 -(1 → 3)]-β-D- 吡喃葡萄糖苷 绞股蓝 Gynostemma pentaphyllum

(20S)-3β,20,21-trihydroxydammar-24-ene-3-O-[α-L-rhamnopyranosyl-(1 → 2)][β-D-xylopyranosyl-(1 → 3)]-β-D-glucopyranoside (20S)-3β,20,21- 三羟基达玛 -24- 烯 -3-O-[α-L- 吡喃鼠李糖基 -(1 → 2)][β-D- 吡喃木糖基 -(1 → 3)]-β-D- 吡喃葡萄糖苷 绞股蓝 Gynostemma pentaphyllum

3β,20S,21-trihydroxydammar-24-ene-3-O-[α-L-rhamnopyranosyl-(1 → 2)-β-D-glucopyranosyl-(1 → 3)-α-L-arabinopyranosyl]-21-O-β-D-glucopyranoside 3β,20S,21- 三羟基达玛 -24- 烯 -3-O-[α-L- 吡喃鼠李糖基 -(1 → 2)-β-D- 吡喃葡萄糖基 -(1 → 3)-α-L- 吡喃阿拉伯糖基]-21-O-β-D- 吡喃葡萄糖苷 心籽绞股蓝 Gynostemma cardiospermum

3β,20S,21-trihydroxydammar-24-ene-3-O-[α-L-rhamnopyranosyl-(1 → 2)-β-D-glucopyranosyl-(1 → 3)-β-D-glucopyranosyl]-21-O-β-D-glucopyranoside 3β,20S,21- 三羟基达玛 -24- 烯 -3-O-[α-L- 吡喃鼠李糖基 -(1 → 2)-β-D- 吡喃葡萄糖基 -(1 → 3)-β-D- 吡喃葡萄糖基]-21-O-β-D- 吡喃葡萄糖苷 绞股蓝 Gynostemma pentaphyllum

3β,20S,21-trihydroxydammar-24-ene-3-O-[α-L-rhamnopyranosyl-(1→2)-β-D-xylopyranosyl-(1→3)-β-D-(6-O-acetylglucopyranosyl)]-21-O-β-D-glucopyranoside 3β,20S,21- 三羟基达玛 -24- 烯 -3-O-[α-L- 吡喃鼠李糖基 -(1 → 2)-β-D- 吡喃木糖基 -(1 → 3)-β-D-(6-O- 乙酰吡喃葡萄糖基)]-21-O-β-D- 吡喃葡萄糖苷 绞股蓝 Gynostemma pentaphyllum

3β,20S,21-trihydroxydammar-24-ene-3-O-[α-L-rhamnopyranosyl-(1 → 2)-β-D-xylopyranosyl-(1 → 3)-β-D-glucopyranosyl]-21-O-β-D-glucopyranoside 3β,20(S),21- 三羟基达玛 -24- 烯 -3-O-[α-L- 吡喃鼠李糖基 (1 → 2)-β-D- 吡喃木糖基 -(1 → 3)-β-D- 吡喃葡萄糖基]-21-O-β-D- 吡喃葡萄糖苷 绞股蓝 Gynostemma pentaphyllum

3β,19,20S-trihydroxydammar-24-ene-3-O-[β-D-glucopyranosyl-(1 → 2)-β-D-glucopyranosyl]-20-O-β-D-glucopyranoside 3β,19,20S- 三羟基达玛 -24- 烯 -3-O-[β-D- 吡喃葡萄糖基 -(1 → 2)-β-D- 吡喃葡萄糖基]-20-O-β-D- 吡喃葡萄糖苷 绞股蓝 Gynostemma pentaphyllum

3β,20S,21-trihydroxydammar-24-ene-3-O-{[α-L-rhamnopyranosyl-(1 → 2)][β-D-glucopyranosyl-(1 → 3)][β-D-xylopyranosyl-(1 → 6)]-β-D-glucopyranosyl}-20-O-β-D-glucopyranoside 3β,20S,21- 三羟基达玛 -24- 烯 -3-O-{[α-L- 吡喃鼠李糖基 -(1 → 2)][β-D- 吡喃葡萄糖基 -(1 → 3)][β-D- 吡喃木糖基 -(1 → 6)]-β-D- 吡喃葡萄糖基 }-20-O-β-D- 吡喃葡萄糖苷 绞股蓝 Gynostemma pentaphyllum

3β,20S,21-trihydroxydammar-24-ene-3-O-{[α-L-rhamnopyranosyl-(1 → 2)][β-D-xylopyranosyl-(1 → 3)]-β-D-glucopyranosyl}-20-O-[β-D-xylopyranosyl-(1 → 6)]-β-D-glucopyranoside 3β,20S,21- 三羟基达玛 -24- 烯 -3-O-{[α-L- 吡喃鼠李糖基 -(1 → 2)][β-D- 吡喃木糖基 -(1 → 3)]-β-D- 吡喃葡萄糖基 }-20-O-[β-D- 吡喃木糖基 -(1 → 6)]-β-D- 吡喃葡萄糖苷 绞股蓝 Gynostemma pentaphyllum

2α,3β,20S-trihydroxydammar-24-ene-3-O-β-glucopyranosyl-(1 → 2)-β-glucopyranosyl-20-O-β-xylopyranosyl-(1 → 6)-β-glucopyranoside 2α,3β,20S- 三羟基达玛 -24- 烯 -3-O-β- 吡喃葡萄糖基 -(1 → 2)-β- 吡喃葡萄糖基 -20-O-β- 吡喃木糖基 -(1 → 6)-β- 吡喃葡萄糖苷 喙果绞股蓝 Gynostemma yixingense

T

3β,20S,24S-trihydroxydammar-25-ene-21,28-dioic acid-3-O-[α-L-rhamnopyranosyl-(1 → 2)-α-L-rhamnopyranosyl-(1 → 6)-β-D-glucopyranosyl-(1 → 3)-α-L-arabinopyranosyl]-21-O-β-D-glucopyranoside 3β,20S,24S- 三羟基达玛 -25- 烯 -21,28- 二酸 -3-O-[α-L- 吡喃鼠李糖基 -(1 → 2)-α-L- 吡喃鼠李糖基 (1 → 6)-β-D- 吡喃葡萄糖基 -(1 → 3)-α-L- 吡喃阿拉伯糖基]-21-O-β-D- 吡喃葡萄糖苷 心籽绞股蓝 Gynostemma cardiospermum

3β,20(S),24(R)-trihydroxydammar-25-ene-3-caffeate 3β,20(S),24(R)- 三羟基达玛 -25- 烯 -3- 咖啡酸酯 短梗南蛇藤 Celastrus rosthornianus

3β,20(S),24(S)-trihydroxydammar-25-ene-3-caffeate 3β,20(S),24(S)- 三羟基达玛 -25- 烯 -3- 咖啡酸酯 短梗南蛇藤 Celastrus rosthornianus

6α,20(S),25-trihydroxydammar-3,12-dione-23-ene 6α,20(S),25- 三羟基达玛 -3,12- 二酮 -23- 烯 人参 Panax ginseng

6α,20(S),24(S)-trihydroxydammar-3,12-dione-25-ene 6α,20(S),24(S)- 三羟基达玛 -3,12- 二酮 -25- 烯 人参 Panax ginseng

(20S)-3β,20,21-trihydroxydammara-23,25-diene-3-O-[α-L-rhamnopyranosyl-(1 → 2)][β-D-xylopyranosyl-(1 → 3)]-β-D-glucopyranosyl-21-O-β-D-glucopyranoside (20S)-3β,20,21- 三羟基达玛 -23,25- 二烯 -3-O-[α-L- 吡喃鼠李糖基 -(1 → 2)][β-D- 吡喃木糖基 -(1 → 3)]-β-D- 吡喃葡萄糖基 -21-O-β-D- 吡喃葡萄糖苷 绞股蓝 Gynostemma pentaphyllum

20(R)-24,25-trihydroxy-dammaran-3-one 20(R)-24,25- 三羟基达玛 -3- 酮 臭椿 Ailanthus altissima

(-)-(4E)-6,7,9-trihydroxydec-4-enoic acid (-)-(4E)-6,7,9- 三羟基癸 -4- 烯酸 喜树 Camptotheca acuminata

2,4,4'-trihydroxydihydrochalcone 2,4,4'- 三羟基二氢查耳酮 龙血藤 Daemonorops draco, 剑叶龙血树 Dracaena cochinchinensis

2',4',7-trihydroxydihydrochalcone 2',4',7- 三羟基二氢查耳酮 西南文殊兰 Crinum latifolium

2',4',β-trihydroxydihydrochalcone 2',4',β- 三羟基二氢查耳酮 镰荚棘豆 Oxytropis falcata

4,2',4'-trihydroxydihydrochalcone 4,2',4'- 三羟基二氢查耳酮 球核荚蒾 Viburnum propinquum

4,4',6'-trihydroxydihydrochalcone 4,4',6'- 三羟基二氢查耳酮 野蔷薇 Rosa multiflora

4,2',4'-trihydroxydihydrochalcone-2'-O-β-D-glucoside 4,2',4'- 三羟基二氢查耳酮 -2'-O-β-D- 葡萄糖苷 球核荚蒾 Viburnum propinquum

4,2',6'-trihydroxydihydrochalcone-4'-O-(6''-galloyl)-β-D-glucopyranoside 4,2',6'- 三羟基二氢查耳酮 -4'-O-(6''- 没食子酰基)-β-D- 吡喃葡萄糖苷 筒鞘蛇菰 Balanophora involucrata

7,3',5'-trihydroxydihydroflavone 7,3',5'- 三羟基二氢黄酮 茸毛木蓝 Indigofera stachyodes

5,7,4'-trihydroxy-dihydroflavone-5,7-di-O-β-D-glucopyranoside 5,7,4'- 三羟基 - 二氢黄酮 -5,7-O-β-D- 吡喃葡萄糖苷 多序岩黄耆 Hedysarum polybotrys

(2S)-5,7,4'-trihydroxydihydroflavonol (2S)-5,7,4'- 三羟基二氢黄酮醇 胡桃楸 Juglans mandshurica

5,7,4'-trihydroxydihydroflavonol 5,7,4'- 三羟基二氢黄酮醇 红蓼 Polygonum orientale, 纤细雀梅藤 Sageretia gracilis, 华鼠尾草 Salvia chinensis

5,7,4'-trihydroxy-dihydroflavonol 5,7,4'- 三羟基 - 二氢黄酮醇 小槐花 Ohwia caudata

5,7,4'-trihydroxydihydroflavonol-3-O-α-L-arabinofuranoside 5,7,4'- 三羟基二氢黄酮醇 -3-O-α-L- 呋喃阿拉伯糖苷 纤细雀梅藤 Sageretia gracilis

5,7,4'-trihydroxydihydroflavonol-3-O-α-L-rhamnopyranoside 5,7,4'- 三羟基二氢黄酮醇 -3-O-α-L- 吡喃鼠李糖苷 纤细雀梅藤 Sageretia gracilis

3,3',5-trihydroxydiphenyl 3,3',5- 三羟基联苯 川西獐牙菜 Swertia mussotii

4α,15,16-trihydroxydolabradane 4α,15,16- 三羟基斧松烷 白背叶 Mallotus apelta

13,16α,17-trihydroxy-ent-9(11)-kauren-19-oic acid 13,16α,17- 三羟基 - 对映 -9(11)- 贝壳杉烯 -19- 酸 木榄 Bruguiera gymnorhiza, 红树 Rhizophora apiculata

7β,11β,12β-trihydroxy-ent-abieta-8(14),13(15)-dien-16,12-olide 7β,11β,12β- 三羟基 - 对映 - 冷杉 -8(14),13(15)- 二烯 -16,12- 内酯 狼毒大戟 Euphorbia fischeriana

3β,14β,15β-trihydroxy-ent-kaur-16-en-12-one 3β,14β,15β- 三羟基 - 对映 - 贝壳杉 -16- 烯 -12- 酮 川藏香茶菜 Isodon pharicus

2β,6β,15α-trihydroxy-ent-kaur-16-ene 2β,6β,15α- 三羟基 - 对映 - 贝壳杉 -16- 烯 凤尾蕨 Pteris cretica var. nervosa

2β,6β,15α-trihydroxy-ent-kaur-16-ene-2-O-β-D-glucopyranoside 2β,6β,15α- 三羟基 - 对映 - 贝壳杉 -16- 烯 -2-O-β-D- 吡喃葡萄糖苷 凤尾蕨 Pteris cretica var. nervosa

7β,16α,17-trihydroxy-ent-kauran-19-oic acid 7β,16α,17- 三羟基 - 对映 - 贝壳杉 -19- 酸 圆滑番荔枝 Annona glabra

2β,16α,19-trihydroxy-ent-kaurane 2β,16α,19- 三羟基 - 对映 - 贝壳杉烷 飞扬草 Euphorbia hirta

2β,3β,16α-trihydroxy-ent-kaurane 2β,3β,16α- 三羟基 - 对映 - 贝壳杉烷 凤尾蕨 Pteris cretica var. nervosa

2β,6β,16α-trihydroxy-ent-kaurane 2β,6β,16α- 三羟基 - 对映 - 贝壳杉烷 凤尾蕨 Pteris cretica var. nervosa

2β,3β,16α-trihydroxy-ent-kaurane-2-O-β-D-glucopyranoside 2β,3β,16α- 三羟基 - 对映 - 贝壳杉 -2-O-β-D- 吡喃葡萄糖苷 凤尾蕨 Pteris cretica var. nervosa

2β,15,16-trihydroxy-ent-pimar-8(14)-ene 2β,15,16- 三羟基 - 对映 - 海松 -8(14)- 烯 豨莶 Sigesbeckia orientalis

(22E,24R)-3β,5α,9α-trihydroxyergosta-7,22-dien-6-one (22E,24R)-3β,5α,9α- 三羟基麦角甾 -7,22- 二烯 -6- 酮 刺松藻 Codium fragile

3β,5α,9α-trihydroxyergosta-7,22-dien-6-one 3β,5α,9α- 三羟基麦角甾 -7,22- 二烯 -6- 酮 葫芦树 Crescentia cujete, 猴头菌 Hericium erinaceus, 松乳菇 Lactarius deliciosus, 木犀 Osmanthus fragrans

3,5,9-trihydroxyergosta-7,22-dien-6-one 3,5,9- 三羟基麦角甾 -7,22- 二烯 -6- 酮 皱环球盖菇 Stropharia rugosoannulata

3β,5α,6β-trihydroxyergosta-7,22-diene 3β,5α,6β- 三羟基麦角甾 -7,22- 二烯 狗牙根 Cynodon dactylon

1β,4α,13-trihydroxyeudesm-11(12)-ene 1β,4α,13- 三羟基桉叶烷 -11(12)- 烯 接骨木 Sambucus williamsii

1β,6α-1,6,14-trihydroxyeudesm-3-en-12-oic acid-γ-lactone 1β,6α-1,6,14- 三羟基桉叶 -3- 烯 -12- 酸 -γ- 内酯 短裂苦苣菜 Sonchus uliginosus

1β,6α-1,6,14-trihydroxyeudesma-3,11(13)-dien-12-oic acid-γ-lactone 1β,6α-1,6,14- 三羟基桉叶 -3,11(13)- 二烯 -12- 酸 -γ- 内酯 短裂苦苣菜 Sonchus uliginosus

11,12,13-trihydroxyeudesma-4(15),8-dien-9-one 11,12,13- 三羟基桉叶 -4(15),8- 二烯 -9- 酮 宽叶金粟兰 Chloranthus henryi

1α,8α,9α-trihydroxyeudesman-3(4),7(11)-dien-8β,12-olide 1α,8α,9α- 三羟基桉叶 -3(4),7(11)- 二烯 -8β,12- 内酯 草珊瑚 Sarcandra glabra

(-)-1,4,6-trihydroxyeudesmane (-)-1,4,6- 三羟基桉叶烷 千年健 Homalomena occulta

1,4,7-trihydroxyeudesmane 1,4,7- 三羟基桉叶烷 千年健 Homalomena occulta

1α,4α,6β-trihydroxyeudesmane 1α,4α,6β- 三羟基桉叶烷 楝 Melia azedarach

1α,4β,6β-trihydroxyeudesmane 1α,4β,6β- 三羟基桉叶烷 华蟹甲 Sinacalia tangutica

1β,4β,7α-trihydroxyeudesmane 1β,4β,7α- 三羟基桉叶烷 红茴香 Illicium henryi, 假地枫皮 I. jiadifengpi, 望春玉兰 Yulania biondii

(-)-3,5,7-trihydroxyflavan (-)-3,5,7- 三羟基黄烷 灯油藤 Celastrus paniculatus

5,7,4'-trihydroxyflavan-(2α → O → 7,4α → 8)-kaempferol 5,7,4'- 三羟基黄烷 -(2α → O → 7,4α → 8)- 山柰酚 狭叶虎皮楠 Daphniphyllum angustifolium

2S-3',4',7-trihydroxyflavan-(4α → 8)-catechin 2S-3',4',7- 三羟基黄烷 -(4α → 8)- 儿茶素 豆茶决明 Senna nomame

2S-3',4',7-trihydroxyflavan-(4β → 8)-catechin 2S-3',4',7- 三羟基黄烷 -(4β → 8)- 儿茶素 豆茶决明 Senna nomame

(+)-3,4',7-trihydroxyflavan-3,4-diol (+)-3',4',7- 三羟基黄烷 -3,4- 二醇 牛蹄豆 Pithecellobium dulce

(2S)-4',5,7-trihydroxy-flavan-5-O-β-D-xylopyranoside (2S)-4',5,7- 三羟基黄烷 -5-O-β-D- 吡喃木糖苷 米面蓊 Buckleya henryi

7,3',4'-trihydroxyflavan-7-O-β-D-glucopyranoside 7,3',4'- 三羟基黄烷 -7-O-β-D- 吡喃葡萄糖苷 苦豆子 Sophora alopecuroides

5,7,4'-trihydroxyflavanol 5,7,4'- 三羟基黄烷醇 刺天茄 Solanum violaceum

T

(2*R*,3*R*)-3,5,7-trihydroxyflavanone (2*R*,3*R*)-3,5,7- 三羟基黄烷酮 滇黄芩 Scutellaria amoena
(2*S*)-5,6,7-trihydroxyflavanone (2*S*)-5,6,7- 三羟基黄烷酮 盔状黄芩 Scutellaria galericulata, 棱茎黄芩 S. scandens
(2*S*)-5,7,8-trihydroxyflavanone (2*S*)-5,7,8- 三羟基黄烷酮 滇黄芩 Scutellaria amoena, 盔状黄芩 S. galericulata
(2*S*)-6,7,4'-trihydroxyflavanone (2*S*)-6,7,4'- 三羟基黄烷 降香 Dalbergia odorifera
2(*S*)-2',6',7-trihydroxyflavanone 2(*S*)-2',6',7- 三羟基黄烷酮 狭叶黄芩 Scutellaria regeliana
(2*S*)-5,7,4'-trihydroxyflavanone 2*S*-5,7,4'- 三羟基黄烷酮 秀雅杜鹃花 Rhododendron concinnum
3',4',7-trihydroxyflavanone 3',4',7- 三羟基黄烷酮 茶梨 Anneslea fragrans, 降香 Dalbergia odorifera, 直立黄钟花 Tecoma stans
3,5,7-trihydroxyflavanone 3,5,7- 三羟基黄烷酮 狼毒 Stellera chamaejasme
3',5',7-trihydroxyflavanone 3',5',7- 三羟基黄烷酮 紫穗槐 Amorpha fruticosa
4',5,7-trihydroxyflavanone 4',5,7- 三羟基黄烷酮 红叶 Cotinus coggygria var. cinerea, 泽漆 Euphorbia helioscopia, 枳 Poncirus trifoliata, 高山杜鹃花 Rhododendron lapponicum, 狼毒 Stellera chamaejasme
5,7,2'-trihydroxyflavanone 5,7,2'- 三羟基黄烷酮 黄菖蒲 Iris pseudacorus, 韩信草 Scutellaria indica
5,7,4'-trihydroxyflavanone 5,7,4'- 三羟基黄烷酮 米槁 Cinnamomum migao, 卫矛 Euonymus alatus, 云南鼠尾草 Salvia yunnanensis, 翅荚决明 Senna alata, 圆锥菝葜 Smilax bracteata
5,7,4-trihydroxyflavanone 5,7,4- 三羟基黄烷酮 黄杞 Engelhardia roxburghiana, 芡实 Euryale ferox
6,7,4'-trihydroxyflavanone 6,7,4'- 三羟基黄烷酮 降香 Dalbergia odorifera
7,2',4'-trihydroxyflavanone 7,2',4'- 三羟基黄烷酮 华桑 Morus cathayana
7,3',4'-trihydroxyflavanone 7,3',4'- 三羟基黄烷酮 小花鬼针草 Bidens parviflora, 牛膝菊 Galinsoga parviflora, 豆茶决明 Senna nomame, 卤地菊 Wedelia prostrata
7,3',5'-trihydroxyflavanone 7,3',5'- 三羟基黄烷酮 沙冬青 Ammopiptanthus mongolicus, 小沙冬青 A. nanus, 云实 Caesalpinia decapetala, 柠条锦鸡儿 Caragana korshinskii
(2*S*)-5,7,5'-trihydroxyflavanone-2'-*O*-*β*-D-2,6-di-*O*-acetylglucopyranosyl-(1→3)-*α*-L-2-*O*-acetylrhamnopyanoside (2*S*)-5,7,5'- 三羟基黄烷酮 -2'-*O*-*β*-D-2,6- 二 -*O*- 乙酰吡喃葡萄糖基 -(1→3)-*α*-L-2-*O*- 乙酰鼠李糖苷 渐尖毛蕨 Cyclosorus acuminatus
(2*S*)-5,7,5'-trihydroxyflavanone-2'-*O*-*β*-D-3,4,6-tri-*O*-acetylglucopyranosyl-(1→3)-*α*-L-2-*O*-acetylrhamnopyanoside (2*S*)-5,7,5'- 三羟基黄烷酮 -2'-*O*- *β*-D-3,4,6- 三 -*O*- 乙酰吡喃葡萄糖基 -(1→3)-*α*-L-2-*O*- 乙酰鼠李糖苷 渐尖毛蕨 Cyclosorus acuminatus
(2*S*)-5,7,5'-trihydroxyflavanone-2'-*O*-*β*-D-3,6-di-*O*-acetylglucopyranosyl-(1→3)-*α*-L-2-*O*-acetylrhamnopyanoside (2*S*)-5,7,5'- 三羟基黄烷酮 -2'-*O*-*β*-D-3,6- 二 -*O*- 乙酰吡喃葡萄糖基 -(1→3)-*α*-L-2-*O*- 乙酰鼠李糖苷 渐尖毛蕨 Cyclosorus acuminatus
(2*S*)-5,7,5'-trihydroxyflavanone-2'-*O*-*β*-D-4,6-di-*O*-acetylglucopyranosyl-(1→3)-*α*-L-2-*O*-acetylrhamnopyanoside (2*S*)-5,7,5'- 三羟基黄烷酮 -2'-*O*-*β*-D-4,6- 二 -*O*- 乙酰吡喃葡萄糖基 -(1→3)-*α*-L-2-*O*- 乙酰鼠李糖苷 渐尖毛蕨 Cyclosorus acuminatus
(2*S*)-5,7,5'-trihydroxyflavanone-2'-*O*-*β*-D-6-*O*-acetylglucopyranosyl-(1→3)-*α*-L-2-*O*-acetylrhamnopyanoside (2*S*)-5,7,5'- 三羟基黄烷酮 -2'-*O*-*β*-D-6-*O*- 乙酰吡喃葡萄糖基 -(1→3)-*α*-L-2-*O*- 乙酰鼠李糖苷 渐尖毛蕨 Cyclosorus acuminatus
(2*S*)-5,7,5'-trihydroxyflavanone-2'-*O*-*β*-D-glucopyranosyl-(1→3)-*α*-L-2-*O*-acetylrhamnopyanoside (2*S*)-5,7,5'- 三羟基黄烷酮 -2'-*O*-*β*-D- 吡喃葡萄糖基 -(1→3)-*α*-L-2-*O*- 乙酰鼠李糖苷 渐尖毛蕨 Cyclosorus acuminatus
2,7,4'-trihydroxyflavanone-5-*O*-*β*-D-glucopyranoside 2,7,4'- 三羟基黄烷酮 -5-*O*-*β*-D- 吡喃葡萄糖苷 毛杭子梢 Campylotropis hirtella
5,3',4'-trihydroxyflavanone-7-*O*-glucuronide 5,3',4'- 三羟基黄烷酮 -7-*O*- 葡萄糖醛酸苷 菊花 Chrysanthemum morifolium
3',4',5-trihydroxyflavanone-7-*O*-*α*-L-rhamnopyranoside 3',4',5- 三羟基二氢黄烷酮 -7-*O*-*α*-L- 吡喃鼠李糖苷 黄花草 Cleome viscosa
(-)-4',5,7-trihydroxyflavanone-7-*O*-*β*-D-(6''-*O*-galloyl)-glucopyranoside (-)-4',5,7- 三羟基黄酮 -7-*O*-*β*-D-(6''-*O*- 没食子酰基)- 吡喃葡萄糖苷 金合欢 Acacia farnesiana
(2*S*)-5,3',4'-trihydroxyflavanone-7-*O*-*β*-D-glucopyranoside (2*S*)-5,3',4'- 三羟基黄烷酮 -7-*O*-*β*-D- 吡喃葡萄糖苷 扁枝槲寄生 Viscum articulatum, 槲寄生 V. coloratum
5,3',4'-trihydroxyflavanone-7-*O*-*β*-D-glucopyranoside 5,3',4'- 三羟基黄烷酮 -7-*O*-*β*-D- 吡喃葡萄糖苷 菊花 Chrysanthemum morifolium
5,7,8-trihydroxyflavanone-7-*O*-*β*-D-glucuronide 5,7,8- 三羟基黄烷酮 -7-*O*-*β*-D- 葡萄糖醛酸苷 盔状黄芩 Scutellaria galericulata
(2*S*)-5,7,4'-trihydroxyflavanone-8-C-*β*-D-(6''-*O*-acetyl)-glucopyranoside (2*S*)-5,7,4'- 三羟基黄烷酮 -8-*C*-*β*-D-(6''-*O*- 乙酰基)- 吡喃葡萄糖苷 相思子 Abrus precatorius
5,7,4'-trihydroxyflavanonol 5,7,4'- 三羟基黄烷酮醇 银杏 Ginkgo biloba
5,6,4'-trihydroxyflavon-7-*O*-*β*-D-glucopyranoside 5,6,4'- 三甲氧基黄酮 -7-*O*-*β*-D- 吡喃葡萄糖苷 药水苏 Betonica officinalis
2',5,7-trihydroxyflavone 2',5,7- 三羟基黄酮 半枝莲 Scutellaria barbata
3,4',7-trihydroxyflavone 3,4',7- 三羟基黄酮 鹰嘴豆 Cicer arietinum, 矮火绒草 Leontopodium nanum, 开口箭 Tupistra chinensis
3',4',7-trihydroxyflavone 3',4',7- 三羟基黄酮 少花米口袋 Gueldenstaedtia verna, 短萼仪花 Lysidice brevicalyx, 密花豆 Spatholobus suberectus
3,5,7-trihydroxyflavone 3,5,7- 三羟基黄酮 香杨 Populus koreana
3,7,4'-trihydroxyflavone 3,7,4'- 三羟基黄酮 盐肤木 Rhus chinensis
3,7,8-trihydroxyflavone 3,7,8- 三羟基黄酮 云南木鳖 Momordica dioica
4',5,7-trihydroxyflavone 4',5,7- 三羟基黄酮 金疮小草 Ajuga decumbens, 波罗蜜 Artocarpus heterophyllus, 海榄雌 Avicennia marina, 大叶仙茅 Curculigo capitulata, 粗叶榕 Ficus hirta, 委陵菜 Potentilla chinensis, 三叶鼠尾草 Salvia trijuga, 半枝莲 Scutellaria barbata, 葫芦茶 Tadehagi triquetrum
5,2',5'-trihydroxyflavone 5,2',5'- 三羟基黄酮 报春花 Primula malacoides
5,6,7-trihydroxyflavone 5,6,7- 三羟基黄酮 水杉 Metasequoia glyptostroboides
5,7,2'-trihydroxyflavone 5,7,2'- 三羟基黄酮 沙滩黄芩 Scutellaria strigillosa

5,7,4'-trihydroxyflavone 5,7,4'- 三羟基黄酮 大叶紫珠 Callicarpa macrophylla, 三对节 Clerodendrum serratum, 剑叶龙血树 Dracaena cochinchinensis, 苦玄参 Picria felterrae, 天山棱子芹 Pleurospermum lindleyanum

5,8,2'-trihydroxyflavone 5,8,2'- 三羟基黄酮 报春花 Primula malacoides

6,7,4'-trihydroxyflavone 6,7,4'- 三羟基黄酮 牛至 Origanum vulgare

7,3',4'-trihydroxyflavone 7,3',4'- 三羟基黄酮 广州相思子 Abrus cantoniensis, 沙冬青 Ammopiptanthus mongolicus, 小沙冬青 A. nanus, 丰城崖豆藤 Callerya nitida var. hirsutissima, 三尖杉 Cephalotaxus fortunei, 云南甘草 Glycyrrhiza yunnanensis, 硬毛地笋 Lycopus lucidus var. hirtus, 仪花 Lysidice rhodostegia, 紫苜蓿 Medicago sativa, 苦豆子 Sophora alopecuroides, 白刺花 S. davidii, 蚕豆 Vicia faba

5,7,2'-trihydroxyflavone-2'-*O*-*β*-*O*-glucopyranoside 5,7,2'- 三羟基黄酮 -2'-*O*-*β*-*O*- 吡喃葡萄糖苷 羽萼木 Colebrookea oppositifolia

5,7,4'-trihydroxyflavone-3-*O*-*α*-L-rhamnopyranoside 5,7,4'- 三羟基黄酮 -3-*O*-*α*-L- 吡喃鼠李糖苷 驼绒藜 Krascheninnikovia ceratoides

5,7,4'-trihydroxyflavone-3-*O*-*β*-D-glucopyranoside 5,7,4'- 三羟基黄酮 -3-*O*-*β*-D- 吡喃葡萄糖苷 河朔荛花 Wikstroemia chamaedaphne

4',6,7-trihydroxyflavone-5-*O*-*β*-D-glucopyranoside 4',6,7- 三羟基黄酮 -5-*O*-*β*-D- 吡喃葡萄糖苷 半枝莲 Scutellaria barbata

5,7,4'-trihydroxyflavone-6-*O*-*β*-D-glucopyranoside-4'-*O*-*β*-D-glucopyranoside 5,7,4'- 三羟基黄酮 -6-*O*-*β*-D- 吡喃葡萄糖苷 -4'-*O*-*β*-D- 吡喃葡萄糖苷 麦蓝菜 Vaccaria hispanica

7,3',4'-trihydroxyflavone-7-glucoside 7,3',4'- 三羟基黄酮 -7- 葡萄糖苷 紫苜蓿 Medicago sativa

5,6,4'-trihydroxyflavone-7-*O*-*α*-L-2,3-di-*O*-acetylrhamnopyranosyl-(1 → 6)-*β*-D-glucopyranoside 5,6,4'- 三羟基黄酮 -7-*O*-*α*-L-2,3- 二 -*O*- 乙酰吡喃鼠李糖基 -(1 → 6)-*β*-D- 吡喃葡萄糖苷 野甘草 Scoparia dulcis

5,6,4'-trihydroxyflavone-7-*O*-*β*-D-galactopyranosiduronic acid 5,6,4'- 三羟基黄酮 -7-*O*-*β*-D- 吡喃半乳糖醛酸苷 短葶飞蓬 Erigeron breviscapus

3',4',5-trihydroxyflavone-7-*O*-*β*-D-glucopyranoside 3',4',5- 三羟基黄酮 -7-*O*-*β*-D- 吡喃葡萄糖苷 黄果茄 Solanum virginianum

5,3',4'-trihydroxyflavone-7-*O*-*β*-D-glucopyranoside 5,3',4'- 三羟基黄酮 -7-*O*-*β*-D- 吡喃葡萄糖苷 东紫苏 Elsholtzia bodinieri

5,8,4'-trihydroxyflavone-7-*O*-*β*-D-glucopyranoside 5,8,4'- 三羟基黄酮 -7-*O*-*β*-D- 葡萄糖苷 婆婆针 Bidens bipinnata

4',5,6-trihydroxyflavone-7-*O*-*β*-D-glucopyranosiduronic acid methyl ester 4',5,6- 三羟基黄酮 -7-*O*-*β*-D- 吡喃葡萄糖糖醛酸甲酯 野甘草 Scoparia dulcis

3',4',5-trihydroxyflavone-7-*O*-*β*-D-glucopyranosyl-(1 → 6)-*β*-D-glucopyranoside 3',4',5- 三羟基黄酮 -7-*O*-*β*-D- 吡喃葡萄糖基 -(1 → 6)-*β*-D- 吡喃葡萄糖苷 络石 Trachelospermum jasminoides

3',4',5-trihydroxyflavone-7-*O*-*β*-D-glucuronide 3',4',5- 三羟基黄酮 -7-*O*-*β*-D- 葡萄糖醛酸苷 羊红膻 Pimpinella thellungiana

5,7,4'-trihydroxyflavone-8-C-glucopyranosyl-(2 → 1)-rhamnopyranoside 5,7,4'- 三羟基黄酮 -8-C- 吡喃葡萄糖基 -(2 → 1)- 吡喃鼠李糖基碳苷 买麻藤 Gnetum montanum

5,7,4'-trihydroxyflavone-8-*O*-*β*-D-glucosyl-(1 → 4)-*β*-D-glucoside 5,7,4'- 三羟基黄酮 -8-*O*-*β*-D- 葡萄糖基 -(1 → 4)-*β*-D- 葡萄糖苷 山里红 Crataegus pinnatifida var. major

5,7,8-trihydroxyflavone-8-*O*-*β*-D-glucuronopyranoside 5,7,8- 三羟基黄酮 -8-*O*-*β*-D- 吡喃葡萄糖醛酸苷 异色黄芩 Scutellaria discolor

5,7,4'-trihydroxyflavonol 5,7,4'- 三羟基黄酮醇 元宝草 Hypericum sampsonii, 纤细雀梅藤 Sageretia gracilis

3',4',5-trihydroxyflavonol-3-*O*-{6-*O*-[(2E)-3-(4-hydroxy-3,5-dimethoxyphenyl)-1-oxo-2-propenyl]-*β*-D-glucopyranosyl]}-(1 → 2)-*β*-D-glucopyranoside-7-*O*-*α*-L-rhamnopyranoside 3',4',5- 三羟基黄酮醇 -3-*O*-{6-*O*-[(2*E*)-3-(4- 羟基 -3,5- 二甲氧基苯基)-1- 氧代 -2- 丙烯基]-*β*-D- 吡喃葡萄糖基]}-(1 → 2)-*β*-D- 吡喃葡萄糖苷 -7-*O*-*α*-L- 吡喃鼠李糖苷 披针叶胡颓子 Elaeagnus lanceolata

4',5,7-trihydroxyflavonol-3-*O*-*β*-D-(6"-*O*-(*E*)-*p*-acrolyl-hydroxybenzene 4',5,7- 三羟基黄酮醇 -3-*O*-*β*-D-(6"-*O*-(*E*)- 对羟基苯丙烯酰基)- 吡喃葡萄糖苷 金樱子 Rosa laevigata

(1*S*,4*S*,5*S*,7*R*,10*R*)-10,11,14-trihydroxyguai-3-one-11-*O*-*β*-D-glucopyranoside (1*S*,4*S*,5*S*,7*R*,10*R*)-10,11,14- 三羟愈创木 -3- 酮 -11-*O*-*β*-D- 吡喃葡萄糖苷 关苍术 Atractylodes japonica

(1*S*,4*S*,5*S*,7*R*,10*S*)-10,11,14-trihydroxyguai-3-one-11-*O*-*β*-D-glucopyranoside (1*S*,4*S*,5*S*,7*R*,10*S*)-10,11,14- 三羟基愈创木 -3- 酮 -11-*O*-*β*-D- 吡喃葡萄糖苷 苍术 Atractylodes lancea

(1*R*,7*R*,8*S*,10*R*)-7,8,11-trihydroxyguai-4-en-3-one-8-*O*-*β*-D-glucopyranoside (1*R*,7*R*,8*S*,10*R*)-7,8,11- 三羟基愈创 -4- 烯 -3- 酮 -8-*O*-*β*-D- 吡喃葡萄糖苷 栀子 Gardenia jasminoides

1,5,11-trihydroxyguaiane 1,5,11- 三羟基愈创木烷 羌活 Notopterygium incisum

1*α*H,7*α*H,10*β*H,4*β*,5*α*,11-trihydroxyguaiane 1*α*H,7*α*H,10*β*H,4*β*,5*α*,11- 三羟基愈创木烷 麻疯树 Jatropha curcas

(1*R*,4*R*,5*R*,7*R*,10*S*)-10,11,15-trihydroxygualane-11-*O*-*β*-D-glucopyranoside (1*R*,4*R*,5*R*,7*R*,10*S*)-10,11,15- 三羟基愈创木 -11-*O*-*β*-D- 吡喃葡萄糖苷 小窃衣 Torilis japonica

5,6,7-trihydroxyhentriacontane-14,16-dione 5,6,7- 三羟基三十一烷 -14,16- 二酮 燕麦 Avena sativa

(2*R*,4*R*)-1,2,4-trihydroxyheptadec-16-ene (2*R*,4*R*)-1,2,4- 三羟基十七碳 -16- 烯 鳄梨 Persea americana

1,2,4-trihydroxyheptadec-16-ene 1,2,4- 三羟基十七碳 -16- 烯 鳄梨 Persea americana

(2*R*,4*R*)-1,2,4-trihydroxyheptadec-16-yne (2*R*,4*R*)-1,2,4- 三羟基十七碳 -16- 炔 鳄梨 Persea americana

1,2,4-trihydroxyheptadec-16-yne 1,2,4- 三羟基十七碳 -16- 炔 鳄梨 Persea americana

4',5,7-trihydroxyhomoisoflavanone 4',5,7- 三羟基高异黄烷酮 短筒黄精 Polygonatum altelobatum

6*α*,11*α*,22-trihydroxyhopane 6*α*,11*α*,22- 三羟基何帕烷 地钱 Marchantia polymorpha

4,8,14-trihydroxyilludala-2,6,8-triene 4,8,14- 三羟基隐杯伞 -2,6,8- 三烯 辣味乳菇 Lactarius piperatus

4,6,4'-trihydroxyisoaurone 4,6,4'- 三羟基异橙酮 西藏猫乳 Rhamnella gilgitica

2',4',7-trihydroxyisoflavane 2',4',7- 三羟基异黄烷 蒙自木蓝 Indigofera mengtzeana

2',4',7-trihydroxyisoflavone 2',4',7- 三羟基异黄酮 野百合 Crotalaria sessiliflora

4',5,7-trihydroxyisoflavone 4',5,7- 三羟基异黄酮 番荔枝 Annona squamosa, 木豆 Cajanus cajan, 长波叶山蚂蝗 Desmodium sequax, 岩木瓜

Ficus tsiangii, 洋甘草 Glycyrrhiza glabra

5,7,4'-trihydroxyisoflavone 5,7,4'- 三羟基异黄酮 蒙古黄耆 Astragalus penduliflorus, 海刀豆 Canavalia maritima, 球穗千斤拔 Flemingia strobilifera, 光叶铁仔 Myrsine stolonifera

6,8,4'-trihydroxyisoflavone 6,8,4'- 三羟基异黄酮 翅荚决明 Senna alata

7,8,4'-trihydroxyisoflavone 7,8,4'- 三羟基异黄酮 短柄五加 Eleutherococcus brachypus, 葛 Pueraria montana var. lobata

5,7,2'-trihydroxyisoflavone-7-glucoside 5,7,2'- 三羟基异黄酮 -7- 葡萄糖苷 木豆 Cajanus cajan

5,7,4'-trihydroxyisoflavone-7-*O*-*β*-D-apiosyl-(1 → 6)-*β*-D-glucopyranoside 5,7,4'- 三羟基异黄酮 -7-*O*-*β*-D- 芹糖基 -(1 → 6)-*β*-D- 吡喃葡萄糖苷 大叶千斤拔 Flemingia macrophylla

5,7,4'-trihydroxyisoflavone-7-*O*-*β*-D-glucopyranoside 5,7,4'- 三羟基异黄酮 -7-*O*-*β*-D- 吡喃葡萄糖苷 大叶千斤拔 Flemingia macrophylla

3*β*,16*β*,22-trihydroxyisohopane 3*β*,16*β*,22- 三羟基异何帕烷 毛荚决明 Senna hirsuta

ent-7*α*,16*β*,17-trihydroxykauran 对映 -7*α*,16*β*,17- 三羟基贝壳杉烷 糙苏 Phlomis umbrosa

9,16,17-trihydroxy-kauran-18-oic acid 9,16,17- 三羟基 - 贝壳杉 -18- 酸 中华双扇蕨 Dipteris chinensis

ent-16*α*,17,18-trihydroxykauran-19-oic acid 对映 -16*α*,17,18- 三羟基贝壳杉 -19- 酸 腺梗豨莶 Sigesbeckia pubescens

ent-16*β*,17,18-trihydroxykauran-19-oic acid 对映 -16*β*,17,18- 三羟基贝壳杉 -19- 酸 腺梗豨莶 Sigesbeckia pubescens

2*α*,7,8*β*-trihydroxykessane 2*α*,7,8*β*- 三羟基宽叶缬草烷▲ 小窃衣 Torilis japonica

2*α*,7,12-trihydroxykessane-2-*O*-*β*-D-glucopyranoside 2*α*,7,12- 三羟基宽叶缬草烷▲-2-*O*-*β*-D- 吡喃葡萄糖苷 小窃衣 Torilis japonica

2*α*,7,8*β*-trihydroxykessane-8-*O*-*β*-D-glucopyranoside 2*α*,7,8*β*- 三羟基宽叶缬草烷▲-8-*O*-*β*-D- 吡喃葡萄糖苷 小窃衣 Torilis japonica

4,4',9'-trihydroxyl-3,5,3'-trimethoxyl-7-phenyltetrahydrolignanoid-9-*O*-*β*-D-xylopyranoside 4,4',9'- 三羟基 -3,5,3'- 三甲氧基 -7- 苯基四氢木脂素 -9-*O*-*β*-D- 吡喃木糖苷 荔枝 Litchi chinensis

(7*R*,8*S*)-3',9,9'-trihydroxyl-3-methoxyl-4-*O*-glycerol-7,8-dihydrobenzofuran-1'-propanolneoligan (7*R*,8*S*)-3',9,9'- 三羟基 -3- 甲氧基 -4-*O*- 甘油 -7,8- 二氢苯并呋喃 -1'- 丙醇新木脂素 红茴香 Illicium henryi

5,7,4'-trihydroxyl-6-*C*-[*α*-L-rhamnopyranosyl-(1 → 2)]-*β*-D-glucopyranosylflavone 5,7,4'- 三羟基 -6-*C*-[*α*-L- 吡喃鼠李糖基 -(1 → 2)]-*β*-D- 吡喃葡萄糖基黄酮 构树 Broussonetia papyrifera, 含羞草 Mimosa pudica

5,7,4'-trihydroxyl-8-*C*-[*α*-L-rhamnopyranosyl-(1 → 2)]-*β*-D-glucopyranosylflavone 5,7,4'- 三羟基 -8-*C*-[*α*-L- 吡喃鼠李糖基 -(1 → 2)]-*β*-D- 吡喃葡萄糖基黄酮 构树 Broussonetia papyrifera, 含羞草 Mimosa pudica

3*α*,16*α*,26-trihydroxylanosta-7,9(11),24-trien-21-oic acid 3*α*,16*α*,26- 三羟基羊毛脂 -7,9(11),24- 三烯 -21- 酸 树舌灵芝 Ganoderma applanatum

3,5,7-trihydroxylchromone-3-*O*-*α*-L-arabinopyranoside 3,5,7- 三羟基色酮 -3-*O*-*α*-L- 吡喃阿拉伯糖苷 短柱八角 Illicium brevistylum, 爆仗花 Rhododendron spinuliferum

5,7,4'-trihydroxyldihydroisoflavone 5,7,4'- 三羟基二氢异黄酮 柘树 Cudrania tricuspidata

5,7,4-trihydroxylisoflavone 5,7,4- 三羟基异黄酮 风藤 Piper kadsura

1*α*,2*α*,3*β*-trihydroxyl-olean-12-en-28-oic acid 1*α*,2*α*,3*β*- 三羟基齐墩果 -12- 烯 -28- 酸 小花清风藤 Sabia parviflora

2*α*,3*α*,l9*α*-trihydroxyl-oleanolic acid 2*α*, 3*α*19*α*- 三羟基齐墩果酸 灰毛泡 Rubus irenaeus

3*α*,11*α*,23-trihydroxylup-20(29)-en-28-oic acid 3*α*,11*α*,23- 三羟基羽扇豆 -20(29)- 烯 -28- 酸 五加 Eleutherococcus nodiflorus var. gracilistylus, 白簕 E. trifoliatus

3*β*,16*β*,29-trihydroxylup-20(30)-ene 3*β*,16*β*,29- 三羟基羽扇豆 -20(30)- 烯 匙羹藤 Gymnema sylvestre

1*β*,11*α*,20-trihydroxylupan-3-one 1*β*,11*α*,20- 三羟基羽扇豆 -3- 酮 新疆鼠尾草 Salvia deserta

3*β*,28,29-trihydroxylupane 3*β*,29- 二羟基羽扇 -20(30)- 烯 -28- 醛 3*β*,28,29- 三羟基羽扇豆烷 猕猴桃藤山柳 Clematoclethra scandens subsp. actinidioides

4*α*,8*β*,12*β*-trihydroxylycopodine 4*α*,8*β*,12*β*- 三羟基石松碱 石松 Lycopodium japonicum

6*β*,7*β*,13*α*-trihydroxy-l*α*-acetoxy-7*α*,20-epoxy-*ent*-kaur-16-en-15-one 6*β*,7*β*,13*α*- 三羟基 -l*α*- 乙酰氧基 -7*α*,20- 环氧 - 对映 - 贝壳杉 -16- 烯 -15- 酮 显脉香茶菜 Isodon nervosus

7*α*,8*α*,13-trihydroxy-marasm-5-oic acid-*γ*-lactone 7*α*,8*α*,13- 三羟基 - 小皮伞 -5- 酸 -*γ*- 内酯 绒白乳菇 Lactarius vellereus, 臭黄菇 Russula foetens

7*α*,8*β*,13-trihydroxy-marasm-5-oic acid-*γ*-lactone 7*α*,8*β*,13- 三羟基 - 小皮伞 -5- 酸 -*γ*- 内酯 绒白乳菇 Lactarius vellereus

9*α*,10*α*,13-trihydroxy-marasm-7(8)en-oic acid-*γ*-lactone 9*α*,10*α*,13- 三羟基 - 小皮伞 -7(8)- 烯 - 酸 -*γ*- 内酯 绒白乳菇 Lactarius vellereus

5,10*α*,13-trihydroxy-marasm-7,(8)-ene 5,10*α*,13- 三羟基 - 小皮伞 -7,(8)- 烯 绒白乳菇 Lactarius vellereus

(6*S*,7*E*)-6,9,10-trihydroxymegastigma-4,7-dien-3-one (6*S*,7*E*)-6,9,10- 三羟基大柱香波龙 -4,7- 二烯 -3- 酮 鸦胆子 Brucea javanica

5*R*,6*S*-6,9,10-trihydroxy-megastigma-7-en-3-one 5*R*,6*S*-6,9,10- 三羟基 - 大柱香波龙 -7- 烯 -3- 酮 卫矛 Euonymus alatus

(3*S*,4*R*,9*R*)-3,4,9-trihydroxymegastigman-5-ene (3*S*,4*R*,9*R*)-3,4,9- 三羟基大柱香波龙 -5- 烯 川桂 Cinnamomum wilsonii

1*R*,2*R*,4*R*-trihydroxy-menthane 1*R*,2*R*,4*R*- 三羟基薄荷烷 东紫苏 Elsholtzia bodinieri

3,4,*α*-trihydroxy-methyl phenylpropionate 3,4,*α*- 三羟基 - 苯丙酸甲酯 夏枯草 Prunella vulgaris

3*α*,7*β*,29-trihydroxymultiflor-8-ene-3,29-diyldibenzoate 3*α*,7*β*,29- 三羟基多花白树 -8- 烯 -3,29- 二苯甲酸酯 栝楼 Trichosanthes kirilowii

1,4,5-trihydroxynaphthalene-1,4-di-*O*-*β*-D-glucopyranoside 1,4,5- 三羟基萘 -1,4- 二 -*O*-*β*-D- 吡喃葡萄糖苷 胡桃楸 Juglans mandshurica

1,2,4-trihydroxynaphthalene-1,4-di-*β*-D-glucopyranoside 1,2,4- 三羟基萘 -1,4- 二 -*β*-D- 吡喃葡萄糖苷 凤仙花 Impatiens balsamina

1,4,5-trihydroxynaphthalene-1,5-di-*O*-*β*-D-glucopyranoside 1,4,5- 三羟基萘 -1,5- 二 -*O*-*β*-D- 吡喃葡萄糖苷 胡桃楸 Juglans mandshurica

1,4,8-trihydroxynaphthalene-1-*O*-D-glucopyranosyl-(1 → 6)-*β*-D-xylopyranoside 1,4,8- 三羟基萘 -1-*O*-*β*-D- 吡喃葡萄糖基 -(1 → 6)-*β*-D- 吡喃木糖苷 胡桃楸 Juglans mandshurica

1,2,4-trihydroxynaphthalene-1-*O*-glucopyranoside 1,2,4- 三羟基萘 -1-*O*- 吡喃葡萄糖苷 小花凤仙花 Impatiens parviflora

1,4,8-trihydroxynaphthalene-1-*O*-*β*-D-[6'-*O*-(3',4',5'-trihydroxybenzoyl)]-glucopyranoside 1,4,8- 三羟基萘 -1-*O*-*β*-D-[6'-*O*-(3',4',5'- 三羟基苯甲

T

酰基)]- 吡喃葡萄糖苷 胡桃楸 Juglans mandshurica
1,4,8-trihydroxynaphthalene-1-*O*-β-D-glucopyranoside 1,4,8- 三羟基萘 -1-*O*-β-D- 吡喃葡萄糖苷 胡桃楸 Juglans mandshurica
1,4,8-trihydroxynaphthalene-1-*O*-β-D-glucopyranosyl-(1 → 6)-α-L-arabinopyranoside 1,4,8- 三羟基萘 -1-*O*-β-D- 吡喃葡萄糖 -(1 → 6)-α-L- 吡喃阿拉伯糖苷 胡桃楸 Juglans mandshurica
1,2,4-trihydroxynaphthalene-1-*O*-β-D-glycopyranoside 1,2,4- 三羟基萘 -1-*O*-β-D- 吡喃葡萄糖苷 散沫花 Lawsonia inermis
1,2*R*,4*R*-trihydroxy-n-heptadec-16-ene 1,2*R*,4*R*- 三羟基 - 正十七碳 -16- 烯 鳄梨 Persea americana
1,2*R*,4*R*-trihydroxy-n-heptadec-16-yne 1,2*R*,4*R*- 三羟基 - 正十七碳 -16- 炔 鳄梨 Persea americana
(2*R*,4*R*,6*E*)-1,2,4-trihydroxynonadec-6-ene (2*R*,4*R*,6*E*)-1,2,4- 三羟基十九碳 -6- 烯 鳄梨 Persea americana
(2*R*,4*R*)-1,2,4-trihydroxynonadecane (2*R*,4*R*)-1,2,4- 三羟基十九烷 鳄梨 Persea americana
1,2,4-trihydroxynonadecane 1,2,4- 三羟基十九烷 鳄梨 Persea americana
2α,3β,4α-trihydroxynortropane 2α,3β,4α- 三羟基降托品烷 桑 Morus alba
2α,3β,6-exo-trihydroxynortropane 2α,3β,6- 外向 - 三羟基降托品烷 桑 Morus alba
5,6,9-trihydroxy-octadec-7-enoic acid 5,6,9- 三羟基 - 十八碳 -7- 烯酸 川党参 Codonopsis pilosula subsp. tangshen
9,12,13-trihydroxyoctadeca-10(*E*),15(*Z*)-dienoic acid 9,12,13- 三羟基十八碳 -10(*E*),15(*Z*)- 二烯酸 牛角瓜 Calotropis gigantea, 荨麻叶龙头草 Meehania urticifolia
9,12,13-trihydroxyoctadeca-10(*Z*),15(*Z*)-dienoic acid 9,12,13- 三羟基十八碳 -10(*Z*),15(*Z*)- 二烯酸 春榆 Ulmus davidiana var. japonica
(10*E*,15*Z*)-9,12,13-trihydroxyoctadeca-10,15-dienoic acid (10*E*,15*Z*)-9,12,13- 三羟基十八碳 -10,15- 二烯酸 金疮小草 Ajuga decumbens
(9*E*)-8,11,12-trihydroxyoctadecenoic acid methyl ester (9*E*)-8,11,12- 三羟基 - 十八烯酸甲酯 牛膝 Achyranthes bidentata
2α,3α,24-trihydroxyolean-11,13(18)-dien-28-oic acid 2α,3α,24- 三羟基齐墩果 -11,13(18)- 二烯 -28- 酸 夏枯草 Prunella vulgaris
2α,3β,19α-trihydroxyolean-11,13(18)-dien-28-olic acid 2α,3β,19α- 三羟基齐墩果 -11,13(18)- 二烯 -28- 酸 飞龙掌血 Toddalia asiatica
3,23,28-trihydroxyolean-11,13(18)-diene 3,23,28- 三羟基齐墩果 -11,13(18)- 二烯 醉鱼草 Buddleja lindleyana
2α,3β,23-trihydroxyolean-12(13)-en-28-oic acid 2α,3β,23- 三羟基齐墩果 -12(13)- 烯 -28- 酸 枫香树 Liquidambar formosana
2β,3β,28-trihydroxyolean-12(13)-ene 2β,3β,28- 三羟基 -12(13)- 羽扇豆烯 毛果鱼藤 Derris eriocarpa
3β,15α,23-trihydroxyolean-12-en-16-one 3β,15α,23- 三羟基 - 齐墩果 -12- 烯 -16- 酮 苦葛 Pueraria peduncularis
2β,3β,16α-trihydroxyolean-12-en-23,28-dioic acid 2β,3β,16α- 三羟基齐墩果 -12- 烯 -23,28- 二羧酸 唐菖蒲 Gladiolus × gandavensis
2β,3β,16α-trihydroxy-olean-12-en-23,28-diotic acid-3-*O*-α-D-glucopyranoside 2β,3β,16α- 三羟基齐墩果 -12- 烯 -23,28- 二羧酸 -3-*O*-β-D- 吡喃葡萄糖苷 唐菖蒲 Gladiolus × gandavensis
3β,6β,24-trihydroxyolean-12-en-27-oic acid 3β,6β,24- 三羟基齐墩果 -12- 烯 -27- 酸 落新妇 Astilbe chinensis
2α,3α,24-trihydroxyolean-12-en-28,30-dioic acid 2α,3α,24- 三羟基齐墩果 -12- 烯 -28,30- 二羧酸 颠茄 Atropa belladonna
3β,21α,28-trihydroxyolean-12-en-28-*O*-{β-D-arabinopyranosyl-(1 → 3)}-β-D-arabinopyranoside 3β,21α,28- 三羟基齐墩果 -12- 烯 -28-*O*-[β-D- 吡喃阿拉伯糖基 -(1 → 3)]-β-D- 吡喃阿拉伯糖苷 牡竹 Dendrocalamus strictus
(4β)-3β,16α,23-trihydroxyolean-12-en-28-oic acid (4β)-3β,16α,23- 三羟基齐墩果 -12- 烯 -28- 酸 夏枯草 Prunella vulgaris
1α,3β,23-trihydroxyolean-12-en-28-oic acid 1α,3β,23- 三羟基齐墩果 -12- 烯 -28- 酸 扁担杆 Grewia biloba
1β,3β,19β-trihydroxyolean-12-en-28-oic acid 1β,3β,19β- 三羟基齐墩果 -12- 烯 -28- 酸 钩腺大戟 Euphorbia sieboldiana
2α,3α,23-trihydroxyolean-12-en-28-oic acid 2α,3α,23- 三羟基齐墩果 -12- 烯 -28- 酸 枇杷 Eriobotrya japonica, 野鸦椿 Euscaphis japonica, 火筒树 Leea indica
2α,3α,24-trihydroxyolean-12-en-28-oic acid 2α,3α,24- 三羟基齐墩果 -12- 烯 -28- 酸 中华猕猴桃 Actinidia chinensis, 对萼猕猴桃 A. valvata, 紫珠 Callicarpa bodinieri, 攀茎耳草 Hedyotis scandens, 拟缺香茶菜 Isodon excisoides, 瓜子金 Polygala japonica, 夏枯草 Prunella vulgaris, 牡荆 Vitex negundo var. cannabifolia, 蔓荆 V. trifolia
2α,3β,19-trihydroxyolean-12-en-28-oic acid 2α,3β,19- 三羟基齐墩果 -12- 烯 -28- 酸 中华猕猴桃 Actinidia chinensis
2α,3β,23-trihydroxyolean-12-en-28-oic acid 2α,3β,23- 三羟基齐墩果 -12- 烯 -28- 酸 木通 Akebia quinata, 蔓胡颓子 Elaeagnus glabra, 胡桃楸 Juglans mandshurica, 枫香槲寄生 Viscum liquidambaricola, 黄荆 Vitex negundo
2α,3β,24-trihydroxyolean-12-en-28-oic acid 2α,3β,24- 三羟基齐墩果 -12- 烯 -28- 酸 攀茎耳草 Hedyotis scandens, 夏枯草 Prunella vulgaris, 荔枝草 Salvia plebeia, 黄荆 Vitex negundo, 蔓荆 V. trifolia
2α,3β,29-trihydroxyolean-12-en-28-oic acid 2α,3β,29- 三羟基齐墩果 -12- 烯 -28- 酸 三叶木通 Akebia trifoliata
3α,24,29-trihydroxyolean-12-en-28-oic acid 3α,24,29- 三羟基齐墩果 -12- 烯 -28- 酸 木通 Akebia quinata
3α,6α,23-trihydroxyolean-12-en-28-oic acid 3α,6α,23- 三羟基齐墩果 -12- 烯 -28- 酸 紫背贵州鼠尾草 Salvia cavaleriei var. erythrophylla
3β,16β,21β-trihydroxyolean-12-en-28-oic acid 3β,16β,21β- 三羟基齐墩果 -12- 烯 -28- 酸 香合欢 Albizia odoratissima
3β,23,24-trihydroxyolean-12-en-28-oic acid 3β,23,24- 三羟基齐墩果 -12- 烯 -28- 酸 香果树 Emmenopterys henryi
3β,6β,23-trihydroxyolean-12-en-28-oic acid 3β,6β,23- 三羟基齐墩果 -12- 烯 -28- 酸 积雪草 Centella asiatica, 香果树 Emmenopterys henryi
3β,6β,19α-trihydroxy-olean-12-en-28-oic acid 3β,6β,19α- 三羟基 - 齐墩果 -12- 烯 -28- 酸 平滑钩藤 Uncaria laevigata, 钩藤 U. rhynchophylla
(2β,3β,4α)-2,3,23-trihydroxy-olean-12-en-28-oic acid methyl ester (2β,3β,4α)-2,3,23- 三羟基齐墩果 -12- 烯 -28- 羧酸甲酯 云南紫菀 Aster yunnanensis
2α,3β,6β-trihydroxyolean-12-en-28-oic acid-28-[*O*-α-L-rhamnopyranosyl-(1 → 4)-*O*-β-D-glucopyranosyl-(1 → 6)-β-D-glucopyranosyl]ester 2α,3β,6β- 三羟基齐墩果 -12- 烯 -28- 酸 -28-[*O*-α-L- 吡喃鼠李糖基 -(1 → 4)-*O*-β-D- 吡喃葡萄糖基 -(1 → 6)-β-D- 吡喃葡萄糖基] 酯苷 积雪草 Centella asiatica
2α,3β,6β-trihydroxyolean-12-en-28-oic acid-28-*O*-[α-L-rhamnopyranosyl-(1 → 4)-β-D-glucopyranosyl-(1 → 6)-β-D-glucopyranosyl]ester 2α,3β,6β- 三羟基齐墩果 -12- 烯 -28- 酸 -28-*O*-[α-L- 吡喃鼠李糖基 -(1 → 4)-β-D- 吡喃葡萄糖基 -(1 → 6)-β-D- 吡喃葡萄糖基] 酯苷 积雪草 Centella asiatica

T

2α,3α,19α-trihydroxyolean-12-en-28-oic acid-28-O-β-D-glucopyranoside 2α,3α,19α- 三羟基 -12- 烯 -28- 齐墩果酸 -28-O-β-D- 吡喃葡萄糖苷 亮叶杨桐 Adinandra nitida

2α,3β,23-trihydroxyolean-12-en-28-oic acid-28-O-β-D-glucopyranoside 2α,3β,23- 三羟基齐墩果 -12- 烯 -28- 酸 -28-O-β-D- 吡喃葡萄糖苷 耳基水苋菜 Ammannia arenaria

2α,3α,24-trihydroxyolean-12-en-28-oic acid-28-O-β-D-glucopyranosyl ester 2α,3α,24- 三羟基 - 齐墩果 -12- 烯 -28- 酸 -28-O-β-D- 吡喃葡萄糖酯苷 蔓荆 Vitex trifolia

2α,3α,24-trihydroxyolean-12-en-28-oic acid-28-O-β-D-glucopyranosyl-(1 → 2)-β-D-glucopyranosyl ester 2α,3α,24- 三羟基齐墩果 -12- 烯 -28- 酸 -28-O-β-D- 吡喃葡萄糖基 -(1 → 2)-β-D- 吡喃葡萄糖酯苷 瓜子金 Polygala japonica

2α,3α,24-trihydroxyolean-12-en-28-oic acid-28-O-β-D-glucopyranosyl-(1 → 2)-β-D-glucopyranosyl-(1 → 2)-β-D-glucopyranosyl ester 2α,3α,24- 三羟基齐墩果 -12- 烯 -28- 酸 -28-O-β-D- 吡喃葡萄糖基 -(1 → 2)-β-D- 吡喃葡萄糖基 -(1 → 2)-β-D- 吡喃葡萄糖酯苷 瓜子金 Polygala japonica

2α,3α,19α-trihydroxyolean-12-en-28-oic acid-28-O-β-D-xylopyranosyl-(1 → 2)-β-D-glucopyranosyl ester 2α,3α,19α- 三羟基齐墩果 -12- 烯 -28- 酸 -28-O-β-D- 吡喃木糖基 -(1 → 2)-β-D- 吡喃葡萄糖基酯 裸花紫珠 Callicarpa nudiflora

2α,3α,24-trihydroxyolean-12-en-28-oic acid-3-O-β-D-glucopyranosyl-(1 → 2)-β-D-glucopyranosise 2α,3α,24- 三羟基齐墩果 -12- 烯 -28- 酸 -3-O-β-D- 吡喃葡萄糖基 -(1 → 2)-β-D- 吡喃葡萄糖苷 瓜子金 Polygala japonica

2α,3β,23-trihydroxyolean-12-en-28-oic acid-O-α-L-rhamnopyranosyl-(1 → 4)-O-β-D-glucopyranosyl-(1 → 6)-β-D-glucopyranosyl ester 2α,3β,23- 三羟基齐墩果酸 -28-O-α-L- 吡喃鼠李糖基 -(1 → 4)-O-β-D- 吡喃葡萄糖基 -(1 → 6)-β-D- 吡喃葡萄糖基酯 素馨花 Jasminum grandiflorum

2α,3β,23-trihydroxyolean-12-en-28-oic acid-O-α-L-rhamnopyranosyl-(1 → 4)-β-D-glucopyranosyl-(1 → 6)-β-D-glucopyranosylester 2α,3β,23- 三羟基齐墩果 -12- 烯 -28- 酸 -O-α-L- 吡喃鼠李糖基 -(1 → 4)-β-D- 吡喃葡萄糖基 -(1 → 6)-β-D- 吡喃葡萄糖基酯苷 白木通 Akebia trifoliata subsp. australis

2α,3β,23-trihydroxyolean-12-en-28-oic acid-O-β-D-glucopyranosyl ester 2α,3β,23- 三羟基齐墩果酸 -28-O-β-D- 吡喃葡萄糖基酯 素馨花 Jasminum grandiflorum

2α,3β,23-trihydroxyolean-12-en-28-oic acid-O-β-D-glucopyranosylester 2α,3β,23- 三羟基齐墩果 -12- 烯 -28- 酸 -O-β- 吡喃葡萄糖基酯 白木通 Akebia trifoliata subsp. australis

2α,3β,23-trihydroxyolean-12-en-28-oic acid-O-β-D-xylopyranosyl-(1 → 3)-α-L-rhamnopyranosyl-(1 → 4)-β-D-glucopyranosyl-(1 → 6)-β-D-glucopyranosyl ester 2α,3β,23- 三羟基齐墩果 12- 烯 -28- 酸 -O-β-D- 吡喃木糖基 -(1 → 3)-α-L- 吡喃鼠李糖基 -(1 → 4)-β-D- 吡喃葡萄糖基 -(1 → 6)-β-D- 吡喃葡萄糖基酯苷 白木通 Akebia trifoliata subsp. australis

2α,3α,19α-trihydroxyolean-12-en-28-O-β-D-glucopyranoside 2α,3α,19α- 三羟基齐墩果 -12- 烯 -28-O-β-D- 吡喃葡萄糖苷 广东紫珠 Callicarpa kwangtungensis

3β,21β,22β-trihydroxyolean-12-en-29-oic acid-3-O-α-L-rhamnopyranosyl-(1 → 2)-β-D-galactopyranosyl-(1 → 2)-β-D-glucuronopyranosiduronic acid 3β,21β,22β- 三羟基齐墩果 12- 烯 -29- 酸 -3-O-α-L- 吡喃鼠李糖基 -(1 → 2)-β-D- 吡喃半乳糖基 -(1 → 2)-β-D- 吡喃葡萄糖醛酸苷 黄檀 Dalbergia hupeana

(3β,16α,20α)-3,16,28-trihydroxyolean-12-en-29-oic acid-3-O-β-D-glucopyranosyl-(1 → 2)-O-[β-D-glucopyranosyl-(1 → 4)]-α-L-arabinopyranoside (3β,16α,20α)-3,16,28- 三羟基齐墩果 -12- 烯 -29- 酸 -3-O-β-D- 吡喃葡萄糖基 -(1 → 2)-O-[β-D- 吡喃葡萄糖基 -(1 → 4)]-α-L- 吡喃阿拉伯糖苷 铁仔 Myrsine africana

16β,23,28-trihydroxyolean-12-en-3-one 16β,23,28- 三羟基齐墩果 -12- 烯 -3- 酮 匙羹藤 Gymnema sylvestre

16α,23,28-trihydroxy-olean-12-en-3-O-α-L-arabinopyranoside 16α,23,28- 三羟基 - 齐墩果 -12- 烯 -3-O-α-L- 吡喃阿拉伯糖苷 红毛七 Caulophyllum robustum

3β,23,28-trihydroxy-olean-12-en-3-O-β-D-glucopyranoside 3β,23,28- 三羟基齐墩果 -12- 烯 -3-O-β-D- 吡喃葡萄糖苷 耳基水苋菜 Ammannia arenaria

(3β,16β,21β)-16,21,28-trihydroxyolean-12-en-3-O-β-D-glucopyranosyl-(1 → 2)-β-D-glucuronopyranoside (3β,16β,21β)-16,21,28- 三羟基齐墩果 -12- 烯 -3-O-β-D- 吡喃葡萄糖基 -(1 → 2)-β-D- 吡喃葡萄糖醛酸苷 圆头蒿 Artemisia sphaerocephala

(4β,20α)-22β,23,29-trihydroxyolean-12-en-3β-O-rhamnopyranosyl-(1 → 2)-O-β-D-glucopyranosyl-(1 → 4)-β-D-glucopyranosiduronic acid (4β,20α)-22β,23,29- 三羟基齐墩果 -12- 烯 -3β-O- 吡喃鼠李糖基 -(1 → 2)-O-β-D- 吡喃葡萄糖基 -(1 → 4)-β-D- 吡喃葡萄糖醛酸 小花棘豆 Oxytropis glabra

2α,3β,23-trihydroxyolean-12-ene 2α,3β,23- 三羟基齐墩果 -12- 烯 - 柽柳 Tamarix chinensis

3β,16β,22α-trihydroxyolean-12-ene 3β,16β,22α- 三羟基齐墩果 -12- 烯 狸尾豆 Uraria lagopodioides

3β,16β,28-trihydroxyolean-12-ene 3β,16β,28- 三羟基齐墩果 -12- 烯 匙羹藤 Gymnema sylvestre

3β,21α,24-trihydroxyolean-12-ene 3β,21α,24- 三羟基齐墩果 -12- 烯 云南甘草 Glycyrrhiza yunnanensis

3β,23,28-trihydroxyolean-12-ene 3β,23,28- 三羟基齐墩果 -12- 烯 饿蚂蝗 Desmodium multiflorum, 匙羹藤 Gymnema sylvestre

3β,22β,24-trihydroxyolean-12-ene 3β,22β,24- 三羟基齐墩果 -12- 烯 少花米口袋 Gueldenstaedtia verna, 苦葛 Pueraria peduncularis

2α,3β,23-trihydroxyolean-12-ene 2α,3β,23- 三羟基齐墩果 -12- 烯 紫藤 Wisteria sinensis

2β,3β,19α-trihydroxyolean-12-ene-13,28-dioic acid 2β,3β,19α- 三羟基齐墩果 -12- 烯 -13,28- 二羧酸 地黄 Rehmannia glutinosa

2α,3β,19α-trihydroxyolean-12-ene-23,28-dioic acid 2α,3β,19α- 三羟基齐墩果 -12- 烯 -23,28- 二酸 秤星树 Ilex asprella, 香莓 Rubus pungens var. oldhamii

3β,16β,22α-trihydroxy-olean-12-ene-3-O-β-D-xylopyranosyl-(1 → 6)-β-D-glucopyranosyl-(1 → 6)-β-D-glucopyranoside 3β,16β,22α- 三羟基 - 齐墩果 -12- 烯 -3-O-β-D- 吡喃木糖基 -(1 → 6)-β-D- 吡喃葡萄糖基 -(1 → 6)-β-D- 吡喃葡萄糖苷 匙羹藤 Gymnema sylvestre

2α,3α,24-trihydroxyolean-18-en-28-oic acid 2α,3α,24- 三羟基齐墩果 -18- 烯 -28- 酸 窿缘桉 Eucalyptus exserta

T

2α,3β,19α-trihydroxyolean-28-O-β-D-glucoside 2α,3β,19α- 三羟基齐墩果 -28-O-β-D- 葡萄糖苷 蕨麻 Potentilla anserina
3,21,28-trihydroxyoleana-11,11(18)-diene-3-acetate 3,21,28- 三羟基齐墩果 -11,11(18)- 二烯 -3- 乙酸酯 白背枫 Buddleja asiatica
(4β)-2α,3α,23-trihydroxyoleana-11,13(18)-dien-28-oic acid (4β)-2α,3α,23- 三羟基齐墩果 -11,13(18)- 二烯 -28- 酸 夏枯草 Prunella vulgaris
16β,23,28-trihydroxyoleana-11,13(18)-dien-3-O-[β-D-glucopyranosyl-(1 → 2)]-[β-D-glucopyranosyl-(1 → 3)]-β-D-fucopyranoside 16β,23,28- 三羟基齐墩果 -11,13(18)- 二烯 -3-O-[β-D- 吡喃葡萄糖基 -(1 → 2)]-[β-D- 吡喃葡萄糖基 -(1 → 3)]-β-D- 吡喃岩藻糖苷 麻叶风轮菜 Clinopodium urticifolium
16,23,28-trihydroxyoleana-11,13(18)-diene-3-O-α-L-fucopyranoside 16,23,28- 三羟基齐墩果 -11,13(18)- 二烯 -3-O-α-L- 吡喃岩藻糖苷 无心菜 Arenaria serpyllifolia
2,3,23-trihydroxyoleanolic acid 2,3,23- 三羟基齐墩果酸 枇杷 Eriobotrya japonica
2α,3α,19α-trihydroxyoleanolic acid 2α,3α,19α- 三羟基齐墩果酸 乌泡子 Rubus parkeri
2α,3β,23-trihydroxyoleanolic acid 2α,3β,23- 三羟基齐墩果酸 越南枫杨 Pterocarya tonkinensis, 桃金娘 Rhodomyrtus tomentosa, 半枫荷 Semiliquidambar cathayensis
2α,3β, 24-trihydroxyoleanolic acid 2α,3β,24- 三羟基齐墩果酸 海杧果 Cerbera manghas
3β,6α,24-trihydroxyoleanolic acid 3β,6α,24- 三羟基齐墩果酸 麻花艽 Gentiana straminea
2α,3β,23-trihydroxyloleanolic acid-28-β-D-glucopyranosyl ester 2α,3β,23- 三羟基齐墩果酸 -28-β-D- 吡喃葡萄糖酯苷 太行花 Taihangia rupestris
2α,3β,6β-trihydroxy-O-α-L-rhamnopyranosyl-(1 → 4)-O-β-D-glucopyranosyl-(1 → 6)-β-D-glucopyranosyl-olean-12-en-28-oic acid 2α,3β,6β- 三羟基 -O-α-L- 吡喃鼠李糖基 -(1 → 4)-O-β-D- 吡喃葡萄糖基 -(1 → 6)-β-D- 吡喃葡萄糖基 - 齐墩果 -12- 烯 -28- 酸 积雪草 Centella asiatica
(4α)-3β,6β,23-trihydroxy-O-α-L-rhamnopyranosyl-(1 → 4)-O-β-D-glucopyranosyl-(1 → 6)-β-D-glucopyranosyl-urs-12-en-28-oic acid (4α)-3β,6β,23- 三羟基 -O-6-α-L- 吡喃鼠李糖基 -(1 → 4)-O-β-D- 吡喃葡萄糖基 -(1 → 6)-β-D- 吡喃葡萄糖基 - 熊果 -12- 烯 -28- 酸 积雪草 Centella asiatica
2S,3S,4S-trihydroxypentanoic acid 2S,3S,4S- 三羟基戊酸 石榴 Punica granatum
2S,3S,4S-trihydroxy-pentanoic acid 2S,3S,4S- 三羟基 - 戊酸 肉苁蓉 Cistanche deserticola
3,4,6-trihydroxyphenanthrene-3-O-β-D-glucopyranoside 3,4,6- 三羟基菲 -3-O-β-D- 吡喃葡萄糖苷 薯蓣 Dioscorea polystachya
3,4,5-trihydroxyphenol 3,4,5- 三羟基苯酚 直杆蓝桉 Eucalyptus maidenii
trihydroxyphenyl glyoxylate 三羟基苯基乙醛酸酯 洋葱 Allium cepa
1-(2,3,4-trihydroxyphenyl) ethyl-3-O-rhamnopyranosyl-4-[(2E)-3-(3,4-dihydroxyphenyl)-2-propenoate]-6-[(2E)-3-(3,4-dihydroxyphenyl)-2-propenoate]-glucopyranoside 1-(2,3,4- 三羟基苯基)- 乙基 -3-O- 吡喃鼠李糖基 -4-[(2E)-3-(3,4- 二羟基苯基)-2- 丙烯酸酯]-6-[(2E)-3-(3,4- 二羟基苯基)-2- 丙烯酸酯]- 吡喃葡萄糖苷 甘肃马先蒿 Pedicularis kansuensis
1-(2,4,6-trihydroxyphenyl)-9-phenylnonan-1-one 1-(2,4,6- 三羟基苯)-9- 酚壬烷 -1- 酮 风吹楠 Horsfieldia glabra
1-(2,4,6-trihydroxyphenyl)-docosan-1-one 1-(2,4,6- 三羟基苯基)- 二十二烷 -1- 酮 翼蓼 Pteroxygonum giraldii
1-(2,3,4-trihydroxyphenyl)-ethyl-3-O-rhamnopyranosyl-4-[(2E)-3-(3,4-dihydroxyphenyl)-2-propenoate]-glucopyranoside 1-(2,3,4- 三羟基苯基)- 乙基 -3-O- 吡喃鼠李糖基 -4-[(2E)-3-(3,4- 二羟基苯基)-2- 丙烯酸酯]- 吡喃葡萄糖苷 甘肃马先蒿 Pedicularis kansuensis
1-(2,4,6-trihydroxyphenyl)-hexacosan-1-one 1-(2,4,6- 三羟基苯基)- 二十六烷 -1- 酮 翼蓼 Pteroxygonum giraldii
1-(2,4,6-trihydroxyphenyl)-icosan-1-one 1-(2,4,6- 三羟基苯基)- 二十烷 -1- 酮 翼蓼 Pteroxygonum giraldii
1-(2,4,6-trihydroxyphenyl)-tetracosan-1-one 1-(2,4,6- 三羟基苯基)- 二十四烷 -1- 酮 翼蓼 Pteroxygonum giraldii
3,4,5-trihydroxyphenyl-1-O-β-D-glucopyranoside 3,4,5- 三羟基苯 -1-O-β-D- 吡喃葡萄糖苷 盐肤木 Rhus chinensis
3,4,5-trihydroxyphenylacrylic acid 3,4,5- 三羟苯基丙烯酸 草莓 Fragaria × ananassa
6α,10,12-trihydroxypicrotoxane 6α,10,12- 三羟基印防已毒素 石斛 Dendrobium nobile
ent-3α,15,16-trihydroxypimar-8(14)-en-15,16-acetonide 对映 -3α,15,16- 三羟基海松 -8(14)- 烯 -15,16- 丙酮化物 腺梗豨莶 Sigesbeckia pubescens
ent-2β,15,16-trihydroxypimar-8(14)-en-19-oic acid 对映 -2β,15,16- 三羟基海松 -8(14)- 烯 -19- 酸 腺梗豨莶 Sigesbeckia pubescens
ent-3α,15,16-trihydroxypimar-8(14)-en-3α-O-β-glucopyranoside-15,16-acetonide 对映 -3α,15,16- 三羟基海松 -8(14)- 烯 -3α-O-β- 吡喃葡萄糖苷 -15,16- 丙酮化物 腺梗豨莶 Sigesbeckia pubescens
ent-(15R),16,19-trihydroxypimar-8(14)-ene-19-O-β-D-glucopyranoside 对映 -(15R),16,19- 三羟基海松 -8(14)- 烯 -19-O-β-D- 吡喃葡萄糖苷 豨莶 Sigesbeckia orientalis
(1R,2S,5S,7S,9R,10S,13R)-1,2,7-trihydroxypimara-8(14),15-diene (1R,2S,5S,7S,9R,10S,13R)-1,2,7- 三羟基海松 -8(14),15- 二烯 苦山柰 Kaempferia marginata
(1R,2S,5S,9S,10S,11R,13R)-1,2,11-trihydroxypimara-8(14),15-diene (1R,2S,5S,9S,10S,11R,13R)-1,2,11- 三羟基海松 -8(14),15- 二烯 苦山柰 Kaempferia marginata
(1S,5S,7R,9R,10S,11R,13R)-1,7,11-trihydroxypimara-8(14),15-diene (1S,5S,7R,9R,10S,11R,13R)-1,7,11- 三羟基海松 -8(14),15- 二烯 苦山柰 Kaempferia marginata
3α,4β,5α-trihydroxypiperidine 3α,4β,5α- 三羟基哌啶 佩兰 Eupatorium fortunei
3β,4β,5α-trihydroxypiperidine 3β,4β,5α- 三羟基哌啶 佩兰 Eupatorium fortunei
meso-trihydroxypiperidine 内消旋 - 三羟基哌啶 佩兰 Eupatorium fortunei
1R,2R,4R-trihydroxy-p-menthane 1R,2R,4R- 三羟基对薄荷烷 小花八角 Illicium micranthum
2β,3β,4β-trihydroxy-pregn-16-one 2β,3β,4β- 三羟基 - 孕甾 -16- 酮 楝 Melia azedarach
2β,3β,5β-trihydroxy-pregn-20-en-6-one 2β,3β,5β- 三羟基孕甾 -20- 烯 -6- 酮 杜楝 Turraea pubescens

3*β*,14*β*,20-trihydroxypregn-5-ene-18-oic-(18 → 20)-lactone 3*β*,14*β*,20- 三羟基孕甾 -5- 烯 -18- 羧基 -(18 → 20)- 内酯 酸叶胶藤 Urceola rosea
(2*β*,3*β*,4*α*,5*α*)-2,3,4-trihydroxypregnan-16-one (2*β*,3*β*,4*α*,5*α*)-2,3,4- 孕甾 -16- 酮 浆果楝 Cipadessa baccifera
2*β*,3*β*,4*β*-trihydroxypregnan-16-one 2*β*,3*β*,4*β*- 三羟基孕甾 -16- 酮 浆果楝 Cipadessa baccifera, 楝 Melia azedarach, 矮陀陀 Munronia pinnata
trihydroxypropane 三羟基丙烷 山楝 Aphanamixis polystachya
4-(1,2,3-trihydroxypropyl)-2,6-dimethoxyphenyl-1-*O*-*β*-D-glucopyranoside 4-(1,2,3- 三羟基丙基)-2,6- 二甲氧基苯基 -1-*O*-*β*-D- 吡喃葡萄糖苷 土沉香 Aquilaria sinensis, 菘蓝 Isatis tinctoria
1*α*,2*β*,4*β*-trihydroxypseudoguaian-6*β*,12-olide 1*α*,2*β*,4*β*- 三羟基拟愈创木烷 -6*β*,12- 内酯 银胶菊 Parthenium hysterophorus
3,5,4'-trihydroxy-*p*-styrene 3,5,4'- 三羟基对苯乙烯 剑叶龙血树 Dracaena cochinchinensis
3',4,4'-trihydroxypulvinone 3',4,4'- 三羟基狐扁枝衣酮▲ 厚环乳牛肝菌 Suillus grevillei
trihydroxypulvinone 三羟基狐扁枝衣酮▲ 点柄乳牛肝菌 Suillus granulatus
3*R*,21*α*,24-trihydroxyserrat-14-en-16-one 3*R*,21*α*,24- 三羟基千层塔 -14- 烯 -16- 酮 石松 Lycopodium japonicum
3*α*,21*α*,30-trihydroxyserrat-14-en-16-one 3*α*,21*α*,30- 三羟基千层塔 -14- 烯 -16- 酮 垂穗石松 Palhinhaea cernua
3*α*,21*β*,24-trihydroxyserrat-14-en-16-one 3*α*,21*β*,24- 三羟基千层塔 -14- 烯 -16- 酮 石松 Lycopodium japonicum
3*β*,21*β*,24-trihydroxyserrat-14-en-16-one 3*β*,21*β*,24- 三羟基千层塔 -14- 烯 -16- 酮 石松 Lycopodium japonicum
3*β*,21*β*,24-trihydroxyserrat-14-en-24-(4'-hydroxybenzoate) 3*β*,21*β*,24- 三羟基千层塔 -14- 烯 -24-(4'- 羟基苯甲酸酯) 垂穗石松 Palhinhaea cernua
3*α*,20*β*,21*β*-trihydroxyserrat-14-en-24-oic acid 3*α*,20*β*,21*β*- 三羟基千层塔 -14- 烯 -24- 酸 扁枝石松 Diphasiastrum complanatum
3*β*,20*β*,21*β*-trihydroxyserrat-14-en-24-oic acid 3*β*,20*β*,21*β*- 三羟基千层塔 -14- 烯 -24- 酸 扁枝石松 Diphasiastrum complanatum
3*β*,21*β*,29-trihydroxyserrat-14-en-24-oic acid-3*β*-(4-hydroxy-3-methoxybenzoate) 3*β*,21*β*,29- 三羟基千层塔 -14- 烯 -24- 酸 -3*β*-(4- 羟基 -3- 甲氧基苯甲酸酯) 垂穗石松 Palhinhaea cernua
33*β*,21*β*,29-trihydroxyserrat-14-en-24-oic acid-3*β*-(4-hydroxybenzoate) 3*β*,21*β*,29- 三羟基千层塔 -14- 烯 -24- 酸 -3*β*- 对羟基苯甲酸酯 垂穗石松 Palhinhaea cernua
3*α*,21*β*,24-trihydroxyserrat-14-ene 3*α*,21*β*,24- 三羟基千层塔 -14- 烯 石松 Lycopodium japonicum
3*β*,21*β*,24-trihydroxyserrat-14-ene 3*β*,21*β*,24- 三羟基千层塔 -14- 烯 石松 Lycopodium japonicum, 垂穗石松 Palhinhaea cernua
(2*α*,3*β*,5*α*,25*S*)-2,3,27-trihydroxyspirostan-3-*O*-*α*-L-rhamnopyranoyl-(1 → 2)-*O*-[*α*-L-rhamnopyranoyl-(1 → 4)]-*β*-D-glucopyranoside (2*α*,3*β*,5*α*,25*S*)-2,3,27- 三羟基螺甾 -3-*O*-*α*-L- 吡喃鼠李糖基 -(1 → 2)-*O*-[*α*-L- 吡喃鼠李糖基 -(1 → 4)]-*β*-D- 吡喃葡萄糖苷 韭菜 Allium tuberosum
3*β*,21*α*,24-trihydroxysrrat-14-en-3-(4'-hydroxybenzoate) 3*β*,21*α*,24- 三羟基千层塔 -14- 烯 -3-(4'- 羟基苯甲酸酯) 垂穗石松 Palhinhaea cernua
3*β*,7*α*,22*α*-trihydroxystigmast-5-ene 3*β*,7*α*,22*α*- 三羟基豆甾 -5- 烯 华蟹甲 Sinacalia tangutica
3*β*,5*α*,6*β*-trihydroxystigmastane 3*β*,5*α*,6*β*- 三羟基豆甾烷 玉柏 Lycopodium obscurum, 吊竹梅 Tradescantia zebrina
3,5,4'-trihydroxystilbene 3,5,4'- 三羟基芪 椭圆叶蓼 Polygonum ellipticum, 虎杖 Reynoutria japonica, 菝葜 Smilax china, 土茯苓 S. glabra, 防己叶菝葜 S. menispermoidea, 鞘柄菝葜 S. stans
trans-3,3',5-trihydroxystilbene 反式 -3,3',5- 三羟基芪 云南石仙桃 Pholidota yunnanensis
trans-3,4',5-trihydroxystilbene 反式 -3,4',5- 三羟基芪 剑叶龙血树 Dracaena cochinchinensis
3,5,4'-trihydroxystilbene-2-*C*-glucoside 3,5,4'- 三羟基芪 -2-*C*- 葡萄糖苷 山葡萄 Vitis amurensis
3,4',5-trihydroxystilbene-3-*O*-*β*-D-glucopyranoside 3,4',5- 三羟基芪 -3-*O*-*β*-D- 吡喃葡萄糖苷 椭圆叶蓼 Polygonum ellipticum
(*E*)-3,5,12-trihydroxystilbene-3-*O*-*β*-D-glucopyranoside-2'-(3'',4'',5''-trihydroxybenzoate) (*E*)-3,5,12- 三羟基芪 -3-*O*-*β*-D- 吡喃葡萄糖苷 -2'-(3'',4'',5''- 三羟基苯甲酸酯) 虎杖 Reynoutria japonica
trans-3,4',5-trihydroxystilbene-4'-*O*-*β*-D-(6''-*O*-galloyl)-glucopyranoside 反式 -3,4',5- 三羟基芪 -4'-*O*-*β*-D-(6''-*O*- 没食子酰基)- 吡喃葡萄糖苷 掌叶大黄 Rheum palmatum
trans-3,4',5-trihydroxystilbene-4'-*O*-*β*-D-glucopyranoside 反式 -3,4',5- 三羟基芪 -4'-*O*-*β*-D- 吡喃葡萄糖苷 掌叶大黄 Rheum palmatum
6a,7,10a-trihydroxytetrahydrocannabinol 6a,7,10a- 三羟基四氢大麻酚 大麻 Cannabis sativa
8,9,10-trihydroxythymol 8,9,10- 三羟基麝香草酚 工布乌头 Aconitum kongboense, 石胡荽 Centipeda minima, 水朝阳旋覆花 Inula helianthusaquatilis, 湖北旋覆花 I. hupehensis
(23*R*,24*S*)-23,24,25-trihydroxytirucall-7-ene-3,6-dione (23*R*,24*S*)-23,24,25- 三羟基绿玉树 -7- 烯 -3,6- 二酮 柔毛鸦胆子 Brucea mollis
trihydroxytrimethoxyflavone 三羟基三甲氧基黄酮 翼齿六棱菊 Laggera crispata
3*α*,9*α*,24-trihydroxyurolic acid 3*α*,9*α*,24- 三羟基熊果酸 高山地榆 Sanguisorba alpina
2*α*,3*α*,24-trihydroxyurs-11-en-28,13*β*-olide 2*α*,3*α*,24- 三羟基熊果 -11- 烯 -28,13*β*- 内酯 拟缺香茶菜 Isodon excisoides
2*α*,3*β*,13*β*-trihydroxy-urs-11-en-28-oic acid 2*α*,3*β*,13*β*- 三羟基 - 熊果 -11- 烯 -28- 油酸 鸡矢藤 Paederia foetida
2*α*,3*α*,24-trihydroxyurs-12(13)-en-28-oic acid 2*α*,3*α*,24- 三羟基熊果 -12(13)- 烯 -28- 酸 拟缺香茶菜 Isodon excisoides
2*α*,3*β*,24-trihydroxyurs-12(13)-en-28-oic acid 2*α*,3*β*,24- 三羟基熊果 -12(13)- 烯 -28- 酸 拟缺香茶菜 Isodon excisoides
2*α*,3*β*,23-trihydroxyurs-12,18-dien-28-oic acid-28-*O*-*β*-D-glucopyranosyl ester 2*α*,3*β*,23- 三羟基熊果 -12,18- 二烯 -28- 酸 -28-*O*-*β*-D- 吡喃葡萄糖酯苷 红毛悬钩子 Rubus wallichianus
2*α*,3*α*,24-trihydroxyurs-12,18-dien-28-oic acid-*β*-D-glucopyranosyl ester 2*α*,3*α*,24- 三羟基熊果 -12,18- 二烯 -28- 酸 -*β*-D- 吡喃葡萄糖酯苷 金樱子 Rosa laevigata
2*α*,3*β*,23-trihydroxyurs-12,18-diene-28-oic acid 2*α*,3*β*,23- 三羟基熊果 -12,18- 二烯 -28- 酸 毛萼莓 Rubus chroosepalus
2*α*,3*α*,23-trihydroxyurs-12,19(29)-dien-28-oic acid-*β*-D-glucopyranosyl ester 2*α*,3*α*,23- 三羟基熊果 -12,19(29)- 二烯 -28- 酸 -*β*-D- 吡喃葡萄糖酯苷 金樱子 Rosa laevigata

2α,3β,23-trihydroxyurs-12,19-dien-28-oic acid-28-O-β-D-glucopyranosyl ester 2α,3β,23- 三羟基熊果 -12,19- 二烯 -28- 酸 -28-O-β-D- 吡喃葡萄糖酯苷 红毛悬钩子 Rubus wallichianus

2α,3β,23-trihydroxyurs-12,19-diene-28-oic acid 2α,3β,23- 三羟基熊果 -12,19- 二烯 -28- 酸 毛萼莓 Rubus chroosepalus

2,3,24-trihydroxyurs-12,20(30)-dien-28-oic acid 2,3,24- 三羟基熊果 -12,20(30)- 二烯 -28- 酸 美味猕猴桃 Actinidia chinensis var. deliciosa

2α,3α,23-trihydroxyurs-12,20(30)-dien-28-oic acid 2α,3α,23- 三羟基熊果 -12,20(30)- 二烯 -28- 酸 中华猕猴桃 Actinidia chinensis, 葛枣猕猴桃 A. polygama, 甘露子 Stachys sieboldii

2α,3α,24-trihydroxyurs-12,20(30)-dien-28-oic acid 2α,3α,24- 三羟基熊果 -12,20(30)- 二烯 -28- 酸 中华猕猴桃 Actinidia chinensis, 对萼猕猴桃 A. valvata, 蓝萼毛叶香茶菜 Isodon japonicus var. glaucocalyx, 冬凌草 I. rubescens, 黄花香茶菜 I. sculponeatus, 夏枯草 Prunella vulgaris

2α,3β,23-trihydroxyurs-12,20(30)-dien-28-oic acid-28-O-β-D-glucopyranoside 2α,3β,23- 三羟基熊果 -12,20(30)- 二烯 -28- 酸 -28-O-β-D- 吡喃葡萄糖苷 番石榴 Psidium guajava

2α,3β,19α-3-trihydroxyurs-12-en-23,28-dicarboxylic acid 2α,3β,19α- 三羟基熊果 -12- 烯 -23,28- 二羧酸 秤星树 Ilex asprella

2α,3α,24-trihydroxyurs-12-en-23,28-dioic acid 2α,3α,24- 三羟基熊果 -12- 烯 -23,28- 二羧酸 葛枣猕猴桃 Actinidia polygama

2,3,19-trihydroxyurs-12-en-23,28-dioic acid 2,3,19- 三羟基熊果 -12- 烯 -23,28- 二酸 秤星树 Ilex asprella

2α,3β,19α-trihydroxyurs-12-en-23-carboxyl-28-O-glucopyranosyl ester 2α,3β,19α- 三羟基熊果 -12- 烯 -23- 酸 -28-O- 吡喃葡萄糖酯苷 深裂锈毛莓 Rubus reflexus var. lanceolobus

2α,3β,19α-trihydroxyurs-12-en-24,28-dioic acid 2α,3β,19α- 三羟基熊果 -12- 烯 -24,28- 二酸 满树星 Ilex aculeolata, 须药藤 Stelmocrypton khasianum

2α,3α,23-trihydroxyurs-12-en-24,28-dioic acid-28-β-D-glucopyranosyl ester 2α,3α,23- 三羟基熊果 -12- 烯 -24,28- 二羧酸 -28-β-D- 吡喃葡萄糖酯苷 地榆 Sanguisorba officinalis

3β,19α,23-trihydroxyurs-12-en-24-al-28-oic acid 3β,19α,23- 三羟基熊果 -12- 烯 -24- 醛 -28- 酸 香果树 Emmenopterys henryi

2α,3α,19α-trihydroxyurs-12-en-24-formyl-28-oic acid-28-O-β-D-glucopyranosyl ester 2α,3α,19α- 三羟基熊果 -12- 烯 -24- 甲酰基 -28- 酸 -28-O-β-D- 吡喃葡萄糖酯苷 黄果悬钩子 Rubus xanthocarpus

3β,6β,24-trihydroxyurs-12-en-27-oic acid 3β,6β,24- 三羟基熊果 -12- 烯 -27- 酸 落新妇 Astilbe chinensis, 多花落新妇 A. rivularis var. myriantha

3β,6β,7α-trihydroxyurs-12-en-27-oic acid 3β,6β,7α- 三羟基熊果 -12- 烯 -27- 酸 落新妇 Astilbe chinensis

2α,3β,24-trihydroxyurs-12-en-28,30-olide 2α,3β,24- 三羟基熊果 -12- 烯 -28,30- 内酯 中华猕猴桃 Actinidia chinensis

1,3,19-trihydroxyurs-12-en-28-oic acid 1,3,19- 三羟基熊果 -12- 烯 -28- 酸 甘肃大戟 Euphorbia kansuensis

2,3,19-trihydroxyurs-12-en-28-oic acid 2,3,19- 三羟基熊果 -12- 烯 -28- 酸 东紫苏 Elsholtzia bodinieri

2α,3α,19α-trihydroxyurs-12-en-28-oic acid 2α,3α,19α- 三羟基熊果 -12- 烯 -28- 酸 黄龙尾 Agrimonia pilosa var. nepalensis, 紫珠 Callicarpa bodinieri, 大叶紫珠 C. macrophylla, 木瓜 Chaenomeles sinensis, 蝎子草 Girardinia diversifolia subsp. suborbiculata, 硬毛地笋 Lycopus lucidus var. hirtus, 夏枯草 Prunella vulgaris, 宽叶荨麻 Urtica laetevirens, 黄荆 Vitex negundo, 牡荆 V. negundo var. cannabifolia

2α,3α,19-trihydroxyurs-12-en-28-oic acid 2α,3α,19- 三羟基熊果 -12- 烯 -28- 酸 中华猕猴桃 Actinidia chinensis, 尾叶香茶菜 Isodon excisus, 马缨丹 Lantana camara, 夏枯草 Prunella vulgaris, 柚木 Tectona grandis

2α,3α,23-trihydroxyurs-12-en-28-oic acid 2α,3α,23- 三羟基熊果 -12- 烯 -28- 酸 中华猕猴桃 Actinidia chinensis, 清明花 Beaumontia grandiflora, 白透骨消 Glechoma biondiana, 活血丹 G. longituba, 康藏荆芥 Nepeta prattii, 白花泡桐 Paulownia fortunei, 黑龙骨 Periploca forrestii, 夏枯草 Prunella vulgaris, 粘毛鼠尾草 Salvia roborowskii, 山黄麻 Trema orientalis

2α,3α,24-trihydroxyurs-12-en-28-oic acid 2α,3α,24- 三羟基熊果 -12- 烯 -28- 酸 中华猕猴桃 Actinidia chinensis, 毛花猕猴桃 A. eriantha, 中越猕猴桃 A. indochinensis, 对萼猕猴桃 A. valvata, 裸花紫珠 Callicarpa nudiflora, 冬凌草 Isodon rubescens, 夏枯草 Prunella vulgaris, 蔓荆 Vitex trifolia

2α,3β,19α-trihydroxyurs-12-en-28-oic acid 2α,3β,19α- 三羟基熊果 -12- 烯 -28- 酸 木瓜 Chaenomeles sinensis, 蛇莓 Duchesnea indica, 攀茎耳草 Hedyotis scandens, 血见愁 Teucrium viscidum, 黄荆 Vitex negundo

2α,3β,19-trihydroxyurs-12-en-28-oic acid 2α,3β,19- 三羟基熊果 -12- 烯 -28- 酸 蔓荆 Vitex trifolia

2α,3β,23-trihydroxyurs-12-en-28-oic acid 2α,3β,23- 三羟基熊果 -12- 烯 -28- 酸 中华猕猴桃 Actinidia chinensis, 毛花猕猴桃 A. eriantha, 大火草 Anemone tomentosa, 柳叶假木荷 Craibiodendron henryi, 云南假木荷 C. yunnanense, 胡桃楸 Juglans mandshurica, 红大戟 Knoxia roxburghii, 康藏荆芥 Nepeta prattii, 红棕杜鹃花 Rhododendron rubiginosum, 马鞭草 Verbena officinalis

2α,3β,24-trihydroxyurs-12-en-28-oic acid 2α,3β,24- 三羟基熊果 -12- 烯 -28- 酸 中华猕猴桃 Actinidia chinensis, 毛花猕猴桃 A. eriantha, 对萼猕猴桃 A. valvata, 柳叶假木荷 Craibiodendron henryi, 达乌里秦艽 Gentiana dahurica, 拟缺香茶菜 Isodon excisoides, 红大戟 Knoxia roxburghii, 夏枯草 Prunella vulgaris, 皖鄂丹参 Salvia paramiltiorrhiza, 三叶鼠尾草 S. trijuga

2α,3β,6β-trihydroxyurs-12-en-28-oic acid 2α,3β,6β- 三羟基熊果 -12- 烯 -28- 酸 积雪草 Centella asiatica

2β,3α,23-trihydroxyurs-12-en-28-oic acid 2β,3α,23- 三羟基熊果 -12- 烯 -28- 酸 欧菱 Trapa natans

2β,3β,19α-trihydroxyurs-12-en-28-oic acid 2β,3β,19α- 三羟基熊果 -12- 烯 -28- 酸 藤紫珠 Callicarpa integerrima var. chinensis, 小花清风藤 Sabia parviflora, 直立黄钟花 Tecoma stans

2β,3β,23-trihydroxyurs-12-en-28-oic acid 2β,3β,23- 三羟基熊果 -12- 烯 -28- 酸 中越猕猴桃 Actinidia indochinensis, 对萼猕猴桃 A. valvata, 鹿蹄草 Pyrola calliantha

3β,19α,23-trihydroxyurs-12-en-28-oic acid 3β,19α,23- 三羟基熊果 -12- 烯 -28- 酸 栀子 Gardenia jasminoides, 番石榴 Psidium guajava

3β,19α,24-trihydroxyurs-12-en-28-oic acid 3β,19α,24- 三羟基熊果 -12- 烯 -28- 酸 钩藤 Uncaria rhynchophylla

3β,6β,19α-trihydroxyurs-12-en-28-oic acid 3β,6β,19α- 三羟基熊果 -12- 烯 -28- 酸 大叶钩藤 Uncaria macrophylla, 钩藤 U. rhynchophylla, 白钩藤 U. sessilifructus

3β,6β,23-trihydroxyurs-12-en-28-oic acid 3β,6β,23- 三羟基熊果 -12- 烯 -28- 酸 积雪草 Centella asiatica, 金毛耳草 Hedyotis chrysotricha, 锐尖山香圆 Turpinia arguta, 大叶钩藤 Uncaria macrophylla, 钩藤 U. rhynchophylla

3β-6β-19α-trihydroxyurs-12-en-28-oic acid 3β-6β-19α- 三羟基熊果 -12- 烯 -28- 酸 掌叶木 Tabebuia rosea

3β,6β,19α-trihydroxy-urs-12-en-28-oic acid 3β,6β,19α- 三羟基 - 熊果 -12- 烯 -28- 酸 平滑钩藤 Uncaria laevigata, 大叶钩藤 U. macrophylla, 钩藤 U. rhynchophylla

3α,19α,23-trihydroxyurs-12-en-28-oic acid methyl ester 3α,19α,23- 三羟基熊果 -12- 烯 -28- 酸甲酯 东方乌檀 Nauclea orientalis

3β,21α,23-trihydroxy-urs-12-en-28-oic acid-21-*O*-β-D-glucopyranoside 3β,21α,23- 三羟基 - 熊果 -12- 烯 -28- 酸 -21-*O*-β-D- 吡喃葡萄糖苷 毛冬青 Ilex pubescens

2α,3β,19α-trihydroxyurs-12-en-28-oic acid-28-*O*-β-D-glucopyranoside 2α,3β,19α- 三羟基熊果 -12- 烯 -28- 酸 -28-*O*-β-D- 吡喃葡萄糖苷 蛇莓 Duchesnea indica, 硬毛地笋 Lycopus lucidus var. hirtus, 石南藤 Piper wallichii

2α,3α,19α-trihydroxyurs-12-en-28-oic acid-28-*O*-β-D-glucopyranosyl ester 2α,3α,19α- 三羟基熊果 -12- 烯 -28- 酸 -28-*O*-β-D- 吡喃葡萄糖基酯 裸花紫珠 Callicarpa nudiflora

2α,3α,24-trihydroxyurs-12-en-28-oic acid-28-*O*-β-D-glucopyranosyl ester 2α,3α,24- 三羟基熊果 -12- 烯 -28- 酸 -28-*O*-β-D- 吡喃葡萄糖基酯苷 夏枯草 Prunella vulgaris

2α,3α,19α-trihydroxyurs-12-en-28-oic acid-28-*O*-β-D-xylopyranosyl-(1→2)-β-D-glucopyranoside 2α,3α,19α- 三羟基熊果 -12- 烯 -28- 酸 -28-*O*-β-D- 吡喃木糖基 -(1→2)-β-D- 吡喃葡萄糖苷 裸花紫珠 Callicarpa nudiflora

2α,3β,23-trihydroxyurs-12-en-28-oic acid-*O*-β-D-glucopyranosyl ester 2α,3β,23- 三羟基熊果 -12- 烯 -28- 酸 -*O*-β-D- 吡喃葡萄糖基酯苷 白木通 Akebia trifoliata subsp. australis

2α,3β,23-trihydroxyurs-12-en-28-oic acid-*O*-β-D-xylopyranosyl-(1→3)-α-L-rhamnopyranosyl-(1→4)-β-D-glucopyranosyl-(1→6)-β-D-glucopyranosylester 2α,3β,23- 三羟基熊果 -12- 烯 -28- 酸 -*O*-β-D- 吡喃木糖基 -(1→3)-α-L- 吡喃鼠李糖基 -(1→4)-β-D- 吡喃葡萄糖基 -(1→6)-β-D- 吡喃葡萄糖基酯苷 白木通 Akebia trifoliata subsp. australis

2α,3β,23-trihydroxyurs-12-en-28-oic acid-β-D-glucopyranosyl ester 2α,3β,23- 三羟基熊果 -12- 烯 -28- 酸 -β-D- 吡喃葡萄糖基酯 猫儿刺 Ilex pernyi

2α,3β,23-trihydroxyurs-12-en-28-oicacid-*O*-α-L-rhamnopyranosyl-(1→4)-β-D-glucopyranosyl-(1→6)-β-D-glucopyranosylester 2α,3β,23- 三羟基熊果 -12- 烯 -28- 酸 -*O*-α-L- 吡喃鼠李糖基 -(1→4)-β-D- 吡喃葡萄糖基 -(1→6)-β-D- 吡喃葡萄糖基酯苷 白木通 Akebia trifoliata subsp. australis

2α,3α,19α-trihydroxyurs-12-en-28-*O*-β-D-glucopyranoside 2α,3α,19α- 三羟基熊果 -12- 烯 -28-*O*-β-D- 吡喃葡萄糖苷 广东紫珠 Callicarpa kwangtungensis

2α,3β,19α-trihydroxyurs-12-en-28-*O*-β-D-glucopyranoside 2α,3β,19α- 三羟基熊果 -12- 烯 -28-*O*-β-D- 吡喃葡萄糖苷 广东紫珠 Callicarpa kwangtungensis, 枫杨 Pterocarya stenoptera

11α,12,16β-trihydroxyurs-12-en-3-one 11α,12,16β- 三羟基熊果 -12- 烯 -3- 酮 福建假卫矛 Microtropis fokienensis

6β,19α,22α-trihydroxyurs-12-en-3-oxo-28-oic acid 6β,19α,22α- 三羟基熊果 -12- 烯 -3- 氧代 -28- 酸 滴锡眼树莲 Dischidia tonkinensis

1β,3β,11α-trihydroxyurs-12-ene 1β,3β,11α- 三羟基熊果 -12- 烯 白花丹 Plumbago zeylanica

2α,3β,19α-trihydroxyurs-12-ene-23,28-dioic acid 2α,3β,19α- 三羟基熊果 -12- 烯 -23,28- 二酸 西伯利亚远志 Polygala sibirica, 香莓 Rubus pungens var. oldhami, 深裂锈毛莓 R. reflexus var. lanceolobus

2α,3β,19α-trihydroxyurs-12-ene-23,28-dioic acid-23-methyl ester 2α,3β,19α- 三羟基熊果 -12- 烯 -23,28- 二酸 -23- 甲酯 野鸦椿 Euscaphis japonica

2α,3β,19α-trihydroxyurs-12-ene-23,28-dioic acid-28-*O*-(6'-*O*-methyl-β-D-glucopyranosyl)ester 2α,3β,19α- 三羟基熊果 -12- 烯 -23,28- 二酸 -28-*O*-6'-*O*- 甲基 -β-D- 吡喃葡萄糖酯苷 香莓 Rubus pungens var. oldhamii

2α,3β,19-trihydroxyurs-12-ene-23,28-dioic acid-28-β-D-glucopyranosyl-23-methyl ester 2α,3β,19- 三羟基熊果 -12- 烯 -23,28- 二羧酸 -28-β-D- 吡喃葡萄糖基 -23- 甲酯 黄果悬钩子 Rubus xanthocarpus

3β,19α, 20β-trihydroxyurs-12-ene-24,28-dioic acid 3β,19α,20β- 三羟基熊果 -12- 烯 -24,28- 二酸 海南冬青 Ilex hainanensis

2α,3β,23-trihydroxyurs-12-ene-28-oic acid 2α,3β,23- 三羟基 - 熊果 -12- 烯 -28- 酸 青蛇藤 Periploca calophylla

(4α)-3β,23,30-trihydroxyurs-20-en-28-al-3,23-di(sulfate)sodium salt (4α)-3β,23,30- 三羟基熊果 -20- 烯 -28- 醛 -3,23- 二硫酸酯钠盐 驼蹄瓣 Zygophyllum fabago

2α,3β,23-trihydroxyurs-20-en-28-oic acid 2α,3β,23- 三羟基熊果 -20- 烯 -28- 酸 积雪草 Centella asiatica

2α,3β,23-trihydroxyurs-20-en-28-oic acid-*O*-α-L-rhamnopyranosyl-(1→4)-*O*-β-D-glucopyranosyl-(1→6)-*O*-β-D-glucopyranosyl ester 2α,3β, 23- 三羟基熊果 -20- 烯 -28- 酸 -*O*-α-L- 吡喃鼠李糖基 -(1→4)-*O*-β-D- 吡喃葡萄糖基 -(1→6)-*O*-β-D- 吡喃葡萄糖基酯 积雪草 Centella asiatica

(4α)-3β,23,28-trihydroxyurs-20-en-30-*O*-β-D-glucopyranoside-3,23-di(sulfate)sodium salt (4α)-3β,23,28- 三羟基熊果 -20- 烯 -30-*O*-β-D- 吡喃葡萄糖苷 -3,23- 二硫酸酯钠盐 驼蹄瓣 Zygophyllum fabago

3β,6β,19α-trihydroxyurs-23-aldehyde-12-en-28-oic acid 3β,6β,19α- 三羟基熊果 -23- 醛 -12- 烯 -28- 酸 钩藤 Uncaria rhynchophylla

2,3,19-trihydroxyurs-5,12-dien-28-acid 2,3,19- 三羟基熊果 -5,12- 二烯 -28- 酸 枇杷 Eriobotrya japonica

2α,3β,23-trihydroxyurs-5,12-dien-28-oic acid 2α,3β,23- 三羟基熊果 -5,12- 二烯 -28- 酸 云南假木荷 Craibiodendron yunnanense

2α,19α,23-trihydroxyursolic acid 2α,19α,23- 三羟基熊果酸 金樱子 Rosa laevigata

2α,3α,19α-trihydroxyursolic acid 2α,3α,19α- 三羟基熊果酸 山地香茶菜 Isodon oresbius, 多裂委陵菜 Potentilla multifida, 雾水葛 Pouzolzia zeylanica, 月季 Rosa chinensis, 山刺玫 R. davurica

2α,3α,23-trihydroxyursolic acid 2α,3α,23- 三羟基熊果酸 美味猕猴桃 Actinidia chinensis var. deliciosa, 蓝萼毛叶香茶菜 Isodon japonicus var. glaucocalyx, 总序香茶菜 I. racemosus

2α,3α,24-trihydroxyursolic acid 2α,3α,24- 三羟基熊果酸 狭基线纹香茶菜 Isodon lophanthoides var. gerardianus, 歧伞香茶菜 I. macrophyllus
2α,3β,19α-trihydroxyursolic acid 2α,3β,19α- 三羟基熊果酸 山楂 Crataegus pinnatifida, 山里红 C. pinnatifida var. major, 黄花香茶菜 Isodon sculponeatus, 多裂委陵菜 Potentilla multifida, 金樱子 Rosa laevigata, 大花香水月季 R. odorata var. gigantea, 小金樱 R. taiwanensis, 深裂锈毛莓 Rubus reflexus var. lanceolobus
2α,3β,19β-trihydroxyursolic acid 2α,3β,19β- 三羟基熊果酸 大花香水月季 Rosa odorata var. gigantea
2α,3β,23-trihydroxyursolic acid 2α,3β,23- 三羟基熊果酸 歧伞香茶菜 Isodon macrophyllus, 甜茶 Rubus chingii var. suavissimus
2α,3β,24-trihydroxyursolic acid 2α,3β,24- 三羟基熊果酸 总序香茶菜 Isodon racemosus
2β,3β,19α-trihydroxyursolic acid 2β,3β,19α- 三羟基熊果酸 枇杷叶紫珠 Callicarpa kochiana, 枇杷 Eriobotrya japonica, 委陵菜 Potentilla chinensis, 小果蔷薇 Rosa cymosa
2β,3β,23-trihydroxyursolic acid 2β,3β,23- 三羟基熊果酸 扯根菜 Penthorum chinense
3β,6α,19α-trihydroxy-ursolic acid 3β,6α,19α- 三羟基熊果酸 豆梨 Pyrus calleryana
2α,3β,21β-trihydroxyursolic acid-28-*O*-β-D-glucopyranoside 2α,3β,21β- 三羟基熊果酸 -28-*O*-β-D- 吡喃葡萄糖苷 广东紫珠 Callicarpa kwangtungensis
2α,19α,23-trihydroxyursolic acid-28-*O*-β-D-glucoside 2α,19α,23- 三羟基熊果酸 -28-*O*-β-D- 葡萄糖苷 金樱子 Rosa laevigata
2α,3α,19α-trihydroxyursolic acid-28-β-D-glucopyranosyl ester 2α,3α,19α- 三羟基熊果酸 -28-β-D- 吡喃葡萄糖酯苷 地榆 Sanguisorba officinalis
2α,3β,19α-trihydroxyursolic acid-28-β-D-glucopyranosyl ester 2α,3β,19α- 三羟基熊果酸 -28-β-D- 吡喃葡萄糖酯苷 地榆 Sanguisorba officinalis
2α,3β,19α-trihydroxyursolic acid-β-D-galactopyranosyl ester 2α,3β,19α- 三羟基熊果酸 -β-D- 吡喃半乳糖酯苷 高山地榆 Sanguisorba alpina
(20*R*,22*R*)-1α,3β,20β-trihydroxy-witha-5,24-dienolide (20*R*,22*R*)-1α,3β,20β- 三羟基 - 睡茄 -5,24- 二烯内酯 睡茄 Withania somnifera
1,2,5-trihydroxyxanthone 1,2,5- 三羟基呫酮 大叶藤黄 Garcinia xanthochymus, 栽秧花 Hypericum beanii, 地耳草 H. japonicum, 金丝桃 H. monogynum
1,2,8-trihydroxyxanthone 1,2,8- 三羟基呫酮 黄牛木 Cratoxylum cochinchinense, 尾叶远志 Polygala caudata
1,3,5-trihydroxyxanthone 1,3,5- 三羟基呫酮 红厚壳 Calophyllum inophyllum, 薄叶红厚壳 C. membranaceum, 构棘 Cudrania cochinchinensis, 地耳草 Hypericum japonicum, 元宝草 H. sampsonii
1,3,6-trihydroxyxanthone 1,3,6- 三羟基呫酮 波罗蜜 Artocarpus heterophyllus, 香港远志 Polygala hongkongensis, 蛇胆草 Tylophora secamonoides
1,3,7-trihydroxyxanthone 1,3,7- 三羟基呫酮 红厚壳 Calophyllum inophyllum, 薄叶红厚壳 C. membranaceum, 黄牛木 Cratoxylum cochinchinense, 红芽木 C. formosum subsp. pruniflorum, 大叶藤黄 Garcinia xanthochymus, 扁蕾 Gentianopsis barbata, 糙枝金丝桃 Hypericum scabrum, 小花远志 Polygala arvensis, 尾叶远志 P. caudata, 瓜子金 P. japonica, 远志 P. tenuifolia, 蝉翼藤 Securidaca inappendiculata, 川西獐牙菜 Swertia mussotii
1,4,5-trihydroxyxanthone 1,4,5- 三羟基呫酮 薄叶红厚壳 Calophyllum membranaceum, 大叶藤黄 Garcinia xanthochymus
1,4,7-trihydroxyxanthone 1,4,7- 三羟基呫酮 红芽木 Cratoxylum formosum subsp. pruniflorum
1,5,6-trihydroxyxanthone 1,5,6- 三羟基呫酮 红厚壳 Calophyllum inophyllum, 薄叶红厚壳 C. membranaceum, 无柄金丝桃 Hypericum augustinii, 地耳草 H. japonicum
3,7,8-trihydroxyxanthone-1-*O*-β-D-glucopyranoside 3,7,8- 三羟基呫酮 -1-*O*-β-D- 吡喃葡萄糖苷 川西獐牙菜 Swertia mussotii
2,6,8-trihydroxyxanthone-7-*C*-β-D-glucopyranoside 2,6,8- 羟基呫酮 -7-*C*-β-D- 吡喃葡萄糖苷 川西獐牙菜 Swertia mussotii
1,3,5-trihydroxyxanthone-8-*O*-β-D-glucopyranoside 1,3,5- 三羟基呫酮 -8-*O*-β-D- 吡喃葡萄糖苷 川西獐牙菜 Swertia mussotii
(4*S*)-4,5,8-trihydroxy-α-tetralone (4*S*)-4,5,8- 三羟基 -α- 四氢萘酮 泡核桃 Juglans sigillata
4,5,8-trihydroxy-α-tetralone 4,5,8- 三羟基 -α- 四氢萘酮 胡桃 Juglans regia
(4*S*)-4,5,8-trihydroxy-α-tetralone-4-*O*-β-D-glucopyranoside (4*S*)-4,5,8- 三羟基 -α- 四氢萘酮 -4-*O*-β-D- 吡喃葡萄糖苷 胡桃楸 Juglans mandshurica
4,5,8-trihydroxy-α-tetralone-5-*O*-β-D-[6'-*O*-(4''-hydroxy-3'',5''-dimethoxybenzoyl)]-glucoside 4,5,8- 三羟基 -α- 四氢萘醌 -5-*O*-β-D-[6'-*O*-(3'',5''- 二甲氧基 -4''- 羟基苯甲酰基)]- 葡萄糖苷 胡桃楸 Juglans mandshurica
(4*S*)-4,5,8-trihydroxy-α-tetralone-5-*O*-β-D-glucopyranoside (4*S*)-4,5,8- 三羟基 -α- 四氢萘酮 -5-*O*-β-D- 吡喃葡萄糖苷 胡桃楸 Juglans mandshurica
4,5,8-trihydroxy-α-tetralone-5-*O*-β-D-glucopyranoside 4,5,8- 三羟基 -α- 四氢萘酮 -5-*O*-β-D- 吡喃葡萄糖苷 胡桃 Juglans regia
1β,2β,9α-trihydroxy-β-dihydroagarofuran 1β,2β,9α- 三羟基 -β- 二氢沉香呋喃 粉背南蛇藤 Celastrus hypoleucus
(3*S*,5*R*,6*R*,7*E*,9*R*)-3,5,6-trihydroxy-β-ionyl-3-*O*-β-D-glucopyranoside (3*S*,5*R*,6*R*,7*E*,9*R*)-3,5,6- 三羟基 -β- 香堇酮 -3-*O*-β-D- 吡喃葡萄糖苷 大薸 Pistia stratiotes
3',4,5-trihyhdroxy-3-methoxy-6,7-methylenedioxyflavone 3',4,5- 三羟基 -3- 甲氧基 -6,7- 亚甲二氧基黄酮 菠菜 Spinacia oleracea
2α,3β,19α-trihyhdroxyolean-12-en-28-*O*-β-D-glucopyranoside 2α,3β,19α- 三羟基齐墩果 -12- 烯 -28-*O*-β-D- 吡喃葡萄糖苷 广东紫珠 Callicarpa kwangtungensis
5,7,4'-trihysdroxy-6-prenylisoflavanone 5,7,4'- 三羟基 -6- 异戊烯基黄烷酮 构棘 Cudrania cochinchinensis
trijuganone A, C 三叶鼠尾草酮 A, C 三叶鼠尾草 Salvia trijuga
trijuganone B 三叶鼠尾草酮 B 栗色鼠尾草 Salvia castanea, 三叶鼠尾草 S. trijuga, 云南鼠尾草 S. yunnanensis
trijugaoside A 三叶鼠尾草苷 ▲A 三叶鼠尾草 Salvia trijuga
trijugin A~I 三叶鼠尾草素 ▲A~I 三叶鼠尾草 Salvia trijuga
trijugin A~H 老虎楝素 ▲A~H 鹧鸪花 Trichilia connaroides
trijugin B acetate 老虎楝素 ▲B 乙酸酯 鹧鸪花 Trichilia connaroides
trikamsesquiside A 白花延龄草倍半萜苷 A 吉林延龄草 Trillium kamtschaticum

T

trikamsteroside A~E 白花延龄草甾苷▲A~E 吉林延龄草 Trillium kamtschaticum
trilepisiumic acid 鳞桑酸▲ 活血丹 Glechoma longituba
1,2,3-trilinolein 1,2,3- 三亚油酸甘油酯 华南毛蕨 Cyclosorus parasiticus
trilinolein 甘油三亚油酸酯 梭果黄耆 Astragalus ernestii, 羊蹄甲 Bauhinia purpurea, 羊肚菌 Morchella esculenta, 假人参 Panax pseudoginseng, 糙苏 Phlomis umbrosa, 刺天茄 Solanum violaceum, 紫椴 Tilia amurensis
trillarin 延龄草灵▲ 西藏延龄草 Trillium govanianum
trillenogenin 延龄草烯苷元▲ 吉林延龄草 Trillium kamtschaticum
trillenoside A 延龄草烯苷▲A 吉林延龄草 Trillium kamtschaticum, 延龄草 T. tschonoskii
trillenoside B, C 延龄草烯苷▲B, C 吉林延龄草 Trillium kamtschaticum
trillin 延龄草苷 天门冬 Asparagus cochinchinensis, 福州薯蓣 Dioscorea futschauensis, 黄山药 D. panthaica, 盾叶薯蓣 D. zingiberensis, 巴山重楼 Paris bashanensis, 球药隔重楼 P. fargesii, 七叶一枝花 P. polyphylla, 华重楼 P. polyphylla var. chinensis, 宽瓣重楼 P. polyphylla var. yunnanensis, 黑籽重楼 P. thibetica
trilobamine 木防已胺 崖藤 Albertisia laurifolia, 木防已 Cocculus orbiculatus
trilobatin 三裂海棠素▲ 筒鞘蛇菰 Balanophora involucrata, 披针叶胡颓子 Elaeagnus lanceolata, 木姜叶柯 Lithocarpus litseifolius, 变叶葡萄 Vitis piasezkii
trilobine 木防已碱 樟叶木防已 Cocculus laurifolius, 木防已 C. orbiculatus, 毛木防已 C. orbiculatus var. mollis
trimesic acid 均苯三甲酸 合蕊五味子 Schisandra propinqua
1-[(2,4,5-trimethoxy)-phenyl]-1-propanone 1-[(2,4,5- 三甲氧基)- 苯基]-1- 丙酮 大叶马蹄香 Asarum maximum
(1*S*)-4,8,9-trimethoxy-1-(4-methoxyphenyl)-2,3-dihydro-1*H*-phenalene (1*S*)-4,8,9- 三甲氧基 -1-(4- 甲氧基苯基)-2,3- 二氢 -1*H*- 菲那烯 凤眼蓝 Eichhornia crassipes
3,9,11-trimethoxy-1,2-methylenedioxyl oxoaporphine 3,9,11- 三甲氧基 -1,2- 亚甲二氧基氧化阿朴菲 假鹰爪 Desmos chinensis
7*S*,8*S*,1'*R*-$\Delta^{8'}$-3,4,5'-trimethoxy-1',4'-dihydro-4'-oxo-7.0.2',8.1'-neolignan 7*S*,8*S*,1'*R*-$\Delta^{8'}$-3,4,5'- 三甲氧基 -1',4'- 二氢 -4'- 氧代 -7.0.2',8.1'- 新木脂素 风藤 Piper kadsura
7*S*,8*S*,1'*S*-$\Delta^{8'}$-3,4,1'-trimethoxy-1',6'-dihydro-6'-oxo-7.0.4',8.3'-neolignan 7*S*,8*S*,1'*S*-$\Delta^{8'}$-3,4,1'- 三甲氧基 -1',6'- 二氢 -6'- 氧代 -7.0.4',8.3'- 新木脂素 风藤 Piper kadsura
2,3,5-trimethoxy-1-*O*-gentiobiosyloxyxanthone 2,3,5- 三甲氧基呫酮 -1-*O*- 龙胆糖苷 椭圆叶花锚 Halenia elliptica
2,3,7-trimethoxy-1-*O*-gentiobiosyloxy-xanthone 2,3,7- 三甲氧基呫酮 -1-*O*- 龙胆二糖 花锚 Halenia corniculata
2,3,5-trimethoxy-1-*O*-primeverosyloxyxanthone 2,3,5- 三甲氧基 -1-*O*- 樱草糖氧基呫酮 湿生扁蕾 Gentianopsis paludosa, 椭圆叶花锚 Halenia elliptica
2,3,7-trimethoxy-1-*O*-primeverosyloxyxanthone 2,3,7- 三甲氧基 -1-*O*- 樱草糖氧基呫酮 花锚 Halenia corniculata, 椭圆叶花锚 H. elliptica
2,4,6-trimethoxy-1-*O*-*β*-D-glucopyranoside 2,4,6- 三甲氧基 -1-*O*-*β*-D- 吡喃葡萄糖苷 皱叶南蛇藤 Celastrus rugosus
(1*S*)-4,8,9-trimethoxy-1-phenyl-2,3-dihydro-1*H*-phenalene (1*S*)-4,8,9- 三甲氧基 -1- 苯基 -2,3- 二氢 -1*H*- 菲那烯 凤眼蓝 Eichhornia crassipes
(*S*)-5,5',6-trimethoxy-2',2'-dimethyl-8-(3-methyl-2-butenyl)-[2,7'-bi-2*H*-1-benzopyran]-4(3*H*)-one (*S*)-5,5',6- 三甲氧基 -2',2'- 二甲基 -8-(3- 甲基 -2- 丁烯基)-[2,7'- 二 -2*H*-1- 苯并吡喃]-4(3*H*)- 酮 绵三七 Eriosema himalaicum
2',4',5'-trimethoxy-2'',2''-dimethylpyrano[5'',6'':6,7]isoflavone 2',4',5'- 三甲氧基 -2'',2''- 二甲基吡喃 [5'',6'':6,7] 异黄酮 闹鱼崖豆 Millettia ichthyochtona
6,7,8-trimethoxy-2,3-methylendioxybenzophenantridine 6,7,8- 三甲氧基 -2,3- 亚甲二氧基苯菲里啶 两面针 Zanthoxylum nitidum
4,5,8-trimethoxy-2-*O*-*β*-*D*-glucopyranosyl-(1 → 2)-*O*-*β*-D-galactopyranoside 4,5,8- 三甲氧基 -2-*O*-*β*-D- 吡喃葡萄糖基 -(1 → 2)-*O*-*β*-D- 吡喃半乳糖苷 菖蒲 Acorus calamus
4,6,8-trimethoxy-3-(3,3-dimethylallyl)-*N*-methylquinolin-2-ol 4,6,8- 三甲氧基 -3-(3,3- 二甲基烯丙基)-*N*- 甲基喹啉 -2- 醇 榆橘 Ptelea trifoliata
5,6,7-trimethoxy-3',4'-methylenedioxyflavone 5,6,7- 三甲氧基 -3',4'- 亚甲二氧基黄酮 鞍叶羊蹄甲 Bauhinia brachycarpa
5,6,6'-trimethoxy-3',4'-methylenedioxyisoflavone-7-*O*-*β*-D-(2''-*O*-*p*-coumaroylglucopyranoside 5,6,6'- 三甲氧基 -3',4'- 亚甲二氧基异黄酮 -7-*O*-*β*-D-(2''-*O*- 对香豆酰吡喃葡萄糖苷 蛇瓜 Trichosanthes anguina
6,7,3'-trimethoxy-3,5,4'-trihydroxyflavone 6,7,3'- 三甲氧基 -3,5,4'- 三羟基黄酮 裸茎金腰 Chrysosplenium nudicaule
3',4',7-trimethoxy-3,5-dihydroxyflavone 3',4',7- 三甲氧基 -3,5- 二羟基黄酮 金线兰 Anoectochilus roxburghii
5,7,4'-trimethoxy-3'-hydroxy-aurone 5,7,4'- 三甲氧基 -3'- 羟基 - 橙酮 岩木瓜 Ficus tsiangii
5,6,8-trimethoxy-3-methyl-1-naphthol 5,6,8- 三甲氧基 -3- 甲基 -1- 萘醇 柿 Diospyros kaki
5,6,8-trimethoxy-4-(2,4,5-trimethoxyphenyl)-3,4-dihydro-1(2*H*)-naphthalenone 5,6,8- 三甲氧基 -4-(2,4,5- 三甲氧基苯)-3,4- 二氢 -1(2*H*)- 萘酮 草胡椒 Peperomia pellucida
5,7,3'-trimethoxy-4',5'-methylenedioxyflavone 5,7,3'- 三甲氧基 -4',5'- 亚甲二氧基黄酮 绿花崖豆藤 Callerya championii
2',6,7-trimethoxy-4',5'-methylenedioxyisoflavone 2',6,7- 三甲氧基 -4',5'- 亚甲二氧基异黄酮 思茅崖豆 Millettia leptobotrya
(7*S*,8*R*)-3,5,5'-trimethoxy-4',7-epoxy-8,3'-neolignan-9,9'-diol-4-*O*-*β*-D-xylopyranoside (7*S*,8*R*)-3,5,5'- 三甲氧基 -4',7- 环氧 -8,3'- 新木脂素 -9,9'- 二醇 -4-*O*-*β*-D- 吡喃木糖苷 柃木 Eurya japonica
(7*S*,8*R*)-3,3',5-trimethoxy-4,9,9'-trihydroxy-4',7-epoxy-5',8-lignan-4-*O*-*β*-D-glucopyranoside (7*S*,8*R*)-3,3',5- 三甲氧基 -4,9,9'- 三羟基 -4',7- 环氧 -5',8- 木脂素 -4-*O*-*β*-D- 吡喃葡萄糖苷 毛蕊铁线莲 Clematis lasiandra
2-(3'-trimethoxy-4'-hydroxy)-phenyl-3-hydroxymethyl-6-methoxy-5-benzofuranformic acid 2-(3'- 三甲氧基 -4'- 羟基)- 苯基 -3- 羟甲基 -6- 甲氧基 -5- 苯并呋喃甲酸 软紫草 Arnebia euchroma
2,4,6-trimethoxy-4'-hydroxydihydrochalcone 2,4,6- 三甲氧基 -4'- 羟基二氢查耳酮 剑叶龙血树 Dracaena cochinchinensis

T

6,7,3'-trimethoxy-4'-hydroxyflavan 6,7,3'- 三甲氧基 -4'- 羟基黄烷 青江藤 Celastrus hindsii
(*E*)-2,3,4-trimethoxy-5-(1-propenyl)phenol (*E*)-2,3,4- 三甲氧基 -5-(1- 丙烯基) 苯酚 长果颈黄耆 Astragalus englerianus
1,2,3-trimethoxy-5-(2-propenyl)-benzene 1,2,3- 三甲氧基 -5-(2- 丙烯基) 苯 挥发油成分，未统计基源
(*E*)-1,2,3-trimethoxy-5-(prop-1-enyl)-benzene (*E*)-1,2,3- 三甲氧基 -5- 正丙烯基苯 斜脉暗罗 Polyalthia plagioneura
3,6,4'-trimethoxy-5,7-dihydroxyflavone 3,6,4'- 三甲氧基 -5,7- 二羟基黄酮 高山龙胆 Gentiana algida
(2*R*)-7,3',4'-trimethoxy-5,8-quinoflavan (2*R*)-7,3',4'- 三甲氧基 -5,8- 醌黄烷 华中枸骨 Ilex centrochinensis
1,2,3-trimethoxy-5-allylbenzene 1,2,3- 三甲氧基 -5- 烯丙基苯 辽细辛 Asarum heterotropoides var. mandshuricum
2,3,4-trimethoxy-5-hydroxyphenanthrene 2,3,4- 三甲氧基 -5- 羟基菲 广东石豆兰 Bulbophyllum kwangtungense
1,2,3-trimethoxy-5-hydroxyphenol-1-*O*-*β*-D-glucopyranoside) 1,2,3- 三甲氧基 -5- 羟基苯酚 -1-*O*-*β*-D- 吡喃葡萄糖苷 穿鞘菝葜 Smilax perfoliata
1,2,3-trimethoxy-5-methylbenzene 1,2,3- 三甲氧基 -5- 甲基苯 汉城细辛 Asarum sieboldii
4,6,7-trimethoxy-5-methylcoumarin 4,6,7- 三甲氧基 -5- 甲基香豆素 岭南臭椿 Ailanthus triphysa, 黄花铁线莲 Clematis intricata, 裂叶铁线莲 C. parviloba, 观音草 Peristrophe bivalvis, 白头翁 Pulsatilla chinensis
4,7,8-trimethoxy-5-methylcoumarin 4,7,8- 三甲氧基 -5- 甲基香豆素 红椿 Toona ciliata
2,3,6-trimethoxy-5-methylphenol 2,3,6- 三甲氧基 -5- 甲基苯酚 疏花鱼藤 Derris laxiflora
2',2,5-trimethoxy-6,7-methylenedioxyisoflavanone 2',2,5- 三甲氧基 -6,7- 亚甲二氧基异黄烷酮 血苋 Iresine herbstii
5,3',4'-trimethoxy-6,7-methylenedioxyisoflavone 5,3',4'- 三甲氧基 -6,7- 亚甲二氧基异黄酮 波罗蜜 Artocarpus heterophyllus, 薄叶鸢尾 Iris leptophylla
1,2,8-trimethoxy-6-hydroxyxanthone 1,2,8- 三甲氧基 -6- 羟基𠮿酮 獐牙菜 Swertia bimaculata
4',5,7-trimethoxy-6-methoxyflavone 4',5,7- 三甲氧基 -6- 异氧黄酮 西域旌节花 Stachyurus himalaicus
(7*α*,8*α*,2'*α*)-3,4,5-trimethoxy-7,3',1',9'-diepoxylignan (7*α*,8*α*,2'*α*)-3,4,5- 三甲氧基 -7,3',1',9'- 二环氧木脂素 乌墨 Syzygium cumini
6,3',4'-trimethoxy-7,8,5'-trihydroxyisoflavone 6,3',4'- 三甲氧基 -7,8,5'- 三羟基异黄酮 卷鞘鸢尾 Iris potaninii
(7*S*,8*R*)-$\Delta^{7'}$-3,4,3'-trimethoxy-7.*O*.2',8.1'-neolignan (7*S*,8*R*)-$\Delta^{7'}$-3,4,3'- 三甲氧基 -7.*O*.2',8.1'- 新木脂素 玉兰 Yulania denudata
(3*S*)-2',4',5'-trimethoxy-7-hydroxyisoflavanone (3*S*)-2',4',5'- 三甲氧基 -7- 羟基异黄烷酮 降香 Dalbergia odorifera
1,2,6-trimethoxy-8-hydroxyxanthone 1,2,6- 三甲氧基 -8- 羟基𠮿酮 獐牙菜 Swertia bimaculata, 川西獐牙菜 S. mussotii
2,4,7-trimethoxy-9,10-dihydrophenanthrene 2,4,7- 三甲氧基 -9,10- 二氢菲 白及 Bletilla striata, 广东石豆兰 Bulbophyllum kwangtungense
3,4,5-trimethoxyacetophenone 3,4,5- 三甲氧基苯乙酮 棱果榕 Ficus septica
4,6,7-trimethoxyaloeemodin-8-*O*-*β*-D-glucopyranoside 4,6,7- 三甲氧基芦荟大黄素 -8-*O*-*β*-D- 吡喃葡萄糖苷 钝叶决明 Senna tora var. obtusifolia
2,4,6-trimethoxyaniline 2,4,6- 三甲氧基苯胺 红鸡蛋花 Plumeria rubra
1,2,3-trimethoxyanthraquinone 1,2,3- 三甲氧基蒽醌 金鸡纳树 Cinchona calisaya
2,4,5-trimethoxybenzaldehyde 2,4,5- 三甲氧基苯甲醛 挥发油成分，未统计基源
1,2,3-trimethoxybenzene 1,2,3- 三甲氧基苯 挥发油成分，未统计基源
1,2,4-trimethoxybenzene 1,2,4- 三甲氧基苯 挥发油成分，未统计基源
1,3,5-trimethoxybenzene 1,3,5- 三甲氧基苯 挥发油成分，未统计基源
3,4,5-trimethoxybenzene-1-*O*-*β*-D-glucopyranoside 3,4,5- 三甲氧基苯 -1-*O*-*β*-D- 吡喃葡萄糖苷 苦皮藤 Celastrus angulatus
3,4,5-trimethoxybenzene-*O*-*β*-D-glucopyranoside 3,4,5- 三甲氧基苯 -*O*-*β*-D- 吡喃葡萄糖苷 大叶千斤拔 Flemingia macrophylla
3,4,5-trimethoxybenzenepropanol acetate 3,4,5- 三甲氧基苯丙醇乙酸酯 柠檬 Citrus limon
2,4,5-trimethoxybenzoic acid 2,4,5- 三甲氧基苯甲酸 菖蒲 Acorus calamus, 石菖蒲 A. gramineus
2,4,6-trimethoxybenzoic acid 2,4,6- 三甲氧基苯甲酸 狼毒 Stellera chamaejasme
3,4,5-trimethoxybenzoic acid 3,4,5- 三甲氧基苯甲酸 黄杞 Engelhardia roxburghiana, 流苏金石斛 Flickingeria fimbriata, 白果白珠 Gaultheria leucocarpa, 山胡椒 Lindera glauca, 北美鹅掌楸 Liriodendron tulipifera, 乌檀 Nauclea officinalis, 珠子参 Panax japonicus var. major
trimethoxybenzoic acid 三甲氧基苯甲酸 青兰 Dracocephalum ruyschiana
3,4,5-trimethoxy-benzoic acid methyl ester 3,4,5- 三甲氧基苯甲酸甲酯 红波罗花 Incarvillea delavayi
2,3,6-trimethoxybenzoic acid-(2-methoxyphenyl)methyl ester 2,3,6- 三甲氧基苯甲酸 -2- 甲氧基苯基甲酯 一枝黄花 Solidago decurrens
2,3,4-trimethoxybenzyl alcohol 2,3,4- 三甲氧基苄醇 挥发油成分，未统计基源
3,4,5-trimethoxybenzyl alcohol 3,4,5- 三甲氧基苄醇 毛果槭 Acer nikoense, 元宝槭 A. truncatum, 楝叶吴萸 Euodia glabrifolia, 钩吻 Gelsemium elegans
3,3',5-trimethoxybibenzyl 3,3',5- 三甲氧基联苄 白及 Bletilla striata
3,4,5-trimethoxycinnamaldehyde 3,4,5- 三甲氧基桂皮醛 羽叶楸 Stereospermum colais, 两面针 Zanthoxylum nitidum, 异叶花椒 Z. ovalifolium
4-trimethoxycinnamaldehyde 4- 甲氧基桂皮醛 挥发油成分，未统计基源
2,3,4-trimethoxycinnamic acid 2,3,4- 三甲氧基桂皮酸 两面针 Zanthoxylum nitidum
3,4,5-trimethoxycinnamic acid 3,4,5- 三甲氧基桂皮酸 美国凌霄 Campsis radicans, 假蒟 Piper sarmentosum, 远志 Polygala tenuifolia
trimethoxycinnamic acid 三甲氧基桂皮酸 播娘蒿 Descurainia sophia
trans-3,4,5-trimethoxycinnamic alcohol 反式 -3,4,5- 三甲氧基桂皮醇 刺果卫矛 Euonymus acanthocarpus, 红毒茴 Illicium lanceolatum, 野生紫苏 Perilla frutescens var. purpurascens
3',4',5'-trimethoxycinnamoylpyrrolidine 3',4',5'- 三甲氧基桂皮酰吡咯烷 假蒟 Piper sarmentosum
3,4,5-trimethoxycoumarin 3,4,5- 三甲氧基香豆素 黄瑞香 Daphne giraldii

5,6,7-trimethoxycoumarin 5,6,7- 三甲氧基香豆素 石栗 Aleurites moluccana, 灰叶当归 Angelica glauca, 青蒿 Artemisia carvifolia carvifolia, 山蜡梅 Chimonanthus nitens, 大花菟丝子 Cuscuta reflexa, 麻疯树 Jatropha curcas, 兴安白头翁 Pulsatilla dahurica, 油桐 Vernicia fordii, 两面针 Zanthoxylum nitidum

5,7,8-trimethoxycoumarin 5,7,8- 三甲氧基香豆素 臭节草 Boenninghausenia albiflora, 石椒草 B. sessilicarpa, 飞龙掌血 Toddalia asiatica, 椿叶花椒 Zanthoxylum ailanthoides, 两面针 Z. nitidum

6,7,8,-trimethoxycoumarin 6,7,8,- 三甲氧基香豆素 簕欓花椒 Zanthoxylum avicennae

6,7,8-trimethoxycoumarin 6,7,8- 三甲氧基香豆素 东北丝裂蒿 Artemisia adamsii, 大花菟丝子 Cuscuta reflexa, 假连翘 Duranta erecta, 火殃勒 Euphorbia antiquorum, 木竹子 Garcinia multiflora, 华马钱 Strychnos cathayensis, 乌桕 Triadica sebifera, 椿叶花椒 Zanthoxylum ailanthoides, 刺壳花椒 Z. echinocarpum, 两面针 Z. nitidum

1,3,9-trimethoxycoumestan 1,3,9- 三甲氧基香豆雌烷 红花山竹子 Corethrodendron multijugum

3,4,5-trimethoxydihydrocinnamic acid 3,4,5- 三甲氧基二氢桂皮酸 假荜拔 Piper retrofractum

2(S)-5,7,8-trimethoxydihydroflavone 2(S)-5,7,8- 三甲氧基二氢黄酮 穿心莲 Andrographis paniculata

(2R,3R)-(+)-4',5,7-trimethoxydihydroflavonol (2R,3R)-(+)-4',5,7- 三甲氧基二氢黄酮醇 米仔兰 Aglaia odorata, 厚皮树 Lannea coromandelica

4',5,7-trimethoxydihydroflavonol 4',5,7- 三甲氧基二氢黄酮醇 米仔兰 Aglaia odorata

2,3,7-trimethoxyellagic acid 2,3,7- 三甲氧基鞣花酸 大花紫薇 Lagerstroemia speciosa

2,3,8-trimethoxyellagic acid 2,3,8- 三甲氧基鞣花酸 大花紫薇 Lagerstroemia speciosa

3,3',4'-trimethoxyellagic acid 3,3',4'- 三甲氧基鞣花酸 苦郎藤 Cissus assamica, 棒柄花 Cleidion brevipetiolatum, 毛丹麻杆 Discocleidion rufescens, 火殃勒 Euphorbia antiquorum, 宽苞水柏枝 Myricaria bracteata, 朝天罐 Osbeckia opipara

3,3',4-trimethoxyellagic acid 3,3',4- 三甲氧基鞣花酸 珙桐 Davidia involucrata, 湖北大戟 Euphorbia hylonoma, 紫薇 Lagerstroemia indica, 南紫薇 L. subcostata, 高大翅果菊 Pterocypsela elata, 海桑 Sonneratia caseolaris, 山乌桕 Triadica cochinchinensis

3,4,3'-trimethoxyellagic acid 3,4,3'- 三甲氧基鞣花酸 三春水柏枝 Myricaria paniculata

3,3',4-trimethoxyellagic acid-4'-O-β-D-glucopyranoside 3,3',4- 三甲氧基鞣花酸 -4'-O-β-D- 吡喃葡萄糖苷 毛丹麻杆 Discocleidion rufescens, 多花桉 Eucalyptus polyanthemos

3,3',4'-trimethoxyellagic acid-4-O-β-D-glucopyranoside 3,3',4'- 三甲氧基鞣花酸 -4-O-β-D- 吡喃葡萄糖苷 棒柄花 Cleidion brevipetiolatum

3,4,3'-trimethoxyellagic acid-4'-rutinoside 3,4,3'- 三甲氧基鞣花酸 -4'- 芸香糖苷 金刚纂 Euphorbia neriifolia

5,7,8-trimethoxyflav-3-ene 5,7,8- 三甲氧基黄烷 -3- 烯 排骨灵 Fissistigma bracteolatum

5,7,4'-trimethoxyflavan 5,7,4'- 三甲氧基黄烷 锈毛麻辣仔藤 Erycibe expansa

4',5,7-trimethoxyflavan-3,4-diol 4',5,7- 三甲氧基黄烷 -3,4- 二醇 米仔兰 Aglaia odorata

5,7,4'-trimethoxyflavan-3-ol 5,7,4'- 三甲氧基黄烷 -3- 醇 薜荔 Ficus pumila

5,7,8-trimethoxyflavanone 5,7,8- 三甲氧基黄烷酮 大黄药 Elsholtzia penduliflora

2',5,6-trimethoxyflavone 2',5,6- 三甲氧基黄酮 香肉果 Casimiroa edulis

3',4',5'-trimethoxyflavone 3',4',5'- 三甲氧基黄酮 报春花 Primula malacoides, 硕萼报春 P. veris subsp. macrocalyx

3',5,6-trimethoxyflavone 3',5,6- 三甲氧基黄酮 香肉果 Casimiroa edulis

3,5,7-trimethoxyflavone 3,5,7- 三甲氧基黄酮 日本水龙骨 Polypodiodes niponica, 旱柳 Salix matsudana

4',5,7-trimethoxyflavone 4',5,7- 三甲氧基黄酮 芫花 Daphne genkwa, 冬凌草 Isodon rubescens

5,6,7-trimethoxyflavone 5,6,7- 三甲氧基黄酮 日本紫珠 Callicarpa japonica, 羽萼木 Colebrookea oppositifolia, 小酸浆 Physalis minima

5,7,3'-trimethoxyflavone 5,7,3'- 三甲氧基黄酮 肾茶 Clerodendranthus spicatus

5,7,4'-trimethoxyflavone 5,7,4'- 三甲氧基黄酮 肾茶 Clerodendranthus spicatus

7,2',4'-trimethoxyflavone 7,2',4'- 三甲氧基黄酮 香合欢 Albizia odoratissima, 田基黄 Grangea maderaspatana

4',5,7-trimethoxyflavonol 4',5,7- 三甲氧基黄酮醇 滑叶山姜 Alpinia tonkinensis, 鱼子兰 Chloranthus erectus, 委陵菜 Potentilla chinensis

β,2',5'-trimethoxyfurano [4",5":3',4']-chalcone β,2',5'- 三甲氧基呋喃 [4",5":3',4']- 查耳酮 干花豆 Fordia cauliflora

3",4",5"-trimethoxyfuranoflavone 3",4",5"- 三甲氧基呋喃黄酮 密花香薷 Elsholtzia densa

4,6,7-trimethoxy-furo[2,3-b]quinoline hydrate 4,6,7- 三甲氧基 - 呋喃 [2,3-b] 喹啉水合物 山油柑 Acronychia pedunculata

3',4',7-trimethoxyisoflavone 3',4',7- 三甲氧基异黄酮 锈毛麻辣仔藤 Erycibe expansa

4',7,8-trimethoxyisoflavone 4',7,8- 三羟基异黄酮 毛相思子 Abrus mollis

3,7,4'-trimethoxykaempferol 3,7,4'- 三甲氧基山柰酚 龙珠果 Passiflora foetida

5,7,4'-trimethoxykaempferol 5,7,4'- 三甲氧基山柰酚 厚藤 Ipomoea pes-caprae

5,7,3'-trimethoxyl-(-)-epicatechin 5,7,3'- 三甲氧基 -(-)- 表儿茶素 肉桂 Cinnamomum cassia

6'''-(3'''',4'''',5''''-trimethoxyl)-(E)-cinnamoylspinosin 6'''-(3'''',4'''',5''''- 三甲氧基)- 反式 - 桂皮酰酸枣素▲ 滇刺枣 Ziziphus mauritiana

1,3,4-trimethoxyl-2-hydroxyanthraquinone 1,3,4- 三甲氧基 -2- 羟基蒽醌 鸡矢藤 Paederia foetida

7,3',4'-trimethoxyluteolin 7,3',4'- 三甲氧基木犀草素 土沉香 Aquilaria sinensis, 小叶马缨丹 Lantana montevidensis

5,7,4'-trimethoxypelargidenon 5,7,4'- 三甲基山萘酚 肾茶 Clerodendranthus spicatus

4',5,7-trimethoxypelargonidin-6-C-glucopyranosyl-3-O-α-L-rhamnoside 4',5,7- 三甲氧基天竺葵素 -6-C- 吡喃葡萄糖基 -3-O-α-L- 鼠李糖苷 对叶榕 Ficus hispida

2,4,7-trimethoxyphenanthrene 2,4,7- 三甲氧基菲 白及 Bletilla striata

2,4,6-trimethoxyphenol 2,4,6- 三甲氧基苯酚 木荷 Schima superba

3,4,5-trimethoxyphenol 3,4,5- 三甲氧基苯酚 见血封喉 Antiaris toxicaria, 土沉香 Aquilaria sinensis, 欧洲甜樱桃 Cerasus avium, 棒柄花 Cleidion brevipetiolatum, 寄生藤 Dendrotrophe varians, 乌材 Diospyros eriantha, 大果刺篱木 Flacourtia ramontchi, 栀子 Gardenia jasminoides, 云南石梓 Gmelina arborea, 东方乌檀 Nauclea orientalis, 毛果杜鹃花 Rhododendron seniavinii, 雷公藤 Tripterygium wilfordii,

南岭柞木 Xylosma controversa

3,4,5-trimethoxyphenol-1-*O*-[*β*-D-apiofuranosyl-(1 → 6)]-*β*-D-glucopyranoside 3,4,5- 三甲氧基苯酚 -1-*O*-[*β*-D- 呋喃芹糖基 -(1 → 6)]-*β*-D- 吡喃葡萄糖苷 定心藤 Mappianthus iodoides

3,4,5-trimethoxyphenol-1-*O*-*β*-D-(6-galloyl)-glucopyranoside 3,4,5- 三甲氧基苯酚 -1-*O*-*β*-D-(6- 没食子酰基)- 吡喃葡萄糖苷 海漆 Excoecaria agallocha

3,4,5-trimethoxyphenol-1-*O*-*β*-D-(6'-*O*-galloyl)-glucopyranoside 3,4,5- 三甲氧基苯酚 -1-*O*-*β*-D-(6'-*O*- 没食子酰基)- 吡喃葡萄糖苷 杨梅叶蚊母树 Distylium myricoides, 蓝桉 Eucalyptus globulus, 麻栎 Quercus acutissima

2,4,6-trimethoxyphenol-1-*O*-*β*-D-(6'-*O*-galloyl)-glucoside 2,4,6- 三甲氧基苯酚 -1-*O*-*β*-D-(6'-*O*- 没食子酰基)- 葡萄糖苷 龙须藤 Bauhinia championii

3,4,5-trimethoxyphenol-1-*O*-*β*-D-apiofuranolyl-(1'' → 6')-*β*-D-glucopyranoside 3,4,5- 三甲氧基苯酚 -1-*O*-*β*-D- 呋喃芹糖基 -(1'' → 6')-*β*-D- 吡喃葡萄糖苷 南岭柞木 Xylosma controversa

2,4,6-trimethoxyphenol-1-*O*-*β*-D-apiofuranosyl-(1 → 6)-*β*-D-glucopyranoside 2,4,6- 三甲氧基苯酚 -1-*O*-*β*-D- 呋喃芹糖基 -(1 → 6)-*β*-D- 吡喃葡萄糖苷 大叶龙角 Hydnocarpus annamensis

3,4,5-trimethoxyphenol-1-*O*-*β*-D-apiofuranosyl-(1 → 6)-*β*-D-glucopyranoside 3,4,5- 三甲氧基苯酚 -1-*O*-*β*-D- 呋喃芹糖基 -(1 → 6)-*β*-D- 吡喃葡萄糖苷 地果 Ficus tikoua, 光叶海桐 Pittosporum glabratum

3,4,5-trimethoxyphenol-1-*O*-*β*-D-apiosyl-(1 → 6)-*β*-D-glucopyranoside 3,4,5- 三甲氧基苯酚 -1-*O*-*β*-D- 芹糖 -(1 → 6)-*β*-D- 吡喃葡萄糖苷 竹节树 Carallia brachiata

2,4,6-trimethoxyphenol-1-*O*-*β*-D-glucopyranoside 2,4,6- 三甲氧基苯酚 -1-*O*-*β*-D- 吡喃葡萄糖苷 南蛇藤 Celastrus orbiculatus, 四裂算盘子 Glochidion ellipticum, 海南大风子 Hydnocarpus hainanensis, 五层龙 Salacia prinoides

3,4,5-trimethoxyphenol-1-*O*-*β*-D-glucopyranoside 3,4,5- 三甲氧基苯酚 -1-*O*-*β*-D- 吡喃葡萄糖苷 棒柄花 Cleidion brevipetiolatum, 地果 Ficus tikoua, 南岭柞木 Xylosma controversa

trimethoxyphenol-1-*O*-*β*-D-glucopyranoside 三甲氧基苯酚 -1-*O*-*β*-D- 吡喃葡萄糖苷 阳桃 Averrhoa carambola

3,4,5-trimethoxyphenol-1-*O*-*β*-D-xylopyranosyl-(1'' → 6')-*β*-D-glucopyranoside 3,4,5- 三甲氧基苯酚 -1-*O*-*β*-D- 吡喃木糖基 -(1'' → 6')-*β*-D- 吡喃葡萄糖苷 南岭柞木 Xylosma controversa

3,4,5-trimethoxyphenol-1-*O*-*β*-D-xylopyranosyl-(1 → 6)-*β*-D-glucopyranoside 3,4,5- 三甲氧基苯酚 -1-*O*-*β*-D- 吡喃木糖基 -(1 → 6)-*β*-D- 吡喃葡萄糖苷 毛果枳椇 Hovenia trichocarpa

3,4,5-trimethoxyphenol-*O*-*β*-D-glucopyranoside 3,4,5- 三甲氧基苯酚 -*O*-*β*-D- 吡喃葡萄糖苷 方榄 Canarium bengalense

3,4,5-trimethoxyphenol-*α*-L-rhamnopyranosyl-(1 → 6)-*β*-D-glucopyranoside 3,4,5- 三甲氧基苯酚 -*α*-L- 吡喃鼠李糖基 -(1 → 6)-*β*-D- 吡喃葡萄糖苷 南蛇藤 Celastrus orbiculatus

3,4,5-trimethoxyphenol-*β*-D-5-*O*-caffeoyl-apiofuranosyl-(1 → 6)-*β*-D-glucopyranoside 3,4,5- 三甲氧基苯酚 -*β*-D-5-*O*- 咖啡酰呋喃芹糖基 -(1 → 6)-*β*-D- 吡喃葡萄糖苷 大柄冬青 Ilex macropoda

3,4,5-trimethoxyphenol-*β*-D-apiofuranosyl-(1 → 6)-*β*-D-glucopyranoside 3,4,5- 三甲氧基苯酚 -*β*-D- 呋喃芹糖基 -(1 → 6)-*β*-D- 吡喃葡萄糖苷 白桦 Betula platyphylla, 肉桂 Cinnamomum cassia, 厚朴 Houpoëa officinalis

3,4,5-trimethoxyphenol-*β*-D-glucopyranoside 3,4,5- 三甲氧基苯酚 -*β*-D- 吡喃葡萄糖苷 灵枝草 Rhinacanthus nasutus

3,4,5-trimethoxyphenyl-(6'-*O*-galloyl)-*O*-*β*-D-glucopyranoside 3,4,5- 三甲氧基苯基 -(6'-*O*- 没食子酰基)-*O*-*β*-D- 吡喃葡萄糖苷 红背山麻杆 Alchornea trewioides, 显脉羊蹄甲 Bauhinia glauca subsp. pernervosa, 海漆 Excoecaria agallocha

1-(3,4,5-trimethoxyphenyl)-1',2'-ethanediol 1-(3,4,5- 三甲氧基苯基)-1',2'- 乙二醇 血满草 Sambucus adnata

(2*R*)-3-(3,4,5-trimethoxyphenyl)-1,2-propanediol (2*R*)-3-(3,4,5- 三甲氧基)-1,2- 丙二醇 肉豆蔻 Myristica fragrans

1-(2,4,5-trimethoxyphenyl)-1-methoxypropan-2-ol 1-(2,4,5- 三甲氧基苯基)-1- 甲氧基丙烷 -2- 醇 菖蒲 Acorus calamus

(*S*)-1-(3,4,5-trimethoxyphenyl)-2-(3-methoxy-5-(prop-1-yl)phenyl)-propan-1-ol (*S*)-1-(3,4,5- 三甲氧基苯基)-2-(3- 甲氧基 -5-(丙基 -1- 基) 苯基)- 丙烷 -1- 醇 肉豆蔻 Myristica fragrans

1-(3,4,5-trimethoxyphenyl)-2-(4-allyl-2,6-dimethoxyphenoxy)propan-1-ol 1-(3,4,5- 三甲氧基苯基)-2-(4- 烯丙基 -2,6- 二甲氧基苯氧基)-1- 丙醇 肉豆蔻 Myristica fragrans

1-(3,4,5-trimethoxyphenyl)-2-(4-allyl-2,6-dimethoxyphenoxy)propane 1-(3,4,5- 三甲氧基苯基)-2-(4- 烯丙基 -2,6- 二甲氧基苯氧基) 丙烷 肉豆蔻 Myristica fragrans

3-(3,4,5-trimethoxyphenyl)-2-propen-1-ol 3-(3,4,5- 三甲氧基苯基)-2- 丙烯 -1- 醇 柠檬 Citrus limon, 两面针 Zanthoxylum nitidum

3-(2,4,5-trimethoxyphenyl)-2-propenal 3-(2,4,5- 三甲氧基苯基)-2- 丙烯醛 菖蒲 Acorus calamus

4-(2,4,5-trimethoxyphenyl)-3-en-butylone 4-(2,4,5- 三甲氧基苯基)-3- 烯 - 丁酮 长茎金耳环 Asarum longerhizomatosum

(*Z*)-3-(2,3,4-trimethoxyphenyl)acrylic acid (*Z*)-3-(2,3,4- 三甲氧基苯基) 丙烯酸 两面针 Zanthoxylum nitidum

5-[5-(3,4,5-trimethoxy-phenyl)-hexahydro-furo[3,2-b]furan-2-yl]-benzo[1,3]dioxole 5-[5-(3,4,5- 三甲氧基苯基)- 六氢 - 呋喃 [3,2-b] 呋喃 -2- 基]- 苯并 [1,3] 二氧 豆瓣绿 Peperomia tetraphylla

1-(2,4,5-trimethoxyphenyl)-propane-1,2-dione 1-(2,4,5- 三甲氧基苯基)- 丙烷 -1,2- 二酮 菖蒲 Acorus calamus, 石菖蒲 A. gramineus

3-(3',4',5'-trimethoxyphenyl)-propanoic acid 3-(3',4',5'- 三甲氧基苯基)- 丙酸 荜拔 Piper longum

3,4,5-trimethoxyphenyl-1-*O*-[*β*-D-apiofuranosyl-(1 → 6)]-*β*-D-glucopyranoside 3,4,5- 三甲氧基苯基 -1-*O*-[*β*-D- 呋喃芹糖基 -(1 → 6)]-*β*-D- 吡喃葡萄糖苷 土茯苓 Smilax glabra

3,4,5-trimethoxyphenyl-1-*O*-glucopyranoside 3,4,5- 三甲氧基苯基 -1-*O*- 吡喃葡萄糖苷 岩木瓜 Ficus tsiangii

3,4,5-trimethoxyphenyl-1-*O*-*β*-apiofuranosyl-(1'' → 6')-*β*-D-glucopyranoside 3,4,5- 三甲氧基苯基 -1-*O*-*β*- 呋喃芹糖基 -(1'' → 6')-*β*-D- 吡喃葡萄糖苷 野生紫苏 Perilla frutescens var. purpurascens

3,4,5-trimethoxyphenyl-1-*O*-*β*-D-(5-*O*-syringoyl)-apiofuranosyl-(1 → 6)-*β*-D-glucopyranoside 3,4,5- 三甲氧基苯基 -1-*O*-*β*-D-(5-*O*- 丁香酰基)-

T

呋喃芹糖基 -(1 → 6)-β-D- 吡喃葡萄糖苷 麻辣仔藤 Erycibe obtusifolia, 光叶海桐 Pittosporum glabratum

3,4,5-trimethoxyphenyl-1-O-β-D-apiofuranosyl-(1'' → 6')-β-D-glucopyranoside 3,4,5- 三甲氧基苯基 -1-O-β-D- 呋喃芹糖基 -(1'' → 6')-β-D- 吡喃葡萄糖苷 土沉香 Aquilaria sinensis, 斯里兰卡天料木 Homalium ceylanicum

3,4,5-trimethoxyphenyl-1-O-β-D-apiofuranosyl-(1 → 6)-O-β-D-glucopyranoside 3,4,5- 三甲氧基苯基 -1-O-β-D- 呋喃芹糖基 -(1 → 6)-O-β-D- 吡喃葡萄糖苷 山矾 Symplocos sumuntia

3,4,5-trimethoxyphenyl-1-O-β-D-apiofuranosyl-(1'' → 6')-β-D-glucopyranoside 3,4,5- 三甲氧基苯基 -1-O-β-D- 呋喃芹糖基 -(1'' → 6')-β-D- 吡喃葡萄糖苷 阳桃 Averrhoa carambola

3,4,5-trimethoxyphenyl-1-O-β-D-glucopyranoside 3,4,5- 三甲氧基苯基 -1-O-β-D- 吡喃葡萄糖苷 土沉香 Aquilaria sinensis, 红茴香 Illicium henryi, 阔叶十大功劳 Mahonia bealei, 毛果杜鹃花 Rhododendron seniavinii, 土茯苓 Smilax glabra

3,4,5-trimethoxyphenyl-1-O-β-D-glucoside 3,4,5- 三甲氧基苯酚 -1-O-β-D- 葡萄糖苷 多花瓜馥木 Fissistigma polyanthum

3,4,5-trimethoxyphenyl-1-O-β-D-xylopyranosyl-(1 → 6)-β-D-glucopyranoside 3,4,5- 三甲氧基苯基 -1-O-β-D- 吡喃木糖基 -(1 → 6)-β-D- 吡喃葡萄糖苷 厚朴 Houpoëa officinalis

2-(3',4',5')-trimethoxyphenyl-2-hydroxyethyl acetate 2-(3',4',5')- 三甲氧基苯基 -2- 羟乙基乙酸酯 思茅藤 Epigynum auritum

3,4,5-trimethoxyphenyl-O-glucopyranoside 3,4,5- 三甲氧基苯基 -O- 吡喃葡萄糖苷 橄榄 Canarium album

3,4,5-trimethoxyphenyl-O-β-D-glucopyranoside 3,4,5- 三甲氧基苯基 -O-β-D- 吡喃葡萄糖苷 毛荒子梢 Campylotropis hirtella, 斯里兰卡天料木 Homalium ceylanicum

3,4,5-trimethoxyphenyl-β-D-apifuranosyl-(1'' → 6')-β-D-glucopyranoside 3,4,5- 三甲氧基苯基 -β-D- 呋喃芹糖基 -(1'' → 6')-β-D- 吡喃葡萄糖苷 垂枝桦 Betula pendula

3,4,5-trimethoxyphenyl-β-D-apiofuranosyl-(1 → 6)-β-D-glucopyranoside 3,4,5- 三甲氧基苯基 -β-D- 呋喃芹糖基 -(1 → 6)-β-D- 吡喃葡萄糖苷 岳桦 Betula ermanii, 伯乐树 Bretschneidera sinensis

3,4,5-trimethoxyphenyl-β-D-glucopyranoside 3,4,5- 三甲氧基苯基 -β-D- 吡喃葡萄糖苷 三角槭 Acer buergerianum, 木通 Akebia quinata, 显脉羊蹄甲 Bauhinia glauca subsp. pernervosa, 垂枝桦 Betula pendula, 白桦 B. platyphylla, 南蛇藤 Celastrus orbiculatus, 白大凤 Cladogynos orientalis, 柃木 Eurya japonica, 江香薷 Mosla chinensis 'jiangxiangru', 乌檀 Nauclea officinalis, 石南藤 Piper wallichii, 昆明山海棠 Tripterygium hypoglaucum

3'-trimethoxyprocyanidin E 3'- 三甲氧基原矢车菊素 E 虎杖 Reynoutria japonica

(6aR,11aR)-3,9,10-tri-methoxypterocarpane (6aR,11aR)-3,9,10- 三甲氧基紫檀烷 黄耆 Astragalus penduliflorus subsp. mongholicus var. dahuricus

3',4',7-trimethoxyquercetin 3',4',7- 三甲氧基槲皮素 蒲公英 Taraxacum mongolicum

3,5,3'-trimethoxyquercetin 3,5,3'- 三甲氧基槲皮素 黄独 Dioscorea bulbifera

3,7,4'-trimethoxyquercetin 3,7,4'- 三甲氧基槲皮素 小叶马缨丹 Lantana montevidensis, 地稔 Melastoma dodecandrum

7,3,3'-trimethoxyquercetin 7,3,3'- 三甲氧基槲皮素 龙珠果 Passiflora foetida

7,3,4'-trimethoxyquercetin 7,3,4'- 三甲氧基槲皮素 龙珠果 Passiflora foetida

7,3',4-trimethoxyquercetin 7,3',4- 三甲氧基槲皮素 日本桤木 Alnus japonica

7,3',4'-trimethoxyquercetin-3-O-α-L-rhamnopyranosyl-(1→2)-β-D-glucopyranoside 7,3',4'- 三甲氧基槲皮素 -3-O-α-L- 吡喃鼠李糖基 -(1→2)-β-D- 吡喃葡萄糖苷 臭棘豆 Oxytropis microphylla

3,6,4'-trimethoxyquercetin-7-O-β-D-lucopyranoside 3,6,4'- 三甲氧基槲皮素 -7-O-β-D- 吡喃葡萄糖苷 蔓荆 Vitex trifolia

3,4,5-trimethoxy-*trans*-cinnamic acid 3,4,5- 三甲氧基 - 反式 - 桂皮酸 羌活 Notopterygium incisum

1,2,3-trimethoxyxanthone 1,2,3- 三甲氧基咄酮 荷包山桂花 Polygala arillata, 黄花倒水莲 P. fallax

1,2,8-trimethoxyxanthone 1,2,8- 三甲氧基咄酮 川西獐牙菜 Swertia mussotii

3,7,8-trimethoxyxanthone-1-O-[β-D-xylopyranosyl-(1 → 6)]-β-D-glucopyranoside 3,7,8- 三甲氧基咄酮 -1-O-[β-D- 吡喃木糖基 -(1 → 6)]-β-D- 吡喃葡萄糖苷 湿生扁蕾 Gentianopsis paludosa

2,3,5-trimethoxyxanthone-1-O-gentiobioside 2,3,5- 三甲氧基咄酮 -1-O- 龙胆二糖苷 椭圆叶花锚 Halenia elliptica

3,7,8-trimethoxyxanthone-1-O-glucopyranoside 3,7,8- 三甲氧基咄酮 -1-O- 吡喃葡萄糖苷 山黄麻 Trema orientalis

2,3,5-trimethoxyxanthone-1-O-primeveroside 2,3,5- 三甲氧基咄酮 -1-O- 樱草糖苷 椭圆叶花锚 Halenia elliptica

2,3,7-trimethoxyxanthone-1-O-primeveroside 2,3,7- 三甲氧基咄酮 -1-O- 樱草糖苷 椭圆叶花锚 Halenia elliptica

3,7,8-trimethoxyxanthone-1-O-primeveroside 3,7,8- 三甲氧基咄酮 -1-O- 茜黄樱草糖苷 山黄麻 Trema orientalis

3,7,8-trimethoxyxanthone-1-O-β-D-glucopyranoside 3,7,8- 三甲氧基咄酮 -1-O-β-D- 吡喃葡萄糖苷 川西獐牙菜 Swertia mussotii

2,3,5-trimethoxyxanthone-1-O-β-D-glucoside 2,3,5- 三甲氧基咄酮 -1-O-β-D- 葡萄糖苷 椭圆叶花锚 Halenia elliptica

2,3,7-trimethoxyxanthone-1-O-β-D-glucoside 2,3,7- 三甲氧基咄酮 -1-O-β-D- 葡萄糖苷 椭圆叶花锚 Halenia elliptica

3,7,7-trimethul-[1S]cyclo[4,1,0]hepta-3-ene 3,7,7- 三甲基 -[1S] 环 [4,1,0] 庚 -3- 烯 挥发油成分，未统计基源

2,2,6-trimethyl bicyclo[2,2,1]heptan-3-one 2,2,6- 三甲基二环 [2,2,1]- 庚 -3- 酮 樟子松 Pinus sylvestris var. mongolica

trimethyl citrate 柠檬酸三甲酯 薯蓣 Dioscorea polystachya, 酸藤子 Embelia laeta

tri-methyl gallate 三聚没食子酸甲酯 红叶 Cotinus coggygria var. cinerea

trimethyl tetrahydronaphthalene 三甲基四氢萘 挥发油成分，未统计基源

2,6,6-trimethyl-[3,1,0]bicyclo-2-heptene 2,6,6- 三甲基 -[3,1,0] 二环 -2- 庚烯 挥发油成分，未统计基源

3,4,5-trimethyl-1,2-benzenediol 3,4,5- 三甲基 -1,2- 苯二醇 海莲 Bruguiera sexangula

3,7,11-trimethyl-1,3,6,10-dodecatetraene 3,7,11- 三甲基 -1,3,6,10- 十二碳四烯 挥发油成分，未统计基源

2,6,6-trimethyl-1,4-cyclohexadien-1-carboxaldehyde 2,6,6- 三甲基 -1,4- 环己二烯 -1- 醛 挥发油成分，未统计基源

3,3,6-trimethyl-1,4-heptadien-6-ol 3,3,6- 三甲基 -1,4- 庚二烯 -6- 醇 挥发油成分，未统计基源

T

2,3,3-trimethyl-1,4-pentadiene 2,3,3- 三甲基 -1,4- 戊二烯 挥发油成分，未统计基源
3,3,6-trimethyl-1,5-heptadien-4-ol 3,3,6- 三甲基 -1,5- 庚二烯 -4- 醇 挥发油成分，未统计基源
3,3,6-trimethyl-1,5-heptadien-4-one 3,3,6- 三甲基 -1,5- 庚二烯 -4- 酮 挥发油成分，未统计基源
(*E*)-3,7,11-trimethyl-1,6,10-dodecatrien-3-ol (*E*)-3,7,11- 三甲基 -1,6,10- 十二碳三烯 -3- 醇 挥发油成分，未统计基源
(*S*)-(*Z*)-3,7,11-trimethyl-1,6,10-dodecatrien-3-ol (*S*)-(*Z*)-3,7,11- 三甲基 -1,6,10- 十二碳三烯 -3- 醇 挥发油成分，未统计基源
3,7,11-trimethyl-1,6,10-dodecatrien-3-ol 3,7,11- 三甲基 -1,6,10- 十二碳三烯 -3- 醇 挥发油成分，未统计基源
3,7-trimethyl-1,6,10-dodecatrien-3-ol 3,7- 三甲基 -1,6,10- 十二碳三烯 -3- 醇 挥发油成分，未统计基源
2,6,6-trimethyl-1-cyclohexen-1-ethanol 2,6,6- 三甲基 -1- 环己烯 -1- 乙醇 挥发油成分，未统计基源
4-(2,6,6-trimethyl-1-cyclohexen-1-yl)-(*E*)-3-buten-2-one 4-(2,6,6- 三甲基 -1- 环己烯 -1- 基)-(*E*)-3- 丁烯 -2- 酮 挥发油成分，未统计基源
4-(2,6,6-trimethyl-1-cyclohexen-1-yl)-3-buten-2-one 4-(2,6,6- 三甲基 -1- 环己烯 -1- 基)-3- 丁烯 -2- 酮 挥发油成分，未统计基源
2,6,6-trimethyl-1-cyclohexene 2,6,6- 三甲基 -1- 环己烯 挥发油成分，未统计基源
2,6,6-trimethyl-1-cyclohexene-1-carboxaldehyde 2,6,6- 三甲基 -1- 环己烯 -1- 羧醛 挥发油成分，未统计基源
2,6,6-trimethyl-1-cyclohexene-1-carboxylic acid methyl ester 2,6,6- 三甲基 -1- 环己烯 -1- 羧酸甲酯 挥发油成分，未统计基源
2,3,3-trimethyl-1-hexene 2,3,3- 三甲基 -1- 己烯 杉木 Cunninghamia lanceolata
(*E*)-trimethyl-1-hydroxy-3-[3-(4-hydroxy-3-methoxyphenyl) acryloyloxy]pentane-1,3,5-tricarboxylate (*E*)- 三甲基 -1- 羟基 -3-[3-(4- 羟基 -3- 甲氧基苯基) 丙烯酰氧基] 戊烷 -1,3,5- 三羧酸酯 鸡矢藤 Paederia foetida
2,4,6-trimethyl-1-nonene 2,4,6- 三甲基 -1- 壬烯 挥发油成分，未统计基源
5,6,7,-trimethyl-2(4*H*)-benzofuranone 5,6,7- 三甲基 -2(4*H*)- 苯并呋喃酮 挥发油成分，未统计基源
2,4,7-trimethyl-2,4,6,8-tetraene-dialdehyde 2,4,7- 三甲基 -2,4,6,8- 四烯二醛 酸叶胶藤 Urceola rosea
3,7,11-trimethyl-2,6,10-dodecatrien-1-ol 3,7,11- 三甲基 -2,6,10- 十二碳三烯 -1- 醇 挥发油成分，未统计基源
3,7,11-trimethyl-2,6,10-dodecatrienal 3,7,11- 三甲基 -2,6,10- 十二碳三烯 挥发油成分，未统计基源
3,7,11-trimethyl-2,6,10-dodecatrienoic acid 3,7,11- 三甲基 -2,6,10- 十二碳三烯酸 糙叶五加 Eleutherococcus henryi
3,7,11-trimethyl-2,6,10-dodecen-1-ol 3,7,11- 三甲基 -2,6,10- 十二烯 -1- 醇 里海阿魏 Ferula caspica
(*trans,trans,trans*)-2,6,10-trimethyl-2,6,9,11-dodecatetraen-1-al (反式 , 反式 , 反式)-2,6,10- 三甲基 -2,6,9,11- 十二碳四烯 -1- 醛 椪柑 Citrus reticulata 'Ponkan'
2,6,6-trimethyl-2-cyclohexen-1,4-dione 2,6,6- 三甲基 -2- 环己烯 -1,4- 二酮 挥发油成分，未统计基源
4-(2,6,6-trimethyl-2-cyclohexen-1-yl)-2-butanone 4-(2,6,6- 三甲基 -2- 环己烯 -1- 基)-2- 丁酮 挥发油成分，未统计基源
6,10,14-trimethyl-2-methylenepentadecanal 6,10,14- 三甲基 -2- 亚甲基十五醛 番杏 Tetragonia tetragonoides
endo-1,3,3-trimethyl-2-norbornanol acetate 内向 -1,3,3- 三甲基 -2- 降龙脑醇乙酸酯 挥发油成分，未统计基源
[1*S*-(1*α*,4*α*,6*α*)]-1,3,3-trimethyl-2-oxabicyclo[2.2.2]oct-6-yl-*O*-*β*-D-glucopyranosyl-(1→6)-*β*-D-glucopyranoside [1*S*-(1*α*,4*α*,6*α*)]-1,3,3- 三甲基 -2- 氧杂双环 [2.2.2] 辛 -6- 基 *O*-*β*-D- 吡喃葡萄糖基 -(1 → 6)-*β*-D- 吡喃葡萄糖苷 康藏荆芥 Nepeta prattii
6,10,14-trimethyl-2-pentadecanone 6,10,14- 三甲基 -2- 十五酮 挥发油成分，未统计基源
2,3,4-trimethyl-2-pentene 2,3,4- 三甲基 -2- 戊烯 挥发油成分，未统计基源
(3*S*,6*R*,7*R*)-3,7,11-trimethyl-3,6-epoxy-1,10-dodecadien-7-ol (3*S*,6*R*,7*R*)-3,7,11- 三甲基 -3,6- 环氧 -1,10- 十二碳二烯 -7- 醇 降香 Dalbergia odorifera
(3*S*,6*S*,7*R*)-3,7,11-trimethyl-3,6-epoxy-1,10-dodecadien-7-ol (3*S*,6*S*,7*R*)-3,7,11- 三甲基 -3,6- 环氧 -1,10- 十二碳二烯 -7- 醇 降香 Dalbergia odorifera
3,4,5-trimethyl-3-cyclohexen-1-carboxaldehyde 3,4,5- 三甲基 -3- 环己烯 -1- 甲醛 雪松 Cedrus deodara
3,5,5-trimethyl-3-cyclohexen-1-one 3,5,5- 三甲基 -3- 环己烯 -1- 酮 挥发油成分，未统计基源
α,*α*,4-trimethyl-3-cyclohexene-1-methanol *α*,*α*,4- 三甲基 -3- 环己烯 -1- 甲醇 挥发油成分，未统计基源
2,2,3-trimethyl-3-cyclopentene-1-acetaldehyde 2,2,3- 三甲基 -3- 环戊烯 -1- 乙醛 樟子松 Pinus sylvestris var. mongolica
2,4,4-trimethyl-3-formyl-6-hydroxy-2,5-cyclohexadien-1-one 2,4,4- 三甲基 -3- 甲酰基 -6- 羟基 -2,5- 环己二烯 -1- 酮 西伯利亚远志 Polygala sibirica
1,5,5-trimethyl-3-methylenecyclohexene 1,5,5- 三甲基 -3- 亚甲基环己烯 挥发油成分，未统计基源
7,11,15-trimethyl-3-methylidenehexadecane-1,2-diol 7,11,15- 三甲基 -3- 亚甲基十六烷 -1,2- 二醇 柚木 Tectona grandis
7,11,15-trimethyl-3-methylidene-hexadecane-1,2-diol 7,11,15- 三甲基 -3- 异亚丙基 - 十六烷 -1,2- 二醇 佩兰 Eupatorium fortunei
4,4,14-trimethyl-3-oxo-24-nor-5*α*,13*α*,14*β*,17*α*-chol-7-en-23-oic acid 4,4,14- 三甲基 -3- 氧代 -24- 降 -5*α*,13*α*,14*β*,17*α*- 胆甾 -7- 烯 -23- 酸 臭椿 Ailanthus altissima
3,5,5-trimethyl-4-(2-*β*-D-glucopyranosyloxy)-ethyl-cyclohexa-2-en-1-one 3,5,5- 三甲基 -4-(2-*β*-D- 吡喃葡萄糖氧基)- 乙基 - 环己 -2- 烯 -1- 酮 蓝花参 Wahlenbergia marginata
1*α*,6,16-trimethyl-4,7,8,9,14*α*-pentahyroxyl-*N*-actylaconitane 1*α*,6,16- 三甲基 -4,7,8,9,14*α*- 五羟基 -*N*- 乙酰乌头烷 紫花高乌头 Aconitum septentrionale
5,9,13-trimethyl-4,8,12-tetradecatrienal 5,9,13- 三甲基 -4,8,12- 十四碳三烯醛 挥发油成分，未统计基源
(+)-3,5,5-trimethyl-4-[(2*E*)-1-oxo-2-butenyl]-2-cyclohexen-1-one (+)-3,5,5- 三甲基 -4-[(2*E*)-1- 氧代 -2- 丁烯基]-2- 环己烯 -1- 酮 厚皮香 Ternstroemia gymnanthera
1,5,5-trimethyl-4-ethenyl-cyclopentene 1,5,5- 三甲基 -4- 乙烯基 - 环戊烯 挥发油成分，未统计基源
2,6,6-trimethyl-4-hydroxy-1-cyclo-hexene-1-carboxaldehyde 2,6,6- 三甲基 -4- 羟基 -1- 环己烯 -1- 醛 蒲公英 Taraxacum mongolicum
3,4,8*α*-trimethyl-4*α*,7,8,8*α*-tetrahydro-4*α*-naphtho[2,3-*β*]furan-9-one 3,4,8*α*- 三甲基 -4*α*,7,8,8*α*- 四氢 -4*α*- 萘 [2,3-*β*] 呋喃 -9- 酮 银线草 Chloranthus japonicus

T

(*S*)-4,6,9-trimethyl-5,6,7,8-tetrahydrophenanthrene-1,2-diol (*S*)-4,6,9- 三甲基 -5,6,7,8- 四氢菲 -1,2- 二醇 宽叶金粟兰 Chloranthus henryi
(*E*,*E*)-6,10,14-trimethyl-5,9,13-pentadecatrie-2-one (*E*,*E*)-6,10,14- 三甲基 -5,9,13- 十五烷三烯 -2- 酮 挥发油成分，未统计基源
(*E*,*E*)-6,10,14-trimethyl-5,9,13-pentadecatrien-2-one (*E*,*E*)-6,10,14- 三甲基 -5,9,13- 十五碳三烯 -2- 酮 挥发油成分，未统计基源
(24*R*)-4*α*,14*α*,24-trimethyl-5*α*-cholesta-8,25(27)-dien-3*β*-ol (24*R*)-4*α*,14*α*,24- 三甲基 -5*α*- 胆甾 -8,25(27)- 二烯 -3*β*- 醇 大蕉 Musa × paradisiaca
3,7,11-trimethyl-6,10-dodecadien-1-yn-3-ol 3,7,11- 三甲基 -6,10- 十二碳二烯 -1- 炔 -3- 醇 挥发油成分，未统计基源
γ,3,5-trimethyl-6-benzofuranbutanal *γ*,3,5- 三甲基 -6- 苯并呋喃丁醛 大叶橐吾 Ligularia macrophylla
2',2',3-trimethyl-6-hydroxypyranocarbazole 2',2',3- 三甲基 -6- 羟基吡喃咔唑 调料九里香 Murraya koenigii
2',2',3-trimethyl-6-methoxypyranocarbazole 2',2',3- 三甲基 -6- 甲氧基吡喃咔唑 调料九里香 Murraya koenigii
(6*R*,9*S*)-4,11,11-trimethyl-8-methylene-1,4-cycloundecadien-6,9-diol (6*R*,9*S*)-4,11,11- 三甲基 -8- 亚甲基 -1,4- 环十一碳二烯 -6,9- 二醇 垂枝桦 Betula pendula
4,11,11-trimethyl-8-methylene-bicyclo[7,2,0]undec-4-ene 4,11,11- 三甲基 -8- 亚甲基二环 [7,2,0] 十一烷 -4- 烯 挥发油成分，未统计基源
11,11-trimethyl-8-methylenebicyclo[7.2.0]undec-4-ene 4,4,11,11- 三甲基 -8- 亚甲基 - 二环 [7.2.0] 十一 -4- 烯 挥发油成分，未统计基源
4,11,11-trimethyl-8-methylene-bicyclo[7.2.0]undec-4-ene 4,11,11- 三甲基 -8- 亚甲基 - 二环 [7.2.0]- 十一 -4- 烯 挥发油成分，未统计基源
1*R*-(1*R**,4*Z*,9*S**)]-4,11,11-trimethyl-8-methylene-bicyclo[7.2.0]-undec-4-ene [1*R*-(1*R**,4*Z*,9*S**)]-4,11,11- 三甲基 -8- 亚甲基 - 二环 [7.2.0]-4- 十一烯 挥发油成分，未统计基源
1*R*-(1*R**,4*Z*,9*S**)-4,11,11-trimethyl-8-methylene-bicyclo[7.2.0]-undec-4-ene 1*R*-(1*R**,4*Z*,9*S**)-4,11,11- 三甲基 -8- 亚甲基 - 二环 [7.2.0]-4- 十一烯 挥发油成分，未统计基源
(1*R*,4*R*,6*R*,10*S*)-4,12,12-trimethyl-9-methylene-5-oxatricyclo[8.2.0.0(4,6)]-dodecane (1*R*,4*R*,6*R*,10*S*)-4,12,12- 三甲基 -9- 亚甲基 -5- 氧杂三环 [8.2.0.0(4,6)]- 十二烷 姜味草 Micromeria biflora
1,3,5-trimethyladamantane 1,3,5- 三甲基金刚烷 挥发油成分，未统计基源
trimethylamine 三甲胺 蜈蚣藻 Grateloupia filicina
2-trimethylammonio-3-(3-indolyl)propionate 2- 三甲基胺基 -3-(3- 吲哚基) 丙酸酯 多根硬皮马勃 Scleroderma polyrhizum
2,3,4-trimethylbenzaldehyde 2,3,4- 三甲基苯甲醛 挥发油成分，未统计基源
2,3,6-trimethylbenzaldehyde 2,3,6- 三甲基苯甲醛 挥发油成分，未统计基源
2,4,5-trimethylbenzaldehyde 2,4,5- 三甲基苯甲醛 挥发油成分，未统计基源
1,2,4-trimethylbenzene 1,2,4- 三甲基苯 挥发油成分，未统计基源
1,3,5-trimethylbenzene 1,3,5- 三甲基苯 挥发油成分，未统计基源
α,*α*,4-trimethylbenzyl alcohol *α*,*α*,4- 三甲基苯乙醇 挥发油成分，未统计基源
3,7,7-trimethylbicyclic[4,1,0]hexa-2-alkene 3,7,7- 三甲基二环 [4,1,0] 已 -2- 烯 挥发油成分，未统计基源
1,7,7-trimethyl-bicyclo[2,2,1]-2,3-hexanedione 1,7,7- 三甲基二环 [2,2,1] 已烷 -2,3- 二酮 挥发油成分，未统计基源
(1*R*,2*S*,4*R*)-1,7,7-trimethylbicyclo[2.2.1]-hept-2-(6-*O*-*β*-D-apiofuranosyl-*β*-D-glucopyranoside) (1*R*,2*S*,4*R*)-1,7,7- 三甲基双环 [2.2.1]- 庚烷 -2-(6-*O*-*β*-D- 呋喃芹糖基 -*β*-D- 吡喃葡萄糖苷) 小金梅草 Hypoxis aurea
1,7,7-trimethyl-bicyclo[2.2.1]hept-2-ene 1,7,7- 三甲基 - 二环 [2,2,1]-2- 庚烯 挥发油成分，未统计基源
1,7,7-trimethylbicyclo[2.2.1]hept-2-yl acetate 1,7,7- 三甲基二环 [2,2,1]- 庚 -2 基乙酸酯 樟子松 Pinus sylvestris var. mongolica
1,7,7-trimethylbicyclo[2.2.1]hept-5-en-2-one 1,7,7- 三甲基双环 [2.2.1] 庚 -5- 烯 -2- 酮 云南松 Pinus yunnanensis
1*S*-2,6,6-trimethylbicyclo[3,1,1]-2-heptene 1*S*-2,6,6- 三甲基二环 [3,1,1]-2- 庚烯 挥发油成分，未统计基源
2,6,6-trimethyl-bicyclo[3,1,1]hept-2-ene 2,6,6- 三甲基 - 双环 [3,1,1] 庚 -2- 烯 挥发油成分，未统计基源
(1*S*)-4,6,6-trimethyl-bicyclo[3,1,1]hept-3-en-2-one (1*S*)-4,6,6- 三甲基二环 -[3,1,1] 庚 -3- 烯 -2- 酮 樟子松 Pinus sylvestris var. mongolica
2,6,6-trimethyl-bicyclo[3.1.1]hept-2-en-4-ol acetate 2,6,6- 三甲基 - 双环 [3.1.1] 庚 -2- 烯 -4- 醇乙酸酯 挥发油成分，未统计基源
(1*α*,2*β*,5*α*)-2,6,6-trimethyl-bicyclo[3.1.1]heptane (1*α*,2*β*,5*α*)-2,6,6- 三甲基二环 [3.1.1] 庚烷 调羹树 Heliciopsis lobata
3,7,7-trimethylbicyclo[4.1.0]hepta-2-ene 3,7,7- 三甲基二环 [4.1.0] 庚 -2- 烯 清香木 Pistacia weinmanniifolia
3,7,7-trimethylbicyclo[4.1.0]hepta-3-ene 3,7,7- 三甲基二环 [4.1.0] 庚 -3- 烯 挥发油成分，未统计基源
trimethylcitryl-*β*-D-galactopyranoside 柠檬酸三甲酯 -*β*-D- 半乳糖苷 天麻 Gastrodia elata
3,5,5-trimethyl-cyclohex-1,4-dione 3,5,5- 三甲基 -2- 环己烯 -1,4- 二酮 紫苞雪莲 Saussurea iodostegia
(1*R*)-3,5,5-trimethylcyclohex-3-enol-*O*-*β*-D-glucopyranoside (1*R*)-3,5,5- 三甲基环己 -3- 烯醇 -*O*-*β*-D- 吡喃葡萄糖苷 挥发油成分，未统计基源
(7*S*)-6-(hydroxymethyl)-1,1,5-trimethylcyclohex-3-enone (7*S*)-6- 羟甲基 -1,1,5- 三甲基环己 -3- 烯酮 栀子 Gardenia jasminoides
cis-3,3,5-trimethyl-cyclohexanol-acetate 顺式 -3,3,5- 三甲基 - 环己醇乙酸酯 挥发油成分，未统计基源
2,2,3-trimethylcyclopent-3-enylacetaldehyde 2,2,3- 三甲基环戊 -3- 烯基乙醛 云南松 Pinus yunnanensis
2,4,6-trimethyldecane 2,4,6- 三甲基癸烷 挥发油成分，未统计基源
3,7,11-trimethyldodeca-1,6,9-triene-3,11-diol 3,7,11- 三甲基十二烷 -1,6,9- 三烯 -3,11- 二醇 地埂鼠尾草 Salvia scapiformis
trans-3,7,11-trimethyldodeca-1,7,10-trien-3-ol-9-one 反式 -3,7,11- 三甲基十二烷 -1,7,10- 三烯 -3- 醇 -9- 酮 挥发油成分，未统计基源
cis-3,7,11-trimethyldodeca-1,7,10-trien-3-ol-9-one 顺式 -3,7,11- 三甲基十二烷 -1,7,10- 三烯 -3- 羟基 -9- 酮 挥发油成分，未统计基源
2,6,10-trimethyldodecane 2,6,10- 三甲基十二烷 挥发油成分，未统计基源
2,6,11-trimethyldodecane 2,6,11- 三甲基十二烷 挥发油成分，未统计基源
2,7,8-trimethylellagic acid 2,7,8- 三甲基鞣花酸 对叶大戟 Euphorbia sororia, 月见草 Oenothera biennis
4,5,4'-trimethylellagic acid 4,5,4'- 三甲基鞣花酸 白背叶 Mallotus apelta
trimethylgallic acid diphyllin ester 三甲基没食子酸山荷叶素酯 方枝守宫木 Sauropus quadrangularis

T

trimethylglycine 三甲基甘氨酸 三点金 Desmodium triflorum
2,5,5-trimethyl-heptadiene 2,5,5- 三甲基庚二烯 挥发油成分，未统计基源
1,5,15-trimethylmorindol 1,5,15- 三甲基巴戟酚▲ 海滨木巴戟 Morinda citrifolia
3,7,4'-trimethylmyricetin 3,7,4'- 三甲氧基杨梅素 毛酸浆 Physalis philadelphica
1,4,5-trimethylnaphthalene 1,4,5- 三甲基萘 挥发油成分，未统计基源
1,4,6-trimethylnaphthalene 1,4,6- 三甲基萘 挥发油成分，未统计基源
1,6,7-trimethylnaphthalene 1,6,7- 三甲基萘 挥发油成分，未统计基源
2,3,6-trimethylnaphthalene 2,3,6- 三甲基萘 挥发油成分，未统计基源
2,4,6-trimethylnaphthalene 2,4,6- 三甲基萘 挥发油成分，未统计基源
trimethylnaphthalene 三甲萘 挥发油成分，未统计基源
2,2,5-trimethyl-naphtho[1,8-de]-1,3-dioxin-6-ol 2,2,5- 三甲基萘并 [1,8-de]-1,3- 二口恶英 -6- 醇 小蓝雪花 Ceratostigma minus
2,2,4-trimethyloctan-3-one 2,2,4- 三甲基辛烷 -3- 酮 繁缕 Stellaria media
2,4,6-trimethyl-octane 2,4,6- 三甲基辛烷 挥发油成分，未统计基源
2,5,6-trimethyl-octane 2,5,6- 三甲基 - 辛烷 肉苁蓉 Cistanche deserticola
6,10,14-trimethylpentadecan-2-one 6,10,14- 三甲基十五烷 -2- 酮 挥发油成分，未统计基源
6,10,14-trimethylpentadecanone 6,10,14- 三甲基十五酮 挥发油成分，未统计基源
2,4,5-trimethylphenol 2,4,5- 三甲基苯酚 杉木 Cunninghamia lanceolata
1-(2,4,6-trimethylphenyl)buta-1,3-diene 1-(2,4,6- 三甲基苯基) 丁 -1,3- 二烯 挥发油成分，未统计基源
1-(2,4,6-trimethylphenyl)-buta-1,3-diene 1-(2,4,6- 三甲基苯基)-1,3- 丁二烯 挥发油成分，未统计基源
1,2,6-trimethylpiperidine 1,2,6- 三甲基哌啶 小蓬 Nanophyton erinaceum
3,6,9-trimethyl-pyrano[2,3,4-de]chromen-2-one 3,6,9- 三甲基吡喃并 [2,3,4-de] 色原烯 -2- 酮 山芝麻 Helicteres angustifolia
3,6,7-trimethylquercetagetin 3,6,7- 三甲基槲皮万寿菊素 蔓荆 Vitex trifolia
3,3',7-trimethylquercetin 3,3',7- 三甲基槲皮素 杜香 Ledum palustre
3,7,3'-trimethylquercetin 3,7,3'- 甲基槲皮素 毛酸浆 Physalis philadelphica
4',5,7-trimethylquercetin 4',5,7- 三甲基槲皮素 滑叶山姜 Alpinia tonkinensis
7,3',4'-trimethylquercetin 7,3',4'- 三甲基槲皮素 毛酸浆 Physalis philadelphica, 槲寄生 Viscum coloratum
1,5,7-trimethyltetralin 1,5,7- 三甲基四氢萘 挥发油成分，未统计基源
2,3,4-trimethyltriacontane 2,3,4- 三甲基三十烷 水茄 Solanum torvum
1,7,7-trimethyl-tricyclo [2.2.1.0 (2,6)]heptane 1,7,7- 三甲基 - 三环 [2.2.1.0(2,6)] 庚烷 挥发油成分，未统计基源
1,3,3-trimethyl-tricyclo[2.2.1.0(2,6)]heptane 1,3,3- 三甲基三环 [2.2.1.0(2,6)] 庚烷 挥发油成分，未统计基源
2,10,10-trimethyltricyclo[7.1.1.0(2,7)]undec-7-en-one 2,10,10- 三甲基三环 [7.1.1.0(2,7)]-7- 烯 -6- 酮 雪松 Cedrus deodara
α,*α*,*α*'-trimethyltrimethylene glycol *α*,*α*,*α*'- 三甲基三亚甲基乙二醇 离舌橐吾 Ligularia veitchiana
1,3,7-trimethylxanthine 1,3,7- 三甲基黄嘌呤 仙茅 Curculigo orchioides
trimetlylamine oxide 三甲胺氧化物 蜈蚣藻 Grateloupia filicina
trimyristin 甘油三肉豆蔻酸酯 风吹楠 Horsfieldia glabra, 台湾肉豆蔻 Myristica cagayanensis
25,26,27-trinor-3*β*,24-dihydroxycycloartane 25,26,27- 三降 -3*β*,24- 二羟基环木菠萝烷 毛葡萄 Vitis heyneana
25,26,27-trinorcucurbit-5-ene-3,7,23-trione 25,26,27- 三降葫芦 -5- 烯 -3,7,23- 三酮 苦瓜 Momordica charantia
4*S*,5*R*-trinoreremophil-9-en-8-one 4*S*,5*R*- 三降荒漠木 -9- 烯 -8- 酮 膜苞垂头菊 Cremanthodium stenactinium
7-trinoreudesma-4(15),8-dien-1*β*-ol-7-one 7- 三降桉叶 -4(15),8- 二烯 -1*β*- 醇 -7- 酮 柠条锦鸡儿 Caragana korshinskii
11,12,13-trinorguai-6-en-4*β*,10*β*-diol 11,12,13- 三降愈创木 -6- 烯 -4*β*,10*β*- 二醇 白鲜 Dictamnus dasycarpus, 豨莶 Sigesbeckia orientalis
trinorhopan-21-one 三降何帕 -21- 酮 日本水龙骨 Polypodiodes niponica
14,15,16-trinorlabda-8,11-(*E*)-dien-13-carboxylic acid 14,15,16- 三降半日花 -8,11-(*E*)- 二烯 -13- 羧酸 毛姜花 Hedychium villosum
14,15,16-trinorlabda-9(17),11-(*E*)-dien-13-al 14,15,16- 三降半日花 -9(17),11-(*E*) 二烯 -13- 醛 姜花 Hedychium coronarium
1,2,3-tri-*O*-(2*E*)-undecenoic acid glycerol ester 1,2,3- 三 -*O*-(2*E*- 十一烯酸)- 甘油酯 羊角天麻 Dobinea delavayi
3-[2,4,6-tri-*O*-acetyl-3-*O*-(2,3,4-tri-*O*-acetyl-*β*-D-xylopyranosyl)-*β*-D-galactopyranosyloxy]-lup-12-en-28-oic acid-(2,3,4-tri-*O*-acetyl)-*α*-L-rhamnopyranosyl ester 3-[2,4,6- 三 -*O*- 乙酰基 -3-*O*-(2,3,4- 三 -*O*- 乙酰基 -*β*-D- 吡喃木糖基)-*β*-D- 吡喃半乳糖氧基]- 羽扇豆 -12- 烯 -28- 酸 -(2,3,4- 三 -*O*- 乙酰基)-*α*-L- 吡喃鼠李糖基酯苷 红花 Carthamus tinctorius
2',3',6'-tri-*O*-acetyl-4'-*O*-*trans*-*p*-(*O*-*β*-D-glucopyranosyl)coumaroyl-7-ketologanin 2',3',6'- 三 -*O*- 乙酰基 -4'-*O*- 反式 -*p*-(*O*-*β*-D- 吡喃葡萄糖基) 香豆酰基 -7- 氧代马钱苷 华南龙胆 Gentiana loureiroi
3,7,12-tri-*O*-acetyl-8-isovaleryl-ingol 3,7,12- 三 -*O*- 乙酰基 -8- 异戊酰巨大戟醇▲ 绿玉树 Euphorbia tirucalli
2',3',6'-tri-*O*-acetylhenryoside 2',3',6'- 三 -*O*- 乙酰巴东荚蒾苷▲ 水红木 Viburnum cylindricum
3,15,28-tri-*O*-acetylisoracemosol A 3,15,28- 三 -*O*- 乙酰异玉蕊醇▲A 玉蕊 Barringtonia racemosa
1,3,5-tri-*O*-caffeoylquinic acid 1,3,5- 三 -*O*- 咖啡酰奎宁酸 魁蒿 Artemisia princeps
3,4,5-tri-*O*-caffeoylquinic acid 3,4,5- 三 -*O*- 咖啡酰奎宁酸 魁蒿 Artemisia princeps, 阔苞菊 Pluchea indica, 山牡荆 Vitex quinata
3,4,5-tri-*O*-caffeoylquinic acid methyl ester 3,4,5- 三 -*O*- 咖啡酰奎宁酸甲酯 金钟藤 Merremia boisiana, 阴行草 Siphonostegia chinensis
trioctadecenoin 十八碳三烯酸甘油三酯 麻疯树 Jatropha curcas
2,4,6-tri-*O*-galloyl-1,5-anhydro-D-glucitol 2,4,6- 三 -*O*- 没食子酰基 -1,5- 酐 -D- 山梨糖醇 茶条槭 Acer tataricum subsp. ginnala
β-1,2,3-tri-*O*-galloyl-4,6-(*S*)-hexahydroxydiphenoyl-D-glucose *β*-1,2,3- 三 -*O*- 没食子酰基 -4,6-(*S*)- 六羟基二苯酰基 -D- 葡萄糖 穗状狐尾藻 Myriophyllum spicatum

T

3,4,11-tri-*O*-galloylbergenin 3,4,11- 三 -*O*- 没食子酰岩白菜素 野梧桐 Mallotus japonicus
1,2,3-tri-*O*-galloyl-D-glucopyranose 1,2,3- 三 -*O*- 没食子酰基 -D- 吡喃葡萄糖 匍匐大戟 Euphorbia prostrata
2,4,6-tri-*O*-galloyl-D-glucose 2,4,6- 三 -*O*- 没食子酰基 -D- 葡萄糖 地锦 Euphorbia humifusa
3,4,6-tri-*O*-galloyl-D-glucose 3,4,6- 三 -*O*- 没食子酰基 -D- 葡萄糖 山茱萸 Cornus officinalis
1,3,6-tri-*O*-galloy-l-D-glucose 1,3,6- 三 -*O*- 没食子酰基 -l-D- 葡萄糖 银叶诃子 Terminalia argyrophylla, 毗黎勒 T. bellirica
1,2,6-tri-*O*-galloylglucose 1,2,6- 三 -*O*- 没食子酰葡萄糖 柳叶菜 Epilobium hirsutum, 血桐 Macaranga tanarius var. tomentosa
2,4,6-tri-*O*-galloylglucose 2,4,6- 三 -*O*- 没食子酰葡萄糖 血桐 Macaranga tanarius var. tomentosa
3,4,6-tri-*O*-galloyl-*α*/*β*-D-glucose 3,4,6- 三 -*O*- 没食子酰基 -*α*/*β*- 葡萄糖 泡核桃 Juglans sigillata
1,2,6-tri-*O*-galloyl-*α*-D-glucose 1,2,6- 三 -*O*- 没食子酰基 -*α*-D- 葡萄糖 胡桃 Juglans regia
1,2,6-tri-*O*-galloyl-*β*-D-allopyranose 1,2,6- 三 -*O*- 没食子酰基 -*β*-D- 吡喃阿洛糖 紫锦木 Euphorbia cotinifolia subsp. cotinoides, 狼毒大戟 E. fischeriana
1,3,6-tri-*O*-galloyl-*β*-D-allopyranose 1,3,6- 三 -*O*- 没食子酰基 -*β*-D- 吡喃阿洛糖 狼毒大戟 Euphorbia fischeriana
1,2,3-tri-*O*-galloyl-*β*-D-glucopyranose 1,2,3- 三 -*O*- 没食子酰基 -*β*-D- 吡喃葡萄糖 千根草 Euphorbia thymifolia, 芍药 Paeonia lactiflora, 香椿 Toona sinensis
1,2,6-tri-*O*-galloyl-*β*-D-glucopyranose 1,2,6- 三 -*O*- 没食子酰基 -*β*-D- 吡喃葡萄糖 红冬蛇菰 Balanophora harlandii, 疏花蛇菰 B. laxiflora, 多蕊蛇菰 B. polyandra, 山茱萸 Cornus officinalis, 芍药 Paeonia lactiflora, 唐古特大黄 Rheum tanguticum
1,3,4-tri-*O*-galloyl-*β*-D-glucopyranose 1,3,4- 三 -*O*- 没食子酰基 -*β*-D- 吡喃葡萄糖 红冬蛇菰 Balanophora harlandii, 多蕊蛇菰 B. polyandra
1,3,6-tri-*O*-galloyl-*β*-D-glucopyranose 1,3,6- 三 -*O*- 没食子酰基 -*β*-D- 吡喃葡萄糖 泽漆 Euphorbia helioscopia, 斑地锦 E. maculata, 芍药 Paeonia lactiflora, 黑蕊虎耳草 Saxifraga melanocentra, 诃子 Terminalia chebula
1,4,6-tri-*O*-galloyl-*β*-D-glucopyranose 1,4,6- 三 -*O*- 没食子酰基 -*β*-D- 吡喃葡萄糖 紫地榆 Geranium strictipes
3,4,6-tri-*O*-galloyl-*β*-D-glucopyranose 3,4,6- 三 -*O*- 没食子酰基 -*β*-D- 吡喃葡萄糖 狼毒大戟 Euphorbia fischeriana, 斑地锦 E. maculata
1,2,6-tri-*O*-galloyl-*β*-D-glucopyranoside 1,2,6- 三 -*O*- 没食子酰基 -*β*-D- 吡喃葡萄糖苷 白蔹 Ampelopsis japonica, 石榴 Punica granatum
tri-*O*-galloyl-*β*-D-glucopyranoside 三 -*O*- 没食子酰基 -*β*-D- 吡喃葡萄糖苷 月季 Rosa chinensis
1,2,3-tri-*O*-galloyl-*β*-D-glucose 1,2,3- 三 -*O*- 没食子酰基 -*β*-D- 葡萄糖 苦槠 Castanopsis sclerophylla, 山茱萸 Cornus officinalis, 大狼毒 Euphorbia jolkinii, 草芍药 Paeonia obovata, 大车前 Plantago major, 乌冈栎 Quercus phillyraeoides, 丁香 Syzygium aromaticum
1,2,6-tri-*O*-galloyl-*β*-D-glucose 1,2,6- 三 -*O*- 没食子酰基 -*β*-D- 葡萄糖 普洱茶 Camellia sinensis var. assamica, 喜树 Camptotheca acuminata, 山茱萸 Cornus officinalis, 地锦 Euphorbia humifusa, 泡核桃 Juglans sigillata, 槲栎 Quercus aliena
1,3,6-tri-*O*-galloyl-*β*-D-glucose 1,3,6- 三 -*O*- 没食子酰基 -*β*-D- 葡萄糖 泡核桃 Juglans sigillata
1,4,6-tri-*O*-galloyl-*β*-D-glucose 1,4,6- 三 -*O*- 没食子酰基 -*β*-D- 葡萄糖 展毛野牡丹 Melastoma normale
2,4,6-tri-*O*-galloyl-*β*-D-glucose 2,4,6- 三 -*O*- 没食子酰基 -*β*-D- 葡萄糖 飞扬草 Euphorbia hirta
3,4,6-tri-*O*-galloyl-*β*-D-glucose 3,4,6- 三 -*O*- 没食子酰基 -*β*-D- 葡萄糖 石榴 Punica granatum
1,2,3-tri-*O*-hexanoyl-*α*-glucopyranose 1,2,3- 三 -*O*- 已酰基 -*α*- 吡喃葡萄糖 洋金花 Datura metel
triohima A 穿心莛子藨醚萜▲A 穿心莛子藨 Triosteum himalayanum, 莛子藨 T. pinnatifidum
triohima B 穿心莛子藨醚萜▲B 穿心莛子藨 Triosteum himalayanum, 莛子藨 T. pinnatifidum
triohima C 穿心莛子藨醚萜▲C 穿心莛子藨 Triosteum himalayanum, 莛子藨 T. pinnatifidum
1*α*,2*α*,4*β*-triol-1,2,3,4-tetrahydronaphthalene 1*α*,2*α*,4*β*- 三醇 -1,2,3,4- 四氢萘 凤仙花 Impatiens balsamina
3*β*,6*α*,12*β*-triol-22,23,24,25,26,27-hexanordammaran-20-one 3*β*,6*α*,12*β*- 三醇 -22,23,24,25,26,27- 六降达玛 -20- 酮 人参 Panax ginseng
3*β*,12*β*,23*β*-triol-dammar-20-ene-3-*O*-*β*-D-glucopyranoside 3*β*,12*β*,23*β*- 三羟基达玛 -20- 烯 -3-*O*-*β*-D- 吡喃葡萄糖苷 三七 Panax notoginseng
trioleic glyceride 三油酸甘油酯 鸦胆子 Brucea javanica, 多序岩黄耆 Hedysarum polybotrys
triolein 甘油三油酸酯 苎麻 Boehmeria nivea, 圆盖阴石蕨 Humata tyermanii, 栾树 Koelreuteria paniculata
5,7,3'-tri-*O*-methyl-(-)-epicatechin 5,7,3'- 三 -*O*- 甲基 -(-)- 表儿茶素 红楠 Machilus thunbergii
3-{[2,4,6-tri-*O*-methyl-3-*O*-(2,3,4-tri-*O*-methyl-*β*-D-xylopyranosyl)-*β*-D-galactopyranosyl]oxy}-lup-12-en-28-oic acid 3-{[2,4,6- 三 -*O*- 甲基 -3-*O*-(2,3,4- 三 -*O*- 甲基 -*β*-D- 吡喃木糖基)-*β*-D- 吡喃半乳糖基) 氧基 }- 羽扇豆 -12- 烯 -28- 酸 红花 Carthamus tinctorius
3-[2,4,6-tri-*O*-methyl-3-*O*-(2,3,4-tri-*O*-methyl-*β*-D-xylopyranosyl)-*β*-D-galactopyranosyloxy]-lup-12-en-28-oic acid-(2,3,4-tri-*O*-methyl)-*α*-L-rhamnopyranosyl ester 3-[2,4,6- 三 -*O*- 甲基 -3-*O*-(2,3,4- 三 -*O*- 甲基 -*β*-D- 吡喃木糖基)-*β*-D- 吡喃半乳糖氧基]- 羽扇豆 -12- 烯 -28- 酸 -(2,3,4- 三 -*O*- 甲基)-*α*-L- 吡喃鼠李糖基酯苷 红花 Carthamus tinctorius
3,3',4-tri-*O*-methyl-4'-*O*-rutinosylellagic acid 3,3',4- 三 -*O*- 甲基 -4'-*O*- 芸香糖基鞣花酸 苏铁蕨 Brainea insignis, 绿玉树 Euphorbia tirucalli
7,4',7''-tri-*O*-methylamentoflavone 7,4',7''- 三 -*O*- 甲基穗花杉黄酮 贡山三尖杉 Cephalotaxus lanceolata, 台湾三尖杉 C. sinensis var. wilsoniana
tri-*O*-methylamentoflavone 三 -*O*- 甲基穗花杉黄酮 金银忍冬 Lonicera maackii
2,3,7-tri-*O*-methylellagic acid 2,3,7- 三 -*O*- 甲基鞣花酸 大花紫薇 Lagerstroemia speciosa, 翅荚决明 Senna alata
2,3,8-tri-*O*-methylellagic acid 2,3,8- 三 -*O*- 甲基鞣花酸 大花紫薇 Lagerstroemia speciosa
3,3',4'-tri-*O*-methylellagic acid 3,3',4'- 三 -*O*- 甲基鞣花酸 十齿花 Dipentodon sinicus, 马蹄参 Diplopanax stachyanthus, 准噶尔大戟 Euphorbia soongarica, 对叶大戟 E. sororia, 绿玉树 E. tirucalli, 水龙 Ludwigia adscendens, 千屈菜 Lythrum salicaria, 赤胫散 Polygonum runcinatum var. sinense, 地榆 Sanguisorba officinalis
3,3',4-tri-*O*-methylellagic acid 3,3',4- 三 -*O*- 甲基鞣花酸 土蜜树 Bridelia tomentosa, 喜树 Camptotheca acuminata, 大花紫薇 Lagerstroemia speciosa, 委陵菜 Potentilla chinensis, 地榆 Sanguisorba officinalis, 丁香 Syzygium aromaticum
3,4,3'-tri-*O*-methylellagic acid 3,4,3'- 三 -*O*- 甲基鞣花酸 狼毒大戟 Euphorbia fischeriana, 小果叶下珠 Phyllanthus reticulatus
3,4,4'-tri-*O*-methylellagic acid 3,4,4'- 三 -*O*- 甲基鞣花酸 滑桃树 Trevia nudiflora

3,4',4-tri-*O*-methylellagic acid 3,4',4- 三 -*O*- 甲基鞣花酸 地榆 Sanguisorba officinalis
3,3',4'-tri-*O*-methylellagic acid-4-*O*-*α*-D-glucopyranoside 3,3',4'- 三 -*O*- 甲基鞣花酸 -4-*O*-*α*-D- 吡喃葡萄糖苷 地榆 Sanguisorba officinalis
3,3',4'-tri-*O*-methylellagic acid-4-*O*-*β*-D-(2''-acetyl)-glucopyranoside 3,3',4'- 三 -*O*- 甲基鞣花酸 -4-*O*-*β*-D-(2''- 乙酰基)- 吡喃葡萄糖苷 千屈菜 Lythrum salicaria
3,3',4'-tri-*O*-methylellagic acid-4'-*O*-*β*-D-glucopyranoside 3,3',4'- 三 -*O*- 甲基鞣花酸 -4'-*O*-*β*-D- 吡喃葡萄糖苷 十齿花 Dipentodon sinicus
3,3',4-tri-*O*-methylellagic acid-4'-*O*-*β*-D-glucopyranoside 3,3',4- 三 -*O*- 甲基鞣花酸 -4'-*O*-*β*-D- 吡喃葡萄糖苷 糙叶树 Aphananthe aspera, 百步回阳 Euphorbia sessiliflora, 准噶尔大戟 E. soongarica, 赤胫散 Polygonum runcinatum var. sinense
3,3',4'-tri-*O*-methylellagic acid-4-*O*-*β*-D-glucopyranoside 3,3',4'- 三 -*O*- 甲基鞣花酸 -4-*O*-*β*-D- 吡喃葡萄糖苷 马蹄参 Diplopanax stachyanthus, 千屈菜 Lythrum salicaria
3,3',4'-tri-*O*-methylellagic acid-4-*O*-*β*-D-xyloside 3,3',4'- 三 -*O*- 甲基鞣花酸 -4-*O*-*β*-D- 木糖苷 地榆 Sanguisorba officinalis
7,3',4'-tri-*O*-methyleriodictyol 7,3',4'- 三 -*O*- 甲基圣草酚 广藿香 Pogostemon cablin
3,4,3'-tri-*O*-methylflavellagic acid 3,4,3'- 三 -*O*- 甲基黄素鞣花酸 大花紫薇 Lagerstroemia speciosa
3,3',4-tri-*O*-methylflavellagic acid dimethyl ether 3,3',4- 三 -*O*- 甲基黄素鞣花酸二甲醚 喜树 Camptotheca acuminata
3,7,4'-tri-*O*-methylkaempferol 3,7,4'- 三 -*O*- 甲基山柰酚 广藿香 Pogostemon cablin
4',5,7-tri-*O*-methylkaempferol 4',5,7- 三 -*O*- 甲基山柰酚 米仔兰 Aglaia odorata
7,3',4'-tri-*O*-methylluteolin 7,3',4'- 三 -*O*- 甲基木犀草素 土沉香 Aquilaria sinensis, 肾茶 Clerodendranthus spicatus
tri-*O*-methylmagnolianin 三 -*O*- 甲基木兰宁 ▲ 日本厚朴 Houpoëa obovata
1,5,15-tri-*O*-methylmorindol 1,5,15- 三 -*O*- 甲基巴戟酚 ▲ 海滨木巴戟 Morinda citrifolia
tri-*O*-methylnorbergenin 三 -*O*- 甲基去甲基岩白菜素 紫金牛 Ardisia japonica
7,4',7-tri-*O*-methylrobustaflavone 7,4',7- 三 -*O*- 甲基粗贝壳杉黄酮 江南卷柏 Selaginella moellendorffii
3-(2,4,6-tri-*O*-methyl-*β*-D-galactopyranosyloxy)-lup-12-en-28-oic acid 3-(2,4,6- 三 -*O*- 甲基 -*β*-D- 吡喃半乳糖氧基)- 羽扇豆 -12- 烯 -28- 酸 红花 Carthamus tinctorius
trioxsalen 三甲基补骨脂素 柠檬 Citrus limon
tripalmitin 甘油三棕榈酸酯 孩儿参 Pseudostellaria heterophylla
tripchlorolide 雷公藤氯内酯 雷公藤 Tripterygium wilfordii
1,3,6-tri-*p*-coumaroyl-6'-feruloylsucroses 1,3,6- 三 - 对香豆酰基 -6'- 二阿魏酰蔗糖 杠板归 Polygonum perfoliatum
tripdiolide 雷公二醇内酯 雷公藤 Tripterygium wilfordii
tripdioltonide 雷公藤二醇酮内酯 雷公藤 Tripterygium wilfordii
tripfordine A 雷公藤弗定 A 雷公藤 Tripterygium wilfordii
tripfordine C 雷公藤弗定 C 昆明山海棠 Tripterygium hypoglaucum
2,4,6-triphenylhex-1-ene 2,4,6- 三苯基己 -1- 烯 乌头 Aconitum carmichaelii, 松木层孔菌 Phellinus pini
p,*p*,*p*-triphenylphosphine imide *p*,*p*,*p*- 三苯基 - 亚胺磷 挥发油成分，未统计基源
triphyllin A 三羽新月蕨苷 A 披针新月蕨 Pronephrium penangianum, 三羽新月蕨 P. triphyllum
triphyllin B 三羽新月蕨苷 B 披针新月蕨 Pronephrium penangianum, 三羽新月蕨 P. triphyllum
triphyllin C 三羽新月蕨苷 C 三羽新月蕨 Pronephrium triphyllum
triploside A~G 大花双参皂苷 A~G 大花双参 Triplostegia grandiflora
triplostoside A 大花双参苷 A 川续断 Dipsacus asperoides, 日本续断 D. japonicus, 大花双参 Triplostegia grandiflora
triptephenoside 双蝴蝶酚苷 日本双蝴蝶 Tripterospermum japonicum
tripterfrielanone A, B 雷公藤无羁萜酮 A, B 雷公藤 Tripterygium wilfordii
tripterifordin 雷公藤立弗定 ▲ 雷公藤 Tripterygium wilfordii
tripterine 雷公藤任 ▲ 南蛇藤 Celastrus orbiculatus, 昆明山海棠 Tripterygium hypoglaucum, 雷公藤 T. wilfordii
tripterolide 雷公藤醇内酯 ▲ 昆明山海棠 Tripterygium hypoglaucum, 东北雷公藤 T. regelii
tripteroside 双蝴蝶苷 ▲ 金丝梅 Hypericum patulum
tripterospermumcin A~E 双蝴蝶辛 ▲A~E 双蝴蝶 Tripterospermum chinense
tripterregeline A, B, C 东北雷公藤碱 ▲A, B, C 东北雷公藤 Tripterygium regelii
triptersinine A~L 雷公藤辛宁 ▲A~L 雷公藤 Tripterygium wilfordii
tripterygiol 雷公藤脂醇 ▲ 刺五加 Eleutherococcus senticosus, 刺果卫矛 Euonymus acanthocarpus, 雷公藤 Tripterygium wilfordii
tripterygiumine A~W 雷公藤胺 A~W 雷公藤 Tripterygium wilfordii
triptexanthoside A, B, C, E 双蝴蝶叫酮苷 ▲A, B, C, E 日本双蝴蝶 Tripterospermum japonicum
triptexanthoside D 双蝴蝶叫酮苷 ▲D 贵州獐牙菜 Swertia kouitchensis, 双蝴蝶 Tripterospermum chinense, 日本双蝴蝶 T. japonicum
triptinin A, B 雷公藤宁 ▲A, B 雷公藤 Tripterygium wilfordii
triptobenzene A 雷公藤苯 A 昆明山海棠 Tripterygium hypoglaucum, 东北雷公藤 T. regelii, 雷公藤 T. wilfordii
triptobenzene B 雷公藤苯 B 东北雷公藤 Tripterygium regelii, 雷公藤 T. wilfordii
triptobenzene C~G 雷公藤苯 C~G 东北雷公藤 Tripterygium regelii
triptobenzene H, I 雷公藤苯 H, I 雷公藤 Tripterygium wilfordii
triptobenzene J, K 雷公藤苯 J, K 昆明山海棠 Tripterygium hypoglaucum
triptobenzene L, M, N, P~S, Y 雷公藤苯 L, M, N, P~S, Y 雷公藤 Tripterygium wilfordii
triptocallic acid A~D 雷公藤愈伤酸 ▲A~D 东北雷公藤 Tripterygium regelii
triptocallin A 雷公藤愈伤素 ▲A 五层龙 Salacia prinoides, 东北雷公藤 Tripterygium regelii

T

triptocallol 雷公藤愈伤醇▲ 东北雷公藤 Tripterygium regelii
triptodihydroxy acid methyl ester 雷公藤二羟酸甲酯 雷公藤 Tripterygium wilfordii
triptoditerpenic acid B 雷公藤二萜酸 B 昆明山海棠 Tripterygium hypoglaucum
triptofordin 雷公藤特弗定▲ A, B, C_1, C_2, D_1, D_2, E, F_1~F_4 东北雷公藤
triptogelin 东北雷公藤林素▲ A_1~A_{11}, B_1, B_2, C_1~C_4, E_1~E_8, F_1, G_1 东北雷公藤 Tripterygium regelii
triptogelin D_1 东北雷公藤林素▲D_1 灯油藤 Celastrus paniculatus, 东北雷公藤 Tripterygium regelii
triptogelin F_2 东北雷公藤林素▲F_2 刺苞南蛇藤 Celastrus flagellaris, 东北雷公藤 Tripterygium regelii
triptogelin G_2 东北雷公藤林素▲G_2 福建假卫矛 Microtropis fokienensis, 东北雷公藤 Tripterygium regelii
triptohairic acid 雷公藤毛状根酸▲ 雷公藤 Tripterygium wilfordii
triptohypol A, B 昆明山海棠醇▲A, B 昆明山海棠 Tripterygium hypoglaucum
triptohypol C 昆明山海棠醇▲C 南蛇藤 Celastrus orbiculatus, 昆明山海棠 Tripterygium hypoglaucum
triptolide 雷公藤内酯 昆明山海棠 Tripterygium hypoglaucum, 雷公藤 T. wilfordii
triptolidenol 雷公藤烯内酯 雷公藤 Tripterygium wilfordii
triptonide 雷公藤酮内酯 昆明山海棠 Tripterygium hypoglaucum, 雷公藤 T. wilfordii
triptonine A 雷公藤托宁▲A 昆明山海棠 Tripterygium hypoglaucum, 雷公藤 T. wilfordii
triptonine B 雷公藤托宁▲B 昆明山海棠 Tripterygium hypoglaucum, 雷公藤 T. wilfordii
triptonodiol 雷公藤二醇 雷公藤 Tripterygium wilfordii
triptonoditerpenic acid 雷公藤酚二萜酸 昆明山海棠 Tripterygium hypoglaucum, 雷公藤 T. wilfordii
triptonolide 雷公藤酚酮内酯 昆明山海棠 Tripterygium hypoglaucum, 雷公藤 T. wilfordii
triptonoterpene 雷公藤酚萜 雷公藤 Tripterygium wilfordii
triptonoterpene methyl ether 雷公藤酚萜甲醚 昆明山海棠 Tripterygium hypoglaucum, 雷公藤 T. wilfordii
triptonoterpenol 雷公藤酚萜醇 昆明山海棠 Tripterygium hypoglaucum, 雷公藤 T. wilfordii
triptophenolide 雷公藤酚内酯 昆明山海棠 Tripterygium hypoglaucum, 雷公藤 T. wilfordii
triptophenolide methyl ether 雷公藤酚内酯甲醚 雷公藤 Tripterygium wilfordii
triptoquinonal 雷公藤醌醛 东北雷公藤 Tripterygium regelii
triptoquinondiol 雷公藤醌二醇 东北雷公藤 Tripterygium regelii
triptoquinone A 雷公藤醌 A 昆明山海棠 Tripterygium hypoglaucum, 东北雷公藤 T. regelii, 雷公藤 T. wilfordii
triptoquinone B 雷公藤醌 B 东北雷公藤 Tripterygium regelii, 雷公藤 T. wilfordii
triptoquinone C 雷公藤醌 C 东北雷公藤 Tripterygium regelii, 雷公藤 T. wilfordii
triptoquinone D~G 雷公藤醌 D~G 东北雷公藤 Tripterygium regelii
triptoquinone H 雷公藤醌 H 雷公藤 Tripterygium wilfordii
triptoquinonoic acid A, B 雷公藤醌酸 A, B 东北雷公藤 Tripterygium regelii
triptoquinonol 雷公藤醌醇 东北雷公藤 Tripterygium regelii
triptotetraolide 雷公藤四醇内酯 雷公藤 Tripterygium wilfordii
triptotin A~H, J 雷公藤亭 A~H, J 雷公藤 Tripterygium wilfordii
triptotriterpenic acid A 雷公藤三萜酸 A 昆明山海棠 Tripterygium hypoglaucum, 雷公藤 T. wilfordii
triptotriterpenic acid B 雷公藤三萜酸 B 相思子 Abrus precatorius, 东北雷公藤 Tripterygium regelii, 雷公藤 T. wilfordii
triptotriterpenic acid C 雷公藤三萜酸 C 五层龙 Salacia prinoides, 昆明山海棠 Tripterygium hypoglaucum, 东北雷公藤 T. regelii, 雷公藤 T. wilfordii
triptotriterpenoidal lactone A 雷公藤三萜内酯 A 雷公藤 Tripterygium wilfordii
triptriolide 雷公藤三醇内酯 昆明山海棠 Tripterygium hypoglaucum, 雷公藤 T. wilfordii
triquetrumone A, B, C, E~H 葫芦茶酮 A, B, C, E~H 葫芦茶 Tadehagi triquetrum
(*R*)-triquetrumone D (*R*)- 葫芦茶酮 葫芦茶 Tadehagi triquetrum
triregeloic acid 东北雷公藤酸▲ 东北雷公藤 Tripterygium regelii
triregelolide A, B 东北雷公藤内酯▲A, B 东北雷公藤 Tripterygium regelii
1,1,6-trirnethyl-1,2-dihydro-naphthalene 1,1,6- 三甲基 -1,2- 二氢化萘 挥发油成分，未统计基源
2,3',6'-tris-(3-methylbutanoyl)-1'-(2-methylbutanoyl)sucrose 2,3',6'- 三 -(3- 甲基丁酰基)-1'-(2- 甲基丁酰基) 蔗糖 苍术 Atractylodes lancea
3',4',6'-tris-(3-methylbutanoyl)-1'-(2-methylbutanoyl)sucrose 3',4',6'- 三 -(3- 甲基丁酰基)-1'-(2- 甲基丁酰基) 蔗糖 苍术 Atractylodes lancea
1*α*,8*β*,14-tris(acetyloxy)-2*α*,9*β*-bis(benzoyloxy)-*β*-dihydroagarofuran 1*α*,8*β*,14- 三乙酰氧基 -2*α*,9*β*- 二苯甲酰氧基 -*β*- 二氢沉香呋喃 灯油藤 Celastrus paniculatus
1*α*,2*α*,6*β*-tris(acetyloxy)-9*β*-(benzoyloxy)-4*β*-hydroxy-8*α*-(isobutyryloxy)-12-[(2-methylbutanoyl)oxy]dihydro-*β*-agarofuran 1*α*,2*α*,6*β*- 三 (乙酰氧基)-9*β*-(苯甲酰氧基)-4*β*- 羟基 -8*α*-(异丁酰氧基)-12-[(2- 甲基丁酰基) 氧基] 二氢 -*β*- 沉香呋喃 苦皮藤 Celastrus angulatus
1*α*,2*α*,6*β*-tris(acetyloxy)-9*β*-(benzoyloxy)-4*β*-hydroxy-8*α*,12-bis(isobutyryloxy)dihydro-*β*-agarofuran 1*α*,2*α*,6*β*- 三 (乙酰氧基)-9*β*-(苯甲酰氧基)-4*β*- 羟基 -8*α*,12- 二 (异丁酰氧基) 二氢 -*β*- 沉香呋喃 苦皮藤 Celastrus angulatus
2*α*,8*β*,14-tris(acetyloxy)-9*β*-benzoyloxy-1*α*-hydroxydihydro-*β*-agarofuran 2*α*,8*β*,14- 三乙酰氧基 -9*β*- 苯甲酰氧基 -1*α*- 羟基 - 二氢 -*β*- 沉香呋喃 灯油藤 Celastrus paniculatus
1*α*,8*β*,14-tris(acetyloxy)-9*β*-benzoyloxy-2*α*-hydroxydihydro-*β*-agarofuran 1*α*,8*β*,14- 三乙酰氧基 -9*β*- 苯甲酰氧基 -2*α*- 羟基二氢 -*β*- 沉香呋喃 灯油藤 Celastrus paniculatus
1*α*,2*β*,8*β*-tris(acetyloxy)-9*β*-benzoyloxy-dihydro-*β*-agarofuran 1*α*,2*β*,8*β*- 三乙酰氧基 -9*β*- 苯甲酰氧基 - 二氢 -*β*- 沉香呋喃 灯油藤 Celastrus

T

paniculatus

(1α,2β,3β,4R*,5α,6α)-3,6,9-tris(angeloyloxy)bisabol-10(15)-en-2,4,5,7,11-pentol (1α,2β,3β,4R*,5α,6α)-3,6,9- 三当归酰氧基红没药 -10(15)- 烯 -2,4,5,7,11- 五醇 洱源橐吾 Ligularia lankongensis

(1α,2β,3β,4R*,5α,6α)-3,6,7-tris(angeloyloxy)bisabol-10(15)-en-2,4,5,9,11-pentol (1α,2β,3β,4R*,5α,6α)-3,6,7- 三当归酰氧基红没药 -10(15)- 烯 -2,4,5,9,11- 五醇 洱源橐吾 Ligularia lankongensis

3R,3aS,4R,6aR-3,4,6-tris(hydroxymethyl)-3,3a,4,6a-tetrahydro-2H-cyclopenta[b]furan-2-one 3R,3aS,4R,6aR-3,4,6- 三(羟甲基)-3,3a,4,6a- 四氢 -2H- 环戊 [b] 呋喃 -2- 酮 茜草 Rubia cordifolia

tris(methylcarbamyl)amine 三(甲氨甲酰基)胺 苍山乌头 Aconitum contortum

1,2,6-tris(trihydroxybenzoate)-α-D-glucopyranose 1,2,6- 三 (3,4,5- 三羟基苯甲酰基)-α-D- 吡喃葡萄糖 斑地锦 Euphorbia maculata

(1α,2α,3β,5α,6β)-1,5,8-trisangeloyloxy)-10,11-epoxy-2,3-dihydroxybisabol-7(14)-en-4-one (1α,2α,3β,5α,6β)-1,5,8- 三当归酰氧基 -10,11- 环氧 -2,3- 二羟基红没药 -7(14)- 烯 -4- 酮 齿叶橐吾 Ligularia dentata

(1α,2α,3β,5α,6β)-2,5,8-trisangeloyloxy-10,11-epoxy-1,3-dihydroxybisabol-7(14)-en-4-one (1α,2α,3β,5α,6β)-2,5,8- 三当归酰氧基 -10,11- 环氧 -1,3- 二羟基红没药 -7(14)- 烯 -4- 酮 齿叶橐吾 Ligularia dentata

3α,6α,9-trisangeloyloxy-2α,4β,7,11-tetrahydroxybisabol-10(15)-en-5-one 3α,6α,9- 三当归酰氧基 -2α,4β,7,11- 四羟基红没药 -10(15)- 烯 -5- 酮 齿叶橐吾 Ligularia dentata

3α,6α,7-trisangeloyloxy-2α,4β,9,11-tetrahydroxybisabol-10(15)-en-5-one 3α,6α,7- 三当归酰氧基 -2α,4β,9,11- 四羟基红没药 -10(15)- 烯 -5- 酮 齿叶橐吾 Ligularia dentata

3α,6α,9-trisangeloyloxy-2α,4β-dihydroxy-7,11-epoxybisabol-10(15)-en-5-one 3α,6α,9- 三当归酰氧基 -2α,4β- 二羟基 -7,11- 环氧红没药 -10 (15)- 烯 -5- 酮 齿叶橐吾 Ligularia dentata

1β,5α,8-trisangeloyloxy-3β,4β,10,11-bisepoxybisabol-7(14)-en-2β-ol 1β,5α,8- 三当归酰氧基 -3β,4β,10,11- 二环氧红没药 -7(14)- 烯 -2β- 醇 洱源橐吾 Ligularia lankongensis

trisaspidin 三环绵马素 广布鳞毛蕨 Dryopteris expansa

trisdesaspidin 三环低绵马素 广布鳞毛蕨 Dryopteris expansa

trisdesaspidin BBB 三环低绵马素 BBB 阔鳞鳞毛蕨 Dryopteris championii

trisflavaspidic acid 三环黄绵马酸 阔鳞鳞毛蕨 Dryopteris championii, 广布鳞毛蕨 D. expansa

trisflavaspidic acid ABB 三环黄绵马酸 ABB 粗茎鳞毛蕨 Dryopteris crassirhizoma

trishizukaol A 三聚银线草醇 A 银线草 Chloranthus japonicus

1,2,2'-trisinapoylgentiobiose 1,2,2'- 三芥子酰龙胆二糖 葶苈 Draba nemorosa

21,29,30-trisnor-17α-hapan-21-one 21- 三降 -17α- 何帕 -21- 酮 石莲姜槲蕨 Drynaria propinqua

trisnorhopane 三降何帕烷 铁线蕨 Adiantum capillus-veneris

17αH-trisnorhopanone 17αH- 三降何帕酮 粗茎鳞毛蕨 Dryopteris crassirhizoma

trisnor-γ-lactone 三降 -γ- 内酯 单叶蔓荆 Vitex trifolia subsp. litoralis

trispheridine 三球波斯石蒜定▲ 水鬼蕉 Hymenocallis littoralis

trispherine 三球波斯石蒜碱▲ 水鬼蕉 Hymenocallis littoralis

tristin 球茎石豆兰素▲ 密花石豆兰 Bulbophyllum odoratissimum, 兜唇石斛 Dendrobium aphyllum, 密花石斛 D. densiflorum, 长距石斛 D. longicornu, 石斛 D. nobile, 翅梗石斛 D. trigonopus, 薯蓣 Dioscorea polystachya

1,3,5-tri-tert-butylbenzene 1,3,5- 三叔丁基苯 挥发油成分，未统计基源

tritetracontane 四十三烷 使君子 Quisqualis indica

triticin 小麦果聚糖 狗牙根 Cynodon dactylon

tritriacontan-6-one 三十三烷 -6- 酮 块茎芦莉草 Ruellia tuberosa

tritriacontane 三十三烷 挥发油成分，未统计基源

n-tritriacontane 正三十三烷 梭果黄耆 Astragalus ernestii, 小叶云实 Caesalpinia millettii, 过山枫 Celastrus aculeatus, 球穗千斤拔 Flemingia strobilifera, 紫花八宝 Hylotelephium mingjinianum, 块茎芦莉草 Ruellia tuberosa

(6R,8S)-tritriacontanediol (6R,8S)- 三十三烷二醇 红花 Carthamus tinctorius

(8R,10S)-tritriacontanediol (8R,10S)- 三十三烷二醇 红花 Carthamus tinctorius

1-tritriacontanol 1- 三十三醇 大叶山蚂蝗 Desmodium gangeticum

tritriacontanol 三十三醇 血水草 Eomecon chionantha

2-tritriacontanone 2- 三十三酮 小果排草 Lysimachia microcarpa, 齿叶玄参 Scrophularia dentata

3-tritriacontanone 3- 三十三酮 水茄 Solanum torvum

triumbelletin 三聚伞形酮亭 了哥王 Wikstroemia indica

triumbellin 三聚伞形酮苷 结香 Edgeworthia chrysantha

triumboidin 刺蒴麻素▲ 刺蒴麻 Triumfetta rhomboidea

triumfettamide B 刺蒴麻酰胺 B 刺蒴麻 Triumfetta rhomboidea

6,8,3'-tri-γ,γ-dimethylallyl-5,7,2',4'-tetrahydroxy-(2S)-flavanone 6,8,3'- 三异戊烯基 -5,7,2',4'- 四羟基 -(2S)- 黄烷酮 绒毛胡枝子 Lespedeza tomentosa

1,3,3-trlmethyl-bicyclo[2,2,1]heptam-2-ol 1,3,3- 三甲基二环 -[2,2,1] 庚 -2- 醇 樟子松 Pinus sylvestris var. mongolica

trolline 金莲花碱▲ 金莲花 Trollius chinensis

trollioside 金莲花苷 金莲花 Trollius chinensis

trollisin I, II 金莲花新苷▲I, II 金莲花 Trollius chinensis

T

trolliusol A 金莲花色酚▲A 金莲花 Trollius chinensis
trollixanthin 金莲花黄素 驴蹄草 Caltha palustris
tronocarpine 伞房狗牙花卡品▲ 伞房狗牙花 Tabernaemontana corymbosa
tronoharine 伞房狗牙花哈灵▲ 伞房狗牙花 Tabernaemontana corymbosa
tropacocaine 托品古柯碱 古柯 Erythroxylum novogranatense
tropan-3-one 托品 -3- 酮 掌叶鱼黄草 Merremia vitifolia
tropan-3α-ol 托品 -3α- 醇 掌叶鱼黄草 Merremia vitifolia
tropan-3β-ol 托品 -3β- 醇 银背藤 Argyreia mollis, 掌叶鱼黄草 Merremia vitifolia
tropane-3α,6β-diol 托品烷 -3α,6β- 二醇 洋金花 Datura metel
3α-tropanyl-*dl*-3-hydroxy-3-phenylpropionate 3α- 托品烷 -*dl*-3- 羟基 -3- 苯丙酸酯 马尿泡 Przewalskia tangutica
tropic acid 托品酸 树番茄 Cyphomandra betacea, 漏斗泡囊草 Physochlaina infundibularis, 马尿泡 Przewalskia tangutica
φ-tropine φ- 托品碱 树番茄 Cyphomandra betacea
ψ-tropine ψ- 托品碱 酸浆 Physalis alkekengi
tropine 托品碱 三分三 Anisodus acutangulus, 铃铛子 A. luridus, 山莨菪 A. tanguticus, 田旋花 Convolvulus arvensis, 树番茄 Cyphomandra betacea, 木本曼陀罗 Datura arborea, 毛曼陀罗 D. inoxia, 洋金花 D. metel, 天仙子 Hyoscyamus niger, 酸浆 Physalis alkekengi, 灯笼果 P. peruviana, 马尿泡 Przewalskia tangutica, 睡茄 Withania somnifera
tropinone 托品酮 田旋花 Convolvulus arvensis, 树番茄 Cyphomandra betacea, 假酸浆 Nicandra physalodes
tropone 草酮 菖蒲 Acorus calamus
3-tropoyloxy-6,7-epoxynortropane 3- 托品酰氧基 -6,7- 环氧降托品烷 树番茄 Cyphomandra betacea
3-tropoyloxy-6,7-epoxytropane 3- 托品酰氧基 -6,7- 环氧托品烷 树番茄 Cyphomandra betacea
3-tropoyloxy-6-acetoxytropane 3- 托品酰氧基 -6- 乙酰氧基托品烷 树番茄 Cyphomandra betacea
3-tropoyloxy-6-isobutyryloxytropane 3- 托品酰氧基 -6- 异丁酰氧基托品烷 树番茄 Cyphomandra betacea
3-tropoyloxy-6-tigloyloxytropane 3- 托品酰氧基 -6- 巴豆酰氧基托品烷 树番茄 Cyphomandra betacea
3α-tropoyloxy-6β-isovaleroyloxytropane 3α- 托品酰氧基 -6β- 异戊酰氧基托品烷 树番茄 Cyphomandra betacea
3β-tropoyloxy-6β-isovaleroyloxytropane 3β- 托品酰氧基 -6β- 异戊酰氧基托品烷 树番茄 Cyphomandra betacea
3-tropoyloxytropane 3- 托品酰氧基托品烷 树番茄 Cyphomandra betacea
trungapeptin A, B, C 特朗鞘丝藻肽素▲A, B, C 巨大鞘丝藻 Lyngbya majuscula
trydecyl *trans*-caffeate 反式 - 咖啡酸十三酯 无叶假木贼 Anabasis aphylla
2,5,6-trymethyl-1,3,6-heptatriene 2,5,6- 三甲基 -1,3,6- 庚三烯 清香木 Pistacia weinmanniifolia
tryptamine 色胺 牛心番荔枝 Annona reticulata, 蜡梅 Chimonanthus praecox, 大白刺 Nitraria roborowskii, 樱桃李 Prunus cerasifera, 直立黄钟花 Tecoma stans
tryptanthrin 色胺酮 虾脊兰 Calanthe discolor, 菘蓝 Isatis tinctoria, 蓼蓝 Polygonum tinctorium, 马蓝 Strobilanthes cusia, 胭木 Wrightia arborea
(*S*)-tryptophan (*S*)- 色氨酸 植物基础成分，未统计基源
L-tryptophan L- 色氨酸 植物基础成分，未统计基源
tryptophan 色氨酸 植物基础成分，未统计基源
tryptophan-betaxanthin 色氨酸 - 甜菜黄素 厚皮菜 Beta vulgaris var. cicla
(*S*)-tryptophan-BX (*S*)- 色氨酸 -BX 鸡冠花 Celosia cristata
tryptophol acetate 色氨醇乙酸酯 龙葵 Solanum nigrum
tryptophol dehydrocrepenynate 色醇去氢还阳参烯炔酸酯▲ 灰喇叭菌 Craterellus cornucopioides
tryptophol linoleicate 色醇亚油酸酯 灰喇叭菌 Craterellus cornucopioides
tryptophol olenicate 色醇油酸酯 灰喇叭菌 Craterellus cornucopioides
tsaokoarylone 草果芳酮▲ 草果 Amomum tsaoko
tsaokoin 草果素 草果 Amomum tsaoko
tsoongianolide D, E 鸡足千里光内酯 D, E 银线草 Chloranthus japonicus
tsugacetal 铁杉缩醛▲ 铁杉 Tsuga chinensis
tsugaresinol 铁杉树脂醇 长叶榧树 Torreya jackii
tsugaric acid A, B, C 松杉灵芝酸▲A, B, C 松杉灵芝 Ganoderma tsugae
tsugarioside A, B, C 松杉灵芝苷▲A, B, C 松杉灵芝 Ganoderma tsugae
tubeimoside I, IV, A, B, C 土贝母苷 I, IV, A, B, C 假贝母 Bolbostemma paniculatum
tubeimoside II 土贝母苷 II 盒子草 Actinostemma tenerum, 假贝母 Bolbostemma paniculatum
tubeimoside III 土贝母苷 III 盒子草 Actinostemma tenerum, 假贝母 Bolbostemma paniculatum
tubeimoside V 土贝母苷 V 盒子草 Actinostemma tenerum, 假贝母 Bolbostemma paniculatum
tuber-ceramide 韭菜神经酰胺 韭菜 Allium tuberosum
tuberculatin 瘤状单叶芸香素 爵床 Justicia procumbens
tuberolide 晚香玉内酯 晚香玉 Polianthes tuberosa
tuberonic acid glucopyranoside 马铃薯酮酸▲吡喃葡萄糖苷 背扁黄耆 Astragalus complanatus, 余甘子 Phyllanthus emblica
tuberonic acid glucopyranoside methyl ester 马铃薯酮酸▲吡喃葡萄糖苷甲酯 木奶果 Baccaurea ramiflora
tuberonic acid-*O*-β-D-glucopyranoside 马铃薯酮酸▲-*O*-β-D- 吡喃葡萄糖苷 阳芋 Solanum tuberosum

T

tuberonic acid-*O*-*β*-D-glucopyranoside methyl ester 马铃薯酮酸▲甲酯 -*O*-*β*-D- 吡喃葡萄糖苷 阳芋 Solanum tuberosum
tuberonic acid-*β*-D-glucoside 马铃薯酮酸▲-*β*-D- 葡萄糖苷 野拔子 Elsholtzia rugulosa
tuberoside 块菌苷▲ 毛头鬼伞 Coprinus comatus, 荷叶离褶伞 Lyophyllum decastes
tuberoside A 韭菜苷 A 韭菜 Allium tuberosum, 伞花冬青 Ilex godajam
tuberoside B~U 韭菜苷 B~U 韭菜 Allium tuberosum
(-)-tuberosin (-)- 块茎葛素 葛 Pueraria montana var. lobata
tuberosine A, B 韭子碱 A, B 韭菜 Allium tuberosum
tuberosinone 朱砂莲酮▲ 大叶马兜铃 Aristolochia kaempferi, 背蛇生 A. tuberosa
tuberosinone-*N*-*β*-D-glucoside 朱砂莲酮▲-*N*-*β*-D- 葡萄糖苷 背蛇生 Aristolochia tuberosa
tuberostemoenone 对叶百部烯酮 大百部 Stemona tuberosa
tuberostemol 对叶百部醇 大百部 Stemona tuberosa
tuberostemonine 对叶百部碱 直立百部 Stemona sessilifolia
tuberostemonine B, C 对叶百部碱 B, C 百部 Stemona japonica
tuberostemoninol 对叶百部尼醇▲ 大百部 Stemona tuberosa
tuberostemoninol A, B 对叶百部尼醇▲A, B 大百部 Stemona tuberosa
tuberostemonone 对叶百部酮 直立百部 Stemona sessilifolia, 大百部 S. tuberosa
tubiferin 块茎苦苣菜素▲ 月桂 Laurus nobilis
tubiferolide methyl ester 长管栀子内酯▲甲酯 大黄栀子 Gardenia sootepensis
tuboanoside A, B 龙珠诺苷▲A, B 龙珠 Tubocapsicum anomalum
tubocaposide A, B 龙珠苷▲A, B 龙珠 Tubocapsicum anomalum
tubocapsanolide A~H 龙珠内酯▲A~H 龙珠 Tubocapsicum anomalum
tubocapsenolide A~G 龙珠烯内酯▲A~G 龙珠 Tubocapsicum anomalum
tubocurine 筒箭毒碱 粪箕笃 Stephania longa
tubonolide A 龙珠诺内酯▲A 龙珠 Tubocapsicum anomalum
(+)-tubotaiwine (+)- 管花多果树文碱▲ 糖胶树 Alstonia scholaris, 海南蕊木 Kopsia hainanensis
tubotaiwine 管花多果树文碱▲ 海南蕊木 Kopsia hainanensis, 腋花山橙 Melodinus axillaris, 尖山橙 M. fusiformis, 川山橙 M. hemsleyanus, 山橙 M. suaveolens, 药用狗牙花 Tabernaemontana bovina, 狗牙花 T. divaricata
tubotaiwine-*N*-oxide 管花多果树文碱▲-*N*- 氧化物 糖胶树 Alstonia scholaris, 腋花山橙 Melodinus axillaris, 川山橙 M. hemsleyanus
tubuloside A 管花苷 A 肉苁蓉 Cistanche deserticola, 蒙古肉苁蓉 C. mongolica, 管花肉苁蓉 C. tubulosa
tubuloside B 管花苷 B 广东紫珠 Callicarpa kwangtungensis, 肉苁蓉 Cistanche deserticola, 蒙古肉苁蓉 C. mongolica, 盐生肉苁蓉 C. salsa, 沙苁蓉 C. sinensis, 管花肉苁蓉 C. tubulosa, 藏波罗花 Incarvillea younghusbandii
tubuloside C, D 管花苷 C, D 蒙古肉苁蓉 Cistanche mongolica
(*E*)-tubuloside E (*E*)- 管花苷 E 白棠子树 Callicarpa dichotoma
(*Z*)-tubuloside E (*Z*)- 管花苷 E 白棠子树 Callicarpa dichotoma
tubuloside E 管花苷 E 广东紫珠 Callicarpa kwangtungensis, 肉苁蓉 Cistanche deserticola, 蒙古肉苁蓉 C. mongolica
(+)-tuduranine (+)- 风龙宁碱▲ 风龙 Sinomenium acutum
tuduranine 风龙宁碱▲ 台湾千金藤 Stephania merrillii
tuguaconitine 土谷乌头碱▲ 西伯利亚乌头 Aconitum barbatum var. hispidum, 牛扁 A. barbatum var. puberulum, 吉林乌头 A. kirinense
tuguajalapin 土瓜药喇叭素▲ I, II, III, IV, V, VI, VII, VIII, IX, X 山土瓜 Merremia hungaiensis
tuliferoline 北美鹅掌楸林碱 北美鹅掌楸 Liriodendron tulipifera
tulipanidin-3-rhamnoglucoside 郁金香花青素 -3- 鼠李葡糖苷 绿玉树 Euphorbia tirucalli
tulipanin 郁金香宁▲ 茄 Solanum melongena
tulipinolide 北美鹅掌楸内酯 蛇苔 Conocephalum conicum, 鹅掌楸 Liriodendron chinense, 北美鹅掌楸 L. tulipifera
tulipinolide diepoxide 北美鹅掌楸内酯二环氧化物 鹅掌楸 Liriodendron chinense
tuliposide A, B 郁金香苷 A, B 郁金香 Tulipa gesneriana
tulirinol 北美鹅掌楸醇 北美鹅掌楸 Liriodendron tulipifera
tumulosic acid 丘陵多孔菌酸▲ 长毛囊孔菌 Hirschioporus versatilis, 茯苓 Wolfiporia extensa
tunaxanthin 金枪鱼黄素▲ 落葵 Basella alba
tungtungmadic acid 盐角草酸▲ 盐角草 Salicornia europaea
tunicatachalcone 膜被灰毛豆查耳酮▲ 水黄皮 Pongamia pinnata
tunicoidine A~G 金铁锁碱▲A~G 金铁锁 Psammosilene tunicoides
tunicyclin A~G 金铁锁环素▲A~G 金铁锁 Psammosilene tunicoides
tupichigenin A~F 开口箭苷元▲A~F 开口箭 Tupistra chinensis
tupichilignan A 开口箭木脂素 A 开口箭 Tupistra chinensis
tupichinin A 开口箭赤苷 A 开口箭 Tupistra chinensis
tupichinol A, B, D, E, F 开口箭醇▲A, B, D, E, F 开口箭 Tupistra chinensis
tupichinol C 开口箭醇▲C 小构树 Broussonetia kazinoki, 开口箭 Tupistra chinensis
tupiloside H 开口箭洛苷▲H 蜘蛛抱蛋 Aspidistra elatior
tupipregnenolone 开口箭孕烯醇酮 开口箭 Tupistra chinensis

T

tupisgenin 开口箭斯苷元▲ 橙花开口箭 Tupistra aurantiaca
tupistrin 开口箭素 齿瓣开口箭 Tupistra fimbriata
tupstroside G 开口箭苷▲G 蜘蛛抱蛋 Aspidistra elatior
turanose 松二糖 东北南星 Arisaema amurense
turgeniifolin A 长前胡素 A 思茅独活 Heracleum henryi, 长前胡 Peucedanum turgeniifolium
turgeniifolin B 长前胡素 B 思茅独活 Heracleum henryi, 长前胡 Peucedanum turgeniifolium
turgeniifolin C 长前胡素 C 长前胡 Peucedanum turgeniifolium
turkesterone 突厥斯坦筋骨草甾酮▲ 蛛丝毛蓝耳草 Cyanotis arachnoidea, 漏芦 Stemmacantha uniflora, 灰毛牡荆 Vitex canescens
(-)-turkiyenine (-)-土耳其角茴香烯宁▲ 白屈菜 Chelidonium majus
(*R*)-(-)-turmerone (*R*)-(-)-姜黄酮 荜拔 Piper longum
α-turmerone *α*-姜黄酮 挥发油成分，未统计基源
β-turmerone *β*-姜黄酮 莪术 Curcuma phaeocaulis
turmerone 姜黄酮 茯苓 Wolfiporia extensa
turmeronol A 姜黄酮酚 A 姜黄 Curcuma longa, 合蕊五味子 Schisandra propinqua
turmeronol B 姜黄酮酚 B 姜黄 Curcuma longa
turneforcidine 砂引草定▲ 砂引草 Messerschmidia sibirica
α-turpentine *α*-松节油 狼毒 Stellera chamaejasme
turpethic acid A, B, C 盒果藤酸▲A, B, C 盒果藤 Operculina turpethum
turpethoside A, B 盒果藤酯苷▲A, B 盒果藤 Operculina turpethum
turpinionoside A 山香圆香堇苷▲A 清明花 Beaumontia grandiflora, 小果叶下珠 Phyllanthus reticulatus
turpinionoside B 山香圆香堇苷▲B 小果叶下珠 Phyllanthus reticulatus
turraflorin A, E 多花杜楝素▲A, E 杜楝 Turraea pubescens
turranin A~F 杜楝宁 A~F 杜楝 Turraea pubescens
turrapubesic acid A, B, C 杜楝酸 A, B, C 杜楝 Turraea pubescens
turrapubesin A~G 杜楝素 A~G 杜楝 Turraea pubescens
turrapubesol A, C 杜楝醇 A, C 杜楝 Turraea pubescens
turrapubesol B 杜楝醇 B 山楝 Aphanamixis polystachya, 杜楝 Turraea pubescens
turrapubin A~K 杜楝宾 A~K 杜楝 Turraea pubescens
tussfararin A~F 款冬灵▲A~F 款冬 Tussilago farfara
tussilagine 款冬碱 橐吾 Ligularia sibirica, 款冬 Tussilago farfara
tussilagonone 款冬酮 款冬 Tussilago farfara
β-tutin *β*-马桑素▲ 台湾马桑 Coriaria intermedia
tutin 马桑素▲ 马桑 Coriaria nepalensis, 红花寄生 Scurrula parasitica
tylocrebrine 密花娃儿藤碱 棱果榕 Ficus septica
10*R*,13a*R*-tylocrebrine-*N*-oxide 10*R*,13a*R*-密花娃儿藤碱-*N*-氧化物 棱果榕 Ficus septica
10*S*,13a*R*-tylocrebrine-*N*-oxide 10*S*,13a*R*-密花娃儿藤碱-*N*-氧化物 棱果榕 Ficus septica
tylolupen-3*β*-ylacetate 娃儿藤羽扇豆烯-3*β*-乙酸酯 牛皮消 Cynanchum boudieri
tylolupenol A, B 娃儿藤羽扇豆醇▲A, B 人参娃儿藤 Tylophora Kerrii
tylolupenol B acetate 娃儿藤羽扇豆醇▲B 乙酸酯 西藏牛皮消 Cynanchum auriculatum
tylophoridicine A 娃儿藤辛碱 A 娃儿藤 Tylophora ovata
(-)-tylophorine (-)-娃儿藤碱 棱果榕 Ficus septica
(+)-tylophorine (+)-娃儿藤碱 棱果榕 Ficus septica
13a(*S*)-(+)-tylophorine 13a(*S*)-(+)-娃儿藤碱 娃儿藤 Tylophora ovata
tylophorine 娃儿藤碱 圆叶娃儿藤 Tylophora rotundifolia
10*R*,13a*R*-tylophorine-*N*-oxide 10*R*,13a*R*-娃儿藤碱-*N*-氧化物 棱果榕 Ficus septica
10*S*,13a*R*-tylophorine-*N*-oxide 10*S*,13a*R*-娃儿藤碱-*N*-氧化物 棱果榕 Ficus septica
tylophorinidine 娃儿藤定碱 大理白前 Cynanchum forrestii, 娃儿藤 Tylophora ovata
tylophorinine 娃儿藤宁碱 娃儿藤 Tylophora ovata, 圆叶娃儿藤 T. rotundifolia
tylophoside A 娃儿藤苷▲A 合掌消 Cynanchum amplexicaule
tylophovatine A, B, C 娃儿藤亭碱▲A, B, C 娃儿藤 Tylophora ovata
25*S*-typaspidoside A 25*S*-卵叶蜘蛛抱蛋 A 卵叶蜘蛛抱蛋 Aspidistra typica
typaspidoside A 卵叶蜘蛛抱蛋 A 卵叶蜘蛛抱蛋 Aspidistra typica
typhaneoside 香蒲新苷 金盏花 Calendula officinalis, 水烛 Typha angustifolia, 东方香蒲 T. orientalis
typhasterol 香蒲甾醇 宽叶香蒲 Typha latifolia
typhic acid 香蒲酸 长苞香蒲 Typha angustata
typhoniside A, C 白附子脑苷 A, C 独角莲 Typhonium giganteum
tyramine 酪胺 代代 Citrus aurantium 'Daidai', 毛曼陀罗 Datura inoxia, 结香 Edgeworthia chrysantha
tyramine-betaxanthin 酪胺-甜菜黄素 厚皮菜 Beta vulgaris var. cicla
tyromycin A 干酪菌素▲A 蹄形干酪菌 Tyromyces lacteus

T

L-tyrosine L- 酪氨酸 植物基础成分，未统计基源
tyrosine 酪氨酸 植物基础成分，未统计基源
tyrosine-betaxanthin 酪氨酸 - 甜菜黄素 厚皮菜 Beta vulgaris var. cicla
p-tyrosol 对酪醇 洋金花 Datura metel
tyrosol 酪醇 较常见成分，至少分布于 30 种以上植物中，见于大血藤科、虎耳草科、夹竹桃科、金粟兰科、景天科、苦苣苔科、猕猴桃科、木犀科、清风藤科、无患子科、五加科、五味子科、玄参科、悬铃木科、荨麻科、芸香科、樟科、紫葳科等
tyrosol methyl ether 酪醇甲醚 异齿红景天 Rhodiola heterodonta
tyrosol oleate 酪醇油酸酯 木犀榄 Olea europaea
tyrosyl acetate 酪醇乙酸酯 木犀 Osmanthus fragrans
L-tyrosyl-L-alanineanhydride L- 酪氨酰 -L- 丙氨酸酐 虎掌 Pinellia pedatisecta
L-tyrosyl-L-leucine anhydride L- 酪氨酰 -L- 亮氨酸酐 虎掌 Pinellia pedatisecta
L-tyrosyl-L-valine anhydride L- 酪氨酰 -L- 缬氨酸酐 虎掌 Pinellia pedatisecta

U

ubiquinone 9 泛醌 9 硫黄菌 Laetiporus sulphureus, 绣球菌 Sparassis crispa
ubiquinone Q_7 泛醌 Q_7 侧耳 Pleurotus ostreatus
ubiquinone-10 泛醌 -10 块茎山萮菜 Eutrema wasabi, 中位泥炭藓 Sphagnum magellanicum
ubiquinone-8 泛醌 -8 中位泥炭藓 Sphagnum magellanicum
udosaponin A 食用土当归皂苷 ▲A 东北土当归 Aralia cantinentalis, 食用土当归 A. cordata
udosaponin B 食用土当归皂苷 ▲B 土牛膝 Achyranthes aspera, 食用土当归 Aralia cordata, 天胡荽 Hydrocotyle sibthorpioides, 伞花冬青 Ilex godajam
udosaponin C 食用土当归皂苷 ▲C 东北土当归 Aralia cantinentalis, 食用土当归 A. cordata
udosaponin D, E 食用土当归皂苷 ▲D, E 食用土当归 Aralia cordata
udosaponin F 食用土当归皂苷 ▲F 东北土当归 Aralia cantinentalis, 食用土当归 A. cordata
ugaxanthone 乌干达合蕊木吅酮 ▲ 栽秧花 Hypericum beanii
ugonin A~T 入地蜈蚣素 A~T 七指蕨 Helminthostachys zeylanica
ugonstilbene A, B, C 入地蜈蚣芪 A, B, C 七指蕨 Helminthostachys zeylanica
ulexone A 荆豆酮 ▲A 朝鲜槐 Maackia amurensis
ulexone B 荆豆酮 ▲B 大叶千斤拔 Flemingia macrophylla, 朝鲜槐 Maackia amurensis
uliginosin 湿生金丝桃素 笃斯越桔 Vaccinium uliginosum
uliginosin A 湿生金丝桃素 A 贯叶连翘 Hypericum perforatum
ulmicin A~E 榆辛素 ▲A~E 春榆 Ulmus davidiana var. japonica
ulmoidol 杜仲萜醇 ▲ 杜仲 Eucommia ulmoides
ulmoidol A 杜仲萜醇 ▲A 杜仲 Eucommia ulmoides
ulmoidoside A~D 杜仲萜苷 ▲A~D 杜仲 Eucommia ulmoides
ulmoprenol 杜仲异戊烯醇 杜仲 Eucommia ulmoides
ulmoside 杜仲苷 杜仲 Eucommia ulmoides
ulmudiol 榆二醇 ▲ 榆 Ulmus pumila
ulmuestone 榆酯酮 ▲ 榆 Ulmus pumila
(+)-ulopterol (+)- 卷翅栓翅芹醇 ▲ 月桂茵芋 Skimmia laureola
ulopterol 卷翅栓翅芹醇 ▲ 重齿当归 Angelica biserrata, 祁白芷 A. dahurica 'Qibaizhi', 文旦 Citrus maxima'Wentan'
umbellatolide A, B 印度羊角藤内酯 ▲A, B 印度羊角藤 Morinda umbellata
umbelliferone 伞形酮 常见成分，至少分布于 100 种以上植物中
umbelliferone glucopyranoside 伞形酮吡喃葡萄糖苷 绵头雪兔子 Saussurea laniceps, 月桂茵芋 Skimmia laureola
umbelliferone-6-carboxylic acid 伞形酮 -6- 羧酸 紫花前胡 Angelica decursiva, 千屈菜 Lythrum salicaria
umbelliferone-7-apiosylglucoside 伞形酮 -7- 芹菜葡糖苷 福参 Angelica morii
umbelliferone-7-*O*-*α*-L-rhamnopyranosyl-(1 → 4)-*β*-D-glucopyranoside 伞形酮 -7-*O*-*α*-L- 吡喃鼠李糖基 -(1 → 4)-*β*-D- 吡喃葡萄糖苷 中国绣球 Hydrangea chinensis
umbelliferone-7-*O*-*β*-D-glucopyranoside 伞形酮 -7-*O*-*β*-D- 吡喃葡萄糖苷 凹叶瑞香 Daphne retusa, 香果树 Emmenopterys henryi, 雪兔子 Saussurea gossypiphora, 月桂茵芋 Skimmia laureola, 狼毒 Stellera chamaejasme
umbelliferone-7-*O*-*β*-D-glucoside 伞形酮 -7-*O*-*β*-D- 葡萄糖苷 三指雪兔子 Saussurea tridactyla
umbelliferone-7-*O*-*β*-D-xylopyranosyl-(1 → 6)-*β*-D-glucopyranoside 伞形酮 -7-*O*-*β*-D- 吡喃木糖基 -(1 → 6)-*β*-D- 吡喃葡萄糖苷 狼毒 Stellera chamaejasme
umbelliferone-*β*-D-apiosyl-(1 → 6)-*β*-D-glucopyranoside 伞形酮 -*β*-D- 芹糖基 -(1 → 6)-*β*-D- 吡喃葡萄糖苷 胀果芹 Phlojodicarpus sibiricus
umbelliferone-*β*-D-glucopyranoside 伞形酮 -*β*-D- 吡喃葡萄糖苷 珊瑚菜 Glehnia littoralis
umbelliprenin 伞形戊烯内酯 莳萝 Anethum graveolens, 紫花前胡 Angelica decursiva, 林当归 A. sylvestris, 下延叶古当归 Archangelica decurrens, 宽叶毒芹 Cicuta virosa var. latisecta, 圆锥茎阿魏 Ferula conocaula, 阜康阿魏 F. fukanensis, 新疆阿魏 F. sinkiangensis, 窄叶蓝盆花 Scabiosa comosa

umbellulone 伞桂酮▲ 挥发油成分，未统计基源
umbrophine 草地乌头芬碱▲ 草地乌头 Aconitum umbrosum
umbroside 糙苏洛苷▲ 糙苏 Phlomis umbrosa
umbrosin A, B 阴生香茶菜素 A, B 香茶菜 Isodon amethystoides
umbrosine 草地乌头碱 草地乌头 Aconitum umbrosum
umtatin 嚏木亭▲ 蛇床 Cnidium monnieri, 牛筋果 Harrisonia perforata, 紫伞芹 Melanosciadium pimpinelloideum
uncargenin A 钩藤苷元 A 日本粗叶木 Lasianthus japonicus, 钩藤 Uncaria rhynchophylla
uncargenin B, D 钩藤苷元 B, D 钩藤 Uncaria rhynchophylla
uncargenin C 钩藤苷元 C 团花 Neolamarckia cadamba, 锐尖山香圆 Turpinia arguta, 钩藤 Uncaria rhynchophylla
uncariaside A 钩藤苷▲A 毛钩藤 Uncaria hirsuta
uncaric acid 钩藤酸▲ 钩藤 Uncaria rhynchophylla
uncaric acid A 钩藤酸▲A 毛钩藤 Uncaria hirsuta
uncarilic acid 钩藤利酸▲ 白钩藤 Uncaria sessilifructus
uncarine A, B 钩藤灵▲A, B 毛钩藤 Uncaria hirsuta
uncarine C, E 钩藤灵▲C, E 大叶钩藤 Uncaria macrophylla
uncarine F 钩藤灵▲F 北越钩藤 Uncaria homomalla, 攀茎钩藤 U. scandens
uncarinic acid A 钩藤尼酸▲A 台湾芙蓉 Hibiscus taiwanensis, 马尾树 Rhoiptelea chiliantha, 钩藤 Uncaria rhynchophylla
uncarinic acid B 钩藤尼酸▲B 台湾芙蓉 Hibiscus taiwanensis, 钩藤 Uncaria rhynchophylla
uncarinic acid C~J 钩藤尼酸▲C~J 钩藤 Uncaria rhynchophylla
uncarinic acid E 钩藤尼酸▲E 白桦 Betula platyphylla, 毛土连翘 Hymenodictyon orixense, 钩藤 Uncaria rhynchophylla
uncariursanic acid 钩藤熊果尼酸▲ 大叶钩藤 Uncaria macrophylla
uncinanone A 钩毛山蚂蟥酮▲A 短梗胡枝子 Lespedeza cyrtobotrya, 美花狸尾豆 Uraria picta
uncinatone 钩赪桐酮▲ 臭牡丹 Clerodendrum bungei, 臭茉莉 C. chinense var. simplex, 大青 C. cyrtophyllum, 苦郎树 C. inerme, 尖齿臭茉莉 C. lindleyi, 海州常山 C. trichotomum
uncinine 鹰爪花宁▲ 鹰爪花 Artabotrys hexapetalus
uncinoside A, B 翠云草苷 A, B 翠云草 Selaginella uncinata
undatuside A, B, C 量天尺苷▲A, B, C 量天尺 Hylocereus undatus
(6*Z*,8*E*)-undeca-6,8,10-trien-3-one (6*Z*,8*E*)- 十一碳 -6,8,10- 三烯 -3- 酮 挥发油成分，未统计基源
(6*Z*,8*E*)-undeca-6,8,10-trien-4-ol (6*Z*,8*E*)- 十一碳 -6,8,10- 三烯 -4- 醇 挥发油成分，未统计基源
(*E*,*E*)-2,4-undecadienal (*E*,*E*)-2,4- 十一碳二烯醛 挥发油成分，未统计基源
γ-undecalactone *γ*- 十一酸内酯 挥发油成分，未统计基源
undecanal 十一醛 挥发油成分，未统计基源
undecane 十一烷 挥发油成分，未统计基源
undecane-2-one 十四烷 -2- 酮 挥发油成分，未统计基源
(6-undecanoate-*β*-D-glucopyranosyl)-(1 → 1)-*α*-D-glucopyranoside (6- 十一酸酯 -*β*-D- 吡喃葡萄糖基)-(1 → 1)-*α*-D- 吡喃葡萄糖苷 肉果草 Lancea tibetica
undecanoic acid 十一酸 挥发油成分，未统计基源
1-undecanol 1- 十一醇 挥发油成分，未统计基源
undecanol 十一醇 挥发油成分，未统计基源
2-undecanone 2- 十一酮 挥发油成分，未统计基源
2-undecanone-10'-4(1*H*)-quinolone 2- 十一酮 -10'-4(1*H*)- 喹诺酮 波氏吴萸 Euodia ruticarpa var. bodinieri
(*Z*,*Z*,*Z*,*Z*,*Z*,*Z*,*Z*,*Z*,*E*,*E*)-undecaprenol (*Z*,*Z*,*Z*,*Z*,*Z*,*Z*,*Z*,*Z*,*E*,*E*)- 十一异戊烯醇 砂引草 Messerschmidia sibirica
(*E*)-2-undecenal (*E*)-2- 十一烯醛 挥发油成分，未统计基源
1-undecene 1- 十一烯 挥发油成分，未统计基源
(*Z*)-4-undecenoic acid (*Z*)-4- 十一烯酸 青藏大戟 Euphorbia altotibetica
10-undecenoic acid 10- 十一烯酸 鄂西香茶菜 Isodon henryi
undecenylphenanthrene 十一烯基菲 落地生根 Bryophyllum pinnatum
2-(*n*-undecyl)-4-quinolinone 2-(正十一烷基)-4- 喹啉酮 榆橘 Ptelea trifoliata
2-undecyl-4(1*H*)-quinolone 2- 十一烷基 -4(1*H*)- 喹诺酮 波氏吴萸 Euodia ruticarpa var. bodinieri, 芸香 Ruta graveolens
2-*n*-undecyl-4-quinolinone 2- 正十一烷基 -4- 喹啉酮 芸香 Ruta graveolens
undecyl-hexadecanoate 十六酸十一烷基酯 滇刺枣 Ziziphus mauritiana
undulatine 波叶尼润花碱▲ 西南文殊兰 Crinum latifolium
undulatoside A 波叶黄钟花苷▲A 蛇床 Cnidium monnieri, 沙生蜡菊 Helichrysum arenarium, 叉子圆柏 Juniperus sabina, 红芽大戟 Knoxia sumatrensis, 防风 Saposhnikovia divaricata
undulatoside B 波叶黄钟花苷▲B 水团花 Adina pilulifera
undulifoline 波叶鸡骨常山碱▲ 盆架树 Alstonia rostrata
unedoside 草莓树苷▲ 大花山牵牛 Thunbergia grandiflora
ungeremine 波斯石蒜胺 文殊兰 Crinum asiaticum var. sinicum, 玉簪 Hosta plantaginea, 韭莲 Zephyranthes grandiflora
unifloristerone 漏芦酮 漏芦 Stemmacantha uniflora

U

unonal 假番荔枝醛▲ 假鹰爪 Desmos chinensis, 大叶假鹰爪 D. grandifolius
unonal-7-methyl ether 假番荔枝醛▲-7- 甲醚 假鹰爪 Desmos chinensis
unranin 海滨柳穿鱼素▲ 海滨柳穿鱼 Linaria japonica
unranoside A 海滨柳穿鱼苷▲A 短筒兔耳草 Lagotis brevituba, 海滨柳穿鱼 Linaria japonica
unranoside B, C 海滨柳穿鱼苷▲B, C 海滨柳穿鱼 Linaria japonica
uplandicine 乌普兰聚合草碱▲ 蓝蓟 Echium vulgare
uplandicine-*N*-oxide 乌普兰聚合草碱▲-*N*- 氧化物 蓝蓟 Echium vulgare
uracil 尿嘧啶 植物基础成分，未统计基源
uracil glucoside 尿嘧啶葡萄糖苷 大叶藓 Rhodobryum roseum
uracil-5-*β*-D-fructofuranosyl-1'-monophosphate 尿嘧啶 -5-*β*-D- 呋喃果糖基 -1'- 单磷酸酯 鹰嘴豆 Cicer arietinum
uracil-5-*β*-D-ribofuranosyl-2',3'-cyclic monophosphate 尿嘧啶 -5-*β*-D- 呋喃核糖基 -2',3'- 环单磷酸酯 鹰嘴豆 Cicer arietinum
uralene 乌拉尔甘草素 甘草 Glycyrrhiza uralensis
uralenic acid 乌拉尔甘草酸 洋甘草 Glycyrrhiza glabra
uralenin 乌拉尔甘草宁 甘草 Glycyrrhiza uralensis
uralenneoside 乌拉尔甘草新苷 甘草 Glycyrrhiza uralensis
uralenol 乌拉尔甘草醇 构树 Broussonetia papyrifera, 甘草 Glycyrrhiza uralensis
uralenol-3-methylether 乌拉尔甘草醇 -3- 甲醚 甘草 Glycyrrhiza uralensis
uralsaponin A 乌拉尔甘草皂苷 A 胀果甘草 Glycyrrhiza inflata, 甘草 G. uralensis
uralsaponin B 乌拉尔甘草皂苷 B 胀果甘草 Glycyrrhiza inflata, 甘草 G. uralensis
uralsaponin C~F 乌拉尔甘草皂苷 C~F 甘草 Glycyrrhiza uralensis
uraphine 白蓝翠雀芬碱▲ 白蓝翠雀花 Delphinium albocoeruleum, 河南翠雀花 D. honanense
urariasinoside A 中华狸尾豆苷▲A 中华狸尾豆 Uraria sinensis
urenoside A 地桃花苷 A 地桃花 Urena lobata
uridine 尿苷 植物基础成分，未统计基源
uridine triacetate 尿苷三乙酸酯 大叶山蚂蝗 Desmodium gangeticum
urinaligran 叶下珠木脂素▲ 叶下珠 Phyllanthus urinaria
urinatetralin 叶下珠四氢萘▲ 叶下珠 Phyllanthus urinaria
(7*S*,8*R*)-urolignoside (7*S*,8*R*)- 川素馨木脂苷▲ 银线草 Chloranthus japonicus, 青兰 Dracocephalum ruyschiana, 山芝麻 Helicteres angustifolia, 红毒茴 Illicium lanceolatum
urolignoside 川素馨木脂苷▲ 臭椿 Ailanthus altissima, 番荔枝 Annona squamosa, 锡兰肉桂 Cinnamomum verum, 狭叶虎皮楠 Daphniphyllum angustifolium, 显脉香茶菜 Isodon nervosus, 川素馨 Jasminum urophyllum, 蜂斗菜 Petasites japonicus, 紫椴 Tilia amurensis
urolithin A 尿石素 A 蒲桃 Syzygium jambos, 欧菱 Trapa natans
urolithin B 尿石素 B 欧菱 Trapa natans
urophyllumol 尖叶木酚▲ 尖叶木 Urophyllum chinense
uroterpenol 尿萜醇▲ 臭冷杉 Abies nephrolepis
urs-12(13)-en-3-on-28-oic acid 熊果 -12(13)- 烯 -3- 酮 -28- 酸 枫香树 Liquidambar formosana
urs-12-en-27*α*,30-dioic acid-3-*O*-*α*-L-rhamnopyranosyl-(1→2)-*α*-L-arabinopyranoside 熊果 -12- 烯 -27*α*,30- 二羧酸 -3-*O*-*α*-L- 吡喃鼠李糖基 -(1→2)-*α*-L- 吡喃阿拉伯糖苷 钟形火焰树 Spathodea campanulata
urs-12-en-28-hydroxy-3*β*-*O*-palmitate 熊果 -12- 烯 -28- 羟基 -3*β*-*O*- 棕榈酸酯 蓝玉簪龙胆 Gentiana veitchiorum
3*β*-(formyloxy)-urs-12-en-28-oic acid 3*β*- 甲酰氧基 - 熊果 -12- 烯 -28- 酸 毛土连翘 Hymenodictyon orixense
urs-12-en-28-oic acid-3*β*-*O*-*β*-D-glucopyranoside 熊果 -12- 烯 -28- 酸 -3*β*-*O*-*β*-D- 吡喃葡萄糖苷 矮桃 Lysimachia clethroides
urs-12-en-2*β*,3*β*, 28-triol 熊果 -12- 烯 -2*β*,3*β*,28- 三醇 毛连菜 Picris hieracioides
urs-12-en-2*β*,3*β*,22*α*-triol 熊果 -12- 烯 -2*β*,3*β*, 22*α*- 三醇 毛连菜 Picris hieracioides
urs-12-en-3-*O*-9*E*,12*E*-octadecadienoate 熊果 -12- 烯 -3-*O*-9*E*,12*E*- 十八碳二烯酸酯 莲 Nelumbo nucifera
urs-12-en-3-ol 熊果 -12- 烯 -3- 醇 吴茱萸 Euodia ruticarpa, 气球果 Gomphocarpus physocarpus
urs-12-en-3*β*,11*β*,16*β*-triol-3-hexadecanoate 熊果 -12- 烯 -3*β*,11*β*,16*β*- 三醇 -3- 十六酸酯 川西小黄菊 Pyrethrum tatsienense
urs-12-en-3*β*,16*β*,21-triol 熊果 -12- 烯 -3*β*,16*β*,21- 三醇 金盏花 Calendula officinalis
urs-12-en-3*β*-ol 熊果 -12- 烯 -3*β*- 醇 裸花紫珠 Callicarpa nudiflora, 向日葵 Helianthus annuus
urs-12-en-3*β*-ol-29-oic acid 熊果 -12- 烯 -3*β*- 醇 -29- 酸 山香 Hyptis suaveolens
urs-12-en-3*β*-ol-acetate 熊果 -12- 烯 -3-*β*- 醇 - 乙酸酯 合欢 Albizia julibrissin
urs-12-en-3*β*-*O*-*β*-D-glucopyranoside 熊果 -12- 烯 -3*β*-*O*-*β*-D- 吡喃葡萄糖苷 矮桃 Lysimachia clethroides
urs-12-ene-2*α*,3*β*,28-triol 熊果 -12- 烯 -2*α*,3*β*,28- 三醇 大花紫薇 Lagerstroemia speciosa, 木犀 Osmanthus fragrans
urs-12-ene-2*α*,3*β*-diol 熊果 -12- 烯 -2*α*,3*β*- 二醇 华蟹甲 Sinacalia tangutica
urs-12-ene-3*β*,16*β*-diol 熊果 -12- 烯 -3*β*,16*β*- 二醇 金盏花 Calendula officinalis, 向日葵 Helianthus annuus
urs-12-ene-3*β*,22*β*-diol-17-carboxylic acid 熊果 -12- 烯 -3*β*,22*β*- 二醇 -17- 羧酸 假虎刺 Carissa spinarum
urs-12-ene-3*β*,28-diol 熊果 -12- 烯 -3*β*,28- 二醇 灰毛川木香 Dolomiaea souliei var. mirabilis, 黄花龙胆 Gentiana flavomaculata, 夏枯草 Prunella vulgaris
urs-12-ene-3*β*,28-diol-3*β*-palmitate 熊果 -12- 烯 -3*β*,28- 二醇 -3*β*- 棕榈酸酯 黄花龙胆 Gentiana flavomaculata
urs-12-ene-3*β*,30-diol 熊果 -12- 烯 -3*β*,30- 二醇 复盆子 Rubus idaeus

U

urs-14-en-3-ol-1-one 熊果 -14- 烯 -3- 醇 -1- 酮 黑龙骨 Periploca forrestii
urs-18βH-12,20(30)-dien-3β-yl acetate 熊果 -18βH-12,20(30)- 二烯 -3β- 乙酸酯 牛角瓜 Calotropis gigantea
urs-2,3-dihydroxy-12-en-28-oic acid 熊果 -2,3- 二羟基 -12- 烯 -28- 酸 木犀榄 Olea europaea
18α-H-urs-20(29)-en-3-one 18α-H- 熊果 -20(29)- 烯 -3- 酮 水麻 Debregeasia orientalis
urs-20(30)-en-3,12-diol 熊果 -20(30)- 烯 -3,12- 二醇 金盏花 Calendula officinalis
urs-20(30)en-3-ol acetate 熊果 -20(30) 烯 -3- 醇乙酸酯 气球果 Gomphocarpus physocarpus
(18α,19α)-urs-20(30)-en-3β-ol (18α,19α)- 熊果 -20(30)- 烯 -3β- 醇 向日葵 Helianthus annuus
18α,19βH-urs-20(30)-en-3β-ol 18α,19βH- 熊果烷 -20(30)- 烯 -3β- 醇 菜蓟 Cynara scolymus
urs-20,21-epoxy-3β-ol acetate 熊果 -20,21- 环氧 -3β- 醇乙酸酯 金盏花 Calendula officinalis
urs-20-en-12β-ol 熊果 -20- 烯 -12β- 醇 金盏花 Calendula officinalis
urs-20-en-30-al-3β,12β-dihydroxyl diacetate 熊果 -20- 烯 -30- 醛 -3β,12β- 二羟基二乙酸酯 金盏花 Calendula officinalis
urs-20-en-30-al-3β-hydroxyl acetate 熊果烷 -20- 烯 -30- 醛 -3β- 羟基乙酸酯 金盏花 Calendula officinalis
urs-20-en-3β-acetoxy-22α-ol 熊果 -20- 烯 -3β- 乙酰氧基 -22α- 醇 芜菁还阳参 Crepis napifera
urs-20-ene-3,16-diol diacetate 熊果 -20- 烯 -3,16- 二醇二乙酸酯 金盏花 Calendula officinalis
(18α,19α)-urs-20-ene-3β,16β-diol (18α,19α)- 熊果 -20- 烯 -3β,16β- 二醇 向日葵 Helianthus annuus
urs-20-ene-3β,22α-diol 熊果 -20- 烯 -3β,22α- 二醇 乳苣 Mulgedium tataricum
(18α,19α)-urs-20-ene-3β,30-diol (18α,19α)- 熊果 -20- 烯 -3β,30- 二醇 大耳叶风毛菊 Saussurea macrota
urs-3-one 熊果 -3- 酮 杧果 Mangifera indica
urs-3β,11β-ene-diol 熊果 -3β,11β- 烯 - 二醇 少花风毛菊 Saussurea oligantha
urs-3β,13α,18β-triol 熊果 -3β,13α,18β- 三醇 灰毛川木香 Dolomiaea souliei var. mirabilis
urs-9(11),12-dien-3β-ol 熊果 -9(11),12- 二烯 -3β- 醇 啤酒花 Humulus lupulus, 少花风毛菊 Saussurea oligantha
urs-9(11),12-dien-3β-ol acetate 熊果 -9(11),12- 二烯 -3β- 醇乙酸酯 水同木 Ficus fistulosa
urs-9(11),12-dien-3β-yl palmitate 熊果 -9(11),12- 二烯 -3β- 棕榈酸酯 少花风毛菊 Saussurea oligantha
ursa-12,18-dien-28-oic acid-3-O-β-D-arabinopyranoside 熊果 -12,18- 二烯 -28- 酸 -3-O-β-D- 吡喃阿拉伯糖苷 秤星树 Ilex asprella
ursa-12-en-3β-heptadecanoate 熊果 -12- 烯 -3β- 十七酸酯 地胆草 Elephantopus scaber
ursa-12-ene-11-one-3-ol-octoeosate 熊果 -12- 烯 -11- 酮 -3- 醇 - 二十八酸酯 筒鞘蛇菰 Balanophora involucrata
ursa-9(11),12-dien-3-one 熊果 -9(11),12- 二烯 -3- 酮 绿玉树 Euphorbia tirucalli
ursa-9(11):12-dien-3β-ol 熊果 -9(11):12- 二烯 -3β- 醇 斑地锦 Euphorbia maculata
12,20(30)-ursa-dien-3α-ol 12,20(30)- 熊果 - 二烯 -3α- 醇 榕树 Ficus microcarpa
ursan-12,20(30)-dien-3β,28-diol 熊果 -12,20(30)- 二烯 -3β,28- 二醇 中华小苦荬 Ixeridium chinense
ursan-3α,11β-diol-3-O-α-D-glucopyranosyl-(6'→1'')-α-D-glucopyranosyl-(6''→1''')-α-D-glucopyranosyl-(6'''→1'''')-α-D-glucopyranoside 熊果 -3α,11β- 二醇 -3-O-α-D- 吡喃葡萄糖基 -(6'→1'')-α-D- 吡喃葡萄糖基 -(6''→1''')-α-D- 吡喃葡萄糖基 -(6'''→1'''')-α-D- 吡喃葡萄糖苷 人参 Panax ginseng
ursan-3β,19α,22β-triol-3-O-β-D-glucopyranosyl-(2'→1'')-β-D-glucopyranoside 熊果 -3β,19α,22β- 三醇 -3-O-β-D- 吡喃葡萄糖基 -(2'→1'')-β-D- 吡喃葡萄糖苷 人参 Panax ginseng
ursane 熊果烷 留兰香 Mentha spicata
ursane-9(11),12-dien-1β,3β-diol-3-palmitate 熊果 -9(11),12- 二烯 -1β,3β- 二醇 -3- 棕榈酸酯 乌苏里风毛菊 Saussurea ussuriensis
ursanic acid 熊果尼酸▲ 岛衣 Cetraria islandica
12-ursen-3-one 12- 熊果烯 -3- 酮 白背叶 Mallotus apelta
12-ursene-3,28-diol 12- 熊果烯 -3,28- 二醇 枸骨 Ilex cornuta
ursolaldehyde; ursolic aldehyde 熊果醛 凌霄 Campsis grandiflora, 榅桲 Cydonia oblonga, 龙血藤 Daemonorops draco, 蓬子菜 Galium verum, 红花龙胆 Gentiana rhodantha, 两头毛 Incarvillea arguta, 青海刺参 Morina kokonorica, 木犀 Osmanthus fragrans, 华钩藤 Uncaria sinensis, 黑果越桔 Vaccinium myrtillus
ursolic acid 熊果酸 常见成分，至少分布于 100 种以上植物中
ursolic acid acetate 熊果酸乙酸酯 木紫珠 Callicarpa arborea, 香果树 Emmenopterys henryi, 毛叶香茶菜 Isodon japonicus, 小果珍珠花 Lyonia ovalifolia var. elliptica, 白背叶 Mallotus apelta, 马醉木 Pieris japonica, 蒙古栎 Quercus mongolica, 髯花杜鹃 Rhododendron anthopogon, 蔓荆 Vitex trifolia
ursolic acid ethyl ester 熊果酸乙酯 金银忍冬 Lonicera maackii
ursolic acid galactoside 熊果酸半乳糖苷 商陆 Phytolacca acinosa
ursolic acid lactone 熊果酸内酯 枇杷 Eriobotrya japonica, 桉 Eucalyptus robusta, 细叶桉 E. tereticornis, 海滨木巴戟 Morinda citrifolia, 直立黄钟花 Tecoma stans, 厚皮香 Ternstroemia gymnanthera, 马鞭草 Verbena officinalis
α-ursolic acid methyl ester α- 熊果酸甲酯 女贞 Ligustrum lucidum
ursolic acid methyl ester 熊果酸甲酯 木紫珠 Callicarpa arborea, 山茱萸 Cornus officinalis
ursolic acid-28-O-β-D-glucopyranoside 熊果酸 -28-O-β-D- 吡喃葡萄糖苷 硬毛地笋 Lycopus lucidus var. hirtus
ursolic acid-3-O-acetate 熊果酸 -3-O- 乙酸酯 大叶冬青 Ilex latifolia, 黑桑 Morus nigra
ursolic acid-3-O-behenate 熊果酸 -3- 山嵛酸酯 木瓜 Chaenomeles sinensis
ursolic acid-3-O-caffeate 熊果酸 -3-O- 咖啡酸酯 毛杨梅 Myrica esculenta
ursolic acid-3-O-α-L-rhamnopyranosyl-(1→2)-O-α-L-arabinopyranoside-28-O-α-L-rhamnopyranosyl-(1→4)-O-β-D-glucopyranosyl-(1→6)-O-β-D-glucopyranosyl ester 熊果酸 3-O-α-L- 吡喃鼠李糖基 -(1→2)-O-α-L- 吡喃阿拉伯糖苷 28-O-α-L- 吡喃鼠李糖基 -(1→4)-O-β-D- 吡

U

喃葡萄糖基 -(1 → 6)-*O*-*β*-D- 吡喃葡萄糖基酯 多蕊木 Heptapleurum calyptratum
ursomyricerone 熊果杨梅酮▲ 水红木 Viburnum cylindricum
ursonic acid 熊果酮酸 毛土连翘 Hymenodictyon orixense, 杨梅 Myrica rubra
urticaside A, B 荨麻苷▲A, B 三角叶荨麻 Urtica triangularis
urticene 荨麻烯▲ 滇藏荨麻 Urtica mairei
urticol 荨麻醇▲ 滇藏荨麻 Urtica mairei
usaramine 光萼猪屎豆碱▲ 圆叶猪屎豆 Crotalaria incana, 白子菜 Gynura divaricata
uscharidin 白花牛角瓜定▲ 马利筋 Asclepias curassavica, 牛角瓜 Calotropis gigantea
uscharin; uscharine 白花牛角瓜灵▲ 马利筋 Asclepias curassavica, 牛角瓜 Calotropis gigantea
usenamine A~F 松萝胺 A~F 长松萝 Usnea longissima
(-)-ushinsunine (-)- 黄心树宁碱 白兰 Michelia × alba, 黄兰 M. champaca, 台湾含笑 M. compressa
ushinsunine 黄心树宁碱 白兰 Michelia × alba, 黄兰 M. champaca, 台湾含笑 M. compressa, 地不容 Stephania epigaea
(+)-ushinsunine-*β*-*N*-oxide (+)- 黄心树宁碱 -*β*-*N*- 氧化物 依兰 Cananga odorata
usitatissimin A 亚麻明▲A 亚麻 Linum usitatissimum
(+)-usnic acid (+)- 松萝酸 雀石蕊 Cladonia stellaris, 山辣子皮 Daphne papyracea var. crassiuscula, 卫矛 Euonymus alatus, 柔扁枝衣 Evernia divaricata, 扁枝衣 E. mesomorpha, 长松萝 Usnea longissima, 深红松萝 U. rubicunda
usnic acid 松萝酸 金黄树发 Alectoria ochroleuca, 岛衣 Cetraria islandica, 粉缘斑叶 Cetrelia cetrarioides, 黑穗石蕊 Cladonia amaurocraea, 瘦柄石蕊 C. macilenta, 软石蕊 C. mitis, 粉杯红石蕊 C. pleurota, 卫矛 Euonymus alatus, 柔扁枝衣 Evernia divaricata, 皱黄卷岛衣 Flavocetraria cucullata, 皱梅衣 Flavoparmelia caperata, 金丝刷 Lethariella cladonioides, 皮革肾岛衣 Nephromopsis pallescens, 红盘衣 Ophioparma ventosa, 石梅衣 Parmelia saxatilis, 肉刺树花 Ramalina roesleri, 中国树花 R. sinensis, 雪地茶衣 Thamnolia subuliformis, 红腹石耳衣 Umbilicaria hypococcinea
usone 松萝酮 长松萝 Usnea longissima
ussuriedine 乌苏里贝母定▲ 平贝母 Fritillaria ussuriensis
ussuriedinone 乌苏里贝母定酮▲ 平贝母 Fritillaria ussuriensis
ussurienine 乌苏里贝母碱▲ 平贝母 Fritillaria ussuriensis
ussurienone 乌苏里贝母酮▲ 平贝母 Fritillaria ussuriensis
ussurienoside I 雀斑党参苷▲I 雀斑党参 Codonopsis ussuriensis
ustalic acid 褐黑口蘑酸▲ 褐黑口蘑 Tricholoma ustale
ustilaginoidin A~J 绿核菌素▲A~J 稻绿核菌 Ustilaginoidea virens
ustiloxin A~F 绿核菌辛▲A~F 稻绿核菌 Ustilaginoidea virens
utendin 厚果草缩宫素▲ 萝藦 Metaplexis japonica
utililactone 青刺果酮▲ 扁核木 Prinsepia utilis
uttronin A, B 龙葵洛苷 A, B 龙葵 Solanum nigrum
uttroside A 龙葵皂苷 A 龙葵 Solanum nigrum
uttroside B 龙葵皂苷 B 晚香玉 Polianthes tuberosa, 龙葵 Solanum nigrum, 蒺藜 Tribulus terrestris
uvacalol A~K 刺果紫玉盘醇▲A~K 刺果紫玉盘 Uvaria calamistrata
uvamalol G 大叶紫玉盘洛醇▲G 紫玉盘 Uvaria microcarpa
uvangoletin 安哥拉紫玉盘素▲ 草珊瑚 Sarcandra glabra, 洋蒲桃 Syzygium samarangense
uvaol 熊果醇 较常见成分，至少分布于 30 种以上植物中，见于翅子藤科、唇形科、大戟科、冬青科、杜鹃花科、杜仲科、胡颓子科、夹竹桃科、菊科、苦木科、龙胆科、鹿蹄草科、马鞭草科、马钱科、木犀科、蔷薇科、忍冬科、桑科、山茱萸科、柿科、芸香科等
uvaol-3-*O*-acetate 熊果醇 -3-*O*- 乙酸酯 大叶冬青 Ilex latifolia
uvaol-3-*O*-palmitate 熊果醇 -3-*O*- 棕榈酸酯 龙胆 Gentiana scabra
uvaol-3-palmitate 熊果醇 -3- 棕榈酸酯 玉山双蝴蝶 Tripterospermum lanceolatum
uvariamicin I 紫玉盘米辛▲I 圆滑番荔枝 Annona glabra, 番荔枝 A. squamosa
uvariamicin II 紫玉盘米辛▲II 圆滑番荔枝 Annona glabra, 番荔枝 A. squamosa
uvariamicin III 紫玉盘米辛▲III 圆滑番荔枝 Annona glabra, 牛心番荔枝 A. reticulata, 番荔枝 A. squamosa
uvarigrandin A 大花紫玉盘定▲A 番荔枝 Annona squamosa, 山椒子 Uvaria grandiflora
uvarigranin 大花紫玉盘宁▲ 刺果紫玉盘 Uvaria calamistrata, 山椒子 U. grandiflora
uvarigranol A~J 大花紫玉盘醇 A~J 山椒子 Uvaria grandiflora
uvarigranone A~D 大花紫玉盘醇酮▲A~D 山椒子 Uvaria grandiflora
uvarigrin 大花紫玉盘素 刺果紫玉盘 Uvaria calamistrata, 山椒子 U. grandiflora
uvarilactam 紫玉盘内酰胺 紫玉盘 Uvaria microcarpa
uzarigenin 波叶刚毛果苷元▲ 马利筋 Asclepias curassavica, 牛角瓜 Calotropis gigantea, 钉头果 Gomphocarpus fruticosus, 白楸 Mallotus paniculatus, 翅果藤 Myriopteron extensum
uzarigenin-3*β*-sophoroside 波叶刚毛果苷元▲-3*β*- 槐糖苷 钉头果 Gomphocarpus fruticosus
uzarigenin-*β*-cellobioside 波叶刚毛果苷元▲-*β*- 纤维二糖苷 钉头果 Gomphocarpus fruticosus
uzarigenin-*β*-D-gentiobiosyl-(1 → 4)-*α*-L-thevetoside 波叶刚毛果苷元▲-*β*-D- 龙胆二糖基 -(1 → 4)-*α*-L- 黄花夹竹桃糖苷 黄花夹竹桃 Thevetia peruviana
uzarigenin-*β*-D-glucosyl-(1 → 4)-*α*-L-thevetoside 波叶刚毛果苷元▲-*β*-D- 葡萄糖基 -(1 → 4)-*α*-L- 黄花夹竹桃糖苷 黄花夹竹桃 Thevetia

U

peruviana
uzarin 波叶刚毛果苷▲ 马利筋 Asclepias curassavica

V

V_1 iridoid V_1 环烯醚萜 蓬子菜 Galium verum
V_2 iridoid V_2 环烯醚萜 蓬子菜 Galium verum
V_3 iridoid V_3 环烯醚萜 蓬子菜 Galium verum
vaccarin 麦蓝菜灵▲ 麦蓝菜 Vaccaria hispanica
vaccariside A~E 麦蓝菜苷▲A~E 麦蓝菜 Vaccaria hispanica
vaccaroside A 麦蓝菜洛苷▲A 石竹 Dianthus chinensis, 日本石竹 D. japonicus, 麦蓝菜 Vaccaria hispanica
vaccaroside B, E~H 麦蓝菜洛苷▲B, E~H 麦蓝菜 Vaccaria hispanica
vaccaroside C 麦蓝菜洛苷▲C 石竹 Dianthus chinensis, 麦蓝菜 Vaccaria hispanica
vaccaroside D 麦蓝菜洛苷▲D 日本石竹 Dianthus japonicus, 肥皂草 Saponaria officinalis, 麦蓝菜 Vaccaria hispanica
vaccegoside A~D 麦蓝菜勾苷▲A~D 麦蓝菜 Vaccaria hispanica
vaccenic acid 牛脂烯酸▲ 角叉菜 Chondrus ocellatus, 无刺枣 Ziziphus jujuba var. inermis
cis-15-vaccenic acid 顺式 -15- 牛脂烯酸▲ 沙蓬 Agriophyllum squarrosum, 南瓜 Cucurbita moschata
cis-vaccenic acid 顺式 - 牛烯酸 挥发油成分，未统计基源
cis-15-vaccenic acid methyl ester 顺式 -15- 牛脂烯酸▲甲酯 南瓜 Cucurbita moschata
vaccihein A 阿什越桔素▲A 巴东过路黄 Lysimachia patungensis
vacciniin 越桔酯 斯里兰卡天料木 Homalium ceylanicum, 密花远志 Polygala tricornis
vaccinoside 越桔苷▲ 柳叶假木荷 Craibiodendron henryi, 南烛 Vaccinium bracteatum
vaccinperoxypyran 越橘过氧吡喃▲ 小叶马蹄香 Asarum ichangense
vacciuligin A, B 笃斯越桔素▲A, B 笃斯越桔 Vaccinium uliginosum
vachanic acid 瓦罕蒿酸▲ 臭蒿 Artemisia hedinii
vaganine A 大叶清香桂碱 A 板凳果 Pachysandra axillaris, 海南野扇花 Sarcococca vagans
vaganine B 大叶清香桂碱 B 双蕊野扇花 Sarcococca hookeriana var. digyna, 海南野扇花 S. vagans
vaganine C 大叶清香桂碱 C 海南野扇花 Sarcococca vagans
vaginadine 聚叶花葶乌头定▲ 聚叶花葶乌头 Aconitum scaposum var. vaginatum
vaginaline 聚叶花葶乌头灵▲ 聚叶花葶乌头 Aconitum scaposum var. vaginatum
vaginatin 鞘亮蛇床素▲ 明党参 Changium smyrnioides
vaginatine 聚叶花葶乌头碱▲ 聚叶花葶乌头 Aconitum scaposum var. vaginatum
vaginidin 鞘亮蛇床定▲ 紫花前胡 Angelica decursiva
vaginidiol diacetate 叶鞘二醇二乙酸酯 雪莲花 Saussurea involucrata
vaginol 鞘亮蛇床醇▲ 见血封喉 Antiaris toxicaria
valafolone 缬草酰酸模叶蓼酮▲ 酸模叶蓼 Polygonum lapathifolium
valamin 炔己蚁胺 三色堇 Viola tricolor
valenc-1(10)-ene-2,8,11-triol 2,8,11- 三羟基 -1(10)- 瓦伦西亚橘烯 阔苞菊 Pluchea indica
valenc-1(10)-ene-8,11-diol 8,11- 二羟基 -1(10)- 瓦伦西亚橘烯 阔苞菊 Pluchea indica
valencene 瓦伦西亚橘烯 挥发油成分，未统计基源
valencic acid 瓦伦西亚橘酸▲ 木橘 Aegle marmelos, 马蜂橙 Citrus hystrix, 葡萄柚 C. paradisi
valeranone 缬草酮 甘松 Nardostachys jatamansi, 缬草 Valeriana officinalis, 小缬草 V. tangutica
valerenal 缬草烯醛 挥发油成分，未统计基源
valerenic acid 缬草烯酸 缬草 Valeriana officinalis
valerenol 缬草烯醇 挥发油成分，未统计基源
(*E*)-valerenyl acetate (*E*)- 缬草烯醇乙酸酯 缬草 Valeriana officinalis
(*Z*)-valerenyl acetate (*Z*)- 缬草烯醇乙酸酯 缬草 Valeriana officinalis
valerenyl hexanoate 缬草烯醇己酸酯 缬草 Valeriana officinalis
(*E*)-valerenyl isovalerate (*E*)- 缬草烯醇异戊酸酯 缬草 Valeriana officinalis
(*Z*)-valerenyl isovalerate (*Z*)- 缬草烯醇异戊酸酯 缬草 Valeriana officinalis
valerenyl valerate 缬草烯醇戊酸酯 缬草 Valeriana officinalis
valerananoid A, B, C 缬草萜▲A, B, C 蜘蛛香 Valeriana jatamansi
valeriandoid A, B, C 蜘蛛香萜▲A, B, C 蜘蛛香 Valeriana jatamansi
valerianine 缬草碱 缬草 Valeriana officinalis
valerianol 缬草醇 挥发油成分，未统计基源
valeric acid 缬草酸 毛鞘茅香 Hierochloe odorata f. pubescens, 烟草 Nicotiana tabacum
valerilactone A, B 蜘蛛香内酯▲A, B 蜘蛛香 Valeriana jatamansi
valeriotetrate A 缬草醚萜四酯▲A 蜘蛛香 Valeriana jatamansi
valeriotriate A 缬草醚萜三酯▲A 蜘蛛香 Valeriana jatamansi

valeriotriate B 缬草醚萜三酯▲B 蜘蛛香 Valeriana jatamansi, 缬草 V. officinalis

γ-valerolactone γ- 缬草内酯 挥发油成分，未统计基源

valerosidate 缬草苦苷 蜘蛛香 Valeriana jatamansi

validene-4,5-dihydrophthalide 缬草烯 -4,5- 二氢苯酞 挥发油成分，未统计基源

L-valine L- 缬氨酸 植物基础成分，未统计基源

valine 缬氨酸 植物基础成分，未统计基源

valine-betaxanthin 缬氨酸 - 甜菜黄素 厚皮菜 Beta vulgaris var. cicla

vallapianin 瓦拉银叶树宁▲ 银叶树 Heritiera littoralis

vallapin 瓦拉银叶树素▲ 银叶树 Heritiera littoralis

vallarisoside 纽子花索苷▲ 纽子花 Vallaris solanacea

vallaroside 纽子花洛苷▲ 纽子花 Vallaris solanacea

vallarosolanoside 纽子花诺苷▲ 纽子花 Vallaris solanacea

vallarotoxin 铃兰甾毒苷▲ 铃兰 Convallaria majalis

vallesamine 河谷木胺▲ 糖胶树 Alstonia scholaris, 伞房狗牙花 Tabernaemontana corymbosa, 狗牙花 T. divaricata, 平脉狗牙花 T. pandacaqui

vallesamine-17-*O*-acetate 河谷木胺▲-17-*O*- 乙酸酯 平脉狗牙花 Tabernaemontana pandacaqui

vallesamine-N^b-oxide 河谷木胺▲-N^b- 氧化物 糖胶树 Alstonia scholaris

vallesiachotamine 二岐河谷木胺▲ 盆架树 Alstonia rostrata, 水甘草 Amsonia elliptica, 蓬莱葛 Gardneria multiflora, 腋花山橙 Melodinus axillaris, 团花 Neolamarckia cadamba, 萝芙木 Rauvolfia verticillata, 钩藤 Uncaria rhynchophylla, 蔓长春花 Vinca major, 小蔓长春花 V. minor

vallesiachotamine lactone 二岐河谷木胺内酯▲ 蔓长春花 Vinca major

valoneic acid dilactone 橡碗酸二内酯 牛奶子 Elaeagnus umbellata, 柳叶菜 Epilobium hirsutum, 大花紫薇 Lagerstroemia speciosa, 丁香 Syzygium aromaticum

valoneic acid dilactone methyl ester 橡碗酸二内酯甲酯 月见草 Oenothera biennis

valoneic dilactone dioxin 橡碗酸二内酯二氧杂芑 柳叶菜 Epilobium hirsutum

4,6-(*S*)-valoneoyl-D-glucopyranose 4,6-(*S*)- 橡椀酰基 -D- 吡喃葡萄糖 日本桤木 Alnus japonica

valtrate; valepotriate 缬草三酯 黑水缬草 Valeriana amurensis, 蜘蛛香 V. jatamansi, 缬草 V. officinalis

L-valyl-L-alanine anhydride L- 缬氨酰 -L- 丙氨酸酐 虎掌 Pinellia pedatisecta

L-valyl-L-leucine anhydride L- 缬氨酰 -L- 亮氨酸酐 虎掌 Pinellia pedatisecta

L-valyl-L-tyrosine L- 缬氨酰 -L- 酪氨酸 虎掌 Pinellia pedatisecta

L-valyl-L-valine L- 缬氨酰 -L- 缬氨酸 虎掌 Pinellia pedatisecta

L-valyl-L-valine anhydride L- 缬氨酰 -L- 缬氨酸酐 虎掌 Pinellia pedatisecta

vamonolide 苦蘵瓦莫内酯▲ 苦蘵 Physalis angulata

vanadium bromoperoxidase 钒溴过氧化物酶 植物基础成分，未统计基源

vandrikine 万德利碱 伞房狗牙花 Tabernaemontana corymbosa

vanicoside A 宾西法尼亚蓼苷▲A 水蓼 Polygonum hydropiper, 杠板归 P. perfoliatum

vanicoside B 宾西法尼亚蓼苷▲B 水蓼 Polygonum hydropiper, 酸模叶蓼 P. lapathifolium, 杠板归 P. perfoliatum

vanicoside C 宾西法尼亚蓼苷▲C 杠板归 Polygonum perfoliatum

vanicoside E 宾西法尼亚蓼苷▲E 水蓼 Polygonum hydropiper

vanicoside F 宾西法尼亚蓼苷▲F 杠板归 Polygonum perfoliatum

vanillic acid 香荚兰酸 挥发油成分，未统计基源

vanillic acid hexose ester 香荚兰酸己糖酯 刺葡萄 Vitis davidii

vanillic acid methyl ester 香荚兰酸甲酯 挥发油成分，未统计基源

vanillic acid-1-*O*-[*β*-D-apiofuranosyl-(1 → 6)-*β*-D-glucopyranoside]ester 香荚兰酸 -1-*O*-[*β*-D- 呋喃芹糖基 -(1 → 6)-*β*-D- 吡喃葡萄糖苷] 酯 珊瑚菜 Glehnia littoralis

vanillic acid-4-glucopyranoside 香荚兰酸 -4- 吡喃葡萄糖苷 花椒 Zanthoxylum bungeanum

vanillic acid-4-*O*-neohesperidoside 香荚兰酸 -4-*O*- 新橙皮糖苷 矮桃 Lysimachia clethroides, 檀香 Santalum album

vanillic acid-4-*O*-*α*-L-rhamnopyranoside 香荚兰酸 -4-*O*-*α*-L- 吡喃鼠李糖苷 厚朴 Houpoëa officinalis

vanillic acid-4-*O*-*β*-D-(2-*O*-*E*-*p*-coumaroyl)-glucopyranoside 香荚兰酸 -4-*O*-*β*-D-(2-*O*- 反式 - 对香豆酰基)- 吡喃葡萄糖苷 矮桃 Lysimachia clethroides

vanillic acid-4-*O*-*β*-D-(6'-*O*-*trans*-sinapoyl)glucopyranoside 香荚兰酸 -4-*O*-*β*-D-(6'-*O*- 反式 - 芥子酰基) 吡喃葡萄糖苷 栀子 Gardenia jasminoides

vanillic acid-4-*O*-*β*-*D*-allopyranoside 香荚兰酸 -4-*O*-*β*-D- 吡喃阿洛糖苷 甘青乌头 Aconitum tanguticum, 合蕊五味子 Schisandra propinqua

vanillic acid-4-*O*-*β*-D-glucopyranoside 香荚兰酸 -4-*O*-*β*-D- 吡喃葡萄糖苷 海榄雌 Avicennia marina, 猪肚木 Canthium horridum, 明党参 Changium smyrnioides, 珊瑚菜 Glehnia littoralis, 铁冬青 Ilex rotunda, 海滨木巴戟 Morinda citrifolia, 朝鲜白头翁 Pulsatilla cernua, 旱柳 Salix matsudana

vanillic acid-4-*O*-*β*-D-glucoside 香荚兰酸 -4-*O*-*β*-D- 葡萄糖苷 槲蕨 Drynaria roosii

vanillic acid-*β*-D-glucopyranoside 香荚兰酸 -*β*-D- 吡喃葡萄糖苷 欧洲李 Prunus domestica

vanillic acid-*β*-D-glucopyranosyl ester 香草酸 -*β*-D- 吡喃葡萄糖基酯苷 缩砂密 Amomum villosum var. xanthioides

vanillic acid-*β*-glucoside 香荚兰酸 -*β*- 葡萄糖苷 金钱松 Pseudolarix amabilis

V

vanillic alcohol; vanillin alcohol; vanillyl alcohol 香荚兰醇 挥发油成分，未统计基源
vanillic aldehyde 香荚兰醛 楝 Melia azedarach
p-vanillin 对香荚兰素 川黄檗 Phellodendron chinense
vanillin 香荚兰素 挥发油成分，未统计基源
vanillin lactoside 香荚兰素乳糖苷 杠柳 Periploca sepium
vanilloloside 香荚兰醇苷▲ 木通 Akebia quinata, 杜鹃兰 Cremastra appendiculata, 细茎石斛 Dendrobium moniliforme, 粗茎秦艽 Gentiana crassicaulis, 红花龙胆 G. rhodantha, 小连翘 Hypericum erectum, 栀子皮 Itoa orientalis, 莲 Nelumbo nucifera, 黄檗 Phellodendron amurense, 茴芹 Pimpinella anisum, 草珊瑚 Sarcandra glabra, 空桶参 Soroseris erysimoides
vanilloside 香荚兰甘▲ 蓬子菜 Galium verum
vanilloyl-1-*O*-*β*-D-glucoside 香荚兰酰基 -1-*O*-*β*-D- 葡萄糖苷 甘蔗 Saccharum officinarum
vanilloylcalleryanin 香荚兰酰鹿梨苷 豆梨 Pyrus calleryana
vanilloylrhamnopyranoside 香荚兰酰吡喃鼠李糖酯苷 地黄 Rehmannia glutinosa
6'''-vanilloylspinosin 6'''- 香荚兰酰酸枣素▲ 滇刺枣 Ziziphus mauritiana
vanilloyl-*β*-D-(2'-*O*-*p*-hydroxybenzoyl)-glucopyranoside 香荚兰酰 -*β*-D-(2'-*O*- 对羟基苯甲酰)- 吡喃葡萄糖苷 单叶蔓荆 Vitex trifolia subsp. litoralis
vanilloyl-*β*-D-glucose 香荚兰酰基 -*β*-D- 葡萄糖 见血封喉 Antiaris toxicaria
vanillyl alcohol-4-*O*-*β*-D-glucopyranoside 香荚兰醇 -4-*O*-*β*-D- 吡喃葡萄糖苷 阴行草 Siphonostegia chinensis
vanillyl ethyl ether 香荚兰基乙醚 越南香荚兰 Vanilla annamica
vanillyl formate 香荚兰醇甲酸酯 挥发油成分，未统计基源
vanillyl methyl ether 香荚兰基甲醚 越南香荚兰 Vanilla annamica
vanillylacetone 香荚兰基丙酮 药用大黄 Rheum officinale
(*R*)-(+)-vanillyl-*γ*-buturolactone (*R*)-(+)- 香荚兰基 -*γ*- 丁内酯 丁座草 Boschniakia himalaica
(+)-vanuatine (+)- 瓦努阿图莲叶桐碱▲ 莲叶桐 Hernandia nymphaeifolia
variegatic acid 斑乳牛肝菌酸▲ 黄粉末牛肝菌 Pulveroboletus ravenelii, 乳牛肝菌 Suillus bovinus, 点柄乳牛肝菌 S. granulatus
variegatorubin 斑乳牛肝菌红素▲ 黄粉末牛肝菌 Pulveroboletus ravenelii, 点柄乳牛肝菌 Suillus granulatus
varv A 野堇菜环肽▲A 香堇菜 Viola odorata, 紫花地丁 V. philippica, 三色堇 V. tricolor
varv D, F, H, He, Hm 野堇菜环肽▲D, F, H, He, Hm 三色堇 Viola tricolor
varv E 野堇菜环肽▲E 紫花地丁 Viola philippica, 三色堇 V. tricolor
(±)-vasicine (±)- 鸭嘴花碱 多裂骆驼蓬 Peganum multisectum
vasicine 鸭嘴花碱 鸭嘴花 Justicia adhatoda, 骆驼蓬 Peganum harmala, 多裂骆驼蓬 P. multisectum, 骆驼蒿 P. nigellastrum, 黄花稔 Sida acuta, 心叶黄花稔 S. cordifolia
vasicine acetate 鸭嘴花碱乙酸酯 鸭嘴花 Justicia adhatoda
vasicinol 鸭嘴花酚碱 鸭嘴花 Justicia adhatoda, 心叶黄花稔 Sida cordifolia
(-)-vasicinone (-)- 鸭嘴花酮碱 多裂骆驼蓬 Peganum multisectum
(±)-vasicinone (±)- 鸭嘴花酮碱 多裂骆驼蓬 Peganum multisectum
dl-vasicinone *dl*- 鸭嘴花酮碱 大白刺 Nitraria roborowskii
L-vasicinone L- 鸭嘴花酮碱 小果白刺 Nitraria sibirica, 多裂骆驼蓬 Peganum multisectum
vasicinone 鸭嘴花酮碱 鸭嘴花 Justicia adhatoda, 骆驼蓬 Peganum harmala, 多裂骆驼蓬 P. multisectum, 骆驼蒿 P. nigellastrum, 心叶黄花稔 Sida cordifolia
vasicol 鸭嘴花醇碱 鸭嘴花 Justicia adhatoda
vasicoline 鸭嘴花林碱 鸭嘴花 Justicia adhatoda
vasicolinone 鸭嘴花林酮碱 鸭嘴花 Justicia adhatoda
(+)-vateamine (+)- 埃法特莲叶桐胺▲ 莲叶桐 Hernandia nymphaeifolia
(+)-vateamine-2'-*β*-*N*-oxide (+)- 埃法特莲叶桐胺▲-2'-*β*-*N*- 氧化物 莲叶桐 Hernandia nymphaeifolia
v-cadiene *v*- 杜松烯 挥发油成分，未统计基源
VE-1 展枝斑鸠菊苦素 -1 展枝斑鸠菊 Vernonia extensa
VE-2 展枝斑鸠菊苦素 -2 展枝斑鸠菊 Vernonia extensa
(-)-velbanamine (-)- 长春碱裂胺▲ 药用狗牙花 Tabernaemontana bovina
velin 金针菇灵▲ 金针菇 Flammulina velutipes
vellein 威勒花素▲ 旱芹 Apium graveolens
velleral 绒白乳菇醛 绒白乳菇 Lactarius vellereus
velleratretraol 绒白乳菇四醇▲ 绒白乳菇 Lactarius vellereus
vellerdiol 绒白乳菇二醇 挥发油成分，未统计基源
vellerol 绒白乳菇醇 绒白乳菇 Lactarius vellereus
vellosimine 维氏叠籽木胺▲ 鸡骨常山 Alstonia yunnanensis, 萝芙木 Rauvolfia verticillata
vellosiminol 维氏叠籽木醇▲ 鸡骨常山 Alstonia yunnanensis
velucryptine 锈毛厚壳桂碱▲ 莲 Nelumbo nucifera
velutabularin A~J 毛麻楝灵▲A~J 毛麻楝 Chukrasia tabularis var. velutina
velutin 毡毛美洲茶素 细裂叶莲蒿 Artemisia gmelinii, 广东紫珠 Callicarpa kwangtungensis, 芫花 Daphne genkwa, 灯心草 Juncus effusus,

鼠麹雪兔子 Saussurea gnaphalodes
velutinalide A, B 毛麻楝萜内酯 A, B 毛麻楝 Chukrasia tabularis var. velutina
velutinam 绒毛哥纳香内酰胺▲ 紫玉盘 Uvaria microcarpa
velutinoside III 绒毛欧夏至草苷▲III 绵参 Eriophyton wallichii
venacarpine A, B 毒鸡骨常山卡品▲A, B 红花蕊木 Kopsia fruticosa
venalstonidine 毒鸡骨常山定▲ 尖山橙 Melodinus fusiformis, 川山橙 M. hemsleyanus, 雷打果 M. yunnanensis
venalstonine 毒鸡骨常山碱▲ 羊角棉 Alstonia mairei, 奶子藤 Bousigonia mekongensis, 红花蕊木 Kopsia fruticosa, 尖山橙 Melodinus fusiformis, 川山橙 M. hemsleyanus, 山橙 M. suaveolens, 薄叶山橙 M. tenuicaudatus
venoterpine 毒鸡骨常山萜碱▲ 土坛树 Alangium salviifolium, 喜树 Camptotheca acuminata, 川续断 Dipsacus asperoides, 忍冬 Lonicera japonica, 萝芙木 Rauvolfia verticillata, 华马钱 Strychnos cathayensis
venoterpine glucoside 毒鸡骨常山萜碱▲糖苷 糖胶树 Alstonia scholaris
ventilagolin 翼核果素 翼核果 Ventilago leiocarpa
ventilagoxanthobinoside 翼核果呫酮二糖苷 翼核果 Ventilago leiocarpa
ventilagoxanthonoside 翼核果呫酮苷 翼核果 Ventilago leiocarpa
ventiloquinone I, K 翼核果醌 I, K 翼核果 Ventilago leiocarpa
ventosic acid 红盘衣酸▲ 红盘衣 Ophioparma ventosa
venulol 细脉翠雀醇碱▲ 毛果甘青乌头 Aconitum tanguticum var. trichocarpum
verabenzoamine 藜芦苯甲胺 牯岭藜芦 Veratrum schindleri
veracintine 藜芦辛亭▲ 阿尔泰藜芦 Veratrum lobelianum
veracruzol 降齐墩果烯醇 象耳豆 Enterolobium cyclocarpum
veraguensin 贝拉瓜斯绿心樟素▲ 石菖蒲 Acorus gramineus, 毛蒟 Piper hongkongense, 合蕊五味子 Schisandra propinqua, 铁箍散 S. propinqua var. sinensis, 华中五味子 S. sphenanthera, 望春玉兰 Yulania biondii, 玉兰 Y. denudata, 紫玉兰 Y. liliiflora
veralinine 阿尔泰藜芦宁▲ 阿尔泰藜芦 Veratrum lobelianum
veralkamine 藜芦醇胺▲ 阿尔泰藜芦 Veratrum lobelianum
veralobine 阿尔泰藜芦碱▲ 阿尔泰藜芦 Veratrum lobelianum
veralodine 新疆藜芦定▲ 阿尔泰藜芦 Veratrum lobelianum
veralomidine 阿尔泰藜芦定▲ 阿尔泰藜芦 Veratrum lobelianum
veralomine 新疆藜芦胺▲ 阿尔泰藜芦 Veratrum lobelianum, 牯岭藜芦 V. schindleri
veralosidine 阿尔泰藜芦西定▲ 阿尔泰藜芦 Veratrum lobelianum, 毛穗藜芦 V. maackii, 牯岭藜芦 V. schindleri
veralosine 阿尔泰藜芦辛▲ 阿尔泰藜芦 Veratrum lobelianum
veralosinine 阿尔泰藜芦西宁▲ 阿尔泰藜芦 Veratrum lobelianum
veramarine 藜芦马林碱 兴安藜芦 Veratrum dahuricum, 阿尔泰藜芦 V. lobelianum, 藜芦 V. nigrum, 尖被藜芦 V. oxysepalum
veramiline-3-*O*-*β*-D-glucopyranoside 藜芦明灵 -3-*O*-*β*-D- 吡喃葡萄糖苷 大理藜芦 Veratrum taliense
veramine 藜芦明▲ 兴安藜芦 Veratrum dahuricum, 阿尔泰藜芦 V. lobelianum
veramitaline 大理藜芦他林▲ 兴安藜芦 Veratrum dahuricum, 大理藜芦 V. taliense
(-)-veranigrine (-)- 藜芦灵▲ 藜芦 Veratrum nigrum
veranisatin A 八角莽草素 A 红茴香 Illicium henryi, 八角 I. verum
veranisatin B, C 八角莽草素 B, C 八角 Illicium verum
veranisatin D 八角莽草素 D 假地枫皮 Illicium jiadifengpi, 少药八角 I. oligandrum, 野八角 I. simonsii
veranisatin E 八角莽草素 E 少药八角 Illicium oligandrum
veranisatin F 八角莽草素 F 野八角 Illicium simonsii
verapatuline 尖被藜芦碱▲ 尖被藜芦 Veratrum oxysepalum
veraphenol 藜芦酚 大理藜芦 Veratrum taliense
(20*R*,22*S*,25*S*)-veratra-5,13-dien-3*β*-ol (20*R*,22*S*,25*S*)- 藜芦 -5,13- 二烯 -3*β*- 醇 兴安藜芦 Veratrum dahuricum
veratraldehyde 藜芦醛 挥发油成分，未统计基源
veratramine 藜芦胺 兴安藜芦 Veratrum dahuricum, 毛叶藜芦 V. grandiflorum, 藜芦 V. nigrum, 尖被藜芦 V. oxysepalum, 牯岭藜芦 V. schindleri
veratramine-3-*O*-glucoside 藜芦胺 -3-*O*- 葡萄糖苷 醉马草 Achnatherum inebrians
22*S*,25*S*,5*α*-veratramine-7(8),12(14)-diene-3*β*,13*β*,23*β*-triol-6-one 22*S*,25*S*,5*α*- 藜芦胺 -7(8),12(14)- 二烯 -3*β*,13*β*,23*β*- 三醇 -6- 酮 天目贝母 Fritillaria monantha
veratric acid 藜芦酸 臭冷杉 Abies nephrolepis, 显苞芒毛苣苔 Aeschynanthus bracteatus, 香合欢 Albizia odoratissima, 辣椒 Capsicum annuum, 橘红 Citrus maxima 'Tomentosa', 芫荽 Coriandrum sativum, 留兰香 Mentha spicata, 豆瓣绿 Peperomia tetraphylla, 山蒟 Piper hancei, 黑茶藨子 Ribes nigrum, 阿尔泰金莲花 Trollius altaicus, 短瓣金莲花 T. ledebourii, 长瓣金莲花 T. macropetalus, 荚蒾 Viburnum dilatatum, 花椒簕 Zanthoxylum scandens
veratrilogenin 黄秦艽苷元▲ 黄秦艽 Veratrilla baillonii
veratriloside 黄秦艽苷▲ 纤花耳草 Hedyotis tenelliflora, 黄秦艽 Veratrilla baillonii
veratriloside A 黄秦艽苷▲A 花锚 Halenia corniculata, 黄秦艽 Veratrilla baillonii
veratriloside B, C, D 黄秦艽苷▲B, C, D 黄秦艽 Veratrilla baillonii
veratrine; veratridine 藜芦碱 阿尔泰藜芦 Veratrum lobelianum

veratrol; veratrole 藜芦醚 挥发油成分，未统计基源
veratrosine 藜芦辛▲ 兴安藜芦 Veratrum dahuricum, 藜芦 V. nigrum, 尖被藜芦 V. oxysepalum, 牯岭藜芦 V. schindleri
veratroylamide 藜芦酰胺▲ 阿尔泰藜芦 Veratrum lobelianum
15-veratroylgermine 15-藜芦酰白藜芦胺▲ 兴安藜芦 Veratrum dahuricum
3-veratroylgermine 3-藜芦酰白藜芦胺▲ 兴安藜芦 Veratrum dahuricum
3-veratroylzygadenine 3-藜芦酰棋盘花碱 兴安藜芦 Veratrum dahuricum
veratroylzygadenine 藜芦酰棋盘花碱 醉马草 Achnatherum inebrians, 兴安藜芦 Veratrum dahuricum, 阿尔泰藜芦 V. lobelianum, 毛穗藜芦 V. maackii, 藜芦 V. nigrum, 尖被藜芦 V. oxysepalum, 牯岭藜芦 V. schindleri, 狭叶藜芦 V. stenophyllum, 大理藜芦 V. taliense
veratryl alcohol 藜芦醇 西葫芦 Cucurbita pepo
veratrylidenehydrazide 藜芦烟腙 孪花蟛蜞菊 Wedelia biflora
(20*R*)-verazine (20*R*)-藜芦嗪 毛穗藜芦 Veratrum maackii
(20*S*)-verazine (20*S*)-藜芦嗪 毛穗藜芦 Veratrum maackii
verazine 藜芦嗪 羊耳蒜 Liparis japonica, 兴安藜芦 Veratrum dahuricum, 阿尔泰藜芦 V. lobelianum, 毛穗藜芦 V. maackii, 藜芦 V. nigrum, 尖被藜芦 V. oxysepalum, 牯岭藜芦 V. schindleri
verazinine 藜芦嗪宁 毛穗藜芦 Veratrum maackii, 牯岭藜芦 V. schindleri
verballocine 毛蕊花洛辛▲ 角蒿 Incarvillea sinensis
verballoscenine 紫毛蕊花别碱▲ 紫毛蕊花 Verbascum phoeniceum
(*S*)-(-)-verbanone (*S*)-(-)-马鞭草烷酮 挥发油成分，未统计基源
verbascenine 紫毛蕊花碱▲ 紫毛蕊花 Verbascum phoeniceum
verbascose 毛蕊花糖 藤金合欢 Acacia sinuata, 东方泽泻 Alisma orientale, 马缨丹 Lantana camara, 菜豆 Phaseolus vulgaris, 豌豆 Pisum sativum, 玉米黑粉菌 Ustilago maydis, 毛蕊花 Verbascum thapsum, 豇豆 Vigna unguiculata
trans-verbascoside 反式-毛蕊花苷 直立黄钟花 Tecoma stans
verbascoside 毛蕊花苷 常见成分，至少分布于 100 种以上植物中
cis-verbascoside 顺式-毛蕊花苷 管花肉苁蓉 Cistanche tubulosa, 苦玄参 Picria felterrae, 甘露子 Stachys sieboldii, 直立黄钟花 Tecoma stans
verbascoside A 毛蕊花苷 A 毛蕊花 Verbascum thapsum
verbascotetraose 毛蕊花四糖 东方泽泻 Alisma orientale, 马缨丹 Lantana camara
verbasoside 毛蕊花索苷▲ 白背枫 Buddleja asiatica, 玄参 Scrophularia ningpoensis, 甘露子 Stachys sieboldii
verbaspinoside 棘刺毛蕊花苷▲ 草本威灵仙 Veronicastrum sibiricum
verbathasin A 毛蕊花辛▲A 毛蕊花 Verbascum thapsum
verbenalin 马鞭草素▲ 木犀 Osmanthus fragrans, 羊舌树 Symplocos glauca, 马鞭草 Verbena officinalis
verbenaside A 马鞭草苷▲A 马鞭草 Verbena officinalis
verbenene 马鞭草烯 挥发油成分，未统计基源
(*S*)-*cis*-verbenol (*S*)-顺式-马鞭草烯醇 挥发油成分，未统计基源
trans-verbenol 反式-马鞭草烯醇 挥发油成分，未统计基源
verbenol 马鞭草烯醇 挥发油成分，未统计基源
cis-verbenol 顺式-马鞭草烯醇 挥发油成分，未统计基源
(*S*)-(-)-verbenone (*S*)-(-)-马鞭草烯酮 挥发油成分，未统计基源
(*S*)-verbenone (*S*)-马鞭草烯酮 挥发油成分，未统计基源
verbenone 马鞭草烯酮 挥发油成分，未统计基源
verbenone-5-*O*-*β*-D-glucopyranoside 马鞭草烯酮-5-*O*-*β*-D-吡喃葡萄糖苷 当归 Angelica sinensis
verbenoside A, B 马鞭草诺苷▲A, B 马鞭草 Verbena officinalis
verbeofflin I 马鞭草林素▲I 马鞭草 Verbena officinalis
verdine 兴安藜芦定▲ 兴安藜芦 Veratrum dahuricum, 阿尔泰藜芦 V. lobelianum, 藜芦 V. nigrum
verdinine 新疆藜芦宁▲ 阿尔泰藜芦 Veratrum lobelianum
vergatic acid; virgatic acid 帚状鼠尾草酸▲ 长冠鼠尾草 Salvia plectranthoides
verimol A~K 八角茴香醇▲A~K 八角 Illicium verum
verlotorin 南艾蒿素▲ 月桂 Laurus nobilis
vermicularin 雪茶素 金丝刷 Lethariella cladonioides, 金丝带 L. zahlbruckneri, 地茶衣 Thamnolia vermicularis
(-)-verminoside (-)-婆婆纳诺苷▲ 羽叶楸 Stereospermum colais
verminoside 婆婆纳诺苷▲ 水蔓菁 Pseudolysimachion linariifolium subsp. dilatatum, 兔儿尾苗 P. longifolium, 炮仗竹 Russelia equisetiformis, 钟形火焰树 Spathodea campanulata, 北水苦荬 Veronica anagallis-aquatica, 蚊母草 V. peregrina, 阿拉伯婆婆纳 V. persica, 婆婆纳 V. polita, 水苦荬 V. undulata
vernocinolide A 夜香牛内酯▲A 夜香牛 Vernonia cinerea
vernocinolide-8-*O*-(4-hydroxymethacrylate) 夜香牛内酯▲-8-*O*-(4-羟基异丁烯酸酯) 夜香牛 Vernonia cinerea
vernocuminoside A~G 毒根斑鸠菊苷 A~G 毒根斑鸠菊 Vernonia cumingiana
vernodalin 扁桃斑鸠菊素▲ 驱虫斑鸠菊 Vernonia anthelmintica
vernodalol 扁桃斑鸠菊醇▲ 驱虫斑鸠菊 Vernonia anthelmintica
vernoflexuoside 曲折斑鸠菊苷 小苦荬 Ixeridium dentatum, 山莴苣 Lagedium sibiricum, 黄鹌菜 Youngia japonica

V

vernolic acid 斑鸠菊酸 韭菜 Allium tuberosum, 繁穗苋 Amaranthus cruentus, 驱虫斑鸠菊 Vernonia anthelmintica
vernolide A~D 斑鸠菊内酯 A~D 夜香牛 Vernonia cinerea
vernoniether S 斑鸠菊醚 毒根斑鸠菊 Vernonia cumingiana
vernonioside G, S, S_1, S_2, S_3 斑鸠菊苷 G, S, S_1, S_2, S_3 毒根斑鸠菊 Vernonia cumingiana
vernovan 斑鸠菊黄烷 驱虫斑鸠菊 Vernonia anthelmintica
verodoxin 渥洛多苷 毛地黄 Digitalis purpurea
veronicafolin 婆婆纳叶布式菊素▲ 裸茎金腰 Chrysosplenium nudicaule
veronicastroside 腹水草苷▲ 橘红 Citrus maxima 'Tomentosa'
veronicin 婆婆纳果聚糖 轮叶穗花 Pseudolysimachion spurium
veronicoside 婆婆纳苷 美国梓 Catalpa bignonioides, 北水苦荬 Veronica anagallis-aquatica, 蚊母草 V. peregrina, 阿拉伯婆婆纳 V. persica, 水苦荬 V. undulata
veronicoside A 婆婆纳苷 A 婆婆纳 Veronica polita
verproside 婆婆纳普苷▲ 水蔓菁 Pseudolysimachion linariifolium subsp. dilatatum, 兔儿尾苗 P. longifolium, 北水苦荬 Veronica anagallis-aquatica, 长果婆婆纳 V. ciliata, 蚊母草 V. peregrina, 阿拉伯婆婆纳 V. persica, 婆婆纳 V. polita, 水苦荬 V. undulata
verrucosin 疣点多腺桂素▲ 肉豆蔻 Myristica fragrans
versibirioside 草本威灵仙苷▲ 草本威灵仙 Veronicastrum sibiricum
versicolactone A 变色马兜铃内酯▲A 变色马兜铃 Aristolochia versicolor
versicolactone B 变色马兜铃内酯▲B 西藏马兜铃 Aristolochia griffithii, 大叶马兜铃 A. kaempferi, 寻骨风 A. mollissima, 变色马兜铃 A. versicolor
versicolactone C 变色马兜铃内酯▲C 西藏马兜铃 Aristolochia griffithii, 寻骨风 A. mollissima, 变色马兜铃 A. versicolor
versicolactone D 变色马兜铃内酯▲D 昆明马兜铃 Aristolochia kunmingensis, 寻骨风 A. mollissima, 变色马兜铃 A. versicolor
versisponic acid C 变孔绚孔菌酸 C 药用拟层孔菌 Fomitopsis officinalis
versisponic acid D 变孔绚孔菌酸 D 药用拟层孔菌 Fomitopsis officinalis, 朱红硫黄菌 Laetiporus miniatus
vertaline B 大理藜芦碱 B 大理藜芦 Veratrum taliense
verticilla-4(20),7,11-triene 金松 -4(20),7,11- 三烯 乳香树 Boswellia carteri
verticillatine 萝芙木亭碱 萝芙木 Rauvolfia verticillata
verticillatine A~G 萝芙木亭碱 A~G 萝芙木 Rauvolfia verticillata
verticillatol 轮叶木姜子醇▲ 轮叶木姜子 Litsea verticillata
verticillatoside A, B 轮叶马先蒿苷▲A, B 轮叶马先蒿 Pedicularis verticillata
verticilline 黄花贝母碱▲ 黄花贝母 Fritillaria verticillata
verticillol; verticiol 金松醇▲ 红冠姜 Zingiber roseum
verticilloside 野葵苷 野葵 Malva verticillata
verticine-*N*-oxide 贝母碱 -*N*- 氧化物 甘肃贝母 Fritillaria przewalskii
verticinone 贝母碱酮 安徽贝母 Fritillaria anhuiensis, 甘肃贝母 F. przewalskii, 太白贝母 F. taipaiensis, 浙贝母 F. thunbergii, 平贝母 F. ussuriensis
verussurine 乌苏里藜芦碱 毛穗藜芦 Veratrum maackii, 牯岭藜芦 V. schindleri
vescalagin 板栗鞣精▲ 板栗 Castanea mollissima, 苦槠 Castanopsis sclerophylla, 榄李 Lumnitzera racemosa, 千屈菜 Lythrum salicaria, 乌冈栎 Quercus phillyraeoides, 夏栎 Q. robur
vesiculosin 囊管草瑞香素▲ 尖瓣瑞香 Daphne acutiloba, 唐古特瑞香 D. tangutica
vespertilin 蝙蝠茄素▲ 假烟叶树 Solanum erianthum
(+)-vesticarpan (+)- 绒叶军刀豆紫檀烷▲ 印度黄檀 Dalbergia sissoo
(6a*R*,11a*R*)-vesticarpan (6a*R*,11a*R*)- 绒叶军刀豆紫檀烷▲ 镰荚棘豆 Oxytropis falcata
vestitenone 毛莲蒿烯酮▲ 飞机草 Chromolaena odorata
(-)-vestitol (-)- 绒叶军刀豆酚▲ 刺果甘草 Glycyrrhiza pallidiflora, 多序岩黄耆 Hedysarum polybotrys, 紫苜蓿 Medicago sativa, 刺槐 Robinia pseudoacacia, 藤萝 Wisteria villosa
(±)-vestitol (±)- 绒叶军刀豆酚▲ 印度黄檀 Dalbergia sissoo, 朝鲜槐 Maackia amurensis, 紫雀花 Parochetus communis, 藤萝 Wisteria villosa
(3*R*)-vestitol (3*R*)- 绒叶军刀豆酚▲ 丰城崖豆藤 Callerya nitida var. hirsutissima, 降香 Dalbergia odorifera, 红背桂花 Excoecaria cochinchinensis, 洋甘草 Glycyrrhiza glabra
(3*S*)-vestitol (3*S*)- 绒叶军刀豆酚▲ 红背桂花 Excoecaria cochinchinensis
vestitol 绒叶军刀豆酚▲ 香花崖豆藤 Callerya dielsiana, 甘草 Glycyrrhiza uralensis, 杂种车轴草 Trifolium hybridum
vestitol AH, C 绒叶军刀豆酚▲AH, C 海漆 Excoecaria agallocha
β-vetivenene *β*- 岩兰草烯 紫茎泽兰 Ageratina adenophora
vexibidin 苦豆子定▲ 苦豆子 Sophora alopecuroides
vexibinol 苦豆子酚▲ 苦豆子 Sophora alopecuroides
vialinin A, B 莲座革菌素▲A, B 莲座革菌 Thelephora vialis
viba 11, 15, 17 宝山堇菜环肽▲11, 15, 17 紫花地丁 Viola philippica
vibralactone 褐盖韧革菌内酯▲ 毛韧革菌 Stereum hirsutum
vibralactone B 褐盖韧革菌内酯▲B 毛韧革菌 Stereum hirsutum

V

vibsanin A 荚蒾宁 A 珊瑚树 Viburnum odoratissimum, 日本珊瑚树 V. odoratissimum var. awabuki
vibsanin B 荚蒾宁 B 珊瑚树 Viburnum odoratissimum, 日本珊瑚树 V. odoratissimum var. awabuki
vibsanin C 荚蒾宁 C 珊瑚树 Viburnum odoratissimum, 日本珊瑚树 V. odoratissimum var. awabuki
vibsanin D 荚蒾宁 D 珊瑚树 Viburnum odoratissimum, 日本珊瑚树 V. odoratissimum var. awabuki
vibsanin E 荚蒾宁 E 珊瑚树 Viburnum odoratissimum, 日本珊瑚树 V. odoratissimum var. awabuki
vibsanin F 荚蒾宁 F 珊瑚树 Viburnum odoratissimum, 日本珊瑚树 V. odoratissimum var. awabuki
vibsanin G 荚蒾宁 G 珊瑚树 Viburnum odoratissimum, 日本珊瑚树 V. odoratissimum var. awabuki
vibsanin H 荚蒾宁 H 珊瑚树 Viburnum odoratissimum, 日本珊瑚树 V. odoratissimum var. awabuki
vibsanin I, L, M 荚蒾宁 I, L, M 珊瑚树 Viburnum odoratissimum
vibsanin K 荚蒾宁 K 珊瑚树 Viburnum odoratissimum, 日本珊瑚树 V. odoratissimum var. awabuki
vibsanin O 荚蒾宁 O 日本珊瑚树 Viburnum odoratissimum var. awabuki
vibsanol 荚蒾散醇 日本珊瑚树 Viburnum odoratissimum var. awabuki
vibsanol A, B 荚蒾散醇 A, B 珊瑚树 Viburnum odoratissimum
viburdilaspirolactone A, B 荚蒾螺甾二酮 A, B 荚蒾 Viburnum dilatatum
viburnalloside 桦叶荚蒾苷 桦叶荚蒾 Viburnum betulifolium
viburnenone B_1 methyl ester 荚蒾烯酮▲B_1 甲酯 荚蒾 Viburnum dilatatum
viburnenone B_2 methyl ester 荚蒾烯酮▲B_2 甲基酯 荚蒾 Viburnum dilatatum
viburnine 荚蒾宁碱 皱叶荚蒾 Viburnum rhytidophyllum
viburnol A~K 荚蒾醇▲A~K 荚蒾 Viburnum dilatatum
viburnudienone B_1 methyl ester 荚蒾二烯酮▲B_1 甲酯 荚蒾 Viburnum dilatatum
viburnudienone B_2 methyl ester 荚蒾二烯酮▲B_2 甲酯 荚蒾 Viburnum dilatatum
viburnudienone H_1, H_2 荚蒾二烯酮▲H_1, H_2 荚蒾 Viburnum dilatatum
viburtinoside IV, V 地中海荚蒾苷▲IV, V 鸡树条荚蒾 Viburnum opulus var. calvescens
vicenin 新西兰牡荆苷 莳萝 Anethum graveolens, 代代 Citrus aurantium 'Daidai', 南山藤 Dregea volubilis, 猫爪藤 Macfadyena unguis-cati, 欧夏至草 Marrubium vulgare, 星毛粟米草 Mollugo lotoides, 圣罗勒 Ocimum sanctum, 大薸 Pistia stratiotes, 黄毛豆腐柴 Premna fulva, 棱茎黄芩 Scutellaria scandens, 长毛香科科 Teucrium pilosum, 普通小麦 Triticum aestivum
vicenin-1 新西兰牡荆苷 -1 翅荚香槐 Cladrastis platycarpa, 广东金钱草 Desmodium styracifolium, 亚麻 Linum usitatissimum, 胡卢巴 Trigonella foenum-graecum, 普通小麦 Triticum aestivum
vicenin-2 新西兰牡荆苷 -2 较常见成分，至少分布于 30 种以上植物中，见于报春花科、大戟科、豆科、禾本科、胡椒科、葫芦科、堇菜科、菊科、兰科、木棉科、伞形科、桑寄生科、鼠李科、檀香科、铁角蕨科、西番莲科、亚麻科、芸香科等
vicenin-2,4'-methyl ether 新西兰牡荆苷 -2,4'- 甲醚 葡萄柚 Citrus paradisi
vicenin-3 新西兰牡荆苷 -3 巴豆藤 Craspedolobium schochii, 广东金钱草 Desmodium styracifolium, 南烛 Vaccinium bracteatum
vicenin-5-glucopyranoside-7-rhamnopyranoside 新西兰牡荆苷 -5- 吡喃葡萄糖苷 -7- 吡喃鼠李糖苷 亚麻 Linum usitatissimum
vicenin-7-rhamnoglucoside 新西兰牡荆苷 -7- 鼠李葡糖苷 亚麻 Linum usitatissimum
vicianin 野豌豆宁▲ 窄叶野豌豆 Vicia pilosa, 救荒野豌豆 V. sativa
β-vicianosyl-3-quercetin *β*- 巢菜糖基 -3- 槲皮素 荇菜 Nymphoides peltatum
vicilin 豌豆球蛋白 直生刀豆 Canavalia ensiformis, 豌豆 Pisum sativum, 蚕豆 Vicia faba
vicine 野豌豆碱▲ 苦瓜 Momordica charantia, 蚕豆 Vicia faba, 救荒野豌豆 V. sativa
vicodiol 苇谷草二醇▲ 臭冷杉 Abies nephrolepis
vicodiol-2-*O*-*β*-D-glucopyranoside 苇谷草二醇▲-2-*O*-*β*-D- 吡喃葡萄糖苷 柔软紫菀 Aster flaccidus
(1*R*,2*S*,4*R*,7*S*)-vicodiol-9-*O*-*β*-D-glucopyranoside (1*R*,2*S*,4*R*,7*S*)- 维考二醇 -9-*O*-*β*-D- 吡喃葡萄糖苷 缩砂密 Amomum villosum var. xanthioides
vicolide A~D 苇谷草内酯▲A~D 苇谷草 Pentanema indicum
vidarabine 阿糖腺苷 西洋参 Panax quinquefolius
vieillardiixanthone B 维氏藤黄屾酮▲B 红芽木 Cratoxylum formosum subsp. pruniflorum
vignacyanidin 豇豆矢车菊素 赤豆 Vigna angularis
vignasterol A 豇豆甾醇 A 野豇豆 Vigna vexillata
vijaloside 鸡子树洛苷▲ 鹊肾树 Streblus asper
vilangin 白花酸藤子素 白花酸藤子 Embelia ribes
villalstonidine F 长毛鸡骨常山定碱▲F 大叶糖胶树 Alstonia macrophylla
villalstonine 长毛鸡骨常山碱▲ 大叶糖胶树 Alstonia macrophylla
villastonine-*N*-oxide *N*- 氧代 - 毛鸡骨常山碱 大叶糖胶树 Alstonia macrophylla
villoside 白花败酱苷 攀倒甑 Patrinia villosa
villoside A, B 毛叶腹水草苷▲A, B 毛叶腹水草 Veronicastrum villosulum
villosin 毛姜花素 毛姜花 Hedychium villosum
villosin 水蛇麻素▲ 水蛇麻 Fatoua villosa
villosin A, B 白花败酱素▲A, B 攀倒甑 Patrinia villosa
villosin A 柔毛香科科素▲A 浙江大青 Clerodendrum kaichianum
villosin C 柔毛香科科素▲C 臭牡丹 Clerodendrum bungei, 海州常山 C. trichotomum

V

major, 小蔓长春花 V. minor
vincaminine 小蔓长春花宁▲ 思茅山橙 Melodinus cochinchinensis, 小蔓长春花 Vinca minor
vincaminoreine 小蔓长春花瑞因▲ 小蔓长春花 Vinca minor
vincaminoridine 小蔓长春花瑞定▲ 小蔓长春花 Vinca minor
vincaminorine 小蔓长春花诺灵▲ 小蔓长春花 Vinca minor
vincamone 蔓长春花酮▲ 奶子藤 Bousigonia mekongensis
vincanin A, B 蔓长春花素▲A, B 蔓长春花 Vinca major
Δ^{14}-vincanol Δ^{14}- 蔓长春花醇▲ 雷打果 Melodinus yunnanensis
vincanorine 小蔓长春花灵▲ 小蔓长春花 Vinca minor
vincanovine 蔓长春花诺文▲ 蔓长春花 Vinca major
(-)-vincapusine (-)- 长春普辛 思茅山橙 Melodinus cochinchinensis
(2)-vincapusine (2)- 长春普辛 长春花 Catharanthus roseus
vincareine 蔓长春花瑞因▲ 小蔓长春花 Vinca minor
vincarine 蔓长春花任碱▲ 蔓长春花 Vinca major
vincarodine 长春罗定▲ 奶子藤 Bousigonia mekongensis, 长春花 Catharanthus roseus
vincarubine 蔓长春花红碱▲ 小蔓长春花 Vinca minor
vincasine 蔓长春花辛▲ 小蔓长春花 Vinca minor
vincathicine 长春替辛 长春花 Catharanthus roseus
vincatine 蔓长春花亭▲ 小蔓长春花 Vinca minor
vincawajine 蔓长春花瓦精▲ 蔓长春花 Vinca major
vincetoxicoside B 白前苷 B 地耳草 Hypericum japonicum, 大花鸡肉参 Incarvillea mairei var. grandiflora, 百脉根 Lotus corniculatus
14-vincine 14- 长春辛 山橙 Melodinus suaveolens
Δ^{14}-vincine Δ^{14}- 长春辛 思茅山橙 Melodinus cochinchinensis, 薄叶山橙 M. tenuicaudatus
vincine 长春辛 奶子藤 Bousigonia mekongensis, 蔓长春花 Vinca major, 小蔓长春花 V. minor
vincinine 蔓长春花辛宁▲ 小蔓长春花 Vinca minor
vincolidine 长春里定 长春花 Catharanthus roseus
vincoline 长春考灵 长春花 Catharanthus roseus, 川山橙 Melodinus hemsleyanus, 山橙 M. suaveolens
vincoridine 小蔓长春花定▲ 大叶糖胶树 Alstonia macrophylla, 小蔓长春花 Vinca minor
vincorine; vincovine 蔓长春花考灵▲ 小蔓长春花 Vinca minor
vincorine-N^4-oxide 蔓长春花考灵▲-N^4- 氧化物 大叶糖胶树 Alstonia macrophylla
vincosamide; vincoside lactam 小蔓长春花酰胺▲ 乌檀 Nauclea officinalis, 东方乌檀 N. orientalis, 团花 Neolamarckia cadamba, 鸡仔木 Sinoadina racemosa, 钩藤 Uncaria rhynchophylla, 攀茎钩藤 U. scandens
vincoside 小蔓长春花苷▲ 长春花 Catharanthus roseus, 小蔓长春花 Vinca minor
vincoside lactam 小蔓长春花苷内酰胺▲ 喜树 Camptotheca acuminata, 菘蓝 Isatis tinctoria, 广州蛇根草 Ophiorrhiza cantoniensis
vincubina 古巴长春花碱 鸡尾木 Excoecaria venenata
vindogentianine 长春龙胆碱▲ 长春花 Catharanthus roseus
vindolicine 长春立辛 长春花 Catharanthus roseus
vindoline 长春多灵 长春花 Catharanthus roseus
19(*R*)-vindolinine 19(*R*)- 长春里宁 长春花 Catharanthus roseus, 山橙 Melodinus suaveolens
19(*S*)-vindolinine 19(*S*)- 长春里宁 羊角棉 Alstonia mairei, 长春花 Catharanthus roseus, 雷打果 Melodinus yunnanensis
vindolinine 长春里宁 奶子藤 Bousigonia mekongensis, 长春花 Catharanthus roseus, 尖山橙 Melodinus fusiformis, 山橙 M. suaveolens, 薄叶山橙 M. tenuicaudatus
19(*R*)-vindolinine-N_b-oxide 19(*R*)- 长春里宁 -N_b- 氧化物 山橙 Melodinus suaveolens
19(*S*)-vindolinine-N_b-oxide 19(*S*)- 长春里宁 -N_b- 氧化物 山橙 Melodinus suaveolens
vindolinine-*N*-oxide 长春里宁 -*N*- 氧化物 长春花 Catharanthus roseus, 薄叶山橙 Melodinus tenuicaudatus
vindorosine; vindolidine 长春多洛辛▲ 长春花 Catharanthus roseus
vineridine 长春内日定 蔓长春花 Vinca major
vinerine 长春内任 蔓长春花 Vinca major
vinhaticoic acid 黄苏木酸▲ 华南云实 Caesalpinia crista
(-)-viniferal (-)- 葡萄醛 葡萄 Vitis vinifera
viniferal 葡萄醛 葡萄 Vitis vinifera
viniferifuran 葡萄酚呋喃 葡萄 Vitis vinifera
(-)-ε-viniferin (-)-ε- 葡萄素 砂生槐 Sophora moorcroftiana
(+)-*E*-ε-viniferin (+)-*E*-ε- 葡萄素 葡萄 Vitis vinifera
(+)-α-viniferin (+)-α- 葡萄素 红花锦鸡儿 Caragana rosea, 锦鸡儿 C. sinica, 狭叶锦鸡儿 C. stenophylla, 辣蓼铁线莲 Clematis terniflora var. mandshurica, 砂生槐 Sophora moorcroftiana
(+)-ε-viniferin (+)-ε- 葡萄素 山葡萄 Vitis amurensis, 桦叶葡萄 V. betulifolia, 东南葡萄 V. chunganensis, 刺葡萄 V. davidii, 葛藟葡萄 V. flexuosa, 毛葡萄 V. heyneana, 小叶葡萄 V. sinocinerea, 葡萄 V. vinifera
(*E*)-ε-viniferin (*E*)-ε- 葡萄素 葡萄 Vitis vinifera

V

(*E*)-*ω*-viniferin (*E*)-*ω*- 葡萄素 山葡萄 Vitis amurensis, 桦叶葡萄 V. betulifolia
α-viniferin *α*- 葡萄素 地锦 Parthenocissus tricuspidata, 白刺花 Sophora davidii
γ-2-viniferin *γ*-2- 葡萄素 山葡萄 Vitis amurensis
ε-viniferin *ε*- 葡萄素 五叶地锦 Parthenocissus quinquefolia, 地锦 P. tricuspidata, 波叶大黄 Rheum rhabarbarum, 白刺花 Sophora davidii, 网脉葡萄 Vitis wilsoniae
ω-viniferin *ω*- 葡萄素 葡萄 Vitis vinifera
trans-*ε*-viniferin 反式 -*ε*- 葡萄素 海南买麻藤 Gnetum hainanense, 小叶买麻藤 G. parvifolium, 芍药 Paeonia lactiflora, 紫斑牡丹 P. rockii, 牡丹 P. suffruticosa, 山葡萄 Vitis amurensis, 葡萄 V. vinifera
cis-*ε*-viniferin 顺式 -*ε*- 葡萄素 芍药 Paeonia lactiflora, 紫斑牡丹 P. rockii, 牡丹 P. suffruticosa
(+)-*E*-*ε*-viniferin-glucopyranoside (+)-*E*-*ε*- 葡萄素 - 吡喃葡萄糖苷 葡萄 Vitis vinifera
(+)-viniferol A (+)- 葡萄酚 ▲A 葡萄 Vitis vinifera
(+)-viniferol C (+)- 葡萄酚 ▲C 山葡萄 Vitis amurensis
vinine 长春宁 长春花 Catharanthus roseus
viniphenol A 葡萄苯酚 A 葡萄 Vitis vinifera
vinmajine A~I 蔓长春花精碱 ▲A~I 蔓长春花 Vinca major
vinmajorine C, D, E 蔓长春花交灵 ▲C, D, E 蔓长春花 Vinca major
vinmajoroside 蔓长春花苷 ▲ 蔓长春花 Vinca major
(-)-vinmajpyridine A, B, C (-)- 蔓长春花吡啶 ▲A, B, C 蔓长春花 Vinca major
vinorine 小蔓长春花碱 ▲ 鸡骨常山 Alstonia yunnanensis, 萝芙木 Rauvolfia verticillata, 蔓长春花 Vinca major, 小蔓长春花 V. minor
vinorine-N^1,N^4-dioxide 小蔓长春花碱 ▲-N^1,N^4- 二氧化物 鸡骨常山 Alstonia yunnanensis
vinorine-N^4-oxide 小蔓长春花碱 ▲-N^4- 氧化物 鸡骨常山 Alstonia yunnanensis
vinosidine 长春西定 长春花 Catharanthus roseus
vinoxine 蔓长春花诺辛 ▲ 小蔓长春花 Vinca minor
vinyl caffeate 咖啡酸乙烯酯 细花线纹香茶菜 Isodon lophanthoides var. graciliflorus, 草珊瑚 Sarcandra glabra
vinyl methacrylate 甲基丙烯酸乙烯酯 挥发油成分，未统计基源
3-vinyl-1,2-dithiocyclohex-4-ene 3- 乙烯基 -1,2- 二硫环己 -4- 烯 挥发油成分，未统计基源
3-vinyl-1,2-dithiocyclohex-5-ene 3- 乙烯基 -1,2- 二硫环己 -5- 烯 挥发油成分，未统计基源
4-vinyl-2-methoxy-phenol 4- 乙烯基 -2- 甲氧基 - 苯酚 挥发油成分，未统计基源
5-vinyl-3,4-dihydro-isocoumarin 5- 乙烯基 -3,4- 二氢 - 异香豆素 川西獐牙菜 Swertia mussotii
(4*R*,4a*S*)-4-vinyl-4,4a,5,6-tetrahydro-3*H*-pyrano[3,4-*c*]pyran-1-one (4*R*,4a*S*)-4- 乙烯基 -4,4a,5,6- 四氢 -3*H*- 吡喃并 [3,4-*c*] 吡喃 -1- 酮 岷县龙胆 Gentiana purdomii
1-vinyl-4,8-dimethoxy-*β*-carboline 1- 乙烯基 -4,8- 二甲氧基 -*β*- 咔啉 苦树 Picrasma quassioides
1-vinyl-4,9-dimethoxy-*β*-carboline 1- 乙烯基 -4,9- 二甲氧基 -*β*- 咔啉 苦树 Picrasma quassioides
2-vinyl-4*H*-1,3-dithiin 2- 乙烯基 -4*H*-1,3- 二噻英 挥发油成分，未统计基源
6-vinyl-7-methoxy-2,2-dimethylchromene 6- 乙烯基 -7- 甲氧基 -2,2- 二甲基色烯 霍香蓟 Ageratum conyzoides
4-vinylguaiacol 4- 乙烯基愈创木酚 挥发油成分，未统计基源
p-vinylguaiacol 对乙烯基愈创木酚 挥发油成分，未统计基源
vinylpentaacetylene 乙烯基五乙炔 柳叶旋覆花 Inula salicina, 塔序橐吾 Ligularia thyrsoidea
4-vinylphenol 4- 乙烯基苯酚 挥发油成分，未统计基源
p-vinylphenol 对乙烯基苯酚 檀香 Santalum album
4-vinylresorcinol 4- 乙烯基树脂苔黑酚 松木层孔菌 Phellinus pini
4-vinylsyringol 4- 乙烯基丁香酚 柚木 Tectona grandis
violacin A 堇菜辛 ▲A 香堇菜 Viola odorata
violanin 堇菜宁 ▲ 香堇菜 Viola odorata
violanone 堇紫黄檀酮 ▲ 降香 Dalbergia odorifera
violanthin 三色堇黄苷 胀果甘草 Glycyrrhiza inflata, 鸭嘴花 Justicia adhatoda, 破布叶 Microcos paniculata, 稀子蕨 Monachosorum henryi, 三色堇 Viola tricolor
violantin 堇花亭 粗毛甘草 Glycyrrhiza aspera
violasterol A 堇菜甾醇 ▲A 台湾堇菜 Viola formosana
(13*Z*)-violaxanthin (13*Z*)- 堇黄质 三色堇 Viola tricolor
(9*Z*)-violaxanthin (9*Z*)- 堇黄质 白屈菜 Chelidonium majus, 海桐 Pittosporum tobira, 三色堇 Viola tricolor
9*Z*,13*Z*-violaxanthin 9*Z*,13*Z*- 堇黄质 三色堇 Viola tricolor
9*Z*,13'*Z*-violaxanthin 9*Z*,13'*Z*- 堇黄质 三色堇 Viola tricolor
9*Z*,15*Z*-violaxanthin 9*Z*,15*Z*- 堇黄质 三色堇 Viola tricolor
9*Z*,9'*Z*-violaxanthin 9*Z*,9'*Z*- 堇黄质 三色堇 Viola tricolor
trans-violaxanthin 反式 - 堇黄质 拟南芥 Arabidopsis thaliana, 七爪龙 Ipomoea mauritiana, 三色堇 Viola tricolor
violaxanthin 堇黄质 红桑 Acalypha wilkesiana, 石刁柏 Asparagus officinalis, 落葵 Basella alba, 白菜 Brassica rapa var. glabra, 辣椒 Capsicum annuum, 番木瓜 Carica papaya, 南丰蜜橘 Citrus reticulata 'Kinokuni', 温州蜜柑 C. reticulata 'Unshiu', 黄独 Dioscorea bulbifera, 顶冰花 Gagea nakaiana, 长管萱草 Hemerocallis fulva var. angustifolia, 海桐 Pittosporum tobira, 菹草 Potamogeton crispus, 穿叶眼子菜

P. perfoliatus, 阳芋 Solanum tuberosum, 泥炭藓 Sphagnum palustre, 粗叶泥炭藓 S. squarrosum, 紫萍 Spirodela polyrrhiza, 乌桕 Triadica sebifera, 旱金莲 Tropaeolum majus, 救荒野豌豆 Vicia sativa
cis-violaxanthin 顺式 - 堇黄质 七爪龙 Ipomoea mauritiana, 直立黄钟花 Tecoma stans
violeoxanthin 三色堇黄质▲ 长管萱草 Hemerocallis fulva var. angustifolia
violutin; violutoside 堇菜苷 白大风 Cladogynos orientalis, 西伯利亚远志 Polygala sibirica
violutoside 角堇苷▲ 五层龙 Salacia prinoides
viphi A~H 紫花地丁环肽▲A~H 紫花地丁 Viola philippica
virenol A~E 纽子果酚▲A~E 纽子果 Ardisia polysticta
virensic acid 绿树发酸 金丝刷 Lethariella cladonioides, 槽枝衣 Sulcaria sulcata
virescenine 绿翠雀宁碱▲ 宣威乌头 Aconitum nagarum var. lasiandrum
virescenol B 绿卵孢霉醇▲B 海南巴豆 Croton laui
virganin 黄珠子草宁▲ 黄珠子草 Phyllanthus virgatus
virgatic acid 帚枝鼠尾草酸▲ 野鸦椿 Euscaphis japonica
virgatusin 黄珠子草素▲ 黄珠子草 Phyllanthus virgatus
virgatyne 黄珠子草炔▲ 黄珠子草 Phyllanthus virgatus
virgaureagenin A~H 毛果一枝黄花皂苷元 A~H 毛果一枝黄花 Solidago virgaurea
virgaureasaponin 1, 2, D, E 毛果一枝黄花皂苷 1, 2, D, E 毛果一枝黄花 Solidago virgaurea
virgauride 黄帚橐吾内酯▲ 黄帚橐吾 Ligularia virgaurea
virgaurin A, B, C 黄帚橐吾素▲A, B, C 黄帚橐吾 Ligularia virgaurea
virgaurol A~D 黄帚橐吾醇▲A~D 黄帚橐吾 Ligularia virgaurea
virgauronin 黄帚橐吾宁▲ 黄帚橐吾 Ligularia virgaurea
virginolide 弗吉尼亚雏菊内酯▲ 橙花瑞香 Daphne aurantiaca
viridiflorene 绿花白千层烯 挥发油成分，未统计基源
viridifloric acid 绿花琉璃草酸▲ 绿花琉璃草 Cynoglossum viridiflorum
viridiflorine 绿花琉璃草碱▲ 大果琉璃草 Cynoglossum divaricatum, 红花琉璃草 C. officinale, 绿花琉璃草 C. viridiflorum
viridiflorine-*N*-oxide 绿花琉璃草碱▲-*N*- 氧化物 红花琉璃草 Cynoglossum officinale, 绿花琉璃草 C. viridiflorum
(-)-viridiflorol (-)- 绿花白千层醇 杜香 Ledum palustre
viridiflorol 绿花白千层醇 挥发油成分，未统计基源
viridinatine 绿花琉璃草那亭▲ 琉璃草 Cynoglossum zeylanicum
viridine 绿毛菌烃 露兜树 Pandanus tectorius
viridoside 浅绿红景天苷▲ 茴芹 Pimpinella anisum, 异齿红景天 Rhodiola heterodonta, 红景天 R. rosea
viroallosecurinine 别白饭树瑞宁▲ 一叶萩 Flueggea suffruticosa, 白饭树 F. virosa
virol A, B, C 毒芹洛醇▲A, B, C 毒芹 Cicuta virosa
virolane 维罗蔻木烷▲ 肉豆蔻 Myristica fragrans
virolin 维罗蔻木素▲ 滇瑞香 Daphne feddei, 甘松 Nardostachys jatamansi, 三白草 Saururus chinensis, 望春玉兰 Yulania biondii
virosaine A, B 白饭树因碱▲A, B 白饭树 Flueggea virosa
virosecurinine 白饭树瑞宁▲ 一叶萩 Flueggea suffruticosa, 白饭树 F. virosa
virosine 白饭树洛辛▲ 长春花 Catharanthus roseus
virosine A, B 白饭树洛辛▲A, B 白饭树 Flueggea virosa
(+)-visamminol (+)- 阿米芹诺醇▲ 滨海前胡 Peucedanum japonicum
visamminol 阿米芹诺醇▲ 朝鲜当归 Angelica gigas, 兴安升麻 Cimicifuga dahurica
visartiside A~F 扁枝槲寄生苷▲A~F 扁枝槲寄生 Viscum articulatum
viscidulin I 粘毛黄芩素 I 连翘叶黄芩 Scutellaria hypericifolia, 丽江黄芩 S. likiangensis, 粘毛黄芩 S. viscidula
viscidulin II 粘毛黄芩素 II 粘毛黄芩 Scutellaria viscidula
viscidulin II-2'-*O*-*β*-D-glucopyranoside 粘毛黄芩素 II-2'-*O*-*β*-D- 吡喃葡萄糖苷 二刺叶兔唇花 Lagochilus diacanthophyllus
viscidulin Ⅲ 粘毛黄芩素Ⅲ 连翘叶黄芩 Scutellaria hypericifolia, 甘肃黄芩 S. rehderiana, 粘毛黄芩 S. viscidula
viscidulin III-2'-*O*-*β*-D-glueopyranoside 粘毛黄芩素 III-2'-*O*-*β*-D- 吡喃葡萄糖苷 黄芩 Scutellaria baicalensis
visciduloside A, B 粘萼蝇子草醇苷▲A, B 粘萼蝇子草 Silene viscidula
viscoazucin 粘毛蓼薁辛▲ 香蓼 Polygonum viscosum
viscoazucinic acid 粘毛蓼薁辛酸▲ 香蓼 Polygonum viscosum
viscoazulone 粘毛蓼薁酮▲ 香蓼 Polygonum viscosum
viscoazusone 粘毛蓼薁松酮▲ 香蓼 Polygonum viscosum
viscolin 槲寄生素▲ 槲寄生 Viscum coloratum
viscoloratin 槲寄生亭▲ 槲寄生 Viscum coloratum
visconolide 黏酸浆诺内酯▲ 灯笼果 Physalis peruviana
viscosalactone B 黏酸浆内酯▲B 灯笼果 Physalis peruviana, 睡茄 Withania somnifera
viscoside A 槲寄生酚苷▲A 槲寄生 Viscum coloratum
viscosumic acid 粘毛蓼酸▲ 香蓼 Polygonum viscosum
viscotoxin B_2, B_4, B_5, B_6, B_7, B_8, C_1 槲寄生毒素 B_2, B_4, B_5, B_6, B_7, B_8, C_1 槲寄生 Viscum coloratum

V

vitexdoin A 黄荆子素 A 黄荆 Vitex negundo, 牡荆 V. negundo var. cannabifolia
vitexdoin B 黄荆子素 B 黄荆 Vitex negundo, 牡荆 V. negundo var. cannabifolia
vitexdoin C 黄荆子素 C 黄荆 Vitex negundo, 牡荆 V. negundo var. cannabifolia
vitexdoin D 黄荆子素 D 黄荆 Vitex negundo, 牡荆 V. negundo var. cannabifolia
vitexdoin E 黄荆子素 E 黄荆 Vitex negundo, 牡荆 V. negundo var. cannabifolia
vitexdoin F 黄荆子素 F 黄荆 Vitex negundo, 牡荆 V. negundo var. cannabifolia
vitexdoin G, H, I 黄荆子素 G, H, I 黄荆 Vitex negundo
vitexfolin A, B, C 单叶蔓荆素 ▲A, B, C 单叶蔓荆 Vitex trifolia subsp. litoralis
vitexicarpin 蔓荆子黄素 续随子 Euphorbia lathyris, 蔓荆 Vitex trifolia, 单叶蔓荆 V. trifolia subsp. litoralis
vitexifolin A, B, D, E 单叶蔓荆新素 ▲A, B, D, E 单叶蔓荆 Vitex trifolia subsp. litoralis
vitexifolin C 单叶蔓荆新素 ▲C 黄荆 Vitex negundo, 单叶蔓荆 V. trifolia subsp. litoralis
vitexilactone 牡荆内酯 穗花牡荆 Vitex agnus-castus, 黄荆 V. negundo, 牡荆 V. negundo var. cannabifolia, 蔓荆 V. trifolia, 单叶蔓荆 V. trifolia subsp. litoralis
vitexilactone B 牡荆内酯 B 黄荆 Vitex negundo, 蔓荆 V. trifolia
vitexilactone C 牡荆内酯 C 牡荆 Vitex negundo var. cannabifolia
vitexin 牡荆素 常见成分，至少分布于 100 种以上植物中
vitexin B-1 牡荆素 B-1 黄荆 Vitex negundo
vitexin caffeate 牡荆素咖啡酸酯 黄荆 Vitex negundo
vitexin galactopyranoside 牡荆素吡喃半乳糖苷 金莲花 Trollius chinensis
vitexin-2''-*O*-*α*-D-xylopyranoside 牡荆素 -2''-*O*-*α*-D- 吡喃木糖苷 川陕金莲花 Trollius buddae, 金莲花 T. chinensis, 短瓣金莲花 T. ledebourii
vitexin-2''-*α*-L-rhamnopyranoside 牡荆素 -2''-*α*-L- 吡喃鼠李糖苷 茶 Camellia sinensis
vitexin-2''-*O*-*β*-D-glucoside 牡荆素 -2''-*O*-*β*-D- 葡萄糖苷 大叶蒟 Piper laetispicum
vitexin-2''-*O*-glucopyranoside 牡荆素 -2''-*O*- 吡喃葡萄糖苷 星毛粟米草 Mollugo lotoides
vitexin-2''-*O*-glucoside 牡荆素 -2''-*O*- 葡萄糖苷 厚皮菜 Beta vulgaris var. cicla, 山楂 Crataegus pinnatifida, 狗尾草 Setaria viridis
vitexin-2''-*O*-*p*-*trans*-coumarate 牡荆素 -2''-*O*- 对 - 反式 - 香豆酸酯 胡卢巴 Trigonella foenum-graecum
vitexin-2''-*O*-rhamnopyranoside 牡荆素 -2''-*O*- 吡喃鼠李糖苷 山里红 Crataegus pinnatifida var. major, 无毛山楂 C. pinnatifida var. psilosa, 大叶楠 Machilus kusanoi
vitexin-2''-*O*-rhamnoside 牡荆素 -2''-*O*- 鼠李糖苷 野山楂 Crataegus cuneata, 山楂 C. pinnatifida, 山里红 C. pinnatifida var. major
vitexin-2''-*O*-xyloside 牡荆素 -2''-*O*- 木糖苷 狗尾草 Setaria viridis
vitexin-2''-*O*-*α*-L-rhamnopyranoside 牡荆素 -2''-*O*-*α*-L- 吡喃鼠李糖苷 三叶崖爬藤 Tetrastigma hemsleyanum
vitexin-2''-*O*-*β*-D-glucopyranoside 牡荆素 -2''-*O*-*β*-D- 吡喃葡萄糖苷 枳椇 Hovenia acerba, 刺花莲子草 Alternanthera pungens, 假荜拔 Piper retrofractum
vitexin-2''-*O*-*β*-D-pyranxyloside 牡荆素 -2''-*O*-*β*-D- 吡喃木糖苷 长瓣金莲花 Trollius macropetalus
vitexin-2''-xylopyranoside 牡荆素 -2''- 吡喃木糖苷 毛荒子梢 Campylotropis hirtella
vitexin-4'-*O*-galactoside 牡荆素 -4'-*O*- 吡喃半乳糖苷 吊裙草 Crotalaria retusa
vitexin-4''-*O*-glucoside 牡荆素 -4''-*O*- 葡萄糖苷 野山楂 Crataegus cuneata, 山里红 C. pinnatifida var. major
vitexin-4'-rhamnopyranoside 牡荆素 -4'- 吡喃鼠李糖苷 酸橙 Citrus aurantium
vitexin-4'-rhamnoside 牡荆素 -4'- 鼠李糖苷 代代 Citrus aurantium 'Daidai'
vitexin-4'-xyloside 牡荆素 -4'- 木糖苷 多疣猪屎豆 Crotalaria verrucosa
vitexin-7-glucoside 牡荆素 -7- 葡萄糖苷 厚皮菜 Beta vulgaris var. cicla, 构树 Broussonetia papyrifera, 簇花粟米草 Mollugo oppositifolia, 粟米草 M. stricta, 胡卢巴 Trigonella foenum-graecum
vitexin-*O*-(2 → 1)-*α*-L-rhamnopyranoside 牡荆素 -*O*-(2 → 1)-*α*-L- 吡喃鼠李糖苷 崖爬藤 Tetrastigma obtectum
vitexin-*O*-glucopyranoside 牡荆素 -*O*- 吡喃葡萄糖苷 多疣猪屎豆 Crotalaria verrucosa
vitexin-X''-*O*-(*E*)-ferulyl-2''-*O*-glucoside 牡荆素 -X''-*O*-(*E*)- 阿魏酰基 -2''-*O*- 葡萄糖苷 粟 Setaria italica
vitexin-X''-*O*-(*E*)-ferulyl-2''-*O*-xyloside 牡荆素 -X''-*O*-(*E*)- 阿魏酰基 -2''-*O*- 木糖苷 粟 Setaria italica
vitexin-X''-*O*-(*E*)-sinapyl-2''-*O*-xyloside 牡荆素 -X''-*O*-(*E*)- 芥子酰基 -2''-*O*- 木糖苷 粟 Setaria italica
(-)-vitexlactam A (-)- 牡荆内酰胺 A 穗花牡荆 Vitex agnus-castus
vitexlactam A 牡荆内酰胺 A 蔓荆 Vitex trifolia
vitexoid 牡荆萜▲ 蔓荆 Vitex trifolia
vitexoside 牡荆酚苷▲ 黄荆 Vitex negundo
vitextrifolin A~G 蔓荆素 ▲A~G 蔓荆 Vitex trifolia
viticosterone E 牡荆甾酮 ▲E 麻花头 Serratula centauroides, 伪泥胡菜 S. coronata, 漏芦 Stemmacantha uniflora
(+)-vitisifuran A (+)- 葡萄呋喃 A 山葡萄 Vitis amurensis, 葡萄 V. vinifera
(-)-vitisifuran B (-)- 葡萄呋喃 B 葡萄 Vitis vinifera
(+)-vitisin A (+)- 葡萄辛 ▲A 东南葡萄 Vitis chunganensis, 小叶葡萄 V. sinocinerea, 葡萄 V. vinifera
vitisin A 葡萄辛 ▲A 山葡萄 Vitis amurensis, 桦叶葡萄 V. betulifolia, 刺葡萄 V. davidii, 葛藟葡萄 V. flexuosa
(-)-vitisin B (-)- 葡萄辛 ▲B 葡萄 Vitis vinifera
(-)-*cis*-vitisin B (-)- 顺式 - 葡萄辛 ▲B 山葡萄 Vitis amurensis, 葡萄 V. vinifera
(*E*)-vitisin B (*E*)- 葡萄辛 ▲B 山葡萄 Vitis amurensis, 葡萄 V. vinifera

S. nervosa, 莛子藨 Triosteum pinnatifidum
voleneol 鳞鹧鸪花醇▲ 大叶山楝 Aphanamixis grandifolia, 依兰 Cananga odorata, 浆果楝 Cipadessa baccifera, 佩兰 Eupatorium fortunei, 窄头橐吾 Ligularia stenocephala, 大耳叶风毛菊 Saussurea macrota
(*E*)-volkendousin (*E*)- 沃氏楝甾素▲ 茸果鹧鸪花 Trichilia sinensis
volkenin 蒴莲氰苷▲ 龙珠果 Passiflora foetida
(+)-volkensiflavone (+)- 倭氏藤黄双黄酮 木竹子 Garcinia multiflora, 大叶藤黄 G. xanthochymus
(±)-volkensiflavone (±)- 倭氏藤黄双黄酮 大叶藤黄 Garcinia xanthochymus
volkensiflavone 倭氏藤黄双黄酮 云树 Garcinia cowa, 大叶藤黄 G. xanthochymus
volkensine 沃氏萝芙木碱▲ 大叶糖胶树 Alstonia macrophylla
volubilogenone 南山藤苷元酮▲ 南山藤 Dregea volubilis
volubilol 南山藤洛醇▲ 南山藤 Dregea volubilis
volubiloside A, B, C 南山藤洛苷▲A, B, C 南山藤 Dregea volubilis
volvalerenal D 宽叶缬草醛▲D 西藏马兜铃 Aristolochia griffithii
volvaltrate A, B 缬草萜酯▲A, B 缬草 Valeriana officinalis
vomicine 番木鳖次碱 马钱子 Strychnos nux-vomica, 长籽马钱 S. wallichiana
(+)-vomifoliol (+)- 催吐萝芙木叶醇 伞房花耳草 Hedyotis corymbosa
(6*S*,9*R*)-vomifoliol (6*S*,9*R*)- 催吐萝芙木叶醇 披针叶荚蒾 Viburnum lancifolium
6*S*,9*S*-vomifoliol 6*S*,9*S*- 催吐萝芙木叶醇 牛白藤 Hedyotis hedyotidea
vomifoliol 催吐萝芙木叶醇 较常见成分，至少分布于 30 种以上植物中，见于唇形科、大戟科、豆科、红豆杉科、红树科、胡桃科、胡颓子科、锦葵科、菊科、爵床科、楝科、罗汉松科、萝藦科、葡萄科、千屈菜科、蔷薇科、茄科、三白草科、桑科、省沽油科、石竹科、鼠李科、桃金娘科、玄参科、野牡丹科、雨久花科等
vomifoliol glucoside 催吐萝芙木叶醇葡萄糖苷 刺苍耳 Xanthium spinosum
vomifoliol-9-*O*-*α*-arabinofuranosyl-(1 → 6)-*β*-D-glucopyranoside 催吐萝芙木叶醇 -9-*O*-*α*- 呋喃阿拉伯糖基 -(1 → 6)-*β*-D- 吡喃葡萄糖苷 柿 Diospyros kaki
vomifoliol-9-*O*-*β*-D-apiofuranosyl-(1 → 6)-*β*-D-glucopyranoside 催吐萝芙木叶醇 -9-*O*-*β*-D- 呋喃芹糖基 -(1 → 6)-*β*-D- 吡喃葡萄糖苷 榅桲 Cydonia oblonga
vomifoliol-9-*O*-*β*-D-apiofuranosyl-(1'' → 6')-*β*-D-glucopyranoside 催吐萝芙木叶醇 -9-*O*-*β*-D- 呋喃芹糖基 -(1'' → 6')-*β*-D- 吡喃葡萄糖苷 石栗 Aleurites moluccana
vomifoliol-9-*O*-*β*-D-glucopyranoside 催吐萝芙木叶醇 -9-*O*-*β*-D- 吡喃葡萄糖苷 甘青乌头 Aconitum tanguticum, 脉耳草 Hedyotis vestita, 青花椒 Zanthoxylum schinifolium
(6*S*,7*E*,9*R*)-vomifoliol-9-*O*-*β*-D-xylopyranosyl-(1 → 6)-*O*-*β*-D-glucopyranoside (6*S*,7*E*,9*R*)- 催吐萝芙木叶醇 -9-*O*-*β*-D- 吡喃木糖 -(1 → 6)-*O*-*β*-D- 葡萄糖苷 多裂委陵菜 Potentilla multifida
vomifoliol-*O*-*β*-D-glucopyranoside 催吐萝芙木叶醇 -*O*-*β*-D- 吡喃葡萄糖苷 毛杨梅 Myrica esculenta, 草珊瑚 Sarcandra glabra
vomilenine 催吐萝芙木烯宁▲ 蛇根木 Rauvolfia serpentina, 萝芙木 R. verticillata
voruscharin 前白花牛角瓜灵▲ 牛角瓜 Calotropis gigantea
(5*α*)-vouacapa-8(14),9(11)-diene (5*α*)- 柯桠树 -8(14),-9(11)- 二烯▲ 华南云实 Caesalpinia crista
(5*α*,6*β*,8*β*)-vouacapan-6-ol (5*α*,6*β*,8*β*)- 柯桠树 -6- 醇▲ 华南云实 Caesalpinia crista
(5*α*,8*β*)-vouacapane (5*α*,8*β*)- 柯桠树烷▲ 华南云实 Caesalpinia crista
vouacapen-5*α*-ol 柯桠树烯▲-5*α*- 醇 金凤花 Caesalpinia pulcherrima
(+)-vouacapenic acid (+)- 柯桠树酸▲ 牛筋果 Harrisonia perforata
VTL-II 四籽野豌豆凝集素 -II 四籽野豌豆 Vicia tetrasperma
vulgarenol 北艾烯醇▲ 荷花木兰 Magnolia grandiflora
β-vulgarin *β*- 艾蒿素 细叶鸢尾 Iris tenuifolia
vulgarin 北艾素▲ 北艾 Artemisia vulgaris, 湖北旋覆花 Inula hupehensis, 欧夏至草 Marrubium vulgare
vulgarine 蓝蓟灵▲ 蓝蓟 Echium vulgare
vulgarine-*N*-oxide 蓝蓟灵▲-*N*- 氧化物 蓝蓟 Echium vulgare
vulgaris lactone 北艾内酯▲ 北艾 Artemisia vulgaris
vulgarisin A 夏枯草素 A 夏枯草 Prunella vulgaris
vulgarol 欧夏至草洛醇▲ 欧夏至草 Marrubium vulgare
vulgarone A 菊蒿酮▲A 楔叶菊 Chrysanthemum naktongense, 菊蒿 Tanacetum vulgare
vulgarone B 菊蒿酮▲B 小球花蒿 Artemisia moorcroftiana, 楔叶菊 Chrysanthemum naktongense, 菊蒿 Tanacetum vulgare
vulgarsaponin A 夏枯草皂苷 A 三裂蛇葡萄 Ampelopsis delavayana, 夏枯草 Prunella vulgaris
vulgarsaponin B 夏枯草皂苷 B 夏枯草 Prunella vulgaris
vulgaxanthin I, II 甜菜黄辛▲I, II 甜菜 Beta vulgaris
vulpinic acid 狐衣酸 黄粉末牛肝菌 Pulveroboletus ravenelii, 槽枝衣 Sulcaria sulcata, 褐黑口蘑 Tricholoma ustale

W

wahlenbergioside 蓝花参酚苷▲ 蓝花参 Wahlenbergia marginata

W

wikstroemia factor C_1, C_2 荛花因子 C_1, C_2 荛花 Wikstroemia canescens
wikstroemia factor M_1 荛花因子 M_1 尖瓣瑞香 Daphne acutiloba
wikstroemioidin A 荛花香茶菜素 A 黄花香茶菜 Isodon sculponeatus
wikstroemioidin B 荛花香茶菜素 B 毛萼香茶菜 Isodon eriocalyx, 拟缺香茶菜 I. excisoides, 毛叶香茶菜 I. japonicus, 歧伞香茶菜 I. macrophyllus, 冬凌草 I. rubescens
wikstroemioidin C 荛花香茶菜素 C 鄂西香茶菜 Isodon henryi
wikstroemol 荛花烯醇▲ 鸦胆子 Brucea javanica
wikstrol A 荛花酚▲A 尖瓣瑞香 Daphne acutiloba, 滇瑞香 D. feddei, 狼毒 Stellera chamaejasme, 了哥王 Wikstroemia indica, 革叶荛花 W. scytophylla
wikstrol B 荛花酚▲B 滇瑞香 Daphne feddei, 狼毒 Stellera chamaejasme, 了哥王 Wikstroemia indica
(-)-wikstromol (-)- 荛花醇 雪松 Cedrus deodara
(+)-wikstromol (+)- 荛花醇 深绿卷柏 Selaginella doederleinii, 粗叶卷柏 S. trachyphylla, 狼毒 Stellera chamaejasme
wikstromol 荛花醇 尖瓣瑞香 Daphne acutiloba, 滇瑞香 D. feddei, 狭叶五味子 Schisandra lancifolia, 了哥王 Wikstroemia indica
wilforcidine 雷公藤西定 雷公藤 Tripterygium wilfordii
wilfordconine 雷公藤康碱 雷公藤 Tripterygium wilfordii
wilfordine 雷公藤定碱 卫矛 Euonymus alatus, 昆明山海棠 Tripterygium hypoglaucum, 雷公藤 T. wilfordii
wilfordinine A 雷公藤定宁 A 昆明山海棠 Tripterygium hypoglaucum, 雷公藤 T. wilfordii
wilfordinine B 雷公藤定宁 B 昆明山海棠 Tripterygium hypoglaucum, 雷公藤 T. wilfordii
wilfordinine C 雷公藤定宁 C 昆明山海棠 Tripterygium hypoglaucum, 雷公藤 T. wilfordii
wilfordinine D~J 雷公藤定宁 D~J 雷公藤 Tripterygium wilfordii
wilfordsine 雷公藤辛碱▲ 雷公藤 Tripterygium wilfordii
wilforgine 雷公藤晋碱 昆明山海棠 Tripterygium hypoglaucum, 雷公藤 T. wilfordii
wilforibiose 隔山消二糖 牛皮消 Cynanchum boudieri
wilforic acid A 雷公藤酸 A 昆明山海棠 Tripterygium hypoglaucum, 雷公藤 T. wilfordii
wilforic acid B 雷公藤酸 B 雷公藤 Tripterygium wilfordii
wilforic acid C 雷公藤酸 C 五层龙 Salacia prinoides, 昆明山海棠 Tripterygium hypoglaucum, 雷公藤 T. wilfordii
wilforine 雷公藤灵碱 昆明山海棠 Tripterygium hypoglaucum, 雷公藤 T. wilfordii
wilforjine 雷公藤精碱 雷公藤 Tripterygium wilfordii
wilforlide A 雷公藤内酯 A 粉背南蛇藤 Celastrus hypoleucus, 南蛇藤 C. orbiculatus, 灯油藤 C. paniculatus, 卫矛 Euonymus alatus, 南川卫矛 E. bockii, 大花卫矛 E. grandiflorus, 密花美登木 Maytenus confertiflora, 昆明山海棠 Tripterygium hypoglaucum, 东北雷公藤 T. regelii, 雷公藤 T. wilfordii
wilforlide B 雷公藤内酯 B 粉背南蛇藤 Celastrus hypoleucus, 南蛇藤 C. orbiculatus, 南川卫矛 Euonymus bockii, 大花卫矛 E. grandiflorus, 昆明山海棠 Tripterygium hypoglaucum, 东北雷公藤 T. regelii, 雷公藤 T. wilfordii
wilformine 雷公藤明碱▲ 雷公藤 Tripterygium wilfordii
wilfornine 雷公藤宁碱 昆明山海棠 Tripterygium hypoglaucum, 雷公藤 T. wilfordii
wilfornine A~D, H 雷公藤宁碱 A~D, H 雷公藤 Tripterygium wilfordii
wilfornine E 雷公藤宁碱 E 扶芳藤 Euonymus fortunei, 雷公藤 Tripterygium wilfordii
wilfornine F 雷公藤宁碱 F 灯油藤 Celastrus paniculatus, 雷公藤 Tripterygium wilfordii
wilfornine G 雷公藤宁碱 G 皱叶南蛇藤 Celastrus rugosus, 雷公藤 Tripterygium wilfordii
wilforol A 雷公藤醇▲A 南蛇藤 Celastrus orbiculatus, 昆明山海棠 Tripterygium hypoglaucum, 东北雷公藤 T. regelii, 雷公藤 T. wilfordii
wilforol B 雷公藤醇▲B 南蛇藤 Celastrus orbiculatus, 昆明山海棠 Tripterygium hypoglaucum, 雷公藤 T. wilfordii
wilforol C, E, F 雷公藤醇▲C, E, F 雷公藤 Tripterygium wilfordii
wilforol D 雷公藤醇▲D 东北雷公藤 Tripterygium regelii, 雷公藤 T. wilfordii
wilforone 雷公藤酮▲ 雷公藤 Tripterygium wilfordii
wilforonide 雷公藤素 雷公藤 Tripterygium wilfordii
wilforsinine A 雷公藤西宁▲A 苦皮藤 Celastrus angulatus, 雷公藤 Tripterygium wilfordii
wilforsinine B~H 雷公藤西宁▲B~H 雷公藤 Tripterygium wilfordii
wilfortrine 雷公藤春碱 昆明山海棠 Tripterygium hypoglaucum, 雷公藤 T. wilfordii
wilforzine 雷公藤嗪碱 雷公藤 Tripterygium wilfordii
wilfoside A, B, C, C_1GG 隔山消苷 A, B, C, C_1GG 隔山消 Cynanchum wilfordii
wilfoside C_1G 隔山消苷 C_1G 牛皮消 Cynanchum boudieri, 白首乌 C. bungei, 隔山消 C. wilfordii
wilfoside C_1N 隔山消苷 C_1N 牛皮消 Cynanchum boudieri, 白首乌 C. bungei, 隔山消 C. wilfordii
wilfoside C_2G 隔山消苷 C_2G 青羊参 Cynanchum otophyllum
wilfoside C_3N 隔山消苷 C_3N 牛皮消 Cynanchum boudieri, 白首乌 C. bungei, 隔山消 C. wilfordii
wilfoside D 隔山消苷 D 隔山消 Cynanchum wilfordii
wilfoside D_1N 隔山消苷 D_1N 牛皮消 Cynanchum boudieri
wilfoside E~H, K_1GG 隔山消苷 E~H, K_1GG 隔山消 Cynanchum wilfordii
wilfoside K_1N 隔山消苷 K_1N 牛皮消 Cynanchum boudieri, 白首乌 C. bungei, 隔山消 C. wilfordii
wilfoside M_1N 隔山消苷 M_1N 牛皮消 Cynanchum boudieri

withaphysacarpin 睡茄黏果酸浆素▲ 毛酸浆 Physalis philadelphica
withaphysalin A 睡茄酸浆素 A 苦蘵 Physalis angulata, 小酸浆 P. minima
withaphysalin B, C, P~S 睡茄酸浆素 B, C, P~S 小酸浆 Physalis minima
withaphysanolide 睡茄酸浆诺内酯▲ 苦蘵 Physalis angulata, 灯笼果 P. peruviana
witharifeen 睡茄瑞芬▲ 毛曼陀罗 Datura inoxia
withasomilide 催眠睡茄米内酯▲ 睡茄 Withania somnifera
withasomniferanolide 催眠睡茄内酯▲ 睡茄 Withania somnifera
withasomnilide 催眠睡茄尼内酯▲ 睡茄 Withania somnifera
withasomnine 催眠睡茄宁▲ 睡茄 Withania somnifera
withastramonolide 睡茄曼陀罗内酯▲ 树番茄 Cyphomandra betacea, 苦蘵 Physalis angulata, 睡茄 Withania somnifera
withatatulin 睡茄曼陀罗素▲ 树番茄 Cyphomandra betacea
withatatulin B, C, E 睡茄曼陀罗素▲B, C, E 树番茄 Cyphomandra betacea
withatatulin D 睡茄曼陀罗素▲D 树番茄 Cyphomandra betacea, 洋金花 Datura metel
wogonin 汉黄芩素 较常见成分，至少分布于 30 种以上植物中，见于唇形科、大风子科、豆科、番荔枝科、红豆杉科、胡桃科、夹竹桃科、旌节花科、爵床科、马鞭草科、木犀科、伞形科、山柑科、石竹科、五加科、五桠果科、玄参科、鸢尾科、芸香科、紫金牛科等
wogonin-5-*O*-D-glucopyranoside 汉黄芩素 -5-*O*-D- 吡喃葡萄糖苷 黄芩 Scutellaria baicalensis
wogonin-7-*O*-D-glucopyranoside 汉黄芩素 -7-*O*-D- 吡喃葡萄糖苷 黄芩 Scutellaria baicalensis
wogonin-7-*O*-glucopyranoside 汉黄芩素 -7-*O*- 吡喃葡萄糖苷 连翘 Forsythia suspensa
wogonin-7-*O*-glucuronide 汉黄芩素 -7-*O*- 葡萄糖醛酸苷 异色黄芩 Scutellaria discolor, 韩信草 S. indica
wogonin-7-*O*-glucuronide methyl ester 汉黄芩素 -7-*O*- 葡萄糖醛酸苷甲酯 黄芩 Scutellaria baicalensis
wogonin-7-*O*-*β*-D-ethylglucuronide 汉黄芩素 -7-*O*- 葡萄糖醛酸苷乙酯 黄芩 Scutellaria baicalensis
wogonin-7-*O*-*β*-D-glucopyranoside 汉黄芩素 -7-*O*-*β*-D- 吡喃葡萄糖苷 棱茎黄芩 Scutellaria scandens
wogonin-7-*O*-*β*-D-glucuronide 汉黄芩素 -7-*O*-*β*-D- 葡萄糖醛酸苷 盔状黄芩 Scutellaria galericulata, 锡叶藤 Tetracera sarmentosa
wogonin-7-*O*-*β*-D-glucuronide methyl ester 汉黄芩素 -7-*O*-*β*-D- 葡萄糖苷甲酯 锡叶藤 Tetracera sarmentosa
wogonin-7-*O*-*β*-D-glucuronopyranoside 汉黄芩素 -7-*O*-*β*-D- 吡喃葡萄糖醛酸苷 沙滩黄芩 Scutellaria strigillosa
wogonoside 汉黄芩苷 百两金 Ardisia crispa, 滇黄芩 Scutellaria amoena, 黄芩 S. baicalensis, 连翘叶黄芩 S. hypericifolia, 甘肃黄芩 S. rehderiana, 并头黄芩 S. scordifolia, 展毛韧黄芩 S. tenax var. patentipilosa, 粘毛黄芩 S. viscidula, 柳叶红茎黄芩 S. yunnanensis var. salicifolia
woodfordin A~H 虾子花素 A~H 虾子花 Woodfordia fruticosa
woodfordin I 虾子花素 I 柳兰 Epilobium angustifolium, 虾子花 Woodfordia fruticosa
woodorien 东方狗脊蕨素▲ 野生紫苏 Perilla frutescens var. purpurascens, 东方狗脊蕨 Woodwardia orientalis
woodwardic acid 狗脊蕨酸 黄杞 Engelhardia roxburghiana, 荚果蕨 Matteuccia struthiopteris, 狗脊蕨 Woodwardia japonica, 东方狗脊蕨 W. orientalis
(-)-woorenoside XI (-)- 日本黄连苷▲XI 丁座草 Boschniakia himalaica
woorenoside XI 深裂日本黄连苷▲XI 黄瑞香 Daphne giraldii
worenine 日本黄连宁▲ 峨眉黄连 Coptis omeiensis
wrightiadione 倒吊笔二酮▲ 胭木 Wrightia arborea
wrightial 倒吊笔醛▲ 魁蒿 Artemisia princeps
wrightial acetate 倒吊笔醛▲乙酸酯 魁蒿 Artemisia princeps
wubangziside A, B, C 乌棒子苷 A, B, C 尾叶远志 Polygala caudata
wuchuyine 吴茱萸因碱 吴茱萸 Euodia ruticarpa
wuchuyuamide I, II 吴茱萸新酰胺▲I, II 吴茱萸 Euodia ruticarpa
wujiapioside A, B 五加皮苷 A, B 五加 Eleutherococcus nodiflorus var. gracilistylus
wulignan A_1 五脂素 A_1 翼梗五味子 Schisandra henryi
wulignan A_2 五脂素 A_2 翼梗五味子 Schisandra henryi, 红花五味子 S. rubriflora
wulingzhic acid 五灵脂酸 短柱八角 Illicium brevistylum
wurdin 多花芍药素▲ 多花芍药 Paeonia emodi
wushanicariin 巫山淫羊藿苷 巫山淫羊藿 Epimedium wushanense
wushanicaritin 巫山淫羊藿素 巫山淫羊藿 Epimedium wushanense
wushankaempferol 巫山山柰酚▲ 巫山淫羊藿 Epimedium wushanense
wutaiensal 屏东花椒醛▲ 两面针 Zanthoxylum nitidum
wuweilignan E 五味木脂素 E 鹤庆五味子 Schisandra wilsoniana
wuweizidilactone A, C, E, F, G, I~P 五味子二内酯 A, C, E, F, G, I~P 五味子 Schisandra chinensis
wuweizidilactone B 五味子二内酯 B 五味子 Schisandra chinensis, 合蕊五味子 S. propinqua
wuweizidilactone D 五味子二内酯 D 五味子 Schisandra chinensis, 合蕊五味子 S. propinqua
wuweizidilactone H 五味子二内酯 H 五味子 Schisandra chinensis, 合蕊五味子 S. propinqua
wuweizilactone acid 五味子内酯酸▲ 五味子 Schisandra chinensis, 华中五味子 S. sphenanthera
wuweizilactone acid A 五味子内酯酸▲A 华中五味子 Schisandra sphenanthera

wuweizisu A 五味子素 A 重瓣五味子 Schisandra plena, 毛叶五味子 S. pubescens, 华中五味子 S. sphenanthera
(*R*)-(+)-wuweizisu C (*R*)-(+)- 五味子素 C 南五味子 Kadsura longipedunculata
wuweizisu C 五味子素 C 红花五味子 Schisandra rubriflora, 球蕊五味子 S. sphaerandra, 华中五味子 S. sphenanthera
wuzhuyurutine A, B 吴茱萸如亭碱 ▲A, B 吴茱萸 Euodia ruticarpa

X

xambioona 毛蔓豆黄酮 ▲ 台湾山豆根 Euchresta formosana, 洋甘草 Glycyrrhiza glabra
xanalteric acid I, II 黄链格孢酸 ▲I, II 杯萼海桑 Sonneratia alba
xanifolia O_{54}, Y_0~Y_3, Y_7~Y_{10} 文冠果萜 ▲O_{54}, Y_0~Y_3, Y_7~Y_{10} 文冠果 Xanthoceras sorbifolium
xanthalin 黄盔芹林素 ▲ 宽萼岩风 Libanotis laticalycina, 迷果芹 Sphallerocarpus gracilis
4*H*-xanthalongin 4*H*- 二氢长叶山金车素 ▲ 旋覆花 Inula japonica
xanthalongin 长叶山金车素 ▲ 旋覆花 Inula japonica
xanthanol 苍耳醇 刺苍耳 Xanthium spinosum
xanthatin 苍耳亭 蒙古苍耳 Xanthium mongolicum, 刺苍耳 X. spinosum
9*H*-xanthen-9-one 9*H*- 呫烯 -9- 酮 杧果 Mangifera indica
xanthiazinone 苍耳噻嗪新酮 ▲ 苍耳 Xanthium sibiricum
xanthiazone 苍耳噻嗪酮 ▲ 苍耳 Xanthium sibiricum
xanthienopyran 苍耳噻吩吡喃 ▲ 苍耳 Xanthium sibiricum
xanthine 黄嘌呤 咖啡黄葵 Abelmoschus esculentus, 链荚豆 Alysicarpus vaginalis, 见血封喉 Antiaris toxicaria, 红毛五加 Eleutherococcus giraldii, 冬凌草 Isodon rubescens, 亚麻 Linum usitatissimum, 南苜蓿 Medicago polymorpha
xanthinosin 苍耳皂素 蒙古苍耳 Xanthium mongolicum, 刺苍耳 X. spinosum
xanthiside 苍耳噻嗪酮苷 苍耳 Xanthium sibiricum
xanthoangelol 黄当归醇 短梗胡枝子 Lespedeza cyrtobotrya, 绣球菌 Sparassis crispa
xanthocerasic acid 文冠果酸 ▲ 米仔兰 Aglaia odorata
xanthocerin 文冠木素 茶 Camellia sinensis
xanthocerone A 文冠果酮 A 文冠果 Xanthoceras sorbifolium
(+)-xanthochymol (+)- 大叶藤黄醇 大叶藤黄 Garcinia xanthochymus
xanthochymol 大叶藤黄醇 大叶藤黄 Garcinia xanthochymus
xanthochymone A, B, C 大叶藤黄酮 ▲A, B, C 大叶藤黄 Garcinia xanthochymus
xanthochymuside 大叶藤黄苷 ▲ 木竹子 Garcinia multiflora
xanthogalenol 盖伦酒花黄酚 ▲ 啤酒花 Humulus lupulus
xanthogalin 黄盔芹素 黑水当归 Angelica amurensis, 岩风 Libanotis buchtormensis
xanthogalol 黄盔芹醇 ▲ 岩风 Libanotis buchtormensis
xanthohumol 酒花黄酚 ▲ 啤酒花 Humulus lupulus
xanthohumol B~E, G, H, I, M 酒花黄酚 ▲B~E, G, H, I, M 啤酒花 Humulus lupulus
xanthohuskiside A, B 文冠果壳苷 A, B 文冠果 Xanthoceras sorbifolium
xanthohypericoside 呫酮金丝桃苷 ▲ 华东唐松草 Thalictrum fortunei
xanthomicrol 黄姜味草酚 ▲ 木棉 Bombax ceiba, 撒尔维亚 Salvia officinalis
9-xanthone 9- 呫酮 穿心草 Canscora lucidissima
xanthone 呫酮 高山龙胆 Gentiana algida, 海南玉叶金花 Mussaenda hainanensis, 双蝴蝶 Tripterospermum chinense, 玉山双蝴蝶 T. lanceolatum
xanthone V_1 呫酮 V_1 红芽木 Cratoxylum formosum subsp. pruniflorum
xanthone V_1a 呫酮 V_1a 柘树 Cudrania tricuspidata
xanthone V_2a 呫酮 V_2a 岭南山竹子 Garcinia oblongifolia
xanthopappin A, B, C 黄缨菊素 ▲A, B, C 黄缨菊 Xanthopappus subacaulis
xanthoperol 黄桧酚 ▲ 杜松 Juniperus rigida
xanthophyll 叶黄素 植物基础成分，未统计基源
xanthophyll diester 叶黄素双酯 酸浆 Physalis alkekengi
xanthophyll monoester 叶黄素单酯 酸浆 Physalis alkekengi
xanthophyllepoxide 环氧叶黄素 驴蹄草 Caltha palustris
xanthoplanine 竹叶椒碱 山鸡椒 Litsea cubeba, 多叶唐松草 Thalictrum foliolosum
xanthopurpurin 黄紫茜素 红大戟 Knoxia roxburghii, 印度羊角藤 Morinda umbellata, 海金子 Pittosporum illicioides, 茜草 Rubia cordifolia, 钩毛茜草 R. oncotricha, 紫参 R. yunnanensis
xanthopurpurin-3-*O*-*β*-D-glucopyranoside 黄紫茜素 -3-*O*-*β*-D- 吡喃葡萄糖苷 东南茜草 Rubia argyi
xanthorhamnin; xanthorhamnoside 黄鼠李苷 药鼠李 Rhamnus cathartica
xanthorin 石黄衣素 ▲ 多花勾儿茶 Berchemia floribunda, 槐叶决明 Senna occidentalis var. sophera
xanthorin-8-methyl ether 石黄衣素 ▲-8- 甲醚 巴天酸模 Rumex patientia
xanthorrhizol 黄根姜黄醇 印尼莪术 Curcuma zanthorrhiza

xanthosine 黄嘌呤核苷 蒺藜 Tribulus terrestris
xanthotoxin 花椒毒素 较常见成分，至少分布于 30 种以上植物中，常见于芸香科与伞形科植物，偶见于唇形科、豆科、菊科、马鞭草科、紫葳科等
xanthotoxol 花椒毒酚 木橘 Aegle marmelos, 白芷 Angelica dahurica, 杭白芷 A. dahurica 'Hangbaizhi', 祁白芷 A. dahurica 'Qibaizhi', 林当归 A. sylvestris, 下延叶古当归 Archangelica decurrens, 香肉果 Casimiroa edulis, 明党参 Changium smyrnioides, 黎檬 Citrus limonia, 柚 C. maxima, 黄皮 Clausena lansium, 蛇床 Cnidium monnieri, 高山芹 Coelopleurum saxatile, 白亮独活 Heracleum candicans, 鹤庆独活 H. rapula, 羌活 Notopterygium incisum, 马甲子 Paliurus ramosissimus, 滨海前胡 Peucedanum japonicum, 红前胡 P. rubricaule, 心叶棱子芹 Pleurospermum rivulorum, 雪莲花 Saussurea involucrata, 月桂茵芋 Skimmia laureola, 异叶花椒 Zanthoxylum ovalifolium
xanthotoxol-8-*O*-*α*-L-arabinoside 花椒毒酚 -8-*O*-*α*-L- 阿拉伯糖苷 芸香 Ruta graveolens
xanthotoxol-8-*O*-*β*-D-glucopyranoside 花椒毒酚 -8-*O*-*β*-D- 吡喃葡萄糖苷 木橘 Aegle marmelos, 黄皮 Clausena lansium, 珊瑚菜 Glehnia littoralis
xanthotoxol-8-*β*-D-glucopyranoside 花椒毒酚 -8-*β*-D- 吡喃葡萄糖苷 蛇床 Cnidium monnieri
(-)-xanthoxin (-)- 甲氧呋豆素 向日葵 Helianthus annuus
xanthoxyletin 美洲花椒内酯 黎檬 Citrus limonia, 柚 C. maxima, 文旦 C. maxima'Wentan', 葡萄柚 C. paradisi, 假黄皮 Clausena excavata, 牛筋果 Harrisonia perforata, 白花丹 Plumbago zeylanica
xanthoxylin 花椒素 艾纳香 Blumea balsamifera, 烟管头草 Carpesium cernuum, 马蜂橙 Citrus hystrix, 三花枪刀药 Hypoestes triflora, 川陕花椒 Zanthoxylum piasezkii
(+)-xanthoxylol (+)- 花椒酚 菟丝子 Cuscuta chinensis, 无梗五加 Eleutherococcus sessiliflorus
xanthoxylol-3,3-dimethylallyl ether 花椒酚 -3,3- 二甲基烯丙基醚 两面针 Zanthoxylum nitidum
(+)-xanthoxyol (+)- 花椒酚▲ 三桠乌药 Lindera obtusiloba
xanthumin 苍耳明 刺苍耳 Xanthium spinosum
xanthyletin 花椒内酯 臭节草 Boenninghausenia albiflora, 马蜂橙 Citrus hystrix, 黎檬 C. limonia, 柚 C. maxima, 文旦 C. maxima'Wentan', 佛手 C. medica var. sarcodactylis, 葡萄柚 C. paradisi, 蕉柑 C. reticulata 'Tankan', 假黄皮 Clausena excavata, 九丁榕 Ficus nervosa, 岩木瓜 F. tsiangii, 金橘 Fortunella margarita, 草龙 Ludwigia hyssopifolia, 三叶藤橘 Luvunga scandens, 黄檗 Phellodendron amurense, 川黄檗 P. chinense, 白花丹 Plumbago zeylanica, 枳 Poncirus trifoliata, 萝芙木 Rauvolfia verticillata, 芸香 Ruta graveolens, 椿叶花椒 Zanthoxylum ailanthoides
xenognosin B 黄芪胶识别素▲B 降香 Dalbergia odorifera, 印度黄檀 D. sissoo, 云南甘草 Glycyrrhiza yunnanensis
xeroboside 倒卵叶山石榴苷▲ 海滨木巴戟 Morinda citrifolia, 鸡桑 Morus australis
xerocomic acid 绒盖牛肝菌酸▲ 乳牛肝菌 Suillus bovinus
xerocomorubin 绒盖牛肝菌红素▲ 黄粉末牛肝菌 Pulveroboletus ravenelii
xerophilusin X 旱生香茶菜素 X 冬凌草 Isodon rubescens
xerophilusin A, G 旱生香茶菜素 A, G 紫毛香茶菜 Isodon enanderianus
xerophilusin B 旱生香茶菜素 B 细锥香茶菜 Isodon coetsa, 拟缺香茶菜 I. excisoides, 叶穗香茶菜 I. phyllostachys, 瘿花香茶菜 I. rosthornii, 冬凌草 I. rubescens
xerophilusin H 旱生香茶菜素 H 毛萼香茶菜 Isodon eriocalyx
xerophilusin L 旱生香茶菜素 L 细锥香茶菜 Isodon coetsa
xerophilusin N 旱生香茶菜素 N 拟缺香茶菜 Isodon excisoides
xilingsaponin A, B 西陵皂苷 A, B 知母 Anemarrhena asphodeloides
xindongnin A~P 信阳冬凌草素 A~P 冬凌草 Isodon rubescens
xiongterpene 川芎三萜 辽藁本 Ligusticum jeholense, 川芎 L. sinense 'Chuanxiong'
xuedanglycoside A, B, C 雪胆糖苷 A, B, C 雪胆 Hemsleya chinensis
xuelianlactone 雪莲内酯 绵头雪兔子 Saussurea laniceps
xuelianlactone-8-*O*-*β*-D-glucopyranoside 雪莲内酯 -8-*O*-*β*-D- 吡喃葡萄糖苷 绵头雪兔子 Saussurea laniceps
xylan 木聚糖 牛蒡 Arctium lappa
xylariacin A, B, C 炭角菌辛▲A, B, C 番荔枝 Annona squamosa
p-xylene 对二甲苯 挥发油成分，未统计基源
o-xylene 邻二甲苯 挥发油成分，未统计基源
xylitol 木糖醇 金黄柴胡 Bupleurum aureum, 北柴胡 B. chinense, 小柴胡 B. hamiltonii
xylocoside A~F 南岭柞木苷 A~F 南岭柞木 Xylosma controversa
xylocoside G 南岭柞木苷 G 栀子皮 Itoa orientalis, 南岭柞木 Xylosma controversa
α-xylofuranosyluracil *α*- 呋喃木糖尿嘧啶 刺苋 Amaranthus spinosus
xylogalactan 木半乳聚糖 珊瑚藻 Corallina officinalis
xyloglucan 木葡聚糖 牛蒡 Arctium lappa, 黑茶藨子 Ribes nigrum
xylogranatinine 木果楝宁碱▲ 朝鲜淫羊藿 Epimedium koreanum
xylongoside A, B 长叶柞木苷 A, B 长叶柞木 Xylosma longifolia
xylopic acid 木瓣树酸▲ 小叶香茶菜 Isodon parvifolius
(-)-xylopine (-)- 木瓣树碱▲ 排骨灵 Fissistigma bracteolatum, 白叶瓜馥木 F. glaucescens
xylopine 木瓣树碱▲ 牛心番荔枝 Annona reticulata, 瓜馥木 Fissistigma oldhamii
(+)-xylopinidine (+)- 木瓣树尼定▲ 陵水暗罗 Polyalthia nemoralis

X

l-xylopinine *l*- 木瓣树宁碱▲ 黄叶地不容 Stephania viridiflavens
xylopinine 木瓣树宁碱▲ 三裂紫堇 Corydalis trifoliata, 血散薯 Stephania dielsiana, 小花地不容 S. micrantha, 黄叶地不容 S. viridiflavens
[3-*O*-[*β*-D-xylopyranosyl-(1→2)-[*β*-D-xylopyranosyl-(1→3)]-*β*-D-glucopyranosyl-(1→4)-[*α*-L-rhamnopyranosyl-(1→2)]-*β*-D-galactopyranosyl]-neohecogenin [3-*O*-[*β*-D- 吡喃木糖基 -(1→2)-[*β*-D- 吡喃木糖基 -(1→3)]-*β*-D- 吡喃葡萄糖基 -(1→4)-[*α*-L- 吡喃鼠李糖基 -(1→2)]-*β*-D- 吡喃半乳糖基]- 新海柯皂苷元 大花蒺藜 Tribulus cistoides
[3-*O*-[*β*-D-xylopyranosyl-(1→2)-[*β*-D-xylopyranosyl-(1→3)]-*β*-D-glucopyranosyl-(1→4)-*β*-D-galactopyranosyl]-neotigogenin [3-*O*-[*β*-D- 吡喃木糖基 -(1→2)-[*β*-D- 吡喃木糖基 -(1→3)]-*β*-D- 吡喃葡萄糖基 -(1→4)-*β*-D- 吡喃半乳糖基]- 新替告皂苷元 大花蒺藜 Tribulus cistoides
(3*β*,5*α*,25*R*)-3-*O*-*β*-D-xylopyranosyl-(1→2)-*O*-*β*-D-xylopyranosyl-(1→3)-*O*-*β*-D-glucopyranosyl-(1→4)-*O*-*α*-L-rhamnopyranosyl-(1→2)-*β*-D-galactopyranosyloxyspirostan-12-one (3*β*,5*α*,25*R*)-3-(*O*-*β*-D- 吡喃木糖基 -(1→2)-*O*-*β*-D- 吡喃木糖基 -(1→3)-*O*-*β*-D- 吡喃葡萄糖基 -(1→4)-*O*-*α*-L- 吡喃鼠李糖基 -(1→2)-*β*-D- 吡喃半乳糖氧基)- 螺甾 -12- 酮 蒺藜 Tribulus terrestris
(25*R*)-3*β*-[{*O*-*β*-D-xylopyranosyl-(1→3)-*O*-*β*-D-glucopyranosyl-(1→2)-*O*-[*β*-D-xylopyranosyl-(1→3)]-*O*-*β*-D-glucopyranosyl-(1→4)-*β*-D-galactopyranosyl}oxy]-5*α*-spirost-9-en-12-one (25*R*)-3*β*-[{*O*-*β*-D- 吡喃木糖基 -(1→3)-*O*-*β*-D- 吡喃葡萄糖基 -(1→2)-*O*-[*β*-D- 吡喃木糖基 -(1→3)]-*O*-*β*-D- 吡喃葡萄糖基 -(1→4)-*β*-D- 吡喃半乳糖基 } 氧基]-5*α*- 螺甾 -9- 烯 -12- 酮 晚香玉 Polianthes tuberosa
(25*R*)-3*β*-[{*O*-*β*-D-xylopyranosyl-(1→3)-*O*-*β*-D-glucopyranosyl-(1→2)-*O*-[*β*-D-xylopyranosyl-(1→3)]-*O*-*β*-D-glucopyranosyl-(1→4)-*β*-D-galactopyranosyl}oxy]-5*α*-spirostan-12-one (25*R*)-3*β*-[{*O*-*β*-D- 吡喃木糖基 -(1→3)-*O*-*β*-D- 吡喃葡萄糖基 -(1→2)-*O*-[*β*-D- 吡喃木糖基 -(1→3)]-*O*-*β*-D- 吡喃葡萄糖基 -(1→4)-*β*-D- 吡喃半乳糖基 } 氧基]-5*α*- 螺甾 -12- 酮 晚香玉 Polianthes tuberosa
(3*β*,25*R*)-3-[(*β*-D-xylopyranosyl-(1→3)-*β*-D-glucopyranosyl-(1→4)-*β*-D-galactopyranosyl)oxy]-5*α*-spirostan-12-one (3*β*,25*R*)-3-[(*β*-D- 吡喃木糖基 -(1→3)-*β*-D- 吡喃葡萄糖基 -(1→4)-*β*-D- 吡喃半乳糖基) 氧基]-5*α*- 螺甾 -12- 酮 深裂竹根七 Disporopsis pernyi
3*β*-[*O*-*β*-D-xylopyranosyl-(1→4)-*β*-D-galactopyranosyl-(1→2)-*O*-[*α*-L-arabinopyranosyl-(1→3)]-*O*-*β*-D-glucopyranuronosyl]-quillaic acid-28-{*O*-*β*-D-xylopyranosyl-(1→3)-*O*-*β*-D-xylopyranosyl-(1→4)-*O*-*α*-L-rhamnopyranosyl-(1→2)-*O*-[*β*-D-quinovopyranosyl-(1→4)]-*β*-D-fucopyranosyl} ester 3*β*-{*O*-*β*-D- 吡喃木糖基 -(1→4)-*β*-D- 吡喃半乳糖基 -(1→2)-*O*-[*α*-L- 吡喃阿拉伯糖基 -(1→3)]-*O*-*β*-D- 吡喃葡萄糖醛酸基 }- 皂皮树酸 -28-{*O*-*β*-D- 吡喃木糖基 -(1→3)-*O*-*β*-D- 吡喃木糖基 -(1→4)-*O*-*α*-L- 吡喃鼠李糖基 -(1→2)-*O*-[*β*-D- 吡喃鸡纳糖基 -(1→4)]-*β*-D- 吡喃岩藻糖基 } 酯 圆锥石头花 Gypsophila paniculata
4-[*β*-D-xylopyranosyl-(1→6)-*O*-*β*-D-glucopyranosyloxy]-1-(2-nitroethyl)-benzene 4-[*β*-D- 吡喃木糖基 -(1→6)-*O*-*β*-D- 吡喃葡萄糖氧基]-1-(2- 硝基乙基)- 苯 天葵 Semiaquilegia adoxoides
β-D-xylopyranosyl-(1→6)-*α*-D-glucopyranosyl-(1→6)-*β*-D-glucopyranoside *β*-D- 吡喃木糖基 -(1→6)-*α*-D- 吡喃葡萄糖基 -(1→6)-*β*-D- 吡喃葡萄糖苷 西洋参 Panax quinquefolius
3-xylopyranosyl-24-*O*-acetylhydroshengmanol-15-glucopyranoside 3- 吡喃木糖基 -24-*O*- 乙酰氢化升麻新醇 -15- 吡喃葡萄糖苷 兴安升麻 Cimicifuga dahurica
9-*β*-D-xylopyranosyl-lyoniresinol 9-*β*-D- 吡喃木糖基 - 南烛树脂醇 鹊肾树 Streblus asper
7-*β*-D-xylopyranosyloxy-1,8-dihydroxy-3-methoxyxanthone 7-*β*-D- 吡喃木糖氧基 -1,8- 二羟基 -3- 甲氧基屾酮 紫红獐牙菜 Swertia punicea
2-*β*-D-xylopyranosyloxy-1,8-dihydroxy-6-methoxyxanthone 2-*β*-D- 吡喃木糖氧基 -1,8- 二羟基 -6- 甲氧基屾酮 川西獐牙菜 Swertia mussotii
1-(6-*O*-*β*-D-xylopyranosyl-*β*-D-glucopyranosyloxy)-2,8-dihydroxy-6-methoxyxanthone 1-(6-*O*-*β*-D- 吡喃木糖基 -*β*-D- 吡喃葡萄糖氧基)-2,8-二羟基 -6- 甲氧基屾酮 川西獐牙菜 Swertia mussotii
D-xylose D- 木糖 山香 Hyptis suaveolens, 枸杞 Lycium chinense
xylose 木糖 植物基础成分，未统计基源
6''-*β*-D-xylose-genistin 6''-*β*-D- 木糖基染料木苷 大豆 Glycine max, 花榈木 Ormosia henryi
xylosmacin 柞木辛▲ 北重楼 Paris verticillata, 长叶柞木 Xylosma longifolia
xylosmin 柞木素 大果刺篱木 Flacourtia ramontchi, 箣柊 Scolopia chinensis
xylosmoside 柞木苷▲ 斜萼草 Loxocalyx urticifolius
7*β*-xylosyl-10-deacetyltaxol 7*β*- 木糖基 -10- 去乙酰基紫杉醇 南方红豆杉 Taxus wallichinana var. mairei
7-xylosyl-10-deacetyltaxol 7- 木糖基 -10- 去乙酰基紫杉醇 喜马拉雅红豆杉 Taxus wallichiana
7-xylosyl-10-deacetyltaxol A 7- 木糖基 -10- 去乙酰基紫杉醇 A 南方红豆杉 Taxus wallichinana var. mairei
7-xylosyl-10-deacetyltaxol C 7- 木糖基 -10- 去乙酰基紫杉醇 C 喜马拉雅红豆杉 Taxus wallichiana
7-xylosyltaxol 7- 木糖基紫杉醇 密叶红豆杉 Taxus fuana
7*β*-xylosyl-taxol D 7*β*- 木糖基 - 紫杉醇 D 喜马拉雅红豆杉 Taxus wallichiana
xylosylvitexin 木糖基牡荆素 甜橙 Citrus sinensis
xylotenin 缎木素▲ 臭节草 Boenninghausenia albiflora
xyridin A, B 黄眼草素 A, B 黄眼草 Xyris indica
xysmalogenin 刚毛果苷元▲ 杠柳 Periploca sepium

Y

trans-yabunikkeol 反式 - 天竺桂醇▲ 天竺桂 Cinnamomum japonicum
cis-yabunikkeol 顺式 - 天竺桂醇▲ 天竺桂 Cinnamomum japonicum
yadanzigan 鸦胆子苷 鸦胆子 Brucea javanica
yadanziolide A 鸦胆子内酯 A 鸦胆子 Brucea javanica, 柔毛鸦胆子 B. mollis
yadanziolide B 鸦胆子内酯 B 鸦胆子 Brucea javanica, 柔毛鸦胆子 B. mollis

yadanziolide C, D, G, S 鸦胆子内酯 C, D, G, S 鸦胆子 Brucea javanica
yadanziolide T, U, V 鸦胆子内酯 T, U, V 柔毛鸦胆子 Brucea mollis
yadanzioside A~P 鸦胆子奥苷▲A~P 鸦胆子 Brucea javanica
yakuchinone A, B 益智酮 A, B 益智 Alpinia oxyphylla
yamataimine 雅塔蟹甲草碱▲ 苍山橐吾 Ligularia tsangchanensis
yamogenin 亚莫皂苷元 剑麻 Agave sisalana, 石刁柏 Asparagus officinalis, 糖棕 Borassus flabellifer, 叉蕊薯蓣 Dioscorea collettii, 粉背薯蓣 D. collettii var. hypoglauca, 细柄薯蓣 D. tenuipes, 山萆薢 D. tokoro, 欧白英 Solanum dulcamara, 旋花茄 S. spirale
yamogenin II 亚莫皂苷元 II 石刁柏 Asparagus officinalis
yamogenin acetate 亚莫皂苷元乙酸酯 粉背薯蓣 Dioscorea collettii var. hypoglauca
yamogenin palmitate 亚莫皂苷元棕榈酸酯 叉蕊薯蓣 Dioscorea collettii, 粉背薯蓣 D. collettii var. hypoglauca
yamogenin-3-*O*-(*β*-D-glucopyranosyl) 亚莫皂苷元 -3-*O*-(*β*-D- 吡喃葡萄糖) 叉蕊薯蓣 Dioscorea collettii
yamogenin-3-*O*-[*α*-L-rahmnopyranosyl-(1 → 4)-*β*-D-glucopyranosyl] 亚莫皂苷元 -3-*O*-[*α*-L- 吡喃鼠李糖 (1 → 4)-*β*-D- 吡喃葡萄糖] 叉蕊薯蓣 Dioscorea collettii
yamogenin-3-*O*-[*α*-L-rhamnopyranosyl-(1 → 2)][*β*-D-xylopyranosyl-(1 → 3)]-*β*-D-glucopyranoside 亚莫皂苷元 -3-*O*-[*α*-L- 吡喃鼠李糖基 -(1 → 2)][*β*-D- 吡喃木糖基 -(1 → 3)]-*β*-D- 吡喃葡萄糖苷 阔叶山麦冬 Liriope muscari, 山麦冬 L. spicata
yamogenin-3-*O*-[*α*-L-rhamnopyranosyl-(1 → 4)-*β*-D-glucopyranoside] 亚莫皂苷元 -3-*O*-[*α*-L- 吡喃鼠李糖基 -(1 → 4)-*β*-D- 吡喃葡萄糖苷] 石刁柏 Asparagus officinalis
yamogenin-3-*O*-{*α*-L-rhamnopyranosyl-(1 → 4)-[*α*-L-rhamnopyranosyl-(1 → 2)]-*β*-D-glucopranosyl} 亚莫皂苷元 -3-*O*-{*α*-L- 吡喃鼠李糖基 -(1 → 4)-[*α*-L- 吡喃鼠李糖基 -(1 → 2)]-*β*-D- 吡喃葡萄糖基 } 叉蕊薯蓣 Dioscorea collettii
yamogenin-3-*O*-{*β*-D-glucopyranosyl-(1 → 3)-[*α*-L-rhamnopyranosyl-(1 → 2)]-*β*-D-glucopyranosyl} 亚莫皂苷元 -3-*O*-{*β*-D- 吡喃葡萄糖基 -(1 → 3)-[*α*-L- 吡喃鼠李糖基 -(1 → 2)-3-*β*-D- 吡喃葡萄糖基 } 叉蕊薯蓣 Dioscorea collettii
yamogenin-3-*O*-*α*-L-rhamnopyranosyl-(1 → 2)-*β*-D-glucopyranoside 亚莫皂苷元 -3-*O*-*α*-L- 吡喃鼠李糖基 -(1 → 2)-*β*-D- 吡喃葡萄糖苷 糖棕 Borassus flabellifer
yamogenin-3-*O*-*α*-L-rhamnopyranosyl-(1 → 4)-*α*-L-rhamnopyranosyl-(1 → 2)-*β*-D-glucopyranoside 亚莫皂苷元 -3-*O*-*α*-L- 吡喃鼠李糖基 -(1 → 4)-*α*-L- 吡喃鼠李糖基 -(1 → 2)-*β*-D- 吡喃葡萄糖苷 糖棕 Borassus flabellifer
yamogenin-3-*O*-*α*-L-rhamnopyranosyl-(1 → 4)-*α*-L-rhamnopyranosyl-(1 → 4)-[*α*-L-rhamnopyranosyl-(1 → 2)]-*β*-D-glucopyranoside 亚莫皂苷元 -3-*O*-*α*-L- 吡喃鼠李糖基 -(1 → 4)-*α*-L- 吡喃鼠李糖基 -(1 → 4)-[*α*-L- 吡喃鼠李糖基 (1 → 2)]-*β*-D- 吡喃葡萄糖苷 糖棕 Borassus flabellifer
yamogenin-3-*O*-*α*-L-rhamnopyranosyl-(1 → 4)-*β*-D-glucopyranoside 亚莫皂苷元 -3-*O*-*α*-L- 吡喃鼠李糖基 -(1 → 4)-*β*-D- 吡喃葡萄糖苷 糖棕 Borassus flabellifer
yamogenin-3-*O*-*β*-chacotrioside 亚莫皂苷元 -3-*O*-*β*- 马铃薯三糖 阔叶山麦冬 Liriope muscari
yamogenin-3-*O*-*β*-D-glucopyranoside 亚莫皂苷元 -3-*O*-*β*-D- 吡喃葡萄糖苷 糖棕 Borassus flabellifer
yamogenin-3-*O*-*β*-D-glucopyranosyl-(1 → 2)-*β*-D-glucopyranosyl-(1 → 4)-*β*-D-galactopyranoside 亚莫皂苷元 -3-*O*-*β*-D- 吡喃葡萄糖基 -(1 → 2)-*β*-D- 吡喃葡萄糖基 -(1 → 4)-*β*-D- 吡喃半乳糖苷 白英 Solanum lyratum
yamogenin-3-*O*-*β*-lycotetraoside 亚莫皂苷元 -3-*O*-*β*- 石蒜四糖苷 玉竹 Polygonatum odoratum
yamogenin-*β*-D-glucoside 亚莫皂苷元 -*β*-D- 葡萄糖苷 叉蕊薯蓣 Dioscorea collettii
(-)-yangambin (-)- 扬甘比胡椒素▲ 土肉桂 Cinnamomum osmophloeum, 竹叶花椒 Zanthoxylum armatum
(+)-yangambin (+)- 扬甘比胡椒素▲ 海南大风子 Hydnocarpus hainanensis, 望春玉兰 Yulania biondii
yangambin 扬甘比胡椒素▲ 中亚苦蒿 Artemisia absinthium, 鸡头薯 Eriosema chinense, 柠檬桉 Eucalyptus citriodora, 窿缘桉 E. exserta, 梧桐 Firmiana simplex, 望春玉兰 Yulania biondii, 玉兰 Y. denudata
yangjinhualine A 洋金花灵 A 洋金花 Datura metel
yanhusuine 延胡索因碱 延胡索 Corydalis yanhusuo
yantianmasu 岩天麻素 网脉橐吾 Ligularia dictyoneura
yantianmasu A, B, C 岩天麻素 A, B, C 网脉橐吾 Ligularia dictyoneura
yanucamide A, B 雅奴卡鞘丝藻酰胺▲A, B 巨大鞘丝藻 Lyngbya majuscula
yatancine 鸦胆子辛素 鸦胆子 Brucea javanica
(-)-yatein (-)- 亚泰香松素 红柴胡 Bupleurum scorzonerifolium, 莲叶桐 Hernandia nymphaeifolia
yejuhua lactone 野菊花内酯 野菊 Chrysanthemum indicum
yemenine C 也门文殊兰碱▲C 玉簪 Hosta plantaginea
yemuoside I, YM_1, YM_2, YM_6~YM_{37} 野木瓜苷 I, YM_1, YM_2, YM_6~YM_{37} 野木瓜 Stauntonia chinensis
yenhusomidine 延胡索米定碱 细叶黄堇 Corydalis meifolia, 黄紫堇 C. ochotensis
yenhusomine 延胡索明碱 细叶黄堇 Corydalis meifolia, 黄紫堇 C. ochotensis
yesanchinoside A, B, C, F, I, J 野三七皂苷 A, B, C, F, I, J 竹节参 Panax japonicus
20(*S*)-yesanchinoside D 20(*S*)- 野三七皂苷 D 人参 Panax ginseng
yesanchinoside D 野三七皂苷 D 竹节参 Panax japonicus, 三七 P. notoginseng
yesanchinoside E 野三七皂苷 E 竹节参 Panax japonicus, 三七 P. notoginseng
yesanchinoside G 野三七皂苷 G 竹节参 Panax japonicus, 三七 P. notoginseng
yesanchinoside H 野三七皂苷 H 竹节参 Panax japonicus, 三七 P. notoginseng
yibeinoside A 伊贝碱苷 A 额敏贝母 Fritillaria meleagroides, 伊贝母 F. pallidiflora

yibeinoside B, C 伊贝碱苷 B, C 伊贝母 Fritillaria pallidiflora
yimunol A 益母草醇▲A 白花细叶益母草 Leonurus sibiricus f. albiflorus
yimunoside A 益母草酚苷▲A 白花细叶益母草 Leonurus sibiricus f. albiflorus
yinxiancaol 银线草新醇▲ 丝穗金粟兰 Chloranthus fortunei, 银线草 C. japonicus
yinxiancaoside A, B, C 银钱草苷 A, B, C 银线草 Chloranthus japonicus
yinyanghuo D 淫羊藿素 D 粗叶榕 Ficus hirta
yixingensin 喙果绞股蓝素▲ 喙果绞股蓝 Gynostemma yixingense
yixinoside A 喙果绞股蓝苷▲A 喙果绞股蓝 Gynostemma yixingense
yiyeliangwanoside 异叶梁王茶苷 I, II, III, IV, VII, VIII, IX, X, XI 异叶梁王茶 Macropanax davidii
α-ylangene α- 依兰烯 挥发油成分，未统计基源
γ-ylangene γ- 依兰烯 樟子松 Pinus sylvestris var. mongolica
ylangene 依兰烯 挥发油成分，未统计基源
α-ylangenol α- 依兰烯醇 五味子 Schisandra chinensis
α-ylangenyl acetate α- 依兰烯醇乙酸酯 五味子 Schisandra chinensis
α-yohimbine α- 育亨宾碱 四叶萝芙木 Rauvolfia tetraphylla, 萝芙木 R. verticillata, 催吐萝芙木 R. vomitoria
β-yohimbine β- 育亨宾碱 大叶糖胶树 Alstonia macrophylla, 思茅山橙 Melodinus cochinchinensis, 萝芙木 Rauvolfia verticillata, 伞房狗牙花 Tabernaemontana corymbosa
δ-yohimbine δ- 育亨宾碱 长春花 Catharanthus roseus
yohimbine 育亨宾碱 大叶糖胶树 Alstonia macrophylla, 水甘草 Amsonia elliptica, 长春花 Catharanthus roseus, 麻疯树 Jatropha curcas, 蛇根木 Rauvolfia serpentina, 萝芙木 R. verticillata, 催吐萝芙木 R. vomitoria, 伞房狗牙花 Tabernaemontana corymbosa
β-yohimbine oxindole β- 育亨宾碱氧化吲哚 伞房狗牙花 Tabernaemontana corymbosa
yohimbinic acid 育亨宾碱酸 蛇根木 Rauvolfia serpentina
yomogi alcohol 艾醇 细裂叶莲蒿 Artemisia gmelinii
yomogin 魁蒿内酯 魁蒿 Artemisia princeps, 毛莲蒿 A. vestita, 北艾 A. vulgaris
yonogenin 扬诺皂苷元 细柄薯蓣 Dioscorea tenuipes, 山萆薢 D. tokoro
yononin 扬诺皂苷 山萆薢 Dioscorea tokoro
youngiajaponicol A 黄鹌菜醇▲A 黄鹌菜 Youngia japonica
youngiajaponicoside A~D 黄鹌菜醇苷▲A~D 黄鹌菜 Youngia japonica
youngiaside A, B 齿裂黄鹌菜苷▲A, B 菊苣 Cichorium intybus
ypsilactoside A, B 丫蕊花内酯苷▲A, B 丫蕊花 Ypsilandra thibetica
ypsilandroside A~R 丫蕊花苷▲A~R 丫蕊花 Ypsilandra thibetica
yuanamide 山延胡索胺▲ 刻叶紫堇 Corydalis incisa, 山延胡索 C. solida
yuanhuacin; yuanhuacine 芫花辛▲ 芫花 Daphne genkwa, 瑞香 D. odora
yuanhuadin; yuanhuadine 芫花定▲ 芫花 Daphne genkwa
yuanhuagin; yuanhuagine 芫花珍▲ 芫花 Daphne genkwa
yuanhuahine 芫花海因▲ 芫花 Daphne genkwa
yuanhuajin; yuanhuajine 芫花精▲ 尖瓣瑞香 Daphne acutiloba, 芫花 D. genkwa, 瑞香 D. odora
yuanhualin; yuanhualine 芫花林素▲ 芫花 Daphne genkwa
yuanhuanin 芫花宁▲ 芫花 Daphne genkwa, 朝鲜瑞香 D. pseudomezereum var. koreana
yuanhuaoate A~H 芫花酯▲A~H 芫花 Daphne genkwa
yuanhuapine 芫花品▲ 芫花 Daphne genkwa
yuanhuatin; yuanhuatine 芫花亭▲ 橙花瑞香 Daphne aurantiaca, 芫花 D. genkwa
yuanhunine 元胡宁 延胡索 Corydalis yanhusuo
yuankanin 芫花卡宁▲ 土沉香 Aquilaria sinensis, 橙花瑞香 Daphne aurantiaca, 芫花 D. genkwa, 黄瑞香 D. giraldii, 毛瑞香 D. kiusiana var. atrocaulis, 朝鲜瑞香 D. pseudomezereum var. koreana, 凹叶瑞香 D. retusa, 唐古特瑞香 D. tangutica
yucalexin B_9 木薯应激素▲B_9 海漆 Excoecaria agallocha
yucalexin P_{12} 木薯应激素▲P_{12} 石栗 Aleurites moluccana
yuccagenone 丝兰皂苷元酮 凤尾丝兰 Yucca gloriosa
yuccaloeside A, B, C 丝兰皂苷 A, B, C 凤尾丝兰 Yucca gloriosa
yuccaol A, C, D, E 丝兰酚 A, C, D, E 凤尾丝兰 Yucca gloriosa
yuehchukene 月橘烯碱 大管 Micromelum falcatum, 九里香 Murraya exotica, 千里香 M. paniculata
yuehgesin A, B, C 月橘辛▲A, B, C 千里香 Murraya paniculata
yuexiandajisu A, D, F 月腺大戟素 A, D, F 甘肃大戟 Euphorbia kansuensis
yuexiandajisu B 月腺大戟素 B 甘肃大戟 Euphorbia kansuensis, 大戟 E. pekinensis
yuexiandajisu C 月腺大戟素 C 甘肃大戟 Euphorbia kansuensis, 大戟 E. pekinensis
yuexiandajisu E 月腺大戟素 E 狼毒大戟 Euphorbia fischeriana, 甘肃大戟 E. kansuensis
yukovanol 玉克柑橘酚▲ 马蜂橙 Citrus hystrix, 葡萄柚 C. paradisi, 小槐花 Ohwia caudata, 毛排钱树 Phyllodium elegans, 排钱树 P. pulchellum, 葫芦茶 Tadehagi triquetrum
yunaconitine 滇乌碱 粗茎乌头 Aconitum crassicaule, 紫乌头 A. episcopale, 丽江乌头 A. forrestii, 瓜叶乌头 A. hemsleyanum, 拳距瓜叶乌

头 A. hemsleyanum var. circinatum, 工布乌头 A. kongboense, 贡嘎乌头 A. liljestrandii, 细叶乌头 A. macrorhynchum, 小白撑 A. nagarum var. heterotrichum, 宣威乌头 A. nagarum var. lasiandrum, 德钦乌头 A. ouvrardianum, 拟玉龙乌头 A. pseudostapfianum, 伏毛直序乌头 A. richardsonianum var. pseudosessiliflorum, 直缘乌头 A. transsectum, 黄草乌 A. vilmorinianum, 展毛黄草乌 A. vilmorinianum var. patentipilum, 秦岭翠雀花 Delphinium giraldii

yunanensin A, B, D 滇桑素 ▲A, B, D 蒙桑 Morus mongolica

yunanensol A, B 滇桑醇 ▲A, B 蒙桑 Morus mongolica

yunantaxusin A 云南紫杉足辛 ▲A 喜马拉雅红豆杉 Taxus wallichiana

yunganogenin J 云南甘草苷元 J 醉鱼草 Buddleja lindleyana

yunganoside 云甘苷 A_1, B_1, C_1, D_1, E_2, E_3, F_2, G_1, G_2, H_1, H_2, I_1, I_2, J_1, J_2, K_1, K_2, L, L_1, L_2, M, N_1, N_2, O, P 云南甘草 Glycyrrhiza yunnanensis

yunnadelphinine 云南翠雀宁 ▲ 云南翠雀花 Delphinium yunnanense

yunnancoronarin A 滇姜花素 A 圆瓣姜花 Hedychium forrestii, 草果药 H. spicatum, 滇姜花 H. yunnanense

yunnancoronarin B 滇姜花素 B 圆瓣姜花 Hedychium forrestii, 滇姜花 H. yunnanense

yunnancoronarin C 滇姜花素 C 圆瓣姜花 Hedychium forrestii, 滇姜花 H. yunnanense

yunnancoronarin D 滇姜花素 D 草果药 Hedychium spicatum, 滇姜花 H. yunnanense

yunnancoronarin E 滇姜花素 E 滇姜花 Hedychium yunnanense

yunnandaphnine A 大叶虎皮楠碱 A 牛耳枫 Daphniphyllum calycinum

yunnaneic acid A~H 云南鼠尾草酸 ▲A~H 云南鼠尾草 Salvia yunnanensis

yunnanenseine A, B, C 云南翠雀碱 ▲A, B, C 云南翠雀花 Delphinium yunnanense

yunnanensin A 云南拟单性木兰素 ▲A 紫薇 Lagerstroemia indica

yunnanensine 云南狗牙花辛碱 伞房狗牙花 Tabernaemontana corymbosa

yunnanglysaponin A, B 云南甘草皂苷 A, B 云南甘草 Glycyrrhiza yunnanensis

yunnanin A~F 云南繁缕素 ▲A~F 千针万线草 Stellaria yunnanensis

yunnankadsurin A 云南南五味子素 ▲A 凤庆南五味子 Kadsura interior

yunnankadsurin B 云南南五味子素 ▲B 凤庆南五味子 Kadsura interior, 多子南五味子 K. polysperma

yunnannin A 云南鼠尾草宁 ▲A 云南鼠尾草 Salvia yunnanensis

yunnanterpene A~G 云南升麻萜 ▲A~G 云南升麻 Cimicifuga yunnanensis

yunnanxamine 云南紫杉明碱 ▲ 喜马拉雅红豆杉 Taxus wallichiana

yunnanxane 云南紫杉烷 ▲ 东北红豆杉 Taxus cuspidata, 喜马拉雅红豆杉 T. wallichiana

yunnanxol 云南紫杉醇 ▲ 喜马拉雅红豆杉 Taxus wallichiana

yunnaxan 滇紫杉烷 ▲ 喜马拉雅红豆杉 Taxus wallichiana

yunngnin A, B 永宁独活素 ▲A, B 永宁独活 Heracleum yungningense

yunngnoside A, B 永宁独活苷 ▲A, B 永宁独活 Heracleum yungningense

yuziphine 大枣碱 地丁草 Corydalis bungeana, 枣 Ziziphus jujuba

yuzirine 枣灵碱 枣 Ziziphus jujuba

yuzuric acid 交让木酸 ▲ 虎皮楠 Daphniphyllum oldhamii

yuzurimic acid B 交让木胺酸 ▲B 牛耳枫 Daphniphyllum calycinum, 虎皮楠 D. oldhamii

yuzurimine A, C 交让木胺 A, C 交让木 Daphniphyllum macropodum

yuzurimine B 交让木胺 B 交让木 Daphniphyllum macropodum, 虎皮楠 D. oldhamii

yuzurimine E 交让木胺 E 牛耳枫 Daphniphyllum calycinum, 虎皮楠 D. oldhamii

yuzurimine; macrodaphnidine 交让木胺 交让木 Daphniphyllum macropodum

yuzurine 交让木任 ▲ 狭叶虎皮楠 Daphniphyllum angustifolium, 交让木 D. macropodum, 虎皮楠 D. oldhamii

Z

zaluzanin 中美菊素 蛇苔 Conocephalum conicum

zaluzanin C 中美菊素 C 杏香兔儿风 Ainsliaea fragrans, 月桂 Laurus nobilis, 云木香 Saussurea costus, 雪莲花 S. involucrata, 黄鹌菜 Youngia japonica

zaluzanin D 中美菊素 D 月桂 Laurus nobilis

zamanic acid 萨曼鸡蛋花酸 ▲ 钝叶鸡蛋花 Plumeria obtusa, 大叶茜草 Rubia schumanniana

zanoxyline 尖叶花椒林碱 ▲ 尖叶花椒 Zanthoxylum oxyphyllum

zansiumloside A 野花椒苷 A 野花椒 Zanthoxylum simulans

zanthobisquinolone 花椒双喹诺酮 野花椒 Zanthoxylum simulans

zanthobungeanine 花椒宁碱 ▲ 花椒 Zanthoxylum bungeanum, 蚬壳花椒 Z. dissitum, 两面针 Z. nitidum, 野花椒 Z. simulans

zanthocadinanine A, B 花椒杜松碱 ▲A, B 两面针 Zanthoxylum nitidum

zanthodioline 花椒二醇林碱 ▲ 两面针 Zanthoxylum nitidum, 野花椒 Z. simulans

zanthodione 花椒二酮 ▲ 花椒簕 Zanthoxylum scandens

zanthomuurolanine 花椒欧洲赤松碱 ▲ 两面针 Zanthoxylum nitidum

zanthonitrile 花椒氰 竹叶花椒 Zanthoxylum armatum

zanthopyranone 花椒吡喃酮 野花椒 Zanthoxylum simulans

zanthosimuline 野花椒林碱▲ 野花椒 Zanthoxylum simulans
zanthoxyloside 花椒苷▲ 青花椒 Zanthoxylum schinifolium
zanthoxyphylline 尖叶花椒碱▲ 尖叶花椒 Zanthoxylum oxyphyllum
zapoterin 香肉果萜素▲ 香肉果 Casimiroa edulis, 假黄皮 Clausena excavata
zapotin 香肉果素▲ 香肉果 Casimiroa edulis
zapotinin 香肉果替宁▲ 斜茎黄耆 Astragalus adsurgens, 香肉果 Casimiroa edulis
zarzissine 杂嗪辛碱 木蝴蝶 Oroxylum indicum
zearalenone 玉米赤霉烯酮 旱芹 Apium graveolens
trans-zeatin 反式 - 玉米素 兰考泡桐 Paulownia elongata, 棉豆 Phaseolus lunatus
zeatin 玉米素 大花马齿苋 Portulaca grandiflora
(13*Z*)-zeaxanthin (13*Z*)- 玉米黄素 白屈菜 Chelidonium majus
13'-*cis*-zeaxanthin 13'- 顺式 - 玉米黄质 宁夏枸杞 Lycium barbarum
13-*cis*-zeaxanthin 13- 顺式 - 玉米黄质 宁夏枸杞 Lycium barbarum
15'-*cis*-zeaxanthin 15'- 顺式 - 玉米黄质 宁夏枸杞 Lycium barbarum
15-*cis*-zeaxanthin 15- 顺式 - 玉米黄质 宁夏枸杞 Lycium barbarum
9'-*cis*-zeaxanthin 9'- 顺式 - 玉米黄质 宁夏枸杞 Lycium barbarum
9-*cis*-zeaxanthin 9- 顺式 - 玉米黄质 宁夏枸杞 Lycium barbarum
all-trans-zeaxanthin 全反式 - 玉米黄质 南丰蜜橘 Citrus reticulata 'Kinokuni', 温州蜜柑 C. reticulata 'Unshiu', 宁夏枸杞 Lycium barbarum
zeaxanthin 玉米黄质 石刁柏 Asparagus officinalis, 落葵 Basella alba, 白菜 Brassica rapa var. glabra, 辣椒 Capsicum annuum, 白屈菜 Chelidonium majus, 蕉柑 Citrus reticulata 'Tankan', 珊瑚藻 Corallina officinalis, 柘树 Cudrania tricuspidata, 树番茄 Cyphomandra betacea, 黄独 Dioscorea bulbifera, 长管萱草 Hemerocallis fulva var. angustifolia, 忍冬 Lonicera japonica, 宁夏枸杞 Lycium barbarum, 枸杞 L. chinense, 西洋梨 Pyrus communis var. sativa, 阳芋 Solanum tuberosum, 泥炭藓 Sphagnum palustre, 菠菜 Spinacia oleracea, 直立黄钟花 Tecoma stans, 乌桕 Triadica sebifera, 旱金莲 Tropaeolum majus, 黑果越桔 Vaccinium myrtillus, 救荒野豌豆 Vicia sativa, 玉蜀黍 Zea mays
zeaxanthin-dimyristate 玉米黄质 - 二肉豆蔻酸酯 辣椒 Capsicum annuum
zeaxanthin-dipalmitate 玉米黄质 - 二棕榈酸酯 辣椒 Capsicum annuum, 宁夏枸杞 Lycium barbarum, 枸杞 L. chinense
zeaxanthin-laurate-myristate 玉米黄质 - 月桂酸酯 - 肉豆蔻酸酯 辣椒 Capsicum annuum
zeaxanthin-laurate-palmitate 玉米黄质 - 月桂酸酯 - 棕榈草酸酯 辣椒 Capsicum annuum
zeaxanthin-monopalmitate 玉米黄质 - 单棕榈酸酯 宁夏枸杞 Lycium barbarum
zeaxanthin-myristate 玉米黄质 - 肉豆蔻酸酯 辣椒 Capsicum annuum
zeaxanthin-myristate-palmitate 玉米黄质 - 肉豆蔻酸酯 - 棕榈酸酯 辣椒 Capsicum annuum
zeaxanthin-palmitate 玉米黄质 - 棕榈酸酯 辣椒 Capsicum annuum
zebagrandinoside 柚木甾苷▲ 柚木 Tectona grandis
zebrinin 吊竹梅素 吊竹梅 Tradescantia zebrina
zederone 蓬莪术环氧酮 及已 Chloranthus serratus, 广西莪术 Curcuma kwangsiensis, 温郁金 C. wenyujin, 印尼莪术 C. zanthorrhiza
zederone epoxide 蓬莪术环氧酮环氧化物 宽叶金粟兰 Chloranthus henryi
(+)-zedoalactone A (+)- 蓬莪术内酯▲A 黄细心 Boerhavia diffusa
(1*R*,4*S*,5*R*,8*S*,10*S*)-zedoalactone A (1*R*,4*S*,5*R*,8*S*,10*S*)- 蓬莪术内酯 A 多穗金粟兰 Chloranthus multistachys
zedoalactone A 蓬莪术内酯▲A 及已 Chloranthus serratus, 温郁金 Curcuma wenyujin, 尖裂黄瓜菜 Paraixeris serotina
zedoalactone B 蓬莪术内酯▲B 温郁金 Curcuma wenyujin
zedoalactone C 蓬莪术内酯▲C 温郁金 Curcuma wenyujin, 尖裂黄瓜菜 Paraixeris serotina
zedoarofuran 莪术呋喃▲ 宽叶金粟兰 Chloranthus henryi, 多穗金粟兰 C. multistachys
zedoarolide B 莪术洛内酯▲B 温郁金 Curcuma wenyujin
zedoarondiol 莪术奥酮二醇 温郁金 Curcuma wenyujin
zeinoxanthin 玉米麸黄质▲ 旱金莲 Tropaeolum majus
zelanyehuangsu 泽兰叶黄素 中亚兔耳草 Lagotis integrifolia
zelkoserratone 榉树酮▲ 榉树 Zelkova serrata
α-zeorin *α*- 泽奥衣素▲ 小蛇苔 Conocephalum japonicum
zeorin 泽奥衣素▲ 普通铁线蕨 Adiantum edgeworthii, 木橘 Aegle marmelos, 甘肃雪灵芝 Arenaria kansuensis, 黑心蕨 Doryopteris concolor, 卷梢亚铃孢衣 Heterodermia boryi, 绿皮地卷衣 Peltigera aphthosa, 石地钱 Reboulia hemisphaerica, 东北雷公藤 Tripterygium regelii, 长松萝 Usnea longissima
zephgrabetaine 韭莲鳞碱 韭莲 Zephyranthes grandiflora
zephyranamide A~D 葱莲酰胺▲A~D 葱莲 Zephyranthes candida
zephyranthine 葱莲碱 葱莲 Zephyranthes candida
zerumbetol 艳山姜醇 艳山姜 Alpinia zerumbet
zerumbone 红球姜酮 挥发油成分，未统计基源
zerumin 艳山姜素▲ 艳山姜 Alpinia zerumbet
zerumin A 艳山姜素▲A 距花山姜 Alpinia calcarata, 艳山姜 A. zerumbet
zerumin B 艳山姜素▲B 艳山姜 Alpinia zerumbet
zeylanicine 南亚新木姜子碱▲ 南亚新木姜子 Neolitsea zeylanica

Z

zeylanidine 南亚新木姜子定▲ 南亚新木姜子 Neolitsea zeylanica
zeylanine 南亚新木姜子宁▲ 南亚新木姜子 Neolitsea zeylanica
zeylanol 锡兰柯库木醇▲ 毒鼠子 Dichapetalum gelonioides
zeylanone 白花丹酮 紫花丹 Plumbago indica, 白花丹 P. zeylanica
zeylasteral 锡兰柯库木萜醛▲ 灯油藤 Celastrus paniculatus
zeylasterone 锡兰柯库木萜酮▲ 灯油藤 Celastrus paniculatus
zeylena 锡兰紫玉盘酯▲ 刺果紫玉盘 Uvaria calamistrata
(-)-zeylenol (-)- 锡兰紫玉盘环己烯醇 海南三七 Kaempferia rotunda
zeylenol 锡兰紫玉盘烯醇▲ 山椒子 Uvaria grandiflora
zeylenone 锡兰紫玉盘烯酮▲ 山椒子 Uvaria grandiflora
zeylenyl-2,6-diacetate 锡兰紫玉盘烯基 -2,6- 二乙酯 山椒子 Uvaria grandiflora
zhebeinine 浙贝宁 天目贝母 Fritillaria monantha, 浙贝母 F. thunbergii
zhebeininoside 浙贝宁苷 浙贝母 Fritillaria thunbergii
zhebeinone 浙贝酮 浙贝母 Fritillaria thunbergii
zhebeiresinol 浙贝树脂酚▲ 卵叶巴豆 Croton caudatus, 芫花 Daphne genkwa, 浙贝母 Fritillaria thunbergii, 菊三七 Gynura japonica, 全叶千里光 Senecio cannabifolius var. integrifolius, 柚木 Tectona grandis
zhebeirine 浙贝灵▲ 甘肃贝母 Fritillaria przewalskii, 浙贝母 F. thunbergii
zhonghualiaoine I, II 中华蓼素 I, II 酸模叶蓼 Polygonum lapathifolium
ziganein 席氏毛地黄素▲ 腊肠树 Cassia fistula, 甘西鼠尾草 Salvia przewalskii
zigu-glucoside I 地榆葡萄糖苷 I 西伯利亚远志 Polygala sibirica
zijinlongine 紫金龙碱 扭果紫金龙 Dactylicapnos torulosa
zilanine 紫蓝素 观音草 Peristrophe bivalvis
zingerone 姜酮 挥发油成分，未统计基源
zingerone 4'-O-β-D-glucopyranoside 姜酮 -4'-O-β-D- 吡喃葡萄糖苷 天山棱子芹 Pleurospermum lindleyanum
zingerone-O-β-D-glucopyranoside 姜酮 -O-β-D- 吡喃葡萄糖苷 五味子 Schisandra chinensis
zingerone-β-D-glucopyranoside 姜酮 -β-D- 吡喃葡萄糖苷 锁阳 Cynomorium songaricum, 省沽油 Staphylea bumalda
(-)-zingiberene (-)- 姜烯 挥发油成分，未统计基源
α-zingiberene α- 姜烯 挥发油成分，未统计基源
zingiberene 姜烯 挥发油成分，未统计基源
zingiberenin A, E~H 盾叶薯蓣皂苷 A, E~H 盾叶薯蓣 Dioscorea zingiberensis
zingiberenol 姜烯醇 挥发油成分，未统计基源
zingiberensis newsaponin 盾叶薯蓣新皂苷 盾叶薯蓣 Dioscorea zingiberensis
zingiberol 姜醇 挥发油成分，未统计基源
zingiberolide 生姜内酯 姜 Zingiber officinale
zingibroside R_1 姜状三七苷 R_1 牛膝 Achyranthes bidentata, 野楤头 Aralia armata, 羽叶三七 Panax bipinnatifidus, 狭叶假人参 P. bipinnatifidus var. angustifolius, 人参 P. ginseng, 竹节参 P. japonicus, 姜状三七 P. zingiberensis
zingibroside R_1 dimethyl ester 姜状三七苷 R_1 二甲酯 黄毛楤木 Aralia chinensis
zingibroside R_1-6'-butyl ester 姜状三七苷 R_1-6'- 丁酯 人参 Panax ginseng
zingibroside R_1-6'-methyl ester 姜状三七苷 R_1-6'- 甲酯 人参 Panax ginseng
zivulgarin 酸枣黄素 酸枣 Ziziphus jujuba var. spinosa
ziyuglycoside I 地榆苷 I 满树星 Ilex aculeolata, 秤星树 I. asprella, 枸骨 I. cornuta, 大柄冬青 I. macropoda, 铁冬青 I. rotunda, 普通鹿蹄草 Pyrola decorata, 地榆 Sanguisorba officinalis, 小白花地榆 S. tenuifolia var. alba, 漏芦 Stemmacantha uniflora
ziyuglycoside II 地榆苷 II 菰腺忍冬 Lonicera hypoglauca, 野桂花 Osmanthus yunnanensis, 高山地榆 Sanguisorba alpina, 地榆 S. officinalis
zizimauritic acid A, B, C 滇刺枣酸 A, B, C 滇刺枣 Ziziphus mauritiana
ziziphin 枣素▲ 枣 Ziziphus jujuba
ziziphorin A, B 新塔花素▲A, B 小新塔花 Ziziphora tenuior
zizybeoside I 无刺枣苄苷 I 茴香 Foeniculum vulgare, 蓝花楹 Jacaranda mimosifolia, 二歧马先蒿 Pedicularis dichotoma, 无刺枣 Ziziphus jujuba var. inermis
zizybeoside II 无刺枣苄苷 II 无刺枣 Ziziphus jujuba var. inermis
zizyberanalic acid 枣醛酸▲ 枣 Ziziphus jujuba, 酸枣 Z. jujuba var. spinosa
zizyberanone 枣酮▲ 枣 Ziziphus jujuba
zizyberenalic acid 枣烯醛酸▲ 长柄异木患 Allophylus longipes, 铜钱树 Paliurus hemsleyanus
zizyotin 枣奥亭▲ 假马齿苋 Bacopa monnieri
zizyphine A 枣碱 A 枣 Ziziphus jujuba
zizyphursolic acid 枣熊果酸 枣 Ziziphus jujuba
zizyphus saponin I 大枣皂苷 I 印度枣 Ziziphus incurva, 枣 Z. jujuba
zizyphus saponin II 大枣皂苷 II 枣 Ziziphus jujuba, 酸枣 Z. jujuba var. spinosa
zizyphus saponin III 大枣皂苷 III 枣 Ziziphus jujuba
zizyphus-arabinan 枣阿聚糖 无刺枣 Ziziphus jujuba var. inermis

zizyphusine 枣辛碱▲ 南天竹 Nandina domestica, 无刺枣 Ziziphus jujuba var. inermis, 酸枣 Z. jujuba var. spinosa, 滇刺枣 Z. mauritiana
zizyvoside I 无刺枣催吐醇苷 I 绵萆薢 Dioscorea spongiosa, 红血藤 Spatholobus sinensis, 无刺枣 Ziziphus jujuba var. inermis
zizyvoside II 无刺枣催吐醇苷 II 无刺枣 Ziziphus jujuba var. inermis
Zn polyanemine 陵水暗罗胺锌▲ 陵水暗罗 Polyalthia nemoralis
zonarol 带状网翼藻酚▲ 商陆 Phytolacca acinosa
zosimin 佐氏芹素▲ 毒芹 Cicuta virosa
ZP-amide A, C, D, E 秦椒酰胺▲A, C, D, E 竹叶花椒 Zanthoxylum armatum
(+)-zuihonin A (+)- 香润楠宁▲A 金山五味子 Schisandra glaucescens
zuihonin A 香润楠宁▲A 南五味子 Kadsura longipedunculata
(+)-zuihonin C (+)- 香润楠宁▲C 金山五味子 Schisandra glaucescens
zuihonin C 香润楠宁▲C 华中五味子 Schisandra sphenanthera
zuihonin E, F 香润楠宁▲E, F 二色五味子 Schisandra bicolor
(-)-zuonin A (-)- 香润楠宁▲A 金山五味子 Schisandra glaucescens
zwitterionic I 两性离子生物碱 I 狭叶虎皮楠 Daphniphyllum angustifolium
zygacine 棋盘花辛碱 尖被藜芦 Veratrum oxysepalum, 牯岭藜芦 V. schindleri
zygadenilic acid lactone 棋盘花酸内酯 尖被藜芦 Veratrum oxysepalum
zygadenine 棋盘花碱 阿尔泰藜芦 Veratrum lobelianum, 毛穗藜芦 V. maackii, 藜芦 V. nigrum, 尖被藜芦 V. oxysepalum, 牯岭藜芦 V. schindleri, 狭叶藜芦 V. stenophyllum
zygofaboside A, B 驼蹄瓣波苷▲A, B 驼蹄瓣 Zygophyllum fabago
zygophyloside A~E, O~R 驼蹄瓣苷▲A~E, O~R 驼蹄瓣 Zygophyllum fabago
zymosterol 酵母甾醇 啤酒酵母菌 Saccharomyces cerevisiae

编写后记

历时十三载的辛苦编撰工作，共计十三卷3500多万字的《中国药用植物志》全书终于全部出版与读者见面。在最后一卷即将付梓之际，我们想借此机会向参与本书编撰工作以及在审稿、图片方面提供鼎力支持的全体专家学者表示衷心的感谢，没有诸位的齐心协力与辛苦工作，本书将难以面世。

在本书的编撰过程中，我们曾面临许多学术难题并获得了多位知名专家学者的指导与帮助，在此我们想特别感谢一位学识渊博、治学严谨的耄耋学者，他就是著名的药学家江纪武先生，他为本书化学成分名称的规范化做出了不可磨灭的贡献。

江纪武先生是一位资深的药学学者，他是国家医药管理局天津药物研究院的研究员，也是中国药学会药学名词审定委员会的委员，他在药用植物与天然药物化学资源及名词规范化领域均具有很深厚的学术造诣，曾主编出版《植物药有效成分手册》《拉汉药用植物名称和检索手册》《药用植物辞典》《世界药用植物速查辞典》等学术著作，并曾就植物分类学科属名称及天然化合物名称的规范化问题发表过多篇学术论文。本书在编撰之初即有幸邀请到江先生作为全书化学名词的审定人与编写顾问，当时他已年逾八旬，但依然精神矍铄、声音洪亮、思维敏捷。在江先生的指导下，编委会确定了全书化学成分名称的规范化原则，强调了“化学成分的中文名称应该与英文名的词源相合，并尽可能反映化学成分的原始基源”这一学术理念，因此本书对学术界应用的许多不规范化学成分中文名称进行了修订，同时遵照上述原则进行了新中文译名的拟定。这项工作是如此的纷繁复杂，涉及的化学成分名称超过15万个，工作量巨大。在涉及的基源物种中有很多为国外种类，而且还涉及植物之外的广泛生物类群，这就要求同时为基源物种和化学成分拟定合适的中文译名，要做到这一点就必须在拉丁文与化学名词领域都具有深厚的学术基础。为了共同应对这项挑战，我们与江先生通力协作，十三载如一日，分工查阅美国《化学文摘》纸版与网络版数据库，追踪化学成分的原始出处与基源物种，考证物种拉丁名与化学成分名称的原意，最终实现了全书化学名词的规范与统一（详见本卷）。

在这十三年的共同工作中，我们深切感受到了江先生深厚的学识、严谨的学风、甘于奉献的精神与积极豁达、不断进取的人生态度。这十三年中，江先生不知有多少时间是在图书馆中度过的，他年纪已高，不便查阅电脑，就拿着放大镜查阅纸版《化学文摘》，发现了化学名词中的问题就用笔记录下来，每一卷核对完后都整理成十余页的手写修改意见。他始终保持着旺盛的工作精力，尽管心脏装有起搏器，却丝毫不影响其工作状态，并多次亲自前来与编委会交流和指导，从未因个人原因影响稿件进度。江先生用他的一言一行影响着身边的每个人，他是学术界的常青树，是我们每一个人的榜样。

正如本书主编艾铁民先生在“老骥伏枥，志在千里——记药学家江纪武先生”一文中所说，“莫道桑榆晚，为霞尚满天”正是江纪武先生的真实写照，他的执着与奉献精神将会不断激励后学者奋勇前行！

编委会

2021年6月